城市建设标准专题汇编系列

城市地下综合管廊标准汇编

（上册）

本社 编

中国建筑工业出版社

图书在版编目（CIP）数据

城市地下综合管廊标准汇编/中国建筑工业出版社编. —北京：中国建筑工业出版社，2016.11

（城市建设标准专题汇编系列）

ISBN 978-7-112-19849-8

Ⅰ.①城… Ⅱ.①中… Ⅲ.①市政工程-地下管道-标准-汇编-中国 Ⅳ.①TU990.3-65

中国版本图书馆 CIP 数据核字（2016）第 222881 号

责任编辑：何玮珂　孙玉珍　丁洪良

城市建设标准专题汇编系列

城市地下综合管廊标准汇编

本社　编

*

中国建筑工业出版社出版、发行（北京西郊百万庄）

各地新华书店、建筑书店经销

北京红光制版公司制版

环球东方（北京）印务有限公司印刷

*

开本：787×1092 毫米　1/16　印张：172¾　插页：2　字数：6364 千字

2016 年 11 月第一版　　2016 年 11 月第一次印刷

定价：**388.00** 元（上、下册）

ISBN 978-7-112-19849-8

（29350）

出 版 说 明

工程建设标准是建设领域实行科学管理，强化政府宏观调控的基础和手段。它对规范建设市场各方主体行为，确保建设工程质量和安全，促进建设工程技术进步，提高经济效益和社会效益具有重要的作用。

时隔37年，党中央于2015年底召开了“中央城市工作会议”。会议明确了新时期做好城市工作的指导思想、总体思路、重点任务，提出了做好城市工作的具体部署，为今后一段时期的城市工作指明了方向、绘制了蓝图、提供了依据。为深入贯彻中央城市工作会议精神，做好城市建设工作，我们根据中央城市工作会议的精神和住房城乡建设部近年来的重点工作，推出了《城市建设标准专题汇编系列》，为广大管理和工程技术人员提供技术支持。《城市建设标准专题汇编系列》共13分册，分别为：

1.《城市地下综合管廊标准汇编》
2.《海绵城市标准汇编》
3.《智慧城市标准汇编》
4.《装配式建筑标准汇编》
5.《城市垃圾标准汇编》
6.《养老及无障碍标准汇编》
7.《绿色建筑标准汇编》
8.《建筑节能标准汇编》
9.《高性能混凝土标准汇编》
10.《建筑结构检测维修加固标准汇编》
11.《建筑施工与质量验收标准汇编》
12.《建筑施工现场管理标准汇编》
13.《建筑施工安全标准汇编》

本次汇编根据“科学合理，内容准确，突出专题”的原则，参考住房和城乡建设部发布的“工程建设标准体系”，对工程建设中影响面大、使用面广的标准规范进行筛选整合，汇编成上述《城市建设标准专题汇编系列》。各分册中的标准规范均以“条文＋说明”的形式提供，便于读者对照查阅。

需要指出的是，标准规范处于一个不断更新的动态过程，为使广大读者放心地使用以上规范汇编本，我们将在中国建筑工业出版社网站上及时提供标准规范的制订、修订等信息。详情请点击 www. cabp. com. cn 的“规范大全园地”。我们诚恳地希望广大读者对标准规范的出版发行提供宝贵意见，以便于改进我们的工作。

目　录

（上册）

（下册）

中华人民共和国国家标准

建筑抗震设计规范

Code for seismic design of buildings

GB 50011—2010

(2016 年版)

主编部门：中华人民共和国住房和城乡建设部

批准部门：中华人民共和国住房和城乡建设部

施行日期：2 0 1 0 年 1 2 月 1 日

中华人民共和国住房和城乡建设部
公　告

第 1199 号

住房城乡建设部关于发布国家标准《建筑抗震设计规范》局部修订的公告

现批准《建筑抗震设计规范》GB 50011－2010局部修订的条文，自2016年8月1日起实施。经此次修改的原条文同时废止。

局部修订的条文及具体内容，将刊登在我部有关网站和近期出版的《工程建设标准化》刊物上。

中华人民共和国住房和城乡建设部

2016年7月7日

修　订　说　明

本次局部修订系根据住房和城乡建设部《关于印发2014年工程建设标准规范制订、修订计划的通知》（建标［2013］169号）的要求，由中国建筑科学研究院会同有关的设计、勘察、研究和教学单位对《建筑抗震设计规范》GB 50011－2010进行局部修订而成。

此次局部修订的主要内容包括两个方面：

1　根据《中国地震动参数区划图》GB 18306－2015和《中华人民共和国行政区划简册2015》以及民政部发布2015年行政区划变更公报，修订《建筑抗震设计规范》GB 50011－2010附录A“我国主要城镇抗震设防烈度、设计基本地震加速度和设计地震分组”。

2　根据《建筑抗震设计规范》GB 50011－2010实施以来各方反馈的意见和建议，对部分条款进行文字性调整。修订过程中广泛征求了各方面的意见，对具体修订内容进行了反复的讨论和修改，与相关标准进行协调，最后经审查定稿。

此次局部修订，共涉及一个附录和10条条文的修改，分别为附录A和第3.4.3条、第3.4.4条、第4.4.1条、第6.4.5条、第7.1.7条、第8.2.7条、第8.2.8条、第9.2.16条、第14.3.1条、第14.3.2条。

本规范条文下划线部分为修改的内容；用黑体字表示的条文为强制性条文，必须严格执行。

本次局部修订的主编单位：中国建筑科学研究院

本次局部修订的参编单位：中国地震局地球物理研究所
中国建筑标准设计研究院
北京市建筑设计研究院
中国电子工程设计院

主要起草人：黄世敏　王亚勇　戴国莹　符圣聪　罗开海　李小军　柯长华　郁银泉　娄　宇　薛慧立

主要审查人：徐培福　齐五辉　范　重　吴　健　郭明田　吴汉福　马东辉　宋　波　潘　鹏

中华人民共和国住房和城乡建设部
公　　告

第 609 号

关于发布国家标准《建筑抗震设计规范》的公告

现批准《建筑抗震设计规范》为国家标准，编号为GB 50011－2010，自 2010 年 12 月 1 日起实施。其中，第 1.0.2、1.0.4、3.1.1、3.3.1、3.3.2、3.4.1、3.5.2、3.7.1、3.7.4、3.9.1、3.9.2、3.9.4、3.9.6、4.1.6、4.1.8、4.1.9、4.2.2、4.3.2、4.4.5、5.1.1、5.1.3、5.1.4、5.1.6、5.2.5、5.4.1、5.4.2、5.4.3、6.1.2、6.3.3、6.3.7、6.4.3、7.1.2、7.1.5、7.1.8、7.2.4、7.2.6、7.3.1、7.3.3、7.3.5、7.3.6、7.3.8、7.4.1、7.4.4、7.5.7、7.5.8、8.1.3、8.3.1、8.3.6、8.4.1、8.5.1、10.1.3、10.1.12、10.1.15、12.1.5、12.2.1、12.2.9 条为强制性条文，必须严格执行。原《建筑抗震设计规范》GB 50011－2001同时废止。

本规范由我部标准定额研究所组织中国建筑工业出版社出版发行。

中华人民共和国住房和城乡建设部

2010 年 5 月 31 日

前　　言

本规范系根据原建设部《关于印发〈2006 年工程建设标准规范制订、修订计划（第一批）〉的通知》（建标［2006］77 号）的要求，由中国建筑科学研究院会同有关的设计、勘察、研究和教学单位对《建筑抗震设计规范》GB 50011－2001 进行修订而成。

修订过程中，编制组总结了 2008 年汶川地震震害经验，对灾区设防烈度进行了调整，增加了有关山区场地、框架结构填充墙设置、砌体结构楼梯间、抗震结构施工要求的强制性条文，提高了装配式楼板构造和钢筋伸长率的要求。此后，继续开展了专题研究和部分试验研究，调查总结了近年来国内外大地震（包括汶川地震）的经验教训，采纳了地震工程的新科研成果，考虑了我国的经济条件和工程实践，并在全国范围内广泛征求了有关设计、勘察、科研、教学单位及抗震管理部门的意见，经反复讨论、修改、充实和试设计，最后经审查定稿。

本次修订后共有 14 章 12 个附录。除了保持 2008 年局部修订的规定外，主要修订内容是：补充了关于 7 度（0.15g）和 8 度（0.30g）设防的抗震措施规定，按《中国地震动参数区划图》调整了设计地震分组；改进了土壤液化判别公式；调整了地震影响系数曲线的阻尼调整参数、钢结构的阻尼比和承载力抗震调整系数、隔震结构的水平向减震系数的计算，并补充了大跨屋盖建筑水平和竖向地震作用的计算方法；提高了对混凝土框架结构房屋、底部框架砌体房屋的抗震设计要求；提出了钢结构房屋抗震等级并相应调整了抗震措施的规定；改进了多层砌体房屋、混凝土抗震墙房屋、配筋砌体房屋的抗震措施；扩大了隔震和消能减震房屋的适用范围；新增建筑抗震性能化设计原则以及有关大跨屋盖建筑、地下建筑、框排架厂房、钢支撑-混凝土框架和钢框架-钢筋混凝土核心筒结构的抗震设计规定。取消了内框架砖房的内容。

本规范中以黑体字标志的条文为强制性条文，必须严格执行。

本规范由住房和城乡建设部负责管理和对强制性条文的解释，中国建筑科学研究院负责具体技术内容的解释。在执行过程中，请各单位结合工程实践，认真总结经验，并将意见和建议寄交北京市北三环东路 30 号中国建筑科学研究院国家标准《建筑抗震设计规范》管理组（邮编：100013，E-mail：GB 50011-cabr@163.com）。

主 编 单 位：中国建筑科学研究院

参 编 单 位：中国地震局工程力学研究所、中国建筑设计研究院、中国建筑标准设计研究院、北京市建筑设计研究院、中国电子工程设计院、中国建筑西南设计研究院、中国建筑西北设计研究院、中国建筑东北设计研究院、华东建筑设计研究院、中南建筑设计院、广东省建筑设计研究院、上海建筑设计研究院、新疆维吾尔自治区建筑设计研究院、云南省设计院、四川省建筑设计院、深圳市建筑设计研究总院、北京市勘察设计研究院、上海市隧道工程轨道交通设计研究院、中建国际（深圳）设计顾问有限公司、中冶集团建筑研究总院、中国机械工业集团公司、中国中元国际工程公司、清华大学、同济大学、哈尔滨工业大学、浙江大学、重庆大学、云南大学、广州大学、大连理工大学、北京工业大学

主要起草人：黄世敏　王亚勇（以下按姓氏笔画排列）

丁洁民　方泰生　邓　华　叶燎原
冯　远　吕西林　刘琼祥　李　亮
李　惠　李　霆　李小军　李亚明
李英民　李国强　杨林德　苏经宇
肖　伟　吴明舜　辛鸿博　张瑞龙
陈　炯　陈富生　欧进萍　郁银泉
易方民　罗开海　周正华　周炳章
周福霖　周锡元　柯长华　娄　宇
姜文伟　袁金西　钱基宏　钱稼茹
徐　建　徐永基　唐曹明　容柏生
曹文宏　符圣聪　章一萍　葛学礼
董津城　程才渊　傅学怡　曾德民
窦南华　蔡益燕　薛彦涛　薛慧立
戴国莹

主要审查人：徐培福　吴学敏　刘志刚（以下按姓氏笔画排列）

刘树屯　李　黎　李学兰　陈国义
侯忠良　莫　庸　顾宝和　高孟谭
黄小坤　程懋堃

目　次

CONTENTS

1 总 则

1.0.1 为贯彻执行国家有关建筑工程、防震减灾的法律法规并实行以预防为主的方针，使建筑经抗震设防后，减轻建筑的地震破坏，避免人员伤亡，减少经济损失，制定本规范。

按本规范进行抗震设计的建筑，其基本的抗震设防目标是：当遭受低于本地区抗震设防烈度的多遇地震影响时，主体结构不受损坏或不需修理可继续使用；当遭受相当于本地区抗震设防烈度的设防地震影响时，可能发生损坏，但经一般性修理仍可继续使用；当遭受高于本地区抗震设防烈度的罕遇地震影响时，不致倒塌或发生危及生命的严重破坏。使用功能或其他方面有专门要求的建筑，当采用抗震性能化设计时，具有更具体或更高的抗震设防目标。

1.0.2 抗震设防烈度为6度及以上地区的建筑，必须进行抗震设计。

1.0.3 本规范适用于抗震设防烈度为6、7、8和9度地区建筑工程的抗震设计以及隔震、消能减震设计。建筑的抗震性能化设计，可采用本规范规定的基本方法。

抗震设防烈度大于9度地区的建筑及行业有特殊要求的工业建筑，其抗震设计应按有关专门规定执行。

注：本规范"6度、7度、8度、9度"即"抗震设防烈度为6度、7度、8度、9度"的简称。

1.0.4 抗震设防烈度必须按国家规定的权限审批、颁发的文件（图件）确定。

1.0.5 一般情况下，建筑的抗震设防烈度应采用根据中国地震动参数区划图确定的地震基本烈度（本规范设计基本地震加速度值所对应的烈度值）。

1.0.6 建筑的抗震设计，除应符合本规范要求外，尚应符合国家现行有关标准的规定。

2 术语和符号

2.1 术 语

2.1.1 抗震设防烈度 seismic precautionary intensity

按国家规定的权限批准作为一个地区抗震设防依据的地震烈度。一般情况，取50年内超越概率10%的地震烈度。

2.1.2 抗震设防标准 seismic precautionary criterion

衡量抗震设防要求高低的尺度，由抗震设防烈度或设计地震动参数及建筑抗震设防类别确定。

2.1.3 地震动参数区划图 seismic ground motion parameter zonation map

以地震动参数（以加速度表示地震作用强弱程度）为指标，将全国划分为不同抗震设防要求区域的图件。

2.1.4 地震作用 earthquake action

由地震动引起的结构动态作用，包括水平地震作用和竖向地震作用。

2.1.5 设计地震动参数 design parameters of ground motion

抗震设计用的地震加速度（速度、位移）时程曲线、加速度反应谱和峰值加速度。

2.1.6 设计基本地震加速度 design basic acceleration of ground motion

50年设计基准期超越概率10%的地震加速度的设计取值。

2.1.7 设计特征周期 design characteristic period of ground motion

抗震设计用的地震影响系数曲线中，反映地震震级、震中距和场地类别等因素的下降段起始点对应的周期值，简称特征周期。

2.1.8 场地 site

工程群体所在地，具有相似的反应谱特征。其范围相当于厂区、居民小区和自然村或不小于1.0km^2的平面面积。

2.1.9 建筑抗震概念设计 seismic concept design of buildings

根据地震灾害和工程经验等所形成的基本设计原则和设计思想，进行建筑和结构总体布置并确定细部构造的过程。

2.1.10 抗震措施 seismic measures

除地震作用计算和抗力计算以外的抗震设计内容，包括抗震构造措施。

2.1.11 抗震构造措施 details of seismic design

根据抗震概念设计原则，一般不需计算而对结构和非结构各部分必须采取的各种细部要求。

2.2 主 要 符 号

2.2.1 作用和作用效应

F_{Ek}、F_{Evk}——结构总水平、竖向地震作用标准值；

G_E、G_{eq}——地震时结构（构件）的重力荷载代表值、等效总重力荷载代表值；

w_k——风荷载标准值；

S_E——地震作用效应（弯矩、轴向力、剪力、应力和变形）；

S——地震作用效应与其他荷载效应的基本组合；

S_k——作用、荷载标准值的效应；

M——弯矩；

N——轴向压力；

V——剪力；

p——基础底面压力；

u——侧移；

θ——楼层位移角。

2.2.2 材料性能和抗力

K——结构（构件）的刚度；

R——结构构件承载力；

f、f_k、f_E——各种材料强度（含地基承载力）设计值、标准值和抗震设计值；

$[\theta]$——楼层位移角限值。

2.2.3 几何参数

A——构件截面面积；

A_s——钢筋截面面积；

B——结构总宽度；

H——结构总高度、柱高度；

L——结构（单元）总长度；

a——距离；

a_s、a'_s——纵向受拉、受压钢筋合力点至截面边缘的最小距离；

b——构件截面宽度；

d——土层深度或厚度，钢筋直径；

h——构件截面高度；

l——构件长度或跨度；

t——抗震墙厚度、楼板厚度。

2.2.4 计算系数

α——水平地震影响系数；

α_{max}——水平地震影响系数最大值；

α_{vmax}——竖向地震影响系数最大值；

γ_G、γ_E、γ_w——作用分项系数；

γ_{RE}——承载力抗震调整系数；

ζ——计算系数；

η——地震作用效应（内力和变形）的增大或调整系数；

λ——构件长细比，比例系数；

ξ_y——结构（构件）屈服强度系数；

ρ——配筋率，比率；

ϕ——构件受压稳定系数；

ψ——组合值系数，影响系数。

2.2.5 其他

T——结构自振周期；

N——贯入锤击数；

I_{lE}——地震时地基的液化指数；

X_{ji}——位移振型坐标（j 振型 i 质点的 x 方向相对位移）；

Y_{ji}——位移振型坐标（j 振型 i 质点的 y 方向相对位移）；

n——总数，如楼层数、质点数、钢筋根数、跨数等；

v_{se}——土层等效剪切波速；

Φ_{ji}——转角振型坐标（j 振型 i 质点的转角方向相对位移）。

3 基 本 规 定

3.1 建筑抗震设防分类和设防标准

3.1.1 抗震设防的所有建筑应按现行国家标准《建筑工程抗震设防分类标准》GB 50223 确定其抗震设防类别及其抗震设防标准。

3.1.2 抗震设防烈度为 6 度时，除本规范有具体规定外，对乙、丙、丁类的建筑可不进行地震作用计算。

3.2 地 震 影 响

3.2.1 建筑所在地区遭受的地震影响，应采用相应于抗震设防烈度的设计基本地震加速度和特征周期表征。

3.2.2 抗震设防烈度和设计基本地震加速度取值的对应关系，应符合表 3.2.2 的规定。设计基本地震加速度为 0.15g 和 0.30g 地区内的建筑，除本规范另有规定外，应分别按抗震设防烈度 7 度和 8 度的要求进行抗震设计。

表 3.2.2 抗震设防烈度和设计基本地震加速度值的对应关系

抗震设防烈度	6	7	8	9
设计基本地震加速度值	0.05g	0.10(0.15)g	0.20(0.30)g	0.40g

注：g 为重力加速度。

3.2.3 地震影响的特征周期应根据建筑所在地的设计地震分组和场地类别确定。本规范的设计地震共分为三组，其特征周期应按本规范第 5 章的有关规定采用。

3.2.4 我国主要城镇（县级及县级以上城镇）中心地区的抗震设防烈度、设计基本地震加速度值和所属的设计地震分组，可按本规范附录 A 采用。

3.3 场地和地基

3.3.1 选择建筑场地时，应根据工程需要和地震活动情况、工程地质和地震地质的有关资料，对抗震有利、一般、不利和危险地段做出综合评价。对不利地段，应提出避开要求；当无法避开时应采取有效的措施。对危险地段，严禁建造甲、乙类的建筑，不应建造丙类的建筑。

3.3.2 建筑场地为Ⅰ类时，对甲、乙类的建筑应允许仍按本地区抗震设防烈度的要求采取抗震构造措施；对丙类的建筑应允许按本地区抗震设防烈度降低一度的要求采取抗震构造措施，但抗震设防烈度为 6

度时仍应按本地区抗震设防烈度的要求采取抗震构造措施。

3.3.3 建筑场地为Ⅲ、Ⅳ类时，对设计基本地震加速度为0.15g和0.30g的地区，除本规范另有规定外，宜分别按抗震设防烈度8度（0.20g）和9度（0.40g）时各抗震设防类别建筑的要求采取抗震构造措施。

3.3.4 地基和基础设计应符合下列要求：

1 同一结构单元的基础不宜设置在性质截然不同的地基上。

2 同一结构单元不宜部分采用天然地基部分采用桩基；当采用不同基础类型或基础埋深显著不同时，应根据地震时两部分地基基础的沉降差异，在基础、上部结构的相关部位采取相应措施。

3 地基为软弱黏性土、液化土、新近填土或严重不均匀土时，应根据地震时地基不均匀沉降和其他不利影响，采取相应的措施。

3.3.5 山区建筑的场地和地基基础应符合下列要求：

1 山区建筑场地勘察应有边坡稳定性评价和防治方案建议；应根据地质、地形条件和使用要求，因地制宜设置符合抗震设防要求的边坡工程。

2 边坡设计应符合现行国家标准《建筑边坡工程技术规范》GB 50330的要求；其稳定性验算时，有关的摩擦角应按设防烈度的高低相应修正。

3 边坡附近的建筑基础应进行抗震稳定性设计。建筑基础与土质、强风化岩质边坡的边缘应留有足够的距离，其值应根据设防烈度的高低确定，并采取措施避免地震时地基基础破坏。

3.4 建筑形体及其构件布置的规则性

3.4.1 建筑设计应根据抗震概念设计的要求明确建筑形体的规则性。不规则的建筑应按规定采取加强措施；特别不规则的建筑应进行专门研究和论证，采取特别的加强措施；严重不规则的建筑不应采用。

注：形体指建筑平面形状和立面、竖向剖面的变化。

3.4.2 建筑设计应重视其平面、立面和竖向剖面的规则性对抗震性能及经济合理性的影响，宜择优选用规则的形体，其抗侧力构件的平面布置宜规则对称、侧向刚度沿竖向宜均匀变化、竖向抗侧力构件的截面尺寸和材料强度宜自下而上逐渐减小、避免侧向刚度和承载力突变。

不规则建筑的抗震设计应符合本规范第3.4.4条的有关规定。

3.4.3 建筑形体及其构件布置的平面、竖向不规则性，应按下列要求划分：

1 混凝土房屋、钢结构房屋和钢-混凝土混合结构房屋存在表3.4.3-1所列举的某项平面不规则类型或表3.4.3-2所列举的某项竖向不规则类型以及类似的不规则类型，应属于不规则的建筑。

表 3.4.3-1 平面不规则的主要类型

不规则类型	定义和参考指标
扭转不规则	在具有偶然偏心的规定水平力作用下，楼层两端抗侧力构件弹性水平位移（或层间位移）的最大值与平均值的比值大于1.2
凹凸不规则	平面凹进的尺寸，大于相应投影方向总尺寸的30%
楼板局部不连续	楼板的尺寸和平面刚度急剧变化，例如，有效楼板宽度小于该层楼板典型宽度的50%，或开洞面积大于该层楼面面积的30%，或较大的楼层错层

表 3.4.3-2 竖向不规则的主要类型

不规则类型	定义和参考指标
侧向刚度不规则	该层的侧向刚度小于相邻上一层的70%，或小于其上相邻三个楼层侧向刚度平均值的80%；除顶层或出屋面小建筑外，局部收进的水平向尺寸大于相邻下一层的25%
竖向抗侧力构件不连续	竖向抗侧力构件（柱、抗震墙、抗震支撑）的内力由水平转换构件（梁、桁架等）向下传递
楼层承载力突变	抗侧力结构的层间受剪承载力小于相邻上一楼层的80%

2 砌体房屋、单层工业厂房、单层空旷房屋、大跨屋盖建筑和地下建筑的平面和竖向不规则性的划分，应符合本规范有关章节的规定。

3 当存在多项不规则或某项不规则超过规定的参考指标较多时，应属于特别不规则的建筑。

3.4.4 建筑形体及其构件布置不规则时，应按下列要求进行地震作用计算和内力调整，并应对薄弱部位采取有效的抗震构造措施：

1 平面不规则而竖向规则的建筑，应采用空间结构计算模型，并应符合下列要求：

1) 扭转不规则时，应计入扭转影响，且在具有偶然偏心的规定水平力作用下，楼层两端抗侧力构件弹性水平位移或层间位移的最大值与平均值的比值不宜大于1.5，当最大层间位移远小于规范限值时，可适当放宽；

2) 凹凸不规则或楼板局部不连续时，应采用符合楼板平面内实际刚度变化的计算模型；高烈度或不规则程度较大时，宜计入楼板局部变形的影响；

3）平面不对称且凹凸不规则或局部不连续，可根据实际情况分块计算扭转位移比，对扭转较大的部位应采用局部的内力增大系数。

2 平面规则而竖向不规则的建筑，应采用空间结构计算模型，刚度小的楼层的地震剪力应乘以不小于1.15的增大系数，其薄弱层应按本规范有关规定进行弹塑性变形分析，并应符合下列要求：

1）竖向抗侧力构件不连续时，该构件传递给水平转换构件的地震内力应根据烈度高低和水平转换构件的类型、受力情况、几何尺寸等，乘以1.25～2.0的增大系数；

2）侧向刚度不规则时，相邻层的侧向刚度比应依据其结构类型符合本规范相关章节的规定；

3）楼层承载力突变时，薄弱层抗侧力结构的受剪承载力不应小于相邻上一楼层的65%。

3 平面不规则且竖向不规则的建筑，应根据不规则类型的数量和程度，有针对性地采取不低于本条1、2款要求的各项抗震措施。特别不规则的建筑，应经专门研究，采取更有效的加强措施或对薄弱部位采用相应的抗震性能化设计方法。

3.4.5 体型复杂、平立面不规则的建筑，应根据不规则程度、地基基础条件和技术经济等因素的比较分析，确定是否设置防震缝，并分别符合下列要求：

1 当不设置防震缝时，应采用符合实际的计算模型，分析判明其应力集中、变形集中或地震扭转效应等导致的易损部位，采取相应的加强措施。

2 当在适当部位设置防震缝时，宜形成多个较规则的抗侧力结构单元。防震缝应根据抗震设防烈度、结构材料种类、结构类型、结构单元的高度和高差以及可能的地震扭转效应的情况，留有足够的宽度，其两侧的上部结构应完全分开。

3 当设置伸缩缝和沉降缝时，其宽度应符合防震缝的要求。

3.5 结构体系

3.5.1 结构体系应根据建筑的抗震设防类别、抗震设防烈度、建筑高度、场地条件、地基、结构材料和施工等因素，经技术、经济和使用条件综合比较确定。

3.5.2 结构体系应符合下列各项要求：

1 应具有明确的计算简图和合理的地震作用传递途径。

2 应避免因部分结构或构件破坏而导致整个结构丧失抗震能力或对重力荷载的承载能力。

3 应具备必要的抗震承载力，良好的变形能力和消耗地震能量的能力。

4 对可能出现的薄弱部位，应采取措施提高其抗震能力。

3.5.3 结构体系尚宜符合下列各项要求：

1 宜有多道抗震防线。

2 宜具有合理的刚度和承载力分布，避免因局部削弱或突变形成薄弱部位，产生过大的应力集中或塑性变形集中。

3 结构在两个主轴方向的动力特性宜相近。

3.5.4 结构构件应符合下列要求：

1 砌体结构应按规定设置钢筋混凝土圈梁和构造柱、芯柱，或采用约束砌体、配筋砌体等。

2 混凝土结构构件应控制截面尺寸和受力钢筋、箍筋的设置，防止剪切破坏先于弯曲破坏、混凝土的压溃先于钢筋的屈服、钢筋的锚固粘结破坏先于钢筋破坏。

3 预应力混凝土的构件，应配有足够的非预应力钢筋。

4 钢结构构件的尺寸应合理控制，避免局部失稳或整个构件失稳。

5 多、高层的混凝土楼、屋盖宜优先采用现浇混凝土板。当采用预制装配式混凝土楼、屋盖时，应从楼盖体系和构造上采取措施确保各预制板之间连接的整体性。

3.5.5 结构各构件之间的连接，应符合下列要求：

1 构件节点的破坏，不应先于其连接的构件。

2 预埋件的锚固破坏，不应先于连接件。

3 装配式结构构件的连接，应能保证结构的整体性。

4 预应力混凝土构件的预应力钢筋，宜在节点核心区以外锚固。

3.5.6 装配式单层厂房的各种抗震支撑系统，应保证地震时厂房的整体性和稳定性。

3.6 结构分析

3.6.1 除本规范特别规定者外，建筑结构应进行多遇地震作用下的内力和变形分析，此时，可假定结构与构件处于弹性工作状态，内力和变形分析可采用线性静力方法或线性动力方法。

3.6.2 不规则且具有明显薄弱部位可能导致重大地震破坏的建筑结构，应按本规范有关规定进行罕遇地震作用下的弹塑性变形分析。此时，可根据结构特点采用静力弹塑性分析或弹塑性时程分析方法。

当本规范有具体规定时，尚可采用简化方法计算结构的弹塑性变形。

3.6.3 当结构在地震作用下的重力附加弯矩大于初始弯矩的10%时，应计入重力二阶效应的影响。

注：重力附加弯矩指任一楼层以上全部重力荷载与该楼层地震平均层间位移的乘积；初始弯矩指该楼层地震剪力与楼层层高的乘积。

3.6.4 结构抗震分析时，应按照楼、屋盖的平面形状和平面内变形情况确定为刚性、分块刚性、半刚性、局部弹性和柔性等的横隔板，再按抗侧力系统的布置确定抗侧力构件间的共同工作并进行各构件间的地震内力分析。

3.6.5 质量和侧向刚度分布接近对称且楼、屋盖可视为刚性横隔板的结构，以及本规范有关章节有具体规定的结构，可采用平面结构模型进行抗震分析。其他情况，应采用空间结构模型进行抗震分析。

3.6.6 利用计算机进行结构抗震分析，应符合下列要求：

1 计算模型的建立、必要的简化计算与处理，应符合结构的实际工作状况，计算中应考虑楼梯构件的影响。

2 计算软件的技术条件应符合本规范及有关标准的规定，并应阐明其特殊处理的内容和依据。

3 复杂结构在多遇地震作用下的内力和变形分析时，应采用不少于两个合适的不同力学模型，并对其计算结果进行分析比较。

4 所有计算机计算结果，应经分析判断确认其合理、有效后方可用于工程设计。

3.7 非结构构件

3.7.1 非结构构件，包括建筑非结构构件和建筑附属机电设备，自身及其与结构主体的连接，应进行抗震设计。

3.7.2 非结构构件的抗震设计，应由相关专业人员分别负责进行。

3.7.3 附着于楼、屋面结构上的非结构构件，以及楼梯间的非承重墙体，应与主体结构有可靠的连接或锚固，避免地震时倒塌伤人或砸坏重要设备。

3.7.4 框架结构的围护墙和隔墙，应估计其设置对结构抗震的不利影响，避免不合理设置而导致主体结构的破坏。

3.7.5 幕墙、装饰贴面与主体结构应有可靠连接，避免地震时脱落伤人。

3.7.6 安装在建筑上的附属机械、电气设备系统的支座和连接，应符合地震时使用功能的要求，且不应导致相关部件的损坏。

3.8 隔震与消能减震设计

3.8.1 隔震与消能减震设计，可用于对抗震安全性和使用功能有较高要求或专门要求的建筑。

3.8.2 采用隔震或消能减震设计的建筑，当遭遇到本地区的多遇地震影响、设防地震影响和罕遇地震影响时，可按高于本规范第1.0.1条的基本设防目标进行设计。

3.9 结构材料与施工

3.9.1 抗震结构对材料和施工质量的特别要求，应在设计文件上注明。

3.9.2 结构材料性能指标，应符合下列最低要求：

1 砌体结构材料应符合下列规定：

1）普通砖和多孔砖的强度等级不应低于MU10，其砌筑砂浆强度等级不应低于M5；

2）混凝土小型空心砌块的强度等级不应低于MU7.5，其砌筑砂浆强度等级不应低于Mb7.5。

2 混凝土结构材料应符合下列规定：

1）混凝土的强度等级，框支梁、框支柱及抗震等级为一级的框架梁、柱、节点核芯区，不应低于C30；构造柱、芯柱、圈梁及其他各类构件不应低于C20；

2）抗震等级为一、二、三级的框架和斜撑构件（含梯段），其纵向受力钢筋采用普通钢筋时，钢筋的抗拉强度实测值与屈服强度实测值的比值不应小于1.25；钢筋的屈服强度实测值与屈服强度标准值的比值不应大于1.3，且钢筋在最大拉力下的总伸长率实测值不应小于9%。

3 钢结构的钢材应符合下列规定：

1）钢材的屈服强度实测值与抗拉强度实测值的比值不应大于0.85；

2）钢材应有明显的屈服台阶，且伸长率不应小于20%；

3）钢材应有良好的焊接性和合格的冲击韧性。

3.9.3 结构材料性能指标，尚宜符合下列要求：

1 普通钢筋宜优先采用延性、韧性和焊接性较好的钢筋；普通钢筋的强度等级，纵向受力钢筋宜选用符合抗震性能指标的不低于HRB400级的热轧钢筋，也可采用符合抗震性能指标的HRB335级热轧钢筋；箍筋宜选用符合抗震性能指标的不低于HRB335级的热轧钢筋，也可选用HPB300级热轧钢筋。

注：钢筋的检验方法应符合现行国家标准《混凝土结构工程施工质量验收规范》GB 50204的规定。

2 混凝土结构的混凝土强度等级，抗震墙不宜超过C60，其他构件，9度时不宜超过C60，8度时不宜超过C70。

3 钢结构的钢材宜采用Q235等级B、C、D的碳素结构钢及Q345等级B、C、D、E的低合金高强度结构钢；当有可靠依据时，尚可采用其他钢种和钢号。

3.9.4 在施工中，当需要以强度等级较高的钢筋替代原设计中的纵向受力钢筋时，应按照钢筋受拉承载力设计值相等的原则换算，并应满足最小配筋率要求。

3.9.5 采用焊接连接的钢结构，当接头的焊接拘束度较大、钢板厚度不小于40mm且承受沿板厚方向的拉力时，钢板厚度方向截面收缩率不应小于国家标准《厚度方向性能钢板》GB/T 5313关于Z15级规定的容许值。

3.9.6 钢筋混凝土构造柱和底部框架-抗震墙房屋中的砌体抗震墙，其施工应先砌墙后浇构造柱和框架梁柱。

3.9.7 混凝土墙体、框架柱的水平施工缝，应采取措施加强混凝土的结合性能。对于抗震等级一级的墙体和转换层楼板与落地混凝土墙体的交接处，宜验算水平施工缝截面的受剪承载力。

3.10 建筑抗震性能化设计

3.10.1 当建筑结构采用抗震性能化设计时，应根据其抗震设防类别、设防烈度、场地条件、结构类型和不规则性，建筑使用功能和附属设施功能的要求、投资大小、震后损失和修复难易程度等，对选定的抗震性能目标提出技术和经济可行性综合分析和论证。

3.10.2 建筑结构的抗震性能化设计，应根据实际需要和可能，具有针对性：可分别选定针对整个结构、结构的局部部位或关键部位、结构的关键部件、重要构件、次要构件以及建筑构件和机电设备支座的性能目标。

3.10.3 建筑结构的抗震性能化设计应符合下列要求：

1 选定地震动水准。对设计使用年限50年的结构，可选用本规范的多遇地震、设防地震和罕遇地震的地震作用，其中，设防地震的加速度应按本规范表3.2.2的设计基本地震加速度采用，设防地震的地震影响系数最大值，6度、7度（0.10g）、7度（0.15g）、8度（0.20g）、8度（0.30g）、9度可分别采用0.12、0.23、0.34、0.45、0.68和0.90。对设计使用年限超过50年的结构，宜考虑实际需要和可能，经专门研究后对地震作用作适当调整。对处于发震断裂两侧10km以内的结构，地震动参数应计入近场影响，5km以内宜乘以增大系数1.5，5km以外宜乘以不小于1.25的增大系数。

2 选定性能目标，即对应于不同地震动水准的预期损坏状态或使用功能，应不低于本规范第1.0.1条对基本设防目标的规定。

3 选定性能设计指标。设计应选定分别提高结构或其关键部位的抗震承载力、变形能力或同时提高抗震承载力和变形能力的具体指标，尚应计及不同水准地震作用取值的不确定性而留有余地。设计宜确定在不同地震动水准下结构不同部位的水平和竖向构件承载力的要求（含不发生脆性剪切破坏、形成塑性铰、达到屈服值或保持弹性等）；宜选择在不同地震动水准下结构不同部位的预期弹性或弹塑性变形状态，以及相应的构件延性构造的高、中或低要求。当构件的承载力明显提高时，相应的延性构造可适当降低。

3.10.4 建筑结构的抗震性能化设计的计算应符合下列要求：

1 分析模型应正确、合理地反映地震作用的传递途径和楼盖在不同地震动水准下是否整体或分块处于弹性工作状态。

2 弹性分析可采用线性方法，弹塑性分析可根据性能目标所预期的结构弹塑性状态，分别采用增加阻尼的等效线性化方法以及静力或动力非线性分析方法。

3 结构非线性分析模型相对于弹性分析模型可有所简化，但二者在多遇地震下的线性分析结果应基本一致；应计入重力二阶效应、合理确定弹塑性参数，应依据构件的实际截面、配筋等计算承载力，可通过与理想弹性假定计算结果的对比分析，着重发现构件可能破坏的部位及其弹塑性变形程度。

3.10.5 结构及其构件抗震性能化设计的参考目标和计算方法，可按本规范附录M第M.1节的规定采用。

3.11 建筑物地震反应观测系统

3.11.1 抗震设防烈度为7、8、9度时，高度分别超过160m、120m、80m的大型公共建筑，应按规定设置建筑结构的地震反应观测系统，建筑设计应留有观测仪器和线路的位置。

4 场地、地基和基础

4.1 场 地

4.1.1 选择建筑场地时，应按表4.1.1划分对建筑抗震有利、一般、不利和危险的地段。

表4.1.1 有利、一般、不利和危险地段的划分

地段类别	地质、地形、地貌
有利地段	稳定基岩，坚硬土，开阔、平坦、密实、均匀的中硬土等
一般地段	不属于有利、不利和危险的地段
不利地段	软弱土，液化土，条状突出的山嘴，高耸孤立的山丘，陡坡，陡坎，河岸和边坡的边缘，平面分布上成因、岩性、状态明显不均匀的土层（含故河道、疏松的断层破碎带、暗埋的塘浜沟谷和半填半挖地基），高含水量的可塑黄土，地表存在结构性裂缝等
危险地段	地震时可能发生滑坡、崩塌、地陷、地裂、泥石流等及发震断裂带上可能发生地表位错的部位

4.1.2 建筑场地的类别划分，应以土层等效剪切波速和场地覆盖层厚度为准。

4.1.3 土层剪切波速的测量，应符合下列要求：

1 在场地初步勘察阶段，对大面积的同一地质单元，测试土层剪切波速的钻孔数量不宜少于3个。

2 在场地详细勘察阶段，对单幢建筑，测试土层剪切波速的钻孔数量不宜少于2个，测试数据变化较大时，可适量增加；对小区中处于同一地质单元内的密集建筑群，测试土层剪切波速的钻孔数量可适量减少，但每幢高层建筑和大跨空间结构的钻孔数量均不得少于1个。

3 对丁类建筑及丙类建筑中层数不超过10层、高度不超过24m的多层建筑，当无实测剪切波速时，可根据岩土名称和性状，按表4.1.3划分土的类型，再利用当地经验在表4.1.3的剪切波速范围内估算各土层的剪切波速。

表 4.1.3 土的类型划分和剪切波速范围

土的类型	岩土名称和性状	土层剪切波速范围（m/s）
岩石	坚硬、较硬且完整的岩石	$v_s>800$
坚硬土或软质岩石	破碎和较破碎的岩石或软和较软的岩石，密实的碎石土	$800\geqslant v_s>500$
中硬土	中密、稍密的碎石土，密实、中密的砾、粗、中砂，$f_{ak}>150$ 的黏性土和粉土，坚硬黄土	$500\geqslant v_s>250$
中软土	稍密的砾、粗、中砂，除松散外的细、粉砂，$f_{ak}\leqslant150$ 的黏性土和粉土，$f_{ak}>130$ 的填土，可塑新黄土	$250\geqslant v_s>150$
软弱土	淤泥和淤泥质土，松散的砂，新近沉积的黏性土和粉土，$f_{ak}\leqslant130$ 的填土，流塑黄土	$v_s\leqslant150$

注：f_{ak}为由载荷试验等方法得到的地基承载力特征值（kPa）；v_s为岩土剪切波速。

4.1.4 建筑场地覆盖层厚度的确定，应符合下列要求：

1 一般情况下，应按地面至剪切波速大于500m/s且其下卧各层岩土的剪切波速均不小于500m/s的土层顶面的距离确定。

2 当地面5m以下存在剪切波速大于其上部各土层剪切波速2.5倍的土层，且该层及其下卧各层岩土的剪切波速均不小于400m/s时，可按地面至该土层顶面的距离确定。

3 剪切波速大于500m/s的孤石、透镜体，应视同周围土层。

4 土层中的火山岩硬夹层，应视为刚体，其厚度应从覆盖土层中扣除。

4.1.5 土层的等效剪切波速，应按下列公式计算：

$$v_{se}=d_0/t \tag{4.1.5-1}$$

$$t=\sum_{i=1}^{n}(d_i/v_{si}) \tag{4.1.5-2}$$

式中：v_{se}——土层等效剪切波速（m/s）；

d_0——计算深度（m），取覆盖层厚度和20m两者的较小值；

t——剪切波在地面至计算深度之间的传播时间；

d_i——计算深度范围内第 i 土层的厚度（m）；

v_{si}——计算深度范围内第 i 土层的剪切波速（m/s）；

n——计算深度范围内土层的分层数。

4.1.6 建筑的场地类别，应根据土层等效剪切波速和场地覆盖层厚度按表4.1.6划分为四类，其中Ⅰ类分为Ⅰ$_0$、Ⅰ$_1$两个亚类。当有可靠的剪切波速和覆盖层厚度且其值处于表4.1.6所列场地类别的分界线附近时，应允许按插值方法确定地震作用计算所用的特征周期。

表 4.1.6 各类建筑场地的覆盖层厚度（m）

岩石的剪切波速或土的等效剪切波速（m/s）	场地类别				
	Ⅰ$_0$	Ⅰ$_1$	Ⅱ	Ⅲ	Ⅳ
$_s>800$	0				
$800\geqslant\ _s>500$		0			
$500\geqslant\ _{se}>250$		<5	$\geqslant5$		
$250\geqslant\ _{se}>150$		<3	3～50	>50	
$_{se}\leqslant150$		<3	3～15	15～80	>80

注：表中 $_s$系岩石的剪切波速。

4.1.7 场地内存在发震断裂时，应对断裂的工程影响进行评价，并应符合下列要求：

1 对符合下列规定之一的情况，可忽略发震断裂错动对地面建筑的影响：

1）抗震设防烈度小于8度；

2）非全新世活动断裂；

3）抗震设防烈度为8度和9度时，隐伏断裂的土层覆盖厚度分别大于60m和90m。

2 对不符合本条1款规定的情况，应避开主断裂带。其避让距离不宜小于表4.1.7对发震断裂最小避让距离的规定。在避让距离的范围内确有需要建造分散的、低于三层的丙、丁类建筑时，应按提高一度采取抗震措施，并提高基础和上部结构的整体性，且不得跨越断层线。

表 4.1.7 发震断裂的最小避让距离（m）

烈 度	建筑抗震设防类别			
	甲	乙	丙	丁
8	专门研究	200m	100m	—
9	专门研究	400m	200m	—

4.1.8 当需要在条状突出的山嘴、高耸孤立的山丘、非岩石和强风化岩石的陡坡、河岸和边坡边缘等不利地段建造丙类及丙类以上建筑时，除保证其在地震作用下的稳定性外，尚应估计不利地段对设计地震动参数可能产生的放大作用，其水平地震影响系数最大值应乘以增大系数。其值应根据不利地段的具体情况确定，在 1.1～1.6 范围内采用。

4.1.9 场地岩土工程勘察，应根据实际需要划分的对建筑有利、一般、不利和危险的地段，提供建筑的场地类别和岩土地震稳定性（含滑坡、崩塌、液化和震陷特性）评价，对需要采用时程分析法补充计算的建筑，尚应根据设计要求提供土层剖面、场地覆盖层厚度和有关的动力参数。

4.2 天然地基和基础

4.2.1 下列建筑可不进行天然地基及基础的抗震承载力验算：

1 本规范规定可不进行上部结构抗震验算的建筑。

2 地基主要受力层范围内不存在软弱黏性土层的下列建筑：

1）一般的单层厂房和单层空旷房屋；

2）砌体房屋；

3）不超过 8 层且高度在 24m 以下的一般民用框架和框架-抗震墙房屋；

4）基础荷载与 3）项相当的多层框架厂房和多层混凝土抗震墙房屋。

注：软弱黏性土层指 7 度、8 度和 9 度时，地基承载力特征值分别小于 80、100 和 120kPa 的土层。

4.2.2 天然地基基础抗震验算时，应采用地震作用效应标准组合，且地基抗震承载力应取地基承载力特征值乘以地基抗震承载力调整系数计算。

4.2.3 地基抗震承载力应按下式计算：

$$f_{aE}=\zeta_a f_a \quad (4.2.3)$$

式中：f_{aE}——调整后的地基抗震承载力；

ζ_a——地基抗震承载力调整系数，应按表 4.2.3 采用；

f_a——深宽修正后的地基承载力特征值，应按现行国家标准《建筑地基基础设计规范》GB 50007 采用。

表 4.2.3 地基抗震承载力调整系数

岩土名称和性状	ζ_a
岩石，密实的碎石土，密实的砾、粗、中砂，$f_{ak}\geqslant 300$ 的黏性土和粉土	1.5
中密、稍密的碎石土，中密和稍密的砾、粗、中砂，密实和中密的细、粉砂，$150\text{kPa}\leqslant f_{ak}<300\text{kPa}$ 的黏性土和粉土，坚硬黄土	1.3
稍密的细、粉砂，$100\text{kPa}\leqslant f_{ak}<150\text{kPa}$ 的黏性土和粉土，可塑黄土	1.1
淤泥，淤泥质土，松散的砂，杂填土，新近堆积黄土及流塑黄土	1.0

4.2.4 验算天然地基地震作用下的竖向承载力时，按地震作用效应标准组合的基础底面平均压力和边缘最大压力应符合下列各式要求：

$$p\leqslant f_{aE} \quad (4.2.4\text{-}1)$$

$$p_{max}\leqslant 1.2f_{aE} \quad (4.2.4\text{-}2)$$

式中：p——地震作用效应标准组合的基础底面平均压力；

p_{max}——地震作用效应标准组合的基础边缘的最大压力。

高宽比大于 4 的高层建筑，在地震作用下基础底面不宜出现脱离区（零应力区）；其他建筑，基础底面与地基土之间脱离区（零应力区）面积不应超过基础底面面积的 15%。

4.3 液化土和软土地基

4.3.1 饱和砂土和饱和粉土（不含黄土）的液化判别和地基处理，6 度时，一般情况下可不进行判别和处理，但对液化沉陷敏感的乙类建筑可按 7 度的要求进行判别和处理，7～9 度时，乙类建筑可按本地区抗震设防烈度的要求进行判别和处理。

4.3.2 地面下存在饱和砂土和饱和粉土时，除 6 度外，应进行液化判别；存在液化土层的地基，应根据建筑的抗震设防类别、地基的液化等级，结合具体情况采取相应的措施。

注：本条饱和土液化判别要求不含黄土、粉质黏土。

4.3.3 饱和的砂土或粉土（不含黄土），当符合下列条件之一时，可初步判别为不液化或可不考虑液化影响：

1 地质年代为第四纪晚更新世（Q_3）及其以前时，7、8 度时可判为不液化。

2 粉土的黏粒（粒径小于 0.005mm 的颗粒）含量百分率，7 度、8 度和 9 度分别不小于 10、13 和 16 时，可判为不液化土。

注：用于液化判别的黏粒含量系采用六偏磷酸钠作分散剂测定，采用其他方法时应按有关规定换算。

3 浅埋天然地基的建筑，当上覆非液化土层厚度和地下水位深度符合下列条件之一时，可不考虑液化影响：

$$d_u > d_0 + d_b - 2 \quad (4.3.3\text{-}1)$$

$$d_w > d_0 + d_b - 3 \quad (4.3.3\text{-}2)$$

$$d_u + d_w > 1.5d_0 + 2d_b - 4.5 \quad (4.3.3\text{-}3)$$

式中：d_w——地下水位深度（m），宜按设计基准期内年平均最高水位采用，也可按近期内年最高水位采用；

d_u——上覆盖非液化土层厚度（m），计算时宜将淤泥和淤泥质土层扣除；

d_b——基础埋置深度（m），不超过2m时应采用2m；

d_0——液化土特征深度（m），可按表4.3.3采用。

表 4.3.3　液化土特征深度（m）

饱和土类别	7度	8度	9度
粉土	6	7	8
砂土	7	8	9

注：当区域的地下水位处于变动状态时，应按不利的情况考虑。

4.3.4　当饱和砂土、粉土的初步判别认为需进一步进行液化判别时，应采用标准贯入试验判别法判别地面下20m范围内土的液化；但对本规范第4.2.1条规定可不进行天然地基及基础的抗震承载力验算的各类建筑，可只判别地面下15m范围内土的液化。当饱和土标准贯入锤击数（未经杆长修正）小于或等于液化判别标准贯入锤击数临界值时，应判为液化土。当有成熟经验时，尚可采用其他判别方法。

在地面下20m深度范围内，液化判别标准贯入锤击数临界值可按下式计算：

$$N_{cr} = N_0\beta[\ln(0.6d_s + 1.5) - 0.1d_w]\sqrt{3/\rho_c} \quad (4.3.4)$$

式中：N_{cr}——液化判别标准贯入锤击数临界值；

N_0——液化判别标准贯入锤击数基准值，可按表4.3.4采用；

d_s——饱和土标准贯入点深度（m）；

d_w——地下水位（m）；

ρ_c——黏粒含量百分率，当小于3或为砂土时，应采用3；

β——调整系数，设计地震第一组取0.80，第二组取0.95，第三组取1.05。

表 4.3.4　液化判别标准贯入锤击数基准值 N_0

设计基本地震加速度（g）	0.10	0.15	0.20	0.30	0.40
液化判别标准贯入锤击数基准值	7	10	12	16	19

4.3.5　对存在液化砂土层、粉土层的地基，应探明各液化土层的深度和厚度，按下式计算每个钻孔的液化指数，并按表4.3.5综合划分地基的液化等级：

$$I_{lE} = \sum_{i=1}^{n}\left[1 - \frac{N_i}{N_{cri}}\right]d_iW_i \quad (4.3.5)$$

式中：I_{lE}——液化指数；

n——在判别深度范围内每一个钻孔标准贯入试验点的总数；

N_i、N_{cri}——分别为i点标准贯入锤击数的实测值和临界值，当实测值大于临界值时应取临界值；当只需要判别15m范围以内的液化时，15m以下的实测值可按临界值采用；

d_i——i点所代表的土层厚度（m），可采用与该标准贯入试验点相邻的上、下两标准贯入试验点深度差的一半，但上界不高于地下水位深度，下界不深于液化深度；

W_i——i土层单位土层厚度的层位影响权函数值（单位为m^{-1}）。当该层中点深度不大于5m时应采用10，等于20m时应采用零值，5～20m时应按线性内插法取值。

表 4.3.5　液化等级与液化指数的对应关系

液化等级	轻　微	中　等	严　重
液化指数 I_{lE}	$0 < I_{lE} \leqslant 6$	$6 < I_{lE} \leqslant 18$	$I_{lE} > 18$

4.3.6　当液化砂土层、粉土层较平坦且均匀时，宜按表4.3.6选用地基抗液化措施；尚可计入上部结构重力荷载对液化危害的影响，根据液化震陷量的估计适当调整抗液化措施。

不宜将未经处理的液化土层作为天然地基持力层。

表 4.3.6　抗液化措施

建筑抗震设防类别	地基的液化等级		
	轻微	中等	严重
乙类	部分消除液化沉陷，或对基础和上部结构处理	全部消除液化沉陷，或部分消除液化沉陷且对基础和上部结构处理	全部消除液化沉陷
丙类	基础和上部结构处理，亦可不采取措施	基础和上部结构处理，或更高要求的措施	全部消除液化沉陷，或部分消除液化沉陷且对基础和上部结构处理

续表 4.3.6

建筑抗震	地基的液化等级		
设防类别	轻微	中等	严重
丁类	可不采取措施	可不采取措施	基础和上部结构处理，或其他经济的措施

注：甲类建筑的地基抗液化措施应进行专门研究，但不宜低于乙类的相应要求。

4.3.7 全部消除地基液化沉陷的措施，应符合下列要求：

1 采用桩基时，桩端伸入液化深度以下稳定土层中的长度（不包括桩尖部分），应按计算确定，且对碎石土，砾、粗、中砂，坚硬黏性土和密实粉土尚不应小于0.8m，对其他非岩石土尚不宜小于1.5m。

2 采用深基础时，基础底面应埋入液化深度以下的稳定土层中，其深度不应小于0.5m。

3 采用加密法（如振冲、振动加密、挤密碎石桩、强夯等）加固时，应处理至液化深度下界；振冲或挤密碎石桩加固后，桩间土的标准贯入锤击数不宜小于本规范第4.3.4条规定的液化判别标准贯入锤击数临界值。

4 用非液化土替换全部液化土层，或增加上覆非液化土层的厚度。

5 采用加密法或换土法处理时，在基础边缘以外的处理宽度，应超过基础底面下处理深度的1/2且不小于基础宽度的1/5。

4.3.8 部分消除地基液化沉陷的措施，应符合下列要求：

1 处理深度应使处理后的地基液化指数减少，其值不宜大于5；大面积筏基、箱基的中心区域，处理后的液化指数可比上述规定降低1；对独立基础和条形基础，尚不应小于基础底面下液化土特征深度和基础宽度的较大值。

注：中心区域指位于基础外边界以内沿长宽方向距外边界大于相应方向1/4长度的区域。

2 采用振冲或挤密碎石桩加固后，桩间土的标准贯入锤击数不宜小于按本规范第4.3.4条规定的液化判别标准贯入锤击数临界值。

3 基础边缘以外的处理宽度，应符合本规范第4.3.7条5款的要求。

4 采取减小液化震陷的其他方法，如增厚上覆非液化土层的厚度和改善周边的排水条件等。

4.3.9 减轻液化影响的基础和上部结构处理，可综合采用下列各项措施：

1 选择合适的基础埋置深度。

2 调整基础底面积，减少基础偏心。

3 加强基础的整体性和刚度，如采用箱基、筏基或钢筋混凝土交叉条形基础，加设基础圈梁等。

4 减轻荷载，增强上部结构的整体刚度和均匀对称性，合理设置沉降缝，避免采用对不均匀沉降敏感的结构形式等。

5 管道穿过建筑处应预留足够尺寸或采用柔性接头等。

4.3.10 在故河道以及临近河岸、海岸和边坡等有液化侧向扩展或流滑可能的地段内不宜修建永久性建筑，否则应进行抗滑动验算、采取防土体滑动措施或结构抗裂措施。

4.3.11 地基中软弱黏性土层的震陷判别，可采用下列方法。饱和粉质黏土震陷的危害性和抗震陷措施应根据沉降和横向变形大小等因素综合研究确定，8度（0.30g）和9度时，当塑性指数小于15且符合下式规定的饱和粉质黏土可判为震陷性软土。

$$W_S \geqslant 0.9W_L \quad (4.3.11\text{-}1)$$

$$I_L \geqslant 0.75 \quad (4.3.11\text{-}2)$$

式中：W_S——天然含水量；

W_L——液限含水量，采用液、塑限联合测定法测定；

I_L——液性指数。

4.3.12 地基主要受力层范围内存在软弱黏性土层和高含水量的可塑性黄土时，应结合具体情况综合考虑，采用桩基、地基加固处理或本规范第4.3.9条的各项措施，也可根据软土震陷量的估计，采取相应措施。

4.4 桩　　基

4.4.1 承受竖向荷载为主的低承台桩基，当地面下无液化土层，且桩承台周围无淤泥、淤泥质土和地基承载力特征值不大于100kPa的填土时，下列建筑可不进行桩基抗震承载力验算：

1 6度～8度时的下列建筑：

1）一般的单层厂房和单层空旷房屋；

2）不超过8层且高度在24m以下的一般民用框架房屋和框架-抗震墙房屋；

3）基础荷载与2）项相当的多层框架厂房和多层混凝土抗震墙房屋。

2 本规范第4.2.1条之1款规定且采用桩基的建筑。

4.4.2 非液化土中低承台桩基的抗震验算，应符合下列规定：

1 单桩的竖向和水平向抗震承载力特征值，可均比非抗震设计时提高25%。

2 当承台周围的回填土夯实至干密度不小于现行国家标准《建筑地基基础设计规范》GB 50007对填土的要求时，可由承台正面填土与桩共同承担水平地震作用；但不应计入承台底面与地基土间的摩擦力。

4.4.3 存在液化土层的低承台桩基抗震验算，应符合下列规定：

1 承台埋深较浅时，不宜计入承台周围土的抗力或刚性地坪对水平地震作用的分担作用。

2 当桩承台底面上、下分别有厚度不小于1.5m、1.0m的非液化土层或非软弱土层时，可按下列二种情况进行桩的抗震验算，并按不利情况设计：

1）桩承受全部地震作用，桩承载力按本规范第4.4.2条取用，液化土的桩周摩阻力及桩水平抗力均应乘以表4.4.3的折减系数。

表4.4.3 土层液化影响折减系数

实际标贯锤击数/临界标贯锤击数	深度 d_s（m）	折减系数
≤0.6	$d_s \leqslant 10$	0
	$10 < d_s \leqslant 20$	1/3
>0.6～0.8	$d_s \leqslant 10$	1/3
	$10 < d_s \leqslant 20$	2/3
>0.8～1.0	$d_s \leqslant 10$	2/3
	$10 < d_s \leqslant 20$	1

2）地震作用按水平地震影响系数最大值的10%采用，桩承载力仍按本规范第4.4.2条1款取用，但应扣除液化土层的全部摩阻力及桩承台下2m深度范围内非液化土的桩周摩阻力。

3 打入式预制桩及其他挤土桩，当平均桩距为2.5～4倍桩径且桩数不少于5×5时，可计入打桩对土的加密作用及桩身对液化土变形限制的有利影响。当打桩后桩间土的标准贯入锤击数值达到不液化的要求时，单桩承载力可不折减，但对桩尖持力层作强度校核时，桩群外侧的应力扩散角应取为零。打桩后桩间土的标准贯入锤击数宜由试验确定，也可按下式计算：

$$N_1 = N_p + 100\rho(1 - e^{-0.3N_p}) \qquad (4.4.3)$$

式中：N_1——打桩后的标准贯入锤击数；

ρ——打入式预制桩的面积置换率；

N_p——打桩前的标准贯入锤击数。

4.4.4 处于液化土中的桩基承台周围，宜用密实干土填筑夯实，若用砂土或粉土则应使土层的标准贯入锤击数不小于本规范第4.3.4条规定的液化判别标准贯入锤击数临界值。

4.4.5 液化土和震陷软土中桩的配筋范围，应自桩顶至液化深度以下符合全部消除液化沉陷所要求的深度，其纵向钢筋应与桩顶部相同，箍筋应加粗和加密。

4.4.6 在有液化侧向扩展的地段，桩基除应满足本节中的其他规定外，尚应考虑土流动时的侧向作用力，且承受侧向推力的面积应按边桩外缘间的宽度计算。

5 地震作用和结构抗震验算

5.1 一般规定

5.1.1 各类建筑结构的地震作用，应符合下列规定：

1 一般情况下，应至少在建筑结构的两个主轴方向分别计算水平地震作用，各方向的水平地震作用应由该方向抗侧力构件承担。

2 有斜交抗侧力构件的结构，当相交角度大于15°时，应分别计算各抗侧力构件方向的水平地震作用。

3 质量和刚度分布明显不对称的结构，应计入双向水平地震作用下的扭转影响；其他情况，应允许采用调整地震作用效应的方法计入扭转影响。

4 8、9度时的大跨度和长悬臂结构及9度时的高层建筑，应计算竖向地震作用。

注：8、9度时采用隔震设计的建筑结构，应按有关规定计算竖向地震作用。

5.1.2 各类建筑结构的抗震计算，应采用下列方法：

1 高度不超过40m、以剪切变形为主且质量和刚度沿高度分布比较均匀的结构，以及近似于单质点体系的结构，可采用底部剪力法等简化方法。

2 除1款外的建筑结构，宜采用振型分解反应谱法。

3 特别不规则的建筑、甲类建筑和表5.1.2-1所列高度范围的高层建筑，应采用时程分析法进行多遇地震下的补充计算；当取三组加速度时程曲线输入时，计算结果宜取时程法的包络值和振型分解反应谱法的较大值；当取七组及七组以上的时程曲线时，计算结果可取时程法的平均值和振型分解反应谱法的较大值。

采用时程分析法时，应按建筑场地类别和设计地震分组选用实际强震记录和人工模拟的加速度时程曲线，其中实际强震记录的数量不应少于总数的2/3，多组时程曲线的平均地震影响系数曲线应与振型分解反应谱法所采用的地震影响系数曲线在统计意义上相符，其加速度时程的最大值可按表5.1.2-2采用。弹性时程分析时，每条时程曲线计算所得结构底部剪力不应小于振型分解反应谱法计算结果的65%，多条时程曲线计算所得结构底部剪力的平均值不应小于振型分解反应谱法计算结果的80%。

表5.1.2-1 采用时程分析的房屋高度范围

烈度、场地类别	房屋高度范围（m）
8度Ⅰ、Ⅱ类场地和7度	>100
8度Ⅲ、Ⅳ类场地	>80
9度	>60

表 5.1.2-2 时程分析所用地震加速度时程的最大值（cm/s^2）

地震影响	6 度	7 度	8 度	9 度
多遇地震	18	35(55)	70(110)	140
罕遇地震	125	220(310)	400(510)	620

注：括号内数值分别用于设计基本地震加速度为 $0.15g$ 和 $0.30g$ 的地区。

4 计算罕遇地震下结构的变形，应按本规范第5.5节规定，采用简化的弹塑性分析方法或弹塑性时程分析法。

5 平面投影尺度很大的空间结构，应根据结构形式和支承条件，分别按单点一致、多点、多向单点或多向多点输入进行抗震计算。按多点输入计算时，应考虑地震行波效应和局部场地效应。6度和7度Ⅰ、Ⅱ类场地的支承结构、上部结构和基础的抗震验算可采用简化方法，根据结构跨度、长度不同，其短边构件可乘以附加地震作用效应系数1.15～1.30；7度Ⅲ、Ⅳ类场地和8、9度时，应采用时程分析方法进行抗震验算。

6 建筑结构的隔震和消能减震设计，应采用本规范第12章规定的计算方法。

7 地下建筑结构应采用本规范第14章规定的计算方法。

5.1.3 计算地震作用时，建筑的重力荷载代表值应取结构和构配件自重标准值和各可变荷载组合值之和。各可变荷载的组合值系数，应按表 5.1.3 采用。

表 5.1.3 组合值系数

可变荷载种类		组合值系数
雪荷载		0.5
屋面积灰荷载		0.5
屋面活荷载		不计入
按实际情况计算的楼面活荷载		1.0
按等效均布荷载计算的楼面活荷载	藏书库、档案库	0.8
	其他民用建筑	0.5
起重机悬吊物重力	硬钩吊车	0.3
	软钩吊车	不计入

注：硬钩吊车的吊重较大时，组合值系数应按实际情况采用。

5.1.4 建筑结构的地震影响系数应根据烈度、场地类别、设计地震分组和结构自振周期以及阻尼比确定。其水平地震影响系数最大值应按表 5.1.4-1 采用；特征周期应根据场地类别和设计地震分组按表 5.1.4-2 采用，计算罕遇地震作用时，特征周期应增加 0.05s。

注：周期大于 6.0s 的建筑结构所采用的地震影响系数应专门研究。

表 5.1.4-1 水平地震影响系数最大值

地震影响	6 度	7 度	8 度	9 度
多遇地震	0.04	0.08(0.12)	0.16(0.24)	0.32
罕遇地震	0.28	0.50(0.72)	0.90(1.20)	1.40

注：括号中数值分别用于设计基本地震加速度为 $0.15g$ 和 $0.30g$ 的地区。

表 5.1.4-2 特征周期值(s)

设计地震分组	场地类别				
	Ⅰ₀	Ⅰ₁	Ⅱ	Ⅲ	Ⅳ
第一组	0.20	0.25	0.35	0.45	0.65
第二组	0.25	0.30	0.40	0.55	0.75
第三组	0.30	0.35	0.45	0.65	0.90

5.1.5 建筑结构地震影响系数曲线（图 5.1.5）的阻尼调整和形状参数应符合下列要求：

1 除有专门规定外，建筑结构的阻尼比应取 0.05，地震影响系数曲线的阻尼调整系数应按 1.0 采用，形状参数应符合下列规定：

1）直线上升段，周期小于 0.1s 的区段。

2）水平段，自 0.1s 至特征周期区段，应取最大值（α_{max}）。

3）曲线下降段，自特征周期至 5 倍特征周期区段，衰减指数应取 0.9。

4）直线下降段，自 5 倍特征周期至 6s 区段，下降斜率调整系数应取 0.02。

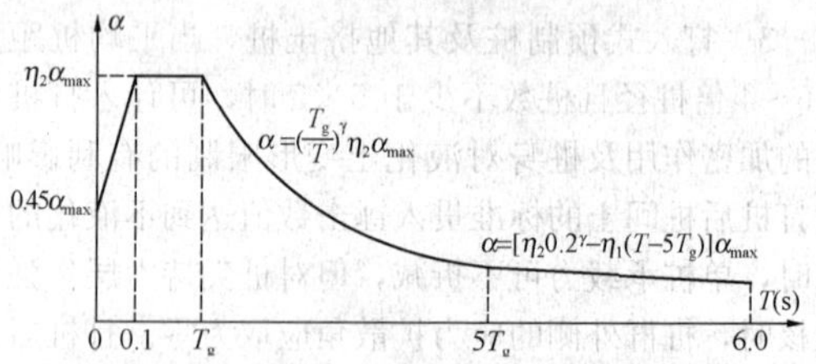

图 5.1.5 地震影响系数曲线

α—地震影响系数；α_{max}—地震影响系数最大值；η_1—直线下降段的下降斜率调整系数；γ—衰减指数；T_g—特征周期；η_2—阻尼调整系数；T—结构自振周期

2 当建筑结构的阻尼比按有关规定不等于 0.05 时，地震影响系数曲线的阻尼调整系数和形状参数应符合下列规定：

1）曲线下降段的衰减指数应按下式确定：

$$\gamma = 0.9 + \frac{0.05-\zeta}{0.3+6\zeta} \quad (5.1.5\text{-}1)$$

式中：γ——曲线下降段的衰减指数；

ζ——阻尼比。

2）直线下降段的下降斜率调整系数应按下式确定：

$$\eta_1 = 0.02 + \frac{0.05-\zeta}{4+32\zeta} \quad (5.1.5\text{-}2)$$

式中：η_1——直线下降段的下降斜率调整系数，小于 0 时取 0。

3）阻尼调整系数应按下式确定：

$$\eta_2 = 1 + \frac{0.05 - \zeta}{0.08 + 1.6\zeta} \quad (5.1.5\text{-}3)$$

式中：η_2——阻尼调整系数，当小于 0.55 时，应取 0.55。

5.1.6 结构的截面抗震验算，应符合下列规定：

1 6 度时的建筑（不规则建筑及建造于Ⅳ类场地上较高的高层建筑除外），以及生土房屋和木结构房屋等，应符合有关的抗震措施要求，但应允许不进行截面抗震验算。

2 6 度时不规则建筑、建造于Ⅳ类场地上较高的高层建筑，7 度和 7 度以上的建筑结构（生土房屋和木结构房屋等除外），应进行多遇地震作用下的截面抗震验算。

注：采用隔震设计的建筑结构，其抗震验算应符合有关规定。

5.1.7 符合本规范第 5.5 节规定的结构，除按规定进行多遇地震作用下的截面抗震验算外，尚应进行相应的变形验算。

5.2 水平地震作用计算

5.2.1 采用底部剪力法时，各楼层可仅取一个自由度，结构的水平地震作用标准值，应按下列公式确定（图 5.2.1）：

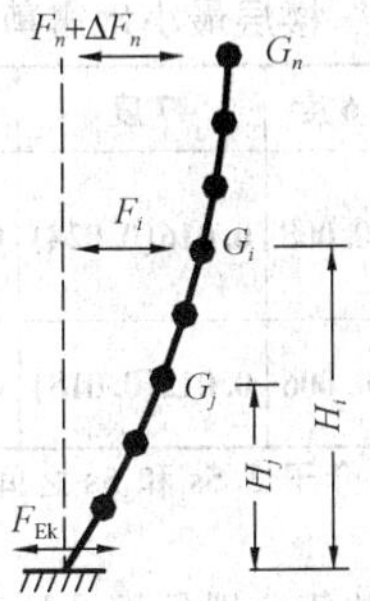

图 5.2.1 结构水平地震作用计算简图

$$F_{Ek} = \alpha_1 G_{eq} \quad (5.2.1\text{-}1)$$

$$F_i = \frac{G_i H_i}{\sum_{j=1}^{n} G_j H_j} F_{Ek}(1-\delta_n) \quad (i = 1, 2, \cdots n) \quad (5.2.1\text{-}2)$$

$$\Delta F_n = \delta_n F_{Ek} \quad (5.2.1\text{-}3)$$

式中：F_{Ek}——结构总水平地震作用标准值；

α_1——相应于结构基本自振周期的水平地震影响系数值，应按本规范第 5.1.4、第 5.1.5 条确定，多层砌体房屋、底部框架砌体房屋，宜取水平地震影响系数最大值；

G_{eq}——结构等效总重力荷载，单质点应取总重力荷载代表值，多质点可取总重力荷载代表值的 85%；

F_i——质点 i 的水平地震作用标准值；

G_i、G_j——分别为集中于质点 i、j 的重力荷载代表值，应按本规范第 5.1.3 条确定；

H_i、H_j——分别为质点 i、j 的计算高度；

δ_n——顶部附加地震作用系数，多层钢筋混凝土和钢结构房屋可按表 5.2.1 采用，其他房屋可采用 0.0；

ΔF_n——顶部附加水平地震作用。

表 5.2.1 顶部附加地震作用系数

T_g（s）	$T_1 > 1.4T_g$	$T_1 \leqslant 1.4T_g$
$T_g \leqslant 0.35$	$0.08T_1 + 0.07$	0.0
$0.35 < T_g \leqslant 0.55$	$0.08T_1 + 0.01$	
$T_g > 0.55$	$0.08T_1 - 0.02$	

注：T_1 为结构基本自振周期。

5.2.2 采用振型分解反应谱法时，不进行扭转耦联计算的结构，应按下列规定计算其地震作用和作用效应：

1 结构 j 振型 i 质点的水平地震作用标准值，应按下列公式确定：

$$F_{ji} = \alpha_j \gamma_j X_{ji} G_i \quad (i = 1, 2, \cdots n, j = 1, 2, \cdots m) \quad (5.2.2\text{-}1)$$

$$\gamma_j = \sum_{i=1}^{n} X_{ji} G_i \Big/ \sum_{i=1}^{n} X_{ji}^2 G_i \quad (5.2.2\text{-}2)$$

式中：F_{ji}——j 振型 i 质点的水平地震作用标准值；

α_j——相应于 j 振型自振周期的地震影响系数，应按本规范第 5.1.4、第 5.1.5 条确定；

X_{ji}——j 振型 i 质点的水平相对位移；

γ_j——j 振型的参与系数。

2 水平地震作用效应（弯矩、剪力、轴向力和变形），当相邻振型的周期比小于 0.85 时，可按下式确定：

$$S_{Ek} = \sqrt{\sum S_j^2} \quad (5.2.2\text{-}3)$$

式中：S_{Ek}——水平地震作用标准值的效应；

S_j——j 振型水平地震作用标准值的效应，可只取前 2～3 个振型，当基本自振周期大于 1.5s 或房屋高宽比大于 5 时，振型个数应适当增加。

5.2.3 水平地震作用下，建筑结构的扭转耦联地震效应应符合下列要求：

1 规则结构不进行扭转耦联计算时，平行于地震作用方向的两个边榀各构件，其地震作用效应应乘以增大系数。一般情况下，短边可按 1.15 采用，长边可按 1.05 采用；当扭转刚度较小时，周边各构件宜按不小于 1.3 采用。角部构件宜同时乘以两个方向各自的增大系数。

2 按扭转耦联振型分解法计算时，各楼层可取两个正交的水平位移和一个转角共三个自由度，并应按下列公式计算结构的地震作用和作用效应。确有依据时，尚可采用简化计算方法确定地震作用效应。

1）j 振型 i 层的水平地震作用标准值，应按下列公式确定：

$$F_{xji}=\alpha_j\gamma_{tj}X_{ji}G_i$$
$$F_{yji}=\alpha_j\gamma_{tj}Y_{ji}G_i \quad (i=1,2,\cdots n,j=1,2,\cdots m)$$
$$F_{tji}=\alpha_j\gamma_{tj}r_i^2\varphi_{ji}G_i \qquad (5.2.3\text{-}1)$$

式中：F_{xji}、F_{yji}、F_{tji}——分别为 j 振型 i 层的 x 方向、y 方向和转角方向的地震作用标准值；

X_{ji}、Y_{ji}——分别为 j 振型 i 层质心在 x、y 方向的水平相对位移；

φ_{ji}——j 振型 i 层的相对扭转角；

r_i——i 层转动半径，可取 i 层绕质心的转动惯量除以该层质量的商的正二次方根；

γ_{tj}——计入扭转的 j 振型的参与系数，可按下列公式确定：

当仅取 x 方向地震作用时

$$\gamma_{tj}=\sum_{i=1}^{n}X_{ji}G_i/\sum_{i=1}^{n}(X_{ji}^2+Y_{ji}^2+\varphi_{ji}^2r_i^2)G_i \qquad (5.2.3\text{-}2)$$

当仅取 y 方向地震作用时

$$\gamma_{tj}=\sum_{i=1}^{n}Y_{ji}G_i/\sum_{i=1}^{n}(X_{ji}^2+Y_{ji}^2+\varphi_{ji}^2r_i^2)G_i \qquad (5.2.3\text{-}3)$$

当取与 x 方向斜交的地震作用时，

$$\gamma_{tj}=\gamma_{xj}\cos\theta+\gamma_{yj}\sin\theta \qquad (5.2.3\text{-}4)$$

式中：γ_{xj}、γ_{yj}——分别由式（5.2.3-2）、式（5.2.3-3）求得的参与系数；

θ——地震作用方向与 x 方向的夹角。

2）单向水平地震作用下的扭转耦联效应，可按下列公式确定：

$$S_{Ek}=\sqrt{\sum_{j=1}^{m}\sum_{k=1}^{m}\rho_{jk}S_jS_k} \qquad (5.2.3\text{-}5)$$

$$\rho_{jk}=\frac{8\sqrt{\zeta_j\zeta_k}(\zeta_j+\lambda_T\zeta_k)\lambda_T^{1.5}}{(1-\lambda_T^2)^2+4\zeta_j\zeta_k(1+\lambda_T^2)\lambda_T+4(\zeta_j^2+\zeta_k^2)\lambda_T^2} \qquad (5.2.3\text{-}6)$$

式中：S_{Ek}——地震作用标准值的扭转效应；

S_j、S_k——分别为 j、k 振型地震作用标准值的效应，可取前9～15个振型；

ζ_j、ζ_k——分别为 j、k 振型的阻尼比；

ρ_{jk}——j 振型与 k 振型的耦联系数；

λ_T——k 振型与 j 振型的自振周期比。

3）双向水平地震作用下的扭转耦联效应，可按下列公式中的较大值确定：

$$S_{Ek}=\sqrt{S_x^2+(0.85S_y)^2} \qquad (5.2.3\text{-}7)$$

或

$$S_{Ek}=\sqrt{S_y^2+(0.85S_x)^2} \qquad (5.2.3\text{-}8)$$

式中，S_x、S_y分别为 x 向、y 向单向水平地震作用按式(5.2.3-5)计算的扭转效应。

5.2.4 采用底部剪力法时，突出屋面的屋顶间、女儿墙、烟囱等的地震作用效应，宜乘以增大系数3，此增大部分不应往下传递，但与该突出部分相连的构件应予计入；采用振型分解法时，突出屋面部分可作为一个质点；单层厂房突出屋面天窗架的地震作用效应的增大系数，应按本规范第9章的有关规定采用。

5.2.5 抗震验算时，结构任一楼层的水平地震剪力应符合下式要求：

$$V_{EKi}>\lambda\sum_{j=i}^{n}G_j \qquad (5.2.5)$$

式中：V_{EKi}——第 i 层对应于水平地震作用标准值的楼层剪力；

λ——剪力系数，不应小于表5.2.5规定的楼层最小地震剪力系数值，对竖向不规则结构的薄弱层，尚应乘以1.15的增大系数；

G_j——第 j 层的重力荷载代表值。

表 5.2.5 楼层最小地震剪力系数值

类 别	6度	7度	8度	9度
扭转效应明显或基本周期小于3.5s的结构	0.008	0.016(0.024)	0.032(0.048)	0.064
基本周期大于5.0s的结构	0.006	0.012(0.018)	0.024(0.036)	0.048

注：1 基本周期介于3.5s和5s之间的结构，按插入法取值；

2 括号内数值分别用于设计基本地震加速度为0.15g和0.30g的地区。

5.2.6 结构的楼层水平地震剪力，应按下列原则分配：

1 现浇和装配整体式混凝土楼、屋盖等刚性楼、屋盖建筑，宜按抗侧力构件等效刚度的比例分配。

2 木楼盖、木屋盖等柔性楼、屋盖建筑，宜按抗侧力构件从属面积上重力荷载代表值的比例分配。

3 普通的预制装配式混凝土楼、屋盖等半刚性楼、屋盖的建筑，可取上述两种分配结果的平均值。

4 计入空间作用、楼盖变形、墙体弹塑性变形和扭转的影响时，可按本规范各有关规定对上述分配结果作适当调整。

5.2.7 结构抗震计算，一般情况下可不计入地基与结构相互作用的影响；8度和9度时建造于Ⅲ、Ⅳ类场地，采用箱基、刚性较好的筏基和桩箱联合基础的钢筋混凝土高层建筑，当结构基本自振周期处于特征周期的1.2倍至5倍范围时，若计入地基与结构动力相互作用的影响，对刚性地基假定计算的水平地震剪力可按下列规定折减，其层间变形可按折减后的楼层剪力计算。

1 高宽比小于3的结构，各楼层水平地震剪力的折减系数，可按下式计算：

$$\psi=\left(\frac{T_1}{T_1+\Delta T}\right)^{0.9} \quad (5.2.7)$$

式中：ψ——计入地基与结构动力相互作用后的地震剪力折减系数；

T_1——按刚性地基假定确定的结构基本自振周期（s）；

ΔT——计入地基与结构动力相互作用的附加周期（s），可按表5.2.7采用。

表5.2.7 附加周期（s）

烈度	场地类别	
	Ⅲ类	Ⅳ类
8	0.08	0.20
9	0.10	0.25

2 高宽比不小于3的结构，底部的地震剪力按第1款规定折减，顶部不折减，中间各层按线性插入值折减。

3 折减后各楼层的水平地震剪力，应符合本规范第5.2.5条的规定。

5.3 竖向地震作用计算

5.3.1 9度时的高层建筑，其竖向地震作用标准值应按下列公式确定（图5.3.1）；楼层的竖向地震作用效应可按各构件承受的重力荷载代表值的比例分配，并宜乘以增大系数1.5。

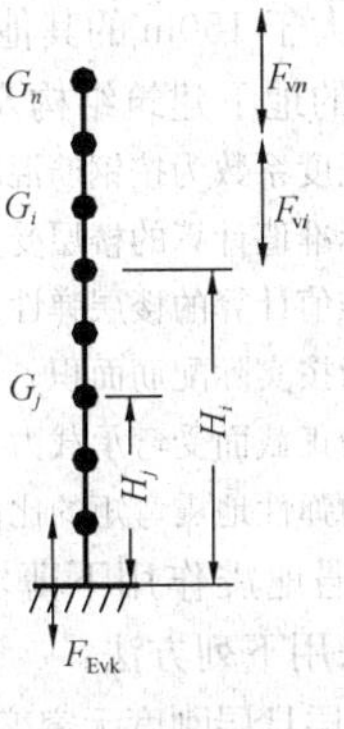

图5.3.1 结构竖向地震作用计算简图

$$F_{\mathrm{Evk}}=\alpha_{\mathrm{vmax}}G_{\mathrm{eq}} \quad (5.3.1\text{-}1)$$

$$F_{\mathrm{v}i}=\frac{G_iH_i}{\sum G_jH_j}F_{\mathrm{Evk}} \quad (5.3.1\text{-}2)$$

式中：F_{Evk}——结构总竖向地震作用标准值；

$F_{\mathrm{v}i}$——质点i的竖向地震作用标准值；

α_{vmax}——竖向地震影响系数的最大值，可取水平地震影响系数最大值的65%；

G_{eq}——结构等效总重力荷载，可取其重力荷载代表值的75%。

5.3.2 跨度、长度小于本规范第5.1.2条第5款规定且规则的平板型网架屋盖和跨度大于24m的屋架、屋盖横梁及托架的竖向地震作用标准值，宜取其重力荷载代表值和竖向地震作用系数的乘积；竖向地震作用系数可按表5.3.2采用。

表5.3.2 竖向地震作用系数

结构类型	烈度	场地类别		
		Ⅰ	Ⅱ	Ⅲ、Ⅳ
平板型网架、钢屋架	8	可不计算（0.10）	0.08（0.12）	0.10（0.15）
	9	0.15	0.15	0.20
钢筋混凝土屋架	8	0.10（0.15）	0.13（0.19）	0.13（0.19）
	9	0.20	0.25	0.25

注：括号中数值用于设计基本地震加速度为0.30g的地区。

5.3.3 长悬臂构件和不属于本规范第5.3.2条的大跨结构的竖向地震作用标准值，8度和9度可分别取该结构、构件重力荷载代表值的10%和20%，设计基本地震加速度为0.30g时，可取该结构、构件重力荷载代表值的15%。

5.3.4 大跨度空间结构的竖向地震作用，尚可按竖向振型分解反应谱方法计算。其竖向地震影响系数可采用本规范第5.1.4、第5.1.5条规定的水平地震影响系数的65%，但特征周期可均按设计第一组采用。

5.4 截面抗震验算

5.4.1 结构构件的地震作用效应和其他荷载效应的基本组合，应按下式计算：

$$S=\gamma_{\mathrm{G}}S_{\mathrm{GE}}+\gamma_{\mathrm{Eh}}S_{\mathrm{Ehk}}+\gamma_{\mathrm{Ev}}S_{\mathrm{Evk}}+\psi_{\mathrm{w}}\gamma_{\mathrm{w}}S_{\mathrm{wk}} \quad (5.4.1)$$

式中：S——结构构件内力组合的设计值，包括组合的弯矩、轴向力和剪力设计值等；

γ_{G}——重力荷载分项系数，一般情况应采用1.2，当重力荷载效应对构件承载能力有利时，不应大于1.0；

γ_{Eh}、γ_{Ev}——分别为水平、竖向地震作用分项系数，应按表5.4.1采用；

γ_{w}——风荷载分项系数，应采用1.4；

S_{GE}——重力荷载代表值的效应，可按本规范第5.1.3条采用，但有吊车时，尚应包括悬吊物重力标准值的效应；

S_{Ehk}——水平地震作用标准值的效应，尚应乘以相应的增大系数或调整系数；

S_{Evk}——竖向地震作用标准值的效应，尚应乘以相应的增大系数或调整系数；

S_{wk}——风荷载标准值的效应；

$_{w}$——风荷载组合值系数，一般结构取 0.0，风荷载起控制作用的建筑应采用 0.2。

注：本规范一般略去表示水平方向的下标。

表 5.4.1　地震作用分项系数

地震作用	γ_{Eh}	γ_{Ev}
仅计算水平地震作用	1.3	0.0
仅计算竖向地震作用	0.0	1.3
同时计算水平与竖向地震作用（水平地震为主）	1.3	0.5
同时计算水平与竖向地震作用（竖向地震为主）	0.5	1.3

5.4.2　结构构件的截面抗震验算，应采用下列设计表达式：

$$S \leqslant R/\gamma_{RE} \tag{5.4.2}$$

式中：γ_{RE}——承载力抗震调整系数，除另有规定外，应按表 5.4.2 采用；

R——结构构件承载力设计值。

表 5.4.2　承载力抗震调整系数

材料	结构构件	受力状态	γ_{RE}
钢	柱，梁，支撑，节点板件，螺栓，焊缝	强度	0.75
	柱，支撑	稳定	0.80
砌体	两端均有构造柱、芯柱的抗震墙	受剪	0.9
	其他抗震墙	受剪	1.0
混凝土	梁	受弯	0.75
	轴压比小于 0.15 的柱	偏压	0.75
	轴压比不小于 0.15 的柱	偏压	0.80
	抗震墙	偏压	0.85
	各类构件	受剪、偏拉	0.85

5.4.3　当仅计算竖向地震作用时，各类结构构件承载力抗震调整系数均应采用 1.0。

5.5　抗震变形验算

5.5.1　表 5.5.1 所列各类结构应进行多遇地震作用下的抗震变形验算，其楼层内最大的弹性层间位移应符合下式要求：

$$\Delta u_e \leqslant [\theta_e] h \tag{5.5.1}$$

式中：Δu_e——多遇地震作用标准值产生的楼层内最大的弹性层间位移；计算时，除以弯曲变形为主的高层建筑外，可不扣除结构整体弯曲变形；应计入扭转变形，各作用分项系数均应采用 1.0；钢筋混凝土结构构件的截面刚度可采用弹性刚度；

$[\theta_e]$——弹性层间位移角限值，宜按表 5.5.1 采用；

h——计算楼层层高。

表 5.5.1　弹性层间位移角限值

结构类型	$[\theta_e]$
钢筋混凝土框架	1/550
钢筋混凝土框架-抗震墙、板柱-抗震墙、框架-核心筒	1/800
钢筋混凝土抗震墙、筒中筒	1/1000
钢筋混凝土框支层	1/1000
多、高层钢结构	1/250

5.5.2　结构在罕遇地震作用下薄弱层的弹塑性变形验算，应符合下列要求：

1　下列结构应进行弹塑性变形验算：

1）8 度Ⅲ、Ⅳ类场地和 9 度时，高大的单层钢筋混凝土柱厂房的横向排架；

2）7～9 度时楼层屈服强度系数小于 0.5 的钢筋混凝土框架结构和框排架结构；

3）高度大于 150m 的结构；

4）甲类建筑和 9 度时乙类建筑中的钢筋混凝土结构和钢结构；

5）采用隔震和消能减震设计的结构。

2　下列结构宜进行弹塑性变形验算：

1）本规范表 5.1.2-1 所列高度范围且属于本规范表 3.4.3-2 所列竖向不规则类型的高层建筑结构；

2）7 度Ⅲ、Ⅳ类场地和 8 度时乙类建筑中的钢筋混凝土结构和钢结构；

3）板柱-抗震墙结构和底部框架砌体房屋；

4）高度不大于 150m 的其他高层钢结构；

5）不规则的地下建筑结构及地下空间综合体。

注：楼层屈服强度系数为按钢筋混凝土构件实际配筋和材料强度标准值计算的楼层受剪承载力和按罕遇地震作用标准值计算的楼层弹性地震剪力的比值；对排架柱，指按实际配筋面积、材料强度标准值和轴向力计算的正截面受弯承载力与按罕遇地震作用标准值计算的弹性地震弯矩的比值。

5.5.3　结构在罕遇地震作用下薄弱层（部位）弹塑性变形计算，可采用下列方法：

1　不超过 12 层且层刚度无突变的钢筋混凝土框架和框排架结构、单层钢筋混凝土柱厂房可采用本规范第 5.5.4 条的简化计算法；

2　除 1 款以外的建筑结构，可采用静力弹塑性分析方法或弹塑性时程分析法等。

3　规则结构可采用弯剪层模型或平面杆系模型，属于本规范第 3.4 节规定的不规则结构应采用空间结构模型。

5.5.4　结构薄弱层（部位）弹塑性层间位移的简化

计算，宜符合下列要求：

1 结构薄弱层（部位）的位置可按下列情况确定：

1）楼层屈服强度系数沿高度分布均匀的结构，可取底层；

2）楼层屈服强度系数沿高度分布不均匀的结构，可取该系数最小的楼层（部位）和相对较小的楼层，一般不超过2～3处；

3）单层厂房，可取上柱。

2 弹塑性层间位移可按下列公式计算：

$$\Delta u_p = \eta_p \Delta u_e \quad (5.5.4\text{-}1)$$

或

$$\Delta u_p = \mu \Delta u_y = \frac{\eta_p}{\xi_y}\Delta u_y \quad (5.5.4\text{-}2)$$

式中：Δu_p——弹塑性层间位移；

Δu_y——层间屈服位移；

μ——楼层延性系数；

Δu_e——罕遇地震作用下按弹性分析的层间位移；

η_p——弹塑性层间位移增大系数，当薄弱层（部位）的屈服强度系数不小于相邻层（部位）该系数平均值的0.8时，可按表5.5.4采用。当不大于该平均值的0.5时，可按表内相应数值的1.5倍采用；其他情况可采用内插法取值；

ξ_y——楼层屈服强度系数。

表 5.5.4 弹塑性层间位移增大系数

结构类型	总层数 n 或部位	ξ_y		
		0.5	0.4	0.3
多层均匀框架结构	2～4	1.30	1.40	1.60
	5～7	1.50	1.65	1.80
	8～12	1.80	2.00	2.20
单层厂房	上柱	1.30	1.60	2.00

5.5.5 结构薄弱层（部位）弹塑性层间位移应符合下式要求：

$$\Delta u_p \leqslant [\theta_p] h \quad (5.5.5)$$

式中：$[\theta_p]$——弹塑性层间位移角限值，可按表5.5.5采用；对钢筋混凝土框架结构，当轴压比小于0.40时，可提高10%；当柱子全高的箍筋构造比本规范第6.3.9条规定的体积配箍率大30%时，可提高20%，但累计不超过25%；

h——薄弱层楼层高度或单层厂房上柱高度。

表 5.5.5 弹塑性层间位移角限值

结构类型	$[\theta_p]$
单层钢筋混凝土柱排架	1/30
钢筋混凝土框架	1/50
底部框架砌体房屋中的框架-抗震墙	1/100
钢筋混凝土框架-抗震墙、板柱-抗震墙、框架-核心筒	1/100
钢筋混凝土抗震墙、筒中筒	1/120
多、高层钢结构	1/50

6 多层和高层钢筋混凝土房屋

6.1 一 般 规 定

6.1.1 本章适用的现浇钢筋混凝土房屋的结构类型和最大高度应符合表6.1.1的要求。平面和竖向均不规则的结构，适用的最大高度宜适当降低。

注：本章"抗震墙"指结构抗侧力体系中的钢筋混凝土剪力墙，不包括只承担重力荷载的混凝土墙。

表 6.1.1 现浇钢筋混凝土房屋适用的最大高度（m）

结构类型		烈度				
		6	7	8 (0.2g)	8 (0.3g)	9
框架		60	50	40	35	24
框架-抗震墙		130	120	100	80	50
抗震墙		140	120	100	80	60
部分框支抗震墙		120	100	80	50	不应采用
筒体	框架-核心筒	150	130	100	90	70
	筒中筒	180	150	120	100	80
板柱-抗震墙		80	70	55	40	不应采用

注：1 房屋高度指室外地面到主要屋面板板顶的高度（不包括局部突出屋顶部分）；

2 框架-核心筒结构指周边稀柱框架与核心筒组成的结构；

3 部分框支抗震墙结构指首层或底部两层为框支层的结构，不包括仅个别框支墙的情况；

4 表中框架，不包括异形柱框架；

5 板柱-抗震墙结构指板柱、框架和抗震墙组成抗侧力体系的结构；

6 乙类建筑可按本地区抗震设防烈度确定其适用的最大高度；

7 超过表内高度的房屋，应进行专门研究和论证，采取有效的加强措施。

6.1.2 钢筋混凝土房屋应根据设防类别、烈度、结构类型和房屋高度采用不同的抗震等级，并应符合相应的计算和构造措施要求。丙类建筑的抗震等级应按表 6.1.2 确定。

表 6.1.2 现浇钢筋混凝土房屋的抗震等级

<table>
<tr><td colspan="3" rowspan="2">结构类型</td><td colspan="10">设防烈度</td></tr>
<tr><td colspan="2">6</td><td colspan="3">7</td><td colspan="3">8</td><td colspan="2">9</td></tr>
<tr><td rowspan="3">框架结构</td><td colspan="2">高度（m）</td><td>≤24</td><td>>24</td><td>≤24</td><td colspan="2">>24</td><td>≤24</td><td colspan="2">>24</td><td colspan="2">≤24</td></tr>
<tr><td colspan="2">框架</td><td>四</td><td>三</td><td>三</td><td colspan="2">二</td><td>二</td><td colspan="2">一</td><td colspan="2">一</td></tr>
<tr><td colspan="2">大跨度框架</td><td colspan="2">三</td><td colspan="3">二</td><td colspan="3">一</td><td colspan="2">一</td></tr>
<tr><td rowspan="3">框架-抗震墙结构</td><td colspan="2">高度（m）</td><td>≤60</td><td>>60</td><td>≤24</td><td>25～60</td><td>>60</td><td>≤24</td><td>25～60</td><td>>60</td><td>≤24</td><td>25～50</td></tr>
<tr><td colspan="2">框架</td><td>四</td><td>三</td><td>四</td><td>三</td><td>二</td><td>三</td><td>二</td><td>一</td><td>二</td><td>一</td></tr>
<tr><td colspan="2">抗震墙</td><td colspan="2">三</td><td>三</td><td colspan="2">二</td><td>二</td><td colspan="2">一</td><td colspan="2">一</td></tr>
<tr><td rowspan="2">抗震墙结构</td><td colspan="2">高度（m）</td><td>≤80</td><td>>80</td><td>≤24</td><td>25～80</td><td>>80</td><td>≤24</td><td>25～80</td><td>>80</td><td>≤24</td><td>25～60</td></tr>
<tr><td colspan="2">抗震墙</td><td>四</td><td>三</td><td>四</td><td>三</td><td>二</td><td>三</td><td>二</td><td>一</td><td>二</td><td>一</td></tr>
<tr><td rowspan="4">部分框支抗震墙结构</td><td colspan="2">高度（m）</td><td>≤80</td><td>>80</td><td>≤24</td><td>25～80</td><td>>80</td><td>≤24</td><td>25～80</td><td colspan="3" rowspan="4"></td></tr>
<tr><td rowspan="2">抗震墙</td><td>一般部位</td><td>四</td><td>三</td><td>四</td><td>三</td><td>二</td><td>三</td><td>二</td></tr>
<tr><td>加强部位</td><td>三</td><td>二</td><td>三</td><td>二</td><td>一</td><td>二</td><td>一</td></tr>
<tr><td colspan="2">框支层框架</td><td colspan="2">二</td><td colspan="2">二</td><td>一</td><td colspan="2">一</td></tr>
<tr><td rowspan="2">框架-核心筒结构</td><td colspan="2">框架</td><td colspan="2">三</td><td colspan="3">二</td><td colspan="3">一</td><td colspan="2">一</td></tr>
<tr><td colspan="2">核心筒</td><td colspan="2">二</td><td colspan="3">二</td><td colspan="3">一</td><td colspan="2">一</td></tr>
<tr><td rowspan="2">筒中筒结构</td><td colspan="2">外筒</td><td colspan="2">三</td><td colspan="3">二</td><td colspan="3">一</td><td colspan="2">一</td></tr>
<tr><td colspan="2">内筒</td><td colspan="2">三</td><td colspan="3">二</td><td colspan="3">一</td><td colspan="2">一</td></tr>
<tr><td rowspan="3">板柱-抗震墙结构</td><td colspan="2">高度（m）</td><td>≤35</td><td>>35</td><td>≤35</td><td colspan="2">>35</td><td>≤35</td><td colspan="2">>35</td><td colspan="2" rowspan="3"></td></tr>
<tr><td colspan="2">框架、板柱的柱</td><td>三</td><td>二</td><td>二</td><td colspan="2">二</td><td colspan="3">一</td></tr>
<tr><td colspan="2">抗震墙</td><td>二</td><td>二</td><td>二</td><td colspan="2">一</td><td>二</td><td colspan="2">一</td></tr>
</table>

注：1 建筑场地为Ⅰ类时，除 6 度外应允许按表内降低一度所对应的抗震等级采取抗震构造措施，但相应的计算要求不应降低；
2 接近或等于高度分界时，应允许结合房屋不规则程度及场地、地基条件确定抗震等级；
3 大跨度框架指跨度不小于 18m 的框架；
4 高度不超过 60m 的框架-核心筒结构按框架-抗震墙的要求设计时，应按表中框架-抗震墙结构的规定确定其抗震等级。

6.1.3 钢筋混凝土房屋抗震等级的确定，尚应符合下列要求：

1 设置少量抗震墙的框架结构，在规定的水平力作用下，底层框架部分所承担的地震倾覆力矩大于结构总地震倾覆力矩的 50%时，其框架的抗震等级应按框架结构确定，抗震墙的抗震等级可与其框架的抗震等级相同。

注：底层指计算嵌固端所在的层。

2 裙房与主楼相连，除应按裙房本身确定抗震等级外，相关范围不应低于主楼的抗震等级；主楼结构在裙房顶板对应的相邻上下各一层应适当加强抗震构造措施。裙房与主楼分离时，应按裙房本身确定抗震等级。

3 当地下室顶板作为上部结构的嵌固部位时，地下一层的抗震等级应与上部结构相同，地下一层以下抗震构造措施的抗震等级可逐层降低一级，但不应低于四级。地下室中无上部结构的部分，抗震构造措施的抗震等级可根据具体情况采用三级或四级。

4 当甲乙类建筑按规定提高一度确定其抗震等级而房屋的高度超过本规范表 6.1.2 相应规定的上界时，应采取比一级更有效的抗震构造措施。

注：本章“一、二、三、四级”即“抗震等级为一、二、三、四级”的简称。

6.1.4 钢筋混凝土房屋需要设置防震缝时，应符合下列规定：

1 防震缝宽度应分别符合下列要求：

1）框架结构（包括设置少量抗震墙的框架结构）房屋的防震缝宽度，当高度不超过 15m 时不应小于 100mm；高度超过 15m 时，6 度、7 度、8 度和 9 度分别每增加高度 5m、4m、3m 和 2m，宜加宽 20mm；

2）框架-抗震墙结构房屋的防震缝宽度不应小于本款 1）项规定数值的 70%，抗震墙结构房屋的防震缝宽度不应小于本款 1）项规定数值的 50%；且均不宜小于 100mm；

3）防震缝两侧结构类型不同时，宜按需要较宽防震缝的结构类型和较低房屋高度确定缝宽。

2 8、9 度框架结构房屋防震缝两侧结构层高相差较大时，防震缝两侧框架柱的箍筋应沿房屋全高加密，并可根据需要在缝两侧沿房屋全高各设置不少于两道垂直于防震缝的抗撞墙。抗撞墙的布置宜避免加大扭转效应，其长度可不大于 1/2 层高，抗震等级可同框架结构；框架构件的内力应按设置和不设置抗撞墙两种计算模型的不利情况取值。

6.1.5 框架结构和框架-抗震墙结构中，框架和抗震墙均应双向设置，柱中线与抗震墙中线、梁中线与柱中线之间偏心距大于柱宽的 1/4 时，应计入偏心的影响。

甲、乙类建筑以及高度大于 24m 的丙类建筑，不应采用单跨框架结构；高度不大于 24m 的丙类建筑不宜采用单跨框架结构。

6.1.6 框架-抗震墙、板柱-抗震墙结构以及框支层中，抗震墙之间无大洞口的楼、屋盖的长宽比，不宜超过表 6.1.6 的规定；超过时，应计入楼盖平面内变形的影响。

6.1.7 采用装配整体式楼、屋盖时，应采取措施保证楼、屋盖的整体性及其与抗震墙的可靠连接。装配整体式楼、屋盖采用配筋现浇面层加强时，其厚度不应小于 50mm。

6.1.8 框架-抗震墙结构和板柱-抗震墙结构中的抗震墙设置，宜符合下列要求：

表 6.1.6　抗震墙之间楼屋盖的长宽比

楼、屋盖类型		设防烈度			
		6	7	8	9
框架-抗震墙结构	现浇或叠合楼、屋盖	4	4	3	2
	装配整体式楼、屋盖	3	3	2	不宜采用
板柱-抗震墙结构的现浇楼、屋盖		3	3	2	—
框支层的现浇楼、屋盖		2.5	2.5	2	—

1　抗震墙宜贯通房屋全高。

2　楼梯间宜设置抗震墙，但不宜造成较大的扭转效应。

3　抗震墙的两端（不包括洞口两侧）宜设置端柱或与另一方向的抗震墙相连。

4　房屋较长时，刚度较大的纵向抗震墙不宜设置在房屋的端开间。

5　抗震墙洞口宜上下对齐；洞边距端柱不宜小于 300mm。

6.1.9　抗震墙结构和部分框支抗震墙结构中的抗震墙设置，应符合下列要求：

1　抗震墙的两端（不包括洞口两侧）宜设置端柱或与另一方向的抗震墙相连；框支部分落地墙的两端（不包括洞口两侧）应设置端柱或与另一方向的抗震墙相连。

2　较长的抗震墙宜设置跨高比大于 6 的连梁形成洞口，将一道抗震墙分成长度较均匀的若干墙段，各墙段的高宽比不宜小于 3。

3　墙肢的长度沿结构全高不宜有突变；抗震墙有较大洞口时，以及一、二级抗震墙的底部加强部位，洞口宜上下对齐。

4　矩形平面的部分框支抗震墙结构，其框支层的楼层侧向刚度不应小于相邻非框支层楼层侧向刚度的 50%；框支层落地抗震墙间距不宜大于 24m，框支层的平面布置宜对称，且宜设抗震筒体；底层框架部分承担的地震倾覆力矩，不应大于结构总地震倾覆力矩的 50%。

6.1.10　抗震墙底部加强部位的范围，应符合下列规定：

1　底部加强部位的高度，应从地下室顶板算起。

2　部分框支抗震墙结构的抗震墙，其底部加强部位的高度，可取框支层加框支层以上两层的高度及落地抗震墙总高度的1/10二者的较大值。其他结构的抗震墙，房屋高度大于 24m 时，底部加强部位的高度可取底部两层和墙体总高度的 1/10 二者的较大值；房屋高度不大于 24m 时，底部加强部位可取底部一层。

3　当结构计算嵌固端位于地下一层的底板或以下时，底部加强部位尚宜向下延伸到计算嵌固端。

6.1.11　框架单独柱基有下列情况之一时，宜沿两个主轴方向设置基础系梁：

1　一级框架和Ⅳ类场地的二级框架；

2　各柱基础底面在重力荷载代表值作用下的压应力差别较大；

3　基础埋置较深，或各基础埋置深度差别较大；

4　地基主要受力层范围内存在软弱黏性土层、液化土层或严重不均匀土层；

5　桩基承台之间。

6.1.12　框架-抗震墙结构、板柱-抗震墙结构中的抗震墙基础和部分框支抗震墙结构的落地抗震墙基础，应有良好的整体性和抗转动的能力。

6.1.13　主楼与裙房相连且采用天然地基，除应符合本规范第 4.2.4 条的规定外，在多遇地震作用下主楼基础底面不宜出现零应力区。

6.1.14　地下室顶板作为上部结构的嵌固部位时，应符合下列要求：

1　地下室顶板应避免开设大洞口；地下室在地上结构相关范围的顶板应采用现浇梁板结构，相关范围以外的地下室顶板宜采用现浇梁板结构；其楼板厚度不宜小于 180mm，混凝土强度等级不宜小于 C30，应采用双层双向配筋，且每层每个方向的配筋率不宜小于 0.25%。

2　结构地上一层的侧向刚度，不宜大于相关范围地下一层侧向刚度的 0.5 倍；地下室周边宜有与其顶板相连的抗震墙。

3　地下室顶板对应于地上框架柱的梁柱节点除应满足抗震计算要求外，尚应符合下列规定之一：

1）地下一层柱截面每侧纵向钢筋不应小于地上一层柱对应纵向钢筋的 1.1 倍，且地下一层柱上端和节点左右梁端实配的抗震受弯承载力之和应大于地上一层柱下端实配的抗震受弯承载力的 1.3 倍。

2）地下一层梁刚度较大时，柱截面每侧的纵向钢筋面积应大于地上一层对应柱每侧纵向钢筋面积的 1.1 倍；同时梁端顶面和底面的纵向钢筋面积均应比计算增大 10% 以上；

4　地下一层抗震墙墙肢端部边缘构件纵向钢筋的截面面积，不应少于地上一层对应墙肢端部边缘构件纵向钢筋的截面面积。

6.1.15　楼梯间应符合下列要求：

1　宜采用现浇钢筋混凝土楼梯。

2　对于框架结构，楼梯间的布置不应导致结构平面特别不规则；楼梯构件与主体结构整浇时，应计入楼梯构件对地震作用及其效应的影响，应进行楼梯构件的抗震承载力验算；宜采取构造措施，减少楼梯构件对主体结构刚度的影响。

3 楼梯间两侧填充墙与柱之间应加强拉结。

6.1.16 框架的填充墙应符合本规范第13章的规定。

6.1.17 高强混凝土结构抗震设计应符合本规范附录B的规定。

6.1.18 预应力混凝土结构抗震设计应符合本规范附录C的规定。

6.2 计算要点

6.2.1 钢筋混凝土结构应按本节规定调整构件的组合内力设计值，其层间变形应符合本规范第5.5节的有关规定。构件截面抗震验算时，非抗震的承载力设计值应除以本规范规定的承载力抗震调整系数；凡本章和本规范附录未作规定者，应符合现行有关结构设计规范的要求。

6.2.2 一、二、三、四级框架的梁柱节点处，除框架顶层和柱轴压比小于0.15者及框支梁与框支柱的节点外，柱端组合的弯矩设计值应符合下式要求：

$$\sum M_c = \eta_c \sum M_b \quad (6.2.2\text{-}1)$$

一级的框架结构和9度的一级框架可不符合上式要求，但应符合下式要求：

$$\sum M_c = 1.2 \sum M_{bua} \quad (6.2.2\text{-}2)$$

式中：$\sum M_c$——节点上下柱端截面顺时针或反时针方向组合的弯矩设计值之和，上下柱端的弯矩设计值，可按弹性分析分配；

$\sum M_b$——节点左右梁端截面反时针或顺时针方向组合的弯矩设计值之和，一级框架节点左右梁端均为负弯矩时，绝对值较小的弯矩应取零；

$\sum M_{bua}$——节点左右梁端截面反时针或顺时针方向实配的正截面抗震受弯承载力所对应的弯矩值之和，根据实配钢筋面积（计入梁受压筋和相关楼板钢筋）和材料强度标准值确定；

η_c——框架柱端弯矩增大系数；对框架结构，一、二、三、四级可分别取1.7、1.5、1.3、1.2；其他结构类型中的框架，一级可取1.4，二级可取1.2，三、四级可取1.1。

当反弯点不在柱的层高范围内时，柱端截面组合的弯矩设计值可乘以上述柱端弯矩增大系数。

6.2.3 一、二、三、四级框架结构的底层，柱下端截面组合的弯矩设计值，应分别乘以增大系数1.7、1.5、1.3和1.2。底层柱纵向钢筋应按上下端的不利情况配置。

6.2.4 一、二、三级的框架梁和抗震墙的连梁，其梁端截面组合的剪力设计值应按下式调整：

$$V = \eta_{vb}(M_b^l + M_b^r)/l_n + V_{Gb} \quad (6.2.4\text{-}1)$$

一级的框架结构和9度的一级框架梁、连梁可不按上式调整，但应符合下式要求：

$$V = 1.1(M_{bua}^l + M_{bua}^r)/l_n + V_{Gb} \quad (6.2.4\text{-}2)$$

式中：V——梁端截面组合的剪力设计值；

l_n——梁的净跨；

V_{Gb}——梁在重力荷载代表值（9度时高层建筑还应包括竖向地震作用标准值）作用下，按简支梁分析的梁端截面剪力设计值；

M_b^l、M_b^r——分别为梁左右端反时针或顺时针方向组合的弯矩设计值，一级框架两端弯矩均为负弯矩时，绝对值较小的弯矩应取零；

M_{bua}^l、M_{bua}^r——分别为梁左右端反时针或顺时针方向实配的正截面抗震受弯承载力所对应的弯矩值，根据实配钢筋面积（计入受压筋和相关楼板钢筋）和材料强度标准值确定；

η_{vb}——梁端剪力增大系数，一级可取1.3，二级可取1.2，三级可取1.1。

6.2.5 一、二、三、四级的框架柱和框支柱组合的剪力设计值应按下式调整：

$$V = \eta_{vc}(M_c^b + M_c^t)H_n \quad (6.2.5\text{-}1)$$

一级的框架结构和9度的一级框架可不按上式调整，但应符合下式要求：

$$V = 1.2(M_{cua}^b + M_{cua}^t)/H_n \quad (6.2.5\text{-}2)$$

式中：V——柱端截面组合的剪力设计值；框支柱的剪力设计值尚应符合本规范第6.2.10条的规定；

H_n——柱的净高；

M_c^t、M_c^b——分别为柱的上下端顺时针或反时针方向截面组合的弯矩设计值，应符合本规范第6.2.2、6.2.3条的规定；框支柱的弯矩设计值尚应符合本规范第6.2.10条的规定；

M_{cua}^t、M_{cua}^b——分别为偏心受压柱的上下端顺时针或反时针方向实配的正截面抗震受弯承载力所对应的弯矩值，根据实配钢筋面积、材料强度标准值和轴压力等确定；

η_{vc}——柱剪力增大系数；对框架结构，一、二、三、四级可分别取1.5、1.3、1.2、1.1；对其他结构类型的框架，一级可取1.4，二级可取1.2，三、四级可取1.1。

6.2.6 一、二、三、四级框架的角柱，经本规范第6.2.2、6.2.3、6.2.5、6.2.10条调整后的组合弯矩设计值、剪力设计值尚应乘以不小于1.10的增大系数。

6.2.7 抗震墙各墙肢截面组合的内力设计值，应按下列规定采用：

1 一级抗震墙的底部加强部位以上部位，墙肢的组合弯矩设计值应乘以增大系数，其值可采用1.2；剪力相应调整。

2 部分框支抗震墙结构的落地抗震墙墙肢不应出现小偏心受拉。

3 双肢抗震墙中，墙肢不宜出现小偏心受拉；当任一墙肢为偏心受拉时，另一墙肢的剪力设计值、弯矩设计值应乘以增大系数1.25。

6.2.8 一、二、三级的抗震墙底部加强部位，其截面组合的剪力设计值应按下式调整：

$$V = \eta_{vw} V_w \tag{6.2.8-1}$$

9度的一级可不按上式调整，但应符合下式要求：

$$V = 1.1 \frac{M_{wua}}{M_w} V_w \tag{6.2.8-2}$$

式中：V——抗震墙底部加强部位截面组合的剪力设计值；

V_w——抗震墙底部加强部位截面组合的剪力计算值；

M_{wua}——抗震墙底部截面按实配纵向钢筋面积、材料强度标准值和轴力等计算的抗震受弯承载力所对应的弯矩值；有翼墙时应计入墙两侧各一倍翼墙厚度范围内的纵向钢筋；

M_w——抗震墙底部截面组合的弯矩设计值；

η_{vw}——抗震墙剪力增大系数，一级可取1.6，二级可取1.4，三级可取1.2。

6.2.9 钢筋混凝土结构的梁、柱、抗震墙和连梁，其截面组合的剪力设计值应符合下列要求：

跨高比大于2.5的梁和连梁及剪跨比大于2的柱和抗震墙：

$$V \leqslant \frac{1}{\gamma_{RE}}(0.20 f_c b h_0) \tag{6.2.9-1}$$

跨高比不大于2.5的连梁、剪跨比不大于2的柱和抗震墙、部分框支抗震墙结构的框支柱和框支梁、以及落地抗震墙的底部加强部位：

$$V \leqslant \frac{1}{\gamma_{RE}}(0.15 f_c b h_0) \tag{6.2.9-2}$$

剪跨比应按下式计算：

$$\lambda = M^c/(V^c h_0) \tag{6.2.9-3}$$

式中：λ——剪跨比，应按柱端或墙端截面组合的弯矩计算值M^c、对应的截面组合剪力计算值V^c及截面有效高度h_0确定，并取上下端计算结果的较大值；反弯点位于柱高中部的框架柱可按柱净高与2倍柱截面高度之比计算；

V——按本规范第6.2.4、6.2.5、6.2.6、6.2.8、6.2.10条等规定调整后的梁端、柱端或墙端截面组合的剪力设计值；

f_c——混凝土轴心抗压强度设计值；

b——梁、柱截面宽度或抗震墙墙肢截面宽度；圆形截面柱可按面积相等的方形截面柱计算；

h_0——截面有效高度，抗震墙可取墙肢长度。

6.2.10 部分框支抗震墙结构的框支柱尚应满足下列要求：

1 框支柱承受的最小地震剪力，当框支柱的数量不少于10根时，柱承受地震剪力之和不应小于结构底部总地震剪力的20%；当框支柱的数量少于10根时，每根柱承受的地震剪力不应小于结构底部总地震剪力的2%。框支柱的地震弯矩应相应调整。

2 一、二级框支柱由地震作用引起的附加轴力应分别乘以增大系数1.5、1.2；计算轴压比时，该附加轴力可不乘以增大系数。

3 一、二级框支柱的顶层柱上端和底层柱下端，其组合的弯矩设计值应分别乘以增大系数1.5和1.25，框支柱的中间节点应满足本规范第6.2.2条的要求。

4 框支梁中线宜与框支柱中线重合。

6.2.11 部分框支抗震墙结构的一级落地抗震墙底部加强部位尚应满足下列要求：

1 当墙肢在边缘构件以外的部位在两排钢筋间设置直径不小于8mm、间距不大于400mm的拉结筋时，抗震墙受剪承载力验算可计入混凝土的受剪作用。

2 墙肢底部截面出现大偏心受拉时，宜在墙肢的底截面处另设交叉防滑斜筋，防滑斜筋承担的地震剪力可按墙肢底截面处剪力设计值的30%采用。

6.2.12 部分框支抗震墙结构的框支柱顶层楼盖应符合本规范附录E第E.1节的规定。

6.2.13 钢筋混凝土结构抗震计算时，尚应符合下列要求：

1 侧向刚度沿竖向分布基本均匀的框架-抗震墙结构和框架-核心筒结构，任一层框架部分承担的剪力值，不应小于结构底部总地震剪力的20%和按框架-抗震墙结构、框架-核心筒结构计算的框架部分各楼层地震剪力中最大值1.5倍二者的较小值。

2 抗震墙地震内力计算时，连梁的刚度可折减，折减系数不宜小于0.50。

3 抗震墙结构、部分框支抗震墙结构、框架-抗震墙结构、框架-核心筒结构、筒中筒结构、板柱-抗震墙结构计算内力和变形时，其抗震墙应计入端部翼墙的共同工作。

4 设置少量抗震墙的框架结构，其框架部分的地震剪力值，宜采用框架结构模型和框架-抗震墙结构模型二者计算结果的较大值。

6.2.14 框架节点核芯区的抗震验算应符合下列

要求：

1 一、二、三级框架的节点核芯区应进行抗震验算；四级框架节点核芯区可不进行抗震验算，但应符合抗震构造措施的要求。

2 核芯区截面抗震验算方法应符合本规范附录D的规定。

6.3 框架的基本抗震构造措施

6.3.1 梁的截面尺寸，宜符合下列各项要求：

1 截面宽度不宜小于200mm；

2 截面高宽比不宜大于4；

3 净跨与截面高度之比不宜小于4。

6.3.2 梁宽大于柱宽的扁梁应符合下列要求：

1 采用扁梁的楼、屋盖应现浇，梁中线宜与柱中线重合，扁梁应双向布置。扁梁的截面尺寸应符合下列要求，并应满足现行有关规范对挠度和裂缝宽度的规定：

$$b_b \leqslant 2b_c \qquad (6.3.2\text{-}1)$$

$$b_b \leqslant b_c + h_b \qquad (6.3.2\text{-}2)$$

$$h_b \geqslant 16d \qquad (6.3.2\text{-}3)$$

式中：b_c——柱截面宽度，圆形截面取柱直径的0.8倍；

b_b、h_b——分别为梁截面宽度和高度；

d——柱纵筋直径。

2 扁梁不宜用于一级框架结构。

6.3.3 梁的钢筋配置，应符合下列各项要求：

1 梁端计入受压钢筋的混凝土受压区高度和有效高度之比，一级不应大于0.25，二、三级不应大于0.35。

2 梁端截面的底面和顶面纵向钢筋配筋量的比值，除按计算确定外，一级不应小于0.5，二、三级不应小于0.3。

3 梁端箍筋加密区的长度、箍筋最大间距和最小直径应按表6.3.3采用，当梁端纵向受拉钢筋配筋率大于2%时，表中箍筋最小直径数值应增大2mm。

表6.3.3 梁端箍筋加密区的长度、箍筋的最大间距和最小直径

抗震等级	加密区长度（采用较大值）(mm)	箍筋最大间距（采用最小值）(mm)	箍筋最小直径(mm)
一	$2h_b$,500	$h_b/4$,6d,100	10
二	$1.5h_b$,500	$h_b/4$,8d,100	8
三	$1.5h_b$,500	$h_b/4$,8d,150	8
四	$1.5h_b$,500	$h_b/4$,8d,150	6

注：1 d为纵向钢筋直径，h_b为梁截面高度；

2 箍筋直径大于12mm、数量不少于4肢且肢距不大于150mm时，一、二级的最大间距应允许适当放宽，但不得大于150mm。

6.3.4 梁的钢筋配置，尚应符合下列规定：

1 梁端纵向受拉钢筋的配筋率不宜大于2.5%。沿梁全长顶面、底面的配筋，一、二级不应少于2ϕ14，且分别不应少于梁顶面、底面两端纵向配筋中较大截面面积的1/4；三、四级不应少于2ϕ12。

2 一、二、三级框架梁内贯通中柱的每根纵向钢筋直径，对框架结构不应大于矩形截面柱在该方向截面尺寸的1/20，或纵向钢筋所在位置圆形截面柱弦长的1/20；对其他结构类型的框架不宜大于矩形截面柱在该方向截面尺寸的1/20，或纵向钢筋所在位置圆形截面柱弦长的1/20。

3 梁端加密区的箍筋肢距，一级不宜大于200mm和20倍箍筋直径的较大值，二、三级不宜大于250mm和20倍箍筋直径的较大值，四级不宜大于300mm。

6.3.5 柱的截面尺寸，宜符合下列各项要求：

1 截面的宽度和高度，四级或不超过2层时不宜小于300mm，一、二、三级且超过2层时不宜小于400mm；圆柱的直径，四级或不超过2层时不宜小于350mm，一、二、三级且超过2层时不宜小于450mm。

2 剪跨比宜大于2。

3 截面长边与短边的边长比不宜大于3。

6.3.6 柱轴压比不宜超过表6.3.6的规定；建造于Ⅳ类场地且较高的高层建筑，柱轴压比限值应适当减小。

表6.3.6 柱轴压比限值

结构类型	抗震等级 一	二	三	四
框架结构	0.65	0.75	0.85	0.90
框架-抗震墙，板柱-抗震墙、框架-核心筒及筒中筒	0.75	0.85	0.90	0.95
部分框支抗震墙	0.6	0.7	—	

注：1 轴压比指柱组合的轴压力设计值与柱的全截面面积和混凝土轴心抗压强度设计值乘积之比值；对本规范规定不进行地震作用计算的结构，可取无地震作用组合的轴力设计值计算；

2 表内限值适用于剪跨比大于2、混凝土强度等级不高于C60的柱；剪跨比不大于2的柱，轴压比限值应降低0.05；剪跨比小于1.5的柱，轴压比限值应专门研究并采取特殊构造措施；

3 沿柱全高采用井字复合箍且箍筋肢距不大于200mm、间距不大于100mm、直径不小于12mm，或沿柱全高采用复合螺旋箍、螺旋间距不大于100mm、箍筋肢距不大于200mm、直径不小于12mm，或沿柱全高采用连续复合矩形螺旋箍、螺旋净距不大于80mm、箍筋肢距不大于200mm、直径不小于10mm，轴压比限值均可增加0.10；上述三种箍筋的最小配箍特征值均应按增大的轴压比由本规范表6.3.9确定；

4 在柱的截面中部附加芯柱，其中另加的纵向钢筋的总面积不少于柱截面面积的0.8%，轴压比限值可增加0.05；此项措施与注3的措施共同采用时，轴压比限值可增加0.15，但箍筋的体积配箍率仍可按轴压比增加0.10的要求确定；

5 柱轴压比不应大于1.05。

6.3.7 柱的钢筋配置，应符合下列各项要求：

1 柱纵向受力钢筋的最小总配筋率应按表6.3.7-1采用，同时每一侧配筋率不应小于0.2%；对建造于Ⅳ类场地且较高的高层建筑，最小总配筋率应增加0.1%。

表6.3.7-1 柱截面纵向钢筋的最小总配筋率（百分率）

类别	抗震等级			
	一	二	三	四
中柱和边柱	0.9(1.0)	0.7(0.8)	0.6(0.7)	0.5(0.6)
角柱、框支柱	1.1	0.9	0.8	0.7

注：1 表中括号内数值用于框架结构的柱；
2 钢筋强度标准值小于400MPa时，表中数值应增加0.1，钢筋强度标准值为400MPa时，表中数值应增加0.05；
3 混凝土强度等级高于C60时，上述数值应相应增加0.1。

2 柱箍筋在规定的范围内应加密，加密区的箍筋间距和直径，应符合下列要求：

1）一般情况下，箍筋的最大间距和最小直径，应按表6.3.7-2采用。

表6.3.7-2 柱箍筋加密区的箍筋最大间距和最小直径

抗震等级	箍筋最大间距（采用较小值，mm）	箍筋最小直径（mm）
一	$6d$，100	10
二	$8d$，100	8
三	$8d$，150（柱根100）	8
四	$8d$，150（柱根100）	6（柱根8）

注：1 d为柱纵筋最小直径；
2 柱根指底层柱下端箍筋加密区。

2）一级框架柱的箍筋直径大于12mm且箍筋肢距不大于150mm及二级框架柱的箍筋直径不小于10mm且箍筋肢距不大于200mm时，除底层柱下端外，最大间距应允许采用150mm；三级框架柱的截面尺寸不大于400mm时，箍筋最小直径应允许采用6mm；四级框架柱剪跨比不大于2时，箍筋直径不应小于8mm。

3）框支柱和剪跨比不大于2的框架柱，箍筋间距不应大于100mm。

6.3.8 柱的纵向钢筋配置，尚应符合下列规定：

1 柱的纵向钢筋宜对称配置。

2 截面边长大于400mm的柱，纵向钢筋间距不宜大于200mm。

3 柱总配筋率不应大于5%；剪跨比不大于2的一级框架的柱，每侧纵向钢筋配筋率不宜大于1.2%。

4 边柱、角柱及抗震墙端柱在小偏心受拉时，柱内纵筋总截面面积应比计算值增加25%。

5 柱纵向钢筋的绑扎接头应避开柱端的箍筋加密区。

6.3.9 柱的箍筋配置，尚应符合下列要求：

1 柱的箍筋加密范围，应按下列规定采用：

1）柱端，取截面高度（圆柱直径）、柱净高的1/6和500mm三者的最大值；

2）底层柱的下端不小于柱净高的1/3；

3）刚性地面上下各500mm；

4）剪跨比不大于2的柱、因设置填充墙等形成的柱净高与柱截面高度之比不大于4的柱、框支柱、一级和二级框架的角柱，取全高。

2 柱箍筋加密区的箍筋肢距，一级不宜大于200mm，二、三级不宜大于250mm，四级不宜大于300mm。至少每隔一根纵向钢筋宜在两个方向有箍筋或拉筋约束；采用拉筋复合箍时，拉筋宜紧靠纵向钢筋并钩住箍筋。

3 柱箍筋加密区的体积配箍率，应按下列规定采用：

1）柱箍筋加密区的体积配箍率应符合下式要求：

$$\rho_v \geqslant \lambda_v f_c / f_{yv} \tag{6.3.9}$$

式中：ρ_v——柱箍筋加密区的体积配箍率，一级不应小于0.8%，二级不应小于0.6%，三、四级不应小于0.4%；计算复合螺旋箍的体积配箍率时，其非螺旋箍的箍筋体积应乘以折减系数0.80；

f_c——混凝土轴心抗压强度设计值，强度等级低于C35时，应按C35计算；

f_{yv}——箍筋或拉筋抗拉强度设计值；

λ_v——最小配箍特征值，宜按表6.3.9采用。

2）框支柱宜采用复合螺旋箍或井字复合箍，其最小配箍特征值应比表6.3.9内数值增加0.02，且体积配箍率不应小于1.5%。

3）剪跨比不大于2的柱宜采用复合螺旋箍或井字复合箍，其体积配箍率不应小于1.2%，9度一级时不应小于1.5%。

4 柱箍筋非加密区的箍筋配置，应符合下列要求：

1）柱箍筋非加密区的体积配箍率不宜小于加密区的50%。

2）箍筋间距，一、二级框架柱不应大于10倍纵向钢筋直径，三、四级框架柱不应大于15倍纵向钢筋直径。

表 6.3.9 柱箍筋加密区的箍筋最小配箍特征值

抗震等级	箍筋形式	柱轴压比								
		≤0.3	0.4	0.5	0.6	0.7	0.8	0.9	1.0	1.05
一	普通箍、复合箍	0.10	0.11	0.13	0.15	0.17	0.20	0.23	—	—
	螺旋箍、复合或连续复合矩形螺旋箍	0.08	0.09	0.11	0.13	0.15	0.18	0.21	—	—
二	普通箍、复合箍	0.08	0.09	0.11	0.13	0.15	0.17	0.19	0.22	0.24
	螺旋箍、复合或连续复合矩形螺旋箍	0.06	0.07	0.09	0.11	0.13	0.15	0.17	0.20	0.22
三、四	普通箍、复合箍	0.06	0.07	0.09	0.11	0.13	0.15	0.17	0.20	0.22
	螺旋箍、复合或连续复合矩形螺旋箍	0.05	0.06	0.07	0.09	0.11	0.13	0.15	0.18	0.20

注：普通箍指单个矩形箍和单个圆形箍，复合箍指由矩形、多边形、圆形箍或拉筋组成的箍筋；复合螺旋箍指由螺旋箍与矩形、多边形、圆形箍或拉筋组成的箍筋；连续复合矩形螺旋箍指用一根通长钢筋加工而成的箍筋。

6.3.10 框架节点核芯区箍筋的最大间距和最小直径宜按本规范第 6.3.7 条采用；一、二、三级框架节点核芯区配箍特征值分别不宜小于 0.12、0.10 和 0.08，且体积配箍率分别不宜小于 0.6%、0.5%和 0.4%。柱剪跨比不大于 2 的框架节点核芯区，体积配箍率不宜小于核芯区上、下柱端的较大体积配箍率。

6.4 抗震墙结构的基本抗震构造措施

6.4.1 抗震墙的厚度，一、二级不应小于 160mm 且不宜小于层高或无支长度的 1/20，三、四级不应小于 140mm 且不宜小于层高或无支长度的 1/25；无端柱或翼墙时，一、二级不宜小于层高或无支长度的 1/16，三、四级不宜小于层高或无支长度的 1/20。

底部加强部位的墙厚，一、二级不应小于 200mm 且不宜小于层高或无支长度的 1/16，三、四级不应小于 160mm 且不宜小于层高或无支长度的 1/20；无端柱或翼墙时，一、二级不宜小于层高或无支长度的1/12，三、四级不宜小于层高或无支长度的 1/16。

6.4.2 一、二、三级抗震墙在重力荷载代表值作用下墙肢的轴压比，一级时，9 度不宜大于 0.4，7、8 度不宜大于 0.5；二、三级时不宜大于 0.6。

注：墙肢轴压比指墙的轴压力设计值与墙的全截面面积和混凝土轴心抗压强度设计值乘积之比值。

6.4.3 抗震墙竖向、横向分布钢筋的配筋，应符合下列要求：

1 一、二、三级抗震墙的竖向和横向分布钢筋最小配筋率均不应小于 0.25%，四级抗震墙分布钢筋最小配筋率不应小于 0.20%。

注：高度小于 24m 且剪压比很小的四级抗震墙，其竖向分布筋的最小配筋率应允许按 0.15%采用。

2 部分框支抗震墙结构的落地抗震墙底部加强部位，竖向和横向分布钢筋配筋率均不应小于 0.3%。

6.4.4 抗震墙竖向和横向分布钢筋的配置，尚应符合下列规定：

1 抗震墙的竖向和横向分布钢筋的间距不宜大于 300mm，部分框支抗震墙结构的落地抗震墙底部加强部位，竖向和横向分布钢筋的间距不宜大于 200mm。

2 抗震墙厚度大于 140mm 时，其竖向和横向分布钢筋应双排布置，双排分布钢筋间拉筋的间距不宜大于 600mm，直径不应小于 6mm。

3 抗震墙竖向和横向分布钢筋的直径，均不宜大于墙厚的 1/10 且不应小于 8mm；竖向钢筋直径不宜小于 10mm。

6.4.5 抗震墙两端和洞口两侧应设置边缘构件，边缘构件包括暗柱、端柱和翼墙，并应符合下列要求：

1 对于抗震墙结构，底层墙肢底截面的轴压比不大于表 6.4.5-1 规定的一、二、三级抗震墙及四级抗震墙，墙肢两端可设置构造边缘构件，构造边缘构件的范围可按图 6.4.5-1 采用，构造边缘构件的配筋除应满足受弯承载力要求外，并宜符合表 6.4.5-2 的要求。

表 6.4.5-1 抗震墙设置构造边缘构件的最大轴压比

抗震等级或烈度	一级(9 度)	一级(7、8 度)	二、三级
轴压比	0.1	0.2	0.3

表 6.4.5-2 抗震墙构造边缘构件的配筋要求

抗震等级	底部加强部位			其他部位		
	纵向钢筋最小量(取较大值)	箍筋 最小直径(mm)	箍筋 沿竖向最大间距(mm)	纵向钢筋最小量(取较大值)	拉筋 最小直径(mm)	拉筋 沿竖向最大间距(mm)
一	$0.010A_c$，$6\phi16$	8	100	$0.008A_c$，$6\phi14$	8	150
二	$0.008A_c$，$6\phi14$	8	150	$0.006A_c$，$6\phi12$	8	200
三	$0.006A_c$，$6\phi12$	6	150	$0.005A_c$，$4\phi12$	6	200
四	$0.005A_c$，$4\phi12$	6	200	$0.004A_c$，$4\phi12$	6	250

注：1 A_c为边缘构件的截面面积；
2 其他部位的拉筋，水平间距不应大于纵筋间距的 2 倍；转角处宜采用箍筋；
3 当端柱承受集中荷载时，其纵向钢筋、箍筋直径和间距应满足柱的相应要求。

2 底层墙肢底截面的轴压比大于表 6.4.5-1 规定的一、二、三级抗震墙，以及部分框支抗震墙结构的抗震墙，应在底部加强部位及相邻的上一层设置约束边缘构件，在以上的其他部位可设置构造边缘构件。约束边缘构件沿墙肢的长度、配箍特征值、箍筋和纵向钢筋宜符合表 6.4.5-3 的要求（图 6.4.5-2）。

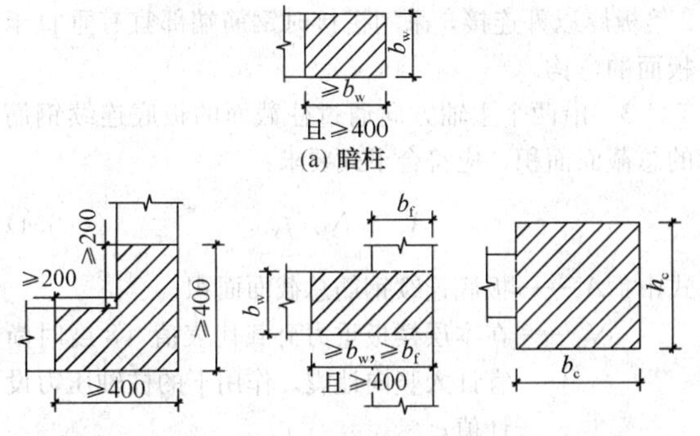

图 6.4.5-1　抗震墙的构造边缘构件范围

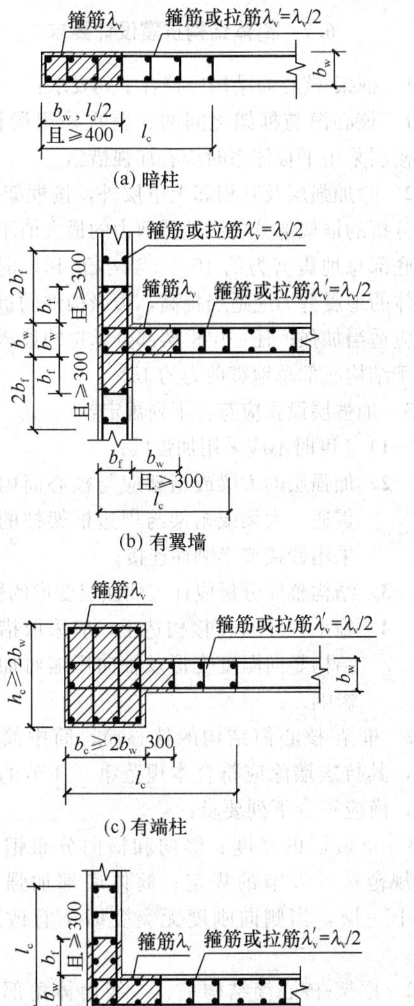

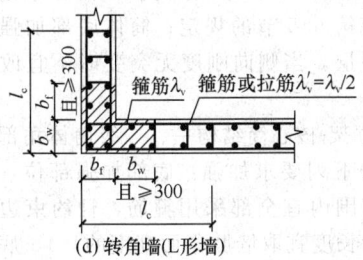

图 6.4.5-2　抗震墙的约束边缘构件

表 6.4.5-3　抗震墙约束边缘构件的范围及配筋要求

项目	一级（9度）		一级（8度）		二、三级	
	$\lambda\leqslant0.2$	$\lambda>0.2$	$\lambda\leqslant0.3$	$\lambda>0.3$	$\lambda\leqslant0.4$	$\lambda>0.4$
l_c（暗柱）	$0.20h_w$	$0.25h_w$	$0.15h_w$	$0.20h_w$	$0.15h_w$	$0.20h_w$
l_c（翼墙或端柱）	$0.15h_w$	$0.20h_w$	$0.10h_w$	$0.15h_w$	$0.10h_w$	$0.15h_w$
λ_v	0.12	0.20	0.12	0.20	0.12	0.20
纵向钢筋（取较大值）	$0.012A_c$，$8\phi16$		$0.012A_c$，$8\phi16$		$0.010A_c$，$6\phi16$（三级$6\phi14$）	
箍筋或拉筋沿竖向间距	100mm		100mm		150mm	

注：1　抗震墙的翼墙长度小于其 3 倍厚度或端柱截面边长小于 2 倍墙厚时，按无翼墙、无端柱查表；端柱有集中荷载时，配筋构造尚应满足与墙相同抗震等级框架柱的要求；

2　l_c为约束边缘构件沿墙肢长度，且不小于墙厚和 400mm；有翼墙或端柱时不应小于翼墙厚度或端柱沿墙肢方向截面高度加 300mm；

3　λ_v为约束边缘构件的配箍特征值，体积配箍率可按本规范式（6.3.9）计算，并可适当计入满足构造要求且在墙端有可靠锚固的水平分布钢筋的截面面积；

4　h_w为抗震墙墙肢长度；

5　λ 为墙肢轴压比；

6　A_c为图 6.4.5-2 中约束边缘构件阴影部分的截面面积。

6.4.6　抗震墙的墙肢长度不大于墙厚的 3 倍时，应按柱的有关要求进行设计；矩形墙肢的厚度不大于 300mm 时，尚宜全高加密箍筋。

6.4.7　跨高比较小的高连梁，可设水平缝形成双连梁、多连梁或采取其他加强受剪承载力的构造。顶层连梁的纵向钢筋伸入墙体的锚固长度范围内，应设置箍筋。

6.5　框架-抗震墙结构的基本抗震构造措施

6.5.1　框架-抗震墙结构的抗震墙厚度和边框设置，应符合下列要求：

1　抗震墙的厚度不应小于 160mm 且不宜小于层高或无支长度的 1/20，底部加强部位的抗震墙厚度不应小于 200mm 且不宜小于层高或无支长度的 1/16。

2　有端柱时，墙体在楼盖处宜设置暗梁，暗梁的截面高度不宜小于墙厚和 400mm 的较大值；端柱截面宜与同层框架柱相同，并应满足本规范第 6.3 节对框架柱的要求；抗震墙底部加强部位的端柱和紧靠抗震墙洞口的端柱宜按柱箍筋加密区的要求沿全高加密箍筋。

6.5.2　抗震墙的竖向和横向分布钢筋，配筋率均不应小于 0.25%，钢筋直径不宜小于 10mm，间距不宜大于 300mm，并应双排布置，双排分布钢筋间应设置拉筋。

6.5.3 楼面梁与抗震墙平面外连接时，不宜支承在洞口连梁上；沿梁轴线方向宜设置与梁连接的抗震墙，梁的纵筋应锚固在墙内；也可在支承梁的位置设置扶壁柱或暗柱，并应按计算确定其截面尺寸和配筋。

6.5.4 框架-抗震墙结构的其他抗震构造措施，应符合本规范第6.3节、6.4节的有关要求。

注：设置少量抗震墙的框架结构，其抗震墙的抗震构造措施，可仍按本规范第6.4节对抗震墙的规定执行。

6.6 板柱-抗震墙结构抗震设计要求

6.6.1 板柱-抗震墙结构的抗震墙，其抗震构造措施应符合本节规定，尚应符合本规范第6.5节的有关规定；柱（包括抗震墙端柱）和梁的抗震构造措施应符合本规范第6.3节的有关规定。

6.6.2 板柱-抗震墙的结构布置，尚应符合下列要求：

1 抗震墙厚度不应小于180mm，且不宜小于层高或无支长度的1/20；房屋高度大于12m时，墙厚不应小于200mm。

2 房屋的周边应采用有梁框架，楼、电梯洞口周边宜设置边框梁。

3 8度时宜采用有托板或柱帽的板柱节点，托板或柱帽根部的厚度（包括板厚）不宜小于柱纵筋直径的16倍，托板或柱帽的边长不宜小于4倍板厚和柱截面对应边长之和。

4 房屋的地下一层顶板，宜采用梁板结构。

6.6.3 板柱-抗震墙结构的抗震计算，应符合下列要求：

1 房屋高度大于12m时，抗震墙应承担结构的全部地震作用；房屋高度不大于12m时，抗震墙宜承担结构的全部地震作用。各层板柱和框架部分应能承担不少于本层地震剪力的20%。

2 板柱结构在地震作用下按等代平面框架分析时，其等代梁的宽度宜采用垂直于等代平面框架方向两侧柱距各1/4。

3 板柱节点应进行冲切承载力的抗震验算，应计入不平衡弯矩引起的冲切，节点处地震作用组合的不平衡弯矩引起的冲切反力设计值应乘以增大系数，一、二、三级板柱的增大系数可分别取1.7、1.5、1.3。

6.6.4 板柱-抗震墙结构的板柱节点构造应符合下列要求：

1 无柱帽平板应在柱上板带中设构造暗梁，暗梁宽度可取柱宽及柱两侧各不大于1.5倍板厚。暗梁支座上部钢筋面积应不小于柱上板带钢筋面积的50%，暗梁下部钢筋不宜少于上部钢筋的1/2；箍筋直径不应小于8mm，间距不宜大于3/4倍板厚，肢距不宜大于2倍板厚，在暗梁两端应加密。

2 无柱帽柱上板带的板底钢筋，宜在距柱面为2倍板厚以外连接，采用搭接时钢筋端部宜有垂直于板面的弯钩。

3 沿两个主轴方向通过柱截面的板底连续钢筋的总截面面积，应符合下式要求：

$$A_s \geqslant N_G / f_y \qquad (6.6.4)$$

式中：A_s——板底连续钢筋总截面面积；

N_G——在本层楼板重力荷载代表值（8度时尚宜计入竖向地震）作用下的柱轴压力设计值；

f_y——楼板钢筋的抗拉强度设计值。

4 板柱节点应根据抗冲切承载力要求，配置抗剪栓钉或抗冲切钢筋。

6.7 筒体结构抗震设计要求

6.7.1 框架-核心筒结构应符合下列要求：

1 核心筒与框架之间的楼盖宜采用梁板体系；部分楼层采用平板体系时应有加强措施。

2 除加强层及其相邻上下层外，按框架-核心筒计算分析的框架部分各层地震剪力的最大值不宜小于结构底部总地震剪力的10%。当小于10%时，核心筒墙体的地震剪力应适当提高，边缘构件的抗震构造措施应适当加强；任一层框架部分承担的地震剪力不应小于结构底部总地震剪力的15%。

3 加强层设置应符合下列规定：

1）9度时不应采用加强层；

2）加强层的大梁或桁架应与核心筒内的墙肢贯通；大梁或桁架与周边框架柱的连接宜采用铰接或半刚性连接；

3）结构整体分析应计入加强层变形的影响；

4）施工程序及连接构造上，应采取措施减小结构竖向温度变形及轴向压缩对加强层的影响。

6.7.2 框架-核心筒结构的核心筒、筒中筒结构的内筒，其抗震墙除应符合本规范第6.4节的有关规定外，尚应符合下列要求：

1 抗震墙的厚度、竖向和横向分布钢筋应符合本规范第6.5节的规定；筒体底部加强部位及相邻上一层，当侧向刚度无突变时不宜改变墙体厚度。

2 框架-核心筒结构一、二级筒体角部的边缘构件宜按下列要求加强：底部加强部位，约束边缘构件范围内宜全部采用箍筋，且约束边缘构件沿墙肢的长度宜取墙肢截面高度的1/4，底部加强部位以上的全高范围内宜按转角墙的要求设置约束边缘构件。

3　内筒的门洞不宜靠近转角。

6.7.3　楼面大梁不宜支承在内筒连梁上。楼面大梁与内筒或核心筒墙体平面外连接时，应符合本规范第6.5.3条的规定。

6.7.4　一、二级核心筒和内筒中跨高比不大于2的连梁，当梁截面宽度不小于400mm时，可采用交叉暗柱配筋，并应设置普通箍筋；截面宽度小于400mm但不小于200mm时，除配置普通箍筋外，可另增设斜向交叉构造钢筋。

6.7.5　筒体结构转换层的抗震设计应符合本规范附录E第E.2节的规定。

7　多层砌体房屋和底部框架砌体房屋

7.1　一般规定

7.1.1　本章适用于普通砖（包括烧结、蒸压、混凝土普通砖）、多孔砖（包括烧结、混凝土多孔砖）和混凝土小型空心砌块等砌体承重的多层房屋，底层或底部两层框架-抗震墙砌体房屋。

配筋混凝土小型空心砌块房屋的抗震设计，应符合本规范附录F的规定。

注：1　采用非黏土的烧结砖、蒸压砖、混凝土砖的砌体房屋，块体的材料性能应有可靠的试验数据；当本章未作具体规定时，可按本章普通砖、多孔砖房屋的相应规定执行；

2　本章中“小砌块”为“混凝土小型空心砌块”的简称；

3　非空旷的单层砌体房屋，可按本章规定的原则进行抗震设计。

7.1.2　**多层房屋的层数和高度应符合下列要求：**

1　一般情况下，房屋的层数和总高度不应超过表7.1.2的规定。

表7.1.2　房屋的层数和总高度限值（m）

房屋类别		最小抗震墙厚度（mm）	烈度和设计基本地震加速度											
			6		7				8				9	
			0.05g		0.10g		0.15g		0.20g		0.30g		0.40g	
			高度	层数	高度	层数	高度	层数	高度	层数	高度	层数	高度	层数
多层砌体房屋	普通砖	240	21	7	21	7	21	7	18	6	15	5	12	4
	多孔砖	240	21	7	21	7	18	6	18	6	15	5	9	3
	多孔砖	190	21	7	18	6	15	5	15	5	12	4	—	—
	小砌块	190	21	7	21	7	18	6	18	6	15	5	9	3

续表7.1.2

房屋类别		最小抗震墙厚度（mm）	烈度和设计基本地震加速度											
			6		7				8				9	
			0.05g		0.10g		0.15g		0.20g		0.30g		0.40g	
			高度	层数	高度	层数	高度	层数	高度	层数	高度	层数	高度	层数
底部框架-抗震墙砌体房屋	普通砖 多孔砖	240	22	7	22	7	19	6	16	5	—	—	—	—
	多孔砖	190	22	7	19	6	16	5	13	4	—	—	—	—
	小砌块	190	22	7	22	7	19	6	16	5	—	—	—	—

注：1　房屋的总高度指室外地面到主要屋面板板顶或檐口的高度，半地下室从地下室室内地面算起，全地下室和嵌固条件好的半地下室应允许从室外地面算起；对带阁楼的坡屋面应算到山尖墙的1/2高度处；

2　室内外高差大于0.6m时，房屋总高度应允许比表中的数据适当增加，但增加量应少于1.0m；

3　乙类的多层砌体房屋仍按本地区设防烈度查表，其层数应减少一层且总高度应降低3m；不应采用底部框架-抗震墙砌体房屋；

4　本表小砌块砌体房屋不包括配筋混凝土小型空心砌块砌体房屋。

2　横墙较少的多层砌体房屋，总高度应比表7.1.2的规定降低3m，层数相应减少一层；各层横墙很少的多层砌体房屋，还应再减少一层。

注：横墙较少是指同一楼层内开间大于4.2m的房间占该层总面积的40%以上；其中，开间不大于4.2m的房间占该层总面积不到20%且开间大于4.8m的房间占该层总面积的50%以上为横墙很少。

3　6、7度时，横墙较少的丙类多层砌体房屋，当按规定采取加强措施并满足抗震承载力要求时，其高度和层数应允许仍按表7.1.2的规定采用。

4　采用蒸压灰砂砖和蒸压粉煤灰砖的砌体的房屋，当砌体的抗剪强度仅达到普通黏土砖砌体的70%时，房屋的层数应比普通砖房减少一层，总高度应减少3m；当砌体的抗剪强度达到普通黏土砖砌体的取值时，房屋层数和总高度的要求同普通砖房屋。

7.1.3　多层砌体承重房屋的层高，不应超过3.6m。

底部框架-抗震墙砌体房屋的底部，层高不应超过4.5m；当底层采用约束砌体抗震墙时，底层的层高不应超过4.2m。

注：当使用功能确有需要时，采用约束砌体等加强措施的普通砖房屋，层高不应超过3.9m。

7.1.4　多层砌体房屋总高度与总宽度的最大比值，宜符合表7.1.4的要求。

表 7.1.4　房屋最大高宽比

烈　度	6	7	8	9
最大高宽比	2.5	2.5	2.0	1.5

注：1　单面走廊房屋的总宽度不包括走廊宽度；
　　2　建筑平面接近正方形时，其高宽比宜适当减小。

7.1.5　房屋抗震横墙的间距，不应超过表 7.1.5 的要求：

表 7.1.5　房屋抗震横墙的间距（m）

房屋类别		烈度			
		6	7	8	9
多层砌体房屋	现浇或装配整体式钢筋混凝土楼、屋盖	15	15	11	7
	装配式钢筋混凝土楼、屋盖	11	11	9	4
	木屋盖	9	9	4	—
底部框架-抗震墙砌体房屋	上部各层	同多层砌体房屋			—
	底层或底部两层	18	15	11	—

注：1　多层砌体房屋的顶层，除木屋盖外的最大横墙间距应允许适当放宽，但应采取相应加强措施；
　　2　多孔砖抗震横墙厚度为 190mm 时，最大横墙间距应比表中数值减少 3m。

7.1.6　多层砌体房屋中砌体墙段的局部尺寸限值，宜符合表 7.1.6 的要求：

表 7.1.6　房屋的局部尺寸限值（m）

部　位	6 度	7 度	8 度	9 度
承重窗间墙最小宽度	1.0	1.0	1.2	1.5
承重外墙尽端至门窗洞边的最小距离	1.0	1.0	1.2	1.5
非承重外墙尽端至门窗洞边的最小距离	1.0	1.0	1.0	1.0
内墙阳角至门窗洞边的最小距离	1.0	1.0	1.5	2.0
无锚固女儿墙（非出入口处）的最大高度	0.5	0.5	0.5	0.0

注：1　局部尺寸不足时，应采取局部加强措施弥补，且最小宽度不宜小于 1/4 层高和表列数据的 80%；
　　2　出入口处的女儿墙应有锚固。

7.1.7　多层砌体房屋的建筑布置和结构体系，应符合下列要求：

1　应优先采用横墙承重或纵横墙共同承重的结构体系。不应采用砌体墙和混凝土墙混合承重的结构体系。

2　纵横向砌体抗震墙的布置应符合下列要求：

1）宜均匀对称，沿平面内宜对齐，沿竖向应上下连续；且纵横向墙体的数量不宜相差过大；

2）平面轮廓凹凸尺寸，不应超过典型尺寸的 50%；当超过典型尺寸的 25%时，房屋转角处应采取加强措施；

3）楼板局部大洞口的尺寸不宜超过楼板宽度的 30%，且不应在墙体两侧同时开洞；

4）房屋错层的楼板高差超过 500mm 时，应按两层计算；错层部位的墙体应采取加强措施；

5）同一轴线上的窗间墙宽度宜均匀；在满足本规范第 7.1.6 条要求的前提下，墙面洞口的立面面积，6、7 度时不宜大于墙面总面积的 55%，8、9 度时不宜大于 50%；

6）在房屋宽度方向的中部应设置内纵墙，其累计长度不宜小于房屋总长度的 60%（高宽比大于 4 的墙段不计入）。

3　房屋有下列情况之一时宜设置防震缝，缝两侧均应设置墙体，缝宽应根据烈度和房屋高度确定，可采用 70mm～100mm：

1）房屋立面高差在 6m 以上；

2）房屋有错层，且楼板高差大于层高的 1/4；

3）各部分结构刚度、质量截然不同。

4　楼梯间不宜设置在房屋的尽端或转角处。

5　不应在房屋转角处设置转角窗。

6　横墙较少、跨度较大的房屋，宜采用现浇钢筋混凝土楼、屋盖。

7.1.8　底部框架-抗震墙砌体房屋的结构布置，应符合下列要求：

1　上部的砌体墙体与底部的框架梁或抗震墙，除楼梯间附近的个别墙段外均应对齐。

2　房屋的底部，应沿纵横两方向设置一定数量的抗震墙，并应均匀对称布置。6 度且总层数不超过四层的底层框架-抗震墙砌体房屋，应允许采用嵌砌于框架之间的约束普通砖砌体或小砌块砌体的砌体抗震墙，但应计入砌体墙对框架的附加轴力和附加剪力并进行底层的抗震验算，且同一方向不应同时采用钢筋混凝土抗震墙和约束砌体抗震墙；其余情况，8 度时应采用钢筋混凝土抗震墙，6、7 度时应采用钢筋混凝土抗震墙或配筋小砌块砌体抗震墙。

3　底层框架-抗震墙砌体房屋的纵横两个方向，第二层计入构造柱影响的侧向刚度与底层侧向刚度的比值，6、7 度时不应大于 2.5，8 度时不应大于 2.0，且均不应小于 1.0。

4　底部两层框架-抗震墙砌体房屋纵横两个方向，底层与底部第二层侧向刚度应接近，第三层计入构造柱影响的侧向刚度与底部第二层侧向刚度的比值，6、7 度时不应大于 2.0，8 度时不应大于 1.5，且均不应小于 1.0。

5　底部框架-抗震墙砌体房屋的抗震墙应设置条形基础、筏形基础等整体性好的基础。

7.1.9　底部框架-抗震墙砌体房屋的钢筋混凝土结构部分，除应符合本章规定外，尚应符合本规范第 6 章的有关要求；此时，底部混凝土框架的抗震等级，6、7、8

度应分别按三、二、一级采用，混凝土墙体的抗震等级，6、7、8度应分别按三、三、二级采用。

7.2 计算要点

7.2.1 多层砌体房屋、底部框架-抗震墙砌体房屋的抗震计算，可采用底部剪力法，并应按本节规定调整地震作用效应。

7.2.2 对砌体房屋，可只选从属面积较大或竖向应力较小的墙段进行截面抗震承载力验算。

7.2.3 进行地震剪力分配和截面验算时，砌体墙段的层间等效侧向刚度应按下列原则确定：

1 刚度的计算应计及高宽比的影响。高宽比小于1时，可只计算剪切变形；高宽比不大于4且不小于1时，应同时计算弯曲和剪切变形；高宽比大于4时，等效侧向刚度可取0.0。

注：墙段的高宽比指层高与墙长之比，对门窗洞边的小墙段指洞净高与洞侧墙宽之比。

2 墙段宜按门窗洞口划分；对设置构造柱的小开口墙段按毛墙面计算的刚度，可根据开洞率乘以表7.2.3的墙段洞口影响系数：

表 7.2.3 墙段洞口影响系数

开洞率	0.10	0.20	0.30
影响系数	0.98	0.94	0.88

注：1 开洞率为洞口水平截面积与墙段水平毛截面积之比，相邻洞口之间净宽小于500mm的墙段视为洞口；

2 洞口中线偏离墙段中线大于墙段长度的1/4时，表中影响系数值折减0.9；门洞的洞顶高度大于层高80%时，表中数据不适用；窗洞高度大于50%层高时，按门洞对待。

7.2.4 底部框架-抗震墙砌体房屋的地震作用效应，应按下列规定调整：

1 对底层框架-抗震墙砌体房屋，底层的纵向和横向地震剪力设计值均应乘以增大系数；其值应允许在1.2～1.5范围内选用，第二层与底层侧向刚度比大者应取大值。

2 对底部两层框架-抗震墙砌体房屋，底层和第二层的纵向和横向地震剪力设计值亦均应乘以增大系数；其值应允许在1.2～1.5范围内选用，第三层与第二层侧向刚度比大者应取大值。

3 底层或底部两层的纵向和横向地震剪力设计值应全部由该方向的抗震墙承担，并按各墙体的侧向刚度比例分配。

7.2.5 底部框架-抗震墙砌体房屋中，底部框架的地震作用效应宜采用下列方法确定：

1 底部框架柱的地震剪力和轴向力，宜按下列规定调整：

1）框架柱承担的地震剪力设计值，可按各抗侧力构件有效侧向刚度比例分配确定；有效侧向刚度的取值，框架不折减；混凝土墙或配筋混凝土小砌块砌体墙可乘以折减系数0.30；约束普通砖砌体或小砌块砌体抗震墙可乘以折减系数0.20；

2）框架柱的轴力应计入地震倾覆力矩引起的附加轴力，上部砖房可视为刚体，底部各轴线承受的地震倾覆力矩，可近似按底部抗震墙和框架的有效侧向刚度的比例分配确定；

3）当抗震墙之间楼盖长宽比大于2.5时，框架柱各轴线承担的地震剪力和轴向力，尚应计入楼盖平面内变形的影响。

2 底部框架-抗震墙砌体房屋的钢筋混凝土托墙梁计算地震组合内力时，应采用合适的计算简图。若考虑上部墙体与托墙梁的组合作用，应计入地震时墙体开裂对组合作用的不利影响，可调整有关的弯矩系数、轴力系数等计算参数。

7.2.6 各类砌体沿阶梯形截面破坏的抗震抗剪强度设计值，应按下式确定：

$$f_{vE}=\zeta_N f_v \tag{7.2.6}$$

式中：f_{vE}——砌体沿阶梯形截面破坏的抗震抗剪强度设计值；

f_v——非抗震设计的砌体抗剪强度设计值；

ζ_N——砌体抗震抗剪强度的正应力影响系数，应按表7.2.6采用。

表 7.2.6 砌体强度的正应力影响系数

砌体类别	σ_0/f_v							
	0.0	1.0	3.0	5.0	7.0	10.0	12.0	16.0
普通砖，多孔砖	0.80	0.99	1.25	1.47	1.65	1.90	2.05	—
小砌块	—	1.23	1.69	2.15	2.57	3.02	3.32	3.92

注：σ_0 为对应于重力荷载代表值的砌体截面平均压应力。

7.2.7 普通砖、多孔砖墙体的截面抗震受剪承载力，应按下列规定验算：

1 一般情况下，应按下式验算：

$$V\leqslant f_{vE}A/\gamma_{RE} \tag{7.2.7-1}$$

式中：V——墙体剪力设计值；

f_{vE}——砖砌体沿阶梯形截面破坏的抗震抗剪强度设计值；

A——墙体横截面面积，多孔砖取毛截面面积；

γ_{RE}——承载力抗震调整系数，承重墙按本规范表5.4.2采用，自承重墙按0.75采用。

2 采用水平配筋的墙体，应按下式验算：

$$V\leqslant\frac{1}{\gamma_{RE}}(f_{vE}A+\zeta_s f_{yh}A_{sh}) \tag{7.2.7-2}$$

式中：f_{yh}——水平钢筋抗拉强度设计值；

A_{sh}——层间墙体竖向截面的总水平钢筋面积，其配筋率应不小于0.07%且不大于0.17%；

ζ_s——钢筋参与工作系数，可按表7.2.7采用。

表 7.2.7 钢筋参与工作系数

墙体高宽比	0.4	0.6	0.8	1.0	1.2
ζ_s	0.10	0.12	0.14	0.15	0.12

3 当按式（7.2.7-1）、式（7.2.7-2）验算不满足要求时，可计入基本均匀设置于墙段中部、截面不小于240mm×240mm（墙厚190mm时为240mm×190mm）且间距不大于4m的构造柱对受剪承载力的提高作用，按下列简化方法验算：

$$V \leqslant \frac{1}{\gamma_{RE}}[\eta_c f_{vE}(A-A_c)+\zeta_c f_t A_c + 0.08 f_{yc} A_{sc} + \zeta_s f_{yh} A_{sh}] \quad (7.2.7\text{-}3)$$

式中：A_c——中部构造柱的横截面总面积（对横墙和内纵墙，$A_c>0.15A$时，取$0.15A$；对外纵墙，$A_c>0.25A$时，取$0.25A$）；

f_t——中部构造柱的混凝土轴心抗拉强度设计值；

A_{sc}——中部构造柱的纵向钢筋截面总面积（配筋率不小于0.6%，大于1.4%时取1.4%）；

f_{yh}、f_{yc}——分别为墙体水平钢筋、构造柱钢筋抗拉强度设计值；

ζ_c——中部构造柱参与工作系数；居中设一根时取0.5，多于一根时取0.4；

η_c——墙体约束修正系数；一般情况取1.0，构造柱间距不大于3.0m时取1.1；

A_{sh}——层间墙体竖向截面的总水平钢筋面积，无水平钢筋时取0.0。

7.2.8 小砌块墙体的截面抗震受剪承载力，应按下式验算：

$$V \leqslant \frac{1}{\gamma_{RE}}[f_{vE}A+(0.3f_t A_c+0.05 f_y A_s)\zeta_c] \quad (7.2.8)$$

式中：f_t——芯柱混凝土轴心抗拉强度设计值；

A_c——芯柱截面总面积；

A_s——芯柱钢筋截面总面积；

f_y——芯柱钢筋抗拉强度设计值；

ζ_c——芯柱参与工作系数，可按表7.2.8采用。

注：当同时设置芯柱和构造柱时，构造柱截面可作为芯柱截面，构造柱钢筋可作为芯柱钢筋。

表 7.2.8 芯柱参与工作系数

填孔率 ρ	$\rho<0.15$	$0.15\leqslant\rho<0.25$	$0.25\leqslant\rho<0.5$	$\rho\geqslant0.5$
ζ_c	0.0	1.0	1.10	1.15

注：填孔率指芯柱根数（含构造柱和填实孔洞数量）与孔洞总数之比。

7.2.9 底层框架-抗震墙砌体房屋中嵌砌于框架之间的普通砖或小砌块的砌体墙，当符合本规范第7.5.4条、第7.5.5条的构造要求时，其抗震验算应符合下列规定：

1 底层框架柱的轴向力和剪力，应计入砖墙或小砌块墙引起的附加轴向力和附加剪力，其值可按下列公式确定：

$$N_f = V_w H_f / l \quad (7.2.9\text{-}1)$$

$$V_f = V_w \quad (7.2.9\text{-}2)$$

式中：V_w——墙体承担的剪力设计值，柱两侧有墙时可取二者的较大值；

N_f——框架柱的附加轴压力设计值；

V_f——框架柱的附加剪力设计值；

H_f、l——分别为框架的层高和跨度。

2 嵌砌于框架之间的普通砖墙或小砌块墙及两端框架柱，其抗震受剪承载力应按下式验算：

$$V \leqslant \frac{1}{\gamma_{REc}}\sum(M_{yc}^u+M_{yc}^l)/H_0+\frac{1}{\gamma_{REw}}\sum f_{vE}A_{w0} \quad (7.2.9\text{-}3)$$

式中：V——嵌砌普通砖墙或小砌块墙及两端框架柱剪力设计值；

A_{w0}——砖墙或小砌块墙水平截面的计算面积，无洞口时取实际截面的1.25倍，有洞口时取截面净面积，但不计入宽度小于洞口高度1/4的墙肢截面面积；

M_{yc}^u、M_{yc}^l——分别为底层框架柱上下端的正截面受弯承载力设计值，可按现行国家标准《混凝土结构设计规范》GB 50010非抗震设计的有关公式取等号计算；

H_0——底层框架柱的计算高度，两侧均有砌体墙时取柱净高的2/3，其余情况取柱净高；

γ_{REc}——底层框架柱承载力抗震调整系数，可采用0.8；

γ_{REw}——嵌砌普通砖墙或小砌块墙承载力抗震调整系数，可采用0.9。

7.3 多层砖砌体房屋抗震构造措施

7.3.1 各类多层砖砌体房屋，应按下列要求设置现浇钢筋混凝土构造柱（以下简称构造柱）：

1 构造柱设置部位，一般情况下应符合表7.3.1的要求。

2 外廊式和单面走廊式的多层房屋，应根据房屋增加一层的层数，按表7.3.1的要求设置构造柱，且单面走廊两侧的纵墙均应按外墙处理。

3 横墙较少的房屋，应根据房屋增加一层的层数，按表7.3.1的要求设置构造柱。当横墙较少的房屋为外廊式或单面走廊式时，应按本条2款要求设置

构造柱；但6度不超过四层、7度不超过三层和8度不超过二层时，应按增加二层的层数对待。

4 各层横墙很少的房屋，应按增加二层的层数设置构造柱。

5 采用蒸压灰砂砖和蒸压粉煤灰砖的砌体房屋，当砌体的抗剪强度仅达到普通黏土砖砌体的70%时，应根据增加一层的层数按本条1～4款要求设置构造柱；但6度不超过四层、7度不超过三层和8度不超过二层时，应按增加二层的层数对待。

表7.3.1 多层砖砌体房屋构造柱设置要求

<table>
<tr><th colspan="4">房屋层数</th><th colspan="2" rowspan="2">设 置 部 位</th></tr>
<tr><th>6度</th><th>7度</th><th>8度</th><th>9度</th></tr>
<tr><td>四、五</td><td>三、四</td><td>二、三</td><td></td><td rowspan="3">楼、电梯间四角,楼梯斜梯段上下端对应的墙体处；
外墙四角和对应转角；
错层部位横墙与外纵墙交接处；
大房间内外墙交接处；
较大洞口两侧</td><td>隔12m或单元横墙与外纵墙交接处；
楼梯间对应的另一侧内横墙与外纵墙交接处</td></tr>
<tr><td>六</td><td>五</td><td>四</td><td>二</td><td>隔开间横墙(轴线)与外墙交接处；
山墙与内纵墙交接处</td></tr>
<tr><td>七</td><td>≥六</td><td>≥五</td><td>≥三</td><td>内墙(轴线)与外墙交接处；
内墙的局部较小墙垛处；
内纵墙与横墙(轴线)交接处</td></tr>
</table>

注：较大洞口，内墙指不小于2.1m的洞口；外墙在内外墙交接处已设置构造柱时应允许适当放宽，但洞侧墙体应加强。

7.3.2 多层砖砌体房屋的构造柱应符合下列构造要求：

1 构造柱最小截面可采用180mm×240mm（墙厚190mm时为180mm×190mm），纵向钢筋宜采用4ϕ12，箍筋间距不宜大于250mm，且在柱上下端应适当加密；6、7度时超过六层、8度时超过五层和9度时，构造柱纵向钢筋宜采用4ϕ14，箍筋间距不应大于200mm；房屋四角的构造柱应适当加大截面及配筋。

2 构造柱与墙连接处应砌成马牙槎，沿墙高每隔500mm设2ϕ6水平钢筋和ϕ4分布短筋平面内点焊组成的拉结网片或ϕ4点焊钢筋网片，每边伸入墙内不宜小于1m。6、7度时底部1/3楼层，8度时底部1/2楼层，9度时全部楼层，上述拉结钢筋网片应沿墙体水平通长设置。

3 构造柱与圈梁连接处，构造柱的纵筋应在圈梁纵筋内侧穿过，保证构造柱纵筋上下贯通。

4 构造柱可不单独设置基础，但应伸入室外地面下500mm，或与埋深小于500mm的基础圈梁相连。

5 房屋高度和层数接近本规范表7.1.2的限值时，纵、横墙内构造柱间距尚应符合下列要求：

1）横墙内的构造柱间距不宜大于层高的二倍；下部1/3楼层的构造柱间距适当减小；

2）当外纵墙开间大于3.9m时，应另设加强措施。内纵墙的构造柱间距不宜大于4.2m。

7.3.3 **多层砖砌体房屋的现浇钢筋混凝土圈梁设置应符合下列要求：**

1 **装配式钢筋混凝土楼、屋盖或木屋盖的砖房，应按表7.3.3的要求设置圈梁；纵墙承重时，抗震横墙上的圈梁间距应比表内要求适当加密。**

2 **现浇或装配整体式钢筋混凝土楼、屋盖与墙体有可靠连接的房屋，应允许不另设圈梁，但楼板沿抗震墙体周边均应加强配筋并应与相应的构造柱钢筋可靠连接。**

表7.3.3 多层砖砌体房屋现浇钢筋混凝土圈梁设置要求

<table>
<tr><th rowspan="2">墙 类</th><th colspan="3">烈 度</th></tr>
<tr><th>6、7</th><th>8</th><th>9</th></tr>
<tr><td>外墙和内纵墙</td><td>屋盖处及每层楼盖处</td><td>屋盖处及每层楼盖处</td><td>屋盖处及每层楼盖处</td></tr>
<tr><td>内横墙</td><td>同上；
屋盖处间距不应大于4.5m；
楼盖处间距不应大于7.2m；
构造柱对应部位</td><td>同上；
各层所有横墙，且间距不应大于4.5m；
构造柱对应部位</td><td>同上；
各层所有横墙</td></tr>
</table>

7.3.4 多层砖砌体房屋现浇混凝土圈梁的构造应符合下列要求：

1 圈梁应闭合，遇有洞口圈梁应上下搭接。圈梁宜与预制板设在同一标高处或紧靠板底；

2 圈梁在本规范第7.3.3条要求的间距内无横墙时，应利用梁或板缝中配筋替代圈梁；

3 圈梁的截面高度不应小于120mm，配筋应符合表7.3.4的要求；按本规范第3.3.4条3款要求增设的基础圈梁，截面高度不应小于180mm，配筋不应少于4ϕ12。

表7.3.4 多层砖砌体房屋圈梁配筋要求

配 筋	烈 度		
	6、7	8	9
最小纵筋	4ϕ10	4ϕ12	4ϕ14
箍筋最大间距（mm）	250	200	150

7.3.5 **多层砖砌体房屋的楼、屋盖应符合下列要求：**

1 **现浇钢筋混凝土楼板或屋面板伸进纵、横墙内的长度，均不应小于120mm。**

2 **装配式钢筋混凝土楼板或屋面板，当圈梁未设在板的同一标高时，板端伸进外墙的长度不应小于120mm，伸进内墙的长度不应小于100mm或采用硬**

架支模连接，在梁上不应小于 80mm 或采用硬架支模连接。

3　当板的跨度大于 4.8m 并与外墙平行时，靠外墙的预制板侧边应与墙或圈梁拉结。

4　房屋端部大房间的楼盖，6 度时房屋的屋盖和 7～9 度时房屋的楼、屋盖，当圈梁设在板底时，钢筋混凝土预制板应相互拉结，并应与梁、墙或圈梁拉结。

7.3.6　楼、屋盖的钢筋混凝土梁或屋架应与墙、柱（包括构造柱）或圈梁可靠连接；不得采用独立砖柱。跨度不小于 6m 大梁的支承构件应采用组合砌体等加强措施，并满足承载力要求。

7.3.7　6、7 度时长度大于 7.2m 的大房间，以及 8、9 度时外墙转角及内外墙交接处，应沿墙高每隔 500mm 配置 $2\phi6$ 的通长钢筋和 $\phi4$ 分布短筋平面内点焊组成的拉结网片或 $\phi4$ 点焊网片。

7.3.8　楼梯间尚应符合下列要求：

1　顶层楼梯间墙体应沿墙高每隔 500mm 设 $2\phi6$ 通长钢筋和 $\phi4$ 分布短钢筋平面内点焊组成的拉结网片或 $\phi4$ 点焊网片；7～9 度时其他各层楼梯间墙体应在休息平台或楼层半高处设置 60mm 厚、纵向钢筋不应少于 $2\phi10$ 的钢筋混凝土带或配筋砖带，配筋砖带不少于 3 皮，每皮的配筋不少于 $2\phi6$，砂浆强度等级不应低于 M7.5 且不低于同层墙体的砂浆强度等级。

2　楼梯间及门厅内墙阳角处的大梁支承长度不应小于 500mm，并应与圈梁连接。

3　装配式楼梯段应与平台板的梁可靠连接，8、9 度时不应采用装配式楼梯段；不应采用墙中悬挑式踏步或踏步竖肋插入墙体的楼梯，不应采用无筋砖砌栏板。

4　突出屋顶的楼、电梯间，构造柱应伸到顶部，并与顶部圈梁连接，所有墙体应沿墙高每隔 500mm 设 $2\phi6$ 通长钢筋和 $\phi4$ 分布短筋平面内点焊组成的拉结网片或 $\phi4$ 点焊网片。

7.3.9　坡屋顶房屋的屋架应与顶层圈梁可靠连接，檩条或屋面板应与墙、屋架可靠连接，房屋出入口处的檐口瓦应与屋面构件锚固。采用硬山搁檩时，顶层内纵墙顶宜增砌支承山墙的踏步式墙垛，并设置构造柱。

7.3.10　门窗洞处不应采用砖过梁；过梁支承长度，6～8 度时不应小于 240mm，9 度时不应小于 360mm。

7.3.11　预制阳台，6、7 度时应与圈梁和楼板的现浇板带可靠连接，8、9 度时不应采用预制阳台。

7.3.12　后砌的非承重砌体隔墙，烟道、风道、垃圾道等应符合本规范第 13.3 节的有关规定。

7.3.13　同一结构单元的基础（或桩承台），宜采用同一类型的基础，底面宜埋置在同一标高上，否则应增设基础圈梁并应按1∶2的台阶逐步放坡。

7.3.14　丙类的多层砖砌体房屋，当横墙较少且总高度和层数接近或达到本规范表 7.1.2 规定限值时，应采取下列加强措施：

1　房屋的最大开间尺寸不宜大于 6.6m。

2　同一结构单元内横墙错位数量不宜超过横墙总数的 1/3，且连续错位不宜多于两道；错位的墙体交接处均应增设构造柱，且楼、屋面板应采用现浇钢筋混凝土板。

3　横墙和内纵墙上洞口的宽度不宜大于 1.5m；外纵墙上洞口的宽度不宜大于 2.1m 或开间尺寸的一半；且内外墙上洞口位置不应影响内外纵墙与横墙的整体连接。

4　所有纵横墙均应在楼、屋盖标高处设置加强的现浇钢筋混凝土圈梁：圈梁的截面高度不宜小于 150mm，上下纵筋各不应少于 $3\phi10$，箍筋不小于 $\phi6$，间距不大于 300mm。

5　所有纵横墙交接处及横墙的中部，均应增设满足下列要求的构造柱：在纵、横墙内的柱距不宜大于 3.0m，最小截面尺寸不宜小于 240mm×240mm（墙厚 190mm 时为 240mm×190mm），配筋宜符合表 7.3.14 的要求。

表 7.3.14　增设构造柱的纵筋和箍筋设置要求

<table>
<tr><th rowspan="2">位置</th><th colspan="3">纵向钢筋</th><th colspan="3">箍筋</th></tr>
<tr><th>最大配筋率（%）</th><th>最小配筋率（%）</th><th>最小直径（mm）</th><th>加密区范围（mm）</th><th>加密区间距（mm）</th><th>最小直径（mm）</th></tr>
<tr><td>角柱</td><td rowspan="2">1.8</td><td rowspan="2">0.8</td><td>14</td><td>全高</td><td rowspan="3">100</td><td rowspan="3">6</td></tr>
<tr><td>边柱</td><td>14</td><td rowspan="2">上端 700
下端 500</td></tr>
<tr><td>中柱</td><td>1.4</td><td>0.6</td><td>12</td></tr>
</table>

6　同一结构单元的楼、屋面板应设置在同一标高处。

7　房屋底层和顶层的窗台标高处，宜设置沿纵横墙通长的水平现浇钢筋混凝土带；其截面高度不小于 60mm，宽度不小于墙厚，纵向钢筋不少于 $2\phi10$，横向分布筋的直径不小于 $\phi6$ 且其间距不大于 200mm。

7.4　多层砌块房屋抗震构造措施

7.4.1　多层小砌块房屋应按表 7.4.1 的要求设置钢筋混凝土芯柱。对外廊式和单面走廊式的多层房屋、横墙较少的房屋、各层横墙很少的房屋，尚应分别按本规范第 7.3.1 条第 2、3、4 款关于增加层数的对应要求，按表 7.4.1 的要求设置芯柱。

7.4.2　多层小砌块房屋的芯柱，应符合下列构造要求：

1　小砌块房屋芯柱截面不宜小于 120mm×120mm。

2　芯柱混凝土强度等级，不应低于 Cb20。

3　芯柱的竖向插筋应贯通墙身且与圈梁连接；插筋不应小于 $1\phi12$，6、7 度时超过五层、8 度时超过四层和 9 度时，插筋不应小于 $1\phi14$。

4 芯柱应伸入室外地面下500mm或与埋深小于500mm的基础圈梁相连。

5 为提高墙体抗震受剪承载力而设置的芯柱，宜在墙体内均匀布置，最大净距不宜大于2.0m。

6 多层小砌块房屋墙体交接处或芯柱与墙体连接处应设置拉结钢筋网片，网片可采用直径4mm的钢筋点焊而成，沿墙高间距不大于600mm，并应沿墙体水平通长设置。6、7度时底部1/3楼层，8度时底部1/2楼层，9度时全部楼层，上述拉结钢筋网片沿墙高间距不大于400mm。

表 7.4.1 多层小砌块房屋芯柱设置要求

房屋层数				设置部位	设置数量
6度	7度	8度	9度		
四、五	三、四	二、三		外墙转角，楼、电梯间四角，楼梯斜梯段上下端对应的墙体处； 大房间内外墙交接处； 错层部位横墙与外纵墙交接处； 隔12m或单元横墙与外纵墙交接处	外墙转角，灌实3个孔； 内外墙交接处，灌实4个孔； 楼梯斜段上下端对应的墙体处，灌实2个孔
六	五	四		同上； 隔开间横墙（轴线）与外纵墙交接处	
七	六	五	二	同上； 各内墙（轴线）与外纵墙交接处； 内纵墙与横墙（轴线）交接处和洞口两侧	外墙转角，灌实5个孔； 内外墙交接处，灌实4个孔； 内墙交接处，灌实4～5个孔； 洞口两侧各灌实1个孔
	七	≥六	≥三	同上； 横墙内芯柱间距不大于2m	外墙转角，灌实7个孔； 内外墙交接处，灌实5个孔； 内墙交接处，灌实4～5个孔； 洞口两侧各灌实1个孔

注：外墙转角、内外墙交接处、楼电梯间四角等部位，应允许采用钢筋混凝土构造柱替代部分芯柱。

7.4.3 小砌块房屋中替代芯柱的钢筋混凝土构造柱，应符合下列构造要求：

1 构造柱截面不宜小于190mm×190mm，纵向钢筋宜采用4ϕ12，箍筋间距不宜大于250mm，且在柱上下端应适当加密；6、7度时超过五层、8度时超过四层和9度时，构造柱纵向钢筋宜采用4ϕ14，箍筋间距不应大于200mm；外墙转角的构造柱可适当加大截面及配筋。

2 构造柱与砌块墙连接处应砌成马牙槎，与构造柱相邻的砌块孔洞，6度时宜填实，7度时应填实，8、9度时应填实并插筋。构造柱与砌块墙之间沿墙高每隔600mm设置ϕ4点焊拉结钢筋网片，并应沿墙体水平通长设置。6、7度时底部1/3楼层，8度时底部1/2楼层，9度全部楼层，上述拉结钢筋网片沿墙高间距不大于400mm。

3 构造柱与圈梁连接处，构造柱的纵筋应在圈梁纵筋内侧穿过，保证构造柱纵筋上下贯通。

4 构造柱可不单独设置基础，但应伸入室外地面下500mm，或与埋深小于500mm的基础圈梁相连。

7.4.4 多层小砌块房屋的现浇钢筋混凝土圈梁的设置位置应按本规范第7.3.3条多层砖砌体房屋圈梁的要求执行，圈梁宽度不应小于190mm，配筋不应少于4ϕ12，箍筋间距不应大于200mm。

7.4.5 多层小砌块房屋的层数，6度时超过五层、7度时超过四层、8度时超过三层和9度时，在底层和顶层的窗台标高处，沿纵横墙应设置通长的水平现浇钢筋混凝土带；其截面高度不小于60mm，纵筋不少于2ϕ10，并应有分布拉结钢筋；其混凝土强度等级不应低于C20。

水平现浇混凝土带亦可采用槽形砌块替代模板，其纵筋和拉结钢筋不变。

7.4.6 丙类的多层小砌块房屋，当横墙较少且总高度和层数接近或达到本规范表7.1.2规定限值时，应符合本规范第7.3.14条的相关要求；其中，墙体中部的构造柱可采用芯柱替代，芯柱的灌孔数量不应少于2孔，每孔插筋的直径不应小于18mm。

7.4.7 小砌块房屋的其他抗震构造措施，尚应符合本规范第7.3.5条至第7.3.13条有关要求。其中，墙体的拉结钢筋网片间距应符合本节的相应规定，分别取600mm和400mm。

7.5 底部框架-抗震墙砌体房屋抗震构造措施

7.5.1 底部框架-抗震墙砌体房屋的上部墙体应设置钢筋混凝土构造柱或芯柱，并应符合下列要求：

1 钢筋混凝土构造柱、芯柱的设置部位，应根据房屋的总层数分别按本规范第7.3.1条、7.4.1条的规定设置。

2 构造柱、芯柱的构造，除应符合下列要求外，尚应符合本规范第7.3.2、7.4.2、7.4.3条的规定：

1）砖砌体墙中构造柱截面不宜小于240mm×240mm（墙厚190mm时为240mm×190mm）；

2）构造柱的纵向钢筋不宜少于4ϕ14，箍筋间距不宜大于200mm；芯柱每孔插筋不应小于1ϕ14，芯柱之间沿墙高应每隔400mm设ϕ4焊接钢筋网片。

3 构造柱、芯柱应与每层圈梁连接，或与现浇楼板可靠拉接。

7.5.2 过渡层墙体的构造，应符合下列要求：

1 上部砌体墙的中心线宜与底部的框架梁、抗震墙的中心线相重合；构造柱或芯柱宜与框架柱上下贯通。

2 过渡层应在底部框架柱、混凝土墙或约束砌体墙的构造柱所对应处设置构造柱或芯柱；墙体内的构造柱间距不宜大于层高；芯柱除按本规范表7.4.1设置外，最大间距不宜大于1m。

3 过渡层构造柱的纵向钢筋，6、7度时不宜少于4ϕ16，8度时不宜少于4ϕ18。过渡层芯柱的纵向钢筋，6、7度时不宜少于每孔1ϕ16，8度时不宜少于每孔1ϕ18。一般情况下，纵向钢筋应锚入下部的框架柱或混凝土墙内；当纵向钢筋锚固在托墙梁内时，托墙梁的相应位置应加强。

4 过渡层的砌体墙在窗台标高处，应设置沿纵横墙通长的水平现浇钢筋混凝土带；其截面高度不小于60mm，宽度不小于墙厚，纵向钢筋不少于2ϕ10，横向分布筋的直径不小于6mm且其间距不大于200mm。此外，砖砌体墙在相邻构造柱间的墙体，应沿墙高每隔360mm设置2ϕ6通长水平钢筋和ϕ4分布短筋平面内点焊组成的拉结网片或ϕ4点焊钢筋网片，并锚入构造柱内；小砌块砌体墙芯柱之间沿墙高应每隔400mm设置ϕ4通长水平点焊钢筋网片。

5 过渡层的砌体墙，凡宽度不小于1.2m的门洞和2.1m的窗洞，洞口两侧宜增设截面不小于120mm×240mm（墙厚190mm时为120mm×190mm）的构造柱或单孔芯柱。

6 当过渡层的砌体抗震墙与底部框架梁、墙体不对齐时，应在底部框架内设置托墙转换梁，并且过渡层砖墙或砌块墙应采取比本条4款更高的加强措施。

7.5.3 底部框架-抗震墙砌体房屋的底部采用钢筋混凝土墙时，其截面和构造应符合下列要求：

1 墙体周边应设置梁（或暗梁）和边框柱（或框架柱）组成的边框；边框梁的截面宽度不宜小于墙板厚度的1.5倍，截面高度不宜小于墙板厚度的2.5倍；边框柱的截面高度不宜小于墙板厚度的2倍。

2 墙板的厚度不宜小于160mm，且不应小于墙板净高的1/20；墙体宜开设洞口形成若干墙段，各墙段的高宽比不宜小于2。

3 墙体的竖向和横向分布钢筋配筋率均不应小于0.30%，并应采用双排布置；双排分布钢筋间拉筋的间距不应大于600mm，直径不应小于6mm。

4 墙体的边缘构件可按本规范第6.4节关于一般部位的规定设置。

7.5.4 当6度设防的底层框架-抗震墙砖房的底层采用约束砖砌体墙时，其构造应符合下列要求：

1 砖墙厚不应小于240mm，砌筑砂浆强度等级不应低于M10，应先砌墙后浇框架。

2 沿框架柱每隔300mm配置2ϕ8水平钢筋和ϕ4分布短筋平面内点焊组成的拉结网片，并沿砖墙水平通长设置；在墙体半高处尚应设置与框架柱相连的钢筋混凝土水平系梁。

3 墙长大于4m时和洞口两侧，应在墙内增设钢筋混凝土构造柱。

7.5.5 当6度设防的底层框架-抗震墙砌块房屋的底层采用约束小砌块砌体墙时，其构造应符合下列要求：

1 墙厚不应小于190mm，砌筑砂浆强度等级不应低于Mb10，应先砌墙后浇框架。

2 沿框架柱每隔400mm配置2ϕ8水平钢筋和ϕ4分布短筋平面内点焊组成的拉结网片，并沿砌块墙水平通长设置；在墙体半高处尚应设置与框架柱相连的钢筋混凝土水平系梁，系梁截面不应小于190mm×190mm，纵筋不应小于4ϕ12，箍筋直径不应小于ϕ6，间距不应大于200mm。

3 墙体在门、窗洞口两侧应设置芯柱，墙长大于4m时，应在墙内增设芯柱，芯柱应符合本规范第7.4.2条的有关规定；其余位置，宜采用钢筋混凝土构造柱替代芯柱，钢筋混凝土构造柱应符合本规范第7.4.3条的有关规定。

7.5.6 底部框架-抗震墙砌体房屋的框架柱应符合下列要求：

1 柱的截面不应小于400mm×400mm，圆柱直径不应小于450mm。

2 柱的轴压比，6度时不宜大于0.85，7度时不宜大于0.75，8度时不宜大于0.65。

3 柱的纵向钢筋最小总配筋率，当钢筋的强度标准值低于400MPa时，中柱在6、7度时不应小于0.9%，8度时不应小于1.1%；边柱、角柱和混凝土抗震墙端柱在6、7度时不应小于1.0%，8度时不应小于1.2%。

4 柱的箍筋直径，6、7度时不应小于8mm，8度时不应小于10mm，并应全高加密箍筋，间距不大于100mm。

5 柱的最上端和最下端组合的弯矩设计值应乘以增大系数，一、二、三级的增大系数应分别按1.5、1.25和1.15采用。

7.5.7 底部框架-抗震墙砌体房屋的楼盖应符合下列要求：

1 过渡层的底板应采用现浇钢筋混凝土板，板厚不应小于120mm；并应少开洞、开小洞，当洞口尺寸大于800mm时，洞口周边应设置边梁。

2 其他楼层，采用装配式钢筋混凝土楼板时均应设现浇圈梁；采用现浇钢筋混凝土楼板时应允许不另设圈梁，但楼板沿抗震墙体周边均应加强配筋并应与相应的构造柱可靠连接。

7.5.8 底部框架-抗震墙砌体房屋的钢筋混凝土托墙

梁，其截面和构造应符合下列要求：

1　梁的截面宽度不应小于300mm，梁的截面高度不应小于跨度的1/10。

2　箍筋的直径不应小于8mm，间距不应大于200mm；梁端在1.5倍梁高且不小于1/5梁净跨范围内，以及上部墙体的洞口处和洞口两侧各500mm且不小于梁高的范围内，箍筋间距不应大于100mm。

3　沿梁高应设腰筋，数量不应少于2ϕ14，间距不应大于200mm。

4　梁的纵向受力钢筋和腰筋应按受拉钢筋的要求锚固在柱内，且支座上部的纵向钢筋在柱内的锚固长度应符合钢筋混凝土框支梁的有关要求。

7.5.9　底部框架-抗震墙砌体房屋的材料强度等级，应符合下列要求：

1　框架柱、混凝土墙和托墙梁的混凝土强度等级，不应低于C30。

2　过渡层砌体块材的强度等级不应低于MU10，砖砌体砌筑砂浆强度的等级不应低于M10，砌块砌体砌筑砂浆强度的等级不应低于Mb10。

7.5.10　底部框架-抗震墙砌体房屋的其他抗震构造措施，应符合本规范第7.3节、第7.4节和第6章的有关要求。

8　多层和高层钢结构房屋

8.1　一般规定

8.1.1　本章适用的钢结构民用房屋的结构类型和最大高度应符合表8.1.1的规定。平面和竖向均不规则的钢结构，适用的最大高度宜适当降低。

注：1　钢支撑-混凝土框架和钢框架-混凝土筒体结构的抗震设计，应符合本规范附录G的规定；

2　多层钢结构厂房的抗震设计，应符合本规范附录H第H.2节的规定。

表8.1.1　钢结构房屋适用的最大高度（m）

结构类型	6、7度 (0.10g)	7度 (0.15g)	8度 (0.20g)	8度 (0.30g)	9度 (0.40g)
框架	110	90	90	70	50
框架-中心支撑	220	200	180	150	120
框架-偏心支撑（延性墙板）	240	220	200	180	160
筒体（框筒，筒中筒，桁架筒，束筒）和巨型框架	300	280	260	240	180

注：1　房屋高度指室外地面到主要屋面板板顶的高度（不包括局部突出屋顶部分）；

2　超过表内高度的房屋，应进行专门研究和论证，采取有效的加强措施；

3　表内的筒体不包括混凝土筒。

8.1.2　本章适用的钢结构民用房屋的最大高宽比不宜超过表8.1.2的规定。

表8.1.2　钢结构民用房屋适用的最大高宽比

烈　度	6、7	8	9
最大高宽比	6.5	6.0	5.5

注：塔形建筑的底部有大底盘时，高宽比可按大底盘以上计算。

8.1.3　钢结构房屋应根据设防分类、烈度和房屋高度采用不同的抗震等级，并应符合相应的计算和构造措施要求。丙类建筑的抗震等级应按表8.1.3确定。

表8.1.3　钢结构房屋的抗震等级

房屋高度	烈度 6	烈度 7	烈度 8	烈度 9
≤50m		四	三	二
>50m	四	三	二	一

注：1　高度接近或等于高度分界时，应允许结合房屋不规则程度和场地、地基条件确定抗震等级；

2　一般情况，构件的抗震等级应与结构相同；当某个部位各构件的承载力均满足2倍地震作用组合下的内力要求时，7～9度的构件抗震等级应允许按降低一度确定。

8.1.4　钢结构房屋需要设置防震缝时，缝宽应不小于相应钢筋混凝土结构房屋的1.5倍。

8.1.5　一、二级的钢结构房屋，宜设置偏心支撑、带竖缝钢筋混凝土抗震墙板、内藏钢支撑钢筋混凝土墙板、屈曲约束支撑等消能支撑或筒体。

采用框架结构时，甲、乙类建筑和高层的丙类建筑不应采用单跨框架，多层的丙类建筑不宜采用单跨框架。

注：本章“一、二、三、四级”即“抗震等级为一、二、三、四级”的简称。

8.1.6　采用框架-支撑结构的钢结构房屋应符合下列规定：

1　支撑框架在两个方向的布置均宜基本对称，支撑框架之间楼盖的长宽比不宜大于3。

2　三、四级且高度不大于50m的钢结构宜采用中心支撑，也可采用偏心支撑、屈曲约束支撑等消能支撑。

3　中心支撑框架宜采用交叉支撑，也可采用人字支撑或单斜杆支撑，不宜采用K形支撑；支撑的轴线宜交汇于梁柱构件轴线的交点，偏离交点时的偏心距不应超过支撑杆件宽度，并应计入由此产生的附加弯矩。当中心支撑采用只能受拉的单斜杆体系时，应同时设置不同倾斜方向的两组斜杆，且每组中不同方向单斜杆的截面面积在水平方向的投影面积之差不应大于10%。

4 偏心支撑框架的每根支撑应至少有一端与框架梁连接，并在支撑与梁交点和柱之间或同一跨内另一支撑与梁交点之间形成消能梁段。

5 采用屈曲约束支撑时，宜采用人字支撑、成对布置的单斜杆支撑等形式，不应采用K形或X形，支撑与柱的夹角宜在35°～55°之间。屈曲约束支撑受压时，其设计参数、性能检验和作为一种消能部件的计算方法可按相关要求设计。

8.1.7 钢框架-筒体结构，必要时可设置由筒体外伸臂或外伸臂和周边桁架组成的加强层。

8.1.8 钢结构房屋的楼盖应符合下列要求：

1 宜采用压型钢板现浇钢筋混凝土组合楼板或钢筋混凝土楼板，并应与钢梁有可靠连接。

2 对6、7度时不超过50m的钢结构，尚可采用装配整体式钢筋混凝土楼板，也可采用装配式楼板或其他轻型楼盖；但应将楼板预埋件与钢梁焊接，或采取其他保证楼盖整体性的措施。

3 对转换层楼盖或楼板有大洞口等情况，必要时可设置水平支撑。

8.1.9 钢结构房屋的地下室设置，应符合下列要求：

1 设置地下室时，框架-支撑（抗震墙板）结构中竖向连续布置的支撑（抗震墙板）应延伸至基础；钢框架柱应至少延伸至地下一层，其竖向荷载应直接传至基础。

2 超过50m的钢结构房屋应设置地下室。其基础埋置深度，当采用天然地基时不宜小于房屋总高度的1/15；当采用桩基时，桩承台埋深不宜小于房屋总高度的1/20。

8.2 计 算 要 点

8.2.1 钢结构应按本节规定调整地震作用效应，其层间变形应符合本规范第5.5节的有关规定。构件截面和连接抗震验算时，非抗震的承载力设计值应除以本规范规定的承载力抗震调整系数；凡本章未作规定者，应符合现行有关设计规范、规程的要求。

8.2.2 钢结构抗震计算的阻尼比宜符合下列规定：

1 多遇地震下的计算，高度不大于50m时可取0.04；高度大于50m且小于200m时，可取0.03；高度不小于200m时，宜取0.02。

2 当偏心支撑框架部分承担的地震倾覆力矩大于结构总地震倾覆力矩的50%时，其阻尼比可比本条1款相应增加0.005。

3 在罕遇地震下的弹塑性分析，阻尼比可取0.05。

8.2.3 钢结构在地震作用下的内力和变形分析，应符合下列规定：

1 钢结构应按本规范第3.6.3条规定计入重力二阶效应。进行二阶效应的弹性分析时，应按现行国家标准《钢结构设计规范》GB 50017的有关规定，在每层柱顶附加假想水平力。

2 框架梁可按梁端截面的内力设计。对工字形截面柱，宜计入梁柱节点域剪切变形对结构侧移的影响；对箱形柱框架、中心支撑框架和不超过50m的钢结构，其层间位移计算可不计入梁柱节点域剪切变形的影响，近似按框架轴线进行分析。

3 钢框架-支撑结构的斜杆可按端部铰接杆计算；其框架部分按刚度分配计算得到的地震层剪力应乘以调整系数，达到不小于结构底部总地震剪力的25%和框架部分计算最大层剪力1.8倍二者的较小值。

4 中心支撑框架的斜杆轴线偏离梁柱轴线交点不超过支撑杆件的宽度时，仍可按中心支撑框架分析，但应计及由此产生的附加弯矩。

5 偏心支撑框架中，与消能梁段相连构件的内力设计值，应按下列要求调整：

1）支撑斜杆的轴力设计值，应取与支撑斜杆相连接的消能梁段达到受剪承载力时支撑斜杆轴力与增大系数的乘积；其增大系数，一级不应小于1.4，二级不应小于1.3，三级不应小于1.2；

2）位于消能梁段同一跨的框架梁内力设计值，应取消能梁段达到受剪承载力时框架梁内力与增大系数的乘积；其增大系数，一级不应小于1.3，二级不应小于1.2，三级不应小于1.1；

3）框架柱的内力设计值，应取消能梁段达到受剪承载力时柱内力与增大系数的乘积；其增大系数，一级不应小于1.3，二级不应小于1.2，三级不应小于1.1。

6 内藏钢支撑钢筋混凝土墙板和带竖缝钢筋混凝土墙板应按有关规定计算，带竖缝钢筋混凝土墙板可仅承受水平荷载产生的剪力，不承受竖向荷载产生的压力。

7 钢结构转换构件下的钢框架柱，地震内力应乘以增大系数，其值可采用1.5。

8.2.4 钢框架梁的上翼缘采用抗剪连接件与组合楼板连接时，可不验算地震作用下的整体稳定。

8.2.5 钢框架节点处的抗震承载力验算，应符合下列规定：

1 节点左右梁端和上下柱端的全塑性承载力，除下列情况之一外，应符合下式要求：

1）柱所在楼层的受剪承载力比相邻上一层的受剪承载力高出25%；

2）柱轴压比不超过0.4，或 $N_2 \leqslant \varphi A_c f$（$N_2$ 为2倍地震作用下的组合轴力设计值）；

3）与支撑斜杆相连的节点。

等截面梁

$$\sum W_{pc}(f_{yc} - N/A_c) \geqslant \eta \sum W_{pb} f_{yb} \tag{8.2.5-1}$$

端部翼缘变截面的梁

$$\sum W_{pc}(f_{yc}-N/A_c)\geqslant\sum(\eta W_{pb1}f_{yb}+V_{pb}s) \tag{8.2.5-2}$$

式中：W_{pc}、W_{pb}——分别为交汇于节点的柱和梁的塑性截面模量；

W_{pb1}——梁塑性铰所在截面的梁塑性截面模量；

f_{yc}、f_{yb}——分别为柱和梁的钢材屈服强度；

N——地震组合的柱轴力；

A_c——框架柱的截面面积；

η——强柱系数，一级取1.15，二级取1.10，三级取1.05；

V_{pb}——梁塑性铰剪力；

s——塑性铰至柱面的距离，塑性铰可取梁端部变截面翼缘的最小处。

2 节点域的屈服承载力应符合下列要求：

$$\psi(M_{pb1}+M_{pb2})/V_p\leqslant(4/3)f_{yv} \tag{8.2.5-3}$$

工字形截面柱

$$V_p=h_{b1}h_{c1}t_w \tag{8.2.5-4}$$

箱形截面柱

$$V_p=1.8h_{b1}h_{c1}t_w \tag{8.2.5-5}$$

圆管截面柱

$$V_p=(\pi/2)h_{b1}h_{c1}t_w \tag{8.2.5-6}$$

3 工字形截面柱和箱形截面柱的节点域应按下列公式验算：

$$t_w\geqslant(h_b+h_c)/90 \tag{8.2.5-7}$$

$$(M_{b1}+M_{b2})/V_p\leqslant(4/3)f_v/\gamma_{RE} \tag{8.2.5-8}$$

式中：M_{pb1}、M_{pb2}——分别为节点域两侧梁的全塑性受弯承载力；

V_p——节点域的体积；

f_v——钢材的抗剪强度设计值；

f_{yv}——钢材的屈服抗剪强度，取钢材屈服强度的0.58倍；

ψ——折减系数；三、四级取0.6，一、二级取0.7；

h_{b1}、h_{c1}——分别为梁翼缘厚度中点间的距离和柱翼缘（或钢管直径线上管壁）厚度中点间的距离；

t_w——柱在节点域的腹板厚度；

M_{b1}、M_{b2}——分别为节点域两侧梁的弯矩设计值；

γ_{RE}——节点域承载力抗震调整系数，取0.75。

8.2.6 中心支撑框架构件的抗震承载力验算，应符合下列规定：

1 支撑斜杆的受压承载力应按下式验算：

$$N/(\varphi A_{br})\leqslant\psi f/\gamma_{RE} \tag{8.2.6-1}$$

$$\psi=1/(1+0.35\lambda_n) \tag{8.2.6-2}$$

$$\lambda_n=(\lambda/\pi)\sqrt{f_{ay}/E} \tag{8.2.6-3}$$

式中：N——支撑斜杆的轴向力设计值；

A_{br}——支撑斜杆的截面面积；

φ——轴心受压构件的稳定系数；

ψ——受循环荷载时的强度降低系数；

λ、λ_n——支撑斜杆的长细比和正则化长细比；

E——支撑斜杆钢材的弹性模量；

f、f_{ay}——分别为钢材强度设计值和屈服强度；

γ_{RE}——支撑稳定破坏承载力抗震调整系数。

2 人字支撑和V形支撑的框架梁在支撑连接处应保持连续，并按不计入支撑支点作用的梁验算重力荷载和支撑屈曲时不平衡力作用下的承载力；不平衡力应按受拉支撑的最小屈服承载力和受压支撑最大屈曲承载力的0.3倍计算。必要时，人字支撑和V形支撑可沿竖向交替设置或采用拉链柱。

注：顶层和出屋面房间的梁可不执行本款。

8.2.7 偏心支撑框架构件的抗震承载力验算，应符合下列规定：

1 消能梁段的受剪承载力应符合下列要求：

当 $N\leqslant0.15Af$ 时

$$V\leqslant\phi V_l/\gamma_{RE} \tag{8.2.7-1}$$

$V_l=0.58A_wf_{ay}$ 或 $V_l=2M_{lp}/a$，取较小值

$$A_w=(h-2t_f)t_w$$

$$M_{lp}=fW_p$$

当 $N>0.15Af$ 时

$$V\leqslant\phi V_{lc}/\gamma_{RE} \tag{8.2.7-2}$$

$$V_{lc}=0.58A_wf_{ay}\sqrt{1-[N/(Af)]^2}$$

或 $V_{lc}=2.4M_{lp}[1-N/(Af)]/a$，取较小值

式中：N、V——分别为消能梁段的轴力设计值和剪力设计值；

V_l、V_{lc}——分别为消能梁段受剪承载力和计入轴力影响的受剪承载力；

M_{lp}——消能梁段的全塑性受弯承载力；

A、A_w——分别为消能梁段的截面面积和腹板截面面积；

W_p——消能梁段的塑性截面模量；

a、h——分别为消能梁段的净长和截面高度；

t_w、t_f——分别为消能梁段的腹板厚度和翼缘厚度；

f、f_{ay}——消能梁段钢材的抗压强度设计值和屈服强度；

ϕ——系数，可取0.9；

γ_{RE}——消能梁段承载力抗震调整系数，取0.75。

2 支撑斜杆与消能梁段连接的承载力不得小于支撑的承载力。若支撑需抵抗弯矩，支撑与梁的连接应按抗压弯连接设计。

8.2.8 钢结构抗侧力构件的连接计算，应符合下列要求：

1 钢结构抗侧力构件连接的承载力设计值，不应小于相连构件的承载力设计值；高强度螺栓连接不得滑移。

2 钢结构抗侧力构件连接的极限承载力应大于相连构件的屈服承载力。

3 梁与柱刚性连接的极限承载力，应按下列公式验算：

$$M_{u}^{j} \geqslant \eta_{j} M_{p} \quad (8.2.8\text{-}1)$$

$$V_{u}^{j} \geqslant 1.2(M_{p}/l_{n}) + V_{Gb} \quad (8.2.8\text{-}2)$$

4 支撑与框架连接和梁、柱、支撑的拼接极限承载力，应按下列公式验算：

支撑连接和拼接 $N_{ubr}^{j} \geqslant \eta_{j} A_{br} f_{y}$ (8.2.8-3)

梁的拼接 $M_{ub,sp}^{j} \geqslant \eta_{j} M_{p}$ (8.2.8-4)

柱的拼接 $M_{uc,sp}^{j} \geqslant \eta_{j} M_{pc}$ (8.2.8-5)

5 柱脚与基础的连接极限承载力，应按下列公式验算：

$$M_{u,base}^{j} \geqslant \eta_{j} M_{pc} \quad (8.2.8\text{-}6)$$

式中：M_{p}、M_{pc}——分别为梁的塑性受弯承载力和考虑轴力影响时柱的塑性受弯承载力；

V_{Gb}——梁在重力荷载代表值（9度时高层建筑尚应包括竖向地震作用标准值）作用下，按简支梁分析的梁端截面剪力设计值；

l_{n}——梁的净跨；

A_{br}——支撑杆件的截面面积；

M_{u}^{j}、V_{u}^{j}——分别为连接的极限受弯、受剪承载力；

N_{ubr}^{j}、$M_{ub,sp}^{j}$、$M_{uc,sp}^{j}$——分别为支撑连接和拼接、梁、柱拼接的极限受压（拉）、受弯承载力；

$M_{u,base}^{j}$——柱脚的极限受弯承载力；

η_{j}——连接系数，可按表8.2.8采用。

表 8.2.8 钢结构抗震设计的连接系数

母材牌号	梁柱连接		支撑连接，构件拼接		柱脚	
	焊接	螺栓连接	焊接	螺栓连接		
Q235	1.40	1.45	1.25	1.30	埋入式	1.2
Q345	1.30	1.35	1.20	1.25	外包式	1.2
Q345GJ	1.25	1.30	1.15	1.20	外露式	1.1

注：1 屈服强度高于Q345的钢材，按Q345的规定采用；

2 屈服强度高于Q345GJ的GJ钢材，按Q345GJ的规定采用；

3 翼缘焊接腹板栓接时，连接系数分别按表中连接形式取用。

8.3 钢框架结构的抗震构造措施

8.3.1 框架柱的长细比，一级不应大于 $60\sqrt{235/f_{ay}}$，二级不应大于 $80\sqrt{235/f_{ay}}$，三级不应大于 $100\sqrt{235/f_{ay}}$，四级时不应大于 $120\sqrt{235/f_{ay}}$。

8.3.2 框架梁、柱板件宽厚比，应符合表8.3.2的规定：

表 8.3.2 框架梁、柱板件宽厚比限值

板件名称		一级	二级	三级	四级
柱	工字形截面翼缘外伸部分	10	11	12	13
	工字形截面腹板	43	45	48	52
	箱形截面壁板	33	36	38	40
梁	工字形截面和箱形截面翼缘外伸部分	9	9	10	11
	箱形截面翼缘在两腹板之间部分	30	30	32	36
	工字形截面和箱形截面腹板	$72-120N_b/(Af)$ ≤60	$72-100N_b/(Af)$ ≤65	$80-110N_b/(Af)$ ≤70	$85-120N_b/(Af)$ ≤75

注：1 表列数值适用于Q235钢，采用其他牌号钢材时，应乘以 $\sqrt{235/f_{ay}}$。

2 $N_b/(Af)$为梁轴压比。

8.3.3 梁柱构件的侧向支承应符合下列要求：

1 梁柱构件受压翼缘应根据需要设置侧向支承。

2 梁柱构件在出现塑性铰的截面，上下翼缘均应设置侧向支承。

3 相邻两侧向支承点间的构件长细比，应符合现行国家标准《钢结构设计规范》GB 50017的有关规定。

8.3.4 梁与柱的连接构造应符合下列要求：

1 梁与柱的连接宜采用柱贯通型。

2 柱在两个互相垂直的方向都与梁刚接时宜采用箱形截面，并在梁翼缘连接处设置隔板；隔板采用电渣焊时，柱壁板厚度不宜小于16mm，小于16mm时可改用工字形柱或采用贯通式隔板。当柱仅在一个方向与梁刚接时，宜采用工字形截面，并将柱腹板置于刚接框架平面内。

3 工字形柱（绕强轴）和箱形柱与梁刚接时（图8.3.4-1），应符合下列要求：

1）梁翼缘与柱翼缘间应采用全熔透坡口焊缝；一、二级时，应检验焊缝的V形切口冲击韧性，其夏比冲击韧性在−20℃时不低于27J；

2）柱在梁翼缘对应位置应设置横向加劲肋（隔板），加劲肋（隔板）厚度不应小于梁翼缘厚度，强度与梁翼缘相同；

3）梁腹板宜采用摩擦型高强度螺栓与柱连接板连接（经工艺试验合格能确保现场焊接

质量时，可用气体保护焊进行焊接）；腹板角部应设置焊接孔，孔形应使其端部与梁翼缘和柱翼缘间的全熔透坡口焊缝完全隔开；

4）腹板连接板与柱的焊接，当板厚不大于16mm时应采用双面角焊缝，焊缝有效厚度应满足等强度要求，且不小于5mm；板厚大于16mm时采用K形坡口对接焊缝。该焊缝宜采用气体保护焊，且板端应绕焊；

5）一级和二级时，宜采用能将塑性铰自梁端外移的端部扩大形连接、梁端加盖板或骨形连接。

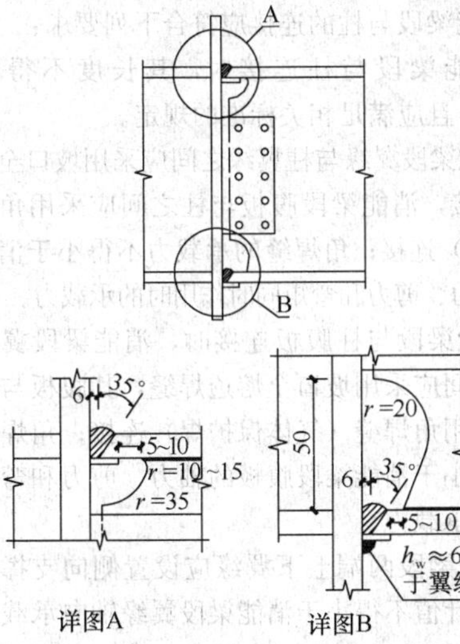

图 8.3.4-1　框架梁与柱的现场连接

4　框架梁采用悬臂梁段与柱刚性连接时（图8.3.4-2），悬臂梁段与柱应采用全焊接连接，此时上下翼缘焊接孔的形式宜相同；梁的现场拼接可采用翼缘焊接腹板螺栓连接或全部螺栓连接。

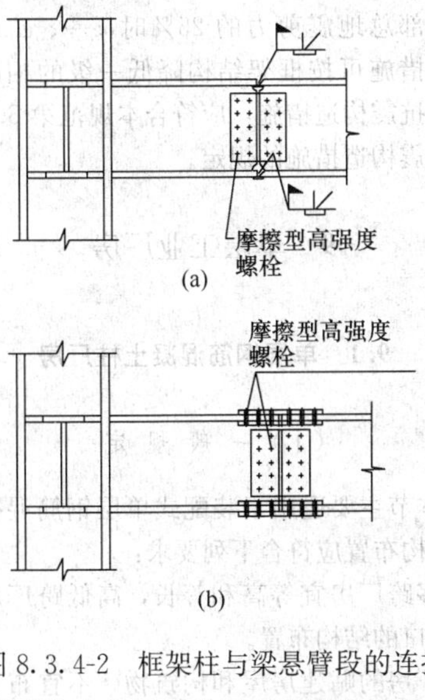

图 8.3.4-2　框架柱与梁悬臂段的连接

5　箱形柱在与梁翼缘对应位置设置的隔板，应采用全熔透对接焊缝与壁板相连。工字形柱的横向加劲肋与柱翼缘，应采用全熔透对接焊缝连接，与腹板可采用角焊缝连接。

8.3.5　当节点域的腹板厚度不满足本规范第8.2.5条第2、3款的规定时，应采取加厚柱腹板或采取贴焊补强板的措施。补强板的厚度及其焊缝应按传递补强板所分担剪力的要求设计。

8.3.6　梁与柱刚性连接时，柱在梁翼缘上下各500mm的范围内，柱翼缘与柱腹板间或箱形柱壁板间的连接焊缝应采用全熔透坡口焊缝。

8.3.7　框架柱的接头距框架梁上方的距离，可取1.3m和柱净高一半二者的较小值。

上下柱的对接接头应采用全熔透焊缝，柱拼接接头上下各100mm范围内，工字形柱翼缘与腹板间及箱型柱角部壁板间的焊缝，应采用全熔透焊缝。

8.3.8　钢结构的刚接柱脚宜采用埋入式，也可采用外包式；6、7度且高度不超过50m时也可采用外露式。

8.4　钢框架-中心支撑结构的抗震构造措施

8.4.1　中心支撑的杆件长细比和板件宽厚比限值应符合下列规定：

1　支撑杆件的长细比，按压杆设计时，不应大于120 $\sqrt{235/f_{ay}}$；一、二、三级中心支撑不得采用拉杆设计，四级采用拉杆设计时，其长细比不应大于180。

2　支撑杆件的板件宽厚比，不应大于表8.4.1规定的限值。采用节点板连接时，应注意节点板的强度和稳定。

表 8.4.1　钢结构中心支撑板件宽厚比限值

板件名称	一级	二级	三级	四级
翼缘外伸部分	8	9	10	13
工字形截面腹板	25	26	27	33
箱形截面壁板	18	20	25	30
圆管外径与壁厚比	38	40	40	42

注：表列数值适用于Q235钢，采用其他牌号钢材应乘以$\sqrt{235/f_{ay}}$，圆管应乘以$235/f_{ay}$。

8.4.2　中心支撑节点的构造应符合下列要求：

1　一、二、三级，支撑宜采用H形钢制作，两端与框架可采用刚接构造，梁柱与支撑连接处应设置加劲肋；一级和二级采用焊接工字形截面的支撑时，其翼缘与腹板的连接宜采用全熔透连续焊缝。

2　支撑与框架连接处，支撑杆端宜做成圆弧。

3　梁在其与V形支撑或人字支撑相交处，应设置侧向支承；该支承点与梁端支承点间的侧向长细比（λ_y）以及支承力，应符合现行国家标准《钢结构设计规范》GB 50017关于塑性设计的规定。

4　若支撑和框架采用节点板连接，应符合现行国家标准《钢结构设计规范》GB 50017关于节点板在连接杆件每侧有不小于30°夹角的规定；一、二级时，支撑端部至节点板最近嵌固点（节点板与框架构件连接焊缝的端部）在沿支撑杆件轴线方向的距离，不应小于节点板厚度的2倍。

8.4.3 框架-中心支撑结构的框架部分，当房屋高度不高于100m且框架部分按计算分配的地震剪力不大于结构底部总地震剪力的25%时，一、二、三级的抗震构造措施可按框架结构降低一级的相应要求采用。其他抗震构造措施，应符合本规范第8.3节对框架结构抗震构造措施的规定。

8.5 钢框架-偏心支撑结构的抗震构造措施

8.5.1 偏心支撑框架消能梁段的钢材屈服强度不应大于345MPa。消能梁段及与消能梁段同一跨内的非消能梁段，其板件的宽厚比不应大于表8.5.1规定的限值。

表8.5.1 偏心支撑框架梁的板件宽厚比限值

板件名称		宽厚比限值
翼缘外伸部分		8
腹板	当 $N/(Af)\leqslant 0.14$ 时	$90[1-1.65N/(Af)]$
	当 $N/(Af)>0.14$ 时	$33[2.3-N/(Af)]$

注：表列数值适用于Q235钢，当材料为其他钢号时应乘以 $\sqrt{235/f_{ay}}$，$N/(Af)$为梁轴压比。

8.5.2 偏心支撑框架的支撑杆件长细比不应大于 $120\sqrt{235/f_{ay}}$，支撑杆件的板件宽厚比不应超过现行国家标准《钢结构设计规范》GB 50017规定的轴心受压构件在弹性设计时的宽度比限值。

8.5.3 消能梁段的构造应符合下列要求：

1 当 $N>0.16Af$ 时，消能梁段的长度应符合下列规定：

当 $\rho(A_w/A)<0.3$ 时

$$a<1.6M_{lp}/V_l \quad (8.5.3\text{-}1)$$

当 $\rho(A_w/A)\geqslant 0.3$ 时

$$a\leqslant[1.15-0.5\rho(A_w/A)]1.6M_{lp}/V_l \quad (8.5.3\text{-}2)$$

$$\rho=N/V \quad (8.5.3\text{-}3)$$

式中：a——消能梁段的长度；

ρ——消能梁段轴向力设计值与剪力设计值之比。

2 消能梁段的腹板不得贴焊补强板，也不得开洞。

3 消能梁段与支撑连接处，应在其腹板两侧配置加劲肋，加劲肋的高度应为梁腹板高度，一侧的加劲肋宽度不应小于（$b_f/2-t_w$），厚度不应小于 $0.75t_w$ 和10mm的较大值。

4 消能梁段应按下列要求在其腹板上设置中间加劲肋：

1） 当 $a\leqslant 1.6M_{lp}/V_l$ 时，加劲肋间距不大于（$30t_w-h/5$）；

2） 当 $2.6M_{lp}/V_l<a\leqslant 5M_{lp}/V_l$ 时，应在距消能梁段端部 $1.5b_f$ 处配置中间加劲肋，且中间加劲肋间距不应大于（$52t_w-h/5$）；

3） 当 $1.6M_{lp}/V_l<a\leqslant 2.6M_{lp}/V_l$ 时，中间加劲肋的间距宜在上述二者间线性插入；

4） 当 $a>5M_{lp}/V_l$ 时，可不配置中间加劲肋；

5） 中间加劲肋应与消能梁段的腹板等高，当消能梁段截面高度不大于640mm时，可配置单侧加劲肋，消能梁段截面高度大于640mm时，应在两侧配置加劲肋，一侧加劲肋的宽度不应小于（$b_f/2-t_w$），厚度不应小于 t_w 和10mm。

8.5.4 消能梁段与柱的连接应符合下列要求：

1 消能梁段与柱连接时，其长度不得大于 $1.6M_{lp}/V_l$，且应满足相关标准的规定。

2 消能梁段翼缘与柱翼缘之间应采用坡口全熔透对接焊缝连接，消能梁段腹板与柱之间应采用角焊缝（气体保护焊）连接；角焊缝的承载力不得小于消能梁段腹板的轴力、剪力和弯矩同时作用时的承载力。

3 消能梁段与柱腹板连接时，消能梁段翼缘与横向加劲板间应采用坡口全熔透焊缝，其腹板与柱连接板间应采用角焊缝（气体保护焊）连接；角焊缝的承载力不得小于消能梁段腹板的轴力、剪力和弯矩同时作用时的承载力。

8.5.5 消能梁段两端上下翼缘应设置侧向支撑，支撑的轴力设计值不得小于消能梁段翼缘轴向承载力设计值的6%，即 $0.06b_ft_ff$。

8.5.6 偏心支撑框架梁的非消能梁段上下翼缘，应设置侧向支撑，支撑的轴力设计值不得小于梁翼缘轴向承载力设计值的2%，即 $0.02b_ft_ff$。

8.5.7 框架-偏心支撑结构的框架部分，当房屋高度不高于100m且框架部分按计算分配的地震作用不大于结构底部总地震剪力的25%时，一、二、三级的抗震构造措施可按框架结构降低一级的相应要求采用。其他抗震构造措施，应符合本规范第8.3节对框架结构抗震构造措施的规定。

9 单层工业厂房

9.1 单层钢筋混凝土柱厂房

（Ⅰ）一 般 规 定

9.1.1 本节主要适用于装配式单层钢筋混凝土柱厂房，其结构布置应符合下列要求：

1 多跨厂房宜等高和等长，高低跨厂房不宜采用一端开口的结构布置。

2 厂房的贴建房屋和构筑物，不宜布置在厂房角部和紧邻防震缝处。

3　厂房体型复杂或有贴建的房屋和构筑物时，宜设防震缝；在厂房纵横跨交接处、大柱网厂房或不设柱间支撑的厂房，防震缝宽度可采用100mm～150mm，其他情况可采用50mm～90mm。

4　两个主厂房之间的过渡跨至少应有一侧采用防震缝与主厂房脱开。

5　厂房内上起重机的铁梯不应靠近防震缝设置；多跨厂房各跨上起重机的铁梯不宜设置在同一横向轴线附近。

6　厂房内的工作平台、刚性工作间宜与厂房主体结构脱开。

7　厂房的同一结构单元内，不应采用不同的结构形式；厂房端部应设屋架，不应采用山墙承重；厂房单元内不应采用横墙和排架混合承重。

8　厂房柱距宜相等，各柱列的侧移刚度宜均匀，当有抽柱时，应采取抗震加强措施。

注：钢筋混凝土框排架厂房的抗震设计，应符合本规范附录H第H.1节的规定。

9.1.2　厂房天窗架的设置，应符合下列要求：

1　天窗宜采用突出屋面较小的避风型天窗，有条件或9度时宜采用下沉式天窗。

2　突出屋面的天窗宜采用钢天窗架；6～8度时，可采用矩形截面杆件的钢筋混凝土天窗架。

3　天窗架不宜从厂房结构单元第一开间开始设置；8度和9度时，天窗架宜从厂房单元端部第三柱间开始设置。

4　天窗屋盖、端壁板和侧板，宜采用轻型板材；不应采用端壁板代替端天窗架。

9.1.3　厂房屋架的设置，应符合下列要求：

1　厂房宜采用钢屋架或重心较低的预应力混凝土、钢筋混凝土屋架。

2　跨度不大于15m时，可采用钢筋混凝土屋面梁。

3　跨度大于24m，或8度Ⅲ、Ⅳ类场地和9度时，应优先采用钢屋架。

4　柱距为12m时，可采用预应力混凝土托架（梁）；当采用钢屋架时，亦可采用钢托架（梁）。

5　有突出屋面天窗架的屋盖不宜采用预应力混凝土或钢筋混凝土空腹屋架。

6　8度（0.30g）和9度时，跨度大于24m的厂房不宜采用大型屋面板。

9.1.4　厂房柱的设置，应符合下列要求：

1　8度和9度时，宜采用矩形、工字形截面柱或斜腹杆双肢柱，不宜采用薄壁工字形柱、腹板开孔工字形柱、预制腹板的工字形柱和管柱。

2　柱底至室内地坪以上500mm范围内和阶形柱的上柱宜采用矩形截面。

9.1.5　厂房围护墙、砌体女儿墙的布置、材料选型和抗震构造措施，应符合本规范第13.3节的有关规定。

（Ⅱ）计 算 要 点

9.1.6　单层厂房按本规范的规定采取抗震构造措施并符合下列条件之一时，可不进行横向和纵向抗震验算：

1　7度Ⅰ、Ⅱ类场地、柱高不超过10m且结构单元两端均有山墙的单跨和等高多跨厂房（锯齿形厂房除外）。

2　7度时和8度（0.20g）Ⅰ、Ⅱ类场地的露天吊车栈桥。

9.1.7　厂房的横向抗震计算，应采用下列方法：

1　混凝土无檩和有檩屋盖厂房，一般情况下，宜计及屋盖的横向弹性变形，按多质点空间结构分析；当符合本规范附录J的条件时，可按平面排架计算，并按附录J的规定对排架柱的地震剪力和弯矩进行调整。

2　轻型屋盖厂房，柱距相等时，可按平面排架计算。

注：本节轻型屋盖指屋面为压型钢板、瓦楞铁等有檩屋盖。

9.1.8　厂房的纵向抗震计算，应采用下列方法：

1　混凝土无檩和有檩屋盖及有较完整支撑系统的轻型屋盖厂房，可采用下列方法：

1）一般情况下，宜计及屋盖的纵向弹性变形，围护墙与隔墙的有效刚度，不对称时尚宜计及扭转的影响，按多质点进行空间结构分析；

2）柱顶标高不大于15m且平均跨度不大于30m的单跨或等高多跨的钢筋混凝土柱厂房，宜采用本规范附录K第K.1节规定的修正刚度法计算。

2　纵墙对称布置的单跨厂房和轻型屋盖的多跨厂房，可按柱列分片独立计算。

9.1.9　突出屋面天窗架的横向抗震计算，可采用下列方法：

1　有斜撑杆的三铰拱式钢筋混凝土和钢天窗架的横向抗震计算可采用底部剪力法；跨度大于9m或9度时，混凝土天窗架的地震作用效应应乘以增大系数，其值可采用1.5。

2　其他情况下天窗架的横向水平地震作用可采用振型分解反应谱法。

9.1.10　突出屋面天窗架的纵向抗震计算，可采用下列方法：

1　天窗架的纵向抗震计算，可采用空间结构分析法，并计及屋盖平面弹性变形和纵墙的有效刚度。

2　柱高不超过15m的单跨和等高多跨混凝土无檩屋盖厂房的天窗架纵向地震作用计算，可采用底部剪力法，但天窗架的地震作用效应应乘以效应增大系数，其值可按下列规定采用：

1）单跨、边跨屋盖或有纵向内隔墙的中跨屋盖：

$$\eta = 1 + 0.5n \tag{9.1.10-1}$$

2）其他中跨屋盖：

$$\eta = 0.5n \tag{9.1.10-2}$$

式中：η——效应增大系数；

n——厂房跨数，超过四跨时取四跨。

9.1.11 两个主轴方向柱距均不小于12m、无桥式起重机且无柱间支撑的大柱网厂房，柱截面抗震验算应同时计算两个主轴方向的水平地震作用，并应计入位移引起的附加弯矩。

9.1.12 不等高厂房中，支承低跨屋盖的柱牛腿（柱肩）的纵向受拉钢筋截面面积，应按下式确定：

$$A_s \geqslant \left(\frac{N_G a}{0.85 h_0 f_y} + 1.2\frac{N_E}{f_y}\right)\gamma_{RE} \tag{9.1.12}$$

式中：A_s——纵向水平受拉钢筋的截面面积；

N_G——柱牛腿面上重力荷载代表值产生的压力设计值；

a——重力作用点至下柱近侧边缘的距离，当小于 $0.3h_0$ 时采用 $0.3h_0$；

h_0——牛腿最大竖向截面的有效高度；

N_E——柱牛腿面上地震组合的水平拉力设计值；

f_y——钢筋抗拉强度设计值；

γ_{RE}——承载力抗震调整系数，可采用1.0。

9.1.13 柱间交叉支撑斜杆的地震作用效应及其与柱连接节点的抗震验算，可按本规范附录K第K.2节的规定进行。下柱柱间支撑的下节点位置按本规范第9.1.23条规定设置于基础顶面以上时，宜进行纵向柱列柱根的斜截面受剪承载力验算。

9.1.14 厂房的抗风柱、屋架小立柱和计及工作平台影响的抗震计算，应符合下列规定：

1 高大山墙的抗风柱，在8度和9度时应进行平面外的截面抗震承载力验算。

2 当抗风柱与屋架下弦相连接时，连接点应设在下弦横向支撑节点处，下弦横向支撑杆件的截面和连接节点应进行抗震承载力验算。

3 当工作平台和刚性内隔墙与厂房主体结构连接时，应采用与厂房实际受力相适应的计算简图，并计入工作平台和刚性内隔墙对厂房的附加地震作用影响。变位受约束且剪跨比不大于2的排架柱，其斜截面受剪承载力应按现行国家标准《混凝土结构设计规范》GB 50010的规定计算，并按本规范第9.1.25条采取相应的抗震构造措施。

4 8度Ⅲ、Ⅳ类场地和9度时，带有小立柱的拱形和折线型屋架或上弦节间较长且矢高较大的屋架，其上弦宜进行抗扭验算。

（Ⅲ）抗震构造措施

9.1.15 有檩屋盖构件的连接及支撑布置，应符合下列要求：

1 檩条应与混凝土屋架（屋面梁）焊牢，并应有足够的支承长度。

2 双脊檩应在跨度1/3处相互拉结。

3 压型钢板应与檩条可靠连接，瓦楞铁、石棉瓦等应与檩条拉结。

4 支撑布置宜符合表9.1.15的要求。

表9.1.15 有檩屋盖的支撑布置

<table>
<tr><th colspan="2" rowspan="2">支撑名称</th><th colspan="3">烈 度</th></tr>
<tr><th>6、7</th><th>8</th><th>9</th></tr>
<tr><td rowspan="4">屋架支撑</td><td>上弦横向支撑</td><td>单元端开间各设一道</td><td>单元端开间及单元长度大于66m的柱间支撑开间各设一道；天窗开洞范围的两端各增设局部的支撑一道</td><td rowspan="3">单元端开间及单元长度大于42m的柱间支撑开间各设一道；天窗开洞范围的两端各增设局部的上弦横向支撑一道</td></tr>
<tr><td>下弦横向支撑</td><td colspan="2" rowspan="2">同非抗震设计</td></tr>
<tr><td>跨中竖向支撑</td></tr>
<tr><td>端部竖向支撑</td><td colspan="3">屋架端部高度大于900mm时，单元端开间及柱间支撑开间各设一道</td></tr>
<tr><td rowspan="2">天窗架支撑</td><td>上弦横向支撑</td><td>单元天窗端开间各设一道</td><td rowspan="2">单元天窗端开间及每隔30m各设一道</td><td rowspan="2">单元天窗端开间及每隔18m各设一道</td></tr>
<tr><td>两侧竖向支撑</td><td>单元天窗端开间及每隔36m各设一道</td></tr>
</table>

9.1.16 无檩屋盖构件的连接及支撑布置，应符合下列要求：

1 大型屋面板应与屋架（屋面梁）焊牢，靠柱列的屋面板与屋架（屋面梁）的连接焊缝长度不宜小于80mm。

2 6度和7度时有天窗厂房单元的端开间，或8度和9度时各开间，宜将垂直屋架方向两侧相邻的大型屋面板的顶面彼此焊牢。

3 8度和9度时，大型屋面板端头底面的预埋件宜采用角钢并与主筋焊牢。

4 非标准屋面板宜采用装配整体式接头，或将板四角切掉后与屋架（屋面梁）焊牢。

5 屋架（屋面梁）端部顶面预埋件的锚筋，8度时不宜少于4ϕ10，9度时不宜少于4ϕ12。

6 支撑的布置宜符合表9.1.16-1的要求，有中间井式天窗时宜符合表9.1.16-2的要求；8度和9度跨度不大于15m的厂房屋盖采用屋面梁时，可仅在厂房单元两端各设竖向支撑一道；单坡屋面梁的屋盖支撑布置，宜按屋架端部高度大于900mm的屋盖支撑布置执行。

表 9.1.16-1　无檩屋盖的支撑布置

<table>
<tr><td colspan="2" rowspan="2">支撑名称</td><td colspan="3">烈　度</td></tr>
<tr><td>6、7</td><td>8</td><td>9</td></tr>
<tr><td rowspan="6">屋架支撑</td><td>上弦横向支撑</td><td>屋架跨度小于18m时同非抗震设计，跨度不小于18m时在厂房单元端开间各设一道</td><td colspan="2">单元端开间及柱间支撑开间各设一道，天窗开洞范围的两端各增设局部的支撑一道</td></tr>
<tr><td>上弦通长水平系杆</td><td rowspan="4">同非抗震设计</td><td>沿屋架跨度不大于15m设一道，但装配整体式屋面可仅在天窗开洞范围内设置；
围护墙在屋架上弦高度有现浇圈梁时，其端部处可不另设</td><td>沿屋架跨度不大于12m设一道，但装配整体式屋面可仅在天窗开洞范围内设置；
围护墙在屋架上弦高度有现浇圈梁时，其端部处可不另设</td></tr>
<tr><td>下弦横向支撑</td><td rowspan="2">同非抗震设计</td><td rowspan="2">同上弦横向支撑</td></tr>
<tr><td>跨中竖向支撑</td></tr>
<tr><td>两端竖向支撑　屋架端部高度≤900mm</td><td>单元端开间各设一道</td><td>单元端开间及每隔48m各设一道</td></tr>
<tr><td>两端竖向支撑　屋架端部高度＞900mm</td><td>单元端开间各设一道</td><td>单元端开间及柱间支撑开间各设一道</td><td>单元端开间、柱间支撑开间及每隔30m各设一道</td></tr>
<tr><td rowspan="2">天窗架支撑</td><td>天窗两侧竖向支撑</td><td>厂房单元天窗端开间及每隔30m各设一道</td><td>厂房单元天窗端开间及每隔24m各设一道</td><td>厂房单元天窗端开间及每隔18m各设一道</td></tr>
<tr><td>上弦横向支撑</td><td>同非抗震设计</td><td>天窗跨度≥9m时，单元天窗端开间及柱间支撑开间各设一道</td><td>单元端开间及柱间支撑开间各设一道</td></tr>
</table>

表 9.1.16-2　中间井式天窗无檩屋盖支撑布置

<table>
<tr><td colspan="2">支撑名称</td><td>6、7度</td><td>8度</td><td>9度</td></tr>
<tr><td colspan="2">上弦横向支撑
下弦横向支撑</td><td>厂房单元端开间各设一道</td><td colspan="2">厂房单元端开间及柱间支撑开间各设一道</td></tr>
<tr><td colspan="2">上弦通长水平系杆</td><td colspan="3">天窗范围内屋架跨中上弦节点处设置</td></tr>
<tr><td colspan="2">下弦通长水平系杆</td><td colspan="3">天窗两侧及天窗范围内屋架下弦节点处设置</td></tr>
<tr><td colspan="2">跨中竖向支撑</td><td colspan="3">有上弦横向支撑开间设置，位置与下弦通长系杆相对应</td></tr>
<tr><td rowspan="2">两端竖向支撑</td><td>屋架端部高度≤900mm</td><td colspan="2">同非抗震设计</td><td>有上弦横向支撑开间，且间距不大于48m</td></tr>
<tr><td>屋架端部高度＞900mm</td><td>厂房单元端开间各设一道</td><td>有上弦横向支撑开间，且间距不大于48m</td><td>有上弦横向支撑开间，且间距不大于30m</td></tr>
</table>

9.1.17　屋盖支撑尚应符合下列要求：

1　天窗开洞范围内，在屋架脊点处应设上弦通长水平压杆；8度Ⅲ、Ⅳ类场地和9度时，梯形屋架端部上节点应沿厂房纵向设置通长水平压杆。

2　屋架跨中竖向支撑在跨度方向的间距，6～8度时不大于15m，9度时不大于12m；当仅在跨中设一道时，应设在跨中屋架屋脊处；当设二道时，应在跨度方向均匀布置。

3　屋架上、下弦通长水平系杆与竖向支撑宜配合设置。

4　柱距不小于12m且屋架间距6m的厂房，托架（梁）区段及其相邻开间应设下弦纵向水平支撑。

5　屋盖支撑杆件宜用型钢。

9.1.18　突出屋面的混凝土天窗架，其两侧墙板与天窗立柱宜采用螺栓连接。

9.1.19　混凝土屋架的截面和配筋，应符合下列要求：

1　屋架上弦第一节间和梯形屋架端竖杆的配筋，6度和7度时不宜少于4ϕ12，8度和9度时不宜少于4ϕ14。

2　梯形屋架的端竖杆截面宽度宜与上弦宽度相同。

3　拱形和折线形屋架上弦端部支撑屋面板的小立柱，截面不宜小于200mm×200mm，高度不宜大于500mm，主筋宜采用Π形，6度和7度时不宜少于4ϕ12，8度和9度时不宜少于4ϕ14，箍筋可采用ϕ6，间距不宜大于100mm。

9.1.20　厂房柱子的箍筋，应符合下列要求：

1　下列范围内柱的箍筋应加密：

1）柱头，取柱顶以下500mm并不小于柱截面长边尺寸；

2）上柱，取阶形柱自牛腿面至起重机梁顶面以上300mm高度范围内；

3）牛腿（柱肩），取全高；

4）柱根，取下柱柱底至室内地坪以上500mm；

5）柱间支撑与柱连接节点和柱变位受平台等约束的部位，取节点上、下各300mm。

2　加密区箍筋间距不应大于100mm，箍筋肢距和最小直径应符合表9.1.20的规定。

表 9.1.20　柱加密区箍筋最大肢距和最小箍筋直径

<table>
<tr><td colspan="2">烈度和场地类别</td><td>6度和7度Ⅰ、Ⅱ类场地</td><td>7度Ⅲ、Ⅳ类场地和8度Ⅰ、Ⅱ类场地</td><td>8度Ⅲ、Ⅳ类场地和9度</td></tr>
<tr><td colspan="2">箍筋最大肢距（mm）</td><td>300</td><td>250</td><td>200</td></tr>
<tr><td rowspan="4">箍筋最小直径</td><td>一般柱头和柱根</td><td>ϕ6</td><td>ϕ8</td><td>ϕ8（ϕ10）</td></tr>
<tr><td>角柱柱头</td><td>ϕ8</td><td>ϕ10</td><td>ϕ10</td></tr>
<tr><td>上柱牛腿和有支撑的柱根</td><td>ϕ8</td><td>ϕ8</td><td>ϕ10</td></tr>
<tr><td>有支撑的柱头和柱变位受约束部位</td><td>ϕ8</td><td>ϕ10</td><td>ϕ12</td></tr>
</table>

注：括号内数值用于柱根。

3 厂房柱侧向受约束且剪跨比不大于2的排架柱，柱顶预埋钢板和柱箍筋加密区的构造尚应符合下列要求：

1）柱顶预埋钢板沿排架平面方向的长度，宜取柱顶的截面高度，且不得小于截面高度的1/2及300mm；

2）屋架的安装位置，宜减小在柱顶的偏心，其柱顶轴向力的偏心距不应大于截面高度的1/4；

3）柱顶轴向力排架平面内的偏心距在截面高度的1/6～1/4范围内时，柱顶箍筋加密区的箍筋体积配筋率：9度不宜小于1.2%；8度不宜小于1.0%；6、7度不宜小于0.8%；

4）加密区箍筋宜配置四肢箍，肢距不大于200mm。

9.1.21 大柱网厂房柱的截面和配筋构造，应符合下列要求：

1 柱截面宜采用正方形或接近正方形的矩形，边长不宜小于柱全高的1/18～1/16。

2 重屋盖厂房地震组合的柱轴压比，6、7度时不宜大于0.8，8度时不宜大于0.7，9度时不应大于0.6。

3 纵向钢筋宜沿柱截面周边对称配置，间距不宜大于200mm，角部宜配置直径较大的钢筋。

4 柱头和柱根的箍筋应加密，并应符合下列要求：

1）加密范围，柱根取基础顶面至室内地坪以上1m，且不小于柱全高的1/6；柱头取柱顶以下500mm，且不小于柱截面长边尺寸；

2）箍筋直径、间距和肢距，应符合本规范第9.1.20条的规定。

9.1.22 山墙抗风柱的配筋，应符合下列要求：

1 抗风柱柱顶以下300mm和牛腿（柱肩）面以上300mm范围内的箍筋，直径不宜小于6mm，间距不应大于100mm，肢距不宜大于250mm。

2 抗风柱的变截面牛腿（柱肩）处，宜设置纵向受拉钢筋。

9.1.23 厂房柱间支撑的设置和构造，应符合下列要求：

1 厂房柱间支撑的布置，应符合下列规定：

1）一般情况下，应在厂房单元中部设置上、下柱间支撑，且下柱支撑应与上柱支撑配套设置；

2）有起重机或8度和9度时，宜在厂房单元两端增设上柱支撑；

3）厂房单元较长或8度Ⅲ、Ⅳ类场地和9度时，可在厂房单元中部1/3区段内设置两道柱间支撑。

2 柱间支撑应采用型钢，支撑形式宜采用交叉式，其斜杆与水平面的交角不宜大于55度。

3 支撑杆件的长细比，不宜超过表9.1.23的规定。

表9.1.23 交叉支撑斜杆的最大长细比

位 置	烈 度			
	6度和7度Ⅰ、Ⅱ类场地	7度Ⅲ、Ⅳ类场地和8度Ⅰ、Ⅱ类场地	8度Ⅲ、Ⅳ类场地和9度Ⅰ、Ⅱ类场地	9度Ⅲ、Ⅳ类场地
上柱支撑	250	250	200	150
下柱支撑	200	150	120	120

4 下柱支撑的下节点位置和构造措施，应保证将地震作用直接传给基础；当6度和7度（0.10g）不能直接传给基础时，应计及支撑对柱和基础的不利影响采取加强措施。

5 交叉支撑在交叉点应设置节点板，其厚度不应小于10mm，斜杆与交叉节点板应焊接，与端节点板宜焊接。

9.1.24 8度时跨度不小于18m的多跨厂房中柱和9度时多跨厂房各柱，柱顶宜设置通长水平压杆，此压杆可与梯形屋架支座处通长水平系杆合并设置，钢筋混凝土系杆端头与屋架间的空隙应采用混凝土填实。

9.1.25 厂房结构构件的连接节点，应符合下列要求：

1 屋架（屋面梁）与柱顶的连接，8度时宜采用螺栓，9度时宜采用钢板铰，亦可采用螺栓；屋架（屋面梁）端部支承垫板的厚度不宜小于16mm。

2 柱顶预埋件的锚筋，8度时不宜少于4ϕ14，9度时不宜少于4ϕ16；有柱间支撑的柱子，柱顶预埋件尚应增设抗剪钢板。

3 山墙抗风柱的柱顶，应设置预埋板，使柱顶与端屋架的上弦（屋面梁上翼缘）可靠连接。连接部位应位于上弦横向支撑与屋架的连接点处，不符合时可在支撑中增设次腹杆或设置型钢横梁，将水平地震作用传至节点部位。

4 支承低跨屋盖的中柱牛腿（柱肩）的预埋件，应与牛腿（柱肩）中按计算承受水平拉力部分的纵向钢筋焊接，且焊接的钢筋，6度和7度时不应少于2ϕ12，8度时不应少于2ϕ14，9度时不应少于2ϕ16。

5 柱间支撑与柱连接节点预埋件的锚件，8度Ⅲ、Ⅳ类场地和9度时，宜采用角钢加端板，其他情况可采用不低于HRB335级的热轧钢筋，但锚固长度不应小于30倍锚筋直径或增设端板。

6 厂房中的起重机走道板、端屋架与山墙间的填充小屋面板、天沟板、天窗端壁板和天窗侧板下的填充砌体等构件应与支承结构有可靠的连接。

9.2 单层钢结构厂房

（Ⅰ）一般规定

9.2.1 本节主要适用于钢柱、钢屋架或钢屋面梁承重的单层厂房。

单层的轻型钢结构厂房的抗震设计，应符合专门的规定。

9.2.2 厂房的结构体系应符合下列要求：

1 厂房的横向抗侧力体系，可采用刚接框架、铰接框架、门式刚架或其他结构体系。厂房的纵向抗侧力体系，8、9度应采用柱间支撑；6、7度宜采用柱间支撑，也可采用刚接框架。

2 厂房内设有桥式起重机时，起重机梁系统的构件与厂房框架柱的连接应能可靠地传递纵向水平地震作用。

3 屋盖应设置完整的屋盖支撑系统。屋盖横梁与柱顶铰接时，宜采用螺栓连接。

9.2.3 厂房的平面布置、钢筋混凝土屋面板和天窗架的设置要求等，可参照本规范第9.1节单层钢筋混凝土柱厂房的有关规定。当设置防震缝时，其缝宽不宜小于单层混凝土柱厂房防震缝宽度的1.5倍。

9.2.4 厂房的围护墙板应符合本规范第13.3节的有关规定。

（Ⅱ）抗震验算

9.2.5 厂房抗震计算时，应根据屋盖高差、起重机设置情况，采用与厂房结构的实际工作状况相适应的计算模型计算地震作用。

单层厂房的阻尼比，可依据屋盖和围护墙的类型，取0.045～0.05。

9.2.6 厂房地震作用计算时，围护墙体的自重和刚度，应按下列规定取值：

1 轻型墙板或与柱柔性连接的预制混凝土墙板，应计入其全部自重，但不应计入其刚度；

2 柱边贴砌且与柱有拉结的砌体围护墙，应计入其全部自重；当沿墙体纵向进行地震作用计算时，尚可计入普通砖砌体墙的折算刚度，折算系数，7、8和9度可分别取0.6、0.4和0.2。

9.2.7 厂房的横向抗震计算，可采用下列方法：

1 一般情况下，宜采用考虑屋盖弹性变形的空间分析方法；

2 平面规则、抗侧刚度均匀的轻型屋盖厂房，可按平面框架进行计算。等高厂房可采用底部剪力法，高低跨厂房应采用振型分解反应谱法。

9.2.8 厂房的纵向抗震计算，可采用下列方法：

1 采用轻型板材围护墙或与柱柔性连接的大型墙板的厂房，可采用底部剪力法计算，各纵向柱列的地震作用可按下列原则分配：

1）轻型屋盖可按纵向柱列承受的重力荷载代表值的比例分配；

2）钢筋混凝土无檩屋盖可按纵向柱列刚度比例分配；

3）钢筋混凝土有檩屋盖可取上述两种分配结果的平均值。

2 采用柱边贴砌且与柱拉结的普通砖砌体围护墙厂房，可参照本规范第9.1节的规定计算。

3 设置柱间支撑的柱列应计入支撑杆件屈曲后的地震作用效应。

9.2.9 厂房屋盖构件的抗震计算，应符合下列要求：

1 竖向支撑桁架的腹杆应能承受和传递屋盖的水平地震作用，其连接的承载力应大于腹杆的承载力，并满足构造要求。

2 屋盖横向水平支撑、纵向水平支撑的交叉斜杆均可按拉杆设计，并取相同的截面面积。

3 8、9度时，支承跨度大于24m的屋盖横梁的托架以及设备荷重较大的屋盖横梁，均应按本规范第5.3节计算其竖向地震作用。

9.2.10 柱间X形支撑、V形或Λ形支撑应考虑拉压杆共同作用，其地震作用及验算可按本规范附录K第K.2节的规定按拉杆计算，并计及相交受压杆的影响，但压杆卸载系数宜改取0.30。

交叉支撑端部的连接，对单角钢支撑应计入强度折减，8、9度时不得采用单面偏心连接；交叉支撑有一杆中断时，交叉节点板应予以加强，其承载力不小于1.1倍杆件承载力。

支撑杆件的截面应力比，不宜大于0.75。

9.2.11 厂房结构构件连接的承载力计算，应符合下列规定：

1 框架上柱的拼接位置应选择弯矩较小区域，其承载力不应小于按上柱两端呈全截面塑性屈服状态计算的拼接处的内力，且不得小于柱全截面受拉屈服承载力的0.5倍。

2 刚接框架屋盖横梁的拼接，当位于横梁最大应力区以外时，宜按与被拼接截面等强度设计。

3 实腹屋面梁与柱的刚性连接、梁端梁与梁的拼接，应采用地震组合内力进行弹性阶段设计。梁柱刚性连接、梁与梁拼接的极限受弯承载力应符合下列要求：

1）一般情况，可按本规范第8.2.8条钢结构梁柱刚接、梁与梁拼接的规定考虑连接系数进行验算。其中，当最大应力区在上柱时，全塑性受弯承载力应取实腹梁、上柱二者的较小值；

2）当屋面梁采用钢结构弹性设计阶段的板件宽厚比时，梁柱刚性连接和梁与梁拼接，应能可靠传递设防烈度地震组合内力或按本款1项验算。

刚接框架的屋架上弦与柱相连的连接板，在设防地震下不宜出现塑性变形。

4 柱间支撑与构件的连接，不应小于支撑杆件塑性承载力的1.2倍。

（Ⅲ）抗震构造措施

9.2.12 厂房的屋盖支撑，应符合下列要求：

1 无檩屋盖的支撑布置，宜符合表9.2.12-1的要求。

表9.2.12-1 无檩屋盖的支撑系统布置

支撑名称			烈度 6、7	烈度 8	烈度 9
屋架支撑	上、下弦横向支撑		屋架跨度小于18m时同非抗震设计；屋架跨度不小于18m时，在厂房单元端开间各设一道	厂房单元端开间及上柱支撑开间各设一道；天窗开洞范围的两端各增设局部上弦支撑一道；当屋架端部支承在屋架上弦时，其下弦横向支撑同非抗震设计	
	上弦通长水平系杆		同非抗震设计	在屋脊处、天窗架竖向支撑处、横向支撑节点处和屋架两端处设置	
	下弦通长水平系杆			屋架竖向支撑节点处设置；当屋架与柱刚接时，在屋架端节间处按控制下弦平面外长细比不大于150设置	
	竖向支撑	屋架跨度小于30m		厂房单元两端开间及上柱支撑各开间屋架端部各设一道	同8度，且每隔42m在屋架端部设置
		屋架跨度大于等于30m		厂房单元的端开间，屋架1/3跨度处和上柱支撑开间内的屋架端部设置，并与上、下弦横向支撑相对应	同8度，且每隔36m在屋架端部设置
纵向天窗架支撑	上弦横向支撑		天窗架单元两端开间各设一道	天窗架单元端开间及柱间支撑开间各设一道	
	竖向支撑	跨中	跨度不小于12m时设置，其道数与两侧相同	跨度不小于9m时设置，其道数与两侧相同	
		两侧	天窗架单元端开间及每隔36m设置	天窗架单元端开间及每隔30m设置	天窗架单元端开间及每隔24m设置

2 有檩屋盖的支撑布置，宜符合表9.2.12-2的要求。

3 当轻型屋盖采用实腹屋面梁、柱刚性连接的刚架体系时，屋盖水平支撑可布置在屋面梁的上翼缘平面。屋面梁下翼缘应设置隅撑侧向支承，隅撑的另一端可与屋面檩条连接。屋盖横向支撑、纵向天窗架支撑的布置可参照表9.2.12的要求。

4 屋盖纵向水平支撑的布置，尚应符合下列规定：

1）当采用托架支承屋盖横梁的屋盖结构时，应沿厂房单元全长设置纵向水平支撑；

2）对于高低跨厂房，在低跨屋盖横梁端部支承处，应沿屋盖全长设置纵向水平支撑；

3）纵向柱列局部柱间采用托架支承屋盖横梁时，应沿托架的柱间及向其两侧至少各延伸一个柱间设置屋盖纵向水平支撑；

4）当设置沿结构单元全长的纵向水平支撑时，应与横向水平支撑形成封闭的水平支撑体系。多跨厂房屋盖纵向水平支撑的间距不宜超过两跨，不得超过三跨；高跨和低跨宜按各自的标高组成相对独立的封闭支撑体系。

5 支撑杆宜采用型钢；设置交叉支撑时，支撑杆的长细比限值可取350。

表9.2.12-2 有檩屋盖的支撑系统布置

支撑名称		烈度 6、7	烈度 8	烈度 9
屋架支撑	上弦横向支撑	厂房单元端开间及每隔60m各设一道	厂房单元端开间及上柱柱间支撑开间各设一道	同8度，且天窗开洞范围的两端各增设局部上弦横向支撑一道
	下弦横向支撑	同非抗震设计；当屋架端部支承在屋架下弦时，同上弦横向支撑		
	跨中竖向支撑	同非抗震设计		屋架跨度大于等于30m时，跨中增设一道
	两侧竖向支撑	屋架端部高度大于900mm时，厂房单元端开间及柱间支撑开间各设一道		
	下弦通长水平系杆	同非抗震设计	屋架两端和屋架竖向支撑处设置；与柱刚接时，屋架端节间处按控制下弦平面外长细比不大于150设置	
纵向天窗架支撑	上弦横向支撑	天窗架单元两端开间各设一道	天窗架单元两端开间及每隔54m各设一道	天窗架单元两端开间及每隔48m各设一道
	两侧竖向支撑	天窗架单元端开间及每隔42m各设一道	天窗架单元端开间及每隔36m各设一道	天窗架单元端开间及每隔24m各设一道

9.2.13 厂房框架柱的长细比，轴压比小于0.2时不宜大于150；轴压比不小于0.2时，不宜大于$120\sqrt{235/f_{ay}}$。

9.2.14 厂房框架柱、梁的板件宽厚比，应符合下列要求：

1 重屋盖厂房，板件宽厚比限值可按本规范第8.3.2条的规定采用，7、8、9度的抗震等级可分别按四、三、二级采用。

2 轻屋盖厂房，塑性耗能区板件宽厚比限值可根据其承载力的高低按性能目标确定。塑性耗能区外的板件宽厚比限值，可采用现行《钢结构设计规范》GB 50017弹性设计阶段的板件宽厚比限值。

注：腹板的宽厚比，可通过设置纵向加劲肋减小。

9.2.15 柱间支撑应符合下列要求：

1 厂房单元的各纵向柱列，应在厂房单元中部布置一道下柱柱间支撑；当7度厂房单元长度大于120m（采用轻型围护材料时为150m）、8度和9度厂房单元大于90m（采用轻型围护材料时为120m）时，应在厂房单元1/3区段内各布置一道下柱支撑；当柱距数不超过5个且厂房长度小于60m时，亦可在厂房单元的两端布置下柱支撑。上柱柱间支撑应布置在厂房单元两端和具有下柱支撑的柱间。

2 柱间支撑宜采用X形支撑，条件限制时也可采用V形、Λ形及其他形式的支撑。X形支撑斜杆与水平面的夹角、支撑斜杆交叉点的节点板厚度，应符合本规范第9.1节的规定。

3 柱间支撑杆件的长细比限值，应符合现行国家标准《钢结构设计规范》GB 50017的规定。

4 柱间支撑宜采用整根型钢，当热轧型钢超过材料最大长度规格时，可采用拼接等强接长。

5 有条件时，可采用消能支撑。

9.2.16 柱脚应能可靠传递柱身承载力，宜采用埋入式、插入式或外包式柱脚，6、7度时也可采用外露式柱脚。柱脚设计应符合下列要求：

1 实腹式钢柱采用埋入式、插入式柱脚的埋入深度，应由计算确定，且不得小于钢柱截面高度的2.5倍。

2 格构式柱采用插入式柱脚的埋入深度，应由计算确定，其最小插入深度不得小于单肢截面高度（或外径）的2.5倍，且不得小于柱总宽度的0.5倍。

3 采用外包式柱脚时，实腹H形截面柱的钢筋混凝土外包高度不宜小于2.5倍的钢结构截面高度，箱型截面柱或圆管截面柱的钢筋混凝土外包高度不宜小于3.0倍的钢结构截面高度或圆管截面直径。

4 当采用外露式柱脚时，柱脚极限承载力不宜小于柱截面塑性屈服承载力的1.2倍。柱脚锚栓不宜用以承受柱底水平剪力，柱底剪力应由钢底板与基础间的摩擦力或设置抗剪键及其他措施承担。柱脚锚栓应可靠锚固。

9.3 单层砖柱厂房

（Ⅰ）一 般 规 定

9.3.1 本节适用于6～8度（0.20g）的烧结普通砖（黏土砖、页岩砖）、混凝土普通砖砌筑的砖柱（墙垛）承重的下列中小型单层工业厂房：

1 单跨和等高多跨且无桥式起重机。

2 跨度不大于15m且柱顶标高不大于6.6m。

9.3.2 厂房的结构布置应符合下列要求，并宜符合本规范第9.1.1条的有关规定：

1 厂房两端均应设置砖承重山墙。

2 与柱等高并相连的纵横内隔墙宜采用砖抗震墙。

3 防震缝设置应符合下列规定：

1） 轻型屋盖厂房，可不设防震缝；

2） 钢筋混凝土屋盖厂房与贴建的建（构）筑物间宜设防震缝，防震缝的宽度可采用50mm～70mm，防震缝处应设置双柱或双墙。

4 天窗不应通至厂房单元的端开间，天窗不应采用端砖壁承重。

注：本章轻型屋盖指木屋盖和轻钢屋架、压型钢板、瓦楞铁等屋面的屋盖。

9.3.3 厂房的结构体系，尚应符合下列要求：

1 厂房屋盖宜采用轻型屋盖。

2 6度和7度时，可采用十字形截面的无筋砖柱；8度时不应采用无筋砖柱。

3 厂房纵向的独立砖柱柱列，可在柱间设置与柱等高的抗震墙承受纵向地震作用；不设置抗震墙的独立砖柱柱顶，应设通长水平压杆。

4 纵、横向内隔墙宜采用抗震墙，非承重横隔墙和非整体砌筑且不到顶的纵向隔墙宜采用轻质墙；当采用非轻质墙时，应计及隔墙对柱及其与屋架（屋面梁）连接节点的附加地震剪力。独立的纵向和横向内隔墙应采取措施保证其平面外的稳定性，且顶部应设置现浇钢筋混凝土压顶梁。

（Ⅱ）计 算 要 点

9.3.4 按本节规定采取抗震构造措施的单层砖柱厂房，当符合下列条件之一时，可不进行横向或纵向截面抗震验算：

1 7度（0.10g）Ⅰ、Ⅱ类场地，柱顶标高不超过4.5m，且结构单元两端均有山墙的单跨及等高多跨砖柱厂房，可不进行横向和纵向抗震验算。

2 7度（0.10g）Ⅰ、Ⅱ类场地，柱顶标高不超过6.6m，两侧设有厚度不小于240mm且开洞截面面积不超过50%的外纵墙，结构单元两端均有山墙的单跨厂房，可不进行纵向抗震验算。

9.3.5 厂房的横向抗震计算，可采用下列方法：

1 轻型屋盖厂房可按平面排架进行计算。

2 钢筋混凝土屋盖厂房和密铺望板的瓦木屋盖厂房可按平面排架进行计算并计及空间工作，按本规范附录J调整地震作用效应。

9.3.6 厂房的纵向抗震计算，可采用下列方法：

1 钢筋混凝土屋盖厂房宜采用振型分解反应谱法进行计算。

2 钢筋混凝土屋盖的等高多跨砖柱厂房，可按本规范附录K规定的修正刚度法进行计算。

3 纵墙对称布置的单跨厂房和轻型屋盖的多跨厂房，可采用柱列分片独立进行计算。

9.3.7 突出屋面天窗架的横向和纵向抗震计算应符合本规范第9.1.9条和第9.1.10条的规定。

9.3.8 偏心受压砖柱的抗震验算，应符合下列要求：

1 无筋砖柱地震组合轴向力设计值的偏心距，不宜超过0.9倍截面形心到轴向力所在方向截面边缘的距离；承载力抗震调整系数可采用0.9。

2 组合砖柱的配筋应按计算确定，承载力抗震调整系数可采用0.85。

（Ⅲ）抗震构造措施

9.3.9 钢屋架、压型钢板、瓦楞铁等轻型屋盖的支撑，可按本规范表9.2.12-2的规定设置，上、下弦横向支撑应布置在两端第二开间；木屋盖的支撑布置，宜符合表9.3.9的要求，支撑与屋架或天窗架应采用螺栓连接；木天窗架的边柱，宜采用通长木夹板或铁板并通过螺栓加强边柱与屋架上弦的连接。

表9.3.9 木屋盖的支撑布置

<table>
<tr><td colspan="2" rowspan="3">支撑名称</td><td colspan="3">烈度</td></tr>
<tr><td>6、7</td><td colspan="2">8</td></tr>
<tr><td>各类屋盖</td><td>满铺望板</td><td>稀铺望板或无望板</td></tr>
<tr><td>屋架支撑</td><td>上弦横向支撑</td><td colspan="2">同非抗震设计</td><td>屋架跨度大于6m时，房屋单元两端第二开间及每隔20m设一道</td></tr>
<tr><td rowspan="2">屋架支撑</td><td>下弦横向支撑</td><td colspan="3">同非抗震设计</td></tr>
<tr><td>跨中竖向支撑</td><td colspan="3">同非抗震设计</td></tr>
<tr><td rowspan="2">天窗架支撑</td><td>天窗两侧竖向支撑</td><td rowspan="2">同非抗震设计</td><td colspan="2" rowspan="2">不宜设置天窗</td></tr>
<tr><td>上弦横向支撑</td></tr>
</table>

9.3.10 檩条与山墙卧梁应可靠连接，搁置长度不应小于120mm，有条件时可采用檩条伸出山墙的屋面结构。

9.3.11 钢筋混凝土屋盖的构造措施，应符合本规范第9.1节的有关规定。

9.3.12 厂房柱顶标高处应沿房屋外墙及承重内墙设置现浇闭合圈梁，8度时还应沿墙高每隔3m～4m增设一道圈梁，圈梁的截面高度不应小于180mm，配筋不应少于4ϕ12；当地基为软弱黏性土、液化土、新近填土或严重不均匀土层时，尚应设置基础圈梁。当圈梁兼作门窗过梁或抵抗不均匀沉降影响时，其截面和配筋除满足抗震要求外，尚应根据实际受力计算确定。

9.3.13 山墙应沿屋面设置现浇钢筋混凝土卧梁，并应与屋盖构件锚拉；山墙壁柱的截面与配筋，不宜小于排架柱，壁柱应通到墙顶并与卧梁或屋盖构件连接。

9.3.14 屋架（屋面梁）与墙顶圈梁或柱顶垫块，应采用螺栓或焊接连接；柱顶垫块厚度不应小于240mm，并应配置两层直径不小于8mm间距不大于100mm的钢筋网；墙顶圈梁应与柱顶垫块整浇。

9.3.15 砖柱的构造应符合下列要求：

1 砖的强度等级不应低于MU10，砂浆的强度等级不应低于M5；组合砖柱中的混凝土强度等级不应低于C20。

2 砖柱的防潮层应采用防水砂浆。

9.3.16 钢筋混凝土屋盖的砖柱厂房，山墙开洞的水平截面面积不宜超过总截面面积的50%；8度时，应在山墙、横墙两端设置钢筋混凝土构造柱，构造柱的截面尺寸可采用240mm×240mm，竖向钢筋不应少于4ϕ12，箍筋可采用ϕ6，间距宜为250mm～300mm。

9.3.17 砖砌体墙的构造应符合下列要求：

1 8度时，钢筋混凝土无檩屋盖砖柱厂房，砖围护墙顶部宜沿墙长每隔1m埋入1ϕ8竖向钢筋，并插入顶部圈梁内。

2 7度且墙顶高度大于4.8m或8度时，不设置构造柱的外墙转角及承重内横墙与外纵墙交接处，应沿墙高每500mm配置2ϕ6钢筋，每边伸入墙内不小于1m。

3 出屋面女儿墙的抗震构造措施，应符合本规范第13.3节的有关规定。

10 空旷房屋和大跨屋盖建筑

10.1 单层空旷房屋

（Ⅰ）一般规定

10.1.1 本节适用于较空旷的单层大厅和附属房屋组成的公共建筑。

10.1.2 大厅、前厅、舞台之间，不宜设防震缝分开；大厅与两侧附属房屋之间可不设防震缝。但不设缝时应加强连接。

10.1.3 单层空旷房屋大厅屋盖的承重结构，在下列

情况下不应采用砖柱：

1　7度（0.15g）、8度、9度时的大厅。

2　大厅内设有挑台。

3　7度（0.10g）时，大厅跨度大于12m或柱顶高度大于6m。

4　6度时，大厅跨度大于15m或柱顶高度大于8m。

10.1.4　单层空旷房屋大厅屋盖的承重结构，除本规范第10.1.3条规定者外，可在大厅纵墙屋架支点下增设钢筋混凝土-砖组合壁柱，不得采用无筋砖壁柱。

10.1.5　前厅结构布置应加强横向的侧向刚度，大门处壁柱和前厅内独立柱应采用钢筋混凝土柱。

10.1.6　前厅与大厅、大厅与舞台连接处的横墙，应加强侧向刚度，设置一定数量的钢筋混凝土抗震墙。

10.1.7　大厅部分其他要求可参照本规范第9章，附属房屋应符合本规范的有关规定。

（Ⅱ）计 算 要 点

10.1.8　单层空旷房屋的抗震计算，可将房屋划分为前厅、舞台、大厅和附属房屋等若干独立结构，按本规范有关规定执行，但应计及相互影响。

10.1.9　单层空旷房屋的抗震计算，可采用底部剪力法，地震影响系数可取最大值。

10.1.10　大厅的纵向水平地震作用标准值，可按下式计算：

$$F_{\mathrm{Ek}} = \alpha_{\max} G_{\mathrm{eq}} \qquad (10.1.10)$$

式中：F_{Ek}——大厅一侧纵墙或柱列的纵向水平地震作用标准值；

G_{eq}——等效重力荷载代表值。包括大厅屋盖和毗连附属房屋屋盖各一半的自重和50%雪荷载标准值，及一侧纵墙或柱列的折算自重。

10.1.11　大厅的横向抗震计算，宜符合下列原则：

1　两侧无附属房屋的大厅，有挑台部分和无挑台部分可各取一个典型开间计算；符合本规范第9章规定时，尚可计及空间工作。

2　两侧有附属房屋时，应根据附属房屋的结构类型，选择适当的计算方法。

10.1.12　8度和9度时，高大山墙的壁柱应进行平面外的截面抗震验算。

（Ⅲ）抗震构造措施

10.1.13　大厅的屋盖构造，应符合本规范第9章的规定。

10.1.14　大厅的钢筋混凝土柱和组合砖柱应符合下列要求：

1　组合砖柱纵向钢筋的上端应锚入屋架底部的钢筋混凝土圈梁内。组合砖柱的纵向钢筋，除按计算确定外，6度Ⅲ、Ⅳ类场地和7度（0.10g）Ⅰ、Ⅱ类场地每侧不应少于4ϕ14；7度（0.10g）Ⅲ、Ⅳ类场地每侧不应少于4ϕ16。

2　钢筋混凝土柱应按抗震等级不低于二级的框架柱设计，其配筋量应按计算确定。

10.1.15　前厅与大厅，大厅与舞台间轴线上横墙，应符合下列要求：

1　应在横墙两端，纵向梁支点及大洞口两侧设置钢筋混凝土框架柱或构造柱。

2　嵌砌在框架柱间的横墙应有部分设计成抗震等级不低于二级的钢筋混凝土抗震墙。

3　舞台口的柱和梁应采用钢筋混凝土结构，舞台口大梁上承重砌体墙应设置间距不大于4m的立柱和间距不大于3m的圈梁，立柱、圈梁的截面尺寸、配筋及与周围砌体的拉结应符合多层砌体房屋的要求。

4　9度时，舞台口大梁上的墙体应采用轻质隔墙。

10.1.16　大厅柱（墙）顶标高处应设置现浇圈梁，并宜沿墙高每隔3m左右增设一道圈梁。梯形屋架端部高度大于900mm时还应在上弦标高处增设一道圈梁。圈梁的截面高度不宜小于180mm，宽度宜与墙厚相同，纵筋不应少于4ϕ12，箍筋间距不宜大于200mm。

10.1.17　大厅与两侧附属房屋间不设防震缝时，应在同一标高处设置封闭圈梁并在交接处拉通，墙体交接处应沿墙高每隔400mm在水平灰缝内设置拉结钢筋网片，且每边伸入墙内不宜小于1m。

10.1.18　悬挑式挑台应有可靠的锚固和防止倾覆的措施。

10.1.19　山墙应沿屋面设置钢筋混凝土卧梁，并应与屋盖构件锚拉；山墙应设置钢筋混凝土柱或组合柱，其截面和配筋分别不宜小于排架柱或纵墙组合柱，并应通到山墙的顶端与卧梁连接。

10.1.20　舞台后墙，大厅与前厅交接处的高大山墙，应利用工作平台或楼层作为水平支撑。

10.2　大跨屋盖建筑

（Ⅰ）一 般 规 定

10.2.1　本节适用于采用拱、平面桁架、立体桁架、网架、网壳、张弦梁、弦支穹顶等基本形式及其组合而成的大跨度钢屋盖建筑。

采用非常用形式以及跨度大于120m、结构单元长度大于300m或悬挑长度大于40m的大跨钢屋盖建筑的抗震设计，应进行专门研究和论证，采取有效的加强措施。

10.2.2　屋盖及其支承结构的选型和布置，应符合下列各项要求：

1 应能将屋盖的地震作用有效地传递到下部支承结构。

2 应具有合理的刚度和承载力分布，屋盖及其支承的布置宜均匀对称。

3 宜优先采用两个水平方向刚度均衡的空间传力体系。

4 结构布置宜避免因局部削弱或突变形成薄弱部位，产生过大的内力、变形集中。对于可能出现的薄弱部位，应采取措施提高其抗震能力。

5 宜采用轻型屋面系统。

6 下部支承结构应合理布置，避免使屋盖产生过大的地震扭转效应。

10.2.3 屋盖体系的结构布置，尚应分别符合下列要求：

1 单向传力体系的结构布置，应符合下列规定：

1）主结构（桁架、拱、张弦梁）间应设置可靠的支撑，保证垂直于主结构方向的水平地震作用的有效传递；

2）当桁架支座采用下弦节点支承时，应在支座间设置纵向桁架或采取其他可靠措施，防止桁架在支座处发生平面外扭转。

2 空间传力体系的结构布置，应符合下列规定：

1）平面形状为矩形且三边支承一边开口的结构，其开口边应加强，保证足够的刚度；

2）两向正交正放网架、双向张弦梁，应沿周边支座设置封闭的水平支撑；

3）单层网壳应采用刚接节点。

注：单向传力体系指平面拱、单向平面桁架、单向立体桁架、单向张弦梁等结构形式；空间传力体系指网架、网壳、双向立体桁架、双向张弦梁和弦支穹顶等结构形式。

10.2.4 当屋盖分区域采用不同的结构形式时，交界区域的杆件和节点应加强；也可设置防震缝，缝宽不宜小于150mm。

10.2.5 屋面围护系统、吊顶及悬吊物等非结构构件应与结构可靠连接，其抗震措施应符合本规范第13章的有关规定。

（Ⅱ）计 算 要 点

10.2.6 下列屋盖结构可不进行地震作用计算，但应符合本节有关的抗震措施要求：

1 7度时，矢跨比小于1/5的单向平面桁架和单向立体桁架结构可不进行沿桁架的水平向以及竖向地震作用计算。

2 7度时，网架结构可不进行地震作用计算。

10.2.7 屋盖结构抗震分析的计算模型，应符合下列要求：

1 应合理确定计算模型，屋盖与主要支承部位的连接假定应与构造相符。

2 计算模型应计入屋盖结构与下部结构的协同作用。

3 单向传力体系支撑构件的地震作用，宜按屋盖结构整体模型计算。

4 张弦梁和弦支穹顶的地震作用计算模型，宜计入几何刚度的影响。

10.2.8 屋盖钢结构和下部支承结构协同分析时，阻尼比应符合下列规定：

1 当下部支承结构为钢结构或屋盖直接支承在地面时，阻尼比可取0.02。

2 当下部支承结构为混凝土结构时，阻尼比可取0.025～0.035。

10.2.9 屋盖结构的水平地震作用计算，应符合下列要求：

1 对于单向传力体系，可取主结构方向和垂直主结构方向分别计算水平地震作用。

2 对于空间传力体系，应至少取两个主轴方向同时计算水平地震作用；对于有两个以上主轴或质量、刚度明显不对称的屋盖结构，应增加水平地震作用的计算方向。

10.2.10 一般情况，屋盖结构的多遇地震作用计算可采用振型分解反应谱法；体型复杂或跨度较大的结构，也可采用多向地震反应谱法或时程分析法进行补充计算。对于周边支承或周边支承和多点支承相结合、且规则的网架、平面桁架和立体桁架结构，其竖向地震作用可按本规范第5.3.2条规定进行简化计算。

10.2.11 屋盖结构构件的地震作用效应的组合应符合下列要求：

1 单向传力体系，主结构构件的验算可取主结构方向的水平地震效应和竖向地震效应的组合、主结构间支撑构件的验算可仅计入垂直于主结构方向的水平地震效应。

2 一般结构，应进行三向地震作用效应的组合。

10.2.12 大跨屋盖结构在重力荷载代表值和多遇竖向地震作用标准值下的组合挠度值不宜超过表10.2.12的限值。

表10.2.12 大跨屋盖结构的挠度限值

结构体系	屋盖结构（短向跨度 l_1）	悬挑结构（悬挑跨度 l_2）
平面桁架、立体桁架、网架、张弦梁	$l_1/250$	$l_2/125$
拱、单层网壳	$l_1/400$	—
双层网壳、弦支穹顶	$l_1/300$	$l_2/150$

10.2.13 屋盖构件截面抗震验算除应符合本规范第5.4节的有关规定外，尚应符合下列要求：

1 关键杆件的地震组合内力设计值应乘以增大系数；其取值，7、8、9度宜分别按1.1、1.15、1.2采用。

2 关键节点的地震作用效应组合设计值应乘以增大系数；其取值，7、8、9度宜分别按1.15、1.2、1.25采用。

3 预张拉结构中的拉索，在多遇地震作用下应不出现松弛。

注：对于空间传力体系，关键杆件指临支座杆件，即：临支座2个区（网）格内的弦、腹杆；临支座1/10跨度范围内的弦、腹杆，两者取较小的范围。对于单向传力体系，关键杆件指与支座直接相临节间的弦杆和腹杆。关键节点为与关键杆件连接的节点。

（Ⅲ）抗震构造措施

10.2.14 屋盖钢杆件的长细比，宜符合表10.2.14的规定：

表10.2.14 钢杆件的长细比限值

杆件类型	受 拉	受 压	压 弯	拉 弯
一般杆件	250	180	150	250
关键杆件	200	150(120)	150(120)	200

注：1 括号内数值用于8、9度；
2 表列数据不适用于拉索等柔性构件。

10.2.15 屋盖构件节点的抗震构造，应符合下列要求：

1 采用节点板连接各杆件时，节点板的厚度不宜小于连接杆件最大壁厚的1.2倍。

2 采用相贯节点时，应将内力较大方向的杆件直通。直通杆件的壁厚不应小于焊于其上各杆件的壁厚。

3 采用焊接球节点时，球体的壁厚不应小于相连杆件最大壁厚的1.3倍。

4 杆件宜相交于节点中心。

10.2.16 支座的抗震构造应符合下列要求：

1 应具有足够的强度和刚度，在荷载作用下不应先于杆件和其他节点破坏，也不得产生不可忽略的变形。支座节点构造形式应传力可靠、连接简单，并符合计算假定。

2 对于水平可滑动的支座，应保证屋盖在罕遇地震下的滑移不超出支承面，并应采取限位措施。

3 8、9度时，多遇地震下只承受竖向压力的支座，宜采用拉压型构造。

10.2.17 屋盖结构采用隔震及减震支座时，其性能参数、耐久性及相关构造应符合本规范第12章的有关规定。

11 土、木、石结构房屋

11.1 一 般 规 定

11.1.1 土、木、石结构房屋的建筑、结构布置应符合下列要求：

1 房屋的平面布置应避免拐角或突出。

2 纵横向承重墙的布置宜均匀对称，在平面内宜对齐，沿竖向应上下连续；在同一轴线上，窗间墙的宽度宜均匀。

3 多层房屋的楼层不应错层，不应采用板式单边悬挑楼梯。

4 不应在同一高度内采用不同材料的承重构件。

5 屋檐外挑梁上不得砌筑砌体。

11.1.2 木楼、屋盖房屋应在下列部位采取拉结措施：

1 两端开间屋架和中间隔开间屋架应设置竖向剪刀撑；

2 在屋檐高度处应设置纵向通长水平系杆，系杆应采用墙揽与各道横墙连接或与木梁、屋架下弦连接牢固；纵向水平系杆端部宜采用木夹板对接，墙揽可采用方木、角铁等材料；

3 山墙、山尖墙应采用墙揽与木屋架、木构架或檩条拉结；

4 内隔墙墙顶应与梁或屋架下弦拉结。

11.1.3 木楼、屋盖构件的支承长度应不小于表11.1.3的规定：

表11.1.3 木楼、屋盖构件的最小支承长度（mm）

构件名称	木屋架、木梁	对接木龙骨、木檩条		搭接木龙骨、木檩条
位置	墙上	屋架上	墙上	屋架上、墙上
支承长度与连接方式	240（木垫板）	60（木夹板与螺栓）	120（木夹板与螺栓）	满搭

11.1.4 门窗洞口过梁的支承长度，6～8度时不应小于240mm，9度时不应小于360mm。

11.1.5 当采用冷摊瓦屋面时，底瓦的弧边两角宜设置钉孔，可采用铁钉与椽条钉牢；盖瓦与底瓦宜采用石灰或水泥砂浆压垄等做法与底瓦粘结牢固。

11.1.6 土木石房屋突出屋面的烟囱、女儿墙等易倒塌构件的出屋面高度，6、7度时不应大于600mm；8度（0.20g）时不应大于500mm；8度（0.30g）和9度时不应大于400mm。并应采取拉结措施。

注：坡屋面上的烟囱高度由烟囱的根部上沿算起。

11.1.7 土木石房屋的结构材料应符合下列要求：

1 木构件应选用干燥、纹理直、节疤少、无腐朽的木材。

2 生土墙体土料应选用杂质少的黏性土。

3 石材应质地坚实，无风化、剥落和裂纹。

11.1.8 土木石房屋的施工应符合下列要求：

1 HPB300 钢筋端头应设置 180°弯钩。

2 外露铁件应做防锈处理。

11.2 生 土 房 屋

11.2.1 本节适用于 6 度、7 度（0.10g）未经焙烧的土坯、灰土和夯土承重墙体的房屋及土窑洞、土拱房。

注：1 灰土墙指掺石灰（或其他粘结材料）的土筑墙和掺石灰土坯墙；

2 土窑洞指未经扰动的原土中开挖而成的崖窑。

11.2.2 生土房屋的高度和承重横墙墙间距应符合下列要求：

1 生土房屋宜建单层，灰土墙房屋可建二层，但总高度不应超过 6m。

2 单层生土房屋的檐口高度不宜大于 2.5m。

3 单层生土房屋的承重横墙间距不宜大于 3.2m。

4 窑洞净跨不宜大于 2.5m。

11.2.3 生土房屋的屋盖应符合下列要求：

1 应采用轻屋面材料。

2 硬山搁檩房屋宜采用双坡屋面或弧形屋面，檩条支承处应设垫木；端檩应出檐，内墙上檩条应满搭或采用夹板对接和燕尾榫加扒钉连接。

3 木屋盖各构件应采用圆钉、扒钉、钢丝等相互连接。

4 木屋架、木梁在外墙上宜满搭，支承处应设置木圈梁或木垫板；木垫板的长度、宽度和厚度分别不宜小于 500mm、370mm 和 60mm；木垫板下应铺设砂浆垫层或黏土石灰浆垫层。

11.2.4 生土房屋的承重墙体应符合下列要求：

1 承重墙体门窗洞口的宽度，6、7 度时不应大于 1.5m。

2 门窗洞口宜采用木过梁；当过梁由多根木杆组成时，宜采用木板、扒钉、铅丝等将各根木杆连接成整体。

3 内外墙体应同时分层交错夯筑或咬砌。外墙四角和内外墙交接处，应沿墙高每隔 500mm 左右放置一层竹筋、木条、荆条等编织的拉结网片，每边伸入墙体应不小于 1000mm 或至门窗洞边，拉结网片在相交处应绑扎；或采取其他加强整体性的措施。

11.2.5 各类生土房屋的地基应夯实，应采用毛石、片石、凿开的卵石或普通砖基础，基础墙应采用混合砂浆或水泥砂浆砌筑。外墙宜做墙裙防潮处理（墙脚宜设防潮层）。

11.2.6 土坯宜采用黏性土湿法成型并宜掺入草苇等拉结材料；土坯应卧砌并宜采用黏土浆或黏土石灰浆砌筑。

11.2.7 灰土墙房屋应每层设置圈梁，并在横墙上拉通；内纵墙顶面宜在山尖墙两侧增砌踏步式墙垛。

11.2.8 土拱房应多跨连接布置，各拱脚均应支承在稳固的崖体上或支承在人工土墙上；拱圈厚度宜为 300mm～400mm，应支模砌筑，不应后倾贴砌；外侧支承墙和拱圈上不应布置门窗。

11.2.9 土窑洞应避开易产生滑坡、山崩的地段；开挖窑洞的崖体应土质密实、土体稳定、坡度较平缓、无明显的竖向节理；崖窑前不宜接砌土坯或其他材料的前脸；不宜开挖层窑，否则应保持足够的间距，且上、下不宜对齐。

11.3 木结构房屋

11.3.1 本节适用于 6～9 度的穿斗木构架、木柱木屋架和木柱木梁等房屋。

11.3.2 木结构房屋不应采用木柱与砖柱或砖墙等混合承重；山墙应设置端屋架（木梁），不得采用硬山搁檩。

11.3.3 木结构房屋的高度应符合下列要求：

1 木柱木屋架和穿斗木构架房屋，6～8 度时不宜超过二层，总高度不宜超过 6m；9 度时宜建单层，高度不应超过 3.3m。

2 木柱木梁房屋宜建单层，高度不宜超过 3m。

11.3.4 礼堂、剧院、粮仓等较大跨度的空旷房屋，宜采用四柱落地的三跨木排架。

11.3.5 木屋架屋盖的支撑布置，应符合本规范第 9.3 节有关规定的要求，但房屋两端的屋架支撑，应设置在端开间。

11.3.6 木柱木屋架和木柱木梁房屋应在木柱与屋架（或梁）间设置斜撑；横隔墙较多的居住房屋应在非抗震隔墙内设斜撑；斜撑宜采用木夹板，并应通到屋架的上弦。

11.3.7 穿斗木构架房屋的横向和纵向均应在木柱的上、下柱端和楼层下部设置穿枋，并应在每一纵向柱列间设置 1～2 道剪刀撑或斜撑。

11.3.8 木结构房屋的构件连接，应符合下列要求：

1 柱顶应有暗榫插入屋架下弦，并用 U 形铁件连接；8、9 度时，柱脚应采用铁件或其他措施与基础锚固。柱础埋入地面以下的深度不应小于 200mm。

2 斜撑和屋盖支撑结构，均应采用螺栓与主体构件相连接；除穿斗木构件外，其他木构件宜采用螺栓连接。

3 椽与檩的搭接处应满钉，以增强屋盖的整体性。木构架中，宜在柱檐口以上沿房屋纵向设置竖向剪刀撑等措施，以增强纵向稳定性。

11.3.9 木构件应符合下列要求：

1 木柱的梢径不宜小于 150mm；应避免在柱的

同一高度处纵横向同时开槽，且在柱的同一截面开槽面积不应超过截面总面积的1/2。

2 柱子不能有接头。

3 穿枋应贯通木构架各柱。

11.3.10 围护墙应符合下列要求：

1 围护墙与木柱的拉结应符合下列要求：

1）沿墙高每隔500mm左右，应采用8号钢丝将墙体内的水平拉结筋或拉结网片与木柱拉结；

2）配筋砖圈梁、配筋砂浆带与木柱应采用$\phi6$钢筋或8号钢丝拉结。

2 土坯砌筑的围护墙，洞口宽度应符合本规范第11.2节的要求。砖等砌筑的围护墙，横墙和内纵墙上的洞口宽度不宜大于1.5m，外纵墙上的洞口宽度不宜大于1.8m或开间尺寸的一半。

3 土坯、砖等砌筑的围护墙不应将木柱完全包裹，应贴砌在木柱外侧。

11.4 石结构房屋

11.4.1 本节适用于6～8度，砂浆砌筑的料石砌体（包括有垫片或无垫片）承重的房屋。

11.4.2 多层石砌体房屋的总高度和层数不应超过表11.4.2的规定。

表11.4.2 多层石砌体房屋总高度（m）和层数限值

墙体类别	烈度					
	6		7		8	
	高度	层数	高度	层数	高度	层数
细、半细料石砌体（无垫片）	16	五	13	四	10	三
粗料石及毛料石砌体（有垫片）	13	四	10	三	7	二

注：1 房屋总高度的计算同本规范表7.1.2注。

2 横墙较少的房屋，总高度应降低3m，层数相应减少一层。

11.4.3 多层石砌体房屋的层高不宜超过3m。

11.4.4 多层石砌体房屋的抗震横墙间距，不应超过表11.4.4的规定。

表11.4.4 多层石砌体房屋的抗震横墙间距（m）

楼、屋盖类型	烈度		
	6	7	8
现浇及装配整体式钢筋混凝土	10	10	7
装配式钢筋混凝土	7	7	4

11.4.5 多层石砌体房屋，宜采用现浇或装配整体式钢筋混凝土楼、屋盖。

11.4.6 石墙的截面抗震验算，可参照本规范第7.2节；其抗剪强度应根据试验数据确定。

11.4.7 多层石砌体房屋应在外墙四角、楼梯间四角和每开间的内外墙交接处设置钢筋混凝土构造柱。

11.4.8 抗震横墙洞口的水平截面面积，不应大于全截面面积的1/3。

11.4.9 每层的纵横墙均应设置圈梁，其截面高度不应小于120mm，宽度宜与墙厚相同，纵向钢筋不应小于$4\phi10$，箍筋间距不宜大于200mm。

11.4.10 无构造柱的纵横墙交接处，应采用条石无垫片砌筑，且应沿墙高每隔500mm设置拉结钢筋网片，每边每侧伸入墙内不宜小于1m。

11.4.11 不应采用石板作为承重构件。

11.4.12 其他有关抗震构造措施要求，参照本规范第7章的相关规定。

12 隔震和消能减震设计

12.1 一般规定

12.1.1 本章适用于设置隔震层以隔离水平地震动的房屋隔震设计，以及设置消能部件吸收与消耗地震能量的房屋消能减震设计。

采用隔震和消能减震设计的建筑结构，应符合本规范第3.8.1条的规定，其抗震设防目标应符合本规范第3.8.2条的规定。

注：1 本章隔震设计指在房屋基础、底部或下部结构与上部结构之间设置由橡胶隔震支座和阻尼装置等部件组成具有整体复位功能的隔震层，以延长整个结构体系的自振周期，减少输入上部结构的水平地震作用，达到预期防震要求。

2 消能减震设计指在房屋结构中设置消能器，通过消能器的相对变形和相对速度提供附加阻尼，以消耗输入结构的地震能量，达到预期防震减震要求。

12.1.2 建筑结构隔震设计和消能减震设计确定设计方案时，除应符合本规范第3.5.1条的规定外，尚应与采用抗震设计的方案进行对比分析。

12.1.3 建筑结构采用隔震设计时应符合下列各项要求：

1 结构高宽比宜小于4，且不应大于相关规范规程对非隔震结构的具体规定，其变形特征接近剪切变形，最大高度应满足本规范非隔震结构的要求；高宽比大于4或非隔震结构相关规定的结构采用隔震设计时，应进行专门研究。

2 建筑场地宜为Ⅰ、Ⅱ、Ⅲ类，并应选用稳定性较好的基础类型。

3 风荷载和其他非地震作用的水平荷载标准值产生的总水平力不宜超过结构总重力的10%。

4 隔震层应提供必要的竖向承载力、侧向刚度和阻尼；穿过隔震层的设备配管、配线，应采用柔性连接或其他有效措施以适应隔震层的罕遇地震水平位移。

12.1.4 消能减震设计可用于钢、钢筋混凝土、钢-混凝土混合等结构类型的房屋。

消能部件应对结构提供足够的附加阻尼，尚应根据其结构类型分别符合本规范相应章节的设计要求。

12.1.5 隔震和消能减震设计时，隔震装置和消能部件应符合下列要求：

1 隔震装置和消能部件的性能参数应经试验确定。

2 隔震装置和消能部件的设置部位，应采取便于检查和替换的措施。

3 设计文件上应注明对隔震装置和消能部件的性能要求，安装前应按规定进行检测，确保性能符合要求。

12.1.6 建筑结构的隔震设计和消能减震设计，尚应符合相关专门标准的规定；也可按抗震性能目标的要求进行性能化设计。

12.2 房屋隔震设计要点

12.2.1 隔震设计应根据预期的竖向承载力、水平向减震系数和位移控制要求，选择适当的隔震装置及抗风装置组成结构的隔震层。

隔震支座应进行竖向承载力的验算和罕遇地震下水平位移的验算。

隔震层以上结构的水平地震作用应根据水平向减震系数确定；其竖向地震作用标准值，8度(0.20g)、8度(0.30g)和9度时分别不应小于隔震层以上结构总重力荷载代表值的20%、30%和40%。

12.2.2 建筑结构隔震设计的计算分析，应符合下列规定：

1 隔震体系的计算简图，应增加由隔震支座及其顶部梁板组成的质点；对变形特征为剪切型的结构可采用剪切模型（图12.2.2）；当隔震层以上结构的质心与隔震层刚度中心不重合时，应计入扭转效应的影响。隔震层顶部的梁板结构，应作为其上部结构的一部分进行计算和设计。

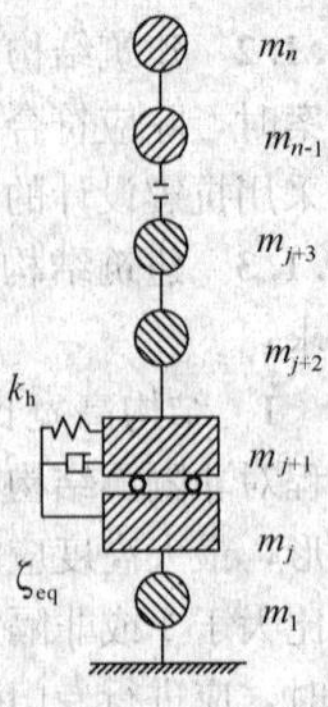

图12.2.2 隔震结构计算简图

2 一般情况下，宜采用时程分析法进行计算；输入地震波的反应谱特性和数量，应符合本规范第5.1.2条的规定，计算结果宜取其包络值；当处于发震断层10km以内时，输入地震波应考虑近场影响系数，5km以内宜取1.5，5km以外可取不小于1.25。

3 砌体结构及基本周期与其相当的结构可按本规范附录L简化计算。

12.2.3 隔震层的橡胶隔震支座应符合下列要求：

1 隔震支座在表12.2.3所列的压应力下的极限水平变位，应大于其有效直径的0.55倍和支座内部橡胶总厚度3倍二者的较大值。

2 在经历相应设计基准期的耐久试验后，隔震支座刚度、阻尼特性变化不超过初期值的±20%；徐变量不超过支座内部橡胶总厚度的5%。

3 橡胶隔震支座在重力荷载代表值的竖向压应力不应超过表12.2.3的规定。

表12.2.3 橡胶隔震支座压应力限值

建筑类别	甲类建筑	乙类建筑	丙类建筑
压应力限值（MPa）	10	12	15

注：1 压应力设计值应按永久荷载和可变荷载的组合计算；其中，楼面活荷载应按现行国家标准《建筑结构荷载规范》GB 50009的规定乘以折减系数；
2 结构倾覆验算时应包括水平地震作用效应组合；对需进行竖向地震作用计算的结构，尚应包括竖向地震作用效应组合；
3 当橡胶支座的第二形状系数（有效直径与橡胶层总厚度之比）小于5.0时应降低压应力限值：小于5不小于4时降低20%，小于4不小于3时降低40%；
4 外径小于300mm的橡胶支座，丙类建筑的压应力限值为10MPa。

12.2.4 隔震层的布置、竖向承载力、侧向刚度和阻尼应符合下列规定：

1 隔震层宜设置在结构的底部或下部，其橡胶隔震支座应设置在受力较大的位置，间距不宜过大，其规格、数量和分布应根据竖向承载力、侧向刚度和阻尼的要求通过计算确定。隔震层在罕遇地震下应保持稳定，不宜出现不可恢复的变形；其橡胶支座在罕遇地震的水平和竖向地震同时作用下，拉应力不应大于1MPa。

2 隔震层的水平等效刚度和等效黏滞阻尼比可按下列公式计算：

$$K_h = \sum K_j \quad (12.2.4\text{-}1)$$

$$\zeta_{eq} = \sum K_j \zeta_j / K_h \quad (12.2.4\text{-}2)$$

式中：ζ_{eq}——隔震层等效黏滞阻尼比；

K_h——隔震层水平等效刚度；

ζ_j——j隔震支座由试验确定的等效黏滞阻尼比，设置阻尼装置时，应包相应阻尼比；

K_j——j隔震支座（含消能器）由试验确定的水平等效刚度。

3 隔震支座由试验确定设计参数时，竖向荷载应保持本规范表12.2.3的压应力限值；对水平向减震系数计算，应取剪切变形100%的等效刚度和等效黏滞阻尼比；对罕遇地震验算，宜采用剪切变形 250%时的等效刚度和等效黏滞阻尼比，当隔震支座直径较大时可采用剪切变形 100%时的等效刚度和等效黏滞阻尼比。当采用时程分析时，应以试验所得滞回曲线作为计算依据。

12.2.5 隔震层以上结构的地震作用计算，应符合下列规定：

1 对多层结构，水平地震作用沿高度可按重力荷载代表值分布。

2 隔震后水平地震作用计算的水平地震影响系数可按本规范第 5.1.4、第 5.1.5 条确定。其中，水平地震影响系数最大值可按下式计算：

$$\alpha_{\max 1} = \beta\alpha_{\max}/\psi \quad (12.2.5)$$

式中：$\alpha_{\max 1}$——隔震后的水平地震影响系数最大值；

$\alpha_{\max}$——非隔震的水平地震影响系数最大值，按本规范第 5.1.4 条采用；

β——水平向减震系数；对于多层建筑，为按弹性计算所得的隔震与非隔震各层层间剪力的最大比值。对高层建筑结构，尚应计算隔震与非隔震各层倾覆力矩的最大比值，并与层间剪力的最大比值相比较，取二者的较大值；

ψ——调整系数；一般橡胶支座，取 0.80；支座剪切性能偏差为 S-A 类，取 0.85；隔震装置带有阻尼器时，相应减少 0.05。

注：1 弹性计算时，简化计算和反应谱分析时宜按隔震支座水平剪切应变为 100%时的性能参数进行计算；当采用时程分析法时按设计基本地震加速度输入进行计算；

2 支座剪切性能偏差按现行国家产品标准《橡胶支座 第 3 部分：建筑隔震橡胶支座》GB 20688.3 确定。

3 隔震层以上结构的总水平地震作用不得低于非隔震结构在 6 度设防时的总水平地震作用，并应进行抗震验算；各楼层的水平地震剪力尚应符合本规范第 5.2.5 条对本地区设防烈度的最小地震剪力系数的规定。

4 9 度时和 8 度且水平向减震系数不大于 0.3 时，隔震层以上的结构应进行竖向地震作用的计算。隔震层以上结构竖向地震作用标准值计算时，各楼层可视为质点，并按本规范式（5.3.1-2）计算竖向地震作用标准值沿高度的分布。

12.2.6 隔震支座的水平剪力应根据隔震层在罕遇地震下的水平剪力按各隔震支座的水平等效刚度分配；当按扭转耦联计算时，尚应计及隔震层的扭转刚度。

隔震支座对应于罕遇地震水平剪力的水平位移，应符合下列要求：

$$u_i \leqslant [u_i] \quad (12.2.6\text{-}1)$$

$$u_i = \eta_i u_c \quad (12.2.6\text{-}2)$$

式中：u_i——罕遇地震作用下，第 i 个隔震支座考虑扭转的水平位移；

$[u_i]$——第 i 个隔震支座的水平位移限值；对橡胶隔震支座，不应超过该支座有效直径的 0.55 倍和支座内部橡胶总厚度 3.0 倍二者的较小值；

u_c——罕遇地震下隔震层质心处或不考虑扭转的水平位移；

η_i——第 i 个隔震支座的扭转影响系数，应取考虑扭转和不考虑扭转时 i 支座计算位移的比值；当隔震层以上结构的质心与隔震层刚度中心在两个主轴方向均无偏心时，边支座的扭转影响系数不应小于 1.15。

12.2.7 隔震结构的隔震措施，应符合下列规定：

1 隔震结构应采取不阻碍隔震层在罕遇地震下发生大变形的下列措施：

1） 上部结构的周边应设置竖向隔离缝，缝宽不宜小于各隔震支座在罕遇地震下的最大水平位移值的 1.2 倍且不小于 200mm。对两相邻隔震结构，其缝宽取最大水平位移值之和，且不小于 400mm。

2） 上部结构与下部结构之间，应设置完全贯通的水平隔离缝，缝高可取 20mm，并用柔性材料填充；当设置水平隔离缝确有困难时，应设置可靠的水平滑移垫层。

3） 穿越隔震层的门廊、楼梯、电梯、车道等部位，应防止可能的碰撞。

2 隔震层以上结构的抗震措施，当水平向减震系数大于 0.40 时（设置阻尼器时为 0.38）不应降低非隔震时的有关要求；水平向减震系数不大于 0.40 时（设置阻尼器时为 0.38），可适当降低本规范有关章节对非隔震建筑的要求，但烈度降低不得超过 1 度，与抵抗竖向地震作用有关的抗震构造措施不应降低。此时，对砌体结构，可按本规范附录 L 采取抗震构造措施。

注：与抵抗竖向地震作用有关的抗震措施，对钢筋混凝土结构，指墙、柱的轴压比规定；对砌体结构，指外墙尽端墙体的最小尺寸和圈梁的有关规定。

12.2.8 隔震层与上部结构的连接，应符合下列规定：

1 隔震层顶部应设置梁板式楼盖，且应符合下列要求：

1） 隔震支座的相关部位应采用现浇混凝土梁板结构，现浇板厚度不应小于 160mm；

2） 隔震层顶部梁、板的刚度和承载力，宜大于一般楼盖梁板的刚度和承载力；

3） 隔震支座附近的梁、柱应计算冲切和局部承压，加密箍筋并根据需要配置网状钢筋。

2 隔震支座和阻尼装置的连接构造，应符合下列要求：

1）隔震支座和阻尼装置应安装在便于维护人员接近的部位；

2）隔震支座与上部结构、下部结构之间的连接件，应能传递罕遇地震下支座的最大水平剪力和弯矩；

3）外露的预埋件应有可靠的防锈措施。预埋件的锚固钢筋应与钢板牢固连接，锚固钢筋的锚固长度宜大于 20 倍锚固钢筋直径，且不应小于 250mm。

12.2.9 隔震层以下的结构和基础应符合下列要求：

1 隔震层支墩、支柱及相连构件，应采用隔震结构罕遇地震下隔震支座底部的竖向力、水平力和力矩进行承载力验算。

2 隔震层以下的结构（包括地下室和隔震塔楼下的底盘）中直接支承隔震层以上结构的相关构件，应满足嵌固的刚度比和隔震后设防地震的抗震承载力要求，并按罕遇地震进行抗剪承载力验算。隔震层以下地面以上的结构在罕遇地震下的层间位移角限值应满足表 12.2.9 要求。

3 隔震建筑地基基础的抗震验算和地基处理仍应按本地区抗震设防烈度进行，甲、乙类建筑的抗液化措施应按提高一个液化等级确定，直至全部消除液化沉陷。

表 12.2.9 隔震层以下地面以上结构罕遇地震作用下层间弹塑性位移角限值

下部结构类型	$[\theta_p]$
钢筋混凝土框架结构和钢结构	1/100
钢筋混凝土框架-抗震墙	1/200
钢筋混凝土抗震墙	1/250

12.3 房屋消能减震设计要点

12.3.1 消能减震设计时，应根据多遇地震下的预期减震要求及罕遇地震下的预期结构位移控制要求，设置适当的消能部件。消能部件可由消能器及斜撑、墙体、梁等支承构件组成。消能器可采用速度相关型、位移相关型或其他类型。

注：1 速度相关型消能器指黏滞消能器和黏弹性消能器等；

2 位移相关型消能器指金属屈服消能器和摩擦消能器等。

12.3.2 消能部件可根据需要沿结构的两个主轴方向分别设置。消能部件宜设置在变形较大的位置，其数量和分布应通过综合分析合理确定，并有利于提高整个结构的消能减震能力，形成均匀合理的受力体系。

12.3.3 消能减震设计的计算分析，应符合下列规定：

1 当主体结构基本处于弹性工作阶段时，可采用线性分析方法作简化估算，并根据结构的变形特征和高度等，按本规范第 5.1 节的规定分别采用底部剪力法、振型分解反应谱法和时程分析法。消能减震结构的地震影响系数可根据消能减震结构的总阻尼比按本规范第 5.1.5 条的规定采用。

消能减震结构的自振周期应根据消能减震结构的总刚度确定，总刚度应为结构刚度和消能部件有效刚度的总和。

消能减震结构的总阻尼比应为结构阻尼比和消能部件附加给结构的有效阻尼比的总和；多遇地震和罕遇地震下的总阻尼比应分别计算。

2 对主体结构进入弹塑性阶段的情况，应根据主体结构体系特征，采用静力非线性分析方法或非线性时程分析方法。

在非线性分析中，消能减震结构的恢复力模型应包括结构恢复力模型和消能部件的恢复力模型。

3 消能减震结构的层间弹塑性位移角限值，应符合预期的变形控制要求，宜比非消能减震结构适当减小。

12.3.4 消能部件附加给结构的有效阻尼比和有效刚度，可按下列方法确定：

1 位移相关型消能部件和非线性速度相关型消能部件附加给结构的有效刚度应采用等效线性化方法确定。

2 消能部件附加给结构的有效阻尼比可按下式估算：

$$\xi_a = \sum_j W_{cj} / (4\pi W_s) \quad (12.3.4\text{-}1)$$

式中：ξ_a——消能减震结构的附加有效阻尼比；

W_{cj}——第 j 个消能部件在结构预期层间位移 Δu_j 下往复循环一周所消耗的能量；

W_s——设置消能部件的结构在预期位移下的总应变能。

注：当消能部件在结构上分布较均匀，且附加给结构的有效阻尼比小于 20%时，消能部件附加给结构的有效阻尼比也可采用强行解耦方法确定。

3 不计及扭转影响时，消能减震结构在水平地震作用下的总应变能，可按下式估算：

$$W_s = (1/2) \sum F_i u_i \quad (12.3.4\text{-}2)$$

式中：F_i——质点 i 的水平地震作用标准值；

u_i——质点 i 对应于水平地震作用标准值的位移。

4 速度线性相关型消能器在水平地震作用下往复循环一周所消耗的能量，可按下式估算：

$$W_{cj} = (2\pi^2 / T_1) C_j \cos^2\theta_j \Delta u_j^2 \quad (12.3.4\text{-}3)$$

式中：T_1——消能减震结构的基本自振周期；

C_j——第 j 个消能器的线性阻尼系数；

θ_j——第 j 个消能器的消能方向与水平面的夹角；

Δu_j ——第 j 个消能器两端的相对水平位移。

当消能器的阻尼系数和有效刚度与结构振动周期有关时，可取相应于消能减震结构基本自振周期的值。

5 位移相关型和速度非线性相关型消能器在水平地震作用下往复循环一周所消耗的能量，可按下式估算：

$$W_{cj} = A_j \tag{12.3.4-4}$$

式中：A_j ——第 j 个消能器的恢复力滞回环在相对水平位移 Δu_j 时的面积。

消能器的有效刚度可取消能器的恢复力滞回环在相对水平位移 Δu_j 时的割线刚度。

6 消能部件附加给结构的有效阻尼比超过 25% 时，宜按 25%计算。

12.3.5 消能部件的设计参数，应符合下列规定：

1 速度线性相关型消能器与斜撑、墙体或梁等支承构件组成消能部件时，支承构件沿消能器消能方向的刚度应满足下式：

$$K_b \geqslant (6\pi/T_1)C_D \tag{12.3.5-1}$$

式中：K_b ——支承构件沿消能器方向的刚度；

C_D ——消能器的线性阻尼系数；

T_1 ——消能减震结构的基本自振周期。

2 黏弹性消能器的黏弹性材料总厚度应满足下式：

$$t \geqslant \Delta u/[\gamma] \tag{12.3.5-2}$$

式中：t——黏弹性消能器的黏弹性材料的总厚度；

Δu——沿消能器方向的最大可能的位移；

$[\gamma]$——黏弹性材料允许的最大剪切应变。

3 位移相关型消能器与斜撑、墙体或梁等支承构件组成消能部件时，消能部件的恢复力模型参数宜符合下列要求：

$$\Delta u_{py}/\Delta u_{sy} \leqslant 2/3 \tag{12.3.5-3}$$

式中：Δu_{py} ——消能部件在水平方向的屈服位移或起滑位移；

Δu_{sy} ——设置消能部件的结构层间屈服位移。

4 消能器的极限位移应不小于罕遇地震下消能器最大位移的 1.2 倍；对速度相关型消能器，消能器的极限速度应不小于地震作用下消能器最大速度的 1.2 倍，且消能器应满足在此极限速度下的承载力要求。

12.3.6 消能器的性能检验，应符合下列规定：

1 对黏滞流体消能器，由第三方进行抽样检验，其数量为同一工程同一类型同一规格数量的 20%，但不少于 2 个，检测合格率为 100%，检测后的消能器可用于主体结构；对其他类型消能器，抽检数量为同一类型同一规格数量的 3%，当同一类型同一规格的消能器数量较少时，可以在同一类型消能器中抽检总数量的 3%，但不应少于 2 个，检测合格率为 100%，检测后的消能器不能用于主体结构。

2 对速度相关型消能器，在消能器设计位移和设计速度幅值下，以结构基本频率往复循环 30 圈后，消能器的主要设计指标误差和衰减量不应超过 15%；对位移相关型消能器，在消能器设计位移幅值下往复循环 30 圈后，消能器的主要设计指标误差和衰减量不应超过 15%，且不应有明显的低周疲劳现象。

12.3.7 结构采用消能减震设计时，消能部件的相关部位应符合下列要求：

1 消能器与支承构件的连接，应符合本规范和有关规程对相关构件连接的构造要求。

2 在消能器施加给主结构最大阻尼力作用下，消能器与主结构之间的连接部件应在弹性范围内工作。

3 与消能部件相连的结构构件设计时，应计入消能部件传递的附加内力。

12.3.8 当消能减震结构的抗震性能明显提高时，主体结构的抗震构造要求可适当降低。降低程度可根据消能减震结构地震影响系数与不设置消能减震装置结构的地震影响系数之比确定，最大降低程度应控制在 1 度以内。

13 非结构构件

13.1 一 般 规 定

13.1.1 本章主要适用于非结构构件与建筑结构的连接。非结构构件包括持久性的建筑非结构构件和支承于建筑结构的附属机电设备。

注：1 建筑非结构构件指建筑中除承重骨架体系以外的固定构件和部件，主要包括非承重墙体，附着于楼面和屋面结构的构件、装饰构件和部件、固定于楼面的大型储物架等。

2 建筑附属机电设备指为现代建筑使用功能服务的附属机械、电气构件、部件和系统，主要包括电梯、照明和应急电源、通信设备，管道系统，采暖和空气调节系统，烟火监测和消防系统，公用天线等。

13.1.2 非结构构件应根据所属建筑的抗震设防类别和非结构地震破坏的后果及其对整个建筑结构影响的范围，采取不同的抗震措施，达到相应的性能化设计目标。

建筑非结构构件和建筑附属机电设备实现抗震性能化设计目标的某些方法可按本规范附录 M 第 M.2 节执行。

13.1.3 当抗震要求不同的两个非结构构件连接在一起时，应按较高的要求进行抗震设计。其中一个非结构构件连接损坏时，应不致引起与之相连接的有较高要求的非结构构件失效。

13.2 基本计算要求

13.2.1 建筑结构抗震计算时，应按下列规定计入非结构构件的影响：

1 地震作用计算时，应计入支承于结构构件的建筑构件和建筑附属机电设备的重力。

2 对柔性连接的建筑构件，可不计入刚度；对嵌入抗侧力构件平面内的刚性建筑非结构构件，应计入其刚度影响，可采用周期调整等简化方法；一般情况下不应计入其抗震承载力，当有专门的构造措施时，尚可按有关规定计入其抗震承载力。

3 支承非结构构件的结构构件，应将非结构构件地震作用效应作为附加作用对待，并满足连接件的锚固要求。

13.2.2 非结构构件的地震作用计算方法，应符合下列要求：

1 各构件和部件的地震力应施加于其重心，水平地震力应沿任一水平方向。

2 一般情况下，非结构构件自身重力产生的地震作用可采用等效侧力法计算；对支承于不同楼层或防震缝两侧的非结构构件，除自身重力产生的地震作用外，尚应同时计及地震时支承点之间相对位移产生的作用效应。

3 建筑附属设备（含支架）的体系自振周期大于0.1s且其重力超过所在楼层重力的1%，或建筑附属设备的重力超过所在楼层重力的10%时，宜进入整体结构模型的抗震设计，也可采用本规范附录M第M.3节的楼面谱方法计算。其中，与楼盖非弹性连接的设备，可直接将设备与楼盖作为一个质点计入整个结构的分析中得到设备所受的地震作用。

13.2.3 采用等效侧力法时，水平地震作用标准值宜按下列公式计算：

$$F=\gamma\eta\zeta_1\zeta_2\alpha_{\max}G \tag{13.2.3}$$

式中：F——沿最不利方向施加于非结构构件重心处的水平地震作用标准值；

γ——非结构构件功能系数，由相关标准确定或按本规范附录M第M.2节执行；

η——非结构构件类别系数，由相关标准确定或按本规范附录M第M.2节执行；

ζ_1——状态系数；对预制建筑构件、悬臂类构件、支承点低于质心的任何设备和柔性体系宜取2.0，其余情况可取1.0；

ζ_2——位置系数，建筑的顶点宜取2.0，底部宜取1.0，沿高度线性分布；对本规范第5章要求采用时程分析法补充计算的结构，应按其计算结果调整；

$\alpha_{\max}$——地震影响系数最大值；可按本规范第5.1.4条关于多遇地震的规定采用；

G——非结构构件的重力，应包括运行时有关的人员、容器和管道中的介质及储物柜中物品的重力。

13.2.4 非结构构件因支承点相对水平位移产生的内力，可按该构件在位移方向的刚度乘以规定的支承点相对水平位移计算。

非结构构件在位移方向的刚度，应根据其端部的实际连接状态，分别采用刚接、铰接、弹性连接或滑动连接等简化的力学模型。

相邻楼层的相对水平位移，可按本规范规定的限值采用。

13.2.5 非结构构件的地震作用效应（包括自身重力产生的效应和支座相对位移产生的效应）和其他荷载效应的基本组合，按本规范结构构件的有关规定计算；幕墙需计算地震作用效应与风荷载效应的组合；容器类尚应计及设备运转时的温度、工作压力等产生的作用效应。

非结构构件抗震验算时，摩擦力不得作为抵抗地震作用的抗力；承载力抗震调整系数可采用1.0。

13.3 建筑非结构构件的基本抗震措施

13.3.1 建筑结构中，设置连接幕墙、围护墙、隔墙、女儿墙、雨篷、商标、广告牌、顶篷支架、大型储物架等建筑非结构构件的预埋件、锚固件的部位，应采取加强措施，以承受建筑非结构构件传给主体结构的地震作用。

13.3.2 非承重墙体的材料、选型和布置，应根据烈度、房屋高度、建筑体型、结构层间变形、墙体自身抗侧力性能的利用等因素，经综合分析后确定，并应符合下列要求：

1 非承重墙体宜优先采用轻质墙体材料；采用砌体墙时，应采取措施减少对主体结构的不利影响，并应设置拉结筋、水平系梁、圈梁、构造柱等与主体结构可靠拉结。

2 刚性非承重墙体的布置，应避免使结构形成刚度和强度分布上的突变；当围护墙非对称均匀布置时，应考虑质量和刚度的差异对主体结构抗震不利的影响。

3 墙体与主体结构应有可靠的拉结，应能适应主体结构不同方向的层间位移；8、9度时应具有满足层间变位的变形能力，与悬挑构件相连接时，尚应具有满足节点转动引起的竖向变形的能力。

4 外墙板的连接件应具有足够的延性和适当的转动能力，宜满足在设防地震下主体结构层间变形的要求。

5 砌体女儿墙在人流出入口和通道处应与主体结构锚固；非出入口无锚固的女儿墙高度，6～8度时不宜超过0.5m，9度时应有锚固。防震缝处女儿墙应留有足够的宽度，缝两侧的自由端应予以加强。

13.3.3 多层砌体结构中，非承重墙体等建筑非结构构件应符合下列要求：

1 后砌的非承重隔墙应沿墙高每隔500mm～

600mm 配置 2ϕ6 拉结钢筋与承重墙或柱拉结，每边伸入墙内不应少于 500mm；8 度和 9 度时，长度大于 5m 的后砌隔墙，墙顶尚应与楼板或梁拉结，独立墙肢端部及大门洞边宜设钢筋混凝土构造柱。

2 烟道、风道、垃圾道等不应削弱墙体；当墙体被削弱时，应对墙体采取加强措施；不宜采用无竖向配筋的附墙烟囱或出屋面的烟囱。

3 不应采用无锚固的钢筋混凝土预制挑檐。

13.3.4 钢筋混凝土结构中的砌体填充墙，尚应符合下列要求：

1 填充墙在平面和竖向的布置，宜均匀对称，宜避免形成薄弱层或短柱。

2 砌体的砂浆强度等级不应低于 M5；实心块体的强度等级不宜低于 MU2.5，空心块体的强度等级不宜低于 MU3.5；墙顶应与框架梁密切结合。

3 填充墙应沿框架柱全高每隔 500mm～600mm 设 2ϕ6 拉筋，拉筋伸入墙内的长度，6、7 度时宜沿墙全长贯通，8、9 度时应全长贯通。

4 墙长大于 5m 时，墙顶与梁宜有拉结；墙长超过 8m 或层高 2 倍时，宜设置钢筋混凝土构造柱；墙高超过 4m 时，墙体半高宜设置与柱连接且沿墙全长贯通的钢筋混凝土水平系梁。

5 楼梯间和人流通道的填充墙，尚应采用钢丝网砂浆面层加强。

13.3.5 单层钢筋混凝土柱厂房的围护墙和隔墙，尚应符合下列要求：

1 厂房的围护墙宜采用轻质墙板或钢筋混凝土大型墙板，砌体围护墙应采用外贴式并与柱可靠拉结；外侧柱距为 12m 时应采用轻质墙板或钢筋混凝土大型墙板。

2 刚性围护墙沿纵向宜均匀对称布置，不宜一侧为外贴式，另一侧为嵌砌式或开敞式；不宜一侧采用砌体墙一侧采用轻质墙板。

3 不等高厂房的高跨封墙和纵横向厂房交接处的悬墙宜采用轻质墙板，6、7 度采用砌体时不应直接砌在低跨屋面上。

4 砌体围护墙在下列部位应设置现浇钢筋混凝土圈梁：

1）梯形屋架端部上弦和柱顶的标高处应各设一道，但屋架端部高度不大于 900mm 时可合并设置；

2）应按上密下稀的原则每隔 4m 左右在窗顶增设一道圈梁，不等高厂房的高低跨封墙和纵墙跨交接处的悬墙，圈梁的竖向间距不应大于 3m；

3）山墙沿屋面应设钢筋混凝土卧梁，并应与屋架端部上弦标高处的圈梁连接。

5 圈梁的构造应符合下列规定：

1）圈梁宜闭合，圈梁截面宽度宜与墙厚相同，截面高度不应小于 180mm；圈梁的纵筋，6～8 度时不应少于 4ϕ12，9 度时不应少于 4ϕ14；

2）厂房转角处柱顶圈梁在端开间范围内的纵筋，6～8度时不宜少于 4ϕ14，9 度时不宜少于 4ϕ16，转角两侧各 1m 范围内的箍筋直径不宜小于 ϕ8，间距不宜大于 100mm；圈梁转角处应增设不少于 3 根且直径与纵筋相同的水平斜筋；

3）圈梁应与柱或屋架牢固连接，山墙卧梁应与屋面板拉结；顶部圈梁与柱或屋架连接的锚拉钢筋不宜少于 4ϕ12，且锚固长度不宜少于 35 倍钢筋直径，防震缝处圈梁与柱或屋架的拉结宜加强。

6 墙梁宜采用现浇，当采用预制墙梁时，梁底应与砖墙顶面牢固拉结并应与柱锚拉；厂房转角处相邻的墙梁，应相互可靠连接。

7 砌体隔墙与柱宜脱开或柔性连接，并应采取措施使墙体稳定，隔墙顶部应设现浇钢筋混凝土压顶梁。

8 砖墙的基础，8 度Ⅲ、Ⅳ类场地和 9 度时，预制基础梁应采用现浇接头；当另设条形基础时，在柱基础顶面标高处应设置连续的现浇钢筋混凝土圈梁，其配筋不应少于 4ϕ12。

9 砌体女儿墙高度不宜大于 1m，且应采取措施防止地震时倾倒。

13.3.6 钢结构厂房的围护墙，应符合下列要求：

1 厂房的围护墙，应优先采用轻型板材，预制钢筋混凝土墙板宜与柱柔性连接；9 度时宜采用轻型板材。

2 单层厂房的砌体围护墙应贴砌并与柱拉结，尚应采取措施使墙体不妨碍厂房柱列沿纵向的水平位移；8、9 度时不应采用嵌砌式。

13.3.7 各类顶棚的构件与楼板的连接件，应能承受顶棚、悬挂重物和有关机电设施的自重和地震附加作用；其锚固的承载力应大于连接件的承载力。

13.3.8 悬挑雨篷或一端由柱支承的雨篷，应与主体结构可靠连接。

13.3.9 玻璃幕墙、预制墙板、附属于楼屋面的悬臂构件和大型储物架的抗震构造，应符合相关专门标准的规定。

13.4 建筑附属机电设备支架的基本抗震措施

13.4.1 附属于建筑的电梯、照明和应急电源系统、烟火监测和消防系统、采暖和空气调节系统、通信系统、公用天线等与建筑结构的连接构件和部件的抗震措施，应根据设防烈度、建筑使用功能、房屋高度、结构类型和变形特征、附属设备所处的位置和运转要求等经综合分析后确定。

13.4.2 下列附属机电设备的支架可不考虑抗震设防要求：

1 重力不超过1.8kN的设备。

2 内径小于25mm的燃气管道和内径小于60mm的电气配管。

3 矩形截面面积小于$0.38m^2$和圆形直径小于0.70m的风管。

4 吊杆计算长度不超过300mm的吊杆悬挂管道。

13.4.3 建筑附属机电设备不应设置在可能导致其使用功能发生障碍等二次灾害的部位；对于有隔振装置的设备，应注意其强烈振动对连接件的影响，并防止设备和建筑结构发生谐振现象。

建筑附属机电设备的支架应具有足够的刚度和强度；其与建筑结构应有可靠的连接和锚固，应使设备在遭遇设防烈度地震影响后能迅速恢复运转。

13.4.4 管道、电缆、通风管和设备的洞口设置，应减少对主要承重结构构件的削弱；洞口边缘应有补强措施。

管道和设备与建筑结构的连接，应能允许二者间有一定的相对变位。

13.4.5 建筑附属机电设备的基座或连接件应能将设备承受的地震作用全部传递到建筑结构上。建筑结构中，用以固定建筑附属机电设备预埋件、锚固件的部位，应采取加强措施，以承受附属机电设备传给主体结构的地震作用。

13.4.6 建筑内的高位水箱应与所在的结构构件可靠连接；且应计及水箱及所含水重对建筑结构产生的地震作用效应。

13.4.7 在设防地震下需要连续工作的附属设备，宜设置在建筑结构地震反应较小的部位；相关部位的结构构件应采取相应的加强措施。

14 地下建筑

14.1 一般规定

14.1.1 本章主要适用于地下车库、过街通道、地下变电站和地下空间综合体等单建式地下建筑。不包括地下铁道、城市公路隧道等。

14.1.2 地下建筑宜建造在密实、均匀、稳定的地基上。当处于软弱土、液化土或断层破碎带等不利地段时，应分析其对结构抗震稳定性的影响，采取相应措施。

14.1.3 地下建筑的建筑布置应力求简单、对称、规则、平顺；横剖面的形状和构造不宜沿纵向突变。

14.1.4 地下建筑的结构体系应根据使用要求、场地工程地质条件和施工方法等确定，并应具有良好的整体性，避免抗侧力结构的侧向刚度和承载力突变。

丙类钢筋混凝土地下结构的抗震等级，6、7度时不应低于四级，8、9度时不宜低于三级。乙类钢筋混凝土地下结构的抗震等级，6、7度时不宜低于三级，8、9度时不宜低于二级。

14.1.5 位于岩石中的地下建筑，其出入口通道两侧的边坡和洞口仰坡，应依据地形、地质条件选用合理的口部结构类型，提高其抗震稳定性。

14.2 计算要点

14.2.1 按本章要求采取抗震措施的下列地下建筑，可不进行地震作用计算：

1 7度Ⅰ、Ⅱ类场地的丙类地下建筑。

2 8度（0.20g）Ⅰ、Ⅱ类场地时，不超过二层、体型规则的中小跨度丙类地下建筑。

14.2.2 地下建筑的抗震计算模型，应根据结构实际情况确定并符合下列要求：

1 应能较准确地反映周围挡土结构和内部各构件的实际受力状况；与周围挡土结构分离的内部结构，可采用与地上建筑同样的计算模型。

2 周围地层分布均匀、规则且具有对称轴的纵向较长的地下建筑，结构分析可选择平面应变分析模型并采用反应位移法或等效水平地震加速度法、等效侧力法计算。

3 长宽比和高宽比均小于3及本条第2款以外的地下建筑，宜采用空间结构分析计算模型并采用土层-结构时程分析法计算。

14.2.3 地下建筑抗震计算的设计参数，应符合下列要求：

1 地震作用的方向应符合下列规定：

1）按平面应变模型分析的地下结构，可仅计算横向的水平地震作用；

2）不规则的地下结构，宜同时计算结构横向和纵向的水平地震作用；

3）地下空间综合体等体型复杂的地下结构，8、9度时尚宜计及竖向地震作用。

2 地震作用的取值，应随地下的深度比地面相应减少：基岩处的地震作用可取地面的一半，地面至基岩的不同深度处可按插入法确定；地表、土层界面和基岩面较平坦时，也可采用一维波动法确定；土层界面、基岩面或地表起伏较大时，宜采用二维或三维有限元法确定。

3 结构的重力荷载代表值应取结构、构件自重和水、土压力的标准值及各可变荷载的组合值之和。

4 采用土层-结构时程分析法或等效水平地震加速度法时，土、岩石的动力特性参数可由试验确定。

14.2.4 地下建筑的抗震验算，除应符合本规范第5章的要求外，尚应符合下列规定：

1 应进行多遇地震作用下截面承载力和构件变形的抗震验算。

2 对于不规则的地下建筑以及地下变电站和地下空间综合体等，尚应进行罕遇地震作用下的抗震变形验算。计算可采用本规范第5.5节的简化方法，混凝土结构弹塑性层间位移角限值［θ_p］宜取1/250。

3 液化地基中的地下建筑，应验算液化时的抗浮稳定性。液化土层对地下连续墙和抗拔桩等的摩阻力，宜根据实测的标准贯入锤击数与临界标准贯入锤击数的比值确定其液化折减系数。

14.3 抗震构造措施和抗液化措施

14.3.1 钢筋混凝土地下建筑的抗震构造，应符合下列要求：

1 宜采用现浇结构。需要设置部分装配式构件时，应使其与周围构件有可靠的连接。

2 地下钢筋混凝土框架结构构件的最小尺寸应不低于同类地面结构构件的规定。

3 中柱的纵向钢筋最小总配筋率，应比本规范表6.3.7-1的规定增加0.2%。中柱与梁或顶板、中间楼板及底板连接处的箍筋应加密，其范围和构造与地面框架结构的柱相同。

14.3.2 地下建筑的顶板、底板和楼板，应符合下列要求：

1 宜采用梁板结构。当采用板柱-抗震墙结构时，无柱帽的平板应在柱上板带中设构造暗梁，其构造措施按本规范第6.6.4条第1款的规定采用。

2 对地下连续墙的复合墙体，顶板、底板及各层楼板的负弯矩钢筋至少应有50%锚入地下连续墙，锚入长度按受力计算确定；正弯矩钢筋需锚入内衬，并均不小于规定的锚固长度。

3 楼板开孔时，孔洞宽度应不大于该层楼板宽度的30%；洞口的布置宜使结构质量和刚度的分布仍较均匀、对称，避免局部突变。孔洞周围应设置满足构造要求的边梁或暗梁。

14.3.3 地下建筑周围土体和地基存在液化土层时，应采取下列措施：

1 对液化土层采取注浆加固和换土等消除或减轻液化影响的措施。

2 进行地下结构液化上浮验算，必要时采取增设抗拔桩、配置压重等相应的抗浮措施。

3 存在液化土薄夹层，或施工中深度大于20m的地下连续墙围护结构遇到液化土层时，可不做地基抗液化处理，但其承载力及抗浮稳定性验算应计入土层液化引起的土压力增加及摩阻力降低等因素的影响。

14.3.4 地下建筑穿越地震时岸坡可能滑动的古河道或可能发生明显不均匀沉陷的软土地带时，应采取更换软弱土或设置桩基础等措施。

14.3.5 位于岩石中的地下建筑，应采取下列抗震措施：

1 口部通道和未经注浆加固处理的断层破碎带区段采用复合式支护结构时，内衬结构应采用钢筋混凝土衬砌，不得采用素混凝土衬砌。

2 采用离壁式衬砌时，内衬结构应在拱墙相交处设置水平撑抵紧围岩。

3 采用钻爆法施工时，初期支护和围岩地层间应密实回填。干砌块石回填时应注浆加强。

附录A 我国主要城镇抗震设防烈度、设计基本地震加速度和设计地震分组

本附录仅提供我国各县级及县级以上城镇地区建筑工程抗震设计时所采用的抗震设防烈度（以下简称“烈度”）、设计基本地震加速度值（以下简称“加速度”）和所属的设计地震分组（以下简称“分组”）。

A.0.1 北京市

烈度	加速度	分组	县级及县级以上城镇
8度	0.20g	第二组	东城区、西城区、朝阳区、丰台区、石景山区、海淀区、门头沟区、房山区、通州区、顺义区、昌平区、大兴区、怀柔区、平谷区、密云区、延庆区

A.0.2 天津市

烈度	加速度	分组	县级及县级以上城镇
8度	0.20g	第二组	和平区、河东区、河西区、南开区、河北区、红桥区、东丽区、津南区、北辰区、武清区、宝坻区、滨海新区、宁河区
7度	0.15g	第二组	西青区、静海区、蓟县

A.0.3 河北省

	烈度	加速度	分组	县级及县级以上城镇
石家庄市	7度	0.15g	第一组	辛集市
	7度	0.10g	第一组	赵县
	7度	0.10g	第二组	长安区、桥西区、新华区、井陉矿区、裕华区、栾城区、藁城区、鹿泉区、井陉县、正定县、高邑县、深泽县、无极县、平山县、元氏县、晋州市
	7度	0.10g	第三组	灵寿县
	6度	0.05g	第三组	行唐县、赞皇县、新乐市
唐山市	8度	0.30g	第二组	路南区、丰南区
	8度	0.20g	第二组	路北区、古冶区、开平区、丰润区、滦县
	7度	0.15g	第三组	曹妃甸区（唐海）、乐亭县、玉田县
	7度	0.15g	第二组	滦南县、迁安市
	7度	0.10g	第三组	迁西县、遵化市
秦皇岛市	7度	0.15g	第二组	卢龙县
	7度	0.10g	第三组	青龙满族自治县、海港区
	7度	0.10g	第二组	抚宁区、北戴河区、昌黎县
	6度	0.05g	第三组	山海关区
邯郸市	8度	0.20g	第二组	峰峰矿区、临漳县、磁县
	7度	0.15g	第二组	邯山区、丛台区、复兴区、邯郸县、成安县、大名县、魏县、武安市
	7度	0.15g	第一组	永年县
	7度	0.10g	第三组	邱县、馆陶县
	7度	0.10g	第二组	涉县、肥乡县、鸡泽县、广平县、曲周县
邢台市	7度	0.15g	第一组	桥东区、桥西区、邢台县[1]、内丘县、柏乡县、隆尧县、任县、南和县、宁晋县、巨鹿县、新河县、沙河市
	7度	0.10g	第二组	临城县、广宗县、平乡县、南宫市
	6度	0.05g	第三组	威县、清河县、临西县
保定市	7度	0.15g	第二组	涞水县、定兴县、涿州市、高碑店市
	7度	0.10g	第二组	竞秀区、莲池区、徐水区、高阳县、容城县、安新县、易县、蠡县、博野县、雄县
	7度	0.10g	第三组	清苑区、涞源县、安国市
	6度	0.05g	第三组	满城区、阜平县、唐县、望都县、曲阳县、顺平县、定州市
张家口市	8度	0.20g	第二组	下花园区、怀来县、涿鹿县
	7度	0.15g	第二组	桥东区、桥西区、宣化区、宣化县[2]、蔚县、阳原县、怀安县、万全县
	7度	0.10g	第三组	赤城县
	7度	0.10g	第二组	张北县、尚义县、崇礼县
	6度	0.05g	第三组	沽源县
	6度	0.05g	第二组	康保县
承德市	7度	0.10g	第三组	鹰手营子矿区、兴隆县
	6度	0.05g	第三组	双桥区、双滦区、承德县、平泉县、滦平县、隆化县、丰宁满族自治县、宽城满族自治县
	6度	0.05g	第一组	围场满族蒙古族自治县

续表

	烈度	加速度	分组	县级及县级以上城镇
沧州市	7度	0.15g	第二组	青县
	7度	0.15g	第一组	青县、肃宁县、献县、任丘市、河间市
	7度	0.10g	第三组	黄骅市
	7度	0.10g	第二组	新华区、运河区、沧县[3]、东光县、南皮县、吴桥县、泊头市
	6度	0.05g	第三组	海兴县、盐山县、孟村回族自治县
廊坊市	8度	0.20g	第二组	安次区、广阳区、香河县、大厂回族自治县、三河市
	7度	0.15g	第二组	固安县、永清县、文安县
	7度	0.15g	第一组	大城县
	7度	0.10g	第二组	霸州市
衡水市	7度	0.15g	第一组	饶阳县、深州市
	7度	0.10g	第二组	桃城区、武强县、冀州市
	7度	0.10g	第一组	安平县
	6度	0.05g	第三组	枣强县、武邑县、故城县、阜城县
	6度	0.05g	第二组	景县

注：1 邢台县政府驻邢台市桥东区；

2 宣化县政府驻张家口市宣化区；

3 沧县政府驻沧州市新华区。

A.0.4 山西省

	烈度	加速度	分组	县级及县级以上城镇
太原市	8度	0.20g	第二组	小店区、迎泽区、杏花岭区、尖草坪区、万柏林区、晋源区、清徐县、阳曲县
	7度	0.15g	第二组	古交市
	7度	0.10g	第三组	娄烦县
大同市	8度	0.20g	第二组	城区、矿区、南郊区、大同县
	7度	0.15g	第三组	浑源县
	7度	0.15g	第二组	新荣区、阳高县、天镇县、广灵县、灵丘县、左云县
阳泉市	7度	0.10g	第三组	盂县
	7度	0.10g	第二组	城区、矿区、郊区、平定县
长治市	7度	0.10g	第三组	平顺县、武乡县、沁县、沁源县
	7度	0.10g	第二组	城区、郊区、长治县、黎城县、壶关县、潞城市
	6度	0.05g	第三组	襄垣县、屯留县、长子县
晋城市	7度	0.10g	第三组	沁水县、陵川县
	6度	0.05g	第三组	城区、阳城县、泽州县、高平市
朔州市	8度	0.20g	第二组	山阴县、应县、怀仁县
	7度	0.15g	第二组	朔城区、平鲁区、右玉县
晋中市	8度	0.20g	第二组	榆次区、太谷县、祁县、平遥县、灵石县、介休市
	7度	0.10g	第三组	榆社县、和顺县、寿阳县
	7度	0.10g	第二组	昔阳县
	6度	0.05g	第三组	左权县
运城市	8度	0.20g	第三组	永济市
	7度	0.15g	第三组	临猗县、万荣县、闻喜县、稷山县、绛县

续表

	烈度	加速度	分组	县级及县级以上城镇
运城市	7度	0.15g	第二组	盐湖区、新绛县、夏县、平陆县、芮城县、河津市
	7度	0.10g	第二组	垣曲县
忻州市	8度	0.20g	第二组	忻府区、定襄县、五台县、代县、原平市
	7度	0.15g	第三组	宁武县
	7度	0.15g	第二组	繁峙县
	7度	0.10g	第三组	静乐县、神池县、五寨县
	6度	0.05g	第三组	岢岚县、河曲县、保德县、偏关县
临汾市	8度	0.30g	第二组	洪洞县
	8度	0.20g	第二组	尧都区、襄汾县、古县、浮山县、汾西县、霍州市
	7度	0.15g	第二组	曲沃县、翼城县、蒲县、侯马市
	7度	0.10g	第三组	安泽县、吉县、乡宁县、隰县
	6度	0.05g	第三组	大宁县、永和县
吕梁市	8度	0.20g	第二组	文水县、交城县、孝义市、汾阳市
	7度	0.10g	第三组	离石区、岚县、中阳县、交口县
	6度	0.05g	第三组	兴县、临县、柳林县、石楼县、方山县

A.0.5 内蒙古自治区

	烈度	加速度	分组	县级及县级以上城镇
呼和浩特市	8度	0.20g	第二组	新城区、回民区、玉泉区、赛罕区、土默特左旗
	7度	0.15g	第二组	托克托县、和林格尔县、武川县
	7度	0.10g	第二组	清水河县
包头市	8度	0.30g	第二组	土默特右旗
	8度	0.20g	第二组	东河区、石拐区、九原区、昆都仑区、青山区
	7度	0.15g	第二组	固阳县
	6度	0.05g	第三组	白云鄂博矿区、达尔罕茂明安联合旗
乌海市	8度	0.20g	第二组	海勃湾区、海南区、乌达区
赤峰市	8度	0.20g	第一组	元宝山区、宁城县
	7度	0.15g	第一组	红山区、喀喇沁旗
	7度	0.10g	第一组	松山区、阿鲁科尔沁旗、敖汉旗
	6度	0.05g	第一组	巴林左旗、巴林右旗、林西县、克什克腾旗、翁牛特旗
通辽市	7度	0.10g	第一组	科尔沁区、开鲁县
	6度	0.05g	第一组	科尔沁左翼中旗、科尔沁左翼后旗、库伦旗、奈曼旗、扎鲁特旗、霍林郭勒市
鄂尔多斯市	8度	0.20g	第二组	达拉特旗
	7度	0.10g	第三组	东胜区、准格尔旗
	6度	0.05g	第三组	鄂托克前旗、鄂托克旗、杭锦旗、伊金霍洛旗
	6度	0.05g	第一组	乌审旗
呼伦贝尔市	7度	0.10g	第一组	扎赉诺尔区、陈巴尔虎右旗、扎兰屯市
	6度	0.05g	第一组	海拉尔区、阿荣旗、莫力达瓦达斡尔族自治旗、鄂伦春自治旗、鄂温克族自治旗、陈巴尔虎旗、新巴尔虎左旗、满洲里市、牙克石市、额尔古纳市、根河市

续表

	烈度	加速度	分组	县级及县级以上城镇
巴彦淖尔市	8度	0.20g	第二组	杭锦后旗
	8度	0.20g	第一组	磴口县、乌拉特前旗、乌拉特后旗
	7度	0.15g	第二组	临河区、五原县
	7度	0.10g	第二组	乌拉特中旗
乌兰察布市	7度	0.15g	第二组	凉城县、察哈尔右翼前旗、丰镇市
	7度	0.10g	第三组	察哈尔右翼中旗
	7度	0.10g	第二组	集宁区、卓资县、兴和县
	6度	0.05g	第三组	四子王旗
	6度	0.05g	第二组	化德县、商都县、察哈尔右翼后旗
兴安盟	6度	0.05g	第一组	乌兰浩特市、阿尔山市、科尔沁右翼前旗、科尔沁右翼中旗、扎赉特旗、突泉县
锡林郭勒盟	6度	0.05g	第三组	太仆寺旗
	6度	0.05g	第二组	正蓝旗
	6度	0.05g	第一组	二连浩特市、锡林浩特市、阿巴嘎旗、苏尼特左旗、苏尼特右旗、东乌珠穆沁旗、西乌珠穆沁旗、镶黄旗、正镶白旗、多伦县
阿拉善盟	8度	0.20g	第二组	阿拉善左旗、阿拉善右旗
	6度	0.05g	第一组	额济纳旗

A.0.6 辽宁省

	烈度	加速度	分组	县级及县级以上城镇
沈阳市	7度	0.10g	第一组	和平区、沈河区、大东区、皇姑区、铁西区、苏家屯区、浑南区（原东陵区）、沈北新区、于洪区、辽中县
	6度	0.05g	第一组	康平县、法库县、新民市
大连市	8度	0.20g	第一组	瓦房店市、普兰店市
	7度	0.15g	第一组	金州区
	7度	0.10g	第二组	中山区、西岗区、沙河口区、甘井子区、旅顺口区
	6度	0.05g	第二组	长海县
	6度	0.05g	第一组	庄河市
鞍山市	8度	0.20g	第二组	海城市
	7度	0.10g	第二组	铁东区、铁西区、立山区、千山区、岫岩满族自治县
	7度	0.10g	第一组	台安县
抚顺市	7度	0.10g	第一组	新抚区、东洲区、望花区、顺城区、抚顺县[1]
	6度	0.05g	第一组	新宾满族自治县、清原满族自治县
本溪市	7度	0.10g	第二组	南芬区
	7度	0.10g	第一组	平山区、溪湖区、明山区
	6度	0.05g	第一组	本溪满族自治县、桓仁满族自治县
丹东市	8度	0.20g	第一组	东港市
	7度	0.15g	第一组	元宝区、振兴区、振安区
	6度	0.05g	第二组	凤城市
	6度	0.05g	第一组	宽甸满族自治县

续表

	烈度	加速度	分组	县级及县级以上城镇
锦州市	6度	0.05g	第二组	古塔区、凌河区、太和区、凌海市
	6度	0.05g	第一组	黑山县、义县、北镇市
营口市	8度	0.20g	第二组	老边区、盖州市、大石桥市
	7度	0.15g	第二组	站前区、西市区、鲅鱼圈区
阜新市	6度	0.05g	第一组	海州区、新邱区、太平区、清河门区、细河区、阜新蒙古族自治县、彰武县
辽阳市	7度	0.10g	第二组	弓长岭区、宏伟区、辽阳县
	7度	0.10g	第一组	白塔区、文圣区、太子河区、灯塔市
盘锦市	7度	0.10g	第二组	双台子区、兴隆台区、大洼县、盘山县
铁岭市	7度	0.10g	第一组	银州区、清河区、铁岭县[2]、昌图县、开原市
	6度	0.05g	第一组	西丰县、调兵山市
朝阳市	7度	0.10g	第二组	凌源市
	7度	0.10g	第一组	双塔区、龙城区、朝阳县[3]、建平县、北票市
	6度	0.05g	第二组	喀喇沁左翼蒙古族自治县
葫芦岛市	6度	0.05g	第二组	连山区、龙港区、南票区
	6度	0.05g	第三组	绥中县、建昌县、兴城市

注：1　抚顺县政府驻抚顺市顺城区新城路中段；

2　铁岭县政府驻铁岭市银州区工人街道；

3　朝阳县政府驻朝阳市双塔区前进街道。

A.0.7　吉林省

	烈度	加速度	分组	县级及县级以上城镇
长春市	7度	0.10g	第一组	南关区、宽城区、朝阳区、二道区、绿园区、双阳区、九台区
	6度	0.05g	第一组	农安县、榆树市、德惠市
吉林市	8度	0.20g	第一组	舒兰市
	7度	0.10g	第一组	昌邑区、龙潭区、船营区、丰满区、永吉县
	6度	0.05g	第一组	蛟河市、桦甸市、磐石市
四平市	7度	0.10g	第一组	伊通满族自治县
	6度	0.05g	第一组	铁西区、铁东区、梨树县、公主岭市、双辽市
辽源市	6度	0.05g	第一组	龙山区、西安区、东丰县、东辽县
通化市	6度	0.05g	第一组	东昌区、二道江区、通化县、辉南县、柳河县、梅河口市、集安市
白山市	6度	0.05g	第一组	浑江区、江源区、抚松县、靖宇县、长白朝鲜族自治县、临江市
松原市	8度	0.20g	第一组	宁江区、前郭尔罗斯蒙古族自治县
	7度	0.10g	第一组	乾安县
	6度	0.05g	第一组	长岭县、扶余市
白城市	7度	0.15g	第一组	大安市
	7度	0.10g	第一组	洮北区
	6度	0.05g	第一组	镇赉县、通榆县、洮南市
延边朝鲜族自治州	7度	0.15g	第一组	安图县
	6度	0.05g	第一组	延吉市、图们市、敦化市、珲春市、龙井市、和龙市、汪清县

A. 0. 8 黑龙江省

	烈度	加速度	分组	县级及县级以上城镇
哈尔滨市	8度	0.20*g*	第一组	方正县
	7度	0.15*g*	第一组	依兰县、通河县、延寿县
	7度	0.10*g*	第一组	道里区、南岗区、道外区、松北区、香坊区、呼兰区、尚志市、五常市
	6度	0.05*g*	第一组	平房区、阿城区、宾县、巴彦县、木兰县、双城区
齐齐哈尔市	7度	0.10*g*	第一组	昂昂溪区、富拉尔基区、泰来县
	6度	0.05*g*	第一组	龙沙区、建华区、铁峰区、碾子山区、梅里斯达斡尔族区、龙江县、依安县、甘南县、富裕县、克山县、克东县、拜泉县、讷河市
鸡西市	6度	0.05*g*	第一组	鸡冠区、恒山区、滴道区、梨树区、城子河区、麻山区、鸡东县、虎林市、密山市
鹤岗市	7度	0.10*g*	第一组	向阳区、工农区、南山区、兴安区、东山区、兴山区、萝北县
	6度	0.05*g*	第一组	绥滨县
双鸭山市	6度	0.05*g*	第一组	尖山区、岭东区、四方台区、宝山区、集贤县、友谊县、宝清县、饶河县
大庆市	7度	0.10*g*	第一组	肇源县
	6度	0.05*g*	第一组	萨尔图区、龙凤区、让胡路区、红岗区、大同区、肇州县、林甸县、杜尔伯特蒙古族自治县
伊春市	6度	0.05*g*	第一组	伊春区、南岔区、友好区、西林区、翠峦区、新青区、美溪区、金山屯区、五营区、乌马河区、汤旺河区、带岭区、乌伊岭区、红星区、上甘岭区、嘉荫县、铁力市
佳木斯市	7度	0.10*g*	第一组	向阳区、前进区、东风区、郊区、汤原县
	6度	0.05*g*	第一组	桦南县、桦川县、抚远县、同江市、富锦市
七台河市	6度	0.05*g*	第一组	新兴区、桃山区、茄子河区、勃利县
牡丹江市	6度	0.05*g*	第一组	东安区、阳明区、爱民区、西安区、东宁县、林口县、绥芬河市、海林市、宁安市、穆棱市
黑河市	6度	0.05*g*	第一组	爱辉区、嫩江县、逊克县、孙吴县、北安市、五大连池市
绥化市	7度	0.10*g*	第一组	北林区、庆安县
	6度	0.05*g*	第一组	望奎县、兰西县、青冈县、明水县、绥棱县、安达市、肇东市、海伦市
大兴安岭地区	6度	0.05*g*	第一组	加格达奇区、呼玛县、塔河县、漠河县

A. 0. 9 上海市

烈度	加速度	分组	县级及县级以上城镇
7度	0.10*g*	第二组	黄浦区、徐汇区、长宁区、静安区、普陀区、闸北区、虹口区、杨浦区、闵行区、宝山区、嘉定区、浦东新区、金山区、松江区、青浦区、奉贤区、崇明县

A. 0. 10 江苏省

	烈度	加速度	分组	县级及县级以上城镇
南京市	7度	0.10*g*	第二组	六合区
	7度	0.10*g*	第一组	玄武区、秦淮区、建邺区、鼓楼区、浦口区、栖霞区、雨花台区、江宁区、溧水区
	6度	0.05*g*	第一组	高淳区

续表

	烈度	加速度	分组	县级及县级以上城镇
无锡市	7度	0.10g	第一组	崇安区、南长区、北塘区、锡山区、滨湖区、惠山区、宜兴市
	6度	0.05g	第二组	江阴市
徐州市	8度	0.20g	第二组	睢宁县、新沂市、邳州市
	7度	0.10g	第三组	鼓楼区、云龙区、贾汪区、泉山区、铜山区
	7度	0.10g	第二组	沛县
	6度	0.05g	第二组	丰县
常州市	7度	0.10g	第一组	天宁区、钟楼区、新北区、武进区、金坛区、溧阳市
苏州市	7度	0.10g	第一组	虎丘区、吴中区、相城区、姑苏区、吴江区、常熟市、昆山市、太仓市
	6度	0.05g	第二组	张家港市
南通市	7度	0.10g	第二组	崇川区、港闸区、海安县、如东县、如皋市
	6度	0.05g	第二组	通州区、启东市、海门市
连云港市	7度	0.15g	第三组	东海县
	7度	0.10g	第三组	连云区、海州区、赣榆区、灌云县
	6度	0.05g	第三组	灌南县
淮安市	7度	0.10g	第三组	清河区、淮阴区、清浦区
	7度	0.10g	第二组	盱眙县
	6度	0.05g	第三组	淮安区、涟水县、洪泽县、金湖县
盐城市	7度	0.15g	第三组	大丰区
	7度	0.10g	第三组	盐都区
	7度	0.10g	第二组	亭湖区、射阳县、东台市
	6度	0.05g	第三组	响水县、滨海县、阜宁县、建湖县
扬州市	7度	0.15g	第二组	广陵区、江都区
	7度	0.15g	第一组	邗江区、仪征市
	7度	0.10g	第二组	高邮市
	6度	0.05g	第三组	宝应县
镇江市	7度	0.15g	第一组	京口区、润州区
	7度	0.10g	第一组	丹徒区、丹阳市、扬中市、句容市
泰州市	7度	0.10g	第二组	海陵区、高港区、姜堰区、兴化市
	6度	0.05g	第二组	靖江市
	6度	0.05g	第一组	泰兴市
宿迁市	8度	0.30g	第二组	宿城区、宿豫区
	8度	0.20g	第二组	泗洪县
	7度	0.15g	第三组	沭阳县
	7度	0.10g	第三组	泗阳县

A.0.11 浙江省

	烈度	加速度	分组	县级及县级以上城镇
杭州市	7度	0.10g	第一组	上城区、下城区、江干区、拱墅区、西湖区、余杭区
	6度	0.05g	第一组	滨江区、萧山区、富阳区、桐庐县、淳安县、建德市、临安市

续表

	烈度	加速度	分组	县级及县级以上城镇
宁波市	7度	0.10g	第一组	海曙区、江东区、江北区、北仑区、镇海区、鄞州区
	6度	0.05g	第一组	象山县、宁海县、余姚市、慈溪市、奉化市
温州市	6度	0.05g	第二组	洞头区、平阳县、苍南县、瑞安市
	6度	0.05g	第一组	鹿城区、龙湾区、瓯海区、永嘉县、文成县、泰顺县、乐清市
嘉兴市	7度	0.10g	第一组	南湖区、秀洲区、嘉善县、海宁市、平湖市、桐乡市
	6度	0.05g	第一组	海盐县
湖州市	6度	0.05g	第一组	吴兴区、南浔区、德清县、长兴县、安吉县
绍兴市	6度	0.05g	第一组	越城区、柯桥区、上虞区、新昌县、诸暨市、嵊州市
金华市	6度	0.05g	第一组	婺城区、金东区、武义县、浦江县、磐安县、兰溪市、义乌市、东阳市、永康市
衢州市	6度	0.05g	第一组	柯城区、衢江区、常山县、开化县、龙游县、江山市
舟山市	7度	0.10g	第一组	定海区、普陀区、岱山县
	6度	0.05g	第一组	嵊泗县
台州市	6度	0.05g	第二组	玉环县
	6度	0.05g	第一组	椒江区、黄岩区、路桥区、三门县、天台县、仙居县、温岭市、临海市
丽水市	6度	0.05g	第二组	庆元县
	6度	0.05g	第一组	莲都区、青田县、缙云县、遂昌县、松阳县、云和县、景宁畲族自治县、龙泉市

A.0.12 安徽省

	烈度	加速度	分组	县级及县级以上城镇
合肥市	7度	0.10g	第一组	瑶海区、庐阳区、蜀山区、包河区、长丰县、肥东县、肥西县、庐江县、巢湖市
芜湖市	6度	0.05g	第一组	镜湖区、弋江区、鸠江区、三山区、芜湖县、繁昌县、南陵县、无为县
蚌埠市	7度	0.15g	第二组	五河县
	7度	0.10g	第二组	固镇县
	7度	0.10g	第一组	龙子湖区、蚌山区、禹会区、淮上区、怀远县
淮南市	7度	0.10g	第一组	大通区、田家庵区、谢家集区、八公山区、潘集区、凤台县
马鞍山市	6度	0.05g	第一组	花山区、雨山区、博望区、当涂县、含山县、和县
淮北市	6度	0.05g	第三组	杜集区、相山区、烈山区、濉溪县
铜陵市	7度	0.10g	第一组	铜官山区、狮子山区、郊区、铜陵县
安庆市	7度	0.10g	第一组	迎江区、大观区、宜秀区、枞阳县、桐城市
	6度	0.05g	第一组	怀宁县、潜山县、太湖县、宿松县、望江县、岳西县
黄山市	6度	0.05g	第一组	屯溪区、黄山区、徽州区、歙县、休宁县、黟县、祁门县
滁州市	7度	0.10g	第二组	天长市、明光市
	7度	0.10g	第一组	定远县、凤阳县
	6度	0.05g	第二组	琅琊区、南谯区、来安县、全椒县
阜阳市	7度	0.10g	第一组	颍州区、颍东区、颍泉区
	6度	0.05g	第一组	临泉县、太和县、阜南县、颍上县、界首市

续表

	烈度	加速度	分组	县级及县级以上城镇
宿州市	7度	0.15g	第二组	泗县
	7度	0.10g	第三组	萧县
	7度	0.10g	第二组	灵璧县
	6度	0.05g	第三组	埇桥区
	6度	0.05g	第二组	砀山县
六安市	7度	0.15g	第一组	霍山县
	7度	0.10g	第一组	金安区、裕安区、寿县、舒城县
	6度	0.05g	第一组	霍邱县、金寨县
亳州市	7度	0.10g	第二组	谯城区、涡阳县
	6度	0.05g	第二组	蒙城县
	6度	0.05g	第一组	利辛县
池州市	7度	0.10g	第一组	贵池区
	6度	0.05g	第一组	东至县、石台县、青阳县
宣城市	7度	0.10g	第一组	郎溪县
	6度	0.05g	第一组	宣州区、广德县、泾县、绩溪县、旌德县、宁国市

A. 0. 13 福建省

	烈度	加速度	分组	县级及县级以上城镇
福州市	7度	0.10g	第三组	鼓楼区、台江区、仓山区、马尾区、晋安区、平潭县、福清市、长乐市
	6度	0.05g	第三组	连江县、永泰县
	6度	0.05g	第二组	闽侯县、罗源县、闽清县
厦门市	7度	0.15g	第三组	思明区、湖里区、集美区、翔安区
	7度	0.15g	第二组	海沧区
	7度	0.10g	第三组	同安区
莆田市	7度	0.10g	第三组	城厢区、涵江区、荔城区、秀屿区、仙游县
三明市	6度	0.05g	第一组	梅列区、三元区、明溪县、清流县、宁化县、大田县、尤溪县、沙县、将乐县、泰宁县、建宁县、永安市
泉州市	7度	0.15g	第三组	鲤城区、丰泽区、洛江区、石狮市、晋江市
	7度	0.10g	第三组	泉港区、惠安县、安溪县、永春县、南安市
	6度	0.05g	第三组	德化县
漳州市	7度	0.15g	第三组	漳浦县
	7度	0.15g	第二组	芗城区、龙文区、诏安县、长泰县、东山县、南靖县、龙海市
	7度	0.10g	第三组	云霄县
	7度	0.10g	第二组	平和县、华安县
南平市	6度	0.05g	第二组	政和县
	6度	0.05g	第一组	延平区、建阳区、顺昌县、浦城县、光泽县、松溪县、邵武市、武夷山市、建瓯市
龙岩市	6度	0.05g	第二组	新罗区、永定区、漳平市
	6度	0.05g	第一组	长汀县、上杭县、武平县、连城县
宁德市	6度	0.05g	第二组	蕉城区、霞浦县、周宁县、柘荣县、福安市、福鼎市
	6度	0.05g	第一组	古田县、屏南县、寿宁县

A. 0. 14 江西省

	烈度	加速度	分组	县级及县级以上城镇
南昌市	6度	0.05g	第一组	东湖区、西湖区、青云谱区、湾里区、青山湖区、新建区、南昌县、安义县、进贤县
景德镇市	6度	0.05g	第一组	昌江区、珠山区、浮梁县、乐平市
萍乡市	6度	0.05g	第一组	安源区、湘东区、莲花县、上栗县、芦溪县
九江市	6度	0.05g	第一组	庐山区、浔阳区、九江县、武宁县、修水县、永修县、德安县、星子县、都昌县、湖口县、彭泽县、瑞昌市、共青城市
新余市	6度	0.05g	第一组	渝水区、分宜县
鹰潭市	6度	0.05g	第一组	月湖区、余江县、贵溪市
赣州市	7度	0.10g	第一组	安远县、会昌县、寻乌县、瑞金市
	6度	0.05g	第一组	章贡区、南康区、赣县、信丰县、大余县、上犹县、崇义县、龙南县、定南县、全南县、宁都县、于都县、兴国县、石城县
吉安市	6度	0.05g	第一组	吉州区、青原区、吉安县、吉水县、峡江县、新干县、永丰县、泰和县、遂川县、万安县、安福县、永新县、井冈山市
宜春市	6度	0.05g	第一组	袁州区、奉新县、万载县、上高县、宜丰县、靖安县、铜鼓县、丰城市、樟树市、高安市
抚州市	6度	0.05g	第一组	临川区、南城县、黎川县、南丰县、崇仁县、乐安县、宜黄县、金溪县、资溪县、东乡县、广昌县
上饶市	6度	0.05g	第一组	信州区、广丰区、上饶县、玉山县、铅山县、横峰县、弋阳县、余干县、鄱阳县、万年县、婺源县、德兴市

A. 0. 15 山东省

	烈度	加速度	分组	县级及县级以上城镇
济南市	7度	0.10g	第三组	长清区
	7度	0.10g	第二组	平阴县
	6度	0.05g	第三组	历下区、市中区、槐荫区、天桥区、历城区、济阳县、商河县、章丘市
青岛市	7度	0.10g	第三组	黄岛区、平度市、胶州市、即墨市
	7度	0.10g	第二组	市南区、市北区、崂山区、李沧区、城阳区
	6度	0.05g	第三组	莱西市
淄博市	7度	0.15g	第二组	临淄区
	7度	0.10g	第三组	张店区、周村区、桓台县、高青县、沂源县
	7度	0.10g	第二组	淄川区、博山区
枣庄市	7度	0.15g	第三组	山亭区
	7度	0.15g	第二组	台儿庄区
	7度	0.10g	第三组	市中区、薛城区、峄城区
	7度	0.10g	第二组	滕州市
东营市	7度	0.10g	第三组	东营区、河口区、垦利县、广饶县
	6度	0.05g	第三组	利津县
烟台市	7度	0.15g	第三组	龙口市
	7度	0.15g	第二组	长岛县、蓬莱市

续表

	烈度	加速度	分组	县级及县级以上城镇
烟台市	7度	0.10g	第三组	莱州市、招远市、栖霞市
	7度	0.10g	第二组	芝罘区、福山区、莱山区
	7度	0.10g	第一组	牟平区
	6度	0.05g	第三组	莱阳市、海阳市
潍坊市	8度	0.20g	第二组	潍城区、坊子区、奎文区、安丘市
	7度	0.15g	第三组	诸城市
	7度	0.15g	第二组	寒亭区、临朐县、昌乐县、青州市、寿光市、昌邑市
	7度	0.10g	第三组	高密市
济宁市	7度	0.10g	第三组	微山县、梁山县
	7度	0.10g	第二组	兖州区、汶上县、泗水县、曲阜市、邹城市
	6度	0.05g	第三组	任城区、金乡县、嘉祥县
	6度	0.05g	第二组	鱼台县
泰安市	7度	0.10g	第三组	新泰市、肥城市
	7度	0.10g	第二组	泰山区、岱岳区、宁阳县
	6度	0.05g	第三组	东平县
威海市	7度	0.10g	第一组	环翠区、文登区、荣成市
	6度	0.05g	第二组	乳山市
日照市	8度	0.20g	第二组	莒县
	7度	0.15g	第三组	五莲县
	7度	0.10g	第三组	东港区、岚山区
莱芜市	7度	0.10g	第三组	钢城区
	7度	0.10g	第二组	莱城区
临沂市	8度	0.20g	第二组	兰山区、罗庄区、河东区、郯城县、沂水县、莒南县、临沭县
	7度	0.15g	第二组	沂南县、兰陵县、费县
	7度	0.10g	第三组	平邑县、蒙阴县
德州市	7度	0.15g	第二组	平原县、禹城市
	7度	0.10g	第三组	临邑县、齐河县
	7度	0.10g	第二组	德城区、陵城区、夏津县
	6度	0.05g	第三组	宁津县、庆云县、武城县、乐陵市
聊城市	8度	0.20g	第二组	阳谷县、莘县
	7度	0.15g	第二组	东昌府区、茌平县、高唐县
	7度	0.10g	第三组	冠县、临清市
	7度	0.10g	第二组	东阿县
滨州市	7度	0.10g	第三组	滨城区、博兴县、邹平县
	6度	0.05g	第三组	沾化区、惠民县、阳信县、无棣县
菏泽市	8度	0.20g	第二组	鄄城县、东明县
	7度	0.15g	第二组	牡丹区、郓城县、定陶县
	7度	0.10g	第三组	巨野县
	7度	0.10g	第二组	曹县、单县、成武县

A.0.16 河南省

	烈度	加速度	分组	县级及县级以上城镇
郑州市	7度	0.15g	第二组	中原区、二七区、管城回族区、金水区、惠济区
	7度	0.10g	第二组	上街区、中牟县、巩义市、荥阳市、新密市、新郑市、登封市
开封市	7度	0.15g	第二组	兰考县
	7度	0.10g	第二组	龙亭区、顺河回族区、鼓楼区、禹王台区、祥符区、通许县、尉氏县
	6度	0.05g	第二组	杞县
洛阳市	7度	0.10g	第二组	老城区、西工区、瀍河回族区、涧西区、吉利区、洛龙区、孟津县、新安县、宜阳县、偃师市
	6度	0.05g	第三组	洛宁县
	6度	0.05g	第二组	嵩县、伊川县
	6度	0.05g	第一组	栾川县、汝阳县
平顶山市	6度	0.05g	第一组	新华区、卫东区、石龙区、湛河区[1]、宝丰县、叶县、鲁山县、舞钢市
	6度	0.05g	第二组	郏县、汝州市
安阳市	8度	0.20g	第二组	文峰区、殷都区、龙安区、北关区、安阳县[2]、汤阴县
	7度	0.15g	第二组	滑县、内黄县
	7度	0.10g	第二组	林州市
鹤壁市	8度	0.20g	第二组	山城区、淇滨区、淇县
	7度	0.15g	第二组	鹤山区、浚县
新乡市	8度	0.20g	第二组	红旗区、卫滨区、凤泉区、牧野区、新乡县、获嘉县、原阳县、延津县、卫辉市、辉县市
	7度	0.15g	第二组	封丘县、长垣县
焦作市	7度	0.15g	第二组	修武县、武陟县
	7度	0.10g	第二组	解放区、中站区、马村区、山阳区、博爱县、温县、沁阳市、孟州市
濮阳市	8度	0.20g	第二组	范县
	7度	0.15g	第二组	华龙区、清丰县、南乐县、台前县、濮阳县
许昌市	7度	0.10g	第一组	魏都区、许昌县、鄢陵县、禹州市、长葛市
	6度	0.05g	第二组	襄城县
漯河市	7度	0.10g	第一组	舞阳县
	6度	0.05g	第一组	召陵区、源汇区、郾城区、临颍县
三门峡市	7度	0.15g	第二组	湖滨区、陕州区、灵宝市
	6度	0.05g	第三组	渑池县、卢氏县
	6度	0.05g	第二组	义马市
南阳市	7度	0.10g	第一组	宛城区、卧龙区、西峡县、镇平县、内乡县、唐河县
	6度	0.05g	第一组	南召县、方城县、淅川县、社旗县、新野县、桐柏县、邓州市
商丘市	7度	0.10g	第二组	梁园区、睢阳区、民权县、虞城县
	6度	0.05g	第三组	睢县、永城市
	6度	0.05g	第二组	宁陵县、柘城县、夏邑县
信阳市	7度	0.10g	第一组	罗山县、潢川县、息县
	6度	0.05g	第一组	浉河区、平桥区、光山县、新县、商城县、固始县、淮滨县

续表

	烈度	加速度	分组	县级及县级以上城镇
周口市	7度	0.10g	第一组	扶沟县、太康县
	6度	0.05g	第一组	川汇区、西华县、商水县、沈丘县、郸城县、淮阳县、鹿邑县、项城市
驻马店市	7度	0.10g	第一组	西平县
	6度	0.05g	第一组	驿城区、上蔡县、平舆县、正阳县、确山县、泌阳县、汝南县、遂平县、新蔡县
省直辖县级行政单位	7度	0.10g	第二组	济源市

注：1 湛河区政府驻平顶山市新华区曙光街街道；

2 安阳县政府驻安阳市北关区灯塔路街道。

A.0.17 湖北省

	烈度	加速度	分组	县级及县级以上城镇
武汉市	7度	0.10g	第一组	新洲区
	6度	0.05g	第一组	江岸区、江汉区、硚口区、汉阳区、武昌区、青山区、洪山区、东西湖区、汉南区、蔡甸区、江夏区、黄陂区
黄石市	6度	0.05g	第一组	黄石港区、西塞山区、下陆区、铁山区、阳新县、大冶市
十堰市	7度	0.15g	第一组	竹山县、竹溪县
	7度	0.10g	第一组	郧阳区、房县
	6度	0.05g	第一组	茅箭区、张湾区、郧西县、丹江口市
宜昌市	6度	0.05g	第一组	西陵区、伍家岗区、点军区、猇亭区、夷陵区、远安县、兴山县、秭归县、长阳土家族自治县、五峰土家族自治县、宜都市、当阳市、枝江市
襄阳市	6度	0.05g	第一组	襄城区、樊城区、襄州区、南漳县、谷城县、保康县、老河口市、枣阳市、宜城市
鄂州市	6度	0.05g	第一组	梁子湖区、华容区、鄂城区
荆门市	6度	0.05g	第一组	东宝区、掇刀区、京山县、沙洋县、钟祥市
孝感市	6度	0.05g	第一组	孝南区、孝昌县、大悟县、云梦县、应城市、安陆市、汉川市
荆州市	6度	0.05g	第一组	沙市区、荆州区、公安县、监利县、江陵县、石首市、洪湖市、松滋市
黄冈市	7度	0.10g	第一组	团风县、罗田县、英山县、麻城市
	6度	0.05g	第一组	黄州区、红安县、浠水县、蕲春县、黄梅县、武穴市
咸宁市	6度	0.05g	第一组	咸安区、嘉鱼县、通城县、崇阳县、通山县、赤壁市
随州市	6度	0.05g	第一组	曾都区、随县、广水市
恩施土家族苗族自治州	6度	0.05g	第一组	恩施市、利川市、建始县、巴东县、宣恩县、咸丰县、来凤县、鹤峰县
省直辖县级行政单位	6度	0.05g	第一组	仙桃市、潜江市、天门市、神农架林区

A.0.18 湖南省

	烈度	加速度	分组	县级及县级以上城镇
长沙市	6度	0.05g	第一组	芙蓉区、天心区、岳麓区、开福区、雨花区、望城区、长沙县、宁乡县、浏阳市

续表

	烈度	加速度	分组	县级及县级以上城镇
株洲市	6度	0.05g	第一组	荷塘区、芦淞区、石峰区、天元区、株洲县、攸县、茶陵县、炎陵县、醴陵市
湘潭市	6度	0.05g	第一组	雨湖区、岳塘区、湘潭县、湘乡市、韶山市
衡阳市	6度	0.05g	第一组	珠晖区、雁峰区、石鼓区、蒸湘区、南岳区、衡阳县、衡南县、衡山县、衡东县、祁东县、耒阳市、常宁市
邵阳市	6度	0.05g	第一组	双清区、大祥区、北塔区、邵东县、新邵县、邵阳县、隆回县、洞口县、绥宁县、新宁县、城步苗族自治县、武冈市
岳阳市	7度	0.10g	第二组	湘阴县、汨罗市
	7度	0.10g	第一组	岳阳楼区、岳阳县
	6度	0.05g	第一组	云溪区、君山区、华容县、平江县、临湘市
常德市	7度	0.15g	第一组	武陵区、鼎城区
	7度	0.10g	第一组	安乡县、汉寿县、澧县、临澧县、桃源县、津市市
	6度	0.05g	第一组	石门县
张家界市	6度	0.05g	第一组	永定区、武陵源区、慈利县、桑植县
益阳市	6度	0.05g	第一组	资阳区、赫山区、南县、桃江县、安化县、沅江市
郴州市	6度	0.05g	第一组	北湖区、苏仙区、桂阳县、宜章县、永兴县、嘉禾县、临武县、汝城县、桂东县、安仁县、资兴市
永州市	6度	0.05g	第一组	零陵区、冷水滩区、祁阳县、东安县、双牌县、道县、江永县、宁远县、蓝山县、新田县、江华瑶族自治县
怀化市	6度	0.05g	第一组	鹤城区、中方县、沅陵县、辰溪县、溆浦县、会同县、麻阳苗族自治县、新晃侗族自治县、芷江侗族自治县、靖州苗族侗族自治县、通道侗族自治县、洪江市
娄底市	6度	0.05g	第一组	娄星区、双峰县、新化县、冷水江市、涟源市
湘西土家族苗族自治州	6度	0.05g	第一组	吉首市、泸溪县、凤凰县、花垣县、保靖县、古丈县、永顺县、龙山县

A.0.19 广东省

	烈度	加速度	分组	县级及县级以上城镇
广州市	7度	0.10g	第一组	荔湾区、越秀区、海珠区、天河区、白云区、黄埔区、番禺区、南沙区
	6度	0.05g	第一组	花都区、增城区、从化区
韶关市	6度	0.05g	第一组	武江区、浈江区、曲江区、始兴县、仁化县、翁源县、乳源瑶族自治县、新丰县、乐昌市、南雄市
深圳市	7度	0.10g	第一组	罗湖区、福田区、南山区、宝安区、龙岗区、盐田区
珠海市	7度	0.10g	第二组	香洲区、金湾区
	7度	0.10g	第一组	斗门区
汕头市	8度	0.20g	第二组	龙湖区、金平区、濠江区、潮阳区、澄海区、南澳县
	7度	0.15g	第二组	潮南区
佛山市	7度	0.10g	第一组	禅城区、南海区、顺德区、三水区、高明区
江门市	7度	0.10g	第一组	蓬江区、江海区、新会区、鹤山市
	6度	0.05g	第一组	台山市、开平市、恩平市
湛江市	8度	0.20g	第二组	徐闻县
	7度	0.10g	第一组	赤坎区、霞山区、坡头区、麻章区、遂溪县、廉江市、雷州市、吴川市

续表

	烈度	加速度	分组	县级及县级以上城镇
茂名市	7度	0.10g	第一组	茂南区、电白区、化州市
	6度	0.05g	第一组	高州市、信宜市
肇庆市	7度	0.10g	第一组	端州区、鼎湖区、高要区
	6度	0.05g	第一组	广宁县、怀集县、封开县、德庆县、四会市
惠州市	6度	0.05g	第一组	惠城区、惠阳区、博罗县、惠东县、龙门县
梅州市	7度	0.10g	第二组	大埔县
	7度	0.10g	第一组	梅江区、梅县区、丰顺县
	6度	0.05g	第一组	五华县、平远县、蕉岭县、兴宁市
汕尾市	7度	0.10g	第一组	城区、海丰县、陆丰市
	6度	0.05g	第一组	陆河县
河源市	7度	0.10g	第一组	源城区、东源县
	6度	0.05g	第一组	紫金县、龙川县、连平县、和平县
阳江市	7度	0.15g	第一组	江城区
	7度	0.10g	第一组	阳东区、阳西县
	6度	0.05g	第一组	阳春市
清远市	6度	0.05g	第一组	清城区、清新区、佛冈县、阳山县、连山壮族瑶族自治县、连南瑶族自治县、英德市、连州市
东莞市	7度	0.10g	第一组	东莞市
中山市	6度	0.05g	第一组	中山市
潮州市	8度	0.20g	第二组	湘桥区、潮安区
	7度	0.15g	第二组	饶平县
揭阳市	7度	0.15g	第二组	榕城区、揭东区
	7度	0.10g	第二组	惠来县、普宁市
	6度	0.05g	第一组	揭西县
云浮市	6度	0.05g	第一组	云城区、云安区、新兴县、郁南县、罗定市

A.0.20 广西壮族自治区

	烈度	加速度	分组	县级及县级以上城镇
南宁市	7度	0.15g	第一组	隆安县
	7度	0.10g	第一组	兴宁区、青秀区、江南区、西乡塘区、良庆区、邕宁区、横县
	6度	0.05g	第一组	武鸣区、马山县、上林县、宾阳县
柳州市	6度	0.05g	第一组	城中区、鱼峰区、柳南区、柳北区、柳江县、柳城县、鹿寨县、融安县、融水苗族自治县、三江侗族自治县
桂林市	6度	0.05g	第一组	秀峰区、叠彩区、象山区、七星区、雁山区、临桂区、阳朔县、灵川县、全州县、兴安县、永福县、灌阳县、龙胜各族自治县、资源县、平乐县、荔浦县、恭城瑶族自治县
梧州市	6度	0.05g	第一组	万秀区、长洲区、龙圩区、苍梧县、藤县、蒙山县、岑溪市
北海市	7度	0.10g	第一组	合浦县
	6度	0.05g	第一组	海城区、银海区、铁山港区

续表

	烈度	加速度	分组	县级及县级以上城镇
防城港市	6度	0.05g	第一组	港口区、防城区、上思县、东兴市
钦州市	7度	0.15g	第一组	灵山县
	7度	0.10g	第一组	钦南区、钦北区、浦北县
贵港市	6度	0.05g	第一组	港北区、港南区、覃塘区、平南县、桂平市
玉林市	7度	0.10g	第一组	玉州区、福绵区、陆川县、博白县、兴业县、北流市
	6度	0.05g	第一组	容县
百色市	7度	0.15g	第一组	田东县、平果县、乐业县
	7度	0.10g	第一组	右江区、田阳县、田林县
	6度	0.05g	第二组	西林县、隆林各族自治县
	6度	0.05g	第一组	德保县、那坡县、凌云县
贺州市	6度	0.05g	第一组	八步区、昭平县、钟山县、富川瑶族自治县
河池市	6度	0.05g	第一组	金城江区、南丹县、天峨县、凤山县、东兰县、罗城仫佬族自治县、环江毛南族自治县、巴马瑶族自治县、都安瑶族自治县、大化瑶族自治县、宜州市
来宾市	6度	0.05g	第一组	兴宾区、忻城县、象州县、武宣县、金秀瑶族自治县、合山市
崇左市	7度	0.10g	第一组	扶绥县
	6度	0.05g	第一组	江州区、宁明县、龙州县、大新县、天等县、凭祥市
自治区直辖县级行政单位	6度	0.05g	第一组	靖西市

A.0.21 海南省

	烈度	加速度	分组	县级及县级以上城镇
海口市	8度	0.30g	第二组	秀英区、龙华区、琼山区、美兰区
三亚市	6度	0.05g	第一组	海棠区、吉阳区、天涯区、崖州区
三沙市	7度	0.10g	第一组	三沙市[1]
儋州市	7度	0.10g	第二组	儋州市
省直辖县级行政单位	8度	0.20g	第二组	文昌市、定安县
	7度	0.15g	第二组	澄迈县
	7度	0.15g	第一组	临高县
	7度	0.10g	第二组	琼海市、屯昌县
	6度	0.05g	第二组	白沙黎族自治县、琼中黎族苗族自治县
	6度	0.05g	第一组	五指山市、万宁市、东方市、昌江黎族自治县、乐东黎族自治县、陵水黎族自治县、保亭黎族苗族自治县

注：1 三沙市政府驻地西沙永兴岛。

A.0.22 重庆市

烈度	加速度	分组	县级及县级以上城镇
7度	0.10g	第一组	黔江区、荣昌区
6度	0.05g	第一组	万州区、涪陵区、渝中区、大渡口区、江北区、沙坪坝区、九龙坡区、南岸区、北碚区、綦江区、大足区、渝北区、巴南区、长寿区、江津区、合川区、永川区、南川区、铜梁区、璧山区、潼南区、梁平县、城口县、丰都县、垫江县、武隆县、忠县、开县、云阳县、奉节县、巫山县、巫溪县、石柱土家族自治县、秀山土家族苗族自治县、酉阳土家族苗族自治县、彭水苗族土家族自治县

A.0.23 四川省

	烈度	加速度	分组	县级及县级以上城镇
成都市	8度	0.20g	第二组	都江堰市
	7度	0.15g	第二组	彭州市
	7度	0.10g	第三组	锦江区、青羊区、金牛区、武侯区、成华区、龙泉驿区、青白江区、新都区、温江区、金堂县、双流县、郫县、大邑县、蒲江县、新津县、邛崃市、崇州市
自贡市	7度	0.10g	第二组	富顺县
	7度	0.10g	第一组	自流井区、贡井区、大安区、沿滩区
	6度	0.05g	第三组	荣县
攀枝花市	7度	0.15g	第三组	东区、西区、仁和区、米易县、盐边县
泸州市	6度	0.05g	第二组	泸县
	6度	0.05g	第一组	江阳区、纳溪区、龙马潭区、合江县、叙永县、古蔺县
德阳市	7度	0.15g	第二组	什邡市、绵竹市
	7度	0.10g	第三组	广汉市
	7度	0.10g	第二组	旌阳区、中江县、罗江县
绵阳市	8度	0.20g	第二组	平武县
	7度	0.15g	第二组	北川羌族自治县（新）、江油市
	7度	0.10g	第二组	涪城区、游仙区、安县
	6度	0.05g	第二组	三台县、盐亭县、梓潼县
广元市	7度	0.15g	第二组	朝天区、青川县
	7度	0.10g	第二组	利州区、昭化区、剑阁县
	6度	0.05g	第二组	旺苍县、苍溪县
遂宁市	6度	0.05g	第一组	船山区、安居区、蓬溪县、射洪县、大英县
内江市	7度	0.10g	第一组	隆昌县
	6度	0.05g	第二组	威远县
	6度	0.05g	第一组	市中区、东兴区、资中县
乐山市	7度	0.15g	第三组	金口河区
	7度	0.15g	第二组	沙湾区、沐川县、峨边彝族自治县、马边彝族自治县
	7度	0.10g	第三组	五通桥区、犍为县、夹江县
	7度	0.10g	第二组	市中区、峨眉山市
	6度	0.05g	第三组	井研县
南充市	6度	0.05g	第二组	阆中市
	6度	0.05g	第一组	顺庆区、高坪区、嘉陵区、南部县、营山县、蓬安县、仪陇县、西充县
眉山市	7度	0.10g	第三组	东坡区、彭山区、洪雅县、丹棱县、青神县
	6度	0.05g	第二组	仁寿县
宜宾市	7度	0.10g	第三组	高县
	7度	0.10g	第二组	翠屏区、宜宾县、屏山县
	6度	0.05g	第三组	珙县、筠连县
	6度	0.05g	第二组	南溪区、江安县、长宁县
	6度	0.05g	第一组	兴文县
广安市	6度	0.05g	第一组	广安区、前锋区、岳池县、武胜县、邻水县、华蓥市

续表

	烈度	加速度	分组	县级及县级以上城镇
达州市	6度	0.05g	第一组	通川区、达川区、宣汉县、开江县、大竹县、渠县、万源市
雅安市	8度	0.20g	第三组	石棉县
	8度	0.20g	第一组	宝兴县
	7度	0.15g	第三组	荥经县、汉源县
	7度	0.15g	第二组	天全县、芦山县
	7度	0.10g	第三组	名山区
	7度	0.10g	第二组	雨城区
巴中市	6度	0.05g	第一组	巴州区、恩阳区、通江县、平昌县
	6度	0.05g	第二组	南江县
资阳市	6度	0.05g	第一组	雁江区、安岳县、乐至县
	6度	0.05g	第二组	简阳市
阿坝藏族羌族自治州	8度	0.20g	第三组	九寨沟县
	8度	0.20g	第二组	松潘县
	8度	0.20g	第一组	汶川县、茂县
	7度	0.15g	第二组	理县、阿坝县
	7度	0.10g	第三组	金川县、小金县、黑水县、壤塘县、若尔盖县、红原县
	7度	0.10g	第二组	马尔康县
甘孜藏族自治州	9度	0.40g	第二组	康定市
	8度	0.30g	第二组	道孚县、炉霍县
	8度	0.20g	第三组	理塘县、甘孜县
	8度	0.20g	第二组	泸定县、德格县、白玉县、巴塘县、得荣县
	7度	0.15g	第三组	九龙县、雅江县、新龙县
	7度	0.15g	第二组	丹巴县
	7度	0.10g	第三组	石渠县、色达县、稻城县
	7度	0.10g	第二组	乡城县
凉山彝族自治州	9度	0.40g	第三组	西昌市
	8度	0.30g	第三组	宁南县、普格县、冕宁县
	8度	0.20g	第三组	盐源县、德昌县、布拖县、昭觉县、喜德县、越西县、雷波县
	7度	0.15g	第三组	木里藏族自治县、会东县、金阳县、甘洛县、美姑县
	7度	0.10g	第三组	会理县

A.0.24 贵州省

	烈度	加速度	分组	县级及县级以上城镇
贵阳市	6度	0.05g	第一组	南明区、云岩区、花溪区、乌当区、白云区、观山湖区、开阳县、息烽县、修文县、清镇市
六盘水市	7度	0.10g	第二组	钟山区
	6度	0.05g	第三组	盘县
	6度	0.05g	第二组	水城县
	6度	0.05g	第一组	六枝特区

续表

	烈度	加速度	分组	县级及县级以上城镇
遵义市	6度	0.05g	第一组	红花岗区、汇川区、遵义县、桐梓县、绥阳县、正安县、道真仡佬族苗族自治县、务川仡佬族苗族自治县凤、冈县、湄潭县、余庆县、习水县、赤水市、仁怀市
安顺市	6度	0.05g	第一组	西秀区、平坝区、普定县、镇宁布依族苗族自治县、关岭布依族苗族自治县、紫云苗族布依族自治县
铜仁市	6度	0.05g	第一组	碧江区、万山区、江口县、玉屏侗族自治县、石阡县、思南县、印江土家族苗族自治县、德江县、沿河土家族自治县、松桃苗族自治县
黔西南布依族苗族自治州	7度	0.15g	第一组	望谟县
	7度	0.10g	第二组	普安县、晴隆县
	6度	0.05g	第三组	兴义市
	6度	0.05g	第二组	兴仁县、贞丰县、册亨县、安龙县
毕节市	7度	0.10g	第三组	威宁彝族回族苗族自治县
	6度	0.05g	第三组	赫章县
	6度	0.05g	第二组	七星关区、大方县、纳雍县
	6度	0.05g	第一组	金沙县、黔西县、织金县
黔东南苗族侗族自治州	6度	0.05g	第一组	凯里市、黄平县、施秉县、三穗县、镇远县、岑巩县、天柱县、锦屏县、剑河县、台江县、黎平县、榕江县、从江县、雷山县、麻江县、丹寨县
黔南布依族苗族自治州	7度	0.10g	第一组	福泉市、贵定县、龙里县
	6度	0.05g	第一组	都匀市、荔波县、瓮安县、独山县、平塘县、罗甸县、长顺县、惠水县、三都水族自治县

A.0.25 云南省

	烈度	加速度	分组	县级及县级以上城镇
昆明市	9度	0.40g	第三组	东川区、寻甸回族彝族自治县
	8度	0.30g	第三组	宜良县、嵩明县
	8度	0.20g	第三组	五华区、盘龙区、官渡区、西山区、呈贡区、晋宁县、石林彝族自治县、安宁市
	7度	0.15g	第三组	富民县、禄劝彝族苗族自治县
曲靖市	8度	0.20g	第三组	马龙县、会泽县
	7度	0.15g	第三组	麒麟区、陆良县、沾益县
	7度	0.10g	第三组	师宗县、富源县、罗平县、宣威市
玉溪市	8度	0.30g	第三组	江川县、澄江县、通海县、华宁县、峨山彝族自治县
	8度	0.20g	第三组	红塔区、易门县
	7度	0.15g	第三组	新平彝族傣族自治县、元江哈尼族彝族傣自治县
保山市	8度	0.30g	第三组	龙陵县
	8度	0.20g	第三组	隆阳区、施甸县
	7度	0.15g	第三组	昌宁县
昭通市	8度	0.20g	第三组	巧家县、永善县
	7度	0.15g	第三组	大关县、彝良县、鲁甸县
	7度	0.15g	第二组	绥江县

续表

	烈度	加速度	分组	县级及县级以上城镇
昭通市	7度	0.10g	第三组	昭阳区、盐津县
	7度	0.10g	第二组	水富县
	6度	0.05g	第二组	镇雄县、威信县
丽江市	8度	0.30g	第三组	古城区、玉龙纳西族自治县、永胜县
	8度	0.20g	第三组	宁蒗彝族自治县
	7度	0.15g	第三组	华坪县
普洱市	9度	0.40g	第三组	澜沧拉祜族自治县
	8度	0.30g	第三组	孟连傣族拉祜族佤族自治县、西盟佤族自治县
	8度	0.20g	第三组	思茅区、宁洱哈尼族彝族自县
	7度	0.15g	第三组	景东彝族自治县、景谷傣族彝族自治县
	7度	0.10g	第三组	墨江哈尼族自治县、镇沅彝族哈尼族拉祜族自治县、江城哈尼族彝族自治县
临沧市	8度	0.30g	第三组	双江拉祜族佤族布朗族傣族自治县、耿马傣族佤族自治县、沧源佤族自治县
	8度	0.20g	第三组	临翔区、凤庆县、云县、永德县、镇康县
楚雄彝族自治州	8度	0.20g	第三组	楚雄市、南华县
	7度	0.15g	第三组	双柏县、牟定县、姚安县、大姚县、元谋县、武定县、禄丰县
	7度	0.10g	第三组	永仁县
红河哈尼族彝族自治州	8度	0.30g	第三组	建水县、石屏县
	7度	0.15g	第三组	个旧市、开远市、弥勒市、元阳县、红河县
	7度	0.10g	第三组	蒙自市、泸西县、金平苗族瑶族傣族自治县、绿春县
	7度	0.10g	第一组	河口瑶族自治县
	6度	0.05g	第三组	屏边苗族自治县
文山壮族苗族自治州	7度	0.10g	第三组	文山市
	6度	0.05g	第三组	砚山县、丘北县
	6度	0.05g	第二组	广南县
	6度	0.05g	第一组	西畴县、麻栗坡县、马关县、富宁县
西双版纳傣族自治州	8度	0.30g	第三组	勐海县
	8度	0.20g	第三组	景洪市
	7度	0.15g	第三组	勐腊县
大理白族自治州	8度	0.30g	第三组	洱源县、剑川县、鹤庆县
	8度	0.20g	第三组	大理市、漾濞彝族自治县、祥云县、宾川县、弥渡县、南涧彝族自治县、巍山彝族回族自治县
	7度	0.15g	第三组	永平县、云龙县
德宏傣族景颇族自治州	8度	0.30g	第三组	瑞丽市、芒市
	8度	0.20g	第三组	梁河县、盈江县、陇川县
怒江傈僳族自治州	8度	0.20g	第三组	泸水县
	8度	0.20g	第二组	福贡县、贡山独龙族怒族自治县
	7度	0.15g	第三组	兰坪白族普米族自治县
迪庆藏族自治州	8度	0.20g	第二组	香格里拉市、德钦县、维西傈僳族自治县
省直辖县级行政单位	8度	0.20g	第三组	腾冲市

A. 0. 26 西藏自治区

	烈度	加速度	分组	县级及县级以上城镇
拉萨市	9度	0.40g	第三组	当雄县
	8度	0.20g	第三组	城关区、林周县、尼木县、堆龙德庆县
	7度	0.15g	第三组	曲水县、达孜县、墨竹工卡县
昌都市	8度	0.20g	第三组	卡若区、边坝县、洛隆县
	7度	0.15g	第三组	类乌齐县、丁青县、察雅县、八宿县、左贡县
	7度	0.15g	第二组	江达县、芒康县
	7度	0.10g	第三组	贡觉县
山南地区	8度	0.30g	第三组	错那县
	8度	0.20g	第三组	桑日县、曲松县、隆子县
	7度	0.15g	第三组	乃东县、扎囊县、贡嘎县、琼结县、措美县、洛扎县、加查县、浪卡子县
日喀则市	8度	0.20g	第三组	仁布县、康马县、聂拉木县
	8度	0.20g	第二组	拉孜县、定结县、亚东县
	7度	0.15g	第三组	桑珠孜区（原日喀则市）、南木林县、江孜县、定日县、萨迦县、白朗县、吉隆县、萨嘎县、岗巴县
	7度	0.15g	第二组	昂仁县、谢通门县、仲巴县
那曲地区	8度	0.30g	第三组	申扎县
	8度	0.20g	第三组	那曲县、安多县、尼玛县
	8度	0.20g	第二组	嘉黎县
	7度	0.15g	第三组	聂荣县、班戈县
	7度	0.15g	第二组	索县、巴青县、双湖县
	7度	0.10g	第三组	比如县
阿里地区	8度	0.20g	第三组	普兰县
	7度	0.15g	第三组	噶尔县、日土县
	7度	0.15g	第二组	札达县、改则县
	7度	0.10g	第三组	革吉县
	7度	0.10g	第二组	措勤县
林芝市	9度	0.40g	第三组	墨脱县
	8度	0.30g	第三组	米林县、波密县
	8度	0.20g	第三组	巴宜区（原林芝县）
	7度	0.15g	第三组	察隅县、朗县
	7度	0.10g	第三组	工布江达县

A. 0. 27 陕西省

	烈度	加速度	分组	县级及县级以上城镇
西安市	8度	0.20g	第二组	新城区、碑林区、莲湖区、灞桥区、未央区、雁塔区、阎良区、临潼区、长安区、高陵区、蓝田县、周至县、户县
铜川市	7度	0.10g	第三组	王益区、印台区、耀州区
	6度	0.05g	第三组	宜君县

续表

	烈度	加速度	分组	县级及县级以上城镇
宝鸡市	8度	0.20g	第三组	凤翔县、岐山县、陇县、千阳县
	8度	0.20g	第二组	渭滨区、金台区、陈仓区、扶风县、眉县
	7度	0.15g	第三组	凤县
	7度	0.10g	第三组	麟游县、太白县
咸阳市	8度	0.20g	第二组	秦都区、杨陵区、渭城区、泾阳县、武功县、兴平市
	7度	0.15g	第三组	乾县
	7度	0.15g	第二组	三原县、礼泉县
	7度	0.10g	第三组	永寿县、淳化县
	6度	0.05g	第三组	彬县、长武县、旬邑县
渭南市	8度	0.30g	第二组	华县
	8度	0.20g	第二组	临渭区、潼关县、大荔县、华阴市
	7度	0.15g	第三组	澄城县、富平县
	7度	0.15g	第二组	合阳县、蒲城县、韩城市
	7度	0.10g	第三组	白水县
延安市	6度	0.05g	第三组	吴起县、富县、洛川县、宜川县、黄龙县、黄陵县
	6度	0.05g	第二组	延长县、延川县
	6度	0.05g	第一组	宝塔区、子长县、安塞县、志丹县、甘泉县
汉中市	7度	0.15g	第二组	略阳县
	7度	0.10g	第三组	留坝县
	7度	0.10g	第二组	汉台区、南郑县、勉县、宁强县
	6度	0.05g	第三组	城固县、洋县、西乡县、佛坪县
	6度	0.05g	第一组	镇巴县
榆林市	6度	0.05g	第三组	府谷县、定边县、吴堡县
	6度	0.05g	第一组	榆阳区、神木县、横山县、靖边县、绥德县、米脂县、佳县、清涧县、子洲县
安康市	7度	0.10g	第一组	汉滨区、平利县
	6度	0.05g	第三组	汉阴县、石泉县、宁陕县
	6度	0.05g	第二组	紫阳县、岚皋县、旬阳县、白河县
	6度	0.05g	第一组	镇坪县
商洛市	7度	0.15g	第二组	洛南县
	7度	0.10g	第三组	商州区、柞水县
	7度	0.10g	第一组	商南县
	6度	0.05g	第三组	丹凤县、山阳县、镇安县

A.0.28 甘肃省

	烈度	加速度	分组	县级及县级以上城镇
兰州市	8度	0.20g	第三组	城关区、七里河区、西固区、安宁区、永登县
	7度	0.15g	第三组	红古区、皋兰县、榆中县
嘉峪关市	8度	0.20g	第二组	嘉峪关市
金昌市	7度	0.15g	第三组	金川区、永昌县

续表

	烈度	加速度	分组	县级及县级以上城镇
白银市	8 度	0.30g	第三组	平川区
	8 度	0.20g	第三组	靖远县、会宁县、景泰县
	7 度	0.15g	第三组	白银区
天水市	8 度	0.30g	第二组	秦州区、麦积区
	8 度	0.20g	第三组	清水县、秦安县、武山县、张家川回族自治县
	8 度	0.20g	第二组	甘谷县
武威市	8 度	0.30g	第三组	古浪县
	8 度	0.20g	第三组	凉州区、天祝藏族自治县
	7 度	0.10g	第三组	民勤县
张掖市	8 度	0.20g	第三组	临泽县
	8 度	0.20g	第二组	肃南裕固族自治县、高台县
	7 度	0.15g	第三组	甘州区
	7 度	0.15g	第二组	民乐县、山丹县
平凉市	8 度	0.20g	第三组	华亭县、庄浪县、静宁县
	7 度	0.15g	第三组	崆峒区、崇信县
	7 度	0.10g	第三组	泾川县、灵台县
酒泉市	8 度	0.20g	第二组	肃北蒙古族自治县
	7 度	0.15g	第三组	肃州区、玉门市
	7 度	0.15g	第二组	金塔县、阿克塞哈萨克族自治县
	7 度	0.10g	第三组	瓜州县、敦煌市
庆阳市	7 度	0.10g	第三组	西峰区、环县、镇原县
	6 度	0.05g	第三组	庆城县、华池县、合水县、正宁县、宁县
定西市	8 度	0.20g	第三组	通渭县、陇西县、漳县
	7 度	0.15g	第三组	安定区、渭源县、临洮县、岷县
陇南市	8 度	0.30g	第二组	西和县、礼县
	8 度	0.20g	第三组	两当县
	8 度	0.20g	第二组	武都区、成县、文县、宕昌县、康县、徽县
临夏回族自治州	8 度	0.20g	第三组	永靖县
	7 度	0.15g	第三组	临夏市、康乐县、广河县、和政县、东乡族自治县、
	7 度	0.15g	第二组	临夏县
	7 度	0.10g	第三组	积石山保安族东乡族撒拉族自治县
甘南藏族自治州	8 度	0.20g	第三组	舟曲县
	8 度	0.20g	第二组	玛曲县
	7 度	0.15g	第三组	临潭县、卓尼县、迭部县
	7 度	0.15g	第二组	合作市、夏河县
	7 度	0.10g	第三组	碌曲县

A. 0. 29 青海省

	烈度	加速度	分组	县级及县级以上城镇
西宁市	7度	0.10g	第三组	城中区、城东区、城西区、城北区、大通回族土族自治县、湟中县、湟源县
海东市	7度	0.10g	第三组	乐都区、平安区、民和回族土族自治县、互助土族自治县、化隆回族自治县、循化撒拉族自治县
海北藏族自治州	8度	0.20g	第二组	祁连县
	7度	0.15g	第三组	门源回族自治县
	7度	0.15g	第二组	海晏县
	7度	0.10g	第三组	刚察县
黄南藏族自治州	7度	0.15g	第二组	同仁县
	7度	0.10g	第三组	尖扎县、河南蒙古族自治县
	7度	0.10g	第二组	泽库县
海南藏族自治州	7度	0.15g	第二组	贵德县
	7度	0.10g	第三组	共和县、同德县、兴海县、贵南县
果洛藏族自治州	8度	0.30g	第三组	玛沁县
	8度	0.20g	第三组	甘德县、达日县
	7度	0.15g	第三组	玛多县
	7度	0.10g	第三组	班玛县、久治县
玉树藏族自治州	8度	0.20g	第三组	曲麻莱县
	7度	0.15g	第三组	玉树市、治多县
	7度	0.10g	第三组	称多县
	7度	0.10g	第二组	杂多县、囊谦县
海西蒙古族藏族自治州	7度	0.15g	第三组	德令哈市
	7度	0.15g	第二组	乌兰县
	7度	0.10g	第三组	格尔木市、都兰县、天峻县

A. 0. 30 宁夏回族自治区

	烈度	加速度	分组	县级及县级以上城镇
银川市	8度	0.20g	第三组	灵武市
	8度	0.20g	第二组	兴庆区、西夏区、金凤区、永宁县、贺兰县
石嘴山市	8度	0.20g	第二组	大武口区、惠农区、平罗县
吴忠市	8度	0.20g	第三组	利通区、红寺堡区、同心县、青铜峡市
	6度	0.05g	第三组	盐池县
固原市	8度	0.20g	第三组	原州区、西吉县、隆德县、泾源县
	7度	0.15g	第三组	彭阳县
中卫市	8度	0.20g	第三组	沙坡头区、中宁县、海原县

A. 0. 31 新疆维吾尔自治区

	烈度	加速度	分组	县级及县级以上城镇
乌鲁木齐市	8度	0.20g	第二组	天山区、沙依巴克区、新市区、水磨沟区、头屯河区、达阪城区、米东区、乌鲁木齐县[1]

续表

	烈度	加速度	分组	县级及县级以上城镇
克拉玛依市	8度	0.20g	第三组	独山子区
	7度	0.10g	第三组	克拉玛依区、白碱滩区
	7度	0.10g	第一组	乌尔禾区
吐鲁番市	7度	0.15g	第二组	高昌区（原吐鲁番市）
	7度	0.10g	第二组	鄯善县、托克逊县
哈密地区	8度	0.20g	第二组	巴里坤哈萨克自治县
	7度	0.15g	第二组	伊吾县
	7度	0.10g	第二组	哈密市
昌吉回族自治州	8度	0.20g	第三组	昌吉市、玛纳斯县
	8度	0.20g	第二组	木垒哈萨克自治县
	7度	0.15g	第三组	呼图壁县
	7度	0.15g	第二组	阜康市、吉木萨尔县
	7度	0.10g	第二组	奇台县
博尔塔拉蒙古自治州	8度	0.20g	第三组	精河县
	8度	0.20g	第二组	阿拉山口市
	7度	0.15g	第三组	博乐市、温泉县
巴音郭楞蒙古自治州	8度	0.20g	第二组	库尔勒市、焉耆回族自治县、和静镇、和硕县、博湖县
	7度	0.15g	第二组	轮台县
	7度	0.10g	第三组	且末县
	7度	0.10g	第二组	尉犁县、若羌县
阿克苏地区	8度	0.20g	第二组	阿克苏市、温宿县、库车县、拜城县、乌什县、柯坪县
	7度	0.15g	第二组	新和县
	7度	0.10g	第三组	沙雅县、阿瓦提县、阿瓦提镇
克孜勒苏柯尔克孜自治州	9度	0.40g	第三组	乌恰县
	8度	0.30g	第三组	阿图什市
	8度	0.20g	第三组	阿克陶县
	8度	0.20g	第二组	阿合奇县
喀什地区	9度	0.40g	第三组	塔什库尔干塔吉克自治县
	8度	0.30g	第三组	喀什市、疏附县、英吉沙县
	8度	0.20g	第三组	疏勒县、岳普湖县、伽师县、巴楚县
	7度	0.15g	第三组	泽普县、叶城县
	7度	0.10g	第三组	莎车县、麦盖提县
和田地区	7度	0.15g	第二组	和田市、和田县[2]、墨玉县、洛浦县、策勒县
	7度	0.10g	第三组	皮山县
	7度	0.10g	第二组	于田县、民丰县
伊犁哈萨克自治州	8度	0.30g	第三组	昭苏县、特克斯县、尼勒克县
	8度	0.20g	第三组	伊宁市、奎屯市、霍尔果斯市、伊宁县、霍城县、巩留县、新源县
	7度	0.15g	第三组	察布查尔锡伯自治县

续表

	烈度	加速度	分组	县级及县级以上城镇
塔城地区	8度	0.20g	第三组	乌苏市、沙湾县
	7度	0.15g	第二组	托里县
	7度	0.15g	第一组	和布克赛尔蒙古自治县
	7度	0.10g	第二组	裕民县
	7度	0.10g	第一组	塔城市、额敏县
阿勒泰地区	8度	0.20g	第三组	富蕴县、青河县
	7度	0.15g	第二组	阿勒泰市、哈巴河县
	7度	0.10g	第二组	布尔津县
	6度	0.05g	第三组	福海县、吉木乃县
自治区直辖县级行政单位	8度	0.20g	第三组	石河子市、可克达拉市
	8度	0.20g	第二组	铁门关市
	7度	0.15g	第三组	图木舒克市、五家渠市、双河市
	7度	0.10g	第二组	北屯市、阿拉尔市

注：1　乌鲁木齐县政府驻乌鲁木齐市水磨沟区南湖南路街道；
　　2　和田县政府驻和田市古江巴格街道。

A.0.32　港澳特区和台湾省

	烈度	加速度	分组	县级及县级以上城镇
香港特别行政区	7度	0.15g	第二组	香港
澳门特别行政区	7度	0.10g	第二组	澳门
台湾省	9度	0.40g	第三组	嘉义县、嘉义市、云林县、南投县、彰化县、台中市、苗栗县、花莲县
	9度	0.40g	第二组	台南县、台中县
	8度	0.30g	第三组	台北市、台北县、基隆市、桃园县、新竹县、新竹市、宜兰县、台东县、屏东县
	8度	0.20g	第三组	高雄市、高雄县、金门县
	8度	0.20g	第二组	澎湖县
	6度	0.05g	第三组	妈祖县

附录B　高强混凝土结构抗震设计要求

B.0.1　高强混凝土结构所采用的混凝土强度等级应符合本规范第3.9.3条的规定；其抗震设计，除应符合普通混凝土结构抗震设计要求外，尚应符合本附录的规定。

B.0.2　结构构件截面剪力设计值的限值中含有混凝土轴心抗压强度设计值（f_c）的项应乘以混凝土强度影响系数（β_c）。其值，混凝土强度等级为C50时取1.0，C80时取0.8，介于C50和C80之间时取其内插值。

结构构件受压区高度计算和承载力验算时，公式中含有混凝土轴心抗压强度设计值（f_c）的项也应按国家标准《混凝土结构设计规范》GB 50010的有关规定乘以相应的混凝土强度影响系数。

B.0.3　高强混凝土框架的抗震构造措施，应符合下列要求：

1　梁端纵向受拉钢筋的配筋率不宜大于3%（HRB335级钢筋）和2.6%（HRB400级钢筋）。梁端箍筋加密区的箍筋最小直径应比普通混凝土梁箍筋的最小直径增大2mm。

2　柱的轴压比限值宜按下列规定采用：不超过C60混凝土的柱可与普通混凝土柱相同，C65～C70混凝土的柱宜比普通混凝土柱减小0.05，C75～C80

混凝土的柱宜比普通混凝土柱减小 0.1。

3 当混凝土强度等级大于 C60 时，柱纵向钢筋的最小总配筋率应比普通混凝土柱增大 0.1%。

4 柱加密区的最小配箍特征值宜按下列规定采用；混凝土强度等级高于 C60 时，箍筋宜采用复合箍、复合螺旋箍或连续复合矩形螺旋箍。

1）轴压比不大于 0.6 时，宜比普通混凝土柱大 0.02；

2）轴压比大于 0.6 时，宜比普通混凝土柱大 0.03。

B.0.4 当抗震墙的混凝土强度等级大于 C60 时，应经过专门研究，采取加强措施。

附录C 预应力混凝土结构抗震设计要求

C.0.1 本附录适用于 6、7、8 度时先张法和后张有粘结预应力混凝土结构的抗震设计，9 度时应进行专门研究。

无粘结预应力混凝土结构的抗震设计，应采取措施防止罕遇地震下结构构件塑性铰区以外有效预加力松弛，并符合专门的规定。

C.0.2 抗震设计的预应力混凝土结构，应采取措施使其具有良好的变形和消耗地震能量的能力，达到延性结构的基本要求；应避免构件剪切破坏先于弯曲破坏、节点先于被连接构件破坏、预应力筋的锚固粘结先于构件破坏。

C.0.3 抗震设计时，后张预应力框架、门架、转换层的转换大梁，宜采用有粘结预应力筋。承重结构的受拉杆件和抗震等级为一级的框架，不得采用无粘结预应力筋。

C.0.4 抗震设计时，预应力混凝土结构的抗震等级及相应的地震组合内力调整，应按本规范第 6 章对钢筋混凝土结构的要求执行。

C.0.5 预应力混凝土结构的混凝土强度等级，框架和转换层的转换构件不宜低于 C40。其他抗侧力的预应力混凝土构件，不应低于 C30。

C.0.6 预应力混凝土结构的抗震计算，除应符合本规范第 5 章的规定外，尚应符合下列规定：

1 预应力混凝土结构自身的阻尼比可采用 0.03，并可按钢筋混凝土结构部分和预应力混凝土结构部分在整个结构总变形能所占的比例折算为等效阻尼比。

2 预应力混凝土结构构件截面抗震验算时，本规范第 5.4.1 条地震作用效应基本组合中，应增加预应力作用效应项，其分项系数，一般情况应采用 1.0，当预应力作用效应对构件承载力不利时，应采用 1.2。

3 预应力筋穿过框架节点核芯区时，节点核芯区的截面抗震验算，应计入总有效预加力以及预应力孔道削弱核芯区有效验算宽度的影响。

C.0.7 预应力混凝土结构的抗震构造，除下列规定外，应符合本规范第 6 章对钢筋混凝土结构的要求：

1 抗侧力的预应力混凝土构件，应采用预应力筋和非预应力筋混合配筋方式。二者的比例应依据抗震等级按有关规定控制，其预应力强度比不宜大于 0.75。

2 预应力混凝土框架梁端纵向受拉钢筋的最大配筋率、底面和顶面非预应力钢筋配筋量的比值，应按预应力强度比相应换算后符合钢筋混凝土框架梁的要求。

3 预应力混凝土框架柱可采用非对称配筋方式；其轴压比计算，应计入预应力筋的总有效预加力形成的轴向压力设计值，并符合钢筋混凝土结构中对应框架柱的要求；箍筋宜全高加密。

4 板柱-抗震墙结构中，在柱截面范围内通过板底连续钢筋的要求，应计入预应力钢筋截面面积。

C.0.8 后张预应力筋的锚具不宜设置在梁柱节点核芯区。预应力筋-锚具组装件的锚固性能，应符合专门的规定。

附录D 框架梁柱节点核芯区截面抗震验算

D.1 一般框架梁柱节点

D.1.1 一、二、三级框架梁柱节点核芯区组合的剪力设计值，应按下列公式确定：

$$V_j = \frac{\eta_{jb} \sum M_b}{h_{b0} - a'_s}\left(1 - \frac{h_{b0} - a'_s}{H_c - h_b}\right) \quad (D.1.1\text{-}1)$$

一级框架结构和 9 度的一级框架可不按上式确定，但应符合下式：

$$V_j = \frac{1.15 \sum M_{bua}}{h_{b0} - a'_s}\left(1 - \frac{h_{b0} - a'_s}{H_c - h_b}\right) \quad (D.1.1\text{-}2)$$

式中：V_j ——梁柱节点核芯区组合的剪力设计值；

h_{b0} ——梁截面的有效高度，节点两侧梁截面高度不等时可采用平均值；

a'_s ——梁受压钢筋合力点至受压边缘的距离；

H_c ——柱的计算高度，可采用节点上、下柱反弯点之间的距离；

h_b ——梁的截面高度，节点两侧梁截面高度不等时可采用平均值；

η_{jb} ——强节点系数，对于框架结构，一级宜取 1.5，二级宜取 1.35，三级宜取 1.2；

对于其他结构中的框架，一级宜取1.35，二级宜取1.2，三级宜取1.1；

$\sum M_b$——节点左右梁端反时针或顺时针方向组合弯矩设计值之和，一级框架节点左右梁端均为负弯矩时，绝对值较小的弯矩应取零；

$\sum M_{bua}$——节点左右梁端反时针或顺时针方向实配的正截面抗震受弯承载力所对应的弯矩值之和，可根据实配钢筋面积（计入受压筋）和材料强度标准值确定。

D.1.2 核芯区截面有效验算宽度，应按下列规定采用：

1 核芯区截面有效验算宽度，当验算方向的梁截面宽度不小于该侧柱截面宽度的1/2时，可采用该侧柱截面宽度，当小于柱截面宽度的1/2时可采用下列二者的较小值：

$$b_j = b_b + 0.5h_c \tag{D.1.2-1}$$

$$b_j = b_c \tag{D.1.2-2}$$

式中：b_j——节点核芯区的截面有效验算宽度；

b_b——梁截面宽度；

h_c——验算方向的柱截面高度；

b_c——验算方向的柱截面宽度。

2 当梁、柱的中线不重合且偏心距不大于柱宽的1/4时，核芯区的截面有效验算宽度可采用上款和下式计算结果的较小值。

$$b_j = 0.5(b_b + b_c) + 0.25h_c - e \tag{D.1.2-3}$$

式中：e——梁与柱中线偏心距。

D.1.3 节点核芯区组合的剪力设计值，应符合下列要求：

$$V_j \leqslant \frac{1}{\gamma_{RE}}(0.30\eta_j f_c b_j h_j) \tag{D.1.3}$$

式中：η_j——正交梁的约束影响系数；楼板为现浇、梁柱中线重合、四侧各梁截面宽度不小于该侧柱截面宽度的1/2，且正交方向梁高度不小于框架梁高度的3/4时，可采用1.5，9度的一级宜采用1.25；其他情况均采用1.0；

h_j——节点核芯区的截面高度，可采用验算方向的柱截面高度；

γ_{RE}——承载力抗震调整系数，可采用0.85。

D.1.4 节点核芯区截面抗震受剪承载力，应采用下列公式验算：

$$V_j \leqslant \frac{1}{\gamma_{RE}}\left(0.1\eta_j f_t b_j h_j + 0.05\eta_j N\frac{b_j}{b_c} + f_{yv}A_{svj}\frac{h_{b0} - a'_s}{s}\right) \tag{D.1.4-1}$$

9度的一级

$$V_j \leqslant \frac{1}{\gamma_{RE}}\left(0.9\eta_j f_t b_j h_j + f_{yv}A_{svj}\frac{h_{b0} - a'_s}{s}\right) \tag{D.1.4-2}$$

式中：N——对应于组合剪力设计值的上柱组合轴向压力较小值，其取值不应大于柱的截面面积和混凝土轴心抗压强度设计值的乘积的50%，当N为拉力时，取$N=0$；

f_{yv}——箍筋的抗拉强度设计值；

f_t——混凝土轴心抗拉强度设计值；

A_{svj}——核芯区有效验算宽度范围内同一截面验算方向箍筋的总截面面积；

s——箍筋间距。

D.2 扁梁框架的梁柱节点

D.2.1 扁梁框架的梁宽大于柱宽时，梁柱节点应符合本段的规定。

D.2.2 扁梁框架的梁柱节点核芯区应根据梁纵筋在柱宽范围内、外的截面面积比例，对柱宽以内和柱宽以外的范围分别验算受剪承载力。

D.2.3 核芯区验算方法除应符合一般框架梁柱节点的要求外，尚应符合下列要求：

1 按本规范式（D.1.3）验算核芯区剪力限值时，核芯区有效宽度可取梁宽与柱宽之和的平均值；

2 四边有梁的约束影响系数，验算柱宽范围内核芯区的受剪承载力时可取1.5；验算柱宽范围以外核芯区的受剪承载力时宜取1.0；

3 验算核芯区受剪承载力时，在柱宽范围内的核芯区，轴向力的取值可与一般梁柱节点相同；柱宽以外的核芯区，可不考虑轴力对受剪承载力的有利作用；

4 锚入柱内的梁上部钢筋宜大于其全部截面面积的60%。

D.3 圆柱框架的梁柱节点

D.3.1 梁中线与柱中线重合时，圆柱框架梁柱节点核芯区组合的剪力设计值应符合下列要求：

$$V_j \leqslant \frac{1}{\gamma_{RE}}(0.30\eta_j f_c A_j) \tag{D.3.1}$$

式中：η_j——正交梁的约束影响系数，按本规范第D.1.3条确定，其中柱截面宽度按柱直径采用；

A_j——节点核芯区有效截面面积，梁宽（b_b）不小于柱直径（D）之半时，取$A_j = 0.8D^2$；梁宽（b_b）小于柱直径（D）之半且不小于$0.4D$时，取$A_j = 0.8D(b_b + D/2)$。

D.3.2 梁中线与柱中线重合时，圆柱框架梁柱节点核芯区截面抗震受剪承载力应采用下列公式验算：

$$V_j \leqslant \frac{1}{\gamma_{RE}}\left(1.5\eta_j f_t A_j + 0.05\eta_j \frac{N}{D^2}A_j + 1.57f_{yv}A_{sh}\frac{h_{b0} - a'_s}{s} + f_{yv}A_{svj}\frac{h_{b0} - a'_s}{s}\right) \tag{D.3.2-1}$$

9 度的一级

$$V_{\mathrm{j}} \leqslant \frac{1}{\gamma_{\mathrm{RE}}}\left(1.2\eta_{\mathrm{j}} f_{\mathrm{t}} A_{\mathrm{j}} + 1.57 f_{\mathrm{yv}} A_{\mathrm{sh}} \frac{h_{\mathrm{b0}} - a'_{\mathrm{s}}}{s} + f_{\mathrm{yv}} A_{\mathrm{hvj}} \frac{h_{\mathrm{b0}} - a'_{\mathrm{s}}}{s}\right) \quad (D.3.2\text{-}2)$$

式中：A_{sh} ——单根圆形箍筋的截面面积；

A_{svj} ——同一截面验算方向的拉筋和非圆形箍筋的总截面面积；

D ——圆柱截面直径；

N ——轴向力设计值，按一般梁柱节点的规定取值。

附录 E　转换层结构的抗震设计要求

E.1　矩形平面抗震墙结构框支层楼板设计要求

E.1.1　框支层应采用现浇楼板，厚度不宜小于 180mm，混凝土强度等级不宜低于 C30，应采用双层双向配筋，且每层每个方向的配筋率不应小于 0.25%。

E.1.2　部分框支抗震墙结构的框支层楼板剪力设计值，应符合下列要求：

$$V_{\mathrm{f}} \leqslant \frac{1}{\gamma_{\mathrm{RE}}}(0.1 f_{\mathrm{c}} b_{\mathrm{f}} t_{\mathrm{f}}) \quad (E.1.2)$$

式中：V_{f} ——由不落地抗震墙传到落地抗震墙处按刚性楼板计算的框支层楼板组合的剪力设计值，8 度时 应乘以增大系数 2，7 度时应乘以增大系数 1.5；验算落地抗震墙时不考虑此项增大系数；

b_{f}、t_{f} ——分别为框支层楼板的宽度和厚度；

γ_{RE} ——承载力抗震调整系数，可采用 0.85。

E.1.3　部分框支抗震墙结构的框支层楼板与落地抗震墙交接截面的受剪承载力，应按下列公式验算：

$$V_{\mathrm{f}} \leqslant \frac{1}{\gamma_{\mathrm{RE}}}(f_{\mathrm{y}} A_{\mathrm{s}}) \quad (E.1.3)$$

式中：A_{s} ——穿过落地抗震墙的框支层楼盖（包括梁和板）的全部钢筋的截面面积。

E.1.4　框支层楼板的边缘和较大洞口周边应设置边梁，其宽度不宜小于板厚的 2 倍，纵向钢筋配筋率不应小于 1%，钢筋接头宜采用机械连接或焊接，楼板的钢筋应锚固在边梁内。

E.1.5　对建筑平面较长或不规则及各抗震墙内力相差较大的框支层，必要时可采用简化方法验算楼板平面内的受弯、受剪承载力。

E.2　筒体结构转换层抗震设计要求

E.2.1　转换层上下的结构质量中心宜接近重合（不包括裙房），转换层上下层的侧向刚度比不宜大于 2。

E.2.2　转换层上部的竖向抗侧力构件（墙、柱）宜直接落在转换层的主结构上。

E.2.3　厚板转换层结构不宜用于 7 度及 7 度以上的高层建筑。

E.2.4　转换层楼盖不应有大洞口，在平面内宜接近刚性。

E.2.5　转换层楼盖与筒体、抗震墙应有可靠的连接，转换层楼板的抗震验算和构造宜符合本附录第 E.1 节对框支层楼板的有关规定。

E.2.6　8 度时转换层结构应考虑竖向地震作用。

E.2.7　9 度时不应采用转换层结构。

附录 F　配筋混凝土小型空心砌块抗震墙房屋抗震设计要求

F.1　一 般 规 定

F.1.1　本附录适用的配筋混凝土小型空心砌块抗震墙房屋的最大高度应符合表 F.1.1-1 的规定，且房屋总高度与总宽度的比值不宜超过表 F.1.1-2 的规定。

表 F.1.1-1　配筋混凝土小型空心砌块抗震墙房屋适用的最大高度（m）

最小墙厚（mm）	6 度	7 度		8 度		9 度
	0.05g	0.10g	0.15g	0.20g	0.30g	0.40g
190	60	55	45	40	30	24

注：1　房屋高度超过表内高度时，应进行专门研究和论证，采取有效的加强措施；
2　某层或几层开间大于 6.0m 以上的房间建筑面积占相应层建筑面积 40% 以上时，表中数据相应减少 6m；
3　房屋高度指室外地面到主要屋面板板顶的高度（不包括局部突出屋顶部分）。

表 F.1.1-2　配筋混凝土小型空心砌块抗震墙房屋的最大高宽比

烈　度	6 度	7 度	8 度	9 度
最大高宽比	4.5	4.0	3.0	2.0

注：房屋的平面布置和竖向布置不规则时应适当减小最大高宽比。

F.1.2　配筋混凝土小型空心砌块抗震墙房屋应根据抗震设防类别、烈度和房屋高度采用不同的抗震等级，并应符合相应的计算和构造措施要求。丙类建筑的抗震等级宜按表 F.1.2 确定。

表 F.1.2 配筋混凝土小型空心砌块抗震墙房屋的抗震等级

烈 度	6度		7度		8度		9度
高度（m）	≤24	>24	≤24	>24	≤24	>24	≤24
抗震等级	四	三	三	二	二	一	一

注：接近或等于高度分界时，可结合房屋不规则程度及场地、地基条件确定抗震等级。

F.1.3 配筋混凝土小型空心砌块抗震墙房屋应避免采用本规范第3.4节规定的不规则建筑结构方案，并应符合下列要求：

1 平面形状宜简单、规则，凹凸不宜过大；竖向布置宜规则、均匀，避免过大的外挑和内收。

2 纵横向抗震墙宜拉通对直；每个独立墙段长度不宜大于8m，且不宜小于墙厚的5倍；墙段的总高度与墙段长度之比不宜小于2；门洞口宜上下对齐，成列布置。

3 采用现浇钢筋混凝土楼、屋盖时，抗震横墙的最大间距，应符合表F.1.3的要求。

表 F.1.3 配筋混凝土小型空心砌块抗震横墙的最大间距

烈 度	6度	7度	8度	9度
最大间距（m）	15	15	11	7

4 房屋需要设置防震缝时，其最小宽度应符合下列要求：

当房屋高度不超过24m时，可采用100mm；当超过24m时，6度、7度、8度和9度相应每增加6m、5m、4m和3m，宜加宽20mm。

F.1.4 配筋混凝土小型空心砌块抗震墙房屋的层高应符合下列要求：

1 底部加强部位的层高，一、二级不宜大于3.2m，三、四级不应大于3.9m。

2 其他部位的层高，一、二级不应大于3.9m，三、四级不应大于4.8m。

注：底部加强部位指不小于房屋高度的1/6且不小于底部二层的高度范围，房屋总高度小于21m时取一层。

F.1.5 配筋混凝土小型空心砌块抗震墙的短肢墙应符合下列要求：

1 不应采用全部为短肢墙的配筋小砌块抗震墙结构，应形成短肢抗震墙与一般抗震墙共同抵抗水平地震作用的抗震墙结构。9度时不宜采用短肢墙。

2 在规定的水平力作用下，一般抗震墙承受的底部地震倾覆力矩不应小于结构总倾覆力矩的50%，且短肢抗震墙截面面积与同层抗震墙总截面面积比例，两个主轴方向均不宜大于20%。

3 短肢墙宜设置翼墙；不应在一字形短肢墙平面外布置与之单侧相交的楼、屋面梁。

4 短肢墙的抗震等级应比表F.1.2的规定提高一级采用；已为一级时，配筋应按9度的要求提高。

注：短肢抗震墙指墙肢截面高度与宽度之比为5～8的抗震墙，一般抗震墙指墙肢截面高度与宽度之比大于8的抗震墙。“L”形、“T”形、“+”形等多肢墙截面的长短肢性质应由较长一肢确定。

F.2 计算要点

F.2.1 配筋混凝土小型空心砌块抗震墙房屋抗震计算时，应按本节规定调整地震作用效应；6度时可不进行截面抗震验算，但应按本附录的有关要求采取抗震构造措施。配筋混凝土小砌块抗震墙房屋应进行多遇地震作用下的抗震变形验算，其楼层内最大的弹性层间位移角，底层不宜超过1/1200，其他楼层不宜超过1/800。

F.2.2 配筋混凝土小砌块抗震墙承载力计算时，底部加强部位截面的组合剪力设计值应按下列规定调整：

$$V=\eta_{vw}V_w \quad \text{(F.2.2)}$$

式中：V——抗震墙底部加强部位截面组合的剪力设计值；

V_w——抗震墙底部加强部位截面组合的剪力计算值；

η_{vw}——剪力增大系数，一级取1.6，二级取1.4，三级取1.2，四级取1.0。

F.2.3 配筋混凝土小型空心砌块抗震墙截面组合的剪力设计值，应符合下列要求：

剪跨比大于2

$$V\leqslant\frac{1}{\gamma_{RE}}(0.2f_g bh) \quad \text{(F.2.3-1)}$$

剪跨比不大于2

$$V\leqslant\frac{1}{\gamma_{RE}}(0.15f_g bh) \quad \text{(F.2.3-2)}$$

式中：f_g——灌孔小砌块砌体抗压强度设计值；

b——抗震墙截面宽度；

h——抗震墙截面高度；

γ_{RE}——承载力抗震调整系数，取0.85。

注：剪跨比按本规范式（6.2.9-3）计算。

F.2.4 偏心受压配筋混凝土小型空心砌块抗震墙截面受剪承载力，应按下列公式验算：

$$V\leqslant\frac{1}{\gamma_{RE}}\left[\frac{1}{\lambda-0.5}(0.48f_{gv}bh_0+0.1N)+0.72f_{yh}\frac{A_{sh}}{s}h_0\right] \quad \text{(F.2.4-1)}$$

$$0.5V\leqslant\frac{1}{\gamma_{RE}}\left(0.72f_{yh}\frac{A_{sh}}{s}h_0\right) \quad \text{(F.2.4-2)}$$

式中：N——抗震墙组合的轴向压力设计值；当$N>0.2f_g bh$时，取$N=0.2f_g bh$；

λ——计算截面处的剪跨比，取$\lambda=M/Vh_0$；

小于 1.5 时取 1.5，大于 2.2 时取 2.2；

f_{gv}——灌孔小砌块砌体抗剪强度设计值；$f_{gv}=0.2f_g^{0.55}$；

A_{sh}——同一截面的水平钢筋截面面积；

s——水平分布筋间距；

f_{yh}——水平分布筋抗拉强度设计值；

h_0——抗震墙截面有效高度。

F.2.5 在多遇地震作用组合下，配筋混凝土小型空心砌块抗震墙的墙肢不应出现小偏心受拉。大偏心受拉配筋混凝土小型空心砌块抗震墙，其斜截面受剪承载力应按下列公式计算：

$$V\leqslant\frac{1}{\gamma_{RE}}\left[\frac{1}{\lambda-0.5}(0.48f_{gv}bh_0-0.17N)+0.72f_{yh}\frac{A_{sh}}{s}h_0\right] \tag{F.2.5-1}$$

$$0.5V\leqslant\frac{1}{\gamma_{RE}}\left(0.72f_{yh}\frac{A_{sh}}{s}h_0\right) \tag{F.2.5-2}$$

当 $0.48f_{gv}bh_0-0.17N\leqslant0$ 时，取 $0.48f_{gv}bh_0-0.17N=0$。

式中：N——抗震墙组合的轴向拉力设计值。

F.2.6 配筋小型空心砌块抗震墙跨高比大于 2.5 的连梁宜采用钢筋混凝土连梁，其截面组合的剪力设计值和斜截面受剪承载力，应符合现行国家标准《混凝土结构设计规范》GB 50010 对连梁的有关规定。

F.2.7 抗震墙采用配筋混凝土小型空心砌块砌体连梁时，应符合下列要求：

1 连梁的截面应满足下式的要求：

$$V\leqslant\frac{1}{\gamma_{RE}}(0.15f_gbh_0) \tag{F.2.7-1}$$

2 连梁的斜截面受剪承载力应按下式计算：

$$V\leqslant\frac{1}{\gamma_{RE}}\left(0.56f_{gv}bh_0+0.7f_{yv}\frac{A_{sv}}{s}h_0\right) \tag{F.2.7-2}$$

式中：A_{sv}——配置在同一截面内的箍筋各肢的全部截面面积；

f_{yv}——箍筋的抗拉强度设计值。

F.3 抗震构造措施

F.3.1 配筋混凝土小型空心砌块抗震墙房屋的灌孔混凝土应采用坍落度大、流动性及和易性好，并与砌块结合良好的混凝土，灌孔混凝土的强度等级不应低于 Cb20。

F.3.2 配筋混凝土小型空心砌块抗震墙房屋的抗震墙，应全部用灌孔混凝土灌实。

F.3.3 配筋混凝土小型空心砌块抗震墙的横向和竖向分布钢筋应符合表 F.3.3-1 和 F.3.3-2 的要求；横向分布钢筋宜双排布置，双排分布钢筋之间拉结筋的间距不应大于 400mm，直径不应小于 6mm；竖向分布钢筋宜采用单排布置，直径不应大于 25mm。

表 F.3.3-1 配筋混凝土小型空心砌块抗震墙横向分布钢筋构造要求

抗震等级	最小配筋率（%）		最大间距（mm）	最小直径（mm）
	一般部位	加强部位		
一 级	0.13	0.15	400	$\phi8$
二 级	0.13	0.13	600	$\phi8$
三 级	0.11	0.13	600	$\phi8$
四 级	0.10	0.10	600	$\phi6$

注：9 度时配筋率不应小于 0.2%；在顶层和底部加强部位，最大间距不应大于 400mm。

表 F.3.3-2 配筋混凝土小型空心砌块抗震墙竖向分布钢筋构造要求

抗震等级	最小配筋率（%）		最大间距（mm）	最小直径（mm）
	一般部位	加强部位		
一 级	0.15	0.15	400	$\phi12$
二 级	0.13	0.13	600	$\phi12$
三 级	0.11	0.13	600	$\phi12$
四 级	0.10	0.10	600	$\phi12$

注：9 度时配筋率不应小于 0.2%；在顶层和底部加强部位，最大间距应适当减小。

F.3.4 配筋混凝土小型空心砌块抗震墙在重力荷载代表值作用下的轴压比，应符合下列要求：

1 一般墙体的底部加强部位，一级（9 度）不宜大于 0.4，一级（8 度）不宜大于 0.5，二、三级不宜大于 0.6；一般部位，均不宜大于 0.6。

2 短肢墙体全高范围，一级不宜大于 0.50，二、三级不宜大于 0.60；对于无翼缘的一字形短肢墙，其轴压比限值应相应降低 0.1。

3 各向墙肢截面均为 $3b<h<5b$ 的独立小墙肢，一级不宜大于 0.4，二、三级不宜大于 0.5；对于无翼缘的一字形独立小墙肢，其轴压比限值应相应降低 0.1。

F.3.5 配筋混凝土小型空心砌块抗震墙墙肢端部应设置边缘构件；底部加强部位的轴压比，一级大于 0.2 和二级大于 0.3 时，应设置约束边缘构件。构造边缘构件的配筋范围：无翼墙端部为 3 孔配筋；"L"形转角节点为 3 孔配筋；"T" 形转角节点为 4 孔配筋；边缘构件范围内应设置水平箍筋，最小配筋应符合表 F.3.5 的要求。约束边缘构件的范围应沿受力方向比构造边缘构件增加 1 孔，水平箍筋应相应加强，也可采用混凝土边框柱加强。

表 F.3.5 抗震墙边缘构件的配筋要求

抗震等级	每孔竖向钢筋最小配筋量		水平箍筋最小直径	水平箍筋最大间距
	底部加强部位	一般部位		
一级	1ϕ20	1ϕ18	ϕ8	200mm
二级	1ϕ18	1ϕ16	ϕ6	200mm
三级	1ϕ16	1ϕ14	ϕ6	200mm
四级	1ϕ14	1ϕ12	ϕ6	200mm

注：1 边缘构件水平箍筋宜采用搭接点焊网片形式；
2 一、二、三级时，边缘构件箍筋应采用不低于 HRB335 级的热轧钢筋；
3 二级轴压比大于 0.3 时，底部加强部位水平箍筋的最小直径不应小于 8mm。

F.3.6 配筋混凝土小型空心砌块抗震墙内竖向和横向分布钢筋的搭接长度不应小于 48 倍钢筋直径，锚固长度不应小于 42 倍钢筋直径。

F.3.7 配筋混凝土小型空心砌块抗震墙的横向分布钢筋，沿墙长应连续设置，两端的锚固应符合下列规定：

1 一、二级的抗震墙，横向分布钢筋可绕竖向主筋弯 180 度弯钩，弯钩端部直段长度不宜小于 12 倍钢筋直径；横向分布钢筋亦可弯入端部灌孔混凝土中，锚固长度不应小于 30 倍钢筋直径且不应小于 250mm。

2 三、四级的抗震墙，横向分布钢筋可弯入端部灌孔混凝土中，锚固长度不应小于 25 倍钢筋直径且不应小于 200mm。

F.3.8 配筋混凝土小型空心砌块抗震墙中，跨高比小于 2.5 的连梁可采用砌体连梁；其构造应符合下列要求：

1 连梁的上下纵向钢筋锚入墙内的长度，一、二级不应小于 1.15 倍锚固长度，三级不应小于 1.05 倍锚固长度，四级不应小于锚固长度；且均不应小于 600mm。

2 连梁的箍筋应沿梁全长设置；箍筋直径，一级不小于 10mm，二、三、四级不小于 8mm；箍筋间距，一级不大于 75mm，二级不大于 100mm，三级不大于 120mm。

3 顶层连梁在伸入墙体的纵向钢筋长度范围内应设置间距不大于 200mm 的构造箍筋，其直径应与该连梁的箍筋直径相同。

4 自梁顶面下 200mm 至梁底面上 200mm 范围内应增设腰筋，其间距不大于 200mm；每层腰筋的数量，一级不少于 2ϕ12，二～四级不少于 2ϕ10；腰筋伸入墙内的长度不应小于 30 倍的钢筋直径且不应小于 300mm。

5 连梁内不宜开洞，需要开洞时应符合下列要求：

1）在跨中梁高 1/3 处预埋外径不大于 200mm 的钢套管；

2）洞口上下的有效高度不应小于 1/3 梁高，且不应小于 200mm；

3）洞口处应配补强钢筋，被洞口削弱的截面应进行受剪承载力验算。

F.3.9 配筋混凝土小型空心砌块抗震墙的圈梁构造，应符合下列要求：

1 墙体在基础和各楼层标高处均应设置现浇钢筋混凝土圈梁，圈梁的宽度应同墙厚，其截面高度不宜小于 200mm。

2 圈梁混凝土抗压强度不应小于相应灌孔小砌块砌体的强度，且不应小于 C20。

3 圈梁纵向钢筋直径不应小于墙中横向分布钢筋的直径，且不应小于 4ϕ12；基础圈梁纵筋不应小于 4ϕ12；圈梁及基础圈梁箍筋直径不应小于 8mm，间距不应大于 200mm；当圈梁高度大于 300mm 时，应沿圈梁截面高度方向设置腰筋，其间距不应大于 200mm，直径不应小于 10mm。

4 圈梁底部嵌入墙顶小砌块孔洞内，深度不宜小于 30mm；圈梁顶部应是毛面。

F.3.10 配筋混凝土小型空心砌块抗震墙房屋的楼、屋盖，高层建筑和 9 度时应采用现浇钢筋混凝土板，多层建筑宜采用现浇钢筋混凝土板；抗震等级为四级时，也可采用装配整体式钢筋混凝土楼盖。

附录 G 钢支撑-混凝土框架和钢框架-钢筋混凝土核心筒结构房屋抗震设计要求

G.1 钢支撑-钢筋混凝土框架

G.1.1 抗震设防烈度为 6～8 度且房屋高度超过本规范第 6.1.1 条规定的钢筋混凝土框架结构最大适用高度时，可采用钢支撑-混凝土框架组成抗侧力体系的结构。

按本节要求进行抗震设计时，其适用的最大高度不宜超过本规范第 6.1.1 条钢筋混凝土框架结构和框架-抗震墙结构二者最大适用高度的平均值。超过最大适用高度的房屋，应进行专门研究和论证，采取有效的加强措施。

G.1.2 钢支撑-混凝土框架结构房屋应根据设防类别、烈度和房屋高度采用不同的抗震等级，并应符合相应的计算和构造措施要求。丙类建筑的抗震等级，钢支撑框架部分应比本规范第 8.1.3 条和第 6.1.2 条框架结构的规定提高一个等级，钢筋混凝土框架部分仍按本规范第 6.1.2 条框架结构确定。

G.1.3 钢支撑-混凝土框架结构的结构布置，应符合下列要求：

1 钢支撑框架应在结构的两个主轴方向同时设置。

2 钢支撑宜上下连续布置，当受建筑方案影响无法连续布置时，宜在邻跨延续布置。

3 钢支撑宜采用交叉支撑，也可采用人字支撑或V形支撑；采用单支撑时，两方向的斜杆应基本对称布置。

4 钢支撑在平面内的布置应避免导致扭转效应；钢支撑之间无大洞口的楼、屋盖的长宽比，宜符合本规范6.1.6条对抗震墙间距的要求；楼梯间宜布置钢支撑。

5 底层的钢支撑框架按刚度分配的地震倾覆力矩应大于结构总地震倾覆力矩的50%。

G.1.4 钢支撑-混凝土框架结构的抗震计算，尚应符合下列要求：

1 结构的阻尼比不应大于0.045，也可按混凝土框架部分和钢支撑部分在结构总变形能所占的比例折算为等效阻尼比。

2 钢支撑框架部分的斜杆，可按端部铰接杆计算。当支撑斜杆的轴线偏离混凝土柱轴线超过柱宽1/4时，应考虑附加弯矩。

3 混凝土框架部分承担的地震作用，应按框架结构和支撑框架结构两种模型计算，并宜取二者的较大值。

4 钢支撑-混凝土框架的层间位移限值，宜按框架和框架-抗震墙结构内插。

G.1.5 钢支撑与混凝土柱的连接构造，应符合本规范第9.1节关于单层钢筋混凝土柱厂房支撑与柱连接的相关要求。钢支撑与混凝土梁的连接构造，应符合连接不先于支撑破坏的要求。

G.1.6 钢支撑-混凝土框架结构中，钢支撑部分尚应按本规范第8章、现行国家标准《钢结构设计规范》GB 50017的规定进行设计；钢筋混凝土框架部分尚应按本规范第6章的规定进行设计。

G.2 钢框架-钢筋混凝土核心筒结构

G.2.1 抗震设防烈度为6～8度且房屋高度超过本规范第6.1.1条规定的混凝土框架-核心筒结构最大适用高度时，可采用钢框架-混凝土核心筒组成抗侧力体系的结构。

按本节要求进行抗震设计时，其适用的最大高度不宜超过本规范第6.1.1条钢筋混凝土框架-核心筒结构最大适用高度和本规范第8.1.1条钢框架-中心支撑结构最大适用高度二者的平均值。超过最大适用高度的房屋，应进行专门研究和论证，采取有效的加强措施。

G.2.2 钢框架-混凝土核心筒结构房屋应根据设防类别、烈度和房屋高度采用不同的抗震等级，并应符合相应的计算和构造措施要求。丙类建筑的抗震等级，钢框架部分仍按本规范第8.1.3条确定，混凝土部分应比本规范第6.1.2条的规定提高一个等级（8度时应高于一级）。

G.2.3 钢框架-钢筋混凝土核心筒结构房屋的结构布置，尚应符合下列要求：

1 钢框架-核心筒结构的钢外框架梁、柱的连接应采用刚接；楼面梁宜采用钢梁。混凝土墙体与钢梁刚接的部位宜设置连接用的构造型钢。

2 钢框架部分按刚度计算分配的最大楼层地震剪力，不宜小于结构总地震剪力的10%。当小于10%时，核心筒的墙体承担的地震作用应适当增大；墙体构造的抗震等级宜提高一级，一级时应适当提高。

3 钢框架-核心筒结构的楼盖应具有良好的刚度并确保罕遇地震作用下的整体性。楼盖应采用压型钢板组合楼盖或现浇钢筋混凝土楼板，并采取措施加强楼盖与钢梁的连接。当楼面有较大开口或属于转换层楼面时，应采用现浇实心楼盖等措施加强。

4 当钢框架柱下部采用型钢混凝土柱时，不同材料的框架柱连接处应设置过渡层，避免刚度和承载力突变。过渡层钢柱计入外包混凝土后，其截面刚度可按过渡层下部型钢混凝土柱和过渡层上部钢柱二者截面刚度的平均值设计。

G.2.4 钢框架-钢筋混凝土核心筒结构的抗震计算，尚应符合下列要求：

1 结构的阻尼比不应大于0.045，也可按钢筋混凝土筒体部分和钢框架部分在结构总变形能所占的比例折算为等效阻尼比。

2 钢框架部分除伸臂加强层及相邻楼层外的任一楼层按计算分配的地震剪力应乘以增大系数，达到不小于结构底部总地震剪力的20%和框架部分计算最大楼层地震剪力1.5倍二者的较小值，且不少于结构底部地震剪力的15%。由地震作用产生的该楼层框架各构件的剪力、弯矩、轴力计算值均应进行相应调整。

3 结构计算宜考虑钢框架柱和钢筋混凝土墙体轴向变形差异的影响。

4 结构层间位移限值，可采用钢筋混凝土结构的限值。

G.2.5 钢框架-钢筋混凝土核心筒结构房屋中的钢结构、混凝土结构部分尚应按本规范第6章、第8章和现行国家标准《钢结构设计规范》GB 50017及现行有关行业标准的规定进行设计。

附录H 多层工业厂房抗震设计要求

H.1 钢筋混凝土框排架结构厂房

H.1.1 本节适用于由钢筋混凝土框架与排架侧向连

接组成的侧向框排架结构厂房、下部为钢筋混凝土框架上部顶层为排架的竖向框排架结构厂房的抗震设计。当本节未作规定时，其抗震设计应按本规范第6章和第9.1节的有关规定执行。

H.1.2 框排架结构厂房的框架部分应根据烈度、结构类型和高度采用不同的抗震等级，并应符合相应的计算和构造措施要求。

不设置贮仓时，抗震等级可按本规范第6章确定；设置贮仓时，侧向框排架的抗震等级可按现行国家标准《构筑物抗震设计规范》GB 50191的规定采用，竖向框排架的抗震等级应按本规范第6章框架的高度分界降低4m确定。

注：框架设置贮仓，但竖壁的跨高比大于2.5，仍按不设置贮仓的框架确定抗震等级。

H.1.3 厂房的结构布置，应符合下列要求：

1 厂房的平面宜为矩形，立面宜简单、对称。

2 在结构单元平面内，框架、柱间支撑等抗侧力构件宜对称均匀布置，避免抗侧力结构的侧向刚度和承载力产生突变。

3 质量大的设备不宜布置在结构单元的边缘楼层上，宜设置在距刚度中心较近的部位；当不可避免时宜将设备平台与主体结构分开，或在满足工艺要求的条件下尽量低位布置。

H.1.4 竖向框排架厂房的结构布置，尚应符合下列要求：

1 屋盖宜采用无檩屋盖体系；当采用其他屋盖体系时，应加强屋盖支撑设置和构件之间的连接，保证屋盖具有足够的水平刚度。

2 纵向端部应设屋架、屋面梁或采用框架结构承重，不应采用山墙承重；排架跨内不应采用横墙和排架混合承重。

3 顶层的排架跨，尚应满足下列要求：

1）排架重心宜与下部结构刚度中心接近或重合，多跨排架宜等高等长；

2）楼盖应现浇，顶层排架嵌固楼层应避免开设大洞口，其楼板厚度不宜小于150mm；

3）排架柱应竖向连续延伸至底部；

4）顶层排架设置纵向柱间支撑处，楼盖不应设有楼梯间或开洞；柱间支撑斜杆中心线应与连接处的梁柱中心线汇交于一点。

H.1.5 竖向框排架厂房的地震作用计算，尚应符合下列要求：

1 地震作用的计算宜采用空间结构模型，质点宜设置在梁柱轴线交点、牛腿、柱顶、柱变截面处和柱上集中荷载处。

2 确定重力荷载代表值时，可变荷载应根据行业特点，对楼面活荷载取相应的组合值系数。贮料的荷载组合值系数可采用0.9。

3 楼层有贮仓和支承重心较高的设备时，支承构件和连接应计及料斗、贮仓和设备水平地震作用产生的附加弯矩。该水平地震作用可按下式计算：

$$F_s = \alpha_{max}(1.0 + H_x/H_n)G_{eq} \qquad (H.1.5)$$

式中：F_s——设备或料斗重心处的水平地震作用标准值；

α_{max}——水平地震影响系数最大值；

G_{eq}——设备或料斗的重力荷载代表值；

H_x——设备或料斗重心至室外地坪的距离；

H_n——厂房高度。

H.1.6 竖向框排架厂房的地震作用效应调整和抗震验算，应符合下列规定：

1 一、二、三、四级支承贮仓竖壁的框架柱，按本规范第6.2.2、6.2.3、6.2.5条调整后的组合弯矩设计值、剪力设计值尚应乘以增大系数，增大系数不应小于1.1。

2 竖向框排架结构与排架柱相连的顶层框架节点处，柱端组合的弯矩设计值应按第6.2.2条进行调整，其他顶层框架节点处的梁端、柱端弯矩设计值可不调整。

3 顶层排架设置纵向柱间支撑时，与柱间支撑相连排架柱的下部框架柱，一、二级框架柱由地震引起的附加轴力应分别乘以调整系数1.5、1.2；计算轴压比时，附加轴力可不乘以调整系数。

4 框排架厂房的抗震验算，尚应符合下列要求：

1）8度Ⅲ、Ⅳ类场地和9度时，框排架结构的排架柱及伸出框架跨屋顶支承排架跨屋盖的单柱，应进行弹塑性变形验算，弹塑性位移角限值可取1/30。

2）当一、二级框架梁柱节点两侧梁截面高度差大于较高梁截面高度的25%或500mm时，尚应按下式验算节点下柱抗震受剪承载力：

$$\frac{\eta_{jb} M_{b1}}{h_{01} - a'_s} - V_{col} \leqslant V_{RE} \qquad (H.1.6\text{-}1)$$

9度及一级时可不符合上式，但应符合：

$$\frac{1.15 M_{b1ua}}{h_{01} - a'_s} - V_{col} \leqslant V_{RE} \qquad (H.1.6\text{-}2)$$

式中：η_{jb}——节点剪力增大系数，一级取1.35，二级取1.2；

M_{b1}——较高梁端梁底组合弯矩设计值；

M_{b1ua}——较高梁端实配梁底正截面抗震受弯承载力所对应的弯矩值，根据实配钢筋面积（计入受压钢筋）和材料强度标准值确定；

h_{01}——较高梁截面的有效高度；

a'_s——较高梁端梁底受拉时，受压钢筋合力点至受压边缘的距离；

V_{col}——节点下柱计算剪力设计值；

V_{RE}——节点下柱抗震受剪承载力设计值。

H.1.7 竖向框排架厂房的基本抗震构造措施尚应符合下列要求：

1 支承贮仓的框架柱轴压比不宜超过本规范表6.3.6中框架结构的规定数值减少0.05。

2 支承贮仓的框架柱纵向钢筋最小总配筋率应不小于本规范表6.3.7中对角柱的要求。

3 竖向框排架结构的顶层排架设置纵向柱间支撑时，与柱间支撑相连排架柱的下部框架柱，纵向钢筋配筋率、箍筋的配置应满足本规范第6.3.7条中对于框支柱的要求；箍筋加密区取柱全高。

4 框架柱的剪跨比不大于1.5时，应符合下列规定：

1）箍筋应按提高一级抗震等级配置，一级时应适当提高箍筋的要求；

2）框架柱每个方向应配置两根对角斜筋（图H.1.7），对角斜筋的直径，一、二级框架不应小于20mm和18mm，三、四级框架不应小于16mm；对角斜筋的锚固长度，不应小于40倍斜筋直径。

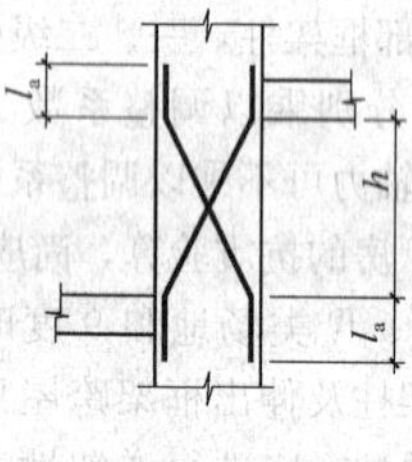

h—短柱净高；

l_a—斜筋锚固长度

图 H.1.7

5 框架柱段内设置牛腿时，牛腿及上下各500mm范围内的框架柱箍筋应加密；牛腿的上下柱段净高与柱截面高度之比大于4时，柱箍筋应全高加密。

H.1.8 侧向框排架结构的结构布置、地震作用效应调整和抗震验算，以及无檩屋盖和有檩屋盖的支撑布置，应分别符合现行国家标准《构筑物抗震设计规范》GB 50191的有关规定。

H.2 多层钢结构厂房

H.2.1 本节适用于钢结构的框架、支撑框架、框排架等结构体系的多层厂房。本节未作规定时，多层部分可按本规范第8章的有关规定执行，其抗震等级的高度分界应比本规范第8.1节规定降低10m；单层部分可按本规范第9.2节的规定执行。

H.2.2 多层钢结构厂房的布置，除应符合本规范第8章的有关要求外，尚应符合下列规定：

1 平面形状复杂、各部分构架高度差异大或楼层荷载相差悬殊时，应设防震缝或采取其他措施。当设置防震缝时，缝宽不应小于相应混凝土结构房屋的1.5倍。

2 重型设备宜低位布置。

3 当设备重量直接由基础承受，且设备竖向需要穿过楼层时，厂房楼层应与设备分开。设备与楼层之间的缝宽，不得小于防震缝的宽度。

4 楼层上的设备不应跨越防震缝布置；当运输机、管线等长条设备必须穿越防震缝布置时，设备应具有适应地震时结构变形的能力或防止断裂的措施。

5 厂房内的工作平台结构与厂房框架结构宜采用防震缝脱开布置。当与厂房结构连接成整体时，平台结构的标高宜与厂房框架的相应楼层标高一致。

H.2.3 多层钢结构厂房的支撑布置，应符合下列要求：

1 柱间支撑宜布置在荷载较大的柱间，且在同一柱间上下贯通；当条件限制必须错开布置时，应在紧邻柱间连续布置，并宜适当增加相近楼层或屋面的水平支撑或柱间支撑搭接一层，确保支撑承担的水平地震作用可靠传递至基础。

2 有抽柱的结构，应适当增加相近楼层、屋面的水平支撑，并在相邻柱间设置竖向支撑。

3 当各榀框架侧向刚度相差较大、柱间支撑布置又不规则时，采用钢铺板的楼盖，应设置楼盖水平支撑。

4 各柱列的纵向刚度宜相等或接近。

H.2.4 厂房楼盖宜采用现浇混凝土的组合楼板，亦可采用装配整体式楼盖或钢铺板，尚应符合下列要求：

1 混凝土楼盖应与钢梁有可靠的连接。

2 当楼板开设孔洞时，应有可靠的措施保证楼板传递地震作用。

H.2.5 框排架结构应设置完整的屋盖支撑，尚应符合下列要求：

1 排架的屋盖横梁与多层框架的连接支座的标高，宜与多层框架相应楼层标高一致，并应沿单层与多层相连柱列全长设置屋盖纵向水平支撑。

2 高跨和低跨宜按各自的标高组成相对独立的封闭支撑体系。

H.2.6 多层钢结构厂房的地震作用计算，尚应符合下列规定：

1 一般情况下，宜采用空间结构模型分析；当结构布置规则，质量分布均匀时，亦可分别沿结构横向和纵向进行验算。现浇钢筋混凝土楼板，当板面开孔较小且用抗剪连接件与钢梁连接成为整体时，可视为刚性楼盖。

2 在多遇地震下，结构阻尼比可采用0.03～0.04；在罕遇地震下，阻尼比可采用0.05。

3 确定重力荷载代表值时，可变荷载应根据行业的特点，对楼面检修荷载、成品或原料堆积楼面荷载、设备和料斗及管道内的物料等，采用相应的组合值系数。

4 直接支承设备、料斗的构件及其连接，应计入设备等产生的地震作用。一般的设备对支承构件及其连接产生的水平地震作用，可按本附录第H.1.5条的规定计算；该水平地震作用对支承构件产生的弯矩、扭矩，取设备重心至支承构件形心距离计算。

H.2.7 多层钢结构厂房构件和节点的抗震承载力验算，尚应符合下列规定：

1 按本规范式（8.2.5）验算节点左右梁端和上下柱端的全塑性承载力时，框架柱的强柱系数，一级和地震作用控制时，取1.25；二级和1.5倍地震作用控制时，取1.20；三级和2倍地震作用控制时，取1.10。

2 下列情况可不满足本规范式（8.2.5）的要求：

1）单层框架的柱顶或多层框架顶层的柱顶；

2）不满足本规范式（8.2.5）的框架柱沿验算方向的受剪承载力总和小于该楼层框架受剪承载力的20%；且该楼层每一柱列不满足本规范式（8.2.5）的框架柱的受剪承载力总和小于本柱列全部框架柱受剪承载力总和的33%。

3 柱间支撑杆件设计内力与其承载力设计值之比不宜大于0.8；当柱间支撑承担不小于70%的楼层剪力时，不宜大于0.65。

H.2.8 多层钢结构厂房的基本抗震构造措施，尚应符合下列规定：

1 框架柱的长细比不宜大于150；当轴压比大于0.2时，不宜大于$125(1-0.8N/Af)\sqrt{235/f_y}$。

2 厂房框架柱、梁的板件宽厚比，应符合下列要求：

1）单层部分和总高度不大于40m的多层部分，可按本规范第9.2节规定执行；

2）多层部分总高度大于40m时，可按本规范第8.3节规定执行。

3 框架梁、柱的最大应力区，不得突然改变翼缘截面，其上下翼缘均应设置侧向支承，此支承点与相邻支承点之间距应符合现行《钢结构设计规范》GB 50017中塑性设计的有关要求。

4 柱间支撑构件宜符合下列要求：

1）多层框架部分的柱间支撑，宜与框架横梁组成X形或其他有利于抗震的形式，其长细比不宜大于150；

2）支撑杆件的板件宽厚比应符合本规范第9.2节的要求。

5 框架梁采用高强度螺栓摩擦型拼接时，其位置宜避开最大应力区（1/10梁净跨和1.5倍梁高的较大值）。梁翼缘拼接时，在平行于内力方向的高强度螺栓不宜少于3排，拼接板的截面模量应大于被拼接截面模量的1.1倍。

6 厂房柱脚应能保证传递柱的承载力，宜采用埋入式、插入式或外包式柱脚，并按本规范第9.2节的规定执行。

附录J 单层厂房横向平面排架地震作用效应调整

J.1 基本自振周期的调整

J.1.1 按平面排架计算厂房的横向地震作用时，排架的基本自振周期应考虑纵墙及屋架与柱连接的固结作用，可按下列规定进行调整：

1 由钢筋混凝土屋架或钢屋架与钢筋混凝土柱组成的排架，有纵墙时取周期计算值的80%，无纵墙时取90%；

2 由钢筋混凝土屋架或钢屋架与砖柱组成的排架，取周期计算值的90%；

3 由木屋架、钢木屋架或轻钢屋架与砖柱组成排架，取周期计算值。

J.2 排架柱地震剪力和弯矩的调整系数

J.2.1 钢筋混凝土屋盖的单层钢筋混凝土柱厂房，按本规范第J.1.1条确定基本自振周期且按平面排架计算的排架柱地震剪力和弯矩，当符合下列要求时，可考虑空间工作和扭转影响，并按本规范第J.2.3条的规定调整：

1 7度和8度；

2 厂房单元屋盖长度与总跨度之比小于8或厂房总跨度大于12m；

3 山墙的厚度不小于240mm，开洞所占的水平截面积不超过总面积50%，并与屋盖系统有良好的连接；

4 柱顶高度不大于15m。

注：1 屋盖长度指山墙到山墙的间距，仅一端有山墙时，应取所考虑排架至山墙的距离；

2 高低跨相差较大的不等高厂房，总跨度可不包括低跨。

J.2.2 钢筋混凝土屋盖和密铺望板瓦木屋盖的单层砖柱厂房，按本规范第J.1.1条确定基本自振周期且按平面排架计算的排架柱地震剪力和弯矩，当符合下列要求时，可考虑空间工作，并按本规范第J.2.3条的规定调整：

1 7度和8度；

2 两端均有承重山墙；

3 山墙或承重（抗震）横墙的厚度不小于240mm，开洞所占的水平截面积不超过总面积50%，并与屋盖系统有良好的连接；

4 山墙或承重（抗震）横墙的长度不宜小于其高度；

5 单元屋盖长度与总跨度之比小于8或厂房总跨度大于12m。

注：屋盖长度指山墙到山墙或承重（抗震）横墙的间距。

J.2.3 排架柱的剪力和弯矩应分别乘以相应的调整系数，除高低跨度交接处上柱以外的钢筋混凝土柱，其值可按表J.2.3-1采用，两端均有山墙的砖柱，其值可按表J.2.3-2采用。

表J.2.3-1 钢筋混凝土柱（除高低跨交接处上柱外）考虑空间工作和扭转影响的效应调整系数

屋盖	山墙		屋盖长度(m)											
			≤30	36	42	48	54	60	66	72	78	84	90	96
钢筋混凝土无檩屋盖	两端山墙	等高厂房	—	—	0.75	0.75	0.75	0.80	0.80	0.80	0.85	0.85	0.85	0.90
		不等高厂房	—	—	0.85	0.85	0.85	0.90	0.90	0.90	0.95	0.95	0.95	1.00
	一端山墙		1.05	1.15	1.20	1.25	1.30	1.30	1.30	1.30	1.35	1.35	1.35	1.35
钢筋混凝土有檩屋盖	两端山墙	等高厂房	—	—	0.80	0.85	0.90	0.95	0.95	1.00	1.00	1.05	1.05	1.10
		不等高厂房	—	—	0.85	0.90	0.95	1.00	1.00	1.05	1.05	1.10	1.10	1.15
	一端山墙		1.00	1.05	1.10	1.10	1.15	1.15	1.15	1.20	1.20	1.20	1.25	1.25

表J.2.3-2 砖柱考虑空间作用的效应调整系数

屋盖类型	山墙或承重(抗震)横墙间距(m)										
	≤12	18	24	30	36	42	48	54	60	66	72
钢筋混凝土无檩屋盖	0.60	0.65	0.70	0.75	0.80	0.85	0.85	0.90	0.95	0.95	1.00
钢筋混凝土有檩屋盖或密铺望板瓦木屋盖	0.65	0.70	0.75	0.80	0.90	0.95	0.95	1.00	1.05	1..05	1.10

J.2.4 高低跨交接处的钢筋混凝土柱的支承低跨屋盖牛腿以上各截面，按底部剪力法求得的地震剪力和弯矩应乘以增大系数，其值可按下式采用：

$$\eta=\zeta\left(1+1.7\frac{n_{\mathrm{h}}}{n_0}\cdot\frac{G_{\mathrm{EL}}}{G_{\mathrm{Eh}}}\right) \qquad (\mathrm{J}.2.4)$$

式中：η——地震剪力和弯矩的增大系数；

ζ——不等高厂房低跨交接处的空间工作影响系数，可按表J.2.4采用；

n_{h}——高跨的跨数；

n_0——计算跨数，仅一侧有低跨时应取总跨数，两侧均有低跨时应取总跨数与高跨跨数之和；

G_{EL}——集中于交接处一侧各低跨屋盖标高处的总重力荷载代表值；

G_{Eh}——集中于高跨柱顶标高处的总重力荷载代表值。

表J.2.4 高低跨交接处钢筋混凝土上柱空间工作影响系数

屋盖	山墙	屋盖长度(m)										
		≤36	42	48	54	60	66	72	78	84	90	96
钢筋混凝土无檩屋盖	两端山墙	—	0.70	0.76	0.82	0.88	0.94	1.00	1.06	1.06	1.06	1.06
	一端山墙	1.25										
钢筋混凝土有檩屋盖	两端山墙	—	0.90	1.00	1.05	1.10	1.10	1.15	1.15	1.15	1.20	1.20
	一端山墙	1.05										

J.2.5 钢筋混凝土柱单层厂房的吊车梁顶标高处的上柱截面，由起重机桥架引起的地震剪力和弯矩应乘以增大系数，当按底部剪力法等简化计算方法计算时，其值可按表J.2.5采用。

表J.2.5 桥架引起的地震剪力和弯矩增大系数

屋盖类型	山墙	边柱	高低跨柱	其他中柱
钢筋混凝土无檩屋盖	两端山墙	2.0	2.5	3.0
	一端山墙	1.5	2.0	2.5
钢筋混凝土有檩屋盖	两端山墙	1.5	2.0	2.5
	一端山墙	1.5	2.0	2.0

附录K 单层厂房纵向抗震验算

K.1 单层钢筋混凝土柱厂房纵向抗震计算的修正刚度法

K.1.1 纵向基本自振周期的计算。

按本附录计算单跨或等高多跨的钢筋混凝土柱厂房纵向地震作用时，在柱顶标高不大于15m且平均跨度不大于30m时，纵向基本周期可按下列公式确定：

1 砖围护墙厂房，可按下式计算：

$$T_1=0.23+0.00025\psi_1 l\sqrt{H^3} \qquad (\mathrm{K}.1.1\text{-}1)$$

式中：ψ_1——屋盖类型系数，大型屋面板钢筋混凝土屋架可采用1.0，钢屋架采用0.85；

l——厂房跨度（m），多跨厂房可取各跨的平均值；

H——基础顶面至柱顶的高度（m）。

2 敞开、半敞开或墙板与柱子柔性连接的厂房，可按式（K.1.1-1）进行计算并乘以下列围护墙影响系数：

$$\psi_2 = 2.6 - 0.002l\sqrt{H^3} \quad (K.1.1\text{-}2)$$

式中：ψ_2——围护墙影响系数，小于1.0时应采用1.0。

K.1.2 柱列地震作用的计算。

1 等高多跨钢筋混凝土屋盖的厂房，各纵向柱列的柱顶标高处的地震作用标准值，可按下列公式确定：

$$F_i = \alpha_1 G_{eq} \frac{K_{ai}}{\sum K_{ai}} \quad (K.1.2\text{-}1)$$

$$K_{ai} = \psi_3 \psi_4 K_i \quad (K.1.2\text{-}2)$$

式中：F_i——i柱列柱顶标高处的纵向地震作用标准值；

α_1——相应于厂房纵向基本自振周期的水平地震影响系数，应按本规范第5.1.5条确定；

G_{eq}——厂房单元柱列总等效重力荷载代表值，应包括按本规范第5.1.3条确定的屋盖重力荷载代表值、70%纵墙自重、50%横墙与山墙自重及折算的柱自重（有吊车时采用10%柱自重，无吊车时采用50%柱自重）；

K_i——i柱列柱顶的总侧移刚度，应包括i柱列内柱子和上、下柱间支撑的侧移刚度及纵墙的折减侧移刚度的总和，贴砌的砖围护墙侧移刚度的折减系数，可根据柱列侧移值的大小，采用0.2～0.6；

K_{ai}——i柱列柱顶的调整侧移刚度；

ψ_3——柱列侧移刚度的围护墙影响系数，可按表K.1.2-1采用；有纵向砖围护墙的四跨或五跨厂房，由边柱列数起的第三柱列，可按表内相应数值的1.15倍采用；

ψ_4——柱列侧移刚度的柱间支撑影响系数，纵向为砖围护墙时，边柱列可采用1.0，中柱列可按表K.1.2-2采用。

表K.1.2-1 围护墙影响系数

围护墙类别和烈度		柱列和屋盖类别				
		边柱列	中柱列			
			无檩屋盖		有檩屋盖	
240砖墙	370砖墙		边跨无天窗	边跨有天窗	边跨无天窗	边跨有天窗
	7度	0.85	1.7	1.8	1.8	1.9
7度	8度	0.85	1.5	1.6	1.6	1.7
8度	9度	0.85	1.3	1.4	1.4	1.5
9度		0.85	1.2	1.3	1.3	1.4
无墙、石棉瓦或挂板		0.90	1.1	1.1	1.2	1.2

表K.1.2-2 纵向采用砖围护墙的中柱列柱间支撑影响系数

厂房单元内设置下柱支撑的柱间数	中柱列下柱支撑斜杆的长细比					中柱列无支撑
	≤40	41～80	81～120	121～150	>150	
一柱间	0.9	0.95	1.0	1.1	1.25	1.4
二柱间	—	—	0.9	0.95	1.0	

2 等高多跨钢筋混凝土屋盖厂房，柱列各吊车梁顶标高处的纵向地震作用标准值，可按下式确定：

$$F_{ci} = \alpha_1 G_{ci} \frac{H_{ci}}{H_i} \quad (K.1.2\text{-}3)$$

式中：F_{ci}——i柱列在吊车梁顶标高处的纵向地震作用标准值；

G_{ci}——集中于i柱列吊车梁顶标高处的等效重力荷载代表值，应包括按本规范第5.1.3条确定的吊车梁与悬吊物的重力荷载代表值和40%柱子自重；

H_{ci}——i柱列吊车梁顶高度；

H_i——i柱列柱顶高度。

K.2 单层钢筋混凝土柱厂房柱间支撑地震作用效应及验算

K.2.1 斜杆长细比不大于200的柱间支撑在单位侧力作用下的水平位移，可按下式确定：

$$u = \sum \frac{1}{1+\varphi_i} u_{ti} \quad (K.2.1)$$

式中：u——单位侧力作用点的位移；

φ_i——i节间斜杆轴心受压稳定系数，应按现行国家标准《钢结构设计规范》GB 50017采用；

u_{ti}——单位侧力作用下i节间仅考虑拉杆受力的相对位移。

K.2.2 长细比不大于200的斜杆截面可仅按抗拉验算，但应考虑压杆的卸载影响，其拉力可按下式确定：

$$N_t = \frac{l_i}{(1+\psi_c \varphi_i) s_c} V_{bi} \quad (K.2.2)$$

式中：N_t——i节间支撑斜杆抗拉验算时的轴向拉力设计值；

l_i——i节间斜杆的全长；

ψ_c——压杆卸载系数，压杆长细比为60、100和200时，可分别采用0.7、0.6和0.5；

V_{bi}——i节间支撑承受的地震剪力设计值；

s_c——支撑所在柱间的净距。

K.2.3 无贴砌墙的纵向柱列，上柱支撑与同列下柱支撑宜等强设计。

K.3 单层钢筋混凝土柱厂房柱间支撑端节点预埋件的截面抗震验算

K.3.1 柱间支撑与柱连接节点预埋件的锚件采用锚筋时，其截面抗震承载力宜按下列公式验算：

$$N \leqslant \frac{0.8 f_y A_s}{\gamma_{RE}\left(\frac{\cos\theta}{0.8\zeta_m \psi} + \frac{\sin\theta}{\zeta_r \zeta_v}\right)} \quad (K.3.1\text{-}1)$$

$$\psi = \frac{1}{1+\frac{0.6 e_0}{\zeta_r s}} \quad (K.3.1\text{-}2)$$

$$\zeta_m = 0.6 + 0.25 t/d \quad (K.3.1\text{-}3)$$

$$\zeta_v = (4-0.08d)\sqrt{f_c/f_y} \quad (K.3.1\text{-}4)$$

式中：A_s——锚筋总截面面积；

γ_{RE}——承载力抗震调整系数，可采用1.0；

N——预埋板的斜向拉力，可采用全截面屈服点强度计算的支撑斜杆轴向力的1.05倍；

e_0——斜向拉力对锚筋合力作用线的偏心距，应小于外排锚筋之间距离的20%（mm）；

θ——斜向拉力与其水平投影的夹角；

ψ——偏心影响系数；

s——外排锚筋之间的距离（mm）；

ζ_m——预埋板弯曲变形影响系数；

t——预埋板厚度（mm）；

d——锚筋直径（mm）；

ζ_r——验算方向锚筋排数的影响系数，二、三和四排可分别采用1.0、0.9和0.85；

ζ_v——锚筋的受剪影响系数，大于0.7时应采用0.7。

K.3.2 柱间支撑与柱连接节点预埋件的锚件采用角钢加端板时，其截面抗震承载力宜按下列公式验算：

$$N \leqslant \frac{0.7}{\gamma_{RE}\left(\frac{\cos\theta}{\psi N_{u0}} + \frac{\sin\theta}{V_{u0}}\right)} \quad (K.3.2\text{-}1)$$

$$V_{uo} = 3n\zeta_r\sqrt{W_{min} b f_a f_c} \quad (K.3.2\text{-}2)$$

$$N_{uo} = 0.8 n f_a A_s \quad (K.3.2\text{-}3)$$

式中：n——角钢根数；

b——角钢肢宽；

W_{min}——与剪力方向垂直的角钢最小截面模量；

A_s——根角钢的截面面积；

f_a——角钢抗拉强度设计值。

K.4 单层砖柱厂房纵向抗震计算的修正刚度法

K.4.1 本节适用于钢筋混凝土无檩或有檩屋盖等高多跨单层砖柱厂房的纵向抗震验算。

K.4.2 单层砖柱厂房的纵向基本自振周期可按下式计算：

$$T_1 = 2\psi_T\sqrt{\frac{\sum G_s}{\sum K_s}} \quad (K.4.2)$$

式中：ψ_T——周期修正系数，按表K.4.2采用；

G_s——第s柱列的集中重力荷载，包括柱列左右各半跨的屋盖和山墙重力荷载，及按动能等效原则换算集中到柱顶或墙顶处的墙、柱重力荷载；

K_s——第s柱列的侧移刚度。

表K.4.2 厂房纵向基本自振周期修正系数

屋盖类型	钢筋混凝土无檩屋盖		钢筋混凝土有檩屋盖	
	边跨无天窗	边跨有天窗	边跨无天窗	边跨有天窗
周期修正系数	1.3	1.35	1.4	1.45

K.4.3 单层砖柱厂房纵向总水平地震作用标准值可按下式计算：

$$F_{Ek} = \alpha_1 \sum G_s \quad (K.4.3)$$

式中：α_1——相应于单层砖柱厂房纵向基本自振周期T_1的地震影响系数；

G_s——按照柱列底部剪力相等原则，第s柱列换算集中到墙顶处的重力荷载代表值。

K.4.4 沿厂房纵向第s柱列上端的水平地震作用可按下式计算：

$$F_s = \frac{\psi_s K_s}{\sum \psi_s K_s} F_{Ek} \quad (K.4.4)$$

式中：ψ_s——反映屋盖水平变形影响的柱列刚度调整系数，根据屋盖类型和各柱列的纵墙设置情况，按表K.4.4采用。

表K.4.4 柱列刚度调整系数

纵墙设置情况		屋盖类型			
		钢筋混凝土无檩屋盖		钢筋混凝土有檩屋盖	
		边柱列	中柱列	边柱列	中柱列
砖柱敞棚		0.95	1.1	0.9	1.6
各柱列均为带壁柱砖墙		0.95	1.1	0.9	1.2
边柱列为带壁柱砖墙	中柱列的纵墙不少于4开间	0.7	1.4	0.75	1.5
	中柱列的纵墙少于4开间	0.6	1.8	0.65	1.9

附录L 隔震设计简化计算和砌体结构隔震措施

L.1 隔震设计的简化计算

L.1.1 多层砌体结构及与砌体结构周期相当的结

构采用隔震设计时，上部结构的总水平地震作用可按本规范式（5.2.1-1）简化计算，但应符合下列规定：

1 水平向减震系数，宜根据隔震后整个体系的基本周期，按下式确定：

$$\beta = 1.2\eta_2 (T_{gm}/T_1)^{\gamma} \quad (L.1.1\text{-}1)$$

式中：β——水平向减震系数；

η_2——地震影响系数的阻尼调整系数，根据隔震层等效阻尼按本规范第5.1.5条确定；

γ——地震影响系数的曲线下降段衰减指数，根据隔震层等效阻尼按本规范第5.1.5条确定；

T_{gm}——砌体结构采用隔震方案时的特征周期，根据本地区所属的设计地震分组按本规范第5.1.4条确定，但小于0.4s时应按0.4s采用；

T_1——隔震后体系的基本周期，不应大于2.0s和5倍特征周期的较大值。

2 与砌体结构周期相当的结构，其水平向减震系数宜根据隔震后整个体系的基本周期，按下式确定：

$$\beta = 1.2\eta_2 (T_g/T_1)^{\gamma} (T_0/T_g)^{0.9} \quad (L.1.1\text{-}2)$$

式中：T_0——非隔震结构的计算周期，当小于特征周期时应采用特征周期的数值；

T_1——隔震后体系的基本周期，不应大于5倍特征周期值；

T_g——特征周期；其余符号同上。

3 砌体结构及与其基本周期相当的结构，隔震后体系的基本周期可按下式计算：

$$T_1 = 2\pi\sqrt{G/K_h g} \quad (L.1.1\text{-}3)$$

式中：T_1——隔震体系的基本周期；

G——隔震层以上结构的重力荷载代表值；

K_h——隔震层的水平等效刚度，可按本规范第12.2.4条的规定计算；

g——重力加速度。

L.1.2 砌体结构及与其基本周期相当的结构，隔震层在罕遇地震下的水平剪力可按下式计算：

$$V_c = \lambda_s \alpha_1(\zeta_{eq}) G \quad (L.1.2)$$

式中：V_c——隔震层在罕遇地震下的水平剪力。

L.1.3 砌体结构及与其基本周期相当的结构，隔震层质心处在罕遇地震下的水平位移可按下式计算：

$$u_e = \lambda_s \alpha_1(\zeta_{eq}) G/K_h \quad (L.1.3)$$

式中：λ_s——近场系数；距发震断层5km以内取1.5；（5～10）km取不小于1.25；

$\alpha_1(\zeta_{eq})$——罕遇地震下的地震影响系数值，可根据隔震层参数，按本规范第5.1.5条的规定进行计算；

K_h——罕遇地震下隔震层的水平等效刚度，应按本规范第12.2.4条的有关规定采用。

L.1.4 当隔震支座的平面布置为矩形或接近于矩形，但上部结构的质心与隔震层刚度中心不重合时，隔震支座扭转影响系数可按下列方法确定：

1 仅考虑单向地震作用的扭转时（图L.1.4），扭转影响系数可按下列公式估计：

$$\eta = 1 + 12es_i/(a^2 + b^2) \quad (L.1.4\text{-}1)$$

式中：e——上部结构质心与隔震层刚度中心在垂直于地震作用方向的偏心距；

s_i——第i个隔震支座与隔震层刚度中心在垂直于地震作用方向的距离；

a、b——隔震层平面的两个边长。

对边支座，其扭转影响系数不宜小于1.15；当隔震层和上部结构采取有效的抗扭措施后或扭转周期小于平动周期的70%，扭转影响系数可取1.15。

2 同时考虑双向地震作用的扭转时，扭转影响系数可仍按式（L.1.4-1）计算，但其中的偏心距值（e）应采用下列公式中的较大值替代：

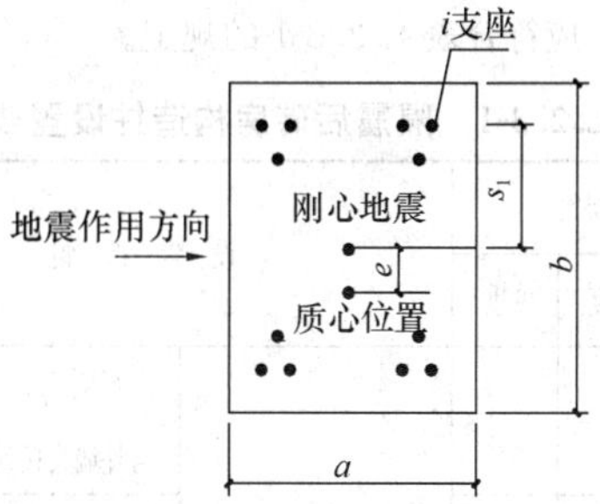

图L.1.4　扭转计算示意图

$$e = \sqrt{e_x^2 + (0.85e_y)^2} \quad (L.1.4\text{-}2)$$

$$e = \sqrt{e_y^2 + (0.85e_x)^2} \quad (L.1.4\text{-}3)$$

式中：e_x——y方向地震作用时的偏心距；

e_y——x方向地震作用时的偏心距。

对边支座，其扭转影响系数不宜小于1.2。

L.1.5 砌体结构按本规范第12.2.5条规定进行竖向地震作用下的抗震验算时，砌体抗震抗剪强度的正应力影响系数，宜按减去竖向地震作用效应后的平均压应力取值。

L.1.6 砌体结构的隔震层顶部各纵、横梁均可按承受均布荷载的单跨简支梁或多跨连续梁计算。均布荷载可按本规范第7.2.5条关于底部框架砖房的钢筋混凝土托墙梁的规定取值；当按连续梁算出的正弯矩小于单跨简支梁跨中弯矩的0.8倍时，应按0.8倍单跨简支梁跨中弯矩配筋。

L.2 砌体结构的隔震措施

L.2.1 当水平向减震系数不大于 0.40 时（设置阻尼器时为 0.38），丙类建筑的多层砌体结构，房屋的层数、总高度和高宽比限值，可按本规范第 7.1 节中降低一度的有关规定采用。

L.2.2 砌体结构隔震层的构造应符合下列规定：

1 多层砌体房屋的隔震层位于地下室顶部时，隔震支座不宜直接放置在砌体墙上，并应验算砌体的局部承压。

2 隔震层顶部纵、横梁的构造均应符合本规范第 7.5.8 条关于底部框架砖房的钢筋混凝土托墙梁的要求。

L.2.3 丙类建筑隔震后上部砌体结构的抗震构造措施应符合下列要求：

1 承重外墙尽端至门窗洞边的最小距离及圈梁的截面和配筋构造，仍应符合本规范第 7.1 节和第 7.3、7.4 节的有关规定。

2 多层砖砌体房屋的钢筋混凝土构造柱设置，水平向减震系数大于 0.40 时（设置阻尼器时为 0.38），仍应符合本规范表 7.3.1 的规定；（7～9）度，水平向减震系数不大于 0.40 时（设置阻尼器时为 0.38），应符合表 L.2.3-1 的规定。

表 L.2.3-1 隔震后砖房构造柱设置要求

<table>
<tr><th colspan="3">房屋层数</th><th colspan="2" rowspan="2">设置部位</th></tr>
<tr><th>7度</th><th>8度</th><th>9度</th></tr>
<tr><td>三、四</td><td>二、三</td><td></td><td rowspan="4">楼、电梯间四角，楼梯斜段上下端对应的墙体处；外墙四角和对应转角；错层部位横墙与外纵墙交接处，较大洞口两侧，大房间内外墙交接处</td><td>每隔 12m 或单元横墙与外墙交接处</td></tr>
<tr><td>五</td><td>四</td><td>二</td><td>每隔三开间的横墙与外墙交接处</td></tr>
<tr><td>六、</td><td>五</td><td>三、四</td><td>隔开间横墙（轴线）与外墙交接处，山墙与内纵墙交接处；9 度四层，外纵墙与内墙（轴线）交接处</td></tr>
<tr><td>七</td><td>六、七</td><td>五</td><td>内墙（轴线）与外墙交接处，内墙局部较小墙垛处；内纵墙与横墙（轴线）交接处</td></tr>
</table>

3 混凝土小砌块房屋芯柱的设置，水平向减震系数大于 0.40 时（设置阻尼器时为 0.38），仍应符合本规范表 7.4.1 的规定；（7～9）度，当水平向减震系数不大于 0.40 时（设置阻尼器时为 0.38），应符合表 L.2.3-2 的规定。

表 L.2.3-2 隔震后混凝土小砌块房屋构造柱设置要求

<table>
<tr><th colspan="3">房屋层数</th><th rowspan="2">设置部位</th><th rowspan="2">设置数量</th></tr>
<tr><th>7度</th><th>8度</th><th>9度</th></tr>
<tr><td>三、四</td><td>二、三</td><td></td><td>外墙转角，楼梯间四角，楼梯斜段上下端对应的墙体处；大房间内外墙交接处；每隔 12m 或单元横墙与外墙交接处</td><td rowspan="2">外墙转角，灌实 3 个孔
内外墙交接处，灌实 4 个孔</td></tr>
<tr><td>五</td><td>四</td><td>二</td><td>外墙转角，楼梯间四角，楼梯斜段上下端对应的墙体处；大房间内外墙交接处，山墙与内纵墙交接处，隔三开间横墙（轴线）与外纵墙交接处</td></tr>
<tr><td>六</td><td>五</td><td>三</td><td>外墙转角，楼梯间四角，楼梯斜段上下端对应的墙体处；大房间内外墙交接处，隔开间横墙（轴线）与外纵墙交接处，山墙与内纵墙交接处；8、9 度时，外纵墙与横墙（轴线）交接处，大洞口两侧</td><td>外墙转角，灌实 5 个孔
内外墙交接处，灌实 5 个孔
洞口两侧各灌实 1 个孔</td></tr>
<tr><td>七</td><td>六</td><td>四</td><td>外墙转角，楼梯间四角，楼梯斜段上下端对应的墙体处；各内外墙（轴线）与外墙交接处；内纵墙与横墙（轴线）交接处；洞口两侧</td><td>外墙转角，灌实 7 个孔
内外墙交接处，灌实 4 个孔
内墙交接处，灌实 4～5 个孔
洞口两侧各灌实 1 个孔</td></tr>
</table>

4 上部结构的其他抗震构造措施，水平向减震系数大于 0.40 时（设置阻尼器时为 0.38）仍按本规范第 7 章的相应规定采用；（7～9）度，水平向减震系数不大于 0.40 时（设置阻尼器时为 0.38），可按本规范第 7 章降低一度的相应规定采用。

附录 M 实现抗震性能设计目标的参考方法

M.1 结构构件抗震性能设计方法

M.1.1 结构构件可按下列规定选择实现抗震性能要求的抗震承载力、变形能力和构造的抗震等级；整个结构不同部位的构件、竖向构件和水平构件，可选用相同或不同的抗震性能要求：

1　当以提高抗震安全性为主时，结构构件对应于不同性能要求的承载力参考指标，可按表 M.1.1-1 的示例选用。

表 M.1.1-1　结构构件实现抗震性能要求的承载力参考指标示例

性能要求	多遇地震	设防地震	罕遇地震
性能 1	完好，按常规设计	完好，承载力按抗震等级调整地震效应的设计值复核	基本完好，承载力按不计抗震等级调整地震效应的设计值复核
性能 2	完好，按常规设计	基本完好，承载力按不计抗震等级调整地震效应的设计值复核	轻～中等破坏，承载力按极限值复核
性能 3	完好，按常规设计	轻微损坏，承载力按标准值复核	中等破坏，承载力达到极限值后能维持稳定，降低少于5%
性能 4	完好，按常规设计	轻～中等破坏，承载力按极限值复核	不严重破坏，承载力达到极限值后基本维持稳定，降低少于10%

2　当需要按地震残余变形确定使用性能时，结构构件除满足提高抗震安全性的性能要求外，不同性能要求的层间位移参考指标，可按表 M.1.1-2 的示例选用。

表 M.1.1-2　结构构件实现抗震性能要求的层间位移参考指标示例

性能要求	多遇地震	设防地震	罕遇地震
性能 1	完好，变形远小于弹性位移限值	完好，变形小于弹性位移限值	基本完好，变形略大于弹性位移限值
性能 2	完好，变形远小于弹性位移限值	基本完好，变形略大于弹性位移限值	有轻微塑性变形，变形小于 2 倍弹性位移限值
性能 3	完好，变形明显小于弹性位移限值	轻微损坏，变形小于 2 倍弹性位移限值	有明显塑性变形，变形约 4 倍弹性位移限值
性能 4	完好，变形小于弹性位移限值	轻～中等破坏，变形小于 3 倍弹性位移限值	不严重破坏，变形不大于 0.9 倍塑性变形限值

注：设防烈度和罕遇地震下的变形计算，应考虑重力二阶效应，可扣除整体弯曲变形。

3　结构构件细部构造对应于不同性能要求的抗震等级，可按表 M.1.1-3 的示例选用；结构中同一部位的不同构件，可区分竖向构件和水平构件，按各自最低的性能要求所对应的抗震构造等级选用。

表 M.1.1-3　结构构件对应于不同性能要求的构造抗震等级示例

性能要求	构造的抗震等级
性能 1	基本抗震构造。可按常规设计的有关规定降低二度采用，但不得低于 6 度，且不发生脆性破坏
性能 2	低延性构造。可按常规设计的有关规定降低一度采用，当构件的承载力高于多遇地震提高二度的要求时，可按降低二度采用；均不得低于 6 度，且不发生脆性破坏
性能 3	中等延性构造。当构件的承载力高于多遇地震提高一度的要求时，可按常规设计的有关规定降低一度且不低于 6 度采用，否则仍按常规设计的规定采用
性能 4	高延性构造。仍按常规设计的有关规定采用

M.1.2　结构构件承载力按不同要求进行复核时，地震内力计算和调整、地震作用效应组合、材料强度取值和验算方法，应符合下列要求：

1　设防烈度下结构构件承载力，包括混凝土构件压弯、拉弯、受剪、受弯承载力，钢构件受拉、受压、受弯、稳定承载力等，按考虑地震效应调整的设计值复核时，应采用对应于抗震等级而不计入风荷载效应的地震作用效应基本组合，并按下式验算：

$$\gamma_G S_{GE} + \gamma_E S_{Ek}(I_2, \lambda, \zeta) \leqslant R/\gamma_{RE} \quad (M.1.2\text{-}1)$$

式中：I_2——表示设防地震动，隔震结构包含水平向减震影响；

λ——按非抗震性能设计考虑抗震等级的地震效应调整系数；

ζ——考虑部分次要构件进入塑性的刚度降低或消能减震结构附加的阻尼影响。

其他符号同非抗震性能设计。

2　结构构件承载力按不考虑地震作用效应调整的设计值复核时，应采用不计入风荷载效应的基本组合，并按下式验算：

$$\gamma_G S_{GE} + \gamma_E S_{Ek}(I, \zeta) \leqslant R/\gamma_{RE} \quad (M.1.2\text{-}2)$$

式中：I——表示设防烈度地震动或罕遇地震动，隔震结构包含水平向减震影响；

ζ——考虑部分次要构件进入塑性的刚度降低或消能减震结构附加的阻尼影响。

3　结构构件承载力按标准值复核时，应采用不计入风荷载效应的地震作用效应标准组合，并按下式验算：

$$S_{GE}+S_{Ek}(I,\zeta)\leqslant R_k \quad (M.1.2\text{-}3)$$

式中：I——表示设防地震动或罕遇地震动，隔震结构包含水平向减震影响；

ζ——考虑部分次要构件进入塑性的刚度降低或消能减震结构附加的阻尼影响；

R_k——按材料强度标准值计算的承载力。

4 结构构件按极限承载力复核时，应采用不计入风荷载效应的地震作用效应标准组合，并按下式验算：

$$S_{GE}+S_{Ek}(I,\zeta)<R_u \quad (M.1.2\text{-}4)$$

式中：I——表示设防地震动或罕遇地震动，隔震结构包含水平向减震影响；

ζ——考虑部分次要构件进入塑性的刚度降低或消能减震结构附加的阻尼影响；

R_u——按材料最小极限强度值计算的承载力；钢材强度可取最小极限值，钢筋强度可取屈服强度的1.25倍，混凝土强度可取立方强度的0.88倍。

M.1.3 结构竖向构件在设防地震、罕遇地震作用下的层间弹塑性变形按不同控制目标进行复核时，地震层间剪力计算、地震作用效应调整、构件层间位移计算和验算方法，应符合下列要求：

1 地震层间剪力和地震作用效应调整，应根据整个结构不同部位进入弹塑性阶段程度的不同，采用不同的方法。构件总体上处于开裂阶段或刚刚进入屈服阶段，可取等效刚度和等效阻尼，按等效线性方法估算；构件总体上处于承载力屈服至极限阶段，宜采用静力或动力弹塑性分析方法估算；构件总体上处于承载力下降阶段，应采用计入下降段参数的动力弹塑性分析方法估算。

2 在设防地震下，混凝土构件的初始刚度，宜采用长期刚度。

3 构件层间弹塑性变形计算时，应依据其实际的承载力，并应按本规范的规定计入重力二阶效应；风荷载和重力作用下的变形不参与地震组合。

4 构件层间弹塑性变形的验算，可采用下列公式：

$$\triangle u_p(I,\zeta,\xi_y,G_E)<[\triangle u] \quad (M.1.3)$$

式中：$\triangle u_p$（…）——竖向构件在设防地震或罕遇地震下计入重力二阶效应和阻尼影响取决于其实际承载力的弹塑性层间位移角；对高宽比大于3的结构，可扣除整体转动的影响；

$[\triangle u]$——弹塑性位移角限值，应根据性能控制目标确定；整个结构中变形最大部位的竖向构件，轻微损坏可取中等破坏的一半，中等破坏可取本规范表5.5.1和表5.5.5规定值的平均值，不严重破坏按小于本规范表5.5.5规定值的0.9倍控制。

M.2 建筑构件和建筑附属设备支座抗震性能设计方法

M.2.1 当非结构的建筑构件和附属机电设备按使用功能的专门要求进行性能设计时，在遭遇设防烈度地震影响下的性能要求可按表M.2.1选用。

表 M.2.1 建筑构件和附属机电设备的参考性能水准

性能水准	功能描述	变形指标
性能1	外观可能损坏，不影响使用和防火能力，安全玻璃开裂；使用、应急系统可照常运行	可经受相连结构构件出现1.4倍的建筑构件、设备支架设计挠度
性能2	可基本正常使用或很快恢复，耐火时间减少1/4，强化玻璃破碎；使用系统检修后运行，应急系统可照常运行	可经受相连结构构件出现1.0倍的建筑构件、设备支架设计挠度
性能3	耐火时间明显减少，玻璃掉落，出口受碎片阻碍；使用系统明显损坏，需修理才能恢复功能，应急系统受损仍可基本运行	只能经受相连结构构件出现0.6倍的建筑构件、设备支架设计挠度

M.2.2 建筑围护墙、附属构件及固定储物柜等进行抗震性能设计时，其地震作用的构件类别系数和功能系数可参考表M.2.2确定。

表 M.2.2 建筑非结构构件的类别系数和功能系数

构件、部件名称	构件类别系数	功能系数	
		乙 类	丙 类
非承重外墙：			
围护墙	0.9	1.4	1.0
玻璃幕墙等	0.9	1.4	1.4
连接：			
墙体连接件	1.0	1.4	1.0
饰面连接件	1.0	1.0	0.6
防火顶棚连接件	0.9	1.0	1.0
非防火顶棚连接件	0.6	1.0	0.6
附属构件：			
标志或广告牌等	1.2	1.0	1.0
高于2.4m储物柜支架：			
货架（柜）文件柜	0.6	1.0	0.6
文物柜	1.0	1.4	1.0

M.2.3 建筑附属设备的支座及连接件进行抗震性能设计时，其地震作用的构件类别系数和功能系数可参考表M.2.3确定。

表M.2.3 建筑附属设备构件的类别系数和功能系数

构件、部件所属系统	构件类别系数	功能系数	
		乙类	丙类
应急电源的主控系统、发电机、冷冻机等	1.0	1.4	1.4
电梯的支承结构、导轨、支架、轿箱导向构件等	1.0	1.0	1.0
悬挂式或摇摆式灯具	0.9	1.0	0.6
其他灯具	0.6	1.0	0.6
柜式设备支座	0.6	1.0	0.6
水箱、冷却塔支座	1.2	1.0	1.0
锅炉、压力容器支座	1.0	1.0	1.0
公用天线支座	1.2	1.0	1.0

M.3 建筑构件和建筑附属设备抗震计算的楼面谱方法

M.3.1 非结构构件的楼面谱，应反映支承非结构构件的具体结构自身动力特性、非结构构件所在楼层位置，以及结构和非结构阻尼特性对结构所在地点的地面地震运动的放大作用。

计算楼面谱时，一般情况，非结构构件可采用单质点模型；对支座间有相对位移的非结构构件，宜采用多支点体系计算。

M.3.2 采用楼面反应谱法时，非结构构件的水平地震作用标准值可按下列公式计算：

$$F=\gamma\eta\beta_{s}G \tag{M.3.2}$$

式中：β_s——非结构构件的楼面反应谱值，取决于设防烈度、场地条件、非结构构件与结构体系之间的周期比、质量比和阻尼，以及非结构构件在结构的支承位置、数量和连接性质；

γ——非结构构件功能系数，取决于建筑抗震设防类别和使用要求，一般分为1.4、1.0、0.6三档；

η——非结构构件类别系数，取决于构件材料性能等因素，一般在0.6～1.2范围内取值。

本规范用词说明

1 为了便于在执行本规范条文时区别对待，对要求严格程度不同的用词说明如下：

1）表示很严格，非这样做不可的：
正面词采用“必须”；反面词采用“严禁”；

2）表示严格，在正常情况下均应这样做的：
正面词采用“应”；反面词采用“不应”或“不得”；

3）表示允许稍有选择，在条件许可时首先这样做的：
正面词采用“宜”；反面词采用“不宜”；

4）表示有选择，在一定条件下可以这样做的，采用“可”。

2 条文中指明应按其他有关标准、规范执行的写法为：“应符合……的规定”或“应按……执行”。

引用标准名录

1 《建筑地基基础设计规范》GB 50007
2 《建筑结构荷载规范》GB 50009
3 《混凝土结构设计规范》GB 50010
4 《钢结构设计规范》GB 50017
5 《构筑物抗震设计规范》GB 50191
6 《混凝土结构工程施工质量验收规范》GB 50204
7 《建筑工程抗震设防分类标准》GB 50223
8 《建筑边坡工程技术规范》GB 50330
9 《橡胶支座 第3部分：建筑隔震橡胶支座》GB 20688.3
10 《厚度方向性能钢板》GB/T 5313

中华人民共和国国家标准

建筑抗震设计规范

GB 50011—2010
(2016年版)

条 文 说 明

修 订 说 明

本次修订系根据原建设部《关于印发〈2006 年工程建设标准规范制订、修订计划（第一批）的通知〉》（建标［2006］77 号）的要求，由中国建筑科学研究院会同有关的设计、勘察、研究和教学单位，于 2007 年 1 月开始对《建筑抗震设计规范》GB 50011－2001（以下简称 2001 规范）进行全面修订。

本次修订修订过程中，发生了 2008 年“5·12”汶川大地震，其震害经验表明，严格按照 2001 规范进行设计、施工和使用的建筑，在遭遇比当地设防烈度高一度的地震作用下，可以达到在预估的罕遇地震下保障生命安全的抗震设防目标。汶川地震建筑震害经验对我国建筑抗震设计规范的修订具有重要启示，地震后，根据住房和城乡建设部落实国务院《汶川地震灾后恢复重建条例》的要求，对 2001 规范进行了应急局部修订，形成了《建筑抗震设计规范》GB 50011－2001（2008 年版），此次修订共涉及 31 条规定，主要包括灾区设防烈度的调整，增加了有关山区场地、框架结构填充墙设置、砌体结构楼梯间、抗震结构施工要求的强制性条文，提高了装配式楼板构造和钢筋伸长率的要求。

在完成 2008 年版局部修订之后，《建筑抗震设计规范》的全面修订工作继续进行，于 2009 年 5 月形成了“征求意见稿”并发至全国勘察、设计、教学单位和抗震管理部门征求意见，其方式有三种：设计单位或抗震管理部门召开讨论会，形成书面意见；设计、勘察及研究人员直接用书面或电子邮件提出意见；以及有关刊物上发表论文。累计共收集到千余条次意见。同年 8 月，对所收集的意见进行分析、整理，修改了条文，开展了试设计工作。

与 2001 版规范相比，《建筑抗震设计规范》GB 50011－2010 的条文数量有下列变动：

2001 版规范共有 13 章 54 节 11 附录，共 554 条；其中，正文 447 条，附录 107 条。

《建筑抗震设计规范》GB 50011－2010 共有 14 章 59 节 12 附录，共 630 条。其中，正文增加 39 条，占原条文的 9%；附录增加 37 条，占 36%。

原有各章修改的主要内容见前言。新增的内容是：大跨屋盖建筑、地下建筑、框排架厂房、钢支撑-混凝土框架和钢框架-混凝土筒体房屋，以及抗震性能化设计原则，并删去内框架房屋的有关内容。

2001 规范 2008 年局部修订后共有 58 条强制性条文，本次修订减少了 2 条：设防标准直接引用《建筑工程抗震设防分类标准》GB 50223；对隔震设计的可行性论证，不再作为强制性要求。

2009 年 11 月，由住房和城乡建设部标准定额司主持，召开了《建筑抗震设计规范》修订送审稿审查会。会议认为，修订送审稿继续保持 2001 版规范的基本规定是合适的，所增加的新内容总体上符合汶川地震后的要求和设计需要，反映了我国抗震科研的新成果和工程实践的经验，吸取了一些国外的先进经验，更加全面、更加细致、更加科学。新规范的颁布和实施将使我国的建筑抗震设计提高到新的水平。

本次修订，附录 A 依据《中国地震动参数区划图》GB 18306－2001 及其第 1、2 号修改单进行了设计地震分组。目前，《中国地震动参数区划图》正在修订，今后，随着《中国地震动参数区划图》的修订和施行，该附录将及时与之协调，进行修改。

2001 规范的主编单位：中国建筑科学研究院

2001 规范的参编单位：中国地震局工程力学研究所、中国建筑技术研究院、冶金工业部建筑研究总院、建设部建筑设计院、机械工业部设计研究院、中国轻工国际工程设计院（中国轻工业北京设计院）、北京市建筑设计研究院、上海建筑设计研究院、中南建筑设计院、中国建筑西北设计研究院、新疆建筑设计研究院、广东省建筑设计研究院、云南省设计院、辽宁省建筑设计研究院、深圳市建筑设计研究总院、北京勘察设计研究院、深圳大学建筑设计研究院、清华大学、同济大学、哈尔滨建筑大学、华中理工大学、重庆建筑大学、云南工业大学、华南建设学院（西院）。

2001 规范的主要起草人：徐正忠　王亚勇（以下按姓序笔画排列）

王迪民　王彦深　王骏孙　韦承基　叶燎原　刘惠珊　吕西林　孙平善　李国强　吴明舜　苏经宇　张前国　陈　健　陈富生　沙　安　欧进萍　周炳章　周锡元　周雍年　周福霖　胡庆昌　袁金西　秦　权　高小旺　容柏生　唐家祥　徐　建　徐永基　钱稼茹　龚思礼　董津城　赖　明　傅学怡　蔡益燕　樊小卿　潘凯云　戴国莹

本次修订过程中，2001 规范的一些主要起草人如胡庆昌、徐正忠、龚思礼、张前国等作为此次修订的顾问专家，对规范修订的原则、指导思想及具体条文的技术规定等提出了中肯的意见和建议。

目 次

1 总 则

1.0.1 国家有关建筑的防震减灾法律法规，主要指《中华人民共和国建筑法》、《中华人民共和国防震减灾法》及相关的条例等。

本规范对于建筑抗震设防的基本思想和原则继续同《建筑抗震设计规范》GBJ 11－89（以下简称 89 规范）、《建筑抗震设计规范》GB 50011－2001（以下简称 2001 规范）保持一致，仍以“三个水准”为抗震设防目标。

抗震设防是以现有的科学水平和经济条件为前提。规范的科学依据只能是现有的经验和资料。目前对地震规律性的认识还很不足，随着科学水平的提高，规范的规定会有相应的突破；而且规范的编制要根据国家的经济条件的发展，适当地考虑抗震设防水平，制定相应的设防标准。

本次修订，继续保持 89 规范提出的并在 2001 规范延续的抗震设防三个水准目标，即“小震不坏、中震可修、大震不倒”的某种具体化。根据我国华北、西北和西南地区对建筑工程有影响的地震发生概率的统计分析，50 年内超越概率约为 63％的地震烈度为对应于统计“众值”的烈度，比基本烈度约低一度半，本规范取为第一水准烈度，称为“多遇地震”；50 年超越概率约 10％的地震烈度，即 1990 中国地震区划图规定的“地震基本烈度”或中国地震动参数区划图规定的峰值加速度所对应的烈度，规范取为第二水准烈度，称为“设防地震”；50 年超越概率2％～3％的地震烈度，规范取为第三水准烈度，称为“罕遇地震”，当基本烈度 6 度时为 7 度强，7 度时为 8 度强，8 度时为 9 度弱，9 度时为 9 度强。

与三个地震烈度水准相应的抗震设防目标是：一般情况下（不是所有情况下），遭遇第一水准烈度——众值烈度（多遇地震）影响时，建筑处于正常使用状态，从结构抗震分析角度，可以视为弹性体系，采用弹性反应谱进行弹性分析；遭遇第二水准烈度——基本烈度（设防地震）影响时，结构进入非弹性工作阶段，但非弹性变形或结构体系的损坏控制在可修复的范围［与 89 规范、2001 规范相同，其承载力的可靠性与《工业与民用建筑抗震设计规范》TJ 11－78（以下简称 78 规范）相当并略有提高］；遭遇第三水准烈度——最大预估烈度（罕遇地震）影响时，结构有较大的非弹性变形，但应控制在规定的范围内，以免倒塌。

还需说明的是：

1 抗震设防烈度为 6 度时，建筑按本规范采取相应的抗震措施之后，抗震能力比不设防时有实质性的提高，但其抗震能力仍是较低的。

2 不同抗震设防类别的建筑按本规范规定采取抗震措施之后，相应的抗震设防目标在程度上有所提高或降低。例如，丁类建筑在设防地震下的损坏程度可能会重些，且其倒塌不危及人们的生命安全，在罕遇地震下的表现会比一般的情况要差；甲类建筑在设防地震下的损坏是轻微甚至是基本完好的，在罕遇地震下的表现将会比一般的情况好些。

3 本次修订继续采用二阶段设计实现上述三个水准的设防目标：第一阶段设计是承载力验算，取第一水准的地震动参数计算结构的弹性地震作用标准值和相应的地震作用效应，继续采用《建筑结构可靠度设计统一标准》GB 50068 规定的分项系数设计表达式进行结构构件的截面承载力抗震验算，这样，其可靠度水平同 78 规范相当，并由于非抗震构件设计可靠性水准的提高而有所提高，既满足了在第一水准下具有必要的承载力可靠度，又满足第二水准的损坏可修的目标。对大多数的结构，可只进行第一阶段设计，而通过概念设计和抗震构造措施来满足第三水准的设计要求。

第二阶段设计是弹塑性变形验算，对地震时易倒塌的结构、有明显薄弱层的不规则结构以及有专门要求的建筑，除进行第一阶段设计外，还要进行结构薄弱部位的弹塑性层间变形验算并采取相应的抗震构造措施，实现第三水准的设防要求。

4 在 89 规范和 2001 规范所提出的以结构安全性为主的“小震不坏、中震可修、大震不倒”三水准目标，就是一种抗震性能目标——小震、中震、大震有明确的概率指标；房屋建筑不坏、可修、不倒的破坏程度，在《建筑地震破坏等级划分标准》（建设部 90 建抗字 377 号）中提出了定性的划分。本次修订，对某些有专门要求的建筑结构，在本规范第 3.10 节和附录 M 增加了关于中震、大震的进一步定量的抗震性能化设计原则和设计指标。

1.0.2 本条是强制性条文，要求处于抗震设防地区的所有新建建筑工程均必须进行抗震设计。以下，凡用**粗体**表示的条文，均为建筑工程房屋建筑部分的强制性条文。

1.0.3 本规范的适用范围，继续保持 89 规范、2001 规范的规定，适用于 6～9 度一般的建筑工程。多年来，很多位于区划图 6 度的地区发生了较大的地震，6 度地震区的建筑要适当考虑一些抗震要求，以减轻地震灾害。

工业建筑中，一些因生产工艺要求而造成的特殊问题的抗震设计，与一般的建筑工程不同，需由有关的专业标准予以规定。

因缺乏可靠的近场地震的资料和数据，抗震设防烈度大于 9 度地区的建筑抗震设计，仍没有条件列入规范。因此，在没有新的专门规定前，可仍按 1989 年建设部印发（89）建抗字第 426 号《地震基本烈度

Ⅹ度区建筑抗震设防暂行规定》的通知执行。

2001 规范比 89 规范增加了隔震、消能减震的设计规定，本次修订，还增加了抗震性能化设计的原则性规定。

1.0.4 为适应强制性条文的要求，采用最严的规范用语“必须”。

作为抗震设防依据的文件和图件，如地震烈度区划图和地震动参数区划图，其审批权限，由国家有关主管部门依法规定。

1.0.5 在 89 规范和 2001 规范中，均规定了抗震设防依据的“双轨制”，即一般情况采用抗震设防烈度（作为一个地区抗震设防依据的地震烈度），在一定条件下，可采用经国家有关主管部门规定的权限批准发布的供设计采用的抗震设防区划的地震动参数（如地面运动加速度峰值、反应谱值、地震影响系数曲线和地震加速度时程曲线）。

本次修订，按 2009 年发布的《中华人民共和国防震减灾法》对“地震小区划”的规定，删去 2001 规范对城市设防区划的相关规定，保留“一般情况”这几个字。

新一代的地震区划图正在编制中，本次修订的有关条文和附录将依据新的区划图进行相应的协调性修改。

2 术语和符号

抗震设防烈度是一个地区的设防依据，不能随意提高或降低。

抗震设防标准，是一种衡量对建筑抗震能力要求高低的综合尺度，既取决于建设地点预期地震影响强弱的不同，又取决于建筑抗震设防分类的不同。本规范规定的设防标准是最低的要求，具体工程的设防标准可按业主要求提高。

结构上地震作用的涵义，强调了其动态作用的性质，不仅包括多个方向地震加速度的作用，还包括地震动的速度和动位移的作用。

2001 规范明确了抗震措施和抗震构造措施的区别。抗震构造措施只是抗震措施的一个组成部分。在本规范的目录中，可以看到一般规定、计算要点、抗震构造措施、设计要求等。其中的一般规定及计算要点中的地震作用效应（内力和变形）调整的规定均属于抗震措施，而设计要求中的规定，可能包含有抗震措施和抗震构造措施，需按术语的定义加以区分。

本次修订，按《中华人民共和国防震减灾法》的规定，补充了“地震动参数区划图”这个术语。明确在国家法律中，“地震动参数”是“以加速度表示地震作用强弱程度”，“区划图”是将国土“划分为不同抗震设防要求区域的图件”。

3 基本规定

3.1 建筑抗震设防分类和设防标准

3.1.1 根据我国的实际情况——经济实力有了较大的提高，但仍属于发展中国家的水平，提出适当的抗震设防标准，既能合理使用建设投资，又能达到抗震安全的要求。

89 规范、2001 规范关于建筑抗震设防分类和设防标准的规定，已被国家标准《建筑工程抗震设防分类标准》GB 50223 所替代。按照国家标准编写的规定，本次修订的条文直接引用而不重复该国家标准的规定。

按照《建筑工程抗震设防分类标准》GB 50223－2008，各个设防分类建筑的名称有所变更，但明确甲类、乙类、丙类、丁类是分别作为特殊设防类、重点设防类、标准设防类、适度设防类的简称。因此，在本规范以及建筑结构设计文件中，继续采用简称。

《建筑工程抗震设防分类标准》GB 50223－2008 进一步突出了设防类别划分是侧重于使用功能和灾害后果的区分，并更强调体现对人员安全的保障。

自 1989 年《建筑抗震设计规范》GBJ 11－89 发布以来，按技术标准设计的所有房屋建筑，均应达到“多遇地震不坏、设防地震可修和罕遇地震不倒”的设防目标。这里，多遇地震、设防地震和罕遇地震，一般按地震基本烈度区划或地震动参数区划对当地的规定采用，分别为 50 年超越概率 63%、10% 和 2%～3% 的地震，或重现期分别为 50 年、475 年和 1600 年～2400 年的地震。

针对我国地震区划图所规定的烈度有很大不确定性的事实，在建设行政主管部门领导下，89 规范明确规定了“小震不坏、中震可修、大震不倒”的抗震设防目标。这个目标可保障“房屋建筑在遭遇设防地震影响时不致有灾难性后果，在遭遇罕遇地震影响时不致倒塌”。2008 年汶川地震表明，严格按照现行抗震规范进行设计、施工和使用的房屋建筑，达到了规范规定的设防目标，在遭遇到高于地震区划图一度的地震作用下，没有出现倒塌破坏——实现了生命安全的目标。因此，《建筑工程抗震设防分类标准》GB 50223—2008 继续规定，绝大部分建筑均可划为标准设防类（简称丙类），将使用上需要提高防震减灾能力的房屋建筑控制在很小的范围。

在需要提高设防标准的建筑中，乙类需按提高一度的要求加强其抗震措施——增加关键部位的投资即可达到提高安全性的目标；甲类在提高一度的要求加强其抗震措施的基础上，“地震作用应按高于本地区设防烈度计算，其值应按批准的地震安全性评价结果确定”。地震安全性评价通常包括给定年限内不同超越概率的地震动参数，应由具备资质的单位按相关标准执行并对其评价报告的质量负责。这意味着，地震作用计算提高的幅度应经专门研究，并需要按规定的权限审批。条件许可时，专门研究还可包括基于建筑地震破坏损失和投资关系的优化原则确定的方法。

《建筑结构可靠度设计统一标准》GB 50068，提出了设计使用年限的原则规定。显然，抗震设防的甲、乙、丙、丁分类，也可体现设计使用年限的不同。

还需说明，《建筑工程抗震设防分类标准》GB 50223 规定乙类提高抗震措施而不要求提高地震作用，同一些国家的规范只提高地震作用（10%～30%）而不提高抗震措施，在设防概念上有所不同：提高抗震措施，着眼于把财力、物力用在增加结构薄弱部位的抗震能力上，是经济而有效的方法，适合于我国经济有较大发展而人均经济水平仍属于发展中国家的情况；只提高地震作用，则结构的各构件均全面增加材料，投资增加的效果不如前者。

3.1.2 鉴于6度设防的房屋建筑，其地震作用往往不属于结构设计的控制作用，为减少设计计算的工作量，本规范明确，6度设防时，除有明确规定的情况，其抗震设计可仅进行抗震措施的设计而不进行地震作用计算。

3.2 地震影响

多年来地震经验表明，在宏观烈度相似的情况下，处在大震级、远震中距下的柔性建筑，其震害要比中、小震级近震中距的情况重得多；理论分析也发现，震中距不同时反应谱频谱特性并不相同。抗震设计时，对同样场地条件、同样烈度的地震，按震源机制、震级大小和震中距远近区别对待是必要的，建筑所受到的地震影响，需要采用设计地震动的强度及设计反应谱的特征周期来表征。

作为一种简化，89规范主要借助于当时的地震烈度区划，引入了设计近震和设计远震，后者可能遭遇近、远两种地震影响，设防烈度为9度时只考虑近震的地震影响；在水平地震作用计算时，设计近、远震用二组地震影响系数α曲线表达，按远震的曲线设计就已包含两种地震用不利情况。

2001规范明确引入了“设计基本地震加速度”和“设计特征周期”，与当时的中国地震动参数区划（中国地震动峰值加速度区划图A1和中国地震动反应谱特征周期区划图B1）相匹配。

“设计基本地震加速度”是根据建设部1992年7月3日颁发的建标［1992］419号《关于统一抗震设计规范地面运动加速度设计取值的通知》而作出的。通知中有如下规定：

术语名称：设计基本地震加速度值。

定义：50年设计基准期超越概率10%的地震加速度的设计取值。

取值：7度0.10g，8度0.20g，9度0.40g。

本规范表3.2.2所列的设计基本地震加速度与抗震设防烈度的对应关系即来源于上述文件。其取值与《中国地震动参数区划图》GB 18306—2015附录A所规定的“地震动峰值加速度”相当：即在0.10g和0.20g之间有一个0.15g的区域，0.20g和0.40g之间有一个0.30g的区域，在这两个区域内建筑的抗震设计要求，除另有具体规定外，分别同7度和8度，在本规范表3.2.2中用括号内数值表示。本规范表3.2.2中还引入了与6度相当的设计基本地震加速度值0.05g。

“设计特征周期”即设计所用的地震影响系数的特征周期（T_g），简称特征周期。89规范规定，其取值根据设计近、远震和场地类别来确定，我国绝大多数地区只考虑设计近震，需要考虑设计远震的地区很少（约占县级城镇的5%）。2001规范将89规范的设计近震、远震改称设计地震分组，可更好体现震级和震中距的影响，建筑工程的设计地震分为三组。根据规范编制保持其规定延续性的要求和房屋建筑抗震设防决策，2001规范的设计地震的分组在《中国地震动参数区划图》GB 18306－2001附录B的基础上略作调整。2010年修订对各地的设计地震分组作了较大的调整，使之与《中国地震动参数区划图》GB 18306－2001一致。此次局部修订继续保持这一原则，按照《中国地震动参数区划图》GB 18306－2015附录B的规定确定设计地震分组。

为便于设计单位使用，本规范在附录A给出了县级及县级以上城镇（按民政部编2009行政区划简册，包括地级市的市辖区）的中心地区（如城关地区）的抗震设防烈度、设计基本地震加速度和所属的设计地震分组。

3.3 场地和地基

3.3.1 在抗震设计中，场地指具有相似的反应谱特征的房屋群体所在地，不仅仅是房屋基础下的地基土，其范围相当于厂区、居民点和自然村，在平坦地区面积一般不小于1km×1km。

地震造成建筑的破坏，除地震动直接引起结构破坏外，还有场地条件的原因，诸如：地震引起的地表错动与地裂，地基土的不均匀沉陷、滑坡和粉、砂土液化等。因此，选择有利于抗震的建筑场地，是减轻场地引起的地震灾害的第一道工序，抗震设防区的建筑工程宜选择有利的地段，应避开不利的地段并不在危险的地段建设。针对汶川地震的教训，2008年局部修订强调：严禁在危险地段建造甲、乙类建筑。还需要注意，按全文强制的《住宅设计规范》GB 50096，严禁在危险地段建造住宅，必须严格执行。

场地地段的划分，是在选择建筑场地的勘察阶段进行的，要根据地震活动情况和工程地质资料进行综合评价。本规范第 4.1.1 条给出划分建筑场地有利、一般、不利和危险地段的依据。

3.3.2、3.3.3 抗震构造措施不同于抗震措施，二者的区别见本规范第 2.1.10 条和第 2.1.11 条。历次大地震的经验表明，同样或相近的建筑，建造于Ⅰ类场地时震害较轻，建造于Ⅲ、Ⅳ类场地震害较重。

本规范对Ⅰ类场地，仅降低抗震构造措施，不降低抗震措施中的其他要求，如按概念设计要求的内力调整措施。对于丁类建筑，其抗震措施已降低，不再重复降低。

对Ⅲ、Ⅳ类场地，除各章有具体规定外，仅提高抗震构造措施，不提高抗震措施中的其他要求，如按概念设计要求的内力调整措施。

3.3.4 对同一结构单元不宜部分采用天然地基部分采用桩基的要求，一般情况执行没有困难。在高层建筑中，当主楼和裙房不分缝的情况下难以满足时，需仔细分析不同地基在地震下变形的差异及上部结构各部分地震反应差异的影响，采取相应措施。

本次修订，对不同地基基础类型的要求，提出了较为明确的对策。

3.3.5 本条系在 2008 年局部修订时增加的，针对山区房屋选址和地基基础设计，提出明确的抗震要求。需注意：

1 有关山区建筑距边坡边缘的距离，参照《建筑地基基础设计规范》GB 50007－2002 第 5.4.1、第 5.4.2 条计算时，其边坡坡角需按地震烈度的高低修正——减去地震角，滑动力矩需计入水平地震和竖向地震产生的效应。

2 挡土结构抗震设计稳定验算时有关摩擦角的修正，指地震主动土压力按库伦理论计算时：土的重度除以地震角的余弦，填土的内摩擦角减去地震角，土对墙背的摩擦角增加地震角。

地震角的范围取 1.5°～10°，取决于地下水位以上和以下，以及设防烈度的高低。可参见《建筑抗震鉴定标准》GB 50023－2009 第 4.2.9 条。

3.4 建筑形体及其构件布置的规则性

3.4.1 合理的建筑形体和布置（configuration）在抗震设计中是头等重要的。提倡平、立面简单对称。因为震害表明，简单、对称的建筑在地震时较不容易破坏。而且道理也很清楚，简单、对称的结构容易估计其地震时的反应，容易采取抗震构造措施和进行细部处理。“规则”包含了对建筑的平、立面外形尺寸，抗侧力构件布置、质量分布，直至承载力分布等诸多因素的综合要求。“规则”的具体界限，随着结构类型的不同而异，需要建筑师和结构工程师互相配合，才能设计出抗震性能良好的建筑。

本条主要对建筑师设计的建筑方案的规则性提出了强制性要求。在 2008 年局部修订时，为提高建筑设计和结构设计的协调性，明确规定：首先，建筑形体和布置应依据抗震概念设计原则划分为规则与不规则两大类；对于具有不规则的建筑，针对其不规程的具体情况，明确提出不同的要求；强调应避免采用严重不规则的设计方案。

概念设计的定义见本规范第 2.1.9 条。规则性是其中的一个重要概念。

规则的建筑方案体现在体型（平面和立面的形状）简单，抗侧力体系的刚度和承载力上下变化连续、均匀，平面布置基本对称。即在平立面、竖向剖面或抗侧力体系上，没有明显的、实质的不连续（突变）。

规则与不规则的区分，本规范在第 3.4.3 条规定了一些定量的参考界限，但实际上引起建筑不规则的因素还有很多，特别是复杂的建筑体型，很难一一用若干简化的定量指标来划分不规则程度并规定限制范围，但是，有经验的、有抗震知识素养的建筑设计人员，应该对所设计的建筑的抗震性能有所估计，要区分不规则、特别不规则和严重不规则等不规则程度，避免采用抗震性能差的严重不规则的设计方案。

三种不规则程度的主要划分方法如下：

不规则，指的是超过表 3.4.3-1 和表 3.4.3-2 中一项及以上的不规则指标；

特别不规则，指具有较明显的抗震薄弱部位，可能引起不良后果者，其参考界限可参见《超限高层建筑工程抗震设防专项审查技术要点》，通常有三类：其一，同时具有本规范表 3.4.3 所列六个主要不规则类型的三个或三个以上；其二，具有表 1 所列的一项不规则；其三，具有本规范表 3.4.3 所列两个方面的基本不规则且其中有一项接近表 1 的不规则指标。

表 1 特别不规则的项目举例

序	不规则类型	简要涵义
1	扭转偏大	裙房以上有较多楼层考虑偶然偏心的扭转位移比大于 1.4
2	抗扭刚度弱	扭转周期比大于 0.9，混合结构扭转周期比大于 0.85
3	层刚度偏小	本层侧向刚度小于相邻上层的 50%
4	高位转换	框支墙体的转换构件位置：7 度超过 5 层，8 度超过 3 层
5	厚板转换	7～9 度设防的厚板转换结构
6	塔楼偏置	单塔或多塔合质心与大底盘的质心偏心距大于底盘相应边长 20%
7	复杂连接	各部分层数、刚度、布置不同的错层或连体两端塔楼显著不规则的结构
8	多重复杂	同时具有转换层、加强层、错层、连体和多塔类型中的 2 种以上

对于特别不规则的建筑方案，只要不属于严重不规则，结构设计应采取比本规范第 3.4.4 条等的要求更加有效的措施。

严重不规则，指的是形体复杂，多项不规则指标超过本规范 3.4.4 条上限值或某一项大大超过规定值，具有现有技术和经济条件不能克服的严重的抗震薄弱环节，可能导致地震破坏的严重后果者。

3.4.2 本条要求建筑设计需特别重视其平、立、剖面及构件布置不规则对抗震性能的影响。

3.4.3、3.4.4 2001 规范考虑了当时 89 规范和《钢筋混凝土高层建筑结构设计与施工规范》JGJ 3－91 的相应规定，并参考了美国 UBC（1997）日本 BSL（1987 年版）和欧洲规范 8。上述五本规范对不规则结构的条文规定有以下三种方式：

1 规定了规则结构的准则，不规定不规则结构的相应设计规定，如 89 规范和《钢筋混凝土高层建筑结构设计与施工规范》JGJ 3－91。

2 对结构的不规则性作出限制，如日本 BSL。

3 对规则与不规则结构作出了定量的划分，并规定了相应的设计计算要求，如美国 UBC 及欧洲规范 8。

本规范基本上采用了第 3 种方式，但对容易避免或危害性较小的不规则问题未作规定。

对于结构扭转不规则，按刚性楼盖计算，当最大层间位移与其平均值的比值为 1.2 时，相当于一端为 1.0，另一端为 1.45；当比值 1.5 时，相当于一端为 1.0，另一端为 3。美国 FEMA 的 NEHRP 规定，限 1.4。

对于较大错层，如超过梁高的错层，需按楼板开洞对待；当错层面积大于该层总面积 30％时，则属于楼板局部不连续。楼板典型宽度按楼板外形的基本宽度计算。

上层缩进尺寸超过相邻下层对应尺寸的 1/4，属于用尺寸衡量的刚度不规则的范畴。侧向刚度可取地震作用下的层剪力与层间位移之比值计算，刚度突变上限（如框支层）在有关章节规定。

除了表 3.4.3 所列的不规则，UBC 的规定中，对平面不规则尚有抗侧力构件上下错位、与主轴斜交或不对称布置，对竖向不规则尚有相邻楼层质量比大于 150％或竖向抗侧力构件在平面内收进的尺寸大于构件的长度（如棋盘式布置）等。

图 1～图 6 为典型示例，以便理解本规范表 3.4.3-1 和表 3.4.3-2 中所列的不规则类型。

本规范 3.4.3 条 1 款的规定，主要针对钢筋混凝土和钢结构的多层和高层建筑所作的不规则性的限制，对砌体结构多层房屋和单层工业厂房的不规则性应符合本规范有关章节的专门规定。

2010 年修订的变化如下：

1 明确规定表 3.4.3 所列的不规则类型是主要

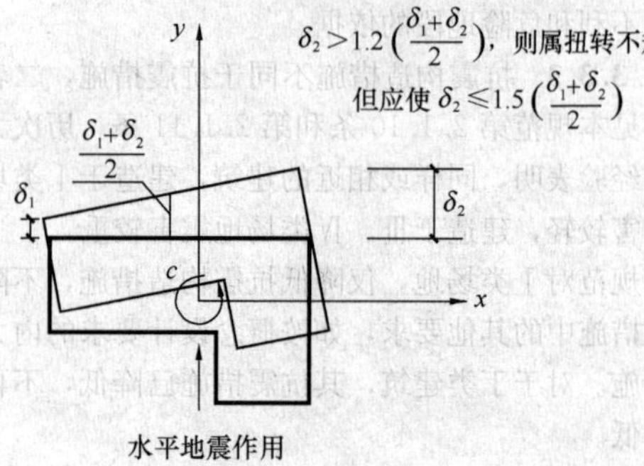

图 1 建筑结构平面的扭转不规则示例

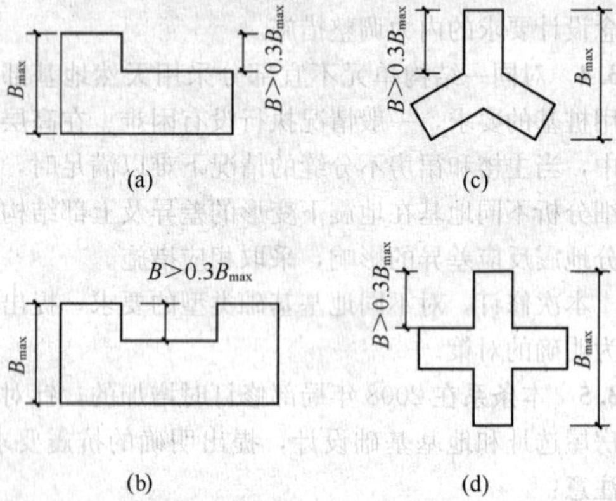

图 2 建筑结构平面的凸角或凹角不规则示例

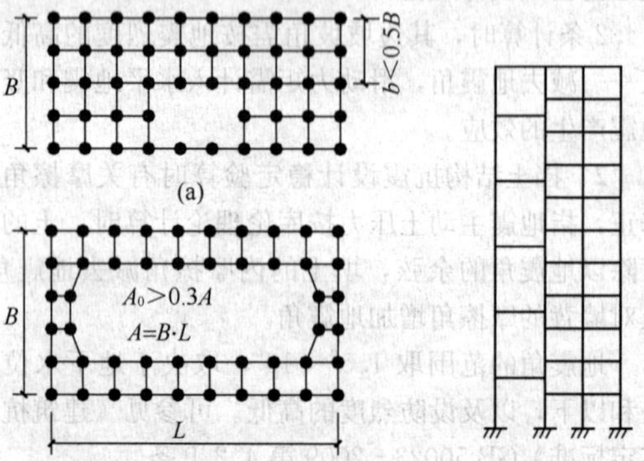

图 3 建筑结构平面的局部不连续示例（大开洞及错层）

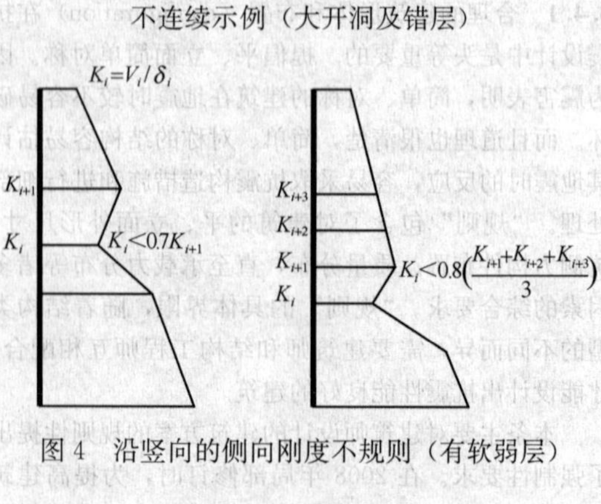

图 4 沿竖向的侧向刚度不规则（有软弱层）

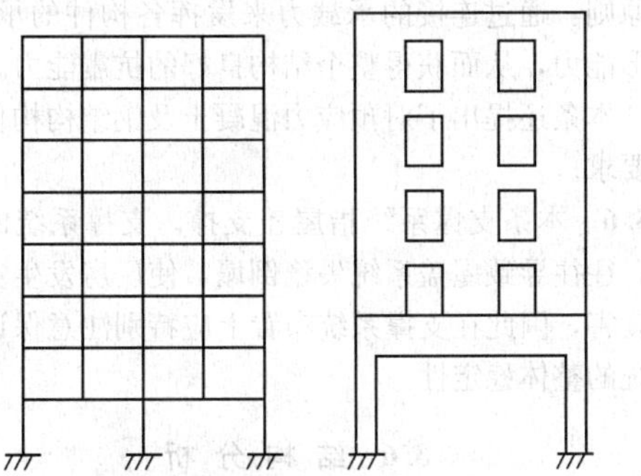

图 5　竖向抗侧力构件不连续示例

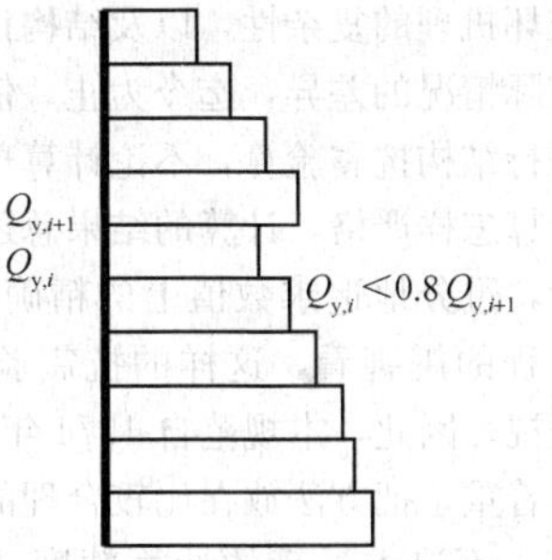

图 6　竖向抗侧力结构屈服抗剪强度非均匀化（有薄弱层）

的而不是全部不规则，所列的指标是概念设计的参考性数值而不是严格的数值，使用时需要综合判断。明确规定按不规则类型的数量和程度，采取不同的抗震措施。不规则的程度和设计的上限控制，可根据设防烈度的高低适当调整。对于特别不规则的建筑结构要求专门研究和论证。

2　对于扭转不规则计算，需注意以下几点：

1）按国外的有关规定，楼盖周边两端位移不超过平均位移 2 倍的情况称为刚性楼盖，超过 2 倍则属于柔性楼盖。因此，这种“刚性楼盖”，并不是刚度无限大。计算扭转位移比时，楼盖刚度可按实际情况确定而不限于刚度无限大假定。

2）扭转位移比计算时，楼层的位移不采用各振型位移的 CQC 组合计算，按国外的规定明确改为取“给定水平力”计算，可避免有时 CQC 计算的最大位移出现在楼盖边缘的中部而不在角部，而且对无限刚楼盖、分块无限刚楼盖和弹性楼盖均可采用相同的计算方法处理；该水平力一般采用振型组合后的楼层地震剪力换算的水平作用力，并考虑偶然偏心；结构楼层位移和层间位移控制值验算时，仍采用 CQC 的效应组合。

3）偶然偏心大小的取值，除采用该方向最大尺寸的 5%外，也可考虑具体的平面形状和抗侧力构件的布置调整。

4）扭转不规则的判断，还可依据楼层质量中心和刚度中心的距离用偏心率的大小作为参考方法。

3　对于侧向刚度的不规则，建议根据结构特点采用合适的方法，包括楼层标高处产生单位位移所需要的水平力、结构层间位移角的变化等进行综合分析。

4　为避免水平转换构件在大震下失效，不连续的竖向构件传递到转换构件的小震地震内力应加大，借鉴美国 IBC 规定取 2.5 倍（分项系数为 1.0），对增大系数作了调整。

本次局部修订，主要进行文字性修改，以进一步明确扭转位移比的含义。

3.4.5　体型复杂的建筑并不一概提倡设置防震缝。由于是否设置防震缝各有利弊，历来有不同的观点，总体倾向是：

1　可设缝、可不设缝时，不设缝。设置防震缝可使结构抗震分析模型较为简单，容易估计其地震作用和采取抗震措施，但需考虑扭转地震效应，并按本规范各章的规定确定缝宽，使防震缝两侧在预期的地震（如中震）下不发生碰撞或减轻碰撞引起的局部损坏。

2　当不设置防震缝时，结构分析模型复杂，连接处局部应力集中需要加强，而且需仔细估计地震扭转效应等可能导致的不利影响。

3.5　结 构 体 系

3.5.1　抗震结构体系要通过综合分析，采用合理而经济的结构类型。结构的地震反应同场地的频谱特性有密切关系，场地的地面运动特性又同地震震源机制、震级大小、震中的远近有关；建筑的重要性、装修的水准对结构的侧向变形大小有所限制，从而对结构选型提出要求；结构的选型又受结构材料和施工条件的制约以及经济条件的许可等。这是一个综合的技术经济问题，应周密加以考虑。

3.5.2、**3.5.3**　抗震结构体系要求受力明确、传力途径合理且传力路线不间断，使结构的抗震分析更符合结构在地震时的实际表现，对提高结构的抗震性能十分有利，是结构选型与布置结构抗侧力体系时首先考虑的因素之一。2001 规范将结构体系的要求分为强制性和非强制性两类。第 3.5.2 条是属于强制性要求的内容。

多道防线对于结构在强震下的安全是很重要的。所谓多道防线的概念，通常指的是：

第一，整个抗震结构体系由若干个延性较好的分体系组成，并由延性较好的结构构件连接起来协同工作。如框架-抗震墙体系是由延性框架和抗震墙二个系统组成；双肢或多肢抗震墙体系由若干个单肢墙分系统组成；框架-支撑框架体系由延性框架和支撑框架二个系统组成；框架-筒体体系由延性框架和筒体二个系统组成。

第二，抗震结构体系具有最大可能数量的内部、外部赘余度，有意识地建立起一系列分布的塑性屈服区，以使结构能吸收和耗散大量的地震能量，一旦破坏也易于修复。设计计算时，需考虑部分构件出现塑性变形后的内力重分布，使各个分体系所承担的地震作用的总和大于不考虑塑性内力重分布时的数值。

本次修订，按征求意见的结果，多道防线仍作为非强制性要求保留在第3.5.3条，但能够设置多道防线的结构类型，在相关章节中予以明确规定。

抗震薄弱层（部位）的概念，也是抗震设计中的重要概念，包括：

1 结构在强烈地震下不存在强度安全储备，构件的实际承载力分析（而不是承载力设计值的分析）是判断薄弱层（部位）的基础；

2 要使楼层（部位）的实际承载力和设计计算的弹性受力之比在总体上保持一个相对均匀的变化，一旦楼层（或部位）的这个比例有突变时，会由于塑性内力重分布导致塑性变形的集中；

3 要防止在局部上加强而忽视整个结构各部位刚度、强度的协调；

4 在抗震设计中有意识、有目的地控制薄弱层（部位），使之有足够的变形能力又不使薄弱层发生转移，这是提高结构总体抗震性能的有效手段。

考虑到有些建筑结构，横向抗侧力构件（如墙体）很多而纵向很少，在强烈地震中往往由于纵向的破坏导致整体倒塌，2001规范增加了结构两个主轴方向的动力特性（周期和振型）相近的抗震概念。

3.5.4 本条对各种不同材料的结构构件提出了改善其变形能力的原则和途径：

1 无筋砌体本身是脆性材料，只能利用约束条件（圈梁、构造柱、组合柱等来分割、包围）使砌体发生裂缝后不致崩塌和散落，地震时不致丧失对重力荷载的承载能力。

2 钢筋混凝土构件抗震性能与砌体相比是比较好的，但若处理不当，也会造成不可修复的脆性破坏。这种破坏包括：混凝土压碎、构件剪切破坏、钢筋锚固部分拉脱（粘结破坏），应力求避免；混凝土结构构件的尺寸控制，包括轴压比、截面长宽比，墙体高厚比、宽厚比等，当墙厚偏薄时，也有自身稳定问题。

3 提出了对预应力混凝土结构构件的要求。

4 钢结构杆件的压屈破坏（杆件失去稳定）或局部失稳也是一种脆性破坏，应予以防止。

5 针对预制混凝土板在强烈地震中容易脱落导致人员伤亡的震害，2008年局部修订增加了推荐采用现浇楼、屋盖，特别强调装配式楼、屋盖需加强整体性的基本要求。

3.5.5 本条指出了主体结构构件之间的连接应遵守的原则：通过连接的承载力来发挥各构件的承载力、变形能力，从而获得整个结构良好的抗震能力。

本条还提出了对预应力混凝土及钢结构构件的连接要求。

3.5.6 本条支撑系统指屋盖支撑。支撑系统的不完善，往往导致屋盖系统失稳倒塌，使厂房发生灾难性的震害，因此在支撑系统布置上应特别注意保证屋盖系统的整体稳定性。

3.6 结构分析

3.6.1 由于地震动的不确定性、地震的破坏作用、结构地震破坏机理的复杂性，以及结构计算模型的各种假定与实际情况的差异，迄今为止，依据所规定的地震作用进行结构抗震验算，不论计算理论和工具如何发展，计算怎样严格，计算的结果总还是一种比较粗略的估计，过分地追求数值上的精确是不必要的；然而，从工程的震害看，这样的抗震验算是有成效的，不可轻视。因此，本规范自1974年第一版以来，对抗震计算着重于把方法放在比较合理的基础上，不拘泥于细节，不追求过高的计算精度，力求简单易行，以线性的计算分析方法为基本方法，并反复强调按概念设计进行各种调整。本节列出一些原则性规定，继续保持和体现上述精神。

多遇地震作用下的内力和变形分析是本规范对结构地震反应、截面承载力验算和变形验算最基本的要求。按本规范第1.0.1条的规定，建筑物当遭受低于本地区抗震设防烈度的多遇地震影响时，主体结构不受损坏或不需修理可继续使用，与此相应，结构在多遇地震作用下的反应分析的方法，截面抗震验算（按照现行国家标准《建筑结构可靠度设计统一标准》GB 50068的基本要求），以及层间弹性位移的验算，都是以线弹性理论为基础，因此，本条规定，当建筑结构进行多遇地震作用下的内力和变形分析时，可假定结构与构件处于弹性工作状态。

3.6.2 按本规范第1.0.1条的规定：当建筑物遭受高于本地区抗震设防烈度的罕遇地震影响时，不致倒塌或发生危及生命的严重破坏，这也是本规范的基本要求。特别是建筑物的体型和抗侧力系统复杂时，将在结构的薄弱部位发生应力集中和弹塑性变形集中，严重时会导致重大的破坏甚至有倒塌的危险。因此本规范提出了检验结构抗震薄弱部位采用弹塑性（即非线性）分析方法的要求。

考虑到非线性分析的难度较大，规范只限于对不规则并具有明显薄部位可能导致重大地震破坏，特别是有严重的变形集中可能导致地震倒塌的结构，应按本规范第5章具体规定进行罕遇地震作用下的弹塑性变形分析。

本规范推荐了两种非线性分析方法：静力的非线性分析（推覆分析）和动力的非线性分析（弹塑性时

程分析）。

静力的非线性分析是：沿结构高度施加按一定形式分布的模拟地震作用的等效侧力，并从小到大逐步增加侧力的强度，使结构由弹性工作状态逐步进入弹塑性工作状态，最终达到并超过规定的弹塑性位移。这是目前较为实用的简化的弹塑性分析技术，比动力非线性分析节省计算工作量，但需要注意，静力非线性分析有一定的局限性和适用性，其计算结果需要工程经验判断。

动力非线性分析，即弹塑性时程分析，是较为严格的分析方法，需要较好的计算机软件和很好的工程经验判断才能得到有用的结果，是难度较大的一种方法。规范还允许采用简化的弹塑性分析技术，如本规范第5章规定的钢筋混凝土框架等的弹塑性分析简化方法。

3.6.3 本条规定，框架结构和框架-抗震墙（支撑）结构在重力附加弯矩 M_a 与初始弯矩 M_0 之比符合下式条件下，应考虑几何非线性，即重力二阶效应的影响。

$$\theta_i=\frac{M_a}{M_0}=\frac{\sum G_i\cdot\triangle u_i}{V_i\cdot h_i}>0.1 \quad (1)$$

式中：θ_i——稳定系数；

$\sum G_i$——i 层以上全部重力荷载计算值；

$\triangle u_i$——第 i 层楼层质心处的弹性或弹塑性层间位移；

V_i——第 i 层地震剪力计算值；

h_i——第 i 层层间高度。

上式规定是考虑重力二阶效应影响的下限，其上限则受弹性层间位移角限值控制。对混凝土结构，弹性位移角限值较小，上述稳定系数一般均在0.1以下，可不考虑弹性阶段重力二阶效应影响。

当在弹性分析时，作为简化方法，二阶效应的内力增大系数可取 $1/(1-\theta)$。

当在弹塑性分析时，宜采用考虑所有受轴向力的结构和构件的几何刚度的计算机程序进行重力二阶效应分析，亦可采用其他简化分析方法。

混凝土柱考虑多遇地震作用产生的重力二阶效应的内力时，不应与混凝土规范承载力计算时考虑的重力二阶效应重复。

砌体结构和混凝土墙结构，通常不需要考虑重力二阶效应。

3.6.4 刚性、半刚性、柔性横隔板分别指在平面内不考虑变形、考虑变形、不考虑刚度的楼、屋盖。

3.6.6 本条规定主要依据《建筑工程设计文件编制深度规定》，要求使用计算机进行结构抗震分析时，应对软件的功能有切实的了解，计算模型的选取必须符合结构的实际工作情况，计算软件的技术条件应符合本规范及有关标准的规定，设计时对所有计算结果应进行判别，确认其合理有效后方可在设计中应用。

2008年局部修订，注意到地震中楼梯的梯板具有斜撑的受力状态，增加了楼梯构件的计算要求：针对具体结构的不同，“考虑”的结果，楼梯构件的可能影响很大或不大，然后区别对待，楼梯构件自身应计算抗震，但并不要求一律参与整体结构的计算。

复杂结构指计算的力学模型十分复杂、难以找到完全符合实际工作状态的理想模型，只能依据各个软件自身的特点在力学模型上分别作某些程度不同的简化后才能运用该软件进行计算的结构。例如，多塔类结构，其计算模型可以是底部一个塔通过水平刚臂分成上部若干个不落地分塔的分叉结构，也可以用多个落地塔通过底部的低塔连成整个结构，还可以将底部按高塔分区分别归入相应的高塔中再按多个高塔进行联合计算，等等。因此本规范对这类复杂结构要求用多个相对恰当、合适的力学模型而不是截然不同不合理的模型进行比较计算。复杂结构应是计算模型复杂的结构，不同的力学模型还应属于不同的计算机程序。

3.7 非结构构件

非结构构件包括建筑非结构构件和建筑附属机电设备的支架等。建筑非结构构件在地震中的破坏允许大于结构构件，其抗震设防目标要低于本规范第1.0.1条的规定。非结构构件的地震破坏会影响安全和使用功能，需引起重视，应进行抗震设计。

建筑非结构构件一般指下列三类：①附属结构构件，如：女儿墙、高低跨封墙、雨篷等；②装饰物，如：贴面、顶棚、悬吊重物等；③围护墙和隔墙。处理好非结构构件和主体结构的关系，可防止附加灾害，减少损失。在第3.7.3条所列的非结构构件主要指在人流出入口、通道及重要设备附近的附属结构构件，其破坏往往伤人或砸坏设备，因此要求加强与主体结构的可靠锚固，在其他位置可以放宽要求。2008年局部修订时，明确增加作为疏散通道的楼梯间墙体的抗震安全性要求，提高对生命的保护。

砌体填充墙与框架或单层厂房柱的连接，影响整个结构的动力性能和抗震能力。两者之间的连接处理不同时，影响也不同。建议两者之间采用柔性连接或彼此脱开，可只考虑填充墙的重量而不计其刚度和强度的影响。砌体填充墙的不合理设置，例如：框架或厂房，柱间的填充墙不到顶，或房屋外墙在混凝土柱间局部高度砌墙，使这些柱子处于短柱状态，许多震害表明，这些短柱破坏很多，应予注意。

2008年局部修订时，第3.7.4条新增为强制性条文。强调围护墙、隔墙等非结构构件是否合理设置对主体结构的影响，以加强围护墙、隔墙等建筑非结构构件的抗震安全性，提高对生命的保护。

第3.7.6条提出了对幕墙、附属机械、电气设备系统支座和连接等需符合地震时对使用功能的要求。这里的使用要求，一般指设防地震。

3.8 隔震与消能减震设计

3.8.1 建筑结构采用隔震与消能减震设计是一种有效地减轻地震灾害的技术。

本次修订，取消了2001规范“主要用于高烈度设防”的规定。强调了这种技术在提高结构抗震性能上具有优势，可适用于对使用功能有较高或专门要求的建筑，即用于投资方愿意通过适当增加投资来提高抗震安全要求的建筑。

3.8.2 本条对建筑结构隔震设计和消能减震设计的设防目标提出了原则要求。采用隔震和消能减震设计方案，具有可能满足提高抗震性能要求的优势，故推荐其按较高的设防目标进行设计。

按本规范12章规定进行隔震设计，还不能做到在设防烈度下上部结构不受损坏或主体结构处于弹性工作阶段的要求，但与非隔震或非消能减震建筑相比，设防目标会有所提高，大体上是：当遭受多遇地震影响时，将基本不受损坏和影响使用功能；当遭受设防地震影响时，不需修理仍可继续使用；当遭受罕遇地震影响时，将不发生危及生命安全和丧失使用价值的破坏。

3.9 结构材料与施工

3.9.1 抗震结构在材料选用、施工程序特别是材料代用上有其特殊的要求，主要是指减少材料的脆性和贯彻原设计意图。

3.9.2、3.9.3 本规范对结构材料的要求分为强制性和非强制性两种。

1 本次修订，将烧结黏土砖改为各种砖，适用范围更宽些。

2 对钢筋混凝土结构中的混凝土强度等级有所限制，这是因为高强度混凝土具有脆性性质，且随强度等级提高而增加，在抗震设计中应考虑此因素，根据现有的试验研究和工程经验，现阶段混凝土墙体的强度等级不宜超过C60；其他构件，9度时不宜超过C60，8度时不宜超过C70。当耐久性有要求时，混凝土的最低强度等级，应遵守有关的规定。

3 本次修订，对一、二、三级抗震等级的框架，规定其普通纵向受力钢筋的抗拉强度实测值与屈服强度实测值的比值不应小于1.25，这是为了保证当构件某个部位出现塑性铰以后，塑性铰处有足够的转动能力与耗能能力；同时还规定了屈服强度实测值与标准值的比值，否则本规范为实现强柱弱梁、强剪弱弯所规定的内力调整将难以奏效。在2008年局部修订的基础上，要求框架梁、框架柱、框支梁、框支柱、板柱-抗震墙的柱，以及伸臂桁架的斜撑、楼梯的梯段等，纵向钢筋均应有足够的延性及钢筋伸长率的要求，是控制钢筋延性的重要性能指标。其取值依据产品标准《钢筋混凝土用钢　第2部分：热轧带肋钢筋》GB 1499.2-2007规定的钢筋抗震性能指标提出，凡钢筋产品标准中带E编号的钢筋，均属于符合抗震性能指标。本条的规定，是正规建筑用钢生产厂家的一般热轧钢筋均能达到的性能指标。从发展趋势考虑，不再推荐箍筋采用HPB235级钢筋；当然，现有生产的HPB235级钢筋仍可继续作为箍筋使用。

4 钢结构中所用的钢材，应保证抗拉强度、屈服强度、冲击韧性合格及硫、磷和碳含量的限制值。对高层钢结构，按黑色冶金工业标准《高层建筑结构用钢板》YB 4104-2000的规定选用。抗拉强度是实际上决定结构安全储备的关键，伸长率反映钢材能承受残余变形量的程度及塑性变形能力，钢材的屈服强度不宜过高，同时要求有明显的屈服台阶，伸长率应大于20%，以保证构件具有足够的塑性变形能力，冲击韧性是抗震结构的要求。当采用国外钢材时，亦应符合我国国家标准的要求。结构钢材的性能指标，按钢材产品标准《建筑结构用钢板》GB/T 19879-2005规定的性能指标，将分子、分母对换，改为屈服强度与抗拉强度的比值。

5 国家产品标准《碳素结构钢》GB/T 700中，Q235钢分为A、B、C、D四个等级，其中A级钢不要求任何冲击试验值，并只在用户要求时才进行冷弯试验，且不保证焊接要求的含碳量，故不建议采用。国家产品标准《低合金高强度结构钢》GB/T 1591中，Q345钢分为A、B、C、D、E五个等级，其中A级钢不保证冲击韧性要求和延性性能的基本要求，故亦不建议采用。

3.9.4 混凝土结构施工中，往往因缺乏设计规定的钢筋型号（规格）而采用另外型号（规格）的钢筋代替，此时应注意替代后的纵向钢筋的总承载力设计值不应高于原设计的纵向钢筋总承载力设计值，以免造成薄弱部位的转移，以及构件在有影响的部位发生混凝土的脆性破坏（混凝土压碎、剪切破坏等）。

除按照上述等承载力原则换算外，还应满足最小配筋率和钢筋间距等构造要求，并应注意由于钢筋的强度和直径改变会影响正常使用阶段的挠度和裂缝宽度。

本条在2008年局部修订时提升为强制性条文，以加强对施工质量的监督和控制，实现预期的抗震设防目标。

3.9.5 厚度较大的钢板在轧制过程中存在各向异性，由于在焊缝附近常形成约束，焊接时容易引起层状撕裂。国家产品标准《厚度方向性能钢板》GB/T 5313将厚度方向的断面收缩率分为Z15、Z25、Z35三个等级，并规定了试件取材方法和试件尺寸等要求。本条规定钢结构采用的钢材，当钢材板厚大于或等于40mm时，至少应符合Z15级规定的受拉试件截面收缩率。

3.9.6 为确保砌体抗震墙与构造柱、底层框架柱的连接，以提高抗侧力砌体墙的变形能力，要求施工时先砌墙后浇筑。

本条在2008年局部修订提升为强制性条文。以加强对施工质量的监督和控制，实现预期的抗震设防目标。

3.9.7 本条是新增的，将2001规范第6.2.14条对施工的要求移此。抗震墙的水平施工缝处，由于混凝土结合不良，可能形成抗震薄弱部位。故规定一级抗震墙要进行水平施工缝处的受剪承载力验算。验算依据试验资料，考虑穿过施工缝处的钢筋处于复合受力状态，其强度采用0.6的折减系数，并考虑轴向压力的摩擦作用和轴向拉力的不利影响，计算公式如下：

$$V_{wj} \leqslant \frac{1}{\gamma_{RE}}(0.6 f_y A_s + 0.8N)$$

式中：V_{wj}——抗震墙施工缝处组合的剪力设计值；

f_y——竖向钢筋抗拉强度设计值；

A_s——施工缝处抗震墙的竖向分布钢筋、竖向插筋和边缘构件（不包括边缘构件以外的两侧翼墙）纵向钢筋的总截面面积；

N——施工缝处不利组合的轴向力设计值，压力取正值，拉力取负值。其中，重力荷载的分项系数，受压时为有利，取1.0；受拉时取1.2。

3.10 建筑抗震性能化设计

3.10.1 考虑当前技术和经济条件，慎重发展性能化目标设计方法，本条明确规定需要进行可行性论证。

性能化设计仍然是以现有的抗震科学水平和经济条件为前提的，一般需要综合考虑使用功能、设防烈度、结构的不规则程度和类型、结构发挥延性变形的能力、造价、震后的各种损失及修复难度等等因素。不同的抗震设防类别，其性能设计要求也有所不同。

鉴于目前强烈地震下结构非线性分析方法的计算模型及参数的选用尚存在不少经验因素，缺少从强震记录、设计施工资料到实际震害的验证，对结构性能的判断难以十分准确，因此在性能目标选用中宜偏于安全一些。

确有需要在处于发震断裂避让区域建造房屋，抗震性能化设计是可供选择的设计手段之一。

3.10.2 建筑的抗震性能化设计，立足于承载力和变形能力的综合考虑，具有很强的针对性和灵活性。针对具体工程的需要和可能，可以对整个结构，也可以对某些部位或关键构件，灵活运用各种措施达到预期的性能目标——着重提高抗震安全性或满足使用功能的专门要求。

例如，可以根据楼梯间作为“抗震安全岛”的要求，提出确保大震下能具有安全避难通道的具体目标和性能要求；可以针对特别不规则、复杂建筑结构的具体情况，对抗侧力结构的水平构件和竖向构件提出相应的性能目标，提高其整体或关键部位的抗震安全性；也可针对水平转换构件，为确保大震下自身及相关构件的安全而提出大震下的性能目标；地震时需要连续工作的机电设施，其相关部位的层间位移需满足规定层间位移限值的专门要求；其他情况，可对震后的残余变形提出满足设施检修后运行的位移要求，也可提出大震后可修复运行的位移要求。建筑构件采用与结构构件柔性连接，只要可靠拉结并留有足够的间隙，如玻璃幕墙与钢框之间预留变形缝隙，震害经验表明，幕墙在结构总体安全时可以满足大震后继续使用的要求。

3.10.3 我国的89规范提出了“小震不坏、中震可修和大震不倒”，明确要求大震下不发生危及生命的严重破坏即达到“生命安全”，就是属于一般情况的性能设计目标。本次修订所提出的性能化设计，要比本规范的一般情况较为明确，尽可能达到可操作性。

1 鉴于地震具有很大的不确定性，性能化设计需要估计各种水准的地震影响，包括考虑近场地震的影响。规范的地震水准是按50年设计基准期确定的。结构设计使用年限是国务院《建设工程质量管理条例》规定的在设计时考虑施工完成后正常使用、正常维护情况下不需要大修仍可完成预定功能的保修年限，国内外的一般建筑结构取50年。结构抗震设计的基准期是抗震规范确定地震作用取值时选用的统计时间参数，也取为50年，即地震发生的超越概率是按50年统计的，多遇地震的理论重现期50年，设防地震是475年，罕遇地震随烈度高度而有所区别，7度约1600年，9度约2400年。其地震加速度值，设防地震取本规范表3.2.2的“设计基本地震加速度值”，多遇地震、罕遇地震取本规范表5.1.2-2的“加速度时程最大值”。其水平地震影响系数最大值，多遇地震、罕遇地震按本规范表5.1.4-1取值，设防地震按本条规定取值，7度（0.15g）和8度（0.30g）分别在7、8度和8、9度之间内插取值。

对于设计使用年限不同于50年的结构，其地震作用需要作适当调整，取值经专门研究提出并按规定的权限批准后确定。当缺乏当地的相关资料时，可参考《建筑工程抗震性态设计通则（试用）》CECS 160：2004的附录A，其调整系数的范围大体是：设计使用年限70年，取1.15～1.2；100年取1.3～1.4。

2 建筑结构遭遇各种水准的地震影响时，其可能的损坏状态和继续使用的可能，与89规范配套的《建筑地震破坏等级划分标准》（建设部90建抗字377号）已经明确划分了各类房屋（砖房、混凝土框架、底层框架砖房、单层工业厂房、单层空旷房屋等）的地震破坏分级和地震直接经济损失估计方法，总体上可分为下列五级，与此后国外标准的相关描述不完全相同：

名称	破坏描述	继续使用的可能性	变形参考值
基本完好（含完好）	承重构件完好；个别非承重构件轻微损坏；附属构件有不同程度破坏	一般不需修理即可继续使用	$<[\triangle u_e]$
轻微损坏	个别承重构件轻微裂缝（对钢结构构件指残余变形），个别非承重构件明显破坏；附属构件有不同程度破坏	不需修理或需稍加修理，仍可继续使用	$(1.5\sim2)[\triangle u_e]$
中等破坏	多数承重构件轻微裂缝（或残余变形），部分明显裂缝（或残余变形）；个别非承重构件严重破坏	需一般修理，采取安全措施后可适当使用	$(3\sim4)[\triangle u_e]$
严重破坏	多数承重构件严重破坏或部分倒塌	应排险大修，局部拆除	$<0.9[\triangle u_p]$
倒　塌	多数承重构件倒塌	需拆除	$>[\triangle u_p]$

注：1　个别指5%以下，部分指30%以下，多数指50%以上。
　　2　中等破坏的变形参考值，大致取规范弹性和弹塑性位移角限值的平均值，轻微损坏取1/2平均值。

参照上述等级划分，地震下可供选定的高于一般情况的预期性能目标可大致归纳如下：

地震水准	性能1	性能2	性能3	性能4
多遇地震	完好	完好	完好	完好
设防地震	完好，正常使用	基本完好，检修后继续使用	轻微损坏，简单修理后继续使用	轻微至接近中等损坏，变形$<3[\triangle u_e]$
罕遇地震	基本完好，检修后继续使用	轻微至中等破坏，修复后继续使用	其破坏需加固后继续使用	接近严重破坏，大修后继续使用

3　实现上述性能目标，需要落实到具体设计指标，即各个地震水准下构件的承载力、变形和细部构造的指标。仅提高承载力时，安全性有相应提高，但使用上的变形要求不一定满足；仅提高变形能力，则结构在小震、中震下的损坏情况大致没有改变，但抗御大震倒塌的能力提高。因此，性能设计目标往往侧重于通过提高承载力推迟结构进入塑性工作阶段并减少塑性变形，必要时还需同时提高刚度以满足使用功能的变形要求，而变形能力的要求可根据结构及其构件在中震、大震下进入弹塑性的程度加以调整。

完好，即所有构件保持弹性状态：各种承载力设计值（拉、压、弯、剪、压弯、拉弯、稳定等）满足规范对抗震承载力的要求 $S<R/\gamma_{RE}$，层间变形（以弯曲变形为主的结构宜扣除整体弯曲变形）满足规范多遇地震下的位移角限值 $[\triangle u_e]$。这是各种预期性能目标在多遇地震下的基本要求——多遇地震下必须满足规范规定的承载力和弹性变形的要求。

基本完好，即构件基本保持弹性状态：各种承载力设计值基本满足规范对抗震承载力的要求 $S\leqslant R/\gamma_{RE}$（其中的效应 S 不含抗震等级的调整系数），层间变形可能略微超过弹性变形限值。

轻微损坏，即结构构件可能出现轻微的塑性变形，但不达到屈服状态，按材料标准值计算的承载力大于作用标准组合的效应。

中等破坏，结构构件出现明显的塑性变形，但控制在一般加固即恢复使用的范围。

接近严重破坏，结构关键的竖向构件出现明显的塑性变形，部分水平构件可能失效需要更换，经过大修加固后可恢复使用。

对性能1，结构构件在预期大震下仍基本处于弹性状态，则其细部构造仅需要满足最基本的构造要求，工程实例表明，采用隔震、减震技术或低烈度设防且风力很大时有可能实现；条件许可时，也可对某些关键构件提出这个性能目标。

对性能2，结构构件在中震下完好，在预期大震下可能屈服，其细部构造需满足低延性的要求。例如，某6度设防的核心筒-外框结构，其风力是小震的2.4倍，风载层间位移是小震的2.5倍。结构所有构件的承载力和层间位移均可满足中震（不计入风载效应组合）的设计要求；考虑水平构件在大震下损坏使刚度降低和阻尼加大，按等效线性化方法估算，竖向构件的最小极限承载力仍可满足大震下的验算要求。于是，结构总体上可达到性能2的要求。

对性能3，在中震下已有轻微塑性变形，大震下有明显的塑性变形，因而，其细部构造需要满足中等延性的构造要求。

对性能4，在中震下的损坏已大于性能3，结构总体的抗震承载力仅略高于一般情况，因而，其细部构造仍需满足高延性的要求。

3.10.4　本条规定了性能化设计时计算的注意事项。一般情况，应考虑构件在强烈地震下进入弹塑性工作阶段和重力二阶效应。鉴于目前的弹塑性参数、分析软件对构件裂缝的闭合状态和残余变形、结构自身阻尼系数、施工图中构件实际截面、配筋与计算书取值的差异等等的处理，还需要进一步研究和改进，当预期的弹塑性变形不大时，可用等效阻尼等模型简化估算。为了判断弹塑性计算结果的可靠程度，可借助于理想弹性假定的计算结果，从下列几方面进行综合分析：

1 结构弹塑性模型一般要比多遇地震下反应谱计算时的分析模型有所简化，但在弹性阶段的主要计算结果应与多遇地震分析模型的计算结果基本相同，两种模型的嵌固端、主要振动周期、振型和总地震作用应一致。弹塑性阶段，结构构件和整个结构实际具有的抵抗地震作用的承载力是客观存在的，在计算模型合理时，不因计算方法、输入地震波形的不同而改变。若计算得到的承载力明显异常，则计算方法或参数存在问题，需仔细复核、排除。

2 整个结构客观存在的、实际具有的最大受剪承载力（底部总剪力）应控制在合理的、经济上可接受的范围，不需要接近更不可能超过按同样阻尼比的理想弹性假定计算的大震剪力，如果弹塑性计算的结果超过，则该计算的承载力数据需认真检查、复核，判断其合理性。

3 进入弹塑性变形阶段的薄弱部位会出现一定程度的塑性变形集中，该楼层的层间位移（以弯曲变形为主的结构宜扣除整体弯曲变形）应大于按同样阻尼比的理想弹性假定计算的该部位大震的层间位移；如果明显小于此值，则该位移数据需认真检查、复核，判断其合理性。

4 薄弱部位可借助于上下相邻楼层或主要竖向构件的屈服强度系数（其计算方法参见本规范第5.5.2条的说明）的比较予以复核，不同的方法、不同的波形，尽管彼此计算的承载力、位移、进入塑性变形的程度差别较大，但发现的薄弱部位一般相同。

5 影响弹塑性位移计算结果的因素很多，现阶段，其计算值的离散性，与承载力计算的离散性相比较大。注意到常规设计中，考虑到小震弹性时程分析的波形数量较少，而且计算的位移多数明显小于反应谱法的计算结果，需要以反应谱法为基础进行对比分析；大震弹塑性时程分析时，由于阻尼的处理方法不够完善，波形数量也较少（建议尽可能增加数量，如不少于7条；数量较少时宜取包络），不宜直接把计算的弹塑性位移值视为结构实际弹塑性位移，同样需要借助小震的反应谱法计算结果进行分析。建议按下列方法确定其层间位移参考数值：用同一软件、同一波形进行弹性和弹塑性计算，得到同一波形、同一部位弹塑性位移（层间位移）与小震弹性位移（层间位移）的比值，然后将此比值取平均或包络值，再乘以反应谱法计算的该部位小震位移（层间位移），从而得到大震下该部位的弹塑性位移（层间位移）的参考值。

3.10.5 本条属于原则规定，其具体化，如结构、构件在中震下的性能化设计要求等，列于附录M中第M.1节。

3.11 建筑物地震反应观测系统

3.11.1 2001规范提出了在建筑物内设置建筑物地震反应观测系统的要求。建筑物地震反应观测是发展地震工程和工程抗震科学的必要手段，我国过去限于基建资金，发展不快，这次在规范中予以规定，以促进其发展。

附录A 我国主要城镇抗震设防烈度、设计基本地震加速度和设计地震分组

本附录系根据《中国地震动参数区划图》GB 18306－2015和《中华人民共和国行政区划简册2015》以及中华人民共和国民政部发布的《2015年县级以上行政区划变更情况（截止2015年9月12日）》编制。

本附录仅给出了我国各县级及县级以上城镇的中心地区（如城关地区）的抗震设防烈度、设计基本地震加速度和所属的设计地震分组。当在各县级及县级以上城镇中心地区以外的行政区域从事建筑工程建设活动时，应根据工程场址的地理坐标查询《中国地震动参数区划图》GB 18306－2015的“附录A（规范性附录）中国地震动峰值加速度区划图”和“附录B（规范性附录）中国地震动加速度反应谱特征周期区划图”，以确定工程场址的地震动峰值加速度和地震加速度反应谱特征周期，并根据下述原则确定工程场址所在地的抗震设防烈度、设计基本地震加速度和所属的设计地震分组：

抗震设防烈度、设计基本地震加速度和GB 18306地震动峰值加速度的对应关系

抗震设防烈度	6	7		8		9
设计基本地震加速度值	0.05g	0.10g	0.15g	0.20g	0.30g	0.40g
GB 18306：地震动峰值加速度	0.05g	0.10g	0.15g	0.20g	0.30g	0.40g

注：g为重力加速度。

设计地震分组与GB 18306地震动加速度反应谱特征周期的对应关系

设计地震分组	第一组	第二组	第三组
GB 18306：地震加速度反应谱特征周期	0.35s	0.40s	0.45s

4 场地、地基和基础

4.1 场　地

4.1.1 有利、不利和危险地段的划分，基本沿用历次规范的规定。本条中地形、地貌和岩土特性的影响

是综合在一起加以评价的，这是因为由不同岩土构成的同样地形条件的地震影响是不同的。2001 规范只列出了有利、不利和危险地段的划分，本次修订，明确其他地段划为可进行建设的一般场地。考虑到高含水量的可塑黄土在地震作用下会产生震陷，历次地震的震害也比较重，当地表存在结构性裂缝时对建筑物抗震也是不利的，因此将其列入不利地段。

关于局部地形条件的影响，从国内几次大地震的宏观调查资料来看，岩质地形与非岩质地形有所不同。1970 年云南通海地震和 2008 年汶川大地震的宏观调查表明，非岩质地形对烈度的影响比岩质地形的影响更为明显。如通海和东川的许多岩石地基上很陡的山坡，震害也未见有明显的加重。因此对于岩石地基的陡坡、陡坎等，本规范未列为不利的地段。但对于岩石地基的高度达数十米的条状突出的山脊和高耸孤立的山丘，由于鞭梢效应明显，振动有所加大，烈度仍有增高的趋势。因此本规范均将其列为不利的地形条件。

应该指出：有些资料中曾提出过有利和不利于抗震的地貌部位。本规范在编制过程中曾对抗震不利的地貌部位实例进行了分析，认为：地貌是研究不同地表形态形成的原因，其中包括组成不同地形的物质（即岩性）。也就是说地貌部位的影响意味着地表形态和岩性二者共同作用的结果，将场地土的影响包括进去了。但通过一些震害实例说明：当处于平坦的冲积平原和古河道不同地貌部位时，地表形态是基本相同的，造成古河道上房屋震害加重的原因主要因地基土质条件很差所致。因此本规范将地貌条件分别在地形条件与场地土中加以考虑，不再提出地貌部位这个概念。

4.1.2～4.1.6 89 规范中的场地分类，是在尽量保持抗震规范延续性的基础上，进一步考虑了覆盖层厚度的影响，从而形成了以平均剪切波速和覆盖层厚度作为评定指标的双参数分类方法。为了在保障安全的条件下尽可能减少设防投资，在保持技术上合理的前提下适当扩大了Ⅱ类场地的范围。另外，由于我国规范中Ⅰ、Ⅱ类场的 T_g 值与国外抗震规范相比是偏小的，因此有意识地将Ⅰ类场地的范围划得比较小。

在场地划分时，需要注意以下几点：

1 关于场地覆盖层厚度的定义。要求其下部所有土层的波速均大于 500m/s，在 89 规范的说明中已有所阐述。执行中常出现一见到大于 500m/s 的土层就确定覆盖厚度而忽略对以下各土层的要求，这种错误应予以避免。2001 规范补充了当地面下某一下卧土层的剪切波速大于或等于 400m/s 且不小于相邻的上层土的剪切波速的 2.5 倍时，覆盖层厚度可按地面至该下卧层顶面的距离取值的规定。需要注意的是，只有当波速不小于 400m/s 且该土层以上的各土层的波速（不包括孤石和硬透镜体）都满足不大于该土层波速的 40%时才可按该土层确定覆盖层厚度；而且这一规定只适用于当下卧层硬土层顶面的埋深大于 5m 时的情况。

2 关于土层剪切波速的测试。2001 规范的波速平均采用更富有物理意义的等效剪切波速的公式计算，即：

$$v_{se} = d_0 / t$$

式中，d_0 为场地评定用的计算深度，取覆盖层厚度和 20m 两者中的较小值，t 为剪切波在地表与计算深度之间传播的时间。

本次修订，初勘阶段的波速测试孔数量改为不宜小于 3 个。多层与高层建筑的分界，参照《民用建筑设计通则》改为 24m。

3 关于不同场地的分界。

为了保持与 89 规范的延续性并与其他有关规范的协调，2001 规范对 89 规范的规定作了调整，Ⅱ类、Ⅲ类场地的范围稍有扩大，并避免了 89 规范Ⅱ类至Ⅳ类的跳跃。作为一种补充手段，当有充分依据时，允许使用插入方法确定边界线附近（指相差±15%的范围）的 T_g 值。图 7 给出了一种连续化插入方案。该图在场地覆盖层厚度 d_{ov} 和等效剪切波速 v_{se} 平面上用等步长和按线性规则改变步长的方案进行连续化插入，相邻等值线的 T_g 值均相差 0.01s。

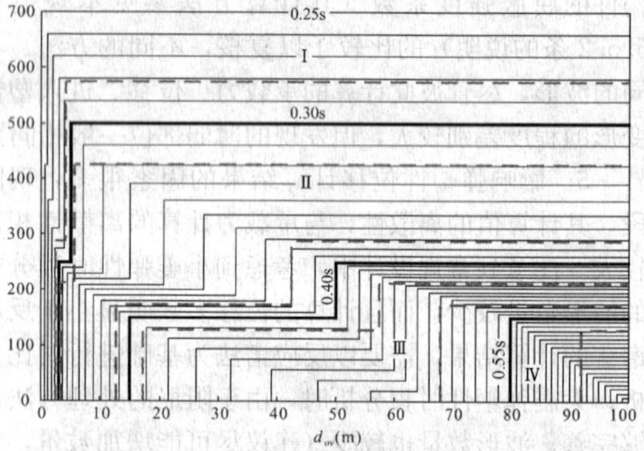

图 7　在 d_{ov}-v_{se} 平面上的 T_g 等值线图（用于设计特征周期一组，图中相邻 T_g 等值线的差值均为 0.01s）

本次修订，考虑到 $f_{ak}<200$ 的黏性土和粉土的实测波速可能大于 250m/s，将 2001 规范的中硬土与中软土地基承载力的分界改为 $f_{ak}>150$。考虑到软弱土的指标 140m/s 与国际标准相比略偏低，将其改为 150m/s。场地类别的分界也改为 150m/s。

考虑到波速为（500～800）m/s 的场地还不是很坚硬，将原场地类别Ⅰ类场地（坚硬土或岩石场地）中的硬质岩石场地明确为 $Ⅰ_0$ 类场地。因此，土的类型划分也相应区分。硬质岩石的波速，我国核电站抗震设计为 700m，美国抗震设计规范为 760m，欧洲抗震规范为 800m，从偏于安全方面考虑，调整为 800m/s。

4 高层建筑的场地类别问题是工程界关心的问题。按理论及实测，一般土层中的地震加速度随距地面深度而渐减。我国亦有对高层建筑修正场地类别（由高层建筑基底起算）或折减地震力建议。因高层建筑埋深常达10m以上，与浅基础相比，有利之处是：基底地震输入小了；但深基础的地震动输入机制很复杂，涉及地基土和结构相互作用，目前尚无公认的理论分析模型更未能总结出实用规律，因此暂不列入规范。深基础的高层建筑的场地类别仍按浅基础考虑。

5 本条中规定的场地分类方法主要适用于剪切波速随深度呈递增趋势的一般场地，对于有较厚软夹层的场地，由于其对短周期地震动具有抑制作用，可以根据分析结果适当调整场地类别和设计地震动参数。

6 新黄土是指 Q_3 以来的黄土。

4.1.7 断裂对工程影响的评价问题，长期以来，不同学科之间存在着不同看法，经过近些年来的不断研究与交流，认为需要考虑断裂影响，这主要是指地震时老断裂重新错动直通地表，在地面产生位错，对建在位错带上的建筑，其破坏是不易用工程措施加以避免的。因此规范中划为危险地段应予避开。至于地震强度，一般在确定抗震设防烈度时已给予考虑。

在活动断裂时间下限方面已取得了一致意见：即对一般的建筑工程只考虑1.0万年（全新世）以来活动过的断裂，在此地质时期以前的活动断裂可不予考虑。对于核电、水电等工程则应考虑10万年以来（晚更新世）活动过的断裂，晚更新世以前活动过的断裂亦可不予考虑。

另外一个较为一致的看法是，在地震烈度小于8度的地区，可不考虑断裂对工程的错动影响，因为多次国内外地震中的破坏现象均说明，在小于8度的地震区，地面一般不产生断裂错动。

目前尚有看法分歧的是关于隐伏断裂的评价问题，在基岩以上覆盖土层多厚，是什么土层，地面建筑就可以不考虑下部断裂的错动影响。根据我国近年来的地震宏观地表位错考察，学者们看法不够一致。有人认为30m厚土层就可以不考虑，有些学者认为是50m，还有人提出用基岩位错量大小来衡量，如土层厚度是基岩位错量的（25～30）倍以上就可不考虑等等。唐山地震震中区的地裂缝，经有关单位详细工作证明，不是沿地下岩石错动直通地表的构造断裂形成的，而是由于地面振动，表面应力形成的表层地裂。这种裂缝仅分布在地面以下3m左右，下部土层并未断开（挖探井证实），在采煤巷道中也未发现错动，对有一定深度基础的建筑物影响不大。

为了对问题更深入的研究，由北京市勘察设计研究院在建设部抗震办公室申请立项，开展了发震断裂上覆土层厚度对工程影响的专项研究。此项研究主要采用大型离心机模拟实验，可将缩小的模型通过提高加速度的办法达到与原型应力状况相同的状态；为了模拟断裂错动，专门加工了模拟断裂突然错动的装置，可实现垂直与水平二种错动，其位错量大小是根据国内外历次地震不同震级条件下位错量统计分析结果确定的；上覆土层则按不同岩性、不同厚度分为数种情况。实验时的位错量为1.0m～4.0m，基本上包括了8度、9度情况下的位错量；当离心机提高加速度达到与原型应力条件相同时，下部基岩突然错动，观察上部土层破裂高度，以便确定安全厚度。根据实验结果，考虑一定的安全储备和模拟实验与地震时震动特性的差异，安全系数取为3，据此提出了8度、9度地区上覆土层安全厚度的界限值。应当说这是初步的，可能有些因素尚未考虑。但毕竟是第一次以模拟实验为基础的定量提法，跟以往的分析和宏观经验是相近的，有一定的可信度。2001规范根据搜集到的国内外地震断裂破裂宽度的资料提出了避让距离，这是宏观的分析结果，随着地震资料的不断积累将会得到补充与完善。

近年来，北京市地震局在上述离心机试验基础上进行了基底断裂错动在覆盖土层中向上传播过程的更精细的离心机模拟，认为以前试验的结论偏于保守，可放宽对破裂带的避让要求。本次修订，考虑到原条文中“前第四纪基岩隐伏断裂”的含义不够明确，容易引起误解；这里的“断裂”只能是“全新世活动断裂”或其活动性不明的其他断裂。因此删除了原条文中“前第四纪基岩”这几个字。还需要说明的是，这里所说的避让距离是断层面在地面上的投影或到断层破裂线的距离，不是指到断裂带的距离。

综合考虑历次大地震的断裂震害，离心机试验结果和我国地震区、特别是山区民居建造的实际情况，本次修订适度减少了避让距离，并规定当确实需要在避让范围内建造房屋时，仅限于建造分散的、不超过三层的丙、丁类建筑，同时应按提高一度采取抗震措施，并提高基础和上部结构的整体性，且不得跨越断层。严格禁止在避让范围内建造甲、乙类建筑。对于山区中可能发生滑坡的地带，属于特别危险的地段，严禁建造民居。

4.1.8 本条考虑局部突出地形对地震动参数的放大作用，主要依据宏观震害调查的结果和对不同地形条件和岩土构成的形体所进行的二维地震反应分析结果。所谓局部突出地形主要是指山包、山梁和悬崖、陡坎等，情况比较复杂，对各种可能出现的情况的地震动参数的放大作用都作出具体的规定是很困难的。从宏观震害经验和地震反应分析结果所反映的总趋势，大致可以归纳为以下几点：①高突地形距离基准面的高度愈大，高处的反应愈强烈；②离陡坎和边坡顶部边缘的距离愈大，反应相对减小；③从岩土构成方面看，在同样地形条件下，土质结构的反应比岩质结构大；④高突地形顶面愈开阔，远离边缘的中心部位的反应是明显减小的；⑤边坡愈陡，其顶部的放大效应相应加大。

基于以上变化趋势，以突出地形的高差 H，坡降角度的正切 H/L 以及场址距突出地形边缘的相对距离 L_1/H 为参数，归纳出各种地形的地震力放大作用如下：

$$\lambda = 1 + \xi\alpha \qquad (2)$$

式中：λ——局部突出地形顶部的地震影响系数的放大系数；

α——局部突出地形地震动参数的增大幅度，按表 2 采用；

ξ——附加调整系数，与建筑场地离突出台地边缘的距离 L_1 与相对高差 H 的比值有关。当 $L_1/H<2.5$ 时，ξ 可取为 1.0；当 $2.5\leqslant L_1/H<5$ 时，ξ 可取为 0.6；当 $L_1/H\geqslant5$ 时，ξ 可取为 0.3。L、L_1 均应按距离场地的最近点考虑。

表 2　局部突出地形地震影响系数的增大幅度

突出地形的高度 H (m)	非岩质地层	$H<5$	$5\leqslant H<15$	$15\leqslant H<25$	$H\geqslant25$
	岩质地层	$H<20$	$20\leqslant H<40$	$40\leqslant H<60$	$H\geqslant60$
局部突出台地边缘的侧向平均坡降 (H/L)	$H/L<0.3$	0	0.1	0.2	0.3
	$0.3\leqslant H/L<0.6$	0.1	0.2	0.3	0.4
	$0.6\leqslant H/L<1.0$	0.2	0.3	0.4	0.5
	$H/L\geqslant1.0$	0.3	0.4	0.5	0.6

条文中规定的最大增大幅度 0.6 是根据分析结果和综合判断给出的。本条的规定对各种地形，包括山包、山梁、悬崖、陡坡都可以应用。

本条在 2008 年局部修订时提升为强制性条文。

4.1.9　本条属于强制性条文。

勘察内容应根据实际的土层情况确定：有些地段，既不属于有利地段也不属于不利地段，而属于一般地段；不存在饱和砂土和饱和粉土时，不判别液化，若判别结果为不考虑液化，也不属于不利地段；无法避开的不利地段，要在详细查明地质、地貌、地形条件的基础上，提供岩土稳定性评价报告和相应的抗震措施。

场地地段的划分，是在选择建筑场地的勘察阶段进行的，要根据地震活动情况和工程地质资料进行综合评价。对软弱土、液化土等不利地段，要按规范的相关规定提出相应的措施。

场地类别划分，不要误为“场地土类别”划分，要依据场地覆盖层厚度和场地土层软硬程度这两个因素。其中，土层软硬程度不再采用 89 规范的“场地土类型”这个提法，一律采用“土层的等效剪切波速”值予以反映。

4.2　天然地基和基础

4.2.1　我国多次强烈地震的震害经验表明，在遭受破坏的建筑中，因地基失效导致的破坏较上部结构惯性力的破坏为少，这些地基主要由饱和松砂、软弱黏性土和成因岩性状态严重不均匀的土层组成。大量的一般的天然地基都具有较好的抗震性能。因此 89 规范规定了天然地基可以不验算的范围。

本次修订的内容如下：

1　将可不进行天然地基和基础抗震验算的框架房屋的层数和高度作了更明确的规定。考虑到砌体结构也应该满足 2001 规范条文第二款中的前提条件，故也将其列入本条文的第二款中。

2　限制使用黏土砖以来，有些地区改为建造多层的混凝土抗震墙房屋，当其基础荷载与一般民用框架相当时，由于其地基基础情况与砌体结构类同，故也可不进行抗震承载力验算。

条文中主要受力层包括地基中的所有压缩层。

4.2.2、**4.2.3**　在天然地基抗震验算中，对地基土承载力特征值调整系数的规定，主要参考国内外资料和相关规范的规定，考虑了地基土在有限次循环动力作用下强度一般较静强度提高和在地震作用下结构可靠度容许有一定程度降低这两个因素。

在 2001 规范中，增加了对黄土地基的承载力调整系数的规定，此规定主要根据国内动、静强度对比试验结果。静强度是在预湿与固结不排水条件下进行的。破坏标准是：对软化型土取峰值强度，对硬化型土取应变为 15% 的对应强度，由此求得黄土静抗剪强度指标 C_s、φ_s 值。

动强度试验参数是：均压固结取双幅应变 5%，偏压固结取总应变为 10%；等效循环数按 7、7.5 及 8 级地震分别对应 12、20 及 30 次循环。取等价循环数所对应的动应力 σ_d，绘制强度包线，得到动抗剪强度指标 C_d 及 φ_d。

动静强度比为：

$$\frac{\tau_d}{\tau_s} = \frac{C_d + \sigma_d \operatorname{tg}\varphi_d}{C_s + \sigma_s \operatorname{tg}\varphi_s}$$

近似认为动静强度比等于动、静承载力之比，则可求得承载力调整系数：

$$\zeta_a = \frac{R_d}{R_s} \approx \left(\frac{\tau_d}{K_d}\right) \Big/ \left(\frac{\tau_s}{K_s}\right) = \frac{\tau_d}{\tau_s} \cdot \frac{K_s}{K_d} = \zeta$$

式中：K_d、K_s——分别为动、静承载力安全系数；

R_d、R_s——分别为动、静极限承载力。

试验结果见表 3，此试验大多考虑地基土处于偏压固结状态，实际的应力水平也不太大，故采用偏压固结、正应力 100kPa～300kPa、震级（7～8）级条件下的调整系数平均值为宜。本条据上述试验，对坚硬黄土取 $\zeta=1.3$，对可塑黄土取 1.1，对流塑黄土取 1.0。

表 3 ζ_a 的平均值

名称	西安黄土				兰州黄土	洛川黄土		
含水量 W	饱和状态		20%		饱和	饱和状态		
固结比 K_c	1.0	2.0	1.0	1.5	1.0	1.0	1.5	2.0
ζ_a 的平均值	0.608	1.271	0.607	1.415	0.378	0.721	1.14	1.438

注：固结比为轴压力 σ_1 与压力 σ_3 的比值。

4.2.4 地基基础的抗震验算，一般采用所谓“拟静力法”，此法假定地震作用如同静力，然后在这种条件下验算地基和基础的承载力和稳定性。所列的公式主要是参考相关规范的规定提出的，压力的计算应采用地震作用效应标准组合，即各作用分项系数均取 1.0 的组合。

4.3 液化土和软土地基

4.3.1 本条规定主要依据液化场地的震害调查结果。许多资料表明在 6 度区液化对房屋结构所造成的震害是比较轻的，因此本条规定除对液化沉陷敏感的乙类建筑外，6 度区的一般建筑可不考虑液化影响。当然，6 度的甲类建筑的液化问题也需要专门研究。

关于黄土的液化可能性及其危害在我国的历史地震中虽不乏报导，但缺乏较详细的评价资料，在 20 世纪 50 年代以来的多次地震中，黄土液化现象很少见到，对黄土的液化判别尚缺乏经验，但值得重视。近年来的国内外震害与研究还表明，砾石在一定条件下也会液化，但是由于黄土与砾石液化研究资料还不够充分，暂不列入规范，有待进一步研究。

4.3.2 本条是有关液化判别和处理的强制性条文。

本条较全面地规定了减少地基液化危害的对策：首先，液化判别的范围为，除 6 度设防外存在饱和砂土和饱和粉土的土层；其次，一旦属于液化土，应确定地基的液化等级；最后，根据液化等级和建筑抗震设防分类，选择合适的处理措施，包括地基处理和对上部结构采取加强整体性的相应措施等。

4.3.3 89 规范初判的提法是根据 20 世纪 50 年代以来历次地震对液化与非液化场地的实际考察、测试分析结果得出来的。从地貌单元来讲这些地震现场主要为河流冲洪积形成的地层，没有包括黄土分布区及其他沉积类型。如唐山地震震中区（路北区）为滦河二级阶地，地层年代为晚更新世（Q_3）地层，对地震烈度 10 度区考察，钻探测试表明，地下水位为 3m～4m，表层为 3m 左右的黏性土，其下即为饱和砂层，在 10 度情况下没有发生液化，而在一级阶地及高河漫滩等地分布的地质年代较新的地层，地震烈度虽然只有 7 度和 8 度却也发生了大面积液化，其他震区的河流冲积地层在地质年代较老的地层中也未发现液化实例。国外学者 T. L. Youd 和 Perkins 的研究结果表明：饱和松散的水力冲填土差不多总会液化，而且全新世的无黏性土沉积层对液化也是很敏感的，更新世沉积层发生液化的情况很罕见，前更新世沉积层发生液化则更是罕见。这些结论是根据 1975 年以前世界范围的地震液化资料给出的，并已被 1978 年日本的两次大地震以及 1977 年罗马尼亚地震液化现象所证实。

89 规范颁发后，在执行中不断有些单位和学者提出液化初步判别中第 1 款在有些地区不适合。从举出的实例来看，多为高烈度区（10 度以上）黄土高原的黄土状土，很多是古地震从描述等方面判定为液化的，没有现代地震液化与否的实际数据。有些例子是用现行公式判别的结果。

根据诸多现代地震液化资料分析认为，89 规范中有关地质年代的判断条文除高烈度区中的黄土液化外都能适用。为慎重起见，2001 规范将此款的适用范围改为局限于 7、8 度区。

4.3.4 89 规范关于地基液化判别方法，在地震区工程项目地基勘察中已广泛应用。2001 规范的砂土液化判别公式，在地面下 15m 范围内与 89 规范完全相同，是对 78 版液化判别公式加以改进得到的：保持了 15m 内随深度直线变化的简化，但减少了随深度变化的斜率（由 0.125 改为 0.10），增加了随水位变化的斜率（由 0.05 改为 0.10），使液化判别的成功率比 78 规范有所增加。

随着高层及超高层建筑的不断发展，基础埋深越来越大。高大的建筑采用桩基和深基础，要求判别液化的深度也相应加大，判别深度为 15m，已不能满足这些工程的需要。由于 15m 以下深层液化资料较少，从实际液化与非液化资料中进行统计分析尚不具备条件。在 20 世纪 50 年代以来的历次地震中，尤其是唐山地震，液化资料均在 15m 以内，图 4.3.4 中 15m 下的曲线是根据统计得到的经验公式外推得到的结果。国外虽有零星深层液化资料，但也不太确切。根据唐山地震资料及美国 H. B. Seed 教授资料进行分析的结果，其液化临界值沿深度变化均为非线性变化。为了解决 15m 以下液化判别，2001 规范对唐山地震砂土液化研究资料、美国 H. B. Seed 教授研究资料和我国铁路工程抗震设计规范中的远震液化判别方法与 89 建筑规范判别方法的液化临界值（N_{cr}）沿深度的变化情况，以 8 度区为例做了对比，见图 8。

从图 8 可以明显看出：在设计地震一组（或 89 规范的近震情况，$N_0=10$），深度为 12m 以上时，各种方法的临界锤击数较接近，相差不大；深度 15m～20m 范围内，铁路抗震规范方法比 H. B. Seed 资料要大 1.2 击～1.5 击，89 规范由于是线性延伸，比铁路抗震规范方法要大 1.8 击～8.4 击，是偏于保守的。经过比较分析，2001 规范考虑到判别方法的延续性及广大工程技术人员熟悉程度，仍采用线性判别方法。15m～20m 深度范围内取 15m 深度处的 N_{cr} 值进

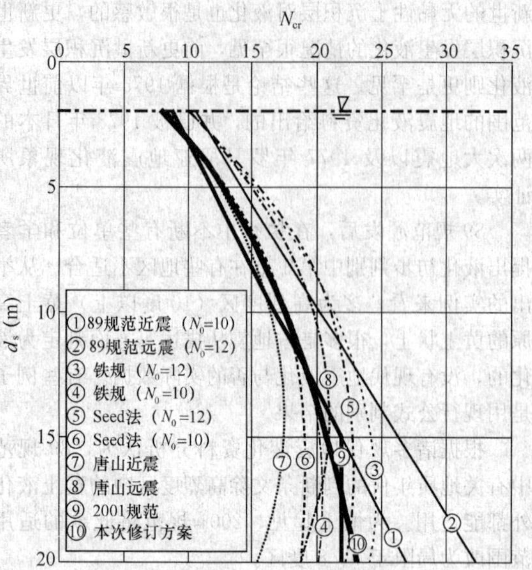

图8　不同方法液化临界值随深度变化比较（以8度区为例）

行判别，这样处理与非线性判别方法也较为接近。铁路抗震规范 N_0 值，如8度取10，则 N_{cr} 值在15m～20m范围内比2001规范小1.4击～1.8击。经过全面分析对比后，认为这样调整方案既简便又与其他方法接近。

本次修订的变化如下：

1　液化判别深度。一般要求将液化判别深度加深到20m，对于本规范第4.2.1条规定可不进行天然地基及基础的抗震承载力验算的各类建筑，可只判别地面下15m范围内土的液化。

2　液化判别公式。自1994年美国Northridge地震和1995年日本Kobe地震以来，北美和日本都对其使用的地震液化简化判别方法进行了改进与完善，1996、1997年美国举行了专题研讨会，2000年左右，日本的几本规范皆对液化判别方法进行了修订。考虑到影响土壤液化的因素很多，而且它们具有显著的不确定性，采用概率方法进行液化判别是一种合理的选择。自1988年以来，特别是20世纪末和21世纪初，国内外在砂土液化判别概率方法的研究都有了长足的进展。我国学者在H.B.Seed的简化液化判别方法的框架下，根据人工神经网络模型与我国大量的液化和未液化现场观测数据，可得到极限状态时的液化强度比函数，建立安全裕量方程，利用结构系统的可靠度理论可得到液化概率与安全系数的映射函数，并可给出任一震级不同概率水平、不同地面加速度以及不同地下水位和埋深的液化临界锤击数。式（4.3.4）是基于以上研究结果并考虑规范延续性修改而成的。选用对数曲线的形式来表示液化临界锤击数随深度的变化，比2001规范折线形式更为合理。

考虑一般结构可接受的液化风险水平以及国际惯例，选用震级 $M=7.5$，液化概率 $P_L=0.32$，水位为2m，埋深为3m处的液化临界锤击数作为液化判别标准贯入锤击数基准值，见正文表4.3.4。不同地震分组乘以调整系数。研究表明，理想的调整系数 β 与震级大小有关，可近似用式 $\beta=0.25M-0.89$ 表示。鉴于本规范规定按设计地震分组进行抗震设计，而各地震分组之间又没有明确的震级关系，因此本条依据2001规范两个地震组的液化判别标准以及 β 值所对应的震级大小的代表性，规定了三个地震组的 β 数值。

以8度第一组地下水位2m为例，本次修订后的液化临界值随深度变化也在图8中给出。可以看到，其临界锤击数与2001规范相差不大。

4.3.5　本条提供了一个简化的预估液化危害的方法，可对场地的喷水冒砂程度、一般浅基础建筑的可能损坏，作粗略的预估，以便为采取工程措施提供依据。

1　液化指数表达式的特点是：为使液化指数为无量纲参数，权函数W具有量纲 m^{-1}；权函数沿深度分布为梯形，其图形面积判别深度20m时为125。

2　液化等级的名称为轻微、中等、严重三级；各级的液化指数、地面喷水冒砂情况以及对建筑危害程度的描述见表4，系根据我国百余个液化震害资料得出的。

表4　液化等级和对建筑物的相应危害程度

液化等级	液化指数（20m）	地面喷水冒砂情况	对建筑的危害情况
轻微	<6	地面无喷水冒砂，或仅在洼地、河边有零星的喷水冒砂点	危害性小，一般不至引起明显的震害
中等	6～18	喷水冒砂可能性大，从轻微到严重均有，多数属中等	危害性较大，可造成不均匀沉陷和开裂，有时不均匀沉陷可能达到200mm
严重	>18	一般喷水冒砂都很严重，地面变形很明显	危害性大，不均匀沉陷可能大于200mm，高重心结构可能产生不容许的倾斜

2001规范中，层位影响权函数值 W_i 的确定考虑了判别深度为15m和20m两种情况。本次修订明确采用20m判别深度。因此，只保留原条文中的判别深度为20m情况的 W_i 确定方案和液化等级与液化指数的对应关系。对本规范第4.2.1条规定可不进行天然地基及基础的抗震承载力验算的各类建筑，计算液化指数时15m地面下的土层均视为不液化。

4.3.6　抗液化措施是对液化地基的综合治理，89规范已说明要注意以下几点：

1 倾斜场地的土层液化往往带来大面积土体滑动，造成严重后果，而水平场地土层液化的后果一般只造成建筑的不均匀下沉和倾斜，本条的规定不适用于坡度大于 10°的倾斜场地和液化土层严重不均的情况；

2 液化等级属于轻微者，除甲、乙类建筑由于其重要性需确保安全外，一般不作特殊处理，因为这类场地可能不发生喷水冒砂，即使发生也不致造成建筑的严重震害；

3 对于液化等级属于中等的场地，尽量多考虑采用较易实施的基础与上部结构处理的构造措施，不一定要加固处理液化土层；

4 在液化层深厚的情况下，消除部分液化沉陷的措施，即处理深度不一定达到液化下界而残留部分未经处理的液化层。

本次修订继续保持 2001 规范针对 89 规范的修改内容：

1 89 规范中不允许液化地基作持力层的规定有些偏严，改为不宜将未加处理的液化土层作为天然地基的持力层。因为：理论分析与振动台试验均已证明液化的主要危害来自基础外侧，液化持力层范围内位于基础直下方的部位其实最难液化，由于最先液化区域对基础直下方未液化部分的影响，使之失去侧边土压力支持。在外侧易液化区的影响得到控制的情况下，轻微液化的土层是可以作为基础的持力层的，例如：

例 1，1975 年海城地震中营口宾馆筏基以液化土层为持力层，震后无震害，基础下液化层厚度为 4.2m，为筏基宽度的 1/3 左右，液化土层的标贯锤击数 $N=2\sim5$，烈度为 7 度。在此情况下基础外侧液化对地基中间部分的影响很小。

例 2，1995 年日本阪神地震中有数座建筑位于液化严重的六甲人工岛上，地基未加处理而未遭液化危害的工程实录（见松尾雅夫等人论文，载“基础工” 96 年 11 期，P54）：

①仓库二栋，平面均为 36m×24m，设计中采用了补偿式基础，即使仓库满载时的基底压力也只是与移去的土自重相当。地基为欠固结的可液化砂砾，震后有震陷，但建筑物无损，据认为无震害的原因是：液化后的减震效果使输入基底的地震作用削弱；补偿式筏式基础防止了表层土喷砂冒水；良好的基础刚度可使不均匀沉降减小；采用了吊车轨道调平，地脚螺栓加长等构造措施以减少不均匀沉降的影响。

②平面为 116.8m×54.5m 的仓库建在六甲人工岛厚 15m 的可液化土上，设计时预期建成后欠固结的黏土下卧层尚可能产生 1.1m～1.4m 的沉降。为防止不均匀沉降及液化，设计中采用了三方面的措施：补偿式基础＋基础下 2m 深度内以水泥土加固液化层＋防止不均匀沉降的构造措施。地震使该房屋产生震陷，但情况良好。

例 3，震害调查与有限元分析显示，当基础宽度与液化层厚之比大于 3 时，则液化震陷不超过液化层厚的 1%，不致引起结构严重破坏。

因此，将轻微和中等液化的土层作为持力层不是绝对不允许，但应经过严密的论证。

2 液化的危害主要来自震陷，特别是不均匀震陷。震陷量主要决定于土层的液化程度和上部结构的荷载。由于液化指数不能反映上部结构的荷载影响，因此有趋势直接采用震陷量来评价液化的危害程度。例如，对 4 层以下的民用建筑，当精细计算的平均震陷值 $S_E<5cm$ 时，可不采取抗液化措施，当 $S_E=5cm\sim15cm$ 时，可优先考虑采取结构和基础的构造措施，当 $S_E>15cm$ 时需要进行地基处理，基本消除液化震陷；在同样震陷量下，乙类建筑应该采取较丙类建筑更高的抗液化措施。

依据实测震陷、振动台试验以及有限元法对一系列典型液化地基计算得出的震陷变化规律，发现震陷量取决于液化土的密度（或承载力）、基底压力、基底宽度、液化层底面和顶面的位置和地震震级等因素，曾提出估计砂土与粉土液化平均震陷量的经验方法如下：

砂土

$$S_E=\frac{0.44}{B}\xi S_0(d_1^2-d_2^2)(0.01p)^{0.6}\left(\frac{1-D_r}{0.5}\right)^{1.5} \tag{3}$$

粉土

$$S_E=\frac{0.44}{B}\xi kS_0(d_1^2-d_2^2)(0.01p)^{0.6} \tag{4}$$

式中：S_E——液化震陷量平均值；液化层为多层时，先按各层次分别计算后再相加；

B——基础宽度（m）；对住房等密集型基础取建筑平面宽度；当 $B\leqslant0.44d_1$ 时，取 $B=0.44d_1$；

S_0——经验系数，对第一组，7、8、9 度分别取 0.05、0.15 及 0.3；

d_1——由地面算起的液化深度（m）；

d_2——由地面算起的上覆非液化土层深度（m）；液化层为持力层取 $d_2=0$；

p——宽度为 B 的基础底面地震作用效应标准组合的压力（kPa）；

D_r——砂土相对密实度（%），可依据标贯锤击数 N 取 $D_r=\left(\frac{N}{0.23\sigma'_v+16}\right)^{0.5}$；

k——与粉土承载力有关的经验系数，当承载力特征值不大于 80kPa 时，取 0.30，当不小于 300kPa 时取 0.08，其余可内插取值；

ξ——修正系数，直接位于基础下的非液化厚度满足本规范第 4.3.3 条第 3 款对上覆非液化土层厚度 d_u 的要求，$\xi=0$；无非液化层，$\xi=1$；中间情况内插确定。

采用以上经验方法计算得到的震陷值，与日本的实测震陷基本符合；但与国内资料的符合程度较差，主要的原因可能是：国内资料中实测震陷值常常是相对值，如相对于车间某个柱子或相对于室外地面的震陷；地质剖面则往往是附近的，而不是针对所考察的基础的；有的震陷值（如天津上古林的场地）含有震前沉降及软土震陷；不明确沉降值是最大沉降或平均沉降。

鉴于震陷量的评价方法目前还不够成熟，因此本条只是给出了必要时可以根据液化震陷量的评价结果适当调整抗液化措施的原则规定。

4.3.7～4.3.9 在这几条中规定了消除液化震陷和减轻液化影响的具体措施，这些措施都是在震害调查和分析判断的基础上提出来的。

采用振冲加固或挤密碎石桩加固后构成了复合地基。此时，如桩间土的实测标贯值仍低于本规范4.3.4条规定的临界值，不能简单判为液化。许多文献或工程实践均已指出振冲桩或挤密碎石桩有挤密、排水和增大桩身刚度等多重作用，而实测的桩间土标贯值不能反映排水的作用。因此，89规范要求加固后的桩间土的标贯值应大于临界标贯值是偏保守的。

新的研究成果与工程实践中，已提出了一些考虑桩身强度与排水效应的方法，以及根据桩的面积置换率和桩土应力比适当降低复合地基桩间土液化判别的临界标贯值的经验方法，2001规范将“桩间土的实测标贯值不应小于临界标贯锤击数”的要求，改为“不宜”。本次修订继续保持。

注意到历次地震的震害经验表明，筏基、箱基等整体性好的基础对抗液化十分有利。例如1975年海城地震中，营口市营口饭店直接坐落在4.2m厚的液化土层上，震后仅沉降缝（筏基与裙房间）有错位；1976年唐山地震中，天津医院12.8m宽的筏基下有2.3m的液化粉土，液化层距基底3.5m，未做抗液化处理，震后室外有喷水冒砂，但房屋基本不受影响。1995年日本神户地震中也有许多类似的实例。实验和理论分析结果也表明，液化往往最先发生在房屋基础下外侧的地方，基础中部以下是最不容易液化的。因此对大面积箱形基础中部区域的抗液化措施可以适当放宽要求。

4.3.10 本条规定了有可能发生侧扩或流动时滑动土体的最危险范围并要求采取土体抗滑和结构抗裂措施。

1 液化侧扩地段的宽度来自1975年海城地震、1976年唐山地震及1995年日本阪神地震对液化侧扩区的大量调查。根据对阪神地震的调查，在距水线50m范围内，水平位移及竖向位移均很大；在50m～150m范围内，水平地面位移仍较显著；大于150m以后水平位移趋于减小，基本不构成震害。上述调查结果与我国海城、唐山地震后的调查结果基本一致：海河故道、滦运河、新滦河、陡河岸波滑坍范围约距水线100m～150m，辽河、黄河等则可达500m。

2 侧向流动土体对结构的侧向推力，根据阪神地震后对受害结构的反算结果得到的：1）非液化上覆土层施加于结构的侧压相当于被动土压力，破坏土楔的运动方向是土楔向上滑而楔后土体向下，与被动土压发生时的运动方向一致；2）液化层中的侧压相当于竖向总压的1/3；3）桩基承受侧压的面积相当于垂直于流动方向桩排的宽度。

3 减小地裂对结构影响的措施包括：1）将建筑的主轴沿平行河流放置；2）使建筑的长高比小于3；3）采用筏基或箱基，基础板内应根据需要加配抗拉裂钢筋，筏基内的抗弯钢筋可兼作抗拉裂钢筋，抗拉裂钢筋可由中部向基础边缘逐段减少。当土体产生引张裂缝并流向河心或海岸线时，基础底面的极限摩阻力形成对基础的撕拉力，理论上，其最大值等于建筑物重力荷载之半乘以土与基础间的摩擦系数，实际上常因基础底面与土有部分脱离接触而减少。

4.3.11、4.3.12 从1976年唐山地震、1999年我国台湾和土耳其地震中的破坏实例分析，软土震陷确是造成震害的重要原因，实有明确判别标准和抗御措施之必要。

我国《构筑物抗震设计规范》GB 50191的1993年版根据唐山地震经验，规定7度区不考虑软土震陷；8度区 f_{ak} 大于100kPa，9度区 f_{ak} 大于120kPa的土亦可不考虑。但上述规定有以下不足：

（1）缺少系统的震陷试验研究资料。

（2）震陷实录局限于津塘8、9度地区，7度区是未知的空白；不少7度区的软土比津塘地区（唐山地震时为8、9度区）要差，津塘地区的多层建筑在8、9度地震时产生了15cm～30cm的震陷，比它们差的土在7度时是否会产生大于5cm的震陷？初步认为对7度区 $f_k<70$kPa 的软土还是应该考虑震陷的可能性并宜采用室内动三轴试验和H. B. Seed简化方法加以判定。

（3）对8、9度规定的 f_{ak} 值偏于保守。根据天津实际震陷资料并考虑地震的偶发性及所需的设防费用，暂时规定软土震陷量小于5cm者可不采取措施，则8度区 $f_{ak}>90$kPa 及9度区 $f_{ak}>100$kPa 的软土均可不考虑震陷的影响。

对少黏性土的液化判别，我国学者最早给出了判别方法。1980年汪闻韶院士提出根据液限、塑限判别少黏性土的地震液化，此方法在国内已获得普遍认可，在国际上也有一定影响。我国水利和电力部门的地质勘察规范已将此写入条文。虽然近几年国外学者[Bray et al.（2004）、Seed et al.（2003）、Martin et al.（2000）等]对此判别方法进行了改进，但基本思路和框架没变。本次修订，借鉴和考虑了国内外学者对该判别法的修改意见，及《水利水电工程地质勘察规范》GB 50478 和《水工建筑物抗震设计规范》DL 5073 的有关规定，增加了软弱粉质土震陷的判别法。

对自重湿陷性黄土或黄土状土，研究表明具有震陷性。若孔隙比大于 0.8，当含水量在缩限（指固体与半固体的界限）与 25%之间时，应该根据需要评估其震陷量。对含水量在 25%以上的黄土或黄土状土的震陷量可按一般软土评估。关于软土及黄土的可能震陷目前已有了一些研究成果可以参考。例如，当建筑基础底面以下非软土层厚度符合表 5 中的要求时，可不采取消除软土地基的震陷影响措施。

表 5　基础底面以下非软土层厚度

烈　度	基础底面以下非软土层厚度（m）
7	$\geqslant 0.5b$ 且 $\geqslant 3$
8	$\geqslant b$ 且 $\geqslant 5$
9	$\geqslant 1.5b$ 且 $\geqslant 8$

注：b 为基础底面宽度（m）。

4.4　桩　　基

4.4.1　根据桩基抗震性能一般比同类结构的天然地基要好的宏观经验，继续保留 89 规范关于桩基不验算范围的规定。

本次修订，进一步明确了本条的适用范围。限制使用黏土砖以来，有些地区改为多层的混凝土抗震墙房屋和框架-抗震墙房屋，当其基础荷载与一般民用框架相当时，也可不进行桩基的抗震承载力验算。

4.4.2　桩基抗震验算方法已与《构筑物抗震设计规范》GB 50191 和《建筑桩基技术规范》JGJ 94 等协调。

关于地下室外墙侧的被动土压与桩共同承担地震水平力问题，大致有以下做法：假定由桩承担全部地震水平力；假定由地下室外的土承担全部水平力；由桩、土分担水平力（或由经验公式求出分担比，或用 m 法求土抗力或由有限元法计算）。目前看来，桩完全不承担地震水平力的假定偏于不安全，因为从日本的资料来看，桩基的震害是相当多的，因此这种做法不宜采用；由桩承受全部地震力的假定又过于保守。日本 1984 年发布的“建筑基础抗震设计规程”提出下列估算桩所承担的地震剪力的公式：

$$V = 0.2V_0\sqrt{H}/\sqrt[4]{d_f}$$

上述公式主要根据是对地上（3～10）层、地下（1～4）层、平面 14m×14m 的塔楼所作的一系列试算结果。在这些计算中假定抗地震水平的因素有桩、前方的被动土抗力，侧面土的摩擦力三部分。土性质为标贯值 $N=10\sim20$，q（单轴压强）为 $0.5\text{kg/cm}^2\sim1.0\text{kg/cm}^2$（黏土）。土的摩擦抗力与水平位移成以下弹塑性关系：位移≤1cm 时抗力呈线性变化，当位移>1cm 时抗力保持不变。被动土抗力最大值取朗肯被动土压，达到最大值之前土抗力与水平位移呈线性关系。由于背景材料只包括高度 45m 以下的建筑，对 45m 以上的建筑没有相应的计算资料。但从计算结果的发展趋势推断，对更高的建筑其值估计不超过 0.9，因而桩负担的地震力宜在（0.3～0.9）V_0 之间取值。

关于不计桩基承台底面与土的摩阻力为抗地震水平力的组成部分问题：主要是因为这部分摩阻力不可靠：软弱黏性土有震陷问题，一般黏性土也可能因桩身摩擦力产生的桩间土在附加应力下的压缩使土与承台脱空；欠固结土有固结下沉问题；非液化的砂砾则有震密问题等。实践中不乏有静载下桩台与土脱空的报导，地震情况下震后桩台与土脱空的报导也屡见不鲜。此外，计算摩阻力亦很困难，因为解答此问题须明确桩基在竖向荷载作用下的桩、土荷载分担比。出于上述考虑，为安全计，本条规定不应考虑承台与土的摩擦阻抗。

对于疏桩基础，如果桩的设计承载力按桩极限荷载取用则可以考虑承台与土间的摩阻力。因为此时承台与土不会脱空，且桩、土的竖向荷载分担比也比较明确。

4.4.3　本条中规定的液化土中桩的抗震验算原则和方法主要考虑了以下情况：

1　不计承台旁的土抗力或地坪的分担作用是出于安全考虑，拟将此作为安全储备，主要是目前对液化土中桩的地震作用与土中液化进程的关系尚未弄清。

2　根据地震反应分析与振动台试验，地面加速度最大时刻出现在液化土的孔压比为小于 1（常为 0.5～0.6）时，此时土尚未充分液化，只是刚度比未液化时下降很多，因之对液化土的刚度作折减。折减系数的取值与构筑物抗震设计规范基本一致。

3　液化土中孔隙水压力的消散往往需要较长的时间。地震时土中孔压不会排泄消散，往往于震后才出现喷砂冒水，这一过程通常持续几小时甚至一二天，其间常有沿桩与基础四周排水现象，这说明此时桩身摩阻力已大减，从而出现竖向承载力不足和缓慢的沉降，因此应按静力荷载组合校核桩身的强度与承载力。

式（4.4.3）主要根据由工程实践中总结出来的打桩前后土性变化规律，并已在许多工程实例中得到验证。

4.4.5　本条在保证桩基安全方面是相当关键的。桩基理论分析已经证明，地震作用下的桩基在软、硬土层交界面处最易受到剪、弯损害。日本 1995 年阪神地震后对许多桩基的实际考查也证实了这一点，但在采用 m 法的桩身内力计算方法中却无法反映，目前除考虑桩土相互作用的地震反应分析可以较好地反映桩身受力情况外，还没有简便实用的计算方法保证桩在地震作用下的安全，因此必须采取有效的构造措施。本条的要点在于保证软土或液化土层附近桩身的抗弯和抗剪能力。

5　地震作用和结构抗震验算

5.1　一般规定

5.1.1　抗震设计时，结构所承受的“地震力”实际上是由于地震地面运动引起的动态作用，包括地震加速度、速度和动位移的作用，按照国家标准《建筑结构设计术语和符号标准》GB/T 50083的规定，属于间接作用，不可称为“荷载”，应称“地震作用”。

结构应考虑的地震作用方向有以下规定：

1　某一方向水平地震作用主要由该方向抗侧力构件承担，如该构件带有翼缘、翼墙等，尚应包括翼缘、翼墙的抗侧力作用。

2　考虑到地震可能来自任意方向，为此要求有斜交抗侧力构件的结构，应考虑对各构件的最不利方向的水平地震作用，一般即与该构件平行的方向。明确交角大于15°时，应考虑斜向地震作用。

3　不对称不均匀的结构是“不规则结构”的一种，同一建筑单元同一平面内质量、刚度分布不对称，或虽在本层平面内对称，但沿高度分布不对称的结构。需考虑扭转影响的结构，具有明显的不规则性。扭转计算应同时“考虑双向水平地震作用下的扭转影响”。

4　研究表明，对于较高的高层建筑，其竖向地震作用产生的轴力在结构上部是不可忽略的，故要求9度区高层建筑需考虑竖向地震作用。

5　关于大跨度和长悬臂结构，根据我国大陆和台湾地震的经验，9度和9度以上时，跨度大于18m的屋架、1.5m以上的悬挑阳台和走廊等震害严重甚至倒塌；8度时，跨度大于24m的屋架、2m以上的悬挑阳台和走廊等震害严重。

5.1.2　不同的结构采用不同的分析方法在各国抗震规范中均有体现，底部剪力法和振型分解反应谱法仍是基本方法，时程分析法作为补充计算方法，对特别不规则（参照本规范表3.4.3的规定）、特别重要的和较高的高层建筑才要求采用。所谓“补充”，主要指对计算结果的底部剪力、楼层剪力和层间位移进行比较，当时程分析法大于振型分解反应谱法时，相关部位的构件内力和配筋作相应的调整。

进行时程分析时，鉴于不同地震波输入进行时程分析的结果不同，本条规定一般可以根据小样本容量下的计算结果来估计地震作用效应值。通过大量地震加速度记录输入不同结构类型进行时程分析结果的统计分析，若选用不少于二组实际记录和一组人工模拟的加速度时程曲线作为输入，计算的平均地震效应值不小于大样本容量平均值的保证率在85%以上，而且一般也不会偏大很多。当选用数量较多的地震波，如5组实际记录和2组人工模拟时程曲线，则保证率更高。所谓“在统计意义上相符”指的是，多组时程波的平均地震影响系数曲线与振型分解反应谱法所用的地震影响系数曲线相比，在对应于结构主要振型的周期点上相差不大于20%。计算结果在结构主方向的平均底部剪力一般不会小于振型分解反应谱法计算结果的80%，每条地震波输入的计算结果不会小于65%。从工程角度考虑，这样可以保证时程分析结果满足最低安全要求。但计算结果也不能太大，每条地震波输入计算不大于135%，平均不大于120%。

正确选择输入的地震加速度时程曲线，要满足地震动三要素的要求，即频谱特性、有效峰值和持续时间均要符合规定。

频谱特性可用地震影响系数曲线表征，依据所处的场地类别和设计地震分组确定。

加速度的有效峰值按规范表5.1.2-2中所列地震加速度最大值采用，即以地震影响系数最大值除以放大系数（约2.25）得到。计算输入的加速度曲线的峰值，必要时可比上述有效峰值适当加大。当结构采用三维空间模型等需要双向（二个水平向）或三向（二个水平和一个竖向）地震波输入时，其加速度最大值通常按1（水平1）：0.85（水平2）：0.65（竖向）的比例调整。人工模拟的加速度时程曲线，也应按上述要求生成。

输入的地震加速度时程曲线的有效持续时间，一般从首次达到该时程曲线最大峰值的10%那一点算起，到最后一点达到最大峰值的10%为止；不论是实际的强震记录还是人工模拟波形，有效持续时间一般为结构基本周期的（5～10）倍，即结构顶点的位移可按基本周期往复（5～10）次。

抗震性能设计所需要对应于设防地震（中震）的加速度最大峰值，即本规范表3.2.2的设计基本地震加速度值，对应的地震影响系数最大值，见本规范3.10节。

本次修订，增加了平面投影尺度很大的大跨空间结构地震作用的下列计算要求：

1　平面投影尺度很大的空间结构，指跨度大于120m、或长度大于300m、或悬臂大于40m的结构。

2　关于结构形式和支承条件

对周边支承空间结构，如：网架，单、双层网壳，索穹顶，弦支穹顶屋盖和下部圈梁-框架结构，当下部支承结构为一个整体、且与上部空间结构侧向刚度比大于等于2时，可采用三向（水平两向加竖向）单点一致输入计算地震作用；当下部支承结构由结构缝分开、且每个独立的支承结构单元与上部空间结构侧向刚度比小于2时，应采用三向多点输入计算地震作用；

对两线边支承空间结构，如：拱，拱桁架；门式刚架，门式桁架；圆柱面网壳等结构，当支承于独立基础时，应采用三向多点输入计算地震作用；

对长悬臂空间结构，应视其支承结构特点，采用多向单点一致输入、或多向多点输入计算地震作用。

3 关于单点一致输入、多向单点输入、多点输入和多向多点输入

单点一致输入，即仅对基础底部输入一致的加速度反应谱或加速度时程进行结构计算。

多向单点输入，即沿空间结构基础底部，三向同时输入，其地震动参数（加速度峰值或反应谱最大值）比例取：水平主向：水平次向：竖向＝1.00：0.85：0.65。

多点输入，即考虑地震行波效应和局部场地效应，对各独立基础或支承结构输入不同的设计反应谱或加速度时程进行计算，估计可能造成的地震效应。对于6度和7度Ⅰ、Ⅱ类场地上的大跨空间结构，多点输入下的地震效应不太明显，可以采用简化计算方法，乘以附加地震作用效应系数，跨度越大、场地条件越差，附加地震作用系数越大；对于7度Ⅲ、Ⅳ场地和8、9度区，多点输入下的地震效应比较明显，应考虑行波和局部场地效应对输入加速度时程进行修正，采用结构时程分析方法进行多点输入下的抗震验算。

多向多点输入，即同时考虑多向和多点输入进行计算。

4 关于行波效应

研究证明，地震传播过程的行波效应、相干效应和局部场地效应对于大跨空间结构的地震效应有不同程度的影响，其中，以行波效应和场地效应的影响较为显著，一般情况下，可不考虑相干效应。对于周边支承空间结构，行波效应影响表现在对大跨屋盖系统和下部支承结构；对于两线边支承空间结构，行波效应通过支座影响到上部结构。

行波效应将使不同点支承结构或支座处的加速度峰值不同，相位也不同，从而使不同点的设计反应谱或加速度时程不同，计算分析应考虑这些差异。由于地震动是一种随机过程，多点输入时，应考虑最不利的组合情况。行波效应与潜在震源、传播路径、场地的地震地质特性有关，当需要进行多点输入计算分析时，应对此作专门研究。

5 关于局部场地效应

当独立基础或支承结构下卧土层剖面地质条件相差较大时，可采用一维或二维模型计算求得基础底部的土层地震反应谱或加速度时程、或按土层等效剪切波速对基岩地震反应谱或加速度时程进行修正后，作为多点输入的地震反应谱或加速度时程。当下卧土层剖面地质条件比较均匀时，可不考虑局部场地效应，不需要对地震反应谱或加速度时程进行修正。

5.1.3 按现行国家标准《建筑结构可靠度设计统一标准》GB 50068的原则规定，地震发生时恒荷载与其他重力荷载可能的遇合结果总称为“抗震设计的重力荷载代表值 G_E”，即永久荷载标准值与有关可变荷载组合值之和。组合值系数基本上沿用78规范的取值，考虑到藏书库等活荷载在地震时遇合的概率较大，故按等效楼面均布荷载计算活荷载时，其组合值系数为0.8。

表中硬钩吊车的组合值系数，只适用于一般情况，吊重较大时需按实际情况取值。

5.1.4 本次修订，表5.1.4-1增加6度区罕遇地震的水平地震影响系数最大值。与第4章场地类别相对应，表5.1.4-2增加$Ⅰ_0$类场地的特征周期。

5.1.5 弹性反应谱理论仍是现阶段抗震设计的最基本理论，规范所采用的设计反应谱以地震影响系数曲线的形式给出。

本规范的地震影响系数的特点是：

1 同样烈度、同样场地条件的反应谱形状，随着震源机制、震级大小、震中距远近等的变化，有较大的差别，影响因素很多。在继续保留烈度概念的基础上，用设计地震分组的特征周期 T_g 予以反映。其中，Ⅰ、Ⅱ、Ⅲ类场地的特征周期值，2001规范较89规范的取值增大了0.05s；本次修订，计算罕遇地震作用时，特征周期 T_g 值又增大0.05s。这些改进，适当提高了结构的抗震安全性，也比较符合近年来得到的大量地震加速度资料的统计结果。

2 在 $T \leqslant 0.1$s的范围内，各类场地的地震影响系数一律采用同样的斜线，使之符合 $T=0$ 时（刚体）动力不放大的规律；在 $T \geqslant T_g$ 时，设计反应谱在理论上存在二个下降段，即速度控制段和位移控制段，在加速度反应谱中，前者衰减指数为1，后者衰减指数为2。设计反应谱是用来预估建筑结构在其设计基准期内可能经受的地震作用，通常根据大量实际地震记录的反应谱进行统计并结合工程经验判断加以规定。为保持规范的延续性，地震影响系数在 $T \leqslant 5T_g$ 范围内与2001规范维持一致，各曲线的衰减指数为非整数；在 $T > 5T_g$ 的范围为倾斜下降段，不同场地类别的最小值不同，较符合实际反应谱的统计规律。对于周期大于6s的结构，地震影响系数仍专门研究。

3 按二阶段设计要求，在截面承载力验算时的设计地震作用，取众值烈度下结构按完全弹性分析的数值，据此调整了本规范相应的地震影响系数最大值，其取值继续与按78规范各结构影响系数C折减的平均值大致相当。在罕遇地震的变形验算时，按超越概率2%～3%提供了对应的地震影响系数最大值。

4 考虑到不同结构类型建筑的抗震设计需要，提供了不同阻尼比（0.02～0.30）地震影响系数曲线相对于标准的地震影响系数（阻尼比为0.05）的修正方法。根据实际强震记录的统计分析结果，这种修

正可分二段进行：在反应谱平台段（$\alpha=\alpha_{max}$），修正幅度最大；在反应谱上升段（$T<T_g$）和下降段（$T>T_g$），修正幅度变小；在曲线两端（0s 和 6s），不同阻尼比下的 α 系数趋向接近。

本次修订，保持 2001 规范地震影响系数曲线的计算表达式不变，只对其参数进行调整，达到以下效果：

1 阻尼比为 5％的地震影响系数与 2001 规范相同，维持不变。

2 基本解决了 2001 规范在长周期段，不同阻尼比地震影响系数曲线交叉、大阻尼曲线值高于小阻尼曲线值的不合理现象。Ⅰ、Ⅱ、Ⅲ类场地的地震影响系数曲线在周期接近 6s 时，基本交汇在一点上，符合理论和统计规律。

3 降低了小阻尼（2％～3.5％）的地震影响系数值，最大降低幅度达 18％。略微提高了阻尼比 6％～10％的地震影响系数值，长周期部分最大增幅约 5％。

4 适当降低了大阻尼（20％～30％）的地震影响系数值，在 $5T_g$ 周期以内，基本不变，长周期部分最大降幅约 10％，有利于消能减震技术的推广应用。

对应于不同特征周期 T_g 的地震影响系数曲线如图 9 所示：

5.1.6 在强烈地震下，结构和构件并不存在最大承载力极限状态的可靠度。从根本上说，抗震验算应该是弹塑性变形能力极限状态的验算。研究表明，地震作用下结构和构件的变形和其最大承载能力有密切的联系，但因结构的不同而异。本条继续保持 89 规范和 2001 规范关于不同的结构应采取不同验算方法的规定。

1 当地震作用在结构设计中基本上不起控制作用时，例如 6 度区的大多数建筑，以及被地震经验所证明者，可不做抗震验算，只需满足有关抗震构造要求。但"较高的高层建筑（以后各章同）"，诸如高于 40m 的钢筋混凝土框架、高于 60m 的其他钢筋混凝土民用房屋和类似的工业厂房，以及高层钢结构房屋，其基本周期可能大于Ⅳ类场地的特征周期 T_g，则 6 度的地震作用值可能相当于同一建筑在 7 度Ⅱ类场地下的取值，此时仍须进行抗震验算。本次修订增加了 6 度设防的不规则建筑应进行抗震验算的要求。

2 对于大部分结构，包括 6 度设防的上述较高的高层建筑和不规则建筑，可以将设防地震下的变形验算，转换为以多遇地震下按弹性分析获得的地震作用效应（内力）作为额定统计指标，进行承载力极限状态的验算，即只需满足第一阶段的设计要求，就可具有比 78 规范适当提高的抗震承载力的可靠度，保持了规范的延续性。

3 我国历次大地震的经验表明，发生高于基本烈度的地震是可能的，设计时考虑"大震不倒"是必要的，规范要求对薄弱层进行罕遇地震下变形验算，即满足第二阶段设计的要求。89 规范仅对框架、填充墙框架、高大单层厂房等（这些结构，由于存在明显的薄弱层，在唐山地震中倒塌较多）及特殊要求的建筑做了要求，2001 规范对其他结构，如各类钢筋混凝土结构、钢结构、采用隔震和消能减震技术的结构，也需要进行第二阶段设计。

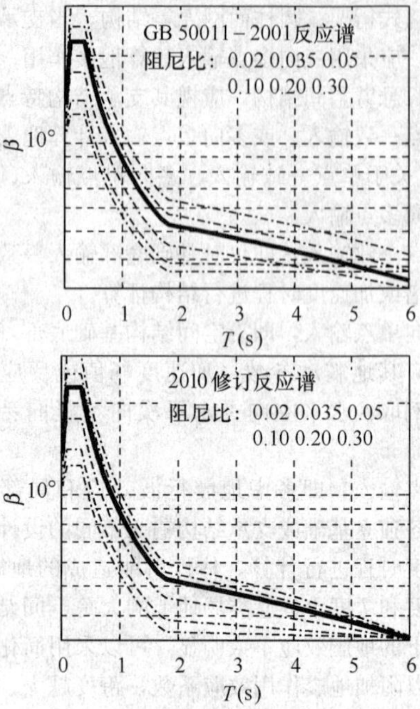

(a) T_g=0.35s

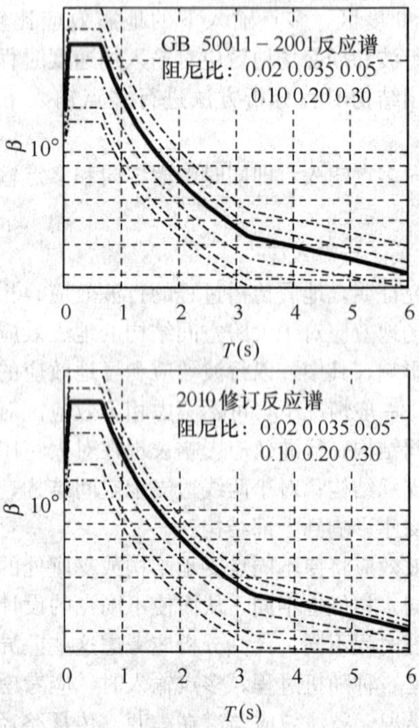

(b) T_g=0.65s

图 9 调整后不同特征周期 T_g 的地震影响系数曲线

5.2 水平地震作用计算

5.2.1 底部剪力法视多质点体系为等效单质点系。根据大量的计算分析，本条继续保持 89 规范的如下规定：

1 引入等效质量系数 0.85，它反映了多质点系底部剪力值与对应单质点系（质量等于多质点系总质量，周期等于多质点系基本周期）剪力值的差异。

2 地震作用沿高度倒三角形分布，在周期较长时顶部误差可达 25%，故引入依赖于结构周期和场地类别的顶点附加集中地震力予以调整。单层厂房沿高度分布在 9 章中已另有规定，故本条不重复调整（取 $\delta_n=0$）。

5.2.2 对于振型分解法，由于时程分析法亦可利用振型分解法进行计算，故加上"反应谱"以示区别。为使高柔建筑的分析精度有所改进，其组合的振型个数适当增加。振型个数一般可以取振型参与质量达到总质量 90%所需的振型数。

随机振动理论分析表明，当结构体系的振型密集、两个振型的周期接近时，振型之间的耦联明显。在阻尼比均为 5%的情况下，由本规范式（5.2.3-6）可以得出（如图 10 所示）：当相邻振型的周期比为 0.85 时，耦联系数大约为 0.27，采用平方和开方 SRSS 方法进行振型组合的误差不大；而当周期比为 0.90 时，耦联系数增大一倍，约为 0.50，两个振型之间的互相影响不可忽略。这时，计算地震作用效应不能采用 SRSS 组合方法，而应采用完全方根组合 CQC 方法，如本规范式（5.2.3-5）和式（5.2.3-6）所示。

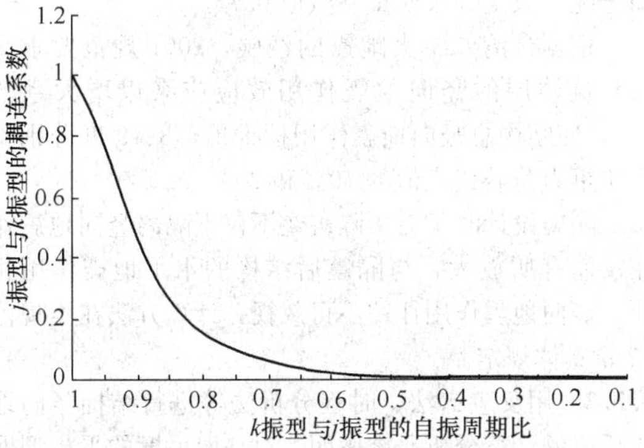

图 10 不同振型周期比对应的耦联系数

5.2.3 地震扭转效应是一个极其复杂的问题，一般情况，宜采用较规则的结构体型，以避免扭转效应。体型复杂的建筑结构，即使楼层"计算刚心"和质心重合，往往仍然存在明显的扭转效应。因此，89 规范规定，考虑结构扭转效应时，一般只能取各楼层质心为相对坐标原点，按多维振型分解法计算，其振型效应彼此耦连，用完全二次型方根法组合，可以由计算机运算。

89 规范修订过程中，提出了许多简化计算方法，例如，扭转效应系数法，表示扭转时某榀抗侧力构件按平动分析的层剪力效应的增大，物理概念明确，而数值依赖于各类结构大量算例的统计。对低于 40m 的框架结构，当各层的质心和"计算刚心"接近于两串轴线时，根据上千个算例的分析，若偏心参数 ε 满足 $0.1<\varepsilon<0.3$，则边榀框架的扭转效应增大系数 $\eta=0.65+4.5\varepsilon$。偏心参数的计算公式是 $\varepsilon=e_y s_y/(K_\varphi/K_x)$，其中，$e_y$、$s_y$ 分别为 i 层刚心和 i 层边榀框架距 i 层以上总质心的距离（y 方向），K_x、K_φ 分别为 i 层平动刚度和绕质心的扭刚度。其他类型结构，如单层厂房也有相应的扭转效应系数。对单层结构，多采用基于刚心和质心概念的动力偏心距法估算。这些简化方法各有一定的适用范围，故规范要求在确有依据时才可用来近似估计。

本次修订，保持了 2001 规范的如下改进：

1 即使对于平面规则的建筑结构，国外的多数抗震设计规范也考虑由于施工、使用等原因所产生的偶然偏心引起的地震扭转效应及地震地面运动扭转分量的影响。故要求规则结构不考虑扭转耦联计算时，应采用增大边榀构件地震内力的简化处理方法。

2 增加考虑双向水平地震作用下的地震效应组合。根据强震观测记录的统计分析，二个水平方向地震加速度的最大值不相等，二者之比约为 1∶0.85；而且两个方向的最大值不一定发生在同一时刻，因此采用平方和开方计算二个方向地震作用效应的组合。条文中的地震作用效应，系指两个正交方向地震作用在每个构件的同一局部坐标方向的地震作用效应，如 x 方向地震作用下在局部坐标 x_i 向的弯矩 M_{xx} 和 y 方向地震作用下在局部坐标 x_i 方向的弯矩 M_{xy}；按不利情况考虑时，则取上述组合的最大弯矩与对应的剪力，或上述组合的最大剪力与对应的弯矩，或上述组合的最大轴力与对应的弯矩等等。

3 扭转刚度较小的结构，例如某些核心筒-外稀柱框架结构或类似的结构，第一振型周期为 T_θ，或满足 $T_\theta>0.75T_{x1}$，或 $T_\theta>0.75T_{y1}$，对较高的高层建筑，$0.75T_\theta>T_{x2}$，或 $0.75T_\theta>T_{y2}$，均需考虑地震扭转效应。但如果考虑扭转影响的地震作用效应小于考虑偶然偏心引起的地震效应时，应取后者以策安全。但现阶段，偶然偏心与扭转二者不需要同时参与计算。

4 增加了不同阻尼比时耦联系数的计算方法，以供高层钢结构等使用。

5.2.4 突出屋面的小建筑，一般按其重力荷载小于标准层 1/3 控制。

对于顶层带有空旷大房间或轻钢结构的房屋，不宜视为突出屋面的小屋并采用底部剪力法乘以增大系数的办法计算地震作用效应，而应视为结构体系一部分，用振型分解法等计算。

5.2.5 由于地震影响系数在长周期段下降较快，对于基本周期大于3.5s的结构，由此计算所得的水平地震作用下的结构效应可能太小。而对于长周期结构，地震动态作用中的地面运动速度和位移可能对结构的破坏具有更大影响，但是规范所采用的振型分解反应谱法尚无法对此作出估计。出于结构安全的考虑，提出了对结构总水平地震剪力及各楼层水平地震剪力最小值的要求，规定了不同烈度下的剪力系数，当不满足时，需改变结构布置或调整结构总剪力和各楼层的水平地震剪力使之满足要求。例如，当结构底部的总地震剪力略小于本条规定而中、上部楼层均满足最小值时，可采用下列方法调整：若结构基本周期位于设计反应谱的加速度控制段时，则各楼层均需乘以同样大小的增大系数；若结构基本周期位于反应谱的位移控制段时，则各楼层 i 均需按底部的剪力系数的差值 $\triangle\lambda_0$ 增加该层的地震剪力——$\triangle F_{Eki}=\triangle\lambda_0 G_{Ei}$；若结构基本周期位于反应谱的速度控制段时，则增加值应大于 $\triangle\lambda_0 G_{Ei}$，顶部增加值可取动位移作用和加速度作用二者的平均值，中间各层的增加值可近似按线性分布。

需要注意：①当底部总剪力相差较多时，结构的选型和总体布置需重新调整，不能仅采用乘以增大系数方法处理。②只要底部总剪力不满足要求，则结构各楼层的剪力均需要调整，不能仅调整不满足的楼层。③满足最小地震剪力是结构后续抗震计算的前提，只有调整到符合最小剪力要求才能进行相应的地震倾覆力矩、构件内力、位移等等的计算分析；即意味着，当各层的地震剪力需要调整时，原先计算的倾覆力矩、内力和位移均需要相应调整。④采用时程分析法时，其计算的总剪力也需符合最小地震剪力的要求。⑤本条规定不考虑阻尼比的不同，是最低要求，各类结构，包括钢结构、隔震和消能减震结构均需一律遵守。

扭转效应明显与否一般可由考虑耦联的振型分解反应谱法分析结果判断，例如前三个振型中，二个水平方向的振型参与系数为同一个量级，即存在明显的扭转效应。对于扭转效应明显或基本周期小于3.5s的结构，剪力系数取 $0.2\alpha_{max}$，保证足够的抗震安全度。对于存在竖向不规则的结构，突变部位的薄弱楼层，尚应按本规范3.4.4条的规定，再乘以不小于1.15的系数。

本次修订增加了6度区楼层最小地震剪力系数值。

5.2.7 由于地基和结构动力相互作用的影响，按刚性地基分析的水平地震作用在一定范围内有明显的折减。考虑到我国的地震作用取值与国外相比还较小，故仅在必要时才利用这一折减。研究表明，水平地震作用的折减系数主要与场地条件、结构自振周期、上部结构和地基的阻尼特性等因素有关，柔性地基上的建筑结构的折减系数随结构周期的增大而减小，结构越刚，水平地震作用的折减量越大。89规范在统计分析基础上建议，框架结构折减10%，抗震墙结构折减15%～20%。研究表明，折减量与上部结构的刚度有关，同样高度的框架结构，其刚度明显小于抗震墙结构，水平地震作用的折减量也减小，当地震作用很小时不宜再考虑水平地震作用的折减。据此规定了可考虑地基与结构动力相互作用的结构自振周期的范围和折减量。

研究表明，对于高宽比较大的高层建筑，考虑地基与结构动力相互作用后水平地震作用的折减系数并非各楼层均为同一常数，由于高振型的影响，结构上部几层的水平地震作用一般不宜折减。大量计算分析表明，折减系数沿楼层高度的变化较符合抛物线型分布，2001规范提供了建筑顶部和底部的折减系数的计算公式。对于中间楼层，为了简化，采用按高度线性插值方法计算折减系数。本次修订保留了这一规定。

5.3 竖向地震作用计算

5.3.1 高层建筑的竖向地震作用计算，是89规范增加的规定。输入竖向地震加速度波的时程反应分析发现，高层建筑由竖向地震引起的轴向力在结构的上部明显大于底部，是不可忽视的。作为简化方法，原则上与水平地震作用的底部剪力法类似：结构竖向振动的基本周期较短，总竖向地震作用可表示为竖向地震影响系数最大值和等效总重力荷载代表值的乘积；沿高度分布按第一振型考虑，也采用倒三角形分布；在楼层平面内的分布，则按构件所承受的重力荷载代表值分配。只是等效质量系数取0.75。

根据台湾921大地震的经验，2001规范要求高层建筑楼层的竖向地震作用效应应乘以增大系数1.5，使结构总竖向地震作用标准值，8、9度分别略大于重力荷载代表值的10%和20%。

隔震设计时，由于隔震垫不仅不隔离竖向地震作用反而有所放大，与隔震后结构的水平地震作用相比，竖向地震作用往往不可忽视，计算方法在本规范12章具体规定。

5.3.2 用反应谱法、时程分析法等进行结构竖向地震反应的计算分析研究表明，对一般尺度的平板型网架和大跨度屋架各主要杆件，竖向地震内力和重力荷载下的内力之比值，彼此相差一般不太大，此比值随烈度和场地条件而异，且当结构周期大于特征周期时，随跨度的增大，比值反而有所下降。由于在常用的跨度范围内，这个下降还不很大，为了简化，本规范略去跨度的影响。

5.3.3 对长悬臂等大跨度结构的竖向地震作用计算，本次修订未修改，仍采用78规范的静力法。

5.3.4 空间结构的竖向地震作用，除了第5.3.2、

第5.3.3条的简化方法外，还可采用竖向振型的振型分解反应谱方法。对于竖向反应谱，各国学者有一些研究，但研究成果纳入规范的不多。现阶段，多数规范仍采用水平反应谱的65%，包括最大值和形状参数。但认为竖向反应谱的特征周期与水平反应谱相比，尤其在远震中距时，明显小于水平反应谱。故本条规定，特征周期均按第一组采用。对处于发震断裂10km以内的场地，竖向反应谱的最大值可能接近于水平谱，但特征周期小于水平谱。

5.4 截面抗震验算

本节基本同89规范，仅按《建筑结构可靠度设计统一标准》GB 50068（以下简称《统一标准》）的修订，对符号表达做了修改，并修改了钢结构的γ_{RE}。

5.4.1 在设防烈度的地震作用下，结构构件承载力按《统一标准》计算的可靠指标β是负值，难于按《统一标准》的要求进行设计表达式的分析。因此，89规范以来，在第一阶段的抗震设计时取相当于众值烈度下的弹性地震作用作为额定设计指标，使此时的设计表达式可按《统一标准》的要求导出。

1 地震作用分项系数的确定

在众值烈度下的地震作用，应视为可变作用而不是偶然作用。这样，根据《统一标准》中确定直接作用（荷载）分项系数的方法，通过综合比较，本规范对水平地震作用，确定$\gamma_{Eh}=1.3$，至于竖向地震作用分项系数，则参照水平地震作用，也取$\gamma_{Ev}=1.3$。当竖向与水平地震作用同时考虑时，根据加速度峰值记录和反应谱的分析，二者的组合比为1∶0.4，故$\gamma_{Eh}=1.3$，$\gamma_{Ev}=0.4\times1.3\approx0.5$。

此次修订，考虑大跨、大悬臂结构的竖向地震作用效应比较显著，表5.4.1增加了同时计算水平与竖向地震作用（竖向地震为主）的组合。

此外，按照《统一标准》的规定，当重力荷载对结构构件承载力有利时，取$\gamma_G=1.0$。

2 抗震验算中作用组合值系数的确定

本规范在计算地震作用时，已经考虑了地震作用与各种重力荷载（恒荷载与活荷载、雪荷载等）的组合问题，在本规范5.1.3条中规定了一组组合值系数，形成了抗震设计的重力荷载代表值，本规范继续沿用78规范在验算和计算地震作用时（除吊车悬吊重力外）对重力荷载均采用相同的组合值系数的规定，可简化计算，并避免有两种不同的组合值系数。因此，本条中仅出现风荷载的组合值系数，并按《统一标准》的方法，将78规范的取值予以转换得到。这里，所谓风荷载起控制作用，指风荷载和地震作用产生的总剪力和倾覆力矩相当的情况。

3 地震作用标准值的效应

规范的作用效应组合是建立在弹性分析叠加原理基础上的，考虑到抗震计算模型的简化和塑性内力分布与弹性内力分布的差异等因素，本条中还规定，对地震作用效应，当本规范各章有规定时尚应乘以相应的效应调整系数η，如突出屋面小建筑、天窗架、高低跨厂房交接处的柱子、框架柱，底层框架-抗震墙结构的柱子、梁端和抗震墙底部加强部位的剪力等的增大系数。

4 关于重要性系数

根据地震作用的特点、抗震设计的现状，以及抗震设防分类与《统一标准》中安全等级的差异，重要性系数对抗震设计的实际意义不大，本规范对建筑重要性的处理仍采用抗震措施的改变来实现，不考虑此项系数。

5.4.2 结构在设防烈度下的抗震验算根本上应该是弹塑性变形验算，但为减少验算工作量并符合设计习惯，对大部分结构，将变形验算转换为众值烈度地震作用下构件承载力验算的形式来表现。按照《统一标准》的原则，89规范与78规范在众值烈度下有基本相同的可靠指标，研究发现，78规范钢结构构件的可靠指标比混凝土结构构件明显偏低，故89规范予以适当提高，使之与砌体、混凝土构件有相近的可靠指标；而且随着非抗震设计材料指标的提高，2001规范各类材料结构的抗震可靠性也略有提高。基于此前提，在确定地震作用分项系数取1.3的同时，则可得到与抗力标准值R_k相应的最优抗力分项系数，并进一步转换为抗震的抗力函数（即抗震承载力设计值R_{dE}），使抗力分项系数取1.0或不出现。本规范砌体结构的截面抗震验算，就是这样处理的。

现阶段大部分结构构件截面抗震验算时，采用了各有关规范的承载力设计值R_d，因此，抗震设计的抗力分项系数，就相应地变为非抗震设计的构件承载力设计值的抗震调整系数γ_{RE}，即$\gamma_{RE}=R_d/R_{dE}$或$R_{dE}=R_d/\gamma_{RE}$。还需注意，地震作用下结构的弹塑性变形直接依赖于结构实际的屈服强度（承载力），本节的承载力是设计值，不可误作为标准值来进行本章5.5节要求的弹塑性变形验算。

本次修订，配合钢结构构件、连接的内力调整系数的变化，调整了其承载力抗震调整系数的取值。

5.4.3 本条在2008年局部修订时，提升为强制性条文。

5.5 抗震变形验算

5.5.1 根据本规范所提出的抗震设防三个水准的要求，采用二阶段设计方法来实现，即：在多遇地震作用下，建筑主体结构不受损坏，非结构构件（包括围护墙、隔墙、幕墙、内外装修等）没有过重破坏并导致人员伤亡，保证建筑的正常使用功能；在罕遇地震作用下，建筑主体结构遭受破坏或严重破坏但不倒塌。根据各国规范的规定、震害经验和实验研究结果及工程实例分析，采用层间位移角作为衡量结构变形能力从而判别是否满足建筑功能要求的指标是合理的。

对各类钢筋混凝土结构和钢结构要求进行多遇地震作用下的弹性变形验算，实现第一水准下的设防要求。弹性变形验算属于正常使用极限状态的验算，各作用分项系数均取 1.0。钢筋混凝土结构构件的刚度，国外规范规定需考虑一定的非线性而取有效刚度，本规范规定与位移限值相配套，一般可取弹性刚度；当计算的变形较大时，宜适当考虑构件开裂时的刚度退化，如取$0.85E_cI_0$。

第一阶段设计，变形验算以弹性层间位移角表示。不同结构类型给出弹性层间位移角限值范围，主要依据国内外大量的试验研究和有限元分析的结果，以钢筋混凝土构件（框架柱、抗震墙等）开裂时的层间位移角作为多遇地震下结构弹性层间位移角限值。

计算时，一般不扣除由于结构重力 P-△效应所产生的水平相对位移；高度超过 150m 或$H/B>6$ 的高层建筑，可以扣除结构整体弯曲所产生的楼层水平绝对位移值，因为以弯曲变形为主的高层建筑结构，这部分位移在计算的层间位移中占有相当的比例，加以扣除比较合理。如未扣除，位移角限值可有所放宽。

框架结构试验结果表明，对于开裂层间位移角，不开洞填充墙框架为 1/2500，开洞填充墙框架为 1/926；有限元分析结果表明，不带填充墙时为1/800，不开洞填充墙时为 1/2000。本规范不再区分有填充墙和无填充墙，均按 89 规范的 1/550 采用，并仍按构件截面弹性刚度计算。

对于框架-抗震墙结构的抗震墙，其开裂层间位移角：试验结果为 1/3300～1/1100，有限元分析结果为 1/4000～1/2500，取二者的平均值约为 1/3000～1/1600。2001 规范统计了我国当时建成的 124 幢钢筋混凝土框-墙、框-筒、抗震墙、筒结构高层建筑的结构抗震计算结果，在多遇地震作用下的最大弹性层间位移均小于 1/800，其中 85%小于 1/1200。因此对框-墙、板柱-墙、框-筒结构的弹性位移角限值范围为 1/800；对抗震墙和筒中筒结构层间弹性位移角限值范围为 1/1000，与现行的混凝土高层规程相当；对框支层要求较框-墙结构加严，取 1/1000。

钢结构在弹性阶段的层间位移限值，日本建筑法施行令定为层高的 1/200。参照美国加州规范（1988）对基本自振周期大于 0.7s 的结构的规定，本规范取 1/250。

单层工业厂房的弹性层间位移角需根据吊车使用要求加以限制，严于抗震要求，因此不必再对地震作用下的弹性位移加以限制；弹塑性层间位移的计算和限值在本规范第 5.5.4 和第 5.5.5 条有规定，单层钢筋混凝土柱排架为 1/30。因此本条不再单列对于单层工业厂房的弹性位移限值。

多层工业厂房应区分结构材料（钢和混凝土）和结构类型（框、排架），分别采用相应的弹性及弹塑性层间位移角限值，框排架结构中的排架柱的弹塑性层间位移角限值，在本规范附录 H 第 H.1 节中规定为 1/30。

5.5.2 震害经验表明，如果建筑结构中存在薄弱层或薄弱部位，在强烈地震作用下，由于结构薄弱部位产生了弹塑性变形，结构构件严重破坏甚至引起结构倒塌；属于乙类建筑的生命线工程中的关键部位在强烈地震作用下一旦遭受破坏将带来严重后果，或产生次生灾害或对救灾、恢复重建及生产、生活造成很大影响。除了 89 规范所规定的高大的单层工业厂房的横向排架、楼层屈服强度系数小于 0.5 的框架结构、底部框架砖房等之外，板柱-抗震墙及结构体系不规则的某些高层建筑结构和乙类建筑也要求进行罕遇地震作用下的抗震变形验算。采用隔震和消能减震技术的建筑结构，对隔震和消能减震部件应有位移限制要求，在罕遇地震作用下隔震和消能减震部件应能起到降低地震效应和保护主体结构的作用，因此要求进行抗震变形验算。

考虑到弹塑性变形计算的复杂性，对不同的建筑结构提出不同的要求。随着弹塑性分析模型和软件的发展和改进，本次修订进一步增加了弹塑性变形验算的范围。

5.5.3 对建筑结构在罕遇地震作用下薄弱层（部位）弹塑性变形计算，12 层以下且层刚度无突变的框架结构及单层钢筋混凝土柱厂房可采用规范的简化方法计算；较为精确的结构弹塑性分析方法，可以是三维的静力弹塑性（如 push-over 方法）或弹塑性时程分析方法；有时尚可采用塑性内力重分布的分析方法等。

5.5.4 钢筋混凝土框架结构及高大单层钢筋混凝土柱厂房等结构，在大地震中往往受到严重破坏甚至倒塌。实际震害分析及实验研究表明，除了这些结构刚度相对较小而变形较大外，更主要的是存在承载力验算所没有发现的薄弱部位——其承载力本身虽满足设计地震作用下抗震承载力的要求，却比相邻部位要弱得多。对于单层厂房，这种破坏多发生在 8 度Ⅲ、Ⅳ类场地和 9 度区，破坏部位是上柱，因为上柱的承载力一般相对较小且其下端的支承条件不如下柱。对于底部框架-抗震墙结构，则底部和过渡层是明显的薄弱部位。

迄今，各国规范的变形估计公式有三种：一是按假想的完全弹性体计算；二是将额定的地震作用下的弹性变形乘以放大系数，即 $\triangle u_p=\eta_p\triangle u_e$；三是按时程分析法等专门程序计算。其中采用第二种的最多，本条继续保持 89 规范所采用的方法。

1 根据数千个（1～15）层剪切型结构采用理想弹塑性恢复力模型进行弹塑性时程分析的计算结果，

获得如下统计规律：

1）多层结构存在“塑性变形集中”的薄弱层是一种普遍现象，其位置，对屈服强度系数ξ_y分布均匀的结构多在底层，分布不均匀结构则在ξ_y最小处和相对较小处，单层厂房往往在上柱。

2）多层剪切型结构薄弱层的弹塑性变形与弹性变形之间有相对稳定的关系。

对于屈服强度系数ξ_y均匀的多层结构，其最大的层间弹塑变形增大系数η_p可按层数和ξ_y的差异用表格形式给出；对于ξ_y不均匀的结构，其情况复杂，在弹性刚度沿高度变化较平缓时，可近似用均匀结构的η_p适当放大取值；对其他情况，一般需要用静力弹塑性分析、弹塑性时程分析法或内力重分布法等予以估计。

2 本规范的设计反应谱是在大量单质点系的弹性反应分析基础上统计得到的“平均值”，弹塑性变形增大系数也在统计平均意义下有一定的可靠性。当然，还应注意简化方法都有其适用范围。

此外，如采用延性系数来表示多层结构的层间变形，可用$\mu=\eta_p/\xi_y$计算。

3 计算结构楼层或构件的屈服强度系数时，实际承载力应取截面的实际配筋和材料强度标准值计算，钢筋混凝土梁柱的正截面受弯实际承载力公式如下：

梁：$M^a_{byk} = f_{yk}A^a_{sb}(h_{b0} - a'_s)$

柱：轴向力满足$N_G/(f_{ck}b_c h_c) \leqslant 0.5$时，

$$M^a_{cyk} = f_{yk}A^a_{sc}(h_0 - a'_s) + 0.5N_G h_c(1 - N_G/f_{ck}b_c h_c)$$

式中，N_G为对应于重力荷载代表值的柱轴压力（分项系数取1.0）。

注：上角a表示“实际的”。

4 2001规范修订过程中，对不超过20层的钢框架和框架-支撑结构的薄弱层层间弹塑性位移的简化计算公式开展了研究。利用DRAIN-2D程序对三跨的平面钢框架和中跨为交叉支撑的三跨钢结构进行了不同层数钢结构的弹塑性地震反应分析。主要计算参数如下：结构周期，框架取0.1N（层数），支撑框架取0.09N；恢复力模型，框架取屈服后刚度为弹性刚度0.02的不退化双线性模型，支撑框架的恢复力模型同时考虑了压屈后的强度退化和刚度退化；楼层屈服剪力，框架的一般层约为底层的0.7，支撑框架的一般层约为底层的0.9；底层的屈服强度系数为0.7～0.3；在支撑框架中，支撑承担的地震剪力为总地震剪力的75%，框架部分承担25%；地震波取80条天然波。

根据计算结果的统计分析发现：①纯框架结构的弹塑性位移反应与弹性位移反应差不多，弹塑性位移增大系数接近1；②随着屈服强度系数的减小，弹塑性位移增大系数增大；③楼层屈服强度系数较小时，由于支撑的屈曲失效效应，支撑框架的弹塑性位移增大系数大于框架结构。

以下是15层和20层钢结构的弹塑性增大系数的统计数值（平均值加一倍方差）：

屈服强度系数	15层框架	20层框架	15层支撑框架	20层支撑框架
0.50	1.15	1.20	1.05	1.15
0.40	1.20	1.30	1.15	1.25
0.30	1.30	1.50	1.65	1.90

上述统计值与89规范对剪切型结构的统计值有一定的差异，可能与钢结构基本周期较长、弯曲变形所占比重较大，采用杆系模型时楼层屈服强度系数计算，以及钢结构恢复力模型的屈服后刚度取为初始刚度的0.02而不是理想弹塑性恢复力模型等有关。

5.5.5 在罕遇地震作用下，结构要进入弹塑性变形状态。根据震害经验、试验研究和计算分析结果，提出以构件（梁、柱、墙）和节点达到极限变形时的层间极限位移角作为罕遇地震作用下结构弹塑性层间位移角限值的依据。

国内外许多研究结果表明，不同结构类型的不同结构构件的弹塑性变形能力是不同的，钢筋混凝土结构的弹塑性变形主要由构件关键受力区的弯曲变形、剪切变形和节点区受拉钢筋的滑移变形等三部分非线性变形组成。影响结构层间极限位移角的因素很多，包括：梁柱的相对强弱关系，配箍率、轴压比、剪跨比、混凝土强度等级、配筋率等，其中轴压比和配箍率是最主要的因素。

钢筋混凝土框架结构的层间位移是楼层梁、柱、节点弹塑性变形的综合结果，美国对36个梁-柱组合试件试验结果表明，极限侧移角的分布为1/27～1/8,我国学者对数十榀填充墙框架的试验结果表明，不开洞填充墙和开洞填充墙框架的极限侧移角平均分别为1/30和1/38。本条规定框架和板柱-框架的位移角限值为1/50是留有安全储备的。

由于底部框架砌体房屋沿竖向存在刚度突变，因此对其混凝土框架部分适当从严；同时，考虑到底部框架一般均带一定数量的抗震墙，故类比框架-抗震墙结构，取位移角限值为1/100。

钢筋混凝土结构在罕遇地震作用下，抗震墙要比框架柱先进入弹塑性状态，而且最终破坏也相对集中在抗震墙单元。日本对176个带边框柱抗震墙的试验研究表明，抗震墙的极限位移角的分布为1/333～1/125,国内对11个带边框低矮抗震墙试验所得到的极限位移角分布为1/192～1/112。在上述试验研究结果的基础上，取1/120作为抗震墙和筒中筒结构的弹塑性层间位移角限值。考虑到框架-抗震墙结构、板柱-抗震墙和框架-核心筒结构中大部分水平地震作用由抗震墙承担，弹塑性层间位移角限值可比框架结构的框架柱严，但比抗震墙和筒中筒结构要松，故取1/100。高层钢结构，美国ATC3-06规定，Ⅱ类危险性的建筑（容纳人数较多），层间最大位移角限值为1/67；美国AISC《房屋钢结构抗震规定》（1997）中规定，与小震相比，大震时的位移角放大系数，对双重抗侧力体系中的框架-中心支撑结构取5，对框架-偏心支撑结构，取4。如果弹性位移角限值为1/300，则对应的弹塑性位移角限值分别大于1/60和1/75。考虑到钢结构在构件稳定有保证时具有较好的延性，弹塑性层间位移角限值适当放宽至1/50。

鉴于甲类建筑在抗震安全性上的特殊要求，其层间变位角限值应专门研究确定。

6 多层和高层钢筋混凝土房屋

6.1 一般规定

6.1.1 本章适用于现浇钢筋混凝土多层和高层房屋，包括采用符合本章第6.1.7条要求的装配整体式楼屋盖的房屋。

对采用钢筋混凝土材料的高层建筑，从安全和经济诸方面综合考虑，其适用最大高度应有限制。当钢筋混凝土结构的房屋高度超过最大适用高度时，应通过专门研究，采取有效加强措施，如采用型钢混凝土构件、钢管混凝土构件等，并按建设部部长令的有关规定进行专项审查。

与2001规范相比，本章对适用最大高度的修改如下：

1 补充了8度（0.3g）时的最大适用高度，按8度和9度之间内插且偏于8度。

2 框架结构的适用最大高度，除6度外有所降低。

3 板柱-抗震墙结构的适用最大高度，有所增加。

4 删除了在Ⅳ类场地适用的最大高度应适当降低的规定。

5 对于平面和竖向均不规则的结构，适用的最大高度适当降低的规范用词，由"应"改为"宜"，一般减少10%左右。对于部分框支结构，表6.1.1的适用高度已经考虑框支的不规则而比全落地抗震墙结构降低，故对于框支结构的"竖向和平面均不规则"，指框支层以上的结构同时存在竖向和平面不规则的情况。

还需说明：

仅有个别墙体不落地，例如不落地墙的截面面积不大于总截面面积的10%，只要框支部分的设计合理且不致加大扭转不规则，仍可视为抗震墙结构，其适用最大高度仍可按全部落地的抗震墙结构确定。

框架-核心筒结构存在抗扭不利和加强层刚度突变问题，其适用最大高度略低于筒中筒结构。框架-核心筒结构中，带有部分仅承受竖向荷载的无梁楼盖时，不作为表6.1.1的板柱-抗震墙结构对待。

6.1.2 钢筋混凝土房屋的抗震等级是重要的设计参数，89规范就明确规定应根据设防类别、结构类型、烈度和房屋高度四个因素确定。抗震等级的划分，体现了对不同抗震设防类别、不同结构类型、不同烈度、同一烈度但不同高度的钢筋混凝土房屋结构延性要求的不同，以及同一种构件在不同结构类型中的延性要求的不同。

钢筋混凝土房屋结构应根据抗震等级采取相应的抗震措施。这里，抗震措施包括抗震计算时的内力调整措施和各种抗震构造措施。因此，乙类建筑应提高一度查表6.1.2确定其抗震等级。

本章条文中，"×级框架"包括框架结构、框架-抗震墙结构、框支层和框架-核心筒结构、板柱-抗震墙结构中的框架，"×级框架结构"仅指框架结构的框架，"×级抗震墙"包括抗震墙结构、框架-抗震墙结构、筒体结构和板柱-抗震墙结构中的抗震墙。

本次修订的主要变化如下：

1 注意到《民用建筑设计通则》GB 50362规定，住宅10层及以上为高层建筑，多层公共建筑高度24m以上为高层建筑。本次修订，将框架结构的30m高度分界改为24m；对于7、8、9度时的框架-抗震墙结构，抗震墙结构以及部分框支抗震墙结构，增加24m作为一个高度分界，其抗震等级比2001规范降低一级，但四级不再降低，框支层框架不降低，总体上与89规范对"低层较规则结构"的要求相近。

2 明确了框架-核心筒结构的高度不超过60m时，当按框架-抗震墙结构的要求设计时，其抗震等级按框架-抗震墙结构的规定采用。

3 将"大跨度公共建筑"改为"大跨度框架"，并明确其跨度按18m划分。

6.1.3 本条是关于混凝土结构抗震等级的进一步补充规定。

1 关于框架和抗震墙组成的结构的抗震等级。设计中有三种情况：其一，个别或少量框架，此时结构属于抗震墙体系的范畴，其抗震墙的抗震等级，仍按抗震墙结构确定；框架的抗震等级可参照框架-抗震墙结构的框架确定。其二，当框架-抗震墙结构有足够的抗震墙时，其框架部分是次要抗侧力构件，按本规范表6.1.2框架-抗震墙结构确定抗震等级；89规范要求其抗震墙底部承受的地震倾覆力矩不小于结构底部总地震倾覆力矩的50%。其三，墙体很少，即2001规范规定"在基本振型地震作用下，框架部分承受的地震倾覆力矩大于结构总地震倾覆力矩的50%"，其框架部分的抗震等级应按框架结构确定。对于这类结构，本次修订进一步明确以下几点：一是将“在基本振型地震作用下”改为“在规定的水平力作用下”，“规定的水平力”的含义见本规范第3.4节；二是明确底层框架部分所承担的地震倾覆力矩大于结构总地震倾覆力矩的50%时仍属于框架结构范畴；三是删除了“最大适用高度可比框架结构适当增加”的规定；四是补充规定了其抗震墙的抗震等级。

框架部分按刚度分配的地震倾覆力矩的计算公式，保持2001规范的规定不变：

$$M_c = \sum_{i=1}^{n}\sum_{j=1}^{m} V_{ij} h_i$$

式中：M_c——框架-抗震墙结构在规定的侧向力作用下框架部分分配的地震倾覆力矩；

n——结构层数；

m——框架 i 层的柱根数；

V_{ij}——第 i 层第 j 根框架柱的计算地震剪力；

h_i——第 i 层层高。

在框架结构中设置少量抗震墙，往往是为了增大框架结构的刚度、满足层间位移角限值的要求，仍然属于框架结构范畴，但层间位移角限值需按底层框架部分承担倾覆力矩的大小，在框架结构和框架-抗震墙结构两者的层间位移角限值之间偏于安全内插。

2 关于裙房的抗震等级。裙房与主楼相连，主楼结构在裙房顶板对应的上下各一层受刚度与承载力突变影响较大，抗震构造措施需要适当加强。裙房与主楼之间设防震缝，在大震作用下可能发生碰撞，该部位也需要采取加强措施。

裙房与主楼相连的相关范围，一般可从主楼周边外延3跨且不小于20m，相关范围以外的区域可按裙房自身的结构类型确定其抗震等级。裙房偏置时，其端部有较大扭转效应，也需要加强。

3 关于地下室的抗震等级。带地下室的多层和高层建筑，当地下室结构的刚度和受剪承载力比上部楼层相对较大时（参见本规范第6.1.14条），地下室顶板可视作嵌固部位，在地震作用下的屈服部位将发生在地上楼层，同时将影响到地下一层。地面以下地震响应逐渐减小，规定地下一层的抗震等级不能降低；而地下一层以下不要求计算地震作用，规定其抗震构造措施的抗震等级可逐层降低（图11）。

4 关于乙类建筑的抗震等级。根据《建筑工程抗震设防分类标准》GB 50223的规定，乙类建筑应按提高一度查本规范表6.1.2确定抗震等级（内力调整和构造措施）。本规范第6.1.1条规定，乙类建筑的钢筋混凝土房屋可按本地区抗震设防烈度确定其适用的最大高度，于是可能出现7度乙类的框支结构房屋和8度乙类的框架结构、框架-抗震墙结构、部分框支抗震墙结构、板柱-抗震墙结构的房屋提高一度后，其高度超过本规范表6.1.2中抗震等级为一级的高度上界。此时，内力调整不提高，只要求抗震构造措施“高于一级”，大体与《高层建筑混凝土结构技

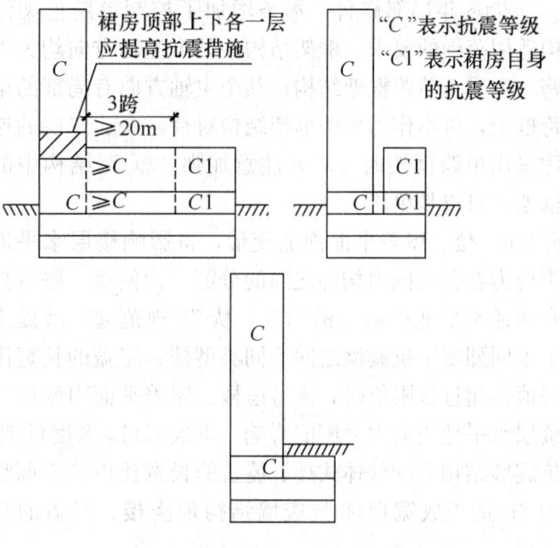

图11 裙房和地下室的抗震等级

术规程》JGJ 3中特一级的构造要求相当。

6.1.4 震害表明，本条规定的防震缝宽度的最小值，在强烈地震下相邻结构仍可能局部碰撞而损坏，但宽度过大会给立面处理造成困难。因此，是否设置防震缝应按本规范第3.4.5条的要求判断。

防震缝可以结合沉降缝要求贯通到地基，当无沉降问题时也可以从基础或地下室以上贯通。当有多层地下室，上部结构为带裙房的单塔或多塔结构时，可将裙房用防震缝自地下室以上分隔，地下室顶板应有良好的整体性和刚度，能将地震剪力分布到整个地下室结构。

8、9度框架结构房屋防震缝两侧层高相差较大时，可在防震缝两侧房屋的尽端沿全高设置垂直于防震缝的抗撞墙，通过抗撞墙的损坏减少防震缝两侧碰撞时框架的破坏。本次修订，抗撞墙的长度由2001规范的可不大于一个柱距，修改为“可不大于层高的1/2”。结构单元较长时，抗撞墙可能引起较大温度内力，也可能有较大扭转效应，故设置时应综合分析（图12）。

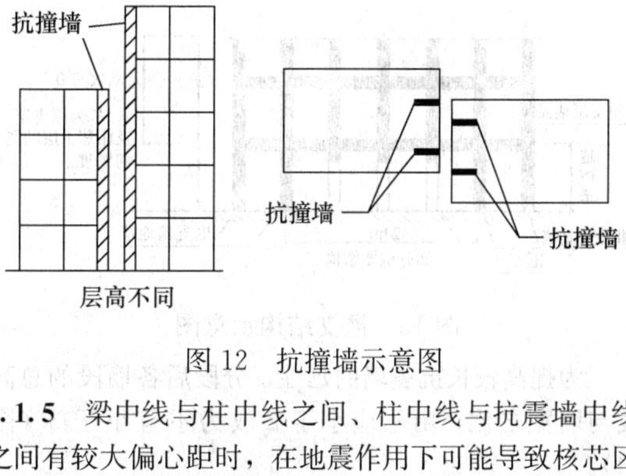

图12 抗撞墙示意图

6.1.5 梁中线与柱中线之间、柱中线与抗震墙中线之间有较大偏心距时，在地震作用下可能导致核芯区受剪面积不足，对柱带来不利的扭转效应。当偏心距超过1/4柱宽时，需进行具体分析并采取有效措施，如采用水平加腋梁及加强柱的箍筋等。

2008年局部修订，本条增加了控制单跨框架结构适用范围的要求。框架结构中某个主轴方向均为单跨，也属于单跨框架结构；某个主轴方向有局部的单跨框架，可不作为单跨框架结构对待。一、二层的连廊采用单跨框架时，需要注意加强。框-墙结构中的框架，可以是单跨。

6.1.6 楼、屋盖平面内的变形，将影响楼层水平地震剪力在各抗侧力构件之间的分配。为使楼、屋盖具有传递水平地震剪力的刚度，从78规范起，就提出了不同烈度下抗震墙之间不同类型楼、屋盖的长宽比限值。超过该限值时，需考虑楼、屋盖平面内变形对楼层水平地震剪力分配的影响。本次修订，8度框架-抗震墙结构装配整体式楼、屋盖的长宽比由2.5调整为2；适当放宽板柱-抗震墙结构现浇楼、屋盖的长宽比。

6.1.7 预制板的连接不足时，地震中将造成严重的震害。需要特别加强。在混凝土结构中，本规范仅适用于采用符合要求的装配整体式混凝土楼、屋盖。

6.1.8 在框架-抗震墙结构和板柱-抗震墙结构中，抗震墙是主要抗侧力构件，竖向布置应连续，防止刚度和承载力突变。本次修订，增加结合楼梯间布置抗震墙形成安全通道的要求；将2001规范"横向与纵向的抗震墙宜相连"改为"抗震墙的两端（不包括洞口两侧）宜设置端柱，或与另一方向的抗震墙相连"，明确要求两端设置端柱或翼墙；取消抗震墙设置在不需要开洞部位的规定，以及连梁最大跨高比和最小高度的规定。

6.1.9 本次修订，增加纵横向墙体互为翼墙或设置端柱的要求。

部分框支抗震墙属于抗震不利的结构体系，本规范的抗震措施只限于框支层不超过两层的情况。本次修订，明确部分框支抗震墙结构的底层框架应满足框架-抗震墙结构对框架部分承担地震倾覆力矩的限值——框支层不应设计为少墙框架体系（图13）。

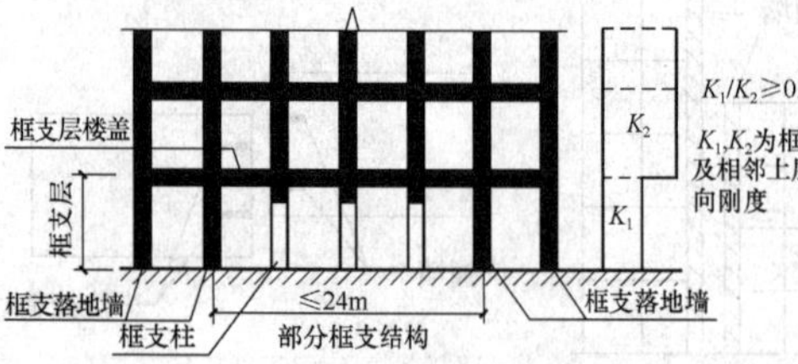

图13 框支结构示意图

为提高较长抗震墙的延性，分段后各墙段的总高度与墙宽之比，由不应小于2改为不宜小于3（图14）。

6.1.10 延性抗震墙一般控制在其底部即计算嵌固端以上一定高度范围内屈服、出现塑性铰。设计时，将墙体底部可能出现塑性铰的高度范围作为底部加强部

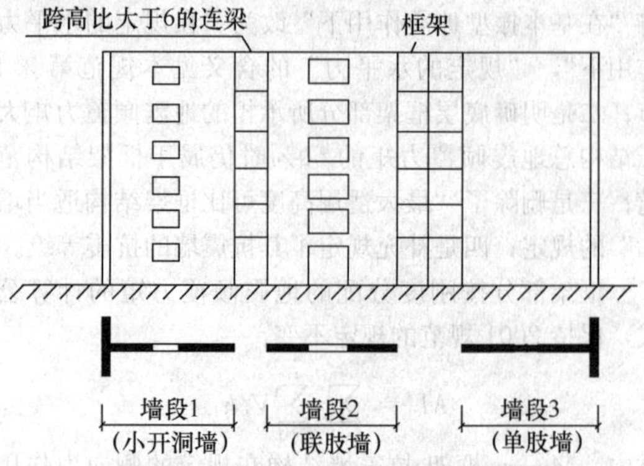

图14 较长抗震墙的组成示意图

位，提高其受剪承载力，加强其抗震构造措施，使其具有大的弹塑性变形能力，从而提高整个结构的抗地震倒塌能力。

89规范的底部加强部位与墙肢高度和长度有关，不同长度墙肢的加强部位高度不同。为了简化设计，2001规范改为底部加强部位的高度仅与墙肢总高度相关。本次修订，将"墙体总高度的1/8"改为"墙体总高度的1/10"；明确加强部位的高度一律从地下室顶板算起；当计算嵌固端位于地面以下时，还需向下延伸，但加强部位的高度仍从地下室顶板算起。

此外，还补充了高度不超过24m的多层建筑的底部加强部位高度的规定。

有裙房时，按本规范第6.1.3条的要求，主楼与裙房顶对应的相邻上下层需要加强。此时，加强部位的高度也可以延伸至裙房以上一层。

6.1.12 当地基土较弱，基础刚度和整体性较差，在地震作用下抗震墙基础将产生较大的转动，从而降低了抗震墙的抗侧力刚度，对内力和位移都将产生不利影响。

6.1.13 配合本规范第4.2.4条的规定，针对主楼与裙房相连的情况，明确其天然地基底部不宜出现零应力区。

6.1.14 为了能使地下室顶板作为上部结构的嵌固部位，本条规定了地下室顶板和地下一层的设计要求：

地下室顶板必须具有足够的平面内刚度，以有效传递地震基底剪力。地下室顶板的厚度不宜小于180mm，若柱网内设置多个次梁时，板厚可适当减小。这里所指地下室应为完整的地下室，在山（坡）地建筑中出现地下室各边填埋深度差异较大时，宜单独设置支档结构。

框架柱嵌固端屈服时，或抗震墙墙肢的嵌固端屈服时，地下一层对应的框架柱或抗震墙墙肢不应屈服。据此规定了地下一层框架柱纵筋面积和墙肢端部纵筋面积的要求。

"相关范围"一般可从地上结构（主楼、有裙房时含裙房）周边外延不大于20m。

当框架柱嵌固在地下室顶板时，位于地下室顶板的梁柱节点应按首层柱的下端为"弱柱"设计，即地

震时首层柱底屈服、出现塑性铰。为实现首层柱底先屈服的设计概念，本规范提供了两种方法：

其一，按下式复核：

$$\sum M_{\text{bua}}+M_{\text{cua}}^{\text{t}}\geqslant 1.3M_{\text{cua}}^{\text{b}}$$

式中：$\sum M_{\text{bua}}$——节点左右梁端截面反时针或顺时针方向实配的正截面抗震受弯承载力所对应的弯矩值之和，根据实配钢筋面积（计入梁受压筋和相关楼板钢筋）和材料强度标准值确定；

$\sum M_{\text{cua}}^{\text{t}}$——地下室柱上端与梁端受弯承载力同一方向实配的正截面抗震受弯承载力所对应的弯矩值，应根据轴力设计值、实配钢筋面积和材料强度标准值等确定；

$\sum M_{\text{cua}}^{\text{b}}$——地上一层柱下端与梁端受弯承载力不同方向实配的正截面抗震受弯承载力所对应弯矩值，应根据轴力设计值、实配钢筋面积和材料强度标准值等确定。

设计时，梁柱纵向钢筋增加的比例也可不同，但柱的纵向钢筋至少比地上结构柱下端的钢筋增加10%。

其二，作为简化，当梁按计算分配的弯矩接近柱的弯矩时，地下室顶板的柱上端、梁顶面和梁底面的纵向钢筋均增加10%以上。可满足上式的要求。

6.1.15 本条是新增的。发生强烈地震时，楼梯间是重要的紧急逃生竖向通道，楼梯间（包括楼梯板）的破坏会延误人员撤离及救援工作，从而造成严重伤亡。本次修订增加了楼梯间的抗震设计要求。对于框架结构，楼梯构件与主体结构整浇时，梯板起到斜支撑的作用，对结构刚度、承载力、规则性的影响比较大，应参与抗震计算；当采取措施，如梯板滑动支承于平台板，楼梯构件对结构刚度等的影响较小，是否参与整体抗震计算差别不大。对于楼梯间设置刚度足够大的抗震墙的结构，楼梯构件对结构刚度的影响较小，也可不参与整体抗震计算。

6.2 计 算 要 点

6.2.2 框架结构的抗地震倒塌能力与其破坏机制密切相关。试验研究表明，梁端屈服型框架有较大的内力重分布和能量消耗能力，极限层间位移大，抗震性能较好；柱端屈服型框架容易形成倒塌机制。

在强震作用下结构构件不存在承载力储备，梁端受弯承载力即为实际可能达到的最大弯矩，柱端实际可能达到的最大弯矩也与其偏压下的受弯承载力相等。这是地震作用效应的一个特点。因此，所谓“强柱弱梁”指的是：节点处梁端实际受弯承载力 M_{by}^{a} 和柱端实际受弯承载力 M_{cy}^{a} 之间满足下列不等式：

$$\sum M_{\text{cy}}^{\text{a}}>\sum M_{\text{by}}^{\text{a}}$$

这种概念设计，由于地震的复杂性、楼板的影响和钢筋屈服强度的超强，难以通过精确的承载力计算真正实现。

本规范自 89 规范以来，在梁端实配钢筋不超过计算配筋 10%的前提下，将梁、柱之间的承载力不等式转为梁、柱的地震组合内力设计值的关系式，并使不同抗震等级的柱端弯矩设计值有不同程度的差异。采用增大柱端弯矩设计值的方法，只在一定程度上推迟柱端出现塑性铰；研究表明，当计入楼板和钢筋超强影响时，要实现承载力不等式，内力增大系数的取值往往需要大于 2。由于地震是往复作用，两个方向的柱端弯矩设计值均要满足要求：当梁端截面为反时针方向弯矩之和时，柱端截面应为顺时针方向弯矩之和；反之亦然。

对于一级框架，89 规范除了用增大系数的方法外，还提出了采用梁端实配钢筋面积和材料强度标准值计算的抗震受弯承载力所对应的弯矩值的调整、验算方法。这里，抗震承载力即本规范 5 章的 $R_{\text{E}}=R/\gamma_{\text{RE}}=R/0.75$，此时必须将抗震承载力验算公式取等号转换为对应的内力，即 $S=R/\gamma_{\text{RE}}$。当计算梁端抗震受弯承载力时，若计入楼板的钢筋，且材料强度标准值考虑一定的超强系数，则可提高框架“强柱弱梁”的程度。89 规范规定，一级的增大系数可根据工程经验估计节点左右梁端顺时针或反时针方向受拉钢筋的实际截面面积与计算面积的比值 $\lambda_{\text{s}}=A_{\text{s}}^{\text{a}}/A_{\text{s}}^{\text{c}}$，取 $1.1\lambda_{\text{s}}$ 作为实配增大系数的近似估计，其中的 1.1 来自钢筋材料标准值与设计值的比值 $f_{\text{yk}}/f_{\text{y}}$。柱弯矩增大系数值可参考 λ_{s} 的可能变化范围确定：例如，当梁顶面为计算配筋而梁底面为构造配筋时，一级的 λ_{s} 不小于 1.5，于是，柱弯矩增大系数不小于 1.1×1.5=1.65；二级 λ_{s} 不小于 1.3，柱弯矩增大系数不小于 1.43。

2001 规范比 89 规范提高了强柱弱梁的弯矩增大系数 η_{c}，弯矩增大系数 η_{c} 考虑了一定的超配钢筋（包括楼板的配筋）和钢筋超强。一级的框架结构及 9 度时，仍应采用框架梁的实际抗震受弯承载力确定柱端组合的弯矩设计值，取二者的较大值。

本次修订，提高了框架结构的柱端弯矩增大系数，而其他结构中框架的柱端弯矩增大系数仍与 2001 规范相同；并补充了四级框架的柱端弯矩增大系数。对于一级框架结构和 9 度时的一级框架，明确只需按梁端实配抗震受弯承载力确定柱端弯矩设计值；即使按增大系数的方法比实配方法保守，也可不采用增大系数的方法。对于二、三级框架结构，也可按式（6.2.2-2）的梁端实配抗震受弯承载力确定柱端弯矩设计值，但式中的系数 1.2 可适当降低，如取 1.1 即可；这样，有可能比按内力增大系数，即按式（6.2.2-1）调整的方法更经济、合理。计算梁端实配抗震受弯承载力时，还应计入梁两侧有效翼缘范围的楼板。因此，在框架刚度和承载力计算时，所计入的梁两侧有效翼缘范围应相互协调。

即使按“强柱弱梁”设计的框架，在强震作用下，柱端仍有可能出现塑性铰，保证柱的抗地震倒塌能力是框架抗震设计的关键。本规范通过柱的抗震构造措施，使柱具有大的弹塑性变形能力和耗能能力，达到在大震作用下，即使柱端出铰，也不会引起框架倒塌的目标。

当框架底部若干层的柱反弯点不在楼层内时，说明这些层的框架梁相对较弱。为避免在竖向荷载和地震共同作用下变形集中，压屈失稳，柱端弯矩也应乘以增大系数。

对于轴压比小于 0.15 的柱，包括顶层柱在内，因其具有比较大的变形能力，可不满足上述要求；对框支柱，在本规范第 6.2.10 条另有规定。

6.2.3 框架结构计算嵌固端所在层即底层的柱下端过早出现塑性屈服，将影响整个结构的抗地震倒塌能力。嵌固端截面乘以弯矩增大系数是为了避免框架结构柱下端过早屈服。对其他结构中的框架，其主要抗侧力构件为抗震墙，对其框架部分的嵌固端截面，可不作要求。

当仅用插筋满足柱嵌固端截面弯矩增大的要求时，可能造成塑性铰向底层柱的上部转移，对抗震不利。规范提出按柱上下端不利情况配置纵向钢筋的要求。

6.2.4、6.2.5、6.2.8 防止梁、柱和抗震墙底部在弯曲屈服前出现剪切破坏是抗震概念设计的要求，它意味着构件的受剪承载力要大于构件弯曲时实际达到的剪力，即按实际配筋面积和材料强度标准值计算的承载力之间满足下列不等式：

$$V_{bu} > (M_{bu}^{l} + M_{bu}^{r})/l_{bo} + V_{Gb}$$

$$V_{cu} > (M_{cu}^{b} + M_{cu}^{t})/H_{cn}$$

$$V_{wu} > (M_{wu}^{b} - M_{wu}^{t})/H_{wn}$$

规范在纵向受力钢筋不超过计算配筋 10% 的前提下，将承载力不等式转为内力设计值表达式，不同抗震等级采用不同的剪力增大系数，使“强剪弱弯”的程度有所差别。该系数同样考虑了材料实际强度和钢筋实际面积这两个因素的影响，对柱和墙还考虑了轴向力的影响，并简化计算。

一级的剪力增大系数，需从上述不等式中导出。直接取实配钢筋面积 A_s^a 与计算实配筋面积 A_s^c 之比 λ_s 的 1.1 倍，是 η_v 最简单的近似，对梁和节点的“强剪”能满足工程的要求，对柱和墙偏于保守。89 规范在条文说明中给出较为复杂的近似计算公式如下：

$$\eta_{vc} \approx \frac{1.1\lambda_s + 0.58\lambda_N(1 - 0.56\lambda_N)(f_c/f_y\rho_t)}{1.1 + 0.58\lambda_N(1 - 0.75\lambda_N)(f_c/f_y\rho_t)}$$

$$\eta_{vw} \approx \frac{1.1\lambda_{sw} + 0.58\lambda_N(1 - 0.56\lambda_N\zeta)(f_c/f_y\rho_{tw})}{1.1 + 0.58\lambda_N(1 - 0.75\lambda_N\zeta)(f_c/f_y\rho_{tw})}$$

式中，λ_N 为轴压比，λ_{sw} 为墙体实际受拉钢筋（分布筋和集中筋）截面面积与计算面积之比，ζ 为考虑墙体边缘构件影响的系数，ρ_{tw} 为墙体受拉钢筋配筋率。

当柱 $\lambda_s \leqslant 1.8$、$\lambda_N \geqslant 0.2$ 且 $\rho_t = 0.5\% \sim 2.5\%$，墙 $\lambda_{sw} \leqslant 1.8$、$\lambda_N \leqslant 0.3$ 且 $\rho_{tw} = 0.4\% \sim 1.2\%$ 时，通过数百个算例的统计分析，能满足工程要求的剪力增大系数 η_v 的进一步简化计算公式如下：

$$\eta_{vc} \approx 0.15 + 0.7[\lambda_s + 1/(2.5 - \lambda_N)]$$

$$\eta_{vw} \approx 1.2 + (\lambda_{sw} - 1)(0.6 + 0.02/\lambda_N)$$

2001 规范的框架柱、抗震墙的剪力增大系数 η_{vc}、η_{vw}，即参考上述近似公式确定。此次修订，框架梁、框架结构以外框架的柱、连梁和抗震墙的剪力增大系数与 2001 规范相同，框架结构的柱的剪力增大系数随柱端弯矩增大系数的提高而提高；同时，明确一级的框架结构及 9 度的一级框架，只需满足实配要求，而即使增大系数为偏保守也可不满足。同样，二、三、四级框架结构的框架柱，也可采用实配方法而不采用增大系数的方法，使之较为经济又合理。

注意：柱和抗震墙的弯矩设计值系经本节有关规定调整后的取值；梁端、柱端弯矩设计值之和须取顺时针方向之和以及反时针方向之和两者的较大值；梁端纵向受拉钢筋也按顺时针及反时针方向考虑。

6.2.6 地震时角柱处于复杂的受力状态，其弯矩和剪力设计值的增大系数，比其他柱略有增加，以提高抗震能力。

6.2.7 对一级抗震墙规定调整截面的组合弯矩设计值，目的是通过配筋方式迫使塑性铰区位于墙肢的底部加强部位。89 规范要求底部加强部位的组合弯设计值均按墙底截面的设计值采用，以上一般部位的组合弯矩设计值按线性变化，对于较高的房屋，会导致与加强部位相邻一般部位的弯矩取值过大。2001 规范改为：底部加强部位的弯矩设计值均取墙底部截面的组合弯矩设计值，底部加强部位以上，均采用各墙肢截面的组合弯矩设计值乘以增大系数，但增大后与加强部位紧邻一般部位的弯矩有可能小于相邻加强部位的组合弯矩。本次修订，改为仅加强部位以上乘以增大系数。主要有两个目的：一是使墙肢的塑性铰在底部加强部位的范围内得到发展，不是将塑性铰集中在底层，甚至集中在底截面以上不大的范围内，从而减轻墙肢底截面附近的破坏程度，使墙肢有较大的塑性变形能力；二是避免底部加强部位紧邻的上层墙肢屈服而底部加强部位不屈服。

当抗震墙的墙肢在多遇地震下出现小偏心受拉时，在设防地震、罕遇地震下的抗震能力可能大大丧失；而且，即使多遇地震下为偏压的墙肢而设防地震下转为偏拉，则其抗震能力有实质性的改变，也需要采取相应的加强措施。

双肢抗震墙的某个墙肢为偏心受拉时，一旦出现全截面受拉开裂，则其刚度退化严重，大部分地震作用将转移到受压墙肢，因此，受压肢需适当增大弯矩和剪力设计值以提高承载能力。注意到地震是往复的作用，实际上双肢墙的两个墙肢，都可能要按增大后的内力配筋。

6.2.9 框架柱和抗震墙的剪跨比可按图15及公式进行计算。

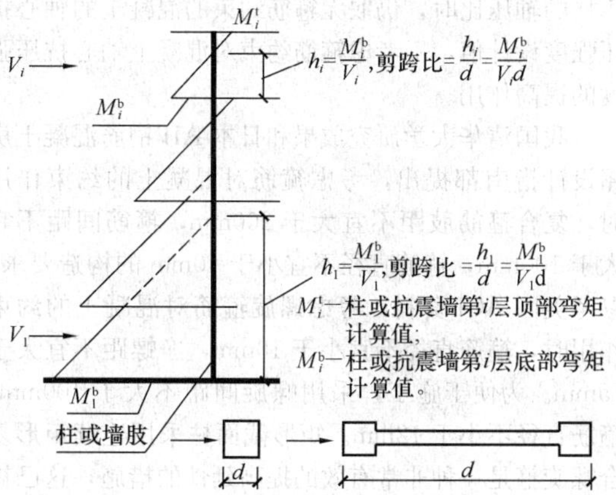

图15　剪跨比计算简图

6.2.10～6.2.12 这几条规定了部分框支结构设计计算的注意事项。

第6.2.10条1款的规定，适用于本章6.1.1条所指的框支层不超过2层的情况。本次修订，将本层地震剪力改为底层地震剪力即基底剪力，但主楼与裙房相连时，不含裙房部分的地震剪力，框支柱也不含裙房的框架柱。

框支结构的落地墙，在转换层以下的部位是保证框支结构抗震性能的关键部位，这部位的剪力传递还可能存在矮墙效应。为了保证抗震墙在大震时的受剪承载力，只考虑有拉筋约束部分的混凝土受剪承载力。

无地下室的部分框支抗震墙结构的落地墙，特别是联肢或双肢墙，当考虑不利荷载组合出现偏心受拉时，为了防止墙与基础交接处产生滑移，宜按总剪力的30%设置45°交叉防滑斜筋，斜筋可按单排设在墙截面中部并应满足锚固要求。

6.2.13 本条规定了在结构整体分析中的内力调整：

1 按照框墙结构（不包括少墙框架体系和少框架的抗震墙体系）中框架和墙体协同工作的分析结果，在一定高度以上，框架按侧向刚度分配的剪力与墙体的剪力反号，二者相减等于楼层的地震剪力，此时，框架承担的剪力与底部总地震剪力的比值基本保持某个比例；按多道防线的概念设计要求，墙体是第一道防线，在设防地震、罕遇地震下先于框架破坏，由于塑性内力重分布，框架部分按侧向刚度分配的剪力会比多遇地震下加大。

我国20世纪80年代1/3比例的空间框墙结构模型反复荷载试验及该试验模型的弹塑性分析表明：保持楼层侧向位移协调的情况下，弹性阶段底部的框架仅承担不到5%的总剪力；随着墙体开裂，框架承担的剪力逐步增大；当墙体端部的纵向钢筋开始受拉屈服时，框架承担大于20%总剪力；墙体压坏时框架承担大于33%的总剪力。本规范规定的取值，既体现了多道抗震设防的原则，又考虑了当前的经济条件。对于框架-核心筒结构，尚应符合本规范6.7.1条1款的规定。

此项规定适用于竖向结构布置基本均匀的情况；对塔类结构出现分段规则的情况，可分段调整；对有加强层的结构，不含加强层及相邻上下层的调整。此项规定不适用于部分框架柱不到顶，使上部框架柱数量较少的楼层。

2 计算地震内力时，抗震墙连梁刚度可折减；计算位移时，连梁刚度可不折减。抗震墙的连梁刚度折减后，如部分连梁尚不能满足剪压比限值，可采用双连梁、多连梁的布置，还可按剪压比要求降低连梁剪力设计值及弯矩，并相应调整抗震墙的墙肢内力。

3 抗震墙应计入腹板与翼墙共同工作。对于翼墙的有效长度，89规范和2001规范有不同的具体规定，本次修订不再给出具体规定。2001规范规定：“每侧由墙面算起可取相邻抗震墙净间距的一半、至门窗洞口的墙长度及抗震墙总高度的15%三者的最小值”，可供参考。

4 对于少墙框架结构，框架部分的地震剪力取两种计算模型的较大值较为妥当。

6.2.14 节点核芯区是保证框架承载力和抗倒塌能力的关键部位。本次修订，增加了三级框架的节点核芯区进行抗震验算的规定。

2001规范提供了梁宽大于柱宽的框架和圆柱框架的节点核芯区验算方法。梁宽大于柱宽时，按柱宽范围内和范围外分别计算。圆柱的计算公式依据国外资料和国内试验结果提出：

$$V_j \leqslant \frac{1}{\gamma_{RE}}\left(1.5\eta_j f_t A_j + 0.05\eta_j \frac{N}{D^2}A_j + 1.57 f_{yv} A_{sh} \frac{h_{b0}-a'_s}{s}\right)$$

上式中，A_j为圆柱截面面积，A_{sh}为核芯区环形箍筋的单根截面面积。去掉γ_{RE}及η_j附加系数，上式可写为：

$$V_j \leqslant 1.5 f_t A_j + 0.05\frac{N}{D^2}A_j + 1.57 f_{yv} A_{sh}\frac{h_{b0}-a'_s}{s}$$

上式中系数1.57来自ACI Structural Journal, Jan-Feb. 1989, Priestley 和 Paulay 的文章：Seismic strength of circular reinforced concrete columns.

圆形截面柱受剪，环形箍筋所承受的剪力可用下式表达：

$$V_s = \frac{\pi A_{sh} f_{yv} D'}{2s} = 1.57 f_{yv} A_{sh}\frac{D'}{s} \approx 1.57 f_{yv} A_{sh}\frac{h_{b0}-a'_s}{s}$$

式中：A_{sh}——环形箍单肢截面面积；

D'——纵向钢筋所在圆周的直径；

h_{b0}——框架梁截面有效高度；

s——环形箍筋间距。

根据重庆建筑大学 2000 年完成的 4 个圆柱梁柱节点试验，对比了计算和试验的节点核芯区受剪承载力，计算值与试验之比约为 85%，说明此计算公式的可靠性有一定保证。

6.3 框架的基本抗震构造措施

6.3.1、6.3.2 合理控制混凝土结构构件的尺寸，是本规范第 3.5.4 条的基本要求之一。梁的截面尺寸，应从整个框架结构中梁、柱的相互关系，如在强柱弱梁基础上提高梁变形能力的要求等来处理。

为了避免或减小扭转的不利影响，宽扁梁框架的梁柱中线宜重合，并应采用整体现浇楼盖。为了使宽扁梁端部在柱外的纵向钢筋有足够的锚固，应在两个主轴方向都设置宽扁梁。

6.3.3、6.3.4 梁的变形能力主要取决于梁端的塑性转动量，而梁的塑性转动量与截面混凝土相对受压区高度有关。当相对受压区高度为 0.25 至 0.35 范围时，梁的位移延性系数可到达 3～4。计算梁端截面纵向受拉钢筋时，应采用与柱交界面的组合弯矩设计值，并应计入受压钢筋。计算梁端相对受压区高度时，宜按梁端截面实际受拉和受压钢筋面积进行计算。

梁端底面和顶面纵向钢筋的比值，同样对梁的变形能力有较大影响。梁端底面的钢筋可增加负弯矩时的塑性转动能力，还能防止在地震中梁底出现正弯矩时过早屈服或破坏过重，从而影响承载力和变形能力的正常发挥。

根据试验和震害经验，梁端的破坏主要集中于(1.5～2.0)倍梁高的长度范围内；当箍筋间距小于 $6d$～$8d$（d 为纵向钢筋直径）时，混凝土压溃前受压钢筋一般不致压屈，延性较好。因此规定了箍筋加密区的最小长度，限制了箍筋最大肢距；当纵向受拉钢筋的配筋率超过 2%时，箍筋的最小直径相应增大。

本次修订，将梁端纵向受拉钢筋的配筋率不大于 2.5%的要求，由强制性改为非强制性，移到 6.3.4 条。还提高了框架结构梁的纵向受力钢筋伸入节点的握裹要求。

6.3.5 本次修订，根据汶川地震的经验，对一、二、三级且层数超过 2 层的房屋，增大了柱截面最小尺寸的要求，以有利于实现"强柱弱梁"。

6.3.6 限制框架柱的轴压比主要是为了保证柱的塑性变形能力和保证框架的抗倒塌能力。抗震设计时，除了预计不可能进入屈服的柱外，通常希望框架柱最终为大偏心受压破坏。由于轴压比直接影响柱的截面设计，2001 规范仍以 89 规范的限值为依据，根据不同情况进行适当调整，同时控制轴压比最大值。在框架-抗震墙、板柱-抗震墙及筒体结构中，框架属于第二道防线，其中框架的柱与框架结构的柱相比，其重要性相对较低，为此可以适当增大轴压比限值。本次修订，将框架结构的轴压比限值减小了 0.05，框架-抗震墙、板柱-抗震墙及筒体中三级框架的柱的轴压比限值也减小了 0.05，增加了四级框架的柱的轴压比限值。

利用箍筋对混凝土进行约束，可以提高混凝土的轴心抗压强度和混凝土的受压极限变形能力。但在计算柱的轴压比时，仍取无箍筋约束的混凝土的轴心抗压强度设计值，不考虑箍筋约束对混凝土轴心抗压强度的提高作用。

我国清华大学研究成果和日本 AIJ 钢筋混凝土房屋设计指南都提出，考虑箍筋对混凝土的约束作用时，复合箍筋肢距不宜大于 200mm，箍筋间距不宜大于 100mm，箍筋直径不宜小于 10mm 的构造要求。参考美国 ACI 资料，考虑螺旋箍筋对混凝土的约束作用时，箍筋直径不宜小于 10mm，净螺距不宜大于 75mm。为便于施工，采用螺旋间距不大于 100mm，箍筋直径不小于 12mm。矩形截面柱采用连续矩形复合螺旋箍是一种非常有效的提高延性的措施，这已被西安建筑科技大学的试验研究所证实。根据日本川铁株式会社 1998 年发表的试验报告，相同柱截面、相同配筋、配箍率、箍距及箍筋肢距，采用连续复合螺旋箍比一般复合箍筋可提高柱的极限变形角 25%。采用连续复合矩形螺旋箍可按圆形复合螺旋箍对待。用上述方法提高柱的轴压比后，应按增大的轴压比由本规范表 6.3.9 确定配箍量，且沿柱全高采用相同的配箍特征值。

试验研究和工程经验都证明，在矩形或圆形截面柱内设置矩形核芯柱，不但可以提高柱的受压承载力，还可以提高柱的变形能力。在压、弯、剪作用下，当柱出现弯、剪裂缝，在大变形情况下芯柱可以有效地减小柱的压缩，保持柱的外形和截面承载力，特别对于承受高轴压的短柱，更有利于提高变形能力，延缓倒塌。为了便于梁筋通过，芯柱边长不宜小于柱边长或直径的 1/3，且不宜小于 250mm（图 16）。

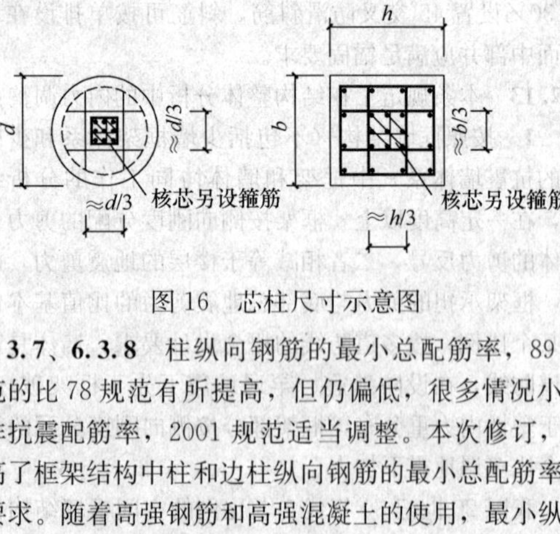

图 16 芯柱尺寸示意图

6.3.7、6.3.8 柱纵向钢筋的最小总配筋率，89 规范的比 78 规范有所提高，但仍偏低，很多情况小于非抗震配筋率，2001 规范适当调整。本次修订，提高了框架结构中柱和边柱纵向钢筋的最小总配筋率的要求。随着高强钢筋和高强混凝土的使用，最小纵向钢筋的配筋率要求，将随混凝土强度和钢筋的强度而有所变化，但表中的数据是最低的要求，必须满足。

当框架柱在地震作用组合下处于小偏心受拉状态时，柱的纵筋总截面面积应比计算值增加25%，是为了避免柱的受拉纵筋屈服后再受压时，由于包兴格效应导致纵筋压屈。

6.3.9 框架柱的弹塑性变形能力，主要与柱的轴压比和箍筋对混凝土的约束程度有关。为了具有大体上相同的变形能力，轴压比大的柱，要求的箍筋约束程度高。箍筋对混凝土的约束程度，主要与箍筋形式、体积配箍率、箍筋抗拉强度以及混凝土轴心抗压强度等因素有关，而体积配箍率、箍筋强度及混凝土强度三者又可以用配箍特征值表示，配箍特征值相同时，螺旋箍、复合螺旋箍及连续复合螺旋箍的约束程度，比普通箍和复合箍对混凝土的约束更好。因此，规范规定，轴压比大的柱，其配箍特征值大于轴压比低的柱；轴压比相同的柱，采用普通箍或复合箍时的配箍特征值，大于采用螺旋箍、复合螺旋箍或连续复合螺旋箍时的配箍特征值。

89规范的体积配箍率，是在配箍特征值基础上，对箍筋抗拉强度和混凝土轴心抗压强度的关系做了一定简化得到的，仅适用于混凝土强度在C35以下和HPB235级钢箍筋。2001规范直接给出配箍特征值，能够经济合理地反映箍筋对混凝土的约束作用。为了避免配箍率过小，2001规范还规定了最小体积配箍率。普通箍筋的体积配箍率随轴压比增大而增加的对应关系举例如下：采用符合抗震性能要求的HRB335级钢筋且混凝土强度等级大于C35时，一、二、三级轴压比分别小于0.6、0.5和0.4时，体积配箍率取正文中的最小值——分别为0.8%、0.6%和0.4%，轴压比分别超过0.6、0.5和0.4但在最大轴压比范围内，轴压比每增加0.1，体积配箍率增加$0.02(f_c/f_y) \approx 0.0011(f_c/16.7)$；超过最大轴压比范围，轴压比每增加0.1，体积配箍率增加$0.03(f_c/f_y)=0.0001f_c$。

本次修订，删除了89规范和2001规范关于复合箍应扣除重叠部分箍筋体积的规定，因重叠部分对混凝土的约束情况比较复杂，如何换算有待进一步研究；箍筋的强度也不限制在标准值400MPa以内。四级框架柱的箍筋加密区的最小体积配箍特征值，与三级框架柱相同。

对于封闭箍筋与两端为135°弯钩的拉筋组成的复合箍，约束效果最好的是拉筋同时钩住主筋和箍筋，其次是拉筋紧靠纵向钢筋并勾住箍筋；当拉筋间距符合箍筋肢距的要求，纵筋与箍筋有可靠拉结时，拉筋也可紧靠箍筋并勾住纵筋。

考虑到框架柱在层高范围内剪力不变及可能的扭转影响，为避免箍筋非加密区的受剪能力突然降低很多，导致柱的中段破坏，对非加密区的最小箍筋量也作了规定。

箍筋类别参见图17。

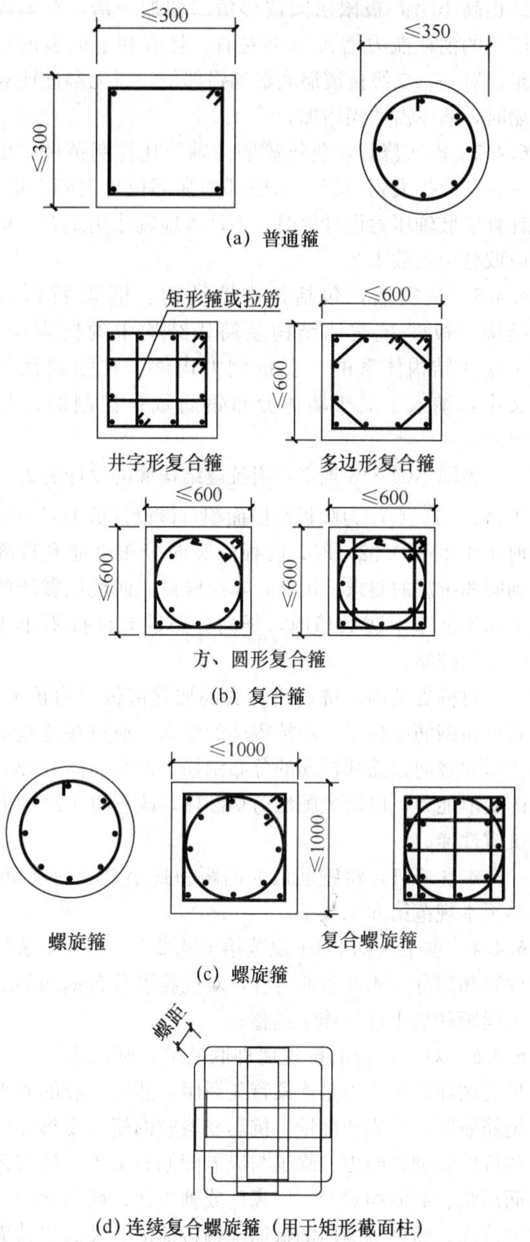

图17 各类箍筋示意图

6.3.10 为使框架的梁柱纵向钢筋有可靠的锚固条件，框架梁柱节点核芯区的混凝土要具有良好的约束。考虑到核芯区内箍筋的作用与柱端有所不同，其构造要求与柱端有所区别。

6.4 抗震墙结构的基本抗震构造措施

6.4.1 本次修订，将墙厚与层高之比的要求，由“应”改为“宜”，并增加无支长度的相应规定。无端柱或翼墙是指墙的两端（不包括洞口两侧）为一字形的矩形截面。

试验表明，有边缘构件约束的矩形截面抗震墙与无边缘构件约束的矩形截面抗震墙相比，极限承载力约提高40%，极限层间位移角约增加一倍，对地震能量的消耗能力增大20%左右，且有利于墙板的稳定。对一、二级抗震墙底部加强部位，当无端柱或翼墙时，墙厚需适当增加。

6.4.2 本次修订，将抗震墙的轴压比控制范围，由一、二级扩大到三级，由底部加强部位扩大到全高。计算墙肢轴压力设计值时，不计入地震作用组合，但应取分项系数1.2。

6.4.3 抗震墙，包括抗震墙结构、框架-抗震墙结构、板柱-抗震墙结构及筒体结构中的抗震墙，是这些结构体系的主要抗侧力构件。在强制性条文中，纳入了关于墙体分布钢筋数量控制的最低要求。

美国ACI 318规定，当抗震结构墙的设计剪力小于$A_{cv}\sqrt{f'_c}$（A_{cv}为腹板截面面积，该设计剪力对应的剪压比小于0.02）时，腹板的竖向分布钢筋允许降到同非抗震的要求。因此，本次修订，四级抗震墙的剪压比低于上述数值时，竖向分布筋允许按不小于0.15%控制。

对框支结构，抗震墙的底部加强部位受力很大，其分布钢筋应高于一般抗震墙的要求。通过在这些部位增加竖向钢筋和横向的分布钢筋，提高墙体开裂后的变形能力，以避免脆性剪切破坏，改善整个结构的抗震性能。

本次修订，将钢筋最大间距和最小直径的规定，移至本规范第6.4.4条。

6.4.4 本条包括2001规范第6.4.2条、6.4.4条的内容和部分6.4.3条的内容，对抗震墙分布钢筋的最大间距和最小直径作了调整。

6.4.5 对于开洞的抗震墙即联肢墙，强震作用下合理的破坏过程应当是连梁首先屈服，然后墙肢的底部钢筋屈服、形成塑性铰。抗震墙墙肢的塑性变形能力和抗地震倒塌能力，除了与纵向配筋有关外，还与截面形状、截面相对受压区高度或轴压比、墙两端的约束范围、约束范围内的箍筋配箍特征值有关。当截面相对受压区高度或轴压比较小时，即使不设约束边缘构件，抗震墙也具有较好的延性和耗能能力。当截面相对受压区高度或轴压比大到一定值时，就需设置约束边缘构件，使墙肢端部成为箍筋约束混凝土，具有较大的受压变形能力。当轴压比更大时，即使设置约束边缘构件，在强烈地震作用下，抗震墙有可能压溃、丧失承担竖向荷载的能力。因此，2001规范规定了一、二级抗震墙在重力荷载代表值作用下的轴压比限值；当墙底截面的轴压比超过一定值时，底部加强部位墙的两端及洞口两侧应设置约束边缘构件，使底部加强部位有良好的延性和耗能能力；考虑到底部加强部位以上相邻层的抗震墙，其轴压比可能仍较大，将约束边缘构件向上延伸一层；还规定了构造边缘构件和约束边缘构件的具体构造要求。

2010年修订的主要内容是：

1 将设置约束边缘构件的要求扩大至三级抗震墙。

2 约束边缘构件的尺寸及其配箍特征值，根据轴压比的大小确定。当墙体的水平分布钢筋满足锚固要求且水平分布钢筋之间设置足够的拉筋形成复合箍时，约束边缘构件的体积配箍率可计入分布筋，考虑水平筋同时为抗剪受力钢筋，且竖向间距往往大于约束边缘构件的箍筋间距，需要另增一道封闭箍筋，故计入的水平分布钢筋的配箍特征值不宜大于0.3倍总配箍特征值。

3 对于底部加强区以上的一般部位，带翼墙时构造边缘构件的总长度改为与矩形端相同，即不小于墙厚和400mm；转角墙在内侧改为不小于200mm。在加强部位与一般部位的过渡区（可大体取加强部位以上与加强部位的高度相同的范围），边缘构件的长度需逐步过渡。

此次局部修订，补充约束边缘构件的端柱有集中荷载时的设计要求。

6.4.6 当抗震墙的墙肢长度不大于墙厚的3倍时，要求应按柱的有关要求进行设计。本次修订，降低了小墙肢的箍筋全高加密的要求。

6.4.7 高连梁设置水平缝，使一根连梁成为大跨高比的两根或多根连梁，其破坏形态从剪切破坏变为弯曲破坏。

6.5 框架-抗震墙结构的基本抗震构造措施

6.5.1 框架-抗震墙结构中的抗震墙，是作为该结构体系第一道防线的主要的抗侧力构件，需要比一般的抗震墙有所加强。

其抗震墙通常有两种布置方式：一种是抗震墙与框架分开，抗震墙围成筒，墙的两端没有柱；另一种是抗震墙嵌入框架内，有端柱、有边框梁，成为带边框抗震墙。第一种情况的抗震墙，与抗震墙结构中的抗震墙、筒体结构中的核心筒或内筒墙体区别不大。对于第二种情况的抗震墙，如果梁的宽度大于墙的厚度，则每一层的抗震墙有可能成为高宽比小的矮墙，强震作用下发生剪切破坏，同时，抗震墙给柱端施加很大的剪力，使柱端剪坏，这对抗地震倒塌是非常不利的。2005年，日本完成了一个1/3比例的6层2跨、3开间的框架-抗震墙结构模型的振动台试验，抗震墙嵌入框架内。最后，首层抗震墙剪切破坏，抗震墙的端柱剪坏，首层其他柱的两端出塑性铰，首层倒塌。2006年，日本完成了一个足尺的6层2跨、3开间的框架-抗震墙结构模型的振动台试验。与1/3比例的模型相比，除了模型比例不同外，嵌入框架内的抗震墙采用开缝墙。最后，首层开缝墙出现弯曲破坏和剪切斜裂缝，没有出现首层倒塌的破坏现象。

本次修订，对墙厚与层高之比的要求，由“应”

改为“宜”；对于有端柱的情况，不要求一定设置边框梁。

6.5.2 本次修订，增加了抗震墙分布钢筋的最小直径和最大间距的规定，拉筋具体配置方式的规定可参照本规范第6.4.4条。

6.5.3 楼面梁与抗震墙平面外连接，主要出现在抗震墙与框架分开布置的情况。试验表明，在往复荷载作用下，锚固在墙内的梁的纵筋有可能产生滑移，与梁连接的墙面混凝土有可能拉脱。

6.5.4 少墙框架结构中抗震墙的地位不同于框架-抗震墙，不需要按本节的规定设计其抗震墙。

6.6 板柱-抗震墙结构抗震设计要求

6.6.2 规定了板柱-抗震墙结构中抗震墙的最小厚度；放松了楼、电梯洞口周边设置边框梁的要求。按柱纵筋直径16倍控制托板或柱帽根部的厚度是为了保证板柱节点的抗弯刚度。

6.6.3 本次修订，对高度不超过12m的板柱-抗震墙结构，放松抗震墙所承担的地震剪力的要求；新增板柱节点冲切承载力的抗震验算要求。

无柱帽平板在柱上板带中按本规范要求设置构造暗梁时，不可把平板作为有边梁的双向板进行设计。

6.6.4 为了防止强震作用下楼板脱落，穿过柱截面的板底两个方向钢筋的受拉承载力应满足该层楼板重力荷载代表值作用下的柱轴压力设计值。试验研究表明，抗剪栓钉的抗冲切效果优于抗冲切钢筋。

6.7 筒体结构抗震设计要求

6.7.1 本条新增框架-核心筒结构框架部分地震剪力的要求，以避免外框太弱。框架-核心筒结构框架部分的地震剪力应同时满足本条与第6.2.13条的规定。

框架-核心筒结构的核心筒与周边框架之间采用梁板结构时，各层梁对核心筒有一定的约束，可不设加强层，梁与核心筒连接应避开核心筒的连梁。当楼层采用平板结构且核心筒较柔，在地震作用下不能满足变形要求，或筒体由于受弯产生拉力时，宜设置加强层，其部位应结合建筑功能设置。为了避免加强层周边框架柱在地震作用下由于强梁带来的不利影响，加强层的大梁或桁架与周边框架不宜刚性连接。9度时不应采用加强层。核心筒的轴向压缩及外框架的竖向温度变形对加强层产生附加内力，在加强层与周边框架柱之间采取后浇连接及有效的外保温措施是必要的。

筒中筒结构的外筒可采取下列措施提高延性：

1 采用非结构幕墙。当采用钢筋混凝土裙墙时，可在裙墙与柱连接处设置受剪控制缝。

2 外筒为壁式筒体时，在裙墙与窗间墙连接处设置受剪控制缝，外筒按联肢抗震墙设计；三级的壁式筒体可按壁式框架设计，但壁式框架柱除满足计算要求外，尚需满足本章第6.4.5条的构造要求；支承大梁的壁式筒体在大梁支座宜设置壁柱，一级时，由壁柱承担大梁传来的全部轴力，但验算轴压比时仍取全部截面。

3 受剪控制缝的构造如图18所示。

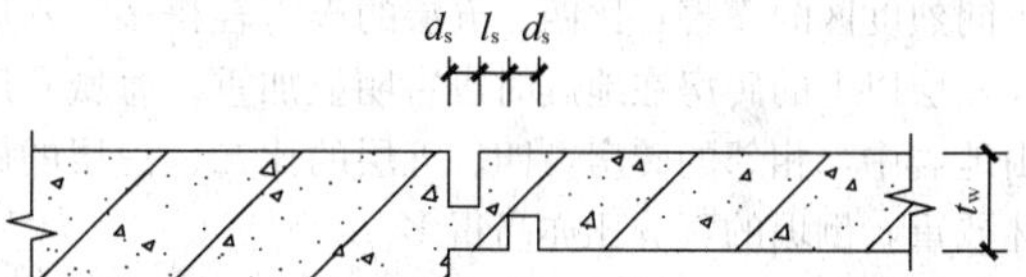

缝宽 d_s 大于5mm；两缝间距 l_s 大于50mm

图18 外筒裙墙受剪控制缝构造

6.7.2 框架-核心筒结构的核心筒、筒中筒结构的内筒，都是由抗震墙组成的，也都是结构的主要抗侧力竖向构件，其抗震构造措施应符合本章第6.4节和第6.5节的规定，包括墙的最小厚度、分布钢筋的配置、轴压比限值、边缘构件的要求等，以使筒体具有足够大的抗震能力。

框架-核心筒结构的框架较弱，宜加强核心筒的抗震能力；核心筒连梁的跨高比一般较小，墙的整体作用较强。因此，核心筒角部的抗震构造措施予以加强。

6.7.4 试验表明，跨高比小的连梁配置斜向交叉暗柱，可以改善其的抗剪性能，但施工比较困难，本次修订，将2001规范设置交叉暗柱、交叉构造钢筋的要求，由“宜”改为“可”。

7 多层砌体房屋和底部框架砌体房屋

7.1 一般规定

7.1.1 考虑到黏土砖被限用，本章的适用范围由黏土砖砌体改为各类砖砌体，包括非黏土烧结砖、蒸压砖砌体，并增加混凝土类砖，该类砖已有产品国标。对非黏土烧结砖和蒸压砖，仍按2001规范的规定依据其抗剪强度区别对待。

对于配筋混凝土小砌块承重房屋的抗震设计，仍然在本规范的附录F中予以规定。

本次修订，明确本章的规定，原则上也可用于单层非空旷砌体房屋的抗震设计。

砌体结构房屋抗震设计的适用范围，随国家经济的发展而不断改变。89规范删去了“底部内框架砖房”的结构形式；2001规范删去了混凝土中型砌块和粉煤灰中型砌块的规定，并将“内框架砖房”限制于多排柱内框架；本次修订，考虑到“内框架砖房”已很少使用且抗震性能较低，取消了相关内容。

7.1.2 砌体房屋的高度限制，是十分敏感且深受关注的规定。基于砌体材料的脆性性质和震害经验，限制其层数和高度是主要的抗震措施。

多层砖房的抗震能力，除依赖于横墙间距、砖和砂浆强度等级、结构的整体性和施工质量等因素外，还与房屋的总高度有直接的联系。

历次地震的宏观调查资料说明：二、三层砖房在不同烈度区的震害，比四、五层的震害轻得多，六层及六层以上的砖房在地震时震害明显加重。海城和唐山地震中，相邻的砖房，四、五层的比二、三层的破坏严重，倒塌的百分比亦高得多。

国外在地震区对砖结构房屋的高度限制较严。不少国家在7度及以上地震区不允许采用无筋砖结构，前苏联等国对配筋和无筋砖结构的高度和层数作了相应的限制。结合我国具体情况，砌体房屋的高度限制是指设置了构造柱的房屋高度。

多层砌块房屋的总高度限制，主要是依据计算分析、部分震害调查和足尺模型试验，并参照多层砖房确定的。

2008局部修订时，补充了属于乙类的多层砌体结构房屋按当地设防烈度查表7.1.2的高度和层数控制要求。本条在2008年局部修订基础上作下列变动：

1 偏于安全，6度的普通砖砌体房屋的高度和层数适当降低。

2 明确补充规定了7度（0.15*g*）和8度（0.30*g*）的高度和层数限值。

3 底部框架-抗震墙砌体房屋，不允许用于乙类建筑和8度（0.3*g*）的丙类建筑。表7.1.2中底部框架-抗震墙砌体房屋的最小砌体墙厚系指上部砌体房屋部分。

4 横墙较少的房屋，按规定的措施加强后，总层数和总高度不变的适用范围，比2001规范有所调整：扩大到丙类建筑；根据横墙较少砖砌体房屋的试设计结果，当砖墙厚度为240mm时，7度（0.1*g*和0.15*g*）纵横墙计算承载力基本满足；8度（0.2*g*）六层时纵墙承载力大多不能满足，五层时部分纵墙承载力不满足；8度（0.3*g*）五层时纵横墙承载力均不能满足要求。故本次修订，规定仅6、7度时允许总层数和总高度不降低。

5 补充了横墙很少的多层砌体房屋的定义。对各层横墙很少的多层砌体房屋，其总层数应比横墙较少时再减少一层，由于层高的限值，总高度也有所降低。

需要注意：

表7.1.2的注2表明，房屋高度按有效数字控制。当室内外高差不大于0.6m时，房屋总高度限值按表中数据的有效数字控制，则意味着可比表中数据增加0.4m；当室内外高差大于0.6m时，虽然房屋总高度允许比表中的数据增加不多于1.0m，实际上其增加量只能少于0.4m。

坡屋面阁楼层一般仍需计入房屋总高度和层数；但属于本规范第5.2.4条规定的出屋面小建筑范围时，不计入层数和高度的控制范围。斜屋面下的“小建筑”通常按实际有效使用面积或重力荷载代表值小于顶层30%控制。

对于半地下室和全地下室的嵌固条件，仍与2001规范相同。

7.1.3 本条在2008局部修订中作了修改，以适应教学楼等需要层高3.9m的使用要求。约束砌体，大体上指间距接近层高的构造柱与圈梁组成的砌体、同时拉结网片符合相应的构造要求，可参见本规范第7.3.14、7.5.4、7.5.5条等。

对于采用约束砌体抗震墙的底框房屋，根据试设计结果，底层的层高也比2001规范有所减少。

7.1.4 若砌体房屋考虑整体弯曲进行验算，目前的方法即使在7度时，超过三层就不满足要求，与大量的地震宏观调查结果不符。实际上，多层砌体房屋一般可以不做整体弯曲验算，但为了保证房屋的稳定性，限制了其高宽比。

7.1.5 多层砌体房屋的横向地震力主要由横墙承担，地震中横墙间距大小对房屋倒塌影响很大，不仅横墙需具有足够的承载力，而且楼盖须具有传递地震力给横墙的水平刚度，本条规定是为了满足楼盖对传递水平地震力所需的刚度要求。

对于多层砖房，历来均沿用78规范的规定；对砌块房屋则参照多层砖房给出，且不宜采用木楼、屋盖。

纵墙承重的房屋，横墙间距同样应满足本条规定。

地震中，横墙间距大小对房屋倒塌影响很大，本次修订，考虑到原规定的抗震横墙最大间距在实际工程中一般也不需要这么大，故减小（2～3）m。

鉴于基本不采用木楼盖，将“木楼、屋盖”改为“木屋盖”。

多层砌体房屋顶层的横墙最大间距，在采用钢筋混凝土屋盖时允许适当放宽，大致指大房间平面长宽比不大于2.5，最大抗震横墙间距不超过表7.1.5中数值的1.4倍及18m。此时，抗震横墙除应满足抗震承载力计算要求外，相应的构造柱需要加强并至少向下延伸一层。

7.1.6 砌体房屋局部尺寸的限制，在于防止因这些部位的失效，而造成整栋结构的破坏甚至倒塌，本条系根据地震区的宏观调查资料分析规定的，如采用另增设构造柱等措施，可适当放宽。本次修订进一步明确了尺寸不足的小墙段的最小值限制。

外墙尽端指，建筑物平面凸角处（不包括外墙总长的中部局部凸折处）的外墙端头，以及建筑物平面凹角处（不包括外墙总长的中部局部凹折处）未与内墙相连的外墙端头。

7.1.7 本条对多层砌体房屋的建筑布置和结构体系

作了较详细的规定，是对本规范第3章关于建筑结构规则布置的补充。

根据历次地震调查统计，纵墙承重的结构布置方案，因横向支承较少，纵墙较易受弯曲破坏而导致倒塌，为此，要优先采用横墙承重的结构布置方案。

纵横墙均匀对称布置，可使各墙垛受力基本相同，避免薄弱部位的破坏。

震害调查表明，不设防震缝造成的房屋破坏，一般多只是局部的，在7度和8度地区，一些平面较复杂的一、二层房屋，其震害与平面规则的同类房屋相比，并无明显的差别，同时，考虑到设置防震缝所耗的投资较多，所以89规范以来，对设置防震缝的要求比78规范有所放宽。

楼梯间墙体缺少各层楼板的侧向支承，有时还因为楼梯踏步削弱楼梯间的墙体，尤其是楼梯间顶层，墙体有一层半楼层的高度，震害加重。因此，在建筑布置时尽量不设在尽端，或对尽端开间采取专门的加强措施。

本次修订，除按2008年局部修订外，有关烟道、预制挑檐板移入第13章。对建筑结构体系的规则性增加了下列要求：

1 为保证房屋纵向的抗震能力，并根据本规范第3.5.3条两个主轴方向振动特性不宜相差过大的要求，规定多层砌体的纵横向墙体数量不宜相差过大，在房屋宽度的中部（约1/3宽度范围）应有内纵墙，且多道内纵墙开洞后累计长度不宜小于房屋纵向长度的60%。"宜"表示，当房屋层数很少时，还可比60%适当放宽。

2 避免采用混凝土墙与砌体墙混合承重的体系，防止不同材料性能的墙体被各个击破。

3 房屋转角处不应设窗，避免局部破坏严重。

4 根据汶川地震的经验，外纵墙体开洞率不应过大，宜按55%左右控制。

5 明确砌体结构的楼板外轮廓、开大洞、较大错层等不规则的划分，以及设计要求。考虑到砌体墙的抗震性能不及混凝土墙，相应的不规则界限比混凝土结构有所加严。

6 本条规定同一轴线（直线或弧线）上的窗间墙宽度宜均匀，包括与同一直线或弧线上墙段平行错位净距离不超过2倍墙厚的墙段上的窗间墙（此时错位处两墙段之间连接墙的厚度不应小于外墙厚度），在满足本规范第7.1.6条的局部尺寸要求的情况下，墙体的立面开洞率亦应进行控制。

7.1.8 本次修订，将2001规范"基本对齐"明确为"除楼梯间附近的个别墙段外"，并明确上部砌体侧向刚度应计入构造柱影响的要求。

底层采用砌体抗震墙的情况，仅允许用于6度设防时，且明确应采用约束砌体加强，但不应采用约束多孔砖砌体，有关的构造要求见本章第7.5节；6、7度时，也允许采用配筋小砌块墙体。还需注意，砌体抗震墙应对称布置，避免或减少扭转效应，不作为抗震墙的砌体墙，应按填充墙处理，施工时后砌。

底部抗震墙的基础，不限定具体的基础形式，明确为"整体性好的基础"。

7.1.9 底部框架-抗震墙房屋的钢筋混凝土结构部分，其抗震要求原则上均应符合本规范第6章的要求，抗震等级与钢筋混凝土结构的框支层相当。但考虑到底部框架-抗震墙房屋高度较低，底部的钢筋混凝土抗震墙应按低矮墙或开竖缝设计，构造上有所区别。

7.2 计 算 要 点

7.2.1 砌体房屋层数不多，刚度沿高度分布一般比较均匀，并以剪切变形为主，因此可采用底部剪力法计算。底部框架-抗震墙房屋属于竖向不规则结构，层数不多，仍可采用底部剪力法简化计算，但应考虑一系列的地震作用效应调整，使之较符合实际。

自承重墙体（如横墙承重方案中的纵墙等），如按常规方法进行抗震验算，往往比承重墙还要厚，但抗震安全性的要求可以考虑降低，为此，利用γ_{RE}适当调整。

7.2.2 根据一般的设计经验，抗震验算时，只需对纵、横向的不利墙段进行截面验算，不利墙段为：①承担地震作用较大的；②竖向压应力较小的；③局部截面较小的墙段。

7.2.3 在楼层各墙段间进行地震剪力的分配和截面验算时，根据层间墙段的不同高宽比（一般墙段和门窗洞边的小墙段，高宽比按本条"注"的方法分别计算），分别按剪切或弯剪变形同时考虑，较符合实际情况。

砌体的墙段按门窗洞口划分、小开口墙等效刚度的计算方法等内容同2001规范。

本次修订明确，关于开洞率的定义及适用范围，系参照原行业标准《设置钢筋混凝土构造柱多层砖房抗震技术规程》JGJ/T 13的相关内容得到的，该表仅适用于带构造柱的小开口墙段。当本层门窗过梁及以上墙体的合计高度小于层高的20%时，洞口两侧应分为不同的墙段。

7.2.4、7.2.5 底部框架-抗震墙砌体房屋是我国现阶段经济条件下特有的一种结构。强烈地震的震害表明，这类房屋设计不合理时，其底部可能发生变形集中，出现较大的侧移而破坏，甚至坍塌。近十多年来，各地进行了许多试验研究和分析计算，对这类结构有进一步的认识。但总体上仍需持谨慎的态度。其抗震计算上需注意：

1 继续保持2001规范对底层框架-抗震墙砌体房屋地震作用效应调整的要求。按第二层与底层侧移刚度的比例相应地增大底层的地震剪力，比例越大，增加越多，以减少底层的薄弱程度。通常，增大系数可依据刚度比用线性插值法近似确定。

底层框架-抗震墙砌体房屋，二层以上全部为砌体墙承重结构，仅底层为框架-抗震墙结构，水平地震剪力要根据对应的单层的框架-抗震墙结构中各构件的侧移刚度比例，并考虑塑性内力重分布来分配。

作用于房屋二层以上的各楼层水平地震力对底层引起的倾覆力矩，将使底层抗震墙产生附加弯矩，并使底层框架柱产生附加轴力。倾覆力矩引起构件变形的性质与水平剪力不同，本次修订，考虑实际运算的可操作性，近似地将倾覆力矩在底层框架和抗震墙之间按它们的有效侧移刚度比例分配。需注意，框架部分的倾覆力矩近似按有效侧向刚度分配计算，所承担的倾覆力矩略偏少。

2 底部两层框架-抗震墙砌体房屋的地震作用效应调整原则，同底层框架-抗震墙砌体房屋。

3 该类房屋底部托墙梁在抗震设计中的组合弯矩计算方法：

考虑到大震时墙体严重开裂，托墙梁与非抗震的墙梁受力状态有所差异，当按静力的方法考虑两端框架柱落地的托梁与上部墙体组合作用时，若计算系数不变会导致不安全，应调整计算参数。作为简化计算，偏于安全，在托墙梁上部各层墙体不开洞和跨中1/3范围内开一个洞口的情况，也可采用折减荷载的方法：托墙梁弯矩计算时，由重力荷载代表值产生的弯矩，四层以下全部计入组合，四层以上可有所折减，取不小于四层的数值计入组合；对托墙梁剪力计算时，由重力荷载产生的剪力不折减。

4 本次修订，增加考虑楼盖平面内变形影响的要求。

7.2.6 砌体材料抗震强度设计值的计算，继续保持89规范的规定：

地震作用下砌体材料的强度指标，因不同于静力，宜单独给出。其中砖砌体强度是按震害调查资料综合估算并参照部分试验给出的，砌块砌体强度则依据试验。为了方便，当前仍继续沿用静力指标。但是，强度设计值和标准值的关系则是针对抗震设计的特点按《统一标准》可靠度分析得到的，并采用调整静强度设计值的形式。

关于砌体结构抗剪承载力的计算，有两种半理论半经验的方法——主拉和剪摩。在砂浆等级＞M2.5且在 $1<\sigma_0/f_v\leqslant 4$ 时，两种方法结果相近。本规范采用正应力影响系数的形式，将两种方法用同样的表达方式给出。

对砖砌体，此系数与89规范相同，继续沿用78规范的方法，采用在震害统计基础上的主拉公式得到，以保持规范的延续性：

$$\zeta_N=\frac{1}{1.2}\sqrt{1+0.45\sigma_0/f_v} \tag{5}$$

对于混凝土小砌块砌体，其 f_v 较低，σ_0/f_v 相对较大，两种方法差异也大，震害经验又较少，根据试验资料，正应力影响系数由剪摩公式得到：

$$\zeta_N=1+0.23\sigma_0/f_v \qquad (\sigma_0/f_v\leqslant 6.5) \tag{6}$$

$$\zeta_N=1.52+0.15\sigma_0/f_v \qquad (6.5<\sigma_0/f_v\leqslant 16) \tag{7}$$

本次修订，根据砌体规范 f_v 取值的变化，对表内数据作了调整，使 f_{vE} 与 σ_0 的函数关系基本不变。根据有关试验资料，当 $\sigma_0/f_v\geqslant 16$ 时，小砌块砌体的正应力影响系数如仍按剪摩公式线性增加，则其值偏高，偏于不安全。因此当 σ_0/f_v 大于16时，小砌块砌体的正应力影响系数都按 $\sigma_0/f_v=16$ 时取3.92。

7.2.7 继续沿用了2001规范关于设置构造柱墙段抗震承载力验算方法：

一般情况下，构造柱仍不以显式计入受剪承载力计算中，抗震承载力验算的公式与89规范完全相同。

当构造柱的截面和配筋满足一定要求后，必要时可采用显式计入墙段中部位置处构造柱对抗震承载力的提高作用。有关构造柱规程、地方规程和有关的资料，对计入构造柱承载力的计算方法有三种：其一，换算截面法，根据混凝土和砌体的弹性模量比折算，刚度和承载力均按同一比例换算，并忽略钢筋的作用；其二，并联叠加法，构造柱和砌体分别计算刚度和承载力，再将二者相加，构造柱的受剪承载力分别考虑了混凝土和钢筋的承载力，砌体的受剪承载力还考虑了小间距构造柱的约束提高作用；其三，混合法，构造柱混凝土的承载力以换算截面并入砌体截面计算受剪承载力，钢筋的作用单独计算后再叠加。在三种方法中，对承载力抗震调整系数 γ_{RE} 的取值各有不同。由于不同的方法均根据试验成果引入不同的经验修正系数，使计算结果彼此相差不大，但计算基本假定和概念在理论上不够理想。

收集了国内许多单位所进行的一系列两端设置、中间设置1～3根构造柱及开洞砖墙体，并有不同截面、不同配筋、不同材料强度的试验成果，通过累计百余个试验结果的统计分析，结合混凝土构件抗剪计算方法，提出了抗震承载力简化计算公式。此简化公式的主要特点是：

(1) 墙段两端的构造柱对承载力的影响，仍按89规范仅采用承载力抗震调整系数 γ_{RE} 反映其约束作用，忽略构造柱对墙段刚度的影响，仍按门窗洞口划分墙段，使之与现行国家标准的方法有延续性。

(2) 引入中部构造柱参与工作系数及构造柱对墙体的约束修正系数，本次修订时该系数取1.1时的构造柱间距由2001规范的不大于2.8m调整为3.0m，以和7.3.14条的构造措施相对应。

(3) 构造柱的承载力分别考虑了混凝土和钢筋的抗剪作用，但不能随意加大混凝土的截面和钢筋的用量。

（4）该公式是简化方法，计算的结果与试验结果相比偏于保守，供必要时利用。

横墙较少房屋及外纵墙的墙段计入其中部构造柱参与工作，抗震承载力可有所提高。

砖砌体横向配筋的抗剪验算公式是根据试验资料得到的。钢筋的效应系数随墙段高宽比在 0.07～0.15 之间变化，水平配筋的适用范围是 0.07%～0.17%。

本次修订，增加了同时考虑水平钢筋和中部构造柱对墙体受剪承载力贡献的简化计算方法。

7.2.8 混凝土小砌块的验算公式，系根据混凝土小砌块技术规程的基础资料，无芯柱时取 $\gamma_{RE}=1.0$ 和 $\zeta_c=0.0$，有芯柱时取 $\gamma_{RE}=0.9$，按《统一标准》的原则要求分析得到的。

2001 规范修订时进行了同时设置芯柱和构造柱的墙片试验。结果发现，只要把式（7.2.8）的芯柱截面（120mm×120mm）用构造柱截面（如 180mm×240mm）替代，芯柱钢筋截面（如 1ϕ12）用构造柱钢筋（如 4ϕ12）替代，则计算结果与试验结果基本一致。于是，2001 规范对式（7.2.8）的适用范围作了调整，也适用于同时设置芯柱和构造柱的情况。

7.2.9 底层框架-抗震墙房屋中采用砖砌体作为抗震墙时，砖墙和框架成为组合的抗侧力构件，直接引用 89 规范在试验和震害调查基础上提出的抗侧力砖填充墙的承载力计算方法。由砖抗震墙-周边框架所承担的地震作用，将通过周边框架向下传递，故底层砖抗震墙周边的框架柱还需考虑砖墙的附加轴向力和附加剪力。

本次修订，比 2001 版增加了底框房屋采用混凝土小砌块的约束砌体抗震墙承载力验算的内容。这类由混凝土边框与约束砌体墙组成的抗震构件，在满足上下层刚度比 2.5 的前提下，数量较少而需承担全楼层 100%的地震剪力（6 度时约为全楼总重力的 4%）。因此，虽然仅适用于 6 度设防，为判断其安全性，仍应进行抗震验算。

7.3 多层砖砌体房屋抗震构造措施

7.3.1、7.3.2 钢筋混凝土构造柱在多层砖砌体结构中的应用，根据历次大地震的经验和大量试验研究，得到了比较一致的结论，即：①构造柱能够提高砌体的受剪承载力 10%～30%左右，提高幅度与墙体高宽比、竖向压力和开洞情况有关；②构造柱主要是对砌体起约束作用，使之有较高的变形能力；③构造柱应当设置在震害较重、连接构造比较薄弱和易于应力集中的部位。

本次修订继续保持 2001 规范的规定，根据房屋的用途、结构部位、烈度和承担地震作用的大小来设置构造柱。当房屋高度接近本规范表 7.1.2 的总高度和层数限值时，纵、横墙中构造柱间距的要求不变。对较长的纵、横墙需有构造柱来加强墙体的约束和抗倒塌能力。

由于钢筋混凝土构造柱的作用主要在于对墙体的约束，构造上截面不必很大，但需与各层纵横墙的圈梁或现浇楼板连接，才能发挥约束作用。

为保证钢筋混凝土构造柱的施工质量，构造柱须有外露面。一般利用马牙槎外露即可。

当 6、7 度房屋的层数少于本规范表 7.2.1 规定时，如 6 度二、三层和 7 度二层且横墙较多的丙类房屋，只要合理设计、施工质量好，在地震时可到达预期的设防目标，本规范对其构造柱设置未作强制性要求。注意到构造柱有利于提高砌体房屋抗地震倒塌能力，这些低层、小规模且设防烈度低的房屋，可根据具体条件和可能适当设置构造柱。

2008 年局部修订时，增加了不规则平面的外墙对应转角（凸角）处设置构造柱的要求；楼梯斜段上下端对应墙体处增加四根构造柱，与在楼梯间四角设置的构造柱合计有八根构造柱，再与本规范 7.3.8 条规定的楼层半高的钢筋混凝土带等可组成应急疏散安全岛。

本次修订，在 2008 年局部修订的基础上作下列修改：

① 文字修改，明确适用于各类砖砌体，包括蒸压砖、烧结砖和混凝土砖。

② 对横墙很少的多层砌体房屋，明确按增加二层的层数设置构造柱。

③ 调整了 6 度设防时 7 层砖房的构造柱设置要求。

④ 提高了隔 15m 内横墙与外纵墙交接处设置构造柱的要求，调整至 12m；同时增加了楼梯间对应的另一侧内横墙与外纵墙交接处设置构造柱的要求。间隔 12m 和楼梯间相对的内外墙交接处的要求二者取一。

⑤ 增加了较大洞口的说明。对于内外墙交接处的外墙小墙段，其两端存在较大洞口时，在内外墙交接处按规定设置构造柱，考虑到施工时难以在一个不大的墙段内设置三根构造柱，墙段两端可不再设置构造柱，但小墙段的墙体需要加强，如拉结钢筋网片通长设置，间距加密。

⑥ 原规定拉结筋每边伸入墙内不小于 1m，构造柱间距 4m，中间只剩下 2m 无拉结筋。为加强下部楼层墙体的抗震性能，本次修订将下部楼层构造柱间的拉结筋贯通，拉结筋与 ϕ4 钢筋在平面内点焊组成拉结网片，提高抗倒塌能力。

7.3.3、7.3.4 圈梁能增强房屋的整体性，提高房屋的抗震能力，是抗震的有效措施，本次修订，提高了对楼层内横墙圈梁间距的要求，以增强房屋的整体性能。

74、78 规范根据震害调查结果，明确现浇钢筋混凝土楼盖不需要设置圈梁。89 规范和 2001 规范均规定，现浇或装配整体式钢筋混凝土楼、屋盖与墙体有可靠连接的房屋，允许不另设圈梁，但为加强砌体房屋的整体性，楼板沿抗震墙体周边均应加强配筋并应与相应的构造柱钢筋可靠连接。

圈梁的截面和配筋等构造要求，与 2001 规范保持一致。

7.3.5、**7.3.6** 砌体房屋楼、屋盖的抗震构造要求，包括楼板搁置长度，楼板与圈梁、墙体的拉结，屋架（梁）与墙、柱的锚固、拉结等等，是保证楼、屋盖与墙体整体性的重要措施。

本次修订，在 2008 年局部修订的基础上，提高了 6～8 度时预制板相互拉结的要求，同时取消了独立砖柱的做法。在装配式楼板伸入墙（梁）内长度的规定中，明确了硬架支模的做法（硬架支模的施工方法是：先架设梁或圈梁的模板，再将预制楼板支承在具有一定刚度的硬支架上，然后浇筑梁或圈梁、现浇叠合层等的混凝土）。

组合砌体的定义见砌体设计规范。

7.3.7 由于砌体材料的特性，较大的房间在地震中会加重破坏程度，需要局部加强墙体的连接构造要求。本次修订，将拉结筋的长度改为通长，并明确为拉结网片。

7.3.8 历次地震震害表明，楼梯间由于比较空旷常常破坏严重，必须采取一系列有效措施。本条在 2008 年局部修订时改为强制性条文。本次修订增加 8、9 度时不应采用装配式楼梯段的要求。

突出屋顶的楼、电梯间，地震中受到较大的地震作用，因此在构造措施上也需要特别加强。

7.3.9 坡屋顶与平屋顶相比，震害有明显差别。硬山搁檩的做法不利于抗震，2001 规范修订提高了硬山搁檩的构造要求。屋架的支撑应保证屋架的纵向稳定。出入口处要加强屋盖构件的连接和锚固，以防脱落伤人。

7.3.10 砌体结构中的过梁应采用钢筋混凝土过梁，本次修订，明确不能采用砖过梁，不论是配筋还是无筋。

7.3.11 预制的悬挑构件，特别是较大跨度时，需要加强与现浇构件的连接，以增强稳定性。本次修订，对预制阳台的限制有所加严。

7.3.12 本次修订，将 2001 规范第 7.1.7 条有关风道等非结构构件的规定移入第 13 章。

7.3.13 房屋的同一独立单元中，基础底面最好处于同一标高，否则易因地面运动传递到基础不同标高处而造成震害。如有困难时，则应设基础圈梁并放坡逐步过渡，不宜有高差上的过大突变。

对于软弱地基上的房屋，按本规范第 3 章的原则，应在外墙及所有承重墙下设置基础圈梁，以增强抵抗不均匀沉陷和加强房屋基础部分的整体性。

7.3.14 本条对应于本规范第 7.1.2 条第 3 款，2001 规范规定为住宅类房屋，本次修订扩大为所有丙类建筑中横墙较少的多层砌体房屋（6、7 度时）。对于横墙间距大于 4.2m 的房间超过楼层总面积 40%且房屋总高度和层数接近本章表 7.1.2 规定限值的砌体房屋，其抗震设计方法大致包括以下方面：

（1）墙体的布置和开洞大小不妨碍纵横墙的整体连接的要求；

（2）楼、屋盖结构采用现浇钢筋混凝土板等加强整体性的构造要求；

（3）增设满足截面和配筋要求的钢筋混凝土构造柱并控制其间距、在房屋底层和顶层沿楼层半高处设置现浇钢筋混凝土带，并增大配筋数量，以形成约束砌体墙段的要求；

（4）按本规范 7.2.7 条第 3 款计入墙段中部钢筋混凝土构造柱的承载力。

本次修订，根据试设计结果，要求横墙较少时构造柱的间距，纵横墙均不大于 3m。

7.4 多层砌块房屋抗震构造措施

7.4.1、**7.4.2** 为了增加混凝土小型空心砌块砌体房屋的整体性和延性，提高其抗震能力，结合空心砌块的特点，规定了在墙体的适当部位设置钢筋混凝土芯柱的构造措施。这些芯柱设置要求均比砖房构造柱设置严格，且芯柱与墙体的连接要采用钢筋网片。

芯柱伸入室外地面下 500mm，地下部分为砖砌体时，可采用类似于构造柱的方法。

本次修订，按多层砖房的本规范表 7.3.1 的要求，增加了楼、电梯间的芯柱或构造柱的布置要求；并补充 9 度的设置要求。

砌块房屋墙体交接处、墙体与构造柱、芯柱的连接，均要设钢筋网片，保证连接的有效性。本次修订，将原 7.4.5 条有关拉结钢筋网片设置要求调整至本规范第 7.4.2、7.4.3 条中。要求拉结钢筋网片沿墙体水平通长设置。为加强下部楼层墙体的抗震性能，将下部楼层墙体的拉结钢筋网片沿墙高的间距加密，提高抗倒塌能力。

7.4.3 本条规定了替代芯柱的构造柱的基本要求，与砖房的构造柱规定大致相同。小砌块墙体在马牙槎部位浇灌混凝土后，需形成无插筋的芯柱。

试验表明。在墙体交接处用构造柱代替芯柱，可较大程度地提高对砌块砌体的约束能力，也为施工带来方便。

7.4.4 本次修订，小砌块房屋的圈梁设置位置的要求同砖砌体房屋，直接引用而不重复。

7.4.5 根据振动台模拟试验的结果，作为砌块房屋的层数和高度达到与普通砖房屋相同的加强措施之一，在房屋的底层和顶层，沿楼层半高处增设一道通长的现浇钢筋混凝土带，以增强结构抗震的整体性。

本次修订，补充了可采用槽形砌块作为模板的做法，便于施工。

7.4.6 本条为新增条文。与多层砖砌体横墙较少的房屋一样，当房屋高度和层数接近或达到本规范表7.1.2的规定限值，丙类建筑中横墙较少的多层小砌块房屋应满足本章第7.3.14条的相关要求。本条对墙体中部替代增设构造柱的芯柱给出了具体规定。

7.4.7 砌块砌体房屋楼盖、屋盖、楼梯间、门窗过梁和基础等的抗震构造要求，则基本上与多层砖房相同。其中，墙体的拉结构造，沿墙体竖向间距按砌块模数修改。

7.5 底部框架-抗震墙砌体房屋抗震构造措施

7.5.1 总体上看，底部框架-抗震墙砌体房屋比多层砌体房屋抗震性能稍弱，因此构造柱的设置要求更严格。本次修订，增加了上部为混凝土小砌块砌体墙的相关要求。上部小砌块墙体内代替芯柱的构造柱，考虑到模数的原因，构造柱截面不再加大。

7.5.2 本条为新增条文。过渡层即与底部框架-抗震墙相邻的上一砌体楼层，其在地震时破坏较重，因此，本次修订将关于过渡层的要求集中在一条内叙述并予以特别加强。

1 增加了过渡层墙体为混凝土小砌块砌体墙时芯柱设置及插筋的要求。

2 加强了过渡层构造柱或芯柱的设置间距要求。

3 过渡层构造柱纵向钢筋配置的最小要求，增加了6度时的加强要求，8度时考虑到构造柱纵筋根数与其截面的匹配性，统一取为4根。

4 增加了过渡层墙体在窗台标高处设置通长水平现浇钢筋混凝土带的要求；加强了墙体与构造柱或芯柱拉结措施。

5 过渡层墙体开洞较大时，要求在洞口两侧增设构造柱或单孔芯柱。

6 对于底部次梁转换的情况，过渡层墙体应另外采取加强措施。

7.5.3 底框房屋中的钢筋混凝土抗震墙，是底部的主要抗侧力构件，而且往往为低矮抗震墙。对其构造上提出了更为严格的要求，以加强抗震能力。

由于底框中的混凝土抗震墙为带边框的抗震墙且总高度不超过二层，其边缘构件只需要满足构造边缘构件的要求。

7.5.4 对6度底层采用砌体抗震墙的底框房屋，补充了约束砖砌体抗震墙的构造要求，切实加强砖抗震墙的抗震能力，并在使用中不致随意拆除更换。

7.5.5 本条是新增的，主要适用于6度设防时上部为小砌块墙体的底层框架-抗震墙砌体房屋。

7.5.6 本条是新增的。规定底框房屋的框架柱不同于一般框架-抗震墙结构中的框架柱的要求，大体上接近框支柱的有关要求。柱的轴压比、纵向钢筋和箍筋要求，参照本规范第6章对框架结构柱的要求，同时箍筋全高加密。

7.5.7 底部框架-抗震墙房屋的底部与上部各层的抗侧力结构体系不同，为使楼盖具有传递水平地震力的刚度，要求过渡层的底板为现浇钢筋混凝土板。

底部框架-抗震墙砌体房屋上部各层对楼盖的要求，同多层砖房。

7.5.8 底部框架的托墙梁是极其重要的受力构件，根据有关试验资料和工程经验，对其构造作了较多的规定。

7.5.9 针对底框房屋在结构上的特殊性，提出了有别于一般多层房屋的材料强度等级要求。本次修订，提高了过渡层砌筑砂浆强度等级的要求。

附录F 配筋混凝土小型空心砌块抗震墙房屋抗震设计要求

F.1 一般规定

F.1.1 国内外有关试验研究结果表明，配筋混凝土小砌块抗震墙的最小分布钢筋仅为混凝土抗震墙的一半，但承载力明显高于普通砌体，而竖向和水平灰缝使其具有较大的耗能能力，结构的设计计算方法与钢筋混凝土抗震墙结构基本相似。从安全、经济诸方面综合考虑，对于满灌的配筋混凝土小砌块抗震墙房屋，本附录所适用高度可比2001规范适当增加，同时补充了7度（0.15g）、8度（0.30g）和9度的有关规定。当横墙较少时，类似多层砌体房屋，也要求其适用高度有所降低。

当经过专门研究，有可靠技术依据，采取必要的加强措施，按住房和城乡建设部的有关规定进行专项审查，房屋高度可以适当增加。

配筋混凝土小砌块房屋高宽比限制在一定范围内时，有利于房屋的稳定性，减少房屋发生整体弯曲破坏的可能性。配筋砌块砌体抗震墙抗拉相对不利，限制房屋高宽比，可使墙肢在多遇地震下不致出现小偏心受拉状况，本次修订对6度时的高宽比限制适当加严。根据试验研究和计算分析，当房屋的平面布置和竖向布置不规则时，会增大房屋的地震反应，应适当减小房屋高宽比以保证在地震作用下结构不会发生整体弯曲破坏。

F.1.2 配筋小砌块砌体抗震墙房屋的抗震等级是确定其抗震措施的重要设计参数，依据抗震设防分类、烈度和房屋高度等划分抗震等级。本次修订，参照现浇钢筋混凝土房屋以24m为界划分抗震等级的规定，对2001规范的规定作了调整，并增加了9度的有关规定。

F.1.3 根据本规范第3.4节的规则性要求，提出配筋混凝土小砌块房屋平面和竖向布置简单、规则、抗震墙拉通对直的要求，从结构体型的设计上保证房屋具有较好的抗震性能。

本次修订，对墙肢长度提出了具体的要求。考虑到抗震墙结构应具有延性，高宽比大于2的延性抗震墙，可避免脆性的剪切破坏，要求墙段的长度（即墙段截面高度）不宜大于8m。当墙很长时，可通过开设洞口将长墙分成长度较小、较均匀的超静定次数较高的联肢墙，洞口连梁宜采用约束弯矩较小的弱连梁（其跨高比宜大于6）。由于配筋小砌块砌体抗震墙的竖向钢筋设置在砌块孔洞内（距墙端约100mm），墙肢长度很短时很难充分发挥作用，因此设计时墙肢长度也不宜过短。

楼、屋盖平面内的变形，将影响楼层水平地震作用在各抗侧力构件之间的分配，为了保证配筋小砌块砌体抗震墙结构房屋的整体性，楼、屋盖宜采用现浇钢筋混凝土楼、屋盖，横墙间距也不应过大，使楼盖具备传递地震力给横墙所需的水平刚度。

根据试验研究结果，由于配筋小砌块砌体抗震墙存在水平灰缝和垂直灰缝，其结构整体刚度小于钢筋混凝土抗震墙，因此防震缝的宽度要大于钢筋混凝土抗震墙房屋。

F.1.4 本条是新增条文。试验研究表明，抗震墙的高度对抗震墙出平面偏心受压强度和变形有直接关系，控制层高主要是为了保证抗震墙出平面的强度、刚度和稳定性。由于小砌块墙体的厚度是190mm，当房屋的层高为3.2m～4.8m时，与现浇钢筋混凝土抗震墙的要求基本相当。

F.1.5 本条是新增条文，对配筋小砌块砌体抗震墙房屋中的短肢墙布置作了规定。虽然短肢抗震墙有利于建筑布置，能扩大使用空间，减轻结构自重，但是其抗震性能较差，因此在整个结构中应设置足够数量的一般抗震墙，形成以一般抗震墙为主、短肢抗震墙与一般抗震墙相结合共同抵抗水平力的结构体系，保证房屋的抗震能力。本条参照有关规定，对短肢抗震墙截面面积与同一层内所有抗震墙截面面积的比例作了规定。

一字形短肢抗震墙的延性及平面外稳定均相对较差，因此规定不宜布置单侧楼、屋面梁与之平面外垂直或斜交，同时要求短肢抗震墙应尽可能设置翼缘，保证短肢抗震墙具有适当的抗震能力。

F.2 计 算 要 点

F.2.1 本条是新增条文。配筋小砌块砌体抗震墙存在水平灰缝和垂直灰缝，在地震作用下具有较好的耗能能力，而且灌孔砌体的强度和弹性模量也要低于相对应的混凝土，其变形比普通钢筋混凝土抗震墙大。根据同济大学、哈尔滨工业大学、湖南大学等有关单位的试验研究结果，综合参考了钢筋混凝土抗震墙弹性层间位移角限值，规定了配筋小砌块砌体抗震墙结构在多遇地震作用下的弹性层间位移角限值为1/800，底层承受的剪力最大且主要是剪切变形，其弹性层间位移角限值要求相对较高，取1/1200。

F.2.2～F.2.7 配筋小砌块砌体抗震墙房屋的抗震计算分析，包括内力调整和截面应力计算方法，大多参照钢筋混凝土结构的有关规定，并针对配筋小砌块砌体结构的特点做了修改。

在配筋小砌块砌体抗震墙房屋抗震设计计算中，抗震墙底部的荷载作用效应最大，因此应根据计算分析结果，对底部截面的组合剪力设计值采用按不同抗震等级确定剪力放大系数的形式进行调整，以使房屋的最不利截面得到加强。

条文中规定配筋小砌块砌体抗震墙的截面抗剪能力限制条件，是为了规定抗震墙截面尺寸的最小值，或者说是限制了抗震墙截面的最大名义剪应力值。试验研究结果表明，抗震墙的名义剪应力过高，灌孔砌体会在早期出现斜裂缝，水平抗剪钢筋不能充分发挥作用，即使配置很多水平抗剪钢筋，也不能有效地提高抗震墙的抗剪能力。

配筋小砌块砌体抗震墙截面应力控制值，类似于混凝土抗压强度设计值，采用"灌孔小砌块砌体"的抗压强度，它不同于砌体抗压强度，也不同于混凝土抗压强度。

配筋小砌块砌体抗震墙截面受剪承载力由砌体、竖向和水平分布筋三者共同承担，为使水平分布钢筋不致过小，要求水平分布筋应承担一半以上的水平剪力。

配筋小砌块砌体由于受其块型、砌筑方法和配筋方式的影响，不适宜做跨高比较大的梁构件。而在配筋小砌块砌体抗震墙结构中，连梁是保证房屋整体性的重要构件，为了保证连梁与抗震墙节点处在弯曲屈服前不会出现剪切破坏和具有适当的刚度和承载能力，对于跨高比大于2.5的连梁宜采用受力性能更好的钢筋混凝土连梁，以确保连梁构件的"强剪弱弯"。对于跨高比小于2.5的连梁（主要指窗下墙部分），新增了允许采用配筋小砌块砌体连梁的规定。

F.3 抗震构造措施

F.3.1 灌孔混凝土是指由水泥、砂、石等主要原材料配制的大流动性细石混凝土，石子粒径控制在（5～16）mm之间，坍落度控制在（230～250）mm。过高的灌孔混凝土强度与混凝土小砌块块材的强度不匹配，由此组成的灌孔砌体的性能不能充分发挥，而且低强度的灌孔混凝土其和易性也较差，施工质量无法保证。

F.3.2 本条是新增条文。配筋小砌块砌体抗震墙是一个整体，必须全部灌孔。在配筋小砌块砌体抗震墙结构的房屋中，允许有部分墙体不灌孔，但不灌孔的墙体只能按填充墙对待并后砌。

F.3.3 本条根据有关的试验研究结果、配筋小砌块砌体的特点和试点工程的经验，并参照了国内外相应的规范等资料，规定了配筋小砌块砌体抗震墙中配筋的最低构造要求。本次修改把原条文规定改为表格形式，同时对抗震等级为一、二级的配筋要求略有提高，并新增加了9度的配筋率不应小于0.2%的规定。

F.3.4 配筋小砌块砌体抗震墙在重力荷载代表值作用下的轴压比控制是为了保证配筋小砌块砌体在水平荷载作用下的延性和强度的发挥，同时也是为了防止墙片截面过小、配筋率过高，保证抗震墙结构延性。本次修订对一般墙、短肢墙、一字形短肢墙的轴压比限值做了区别对待；由于短肢墙和无翼缘的一字形短肢墙的抗震性能较差，因此其轴压比限值更为严格。

F.3.5 在配筋小砌块砌体抗震墙结构中，边缘构件在提高墙体承载力方面和变形能力方面的作用都非常明显，因此参照混凝土抗震墙结构边缘构件设置的要求，结合配筋小砌块砌体抗震墙的特点，规定了边缘构件的配筋要求。

配筋小砌块砌体抗震墙的水平筋放置于砌块横肋的凹槽和灰缝中，直径不小于6mm且不大于8mm比较合适。因此一级的水平筋最小直径为$\phi 8$，二～四级为$\phi 6$，为了适当弥补钢筋直径小的影响，抗震等级为一、二、三级时，应采用不低于HRB335级的热轧钢筋。

本次修订，还增加了一、二级抗震墙的底部加强部位设置约束边缘构件的要求。当房屋高度接近本附录表F.1.1-1的限值时，也可以采用钢筋混凝土边框柱作为约束边缘构件来加强对墙体的约束，边框柱截面沿墙体方向的长度可取400mm。在设计时还应注意，过于强大的边框柱可能会造成墙体与边框柱的受力和变形不协调，使边框柱和配筋小砌块墙体的连接处开裂，影响整片墙体的抗震性能。

F.3.6 根据配筋小砌块砌体抗震墙的施工特点，墙内的竖向钢筋布置无法绑扎搭接，钢筋的搭接长度应比普通混凝土构件的搭接长度长些。

F.3.7 本条是新增条文，规定了水平分布钢筋的锚固要求。根据国内外有关试验研究成果，砌块砌体抗震墙的水平钢筋，当采用围绕墙端竖向钢筋180°加12d延长段锚固时，施工难度较大，而一般做法可将该水平钢筋末端弯钩锚于灌孔混凝土中，弯入长度不小于200mm，在试验中发现这样的弯折锚固长度已能保证该水平钢筋能达到屈服。因此，考虑不同的抗震等级和施工因素，分别规定相应的锚固长度。

F.3.8 本条是根据国内外试验研究成果和经验、以及配筋砌块砌体连梁的特点而制定的。

F.3.9 本次修订，进一步细化了对圈梁的构造要求。在配筋小砌块砌体抗震墙和楼、屋盖的结合处设置钢筋混凝土圈梁，可进一步增加结构的整体性，同时该圈梁也可作为建筑竖向尺寸调整的手段。钢筋混凝土圈梁作为配筋小砌块砌体抗震墙的一部分，其强度应和灌孔小砌块砌体强度基本一致，相互匹配，其纵筋配筋量不应小于配筋小砌块砌体抗震墙水平筋的数量，其腰筋间距不应大于配筋小砌块砌体抗震墙水平筋间距，并宜适当加密。

F.3.10 对于预制板的楼盖，配筋混凝土小型空心砌块砌体抗震墙房屋与其他结构类型房屋一样，均要求楼、屋盖有足够的刚度和整体性。

8 多层和高层钢结构房屋

8.1 一般规定

8.1.1 本章主要适用于民用建筑，多层工业建筑不同于民用建筑的部分，由附录H予以规定。用冷弯薄壁型钢作为主要承重结构的房屋，构件截面较小，自重较轻，可不执行本章的规定。

本章不适用于上层为钢结构下层为钢筋混凝土结构的混合型结构。对于混凝土核心筒-钢框架混合结构，在美国主要用于非抗震设防区，且认为不宜大于150m。在日本，1992年建了两幢，其高度分别为78m和107m，结合这两项工程开展了一些研究，但并未推广。据报道，日本规定采用这类体系要经建筑中心评定和建设大臣批准。

我国自20世纪80年代在当时不设防的上海希尔顿酒店采用混合结构以来，应用较多，除大量应用于7度和6度地区外，也用于8度地区。由于这种体系主要由混凝土核心筒承担地震作用，钢框架和混凝土筒的侧向刚度差异较大，国内对其抗震性能虽有一些研究，尚不够完善。本次修订，将混凝土核心筒-钢框架结构做了一些原则性的规定，列入附录G第G.2节中。

本次修订，将框架-偏心支撑（延性墙板）单列，有利于促进它的推广应用。筒体和巨型框架以及框架-偏心支撑的适用最大高度，与国内现有建筑已达到的高度相比是保守的，需结合超限审查要求确定。AISC抗震规程对B、C等级（大致相当于我国0.10g及以下）的结构，不要求执行规定的抗震构造措施，明显放宽。据此，对7度按设计基本地震加速度划分。对8度也按设计基本地震加速度作了划分。

8.1.2 国外20世纪70年代及以前建造的高层钢结构，高宽比较大的，如纽约世界贸易中心双塔，为6.6，其他建筑很少超过此值的。注意到美国东部的地震烈度很小，《高层民用建筑钢结构技术规程》JGJ 99据此对高宽比作了规定。本规范考虑到市场经济发展的现实，在合理的前提下比高层钢结构规程适当放宽高宽比要求。

本次修订，按《高层民用建筑钢结构技术规程》

JGJ 99 增加了表注，规定了底部有大底盘的房屋高度的取法。

8.1.3 将 2001 规范对不同烈度、不同层数所规定的“作用效应调整系数”和“抗震构造措施”共 7 种，调整、归纳、整理为四个不同的要求，称之为抗震等级。2001 规范以 12 层为界区分改为 50m 为界。对 6 度高度不超过 50m 的钢结构，与 2001 规范相同，其“作用效应调整系数”和“抗震构造措施”可按非抗震设计执行。

不同的抗震等级，体现不同的延性要求。可借鉴国外相应的抗震规范，如欧洲 Eurocode8、美国 AISC、日本 BCJ 的高、中、低等延性要求的规定。而且，按抗震设计等能量的概念，当构件的承载力明显提高，能满足烈度高一度的地震作用的要求时，延性要求可适当降低，故允许降低其抗震等级。

甲、乙类设防的建筑结构，其抗震设防标准的确定，按现行国家标准《建筑工程抗震设防分类标准》GB 50223 的规定处理，不再重复。

8.1.5 本次修订，将 2001 规范的 12 层和烈度的划分方法改为抗震等级划分。所以本章对钢结构房屋的抗震措施，一般以抗震等级区分。凡未注明的规定，则各种高度、各种烈度的钢结构房屋均要遵守。

本次修订，补充了控制单跨框架结构适用范围的要求。

8.1.6 三、四级且高度不大于 50m 的钢结构房屋宜优先采用交叉支撑，它可按拉杆设计，较经济。若采用受压支撑，其长细比及板件宽厚比应符合有关规定。

大量研究表明，偏心支撑具有弹性阶段刚度接近中心支撑框架，弹塑性阶段的延性和消能能力接近于延性框架的特点，是一种良好的抗震结构。常用的偏心支撑形式如图 19 所示。

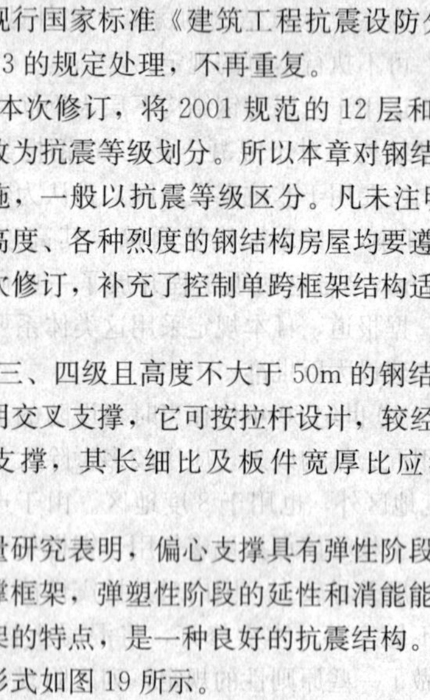

图 19 偏心支撑示意图

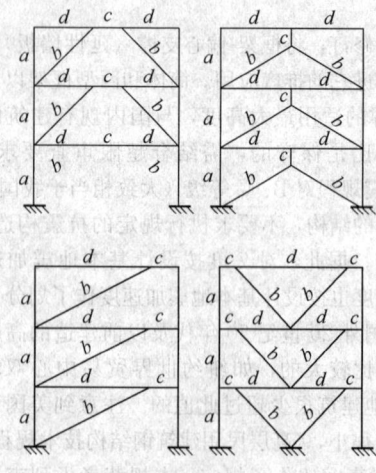

a—柱；b—支撑；c—消能梁段；d—其他梁段

偏心支撑框架的设计原则是强柱、强支撑和弱消能梁段，即在大震时消能梁段屈服形成塑性铰，且具有稳定的滞回性能，即使消能梁段进入应变硬化阶段，支撑斜杆、柱和其余梁段仍保持弹性。因此，每根斜杆只能在一端与消能梁段连接，若两端均与消能梁段相连，则可能一端的消能梁段屈服，另一端消能梁段不屈服，使偏心支撑的承载力和消能能力降低。

本次修订，考虑了设置屈曲约束支撑框架的情况。屈曲约束支撑是由芯材、约束芯材屈曲的套管和位于芯材和套管间的无粘结材料及填充材料组成的一种支撑构件。这是一种受拉时同普通支撑而受压时承载力与受拉时相当且具有某种消能机制的支撑，采用单斜杆布置时宜成对设置。屈曲约束支撑在多遇地震下不发生屈曲，可按中心支撑设计；与 V 形、Λ 形支撑相连的框架梁可不考虑支撑屈曲引起的竖向不平衡力。此时，需要控制屈曲约束支撑轴力设计值：

$$N \leqslant 0.9N_{ysc}/\eta_y$$

$$N_{ysc} = \eta_y f_{ay} A_1$$

式中：N——屈曲约束支撑轴力设计值；

N_{ysc}——芯板的受拉或受压屈服承载力，根据芯材约束屈服段的截面面积来计算；

A_1——约束屈服段的钢材截面面积；

f_{ay}——芯板钢材的屈服强度标准值；

η_y——芯板钢材的超强系数，Q235 取 1.25，Q195 取 1.15，低屈服点钢材（$f_{ay}<160$）取 1.1，其实测值不应大于上述数值的 15%。

作为消能构件时，其设计参数、性能检验、计算方法的具体要求需按专门的规定执行，主要内容如下：

1 屈曲约束支撑的性能要求：

1）芯材钢材应有明显的屈服台阶，屈服强度不宜大于 235kN/mm²，伸长率不应小于 25%；

2）钢套管的弹性屈曲承载力不宜小于屈曲约束支撑极限承载力计算值的 1.2 倍；

3）屈曲约束支撑应能在 2 倍设计层间位移角的情况下，限制芯材的局部和整体屈曲。

2 屈曲约束支撑应按照同一工程中支撑的构造形式、约束屈服段材料和屈服承载力分类进行抽样试验检验，构造形式和约束屈服段材料相同且屈服承载力在 50% 至 150% 范围内的屈曲约束支撑划分为同一类别。每种类别抽样比例为 2%，且不少于一根。试验时，依次在 1/300，1/200，1/150，1/100 支撑长度的拉伸和压缩往复各 3 次变形。试验得到的滞回曲线应稳定、饱满，具有正的增量刚度，且最后一级变形第 3 次循环的承载力不低于历经最大承载力的 85%，历经最大承载力不高于屈曲约束支撑极限承载力计算值的 1.1 倍。

3 计算方法可按照位移型阻尼器的相关规定

执行。

8.1.9 支撑桁架沿竖向连续布置，可使层间刚度变化较均匀。支撑桁架需延伸到地下室，不可因建筑方面的要求而在地下室移动位置。支撑在地下室是否改为混凝土抗震墙形式，与是否设置钢骨混凝土结构层有关，设置钢骨混凝土结构层时采用混凝土墙较协调。该抗震墙是否由钢支撑外包混凝土构成还是采用混凝土墙，由设计确定。

日本在高层钢结构的下部（地下室）设钢骨混凝土结构层，目的是使内力传递平稳，保证柱脚的嵌固性，增加建筑底部刚性、整体性和抗倾覆稳定性；而美国无此要求。本规范对此不作规定。

多层钢结构与高层钢结构不同，根据工程情况可设置或不设置地下室。当设置地下室时，房屋一般较高，钢框架柱宜伸至地下一层。

钢结构的基础埋置深度，参照高层混凝土结构的规定和上海的工程经验确定。

8.2 计算要点

8.2.1 钢结构构件按地震组合内力设计值进行抗震验算时，钢材的各种强度设计值需除以本规范规定的承载力抗震调整系数 γ_{RE}，以体现钢材动静强度和抗震设计与非抗震设计可靠指标的不同。国外采用许用应力设计的规范中，考虑地震组合时钢材的强度通常规定提高 1/3 或 30%，与本规范 γ_{RE}的作用类似。

8.2.2 2001 规范的钢结构阻尼比偏严，本次修订依据试验结果适当放宽。采用屈曲约束支撑的钢结构，阻尼比按本规范第 12 章消能减震结构的规定采用。

采用该阻尼比后，地震影响系数均按本规范第 5 章的规定采用。

8.2.3 本条规定了钢结构内力和变形分析的一些原则要求。

1 钢结构考虑二阶效应的计算，《钢结构设计规范》GB 50017－2003 第 3.2.8 条的规定，应计入构件初始缺陷（初倾斜、初弯曲、残余应力等）对内力的影响，其影响程度可通过在框架每层柱顶作用有附加的假想水平力来体现。

2 对工字形截面柱，美国 NEHRP 抗震设计手册（第二版）2000 年节点域考虑剪切变形的方法如下，可供参考：

考虑节点域剪切变形对层间位移角的影响，可近似将所得层间位移角与由节点域在相应楼层设计弯矩下的剪切变形角平均值相加求得。节点域剪切变形角的楼层平均值可按下式计算。

$$\Delta\gamma_i = \frac{1}{n}\sum\frac{M_{j,i}}{GV_{\mathrm{pe},ji}},\quad (j=1,2,\cdots n)$$

式中：$\Delta\gamma_i$——第 i 层钢框架在所考虑的受弯平面内节点域剪切变形引起的变形角平均值；

$M_{j,i}$——第 i 层框架的第 j 个节点域在所考虑的受弯平面内的不平衡弯矩，由框架分析得出，即 $M_{ji}=M_{b1}+M_{b2}$；

$V_{\mathrm{pe},ji}$——第 i 层框架的第 j 个节点域的有效体积；

M_{b1}、M_{b2}——分别为受弯平面内第 i 层第 j 个节点左、右梁端同方向地震作用组合下的弯矩设计值。

对箱形截面柱节点域变形较小，其对框架位移的影响可略去不计。

3 本款修订依据多道防线的概念设计，框架-支撑体系中，支撑框架是第一道防线，在强烈地震中支撑先屈服，内力重分布使框架部分承担的地震剪力必需增大，二者之和应大于弹性计算的总剪力；如果调整的结果框架部分承担的地震剪力不适当增大，则不是“双重体系”而是按刚度分配的结构体系。美国 IBC 规范中，这两种体系的延性折减系数是不同的，适用高度也不同。日本在钢支撑-框架结构设计中，去掉支撑的纯框架按总剪力的 40% 设计，远大于 25% 总剪力。这一规定体现了多道设防的原则，抗震分析时可通过框架部分的楼层剪力调整系数来实现，也可采用删去支撑框架进行计算来实现。

4 为使偏心支撑框架仅在耗能梁段屈服，支撑斜杆、柱和非耗能梁段的内力设计值应根据耗能梁段屈服时的内力确定并考虑耗能梁段的实际有效超强系数，再根据各构件的承载力抗震调整系数，确定斜杆、柱和非耗能梁段保持弹性所需的承载力。2005AISC 抗震规程规定，位于消能梁段同一跨的框架梁和框架柱的内力设计值增大系数不小于 1.1，支撑斜杆的内力增大系数不小于 1.25。据此，对 2001 规范的规定适当调整，梁和柱由原来的 8 度不小于 1.5 和 9 度不小于 1.6 调整为二级不小于 1.2 和一级不小于 1.3，支撑斜杆由原来的 8 度不小于 1.4 和 9 度不小于 1.5 调整为二级不小于 1.3 和一级不小于 1.4。

8.2.5 本条是实现“强柱弱梁”抗震概念设计的基本要求。

1 轴压比较小时可不验算强柱弱梁。条文所要求的是按 2 倍的小震地震作用的地震组合得出的内力设计值，而不是取小震地震组合轴向力的 2 倍。

参考美国规定增加了梁端塑性铰外移的强柱弱梁验算公式。骨形连接（RBS）连接的塑性铰至柱面距离，参考 FEMA350 的规定，取（0.5～0.75）b_f＋（0.65～0.85）h_b/2（其中，b_f 和 h_b 分别为梁翼缘宽度和梁截面高度）；梁端扩大型和加盖板的连接按日本规定，取净跨的 1/10 和梁高二者的较大值。强柱系数建议以 7 度（0.10g）作为低烈度区分界，大致相当于 AISC 的等级 C，按 AISC 抗震规程，等级 B、C 是低烈度区，可不执行该标准规定的抗震构造措施。强柱系数实际上已隐含系数 1.15。本次修订，只是将强柱系数，按抗震等级作了相应的划分，基本维持了2001规范的数值。

2 关于节点域。日本规定节点板域尺寸自梁柱翼缘中心线算起，AISC的节点域稳定公式规定自翼缘内侧算起。本次修订，拟取自翼缘中心线算起。

美国节点板域稳定公式为高度和宽度之和除以90，历次修订此式未变；我国同济大学和哈尔滨工业大学做过试验，结果都是1/70，考虑到试件板厚有一定限制，过去对高层用1/90，对多层用1/70。板的初始缺陷对平面内稳定影响较大，特别是板厚有限时，一次试验也难以得出可靠结果。考虑到该式一般不控制，本次修订拟统一采用美国的参数1/90。

研究表明，节点域既不能太厚，也不能太薄，太厚了使节点域不能发挥其耗能作用，太薄了将使框架侧向位移太大，规范使用折减系数来设计。取0.7是参考日本研究结果采用。《高层民用建筑钢结构技术规程》JGJ 99－98规定在7度时改用0.6，是考虑到我国7度地区较大，可减少节点域加厚。日本第一阶段设计相当于我国8度；考虑7度可适当降低要求，所以按抗震等级划分拟就了系数。

当两侧梁不等高时，节点域剪应力计算公式可参阅《钢结构设计规范》管理组编著的《钢结构设计计算示例》p582页，中国计划出版社，2007年3月。

8.2.6 本条规定了支撑框架的验算。

1 考虑循环荷载时的强度降低系数，是高钢规编制时陈绍蕃教授提出的。考虑中心支撑长细比限值改动较大，拟保留此系数。

2 当人字支撑的腹杆在大震下受压屈曲后，其承载力将下降，导致横梁在支撑处出现向下的不平衡集中力，可能引起横梁破坏和楼板下陷，并在横梁两端出现塑性铰；此不平衡集中力取受拉支撑的竖向分量减去受压支撑屈曲压力竖向分量的30%。V形支撑情况类似，仅当斜杆失稳时楼板不是下陷而是向上隆起，不平衡力与前种情况相反。设计单位反映，考虑不平衡力后梁截面过大。条文中的建议是AISC抗震规程中针对此情况提出的，具有实用性，参见图20。

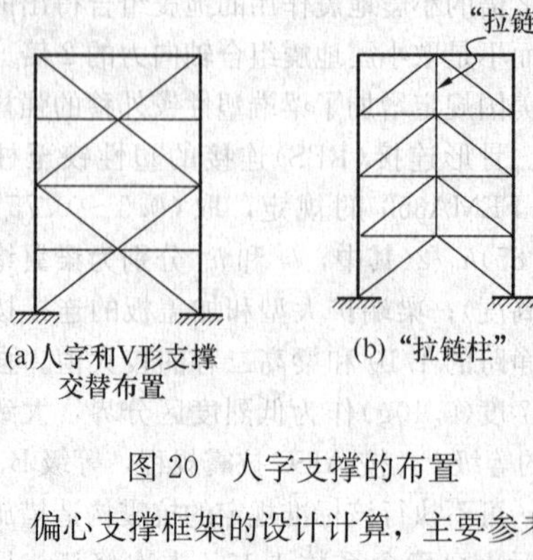

图20 人字支撑的布置

8.2.7 偏心支撑框架的设计计算，主要参考AISC于1997年颁布的《钢结构房屋抗震规程》并根据我国情况作了适当调整。

当消能梁段的轴力设计值不超过$0.15Af$时，按AISC规定，忽略轴力影响，消能梁段的受剪承载力取腹板屈服时的剪力和梁段两端形成塑性铰时的剪力两者的较小值。本规范根据我国钢结构设计规范关于钢材拉、压、弯强度设计值与屈服强度的关系，取承载力抗震调整系数为1.0，计算结果与AISC相当；当轴力设计值超过$0.15Af$时，则降低梁段的受剪承载力，以保证该梁段具有稳定的滞回性能。

为使支撑斜杆能承受消能梁段的梁端弯矩，支撑与梁段的连接应设计成刚接（图21）。

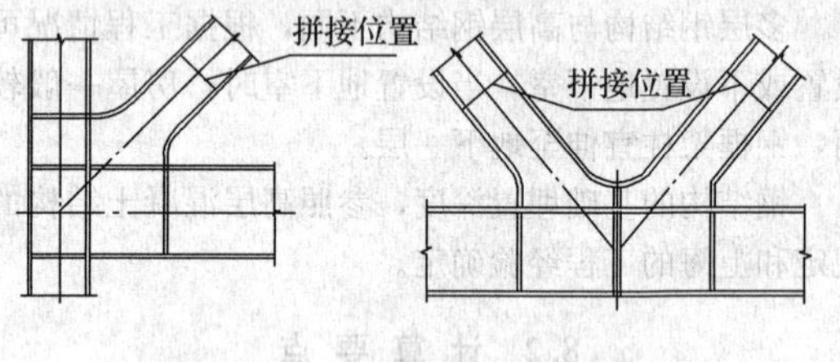

图21 支撑端部刚接构造示意图

8.2.8 构件的连接，需符合强连接弱构件的原则。

1 需要对连接作二阶段设计。第一阶段，要求按构件承载力而不是设计内力进行连接计算，是考虑设计内力较小时将导致连接件型号和数量偏少，或焊缝的有效截面尺寸偏小，给第二阶段连接（极限承载力）设计带来困难。另外，高强度螺栓滑移对钢结构连接的弹性设计是不允许的。

2 框架梁一般为弯矩控制，剪力控制的情况很少，其设计剪力应采用与梁屈服弯矩相应的剪力，2001规范规定采用腹板全截面屈服时的剪力，过于保守。另一方面，2001规范用1.3代替1.2考虑竖向荷载往往偏小，故作了相应修改。采用系数1.2，是考虑梁腹板的塑性变形小于翼缘的变形要求较多，当梁截面受剪力控制时，该系数宜适当加大。

3 钢结构连接系数修订，系参考日本建筑学会《钢结构连接设计指南》（2001/2006）的下列规定拟定。

母材牌号	梁端连接时		支撑连接/构件拼接		柱脚	
	母材破断	螺栓破断	母材破断	螺栓破断		
SS400	1.40	1.45	1.25	1.30	埋入式	1.2
SM490	1.35	1.40	1.20	1.25	外包式	1.2
SN400	1.30	1.35	1.15	1.20	外露式	1.0
SN490	1.25	1.30	1.10	1.15	—	—

注：螺栓是指高强度螺栓，极限承载力计算时按承压型连接考虑。

表中的连接系数包括了超强系数和应变硬化系数；SS是碳素结构钢，SM是焊接结构钢，SN是抗震结构钢，其性能是逐步提高的。连接系数随钢种的性能提高而递减，也随钢材的强度等级递增而递减，是以钢材超强系数统计数据为依据的，而应变硬化系数各国普遍取1.1。该文献说明，梁端连接的塑性变形要求最高，连接系数也最高，而支撑连接和构件拼接的塑性变形相对较小，故连接系数可取较低值。螺栓连接受滑移的影响，且钉孔使截面减弱，影响了承载力。美国和欧盟规范中，连接系数都没有这样细致的划分和规定。我国目前对建筑钢材的超强系数还没有作过统计，本规范表8.2.8是按上述文献2006版列出的，它比2001规范对螺栓破断的规定降低了0.05。借鉴日本上述规定，将构件承载力抗震调整系数中的焊接连接和螺栓连接都取0.75，连接系数在连接承载力计算表达式中统一考虑，有利于按不同情况区别对待，也有利于提高连接系数的直观性。对于Q345钢材，连接系数$1.30<f_u/f_y=470/345=1.36$，解决了2001规范所规定综合连接系数偏高，材料强度不能充分利用的问题。另外，对于外露式柱脚，考虑在我国应用较多，适当提高抗震设计时的承载力是必要的，采用了1.1系数。本规范表8.2.8与日本规定相当接近。

8.3 钢框架结构的抗震构造措施

8.3.1 框架柱的长细比关系到钢结构的整体稳定。研究表明，钢结构高度加大时，轴力加大，竖向地震对框架柱的影响很大。本条规定与2001规范相比，高于50m时，7、8度有所放松；低于50m时，8、9度有所加严。

8.3.2 框架梁、柱板件宽厚比的规定，是以结构符合强柱弱梁为前提，考虑柱仅在后期出现少量塑性不需要很高的转动能力，综合美国和日本规定制定的。陈绍蕃教授指出，以轴压比0.37为界的12层以下梁腹板宽厚比限值的计算公式，适用于采用塑性内力重分布的连续组合梁负弯矩区，如果不考虑出现塑性铰后的内力重分布，宽厚比限值可以放宽。据此，将2001规范对梁宽厚比限值中的（$N_b/Af<0.37$）和（$N_b/Af\geqslant0.37$）两个限值条件取消。考虑到按刚性楼盖分析时，得不出梁的轴力，但在进入弹塑性阶段时，上翼缘的负弯矩区楼板将退出工作，迫使钢梁翼缘承受一定轴力，不考虑是不安全的。注意到日本对梁腹板宽厚比限值的规定为60（65），括号内为缓和值，不考虑轴力影响；AISC 341－05规定，当梁腹板轴压比为0.125时其宽厚比限值为75。据此，梁腹板宽厚比限值对一、二、三、四抗震等级分别取上限值（60、65、70、75）$\sqrt{235/f_{ay}}$。

本次修订按抗震等级划分后，12层以下柱的板件宽厚比几乎不变，12层以上有所放松：8度由10、43、35放松为11、45、36；7度由11、43、37放松为12、48、38；6度由13、43、39放松为13、52、40。

注意，从抗震设计的角度，对于板件宽厚比的要求，主要是地震下构件端部可能的塑性铰范围，非塑性铰范围的构件宽厚比可有所放宽。

8.3.3 当梁上翼缘与楼板有可靠连接时，简支梁可不设置侧向支承，固端梁下翼缘在梁端0.15倍梁跨附近宜设置隅撑。梁端采用梁端扩大、加盖板或骨形连接时，应在塑性区外设置竖向加劲肋，隅撑与偏置的竖向加劲肋相连。梁端翼缘宽度较大，对梁下翼缘侧向约束较大时，也可不设隅撑。朱聘儒著《钢-混凝土组合梁设计原理》（第二版）一书，对负弯矩区段组合梁钢部件的稳定性作了计算分析，指出负弯矩区段内的梁部件名义上虽是压弯构件，由于其截面轴压比较小，稳定问题不突出。李国强著《多高层建筑钢结构设计》第203页介绍了提供侧向约束的几种方法，也可供参考。首先验算钢梁受压区长细比λ_y是否满足：

$$\lambda_y\leqslant60\sqrt{235/f_y}$$

若不满足可按图22所示方法设置侧向约束。

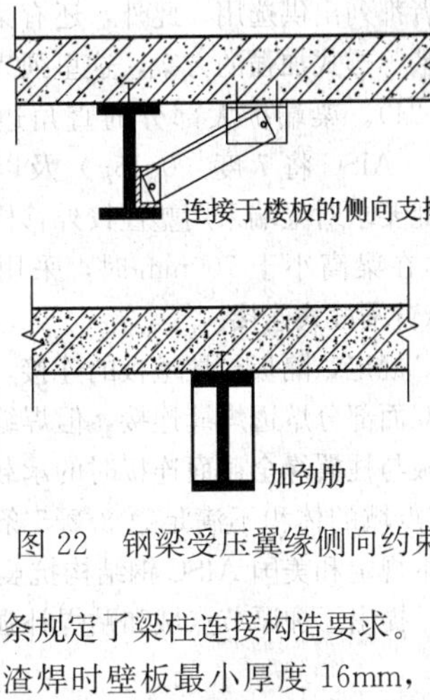

图22 钢梁受压翼缘侧向约束

8.3.4 本条规定了梁柱连接构造要求。

1 电渣焊时壁板最小厚度16mm，是征求日本焊接专家意见并得到国内钢结构制作专家的认同。贯通式隔板是和冷成形箱形柱配套使用的，柱边缘受拉时要求对其采用Z向钢制作，限于设备条件，目前我国应用不多，其构造要求可参见现行行业标准《高层民用建筑钢结构技术规程》JGJ 99。隔板厚度一般不宜小于翼缘厚度。

2 现场连接时焊接孔如规范条文图8.3.4-1所示，应严格按规定形状和尺寸用刀具加工。FEMA中推荐的孔形如下（图23），美国规定为必须采用之孔形。其最大应力不出现在腹板与翼缘连接处，香港学者做过有限元分析比较，认为是当前国际上最佳孔形，且与梁腹板连接方便。有条件时也可采用该焊接孔形。

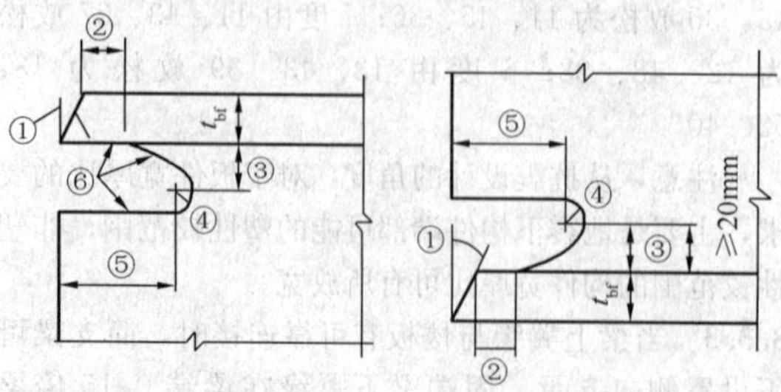

说明：

①坡口角度符合有关规定；②翼缘厚度或12mm,取小者；③(1~0.75)倍翼缘厚度；④最小半径19mm；⑤3倍翼缘厚度(±12mm)；⑥表面平整。圆弧开口不大于25°。

图 23　FEMA 推荐的焊接孔形

3　日本规定腹板连接板 $t_w \leqslant 16$m 时采用双面角焊缝，焊缝计算厚度取 5mm；t_w 大于 16mm 时用 K 形坡口对接焊缝，端部均要求绕焊。美国将梁腹板连接板连接焊缝列为重要焊缝，要求符合与翼缘焊缝同等的低温冲击韧性指标。本条不要求符合较高冲击韧性指标，但要求用气保焊和板端绕焊。

4　日本普遍采用梁端扩大形，不采用 RBS 形；美国主要采用 RBS 形。RBS 形加工要求较高，且需在关键截面削减部分钢材，国内技术人员表示难以接受。现将二者都列出供选用。此外，还有梁端用矩形加强板、加腋等形式加强的方案，这里列入常用的四种形式（图 24）。梁端扩大部分的直角边长比可取 1∶2至 1∶3。AISC 将 7 度（0.15g）及以上列入强震区，宜按此要求对梁端采用塑性铰外移构造。

5　日本在梁高小于 700mm 时，采用本规范图 8.3.4-2 的悬臂梁段式连接。

6　AISC 规定，隔板与柱壁板的连接，也可用角焊缝加强的双面部分熔透焊缝连接，但焊缝的承载力不应小于隔板与柱翼缘全截面连接时的承载力。

8.3.5　当节点域的体积不满足第 8.2.5 条有关规定时，参考日本规定和美国 AISC 钢结构抗震规程 1997 年版的规定，提出了加厚节点域和贴焊补强板的加强措施：

（1）对焊接组合柱，宜加厚节点板，将柱腹板在节点域范围更换为较厚板件。加厚板件应伸出柱横向加劲肋之外各 150mm，并采用对接焊缝与柱腹板相连；

（2）对轧制 H 形柱，可贴焊补强板加强。补强板上下边缘可不伸过横向加劲肋或伸过柱横向加劲肋之外各 150mm。当补强板不伸过横向加劲肋时，加劲肋应与柱腹板焊接，补强板与加劲肋之间的角焊缝应能传递补强板所分担的剪力，且厚度不小于 5mm；当补强板伸过加劲肋时，加劲肋仅与补强板焊接，此焊缝应能将加劲肋传来的力传递给补强板，补强板的厚度及其焊缝应按传递该力的要求设计。补强板侧边可采用角焊缝与柱翼缘相连，其板面尚应采用塞焊与

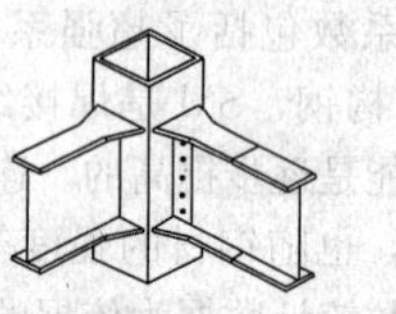

(a) 梁端扩大形连接

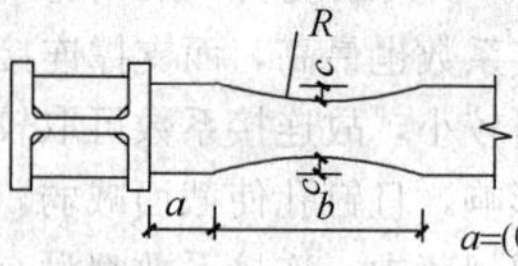

$a=(0.5\sim0.7)b_f$，$b=(0.65\sim0.85)h_b$，$c=0.25b_f$，$R=(4c^2+b^2)/8c$，切割面应刨光

(b) 骨形连接 (RBS)

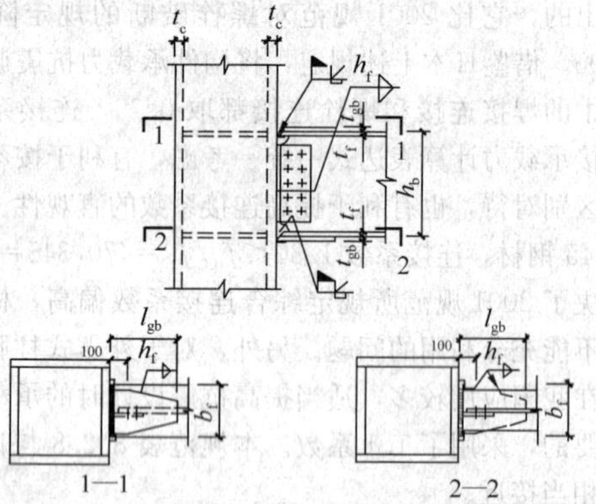

在上翼缘加楔形盖板，板宽$=b_f-3t_{gb}$　　在下翼缘加楔形盖板，板宽$=b_f+3t_{gb}$

(c) 盖板式连接

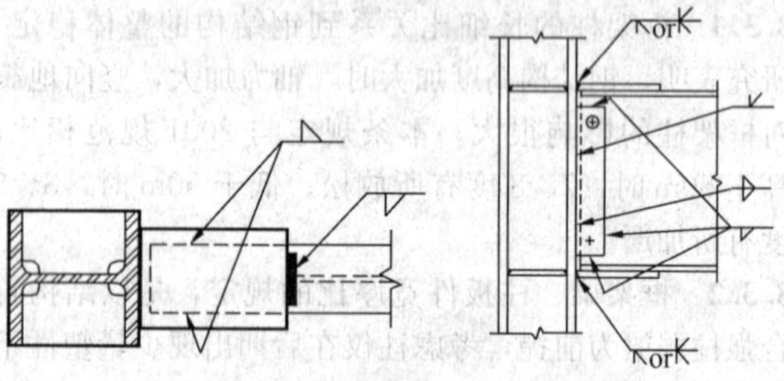

(d) 翼缘板式连接

图 24　梁端扩大形连接、骨形连接、盖板式连接和翼缘板式连接

柱腹板连成整体。塞焊点之间的距离，不应大于相连板件中较薄板件厚度的$21\sqrt{235/f_y}$倍。

8.3.6　罕遇地震作用下，框架节点将进入塑性区，保证结构在塑性区的整体性是很必要的。参考国外关于高层钢结构的设计要求，提出相应规定。

8.3.7　本条规定主要考虑柱连接接头放在柱受力小的位置。本次修订增加了对净高小于 2.6m 柱的接头位置要求。

8.3.8　本条要求，对 8、9 度有所放松。外露式只能用于 6、7 度高度不超过 50m 的情况。

8.4　钢框架-中心支撑结构的抗震构造措施

8.4.1　本节规定了中心支撑框架的构造要求，主要

用于高度50m以上的钢结构房屋。

AISC 341-05抗震规程，特殊中心支撑框架和普通中心支撑框架的支撑长细比限值均规定不大于$120\sqrt{235/f_y}$。本次修订作了相应修改。

本次修订，按抗震等级划分后，支撑板件宽厚限值也作了适当修改和补充。对50m以上房屋的工字形截面构件有所放松：9度由7，21放松为8，25；8度时由8，23放松为9，26；7度时由8，23放松为10，27；6度时由9，25放松为13，33。

8.4.2 美国规定，加速度0.15g以上的地区，支撑框架结构的梁与柱连接不应采用铰接。考虑到双重抗侧力体系对高层建筑抗震很重要，且梁与柱铰接将使结构位移增大，故规定一、二、三级不应铰接。

支撑与节点板嵌固点保留一个小距离，可使节点板在大震时产生平面外屈曲，从而减轻对支撑的破坏，这是AISC-97（补充）的规定，如图25所示。

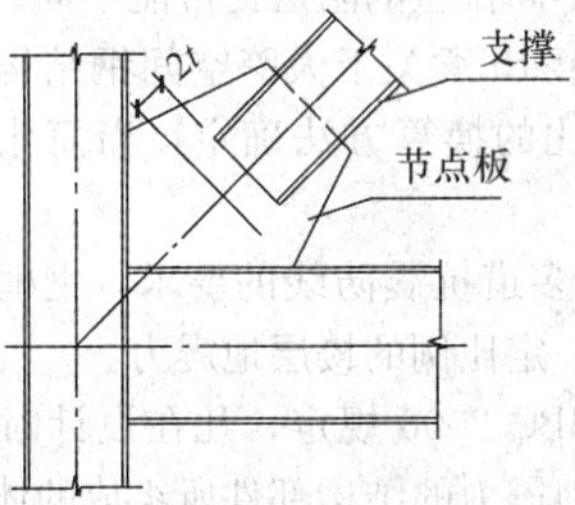

图25 支撑端部节点板的构造示意图

8.5 钢框架-偏心支撑结构的抗震构造措施

8.5.1 本节规定了保证消能梁段发挥作用的一系列构造要求。

为使消能梁段有良好的延性和消能能力，其钢材应采用Q235、Q345或Q345GJ。

板件宽厚比参照AISC的规定作了适当调整。当梁上翼缘与楼板固定但不能表明其下翼缘侧向固定时，仍需设置侧向支撑。

8.5.3 为使消能梁段在反复荷载作用下具有良好的滞回性能，需采取合适的构造并加强对腹板的约束：

1 支撑斜杆轴力的水平分量成为消能梁段的轴向力，当此轴向力较大时，除降低此梁段的受剪承载力外，还需减少该梁段的长度，以保证它具有良好的滞回性能。

2 由于腹板上贴焊的补强板不能进入弹塑性变形，因此不能采用补强板；腹板上开洞也会影响其弹塑性变形能力。

3 消能梁段与支撑斜杆的连接处，需设置与腹板等高的加劲肋，以传递梁段的剪力并防止梁腹板屈曲。

4 消能梁段腹板的中间加劲肋，需按梁段的长度区别对待，较短时为剪切屈服型，加劲肋间距小些；较长时为弯曲屈服型，需在距端部1.5倍的翼缘宽度处配置加劲肋；中等长度时需同时满足剪切屈服型和弯曲屈服型的要求。

偏心支撑的斜杆中心线与梁中心线的交点，一般在消能梁段的端部，也允许在消能梁段内，此时将产生与消能梁段端部弯矩方向相反的附加弯矩，从而减少消能梁段和支撑杆的弯矩，对抗震有利；但交点不应在消能梁段以外，因此时将增大支撑和消能梁段的弯矩，于抗震不利（图26）。

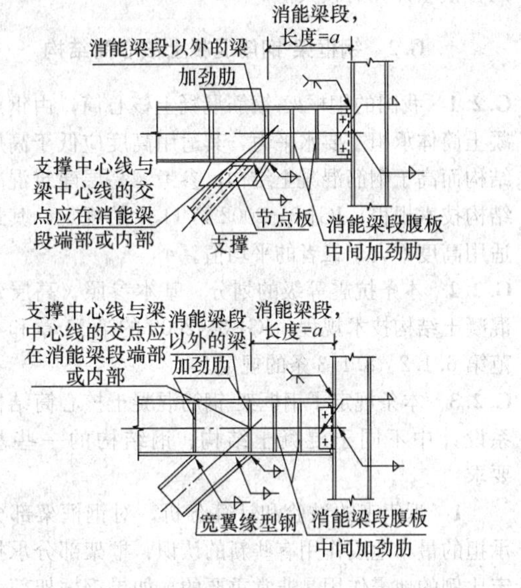

图26 偏心支撑构造

8.5.5 消能梁段两端设置翼缘的侧向隅撑，是为了承受平面外扭转。

8.5.6 与消能梁段处于同一跨内的框架梁，同样承受轴力和弯矩，为保持其稳定，也需设置翼缘的侧向隅撑。

附录G 钢支撑-混凝土框架和钢框架-钢筋混凝土核心筒结构房屋抗震设计要求

G.1 钢支撑-钢筋混凝土框架

G.1.1 我国的钢支撑-混凝土框架结构，钢支撑承担较大的水平力，但不及抗震墙，其适用高度不宜超过框架结构和框剪结构二者最大适用高度的平均值。

本节的规定，除抗震等级外也可适用于房屋高度在混凝土框架结构最大适用高度内的情况。

G.1.2 由于房屋高度超过本规范第6.1.1条混凝土框架结构的最大适用高度，故参照框剪结构提高抗震等级。

G.1.3 本条规定了钢支撑-混凝土框架结构不同于钢支撑结构、混凝土框架结构的设计要求，主要参照混凝土框架-抗震墙结构的要求，将钢支撑框架在整个结构中的地位类比于混凝土框架-抗震墙结构中的抗震墙。

G.1.4 混合结构的阻尼比，取决于混凝土结构和钢结构在总变形能中所占比例的大小。采用振型分解反应谱法时，不同振型的阻尼比可能不同。当简化估算时，可取 0.045。

按照多道防线的概念设计，支撑是第一道防线，混凝土框架需适当增大按刚度分配的地震作用，可取两种模型计算的较大值。

G.2 钢框架-钢筋混凝土核心筒结构

G.2.1 我国的钢框架-钢筋混凝土核心筒，由钢筋混凝土筒体承担主要水平力，其适用高度应低于高层钢结构而高于钢筋混凝土结构，参考《高层建筑混凝土结构技术规程》JGJ 3－2002 第 11 章的规定，其最大适用高度不大于二者的平均值。

G.2.2 本条抗震等级的划分，基本参照《高层建筑混凝土结构技术规程》JGJ 3－2002 的第 11 章和本规范第 6.1.2、8.1.3 条的规定。

G.2.3 本条规定了钢框架-钢筋混凝土核心筒结构体系设计中不同于混凝土结构、钢结构的一些基本要求：

1 近年来的试验和计算分析，对钢框架部分应承担的最小地震作用有些新的认识：框架部分承担一定比例的地震作用是非常重要的，如果钢框架部分按计算分配的地震剪力过少，则混凝土、筒体的受力状态和地震下的表现与普通钢筋混凝土结构几乎没有差别，甚至混凝土墙体更容易破坏。

清华大学土木系选择了一幢国内的钢框架-混凝土核心筒结构，变换其钢框架部分和混凝土核心筒的截面尺寸，并将它们进行不同组合，分析了共 20 个截面尺寸互不相同的结构方案，进行了在地震作用下的受力性能研究和比较，提出了钢框架部分剪力分担率的设计建议。

考虑钢框架-钢筋混凝土核心筒的总高度大于普通的钢筋混凝土框架-核心筒房屋，为给混凝土墙体留有一定的安全储备，规定钢框架按刚度分配的最小地震作用。当小于规定时，混凝土筒承担的地震作用和抗震构造均应适当提高。

2 钢框架柱的应力一般较高，而混凝土墙体大多由位移控制，墙的应力较低，而且两种材料弹性模量不等，此外，混凝土存在徐变和收缩，因此会使钢框架和混凝土筒体间存在较大变形。为了其差异变形不致使结构产生过大的附加内力，国外这类结构的楼盖梁大多两端都做成铰接。我国的习惯做法是，楼盖梁与周边框架刚接，但与钢筋混凝土墙体做成铰接，当墙体内设置连接用的构造型钢时，也可采用刚接。

3 试验表明，混凝土墙体与钢梁连接处存在局部弯矩及轴向力，但墙体平面外刚度较小，很容易出现裂缝；设置构造型钢有助于提高墙体的局部性能，也便于钢结构的安装。

4 底部或下部楼层用型钢混凝土柱，上部楼层用钢柱，可提高结构刚度和节约钢材，是常见的做法。阪神地震表明，此时应避免刚度突变引起的破坏，设置过渡层使结构刚度逐渐变化，可以减缓此种效应。

5 要使钢框架与混凝土核心筒能协同工作，其楼板的刚度和大震作用下的整体性是十分重要的，本条要求其楼板应采用现浇实心板。

G.2.4 本条规定了抗震计算中，不同于钢筋混凝土结构的要求：

1 混合结构的阻尼比，取决于混凝土结构和钢结构在总变形能中所占比例的大小。采用振型分解反应谱法时，不同振型的阻尼比可能不同。必要时，可参照本规范第 10 章关于大跨空间钢结构与混凝土支座综合阻尼比的换算方法确定，当简化估算时，可取 0.045。

2 根据多道抗震防线的要求，钢框架部分应按其刚度承担一定比例的楼层地震力。

按美国 IBC 2006 规定，凡在设计时考虑提供所需要的抵抗地震力的结构部件所组成的体系均为抗震结构体系。其中，由剪力墙和框架组成的结构有以下三类：①双重体系是“抗弯框架（moment frame）具有至少提供抵抗 25％设计力（design forces）的能力，而总地震抗力由抗弯框架和剪力墙按其相对刚度的比例共同提供”；由中等抗弯框架和普通剪力墙组成的双重体系，其折减系数 $R=5.5$，不许用于加速度大于 $0.20g$ 的地区。②在剪力墙-框架协同体系中，“每个楼层的地震力均由墙体和框架按其相对刚度的比例并考虑协同工作共同承担”；其折减系数也是 $R=5.5$，但不许用于加速度大于 $0.13g$ 的地区。③当设计中不考虑框架部分承受地震力时，称为房屋框架（building frame）体系；对于普通剪力墙和建筑框架的体系，其折减系数 $R=5$，不许用于加速度大于 $0.20g$ 的地区。

关于双重体系中钢框架部分的剪力分担率要求，美国 UBC85 已经明确为“不少于所需侧向力的 25％”，在 UBC97 是“应能独立承受至少 25％的设计基底剪力”。我国在 2001 抗震规范修订时，第 8 章多高层钢结构房屋的设计规定是“不小于钢框架部分最大楼层地震剪力的 1.8 倍和 25％结构总地震剪力二者的较小值”。考虑到混凝土核心筒的刚度远大于支撑钢框架或钢筒体，参考混凝土核心筒结构的相关要求，本条规定调整后钢框架承担的剪力至少达到底部总剪力的 15％。

9 单层工业厂房

9.1 单层钢筋混凝土柱厂房

（Ⅰ）一般规定

9.1.1 本规范关于单层钢筋混凝土柱厂房的规定，系根据20世纪60年代以来装配式单层工业厂房的震害和工程经验总结得到的。因此，对于现浇的单层钢筋混凝土柱厂房，需注意本节针对装配式结构的某些规定不适用。

根据震害经验，厂房结构布置应注意的问题是：

1 历次地震的震害表明，不等高多跨厂房有高振型反应，不等长多跨厂房有扭转效应，破坏较重；均对抗震不利，故多跨厂房宜采用等高和等长。

2 地震的震害表明，单层厂房的毗邻建筑任意布置是不利的，在厂房纵墙与山墙交汇的角部是不允许布置的。在地震作用下，防震缝处排架柱的侧移量大，当有毗邻建筑时，相互碰撞或变位受约束的情况严重；地震中有不少倒塌、严重破坏等加重震害的震例，因此，在防震缝附近不宜布置毗邻建筑。

3 大柱网厂房和其他不设柱间支撑的厂房，在地震作用下侧移量较设置柱间支撑的厂房大，防震缝的宽度需适当加大。

4 地震作用下，相邻两个独立的主厂房的振动变形可能不同步协调，与之相连接的过渡跨的屋盖常倒塌破坏；为此过渡跨至少应有一侧采用防震缝与主厂房脱开。

5 上吊车的铁梯，晚间停放吊车时，增大该处排架侧移刚度，加大地震反应，特别是多跨厂房各跨上吊车的铁梯集中在同一横向轴线时，会导致震害破坏，应避免。

6 工作平台或刚性内隔墙与厂房主体结构连接时，改变了主体结构的工作性状，加大地震反应；导致应力集中，可能造成短柱效应，不仅影响排架柱，还可能涉及柱顶的连接和相邻的屋盖结构，计算和加强措施均较困难，故以脱开为佳。

7 不同形式的结构，振动特性不同，材料强度不同，侧移刚度不同。在地震作用下，往往由于荷载、位移、强度的不均衡，而造成结构破坏。山墙承重和中间有横墙承重的单层钢筋混凝土柱厂房和端砖壁承重的天窗架，在地震中均有较重破坏，为此，厂房的一个结构单元内，不宜采用不同的结构形式。

8 两侧为嵌砌墙，中柱列设柱间支撑；一侧为外贴墙或嵌砌墙，另一侧为开敞；一侧为嵌砌墙，另一侧为外贴墙等各柱列纵向刚度严重不均匀的厂房，由于各柱列的地震作用分配不均匀，变形不协调，常导致柱列和屋盖的纵向破坏，在7度区就有这种震害反映，在8度和大于8度区，破坏就更普遍且严重，不少厂房柱倒屋塌，在设计中应予以避免。

9.1.2 根据震害经验，天窗架的设置应注意下列问题：

1 突出屋面的天窗架对厂房的抗震带来很不利的影响，因此，宜采用突出屋面较小的避风型天窗。采用下沉式天窗的屋盖有良好的抗震性能，唐山地震中甚至经受了10度地震的考验，不仅是8度区，有条件时均可采用。

2 第二开间起开设天窗，将使端开间每块屋面板与屋架无法焊接或焊连的可靠性大大降低而导致地震时掉落，同时也大大降低屋面纵向水平刚度。所以，如果山墙能够开窗，或者采光要求不太高时，天窗从第三开间起设置。

天窗架从厂房单元端第三柱间开始设置，虽增强屋面纵向水平刚度，但对建筑通风、采光不利，考虑到6度和7度区的地震作用效应较小，且很少有屋盖破坏的震例，本次修订改为对6度和7度区不做此要求。

3 历次地震经验表明，不仅是天窗屋盖和端壁板，就是天窗侧板也宜采用轻型板材。

9.1.3 根据震害经验，厂房屋盖结构的设置应注意下列问题：

1 轻型大型屋面板无檩屋盖和钢筋混凝土有檩屋盖的抗震性能好，经过8～10度强烈地震考验，有条件时可采用。

2 唐山地震震害统计分析表明，屋盖的震害破坏程度与屋盖承重结构的形式密切相关，根据8～11度地震的震害调查统计发现：梯形屋架屋盖共调查91跨，全部或大部倒塌41跨，部分或局部倒塌11跨，共计52跨，占56.7%；拱形屋架屋盖共调查151跨，全部或大部倒塌13跨，部分或局部倒塌16跨，共计29跨，占19.2%；屋面梁屋盖共调查168跨，全部或大部倒塌11跨，部分或局部倒塌17跨，共计28跨，占16.7%。

另外，采用下沉式屋架的屋盖，经8～10度强烈地震的考验，没有破坏的震例。为此，提出厂房宜采用低重心的屋盖承重结构。

3 拼块式的预应力混凝土和钢筋混凝土屋架（屋面梁）的结构整体性差，在唐山地震中其破坏率和破坏程度均较整榀式重得多。因此，在地震区不宜采用。

4 预应力混凝土和钢筋混凝土空腹桁架的腹杆及其上弦节点均较薄弱，在天窗两侧竖向支撑的附加地震作用下，容易产生节点破坏、腹杆折断的严重破坏，因此，不宜采用有突出屋面天窗架的空腹桁架屋盖。

5 随着经济的发展，组合屋架已很少采用，本次修订继续保持89规范、2001规范的规定，不列入这种屋架的规定。

本次修订，根据震害经验，建议在高烈度（8度0.30g和9度）且跨度大于24m的厂房，不采用重量大的大型屋面板。

9.1.4 不开孔的薄壁工字形柱、腹板开孔的普通工字形柱以及管柱，均存在抗震薄弱环节，故规定不宜采用。

（Ⅱ）计 算 要 点

9.1.7、9.1.8 对厂房的纵横向抗震分析，本规范明确规定，一般情况下，采用多质点空间结构分析方法。

关于横向计算：

当符合本规范附录J的条件时可采用平面排架简化方法，但计算所得的排架地震内力应考虑各种效应调整。本规范附录J的调整系数有以下特点：

1 适用于7～8度柱顶标高不超过15m且砖墙刚度较大等情况的厂房，9度时砖墙开裂严重，空间工作影响明显减弱，一般不考虑调整。

2 计算地震作用时，采用经过调整的排架计算周期。

3 调整系数采用了考虑屋盖平面内剪切刚度、扭转和砖墙开裂后刚度下降影响的空间模型，用振型分解法进行分析，取不同屋盖类型、各种山墙间距、各种厂房跨度、高度和单元长度，得出了统计规律，给出了较为合理的调整系数。因排架计算周期偏长，地震作用偏小，当山墙间距较大或仅一端有山墙时，按排架分析的地震内力需要增大而不是减小。对一端山墙的厂房，所考虑的排架一般指无山墙端的第二榀，而不是端榀。

4 研究发现，对不等高厂房高低跨交接处支承低跨屋盖牛腿以上的中柱截面，其地震作用效应的调整系数随高、低跨屋盖重力的比值是线性下降，要由公式计算。公式中的空间工作影响系数与其他各截面（包括上述中柱的下柱截面）的作用效应调整系数含义不同，分别列于不同的表格，要避免混淆。

5 地震中，吊车桥架造成了厂房局部的严重破坏。为此，把吊车桥架作为移动质点，进行了大量的多质点空间结构分析，并与平面排架简化分析比较，得出其放大系数。使用时，只乘以吊车桥架重力荷载在吊车梁顶标高处产生的地震作用，而不乘以截面的总地震作用。

关于纵向计算：

历次地震，特别是海城、唐山地震，厂房沿纵向发生破坏的例子很多，而且中柱列的破坏普遍比边柱列严重得多。在计算分析和震害总结的基础上，规范提出了厂房纵向抗震计算原则和简化方法。

钢筋混凝土屋盖厂房的纵向抗震计算，要考虑围护墙有效刚度、强度和屋盖的变形，采用空间分析模型。本规范附录K第K.1节的实用计算方法，仅适用于柱顶标高不超过15m且有纵向砖围护墙的等高厂房，是选取多种简化方法与空间分析计算结果比较而得到的。其中，要用经验公式计算基本周期。考虑到随着烈度的提高，厂房纵向侧移加大，围护墙开裂加重，刚度降低明显，故一般情况，围护墙的有效刚度折减系数，在7、8、9度时可近似取0.6、0.4和0.2。不等高和纵向不对称厂房，还需考虑厂房扭转的影响，尚无合适的简化方法。

9.1.9、9.1.10 地震震害表明，没有考虑抗震设防的一般钢筋混凝土天窗架，其横向受损并不明显，而纵向破坏却相当普遍。计算分析表明，常用的钢筋混凝土带斜腹杆的天窗架，横向刚度很大，基本上随屋盖平移，可以直接采用底部剪力法的计算结果，但纵向则要按跨数和位置调整。

有斜撑杆的三铰拱式钢天窗架的横向刚度也较厂房屋盖的横向刚度大很多，也是基本上随屋盖平移，故其横向抗震计算方法可与混凝土天窗架一样采用底部剪力法。由于钢天窗架的强度和延性优于混凝土天窗架，且可靠度高，故当跨度大于9m或9度时，钢天窗架的地震作用效应不必乘以增大系数1.5。

本规范明确关于突出屋面天窗架简化计算的适用范围为有斜杆的三铰拱式天窗架，避免与其他桁架式天窗架混淆。

对于天窗架的纵向抗震分析，继续保持89规范的相关规定。

9.1.11 关于大柱网厂房的双向水平地震作用，89规范规定取一个主轴方向100%加上相应垂直方向的30%的不利组合，相当于两个方向的地震作用效应完全相同时按本规范5.2节规定计算的结果，因此是一种略偏安全的简化方法。为避免与本规范5.2节的规定不协调，保持2001规范的规定，不再专门列出。

位移引起的附加弯矩，即“P-Δ”效应，按本规范3.6节的规定计算。

9.1.12 不等高厂房支承低跨屋盖的柱牛腿在地震作用下开裂较多，甚至牛腿面预埋板向外位移破坏。在重力荷载和水平地震作用下的柱牛腿纵向水平受拉钢筋的计算公式，第一项为承受重力荷载纵向钢筋的计算，第二项为承受水平拉力纵向钢筋的计算。

9.1.13 震害和试验研究表明：交叉支撑杆件的最大长细比小于200时，斜拉杆和斜压杆在支撑桁架中是共同工作的。支撑中的最大作用相当于单压杆的临界状态值。据此，在本规范的附录K第K.2节中规定了柱间支撑的设计原则和简化方法：

1 支撑侧移的计算：按剪切构件考虑，支撑任一点的侧移等于该点以下各节间相对侧移值的叠加。它可用以确定厂房纵向柱列的侧移刚度及上、下支撑地震作用的分配。

2 支撑斜杆抗震验算：试验结果发现，支撑的水平承载力，相当于拉杆承载力与压杆承载力乘以折减系数之和的水平分量。此折减系数即本规范附录K中的“压杆卸载系数”，可以线性内插；亦可直接用下列公式确定斜拉杆的净截面 A_n：

$$A_n \geqslant \gamma_{RE} l_i V_{bi} / [(1+\psi_c \phi_i) s_c f_{at}]$$

3 震害表明，单层钢筋混凝土柱厂房的柱间支撑虽有一定数量的破坏，但这些厂房大多数未考虑抗震设防。据计算分析，抗震验算的柱间支撑斜杆内力大于非抗震设计时的内力几倍。

4 柱间支撑与柱的连接节点在地震反复荷载作用下承受拉弯剪和压弯剪，试验表明其承载力比单调荷载作用下有所降低；在抗震安全性综合分析基础上，提出了确定预埋板钢筋截面面积的计算公式，适用于符合本规范第9.1.25条5款构造规定的情况。

5 提出了柱间支撑节点预埋件采用角钢时的验算方法。

本规范第9.1.23条对下柱柱间支撑的下节点位置有明确的规定，一般将节点位置置于基础顶标高处。6、7度时地震力较小，采取加强措施后可设在基础顶面以上；本次修订明确，必要时也可沿纵向柱列进行柱根的斜截面受剪承载力验算来确定加强措施。

9.1.14 本条规定了与厂房次要构件有关的计算。

1 地震震害表明：8度和9度区，不少抗风柱的上柱和下柱根部开裂、折断，导致山尖墙倒塌，严重的抗风柱连同山墙全部向外倾倒、抗风柱虽非单层厂房的主要承重构件，但它却是厂房纵向抗震中的重要构件，对保证厂房的纵向抗震安全，具有不可忽视的作用，补充规定8、9度时需进行平面外的截面抗震验算。

2 当抗风柱与屋架下弦相连接时，虽然此类厂房均在厂房两端第一开间设置下弦横向支撑，但当厂房遭到地震作用时，高大山墙引起的纵向水平地震作用具有较大的数值，由于阶形抗风柱的下柱刚度远大于上柱刚度，大部分水平地震作用将通过下柱的上端连接传至屋架下弦，但屋架下弦支撑的强度和刚度往往不能满足要求，从而导致屋架下弦支撑杆件压曲。1966年邢台地震6度区、1975年海城地震8度区均出现过这种震害。故要求进行相应的抗震验算。

3 当工作平台、刚性内隔墙与厂房主体结构相连时，将提高排架的侧移刚度，改变其动力特性，加大地震作用，还可能造成应力和变形集中，加重厂房的震害。地震中由此造成排架柱折断或屋盖倒塌，其严重程度因具体条件而异，很难作出统一规定。因此抗震计算时，需采用符合实际的结构计算简图，并采取相应的措施。

4 震害表明，上弦有小立柱的拱形和折线形屋架及上弦节间长和节间矢高较大的屋架，在地震作用下屋架上弦将产生附加扭矩，导致屋架上弦破坏。为此，8、9度在这种情况下需进行截面抗扭验算。

（Ⅲ）构 造 措 施

9.1.15 本节所指有檩屋盖，主要是波形瓦（包括石棉瓦及槽瓦）屋盖。这类屋盖只要设置保证整体刚度的支撑体系，屋面瓦与檩条间以及檩条与屋架间有牢固的拉结，一般均具有一定的抗震能力，甚至在唐山10度地震区也基本完好地保存下来。但是，如果屋面瓦与檩条或檩条与屋架拉结不牢，在7度地震区也会出现严重震害，海城地震和唐山地震中均有这种例子。

89规范对有檩屋盖的规定，系针对钢筋混凝土体系而言。2001规范增加了对钢结构有檩体系的要求。本次修订，未作修改。

9.1.16 无檩屋盖指的是各类不用檩条的钢筋混凝土屋面板与屋架（梁）组成的屋盖。屋盖的各构件相互间联成整体是厂房抗震的重要保证，这是根据唐山、海城震害经验提出的总要求。鉴于我国目前仍大量采用钢筋混凝土大型屋面板，故重点对大型屋面板与屋架（梁）焊连的屋盖体系作了具体规定。

这些规定中，屋面板和屋架（梁）可靠焊连是第一道防线，为保证焊连强度，要求屋面板端头底面预埋板和屋架端部顶面预埋件均应加强锚固；相邻屋面板吊钩或四角顶面预埋铁件间的焊连是第二道防线；当制作非标准屋面板时，也应采取相应的措施。

设置屋盖支撑是保证屋盖整体性的重要抗震措施，基本沿用了89规范的规定。

根据震害经验，8度区天窗跨度等于或大于9m和9度区天窗架宜设置上弦横向支撑。

9.1.17 本规范在进一步总结地震经验的基础上，对有檩和无檩屋盖支撑布置的规定作适当的补充。

9.1.18 唐山地震震害表明，采用刚性焊连构造时，天窗立柱普遍在下挡和侧板连接处出现开裂和破坏，甚至倒塌，刚性连接仅在支撑很强的情况下才是可行的措施，故规定一般单层厂房宜用螺栓连接。

9.1.19 屋架端竖杆和第一节间上弦杆，静力分析中常作为非受力杆件而采用构造配筋，截面受弯、受剪承载力不足，需适当加强。对折线形屋架为调整屋面坡度而在端节间上弦顶面设置的小立柱，也要适当增大配筋和加密箍筋。以提高其拉弯剪能力。

9.1.20 根据震害经验，排架柱的抗震构造，增加了箍筋肢距的要求，并提高了角柱柱头的箍筋构造要求。

1 柱子在变位受约束的部位容易出现剪切破杯，要增加箍筋。变位受约束的部位包括：设有柱间支撑的部位、嵌砌内隔墙、侧边贴建披屋、靠山墙的角柱、平台连接处等。

2 唐山地震震害表明：当排架柱的变位受平台，刚性横隔墙等约束，其影响的严重程度和部位，因约束条件而异，有的仅在约束部位的柱身出现裂缝；有的造成屋架上弦折断、屋盖坍落（如天津拖拉机厂冲压车间）；有的导致柱头和连接破坏屋盖倒塌（如天津第一机床厂铸工车间配砂间）。必须区别情况从设计计算和构造上采取相应的有效措施，不能统一采用局部加强排架柱的箍筋，如高低跨柱的上柱的剪跨比较小时就应全高加密箍筋，并加强柱头与屋架的连接。

3 为了保证排架柱箍筋加密区的延性和抗剪强度，除箍施的最小直径和最大间距外，增加对箍筋最大肢距的要求。

4 在地震作用下，排架柱的柱头由于构造上的原因，不是完全的铰接；而是处于压弯剪的复杂受力状态，在高烈度地区，这种情况更为严重，排架柱头破坏较重，加密区的箍筋直径需适当加大。

5 厂房角柱的柱头处于双向地震作用，侧向变形受约束和压弯剪的复杂受力状态，其抗震强度和延性较中间排架柱头弱得多，地震中，6 度区就有角柱顶开裂的破坏；8 度和大于 8 度时，震害就更多，严重的柱头折断，端屋架榻落，为此，厂房角柱的柱头加密箍筋宜提高一度配置。

6 本次修订，增加了柱侧向受约束且剪跨比不大于 2 的排架柱柱顶的构造要求。

9.1.21 大柱网厂房的抗震性能是唐山地震中发现的新问题，其震害特征是：①柱根出现对角破坏，混凝土酥碎剥落，纵筋压曲，说明主要是纵、横两个方向或斜向地震作用的影响，柱根的强度和延性不足；②中柱的破坏率和破坏程度均大于边柱，说明与柱的轴压比有关。

本次修订，保持了 2001 规范对大柱网厂房的抗震验算规定，包括轴压比和相应的箍筋构造要求。其中的轴压比限值，考虑到柱子承受双向压弯剪和 P-Δ 效应的影响，受力复杂，参照了钢筋混凝土框支柱的要求，以保证延性；大柱网厂房柱仅承受屋盖（包括屋面、屋架、托架、悬挂吊车）和柱的自重，尚不致因控制轴压比而给设计带来困难。

9.1.22 对抗风柱，除了提出验算要求外，还提出纵筋和箍筋的构造规定。

地震中，抗风柱的柱头和上、下柱的根部都有产生裂缝、甚至折断的震害，另外，柱肩产生劈裂的情况也不少。为此，柱头和上、下柱根部需加强箍筋的配置，并在柱肩处设置纵向受拉钢筋，以提高其抗震能力。

9.1.23 柱间支撑的抗震构造，本次修订基本保持 2001 规范对 89 规范的改进：

①支撑杆件的长细比限值随烈度和场地类别而变化；本次修订，调整了 8、9 度下柱支撑的长细比要求；②进一步明确了支撑柱子连接节点的位置和相应的构造；③增加了关于交叉支撑节点板及其连接的构造要求。

柱间支撑是单层钢筋混凝土柱厂房的纵向主要抗侧力构件，当厂房单元较长或 8 度Ⅲ、Ⅳ类场地和 9 度时，纵向地震作用效应较大，设置一道下柱支撑不能满足要求时，可设置两道下柱支撑，但应注意：两道下柱支撑宜设置在厂房单元中间三分之一区段内，不宜设置在厂房单元的两端，以避免温度应力过大；在满足工艺条件的前提下，两者靠近设置时，温度应力小；在厂房单元中部三分之一区段内，适当拉开设置则有利于缩短地震作用的传递路线，设计中可根据具体情况确定。

交叉式柱间支撑的侧移刚度大，对保证单层钢筋混凝土柱厂房在纵向地震作用下的稳定性有良好的效果，但在与下柱连接的节点处理时，会遇到一些困难。

9.1.25 本条规定厂房各构件连接节点的要求，具体贯彻了本规范第 3.5 节的原则规定，包括屋架与柱的连接，柱顶锚件；抗风柱、牛腿（柱肩）、柱与柱间支撑连接处的预埋件：

1 柱顶与屋架采用钢板铰，在原苏联的地震中经受了考验，效果较好；建议在 9 度时采用。

2 为加强柱牛腿（柱肩）预埋板的锚固，要把相当于承受水平拉力的纵向钢筋（即本节第 9.1.12 公式中的第 2 项）与预埋板焊连。

3 在设置柱间支撑的截面处（包括柱顶、柱底等），为加强锚固，发挥支撑的作用，提出了节点预埋件采用角钢加端板锚固的要求，埋板与锚件的焊接，通常用埋弧焊或开锥形孔塞焊。

4 抗风柱的柱顶与屋架上弦的连接节点，要具有传递纵向水平地震力的承载力和延性。抗风柱顶与屋架（屋面梁）上弦可靠连接，不仅保证抗风柱的强度和稳定，同时也保证山墙产生的纵向地震作用的可靠传递，但连接点必须在上弦横向支撑与屋架的连接点，否则将使屋架上弦产生附加的节间平面外弯矩。由于现在的预应力混凝土和钢筋混凝土屋架，一般均不符合抗风柱布置间距的要求，故补充规定以引起注意，当遇到这种情况时，可以采用在屋架横向支撑中加设次腹杆或型钢横梁，使抗风柱顶的水平力传递至上弦横向支撑的节点。

9.2 单层钢结构厂房

(Ⅰ) 一 般 规 定

9.2.1 国内外的多次地震经验表明，钢结构的抗震性能一般比其他结构的要好。总体上说，单层钢结构厂房在地震中破坏较轻，但也有损坏或坍塌的。因此，单层钢结构厂房进行抗震设防是必要的。

本次修订，仍不包括轻型钢结构厂房。

9.2.2 从单层钢结构厂房的震害实例分析，在 7～9

度的地震作用下，其主要震害是柱间支撑的失稳变形和连接节点的断裂或拉脱，柱脚锚栓剪断和拉断，以及锚栓锚固过短所至的拔出破坏。亦有少量厂房的屋盖支撑杆件失稳变形或连接节点板开裂破坏。

9.2.3 原则上，单层钢结构厂房的平面、竖向布置的抗震设计要求，是使结构的质量和刚度分布均匀，厂房受力合理、变形协调。

钢结构厂房的侧向刚度小于混凝土柱厂房，其防震缝缝宽要大于混凝土柱厂房。当设防烈度高或厂房较高时，或当厂房坐落在较软弱场地土或有明显扭转效应时，尚需适当增加。

（Ⅱ）抗 震 验 算

9.2.5 通常设计时，单层钢结构厂房的阻尼比与混凝土柱厂房相同。本次修订，考虑到轻型围护的单层钢结构厂房，在弹性状态工作的阻尼比较小，根据单层、多层到高层钢结构房屋的阻尼比由大到小变化的规律，建议阻尼比按屋盖和围护墙的类型区别对待。

9.2.6 本条保持2001规范的规定。单层钢结构厂房的围护墙类型较多。围护墙的自重和刚度主要由其类型、与厂房柱的连接所决定。因此，为使厂房的抗震计算更符合实际情况、更合理，其自重和刚度取值应结合所采用的围护墙类型、与厂房柱的连接方式来决定。对于与柱贴砌的普通砖墙围护厂房，除需考虑墙体的侧移刚度外，尚应考虑墙体开裂而对其侧移刚度退化的影响。当为外贴式砖砌纵墙，7、8、9度设防时，其等效系数分别可取0.6、0.4、0.2。

9.2.7、9.2.8 单层钢结构厂房的地震作用计算，应根据厂房的竖向布置（等高或不等高）、起重机设置、屋盖类别等情况，采用能反映出厂房地震反应特点的单质点、两质点和多质点的计算模型。总体上，单层钢结构厂房地震作用计算的单元划分、质量集中等，可参照钢筋混凝土柱厂房的执行。但对于不等高单层钢结构厂房，不能采用底部剪力法计算，而应采用多质点模型振型分解反应谱法计算。

轻型墙板通过墙架构件与厂房框架柱连接，预制混凝土大型墙板可与厂房框架柱柔性连接。这些围护墙类型和连接方式对框架柱纵向侧移的影响较小。亦即，当各柱列的刚度基本相同时，其纵向柱列的变位亦基本相同。因此，等高单跨或多跨厂房的纵向抗震计算时，对无檩屋盖可按柱列刚度分配；对有檩屋盖可按柱列所承受的重力荷载代表值比例分配和按单柱列计算，并取两者之较大值。而当采用与柱贴砌的砖围护墙时，其纵向抗震计算与混凝土柱厂房的基本相同。

按底部剪力法计算纵向柱列的水平地震作用时，所得的中间柱列纵向基本周期偏长，可利用周期折减系数予以修正。

单层钢结构厂房纵向主要由柱间支撑抵抗水平地震作用，是震害多发部位。在地震作用下，柱间支撑可能屈曲，也可能不屈曲。柱间支撑处于屈曲状态或者不屈曲状态，对与支撑相连的框架柱的受力差异较大，因此需针对支撑杆件是否屈曲的两种状态，分别验算设置支撑的纵向柱列的受力。当然，目前采用轻型围护结构的单层钢结构厂房，在风荷载较大时，7、8度的柱间支撑杆件在7、8度也可处于不屈曲状态。这种情况可不进行支撑屈曲后状态的验算。

9.2.9 屋盖的竖向支承桁架可包括支承天窗架的竖向桁架、竖向支撑桁架等。屋盖竖向支承桁架承受的作用力包括屋盖自重产生的地震力，尚需将其传递给主框架，故其杆件截面需由计算确定。

屋盖水平支撑交叉斜杆，在地震作用下，考虑受压斜杆失稳而需按拉杆设计，故其连接的承载力不应小于支撑杆的全塑性承载力。条文参考上海市的规定给出。

参照冶金部门的规定，支承跨度大于24m屋面横梁的托架系直接传递地震竖向作用的构件，应考虑屋架传来的竖向地震作用。

对于厂房屋面设置荷重较大的设备等情况，不论厂房跨度大小，都应对屋盖横梁进行竖向地震作用验算。

9.2.10 单层钢结构厂房的柱间支撑一般采用中心支撑。X形柱间支撑用料省，抗震性能好，应首先考虑采用。但单层钢结构厂房的柱距，往往比单层混凝土柱厂房的基本柱距（6m）要大几倍，V或Λ形也是常用的几种柱间支撑形式，下柱柱间支撑也有用单斜杆的。

支撑杆件屈曲后状态支撑框架按本规范第5章的规定进行抗震验算。本条卸载系数主要依据日本、美国的资料导出，与附录K第K.2节对我国混凝土柱厂房柱间支撑规定的卸载系数有所不同。但同样适用于支撑杆件长细比大于60 $\sqrt{235/f_y}$的情况，长细比大于200时不考虑压杆卸载影响。

与V或Λ形支撑相连的横梁，除了轻型围护结构的厂房满足设防地震下不屈曲的支撑外，通常需要按本规范第8.2.6条计入支撑屈曲后的不平衡力的影响。即横梁截面A_{br}满足：

$$M_{bp,N} \geqslant \frac{1}{4} S_c \sin\theta (1 - 0.3\varphi_i) A_{br} f / \gamma_{RE}$$

式中：$M_{bp,N}$——考虑轴力作用的横梁全截面塑性抗弯承载力；

S_c——支撑所在柱间的净距。

9.2.11 设计经验表明，跨度不很大的轻型屋盖钢结构厂房，如仅从新建的一次投资比较，采用实腹屋面梁的造价略比采用屋架的高些。但实腹屋面梁制作简便，厂房施工期和使用期的涂装、维护量小而方便，且质量好、进度快。如按厂房全寿命的支出比较，这些跨度不很大的厂房采用实腹屋面梁比采用屋架要合理一些。实腹屋面梁一般与柱刚性连接。这种刚架结构应用日益广泛。

1 受运输条件限制，较高厂房柱有时需在上柱拼接接长。条文给出的拼接承载力要求是最小要求，有条件时可采用等强度拼接接长。

2 梁柱刚性连接、拼接的极限承载力验算及相应的构造措施（如潜在塑性铰位置的侧向支承），应针对单层刚架厂房的受力特征和遭遇强震时可能形成的极限机构进行。一般情况下，单跨横向刚架的最大应力区在梁底上柱截面，多跨横向刚架在中间柱列处也可出现在梁端截面。这是钢结构单层刚架厂房的特征。柱顶和柱底出现塑性铰是单层刚架厂房的极限承载力状态之一，故可放弃“强柱弱梁”的抗震概念。

条文中的刚架梁端的最大应力区，可按距梁端1/10梁净跨和1.5倍梁高中的较大值确定。实际工程中，受构件运输条件限制，梁的现场拼接往往在梁端附近，即最大应力区，此时，其极限承载力验算应与梁柱刚性连接的相同。

（Ⅲ）抗震构造措施

9.2.12 屋盖支撑系统（包括系杆）的布置和构造应满足的主要功能是：保证屋盖的整体性（主要指屋盖各构件之间不错位）和屋盖横梁平面外的稳定性，保证屋盖和山墙水平地震作用传递路线的合理、简捷，且不中断。本次修订，针对钢结构厂房的特点规定了不同于钢筋混凝土柱厂房的屋盖支撑布置要求：

1 一般情况下，屋盖横向支撑应对应于上柱柱间支撑布置，故其间距取决于柱间支撑间距。表9.2.12屋盖横向支撑间距限值可按本节第9.2.15条的柱间支撑间距限值执行。

2 无檩屋盖（重型屋盖）是指通用的1.5m×6.0m预制大型屋面板。大型屋面板与屋架的连接需保证三个角点牢固焊接，才能起到上弦水平支撑的作用。

屋架的主要横向支撑应设置在传递厂房框架支座反力的平面内。即，当屋架为端斜杆上承式时，应以上弦横向支撑为主；当屋架为端斜杆下承式时，以下弦横向支撑为主。当主要横向支撑设置在屋架的下弦平面区间内时，宜对应地设置上弦横向支撑；当采用以上弦横向支撑为主的屋架区间内时，一般可不设置对应的下弦横向支撑。

3 有檩屋盖（轻型屋盖）主要是指彩色涂层压形钢板、硬质金属面夹芯板等轻型板材和高频焊接薄壁型钢檩条组成的屋盖。在轻型屋盖中，高频焊接薄壁型钢等型钢檩条一般都可兼作上弦系杆，故在表9.2.12中未列入。

对于有檩屋盖，宜将主要横向支撑设置在上弦平面，水平地震作用通过上弦平面传递，相应的，屋架亦应采用端斜杆上承式。在设置横向支撑开间的柱顶刚性系杆或竖向支撑、屋面檩条应加强，使屋盖横向支撑能通过屋面檩条、柱顶刚性系杆或竖向支撑等构件可靠地传递水平地震作用。但当采用下沉式横向天窗时，应在屋架下弦平面设置封闭的屋盖水平支撑系统。

4 8、9度时，屋盖支撑体系（上、下弦横向支撑）与柱间支撑应布置在同一开间，以便加强结构单元的整体性。

5 支撑设置还需注意：当厂房跨度不很大时，压型钢板轻型屋盖比较适合于采用与柱刚接的屋面梁。压型钢板屋面的坡度较平缓，跨变效应可略去不计。

对轻型有檩屋盖，亦可采用屋架端斜杆为上承式的铰接框架，柱顶水平力通过屋架上弦平面传递。屋盖支撑布置也可参照实腹屋面梁的，隅撑间距宜按屋架下弦的平面外长细比小于240确定，但横向支撑开间的屋架两端应设置竖向支撑。

檩条隅撑系统布置时，需考虑合理的传力路径，檩条及其两端连接应足以承受隅撑传至的作用力。

屋盖纵向水平支撑的布置比较灵活。设计时，应据具体情况综合分析，以达到合理布置的目的。

9.2.13 单层钢结构厂房的最大柱顶位移限值、吊车梁顶面标高处的位移限值，一般已可控制出现长细比过大的柔韧厂房。

本次修订，参考美国、欧洲、日本钢结构规范和抗震规范，结合我国现行钢结构设计规范的规定和设计习惯，按轴压比大小对厂房框架柱的长细比限值适当调整。

9.2.14 板件的宽厚比，是保证厂房框架延性的关键指标，也是影响单位面积耗钢量的关键指标。本次修订，对重屋盖和轻屋盖予以区别对待。重屋盖参照多层钢结构低于50m的抗震等级采用，柱的宽厚比要求比2001规范有所放松。

对于采用压型钢板轻型屋盖的单层钢结构厂房，对于设防烈度8度（0.20g）及以下的情况，即使按设防烈度的地震动参数进行弹性计算，也经常出现由非地震组合控制厂房框架受力的情况。因此，根据实际工程的计算分析，发现如果采用性能化设计的方法，可以分别按“高延性，低弹性承载力”或“低延性，高弹性承载力”的抗震设计思路来确定板件宽厚比。即通过厂房框架承受的地震内力与其具有的弹性抗力进行比较来选择板件宽厚比：

当构件的强度和稳定的承载力均满足高承载力——2倍多遇地震作用下的要求（$\gamma_G S_{GE}+\gamma_{Eh}2S_E\leqslant R/\gamma_{RE}$）时，可采用现行《钢结构设计规范》GB 50017弹性设计阶段的板件宽厚比限值，即C类；当强度和稳定的承载力均满足中等承载力——1.5倍多遇地震作用下的要求（$\gamma_G S_{GE}+\gamma_{Eh}1.5S_E\leqslant R/\gamma_{RE}$）时，可按表6中B类采用；其他情况，则按表6中A类采用。

表6 柱、梁构件的板件宽厚比限值

构件	板件名称		A类	B类
柱	I形截面	翼缘 b/t	10	12
		腹板 h_0/t_w	44	50
	箱形截面	壁板、腹板间翼缘 b/t	33	37
		腹板 h_0/t_w	44	48
	圆形截面	外径壁厚比 D/t	50	70
梁	I形截面	翼缘 b/t	9	11
		腹板 h_0/t_w	65	72
	箱形截面	腹板间翼缘 b/t	30	36
		腹板 h_0/t_w	65	72

注：表列数值适用于Q235钢。当材料为其他钢号时，除圆管的外径壁厚比应乘以 $235/f_y$ 外，其余应乘以 $\sqrt{235/f_y}$。

A、B、C三类宽厚比的数值，系参照欧、日、美等国家的抗震规范选定。大体上，A类可达全截面塑性且塑性铰在转动过程中承载力不降低；B类可达全截面塑性，在应力强化开始前足以抵抗局部屈曲发生，但由于局部屈曲使塑性铰的转动能力有限。C类是指现行《钢结构设计规范》GB 50017按弹性准则设计时腹板不发生局部屈曲的情况，如双轴对称H形截面翼缘需满足 $b/t \leqslant 15\sqrt{235/f_y}$，受弯构件腹板需满足 $72\sqrt{235/f_y} < h_0/t_w \leqslant 130\sqrt{235/f_y}$，压弯构件腹板应符合《钢结构设计规范》GB 50017－2003式（5.4.2）的要求。

上述板件宽厚比与地震作用的对应关系，系根据底部剪力相当的条件，与欧洲EC8规范、日本BCJ规范给出的板件宽厚比限值与地震作用的对应关系大致持平。

鉴于单跨单层厂房横向刚架的耗能区（潜在塑性铰区），一般在上柱梁底截面附近，因此，即使遭遇强烈地震在上柱梁底区域形成塑性铰，并考虑塑性铰区钢材应变硬化，屋面梁仍可能处于弹性状态工作。所以框架塑性耗能区外的构件区段（即使遭遇强烈地震，截面应力始终在弹性范围内波动的构件区段），可采用C类截面。

设计经验表明，就目前广泛采用轻型围护材料的情况，采用上述方法确定宽厚比，虽然增加了一些计算工作量，但充分利用了构件自身所具有的承载力，在6、7度设防时可以较大地降低耗钢量。

9.2.15 柱间支撑对整个厂房的纵向刚度、自振特性、塑性铰产生部位都有影响。柱间支撑的布置应合理确定其间距，合理选择和配置其刚度以减小厂房整体扭转。

1 柱间支撑长细比限值，大于细柔长细比下限值 $130\sqrt{235/f_y}$（考虑 $0.5f_y$ 的残余应力）时，不需作钢号修正。

2 采用焊接型钢时，应采用整根型钢制作支撑杆件；但当采用热轧型钢时，采用拼接板加强才能达到等强接长。

3 对于大型屋面板无檩屋盖，柱顶的集中质量往往要大于各层吊车梁处的集中质量，其地震作用对各层柱间支撑大体相同，因此，上层柱间支撑的刚度、强度宜接近下层柱间支撑的。

4 压型钢板等轻型墙屋面围护，其波形垂直厂房纵向，对结构的约束较小，故可放宽厂房柱间支撑的间距。条文参考冶金部门的规定，对轻型围护厂房的柱间支撑间距作出规定。

9.2.16 震害表明，外露式柱脚破坏的特征是锚栓剪断、拉断或拔出。由于柱脚锚栓破坏，使钢结构倾斜，严重者导致厂房坍塌。外包式柱脚表现为顶部箍筋不足的破坏。

1 埋入式柱脚，在钢柱根部截面容易满足塑性铰的要求。当埋入深度达到钢柱截面高度2倍的深度，可认为其柱脚部位的恢复力特性基本呈纺锤形。插入式柱脚引用冶金部门的有关规定。埋入式、插入式柱脚应确保钢柱的埋入深度和钢柱埋入部分的周边混凝土厚度。

2 外包式柱脚的力学性能主要取决于外包钢筋混凝土的力学性能。所以，外包短柱的钢筋应加强，特别是顶部箍筋，并确保外包混凝土的厚度。

3 一般的外露式柱脚，从力学的角度看，作为半刚性考虑更加合适。与钢柱根部截面的全截面屈服承载力相比，柱脚在多数情况下由锚栓屈服所决定的塑性弯矩较小。这种柱脚受弯时的力学性能，主要由锚栓的性能决定。如锚栓受拉屈服后能充分发展塑性，则承受反复荷载作用时，外露式柱脚的恢复力特性呈典型的滑移型滞回特性。但实际的柱脚，往往在锚栓截面未削弱部分屈服前，螺纹部分就发生断裂，难以有充分的塑性发展。并且，当钢柱截面大到一定程度时，设计大于柱截面受弯承载力的外露式柱脚往往是困难的。因此，当柱脚承受的地震作用大时，采用外露式不经济，也不合适。采用外露式柱脚时，与柱间支撑连接的柱脚，不论计算是否需要，都必须设置剪力键，以可靠抵抗水平地震作用。

此次局部修订，进一步补充说明外露式柱脚的承载力验算要求，明确为"极限承载力极限承载力不宜小于柱截面塑性屈服承载力的1.2倍"。

9.3 单层砖柱厂房

（Ⅰ）一般规定

9.3.1 本次修订明确本节适用范围为6～8度（0.20g）的烧结普通砖（黏土砖、页岩砖）、混凝土普通砖砌体。

在历次大地震中，变截面砖柱的上柱震害严重又不易修复，故规定砖柱厂房的适用范围为等高的中小型工业厂房。超出此范围的砖柱厂房；要采取比本节规定更有效的措施。

9.3.2 针对中小型工业厂房的特点，对钢筋混凝土无檩屋盖的砖柱厂房，要求设置防震缝。对钢、木等有檩屋盖的砖往厂房，则明确可不设防震缝。

防震缝处需设置双柱或双墙，以保证结构的整体稳定性和刚性。

本次修订规定，屋盖设置天窗时，天窗不应通到端开间，以免过多削弱屋盖的整体性。天窗采用端砖壁时，地震中较多严重破坏，甚至倒塌，不应采用。

9.3.3 厂房的结构选型应注意：

1 历次大地震中，均有相当数量不配筋的无阶形柱的单层砖柱厂房，经受8度地震仍基本完好或轻微损坏。分析认为，当砖柱厂房山墙的间距、开洞率和高宽比均符合砌体结构静力计算的"刚性方案"条件且山墙的厚度不小于240mm时，即：

①厂房两端均设有承重山墙且山墙和横墙间距，对钢筋混凝土无檩屋盖不大于32m，对钢筋混凝土有檩屋盖、轻型屋盖和有密铺望板的木屋盖不大于20m；

②山墙或横墙上洞口的水平截面面积不应超过山墙或横墙截面面积的50%；

③山墙和横墙的长度不小于其高度。

不配筋的砖排架柱仍可满足8度的抗震承载力要求。仅从承载力方面，8度地震时可不配筋；但历次的震害表明，当遭遇9度地震时，不配筋的砖柱大多数倒塌，按照"大震不倒"的设计原则，本次修订强调，8度（0.20g）时不应采用无筋砖柱。即仍保留78规范、89规范关于8度设防时至少应设置"组合砖柱"的规定，且多跨厂房在8度Ⅲ、Ⅳ类场地时，中柱宜采用钢筋混凝土柱，仅边柱可略放宽为采用组合砖柱。

2 震害表明，单层砖柱厂房的纵向也要有足够的强度和刚度，单靠独立砖柱是不够的，像钢筋混凝土柱厂房那样设置交叉支撑也不妥，因为支撑吸引来的地震剪力很大，将会剪断砖柱。比较经济有效的办法是，在柱间砌筑与柱整体连接的纵向砖墙并设置砖墙基础，以代替柱间支撑加强厂房的纵向抗震能力。

采用钢筋混凝土屋盖时，由于纵向水平地震作用较大，不能单靠屋盖中的一般纵向构件传递，所以要求在无上述抗震墙的砖柱顶部处设压杆（或用满足压杆构造的圈梁、天沟或檩条等代替）。

3 强调隔墙与抗震墙合并设置，目的在于充分利用墙体的功能，并避免非承重墙对柱及屋架与柱连接点的不利影响。当不能合并设置时，隔墙要采用轻质材料。

单层砖柱厂房的纵向隔墙与横向内隔墙一样，也宜做成抗震墙，否则会导致主体结构的破坏，独立的纵向、横向内隔墙，受震后容易倒塌，需采取保证其平面外稳定性的措施。

（Ⅱ）计 算 要 点

9.3.4 本次修订基本保持了2001规范可不进行纵向抗震验算的条件。明确为7度（0.10g）的情况，不适用于7度（0.15g）的情况。

9.3.5、9.3.6 在本节适用范围内的砖柱厂房，纵、横向抗震计算原则与钢筋混凝土柱厂房基本相同，故可参照本章第9.1节所提供的方法进行计算。其中，纵向简化计算的附录K不适用，而屋盖为钢筋混凝土或密铺望板的瓦木屋盖时，2001规范规定，横向平面排架计算同样考虑厂房的空间作用影响。理由如下：

① 根据国家标准《砌体结构设计规范》GB 50003的规定：密铺望板瓦木屋盖与钢筋混凝土有檩屋盖属于同一种屋盖类型，静力计算中，符合刚弹性方案的条件时（20～48）m均可考虑空间工作，但89抗震规范规定：钢筋混凝土有檩屋盖可以考虑空间工作，而密铺望板的瓦木屋盖不可以考虑空间工作，二者不协调。

② 历次地震，特别是辽南地震和唐山地震中，不少密铺望板瓦木屋盖单层砖柱厂房反映了明显的空间工作特性。

③ 根据王光远教授《建筑结构的振动》的分析结论，不仅仅钢筋混凝土无檩屋盖和有檩屋盖（大波瓦、槽瓦）厂房；就是石棉瓦和黏土瓦屋盖厂房在地震作用下，也有明显的空间工作。

④ 从具有木望板的瓦木屋盖单层砖柱厂房的实测可以看出：实测厂房的基本周期均比按排架计算周期为短，同时其横向振型与钢筋混凝土屋盖的振型基本一致。

⑤ 山楼墙间距小于24m时，其空间工作更明显，且排架柱的剪力和弯矩的折减有更大的趋势，而单层砖柱厂房山、楼墙间距小于24m的情况，在工程建设中也是常见的。

根据以上分析，本次修订继续保持2001规范对单层砖柱厂房的空间工作的如下修订：

1） 7度和8度时，符合砌体结构刚弹性方案（20～48）m的密铺望板瓦木屋盖单层砖柱厂房与钢筋混凝土有檩屋盖单层砖柱厂房一样，也可考虑地震作用下的空间工作。

2） 附录J"砖柱考虑空间工作的调整系数"中的"两端山墙间距"改为"山墙、承重（抗震）横墙的间距"；并将小于24m分为24m、18m、12m。

3） 单层砖柱厂房考虑空间工作的条件与单层

钢筋混凝土柱厂房不同，在附录K中加以区别和修正。

9.3.8 砖柱的抗震验算，在现行国家标准《砌体结构设计规范》GB 50003 的基础上，按可靠度分析，同样引入承载力调整系数后进行验算。

（Ⅲ）构造措施

9.3.9 砖柱厂房一般多采用瓦木屋盖，89 规范关于木屋盖的规定基本上是合理的，本次修订，保持 89 规范、2001 规范的规定；并依据木结构设计规范的规定，明确 8 度时的木屋盖不宜设置天窗。

木屋盖的支撑布置中，如端开间下弦水平系杆与山墙连接，地震后容易将山墙顶坏，故不宜采用。木天窗架需加强与屋架的连接，防止受震后倾倒。

当采用钢筋混凝土和钢屋盖时，可参照第 9.1、9.2 节的规定。

9.3.10 檩条与山墙连接不好，地震时将使支承处的砌体错动，甚至造成山尖墙倒塌，檩条伸出山墙的出山屋面有利于加强檩条与山墙的连接，对抗震有利，可以采用。

9.3.12 震害调查发现，预制圈梁的抗震性能较差，故规定在屋架底部标高处设置现浇钢筋混凝土圈梁。为加强圈梁的功能，规定圈梁的截面高度不应小于 180mm；宽度习惯上与砖墙同宽。

9.3.13 震害还表明，山墙是砖柱厂房抗震的薄弱部位之一，外倾、局部倒塌较多；甚至有全部倒塌的。为此，要求采用卧梁并加强锚拉的措施。

9.3.14 屋架（屋面梁）与柱顶或墙顶的圈梁锚固的修订如下：

1 震害表明：屋架（屋面梁）和柱子可用螺栓连接，也可采用焊接连接。

2 对垫块的厚度和配筋作了具体规定。垫块厚度太薄或配筋太少时，本身可能局部承压破坏，且埋件锚固不足。

9.3.15 根据设计需要，本次修订规定了砖柱的抗震要求。

9.3.16 钢筋混凝土屋盖单层砖柱厂房，在横向水平地震作用下，由于空间工作的因素，山墙、横墙将负担较大的水平地震剪力，为了减轻山墙、横墙的剪切破坏，保证房屋的空间工作，对山墙、横墙的开洞面积加以限制，8 度时宜在山墙、横墙的两端设置构造柱。

9.3.17 采用钢筋混凝土无檩屋盖等刚性屋盖的单层砖柱厂房，地震时砖墙往往在屋盖处圈梁底面下一至四皮砖范围内出现周围水平裂缝。为此，对于高烈度地区刚性屋盖的单层砖柱厂房，在砖墙顶部沿墙长每隔 1m 左右埋设一根 $\phi 8$ 竖向钢筋，并插入顶部圈梁内，以防止柱周围水平裂缝，甚至墙体错动破坏的产生。

附录H 多层工业厂房抗震设计要求

H.1 钢筋混凝土框排架结构厂房

H.1.1 多层钢筋混凝土厂房结构特点：柱网为（6～12）m、跨度大，层高高（4～8）m，楼层荷载大（10～20）kN/m^2，可能会有错层，有设备振动扰力、吊车荷载，隔墙少，竖向质量、刚度不均匀，平面扭转。框排架结构是多、高层工业厂房的一种特殊结构，其特点是平面、竖向布置不规则、不对称，纵向、横向和竖向的质量分布很不均匀，结构的薄弱环节较多；地震反应特征和震害要比框架结构和排架结构复杂，表现出更显著的空间作用效应，抗震设计有特殊要求。

H.1.2 为减少与国家标准《构筑物抗震设计规范》GB 50191 重复，本附录主要针对上下排列的框排架的特点予以规定。

针对框排架厂房的特点，其抗震措施要求更高。震害表明，同等高度设有贮仓的比不设贮仓的框架在地震中破坏的严重。钢筋混凝土贮仓竖壁与纵横向框架柱相连，以竖壁的跨高比来确定贮仓的影响，当竖壁的跨高比大于 2.5 时，竖壁为浅梁，可按不设贮仓的框架考虑。

H.1.3 对于框排架结构厂房，如在排架跨采用有檩或其他轻屋盖体系，与结构的整体刚度不协调，会产生过大的位移和扭转，为了提高抗扭刚度，保证变形尽量趋于协调，使排架柱列与框架柱列能较好地共同工作，本条规定目的是保证排架跨屋盖的水平刚度；山墙承重属结构单元内有不同的结构形式，造成刚度、荷载、材料强度不均衡，本条规定借鉴单层厂房的规定和震害调查制订。

H.1.5 在地震时，成品或原料堆积楼面荷载、设备和料斗及管道内的物料等可变荷载的遇合概率较大，应根据行业特点和使用条件，取用不同的组合值系数；厂房除外墙外，一般内隔墙较少，结构自振周期调整系数建议取 0.8～0.9；框排架结构的排架柱，是厂房的薄弱部位或薄弱层，应进行弹塑性变形验算；高大设备、料斗、贮仓的地震作用对结构构件和连接的影响不容忽视，其重力荷载除参与结构整体分析外，还应考虑水平地震作用下产生的附加弯矩。式（H.1.5）为设备水平地震作用的简化计算公式。

H.1.6 支承贮仓竖壁的框架柱的上端截面，在地震作用下如果过早屈服，将影响整体结构的变形能力。对于上述部位的组合弯矩设计值，在第 6 章规定基础上再增大 1.1 倍。

与排架柱相连的顶层框架节点处，框架梁端、柱端组合的弯矩设计值乘以增大系数，是为了提高节点承载力。排架纵向地震作用将通过纵向柱间支撑传至下部框架柱，本条参照框支柱要求调整构件内力。

竖向框排架结构的排架柱，是厂房的薄弱部位，需进行弹塑性变形验算。

针对框排架厂房节点两侧梁高通常不等的特点，为防止柱端和小核芯区剪切破坏，提出了高差大于大梁25%或500mm时的承载力验算公式。

H.1.7 框架柱的剪跨比不大于1.5时，为超短柱，破坏为剪切脆性型破坏。抗震设计应尽量避免采用超短柱，但由于工艺使用要求，有时不可避免（如有错层等情况），应采取特殊构造措施。在短柱内配置斜钢筋，可以改善其延性，控制斜裂缝发展。

H.2 多层钢结构厂房

H.2.1 考虑多层厂房受力复杂，其抗震等级的高度分界比民用建筑有所降低。

H.2.2 当设备、料斗等设备穿过楼层时，由于各楼层梁的竖向挠度难以同步，如采用分层支承，则各楼层结构的受力不明确。同时，在水平地震作用下，各层的层间位移对设备、料斗产生附加作用效应，严重时可损坏设备。

细而高的设备必须借助厂房楼层侧向支承才能稳定，楼层与设备之间应采用能适应层间位移差异的柔性连接。

装料后的设备、料斗总重心接近楼层的支承点处，是为了降低设备或料斗的地震作用对支承结构所产生的附加效应。

H.2.3 结构布置合理的支撑位置，往往与工艺布置冲突，支撑布置难以上下贯通，支撑平面布置错位。在保证支撑能把水平地震作用通过适当的途径，可靠地传递至基础前提下，支撑位置也可不设置在同一柱间。

H.2.6 本条与2001规范相比，主要增加关于阻尼比的规定：

在众值烈度的地震作用下，结构处于弹性阶段。根据33个冶金钢结构厂房用脉动法和吊车刹车进行大位移自由衰减阻尼比测试结果，钢结构厂房小位移阻尼比为0.012～0.029之间，平均阻尼比0.018；大位移阻尼比为0.0188～0.0363之间，平均阻尼比0.026。与本规范第8.2.2条协调，规定多遇地震作用计算的阻尼比取0.03～0.04。板件宽厚比限值的选择计算的阻尼比也取此值。当结构经受强烈地震作用（如中震、大震等）时，考虑到结构已可能进入非弹性阶段，结构以延性耗能为主。因此，罕遇地震分析的阻尼比可适当取大一些。

H.2.7 “强柱弱梁”抗震概念，考虑的不仅是单独的梁柱连接部位，在更大程度上是反映结构的整体性能。多层工业厂房中，由于工艺设备布置的要求，有时较难做到“强柱弱梁”要求，因此，应着眼于结构整体的角度全面考虑和计算分析。

对梁柱节点左右梁端和上下柱端的全塑性承载力的验算要求，比本规范第8.2.5条增加两种例外情况：

①单层或多层结构顶层的低轴力柱，弹塑性软弱层的影响不明显，不需要满足要求。

②柱列中允许占一定比例的柱，当轴力较小而足以限制其在地震下出现不利反应且仍有可接受的刚度时，可不必满足强柱弱梁要求（如在厂房钢结构的一些大跨梁处、民用建筑转换大梁处）。条文中的柱列，指一个单线柱列或垂直于该柱列方向平面尺寸10%范围内的几列平行的柱列。

H.2.8 框架柱长细比限值大小对钢结构耗钢量有较大影响。构件长细比增加，往往误解为承载力退化严重。其实，这时的比较对象是构件的强度承载力，而不是稳定承载力。构件长细比属于稳定设计的范畴(实质上是位移问题)。构件长细比愈大，设计可使用的稳定承载力则愈小。在此基础上的比较表明，长细比增加，并不表现出稳定承载力退化趋势加重的迹象。

显然，框架柱的长细比增大，结构层间刚度减小，整体稳定性降低。但这些概念上已由结构的最大位移限值、层间位移限值、二阶效应验算以及限制软弱层、薄弱层、平面和竖向布置的抗震概念措施等所控制。美国AISC钢结构规范在提示中述及受压构件的长细比不应超过200，钢结构抗震规范未作规定；日本BCJ抗震规范规定柱的长细比不得超过200。条文参考美国、欧洲、日本钢结构规范和抗震规范，结合我国钢结构设计习惯，对框架柱的长细比限值作出规定。

当构件长细比不大于125 $\sqrt{235/f_{ay}}$(弹塑性屈曲范围)时，长细比的钢号修正项才起作用。

抗侧力结构构件的截面板件宽厚比，是抗震钢结构构件局部延性要求的关键指标。板件宽厚比对工程设计的耗钢量影响很大。考虑多层钢结构厂房的特点，其板件宽厚比的抗震等级分界，比民用建筑降低10m。

多层钢结构厂房的支撑布置往往受工艺要求制约，故增大其地震组合设计值。为避免出现过度刚强的支撑而吸引过多的地震作用，其长细比宜在弹性屈曲范围内选用。条文给出的柱间支撑长细比限值，下限值与欧洲规范的X形支撑、美国规范特殊中心支撑框架(SCBF)、日本规范的BB级支撑相当，上限值要稍严些。条文限定支撑长细比下限值的原因是，长细比在部分弹塑性屈曲范围($60\sqrt{235/f_{ay}}\leqslant\lambda\leqslant 125\sqrt{235/f_{ay}}$)中心受压构件，表现为承载力值不稳定，滞回环波动大。

10 空旷房屋和大跨屋盖建筑

10.1 单层空旷房屋

（Ⅰ）一 般 规 定

单层空旷房屋是一组不同类型的结构组成的建筑，包含有单层的观众厅和多层的前后左右的附属用房。无侧厅的食堂，可参照本规范第9章设计。

观众厅与前后厅之间、观众厅与两侧厅之间一般不设缝，震害较轻；个别房屋在观众厅与侧厅处留缝，反而破坏较重。因此，在单层空旷房屋中的观众厅与侧厅、前后厅之间可不设防震缝，但根据本规范第3章的要求，布置要对称，避免扭转，并按本章采取措施，使整组建筑形成相互支持和有良好联系的空间结构体系。

本节主要规定了单层空旷房屋大厅抗震设计中有别于单层厂房的要求，对屋盖选型、构造、非承重隔墙及各种结构类型的附属房屋的要求，见其他各有关章节。

大厅人员密集，抗震要求较高，故观众厅有挑台，或房屋高、跨度大，或烈度高，需要采用钢筋混凝土框架或门式刚架结构等。根据震害调查及分析，为进一步提高其抗震安全性，本次修订对第10.1.3条进行了修改，对砖柱承重的情况作了更为严格的限制：

① 增加了7度（0.15g）时不应采用砖柱的规定；

② 鉴于现阶段各地区经济发展不平衡，对于设防烈度6度、7度（0.10g），经济条件不足的地区，还不宜全部取消砖柱承重，只是在跨度和柱顶高度方面较2001规范限制更加严格。

（Ⅱ）计 算 要 点

本次修订对计算要点的规定未作修改，同2001规范。

单层空旷房屋的平面和体型均较复杂，尚难以采用符合实际工作状态的假定和合理的模型进行整体计算分析。为了简化，从工程设计的角度考虑，可将整个房屋划为若干个部分，分别进行计算，然后从构造上和荷载的局部影响上加以考虑，互相协调。例如，通过周期的经验修正，使各部分的计算周期趋于一致；横向抗震分析时，考虑附属房屋的结构类型及其与大厅的连接方式，选用排架、框排架或排架-抗震墙的计算简图，条件合适时亦可考虑空间工作的影响，交接处的柱子要考虑高振型的影响；纵向抗震分析时，考虑屋盖的类型和前后厅等影响，选用单柱列或空间协同分析模型。

根据宏观震害调查分析，单层空旷房屋中，舞台后山墙等高大山墙的壁柱，地震中容易破坏。为减少其破坏，特别强调，高烈度时高大山墙应进行出平面的抗震验算。验算要求可参考本规范第9章，即壁柱在水平地震力作用下的偏心距超过规定值时，应设置组合壁柱，并验算其偏心受压的承载力。

（Ⅲ）抗震构造措施

单层空旷房屋的主要抗震构造措施如下：

1 6、7度时，中、小型单层空旷房屋的大厅，无筋的纵墙壁柱虽可满足承载力的设计要求，但考虑到大厅使用上的重要性，仍要求采用配筋砖柱或组合砖柱。

本次修订，在第10.1.3条不允许8度Ⅰ、Ⅱ类场地和7度（0.15g）采用砖柱承重，故在第10.1.14条删去了2001规范的有关规定。

当大厅采用钢筋混凝土柱时，其抗震等级不应低于二级。当附属房屋低于大厅柱顶标高时，大厅柱成为短柱，则其箍筋应全高加密。

2 前厅与大厅、大厅与舞台之间的墙体是单层空旷房屋的主要抗侧力构件，承担横向地震作用。因此，应根据抗震设防烈度及房屋的跨度、高度等因素，设置一定数量的抗震墙。采用钢筋混凝土抗震墙时，其抗震等级不应低于二级。与此同时，还应加强墙上的大梁及其连接的构造措施。

舞台口梁为悬梁，上部支承有舞台上的屋架，受力复杂，而且舞台口两侧墙体为一端自由的高大悬墙，在舞台口处不能形成一个门架式的抗震横墙，在地震作用下破坏较多。因此，舞台口墙要加强与大厅屋盖体系的拉结，用钢筋混凝土墙体、立柱和水平圈梁来加强自身的整体性和稳定性。9度时不应采用舞台口砌体悬墙承重。本次修订，进一步明确9度时舞台口悬墙应采用轻质墙体。

3 大厅四周的墙体一般较高，需增设多道水平圈梁来加强整体性和稳定性。特别是墙顶标高处的圈梁更为重要。

4 大厅与两侧的附属房屋之间一般不设防震缝，其交接处受力较大，故要加强相互间的连接，以增强房屋的整体性。本次修订，与本规范第7章对砌体结构的规定相协调，进一步提高了拉结措施——间距不大于400mm，且采用由拉结钢筋与分布短筋在平面内焊接而成的钢筋网片。

5 二层悬挑式挑台不但荷载大，而且悬挑跨度也较大，需要进行专门的抗震设计计算分析。

10.2 大跨屋盖建筑

（Ⅰ）一 般 规 定

10.2.1 近年来，大跨屋盖的建筑工程越来越广泛。

为适应该类结构抗震设计的要求，本次修订增加了大跨屋盖建筑结构抗震设计的相关规定，并形成单独一节。

本条规定了本规范适用的屋盖结构范围及主要结构形式。本规范的大跨屋盖建筑是指与传统板式、梁板式屋盖结构相区别，具有更大跨越能力的屋盖体系，不应单从跨度大小的角度来理解大跨屋盖建筑结构。

大跨屋盖的结构形式多样，新形式也不断出现，本规范适用于一些常用结构形式，包括：拱、平面桁架、立体桁架、网架、网壳、张弦梁和弦支穹顶等七类基本形式以及由这些基本形式组合而成的结构。相应的，针对于这些屋盖结构形式的抗震研究开展较多，也积累了一定的抗震设计经验。

对于悬索结构、膜结构、索杆张力结构等柔性屋盖体系，由于几何非线性效应，其地震作用计算方法和抗震设计理论目前尚不成熟，本次修订暂不纳入。此外，大跨屋盖结构基本以钢结构为主，故本节也未对混凝土薄壳、组合网架、组合网壳等屋盖结构形式作出具体规定。

还需指出的是，对于存在拉索的预张拉屋盖结构，总体可分为三类：预应力结构，如预应力桁架、网架或网壳等；悬挂（斜拉）结构，如悬挂（斜拉）桁架、网架或网壳等；张弦结构，主要指张弦梁结构和弦支穹顶结构。本节中，预应力结构、悬挂（斜拉）结构归类在其依托的基本形式中。考虑到张弦结构的受力性能与常规预应力结构、悬挂（斜拉）结构有较大的区别，且是近些年发展起来的一类大跨屋盖结构新体系，因此将其作为基本形式列入。

大跨屋盖的结构新形式不断出现、体型复杂化、跨度极限不断突破，为保证结构的安全性，避免抗震性能差、受力很不合理的结构形式被采用，有必要对超出适用范围的大型建筑屋盖结构进行专门的抗震性能研究和论证，这也是国际上通常采用的技术保障措施。根据当前工程实践经验，对于跨度大于120m、结构单元长度大于300m或悬挑长度大于40m的屋盖结构，需要进行专门的抗震性能研究和论证。同时由于抗震设计经验的缺乏，新出现的屋盖结构形式也需要进行专门的研究和论证。

对于可开启屋盖，也属于非常用形式之一，其抗震设计除满足本节的规定外，与开闭功能有关的设计也需要另行研究和论证。

10.2.2 本条规定为抗震概念设计的主要原则，是本规范第3.4节和第3.5节规定的补充。

大跨屋盖结构的选型和布置首先应保证屋盖的地震效应能够有效地通过支座节点传递给下部结构或基础，且传递途径合理。

屋盖结构的地震作用不仅与屋盖自身结构相关，而且还与支承条件以及下部结构的动力性能密切相关，是整体结构的反应。根据抗震概念设计的基本原则，屋盖结构及其支承点的布置宜均匀对称，具有合理的刚度和承载力分布。同时下部结构设计也应充分考虑屋盖结构地震响应的特点，避免采用很不规则的结构布置而造成屋盖结构产生过大的地震扭转效应。

屋盖自身的结构形式宜优先采用两个水平方向刚度均衡、整体刚度良好的网架、网壳、双向立体桁架、双向张弦梁或弦支穹顶等空间传力体系。同时宜避免局部削弱或突变的薄弱部位。对于可能出现的薄弱部位，应采取措施提高抗震能力。

10.2.3 本条针对屋盖体系自身传递地震作用的主要特点，对两类结构的布置要求作了规定。

1 单向传力体系的抗震薄弱环节是垂直于主结构（桁架、拱、张弦梁）方向的水平地震力传递以及主结构的平面外稳定性，设置可靠的屋盖支撑是重要的抗震措施。在单榀立体桁架中，与屋面支撑同层的两（多）根主弦杆间也应设置斜杆。这一方面可提高桁架的平面外刚度，同时也使得纵向水平地震内力在同层主弦杆中分布均匀，避免薄弱区域的出现。

当桁架支座采用下弦节点支承时，必须采取有效措施确保支座处桁架不发生平面外扭转，设置纵向桁架是一种有效的做法，同时还可保证纵向水平地震力的有效传递。

2 空间传力结构体系具有良好的整体性和空间受力特点，抗震性能优于单向传力体系。对于平面形状为矩形且三边支承一边开口的屋盖结构，可以通过在开口边局部增加层数来形成边桁架，以提高开口边的刚度和加强结构整体性。对于两向正交正放网架和双向张弦梁，屋盖平面内的水平刚度较弱。为保证结构的整体性及水平地震作用的有效传递与分配，应沿上弦周边网格设置封闭的水平支撑。当结构跨度较大或下弦周边支承时，下弦周边网格也应设置封闭的水平支撑。

10.2.4 当屋盖分区域采用不同抗震性能的结构形式时，在结构交界区域通常会产生复杂的地震响应，一般避免采用此类结构。如确要采用，应对交界区域的杆件和节点采用加强措施。如果建筑设计和下部支承条件允许，设置防震缝也是可采用的有效措施。此时，由于实际工程情况复杂，为避免其两侧结构在强烈地震中碰撞，条文规定的防震缝宽度可能不足，最好按设防烈度下两侧独立结构在交界线上的相对位移最大值来复核。对于规则结构，缝宽也可将多遇地震下的最大相对变形值乘以不小于3的放大系数近似估计。

（Ⅱ）计 算 要 点

10.2.6 本条规定屋盖结构可不进行地震作用计算的范围。

1 研究表明，单向平面桁架和单向立体桁架是否受沿桁架方向的水平地震效应控制主要取决于矢跨比的大小。对于矢跨比小于1/5的该类结构，水平地震效应较小，7度时可不进行沿桁架的水平向和竖向地震作用计算。但是由于垂直桁架方向的水平地震作用主要由屋盖支撑承担，本节并没有对支撑的布置进行详细规定，因此对于7度及7度以上的该类体系，均应进行垂直于桁架方向的水平地震作用计算并对支撑构件进行验算。

2 网架属于平板形屋盖结构。大量计算分析结果表明，当支承结构刚度较大时，网架结构以竖向振动为主。7度时，网架结构的设计往往由非地震作用工况控制，因此可不进行地震作用计算，但应满足相应的抗震措施的要求。

10.2.7 本条规定抗震计算模型。

1 屋盖结构自身的地震效应是与下部结构协同工作的结果。由于下部结构的竖向刚度一般较大，以往在屋盖结构的竖向地震作用计算时通常习惯于仅单独以屋盖结构作为分析模型。但研究表明，不考虑屋盖结构与下部结构的协同工作，会对屋盖结构的地震作用，特别是水平地震作用计算产生显著影响，甚至得出错误结果。即便在竖向地震作用计算时，当下部结构给屋盖提供的竖向刚度较弱或分布不均匀时，仅按屋盖结构模型所计算的结果也会产生较大的误差。因此，考虑上下部结构的协同作用是屋盖结构地震作用计算的基本原则。

考虑上下部结构协同工作的最合理方法是按整体结构模型进行地震作用计算。因此对于不规则的结构，抗震计算应采用整体结构模型。当下部结构比较规则时，也可以采用一些简化方法（譬如等效为支座弹性约束）来计入下部结构的影响。但是，这种简化必须依据可靠且符合动力学原理。

2 研究表明，对于跨度较大的张弦梁和弦支穹顶结构，由预张力引起的非线性几何刚度对结构动力特性有一定的影响。此外，对于某些布索方案（譬如肋环型布索）的弦支穹顶结构，撑杆和下弦拉索系统实际上是需要依靠预张力来保证体系稳定性的几何可变体系，且不计入几何刚度也将导致结构总刚矩阵奇异。因此，这些形式的张弦结构计算模型就必须计入几何刚度。几何刚度一般可取重力荷载代表值作用下的结构平衡态的内力（包括预张力）贡献。

10.2.8 本条规定了整体、协同计算时的阻尼比取值。

屋盖钢结构和下部混凝土支承结构的阻尼比不同，协同分析时阻尼比取值方面的研究较少。工程设计中阻尼比取值大多在0.025～0.035间，具体数值一般认为与屋盖钢结构和下部混凝土支承结构的组成比例有关。下面根据位能等效原则提供两种计算整体结构阻尼比的方法，供设计中采用。

方法一：振型阻尼比法。振型阻尼比是指针对于各阶振型所定义的阻尼比。组合结构中，不同材料的能量耗散机理不同，因此相应构件的阻尼比也不相同，一般钢构件取0.02，混凝土构件取0.05。对于每一阶振型，不同构件单元对于振型阻尼比的贡献认为与单元变形能有关，变形能大的单元对该振型阻尼比的贡献较大，反之则较小。所以，可根据该阶振型下的单元变形能，采用加权平均的方法计算出振型阻尼比 ζ_i：

$$\zeta_i = \sum_{s=1}^{n} \zeta_s W_{si} / \sum_{s=1}^{n} W_{si}$$

式中：ζ_i——结构第 i 阶振型的阻尼比；

ζ_s——第 s 个单元阻尼比，对钢构件取0.02；对混凝土构件取0.05；

n——结构的单元总数；

W_{si}——第 s 个单元对应于第 i 阶振型的单元变形能。

方法二：统一阻尼比法。依然采用方法一的公式，但并不针对各振型 i 分别计算单元变形能 W_{si}，而是取各单元在重力荷载代表值作用下的变形能 W_{si}，这样便求得对应于整体结构的一个阻尼比。

在罕遇地震作用下，一些实际工程的计算结果表明，屋盖钢结构也仅有少量构件能进入塑性屈服状态，所以阻尼比仍建议与多遇地震下的结构阻尼比取值相同。

10.2.9 本条规定水平地震作用的计算方向和宜考虑水平多向地震作用计算的范围。

不同于单向传力体系，空间传力体系的屋盖结构通常难以明确划分为沿某个方向的抗侧力构件，通常需要沿两个水平主轴方向同时计算水平地震作用。对于平面为圆形、正多边形的屋盖结构，可能存在两个以上的主轴方向，此时需要根据实际情况增加地震作用的计算方向。另外，当屋盖结构、支承条件或下部结构的布置明显不对称时，也应增加水平地震作用的计算方向。

10.2.10 本条规定了屋盖结构地震作用计算的方法。

本节适用的大跨屋盖结构形式属于线性结构范畴，因此振型分解反应谱法依然可作为是结构弹性地震效应计算的基本方法。随着近年来结构动力学理论和计算技术的发展，一些更为精确的动力学计算方法逐步被接受和应用，包括多向地震反应谱法、时程分析法，甚至多向随机振动分析方法。对于结构动力响应复杂和跨度较大的结构，应该鼓励采用这些方法进行地震作用计算，以作为振型分解反应谱法的补充。

自振周期分布密集是大跨屋盖结构区别于多高层结构的重要特点。在采用振型分解反应谱法时，一般应考虑更多阶振型的组合。研究表明，在不按上下部结构整体模型进行计算时，网架结构的组合振型数宜至少取前（10～15）阶，网壳结构宜至少取前（25～30）阶。对于体型复杂的屋盖结构或按上下部结构整体模型计算时，应取更多阶组合振型。对于存在明显扭转效应的屋盖结构，组合应采用完全二次型方根（CQC）法。

10.2.11 对于单向传力体系，结构的抗侧力构件通常是明确的。桁架构件抵抗其面内的水平地震作用和竖向地震作用，垂直桁架方向的水平地震作用则由屋盖支撑承担。因此，可针对各向抗侧力构件分别进行地震作用计算。

除单向传力体系外，一般屋盖结构的构件难以明确划分为沿某个方向的抗侧力构件，即构件的地震效应往往包含三向地震作用的结果，因此其构件验算应考虑三向（两个水平向和竖向）地震作用效应的组合，其组合值系数可按本规范第5章的规定采用。这也是基本原则。

10.2.12 多遇地震作用下的屋盖结构变形限值部分参考了《空间网格结构技术规程》的相关规定。

10.2.13 本条规定屋盖构件及其连接的抗震验算。

大跨屋盖结构由于其自重轻、刚度好，所受震害一般要小于其他类型的结构。但震害情况也表明，支座及其邻近构件发生破坏的情况较多，因此通过放大地震作用效应来提高该区域杆件和节点的承载力，是重要的抗震措施。由于通常该区域的节点和杆件数量不多，对于总工程造价的增加是有限的。

拉索是预张拉结构的重要构件。在多遇地震作用下，应保证拉索不发生松弛而退出工作。在设防烈度下，也宜保证拉索在各地震作用参与的工况组合下不出现松弛。

（Ⅲ）抗震构造措施

10.2.14 本条规定了杆件的长细比限值。

杆件长细比限值参考了《钢结构设计规范》GB 50017和《空间网格结构技术规程》的相关规定，并作了适当加强。

10.2.15 本条规定了节点的构造要求。

节点选型要与屋盖结构的类型及整体刚度等因素结合起来，采用的节点要便于加工、制作、焊接。设计中，结构杆件内力的正确计算，必须用有效的构造措施来保证，其中节点构造应符合计算假定。

在地震作用下，节点应不先于杆件破坏，也不产生不可恢复的变形，所以要求节点具有足够的强度和刚度。杆件相交于节点中心将不产生附加弯矩，也使模型计算假定更加符合实际情况。

10.2.16 本条规定了屋盖支座的抗震构造。

支座节点是屋盖地震作用传递给下部结构的关键部件，其构造应与结构分析所取的边界条件相符，否则将使结构实际内力与计算内力出现较大差异，并可能危及结构的整体安全。

支座节点往往是地震破坏的部位，属于前面定义的关键节点的范畴，应予加强。在节点验算方面，对地震作用效应进行了必要的提高（第10.2.13条）。此外根据延性设计的要求，支座节点在超过设防烈度的地震作用下，应有一定的抗变形能力。但对于水平可滑动的支座节点，较难得到保证。因此建议按设防烈度计算值作为可滑动支座的位移限值（确定支承面的大小），在罕遇地震作用下采用限位措施确保不致滑移出支承面。

对于8、9度时多遇地震下竖向仅受压的支座节点，考虑到在强烈地震作用（如中震、大震）下可能出现受拉，因此建议采用构造上也能承受拉力的拉压型支座形式，且预埋锚筋、锚栓也按受拉情况进行构造配置。

11 土、木、石结构房屋

11.1 一般规定

本节是在2001规范基础上增加的内容。主要依据云南丽江、普洱、大姚地震，新疆巴楚、伽师地震，河北张北地震，内蒙古西乌旗地震，江西九江-瑞昌地震，浙江文成地震，四川道孚、汶川等地震灾区房屋震害调查资料，对土木石房屋具有共性的震害问题进行了总结，在此基础上提出了本节的有关规定。本章其他条款也据此做了部分改动与细化。

11.1.1 形状比较简单、规则的房屋，在地震作用下受力明确、简洁，同时便于进行结构分析，在设计上易于处理。震害经验也充分表明，简单、规整的房屋在遭遇地震时破坏也相对较轻。

墙体均匀、对称布置，在平面内对齐、竖向连续是传递地震作用的要求，这样沿主轴方向的地震作用能够均匀对称地分配到各个抗侧力墙段，避免出现应力集中或因扭转造成部分墙段受力过大而破坏、倒塌。我国不少地区的二、三层房屋，外纵墙在一、二层上下不连续，即二层外纵墙外挑，在7度地震影响下二层墙体开裂严重。

板式单边悬挑楼梯在墙体开裂后会因嵌固端破坏而失去承载能力，容易造成人员跌落伤亡。

震害调查发现，有的房屋纵横墙采用不同材料砌筑，如纵墙用砖砌筑、横墙和山墙用土坯砌筑，这类房屋由于两种材料砌块的规格不同，砖与土坯之间不能咬槎砌筑，不同材料墙体之间为通缝，导致房屋整体性差，在地震中破坏严重；又如有些地区采用的外砖里坯（亦称里生外熟）承重墙，地震中墙体倒塌现象较为普遍。这里所说的不同墙体混合承重，是指同一高度左右相邻不同材料的墙体，对于下部采用砖（石）墙，上部采用土坯墙，或下部采用石墙，上部采用砖或土坯墙的做法则不受此限制，但这类房屋的抗震承载力应按上部相对较弱的墙体考虑。

调查发现，一些村镇房屋设有较宽的外挑檐，在屋檐外挑梁的上面砌筑用于搁置檩条的小段墙体，甚至砌成花格状，没有任何拉接措施，地震时中容易破坏掉落伤人，因此明确规定不得采用。该位置可采用三角形小屋架或设瓜柱解决外挑部位檩条的支承问题。

11.1.2 木楼、屋盖房屋刚性较弱，加强木楼、屋盖的整体性可以有效地提高房屋的抗震性能，各构件之间的拉结是加强整体性的重要措施。试验研究表明，木屋盖加设竖向剪刀撑可增强木屋架纵向稳定性。

纵向通长水平系杆主要用于竖向剪刀撑、横墙、山墙的拉结。

采用墙揽将山墙与屋盖构件拉结牢固，可防止山墙外闪破坏；内隔墙稳定性差，墙顶与梁或屋架下弦拉结是防止其平面外失稳倒塌的有效措施。

11.1.3 本条规定了木楼、屋盖构件在屋架和墙上的最小支承长度和对应的连接方式。

11.1.4 本条规定了门窗洞口过梁的支承长度。

11.1.5 地震中坡屋面溜瓦是瓦屋面常见的破坏现象，冷摊瓦屋面的底瓦浮搁在椽条上时更容易发生溜瓦，掉落伤人。因此，本条要求冷摊瓦屋面的底瓦与椽条应有锚固措施。根据地震现场调查情况，建议在底瓦的弧边两角设置钉孔，采用铁钉与椽条钉牢。盖瓦可用石灰或水泥砂浆压垄等做法与底瓦粘结牢固。该项措施还可以防止暴风对冷摊瓦屋面造成的破坏。四川汶川地震灾区恢复重建中已有平瓦预留了锚固钉孔。

11.1.6 本条对突出屋面的烟囱、女儿墙等易倒塌构件的出屋面高度提出了限值。

11.1.7 本条对土木石房屋的结构材料提出了基本要求。

11.1.8 本条对土木石房屋施工中钢筋端头弯钩和外露铁件防锈处理提出要求。

11.2 生土房屋

11.2.1 本次修订，根据生土房屋在不同地震烈度下的震害情况，将本节生土房屋的适用范围较 2001 规范降低一度。

11.2.2 生土房屋的层数，因其抗震能力有限，一般仅限于单层；本次修订，生土房屋的高度和开间尺寸限制保持不变。

灰土墙指掺有石灰的土坯砌筑或灰土夯筑而成的墙体，其承载力明显高于土墙。1970 年云南通海地震，7、8 度区两层及两层以下的土墙房屋仅轻微损坏。1918 年广东南澳大地震，汕头为 8 度，一些由贝壳煅烧的白灰夯筑的 2、3 层灰土承重房屋，包括医院和办公楼，受到轻微损坏，修复后继续使用。因此，灰土墙承重房屋采取适当的措施后，7 度设防时可建二层房屋。

11.2.3 生土房屋的屋面采用轻质材料，可减轻地震作用；提倡用双坡和弧形屋面，可降低山墙高度，增加其稳定性；单坡屋面的后纵墙过高，稳定性差，平屋面防水有问题，不宜采用。

由于土墙抗压强度低，支承屋面构件部位均应有垫板或圈梁。檩条要满搭在墙上或椽子上，端檩要出檐，以使外墙受荷均匀，增加接触面积。

11.2.4 抗震墙上开洞过大会削弱墙体抗震能力，因此对门窗洞口宽度进行限制。

当一个洞口采用多根木杆组成过梁时，在木杆上表面采用木板、扒钉、钢丝等将各根木杆连接成整体可避免地震时局部破坏塌落。

生土墙在纵横墙交接处沿高度每隔 500mm 左右设一层荆条、竹片、树条等拉结网片，可以加强转角处和内外墙交接处墙体的连接，约束该部位墙体，提高墙体的整体性，减轻地震时的破坏。震害表明，较细的多根荆条、竹片编制的网片，比较粗的几根竹竿或木杆的拉结效果好。原因是网片与墙体的接触面积大，握裹好。

11.2.5 调查表明，村镇房屋墙体非地震作用开裂现象普遍，主要原因是不重视地基处理和基础的砌筑质量，导致地基不均匀沉降使墙体开裂。因此，本条要求对房屋的地基应夯实，并对基础的材料和砌筑砂浆提出了相应要求。设置防潮层以防止生土墙体酥落。

11.2.6 土坯的土质和成型方法，决定了土坯质量的好坏并最终决定土墙的强度，应予以重视。

11.2.7 为加强灰土墙房屋的整体性，要求设置圈梁。圈梁可用配筋砖带或木圈梁。

11.2.8 提高土拱房的抗震性能，主要是拱脚的稳定、拱圈的牢固和整体性。若一侧为崖体一侧为人工土墙，会因软硬不同导致破坏。

11.2.9 土窑洞有一定的抗震能力，在宏观震害调查时看到，土体稳定、土质密实、坡度较平缓的土窑洞在 7 度区有较完好的例子。因此，对土窑洞来说，首先要选择良好的建筑场地，应避开易产生滑坡、崩塌的地段。

崖窑前不要接砌土坯或其他材料的前脸，否则前脸部分将极易遭到破坏。

有些地区习惯开挖层窑，一般来说比较危险，如需要时应注意间隔足够的距离，避免一旦土体破坏时发生连锁反应，造成大面积坍塌。

11.3 木结构房屋

11.3.1 本节所规定的木结构房屋，不适用于木柱与屋架（梁）铰接的房屋。因其柱子上、下端均为铰接，是不稳定的结构体系。

11.3.2 木柱与砖柱或砖墙在力学性能上是完全不同的材料，木柱属于柔性材料，变形能力强，砖柱或砖墙属于脆性材料，变形能力差。若两者混用，在水平地震作用下变形不协调，将使房屋产生严重破坏。

震害表明，无端屋架山墙往往容易在地震中破坏，导致端开间塌落，故要求设置端屋架（木梁），不得采用硬山搁檩做法。

11.3.3 由于结构构造的不同，各种木结构房屋的抗震性能也有一定的差异。其中穿斗木构架和木柱木屋架房屋结构性能较好，通常采用重量较轻的瓦屋面，具有结构重量轻、延性与整体性较好的优点，其抗震性能比木柱木梁房屋要好，6～8度可建造两层房屋。

木柱木梁房屋一般为重量较大的平屋盖泥被屋顶，通常为粗梁细柱，梁、柱之间连接简单，从震害调查结果看，其抗震性能低于穿斗木构架和木柱木屋架房屋，一般仅建单层房屋。

11.3.4 四柱三跨木排架指的是中间有一个较大的主跨，两侧各有一个较小边跨的结构，是大跨空旷木柱房屋较为经济合理的方案。

震害表明，15m～18m宽的木柱房屋，若仅用单跨，破坏严重，甚至倒塌；而采用四柱三跨的结构形式，甚至出现地裂缝，主跨也安然无恙。

11.3.5 木结构房屋无承重山墙，故本规范第9.3节规定的房屋两端第二开间设置屋盖支撑的要求需向外移到端开间。

11.3.6～11.3.8 木柱与屋架（梁）设置斜撑，目的是控制横向侧移和加强整体性，穿斗木构架房屋整体性较好，有相当的抗倒力和变形能力，故可不必采用斜撑来限制侧移，但平面外的稳定性还需采用纵向支撑来加强。

震害表明，木柱与木屋架的斜撑若用夹板形式，通过螺栓与屋架下弦节点和上弦处紧密连接，则基本完好，而斜撑连接于下弦任意部位时，往往倒塌或严重破坏。

为保证排架的稳定性，加强柱脚和基础的锚固是十分必要的，可采用拉结铁件和螺栓连接的方式，或有石销键的柱础，也可对柱脚采取防腐处理后埋入地面以下。

11.3.9 本条对木构件截面尺寸、开榫、接头等的构造提出了要求。

11.3.10 震害表明，木结构围护墙是非常容易破坏和倒塌的构件。木构架和砌体围护墙的质量、刚度有明显差异，自振特性不同，在地震作用下变形性能和产生的位移不一致，木构件的变形能力大于砌体围护墙，连接不牢时两者不能共同工作，甚至会相互碰撞，引起墙体开裂、错位，严重时倒塌。本条的目的是尽可能使围护墙在采取适当措施后不倒塌，以减轻人员伤亡和地震损失。

1 沿墙高每隔500mm采用8号钢丝将墙体内的水平拉结筋或拉结网片与木柱拉结，配筋砖圈梁、配筋砂浆带等与木柱采用ϕ6钢筋或8号钢丝拉结，可以使木构架与围护墙协同工作，避免两者相互碰撞破坏。振动台试验表明，在较强地震作用下即使墙体因抗剪承载力不足而开裂，在与木柱有可靠拉结的情况下也不致倒塌。

2 对土坯、砖等砌筑的围护墙洞口的宽度提出了限制。

3 完全包裹在土坯、砖等砌筑的围护墙中的木柱不通风，较易腐蚀，且难于检查木柱的变质情况。

11.4 石结构房屋

11.4.1、11.4.2 多层石房震害经验不多，唐山地区多数是二层，少数三、四层，而昭通地区大部分是二、三层，仅泉州石结构古塔高达48.24m，经过1604年8级地震（泉州烈度为8度）的考验至今犹存。

多层石房高度限值相对于砖房是较小的，这是考虑到石块加工不平整，性能差别很大，且目前石结构的地震经验还不足。2008年局部修订将总高度和层数限值由“不宜”，改为“不应”，要求更加严格了。

11.4.6 从宏观震害和试验情况来看，石墙体的破坏特征和砖结构相近，石墙体的抗剪承载力验算可与多层砌体结构采用同样的方法。但其承载力设计值应由试验确定。

11.4.7 石结构房屋的构造柱设置要求，系参照89规范混凝土中型砌块房屋对芯柱的设置要求规定的，而构造柱的配筋构造等要求，需参照多层黏土砖房的规定。

11.4.8 洞口是石墙体的薄弱环节，因此需对其洞口的面积加以限制。

11.4.9 多层石房每层设置钢筋混凝土圈梁，能够提高其抗震能力，减轻震害，例如，唐山地震中，10度区有5栋设置了圈梁的二层石房，震后基本完好，或仅轻微破坏。

与多层砖房相比，石墙体房屋圈梁的截面加大，配筋略有增加，因为石墙材料重量较大。在每开间及每道墙上，均设置现浇圈梁是为了加强墙体间的连接和整体性。

11.4.10 石墙在交接处用条石无垫片砌筑，并设置拉结钢筋网片，是根据石墙材料的特点，为加强房屋整体性而采取的措施。

11.4.11 本条为新增条文。石板多有节理缺陷，在建房过程中常因堆载断裂造成人员伤亡事故。因此，明确不得采用对抗震不利的料石作为承重构件。

12 隔震和消能减震设计

12.1 一般规定

12.1.1 隔震和消能减震是建筑结构减轻地震灾害的

有效技术。

隔震体系通过延长结构的自振周期能够减少结构的水平地震作用，已被国外强震记录所证实。国内外的大量试验和工程经验表明：隔震一般可使结构的水平地震加速度反应降低60%左右，从而消除或有效地减轻结构和非结构的地震损坏，提高建筑物及其内部设施和人员的地震安全性，增加了震后建筑物继续使用的功能。

采用消能减震的方案，通过消能器增加结构阻尼来减少结构在风作用下的位移是公认的事实，对减少结构水平和竖向的地震反应也是有效的。

适应我国经济发展的需要，有条件地利用隔震和消能减震来减轻建筑结构的地震灾害，是完全可能的。本章主要吸收国内外研究成果中较成熟的内容，目前仅列入橡胶隔震支座的隔震技术和关于消能减震设计的基本要求。

2001规范隔震层位置仅限于基础与上部结构之间，本次修订，隔震设计的适用范围有所扩大，考虑国内外已有隔震建筑的隔震层不仅是设置在基础上，而且设置在一层柱顶等下部结构或多塔楼的底盘上。

12.1.2 隔震技术和消能减震技术的主要使用范围，是可增加投资来提高抗震安全的建筑。进行方案比较时，需对建筑的抗震设防分类、抗震设防烈度、场地条件、使用功能及建筑、结构的方案，从安全和经济两方面进行综合分析对比。

考虑到随着技术的发展，隔震和消能减震设计的方案分析不需要特别的论证，本次修订不作为强制性条文，只保留其与本规范第3.5.1条关于抗震设计的规定不同的特点——与抗震设计方案进行对比，这是确定隔震设计的水平向减震系数和减震设计的阻尼比所需要的，也能显示出隔震和减震设计比抗震设计在提高结构抗震能力上的优势。

12.1.3 本次修订，对隔震设计的结构类型不作限制，修改2001版规定的基本周期小于1s和采用底部剪力法进行非隔震设计的结构。在隔震设计的方案比较和选择时仍应注意：

1 隔震技术对低层和多层建筑比较合适，日本和美国的经验表明，不隔震时基本周期小于1.0s的建筑结构效果最佳；建筑结构基本周期的估计，普通的砌体房屋可取0.4s，钢筋混凝土框架取 $T_1=0.075H^{3/4}$，钢筋混凝土抗震墙结构取 $T_1=0.05H^{3/4}$。但是，不应仅限于基本自振周期在1s内的结构，因为超过1s的结构采用隔震技术有可能同样有效，国外大量隔震建筑也验证了此点，故取消了2001规范要求结构周期小于1s的限制。

2 根据橡胶隔震支座抗拉屈服强度低的特点，需限制非地震作用的水平荷载，结构的变形特点需符合剪切变形为主且房屋高宽比小于4或有关规范、规程对非隔震结构的高宽比限制要求。现行规范、规程有关非隔震结构高宽比的规定如下：

高宽比大于4的结构小震下基础不应出现拉应力；砌体结构，6、7度不大于2.5，8度不大于2.0，9度不大于1.5；混凝土框架结构，6、7度不大于4，8度不大于3，9度不大于2；混凝土抗震墙结构，6、7度不大于6，8度不大于5，9度不大于4。

对高宽比大的结构，需进行整体倾覆验算，防止支座压屈或出现拉应力超过1MPa。

3 国外对隔震工程的许多考察发现：硬土场地较适合于隔震房屋；软弱场地滤掉了地震波的中高频分量，延长结构的周期将增大而不是减小其地震反应，墨西哥地震就是一个典型的例子。2001规范的要求仍然保留，当在Ⅳ类场地建造隔震房屋时，应进行专门研究和专项审查。

4 隔震层防火措施和穿越隔震层的配管、配线，有与隔震要求相关的专门要求。2008年汶川地震中，位于7、8度区的隔震建筑，上部结构完好，但隔震层的管线受损，故需要特别注意改进。

12.1.4 消能减震房屋最基本的特点是：

1 消能装置可同时减少结构的水平和竖向的地震作用，适用范围较广，结构类型和高度均不受限制；

2 消能装置使结构具有足够的附加阻尼，可满足罕遇地震下预期的结构位移要求；

3 由于消能装置不改变结构的基本形式，除消能部件和相关部件外的结构设计仍可按本规范各章对相应结构类型的要求执行。这样，消能减震房屋的抗震构造，与普通房屋相比不降低，其抗震安全性可有明显的提高。

12.1.5 隔震支座、阻尼器和消能减震部件在长期使用过程中需要检查和维护。因此，其安装位置应便于维护人员接近和操作。

为了确保隔震和消能减震的效果，隔震支座、阻尼器和消能减震部件的性能参数应严格检验。

按照国家产品标准《橡胶支座　第3部分：建筑隔震橡胶支座》GB 20688.3－2006的规定，橡胶支座产品在安装前应对工程中所用的各种类型和规格的原型部件进行抽样检验，其要求是：

采用随机抽样方式确定检测试件。若有一件抽样的一项性能不合格，则该次抽样检验不合格。

对一般建筑，每种规格的产品抽样数量应不少于总数的20%；若有不合格，应重新抽取总数的50%，若仍有不合格，则应100%检测。

一般情况下，每项工程抽样总数不少于20件，每种规格的产品抽样数量不少于4件。

尚没有国家标准和行业标准的消能部件中的消能器，应采用本章第12.3节规定的方法进行检验。对黏滞流体消能器等可重复利用的消能器，抽检数量适当增多，抽检的消能器可用于主体结构；对金属屈服位移相关型消能器等不可重复利用的消能器，在同一类型中抽检数量不少于 2 个，抽检合格率为 100%，抽检后不能用于主体结构。

型式检验和出厂检验应由第三方完成。

12.1.6 本条明确提出，可采用隔震、减震技术进行结构的抗震性能化设计。此时，本章的规定应依据性能化目标加以调整。

12.2 房屋隔震设计要点

12.2.1 本规范对隔震的基本要求是：通过隔震层的大变形来减少其上部结构的地震作用，从而减少地震破坏。隔震设计需解决的主要问题是：隔震层位置的确定，隔震垫的数量、规格和布置，隔震层在罕遇地震下的承载力和变形控制，隔震层不隔离竖向地震作用的影响，上部结构的水平向减震系数及其与隔震层的连接构造等。

隔震层的位置通常位于第一层以下。当位于第一层及以上时，隔震体系的特点与普通隔震结构可有较大差异，隔震层以下的结构设计计算也更复杂。

为便于我国设计人员掌握隔震设计方法，本规范提出了"水平向减震系数"的概念。按减震系数进行设计，隔震层以上结构的水平地震作用和抗震验算，构件承载力留有一定的安全储备。对于丙类建筑，相应的构造要求也可有所降低。但必须注意，结构所受的地震作用，既有水平向也有竖向，目前的橡胶隔震支座只具有隔离水平地震的功能，对竖向地震没有隔震效果，隔震后结构的竖向地震力可能大于水平地震力，应予以重视并做相应的验算，采取适当的措施。

12.2.2 本条规定了隔震体系的计算模型，且一般要求采用时程分析法进行设计计算。在附录 L 中提供了简化计算方法。

图 12.2.2 是对应于底部剪力法的等效剪切型结构的示意图；其他情况，质点 j 可有多个自由度，隔震装置也有相应的多个自由度。

本次修订，当隔震结构位于发震断裂主断裂带 10km 以内时，要求各个设防类别的房屋均应计及地震近场效应。

12.2.3、12.2.4 规定了隔震层设计的基本要求。

1 关于橡胶隔震支座的压应力和最大拉应力限值。

1）根据 Haringx 弹性理论，按稳定要求，以压缩荷载下叠层橡胶水平刚度为零的压应力作为屈曲应力 σ_{cr}，该屈曲应力取决于橡胶的硬度、钢板厚度与橡胶厚度的比值、第一形状参数 s_1（有效直径与中央孔洞直径之差 $D-D_0$ 与橡胶层 4 倍厚度 $4t_r$ 之比）和第二形状参数 s_2（有效直径 D 与橡胶层总厚度 nt_r 之比）等。

通常，隔震支座中间钢板厚度是单层橡胶厚度的一半，取比值为 0.5。对硬度为 30～60共七种橡胶，以及 s_1＝11、13、15、17、19、20 和 s_2＝3、4、5、6、7，累计 210 种组合进行了计算。结果表明：满足 $s_1 \geqslant 15$ 和 $s_2 \geqslant 5$ 且橡胶硬度不小于 40 时，最小的屈曲应力值为 34.0MPa。

将橡胶支座在地震下发生剪切变形后上下钢板投影的重叠部分作为有效受压面积，以该有效受压面积得到的平均应力达到最小屈曲应力作为控制橡胶支座稳定的条件，取容许剪切变形为 0.55D（D 为支座有效直径），则可得本条规定的丙类建筑的压应力限值

$$\sigma_{max} = 0.45\sigma_{cr} = 15.0\text{MPa}$$

对 $s_2<5$ 且橡胶硬度不小于 40 的支座，当 $s_2=4$，$\sigma_{max}=12.0$MPa；当 $s_2=3$，$\sigma_{max}=9.0$MPa。因此规定，当 $s_2<5$ 时，平均压应力限值需予以降低。

2）规定隔震支座控制拉应力，主要考虑下列三个因素：

①橡胶受拉后内部有损伤，降低了支座的弹性性能；

②隔震支座出现拉应力，意味着上部结构存在倾覆危险；

③规定隔震支座拉应力 $\sigma_t<1$MPa 理由是：1）广州大学工程抗震研究中心所作的橡胶垫的抗拉试验中，其极限抗拉强度为 (2.0～2.5)MPa；2）美国 UBC 规范采用的容许抗拉强度为 1.5MPa。

2 关于隔震层水平刚度和等效黏滞阻尼比的计算方法，系根据振动方程的复阻尼理论得到的。其实部为水平刚度，虚部为等效黏滞阻尼比。

本次修订，考虑到随着橡胶隔震支座的制作工艺越来越成熟，隔震支座的直径越来越大，建议在隔震支座选型时尽量选用大直径的支座，对 300mm 直径的支座，由于其直径小，稳定性差，故将其设计承载力由 12MPa 降低到 10MPa。

橡胶支座随着水平剪切变形的增大，其容许竖向承载能力将逐渐减小，为防止隔震支座在大变形的情况下失去承载能力，故要求支座的剪切变形应满足 $\sigma \leqslant \sigma_{cr}(1-\gamma/s_2)$，式中，$\gamma$ 为水平剪切变形，s_2 为支座第二形状系数，σ 为支座竖向面压，σ_{cr} 为支座极限抗压强度。同时支座的竖向压应力不大于 30MPa，水平变形不大于 0.55D 和 300%的较小值。

隔震支座直径较大时，如直径不小于 600mm，考虑实际工程隔震后的位移和现有试验设备的条件，对于罕遇地震位移验算时的支座设计参数，可取水平

剪切变形 100%的刚度和阻尼。

还需注意，橡胶材料是非线性弹性体，橡胶隔震支座的有效刚度与振动周期有关，动静刚度的差别甚大。因此，为了保证隔震的有效性，最好取相应于隔震体系基本周期的刚度进行计算。本次修订，将 2001 规范隐含加载频率影响的“动刚度”改为“等效刚度”，用语更明确，方便同国家标准《橡胶支座》接轨；之所以去掉有关频率对刚度影响的语句，因相关的产品标准已有明确的规定。

12.2.5 隔震后，隔震层以上结构的水平地震作用可根据水平向减震系数确定。对于多层结构，层间地震剪力代表了水平地震作用取值及其分布，可用来识别结构的水平向减震系数。

考虑到隔震层不能隔离结构的竖向地震作用，隔震结构的竖向地震力可能大于其水平地震力，竖向地震的影响不可忽略，故至少要求 9 度时和 8 度水平向减震系数为 0.30 时应进行竖向地震作用验算。

本次修订，拟对水平向减震系数的概念作某些调整：直接将“隔震结构与非隔震结构最大水平剪力的比值”改称为“水平向减震系数”，采用该概念力图使其意义更明确，以方便设计人员理解和操作（美国、日本等国也同样采用此方法）。

隔震后上部结构按本规范相关结构的规定进行设计时，地震作用可以降低，降低后的地震影响系数曲线形式参见本规范 5.1.5 条，仅地震影响系数最大值 $\alpha_{\max1}$ 减小。

2001 规范确定隔震后水平地震作用时所考虑的安全系数 1.4，对于当时隔震支座的性能是合适的。当前，在国家产品标准《橡胶支座　第 3 部分：建筑隔震橡胶支座》GB 20688.3－2006 中，橡胶支座按剪切性能允许偏差分为 S-A 和 S-B 两类，其中 S-A 类的允许偏差为±15%，S-B 类的允许偏差为±25%。因此，随着隔震支座产品性能的提高，该系数可适当减少。本次修订，按照《建筑结构可靠度设计统一标准》GB 50068 的要求，确定设计用的水平地震作用的降低程度，需根据概率可靠度分析提供一定的概率保证，一般考虑 1.645 倍变异系数。于是，依据支座剪变刚度与隔震后体系周期及对应地震总剪力的关系，由支座刚度的变异导出地震总剪力的变异，再乘以 1.645，则大致得到不同支座的 ψ 值，S-A 类为 0.85，S-B 类为 0.80。当设置阻尼器时还需要附加与阻尼器有关的变异系数，ψ 值相应减少，对于 S-A 类，取 0.80，对于 S-B 类，取 0.75。

隔震后的上部结构用软件计算时，直接取 $\alpha_{\max1}$ 进行结构计算分析。从宏观的角度，可以将隔震后结构的水平地震作用大致归纳为比非隔震时降低半度、一度和一度半三个档次，如表 7 所示（对于一般橡胶支座）；而上部结构的抗震构造，只能按降低一度分挡，即以 $\beta=0.40$ 分挡。

表 7　水平向减震系数与隔震后结构水平地震作用所对应烈度的分档

本地区设防烈度（设计基本地震加速度）	水平向减震系数 β		
	$0.53\geqslant\beta\geqslant0.40$	$0.40>\beta>0.27$	$\beta\leqslant0.27$
9 (0.40*g*)	8 (0.30*g*)	8 (0.20*g*)	7 (0.15*g*)
8 (0.30*g*)	8 (0.20*g*)	7 (0.15*g*)	7 (0.10*g*)
8 (0.20*g*)	7 (0.15*g*)	7 (0.10*g*)	7 (0.10*g*)
7 (0.15*g*)	7 (0.10*g*)	7 (0.10*g*)	6 (0.05*g*)
7 (0.10*g*)	7 (0.10*g*)	6 (0.05*g*)	6 (0.05*g*)

本次修订对 2001 规范的规定，还有下列变化：

1　计算水平减震系数的隔震支座参数，橡胶支座的水平剪切应变由 50%改为 100%，大致接近设防地震的变形状态，支座的等效刚度比 2001 规范减少，计算的隔震的效果更明显。

2　多层隔震结构的水平地震作用沿高度矩形分布改为按重力荷载代表值分布。还补充了高层隔震建筑确定水平向减震系数的方法。

3　对 8 度设防考虑竖向地震的要求有所加严，由“宜”改为“应”。

12.2.7 隔震后上部结构的抗震措施可以适当降低，一般的橡胶支座以水平向减震系数 0.40 为界划分，并明确降低的要求不得超过一度，对于不同的设防烈度如表 8 所示：

表 8　水平向减震系数与隔震后上部结构抗震措施所对应烈度的分档

本地区设防烈度（设计基本地震加速度）	水平向减震系数	
	$\beta\geqslant0.40$	$\beta<0.40$
9 (0.40*g*)	8 (0.30*g*)	8 (0.20*g*)
8 (0.30*g*)	8 (0.20*g*)	7 (0.15*g*)
8 (0.20*g*)	7 (0.15*g*)	7 (0.10*g*)
7 (0.15*g*)	7 (0.10*g*)	7 (0.10*g*)
7 (0.10*g*)	7 (0.10*g*)	6 (0.05*g*)

需注意，本规范的抗震措施，一般没有 8 度（0.30*g*）和 7 度（0.15*g*）的具体规定。因此，当 $\beta\geqslant0.40$时抗震措施不降低，对于 7 度（0.15*g*）设防时，即使 $\beta<0.40$，隔震后的抗震措施基本上不降低。

砌体结构隔震后的抗震措施，在附录 L 中有较为具体的规定。对混凝土结构的具体要求，可直接按降低后的烈度确定，本次修订不再给出具体要求。

考虑到隔震层对竖向地震作用没有隔振效果，隔震层以上结构的抗震构造措施应保留与竖向抗力有关的要求。本次修订，与抵抗竖向地震有关的措施用条注的方式予以明确。

12.2.8 本次修订，删去2001规范关于墙体下隔震支座的间距不宜大于2m的规定，使大直径的隔震支座布置更为合理。

为了保证隔震层能够整体协调工作，隔震层顶部应设置平面内刚度足够大的梁板体系。当采用装配整体式钢筋混凝土楼盖时，为使纵横梁体系能传递竖向荷载并协调横向剪力在每个隔震支座的分配，支座上方的纵横梁体系应为现浇。为增大隔震层顶部梁板的平面内刚度，需加大梁的截面尺寸和配筋。

隔震支座附近的梁、柱受力状态复杂，地震时还会受到冲切，应加密箍筋，必要时配置网状钢筋。

上部结构的底部剪力通过隔震支座传给基础结构。因此，上部结构与隔震支座的连接件、隔震支座与基础的连接件应具有传递上部结构最大底部剪力的能力。

12.2.9 对隔震层以下的结构部分，主要设计要求是：保证隔震设计能在罕遇地震下发挥隔震效果。因此，需进行与设防地震、罕遇地震有关的验算，并适当提高抗液化措施。

本次修订，增加了隔震层位于下部或大底盘顶部时对隔震层以下结构的规定，进一步明确了按隔震后而不是隔震前的受力和变形状态进行抗震承载力和变形验算的要求。

12.3 房屋消能减震设计要点

12.3.1 本规范对消能减震的基本要求是：通过消能器的设置来控制预期的结构变形，从而使主体结构构件在罕遇地震下不发生严重破坏。消能减震设计需解决的主要问题是：消能器和消能部件的选型，消能部件在结构中的分布和数量，消能器附加给结构的阻尼比估算，消能减震体系在罕遇地震下的位移计算，以及消能部件与主体结构的连接构造和其附加的作用等等。

罕遇地震下预期结构位移的控制值，取决于使用要求，本规范第5.5节的限值是针对非消能减震结构"大震不倒"的规定。采用消能减震技术后，结构位移的控制可明显小于第5.5节的规定。

消能器的类型甚多，按ATC-33.03的划分，主要分为位移相关型、速度相关型和其他类型。金属屈服型和摩擦型属于位移相关型，当位移达到预定的启动限才能发挥消能作用，有些摩擦型消能器的性能有时不够稳定。黏滞型和黏弹性型属于速度相关型。消能器的性能主要用恢复力模型表示，应通过试验确定，并需根据结构预期位移控制等因素合理选用。位移要求愈严，附加阻尼愈大，消能部件的要求愈高。

12.3.2 消能部件的布置需经分析确定。设置在结构的两个主轴方向，可使两方向均有附加阻尼和刚度；设置于结构变形较大的部位，可更好发挥消耗地震能量的作用。

本次修订，将2001规范规定框架结构的层间弹塑性位移角不应大于1/80改为符合预期的变形控制要求，宜比不设置消能器的结构适当减小，设计上较为合理，仍体现消能减震提高结构抗震能力的优势。

12.3.3 消能减震设计计算的基本内容是：预估结构的位移，并与未采用消能减震结构的位移相比，求出所需的附加阻尼，选择消能部件的数量、布置和所能提供的阻尼大小，设计相应的消能部件，然后对消能减震体系进行整体分析，确认其是否满足位移控制要求。

消能减震结构的计算方法，与消能部件的类型、数量、布置及所提供的阻尼大小有关。理论上，大阻尼比的阻尼矩阵不满足振型分解的正交性条件，需直接采用恢复力模型进行非线性静力分析或非线性时程分析计算。从实用的角度，ATC-33建议适当简化；特别是主体结构基本控制在弹性工作范围内时，可采用线性计算方法估计。

12.3.4 采用底部剪力法或振型分解反应谱法计算消能减震结构时，需要通过强行解耦，然后计算消能减震结构的自振周期、振型和阻尼比。此时，消能部件附加给结构的阻尼，参照ATC-33，用消能部件本身在地震下变形所吸收的能量与设置消能器后结构总地震变形能的比值来表征。

消能减震结构的总刚度取为结构刚度和消能部件刚度之和，消能减震结构的阻尼比按下列公式近似估算：

$$\zeta_j = \zeta_{sj} + \zeta_{cj}$$

$$\zeta_{cj} = \frac{T_j}{4\pi M_j}\Phi_j^{\mathrm{T}} C_c \Phi_j$$

式中：ζ_j、ζ_{sj}、ζ_{cj}——分别为消能减震结构的j振型阻尼比、原结构的j振型阻尼比和消能器附加的j振型阻尼比；

T_j、Φ_j、M_j——消能减震结构第j自振周期、振型和广义质量；

C_c——消能器产生的结构附加阻尼矩阵。

国内外的一些研究表明，当消能部件较均匀分布且阻尼比不大于0.20时，强行解耦与精确解的误差，大多数可控制在5%以内。

12.3.5 本次修订，增加了对黏弹性材料总厚度以及极限位移、极限速度的规定。

12.3.6 本次修订，根据实际工程经验，细化了2001版的检测要求，试验的循环次数，由60圈改为30圈。性能的衰减程度，由10%降低为15%。

12.3.7 本次修订，进一步明确消能器与主结构连接部件应在弹性范围内工作。

12.3.8 本条是新增的。当消能减震的地震影响系数不到非消能减震的50%时，可降低一度。

附录 L 隔震设计简化计算和砌体结构隔震措施

1 对于剪切型结构，可根据基本周期和规范的地震影响系数曲线估计其隔震和不隔震的水平地震作用。此时，分别考虑结构基本周期不大于特征周期和大于征周期两种情况，在每一种情况中又以5倍特征周期为界加以区分。

1）不隔震结构的基本周期不大于特征周期 T_g 的情况：

设隔震结构的地震影响系数为 α，不隔震结构的地震影响系数为 α'，则对隔震结构，整个体系的基本周期为 T_1，当不大于 $5T_g$ 时地震影响系数

$$\alpha = \eta_2 (T_g/T_1)^{\gamma} \alpha_{max} \tag{8}$$

由于不隔震结构的基本周期小于或等于特征周期，其地震影响系数

$$\alpha' = \alpha_{max} \tag{9}$$

式中：α_{max}——阻尼比0.05的不隔震结构的水平地震影响系数最大值；

η_2、γ——分别为与阻尼比有关的最大值调整系数和曲线下降段衰减指数，见本规范第5.1节条文说明。

按照减震系数的定义，若水平向减震系数为 β，则隔震后结构的总水平地震作用为不隔震结构总水平地震作用的 β 倍，即

$$\alpha \leqslant \beta\alpha'$$

于是 $\beta \geqslant \eta_2 (T_g/T_1)^{\gamma}$

根据2001规范试设计的结果，简化法的减震系数小于时程法，采用1.2的系数可接近时程法，故规定：

$$\beta = 1.2\eta_2 (T_g/T_1)^{\gamma} \tag{10}$$

当隔震后结构基本周期 $T_1 > 5T_g$ 时，地震影响系数为倾斜下降段且要求不小于 $0.2\alpha_{max}$，确定水平向减震系数需专门研究，往往不易实现。例如要使水平向减震系数为0.25，需有：

$$T_1/T_g = 5 + (\eta_2 0.2^{\gamma} - 0.175)/(\eta_1 T_g)$$

对Ⅱ类场地 $T_g = 0.35s$，阻尼比0.05，相应的 T_1 为4.7s，但此时 $\alpha = 0.175\alpha_{max}$，不满足 $\alpha \geqslant 0.2\alpha_{max}$ 的要求。

2）结构基本周期大于特征周期的情况：

不隔震结构的基本周期 T_0 大于特征周期 T_g 时，地震影响系数为

$$\alpha' = (T_g/T_0)^{0.9} \alpha_{max} \tag{11}$$

为使隔震结构的水平向减震系数达到 β，同样考虑1.2的调整系数，需有

$$\beta = 1.2\eta_2 (T_g/T_1)^{\gamma} (T_0/T_g)^{0.9} \tag{12}$$

当隔震后结构基本周期 $T_1 > 5T_g$ 时，也需专门研究。

注意，若在 $T_0 \leqslant T_g$ 时，取 $T_0 = T_g$，则式（12）可转化为式（10），意味着也适用于结构基本周期不大于特征周期的情况。

多层砌体结构的自振周期较短，对多层砌体结构及与其基本周期相当的结构，本规范按不隔震时基本周期不大于0.4s考虑。于是，在上述公式中引入“不隔震结构的计算周期 T_0”表示不隔震的基本周期，并规定多层砌体取0.4s和特征周期二者的较大值，其他结构取计算基本周期和特征周期的较大值，即得到规范条文中的公式：砌体结构用式（L.1.1-1）表达；与砌体周期相当的结构用式（L.1.1-2）表达。

2 本条提出的隔震层扭转影响系数是简化计算（图27）。在隔震层顶板为刚性的假定下，由几何关系，第 i 支座的水平位移可写为：

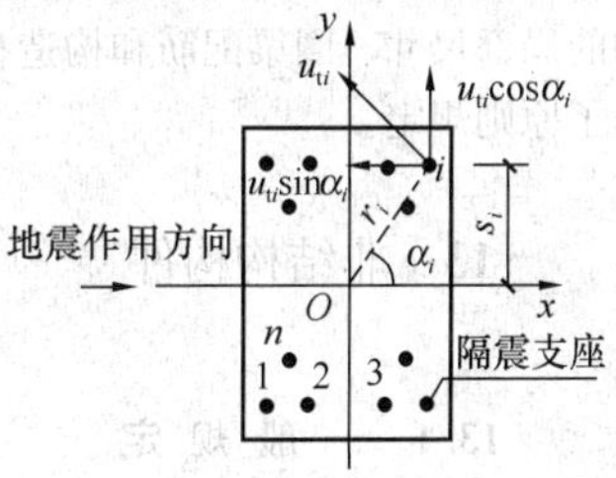

图27 隔震层扭转计算简图

$$u_i = \sqrt{(u_c + u_{ti}\sin\alpha_i)^2 + (u_{ti}\cos\alpha_i)^2}$$

$$= \sqrt{u_c^2 + 2u_c u_{ti}\sin\alpha_i + u_{ti}^2}$$

略去高阶量，可得：

$$u_i = \eta_i u_c$$

$$\eta_i = 1 + (u_{ti}/u_c)\sin\alpha_i$$

另一方面，在水平地震下 i 支座的附加位移可根据楼层的扭转角与支座至隔震层刚度中心的距离得到，

$$\frac{u_{ti}}{u_c} = \frac{k_h}{\sum k_j r_j^2} r_i e$$

$$\eta_i = 1 + \frac{k_h}{\sum k_j r_j^2} r_i e \sin\alpha_i$$

如果将隔震层平移刚度和扭转刚度用隔震层平面的几何尺寸表述，并设隔震层平面为矩形且隔震支座均匀布置，可得

$$k_h \propto ab$$

$$\sum k_j r_j^2 \propto ab(a^2 + b^2)/12$$

于是 $\eta_i = 1 + 12es_i/(a^2 + b^2)$

对于同时考虑双向水平地震作用的扭转影响的情况，由于隔震层在两个水平方向的刚度和阻尼特性相同，若两方向隔震层顶部的水平力近似认为相等，均取为 F_{Ek}，可有地震扭矩

$$M_{tx} = F_{EK} e_y,\quad M_{ty} = F_{EK} e_x$$

同时作用的地震扭矩取下列二者的较大：

$$M_t = \sqrt{M_{tx}^2 + (0.85M_{ty})^2} \text{ 和 } M_t = \sqrt{M_{ty}^2 + (0.85M_{tx})^2}$$

记为 $M_{tx} = F_{EK} e$

其中，偏心距 e 为下列二式的较大值：

$e=\sqrt{e_x^2+(0.85e_y)^2}$ 和 $e=\sqrt{e_y^2+(0.85e_x)^2}$

考虑到施工的误差，地震剪力的偏心距 e 宜计入偶然偏心距的影响，与本规范第5.2节的规定相同，隔震层也采用限制扭转影响系数最小值的方法处理。由于隔震结构设计有助于减轻结构扭转反应，建议偶然偏心距可根据隔震层的情况取值，不一定取垂直于地震作用方向边长的5%。

3 对于砌体结构，其竖向抗震验算可简化为墙体抗震承载力验算时在墙体的平均正应力 σ_0 计入竖向地震应力的不利影响。

4 考虑到隔震层对竖向地震作用没有隔震效果，上部砌体结构的构造应保留与竖向抗力有关的要求。对砌体结构的局部尺寸、圈梁配筋和构造柱、芯柱的最大间距作了原则规定。

13 非结构构件

13.1 一 般 规 定

13.1.1 非结构的抗震设计所涉及的设计领域较多，本章主要涉及与主体结构设计有关的内容，即非结构构件与主体结构的连接件及其锚固的设计。

非结构构件（如墙板、幕墙、广告牌、机电设备等）自身的抗震，系以其不受损坏为前提的，本章不直接涉及这方面的内容。

本章所列的建筑附属设备，不包括工业建筑中的生产设备和相关设施。

13.1.2 非结构构件的抗震设防目标列于本规范第3.7节。与主体结构三水准设防目标相协调，容许建筑非结构构件的损坏程度略大于主体结构，但不得危及生命。

建筑非结构构件和建筑附属机电设备支架的抗震设防分类，各国的抗震规范、标准有不同的规定，本规范大致分为高、中、低三个层次：

高要求时，外观可能损坏而不影响使用功能和防火能力，安全玻璃可能裂缝，可经受相连结构构件出现1.4倍以上设计挠度的变形，即功能系数取≥1.4；

中等要求时，使用功能基本正常或可很快恢复，耐火时间减少1/4，强化玻璃破碎，其他玻璃无下落，可经受相连结构构件出现设计挠度的变形，功能系数取1.0；

一般要求，多数构件基本处于原位，但系统可能损坏，需修理才能恢复功能，耐火时间明显降低，容许玻璃破碎下落，只能经受相连结构构件出现0.6倍设计挠度的变形，功能系数取0.6。

世界各国的抗震规范、规定中，要求对非结构的地震作用进行计算的有60%，而仅有28%对非结构的构造作出规定。考虑到我国设计人员的习惯，首先要求采取抗震措施，对于抗震计算的范围由相关标准规定，一般情况下，除了本规范第5章有明确规定的非结构构件，如出屋面女儿墙、长悬臂构件（雨篷等）外，尽量减少非结构构件地震作用计算和构件抗震验算的范围。例如，需要进行抗震验算的非结构构件大致如下：

1 7~9度时，基本上为脆性材料制作的幕墙及各类幕墙的连接；

2 8、9度时，悬挂重物的支座及其连接、出屋面广告牌和类似构件的锚固；

3 附着于高层建筑的重型商标、标志、信号等的支架；

4 8、9度时，乙类建筑的文物陈列柜的支座及其连接；

5 7~9度时，电梯提升设备的锚固件、高层建筑的电梯构件及其锚固；

6 7~9度时，建筑附属设备自重超过1.8kN或其体系自振周期大于0.1s的设备支架、基座及其锚固。

13.1.3 很多情况下，同一部位有多个非结构构件，如出入口通道可包括非承重墙体、悬吊顶棚、应急照明和出入信号四个非结构构件；电气转换开关可能安装在非承重隔墙上等。当抗震设防要求不同的非结构构件连接在一起时，要求低的构件也需按较高的要求设计，以确保较高设防要求的构件能满足规定。

13.2 基本计算要求

13.2.1 本条明确了结构专业所需考虑的非结构构件的影响，包括如何在结构设计中计入相关的重力、刚度、承载力和必要的相互作用。结构构件设计时仅计入支承非结构部位的集中作用并验算连接件的锚固。

13.2.2 非结构构件的地震作用，除了自身质量产生的惯性力外，还有支座间相对位移产生的附加作用；二者需同时组合计算。

非结构构件的地震作用，除了本规范第5章规定的长悬臂构件外，只考虑水平方向。其基本的计算方法是对应于“地面反应谱”的“楼面谱”，即反映支承非结构构件的主体结构体系自身动力特性、非结构构件所在楼层位置和支点数量、结构和非结构阻尼特性对地面地震运动的放大作用；当非结构构件的质量较大时或非结构体系的自振特性与主结构体系的某一振型的振动特性相近时，非结构体系还将与主结构体系的地震反应产生相互影响。一般情况下，可采用简化方法，即等效侧力法计算；同时计入支座间相对位移产生的附加内力。对刚性连接于楼盖上的设备，当与楼层并为一个质点参与整个结构的计算分析时，也不必另外用楼面谱进行其地震作用计算。

要求进行楼面谱计算的非结构构件，主要是建筑附属设备，如巨大的高位水箱、出屋面的大型塔架等。采用第二代楼面谱计算可反映非结构构件对所在建筑结构的反作用，不仅导致结构本身地震反应的变化，固定在其上的非结构的地震反应也明显不同。

计算楼面谱的基本方法是随机振动法和时程分析法，当非结构构件的材料与结构体系相同时，可直接利用一般的时程分析软件得到；当非结构构件的质量较大，或材料阻尼特性明显不同，或在不同楼层上有支点，需采用第二代楼面谱的方法进行验算。此时，可考虑非结构与主体结构的相互作用，包括“吸振效应”，计算结果更加可靠。采用时程分析法和随机振动法计算楼面谱需有专门的计算软件。

13.2.3 非结构构件的抗震计算，最早见于 ACT-3，采用了静力法。

等效侧力法在第一代楼面谱（以建筑的楼面运动作为地震输入，将非结构构件作为单自由度系统，将其最大反应的均值作为楼面谱，不考虑非结构构件对楼层的反作用）基础上做了简化。各国抗震规范的非结构构件的等效侧力法，一般由设计加速度、功能（或重要）系数、构件类别系数、位置系数、动力放大系数和构件重力六个因素所决定。

设计加速度一般取相当于设防烈度的地面运动加速度；与本规范各章协调，这里仍取多遇地震对应的加速度。

部分非结构构件的功能系数和类别系数参见本规范附录 M 第 M.2 节。

位置系数，一般沿高度为线性分布，顶点的取值，UBC97 为 4.0，欧洲规范为 2.0，日本取 3.3。根据强震观测记录的分析，对多层和一般的高层建筑，顶部的加速度约为底层的二倍；当结构有明显的扭转效应或高宽比较大时，房屋顶部和底部的加速度比例大于 2.0。因此，凡采用时程分析法补充计算的建筑结构，此比值应依据时程分析法相应调整。

状态系数，取决于非结构体系的自振周期，UBC97 在不同场地条件下，以周期 1s 时的动力放大系数为基础再乘以 2.5 和 1.0 两档，欧洲规范要求计算非结构体系的自振周期 T_a，取值为 $3/[1+(1-T_a/T_1)^2]$，日本取 1.0、1.5 和 2.0 三档。本规范不要求计算体系的周期，简化为两种极端情况，1.0 适用于非结构的体系自振周期不大于 0.06s 等体系刚度较大的情况，其余按 T_a 接近于 T_1 的情况取值。当计算非结构体系的自振周期时，则可按 $2/[1+(1-T_a/T_1)^2]$ 采用。

由此得到的地震作用系数(取位置、状态和构件类别三个系数的乘积)的取值范围，与主体结构体系相比，UBC97 按场地不同为(0.7～4.0)倍[若以硬土条件下结构周期 1.0s 为 1.0，则为(0.5～5.6)倍]，欧洲规范为 0.75～6.0 倍[若以硬土条件下结构周期 1.0s 为 1.0，则为(1.2～10)倍]。我国一般为(0.6～4.8)倍[若以 T_g=0.4s、结构周期 1.0s 为 1.0，则为(1.3～11)倍]。

13.2.4 非结构构件支座间相对位移的取值，凡需验算层间位移者，除有关标准的规定外，一般按本规范规定的位移限值采用。

对建筑非结构构件，其变形能力相差较大。砌体材料构成的非结构构件，由于变形能力较差而限制在要求高的场所使用，国外的规范也只有构造要求而不要求进行抗震计算；金属幕墙和高级装修材料具有较大的变形能力，国外通常由生产厂家按主体结构设计的变形要求提供相应的材料，而不是由材料决定结构的变形要求；对玻璃幕墙，《建筑幕墙》标准中已规定其平面内变形分为五个等级，最大 1/100，最小 1/400。

对设备支架，支座间相对位移的取值与使用要求有直接联系。例如，要求在设防烈度地震下保持使用功能（如管道不破碎等），取设防烈度下的变形，即功能系数可取 2～3，相应的变形限值取多遇地震的(3～4)倍；要求在罕遇地震下不造成次生灾害，则取罕遇地震下的变形限值。

13.2.5 本条规定非结构构件地震作用效应组合和承载力验算的原则。强调不得将摩擦力作为抗震设计的抗力。

13.3 建筑非结构构件的基本抗震措施

89 规范各章中有关建筑非结构构件的构造要求如下：

1 砌体房屋中，后砌隔墙、楼梯间砖砌栏板的规定；

2 多层钢筋混凝土房屋中，围护墙和隔墙材料、砖填充墙布置和连接的规定；

3 单层钢筋混凝土柱厂房中，天窗端壁板、围护墙、高低跨封墙和纵横跨悬墙的材料和布置的规定，砌体隔墙和围护墙、墙梁、大型墙板等与排架柱、抗风柱的连接构造要求；

4 单层砖柱厂房中，隔墙的选型和连接构造规定；

5 单层钢结构厂房中，围护墙选型和连接要求。

2001 规范将上述规定加以合并整理，形成建筑非结构构件材料、选型、布置和锚固的基本抗震要求。还补充了吊车走道板、天沟板、端屋架与山墙间的填充小屋面板，天窗端壁板和天窗侧板下的填充砌体等非结构构件与支承结构可靠连接的规定。

玻璃幕墙已有专门的规程，预制墙板、顶棚及女儿墙、雨篷等附属构件的规定，也由专门的非结构抗震设计规程加以规定。

本次修订的主要内容如下：

13.3.3 将砌体房屋中关于烟道、垃圾道的规定移入本节。

13.3.4 增加了框架楼梯间等处填充墙设置钢丝网面层加强的要求。

13.3.5 进一步明确厂房围护墙的设置应注意下列问题：

1 唐山地震震害经验表明：嵌砌墙的墙体破坏较外贴墙轻得多，但对厂房的整体抗震性能极为不利，在多跨厂房和外纵墙不对称布置的厂房中，由于各柱列的纵向侧移刚度差别悬殊，导致厂房纵向破坏，倒塌的震例不少，即使两侧均为嵌砌墙的单跨厂房，也会由于纵向侧移刚度的增加而加大厂房的纵向地震作用效，特别是柱顶地震作用的集中对柱顶节点的抗震很不利，容易造成柱顶节点破坏，危及屋盖的安全，同时由于门窗洞口处刚度的削弱和突变，还会导致门窗洞口处柱子的破坏，因此，单跨厂房也不宜在两侧采用嵌砌墙。

2 砖砌体的高低跨封墙和纵横向厂房交接处的悬墙，由于质量大、位置高，在水平地震作用特别是高振型影响下，外甩力大，容易发生外倾、倒塌，造成高砸低的震害，不仅砸坏低屋盖，还可能破坏低跨设备或伤人，危害严重，唐山地震中，这种震害的发生率很高，因此，宜采用轻质墙板，当必须采用砖砌体时，应加强与主体结构的锚拉。

3 高低跨封墙直接砌在低跨屋面板上时，由于高振型和上、下变形不协调的影响，容易发生倒塌破坏，并砸坏低跨屋盖，邢台地震 7 度区就有这种震例。

4 砌体女儿墙的震害较普遍，故规定需设置时，应控制其高度，并采取防地震时倾倒的构造措施。

5 不同墙体材料的质量、刚度不同，对主体结构的地震影响不同，对抗震不利，故不宜采用。必要时，宜采用相应的措施。

13.3.6 本条文字表达略有修改。轻型板材是指彩色涂层压型钢板、硬质金属面夹芯板，以及铝合金板等轻型板材。

降低厂房屋盖和围护结构的重量，对抗震十分有利。震害调查表明，轻型墙板的抗震效果很好。大型墙板围护厂房的抗震性能明显优于砌体围护墙厂房。大型墙板与厂房柱刚性连接，对厂房的抗震不利，并对厂房的纵向温度变形、厂房柱不均匀沉降以及各种振动也都不利。因此，大型墙板与厂房柱间应优先采用柔性连接。

嵌砌砌体墙对厂房的纵向抗震不利，故一般不应采用。

13.4 建筑附属机电设备支架的基本抗震措施

本规范仅规定对附属机电设备支架的基本要求。并参照美国 UBC 规范的规定，给出了可不作抗震设防要求的一些小型设备和小直径的管道。

建筑附属机电设备的种类繁多，参照美国 UBC97 规范，要求自重超过 1.8kN（400 磅）或自振周期大于 0.1s 时，要进行抗震计算。计算自振周期时，一般采用单质点模型。对于支承条件复杂的机电设备，其计算模型应符合相关设备标准的要求。

附录 M　实现抗震性能设计目标的参考方法

M.1　结构构件抗震性能设计方法

M.1.1 本条依据震害，尽可能将结构构件在地震中的破坏程度，用构件的承载力和变形的状态做适当的定量描述，以作为性能设计的参考指标。

关于中等破坏时构件变形的参考值，大致取规范弹性限值和弹塑性限值的平均值；构件接近极限承载力时，其变形比中等破坏小些；轻微损坏，构件处于开裂状态，大致取中等破坏的一半。不严重破坏，大致取规范不倒塌的弹塑性变形限值的 90%。

不同性能要求的位移及其延性要求，参见图 28。从中可见，对于非隔震、减震结构，性能 1，在罕遇地震时层间位移可按线性弹性计算，约为 $[\Delta u_e]$，震后基本不存在残余变形；性能 2，震时位移小于 $2[\Delta u_e]$，震后残余变形小于 $0.5[\Delta u_e]$；性能 3，考虑阻尼有所增加，震时位移约为 $(4\sim5)[\Delta u_e]$，按退化刚度估计震后残余变形约 $[\Delta u_e]$；性能 4，考虑等效阻尼加大和刚度退化，震时位移约为 $(7\sim8)[\Delta u_e]$，震后残余变形约 $2[\Delta u_e]$。

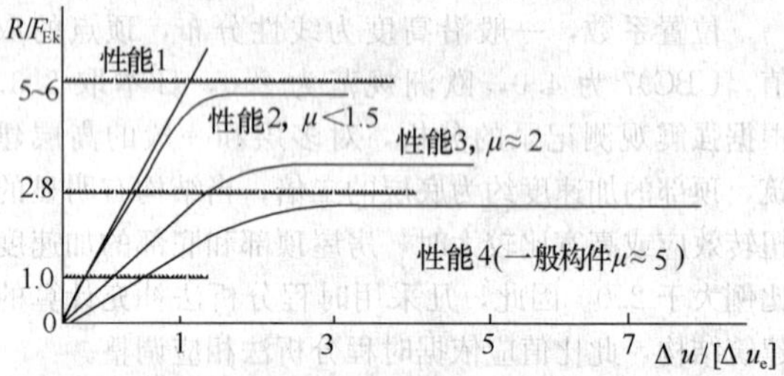

图 28　不同性能要求的位移和延性需求示意图

从抗震能力的等能量原理，当承载力提高一倍时，延性要求减少一半，故构造所对应的抗震等级大致可按降低一度的规定采用。延性的细部构造，对混凝土构件主要指箍筋、边缘构件和轴压比等构造，不包括影响正截面承载力的纵向受力钢筋的构造要求；对钢结构构件主要指长细比、板件宽厚比、加劲肋等构造。

M.1.2 本条列出了实现不同性能要求的构件承载力验算表达式，中震和大震均不考虑地震效应与风荷载效应的组合。

设计值复核，需计入作用分项系数、抗力的材料分项系数、承载力抗震调整系数，但计入和不计入不同抗震等级的内力调整系数时，其安全性的高低略有区别。

标准值和极限值复核，不计入作用分项系数、承载力抗震调整系数和内力调整系数，但材料强度分别取标准值和最小极限值。其中，钢材强度的最小极限值 f_u 按《高层民用建筑钢结构技术规程》JGJ 99 采用，约为钢材屈服强度的（1.35～1.5）倍；钢筋最小极限强度参照本规范第 3.9.2 条，取钢筋屈服强度 f_y 的 1.25 倍；混凝土最小极限强度参照《混凝土结构设计规范》GB 50011—2002 第 4.1.3 条的说明，考虑实际结构混凝土强度与试件混凝土强度的差异，取立方强度的 0.88 倍。

M.1.3 本条给出竖向构件弹塑性变形验算的注意事项。

对于不同的破坏状态，弹塑性分析的地震作用和变形计算的方法也不同，需分别处理。

地震作用下构件弹塑性变形计算时，必须依据其实际的承载力——取材料强度标准值、实际截面尺寸(含钢筋截面)、轴向力等计算，考虑地震强度的不确定性，构件材料动静强度的差异等等因素的影响，从工程的角度，构件弹塑性参数可仍按杆件模型适当简化，参照 IBC 的规定，建议混凝土构件的初始刚度取短期或长期刚度，至少按 $0.85E_cI$ 简化计算。

结构的竖向构件在不同破坏状态下层间位移角的参考控制目标，若依据试验结果并扣除整体转动影响，墙体的控制值要远小于框架柱。从工程应用的角度，参照常规设计时各楼层最大层间位移角的限值，若干结构类型按本条正文规定得到的变形最大的楼层中竖向构件最大位移角限值，如表 9 所示。

表 9 结构竖向构件对应于不同破坏状态的最大层间位移角参考控制目标

结构类型	完 好	轻微损坏	中等破坏	不严重破坏
钢筋混凝土框架	1/550	1/250	1/120	1/60
钢筋混凝土抗震墙、筒中筒	1/1000	1/500	1/250	1/135
钢筋混凝土框架-抗震墙、板柱-抗震墙、框架-核心筒	1/800	1/400	1/200	1/110
钢筋混凝土框支层	1/1000	1/500	1/250	1/135
钢结构	1/300	1/200	1/100	1/55
钢框架-钢筋混凝土内筒、型钢混凝土框架-钢筋混凝土内筒	1/800	1/400	1/200	1/110

M.2 建筑构件和建筑附属设备支座抗震性能设计方法

各类建筑构件在强烈地震下的性能，一般允许其损坏大于结构构件，在大震下损坏不对生命造成危害。固定于结构的各类机电设备，则需考虑使用功能保持的程度，如检修后照常使用、一般性修理后恢复使用、更换部分构件的大修后恢复使用等。

本附录的表 M.2.2 和表 M.2.3 来自 2001 规范第 13.2.3 条的条文说明，主要参考国外的相关规定。

关于功能系数，UBC97 分 1.5 和 1.0 两档，欧洲规范分 1.5、1.4、1.2、1.0 和 0.8 五档，日本取 1.0，2/3，1/2 三档。本附录按设防类别和使用要求确定，一般分为三档，取≥1.4、1.0 和 0.6。

关于构件类别系数，美国早期的 ATC-3 分 0.6、0.9、1.5、2.0、3.0 五档，UBC97 称反应修正系数，无延性材料或采用胶粘剂的锚固为 1.0，其余分为 2/3、1/3、1/4 三档，欧洲规范分 1.0 和 1/2 两档。本附录分 0.6、0.9、1.0 和 1.2 四档。

M.3 建筑构件和建筑附属设备抗震计算的楼面谱方法

非结构抗震设计的楼面谱，即从具体的结构及非结构所在的楼层在地震下的运动（如实际加速记录或模拟加速度时程）得到具体的加速度谱，体现非结构动力特性对所处环境（场地条件、结构特性、非结构位置等）地震反应的再次放大效果。对不同的结构或同一结构的不同楼层，其楼面谱均不相同，在与结构体系主要振动周期相近的若干周期段，均有明显的放大效果。下面给出北京长富宫的楼面谱，可以看到上述特点。

北京长富宫为地上 25 层的钢结构，前六个自振周期为 3.45s、1.15s、0.66s、0.48s、0.46s、0.35s。采用随机振动法计算的顶层楼面反应谱如图 29 所示，说明非结构的支承条件不同时，与主体结构的某个振型发生共振的机会是较多的。

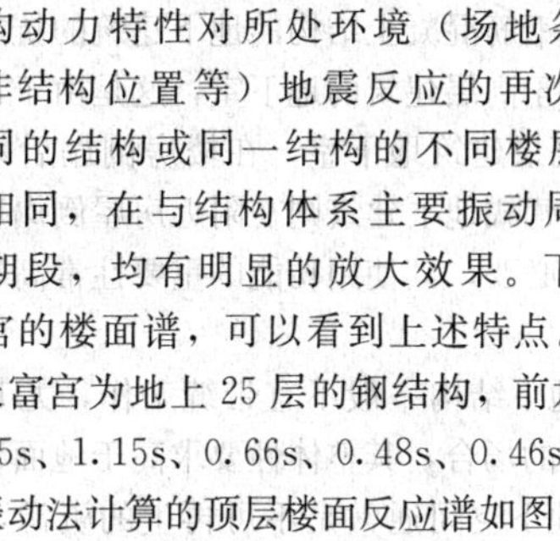

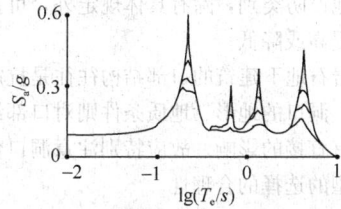

图 29 长富宫顶层的楼面反应谱

14 地下建筑

14.1 一 般 规 定

14.1.1 本章是新增加的，主要规定地下建筑不同于地面建筑的抗震设计要求。

地下建筑种类较多，有的抗震能力强，有的使用要求高，有的服务于人流、车流，有的服务于物资储藏，抗震设防应有不同的要求。本章的适用范围为单建式地下建筑，且不包括地下铁道和城市公路隧道，因为地下铁道和城市公路隧道等属于交通运输类工程。

高层建筑的地下室（包括设置防震缝与主楼对应范围分开的地下室）属于附建式地下建筑，其性能要求通常与地面建筑一致，可按本规范有关章节所提出的要求设计。

随着城市建设的快速发展，单建式地下建筑的规模正在增大，类型正在增多，其抗震能力和抗震设防要求也有差异，需要在工程设计中进一步研究，逐步解决。

14.1.2 建设场地的地形、地质条件对地下建筑结构的抗震性能均有直接或间接的影响。选择在密实、均匀、稳定的地基上建造，有利于结构在经受地震作用时保持稳定。

14.1.3、14.1.4 对称、规则并具有良好的整体性，及结构的侧向刚度宜自下而上逐渐减小等是抗震结构建筑布置的常见要求。地下建筑与地面建筑的区别是，地下建筑结构尤应力求体型简单，纵向、横向外形平顺，剖面形状、构件组成和尺寸不沿纵向经常变化，使其抗震能力提高。

关于钢筋混凝土结构的地下建筑的抗震等级，其要求略高于高层建筑的地下室，这是由于：

① 高层建筑地下室，在楼房倒塌后一般即弃之不用，单建式地下建筑则在附近房屋倒塌后仍常有继续服役的必要，其使用功能的重要性常高于高层建筑地下室；

② 地下结构一般不宜带缝工作，尤其是在地下水位较高的场合，其整体性要求高于地面建筑；

③ 地下空间通常是不可再生的资源，损坏后一般不能推倒重来，需原地修复，而难度较大。

本条的具体规定主要针对乙类、丙类设防的地下建筑，其他设防类别，除有具体规定外，可按本规范相关规定提高或降低。

14.1.5 岩石地下建筑的口部结构往往是抗震能力薄弱的部位，洞口的地形、地质条件则对口部结构的抗震稳定性有直接的影响，故应特别注意洞口位置和口部结构类型的选择的合理性。

14.2 计 算 要 点

14.2.1 本条根据当前的工程经验，确定抗震设计中可不进行计算分析的地下建筑的范围。

设防烈度为 7 度时Ⅰ、Ⅱ类场地中的丙类建筑可不计算，主要是参考唐山地震中天津市人防工程震害调查的资料。

设防烈度为 8 度（0.20g）Ⅰ、Ⅱ类场地中层数不多于 2 层、体型简单、跨度不大、构件连结整体性好的丙类建筑，其结构刚度相对较大，抗震能力相对较强，具有设计经验时也可不进行地震作用计算。

14.2.2 本条规定地下建筑抗震计算的模型和相应的计算方法。

1 地下建筑结构抗震计算模型的最大特点是，除了结构自身受力、传力途径的模拟外，还需要正确模拟周围土层的影响。

长条形地下结构按横截面的平面应变问题进行抗震计算的方法，一般适用于离端部或接头的距离达 1.5 倍结构跨度以上的地下建筑结构。端部和接头部位等的结构受力变形情况较复杂，进行抗震计算时原则上应按空间结构模型进行分析。

结构形式、土层和荷载分布的规则性对结构的地震反应都有影响，差异较大时地下结构的地震反应也将有明显的空间效应。此时，即使是外形相仿的长条形结构，也宜按空间结构模型进行抗震计算和分析。

2 对地下建筑结构，反应位移法、等效水平地震加速度法或等效侧力法，作为简便方法，仅适用于平面应变问题的地震反应分析；其余情况，需要采用具有普遍适用性的时程分析法。

3 反应位移法。采用反应位移法计算时，将土层动力反应位移的最大值作为强制位移施加于结构上，然后按静力原理计算内力。土层动力反应位移的最大值可通过输入地震波的动力有限元计算确定。

以长条形地下结构为例，其横截面的等效侧向荷载为由两侧土层变形形成的侧向力 $p(z)$、结构自重产生的惯性力及结构与周围土层间的剪切力 τ 三者的总和（图 30）。地下结构本身的惯性力，可取结构的质量乘以最大加速度，并施加在结构重心上。$p(z)$ 和 τ

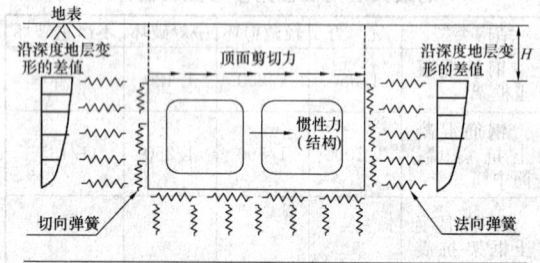

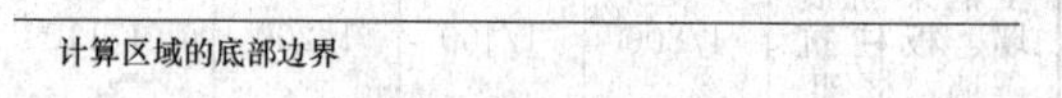

图 30 反应位移法的等效荷载

可按下列公式计算：

$$\tau = \frac{G}{\pi H} S_{\rm v} T_{\rm s} \qquad (13)$$

$$p(z) = k_{\rm h}[u(z) - u(z_{\rm b})] \qquad (14)$$

式中，τ 为地下结构顶板上表面与土层接触处的剪切力；G 为土层的动剪变模量，可采用结构周围地层中应变水平为 10^{-4} 量级的地层的剪切刚度，其值约为初始值的 70%～80%；H 为顶板以上土层的厚度，$S_{\rm v}$ 为基底上的速度反应谱，可由地面加速度反应谱得到；$T_{\rm s}$ 为顶板以上土层的固有周期；$p(z)$ 为土层变形形成的侧向力，$u(z)$ 为距地表深度 z 处的地震土层变形；$z_{\rm b}$ 为地下结构底面距地表面的深度；$k_{\rm h}$ 为地震时单位面积的水平向土层弹簧系数，可采用不包含地下结构的土层有限元网格，在地下结构处施加单位水平力然后求出对应的水平变形得到。

4 等效水平地震加速度法。此法将地下结构的地震反应简化为沿垂直向线性分布的等效水平地震加速度的作用效应，计算采用的数值方法常为有限元法；等效侧力法将地下结构的地震反应简化为作用在节点上的等效水平地震惯性力的作用效应，从而可采用结构力学方法计算结构的动内力。两种方法都较简单，尤其是等效侧力法。但二者需分别得出等效水平地震加速度荷载系数和等效侧力系数等的取值，普遍适用性较差。

5 时程分析法。根据软土地区的研究成果，平面应变问题时程分析法网格划分时，侧向边界宜取至离相邻结构边墙至少3倍结构宽度处，底部边界取至基岩表面，或经时程分析试算结果趋于稳定的深度处，上部边界取至地表。计算的边界条件，侧向边界可采用自由场边界，底部边界离结构底面较远时可取为可输入地震加速度时程的固定边界，地表为自由变形边界。

采用空间结构模型计算时，在横截面上的计算范围和边界条件可与平面应变问题的计算相同，纵向边界可取为离结构端部距离为2倍结构横断面面积当量宽度处的横剖面，边界条件均宜为自由场边界。

14.2.3 本条规定地下结构抗震计算的主要设计参数：

1 地下结构的地震作用方向与地面建筑的区别。首先是对于长条形地下结构，作用方向与其纵轴方向斜交的水平地震作用，可分解为横断面上和沿纵轴方向作用的水平地震作用，二者强度均将降低，一般不可能单独起控制作用。因而对其按平面应变问题分析时，一般可仅考虑沿结构横向的水平地震作用；对地下空间综合体等体型复杂的地下建筑结构，宜同时计算结构横向和纵向的水平地震作用。其次是对竖向地震作用的要求，体型复杂的地下空间结构或地基地质条件复杂的长条形地下结构，都易产生不均匀沉降并导致结构裂损，因而即使设防烈度为7度，必要时也需考虑竖向地震作用效应的综合作用。

2 地面以下地震作用的大小。地面下设计基本地震加速度值随深度逐渐减小是公认的，但取值各国有不同的规定；一般在基岩面取地表的1/2，基岩至地表按深度线性内插。我国《水工建筑物抗震设计规范》DL 5073第9.1.2条规定地表为基岩面时，基岩面下50m及其以下部位的设计地震加速度代表值可取为地表规定值的1/2，不足50m处可按深度由线性插值确定。对于进行地震安全性评价的场地，则可根据具体情况按一维或多维的模型进行分析后确定其减小的规律。

3 地下结构的重力荷载代表值。地下建筑结构静力设计时，水、土压力是主要荷载，故在确定地下建筑结构的重力荷载的代表值时，应包含水、土压力的标准值。

4 土层的计算参数。软土的动力特性采用Davidenkov模型表述时，动剪变模量G、阻尼比λ与动剪应变γ_d之间满足关系式：

$$\frac{G}{G_{\max}}=1-\left[\frac{(\gamma_d/\gamma_0)^{2B}}{1+(\gamma_d/\gamma_0)^{2B}}\right]^A \tag{15}$$

$$\frac{\lambda}{\lambda_{\max}}=\left[1-\frac{G}{G_{\max}}\right]^{\beta} \tag{16}$$

式中，$G_{\max}$为最大动剪变模量，γ_0为参考应变，$\lambda_{\max}$为最大阻尼比，A、B、β为拟合参数。

以上参数可由土的动力特性试验确定，缺乏资料时也可按下列经验公式估算。

$$G_{\max}=\rho c_s^2 \tag{17}$$

$$\lambda_{\max}=\alpha_2-\alpha_3(\sigma'_v)^{\frac{1}{2}} \tag{18}$$

$$\sigma'_v=\sum_{i=1}^{n}\gamma'_i h_i \tag{19}$$

式中，ρ为质量密度，c_s为剪切波速，σ'_v为有效上覆压力，γ'_i为第i层土的有效重度，h_i为第i层土的厚度，α_2、α_3为经验常数，可由当地试验数据拟合分析确定。

14.2.4 地下建筑不同于地面建筑的抗震验算内容如下：

1 一般应进行多遇地震下承载力和变形的验算。

2 考虑地下建筑修复的难度较大，将罕遇地震作用下混凝土结构弹塑性层间位移角的限值取为$[\theta_p]=1/250$。由于多遇地震作用下按结构弹性状态计算得到的结果可能不满足罕遇地震作用下的弹塑性变形要求，建议进行设防地震下构件承载力和结构变形验算，使其在设防地震下可安全使用，在罕遇地震下能满足抗震变形验算的要求。

3 在有可能液化的地基中建造地下建筑结构时，应注意检验其抗浮稳定性，并在必要时采取措施加固地基，以防地震时结构周围的场地液化。鉴于经采取措施加固后地基的动力特性将有变化，本条要求根据实测标准贯入锤击数与临界锤击数的比值确定液化折减系数，并进而计算地下连续墙和抗拔桩等的摩阻力。

14.3 抗震构造措施和抗液化措施

14.3.1 地下钢筋混凝土框架结构构件的尺寸常大于同类地面结构的构件，但因使用功能不同的框架结构要求不一致，因而本条仅提构件最小尺寸应至少符合同类地面建筑结构构件的规定，而未对其规定具体尺寸。

地下钢筋混凝土结构按抗震等级提出的构造要求，第3款为根据“强柱弱梁”的设计概念适当加强框架柱的措施。

此次局部修订进行文字调整，以明确最小总配筋率取值规定。

14.3.2 本条规定比地上板柱结构有所加强，旨在便于协调安全受力和方便施工的需要。为加快施工进度，减少基坑暴露时间，地下建筑结构的底板、顶板和楼板常采用无梁肋结构，由此使底板、顶板和楼板等的受力体系不再是板梁体系，故在必要时宜通过在柱上板带中设置暗梁对其加强。

为加强楼盖结构的整体性，第2款提出加强周边墙体与楼板的连接构造的措施。

水平地震作用下，地下建筑侧墙、顶板和楼板开孔都将影响结构体系的抗震承载能力，故有必要适当限制开孔面积，并辅以必要的措施加强孔口周围的构件。

此次局部修订进行文字调整，明确暗梁的设置范围。

14.3.3 根据单建式地下建筑结构的特点，提出遇到液化地基时可采用的处理技术和要求。

对周围土体和地基中存在的液化土层，注浆加固和换土等技术措施可有效地消除或减轻液化危害。

对液化土层未采取措施时，应考虑其上浮的可能性，验算方法及要求见本章第14.2节，必要时应采取抗浮措施。

地基中包含薄的液化土夹层时，以加强地下结构而不是加固地基为好。当基坑开挖中采用深度大于20m的地下连续墙作为围护结构时，坑内土体将因受到地下连续墙的挟持包围而形成较好的场地条件，地震时一般不可能液化。这两种情况，周围土体都存在液化土，在承载力及抗浮稳定性验算中，仍应计入周围土层液化引起的土压力增加和摩阻力降低等因素的影响。

14.3.4 当地下建筑不可避免地必须通过滑坡和地质条件剧烈变化的地段时，本条给出了减轻地下建筑结构地震作用效应的构造措施。

14.3.5 汶川地震中公路隧道的震害调查表明，当断层破碎带的复合式支护采用素混凝土内衬时，地震下内衬结构严重裂损并大量坍塌，而采用钢筋混凝土内衬结构的隧道口部地段，复合式支护的内衬结构仅出现裂缝。因此，要求在断层破碎带中采用钢筋混凝土内衬结构。

中华人民共和国国家标准

室外给水设计规范

Code for design of outdoor water supply engineering

GB 50013—2006

主编部门：上海市建设和交通委员会
批准部门：中华人民共和国建设部
施行日期：2 0 0 6 年 6 月 1 日

中华人民共和国建设部公告

第 410 号

建设部关于发布国家标准《室外给水设计规范》的公告

现批准《室外给水设计规范》为国家标准，编号为 GB 50013—2006，自 2006 年 6 月 1 日起实施。其中，第 3.0.8、4.0.5、5.1.1、5.1.3、5.3.6、7.1.9、7.5.5、8.0.6、8.0.10、9.3.1、9.8.1、9.8.15、9.8.16、9.8.17、9.8.18、9.8.19、9.8.25、9.8.26、9.8.27、9.9.4、9.9.19、9.11.2 条为强制性条文，必须严格执行，原《室外给水设计规范》GBJ 13—86 及《工程建设标准局部修订公告》（1997 年第 11 号）同时废止。

本规范由建设部标准定额研究所组织中国计划出版社出版发行。

中华人民共和国建设部

二〇〇六年一月十八日

前　言

本规范根据建设部《关于印发“二〇〇二～二〇〇三年度工程建设国家标准制定、修订计划”的通知》（建标［2003］102 号），由上海市建设和交通委员会主编，具体由上海市政工程设计研究院会同北京市市政工程设计研究总院、中国市政工程华北设计研究院、中国市政工程东北设计研究院、中国市政工程西北设计研究院、中国市政工程中南设计研究院、中国市政工程西南设计研究院、杭州市城市规划设计研究院、同济大学、哈尔滨工业大学、广州大学、重庆大学，对原规范进行全面修订。本规范编制过程中总结了近年来给水工程的设计经验，对重大问题开展专题研讨，提出了征求意见稿，在广泛征求全国有关设计、科研、大专院校的专家、学者和设计人员意见的基础上，经编制组认真研究分析编制而成。

本规范修订的主要技术内容有：①补充制定规范的目的，体现贯彻国家法律、法规；②增加给水工程系统设计有关内容；③增加预处理、臭氧净水、活性炭吸附、水质稳定等有关内容；④增加净水厂排泥水处理；⑤增加检测与控制；⑥将网格絮凝、气水反冲、含氟水处理、低温低浊水处理推荐性标准中的主要内容纳入本规范；⑦删去悬浮澄清池、穿孔旋流絮凝池、移动冲洗罩滤池的有关内容；⑧结合水质的提高，调整了各净水构筑物的设计指标和参数；⑨补充和修改了管道水力计算公式。

本规范中以黑体字标志的条文为强制性条文，必须严格执行。

本规范由建设部负责管理和对强制性条文的解释，上海市建设和交通委员会负责具体管理，上海市政工程设计研究院负责具体技术内容的解释。在执行过程中如有需要修改与补充的建议，请将相关资料寄送主编单位上海市政工程设计研究院《室外给水设计规范》国家标准管理组（邮编 200092，上海市中山北二路 901 号），以供修订时参考。

本规范主编单位、参编单位和主要起草人：

主 编 单 位：上海市政工程设计研究院

参 编 单 位：北京市市政工程设计研究总院
中国市政工程华北设计研究院
中国市政工程东北设计研究院
中国市政工程西北设计研究院
中国市政工程中南设计研究院
中国市政工程西南设计研究院
杭州市城市规划设计研究院
同济大学
哈尔滨工业大学
广州大学
重庆大学

主要起草人：戚盛豪　万玉成　于超英　王如华
邓志光　冯一军　刘万里　刘莉萍
许友贵　何纯提　吴一蘩　张朝升
张　勤　张德新　李文秋　李　伟
李国洪　杨文进　杨远东　杨孟进
杨　楠　陈守庆　陈涌城　陈树勤
郄燕秋　金善功　姚左钢　战　峰
徐扬纲　徐承华　徐　容　聂福胜
郭兴芳　崔福义　董　红　熊易华
蔡康发

目　次

1 总　　则

1.0.1　为使给水工程设计符合国家方针、政策、法律法规，统一工程建设标准，提高工程设计质量，满足用户对水量、水质、水压的要求，做到安全可靠、技术先进、经济合理、管理方便，制定本规范。

1.0.2　本规范适用于新建、扩建或改建的城镇及工业区永久性给水工程设计。

1.0.3　给水工程设计应以批准的城镇总体规划和给水专业规划为主要依据。水源选择、净水厂位置、输配水管线路等的确定应符合相关专项规划的要求。

1.0.4　给水工程设计应从全局出发，考虑水资源的节约、水生态环境保护和水资源的可持续利用，正确处理各种用水的关系，符合建设节水型城镇的要求。

1.0.5　给水工程设计应贯彻节约用地原则和土地资源的合理利用。建设用地指标应符合《城市给水工程项目建设标准》的有关规定。

1.0.6　给水工程应按远期规划、近远期结合、以近期为主的原则进行设计。近期设计年限宜采用5～10年，远期规划设计年限宜采用10～20年。

1.0.7　给水工程中构筑物的合理设计使用年限宜为50年，管道及专用设备的合理设计使用年限宜按材质和产品更新周期经技术经济比较确定。

1.0.8　给水工程设计应在不断总结生产实践经验和科学试验的基础上，积极采用行之有效的新技术、新工艺、新材料和新设备，提高供水水质，保障供水安全，优化运行管理，节约能源和资源，降低工程造价和运行成本。

1.0.9　设计给水工程时，除应按本规范执行外，尚应符合国家现行的有关标准的规定。

在地震、湿陷性黄土、多年冻土以及其他地质特殊地区设计给水工程时，尚应按现行的有关规范或规定执行。

2 术　　语

2.0.1　给水系统　water supply system

由取水、输水、水质处理和配水等设施所组成的总体。

2.0.2　用水量　water consumption

用户所消耗的水量。

2.0.3　居民生活用水　demand in households

居民日常生活所需用的水，包括饮用、洗涤、冲厕、洗澡等。

2.0.4　综合生活用水　demand for domastic and public use

居民日常生活用水以及公共建筑和设施用水的总称。

2.0.5　工业企业用水　demand for industrial use

工业企业生产过程和职工生活所需用的水。

2.0.6　浇洒道路用水　street flushing demand, road watering

对城镇道路进行保养、清洗、降温和消尘等所需用的水。

2.0.7　绿地用水　green beit sprinkling, green plot sprinkling

市政绿地等所需用的水。

2.0.8　未预见用水量　unforeseen demand

给水系统设计中，对难于预测的各项因素而准备的水量。

2.0.9　自用水量　water consumption in water works

水厂内部生产工艺过程和其他用途所需用的水量。

2.0.10　管网漏损水量　leakage

水在输配过程中漏失的水量。

2.0.11　供水量　supplying water

供水企业所输出的水量。

2.0.12　日变化系数　daily variation coefficient

最高日供水量与平均日供水量的比值。

2.0.13　时变化系数　hourly variation coefficient

最高日最高时供水量与该日平均时供水量的比值。

2.0.14　最小服务水头　minimum service head

配水管网在用户接管点处应维持的最小水头。

2.0.15　取水构筑物　intake structure

取集原水而设置的各种构筑物的总称。

2.0.16　管井　deep well, drilled well

井管从地面打到含水层，抽取地下水的井。

2.0.17　大口井　dug well, open well

由人工开挖或沉井法施工，设置井筒，以截取浅层地下水的构筑物。

2.0.18　渗渠　infiltration gallery

壁上开孔，以集取浅层地下水的水平管渠。

2.0.19　泉室　spring chamber

集取泉水的构筑物。

2.0.20　反滤层　inverted layer

在大口井或渗渠进水处铺设的粒径沿水流方向由细到粗的级配沙砾层。

2.0.21　岸边式取水构筑物　riverside intake structure

设在岸边取水的构筑物，一般由进水间、泵房两部分组成。

2.0.22　河床式取水构筑物　riverbed intake structure

利用进水管将取水头部伸入江河、湖泊中取水的构筑物，一般由取水头部、进水管（自流管或虹吸管）、进水间（或集水井）和泵房组成。

2.0.23　取水头部　intake head

河床式取水构筑物的进水部分。

2.0.24　前池　suction intank canal

连接进水管渠和吸水池（井），使进水水流均匀进入吸水池（井）的构筑物。

2.0.25　进水流道　inflow runner

为改善大型水泵吸水条件而设置的联结吸水池与水泵吸入口的水流通道。

2.0.26　自灌充水　self-priming

水泵启动时靠重力使泵体充水的引水方式。

2.0.27　水锤压力　surge pressure

管道系统由于水流状态（流速）突然变化而产生的瞬时压力。

2.0.28　水头损失　head loss

水通过管（渠）、设备、构筑物等引起的能耗。

2.0.29　输水管（渠）　delivery pipe

从水源地到水厂（原水输水）或当水厂距供水区较远时从水厂到配水管网（净水输水）的管（渠）。

2.0.30　配水管网　distribution system, pipe system

用以向用户配水的管道系统。

2.0.31　环状管网　loop pipe network

配水管网的一种布置形式，管道纵横相互接通，形成环状。

2.0.32　枝状管网　branch system

配水管网的一种布置形式，干管和支管分明，形成树枝状。

2.0.33　转输流量　flow feeding the reservoir in network

水厂向设在配水管网中的调节构筑物输送的水量。

2.0.34　支墩　buttress anchorage

为防止管内水压引起水管配件接头移位而砌筑的礅座。

2.0.35 管道防腐 corrosion prevention of pipes

为减缓或防止管道在内外介质的化学、电化学作用下或由微生物的代谢活动而被侵蚀和变质的措施。

2.0.36 水处理 water treatment

对水源水或不符合用水水质要求的水，采用物理、化学、生物等方法改善水质的过程。

2.0.37 原水 raw water

由水源地取来进行水处理的原料水。

2.0.38 预处理 pre-treatment

在混凝、沉淀、过滤、消毒等工艺前所设置的处理工序。

2.0.39 生物预处理 biological pre-treatment

主要利用生物作用，以去除原水中氨氮、异臭、有机微污染物等的净水过程。

2.0.40 预沉 pre-sedimentation

原水泥沙颗粒较大或浓度较高时，在凝聚沉淀前设置的沉淀工序。

2.0.41 预氧化 pre-oxidation

在混凝工序前，投加氧化剂，用以去除原水中的有机微污染物、臭味，或起助凝作用的净水工序。

2.0.42 粉末活性炭吸附 powdered activated carbon adsorption

投加粉末活性炭，用以吸附溶解性物质和改善臭、味的净水工序。

2.0.43 混凝剂 coagulant

为使胶体失去稳定性和脱稳胶体相互聚集所投加的药剂。

2.0.44 助凝剂 coagulant aid

为改善絮凝效果所投加的辅助药剂。

2.0.45 药剂固定储备量 standby reserve of chemical

为考虑非正常原因导致药剂供应中断，而在药剂仓库内设置的在一般情况下不准动用的储备量。

2.0.46 药剂周转储备量 current reserve of chemical

考虑药剂消耗与供应时间之间差异所需的储备量。

2.0.47 混合 mixing

使投入的药剂迅速均匀地扩散于被处理水中以创造良好反应条件的过程。

2.0.48 机械混合 mechanical mixing

水体通过机械提供能量，改变水体流态，以达到混合目的的过程。

2.0.49 水力混合 hydraulic mixing

消耗水体自身能量，通过流态变化以达到混合目的的过程。

2.0.50 絮凝 flocculation

完成凝聚的胶体在一定的外力扰动下相互碰撞、聚集，以形成较大絮状颗粒的过程。

2.0.51 隔板絮凝池 spacer flocculating tank

水流以一定流速在隔板之间通过而完成絮凝过程的构筑物。

2.0.52 机械絮凝池 machanical flocculating tank

通过机械带动叶片而使液体搅动以完成絮凝过程的构筑物。

2.0.53 折板絮凝池 folded-plate flocculating tank

水流以一定流速在折板之间通过而完成絮凝过程的构筑物。

2.0.54 栅条（网格）絮凝池 grid flocculating tank

在沿流程一定距离的过水断面中设置栅条或网格，通过栅条或网格的能量消耗完成絮凝过程的构筑物。

2.0.55 沉淀 sedimentation

利用重力沉降作用去除水中杂物的过程。

2.0.56 自然沉淀 plain sedimentation

不加注混凝剂的沉淀过程。

2.0.57 平流沉淀池 horizontal flow sedimentation tank

水沿水平方向流动的狭长形沉淀池。

2.0.58 上向流斜管沉淀池 tube settler

池内设置斜管，水流自下而上经斜管进行沉淀，沉泥沿斜管向下滑动的沉淀池。

2.0.59 侧向流斜板沉淀池 side flow lamella

池内设置斜板，水流由侧向通过斜板，沉泥沿斜板滑下的沉淀池。

2.0.60 澄清 clarification

通过与高浓度泥渣层的接触而去除水中杂物的过程。

2.0.61 机械搅拌澄清池 accelerator

利用机械的提升和搅拌作用，促使泥渣循环，并使原水中杂质颗粒与已形成的泥渣接触絮凝和分离沉淀的构筑物。

2.0.62 水力循环澄清池 circulator

利用水力的提升作用，促使泥渣循环，并使原水中杂质颗粒与已形成的泥渣接触絮凝和分离沉淀的构筑物。

2.0.63 脉冲澄清池 pulsator

处于悬浮状态的泥渣层不断产生周期性的压缩和膨胀，促使原水中杂质颗粒与已形成的泥渣进行接触凝聚和分离沉淀的构筑物。

2.0.64 气浮池 floatation tank

运用絮凝和浮选原理使杂质分离上浮而被去除的构筑物。

2.0.65 气浮溶气罐 dissolved air vessel

在气浮工艺中，使水与空气在有压条件下相互融合的密闭容器，简称溶气罐。

2.0.66 过滤 filtration

水流通过粒状材料或多孔介质以去除水中杂物的过程。

2.0.67 滤料 filtering media

用以进行过滤的粒状材料，一般有石英砂、无烟煤、重质矿石等。

2.0.68 初滤水 initial filtrated water

在滤池反冲洗后，重新过滤的初始阶段滤后出水。

2.0.69 滤料有效粒径（d_{10}） effective size of filtering media

滤料经筛分后，小于总重量10%的滤料颗粒粒径。

2.0.70 滤料不均匀系数（K_{80}） uniformity coefficient of filtering media

滤料经筛分后，小于总重量80%的滤料颗粒粒径与有效粒径之比。

2.0.71 均匀级配滤料 uniformly graded filtering media

粒径比较均匀，不均匀系数（K_{80}）一般为1.3～1.4，不超过1.6的滤料。

2.0.72 滤速 filtration rate

单位过滤面积在单位时间内的滤过水量，一般以m/h为单位。

2.0.73 强制滤速 compulsory filtration rate

部分滤格因进行检修或翻砂而停运时，在总滤水量不变的情况下其他运行滤格的滤速。

2.0.74 冲洗强度 wash rate

单位时间内单位滤料面积的冲洗水量，一般以L/(m^2·s)为单位。

2.0.75 膨胀率 percentage of bed-expansion

滤料层在反冲洗时的膨胀程度，以滤料层厚度的百分比表示。

2.0.76 冲洗周期（过滤周期、滤池工作周期） filter runs

滤池冲洗完成开始运行到再次进行冲洗的整个间隔时间。

2.0.77 承托层 graded gravel layer

为防止滤料漏入配水系统，在配水系统与滤料层之间铺垫的粒状材料。

2.0.78 表面冲洗 surface washing

采用固定式或旋转式的水射流系统，对滤料表层进行冲洗的冲洗方式。

2.0.79 表面扫洗 surface sweep washing

V型滤池反冲洗时，待滤水通过V型进水槽底配水孔在水面横向将冲洗含泥水扫向中央排水槽的一种辅助冲洗方式。

2.0.80 普通快滤池 rapid filter

为传统的快滤池布置形式，滤料一般为单层细砂级配滤料或煤、砂双层滤料，冲洗采用单水冲洗，冲洗水由水塔(箱)或水泵供给。

2.0.81 虹吸滤池 siphon filter

一种以虹吸管代替进水和排水阀门的快滤池形式。滤池各格出水互相连通，反冲洗水由未进行冲洗的其余滤格的滤后水供给。过滤方式为等滤速、变水位运行。

2.0.82 无阀滤池 valveless filter

一种不设阀门的快滤池形式。在运行过程中，出水水位保持恒定，进水水位则随滤层的水头损失增加而不断在虹吸管内上升，当水位上升到虹吸管管顶，并形成虹吸时，即自动开始滤层反冲洗，冲洗排泥水沿虹吸管排出池外。

2.0.83 V形滤池 V filter

采用粒径较粗且较均匀滤料，并在各滤格两侧设有V形进水槽的滤池布置形式。冲洗采用气水微膨胀兼有表面扫洗的冲洗方式，冲洗排泥水通过设在滤格中央的排水槽排出池外。

2.0.84 接触氧化除铁 contact-oxidation for deironing

利用接触催化作用，加快低价铁氧化速度而使之去除的除铁方法。

2.0.85 混凝沉淀除氟 coagulation sedimentation for defluorinate

采用在水中投加具有凝聚能力或与氟化物产生沉淀的物质，形成大量胶体物质或沉淀，氟化物也随之凝聚或沉淀，再通过过滤将氟离子从水中除去的过程。

2.0.86 活性氧化铝除氟 activated aluminum process for defluorinate

采用活性氧化铝滤料吸附、交换氟离子，将氟化物从水中除去的过程。

2.0.87 再生 regeneration

离子交换剂或滤料失效后，用再生剂使其恢复到原型态交换能力的工艺过程。

2.0.88 吸附容量 adsorption capacity

滤料或离子交换剂吸附某种物质或离子的能力。

2.0.89 电渗析法 electrodialysis(ED)

在外加直流电场的作用下，利用阴离子交换膜和阳离子交换膜的选择透过性，使一部分离子透过离子交换膜而迁移到另一部分水中，从而使一部分水淡化而另一部分水浓缩的过程。

2.0.90 脱盐率 rate of desalination

在采用化学或离子交换法去除水中阴、阳离子过程中，去除的量占原量的百分数。

2.0.91 脱氟率 rate of defluorinate

除氟过程中氟离子去除的量占原量的百分数。

2.0.92 反渗透法 reverse osmosis(RO)

在膜的原水一侧施加比溶液渗透压高的外界压力，原水透过半透膜时，只允许水透过，其他物质不能透过而被截留在膜表面的过程。

2.0.93 保安过滤 cartridge filtration

水从微滤滤芯(精度一般小于5μm)的外侧进入滤芯内部，微量悬浮物或细小杂质颗粒物被截留在滤芯外部的过程。

2.0.94 污染指数 fouling index

综合表示进料中悬浮物和胶体物质的浓度和过滤特性，表征进料对微孔滤膜堵塞程度的一个指标。

2.0.95 液氯消毒法 chlorine disinfection

将液氯汽化后通过加氯机投入水中完成氧化和消毒的方法。

2.0.96 氯胺消毒法 chloramine disinfection

氯和氨反应生成一氯胺和二氯胺以完成氧化和消毒的方法。

2.0.97 二氧化氯消毒法 chlorine dioxide disinfection

将二氧化氯投加水中以完成氧化和消毒的方法。

2.0.98 臭氧消毒法 ozone disinfection

将臭氧投加水中以完成氧化和消毒的方法。

2.0.99 紫外线消毒法 ultraviolet disinfection

利用紫外线光在水中照射一定时间以完成消毒的方法。

2.0.100 漏氯(氨)吸收装置 chlorine (ammonia) absorption system

将泄漏的氯(氨)气体吸收并加以中和达到排放要求的全套装置。

2.0.101 预臭氧 pre-ozonation

设置在混凝沉淀或澄清之前的臭氧净水工艺。

2.0.102 后臭氧 post-ozonation

设置在过滤之前或过滤之后的臭氧净水工艺。

2.0.103 臭氧接触池 ozonation contact reactor

使臭氧气体扩散到处理水中并使之与水全面接触和完成反应的处理构筑物。

2.0.104 臭氧尾气 off-gas ozone

自臭氧接触池顶部尾气管排出的含有少量臭氧(其中还含有大量空气或氧气)的气体。

2.0.105 臭氧尾气消除装置 off-gas ozone destructor

通过一定的方法降低臭氧尾气中臭氧的含量，以达到既定排放浓度的装置。

2.0.106 臭氧-生物活性炭处理 ozone-biological activated carbon process

利用臭氧氧化和颗粒活性炭吸附及生物降解所组成的净水工艺。

2.0.107 活性炭吸附池 activated carbon adsorption tank

由单一颗粒活性炭作为吸附介质的处理构筑物。

2.0.108 空床接触时间 empty bed contact time(EBCT)

单位体积颗粒活性炭填料在单位时间内的处理水量，一般以min表示。

2.0.109 空床流速 superficial velocity

单位吸附池面积在单位时间内的处理水量，一般以m/h表示。

2.0.110 水质稳定处理 stabilization treatment of water quality

使水中碳酸钙和二氧化碳的浓度达到平衡状态，既不由于碳酸钙沉淀而结垢，也不由于其溶解而产生腐蚀的处理过程。

2.0.111 饱和指数 saturation index(Langelier index)

用以定性地预测水中碳酸钙沉淀或溶解倾向性的指数，用水的实际pH值减去其在碳酸钙处于平衡条件下理论计算的pH值之差来表示。

2.0.112 稳定指数 stability index(Lyzner index)

用以相对定量地预测水中碳酸钙沉淀或溶解倾向性的指数，用水在碳酸钙处于平衡条件下理论计算的pH值的两倍减去水的实际pH值之差表示。

2.0.113 调节池 adjusting tank

用以调节进、出水流量的构筑物。

2.0.114 排水池 drain tank

用以接纳和调节滤池反冲洗废水为主的调节池，当反冲洗废水回用时，也称回用水池。

2.0.115 排泥池 sludge discharge tank

用以接纳和调节沉淀池排泥水为主的调节池。

2.0.116 浮动槽排泥池 sludge tank with floating trough

设有浮动槽收集上清液的排泥池。

2.0.117 综合排泥池 combined sludge tank

既接纳和调节沉淀池排泥水，又接纳和调节滤池反冲洗废水的调节池。

2.0.118 原水浊度设计取值 design turbidity value of raw water

用以确定排泥水处理系统设计规模即处理能力的原水浊度取值。

2.0.119 超量泥渣 supernumerary sludge

原水浊度高于设计取值时，其差值所引起的泥渣量(包括药剂所引起的泥渣量)。

2.0.120 干泥量 dry sludge

泥渣中干固体含量。

2.0.121 浓缩 thickening

降低排泥水含水量，使排泥水稠化的过程。

2.0.122 脱水 dewatering

对浓缩排泥水进一步去除含水量的过程。

2.0.123 干化场 sludge drying bed

通过土壤渗滤或自然蒸发，从泥渣中去除大部分含水量的处置设施。

3 给水系统

3.0.1 给水系统的选择应根据当地地形、水源情况、城镇规划、供水规模、水质及水压要求，以及原有给水工程设施等条件，从全局出发，通过技术经济比较后综合考虑确定。

3.0.2 地形高差大的城镇给水系统宜采用分压供水。对于远离水厂或局部地形较高的供水区域，可设置加压泵站，采用分区供水。

3.0.3 当用水量较大的工业企业相对集中，且有合适水源可利用时，经技术经济比较可独立设置工业用水给水系统，采用分质供水。

3.0.4 当水源地与供水区域有地形高差可以利用时，应对重力输配水与加压输配水系统进行技术经济比较，择优选用。

3.0.5 当给水系统采用区域供水，向范围较广的多个城镇供水时，应对采用原水输送或清水输送以及输水管路的布置和调节水池、增压泵站等的设置，作多方案技术经济比较后确定。

3.0.6 采用多水源供水的给水系统宜考虑在事故时能相互调度。

3.0.7 城镇给水系统中水量调节构筑物的设置，宜对集中设于净水厂内(清水池)或部分设于配水管网内(高位水池、水池泵站)作多方案技术经济比较。

3.0.8 生活用水的给水系统，其供水水质必须符合现行的生活饮用水卫生标准的要求；专用的工业用水给水系统，其水质标准应根据用户的要求确定。

3.0.9 当按直接供水的建筑层数确定给水管网水压时，其用户接管处的最小服务水头，一层为10m，二层为12m，二层以上每增加一层增加4m。

3.0.10 城镇给水系统设计应充分考虑原有给水设施和构筑物的利用。

4 设计水量

4.0.1 设计供水量由下列各项组成：

1 综合生活用水(包括居民生活用水和公共建筑用水)；

2 工业企业用水；

3 浇洒道路和绿地用水；

4 管网漏损水量；

5 未预见用水；

6 消防用水。

4.0.2 水厂设计规模，应按本规范第4.0.1条1～5款的最高日水量之和确定。

4.0.3 居民生活用水定额和综合生活用水定额应根据当地国民经济和社会发展、水资源充沛程度、用水习惯，在现有用水定额基础上，结合城市总体规划和给水专业规划，本着节约用水的原则，综合分析确定。当缺乏实际用水资料情况下，可按表4.0.3-1和表4.0.3-2选用。

表4.0.3-1 居民生活用水定额[L/(人·d)]

分区＼用水情况＼城市规模	特大城市		大城市		中、小城市	
	最高日	平均日	最高日	平均日	最高日	平均日
一	180～270	140～210	160～250	120～190	140～230	100～170
二	140～200	110～160	120～180	90～140	100～160	70～120
三	140～180	110～150	120～160	90～130	100～140	70～110

表4.0.3-2 综合生活用水定额[L/(人·d)]

分区＼用水情况＼城市规模	特大城市		大城市		中、小城市	
	最高日	平均日	最高日	平均日	最高日	平均日
一	260～410	210～340	240～390	190～310	220～370	170～280
二	190～280	150～240	170～260	130～210	150～240	110～180
三	170～270	140～230	150～250	120～200	130～230	100～170

注：1 特大城市指市区和近郊区非农业人口100万及以上的城市；
大城市指市区和近郊区非农业人口50万及以上，不满100万的城市；
中、小城市指市区和近郊区非农业人口不满50万的城市。
2 一区包括：湖北、湖南、江西、浙江、福建、广东、广西、海南、上海、江苏、安徽、重庆；
二区包括：四川、贵州、云南、黑龙江、吉林、辽宁、北京、天津、河北、山西、河南、山东、宁夏、陕西、内蒙古河套以东和甘肃黄河以东的地区；
三区包括：新疆、青海、西藏、内蒙古河套以西和甘肃黄河以西的地区。
3 经济开发区和特区城市，根据用水实际情况，用水定额可酌情增加。
4 当采用海水或污水再生水等作为冲厕用水时，用水定额相应减少。

4.0.4 工业企业用水量应根据生产工艺要求确定。大工业用水户或经济开发区宜单独进行用水量计算；一般工业企业的用水量可根据国民经济发展规划，结合现有工业企业用水资料分析确定。

4.0.5 消防用水量、水压及延续时间等应按国家现行标准《建筑设计防火规范》GB 50016及《高层民用建筑设计防火规范》GB 50045等设计防火规范执行。

4.0.6 浇洒道路和绿地用水量应根据路面、绿化、气候和土壤等条件确定。

浇洒道路用水可按浇洒面积以2.0～3.0L/(m²·d)计算；浇洒绿地用水可按浇洒面积以1.0～3.0L/(m²·d)计算。

4.0.7 城镇配水管网的漏损水量宜按本规范第4.0.1条的1～3款水量之和的10%～12%计算，当单位管长供水量小或供水压力高时可适当增加。

4.0.8 未预见水量应根据水量预测时难以预见因素的程度确定，宜采用本规范第4.0.1条的1～4款水量之和的8%～12%。

4.0.9 城镇供水的时变化系数、日变化系数应根据城镇性质和规模、国民经济和社会发展、供水系统布局，结合现状供水曲线和日用水变化分析确定。在缺乏实际用水资料情况下，最高日城市综合用水的时变化系数宜采用1.2～1.6；日变化系数宜采用1.1～1.5。

5 取　水

5.1 水源选择

5.1.1　水源选择前，必须进行水资源的勘察。

5.1.2　水源的选用应通过技术经济比较后综合考虑确定，并应符合下列要求：

1　水体功能区划所规定的取水地段；

2　可取水量充沛可靠；

3　原水水质符合国家有关现行标准；

4　与农业、水利综合利用；

5　取水、输水、净水设施安全经济和维护方便；

6　具有施工条件。

5.1.3　用地下水作为供水水源时，应有确切的水文地质资料，取水量必须小于允许开采量，严禁盲目开采。地下水开采后，不引起水位持续下降、水质恶化及地面沉降。

5.1.4　用地表水作为城市供水水源时，其设计枯水流量的年保证率应根据城市规模和工业大用户的重要性选定，宜采用 90%～97%。

注：镇的设计枯水流量保证率，可根据具体情况适当降低。

5.1.5　确定水源、取水地点和取水量等，应取得有关部门同意。生活饮用水水源的卫生防护应符合有关现行标准、规范的规定。

5.2 地下水取水构筑物

Ⅰ　一般规定

5.2.1　地下水取水构筑物的位置应根据水文地质条件选择，并符合下列要求：

1　位于水质好、不易受污染的富水地段；

2　尽量靠近主要用水地区；

3　施工、运行和维护方便；

4　尽量避开地震区、地质灾害区和矿产采空区。

5.2.2　地下水取水构筑物型式的选择，应根据水文地质条件，通过技术经济比较确定。各种取水构筑物型式一般适用于下列地层条件：

1　管井适用于含水层厚度大于 4m，底板埋藏深度大于 8m；

2　大口井适用于含水层厚度在 5m 左右，底板埋藏深度小于 15m；

3　渗渠仅适用于含水层厚度小于 5m，渠底埋藏深度小于 6m；

4　泉室适用于有泉水露头，流量稳定，且覆盖层厚度小于 5m。

5.2.3　地下水取水构筑物的设计，应符合下列要求：

1　有防止地面污水和非取水层水渗入的措施；

2　在取水构筑物的周围，根据地下水开采影响范围设置水源保护区，并禁止建设各种对地下水有污染的设施；

3　过滤器有良好的进水条件，结构坚固，抗腐蚀性强，不易堵塞；

4　大口井、渗渠和泉室应有通风设施。

Ⅱ　管　井

5.2.4　从补给水源充足、透水性良好且厚度在 40m 以上的中、粗砂及砾石含水层中取水，经分段或分层抽水试验并通过技术经济比较，可采用分段取水。

5.2.5　管井的结构、过滤器的设计，应符合现行国家标准《供水管井技术规范》GB 50296 的有关规定。

5.2.6　管井井口应加设套管，并填入优质粘土或水泥浆等不透水材料封闭。其封闭厚度视当地水文地质条件确定，并应自地面算起向下不小于 5m。当井上直接有建筑物时，应自基础底起算。

5.2.7　采用管井取水时应设备用井，备用井的数量宜按 10%～20%的设计水量所需井数确定，但不得少于 1 口井。

Ⅲ　大口井

5.2.8　大口井的深度不宜大于 15m。其直径应根据设计水量、抽水设备布置和便于施工等因素确定，但不宜超过 10m。

5.2.9　大口井的进水方式（井底进水、井底井壁同时进水或井壁加辐射管等），应根据当地水文地质条件确定。

5.2.10　大口井井底反滤层宜设计成凹弧形。反滤层可设 3～4 层，每层厚度宜为 200～300mm。与含水层相邻一层的反滤层滤料粒径可按下式计算：

$$d/d_i = 6 \sim 8 \qquad (5.2.10)$$

式中　d——反滤层滤料的粒径；

d_i——含水层颗粒的计算粒径。

当含水层为细砂或粉砂时，$d_i = d_{40}$；为中砂时，$d_i = d_{30}$；为粗砂时，$d_i = d_{20}$；为砾石或卵石时，$d_i = d_{10} \sim d_{15}$（d_{40}、d_{30}、d_{20}、d_{15}、d_{10} 分别为含水层颗粒过筛重量累计百分比为 40%、30%、20%、15%、10%时的颗粒粒径）。

两相邻反滤层的粒径比宜为 2～4。

5.2.11　大口井井壁进水孔的反滤层可分两层填充，滤料粒径的计算应符合本规范第 5.2.10 条的规定。

5.2.12　无砂混凝土大口井适用于中、粗砂及砾石含水层，其井壁的透水性能、阻砂能力和制作要求等，应通过试验或参照相似条件下的经验确定。

5.2.13　大口井应设置下列防止污染水质的措施：

1　人孔应采用密封的盖板，盖板顶高出地面不得小于 0.5m。

2　井口周围应设不透水的散水坡，其宽度一般为 1.5m；在渗透土壤中散水坡下面还应填厚度不小于 1.5m 的粘土层，或采用其他等效的防渗措施。

Ⅳ　渗　渠

5.2.14　渗渠的规模和布置，应考虑在检修时仍能满足取水要求。

5.2.15　渗渠中管渠的断面尺寸，应按下列数据计算确定：

1　水流速度为 0.5～0.8m/s；

2　充满度为 0.4～0.8；

3　内径或短边长度不小于 600mm；

4　管底最小坡度大于或等于 0.2%。

5.2.16　水流通过渗渠孔眼的流速，不应大于 0.01m/s。

5.2.17　渗渠外侧应做反滤层，其层数、厚度和滤料粒径的计算应符合本规范第 5.2.10 条的规定，但最内层滤料的粒径应略大于进水孔孔径。

5.2.18　集取河道表流渗透水的渗渠，应根据进水水质并结合使用年限等因素选用适当的阻塞系数。

5.2.19　位于河床及河漫滩的渗渠，其反滤层上部应根据河道冲刷情况设置防护措施。

5.2.20　渗渠的端部、转角和断面变换处应设置检查井。直线部分检查井的间距，应视渗渠的长度和断面尺寸而定，宜采用 50m。

5.2.21　检查井宜采用钢筋混凝土结构，宽度宜为 1～2m，井底宜设 0.5～1.0m 深的沉沙坑。

5.2.22　地面式检查井应安装封闭式井盖，井顶应高出地面 0.5m，并应有防冲设施。

5.2.23　渗渠出水量较大时，集水井宜分成两格，进水管入口处应设闸门。

5.2.24　集水井宜采用钢筋混凝土结构，其容积可按不小于渗渠 30min 出水量计算，并按最大一台水泵 5min 抽水量校核。

5.3 地表水取水构筑物

5.3.1　地表水取水构筑物位置的选择，应根据下列基本要求，通过技术经济比较确定：

1 位于水质较好的地带；

2 靠近主流，有足够的水深，有稳定的河床及岸边，有良好的工程地质条件；

3 尽可能不受泥沙、漂浮物、冰凌、冰絮等影响；

4 不妨碍航运和排洪，并符合河道、湖泊、水库整治规划的要求；

5 尽量靠近主要用水地区；

6 供生活饮用水的地表水取水构筑物的位置，应位于城镇和工业企业上游的清洁河段。

5.3.2 在沿海地区的内河水系取水，应避免咸潮影响。当在感潮河段取水时，应根据咸潮特点对采用避咸蓄淡水库取水或在咸潮影响范围以外的上游河段取水，经技术经济比较确定。

避咸蓄淡水库可利用现有河道容积蓄淡，亦可利用沿河滩地筑堤修库蓄淡等，应根据当地具体条件确定。

5.3.3 从江河取水的大型取水构筑物，当河道及水文条件复杂，或取水量占河道的最枯流量比例较大时，在设计前应进行水工模型试验。

5.3.4 取水构筑物的型式，应根据取水量和水质要求，结合河床地形及地质、河床冲淤、水深及水位变幅、泥沙及漂浮物、冰情和航运等因素以及施工条件，在保证安全可靠的前提下，通过技术经济比较确定。

5.3.5 取水构筑物在河床上的布置及其形状的选择，应考虑取水工程建成后，不致因水流情况的改变而影响河床的稳定性。

5.3.6 江河取水构筑物的防洪标准不应低于城市防洪标准，其设计洪水重现期不得低于100年。水库取水构筑物的防洪标准应与水库大坝等主要建筑物的防洪标准相同，并应采用设计和校核两级标准。

设计枯水位的保证率，应采用90%～99%。

5.3.7 设计固定式取水构筑物时，应考虑发展的需要。

5.3.8 取水构筑物应根据水源情况，采取相应保护措施，防止下列情况发生：

1 漂浮物、泥沙、冰凌、冰絮和水生物的阻塞；

2 洪水冲刷、淤积、冰盖层挤压和雷击的破坏；

3 冰凌、木筏和船只的撞击。

在通航河道上，取水构筑物应根据航运部门的要求设置标志。

5.3.9 岸边式取水泵房进口地坪的设计标高，应分别按下列情况确定：

1 当泵房在渠道边时，为设计最高水位加0.5m；

2 当泵房在江河边时，为设计最高水位加浪高再加0.5m，必要时尚应增设防止浪爬高的措施；

3 泵房在湖泊、水库或海边时，为设计最高水位加浪高再加0.5 m，并应设防止浪爬高的措施。

5.3.10 位于江河上的取水构筑物最底层进水孔下缘距河床的高度，应根据河流的水文和泥沙特性以及河床稳定程度等因素确定，并应分别遵守下列规定：

1 侧面进水孔不得小于0.5m，当水深较浅、水质较清、河床稳定、取水量不大时，其高度可减至0.3m；

2 顶面进水孔不得小于1.0m。

5.3.11 水库取水构筑物宜分层取水。位于湖泊或水库边的取水构筑物最底层进水孔下缘距水体底部的高度，应根据水体底部泥沙沉积和变迁情况等因素确定，不宜小于1.0m，当水深较浅、水质较清，且取水量不大时，其高度可减至0.5m。

5.3.12 取水构筑物淹没进水孔上缘在设计最低水位下的深度，应根据河流的水文、冰情和漂浮物等因素通过水力计算确定，并应分别遵守下列规定：

1 顶面进水时，不得小于0.5m；

2 侧面进水时，不得小于0.3m；

3 虹吸进水时，不宜小于1.0m，当水体封冻时，可减至0.5m。

注：1 上述数据在水体封冻情况下应从冰层下缘起算；

2 湖泊、水库、海边或大江河边的取水构筑物，还应考虑风浪的影响。

5.3.13 取水构筑物的取水头部宜分设两个或分成两格。进水间应分成数间，以利清洗。

注：漂浮物多的河道，相邻头部在沿水流方向宜有较大间距。

5.3.14 取水构筑物进水孔应设置格栅，栅条间净距应根据取水量大小、冰絮和漂浮物等情况确定，小型取水构筑物宜为30～50mm，大、中型取水构筑物宜为80～120mm。当江河中冰絮或漂浮物较多时，栅条间净距宜取大值。

5.3.15 进水孔的过栅流速，应根据水中漂浮物数量、有无冰絮、取水地点的水流速度、取水量大小、检查和清理格栅的方便等因素确定，宜采用下列数据：

1 岸边式取水构筑物，有冰絮时为0.2～0.6m/s；无冰絮时为0.4～1.0m/s；

2 河床式取水构筑物，有冰絮时为0.1～0.3m/s；无冰絮时为0.2～0.6m/s。

格栅的阻塞面积应按25%考虑。

5.3.16 当需要清除通过格栅后水中的漂浮物时，在进水间内可设置平板式格网、旋转式格网或自动清污机。

平板式格网的阻塞面积应按50%考虑，通过流速不应大于0.5m/s；旋转式格网或自动清污机的阻塞面积应按25%考虑，通过流速不应大于1.0m/s。

5.3.17 进水自流管或虹吸管的数量及其管径，应根据最低水位，通过水力计算确定。其数量不宜少于两条。当一条管道停止工作时，其余管道的通过流量应满足事故用水要求。

5.3.18 进水自流管和虹吸管的设计流速，不宜小于0.6m/s。必要时，应有清除淤积物的措施。

虹吸管宜采用钢管。

5.3.19 取水构筑物进水间平台上应设便于操作的闸阀启闭设备和格网起吊设备；必要时还应设清除泥沙的设施。

5.3.20 当水源水位变幅大，水位涨落速度小于2.0m/h，且水流不急、要求施工周期短和建造固定式取水构筑物有困难时，可考虑采用缆车或浮船等活动式取水构筑物。

5.3.21 活动式取水构筑物的个数，应根据供水规模、联络管的接头型式及有无安全贮水池等因素，综合考虑确定。

5.3.22 活动式取水构筑物的缆车或浮船，应有足够的稳定性和刚度，机组、管道等的布置应考虑缆车或船体的平衡。

机组基座的设计，应考虑减少机组对缆车或船体的振动，每台机组均宜设在同一基座上。

5.3.23 缆车式取水构筑物的设计应符合下列要求：

1 其位置宜选择在岸坡倾角为10°～28°的地段。

2 缆车轨道的坡面宜与原岸坡相接近。

3 缆车轨道的水下部分应避免挖槽。当坡面有泥沙淤积时，应考虑冲淤设施。

4 缆车上的出水管与输水斜管间的连接管段，应根据具体情况，采用橡胶软管或曲臂式连接管等。

5 缆车应设安全可靠的制动装置。

5.3.24 浮船式取水构筑物的位置，应选择在河岸较陡和停泊条件良好的地段。

浮船应有可靠的锚固设施。浮船上的出水管与输水管间的连接管段，应根据具体情况，采用摇臂式或阶梯式等。

5.3.25 山区浅水河流的取水构筑物可采用低坝式（活动坝或固定坝）或底栏栅式。

低坝式取水构筑物宜用于推移质不多的山区浅水河流；底栏栅式取水构筑物宜用于大颗粒推移质较多的山区浅水河流。

5.3.26 低坝位置应选择在稳定河段上。坝的设置不应影响原河床的稳定性。

取水口宜布置在坝前河床凹岸处。

5.3.27 低坝的坝高应满足取水深度的要求。坝的泄水宽度，应根据河道比降、洪水流量、河床地质以及河道平面形态等因素，综合研究确定。

冲沙闸的位置及过水能力，应按将主槽稳定在取水口前，并能冲走淤积泥沙的要求确定。

5.3.28 底栏栅的位置应选择在河床稳定、纵坡大、水流集中和山洪影响较小的河段。

5.3.29 底栏栅式取水构筑物的栏栅宜组成活动分块形式。其间隙宽度应根据河流泥沙粒径和数量、廊道排沙能力、取水水质要求等因素确定。栏栅长度应按进水要求确定。底栏栅式取水构筑物应有沉沙和冲沙设施。

6 泵 房

6.1 一般规定

6.1.1 工作水泵的型号及台数应根据逐时、逐日和逐季水量变化、水压要求、水质情况、调节水池大小、机组的效率和功率因素等，综合考虑确定。当供水量变化大且水泵台数较少时，应考虑大小规格搭配，但型号不宜过多，电机的电压宜一致。

6.1.2 水泵的选择应符合节能要求。当供水水量和水压变化较大时，经过技术经济比较，可采用机组调速、更换叶轮、调节叶片角度等措施。

6.1.3 泵房一般宜设1～2台备用水泵。

备用水泵型号宜与工作水泵中的大泵一致。

6.1.4 不得间断供水的泵房，应设两个外部独立电源。如不能满足时，应设备用动力设备，其能力应能满足发生事故时的用水要求。

6.1.5 要求启动快的大型水泵，宜采用自灌充水。

非自灌充水离心泵的引水时间，不宜超过5min。

6.1.6 泵房应根据具体情况采用相应的采暖、通风和排水设施。

泵房的噪声控制应符合现行国家标准《城市区域环境噪声标准》GB 3096和《工业企业噪声控制设计规范》GBJ 87的规定。

6.1.7 泵房设计宜进行停泵水锤计算，当停泵水锤压力值超过管道试验压力值时，必须采取消除水锤的措施。

6.1.8 使用潜水泵时，应遵循下列规定：

1 水泵应常年运行在高效率区；

2 在最高与最低水位时，水泵仍能安全、稳定运行；

3 所配用电机电压等级宜为低压；

4 应有防止电缆碰撞、摩擦的措施；

5 潜水泵不宜直接设置于过滤后的清水中。

6.1.9 参与自动控制的阀门应采用电动、气动或液压驱动。直径300mm及300mm以上的其他阀门，且启动频繁，宜采用电动、气动或液压驱动。

6.1.10 地下或半地下式泵房应设排水设施，并有备用。

6.2 水泵吸水条件

6.2.1 水泵吸水井、进水流道及安装高度等应根据泵型、机组台数和当地自然条件等因素综合确定。

根据使用条件和维修要求，吸水井宜采用分格。

6.2.2 非自灌充水水泵应分别设置吸水管。设有3台或3台以上的自灌充水水泵，如采用合并吸水管，其数量不宜少于两条，当一条吸水管发生事故时，其余吸水管仍能通过设计水量。

6.2.3 吸水管布置应避免形成气囊，吸水口的淹没深度应满足水泵运行的要求。

6.2.4 吸水井布置应满足井内水流顺畅、流速均匀、不产生涡流，且便于施工及维护。大型混流泵、轴流泵宜采用正向进水，前池扩散角不宜大于40°。

6.2.5 水泵安装高度应满足不同工况下必需气蚀余量的要求。

6.2.6 湿式安装的潜水泵最低水位应满足电机干运转的要求。干式安装的潜水泵必须配备电机降温装置。

6.3 管道流速

6.3.1 水泵吸水管及出水管的流速，宜采用下列数值：

1 吸水管：

直径小于250mm时，为1.0～1.2m/s；

直径在250～1000mm时，为1.2～1.6 m/s；

直径大于1000mm时，为1.5～2.0 m/s。

2 出水管：

直径小于250mm时，为1.5～2.0 m/s；

直径在250～1000mm时，为2.0～2.5 m/s；

直径大于1000mm时，为2.0～3.0 m/s。

6.4 起重设备

6.4.1 泵房内的起重设备，宜根据水泵或电动机重量按下列规定选用：

1 起重量小于0.5t时，采用固定吊钩或移动吊架；

2 起重量在0.5～3t时，采用手动或电动起重设备；

3 起重量大于3t时，采用电动起重设备。

注：起吊高度大、吊运距离长或起吊次数多的泵房，可适当提高起吊的操作水平。

6.5 水泵机组布置

6.5.1 水泵机组的布置应满足设备的运行、维护、安装和检修的要求。

6.5.2 卧式水泵及小叶轮立式水泵机组的布置应遵守下列规定：

1 单排布置时，相邻两个机组及机组至墙壁间的净距：电动机容量不大于55kW时，不小于1.0m；电动机容量大于55kW时，不小于1.2m。当机组竖向布置时，尚需满足相邻进、出水管道间净距不小于0.6m。

2 双排布置时，进、出水管道与相邻机组间的净距宜为0.6～1.2m。

3 当考虑就地检修时，应保证泵轴和电动机转子在检修时能拆卸。

注：地下式泵房或活动式取水泵房以及电动机容量小于20kW时，水泵机组间距可适当减小。

6.5.3 叶轮直径较大的立式水泵机组净距不应小于1.5m，并应满足进水流道的布置要求。

6.6 泵房布置

6.6.1 泵房的主要通道宽度不应小于1.2m。

6.6.2 泵房内的架空管道，不得阻碍通道和跨越电气设备。

6.6.3 泵房地面层的净高，除应考虑通风、采光等条件外，尚应遵守下列规定：

1 当采用固定吊钩或移动吊架时，净高不应小于3.0m；

2 当采用单轨起重机时，吊起物底部与吊运所越过的物体顶部之间应保持有0.5m以上的净距；

3 当采用桁架式起重机时，除应遵守本条第2款规定外，还应考虑起重机安装和检修的需要。

4 对地下式泵房，尚需满足吊运时吊起物底部与地面层地坪间净距不小于0.3m。

6.6.4 设计装有立式水泵的泵房时，除应符合本节上述条文中有关规定外，还应考虑下列措施：

1 尽量缩短水泵传动轴长度；

2 水泵层的楼盖上设吊装孔；

3 设置通向中间轴承的平台和爬梯。

6.6.5 管井泵房内应设预润水供给装置。泵房屋盖上应设吊装孔。

6.6.6 泵房至少应设一个可以搬运最大尺寸设备的门。

7 输配水

7.1 一般规定

7.1.1 输水管(渠)线路的选择，应根据下列要求确定：

1 尽量缩短管线的长度，尽量避开不良地质构造(地质断层、滑坡等)处，尽量沿现有或规划道路敷设；

2 减少拆迁，少占良田，少毁植被，保护环境；

3 施工、维护方便，节省造价，运行安全可靠。

7.1.2 从水源至净水厂的原水输水管(渠)的设计流量，应按最高日平均时供水量确定，并计入输水管(渠)的漏损水量和净水厂自用水量。

从净水厂至管网的清水输水管道的设计流量，应按最高日最高时用水条件下，由净水厂负担的供水量计算确定。

7.1.3 输水干管不宜少于两条，当有安全贮水池或其他安全供水措施时，也可修建一条。输水干管和连通管的管径及连通管根数，应按输水干管任何一段发生故障时仍能通过事故用水量计算确定，城镇的事故水量为设计水量的70%。

7.1.4 输水管道系统运行中，应保证在各种设计工况下，管道不出现负压。

7.1.5 原水输送宜选用管道或暗渠(隧洞)；当采用明渠输送原水时，必须有可靠的防止水质污染和水量流失的安全措施。

清水输送应选用管道。

7.1.6 输水管道系统的输水方式可采用重力式、加压式或两种并用方式，应通过技术经济比较后选定。

7.1.7 长距离输水工程应遵守下列基本规定：

1 应深入进行管线实地勘察和线路方案比选优化；对输水方式、管道根数按不同工况进行技术经济分析论证，选择安全可靠的运行系统；根据工程的具体情况，进行管材、设备的比选优化，通过计算经济流速确定管径。

2 应进行必要的水锤分析计算，并对管路系统采取水锤综合防护设计，根据管道纵向布置、管径、设计水量、功能要求，确定空气阀的数量、型式、口径。

3 应设测流、测压点，并根据需要设置遥测、遥讯、遥控系统。

7.1.8 城镇配水管网宜设计成环状，当允许间断供水时，可设计为枝状，但应考虑将来连成环状管网的可能。

7.1.9 城镇生活饮用水管网，严禁与非生活饮用水管网连接。

城镇生活饮用水管网，严禁与自备水源供水系统直接连接。

7.1.10 配水管网应按最高日最高时供水量及设计水压进行水力平差计算，并应分别按下列3种工况和要求进行校核：

1 发生消防时的流量和消防水压的要求；

2 最大转输时的流量和水压的要求；

3 最不利管段发生故障时的事故用水量和设计水压要求。

7.1.11 配水管网应进行优化设计，在保证设计水量、水压、水质和安全供水的条件下，进行不同方案的技术经济比较。

7.1.12 压力输水管应考虑水流速度急剧变化时产生的水锤，并采取削减水锤的措施。

7.1.13 负有消防给水任务管道的最小直径不应小于100mm，室外消火栓的间距不应超过120m。

7.2 水力计算

7.2.1 管(渠)道总水头损失，可按下列公式计算：

$$h_z = h_y + h_j \tag{7.2.1}$$

式中 h_z——管(渠)道总水头损失(m)；

h_y——管(渠)道沿程水头损失(m)；

h_j——管(渠)道局部水头损失(m)。

7.2.2 管(渠)道沿程水头损失，可分别按下列公式计算：

1 塑料管：

$$h_y = \lambda \cdot \frac{l}{d_j} \cdot \frac{v^2}{2g} \tag{7.2.2-1}$$

式中 λ——沿程阻力系数；

l——管段长度(m)；

d_j——管道计算内径(m)；

v——管道断面水流平均流速(m/s)；

g——重力加速度(m/s²)。

注：λ与管道的相对当量粗糙度(Δ/d_j)和雷诺数(Re)有关，其中：Δ为管道当量粗糙度(mm)。

2 混凝土管(渠)及采用水泥砂浆内衬的金属管道：

$$i = \frac{h_y}{l} = \frac{v^2}{C^2 R} \tag{7.2.2-2}$$

式中 i——管道单位长度的水头损失(水力坡降)；

C——流速系数；

R——水力半径(m)。

其中：

$$C = \frac{1}{n} R^y \tag{7.2.2-3}$$

式中 n——管(渠)道的粗糙系数；

y——可按下式计算：

$$y = 2.5\sqrt{n} - 0.13 - 0.75\sqrt{R}(\sqrt{n} - 0.1) \tag{7.2.2-4}$$

式(7.2.2-4)适用于$0.1 \leqslant R \leqslant 3.0$；$0.011 \leqslant n \leqslant 0.040$。

管道计算时，y也可取$\frac{1}{6}$，即按$C = \frac{1}{n} R^{1/6}$计算。

3 输配水管道、配水管网水力平差计算：

$$i = \frac{h_y}{l} = \frac{10.67 q^{1.852}}{C_h^{1.852} d_j^{4.87}} \tag{7.2.2-5}$$

式中 q——设计流量(m³/s)；

C_h——海曾-威廉系数。

7.2.3 管(渠)道的局部水头损失宜按下式计算：

$$h_j = \sum \zeta \frac{v^2}{2g} \tag{7.2.3}$$

式中 ζ——管(渠)道局部水头损失系数。

7.3 管道布置和敷设

7.3.1 管道的埋设深度，应根据冰冻情况、外部荷载、管材性能、抗浮要求及与其他管道交叉等因素确定。

露天管道应有调节管道伸缩设施，并设置保证管道整体稳定的措施，还应根据需要采取防冻保温措施。

7.3.2 城镇给水管道的平面布置和竖向位置，应按现行国家标准《城市工程管线综合规划规范》GB 50289的规定确定。

7.3.3 城镇给水管道与建(构)筑物、铁路以及和其他工程管道的最小水平净距，应根据建(构)筑物基础、路面种类、卫生安全、管道埋深、管径、管材、施工方法、管道设计压力、管道附属构筑物的大小等按本规范附录A的规定确定。

7.3.4 给水管道与其他管线交叉时的最小垂直净距，应按本规范附录B规定确定。

7.3.5 生活饮用水管道应避免穿过毒物污染及腐蚀性地段，无法避开时，应采取保护措施。

7.3.6 给水管道与污水管道或输送有毒液体管道交叉时，给水管道应敷设在上面，且不应有接口重叠；当给水管道敷设在下面时，应采用钢管或钢套管，钢套管伸出交叉管的长度，每端不得小于3m，钢套管的两端应采用防水材料封闭。

7.3.7 给水管道与铁路交叉时，其设计应按铁路行业技术规定执行。

7.3.8 管道穿过河道时，可采用管桥或河底穿越等方式。

穿越河底的管道应避开锚地，管内流速应大于不淤流速。管道应有检修和防止冲刷破坏的保护设施。管道的埋设深度还应在其相应防洪标准（根据管道等级确定）的洪水冲刷深度以下，且至少应大于1m。

管道埋设在通航河道时，应符合航运管理部门的技术规定，并应在河两岸设立标志，管道埋设深度应在航道底设计高程2m以下。

7.3.9 输配水管道的地基、基础、垫层、回填土压实密度等的要求，应根据管材的性质（刚性管或柔性管），结合管道埋设处的具体情况，按现行国家标准《给水排水工程管道结构设计规范》GB 50332规定确定。

7.3.10 管道试验压力及水压试验要求应符合现行国家标准《给水排水管道工程施工及验收规范》GB 50268的有关规定。

7.4 管渠材料及附属设施

7.4.1 输配水管道材质的选择，应根据管径、内压、外部荷载和管道敷设区的地形、地质、管材的供应，按照运行安全、耐久、减少漏损、施工和维护方便、经济合理以及清水管道防止二次污染的原则，进行技术、经济、安全等综合分析确定。

7.4.2 金属管道应考虑防腐措施。金属管道内防腐宜采用水泥砂浆衬里。金属管道外防腐宜采用环氧煤沥青、胶粘带等涂料。

金属管道敷设在腐蚀性土中以及电气化铁路附近或其他有杂散电流存在的地区时，为防止发生电化学腐蚀，应采取阴极保护措施（外加电流阴极保护或牺牲阳极）。

7.4.3 输配水管道的管材及金属管道内防腐材料和承插管接口处填充料应符合现行国家标准《生活饮用输配水设置及防护材料的安全性评价标准》GB/T 17219的有关规定。

7.4.4 非整体连接管道在垂直和水平方向转弯处、分叉处、管道端部堵头处，以及管径截面变化处支墩的设置，应根据管径、转弯角度、管道设计内水压力和接口摩擦力，以及管道埋设处的地基和周围土质的物理力学指标等因素计算确定。

7.4.5 输水管（渠）道的始点、终点、分叉处以及穿越河道、铁路、公路段，应根据工程的具体情况和有关部门的规定设置阀（闸）门。输水管道尚应按事故检修的需要设置阀门。

配水管网上两个阀门之间独立管段内消火栓的数量不宜超过5个。

7.4.6 当输配水管道系统需要进行较大的压力和流量调节时，宜设有调压（流）装置。

7.4.7 输水管（渠）道隆起点上应设通气设施，管线竖向布置平缓时，宜间隔1000m左右设一处通气设施。配水管道可根据工程需要设置空气阀。

7.4.8 输水管（渠）道、配水管网低洼处及阀门间管段低处，可根据工程的需要设置泄（排）水阀井。泄（排）水阀的直径，可根据放空管道中泄（排）水所需要的时间计算确定。

7.4.9 输水管（渠）需要进人检修处，宜在必要的位置设置人孔。

7.4.10 非满流的重力输水管（渠）道，必要时还应设置跌水井或控制水位的措施。

7.5 调蓄构筑物

7.5.1 净水厂清水池的有效容积，应根据产水曲线、送水曲线、自用水量及消防储备水量等确定，并满足消毒接触时间的要求。当管网无调节构筑物时，在缺乏资料情况下，可按水厂最高日设计水量的10%～20%确定。

7.5.2 管网供水区域较大，距离净水厂较远，且供水区域有合适的位置和适宜的地形，可考虑在水厂外建高位水池、水塔或调节水池泵站。其调节容积应根据用水区域供需情况及消防储备水量等确定。

7.5.3 清水池的个数或分格数不得少于2个，并能单独工作和分别泄空；在有特殊措施能保证供水要求时，亦可修建1个。

7.5.4 生活饮用水的清水池、调节水池、水塔，应有保证水的流动，避免死角，防止污染，便于清洗和通气等措施。

生活饮用水的清水池和调节水池周围10m以内不得有化粪池、污水处理构筑物、渗水井、垃圾堆放场等污染源；周围2m以内不得有污水管道和污染物。当达不到上述要求时，应采取防止污染的措施。

7.5.5 水塔应根据防雷要求设置防雷装置。

8 水厂总体设计

8.0.1 水厂厂址的选择，应符合城镇总体规划和相关专项规划，并根据下列要求综合确定：

1 给水系统布局合理；

2 不受洪水威胁；

3 有较好的废水排除条件；

4 有良好的工程地质条件；

5 有便于远期发展控制用地的条件；

6 有良好的卫生环境，并便于设立防护地带；

7 少拆迁，不占或少占农田；

8 施工、运行和维护方便。

注：有沉沙特殊处理要求的水厂宜设在水源附近。

8.0.2 水厂总体布置应结合工程目标和建设条件，在确定的工艺组成和处理构筑物形式的基础上进行。平面布置和竖向设计应满足各建（构）筑物的功能和流程要求。水厂附属建筑和附属设施应根据水厂规模、生产和管理体制，结合当地实际情况确定。

8.0.3 水厂生产构筑物的布置应符合下列要求：

1 高程布置应充分利用原有地形条件，力求流程通畅、能耗降低、土方平衡。

2 在满足各构筑物和管线施工要求的前提下，水厂各构筑物应紧凑布置。寒冷地区生产构筑物应尽量集中布置。

3 生产构筑物间连接管道的布置，宜水流顺直、避免迂回。

8.0.4 附属生产建筑物（机修间、电修间、仓库等）应结合生产要求布置。

8.0.5 生产管理建筑物和生活设施宜集中布置，力求位置和朝向合理，并与生产构筑物分开布置。采暖地区锅炉房应布置在水厂最小频率风向的上风向。

8.0.6 水厂的防洪标准不应低于城市防洪标准，并应留有适当的安全裕度。

8.0.7 一、二类城市主要水厂的供电应采用一级负荷。一、二类城市非主要水厂及三类城市的水厂可采用二级负荷。当不能满足时，应设置备用动力设施。

8.0.8 生产构筑物应配置必要的在线水质检测和计量设施，并设置与之相适应的控制和调度系统。必要时，水厂可设置电视监控系统等安全保护设施。

8.0.9 并联运行的净水构筑物间应配水均匀。构筑物之间宜根据工艺要求设置连通管或超越管。

8.0.10 水厂的主要生产构（建）筑物之间应通行方便，并设置必要的栏杆、防滑梯等安全措施。

8.0.11 水厂内应根据需要，在适当的地点设置滤料、管配件等露天堆放场地。

8.0.12 水厂建筑物的造型宜简洁美观，材料选择适当，并考虑建筑的群体效果及与周围环境的协调。

8.0.13 寒冷地区的净水构筑物宜建在室内或采取加盖措施，以保证净水构筑物正常运行。

8.0.14 水厂生产和附属生产及生活等建筑物的防火设计应符合现行国家标准《建筑设计防火规范》GB 50016 的要求。

8.0.15 水厂内应设置通向各构筑物和附属建筑物的道路。可按下列要求设计：

1 水厂宜设置环行道路；

2 大型水厂可设双车道，中、小型水厂可设单车道；

3 主要车行道的宽度：单车道为 3.5m，双车道为 6m，支道和车间引道不小于 3m；

4 车行道尽头处和材料装卸处应根据需要设置回车道；

5 车行道转弯半径 6～10m；

6 人行道路的宽度为 1.5～2.0m。

8.0.16 水厂排水宜采用重力流排放，必要时可设排水泵站。厂区雨水管道设计的降雨重现期宜选用 1～3 年。

8.0.17 水厂排泥水排入河道、沟渠等天然水体时，其悬浮物质不应对河道、沟渠造成淤塞，必要时应对排泥水进行处理，对所产生的脱水泥渣妥善处置。

8.0.18 水厂应设置大门和围墙。围墙高度不宜小于 2.5m。有排泥水处理的水厂，宜设置脱水泥渣专用通道及出入口。

8.0.19 水厂应进行绿化。

9 水 处 理

9.1 一 般 规 定

9.1.1 水处理工艺流程的选用及主要构筑物的组成，应根据原水水质、设计生产能力、处理后水质要求，经过调查研究以及不同工艺组合的试验或参照相似条件下已有水厂的运行经验，结合当地操作管理条件，通过技术经济比较综合研究确定。

9.1.2 水处理构筑物的设计水量，应按最高日供水量加水厂自用水量确定。

水厂自用水率应根据原水水质、所采用的处理工艺和构筑物类型等因素通过计算确定，一般可采用设计水量的 5%～10%。当滤池反冲洗水采取回用时，自用水率可适当减小。

9.1.3 水处理构筑物的设计参数必要时应按原水水质最不利情况(如沙峰、低温、低浊等)下所需最大供水量进行校核。

9.1.4 水厂设计时，应考虑任一构筑物或设备进行检修、清洗而停运时仍能满足生产需求。

9.1.5 净水构筑物应根据需要设置排泥管、排空管、溢流管和压力冲洗设施等。

9.1.6 当滤池反冲洗水回用时，应尽可能均匀回流，并避免有害物质和病原微生物等积聚的影响，必要时可采取适当处理后回用。

9.2 预 处 理

9.2.1 原水的含沙量或色度、有机物、致突变前体物等含量较高、臭味明显或为改善凝聚效果，可在常规处理前增设预处理。

9.2.2 当原水含沙量高时，宜采取预沉措施。在有天然地形可以利用时，也可采取蓄水措施，以供沙峰期间取用。

9.2.3 预沉方式的选择，应根据原水含沙量及其粒径组成、沙峰持续时间、排泥要求、处理水量和水质要求等因素，结合地形条件采用沉沙、自然沉淀或凝聚沉淀。

9.2.4 预沉池的设计数据，应通过原水沉淀试验或参照相似水厂的运行经验确定。

9.2.5 预沉池一般可按沙峰持续时间内原水日平均含沙量设计。当原水含沙量超过设计值期间，应考虑有调整凝聚剂投加或采取其他措施的可能。

9.2.6 预沉池应采用机械排泥。

9.2.7 生活饮用水原水的氨氮、嗅阈值、有机微污染物、藻含量较高时，可采用生物预处理。生物预处理池的设计，应以原水试验的资料为依据。进入生物预处理池的原水应具有较好的可生物降解性，水温宜高于 5℃。

9.2.8 人工填料生物预处理池，宜设置曝气装置。

9.2.9 人工填料生物接触氧化池的水力停留时间宜为 1～2h，曝气气水比宜为 0.8∶1～2∶1。

9.2.10 颗粒填料生物滤池可为下向流或上向流。填料粒径宜为 2～5mm，填料厚度宜为 2m，滤速宜为 4～7m/h，曝气的气水比宜为 0.5∶1～1.5∶1。下向流滤池气水反冲洗强度宜为：水 10～15L/(m²·s)，气 10～20L/(m²·s)。

9.2.11 采用氯预氧化处理工艺时，加氯点和加氯量应合理确定，尽量减少消毒副产物的产生。

9.2.12 采用臭氧预氧化时，应符合本规范第 9.9 节相关条款的规定。

9.2.13 采用高锰酸钾预氧化时，应符合下列规定：

1 高锰酸钾宜在水厂取水口加入；当在水处理流程中投加时，先于其他水处理药剂投加的时间不宜少于 3min。

2 经过高锰酸钾预氧化的水必须通过滤池过滤。

3 高锰酸钾预氧化的药剂用量应通过试验确定并应精确控制，用于去除有机微污染物、藻和控制臭味的高锰酸钾投加量可为 0.5～2.5mg/L。

4 高锰酸钾的用量在 12kg/d 以上时宜采用干投。湿投溶液浓度可为 4%。

9.2.14 原水在短时间内含较高浓度溶解性有机物、具有异臭异味时，可采用粉末活性炭吸附。采用粉末活性炭吸附应符合下列规定：

1 粉末活性炭投加点宜根据水处理工艺流程综合考虑确定，并宜加于原水中，经过与水充分混合、接触后，再投加混凝剂或氯。

2 粉末活性炭的用量根据试验确定，宜为 5～30mg/L。

3 湿投的粉末活性炭炭浆浓度可采用 5%～10%(按重量计)。

4 粉末活性炭的贮藏、输送和投加车间，应有防尘、集尘和防火设施。

9.3 混凝剂和助凝剂的投配

9.3.1 用于生活饮用水处理的混凝剂或助凝剂产品必须符合卫生要求。

9.3.2 混凝剂和助凝剂品种的选择及其用量，应根据原水混凝沉淀试验结果或参照相似条件下的水厂运行经验等，经综合比较确定。

9.3.3 混凝剂的投配宜采用液体投加方式。

当采用液体投加方式时，混凝剂的溶解和稀释应按投加量的大小、混凝剂性质，选用水力、机械或压缩空气等搅拌、稀释方式。

有条件的水厂，应直接采用液体原料的混凝剂。

聚丙烯酰胺的投配，应符合国家现行标准《高浊度水给水设计规范》CJJ 40 的规定。

9.3.4 液体投加混凝剂时，溶解次数应根据混凝剂投加量和配制条件等因素确定，每日不宜超过3次。

混凝剂投加量较大时，宜设机械运输设备或将固体溶解池设在地下。混凝剂投加量较小时，溶解池可兼作投药池。投药池应设备用池。

9.3.5 混凝剂投配的溶液浓度，可采用5%～20%（按固体重量计算）。

9.3.6 石灰应制成石灰乳投加。

9.3.7 投加混凝剂应采用计量泵加注，且应设置计量设备并采取稳定加注量的措施。混凝剂或助凝剂宜采用自动控制投加。

9.3.8 与混凝剂和助凝剂接触的池内壁、设备、管道和地坪，应根据混凝剂或助凝剂性质采取相应的防腐措施。

9.3.9 加药间应尽量设置在通风良好的地段。室内必须安置通风设备及具有保障工作人员卫生安全的劳动保护措施。

9.3.10 加药间宜靠近投药点。

9.3.11 加药间的地坪应有排水坡度。

9.3.12 药剂仓库及加药间应根据具体情况，设置计量工具和搬运设备。

9.3.13 混凝剂的固定储备量，应按当地供应、运输等条件确定，宜按最大投加量的7～15d计算。其周转储备量应根据当地具体条件确定。

9.3.14 计算固体混凝剂和石灰贮藏仓库面积时，其堆放高度：当采用混凝剂时可为1.5～2.0m；当采用石灰时可为1.5m。

当采用机械搬运设备时，堆放高度可适当增加。

9.4 混凝、沉淀和澄清

Ⅰ 一般规定

9.4.1 选择沉淀池或澄清池类型时，应根据原水水质、设计生产能力、处理后水质要求，并考虑原水水温变化、制水均匀程度以及是否连续运转等因素，结合当地条件通过技术经济比较确定。

9.4.2 沉淀池和澄清池的个数或能够单独排空的分格数不宜少于2个。

9.4.3 设计沉淀池和澄清池时应考虑均匀配水和集水。

9.4.4 沉淀池积泥区和澄清池沉泥浓缩室（斗）的容积，应根据进出水的悬浮物含量、处理水量、加药量、排泥周期和浓度等因素通过计算确定。

9.4.5 当沉淀池和澄清池规模较大或排泥次数较多时，宜采用机械化和自动化排泥装置。

9.4.6 澄清池絮凝区应设取样装置。

Ⅱ 混 合

9.4.7 混合设备的设计应根据所采用的混凝剂品种，使药剂与水进行恰当的急剧、充分混合。

9.4.8 混合方式的选择应考虑处理水量的变化，可采用机械混合或水力混合。

Ⅲ 絮 凝

9.4.9 絮凝池宜与沉淀池合建。

9.4.10 絮凝池型式的选择和絮凝时间的采用，应根据原水水质情况和相似条件下的运行经验或通过试验确定。

9.4.11 设计隔板絮凝池时，宜符合下列要求：

1 絮凝时间宜为20～30min；

2 絮凝池廊道的流速，应按由大到小渐变进行设计，起端流速宜为0.5～0.6m/s，末端流速宜为0.2～0.3m/s；

3 隔板间净距宜大于0.5m。

9.4.12 设计机械絮凝池时，宜符合下列要求：

1 絮凝时间为15～20min；

2 池内设3～4挡搅拌机；

3 搅拌机的转速应根据浆板边缘处的线速度通过计算确定，线速度宜自第一挡的0.5m/s逐渐变小至末挡的0.2m/s；

4 池内宜设防止水体短流的设施。

9.4.13 设计折板絮凝池时，宜符合下列要求：

1 絮凝时间为12～20min。

2 絮凝过程中的速度应逐段降低，分段数不宜少于三段，各段的流速可分别为：

第一段：0.25～0.35 m/s；

第二段：0.15～0.25 m/s；

第三段：0.10～0.15 m/s。

3 折板夹角采用90°～120°。

4 第三段宜采用直板。

9.4.14 设计栅条（网格）絮凝池时，宜符合下列要求：

1 絮凝池宜设计成多格竖流式。

2 絮凝时间宜为12～20min，用于处理低温或低浊水时，絮凝时间可适当延长。

3 絮凝池竖井流速、过栅（过网）和过孔流速应逐段递减，分段数宜分三段，流速分别为：

竖井平均流速：前段和中段0.14～0.12m/s，末段0.14～0.10m/s；

过栅（过网）流速：前段0.30～0.25m/s，中段0.25～0.22m/s，末段不安放栅条（网格）；

竖井之间孔洞流速：前段0.30～0.20m/s，中段0.20～0.15m/s，末段0.14～0.10m/s。

4 絮凝池宜布置成2组或多组并联形式。

5 絮凝池内应有排泥设施。

Ⅳ 平流沉淀池

9.4.15 平流沉淀池的沉淀时间，宜为1.5～3.0h。

9.4.16 平流沉淀池的水平流速可采用10～25 mm/s，水流应避免过多转折。

9.4.17 平流沉淀池的有效水深，可采用3.0～3.5m。沉淀池的每格宽度（或导流墙间距），宜为3～8m，最大不超过15m，长度与宽度之比不得小于4；长度与深度之比不得小于10。

9.4.18 平流沉淀池宜采用穿孔墙配水和溢流堰集水，溢流率不宜超过300m^3/(m·d)。

Ⅴ 上向流斜管沉淀池

9.4.19 斜管沉淀区液面负荷应按相似条件下的运行经验确定，可采用5.0～9.0m^3/(m^2·h)。

9.4.20 斜管设计可采用下列数据：斜管管径为30～40mm；斜长为1.0m；倾角为60°。

9.4.21 斜管沉淀池的清水区保护高度不宜小于1.0m；底部配水区高度不宜小于1.5m。

Ⅵ 侧向流斜板沉淀池

9.4.22 侧向流斜板沉淀池的设计应符合下列要求：

1 斜板沉淀池的设计颗粒沉降速度、液面负荷宜通过试验或参照相似条件下的水厂运行经验确定，设计颗粒沉降速度可采用0.16～0.3mm/s，液面负荷可采用6.0～12m^3/(m^2·h)，低温低浊度水宜采用下限值；

2 斜板板距宜采用80～100mm；

3 斜板倾斜角度宜采用60°；

4 单层斜板板长不宜大于1.0m。

Ⅶ 机械搅拌澄清池

9.4.23 机械搅拌澄清池清水区的液面负荷，应按相似条件下的运行经验确定，可采用2.9～3.6m^3/(m^2·h)。

9.4.24 水在机械搅拌澄清池中的总停留时间，可采用1.2～1.5h。

9.4.25 搅拌叶轮提升流量可为进水流量的3～5倍，叶轮直径可为第二絮凝室内径的70%～80%，并应设调整叶轮转速和开启度的装置。

9.4.26 机械搅拌澄清池是否设置机械刮泥装置，应根据水池直径、底坡大小、进水悬浮物含量及其颗粒组成等因素确定。

Ⅷ 水力循环澄清池

9.4.27 水力循环澄清池清水区的液面负荷，应按相似条件下的运行经验确定，可采用 $2.5\sim3.2m^3/(m^2\cdot h)$。

9.4.28 水力循环澄清池导流筒（第二絮凝室）的有效高度，可采用 3～4m。

9.4.29 水力循环澄清池的回流水量，可为进水流量的 2～4 倍。

9.4.30 水力循环澄清池池底斜壁与水平面的夹角不宜小于 45°。

Ⅸ 脉冲澄清池

9.4.31 脉冲澄清池清水区的液面负荷，应按相似条件下的运行经验确定，可采用 $2.5\sim3.2m^3/(m^2\cdot h)$。

9.4.32 脉冲周期可采用 30～40s，充放时间比为 3∶1～4∶1。

9.4.33 脉冲澄清池的悬浮层高度和清水区高度，可分别采用 1.5～2.0m。

9.4.34 脉冲澄清池应采用穿孔管配水，上设人字形稳流板。

9.4.35 虹吸式脉冲澄清池的配水总管，应设排气装置。

Ⅹ 气 浮 池

9.4.36 气浮池宜用于浑浊度小于 100NTU 及含有藻类等密度小的悬浮物质的原水。

9.4.37 接触室的上升流速，可采用 10～20mm/s，分离室的向下流速，可采用 1.5～2.0mm/s，即分离室液面负荷为 $5.4\sim7.2m^3/(m^2\cdot h)$。

9.4.38 气浮池的单格宽度不宜超过 10m；池长不宜超过 15m；有效水深可采用 2.0～3.0m。

9.4.39 溶气罐的压力及回流比，应根据原水气浮试验情况或参照相似条件下的运行经验确定，溶气压力可采用 0.2～0.4MPa；回流比可采用 5%～10%。

溶气释放器的型号及个数应根据单个释放器在选定压力下的出流量及作用范围确定。

9.4.40 压力溶气罐的总高度可采用 3.0m，罐内需装填料，其高度宜为 1.0～1.5m，罐的截面水力负荷可采用 $100\sim150m^3/(m^2\cdot h)$。

9.4.41 气浮池宜采用刮渣机排渣。刮渣机的行车速度不宜大于 5m/min。

9.5 过 滤

Ⅰ 一 般 规 定

9.5.1 滤料应具有足够的机械强度和抗蚀性能，可采用石英砂、无烟煤和重质矿石等。

9.5.2 滤池型式的选择，应根据设计生产能力、运行管理要求、进出水水质和净水构筑物高程布置等因素，结合厂址地形条件，通过技术经济比较确定。

9.5.3 滤池的分格数，应根据滤池型式、生产规模、操作运行和维护检修等条件通过技术经济比较确定，除无阀滤池和虹吸滤池外不得少于 4 格。

9.5.4 滤池的单格面积应根据滤池型式、生产规模、操作运行、滤后水收集及冲洗水分配的均匀性，通过技术经济比较确定。

9.5.5 滤料层厚度（L）与有效粒径（d_{10}）之比（L/d_{10} 值）：细砂及双层滤料过滤应大于 1000；粗砂及三层滤料过滤应大于 1250。

9.5.6 除滤池构造和运行时无法设置初滤水排放设施的滤池外，滤池宜设有初滤水排放设施。

Ⅱ 滤速及滤料组成

9.5.7 滤池应按正常情况下的滤速设计，并以检修情况下的强制滤速校核。

注：正常情况系指水厂全部滤池均在进行工作；检修情况系指全部滤池中的一格或两格停运进行检修、冲洗或翻砂。

9.5.8 滤池滤速及滤料组成的选用，应根据进水水质、滤后水水质要求、滤池构造等因素，通过试验或参照相似条件下已有滤池的运行经验确定，宜按表 9.5.8 采用。

表 9.5.8 滤池滤速及滤料组成

滤料种类	滤料组成			正常滤速（m/h）	强制滤速（m/h）
	粒径（mm）	不均匀系数 K_{80}	厚度（mm）		
单层细砂滤料	石英砂 $d_{10}=0.55$	<2.0	700	7～9	9～12
双层滤料	无烟煤 $d_{10}=0.85$	<2.0	300～400	9～12	12～16
	石英砂 $d_{10}=0.55$	<2.0	400		
三层滤料	无烟煤 $d_{10}=0.85$	<1.7	450	16～18	20～24
	石英砂 $d_{10}=0.50$	<1.5	250		
	重质矿石 $d_{10}=0.25$	<1.7	70		
均匀级配粗砂滤料	石英砂 $d_{10}=0.9\sim1.2$	<1.4	1200～1500	8～10	10～13

注：滤料的相对密度为：石英砂 2.50～2.70；无烟煤 1.4～1.6；重质矿石 4.40～5.20。

9.5.9 当滤池采用大阻力配水系统时，其承托层宜按表 9.5.9 采用。

表 9.5.9 大阻力配水系统承托层材料、粒径与厚度(mm)

层次（自上而下）	材　料	粒　径	厚　度
1	砾石	2～4	100
2	砾石	4～8	100
3	砾石	8～16	100
4	砾石	16～32	本层顶面应高出配水系统孔眼 100

9.5.10 三层滤料滤池的承托层宜按表 9.5.10 采用。

表 9.5.10 三层滤料滤池的承托层材料、粒径与厚度(mm)

层次（自上而下）	材　料	粒　径	厚　度
1	重质矿石	0.5～1	50
2	重质矿石	1～2	50
3	重质矿石	2～4	50
4	重质矿石	4～8	50
5	砾石	8～16	100
6	砾石	16～32	本层顶面应高出配水系统孔眼 100

注：配水系统如用滤砖，其孔径小于等于 4mm 时，第 6 层可不设。

9.5.11 采用滤头配水（气）系统时，承托层可采用粒径 2～4mm 粗砂，厚度为 50～100mm。

Ⅲ 配水、配气系统

9.5.12 滤池配水、配气系统，应根据滤池型式、冲洗方式、单格面积、配气配水的均匀性等因素考虑选用。采用单水冲洗时，可选用穿孔管、滤砖、滤头等配水系统；气水冲洗时，可选用长柄滤头、塑料滤砖、穿孔管等配水、配气系统。

9.5.13 大阻力穿孔管配水系统孔眼总面积与滤池面积之比宜为 0.20%～0.28%；中阻力滤砖配水系统孔眼总面积与滤池面积之比宜为 0.6%～0.8%；小阻力滤头配水系统缝隙总面积与滤池面积之比宜为 1.25%～2.00%。

9.5.14 大阻力配水系统应按冲洗流量，并根据下列数据通过计算确定：

1 配水干管（渠）进口处的流速为 1.0～1.5m/s；

2 配水支管进口处的流速为 1.5～2.0m/s；

3 配水支管孔眼出口流速为 5～6m/s。

干管（渠）顶上宜设排气管，排出口需在滤池水面以上。

9.5.15 长柄滤头配气配水系统应按冲洗气量、水量，并根据下列数据通过计算确定：

1 配气干管进口端流速为 10～15m/s；

2 配水（气）渠配气孔出口流速为 10m/s 左右；

3　配水干管进口端流速为1.5m/s左右。

4　配水(气)渠配水孔出口流速为1～1.5m/s。

配水(气)渠顶上宜设排气管，排出口需在滤池水位以上。

Ⅳ　冲　　洗

9.5.16　滤池冲洗方式的选择，应根据滤料层组成、配水配气系统型式，通过试验或参照相似条件下已有滤池的经验确定，宜按表9.5.16选用。

表9.5.16　冲洗方式和程序

滤料组成	冲洗方式、程序
单层细砂级配滤料	(1) 水冲 (2) 气冲—水冲
单层粗砂均匀级配滤料	气冲—气水同时冲—水冲
双层煤、砂级配滤料	(1) 水冲 (2) 气冲—水冲
三层煤、砂、重质矿石级配滤料	水冲

9.5.17　单水冲洗滤池的冲洗强度及冲洗时间宜按表9.5.17采用。

表9.5.17　水冲洗强度及冲洗时间(水温20℃时)

滤料组成	冲洗强度[L/(m²·s)]	膨胀率(%)	冲洗时间(min)
单层细砂级配滤料	12～15	45	7～5
双层煤、砂级配滤料	13～16	50	8～6
三层煤、砂、重质矿石级配滤料	16～17	55	7～5

注：1　当采用表面冲洗设备时，冲洗强度可取低值。

2　应考虑由于全年水温、水质变化因素，有适当调整冲洗强度的可能。

3　选择冲洗强度应考虑所用混凝剂品种的因素。

4　膨胀率数值仅作设计计算用。

当增设表面冲洗设备时，表面冲洗强度宜采用2～3L/(m²·s)(固定式)或0.50～0.75L/(m²·s)(旋转式)，冲洗时间均为4～6min。

9.5.18　气水冲洗滤池的冲洗强度及冲洗时间，宜按表9.5.18采用。

表9.5.18　气水冲洗强度及冲洗时间

滤料种类	先气冲洗		气水同时冲洗			后水冲洗		表面扫洗	
	强度[L/(m²·s)]	时间(min)	气强度[L/(m²·s)]	水强度[L/(m²·s)]	时间(min)	强度[L/(m²·s)]	时间(min)	强度[L/(m²·s)]	时间(min)
单层细砂级配滤料	15～20	3～1	—	—	—	8～10	7～5	—	—
双层煤、砂级配滤料	15～20	3～1	—	—	—	6.5～10	6～5	—	—
单层粗砂均匀级配滤料	13～17 (13～17)	2～1 (2～1)	13～17 (13～17)	3～4 (2.5～3)	4～3 (5～4)	4～8 (4～6)	8～5 (8～5)	1.4～2.3	全程

注：表中单层粗砂均匀级配滤料中，无括号的数值适用于无表面扫洗的滤池；括号内的数值适用于有表面扫洗的滤池。

9.5.19　单水冲洗滤池的冲洗周期，当为单层细砂级配滤料时，宜采用12～24h；气水冲洗滤池的冲洗周期，当为粗砂均匀级配滤料时，宜采用24～36h。

Ⅴ　滤池配管(渠)

9.5.20　滤池应有下列管(渠)，其管径(断面)宜根据表9.5.20所列流速通过计算确定。

表9.5.20　各种管渠和流速(m/s)

管(渠)名称	流　速
进　水	0.8～1.2
出　水	1.0～1.5
冲洗水	2.0～2.5
排　水	1.0～1.5
初滤水排放	3.0～4.5
输　气	10～15

Ⅵ　普通快滤池

9.5.21　单层、双层滤料滤池冲洗前水头损失宜采用2.0～2.5m；三层滤料滤池冲洗前水头损失宜采用2.0～3.0m。

9.5.22　滤层表面以上的水深，宜采用1.5～2.0m。

9.5.23　单层滤料滤池宜采用大阻力或中阻力配水系统；三层滤料滤池宜采用中阻力配水系统。

9.5.24　冲洗排水槽的总平面面积，不应大于过滤面积的25%，滤料表面到洗砂排水槽底的距离，应等于冲洗时滤层的膨胀高度。

9.5.25　滤池冲洗水的供给可采用水泵或高位水箱(塔)。

当采用水箱(塔)冲洗时，水箱(塔)有效容积应按单格滤池冲洗水量的1.5倍计算。

当采用水泵冲洗时，水泵的能力应按单格滤池冲洗水量设计，并设置备用机组。

Ⅶ　V形滤池

9.5.26　V形滤池冲洗前水头损失可采用2.0m。

9.5.27　滤层表面以上水深不应小于1.2m。

9.5.28　V形滤池宜采用长柄滤头配气、配水系统。

9.5.29　V形滤池冲洗水的供应，宜用水泵。水泵的能力应按单格滤池冲洗水量设计，并设置备用机组。

9.5.30　V形滤池冲洗气源的供应，宜用鼓风机，并设置备用机组。

9.5.31　V形滤池两侧进水槽的槽底配水孔口至中央排水槽边缘的水平距离宜在3.5m以内，最大不得超过5m。表面扫洗配水孔的预埋管纵向轴线应保持水平。

9.5.32　V形进水槽断面应按非均匀流满足配水均匀性要求计算确定，其斜面与池壁的倾斜度宜采用45°～50°。

9.5.33　V形滤池的进水系统应设置进水总渠，每格滤池进水应设可调整高度的堰板。

9.5.34　反冲洗空气总管的管底应高于滤池的最高水位。

9.5.35　V形滤池长柄滤头配气配水系统的设计，应采取有效措施，控制同格滤池所有滤头滤帽或滤柄顶表面在同一水平高程，其误差不得大于±5mm。

9.5.36　V形滤池的冲洗排水槽顶面宜高出滤料层表面500mm。

Ⅷ　虹吸滤池

9.5.37　虹吸滤池的最少分格数，应按滤池在低负荷运行时，仍能满足一格滤池冲洗水量的要求确定。

9.5.38　虹吸滤池冲洗前的水头损失，可采用1.5m。

9.5.39　虹吸滤池冲洗水头应通过计算确定，宜采用1.0～1.2m，并应有调整冲洗水头的措施。

9.5.40　虹吸进水管和虹吸排水管的断面积宜根据下列流速通过计算确定：

1　进水管0.6～1.0m/s；

2　排水管1.4～1.6m/s。

Ⅸ　重力式无阀滤池

9.5.41　无阀滤池的分格数，宜采用2～3格。

9.5.42　每格无阀滤池应设单独的进水系统，进水系统应有防止空气进入滤池的措施。

9.5.43　无阀滤池冲洗前的水头损失，可采用1.5m。

9.5.44　过滤室内滤料表面以上的直壁高度，应等于冲洗时滤料的最大膨胀高度再加保护高度。

9.5.45　无阀滤池的反冲洗应设有辅助虹吸设施，并设调节冲洗强度和强制冲洗的装置。

9.6　地下水除铁和除锰

Ⅰ　工艺流程选择

9.6.1　生活饮用水的地下水水源中铁、锰含量超过生活饮用水卫生标准规定时，应考虑除铁、除锰。生产用水水源的铁、锰含量超过工业用水的规定要求时，也应考虑除铁、除锰。

9.6.2　地下水除铁、除锰工艺流程的选择及构筑物的组成，应根据原水水质、处理后水质要求、除铁、除锰试验或参照水质相似水厂运行经验，通过技术经济比较确定。

9.6.3 地下水除铁宜采用接触氧化法。工艺流程为:

原水曝气——接触氧化过滤。

9.6.4 地下水同时含铁、锰时,其工艺流程应根据下列条件确定:

1 当原水含铁量低于 6.0mg/L、含锰量低于 1.5mg/L 时,可采用:

原水曝气——单级过滤。

2 当原水含铁量或含锰量超过上述数值时,应通过试验确定,必要时可采用:

原水曝气——一级过滤——二级过滤。

3 当除铁受硅酸盐影响时,应通过试验确定,必要时可采用:

原水曝气——一级过滤——曝气——二级过滤。

Ⅱ 曝气装置

9.6.5 曝气装置应根据原水水质、是否需去除二氧化碳以及充氧程度的要求选定,可采用跌水、淋水、喷水、射流曝气、压缩空气、板条式曝气塔、接触式曝气塔或叶轮式表面曝气装置。

9.6.6 采用跌水装置时,跌水级数可采用 1~3 级,每级跌水高度为 0.5~1.0m,单宽流量为 20~50m³/(m·h)。

9.6.7 采用淋水装置(穿孔管或莲蓬头)时,孔眼直径可采用 4~8mm,孔眼流速为 1.5~2.5m/s,安装高度为 1.5~2.5m。当采用莲蓬头时,每个莲蓬头的服务面积为 1.0~1.5m²。

9.6.8 采用喷水装置时,每 10m² 集水池面积上宜装设 4~6 个向上喷出的喷嘴,喷嘴处的工作水头宜采用 7m。

9.6.9 采用射流曝气装置时,其构造应根据工作水的压力、需气量和出口压力等通过计算确定。工作水可采用全部、部分原水或其他压力水。

9.6.10 采用压缩空气曝气时,每立方米水的需气量(以 L 计),一般为原水二价铁含量(以 mg/L 计)的 2~5 倍。

9.6.11 采用板条式曝气塔时,板条层数可为 4~6 层,层间净距为 400~600mm。

9.6.12 采用接触式曝气塔时,填料层层数可为 1~3 层,填料采用 30~50mm 粒径的焦炭块或矿渣,每层填料厚度为 300~400mm,层间净距不宜小于 600mm。

9.6.13 淋水装置、喷水装置、板条式曝气塔和接触式曝气塔的淋水密度,可采用 5~10m³/(m²·h)。淋水装置接触水池容积,宜按 30~40min 处理水量计算。接触式曝气塔底部集水池容积,宜按 15~20min 处理水量计算。

9.6.14 采用叶轮表面曝气装置时,曝气池容积可按 20~40min 处理水量计算,叶轮直径与池长边或直径之比可为 1∶6~1∶8,叶轮外缘线速度可为 4~6m/s。

9.6.15 当跌水、淋水、喷水、板条式曝气塔、接触式曝气塔或叶轮表面曝气装置设在室内时,应考虑通风设施。

Ⅲ 除铁、除锰滤池

9.6.16 除铁、除锰滤池的滤料宜采用天然锰砂或石英砂等。

9.6.17 除铁、除锰滤池滤料的粒径:石英砂宜为 $d_{min}=0.5$mm,$d_{max}=1.2$mm;锰砂宜为 $d_{min}=0.6$mm,$d_{max}=1.2\sim2.0$mm;厚度宜为 800~1200mm;滤速宜为 5~7m/h。

9.6.18 除铁、除锰滤池宜采用大阻力配水系统,其承托层可按表 9.5.9选用。当采用锰砂滤料时,承托层的顶面两层需改为锰矿石。

9.6.19 除铁、除锰滤池的冲洗强度和冲洗时间可按表 9.6.19 采用。

表 9.6.19 除铁、除锰滤池冲洗强度、膨胀率、冲洗时间

序号	滤料种类	滤料粒径(mm)	冲洗方式	冲洗强度[L/(m²·s)]	膨胀率(%)	冲洗时间(min)
1	石英砂	0.5~1.2	无辅助冲洗	13~15	30~40	>7
2	锰 砂	0.6~1.2	无辅助冲洗	18	30	10~15
3	锰 砂	0.6~1.5	无辅助冲洗	20	25	10~15
4	锰 砂	0.6~2.0	无辅助冲洗	22	22	10~15
5	锰 砂	0.6~2.0	有辅助冲洗	19~20	15~20	10~15

注:表中所列锰砂滤料冲洗强度系按滤料相对密度在 3.4~3.6,且冲洗水温为 8℃时的数据。

9.7 除 氟

Ⅰ 一般规定

9.7.1 当原水氟化物含量超过现行国家标准《生活饮用水卫生标准》GB 5749 的规定时,应进行除氟。

9.7.2 饮用水除氟可采用混凝沉淀法、活性氧化铝吸附法、电渗析法、反渗透法等。除氟工艺一般适用于原水含氟量 1~10mg/L、含盐量小于 10000mg/L、悬浮物小于 5mg/L、水温 5~30℃。

9.7.3 除氟过程中产生的废水及泥渣排放应符合国家现行有关标准和规范的规定。

Ⅱ 混凝沉淀法

9.7.4 混凝沉淀法适用于含氟量小于 4mg/L 的原水;投加的药剂宜选用铝盐。

9.7.5 药剂投加量(以 Al^{3+} 计)应通过试验确定,宜为原水含氟量的 10~15 倍。

9.7.6 工艺流程宜选用:原水—混合—絮凝—沉淀—过滤。

9.7.7 混合、絮凝和过滤的设计参数应符合本规范相关章节的规定;投加药剂后水的 pH 值应控制在 6.5~7.5。

9.7.8 沉淀时间应通过试验确定,宜为 4h。

Ⅲ 活性氧化铝吸附法

9.7.9 活性氧化铝的粒径应小于 2.5mm,宜为 0.5~1.5 mm。

9.7.10 原水接触滤料之前,宜投加硫酸、盐酸、醋酸等酸性溶液或投加二氧化碳气体降低 pH 值,调整 pH 值在 6.0~7.0。

9.7.11 吸附滤池的滤速和运行方式可按下列规定采用:

1 当滤池进水 pH 值大于 7.0 时,应采用间断运行方式,其滤速宜为 2~3m/h,连续运行时间 4~6h,间断 4~6h。

2 当滤池进水 pH 值小于 7.0 时,宜采用连续运行方式,其滤速宜为 6~8m/h。

9.7.12 滤池滤料厚度可按下列规定选用:

1 当原水含氟量小于 4mg/L 时,滤料厚度宜大于 1.5m;

2 当原水含氟量大于 4mg/L 时,滤料厚度宜大于 1.8m。

9.7.13 滤池滤料再生处理的再生液宜采用氢氧化钠溶液,或采用硫酸铝溶液。

9.7.14 采用氢氧化钠再生时,再生过程可采用反冲—再生—二次反冲—中和 4 个阶段;采用硫酸铝再生时,可省去中和阶段。

Ⅳ 电渗析法

9.7.15 电渗析器应根据原水水质及出水水质要求和氟离子的去除率选择主机型号、流量、级、段和膜对数。电渗析流程长度、级、段数应按脱盐率确定,脱盐率可按下列公式计算:

$$Z=\frac{100Y-C}{100-C} \tag{9.7.15}$$

式中 Z——脱盐率(%);

Y——脱氟率(%);

C——系数(重碳酸盐水型 C 为 −45;氯化物水型 C 为 −65;硫酸盐水型 C 为 0)。

9.7.16 倒极器操作可采用手动或气动、电动、机械等自动控制倒极方式。自动倒极装置应同时具有切换电极极性和改变浓、淡水方向的作用。倒极周期不应超过 4h。

9.7.17 电极可采用高纯石墨电极、钛涂钌电极。严禁采用铅电极。

9.7.18 电渗析淡水、浓水、极水流量按下列要求设计:

1 淡水流量可根据处理水量确定;

2 浓水流量可略低于淡水流量,但不得低于 2/3 的淡水流量;

3 极水流量可为 1/3~1/5 的淡水流量。

9.7.19 进入电渗析器的水压不应大于 0.3MPa。

9.7.20 电渗析主机酸洗周期可根据原水硬度、含盐量确定,当除盐率下降 5%时,应停机进行酸洗。

V 反渗透法

9.7.21 用于除氟的反渗透装置由保安过滤器、高压泵、反渗透膜组件、清洗系统、控制系统等组成。

9.7.22 进入反渗透装置的原水污染指数(*FI*)应小于4。若原水不能满足膜组件的进水水质要求时,应采取相应的预处理措施。

9.7.23 反渗透装置设计时,设备之间应留有足够的空间,以满足操作和维修的需要。设备不应安放在多尘、高温、振动的地方;放置室内时,应避免阳光直射,当环境温度低于4℃时,必须采取防冻措施。

9.8 消 毒

I 一般规定

9.8.1 生活饮用水必须消毒。

9.8.2 消毒剂和消毒方法的选择应依据原水水质、出水水质要求、消毒剂来源、消毒副产物形成的可能、净水处理工艺等,通过技术经济比较确定。可采用氯消毒、氯胺消毒、二氧化氯消毒、臭氧消毒及紫外线消毒,也可采用上述方法的组合。

9.8.3 消毒剂投加点应根据原水水质、工艺流程和消毒方法等,并适当考虑水质变化的可能确定,可在过滤后单独投加,也可在工艺流程中多点投加。

9.8.4 消毒剂的设计投加量宜通过试验或根据相似条件水厂运行经验按最大用量确定。出厂水消毒剂残留浓度和消毒副产物应符合现行生活饮用水卫生标准要求。

9.8.5 消毒剂与水要充分混合接触。接触时间应根据消毒剂种类和消毒目标以满足*CT*值的要求确定。

9.8.6 各种消毒方法采用的消毒剂以及消毒系统的设计应符合国家有关规范、标准的规定。

II 氯消毒和氯胺消毒

9.8.7 氯消毒宜采用液氯、漂白粉、漂白精、次氯酸钠消毒剂。氯胺消毒宜采用液氯、液氨消毒剂。

9.8.8 当采用氯胺消毒时,氯与氨的投加比例应通过试验确定,可采用重量比为3:1~6:1。

9.8.9 水与氯应充分混合,其有效接触时间不应小于30min,氯胺消毒有效接触时间不应小于2h。当有条件时,可单独设立消毒接触池。

9.8.10 净水厂宜采用全真空加氯系统,氯源切换宜采用自动压力切换,真空调节器安装在氯库内。加氯机宜采用自动投加方式,水射器应安装在加氯投加点处。

9.8.11 各类加氯机均应具备指示瞬间投加量的流量仪表和防止水倒灌氯瓶的措施。在线氯瓶下应至少有一个校核氯量的电子秤或磅秤。

9.8.12 采用漂白粉(次氯酸钙)消毒时应先制成浓度为1%~2%的澄清溶液,再通过计量设备注入水中。每日配制次数不宜大于3次。

9.8.13 加氨系统的设计可根据净水厂的工艺要求采用压力投加或真空投加方式。压力投加设备的出口压力应小于0.1MPa;真空投加时,为防止投加口堵塞,水射器进水要用软化水或偏酸性水,并应有定期对投加点和管路进行酸洗的措施。

9.8.14 加氯间和氯库、加氨间和氨库的布置应设置在净水厂最小频率风向的上风向,宜与其他建筑的通风口保持一定的距离,并远离居住区、公共建筑、集会和游乐场所。

9.8.15 氯(氨)库和加氯(氨)间的集中采暖应采用散热器等无明火方式。其散热器应离开氯(氨)瓶和投加设备。

9.8.16 大型净水厂为提高氯瓶的出氯量,应增加在线氯瓶数量或设置液氯蒸发器。液氯蒸发器的性能参数、组成、布置和相应的安全措施应遵守相关规定和要求。

9.8.17 加氯(氨)间及氯(氨)库的设计应采用下列安全措施:

1 氯库不应设置阳光直射氯瓶的窗户。氯库应设置单独外开的门,并不应设置与加氯间相通的门。氯库大门上应设置人行安全门,其安全门应向外开启,并能自行关闭。

2 加氯(氨)间必须与其他工作间隔开,并应设置直接通向外部并向外开启的门和固定观察窗。

3 加氯(氨)间和氯(氨)库应设置泄漏检测仪和报警设施,检测仪应设低、高检测极限。

4 氯库应设置漏氯的处理设施,贮氯量大于1t时,应设置漏氯吸收装置(处理能力按1h处理一个所用氯瓶漏氯量计),其吸收塔的尾气排放应符合现行国家标准《大气污染物综合排放标准》GB 16297。漏氯吸收装置应设在临近氯库的单独的房间内。

5 氨库的安全措施与氯库相同。装卸氨瓶区域内的电气设备应设置防爆型电气装置。

9.8.18 加氯(氨)间及其仓库应设有每小时换气8~12次的通风系统。氯库的通风系统应设置高位新鲜空气进口和低位室内空气排至室外高处的排放口。氨库的通风系统应设置低位进口和高位排出口。氯(氨)库应设有根据氯(氨)气泄漏量开启通风系统或全套漏氯(氨)气吸收装置的自动控制系统。

9.8.19 加氯(氨)间外部应备有防毒面具、抢救设施和工具箱。防毒面具应严密封藏,以免失效。照明和通风设备应设置室外开关。

9.8.20 真空和压力投加所需的加氯(氨)给水管道应保证不间断供水,水压和水量应满足投加要求。

加氯、加氨管道及配件应采用耐腐蚀材料。在氯库内有压部分管道应为特殊厚壁钢管,加氯(氨)间真空管道及氯(氨)水溶液管道及取样管等应采用塑料等耐腐蚀管材。加氨管道及设备不应采用铜质材料。

9.8.21 加氯、加氨设备及其管道可根据具体情况设置备用。

9.8.22 液氯、液氨或漂白粉应分别堆放在单独的仓库内,且应与加氯(氨)间毗邻。

液氯(氨)库应设置起吊机械设备,起重量应大于瓶体(满)的重量,并留有余地。

液氯(氨)仓库的固定储备量按当地供应、运输等条件确定,城镇水厂一般可按最大用量的7~15d计算。其周转储备量应根据当地具体条件确定。

III 二氧化氯消毒

9.8.23 二氧化氯宜采用化学法现场制备。

二氧化氯消毒系统应采用包括原料调制供应、二氧化氯发生、投加的成套设备,并必须有相应有效的各种安全设施。

9.8.24 二氧化氯与水应充分混合,有效接触时间不应少于30min。

9.8.25 制备二氧化氯的原材料氯酸钠、亚氯酸钠和盐酸、氯气等严禁相互接触,必须分别贮存在分类的库房内,贮放槽需设置隔离墙。盐酸库房内应设置酸泄漏的收集槽。氯酸钠及亚氯酸钠库房室内应备有快速冲洗设施。

9.8.26 二氧化氯制备、贮备、投加设备及管道、管配件必须有良好的密封性和耐腐蚀性;其操作台、操作梯及地面均应有耐腐蚀的表层处理。其设备间内应有每小时换气8~12次的通风设施,并应配备二氧化氯泄漏的检测仪和报警设施及稀释泄漏溶液的快速水冲洗设施。设备间应与贮存库房毗邻。

9.8.27 二氧化氯消毒系统防毒面具、抢救材料和工具箱的设置及设备间的布置同本规范第9.8.17条第2款和第9.8.19条的规定。工作间内应设置快速洗浴龙头。

9.8.28 二氧化氯的原材料库房贮存量可按不大于最大用量10d计算。

9.8.29 二氧化氯消毒系统的设计应执行相关规范的防毒、防火、防爆要求。

9.9 臭氧净水

Ⅰ 一般规定

9.9.1 臭氧净水设施的设计应包括气源装置、臭氧发生装置、臭氧气体输送管道、臭氧接触池以及臭氧尾气消除装置。

9.9.2 臭氧投加位置应根据净水工艺不同的目的确定：

1 以去除溶解性铁和锰、色度、藻类，改善臭味以及混凝条件，减少三氯甲烷前驱物为目的的预臭氧，宜设置在混凝沉淀（澄清）之前；

2 以氧化难分解有机物、灭活病毒和消毒或与其后续生物氧化处理设施相结合为目的的后臭氧，宜设置在过滤之前或过滤之后。

9.9.3 臭氧投加率宜根据待处理水的水质状况并结合试验结果确定，也可参照相似水质条件下的经验选用。

9.9.4 臭氧净水系统中必须设置臭氧尾气消除装置。

9.9.5 所有与臭氧气体或溶解有臭氧的水体接触的材料必须耐臭氧腐蚀。

Ⅱ 气源装置

9.9.6 臭氧发生装置的气源可采用空气或氧气。所供气体的露点应低于－60℃，其中的碳氧化合物、颗粒物、氮以及氩等物质的含量不能超过臭氧发生装置所要求的规定。

9.9.7 气源装置的供气量及供气压力应满足臭氧发生装置最大发生量时的要求。

9.9.8 供应空气的气源装置中的主要设备应有备用。

9.9.9 供应氧气的气源装置可采用液氧贮罐或制氧机。

9.9.10 液氧贮罐供氧装置的液氧贮存量应根据场地条件和当地的液氧供应条件综合考虑确定，不宜少于最大日供氧量的3d用量。

9.9.11 制氧机供氧装置应设有备用液氧贮罐，其备用液氧的贮存量应满足制氧设备停运维护或故障检修时的氧气供应量，不应少于2d的用量。

9.9.12 气源品种及气源装置的型式应根据气源成本、臭氧的发生量、场地条件以及臭氧发生的综合单位成本等因素，经技术经济比较确定。

9.9.13 供应空气的气源装置应尽可能靠近臭氧发生装置。

9.9.14 供应氧气的气源装置应紧邻臭氧发生装置，其设置位置及输送氧气管道的敷设必须满足现行国家标准《氧气站设计规范》GB 50030的有关规定。

9.9.15 以空气或制氧机为气源的气源装置应设在室内；以液氧贮罐为气源的气源装置宜设置在露天，但对产生噪声的设备应有降噪措施。

Ⅲ 臭氧发生装置

9.9.16 臭氧发生装置应包括臭氧发生器、供电及控制设备、冷却设备以及臭氧和氧气泄漏探测及报警设备。

9.9.17 臭氧发生装置的产量应满足最大臭氧加注量的要求，并应考虑备用能力。

9.9.18 臭氧发生装置应尽可能设置在离臭氧接触池较近的位置。当净水工艺中同时设置有预臭氧和后臭氧接触池时，其设置位置宜靠近用气量较大的臭氧接触池。

臭氧发生装置必须设置在室内。设备的布置应考虑有足够的维护空间。室内应设置必要的通风设备或空调设备，满足臭氧发生装置对室内环境温度的要求。

9.9.19 在设有臭氧发生器的建筑内，其用电设备必须采用防爆型。

Ⅳ 臭氧气体输送管道

9.9.20 输送臭氧气体的管道直径应满足最大输气量的要求。管材应采用不锈钢。

9.9.21 埋地的臭氧气体输送管道应设置在专用的管沟内，管沟上应设活动盖板。

在气候炎热地区，设置在室外的臭氧气体管道宜外包隔热材料。

Ⅴ 臭氧接触池

9.9.22 臭氧接触池的个数或能够单独排空的分格数不宜少于2个。

9.9.23 臭氧接触池的接触时间，应根据不同的工艺目的和待处理水的水质情况，通过试验或参照相似条件下的运行经验确定。

9.9.24 臭氧接触池必须全密闭。池顶应设置尾气排放管和自动气压释放阀。池内水面与池内顶宜保持0.5～0.7m距离。

9.9.25 臭氧接触池水流宜采用竖向流，可在池内设置一定数量的竖向导流隔板。导流隔板顶部和底部应设置通气孔和流水孔。接触池出水宜采用薄壁堰跌水出流。

9.9.26 预臭氧接触池宜符合下列要求：

1 接触时间为2～5min。

2 臭氧气体宜通过水射器抽吸后注入设于进水管上的静态混合器，或通过专用的大孔扩散器直接注入到接触池内。注入点宜设1个。

3 抽吸臭氧气体水射器的动力水不宜采用原水。

4 接触池设计水深宜采用4～6m。

5 导流隔板间净距不宜小于0.8m。

6 接触池出水端应设置余臭氧监测仪。

9.9.27 后臭氧接触池宜符合下列要求：

1 接触池由二到三段接触室串联而成，由竖向隔板分开。

2 每段接触室由布气区和后续反应区组成，并由竖向导流隔板分开。

3 总接触时间应根据工艺目的确定，宜控制在6～15min之间，其中第一段接触室的接触时间宜为2min。

4 臭氧气体宜通过设在布气区底部的微孔曝气盘直接向水中扩散，气体注入点数与接触室的设置段数一致。

5 曝气盘的布置应能保证布气量变化过程中的布气均匀，其中第一段布气区的布气量宜占总布气量的50%左右。

6 接触池的设计水深宜采用5.5～6m，布气区的深度与长度之比宜大于4。

7 导流隔板间净距不宜小于0.8m。

8 接触池出水端必须设置余臭氧监测仪。

Ⅵ 臭氧尾气消除装置

9.9.28 臭氧尾气消除装置应包括尾气输送管、尾气中臭氧浓度监测仪、尾气除湿器、抽气风机、剩余臭氧消除器，以及排放气体臭氧浓度监测仪及报警设备等。

9.9.29 臭氧尾气消除宜采用电加热分解消除、催化剂接触催化分解消除或活性炭吸附分解消除等方式，以氧气为气源的臭氧处理设施中的尾气不应采用活性炭消除方式。

9.9.30 臭氧尾气消除装置的设计气量应与臭氧发生装置的最大设计气量一致。抽气风机宜设有抽气量调节装置，并可根据臭氧发生装置的实际供气量适时调节抽气量。

9.9.31 电加热臭氧尾气消除装置可设在臭氧接触池池顶，也可另设它处。装置宜设在室内，室内应有强排风设施，必要时应加设空调设备。

9.9.32 催化剂接触催化和活性炭吸附的臭氧尾气消除装置宜直接设在臭氧接触池池顶，且露天设置。

9.10 活性炭吸附

Ⅰ 一般规定

9.10.1 活性炭吸附或臭氧—生物活性炭处理工艺宜用于经混凝、沉淀、过滤处理后某些有机、有毒物质含量或色、臭、味等感官指标仍不能满足出水水质要求时的净水处理。

9.10.2 炭吸附池的进水浊度应小于1 NTU。

9.10.3 活性炭吸附池的设计参数应通过试验或参照相似条件下

炭吸附池的运行经验确定。

9.10.4 活性炭应具有吸附性能好、机械强度高、化学稳定性好和再生后性能恢复好等特性。采用煤质颗粒活性炭时，可按表9.10.4选用。

表9.10.4 煤质颗粒活性炭粒径组成、特性参数

组成					
粒径范围(mm)	＞2.5	2.5～1.25	1.25～1.0	＜1.0	—
粒径分布(%)	≤2	≥83	≤14	≤1	—
吸附、物理、化学特性					
碘吸附值(mg/g)	亚甲兰吸附值(mg/g)	苯酚吸附值(mg/g)	pH值	强度(%)	孔容积(cm^3/g)
≥900	≥150	≥140	6～10	≥85	≥0.65
比表面积(m^2/g)	装填密度(g/L)	水分(%)	灰分(%)	漂浮率(%)	—
≥900	450～520	≤5	11～15	≤2	—

注：1 对粒径、吸附值、漂浮率等可以有特殊要求。

2 不规则形颗粒活性炭的漂浮率应小于10%。

9.10.5 采用臭氧-生物活性炭处理工艺的活性炭吸附池宜根据当地情况，对炭吸附池面采用隔离或防护措施。

9.10.6 炭吸附池的钢筋混凝土池壁与炭接触部位应采取防电化学腐蚀措施。

Ⅱ 主要设计参数

9.10.7 活性炭吸附池的池型应根据处理规模确定。

9.10.8 过流方式应根据吸附池池型、排水要求等因素确定，可采用降流式或升流式。

当采用升流式炭吸附池时，应采取防止二次污染措施。

9.10.9 炭吸附池个数及单池面积，应根据处理规模和运行管理条件经比较后确定。吸附池不宜少于4个。

9.10.10 处理水与炭床的空床接触时间宜采用6～20min，空床流速8～20m/h，炭层厚度1.0～2.5m。炭层最终水头损失应根据活性炭的粒径、炭层厚度和空床流速确定。

9.10.11 活性炭吸附池经常性的冲洗周期宜采用3～6d。常温下经常性冲洗时，冲洗强度宜采用11～13L/(m^2·s)，历时8～12min，膨胀率为15%～20%。定期大流量冲洗时，冲洗强度宜采用15～18L/(m^2·s)，历时8～12min，膨胀率为25%～35%。为提高冲洗效果，可采用气水联合冲洗或增加表面冲洗方式。

冲洗水宜采用滤池出水或炭吸附池出水。

9.10.12 炭吸附池宜采用中、小阻力配水(气)系统。承托层宜采用砾石分层级配，粒径2～16mm，厚度不小于250mm。

9.10.13 炭再生周期应根据出水水质是否超过预定目标确定，并应考虑活性炭剩余吸附能力能否适应水质突变的情况。

9.10.14 炭吸附池中失效炭的运出和新炭的补充，宜采用水力输送，整池出炭、进炭总时间宜小于24h。

水力输炭管内流速应为0.75～1.5m/s。输炭管内炭水体积比宜为1∶4。输炭管的管材应采用不锈钢或硬聚氯乙烯(UPVC)管。输炭管道转弯半径应大于5倍管道直径。

9.11 水质稳定处理

9.11.1 原水与供水的水质稳定处理，宜分别按各自的水质根据饱和指数 I_L 和稳定指数 I_R 综合考虑确定。当 $I_L>0.4$ 和 $I_R<6$ 时，应通过试验和技术经济比较，确定其酸化处理工艺；当 $I_L<-1.0$ 和 $I_R>9$ 时，宜加碱处理。

碱剂的品种及用量，应根据试验资料或相似水质条件的水厂运行经验确定。可采用石灰、氢氧化钠或碳酸钠。

侵蚀性二氧化碳浓度高于15mg/L时，可采用曝气法去除。

9.11.2 用于水质稳定处理的药剂，不得产生处理后的水质对人体健康、环境或工业生产有害。

10 净水厂排泥水处理

10.1 一般规定

10.1.1 净水厂排泥水处理应包括沉淀池(澄清池)排泥水、气浮池浮渣和滤池反冲洗废水等。

10.1.2 净水厂排泥水处理后排入河道、沟渠等天然水体的水质应符合现行国家标准《污水综合排放标准》GB 8978。

10.1.3 净水厂排泥水处理系统的规模应按满足全年75%～95%日数的完全处理要求确定。

10.1.4 净水厂排泥水处理系统设计处理的干泥量可按下列公式计算：

$$S=(K_1C_0+K_2D)\times Q\times 10^{-6} \tag{10.1.4}$$

式中 C_0——原水浊度设计取值(NTU)；

K_1——原水浊度单位NTU与悬浮物SS单位mg/L的换算系数，应经过实测确定；

D——药剂投加量(mg/L)；

K_2——药剂转化成泥量的系数；

Q——原水流量(m^3/d)；

S——干泥量(t/d)。

10.1.5 排泥水处理系统产生的废水，经技术经济比较可考虑回用或部分回用。但应符合下列要求：

1 不影响净水厂出水水质；

2 回流水量尽可能均匀；

3 回流到混合设备前，与原水及药剂充分混合。

若排泥水处理系统产生的废水不符合回用要求，经技术经济比较，也可经处理后回用。

10.1.6 排泥水处理各类构筑物的个数或分格数不宜少于2个，按同时工作设计，并能单独运行，分别泄空。

10.1.7 排泥水处理系统的平面位置宜靠近沉淀池，并尽可能位于净水厂地势较低处。

10.1.8 当净水厂面积受限制而排泥水处理构筑物需在厂外择地建造时，应尽可能将排泥池和排水池建在水厂内。

10.2 工艺流程

10.2.1 水厂排泥水处理工艺流程应根据水厂所处社会环境、自然条件及净水工艺确定，由调节、浓缩、脱水及泥饼处置四道工序或其中部分工序组成。

10.2.2 调节、浓缩、脱水及泥饼处置各工序的工艺流程选择(包括前处理方式)应根据总体工艺流程及各水厂的具体条件确定。

10.2.3 当水厂排泥水送往厂外处理时，水厂内应设调节工序，将排泥水匀质、匀量送出。

10.2.4 当沉淀池排泥水平均含固率大于3%时，经调节后可直接进入脱水而不设浓缩工序。

10.2.5 当水厂排泥水送往厂外处理时，其排泥水输送可设专用管渠或用罐车输送。

10.2.6 当浓缩池上清液及脱水机滤液回用时，浓缩池上清液可流入排水池或直接回流到净水工艺，但不得回流到排泥池；脱水机滤液宜回流到浓缩池。

10.3 调节

Ⅰ 一般规定

10.3.1 排泥水处理系统的排水池和排泥池宜采用分建；但当排泥水送往厂外处理，且不考虑废水回用，或排泥水处理系统规模较小时，可采用合建。

10.3.2 调节池(排水池、排泥池)出流流量应尽可能均匀、连续。

10.3.3 当调节池对人流流量进行匀质、匀量时，池内应设扰流设施；当只进行量的调节时，池内应分别设沉泥和上清液取出设施。

10.3.4 沉淀池排泥水和滤池反冲洗废水宜采用重力流入调节池。

10.3.5 调节池位置宜靠近沉淀池和滤池。

10.3.6 调节池应设置溢流口，并宜设置放空管。

Ⅱ 排 水 池

10.3.7 排水池调节容积应分别按下列情况确定：

1 当排水池只调节滤池反冲洗废水时，调节容积宜按大于滤池最大一次反冲洗水量确定；

2 当排水池除调节滤池反冲洗废水外，还接纳和调节浓缩池上清液时，其容积还应包括接纳上清液所需调节容积。

10.3.8 当排水池废水用水泵排出时，排水泵的设置应符合下列要求：

1 排水泵容量应根据反冲洗废水和浓缩池上清液等的排放情况，按最不利工况确定；

2 当排水泵出水回流至水厂时，其流量应尽可能连续、均匀；

3 排水泵的台数不宜少于2台，并设置备用泵。

Ⅲ 排 泥 池

10.3.9 排泥池调节容积应根据沉淀池排泥方式、排泥水量以及排泥池的出流工况，通过计算确定，但不小于沉淀池最大池一次排泥水量。

当考虑高浊期间部分泥水在排泥池作临时贮存时，还应包括所需要的贮存容积。

10.3.10 当排泥池出流不具备重力流条件时，应分别按下列情况设置排泥泵：

1 至浓缩池的主流程排泥泵；

2 当需考虑超量泥水从排泥池排出时，应设置超量泥水排出泵；

3 设置备用泵。

Ⅳ 浮动槽排泥池

10.3.11 当调节池采用分建时，排泥池可采用浮动槽排泥池进行调节和初步浓缩。

10.3.12 浮动槽排泥池设计应符合下列要求：

1 池底沉泥应连续、均匀排入浓缩池；上清液由浮动槽连续、均匀收集。

2 池体容积应按满足调节功能和重力浓缩要求中容积大者确定。

3 调节容积应符合本规范第10.3.9条的规定；池面积、有效水深、刮泥设备及构造应按本规范第10.4节有关重力浓缩池相关条款规定。

4 浮动槽浮动幅度宜为1.5m。

5 宜设置固定溢流设施。

10.3.13 上清液排放应设置上清液集水井和提升泵。

Ⅴ 综合排泥池

10.3.14 排水池和排泥池合建的综合排泥池调节容积宜按滤池反冲洗水和沉淀池排泥水入流条件及出流条件按调蓄方法计算确定，也可采用按本规范第10.3.7条、第10.3.9条计算所得排水池和排泥池调节容积之和确定。

10.3.15 池中宜设扰流设备。

10.4 浓 缩

10.4.1 排泥水浓缩宜采用重力浓缩，当采用气浮浓缩和离心浓缩时，应通过技术经济比较确定。

10.4.2 浓缩后泥水的含固率应满足选用脱水机械的进机浓度要求，且不低于2%。

10.4.3 重力浓缩池宜采用圆形或方形辐流式浓缩池，当占地面积受限制时，通过技术经济比较，可采用斜板(管)浓缩池。

10.4.4 重力浓缩池面积可按固体通量计算，并按液面负荷校核。

10.4.5 固体通量、液面负荷宜通过沉降浓缩试验，或按相似排泥水浓缩数据确定。当无试验数据和资料时，辐流式浓缩池的固体通量可取0.5～1.0kg干固体/(m^2·h)，液面负荷不大于1.0m^3/(m^2·h)。

10.4.6 辐流式浓缩池设计应符合下列要求：

1 池边水深宜为3.5～4.5m。当考虑泥水在浓缩池作临时贮存时，池边水深可适当加大。

2 宜采用机械排泥，当池子直径(或正方形一边)较小时，也可以采用多斗排泥。

3 刮泥机上宜设置浓缩栅条，外缘线速度不宜大于2m/min。

4 池底坡度为8%～10%，超高大于0.3m。

5 浓缩泥水排出管管径不应小于150mm。

10.4.7 当重力浓缩池为间歇进水和间歇出泥时，可采用浮动槽收集上清液提高浓缩效果。

10.5 脱 水

Ⅰ 一 般 规 定

10.5.1 泥渣脱水宜采用机械脱水，有条件的地方，也可采用干化场。

10.5.2 脱水机械的选型应根据浓缩后泥水的性质、最终处置对脱水泥饼的要求，经技术经济比较后选用，可采用板框压滤机、离心脱水机，对于一些易于脱水的泥水，也可采用带式压滤机。

10.5.3 脱水机的产率及对进机含固率的要求宜通过试验或按相同机型、相似排泥水性质的运行经验确定，并应考虑低温对脱水机产率的不利影响。

10.5.4 脱水机的台数应根据所处理的干泥量、脱水机的产率及设定的运行时间确定，但不宜少于2台。

10.5.5 脱水机前应设平衡池。池中应设扰流设备。平衡池的容积应根据脱水机工况及排泥水浓缩方式确定。

10.5.6 泥水在脱水前若进行化学调质，药剂种类及投加量宜由试验或按相同机型、相似排泥水性质的运行经验确定。

10.5.7 机械脱水间的布置除考虑脱水机械及附属设备外，还应考虑泥饼运输设施和通道。

10.5.8 脱水间内泥饼的运输方式及泥饼堆置场的容积，应根据所处理的泥量多少、泥饼出路及运输条件确定，泥饼堆积容积可按3～7d泥饼量确定。

10.5.9 脱水机间和泥饼堆置间地面应设排水系统，能完全排除脱水机冲洗和地面清洗时的地面积水。排水管应能方便清通管内沉积泥沙。

10.5.10 机械脱水间应考虑通风和噪声消除设施。

10.5.11 脱水机间宜设置滤液回收井，经调节后，均匀排出。

10.5.12 输送浓缩泥水的管道应适当设置管道冲洗注水口和排水口，其弯头宜易于拆卸和更换。

10.5.13 脱水机房应尽可能靠近浓缩池。

Ⅱ 板框压滤机

10.5.14 进入板框压滤机前的含固率不宜小于2%，脱水后的泥饼含固率不应小于30%。

10.5.15 板框压滤机宜配置高压滤布清洗系统。

10.5.16 板框压滤机宜解体后吊装，起重量可按板框压滤机解体后部件的最大重量确定。如脱水机不考虑吊装，则宜结合更换滤布需要设置单轨吊车。

10.5.17 滤布的选型宜通过试验确定。

10.5.18 板框压滤机投料泵配置宜遵守下列规定：

1 选用容积式泵；

2 采用自灌式启动。

Ⅲ 离心脱水机

10.5.19 离心脱水机选型应根据浓缩泥水性状、泥量多少、运行方式确定，宜选用卧式离心沉降脱水机。

10.5.20 离心脱水机进机含固率不宜小于3%，脱水后泥饼含固率不应小于20%。

10.5.21 离心脱水机的产率、固体回收率与转速、转差率及堰板高度的关系宜通过拟选用机型和拟脱水的排泥水的试验或按相似机型、相近泥水运行数据确定。在缺乏上述试验和数据时，离心机的分离因数可采用1500～3000，转差率2～5r/min。

10.5.22 离心脱水机的转速宜采用无级可调。

10.5.23 离心脱水机应设冲洗设施，分离液排出管宜设空气排除装置。

Ⅳ 干 化 场

10.5.24 干化场面积可按下列公式计算：

$$A=\frac{S\times T}{G} \tag{10.5.24}$$

式中 A——干化场面积(m^2)；

S——日平均干泥量(kg 干固体/d)；

G——干泥负荷(kg 干固体/m^2)；

T——干化周期(d)。

10.5.25 干化场的干化周期 T、干泥负荷 G 宜根据小型试验或根据泥渣性质、年平均气温、年平均降雨量、年平均蒸发量等因素，参照相似地区经验确定。

10.5.26 干化场单床面积宜为500～1000m^2，且床数不宜少于2床。

10.5.27 进泥口的个数及分布应根据单床面积、布泥均匀性综合确定。当干化场面积较大时，宜采用桥式移动进泥口。

10.5.28 干化场排泥深度宜采用0.5～0.8m，超高0.3m。

10.5.29 干化场宜设人工排水层，人工排水层下设不透水层。不透水层坡向排水设施，坡度宜为1%～2%。

10.5.30 干化场应在四周设上清液排出装置。当上清液直接排放时，其悬浮物含量应符合现行国家标准《污水综合排放标准》GB 8978的要求。

10.6 泥饼处置和利用

10.6.1 脱水后的泥饼处置可用作地面填埋或其他有效利用方式。有条件时，应尽可能有效利用。

10.6.2 泥饼处置必须遵守国家颁布的有关法律和相关标准。

10.6.3 当采用填埋方式处置时，渗滤液不得对地下水和地表水体造成污染。

10.6.4 当填埋场规划在远期有其他用途时，填埋泥饼的性状不得有碍远期规划用途。

10.6.5 有条件时，泥饼可送往城市垃圾卫生填埋场与垃圾混合填埋。如果采用单独填埋，泥饼填埋深度宜为3～4m。

11 检测与控制

11.1 一般规定

11.1.1 给水工程检测与控制设计应根据工程规模、工艺流程特点、净水构筑物组成、生产管理运行要求等确定。

11.1.2 自动化仪表及控制系统的设置应提高给水系统的安全、可靠性，便于运行，改善劳动条件和提高科学管理水平。

11.1.3 计算机控制管理系统宜兼顾现有、新建及规划要求。

11.2 在线检测

11.2.1 地下水取水时，应检测水源井水位、出水流量及压力。当井群采用遥测、遥讯、遥控系统时，还应检测深井泵工作状态、工作电流、电压与功率。

11.2.2 地表水取水时，应检测水位、压力、流量，并根据需要检测原水水质参数。

11.2.3 输水工程的检测项目应视输水距离、输水方式及相关条件确定。长距离输水时应检测输水起末端流量、压力，必要时可增加检测点。

11.2.4 水厂进水应检测水压(水位)、流量、浊度、pH值、水温、电导率及其他相关的水质参数。

11.2.5 每组沉淀池(澄清池)应检测出水浊度，可根据需要检测池内泥位。

11.2.6 每组滤池应检测出水浊度，并视滤池型式及冲洗方式检测水位、水头损失、冲洗流量及压力等相关参数。

注：除铁除锰滤池尚需检测进水溶解氧、pH值。

11.2.7 药剂投加系统应根据投加和控制方式确定所需检测项目。

11.2.8 回收水系统应检测水池液位及流量。

11.2.9 清水池应检测水位。

11.2.10 排泥水处理系统应根据系统设计及构筑物布置和操作控制的要求设置相应检测装置。

11.2.11 水厂出水应检测流量、压力、浊度、pH值、余氯及其他相关的水质参数。

11.2.12 泵站应检测吸水井水位及水泵进、出水压力和电机工作的相关参数，并应有检测水泵流量的措施；真空启动时还应检测真空装置的真空度。

11.2.13 机电设备应检测参与控制和管理的工作与事故状态。

11.2.14 配水管网应检测特征点的流量、压力；并可视具体情况检测余氯、浊度等相关水质参数。管网内设有增压泵站、调蓄泵站或高位水池等设施时，还应检测水位、压力、流量及相关参数。

11.3 控 制

11.3.1 地下水取水井群宜采用遥测、遥讯、遥控系统。

11.3.2 水源地取水泵站、输水加压泵站及调流调压设施宜采用遥测、遥讯、遥控系统。

11.3.3 小型水厂主要生产工艺单元(沉淀池排泥、滤池反冲洗、投药、加氯等)可采用可编程序控制器实现自动控制。

大、中型规模水厂可采用集散型微机控制系统，监视主要设备运行状况及工艺参数，提供超限报警及制作报表，实现生产过程自动控制。

11.3.4 泵站水泵机组、控制阀门、真空装置宜采用联动、集中或自动控制。

11.3.5 多水源供水的城市宜设置供水调度系统。

11.4 计算机控制管理系统

11.4.1 计算机控制管理系统应有信息收集、处理、控制、管理及安全保护功能。

11.4.2 计算机控制管理系统设计应符合下列要求：

1 对监控系统的设备层、控制层、管理层的配置合理；

2 根据工程具体情况，经技术经济比较，选择恰当的网络结构及通信速率；

3 操作系统及开发工具能稳定运行、易于开发、操作界面方便；

4 根据企业需求及相关基础设施，对企业信息化系统作出功能设计。

11.4.3 厂级中控室应就近设置电源箱，供电电源应为双回路；直流电源设备应安全、可靠。

11.4.4 厂、站控制室的面积应视其使用功能确定，并考虑今后的发展。

11.4.5 防雷与接地保护应符合国家现行相关规范的规定。

附录 A 给水管与其他管线及建(构)筑物之间的最小水平净距

表 A.0.1 给水管与其他管线及建(构)筑物之间的最小水平净距(m)

<table>
<tr><th rowspan="2">序号</th><th colspan="3" rowspan="2">建(构)筑物或管线名称</th><th colspan="2">与给水管线的最小水平净距</th></tr>
<tr><th>$D\leqslant200$mm</th><th>$D>200$mm</th></tr>
<tr><td>1</td><td colspan="3">建筑物</td><td>1.0</td><td>3.0</td></tr>
<tr><td>2</td><td colspan="3">污水、雨水排水管</td><td>1.0</td><td>1.5</td></tr>
<tr><td rowspan="3">3</td><td rowspan="3">燃气管</td><td>中低压</td><td>$P\leqslant0.4$MPa</td><td colspan="2">0.5</td></tr>
<tr><td rowspan="2">高压</td><td>$0.4\text{MPa}<P\leqslant0.8$MPa</td><td colspan="2">1.0</td></tr>
<tr><td>$0.8\text{MPa}<P\leqslant1.6$MPa</td><td colspan="2">1.5</td></tr>
<tr><td>4</td><td colspan="3">热力管</td><td colspan="2">1.5</td></tr>
<tr><td>5</td><td colspan="3">电力电缆</td><td colspan="2">0.5</td></tr>
<tr><td>6</td><td colspan="3">电信电缆</td><td colspan="2">1.0</td></tr>
<tr><td>7</td><td colspan="3">乔木(中心)</td><td colspan="2" rowspan="2">1.5</td></tr>
<tr><td>8</td><td colspan="3">灌木</td></tr>
<tr><td rowspan="2">9</td><td rowspan="2">地上杆柱</td><td colspan="2">通信照明<10kV</td><td colspan="2">0.5</td></tr>
<tr><td colspan="2">高压铁塔基础边</td><td colspan="2">3.0</td></tr>
<tr><td>10</td><td colspan="3">道路侧石边缘</td><td colspan="2">1.5</td></tr>
<tr><td>11</td><td colspan="3">铁路钢轨(或坡脚)</td><td colspan="2">5.0</td></tr>
</table>

附录 B 给水管与其他管线最小垂直净距

表 B.0.1 给水管与其他管线最小垂直净距(m)

<table>
<tr><th>序号</th><th colspan="2">管线名称</th><th>与给水管线的最小垂直净距</th></tr>
<tr><td>1</td><td colspan="2">给水管线</td><td>0.15</td></tr>
<tr><td>2</td><td colspan="2">污、雨水排水管线</td><td>0.40</td></tr>
<tr><td>3</td><td colspan="2">热力管线</td><td>0.15</td></tr>
<tr><td>4</td><td colspan="2">燃气管线</td><td>0.15</td></tr>
<tr><td rowspan="2">5</td><td rowspan="2">电信管线</td><td>直埋</td><td>0.50</td></tr>
<tr><td>管沟</td><td>0.15</td></tr>
<tr><td>6</td><td colspan="2">电力管线</td><td>0.15</td></tr>
<tr><td>7</td><td colspan="2">沟渠(基础底)</td><td>0.50</td></tr>
<tr><td>8</td><td colspan="2">涵洞(基础底)</td><td>0.15</td></tr>
<tr><td>9</td><td colspan="2">电车(轨底)</td><td>1.00</td></tr>
<tr><td>10</td><td colspan="2">铁路(轨底)</td><td>1.00</td></tr>
</table>

本规范用词说明

1 为便于在执行本规范条文时区别对待,对要求严格程度不同的用词说明如下:

1)表示很严格,非这样做不可的用词:

正面词采用“必须”,反面词采用“严禁”。

2)表示严格,在正常情况下均应这样做的用词:

正面词采用“应”,反面词采用“不应”或“不得”。

3)表示允许稍有选择,在条件许可时首先应这样做的用词:

正面词采用“宜”,反面词采用“不宜”;

表示有选择,在一定条件下可以这样做的用词,采用“可”。

2 本规范中指明应按其他有关标准、规范执行的写法为“应符合……的规定”或“应按……执行”。

中华人民共和国国家标准

室外给水设计规范

GB 50013—2006

条 文 说 明

目　次

1 总 则

1.0.1 本条文阐明编制本规范的宗旨。

1.0.2 规定了本规范适用范围。

1.0.3 给水工程是城镇基础设施的重要组成部分，因此给水工程的设计应以城镇总体规划和给水专业规划为主要依据。其中，水源选择、净水厂厂址以及输配水管线的走向等更与规划的要求密切相关，因此设计时应根据相关专项规划要求，结合城市现状加以确定。

1.0.4 强调对水资源的节约和水体保护以及建设节水型城镇的要求。设计中应处理好在一种水源有几种不同用途时的相互关系及综合利用，确保水资源的可持续利用。

1.0.5 对土地资源节约使用作了原则规定。净水厂和泵站等的用地指标应符合《城市给水工程项目建设标准》的有关规定。

1.0.6 对给水工程近、远期设计年限所作的规定。年限的确定应在满足城镇供水需要的前提下，根据建设资金投入的可能作适当调整。

1.0.7 本条规定的给水工程构筑物的合理设计使用年限，主要参照现行国家标准《建筑结构可靠度设计统一标准》GB 50068 所规定的设计使用年限；水厂中专用设备的合理使用年限由于涉及到的设备品种不同，其更新周期也不相同，同时设计中所选用的材质也影响使用年限，故难以作出统一规定，本条文只作了原则规定。同样，由于目前给水工程中应用的管道材质品种很多，有关使用年限的确切资料不多，故也难以作出明确规定。

1.0.8 关于在给水工程设计中采用新技术、新工艺、新材料和新设备以及在设计中体现行业技术进步的原则确定。参照建设部组织中国城镇供水协会编制的《城市供水行业 2010 年技术进步发展规划及 2020 年远景目标》，以"保障供水安全、提高供水水质、优化供水成本和改善供水服务"作为技术进步的主要目标，故本条文作了相应规定。另外，对于工程设计而言，节约能源和资源、降低工程造价也是设计的重要内容，故也予以列入。

1.0.9 提出了关于给水工程设计时需同时执行国家颁布的有关标准、规范的规定。在特殊地区进行给水工程设计时，还应遵循相关规范的要求。

3 给水系统

3.0.1 给水系统的确定在给水设计中最具全局意义。系统选择的合理与否将对整个给水工程产生重大影响。一般给水系统可分成统一供水系统、分质供水系统、分压供水系统、分区供水系统以及多种供水系统的组合等。因此，在给水系统选择时，必须结合当地地形、水源、城镇规划、供水规模及水质要求等条件，从全局考虑，通过多种可行方案的技术经济比较，选择最合理的给水系统。

3.0.2 当城镇地形高差大时，如采用统一供水系统，为满足所有用户用水压力，则需大大提高管网的供水压力，造成极大的不必要的能量损失，并因管道承受高压而给安全运行带来威胁。因此，当地形高差大时，宜按地形高低不同，采用分压供水系统，以节省能耗和有利于供水安全。在向远离水厂或局部地形高程较高的区域供水时，采用设置加压泵站的局部分区供水系统将可降低水厂的出厂水压，以达到节约能耗的目的。

3.0.3 在城镇统一供水的情况下，用水量较大的工业企业又相对集中，且有可以利用的合适水源时，在通过技术经济比较后可考虑设置独立的工业用水给水系统，采用低质水供工业用水系统，使水资源得到充分合理的利用。

3.0.4 当水源地高程相对于供水区域较高时，应根据沿程地形状况，对采用重力输水方式和加压输水方式作全面技术经济比较后，加以选定，以便充分利用水源地与供水区域的高程差。在计算加压输水方式的经常运行电费时，应考虑因年内水源水位和需水量变化而使加压流量与扬程的相应改变。

3.0.5 随着供水普及率的提高，城镇化建设的加速，以及受水源条件的限制和发挥集中管理的优势，在一个较广的范围内，统一取用较好的水源，组成一个跨越地域界限向多个城镇和乡村统一供水的系统(即称之为"区域供水")已在我国不少地区实施。由于区域供水的范围较为宽广，跨越城镇很多，增加了供水系统的复杂程度，因此在设计区域供水时，必须对各种可能的供水方案作出技术经济比较后综合选定。

3.0.6 为确保供水安全，有条件的城市宜采用多水源供水系统，并考虑在事故时能相互调度。

3.0.7 城镇给水系统的设计，除了对系统总体布局采用统一、分质或分压等供水方式进行分析比较外，水量调节构筑物设置对配水管网的造价和经常运行费用有着决定性的作用，因此还需对水量调节构筑物设置在净水厂内或部分设于配水管网中作多方案的技术经济比较。管网中调节构筑物设置可以采用高位水池或调节水池加增压泵站。设置位置可采用网中设置或对置设置，应根据水量分配和地形条件等分析确定。

3.0.8 明确规定生活用水给水系统的供水水质应符合现行的生活饮用水卫生标准的要求。由于生活饮用水卫生标准规定的是用户用水点水质要求，因此在确定水厂出水水质目标时，还应考虑水厂至用户用水点水质改变的因素。

对于专用的工业用水给水系统，由于各种工业生产工艺性质不同，生产用水的水质要求各异，故其水质标准应根据用户要求经分析研究后合理确定。

3.0.9 本条是关于配水管网最小服务水头的规定。给水管网的最小服务水头是指城镇配水管网与居住小区或用户接管点处为满足用水要求所应维持的最小水头，对于城镇给水系统，最小服务水头通常按需要满足直接供水的建筑物层数的要求来确定(不包括设置水箱，利用夜间进水，由水箱供水的层数)。单独的高层建筑或在高地上的个别建筑，其要求的服务水头可设局部加压装置来解决，不宜作为城镇给水系统的控制条件。

3.0.10 在城镇给水系统设计中，必须对原有给水设施和构筑物做到充分和合理的利用，尽量发挥原有设施能力，节约工程投资，降低运行成本，并做好新、旧构筑物的合理衔接。

4 设计水量

4.0.1 规定了设计供水量组成内容。原规范中未预见用水量及管网漏失水量采用合并计算，现予以分列。

4.0.2 规定了水厂设计规模的计算方法。明确水厂规模是指设计最高日的供水量。

4.0.3 1997 年《室外给水设计规范》局部修订时，曾根据建设部下达的科研项目"城市生活用水定额研究"成果对居民生活和综合生活用水定额进行了较大的修改和调整。"城市生活用水定额研究"的数据来源于全国用水人口 35%、全国市政供水量 40%，在约 10 万个数据基础上进行统计分析后综合确定。用水定额按地域分区和城市规模划分。

地域的划分是参照现行国家标准《建筑气候区划标准》作相应

规定。《建筑气候区划标准》主要根据气候条件将全国分为7个区。由于用水定额不仅同气候有关，还与经济发达程度、水资源状况、人民生活习惯和住房标准等密切相关，故用水定额分区参照气候分区，将用水定额划分为3个区，并按行政区划作了适当调整。即：一区大致相当建筑气候区划标准的Ⅲ、Ⅳ、Ⅴ区；二区大致相当建筑气候区划标准的Ⅰ、Ⅱ区；三区大致相当建筑气候区划标准的Ⅵ、Ⅶ区。

本次修编时，参照现行国家标准《城市居民生活用水量标准》GB/T 50331，将四川、贵州、云南由一区调整到二区。

城市规模分类是参照《中华人民共和国城市规划法》的有关规定，与现行的国家标准《城市给水工程项目建设标准》基本协调。城市规划法规定：特大城市指市区和近郊区非农业人口在100万以上；大城市指市区和近郊区非农业人口在100万以下、50万以上；中小城市指市区和近郊区非农业人口在50万以下。

生活用水按"居民生活用水"和"综合生活用水"分别制定定额。居民生活用水指城市中居民的饮用、烹调、洗涤、冲厕、洗澡等日常生活用水；综合生活用水包括城市居民日常生活用水和公共建筑及设施用水两部分的总水量。公共建筑及设施用水包括娱乐场所、宾馆、浴室、商业、学校和机关办公楼等用水，但不包括城市浇洒道路、绿地和市政等用水。

根据调查资料，国家级经济开发区和特区的生活用水，因暂住及流动人口较多，它们的用水定额较高，有的要高出所在用水分区和同等规模城市用水定额的1～2倍，故建议根据该城市的用水实际情况，其用水定额可酌情增加。

由于城市综合用水定额(指水厂总供水量除以用水人口，包含综合生活用水、工业用水、市政用水及其他用水的水量)中工业用水是重要组成部分，鉴于各城市的工业结构和规模以及发展水平千差万别，因此本规范中未列出城市综合用水定额指标。

本次规范修编前，曾向全国有关单位征询过对于用水定额规定的意见，有个别单位对用水定额提出了质疑，故本次修编中对"居民生活用水定额"、"综合生活用水定额"及原条文说明中"城市综合用水量调查表"自1997年以来的情况进行了全面复核。按照《城市供水统计年鉴》(1990～2001年)中555个城市用水的资料进行了统计并与1997年所订用水定额对照作了分析。统计的最大、最小值详见表1～表6。从统计结果可以看出：

1 由于统计值包含了所有统计对象的资料，因此最大值与最小值之差明显大于原规定；

2 对照居民生活用水定额，除一区个别城市用水量大于原规定较多外，大部分多在原规定范围或附近；

3 对照综合生活用水定额，大部分均在原规定范围或附近；

4 由于三区特大城市、大城市的统计对象太少，故缺乏代表性。

鉴于以上情况，本次修编对原定额暂不作修改。

表1 最高日居民生活用水定额调查结果[L/(人·d)]

分　区	特大城市	大城市	中等城市	小城市
一	236～380	162～436	145～498	110～359
二	113～216	83～208	94～176	80～241
三	218	244	90～155	109～238

表2 平均日居民生活用水定额调查结果[L/(人·d)]

分　区	特大城市	大城市	中等城市	小城市
一	137～348	95～312	92～301	61～301
二	85～166	53～197	46～177	31～188
三	167	209	66～143	72～187

表3 最高日综合生活用水定额调查结果[L/(人·d)]

分　区	特大城市	大城市	中等城市	小城市
一	261～392	148～478	108～464	100～411
二	136～303	102～260	124～258	90～312
三	224	244	94～155	136～320

表4 平均日综合生活用水定额调查结果[L/(人·d)]

分　区	特大城市	大城市	中等城市	小城市
一	184～348	120～388	92～352	67～402
二	112～247	97～237	63～192	44～267
三	171	209	70～143	103～216

表5 最高日城市综合用水定额调查结果[L/(人·d)]

分　区	特大城市	大城市	中等城市	小城市
一	436～749	240～711	253～710	200～667
二	329～612	236～517	208～464	200～633
三	313	414	152～213	204～529

表6 平均日城市综合用水定额调查结果[L/(人·d)]

分　区	特大城市	大城市	中等城市	小城市
一	435～615	226～659	197～576	110～559
二	240～408	208～438	135～349	98～416
三	240	378	97～157	136～364

4.0.4 工业企业生产用水由于工业结构和工艺性质不同，差异明显。本条文仅对工业企业用水量确定的方法作了原则规定。

近年来，在一些城市用水量预测中往往出现对工业用水的预测偏高。其主要原因是对于产业结构的调整、产品质量的提高、节水技术的发展以及产品用水单耗的降低估计不足。因此在工业用水量的预测中，必须考虑上述因素，结合对现状工业用水量的分析加以确定。

4.0.5 关于消防用水量、水压及延续时间的原则规定。

4.0.6 关于浇洒道路和绿地用水量的规定。浇洒道路和绿地用水量是参照现行国家标准《建筑给水排水设计规范》作相应规定。

4.0.7 1999年我国城市供水企业平均漏损率为15.14%。为了加强城市供水管网漏损控制，建设部制定了行业标准《城市供水管网漏损控制及评定标准》，规定了城市供水管网基本漏损率不应大于12%，同时规定了可按用户抄表百分比、单位供水量管长及年平均出厂压力进行修正。本条文参照以上规定作了相应规定。

4.0.8 关于未预见用水量的规定。未预见用水量是指在给水设计中对难以预见的因素(如规划的变化及流动人口用水等)而预留的水量。因此未预见水量宜按本规范第4.0.1条的1～4款用水量之和的8%～12%考虑。

4.0.9 关于城市供水日变化系数和供水时变化系数的规定。

5 取　水

5.1 水源选择

5.1.1 关于在水源选择前必须先进行水源勘察的规定。

据调查，一些项目由于在确定水源前，对选择的水源没有进行详细的调研、勘察和评价，以致造成工程失误，有些工程在建成后发现水源水量不足或与农业用水发生矛盾，不得不另选水源。有的工程采用兴建水库作为水源，而在设计前没有对水库汇水情况进行详细勘察，造成水库蓄水量不足。一些拟以地下水为水源的工程，由于没有进行详细的地下水资源勘察，取得必要水文资料，而盲目兴建地下水取水构筑物，以致取水量不足，甚至完全失败。

因此，本条规定在水源选择前，必须进行水资源的勘察。

5.1.2 关于水源选择的原则规定。

全国大部分地表水及地下水都已划定功能区划及水质目标，因而是水源选择的主要依据。

水源水量可靠和水质符合要求是水源选择的重要条件。考虑到水资源的不可替代和充分利用，饮用水、环境用水、中水回用以及各工业企业对用水水质的要求都不相同，近年来有关国家部门对水源水质的要求颁布了相应标准，因此，本次修改将水源水质的要求明确为符合有关国家现行标准的要求。选用水源除考虑基建投资外，还应注意经常运行费用的经济。当有几个水源可供选择时，应通过技术经济比较确定。水是不可替代的资源，随着国民经济的发展，用水量上升很快，不少地区和城市，特别是水资源缺乏的北方干旱地区，生活用水与工业用水、工业与农业用水的矛盾日趋突出，也有一些地区由于水源的污染，加剧了水资源紧缺的矛盾。由于水资源的缺乏或污染，出现了不少跨区域跨流域的引水、供水。因此，对水资源的选用要统一规划、合理分配、优水优用、综合利用。此外，选择水源时还需考虑施工和运输交通等条件。

5.1.3 关于选用地下水为水源时，必须有确切的水文地质资料，并遵守地下水取水量不得大于允许开采量、不得盲目开采的规定。

鉴于国内部分城市和地区盲目建井，长期过量开采地下水，造成区域地下水位下降或管井阻塞事故，甚至引起地面下沉、井群附近建筑物的破裂，因此，地下水取水量必须限制在允许的开采量以内。在确定允许开采量时，应有确切的水文地质资料，并对各种用途的水量进行合理分配，与有关部门协商并取得同意。在设计井群时，可根据具体情况，设立观察孔，以便积累资料，长期观察地下水的动态。

5.1.4 关于地表水设计枯水流量保证率的规定。

对以地表水作为城市供水水源时，设计枯水量保证率有两种意见：

1 处于水资源较丰富地区的有关单位认为最枯流量保证率可采取95%～97%，个别设计院建议不低于97%，对于大、中城市应取99%。

2 处于干旱地带的华北、东北地区的有关单位认为，枯水流量保证率拟定为90%～97%较恰当。国内个别设计院建议为90%～95%。

综合上述情况，一方面考虑目前人民生活水平的提高、城市的迅速发展、旅游业的兴起，对城市供水的安全可靠性要求有所提高，将枯水流量保证率确定为97%是合适的；另一方面考虑到干旱地区及山区枯水季节径流量很小的具体情况，枯水流量保证率的下限仍保留为90%，以便灵活采用。

目前，我国东部沿海经济发达地区的建制镇国民经济发展迅速，镇的建成区颇具规模，本次修改曾作调查，但反馈资料较少(个别设计院在设计时枯水流量保证率采用90%～95%)。考虑到我国地域宽广，经济差异较大，对小城镇的枯水流量保证率仍不宜作硬性规定，故在“注”中仍然规定其保证率可适当降低，可根据城镇规模、供水的安全可靠性要求程度确定。

5.1.5 在确定水源时，为确保取水量及水质的可靠，应取得水资源管理、卫生防疫、航运等部门的书面同意。本次对生活饮用水水源的卫生防护条文内容作了文字理顺上的修改。对水源的卫生防护，应积极取得环保等有关部门的支持配合。

5.2 地下水取水构筑物

Ⅰ 一般规定

5.2.1 关于选择地下水取水构筑物位置的规定。由于地下水水质较好，且取用方便，因此，不少城市取用地下水作为水源，尤其宜作为生活饮用水水源。但长期以来，许多地区盲目扩大地下水开采规模，致使地下水水位持续下降，含水层贮水量逐渐枯竭，并引起水质恶化、硬度提高、海水入侵、水量不足、地面沉降，以及取水构筑物阻塞等情况时有发生。因此，条文规定了选择地下水取水构筑物位置的必要条件，着重作了取水构筑物位置应“不易受污染”的规定。此外，为了确保水源地运行后不发生安全问题，还要避开对取水构筑物有破坏性的强震区、洪水淹没区、矿产资源采空区和易发生地质灾害(包括滑坡、泥石流和坍陷)地区。近年来这方面问题较多，同时，也为防止地下水过量开采，影响取水构筑物和水源地的寿命，不引起区域漏斗和地质灾害。因此条文修订时补充了相关内容。

5.2.2 关于选择地下水取水构筑物型式的规定。地下水取水构筑物的型式主要有管井、大口井、渗渠和泉室等。正确选择取水构筑物的型式，对于确保取水量、水质和降低工程造价影响很大。

取水构筑物的型式除与含水层的岩性构造、厚度、埋深及其变化幅度等有关外，还与设备材料供应情况、施工条件和工期等因素有关，故应通过技术经济比较确定。但首先要考虑的是含水层厚度和埋藏条件，为此，本条规定了各种取水构筑物的适用条件。

管井是广泛应用的一种取水方式。由于我国地域广阔，不仅江河地区广泛分布砂、卵石含水层，而且在平原、山地和西部广大地区分布有裂隙、岩溶含水层和深层地下水。管井不但可从埋藏上千米的含水层中取水，也可在埋藏很浅的含水层中取水。例如：吉林新中国糖厂和桦甸热电厂的傍河水源，其含水层厚度仅为3～4m，埋藏深度也仅为6～8m，而单井出水量达到100m^3/d左右，类似工程实例很多。故本次对管井适用条件作了修改。将原来的“管井适用于含水层厚度大于5m，其底板埋藏深度大于15m”修改成“管井适用于含水层厚度大于4m，其埋藏深度大于8m”。

工程实践中，因为管井可以采用机械施工，施工进度快、造价低，因而在含水层厚度、渗透性相似条件下，大多采用管井，而不采用大口井。但若含水层颗粒较粗又有充足河水补给时，仍可考虑采用大口井。当含水层厚度较小时，因不易设置反滤层，故宜采用井壁进水，但井壁进水常常受堵而降低出水量，当含水层厚度大时，不但可以井底进水，也可以井底、井壁同时进水，是大口井的最好选择方式。

渗渠取水，因施工困难，并且出水量易逐年减少，只有在其他取水型式无条件采用时方才采用。因此，条文对渗渠取水的含水层厚度、埋深作了相应规定。

由于地下水的过量开采，人工抽降取代了自然排泄，致使泉水流量大幅度减少，甚至干涸废弃。因此，规范对泉室只作了适用条件的规定，而不另列具体条文。

5.2.3 关于地下水取水构筑物设计时具体要求的规定。

地下水取水构筑物一般建在市区附近、农田中或江河旁，这些地区容易受到城市、农业和河流污染的影响。因此，必须防止地面污水不经地层过滤直接流入井中。另外在多层含水层取水时，有可能出现上层地下水受到地面水的污染或者某层含水层所含有害物质超过允许标准而影响相邻含水层等情况。例如，在黑龙江省某地，有两层含水层，上层水含铁量高达15～20mg/L，而下层含水层含铁量只有5～7mg/L，且水量充沛，因此，封闭上层含水层，取用下层含水层，取得了经济合理的效果。为合理利用地下水资源，提高供水水质，条文规定了应有防止地面污水和非取水层水渗入的措施。

为保护地下水开采范围内不受污染，规定在取水构筑物的周围应设置水源保护区，在保护区内禁止建设各种对地下水有污染的设施。

过滤器是管井取水的核心部分。根据各地调查资料，由于过滤器的结构不适当，强度不够，耐腐蚀性能差等，使用寿命多数在5～7年。黑龙江省某市采用钢筋骨架滤水管，因强度不够而压坏；有的城市地下水中含铁，腐蚀严重，管井使用年限只有2～3年；而在同一个地区，采用混合填砾无缠丝滤水管，管井使用寿命增长。因此，按照水文地质条件，正确选用过滤器的材质和型式是管井取水成败的关键。

需进人检修的取水构筑物，都应考虑人身安全和必需的卫生条件。某市曾发生大口井内由火灾引起的人身事故，其他地方也曾发生大口井内使人发生窒息的事故。由于地质条件复杂，地层中微量有害气体长期聚集，如不及时排除，必将造成危害。据此本条规定了大口井、渗渠和泉室应有通气设施。

Ⅱ 管 井

5.2.4 本条规定了在 40m 以上的中、粗砂及砾石含水层中取水时，可采用分段取水。

5.2.5 关于管井的结构、过滤器和沉淀管设计的规定。

5.2.6 关于管井井口封闭材料及其做法的规定。为防止地面污水直接流入管井，各地采用不同的不透水性材料对井口进行封闭。调查表明，最常用的封闭材料有水泥和粘土。封闭深度与管井所在地层的岩性和土质有关，但绝大多数在 5m 以上。

5.2.7 关于管井设置备用井数量的规定。据调查各地对管井水源备用井的数量意见较多，普遍认为 10%备用率的数值偏低，认为井泵检修和事故较频繁，每次检修时间较长，10%的备用率显得不足。因此，本条对备用井的数量规定为 10%～20%，并提出不少于 1 口井的规定。

Ⅲ 大 口 井

5.2.8 关于大口井深度和直径的规定。经调查，近年来由于凿井技术的发展和大口井过深造成施工困难等因素，设计和建造的大口井井深均不大于 15m，使用普遍良好。据此规定大口井井深"一般不宜大于 15m"。

根据国内实践经验，大口井直径为 5～8m 时，在技术经济方面较为适宜，并能满足施工要求。据此规定了大口井井径不宜超过 10m。

5.2.9 关于大口井进水方式的规定。据调查，辽宁、山东、黑龙江等地多采用井底进水的非完整井，运转多年，效果良好。铁道部某设计院曾对东北、华北铁路系统的 63 个大口井进行调查，其中 60 口为井底进水。

另据调查，一些地区井壁进水的大口井堵塞严重。例如：甘肃某水源的大口井只有井壁进水，投产 2 年后，80%的进水孔已被堵塞。辽宁某水源的大口井只有井壁进水，也堵塞严重。而同地另一水源的大口井采用井底进水，经多年运转，效果良好。河南某水源的大口井均为井底井壁同时进水的非完整井，井壁进水孔已有 70%被堵塞，其余 30%进水孔进水也不均匀，水量不大，主要靠井底进水。

上述运行经验表明，有条件时大口井宜采用井底进水。

5.2.10 关于大口井井底反滤层做法的规定。根据给水工程实践情况，将滤料粒径计算公式定为 $d/d_i = 6 \sim 8$。

根据东北、西北等地区使用大口井的经验，井底反滤层一般设 3～4 层（大多数为 3 层），两相邻反滤层滤料粒径比一般为 2～4，每层厚度一般为 200～300mm，并做成凹弧形。

某市自来水公司起初对井底反滤层未做成凹弧形，平行铺设了 2 层，第一层粒径 20～40mm，厚度 200mm；第二层粒径 50～100mm，厚度 300mm，运行后若干井发生翻砂事故。后改为 3 层滤料组成的凹弧形反滤层，刃脚处厚度为 1000 mm，井中心处厚度为 700mm，运行效果良好。

执行本条文时应认真研究当地的水文地质资料，确定井底反滤层的做法。

5.2.11 关于大口井井壁进水孔反滤层做法的规定。经调查，大口井井壁进水孔的反滤层，多数采用 2 层，总厚度与井壁厚度相适应。故规定大口井井壁进水孔反滤层一般可分两层填充。

5.2.12 关于无砂混凝土大口井适用条件及其做法的规定。西北铁道部门采用无砂混凝土井筒，以改善井壁进水，取得了一定经验，并在陕西、甘肃等地使用。运行经验表明，无砂混凝土大口井井筒虽有堵塞，但比钢筋混凝土大口井井壁进水孔的滤水性能好些。西北各地采用无砂混凝土大口井大多建在中砂、粗砂、砾石、卵石含水层中，尚无修建于粉砂、细砂含水层中的生产实例。

根据调查，近年来无砂混凝土大口井使用较少，因此，执行本条文时，应认真研究当地水文地质资料，通过技术经济比较确定。

5.2.13 关于大口井防止污染措施的规定。鉴于大口井一般设在覆盖层较薄、透水性能较好的地段，为了防止雨水和地面污水的直接污染，特制定本条文。

Ⅳ 渗 渠

5.2.14 关于渗渠规模和布置的规定。经多年运行实践，渗渠取水的使用寿命较短，并且出水量逐年明显减少。其主要原因是由于水文地质条件限制和渗渠位置布置不适当所致。正常运行的渗渠，每隔 7～10 年也应进行翻修或扩建，鉴于渗渠翻修或扩建工期长和施工困难，在设计渗渠时，应有足够的备用水量，以备在检修或扩建时确保安全供水。

5.2.15 管渠内水的流速应按不淤流速进行设计，最好控制在 0.6～0.8m/s，最低不得小于 0.5m/s，否则会产生淤积现象。

由于渗渠担负着集水和输水的作用，原条文规定的渗渠充满度为 0.5 偏低，必要时充满度可提高到 0.8。

管渠内水深应按非满流进行计算，其主要原因在于控制水在地层和反滤层中的流速，延缓渗渠堵塞时间，保证渗渠出水水质，增长渗渠使用寿命。

黑龙江某厂的渗渠管径为 600mm，因检查井井盖被冲走，涌进地表水和泥沙，淤塞严重，需进人清理，才能恢复使用。吉林某厂渗渠管径为 700mm，由于渠内厌氧菌及藻类作用，影响了水质，也需进人予以清理。根据对东北和西北地区 16 条渗渠的调查，管径均在 600mm 以上，最大为 1000mm 。因此本条文制定了"内径或短边长度不小于 600mm 的规定"。

在设计渗渠时，应根据水文地质条件考虑清理渗渠的可能性。

5.2.16 关于渗渠孔眼水流流速的规定。渗渠孔眼水流流速与水流在地层和反滤层的流速有直接关系。在设计渗渠时，应严格控制水流在地层和反滤层的流速，这样可以延缓渗渠的堵塞时间，增加渗渠的使用年限。因为渗渠进水断面的孔隙率是固定的，只要控制渗渠的孔眼水流流速，也就控制了水流在地层和反滤层中的流速。经调查，绝大部分运转正常的渗渠孔眼水流流速均远小于 0.01m/s。因此，本条文制定了"渗渠孔眼的流速不应大于 0.01m/s"的规定。

5.2.17 关于渗渠外侧反滤层做法的规定。反滤层是渗渠取水的重要组成部分。反滤层设计是否合理直接影响渗渠的水质、水量和使用寿命。

据对东北、西北等地 14 条渗渠反滤层的调查，其中 5 条做 4 层反滤层，9 条做 3 层反滤层。每层反滤层的厚度大多数为 200～300mm，只有少数厚度为 400～500mm。

东北某渗渠采用四层反滤层，每层厚度为 400mm，总厚度 1600mm。同一水源的另一渗渠采用 3 层反滤层，总厚度为 900mm。两者厚度虽差约 1 倍，而效果却相同。

5.2.18 关于集取河道表流渗透水渗渠阻塞系数的规定。对于集取河道表流渗透水的渗渠，地表水是经原河沙回填层和人工反滤层垂直渗入渗渠中。河道表流水的悬浮物，大部分截留在原河沙回填层中，细小颗粒通过人工反滤层而进入渗渠，水中悬浮物含量越高，渗渠堵塞越快，因此集取河道表流水的渗渠适用于常年水质较清的河道。为保证渗渠的使用年限，减缓渗渠的淤塞程度，在设计渗渠时，应根据河水水质和渗渠使用年限，选用适当的阻塞系数。

5.2.19 关于河床及河漫滩的渗渠设置防护措施的规定。河床及河漫滩的渗渠多布置在河道水流湍急的平直河段，每遇洪水，水流速度急剧增加，有可能冲毁渗渠人工反滤层。例如，吉林某市设在河床及河漫滩的渗渠因设计时未考虑防冲刷措施，洪水期将渗渠人工反滤层冲毁，致使渗渠报废和重新翻修。为使渗渠在洪水期安全工作，需根据所在河道的洪水情况，设置必要的防冲刷措施。

5.2.20 关于渗渠设置检查井的规定。为了渗渠的清砂和检修的需要,渗渠上应设检查井。根据各地经验,检查井间距一般采用50～100m,当管径较小时宜采用低值。

5.2.21 为了便于维护管理,规定检查井的宽度(直径)一般为1～2m,并设井底沉沙坑。

5.2.22 为防止污染取水水质,规定地面式检查井应安装封闭式井盖,井顶应高出地面0.5m。渗渠的平面布置形式一般有3种情况:平行河流、垂直河流及平行与垂直河流相组合,渗渠的位置应尽量靠近主河道和水位变化较小且有一定冲刷的直岸或凹岸。因此,渗渠有被冲刷的危险,故本条规定应有防冲刷的措施。

5.2.23 渗渠出水量较大时,其集水井一般分成两格,接进水管的一格可作沉砂室,另一格为吸水室。进水管入口处设闸门以利于检修。

5.2.24 关于集水井结构和容积的规定。

5.3 地表水取水构筑物

5.3.1 关于选择地表水取水构筑物位置的规定。

在选择取水构筑物位置时,应重视和研究取水河段的形态特征,水流特征和河床、岸边的地质状况,如主流是否近岸和稳定,冲淤变化,漂浮物、冰凌等状况及水位和水流变化等,进行全面的分析论证。此外,还需对河道的整治规划和航道运行情况进行详细调查与落实,以保证取水构筑物的安全。对于生活饮用水的水源,良好的水质是最重要的条件。因此,在选择取水地点时,必须避开城镇和工业企业的污染地段,到上游清洁河段取水。

5.3.2 沿海地区的内河水系水质,在丰水期由于上游来水量大,原水含盐度较低,但在枯水期上游径流量大减,引起河口外海水倒灌,使内河水含盐度增高,可能超过生活饮用水水质标准。为此,可采用在河道、海湾地带筑库,利用丰水期和低潮位时蓄积淡水,以解决就近取水的问题。

避咸蓄淡水库一般有2种类型:一种是利用现有河道容积蓄水,即在河口或狭窄的海湾入口处设闸筑坝,以隔绝内河径流与海水的联系,蓄积上游来的淡水径流,达到区域内用水量的年度或多年调节。近河口段已经上溯的咸水,由于其比重大于淡水而自然分层处于河道底部,待低潮位时通过坝体底部的泄水闸孔排出。这样一方面上游径流量不断补充淡水,另一方面抓住时机向外排咸。浙江省大塘港水库和香港的船湾淡水湖就是这种型式的实例。另一种是在河道沿岸有条件的滩地上筑堤,围成封闭式水库,当河道中原水含盐度低时,及时将淡水提升入库,蓄积起来,以备枯水期原水含盐度不符合要求时使用。杭州的珊瑚沙水库、上海宝山钢铁厂的宝山湖水库、上海长江引水工程的陈行水库等,都是采用这种型式取得了良好的经济效益和社会效益。

5.3.3 关于大型取水构筑物进行水工模型试验的规定。

据调查,电力系统进行水工模型试验的项目较多。如泸州电厂长江取水,取水量为7000m³/h,因水文条件复杂,通过模型试验确定取水口位置及取水型式;

宜宾福溪电厂南渡河取水,取水规模为河水流量的36.7%,亦通过模型试验确定取水口位置及型式。

国家现行标准《火力发电厂设计技术规程》DL 5000,第14.2.10条和第14.3.2条对需进行水工模型试验作出了相应规定。

通过水工模型试验可达到如下目的:

1 研究河流在自然情况下或在取水构筑物作用下的水流形态及河床变化;拟建取水构筑物对河道是否会产生影响及采取相应的有效措施。

2 为保证取水口门前有较好的流速流态,汛期能取到含沙量较少的水,冬季能促使冰水分层,须通过水工模型试验提出河段整治措施。

3 研究取水口门前泥沙冲淤变化规律,提出减淤措施及取水构筑物型式。

4 当大型取水构筑物的取水量占河道最枯流量的比例较大时,通过试验,提出取水量与枯水量的合理比例关系。

5.3.4 关于取水构筑物型式选择的原则规定。

1 河道主流近岸,河床稳定,泥沙、漂浮物、冰凌较严重的河段常采用岸边式取水构筑物,具有管理操作方便,取水安全可靠,对河流水力条件影响少等优点。

2 主流远离取水河岸,但河床稳定、河岸平坦、岸边水深不能满足取水要求或岸边水质较差时,可采用取水头部伸入河中的河床式取水构筑物。

3 中南、西南地区水位变幅大,为了确保枯、洪水期安全取水并取得较好的水质,常采用竖井式泵房;电力工程系统也有采用能避免大量水下工程量的岸边纵向低流槽式取水口。

4 西北地区常采用斗槽式取水构筑物,以克服泥沙和潜冰对取水的威胁;在高浊度河流中取水,可根据沙峰特点,经技术经济论证采用避沙蓄清水库或采取其他避沙措施。

5 水利系统在山区浅水河床上采用低坝式或底栏栅式取水构筑物较多。

6 中南、西南地区采用有能适应水位涨落、基建投资省的活动式取水构筑物。

5.3.5 关于取水构筑物不应影响河床稳定性的规定。取水构筑物在河床上的布置及其形状,若选择不当,会破坏河床的稳定性和影响取水安全。据调查,上海某厂在某支流上建造一座分建式取水构筑物,其岸边式进水间稍微凸入河槽,压缩了水流断面,流速增大,造成对面河岸的冲刷,后不得不增做护岸措施。福建省某市取水构筑物,采用自流管引水,自流管伸入河道约80m,当时为了方便清理,在管道上设置了几座高出水面的检查井。建成后,产生丁坝作用,影响主流,洪水后在自流管下游形成大片沙滩,使取水头部有遭遇淤积的危险。上述问题应引起设计部门的注意与重视。必要时,应通过水工模型试验验证。

5.3.6 国家现行标准《城市防洪工程设计规范》CJJ 50和《防洪标准》GB 50201都明确规定,堤防工程采用"设计标准"一个级别;但水库大坝和取水构筑物采用设计和校核两级标准。

对城市堤防工程的设计洪水标准不得低于江河流域堤防的防洪标准;江河取水构筑物的防洪标准不应低于城市的防洪标准的规定,旨在强调取水构筑物在确保城市安全供水的重要性。

设计枯水位是固定式取水构筑物的取水头部及泵组安装标高的决定因素。

据调查及有关规程、规范的规定(见表7),除个别城市设计枯水位保证率为100%外,其余均在90%～99%范围内,与本规范规定的设计枯水位保证率是一致的。实践证明,90%～99%范围幅度较大的设计枯水位保证率,对各地水源、各种不同工程的建设是恰当的。至于设计枯水位保证率的上限99%高于设计枯水流量保证率上限97%,主要考虑枯水量保证率仅影响取水水量的多少,而枯水位保证率则关系到水厂能否取到水,故其安全要求更高。

表7 设计枯水位保证率调查表

序号	有关单位或标准名称	设计枯水位保证率	备注
1	函调南京、湘潭、合肥、九江、长春各城市水源取水构筑物	90%～100%,大部分城市为95%～97%	合肥董铺、巢湖取水为90%;南京城南、北河口取水为100%
2	《火力发电厂设计技术规程》DL 5000	按97%设计,按99%校核	
3	《泵站设计规范》GB/T 50265	97%～99%最低日平均水位	河流、湖泊、水库取水时
4	《铁路给水排水设计规范》TB 10010	90%～98%	

5.3.7 规定取水构筑物的设计规模应考虑发展需要。

根据我国实践经验，考虑到固定式取水构筑物工程量大，水下施工复杂，扩建困难等因素，设计时，一般都结合发展需要统一考虑，如有些工程土建按远期设计，设备分期安装。

5.3.8 关于取水构筑物各种保护措施的规定。

据调查，漂浮物、泥沙、冰凌、冰絮等是危害取水构筑物安全运行的主要因素，设计必须慎重，并应采取相应措施。

1 防沙、防漂浮物。

应从取水河段的形态特征和岸形条件及其水流特性，选择好取水构筑物位置，重视人工构筑物和天然障碍物对取水构筑物的影响。很多实例，由于取水口的河床不稳定，处于回水区，河道整治时未考虑已建取水口等原因，引起取水口堵塞、淤积，需进行改造，甚至报废。

取水头部的位置及选型不当，也会引起头部堵塞。

大量泥沙及漂浮物从头部进入引水管、进水间，会引起管道和进水间内淤积，给运行造成困难。引水管设计应满足初期不淤流速要求，进水间内要有除草、冲淤、吸沙等措施。

2 洪水冲刷危及取水构筑物的安全是设计必须重视的问题。如四川省1981年7月曾发生特大洪水冲毁取水构筑物、冲走取水头、冲断引水管等事故，应予避免。

3 在海湾、湖泊、水库取水时，要调查水生物生长规律，设计要有防治水生物滋生的措施。

4 防冰凌、冰絮危害。

北方寒冷地区河流冬季一般可分为3个阶段：河流冻结期、封冻期和解冻期。河流冻结期，水内冰、冰絮、冰凌会凝固在取水口拦污栅上，从而增加进水口的水头损失，甚至会堵塞取水口，故需考虑防冰措施，如取水口上游设置导凌设施、采用橡木格栅、用蒸汽或电热进水格栅等。河流在封冻期能形成较厚的冰盖层，由于温度的变化，冰盖膨胀所产生的巨大压力，使取水构筑物遭到破坏，如某水库取水塔因冰层挤压而产生裂缝。为了预防冰盖的破坏，可采用压缩空气鼓动法、高压水破冰法等措施或在构筑物的结构计算时考虑冰压力的作用。根据有关设计院的经验，斗槽式取水构筑物能减少泥沙及防止冰凌危害，如建于黄河某工程的双向斗槽式取水构筑物，在冬季运行期间，水由斗槽下游闸孔进水，斗槽内约99%面积被封冻，冰厚达40～50mm，河水在冰盖下流入泵房进水间，槽内无冰凌现象。

5.3.9 关于取水泵房进口地坪标高的确定。

泵房建于堤内，由于受河道堤岸的防护，取水泵房不受江河、湖泊高水位的影响，进口地坪高程可不按高水位设计，因此本规范中有关确定泵房地面层高程的几条规定仅适用于修建在堤外的岸边式取水泵房。

泵房进口地坪设计标高在有关规程、规范中均有规定，现对比见表8。

表8 泵房进口地坪设计标高对比表

序号	规程、规范名称	标高		
		泵房在渠道边时	泵房在江河边时	泵房在湖泊、水库或海边时
1	室外给水设计规范 GBJ 13	设计最高水位加0.5m	设计最高水位加浪高再加0.5m，必要时应增设防止浪爬高的措施	设计最高水位加浪高再加0.5m，并应设防止浪爬高的措施
2	《泵站设计规范》GB/T 50265		校核洪水应加浪高加0.5m安全超高	
3	《火力发电厂设计技术规程》DL 5000	频率为1%的洪水位或潮位加频率为2%的浪高(注)再加超高0.5m，并应有防止浪爬高的措施		
4	《铁路给水排水设计规范》TB 10010	洪水频率1/20～1/50加0.5m。大江河、湖泊和水库的岸边时，其室外设计地面高程应加浪高		

注：频率为2%的浪高，可采用重现期为50年的波列累积频率为1%的浪高乘以系数0.6～0.7后得出。

从上表可以看出，泵房进口地坪设计标高确定原则基本一致，本规范分3种情况更为合理。

5.3.10 关于从江河取水的进水孔下缘距河床最小高度的规定。

江河进水孔下缘离河床的距离取决于河床的淤积程度和河床质的性质。根据对中南、西南地区60余座固定式泵站取水头部及全国100余个地面水取水构筑物进行的调查，现有江河上取水构筑物进水孔下缘距河床的高度，一般都大于0.5m，而水质清、河床稳定的浅水河床，当取水量较小时，其下缘的高度为0.3m。当进水孔设于取水头部顶面时，由于淤积有造成取水口全部堵死的危险，因此规定了较大的高程差。对于斜板式取水头部，为使从斜板滑下的泥沙能随水冲向下游，确保取水安全，不被泥沙淤积，要加大进水口距河床的高度。

5.3.11 关于从湖泊或水库取水的进水孔下缘距水体底部最小高度的规定。

据调查，某些湖泊水深较浅，但水质较清，故湖底泥沙沉积较缓慢，对于小型取水构筑物，取水口下缘距湖底的高度可从一般的1.0m减小至0.5m。

5.3.12 关于进水孔上缘最小淹没深度的规定。

进水口淹没水深不足，会形成旋涡，带进大量空气和漂浮物，使取水量大大减少。根据调查已建取水头部进水孔的淹没水深，一般都在0.45～3.2m，其中大部分在1.0m以上。为了保证虹吸进水时虹吸不被破坏，规定最小淹没深度不宜小于1.0m，但考虑到河流封冻后，水面不受各种因素的干扰，故条文中规定“当水体封冻时，可减至0.5m”。

水泵直接吸水的吸水喇叭口淹没深度与虹吸进水要求相同。

在确定通航区进水孔的最小淹没深度时，应注意船舶通过时引起波浪的影响以及满足船舶航行的要求。进水头部的顶高，同时应满足航运零水位时，船舶吃水深度以下最小富裕水深的要求，并征得航运部门的同意。

5.3.13 关于取水头部及进水间分格的规定。

据调查，为取水安全，取水头部常设置2个。有些工程为减少水下工程量，将2个取水头部合成1个，但分成2格。另外，相邻头部之间不宜太近，特别在漂浮物多的河道，因相隔过近，将加剧水流的扰动及相互干扰，如有条件，应在高程上或伸入河床的距离上彼此错开。某工学院为某厂取水头部进行的水工模型试验指出：“一般两根进水管间距宜不小于头部在水流方向最大尺寸的3倍”。由于各地河道水流特性的不同及挟带漂浮物等情况的差异，头部间距应根据具体情况确定。

5.3.14 关于栅条间净距的规定。

据调查，栅条净距大都在40～100mm，个别最小为20mm（南京城北水厂1996年建成），最大为120mm（湘潭一水厂）。据水利系统排灌泵站调查数据，栅距一般在50～100mm。

现行国家标准《泵站设计规范》GB/T 50265对拦污栅栅条净距规定：对于轴流泵，可取$D_0/20$；对于混流泵和离心泵，可取$D_0/30$，D_0为水泵叶轮直径。最小净距不得小于50mm。

根据上述情况，原规范制定的栅条间净距是合理的。

据调查反映，手工清除的岸边格栅，在漂浮物多的季节，因清除不及时，栅前后水位差可达1～2m，影响正常供水，故应采用机械清除措施，确保供水安全。

5.3.15 关于过栅流速的规定。

过栅流速是确定取水头部外形尺寸的主要设计参数。如流速过大，易带入泥沙、杂草和冰凌；流速过小，会加大头部尺寸，增加造价。因此过栅流速应根据条文规定的诸因素决定。如取水地点的水流速度大，漂浮物少，取水规模大，则过栅流速可取上限，反之，则取下限。

据调查，淹没式取水头部进水孔的过栅流速（无冰絮）多数在0.2～0.6m/s，最小为0.02m/s（九江河东水厂，取水规模只有188m^3/h），最高为2.0m/s（南京上元门水厂）。东北地区淹没式取水头部的过栅流速多数在 0.1～0.3m/s(有冰絮)，对于岸边式取水构筑物，格栅起吊、清渣都很方便，故过栅流速比河床式取水构筑物的规定略高。

5.3.16 关于格网(栅)型式及过网流速的规定。

1 关于格网(栅)型式。

根据国内外生产的去除漂浮物的新型设备及供应情况，规定中除平板式格网、旋转式格网外，增加了自动清污机。

据调查，平板式格网因清洗劳动强度大，特别在较深的竖井泵房进水间，起吊清洗难度更大，因此在漂浮物较多的取水工程中采用日趋减少。

板框旋转式滤网在电力系统使用较多，但存在维修工作量大，除漂浮物效率不高等问题。双面进水转鼓滤网应用于大流量，维修工作少，去除漂浮物效率高，在电力及核电系统的大型取水泵站已有应用。

各种型式的自动清污机除用于污水系统外，也大量应用于给水取水工程中。如成都各水厂都改用了回转式自动清污机，其中设计取水规模为每天 180 万立方米的六水厂共安装 10 台。由于清污机的栅条净距可根据用户需要制造，小的可到几个毫米，可以满足去除细小漂浮物的工艺要求。

现行国家标准《泵站设计规范》GB/T 50265 将耙斗(齿)式、抓斗式、回转式等清污机已列入条文中。

2 关于过网(栅)流速。

根据电力系统经验，旋转滤网标准设计采用过网流速为1.0m/s，自动清污机也都采用 1.0m/s 过栅流速，考虑平板格网清污困难，原定流速 0.5m/s 是合理的。

5.3.17 关于进水管设计原则的规定。

考虑到进水管部分位于水下，易受洪水冲刷及淤积，一旦发生事故，修复困难，时间也长，为确保供水安全，要求进水管设置不少于两条，当一条发生事故时，其余进水管仍能继续运行，并满足事故用水量要求。

5.3.18 关于进水管最小设计流速的规定。

进水管的最小设计流速不应小于不淤流速。四川某电厂取水口原设有三条进水管，同时运行时平均流速为 0.37m/s，进水管被淤，而当两条进水管工作，管内流速上升至 0.55m/s 时则运转正常。因此，为保证取水安全，应特别注意进水管流速的控制。在确定进水管管径及根数时，需考虑初期取水规模小的因素，采取措施，使管内初期流速满足不淤流速的要求。据调查进水管流速一般都大于 0.6m/s。

实践证明，在原水浊度大、漂浮物多的河流取水，头部被堵，进水管被淤，时有发生，设计应有防堵、清淤的措施。

根据国内实践，虹吸管管材一般采用钢管，以确保虹吸管的正常运行。

5.3.19 根据国内实践经验，进水间平台上一般设有闸阀的启闭设备、格网的起吊设备、平板格网的清洗设施等。泥沙多的地区还设有冲动泥沙或吸泥装置。

5.3.20 关于活动式取水构筑物适用范围的规定。

当建造固定式取水构筑物有困难时，可采用活动式取水构筑物。在水流不稳定、河势复杂的河流上取水，修建固定式取水构筑物往往需要进行耗资巨大的河道整治工程，对于中、小型水厂常带来困难，而活动式(特别是浮船)具有适应性强、灵活性大的特点，能适应水流的变化。此外，某些河流由于水深不足，若修建取水口会影响航运或者当修建固定式取水口有大量水下工程量、施工困难、投资较高，而当地又受施工及资金的限制时，可选用缆车或浮船取水。

根据使用经验，活动式取水构筑物存在操作、管理麻烦及供水安全性差等缺点，特别在水流湍急、河水涨落速度大的河流上设置活动式取水构筑物时，尤需慎重。故本条文强调了"水位涨落速度小于 2.0m/h，且水流不急"的限制条件，并规定"……要求施工周期短和建造固定式取水构筑物有困难时，可考虑采用活动式取水构筑物"。

据调查，已建缆车取水规模有达每天 10 余万立方米，水位变幅为 20～30m 的；已建单船取水能力最大达每天 30 万立方米，水位变幅为 20～38m，联络管直径最大达 1200mm。目前，浮船多用于湖泊、水库取水，缆车多用于河流取水。由于活动式取水构筑物本身特点，目前设计采用已日趋见少。

5.3.21 关于确定活动式取水构筑物座数应考虑的因素。

运行经验表明，决定活动式取水构筑物座数的因素很多，如供水规模、供水要求、接头型式、有无调节水池、船体需否进坞修理等，但主要取决于供水规模、接头形式及有无调节水池。

根据国内使用情况，过去常采用阶梯式活动连接，在洪水期间接头拆换频繁，拆换时迫使取水中断，一般设计成一座取水构筑物再加调节水池。随着活络接头的改进，摇臂式联络管、曲臂式联络管的采用，特别是浮船取水中钢桁架摇臂联络管实践成功，使拆换接头次数大为减少，甚至不需拆换，供水连续性较前有了大的改进，故有的浮船取水工程仅设置一条浮船。由于受到缆车牵引力、接头形式、材料等因素的影响，因此活动式取水构筑物的座数又受到供水规模的限制，本条文仅作原则性规定。设计时，应根据具体情况，在保证供水安全的前提下确定取水构筑物的座数。

5.3.22 关于缆车、浮船应有足够的稳定性、刚度及平衡要求的规定。

当泵车稳定性和刚度不足时，会由于轨道不均匀沉降产生纵向弯曲，而使部分支点悬空，引起车架杆件内力剧变而变形；车架承压竖杆和空间刚度不够而变形；平台梁悬过长，结构又按自由端处理，在动荷载作用下，使泵车平台可能产生共振；机组布置不合理，车体施工质量不好等原因引起振动。因此条文中强调了泵车结构的稳定性和刚度的要求。车架的稳定性和刚度除应通过泵车结构各种受力状态的计算，以保证结构不产生共振现象外，还应通过机组、管道等布置及基座设计，采取使机组重心与泵车轴线重合或降低机组、桁架重心等措施，以保持缆车平衡，减小车架振动，增加其稳定性。

为保证浮船取水安全运行，浮船设计应满足有关平衡与稳定性的要求。根据实践经验，首先应通过设备和管道布置来保持浮船平衡并通过计算验证。当浮船设备安装完毕，可根据船只倾斜及吃水情况，采用固定重物舱底压载平衡；浮船在运行中，也可根据具体条件采用移动压载或液压压载平衡。

浮船的稳定性应通过验算确定。在任何情况下，浮船的稳定性衡准系数不应少于 1.0，即在浮船设计时，回复力矩 M_g 与倾覆力矩 M_f 的比值 $K \geqslant 1.0$，以保证在风浪中或起吊联络管时能安全运行。

机组基座设计要减少对船体的振动，对于钢丝网水泥船尤应注意。

5.3.23 规定了缆车式取水构筑物的位置选择和坡道、输水斜管等设计要点。

1 位置选择：总的选择原则与固定的取水构筑物一致，但根据缆车式取水特点，强调了对岸坡倾角的要求。

现行国家标准《泵站设计规范》GB/T 50265 对位置选择规定了 4 点要求，即：河流顺直、主流靠岸、岸边水深不小于 1.2m；避开回水区或岩坡凸出地段；河岸稳定、地质条件较好、岸坡在 1∶2.5～1∶5；漂浮物少且不易受漂木、浮筏或船只的撞击。

2 坡道设计：坡道形式一般有斜桥式和斜坡式两种。为防止轨道被淤积，要求坡道与岸坡相近，且高出 0.3～0.5m，并设有坡道的冲沙措施。

3 输水斜管设计：泵车出水管与输水斜管的联接方法主要有橡胶软管和曲臂式联接管两种。

小直径橡胶软管拆换一次接头约需 0.5h，对于直径较大的刚性接头，拆换一次需历时 1～6h(4～6 人)，因而刚性接头的拆换费时费力。曲臂式联络管，由于能适应水平、垂直方向移动，可减少拆换次数，增加了供水的连续性。

4 缆车的安全措施：缆车在固定和移动时都需设防止下滑的保险装置，以确保安全运行。

缆车固定时，大、中型可采用挂钩式保险装置，小型可采用螺栓夹板式保险装置。

缆车移动时可用钢丝绳套挂钩及一些辅助安全设施。

5.3.24 关于浮船式取水构筑物的位置选择和联接管等设计要点的规定。

1 位置选择：为适应水位涨落、缩短联络管长度，一般选择较陡的岸形。采用阶梯式联络管的岸坡约为20°～30°；采用摇臂式联络管的岸坡可达40°～45°。

现行国家标准《泵站设计规范》GB/T 50265对浮船式取水位置作以下规定：水位平稳、河面宽阔且枯水期水深不少于1.0m；避开顶冲、急流、大回流和大风浪区以及支流交汇处，且与主航道保持一定距离；河岸稳定、岸坡坡度在1∶1.5～1∶4；漂浮物少，且不易受漂木、浮筏或船只的撞击；附近有可利用作检修场地的平坦河岸。

2 联络管设计：浮船出水管与输水管的联接方式主要有阶梯式活动联接和摇臂式活动联接。其中以摇臂式活动联接适应水位变幅最大。浮船取水最早采用阶梯式活动联接，洪水期移船频繁，操作困难。摇臂式活动联接，由于它不需或少拆换接头，不用经常移船，使操作管理得到了改善，使用较为广泛。摇臂联络管大致有球形摇臂管、套筒接头摇臂管、钢桁架摇臂管以及橡胶管接头摇臂管4种型式。目前套筒接头摇臂管的最大直径已达1200mm（武汉某公司），联络管跨度可达28m（贵州某化肥厂），适应水位变化最大的是四川某化肥厂，达38m。中南某厂采用钢桁架摇臂管活动联接，每条取水浮船上设二组钢桁架，每组钢桁架上敷有二根DN600mm的联络管，每条船取水能力达每天18万立方米。中南某厂水库取水用的浮船为橡胶管接头摇臂管。

3 浮船锚固：浮船锚固关系到取水安全，曾发生因锚固出现问题而导致浮船被冲，甚至沉没的事例。

浮船锚固有岸边系缆、船首尾抛锚与岸边系缆结合以及船首尾抛锚并增设角锚与岸边系缆相结合等型式，应根据岸形、水位条件、航运、气象等因素确定。当流速较大时，浮船上游方向固定索不应少于3根。

5.3.25 阐明了山区浅水河流取水构筑物的适用条件。

山区河流水量丰富，但属浅水河床，水深不够使取水困难。

推移质不多的山区河流常采用低坝取水型式。低坝可分活动坝及固定坝。活动坝除一般的拦河闸外还有橡胶坝、浮体闸、水力自动翻板闸等新型活动坝，洪水来时能自动迅速开启泄洪、排沙，水退时又能迅速关闭蓄水，以满足取水要求。

山溪河道，河床坡度较陡，当水流中带有大量的卵石、砾石及粗沙推移质时，常采用底拦栅取水型式。取水流量最大已达35m^3/s，据统计，使用于灌溉及电力系统已达到70余座，其中新疆已建近50座。

5.3.26 关于低坝及其取水口位置的选择原则。

为确保坝基的安全稳定，低坝应建在河床稳定、地质较好的河段，并通过一些水工设施，使坝下游处的河床保持稳定。

选择低坝位置时，尚应注意河道宽窄要适宜，并在支流入口上游，以免泥沙影响。

取水口设在凹岸可防止泥沙淤积，确保安全取水。寒冷地区修建取水口应选在向阳一侧，以减少冰冻影响。

5.3.27 规定低坝、冲沙闸的设计原则。

低坝取水枢纽一般由溢流坝、进水闸、导沙坎、沉沙槽、冲沙闸、导水墙及防洪堤等组成。

溢流坝主要起抬高水位满足取水要求，同时也应满足泄洪要求。因此，坝顶应有足够的溢流长度。如其长度受到限制或上游不允许壅水过高时，可采用带有闸门的溢流坝或拦河闸，以增大泄水能力，降低上游壅水位。如成都六水厂每天180万立方米取水口，采用了拦河闸形式。

进水闸一般位于坝侧，其引水角对含沙量小的河道为90°。新建灌溉工程一般采用30°～40°，以减少进沙量。

冲沙闸布置在坝端与进水闸相邻，其作用是满足冲沙及稳定主槽。据统计，运用良好的冲沙闸总宽约为取水工程总宽的1/3～1/10。

5.3.28 关于底栏栅式取水构筑物位置选择的原则规定。

根据新疆的实践经验，底栏栅式取水构筑物宜建在山溪河流出口处或出山口以上的峡谷河段。该处河床稳定，水流集中，纵坡较陡（要求在1/20～1/50），流速大，推移质颗粒大，含细颗粒较少，有利于引水排沙。曾有初期修建在出口以下冲积扇河段上的底栏栅，由于泥沙淤积被迫上迁至出口处后运行良好的实例。

5.3.29 规定底栏栅式取水构筑物的设计要点。

底栏栅式取水构筑物一般有溢流坝、进水栏栅及引水廊道组成的底栏栅坝、进水闸、由导沙坎和冲沙闸及冲沙廊道组成的泄洪冲沙系统以及沉沙系统等组成。

栅条做成活动分块形式，便于检修和清理，便于更换。为减少卡塞及便于清除，栅条一般做成钢制梯形断面，顺水流方向布置，栅面向下游倾斜，底坡为0.1～0.2。栅隙根据河道沙砾组成确定，一般为10～15mm。

冲沙闸在汛期用来泄洪排沙，稳定主槽位置，平时关闭壅水。故冲沙闸一般设于河床主流，其闸底应高出河床0.5～1.5m，防止闸板被淤。

设置沉沙池可以去除进入廊道的小颗粒推移质，避免集水井淤积，改善水泵运行条件。

6 泵 房

6.1 一 般 规 定

6.1.1 关于选用水泵型号及台数的原则规定。选用的水泵机组应能适应泵房在常年运行中供水水量和水压的变化，并满足调度灵活和使水泵机组处在高效率情况下运行，同时还应考虑提高电网的功率因数，以节省用电，降低运行成本。

若供水量变化较大、选用水泵的台数又较少时，需考虑水泵大小搭配。为方便管理和减少检修用的备件，选用水泵的型号不宜过多，电动机的电压也宜一致。

当提升含沙量较高的水时，宜选用耐磨水泵或低转速水泵。

6.1.2 规定选用水泵应符合节能要求。泵房设计一般按最高日最高时的工况选泵，当水泵运行工况改变时，水泵的效率往往会降低，故当供水水量和水压变化较大时，宜采用改变水泵运行特性的方法，使水泵机组运行在高效范围。目前国内采用的办法有：机组调速、更换水泵叶轮或调节水泵叶片角度等，要根据技术经济比较的结论选择采用。

6.1.3 关于设置备用水泵的规定。备用水泵设置的数量应考虑供水的安全要求、工作水泵的台数以及水泵检修的频率和难易等因素，在提升含沙量较高的水时，应适当增加备用能力。

6.1.4 关于设置备用动力的规定。不得间断供水的泵房应有两个独立电源。由一个发电厂或变电所引出的两个电源，如每段母线由不同的发电机供电或变电所中两段互不联系的母线供电，也可认为是两个独立电源。若泵房无法取得两个独立电源时，则需自设备用动力或设柴油机拖动的水泵，以备事故之用。

6.1.5 关于水泵充水时间的规定。据调查，电厂和化工厂的大型泵房，当供水安全要求高或便于自动化运行时，往往采用自灌充水，以便及时启动水泵且简化自动控制程序。

为方便管理，使水泵能按需要及时启动，对非自灌充水的离心泵引水时间规定不宜超过5min。对于城市给水工程较少采用的虹吸式出水流道轴流泵站和混流泵站的流道抽气时间宜为10～20min。对于取水泵站，若能满足运行调度要求，引水时间也可适当延长。

6.1.6 关于泵房采暖、通风和排水设施的规定。为改善操作人员的工作环境和满足周围环境对防噪的要求，应考虑泵房的采暖、通风和防噪措施。

6.1.7 关于停泵水锤防护及消除的规定。根据调查，近年来由于停泵水锤或关阀水锤导致泵房淹没、输水管破裂的事故时有发生。国内在消除水锤措施方面有不少的成功经验。常规做法是根据水锤模拟计算结果对水泵出水阀门进行分阶段关闭以减小停泵水锤，并根据需要，在输水管道的适当位置设置补水、排气补气等设施，以期消除弥合水锤。

泵站设计时，对有可能产生水锤危害的泵站宜进行停泵水锤计算：①求出水泵机组在水轮机工况下的最大反转数，判断水泵叶轮及电机转子承受离心应力的机械强度是否足够，并要求离心泵的最大反转速度不超过额定转速的1.2倍；②求出泵壳内部及管路沿线的最大正压值，判断发生停泵水锤时有无爆裂管道及损害水泵的危险性，要求最高压力不应超过水泵出口额定压力的1.3～1.5倍；③求出泵壳内部及管道沿线的最大负压值，判断有无可能形成水柱分离，造成断流水锤等严重事故。水锤消除装置宜装设在泵房外部，以避免水锤事故可能影响泵房安全，同时宜库存备用，以便及时更换。

6.1.8 本条规定了潜水泵的使用原则。

1 要求水泵在高效率区内运行。

2 在满足泵站设计流量和设计扬程的同时，要求在整个运行范围内，机组安全、稳定运行，并有较高效率，配套电动机不超载。

3 由于电动机绝缘保护的原因，潜水泵配套电动机一般为低压，如电动机功率过大，会导致动力电缆截面过大或电缆条数过多，安装不便，故作此规定。

4 由于水泵间水流扰动的原因，已有多起工程实例发生了潜水泵动力、信号电缆与潜水泵起吊铁链互相碰撞、摩擦，致使动力或信号电缆破损渗水的事故。实践经验证明，采取适当措施可以避免类似事故。

5 近年来有使用潜水泵直接置于滤后水中作为滤池反冲洗泵的实例，经过征询自来水企业和潜水泵制造企业的意见，认为潜水泵的这种使用方式是不妥的。为确保饮水安全，防止污染，建议尽量不采用。

6.1.9 关于水泵配套阀门控制方式的原则规定。

阀门的驱动方式需根据阀门的直径、工作压力、启闭的时间要求及操作自动化等因素确定。根据对泵房内阀门驱动方式的调查，近年来给水泵站多为自动化或半自动化控制，人工控制的泵站已很少见，故规定泵房内直径300mm及300mm以上的阀门宜采用以电动或液压驱动为主，但应配有手动的功能。

6.1.10 关于地下式或半地下式泵房排水设施的规定。

6.2 水泵吸水条件

6.2.1 关于泵房吸水井、进水流道及安装高度等方面的原则规定。

水泵吸水条件良好与否，直接影响水泵的运行效率和使用寿命。各种水泵对吸水条件的要求差异很大，同时机组台数及当地的水文、气候、海拔等自然条件的影响也不可忽视。

前池、吸水井是泵站的重要组成部分。吸水井内水流状态对水泵的性能，特别是对水泵吸水性能影响很大。如果流速分布不均匀，可能出现死水区、回流区及各种漩涡，发生淤积，造成部分机组进水量不足，严重时漩涡将空气带入进水流道（或吸水管），使水泵效率大为降低，并导致水泵汽蚀和机组振动等。

吸水井分格有利于吸水井内设备的检修和清理。

6.2.2 关于水泵合并吸水管的规定。

自灌充水水泵系指正水头吸水的水泵。非自灌充水水泵系指负水头吸水的水泵。非自灌充水水泵如采用合并吸水管，运行的安全性差，一旦漏气将影响与吸水管连接的各台水泵的正常运行。对于自灌充水水泵，如采用合并吸水管，吸水管根数不宜少于两条，并应校核其中一条吸水管发生事故时，其余吸水管的输水能力。

6.2.3 关于吸水管布置要求的规定。

卧式水泵和叶轮直径较小的立式水泵，其吸水管宜采用带有喇叭口的吸水管道。喇叭口吸水管的布置一般符合下列要求：

1 吸水喇叭口直径 DN 不小于1.25倍的吸水管直径 dn。

2 吸水喇叭口最小悬空高度 E：

1）喇叭口垂直布置时，$E=0.6\sim0.8DN$；

2）喇叭口倾斜布置时，$E=0.8\sim1.0DN$；

3）喇叭口水平布置时，$E=1.0\sim1.25DN$。

3 吸水喇叭口在最低运行水位时的淹没深度 F：

1）喇叭口垂直布置时，$F=1.0\sim1.25DN$；

2）喇叭口倾斜布置时，$F=1.5\sim1.8DN$；

3）喇叭口水平布置时，$F=1.8\sim2.0DN$。

4 吸水喇叭口与吸水井侧壁净距 $G=0.8\sim1.0DN$；两个喇叭口间的净距 $H=1.5\sim2.0DN$；同时满足喇叭口安装的要求。

5 设有格网或格栅且安装有多台水泵的吸水井，格网或格栅至吸水喇叭口的流程长度不小于 $3DN$。

6.2.4 关于吸水井（前池）布置要求的原则规定。

前池的作用是使水流平顺地扩散分布，避免形成漩涡。采用侧向进水时，前池及吸水井易出现回水区，流态很不好，流速分布极不均匀。因此应尽量采用正向进水，如受条件限制必须采用侧向进水时，宜在前池内增设分水导流设施，必要时应通过水工模型试验验证。前池理想的扩散角为9°～11°，而工程中常难以做到。扩散角越大，越易在前池产生脱壁回流及死水区，所以规定扩散角不宜大于40°。当上述要求难以达到时，采取在前池适当部位加设1～2道底坎或再加设若干分水立柱等措施，也能有效地改善流态，使机组运行平稳，提高效率。

6.2.5 关于水泵安装高度的规定。

水泵安装高度必须满足不同工况下必需气蚀余量的要求。同时应考虑电机与水泵额定转速差、水中的泥沙含量、水温以及当地的大气压等因素的影响，对水泵的允许吸上真空高度或必需气蚀余量进行修正。轴流泵或混流泵立式安装时，其基准面最小淹没深度应大于0.5m。深井泵必须使叶轮处于最低动水位以下，安装要求应满足水泵制造厂的规定。水泵安装高度合理与否，影响到水泵的使用寿命及运行的稳定性，所以水泵安装高程的确定需要详细论证。

以往对泥沙影响水泵汽蚀余量的严重程度认识不足，导致安装高程确定得不够合理。近年来我国学者进行了不少实验与研究，所得的结论是一致的：泥沙含量对水泵汽蚀性能有很大的影响。室内实验证明，泥沙含量5～10kg/m³时，水泵的允许吸上真空高度降低0.5～0.8m；泥沙含量100kg/m³时，允许吸上真空高度降低1.2～2.6m；泥沙含量200kg/m³时，允许吸上真空高度降低2.75～3.15m。所以水泵安装高程应根据水源设计含沙量进行校核修正。

由于水泵额定转速与配套电动机转速不一致而引起汽蚀余量的变化往往被忽视。当水泵的工作转速不同于额定转速时，汽蚀余量应按下式换算：

$$[NPSH]'=NPSH(n'/n) \quad (1)$$

轴流泵、带导叶的立式混流泵和深井泵，叶轮应淹没在水下，其安装高度通常不进行计算，直接按产品样本规定设计。

6.2.6 关于湿式安装潜水泵最低水位和干式安装的潜水泵配备电机降温装置（一般为冷却夹套）的规定。

6.3 管道流速

6.3.1 关于泵房内管道采用流速的规定。

根据技术经济因素的考虑，规定水泵吸水管及出水管的流速范围。

6.4 起重设备

6.4.1 关于泵房内起重设备操作水平的规定。

关于泵房内起重设备的操作水平，在征求各地意见过程中，一般认为考虑方便安装、检修和减轻工人劳动强度，泵房内起重设备的操作水平宜适当提高。但也有部分单位认为，泵房内的起重设备仅在检修时用，设置手动起重设备就可满足使用要求。

6.5 水泵机组布置

6.5.1 关于水泵机组布置的原则规定。

机组布置直接影响到泵房的结构尺寸，对安装、检修、运行、维护有很大的影响。

6.5.2 关于卧式水泵及小叶轮立式水泵机组布置的规定。

水泵机组布置时，除满足其构造尺寸的需要外，还要考虑满足操作和检修的最小净距。由于在就地拆卸电动机转子时，电动机也需移位，因此规定了考虑就地检修时，应保证泵轴和电动机转子在检修时能拆卸。在机组一侧设水泵机组宽度加 0.5m 的通道。

设备布置应整齐、美观、紧凑、合理。

考虑到地下式泵房平面尺寸的限制，以及对于小容量电机，水泵机组的间距可适当减小。

6.5.3 随着城市供水规模的扩大，以往在给水工程中较少采用的大叶轮立式轴流泵和混流泵，近年来在不少工程中得到了应用，因此增加了对大叶轮立式轴流泵和混流泵机组布置的规定。

6.6 泵房布置

6.6.1 关于泵房主要通道宽度的规定。

6.6.2 关于泵房内架空管道布置的规定。

考虑安全运行的要求，架空管道不得跨越电气设备。为方便操作，架空管道不得妨碍通道交通。

6.6.3 关于泵房地面层以上净空高度的规定。

泵房高度应能满足通风、采光和吊运设备的需要。

6.6.4 规定设计装有立式水泵的泵房时应考虑的特殊要求。

若立式水泵的传动轴过长，轴的底部摆动大，易造成泵轴填料函处大量漏水，且需增加中间轴承及其支架的数量，检修安装也较麻烦。因此应尽量缩短传动轴长度，降低电动机层楼板高程。

6.6.5 规定设计管井泵房时应考虑的特殊要求。

6.6.6 规定设计泵房的门需考虑最大设备的进出。

7 输配水

7.1 一般规定

7.1.1 关于输水管（渠）线路选择的原则规定。

输水管（渠）的长度，特别是断面较大的管（渠），对投资的影响很大。缩短管线的长度，既可有效地节省工程造价，又能降低水头损失。管线敷设处的地质构造，直接影响到管道的设计、施工、投资及安全，因此增加了选线时应尽量避开不良地质构造地带（如地质断层、滑坡、泥石流等处）。管线经过地质情况复杂地区时，应进行地质灾害的评价。

管线选择时还应遵守国家关于环境保护、水土保持和文物保护等方面的有关规定。

7.1.2 关于输水管（渠）道设计流量的规定。

输水管（渠）的沿程漏损水量与管材、管径、长度、压力和施工质量等有关。计算原水输水管道的漏损水量时，可根据工程的具体情况，参照有关资料和已建工程的数据确定。

原水输水管（渠）道设计流量包含净水厂自用水量，其数值一般可取水厂供水量的 5%～10%。

由于水厂的供水量中已包括了管网漏损水量，故向管网输水的清水管道设计水量不再另计管道漏损水量。

多水源供水的城镇，各水厂至管网的清水输水管道的设计水量应按最高日最高时条件下综合考虑配水管网设计水量、各个水源的分配水量、管网调节构筑物的设置情况后确定。

7.1.3 关于输水干管条数和安全供水措施的规定。

在输水工程中，安全供水非常重要，因此本条制定了严格规定。

本条文规定"输水干管不宜少于两条，当有安全贮水池或其他安全措施时，也可修建一条"。采用一条输水干管的规定，适用于输水管道距离较长，建两条管道的投资较大，而且在供水区域输水干管断管维修期间，有满足事故水量的贮水池或者其他安全供水措施的情况。采用一条输水干管也仅是在安全贮水池前，在安全贮水池后，仍应敷设两条管道，互为备用。当有其他安全措施时，也可修建一条输水干管，一般常见的为多水源，即可由其他水源在事故时补充。

输水干管断管的事故期间，允许降低供水量，按事故水量供水，事故水量是城镇供水系统设计水量的 70%。因此，无论输水干管采用一根或者两根，都应进行事故期供水量的核算，都应满足安全供水的要求。

7.1.4 关于输水管道系统运行中，应保证管道在各种运行工况时不出现负压的原则规定。

输水管出现负压，水中的空气易分离，形成气团妨碍通水，同时还会造成水流的不稳定，另外也可能使管外水体渗入，造成污染。因此一般输水管线宜埋设在水力坡降线以下，这样可保证管道水流在正压下运行。

7.1.5 关于输水形式的规定。

采用明渠输送原水主要存在两方面的问题，一是水质易被污染，二是城镇用水容易发生与工农业争水，导致水量流失。因此本条文中规定原水输送宜选用管道或暗渠（隧洞）；采用明渠输水宜采用专用渠道，如天津"引滦入津"工程。

为防止水质污染，保证供水安全，本条文中规定清水输送应选用管道。若采用暗渠或隧洞，必须保证混凝土密实，伸缩缝处不透水，且一般情况是暗渠或隧洞内压大于外压，防止外水渗入。

7.1.6 关于输水管道输水方式的规定。

输水方式的选定一般应经技术经济安全比较后确定。近年来国内有些城市出现"重力流现象"，即重力流水厂随着供水区域的扩大，用不断降低水力坡度方式来适应供水区域的扩大，形成大管径低流速现象，管道的流速经常在低于经济流速的状态下运行，这是不合理的。

7.1.7 关于长距离输水工程的原则规定。

由于经济的发展和人民生活水平的提高，城镇用水量随之增加，同时供水水源水质污染也日趋严重，形成一些城镇附近的水源已不能满足所需水量和水质的要求，因此近些年长距离输水工程愈来愈多，技术问题也愈来愈复杂，有必要在本规范中增列该条规定。

长距离输水是一项复杂的综合性工程，如天津"引滦入津"工程，工程规模 $50m^3/s$（隧洞设计流量为 $60m^3/s$），输水距离长

234km。工程内容包括：隧洞、河道整治、修建调蓄水库、建专用明渠和暗渠、加压泵站、输水管道与净水厂。目前国家计划建设的“南水北调”工程更为复杂，涉及问题更多。另外目前长距离输水工程含义尚未有确切的界定，因此本条内容适用范围是：城镇生活用水，输水形式为封闭式(管道或暗渠等)，并且一般指输水距离较长，断面较大，压力较高的工程。

长距离输水工程应遵守本规范第7章输配水中相关条款的原则规定。又从长距离输水工程的重要性、安全性、复杂性和合理投资的需要，制定了管线选择、输水系统优化、管材设备比选、经济管径的确定、水锤分析计算和防护，以及测流和测压点、遥测、遥讯、遥控等设置内容的各项规定。

长距离输水工程设计原则为：

1 根据本规范第7.1.1条规定，对拟定的管线走向，深入实地调查研究，并进行技术经济比较，选择安全可靠的输水线路。

2 对选定的输水管线绘制管线纵断面图，根据本规范第7.1.2条规定计算设计水量，按照本规范第7.2节规定的水力计算方法，对各种运行工况(设计工况、流量大于或小于设计时的工况、事故工况等)，在输水方式(加压或调压)、管线根数和本规范第7.1.3条安全供水的规定进行水力计算和绘制水力坡降线，初定管材和管压，进行输水系统的技术、经济、安全方面的综合比较，选择运行可靠的输水系统。

3 根据本规范第7.4.1条规定，对管材进行技术、经济、安全方面的比较优化。

4 对已选定的管材，按“现值法”或“年值法”进行经济流速的计算，确定经济管径。

5 长距离输水管道由于开(关)泵、开(关)阀和运行中流量调节引起流速变化产生的水锤，危害更大，往往是爆管的主要因素，因此必须进行水锤分析计算，研究削减水锤的方法，并对管路系统采取水锤的综合防护措施。一方面控制管道在残余水锤作用下，管道的设计内水压力小于管道的试验压力；另一方面防止管道隆起处和水压较低处的水柱被拉断，避免水柱弥合时产生断流水锤的危害。防止管道断流弥合水锤的有效方法是设置调压塔注水和空气阀注气。调压塔注水的方法效果好，但比较麻烦，空气阀注气的方法简单，但排除管道中的气体困难，特别在可能出现水柱弥合处，排气必须缓缓地进行，否则引起的压力升高危害也很大，甚至造成爆管。

长距离输水管道水锤的分析计算可根据工程的规模、重要性以及不同的设计阶段采用相应的方法，目前采用电算方法较普遍。

6 应根据本规范第7.4.4条规定设置管道的支墩，根据本规范第7.4.5条、第7.4.6条、第7.4.8条、第7.4.9条和第7.4.10条规定确定管道附属设施。

7 应根据本规范第7.4.7条规定的原则设置通气设施。长距离输水管道中水的流动是很复杂的，经常出现水气相间甚至气团阻水的现象，影响输水能力，增加能耗和危害管道的运行安全。管道中设置的空气阀，可在管道系统启动(充水)时排气，检修(泄水)时向管体注气，防止管内出现真空，在管路运行时，又能及时地排除和补充管道内的气体，使输水管道安全运行。

长距离输水管道应根据管线的纵向设计、管道的断面、设计水量、工作压力和功能的要求，分析计算确定空气阀的位置、数量、型式和口径。

8 应根据本规范第11.2.3条规定设置测流、测压点，根据本规范第11.3.2条规定设遥测、遥讯、遥控系统，为工程的安全运行和科学管理等创造条件。

9 应根据本规范第7.3.7条、第7.3.8条规定，研究穿越工程的设计和施工方法。

10 应根据现行国家标准《给水排水管道工程施工及验收规范》GB 50268规定，进行管道水压试验及冲洗消毒的设计。

11 重要的和大型的长距离输水工程应做数学水力模型，验证输水工程的设计合理性和安全可靠性。

7.1.8 关于配水管网布置的原则规定。

城镇供水安全性十分重要，一般情况下宜将配水管网布置成环状。考虑到某些中、小城镇等特殊情况，一时不能形成环网，可按枝状管网设计，但是应考虑将来连成环状管网的可能。

7.1.9 关于严禁生活饮用水供水系统与非生活饮用水系统连接的规定。

我国现行国家标准《生活饮用水卫生标准》GB 5749明确规定：“各单位自备的生活饮用水供水系统，不得与城市供水系统连接”，结合国内发生的由于管道连接错误造成的饮用水污染事故，故作出本条文规定。

7.1.10 关于配水管网设计水量和设计水压计算及校核要求的规定。

为选择安全可靠的配水系统和确定配水管网的管径、水泵扬程及高地水池的标高等，必须进行配水管网的水力平差计算。为确保管网在任何情况下均能满足用水要求，配水管网除按最高日最高时的水量及控制点的设计水压进行计算外，还应按发生消防时的水量和消防水压要求；最不利管段发生故障时的事故用水量和设计水压要求；最大传输时的流量和水压的要求三种情况进行校核；如校核结果不能满足要求，则需要调整某些管段的管径。

7.1.11 关于管网优化设计的规定。

管网的优化设计是在保证城市所需水量、水压和水质安全可靠的条件下，选择最经济的供水方案及最优的管径或水头损失。管网是一个很复杂的供水系统，管网的布置、调节水池及加压泵站设置和运行都会影响管网的经济指标。因此，要对管网主要干管及控制出厂压力的沿线管道校核其流速的技术经济合理性；对供水距离较长或地形起伏较大的管网进行设置加压泵站的比选；对昼夜用水量变幅较大供水距离较远的管网比较设置调节水池泵站的合理性。

7.1.12 关于压力输水管道削减水锤的原则规定。

压力管道由于急速的开泵、停泵、开阀、关阀和流量调节等，会造成管内水流速度的急剧变化，从而产生水锤，危及管道安全，因此压力输水管道应进行水锤分析计算，采取措施削减开关泵(阀)产生的水锤；防止在管道隆起处与压力较低的部位水柱拉断，产生的水柱弥合水锤。工艺设计一般应采取削减水锤的有效措施，使在残余水锤作用下的管道设计压力小于管道试验压力，以保证输水安全。

7.1.13 按现行国家标准《建筑设计防火规范》中“室外消防给水管道的最小直径不应小于100mm”和“室外消火栓的间距不应超过120m”的规定制定。

7.2 水力计算

7.2.1 关于管道水头损失计算的规定。

管道总的水头损失计算，通常把沿程损失和局部水头损失分别计算，而后把二者进行叠加，即为管道总的水头损失。

7.2.2 关于管道沿程水头损失计算的规定。

改革开放以来给水工程所用管材发生很大变化。灰口铸铁管逐步淘汰，塑料管材(如热塑性的聚氯乙烯管和聚乙烯管，以及热固性的玻璃纤维增强树脂夹砂管等)品种愈来愈多，规格愈来愈齐全，在给水工程中得到了愈来愈广泛的应用。近年来我国成功引进了大口径预应力钢筒混凝土管道生产技术，其管材已广泛应用在输水工程上。此外，应用历史较长的钢管的防腐技术有了进展，已较普遍采用水泥砂浆和涂料做内衬。这样原规范中所采用的以旧钢管和旧铸铁管为研究对象建立的舍维列夫水力计算公式的适用性愈来愈小。现行国家标准《建筑给水排水设计规范》GB 50015对原采用的水力计算公式进行了修正，明确采用海曾-威廉公式作为各种管材水力计算公式。各种塑料管技术规程也规定了相应的水力计算公式。

欧美国家采用的水力计算公式和配水管网计算软件，一般多用海曾-威廉公式。该公式也在国内的一些工程实践中应用，效果较好。基于上述原因，本次修编对原规范采用的水力计算公式进行了修改和补充。

由于各种管材的内壁粗糙度不同，以及受水流流态（雷诺数 Re）的影响，很难采用一种公式进行各种材质管道沿程水头损失计算。根据国内外有关水力计算公式的应用情况和国内常用管材的种类与水流流态的状况，并考虑与相关规范（标准）在水力计算方面的协调，本次修订制定了3种类型的水力计算公式。

1 塑料管的沿程水头损失计算采用魏斯巴赫-达西公式，即 $h_y=\lambda\cdot\frac{l}{d_j}\cdot\frac{v^2}{2g}$。魏斯巴赫-达西公式是一个半理论半经验的水力计算公式，适用于层流和紊流，也适用于管流和明渠。塑料管材的管壁光滑，管内水流大多处在水力光滑区和紊流过渡区，所以沿程阻力系数 λ 的计算，应选择相应的计算公式。《埋地聚氯乙烯给水管道技术规程》CECS 17 规定水力摩阻系数 λ 按勃拉修斯公式 $\lambda=\frac{0.304}{Re^{0.239}}$ 计算。《埋地硬聚乙烯给水管道工程技术规程》CJJ 101规定水力摩阻系数 λ 按柯列布鲁克-怀特公式 $\frac{1}{\sqrt{\lambda}}=-2\log\left[\frac{2.51}{Re\sqrt{\lambda}}+\frac{\Delta}{3.72d_j}\right]$ 计算。此外内衬与内涂塑料的钢管也宜按公式(7.2.2-1)计算。

2 混凝土管（渠）及已做水泥砂浆内衬的金属管道，采用舍齐公式。该公式可用在紊流阻力平方区的明渠和管流，即 $i=\frac{h_y}{l}=\frac{v^2}{C^2R}$，$C=\frac{1}{n}R^y$。$y$ 值的计算可根据水力条件，选用巴甫洛夫公式，即 $y=2.5\sqrt{n}-0.13-0.75\sqrt{R}(\sqrt{n}-0.1)$，或者 y 取 $\frac{1}{6}$，即 $C=\frac{1}{n}R^{1/6}$ 曼宁公式计算。管道沿程水力计算一般情况下多采用曼宁公式。公式(7.2.2-2)国内多用在输水管道。

3 输配水管道以及配水管网水力平差可采用海曾-威廉公式(7.2.2-5)计算。另外，现行国家标准《建筑给水排水设计规范》GB 50015 和国内管网平差水力计算软件也采用海曾-威廉公式。

几种沿程水头损失计算公式都有一个重要的水力摩阻系数（n、C_h、Δ）。摩阻系数与水流雷诺数 Re 和管道的相对粗糙度有关。也就是管道的摩阻系数与管道的流速、管道的直径、内壁光滑程度及水的粘滞度有关。近些年来国内制管工艺、技术、设备都有较大的进步，管材内壁光滑程度也有很大提高，因此摩阻系数呈逐渐减小的趋势。有些工程检测值比较过去国内有关资料的推荐值都小。

为了使设计人员在进行水力计算时能选取恰当的摩阻系数，根据日本土木学会编制的《水力公式集》、前苏联 A. M 库尔干诺夫和 H. Φ 非得诺夫编的《给水排水系统水力计算手册》、武汉水利电力学院编的《水力计算手册》、《给水排水设计手册》、日本水道协会编的《水道设施设计指南、解说》、美国《混凝土压力管手册》(M_9)、《建筑给水排水设计规范》GB 50015 等有关资料，汇编了“各种管道沿程水头损失水力计算参数（n、C_h、Δ）值”，见表9，可供设计人员根据工程的具体情况选用。

表9 各种管道沿程水头损失水力计算参数（n、C_h、Δ）值

管道种类		粗糙系数 n	海曾-威廉系数 C_h	当量粗糙度 Δ(mm)
钢管、铸铁管	水泥砂浆内衬	0.011～0.012	120～130	—
	涂料内衬	0.0105～0.0115	130～140	—
	旧钢管、旧铸铁管（未做内衬）	0.014～0.018	90～100	—
混凝土管	预应力混凝土管(PCP)	0.012～0.013	110～130	—
	预应力钢筒混凝土管(PCCP)	0.011～0.0125	120～140	—

续表9

管道种类		粗糙系数 n	海曾-威廉系数 C_h	当量粗糙度 Δ(mm)
矩形混凝土管DP(渠)道(现浇)	—	0.012～0.014	—	—
化学管材（聚乙烯管、聚氯乙烯管、玻璃纤维增强树脂夹砂管等），内衬与内涂塑料的钢管	—	—	140～150	0.010～0.030

7.2.3 关于管道局部水头损失计算的规定。

管道局部水头损失和管线的水平及竖向平顺等情况有关。调查国内几项大型输水工程的管道局部水头损失数值，一般占沿程水头损失的5%～10%。所以一些工程在可研阶段，根据管线的敷设情况，管道局部水头损失可按沿程水头损失的5%～10%计算。

配水管网水力平差计算，一般不考虑局部水头损失。

7.3 管道布置和敷设

7.3.1 关于管道埋设深度及有关规定。

管道埋设深度一般应在冰冻线以下，管道浅埋时应进行热力计算。

露天铺设的管道，为消除温度变化引起管道伸缩变形，应设置伸缩器等措施。但近年来由于露天管道加设伸缩器后，忽略管道整体稳定，从而造成管道在伸缩器处拉脱的事故时有发生，因此本条文增加了保证管道整体稳定的要求。

7.3.2 关于给水管道布置的原则规定。

根据现行国家标准《城市工程管线综合规划规范》GB 50289，对城镇给水管道的平面布置和竖向位置作出本条文规定。

7.3.3 关于给水管道与建（构）筑物和其他管线最小水平净距的规定。

根据现行国家标准《城市工程管线综合规划规范》GB 50289，对城镇给水管道与建（构）筑物和其他工程管线间的水平距离作出本条文规定。受道路宽度以及现有工程管线位置等因素限制难以满足时，可根据实际情况采取安全措施，减少其最小水平净距。

给水管线与高速公路的水平间距，可结合高速公路规定协商确定。

7.3.4 关于给水管道与其他管线最小垂直净距的规定。

根据现行国家标准《城市工程管线综合规划规范》GB 50289，对城镇给水管道与其他工程管线交叉时的垂直距离作出本条文规定。

给水管线与高速公路交叉时的垂直距离，可结合高速公路有关规定协商确定。

7.3.5 关于生活饮用水管道穿过毒物污染及腐蚀性地段的规定。

7.3.6 关于给水管道与污水管道或输送有毒液体管道交叉时的有关规定。

7.3.7 关于给水管道与铁路交叉的原则规定。

7.3.8 关于给水管道穿越河道时的原则规定。

现行国家标准《防洪标准》GB 50201 中规定了不同等级管道的不同防洪标准，并规定“从洪水期冲刷较剧烈的水域（江河、湖泊）底部穿过的输水、输油、输气等管道工程，其埋深应在相应的防洪标准洪水的冲刷深度以下”。

现行国家标准《城市工程管线综合规划规范》GB 50289 中规定“在一～五级航道下面敷设，应在航道底设计高程 2m 以下；在其他河道下面敷设，应在河底设计高程 1m 以下；当在灌溉渠道下面敷设，应在渠底设计高程 0.5m 以下”。因此本条文修订了原规范中管道穿越河道时，管道埋设深度的规定。

7.3.9 关于管道地基、基础、垫层及回填土压实密度的规定。

7.3.10 关于管道试验压力及水压试验要求的规定。

7.4 管渠材料及附属设施

7.4.1 关于输配水管道管材选择的规定。

近年来国内管材发展较快，新型管材较多，设计中应根据工程具体情况，通过技术经济比较，选择安全可靠的管材。

目前，国内输水管道管材一般采用预应力钢筒混凝土管、钢管、球墨铸铁管、预应力混凝土管、玻璃纤维增强树脂夹砂管等。配水管道管材一般采用球墨铸铁管、钢管、聚乙烯管、硬质聚氯乙烯管等。

7.4.2 关于金属管道防腐措施的原则规定。

金属管道防腐处理非常重要，它将直接影响水体的卫生安全以及管道使用寿命和运行可靠。

金属管道表面除锈的质量、防腐涂料的性能、防腐层等级与构造要求、涂料涂装的施工质量以及验收标准等，应遵守现行国家标准《给水排水管道工程施工及验收规范》GB 50268 等的规定。内防腐如采用水泥砂浆衬里，还应遵守《埋地给水钢管道水泥砂浆衬里技术标准》CECS 10 的规定。

非开挖施工给水管道（如顶管、夯管等）防腐层的设计与要求，应根据工程的具体情况确定。

7.4.3 关于输配水管道的管材、金属管道内防腐材料、承插管接口处填充材料卫生安全的规定。

7.4.4 关于非整体连接管道支墩设置的规定。

非整体连接管道一般指承插式管道（包括整体连接管道设有伸缩节又不能承受管道轴向力的情况）。

非整体连接管道在管道的垂直和水平方向转弯点、分叉处、管道端部堵头处，以及管径截面变化处都会产生轴向力。埋地管道一般设置支墩支撑。支墩的设计应根据管道设计内水压力、接口摩擦力，以及地基和周围土质的物理力学指标，根据现行国家标准《给水排水工程管道结构设计规范》GB 50332 规定计算确定。

7.4.5 关于输水管道和配水管网设置检修阀门的规定。

输水管的始点、终点、分叉处一般设置阀门；管道穿越大型河道、铁路主干线、高速公路和公路的主干线，根据有关部门的规定结合工程的具体情况设置阀门。输水管还应考虑自身检修和事故时维修所需要设置的阀门，并考虑阀门拆卸方便。

根据消防的要求，配水管网上两个阀门之间消火栓数量不宜超过 5 个。

7.4.6 关于输配水管道设调压（流）装置的规定。

7.4.7 关于输水管（渠）道和配水管道设置通气设施的规定。

输水管（渠）、配水管道的通气设施是管道安全运行的重要措施。通气设施一般采用空气阀，其设置（位置、数量、型式、口径）可根据管线纵向布置等分析研究确定，一般在管道的隆起点上必须设置空气阀，在管道的平缓段，根据管道安全运行的要求，一般也宜间隔 1000m 左右设一处空气阀。

配水管道空气阀设置可根据工程需要确定。

7.4.8 关于输水管道和配水管网设置泄水阀和排水阀的规定。

泄水阀（排水阀）的作用是考虑管道排泥和管道检修排水以及管道爆管维修的需要而设置的，一般输水管（渠）、配水管网低洼处及两个阀门间管段的低处，应根据工程的需要设置泄水阀（排水阀）。泄水阀（排水阀）的直径可根据放空管道中水所需要的时间计算确定。

根据一些自来水公司反馈的意见，配水管网在事故修复后，由于缺少必要的冲洗设施，造成用户水质污染的事例时有发生，故环状管网在两个阀门间宜设置泄水阀（排水阀），在枝状管网的末端应设置泄水阀（排水阀）。

7.4.9 关于输水管道设置人孔的规定。

7.4.10 关于非满流重力输水管（渠）道跌水井等的设置规定。

7.5 调蓄构筑物

7.5.1 关于净水厂内清水池有效容积的规定。

根据多年来水厂的运行及设计单位的实践经验，管网无调节构筑物时，净水厂内清水池的有效容积为最高日设计水量的 10%～20%，可满足调节要求。对于小型水厂，建议采用大值。

7.5.2 关于在水厂外设置调蓄构筑物的原则规定。

大中城市供水区域较大，供水距离远，为降低水厂送水泵房扬程，节省能耗，当供水区域有合适的位置和适宜的地形可建调节构筑物时，应进行技术经济比较，确定是否需要建调节构筑物（如高位水池、水塔、调节水池泵站等）。调节构筑物的容积应根据用水区域供需情况及消防储备水量等确定。当缺乏资料时，亦可参照相似条件下的经验数据确定。

7.5.3 关于清水池个数或分格数的规定。

为确保供水安全，设计时应考虑当某个清水池清洗或检修时仍能维持正常生产。

7.5.4 关于生活饮用水清水池和调节构筑物平面布置及工艺布置的有关规定。

规定的主要目的是防止饮用水被污染。在管网中饮用水调节构筑物的选址时，尤其应注意其周围可能存在的对饮用水水质的潜在污染。本条文规定了生活饮用水清水池和调节构筑物与污染源的最小距离。

7.5.5 关于水塔设置避雷装置的规定。

8 水厂总体设计

8.0.1 提出水厂厂址选择的主要技术要求。

水厂厂址选择正确与否，涉及到整个供水工程系统的合理性，并对工程投资、建设周期和运行维护等方面都会产生直接的影响。影响水厂厂址选择的技术要求很多，设计中应通过技术经济比较确定水厂厂址。

当原水浑浊度高、泥沙量大需要设置预沉设施时，预沉设施一般宜设在水源附近。

8.0.2 关于水厂总体布置的规定。

水厂总体设计应根据水质要求、建设条件，在已确定的工艺组成和各工序功能目标以及处理构筑物形式的基础上，通过技术经济比较确定水厂总体布置方案。

水厂平面布置依据各建（构）筑物的功能和流程综合确定，通过道路、绿地等进行适当的功能分区。竖向设计应满足流程要求并兼顾生产排水及厂区土方平衡，并考虑预处理和深度处理、排泥水处理及回用水建设等可能的发展余地。

水厂附属建筑和附属设施应以满足正常生产需要为主，非经常性使用设备应充分利用当地条件，坚持专业化协作、社会化服务的原则，尽量减少配套工程设施和生活福利设施。

8.0.3 关于水厂生产构筑物布置的原则规定。

当水厂位于丘陵地区或山坡时，厂址的土方平整量往往很大，如生产构筑物能根据流程和埋深进行合理布置，充分利用地形，则可使挖方量与填方量基本达到平衡，并可节约能耗、排水顺畅。

为使操作管理方便，水厂生产构筑物应布置紧凑，但构筑物间的间距必须满足各构筑物施工及埋设管道的需要。寒冷地区因采暖需要，生产构筑物应尽量集中布置，以减少建筑面积和能耗。

构筑物间的联络管道应尽量顺直，避免迂回，以减少流程损失。

8.0.4 为使水厂布置合理和整洁，并使运行维护方便，提出机电修理车间及仓库等附属生产建筑物与生产构筑物协调布置的原则规定。

8.0.5 水厂是安全和卫生防护要求很高的部门，为避免生活福利设施中人员流动和污水、污物排放的影响，条文规定水厂生产构筑物与水厂生活设施宜分开布置。

8.0.6 当水厂可能遭受洪水威胁时，应采取必要的防洪设施，且其防洪标准不应低于该城市的防洪标准，并应留有适当的安全裕度，以确保发生设计洪水时水厂能够正常运行。

8.0.7 参照1994年由建设部主编的《城市给水工程项目建设标准》第十一条、第五十四条及条文说明，规定了水厂对供电电源等级的要求。

一类城市：首都、直辖市、特大城市、经济特区以及重点旅游城市；

二类城市：省会城市、大城市、重要中等城市；

三类城市：一般中等城市、小城市。

8.0.8 水厂生产操作自动控制水平应以保证水质、经济实用、保障运行、提高管理水平为原则，并应根据城市类别、水厂规模和流程要求，设置在线水质和计量设备，经过技术经济比较确定相应的生产操作方式和自动化控制方案。大型水厂可采用集中监视、分散控制的集散型微机控制系统，监视主要设备运行状况及工艺参数，对有条件的生产过程实现自动控制。中型水厂，有条件时可采用集中监测、微机数据采集、仪表监测系统、重要处理单元实现自动控制，浊度及余氯应连续测定。小型水厂，近期宜以手动为主，将来可逐步实现生产操作的自动控制，有条件时可在某些重要单元采用可编程序控制器实现自动控制，如投药、加氯、沉淀池排泥的自动控制与滤池反冲洗自动控制等。

大型水厂应建立中心调度室，及时了解生产构筑物的运行状态和主要工艺参数，以便及时采取措施，进行平衡调度，保证安全供水，有条件时应掌握管网的运行信息。

8.0.9 关于并联运行的净水构筑物间应考虑配水均匀的规定。

水厂若有两组以上相同流程的净水构筑物时，构筑物的进水管道布置应考虑配水的均匀性，使每组净水构筑物的负荷达到均匀。并联运行的生产构筑物宜设置必要的连通管道，通过闸门进行切换或超越，灵活组合。

8.0.10 水厂中加药间、沉淀池和滤池是操作联系频繁的构（建）筑物，为有利于操作人员巡视和取样，应考虑相互间通行方便和安全。据调查，不少水厂采用天桥等连接方式作为构（建）筑物间的联络过道，以避免上下频繁走动。

为保证生产人员安全，构筑物及其通道应根据需要设置适用的栏杆、防滑梯等安全保护设施。

8.0.11 关于水厂设置露天堆放场地的规定。

在布置水厂平面时，需考虑设置堆放管配件的场地。堆放场地宜设置在水厂边缘地区，不宜设置在主干道两侧。滤池翻砂需专设场地，场地大小应不小于堆放一只滤池的滤料和支承料所需面积。滤池翻砂场地尽可能设在滤池附近。

8.0.12 关于水厂内建筑物建筑设计的原则规定。

城镇水厂在满足实用和经济的条件下，还应考虑美观，但应符合水厂的特点，强调简洁、质朴，不宜过于豪华，避免色彩多样或过多的装饰。

8.0.13 寒冷地区的净水构筑物应根据水面结冰情况及当地运行经验确定是否设盖或建在室内，以保证构筑物正常运行。漂尘或亲水昆虫严重地区，净水构筑物可采取设盖或采取必要的防护措施，以保证处理后水质。

8.0.14 关于生产和附属生产、生活等建筑物防火设计的原则规定。

8.0.15 关于水厂道路的有关规定。

车行道宽度和转弯半径系根据现行国家标准《厂矿道路设计规范》GBJ 22的规定。

8.0.16 关于水厂排水系统设计的原则规定。

为使生产构筑物的排泥通畅，并及时将厂区雨水排出，水厂应设有排水系统。当条件允许时，水厂排水首先应考虑重力流排放。若采用重力流排放有困难时，可在厂区内设置排水调节池和排水泵，通过提升后排放。

设计降雨重现期取值应结合厂区地势情况确定，大型水厂的生产区宜取高值。

8.0.17 水厂的排泥水量占水厂制水量的3%～7%，主要来自沉淀池排泥和滤池反冲洗。排泥水中主要含有原水中的悬浮物质和所投加混凝剂的少量残留物。近年来，我国部分规模较大的新建和扩建水厂已实施排泥水的处理和泥渣的处置，但大多数水厂目前还未对排泥水作处理。考虑到我国实际情况，凡排泥水排入河道、沟渠会造成水体、沟渠淤塞的水厂，宜对排泥水进行处理，处理过程中产生的脱水泥渣应妥善处置。

8.0.18 关于设置水厂围墙的规定。

水厂围墙主要为安全而设置，故围墙高度不宜太低，一般采用2.5m以上为宜。

为避免脱水泥渣运输影响厂区环境，宜在排泥水处理构筑物附近设置脱水泥渣运输专用通道及出入口。

8.0.19 关于水厂绿化的规定。水厂绿化要求较高，应在节约用地原则下，通过合理布局增加绿化面积。为避免清水池池顶因绿化施肥而影响清水水质，应限制施用对水质有害的肥料和杀虫剂。

9 水处理

9.1 一般规定

9.1.1 水处理工艺流程的选用及主要构筑物的组成是净水处理能否取得预期处理效果和达到规定的处理后水水质的关键。原规范只提出“参照相似条件下水厂的运行经验、结合当地条件，通过技术经济比较综合研究确定”，这次修订根据改革开放以来我国经济发展和技术进步的实际，结合当前水源水质的现状和供水水质要求的提高，增加了经过调查研究以及不同工艺组合的试验，以使水处理工艺流程的选用及主要构筑物的组成更科学合理，更切实际。

9.1.2 规定了水处理构筑物的设计水量应按最高日供水量加自用水量确定。

水厂的自用水量系指水厂内沉淀池或澄清池的排泥水、溶解药剂所需用水、滤池冲洗水以及各种处理构筑物的清洗用水等。自用水率与构筑物类型、原水水质和处理方法等因素有关。根据我国各地水厂经验，当滤池反冲洗水不回用时，一般自用水率为5%～10%。上限用于原水浊度较高和排泥频繁的水厂；下限用于原水浊度较低、排泥不频繁的水厂。当水厂采用滤池反冲洗水回用时，自用水率约可减少1.5%～3.0%。

9.1.3 关于水处理构筑物设计校核条件的规定。通常水处理构筑物按最高日供水量加自用水量进行设计。但当遇到低温、低浊或高含沙量而处理较困难时，尚需对这种情况下所要求的最大供水量的相应设计指标进行校核，保证安全、保证水质。

9.1.4 净水构筑物和设备常因清洗、检修而停运。通常清洗和检修都计划安排在一年中非高峰供水期进行，但净水构筑物和设备的供水能力仍应满足此时的用户用水需要，不可因某一构筑物或设备停止运行而影响供水，否则应设置足够的备用构筑物或设备，以满足水厂安全供水的要求。

9.1.5 净水构筑物除设置必需的进、出水管外，还应根据需要设置辅助管道和设施，以满足构筑物排泥、排空、事故时溢流以及冲洗等要求。

9.1.6 根据充分利用水资源和节约水资源的要求，滤池反冲洗水可以加以回收利用。20世纪80年代以来，不少水厂采用了回收利用的措施，取得了一定的技术经济效果。但随着人们对水质要求的日益提高，对回用水中的锰、铁等有害物质的积聚，特别是近年来国内外关注的贾第氏虫和隐孢子虫的积聚，应予重视。因此，在考虑回用时，要避免有害物质和病原微生物的积聚而影响出水水质，采取必要措施。必要时，经技术经济比较，也可采取适当处理后再予以回用，以达到既能节约水资源又能保证水质的目的。

发生于1993年美国密尔沃基市的严重的隐孢子虫水质事故，引起各国密切关注。事故的原因之一是利用了滤池冲洗废水回用。为此美国等国家制定了滤池反冲洗水回用条例。加州、俄亥俄州等对回流水量占总进水量的比例作了规定。因此本规范规定滤池反冲洗水回用应尽可能均匀。

9.2 预 处 理

9.2.1 规定了预处理的适用范围。

常规处理或常规—深度处理的出水不能符合生活饮用水水质要求时，可先进行预处理。根据原水水质条件，预处理设施可分为连续运行构筑物和间歇性、应急性处理装置两类。

9.2.2 当原水含沙量很高，致使常规净水构筑物不能负担或者药剂投加量很大仍不能达到水质要求时，宜在常规净水构筑物前增设预沉池或建造供沙峰期间取用的蓄水池。

9.2.3 关于预沉方式选择的有关规定。一般预沉方式有沉沙池、沉淀池、澄清池等自然沉淀或凝聚沉淀等多种形式。当原水中的悬浮物大多为沙性大颗粒时，一般可采取沉沙池等自然沉淀方式；当原水含有较多粘土性颗粒时，一般采用混凝沉淀池、澄清池等凝聚沉淀方式。

9.2.4 关于预沉池设计数据的原则规定。因原水泥沙沉降形态是随泥沙含量和颗粒组成的不同而各不相同，故条文规定了设计数据应根据原水沉淀试验或类似水厂运行经验进行确定。

9.2.5 关于预沉池设计依据的规定。由于预沉池一般按沙峰持续时间的日平均含沙量设计，因此当含沙量超过日平均值时，有可能难以达到预沉的效果，故条文规定了设计时应考虑留有在预沉池中投加凝聚剂或采取适当加大凝聚剂投配措施的可能。

9.2.6 由于预沉池的沉泥多为无机质颗粒，沉速较大，当沉淀区面积较大时，为保证池内泥沙及时排除，应采取机械排泥方式。

9.2.7 规定了生物预处理的适用范围和使用条件。

在下述情况下可以采用生物预处理：原水中氨氮、有机微污染物浓度较高或嗅阈值较大，常规处理后的出水难以符合饮用水的水质标准；进水中藻类含量高，造成滤池容易堵塞，过滤周期缩短。

在生物预处理的工程设计之前，应先用原水做该工艺的试验，试验时间宜经历冬夏两季。原水的可生物降解性可根据BDOC或BOD_5/COD_{Cr}比值鉴别。国内5座水厂长期试验结果表明，BOD_5/COD_{Cr}比值宜大于0.2。

9.2.8 人工填料生物预处理池的人工填料可采用弹性填料、蜂窝填料和轻质悬浮填料等。人工填料生物预处理池，如深圳某特大型弹性填料生物处理工程、日本某水厂蜂窝生物预处理池以及国内众多人工填料生物预处理池都采用了穿孔管曝气。

9.2.9 人工填料生物接触氧化池的水力停留时间和曝气气水比，是根据国内实际工程以及日本某水厂的运行数据作出的规定。其上限值一般用于去除率要求较高或有机微污染物浓度较高时。

9.2.10 生物陶粒滤池宜用气水反冲洗。填料粒径宜为2～5mm，其他主要运行参数的规定系参考国内实际工程的运行数据。

生物陶粒滤池在过滤运行期间，当原水COD_{Mn}、氨氮浓度较低时，根据处理效果实况，可以暂时停止曝气。

9.2.11 处理水加氯后，三卤甲烷等消毒副产物的生成量与前体物浓度、加氯量、接触时间成正相关。研究表明，在预沉池之前投氯，三卤甲烷等生成量最高；快速混合池次之；絮凝池再次；混凝沉淀池后更少。三卤甲烷等生成量还与氯碳比值成正比；加氯量大、游离性余氯量高则三卤甲烷等浓度也高。为了减少消毒副产物的生成量，氯预氧化的加氯点和加氯量应合理确定。

9.2.12 采用臭氧预氧化，应符合本规范第9.9节相关条款的规定。

臭氧可与水中溴离子(Br^-)反应生成溴酸根(BrO_3^-)，系致癌物。美国水质标准的溴酸根浓度为10μg/L，以后还可能降低标准值；世界卫生组织标准值为25μg/L。水中溴离子浓度愈高或臭氧投加量愈大，则溴酸根生成量愈大。

臭氧预氧化接触时间的长短，与接触装置类型有关。深圳某2座水厂臭氧预氧化接触时间分别为2min、8min。目前国内的设计参数一般为1～10min。美国某3座水厂臭氧预氧化接触时间为4～9min，加拿大某水厂为8min，瑞士某水厂为11～58min。为使原水与预臭氧充分混合，臭氧预氧化的接触时间可为2～5min。

9.2.13 采用高锰酸钾预氧化的规定。

1 高锰酸钾投加点可设在取水口，经过与原水充分混合反应后，再与氯、粉末活性炭等混合。高锰酸钾预氧化后再加氯，可降低水的致突变性。高锰酸钾与粉末活性炭混合投加时，高锰酸钾用量将会升高。如果需要在水厂内投加，高锰酸钾投加点可设在快速混合之前，与其他水处理剂投加点之间宜有3～5min的间隔时间。

2 二氧化锰为不溶胶体，必须通过后续滤池过滤去除，否则出厂水有颜色。

3 高锰酸钾投加量取决于原水水质。国内外研究资料表明，控制部分臭味约为0.5～2.5mg/L；去除有机微污染物约为0.5～2mg/L；去除藻类约为0.5～1.5mg/L；控制加氯后水的致突变活性约为2mg/L。故规定高锰酸钾投加量一般为0.5～2.5mg/L。

运行中控制高锰酸钾投加量应精确，一般应通过烧杯搅拌试验确定。投量过高可能使滤后水锰的浓度增高而具有颜色。在生产运行中，可根据投加高锰酸钾后沉淀池或絮凝池水的颜色变化鉴别投量效果，也可用精密设备准确控制投加量。

4 美国水厂投加量在11.3kg/d以上时多采用干投。

9.2.14 规定了粉末活性炭吸附的使用条件。当一年中原水污染时间不长或应急需要或水的污染程度较低，以采用粉末活性炭吸附为宜；长时间或连续性处理，宜采用粒状活性炭吸附。

1 粉末活性炭宜加于原水中，进行充分混合，接触10～15min以上之后，再加氯或混凝剂。除在取水口投加以外，根据实验结果也可在混合池、絮凝池、沉淀池中投加。

2 粉末活性炭的用量范围是根据国内外生产实践用量规定。

3 湿投粉末活性炭的炭浆浓度一般采用5%～10%。

4 大型水厂的湿投法，可在炭浆池内液面以下开启粉末活性炭包装，避免产生大量的粉尘。

9.3 混凝剂和助凝剂的投配

9.3.1 关于混凝剂和助凝剂产品质量要求的规定。

混凝剂和助凝剂是水处理工艺中添加的化学物质，其成分将直接影响生活饮用水水质。选用的产品必须符合卫生要求，从法律上保证对人体无毒，对生产用水无害的要求。

聚丙烯酰胺常被用作处理高浊度水的混凝剂或助凝剂。聚丙烯酰胺是由丙烯酰胺聚合而成，其中还剩有少量未聚合的丙烯酰胺的单体，这种单体是有毒的。饮用水处理用聚丙烯酰胺的单体丙烯酰胺含量应符合现行国家标准《水处理剂聚丙烯酰胺》GB 17514规定的0.05%以下。

9.3.2 关于混凝剂和助凝剂品种选择的规定。

混凝剂和助凝剂的品种直接影响混凝效果，而其用量还关系到水厂的运行费用。为了正确地选择混凝剂品种和投加量，应以原水作混凝沉淀试验的结果为基础，综合比较其他方面来确定。

采用助凝剂的目的是改善絮凝结构，加速沉降，提高出水水质，特别对低温低浊度水以及高浊度水的处理，助凝剂更具明显作用。因此，在设计中对助凝剂是否采用及品种选择也应通过试验来确定。

缺乏试验条件或类似水源已有成熟的水处理经验时，则可根据相似条件下的水厂运行经验来选择。

9.3.3 关于混凝剂投配方式和稀释搅拌的规定。

根据对全国31个自来水公司近50个水厂的函调，一般都采用液体投加方式，其中有许多水厂为减轻水厂操作人员的劳动强度和消除粉尘污染，直接采用液体原料混凝剂，存放在毗连的专用储备池。在投配前，将液体原料混凝剂稀释搅拌至投配所需浓度。而固体混凝剂因占地小，又可长期存放，仅作为备份。有条件的水厂都应直接采用液体原料混凝剂。

液体投加的搅拌方式取决于选用混凝剂的易溶程度。当混凝剂易溶解时，可利用水力搅拌方式。当混凝剂难以溶解时，则宜采用机械或压缩空气来进行搅拌。此外，投加量的大小也影响搅拌方式的选择。投加量小可采用水力方式，投加量大则宜用机械或压缩空气搅拌。

聚丙烯酰胺的配制和投加方法应按国家现行标准《高浊度水给水设计规范》CJJ 40相关条文执行。

9.3.4 关于液体投加混凝剂时溶解次数的规定。

现据调查，各地水厂一般均采用每日3次，即每班1次。

为使固体混凝剂投入溶解池操作方便及减轻劳动强度，混凝剂投加量较大时，宜设机械运输设备或采用溶解池放在地下的布置形式，以避免固体混凝剂在投放时的垂直提升。

9.3.5 关于混凝剂投加浓度的规定。本条文的溶液浓度是指固体重量浓度，即按包括结晶水的商品固体重量计算的浓度。

混凝剂的投加应具有适宜的浓度，在不影响投加精确度的前提下，宜高不宜低。浓度过低，则设备体积大，液体混凝剂还会发生水解。例如三氯化铁在浓度小于6.5%时就会发生水解，易造成输水管道结垢。无机盐混凝剂和无机高分子混凝剂的投加浓度一般为5%～7%（扣除结晶水的重量）。有些混凝剂当浓度太高时容易对溶液池造成较强腐蚀，故溶液浓度宜适当降低。

9.3.6 关于石灰投加的规定。

石灰不宜干投，应制成石灰乳投加。以免粉末飞扬，造成工作环境的污染。

9.3.7 关于计量和稳定加注量的规定。

按要求正确投加混凝剂量并保持加注量的稳定是混凝处理的关键。根据对全国31个自来水公司近50个水厂的函调，大多采用柱塞计量泵或隔膜计量泵投加，其优点是运行可靠，并可通过改变计量泵行程或变频调节混凝剂投量，既可人工控制也可自动控制。设计中可根据具体条件选用。

有条件的水厂，设计中应采用混凝剂（包括助凝剂）投加量自动控制系统，其方法目前有特性参数法、数学模型法、现场模拟实验法等。无论采用何种自动控制方法，其目的是为达到最佳投加量且能即时调节、准确投加。

9.3.8 关于与混凝剂接触的防腐措施的规定。

常用的混凝剂或助凝剂一般对混凝土及水泥砂浆等都具有一定的腐蚀性，因此对与混凝剂或助凝剂接触的池内壁、设备、管道和地坪，应根据混凝剂或助凝剂性质采取相应的防腐措施。混凝剂不同，其腐蚀性能也不同。如三氯化铁腐蚀性较强，应采用较高标准的防腐措施。而且三氯化铁溶解时释放大量的热，当溶液浓度为20%时，溶解温度可达70℃左右。一般池内壁可采用涂刷防腐涂料等，也可采用大理石贴面砖、花岗岩贴面砖等。

9.3.9 关于加药间劳动保护措施的规定。

加药间是水厂中劳动强度较大和操作环境较差的部门，因此对于卫生安全的劳动保护需特别注意。有些混凝剂在溶解过程中将产生异臭和热量，影响人体健康和操作环境，故必须考虑有良好的通风条件等劳动保护措施。

9.3.10 关于加药间宜靠近投药点的规定。

为便于操作管理，加药间应与药剂仓库（或药剂储备池）毗连。加药间（或药剂储备池）应尽量靠近投药点，以缩短加药管长度，确保混凝效果。

9.3.11 关于加药间的地坪应有排水坡度的规定。

9.3.12 关于药剂仓库及加药间设置计量工具和搬运设备的规定。

药剂仓库内一般可设磅秤作为计量设备。固体药剂的搬运是劳动强度较大的工作，故应考虑必要的搬运设备。一般大中型水厂的加药间内可设悬挂式或单轨起吊设备和皮带运输机。

9.3.13 关于固体混凝剂或液体原料混凝剂的固定储备量和周转储备量的规定。

根据对全国31个自来水公司近50个水厂的函调，固体混凝剂或液体混凝剂的固定储备量一般都按最大投加量的7～15d计算，其周转储备量则可根据当地具体条件确定。

9.3.14 关于固体混凝剂和石灰堆放高度的规定。

9.4 混凝、沉淀和澄清

Ⅰ 一般规定

本节所述沉淀和澄清均指通过投加混凝剂后的混凝沉淀和澄清。自然沉淀（澄清）与混凝沉淀（澄清）有较大区别，本节规定的各项指标不适用于自然沉淀（澄清）。

9.4.1 关于沉淀和澄清池类型选择的原则规定。

随着净水技术的发展，沉淀和澄清构筑物的类型越来越多，各地均有不少经验。在不同情况下，各类池型有其各自的适用范围。正确选择沉淀池、澄清池型式，不仅对保证出水水质、降低工程造价，而且对投产后长期运行管理等方面均有重大影响。设计时应根据原水水质、处理水量和水质要求等主要因素，并考虑水质、水温和水量的变化以及是否间歇运行等情况，结合当地成熟经验和管理水平等条件，通过技术经济比较确定。

9.4.2 规定了沉淀池和澄清池的最少个数。

在运行过程中，有时需要停池清洗或检修，为不致造成水厂停产，故规定沉淀池和澄清池的个数或能够单独排空的分格数不宜少于2个。

9.4.3 规定了沉淀池和澄清池应考虑均匀配水和集水的原则。

沉淀池和澄清池的均匀配水和均匀集水，对于减少短流，提高处理效果有很大影响。因此，设计中必须注意配水和集水的均匀。对于大直径的圆形澄清池，为达到集水均匀，还应考虑设置辐射槽集水的措施。

9.4.4 关于沉淀池积泥区和澄清池沉泥浓缩（斗）容积的规定。

9.4.5 规定了沉淀池或澄清池设置机械化和自动化排泥的原则。

沉淀池或澄清池沉泥的及时排除对提高出水水质有较大影响。当沉淀池或澄清池排泥较频繁时，若采用人工开启阀门，劳动强度较大，故宜考虑采用机械化和自动化排泥装置。平流沉淀池和斜管沉淀池一般常可采用机械吸泥机或刮泥机；澄清池则可采用底部转盘式机械刮泥装置。

考虑到各地加工条件及设备供应条件不一，故条文中并不要求所有水厂都应达到机械化、自动化排泥，仅规定了在规模较大或排泥次数较多时，宜采用机械化和自动化排泥装置。

9.4.6 关于澄清池絮凝区应设取样装置的规定。

为保持澄清池的正常运行，澄清池需经常检测沉渣的沉降比，为此规定了澄清池絮凝区应设取样装置。

Ⅱ 混 合

9.4.7 混合是指投入的混凝剂被迅速均匀地分布于整个水体的过程。在混合阶段中胶体颗粒间的排斥力被消除或其亲水性被破坏，使颗粒具有相互接触而吸附的性能。据有关资料显示，对金属盐混凝剂普遍采用急剧、快速的混合方法，而对高分子聚合物的混合则不宜过分急剧。故本条规定“使药剂与水进行恰当的急剧、充分混合"。

9.4.8 关于混合方式的规定。

给水工程中常用的混合方式有水泵混合、管式混合、机械混合以及管道静态混合器等，其中水泵混合可视为机械混合的一种特殊形式，管式混合和管道静态混合器属水力混合方式。目前国内应用较多的混合方式为管道静态混合器混合和机械混合。水力混合效果与处理水量变化关系密切，故选择混合方式时还应考虑水量变化的因素。

Ⅲ 絮 凝

9.4.9 关于絮凝池与沉淀池合建的原则规定。

为使完成絮凝过程所形成的絮粒不致破碎，宜将絮凝池与沉淀池合建成一个整体构筑物。

9.4.10 关于选用絮凝池型式和絮凝时间的原则规定。

9.4.11 关于隔板絮凝池设计参数的有关规定。

隔板絮凝池的设计指标受原水浊度、水温、被去除物质的类别和浓度的影响。根据多年来水厂的运行经验，一般可采用絮凝时间为20～30min；起端流速0.5～0.6m/s；末端流速0.2～0.3m/s。故本条对絮凝时间和廊道的流速作了相应规定。为便于施工和清洗检修，规定了隔板净距一般宜大于0.5m。

9.4.12 关于机械絮凝池设计参数的有关规定。

实践证明，机械絮凝池絮凝效果较隔板絮凝池为佳，故絮凝时间可适当减少。根据各地水厂运行经验，机械絮凝时间一般宜为15～20min。

9.4.13 关于折板絮凝池设计参数的有关规定。

折板絮凝池是在隔板絮凝池基础上发展起来的，目前已得到广泛应用。各地根据不同情况采用了平流折板、竖流折板、竖流波纹板等型式，以采用竖流折板较多。竖流折板又分同步、异步两种型式。经过多年来的运转证明，折板絮凝具有对水量和水质变化的适应性较强、投药量少、絮凝效率高、停留时间短、能量消耗省等特点，是一种高效絮凝工艺。

本条文是在总结国内实践经验的基础上制定的。

1 原规范条文中对絮凝时间规定"一般宜为6～15min"，现据调查，目前大多数水厂所采用絮凝时间为12～20min。据此本条文修订为"絮凝时间为12～20min"。

2 据调查，各地水厂设计中，大多根据逐段降低流速的要求，将絮凝池分为3段，第一段流速一般采用0.25～0.35m/s，第二段流速一般采用0.15～0.25m/s，第三段一般采用0.10～0.15m/s。

3 据调查，已安装的折板絮凝池，第一段、第二段一般采用折板，第三段一般采用直板，其折板夹角大部分采用120°和90°两种。本条订为90°～120°。设计时可根据池深、折板材料及安装条件选用。

9.4.14 关于栅条（网格）絮凝池的若干规定。

1 据调查，已投产的栅条（网格）絮凝池均为多格竖流式，故规定"宜设计成多格竖流式"。

2 根据调查，目前应用的栅条（网格）絮凝池的絮凝时间一般均在12～20min，低温低浊度原水絮凝时间适当增加。

3 关于竖井流速、过栅（过网）和过孔流速，均根据国内水厂栅条（网格）絮凝池采用的设计参数和运行情况作的规定。

4 栅条（网格）絮凝池每组的设计水量宜小于25000m³/d，当处理水量较大时，宜采用多组并联形式。

5 栅条（网格）絮凝池内竖井平均流速较低，难免沉泥，故应考虑排泥设施。

Ⅳ 平流沉淀池

9.4.15 关于平流沉淀池沉淀时间的规定。

沉淀时间是平流沉淀池设计中的一项主要指标，它不仅影响造价，而且对出厂水质和投药量也有较大影响。根据实际调查，我国现采用的沉淀时间大多低于3h，出水水质均能符合进入滤池的要求。近年来，由于出厂水质的进一步提高，在平流沉淀池设计中，采用的停留时间一般都大于1.5h。据此，条文中规定平流沉淀池沉淀时间一般宜为1.5～3.0h。调查情况见表10。

表10 各地已建平流沉淀池的沉淀时间（h）

地区	南京	武汉	重庆	成都	广州
沉淀时间	1.6～2.2	1～2.5	1～1.5	1～1.5	2左右
地区	长春	吉林	天津	哈尔滨	杭州
沉淀时间	2.5～3	2.5左右	3左右	3左右	1～2.3

9.4.16 关于平流沉淀池水平流速的规定。

设计大型平流沉淀池时，为满足长宽比的要求，水平流速可采用高值。

9.4.17 关于平流沉淀池池体尺寸比例的规定。

沉淀池的形状对沉淀效果有很大影响，一般宜做成狭长型。根据浅层沉淀原理，在相同沉淀时间的条件下，池子越深，沉淀池截留悬浮物的效率越低。但池子过浅，易使池内沉泥带起，并给处理构筑物的高程布置带来困难，故需采用恰当。根据各地水厂的实际情况及目前采用的设计数据，平流沉淀池池深一般均小于4m。据此，本条文对沉淀池池深规定一般可采用3.0～3.5m。

为改善沉淀池中水流条件，平流沉淀池宜布置成狭长的型式，为此需对水池的长度与宽度的比例以及长度与深度的比例作出规定。本条文将平流沉淀池每格宽度作适当限制，规定为"一般宜为3～8m，最大不超过15m"。并规定了"长度与宽度比不得小于4；长度与深度比不得小于10"。

9.4.18 关于平流沉淀池配水和集水形式的规定。

平流沉淀池进水与出水均匀与否是影响沉淀效率的重要因素之一。为使进水能达到在整个水流断面上配水均匀，一般宜采用穿孔墙，但应避免絮粒在通过穿孔墙处破碎。穿孔墙过孔流速不应超过絮凝池末端流速，一般在0.1m/s以下。根据实践经验，平流沉淀池出水一般采用溢流堰，为不致因堰负荷的溢流率过高而使已沉降的絮粒被出水水流带出，原规范规定"溢流率一般不超过500m³/(m·d)"。根据调查，杭州九溪水厂一期为500m³/(m·d)，二期法国设计只有225m³/(m·d)，三期170m³/(m·d)；国内其他城市一般不超过300m³/(m·d)；据此本条文修改为"溢流率不宜超过300m³/(m·d)"。为降低出水堰负荷的溢流率，出水可采用指形槽的布置形式。

Ⅴ 上向流斜管沉淀池

9.4.19 关于斜管沉淀区液面负荷的规定。

液面负荷值与原水水质、出水浊度、水温、药剂品种、投药量以及选用的斜管直径、长度等有关。据调查，各地水厂斜管沉淀池的液面负荷一般为5.0～11.0m³/(m²·h)。考虑到对沉淀池出水水质要求的提高，故条文中规定液面负荷"可采用5.0～9.0m³/(m²·h)"。对于北方寒冷地区宜取低值。

9.4.20 关于斜管沉淀池斜管的几何尺寸及倾角的规定。

斜管沉淀池斜管的常用形式一般有正六边形、山形、矩形及正方形等，而以正六边形斜管最为普遍。条文中的斜管管径是指正六边形的内切圆直径或矩形、正方形的高。据调查，国内上向流斜管的管径一般为30～40mm。据此，本条文规定了相应数值。

据调查，全国各水厂的上向流斜管沉淀池斜管的斜长一般多采用1m；斜管倾角，考虑能使沉泥自然滑下，大多采用60°。据此，本条文规定了相应数值。

9.4.21 关于清水区保护高度及底部配水区高度的规定。

斜管沉淀池的集水一般多采用集水槽或集水管，其间距一般为1.5～2.0m。为使整个斜管区的出水达到均匀，清水区的保护高度不宜小于1.0m。

斜管以下底部配水区的高度需满足进入斜管区的水量达到均匀，并考虑排泥设施检修的可能。据调查，其高度一般在1.5～1.7m之间。据此，本条规定"底部配水区高度不宜小于1.5m"。

Ⅵ 侧向流斜板沉淀池

9.4.22 关于侧向流斜板沉淀池设计时应符合条件的规定。

1　颗粒沉降速度和液面负荷是斜板沉淀池设计的主要参数，它们的设计取值与原水的水质、水温及其絮粒的性质、药剂品种等因素有关，根据东北院的设计和长春、吉林等地水厂的运行经验，其颗粒沉降速度一般为0.16～0.3mm/s；液面负荷为6.0～12$m^3/(m^2\cdot h)$。北方寒冷地区宜取低值。

2　条文中的板距是指两块斜板间的垂直间距。据调查，国内侧向流斜板沉淀池的板距一般采用80～100mm，常用100mm。

3　为了使斜板上的沉泥能自然而连续地向池底滑落，斜板倾角大多采用60°。

4　为了保证斜板的强度及便于安装和维护，单层斜板长度不宜大于1m。

Ⅶ　机械搅拌澄清池

9.4.23　规定机械搅拌澄清池清水区的液面负荷。

考虑到生活饮用水水质标准的提高，为降低滤池负荷，保证出水水质，本条定为“机械搅拌澄清池清水区的液面负荷，应按相似条件下的运行经验确定，可采用2.9～3.6$m^3/(m^2\cdot h)$”。低温低浊度时宜采用低值。

9.4.24　规定机械搅拌澄清池的总停留时间。

根据我国实际运行经验，条文规定水在机械搅拌澄清池中的总停留时间，可采用1.2～1.5h。

9.4.25　关于机械搅拌澄清池搅拌叶轮提升流量及叶轮直径的规定。

搅拌叶轮提升流量即第一絮凝室的回流量，对循环泥渣的形成关系较大。条文参照国外资料及国内实践经验确定“搅拌叶轮提升流量可为进水流量的3～5倍”。

9.4.26　关于机械搅拌澄清池设置机械刮泥装置的原则规定。

机械搅拌澄清池是否设置机械刮泥装置，主要取决于池子直径大小和进水悬浮物含量及其颗粒组成等因素，设计时应根据上述因素通过分析确定。

对于澄清池直径较小(一般在15m以内)，原水悬浮物含量又不太高，并将池底做成不小于45°的斜坡时，可考虑不设置机械刮泥装置。但当原水悬浮物含量较高时，为确保排泥通畅，一般应设置机械刮泥装置。对原水悬浮物含量虽不高，但因池子直径较大，为了降低池深宜将池子底部坡度减小，并增设机械刮泥装置来防止池底积泥，以确保出水水质的稳定性。

Ⅷ　水力循环澄清池

9.4.27　关于水力循环澄清池清水区液面负荷的规定。

清水区液面负荷是澄清池设计的主要指标。根据对各水厂调查表明，水力循环澄清池清水区液面负荷大于3.6$m^3/(m^2\cdot h)$时，处理效果欠稳定，同时，考虑到生活饮用水水质标准的提高，故本条文对水力循环澄清池液面负荷的指标定为可采用2.5～3.2$m^3/(m^2\cdot h)$。低温低浊度原水宜选用低值。

9.4.28　关于水力循环澄清池导流筒有效高度的规定。

导流筒有效高度是指导流筒内水面至导流筒下端喉管间的距离。此高度对于稳定水流，进一步完善絮凝，保证一定的清水区高度和停留时间，有重要的作用。据调查，各地区水力循环澄清池的导流筒高度一般为3.0m左右，东北地区一般认为以3.0～3.5m为宜。浙江某厂原设计导流筒高度为1.5m，投产后出水水质较差，后加至2.5m，效果显著改善。为此，本条文综合各地的设计和运行经验，规定“水力循环澄清池导流筒(第二絮凝室)的有效高度，可采用3～4m”。

9.4.29　关于水力循环澄清池回流水量的规定。

9.4.30　关于水力循环澄清池池底斜壁与水平面夹角的规定。

本条从排泥通畅考虑，规定了斜壁与水平面的夹角不宜小于45°。

Ⅸ　脉冲澄清池

9.4.31　关于脉冲澄清池清水区液面负荷的规定。

根据对各地脉冲澄清池运行经验的调查表明，由于其对水量、水质变化的适应性较差，液面负荷不宜过高，一般以低于3.6$m^3/(m^2\cdot h)$为宜。据此，结合生活饮用水水质标准的提高，故本条文将液面负荷规定为“可采用2.5～3.2$m^3/(m^2\cdot h)$”。

9.4.32　关于脉冲周期及其冲放时间比的规定。

脉冲澄清池的脉冲发生器有真空式、S形虹吸式、钟罩式、浮筒切门式、皮膜式和脉冲阀切门式等型式，后3种型式脉冲效果不佳。

脉冲周期及其充放时间比的控制，对脉冲澄清池的正常运行有重要作用。由于目前一般采用的脉冲发生器不能根据进水量自动地调整脉冲周期和充放比，因而当进水量小于设计水量时，常造成池底积泥，当进水量大于设计水量时，又造成出水水质不佳。故设计时应根据进水量的变化幅度选用适当指标。本条是根据国内调查资料，结合国外资料制定的。

9.4.33　关于脉冲澄清池悬浮层高度及清水区高度的规定。

本条是根据国内调查资料的综合分析制定。

9.4.34　关于脉冲澄清池配水形式的规定。

9.4.35　规定了虹吸式脉冲澄清池的配水总管应设排气装置。

虹吸式脉冲澄清池易在放水过程中将空气带入配水系统，若不排除，将导致配水不均匀和搅乱悬浮层。据此，本条文规定配水总管应设排气装置。

Ⅹ　气　浮　池

9.4.36　关于气浮池适用范围的规定。

根据气浮处理的特点，适宜于处理低浊度原水。虽然有试验表明，气浮池处理浑浊度为200～300NTU的原水也是可行的，但考虑到相关的生产性经验不多，故本条规定了“气浮池宜用于浑浊度小于100NTU的原水”。

9.4.37　关于气浮池接触室上升流速及分离室向下流速的规定。

气浮池接触室上升流速应以接触室内水流稳定，气泡对絮粒有足够的捕捉时间为准。根据各地调查资料，上升流速大多采用20mm/s。某些水厂的实践表明，当上升流速低，也会因接触室面积过大而使释放器的作用范围受影响，造成净水效果不好。据资料分析，上升流速的下限以10mm/s为适宜。

又据各地调查资料，气浮池分离室向下流速采用2mm/s较多。据此本条规定“可采用1.5～2.0mm/s，即分离室液面负荷为5.4～7.2$m^3/(m^2\cdot h)$”。上限用于易处理的水质，下限用于难处理的水质。

9.4.38　关于气浮池的单格宽度、池长及水深的规定。

为考虑布气的均匀性及水流的稳定性，减少风对渣面的干扰，池的单格宽度不宜超过10m。

气浮池的泥渣上浮分离较快，一般在水平距离10m范围内即可完成。为防止池末端因无气泡顶托池面浮渣而造成浮渣下落，影响水质，故规定池长不宜超过15m。

据调查，各地水厂气浮池池深大多在2.0～2.5m。实际测定在池深1m处的水质已符合要求，但为安全起见，条文中规定“有效水深一般以采用2.0～3.0m”。

9.4.39　关于溶气罐压力及回流比的规定。

国外资料中的溶气压力多采用0.4～0.6MPa。根据我国的试验成果，提高溶气罐的溶气量及释放器的释气性能后，可适当降低溶气压力，以减少电耗。因此，按国内试验及生产运行情况，规定溶气压力一般可采用0.2～0.4MPa范围，回流比一般可采用5%～10%。

9.4.40　关于压力溶气罐总高度、填料层厚度及水力负荷的规定。

溶气罐铺设填料层，对溶气效果有明显提高。但填料层厚度超过1m，对提高溶气效率已作用不大。为考虑布水均匀，本条规定其高度宜为1.0～1.5m。

根据试验资料，溶气罐的截面水力负荷一般以采用100～150$m^3/(m^2\cdot h)$为宜。

9.4.41　关于气浮池排渣设备的规定。

由于采用刮渣机刮出的浮渣浓度较高，耗用水量少，设备也较简单，操作条件较好，故各地一般均采用刮渣机排渣。根据试验，刮渣机行车速度不宜过大，以免浮渣因扰动剧烈而落下，影响出水水质。据调查，以采用5m/min以下为宜。

9.5 过 滤

Ⅰ 一般规定

9.5.1 本条对滤料的物理、化学性能作了规定。

9.5.2 关于选择滤池型式的原则规定。

影响滤池池型选择的因素很多，主要取决于生产能力、运行管理要求、出水水质和净水工艺流程布置。对于生产能力较大的滤池，不宜选用单池面积受限制的池型；在滤池进水水质可能出现较高浊度或含藻类较多的情况下，不宜选用翻砂检修困难或冲洗强度受限制的池型。选择池型还应考虑滤池进、出水水位和水厂地坪高程间的关系、滤池冲洗水排放的条件等因素。

9.5.3 为避免滤池中一格滤池在冲洗时对其余各格滤池滤速的过大影响，滤池应有一定的分格数。为满足一格滤池检修、翻砂时不致影响整个水厂的正常运行，原条文规定滤池格数不得少于两格。本次修订，根据滤池运行的实际需要，将滤池的分格数规定为不得少于4格(日本规定每10格滤池备用1格，包括备用至少2格以上；英国规定理想的应有3格同时停运，即一格排水、一格冲洗、一格检修，分格数最少为6格，但当维修时可降低水厂出水量的则可为4格；美国规定至少4格(如滤速在10m/h，同时冲洗强度为10.8L/(m^2·s)时，最少要6格，如滤速更低而冲洗强度较高，甚至需要更多滤池格数)。

9.5.4 滤池的单格面积与滤池的池型、生产规模、操作运行方式等有关，而且也与滤后水汇集和冲洗水分配的均匀性有较大关系。单格面积小则分格数多，会增加土建工程量及管道阀门等设备数量，但冲洗设备能力小，冲洗泵房工程量小。反之则相反。因此，滤池的单格面积是影响滤池造价的主要因素之一。在设计中应根据各地土建、设备的价格作技术经济比较后确定。

9.5.5 滤池的过滤效果主要取决于滤料层构成，滤料越细，要求滤层厚度越小；滤料越粗，则要求滤层越厚。因此，滤料粒径与厚度之间存在着一定的组合关系。根据藤田贤二等的理论研究，滤层厚度L与有效粒径d_e之间存在一定的比例关系。

美国认为，常规细砂和双层滤料L/d_e应≥1000；三层滤料和深床单层滤料(d_e=1～1.5mm)，L/d_e应≥1250。英国认为：L/d_e应≥1000。日本规定$L/d_{平均}$≥800。

本规范参照上述规定，结合目前应用的滤料组成和出水水质要求，对L/d_e作了规定：细砂及双层滤料过滤$L/d_e>1000$；粗砂及三层滤料过滤$L/d_e>1250$。

9.5.6 滤池在反冲洗后，滤层中积存的冲洗水和滤池滤层以上的水较为浑浊，因此在冲洗完成开始过滤时的初滤水水质较差、浊度较高，尤其是存在致病原生动物如贾弟氏虫和隐孢子虫的几率较高。因此，从提高滤后水卫生安全性考虑，初滤水宜排除或采取其他控制措施。20世纪50～60年代，不少水厂为了节水而不排放初滤水，滤池设计也多取消了初滤水的排放设施。为提高供水水质，本次修订中规定了滤池宜设初滤水排放设施。

Ⅱ 滤速及滤料组成

9.5.7 滤速是滤池设计的最基本参数，滤池总面积取决于滤速的大小，滤速的大小在一定程度上影响着滤池的出水水质。由于滤池是由各分格所组成，滤池冲洗、检修、翻砂一般均可分格进行，因此规定了滤池应按正常滤速设计并以强制滤速进行校核。

9.5.8 滤池出水水质主要决定于滤速和滤料组成，相同的滤速通过不同的滤料组成会得到不同的滤后水水质；相同的滤料组成、在不同的滤速运行下，也会得到不同的滤后水水质。因此滤速和滤料组成是滤池设计的最重要参数，是保证出水水质的根本所在。为此，在选择与出水水质密切相关的滤速和滤料组成时，应首先考虑通过不同滤料组成、不同滤速的试验以获得最佳的滤速和滤料组成的结合。

表9.5.8中所列单层细砂滤料、双层滤料和三层滤料的滤料组成数据，基本沿用原规范的规定，仅对粒径的表述用有效粒径d_{10}取代了原来的最大、最小粒径，以及对滤料组成的个别数据按第9.5.5条规定作了适当调整。表中滤速的规定则根据水质提高的要求作了适当调低。

本次修订根据近10多年来国内已普遍使用的均匀级配粗砂滤料的实际情况，增列了均匀级配粗砂滤料的滤速、滤料组成。所列数据是根据近年设计的有关资料和本次修订调研的38座V形滤池所得数据确定，为国内的常用数值。

9.5.9 滤料的承托层粒径和厚度与所用滤料的组成和配水系统型式有关，根据国内长期使用的经验，条文作了相应规定。由于大阻力配水系统孔眼距池底高度不一，故最底层承托层按从孔眼以上开始计算。

一般认为承托层最上层粒径宜采用2～4mm，但也有认为再增加一层厚50～100mm、粒径1～2mm的承托层为好。

9.5.10 由于三层滤料滤池承托层之上是重质矿石滤料，根据试验，为了避免反冲洗强度偏大且夹带少量小气泡时产生混层，粒径在8mm以下的承托层宜采用重质矿石；粒径在8mm以上的可采用砾石，以保证承托层的稳定。

9.5.11 滤头滤帽的缝隙通常都小于滤料最小粒径，从这点来讲，滤头配水系统可不设承托层。但为使冲洗配水更为均匀，不致扰动滤料，习惯上都设置厚50～100mm、粒径2～4mm的粗砂作承托层。

Ⅲ 配水、配气系统

9.5.12 关于滤池配水、配气系统的选用的原则规定。

国内单水冲洗快滤池绝大多数使用大阻力穿孔管配水系统，滤砖是使用较多的中阻力配水系统，小阻力滤头配水系统则用于单格面积较小的滤池。

对于气水反冲，上海市政工程设计院于20世纪80年代初期在扬子石化水厂双阀滤池中首先设计使用了长柄滤头配气、配水系统，获得成功。20世纪80年代后期，南京上元门水厂等首批引进了长柄滤头配气、配水系统的V形滤池，并在国内各地普遍使用，在技术上显示出了优越性。目前国内设计的V形滤池基本上都采用长柄滤头配气、配水系统。气水反冲用塑料滤砖仅在少数水厂使用(北京、大庆等)。气水反冲采用穿孔管(气水共用或气、水分开)配水、配气的则不多。

9.5.13 本条文根据国内滤池运行经验，对大阻力、中阻力配水系统及小阻力配气、配水系统的开孔比作了规定。

小阻力滤头国内使用的有英国式的，其缝隙宽分别为0.5mm、0.4mm、0.3mm，缝长34mm，每只均36条，其缝隙面积各为612mm^2、489.6mm^2和367.2mm^2，按每平方米设33只计，其缝隙总面积与滤池面积之比各为2.0%、1.6%、1.2%；还有法国式的，其缝宽为0.4mm，缝隙面积为288mm^2，每平方米设50只，其缝隙总面积与滤池面积之比为1.44%；国产的缝宽为0.25mm，缝隙面积为250mm^2，每平方米设50只，其开孔比为1.25%。据此将滤头的开孔比定为1.25%～2.0%。

9.5.14 根据国内长期运行的经验，大阻力配水系统(管式大阻力配水系统)采用条文规定的流速设计，能在通常冲洗强度下，满足滤池冲洗水配水的均匀要求。配水总管(渠)顶设置排气装置是为了排除配水系统可能积存的空气。

9.5.15 本条根据国家现行标准《滤池气水冲洗设计规程》CECS 50的规定纳入。根据国内多年来设计和运行经验，采用条文规定的流速设计，在通常条件下均能获得均匀配气、配水的要求。其中，配气干管(渠)进口流速原规定为5m/s左右，近年来实际运行滤池的核算结果多为10～15m/s，故作了相应调整。

在配气、配水干管(渠)顶应设排气装置,以保证能排尽残存的空气。

Ⅳ 冲 洗

9.5.16 20世纪80年代以前,国内的滤池几乎都是采用单水冲洗方式,仅个别小规模滤池采用了穿孔管气水反冲。自从改革开放以来,在给水行业中较多地引进了国外技术,带来了冲洗方式的变革,几乎所有引进的滤池都采用气水反冲方式,并获得较好的冲洗效果。本条文在研究分析了国内外的有关资料后,列出了各种滤料适宜采用的冲洗方式。

9.5.17 本条为单水冲洗滤池冲洗强度和时间的规定,沿用原规范的数据。在对现有单层细砂级配滤料滤池进行技术改造时,可首先考虑增设表面冲洗。

9.5.18 本条文参照国家现行标准《滤池气水冲洗设计规程》CECS 50的规定纳入。根据近年来的有关资料和本次修订调研的38座V形滤池所得数据,大部分与表列范围一致。但其中单层粗砂均匀级配滤料中气水同时冲洗的水冲强度和时间与原规定稍有出入,本条文作了相应调整。

对于单层细砂级配滤料和煤、砂双层滤料的冲洗强度,当砂粒直径大时,宜选较大的强度;粒径小者宜选择较小的强度。

根据修订调研所得资料,38座单层粗砂均匀级配滤料滤池,在气水同时冲洗阶段的水冲强度有1/3滤池与后水冲洗强度相同,其余2/3采用小于后水冲洗阶段强度。

9.5.19 本条文是对滤池工作周期的规定,其中单水冲洗滤池的冲洗周期沿用原规范的数值;粗砂均匀级配滤料并用气水反冲滤池的冲洗周期,国内一般采用36~72h,但是从提高水质考虑,过长的周期会对出水水质产生不利影响,因此规定冲洗周期宜采用24~36h。

Ⅴ 滤池配管(渠)

9.5.20 本条沿用原规范的规定,列出了滤池中各种管(渠)的设计流速值,并补充了初滤水排放和输气管的流速值。

Ⅵ 普通快滤池

9.5.21 根据国内滤池的运行经验,单层、双层滤料快滤池冲洗前水头损失多为2.0~2.5m。三层滤料过滤的水头损失较大,因此其冲洗前水头损失也相应增加,一般需2.0~3.0m才能保证滤池有12~24h的工作周期。

对冲洗前的水头损失,也有认为用滤过水头损失来表达。习惯上滤池冲洗前的水头损失是指流经滤料层和配水系统的水头损失总和,而滤过水头损失为流经滤料层的水头损失。条文中仍按习惯用冲洗前的水头损失。

9.5.22 为保证快滤池有足够的工作周期,避免滤料层产生负压,并从净水工艺流程的高程设置和构筑物造价考虑,条文规定滤层表面以上水深,宜采用1.5~2.0m。

9.5.23 由于小阻力配水系统一般不适宜用于单格滤池面积大的滤池。因此条文规定了单层滤料滤池宜采用大阻力或中阻力配水系统。

由于三层滤料滤池的滤速较高,如采用大阻力配水系统,会使过滤水头损失过大;而采用小阻力配水系统,又会因单格面积较大而不易做到配水均匀,故条文规定宜采用中阻力配水系统。

9.5.24 为避免因冲洗排水槽平面面积过大而影响冲洗的均匀,以及防止滤料在冲洗膨胀时的流失所作的规定。

9.5.25 根据国内采用高位水箱(塔)冲洗的滤池,多为单水冲洗滤池,冲洗水箱(塔)容积一般按单格滤池冲洗水量的1.5~2.0倍计算,但实际运行中,即使滤池格数较多的水厂也很少出现两格滤池同时冲洗,故条文规定的按单格滤池冲洗水量的1.5倍计算,已留有了一定的富余度。

当采用水泵直接冲洗时,由于水泵能力需与冲洗强度相匹配,故水泵能力应按单格滤池冲洗水量设计。

Ⅶ V形滤池

9.5.26 V形滤池滤料采用粗粒均匀级配滤料,孔隙率较一般细砂级配滤料为大,因而水头损失增长较慢,工作周期可以达到36~72h,甚至更长。但过长的过滤周期会导致滤层内有机物积聚和菌群的增长,使滤层内产生难以消除的粘滞物。因此根据国内的设计和运行经验,规定冲洗前的水头损失宜用2.0m左右。

9.5.27 为使滤池保持足够的过滤水头,避免滤层出现负压,根据国内设计和运行经验,规定滤层表面以上的水深不应小于1.2m。

9.5.28 V形滤池采用气水反冲,根据一般布置,气、水经分配干渠由气、水分配孔眼进入有一定高度的气水室。在气水室形成稳定的气垫层,通过长柄滤头均匀地将气、水分配于整个滤池面积。目前应用的V形滤池均采用长柄滤头配气、配水系统,使用效果良好。条文据此作了规定。

9.5.29 V形滤池冲洗水的供给,一般都采用水泵直接自滤池出水渠取水。若采用水箱供应,因冲洗时水箱水位变化,将影响冲洗强度,不利于冲洗的稳定性。同时,采用水泵直接冲洗还能适应气水同冲的水冲强度与单水漂洗强度不同的灵活变化。水泵的能力和配置可按单格滤池气水同冲和单水漂洗的冲洗水量设计,当两者水量不同时,一般水泵宜配置二用一备。

9.5.30 冲洗空气一般可由鼓风机或空气压缩机与贮气罐组合两种方式来供应。

鼓风机直接供气的效率比空气压缩机与贮气罐组合供气的效率高,气冲时间可任意调节。大、中型水厂或单格滤池面积大时,宜用鼓风机直接供气。

鼓风机常用的有罗茨风机和多级离心风机,国内在气水反冲滤池中都有使用,两者都可正常工作。罗茨风机的特性是风量恒定,压力变化幅度大;而离心风机的特性曲线与离心水泵类似。

9.5.31 V形进水槽是V形滤池构造上的特点之一,目的在于沿滤格长度方向均匀分配进水,同时亦起到均匀分配表面扫洗水的作用。V形槽底配水孔口至中央排水槽边缘的水平距离过大,孔口出流推动力的作用减弱,将影响扫洗效果,结合国内外的资料和经验,宜在3.5m以内,最大不超过5m。

国家现行标准《滤池气水冲洗设计规程》CECS 50规定表面扫洗孔中心低于排水槽顶面150mm,但根据各地实际运转和测试表明,这样的高度会出现滤料面由排水堰一侧向V形槽一侧倾斜(排水槽侧高,V形槽侧低),如广东某水厂及海口某水厂都出现这一现象;中山小榄镇水厂,因表扫孔偏低而出现扫洗水倒流,影响扫洗效果;吉林二水厂也由于表扫孔过低导致扫洗效果差,出现泡沫浮渣漂浮滞留。根据以上出现的问题,多数认为表扫孔高程宜接近中央排水槽的堰顶高程;有的认为应低于堰顶30~50mm;还有的认为应高于堰顶30mm。据此条文未对表面扫洗孔的高程作出规定,设计时可根据具体情况确定。

9.5.32 为使V形槽能达到均匀配水目的,应使所有孔眼的直径和作用水头相等。孔径相等易于做到。作用水头则由于槽外滤池水位固定,而槽内水流为沿途非均匀流,水面不平,致使作用水头改变。因此设计时应按均匀度尽可能大(例如95%)的要求,对V形槽按非均匀流计算其过水断面,以确定V形槽的起始和末端的水深。V形槽斜面一侧与池壁的倾斜度根据国内常用数据规定宜采用45°~50°。倾斜度小将导致过水断面小,增加槽内流速。

9.5.33 进水总渠和进入每格滤池的堰板相结合组成的进水系统是V形滤池的特点之一,由于进水总渠的起始端与末端水位不同,通过同一高程堰板的过堰流量会有差异,萧山自来水公司的滤池就产生这种情况。因此为保证每格滤池的进水量相等,应设置可调整高度的堰板,以便在实际运行中调整。上海大场水厂采用这一措施,收到很好的效果。

9.5.34 气水反冲洗滤池的反冲洗空气总管的高程必须高出滤池的最高水位,否则就有可能产生滤池水倒灌进入风机。安徽马鞍山二水厂曾有此经验教训。

9.5.35 长柄滤头配气、配水系统的配气、配水均匀性取决于滤头滤帽顶面是否水平一致。目前国内主要有两种方法，一种是滤头安装在分块的滤板上，因此要求滤板本身平整，整个滤池滤板的水平误差小于±5mm，以此来控制滤头滤帽顶面的水平；另一种是采用塑料制模板，再在其上整体浇筑混凝土滤板，并配有可调整一定高度的长柄滤头，以控制滤柄顶面的水平。条文规定设计中应采取有效措施，不管采用何种措施只要能使滤头滤帽或滤柄顶表面保持在同一水平高程，其误差不得大于±5mm。如果不能保证滤头滤帽或滤柄顶表面高程的一致，在同样的气垫层厚度下，每个滤头的进气面积会不同，将导致进气量的差异，无法均匀地将空气分配在整池滤层上，严重时还将出现脉冲现象或气流短路现象，势必导致不良的冲洗效果。

9.5.36 由于V形滤池采用滤料层微膨胀的冲洗，因此其冲洗排水槽顶不必像膨胀冲洗时所要高出的距离。根据国内外资料和实践经验，在滤料层厚度为1.20m左右时，冲洗排水槽顶面多采用高于滤料层表面500mm。条文据此作了规定。

Ⅷ 虹吸滤池

9.5.37 虹吸滤池每格滤池的反冲洗水量来自其余相邻滤格的滤后水量，一般冲洗强度约为滤速的5～6倍，当滤池运行水量降低时，这一倍数将相应增加。因此，为保证滤池有足够的冲洗强度，滤池应有与这一倍数相应的最少分格数。

9.5.38 虹吸滤池是等滤速、变水头的过滤方式。冲洗前的水头损失过大，不易确保滤后出水水质，并将增加池深，提高造价；冲洗前的水头损失过低，则会缩短过滤周期，增加冲洗水率。根据国内多年设计及水厂运行经验，规定一般可采用1.5m。

9.5.39 虹吸滤池的冲洗水头，即虹吸滤池出水堰板高程与冲洗排水管淹没水面的高程差，应按要求的冲洗水量通过水力计算确定。国内使用的虹吸滤池型式大多采用1.0～1.2m，据此条文作了规定。同时为适应冲洗水量变化的要求，规定要有调整冲洗水头的措施。

9.5.40 根据国内经验对虹吸滤池的虹吸进水管和排水管流速作了规定。

Ⅸ 重力式无阀滤池

9.5.41 无阀滤池一般适用于小规模水厂，其冲洗水箱设于滤池上部，容积一般按冲洗一次所需水量确定。通常每座无阀滤池都设计成数格合用一个冲洗水箱。实践证明，在一格滤池冲洗即将结束时，虹吸破坏管口刚露出水面不久，由于其余各格滤池不断向冲洗水箱大量供水，使管口又被上升水位所淹没，致使虹吸破坏不彻底，造成滤池持续不停地冲洗。滤池格数越多，问题越突出，甚至虹吸管口不易外露，虹吸不被破坏而延续冲洗。为保证能使虹吸管口露出水面，破坏虹吸及时停止冲洗，因此合用水箱的无阀滤池一般宜取2格，不宜多于3格。

9.5.42 无阀滤池是变水头、等滤速的过滤方式，各格滤池如不设置单独的进水系统，因各格滤池过滤水头的差异，势必造成各格滤池进水量的相互影响，也可能导致滤格发生同时冲洗现象。故规定每格滤池应设单独进水系统。在滤池冲洗后投入运行的初期，由于滤层水头损失较小，进水管中水位较低，易产生跌水和带入空气。因此规定要有防止空气进入的措施。

9.5.43 无阀滤池冲洗前的水头损失值将影响虹吸管的高度、过滤周期以及前道处理构筑物的高程。条文是根据长期设计经验规定的。

9.5.44 无阀滤池为防止冲洗时滤料从过滤室中流走，滤料表面以上的直壁高度除应考虑滤料的膨胀高度外，还应加上100～150mm的保护高度。

9.5.45 为加速冲洗形成时虹吸作用的发生，反冲洗虹吸管应设有辅助虹吸设施。为避免实际的冲洗强度与理论计算的冲洗强度有较大的出入，应设置可调节冲洗强度的装置。为使滤池能在未达到规定的水头损失之前，进行必要的冲洗，需设有强制冲洗装置。

9.6 地下水除铁和除锰

Ⅰ 工艺流程选择

9.6.1 关于地下水进行除铁和除锰处理的规定。

微量的铁和锰是人体必需的元素，但饮用水中含有超量的铁和锰，会产生异味和色度。当水中含铁量小于0.3mg/L时无任何异味；含铁量为0.5mg/L时，色度可达30度以上；含铁量达1.0mg/L时便有明显的金属味。水中含有超量的铁和锰，会使衣物、器具洗后染色。含锰量大于1.5mg/L时会使水产生金属涩味。锰的氧化物能在卫生洁具和管道内壁逐渐沉积，产生锰斑。当管中水流速度和水流方向发生变化时，沉积物泛起会引起“黑水”现象。因此，《生活饮用水卫生规范》规定，饮用水中铁的含量不应超过0.3mg/L，锰的含量不应超过0.1mg/L。

生产用水，由于水的用途不同，对水中铁和锰含量的要求也不尽相同。纺织、造纸、印染、酿造等工业企业，为保证产品质量，对水中铁和锰的含量有严格的要求。软化、除盐系统对处理水中铁和锰的含量，亦有较严格的要求。但有些工业企业用水对水中铁和锰含量并无严格要求或要求不一。因此，对工业企业用水中铁、锰含量不宜作出统一的规定，设计时应根据工业用水系统的用水要求确定。

9.6.2 关于地下水除铁、除锰工艺流程选择的原则规定。

试验研究和实践经验表明，合理选择工艺流程是地下水除铁、除锰成败的关键，并将直接影响水厂的经济效益。工艺流程选择与原水水质密切相关，而天然地下水水质又是千差万别的，这就给工艺流程选择带来很大困难。因此，掌握较详尽的水质资料，在设计前进行除铁、除锰试验，以取得可靠的设计依据是十分必要的。如无条件进行试验也可参照原水水质相似水厂的经验，通过技术经济比较后确定除铁、除锰工艺流程。

9.6.3 地下水除铁技术发展至今已有多种方法。如接触过滤氧化法、曝气氧化法、药剂氧化法等等。工程中最常用的也是最经济的工艺是接触过滤氧化法。

除铁的过程是使Fe^{2+}氧化生成$Fe(OH)_3$，再将其悬浮的$Fe(OH)_3$粒子从水中分离出去，进而达到除铁目的。而Fe^{2+}氧化生成$Fe(OH)_3$粒子性状，取决于原水水质。水中可溶性硅酸含量对$Fe(OH)_3$粒子性状影响颇大。溶解性硅酸能与$Fe(OH)_3$表面进行化学结合，形成趋于稳定的高分子，分子量在10^4以上。所以溶解性硅酸含量越高，生成的$Fe(OH)_3$粒子直径就越小，凝聚就困难。经许多学者试验与工程实践表明，原水中可溶解性硅酸浓度超过40mg/L时就不能应用曝气氧化法除铁工艺，而应采用接触过滤氧化法工艺流程。

接触过滤氧化法是以溶解氧为氧化剂的自催化氧化法。反应生成物是催化剂本身不断地披覆于滤料表面，在滤料表面进行接触氧化除铁反应。曝气只是为了充氧，充氧后应立即进入滤层，避免滤前生成Fe^{3+}胶体粒子穿透滤层。设计时应使曝气后的水至滤池的中间停留时间越短越好。实际工程中，在3～5min之内，不会影响处理效果。

9.6.4 关于地下水铁、锰共存情况下，除铁除锰工艺流程选择的规定。

Fe^{2+}、Mn^{2+}离子往往伴生于天然地下水中，Fe^{2+}、Mn^{2+}离子的氧化去除难以分开。中国市政工程东北设计研究院近几年的研究成果指出，地下水中的Mn^{2+}离子能在除锰菌的作用下，完成生物固锰除锰的生物化学氧化。Fe^{2+}离子参与Mn^{2+}离子的生物氧化过程，所以，Fe^{2+}、Mn^{2+}离子可以在同一滤池中去除，此滤池称为生物滤池。无论单级或两级除铁除锰流程都可采用生物滤池。中国市政工程东北设计研究院已成功设计运行了沈阳经济技术开发区等生物除铁除锰水厂。

当原水含铁量低于6mg/L，含锰量低于1.5mg/L时，采用曝气、一级过滤，可在除铁同时将锰去掉。

当原水含铁量、含锰量超过上述数值时，应通过试验研究，必要时，可采用曝气、两级滤池过滤工艺，以达到铁、锰深度净化的目的，先除铁而后除锰。

当原水碱度较低，硅酸盐含量较高时，将影响生成的Fe^{2+}离子的尺度，形成胶体颗粒。因此，原水开始就充分曝气将使高铁(Fe^{3+})穿透滤层，而致使出水水质恶化。此时也应通过试验确定其除铁、除锰的工艺，必要时，可在二级过滤之前再加一次曝气。即：原水曝气——一级除铁、除锰滤池——曝气——二级除铁、除锰滤池。

Ⅱ 曝 气 装 置

9.6.5 关于曝气设备选用的规定。

9.6.6 关于跌水曝气装置主要设计参数的规定。

国内使用情况表明，跌水级数一般采用1～3级，每级跌水高度一般采用0.5～1.0m。单宽流量各地采用的数值相差悬殊，多数采用20～50m³/(m·h)。故条文作了相应规定。

9.6.7 关于淋水装置主要设计参数的规定。

目前国内淋水装置多采用穿孔管，因其加工安装简单，曝气效果良好，而采用莲蓬头者较少。理论上，孔眼直径愈小，水流愈分散，曝气效果愈好。但孔眼直径太小易于堵塞，反而会影响曝气效果。根据国内使用经验，孔眼直径以4～8mm为宜，孔眼流速以1.5～2.5m/s为宜，安装高度以1.5～2.5m为宜。淋水装置的安装高度，对板条式曝气塔为淋水出口至最高一层板条的高度；对接触式曝气塔为淋水出口至最高一层填料面的高度；直接设在滤池上的淋水装置为淋水出口至滤池内最高水位的高度。

9.6.8 关于喷水装置主要设计参数的规定。

条文中规定了每10m²面积设置喷嘴的个数，实际上相当于每个喷嘴的服务面积约为1.7～2.5m²。

9.6.9 关于射流曝气装置设计计算原则的规定。

某水厂原射流曝气装置未经计算，安装位置不当，使装置不仅不曝气，反而从吸气口喷水。后经计算，并改变了射流曝气装置的位置，结果曝气效果良好。可见，通过计算来确定射流曝气装置的构造是很重要的。东北两个城市采用射流曝气装置已有多年历史，由于它具有设备少、造价低、加工容易、管理方便、溶氧效率较高等优点，故迅速得以在国内十多个水厂推广使用，效果良好。实践表明，原水经射流曝气后溶解氧饱和度可达70%～80%，但CO_2散除率一般不超过30%，pH值无明显提高，故射流曝气装置适用于原水铁、锰含量较低，对散除CO_2和提高pH值要求不高的场合。

9.6.10 关于压缩空气曝气需气量的规定。

9.6.11 关于板条式曝气塔主要设计参数的规定。

9.6.12 关于接触式曝气塔主要设计参数的规定。

实践表明，接触式曝气塔运转一段时间以后，填料层易被堵塞。原水含铁量愈高，堵塞愈快。一般每1～2年就应对填料层进行清理。这是一项十分繁重的工作，为方便清理，层间净距一般不宜小于600mm。

9.6.13 关于设有喷淋设备的曝气装置淋水密度的规定。

根据生产经验，淋水密度一般可采用5～10m³/(m²·h)。但直接装设在滤池上的喷淋设备，其淋水密度相当于滤池的滤速。

9.6.14 关于叶轮式表面曝气装置主要设计参数的规定。

试验研究和东北地区采用的叶轮表面曝气装置的实践经验表明，原水经曝气后溶解氧饱和度可达80%以上，二氧化碳散除率可达70%以上，pH值可提高0.5～1.0。可见，叶轮表面曝气装置不仅溶氧效率较高，而且能充分散除二氧化碳，大幅度提高pH值。使用中还可根据要求适当调节曝气程度，管理条件也较好，故近年来已逐渐在工程中得以推广使用。设计时应根据曝气程度的要求来确定设计参数，当要求曝气程度高时，曝气池容积和叶轮外缘线速度应选用条文中规定的上限，叶轮直径与池长边或直径之比应选用条文中规定数据的下限。

9.6.15 关于曝气装置设在室内时应考虑通风设施的原则规定。

Ⅲ 除铁、除锰滤池

9.6.16 关于除铁、除锰滤池滤料的规定。

20世纪60年代发展起来的天然锰砂除铁技术，由于其明显的优点而迅速在全国推广使用。近年来，除铁技术又有了新的发展，接触氧化除铁理论认为，在滤料成熟之后，无论何种滤料均能有效地除铁，起着铁质活性滤膜载体的作用。因此，除铁、除锰滤池滤料可选择天然锰砂，也可选择石英砂及其他适宜的滤料。"地下水除铁课题组"调查及试验研究结果表明，石英砂滤料更适用于原水含铁量低于15mg/L的情况，当原水含铁量>15mg/L时，宜采用无烟煤—石英砂双层滤料。

9.6.17 关于除铁除锰滤池主要设计参数的规定。

条文依据国内生产经验和试验研究结果而定。滤料粒径，当采用石英砂时，最小粒径一般为0.5～0.6mm，最大粒径一般为1.2～1.5mm；当采用天然锰砂时，最小粒径一般为0.6mm，最大粒径一般为1.2～2.0mm。条文对滤料层厚度规定的范围较大，使用时可根据原水水质和选用的滤池型式确定。国内已有的重力式滤池的滤层厚度一般采用800～1000mm，压力式滤池的滤层厚度一般采用1000～1200mm，甚至有厚达1500mm的。然而重力式滤池和压力式滤池并无实质上的区别，只是构造不同而已，因此主要还应根据原水水质来确定滤层厚度。

9.6.18 关于除铁、除锰滤池配水系统和承托层选用的规定。

9.6.19 关于除铁、除锰滤池冲洗强度、膨胀率和冲洗时间的规定。

以往设计和生产中采用的冲洗强度、膨胀率较高，通过试验研究和生产实践发现，滤池冲洗强度过高易使滤料表面活性滤膜破坏，致使初滤水长时间不合格，也有个别把承托层冲翻的实例。冲洗强度太低则易使滤层结泥球，甚至板结。因此，除铁、除锰滤池冲洗强度应适当。当天然锰砂滤池的冲洗强度为18L/(m²·s)，石英砂滤池的冲洗强度为13～15L/(m²·s)时，即可使全部滤层浮动，达到预期的冲洗目的。

9.7 除 氟

Ⅰ 一 般 规 定

9.7.1 关于生活饮用水除氟处理范围的规定。

人体中的氟主要来自饮用水。氟对人体健康有一定的影响。长期过量饮用含氟高的水可引起慢性中毒，特别是对牙齿和骨骼。当水中含氟量在0.5mg/L以下时，可使龋齿增加，大于1.0mg/L时，可使牙齿出现斑釉。我国《生活饮用水卫生标准》GB 5749和《生活饮用水水质卫生规范》规定了饮用水中的氟化物含量小于1.0mg/L。

9.7.2 关于除氟方法和适用原水水质的规定。

除氟的方法很多，如活性氧化铝吸附法、反渗透法、电渗析法、混凝沉淀法、离子交换法、电凝聚法、骨碳法等，本规范仅对常用的前4种除氟方法作了有关技术规定。

饮用水除氟的原水主要为地下水，在我国的华北和西北存在较多的地下水高氟地区，一般情况下高氟地下水中氟化物含量在1.0～10mg/L范围内。若原水中的氟化物含量大于10mg/L，可采用增加除氟流程或投加熟石灰预处理的方法。悬浮物量和含盐量是设备的基本要求，当含盐量超过10000mg/L时，除氟率明显下降，原水若超过限值，应采用相应的预处理措施。

9.7.3 关于除氟过程中产生的废水及泥渣排放的规定。

除氟过程中产生的废水，其排放应符合现行国家标准《污水综合排放标准》GB 8978的规定。泥渣按其去向进入垃圾填埋厂的应符合现行国家标准《生活垃圾填埋污染控制标准》GB 16889的规定，进入农田的应符合现行国家标准《农用污泥中污染物控制标准》GB 4284 的规定。

Ⅱ 混凝沉淀法

9.7.4 关于混凝沉淀法进水水质及使用药剂的规定。

混凝沉淀法主要是通过絮凝剂形成的絮体吸附水中的氟，经沉淀或过滤后去除氟化物。当原水中含氟量大于 4mg/L 时不宜采用混凝沉淀法，否则处理水中会增加 SO_4^{2-}、Cl^- 等物质，影响饮用水质量。

药剂一般以采用铝盐去除效果较好，可选择氯化铝、硫酸铝、碱式氯化铝等。

9.7.5 关于絮凝剂投加量的规定。

絮凝剂投加量受原水含氟量、温度、pH 值等因素影响，其投加量应通过试验确定。一般投加量（以 Al^{3+} 计）宜为原水含氟量的 10～15 倍（质量比）。

9.7.6 关于混凝沉淀工艺流程的规定。

9.7.7 关于混合、絮凝和过滤的设计参数的规定。

9.7.8 关于混凝沉淀时间的规定。

Ⅲ 活性氧化铝吸附法

9.7.9 关于活性氧化铝滤料粒径的规定。

活性氧化铝的粒径越小吸附容量越高，但粒径越小强度越差，而且粒径小于 0.5mm 时，反冲造成的滤料流失较大。粒径 1mm 的滤料耐压强度一般能达到 9.8N/粒。

9.7.10 关于原水在进入滤池前调整 pH 值的规定。

一般含氟量较高的地下水其碱度也较高（pH 值大于 8.0，偏碱性），而 pH 值对活性氧化铝的吸附容量影响很大。经试验，进水 pH 值在 6.0～6.5 时，活性氧化铝吸附容量一般可为 4～5g(F^-)/kg(Al_2O_3)；进水 pH 值在 6.5～7.0 时，吸附容量一般可为 3～4g(F^-)/kg(Al_2O_3)；若不调整 pH 值，吸附容量仅在 1g(F^-)/kg(Al_2O_3)左右。

9.7.11 关于吸附滤池滤速和运行方式的规定。

9.7.12 关于滤池滤料厚度的规定。

9.7.13 关于再生药剂的规定。

9.7.14 关于再生方式的规定。

首次反冲洗滤层膨胀率宜采用 30%～50%，反冲时间宜采用 10～15min，冲洗强度一般可采用 12～16L/$(m^2 \cdot s)$。

再生溶液宜自上而下通过滤层。采用氢氧化钠再生，浓度可为 0.75%～1%，消耗量可按每去除 1g 氟化物需要 8～10g 固体氢氧化钠计算，再生液用量容积为滤料体积的 3～6 倍，再生时间为 1～2h，流速为 3～10m/h；采用硫酸铝再生，浓度可为 2%～3%，消耗量可按每去除 1g 氟化物需要 60～80g 固体硫酸铝计算，再生时间为 2～3h，流速为 1.0～2.5m/h。

再生后滤池内的再生溶液必须排空。

二次反冲强度宜采用 3～5L/$(m^2 \cdot s)$，反冲时间 1～3h。采用硫酸铝再生，二次反冲终点出水的 pH 值应大于 6.5；采用氢氧化钠再生，二次反冲后应进行中和，中和宜采用 1%硫酸溶液调节进水 pH 值至 3 左右，直至出水 pH 值降至 8～9 时为止。

Ⅳ 电渗析法

9.7.15 关于电渗析器选择及电渗析流程长度、级、段数确定的规定。

电渗析器应根据原水水质、处理水量、出水水质要求和氟离子的去除率选择主机型号、流量、级、段和膜对数。当处理水量大时，可采用多台并联方式。为提高出水水质，可采用多台电渗析串联方式，也可采用多段串联即增加段数，延长处理流程；为增加产水量可以增加电渗析单台的膜对数。

9.7.16 关于电渗析倒极器的规定。

倒极器可采用手动、气动、电动、机械倒极装置。若采用手动倒极，由于不能严格地长期按时操作，常产生结垢情况，而严重影响电渗析的正常运行。为降低造价，易于维修，宜采用自动倒极装置。

9.7.17 关于电渗析电极的规定。

电极应具有良好的导电性能、电阻小、机械强度高、化学及电化学稳定性好。

经石蜡或树脂浸渍处理后的石墨，用其作电极，一般在苦咸水或海水淡化中使用寿命较长；钛涂钌电极导电性好，耐腐蚀性强。为杜绝纯铅离子的渗入，用作饮用水处理时不得采用铅电极。

9.7.18 关于电渗析淡水、浓水、极水流量的规定。

为保持膜两侧浓、淡室压力的一致，浓水应取与淡水相同的流量，但为节水，一般在不低于 2/3 流量时，仍可以安全运行。浓水建议循环使用。

极水流量一般可为 1/3～1/5 的淡水流量。太高产生浪费，太低会影响膜的寿命，并且会发生水的渗透污染。

9.7.19 关于进入电渗析器水压的规定。

国内离子交换膜，最高爆破强度可达 0.7MPa。为保护膜片，规定进入电渗析器水压不超过 0.3MPa。

9.7.20 关于电渗析主机酸洗周期的规定。

电渗析主机酸洗周期是根据原水硬度、含盐量不同而变化，并与运行管理好坏有直接关系。电渗析工作过程中水中的钙、镁及其他阳离子向阴极方向移动，并在交换膜面或多或少积留，甚至造成结垢。电极的倒换即浓室变淡室，离子也反向移动，可以使膜消垢。因此，频繁倒换电极，可以延长酸洗周期。倒换电极较频繁时，酸洗周期可为 1～4 周。酸洗液宜采用工业盐酸，浓度可为 1.0%～1.5%，不得大于 2%；宜采用动态循环方式，酸洗时间一般可为 2h。

Ⅴ 反渗透法

9.7.21 关于反渗透装置组成的规定。

除氟的反渗透装置一般包括保安过滤器、反渗透膜元件、压力容器、高压泵、清洗系统、加药系统以及水质检测仪表、控制仪表等控制系统。

保安过滤器的滤芯使用时间不宜过长，一般可根据前后压差来确定调换滤芯，压差不宜大于 0.1MPa。宜采用 14～15m^3/$(m^2 \cdot h)$滤元过滤。使用中应定时反洗、酸洗，必要时杀菌。

反渗透膜的选取应根据不同的原水情况及工程要求。反渗透系统产水能力在 3m^3/h 以下时，宜选用直径为 101.6mm 的膜元件；系统产水能力在 3m^3/h 以上时，宜选用直径为 203.2mm 的膜元件。

反渗透膜壳建议采用优质不锈钢或玻璃钢。膜的支撑材料、密封材料、外壳等应无不纯物渗出，能耐 H_2O_2 等化学药品的氧化及腐蚀等，一般可采用不锈钢材质。管路部分高压可用优质不锈钢，低压可用国产 ABS 或 UPVC 工程塑料。产水输送管路管材可用不锈钢。

高压泵可采用离心泵、柱塞泵、高速泵或变频泵，其出口应装止回阀和闸阀；高压泵前应设低压保护开关，高压泵后及产水侧应设高压保护开关。

应设置监测进水的 FI、pH 值、电导率、游离氯、温度等以及产水的电导率、DO、颗粒、细菌、COD 等的水质检测仪表。

进水侧应设高温开关及高、低 pH 值开关；浓水侧应设流量开关；产水侧应设电导率开关。整个系统应有高低压报警、加药报警、液位报警、高压泵入口压力不足报警等报警控制装置。

9.7.22 关于进入反渗透装置原水水质和预处理的规定。

污染指数表示的是进水中悬浮物和胶体物质的浓度和过滤特性，是表征进水对微孔滤膜堵塞程度的一个指标。微量悬浮物和胶状物一旦堵塞反渗透膜，膜组件的产水量和脱盐率会明显降低，甚至影响膜的寿命，因此反渗透对污染指数这个指标有严格要求。

原水中除了悬浮物和胶体外，微生物、硬度、氯含量、pH 值及其他对膜有损害的物质，都会直接影响到膜的使用寿命及出水水质，关系到整个净化系统的运行及效果。一般膜组件生产厂家对其产品的进水水质会提出严格要求，当原水水质不符合膜组件的要求时，就必须进行相应的预处理。

9.7.23 关于反渗透装置设备安放方面的规定。

9.8 消　毒

Ⅰ 一般规定

9.8.1 为确保卫生安全，生活饮用水必须消毒。

通过消毒处理的水质不仅要满足生活饮用水水质卫生标准中与消毒相关的细菌学指标，同时，由于各种消毒剂消毒时会产生相应的副产物，因此还要求满足相关的感官性状和毒理学指标，确保居民安全饮用。

目前，国内执行的生活饮用水卫生标准和规范为：现行国家标准《生活饮用水卫生标准》GB 5749，建设部城镇建设行业标准《城市供水水质标准》CJ/T 206。

9.8.2 关于消毒剂和消毒方法选择的规定。

常用的消毒方法主要为氯消毒和氯胺消毒，也可采用二氧化氯消毒、臭氧消毒、紫外线消毒以及各种方法的组合。其中紫外线消毒是一种物理消毒方法。从国外的最新发展趋势看，紫外线消毒正在成为净水处理中重要消毒手段之一。美国环保总署正在修订的饮用水处理标准中增加了隐孢子虫作为卫生学指标之一。国家现行标准《城市供水水质标准》CJ/T 206 中，也增加了兰氏贾第虫和隐孢子虫指标。根据美国最新研究结果表明，紫外线是控制贾第虫和隐孢子虫等寄生虫最为经济有效的消毒方法。同时，组合式消毒工艺，即多屏障消毒策略将逐渐被净水行业广泛认同和接受。

如果单独采用臭氧消毒或紫外线消毒时，出厂前应补加氯或氯制剂消毒，以满足出厂余氯要求。

9.8.3 关于消毒剂投加点选择的规定。

不同消毒剂和不同的原水水质，其投加点不尽相同。根据对目前几十个城市调查的反馈情况，大多采用氯消毒，水源水质较好的净水厂多数采用混凝前和滤后两点加氯。

9.8.4 关于消毒剂设计投加量的规定。

设计投加量对于水质较好水源的净水厂可按相似条件下的运行经验确定；对多水源和原水水质较差的净水厂，原水水质变化使消毒剂投加点目的不同，会使投加量相差悬殊，因此有必要按出厂水与投加消毒剂相关的水质控制指标，通过试验确定各投加点的最大消毒剂投加量作为设计投加量。

9.8.5 关于确定消毒剂与水接触时间的规定。

化学法消毒工艺的一条实用设计准则为接触时间 T(min)×接触时间结束时消毒剂残留浓度 C(mg/L)，被称为 CT 值。消毒接触一般采用接触池或利用清水池。由于其水流不能达到理想推流，所以部分消毒剂在水池内的停留时间低于水力停留时间 t，故接触时间 T 需采用保证 90% 的消毒剂能达到的停留时间 t，即 T_{10} 进行计算。T_{10} 为水池出流 10% 消毒剂的停留时间。T_{10}/t 值与消毒剂混合接触效率有关，值越大，接触效率越高。影响清水池 T_{10}/t 的主要因素有清水池水流廊道长宽比、水流弯道数目和形式、池型以及进、出口布置等。一般清水池的 T_{10}/t 值多低于 0.5，因此应采取措施提高接触池或清水池的 T_{10}/t 值，保证必要的接触时间。

对于一定温度和 pH 值的待消毒处理水，不同消毒剂对粪便大肠菌、病毒、兰氏贾第鞭毛虫、隐孢子虫灭活的 CT 值也不同。

摘自美国地表水处理规则(SWTR)，达到 1-log 灭活(90%灭活率)兰氏贾第虫和在 pH 值 6～9 时达到 2-log、3-log 灭活(99%、99.9%灭活率)肠内病毒的 CT 值，参见表 11、表 12。

各种消毒剂与水的接触时间应参考对应的 CT 值，并留有一定的安全系数加以确定。

表 11　灭活 1-log 兰伯贾第虫的 *CT* 值

消毒剂	pH 值	在水温下的 CT 值					
		0.5℃	5℃	10℃	15℃	20℃	25℃
2mg/L 的游离残留氯	6	49	39	29	19	15	10
	7	70	55	41	28	21	14
	8	101	81	61	41	30	20
	9	146	118	88	59	44	29
臭氧	6～9	0.97	0.63	0.48	0.32	0.24	0.16
二氧化氯	6～9	21	8.7	7.7	6.3	5	3.7
氯胺(预生成的)	6～9	1270	735	615	500	370	250

表 12　在 pH 值 6～9 时灭活肠内病毒的 *CT* 值

消毒剂	灭活 log	在水温下的 CT 值					
		0.5℃	5℃	10℃	15℃	20℃	25℃
游离残留氯	2	6	4	3	2	1	1
	3	9	6	4	3	2	1
臭氧	2	0.9	0.6	0.5	0.3	0.25	0.15
	3	1.4	0.9	0.8	0.5	0.4	0.25
二氧化氯	2	8.4	5.6	4.2	2.8	2.1	1.4
	3	25.6	17.1	12.8	8.6	6.4	4.3
氯胺(预生成的)	2	1243	857	643	428	321	214
	3	2063	1423	1067	712	534	356

9.8.6 关于采用消毒剂及消毒系统设计应执行国家有关规范、标准和规程的规定。

《消毒管理办法》(中华人民共和国卫生部 2002 年 7 月 1 日颁布)第十七条、第十八条对消毒设备、产品和药剂的标准和质量均有规定，应严格执行。

对于广泛应用的氯消毒系统，按现行国家标准《职业性接触毒物危害程度分级》GB 5044，氯属于Ⅱ级(高度危害)物质，加氯消毒系统的设计必须执行现行国家标准《氯气安全规程》GB 11984。

Ⅱ 氯消毒和氯胺消毒

9.8.7 关于采用氯消毒和氯胺消毒消毒剂的有关规定。

通过查阅资料和对国内几十个城市水厂的调查，目前国内外仍以液氯消毒作为普遍采用的消毒方法。

饮用水的氯消毒，将液氯汽化后通过加氯机将氯气投入待处理水中，形成次氯酸(HOCl)和次氯酸根(OCl^-)，统称游离性有效氯(FAC)。在 25℃、pH＝7.0 时，两种成分约各占 50%。游离性有效氯有杀菌消毒及氧化作用。

氯胺又称化合性有效氯(CAC)，在处理水中通常按一定比例投加氯气和氨气，当 pH＝7～10 时，稀溶液很快合成氯胺。氯胺消毒较之氯消毒可减少三卤甲烷(THMs)的生成量，减轻氯酚味；并可增加余氯在供水管网中的持续时间，抑制管网中细菌生成。故氯胺消毒常用于原水中有机物多和清水输水管道长、供水区域大的净水厂。

9.8.8 关于氯胺消毒时，氯和氨投加比例的规定。

9.8.9 关于氯消毒和氯胺消毒与水接触时间的规定。

按现行国家标准《生活饮用水卫生标准》GB 5749 和《城市供水水质标准》CJ/T 206 的要求，与水接触 30min 后，出厂水游离余氯应大于 0.3mg/L，(即氯消毒 CT 值≥9mg·min/L)，或与水接触 120min 后，出厂水总余氯大于 0.6 mg/L，(即氯胺消毒 CT 值≥72 mg·min/L)。

对于无大肠杆菌和大肠埃希菌的地下水，可利用配水管网进行消毒接触。对污染严重的地表水，应使用较高的 CT 值。

世界卫生组织(WHO)认为由原水得到无病毒出水，需满足下列氯消毒条件：出水浊度≤1.0NTU，pH＜8，接触时间 30min，游离余氯＞0.5mg/L。

9.8.10 关于加氯机和加氯系统的有关规定。

根据几十个城市的调查反馈情况，大多数净水厂液氯消毒及加压站补氯均采用了全真空自动加氯系统。其控制方式，前加氯多为流量比例(手动或自动)投加，后加氯多采用流量、余氯复合环控制投加。根据现行国家标准《氯气安全规程》GB 11984 规定，瓶内液氯不能用尽，必须留有余压，因此氯源的切换多采用压力切换。

9.8.11 关于加氯机的加氯计量和安全措施的规定。

9.8.12 关于采用漂白粉消毒时的有关规定。

9.8.13 关于加氨方式和相关措施的规定。

9.8.14 关于加氯间和氯库、加氨间和氨库位置的规定。

英国《供水设计手册》中规定：加氯间及氯库应与其他建筑的任何通风口相距不少于 25m，贮存氯瓶、气态氯储槽和液态氯储槽的氯库应与其他建筑边界相距分别不少于 20m、40m、60m。

9.8.15 关于加氯(氨)间采暖方式的规定。

从安全防火、防爆考虑，条文删去了原规范中的火炉采暖。

9.8.16 关于提高氯瓶出氯量措施的规定。

9.8.17 关于加氯(氨)间及氯(氨)库采用安全措施的规定。

根据国家现行标准《工业企业设计卫生标准》CBZ 1 规定，室内空气中氯气允许浓度不得超过 $1mg/m^3$，故加氯间(真空加氯间除外)及氯库应设置泄漏检测仪和报警设施。

当室内空气含氯量≥$1mg/m^3$ 时，自动开启通风装置；当室内空气含氯量≥$5mg/m^3$ 时，自动报警，并关闭通风装置；当室内空气含氯量≥$10mg/m^3$ 时，自动开启漏氯吸收装置。因此漏氯检测仪的测定范围为：$1\sim15mg/m^3$。

加氯设施的设计应将泄漏减至最低程度，万一出现泄漏，应及时控制，故本条文规定氯库应设有漏氯事故的处理设施，并应设置全套漏氯吸收装置(处理能力按 1h 处理 1 个所用氯瓶漏氯量计)。氯吸收塔尾气排放应符合现行国家标准《大气污染物综合排放标准》GB 16297 中氯气无组织排放时周界外浓度最高点为 $0.5\ mg/m^3$ 的规定。

漏氯吸收装置与消防设备类似，不常使用，但必须注意维护，确保随时可安全运行。漏氯吸收装置应设在临近氯库的单独房间内，用地沟与氯库相通。

氨是有毒的、可燃的，比空气轻。氨瓶间仓库安全措施与氯库相似，但还需有防爆措施。

9.8.18 关于加氯(氨)间及其仓库通风的规定。

参照美国规范，对通风系统设计作了规定。

9.8.19 关于加氯(氨)间设置安全防范设施的规定。

9.8.20 关于加氯(氨)给水管道的供水要求及加氯(氨)管道材料的规定。

消毒药剂均系强氧化剂，对某些材料有腐蚀作用，本条文中规定加氯(氨)的管道及配件应采用耐腐蚀材料。氨水溶液及氨对铜有腐蚀性，故宜用塑料制品。

9.8.21 关于加氯、加氨设备及其管道设置备用的规定。

为保证不间断加氯(氨)，本条文对备用作了相应的规定。

9.8.22 关于消毒剂仓库设置、仓库储备量和起重设备的规定。

固定储备量是指由于非正常原因导致药剂供应中断，而在药剂仓库内设置的在一般情况下不准动用的储备量，应按水厂的重要性来决定。据调查，一般设计中均按最大用量的 7～15d 计算。周转储备量是指考虑药剂消耗与供应时间之间的差异所需的储备量，可根据当地货源和运输条件确定。

Ⅲ　二氧化氯消毒

二氧化氯是世界卫生组织(WHO)和世界粮农组织(FAO)向全世界推荐的 AI 级广谱、安全和高效的消毒剂。目前在欧、美发达国家的净水厂多有采用。

参考美国、日本的净水厂设计手册，二氧化氯通常作为净水厂前加氯的代用预氧化剂。因其不同于氯，不产生三卤甲烷(THMs)，不氧化三卤甲烷的前驱物，不与氨或酚类反应，杀菌效果随 pH 值增加而增加，所以二氧化氯应用于含酚、含氨、pH 值高的原水的预氧化和消毒较有利。

9.8.23 因为二氧化氯与空气接触易爆炸，不易运输，所以二氧化氯一般采用化学法现场制备。国外多采用高纯型二氧化氯发生器，有以氯溶液与亚氯酸钠为原料的氯法制备和以盐酸与亚氯酸钠的酸法制备方法。国内有以盐酸(氯)与亚氯酸钠为原料的高纯型二氧化氯和以盐酸与氯酸钠为原料的复合二氧化氯两种形式，可根据原水水质和出水水质要求，本着技术上可行、经济上合理的原则选型。

在密闭的发生器中生成二氧化氯，其溶液浓度为 10g/L。由于生成二氧化氯的主要材料固体(亚氯酸钠、氯酸钠)属一、二级无机氧化剂，贮运操作不当有引起爆炸的危险；原材料盐酸与固体亚氯酸钠相接触也易引起爆炸；原料调制浓度过高(32% HCl 和 24%$NaClO_2$)反应时也将发生爆炸。二氧化氯泄漏时，空气中二氧化氯(ClO_2)含量为 14ppm 时，人可察觉，45ppm 时明显刺激呼吸道；空气中浓度大于 11%和水中浓度大于 30%时易发生爆炸。鉴于上述原因，其贮存、调制、反应过程中有潜在的危险，为确保二氧化氯安全地制备和在水处理中使用，其现场制备的设备应是成套设备，并必须有相应有效的各种安全措施。

9.8.24 关于二氧化氯消毒剂与水接触时间的规定。

国家现行标准《城市供水水质标准》CJ/T 206 中规定：二氧化氯与水接触 30min 后，出厂二氧化氯余量≥0.1mg/L，管网末梢二氧化氯余量≥0.02 mg/L。

9.8.25 关于二氧化氯原材料贮备间安全措施的规定。

9.8.26 关于二氧化氯设备系统密封、防腐及安全措施的规定。

9.8.27 关于二氧化氯系统设置安全防范设施和房间布置的规定。

9.8.28 关于二氧化氯原材料贮存量的规定。

出于安全考虑，二氧化氯原材料库房的贮量不宜太多。

9.8.29 关于二氧化氯系统防火防爆设计应根据现行国家标准《建筑设计防火规范》相关条文执行的规定。

9.9　臭氧净水

Ⅰ　一般规定

9.9.1 阐明臭氧净水设施应该包括的设计内容。

9.9.2 关于臭氧投加位置的原则规定。

由于目前国内城镇水厂中采用臭氧净水设施实例较少，因此，本规定所述原则基本上是依据国外的相似经验确定。设计中臭氧投加位置应通过对原水水质状况的分析，结合总体净水工艺过程的考虑和出水水质目标来确定，也可参照相似条件下的运行经验或通过一定的试验来确定。

9.9.3 关于臭氧投加率确定的原则规定。

由于臭氧净水设施的设备投资和日常运行成本较高，臭氧投加率确定合理与否，将直接影响工程的投资和生产运行成本。考虑到国内目前水厂中的实践经验很少，因此，本规定明确了宜根据待处理水的水质状况并结合试验结果来确定的要求。

9.9.4 从臭氧接触池排气管排入环境空气中的气体仍含有一定的残余臭氧，这些气体被称为臭氧尾气。由于空气中一定浓度的臭氧对人的机体有害。人在含臭氧百万分之一的空气中长期停留，会引起易怒、感觉疲劳和头痛等不良症状。而在更高的浓度下，除这些症状外，还会增加恶心、鼻子出血和眼粘膜发炎。经常受臭氧的毒害会导致严重的疾病。因此，出于对人体健康安全的考虑，提出了此强制性规定。通常情况下，经尾气消除装置处理后，要求排入环境空气中的气体所含臭氧的浓度小于 $0.1\mu g/L$。

9.9.5 关于与臭氧气体或溶有臭氧的水体接触的材料要求的规定。

由于臭氧的氧化性极强，对许多材料具有强腐蚀性，因此要求臭氧处理设施中臭氧发生装置、臭氧气体输送管道、臭氧接触池以及臭氧尾气消除装置中所有可能与臭氧接触的材料能够耐受臭氧的腐蚀，以保证臭氧净水设施的长期安全运行和减少维护工作。据调查，一般的橡胶、大多数塑料、普通的钢和铁、铜以及铝等材料均不能用于臭氧处理系统。适用的材料主要包括316号和305号不锈钢、玻璃、氯磺烯化聚乙烯合成橡胶、聚四氟乙烯以及混凝土。

Ⅱ 气源装置

9.9.6 规定了臭氧发生装置的气源品种及气源质量要求。

对气源品种的规定是基于臭氧发生的原理和对目前国内外所有臭氧发生器气源品种的调查。由于供给臭氧发生器的各种气源中一般均含有一定量的一氧化二氮，气源中过多的水分易与其生成硝酸，从而导致对臭氧发生装置及输送臭氧管道的腐蚀损坏，因此必须对气源中的水分含量作出规定，露点就是代表气源水分含量的指标。据调查，目前国内外绝大部分运行状态下的臭氧发生器的气源露点均低于－60°C，有些甚至低于－80°C。一般情况下，空气经除湿干燥处理后，其露点可达到－60°C以下，制氧机制取的气态氧气露点也可达到－60°C到－70°C之间，液态氧的露点一般均在－80°C以下，因此，本规定对气源露点作出应低于－60°C的规定。

此外，气源中的碳氧化物、颗粒、氮以及氩等物质的含量对臭氧发生器的正常运行、使用寿命和产气能耗等也会产生影响，且不同臭氧发生器的厂商对这些指标要求各有不同，故本条文只作原则规定。

9.9.7 关于气源装置的供气气量及压力的规定。

9.9.8 对供应空气的气源装置设备备用的规定。

供应空气的气源装置一般应包括空压机、储气罐、气体过滤设备、气体除湿干燥设备，以及消声设备。供应空气的气源装置除了应具有供气能力外，还应具备对所供空气进行预处理的功能，所供气体不仅在量上而且在质上均需满足臭氧发生装置的用气要求。空压机作为供气的动力设备，用以满足供气气量和气压的要求，一般要求采用无油润滑型；储气罐用于平衡供气压力和气量；过滤设备用于去除空气中的颗粒和杂质；除湿干燥设备用于去除空气中的水分，以达到降低供气露点的目的；消声设备则用于降低气源装置在高压供气时所产生的噪声。由于供应空气的气源装置需要常年连续工作，且设备系统较复杂，通常情况下每个装置可能包括多个空压机、储气罐，以及过滤、除湿、干燥和消声设备，为保证在某些设备组件发生故障或需要正常维修时气源装置仍能正常供气，要求气源装置中的主要设备应有备用。

9.9.9 规定了供应氧气的气源装置的形式。

据调查，目前国内外水厂臭氧净水设施中以氧气为气源的均通过设置现场液氧储罐或制氧机这两种形式的气源装置来为臭氧发生装置供氧气。

9.9.10 关于液氧储罐供氧装置液氧储存量的规定。

液氧储罐供氧装置一般应包括液氧储罐、蒸发器、添加氮气或空气的设备，以及液氧储罐压力和罐内液氧储存量的显示及报警设备等。液态氧可通过各种商业渠道采购而来，其温度极低，在使用现场需要专用的隔热和耐高压储罐储存。为节省占地面积，储罐一般都是立式布置。进入臭氧发生装置的氧必须是气态氧，因此需要设置将液态氧蒸发成气态氧的蒸发器，蒸发需要的能量一般来自环境空气的热量（特别寒冷的地区可采用电、天然气或其他燃料进行加热蒸发）。通过各种商业渠道所购的液态氧的纯度很高（均在99%以上），而提供给臭氧发生装置的最佳氧气浓度通常在90%～95%，且要求含有少量的氮气。因此，液氧储罐供氧装置一般应配置添加氮气或空气（空气中含有大量氮气）的设备。通常采用的设备有氮气储罐或空压机，并配备相应气体混配器。储存在液氧罐中的液态氧在使用中逐步消耗，其罐内的压力和液面将发生变化，为了随时了解其变化情况和提前做好补充液氧的准备，须设置液氧储罐的压力和液位显示及报警装置。

采购的液态氧由液氧槽罐车输送到现场，然后用专用车载设备加入到储氧罐中。液氧槽罐车一般吨位较大，在厂区内行驶对交通条件要求较高，储存量越大，则对厂区的交通条件要求越高。另外，现场液氧储罐的大小还受消防要求的制约。因此，液氧储存量不宜过大，但储存太少将增加运输成本，带来采购液态氧成本的增加。因此，根据相关的调查，本条文只作出最小储存量的规定。

9.9.11 关于制氧机供氧装置设备的基本配置以及备用能力的规定。

制氧机供氧装置一般应包括制氧设备、供气状况的检测报警设备、备用液氧储罐、蒸发器以及备用液氧储罐压力和罐内液氧储存量的显示及报警设备等。空气中98%以上的成分为氮气和氧气。制氧机就是通过对环境空气中氮气的吸附来实现氧气的富集。一般情况下，制氧机所制取的氧气中氧的纯度在90%～95%，其中还含有少量氮气。此外，制氧机还能将所制氧气中的露点和其他有害物质降低到臭氧发生装置所需的要求。为了保证能长期正常工作，制氧机需定期停运维护保养，同时考虑到设备可能出现故障，因此制氧机供氧装置必须配备备用液氧储罐及其蒸发器。根据大多数制氧机的运行经验，每次设备停运保养和故障修复的时间一般不会超过2d，故对备用液氧储罐的最小储存量提出了不应少于2d氧气用量的规定。虽然备用液氧储罐启用时其所供氧气纯度不属最佳，但由于其使用机会很少，为了降低设备投资和简化设备系统，一般不考虑备用加氮气或空气设备。

9.9.12 对气源品种及气源装置型式选择的规定。

就制取臭氧的电耗而言，以空气为气源的最高，制氧机供氧气的其次，液氧最低。就气源装置的占地而言，空气气源的较氧气气源的大。就臭氧发生的浓度而言，以空气为气源的浓度只有氧气气源的1/5～1/3。就臭氧发生管、输送臭氧气体的管道、扩散臭氧气体的设备以及臭氧尾气消除装置规模而言，以空气为气源的比氧气的大很多。就设备投资和日常管理而言，空气的气源装置均需由用户自行投资和管理，而氧气气源装置通常可由用户向大型供气商租赁并委托其负责日常管理。虽然氧气气源装置较空气气源装置具有较多优点，但其设备的租赁费、委托管理费以及氧气的采购费也很高，且设备布置受到消防要求的限制。因此，采用何种供气气源和气源装置必须综合上述多方面的因素，作技术经济比较后确定。据调查，一般情况下，空气气源适合于较小规模的臭氧发生量，液氧气源适合于中等规模的臭氧发生量，制氧机气源适合于较大规模的臭氧发生量。

9.9.13 关于供应空气的气源装置设置位置的规定。

由于臭氧发生装置对所供空气的质量要求较严格，且有一定的压力要求，过远的气体输送增加了管道中杂质对已经过处理的气体再污染的潜在危险，且空压机的供气能耗会增加，因此，本条文作出相关规定。

9.9.14 关于供应氧气的气源装置设置地点及氧气输送管道敷设的规定。

由于供给臭氧发生装置的氧气质量已经符合要求，过远的气体输送增加了管道中杂质污染气体的潜在威胁，且氧气输送距离过长存在发生火灾的隐患。此外，现行国家标准《氧气站设计规范》GB 50030中对氧气站及管道的设计作出了相应规定。因此，出于生产安全和消防安全的考虑，提出相关规定。

9.9.15 对气源装置设置条件的规定。

以空气或制氧机为气源的气源装置中产生噪声的设备较多，因此应将其设在室内。而以液氧储罐为气源的气源装置中产生噪声的设备较少，且储存液氧的储罐高度较高，考虑到运送液氧的槽罐车向储罐加注液氧时的操作方便，因此一般设置在露天，并要求对部分产生噪声的设备采取降噪措施。

Ⅲ 臭氧发生装置

9.9.16 关于臭氧发生装置最基本组成的规定。

臭氧发生器的供电及控制设备，一般都作为专用设备与臭氧发生器配套制造和供应。冷却设备用以对臭氧发生器及其供电设备进行冷却，既可以配套制造供应，也可根据不同的冷却要求进行专门设计配套。臭氧和氧气泄漏探测及报警设备，用以监测设置臭氧发生装置处环境空气中可能泄漏出的臭氧和氧气的浓度，并对泄漏状况作出指示和报警，其设置数量和位置应根据设置臭氧发生装置处具体环境条件确定。

9.9.17 关于臭氧发生装置产量及备用能力设置的规定。

为了保证臭氧处理设施在最大生产规模和最不利水质条件下的正常工作，臭氧发生装置的产量应满足最大臭氧加注量的需要。

用空气制得的臭氧气体中的臭氧浓度一般为2%～3%，且臭氧浓度调节较困难。当某台臭氧发生器发生故障时，很难通过提高其他发生器的产气浓度来维持整个臭氧发生装置的产量不变。因此，要求以空气为气源的臭氧发生装置中应设置硬备用的臭氧发生器。

用氧气制得的臭氧气体中的臭氧浓度一般为6%～14%，且臭氧浓度调节非常容易。当某台臭氧发生器发生故障时，既可以通过启用已设置的硬备用发生器来维持产量不变，也可通过提高无故障发生器的产气浓度来维持产量不变。采用硬备用方式，可使臭氧发生器正常工作时的产气浓度和氧气的消耗量处于较经济的状态，但设备的初期投资将增加。采用软备用方式，设备的初期投资可减少，但当台数较少时，有可能会使装置正常工作时产气浓度不处于最佳状态，且消耗的氧气将增加。因此，需通过技术经济比较来确定。

9.9.18 关于臭氧发生装置的设置地点及设置环境的规定。

臭氧的腐蚀性极强，泄漏到环境中对人体、设备、材料等均会造成危害，其通过管道输送的距离越长，出现泄漏的潜在危险越大。此外，臭氧极不稳定，随着环境温度的提高将分解成氧气，输送距离越长，其分解的比例越大，从而可能导致到投加点处的浓度达不到设计要求。因此，要求臭氧发生装置应尽可能靠近臭氧接触池。当净水工艺中同时设有预臭氧和后臭氧接触池时，考虑到节约输送管道的投资，其设置地点除了应尽量靠近各用气点外，更宜靠近用气量较大的臭氧接触池。据调查，在某些工程中，当预臭氧和后臭氧接触池相距较远时，也有分别就近设置两套臭氧发生装置的做法，但这种方式将大为增加工程的投资，一般不宜采用。

根据臭氧发生器设置的环境要求，规定必须设置在室内。虽然臭氧发生装置中配有专用的冷却设备，但其工作时仍将产生较多的热量，可能使设置臭氧发生装置的室内环境温度超出臭氧发生装置所能承受的限度。因此，应根据具体情况设置通风设备或空调设备，以保证室内环境温度维持在臭氧发生装置所要求的环境温度以下。

9.9.19 对设有臭氧发生器建筑内的用电设备的安全防护类型作出的规定。

Ⅳ 臭氧气体输送管道

9.9.20 关于确定输送臭氧气体管道的直径及适用材料的规定。

9.9.21 关于输送臭氧气体的埋地管敷设和室外管隔热防护的规定。

由于臭氧泄漏到环境中危害很大，为了能在输送臭氧气体的管道发生泄漏时迅速查找到泄漏点并及时修复，输送臭氧气体的埋地管一般不应直接埋在土壤或结构构造中，而应设在专用的管沟内，管沟上设活动盖板，以方便查漏和修复。

输送臭氧气体的管道均采用不锈钢管，管材的导热性很好，因此，在气候炎热的地区，设在室外的管道（包括设在管沟内）很容易吸收环境空气中的热量，导致管道中的臭氧分解速度加快。因此，要求在这种气候条件下对室外管道进行隔热防护。

Ⅴ 臭氧接触池

9.9.22 关于臭氧接触池最少个数的规定。

在运行过程中，臭氧接触池有时需要停池清洗或检修。为不致造成水厂停产，故规定了臭氧接触池的个数或能够单独排空的分格数不宜少于2个。

9.9.23 关于臭氧接触池接触时间的规定。

工艺目的和待处理水的水质情况不同，所需臭氧接触池接触时间也不同。一般情况下，设计采用的接触时间应根据对工艺目的、待处理水的水质情况进行分析，通过一定的小型或中型试验或参照相似条件下的运行经验来确定。

9.9.24 关于臭氧接触池的构造要求以及尾气排放管和自动气压释放阀设置的规定。

为了防止臭氧接触池中少量未溶于水的臭氧逸出后进入环境空气而造成危害，臭氧接触池必须采取全封闭的构造。

注入臭氧接触池的臭氧气体除含臭氧外，还含有大量的空气或氧气。这些空气或氧气绝大部分无法溶解于水而从水中逸出。其中还含有少量未溶于水的臭氧，这部分逸出的气体也就是臭氧接触池尾气。在全密闭的接触池内，要保证来自臭氧发生装置的气体连续不断地注入和避免将尾气带入到后续处理设施中而影响正常工作，必须在臭氧接触池顶部设置尾气排放管。为了在接触池水面上形成一个使尾气集聚的缓冲空间，池内顶宜与池水面保持0.5～0.7m的距离。

随着臭氧加注量和处理水量的变化，注入接触池的气量及产生的尾气也将发生变化。当出现尾气消除装置的抽气量与实际产生的尾气量不一致时，将在接触池内形成一定的附加正压或负压，从而可能对结构产生危害和影响接触池的水力负荷，因此，必须在池顶设自动气压释放阀，用于在产生附加正压时自动排气和产生附加负压时自动进气。

9.9.25 关于臭氧接触池水流形式、导流隔板设置以及出水方式的规定。

由于制取臭氧的成本很高，为使臭氧能最大限度地溶于水中，接触池水流宜采用竖向流形式，并设置竖向导流隔板。在处于下向流的区格的池底导入臭氧，从而使气水作相向混合，以保证高效的溶解和接触效果。在与池顶相连的导流隔板顶部设置通气孔是为了让集聚在池顶上部的尾气从排放管顺利排出。在与池底相连的导流隔板底部设置流水孔是为了清洗接触池之用。

虽然接触池内的尾气可通过尾气排放管排出，但水中仍会含有一定数量的过饱和溶解的空气或氧气。该部分气体随水流进入后续处理设施会自水中逸出并造成不利影响，如在沉淀或澄清中产生气浮现象或在过滤中产生气阻现象。因此，接触池的出水一般宜采用薄壁堰跌水出流的方式，以使水中过饱和溶解气体在跌水过程中吹脱，并随尾气一起排出。

9.9.26 关于预臭氧接触池设计参数的规定。

1 根据臭氧净水的机理，在预臭氧阶段拟去除的物质大多能迅速与臭氧反应，去除效率主要与臭氧的加注量有关，接触时间对其影响很小。据调查国外的相关应用实例，接触时间大多数采用2min左右。但若工艺设置是以除藻为主要目的的，则接触时间一般应适当延长到5min左右或通过一定的试验确定。

2 预臭氧处理的对象是未经任何处理的原水，原水中含有一定的颗粒杂质，容易堵塞微孔曝气装置。因此，臭氧气体宜通过水射器抽吸后与动力水混合，然后再注入到进水管上的静态混合器或通过专用的大孔扩散器直接注入池内。由于预臭氧接触池停留时间较短和容积较小，故一般只设一个注入点。

3 由于原水中含有的颗粒杂质容易堵塞抽吸臭氧气体的水射器，因此，一般不宜采用原水作为水射器动力水源，而宜采用沉淀（澄清）或滤后水。当受条件限制而不得不使用原水时，应在水射器之前加设两套过滤装置，一用一备。

4 根据对国内外有关应用实例的调查，接触池水深一般为4～6m。

5 由于接触池的池深较深，考虑到若导流隔板间距过小，不易土建施工和扩散器的安装维护以及停池后的清洗，故规定了导流隔板的净距一般不宜小于0.8m。

6 接触池出水端设置余臭氧监测仪是为了检测臭氧的投加率是否合理，以及考核接触池中的臭氧吸收效率。

9.9.27 关于后臭氧接触池设计参数的规定。

1 据调查，后臭氧接触池根据其工艺需要，一般至少由二段接触室串联而成，其中第一段接触室主要是为了满足能与臭氧快速反应物质的接触反应需要，以及保持其出水中含有能继续杀灭细菌、病毒、寄生虫和氧化有机物所必需的臭氧剩余量的需要。后续接触室数量的确定则应根据待水处理的水质状况和工艺目的来考虑。当以杀灭细菌和病毒为目的时，一般宜再设一段。当以杀灭寄生虫和氧化有机物（特别是农药）为目的时，一般宜再设两段。

2 每段接触室包括布气区和后续反应区，并由竖向导流隔板分开，是目前国内外较普遍的布置方式，故作此规定。

3 规定后臭氧接触池的总接触时间宜控制在6～15min之间，是基于对国内外的应用实例的调查所得，可作为设计参考。当条件许可时，宜通过一定的试验确定。规定第一段接触室的接触时间一般宜为2min左右也是基于对有关的调查和与预臭氧相似的考虑所得出。

4 一般情况下，进入后臭氧接触池的水中的悬浮固体大部分已去除，不会对微孔曝气装置造成堵塞，同时考虑到后臭氧处理的对象主要是溶解性物质和残留的细菌、病毒和寄生虫等，处理对象的浓度和含量较低，为保证臭氧在水中均匀高效地扩散溶解和与处理对象的充分接触反应，臭氧气体一般宜通过设在布气区底部的微孔曝气盘直接向水中扩散。为了维持水在整个接触过程中必要的臭氧浓度，规定气体注入点数与接触室的设置段数一致。

5 每个曝气盘在一定的布气量变化范围内可保持其有效作用范围不变。考虑到总臭氧加注量和各段加注量变化时，曝气盘的布气量也将相应变化。因此，曝气盘的布置应经过对各种可能的布气设计工况分析来确定，以保证最大布气量到最小布气量变化过程中的布气均匀。由于第一段接触室需要与臭氧反应的物质含量最多，故规定其布气量宜占总气量的50%左右。

6 接触池设计水深范围的规定是基于对有关的应用实例调查所得出。对布气区的深度与长度之比作出专门规定是基于对均匀布气的考虑，其比值也是参照了相关的调查所得出。

7 由于接触池的池深较深，考虑到若导流隔板间距过小，不易土建施工和曝气盘的安装维护以及停池后的清洗，故规定了导流隔板的净距一般不宜小于0.8m。

8 接触池出水端设置余臭氧监测仪是为了检测出水中的剩余臭氧浓度，控制臭氧投加率，以及考核接触池中的臭氧吸收效率。

Ⅵ 臭氧尾气消除装置

9.9.28 关于臭氧尾气消除装置设备基本组成的规定。

一般情况下，这些设备应是最基本的。其中尾气输送管用于连接剩余臭氧消除器和接触池尾气排放管；尾气中臭氧浓度监测仪用于检测尾气中的臭氧含量和考核接触池的臭氧吸收效率；尾气除湿器用于去除尾气中的水分，以保护剩余臭氧消除器；抽气风机为尾气的输送和处理后排放提供动力；经处理尾气排放后的臭氧浓度监测及报警设备用于监测尾气是否能达到排放标准和尾气消除装置工作状态是否正常。

9.9.29 关于臭氧尾气中剩余臭氧消除方式的规定。

电加热分解消除是目前国际上应用较普遍的方式，其对尾气中剩余臭氧的消除能力极高。虽然其工作时需要消耗较多的电能，但随着热能回收型的电加热分解消除器的产生，其应用价值在进一步提高。催化剂接触催化分解消除，与前者相比可节省较多的电能，设备投资也较低，但需要定期更换催化剂，生产管理相对较复杂。活性炭吸附分解消除目前主要在日本等国家有应用，设备简单且投资也很省，但也需要定期更换活性炭和存在生产管理相对复杂等问题。此外，由于以氧气为气源时尾气中含有大量氧气，吸附到活性炭之后，在一定的浓度和温度条件下容易产生爆炸，因此，规定在这种条件下不应采用活性炭消除方式。

9.9.30 关于臭氧尾气消除装置最大设计气量和对抽气量进行调节的规定。

臭氧尾气消除装置最大处理气量理论上略小于臭氧发生装置最大供气量，其差值随水质和臭氧加注量不同而不同。但从工程实际角度出发，两者最大设计气量宜按一致考虑。抽气风机设置抽气量调节装置，并要求其根据臭氧发生装置的实际供气量适时调节抽气量，是为了保持接触池顶部的尾气压力相对稳定，以避免气压释放阀动作过于频繁。

9.9.31 规定了电加热臭氧尾气消除装置的设置地点及设置条件。

由于电加热消除装置长期处于高温（250～300℃）状态下工作，会向室内环境散发大量热量，造成室内温度过高。因此应在室内设有强排风措施，必要时应设空调设备，以降低室温。

9.9.32 规定了催化剂接触催化和活性炭吸附的臭氧尾气消除装置的设置地点及设置条件。

9.10 活性炭吸附

Ⅰ 一般规定

9.10.1 当原水中有机物含量较高时宜采用臭氧-生物活性炭处理工艺。采用活性炭吸附处理，应对原水进行多年水质监测，分析原水水质的变化规律和趋势，经技术经济比较后，可采用活性炭吸附处理工艺或臭氧-生物活性炭处理工艺。

国内使用活性炭吸附池和生物活性炭吸附池的情况见表13。

日本使用颗粒活性炭净水处理的实例见表14。

9.10.2 活性炭吸附的主要目的不是为了截留悬浮固体。因此，要求混凝、沉淀、过滤处理先去除悬浮固体，然后再进入炭吸附池。在正常情况下，要求炭吸附池进水浊度小于1 NTU，否则将造成炭床堵塞，缩短吸附周期。

表13 国内使用活性炭吸附池情况一览表

水厂名称	规模（$10^4m^3/d$）	活性炭的作用	处理工艺流程	是否为臭氧-生物活性炭工艺	活性炭吸附池的设计参数														活性炭规格性能				运行情况
					池数	单池面积（m^2）	炭层厚度（m）	接触时间（min）	空床流速（m/h）	承托层厚（m）	水冲洗强度［L/(m^2·s)］	膨胀率（%）	冲洗水头（m）	水冲时间（min）	冲洗水源	气冲强度［L/(m^2·s)］	气冲时间（min）	冲洗周期（d）	种类	规格	碘吸附值（mg/g）	亚甲兰吸附值（mg/g）	
北京市第九水厂一期	50	除味、除有机物	混合、机械搅拌澄清池、双层滤料过滤、炭吸附池	否	24	96	1.5	9.8	9.17	—	15	20～30	—	—	—	无	—	—	柱状	直径1.5mm，长2～3mm	>900	>200	1987年投产
北京市第九水厂二、三期	100	除味、除有机物	快速混合、水力絮凝、侧向流波形斜板沉淀池、均质煤滤池、炭吸附池	否	48	97	1.5	9.85	9.13	—	11～15	—	2.25	7～10	滤后水	无	—	—	柱状	直径1.5mm，长2～3mm	>900	>200	1995、1999年分别投产

续表 13

水厂名称	规模（$10^4m^3/d$）	活性炭的作用	处理工艺流程	是否为臭氧-生物活性炭工艺	活性炭吸附池的设计参数：池数	单池面积（m^2）	炭层厚度（m）	接触时间（min）	空床流速（m/h）	承托层厚（m）	水冲洗强度［$L/(m^2·s)$］	膨胀率（%）	冲洗水头（m）	水冲时间（min）	冲洗水源	气冲强度［$L/(m^2·s)$］	气冲时间（min）	冲洗周期（d）	活性炭规格性能：种类	规格	碘吸附值（mg/g）	亚甲兰吸附值（mg/g）	运行情况
北京城子水厂	4.32	除味、除臭、除色、除有机物，除酚、除汞	机械搅拌澄清池、虹吸滤池、炭吸附池	否	6	32	1.5	8	6.8	—	13～15	20～40	1.3	—	—	无	—	5～7	柱状	直径1.5mm，长2～3mm	＞900	＞200	1990年投产
北京田村山水厂	17	除味、除色、除有机物	机械搅拌澄清池、虹吸滤池、炭吸附池	是	24	33	1.5	8	11	—	13～15	20～40	1.3	—	—	无	—	5～7	柱状	直径1.5mm，长2～3mm	＞900	＞200	1985年投产
昆明第五水厂南分厂	10	除味、除色、除有机物	机械混合、水力絮凝、气浮、V形滤池、臭氧接触、生物活性炭过滤	是	12	36.4	1.8	15	12	0.25	12	35	—	—	—	无	—	—	柱状	直径1.5mm，长2～3mm	—	—	1998年投产
上海周家渡水厂	1	除味、除色、除有机物	前臭氧、混合絮凝沉淀过滤、后臭氧、炭吸附池	是	—	16	1.8	15	6.8	—	6.9	—	—	—	—	15.3	—	5～7	颗粒	0.5～0.7mm	—	—	2001年投产
浙江桐乡水厂	8	除味、除臭、除色、除有机物	生物接触氧化、常规净化、后臭氧、生物活性炭	是	10	48	1.8	—	7.5	—	—	—	—	—	—	—	—	—	柱状或颗粒	7格采用柱状煤质炭，3格采用煤质破碎炭	1025/1067	205/256	2003年6月投产
深圳梅林水厂	60	除味、除有机物	前臭氧、混合絮凝沉淀过滤、后臭氧、炭吸附池	是	—	96	2	12	10	—	6～8	—	—	7	—	12～14	3	—	柱状	直径1.5mm，长2～3mm	＞900	＞200	建设中
杭州南星桥水厂	10	除味、除色、除有机物	前臭氧、混合絮凝沉淀过滤、后臭氧、炭吸附池	是	—	—	2	11.5	10.4	—	6.9	—	—	—	—	15.3	—	—	破碎炭	有效粒径0.65～0.75mm	＞1000	＞200	2004年投产

注：浙江桐乡水厂中7格吸附池采用柱状煤质炭直径1.5mm，长2～3mm，碘吸附值1025 mg/g，亚甲兰吸附值205 mg/g。3格采用8×30目煤质破碎炭，碘吸附值1067mg/g，亚甲兰吸附值256 mg/g。

表 14　日本使用颗粒活性炭净水处理的实例

地区	水厂名称	处理水量（$10^4m^3/d$）	处理对象	方式	池面积（m^2）	池数	形状	接触时间（min）
东京都	金街	52	沉淀水	重力式固定床	98	24	矩形	14.4
大阪府	村野1	55	过滤水	重力式固定床	141	24	矩形	10
大阪府	村野1	124.7	过滤水	重力式固定床	113	32	矩形	10
阪神	猪川	91.69	沉淀水	上向流流动床	47.6 47.2	36 30	矩形	8.5

地区	空床流速（m/h）	炭层厚度（m）	粒径（mm）	不均匀系数（d_{60}/d_{10}）	再生时间	运行年份
东京都	10.4	2.5	1.2	1.3	4年	1992 1996
大阪府	8.4	1.4	1.0	1.5～1.9	4年	1994
大阪府	16.2	2.7	1.0	1.5～1.9	4年	1998
阪神	15	2.1	0.39～0.47	1.4以上	每年20%交换	1993 1996 1997 1998

9.10.3　关于炭吸附池设计参数确定的一般要求。

9.10.4　关于活性炭规格及性能的规定。

活性炭是用含炭为主的物质制成，如煤、木材（木屑形式）、木炭、泥煤、泥煤焦炭、褐煤、褐煤焦炭、骨、果壳以及含炭的有机废物等为原料，经高温炭化和活化两大工序制成的多孔性疏水吸附剂。

活性炭按原料不同分为煤质活性炭、木质活性炭或果壳活性炭等；按形状分为颗粒活性炭（GAC）与粉末活性炭（PAC）；煤质颗粒活性炭分柱状炭、压块破碎炭和原煤破碎炭。

目前国内运行的地面水水厂的炭吸附池用炭大部分使用煤质柱状炭。如果采用颗粒压块炭或破碎炭需参照有关产品特性，经试验确定各种设计参数。活性炭性能指标按满足现行国家标准《净化水用煤质活性炭》GB 7701.4一级品以上要求规定。

9.10.5　对于采用臭氧-生物活性炭工艺的活性炭滤池，宜根据环境条件采取必要的隔离措施，在通风条件不好时，宜设隔离罩或隔离走廊防止臭氧尾气对管理人员的伤害。另外，在强日照地区应考虑防藻措施。

9.10.6　因池壁按开裂设计，磨损的炭粉如掉到缝中，会腐蚀钢筋。

Ⅱ 主要设计参数

9.10.7 关于活性炭吸附池型的原则规定。

当处理规模小于 $320m^3/h$ 时，可采用普通压力滤池形式；当处理规模大于或等于 $320m^3/h$ 时，可采用普通快滤池、虹吸滤池、双阀滤池等形式；当处理规模大于或等于 $2400m^3/h$ 时，炭吸附池形式以与过滤形式配套为宜。

9.10.8 关于炭吸附池过流方式的规定。

采用升流式炭吸附池，处理后的水在池上部，应采用封闭措施，如设房、加盖等，以防人为污染。

9.10.9 为避免炭吸附池冲洗时对其他工作池接触时间产生过大影响，炭吸附池应设有一定的个数。为保证一个炭吸附池检修时不致影响整个水厂的正常运行，规定炭吸附池个数不得少于4个。

9.10.10 关于炭吸附池设计参数的规定。

炭吸附池设计参数主要是空床接触时间和空床流速。空床接触时间和空床流速应根据水质条件，经试验或参考类似工程经验确定。

表15为日本水道协会《日本水道设计指针》(2000年版)中颗粒活性炭滤池设计参数，供参考。

表15 日本颗粒活性炭吸附池设计参数

空床流速(m/h)	炭层厚(m)	空床接触时间(min)
10～15	1.5～3	5～15

9.10.11 关于炭吸附池冲洗的规定。

臭氧-生物活性炭处理工艺宜采用炭池出水冲洗，并考虑初滤水排除措施。

为调整反冲洗强度，在反冲洗水管上宜设调节和计量装置。

定期冲洗主要目的是冲掉附着在炭粒上和炭粒间的粘着物，一般可按30d考虑，实际运行时可根据需要调整。

另外，水温影响水的粘度。当水温较低时，应调整反冲洗强度弥补温度差异的影响。

表16为日本水道协会《日本水道设计指针》(2000年版)中颗粒活性炭吸附池设计冲洗参数，供参考。

表16 颗粒活性炭吸附池冲洗参数

冲洗类型		活性炭粒径(mm)	
		2.38～0.59	1.68～0.42
气水反冲	水冲强度[L/(m²·s)]	11.1	6.7
	水冲时间(min)	8～10	15～20
	气冲强度[L/(m²·s)]	13.9	13.9
	气冲时间(min)	5	5
水冲加表面冲洗	水冲强度[L/(m²·s)]	11.1	6.7
	水冲时间(min)	8～10	15～20
	表冲强度[L/(m²·s)]	1.67	1.67
	表冲时间(min)	5	5

9.10.12 炭吸附池若采用中阻力配水(气)系统可采用滤砖；若采用小阻力配水(气)系统，配水孔眼面积与炭吸附池面积之比可采用1%～1.5%。当只用水冲洗时，可用短柄滤头；如采用气水反冲，可采用长柄滤头。

经工程实践验证，承托层粒径级配(五层承托层)如采用表17数据，可达到冲洗均匀，冲洗后炭层表面平整。

表17 承托层粒径级配(五层)

层次(自上而下)	粒径(mm)	承托层厚度(mm)
1	8～16	50
2	4～8	50
3	2～4	50
4	4～8	50
5	8～16	50

9.10.13 关于活性炭再生周期及指标的规定。

根据运行经验，当活性炭碘值指标小于600mg/g或亚甲兰指标小于85mg/g时，应进行再生。

当采用臭氧-生物活性炭处理工艺时，也可采用 COD_{Mn}、UV_{254} 的去除率作为判断活性炭运行是否失效的参考指标。

炭再生周期的确定亦应考虑活性炭装运和更换所需时间等因素。

9.10.14 关于失效活性炭运出和新炭补充的输送方式的规定。

输送方式宜采用水力输炭，也可采用人工输炭。

当采用水力输炭时，输炭管可采用固定方式亦可采用移动方式。出炭、进炭可利用水射器或旋流器。炭粒在水力输送过程中，既不沉淀、又不致遭磨损的最佳流速为0.75～1.5m/s。

9.11 水质稳定处理

9.11.1 对水质稳定进行的规定。

城市给水的水质稳定性一般用饱和指数和稳定指数鉴别：

$$I_L = pH_0 - pH_s$$

$$I_R = 2(pH_s) - pH_0$$

式中 I_L——饱和指数，$I_L>0$ 有结垢倾向，$I_L<0$ 有腐蚀倾向；

I_R——稳定指数，$I_R<6$ 有结垢倾向，$I_R>7$ 有腐蚀倾向；

pH_0——水的实测pH值；

pH_s——水在碳酸钙饱和平衡时的pH值。

全国26座城市自来水公司的水质稳定判断和中南地区40多座水厂水质稳定性研究，均使用上述两个指数。水与 $CaCO_3$ 平衡时的 pH_s，可根据水质化验分析或通过查索 pH_s 图表求出。

在城市自来水管网水中，I_L 较高和 I_R 较低会导致明显结垢，一般需要水质稳定处理。加酸处理工艺应根据试验用酸量等资料，确定技术经济可行性。

$I_L<-1.0$ 和 $I_R>9$ 的管网水，一般具有腐蚀性，宜先加碱处理。广州、深圳等地水厂一般加石灰，国内水厂也有加氢氧化钠、碳酸钠的实例。日本有很多大中型水厂采用加氢氧化钠。

中南地区40多处地下水和地面水水厂资料表明，当侵蚀性二氧化碳浓度大于15mg/L时，水呈明显腐蚀性。敞口曝气法可去除侵蚀性二氧化碳，小水厂一般采用淋水曝气塔。

9.11.2 城市给水水质稳定处理所使用的药剂，不得增加水的富营养化成分(如磷等)。

10 净水厂排泥水处理

10.1 一般规定

10.1.1 规定了净水厂排泥水处理的主要内容。

10.1.2 规定了净水厂排泥水排入天然水体所应遵循的标准。

10.1.3 关于确定净水厂排泥水处理规模的原则规定。

净水厂排泥水处理的规模由干泥量决定。干泥量主要与水处理规模及原水浊度等有关。虽然一年内水厂处理水量和原水浊度都是变化的，但对排泥水处理规模影响较大的主要是浊度变化，特别是一些江、河水源，浊度的变化可达几十倍。因此，净水厂排泥水处理规模主要决定于原水浊度的设计取值。设计按最高浊度取值还是按平均浊度取值，其排泥水处理规模相差将十分悬殊。《日本水道设计指针》提出按能完全处理全年日数的95%确定。根据我国实际情况，本规范提出排泥水处理系统规模即处理能力应能完全处理全年日数的75%～95%，即保证率为75%～95%。在高浊度较频繁和超量排泥水可排入大江大河的地区可采用下限。高于原水浊度设计取值期间(全年25%～5%日数)的部分超量排泥水要采取适当措施处置。

目前一些地方提出零排放，即全年所有日数均能达到完全处理。这对于年内原水浊度变幅大的水厂，困难较大，要达到零排放，则基建投资大，大部分污泥脱水设备一年内绝大部分时间闲置。

排泥水处理的保证率取多大合适，目前国内还没有规定。保证率高，即一年中能完全处理的日数高，则基建投资大和日常管理费用高，但对环境污染小。目前国内所建的净水厂排泥水处理系统大部分在超过设计负荷时采取排放的方式。

在高浊度期间，超量排泥水首先应通过挖掘排泥水处理系统潜力（包括延长运行时间和启动备用设备）进行处理，也可通过调节构筑物的调蓄储存，尽可能减少超量排泥水的排放。对于浊度变化大的水厂，靠采取上述措施全部处理超量排泥水是不可能的，因此有一部分要排入水体，若要排到天然水体，其排放口有两种选择：①经调节池调节后排出；②从调节池前排出。一般宜从调节池后排出，其主要优点有：

1 经调节后均匀排出，对天然水体影响小，特别是排入小河沟。均匀排出，由于排放流量小，影响不明显。如果未经调节排出，瞬时流量大，容易造成壅水和沉积。

2 均匀排放所需排水管道小。

10.1.4 排泥水处理系统的规模由所处理的干泥量决定。本条文是关于净水厂排泥水处理系统所要处理的干泥量的计算公式的规定。由于原水浊度组成存在一定差异，因此式(10.1.4)中系数 K_1 应经过实测确定。据国内外有关资料介绍，$K_1=0.7\sim2.2$。有关 K_2 的值可在设计手册中查找。

公式(10.1.4)中原水浊度设计取值 C_0 为按本规范第10.1.3条所规定的能完全处理全年日数的75%～95%所对应的原水浊度值。

10.1.5 关于排泥水处理系统所产生废水回用的原则规定。

净水厂排泥水处理系统产生的废水包括调节、浓缩、脱水三道工序产生的废水，主要是经调节池调节后的滤池反冲洗废水和浓缩池上清液及脱水滤液。

本条文对上述生产废水的回用从质和量上均提出了要求。回用水水质对水厂出水水质的影响目前主要有下列三个方面：

1 在浓缩和脱水过程中投加高分子聚合物，如聚丙烯酰胺，上清液和滤液中残留的丙烯酰胺单体，可能引起水厂出水丙烯酰胺超标；

2 铁、锰在回流中循环累积而超标；

3 隐孢子虫等生物指标的可能超标。

在实践中还发现，有些用于回流的水泵启动后，净水厂絮凝、沉淀效果易变坏，特别是停留时间短，抗冲击负荷能力低的高效絮凝、沉淀设备尤为明显，其原因是回流时间短促，不连续，不均匀性大，冲击负荷大。另外，由于进入絮凝、沉淀池的流量时大时小，加药系统难以实时跟踪水量的变化，也是一个重要原因。因此，在确定调节池的容积和回流水泵的容量时应尽可能使水泵连续运行，增长运行时间，减少流量，降低回流水量的冲击程度。

若排泥水处理系统生产废水水质需经过处理（经沉淀或过滤处理后才能回用），则应经过技术经济比较决定其是否回用。

10.1.6 关于排泥水处理构筑物分格数的规定。

10.1.7 由于排泥水处理系统所处理的泥量主要来自于沉淀池排泥，而沉淀池排泥水多采用重力流入排泥池，如果排泥水处理系统离沉淀池太远，排泥池埋深很大，因此，排泥水处理系统应尽可能靠近沉淀池，并尽可能位于水厂较低处。

10.1.8 一些水厂净化构筑物先建成，排泥水处理构筑物后建，厂内未预留排泥水处理用地，需在厂外择地新建，厂外择地不仅离沉淀池远，而且还有可能地势较高，因此，应尽可能把调节构筑物建在水厂内，以保证沉淀池排泥水和滤池反冲洗废水能重力流入调节池，使排泥池和排水池的埋深不至于因距离远而埋深太大。

10.2 工 艺 流 程

10.2.1 关于净水厂排泥水处理工艺流程的原则规定。

目前国内外排泥水处理工艺流程一般由调节、浓缩、脱水、处置四道基本工序组成。根据各水厂所处的社会环境、自然条件及净水厂沉淀池排泥浓度，其排泥水处理系统可选择其中一道或全部工序组成。例如：一些小水厂所处的社会环境是小城镇，附近有大河，水环境容量较大或离海边不远，处理工艺可相对简单一些。又如：当水厂排出的排泥水送往厂外集中处理时，则在厂内只需设调节或浓缩工序即可。当水厂净水工艺排放的排泥水浓度达3%以上时，则可不设浓缩池，排泥水经调节后可直接进入脱水机前平衡池。因此，工艺流程应根据工程具体情况确定。

10.2.2 关于各工序中子工艺流程及前处理方式的规定。

尽管水厂排泥水处理系统所采用的基本工序相同，但由于各水厂排泥水的性质差别很大，浓缩和脱水两道工序所采用的前处理方式不一定相同。目前，前处理方式一般在脱水前投加高分子絮凝剂或石灰等进行化学调制。对于难以浓缩和脱水的亲水性泥渣，在国外，还有在浓缩池前投加硫酸进行酸处理 。对于易于脱水的疏水性无机泥渣，也有不进行任何前处理的无加药处理方式。这些前处理方式的选择可根据各水厂排泥水的性质，通过试验并进行技术经济比较后确定。

10.2.3 关于净水厂排泥水送往厂外处理时，在水厂内应设调节工序的规定。

在厂内设调节工序有下列优点：

1 由于沉淀池排泥水和滤池反冲洗废水均为间歇性冲击排放，峰值流量大，而在厂内设调节工序后，可均质、均量排出，减小输泥管径。若采用现有沟渠输送，由于峰值流量大，有可能造成现有沟渠壅水、淤积而堵塞。

2 若考虑滤池反冲洗废水回用，则只需将沉淀池排泥水调节后，均质、均量输出。

10.2.4 沉淀池排泥平均含固率（指排泥历时内平均排泥浓度）大于或等于3%时，一般能满足大多数脱水机械的最低进机浓度要求，因此可不设浓缩工序。但调节池应采用分建式，不得采用综合排泥池，因为含固率较高的沉淀池排泥水被流量大、含固率低的滤池反冲洗废水稀释后，满足不了脱水机械最低进机浓度的要求。若采用浮动槽排泥池，则效果更好。

10.2.5 关于净水厂排泥水送往厂外处理时排泥水输送方式的规定。

10.2.6 关于浓缩池上清液及滤液回流方式的规定。

脱水机滤液和浓缩池上清液的回用需考虑由化学调质所引起的有害成分含量符合生活饮用水卫生标准的要求，例如，丙烯酰胺含量不超过0.5μg/L。因此，脱水机滤液宜回流到浓缩池，主要基于以下两点：

1 可利用滤液中残留的高分子絮凝剂成分，提高浓缩效果。

2 滤液中残留的絮凝剂的利用，不仅可减小药剂投量，还可降低回流水中高分子絮凝剂的含量。

浓缩池上清液如回流到排泥池，则浓缩池上清液将在排泥池和浓缩池之间循环累积，造成上清液无出路，故规定浓缩池上清液不得回流到排泥池。浮动槽排泥池具有调节和浓缩功能，送往浓缩池的底流泥水与上清液分开，浓缩池上清液送入浮动槽排泥池后，将变成浮动槽排泥池上清液而排除，而不再循环往复再回到浓缩池。但是浓缩池上清液悬浮物含量较低，与悬浮物含量较高的沉淀池排泥水混合后，沉淀池排泥浓度被稀释了，因此，一般情况下，也不宜进入浮动槽排泥池，可进入浮动槽排泥池上清液集水井。

10.3 调　　节

Ⅰ 一 般 规 定

10.3.1 规定了净水厂排泥水处理调节池采用的型式。

调节池一般应采用分建，设排泥池和排水池，分别接纳、调节沉淀池排泥水和滤池反冲洗废水。主要原因是：

1 沉淀池排泥水和滤池反冲洗水排泥浓度相差较大，沉淀池排泥水平均浓度一般在1000mg/L以上，而滤池反冲洗废水仅约150mg/L。进入浓缩池的排泥水，浓度越大，对浓缩越有利。如果采用综合排泥池，不仅进入浓缩池的水量增加，而且沉淀池排泥水被滤池反冲洗水稀释，不利于浓缩。

2 有利于回收。净水厂生产废水的回收主要是滤池反冲洗废水，当回用水水质对净水厂出水水质不产生有害影响时，经调节后就可直接回用。如果采用综合式，则滤池反冲洗废水须变成浓缩池上清液后才能回用。

当净水厂排泥水送往厂外集中处理而又不考虑废水回收时，净水厂生产废水宜设综合排泥池均质、均量后输出。这里指的是全部排泥水，包括沉淀池排泥水和滤池反冲洗废水。如果是部分排泥水送往厂外集中处理，例如，将沉淀池排泥水送往厂外集中处理而反冲洗废水就地排放或回收，则应采用分建式，设排水池将滤池反冲洗废水直接回流到净水工艺或就近排放，沉淀池排泥水由排泥池均质、均量后输出。

10.3.2 调节池(包括排水池和排泥池)出流流量应尽可能均匀、连续，主要有以下几个原因：

1 排泥池出流一般流至下一道工序重力连续式浓缩池，重力连续式浓缩池要求调节池出流连续、均匀。

2 排泥水处理系统生产废水(包括经排水池调节后的滤池反冲洗废水)回流至水厂重复利用时，为了避免冲击负荷对净化构筑物的不利影响，也要求调节池出流流量尽可能均匀。

10.3.3 排泥水处理系统中，调节池有两种基本形式：一是调质、调量，调节池不仅依靠池容大小进行均量调节，池中还设扰流设备，进行调质(例如，在池中设搅拌机、曝气等)；另一种基本形式，只依靠池容对量进行调节，池中不设扰流设备均质，泥在调节池中会发生沉积。因此调节池中应设沉泥不定期取出设施。

10.3.4 对沉淀池排泥水和滤池反冲洗废水宜采用重力流入调节池的规定。

10.3.5 对调节池设置位置的原则规定。

10.3.6 当调节池出流设备发生故障时，为避免泥水溢出地面，应设置溢流口。设置放空管是为清洗调节池用。

Ⅱ 排 水 池

10.3.7 关于排水池调节容积的规定。

滤池最大一次反冲洗水量一般是最大一格滤池的反冲洗水量。但是当滤池格数较多时，按均匀排序不能错开，发生多格滤池在同一时序同时冲洗或连续冲洗时，则最大一次反冲洗水量应按多格滤池冲洗计算。

排水池除调节反冲洗废水外，还存在浓缩池上清液流入排水池的工况。因此，当存在这种工况时，还应考虑对这部分水量的调节。

10.3.8 关于排水泵设置原则的规定。

Ⅲ 排 泥 池

10.3.9 关于排泥池调节容积的规定。

本条文明确了排泥池的调节容积包括正常条件下(即原水浊度不大于设计取值)所需的调节容积和高浊度时可能发生的在排泥池作临时储存所需的容积。临时储存所需的容积是应付短时高浊度发生时的一种措施。当高浊度发生时，高于设计取值的超量泥水由于脱水设备能力不够，一部分可临时储存在排泥池内，待原水浊度恢复低于设计取值时，通过脱水设备的加强运行将储存的泥水处理完。

10.3.10 关于排泥池排泥泵设置的原则规定。

向浓缩池输送泥水的排泥泵是主流程排泥泵，其排出流量应符合第10.3.2条连续、均匀的原则。在高浊度时，如果考虑泥水在排泥池和浓缩池作临时储存，主流程泵的容量和台数除能满足设计浊度排泥水量的输送外，还能满足短时间内储存在排泥池中这部分泥量的输送。由于时间较短，可考虑采用备用泵。

当原水浊度高于设计取值，其超量泥水需一部分或全部从排泥池排入附近水体时，需设置超量泥水排出泵。这种排泥泵一年内大部分时间闲置。因此，若扬程合适，最好与主流程泵互为备用，以减少排泥泵台数。

Ⅳ 浮动槽排泥池

10.3.11 排泥池与排水池分建，主要原因之一是沉淀池排泥水和滤池反冲洗水浓度相差很大，为了提高进入浓缩池的初始浓度，避免被反冲洗废水稀释，以提高浓缩池的浓缩效果，当调节池采用分建时，可采用浮动槽排泥池，使沉淀池排泥水在浮动槽排泥池中得到初步浓缩，进一步提高了进入浓缩池的初始浓度。虽然多了浮动槽，但提高了排泥池和浓缩池的浓缩效果。

10.3.12 关于浮动槽排泥池设计的有关规定。

浮动槽排泥池是分建式排泥池的一种形式，以接纳和调节沉淀池排泥水为主，因此，其调节容积计算原则同第10.3.9条。由于采用浮动槽收集上清液，上清液连续、均匀排出，使液面负荷均匀稳定。因此，这种排泥池如果既在容积上满足调节要求，又在平面面积及深度上满足浓缩要求，则具有调节和浓缩的双重功能。一般来说，按面积和深度满足了浓缩要求，其容积也一般能满足调节要求。因此，池面积和深度可先按重力式浓缩池设计。

这种池子日本使用较多，国内北京市第九水厂也采用这种池型做排泥池。

设置固定式溢流设施的目的是防止浮动槽一旦发生机械故障时，作为上清液的事故溢流口。

10.3.13 关于设置上清液提升泵的原则规定。

由于浮动槽排泥池具有调节和浓缩的双重功能，因此浓缩后的底泥与澄清后的上清液必然要分开，底泥由主流程排泥泵输往浓缩池，上清液应另设集水井和水泵排出。

Ⅴ 综合排泥池

10.3.14 关于综合排泥池调节容积计算原则的规定。

综合排泥池容积可按下列两条方法计算：只计算入流，不考虑出流对调节容积的影响和同时考虑入流及出流的影响，按收支动态平衡方法计算。

前一种方法为静态计算方法，计算过程相对简单。由于没有考虑排水泵出流所抽走的这部分水量所占用的调蓄容积，因此求出的调蓄容积偏大，偏于安全。

从理论上分析，采用后一种方法比较合理。综合排泥池既接纳和调节沉淀池排泥，又接纳和调节滤池反冲洗排水，一般单池池容较大，其调节能力相对较强，因此宜优先采用调蓄方法计算，可减少容积，节约占地，但要适当留有余量，以应付外界条件的变化。由于按调蓄方法计算需事先做出沉淀池排泥和滤池反冲洗的时序安排，进而做出综合排泥池的入流曲线和出流曲线进行调蓄计算，求出调节容积，也可列表计算。要做出入流和出流两条曲线，当条件不具备时，比较困难。因此，条文中规定了也可按前一种方法计算，即按第10.3.7条、第10.3.9条计算所得排水池和排泥池调节容积之和确定。目前，日本的《日本水道设计指针》(2000年版)也采用前一种方法分别计算排水池和排泥池调节容积。日本倾向于把调节构筑物的容积，特别是排泥池的容积做得大一些，以应付外界条件变化，特别是原水浊度的变化。往往管理单位也希望管理条件宽松一些，调节容积适当大一些，以利于水厂的运行管理。虽然在计算中可不考虑泵所排出的这部分流量，以简化计算，但是也不能让全部滤池一格接一格连续冲洗，这样所需的调节容积特别大。

10.3.15 池中设扰流设备，如潜水搅拌机、水下曝气等，用以防池底积泥。

10.4 浓 缩

10.4.1 关于排泥水浓缩方式的规定。

目前，在排泥水处理中，大多数采用重力式浓缩池。重力式浓缩池的优点是日常运行费低，管理较方便；另外由于池容大，对负荷的变化，特别是对冲击负荷有一定的缓冲能力，适应原水高浊度的能力较强。如果采用其他浓缩方式，如离心浓缩，失去了容积对负荷变化的缓冲能力，负荷增大，就会显出脱水机能力的不足，给运行管理带来一定困难。

目前，国内外重力沉降浓缩池用得最多。《日本水道设计指针》(2000年版)只列入了重力沉降浓缩池。在国内，重力浓缩池另一种形式斜板浓缩池也在开始利用。

10.4.2 每一种类型脱水机械对进机浓度都有一定的要求，低于这一浓度，脱水机不能适应，例如，板框压滤机进机浓度可要求低一些，但一般不能低于2%。又如，带式压滤机则要求大于3%。

10.4.3 关于重力式浓缩池池型的规定。

国内外重力式浓缩池一般多采用辐流式浓缩池。土地面积较紧张的日本，浓缩池也多采用面积较大的中心进水辐流式浓缩池。虽然斜板浓缩池占地面积小，但斜板需更换，由于容积小，缓解冲击负荷的能力较低。因此，本条文规定仍以辐流式浓缩池作为重力式沉降浓缩池的主要池型。在面积受限制的地方，也可采用斜板(斜管)浓缩池。若采用斜板浓缩，调节工序的排泥池及脱水机前污泥平衡池容积宜大一些。

10.4.4 关于重力式浓缩池面积计算的原则规定。

浓缩池面积一般按通过单位面积上的固体量即固体通量确定。但在入流泥水浓度太低时，还要用液面负荷进行校核，以满足泥渣沉降的要求。

10.4.5 关于固体通量的原则规定。

固体通量、液面负荷、停留时间与污泥的性质、浓缩池形式有关。因此，原则上固体通量、液面负荷及停留时间应通过沉降浓缩试验确定或者按相似工程运行数据确定。

泥渣停留时间一般不小于24h，这里所指的停留时间不是水力停留时间，而实际上是泥渣浓缩时间，即泥龄。大部分水完成沉淀过程后，上清液从溢流堰流走，上清液停留时间远比底流泥渣停留时间短。由于排泥水从入流到底泥排出，浓度变化很大，例如，排泥水入流浓度为含水率99.9%，经浓缩后，底泥浓度含水率达97%。这部分泥的体积变化很大，因此，泥渣停留时间的计算比较复杂，需通过沉淀浓缩试验确定。一般来说，满足固体通量要求，且池边水深有3.5～4.5m，则其泥渣停留时间一般能达到不小于24h。

对于斜板(斜管)浓缩池固体负荷、液面负荷，由于与排泥水性质、斜板(斜管)形式有关，各地所采用的数据相差较大，因此，宜通过小型试验，或者按相似排泥水、同类型斜板数据确定。

10.4.6 关于辐流式浓缩池设计的有关规定。

10.4.7 重力沉降浓缩池的进水原则上应该是连续的，当外界因素的变化不能实现进水连续或基本连续时，可设浮动槽收集上清液，提高浓缩效果，成为间歇式浓缩池。

10.5 脱水

Ⅰ 一般规定

10.5.1 关于选择脱水方式的规定。

目前国内外泥渣脱水大多采用机械脱水，也有部分规模较小的水厂，当地气候条件比较干燥，周围又有荒地，用地不紧张，也可采用干化场。

10.5.2 关于脱水机械选型的原则规定。

脱水机械的选型既要适应前一道工序排泥水浓缩后的特性，又要满足下一道工序泥饼处置的要求。由于每一种类型的脱水机械对进机浓度都有一定的要求，低于这一浓度，脱水机不能适应，因此，前道浓缩工序的泥水含水率是脱水机械选型的重要因素。例如，浓缩后泥水含固率仅为2%，则宜选择板框压滤机。另外，后一道处理工序也影响机型选择。例如，为防止污染要求前面工序不能加药，则应选用无加药脱水机械(如长时间压榨板框压滤机)等。

用于给水厂泥渣脱水的机械目前主要采用板框压滤机和离心脱水机。带式压滤机国内也有使用，但对进机浓度和对前处理的要求较高，脱水后泥饼含水率高。因此本规范提出对于一些易于脱水的泥水，也可采用带式压滤机。

10.5.3 脱水机的产率和对进机浓度要求不仅与脱水机本身的性能有关，而且还与排泥水的特性(例如含水率、泥渣的亲水性等)有关。进机含水率越高，脱水后泥饼的含水率越低，脱水机的产率就越低。因此，脱水机的产率及对进机浓度要求一般宜通过对拟采用的机型和拟处理的排泥水进行小型试验后确定或按已运行的同一机型的相似的排泥水数据确定。脱水机样本提供的相关数据的范围可作为参考。

受温度的影响，脱水机的产率冬季与夏季区别很大，冬季产率较低，在确定脱水机的产率时，应适当考虑这一因素。

10.5.4 所需脱水机的台数应根据所处理的干泥量、每台脱水机单位时间所能处理的干泥量(即脱水机的产率)及每日运行班次确定，正常运行时间可按每日1～2班考虑。脱水机可不设备用。当脱水机发生故障检修时，可用增加运行班次解决。但总台数一般不宜少于2台。

10.5.5 关于脱水机械前设平衡池的规定。

实践证明，脱水机进料泵不宜直接从浓缩池中抽泥，宜设置平衡池。脱水机进料泵从平衡池吸泥送入脱水机；浓缩池排泥泵从浓缩池中吸泥送入平衡池。

平衡池中设扰流设备，以防止泥渣沉淀。

平衡池的容积可根据脱水机的运行工况及排泥水浓缩方式确定。根据目前国内外已建净水厂排泥水处理设施的情况，若采用重力浓缩池进行浓缩，则调节容积较大，应付原水浊度及水量变化的能力较强，平衡池的容积可小一些。若采用调节容积较小的斜板浓缩和离心浓缩，则平衡池容积宜大些，甚至按1～3d的湿泥量容积计算。

10.5.6 泥水在脱水前进行化学调质，由于泥渣性质及脱水机型式的差别，药剂种类及投加量宜由试验或按相同机型、相似排泥水运行经验确定。若无试验资料和上述数据时，当采用聚丙烯酰胺作药剂时，板框压滤机可按干固体的2‰～3‰，离心脱水机可按干固体的3‰～5‰计算加药量。

10.5.7 关于机械脱水间布置所需考虑因素的规定。

10.5.8 机械脱水间内泥饼的运输方式有三种：一种是脱水泥饼经输送带(如皮带运输机或螺旋运输器)先送至泥饼堆置间，再用铲车等装载机将泥饼装入运泥车运走；第二种是泥饼经传送带先送到具有一定容量的泥斗存储，然后从泥斗下滑到运泥车；第三种方式是泥饼在泥斗中不储存，泥斗只起收集泥饼和通道作用，运泥车直接在泥斗下面接运泥饼。

这三种方式应根据处理泥量的多少，泥饼的出路及运输条件确定。当泥量大，泥饼出路不固定，运输条件不太好时，宜采用第一种方式。例如，雨、雾天，路不好走或运输只能晚上通行时，泥饼可临时储存在泥饼堆置间。

10.5.9 关于脱水机间和泥饼堆置间应设排水系统的规定。

10.5.10 由于泥水和泥饼散发出泥腥味，因此脱水间内应设置通风设施，进行换气。另外由于脱水机的附属设备如空压机噪声较大，因此应考虑噪声消除设施。

10.5.11 关于脱水机间设置滤液回收井的规定。

10.5.12 关于输送浓缩泥水管道的有关规定。

10.5.13 关于脱水机房位置的原则规定。

Ⅱ 板框压滤机

10.5.14 关于板框压滤机进泥浓度和脱水泥饼含固率的规定。

板框压滤机进机含固率要求不小于2%，即含水率不大于98%，脱水后泥饼的含水率应小于70%。

10.5.15　关于板框压滤机配置高压滤布清洗系统的规定。

10.5.16　关于板框压滤机起吊重量的规定。

由于板框压滤机总重量可达百吨以上，整体吊装比较困难，宜采用分体吊装。起重量可按整机解体后部件的最大重量确定。如果安装时不考虑脱水机的分体吊装，宜结合更换滤布的需要设置单轨吊车。

10.5.17　关于滤布选型的有关规定。

滤布应具有强度高、使用寿命长、表面光滑、便于泥饼脱落。由于各种滤布对不同性质泥渣及所投加的药剂的适应性有一定的差别，因此，滤布的选择应对拟处理排泥水投加不同药剂进行试验后确定。

10.5.18　关于板框压滤机投料泵配置的规定。

1　为了在投料泵的输送过程中，使化学调质中所形成的絮体不易打碎，宜选择容积式水泵。

2　由于投料泵启、停频繁，且浓缩后泥水浓度较大，因此，一般宜采用自灌式启动。

Ⅲ　离心脱水机

10.5.19　离心脱水机有离心过滤、离心沉降和离心分离三种类型。净水厂及污水处理厂的污泥浓缩和脱水，其介质是一种固相和液相重度相差较大、含固量较低、固相粒度较小的悬浮液，适用于离心沉降类脱水机。离心沉降类脱水机又分立式和卧式两种，净水厂脱水通常采用卧式离心沉降脱水机，也称转筒式离心脱水机。

10.5.20　关于离心脱水机进机含固率和脱水后泥饼含固率的规定。

10.5.21　关于离心脱水机选型的原则规定。

10.5.22　关于离心脱水机宜采用无级可调转速的规定。

10.5.23　离心脱水机分离液排出管宜设空气排除装置。由于从高速旋转体内分离出来的液体，含有大量空气，并可见到气泡，若不将气体排出，将影响分离液排出管道的过水能力。

Ⅳ　干 化 场

10.5.24　关于干化场面积的规定。

10.5.25　关于干化周期和干泥负荷确定的有关规定。

由于干化周期和干泥负荷与泥渣的性质、年平均气温、年平均降雨量、年平均蒸发量等因素有关。因此，宜通过试验确定或根据以上因素，参照相似地区经验确定。

10.5.26　关于干化场单床面积和床数的原则规定。

10.5.27　布泥的均匀性是干化床运作好坏的重要因素，而布泥的均匀性又与进泥口的个数及分布密切相关。当干化场面积较大时，要布泥均匀，需设置的固定布泥口个数太多，因此，宜设置桥式移动进泥口。

10.5.28　关于干化场排泥深度的原则规定。

10.5.29　关于干化场人工排水层设置的有关规定。

10.5.30　干化场运作的好坏，迅速排除上清液和降落在上面的雨水是一个非常重要的方面。因此，干化场四周应设上清液及雨水排除装置。排出上清液时，一部分泥渣会随之流失，而可能超过国家的排放标准，因此在排入厂外排水管道前应采取一定措施，如设土沉淀池等。

10.6　泥饼处置和利用

10.6.1　关于泥饼处置方式的规定。

目前，国内已建几座净水厂排泥水处理的脱水泥饼，基本上都是采用地面填埋方式处置。由于地面填埋需要占用大量的土地，还有可能造成新的污染；泥饼含水率太高，受压后强度不够，有可能造成地面沉降。因此，有效利用是泥饼处置的方向。

10.6.2　对泥饼处置须遵守国家法律和标准的原则规定。

10.6.3　对泥饼填埋时的渗滤液不得造成污染的原则规定。

10.6.4　当泥饼填埋场远期规划有其他用途时，填埋应能适用该规划目的。例如规划有建筑物时，应考虑填埋后如何提高场地的耐力，对泥饼的含水率及结构强度应有一定的要求。如果规划为公园绿地，则填埋后泥土的性状应不妨碍植物生长。

10.6.5　对于泥饼的处置，国外有单独填埋和混合填埋两种方式。国内已建净水厂排泥水处理的脱水泥饼处置目前大多采用单独填埋，其原因是泥饼含水率太高，难以压实。如果条件具备，能满足垃圾填埋场的要求，宜送往垃圾填埋场与城市垃圾混合填埋。

11　检测与控制

11.1　一 般 规 定

11.1.1　给水工程检测与控制涉及内容很广，原规范无此章节，此次修编增列本章。本章内容主要是规定一些检测与控制的设计原则，有关仪表及控制系统的细则应依据国家或有关部门的技术规定执行。

本章中所提到的检测均指在线仪表检测。

给水工程检测及控制内容应根据原水水质、采用的工艺流程、处理后的水质，结合当地生产管理运行要求及投资情况确定。有条件时可优先采用集散型控制系统，系统的配置标准可视城市类别、建设规模确定。城市类别、建设规模按《城市给水工程项目建设标准》执行。建设规模小于 $5\times10^4m^3/d$ 的给水工程可视具体情况设置检测与控制。

11.1.2　自动化仪表及控制系统的使用应有利于给水工程技术和现代化生产管理水平的提高。自动控制设计应以保证出厂水质、节能、经济、实用、保障安全运行、提高管理水平为原则。自动化控制方案的确定，应通过调查研究，经过技术经济比较确定。

11.1.3　根据工程所包含的内容及要求选择系统类型，系统设计要兼顾现有及今后发展。

11.2　在 线 检 测

11.2.1　地下水取水构筑物必须设有测量水源井水位的仪表。为考核单井出水量及压力应检测流量及压力。井群一般超过3眼井时，建议采用"三遥"控制系统，为便于管理必须检测控制与管理所需的相关参数。

11.2.2　关于地表水取水检测要求的规定。

水质一般检测浊度、pH值，根据原水水质可增加一些必要的检测参数。

11.2.3　对输水工程检测作出的原则规定。

输水形式不同，检测内容也不同。应根据工程具体情况和泵站的设置等因素确定检测要求。长距离输水时，特别要考虑到运行安全所必需的检测。

11.2.4　对水厂进水的检测，可根据原水水质增加一些必要的水质检测参数。

11.2.5　对沉淀池（澄清池）检测要求的规定。

11.2.6　滤池的检测应视滤池型式选择检测项目。

11.2.7　本条内容包括混凝剂、助凝剂及消毒剂投加的检测。加药系统应根据投加方式及控制方式确定所需要的检测项目。消毒还应视所采用的消毒方法确定安全生产运行及控制操作所需要的检测项目。

11.2.8　关于回收水系统检测要求的规定。

11.2.9　清水池应检测液位，以便于实现高低水位报警、水泵开停控制及水厂运行管理。

11.2.10　关于水厂排泥水处理系统检测要求的规定。

11.2.11　关于水厂出水的检测要求，可根据处理水质增加一些必要的检测。

11.2.12　关于取水、加压、送水泵站的检测要求。

水泵电机应检测相关的电气参数，中压电机应检测绕组温度。为了分析水泵的工作性能，应有检测水泵流量的措施，可以采用每台水泵设置流量仪，也可采用便携式流量仪在需要时检测。

11.2.13　机电设备的工作状况与工作时间、故障次数与原因对控制及运行管理非常重要，随着给水工程自动化水平的提高，应对机电设备的状态进行检测。

11.2.14　配水管网特征点的参数检测是科学调度的基本依据。现许多城市为保证供水水质已在配水管网装设余氯、浊度等水质检测仪表。

11.3　控　　制

11.3.1　关于地下水水源井井群控制的规定。

近年来井群自动控制已在不少城市和工业企业水厂建成并正常运行。实现井群"三遥"控制，可以节约人力，便于调度管理，提高安全可靠性。

11.3.2　为便于生产调度管理，有条件的地方应建立水厂与水源取水泵站、加压泵站及输水管线调压调流设施的遥测、遥讯、遥控系统。

11.3.3　对水厂采用自动控制水平的原则规定。

小型水厂是指二、三类城市 $10^5 m^3/d$ 以下规模的水厂，一般可采用可编程序控制器对主要生产工艺实现自动控制。

对 $10^5 m^3/d$ 及以上规模的大、中型水厂，一般可采用集散型微机控制系统，实现生产过程的自动控制。

11.3.4　对泵站水泵机组、控制阀门、真空系统按采用的控制系统形式的原则规定。

11.3.5　设置供水调度系统，可以合理调度、平衡水压及流量，达到科学管理的目的。

11.4　计算机控制管理系统

11.4.1　计算机控制管理系统是用于给水工程生产运行控制管理的计算机控制系统。本条对系统功能提出了总体要求。

11.4.2　对计算机控制管理系统的结构、通信、操作监控系统按设计的原则规定。

11.4.3　关于中控室电源的有关规定。

11.4.4　关于控制室面积的有关规定。

11.4.5　关于防雷和接地保护的要求。

中华人民共和国国家标准

室外排水设计规范

Code for design of outdoor wastewater engineering

GB 50014—2006

(2016 年版)

主编部门：上海市建设和交通委员会

批准部门：中华人民共和国建设部

施行日期：2 0 0 6 年 6 月 1 日

中华人民共和国住房和城乡建设部
公　　告

第 1191 号

住房城乡建设部关于发布国家标准《室外排水设计规范》局部修订的公告

现批准《室外排水设计规范》GB 50014—2006（2014 年版）局部修订的条文，经此次修改的原条文同时废止。

局部修订的条文及具体内容，将刊登在我部有关网站和近期出版的《工程建设标准化》刊物上。

中华人民共和国住房和城乡建设部

2016 年 6 月 28 日

修 订 说 明

本次局部修订是根据住房和城乡建设部《关于印发 2016 年工程建设标准规范制订、修订计划的通知》（建标函［2015］274 号）的要求，由上海市政工程设计研究总院（集团）有限公司会同有关单位对《室外排水设计规范》GB 50014—2006（2014 年版）进行修订而成。

本次修订的主要技术内容是：在宗旨目的中补充规定推进海绵城市建设；补充了超大城市的雨水管渠设计重现期和内涝防治设计重现期的标准等。

本规范中下划线表示修改的内容；用黑体字表示的条文为强制性条文，必须严格执行。

本规范由住房和城乡建设部负责管理和对强制性条文的解释，上海市政工程设计研究总院（集团）有限公司负责具体技术内容的解释。执行过程中如有意见或建议，请寄送至上海市政工程设计研究总院（集团）有限公司《室外给水排水设计规范》国家标准管理组（地址：上海市中山北二路 901 号，邮编：200092）。

本次局部修订的主编单位、参编单位、主要审查人员：

主 编 单 位：上海市政工程设计研究总院（集团）有限公司

参 编 单 位：北京市市政工程设计研究总院
天津市市政工程设计研究院
中国市政工程中南设计研究总院有限公司
中国市政工程西南设计研究总院
中国市政工程东北设计研究总院
中国市政工程西北设计研究院有限公司
中国市政工程华北设计研究总院

主要审查人员：俞亮鑫　王洪臣　羊寿生
杭世珺　张建频　张善发
杨　凯　章非娟　查眉娉

中华人民共和国住房和城乡建设部
公　告

第311号

关于发布国家标准
《室外排水设计规范》局部修订的公告

现批准《室外排水设计规范》GB 50014—2006（2011年版）局部修订的条文，经此次修改的原条文同时废止。其中，第3.2.2A条为强制性条文，必须严格执行。

局部修订的条文及具体内容，将刊登在我部有关网站和近期出版的《工程建设标准化》刊物上。

中华人民共和国住房和城乡建设部
2014年2月10日

修 订 说 明

本次局部修订是根据住房和城乡建设部《关于请组织开展城市排水相关标准制（修）订工作的函》（建标〔2013〕46号）的要求，由上海市政工程设计研究总院（集团）有限公司会同有关单位对《室外排水设计规范》GB 50014—2006（2011年版）进行修订而成。

本次修订的主要技术内容是：补充规定排水工程设计应与相关专项规划协调；补充与内涝防治相关的术语；补充规定提高综合生活污水量总变化系数；补充规定推理公式法计算雨水设计流量的适用范围和采用数学模型法的要求；补充规定以径流量作为地区改建的控制指标，并增加核实地面种类组成和比例的规定；补充规定在有条件的地区采用年最大值法代替年多个样法计算暴雨强度公式；调整雨水管渠设计重现期和合流制系统截流倍数标准；增加内涝防治设计重现期的规定；取消原规范降雨历时计算公式中的折减系数 m；补充规定雨水口的设置和流量计算；补充规定检查井应设置防坠落装置；补充规定立体交叉道路地面径流量计算的要求；补充规定用于径流污染控制雨水调蓄池的容积计算公式和雨水调蓄池出水处理的要求；增加雨水利用设施和内涝防治工程设施的规定；补充规定排水系统检测和控制等。

本规范中下划线表示修改的内容；用黑体字表示的条文为强制性条文，必须严格执行。

本规范由住房和城乡建设部负责管理和对强制性条文的解释，上海市政工程设计研究总院（集团）有限公司负责具体技术内容的解释。执行过程中如有意见或建议，请寄送至上海市政工程设计研究总院（集团）有限公司《室外排水设计规范》国家标准管理组（地址：上海市中山北二路901号；邮政编码：200092）。

本次局部修订的主编单位、参编单位、主要起草人和主要审查人：

主编单位： 上海市政工程设计研究总院（集团）有限公司

参编单位： 北京市市政工程设计研究总院有限公司
天津市市政工程设计研究院
中国市政工程中南设计研究总院有限公司
中国市政工程西南设计研究总院有限公司
中国市政工程东北设计研究总院
中国市政工程西北设计研究院有限公司
中国市政工程华北设计研究总院

主要起草人： 张　辰（以下按姓氏笔画为序）
马小蕾　孔令勇　支霞辉
王秀朵　王国英　王立军
厉彦松　卢　峰　付忠志
刘常忠　吕永鹏　吕志成
孙海燕　李　艺　李树苑
李　萍　李成江　吴瑜红
张林韵　杨　红　罗万申

邹伟国　陈　嫣　周克钊
贺晓红　姚玉健　高　旭
梁小光　袁　琳　郭　垒
谢　胜　曾光荣　雷培树
谭学军

主要审查人：张　杰　侯立安　杭世珺
杨向平　羊寿生　邓培德
王洪臣　宋启元　陈　萌
唐建国　邹慧君　颜学贵

中华人民共和国住房和城乡建设部
公　告

第 1114 号

关于发布国家标准《室外排水设计规范》局部修订的公告

现批准《室外排水设计规范》GB 50014—2006 局部修订的条文，经此次修改的原条文同时废止。

局部修订的条文及具体内容，将刊登在我部有关网站和近期出版的《工程建设标准化》刊物上。

中华人民共和国住房和城乡建设部
二〇一一年八月四日

中华人民共和国建设部
公　告

第 409 号

建设部关于发布国家标准《室外排水设计规范》的公告

现批准《室外排水设计规范》为国家标准，编号为 GB 50014—2006，自 2006 年 6 月 1 日起实施。其中，第 1.0.6、4.1.4、4.3.3、4.4.6、4.6.1、4.10.3、4.13.2、5.1.3、5.1.9、5.1.11、6.1.8、6.1.18、6.1.19、6.1.23、6.3.9、6.8.22、6.11.4、6.11.8（4）、6.11.13、6.12.3、7.1.3、7.3.8、7.3.9、7.3.11、7.3.13 条为强制性条文，必须严格执行，原《室外排水设计规范》GBJ 14—87 及《工程建设标准局部修订公告》（1997 年第 12 号）同时废止。

本规范由建设部标准定额研究所组织中国计划出版社出版发行。

中华人民共和国建设部
二〇〇六年一月十八日

前　言

本规范根据建设部《关于印发“二〇〇二～二〇〇三年度工程建设国家标准制订、修订计划”的通知》（建标〔2003〕102 号），由上海市建设和交通委员会主管，由上海市政工程设计研究总院主编，对原国家标准《室外排水设计规范》GBJ 14—87（1997 年版）进行全面修订。

本规范修订的主要技术内容有：增加水资源利用（包括再生水回用和雨水收集利用）、术语和符号、非开挖技术和敷设双管、防沉降、截流井、再生水管道和饮用水管道交叉、除臭、生物脱氮除磷、序批式活性污泥法、曝气生物滤池、污水深度处理和回用、污泥处置、检测和控制的内容；调整综合径流系数、生活污水中每人每日的污染物产量、检查井在直线管段的间距、土地处理等内容；补充塑料管的粗糙系数、水泵节能、氧化沟的内容；删除双层沉淀池。

本规范中以黑体字标志的条文为强制性条文，必须严格执行。

本规范由建设部负责管理和对强制性条文的解释，上海市建设和交通委员会负责具体管理，上海市政工程设计研究总院负责具体技术内容的解释。在执行过程中如有需要修改与补充的建议，请将相关资料寄送主编单位上海市政工程设计研究总院《室外排水设计规范》国家标准管理组（地址：上海市中山北二路 901 号，邮政编码：200092），以供今后修订时参考。

本规范主编单位、参编单位和主要起草人：

主 编 单 位： 上海市政工程设计研究总院

参 编 单 位： 北京市市政工程设计研究总院
中国市政工程东北设计研究院
中国市政工程华北设计研究院
中国市政工程西北设计研究院
中国市政工程中南设计研究院
中国市政工程西南设计研究院
天津市市政工程设计研究院
合肥市市政设计院
深圳市市政工程设计院
哈尔滨工业大学
同济大学
重庆大学

主要起草人： 张　辰（以下按姓氏笔画为序）
王秀朵　孔令勇　厉彦松
刘广旭　刘莉萍　刘章富
刘常忠　朱广汉　李　艺
李成江　李春光　李树苑
吴济华　吴瑜红　陈　芸
张玉佩　张　智　杨　健
罗万申　周克钊　周　彤
南　军　姚玉健　常　憬
蒋旨谨　蒋　健　雷培树
熊　杨

目　次

1 总　则

1.0.1 为使我国的排水工程设计贯彻科学发展观，符合国家的法律法规，推进海绵城市建设，达到防治水污染，改善和保护环境，提高人民健康水平和保障安全的要求，制定本规范。

1.0.2 本规范适用于新建、扩建和改建的城镇、工业区和居住区的永久性的室外排水工程设计。

1.0.3 排水工程设计应以批准的城镇总体规划和排水工程专业规划为主要依据，从全局出发，根据规划年限、工程规模、经济效益、社会效益和环境效益，正确处理城镇中工业与农业、城镇化与非城镇化地区、近期与远期、集中与分散、排放与利用的关系。通过全面论证，做到确能保护环境、节约土地、技术先进、经济合理、安全可靠，适合当地实际情况。

1.0.3A 排水工程设计应依据城镇排水与污水处理规划，并与城市防洪、河道水系、道路交通、园林绿地、环境保护、环境卫生等专项规划和设计相协调。排水设施的设计应根据城镇规划蓝线和水面率的要求，充分利用自然蓄排水设施，并应根据用地性质规定不同地区的高程布置，满足不同地区的排水要求。

1.0.4 排水体制（分流制或合流制）的选择，应符合下列规定：

1 根据城镇的总体规划，结合当地的地形特点、水文条件、水体状况、气候特征、原有排水设施、污水处理程度和处理后出水利用等综合考虑后确定。

2 同一城镇的不同地区可采用不同的排水体制。

3 除降雨量少的干旱地区外，新建地区的排水系统应采用分流制。

4 现有合流制排水系统，应按城镇排水规划的要求，实施雨污分流改造。

5 暂时不具备雨污分流条件的地区，应采取截流、调蓄和处理相结合的措施，提高截流倍数，加强降雨初期的污染防治。

1.0.4A 雨水综合管理应按照低影响开发（LID）理念采用源头削减、过程控制、末端处理的方法进行，控制面源污染、防治内涝灾害、提高雨水利用程度。

1.0.4B 城镇内涝防治应采取工程性和非工程性相结合的综合控制措施。

1.0.5 排水系统设计应综合考虑下列因素：

1 污水的再生利用，污泥的合理处置。

2 与邻近区域内的污水和污泥的处理和处置系统相协调。

3 与邻近区域及区域内给水系统和洪水的排除系统相协调。

4 接纳工业废水并进行集中处理和处置的可能性。

5 适当改造原有排水工程设施，充分发挥其工程效能。

1.0.6 工业废水接入城镇排水系统的水质应按有关标准执行，不应影响城镇排水管渠和污水处理厂等的正常运行；不应对养护管理人员造成危害；不应影响处理后出水的再生利用和安全排放，不应影响污泥的处理和处置。

1.0.7 排水工程设计应在不断总结科研和生产实践经验的基础上，积极采用经过鉴定的、行之有效的新技术、新工艺、新材料、新设备。

1.0.8 排水工程宜采用机械化和自动化设备，对操作繁重、影响安全、危害健康的，应采用机械化和自动化设备。

1.0.9 排水工程的设计，除应按本规范执行外，尚应符合国家现行有关标准和规范的规定。

1.0.10 在地震、湿陷性黄土、膨胀土、多年冻土以及其他特殊地区设计排水工程时，尚应符合国家现行的有关专门规范的规定。

2 术语和符号

2.1 术　语

2.1.1 排水工程　wastewater engineering，sewerage

收集、输送、处理、再生和处置污水和雨水的工程。

2.1.2 排水系统　waste water engineering system

收集、输送、处理、再生和处置污水和雨水的设施以一定方式组合成的总体。

2.1.3 排水体制　sewerage system

在一个区域内收集、输送污水和雨水的方式，有合流制和分流制两种基本方式。

2.1.4 排水设施　wastewater facilities

排水工程中的管道、构筑物和设备等的统称。

2.1.5 合流制　combined system

用同一管渠系统收集、输送污水和雨水的排水方式。

2.1.5A 合流制管道溢流　combined sewer overflow

合流制排水系统降雨时，超过截流能力的水排入水体的状况。

2.1.6 分流制　separate system

用不同管渠系统分别收集、输送污水和雨水的排水方式。

2.1.7 城镇污水　urban wastewater，sewage

综合生活污水、工业废水和入渗地下水的总称。

2.1.8 城镇污水系统　urban wastewater system

收集、输送、处理、再生和处置城镇污水的设施以一定方式组合成的总体。

2.1.8A 面源污染　diffuse pollution

通过降雨和地表径流冲刷，将大气和地表中的污染物带入受纳水体，使受纳水体遭受污染的现象。

2.1.8B 低影响开发（LID）low impact development

强调城镇开发应减少对环境的冲击，其核心是基于源头控制和延缓冲击负荷的理念，构建与自然相适应的城镇排水系统，合理利用景观空间和采取相应措施对暴雨径流进行控制，减少城镇面源污染。

2.1.9 城镇污水污泥 urban wastewater sludge

城镇污水系统中产生的污泥。

2.1.10 旱流污水 dry weather flow

合流制排水系统晴天时的城镇污水。

2.1.11 生活污水 domestic wastewater, sewage

居民生活产生的污水。

2.1.12 综合生活污水 comprehensive sewage

居民生活和公共服务产生的污水。

2.1.13 工业废水 industrial wastewater

工业企业生产过程产生的废水。

2.1.14 入渗地下水 infiltrated ground water

通过管渠和附属构筑物进入排水管渠的地下水。

2.1.15 总变化系数 peaking factor

最高日最高时污水量与平均日平均时污水量的比值。

2.1.16 径流系数 runoff coefficient

一定汇水面积内地面径流量与降雨量的比值。

2.1.16A 径流量 runoff

降落到地面的雨水，由地面和地下汇流到管渠至受纳水体的流量的统称。径流包括地面径流和地下径流等。在排水工程中，径流量指降水超出一定区域内地面渗透、滞蓄能力后多余水量产生的地面径流量。

2.1.17 暴雨强度 rainfall intensity

单位时间内的降雨量。工程上常用单位时间单位面积内的降雨体积来计，其计量单位以 $L/cs \cdot hm^2$ 表示。

2.1.18 重现期 recurrence interval

在一定长的统计期间内，等于或大于某统计对象出现一次的平均间隔时间。

2.1.18A 雨水管渠设计重现期 recurrence interval for storm sewer design

用于进行雨水管渠设计的暴雨重现期。

2.1.19 降雨历时 duration of rainfall

降雨过程中的任意连续时段。

2.1.20 汇水面积 catchment area

雨水管渠汇集降雨的流域面积。

2.1.20A 内涝 local flooding

强降雨或连续性降雨超过城镇排水能力，导致城镇地面产生积水灾害的现象。

2.1.20B 内涝防治系统 local flooding prevention and control system

用于防止和应对城镇内涝的工程性设施和非工程性措施以一定方式组合成的总体，包括雨水收集、输送、调蓄、行泄、处理和利用的天然和人工设施以及管理措施等。

2.1.20C 内涝防治设计重现期 recurrence interval for local flooding design

用于进行城镇内涝防治系统设计的暴雨重现期，使地面、道路等地区的积水深度不超过一定的标准。内涝防治设计重现期大于雨水管渠设计重现期。

2.1.21 地面集水时间 time of concentration

雨水从相应汇水面积的最远点地面流到雨水管渠入口的时间，简称集水时间。

2.1.22 截流倍数 interception ratio

合流制排水系统在降雨时被截流的雨水径流量与平均旱流污水量的比值。

2.1.23 排水泵站 drainage pumping station

污水泵站、雨水泵站和合流污水泵站的总称。

2.1.24 污水泵站 sewage pumping station

分流制排水系统中，提升污水的泵站。

2.1.25 雨水泵站 storm water pumping station

分流制排水系统中，提升雨水的泵站。

2.1.26 合流污水泵站 combined sewage pumping station

合流制排水系统中，提升合流污水的泵站。

2.1.27 一级处理 primary treatment

污水通过沉淀去降悬浮物的过程。

2.1.28 二级处理 secondary treatment

污水一级处理后，再用生物方法进一步去除污水中肢体和溶解性有机物的过程。

2.1.29 活性污泥法 activated sludge process, suspended growth process

污水生物处理的一种方法。该法是在人工条件下，对污水中的各类微生物群体进行连续混合和培养，形成悬浮状态的活性污泥。利用活性污泥的生物作用，以分解去除污水中的有机污染物，然后使污泥与水分离，大部分污泥回流到生物反应池，多余部分作为剩余污泥排出活性污泥系统。

2.1.30 生物反应池 biological reaction tank

利用活性污泥法进行污水生物处理的构筑物。反应池内能满足生物活动所需条件，可分厌氧、缺氧和好氧状态。池内保持污泥悬浮并与污水充分混合。

2.1.31 活性污泥 activated sludge

生物反应池中繁殖的含有各种微生物群体的絮状体。

2.1.32 回流污泥 returned sludge

由二次沉淀池分离，回流到生物反应池的活性污泥。

2.1.33 格栅 bar screen

拦截水中较大尺寸漂浮物或其他杂物的装置。

2.1.34 格栅除污机 bar screen machine

用机械的方法，将格栅截留的栅渣清捞出的机械。

2.1.35 固定式格栅除污机 fixed raking machine

对应每组格栅设置的固定式清捞栅渣的机械。

2.1.36 移动式格栅除污机 mobile raking machine

数组或超宽格栅设置一台移动式清捞栅渣的机械，按一定操作程序轮流清捞栅渣。

2.1.37 沉砂池 grit chamber

去除水中自重较大、能自然沉降的较大粒径砂粒或颗粒的构筑物。

2.1.38 平流沉砂池 horizontal flow grit chamber

污水沿水平方向流动分离砂粒的沉砂池。

2.1.39 曝气沉砂池 aerated grit chamber

空气沿池一侧进入、使水呈螺旋形流动分离砂粒的沉砂池。

2.1.40 旋流沉砂池 vortex-type grit chamber

靠进水形成旋流离心力分离砂粒的沉砂池。

2.1.41 沉淀 sedimentation，settling

利用悬浮物和水的密度差，重力沉降作用去除水中悬浮物的过程。

2.1.42 初次沉淀池 primary settling tank

设在生物处理构筑物前的沉淀池，用以降低污水中的固体物浓度。

2.1.43 二次沉淀池 secondary settling tank

设在生物处理构筑物后，用于污泥与水分离的沉淀池。

2.1.44 平流沉淀池 horizontal settling tank

污水沿水平方向流动，使污水中的固体物沉降的水池。

2.1.45 竖流沉淀池 vertical flow settling tank

污水从中心管进入，水流竖直上升流动，使污水中的固体物沉降的水池。

2.1.46 辐流沉淀池 radial flow settling tank

污水沿径向减速流动，使污水中的固体物沉降的水池。

2.1.47 斜管（板）沉淀池 inclined tube（plate）sedimentation tank

水池中加斜管（板），使污水中的固体物高效沉降的沉淀池。

2.1.48 好氧 aerobic，oxic

污水生物处理中有溶解氧或兼有硝态氮的环境状态。

2.1.49 厌氧 anaerobic

污水生物处理中没有溶解氧和硝态氮的环境状态。

2.1.50 缺氧 anoxic

污水生物处理中溶解氧不足或没有溶解氧但有硝态氮的环境状态。

2.1.51 生物硝化 bio-nitrification

污水生物处理中好氧状态下硝化细菌将氨氮氧化成硝态氮的过程。

2.1.52 生物反硝化 bio-denitrification

污水生物处理中缺氧状态下反硝化菌将硝态氮还原成氮气，去除污水中氮的过程。

2.1.53 混合液回流 mixed liquor recycle

污水生物处理工艺中，生物反应区内的混合液由后端回流至前端的过程。该过程有别于将二沉池沉淀后的污泥回流至生物反应区的过程。

2.1.54 生物除磷 biological phosphorus removal

活性污泥法处理污水时，通过排放聚磷菌较多的剩余污泥，去除污水中磷的过程。

2.1.55 缺氧/好氧脱氮工艺 anoxic/oxic process（A_NO）

污水经过缺氧、好氧交替状态处理，提高总氮去除率的生物处理。

2.1.56 厌氧/好氧除磷工艺 anaerobic/oxic process（A_pO）

污水经过厌氧、好氧交替状态处理，提高总磷去除率的生物处理。

2.1.57 厌氧/缺氧/好氧脱氮除磷工艺 anaerobic/anoxic/ oxic process（AAO，又称 A^2/O）

污水经过厌氧、缺氧、好氧交替状态处理，提高总氮和总磷去除率的生物处理。

2.1.58 序批式活性污泥法 sequencing batch reactor（SBR）

活性污泥法的一种形式。在同一个反应器中，按时间顺序进行进水、反应、沉淀和排水等处理工序。

2.1.59 充水比 fill ratio

序批式活性污泥法工艺一个周期中，进入反应池的污水量与反应池有效容积之比。

2.1.60 总凯氏氮 total Kjeldahl nitrogen（TKN）

有机氮和氨氮之和。

2.1.61 总氮 total nitrogen（TN）

有机氮、氨氮、亚硝酸盐氮和硝酸盐氮的总和。

2.1.62 总磷 total phosphorus（TP）

水体中有机磷和无机磷的总和。

2.1.63 好氧泥龄 oxic sludge age

活性污泥在好氧池中的平均停留时间。

2.1.64 泥龄 sludge age，sludge retention time（SRT）

活性污泥在整个生物反应池中的平均停留时间。

2.1.65 氧化沟 oxidation ditch

活性污泥法的一种形式，其构筑物呈封闭无终端渠形布置，降解去除污水中有机污染物和氮、磷等营养物。

2.1.66 好氧区 oxic zone

生物反应池的充氧区。微生物在好氧区降解有机物和进行硝化反应。

2.1.67 缺氧区 anoxlc zone

生物反应池的非充氧区，且有硝酸盐或亚硝酸盐存在的区域。生物反应池中含有大量硝酸盐、亚硝酸盐，得到充足的有机物时，可在该区内进行脱氮反应。

2.1.68 厌氧区 anaerobic zone

生物反应池的非充氧区，且无硝酸盐或亚硝酸盐存在的区域。聚磷微生物在厌氧区吸收有机物和释放磷。

2.1.69 生物膜法 attached-growth process，biofilm process

污水生物处理的一种方法。该法利用生物膜对有机污染物的吸附和分解作用使污水得到净化。

2.1.70 生物接触氧化 bio-contact oxidation

由浸没在污水中的填料和曝气系统构成的污水处理方法。在有氧条件下，污水与填料表面的生物膜广泛接触，使污水得到净化。

2.1.71 曝气生物滤池 biological aerated filter (BAF)

生物膜法的一种构筑物。由接触氧化和过滤相结合，在有氧条件下，完成污水中有机物氧化、过滤、反冲洗过程，使污水获得净化。又称颗粒填料生物滤池。

2.1.72 生物转盘 rotating biological contactor (RBC)

生物膜法的一种构筑物。由水槽和部分浸没在污水中的旋转盘体组成，盘体表面生长的生物膜反复接触污水和空气中的氧，使污水得到净化。

2.1.73 塔式生物滤池 biotower

生物膜法的一种构筑物。塔内分层布设轻质塑料载体，污水由上往下喷淋，与载体上生物膜及自下向上流动的空气充分接触，使污水得到净化。

2.1.74 低负荷生物滤池 low-rate trickling filters

亦称滴滤池（传统、普通生物滤池）。由于负荷较低，占地较大，净化效果较好，五日生化需氧量去除率可达85%～95%。

2.1.75 高负荷生物滤池 high-rate biological filters

生物滤池的一种形式。通过回流处理水和限制进水有机负荷等措施，提高水力负荷，解决堵塞问题。

2.1.76 五日生化需氧量容积负荷 BOD_5-volumetric loading rate

生物反应池单位容积每天承担的五日生化需氧量千克数。其计量单位以 kg BOD_5/（m^3·d）表示。

2.1.77 表面负荷 hydraulic loading rate

一种负荷表示方式，指每平方米面积每天所能接受的污水量。

2.1.78 固定布水器 fixed distributor

生物滤池中由固定的布水管和喷嘴等组成的布水装置。

2.1.79 旋转布水器 rotating distributor

由若干条布水管组成的旋转布水装置。它利用从布水管孔口喷出的水流所产生的反作用力，推动布水管绕旋转轴旋转，达到均匀布水的目的。

2.1.80 石料滤料 rock filtering media

用以提供微生物生长的载体并起悬浮物过滤作用的粒状材料，有碎石、卵石、炉渣、陶粒等。

2.1.81 塑料填料 plastic media

用以提供微生物生长的载体，有硬性、软性和半软性填料。

2.1.82 污水自然处理 natural treatment of wastewater

利用自然生物作用的污水处理方法。

2.1.83 土地处理 land treatment

利用土壤、微生物、植物组成的生态污水处理方法。通过该系统营养物质和水分的循环利用，使植物生长繁殖并不断被利用，实现污水的资源化、无害化和稳定化。

2.1.84 稳定塘 stabilization pond，stabi lization lagoon

经过人工适当修整，设围堤和防渗层的污水池塘，通过水生生态系统的物理和生物作用对污水进行自然处理。

2.1.85 灌溉田 sewage farming

利用土地对污水进行自然生物处理的方法。一方面利用污水培育植物，另一方面利用土壤和植物净化污水。

2.1.86 人工湿地 artifical wetland，constructed wetland

利用土地对污水进行自然处理的一种方法。用人工筑成水池或沟槽，种植芦苇类维管束植物或根系发达的水生植物，污水以推流方式与布满生物膜的介质表面和溶解氧进行充分接触，使水得到净化。

2.1.87 污水再生利用 wastewater reuse

污水回收、再生和利用的统称，包括污水净化再用、实现水循环的全过程。

2.1.88 深度处理 advanced treatment

常规处理后设置的处理。

2.1.89 再生水 reclaimed water，reuse water

污水经适当处理后，达到一定的水质标准，满足某种使用要求的水。

2.1.90 膜过滤 membrane filtration

在污水深度处理中，通过渗透膜过滤去除污染物的技术。

2.1.91 颗粒活性炭吸附池 granular activated carbon adsorption tank

池内介质为单一颗粒活性炭的吸附池。

2.1.92 紫外线 ultraviolet (UV)

紫外线是电磁波的一部分，污水消毒用的紫外线波长为200nm～310nm（主要为254nm）的波谱区。

2.1.93 紫外线剂量 ultraviolet dose

照射到生物体上的紫外线量（即紫外线生物验定剂量或紫外线有效剂量），由生物验定测试得到。

2.1.94 污泥处理 sludge treatment

对污泥进行减量化、稳定化和无害化的处理过程，一般包括浓缩、调理、脱水、稳定、干化或焚烧等的加工过程。

2.1.95 污泥处置 sludge disposal

对处理后污泥的最终消纳过程。一般包括土地利用、填埋和建筑材料利用等。

2.1.96 污泥浓缩 sludge thickening

采用重力、气浮或机械的方法降低污泥含水率，减少污泥体积的方法。

2.1.97 污泥脱水 sludge dewatering

浓缩污泥进一步去除大量水分的过程，普遍采用机械的方式。

2.1.98 污泥干化 sludge drying

通过渗滤或蒸发等作用，从浓缩污泥中去除大部分水分的过程。

2.1.99 污泥消化 sludge digestion

通过厌氧或好氧的方法，使污泥中的有机物进行生物降解和稳定的过程。

2.1.100 厌氧消化 anaerobic digestion

使污泥中有机物生物降解和稳定的过程。

2.1.101 好氧消化 aerobic digestion

有氧条件下污泥消化的过程。

2.1.102 中温消化 mesophilic digestion

污泥温度在33℃～35℃时进行的消化过程。

2.1.103 高温消化 thermophilic digestion

污泥温度在53℃～55℃时进行的消化过程。

2.1.104 原污泥 raw sludge

未经处理的初沉污泥、二沉污泥（剩余污泥）或两者混合后的污泥。

2.1.105 初沉污泥 primar ysludge

从初次沉淀池排出的沉淀物。

2.1.106 二沉污泥 secondary sludge

从二次沉淀池、生物反应池（沉淀区或沉淀排泥时段）排出的沉淀物。

2.1.107 剩余污泥 excess activated sludge

从二次沉淀池、生物反应池（沉淀区或沉淀排泥时段）排出系统的活性污泥。

2.1.108 消化污泥 digested sludge

经过厌氧消化或好氧消化的污泥。与原污泥相比，有机物总量有一定程度的降低，污泥性质趋于稳定。

2.1.109 消化池 digester

污泥处理中有机物进行生物降解和稳定的构筑物。

2.1.110 消化时间 digest time

污泥在消化池中的平均停留时间。

2.1.111 挥发性固体 volatile solids

污泥固体物质在600℃时所失去的重量，代表污泥中可通过生物降解的有机物含量水平。

2.1.112 挥发性固体去除率 removal percentage of volatile solids

通过污泥消化，污泥中挥发性有机固体被降解去除的百分比。

2.1.113 挥发性固体容积负荷 cubage load of volatile solids

单位时间内对单位消化池容积投入的原污泥中挥发性固体重量。

2.1.114 污泥气 sludge gas，marsh gas

俗称沼气。在污泥厌氧消化时有机物分解所产生的气体，主要成分为甲烷和二氧化碳，并有少量的氢、氮和硫化氢等。

2.1.115 污泥气燃烧器 sludge gas burner

污泥气燃烧消耗的装置。又称沼气燃烧器。

2.1.116 回火防止器 backfire preventer

防止并阻断回火的装置。在发生事故或系统不稳定的状况下，当管内污泥气压力降低时，燃烧点的火会通过管道向气源方向蔓延，称作回火。

2.1.117 污泥热干化 sludge heat drying

污泥脱水后，在外部加热的条件下，通过传热和传质过程，使污泥中水分随着相变化分离的过程。成为干化产品。

2.1.118 污泥焚烧 sludge incineration

利用焚烧炉将污泥完全矿化为少量灰烬的过程。

2.1.119 污泥综合利用 sludge integrated application

将污泥作为有用的原材料在各种用途上加以利用的方法，是污泥处置的最佳途径。

2.1.120 污泥土地利用 sludge land application

将处理后的污泥作为介质土或土壤改良材料，用于园林绿化、土地改良和农田等场合的处置方式。

2.1.121 污泥农用 sludge farm application

污泥在农业用地上有效利用的处置方式。一般包括污泥经过无害化处理后用于农田、果园、牧草地等。

2.2 符 号

2.2.1 设计流量

Q——设计流量；

Q_d——设计综合生活污水量；

Q_m——设计工业废水量；

Q_s——雨水设计流量；

Q_{dr}——截流井以前的旱流污水量；

Q'——截流井以后管渠的设计流量；

Q'_s——截流井以后汇水面积的雨水设计流量；

Q'_{dr}——截流井以后的旱流污水量；

n_0——截流倍数；

H_1——堰高；
H_2——槽深；
H——槽堰总高；
Q_j——污水截流量；
d——污水截流管管径；
k——修正系数；
A_1，C，b，n——暴雨强度公式中的有关参数；
P——设计重现期；
t——降雨历时；
t_1——地面集水时间；
t_2——管渠内雨水流行时间；
m——折减系数；
q——设计暴雨强度；
Ψ——径流系数；
F——汇水面积；
Q_p——泵站设计流量；
V——调蓄池有效容积；
t_i——调蓄池进水时间；
β——调蓄池容积计算安全系数；
t_o——调蓄池放空时间；
η——调蓄池放空时的排放效率。

2.2.2 水力计算

Q——设计流量；
v——流速；
A——水流有效断面面积；
h——水流深度；
I——水力坡降；
n——粗糙系数；
R——水力半径。

2.2.3 污水处理

Q——设计污水流量；
V——生物反应池容积；
S_o——生物反应池进水五日生化需氧量；
S_e——生物反应池出水五日生化需氧量；
L_S——生物反应池五日生化需氧量污泥负荷；
L_V——生物反应池五日生化需氧量容积负荷；
X——生物反应池内混合液悬浮固体平均浓度；
X_V——生物反应池内混合液挥发性悬浮固体平均浓度；
y——MLSS 中 MLVSS 所占比例；
Y——污泥产率系数；
Y_t——污泥总产率系数；
θ_c——污泥泥龄，活性污泥在生物反应池中的平均停留时间；
θ_{co}——好氧区（池）设计污泥泥龄；
K_d——衰减系数；
K_{dT}——T℃时的衰减系数；
K_{d20}——20℃时的衰减系数；
θ_T——温度系数；
F——安全系数；
η——总处理效率；
T——温度；
f——悬浮固体的污泥转换率；
SS_o——生物反应池进水悬浮物浓度；
SS_e——生物反应池出水悬浮物浓度；
V_n——缺氧区（池）容积；
V_o——好氧区（池）容积；
V_P——厌氧区（池）容积；
N_k——生物反应池进水总凯氏氮浓度；
N_{ke}——生物反应池出水总凯氏氮浓度；
N_t——生物反应池进水总氮浓度；
N_a——生物反应池中氨氮浓度；
N_{te}——生物反应池出水总氮浓度；
N_{oe}——生物反应池出水硝态氮浓度；
ΔX——剩余污泥量；
ΔX_V——排出生物反应池系统的生物污泥量；
K_{de}——脱氮速率；
$K_{de(T)}$——T℃时的脱氮速率；
$K_{de(20)}$——20℃时的脱氮速率；
μ——硝化菌比生长速率；
K_n——硝化作用中氮的半速率常数；
Q_R——回流污泥量；
Q_{Ri}——混合液回流量；
R——污泥回流比；
R_i——混合液回流比；
HRT——生物反应池水力停留时间；
t_P——厌氧区（池）水力停留时间；
O_2——污水需氧量；
O_S——标准状态下污水需氧量；
a——碳的氧当量，当含碳物质以 BOD_5 计时，取 1.47；
b——常数，氧化每公斤氨氮所需氧量，取 4.57；
c——常数，细菌细胞的氧当量，取 1.42；
E_A——曝气器氧的利用率；
G_S——标准状态下供气量；
t_F——SBR 生物反应池每池每周期需要的进水时间；
t——SBR 生物反应池一个运行周期需要的时间；
t_R——每个周期反应时间；
t_S——SBR 生物反应池沉淀时间；
t_D——SBR 生物反应池排水时间；

t_b——SBR生物反应池闲置时间；

m——SBR生物反应池充水比。

2.2.4 污泥处理

t_d——消化时间；

V——消化池总有效容积；

Q_o——每日投入消化池的原污泥量；

L_V——消化池挥发性固体容积负荷；

W_S——每日投入消化池的原污泥中挥发性干固体重量。

3 设计流量和设计水质

3.1 生活污水量和工业废水量

3.1.1 城镇旱流污水设计流量，应按下式计算：

$$Q_{dr}=Q_d+Q_m \quad (3.1.1)$$

式中：Q_{dr}——截流井以前的旱流污水量（L/s）；

Q_d——设计综合生活污水量（L/s）；

Q_m——设计工业废水量（L/s）。

在地下水位较高的地区，应考虑入渗地下水量，其量宜根据测定资料确定。

3.1.2 居民生活污水定额和综合生活污水定额应根据当地采用的用水定额，结合建筑内部给排水设施水平确定，可按当地相关用水定额的80%～90%采用。

3.1.2A 排水系统的设计规模应根据排水系统的规划和普及程度合理确定。

3.1.3 综合生活污水量总变化系数可根据当地实际综合生活污水量变化资料确定。元测定资料时，可按表3.1.3的规定取值。新建分流制排水系统的地区，宜提高综合生活污水量总变化系数；既有地区可结合城区和排水系统改建工程，提高综合生活污水量总变化系数。

表3.1.3 综合生活污水量总变化系鼓

平均日流量（L/s）	5	15	40	70	100	200	500	≥1000
总变化系数	2.3	2.0	1.8	1.7	1.6	1.5	1.4	1.3

注：当污水平均日流量为中间数值时，总变化系数可用内插法求得。

3.1.4 工业区内生活污水量、沐浴污水量的确定，应符合现行国家标准《建筑给水排水设计规范》GB 50015的有关规定。

3.1.5 工业区内工业废水量和变化系数的确定，应根据工艺特点，并与国家现行的工业用水量有关规定协调。

3.2 雨水量

3.2.1 采用推理公式法计算雨水设计流量，应按下式计算。当汇水面积超过$2km^2$时，宜考虑降雨在时空分布的不均匀性和管网汇流过程，采用数学模型法计算雨水设计流量。

$$Q_s=q\Psi F \quad (3.2.1)$$

式中：Q_s——雨水设计流量（L/s）；

q——设计暴雨强度［L/（s·hm^2）］；

Ψ——径流系数；

F——汇水面积（hm^2）。

注：当有允许排入雨水管道的生产废水排入雨水管道时，应将其水量计算在内。

3.2.2 应严格执行规划控制的综合径流系数，综合径流系数高于0.7的地区应采用渗透、调蓄等措施。径流系数，可按本规范表3.2.2-1的规定取值，汇水面积的综合径流系数应按地面种类加权平均计算，可按表3.2.2-2的规定取值，并应核实地面种类的组成和比例。

表3.2.2-1 径流系数

地面种类	Ψ
各种屋面、混凝土或沥青路面	0.85～0.95
大块石铺砌路面或沥青表面各种的碎石路面	0.55～0.65
级配碎石路面	0.40～0.50
干砌砖石或碎石路面	0.35～0.40
非铺砌土路面	0.25～0.35
公园或绿地	0.10～0.20

表3.2.2-2 综合径流系数

区域情况	Ψ
城镇建筑密集区	0.60～0.70
城镇建筑较密集区	0.45～0.60
城镇建筑稀疏区	0.20～0.45

3.2.2A 当地区整体改建时，对于相同的设计重现期，改建后的径流量不得超过原有径流量。

3.2.3 设计暴雨强度，应按下式计算：

$$q=\frac{167A_1(1+C\lg P)}{(t+b)^n} \quad (3.2.3)$$

式中：q——设计暴雨强度［L/（s·hm^2）］；

t——降雨历时（min）；

P——设计重现期（年）；

A_1，C，b，n——参数，根据统计方法进行计算确定。

具有20年以上自动雨量记录的地区，排水系统设计暴雨强度公式应采用年最大值法，并按本规范附录A的有关规定编制。

3.2.3A 根据气候变化，宜对暴雨强度公式进行修订。

3.2.4 雨水管渠设计重现期，应根据汇水地区性质、城镇类型、地形特点和气候特征等因素，经技术经济比较后按表3.2.4的规定取值，并应符合下列规定：

1 人口密集、内涝易发且经济条件较好的城镇，宜采用规定的上限；

2 新建地区应按本规定执行，原有地区应结合地区改建、道路建设等更新排水系统，并按本规定执行；

3 同一排水系统可采用不同的设计重现期。

表 3.2.4 雨水管渠设计重现期（年）

城镇类型 \ 城区类型	中心城区	非中心城区	中心城区的重要地区	中心城区地下通道和下沉式广场等
超大城市和特大城市	3～5	2～3	5～10	30～50
大城市	2～5	2～3	5～10	20～30
中等城市和小城市	2～3	2～3	3～5	10～20

注：1 按表中所列重现期设计暴雨强度公式时，均采用年最大值法；

2 雨水管渠应按重力流、满管流计算；

3 超大城市指城区常住人口在 1000 万以上的城市；特大城市指城区常住人口 500 万以上 1000 万以下的城市；大城市指城区常住人口 100 万以上 500 万以下的城市；中等城市指城区常住人口 50 万以上 100 万以下的城市；小城市指城区常住人口在 50 万以下的城市（以上包括本数，以下不包括本数）。

3.2.4A 应采取必要的措施防止洪水对城镇排水系统的影响。

3.2.4B 内涝防治设计重现期，应根据城镇类型、积水影响程度和内河水位变化等因素，经技术经济比较后确定，应按表 3.2.4B 的规定取值，并应符合下列规定：

1 人口密集、内涝易发且经济条件较好的城市，宜采用规定的上限；

2 目前不具备条件的地区可分期达到标准；

3 当地面积水不满足表 3.2.4B 的要求时，应采取渗透、调蓄、设置雨洪行泄通道和内河整治等措施；

4 对超过内涝设计重现期的暴雨，应采取预警和应急等控制措施。

表 3.2.4B 内涝防治设计重现期

城镇类型	重现期（年）	地面积水设计标准
超大城市和特大城市	50～100	1 居民住宅和工商业建筑物的底层不进水； 2 道路中一条车道的积水深度不超过 15cm。
大城市	30～50	
中等城市和小城市	20～30	

注：1 表中所列设计重现期适用于采用年最大值法确定的暴雨强度公式。

2 超大城市指城区常住人口在 1000 万以上的城市；特大城市指城区常住人口 500 万以上 1000 万以下的城市；大城市指城区常住人口 100 万以上 500 万以下的城市；中等城市指城区常住人口 50 万以上 100 万以下的城市；小城市指城区常住人口在 50 万以下的城市（以上包括本数，以下不包括本数）。

3.2.5 雨水管渠的降雨历时，应按下式计算：

$$t = t_1 + t_2 \quad (3.2.5)$$

式中：t——降雨历时（min）；

t_1——地面集水时间（min），应根据汇水距离、地形坡度和地面种类计算确定，一般采用 5min～15min；

t_2——管渠内雨水流行时间（min）。

3.2.5A 应采取雨水渗透、调蓄等措施，从源头降低雨水径流产生量，延缓出流时间。

3.2.6 当雨水径流量增大，排水管渠的输送能力不能满足要求时，可设雨水调蓄池。

3.3 合流水量

3.3.1 合流管渠的设计流量，应按下式计算：

$$Q = Q_d + Q_m + Q_s = Q_{dr} + Q_s \quad (3.3.1)$$

式中：Q——设计流量（L/s）；

Q_d——设计综合生活污水量（L/s）；

Q_m——设计工业废水量（L/s）；

Q_s——雨水设计流量（L/s）；

Q_{dr}——截流井以前的旱流污水量（L/s）。

3.3.2 截流井以后管渠的设计流量，应按下式计算：

$$Q' = (n_o + 1)Q_{dr} + Q'_s + Q'_{dr} \quad (3.3.2)$$

式中：Q'——截流井以后管渠的设计流量（L/s）；

n_o——截流倍数；

Q'_s——截流井以后汇水面积的雨水设计流量（L/s）；

Q'_{dr}——截流井以后的旱流污水量（L/s）。

3.3.3 截流倍数 n_o 应根据旱流污水的水质、水量、排放水体的环境容量、水文、气候、经济和排水区域大小等因素经计算确定，宜采用 2～5。同一排水系统中可采用不同截流倍数。

3.3.4 合流管道的雨水设计重现期可适当高于同一情况下的雨水管道设计重现期。

3.4 设计水质

3.4.1 城镇污水的设计水质应根据调查资料确定，或参照邻近城镇、类似工业区和居住区的水质确定。无调查资料时，可按下列标准采用：

1 生活污水的五日生化需氧量可按每人每天 25g～50g 计算。

2 生活污水的悬浮固体量可按每人每天 40g～65g 计算。

3 生活污水的总氮量可按每人每天 5g～11g 计算。

4 生活污水的总磷量可按每人每天 0.7g～1.4g 计算。

5 工业废水的设计水质，可参照类似工业的资料采用，其五日生化需氧量、悬浮固体量、总氮量和总磷量，可折合人口当量计算。

3.4.2 污水厂内生物处理构筑物进水的水温宜为10℃～37℃，pH值宜为6.5～9.5，营养组合比（五日生化需氧量：氮：磷）可为100：5：1。有工业废水进入时，应考虑有害物质的影响。

4 排水管渠和附属构筑物

4.1 一 般 规 定

4.1.1 排水管渠系统应根据城镇总体规划和建设情况统一布置，分期建设。排水管渠断面尺寸应按远期规划的最高日最高时设计流量设计，按现状水量复核，并考虑城镇远景发展的需要。

4.1.2 管渠平面位置和高程，应根据地形、土质、地下水位、道路情况、原有的和规划的地下设施、施工条件以及养护管理方便等因素综合考虑确定。排水干管应布置在排水区域内地势较低或便于雨污水汇集的地带。排水管宜沿城镇道路敷设，并与道路中心线平行，宜设在快车道以外。截流干管宜沿受纳水体岸边布置。管渠高程设计除考虑地形坡度外，还应考虑与其他地下设施的关系以及接户管的连接方便。

4.1.3 管渠材质、管渠构造、管渠基础、管道接口，应根据排水水质、水温、冰冻情况、断面尺寸、管内外所受压力、土质、地下水位、地下水侵蚀性、施工条件及对养护工具的适应性等因素进行选择与设计。

4.1.3A 排水管渠的断面形状应符合下列要求：

1 排水管渠的断面形状应根据设计流量、埋设深度、工程环境条件，同时结合当地施工、制管技术水平和经济、养护管理要求综合确定，宜优先选用成品管。

2 大型和特大型管渠的断面应方便维修、养护和管理。

4.1.4 输送腐蚀性污水的管渠必须采用耐腐蚀材料，其接口及附属构筑物必须采取相应的防腐蚀措施。

4.1.5 当输送易造成管渠内沉析的污水时，管渠形式和断面的确定，必须考虑维护检修的方便。

4.1.6 工业区内经常受有害物质污染的场地雨水，应经预处理达到相应标准后才能排入排水管渠。

4.1.7 排水管渠系统的设计，应以重力流为主，不设或少设提升泵站。当无法采用重力流或重力流不经济时，可采用压力流。

4.1.8 雨水管渠系统设计可结合城镇总体规划，考虑利用水体调蓄雨水，必要时可建人工调蓄和初期雨水处理设施。

4.1.9 污水管道、合流污水管道和附属构筑物应保证其严密性，应进行闭水试验，防止污水外渗和地下水入渗。

4.1.10 当排水管渠出水口受水体水位顶托时，应根据地区重要性和积水所造成的后果，设置潮门、闸门或泵站等设施。

4.1.11 雨水管道系统之间或合流管道系统之间可根据需要设置连通管。必要时可在连通管处设闸槽或闸门。连通管及附近闸门井应考虑维护管理的方便。雨水管道系统与合流管道系统之间不应设置连通管道。

4.1.12 排水管渠系统中，在排水泵站和倒虹管前，宜设置事故排出口。

4.2 水 力 计 算

4.2.1 排水管渠的流量，应按下式计算：

$$Q = Av \tag{4.2.1}$$

式中：Q——设计流量（m^3/s）；

A——水流有效断面面积（m^2）；

v——流速（m/s）。

4.2.2 恒定流条件下排水管渠的流速，应按下式计算：

$$v = \frac{1}{n} R^{\frac{2}{3}} I^{\frac{1}{2}} \tag{4.2.2}$$

式中：v——流速（m/s）；

R——水力半径（m）；

I——水力坡降；

n——粗糙系数。

4.2.3 排水管渠粗糙系数，宜按表4.2.3的规定取值。

表 4.2.3 排水管渠粗糙系数

管渠类别	粗糙系数 n
UPVC管、PE管、玻璃钢管	0.009～0.011
石棉水泥管、钢管	0.012
陶土管、铸铁管	0.013
混凝土管、钢筋混凝土管、水泥砂浆抹面渠道	0.013～0.014
浆砌砖渠道	0.015
浆砌块石渠道	0.017
干砌块石渠道	0.020～0.025
土明渠（包括带草皮）	0.025～0.030

4.2.4 排水管渠的最大设计充满度和超高，应符合下列规定：

1 重力流污水管道应按非满流计算，其最大设计充满度，应按表4.2.4的规定取值。

表 4.2.4 最大设计充满度

管径或渠高（mm）	最大设计充满度
200～300	0.55
350～450	0.65
500～900	0.70
≥1000	0.75

注：在计算污水管道充满度时，不包括短时突然增加的污水量，但当管径小于或等于300mm时，应按满流复核。

2 雨水管道和合流管道应按满流计算。

3 明渠超高不得小于 0.2m。

4.2.5 排水管道的最大设计流速，宜符合下列规定。非金属管道最大设计流速经过试验验证可适当提高。

1 金属管道为 10.0m/s。

2 非金属管道为 5.0m/s。

4.2.6 排水明渠的最大设计流速，应符合下列规定：

1 当水流深度为 0.4m～1.0m 时，宜按表 4.2.6 的规定取值。

表 4.2.6 明渠最大设计流速

明渠类别	最大设计流速（m/s）
粗砂或低塑性粉质黏土	0.8
粉质黏土	1.0
黏土	1.2
草皮护面	1.6
干砌块石	2.0
浆砌块石或浆砌砖	3.0
石灰岩和中砂岩	4.0
混凝土	4.0

2 当水流深度在 0.4m～1.0m 范围以外时，表 4.2.6 所列最大设计流速宜乘以下列系数：

$h<0.4$m　0.85；

$1.0<h<2.0$m　1.25；

$h\geq2.0$m　1.40。

注：h 为水流深度。

4.2.7 排水管渠的最小设计流速，应符合下列规定：

1 污水管道在设计充满度下为 0.6m/s。

2 雨水管道和合流管道在满流时为 0.75m/s 。

3 明渠为 0.4m/s 。

4.2.8 污水厂压力输泥管的最小设计流速，可按表 4.2.8 的规定取值。

表 4.2.8 压力输泥管最小设计流速

污泥含水率（%）	最小设计流速（m/s）	
	管径 150mm～250mm	管径 300mm～400mm
90	1.5	1.6
91	1.4	1.5
92	1.3	1.4
93	1.2	1.3
94	1.1	1.2
95	1.0	1.1
96	0.9	1.0
97	0.8	0.9
98	0.7	0.8

4.2.9 排水管道采用压力流时，压力管道的设计流速宜采用 0.7m/s～2.0m/s 。

4.2.10 排水管道的最小管径与相应最小设计坡度，宜按表 4.2.10 的规定取值。

表 4.2.10 最小管径与相应最小设计坡度

管道类别	最小管径（mm）	相应最小设计坡度
污水管	300	塑料管 0.002，其他管 0.003
雨水管和合流管	300	塑料管 0.002，其他管 0.003
雨水口连接管	200	0.01
压力输泥管	150	—
重力输泥管	200	0.01

4.2.11 管道在坡度变陡处，其管径可根据水力计算确定由大改小，但不得超过 2 级，并不得小于相应条件下的最小管径。

4.3 管　道

4.3.1 不同直径的管道在检查井内的连接，宜采用管顶平接或水面平接。

4.3.2 管道转弯和交接处，其水流转角不应小于 90°。

注：当管径小于或等于 300mm，跌水水头大于 0.3m 时，可不受此限制。

4.3.2A 埋地塑料排水管可采用硬聚氯乙烯管、聚乙烯管和玻璃纤维增强塑料夹砂管。

4.3.2B 埋地塑料排水管的使用，应符合下列规定：

1 根据工程条件、材料力学性能和回填材料压实度，按环刚度复核覆土深度。

2 设置在机动车道下的埋地塑料排水管道不应影响道路质量。

3 埋地塑料排水管不应采用刚性基础。

4.3.2C 塑料管应直线敷设，当遇到特殊情况需折线敷设时，应采用柔性连接，其允许偏转角应满足要求。

4.3.3 管道基础应根据管道材质、接口形式和地质条件确定，对地基松软或不均匀沉降地段，管道基础应采取加固措施。

4.3.4 管道接口应根据管道材质和地质条件确定，污水和合流污水管道应采用柔性接口。当管道穿过粉砂、细砂层并在最高地下水位以下，或在地震设防烈度为 7 度及以上设防区时，必须采用柔性接口。

4.3.4A 当矩形钢筋混凝土箱涵敷设在软土地基或不均匀地层上时，宜采用钢带橡胶止水圈结合上下企口式接口形式。

4.3.5 设计排水管道时，应防止在压力流情况下使接户管发生倒灌。

4.3.6 污水管道和合流管道应根据需要设通风设施。

4.3.7 管顶最小覆土深度，应根据管材强度、外部荷载、土壤冰冻深度和土壤性质等条件，结合当地埋管经验确定。管顶最小覆土深度宜为：人行道下0.6m，车行道下0.7m。

4.3.8 一般情况下，排水管道宜埋设在冰冻线以下。当该地区或条件相似地区有浅埋经验或采取相应措施时，也可埋设在冰冻线以上，其浅埋数值应根据该地区经验确定，但应保证排水管道安全运行。

4.3.9 道路红线宽度超过40m的城镇干道，宜在道路两侧布置排水管道。

4.3.10 重力流管道系统可设排气和排空装置，在倒虹管、长距离直线输送后变化段宜设置排气装置。设计压力管道时，应考虑水锤的影响。在管道的高点以及每隔一定距离处，应设排气装置；排气装置有排气井、排气阀等，排气井的建筑应与周边环境相协调。在管道的低点以及每隔一定距离处，应设排空装置。

4.3.11 承插式压力管道应根据管径、流速、转弯角度、试压标准和接口的摩擦力等因素，通过计算确定是否在垂直或水平方向转弯处设置支墩。

4.3.12 压力管接入自流管渠时，应有消能设施。

4.3.13 管道的施工方法，应根据管道所处土层性质、管径、地下水位、附近地下和地上建筑物等因素，经技术经济比较，确定采用开槽、顶管或盾构施工等。

4.4 检 查 井

4.4.1 检查井的位置，应设在管道交汇处、转弯处、管径或坡度改变处、跌水处以及直线管段上每隔一定距离处。

4.4.1A 污水管、雨水管和合流污水管的检查井井盖应有标识。

4.4.1B 检查井宜采用成品井，污水和合流污水检查井应进行闭水试验。

4.4.2 检查井在直线管段的最大间距应根据疏通方法等具体情况确定，一般宜按表4.4.2的规定取值。

表4.4.2 检查井最大间距

管径或暗渠净高（mm）	最大间距（m）	
	污水管道	雨水（合流）管道
200～400	40	50
500～700	60	70
800～1000	80	90
1100～1500	100	120
1600～2000	120	120

4.4.3 检查井各部尺寸，应符合下列要求：

1 井口、井筒和井室的尺寸应便于养护和检修，爬梯和脚窝的尺寸、位置应便于检修和上下安全。

2 检修室高度在管道埋深许可时宜为1.8m，污水检查井由流槽顶算起，雨水（合流）检查井由管底算起。

4.4.4 检查井井底宜设流槽。污水检查井流槽顶可与0.85倍大管管径处相平，雨水（合流）检查井流槽顶可与0.5倍大管管径处相平。流槽顶部宽度宜满足检修要求。

4.4.5 在管道转弯处，检查井内流槽中心线的弯曲半径应按转角大小和管径大小确定，但不宜小于大管管径。

4.4.6 位于车行道的检查井，应采用具有足够承载力和稳定性良好的井盖与井座。

4.4.6A 设置在主干道上的检查井的井盖基座宜和井体分离。

4.4.7 检查井宜采用具有防盗功能的井盖。位于路面上的井盖，宜与路面持平；位于绿化带内的井盖，不应低于地面。

4.4.7A 排水系统检查井应安装防坠落装置。

4.4.8 在污水干管每隔适当距离的检查井内，需要时可设置闸槽。

4.4.9 接入检查井的支管（接户管或连接管）管径大于300mm时，支管数不宜超过3条。

4.4.10 检查井与管渠接口处，应采取防止不均匀沉降的措施。

4.4.10A 检查井和塑料管道应采用柔性连接。

4.4.11 在排水管道每隔适当距离的检查井内和泵站前一检查井内，宜设置沉泥槽，深度宜为0.3m～0.5m。

4.4.12 在压力管道上应设置压力检查井。

4.4.13 高流速排水管道坡度突然变化的第一座检查井宜采用高流槽排水检查井，并采取增强井筒抗冲击和冲刷能力的措施，井盖宜采用排气井盖。

4.5 跌 水 井

4.5.1 管道跌水水头为1.0m～2.0m时，宜设跌水井；跌水水头大于2.0m时，应设跌水井。管道转弯处不宜设跌水井。

4.5.2 跌水井的进水管管径不大于200mm时，一次跌水水头高度不得大于6m；管径为300mm～600mm时，一次跌水水头高度不宜大于4m。跌水方式可采用竖管或矩形竖槽。管径大于600mm时，其一次跌水水头高度及跌水方式应按水力计算确定。

4.6 水 封 井

4.6.1 当工业废水能产生引起爆炸或火灾的气体时，其管道系统中必须设置水封井。水封井位置应设在产生上述废水的排出口处及其干管上每隔适当距离处。

4.6.1 水封深度不应小于0.25m，井上宜设通风设施，井底应设沉泥槽。

4.6.3 水封井以及同一管道系统中的其他检查井，均不应设在车行道和行人众多的地段，并应适当远离产生明火的场地。

4.7 雨 水 口

4.7.1 雨水口的形式、数量和布置，应按汇水面积所产生的流量、雨水口的泄水能力和道路形式确定。立箅式雨水口的宽度和平箅式雨水口的开孔长度和开孔方向应根据设计流量、道路纵坡和横坡等参数确定。雨水口宜设置污物截留设施，合流制系统中的雨水口应采取防止臭气外溢的措施。

4.7.1A 雨水口和雨水连接管流量应为雨水管渠设计重现期计算流量的1.5倍～3倍。

4.7.2 雨水口间距宜为25m～50m。连接管串联雨水口个数不宜超过3个。雨水口连接管长度不宜超过25m。

4.7.2A 道路横坡坡度不应小于1.5%，平箅式雨水口的箅面标高应比周围路面标高低3cm～5cm，立箅式雨水口进水处路面标高应比周围路面标高低5cm。当设置于下凹式绿地中时，雨水口的箅面标高应根据雨水调蓄设计要求确定，且应高于周围绿地平面标高。

4.7.3 当道路纵坡大于0.02时，雨水口的间距可大于50m，其形式、数量和布置应根据具体情况和计算确定。坡段较短时可在最低点处集中收水，其雨水口的数量或面积应适当增加。

4.7.4 雨水口深度不宜大于1m，并根据需要设置沉泥槽。遇特殊情况需要浅埋时，应采取加固措施。有冻胀影响地区的雨水口深度，可根据当地经验确定。

4.8 截 流 井

4.8.1 截流井的位置，应根据污水截流干管位置、合流管渠位置、溢流管下游水位高程和周围环境等因素确定。

4.8.2 截流井宜采用槽式，也可采用堰式或槽堰结合式。管渠高程允许时，应选用槽式，当选用堰式或槽堰结合式时，堰高和堰长应进行水力计算。

4.8.2A 当污水截流管管径为300mm～600mm时，堰式截流井内各类堰（正堰、斜堰、曲线堰）的堰高，可按下列公式计算：

1 $d=300\text{mm}$，$H_1=(0.233+0.013Q_j)\cdot d\cdot k$ （4.8.2A-1）

2 $d=400\text{mm}$，$H_1=(0.226+0.007Q_j)\cdot d\cdot k$ （4.8.2A-2）

3 $d=500\text{mm}$，$H_1=(0.219+0.004Q_j)\cdot d\cdot k$ （4.8.2A-3）

4 $d=600\text{mm}$，$H_1=(0.202+0.003Q_j)\cdot d\cdot k$ （4.8.2A-4）

5 $Q_j=(1+n_0)\cdot Q_{dr}$ （4.8.2A-5）

式中：H_1——堰高（mm）；

Q_j——污水截流量（L/s）；

d——污水截流管管径（mm）；

k——修正系数，$k=1.1\sim1.3$；

n_0——截流倍数；

Q_{dr}——截流井以前的旱流污水量（L/s）。

4.8.2B 当污水截流管管径为300mm～600mm时，槽式截流井的槽深、槽宽，应按下列公式计算：

$$H_2=63.9\cdot Q_j^{0.43}\cdot k \quad (4.8.2B\text{-}1)$$

式中：H_2——槽深（mm）；

Q_j——污水截流量（L/s）；

k——修正系数，$k=1.1\sim1.3$。

$$B=d \quad (4.8.2B\text{-}2)$$

式中：B——槽宽（mm）；

d——污水截流管管径（mm）。

4.8.2C 槽堰结合式截流井的槽深、堰高，应按下列公式计算：

1 根据地形条件和管道高程允许降落的可能性，确定槽深 H_2。

2 根据截流量，计算确定截流管管径 d。

3 假设 H_1/H_2 比值，按表4.8.2C计算确定槽堰总高 H。

表 4.8.2C 槽堰结合式井的槽堰总高计算表

d(mm)	$H_1/H_2\leqslant1.3$	$H_1/H_2>1.3$
300	$H=(4.22Q_j+94.3)\cdot k$	$H=(4.08Q_j+69.9)\cdot k$
400	$H=(3.43Q_j+96.4)\cdot k$	$H=(3.08Q_j+72.3)\cdot k$
500	$H=(2.22Q_j+136.4)\cdot k$	$H=(2.42Q_j+124.0)\cdot k$

4 堰高 H_1，可按下式计算：

$$H_1=H-H_2 \quad (4.8.2C)$$

式中：H_1——堰高（mm）；

H——槽堰总高（mm）；

H_2——槽深（mm）。

5 校核 H_1/H_2 是否符合本条第3款的假设条件，如不符合则改用相应公式重复上述计算。

6 槽宽计算同式（4.8.2B-2）。

4.8.3 截流井溢流水位，应在设计洪水位或受纳管道设计水位以上，当不能满足要求时，应设置闸门等防倒灌设施。

4.8.4 截流井内宜设流量控制设施。

4.9 出 水 口

4.9.1 排水管渠出水口位置、形式和出口流速，应根据受纳水体的水质要求、水体的流量、水位变化幅度、水流方向、波浪状况、稀释自净能力、地形变迁和气候特征等因素确定。

4.9.2 出水口应采取防冲刷、消能、加固等措施，并视需要设置标志。

4.9.3 有冻胀影响地区的出水口，应考虑用耐冻胀材料砌筑，出水口的基础必须设在冰冻线以下。

4.10 立体交叉道路排水

4.10.1 立体交叉道路排水应排除汇水区域的地面径流水和影响道路功能的地下水，其形式应根据当地规划、现场水文地质条件、立交形式等工程特点确定。

4.10.2 立体交叉道路排水系统的设计，应符合下列规定：

1 雨水管渠设计重现期不应小于10年，位于中心城区的重要地区，设计重现期应为20年～30年，同一立体交叉道路的不同部位可采用不同的重现期。

2 地面集水时间应根据道路坡长、坡度和路面粗糙度等计算确定，宜为2min～10min。

3 径流系数宜为0.8～1.0。

4 下穿式立体交叉道路的地面径流，具备自流条件的，可采用自流排除，不具备自流条件的，应设泵站排除。

5 当采用泵站排除地面径流时，应校核泵站及配电设备的安全高度，采取措施防止泵站受淹。

6 下穿式立体交叉道路引道两端应采取措施，控制汇水面积，减少坡底聚水量。立体交叉道路宜采用高水高排、低水低排，且互不连通的系统。

7 宜采取设置调蓄池等综合措施达到规定的设计重现期。

4.10.3 立体交叉地道排水应设独立的排水系统，其出水口必须可靠。

4.10.4 当立体交叉地道工程的最低点位于地下水位以下时，应采取排水或控制地下水的措施。

4.10.5 高架道路雨水口的间距宜为20m～30m。每个雨水口单独用立管引至地面排水系统。雨水口的入口应设置格网。

4.11 倒 虹 管

4.11.1 通过河道的倒虹管，不宜少于两条；通过谷地、旱沟或小河的倒虹管可采用一条。通过障碍物的倒虹管，尚应符合与该障碍物相交的有关规定。

4.11.2 倒虹管的设计，应符合下列要求：

1 最小管径宜为200mm。

2 管内设计流速应大于0.9m/s. 并应大于进水管内的流速，当管内设计流速不能满足上述要求时，应增加定期冲洗措施，冲洗时流速不应小于1.2m/s。

3 倒虹管的管顶距规划河底距离一般不宜小于1.0m，通过航运河道时，其位置和管顶距规划河底距离应与当地航运管理部门协商确定，并设置标志，遇冲刷河床应考虑防冲措施。

4 倒虹管宜设置事故排出口。

4.11.3 合流管道设倒虹管时，应按旱流污水量校核流速。

4.11.4 倒虹管进出水井的检修室净高宜高于2m。进出水井较深时，井内应设检修台，其宽度应满足检修要求。当倒虹管为复线时，井盖的中心宜设在各条管道的中心线上。

4.11.5 倒虹管进出水井内应设闸槽或闸门。

4.11.6 倒虹管进水井的前一检查井，应设置沉泥槽。

4.12 渠 道

4.12.1 在地形平坦地区、埋设深度或出水口深度受限制的地区，可采用渠道（明渠或盖板渠）排除雨水。盖板渠宜就地取材，构造宜方便维护，渠壁可与道路侧石联合砌筑。

4.12.2 明渠和盖板渠的底宽，不宜小于0.3m。无铺砌的明渠边坡，应根据不同的地质按表4.12.2的规定取值；用砖石或混凝土块铺砌的明渠可采用1：0.75～1：1的边坡。

表4.12.2 明渠边坡值

地质	边坡值
粉砂	1：3～1：3.5
松散的细砂、中砂和粗砂	1：2～1：2.5
密实的细砂、中砂、粗砂或黏质粉土	1：1.5～1：2
粉质黏土或黏土砾石或卵石	1：1.25～1：1.5
半岩性土	1：0.5～1：1
风化岩石	1：0.25 ～ 1：0.5
岩石	1：0.1 ～ 1：0.25

4.12.3 渠道和涵洞连接时，应符合下列要求：

1 渠道接入涵洞时，应考虑断面收缩、流速变化等因素造成明渠水面壅高的影响。

2 涵洞断面应按渠道水面达到设计超高时的泄水量计算。

3 涵洞两端应设挡土墙，并护坡和护底。

4 涵洞宜做成方形，如为圆管时，管底可适当低于渠底，其降低部分不计入过水断面。

4.12.4 渠道和管道连接处应设挡土墙等衔接设施。渠道接入管道处应设置格栅。

4.12.5 明渠转弯处，其中心线的弯曲半径不宜小于设计水面宽度的5倍；盖板渠和铺砌明渠可采用不小于设计水面宽度的2.5倍。

4.13 管 道 综 合

4.13.1 排水管道与其他地下管渠、建筑物、构筑物等相互间的位置，应符合下列要求：

1 敷设和检修管道时，不应互相影响。

2 排水管道损坏时，不应影响附近建筑物、构筑物的基础，不应污染生活饮用水。

4.13.2 污水管道、合流管道与生活给水管道相交时，应敷设在生活给水管道的下面。

4.13.3 排水管道与其他地下管线（或构筑物）水平和垂直的最小净距，应根据两者的类型、高程、施工先后和管线损坏的后果等因素，按当地城镇管道综合规划确定，亦可按本规范附录B采用。

4.13.4 再生水管道与生活给水管道、合流管道和污水管道相交时，应敷设在生活给水管道下面，宜敷设在合流管道和污水管道的上面。

4.14 雨水调蓄池

4.14.1 需要控制面源污染、削减排水管道峰值流量防治地面积水、提高雨水利用程度时，宜设置雨水调蓄池。

4.14.2 雨水调蓄池的设置应尽量利用现有设施。

4.14.3 雨水调蓄池的位置，应根据调蓄目的、排水体制、管网布置、溢流管下游水位高程和周围环境等综合考虑后确定。

4.14.4 用于合流制排水系统的径流污染控制时，雨水调蓄池的有效容积，可按下式计算：

$$V = 3600 t_i (n - n_0) Q_{dr} \beta \tag{4.14.4}$$

式中：V——调蓄池有效容积（m^3）；

t_i——调蓄池进水时间（h），宜采用0.5h～1h，当合流制排水系统雨天溢流污水水质在单次降雨事件中无明显初期效应时，宜取上限；反之，可取下限；

n——调蓄池建成运行后的截流倍数，由要求的污染负荷目标削减率、当地截流倍数和截流量占降雨量比例之间的关系求得；

n_0——系统原截流倍数；

Q_{dr}——截流井以前的旱流污水量（m^3/s）；

β——安全系数，可取1.1～1.5。

4.14.4A 用于分流制排水系统径流污染控制时，雨水调蓄池的有效容积，可按下式计算：

$$V = 10 D F \Psi \beta \tag{4.14.4A}$$

式中：V——调蓄池有效容积（m^3）；

D——调蓄量（mm），按降雨量计，可取4mm～8mm；

F——汇水面积（hm^2）；

Ψ——径流系数；

β——安全系数，可取1.1～1.5。

4.14.5 用于削减排水管道洪峰流量时，雨水调蓄池的有效容积可按下式计算：

$$V = \left[-\left(\frac{0.65}{n^{1.2}} + \frac{b}{t} \cdot \frac{0.5}{n+0.2} + 1.0 \right) \lg(\alpha + 0.3) + \frac{0.215}{n^{0.15}} \right] \cdot Q \cdot t \tag{4.14.5}$$

式中：V——调蓄池有效容积（m^3）；

α——脱过系数，取值为调蓄池下游设计流量和上游设计流量之比；

Q——调蓄池上游设计流量（m^3/min）；

b、n——暴雨强度公式参数；

t——降雨历时（min），根据式（3.2.5）计算。其中，$m=1$。

4.14.6 用于提高雨水利用程度时，雨水调蓄池的有效容积应根据降雨特征、用水需求和经济效益等确定。

4.14.7 雨水调蓄池的放空时间，可按下式计算：

$$t_o = \frac{V}{3600 Q' \eta} \tag{4.14.7}$$

式中：t_o——放空时间（h）；

V——调蓄池有效容积（m^3）；

Q'——下游排水管道或设施的受纳能力（m^3/s）；

η——排放效率，一般可取0.3～0.9。

4.14.8 雨水调蓄池应设置清洗、排气和除臭等附属设施和检修通道。

4.14.9 用于控制径流污染的雨水调蓄池出水应接入污水管网，当下游污水处理系统不能满足雨水调蓄池放空要求时，应设置雨水调蓄池出水处理装置。

4.15 雨水渗透设施

4.15.1 城镇基础设施建设应综合考虑雨水径流量的削减。人行道、停车场和广场等宜采用渗透性铺面，新建地区硬化地面中可渗透地面面积不宜低于40%，有条件的既有地区应对现有硬化地面进行透水性改建；绿地标高宜低于周边地面标高5cm～25cm，形成下凹式绿地。

4.15.2 当场地有条件时，可设置植草沟、渗透池等设施接纳地面径流；地区开发和改建时，宜保留天然可渗透性地面。

4.16 雨水综合利用

4.16.1 雨水综合利用应根据当地水资源情况和经济发展水平合理确定，并应符合下列规定：

1 水资源缺乏、水质性缺水、地下水位下降严重、内涝风险较大的城市和新建地区等宜进行雨水综合利用。

2 雨水经收集、储存、就地处理后可作为冲洗、灌溉、绿化和景观用水等，也可经过自然或人工渗透设施渗入地下，补充地下水资源。

3 雨水利用设施的设计、运行和管理应与城镇内涝防治相协调。

4.16.2 雨水收集利用系统汇水面的选择，应符合下列规定：

1 应选择污染较轻的屋面、广场、人行道等作为汇水面；对屋面雨水进行收集时，宜优先收集绿化屋面和采用环保型材料屋面的雨水。

2 不应选择厕所、垃圾堆场、工业污染场地等作为汇水面。

3 不宜收集利用机动车道路的雨水径流。

4 当不同汇水面的雨水径流水质差异较大时，可分别收集和储存。

4.16.3 对屋面、场地雨水进行收集利用时，应将降雨初期的雨水弃流。弃流的雨水可排入雨水管道，条件允许时，也可就近排入绿地。

4.16.4 雨水利用方式应根据收集量、利用量和卫生要求等综合分析后确定。雨水利用不应影响雨水调蓄设施应对城镇内涝的功能。

4.16.5 雨水利用设施和装置的设计应考虑防腐蚀、防堵塞等。

4.17 内涝防治设施

4.17.1 内涝防治设施应与城镇平面规划、竖向规划和防洪规划相协调，根据当地地形特点、水文条件、气候特征、雨水管渠系统、防洪设施现状和内涝防治要求等综合分析后确定。

4.17.2 内涝防治设施应包括源头控制设施、雨水管渠设施和综合防治设施。

4.17.3 采用绿地和广场等公共设施作为雨水调蓄设施时，应合理设计雨水的进出口，并应设置警示牌。

5 泵 站

5.1 一 般 规 定

5.1.1 排水泵站宜按远期规模设计，水泵机组可按近期规模配置。

5.1.2 排水泵站宜设计为单独的建筑物。

5.1.3 抽送产生易燃易爆和有毒有害气体的污水泵站，必须设计为单独的建筑物，并应采取相应的防护措施。

5.1.4 排水泵站的建筑物和附属设施宜采取防腐蚀措施。

5.1.5 单独设置的泵站与居住房屋和公共建筑物的距离，应满足规划、消防和环保部门的要求。泵站的地面建筑物造型应与周围环境协调，做到适用、经济、美观，泵站内应绿化。

5.1.6 泵站室外地坪标高应按城镇防洪标准确定，并符合规划部门要求；泵房室内地坪应比室外地坪高0.2m～0.3m；易受洪水淹没地区的泵站，其入口处设计地面标高应比设计洪水位高0.5m以上；当不能满足上述要求时，可在入口处设置闸槽等临时防洪措施。

5.1.7 雨水泵站应采用自灌式泵站。污水泵站和合流污水泵站宜采用自灌式泵站。

5.1.8 泵房宜有两个出入口，其中一个应能满足最大设备或部件的进出。

5.1.9 排水泵站供电应按二级负荷设计，特别重要地区的泵站，应按一级负荷设计。当不能满足上述要求时，应设置备用动力设施。

5.1.10 位于居民区和重要地段的污水、合流污水泵站，应设置除臭装置。

5.1.11 自然通风条件差的地下式水泵间应设机械送排风综合系统。

5.1.12 经常有人管理的泵站内，应设隔声值班室并有通信设施。对远离居民点的泵站，应根据需要适当设置工作人员的生活设施。

5.1.13 雨污分流不彻底、短时间难以改建的地区，雨水泵站可设置混接污水截流设施，并应采取措施排入污水处理系统。

5.2 设计流量和设计扬程

5.2.1 污水泵站的设计流量，应按泵站进水总管的最高日最高时流量计算确定。

5.2.2 雨水泵站的设计流量，应按泵站进水总管的设计流量计算确定。当立交道路设有盲沟时，其渗流水量应单独计算。

5.2.3 合流污水泵站的设计流量，应按下列公式计算确定。

1 泵站后设污水截流装置时，按式（3.3.1）计算。

2 泵站前设污水截流装置时，雨水部分和污水部分分别按式（5.2.3-1）和式（5.2.3-2）计算。

1）雨水部分：

$$Q_p = Q_s - n_0 Q_{dr} \qquad (5.2.3\text{-}1)$$

2）污水部分：

$$Q_p = (n_0 + 1) Q_{dr} \qquad (5.2.3\text{-}2)$$

式中：Q_p——泵站设计流量（m^3/s）；

Q_s——雨水设计流量（m^3/s）；

Q_{dr}——旱流污水设计流量（m^3/s）；

n_0——截流倍数。

5.2.4 雨水泵的设计扬程，应根据设计流量时的集水池水位与受纳水体平均水位差和水泵管路系统的水头损失确定。

5.2.5 污水泵和合流污水泵的设计扬程，应根据设计流量时的集水池水位与出水管渠水位差和水泵管路系统的水头损失以及安全水头确定。

5.3 集 水 池

5.3.1 集水池的容积，应根据设计流量、水泵能力和水泵工作情况等因素确定，并应符合下列要求：

1 污水泵站集水池的容积，不应小于最大一台水泵5min的出水量。

注：如水泵机组为自动控制时，每小时开动水泵不得超过6次。

2 雨水泵站集水池的容积，不应小于最大一台水泵30s的出水量。

3　合流污水泵站集水池的容积，不应小于最大一台水泵30s的出水量。

4　污泥泵房集水池的容积，应按一次排入的污泥量和污泥泵抽送能力计算确定。活性污泥泵房集水池的容积，应按排入的回流污泥量、剩余污泥量和污泥泵抽送能力计算确定。

5.3.2　大型合流污水输送泵站集水池的面积，应按管网系统中调压塔原理复核。

5.3.3　流入集水池的污水和雨水均应通过格栅。

5.3.4　雨水泵站和合流污水泵站集水池的设计最高水位，应与进水管管顶相平。当设计进水管道为压力管时，集水池的设计最高水位可高于进水管管顶，但不得使管道上游地面冒水。

5.3.5　污水泵站集水池的设计最高水位，应按进水管充满度计算。

5.3.6　集水池的设计最低水位，应满足所选水泵吸水头的要求。自灌式泵房尚应满足水泵叶轮浸没深度的要求。

5.3.7　泵房应采用正向进水，应考虑改善水泵吸水管的水力条件，减少滞流或涡流。

5.3.8　泵站集水池前，应设置闸门或闸槽；泵站宜设置事故排出口，污水泵站和合流污水泵站设置事故排出口应报有关部门批准。

5.3.9　雨水进水管沉砂量较多地区宜在雨水泵站集水池前设置沉砂设施和清砂设备。

5.3.10　集水池池底应设集水坑，倾向坑的坡度不宜小于10%。

5.3.11　集水池应设冲洗装置，宜设清泥设施。

5.4　泵房设计

Ⅰ　水泵配置

5.4.1　水泵的选择应根据设计流量和所需扬程等因素确定，且应符合下列要求：

1　水泵宜选用同一型号，台数不应少于2台，不宜大于8台。当水量变化很大时，可配置不同规格的水泵，但不宜超过两种，或采用变频调速装置，或采用叶片可调式水泵。

2　污水泵房和合流污水泵房应设备用泵，当工作泵台数不大于4台时，备用泵宜为1台。工作泵台数不小于5台时，备用泵宜为2台；潜水泵房备用泵为2台时，可现场备用1台，库存备用1台。雨水泵房可不设备用泵。立交道路的雨水泵房可视泵房重要性设置备用泵。

5.4.2　选用的水泵宜在满足设计扬程时在高效区运行；在最高工作扬程与最低工作扬程的整个工作范围内应能安全稳定运行。2台以上水泵并联运行合用一根出水管时，应根据水泵特性曲线和管路工作特性曲线验算单台水泵工况，使之符合设计要求。

5.4.3　多级串联的污水泵站和合流污水泵站，应考虑级间调整的影响。

5.4.4　水泵吸水管设计流速宜为0.7m/s～1.5m/s。出水管流速宜为0.8m/s～2.5m/s。

5.4.5　非自灌式水泵应设引水设备，并均宜设备用。小型水泵可设底阀或真空引水设备。

Ⅱ　泵　房

5.4.6　水泵布置宜采用单行排列。

5.4.7　主要机组的布置和通道宽度，应满足机电设备安装、运行和操作的要求，并应符合下列要求：

1　水泵机组基础间的净距不宜小于1.0m。

2　机组突出部分与墙壁的净距不宜小于1.2m。

3　主要通道宽度不宜小于1.5m。

4　配电箱前面通道宽度，低压配电时不宜小于1.5m，高压配电时不宜小于2.0m。当采用在配电箱后面检修时，后面距墙的净距不宜小于1.0m。

5　有电动起重机的泵房内，应有吊运设备的通道。

5.4.8　泵房各层层高，应根据水泵机组、电气设备、起吊装置、安装、运行和检修等因素确定。

5.4.9　泵房起重设备应根据需吊运的最重部件确定。起重量不大于3t，宜选用手动或电动葫芦；起重量大于3t，宜选用电动单梁或双梁起重机。

5.4.10　水泵机组基座，应按水泵要求配置，并应高出地坪0.1m以上。

5.4.11　水泵间与电动机间的层高差超过水泵技术性能中规定的轴长时，应设中间轴承和轴承支架，水泵油箱和填料函处应设操作平台等设施。操作平台工作宽度不应小于0.6m，并应设置栏杆。平台的设置应满足管理人员通行和不妨碍水泵装拆。

5.4.12　泵房内应有排除积水的设施。

5.4.13　泵房内地面敷设管道时，应根据需要设置跨越设施。若架空敷设时，不得跨越电气设备和阻碍通道，通行处的管底距地面不宜小于2.0m。

5.4.14　当泵房为多层时，楼板应设吊物孔，其位置应在起吊设备的工作范围内。吊物孔尺寸应按需起吊最大部件外形尺寸每边放大0.2m以上。

5.4.15　潜水泵上方吊装孔盖板可视环境需要采取密封措施。

5.4.16　水泵因冷却、润滑和密封等需要的冷却用水可接自泵站供水系统，其水量、水压、管路等应按设备要求设置。当冷却水量较大时，应考虑循环利用。

5.5　出水设施

5.5.1　当2台或2台以上水泵合用一根出水管时，每台水泵的出水管上均应设置闸阀，并在闸阀和水泵之间设置止回阀。当污水泵出水管与压力管或压力井相连时，出水管上必须安装止回阀和闸阀等防倒流装置。雨水泵的出水管末端宜设防倒流装置，其上方宜考虑设置起吊设施。

5.5.2 出水压力井的盖板必须密封，所受压力由计算确定。水泵出水压力井必须设透气筒，筒高和断面根据计算确定。

5.5.3 敞开式出水井的井口高度，应满足水体最高水位时开泵形成的高水位，或水泵骤停时水位上升的高度。敞开部分应有安全防护措施。

5.5.4 合流污水泵站宜设试车水回流管，出水井通向河道一侧应安装出水闸门或考虑临时封堵措施。

5.5.5 雨水泵站出水口位置选择，应避让桥梁等水中构筑物，出水口和护坡结构不得影响航道，水流不得冲刷河道和影响航运安全，出口流速宜小于0.5m/s,并取得航运、水利等部门的同意。泵站出水口处应设警示装置。

6 污水处理

6.1 厂址选择和总体布置

6.1.1 污水厂位置的选择，应符合城镇总体规划和排水工程专业规划的要求，并应根据下列因素综合确定：

1 在城镇水体的下游。

2 便于处理后出水回用和安全排放。

3 便于污泥集中处理和处置。

4 在城镇夏季主导风向的下风侧。

5 有良好的工程地质条件。

6 少拆迁，少占地，根据环境评价要求，有一定的卫生防护距离。

7 有扩建的可能。

8 厂区地形不应受洪涝灾害影响，防洪标准不应低于城镇防洪标准，有良好的排水条件。

9 有方便的交通、运输和水电条件。

6.1.2 污水厂的厂区面积，应按项目总规模控制，并做出分期建设的安排，合理确定近期规模，近期工程投入运行一年内水量宜达到近期设计规模的60%。

6.1.3 污水厂的总体布置应根据厂内各建筑物和构筑物的功能和流程要求，结合厂址地形、气候和地质条件，优化运行成本，便于施工、维护和管理等因素，经技术经济比较确定。

6.1.4 污水厂厂区内各建筑物造型应简洁美观，节省材料，选材适当，并应使建筑物和构筑物群体的效果与周围环境协调。

6.1.5 生产管理建筑物和生活设施宜集中布置，其位置和朝向应力求合理，并应与处理构筑物保持一定距离。

6.1.6 污水和污泥的处理构筑物宜根据情况尽可能分别集中布置。处理构筑物的间距应紧凑、合理，符合国家现行的防火规范的要求，并应满足各构筑物的施工、设备安装和埋设各种管道以及养护、维修和管理的要求。

6.1.7 污水厂的工艺流程、竖向设计宜充分利用地形，符合排水通畅、降低能耗、平衡土方的要求。

6.1.8 厂区消防的设计和消化池、贮气罐、污泥气压缩机房、污泥气发电机房、污泥气燃烧装置、污泥气管道、污泥干化装置、污泥焚烧装置及其他危险品仓库等的位置和设计，应符合国家现行有关防火规范的要求。

6.1.9 污水厂内可根据需要，在适当地点设置堆放材料、备件、燃料和废渣等物料及停车的场地。

6.1.10 污水厂应设置通向各构筑物和附属建筑物的必要通道，通道的设计应符合下列要求：

1 主要车行道的宽度：单车道为3.5m～4.0m，双车道为6.0m～7.0m，并应有回车道。

2 车行道的转弯半径宜为6.0m～10.0m。

3 人行道的宽度宜为1.5m～2.0m。

4 通向高架构筑物的扶梯倾角宜采用30°，不宜大于45°。

5 天桥宽度不宜小于1.0m

6 车道、通道的布置应符合国家现行有关防火规范的要求，并应符合当地有关部门的规定。

6.1.11 污水厂周围根据现场条件应设置围墙，其高度不宜小于2.0m。

6.1.12 污水厂的大门尺寸应能容许运输最大设备或部件的车辆出入，并应另设运输废渣的侧门。

6.1.13 污水厂并联运行的处理构筑物间应设均匀配水装置，各处理构筑物系统间宜设可切换的连通管渠。

6.1.14 污水厂内各种管渠应全面安排，避免相互干扰。管道复杂时宜设置管廊。处理构筑物间输水、输泥和输气管线的布置应使管渠长度短、损失小、流行通畅、不易堵塞和便于清通。各污水处理构筑物间的管渠连通，在条件适宜时，应采用明渠。

管廊内宜敷设仪表电缆、电信电缆、电力电缆、给水管、污水管、污泥管、再生水管、压缩空气管等，并设置色标。

管廊内应设通风、照明、广播、电话、火警及可燃气体报警系统、独立的排水系统、吊物孔、人行通道出入口和维护需要的设施等，并应符合国家现行有关防火规范的要求。

6.1.15 污水厂应合理布置处理构筑物的超越管渠。

6.1.16 处理构筑物应设排空设施，排出水应回流处理。

6.1.17 污水厂宜设置再生水处理系统。

6.1.18 厂区的给水系统、再生水系统严禁与处理装置直接连接。

6.1.19 污水厂的供电系统，应按二级负荷设计，重

要的污水厂宜按一级负荷设计。当不能满足上述要求时，应设置备用动力设施。

6.1.20 污水厂附属建筑物的组成及其面积，应根据污水厂的规模，工艺流程，计算机监控系统的水平和管理体制等，结合当地实际情况，本着节约的原则确定，并应符合现行的有关规定。

6.1.21 位于寒冷地区的污水处理构筑物，应有保温防冻措施。

6.1.22 根据维护管理的需要，宜在厂区适当地点设置配电箱、照明、联络电话、冲洗水栓、浴室、厕所等设施。

6.1.23 处理构筑物应设置适用的栏杆、防滑梯等安全措施，高架处理构筑物还应设置避雷设施。

6.2 一 般 规 定

6.2.1 城镇污水处理程度和方法应根据现行的国家和地方的有关排放标准、污染物的来源及性质、排入地表水域环境功能和保护目标确定。

6.2.2 污水厂的处理效率，可按表6.2.2的规定取值。

表 6.2.2 污水处理厂的处理效率

处理级别	处理方法	主要工艺	处理效率（%）	
			SS	BOD_5
一级	沉淀法	沉淀（自然沉淀）	40～55	20～30
二级	生物膜法	初次沉淀、生物膜反应、二次沉淀	60～90	65～90
	活性污泥法	初次沉淀、活性污泥反应、二次沉淀	70～90	65～95

注：1 表中SS表示悬浮固体量，BOD_5表示五日生化需氧量。

2 活性污泥法根据水质、工艺流程等情况，可不设置初次沉淀池。

6.2.3 水质和（或）水量变化大的污水厂，宜设置调节水质和（或）水量的设施。

6.2.4 污水处理构筑物的设计流量，应按分期建设的情况分别计算。当污水为自流进入时，应按每期的最高日最高时设计流量计算；当污水为提升进入时，应按每期工作水泵的最大组合流量校核管渠配水能力。生物反应池的设计流量，应根据生物反应池类型和曝气时间确定。曝气时间较长时，设计流量可酌情减少。

6.2.5 合流制处理构筑物，除应按本章有关规定设计外，尚应考虑截留雨水进入后的影响，并应符合下列要求：

1 提升泵站、格栅、沉砂池，按合流设计流量计算。

2 初次沉淀池，宜按旱流污水量设计，用合流设计流量校核，校核的沉淀时间不宜小于30min。

3 二级处理系统，按旱流污水量设计，必要时考虑一定的合流水量。

4 污泥浓缩池、湿污泥池和消化池的容积，以及污泥脱水规模，应根据合流水量水质计算确定。可按旱流情况加大10%～20%计算。

5 管渠应按合流设计流量计算。

6.2.6 各处理构筑物的个（格）数不应少于2个（格），并应按并联设计。

6.2.7 处理构筑物中污水的出入口处宜采取整流措施。

6.2.8 污水厂应设置对处理后出水消毒的设施。

6.3 格 栅

6.3.1 污水处理系统或水泵前，必须设置格栅。

6.3.2 格栅栅条间隙宽度，应符合下列要求：

1 粗格栅：机械清除时宜为16mm～25mm；人工清除时宜为25mm～40mm。特殊情况下，最大间隙可为100mm。

2 细格栅：宜为1.5mm～10mm。

3 水泵前，应根据水泵要求确定。

6.3.3 污水过栅流速宜采用0.6m/s～1.0m/s。除转鼓式格栅除污机外，机械清除格栅的安装角度宜为60°～90°。人工清除格栅的安装角度宜为30°～60°。

6.3.4 格栅除污机，底部前端距井壁尺寸，钢丝绳牵引除污机或移动悬吊葫芦抓斗式除污机应大于1.5m；链动刮板除污机或回转式固液分离机应大于1.0m。

6.3.5 格栅上部必须设置工作平台，其高度应高出格栅前最高设计水位0.5m，工作平台上应有安全和冲洗设施。

6.3.6 格栅工作平台两侧边道宽度宜采用0.7m～1.0m。工作平台正面过道宽度，采用机械清除时不应小于1.5m，采用人工清除时不应小于1.2m。

6.3.7 粗格栅栅渣宜采用带式输送机输送；细格栅栅渣宜采用螺旋输送机输送。

6.3.8 格栅除污机、输送机和压榨脱水机的进出料口宜采用密封形式，根据周围环境情况，可设置除臭处理装置。

6.3.9 格栅间应设置通风设施和有毒有害气体的检测与报警装置。

6.4 沉 砂 池

6.4.1 污水厂应设置沉砂池，按去除相对密度2.65、粒径0.2mm以上的砂粒设计。

6.4.2 平流沉砂池的设计，应符合下列要求：

1 最大流速应为0.3m/s，最小流速应为0.15m/s。

2 最高时流量的停留时间不应小于30s。

3 有效水深不应大于1.2m，每格宽度不宜小于0.6m。

6.4.3 曝气沉砂池的设计，应符合下列要求：

1 水平流速宜为0.1m/s。

2 最高时流量的停留时间应大于2min。

3 有效水深宜为2.0m～3.0m，宽深比宜为1～1.5。

4 处理每立方米污水的曝气量宜为$0.1m^3$～$0.2m^3$空气。

5 进水方向应与池中旋流方向一致，出水方向应与进水方向垂直，并宜设置挡板。

6.4.4 旋流沉砂池的设计，应符合下列要求：

1 最高时流量的停留时间不应小于30s。

2 设计水力表面负荷宜为$150m^3/(m^2 \cdot h)$～$200m^3/(m^2 \cdot h)$。

3 有效水深宜为1.0m～2.0m，池径与池深比宜为2.0～2.5。

4 池中应设立式桨叶分离机。

6.4.5 污水的沉砂量，可按每立方米污水0.03L计算；合流制污水的沉砂量应根据实际情况确定。

6.4.6 砂斗容积不应大于2d的沉砂量，采用重力排砂时，砂斗斗壁与水平面的倾角不应小于55°。

6.4.7 沉砂池除砂宜采用机械方法，并经砂水分离后贮存或外运。采用人工排砂时，排砂管直径不应小于200mm。排砂管应考虑防堵塞措施。

6.5 沉淀池

Ⅰ 一般规定

6.5.1 沉淀池的设计数据宜按表6.5.1的规定取值。斜管（板）沉淀池的表面水力负荷宜按本规范第6.5.14条的规定取值。合建式完全混合生物反应池沉淀区的表面水力负荷宜按本规范第6.6.16条的规定取值。

表6.5.1 沉淀池设计数据

沉淀池类型		沉淀时间(h)	表面水力负荷[$m^3/(m^2 \cdot h)$]	每人每日污泥量[g/(人·d)]	污泥含水率(%)	固体负荷[$kg/(m^2 \cdot d)$]
初次沉淀池		0.5～2.0	1.5～4.5	16～36	95～97	—
二次沉淀池	生物膜法后	1.5～4.0	1.0～2.0	10～26	96～98	≤150
	活性污泥法后	1.5～4.0	0.6～1.5	12～32	99.2～99.6	≤150

6.5.2 沉淀池的超高不应小于0.3m。

6.5.3 沉淀池的有效水深宜采用2.0m～4.0m。

6.5.4 当采用污泥斗排泥时，每个污泥斗均应设单独的闸阀和排泥管。污泥斗的斜壁与水平面的倾角，方斗宜为60°，圆斗宜为55°

6.5.5 初次沉淀池的污泥区容积，除设机械排泥的宜按4h的污泥量计算外，宜按不大于2d的污泥量计算。活性污泥法处理后的二次沉淀池污泥区容积，宜按不大于2h的污泥量计算，并应有连续排泥措施；生物膜法处理后的二次沉淀池污泥区容积，宜按4h的污泥量计算。

6.5.6 排泥管的直径不应小于200mm。

6.5.7 当采用静水压力排泥时，初次沉淀池的静水头不应小于1.5m；二次沉淀池的静水头，生物膜法处理后不应小于1.2m，活性污泥法处理池后不应小于0.9m。

6.5.8 初次沉淀池的出口堰最大负荷不宜大于2.9L/(s·m)；二次沉淀池的出水堰最大负荷不宜大于1.7L/(s·m)。

6.5.9 沉淀池应设置浮渣的撇除、输送和处置设施。

Ⅱ 沉淀池

6.5.10 平流沉淀池的设计，应符合下列要求：

1 每格长度与宽度之比不宜小于4，长度与有效水深之比不宜小于8，池长不宜大于60m。

2 宜采用机械排泥，排泥机械的行进速度为0.3m/min～1.2m/min。

3 缓冲层高度，非机械排泥时为0.5m，机械排泥时，应根据刮泥板高度确定，且缓冲层上缘宜高出刮泥板0.3m。

4 池底纵坡不宜小于0.01。

6.5.11 竖流沉淀池的设计，应符合下列要求：

1 水池直径（或正方形的一边）与有效水深之比不宜大于3。

2 中心管内流速不宜大于30mm/s。

3 中心管下口应设有喇叭口和反射板，板底面距泥面不宜小于0.3m。

6.5.12 辐流沉淀池的设计，应符合下列要求：

1 水池直径（或正方形的一边）与有效水深之比宜为6～12，水池直径不宜大于50m。

2 宜采用机械排泥，排泥机械旋转速度宜为1r/h～3r/h，刮泥板的外缘线速度不宜大于3m/min。当水池直径（或正方形的一边）较小时也可采用多斗排泥。

3 缓冲层高度，非机械排泥时宜为0.5m；机械排泥时，应根据刮泥板高度确定，且缓冲层上缘宜高出刮泥板0.3m。

4 坡向泥斗的底坡不宜小于0.05。

Ⅲ 斜管（板）沉淀池

6.5.13 当需要挖掘原有沉淀池潜力或建造沉淀池面积受限制时，通过技术经济比较，可采用斜管（板）沉淀池。

6.5.14 升流式异向流斜管（板）沉淀池的设计表面

水力负荷，可按普通沉淀池的设计表面水力负荷的2倍计；但对于二次沉淀池，尚应以固体负荷核算。

6.5.15 升流式异向流斜管（板）沉淀池的设计，应符合下列要求：

1 斜管孔径（或斜板净距）宜为80mm～100mm。

2 斜管（板）斜长宜为1.0m～1.2m。

3 斜管（板）水平倾角宜为60°。

4 斜管（板）区上部水深宜为0.7m～1.0m。

5 斜管（板）区底部缓冲层高度宜为1.0m。

6.5.16 斜管（板）沉淀池应设冲洗设施。

6.6 活性污泥法

Ⅰ 一般规定

6.6.1 根据去除碳源污染物、脱氮、除磷、好氧污泥稳定等不同要求和外部环境条件，选择适宜的活性污泥处理工艺。

6.6.2 根据可能发生的运行条件，设置不同运行方案。

6.6.3 生物反应池的超高，当采用鼓风曝气时为0.5m～1.0m；当采用机械曝气时，其设备操作平台宜高出设计水面0.8m～1.2m。

6.6.4 污水中含有大量产生泡沫的表面活性剂时，应有除泡沫措施。

6.6.5 每组生物反应池在有效水深一半处宜设置放水管。

6.6.6 廊道式生物反应池的池宽与有效水深之比宜采用1∶1～2∶1。有效水深应结合流程设计、地质条件、供氧设施类型和选用风机压力等因素确定，可采用4.0m～6.0m。在条件许可时，水深尚可加大。

6.6.7 生物反应池中的好氧区（池），采用鼓风曝气器时，处理每立方米污水的供气量不应小于$3m^3$。好氧区采用机械曝气器时，混合全池污水所需功率不宜小于$25W/m^3$；氧化沟不宜小于$15W/m^3$。缺氧区（池）、厌氧区（池）应采用机械搅拌，混合功率宜采用$2W/m^3$～$8W/m^3$。机械搅拌器布置的间距、位置，应根据试验资料确定。

6.6.8 生物反应池的设计，应充分考虑冬季低水温对去除碳源污染物、脱氮和除磷的影响，必要时可采取降低负荷、增长泥龄、调整厌氧区（池）及缺氧区（池）水力停留时间和保温或增温等措施。

6.6.9 原污水、回流污泥进入生物反应池的厌氧区（池）、缺氧区（池）时，宜采用淹没入流方式。

Ⅱ 传统活性污泥法

6.6.10 处理城镇污水的生物反应池的主要设计参数，可按表6.6.10的规定取值。

表 6.6.10 传统活性污泥法去除碳源污染物的主要设计参数

类别	L_S [kg/(kg·d)]	X (g/L)	L_V [kg/(m³·d)]	污泥回流比 (%)	总处理效率 (%)
普通曝气	0.2～0.4	1.5～2.5	0.4～0.9	25～75	90～95
阶段曝气	0.2～0.4	1.5～3.0	0.4～1.2	25～75	85～95
吸附再生曝气	0.2～0.4	2.5～6.0	0.9～1.8	50～100	80～90
合建式完全混合曝气	0.25～0.5	2.0～4.0	0.5～1.8	100～400	80～90

6.6.11 当以去除碳源污染物为主时，生物反应池的容积，可按下列公式计算：

1 按污泥负荷计算：

$$V=\frac{24Q(S_o-S_e)}{1000L_SX} \qquad (6.6.11\text{-}1)$$

2 按污泥泥龄计算：

$$V=\frac{24QY\theta_c(S_o-S_e)}{1000X_V(1+K_d\theta_c)} \qquad (6.6.11\text{-}2)$$

式中：V——生物反应池容积（m^3）；

S_o——生物反应池进水五日生化需氧量（mg/L）；

S_e——生物反应池出水五日生化需氧量（mg/L）（当去除率大于90%时可不计入）；

Q——生物反应池的设计流量（m^3/h）；

L_S——生物反应池五日生化需氧量污泥负荷［$kgBOD_5$/（kgMLSS·d）］；

X——生物反应池内混合液悬浮固体平均浓度（gMLSS/L）；

Y——污泥产率系数（kgVSS/$kgBOD_5$），宜根据试验资料确定，无试验资料时，一般取0.4～0.8；

X_V——生物反应池内混合液挥发性悬浮固体平均浓度（gMLVSS/L）；

θ_c——污泥泥龄（d），其数值为0.2～15；

K_d——衰减系数（d^{-1}），20℃的数值为0.04～0.075。

6.6.12 衰减系数K_d值应以当地冬季和夏季的污水温度进行修正，并按下式计算：

$$K_{dT}=K_{d20}\cdot(\theta_T)^{T-20} \qquad (6.6.12)$$

式中：K_{dT}——T℃时的衰减系数（d^{-1}）；

K_{d20}——20℃时的衰减系数（d^{-1}）；

T——设计温度（℃）；

θ_T——温度系数，采用1.02～1.06。

6.6.13 生物反应池的始端可设缺氧或厌氧选择区（池），水力停留时间宜采用0.5h～1.0h。

6.6.14 阶段曝气生物反应池宜采取在生物反应池始端1/2～3/4的总长度内设置多个进水口。

6.6.15 吸附再生生物反应池的吸附区和再生区可在

一个反应池内，也可分别由两个反应池组成，并应符合下列要求：

1 吸附区的容积，不应小于生物反应池总容积的1/4，吸附区的停留时间不应小于0.5h。

2 当吸附区和再生区在一个反应池内时，沿生物反应池长度方向应设置多个进水口；进水口的位置应适应吸附区和再生区不同容积比例的需要；进水口的尺寸应按通过全部流量计算。

6.6.16 完全混合生物反应池可分为合建式和分建式。合建式生物反应池的设计，应符合下列要求：

1 生物反应池宜采用圆形，曝气区的有效容积应包括导流区部分。

2 沉淀区的表面水力负荷宜为$0.5m^3/(m^2·h)$～$1.0m^3/(m^2·h)$。

Ⅲ 生物脱氮、除磷

6.6.17 进入生物脱氮、除磷系统的污水，应符合下列要求：

1 脱氮时，污水中的五日生化需氧量与总凯氏氮之比宜大于4。

2 除磷时，污水中的五日生化需氧量与总磷之比宜大于17。

3 同时脱氮、除磷时，宜同时满足前两款的要求。

4 好氧区（池）剩余总碱度宜大于70mg/L（以$CaCO_3$计），当进水碱度不能满足上述要求时，应采取增加碱度的措施。

6.6.18 当仅需脱氮时，宜采用缺氧/好氧法（A_NO法）。

1 生物反应池的容积，按本规范第6.6.11条所列公式计算时，反应池中缺氧区（池）的水力停留时间宜为0.5h～3h。

2 生物反应池的容积，采用硝化、反硝化动力学计算时，按下列规定计算。

1） 缺氧区（池）容积，可按下列公式计算：

$$V_n=\frac{0.001Q(N_k-N_{te})-0.12\Delta X_V}{K_{de}X} \quad (6.6.18\text{-}1)$$

$$K_{de(T)}=K_{de(20)}1.08^{(T-20)} \quad (6.6.18\text{-}2)$$

$$\Delta X_V=yY_t\frac{Q(S_o-S_e)}{1000} \quad (6.6.18\text{-}3)$$

式中：V_n——缺氧区（池）容积（m^3）；

Q——生物反应池的设计流量（m^3/d）；

X——生物反应池内混合液悬浮固体平均浓度（gMLSS/L）；

N_k——生物反应池进水总凯氏氮浓度（mg/L）；

N_{te}——生物反应池出水总氮浓度（mg/L）；

ΔX_V——排出生物反应池系统的微生物量（kgMLVSS/d）；

K_{de}——脱氮速率［（$kgNO_3$-N）/（kgMLSS·d）］，宜根据试验资料确定。无试验资料时，20℃的K_{de}值可采用0.03～0.06（$kgNO_3$-N）/（kgMLSS·d）；并按本规范公式（6.6.18-2）进行温度修正；$K_{de(T)}$、$K_{de(20)}$分别为T℃和20℃时的脱氮速率；

T——设计温度（℃）；

Y_t——污泥总产率系数（kgMLSS/$kgBOD_5$），宜根据试验资料确定。无试验资料时，系统有初次沉淀池时取0.3，无初次沉淀池时取0.6～1.0；

y——MLSS中MLVSS所占比例；

S_o——生物反应池进水五日生化需氧量（mg/L）；

S_e——生物反应池出水五日生化需氧量（mg/L）。

2） 好氧区（池）容积，可按下列公式计算：

$$V_o=\frac{Q(S_o-S_e)\theta_{co}Y_t}{1000X} \quad (6.6.18\text{-}4)$$

$$\theta_{co}=F\frac{1}{\mu} \quad (6.6.18\text{-}5)$$

$$\mu=0.47\frac{N_a}{K_n+N_a}e^{0.098(T-15)} \quad (6.6.18\text{-}6)$$

式中：V_o——好氧区（池）容积（m^3）；

θ_{co}——好氧区（池）设计污泥泥龄（d）；

F——安全系数，为1.5～3.0；

μ——硝化菌比生长速率（d^{-1}）；

N_a——生物反应池中氨氮浓度（mg/L）；

K_n——硝化作用中氮的半速率常数（mg/L）；

T——设计温度（℃）；

0.47——15℃时，硝化菌最大比生长速率（d^{-1}）。

3） 混合液回流量，可按下式计算：

$$Q_{Ri}=\frac{1000V_nK_{de}X}{N_{te}-N_{ke}}-Q_R \quad (6.6.18\text{-}7)$$

式中：Q_{Ri}——混合液回流量（m^3/d），混合液回流比不宜大于400%；

Q_R——回流污泥量（m^3/d）；

N_{ke}——生物反应池出水总凯氏氮浓度（mg/L）；

N_{te}——生物反应池出水总氮浓度（mg/L）。

3 缺氧/好氧法（A_NO法）生物脱氮的主要设计参数，宜根据试验资料确定；无试验资料时，可采用经验数据或按表6.6.18的规定取值。

6.6.19 当仅需除磷时，宜采用厌氧/好氧法（A_PO法）。

1 生物反应池的容积，按本规范第6.6.11条所列公式计算时，反应池中厌氧区（池）和好氧区

（池）之比，宜为1∶2～1∶3。

2 生物反应池中厌氧区（池）的容积，可按下式计算：

表 6.6.18 缺氧/好氧法（A_NO 法）生物脱氮的主要设计参数

项目		单位	参数值
BOD_5 污泥负荷 L_S		$kgBOD_5/(kgMLSS \cdot d)$	0.05～0.15
总氮负荷率		kgTN/(kgMLSS·d)	≤0.05
污泥浓度(MLSS) X		g/L	2.5～4.5
污泥龄 θ_c		d	11～23
污泥产率系数 Y		$kgVSS/kgBOD_5$	0.3～0.6
需氧量 O_2		$kgO_2/kgBOD_5$	1.1～2.0
水力停留时间 HRT		h	8～16 其中缺氧段 0.5～3.0
污泥回流比 R		%	50～100
混合液回流比 R_i		%	100～400
总处理效率 η	BOD_5	%	90～95
	TN	%	60～85

$$V_P = \frac{t_P Q}{24} \qquad (6.6.19\text{-}1)$$

式中：V_P——厌氧区（池）容积（m^3）；

t_P——厌氧区（池）水力停留时间（h），宜为1～2；

Q——设计污水流量（m^3/d）。

3 厌氧/好氧法（A_PO 法）生物除磷的主要设计参数，宜根据试验资料确定；无试验资料时，可采用经验数据或按表6.6.19的规定取值。

表 6.6.19 厌氧/好氧法（A_PO 法）生物除磷的主要设计参数

项目		单位	参数值
BOD_5 污泥负荷 L_S		$kgBOD_5/kgMLSS \cdot d$	0.4～0.7
污泥浓度(MLSS) X		g/L	2.0～4.0
污泥龄 θ_c		d	3.5～7
污泥产率系数 Y		$kgVSS/kgBOD_5$	0.4～0.8
污泥含磷率		kgTP/kgVSS	0.03～0.07
需氧量 O_2		$kgO_2/kgBOD_5$	0.7～1.1
水力停留时间 HRT		h	3～8 其中厌氧段1～2 A_P:O=1∶2～1∶3
污泥回流比 R		%	40～100
总处理效率 η	BOD_5	%	80～90
	TP	%	75～85

4 采用生物除磷处理污水时，剩余污泥宜采用机械浓缩。

5 生物除磷的剩余污泥，采用厌氧消化处理时，输送厌氧消化污泥或污泥脱水滤液的管道，应有除垢措施。对含磷高的液体，宜先除磷再返回污水处理系统。

6.6.20 当需要同时脱氮除磷时，宜采用厌氧/缺氧/好氧法（AAO法，又称A^2O法）。

1 生物反应池的容积，宜按本规范第6.6.11条、第6.6.18条和第6.6.19条的规定计算。

2 厌氧/缺氧/好氧法（AAO法，又称A^2O法）生物脱氮除磷的主要设计参数，宜根据试验资料确定；无试验资料时，可采用经验数据或按表6.6.20的规定取值。

表 6.6.20 厌氧/缺氧/好氧法（AAO法，又称A^2O法）生物脱氮除磷的主要设计参数

项目		单位	参数值
BOD_5 污泥负荷 L_S		$kgBOD_5/(kgMLSS \cdot d)$	0.1～0.2
污泥浓度(MLSS) X		g/L	2.5～4.5
污泥龄 θ_c		d	10～20
污泥产率系数 Y		$kgVSS/kgBOD_5$	0.3～0.6
需氧量 O_2		$kgO_2/kgBOD_5$	1.1～1.8
水力停留时间 HRT		h	7～14 其中厌氧1～2 缺氧0.5～3
污泥回流比 R		%	20～100
混合液回流比 R_i		%	≥200
总处理效率 η	BOD_5	%	85～95
	TP	%	50～75
	TN	%	55～80

3 根据需要，厌氧/缺氧/好氧法（AAO法，又称A^2O法）的工艺流程中，可改变进水和回流污泥的布置形式，调整为前置缺氧区（池）或串联增加缺

氧区（池）和好氧区（池）等变形工艺。

Ⅳ 氧 化 沟

6.6.21 氧化沟前可不设初次沉淀池。

6.6.22 氧化沟前可设置厌氧池。

6.6.23 氧化沟可按两组或多组系列布置，并设置进水配水井。

6.6.24 氧化沟可与二次沉淀池分建或合建。

6.6.25 延时曝气氧化沟的主要设计参数，宜根据试验资料确定，无试验资料时，可按表6.6.25的规定取值。

表6.6.25 延时曝气氧化沟主要设计参数

项目	单位	参数值
污泥浓度(MLSS) X	g/L	2.5～4.5
污泥负荷 L_S	$kgBOD_5$/(kgMLSS·d)	0.03～0.08
污泥龄 θ_c	d	>15
污泥产率系数 Y	$kgVSS/kgBOD_5$	0.3～0.6
需氧量 O_2	$kgO_2/kgBOD_5$	1.5～2.0
水力停留时间 HRT	h	≥16
污泥回流比 R	%	75～150
总处理效率 η BOD_5	%	>95

6.6.26 当采用氧化沟进行脱氮除磷时，宜符合本规范第6.6.17条～第6.6.20条的有关规定。

6.6.27 进水和回流污泥点宜设在缺氧区首端，出水点宜设在充氧器后的好氧区。氧化沟的超高与选用的曝气设备类型有关，当采用转刷、转碟时，宜为0.5m；当采用竖轴表曝机时，宜为0.6m～0.8m，其设备平台宜高出设计水面0.8m～1.2m。

6.6.28 氧化沟的有效水深与曝气、混合和推流设备的性能有关，宜采用3.5m～4.5m。

6.6.29 根据氧化沟渠宽度，弯道处可设置一道或多道导流墙；氧化沟的隔流墙和导流墙宜高出设计水位0.2m～0.3m。

6.6.30 曝气转刷、转碟宜安装在沟渠直线段的适当位置，曝气转碟也可安装在沟渠的弯道上，竖轴表曝机应安装在沟渠的端部。

6.6.31 氧化沟的走道板和工作平台，应安全、防溅和便于设备维修。

6.6.32 氧化沟内的平均流速宜大于0.25m/s。

6.6.33 氧化沟系统宜采用自动控制。

Ⅴ 序批式活性污泥法（SBR）

6.6.34 SBR反应池宜按平均日污水量设计；SBR反应池前、后的水泵、管道等输水设施应按最高日最高时污水量设计。

6.6.35 SBR反应池的数量宜不少于2个。

6.6.36 SBR反应池容积，可按下式计算：

$$V=\frac{24QS_o}{1000XL_St_R} \tag{6.6.36}$$

式中：Q——每个周期进水量（m^3）；

t_R——每个周期反应时间（h）。

6.6.37 污泥负荷的取值，以脱氮为主要目标时，宜按本规范表6.6.18的规定取值；以除磷为主要目标时，宜按本规范表6.6.19的规定取值；同时脱氮除磷时，宜按本规范表6.6.20的规定取值。

6.6.38 SBR工艺各工序的时间，宜按下列规定计算：

1 进水时间，可按下式计算：

$$t_F=\frac{t}{n} \tag{6.6.38-1}$$

式中：t_F——每池每周期所需要的进水时间（h）；

t——一个运行周期需要的时间（h）；

n——每个系列反应池个数。

2 反应时间，可按下式计算：

$$t_R=\frac{24S_om}{1000L_SX} \tag{6.6.38-2}$$

式中：m——充水比，仅需除磷时宜为0.25～0.5，需脱氮时宜为0.15～0.3。

3 沉淀时间 t_S 宜为1h。

4 排水时间 t_D 宜为1.0h～1.5h。

5 一个周期所需时间可按下式计算：

$$t=t_R+t_S+t_D+t_b \tag{6.6.38-3}$$

式中：t_b——闲置时间（h）。

6.6.39 每天的周期数宜为正整数。

6.6.40 连续进水时，反应池的进水处应设置导流装置。

6.6.41 反应池宜采用矩形池，水深宜为4.0m～6.0m；反应池长度与宽度之比：间隙进水时宜为1∶1～2∶1，连续进水时宜为2.5∶1～4∶1。

6.6.42 反应池应设置固定式事故排水装置，可设在滗水结束时的水位处。

6.6.43 反应池应采用有防止浮渣流出设施的滗水器；同时，宜有清除浮渣的装置。

6.7 化 学 除 磷

6.7.1 污水经二级处理后，其出水总磷不能达到要求时，可采用化学除磷工艺处理。污水一级处理以及污泥处理过程中产生的液体有除磷要求时，也可采用化学除磷工艺。

6.7.2 化学除磷可采用生物反应池的后置投加、同步投加和前置投加，也可采用多点投加。

6.7.3 化学除磷设计中，药剂的种类、剂量和投加点宜根据试验资料确定。

6.7.4 化学除磷的药剂可采用铝盐、铁盐，也可采用石灰。用铝盐或铁盐作混凝剂时，宜投加离子型聚合电解质作为助凝剂。

6.7.5 采用铝盐或铁盐作混凝剂时，其投加混凝剂与污水中总磷的摩尔比宜为1.5～3。

6.7.6 化学除磷时，应考虑产生的污泥量。

6.7.7 化学除磷时，对接触腐蚀性物质的设备和管道应采取防腐蚀措施。

6.8 供氧设施

6.8.1 生物反应池中好氧区的供氧，应满足污水需氧量、混合和处理效率等要求，宜采用鼓风曝气或表面曝气等方式。

6.8.2 生物反应池中好氧区的污水需氧量，根据去除的五日生化需氧量、氨氮的硝化和除氮等要求，宜按下式计算：

$$O_2 = 0.001aQ(S_o - S_e) - c\Delta X_V + b[0.001Q(N_k - N_{ke}) - 0.12\Delta X_V] - 0.62b[0.001Q(N_t - N_{ke} - N_{oe}) - 0.12\Delta X_V] \tag{6.8.2}$$

式中：O_2——污水需氧量（kgO_2/d）；

Q——生物反应池的进水流量（m^3/d）；

S_o——生物反应池进水五日生化需氧量（mg/L）；

S_e——生物反应池出水五日生化需氧量（mg/L）；

ΔX_V——排出生物反应池系统的微生物量（kg/d）；

N_k——生物反应池进水总凯氏氮浓度（mg/L）；

N_{ke}——生物反应池出水总凯氏氮浓度（mg/L）；

N_t——生物反应池进水总氮浓度（mg/L）；

N_{oe}——生物反应池出水硝态氮浓度（mg/L）；

$0.12\Delta X_V$——排出生物反应池系统的微生物中含氮量（kg/d）；

a——碳的氧当量，当含碳物质以BOD_5计时，取1.47；

b——常数，氧化每公斤氨氮所需氧量（kgO_2/kgN），取4.57；

c——常数，细菌细胞的氧当量，取1.42。

去除含碳污染物时，去除每公斤五日生化需氧量可采用0.7kgO_2～1.2kgO_2。

6.8.3 选用曝气装置和设备时，应根据设备的特性、位于水面下的深度、水温、污水的氧总转移特性、当地的海拔高度以及预期生物反应池中溶解氧浓度等因素，将计算的污水需氧量换算为标准状态下清水需氧量。

6.8.4 鼓风曝气时，可按下式将标准状态下污水需氧量，换算为标准状态下的供气量。

$$G_S = \frac{O_S}{0.28E_A} \tag{6.8.4}$$

式中：G_S——标准状态下供气量（m^3/h）；

0.28——标准状态（0.1MPa、20℃）下的每立方米空气中含氧量（kgO_2/m^3）；

O_S——标准状态下生物反应池污水需氧量（kgO_2/h）；

E_A——曝气器氧的利用率（%）。

6.8.5 鼓风曝气系统中的曝气器，应选用有较高充氧性能、布气均匀、阻力小、不易堵塞、耐腐蚀、操作管理和维修方便的产品，并应具有不同服务面积、不同空气量、不同曝气水深，在标准状态下的充氧性能及底部流速等技术资料。

6.8.6 曝气器的数量，应根据供氧量和服务面积计算确定。供氧量包括生化反应的需氧量和维持混合液有2mg/L的溶解氧量。

6.8.7 廊道式生物反应池中的曝气器，可满池布置或池侧布置，或沿池长分段渐减布置。

6.8.8 采用表面曝气器供氧时，宜符合下列要求：

1 叶轮的直径与生物反应池（区）的直径（或正方形的一边）之比：倒伞或混流型为1∶3～1∶5，泵型为1∶3.5～1∶7。

2 叶轮线速度为3.5m/s～5.0m/s。

3 生物反应池宜有调节叶轮（转刷、转碟）速度或淹没水深的控制设施。

6.8.9 各种类型的机械曝气设备的充氧能力应根据测定资料或相关技术资料采用。

6.8.10 选用供氧设施时，应考虑冬季溅水、结冰、风沙等气候因素以及噪声、臭气等环境因素。

6.8.11 污水厂采用鼓风曝气时，宜设置单独的鼓风机房。鼓风机房可设有值班室、控制室、配电室和工具室，必要时尚应设置鼓风机冷却系统和隔声的维修场所。

6.8.12 鼓风机的选型应根据使用的风压、单机风量、控制方式、噪声和维修管理等条件确定。选用离心鼓风机时，应详细核算各种工况条件时鼓风机的工作点，不得接近鼓风机的湍振区，并宜设有调节风量的装置。在同一供气系统中，应选用同一类型的鼓风机。并应根据当地海拔高度，最高、最低空气的温度，相对湿度对鼓风机的风量、风压及配置的电动机功率进行校核。

6.8.13 采用污泥气（沼气）燃气发动机作为鼓风机的动力时，可与电动鼓风机共同布置，其间应有隔离措施，并应符合国家现行的防火防爆规范的要求。

6.8.14 计算鼓风机的工作压力时，应考虑进出风管路系统压力损失和使用时阻力增加等因素。输气管道中空气流速宜采用：干支管为10m/s～15m/s；竖管、小支管为4m/s～5m/s。

6.8.15 鼓风机设置的台数，应根据气温、风量、风压、污水量和污染物负荷变化等对供气的需要量而确定。

鼓风机房应设置备用鼓风机，工作鼓风机台数在4台以下时，应设1台备用鼓风机；工作鼓风机台数在4台或4台以上时，应设2台备用鼓风机。备用鼓风机应按设计配置的最大机组考虑。

6.8.16 鼓风机应根据产品本身和空气曝气器的要求，设置不同的空气除尘设施。鼓风机进风管口的位置应根据环境条件而设置，宜高于地面。大型鼓风机房宜采用风道进风，风道转折点宜设整流板。风道应进行防尘处理。进风塔进口宜设置耐腐蚀的百叶窗，并应根据气候条件加设防止雪、雾或水蒸气在过滤器上冻结冰霜的设施。

6.8.17 选择输气管道的管材时，应考虑强度、耐腐蚀性以及膨胀系数。当采用钢管时，管道内外应有不同的耐热、耐腐蚀处理，敷设管道时应考虑温度补偿。当管道置于管廊或室内时，在管外应敷设隔热材料或加做隔热层。

6.8.18 鼓风机与输气管道连接处，宜设置柔性连接管。输气管道的低点应设置排除水分（或油分）的放泄口和清扫管道的排出口；必要时可设置排入大气的放泄口，并应采取消声措施。

6.8.19 生物反应池的输气干管宜采用环状布置。进入生物反应池的输气立管管顶宜高出水面0.5m。在生物反应池水面上的输气管，宜根据需要布置控制阀，在其最高点宜适当设置真空破坏阀。

6.8.20 鼓风机房内的机组布置和起重设备宜符合本规范第5.4.7条和第5.4.9条的规定。

6.8.21 大中型鼓风机应设置单独基础，机组基础间通道宽度不应小于1.5m。

6.8.22 鼓风机房内、外的噪声应分别符合国家现行的《工业企业噪声卫生标准》和《城市区域环境噪声标准》GB 3096的有关规定。

6.9 生物膜法

Ⅰ 一般规定

6.9.1 生物膜法适用于中小规模污水处理。

6.9.2 生物膜法处理污水可单独应用，也可与其他污水处理工艺组合应用。

6.9.3 污水进行生物膜法处理前，宜经沉淀处理。当进水水质或水量波动大时，应设调节池。

6.9.4 生物膜法的处理构筑物应根据当地气温和环境等条件，采取防冻、防臭和灭蝇等措施。

Ⅱ 生物接触氧化池

6.9.5 生物接触氧化池应根据进水水质和处理程度确定采用一段式或二段式。生物接触氧化池平面形状宜为矩形，有效水深宜为3m～5m。生物接触氧化池不宜少于两个，每池可分为两室。

6.9.6 生物接触氧化池中的填料可采用全池布置（底部进水、进气）、两侧布置（中心进气、底部进水）或单侧布置（侧部进气、上部进水），填料应分层安装。

6.9.7 生物接触氧化池应采用对微生物无毒害、易挂膜、质轻、高强度、抗老化、比表面积大和空隙率高的填料。

6.9.8 宜根据生物接触氧化池填料的布置形式布置曝气装置。底部全池曝气时，气水比宜为8∶1。

6.9.9 生物接触氧化池进水应防止短流，出水宜采用堰式出水。

6.9.10 生物接触氧化池底部应设置排泥和放空设施。

6.9.11 生物接触氧化池的五日生化需氧量容积负荷，宜根据试验资料确定，无试验资料时，碳氧化宜为2.0kgBOD_5/(m^3·d)～5.0kgBOD_5/(m^3·d)，碳氧化/硝化宜为0.2kgBOD_5/(m^3·d)～2.0kgBOD_5/(m^3·d)。

Ⅲ 曝气生物滤池

6.9.12 曝气生物滤池的池型可采用上向流或下向流进水方式。

6.9.13 曝气生物滤池前应设沉砂池、初次沉淀池或混凝沉淀池、除油池等预处理设施，也可设置水解调节池，进水悬浮固体浓度不宜大于60mg/L。

6.9.14 曝气生物滤池根据处理程度不同可分为碳氧化、硝化、后置反硝化或前置反硝化等。碳氧化、硝化和反硝化可在单级曝气生物滤池内完成，也可在多级曝气生物滤池内完成。

6.9.15 曝气生物滤池的池体高度宜为5m～7m。

6.9.16 曝气生物滤池宜采用滤头布水布气系统。

6.9.17 曝气生物滤池宜分别设置反冲洗供气和曝气充氧系统。曝气装置可采用单孔膜空气扩散器或穿孔管曝气器。曝气器可设在承托层或滤料层中。

6.9.18 曝气生物滤池宜选用机械强度和化学稳定性好的卵石作承托层，并按一定级配布置。

6.9.19 曝气生物滤池的滤料应具有强度大、不易磨损、孔隙率高、比表面积大、化学物理稳定性好、易挂膜、生物附着性强、比重小、耐冲洗和不易堵塞的性质，宜选用球形轻质多孔陶粒或塑料球形颗粒。

6.9.20 曝气生物滤池的反冲洗宜采用气水联合反冲洗，通过长柄滤头实现。反冲洗空气强度宜为10L/(m^2·s)～15L/(m^2·s)，反冲洗水强度不应超过8L/(m^2·s)。

6.9.21 曝气生物滤池后可不设二次沉淀池。

6.9.22 在碳氧化阶段，曝气生物滤池的污泥产率系数可为0.75 kgVSS/kgBOD_5。

6.9.23 曝气生物滤池的容积负荷宜根据试验资料确

定，无试验资料时，曝气生物滤池的五日生化需氧量容积负荷宜为 $3kgBOD_5/(m^3 \cdot d)$ ～ $6kgBOD_5/(m^3 \cdot d)$，硝化容积负荷(以 NH_3-N 计)宜为 $0.3kgNH_3$-N/$(m^3 \cdot d)$ ～ $0.8kgNH_3$-N/$(m^3 \cdot d)$，反硝化容积负荷（以 NO_3-N 计）宜为 $0.8kgNO_3$-N/$(m^3 \cdot d)$ ～ $4.0kgNO_3$-N/$(m^3 \cdot d)$。

Ⅳ 生物转盘

6.9.24 生物转盘处理工艺流程宜为：初次沉淀池，生物转盘，二次沉淀池。根据污水水量、水质和处理程度等，生物转盘可采用单轴单级式、单轴多级式或多轴多级式布置形式。

6.9.25 生物转盘的盘体材料应质轻、高强度、耐腐蚀、抗老化、易挂膜、比表面积大以及方便安装、养护和运输。

6.9.26 生物转盘的反应槽设计，应符合下列要求：

1 反应槽断面形状应呈半圆形。

2 盘片外缘与槽壁的净距不宜小于 150mm；盘片净距：进水端宜为 25mm～35mm，出水端宜为 10mm～20mm。

3 盘片在槽内的浸没深度不应小于盘片直径的 35%，转轴中心高度应高出水位 150mm 以上。

6.9.27 生物转盘转速宜为 2.0r/min～4.0r/min，盘体外缘线速度宜为 15m/min～19m/min。

6.9.28 生物转盘的转轴强度和挠度必须满足盘体自重和运行过程中附加荷重的要求。

6.9.29 生物转盘的设计负荷宜根据试验资料确定，无试验资料时，五日生化需氧量表面有机负荷，以盘片面积计，宜为 $0.005kgBOD_5/(m^2 \cdot d)$ ～ $0.020kgBOD_5/(m^2 \cdot d)$，首级转盘不宜超过 $0.030kgBOD_5/(m^2 \cdot d)$ ～ $0.040kgBOD_5/(m^2 \cdot d)$；表面水力负荷以盘片面积计，宜为 $0.04m^3/(m^2 \cdot d)$ ～ $0.20m^3/(m^2 \cdot d)$。

Ⅴ 生物滤池

6.9.30 生物滤池的平面形状宜采用圆形或矩形。

6.9.31 生物滤池的填料应质坚、耐腐蚀、高强度、比表面积大、空隙率高，适合就地取材，宜采用碎石、卵石、炉渣、焦炭等无机滤料。用作填料的塑料制品应抗老化，比表面积大，宜为 $100m^2/m^3$ ～ $200m^2/m^3$；空隙率高，宜为 80%～90%。

6.9.32 生物滤池底部空间的高度不应小于 0.6m，沿滤池池壁四周下部应设置自然通风孔，其总面积不应小于池表面积的 1%。

6.9.33 生物滤池的布水装置可采用固定布水器或旋转布水器。

6.9.34 生物滤池的池底应设 1%～2%的坡度坡向集水沟，集水沟以 0.5%～2%的坡度坡向总排水沟，并有冲洗底部排水渠的措施。

6.9.35 低负荷生物滤池采用碎石类填料时，应符合下列要求：

1 滤池下层填料粒径宜为 60mm～100mm，厚 0.2m；上层填料粒径宜为 30mm～50mm，厚 1.3m～1.8m。

2 处理城镇污水时，正常气温下，水力负荷以滤池面积计，宜为 $1m^3/(m^2 \cdot d)$ ～ $3m^3/(m^2 \cdot d)$；五日生化需氧量容积负荷以填料体积计，宜为 $0.15kgBOD_5/(m^3 \cdot d)$ ～ $0.3kgBOD_5/(m^3 \cdot d)$。

6.9.36 高负荷生物滤池宜采用碎石或塑料制品作填料，当采用碎石类填料时，应符合下列要求：

1 滤池下层填料粒径宜为 70mm～100mm，厚 0.2m；上层填料粒径宜为 40mm～70mm，厚度不宜大于 1.8m。

2 处理城镇污水时，正常气温下，水力负荷以滤池面积计，宜为 $10m^3/(m^2 \cdot d)$ ～ $36m^3/(m^2 \cdot d)$；五日生化需氧量容积负荷以填料体积计，宜小于 $1.8kgBOD_5/(m^3 \cdot d)$。

Ⅵ 塔式生物滤池

6.9.37 塔式生物滤池直径宜为 1m～3.5m，直径与高度之比宜为 1∶6～1∶8；填料层厚度宜根据试验资料确定，宜为 8m～12m。

6.9.38 塔式生物滤池的填料应采用轻质材料。

6.9.39 塔式生物滤池填料应分层，每层高度不宜大于 2m，并应便于安装和养护。

6.9.40 塔式生物滤池宜采用自然通风方式。

6.9.41 塔式生物滤池进水的五日生化需氧量值应控制在 500mg/L 以下，否则处理出水应回流。

6.9.42 塔式生物滤池水力负荷和五日生化需氧量容积负荷应根据试验资料确定。无试验资料时，水力负荷宜为 $80m^3/(m^2 \cdot d)$ ～ $200m^3/(m^2 \cdot d)$，五日生化需氧量容积负荷宜为 $1.0kgBOD_5/(m^3 \cdot d)$ ～ $3.0kgBOD_5/(m^3 \cdot d)$。

6.10 回流污泥和剩余污泥

6.10.1 回流污泥设施，宜采用离心泵、混流泵、潜水泵、螺旋泵或空气提升器。当生物处理系统中带有厌氧区（池）、缺氧区（池）时，应选用不易复氧的回流污泥设施。

6.10.2 回流污泥设施宜分别按生物处理系统中的最大污泥回流比和最大混合液回流比计算确定。

回流污泥设备台数不应少于 2 台，并应有备用设备，但空气提升器可不设备用。

回流污泥设备，宜有调节流量的措施。

6.10.3 剩余污泥量，可按下列公式计算：

1 按污泥泥龄计算：

$$\Delta X = \frac{V \cdot X}{\theta_c} \qquad (6.10.3\text{-}1)$$

2 按污泥产率系数、衰减系数及不可生物降解和惰性悬浮物计算：

$$\Delta X=YQ(S_o-S_e)-K_dVX_V+fQ(SS_o-SS_e) \tag{6.10.3-2}$$

式中：ΔX——剩余污泥量（kgSS/d）；

V——生物反应池的容积（m^3）；

X——生物反应池内混合液悬浮固体平均浓度（gMLSS/L）；

θ_c——污泥泥龄（d）；

Y——污泥产率系数（$kgVSS/kgBOD_5$），20℃时为0.3～0.8；

Q——设计平均日污水量（m^3/d）；

S_o——生物反应池进水五日生化需氧量（kg/m^3）；

S_e——生物反应池出水五日生化需氧量（kg/m^3）；

K_d——衰减系数（d^{-1}）；

X_V——生物反应池内混合液挥发性悬浮固体平均浓度（gMLVSS/L）；

f——SS的污泥转换率，宜根据试验资料确定，无试验资料时可取0.5gMLSS/gSS～0.7gMLSS/gSS；

SS_o——生物反应池进水悬浮物浓度（kg/m^3）；

SS_e——生物反应池出水悬浮物浓度（kg/m^3）。

6.11 污水自然处理

Ⅰ 一般规定

6.11.1 污水量较小的城镇，在环境影响评价和技术经济比较合理时，宜审慎采用污水自然处理。

6.11.2 污水自然处理必须考虑对周围环境以及水体的影响，不得降低周围环境的质量，应根据区域特点选择适宜的污水自然处理方式。

6.11.3 在环境评价可行的基础上，经技术经济比较，可利用水体的自然净化能力处理或处置污水。

6.11.4 采用土地处理，应采取有效措施，严禁污染地下水。

6.11.5 污水厂二级处理出水水质不能满足要求时，有条件的可采用土地处理或稳定塘等自然处理技术进一步处理。

Ⅱ 稳定塘

6.11.6 有可利用的荒地和闲地等条件，技术经济比较合理时，可采用稳定塘处理污水。用作二级处理的稳定塘系统，处理规模不宜大于5000m^3/d。

6.11.7 处理城镇污水时，稳定塘的设计数据应根据试验资料确定。无试验资料时，根据污水水质、处理程度、当地气候和日照等条件，稳定塘的五日生化需氧量总平均表面有机负荷可采用1.5$gBOD_5/(m^2\cdot d)$～10$gBOD_5(m^2\cdot d)$，总停留时间可采用20d～120d。

6.11.8 稳定塘的设计，应符合下列要求：

1 稳定塘前宜设置格栅，污水含砂量高时宜设置沉砂池。

2 稳定塘串联的级数不宜少于3级，第一级塘有效深度不宜小于3m。

3 推流式稳定塘的进水宜采用多点进水。

4 稳定塘必须有防渗措施，塘址与居民区之间应设置卫生防护带。

5 稳定塘污泥的蓄积量为40L/（年·人）～100L/（年·人），一级塘应分格并联运行，轮换清除污泥。

6.11.9 在多级稳定塘系统的后面可设置养鱼塘，进入养鱼塘的水质必须符合国家现行的有关渔业水质的规定。

Ⅲ 土地处理

6.11.10 有可供利用的土地和适宜的场地条件时，通过环境影响评价和技术经济比较后，可采用适宜的土地处理方式。

6.11.11 污水土地处理的基本方法包括慢速渗滤法（SR）、快速渗滤法（RI）和地面漫流法（OF）等。宜根据土地处理的工艺形式对污水进行预处理。

6.11.12 污水土地处理的水力负荷，应根据试验资料确定，无试验资料时，可按下列范围取值：

1 慢速渗滤0.5m/年～5m/年。

2 快速渗滤5m/年～120m/年。

3 地面漫流3m/年～20m/年。

6.11.13 在集中式给水水源卫生防护带，含水层露头地区，裂隙性岩层和熔岩地区，不得使用污水土地处理。

6.11.14 污水土地处理地区地下水埋深不宜小于1.5m。

6.11.15 采用人工湿地处理污水时，应进行预处理。设计参数宜通过试验资料确定。

6.11.16 土地处理场地距住宅区和公共通道的距离不宜小于100m。

6.11.17 进入灌溉田的污水水质必须符合国家现行有关水质标准的规定。

6.12 污水深度处理和回用

Ⅰ 一般规定

6.12.1 污水再生利用的深度处理工艺应根据水质目标选择，工艺单元的组合形式应进行多方案比较，满足实用、经济、运行稳定的要求。再生水的水质应符合国家现行的水质标准的规定。

6.12.2 污水深度处理工艺单元主要包括：混凝、沉淀（澄清、气浮）、过滤、消毒，必要时可采用活性炭吸附、膜过滤、臭氧氧化和自然处理等工艺单元。

6.12.3 再生水输配到用户的管道严禁与其他管网连接，输送过程中不得降低和影响其他用水的水质。

Ⅱ 深度处理

6.12.4 深度处理工艺的设计参数宜根据试验资料确定，也可参照类似运行经验确定。

6.12.5 深度处理采用混合、絮凝、沉淀工艺时，投药混合设施中平均速度梯度值宜采用 $300s^{-1}$，混合时间宜采用 30s～120s。

6.12.6 絮凝、沉淀、澄清、气浮工艺的设计，宜符合下列要求：

1 絮凝时间为 5min～20min。

2 平流沉淀池的沉淀时间为 2.0h ～4.0h，水平流速为 4.0mm/s～12.0mm/s。

3 斜管沉淀池的上升流速为 0.4mm/s ～0.6mm/s。

4 澄清池的上升流速为 0.4mm/s～0.6mm/s。

5 气浮池的设计参数宜根据试验资料确定。

6.12.7 滤池的设计，宜符合下列要求：

1 滤池的构造、滤料组成等宜按现行国家标准《室外给水设计规范》GB 50013 的规定采用。

2 滤池的进水浊度宜小于 10NTU。

3 滤池的滤速应根据滤池进出水水质要求确定，可采用 4m/h～10m/h。

4 滤池的工作周期为 12h～24h。

6.12.8 污水厂二级处理出水经混凝、沉淀、过滤后，仍不能达到再生水水质要求时，可采用活性炭吸附处理。

6.12.9 活性炭吸附处理的设计，宜符合下列要求：

1 采用活性炭吸附工艺时，宜进行静态或动态试验，合理确定活性炭的用量、接触时间、水力负荷和再生周期。

2 采用活性炭吸附池的设计参数宜根据试验资料确定，无试验资料时，可按下列标准采用：

1）空床接触时间为 20min～30min；

2）炭层厚度为 3m～4m；

3）下向流的空床滤速为 7m/h～12m/h；

4）炭层最终水头损失为 0.4m～1.0m；

5）常温下经常性冲洗时，水冲洗强度为 11L/(m^2·s) ～13L/(m^2·s)，历时 10min～15min，膨胀率 15%～20%，定期大流量冲洗时，水冲洗强度为 15L/(m^2·s)～18L/(m^2·s)，历时 8min～12min，膨胀率为 25%～35%。活性炭再生周期由处理后出水水质是否超过水质目标值确定，经常性冲洗周期宜为 3d～5d。冲洗水可用砂滤水或炭滤水，冲洗水浊度宜小于 5NTU。

3 活性炭吸附罐的设计参数宜根据试验资料确定，无试验资料时，可按下列标准确定：

1）接触时间为 20min～35min；

2）吸附罐的最小高度与直径之比可为 2∶1，罐径为 1m～4m，最小炭层厚度为 3m，宜为 4.5m～6m；

3）升流式水力负荷为 2.5L/(m^2·s)～6.8L/(m^2·s)，降流式水力负荷为 2.0L/(m^2·s)～3.3L/(m^2·s)；

4）操作压力每 0.3m 炭层 7kPa。

6.12.10 深度处理的再生水必须进行消毒。

Ⅲ 输配水

6.12.11 再生水管道敷设及其附属设施的设置应符合现行国家标准《室外给水设计规范》GB 50013 的有关规定。

6.12.12 污水深度处理厂宜靠近污水厂和再生水用户。有条件时深度处理设施应与污水厂集中建设。

6.12.13 输配水干管应根据再生水用户的用水特点和安全性要求，合理确定干管的数量，不能断水用户的配水干管不宜少于两条。再生水管道应具有安全和监控水质的措施。

6.12.14 输配水管道材料的选择应根据水压、外部荷载、土壤性质、施工维护和材料供应等条件，经技术经济比较确定。可采用塑料管、承插式预应力钢筋混凝土管和承插式自应力钢筋混凝土管等非金属管道或金属管道。采用金属管道时应进行管道的防腐。

6.13 消毒

Ⅰ 一般规定

6.13.1 城镇污水处理应设置消毒设施。

6.13.2 污水消毒程度应根据污水性质、排放标准或再生水要求确定。

6.13.3 污水宜采用紫外线或二氧化氯消毒，也可用液氯消毒。

6.13.4 消毒设施和有关建筑物的设计，应符合现行国家标准《室外给水设计规范》GB 50013 的有关规定。

Ⅱ 紫外线

6.13.5 污水的紫外线剂量宜根据试验资料或类似运行经验确定；也可按下列标准确定：

1 二级处理的出水为 15mJ/cm^2～22mJ/cm^2。

2 再生水为 24mJ/cm^2～30mJ/cm^2。

6.13.6 紫外线照射渠的设计，应符合下列要求：

1 照射渠水流均布，灯管前后的渠长度不宜小于1m。

2 水深应满足灯管的淹没要求。

6.13.7 紫外线照射渠不宜少于2条。当采用1条时，宜设置超越渠。

Ⅲ 二氧化氯和氯

6.13.8 二级处理出水的加氯量应根据试验资料或类似运行经验确定。无试验资料时，二级处理出水可采用6mg/L～15mg/L，再生水的加氯量按卫生学指标和余氯量确定。

6.13.9 二氧化氯或氯消毒后应进行混合和接触，接触时间不应小于30min。

7 污泥处理和处置

7.1 一般规定

7.1.1 城镇污水污泥，应根据地区经济条件和环境条件进行减量化、稳定化和无害化处理，并逐步提高资源化程度。

7.1.2 污泥的处置方式包括作肥料、作建材、作燃料和填埋等，污泥的处理流程应根据污泥的最终处置方式选定。

7.1.3 污泥作肥料时，其有害物质含量应符合国家现行标准的规定。

7.1.4 污泥处理构筑物个数不宜少于2个，按同时工作设计。污泥脱水机械可考虑1台备用。

7.1.5 污泥处理过程中产生的污泥水应返回污水处理构筑物进行处理。

7.1.6 污泥处理过程中产生的臭气，宜收集后进行处理。

7.2 污泥浓缩

7.2.1 浓缩活性污泥时，重力式污泥浓缩池的设计，应符合下列要求：

1 污泥固体负荷宜采用30kg/(m^2·d)～60kg/(m^2·d)。

2 浓缩时间不宜小于12h。

3 由生物反应池后二次沉淀池进入污泥浓缩池的污泥含水率为99.2%～99.6%时，浓缩后污泥含水率可为97%～98%。

4 有效水深宜为4m。

5 采用栅条浓缩机时，其外缘线速度一般宜为1m/min～2m/min，池底坡向泥斗的坡度不宜小于0.05。

7.2.2 污泥浓缩池宜设置去除浮渣的装置。

7.2.3 当采用生物除磷工艺进行污水处理时，不应采用重力浓缩。

7.2.4 当采用机械浓缩设备进行污泥浓缩时，宜根据试验资料或类似运行经验确定设计参数。

7.2.5 污泥浓缩脱水可采用一体化机械。

7.2.6 间歇式污泥浓缩池应设置可排出深度不同的污泥水的设施。

7.3 污泥消化

Ⅰ 一般规定

7.3.1 根据污泥性质、环境要求、工程条件和污泥处置方式，选择经济适用、管理方便的污泥消化工艺，可采用污泥厌氧消化或好氧消化工艺。

7.3.2 污泥经消化处理后，其挥发性固体去除率应大于40%。

Ⅱ 污泥厌氧消化

7.3.3 厌氧消化可采用单级或两级中温消化。单级厌氧消化池（两级厌氧消化池中的第一级）污泥温度应保持33℃～35℃。

有初次沉淀池系统的剩余污泥或类似的污泥，宜与初沉污泥合并进行厌氧消化处理。

7.3.4 单级厌氧消化池（两级厌氧消化池中的第一级）污泥应加热并搅拌，宜有防止浮渣结壳和排出上清液的措施。

采用两级厌氧消化时，一级厌氧消化池与二级厌氧消化池的容积比应根据二级厌氧消化池的运行操作方式，通过技术经济比较确定；二级厌氧消化池可不加热、不搅拌，但应有防止浮渣结壳和排出上清液的措施。

7.3.5 厌氧消化池的总有效容积，应根据厌氧消化时间或挥发性固体容积负荷，按下列公式计算：

$$V = Q_0 \cdot t_d \quad (7.3.5\text{-}1)$$

$$V = \frac{W_S}{L_V} \quad (7.3.5\text{-}2)$$

式中：t_d——消化时间，宜为20d～30d；

V——消化池总有效容积（m^3）；

Q_0——每日投入消化池的原污泥量（m^3/d）；

L_V——消化池挥发性固体容积负荷[kgVSS/(m^3·d)]，重力浓缩后的原污泥宜采用0.6kgVSS/(m^3·d)～1.5kgVSS/(m^3·d)，机械浓缩后的高浓度原污泥不应大于2.3kgVSS/(m^3·d)；

W_S——每日投入消化池的原污泥中挥发性干固体重量（kgVSS/d）。

7.3.6 厌氧消化池污泥加热，可采用池外热交换或蒸汽直接加热。厌氧消化池总耗热量应按全年最冷月平均日气温通过热工计算确定，应包括原生污泥加热量、厌氧消化池散热量（包括地上和地下部分）、投配和循环管道散热量等。选择加热设备应考虑10%～20%的富余能力。厌氧消化池及污泥投配和循环管道应进行保温。厌氧消化池内壁应采取防腐措施。

7.3.7 厌氧消化的污泥搅拌宜采用池内机械搅拌或池外循环搅拌，也可采用污泥气搅拌等。每日将全池污泥完全搅拌（循环）的次数不宜少于3次。间歇搅拌时，每次搅拌的时间不宜大于循环周期的一半。

7.3.8 厌氧消化池和污泥气贮罐应密封，并能承受污泥气的工作压力，其气密性试验压力不应小于污泥气工作压力的1.5倍。厌氧消化池和污泥气贮罐应有防止池（罐）内产生超压和负压的措施。

7.3.9 厌氧消化池溢流和表面排渣管出口不得放在室内，并必须有水封装置。厌氧消化池的出气管上，必须设回火防止器。

7.3.10 用于污泥投配、循环、加热、切换控制的设备和阀门设施宜集中布置，室内应设置通风设施。厌氧消化系统的电气集中控制室不宜与存在污泥气泄漏可能的设施合建，场地条件许可时，宜建在防爆区外。

7.3.11 污泥气贮罐、污泥气压缩机房、污泥气阀门控制间、污泥气管道层等可能泄漏污泥气的场所，电机、仪表和照明等电器设备均应符合防爆要求，室内应设置通风设施和污泥气泄漏报警装置。

7.3.12 污泥气贮罐的容积宜根据产气量和用气量计算确定。缺乏相关资料时，可按6h～10h的平均产气量设计。污泥气贮罐内、外壁应采取防腐措施。污泥气管道、污泥气贮罐的设计，应符合现行国家标准《城镇燃气设计规范》GB 50028的规定。

7.3.13 污泥气贮罐超压时不得直接向大气排放，应采用污泥气燃烧器燃烧消耗，燃烧器应采用内燃式。污泥气贮罐的出气管上，必须设回火防止器。

7.3.14 污泥气应综合利用，可用于锅炉、发电和驱动鼓风机等。

7.3.15 根据污泥气的含硫量和用气设备的要求，可设置污泥气脱硫装置。脱硫装置应设在污泥气进入污泥气贮罐之前。

Ⅲ 污泥好氧消化

7.3.16 好氧消化池的总有效容积可按本规范公式（7.3.5-1）或（7.3.5-2）计算。设计参数宜根据试验资料确定。无试验资料时，好氧消化时间宜为10d～20d。挥发性固体容积负荷一般重力浓缩后的原污泥宜为0.7kgVSS/（m^3·d）～2.8kgVSS/（m^3·d）；机械浓缩后的高浓度原污泥，挥发性固体容积负荷不宜大于4.2kgVSS/（m^3·d）。

7.3.17 当气温低于15℃时，好氧消化池宜采取保温加热措施或适当延长消化时间。

7.3.18 好氧消化池中溶解氧浓度，不应低于2mg/L。

7.3.19 好氧消化池采用鼓风曝气时，宜采用中气泡空气扩散装置，鼓风曝气应同时满足细胞自身氧化和搅拌混合的需气量，宜根据试验资料或类似运行经验确定。无试验资料时，可按下列参数确定：剩余污泥的总需气量为0.02m^3 空气/（m^3 池容·min）～0.04m^3 空气/（m^3 池容·min）；初沉污泥或混合污泥的总需气量为0.04m^3 空气/（m^3 池容·min）～0.06m^3 空气/（m^3 池容·min）。

7.3.20 好氧消化池采用机械表面曝气机时，应根据污泥需氧量、曝气机充氧能力、搅拌混合强度等确定曝气机需用功率，其值宜根据试验资料或类似运行经验确定。当无试验资料时，可按20W（m^3 池容）～40W（m^3 池容）确定曝气机需用功率。

7.3.21 好氧消化池的有效深度应根据曝气方式确定。当采用鼓风曝气时，应根据鼓风机的输出风压、管路及曝气器的阻力损失确定，宜为5.0m～6.0m；当采用机械表面曝气时，应根据设备的能力确定，宜为3.0m～4.0m。好氧消化池的超高，不宜小于1.0m。

7.3.22 好氧消化池可采用敞口式，寒冷地区应采取保温措施。根据环境评价的要求，采取加盖或除臭措施。

7.3.23 间歇运行的好氧消化池，应设有排出上清液的装置；连续运行的好氧消化池，宜设有排出上清液的装置。

7.4 污泥机械脱水

Ⅰ 一般规定

7.4.1 污泥机械脱水的设计，应符合下列规定：

1 污泥脱水机械的类型，应按污泥的脱水性质和脱水要求，经技术经济比较后选用。

2 污泥进入脱水机前的含水率一般不应大于98%。

3 经消化后的污泥，可根据污水性质和经济效益，考虑在脱水前淘洗。

4 机械脱水间的布置，应按本规范第5章泵房中的有关规定执行，并应考虑泥饼运输设施和通道。

5 脱水后的污泥应设置污泥堆场或污泥料仓贮存，污泥堆场或污泥料仓的容量应根据污泥出路和运输条件等确定。

6 污泥机械脱水间应设置通风设施。每小时换气次数不应小于6次。

7.4.2 污泥在脱水前，应加药调理。污泥加药应符合下列要求：

1 药剂种类应根据污泥的性质和出路等选用，投加量宜根据试验资料或类似运行经验确定。

2 污泥加药后，应立即混合反应，并进入脱水机。

Ⅱ 压滤机

7.4.3 压滤机宜采用带式压滤机、板框压滤机、箱式压滤机或微孔挤压脱水机，其泥饼产率和泥饼含水率，应根据试验资料或类似运行经验确定。泥饼含水率可为75%～80%。

7.4.4 带式压滤机的设计，应符合下列要求：

1 污泥脱水负荷应根据试验资料或类似运行经验确定，污水污泥可按表7.4.4的规定取值。

表7.4.4 污泥脱水负荷

污泥类别	初沉原污泥	初沉消化污泥	混合原污泥	混合消化污泥
污泥脱水负荷[kg/(m·h)]	250	300	150	200

2 应按带式压滤机的要求配置空气压缩机，并至少应有1台备用。

3 应配置冲洗泵，其压力宜采用0.4MPa～0.6MPa，其流量可按5.5m³/[m(带宽)·h]～11m³/[m(带宽)·h]计算，至少应有1台备用。

7.4.5 板框压滤机和箱式压滤机的设计，应符合下列要求：

1 过滤压力为400kPa～600kPa。

2 过滤周期不大于4h。

3 每台压滤机可设污泥压入泵1台，宜选用柱塞泵。

4 压缩空气量为每立方米滤室不小于2m³/min（按标准工况计）。

Ⅲ 离 心 机

7.4.6 离心脱水机房应采取降噪措施。离心脱水机房内外的噪声应符合现行国家标准《工业企业噪声控制设计规范》GBJ 87的规定。

7.4.7 污水污泥采用卧螺离心脱水机脱水时，其分离因数宜小于3000g（g为重力加速度）。

7.4.8 离心脱水机前应设置污泥切割机，切割后的污泥粒径不宜大于8mm。

7.5 污泥输送

7.5.1 脱水污泥的输送一般采用皮带输送机、螺旋输送机和管道输送三种形式。

7.5.2 皮带输送机输送污泥，其倾角应小于20°。

7.5.3 螺旋输送机输送污泥，其倾角宜小于30°，且宜采用无轴螺旋输送机。

7.5.4 管道输送污泥，弯头的转弯半径不应小于5倍管径。

7.6 污泥干化焚烧

7.6.1 在有条件的地区，污泥干化宜采用干化场；其他地区，污泥干化宜采用热干化。

7.6.2 污泥干化场的污泥固体负荷，宜根据污泥性质、年平均气温、降雨量和蒸发量等因素，参照相似地区经验确定。

7.6.3 污泥干化场分块数不宜少于3块；围堤高度宜为0.5m～1.0m，顶宽0.5m～0.7m。

7.6.4 污泥干化场宜设人工排水层。

7.6.5 除特殊情况外，人工排水层下应设不透水层，不透水层应坡向排水设施，坡度宜为0.01～0.02。

7.6.6 污泥干化场宜设排除上层污泥水的设施。

7.6.7 污泥的热干化和焚烧宜集中进行。

7.6.8 采用污泥热干化设备时，应充分考虑产品出路。

7.6.9 污泥热干化和焚烧处理的污泥固体负荷和蒸发量应根据污泥性质、设备性能等因素，参照相似设备运行经验确定。

7.6.10 污泥热干化和焚烧设备宜设置2套；若设1套，应考虑设备检修期间的应急措施，包括污泥贮存设施或其他备用的污泥处理和处置途径。

7.6.11 污泥热干化设备的选型，应根据热干化的实际需要确定。规模较小、污泥含水率较低、连续运行时间较长的热干化设备宜采用间接加热系统，否则宜采用带有污泥混合器和气体循环装置的直接加热系统。

7.6.12 污泥热干化设备的能源，宜采用污泥气。

7.6.13 热干化车间和热干化产品贮存设施，应符合国家现行有关防火规范的要求。

7.6.14 在已有或拟建垃圾焚烧设施、水泥窑炉、火力发电锅炉等设施的地区，污泥宜与垃圾同时焚烧，或掺在水泥窑炉、火力发电锅炉的燃料煤中焚烧。

7.6.15 污泥焚烧的工艺，应根据污泥热值确定，宜采用循环流化床工艺。

7.6.16 污泥热干化产品、污泥焚烧灰应妥善保存、利用或处置。

7.6.17 污泥热干化尾气和焚烧烟气，应处理达标后排放。

7.6.18 污泥干化场及其附近，应设置长期监测地下水质量的设施；污泥热干化厂、污泥焚烧厂及其附近，应设置长期监测空气质量的设施。

7.7 污泥综合利用

7.7.1 污泥的最终处置，宜考虑综合利用。

7.7.2 污泥的综合利用，应因地制宜，考虑农用时应慎重。

7.7.3 污泥的土地利用，应严格控制污泥中和土壤中积累的重金属和其他有毒物质含量。农用污泥，必须符合国家现行有关标准的规定。

8 检测和控制

8.1 一 般 规 定

8.1.1 排水工程运行应进行检测和控制。

8.1.2 排水工程设计应根据工程规模、工艺流程、运行管理要求确定检测和控制的内容。

8.1.3 自动化仪表和控制系统应保证排水系统的安全和可靠，便于运行，改善劳动条件，提高科学管理水平。

8.1.4 计算机控制管理系统宜兼顾现有、新建和规划要求。

8.2 检 测

8.2.1 污水厂进、出水应按国家现行排放标准和环境保护部门的要求，设置相关项目的检测仪表。

8.2.2 下列各处应设置相关监测仪表和报警装置：

1 排水泵站：硫化氢（H_2S）浓度。

2 消化池：污泥气（含 CH_4）浓度。

3 加氯间：氯气（Cl_2）浓度。

8.2.3 排水泵站和污水厂各处理单元宜设置生产控制、运行管理所需的检测和监测仪表。

8.2.4 参与控制和管理的机电设备应设置工作与事故状态的检测装置。

8.2.5 排水管网关键节点应设置流量监测装置。

8.3 控 制

8.3.1 排水泵站宜按集水池的液位变化自动控制运行，宜建立遥测、遥讯和遥控系统。排水管网关键节点流量的监控宜采用自动控制系统。

8.3.2 10万 m^3/d 规模以下的污水厂的主要生产工艺单元，可采用自动控制系统。

8.3.3 10万 m^3/d 及以上规模的污水厂宜采用集中管理监视、分散控制的自动控制系统。

8.3.4 采用成套设备时，设备本身控制宜与系统控制相结合。

8.4 计算机控制管理系统

8.4.1 计算机控制管理系统应有信息收集、处理、控制、管理和安全保护功能。

8.4.2 计算机控制系统的设计，应符合下列要求：

1 宜对监控系统的控制层、监控层和管理层做出合理的配置。

2 应根据工程具体情况，经技术经济比较后选择网络结构和通信速率。

3 对操作系统和开发工具要从运行稳定、易于开发、操作界面方便等多方面综合考虑。

4 根据企业需求和相关基础设施，宜对企业信息化系统做出功能设计。

5 厂级中控室应就近设置电源箱，供电电源应为双回路，直流电源设备应安全可靠。

6 厂、站级控制室面积应视其使用功能设定，并应考虑今后的发展。

7 防雷和接地保护应符合国家现行有关规范的规定。

附录A 暴雨强度公式的编制方法

Ⅰ 年多个样法取样

A.0.1 本方法适用于具有10年以上自动雨量记录的地区。

A.0.2 计算降雨历时采用 5min、10min、15min、20min、30min、45min、60min、90min、120min 共9个历时。计算降雨重现期宜按 0.25 年、0.33 年、0.5年、1年、2年、3年、5年、10年统计。资料条件较好时（资料年数≥20年、子样点的排列比较规律），也可统计高于10年的重现期。

A.0.3 取样方法宜采用年多个样法，每年每个历时选择6个～8个最大值，然后不论年次，将每个历时子样按大小次序排列，再从中选择资料年数的3倍～4倍的最大值，作为统计的基础资料。

A.0.4 选取的各历时降雨资料，应采用频率曲线加以调整。当精度要求不太高时，可采用经验频率曲线；当精度要求较高时，可采用皮尔逊Ⅲ型分布曲线或指数分布曲线等理论频率曲线。根据确定的频率曲线，得出重现期、降雨强度和降雨历时三者的关系，即 P、i、t 关系值。

A.0.5 根据 P、i、t 关系值求得 b、m、A_1、C 各个参数，可用解析法、图解与计算结合法或图解法等方法进行。将求得的各参数代入 $q=\frac{167A_1(1+C\lg p)}{(t+b)^n}$，即得当地的暴雨强度公式。

A.0.6 计算抽样误差和暴雨公式均方差。宜按绝对均方差计算，也可辅以相对均方差计算。计算重现期在0.25年～10年时，在一般强度的地方，平均绝对方差不宜大于0.05mm/min。在较大强度的地方，平均相对方差不宜大于5%。

Ⅱ 年最大值法取样

A.0.7 本方法适用于具有20年以上自记雨量记录的地区，有条件的地区可用30年以上的雨量系列，暴雨样本选样方法可采用年最大值法。若在时段内任一时段超过历史最大值，宜进行复核修正。

A.0.8 计算降雨历时采用 5min、10min，15min、20min、30min、45min、60min、90min、120min、150min、180min 共十一个历时。计算降雨重现期宜按 2 年、3 年、5 年、10 年、20 年、30 年、50 年、100年统计。

A.0.9 选取的各历时降雨资料，应采用经验频率曲线或理论频率曲线加以调整，一般采用理论频率曲线，包括皮尔逊Ⅲ型分布曲线、耿贝尔分布曲线和指数分布曲线。根据确定的频率曲线，得出重现期、降雨强度和降雨历时三者的关系，即 P、i、t 关系值。

A.0.10 根据 p、i、t 的关系值求得 A_1、b、C、n 各个参数。可采用图解法、解析法、图解与计算结合法等方法进行。为提高暴雨强度公式的精度，一般采用高斯-牛顿法。将求得的各个参数代入 $q=\frac{167A_1(1+C\lg p)}{(t+b)^n}$，即得当地的暴雨强度公式。

A.0.11 计算抽样误差和暴雨公式均方差。宜按绝对均方差计算，也可辅以相对均方差计算。计算重现期在 2 年～20 年时，在一般强度的地方，平均绝对方差不宜大于 0.05mm/min。在较大强度的地方，平均相对方差不宜大于 5%。

附录 B 排水管道和其他地下管线（构筑物）的最小净距

表 B 排水管道和其他地下管线（构筑物）的最小净距

<table>
<tr><th colspan="3">名称</th><th>水平净距（m）</th><th>垂直净距（m）</th></tr>
<tr><td colspan="3">建筑物</td><td>见注 3</td><td></td></tr>
<tr><td rowspan="2">给水管</td><td colspan="2">$d\leqslant$200mm</td><td>1.0</td><td rowspan="2">0.4</td></tr>
<tr><td colspan="2">$d>$200mm</td><td>1.5</td></tr>
<tr><td colspan="3">排水管</td><td></td><td>0.15</td></tr>
<tr><td colspan="3">再生水管</td><td>0.5</td><td>0.4</td></tr>
<tr><td rowspan="4">燃气管</td><td>低压</td><td>$P\leqslant$0.05MPa</td><td>1.0</td><td>0.15</td></tr>
<tr><td>中压</td><td>0.05MPa<$P\leqslant$0.4MPa</td><td>1.2</td><td>0.15</td></tr>
<tr><td rowspan="2">高压</td><td>0.4MPa<$P\leqslant$0.8MPa</td><td>1.5</td><td>0.15</td></tr>
<tr><td>0.8MPa<$P\leqslant$1.6MPa</td><td>2.0</td><td>0.15</td></tr>
<tr><td colspan="3">热力管线</td><td>1.5</td><td>0.15</td></tr>
<tr><td colspan="3">电力管线</td><td>0.5</td><td>0.5</td></tr>
<tr><td colspan="3" rowspan="2">电信管线</td><td rowspan="2">1.0</td><td>直埋 0.5</td></tr>
<tr><td>管块 0.15</td></tr>
<tr><td colspan="3">乔木</td><td>1.5</td><td></td></tr>
<tr><td rowspan="2">地上柱杆</td><td colspan="2">通信照明及<10kV</td><td>0.5</td><td></td></tr>
<tr><td colspan="2">高压铁塔基础边</td><td>1.5</td><td></td></tr>
<tr><td colspan="3">道路侧石边缘</td><td>1.5</td><td></td></tr>
<tr><td colspan="3">铁路钢轨（或坡脚）</td><td>5.0</td><td>轨底 1.2</td></tr>
<tr><td colspan="3">电车（轨底）</td><td>2.0</td><td>1.0</td></tr>
<tr><td colspan="3">架空管架基础</td><td>2.0</td><td></td></tr>
<tr><td colspan="3">油管</td><td>1.5</td><td>0.25</td></tr>
<tr><td colspan="3">压缩空气管</td><td>1.5</td><td>0.15</td></tr>
<tr><td colspan="3">氧气管</td><td>1.5</td><td>0.25</td></tr>
</table>

续表 B

名称	水平净距（m）	垂直净距（m）
乙炔管	1.5	0.25
电车电缆		0.5
明渠渠底		0.5
涵洞基础底		0.15

注：1 表列数字除注明者外，水平净距均指外壁净距，垂直净距系指下面管道的外顶与上面管道基础底间净距。

2 采取充分措施（如结构措施）后，表列数字可以减小。

3 与建筑物水平净距，管道埋深浅于建筑物基础时，不宜小于 2.5m，管道埋深深于建筑物基础时，按计算确定，但不应小于 3.0m。

本规范用词说明

1 为便于在执行本规范条文时区别对待，对要求严格程度不同的用词说明如下：

1）表示很严格，非这样做不可的：
正面词采用“必须”，反面词采用“严禁”；

2）表示严格，在正常情况下均应这样做的：
正面词采用“应”，反面词采用“不应”或“不得”；

3）表示允许稍有选择，在条件许可时首先应这样做的：
正面词采用“宜”，反面词采用“不宜”；

4）表示有选择，在一定条件下可以这样做的，采用“可”。

2 条文中指明应按其他有关标准执行的写法为“应符合……的规定”或“应按……执行”。

中华人民共和国国家标准

室外排水设计规范

GB 50014—2006

（2016 年版）

条 文 说 明

目　次

1 总 则

1.0.1 说明制定本规范的宗旨目的。

1.0.2 规定本规范的适用范围。

本规范只适用于新建、扩建和改建的城镇、工业区和居住区的永久性的室外排水工程设计。

关于村庄、集镇和临时性排水工程，由于村庄、集镇排水的条件和要求具有与城镇不同的特点，而临时性排水工程的标准和要求的安全度要比永久性工程低，故不适用本规范。

关于工业废水，由于已逐步制定了各工业废水的设计规范，故本规范不包括工业废水的内容。

1.0.3 规定排水工程设计的主要依据和基本任务。

1989年12月26日第七届全国人民代表大会常务委员会第十一次会议通过的《中华人民共和国城市规划法》规定，中华人民共和国的一切城镇，都必须制定城镇规划，按照规划实施管理。城镇总体规划包括各项专业规划，排水工程专业规划是城镇总体规划的组成部分。城镇总体规划批准后，必须严格执行；未经原审批部门同意，任何组织和个人不得擅自改变。

据此，本条规定了主要依据。

2000年9月25日中华人民共和国国务院令第293号颁发的《建设工程勘察设计管理条例》规定，设计工作的基本任务是根据建设工程的要求，对建设工程所需的技术、经济、资源、环境等条件进行综合分析、论证，充分体现节地、节水、节能和节材的原则，编制与社会、经济发展水平相适应，经济效益、社会效益和环境效益相统一的设计文件。

据此，本条规定了基本任务和应正确处理的有关方面关系。

1.0.3A 关于排水工程设计与其他专项规划和设计相互协调的规定。

排水工程设施，包括内涝防治设施、雨水调蓄和利用设施，是维持城镇正常运行和资源利用的重要基础设施。在降雨频繁、河网密集或易受内涝灾害的地区，排水工程设施尤为重要。排水工程应与城市防洪、河道水系、道路交通、园林绿地、环境保护和环境卫生等专项规划和设计密切联系，并应与城市平面和竖向规划相互协调。

河道、湖泊、湿地和沟塘等城市自然蓄排水设施是城市内涝防治和排水的重要载体，在城镇平面规划中有明确的规划蓝线和水面率要求，应满足规划中的相关控制指标，根据城市自然蓄排水设施数量、规划蓝线保护和水面率的控制指标要求，合理确定排水设施的建设方案。排水工程设计中应考虑对河湖水系等城市现状受纳水体的保护和利用。

排水设施的设计，应充分考虑城镇竖向规划中的相关指标要求，根据不同地区的排水优先等级确定排水设施与周边地区的高程差；从竖向规划角度考虑内涝防治要求，根据竖向规划要求确定高程差，而不能仅仅根据单项工程的经济性要求进行设计和建设。

1.0.4 规定排水体制选择的原则。

分流制指用不同管渠系统分别收集、输送污水和雨水的排水方式。合流制指用同一管渠系统收集、输送污水和雨水的排水方式。

分流制可根据当地规划的实施情况和经济情况，分期建设。污水由污水收集系统收集并输送到污水厂处理；雨水由雨水系统收集，并就近排入水体，可达到投资低，环境效益高的目的，因此规定除降雨量少的干旱地区外，新建地区应采用分流制，降雨量少一般指年均降雨量300mm以下的地区。旧城区由于历史原因，一般已采用合流制，故规定同一城镇的不同地区可采用不同的排水体制，同时规定现有合流制排水系统应按照规划的要求加大排水管网的改建力度，实施雨污分流改造。暂时不具备雨污分流条件的地区，应提高截流倍数，采取截流、调蓄和处理相结合的措施减少合流污水和降雨初期的污染。

1.0.4A 本条是关于采用低影响开发进行雨水综合管理的规定。

本次修订增加了按照低影响开发（LID）理念进行雨水综合管理的规定。雨水综合管理是指通过源头削减、过程控制、末端处理的方法，控制面源污染、防治内涝灾害、提高雨水利用程度。

面源污染是指通过降雨和地表径流冲刷，将大气和地表中的污染物排入受纳水体，使受纳水体遭受污染的现象。城镇的商业区、居民区、工业区和街道等地表包括大量不透水地面，这些地表积累大量污染物，如油类、盐分、氮、磷、有毒物质和生活垃圾等，在降雨过程中雨水及其形成的地表径流冲刷地面污染物，通过排水管渠或直接进入地表水环境，造成地表水污染，所以应控制面源污染。

城镇化进程的不断推进和高强度开发势必造成城镇下垫面不透水层的增加，导致降雨后径流量增大。城镇规划时，应采用渗透、调蓄等设施减少雨水径流量，减少进入分流制雨水管道和合流制管道的雨水量，减少合流制排水系统溢流次数和溢流量，不仅可有效防治内涝灾害，还可提高雨水利用程度。

雨水资源是陆地淡水资源的主要形式和来源，应提高雨水利用程度。具体措施包括屋顶绿化、雨水蓄渗、下凹式绿地、透水路面等。有条件的地区应设置雨水渗透设施，削减雨水径流量，雨水渗透涵养地下水也是雨水资源的利用。

1.0.4B 关于采取综合措施进行内涝防治的规定。

城镇内涝防治措施包括工程性措施和非工程性措施。通过源头控制、排水管网完善、城镇涝水行泄通道建设和优化运行管理等综合措施防治城镇内涝。工程性措施，包括建设雨水渗透设施、调蓄设施、利用设施和雨水行泄通道，还包括对市政排水管网和泵站进行改造、对城市内河进行整治等。非工程性措施包括建立内涝防治设施的运行监控体系、预警应急机制以及相应法律法规等。

1.0.5 规定了进行排水系统设计时，从较大范围综合考虑的若干因素。

1 根据国内外经验，污水和污泥可作为有用资源，应考虑综合利用，但在考虑综合利用和处置污水污泥时，首先应对其卫生安全性、技术可靠性、经济合理性等情况进行全面论证和评价。

2 与邻近区域内的污水和污泥的处理和处置系统相协调包括：

一个区域的排水系统可能影响邻近区域，特别是影响下游区域的环境质量，故在确定该区的处理水平和处置方案时，必须在较大区域范围内综合考虑；

根据排水专业规划，有几个区域同时或几乎同时建设时，应考虑合并处理和处置的可能性，因为它的经济效益可能更好，但施工时间较长，实现较困难。前苏联和日本都有类似规定。

3 如设计排水区域内尚需考虑给水和防洪问题时，污水排水工程应与给水工程协调，雨水排水工程应与防洪工程协调，以节省总造价。

4 根据国内外经验，工业废水只要符合条件，以集中至城镇排水系统一起处理较为经济合理。

5 在扩建和改建排水工程时，对原有排水工程设施利用与否应通过调查做出决定。

1.0.6 规定工业废水接入城镇排水系统的水质要求。

从全局着眼，工业企业有责任根据本企业废水水质进行预处理，使工业废水接入城镇排水系统后，对城镇排水管渠不阻塞，不损坏，不产生易燃、易爆和有毒有害气体，不传播致病菌和病原体，不危害操作养护人员，不妨碍污水的生物处理，不影响处理后出水的再生利用和安全排放，不影响污泥的处理和处置。排入城镇排水系统的污水水质，必须符合现行的《污水综合排放标准》GB 8978、《污水排入城市下水道水质标准》CJ 3082 等有关标准的规定。

1.0.7 规定排水工程设计采用新技术应遵循的主要原则。

规范应及时地将新技术纳入。凡是在国内普遍推广、行之有效、积有完整的可靠科学数据的新技术，都应积极纳入。随着科学技术的发展，新技术还会不断涌现。规范不应阻碍或抑制新技术的发展，为此，鼓励积极采用经过鉴定、节地节能、经济高效的新技术。

1.0.8 规定采用排水工程设备机械化和自动化程度的主要原则。

由于排水工程操作人员劳动强度较大，同时，有些构筑物，如污水泵站的格栅井、污泥脱水机房和污泥厌氧消化池等会产生硫化氢、污泥气等有毒有害和易燃易爆气体，为保障操作人员身体健康和人身安全，规定排水工程宜采用机械化和自动化设备，对操作繁重、影响安全、危害健康的，应采用机械化和自动化设备。

1.0.9 关于排水工程尚应执行的有关标准和规范的规定。

有关标准、规范有：《建筑物防雷设计规范》GB 50057、《建筑设计防火规范》GBJ 16、《城镇污水处理厂污染物排放标准》GB 18918 和《工业企业噪声控制设计规范》GBJ 87 等。

为保障操作人员和仪器设备安全，根据《建筑物防雷设计规范》GB 50057 的规定，监控设施等必须采取接地和防雷措施。

由于排水工程的污水中可能含有易燃易爆物质，根据《建筑设计防火规范》GBJ 16 的规定，建筑物应按二级耐火等级考虑。建筑物构件的燃烧性能和耐火极限以及室内设置的消防设施均应符合《建筑设计防火规范》GBJ 16 的规定。

排水工程可能会散发恶臭气体，污染周围环境，设计时应对散发的臭气进行收集和净化，或建设绿化带并设有一定的防护距离，以符合《城镇污水处理厂污染物排放标准》GB 18918 的规定。

鼓风机尤其是罗茨鼓风机会产生超标的噪声，应首先从声源上进行控制，选用低噪声的设备，同时采用隔声、消声、吸声和隔振等措施，以符合《工业企业噪声控制设计规范》GBJ 87 的规定。

1.0.10 关于在特殊地区设计排水工程尚应同时符合有关专门规范的规定。

3 设计流量和设计水质

3.1 生活污水量和工业废水量

3.1.1 规定城镇旱流污水设计流量的计算公式。

设计综合生活污水量 Q_d 和设计工业废水量 Q_m 均以平均日流量计。

城镇旱流污水，由综合生活污水和工业废水组成。综合生活污水由居民生活污水和公共建筑污水组成。居民生活污水指居民日常生活中洗涤、冲厕、洗澡等产生的污水。公共建筑污水指娱乐场所、宾馆、浴室、商业网点、学校和办公楼等产生的污水。

规定地下水位较高地区考虑入渗地下水量的原则。

因当地土质、地下水位、管道和接口材料以及施工质量、管道运行时间等因素的影响，当地下水位高于排水管渠时，排水系统设计应适当考虑入渗地下水量。入渗地下水量宜根据测定资料确定，一般按单位管长和管径的入渗地下水量计，也可按平均日综合生活污水和工业废水总量的 10%～15%计，还可按每天每单位服务面积入渗的地下水量计。中国市政工程中南设计研究院和广州市市政园林局测定过管径为1000mm～1350mm的新铺钢筋混凝土管入渗地下水量，结果为：地下水位高于管底3.2m，入渗量为$94m^3/(km \cdot d)$；高于管底4.2m，入渗量为$196m^3/(km \cdot d)$；高于管底6m，入渗量为$800m^3/(km \cdot d)$；高于管底6.9m，入渗量为$1850m^3/(km \cdot d)$。上海某泵站冬夏两次测定，冬季为$3800m^3/(km^2 \cdot d)$，夏季为$6300m^3/(km^2 \cdot d)$；日本《下水道设施设计指南与解说》（日本下水道协会，2001年，以下简称日本指南）规定采用经验数据，按日最大综合污水量的10%～20%计；英国《污水处理厂》BSEN 12255（以下简称英国标准）建议按观测现有管道的夜间流量进行估算；德国ATV标准（德国废水工程协会，2000年，以下简称德国ATV）规定入渗水量不大于$0.15L/(s \cdot hm^2)$，如大于则应采取措施减少入渗；美国按$0.01m^3/(d \cdot mm\text{-}km)$～$1.0m^3/(d \cdot mm\text{-}km)$（mm为管径，km为管长）计，或按$0.2m^3/(hm^2 \cdot d)$～$28m^3/(hm^2 \cdot d)$计。

在地下水位较高的地区，水力计算时，公式(3.1.1)后应加入入渗地下水量Q_u，即$Q_{dr}=Q_d+Q_m+Q_u$。

3.1.2 本条规定居民生活污水定额和综合生活污水定额的确定原则。

按用水定额确定污水定额时，建筑内部给排水设施水平较高的地区，可按用水定额的90%计，一般水平的可按用水定额的80%计。“排水系统普及程度等因素”移至第3.1.2A条。

3.1.2A 本条是关于排水系统规模确定的规定。

排水系统作为重要的市政基础设施，应按照一次规划、分期实施和先地下、后地上的建设规律进行。地下管道应按远期规模设计，污水处理系统应根据排水系统的发展规划和普及程度合理确定近远期规模。

3.1.3 关于综合生活污水量总变化系数的规定。

我国现行综合生活污水量总变化系数参考了全国各地51座污水厂总变化系数取值资料，按照污水平均日流量数值而制定。国外大多按照人口总数来确定综合生活污水量总变化系数，并设定最小值。例如，日本采用Babbitt公式，即$K=5/(P/1000)^{0.2}$（P为人口总数，下同），规定中等规模以上的城市，K值取1.3～1.8，小规模城市K值取1.5以上，也有超过2.0以上的情况；美国十州标准（Ten States Standards）采用Baumann公式确定综合生活污水量总变化系数，即$K=1+14/[4+(P/1000)]^{0.5}$，当人口总数超过10万时，$K$值取最小值2.0；美国加利福尼亚州采用类似Babbitt公式，即$K=5.453/P^{0.0963}$，当人口总数超过10万时，K值取最小值1.8。

与发达国家相比较，我国目前的综合生活污水量总变化系数取值偏低。本次修订提出，为有效控制降雨初期的雨水污染，针对新建分流制地区，应根据排水总体规划，参照国外先进和有效的标准，宜适当提高综合生活污水量总变化系数；既有地区，根据当地排水系统的实际改建需要，综合生活污水量总变化系数也可适当提高。本次修订暂不对表3.1.3做具体改动。

3.1.4 规定工业区内生活污水量、沐浴污水量的确定原则。

3.1.5 规定工业废水量及变化系数的确定原则。

我国是一个水资源短缺的国家，城市缺水问题尤为突出，国家对水资源的开发利用和保护十分重视，有关部门制定了各工业的用水量规定，排水工程设计时，应与之相协调。

3.2 雨 水 量

3.2.1 规定雨水设计流量的计算方法。

我国目前采用恒定均匀流推理公式，即用式(3.2.1)计算雨水设计流量。恒定均匀流推理公式基于以下假设：降雨在整个汇水面积上的分布是均匀的；降雨强度在选定的降雨时段内均匀不变；汇水面积随集流时间增长的速度为常数，因此推理公式适用于较小规模排水系统的计算，当应用于较大规模排水系统的计算时会产生较大误差。随着技术的进步，管渠直径的放大、水泵能力的提高，排水系统汇水流域面积逐步扩大应该修正推理公式的精确度。发达国家已采用数学模型模拟降雨过程，把排水管渠作为一个系统考虑，并用数学模型对管网进行管理。美国一些城市规定的推理公式适用范围分别为：奥斯汀$4km^2$，芝加哥$0.8km^2$，纽约$1.6km^2$，丹佛$6.4km^2$且汇流时间小于10min；欧盟的排水设计规范要求当排水系统面积大于$2km^2$或汇流时间大于15min时，应采用非恒定流模拟进行城市雨水管网水力计算。在总结国内外资料的基础上，本次修订提出当汇水面积超过$2km^2$时，雨水设计流量宜采用数学模型进行确定。

排水工程设计常用的数学模型一般由降雨模型、产流模型、汇流模型、管网水动力模型等一系列模型组成，涵盖了排水系统的多个环节。数学模型可以考虑向一降雨事件中降雨强度在不同时间和空间的分布情况，因而可以更加准确地反映地表径流的产生过程和径流流量，也便于与后续的管网水动力学模型衔接。

数学模型中用到的设计暴雨资料包括设计暴雨量和设计暴雨过程，即雨型。设计暴雨量可按城市暴雨强度公式计算，设计暴雨过程可按以下三种方法确定：

1) 设计暴雨统计模型。结合编制城市暴雨强度公式的采样过程，收集降雨过程资料和雨峰位置，根据常用重现期部分的降雨资料，采用统计分析方法确定设计降雨过程。

2）芝加哥降雨模型。根据自记雨量资料统计分析城市暴雨强度公式，同时采集雨峰位置系数，雨峰位置系数取值为降雨雨峰位置除以降雨总历时。

3）当地水利部门推荐的降雨模型。采用当地水利部门推荐的设计降雨雨型资料，必要时需做适当修正，并摈弃超过24h的长历时降雨。

排水工程设计常用的产、汇流计算方法包括扣损法、径流系数法和单位线法（Unit Hydrograph）等。扣损法是参考径流形成的物理过程，扣除集水区蒸发、植被截留、低洼地面积蓄和土壤下渗等损失之后所形成径流过程的计算方法。降雨强度和下渗在地面径流的产生过程中具有决定性的作用，而低洼地面积蓄量和蒸发量一般较小，因此在城市暴雨计算中常常被忽略。Horton模型或Green-Ampt模型常被用来描述土壤下渗能力随时间变化的过程。当缺乏详细的土壤下渗系数等资料，或模拟城镇建筑较密集的地区时，可以将汇水面积划分成多个片区，采用径流系数法，即式（3.2.1）计算每个片区产生的径流，然后运用数学模型模拟地面漫流和雨水在管道的流动，以每个管段的最大峰值流量作为设计雨水量。单位线是指单位时段内均匀分布的单位净雨量在流域出口断面形成的地面径流过程线，利用单位线推求汇流过程线的方法称为单位线法。单位线可根据出流断面的实测流量通过倍比、叠加等数学方法生成，也可以通过解析公式如线性水库模型来获得。目前，单位线法在我国排水工程设计中应用较少。

采用数学模型进行排水系统设计时，除应按本规范执行外，还应满足当地的地方设计标准，应对模型的适用条件和假定参数做详细分析和评估。当建立管道系统的数学模型时，应对系统的平面布置、管径和标高等参数进行核实，并运用实测资料对模型进行校正。

3.2.2 规定综合径流系数的确定原则。

小区的开发，应体现低影响开发的理念，不应由市政设施的不断扩建与之适应，而应在小区内进行源头控制。本条规定了应严格执行规划控制的综合径流系数，还提出了综合径流系数高于0.7的地区应采用渗透、调蓄等措施。

本次修订增加了应核实地面种类的组成和比例的规定，可以采用的方法包括遥感监测、实地勘测等。

表3.2.2-1列出按地面种类分列的径流系数Ψ值。表3.2.2-2列出按区域情况分列的综合径流系数Ψ值。国内一些地区采用的综合径流系数见表1。《日本下水道设计指南》推荐的综合径流系数见表2。

3.2.2A 关于以径流量作为地区改建控制指标的规定。

表1 国内一些地区采用的综合径流系数

城市	综合径流系数
北京	0.5～0.7
上海	0.5～0.8
天津	0.45～0.6
乌兰浩特	0.5
南京	0.5～0.7
杭州	0.6～0.8
扬州	0.5～0.8
宜昌	0.65～0.8
南宁	0.5～0.75
柳州	0.4～0.8
深圳	旧城区：0.7～0.8 新城区：0.6～0.7

表2 《日本下水道设计指南》推荐的综合径流系数

区域情况	Ψ
空地非常少的商业区或类似的住宅区	0.80
有若干室外作业场等透水地面的工厂或有若干庭院的住宅区	0.65
房产公司住宅区之类的中等住宅区或单户住宅多的地区	0.50
庭院多的高级住宅区或夹有耕地的郊区	0.35

本条为强制性条文。本次修订提出以径流量作为地区开发改建控制指标的规定。地区开发应充分体现低影响开发理念，除应执行规划控制的综合径流系数指标外，还应执行径流量控制指标。规定整体改建地区应采取措施确保改建后的径流量不超过原有径流量。可采取的综合措施包括建设下凹式绿地，设置植草沟、渗透池等，人行道、停车场、广场和小区道路等可采用渗透性路面，促进雨水下渗，既达到雨水资源综合利用的目的，又不增加径流量。

3.2.3 关于设计暴雨强度的计算公式的规定。

目前我国各地已积累了完整的自动雨量记录资料，可采用数理统计法计算确定暴雨强度公式。本条所列的计算公式为我国目前普遍采用的计算公式。

水文统计学的取样方法有年最大值法和非年最大值法两类，国际上的发展趋势是采用年最大值法。日本在具有20年以上雨量记录的地区采用年最大值法，在不足20年雨量记录的地区采用非年最大值法，年多个样法是非年最大值法中的一种。由于以前国内自记雨量资料不多，因此多采用年多个样法。现在我国许多地区已具有40年以上的自记雨量资料，具备采用年最大值法的条件。所以，规定具有20年以上自动雨量记录的地区，应采用年最大值法。

3.2.4 雨水管渠设计重现期，应根据汇水地区性质、城镇类型、地形特点和气候特征等因素，经技术经济比较后确定。原《室外排水设计规范》GB 50014—2006（2011年版）中虽然将一般地区的雨水管渠设计重现期调整为1年～3年，但与发达国家相比较，我国设计标准仍偏低。

表3为我国目前雨水管渠设计重现期与发达国家和地区的对比情况。美国、日本等国在城镇内涝防治设施上投入较大，城镇雨水管渠设计重现期一般采用5年～10年。美国各州还将排水干管系统的设计重现期规定为100年，排水系统的其他设施分别具有不同的设计重现期。日本也将设计重现期不断提高，《日本下水道设计指南》（2009年版）中规定，排水系统设计重现期在10年内应提高到10年～15年。所以本次修订提出按照地区性质和城镇类型，并结合地形特点和气候特征等因素，经技术经济比较后，适当提高我国雨水管渠的设计重现期，并与发达国家标准基本一致。

本次修订中表3.2.4的城镇类型根据2014年11月20日国务院下发的《国务院关于调整城市规模划分标准的通知》（国发［2014］51号）进行调整，增加超大城市。城镇类型划分为"超大城市和特大城市"、"大城市"和"中等城市和小城市"。城区类型则分为"中心城区"、"非中心城区"、"中心城区的重要地区"和"中心城区的地下通道和下沉式广场"。其中，中心城区重要地区主要指行政中心、交通枢纽、学校、医院和商业聚集区等。

根据我国目前城市发展现状，并参照国外相关标准，将"中心城区地下通道和下沉式广场等"单独列出。以德国、美国为例，德国给水废水和废弃物协会（ATV-DVWK）推荐的设计标准（ATV-A118）中规定：地下铁道/地下通道的设计重现期为5年～20年。我国上海市虹桥商务区的规划中，将下沉式广场的设计重现期规定为50年。由于中心城区地下通道和下沉式广场的汇水面积可以控制，且一般不能与城镇内涝防治系统相结合，因此采用的设计重现期应与内涝防治设计重现期相协调。

表3 我国当前雨水管渠设计重现期与发达国家和地区的对比

国家（地区）	设计暴雨重现期
中国大陆	一般地区1年～3年、重要地区3年～5年、特别重要地区10年
中国香港	高度利用的农业用地2年～5年；农村排水，包括开拓地项目的内部排水系统10年；城市排水支线系统50年
美国	居住区2年～15年，一般取10年。商业和高价值地区10年～100年
欧盟	农村地区1年、居民区2年、城市中心/工业区/商业区5年
英国	30年
日本	3年～10年，10年内应提高至10年～15年
澳大利亚	高密度开发的办公、商业和工业区20年～50年；其他地区以及住宅区为10年；较低密度的居民区和开放地区为5年
新加坡	一般管渠、次要排水设施、小河道5年一遇，新加坡河等主干河流50年～100年一遇，机场、隧道等重要基础设施和地区50年一遇

3.2.4A 关于防止洪水对城镇影响的规定。

由于全球气候变化，特大暴雨发生频率越来越高，引发洪水灾害频繁，为保障城镇居民生活和工厂企业运行正常，在城镇防洪体系中应采取措施防止洪水对城镇排水系统的影响而造成内涝。措施有设置泄洪通道，城镇设置圩垸等。

3.2.4B 城镇内涝防治的主要目的是将降雨期间的地面积水控制在可接受的范围。鉴于我国还没有专门针对内涝防治的设计标准，本规范表3.2.4B列出了内涝防治设计重现期和积水深度标准，用以规范和指导内涝防治设施的设计。

本次修订根据2014年11月20日国务院下发的《国务院关于调整城市规模划分标准的通知》（国发［2014］51号）调整了表3.2.4B的城镇类型划分，增加了超大城市。

根据内涝防治设计重现期校核地面积水排除能力时，应根据当地历史数据合理确定用于校核的降雨历时及该时段内的降雨量分布情况，有条件的地区宜采用数学模型计算。如校核结果不符合要求，应调整设计，包括放大管径、增设渗透设施、建设调蓄段或调蓄池等。执行表3.2.4B标准时，雨水管渠按压力流计算，即雨水管渠应处于超载状态。

表3.2.4B"地面积水设计标准"中的道路积水深度是指该车道路面标高最低处的积水深度。当路面积水深度超过15cm时，车道可能因机动车熄火而完全中断，因此表3.2.4B规定每条道路至少应有一条车道的积水深度不超过15cm。发达国家和我国部分城市已有类似的规定，如美国丹佛市规定：当降雨强度不超过10年一遇时，非主干道路（collector）中央的积水深度不应超过15cm，主干道路和高速公路的中央不应有积水；当降雨强度为100年一遇时，非主干道路中央的积水深度不应超过30cm，主干道路和

高速公路中央不应有积水。上海市关于市政道路积水的标准是：路边积水深度大于 15cm（即与道路侧石齐平），或道路中心积水时间大于 1h，积水范围超过 $50m^2$。

发达国家和地区的城市内涝防治系统包含雨水管渠、坡地、道路、河道和调蓄设施等所有雨水径流可能流经的地区。美国和澳大利亚的内涝防治设计重现期为 100 年或大于 100 年，英国为 30 年～100 年，香港城市主干管为 200 年，郊区主排水渠为 50 年。

图 1 引自《日本下水道设计指南》（2001 年版）中日本横滨市鹤见川地区的“不同设计重现期标准的综合应对措施”。图 1 反映了该地区从单一的城市排水管道排水系统到包含雨水管渠、内河和流域调蓄等综合应对措施在内的内涝防治系统的发展历程。当采用雨水调蓄设施中的排水管道调蓄应对措施时，该地区的设计重现期可达 10 年一遇，可排除 50mm/h 的降雨；当采用雨水调蓄设施和利用内河调蓄应对措施时，设计重现期可进一步提高到 40 年一遇；在此基础上再利用流域调蓄时，可应对 150 年一遇的降雨。

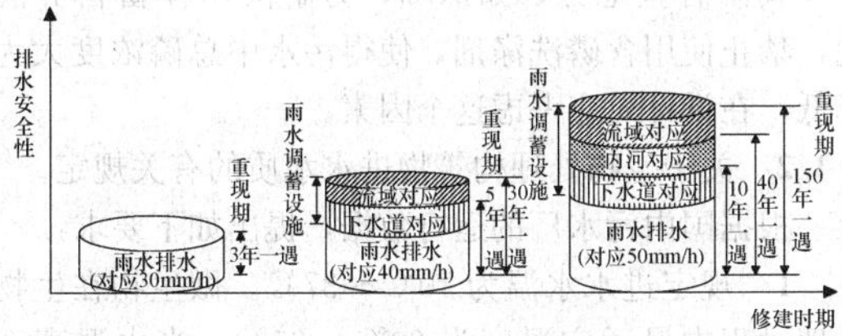

图 1　不同设计重现期标准的综合应对措施（鹤见川地区）

欧盟室外排水系统排放标准（BS EN 752：2008）见表 3A 和表 3B。该标准中，“设计暴雨重现期（Design Storm Frequency）”与我国雨水管渠设计重现期相对应；“设计洪水重现期（Design Flooding Frequency）”与我国的内涝防治设计重现期概念相近。

表 3A　欧盟推荐设计暴雨重现期（Design Storm Frequency）

地点	设计暴雨重现期	
	重现期（年）	超过 1 年一遇的概率
农村地区	1	100%
居民区	2	50%
城市中心/工业区/商业区	5	20%
地下铁路/地下通道	10	10%

表 3B　欧盟推荐设计洪水重现期（Design Flooding Frequency）

地点	设计洪水重现期	
	重现期（年）	超过 1 年一遇的概率
农村地区	10	10%
居民区	20	5%
城市中心/工业区/商业区	30	3%
地下铁路/地下通道	50	2%

根据我国内涝防治整体现状，各地区应采取渗透、调蓄、设置行泄通道和内河整治等措施，积极应对可能出现的超过雨水管渠设计重现期的暴雨，保障城镇安全运行。

3.2.5　规定雨水管渠降雨历时的计算公式。

本次修订取消了原《室外排水设计规范》GB 50014—2006（2011 年版）降雨历时计算公式中的折减系数 m。折减系数 m 是根据前苏联的相关研究成果提出的数据。近年来，我国许多地区发生严重内涝，给人民生活和生产造成了极不利影响。为防止或减少类似事件，有必要提高城镇排水管渠设计标准，而采用降雨历时计算公式中的折减系数降低了设计标准。发达国家一般不采用折减系数。为有效应对日益频发的城镇暴雨内涝灾害，提高我国城镇排水安全性，本次修订取消折减系数 m。

根据国内资料，地面集水时间采用的数据，大多不经计算，按经验确定。在地面平坦、地面种类接近、降雨强度相差不大的情况下，地面集水距离是决定集水时间长短的主要因素；地面集水距离的合理范围是 50m～150m，采用的集水时间为 5min～15min。国外常用的地面集水时间见表 4。

表 4　国外常用的地面集水时间

资料来源	工程情况	t_1 (min)
《日本下水道设计指南》	人口密度大的地区	5
	人口密度小的地区	10
	平均	7
	干线	5
	支线	7～10
美国土木工程学会	全部铺装，排水管道完备的密集地区	5
	地面坡度较小的发展区	10～15
	平坦的住宅区	20～30

3.2.5A　关于延缓出流时间的规定。

采用就地渗透、调蓄、延缓径流出流时间等措施，延缓出流时间，降低暴雨径流量。渗透措施包括采用透水地面、下凹式绿地、生态水池、调蓄池等，延缓径流出流时间措施如屋面绿化和屋面雨水就地综合利用等。

3.2.6 关于可设雨水调蓄池的规定。

随着城镇化的发展，雨水径流量增大，排水管渠的输送能力可能不能满足需要。为提高排水安全性，一种经济的做法是结合城镇绿地、运动场等公共设施，设雨水调蓄池。

3.3 合流水量

3.3.1 规定合流管渠设计流量的计算公式。

设计综合生活污水量 Q_d 和设计工业废水量 Q_m 均以平均日流量计。

3.3.2 规定截流井以后管渠流量的计算公式。

3.3.3 规定截流倍数的选用原则。

截流倍数的设置直接影响环境效益和经济效益，其取值应综合考虑受纳水体的水质要求、受纳水体的自净能力、城市类型、人口密度和降雨量等因素。当合流制排水系统具有排水能力较大的合流管渠时，可采用较小的截流倍数，或设置一定容量的调蓄设施。根据国外资料，英国截流倍数为 5，德国为 4 ，美国一般为 1.5～5 。我国的截流倍数与发达国家相比偏低，有的城市截流倍数仅为 0.5 。本次修订为有效降低初期雨水污染，将截流倍数 n_0 提高为 2～5。

3.3.4 确定合流管道雨水设计重现期的原则。

合流管道的短期积水会污染环境，散发臭味，引起较严重的后果，故合流管道的雨水设计重现期可适当高于同一情况下的雨水管道设计重现期。

3.4 设计水质

3.4.1 关于设计水质的有关规定。

根据 1990 年以来全国 37 座污水处理厂的设计资料，每人每日五日生化需氧量的范围为 20g/(人·d)～67.5g/(人·d)，集中在 25g/(人·d)～50g/(人·d)，占总数的 76%；每人每日悬浮固体的范围为 28.6g/(人·d)～114g/(人·d)，集中在 40g/(人·d)～65g/(人·d)，占总数的 73%；每人每日总氮的范围为 4.5g/(人·d)～14.7g/(人·d)，集中在 5g/(人·d)～11g/(人·d)，占总数的 88%；每人每日总磷的范围为 0.6g/(人·d)～1.9g/(人·d)，集中在 0.7g/(人·d)～1.4g/(人·d)，占总数的 81%。《室外排水设计规范》GBJ 14—87（1997 年版）规定五日生化需氧量和悬浮固体的范围分别为 25g/(人·d)～30g/(人·d)和 35g/(人·d)～50g/(人·d)，由于污水浓度随生活水平提高而增大，同时我国幅员辽阔，各地发展不平衡，故与《室外排水设计规范》GBJ 14—87(1997 年版)相比，数值相对提高，范围扩大。本规范规定五日生化需氧量、悬浮固体、总氮和总磷的范围分别为 25g/(人·d)～50g/(人·d)、40g/(人·d)～65g/(人·d)、5g/(人·d)～11g/(人·d)和 0.7g/(人·d)～1.4g/(人·d)。一些国家的水质指标比较见表 5。

表 5 一些国家的水质指标比较［g/(人·d)］

国家	五日生化需氧量 BOD_5	悬浮固体 SS	总氮 TN	总磷 TP
埃及	27～41	41～68	8～14	0.4～0.6
印度	27～41	—	—	—
日本	40～45	—	1～3	0.15～0.4
土耳其	27～50	41～68	8～14	0.4～2.0
美国	50～120	60～150	9～22	2.7～4.5
德国	55～68	82～96	11～16	1.2～1.6
原规范	25～30	35～50	—	—
本规范	25～50	40～65	5～11	0.7～1.4

我国有些地方，如深圳，为解决水体富营养问题，禁止使用含磷洗涤剂，使得污水中总磷浓度大为降低，在设计时应考虑这个因素。

3.4.2 关于生物处理构筑物进水水质的有关规定。

根据国内污水厂的运行数据，提出如下要求：

1 规定进水水温为 10℃～37℃。微生物在生物处理过程中最适宜温度为 20℃～35℃，当水温高至 37℃或低至 10℃时，还有一定的处理效果，超出此范围时，处理效率即显著下降。

2 规定进水的 pH 值宜为 6.5～9.5。在处理构筑物内污水的最适宜 pH 值为 7～8，当 pH 值低于 6.5 或高于 9.5 时，微生物的活动能力下降。

3 规定营养组合比（五日生化需氧量：氮：磷）为 100：5：1。一般而言，生活污水中氮、磷能满足生物处理的需要；当城镇污水中某些工业废水占较大比例时，微生物营养可能不足，为保证生物处理的效果，需人工添加至足量。为保证处理效果，有害物质不宜超过表 6 规定的允许浓度。

表 6 生物处理构筑物进水中有害物质允许浓度

序号	有害物质名称	允许浓度（mg/L）
1	三价铬	3
2	六价铬	0.5
3	铜	1
4	锌	5
5	镍	2
6	铅	0.5

续表 6

序号	有害物质名称	允许浓度（mg/L）
7	镉	0.1
8	铁	10
9	锑	0.2
10	汞	0.01
11	砷	0.2
12	石油类	50
13	烷基苯磺酸盐	15
14	拉开粉	100
15	硫化物（以S计）	20
16	氯化钠	4000

注：表中允许浓度为持续性浓度，一般可按日平均浓度计。

4 排水管渠和附属构筑物

4.1 一 般 规 定

4.1.1 规定排水管渠的布置和设计原则。

排水管渠（包括输送污水和雨水的管道、明渠、盖板渠、暗渠）的系统设计，应按城镇总体规划和分期建设情况，全面考虑，统一布置，逐步实施。

管渠一般使用年限较长，改建困难，如仅根据当前需要设计，不考虑规划，在发展过程中会造成被动和浪费；但是如按规划一次建成设计，不考虑分期建设，也会不适当地扩大建设规模，增加投资拆迁和其他方面的困难。为减少扩建时废弃管渠的数量，排水管渠的断面尺寸应根据排水规划，并考虑城镇远景发展需要确定；同时应接近期水量复核最小流速，防止流速过小造成淤积。规划期限应与城镇总体规划期限相一致。

本条对排水管渠的设计期限作了重要规定，即需要考虑“远景”水量。

4.1.2 规定管渠具体设计时在平面布置和高程确定上应考虑的原则。

一般情况下，管渠布置应与其他地下设施综合考虑。污水管渠通常布置在道路人行道、绿化带或慢车道下，尽量避开快车道，如不可避免时，应充分考虑施工对交通和路面的影响。敷设的管道应是可巡视的，要有巡视养护通道。排水管渠在城镇道路下的埋设位置应符合《城市工程管线综合规划规范》GB 50289的规定。

4.1.3 规定管渠材质、管渠构造、管渠基础、管道接口的选定原则。

管渠采用的材料一般有混凝土、钢筋混凝土、陶土、石棉水泥、塑料、球墨铸铁、钢以及土明渠等。管渠基础有砂石基础、混凝土基础、土弧基础等。管道接口有柔性接口和刚性接口等，应根据影响因素进行选择。

4.1.3A 关于排水管渠断面形状的规定。

排水管渠断面形状应综合考虑下列因素后确定：受力稳定性好；断面过水流量大，在不淤流速下不发生沉淀；工程综合造价经济；便于冲洗和清通。

排水工程常用管渠的断面形状有圆形、矩形、梯形和卵形等。圆形断面有较好的水力性能，结构强度高，使用材料经济，便于预制，因此是最常用的一种断面形式。

矩形断面可以就地浇筑或砌筑，并可按需要调节深度，以增大排水量。排水管道工程中采用箱涵的主要因素有：受当地制管技术、施工环境条件和施工设备等限制，超出其能力的即用现浇箱涵；在地势较为平坦地区，采用矩形断面箱涵敷设，可减少埋深。

梯形断面适用于明渠。

卵形断面适用于流量变化大的场合，合流制排水系统可采用卵形断面。

4.1.4 关于管渠防腐蚀措施的规定。

输送腐蚀性污水的管渠、检查井和接口必须采取相应的防腐蚀措施，以保证管渠系统的使用寿命。

4.1.5 关于管渠考虑维护检修方便的规定。

某些污水易造成管渠内沉析，或因结垢、微生物和纤维类黏结而堵塞管道，因而管渠形式和附属构筑物的确定，必须考虑维护检修方便，必要时要考虑更换的可能。

4.1.6 关于工业区内雨水的规定。

工业区内经常受有害物质污染的露天场地，下雨时，地面径流水夹带有害物质，若直接泄入水体，势必造成水体的污染，故应经过预处理后，达到排入城镇下水道标准，才能排入排水管渠。

4.1.7 关于重力流和压力流的规定。

提出排水管渠应以重力流为主的要求，当排水管道翻越高地或长距离输水等情况时，可采用压力流。

4.1.8 关于雨水调蓄的规定。

目前城镇的公园湖泊、景观河道等有作为雨水调蓄水体和设施的可能性，雨水管渠的设计，可考虑利用这些条件，以节省工程投资。

本条增加了“必要时可建人工调蓄和初期雨水处理设施”的内容。

4.1.9 规定污水管道、合流污水管道和附属构筑物应保证其严密性的要求。

为用词确切，本次修订增加了“合流污水管道”，同时将“密实性”改为“严密性”。污水管道设计为保证其严密性，应进行闭水试验，防止污水外泄污染环境，并防止地下水通过管道、接口和附属构筑物入渗，同时也可防止雨水管渠的渗漏造成道路沉陷。

4.1.10 关于管渠出水口的规定。

管渠出水口的设计水位应高于或等于排放水体的设计洪水位。当低于时，应采取适当工程措施。

4.1.11 关于连通管的规定。

在分流制和合流制排水系统并存的地区，为防止系统之间的雨污混接，本次修订增加了“雨水管道系统与合流管道系统之间不应设置连通管道”的规定。

由于各个雨水管道系统或各个合流管道系统的汇水面积、集水时间均不相同，高峰流量不会同时发生，如在两个雨水管道系统或两个合流管道系统之间适当位置设置连通管，可相互调剂水量，改善地区排水情况。

为了便于控制和防止管道检修时污水或雨水从连通管倒流，可设置闸槽或闸门并应考虑检修和养护的方便。

4.1.12 关于事故排出口的规定。

考虑事故、停电或检修时，排水要有出路。

4.2 水力计算

4.2.1 规定排水管渠流量的计算公式。

补充了流量计算公式。

4.2.2 规定排水管渠流速的水力计算公式。

排水管渠的水力计算根据流态可以分为恒定流和非恒定流两种，本条规定了恒定流条件下的流速计算公式，非恒定流计算条件下的排水管渠流速计算应根据具体数学模型确定。

4.2.3 规定排水管渠的粗糙系数。

根据《建筑排水硬聚氯乙烯管道工程技术规程》CJJ/T 29 和《玻璃纤维缠绕增强固性树脂夹砂压力管》JC/T 838，UPVC 管和玻璃钢管的粗糙系数 n 均为 0.009。根据调查，HDPE 管的粗糙系数 n 为 0.009。因此，本条规定 UPVC 管、PE 管和玻璃钢管的粗糙系数 $n=0.009\sim0.01$。具体设计时，可根据管道加工方法和管道使用条件等确定。

4.2.4 关于管渠最大设计充满度的规定。

4.2.5 规定排水管道的最大设计流速。

非金属管种类繁多，耐冲刷等性能各异。我国幅员辽阔，各地地形差异较大。山城重庆有些管渠的埋设坡度达到 10%以上，甚至达到 20%，实践证明，在污水计算流速达到最大设计流速 3 倍或以上的情况下，部分钢筋混凝土管和硬聚氯乙烯管等非金属管道仍可正常工作。南宁市某排水系统，采用钢筋混凝土管，管径为 1800mm，最高流速为 7.2m/s，投入运行后无破损，管道和接口无渗水，管内基本无淤泥沉积，使用效果良好。根据塑料管道试验结果，分别采用含 7%和 14%石英砂、流速为 7.0m/s 的水对聚乙烯管和钢管进行试验对比，结果显示聚乙烯管的耐磨性优于钢管。根据以上情况，规定通过试验验证，可适当提高非金属管道最大设计流速。

4.2.6 规定排水明渠的最大设计流速。

4.2.7 规定排水管渠的最小设计流速。

含有金属、矿物固体或重油杂质等的污水管道，其最小设计流速宜适当加大。

当起点污水管段中的流速不能满足条文中的规定时，应按本规范表 4.2.10 的规定取值。

设计流速不满足最小设计流速时，应增设清淤措施。

4.2.8 规定压力输泥管的最小设计流速。

4.2.9 规定压力管道的设计流速。

压力管道在排水工程泵站输水中较为适用。使用压力管道，可以减少埋深、缩小管径、便于施工。但应综合考虑管材强度，压力管道长度，水流条件等因素，确定经济流速。

4.2.10 规定在不同条件下管道的最小管径和相应的最小设计坡度。

随着城镇建设发展，街道楼房增多，排水量增大，应适当增大最小管径，并调整最小设计坡度。

常用管径的最小设计坡度，可按设计充满度下不淤流速控制，当管道坡度不能满足不淤流速要求时，应有防淤、清淤措施。通常管径的最小设计坡度见表 7。

表 7 常用管径的最小设计坡度
（钢筋混凝土管非满流）

管径（mm）	最小设计坡度
400	0.0015
500	0.0012
600	0.0010
800	0.0008
1000	0.0006
1200	0.0006
1400	0.0005
1500	0.0005

4.2.11 规定管道在坡度变陡处管径变化的处理原则。

4.3 管 道

4.3.1 规定不同直径的管道在检查井内的连接方式。

采用管顶平接，可便利施工，但可能增加管道埋深；采用管道内按设计水面平接，可减少埋深，但施工不便，易发生误差。设计时应因地制宜选用不同的连接方式。

4.3.2A 关于采用埋地塑料排水管道种类的规定。

近些年，我国排水工程中采用较多的埋地塑料排水管道品种主要有硬聚氯乙烯管、聚乙烯管和玻璃纤维增强塑料夹砂管等。

根据工程使用情况，管材类型、范围和接口形式如下：

1 硬聚氯乙烯管（UPVC），管径主要使用范围为 225mm～400mm，承插式橡胶圈接口；

2 聚乙烯管（PE管，包括高密度聚乙烯 HDPE管），管径主要使用范围为 500mm～1000mm，承插式橡胶圈接口；

3 玻璃纤维增强塑料夹砂管（RAM管），管径主要使用范围为 600mm～2000mm，承插式橡胶圈接口。

随着经济、技术的发展，还可以采用符合质量要求的其他塑料管道。

4.3.2B 关于埋地塑料排水管的使用规定。

埋地塑料排水管道是柔性管道，依据“管土共同作用”理论，如采用刚性基础会破坏回填土的连续性，引起管壁应力变化，并可能超出管材的极限抗拉强度导致管道破坏。

4.3.2C 关于敷设塑料管的有关规定。

试验表明：柔性连接时，加筋管的接口转角 5°时无渗漏；双壁波纹管的接口转角 7°～9°时无渗漏。由于不同管材采用的密封橡胶圈形式各异，密封效果差异很大，故允许偏转角应满足不渗漏的要求。

4.3.3 关于管道基础的规定。

为了防止污水外泄污染环境，防止地下水入渗，以及保证污水管道使用年限，管道基础的处理非常重要，对排水管道的基础处理应严格执行国家相关标准的规定。对于各种化学制品管材，也应严格按照相关施工规范处理好管道基础。

4.3.4 关于管道接口的规定。

本次修订取消了可采用刚性接口的规定，将污水和合流污水管的接口从“宜选用柔性接口”改为“应采用柔性接口”，防止污水外渗污染地下水。同时将“地震设防烈度为 8 度设防区时，应采用柔性接口”调整为“地震设防烈度为 7 度及以上设防区时，必须采用柔性接口”，以提高管道接口标准。

4.3.4A 关于矩形箱涵接口的有关规定。

钢筋混凝土箱涵一般采用平接口，抗地基不均匀沉降能力较差，在顶部覆土和附加荷载的作用下，易引起箱涵接口上、下严重错位和翘曲变形，造成箱涵接口止水带的变形，形成箱涵混凝土与橡胶接口止水带之间的空隙，严重的会使止水带拉裂，最终导致漏水。钢带橡胶止水圈采用复合型止水带，突破了原橡胶止水带的单一材料结构形式，具有较好的抗渗漏性能。箱涵接口采用上下企口抗错位的新结构形式，能限制接口上下错位和翘曲变形。

上海市污水治理二期工程敷设的 41km 的矩形箱涵，采用钢带橡胶止水圈，经过 20 多年的运行，除外环线施工时堆土较大，超出设计值造成漏水外，其余均未发现接口渗漏现象。

4.3.5 关于防止接户管发生倒灌溢水的规定。

明确指出设计排水管道时，应防止在压力流情况下使接户管发生倒灌溢水。

4.3.6 关于污水管道和合流管道设通风设施的规定。

为防止发生人员中毒、爆炸起火等事故，应排除管道内产生的有毒有害气体，为此，根据管道内产生气体情况、水力条件、周围环境，在下列地点可考虑设通风设施：

在管道充满度较高的管段内；

设有沉泥槽处；

管道转弯处；

倒虹管进、出水处；

管道高程有突变处。

4.3.7 规定管顶最小覆土深度。

一般情况下，宜执行最小覆土深度的规定：人行道下 0.6m，车行道下 0.7m。不能执行上述规定时，需对管道采取加固措施。

4.3.8 关于管道浅埋的规定。

一般情况下，排水管道埋设在冰冻线以下，有利于安全运行。当有可靠依据时，也可埋设在冰冻线以上。这样，可节省投资，但增加了运行风险，应综合比较确定。

4.3.9 关于城镇干道两侧布置排水管道的规定。

本规范第 4.7.2 条规定：“雨水口连接管长度不宜超过 25m”，为与之协调，本次修订将“道路红线宽度超过 50m 的城镇干道”调整为“道路红线宽度超过 40m 的城镇干道”。道路红线宽度超过 40m 的城镇干道，宜在道路两侧布置排水管道，减少横穿管，降低管道埋深。

4.3.10 关于管道应设防止水锤、排气和排空装置的规定。

重力流管道在倒虹管、长距离直线输送后变化段会产生气体的逸出，为防止产生气阻现象，宜设置排气装置。

当压力管道内流速较大或管路很长时应有消除水锤的措施。为使压力管道内空气流通、压力稳定，防止污水中产生的气体逸出后在高点堵塞管道，需设排气装置。上海市合流污水工程的直线压力管道约 1km～2km 设 1 座透气井，透气管面积约为管道断面的 1/8～1/10，实际运行中取得较好的效果。

为考虑检修，故需在管道低点设排空装置。

4.3.11 关于压力管道设置支墩的规定。

对流速较大的压力管道，应保证管道在交叉或转弯处的稳定。由于液体流动方向突变所产生的冲力或离心力，可能造成管道本身在垂直或水平方向发生位移，为避免影响输水，需经过计算确定是否设置支墩及其位置和大小。

4.3.12 关于设置消能设施的规定。

4.3.13 关于管道施工方法的规定。

4.4 检 查 井

4.4.1A 关于井盖标识的规定。

一般建筑物和小区均采用分流制排水系统。为防止接出管道误接，产生雨污混接现象，应在井盖上分别标识“雨”和“污”，合流污水管应标识“污”。

4.4.1B 关于检查井采用成品井和闭水试验的规定。

为防止渗漏、提高工程质量、加快建设进度，制定本条规定。条件许可时，检查井宜采用钢筋混凝土成品井或塑料成品井，不应使用实心黏土砖砌检查井。污水和合流污水检查井应进行闭水试验，防止污水外渗。

4.4.2 关于检查井最大间距的规定。

根据国内排水设计、管理部门意见以及调查资料，考虑管渠养护工具的发展，重新规定了检查井的最大间距。

根据有关部门意见，为适应养护技术发展的新形势，将检查井的最大间距普遍加大一档，但以120m为限。此项变动具有很大的工程意义。随着城镇范围的扩大，排水设施标准的提高，有些城镇出现口径大于2000mm的排水管渠。此类管渠内的净高度可允许养护工人或机械进入管渠内检查养护。为此，在不影响用户接管的前提下，其检查井最大间距可不受表4.4.2规定的限制。大城市干道上的大直径直线管段，检查井最大间距可按养护机械的要求确定。检查井最大间距大于表4.4.2数据的管段应设置冲洗设施。

4.4.3 规定检查井设计的具体要求。

据管理单位反映，在设计检查井时尚应注意以下问题：

在我国北方及中部地区，在冬季检修时，因工人操作时多穿棉衣，井口、井筒小于700mm时，出入不便，对需要经常检修的井，井口、井筒大于800mm为宜；

以往爬梯发生事故较多，爬梯设计应牢固、防腐蚀，便于上下操作。砖砌检查井内不宜设钢筋爬梯；井内检修室高度，是根据一般工人可直立操作而规定的。

4.4.4 关于检查井流槽的规定。

总结各地经验，为创造良好的水流条件，宜在检查井内设置流槽。流槽顶部宽度应便于在井内养护操作，一般为0.15m～0.20m，随管径、井深增加，宽度还需加大。

4.4.5 规定流槽转弯的弯曲半径。

为创造良好的水力条件，流槽转弯的弯曲半径不宜太小。

4.4.6 关于检查井安全性的规定。

位于车行道的检查井，必须在任何车辆荷重下，包括在道路碾压机荷重下，确保井盖井座牢固安全，同时应具有良好的稳定性，防止车速过快造成井盖振动。

4.4.6A 关于检查井井盖基座的规定。

采用井盖基座和井体分离的检查井，可避免不均匀沉降时对交通的影响。

4.4.7 关于检查井防盗等方面的规定。

井盖应有防盗功能，保证井盖不被盗窃丢失，避免发生伤亡事故。

在道路以外的检查井，尤其在绿化带时，为防止地面径流水从井盖流入井内，井盖可高出地面，但不能妨碍观瞻。

4.4.7A 关于检查井安装防坠落装置的规定。

为避免在检查井盖损坏或缺失时发生行人坠落检查井的事故，规定污水、雨水和合流污水检查井应安装防坠落装置。防坠落装置应牢固可靠，具有一定的承重能力（≥100kg），并具备较大的过水能力，避免暴雨期间雨水从井底涌出时被冲走。目前国内已使用的检查井防坠落装置包括防坠落网、防坠落井箅等。

4.4.8 关于检查井内设置闸槽的规定。

根据北京、上海等地经验，在污水干管中，当流量和流速都较大，检修管道需放空时，采用草袋等措施断流，困难较多，为了方便检修，故规定可设置闸槽。

4.4.9 规定接入检查井的支管数。

支管是指接户管等小管径管道。检查井接入管径大于300mm以上的支管过多，维护管理工人会操作不便，故予以规定。管径小于300mm的支管对维护管理影响不大，在符合结构安全条件下适当将支管集中，有利于减少检查井数量和维护工作量。

4.4.10 规定检查井与管渠接口处的处置措施。

在地基松软或不均匀沉降地段，检查井与管渠接口处常发生断裂。处理办法：做好检查井与管渠的地基和基础处理，防止两者产生不均匀沉降；在检查井与管渠接口处，采用柔性连接，消除地基不均匀沉降的影响。

4.4.10A 关于检查井和塑料管连接的有关规定。

为适应检查井和管道间的不均匀沉降和变形要求而制定本条规定。

4.4.11 关于检查井设沉泥槽的规定。

沉泥槽设置的目的是为了便于将养护时从管道内清除的污泥，从检查井中用工具清除。应根据各地情况，在每隔一定距离的检查井和泵站前一检查井设沉泥槽，对管径小于600mm的管道，距离可适当缩短。

4.4.12 关于压力检查井的规定。

4.4.13 关于管道坡度变化时检查井的设施规定。

检查井内采用高流槽，可使急速下泄的水流在流槽内顺利通过，避免使用普通低流槽产生的水流溢出而发生冲刷井壁的现象。

管道坡度变化较大处，水流速度发生突变，流速

差产生的冲击力会对检查井产生较大的推动力，宜采取增强井筒抗冲击和冲刷能力的措施。

水在流动时会挟带管内气体一起流动，呈气水两相流，气水冲刷和上升气泡的振动反复冲刷管道内壁，使管道内壁易破碎、脱落、积气。在流速突变处，急速的气水两相撞击井壁，气水迅速分离，气体上升冲击井盖，产生较大的上升顶力。某机场排水管道坡度突变处的检查井井盖曾被气体顶起，造成井盖变形和损坏。

4.5 跌 水 井

4.5.1 规定采用跌水井的条件。

据各地调查，支管接入跌水井水头为 1.0m 左右时，一般不设跌水井。化工部某设计院一般在跌水水头大于 2.0m 时才设跌水井；沈阳某设计院亦有类似意见。上海某设计院反映，上海未用过跌水井。据此，本条作了较灵活的规定。

4.5.2 规定跌水井的跌水水头高度和跌水方式。

4.6 水 封 井

4.6.1 规定设置水封井的条件。

水封井是一旦废水中产生的气体发生爆炸或火灾时，防止通过管道蔓延的重要安全装置。国内石油化工厂、油品库和油品转运站等含有易燃易爆的工业废水管渠系统中均设置水封井。

当其他管道必须与输送易燃易爆废水的管道连接时，其连接处也应设置水封井。

4.6.2 规定水封井内水封深度等。

水封深度与管径、流量和废水含易燃易爆物质的浓度有关，水封深度不应小于 0.25m。

水封井设置通风管可将井内有害气体及时排出，其直径不得小于 100mm。设置时应注意：

1 避开锅炉房或其他明火装置。

2 不得靠近操作台或通风机进口。

3 通风管有足够的高度，使有害气体在大气中充分扩散。

4 通风管处设立标志，避免工作人员靠近。

水封井底设置沉泥槽，是为了养护方便，其深度一般采用 0.3m～0.5m。

4.6.3 规定水封井的位置。

水封井位置应考虑一旦管道内发生爆炸时造成的影响最小，故不应设在车行道和行人众多的地段。

4.7 雨 水 口

4.7.1 规定雨水口设计应考虑的因素。

雨水口的形式主要有立箅式和平箅式两类。平箅式雨水口水流通畅，但暴雨时易被树枝等杂物堵塞，影响收水能力。立箅式雨水口不易堵塞，但有的城镇因逐年维修道路，路面加高，使立箅断面减小，影响收水能力。各地可根据具体情况和经验确定适宜的雨水口形式。

雨水口布置应根据地形和汇水面积确定，同时本次修订补充规定立箅式雨水口的宽度和平箅式雨水口的开孔长度应根据设计流量、道路纵坡和横坡等参数确定，以避免有的地区不经计算，完全按道路长度均匀布置，雨水口尺寸也按经验选择，造成投资浪费或排水不畅。

规定雨水口宜设污物截留设施，目的是减少由地表径流产生的非溶解性污染物进入受纳水体。合流制系统中的雨水口，为避免出现由污水产生的臭气外溢的现象，应采取设置水封或投加药剂等措施，防止臭气外溢。

4.7.1A 关于雨水口和雨水连管流量设计的规定。

雨水口易被路面垃圾和杂物堵塞，平箅雨水口在设计中应考虑 50% 被堵塞，立箅式雨水口应考虑 10%被堵塞。在暴雨期间排除道路积水的过程中，雨水管道一般处于承压状态，其所能排除的水量要大于重力流情况下的设计流量，因此本次修订规定雨水口和雨水连接管流量按照雨水管渠设计重现期所计算流量的 1.5 倍～3 倍计，通过提高路面进入地下排水系统的径流量，缓解道路积水。

4.7.2 规定雨水口间距和连接管长度等。

根据各地设计、管理的经验和建议，确定雨水口间距、连接管横向雨水口串联的个数和雨水口连接管的长度。

为保证路面雨水宣泄通畅，又便于维护，雨水口只宜横向串联，不应横、纵向一起串联。

对于低洼和易积水地段，雨水径流面积大，径流量较一般为多，如有植物落叶，容易造成雨水口的堵塞。为提高收水速度，需根据实际情况适当增加雨水口，或采用带侧边进水的联合式雨水口和道路横沟。

4.7.2A 关于道路横坡坡度和雨水口进水处标高的规定。

为就近排除道路积水，规定道路横坡坡度不应小于 1.5%，平箅式雨水口的箅面标高应比附近路面标高低 3cm～5cm，立箅式雨水口进水处路面标高应比周围路面标高低 5cm，有助于雨水口对径流的截流。在下凹式绿地中，雨水口的箅面标高应高于周边绿地，以增强下凹式绿地对雨水的渗透和调蓄作用。

4.7.3 关于道路纵坡较大时的雨水口设计的规定。

根据各地经验，对丘陵地区、立交道路引道等，当道路纵坡大于 0.02 时，因纵坡大于横坡，雨水流入雨水口少，故沿途可少设或不设雨水口。坡段较短（一般在 300m 以内）时，往往在道路低点处集中收水，较为经济合理。

4.7.4 规定雨水口的深度。

雨水口不宜过深，若埋设较深会给养护带来困难，并增加投资。故规定雨水口深度不宜大于 1m。

雨水口深度指雨水口井盖至连接管管底的距离，不包括沉泥槽深度。

在交通繁忙行人稠密的地区，根据各地养护经验，可设置沉泥槽。

4.8 截 流 井

4.8.1 关于截流井位置的规定。

截流井一般设在合流管渠的入河口前，也有的设在城区内，将旧有合流支线接入新建分流制系统。溢流管出口的下游水位包括受纳水体的水位或受纳管渠的水位。

4.8.2 关于截流井形式选择的规定。

国内常用的截流井形式是槽式和堰式。据调查，北京市的槽式和堰式截流井占截流井总数的80.4%。槽堰式截流井兼有槽式和堰式的优点，也可选用。

槽式截流井的截流效果好，不影响合流管渠排水能力，当管渠高程允许时，应选用。

4.8.2A 关于堰式截流井堰高计算公式的规定。

本规定采用《合流制系统污水截流井设计规程》CECS 91：97中"堰式截流井"的设计规定。

4.8.2B 关于槽式截流井槽深、槽宽计算公式的规定。

本规定采用《合流制系统污水截流井设计规程》CECS 91：97中"槽式截流井"的设计规定。

4.8.2C 关于槽堰结合式截流井槽深、堰高计算公式的规定。

本规定采用《合流制系统污水截流井设计规程》CECS 91：97中"槽堰结合式截流井"的设计规定。

4.8.3 关于截流井溢流水位的规定。

截流井溢流水位，应在接口下游洪水位或受纳管道设计水位以上，以防止下游水倒灌，否则溢流管道上应设置闸门等防倒灌设施。

4.8.4 关于截流井流量控制的规定。

4.9 出 水 口

4.9.1 规定管渠出水口设计应考虑的因素。

排水出水口的设计要求是：

1 对航运、给水等水体原有的各种用途无不良影响。

2 能使排水迅速与水体混合，不妨碍景观和影响环境。

3 岸滩稳定，河床变化不大，结构安全，施工方便。

出水口的设计包括位置、形式、出口流速等，是一个比较复杂的问题，情况不同，差异很大，很难做出具体规定。本条仅根据上述要求，提出应综合考虑的各种因素。由于它牵涉面比较广，设计应取得规划、卫生、环保、航运等有关部门同意，如原有水体系鱼类通道，或重要水产资源基地，还应取得相关部门同意。

4.9.2 关于出水口结构处理的规定。

据北京、上海等地经验，一般仅设翼墙的出口，在较大流量和无断流的河道上，易受水流冲刷，致底部掏空，甚至底板折断损坏，并危及岸坡，为此规定应采取防冲、加固措施。一般在出水口底部打桩，或加深齿墙。当出水口跌水水头较大时，尚应考虑消能。

4.9.3 关于在冻胀地区的出水口设计的规定。

在有冻胀影响的地区，凡采用砖砌的出水口，一般3年～5年即损坏。北京地区采用浆砌块石，未因冻胀而损坏，故设计时应采取块石等耐冻胀材料砌筑。

据东北地区调查，凡基础在冰冻线上的，大多冻胀损坏；在冰冻线下的，一般完好，如长春市伊通河出水口等。

4.10 立体交叉道路排水

4.10.1 规定立体交叉道路排水的设计原则及任务。

立体交叉道路排水主要任务是解决降雨的地面径流和影响道路功能的地下水的排除，一般不考虑降雪的影响。对个别雪量大的地区应进行融雪流量校核。

4.10.2 关于立体交叉道路排水系统设计的规定。

立体交叉道路的下穿部分往往是所处汇水区域最低洼的部分，雨水径流汇流至此后再无其他出路，只能通过泵站强排至附近河湖等水体或雨水管道中，如果排水不及时，必然会引起严重积水。国外相关标准中均对立体交叉道路排水系统设计重现期有较高要求，美国联邦高速公路管理局规定，高速公路"低洼点"（包括下立交）的设计标准为最低50年一遇。原《室外排水设计规范》GB 50014－2006（2011年版）对立体交叉道路的排水设计重现期的规定偏低，因此，本次修订参照发达国家和我国部分城市的经验，将立体交叉道路的排水系统设计重现期规定为不小于10年，位于中心城区的重要地区，设计重现期为20年～30年。对同一立交道路的不同部位可采用不同重现期。

本次修订提出集水时间宜为2min～10min。因为立体交叉道路坡度大（一般是2%～5%），坡长较短（100m～300m），集水时间常常小于5min。鉴于道路设计千差万别，坡度、坡长均各不相同，应通过计算确定集水时间。当道路形状较为规则，边界条件较为明确时，可采用公式4.2.2（曼宁公式）计算；当道路形状不规则或边界条件不明确时，可按照坡面汇流参照下式计算：

$$t_1=1.445\left(\frac{n\cdot L}{\sqrt{i}}\right)^{0.467}$$

合理确定立体交叉道路排水系统的汇水面积、高水高排、低水低排，并采取有效地防止高水进入低水

系统的拦截措施，是排除立体交叉道路（尤其是下穿式立体交叉道路）积水的关键问题。例如某立交地道排水，由于对高水拦截无效，造成高于设计径流量的径流水进入地道，超过泵站排水能力，造成积水。

下穿式立体交叉道路的排水泵站为保证在设计重现期内的降雨期间水泵能正常启动和运转，应对排水泵站及配电设备的安全高度进行计算校核。当不具备将泵站整体地面标高抬高的条件时，应提高配电设备设置高度。

为满足规定的设计重现期要求，应采取调蓄等措施应对。超过设计重现期的暴雨将产生内涝，应采取包括非工程性措施在内的综合应对措施。

4.10.3 规定立体交叉地道排水的出水口必须可靠。

立体交叉地道排水的可靠程度取决于排水系统出水口的畅通无阻，故立体交叉地道排水应设独立系统，尽量不要利用其他排水管渠排出。

4.10.4 关于治理主体交叉地道地下水的规定。

据天津、上海等地设计经验，应全面详细调查工程所在地的水文、地质、气候资料，以便确定排出或控制地下水的设施，一般推荐盲沟收集排除地下水，或设泵站排除地下水；也可采取控制地下水进入措施。

4.10.5 关于高架道路雨水口的规定。

4.11 倒 虹 管

4.11.1 规定倒虹管设置的条数。

倒虹管宜设置两条以上，以便一条发生故障时，另一条可继续使用。平时也能逐条清通。通过谷地、旱沟或小河时，因维修难度不大，可以采用一条。

通过铁路、航运河道、公路等障碍物时，应符合与该障碍物相交的有关规定。

4.11.2 规定倒虹管的设计参数及有关注意事项。

我国以往设计，都采用倒虹管内流速应大于0.9m/s，并大于进水管内流速，如达不到时，定期冲洗的水流流速不应小于1.2m/s。此次调查中未发现问题。日本指南规定：倒虹管内的流速，应比进水管渠增加20%～30%，与本规范规定基本一致。

倒虹管在穿过航运河道时，必须与当地航运管理等部门协商，确定河道规划的有关情况，对冲刷河道还应考虑抛石等防冲措施。

为考虑倒虹管道检修时排水，倒虹管进水端宜设置事故排出口。

4.11.3 关于合流制倒虹管设计的规定。

鉴于合流制中旱流污水量与设计合流污水量数值差异极大，根据天津、北京等地设计经验，合流管道的倒虹管应对旱流污水量进行流速校核，当不能达到最小流速0.9m/s时，应采取相应的技术措施。

为保证合流制倒虹管在旱流和合流情况下均能正常运行，设计中对合流制倒虹管可设两条，分别使用于旱季旱流和雨季合流两种情况。

4.11.4 关于倒虹管检查井的规定。

4.11.5 规定倒虹管进出水井内应设闸槽或闸门。

设计闸槽或闸门时必须确保在事故发生或维修时，能顺利发挥其作用。

4.11.6 规定在倒虹管进水井前一检查井内设置沉泥槽。

其作用是沉淀泥土、杂物，保证管道内水流通畅。

4.12 渠 道

4.12.1 规定渠道的应用条件。

4.12.2 规定渠道的设计参数。

4.12.3 规定渠道和涵洞连接时的要求。

4.12.4 规定渠道和管道连接处的衔接措施。

4.12.5 规定渠道的弯曲半径。

本条规定是为保证渠道内水流有良好的水力条件。

4.13 管 道 综 合

4.13.1 规定排水管道与其他地下管线和构筑物等相互间位置的要求。

当地下管道多时，不仅应考虑到排水管道不应与其他管道互相影响，而且要考虑经常维护方便。

4.13.2 规定排水管道与生活给水管道相交时的要求。

目的是防止污染生活给水管道。

4.13.3 规定排水管道与其他地下管线水平和垂直的最小净距。

排水管道与其他地下管线（或构筑物）水平和垂直的最小净距，应由城镇规划部门或工业企业内部管道综合部门根据其管线类型、数量、高程、可敷设管线的地位大小等因素制定管道综合设计确定。附录B的规定是指一般情况下的最小间距，供管道综合时参考。

4.13.4 规定再生水管道与生活给水管道、合流管道和污水管道相交时的要求。

为避免污染生活给水管道，再生水管道应敷设在生活给水管道的下面，当不能满足时，必须有防止污染生活给水管道的措施。为避免污染再生水管道，再生水管道宜敷设在合流管道和污水管道的上面。

4.14 雨水调蓄池

4.14.1 关于雨水调蓄池设置的规定。

雨水调蓄池的设置有三种目的，即控制面源污染、防治内涝灾害和提高雨水利用程度。

有些城镇地区合流制排水系统溢流污染物或分流制排水系统排放的初期雨水已成为内河的主要污染源，在排水系统雨水排放口附近设置雨水调蓄池，可

将污染物浓度较高的溢流污染或初期雨水暂时储存在调蓄池中，待降雨结束后，再将储存的雨污水通过污水管道输送至污水处理厂，达到控制面源污染、保护水体水质的目的。

随着城镇化的发展，雨水径流量增大，将雨水径流的高峰流量暂时储存在调蓄池中，待流量下降后，再从调蓄池中将水排出，以削减洪峰流量，降低下游雨水干管的管径，提高区域的排水标准和防涝能力，减少内涝灾害。

雨水利用工程中，为满足雨水利用的要求而设置调蓄池储存雨水，储存的雨水净化后可综合利用。

4.14.2 关于利用已有设施建设雨水调蓄池的规定。

充分利用现有河道、池塘、人工湖、景观水池等设施建设雨水调蓄池，可降低建设费用，取得良好的社会效益。

4.14.3 关于雨水调蓄池位置的规定。

根据调蓄池在排水系统中的位置，可分为末端调蓄池和中间调蓄池。末端调蓄池位于排水系统的末端，主要用于城镇面源污染控制，如上海市成都北路调蓄池。中间调蓄池位于一个排水系统的起端或中间位置，可用于削减洪峰流量和提高雨水利用程度。当用于削减洪峰流量时，调蓄池一般设置于系统干管之前，以减少排水系统达标改造工程量；当用于雨水利用储存时，调蓄池应靠近用水量较大的地方，以减少雨水利用管渠的工程量。

4.14.4 关于用于控制合流制系统径流污染的雨水调蓄池有效容积计算的规定。

雨水调蓄池用于控制径流污染时，有效容积应根据气候特征、排水体制、汇水面积、服务人口和受纳水体的水质要求、水体的流量、稀释自净能力等确定。本条规定的方法为截流倍数计算法。可将当地旱流污水量转化为当量降雨强度，从而使系统截流倍数和降雨强度相对应，溢流量即为大于该降雨强度的降雨量。根据当地降雨特性参数的统计分析，拟合当地截流倍数和截流量占降雨量比例之间的关系。

截流倍数计算法是一种简化计算方法，该方法建立在降雨事件为均匀降雨的基础上，且假设调蓄池的运行时间不小于发生溢流的降雨历时，以及调蓄池的放空时间小于两场降雨的间隔，而实际情况下，很难满足上述假设。因此，以截流倍数计算法得到的调蓄池容积偏小，计算得到的调蓄池容积在实际运行过程中发挥的效益小于设定的调蓄效益，在设计中应乘以安全系数 β。

德国、日本、美国、澳大利亚等国家均将雨水调蓄池作为合流制排水系统溢流污染控制的主要措施。德国设计规范《合流污水箱涵暴雨削减装置指针》(ATV A128) 中以合流制排水系统排入水体负荷不大于分流制排水系统为目标，根据降雨量、地面径流污染负荷、旱流污水浓度等参数确定雨水调蓄池容积。

4.14.4A 关于用于分流制排水系统控制径流污染的雨水调蓄池有效容积计算的规定。

雨水调蓄池有效容积的确定应综合考虑当地降雨特征、受纳水体的环境容量、降雨初期的雨水水质水量特征、排水系统服务面积和下游污水处理系统的受纳能力等因素。

国外有研究认为，1h 雨量达到 12.7mm 的降雨能冲刷掉 90%以上的地表污染物；同济大学对上海芙蓉江、水域路等地区的雨水地面径流研究表明，在降雨量达到 10mm 时，径流水质已基本稳定；国内还有研究认为一般控制量在 6mm～8mm 可控制 60%～80%的污染量。因此，结合我国实际情况，调蓄量可取 4mm～8mm。

4.14.5 关于雨水调蓄池用于削减峰值流量时容积计算的规定。

雨水调蓄池用于削减峰值流量时，有效容积应根据排水标准和下游雨水管道负荷确定。本条规定的方法为脱过流量法，适用于高峰流量入池调蓄，低流量时脱过。式 (4.14.5) 可用于 $q=A/(t+b)^n$、$q=A/t^n$、$q=A/(t+b)$ 三种降雨强度公式。

4.14.6 关于雨水调蓄池用于收集利用雨水时容积计算的规定。

雨水调蓄池容积可通过数学模型，根据流量过程线计算。为简化计算，用于雨水收集储存的调蓄池也可根据当地气候资料，按一定设计重现期降雨量（如 24h 最大降雨量）计算。合理确定雨水调蓄池容积是一个十分重要且复杂的问题，除了调蓄目的外，还需要根据投资效益等综合考虑。

4.14.7 关于雨水调蓄池最小放空时间的规定。

调蓄池的放空方式包括重力放空和水泵压力放空两种。有条件时，应采用重力放空。对于地下封闭式调蓄池，可采用重力放空和水泵压力放空相结合的方式，以降低能耗。

设计中应合理确定放空水泵启动的设计水位，避免在重力放空的后半段放空流速过小，影响调蓄池的放空时间。

雨水调蓄池的放空时间直接影响调蓄池的使用效率，是调蓄池设计中必须考虑的一个重要参数。调蓄池的放空时间和放空方式密切相关，同时取决于下游管道的排水能力和雨水利用设施的流量。考虑降低能耗、排水安全等方面的因素，式 (4.14.7) 引入排放效率 η，η 可取 0.3～0.9。算得调蓄池放空时间后，应对调蓄池的使用效率进行复核，如不能满足要求，应重新考虑放空方式，缩短放空时间。

4.14.8 关于雨水调蓄池附属设施和检修通道的规定。

雨水调蓄池使用一定时间后，特别是当调蓄池用于面源污染控制或削减排水管道峰值流量时，易沉淀

积泥。因此，雨水调蓄池应设置清洗设施。清洗方式可分为人工清洗和水力清洗，人工清洗危险性大且费力，一般采用水力清洗，人工清洗为辅助手段。对于矩形池，可采用水力冲洗翻斗或水力自清洗装置；对于圆形池，可通过入水口和底部构造设计，形成进水自冲洗，或采用径向水力清洗装置。

对全地下调蓄池来说，为防止有害气体在调蓄池内积聚，应提供有效的通风排气装置。经验表明，每小时4次～6次的空气交换量可以实现良好的通风排气效果。若需采用除臭设备时，设备选型应考虑调蓄池间歇运行、长时间空置的情况，除臭设备的运行应能和调蓄池工况相匹配。

所有顶部封闭的大型地下调蓄池都需要设置维修人员和设备进出的检修孔，并在调蓄池内部设置单独的检查通道。检查通道一般设在调蓄池最高水位以上。

4.14.9 关于控制径流污染的雨水调蓄池的出水的规定。

降雨停止后，用于控制径流污染调蓄池的出水，一般接入下游污水管道输送至污水厂处理后排放。当下游污水系统在旱季时就已达到满负荷运行或下游污水系统的容量不能满足调蓄池放空速度的要求时，应将调蓄池出水处理后排放。国内外常用的处理装置包括格栅、旋流分离器、混凝沉淀池等，处理排放标准应考虑受纳水体的环境容量后确定。

4.15 雨水渗透设施

4.15.1 关于城镇基础设施雨水径流量削减的规定。

多孔渗透性铺面有整体浇注多孔沥青或混凝土，也有组件式混凝土砌块。有关资料表明，组件式混凝土砌块铺面的效果较好，堵塞时只需简单清理并将铺面砌块中的沙土换掉，处理效果就可恢复。整体浇注多孔沥青或混凝土在开始使用时效果较好，1年～2年后会堵塞，且难以修复。

绿地标高宜低于周围地面适当深度，形成下凹式绿地，可削减绿地本身的径流，同时周围地面的径流能流入绿地下渗。下凹式绿地设计的关键是调整好绿地与周边道路和雨水口的高程关系，即路面标高高于绿地标高，雨水口设在绿地中或绿地和道路交界处，雨水口标高高于绿地标高而低于路面标高。如果道路坡度适合时可以直接利用路面作为溢流坎，使非绿地铺装表面产生的径流汇入下凹式绿地入渗，待绿地蓄满水后再流入雨水口。

本次修订补充规定新建地区硬化地面的可渗透地面面积所占比例不宜低于40%，有条件的既有地区应对现有硬化地面进行透水性改建。

下凹式绿地标高应低于周边地面5cm～25cm。过浅则蓄水能力不够；过深则导致植被长时间浸泡水中，影响某些植被正常生长。底部设排水沟的大型集中式下凹绿地可不受此限制。

4.15.2 关于接纳雨水径流的渗透设施设置的规定。

雨水渗透设施特别是地面入渗增加了深层土壤的含水量，使土壤力学性能改变，可能会影响道路、建筑物或构筑物的基础。因此，建设雨水渗透设施时，需对场地的土壤条件进行调查研究，正确设置雨水渗透设施，避免影响城镇基础设施、建筑物和构筑物的正常使用。

植草沟是指植被覆盖的开放式排水系统，一般呈梯形或浅碟形布置，深度较浅，植被一般为草皮。该系统能够收集一定的径流量，具有输送功能。雨水径流进入植草沟后首先下渗而不是直接排入下游管道或受纳水体，是一种生态型的雨水收集、输送和净化系统。渗透池可设置于广场、绿地的地下，或利用天然洼地，通过管渠接纳服务范围内的地面径流，使雨水滞留并渗入地下，超过渗透池滞留能力的雨水通过溢流管排入市政雨水管道，可削减服务范围内的径流量和径流峰值。

4.16 雨水综合利用

4.16.1 规定雨水利用的基本原则和方式。

随着城镇化和经济的高速发展，我国水资源不足、内涝频发和城市生态安全等问题日益突出，雨水利用逐渐受到关注，因此，水资源缺乏、水质性缺水、地下水位下降严重、内涝风险较大的城镇和新建开发区等应优先雨水利用。

雨水利用包括直接利用和间接利用。雨水直接利用是指雨水经收集、储存、就地处理等过程后用于冲洗、灌溉、绿化和景观等；雨水间接利用是指通过雨水渗透设施把雨水转化为土壤水，其设施主要有地面渗透、埋地渗透管渠和渗透池等。雨水利用、污染控制和内涝防治是城镇雨水综合管理的组成部分，在源头雨水径流削减、过程蓄排控制等阶段的不少工程措施是具有多种功能的，如源头渗透、回用设施，既能控制雨水径流量和污染负荷，起到内涝防治和控制污染的作用，又能实现雨水利用。

4.16.2 关于雨水收集利用系统汇水面选择的规定。

选择污染较轻的汇水面的目的是减少雨水渗透和净化处理设施的难度和造价，因此应选择屋面、广场、人行道等作为汇水面，不应选择工业污染场地和垃圾堆场、厕所等区域作为汇水面，不宜收集有机污染和重金属污染较为严重的机动车道路的雨水径流。

4.16.3 关于雨水收集利用系统降雨初期的雨水弃流的规定。

由于降雨初期的雨水污染程度高，处理难度大，因此应弃流。弃流装置有多种方式，可采用分散式处理，如在单个落水管下安装分离设备；也可采用在调蓄池前设置专用弃流池的方式。一般情况下，弃流雨水可排入市政雨水管道，当弃流雨水污染物浓度不高，绿地土壤的渗透能力和植物品种在耐淹方面条件允许时，弃流雨水也可排入绿地。

4.16.4 关于雨水利用方式的规定。

雨水利用方式应根据雨水的收集利用量和相关指标要求综合考虑，在确定雨水利用方式时，应首先考虑雨水调蓄设施应对城镇内涝的要求，不应干扰和妨碍其防治城镇内涝的基本功能。

4.16.5 关于雨水利用设计的规定。

雨水水质受大气和汇水面的影响，含有一定量的有机物、悬浮物、营养物质和重金属等。可按污水系统设计方法，采取防腐、防堵措施。

4.17 内涝防治设施

4.17.1 关于内涝防治设施设置的规定。

目前国外发达国家和地区普遍制定了较为完善的内涝灾害风险管理策略，在编制内涝风险评估的基础上，确定内涝防治设施的布置和规模。内涝风险评估采用数学模型，根据地形特点、水文条件、水体状况、城镇雨水管渠系统等因素，评估不同降雨强度下，城镇地面产生积水灾害的情况。

为保障城镇在内涝防治设计重现期标准下不受灾，应根据内涝风险评估结果，在排水能力较弱或径流量较大的地方设置内涝防治设施。

内涝防治设施应根据城镇自然蓄排水设施数量、规划蓝线保护和水面率的控制指标要求，并结合城镇竖向规划中的相关指标要求进行合理布置。

4.17.2 关于内涝防治设施种类的规定。

源头控制设施包括雨水渗透、雨水收集利用等，在设施类型上和城镇雨水利用一致，但当用于内涝防治时，其设施规模应根据内涝防治标准确定。

综合防治设施包括城市水体（自然河湖、沟渠、湿地等）、绿地、广场、道路、调蓄池和大型管渠等。当降雨超过雨水管渠设计能力时，城镇河湖、景观水体、下凹式绿地和城市广场等公共设施可作为临时雨水调蓄设施；内河、沟渠、经过设计预留的道路、道路两侧局部区域和其他排水通道可作为雨水行泄通道；在地表排水或调蓄无法实施的情况下，可采用设置于地下的调蓄池、大型管渠等设施。

4.17.3 关于采用绿地和广场等公共设施作为雨水调蓄设施的规定。

当采用绿地和广场等作为雨水调蓄设施时，不应对设施原有功能造成损害；应专门设计雨水的进出口，防止雨水对绿地和广场造成严重冲刷侵蚀或雨水长时间滞留。

当采用绿地和广场等作为雨水调蓄设施时，应设置指示牌，标明该设施成为雨水调蓄设施的启动条件、可能被淹没的区域和目前的功能状态等，以确保人员安全撤离。

5 泵　　站

5.1 一般规定

5.1.1 关于排水泵站远近期设计原则的规定。

排水泵站应根据排水工程专业规划所确定的远近期规模设计。考虑到排水泵站多为地下构筑物，土建部分如按近期设计，则远期扩建较为困难。因此，规定泵站主要构筑物的土建部分宜按远期规模一次设计建成，水泵机组可按近期规模配置，根据需要，随时添装机组。

5.1.2 关于排水泵站设计为单独的建筑物的规定。

由于排水泵站抽送污水时会产生臭气和噪声，对周围环境造成影响，故宜设计为单独的建筑物。

5.1.3 关于抽送产生易燃易爆和有毒有害气体的污水泵站必须设计为单独建筑物的规定。采取相应的防护措施为：

1 应有良好的通风设备。

2 采用防火防爆的照明、电机和电气设备。

3 有毒气体监测和报警设施。

4 与其他建筑物有一定的防护距离。

5.1.4 关于排水泵站防腐蚀的规定。

排水泵站的特征是潮湿和散发各种气体，极易腐蚀周围物体，因此其建筑物和附属设施宜采取防腐蚀措施。其措施一般为设备和配件采用耐腐蚀材料或涂防腐涂料，栏杆和扶梯等采用玻璃钢等耐腐蚀材料。

5.1.5 关于排水泵站防护距离和建筑物造型的规定。

排水泵站的卫生防护距离涉及周围居民的居住质量，在当前广大居民环保意识增强的情况下，尤其显得必要，故作此规定。

泵站地面建筑物的建筑造型应与周围环境协调、和谐、统一。上海、广州、青岛等地的某些泵站，因地制宜的建筑造型深受周围居民欢迎。

5.1.6 关于泵站地面标高的规定。

主要为防止泵站淹水。易受洪水淹没地区的泵站应保证洪水期间水泵能正常运转，一般采取的防洪措施为：

1 泵站地面标高填高。这需要大量土方，并可能造成与周围地面高差较大，影响交通运输。

2 泵房室内地坪标高抬高。可减少填土土方量，但可能造成泵房地坪与泵站地面高差较大，影响日常管理维修工作。

3 泵站或泵房入口处筑高或设闸槽等。仅在入口处筑高可适当降低泵房的室内地坪标高，但可能影响交通运输和日常管理维修工作。通常采用在入口处设闸槽、在防洪期间加闸板等，作为临时防洪措施。

5.1.7 关于泵站类型的规定。

由于雨水泵的特征是流量大、扬程低、吸水能力小，根据多年来的实践经验，应采用自灌式泵站。污水泵站和合流污水泵站宜采用自灌式，若采用非自灌式，保养较困难。

5.1.8 关于泵房出入口的规定。

泵房宜有两个出入口；其中一个应能满足最大设备和部件进出，且应与车行道连通，目的是方便设备吊装和运输。

5.1.9 关于排水泵站供电负荷等级的规定。

供电负荷是根据其重要性和中断供电所造成的损失或影响程度来划分的。若突然中断供电，造成较大经济损失，给城镇生活带来较大影响者应采用二级负荷设计。若突然中断供电，造成重大经济损失，使城镇生活带来重大影响者应采用一级负荷设计。二级负荷宜由二回路供电，二路互为备用或一路常用一路备用。根据《供配电系统设计规范》GB 50052 的规定，二级负荷的供电系统，对小型负荷或供电确有困难地区，也容许一回路专线供电，但应从严掌握。一级负荷应两个电源供电，当一个电源发生故障时，另一个电源不应同时受到损坏。上海合流污水治理一期和二期工程中，大型输水泵站 35kV 变电站都按一级负荷设计。

5.1.10 关于除臭的规定。

污水、合流污水泵站的格栅井及污水敞开部分，有臭气逸出，影响周围环境。对位于居民区和重要地段的泵站，应设置除臭装置。目前我国应用的臭气处理装置有生物除臭装置、活性炭除臭装置、化学除臭装置等。

5.1.11 关于水泵间设机械通风的规定。

地下式泵房在水泵间有顶板结构时，其自然通风条件差，应设置机械送排风综合系统排除可能产生的有害气体以及泵房内的余热、余湿，以保障操作人员的生命安全和健康。通风换气次数一般为 5 次/h～10 次/h，通风换气体积以地面为界。当地下式泵房的水泵间为无顶板结构，或为地面层泵房时，则可视通风条件和要求，确定通风方式。送排风口应合理布置，防止气流短路。

自然通风条件较好的地下式水泵间或地面层泵房，宜采用自然通风。当自然通风不能满足要求时，可采用自然进风、机械排风方式进行通风。

自然通风条件一般的地下式泵房或潜水泵房的集水池，可不设通风装置。但在检修时，应设临时送排风设施。通风换气次数不小于 5 次/h。

5.1.12 关于管理人员辅助设施的规定。

隔声值班室是指在泵房内单独隔开一间，供值班人员工作、休息等用，备有通信设施，便于与外界的联络。对远离居民点的泵站，应适当设置管理人员的生活设施，一般可在泵站内设置供居住用的建筑。

5.1.13 关于雨水泵站设置混接污水截流设施的规定。

目前我国许多地区都采用合流制和分流制并存的排水制度，还有一些地区雨污分流不彻底，短期内又难以完成改建。市政排水管网雨污水管道混接一方面降低了现有污水系统设施的收集处理率，另一方面又造成了对周围水体环境的污染。雨污混接方式主要有建筑物内部洗涤水接入雨水管、建筑物污废水出户管接入雨水管、化粪池出水管接入雨水管、市政污水管接入雨水管等。

以上海为例，目前存在雨污混接的多个分流制排水系统中，旱流污水往往通过分流制排水系统的雨水泵站排入河道。为减少雨污混接对河道的污染，《上海市城镇雨水系统专业规划》提出在分流制排水系统的雨水泵站内增设截流设施，旱季将混接的旱流污水全部截流，纳入污水系统处理后排放，远期这些设施可用于截流分流制排水系统降雨初期的雨水。目前上海市中心城区已有多座设有旱流污水截流设施的雨水泵站投入使用。

5.2 设计流量和设计扬程

5.2.1 关于污水泵站设计流量的规定。

由于泵站需不停地提升、输送流入污水管渠内的污水，应采用最高日最高时流量作为污水泵站的设计流量。

5.2.2 关于雨水泵站设计流量的规定。

5.2.3 关于合流污水泵站设计流量的规定。

5.2.4 关于雨水泵设计扬程的规定。

受纳水体水位以及集水池水位的不同组合，可组成不同的扬程。受纳水体水位的常水位或平均潮位与设计流量下集水池设计水位之差加上管路系统的水头损失为设计扬程。受纳水体水位的低水位或平均低潮位与集水池设计最高水位之差加上管路系统的水头损失为最低工作扬程。受纳水体水位的高水位或防汛潮位与集水池设计最低水位之差加上管路系统的水头损失为最高工作扬程。

5.2.5 关于污水泵、合流污水泵设计扬程的规定。

出水管渠水位以及集水池水位的不同组合，可组成不同的扬程。设计平均流量时出水管渠水位与集水池设计水位之差加上管路系统水头损失和安全水头为设计扬程。设计最小流量时出水管渠水位与集水池设计最高水位之差加上管路系统水头损失和安全水头为最低工作扬程。设计最大流量时出水管渠水位与集水池设计最低水位之差加上管路系统水头损失和安全水头为最高工作扬程。安全水头一般为 0.3m～0.5m。

5.3 集 水 池

5.3.1 关于集水池有效容积的规定。

为了泵站正常运行，集水池的贮水部分必须有适当的有效容积。集水池的设计最高水位与设计最低水位之间的容积为有效容积。集水池有效容积的计算范围，除集水池本身外，可以向上游推算到格栅部位。如容积过小，则水泵开停频繁；容积过大，则增加工程造价。对污水泵站应控制单台泵开停次数不大于6次/h。对污水中途泵站，其下游泵站集水池容积，应与上游泵站工作相匹配，防止集水池壅水和开空车。雨水泵站和合流污水泵站集水池容积，由于雨水进水管部分可作为贮水容积考虑，仅规定不应小于最大一台水泵30s的出水量。间隙使用的泵房集水池，应按一次排入的水、泥量和水泵抽送能力计算。

5.3.2 关于集水池面积的规定。

大型合流污水泵站，尤其是多级串联泵站，当水泵突然停运或失负时，系统中的水流由动能转为势能，下游集水池会产生壅水现象，上壅高度与集水池面积有关，应复核水流不壅出地面。

5.3.3 关于设置格栅的规定。

集水池前设置格栅是用以截留大块的悬浮或漂浮的污物，以保护水泵叶轮和管配件，避免堵塞或磨损，保证水泵正常运行。

5.3.4 关于雨水泵站和合流污水泵站集水池设计最高水位的规定。

我国的雨水泵站运行时，部分受压情况较多，其进水水位高于管顶，设计时，考虑此因素，故最高水位可高于进水管管顶，但应复核，控制最高水位不得使管道上游的地面冒水。

5.3.5 关于污水泵站集水池设计最高水位的规定。

5.3.6 关于集水池设计最低水位的规定。

水泵吸水管或潜水泵的淹没深度，如达不到该产品的要求，则会将空气吸入，或出现冷却不够等，造成汽蚀或过热等问题，影响泵站正常运行。

5.3.7 关于泵房进水方式和集水池布置的规定。

泵房正向进水，是使水流顺畅，流速均匀的主要条件。侧向进水易形成集水池下游端的水泵吸水管处水流不稳，流量不均，对水泵运行不利，故应避免。由于进水条件对泵房运行极为重要，必要时，$15m^3/s$以上泵站宜通过水力模型试验确定进水布置方式；$5m^3/s$～$15m^3/s$的泵站宜通过数学模型计算确定进水布置方式。

集水池的布置会直接影响水泵吸水的水流条件。水流条件差，会出现滞流或涡流，不利水泵运行；会引起汽蚀作用，水泵特性改变，效率下降，出水量减少，电动机超载运行；会造成运行不稳定，产生噪声和振动，增加能耗。

集水池的设计一般应注意下列几点：

1 水泵吸水管或叶轮应有足够的淹没深度，防止空气吸入，或形成涡流时吸入空气。

2 泵的吸入喇叭口与池底保持所要求的距离。

3 水流应均匀顺畅无旋涡地流进泵吸水管，每台水泵的进水。水流条件基本相同，水流不要突然扩大或改变方向。

4 集水池进口流速和水泵吸入口处的流速尽可能缓慢。

5.3.8 关于设置闸门或闸槽和事故排出口的规定。

为了便于清洗集水池或检修水泵，泵站集水池前应设闸门或闸槽。泵站前宜设置事故排出口，供泵站检修时使用。为防止水污染和保护环境，规定设置事故排出口应报有关部门批准。

5.3.9 关于沉砂设施的规定。

有些地区雨水管道内常有大量砂粒流入，为保护水泵，减少对水泵叶轮的磨损，在雨水进水管砂粒量较多的地区宜在集水池前设置沉砂设施和清砂设备。上海某一泵站设有沉砂池，长期运行良好。上海另一泵站，由于无沉砂设施，曾发生水泵被淤埋或进水管渠断面减小、流量减少的情况。青岛市的雨水泵站大多设有沉砂设施。

5.3.10 关于集水坑的规定。

5.3.11 关于集水池设冲洗装置的规定。

5.4 泵 房 设 计

Ⅰ 水 泵 配 置

5.4.1 关于水泵选用和台数的规定。

1 一座泵房内的水泵，如型号规格相同，则运行管理、维修养护均较方便。其工作泵的配置宜为2台～8台。台数少于2台，如遇故障，影响太大；台数大于8台，则进出水条件可能不良，影响运行管理。当流量变化大时，可配置不同规格的水泵，大小搭配，但不宜超过两种；也可采用变频调速装置或叶片可调式水泵。

2 污水泵房和合流污水泵房的备用泵台数，应根据下列情况考虑：

1）地区的重要性：不允许间断排水的重要政治、经济、文化和重要的工业企业等地区的泵房，应有较高的水泵备用率。

2）泵房的特殊性：是指泵房在排水系统中的特殊地位。如多级串联排水的泵房，其中一座泵房因故不能工作时，会影响整个排水区域的排水，故应适当提高备用率。

3）工作泵的型号：当采用橡胶轴承的轴流泵抽送污水时，因橡胶轴承等容易磨损，造成检修工作繁重，也需要适当提高水泵备用率。

4）台数较多的泵房，相应的损坏次数也较多，故备用台数应有所增加。

5）水泵制造质量的提高，检修率下降，可减少备用率。

但是备用泵增多，会增加投资和维护工作，综合考虑后作此规定。由于潜水泵调换方便，当备用泵为2台时，可现场备用1台，库存备用1台，以减小土建规模。

雨水泵的年利用小时数很低，故雨水泵一般可不设备用泵，但应在非雨季做好维护保养工作。

立交道路雨水泵站可视泵站重要性设备用泵，但必须保证道路不积水，以免影响交通。

5.4.2 关于按设计扬程配泵的规定。

根据对已建泵站的调查，水泵扬程普遍按集水池最低水位与排出水体最高水位之差，再计入水泵管路系统的水头损失确定。由于出水最高水位出现概率甚少，导致水泵大部分工作时段的工况较差。本条规定了选用的水泵宜满足设计扬程时在高效区运行。此外，最高工作扬程与最低工作扬程，应在所选水泵的安全、稳定的运行范围内。由于各类水泵的特性不一，按上列扬程配泵如超出稳定运行范围，则以最高工作扬程时能安全稳定运行为控制工况。

5.4.3 关于多级串联泵站考虑级间调整的规定。

多级串联的污水泵站和合流污水泵站，受多级串联后的工作制度、流量搭配等的影响较大，故应考虑级间调整的影响。

5.4.4 规定了吸水管和出水管的流速。

水泵吸水管和出水管流速不宜过大，以减少水头损失和保证水泵正常运行。如水泵的进出口管管径较小，则应配置渐扩管进行过渡，使流速在本规范规定的范围内。

5.4.5 关于非自灌式水泵设引水设备的规定。

当水泵为非自灌式工作时，应设引水设备。引水设备有真空泵或水射器抽气引水，也可采用密闭水箱注水。当采用真空泵引水时，在真空泵与水泵之间应设置气水分离箱。

Ⅱ 泵 房

5.4.6 关于水泵布置的规定。

水泵的布置是泵站的关键。水泵一般宜采用单行排列，这样对运行、维护有利，且进出水方便。

5.4.7 关于机组布置的规定。

主要机组的间距和通道的宽度应满足安全防护和便于操作、检修的需要，应保证水泵轴或电动机转子在检修时能够拆卸。

5.4.8 关于泵房层高的规定。

5.4.9 关于泵房起重设备的规定。

5.4.10 关于水泵机组基座的规定。

基座尺寸随水泵形式和规格而不同，应按水泵的要求配置。基座高出地坪0.1m以上是为了在机房少量淹水时，不影响机组正常工作。

5.4.11 关于操作平台的规定。

当泵房较深，选用立式泵时，水泵间地坪与电动机间地坪的高差超过水泵允许的最大轴长值时，一种方法是将电动机间建成半地下式；另一种方法是设置中间轴承和轴承支架以及人工操作平台等辅助设施。从电动机及水泵运转稳定性出发，轴长不宜太长，采用前一种方法较好，但从电动机散热方面考虑，后一种方法较好。本条对后一种方法做出了规定。

5.4.12 关于泵房排除积水的规定。

水泵间地坪应设集水沟排除地面积水，其地坪宜以1%坡向集水沟，并在集水沟内设抽吸积水的水泵。

5.4.13 关于泵房内敷设管道的有关规定。

泵房内管道敷设在地面上时，为方便操作人员巡回工作，可采用活动踏梯或活络平台作为跨越设施。

当泵房内管道为架空敷设时，为不妨碍电气设备的检修和阻碍通道，规定不得跨越电气设备，通行处的管底距地面不小于2.0m。

5.4.14 关于泵房内设吊物孔的有关规定。

5.4.15 关于潜水泵的环境保护和改善操作环境的规定。

5.4.16 关于水泵冷却水的有关规定。

冷却水是相对洁净的水，应考虑循环利用。

5.5 出 水 设 施

5.5.1 关于出水管的有关规定。

污水管出水管上应设置止回阀和闸阀。雨水泵出水管末端设置防倒流装置的目的是在水泵突然停运时，防止出水管的水流倒灌，或水泵发生故障时检修方便，我国目前使用的防倒流装置有拍门、堰门、柔性止回阀等。

雨水泵出水管的防倒流装置上方，应按防倒流装置的重量考虑是否设置起吊装置，以方便拆装和维修。一种做法是设工字钢，在使用时安装起吊装置，以防锈蚀。

5.5.2 关于出水压力井的有关规定。

出水压力井的井压，按水泵的流量和扬程计算确定。出水压力井上设透气筒、可释放水锤能量，防止水锤损坏管道和压力井。透气筒高度和断面根据计算确定，且透气筒不宜设在室内。压力井的井座、井盖及螺栓应采用防锈材料，以利装拆。

5.5.3 关于敞开式出水井的有关规定。

敞开式出水井的井口高度，应根据河道最高水位加上开泵时的水流壅高，或停泵时壅高水位确定。

5.5.4 关于试车水回流管的有关规定。

合流污水泵站试车时，关闭出水井内通向河道一侧的出水闸门或临时封堵出水井，可把泵出的水通过管道回至集水池。回流管管径宜按最大一台水泵的流量确定。

5.5.5 关于泵站出水口的有关规定。

雨水泵站出水口流量较大，应避让桥梁等水中构筑物，出水口和护坡结构不得影响航行，出水口流速宜控制在0.5m/s以下。出水口的位置、流速控制、消能设施、警示标志等，应事先征求当地航运、水利、港务和市政等有关部门的同意，并按要求设置有关设施。

6 污水处理

6.1 厂址选择和总体布置

6.1.1 规定厂址选择应考虑的主要因素。

污水厂位置的选择必须在城镇总体规划和排水工程专业规划的指导下进行，以保证总体的社会效益、环境效益和经济效益。

1 污水厂在城镇水体的位置应选在城镇水体下游的某一区段，污水厂处理后出水排入该河段，对该水体上、下游水源的影响最小。污水厂位置由于某些因素，不能设在城镇水体的下游时，出水口应设在城镇水体的下游。

2 根据目前发展需要新增条文。

3 根据污泥处理和处置的需要新增条文。

4 污水厂在城镇的方位，应选在对周围居民点的环境质量影响最小的方位，一般位于夏季主导风向的下风侧。

5 厂址的良好工程地质条件，包括土质、地基承载力和地下水位等因素，可为工程的设计、施工、管理和节省造价提供有利条件。

6 根据我国耕田少、人口多的实际情况，选厂址时应尽量少拆迁、少占农田，使污水厂工程易于上马。同时新增条文规定"根据环境评价要求"应与附近居民点有一定的卫生防护距离，并予绿化。

7 有扩建的可能是指厂址的区域面积不仅应考虑规划期的需要，尚应考虑满足不可预见的将来扩建的可能。

8 厂址的防洪和排水问题必须重视，一般不应在淹水区建污水厂，当必须在可能受洪水威胁的地区建厂时，应采取防洪措施。另外，有良好的排水条件，可节省建造费用。新增条文规定防洪标准"不应低于城镇防洪标准"。

9 为缩短污水厂建造周期和有利于污水厂的日常管理，应有方便的交通、运输和水电条件。

6.1.2 关于污水厂工程项目建设用地和近期规模的规定。

污水厂工程项目建设用地必须贯彻"十分珍惜、合理利用土地和切实保护耕地"的基本国策。考虑到城镇污水量的增加趋势较快，污水厂的建造周期较长，污水厂厂区面积应按项目总规模确定。同时，应根据现状水量和排水收集系统的建设周期合理确定近期规模。尽可能近期少拆迁、少占农田，做出合理的分期建设、分期征地的安排。规定既保证了污水厂在远期扩建的可能性，又利于工程建设在短期内见效，近期工程投入运行一年内水量宜达到近期设计规模的60%，以确保建成后污水设施充分发挥投资效益和运行效益。

6.1.3 关于污水厂总体布置的规定。

根据污水厂的处理级别（一级处理或二级处理）、处理工艺（活性污泥法或生物膜法）和污泥处理流程（浓缩、消化、脱水、干化、焚烧以及污泥气利用等），各种构筑物的形状，大小及其组合，结合厂址地形、气候和地质条件等，可有各种总体布置形式，必须综合确定。总体布置恰当，可为今后施工、维护和管理等提供良好条件。

6.1.4 规定污水厂在建筑美学方面应考虑的主要因素。

污水厂建设在满足经济实用的前提下，应适当考虑美观。除在厂区进行必要的绿化、美化外，应根据污水厂内建筑物和构筑物的特点，使各建筑物之间、建筑物和构筑物之间、污水厂和周围环境之间均达到建筑美学的和谐一致。

6.1.5 关于生产管理建筑物和生活设施布置原则的规定。

城镇污水包括生活污水和一部分工业废水，往往散发臭味和对人体健康有害的气体。另外，在生物处理构筑物附近的空气中，细菌芽孢数量也较多。所以，处理构筑物附近的空气质量相对较差。为此，生产管理建筑物和生活设施应与处理构筑物保持一定距离，并尽可能集中布置，便于以绿化等措施隔离开来，保证管理人员有良好的工作环境，避免影响正常工作。办公室、化验室和食堂等的位置，应处于夏季主导风向的上风侧，朝向东南。

6.1.6 规定处理构筑物的布置原则。

污水和污泥处理构筑物各有不同的处理功能和操作、维护、管理要求，分别集中布置有利于管理。合理的布置可保证施工安装、操作运行、管理维护安全方便，并减少占地面积。

6.1.7 规定污水厂工艺流程竖向设计的主要考虑因素。

6.1.8 规定厂区消防和消化池等构筑物的防火防爆要求。

消化池、贮气罐、污泥气燃烧装置、污泥气管道等是易燃易爆构筑物，应符合国家现行的《建筑设计防火规范》GBJ 16的有关规定。

6.1.9 关于堆场和停车场的规定。

堆放场地，尤其是堆放废渣（如泥饼和煤渣）的场地，宜设置在较隐蔽处，不宜设在主干道两侧。

6.1.10 关于厂区通道的规定。

污水厂厂区的通道应根据通向构筑物和建筑物的功能要求，如运输、检查、维护和管理的需要设置。通道包括双车道、单车道、人行道、扶梯和人行天桥等。根据管理部门意见，扶梯不宜太陡，尤其是通行频繁的扶梯，宜利于搬重物上下扶梯。

单车道宽度由3.5m修改为3.5m~4.0m，双车道宽度仍为6.0m~7.0m，转弯半径修改为6.0m~10.0m，增加扶梯倾角"宜采用30°"的规定。

6.1.11 关于污水厂围墙的规定。

根据污水厂的安全要求，污水厂周围应设围墙，高度不宜太低，一般不低于2.0m。

6.1.12 关于污水厂门的规定。

6.1.13 关于配水装置和连通管渠的规定。

并联运行的处理构筑物间的配水是否均匀，直接影响构筑物能否达到设计水量和处理效果，所以设计时应重视配水装置。配水装置一般采用堰或配水井等方式。

构筑物系统之间设可切换的连通管渠，可灵活组合各组运行系列，同时，便于操作人员观察、调节和维护。

6.1.14 规定污水厂内管渠设计应考虑的主要因素。

污水厂内管渠较多，设计时应全面安排，可防止错、漏、碰、缺。在管道复杂时宜设置管廊，利于检查维修。管渠尺寸应按可能通过的最高时流量计算确定，并按最低时流量复核，防止发生沉积。明渠的水头损失小，不易堵塞，便于清理，一般情况应尽量采用明渠。合理的管渠设计和布置可保障污水厂运行的安全、可靠、稳定，节省经常费用。本条增加管廊内设置的内容。

6.1.15 关于超越管渠的规定。

污水厂内合理布置超越管渠，可使水流越过某处理构筑物，而流至其后续构筑物。其合理布置应保证在构筑物维护和紧急修理以及发生其他特殊情况时，对出水水质影响小，并能迅速恢复正常运行。

6.1.16 关于处理构筑物排空设施的规定。

考虑到处理构筑物的维护检修，应设排空设施。为了保护环境，排空水应回流处理，不应直接排入水体，并应有防止倒灌的措施，确保其他构筑物的安全运行。排空设施有构筑物底部预埋排水管道和临时设泵抽水两种。

6.1.17 关于污水厂设置再生水处理系统的规定。

我国是一个水资源短缺的国家。城镇污水具有易于收集处理、数量巨大的特点，可作为城市第二水源。因此，设置再生水处理系统，实现污水资源化，对保障安全供水具有重要的战略意义。

6.1.18 规定严禁污染给水系统、再生水系统。

防止污染给水系统、再生水系统的措施，一般为通过空气间隙和设中间贮存池，然后再与处理装置衔接。本条文增加有关再生水设置的内容。

6.1.19 关于污水厂供电负荷等级的规定。

考虑到污水厂中断供电可能对该地区的政治、经济、生活和周围环境等造成不良影响，污水厂的供电负荷等级应按二级设计。本条文增加重要的污水厂宜按一级负荷设计的内容。重要的污水厂是指中断供电对该地区的政治、经济、生活和周围环境等造成重大影响者。

6.1.20 关于污水厂附属建筑物的组成及其面积应考虑的主要原则。

确定污水厂附属建筑物的组成及其面积的影响因素较复杂，如各地的管理体制不一，检修协作条件不同，污水厂的规模和工艺流程不同等，目前尚难规定统一的标准。目前许多污水厂设有计算机控制系统，减少了工作人员及附属构筑物建筑面积。本条文增加"计算机监控系统的水平"的因素。

《城镇污水处理厂附属建筑和附属设备设计标准》CJJ 31，规定了污水厂附属建筑物的组成及其面积，可作为参考。

6.1.21 关于污水厂保温防冻的规定。

为了保证寒冷地区的污水厂在冬季能正常运行，有关的处理构筑物、管渠和其他设施应有保温防冻措施。一般有池上加盖、池内加热、建于房屋内等，视当地气温和处理构筑物的运行要求而定。

6.1.22 关于污水厂维护管理所需设施的规定。

根据国内污水厂的实践经验，为了有利于维护管理，应在厂区内适当地点设置一定的辅助设施，一般有巡回检查和取样等有关地点所需的照明，维修所需的配电箱，巡回检查或维修时联络用的电话，冲洗用的给水栓、浴室、厕所等。

6.1.23 关于处理构筑物安全设施的规定。

6.2 一般规定

6.2.1 规定污水处理程度和方法的确定原则。

6.2.2 规定污水厂处理效率的范围。

根据国内污水厂处理效率的实践数据，并参考国外资料制定。

一级处理的处理效率主要是沉淀池的处理效率，未计入格栅和沉砂池的处理效率。二级处理的处理效率包括一级处理。

6.2.3 关于在污水厂中设置调节设施的规定。

美国《污水处理设施》(1997年，以下简称美国十州标准)规定，在水质、水量变化大的污水厂中，应考虑设置调节设施。据调查，国内有些生活小区的污水厂，由于其水质、水量变化很大，致使生物处理效果无法保证。本条据此制定。

6.2.4 关于污水处理构筑物设计流量的规定。

污水处理构筑物设计，应根据污水厂的远期规模和分期建设的情况统一安排，按每期污水量设计，并考虑到分期扩建的可能性和灵活性，有利于工程建设在短期内见效。设计流量按分期建设的各期最高日最高时设计流量计算。当污水为提升进入时，还需按每期工作水泵的最大组合流量校核管渠输水能力。

关于生物反应池设计流量，根据国内设计经验，认为生物反应池如完全按最高日最高时设计流量计算，不尽合理。实际上当生物反应地采用的曝气时间较长时，生物反应池对进水流量和有机负荷变化都有一定的调节能力，故规定设计流量可酌情减少。

一般曝气时间超过 5h，即可认为曝气时间较长。

6.2.5 关于合流制处理构筑物设计的规定。

对合流制处理构筑物应考虑雨水进入后的影响。目前国内尚无成熟的经验。本条是参照美、日、前苏联等国有关规定，沿用原规范有关条文而制定的。

1 格栅和沉砂池按合流设计流量计算，即按旱流污水量和截留雨水量的总水量计算。

2 初次沉淀池一般按旱流污水量设计，保证旱流时的沉淀效果。降雨时，容许降低沉淀效果，故用合流设计水量校核，此时沉淀时间可适当缩短，但不宜小于 30min。前苏联《室外排水工程设计规范》(1974 年，以下简称前苏联规范）规定不应小于 0.75h～1.0h。

3 二级处理构筑物按旱流污水量设计，有的地区为保护降雨时的河流水质，要求改善污水厂出水水质，可考虑对一定流量的合流水量进行二级处理。前苏联规范规定，二级处理构筑物按合流水量设计，并按旱流水量校核。

4 污泥处理设施应相应加大，根据前苏联规范规定，一般比旱流情况加大 10%～20%。

5 管渠应按合流设计流量计算。

6.2.6 规定处理构筑物个（格）数和布置的原则。

根据国内污水厂的设计和运行经验，处理构筑物的个（格）数，不应少于 2 个（格），利于检修维护；同时按并联的系列设计，可使污水的运行更为可靠、灵活和合理。

6.2.7 关于处理构筑物污水的出入口处设计的规定。

处理构筑物中污水的入口和出口处设置整流措施，使整个断面布水均匀，并能保持稳定的池水面，保证处理效率。

6.2.8 关于污水厂设置消毒设施的规定。

根据国家有关排放标准的要求设置消毒设施。消毒设施的选型，应根据消毒效果、消毒剂的供应、消毒后的二次污染、操作管理、运行成本等综合考虑后决定。

6.3 格 栅

6.3.1 规定设置格栅的要求。

在污水中混有纤维、木材、塑料制品和纸张等大小不同的杂物。为了防止水泵和处理构筑物的机械设备和管道被磨损或堵塞，使后续处理流程能顺利进行，作此规定。

6.3.2 关于格栅栅条间隙宽度的规定。

根据调查，本条规定粗格栅栅条间隙宽度：机械清除时为 16mm～25mm，人工清除时为 25mm～40mm，特殊情况下最大栅条间隙可采用 100mm。

根据调查，细格栅栅条间隙宽度为 1.5mm～10mm，超细格栅栅条间隙宽度为 0.2mm～1.5mm，本条规定细格栅栅条间隙宽度为 1.5mm～10mm。

水泵前，格栅除污机栅条间隙宽度应根据水泵进口口径按表 8 选用。对于阶梯式格栅除污机、回转式固液分离机和转鼓式格栅除污机的栅条间隙或栅孔可按需要确定。

表 8 栅条间隙

水泵口径(mm)	＜200	250～450	500～900	1000～3500
栅条间隙(mm)	15～20	30～40	40～80	80～100

如泵站较深，泵前格栅机械清除或人工清除比较复杂，可在泵前设置仅为保护水泵正常运转的、空隙宽度较大的粗格栅（宽度根据水泵要求，国外资料认为可大到 100mm）以减少栅渣量，并在处理构筑物前设置间隙宽度较小的细格栅，保证后续工序的顺利进行。这样既便于维修养护，投资也不会增加。

6.3.3 关于污水过栅流速和格栅倾角的规定。

过栅流速是参照国外资料制定的。前苏联规范为 0.8m/s～1.0m/s，日本指南为 0.45m/s，美国《污水处理厂设计手册》(1998 年，以下简称美国污水厂手册）为 0.6m/s～1.2m/s，法国《水处理手册》(1978 年，以下简称法国手册）为 0.6m/s～1.0m/s。本规范规定为 0.6m/s～1.0m/s。

格栅倾角是根据国内外采用的数据而制定的。除转鼓式格栅除污机外，其资料见表 9。

表 9 格栅倾角

资料来源	格栅倾角	
	人工清除	机械清除
国内污水厂	一般为 45°～75°	
日本指南	45°～60°	70°左右
美国污水厂手册	30°～45°	40°～90°
本规范	30°～60°	60°～90°

6.3.4 关于格栅除污机底部前端距井壁尺寸的规定。

钢丝绳牵引格栅除污机和移动悬吊葫芦抓斗式格栅除污机应考虑耙斗尺寸和安装人员的工作位置，其他类型格栅除污机由于齿耙尺寸较小，其尺寸可适当减小。

6.3.5 关于设置格栅工作平台的规定。

本条规定为便于清除栅渣和养护格栅。

6.3.6 关于格栅工作平台过道宽度的规定。

本条是根据国内污水厂养护管理的实践经验而制定的。

6.3.7 关于栅渣输送的规定。

栅渣通过机械输送、压榨脱水外运的方式，在国内新建的大中污水厂中已得到应用。关于栅渣的输送设备采用：一般粗格栅渣宜采用带式输送机，细格栅渣宜采用螺旋输送机；对输送距离大于 8.0m 宜采用带式输送机，对距离较短的宜采用螺旋输送机；而当污水中有较大的杂质时，不管输送距离长短，均以采用皮带输送机为宜。

6.3.8 关于污水预处理构筑物臭味去除的规定。

一般情况下污水预处理构筑物，散发的臭味较大，格栅除污机、输送机和压榨脱水机的进出料口宜采用密封形式。根据污水提升泵站、污水厂的周围环境情况，确定是否需要设置除臭装置。

6.3.9 关于格栅间设置通风设施的规定。

为改善格栅间的操作条件和确保操作人员安全，需设置通风设施和有毒有害气体的检测与报警装置。

6.4 沉 砂 池

6.4.1 关于设置沉砂池的规定。

一般情况下，由于在污水系统中有些井盖密封不严，有些支管连接不合理以及部分家庭院落和工业企业雨水进入污水管，在污水中会含有相当数量的砂粒等杂质。设置沉砂池可以避免后续处理构筑物和机械设备的磨损，减少管渠和处理构筑物内的沉积，避免重力排泥困难，防止对生物处理系统和污泥处理系统运行的干扰。

6.4.2 关于平流沉砂池设计的规定。

本条是根据国内污水厂的试验资料和管理经验，并参照国外有关资料而制定。平流沉砂池应符合下列要求：

1 最大流速应为 0.3m/s，最小流速应为 0.15m/s。在此流速范围内可避免已沉淀的砂粒再次翻起，也可避免污水中的有机物大量沉淀，能有效地去除相对密度 2.65、粒径 0.2mm 以上的砂粒。

2 最高时流量的停留时间至少应为 30s，日本指南推荐 30s～60s

3 从养护方便考虑，规定每格宽度不宜小于 0.6m。有效水深在理论上与沉砂效率无关，前苏联规范规定为 0.25m～1.0m，本条规定不应大于 1.2m。

6.4.3 关于曝气沉砂池设计的规定。

本条是根据国内的实践数据，参照国外资料而制定，其资料见表 10。

表 10 曝气沉砂池设计数据

设计数据 / 资料来源	旋流速度 (m/s)	水平流速 (m/s)	最高时流量停留时间 (mm)	有效水深 (m)	宽深比	曝气量	进水方向	出水方向
上海某污水厂	0.25～0.3		2	2.1	1	$0.07m^3/m^3$	与池中旋流方向一致	与进水方向垂直，淹没式出水口
北京某污水厂	0.3	0.056	2～6	1.5	1	$0.115m^3/m^3$	与池中旋流方向一致	与进水方向垂直，淹没式出水口
北京某中试厂	0.25	0.075	3～15（考虑预曝气）	2	1	$0.1m^3/m^3$	与池中旋流方向一致	与进水方向垂直，淹没式出水口
天津某污水厂			6	3.6	1	$0.2m^3/m^3$	淹没孔	溢流堰
美国污水厂手册			1～3			$16.7m^3/(m^2 \cdot h)$～$44.6m^3/(m^2 \cdot h)$	使污水在空气作用下直接形成旋流	应与进水成直角，并在靠近出口处应考虑设挡板
前苏联规范		0.08～0.12			1～1.5	$3m^3/(m^2 \cdot h)$～$5m^3/(m^2 \cdot h)$	与水在沉砂池中的旋流方向一致	淹没式出水口
日本指南			1～2	2～3		$1m^3/m^3$～$2m^3/m^3$		
本规范		0.1	>2	2～3	1～1.5	$0.1m^3/m^3$～$0.2m^3/m^3$	应与池中旋流方向一致	应与进水方向垂直，并宜设置挡板

6.4.4 关于旋流沉砂池设计的规定

本条是根据国内的实践数据，参照国外资料而制定。

6.4.5 关于污水沉砂量的规定。

污水的沉砂量，根据北京、上海、青岛等城市的实践数据，分别为：$0.02L/m^3$、$0.02L/m^3$、$0.11L/m^3$，污水沉砂量的含水率为 60%，密度为 $1500kg/m^3$。参照国外资料，本条规定沉砂量为 $0.03L/m^3$，国外资料见表11。

表11 各国沉砂量情况

资料来源	单 位	数 值	说 明
日本指南	L/m³（污水）	0.0005～0.05	分流制污水
		0.005～0.05	分流制雨水
		0.005～0.05	合流制污水
		0.001～0.05	合流制雨水
美国污水厂手册	L/m³（污水）	0.004～0.037	合流制
	L/（人·d）	0.004～0.018	合流制
前苏联规范	L/（人·d）（污水）	0.02	相当于0.05（L/m³）～0.09L/m³（污水）
德国ATV	L/（人·年）	0.02～0.2	年平均0.06
		2～5	
本规范	L/m³（污水）	0.03	

6.4.6 关于砂斗容积和砂斗壁倾角的规定。

根据国内沉砂池的运行经验，砂斗容积一般不超过2d的沉砂量；当采用重力排砂时，砂斗壁倾角不应小于55°，国外也有类似规定。

6.4.7 关于沉砂池除砂的规定。

从国内外的实践经验表明，沉砂池的除砂一般采用砂泵或空气提升泵等机械方法，沉砂经砂水分离后，干砂在贮砂池或晒砂场贮存或直接装车外运。由于排砂的不连续性，重力或机械排砂方法均会发生排砂管堵塞现象，在设计中应考虑水力冲洗等防堵塞措施。考虑到排砂管易堵，规定人工排砂时，排砂管直径不应小于200mm。

6.5 沉 淀 池

Ⅰ 一 般 规 定

6.5.1 关于沉淀池设计的规定。

为使用方便和易于比较，根据目前国内的实践经验并参照美国、日本等的资料，沉淀池以表面水力负荷为主要设计参数。按表面水力负荷设计沉淀池时，应校核固体负荷、沉淀时间和沉淀池各部分主要尺寸的关系，使之相互协调。表12为国外有关表面水力负荷和沉淀时间的取值范围。

按《城镇污水处理厂污染物排放标准》GB 18918要求，对排放的污水应进行脱氮除磷处理，为保证较高的脱氮除磷效果，初次沉淀池的处理效果不宜太高，以维持足够碳氮和碳磷的比例。通过函调返回资料统计分析，建议适当缩短初次沉淀池的沉淀时间。当沉淀池的有效水深为2.0m～4.0m时，初次沉淀池的沉淀时间为0.5h～2.0h，其相应的表面水力负荷为1.5m³/(m²·h)～4.5m³/(m²·h)；二次沉淀池活性污泥法后的沉淀时间为1.5h～4.0h，其相应的表面水力负荷为0.6m³/(m²·h)～1.5m³/(m²·h)。

沉淀池的污泥量是根据每人每日SS和BOD_5数值，按沉淀池沉淀效率经理论推算求得。

表12 表面水力负荷和沉淀时间取值范围

资料来源	沉淀时间(h)	表面水力负荷[m³/(m²·d)]	说 明
日本指南	1.5	35～70	分流制初次沉淀池
	0.5～3.0	25～50	合流制初次沉淀池
	4.0～5.0	20～30	二次沉淀池
美国十州标准	1.5～2.5	60～120	初次沉淀池
	2.0～3.5	37～49	二次沉淀池
	1.5～2.5	80～120	初次沉淀池
	2.0～3.5	40～64	二次沉淀池
德国ATV	0.5～0.8	2.5～4.0*	化学沉淀池
	0.5～1.0	2.5～4.0*	初次沉淀池
	1.7～2.5	0.8～1.5*	二次沉淀池

注：单位为m³/（m²·h）。

污泥含水率，按国内污水厂的实践数据制定。

6.5.2 关于沉淀池超高的规定。

沉淀池的超高按国内污水厂实践经验取0.3m～0.5m。

6.5.3 关于沉淀池有效水深的规定。

沉淀池的沉淀效率由池的表面积决定，与池深无多大关系，因此宁可采用浅池。但实际上若水深过浅，则因水流会引起污泥的扰动，使污泥上浮。温度、风等外界影响也会使沉淀效率降低。若水池过深，会造成投资增加。有效水深一般以2.0m～4.0m为宜。

6.5.4 规定采用污泥斗排泥的要求。

本条是根据国内实践经验制定，国外规范也有类似规定。每个泥斗分别设闸阀和排泥管，目的是便于控制排泥。

6.5.5 关于污泥区容积的规定。

本条是根据国内实践数据，并参照国外规范而制定。污泥区容积包括污泥斗和池底贮泥部分的容积。

6.5.6 关于排泥管直径的规定。

6.5.7 关于静水压力排泥的若干规定。

本条是根据国内实践数据，并参照国外规范而制定。

6.5.8 关于沉淀池出水堰最大负荷的规定。

参照国外资料，规定了出水堰最大负荷，各种类型的沉淀池都宜遵守。

6.5.9 关于撇渣设施的规定。

据调查，初次沉淀池和二次沉淀池出流处会有浮渣积聚，为防止浮渣随出水溢出，影响出水水质，应设撇除、输送和处置设施。

Ⅱ 沉 淀 池

6.5.10 关于平流沉淀池设计的规定。

1 长宽比和长深比的要求。长宽比过小，水流不易均匀平稳，过大会增加池中水平流速，二者都影响沉淀效率。长宽比值日本指南规定为3～5，英、美资料建议也是3～5，本规范规定为不宜小于4。长深比前苏联规范规定为8～12，本条规定为不宜小于8。池长不宜大于60m。

2 排泥机械行进速度的要求。据国内外资料介绍，链条刮板式的行进述度一般为0.3m/min～1.2m/min，通常为0.6m/min。

3 缓冲层高度的要求。参照前苏联规范制定。

4 池底纵坡的要求。设刮泥机时的池底纵坡不宜小于0.01。日本指南规定为0.01～0.02。

按表面水力负荷设计平流沉淀池时，可按水平流速进行校核。平流沉淀池的最大水平流速：初次沉淀池为7mm/s，二次沉淀池为5mm/s。

6.5.11 关于竖流沉淀池设计的规定。

1 径深比的要求。根据竖流沉淀池的流态特征，径深比不宜大于3。

2 中心管内流速不宜过大，防止影响沉淀区的沉淀作用。

3 中心管下口设喇叭口和反射板，以消除进入沉淀区的水流能量，保证沉淀效果。

6.5.12 关于辐流沉淀池设计的规定。

1 径深比的要求。根据辐流沉淀池的流态特征，径深比宜为6～12。日本指南和前苏联规范都规定为6～12，沉淀效果较好，本条文采用6～12。为减少风对沉淀效果的影响，池径宜小于50m。

2 排泥方式及排泥机械的要求。近年来，国内各地区设计的辐流沉淀池，其直径都较大，配有中心传动或周边驱动的桁架式刮泥机，已取得成功经验。故规定宜采用机械排泥。参照日本指南，规定排泥机械旋转速度为1r/h～3r/h，刮泥板的外缘线速度不大于3m/min。当池子直径较小，且无配套的排泥机械时，可考虑多斗排泥，但管理较麻烦。

Ⅲ 斜管（板）沉淀池

6.5.13 规定斜管（板）沉淀池的采用条件。

据调查，国内城镇污水厂采用斜管（板）沉淀池作为初次沉淀池和二次沉淀池，积有生产实践经验，认为在用地紧张，需要挖掘原有沉淀池的潜力，或需要压缩沉淀池面积等条件下，通过技术经济比较，可采用斜管（板）沉淀池。

6.5.14 关于升流式异向流斜管（板）沉淀池负荷的规定。

根据理论计算，升流式异向流斜管（板）沉淀池的表面水力负荷可比普通沉淀池大几倍，但国内污水厂多年生产运行实践表明，升流式异向流斜管（板）沉淀池的设计表面水力负荷不宜过大，不然沉淀效果不稳定，宜按普通沉淀池设计表面负荷的2倍计。据调查，斜管（板）二次沉淀池的沉淀效果不太稳定，为防止泛泥，本条规定对于斜管（板）二次沉淀池，应以固体负荷核算。

6.5.15 关于升流式异向流斜管（板）沉淀池设计的规定。

本条是根据国内污水厂斜管（板）沉淀池采用的设计参数和运行情况而做出的相应规定。

1 斜管孔径（或斜板净距）为45mm～100mm，一般为80mm，本条规定宜为80mm～100mm。

2 斜管（板）斜长宜为1.0m～1.2m。

3 斜管（板）倾角宜为60°。

4 斜管（板）区上部水深为0.5m～0.7m，本条规定宜为0.7m～1.0m。

5 底部缓冲层高度0.5m～1.2m，本条规定宜为1.0m。

6.5.16 规定斜管（板）沉淀池设冲洗设施的要求。

根据国内生产实践经验，斜管内和斜板上有积泥现象，为保证斜管（板）沉淀池的正常稳定运行，本条规定应设冲洗设施。

6.6 活性污泥法

Ⅰ 一 般 规 定

6.6.1 关于活性污泥处理工艺选择的规定。

外部环境条件，一般指操作管理要求，包括水量、水质、占地、供电、地质、水文、设备供应等。

6.6.2 关于运行方案的规定。

运行条件一般指进水负荷和特性，以及污水温度、大气温度、湿度、沙尘暴、初期运行条件等。

6.6.3 规定生物反应池的超高。

6.6.4 关于除泡沫的规定。

目前常用的消除泡沫措施有水喷淋和投加消泡剂等方法。

6.6.5 关于设置放水管的规定。

生物反应池投产初期采用间歇曝气培养活性污泥时，静沉后用作排除上清液。

6.6.6 规定廊道式生物反应池的宽深比和有效水深。

本条适用于推流式运行的廊道式生物反应池。生物反应池的池宽与水深之比为1～2，曝气装置沿一侧布置时，生物反应池混合液的旋流前进的水力状态较好。有效水深4.0m～6.0m是根据国内鼓风机的风压能力，并考虑尽量降低生物反应池占地面积而确定的。当条件许可时也可采用较大水深，目前国内一些大型污水厂采用的水深为6.0m，也有一些污水厂采用的水深超过6.0m。

6.6.7 关于生物反应池中好氧区（池）、缺氧区（池）、厌氧区（池）混合全池污水最小曝气量及最小搅拌功率的规定。

缺氧区（池）、厌氧区（池）的搅拌功率：在《污水处理新工艺与设计计算实例》一书中推荐取 $3W/m^3$，美国污水厂手册推荐取 $5W/m^3$～$8W/m^3$，中国市政工程西南设计研究院曾采用过 $2W/m^3$。本规范建议为 $2W/m^3$～$8W/m^3$。所需功率均以曝气器配置功率表示。

其他设计参数沿用原规范有关条文的数据。

6.6.8 关于低温条件的规定。

我国的寒冷地区，冬季水温一般在6℃～10℃，短时间可能为4℃～6℃；应核算污水处理过程中，低气温对污水温度的影响。

当污水温度低于10℃时，应按《寒冷地区污水活性污泥法处理设计规程》）CECS 111的有关规定修正设计计算数据。

6.6.9 关于入流方式的规定。

规定污水进入厌氧区（池）、缺氧区（池）时，采用淹没式入流方式的目的是避免引起复氧。

Ⅱ 传统活性污泥法

6.6.10 规定生物反应池的主要设计数据。

有关设计数据是根据我国污水厂回流污泥浓度一般为4g/L～8g/L的情况确定的。如回流污泥浓度不在上述范围时，可适当修正。当处理效率可以降低时、负荷可适当增大。当进水五日生化需氧量低于一般城镇污水时，负荷尚应适当减小。

生物反应池主要设计数据中，容积负荷 L_V 与污泥负荷 L_S 和污泥浓度 X 相关；同时又必须按生物反应池实际运行规律来确定数据，即不可无依据地将本规范规定的 L_S 和 X 取端值相乘以确定最大的容积负荷 L_V。

Q 为反应池设计流量，不包括污泥回流量。

X 为反应池内混合液悬浮固体MLSS的平均浓度，它适用于推流式、完全混合式生物反应池。吸附再生反应池的 X，是根据吸附区的混合液悬浮固体和再生区的混合液悬浮固体，按这两个区的容积进行加权平均得出的理论数据。

6.6.11 规定生物反应池容积的计算公式。

污泥负荷计算公式中，原来是按进水五日生化需氧量计算，现在修改为按去除的五日生化需氧量计算。

由于目前很少采用按容积负荷计算生物反应池的容积，因此将原规范中按容积负荷计算的公式列入条文说明中以备方案校核、比较时参考使用，以及采用容积负荷指标时计算容积之用。按容积负荷计算生物反应池的容积时，可采用下式：

$$V=\frac{24S_oQ}{1000L_V}$$

式中：L_V——生物反应池的五日生化需氧量容积负荷，$kgBOD_5/(m^3\cdot d)$。

6.6.12 关于衰减系数的规定。

衰减系数 K_d 值与温度有关，列出了温度修正公式。

6.6.13 关于生物反应池始端设置缺氧选择区（池）或厌氧选择区（池）的规定。

其作用是改善污泥性质，防止污泥膨胀。

6.6.14 关于阶段曝气生物反应池的规定。

本条是根据国内外有关阶段曝气法的资料而制定。阶段曝气的特点是污水沿池的始端1/2～3/4长度内分数点进入（即进水口分布在两廊道生物反应池的第一条廊道内，三廊道生物反应池的前两条廊道内，四廊道生物反应池的前三条廊道内），尽量使反应池混合液的氧利用率接近均匀，所以容积负荷比普通生物反应池大。

6.6.15 关于吸附再生生物反应池的规定。

根据国内污水厂的运行经验，参照国外有关资料，规定吸附再生生物反应池吸附区和再生区的容积和停留时间。它的特点是回流污泥先在再生区作较长时间的曝气，然后与污水在吸附区充分混合，作较短时间接触，但一般不小于0.5h。

6.6.16 关于合建式完全混合生物反应池的规定。

1 据资料介绍，一般生物反应池的平均耗氧速率为30mg/（L·h）～40mg/（L·h）。根据对上海某污水厂和湖北某印染厂污水站的生物反应池回流缝处测定实际的溶解氧，表明污泥室的溶解氧浓度不一定能满足生物反应池所需的耗氧速率，为安全计，合建式完全混合反应池曝气部分的容积包括导流区，但不包括污泥室容积。

2 根据国内运行经验，沉淀区的沉淀效果易受曝气区的影响。为了保证出水水质，沉淀区表面水力负荷宜为 $0.5m^3/(m^2\cdot h)$～$1.0m^3/(m^2\cdot h)$。

Ⅲ 生物脱氮、除磷

6.6.17 关于生物脱氮、除磷系统污水的水质规定。

1 污水的五日生化需氧量与总凯氏氮之比是影响脱氮效果的重要因素之一。异养性反硝化菌在呼吸时，以有机基质作为电子供体，硝态氮作为电子受体，即反硝化时需消耗有机物。青岛等地污水厂运行实践表明，当污水中五日生化需氧量与总凯氏氮之比大于4时，可达理想脱氮效果；五日生化需氧量与总凯氏氮之比小于4时，脱氮效果不好。五日生化需氧量与总凯氏氮之比过小时，需外加碳源才能达到理想的脱氮效果。外加碳源可采用甲醇，它被分解后产生二氧化碳和水，不会留下任何难以分解的中间产物。由于城镇污水水量大，外加甲醇的费用较大，有些污水厂将淀粉厂、制糖厂、酿造厂等排出的高浓度有机废水作为外加碳源，取得了良好效果。当五日生化需氧量与总凯氏氮之比为 4 或略小于 4 时，可不设初次沉淀池或缩短污水在初次沉淀池中的停留时间，以增大进生物反应池污水中五日生化需氧量与氮的比值。

2 生物除磷由吸磷和放磷两个过程组成，积磷菌在厌氧放磷时，伴随着溶解性可快速生物降解的有机物在菌体内储存。若放磷时无溶解性可快速生物降解的有机物在菌体内储存，则积磷菌在进入好氧环境中并不吸磷，此类放磷为无效放磷。生物脱氮和除磷都需有机碳，在有机碳不足，尤其是溶解性可快速生物降解的有机碳不足时，反硝化菌与积磷菌争夺碳源，会竞争性地抑制放磷。

污水的五日生化需氧量与总磷之比是影响除磷效果的重要因素之一。若比值过低，积磷菌在厌氧池放磷时释放的能量不能很好地被用来吸收和贮藏溶解性有机物，影响该类细菌在好氧池的吸磷，从而使出水磷浓度升高。广州地区的一些污水厂，在五日生化需氧量与总磷之比为 17 及以上时，取得了良好的除磷效果。

3 若五日生化需氧量与总凯氏氮之比小于 4，则难以完全脱氮而导致系统中存在一定的硝态氮的残余量，这样即使污水中五日生化需氧量与总磷之比大于 17，其生物除磷的效果也将受到影响。

4 一般地说，积磷菌、反硝化菌和硝化细菌生长的最佳 pH 值在中性或弱碱性范围，当 pH 值偏离最佳值时，反应速度逐渐下降，碱度起着缓冲作用。污水厂生产实践表明，为使好氧池的 pH 值维持在中性附近，池中剩余总碱度宜大于 70mg/L。每克氨氮氧化成硝态氮需消耗 7.14g 碱度，大大消耗了混合液的碱度。反硝化时，还原 1g 硝态氮成氮气，理论上可回收 3.57g 碱度，此外，去除 1g 五日生化需氧量可以产生 0.3g 碱度。出水剩余总碱度可接下式计算，剩余总碱度＝进水总碱度＋0.3×五日生化需氧量去除量＋3×反硝化脱氮量－7.14×硝化氮量，式中 3 为美国 EPA（美国环境保护署）推荐的还原 1g 硝态氮可回收 3g 碱度。当进水碱度较小，硝化消耗碱度后，好氧池剩余碱度小于 70mg/L，可增加缺氧池容积，以增加回收碱度量。在要求硝化的氨氮量较多时，可布置成多段缺氧/好氧形式。在该形式下，第一个好氧池仅氧化部分氨氮，消耗部分碱度，经第二个缺氧池回收碱度后再进入第二个好氧池消耗部分碱度，这样可减少对进水碱度的需要量。

6.6.18 关于生物脱氮的规定。

生物脱氮由硝化和反硝化两个生物化学过程组成。氨氮在好氧池中通过硝化细菌作用被氧化成硝态氮，硝态氮在缺氧池中通过反硝化菌作用被还原成氮气逸出。硝化菌是化能自养菌，需在好氧环境中氧化氨氮获得生长所需能量；反硝化菌是兼性异养菌，它们利用有机物作为电子供体，硝态氮作为电子最终受体，将硝态氮还原成气态氮。由此可见，为了发生反硝化作用，必须具备下列条件：①有硝态氮；②有有机碳；③基本无溶解氧（溶解氧会消耗有机物）。为了有硝态氮，处理系统应采用较长泥龄和较低负荷。缺氧/好氧法可满足上述要求，适于脱氮。

1 缺氧/好氧生物反应池的容积计算，可采用本规范第 6.6.11 条生物去除碳源污染物的计算方法。根据经验，缺氧区（池）的水力停留时间宜为0.5h～3h。

2 式（6.6.18-1）介绍了缺氧池容积的计算方法，式中 0.12 为微生物中氮的分数。反硝化速率 K_{de} 与混合液回流比、进水水质、温度和污泥中反硝化菌的比例等因素有关。混合液回流量大，带入缺氧池的溶解氧多，K_{de} 取低值；进水有机物浓度高且较易生物降解时，K_{de} 取高值。

温度变化可用式（6.6.18-2）修正，式中 1.08 为温度修正系数。

由于原污水总悬浮固体中的一部分沉积到污泥中，结果产生的污泥将大于由有机物降解产生的污泥，在许多不设初次沉淀池的处理工艺中更甚。因此，在确定污泥总产率系数时，必须考虑原污水中总悬浮固体的含量，否则，计算所得的剩余污泥量往往偏小。污泥总产率系数随温度、泥龄和内源衰减系数变化而变化，不是一个常数。对于某种生活污水，有初次沉淀池和无初次沉淀池时，泥龄-污泥总产率曲线分别示于图 2 和图 3。

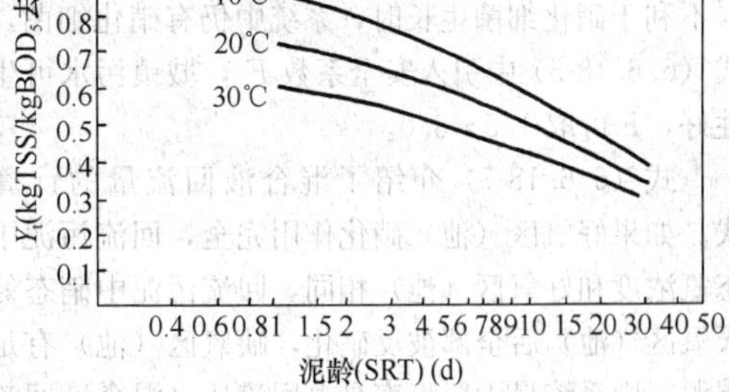

图 2 有初次沉淀池时泥龄-污泥总产率系数曲线

注：有初次沉淀池，TSS 去除 60%，初次沉淀池出流中有 30%的惰性物质，原污水的 COD/BOD_5 为 1.5～2.0，TSS/BOD_5 为 0.8～1.2。

TSS/BOD_5 反映了原污水中总悬浮固体与五日生化需氧量之比，比值大，剩余污泥量大，即 Y_t 值大。泥龄 θ_c 影响污泥的衰减，泥龄长，污泥衰减多，即 Y_t 值小。温度影响污泥总产率系数，温度高，Y_t 值小。

式（6.6.18-4）介绍了好氧区（池）容积的计算公式。式（6.6.18-6）为计算硝化细菌比生长速率的公式，0.47 为 15℃ 时硝化细菌最大比生长速率；硝化作用中氮的半速率常数 K_n 是硝化细菌比生长速率等于硝化细菌最大比生长速率一半时氮的浓度，K_n

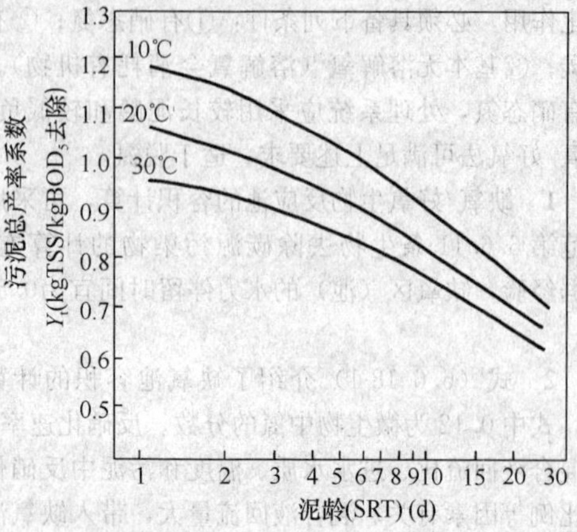

图 3　无初次沉淀池时泥龄-污泥总产率系数曲线

注：无初次沉淀池，TSS/BOD_5＝1.0，TSS 中惰性固体占 50%。

的典型值为 1.0mg/L；$e^{0.098(T-15)}$ 是温度校正项。假定好氧区（池）混合液进入二次沉淀池后不发生硝化反应，则好氧区（池）氨氮浓度与二次沉淀池出水氨氮浓度相等，式（6.6.18-6）中好氧区（池）氨氮浓度 N_a 可根据排放要求确定。自养硝化细菌比异养菌的比生长速率小得多，如果没有足够长的泥龄，硝化细菌就会从系统中流失。为了保证硝化发生，泥龄须大于 $1/\mu$。在需要硝化的场合，以泥龄作为基本设计参数是十分有利的。式（6.6.18-6）是从纯种培养试验中得出的硝化细菌比生长速率。为了在环境条件变得不利于硝化细菌生长时，系统中仍有硝化细菌，在式（6.6.18-5）中引入安全系数 F，城镇污水可生化性好，F 可取 1.5～3.0。

式（6.6.18-7）介绍了混合液回流量的计算公式。如果好氧区（池）硝化作用完全，回流污泥中硝态氮浓度和好氧区（池）相同，回流污泥中硝态氮进厌氧区（池）后全部被反硝化，缺氧区（池）有足够碳源，则系统最大脱氮率是总回流比（混合液回流量加上回流污泥量与进水流量之比）r 的函数，$r=(Q_{Ri}+Q_R)/Q$，最大脱氮率＝$r/(1+r)$。由公式可知，增大总回流比可提高脱氮效果，但是，总回流比为 4 时，再增加回流比，对脱氮效果的提高不大。总回流比过大，会使系统由推流式趋于完全混合式，导致污泥性状变差；在进水浓度较低时，会使缺氧区（池）氧化还原电位（ORP）升高，导致反硝化速率降低。上海市政工程设计研究院观察到总回流比从 1.5 上升到 2.5，ORP 从 －218mV 上升到 －192mV，反硝化速率从 0.08kgNO_3/（kgVSS·d）下降到 0.038kgNO_3/（kgVSS·d）。回流污泥量的确定，除计算外，还应综合考虑提供硝酸盐和反硝化速率等方面的因素。

3　在设计中虽然可以从参考文献中获得一些动力学数据，但由于污水的情况千差万别，因此只有试验数据才最符合实际情况，有条件时应通过试验获取数据。若无试验条件时，可通过相似水质、相似工艺的污水厂，获取数据。生物脱氮时，由于硝化细菌世代时间较长，要取得较好脱氮效果，需较长泥龄。以脱氮为主要目标时，泥龄可取 11d～23d。相应的五日生化需氧量污泥负荷较低、污泥产率较低、需氧量较大，水力停留时间也较长。表 6.6.18 所列设计参数为经验数据。

6.6.19　关于生物除磷的规定。

生物除磷必须具备下列条件：①厌氧（无硝态氮）；②有机碳。厌氧/好氧法可满足上述要求，适于除磷。

1　厌氧/好氧生物反应池的容积计算，根据经验可采用本规范第 6.6.11 条生物去除碳源污染物的计算方法，并根据经验确定厌氧和好氧各段的容积比。

2　在厌氧区（池）中先发生脱氮反应消耗硝态氮，然后积磷菌释放磷，释磷过程中释放的能量可用于其吸收和贮藏溶解性有机物。若厌氧区（池）停留时间小于 1h，磷释放不完全，会影响磷的去除率，综合考虑除磷效率和经济性，规定厌氧区（池）停留时间为 1h～2h。在只除磷的厌氧/好氧系统中，由于无硝态氮和积磷菌争夺有机物，厌氧池停留时间可取下限。

3　活性污泥中积磷菌在厌氧环境中会释放出磷，在好氧环境中会吸收超过其正常生长所需的磷。通过排放富磷剩余污泥，可比普通活性污泥法从污水中去除更多的磷。由此可见，缩短泥龄，即增加排泥量可提高磷的去除率。以除磷为主要目的时，泥龄可取 3.5d～7.0d。表 6.6.19 所列设计参数为经验数据。

4　除磷工艺的剩余污泥在污泥浓缩池中浓缩时会因厌氧放出大量磷酸盐，用机械法浓缩污泥可缩短浓缩时间，减少磷酸盐析出量。

5　生物除磷工艺的剩余活性污泥厌氧消化时会产生大量灰白色的磷酸盐沉积物，这种沉积物极易堵堵管道。青岛某污水厂采用 AAO（又称 A^2O）工艺处理污水，该厂在消化池出泥管、后浓缩池进泥管、后浓缩池上清液管道和污泥脱水后滤液管道中均发现灰白色沉积物，弯管处尤甚，严重影响了正常运行。这种灰白色沉积物质地坚硬，不溶于水；经盐酸浸泡，无法去除。该厂在这些管道的转弯处增加了法兰，还拟对消化池出泥管进行改造，将原有的内置式管道改为外部管道，便于经常冲洗保养。污泥脱水滤液和第二级消化池上清液，磷浓度十分高，如不除磷，直接回到集水池，则磷从水中转移到泥中，再从泥中转移到水中，只是在处理系统中循环，严重影响了磷的去除效率。这类磷酸盐宜采用化学法去除。

6.6.20　关于生物同时脱氮除磷的规定。

生物同时脱氮除磷，要求系统具有厌氧、缺氧和好氧环境。厌氧/缺氧/好氧法可满足这一条件。

脱氮和除磷是相互影响的。脱氮要求较低负荷和较长泥龄，除磷却要求较高负荷和较短泥龄。脱氮要求有较多硝酸盐供反硝化，而硝酸盐不利于除磷。设计生物反应池各区（池）容积时，应根据氮、磷的排放标准等要求，寻找合适的平衡点。

脱氮和除磷对泥龄、污泥负荷和好氧停留时间的要求是相反的。在需同时脱氮除磷时，综合考虑泥龄的影响后，可取10d～20d。本规范表6.6.20所列设计参数为经验数据。

AAO（又称 A^2O）工艺中，当脱氮效果好时，除磷效果较差。反之亦然，不能同时取得较好的效果。针对这些存在的问题，可对工艺流程进行变形改进，调整泥龄、水力停留时间等设计参数，改变进水和回流污泥等布置形式，从而进一步提高脱氮除磷效果。图4为一些变形的工艺流程。

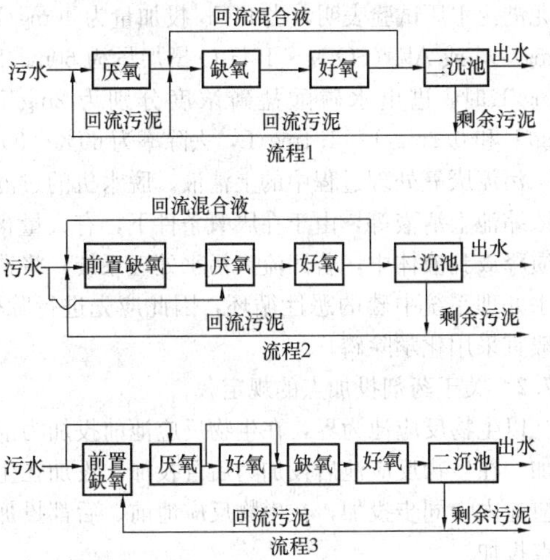

图4 一些变形的工艺流程

Ⅳ 氧化沟

6.6.21 关于可不设初次沉淀池的规定。

由于氧化沟多用于长泥龄的工艺，悬浮状有机物可在氧化沟内得到部分稳定，故可不设初次沉淀池。

6.6.22 关于氧化沟前设厌氧池的规定。

氧化沟前设置厌氧池可提高系统的除磷功能。

6.6.23 关于设置配水井的规定。

在交替式运行的氧化沟中，需设置进水配水井，井内设闸或溢流堰，按设计程序变换进出水水流方向；当有两组及其以上平行运行的系列时，也需设置进水配水井，以保证均匀配水。

6.6.24 关于与二次沉淀池分建或合建的规定。

按构造特征和运行方式的不同，氧化沟可分为多种类型，其中有连续运行、与二次沉淀池分建的氧化沟，如Carrousel型多沟串联系统氧化沟、Orbal同心圆或椭圆形氧化沟、DE型交替式氧化沟等；也有集曝气、沉淀于一体的氧化沟，又称合建式氧化沟，如船式一体化氧化沟、T型交替式氧化沟等。

6.6.25 关于延时曝气氧化沟的主要设计参数的规定。

6.6.26 关于氧化沟进行脱氮除磷的规定。

6.6.27 关于氧化沟进出水布置和超高的规定。

进水和回流污泥从缺氧区首端进入，有利于反硝化脱氮。出水宜在充氧器后的好氧区，是为了防止二次沉淀池中出现厌氧状态。

6.6.28 关于有效水深的规定。

随着曝气设备不断改进，氧化沟的有效水深也在变化。过去，一般为0.9m～1.5m；现在，当采用转刷时，不宜大于3.5m；当采用转碟、竖轴表曝机时，不宜大于4.5m。

6.6.29 关于导流墙、隔流墙的规定。

6.6.30 关于曝气设备安装部位的规定。

6.6.31 关于走道板和工作平台的规定。

6.6.32 关于平均流速的规定。

为了保证活性污泥处于悬浮状态，国内外普遍采用沟内平均流速0.25m/s～0.35m/s。日本指南规定，沟内平均流速为0.25m/s，本规范规定宜大于0.25m/s。为改善沟内流速分布，可在曝气设备上、下游设置导流墙。

6.6.33 关于自动控制的规定。

氧化沟自动控制系统可采用时间程序控制，也可采用溶解氧或氧化还原电位（ORP）控制。在特定位置设置溶解氧探头，可根据池中溶解氧浓度控制曝气设备的开关，有利于满足运行要求，且可最大限度地节约动力。

对于交替运行的氧化沟，宜设置溶解氧控制系统，控制曝气转刷的连续、间歇或变速转动，以满足不同阶段的溶解氧浓度要求或根据设定的模式进行运行。

Ⅴ 序批式活性污泥法（SBR）

6.6.34 关于设计污水量的规定。

由于进水时可均衡水量变化，且反应池对水质变化有较大的缓冲能力，故规定反应池的设计污水量为平均日污水量。为顺利输送污水并保证处理效果，对反应池前后的水泵、管道等输水设施做出按最高日最高时污水量设计的规定。

6.6.35 关于反应池数量的规定。

考虑到清洗和检修等情况，SBR反应池的数量不宜少于2个。但水量较小（小于 $500m^3/d$）时，设2个反应池不经济，或当投产初期污水量较小、采用低负荷连续进水方式时，可建1个反应池。

6.6.36 规定反应池容积的计算公式。

6.6.37 规定污泥负荷的选用范围。

除负荷外，充水比和周期数等参数均对脱氮除磷有影响，设计时，要综合考虑各种因素。

6.6.38 关于SBR工艺各工序时间的规定。

SBR工艺是按周期运行的，每个周期包括进水、反应（厌氧、缺氧、好氧）、沉淀、排水和闲置五个工序，前四个工序是必需工序。

进水时间指开始向反应池进水至进水完成的一段时间。在此期间可根据具体情况进行曝气（好氧反应）、搅拌（厌氧、缺氧反应）、沉淀、排水或闲置。若一个处理系统有 n 个反应池，连续地将污水流入各个池内，依次对各池污水进行处理，假设在进水工序不进行沉淀和排水，一个周期的时间为 t，则进水时间应为 t/n。

非好氧反应时间内，发生反硝化反应及放磷反应。运行时可增减闲置时间调整非好氧反应时间。

式（6.6.38-2）中充水比的含义是每个周期进水体积与反应池容积之比。充水比的倒数减1，可理解为回流比；充水比小，相当于回流比大。要取得较好的脱氮效果，充水比要小；但充水比过小，反而不利，可参见本规范条文说明6.6.18。

排水目的是排除沉淀后的上清液，直至达到开始向反应池进水时的最低水位。排水可采用滗水器，所用时间由滗水器的能力决定。排水时间可通过增加滗水器台数或加大溢流负荷来缩短。但是，缩短了排水时间将增加后续处理构筑物（如消毒池等）的容积和增大排水管管径。综合两者关系，排水时间宜为1.0h～1.5h。

闲置不是一个必需的工序，可以省略。在闲置期间，根据处理要求，可以进水、好氧反应、非好氧反应以及排除剩余污泥等。闲置时间的长短由进水流量和各工序的时间安排等因素决定。

6.6.39 规定每天的运行周期数。

为了便于运行管理，做此规定。

6.6.40 关于导流装置的规定。

由于污水的进入会搅动活性污泥，此外，若进水发生短流会造成出水水质恶化，因此应设置导流装置。

6.6.41 关于反应池池形的规定。

矩形反应池可布置紧凑，占地少。水深应根据鼓风机出风压力确定。如果反应池水深过大，排出水的深度相应增大，则固液分离所需时间就长。同时，受滗水器结构限制，滗水不能过多；如果反应池水深过小，由于受活性污泥界面以上最小水深（保护高度）限制，排出比小，不经济。综合以上考虑，规定完全混合型反应池水深宜为4.0m～6.0m。连续进水时，如反应池长宽比过大，流速大，会带出污泥；长宽比过小，会因短流而造成出水水质下降，故长宽比宜为2.5：1～4：1。

6.6.42 关于事故排水装置的规定。

滗水器故障时，可用事故排水装置应急。固定式排水装置结构简单，十分适合作事故排水装置。

6.6.43 关于浮渣的规定。

由于SBR工艺一般不设初次沉淀池，浮渣和污染物会流入反应池。为了不使反应池水面上的浮渣随处理水一起流出，首先应设沉砂池、除渣池（或极细格栅）等预处理设施，其次应采用有挡板的滗水器。反应池应有撇渣机等浮渣清除装置，否则反应池表面会积累浮渣，影响环境和处理效果。

6.7 化学除磷

6.7.1 关于化学除磷应用范围的规定。

《城镇污水处理厂污染物排放标准》GB 18918规定的总磷的排放标准：当达到一级A标准时，在2005年12月31日前建设的污水厂为1mg/L，2006年1月1日起建设的污水厂为0.5mg/L。一般城镇污水经生物除磷后，较难达到后者的标准，故可辅以化学除磷，以满足出水水质的要求。

强化一级处理，可去除污水中绝大部分磷。上海白龙港污水厂试验表明，当 $FeCl_3$ 投加量为40mg/L～80mg/L，或 $Al_2(SO_4)_3 \cdot 18H_2O$ 投加量为60mg/L～80mg/L时，进出水磷酸盐磷浓度分别为2mg/L～9mg/L和0.2mg/L～1.1mg/L，去除率为60%～95%。

污泥厌氧处理过程中的上清液、脱水机的过滤液和浓缩池上清液等，由于在厌氧条件下，有大量含磷物质释放到液体中，若回流入污水处理系统，将造成污水处理系统中磷的恶性循环，因此应先进行除磷，一般宜采用化学除磷。

6.7.2 关于药剂投加点的规定。

以生物反应池为界，在生物反应池前投加为前置投加，在生物反应池后投加为后置投加，投加在生物反应池内为同步投加，在生物反应池前、后都投加为多点投加。

前置投加点在原污水处，形成沉淀物与初沉污泥一起排除。前置投加的优点是还可去除相当数量的有机物，因此能减少生物处理的负荷。后置投加点是在生物处理之后，形成的沉淀物通过另设的固液分离装置进行分离，这一方法的出水水质好，但需增建固液分离设施。同步投加点为初次沉淀池出水管道或生物反应池内，形成的沉淀物与剩余污泥一起排除。多点投加点是在沉砂池、生物反应池和固液分离设施等位置投加药剂，其可以降低投药总量，增加运行的灵活性。由于pH值的影响，不可采用石灰作混凝剂。在需要硝化的场合，要注意铁、铝对硝化菌的影响。

6.7.3 关于药剂种类、剂量和投加点宜根据试验确定的规定。

由于污水水质和环境条件各异，因而宜根据试验确定最佳药剂种类、剂量和投加点。

6.7.4 关于化学除磷药剂的规定。

铝盐有硫酸铝、铝酸钠和聚合铝等，其中硫酸铝较常用。铁盐有三氯化铁、氯化亚铁、硫酸铁和硫酸亚铁等，其中三氯化铁最常用。

采用铝盐或铁盐除磷时，主要生成难溶性的磷酸铝或磷酸铁，其投加量与污水中总磷量成正比。可用于生物反应池的前置、后置和同步投加。采用亚铁盐需先氧化成铁盐后才能取得最大除磷效果，因此其一般不作为后置技加的混凝剂，在前置投加时，一般投加在曝气沉砂池中，以使亚铁盐迅速氧化成铁盐。采用石灰除磷时，生成$Ca_5(PO_4)_3OH$沉淀，其溶解度与pH值有关，因而所需石灰量取决于污水的碱度，而不是含磷量。石灰作混凝剂不能用于同步除磷，只能用于前置或后置除磷。石灰用于前置除磷后污水pH值较高，进生物处理系统前需调节pH值；石灰用于后置除磷时，处理后的出水必须调节pH值才能满足排放要求；石灰还可用于污泥厌氧释磷池或污泥处理过程中产生的富磷上清液的除磷。用石灰除磷，污泥量较铝盐或铁盐大很多，因而很少采用。加入少量阴离子、阳离子或阴阳离子聚合电解质，如聚丙烯酰胺（PAM），作为助凝剂，有利于分散的游离金属磷酸盐絮体混凝和沉淀。

6.7.5 关于铝盐或铁盐作混凝剂时，投加量的规定。

理论上，三价铝和铁离子与等摩尔磷酸反应生成磷酸铝和磷酸铁。由于污水中成分极其复杂，含有大量阴离子，铝、铁离子会与它们反应，从而消耗混凝剂，根据经验投加时其摩尔比宜为1.5～3。

6.7.6 关于应考虑污泥量的规定。

化学除磷时会产生较多的污泥。采用铝盐或铁盐作混凝剂时，前置投加，污泥量增加40%～75%；后置投加，污泥量增加20%～35%；同步投加，污泥量增加15%～50%。采用石灰作混凝剂时，前置投加，污泥量增加150%～500%；后置投加，污泥量增加130%～145%。

6.7.7 规定了接触腐蚀性物质的设备应采取防腐蚀措施。

三氯化铁、氯化亚铁、硫酸铁和硫酸亚铁都具有很强的腐蚀性；硫酸铝固体在干燥条件下没有腐蚀性，但硫酸铝液体却有很强的腐蚀性，故做此规定。

6.8 供氧设施

Ⅰ 一般规定

6.8.1 规定生物反应池供氧设施的功能和曝气方式。

供氧设施的功能应同时满足污水需氧量、活性污泥与污水的混合和相应的处理效率等要求。

6.8.2 规定污水需氧量的计算公式。

公式右边第一项为去除含碳污染物的需氧量，第二项为剩余污泥氧当量，第三项为氧化氨氮需氧量，第四项为反硝化脱氮回收的氧量。若处理系统仅为去除碳源污染物则b为零，只计第一项和第二项。

总凯氏氮（TKN）包括有机氮和氨氮。有机氮可通过水解脱氨基而生成氨氮，此过程为氨化作用。氨化作用对氮原子而言化合价不变，并无氧化还原反应发生。故采用氧化1kg氨氮需4.57kg氧来计算TKN降低所需要的氧量。

反硝化反应可采用下列公式表示：

$$5C+2H_2O+4NO_3^- \rightarrow 2N_2+4OH^-+5CO_2$$

由此可知：4个NO_3^-还原成2个N_2，可使5个有机碳氧化成CO_2，相当于耗去5个O_2，而从反应式$4NH_4^+ + 8O_2 \rightarrow 4NO_3^- + 8H^+ + 4H_2O$可知，4个氨氮氧化成4个$NO_3^-$需消耗8个$O_2$，故反硝化时氧的回收率为5/8=0.62。

1.42为细菌细胞的氧当量，若用$C_5H_7NO_2$表示细菌细胞，则氧化1个$C_5H_7NO_2$分子需5个氧分子，即160/113=1.42（$kgO_2/kgVSS$）。

含碳物质氧化的需氧量，也可采用经验数据，参照国内外研究成果和国内污水厂生物反应池污水需氧量数据，综合分析为去除1kg五日生化需氧量需0.7kg～1.2kgO_2。

6.8.3 规定生物反应池标准状态下污水需氧量的计算。

同一曝气器在不同压力、不同水温、不同水质时性能不同，曝气器的充氧性能数据是指单个曝气器标准状态下之值（即0.1MPa，20℃清水）。生物反应池污水需氧量，不是0.1MPa20℃清水中的需氧量，为了计算曝气器的数量，必须将污水需氧量换成标准状态下的值。

6.8.4 规定空气供气量的计算公式。

6.8.5 规定选用空气曝气系统中曝气器的原则。

6.8.6 规定曝气器数量的计算方法及应考虑的事项。

6.8.7 规定曝气器的布置方式。

20世纪70年代前曝气器基本是在水池一侧布置，近年来多为满池布置。沿池长分段渐减布置，效果更佳。

6.8.8 规定采用表面曝气器供氧的要求。

叶轮使用应与池型相匹配，才可获得良好的效果，根据国内外运行经验作了相应的规定：

1 叶轮直径与生物反应池直径之比，根据国内运行经验，较小直径的泵型叶轮的影响范围达不到叶轮直径的4倍，故适当调整为1∶3.5～1∶7。

2 根据国内实际使用情况，叶轮线速度在3.5m/s～5.0m/s范围内，效果较好。小于3.5m/s，提升效果降低，故本条规定为3.5m/s～5.0m/s。

3 控制叶轮供氧量的措施，根据国内外的运行经验，一般有调节叶轮速度、控制生物反应池出口水位和升降叶轮改变淹没水深等。

6.8.9 规定采用机械曝气设备充氧能力的原则。

目前多数曝气叶轮、转刷、转碟和各种射流曝气器均为非标准型产品，该类产品的供氧能力应根据测定资料或相关技术资料采用。

6.8.10 规定选用供氧设施时，应注意的内容。

本条是根据近几年设计、运行管理经验而提出的。

6.8.11 规定鼓风机房的设置方式及机房内的主要设施。

目前国内有露天式风机站，根据多年运行经验，考虑鼓风机的噪声影响及操作管理的方便，规定污水厂一般宜设置独立鼓风机房，并设置辅助设施。离心式鼓风机需设冷却装置，应考虑设置的位置。

6.8.12 规定鼓风机选型的基本原则。

目前在污水厂中常用的鼓风机有单级高速离心式鼓风机，多级离心式鼓风机和容积式罗茨鼓风机。

离心式鼓风机噪声相对较低。调节风量的方法，目前大多采用在进口调节，操作简便。它的特性是压力条件及气体相对密度变化时对送风量及动力影响很大，所以应考虑风压和空气温度的变动带来的影响。离心式鼓风机宜用于水深不变的生物反应池。

罗茨鼓风机的噪声较大。为防止风压异常上升，应设置防止超负荷的装置。生物反应池的水深在运行中变化时，采用罗茨鼓风机较为适用。

6.8.13 规定污泥气(沼气)鼓风机布置应考虑的事项。

6.8.14 规定计算鼓风机工作压力时应考虑的事项。

6.8.15 规定确定工作和备用鼓风机数量的原则。

工作鼓风机台数，按平均风量配置时，需加设备用鼓风机。根据污水厂管理部门的经验，一般认为如按最大风量配置工作鼓风机时，可不设备用机组。

6.8.16 规定了空气除尘器选择的原则。

气体中固体微粒含量，罗茨鼓风机不应大于 $100mg/m^3$，离心式鼓风机不应大于 $10mg/m^3$。微粒最大尺寸不应大于气缸内各相对运动部件的最小工作间隙之半。空气曝气器对空气除尘也有要求，钟罩式、平板式微孔曝气器，固体微粒含量应小于 $15mg/m^3$；中大气泡曝气器可采用粗效除尘器。

在进风口设置的防止在过滤器上冻结冰霜的措施，一般是加热处理。

6.8.17 规定输气管道管材的基本要求。

6.8.18 关于鼓风机输气管道的规定。

6.8.19 关于生物反应池输气管道的布置规定。

生物反应池输气干管，环状布置可提高供气的安全性。为防止鼓风机突然停止运转，使池内水回灌进入输气管中，规定了应采取的措施。

6.8.20 规定鼓风机房内机组布置和起重设备的设计标准。

鼓风机机组布置宜符合本规范第 5.4.7 条对水泵机组布置的规定；鼓风机房起重设备宜符合本规范第 5.4.9 条对泵房起重设备的规定。

6.8.21 规定大中型鼓风机基础设置原则。

为了发生振动时，不影响鼓风机房的建筑安全，做此规定。

6.8.22 规定鼓风机房设计应遵守的噪声标准。

降低噪声污染的主要措施，应从噪声源着手，特别是选用低噪声鼓风机，再配以消声措施。

6.9 生物膜法

Ⅰ 一般规定

6.9.1 规定了生物膜法的适用范围。

生物膜法目前国内均用于中小规模的污水处理，根据《城市污水处理工程项目建设标准》的规定，一般适用于日处理污水量在Ⅲ类以下规模的二级污水厂。该工艺具有抗冲击负荷、易管理、处理效果稳定等特点。生物膜法包括浸没式生物膜法（生物接触氧化池、曝气生物滤池）、半浸没式生物膜法（生物转盘）和非浸没式生物膜法（高负荷生物滤池、低负荷生物滤池、塔式生物滤池）等。其中浸没式生物膜法具有占地面积小，五日生化需氧量容积负荷高，运行成本低，处理效率高等特点，近年来在污水二级处理中被较多采用。半浸没式、非浸没式生物膜法最大特点是运行费用低，约为活性污泥法的1/3～1/2，但卫生条件较差及处理程度较低，占地较大，所以阻碍了其发展，可因地制宜采用。

6.9.2 关于生物膜法工艺应用的规定。

生物膜法在污水二级处理中可以适应高浓度或低浓度污水，可以单独应用，也可以与其他生物处理工艺组合应用，如上海某污水处理厂采用厌氧生物反应池、生物接触氧化池和生物滤池组合工艺处理污水。

6.9.3 关于生物膜法前处理的规定。

国内外资料表明，污水进入生物膜处理构筑物前，应进行沉淀处理，以尽量减少进水的悬浮物质，从而防止填料堵塞，保证处理构筑物的正常运行。当进水水质或水量波动大时，应设调节池，停留时间根据一天中水量或水质波动情况确定。

6.9.4 关于生物膜法的处理构筑物采取防冻、防臭和灭蝇等措施的规定。

在冬季较寒冷的地区应采取防冻措施，如将生物转盘设在室内。

生物膜法处理构筑物的除臭一般采用生物过滤法、湿式吸收氧化法去除硫化氢等恶臭气体。塔式生物滤池可采用顶部喷淋，生物转盘可以从水槽底部进水的方法减少臭气。

生物滤池易孳生滤池蝇，可定期关闭滤池出口阀门，让滤池填料淹水一段时间，杀死幼蝇。

Ⅱ 生物接触氧化池

6.9.5 关于生物接触氧化池布置形式的原则规定。

污水经初次沉淀池处理后可进一段接触氧化池，也可进两段或两段以上串联的接触氧化池，以达到较高质量的处理水。

6.9.6 关于生物接触氧化池填料布置的规定。

填料床的填料层高度应结合填料种类、流程布置等因素确定。每层厚度由填料品种确定，一般不宜超过1.5m。

6.9.7 规定生物接触氧化池填料的选用原则。

目前国内常用的填料有：整体型、悬浮型和悬挂型，其技术性能见表13。

表13 常用填料技术性能

项目 \ 填料名称	整体型：立体网状	整体型：蜂窝直管	悬浮型：ϕ50×50mm柱状	悬浮型：内置式悬浮填料	悬挂型：半软性填料	悬挂型：弹性立体填料
比表面积（m^2/m^3）	50～110	74～100	278	650～700	80～120	116～133
空隙率（%）	95～99	99～98	90～97	内置纤维束数 12束/个≥40g/个 纤维束重量 1.6g/个～2.0g/个	＞96	—
成品重量（kg/m^3）	20	45～38	7.6		3.6kg/m～6.7kg/m	2.7kg/m～4.99kg/m
挂膜重量（kg/m^3）	190～316	—	—		4.8g/片～5.2g/片	—
填充率（%）	30～40	50～70	60～80	堆积数量1000个/m^3 产品直径ϕ100	100	100
填料容积负荷［kgCOD/（m^3·d）］正常负荷	4.4	—	3～4.5	1.5～2.0	2～3	2～2.5
填料容积负荷［kgCOD/（m^3·d）］冲击负荷	5.7	—	4～6	3	5	—
安装条件	整体	整体	悬浮	悬浮	吊装	吊装
支架形式	平格栅	平格栅	绳网	绳网	框架或上下固定	框架或上下固定

6.9.8 规定生物接触氧化池的曝气方式。

生物接触氧化池有池底均布曝气方式、侧部进气方式、池上面安装表面曝气器充氧方式（池中心为曝气区）、射流曝气充氧方式等。一般常采用池底均布曝气方式，该方式曝气均匀，氧转移率高，对生物膜搅动充分，生物膜的更新快。常用的曝气器有中微孔曝气软管、穿孔管、微孔曝气等，其安装要求见《鼓风曝气系统设计规程》CECS 97。

6.9.9 关于生物接触氧化池进、出水方式的规定。

6.9.10 规定生物接触氧化池排泥和放空设施。

生物接触氧化池底部设置排泥斗和放空设施，以利于排除池底积泥和方便维护。

6.9.11 关于生物接触氧化池的五日生化需氧量容积负荷的规定。

该数据是根据国内经验，参照国外标准而制定。生物接触氧化池典型负荷率见表14，此表摘自英国标准。

表14 生物接触氧化池的典型负荷

处理要求	工艺要求	容积负荷 kgBOD_5/（m^3·d）	容积负荷 kgNH_4^--N/（m^3·d）
碳氧化	高负荷	2～5	—
碳氧化/硝化	高负荷	0.5～2	0.1～0.4
三级硝化	高负荷	＜20mgBOD/L*	0.2～1.0

注：*装置进水浓度。

Ⅲ 曝气生物滤池

6.9.12 关于曝气生物滤池池型的规定。

曝气生物滤池由池体、布水系统、布气系统、承托层、填料层和反冲洗系统等组成。曝气生物滤池的池型有上向流曝气生物滤池（池底进水，水流与空气同向运行）和下向流曝气生物滤池（滤池上部进水，水流与空气逆向运行）两种。

6.9.13 关于设预处理设施的规定。

污水经预处理后使悬浮固体浓度降低，再进入曝气生物滤池，有利于减少反冲洗次数和保证滤池的运行。如进水有机物浓度较高，污水经沉淀后可进入水解调节池进行水质水量的调节，同时也提高了污水的可生化性。

6.9.14 关于曝气生物滤池处理程度的规定。

多级曝气生物滤池中，第一级曝气生物滤池以碳氧化为主；第二级曝气生物滤池主要对污水中的氨氮进行硝化；第三级曝气生物滤池主要为反硝化除氮，也可在第二级滤池出水中投加碳源和铁盐或铝盐同时进行反硝化脱氮除磷。

6.9.15 关于曝气生物滤池池体高度的规定。

曝气生物滤池的池体高度宜为5m～7m，由配水区、承托层、滤料层、清水区的高度和超高等组成。

6.9.16 关于曝气生物滤池布水布气系统的规定。

曝气生物滤池的布水布气系统有滤头布水布气系统、栅型承托板布水布气系统和穿孔管布水布气系统。根据调查研究，城镇污水处理宜采用滤头布水布气系统。

6.9.17 关于曝气生物滤池布气系统的规定。

曝气生物滤池的布气系统包括曝气充氧系统和进行气/水联合反冲洗时的供气系统。曝气充氧量由计算得出，一般比活性污泥法低 30%～40%。

6.9.18 关于曝气生物滤池承托层的规定。

曝气生物滤池承托层采用的材质应具有良好的机械强度和化学稳定性，一般选用卵石作承托层。用卵石作承托层其级配自上而下：卵石直径 2mm～4mm，4mm～8mm，8mm～16mm，卵石层高度 50mm，100mm，100mm。

6.9.19 关于曝气生物滤池滤、料的规定。

生物滤池的滤料应选择比表面积大、空隙率高、吸附性强、密度合适、质轻且有足够机械强度的材料。根据资料和工程运行经验，宜选用粒径 5mm 左右的均质陶粒及塑料球形颗粒，常用滤料的物理特性见表 15。

表 15 常用滤料的物理特性

名称	物理特性							
	比表面积 (m^3/g)	总孔体积 (m^3/g)	松散容重 (g/L)	磨损率 (%)	堆积密度 (g/cm^3)	堆积空隙率 (%)	粒内孔隙率 (%)	粒径 (mm)
黏土陶粒	4.89	0.39	875	≤3	0.7～1.0	>42	>30	3～5
页岩陶粒	3.99	0.103	976					
沸石	0.46	0.0269	830					
膨胀球形黏土	3.98		密度 1550 (kg/m^3)	1.5				3.5～6.2

6.9.20 关于曝气生物滤池反冲洗系统的规定。

曝气生物滤池反冲洗通过滤板和固定其上的长柄滤头来实现，由单独气冲洗、气水联合反冲洗、单独水洗三个过程组成。反冲洗周期，根据水质参数和滤料层阻力加以控制，一般 24h 为一周期，反冲洗水量为进水水量的 8% 左右。反冲洗出水平均悬浮固体可达 600mg/L。

6.9.21 关于曝气生物滤池后不设二次沉淀池的规定。

6.9.22 关于曝气生物滤池污泥产率的规定。

6.9.23 关于曝气生物滤池容积负荷的规定。

表 16 为曝气生物滤池的有关负荷，20℃ 时，硝化和反硝化的最大容积负荷分别小于 $2kgNH_3$- N/(m^3·d) 和 $5kgNO_3$- N/(m^3·d)；推荐值分别为 $0.3kgNH_3$- N/(m^3·d)～$0.8kgNH_3$- N/(m^3·d) 和 $0.8kgNO_3$- N/(m^3·d)～$4.0kgNO_3$- N/(m_3·d)。

表 16 曝气生物滤池典型容积负荷

负荷类别	碳氧化	硝化	反硝化
水力负荷 [m^3/(m^2·h)]	2～10	2～10	
最大容积负荷 [kgX/(m^3·d)]	3～6 3～6	<1.5 (10℃) <2.0 (20℃)	<2 (10℃) <5 (20℃)

注：碳氧化、硝化和反硝化时，X 分别代表五日生化需氧量、氨氮和硝态氮。

Ⅳ 生 物 转 盘

6.9.24 关于生物转盘的一般规定。

生物转盘可分为单轴单级式、单轴多级式和多轴多级式。对单轴转盘，可在槽内设隔板分段；对多轴转盘，可以轴或槽分段。

6.9.25 规定生物转盘盘体的材料。

盘体材料应轻质、高强度、比表面积大、易于挂膜、使用寿命长和便于安装运输。盘体宜由高密度聚乙烯、聚氯乙烯或聚酯玻璃钢等制成。

6.9.26 关于生物转盘反应槽设计的规定。

1 反应槽的断面形状呈半圆形，可与盘体外形基本吻合。

2 盘体外缘与槽壁净距的要求是为了保证盘体外缘的通风。盘片净距取决于盘片直径和生物膜厚度，一般为 10mm～35mm，污水浓度高，取上限值，以免生物膜造成堵塞。如采用多级转盘，则前数级的盘片间距为 25mm～35mm，后数级为 10mm～20mm。

3 为确保处理效率，盘片在槽内的浸没深度不应小于盘片直径的 35%。水槽容积与盘片总面积的比值，影响着水在槽中的平均停留时间，一般采用 5L/m^2～9L/m^2。

6.9.27 关于生物转盘转速的规定。

生物转盘转速宜为 2.0r/min～4.0r/min，转速过高有损于设备的机械强度，同时在盘片上易产生较大的剪切力，易使生物膜过早剥离。一般对于小直径转盘的线速度采用 15m/min；中大直径转盘采用 19m/min。

6.9.28 关于生物转盘转轴强度和挠度的规定。

生物转盘的转轴强度和挠度必须满足盘体自重、生物膜和附着水重量形成的挠度及启动时扭矩的要求。

6.9.29 规定生物转盘的设计负荷。

国内生物转盘大都应用于处理工业废水，国外生物转盘用于处理城镇污水已有成熟的经验。生物转盘的五日生化需氧量表面有机负荷宜根据试验资料确定，一般处理城镇污水五日生化需氧量表面有机负荷为 $0.005kgBOD_5$/(m^2·d)～$0.020kgBOD_5$/(m^2·

d）。国外资料：要求出水 $BOD_5 \leqslant 60mg/L$ 时，表面有机负荷为 $0.020kgBOD_5/(m^2 \cdot d) \sim 0.040kgBOD_5/(m^2 \cdot d)$；要求出水 $BOD_5 \leqslant 30mg/L$ 时，表面有机负荷为 $0.010kgBOD_5/(m^2 \cdot d) \sim 0.020kgBOD_5/(m^2 \cdot d)$。水力负荷一般为 $0.04m^3/(m^2 \cdot d) \sim 0.2m^3/(m^2 \cdot d)$。生物转盘的典型负荷见表 17，此表摘自英国标准。

表 17　生物转盘的典型负荷

处理要求	工艺类型	第一阶段(级)表面有机负荷$[kg/(m^2 \cdot d)]$*	平均表面有机负荷$[kg/(m^2 \cdot d)]$
部分处理	高负荷	≤0.04	≤0.01
碳氧化	低负荷	≤0.03	≤0.005
碳氧化/硝化	低负荷	≤0.03	≤0.002

注：*这里的单位只限于多阶段（级）系统。第一阶段（级）的负荷率应低于推荐值以防止膜的过度增长并使臭味降低到最小。

Ⅴ　生 物 滤 池

6.9.30　关于生物滤池池形的规定。

生物滤池由池体、填料、布水装置和排水系统等四部分组成，可为圆形，也可为矩形。

6.9.31　关于生物滤池填料的规定。

滤池填料应高强度、耐腐蚀、比表面积大、空隙率高和使用寿命长。对碎石、卵石、炉渣等无机滤料可就地取材。聚乙烯、聚苯乙烯、聚酰胺等材料制成的填料如波纹板、多孔筛装板、塑料蜂窝等具有比表面积大和空隙率高的优点，近年来被大量应用。

6.9.32　关于生物滤池通风构造的规定。

滤池通风好坏是影响处理效率的重要因素，前苏联规范规定池底部空间高度不应小于 0.6m，沿池壁四周下部应设自然通风孔，其总面积不应小于滤池表面积的 1%。

6.9.33　关于生物滤池布水设备的规定。

生物滤池布水的原则，应使污水均匀分布在整个滤池表面上，这样有利于提高滤池的处理效果。布水装置可采用间歇喷洒布水系统或旋转式布水器。高负荷生物滤池多采用旋转式布水器，该装置由固定的进水竖管、配水短管和可以转动的布水横管组成。每根横管的断面积由设计流量和流速决定；布水横管的根数取决于滤池和水力负荷的大小，水量大时可采用 4 根，一般用 2 根。

6.9.34　关于生物滤池的底板坡度和冲洗底部排水渠的规定。

前苏联规范规定底板坡度为 1%，日本指南规定底板坡度为 1%～2%。为排除底部可能沉积的污泥，规定应有冲洗底部排水渠的措施，以保持滤池良好的通风条件。

6.9.35　关于低负荷生物滤池设计参数的规定。

低负荷生物滤池的水力负荷和容积负荷，日本指南规定水力负荷为 $1m^3/(m^2 \cdot d) \sim 3m^3/(m^2 \cdot d)$，五日生化需氧量容积负荷不应大于 $0.3kgBOD_5/(m^3 \cdot d)$，美国污水厂手册规定水力负荷为 $0.9m^3/(m^2 \cdot d) \sim 3.7m^3/(m^2 \cdot d)$，五日生化需氧量容积负荷为 $0.08\ kgBOD_5/(m^3 \cdot d) \sim 0.4kgBOD_5/(m^3 \cdot d)$。

6.9.36　关于高负荷生物滤池的设计参数的规定。

高负荷生物滤池的水力负荷和容积负荷，日本指南规定水力负荷为 $10m^3/(m^2 \cdot d) \sim 25m^3/(m^2 \cdot d)$，五日生化需氧量容积负荷不应大于 $1.2\ kgBOD_5/(m^3 \cdot d)$，美国污水厂手册规定水力负荷为 $10m^3/(m^2 \cdot d) \sim 35m^3/(m^2 \cdot d)$，五日生化需氧量容积负荷为 $0.4kgBOD_5/(m^3 \cdot d) \sim 4.8kgBOD_5/(m^3 \cdot d)$。国外生物滤池设计标准见表 18、表 19。

采用塑料制品为填料时，滤层厚度、水力负荷和容积负荷可提高，具体设计数据应根据试验资料而定。当生物滤池水力负荷小于规定的数值时，应采取回流；当原水有机物浓度高于或处理水达不到水质排放标准时，应采用回流。

德国、美国生物滤池设计标准见表 18；生物滤池典型负荷见表 19，表 19 摘自英国标准。

表 18　国外生物滤池设计标准

负荷范围	低	中	一般	高
有机物的容积负荷$[gBOD_5/(m^3 \cdot d)]$	200 80～400*	200～450 240～480*	450～750 400～480*	>750 >480*
水力负荷 (m/h)	大约 0.2	0.4～0.8	0.6～1.2	>1.2
预计 BOD_5 出水浓度 (mg/L)	<20	<25	20～40	30～50

注：*为美国污水厂手册数据。

表 19　生物滤池典型负荷

处理要求	工艺类型	填料的比表面积(m^2/m^3)	容积负荷 kgBOD/$(m^3 \cdot d)$	容积负荷 $kgNH_4^+-N/(m^3 \cdot d)$	水力负荷$[m^3/(m^2 \cdot h)]$
部分处理	高负荷	40～100	0.5～5	—	0.2～2
碳氧化/硝化	低负荷	80～200	0.05～5	0.01～0.05	0.03～0.1
三级硝化	低负荷	150～200	<40mgBOD/L*	0.04～0.2	0.2～1

注：*为装置进水浓度。

Ⅵ　塔式生物滤池

6.9.37　关于塔式生物滤池池体结构的规定。

塔式生物滤池由塔身、填料、布水系统以及通风、排水装置组成。据国内资料，为达到一定的出水水质，在一定塔高限值内，塔高与进水浓度呈线性关系。处理效率随着填料层总厚度的增加而增加，但当填料层总厚度超过某一数值后，处理效率提高极微，因而是不经济的。故本条规定，填料层厚度直根据试验资料确定，一般宜为8m～12m。

6.9.38 关于塔式生物滤池填料选用的规定。

填料一般采用轻质制品，国内常用的有纸蜂窝、玻璃钢蜂窝和聚乙烯斜交错波纹板等，国外推荐使用的填料有波纹塑料板、聚苯乙烯蜂窝等。

6.9.39 关于塔式生物滤池填料分层的规定。

塔式生物滤池填料分层，是使填料荷重分层负担，每层高不宜大于2m，以免压碎填料。塔顶高出最上层填料表面0.5m左右，以免风吹影响污水的均匀分布。

6.9.40 关于塔式生物滤池通风方式的规定。

6.9.41 关于塔式生物滤池的进水水质的规定。

塔式生物滤池的进水五日生化需氧量宜控制在500mg/L以下，否则较高的五日生化需氧量容积负荷会使生物膜生长迅速，易造成填料堵塞；回流处理水后，高的水力负荷使生物膜受到强烈的冲刷而不断脱落与更新，不易造成填料堵塞。

6.9.42 关于塔式生物滤池设计负荷的规定。

美国污水厂手册介绍塑料填料塔式生物滤池的五日生化需氧量容积负荷为4.8kgBOD_5/（m^3·d），法国手册介绍塑料生物塔式滤池的五日生化需氧量容积负荷为1kg/（m^3·d）～5kg/（m^3·d）。

6.10 回流污泥和剩余污泥

6.10.1 规定回流污泥设备可用的种类。

增补了生物脱氮除磷处理系统中选用回流污泥提升设备时应注意的事项。减少提升过程中的复氧，可使厌氧段和缺氧段的溶解氧值尽可能低，以利脱氮和除磷。

6.10.2 规定确定回流污泥设备工作和备用数量的原则。

6.10.3 关于剩余污泥量计算公式的规定。

式（6.10.3-1）中，剩余污泥量与泥龄成反比关系。

式（6.10.3-2）中的Y值为污泥产率系数。理论上污泥产率系数是指单位五日生化需氧量降解后产生的微生物量。

由于微生物在内源呼吸时要自我分解一部分，其值随内源衰减系数（泥龄、温度等因素的函数）和泥龄变化而变化，不是一个常数。

污泥产率系数Y，采用活性污泥法去除碳源污染物时为0.4～0.8；采用A_NO法时为0.3～0.6；采用A_PO法时为0.4～0.8；采用AAO法时为0.3～0.6，范围为0.3～0.8。本次修订将取值下限调整为0.3。

由于原污水中有相当量的惰性悬浮固体，它们原封不动地沉积到污泥中，在许多不设初次沉淀池的处理工艺中其值更甚。计算剩余污泥量必须考虑原水中惰性悬浮固体的含量，否则计算所得的剩余污泥量往往偏小。由于水质差异很大，因此悬浮固体的污泥转换率相差也很大。德国废水工程协会（ATV）推荐取0.6。日本指南推荐取0.9～1.0。

2003年11月，北京市市政工程设计研究总院和北京城市排水集团有限责任公司以高碑店污水处理厂为研究对象，进行了污泥处理系统的分析与研究，污水厂的剩余污泥平均产率为1.21kgMLSS/kgBOD_5～1.52kgMLSS/kgBOD_5。建议设计参数可选择1kgMLSS/kgBOD_5～1.5kgMLSS/kgBOD_5，经过核算悬浮固体的污泥转换率大于0.7。

悬浮固体的污泥转换率，有条件时可根据试验确定，或参照相似水质污水处理厂的实测数据。当无试验条件时可取0.5gMLSS/gSS～0.7gMLSS/gSS。

活性污泥中，自养菌所占比例极小，故可忽略不计。出水中的悬浮物没有单独计入。若出水的悬浮物含量过高时，可自行斟酌计入。

6.11 污水自然处理

Ⅰ 一般规定

6.11.1 关于选用污水自然处理原则的规定。

污水自然处理主要依靠自然的净化能力，因此必须严格进行环境影响评价，通过技术经济比较后确定。污水自然处理对环境的依赖性强，所以从建设规模上考虑，一般仅应用在污水量较小的小城镇。

6.11.2 关于污水自然处理的环境影响和方式的规定。

污水自然处理是利用环境的净化能力进行污水处理的方法，因此，当设计不合理时会破坏环境质量，所以建设污水自然处理设施时应充分考虑环境因素，不得降低周围环境的质量。污水自然处理的方式较多，必须结合当地的自然环境条件，进行多方案的比较，在技术经济可行、满足环境评价、满足生态环境和社会环境要求的基础上，选择适宜的污水自然处理方式。

6.11.3 关于利用水体的自然净化能力处理或处置污水的规定。

江河海洋等大水体有一定的污水自然净化能力，合理有效的利用，有利于减少工程投资和运行费用，改善环境。但是，如果排放的污染物量超过水体的自净能力，会影响水体的水质，造成水质恶化。要利用水环境的环境容量，必须控制合理的污染物排放量。因此，在确定是否采用污水排海排江等大水体处理或处置污水时必须进行环境影响评价，避免对水体造成不利的影响。

6.11.4 规定土地处理禁止污染地下水的原则。

土地处理是利用土地对污水进行处理，处理方式、土壤的性质、厚度等自然条件是可能影响地下水水质的因素。因此采用土地处理时，必须首先考虑不影响地下水水质，不能满足要求时，应采取措施防止对地下水的污染。

6.11.5 关于污水自然处理在污水深度处理方面应用的规定。

自然处理的工程投资和运行费用较低。城镇污水二级处理的出水水质一般污染物浓度较低，所以有条件时可考虑采用自然处理方法进行深度处理。这样，不仅可改善水质，还能够恢复水体的生态功能。

Ⅱ 稳 定 塘

6.11.6 关于稳定塘选用原则和建设规模的规定。

在进行污水处理规划设计时，对地理环境合适的城镇，以及中、小城镇和干旱、半干旱地区，可考虑采用荒地、废地、劣质地，以及坑塘、洼地，建设稳定塘污水处理系统。

稳定塘是人工的接近自然的生态系统，它具有管理方便、能耗少等优点，但有占地面积大等缺点。选用稳定塘时，必须考虑当地是否有足够的土地可供利用，并应对工程投资和运行费用做全面的经济比较。国外稳定塘一般用于处理小水量的污水。如日本因稳定塘占地面积大，不推广应用；英国限定稳定塘用于三级处理；美国5000座稳定塘的处理污水总量为$898.9\times10^4m^3/d$，平均$1798m^3/d$，仅135座大于$3785m^3/d$。我国地少价高，稳定塘占地约为活性污泥法二级处理厂用地面积的13.3倍～66.7倍，因此，稳定塘的建设规模不宜大于$5000m^3/d$。

6.11.7 关于稳定塘表面有机物负荷和停留时间的规定。

冰封期长的地区，其总停留时间应适当延长；曝气塘的有机负荷和停留时间不受本条规定的限制。

温度、光照等气候因素对稳定塘处理效果的影响十分重要，将决定稳定塘的负荷能力、处理效果以及塘内优势细菌、藻类及其他水生生物的种群。

稳定塘的五日生化需氧量总平均表面负荷与冬季平均气温有关，气温高时，五日生化需氧量负荷较高，气温低时，五日生化需氧量负荷较低。为保证出水水质，冬季平均气温在0℃以下时，总水力停留时间以不少于塘面封冻期为宜。本条的表面有机负荷和停留时间适用于好氧稳定塘和兼性稳定塘。表20为几种稳定塘的典型设计参数。

6.11.8 关于稳定塘设计的规定。

1 污水进入稳定塘前，宜进行预处理。预处理一般为物理处理，其目的在于尽量去除水中杂质或不利于后续处理的物质，减少塘中的积泥。

污水流量小于$1000m^3/d$的小型稳定塘前一般可不设沉淀池，否则，增加了塘外处理污泥的困难。处理大水量的稳定塘前，可设沉淀池，防止稳定塘塘底沉积大量污泥，减少塘的容积。

表20 稳定塘典型设计参数

塘类型	表面有机负荷 [$gBOD_5/(m^2\cdot d)$]	水力停留时间 (d)	水深 (m)	BOD_5去除率 (%)
好氧稳定塘	4～12	10～40	1.0～1.5	80～95
兼性稳定塘	1～10	25～80	1.5～2.5	60～85
厌氧稳定塘	15～100	5～20	2.5～5	20～70
曝气稳定塘	3～30	3～20	2.5～5	80～95
深度处理稳定塘	2～10	4～12	0.6～1.0	30～50

2 有关资料表明：对几个稳定塘进行串联模型实验，单塘处理效率76.8%，两塘处理效率80.9%，三塘处理效率83.4%，四塘处理效率84.6%，因此，本条规定稳定塘串联的级数一般不少于3级。

第一级塘的底泥增长较快，约占全塘系统的30%～50%，一级塘下部需用于储泥。深塘暴露于空气的面积小，保温效果好。因此，本条规定第一级塘的有效水深不宜小于3m。

3 当只设一个进水口和一个出水口并把进水口和出水口设在长度方向中心线上时，则短流严重，容积利用系数可低至0.36。进水口与出水口离得太近，也会使塘内存在很大死水区。为取得较好的水力条件和运转效果，推流式稳定塘宜采用多个进水口装置，出水口尽可能布置在距进水口远一点的位置上。风能使塘产生环流，为减小这种环流，进出水口轴线布置在与当地主导风向相垂直的方向上，也可以利用导流墙，减小风产生环流的影响。

4 稳定塘的卫生要求。

没有防渗层的稳定塘很可能影响和污染地下水。稳定塘必须采取防渗措施，包括自然防渗和人工防渗。

稳定塘在春初秋末容易散发臭气，对人健康不利。所以，塘址应在居民区主导风向的下风侧，并与住宅区之间设置卫生防护带，以降低影响。

5 关于稳定塘底泥的规定。

根据资料，各地区的稳定塘的底泥量分别为：武汉68L/（年·人）～78L/（年·人）、印度74L/（年·人）～156L/（年·人）、美国30L/（年·人）～91L/（年·人）、加拿大91L/（年·人）～146L/（年·人），一般可按100L/（年·人）取值，五年后大约稳定在40L/（年·人）的水平。

第一级塘的底泥增长较快，污泥最多，应考虑排泥或清淤措施。为清除污泥时不影响运行，一级塘可分格并联运行。

6.11.9 规定稳定塘系统中养鱼塘的设置及水质要求。

多级稳定塘处理的最后出水中，一般含有藻类、浮游生物，可作鱼饵，在其后可设置养鱼塘，但水质必须符合现行国家标准《渔业水质标准》GB 11607的规定。

Ⅲ 土地处理

6.11.10 规定土地处理的采用条件。

水资源不足是当前许多国家和地区共同面临的问题，应将污水处理与利用相结合。随着污水处理技术的发展，污水处理的途径不是单一的，而是多途径的。土地处理是实现污水资源化的重要途径，具有投资省、管理方便、能耗低、运行费用少和处理效果稳定等优点，但有占地面积大、受气候影响大等缺点。选用土地处理时，必须考虑当地是否有合适的场地，并应对工程的环境影响、投资、运行费用和效益做全面的分析比较。

6.11.11 关于污水土地处理的方法和预处理的规定。

基本的污水土地处理法包括慢速渗滤法（包括污水灌溉）、快速渗滤法、地面漫流法三大主要类型。其中以慢速渗滤法发展历史最长，用途最广。表21为几种污水土地处理系统典型的场地条件。

表21 污水土地处理系统典型的场地条件

项 目	慢速渗滤法	快速渗滤法	地面漫流法
土层厚度（m）	>0.6	>1.5	>0.3
地面坡度（%）	种作物时不超过20；不种作物时不超过40；林地无要求	无要求	2%~8%
土壤类型	粉砂、细砂、黏土1、粉质黏土	粉砂、细砂、中砂、粗砂	黏土2、粉质黏土
土壤渗透率（cm/h）	中等 ≥0.15	高 ≥5.0	低 ≤0.5
气候限制	寒冷季节常需蓄水	可终年运行	寒冷季节常需蓄水

注：1 表中黏土1粒组百分含量为：黏粒（<0.002mm）27.5%~40%，粉粒（0.002mm~0.05mm）15%~52.5%，砂粒（0.05mm~2.0mm）20%~45%。

2 表中黏土2粒组百分含量为：黏粒（<0.002mm）40%~100%，粉粒（0.002mm~0.05mm）0%~40%，砂粒（0.05mm~2.0mm）0%~45%。

3 粉质黏土粒组百分含量为：黏粒（<0.002mm）0%~20%，粉粒（0.002mm~0.05mm）0%~50%，砂粒（0.05mm~2.0mm）42.5%~85%。

早期的污水土地处理（如污水灌概），污水未经预处理就直接用于灌溉田，致使农田遭受有机毒物和重金属不同程度的污染，个别灌溉区生态环境受到破坏。为保证污水土地处理的正常运行，保证工程实施的环境效益和社会效益，本条规定污水土地处理之前需经过预处理。污水预处理的程度和方式应当综合污水水质、土壤性质、污水土地处理的方法、处理后水质要求以及场地周围环境条件等因素确定。

慢速渗滤系统的污水预处理程度对污水负荷的影响极小；快速渗滤系统和地面漫流系统，经过预处理的污水水质越好，其污水负荷越高。

几种常用的污水土地处理系统要求的最低预处理方式见表22。

表22 土地处理的最低水平预处理工艺

项 目	慢速渗滤	快速渗滤	地面漫流
最低水平的预处理方式	一级沉淀	一级沉淀	格栅和沉砂

6.11.12 规定污水土地处理的水力负荷。

一般污水土地处理的水力负荷宜根据试验资料确定；没有资料时应根据实践经验，结合当地条件确定。本条根据美国1995年至2000年间的有关设计手册，结合我国研究结果，提出几种基本的土地处理方法的水力负荷。

污水土地处理系统一般都是根据现有的经验进行设计，通过对现有土地处理系统成功运行经验的研究和总结，引导出具有普遍意义的设计参数和计算公式，在此基础上进行新系统的设计。

6.11.13 规定不允许进行污水土地处理的地区。

有关污水土地处理地区与给水水源的防护距离，在现行国家标准《生活饮用水卫生标准)）GB 5749中已有规定。

6.11.14 关于地下水最小埋藏深度的规定。

选择污水灌溉地点时，如地下水埋藏深度过浅，易被污水污染。前苏联规范规定地下水埋深不小于1.5m，澳大利亚新南威尔斯州污染控制委员会制定的《土壤处理污水条例》中规定，污水灌溉地点的地下水埋藏深度不小于1.5m，本规范规定不宜小于1.5m。

6.11.15 关于人工湿地处理污水的有关规定。

人工湿地系统水质净化技术是一种生态工程方法。其基本原理是在一定的填料上种植特定的湿地植物，从而建立起一个人工湿地生态系统，当污水通过系统时，经砂石、土壤过滤，植物根际的多种微生物活动，污水的污染物质和营养物质被系统吸收、转化或分解，从而使水质得到净化。

用人工湿地处理污水的技术已经在全球广泛运用，使得水可以再利用，同时还可以保护天然湿地，减少天然湿地水的损失。马来西亚最早运用人工湿地处理污水。他们在1999年建造了650hm² 的人工湿地，这是热带最大面积的人工淡水湿地。建造人工湿地的目的就是仿效天然湿地的功能，以满足人的需要。湿地植物和微生物是污水处理的主要因子。

经过人工湿地系统处理后的出水水质可以达到地面水水质标准，因此它实际上是一种深度处理的方法。处理后的水可以直接排入饮用水源或景观用水的湖泊、水库或河流中。因此，特别适合饮用水源或景观用水区附近的生活污水的处理或直接对受污染水体的水进行处理，或者为这些水体提供清洁的水源补充。

人工湿地处理污水是土地处理的一种，一般要进行预处理。处理城镇污水的最低预处理为一级处理，对直接处理受污染水体的可根据水体情况确定，一般应设置格栅。

人工湿地处理污水采用的类型包括地表流湿地、潜流湿地、垂直流湿地及其组合，一般将处理污水与景观相结合。因人工湿地处理污水的目标不同，目前国内人工湿地的实际数据差距较大，因此，设计参数宜由试验确定，也可以参照相似条件的经验确定。

6.11.16 规定污水土地处理场地距住宅和公共通道的最小距离。

一般污水土地处理区的臭味较大，蚊蝇较多。根据国内实际情况，并参考国外资料，对污水土地处理场地距住宅和公共通道之间规定最小距离，有条件的应尽量加大间距，并用防护林隔开。

6.11.17 规定污水用于灌溉田的水质要求。

污水土地处理主要依靠土壤及植物的生物作用和物理作用净化污水，但实施和管理不善会对环境带来不利的影响，包括污染土壤、作物或植物以及地下水水源等。

我国现行国家标准《农田灌概水质标准》GB 5084对有害物质允许浓度以及含有病原体污水的处理要求均做出规定，必须遵照执行。

6.12 污水深度处理和回用

Ⅰ 一 般 规 定

6.12.1 关于城市污水再生利用的深度处理工艺选择原则和水质要求的规定。

污水再生利用的目标不同，其水质标准也不同。根据《城市污水再生利用分类》GB/T 18919的规定，城市污水再生利用类别共分为五类，包括农、林、牧、渔业用水，城镇杂用水，工业用水，环境用水，补充水源水。污水再生利用时，其水质应符合以上标准及其他相关标准的规定。深度处理工艺应根据水质目标进行选择，保证经济和有效。

6.12.2 关于污水深度处理工艺单元形式的规定。

本条列出常规条件下城镇污水深度处理的主要工艺形式，其中，膜过滤包括：微滤、超滤、纳滤、反渗透、电渗析等，不同膜过滤工艺去除污染物分子量大小和对预处理要求不同。

进行污水深度处理时，可采用其中的1个单元或几种单元的组合，也可采用其他的处理技术。

6.12.3 关于再生水输配中的安全规定。

再生水水质是保证污水回用工程安全运行的重要基础，其水质介于饮用水和城镇污水厂出厂水之间，为避免对饮用水和再生水水质的影响，再生水输配管道不得与其他管道相连接，尤其是严禁与城市饮用水管道连接。

Ⅱ 深 度 处 理

6.12.4 规定深度处理工艺设计参数确定的原则。

设计参数的采用，目前国内的经验相对较少，所以规定宜通过试验资料确定或参照相似地区的实际设计和运行经验确定。

6.12.5 关于混合设施的规定。

混合是混凝剂被迅速均匀地分布于整个水体的过程。在混合阶段中胶体颗粒间的排斥力被消除或其亲水性被破坏，使颗粒具有相互接触而吸附的性能。根据国外资料，混合时间可采用30s～120s。

6.12.6 关于深度处理工艺基本处理单元设计参数取值范围的规定。

污水处理出水的水质特点与给水处理的原水水质有较大的差异，因此实际的设计参数不完全一致。

如美国南太和湖石灰作混凝剂的絮凝（空气搅拌）时间为5min、沉淀（圆形辐流式）表面水力负荷为1.6m^3/（m^2·h)，上升流速为0.44mm/s；美国加利福尼亚州橘县给水区深度处理厂的絮凝（机械絮凝）时间为30min、沉淀（斜管）表面水力负荷为2.65m^3/（m^2·h)，上升流速为0.74mm/s；科罗拉多泉污水深度处理厂处理二级处理出水，用于灌溉及工业回用，澄清池上升流速为0.57mm/s～0.63mm/s；《室外给水设计规范》GB 50013规定不同形式的絮凝时间为10min～30min；平流沉淀池水平流速为10mm/s～25mm/s，沉淀时间为1.5h～3.0h；斜管沉淀表面负荷为5m^3/（m^2·h)～9m^3/（m^2·h)，机械搅拌澄清池上升流速为0.8mm/s～1.0mm/s，水力澄清池上升流速为0.7mm/s～0.9mm/s；《污水再生利用工程设计规范》GB 50335规定絮凝时间为10min～15min，平流沉淀池沉淀时间为2.0h～4.0h，水平流速为4.0mm/s～10.0mm/s，澄清池上升流速为0.4mm/s～0.6mm/s。

污水的絮凝时间较天然水絮凝时间短，形成的絮体较轻，不易沉淀，宜根据实际运行经验，提出混凝沉淀设计参数。

6.12.7 关于滤池设计参数的规定。

用于污水深度处理的滤池与给水处理的池形没有大的差异，因此，在污水深度处理中可以参照给水处理的滤池设计参数进行选用。

滤池的设计参数，主要根据目前国内外的实际运行情况和《污水再生利用工程设计规范》）GB 50335以及有关资料的内容确定。

6.12.8 关于采用活性炭吸附处理的规定。

因活性炭吸附处理的投资和运行费用相对较高，所以，在城镇污水再生利用中应慎重采用。在常规的深度处理工艺不能满足再生水水质要求或对水质有特殊要求时，为进一步提高水质，可采用活性炭吸附处理工艺。

6.12.9 规定活性炭吸附池设计参数的取值原则。

活性炭吸附池的设计参数原则上应根据原水和再生水水质要求，根据试验资料或结合实际运行资料确定。本条按有关规范提出了正常情况下可采用的参数。

6.12.10 关于再生水消毒的规定。

根据再生水水质标准，对不同目标的再生水均有余氯和卫生学指标的规定，因此再生水必须进行消毒。

Ⅲ 输 配 水

6.12.11 关于再生水管道及其附属设施设置的规定。

再生水管道和给水管道的铺设原则上无大的差异，因此，再生水输配管道设计可参照现行国家标准《室外给水设计规范》GB 50013 执行。

6.12.12 关于污水深度处理厂设置位置的原则规定。

为减少污水厂出水的输送距离，便于深度处理设施的管理，一般宜与城镇污水厂集中建设；同时，污水深度处理设施应尽量靠近再生水用户，以节省输配水管道的长度。

6.12.13 关于再生水输配管道安全性的原则规定。

再生水输配水管道的数量和布置与用户的用水特点及重要性有密切关系，一般比城镇供水的保证率低，应具体分析实际情况合理确定。

6.12.14 关于再生水输配管道材料选用原则的规定。

6.13 消 毒

Ⅰ 一 般 规 定

6.13.1 规定污水处理应设置消毒设施。

2000 年 5 月，国家发布的《城市污水处理及污染防治技术政策》规定：为保证公共卫生安全，防止传染性疾病传播，城镇污水处理应设置消毒设施。本条据此规定。

6.13.2 关于污水消毒程度的规定。

6.13.3 关于污水消毒方法的规定。

为避免或减少消毒时产生的二次污染物，消毒宜采用紫外线法和二氧化氯法。2003 年 4 月至 5 月，清华大学等对北京市的高碑店等 6 座污水处理厂出水的消毒试验表明：紫外线消毒不产生副产物，二氧化氯消毒产生的副产物不到氯消毒产生的 10％。

6.13.4 关于消毒设施和有关建筑物设计的规定。

Ⅱ 紫 外 线

6.13.5 关于污水的紫外线剂量的规定。

污水的紫外线剂量应为生物体吸收至足量的紫外线剂量（生物验定剂量或有效剂量），以往用理论公式计算。由于污水的成分复杂且变化大，实践表明理论值比实际需要值低很多，为此，美国《紫外线消毒手册》（EPA，2003 年）已推荐用经独立第三方验证的紫外线生物验定剂量作为紫外线剂量。据此，做此规定。

一些病原体进行不同程度灭活时所需紫外线剂量资料见表 23。

表 23 灭活一些病原体的紫外线剂量（mJ/cm^2）

病原体的灭活程度 / 病原体	90％	99％	99.9％	99.99％
隐孢子虫	＜10	＜19		
贾第虫	＜5			
霍乱弧菌	0.8	1.4	2.2	2.9
痢疾志贺氏病毒	0.5	1.2	2.0	3.0
埃希氏病菌	1.5	2.8	4.1	5.6
伤寒沙门氏菌	1.8～2.7	4.1～4.8	5.5～6.4	7.1～8.2
伤寒志贺氏病菌	3.2	4.9	6.5	8.2
致肠炎沙门氏菌	5	7	9	10
肝炎病毒	4.1～5.5	8.2～14	12～22	16～30
脊髓灰质炎病毒	4～6	8.7～14	14～23	21～30
柯萨奇病毒 B5 病毒	6.9	14	22	30
轮状病毒 SAⅡ	7.1～9.1	15～19	23～26	31～36

一些城镇污水厂消毒的紫外线剂量见表 24。

表 24 一些城镇污水厂消毒的紫外线剂量

厂 名	拟消毒的水	紫外线剂量（mJ/cm^2）	建成时间（年）
上海市长桥污水厂	A_NO 二级出水	21.4	2001
上海市龙华污水厂	二级出水	21.6	2002
无锡市新城污水厂	二级出水	17.6	2002
深圳市大工业区污水厂（一期）	二级出水	18.6	2003
苏州市新区第二污水厂	二级出水	17.6	2003
上海市闵行污水处理厂	A_NO 二级出水	15.0	1999

6.13.6 关于紫外线照射渠的规定。

为控制合理的水流流态，充分发挥照射效果，做出本规定。

6.13.7 关于超越渠的规定。

根据运行经验，当采用1条照射渠时，宜设置超越渠，以利于检修维护。

Ⅲ 二氧化氯和氯

6.13.8 关于污水加氯量的规定。

2002年7月，国家首次发布了城镇污水厂的生物污染物排放指标，按此要求的加氯量，应根据试验资料或类似生产运行经验确定。

2003年北京市高碑店等6座污水厂二级出水的氯法消毒实测表明：加氯量为6mg/L～9mg/L时，出水粪大肠菌群数可在7300个/L以下。据此，无试验资料时，本条规定二级处理出水的加氯量为6mg/L～15mg/L。

二氧化氯和氯的加量均按有效氯计。

6.13.9 关于混合接触时间的规定。

在紊流条件下，二氧化氯或氯能在较短的接触时间内对污水达到最大的杀菌率。但考虑到接触池中水流可能发生死角和短流，因此，为了提高和保证消毒效果，规定二氧化氯或氯消毒的接触时间不应小于30min。

7 污泥处理和处置

7.1 一 般 规 定

7.1.1 规定城镇污水污泥的处理和处置的基本原则。

我国幅员辽阔，地区经济条件、环境条件差异很大，因此采用的污泥处理和处置技术也存在很大的差异，但是城镇污水污泥处理和处置的基本原则和目的是一致的。

城镇污水污泥的减量化处理包括使污泥的体积减小和污泥的质量减少，前者可采用污泥浓缩、脱水、干化等技术，后者可采用污泥消化、污泥焚烧等技术。

城镇污水污泥的稳定化处理是指使污泥得到稳定(不易腐败)，以利于对污泥做进一步处理和利用。可以达到或部分达到减轻污泥重量，减少污泥体积，产生沼气、回收资源，改善污泥脱水性能，减少致病菌数量，降低污泥臭味等目的。实现污泥稳定可采用厌氧消化、好氧消化、污泥堆肥、加碱稳定、加热干化、焚烧等技术。

城镇污水污泥的无害化处理是指减少污泥中的致病菌数量和寄生虫卵数量，降低污泥臭味，广义的无害化处理还包括污泥稳定。

污泥处置应逐步提高污泥的资源化程度，变废为宝，例如用作肥料、燃料和建材等，做到污泥处理和处置的可持续发展。

7.1.2 规定城镇污水污泥处理技术的选用。

目前城镇污水污泥的处理技术种类繁多，采用何种技术对城镇污水污泥进行处理应与污泥的最终处置方式相适应，并经过技术经济比较确定。

例如城镇污水污泥用作肥料，应该进行稳定化、无害化处理，根据运输条件和施肥操作工艺确定是否进行减量处理，如果是人工施肥则应考虑进行脱水处理，而机械化施肥则可以不经脱水直接施用，需要作较长时间的贮存则宜进行加热干化。

7.1.3 规定农用污泥的要求。

城镇污水污泥中含有重金属、致病菌、寄生虫卵等有害物质，为保证污泥用作农田肥料的安全性，应按照国家现行标准严格限制工业企业排入城镇下水道的重金属等有害物质含量，同时还应按照国家现行标准加强对污泥中有害物质的检测。

7.1.4 规定污泥处理构筑物的最少个数。

考虑到构筑物检修的需要和运转中会出现故障等因素，各种污泥处理构筑物和设备均不宜只设1个。据调查，我国大多数污水厂的污泥浓缩池、消化池等至少为2个，同时工作；污泥脱水机械台数一般不少于2台，其中包括备用。当污泥量很少时，可为1台。国外设计规范和设计手册，也有类似规定。

7.1.5 关于污泥水处理的规定。

污泥水含有较多污染物，其浓度一般比原污水还高，若不经处理直接排放，势必污染水体，形成二次污染。因此，污泥处理过程中产生的污泥水均应进行处理，不得直接排放。

污泥水一般返回至污水厂进口，与进水混合后一并处理。若条件允许，也可送入初次沉淀池或生物处理构筑物进行处理。必要时，剩余污泥产生的污泥水应进行化学除磷后再返回污水处理构筑物。

7.1.6 规定污泥处理过程中产生臭气的处理原则。

7.2 污 泥 浓 缩

7.2.1 关于重力式污泥浓缩池浓缩活性污泥的规定。

1 根据调查，目前我国的污泥浓缩池的固体负荷见表25。原规范规定的30kg/(m^2·d)～60kg/(m^2·d)是合理的。

2 根据调查，现有的污泥浓缩池水力停留时间不低于12h。

3 根据一些污泥浓缩池的实践经验，浓缩后污泥的含水率往往达不到97%。故本条规定：当浓缩前含水率为99.2%～99.6%时，浓缩后含水率为97%～98%。

表25 污泥浓缩池浓缩活性污泥时的水力停留时间与固体负荷

污水厂名称	水力停留时间(h)	固体负荷[kg/(m^2·d)]
苏州新加坡工业园区污水厂	36.5	45.3

续表 25

污水厂名称	水力停留时间(h)	固体负荷[kg/(m^2·d)]
常州市城北污水厂	14～18	40
徐州市污水厂	26.6	38.9
唐山南堡开发区污水厂	12.7	26.5
湖州市市北污水厂	33.9	33.5
西宁市污水处理一期工程	24	46
富阳市污水厂	16～17	38

4 浓缩池有效水深采用 4m 的规定不变。

5 栅条浓缩机的外缘线速度的大小，以不影响污泥浓缩为准。我国目前运行的部分重力浓缩池，其浓缩机外缘线速度一般为 1m/min～2m/min 。同时，根据有关污水厂的运行经验，池底坡向泥斗的坡度规定为不小于 0.005。

7.2.2 关于设置去除浮渣装置的规定。

由于污泥在浓缩池内停留时间较长，有可能会因厌氧分解而产生气体，污泥附着该气体上浮到水面，形成浮渣。如不及时排除浮渣，会产生污泥出流。为此，规定宜设置去除浮渣的装置。

7.2.3 关于在污水生物除磷工艺中采用重力浓缩的规定。

污水生物除磷工艺是靠积磷菌在好氧条件下超量吸磷形成富磷污泥，将富磷污泥从系统中排出，达到生物除磷的目的。重力浓缩池因水力停留时间长，污泥在池内会发生厌氧放磷，如果将污泥水直接回流至污水处理系统，将增加污水处理的磷负荷，降低生物除磷的效果。因此，应将重力浓缩过程中产生的污泥水进行除磷后再返回水处理构筑物进行处理。

7.2.4 关于采用机械浓缩的规定。

调查表明，目前一些城镇污水厂已经采用机械式污泥浓缩设备浓缩污水污泥，例如采用带式浓缩机、螺压式浓缩机、转筒式浓缩机等。鉴于污泥浓缩机械设备种类较多，各设备生产厂家提供的技术参数不尽相同。因此宜根据试验资料确定设计参数，无试验资料时，按类似运行经验（污泥性质相似、单台设备处理能力相似）合理选用设计参数。

7.2.5 关于一体化污泥浓缩脱水机械的规定。

目前，污泥浓缩脱水一体化机械已经应用于工程中。对这类一体化机械的规定可分别按照本规范浓缩部分和脱水部分的有关条文执行。

7.2.6 关于排除污泥水的规定。

污泥在间歇式污泥浓缩池为静止沉淀，一般情况下污泥水在上层，浓缩污泥在下层。但经日晒或贮存时间较长后，部分污泥可能腐化上浮，形成浮渣，变为中间是污泥水，上、下层是浓缩污泥。此外，污泥贮存深度也有不同。为此，本条规定应设置可排除深度不同的污泥水的设施。

7.3 污泥消化

Ⅰ 一般规定

7.3.1 规定污泥消化可采用厌氧消化或好氧消化两种方法。

应根据污泥性质、环境要求、工程条件和污泥处置方式，选择经济适用、管理便利的污泥消化工艺。

污泥厌氧消化系统由于投资和运行费用相对较省、工艺条件（污泥温度）稳定、可回收能源（污泥气综合利用）、占地较小等原因，采用比较广泛；但工艺过程的危险性较大。

污泥好氧消化系统由于投资和运行费用相对较高、占地面积较大、工艺条件（污泥温度）随气温变化波动较大、冬季运行效果较差、能耗高等原因，采用较少；但好氧消化工艺具有有机物去除率较高、处理后污泥品质好、处理场地环境状况较好、工艺过程没有危险性等优点。污泥好氧消化后，氮的去除率可达 60%，磷的去除率可达 90%，上清液回流到污水处理系统后，不会增加污水脱氮除磷的负荷。

一般在污泥量较少的小型污水处理厂（国外资料报道当污水厂规模小于 1.8 万 m^3/d 时，好氧消化的投资可能低于厌氧消化），或由于受工业废水的影响，污泥进行厌氧消化有困难时，可考虑采用好氧消化工艺。

7.3.2 规定污泥消化应达到的挥发性固体去除率。

据有关文献介绍，污泥完全厌氧消化的挥发性固体分解率最高可达到 80%。对于充分搅拌、连续工作、运行良好的厌氧消化池，在有限消化时间（20d～30d）内，挥发性固体分解率可达到 40%～50%。

据有关文献介绍，污泥完全好氧消化的挥发性固体分解率最高可达到 80%。对于运行良好的好氧消化池，在有限消化时间（15d～25d）内，挥发性固体分解率可达到 50%。

据调查资料，我国现有的厌氧或好氧消化池设计有机固体分解率在 40%～50%，实际运行基本达到 40%《城镇污水处理厂污染物排放标准》GB 18918 规定，污泥稳定化控制指标中有机物降解率应大于 40%，本规范也规定挥发性固体去除率应大于 40%。

Ⅱ 污泥厌氧消化

7.3.3 规定污泥厌氧消化方法和基本运行条件。

污泥厌氧消化的方法，有高温厌氧消化和中温厌氧消化两种。高温厌氧消化耗能较高，一般情况下不经济。国外采用较少，国内尚无实例，故未列入。

在不延长总消化时间的前提下，两级中温厌氧消化对有机固体的分解率并无提高。一般由于第二级的静置沉降和不加热，一方面提高了出池污泥的浓度，减少污泥脱水的规模和投资；另一方面提高了产气量，减少运行费用。但近年来随着污泥浓缩脱水技术的发展，污泥的中温厌氧消化多采用一级。因此规定可采用单级或两级中温厌氧消化。设计时应通过技术经济比较确定。

厌氧消化池（两级厌氧消化中的第一级）的污泥温度，不但是设计参数，而且是重要的运行参数，故由原规范中的“采用”改为“保持”。

有初次沉淀池的系统，剩余污泥的碳氮比大约只有5或更低，单独进行厌氧消化比较困难，故规定宜与初沉污泥合并进行厌氧消化处理。“类似污泥”指当采用长泥龄的污水处理系统时，即便不设初次沉淀池，由于细菌的内源呼吸消耗，二次沉淀池排出的剩余污泥的碳氮比也很低，厌氧消化也难于进行。

当采用相当于延时曝气工艺的污水处理系统时，剩余污泥的碳氮比更低，污泥已经基本稳定，没有必要再进行厌氧消化处理。

7.3.4 规定厌氧消化池对加热、搅拌、排除上清液的设计要求和两级消化的容积比。

一级厌氧消化池与二级厌氧消化池的容积比多采用2∶1，与二级厌氧消化池的运行控制方式和后续的污泥浓缩设施有关，应通过技术经济比较确定。当连续或自控排出二级消化池中的上清液，或设有后续污泥浓缩池时，容积比可以适当加大，但不宜大于4∶1；当非连续或非自控排出二级消化池中的上清液，或不设置后续污泥浓缩池时，容积比可适当减小，但不宜小于2∶1。

对二级消化池，由于可以不搅拌，运行时常有污泥浮渣在表面结壳，影响上清液的排出，所以增加了有关防止浮渣结壳的要求。本条规定的是国内外通常采用的方法。

7.3.5 规定厌氧消化池容积确定的方法和相关参数。

采用浓缩池重力浓缩后的污泥，其含水率在96%～98%之间。经测算，当消化时间在20d～30d时，相应的厌氧消化池挥发性固体容积负荷为0.5kgVSS/（m^3·d）～1.5kgVSS/（m^3·d），沿用原规范推荐值0.6kgVSS/（m^3·d）～1.5kgVSS/（m^3·d），是比较符合实际的。

对要求除磷的污水厂，污泥应当采用机械浓缩。采用机械浓缩时，进入厌氧消化池的污泥含水率一般在94%～96%之间，原污泥容积减少较多。当厌氧消化时间仍采用20d～30d时，厌氧消化池总容积相应减小。经测算，这种情况下厌氧消化池的挥发性固体容积负荷为0.9kgVSS/（m^3·d）～2.3kgVSS/（m·d）。所以规定当采用高浓度原污泥时，挥发性固体容积负荷不宜大于2.3kgVSS/（m^3·d）。

当进入厌氧消化池的原污泥浓度增加时，经过一定时间的运行，厌氧消化池中活性微生物浓度同步增加。即同样容积的厌氧消化池，能够分解的有机物总量相应增加。根据国外相关资料，对于更高含固率的原污泥，高负荷厌氧消化池的挥发性固体容积负荷可达2.4kgVSS/（m^3·d）～6.4kgVSS/（m^3·d），说明本条的规定还是留有余地的。污泥厌氧消化池挥发性固体容积负荷测算见表26。

表26 污泥厌氧消化池挥发性固体容积负荷测算

方案序号 / 参数名称	一	二	三	四	五	六	七	八	九	十
原污泥干固体量（kgSS/d）	100	100	100	100	100	100	100	100	100	100
污泥消化时间(d)	30	30	30	30	30	20	20	20	20	20
原污泥含水率(%)	98	97	96	95	94	98	97	96	95	94
原污泥体积(m^3/d)	5.0	3.3	2.5	2.0	1.7	5.0	3.3	2.5	2.0	1.7
挥发性干固体比例(%)	70	70	70	70	75	70	70	70	70	75
挥发性干固体重量（kgVSS/d）	79	70	70	70	75	70	70	70	70	75
消化池总有效容积(m^3)	150	100	75	60	50	100	67	50	40	33
挥发性固体容积负荷[kgVSS/(m^3·d)]	0.47	0.70	0.93	1.17	1.50	0.7	1.05	1.40	1.75	2.25

7.3.6 规定厌氧消化池污泥加热的方法和保温防腐要求。

随着技术的进步，近年来新设计的污泥厌氧消化池，大多采用污泥池外热交换方式加热，有的扩建项目仍沿用了蒸汽直接加热方式。原规范列举的其他污泥加热方式，实际上均属于蒸汽直接加热，但太具体化，故取消。

规定了热工计算的条件、内容和设备选型的要求。

厌氧消化污泥和污泥气对混凝土或钢结构存在较大的腐蚀破坏作用，为延长使用年限，池内壁应当进行防腐处理。

7.3.7 规定厌氧消化池污泥搅拌的方法和设备配置要求。

由于用于污泥气搅拌的污泥气压缩设备比较昂贵，系统运行管理比较复杂，耗能高，安全性较差，因此本规范推荐采用池内机械搅拌或池外循环搅拌，但并不排除采用污泥气搅拌的可能性。

原规范对连续搅拌的搅拌（循环）次数没有规定，导致设备选型时缺乏依据。本次修编参照间歇搅拌的常规做法（5h～10h搅拌一次），规定每日搅拌（循环）次数不宜少于3次，相当于至少每8h（每班）完全搅拌一次。

间歇搅拌时，规定每次搅拌的时间不宜大于循环周期的一半（按每日3次考虑，相当于每次搅拌的时间4h以下），主要是考虑设备配置和操作的合理性。如果规定时间太短，设备投资增加太多；如果规定时间太长，接近循环周期时，间歇搅拌就失去了意义。

7.3.8 关于污泥厌氧消化池和污泥气贮罐的密封及压力控制的规定。

污泥厌氧消化系统在运行时，厌氧消化池和污泥气贮罐是用管道连通的，所以厌氧消化池的工作内压一般与污泥气贮罐的工作压力相同。《给水排水构筑物施工及验收规范》）GBJ 141－90 要求厌氧消化池应进行气密性试验，但未规定气密性试验的压力，实际操作有困难。故增加该项要求，规定气密性试验压力按污泥气工作压力的1.5倍确定。

为防止超压或负压造成的破坏，厌氧消化池和污泥气贮罐设计时应采取相应的措施（如设置超压或负压检测、报警与释放装置，放空、排泥和排水阀应采用双阀等），规定防止超压或负压的操作程序。如果操作不当，浮动盖式的厌氧消化池和污泥气贮罐也有可能发生超压或负压，故将原规范中的"固定盖式消化池"改为"厌氧消化池"。

7.3.9 关于污泥厌氧消化池安全的设计规定。

厌氧消化池溢流或表面排渣管排渣时，均有可能发生污泥气外泄，放在室内（指经常有人活动或值守的房间或设备间内，不包括户外专用于排渣、溢流的井室）可能发生爆炸，危及人身安全。水封的作用是减少污泥气泄漏，并避免空气进入厌氧消化池影响消化条件。

为防止污泥气管道着火而引起厌氧消化池爆炸，规定厌氧消化池的出气管上应设回火防止器。

7.3.10 关于污泥厌氧消化系统合理布置的规定。

为便于管理和减少通风装置的数量，相关设备宜集中布置，室内应设通风设施。

电气设备引发火灾或爆炸的危险性较大，如全部采用防爆型则投资较高，因此规定电气集中控制室不宜与存在污泥气泄漏可能的设施合建，场地条件许可时，宜建在防爆区外。

7.3.11 关于通风报警和防爆的设计规定。

存放或使用污泥气的贮罐、压缩机房、阀门控制间、管道层等场所，均存在污泥气泄漏的可能，规定这些场所的电机、仪表和照明等电器设备均应符合防爆要求，若处于室内时，应设置通风设施和污泥气泄漏报警装置。

7.3.12 关于污泥气贮罐容积和安全设计的规定。

污泥气贮罐的容积原则上应根据产气量和用气情况经计算确定，但由于污泥气产量的计算带有估算的性质，用气设备也可能不按预定的时序工作，计算结果的可靠性不够。实际设计大多按6h～10h的平均产气量采用。

污泥气对钢或混凝土结构存在较大的腐蚀破坏作用，为延长使用年限，贮罐的内外壁均应当进行防腐处理。

污泥气贮罐和管道贮存输送介质的性质与城镇燃气相近，其设计应符合现行国家标准《城镇燃气设计规范》GB 50028的要求。

7.3.13 关于污泥气燃烧排放和安全的设计规定。

为防止大气污染和火灾，多余的污泥气必须燃烧消耗。由于外燃式燃烧器明火外露，在遇大风时易形成火苗或火星飞落，可能导致火灾，故规定燃烧器应采用内燃式。

为防止用气设备回火或输气管道着火而引起污泥气贮罐爆炸，规定污泥气贮罐的出气管上应设回火防止器。

7.3.14 规定污泥气应当综合利用。

污水厂的污泥气一般多用于污泥气锅炉的燃料，也有用于发电和驱动鼓风机的。

7.3.15 关于设置污泥气脱硫装置的规定。

经调查，有些污水厂由于没有设置污泥气脱硫装置，使污泥气内燃机（用于发电和驱动鼓风机）不能正常运行或影响设备的使用寿命。当污泥气的含硫量高于用气设备的要求时，应当设置污泥气脱硫装置。为减少污泥气中的硫化氢等对污泥气贮罐的腐蚀，规定脱硫装置应设在污泥气进入污泥气贮罐之前，尽量靠近厌氧消化池。

Ⅲ 污泥好氧消化

7.3.16 规定好氧消化池容积确定的方法和相关参数。

好氧消化池的设计经验比较缺乏，故规定好氧消化池的总有效容积，宜根据试验资料和技术经济比较确定。

据国内外文献资料介绍，污泥好氧消化时间，对二沉污泥（剩余污泥）为10d～15d，对混合污泥为15d～20d（个别资料推荐15d～25d）；污泥好氧消化的挥发性固体容积负荷一般为0.38kgVSS/（m^3·d）～2.24kgVSS/（m^3·d）。

在上述资料中，对于挥发性固体容积负荷，所推荐的下限值显然是针对未经浓缩的原污泥，含固率和容积负荷偏低，不经济；上限值是针对消化时间20d的情况，未包括消化时间10d的情况，因此在时间上不配套。

根据测算，在10d～20d的消化时间内，当处理一般重力浓缩后的原污泥（含水率在96%～98%之间）时，相应的挥发性固体容积负荷为0.7kgVSS/（m^3·d）～2.8kgVSS/（m^3·d）；当处理经机械浓缩后的原污泥（含水率在94%～96%之间）时，相应的挥发性固体容积负荷为1.4kgVSS/（m^3·d）～4.2kgVSS/（m^3·d）。

因此本规范推荐，好氧消化时间宜采用10d～

20d。一般重力浓缩后的原污泥，挥发性固体容积负荷宜采用0.7kgVSS/（m^3·d）～2.8kgVSS/（m^3·d）；机械浓缩后的高浓度原污泥，挥发性固体容积负荷不宜大于4.2kgVSS/（m^3·d）。污泥好氧消化池挥发性固体容积负荷测算见表27。

表27 污泥好氧消化池挥发性固体容积负荷测算

参数名称 \ 方案序号	一	二	三	四	五	六	七	八	九	十
原污泥干固体量（kgSS/d）	100	100	100	100	100	100	100	100	100	100
污泥消化时间(d)	20	20	20	20	20	10	10	10	10	10
原污泥含水率(%)	98	97	96	95	94	98	97	96	95	94
原污泥体积(m^3/d)	5.0	3.3	2.5	2.0	1.7	5.0	3.3	2.5	2.0	1.7
挥发性干固体比例(%)	70	70	70	70	75	70	70	70	70	70
挥发性干固体重量（kgVSS/d）	70	70	70	70	70	70	70	70	70	70
消化池总有效容积(m^3)	100	67	50	40	33	50	33	25	20	17
挥发性固体容积负荷[kgVSS/(m^3·d)]	0.7	1.05	1.40	1.75	2.10	1.4	2.10	2.80	3.50	4.20

7.3.17 关于好氧消化池污泥温度的规定。

好氧消化过程为放热反应，池内污泥温度高于投入的原污泥温度，当气温在15℃时，泥温一般在20℃左右。

根据好氧消化时间和温度的关系，当气温20℃时，活性污泥的消化时间约需要16d～18d，当气温低于15℃时，活性污泥的消化时间需要20d以上，混合污泥则需要更长的消化时间。

因此规定当气温低于15℃时，宜采取保温、加热措施或适当延长消化时间。

7.3.18 规定好氧消化池中溶解氧浓度。

好氧消化池中溶解氧的浓度，是一个十分重要的运行控制参数。

溶解氧浓度2mg/L是维持活性污泥中细菌内源呼吸反应的最低需求，也是通常衡量活性污泥处于好氧/缺氧状态的界限参数。好氧消化应保持污泥始终处于好氧状态下，即应保持好氧消化池中溶解氧浓度不小于2mg/L。

溶解氧浓度，可采用在线仪表测定，并通过控制曝气量进行调节。

7.3.19 规定好氧消化池采用鼓风曝气时，需气量的参数取值范围。

好氧消化池采用鼓风曝气时，应同时满足细胞自身氧化需气量和搅拌混合需气量。宜根据试验资料或类似工程经验确定。

根据工程经验和文献记载，一般情况下，剩余污泥的细胞自身氧化需气量为0.015m^3空气/(m^3池容·min)～0.02m^3空气/(m^3池容·min)，搅拌混合需气量为0.02m^3空气/(m^3池容·min)～0.04m^3空气/(m^3池容·min)；初沉污泥或混合污泥的细胞自身氧化需气量为0.025m^3空气/(m^3池容·min)～0.03m^3空气/(m^3池容·min)，搅拌混合需气量为0.04m^3空气/(m^3池容·min)～0.06m^3空气/(m^3池容·min)。

可见污泥好氧消化采用鼓风曝气时，搅拌混合需气量大于细胞自身氧化需气量，因此以混合搅拌需气量作为好氧消化池供气量设计控制参数。

采用鼓风曝气时，空气扩散装置不必追求很高的氧转移率。微孔曝气器的空气洁净度要求高、易堵塞、气压损失较大、造价较高、维护管理工作量较大、混合搅拌作用较弱，因此好氧消化池宜采用中气泡空气扩散装置，如穿孔管、中气泡曝气盘等。

7.3.20 规定好氧消化池采用机械表面曝气时，需用功率的取值方法。

好氧消化池采用机械表面曝气时，应根据污泥需氧量、曝气机充氧能力、搅拌混合强度等确定需用功率，宜根据试验资料或类似工程经验确定。

当缺乏资料时，表面曝气机所需功率可根据原污泥含水率选用。原污泥含水率高于98%时，可采用14W/（m^3池容）～20W/（m^3池容）；原污泥含水率为94%～98%时，可采用20W/（m^3池容）～40W/（m^3池容）。

因好氧消化的原污泥含水率一般在98%以下，因此表面曝气机功率宜采用20W/（m^3池容）～40W/（m^3池容）。原污泥含水率较低时，宜采用较大的曝气机功率。

7.3.21 关于好氧消化池深度的规定。

好氧消化池的有效深度，应根据曝气方式确定。

当采用鼓风曝气时，应根据鼓风机的输出风压、管路和曝气器的阻力损失来确定，一般鼓风机的出口风压约为55kPa～65kPa，有效深度宜采用5.0m～6.0m。

当采用机械表面曝气时，应根据设备的能力来确定，即按设备的提升深度设计有效深度，一般为3.0m～4.0m。

采用鼓风曝气时，易形成较高的泡沫层；采用机械表面曝气时，污泥飞溅和液面波动较大。所以好氧消化池的超高不宜小于1.0m。

7.3.22 关于好氧消化池加盖的规定。

好氧消化池一般采用敞口式，但在寒冷地区，污泥温度太低不利于好氧消化反应的进行，甚至可能结冰，因此应加盖并采取保温措施。

大气环境的要求较高时，应根据环境评价的要求确定好氧消化池是否加盖和采取除臭措施。

7.3.23 关于好氧消化池排除上清液的规定。

间歇运行的好氧消化池，一般其后不设泥水分离装置。在停止曝气期间利用静置沉淀实现泥水分离，因此消化池本身应设有排出上清液的措施，如各种可调或浮动堰式的排水装置。

连续运行的好氧消化池，一般其后设有泥水分离装置。正常运行时，消化池本身不具泥水分离功能，可不使用上清液排出装置。但考虑检修等其他因素，宜设排出上清液的措施，如各种分层放水装置。

7.4 污泥机械脱水

Ⅰ 一般规定

7.4.1 关于污泥机械脱水设计的规定。

1 污泥脱水机械，国内较成熟的有压滤机和离心脱水机等，应根据污泥的脱水性质和脱水要求，以及当前产品供应情况经技术经济比较后选用。污泥脱水性质的指标有比阻、黏滞度、粒度等。脱水要求，指对泥饼含水率的要求。

2 进入脱水机的污泥含水率大小，对泥饼产率影响较大。在一定条件下，泥饼产率与污泥含水率成反比关系。根据国内调查资料（见表28)，规定污泥进入脱水机的含水率一般不大于98%。当含水率大于98%时，应对污泥进行预处理，以降低其含水率。

表28 国内进入脱水机的污泥含水率

使用单位	污泥种类	脱水机类型	进入脱水机的污泥含水率（%）
上海某织袜厂	活性污泥	板泥压滤机	98.5~99
四川某维尼纶厂	活性污泥	折带式真空过滤机	95.8
辽阳某化纤厂	活性污泥	箱式压滤机	98.1
北京某印染厂	接触氧化后加药混凝沉淀污泥	自动板框压滤机	96~97
北京某油毡原纸厂	气浮污泥	带式压滤机	93~95
哈尔滨某毛织厂	电解浮泥	自动板框压滤机	94~97
上海某污水厂	活性污泥	刮刀式真空过滤机	97
北京某污水厂	消化的初沉污泥	刮刀式真空过滤机	91.2~92.7
上海污水处理厂试验组	活性污泥	真空过滤机和板框压滤机	95.8~98.7
上海某涤纶厂	活性污泥	折带式真空过滤机	98.0~98.5
上海某厂污水站	活性污泥	折带式真空过滤机	95.0~98.0
上海某印染厂	活性污泥	板框压滤机	97.0
元锡某印染厂	活性污泥	板框压滤机	97.4

3 据国外资料介绍，消化污泥碱度过高，采用经处理后的废水淘洗，可降低污泥碱度，从而节省某些药剂的投药量，提高脱水效率。前苏联规范规定，消化后的生活污水污泥，真空过滤之前应进行淘洗。日本指南规定，污水污泥在真空过滤和加压过滤之前要进行淘选，淘选后的碱度低于600mg/L。国内四川某维尼纶厂污水处理站利用二次沉淀池出水进行剩余活性污泥淘洗试验，结果表明：当淘洗水倍数为1～2时，比阻降低率约15%～30%，提高了过滤效率。但淘洗并不能降低所有药剂的使用量。同时，淘洗后的水需要处理（如返回污水处理构筑物）。为此规定：经消化后污泥，可根据污泥性质和经济效益考虑在脱水前淘洗。

4 根据脱水间机组与泵房机组的布置相似的特点，脱水间的布置可按本规范第5章泵房的有关规定执行。有关规定指机组的布置与通道宽度、起重设备和机房高度等。除此以外，还应考虑污泥运输的设施和通道。

5 据调查，国内污水厂一般设有污泥堆场或污泥料仓，也有用车立即运走的，由于目前国内污泥的出路尚未妥善解决，贮存时间等亦无规律性，故堆放容量仅作原则规定。

6 脱水间内一般臭气较大，为改善工作环境，脱水间应有通风设施。脱水间的臭气因污泥性质、混凝剂种类和脱水机的构造不同而异，每小时换气次数不应小于6次。对于采用离心脱水机或封闭式压滤机或在压滤机上设有抽气罩的脱水机房可适当减少换气次数。

7.4.2 关于污泥脱水前加药调理的规定。

为了改善污泥的脱水性质，污泥脱水前应加药调理。

1 无机混凝剂不宜单独用于脱水机脱水前的污泥调理，原因是形成的絮体细小，重力脱水难于形成泥饼，压榨脱水时污泥颗粒漏网严重，固体回收率很低。用有机高分子混凝剂（如阳离子聚丙烯酰胺）形成的絮体粗大，适用于污水厂污泥机械脱水。阳离子型聚丙烯酰胺适用于带负电荷、胶体粒径小于0.1μ的污水污泥。其混凝原理一般认为是电荷中和与吸附架桥双重作用的结果。阳离子型聚丙烯酰胺还能与带负电的溶解物进行反应，生成不溶性盐，因此它还有除浊脱色作用。经它调理后的污泥滤液均为无色透明，泥水分离效果良好。聚丙烯酰胺与铝盐、铁盐联合使用，可以减少其用于中和电荷的量，从而降低药剂费用。但联合使用却增加了管道、泵、阀门、贮药罐等设备，使一次性投资增加并使管理复杂化。聚丙烯酰胺是否与铝盐铁盐联合使用应通过试验，并经技术经济比较后确定。

2 污泥加药以后，应立即混合反应，并进入脱水机，这不仅有利于污泥的凝聚，而且会减小构筑物的容积。

Ⅱ 压滤机

7.4.3 关于不同型式的压滤机的泥饼的产率和含水率的规定。

目前，国内用于污水污泥脱水的压滤机有带式压滤机、板框压滤机、箱式压滤机和微孔挤压脱水机。

由于各种污泥的脱水性质不同，泥饼的产率和含水率变化较大，所以应根据试验资料或参照相似污泥的数据确定。本条所列出的含水率，是根据国内调查资料和参照国外规范而制定的。

日本指南从脱水泥饼的处理及泥饼焚烧经济性考虑，规定泥饼含水率宜为75%；天津某污水厂消化污泥经压滤机脱水后，泥饼含水率为70%～80%，平均为75%；上海某污水厂混合污泥经压滤机脱水后，泥饼含水率为73.4%～75.9%。

7.4.4 关于带式压滤机的规定。

1 本规范使用污泥脱水负荷的术语，其含义为每米带宽每小时能处理污泥干物质的公斤数。该负荷因污泥类别、含水率、滤带速度、张力以及混凝剂品种、用量不同而异；应根据试验资料或类似运行经验确定，也可按表7.4.4估计。表中混合原污泥为初沉污泥与二沉污泥的混合污泥，混合消化污泥为初沉污泥与二沉污泥混合消化后的污泥。

日本指南建议对浓缩污泥及消化污泥的污泥脱水负荷采用90kg/(m·h)～150kg/(m·h)；杭州某污水厂用2m带宽的压滤机对初沉消化污泥脱水，污泥脱水负荷为300kg/(m·h)～500kg/(m·h)；上海某污水厂用1m带宽的压滤机对混合原污泥脱水，污泥脱水负荷为150kg/(m·h)～224kg/(m·h)；天津某污水厂用3m带宽的压滤机对混合消化污泥脱水，污泥脱水负荷为207kg/(m·h)～247kg/(m·h)。

2 若压滤机滤布的张紧和调正由压缩空气与其控制系统实现，在空气压力低于某一值时，压滤机将停止工作。应按压滤机的要求，配置空气压缩机。为在检查和故障维修时脱水机间能正常运行，至少应有1台备用机。

3 上海某污水厂采用压力为0.4MPa～0.6MPa的冲洗水冲洗带式压滤机滤布，运行结果表明，压力稍高，结果稍好。

天津某污水厂推荐滤布冲洗水压为0.5MPa～0.6MPa。

上海某污水厂用带宽为1m的带式压滤机进行混合污泥脱水，每米带宽每小时需7m³～11m³冲洗水。天津某污水厂用带宽3m的带式压滤机对混合消化污泥脱水，每米带宽每小时需5.5m³～7.5m³冲洗水。为降低成本，可用再生水作冲洗水；天津某污水厂用再生水冲洗，取得较好效果。

为在检查和维修故障时脱水间能正常运行，至少应有1台备用泵。

7.4.5 规定板框压滤机和箱式压滤机的设计要求。

1 过滤压力，哈尔滨某厂污水站的自动板框压滤机和吉林某厂污水站的箱式压滤机均为500kPa，辽阳某厂污水站的箱式压滤机为500kPa～600kPa，北京某厂污水站的自动板框压滤机为600kPa。日本指南为400kPa～500kPa。据此，本条规定为400kPa～600kPa。

2 过滤周期，吉林某厂污水站的箱式压滤机为3h～4.5h；辽阳某厂污水站的箱式压滤机为3.5h；北京某厂污水站的自动板框压滤机为3h～4h。据此，本条规定为不大于4h。

3 污泥压入泵，国内使用离心泵、往复泵或柱塞泵。北京某厂污水站采用柱塞泵，使用效果较好。日本指南规定可用无堵塞构造的离心泵、往复泵或柱塞泵。

4 我国现有配置的压缩空气量，每立方米滤室一般为1.4m³/min～3.0m³/min。日本指南为每立方米滤室2m³/min（按标准工况计）。

Ⅲ 离 心 机

7.4.6 规定了离心脱水机房噪声应符合的标准。

因为《工业企业噪声控制设计规范》GBJ 87 规定了生产车间及作业场所的噪声限制值和厂内声源辐射至厂界的噪声A声级的限制值，故规定离心脱水机房噪声应符合此标准。

7.4.7 关于所选用的卧螺离心机分离因数的规定。

目前国内用于污水污泥脱水的离心机多为卧螺离心机。离心脱水是以离心力强化脱水效率，虽然分离因数大脱水效果好，但并不成比例，达到临界值后分离因数再大脱水效果也无多大提高，而动力消耗几乎成比例增加，运行费用大幅度提高，机械磨损、噪声也随之增大。而且随着转速的增加，对污泥絮体的剪切力也增大，大的絮体易被剪碎而破坏，影响污泥干物质的回收率。

国内污水处理厂卧螺离心机进行污泥脱水采用的分离因数如下：

深圳滨河污水厂为2115*g*；洛阳涧西污水厂为2115*g*；仪征化纤污水厂为1700*g*；上海曹杨污水厂为1224*g*；云南个旧污水厂为1450*g*；武汉汤逊湖污水厂为2950*g*；辽宁葫芦岛市污水厂为2950*g*；上海白龙港污水厂（一级强化处理）为3200*g*；香港昂船洲污水厂（一级强化处理）为3200*g*。

由于随污泥性质、离心机大小的不同，其分离因数的取值也有一定的差别。为此，本条规定污水污泥的卧螺离心机脱水的分离因数宜小于3000g。对于初沉和一级强化处理等有机质含量相对较低的污泥，可适当提高其分离因数。

7.4.8 对离心机进泥粒径的规定。

为避免污泥中的长纤维缠绕离心机螺旋以及纤维裹挟污泥成较大的球状体后堵塞离心机排泥孔，一般认为当纤维长度小于8mm时已不具备裹挟污泥成为大的球状体的条件。为此，本条规定离心脱水机前应设置污泥切割机，切割后的污泥粒径不宜大于8mm。

7.5 污泥输送

7.5.1 关于脱水污泥输送形式的规定。

规定了脱水污泥通常采用的三种输送形式：皮带输送机输送、螺旋输送机输送和管道输送。

7.5.2 关于皮带运输机输送污泥的规定。

皮带运输机倾角超过20°，泥饼会在皮带上发生滑动。

7.5.3 关于螺旋输送机输送污泥的规定。

如果螺旋输送机倾角过大，会导致污泥下滑而影响污泥脱水间的正常工作。如果采用有轴螺旋输送机，由于轴和螺旋叶片之间形成了相对于无轴螺旋输送机而言较为密闭的空间，在输送污泥过程中对污泥的挤压与搅动更为剧烈，易于使污泥中的表面吸附水、间歇水和毛细结合水外溢，增加污泥的流动性，在污泥的运输过程中容易造成污泥的滴漏，污染沿途环境。为此，做出本条规定。

7.5.4 关于管道输送污泥的规定。

由于污泥管道输送的局部阻力系数大，为降低污泥输送泵的扬程，同时为避免污泥在管道中发生堵死现象，参照《浆体长距离管道输送工程设计规程》CECS 98的相关规定，同时考虑到污水厂污泥的管道输送距离较短，而脱水机房场地有限，不利于管道进行大幅度转角布置，做出本条规定。

7.6 污泥干化焚烧

7.6.1 关于污泥干化总体原则的规定。

根据国内外多年的污泥处理和处置实践，污泥在很多情况下都需要进行干化处理。

污泥自然干化，可以节约能源，降低运行成本，但要求降雨量少、蒸发量大、可使用的土地多、环境要求相对宽松等条件，故受到一定限制。在美国的加利福尼亚州，自然干化是普遍采用的污泥脱水和干化方法，1988年占32%，1998年增加到39%，其中科罗拉多地区超过80%的污水处理厂采用干化场作为首选工艺。

污泥人工干化，采用最多的是热干化。大连开发区、秦皇岛、徐州等污水厂已经采用热干化工艺烘干污泥，并制造复合肥。深圳的污泥热干化工程，目前已着手开展。

7.6.2 关于污泥干化场固体负荷量的原则规定。

污泥干化场的污泥主要靠渗滤、撇除上层污泥水和蒸发达到干化。渗滤和撇除上层污泥水主要受污泥的含水率、黏滞度等性质的影响，而蒸发则主要视当地自然气候条件，如平均气温、降雨量和蒸发量等因素而定。由于各地污泥性质和自然条件不同，所以，建议固体负荷量宜充分考虑当地污泥性质和自然条件，参照相似地区的经验确定。在北方地区，应考虑结冰期间干化场储存污泥的能力。

7.6.3 规定干化场块数的划分和围堤尺寸。

干化场划分块数不宜少于3块，是考虑进泥、干化和出泥能够轮换进行，从而提高干化场的使用效率。围堤高度是考虑贮泥量和超高的需要，顶宽是考虑人行的需要。

7.6.4 关于人工排水层的规定。

对脱水性能好的污泥而言，设置人工排水层有利于污泥水的渗滤，从而加速污泥干化。我国已建干化场大多设有人工排水层，国外规范也都建议设人工排水层。

7.6.5 关于设不透水层的规定。

为了防止污泥水入渗土壤深层和地下水，造成二次污染，故规定在干化场的排水层下面应设置不透水层。某些地下水较深、地基岩土渗透性较差的地区，在当地卫生管理部门允许时，才可考虑不设不透水层。本条与原规范相比，加大了设立不透水层的强制力度。

7.6.6 规定了宜设排除上层污泥水的设施。

污泥在干化场脱水干化是一个污泥沉降浓缩、析出污泥水的过程，及时将这部分污泥水排除，可以加速污泥脱水，有利于提高干化场的效率。

7.6.7 规定污泥热干化和焚烧宜集中进行。

单个污水处理厂的污泥量可能较少，集中干化焚烧处理更经济、更利于保证质量、更便于管理。

7.6.8 规定污泥热干化应充分考虑产品出路。

污泥热干化成本较高，故应充分考虑产品的出路，以提高热干化工程的经济效益。

7.6.9 关于污泥热干化和焚烧的污泥负荷量原则的规定。

污泥热干化和焚烧在国内属于新兴的技术，经验不足。污泥含水率等性质，对热干化的污泥负荷量有显著影响。污泥热干化的设备类型很多，性能各异，因此，需要根据污泥性质、设备性能，并参照相似设备的运行参数进行污泥负荷量设计。

7.6.10 规定热干化和焚烧设备的套数。

热干化和焚烧设备宜设置2套，是为了保证设备检修期间污水厂的正常运行。由于设备投资较大，可仅设1套，但应考虑必要的应急措施，在设备检修时，保证污水厂仍然能够正常运行。

7.6.11 关于热干化设备选型的原则规定。

热干化设备种类很多，如直接加热转鼓式干化器、气体循环、间接加热回转室、流化床等，目前国内应用经验不足，只能根据热干化的实际需要和国外经验确定。

国内热干化设备安装运行情况见表29。

1995年以前国外应用直接加热转鼓式干化器较多，干化后得到稳定的球形颗粒产品，但尾气量大，处理费用昂贵。

1995～1999年出现了间接加热系统，尾气量要小得多，但干化器内部磨损严重且难以生产出颗粒状产品。气体循环技术使转鼓中的氧气含量保持在10%以下，提高了安全性。间接加热回转室适用于中小型污水处理厂。此外还出现了机械脱水和热干化一体化的技术，即真空过滤带式干化系统和离心脱水干化系统。

表 29 国内热干化设备安装运行情况

污水厂名称	上海市石洞口污水厂	天津市咸阳路污水厂
所在地（省、市、县）	上海	天津
污水规模（万 m^3/d）	40	45
污水处理工艺	一体化活性污泥处理工艺	A/O
投产时间	2003 年	2004 年
污泥规模（t/d）	64	73
设备型号	流化床污泥干燥机	间接加热碟片式干燥机
进泥含水率（%）	70	75
出泥含水率（%）	≤10	<10
燃料种类/消耗量	干化污泥	沼气、天然气

2000 年以后的美国热干化设备，出现了以蒸汽为热源的流化床干化设备，带有产品过筛返混系统，其产品的性状良好，与转鼓式干化器是相似的。蒸汽锅炉（或废热蒸汽）和流化床有逐渐取代热风锅炉和转鼓之势。转鼓式干化器仍将继续扮演重要角色，同时也向设备精、处理量大的方向发展。干料返混系统能够生产出可销售的生物固体产品。

简单的间接加热系统受制于设备本身的大小，较适合于小到中等规模的处理量；带有污泥混合器和气体循环装置的直接加热系统，是中到大规模处理量的较佳选择。

7.6.12 规定热干化设备能源的选择。

消化池污泥气是污泥消化的副产品，无需购买，故越来越多的热干化设备以污泥气作为能源，但直接加热系统仍多采用天然气。

7.6.13 关于热干化设备安全的规定。

污水污泥产生的粉尘是 St1 级的爆炸粉尘，具有潜在的粉尘爆炸的危险，干化设施和贮料仓内的干化产品也可能会自燃。在欧美已经发生了多起干化器爆炸、着火和附属设施着火的事件。因此，应高度重视污泥干化设备的安全性。

7.6.14 规定优先考虑污泥与垃圾或燃料煤同时焚烧。

由于污泥的热值偏低，单独焚烧具有一定难度，故宜考虑与热值较高的垃圾或燃料煤同时焚烧。

7.6.15 关于污泥焚烧工艺的规定。

初沉污泥的有机物含量一般在 55%～70%之间，剩余污泥的有机物含量一般在 70%～85%之间，污泥经厌氧消化处理后，其中 40%的有机物已经转化为污泥气，有机物含量降低。

污泥具有一定的热值，但仅为标准煤的 30%～60%，低于木材，与泥煤、煤矸石接近，见表 30。

表 30 污泥和燃料的热值

材料		热值（kJ/kg）		
		脱水后	干化后	无水
燃料	标准煤			29300
	木材			19000
	泥煤			18000
	煤矸石			≤12550
污泥	初沉污泥			10715～18920
	二沉污泥			13295～15215
	混合污泥			12005～16957
上海石洞口污水厂	混合污泥			11078～15818
北京高碑店	原污泥			9830～14360
	消化污泥			11120
	消化污泥与浓缩污泥混合			10980～11910
天津纪庄子	污泥	559(75%水分)	12603(水分 6.80)	13823
	污泥(放置时间较长)	1346(75%水分)	13873(水分 7.78)	15257
天津东郊	污泥	1672(75%水分)	12895(水分 7.74)	14187
	污泥(放置时间较长)	1718(75%水分)	13134(水分 7.36)	14375

由于污泥的热值与煤矸石接近，故污泥焚烧工艺可以在一定程度上借鉴煤矸石焚烧工艺。

早期建设的煤矸石电厂基本以鼓泡型流化床锅炉为主，这种锅炉热效率低，不利于消烟脱硫。20 世纪 90 年代以来，循环流化床锅炉逐步取代了鼓泡型流化床锅炉，成为煤矸石电厂的首选锅炉，逐步从 35t/h 发展到 70t/h，合资生产的已达到 240t/h，热效率提高 5%～15%。现在由于采取了防磨措施，循环流化床锅炉连续运行小时普遍超过 2000h。“九五”期间，国家通过国债、技改等渠道，对大型煤矸石电厂，尤其是 220t/h 以上的燃煤矸石循环流化床锅炉，给予了重点倾斜。

1998 年 2 月 12 日，国家经贸委、煤炭部、财政部、电力部、建设部、国家税务总局、国家土地管理局、国家建材局八部委以国经贸资〔1998〕80 号文件印发了《煤矸石综合利用管理办法》，其中第十四条要求，新建煤矸石电厂应采用循环流化床锅炉。

国内污泥焚烧工程较少，仅收集到上海市石洞口污水厂的情况，也采用流化床焚烧炉工艺，见表31。

表31 国内污泥焚烧情况

污水厂名称	上海市石洞口污水厂
所在地（省、市、县）	上海
污水规模（万 m^3/d）	40
污水处理工艺	一体化活性污泥处理工艺
投产时间（年）	2003
污泥规模（m^3/d）	213（脱水污泥）
设备型号	流化床焚烧炉
进泥含水率（%）	≤10
灰分产量（t/d）	42（约）
燃料种类/消耗量	干化污泥
预热温度（℃）	136
焚烧温度（℃）	≥850
焚烧时间（min）	炉内烟气有效停留时间>2s

7.6.16 关于污泥热干化产品和污泥焚烧灰处置的规定。

部分污泥热干化产品遇水将再次成为含水污泥，污泥焚烧灰含有较多的重金属和放射性物质，处置不当会造成二次污染，所以都必须妥善保存、利用或最终处置。

7.6.17 规定污泥热干化尾气和焚烧烟气必须达标排放。

污泥热干化的尾气，含有臭气和其他污染物质；污泥焚烧的烟气，含有危害人民身体健康的污染物质。二者如不处理或处理不当，可能对大气产生严重污染，故规定应达标排放。

7.6.18 关于污泥干化场、污泥热干化厂和污泥焚烧厂环境监测的规定。

污泥干化场可能污染地下水，污泥热干化厂和焚烧厂可能污染大气，故规定应设置相应的长期环境监测设施。

7.7 污泥综合利用

7.7.1 关于污泥最终处置的规定。

污水污泥是一种宝贵的资源，含有丰富的营养成分，为植物生长所需要，同时含有大量的有机物，可以改良土壤或回收能源。

污泥综合利用既可以充分利用资源，同时又节约了最终处置费用。国外已经把满足土地利用要求的污水污泥改称为"生物固体（biosolids）"。

7.7.2 关于污泥综合利用的规定。

由于污泥中含有丰富的有机质，可以改良土壤。污泥土地利用维持了有机物→土壤→农作物→城镇→污水→污泥→土壤的良性大循环，无疑是污泥处置最合理的方式。以前，国外污泥大量用于填埋，但近年来呈显著下降趋势，污泥综合利用则呈急剧上升趋势。

美国1998年污泥处置的主要方法为土地利用占61.2%，其次是土地填埋占13.4%，堆肥占12.6%，焚烧占6.7%，表面处置占4.0%，贮存占1.6%，其他占0.4%。目前，在美国污泥土地利用已经代替填埋成为最主要的污泥处置方式。

加拿大土地利用的污泥数量，占了将近一半，显著高于其他技术，这与美国的情况类似。

英国1998年前42%的污泥最终处置出路是农用，另有30%的污泥排海，但目前欧共体已禁止污泥排海。

德国目前污泥处置以脱水污泥填埋为主，部分农用，将来的趋势是污泥干化或焚烧后再利用或填埋。

目前，日本正在进行区域集中的污泥处理处置工作，污泥处理处置的主要途径是减量后堆肥农用或焚烧、熔融成炉渣，制成建材，其余部分委托给民间团体处理处置。日本是国外仅有的污水污泥土地利用程度较小的发达国家。

我国的污泥处置以填埋为主，堆肥、复合肥研究不少，但生产规模很小。国内污泥综合利用实例不多，仅调查到一例，正是土地利用，见表32。

表32 污泥综合利用情况

污水厂名称		富阳市污水处理厂
所在地（省、市、县）		浙江、杭州、富阳
污水规模（万 m^3/d）		2
污水处理工艺		粗、细格栅—沉砂—回转式氧化沟—二次沉淀池
投产时间（年）		1999
污泥规模（t/d）		3
污泥含水率（%）		80±2
直接农业利用	施肥方式	与土地原土混合掺和，种植热带作物
	农作物	培养苗木
	农作物生长情况说明	效果不错

我国是一个农业大国，由于化肥的广泛应用，使得土壤有机质逐年下降，迫切需要施用污水污泥这样的有机肥料。但是，污泥中的重金属和其他有毒物质是污泥土地利用的最大障碍，一旦不慎造成污染，后果严重且难以挽回，因此，污泥农用不得不慎之又慎。

美国30年前的预处理计划保证了城镇污水污泥中的重金属含量达标，为污泥土地利用铺平了道路；10年前的503污泥规则进一步保证了污泥土地利用的安全性，免除了任何后顾之忧。由此可见，中国的污泥农用还有相当长的路要走。

污泥直接土地利用是国内外污泥处置技术发展的

必然趋势。但是，我国在污水污泥直接土地利用之前尚有一个过渡时期，这就是污泥干化、堆肥、造粒（包括复合肥）等处理后的污泥产品的推广使用，让使用者有一个学习和适应的过程，培育市场，同时逐步健全污泥土地利用的法规和管理制度。

7.7.3 规定污泥的土地利用应严格控制重金属和其他有毒物质含量。

借鉴国外污泥土地利用的成功经验，首先必须对工业废水进行严格的预处理，杜绝重金属和其他有毒物质进入污水污泥，污水污泥利用必须符合相关国家标准的要求。同时，必须对施用污泥的土壤中积累的重金属和其他有毒物质含量进行监测和控制，严格保证污泥土地利用的安全性。这一过程，必须长期坚持不懈，不能期望一蹴而就。

8 检测和控制

8.1 一般规定

8.1.1 规定排水工程应进行检测和控制。

排水工程检测和控制内容很广，原规范无此章节，此次编制主要确定一些设计原则，仪表和控制系统的技术标准应符合国家或有关部门的技术规定和标准。本章中所提到的检测均指在线仪表检测。建设规模在1万m^3/d以下的工程可视具体情况决定。

8.1.2 规定检测和控制内容的确定原则。

排水工程检测和控制内容应根据原水水质、采用的工艺、处理后的水质，并结合当地生产运行管理要求和投资情况确定。有条件时，可优先采用综合控制管理系统，系统的配置标准可视建设规模、污水处理级别、经济条件等因素合理确定。

8.1.3 规定自动化仪表和控制系统的使用原则。

自动化仪表和控制系统的使用应有利于排水工程技术和生产管理水平的提高；自动化仪表和控制设计应以保证出厂水质、节能、经济、实用、保障安全运行、科学管理为原则；自动化仪表和控制方案的确定，应通过调查研究，经过技术经济比较后确定。

8.1.4 规定计算机控制系统的选择原则。

根据工程所包含的内容及要求选择系统类型，系统选择要兼顾现有和今后发展。

8.2 检 测

8.2.1 关于污水厂进、出水检测的规定。

污水厂进水应检测水压（水位）、流量、温度、pH值和悬浮固体量（SS），可根据进水水质增加一些必要的检测仪表，BOD_5等分析仪表价格较高，应慎重选用。

污水厂出水应检测流量、pH值、悬浮固体量（SS）及其他相关水质参数。BOD_5、总磷、总氮仪表价格较高，应慎重选用。

8.2.2 关于污水厂操作人员工作安全的监测规定。

排水泵站内必须配置H_2S监测仪，供监测可能产生的有害气体，并采取防患措施。泵站的格栅井下部，水泵间底部等易积聚H_2S的地方，可采用移动式H_2S监测仪监测，也可安装在线式H_2S监测仪及报警装置。

消化池控制室必须设置污泥气泄漏浓度监测及报警装置，并采取相应防患措施。

加氯间必须设置氯气泄漏浓度监测及报警装置，并采取相应防患措施。

8.2.3 关于排水泵站和污水厂各个处理单元运行、控制、管理设置检测仪表的规定。

排水泵站：排水泵站应检测集水池或水泵吸水池水位、提升水量及水泵电机工作相关的参数，并纳入该泵站自控系统。为便于管理，大型雨水泵站和合流污水泵站（流量不小于15m^3/s），宜设置自记雨量计，其设置条件应符合国家相关的规定，并根据需要确定是否纳入该泵站自控系统。

污水厂：污水处理一般包括一级及二级处理，几种常用污水处理工艺的检测项目可按表33设置。

3 污水深度处理和回用：应根据深度处理工艺和再生水水质要求检测。出水通常检测流量、压力、余氯、pH值、悬浮固体量（SS）、浊度及其他相关水质参数。检测的目的是保证回用水的供水安全，可根据出水水质增加一些必要的检测。BOD_5、总磷、总氮仪表价格较高，应慎重选用。

4 加药和消毒：加药系统应根据投加方式及控制方式确定所需要的检测项目。消毒应视所采用的消毒方法确定安全生产运行及控制操作所需要的检测项目。

5 污泥处理应视其处理工艺确定检测项目。据调查，运行和管理部门都认为消化池需设置必要的检测仪表，以便及时掌握运行工况，否则会给运行管理带来许多困难，难于保证运行效果，同时，有利于积累原始运行资料。近年来随着大量引进国外先进技术，污水污泥测控技术和设备不断完善，提高了污泥厌氧消化的工艺控制自动化水平。采用重力浓缩和污泥厌氧消化时，可按表34确定检测项目。

8.2.4 关于检测机电设备工况的规定。

机电设备的工作状况与工作时间、故障次数与原因对控制及运行管理非常重要，随着排水工程自动化水平的提高，应检测机电设备的状态。

8.2.5 关于排水管网关键节点设置检测和监测装置的规定。

排水管网关键节点指排水泵站、主要污水和雨水排放口、管网中流量可能发生剧烈变化的位置等。

表 33　常用污水处理工艺检测项目

处理级别	处理方法		检测项目	备　注
一级处理	沉淀法		粗、细格栅前后水位（差）； 初次沉淀池污泥界面或污泥浓度及排泥量	为改善格栅间的操作条件，一般均采用格栅前后水位差来自动控制格栅的运行
二级处理	活性污泥法	传统活性污泥法	生物反应池：活性污泥浓度（MLSS）、溶解氧（DO）、供气量、污泥回流量、剩余污泥量； 二次沉淀池：泥水界面	只对各个工艺提出检测内容，而不作具体数量及位置的要求，便于设计的灵活应用
		厌氧/缺氧/好氧法（生物脱氮、除磷）	生物反应池：活性污泥浓度（MLSS）、溶解氧（DO）、供气量、氧化还原电位（ORP）、混合液回流量、污泥回流量、剩余污泥量； 二次沉淀池：泥水界面	
		氧化沟法	氧化沟：活性污泥浓度（MLSS）、溶解氧（DO）、氧化还原电位（ORP）、污泥回流量、剩余污泥量； 二次沉淀池：泥水界面	
		序批式活性污泥法（SBR）	液位、活性污泥浓度（MLSS）、溶解氧（DO）、氧化还原电位（ORP）、污泥排放量	
	生物膜法	曝气生物滤池	单格溶解氧、过滤水头损失	
		生物接触氧化池、生物转盘、生物滤池	溶解氧（DO）	只提出了一个常规参数溶解氧的检测，实际工程设计中可根据具体要求配置

表 34　污泥重力浓缩和消化工艺检测项目

污泥处理构筑物	检测项目	备　注
浓缩池	泥位、污泥浓度	
消化池	消化池：污泥气压力（正压、负压），污泥气量，污泥温度、液位、pH值； 污泥投配和循环系统：压力，污泥流量； 污泥加热单元：热媒和污泥进出口温度	压力报警，污泥气泄漏报警
贮气罐	压力（正压、负压）	

8.3　控　　制

8.3.1　关于排水泵站和排水管网控制原则的规定。

排水泵站的运行管理应在保证运行安全的条件下实现自动控制。为便于生产调度管理，宜建立遥测、遥讯和遥控系统。

8.3.2　关于10万m^3/d规模以下污水厂控制原则的规定。

10万m^3/d规模以下的污水厂可采用计算机数据采集系统与仪表检测系统，对主要工艺单元可采用自动控制。

序批式活性污泥法（SBR）处理工艺，用可编程序控制器，按时间控制，并根据污水流量变化进行调整。

氧化沟处理工艺，用时间程序自动控制运行，用溶解氧或氧化还原电位（ORP）控制曝气量，有利于满足运行要求，且可最大限度地节约动力。

8.3.3　关于10万m^3/d及以上规模污水厂控制原则的规定。

10万m^3/d及以上规模的污水厂生产管理与控制的自动化宜为：计算机控制系统应能够监视主要设备的运行工况与工艺参数，提供实时数据传输、图形显示、控制设定调节、趋势显示、超限报警及制作报表等功能，对主要生产过程实现自动控制。目前，我国污水厂的生产管理与自动化已具有一定水平，且逐步提高。经济条件不允许时，可采用分期建设的原则，分阶段逐步实现自动控制。

8.3.4 关于成套设备控制的规定。

成套设备本身带有控制及仪表装置时，设计应完成与外部控制系统的通信接口。

8.4 计算机控制管理系统

8.4.1 规定计算机控制管理系统的功能。

此条是对系统功能的总体要求。

8.4.2 关于计算机控制管理系统设计原则的规定。

中华人民共和国国家标准

城 镇 燃 气 设 计 规 范

Code for design of city gas engineering

GB 50028—2006

主编部门：中华人民共和国建设部
批准部门：中华人民共和国建设部
施行日期：2 0 0 6 年 1 1 月 1 日

中华人民共和国建设部
公　　告

第 451 号

建设部关于发布国家标准《城镇燃气设计规范》的公告

现批准《城镇燃气设计规范》为国家标准，编号为 GB 50028－2006，自 2006 年 11 月 1 日起实施。其中，第 3.2.1（1）、3.2.2、3.2.3、4.2.11（3）、4.2.12、4.2.13、4.3.2、4.3.15、4.3.23、4.3.26、4.3.27（8、10、11、12）、4.4.13、4.4.17、4.4.18（4）、4.5.13、5.1.4、5.3.4、5.3.6（7）、5.4.2（1、3）、5.11.8、5.12.5、5.12.17、5.14.1、5.14.2、5.14.3、5.14.4、6.1.6、6.3.1、6.3.2、6.3.3、6.3.8、6.3.11（2、4）、6.3.13、6.3.15（1、3）、6.4.4（2）、6.4.11、6.4.12、6.4.13、6.5.3、6.5.4、6.5.5（2、3、4）、6.5.7（5）、6.5.12（2、3、6）、6.5.13、6.5.19（1、2）、6.5.20、6.5.22、6.6.2（6）、6.6.3、6.6.10（2、5、7）、6.7.1、7.1.2、7.2.2、7.2.4、7.2.5、7.2.9、7.2.16、7.2.21、7.4.1（1）、7.4.3、7.5.1、7.5.3、7.5.4、7.6.1、7.6.4、7.6.8、8.2.2、8.2.9、8.2.11、8.3.7、8.3.8、8.3.9、8.3.10、8.3.12、8.3.14、8.3.15、8.3.19（1、2、4、6）、8.3.26、8.4.3、8.4.4、8.4.6、8.4.10、8.4.12、8.4.15、8.4.20、8.5.2、8.5.3、8.5.4、8.6.4、8.7.4、8.8.1、8.8.3、8.8.4、8.8.5、8.8.11（1、2、3）、8.8.12、8.9.1、8.10.2、8.10.4、8.10.8、8.11.1、8.11.3、9.2.4、9.2.5、9.2.10、9.3.2、9.4.2、9.4.13、9.4.16、9.5.5、9.6.3、10.2.1、10.2.7（3）、10.2.14（1）、10.2.21（2、3、4）、10.2.23、10.2.24、10.2.26、10.3.2（2）、10.4.2、10.4.4（4）、10.5.3（1、3、5）、10.5.7、10.6.2、10.6.6、10.6.7、10.7.1、10.7.3、10.7.6（1）条（款）为强制性条文，必须严格执行。原《城镇燃气设计规范》GB 50028－93 同时废止。

本规范由建设部标准定额研究所组织中国建筑工业出版社出版发行。

中华人民共和国建设部
2006 年 7 月 12 日

前　　言

根据建设部《关于印发“2000 至 2001 年度工程建设国家标准制订、修订计划”的通知》（建标［2001］87 号）要求，由中国市政工程华北设计研究院会同有关单位共同对《城镇燃气设计规范》GB 50028－93 进行了修订。在修订过程中，编制组根据国家有关政策，结合我国城镇燃气的实际情况，进行了广泛的调查研究，认真总结了我国城镇燃气工程建设和规范执行十年来的经验，吸收了国际上发达国家的先进规范成果，开展了必要的专题研究和技术研讨，并广泛征求了全国有关单位的意见，最后由建设部会同有关部门审查定稿。

本规范共分 10 章和 6 个附录，其主要内容包括：总则、术语、用气量和燃气质量、制气、净化、燃气输配系统、压缩天然气供应、液化石油气供应、液化天然气供应和燃气的应用等。

本次修订的主要内容是：

1. 增加第 2 章术语，将原规范中“名词解释”改为“术语”，并作了补充与完善。

2. 第 3 章用气量和燃气质量中，取消了居民生活和商业用户用气量指标；增加了采暖用气量的计算原则。补充了天然气的质量要求、液化石油气与空气的混合气质量安全指标和燃气加臭的标准。

3. 第 4、5 章制气和净化中，增加了两段煤气（水煤气）发生炉制气、轻油制气、流化床水煤气、天然气改制、一氧化碳变换和煤气脱水，并对主要生产场所火灾及爆炸危险分类等级等条文进行了修订。

4. 第 6 章燃气输配系统中，提高了城镇燃气管道压力至 4.0MPa，吸收了美、英等发达国家的先进标准成果，增加了高压燃气管道敷设、管道结构设计和新型管材，补充了地上燃气管道敷设，门站、储配站设计和调压站设置形式、管道水力计算等。

5. 增加第7章压缩天然气供应，主要包括压缩天然气加气站、储配站、瓶组供气站及配套设施要求。

6. 第8章液化石油气供应，对液化石油气供应基地和混气站、气化站、瓶组气化站及瓶装供应站等补充了有关内容。

7. 增加第9章液化天然气供应，主要包括气化站储罐与站外建、构筑物的防火间距，站内总平面布置防火间距及配套设施等要求。

8. 第10章燃气的应用中，增加了新型管材，燃气管道和燃气用具在地下室、半地下室和地上密闭房间内的敷设，室内燃气管道的暗设以及燃气的安全监控设施等要求。

本规范由建设部负责管理和对强制性条文的解释，由中国市政工程华北设计研究院负责日常管理工作和具体技术内容的解释。

本规范在执行过程中，希望各单位结合工程实践，注意总结经验，积累资料，如发现对本规范需要修改和补充，请将意见和有关资料函寄：中国市政工程华北设计研究院　城镇燃气设计规范国家标准管理组（地址：天津市气象台路，邮政编码：300074），以便今后修订时参考。

本规范主编单位、参编单位及主要起草人：

主 编 单 位：中国市政工程华北设计研究院

参 编 单 位：上海燃气工程设计研究有限公司
香港中华煤气有限公司
北京市煤气热力工程设计院有限公司
沈阳市城市煤气设计研究院
成都市煤气公司
苏州科技学院
国际铜业协会（中国）
新奥燃气控股有限公司
深圳市燃气工程设计有限公司
天津市煤气工程设计院
北京市燃气工程设计公司
长春市燃气热力设计研究院
珠海市煤气集团有限公司
新兴铸管股份有限公司
亚大塑料制品有限公司
华创天元实业发展有限责任公司
佛山市日丰企业有限公司
北京中油翔科科技有限公司
上海飞奥燃气设备有限公司
宁波志清集团有限公司
宁波市华涛不锈钢管材料有限公司
华北石油钢管厂
沈阳光正工业有限公司
天津新科成套仪表有限公司
乐泰（中国）有限公司

主要起草人：金石坚　李颜强　徐　良　冯长海
王昌遒　高　勇　陈云玉　顾　军
沈余生　孙欣华　李建勋　邵　山
曹开朗　王　启　李猷嘉　贾秋明
刘松林　应援农　沈仲棠　曹永根
杨永慧　吴　珊　樊金光　周也路
刘　正　郑海燕　田大栓　张　琳
王广柱　韩建平　徐　静　刘　军
吴国奇　李绍海　王　华　牛铭昌
张力平　边树奎　苏国荣　陈志清
缪德伟　王晓香　孟　光　孙建勋
沈伟康

目　次

1 总 则

1.0.1 为使城镇燃气工程设计符合安全生产、保证供应、经济合理和保护环境的要求，制定本规范。

1.0.2 本规范适用于向城市、乡镇或居民点供给居民生活、商业、工业企业生产、采暖通风和空调等各类用户作燃料用的新建、扩建或改建的城镇燃气工程设计。

注：1 本规范不适用于城镇燃气门站以前的长距离输气管道工程。

2 本规范不适用于工业企业自建供生产工艺用且燃气质量不符合本规范质量要求的燃气工程设计，但自建供生产工艺用且燃气质量符合本规范要求的燃气工程设计，可按本规范执行。

工业企业内部自供燃气给居民使用时，供居民使用的燃气质量和工程设计应按本规范执行。

3 本规范不适用于海洋和内河轮船、铁路车辆、汽车等运输工具上的燃气装置设计。

1.0.3 城镇燃气工程设计，应在不断总结生产、建设和科学实验的基础上，积极采用行之有效的新工艺、新技术、新材料和新设备，做到技术先进，经济合理。

1.0.4 城镇燃气工程规划设计应遵循我国的能源政策，根据城镇总体规划进行设计，并应与城镇的能源规划、环保规划、消防规划等相结合。

1.0.5 城镇燃气工程设计，除应遵守本规范外，尚应符合国家现行的有关标准的规定。

2 术 语

2.0.1 城镇燃气 city gas

从城市、乡镇或居民点中的地区性气源点，通过输配系统供给居民生活、商业、工业企业生产、采暖通风和空调等各类用户公用性质的，且符合本规范燃气质量要求的可燃气体。城镇燃气一般包括天然气、液化石油气和人工煤气。

2.0.2 人工煤气 manufactured gas

以固体、液体或气体（包括煤、重油、轻油、液体石油气、天然气等）为原料经转化制得的，且符合现行国家标准《人工煤气》GB 13612质量要求的可燃气体。人工煤气又简称为煤气。

2.0.3 居民生活用气 gas for domestic use

用于居民家庭炊事及制备热水等的燃气。

2.0.4 商业用气 gas for commercial use

用于商业用户（含公共建筑用户）生产和生活的燃气。

2.0.5 基准气 reference gas

代表某种燃气的标准气体。

2.0.6 加臭剂 odorant

一种具有强烈气味的有机化合物或混合物。当以很低的浓度加入燃气中，使燃气有一种特殊的、令人不愉快的警示性臭味，以便泄漏的燃气在达到其爆炸下限20%或达到对人体允许的有害浓度时，即被察觉。

2.0.7 直立炉 vertical retort

指武德式连续式直立炭化炉的简称。

2.0.8 自由膨胀序数 crucible swelling number

是表示煤的粘结性的指标。

2.0.9 葛金指数 Gray-King index

是表示煤的结焦性的指标。

2.0.10 罗加指数 Roga index

是表示煤的粘结能力的指标。

2.0.11 煤的化学反应性 chemical reactivity of coal

是表示在一定温度下，煤与二氧化碳相互作用，将二氧化碳还原成一氧化碳的反应能力的指标，是我国评价气化用煤的质量指标之一。

2.0.12 煤的热稳定性 thermal stability of coal

是指煤块在高温作用下（燃烧或气化）保持原来粒度的性质（即对热的稳定程度）的指标，是我国评价块煤质量指标之一。

2.0.13 气焦 gas coke

是焦炭的一种，其质量低于冶金焦或铸造焦，直立炉所生产的焦一般称为气焦，当焦炉大量配入气煤时，所产生的低质的焦炭也是气焦。

2.0.14 电气滤清器（电捕焦油器） electric filter

用高压直流电除去煤气中焦油和灰尘的设备。

2.0.15 调峰气 peak shaving gas

为了平衡用气量高峰，供作调峰手段使用的辅助性气源和储气。

2.0.16 计算月 design month

指一年中逐月平均的日用气量中出现最大值的月份。

2.0.17 月高峰系数 maximum uneven factor of monthly consumption

计算月的平均日用气量和年的日平均用气量之比。

2.0.18 日高峰系数 maximum uneven factor of daily consumption

计算月中的日最大用气量和该月日平均用气量之比。

2.0.19 小时高峰系数 maximum uneven factor of hourly consumption

计算月中最大用气量日的小时最大用气量和该日平均小时用气量之比。

2.0.20 低压储气罐 low pressure gasholder

工作压力（表压）在10kPa以下，依靠容积变化储存燃气的储气罐。分为湿式储气罐和干式储气罐两种。

2.0.21 高压储气罐 high pressure gasholder

工作压力（表压）大于 0.4MPa，依靠压力变化储存燃气的储气罐。又称为固定容积储气罐。

2.0.22 调压装置 regulator device

将较高燃气压力降至所需的较低压力调压单元总称。包括调压器及其附属设备。

2.0.23 调压站 regulator station

将调压装置放置于专用的调压建筑物或构筑物中，承担用气压力的调节。包括调压装置及调压室的建筑物或构筑物等。

2.0.24 调压箱（调压柜） regulator box

将调压装置放置于专用箱体，设于用气建筑物附近，承担用气压力的调节。包括调压装置和箱体。悬挂式和地下式箱称为调压箱，落地式箱称为调压柜。

2.0.25 重要的公共建筑 important public building

指性质重要、人员密集，发生火灾后损失大、影响大、伤亡大的公共建筑物。如省市级以上的机关办公楼、电子计算机中心、通信中心以及体育馆、影剧院、百货大楼等。

2.0.26 用气建筑的毗连建筑物 building adjacent to building supplied with gas

指与用气建筑物紧密相连又不属于同一个建筑结构整体的建筑物。

2.0.27 单独用户 individual user

指主要有一个专用用气点的用气单位，如一个锅炉房、一个食堂或一个车间等。

2.0.28 压缩天然气 compressed natural gas (CNG)

指压缩到压力大于或等于 10MPa 且不大于 25MPa 的气态天然气。

2.0.29 压缩天然气加气站 CNG fuelling station

由高、中压输气管道或气田的集气处理站等引入天然气，经净化、计量、压缩并向气瓶车或气瓶组充装压缩天然气的站场。

2.0.30 压缩天然气气瓶车 CNG cylinders truck transportation

由多个压缩天然气瓶组合并固定在汽车挂车底盘上，具有压缩天然气加（卸）气系统和安全防护及安全放散等的设施。

2.0.31 压缩天然气瓶组 multiple CNG cylinder installations

具有压缩天然气加（卸）气系统和安全防护及安全放散等设施，固定在瓶筐上的多个压缩天然气瓶组合。

2.0.32 压缩天然气储配站 CNG stored and distributed station

具有将槽车、槽船运输的压缩天然气进行卸气、加热、调压、储存、计量、加臭，并送入城镇燃气输配管道功能的站场。

2.0.33 压缩天然气瓶组供应站 station for CNG multiple cylinder installations

采用压缩天然气气瓶组作为储气设施，具有将压缩天然气卸气、调压、计量和加臭，并送入城镇燃气输配管道功能的设施。

2.0.34 液化石油气供应基地 liquefied petroleum gases (LPG) supply base

城镇液化石油气储存站、储配站和灌装站的统称。

2.0.35 液化石油气储存站 LPG stored station

储存液化石油气，并将其输送给灌装站、气化站和混气站的液化石油气储存站场。

2.0.36 液化石油气灌装站 LPG filling station

进行液化石油气灌装作业的站场。

2.0.37 液化石油气储配站 LPG stored and delivered station

兼有液化石油气储存站和灌装站两者全部功能的站场。

2.0.38 液化石油气气化站 LPG vaporizing station

配置储存和气化装置，将液态液化石油气转换为气态液化石油气，并向用户供气的生产设施。

2.0.39 液化石油气混气站 LPG-air (other fuel gas) mixing station

配置储存、气化和混气装置，将液态液化石油气转换为气态液化石油气后，与空气或其他可燃气体按一定比例混合配制成混合气，并向用户供气的生产设施。

2.0.40 液化石油气-空气混合气 LPG-air mixture

将气态液化石油气与空气按一定比例混合配制成符合城镇燃气质量要求的燃气。

2.0.41 全压力式储罐 fully pressurized storage tank

在常温和较高压力下盛装液化石油气的储罐。

2.0.42 半冷冻式储罐 semi-refrigerated storage tank

在较低温度和较低压力下盛装液化石油气的储罐。

2.0.43 全冷冻式储罐 fully refrigerated storage tank

在低温和常压下盛装液化石油气的储罐。

2.0.44 瓶组气化站 vaporizing station of multiple cylinder installations

配置 2 个以上 15kg、2 个或 2 个以上 50kg 气瓶，采用自然或强制气化方式将液态液化石油气转换为气态液化石油气后，向用户供气的生产设施。

2.0.45 液化石油气瓶装供应站 bottled LPG delivered station

经营和储存液化石油气气瓶的场所。

2.0.46 液化天然气 liquefied natural gas (LNG)

液化状况下的无色流体，其主要组分为甲烷。

2.0.47 液化天然气气化站 LNG vaporizing station

具有将槽车或槽船运输的液化天然气进行卸气、

储存、气化、调压、计量和加臭，并送入城镇燃气输配管道功能的站场。又称为液化天然气卫星站（LNG satellite plant）。

2.0.48 引入管 service pipe

室外配气支管与用户室内燃气进口管总阀门（当无总阀门时，指距室内地面1m高处）之间的管道。

2.0.49 管道暗埋 piping embedment

管道直接埋设在墙体、地面内。

2.0.50 管道暗封 piping concealment

管道敷设在管道井、吊顶、管沟、装饰层内。

2.0.51 钎焊 capillary joining

钎焊是一个接合金属的过程，在焊接时作为填充金属（钎料）是熔化的有色金属，它通过毛细管作用被吸入要被连接的两个部件表面之间的狭小空间中，钎焊可分为硬钎焊和软钎焊。

3 用气量和燃气质量

3.1 用 气 量

3.1.1 设计用气量应根据当地供气原则和条件确定，包括下列各种用气量：

1 居民生活用气量；

2 商业用气量；

3 工业企业生产用气量；

4 采暖通风和空调用气量；

5 燃气汽车用气量；

6 其他气量。

注：当电站采用城镇燃气发电或供热时，尚应包括电站用气量。

3.1.2 各种用户的燃气设计用气量，应根据燃气发展规划和用气量指标确定。

3.1.3 居民生活和商业的用气量指标，应根据当地居民生活和商业用气量的统计数据分析确定。

3.1.4 工业企业生产的用气量，可根据实际燃料消耗量折算，或按同行业的用气量指标分析确定。

3.1.5 采暖通风和空调用气量指标，可按国家现行标准《城市热力网设计规范》CJJ 34或当地建筑物耗热量指标确定。

3.1.6 燃气汽车用气量指标，应根据当地燃气汽车种类、车型和使用量的统计数据分析确定。当缺乏用气量的实际统计资料时，可按已有燃气汽车城镇的用气量指标分析确定。

3.2 燃 气 质 量

3.2.1 城镇燃气质量指标应符合下列要求：

1 城镇燃气（应按基准气分类）的发热量和组分的波动应符合城镇燃气互换的要求；

2 城镇燃气偏离基准气的波动范围宜按现行的国家标准《城市燃气分类》GB/T 13611的规定采用，并应适当留有余地。

3.2.2 采用不同种类的燃气做城镇燃气除应符合第3.2.1条外，还应分别符合下列第1～4款的规定。

1 天然气的质量指标应符合下列规定：

1）天然气发热量、总硫和硫化氢含量、水露点指标应符合现行国家标准《天然气》GB 17820的一类气或二类气的规定；

2）在天然气交接点的压力和温度条件下：

天然气的烃露点应比最低环境温度低5℃；

天然气中不应有固态、液态或胶状物质。

2 液化石油气质量指标应符合现行国家标准《油气田液化石油气》GB 9052.1或《液化石油气》GB 11174的规定；

3 人工煤气质量指标应符合现行国家标准《人工煤气》GB 13612的规定；

4 液化石油气与空气的混合气做主气源时，液化石油气的体积分数应高于其爆炸上限的2倍，且混合气的露点温度应低于管道外壁温度5℃。硫化氢含量不应大于20mg/m³。

3.2.3 城镇燃气应具有可以察觉的臭味，燃气中加臭剂的最小量应符合下列规定：

1 无毒燃气泄漏到空气中，达到爆炸下限的20%时，应能察觉；

2 有毒燃气泄漏到空气中，达到对人体允许的有害浓度时，应能察觉；

对于以一氧化碳为有毒成分的燃气，空气中一氧化碳含量达到0.02%（体积分数）时，应能察觉。

3.2.4 城镇燃气加臭剂应符合下列要求：

1 加臭剂和燃气混合在一起后应具有特殊的臭味；

2 加臭剂不应对人体、管道或与其接触的材料有害；

3 加臭剂的燃烧产物不应对人体呼吸有害，并不应腐蚀或伤害与此燃烧产物经常接触的材料；

4 加臭剂溶解于水的程度不应大于2.5%（质量分数）；

5 加臭剂应有在空气中应能察觉的加臭剂含量指标。

4 制 气

4.1 一 般 规 定

4.1.1 本章适用于煤的干馏制气、煤的气化制气与重、轻油催化裂解制气及天然气改制等工程设计。

4.1.2 各制气炉型和台数的选择，应根据制气原料的品种，供气规模及各种产品的市场需要，按不同炉型的特点，经技术经济比较后确定。

4.1.3 制气车间主要生产场所爆炸和火灾危险区域等级划分应符合本规范附录A的规定。

4.1.4 制气车间的“三废”处理要求除应符合本章有关规定外，还应符合国家现行有关标准的规定。

4.1.5 各类制气炉型及其辅助设施的场地布置除应符合本章有关规定外，还应符合现行国家标准《工业企业总平面设计规范》GB 50187的规定。

4.2 煤的干馏制气

4.2.1 煤的干馏炉装炉煤的质量指标，应符合下列要求：

1 直立炉：

挥发分（干基） ＞25%；

坩埚膨胀序数 1½～4；

葛金指数 F～G_1；

灰分（干基） ＜25%；

粒度 ＜50mm（其中小于10mm的含量应小于75%）。

注：1 生产铁合金焦时，应选用低灰分、弱粘结的块煤。

灰分（干基） ＜10%；

粒度 15～50mm；

热稳定性（TS） ＞60%。

2 生产电石焦时，应采用灰分小于10%的煤种，粒度要求与直立炉装炉煤粒度相同。

3 当装炉煤质量不符合上述要求时，应做工业性的单炉试验。

2 焦炉：

挥发分（干基） 24%～32%；

胶质层指数（Y） 13～20mm；

焦块最终收缩度（X） 28～33mm；

粘结指数 58～72；

水分 ＜10%；

灰分（干基） ≤11%；

硫分（干基） ＜1%；

粒度（＜3mm的含量） 75%～80%。

注：1 指标仅给出范围，最终指标应按配煤试验结果确定。

2 采用焦炉炼制气焦时，其灰分（干基）可小于16%。

3 采用焦炉炼制冶金焦或铸造焦时，应按焦炭的质量要求决定配煤的质量指标。

4.2.2 采用直立炉制气的煤准备流程应设破碎和配煤装置。

采用焦炉制气的煤准备宜采取先配煤后粉碎流程。

4.2.3 原料煤的装卸和倒运应采用机械化运输设备。卸煤设备的能力，应按日用煤量、供煤不均衡程度和供煤协议的卸煤时间确定。

4.2.4 储煤场地的操作容量应根据来煤方式不同，宜按10～40d的用煤量确定。其操作容量系数，宜取65%～70%。

4.2.5 配煤槽和粉碎机室的设计，应符合下列要求：

1 配煤槽总容量，应根据日用煤量和允许的检修时间等因素确定；

2 配煤槽的个数，应根据采用的煤种数和配煤比等因素确定；

3 在粉碎装置前，必须设置电磁分离器；

4 粉碎机室必须设置除尘装置和其他防尘措施，室内含尘量应小于10mg/m³；

排入室外大气中的粉尘最高允许浓度标准为150mg/m³；

5 粉碎机应采用隔声、消声、吸声、减振以及综合控制噪声等措施，生产车间及作业场所的噪声A声级不得超过90dB。

4.2.6 煤准备流程的各胶带运输机及其相连的运转设备之间，应设连锁集中控制装置。

4.2.7 每座直立炉顶层的储煤仓总容量，宜按36h用煤量计算。辅助煤箱的总容量，应按2h用煤量计算。储焦仓的总容量，宜按一次加满四门炭化室的装焦量计算。

焦炉的储煤塔，宜按两座炉共用一个储煤塔设计，其总容量应按12～16h用煤量计算。

4.2.8 煤干馏的主要产品的产率指标，可按表4.2.8采用。

表4.2.8 煤干馏的主要产品的产率指标

主要产品名称	直立炉	焦 炉
煤 气	350～380m³/t	320～340m³/t
全 焦	71%～74%	72%～76%
焦 油	3.3%～3.7%	3.2%～3.7%
硫 铵	0.9%	1.0%
粗 苯	0.8%	1.0%

注：1 直立炉煤气其低热值为16.3MJ/m³；

2 焦炉煤气其低热值为17.9MJ/m³；

3 直立炉水分按7%的煤计；

4 焦炉按干煤计。

4.2.9 焦炉的加热煤气系统，宜采用复热式。

4.2.10 煤干馏炉的加热煤气，宜采用发生炉（含两段发生炉）或高炉煤气。

发生炉煤气热值应符合现行国家标准《发生炉煤气站设计规范》GB 50195的规定。

煤干馏炉的耗热量指标，宜按表 4.2.10 选用。

表 4.2.10 煤干馏炉的耗热量指标［kJ/kg（煤）］

加热煤气种类	焦炉	直立炉	适用范围
焦炉煤气	2340	—	作为计算生产消耗用
发生炉煤气	2640	3010	
焦炉煤气	2570	—	作为计算加热系统设备用
发生炉煤气	2850	—	

注：1 直立炉的指标系按炭化室长度为 2.1m 炉型所耗发生炉热煤气计算。

焦炉的指标系按炭化室有效容积大于 $20m^3$ 炉型所耗冷煤气计算。

2 水分按 7%的煤计。

4.2.11 加热煤气管道的设计应符合下列要求：

1 当焦炉采用发生炉煤气加热时，加热煤气管道上宜设置混入回炉煤气装置；当焦炉采用回炉煤气加热时，加热煤气管道上宜设置煤气预热器；

2 应设置压力自动调节装置和流量计；

3 必须设置低压报警信号装置，其取压点应设在压力自动调节装置的蝶阀前的总管上。管道末端应设爆破膜；

4 应设置蒸汽清扫和水封装置；

5 加热煤气的总管的敷设，宜采用架空方式。

4.2.12 直立炉、焦炉桥管上必须设置低压氨水喷洒装置。直立炉的荒煤气管或焦炉集气管上必须设置煤气放散管，放散管出口应设点火燃烧装置。

焦炉上升管盖及桥管与水封阀承插处应采用水封装置。

4.2.13 炉顶荒煤气管，应设压力自动调节装置。调节阀前必须设置氨水喷洒设施。调节蝶阀与煤气鼓风机室应有联系信号和自控装置。

4.2.14 直立炉炉顶捣炉与炉底放焦之间应有联系信号。焦炉的推焦车、拦焦车、熄焦车的电机车之间宜设置可靠的连锁装置以及熄焦车控制推焦杆的事故刹车装置。

4.2.15 焦炉宜设上升管隔热装置和高压氨水消烟加煤装置。

4.2.16 氨水喷洒系统的设计，应符合下列要求：

1 低压氨水的喷洒压力，不应低于 0.15MPa。氨水的总耗用量指标应按直立炉 $4m^3/t$（煤）、焦炉 $6\sim8m^3/t$（煤）选用；

2 直立炉的氨水总管，应布置成环形；

3 低压氨水应设事故用水管；

4 焦炉消烟装煤用高压氨水的总耗用量为低压氨水总耗用量的 3.4%～3.6%，其喷洒压力应按 1.5～2.7MPa 设计。

注：1 直立炉水分按 7%的煤计；

2 焦炉按干煤计。

4.2.17 直立炉废热锅炉的设置应符合下列规定：

1 每座直立炉的废热锅炉，应设置在废气总管附近；

2 废热锅炉的废气进口温度，宜取 800～900℃，废气出口温度宜取 200℃；

3 废热锅炉宜设置 1 台备用；

4 废热锅炉应有清灰与检修的空间；

5 废热锅炉的引风机应采取防振措施。

4.2.18 直立炉排焦和熄焦系统的设计应符合下列要求：

1 直立炉应采用连续的水熄焦，熄焦水的总管，应布置成环形。熄焦水应循环使用，其用水量宜按 $3\sim4m^3/t$（水分为 7%的煤）计算；

2 排焦传动装置应采用调速电机控制；

3 排焦箱的容量，宜按 4h 的排焦量计算；

采用弱粘结性煤时，排焦箱上应设排焦控制器；

4 排焦门的启闭，宜采用机械化装置；

5 排出的焦炭运出车间以前，应有大于 80s 的沥水时间。

4.2.19 焦炉可采用湿法熄焦和干法熄焦两种方式。当采用湿法熄焦时应设自动控制装置，在熄焦塔内应设置捕尘装置。

熄焦水应循环使用，其用水量宜按 $2m^3/t$（干煤）计算。熄焦时间宜为 90～120s。

粉焦沉淀池的有效容积应保证熄焦水有足够的沉淀时间。清除粉焦沉淀池内的粉焦应采用机械化设施。

大型焦化厂有条件的应采用干法熄焦装置。

4.2.20 当熄焦使用生化尾水时，其水质应符合下列要求：

酚≤0.5mg/L；

CN^-≤0.5mg/L；

COD_{cr}≈350mg/L。

4.2.21 焦炉的焦台设计宜符合下列要求：

1 每两座焦炉宜设置 1 个焦台；

2 焦台的宽度，宜为炭化室高度的 2 倍；

3 焦台上焦炭的停留时间，不宜小于 30min；

4 焦台的水平倾角，宜为 28°。

4.2.22 焦炭处理系统，宜设置筛焦楼及其储焦场地或储焦设施。

筛焦楼内应设有除尘通风设施。

焦炭筛分设施，宜按筛分后的粒度大于 40mm、40～25mm、25～10mm 和小于 10mm，共 4 级设计。

注：生产冶金、铸造焦时，焦炭筛分设施宜增加大于 60mm 或 80mm 的一级。生产铁合金焦时，焦炭筛分设施宜增加 10～5mm 和小于 5mm 两级。

4.2.23 筛焦楼内储焦仓总容量的确定，应符合下列要求：

1 直立炉的储焦仓，宜按 10～12h 产焦量计算；

2 焦炉的储焦仓，宜按 6～8h 产焦量计算。

4.2.24 储焦场的地面，应做人工地坪并应设排水设施。

4.2.25 独立炼焦制气厂储焦场的操作容量宜按焦炭销售运输方式不同采用15～20d产焦量。

4.2.26 自产的中、小块气焦，宜用于生产发生炉煤气。自产的大块气焦，宜用于生产水煤气。

4.3 煤的气化制气

4.3.1 本节适用于下列炉型的煤的气化制气：

1 煤气发生炉；两段煤气发生炉；

2 水煤气发生炉；两段水煤气发生炉；

3 流化床水煤气炉。

注：1 煤气发生炉、两段煤气发生炉为连续气化炉；水煤气发生炉、两段水煤气发生炉、流化床水煤气炉为循环气化炉。

2 鲁奇高压气化炉暂不包括在本规范内。

4.3.2 煤的气化制气宜作为人工煤气气源厂的辅助（加热）和掺混用气源。**当作为城市的主气源时，必须采取有效措施，使煤气组分中一氧化碳含量和煤气热值等达到现行国家标准《人工煤气》GB 13612质量标准。**

4.3.3 气化用煤的主要质量指标宜符合表4.3.3的规定。

表4.3.3 气化用煤主要质量指标

指标项目	煤气发生炉	两段煤气发生炉	水煤气发生炉	两段水煤气发生炉	流化床水煤气炉
粒度(mm)	—	—	—	—	—
1 无烟煤	6～13，13～25，25～50	—	25～100	—	0～13 其中1以下<10%，大于13<15%
2 烟煤	—	20～40，25～50，30～60	—	20～40，25～50，30～60	
3 焦炭	6～10，10～25，25～40	—	25～100	—	
质量指标	—	—	—	—	—
1 灰分(干基)	<35%（气焦）	<25%（烟煤）	<33%（气焦）	25%（烟煤）	—
	<24%（无烟煤）	—	<24%（无烟煤）	—	<35%（各煤）
2 热稳定性$(TS)_{+6}$	>60%	>60%	>60%	>60%	>45%
3 抗碎强度(粒度大于25mm)	>60%	>60%	>60%	>60%	—
质量指标	—	—	—	—	—
4 灰熔点(ST)	>1200℃（冷煤气）	>1250℃	>1300℃	>1250℃	>1200℃
	>1250℃（热煤气）	—	—	—	—
5 全硫(干基)	<1%	<1%	<1%	<1%	<1%
6 挥发分(干基)	—	>20%	<9%	>20%	—
7 罗加指数(R.I)	—	≤20	—	≤20	<45
8 自由膨胀序数(F.S.I)	—	≤2	—	≤2	—
9 煤的化学反应性(a)	—	—	—	—	>30%（1000℃时）

注：1 发生炉入炉的无烟煤或焦炭，粒度可放宽选用相邻两级。

2 两段煤气发生炉、两段水煤气发生炉用煤粒度限使用其中的一级。

4.3.4 煤场的储煤量，应根据煤源远近、供应的不均衡性和交通运输方式等条件确定，宜采用10～30d的用煤量；当作为辅助、调峰气源使用本厂焦炭时，宜小于1d的用焦量。

4.3.5 当气化炉按三班制时，储煤斗的有效储量应符合表4.3.5的要求。

表4.3.5 储煤斗的有效储量

备煤系统工作班制	储煤斗的有效储量
一班工作	20～22h气化炉用煤量
二班工作	14～16h气化炉用煤量

注：1 备煤系统不宜按三班工作。

2 用煤量应按设计产量计算。

4.3.6 煤气化后的灰渣宜采用机械化处理措施并进行综合利用。

4.3.7 煤气化炉煤气低热值应符合下列规定：

1 煤气发生炉，不应小于5MJ/m³。

2 两段发生炉，上段煤气不应小于6.7MJ/m³；下段煤气不应大于5.44MJ/m³。

3 水煤气发生炉，不应小于10MJ/m³。

4 两段水煤气发生炉，上段煤气不应小于13.5MJ/m³；下段煤气不应大于10.8MJ/m³。

5 流化床水煤气炉，宜为9.4～11.3MJ/m³。

4.3.8 气化炉吨煤产气率指标，应根据选用的煤气发生炉炉型、煤种、粒度等因素综合考虑后确定。对曾用于气化的煤种，应采用其平均产气率指标；对未曾用于气化的煤种，应根据其气化试验报告的产气率确定。当缺乏条件时，可按表4.3.8选用。

表4.3.8 气化炉煤气产气率指标

原料	产气率（m³/t）（干基）					灰分含量
	煤气发生炉	两段煤气发生炉	水煤气发生炉	两段水煤气发生炉	流化床水煤气炉	
无烟煤	3000～3400	—	1500～1700	—	900～1000	15%～25%
烟煤	—	2600～3000	—	800～1100		18%～25%
焦炭	3100～3400	—	1500～1650	—		13%～21%
气焦	2600～3000	—	1300～1500	—		25%～35%

4.3.9 气化炉组工作台数每1～4台宜另设一台备用。

4.3.10 水煤气发生炉、两段水煤气发生炉，每3台宜编为1组；流化床水煤气炉每2台宜编为1组；合用一套煤气冷却系统和废气处理及鼓风设备。

4.3.11 循环气化炉的空气鼓风机的选择，应符合本规范第4.4.9条的要求。

4.3.12 循环气化炉的煤气缓冲罐宜采用直立式低压储气罐，其容积宜为0.5～1倍煤气小时产气量。

4.3.13 循环气化炉的蒸汽系统中应设置蒸汽蓄能器，并宜设有备用的蒸汽系统。

4.3.14 煤气排送机和空气鼓风机的并联工作台数不宜超过3台，并应另设一台备用。

4.3.15 **作为加热和掺混用的气化炉冷煤气温度宜小于35℃，其灰尘和液态焦油等杂质含量应小于20mg/m³；气化炉热煤气至用气设备前温度不应小于350℃，其灰尘含量应小于300mg/m³。**

4.3.16 采用无烟煤或焦炭作原料的气化炉，煤气系统中的电气滤清器应设有冲洗装置或能连续形成水膜的湿式装置。

4.3.17 煤气的冷却宜采用直接冷却。

冷却用水和洗涤用水应采用封闭循环系统。

冷循环水进口温度不宜大于28℃，热循环水进口温度不宜小于55℃。

4.3.18 废热锅炉和生产蒸汽的水夹套，其给水水质应符合现行的国家标准《工业锅炉水质标准》GB 1576中关于锅壳锅炉水质标准的规定。

4.3.19 当水夹套中水温小于或等于100℃时，给水水质应符合现行的国家标准《工业锅炉水质标准》GB 1576中关于热水锅炉水质标准的规定。

4.3.20 煤气净化设备、废热锅炉及管道应设放散管和吹扫管接头，其位置应能使设备内的介质吹净；当净化设备相联处无隔断装置时，可仅在较高的设备上装设放散管。

设备和煤气管道放散管的接管上，应设取样嘴。

4.3.21 放散管管口高度应符合下列要求：

1 高出管道和设备及其走台4m，并距地面高度不小于10m；

2 厂房内或距厂房10m以内的煤气管道和设备上的放散管管口，应高出厂房顶4m。

4.3.22 煤气系统中应设置可靠的隔断煤气装置，并应设置相应的操作平台。

4.3.23 **在电气滤清器上必须装有爆破阀。洗涤塔上宜设有爆破阀，其装设位置应符合下列要求：**

1 装在设备薄弱处或易受爆破气浪直接冲击的位置；

2 离操作面的净空高度小于2m时，应设有防护措施；

3 爆破阀的泄压口不应正对建筑物的门或窗。

4.3.24 厂区煤气管道与空气管道应架空敷设。热煤气管道上应设有清灰装置。

4.3.25 空气总管末端应设有爆破膜。煤气排送机前的低压煤气总管上，应设爆破阀或泄压水封。

4.3.26 煤气设备水封的高度，不应小于表4.3.26的规定。

表4.3.26 煤气设备水封有效高度

最大工作压力(Pa)	水封的有效高度(mm)
<3000	最大工作压力(以Pa表示)×0.1+150，但不得小于250
3000～10000	最大工作压力(以Pa表示)×0.1×1.5
>10000	最大工作压力(以Pa表示)×0.1+500

注：发生炉煤气钟罩阀的放散水封的有效高度应等于煤气发生炉出口最大工作压力（以Pa表示）乘0.1加50mm。

4.3.27 生产系统的仪表和自动控制装置的设置应符合下列规定：

1 宜设置空气、蒸汽、给水和煤气等介质的计量装置；

2 宜设置气化炉进口空气压力检测仪表；

3 宜设置循环气化炉鼓风机的压力、温度测量仪表；

4 宜设置连续气化炉进口饱和空气温度及其自动调节；

5 宜设置气化炉进口蒸汽和出口煤气的温度及压力检测仪表；

6 宜设置两段炉上段出口煤气温度自动调节；

7 应设置汽包水位自动调节；

8 应设置循环气化炉的缓冲气罐的高、低位限位器分别与自动控制机和煤气排送机连锁装置，并应设报警装置；

9 应设置循环气化炉的高压水罐压力与自动控制机连锁装置，并应设报警装置；

10 应设置连续气化炉的煤气排送机（或热煤气直接用户如直立炉的引风机）与空气总管压力或空气鼓风机连锁装置，并应设报警装置；

11 应设置当煤气中含氧量大于1%（体积）或电气滤清器的绝缘箱温度低于规定值、或电气滤清器出口煤气压力下降到规定值时，能立即切断高压电源装置，并应设报警装置；

12 应设置连续气化炉的低压煤气总管压力与煤气排送机连锁装置，并应设报警装置；

13 应设置气化炉的加煤的自动控制、除灰加煤的相互连锁及报警装置；

14 循环气化系统应设置自动程序控制装置。

4.4 重油低压间歇循环催化裂解制气

4.4.1 重油制气用原料油的质量，宜符合下列要求：

碳氢比 (C/H) <7.5；

残炭 <12%；

开口闪点 >120℃；

密度 900～970kg/m³。

4.4.2 原料重油的储存量，宜按15～20d的用油量计算，原料重油的储罐数量不应少于2个。

4.4.3 重油低压间歇循环制气应采用催化裂解工艺，其炉型宜采用三筒炉。

4.4.4 重油低压间歇循环催化裂解制气工艺主要设计参数宜符合下列要求：

1 反应器液体空间速度：0.60～0.65m³/(m³·h)；

2 反应器内催化剂层高度：0.6～0.7m；

3 燃烧室热强度：5000～7000MJ/(m³·h)；

4 加热油用量占总用油量比例：小于16%；

5 过程蒸汽量与制气油量之比值：1.0～1.2(质量比)；

6 循环时间：8min；

7 每吨重油的催化裂解产品产率可按下列指标采用：

煤气：1100～1200m³（低热值按21MJ/m³计）；

粗苯：6%～8%；

焦油：15%左右；

8 选用含镍量为3%～7%的镍系催化剂。

4.4.5 重油间歇循环催化裂解装置的烟气系统应设置废热回收和除尘设备。

4.4.6 重油间歇循环催化裂解装置的蒸汽系统应设置蒸汽蓄能器。

4.4.7 每2台重油制气炉应编为1组，合用1套冷却系统和鼓风设备。

冷却系统和鼓风设备的能力应按1台炉的瞬时流量计算。

4.4.8 煤气冷却宜采用间接式冷却设备或直接—间接—直接三段冷却流程。冷却后的燃气温度不应大于35℃，冷却水应循环使用。

4.4.9 空气鼓风机的选择，应符合下列要求：

1 风量应按空气瞬时最大用量确定；

2 风压应按油制气炉加热期的空气废气系统阻力和废气出口压力之和确定；

3 每1～2组炉应设置1台备用的空气鼓风机；

4 空气鼓风机应有减振和消声措施。

4.4.10 油泵的选择，应符合下列要求：

1 流量应按瞬时最大用量确定；

2 压力应按输油系统的阻力和喷嘴的要求压力之和确定；

3 每1～3台油泵应另设1台备用。

4.4.11 输油系统应设置中间油罐，其容量宜按1d的用油量确定。

4.4.12 煤气系统应设置缓冲罐，其容量宜按0.5～

1.0h的产气量确定。缓冲气罐的水槽，应设置集油、排油装置。

4.4.13 在炉体与空气系统连接管上应采取防止炉内燃气窜入空气管道的措施，并应设防爆装置。

4.4.14 油制气炉宜露天布置。主烟囱和副烟囱高出油制气炉炉顶高度不应小于4m。

4.4.15 控制室不应与空气鼓风机室布置在同一建筑物内。控制室应布置在油制气区夏季最大频率风向的上风侧。

4.4.16 油水分离池应布置在油制气区夏季最小频率风向的上风侧。对油水分离池及焦油沟，应采取减少挥发性气体散发的措施。

4.4.17 重油制气厂应设污水处理装置，污水排放应符合现行国家标准《污水综合排放标准》GB 8978的规定。

4.4.18 自动控制装置的程序控制系统设计，应符合下列要求：

1 能手动和自动切换操作；

2 能调节循环周期和阶段百分比；

3 设置循环中各阶段比例和阀门动作的指示信号；

4 主要阀门应设置检查和连锁装置，在发生故障时应有显示和报警信号，并能恢复到安全状态。

4.4.19 自动控制装置的传动系统设计，应符合下列要求：

1 传动系统的形式应根据程序控制系统的形式和本地区具体条件确定；

2 应设置储能设备；

3 传动系统的控制阀、自动阀和其他附件的选用或设计，应能适应工艺生产的特点。

4.5 轻油低压间歇循环催化裂解制气

4.5.1 轻油制气用的原料为轻质石脑油，质量宜符合下列要求：

1 相对密度（20℃）0.65～0.69；

2 初馏点＞30℃；终馏点＜130℃；

3 直链烷烃＞80%（体积分数），芳香烃＜5%（体积分数），烯烃＜1%（体积分数）；

4 总硫含量1×10^{-4}（质量分数），铅含量1×10^{-7}（质量分数）；

5 碳氢比（质量）5～5.4；

6 高热值47.3～48.1MJ/kg。

4.5.2 原料石脑油储存应采用内浮顶式油罐，储罐数量不应少于2个，原料油的储存量宜按15～20d的用油量计算。

4.5.3 轻油低压间歇循环催化裂解制气装置宜采用双筒炉和顺流式流程。加热室宜设置两个主火焰监视器，燃烧室应采取防止爆燃的措施。

4.5.4 轻油低压间歇循环催化裂解制气工艺主要设计参数宜符合下列要求：

1 反应器液体空间速度：0.6～0.9m^3/（m^3·h）；

2 反应器内催化剂高度：0.8～1.0m；

3 加热油用量与制气用油量比例，小于29/100；

4 过程蒸汽量与制气油量之比值为1.5～1.6（质量比）；有CO变换时比值增加为1.8～2.2（质量比）；

5 循环时间：2～5min；

6 每吨轻油的催化裂解煤气产率：

2400～2500m^3（低热值按15.32～14.70MJ/m^3计）；

7 催化剂采用镍系催化剂。

4.5.5 制气工艺宜采用CO变换方案，两台制气炉合用一台变换设备。

4.5.6 轻油制气增热流程宜采用轻质石脑油热增热方案，增热程度宜限制在比燃气烃露点低5℃。

4.5.7 轻油制气炉应设置废热回收设备，进行CO变换时应另设置废热回收设备。

4.5.8 轻油制气炉应设置蒸汽蓄能器，不宜设置生产用汽锅炉。

4.5.9 每2台轻油制气炉应编为一组，合用一套冷却系统和鼓风设备。

冷却系统和鼓风设备的能力应按瞬时最大流量计算。

4.5.10 煤气冷却宜采用直接式冷却设备。冷却后的燃气温度不宜大于35℃，冷却水应循环使用。

4.5.11 空气鼓风机的选择，应符合本规范第4.4.9条的要求，宜选用自产蒸汽来驱动透平风机，空气鼓风机入口宜设空气过滤装置。

4.5.12 原料泵的选择，应符合本规范第4.4.10条的要求，宜设置断流保护装置及连锁。

4.5.13 轻油制气炉宜设置防爆装置，在炉体与空气系统连接管上应采用防止炉内燃气窜入空气管道的措施，并应设防爆装置。

4.5.14 轻油制气炉应露天布置。

烟囱高出制气炉炉顶高度不应小于4m。

4.5.15 控制室不应与空气鼓风机布置在同一建筑物内。

4.5.16 轻油制气厂可不设工业废水处理装置。

4.5.17 自动控制装置的程序控制系统设计，应符合本规范第4.4.18条的要求，宜采用全冗余，且宜设置手动紧急停车装置。

4.5.18 自动控制装置的传动系统设计，应符合本规范第4.4.19条的要求。

4.6 液化石油气低压间歇循环催化裂解制气

4.6.1 液化石油气制气用的原料，宜符合本规范第

3.2.2 条第 2 款的规定，其中不饱和烃含量应小于15%（体积分数）。

4.6.2 原料液化石油气储存宜采用高压球罐，球罐数量不应小于 2 个，储存量宜按 15～20d 的用气量计算。

4.6.3 液化石油气低压间歇循环催化裂解制气工艺主要设计参数宜符合下列要求：

1 反应器液体空间速度：0.6～0.9$m^3/(m^3 \cdot h)$；

2 反应器内催化剂高度：0.8～1.0m；

3 加热油用量与制气用油量比例：小于 29/100；

4 过程蒸汽量与制气油量之比为 1.5～1.6(质量比)，有 CO 变换时比值增加为 1.8～2.2(质量比)；

5 循环时间：2～5min；

6 每吨液化石油气的催化裂解煤气产率：2400～2500m^3（低热值按 15.32～14.70MJ/m^3 计算）；

7 催化剂采用镍系催化剂。

4.6.4 液化石油气宜采用液态进料，开关阀宜设置在喷枪前端。

4.6.5 制气工艺中 CO 变换工艺的设计应符合本规范第 4.5.5 条的要求。

4.6.6 制气炉后应设置废热回收设备，选择 CO 变换时，在制气后和变换后均应设置废热回收设备。

4.6.7 液化石油气制气炉应设置蒸汽蓄能器，不宜设置生产用汽锅炉。

4.6.8 冷却系统和鼓风设备的设计应符合本规范第 4.5.9 条的要求。

煤气冷却设备的设计应符合本规范第 4.5.10 条的要求。

空气鼓风机的选择，应符合本规范第 4.5.11 条的要求。

4.6.9 原料泵的选择，应符合本规范第 4.5.12 条的要求。

4.6.10 炉子系统防爆设施的设计，应符合本规范第 4.5.13 条的要求。

4.6.11 制气炉的露天布置应符合本规范第 4.5.14 条的要求。

4.6.12 控制室不应与空气鼓风机室布置在同一建筑物内。

4.6.13 液化石油气催化裂解制气厂可不设工业废水处理装置。

4.6.14 自动控制装置的程序控制系统设计，应符合本规范第 4.4.18 条的要求。

4.6.15 自动控制装置的传动系统设计应符合本规范第 4.4.19 条的要求。

4.7 天然气低压间歇循环催化改制制气

4.7.1 天然气改制制气用的天然气质量，应符合现行国家标准《天然气》GB 17820 二类气的技术指标。

4.7.2 在各个循环操作阶段，天然气进炉总管压力的波动值宜小于 0.01MPa。

4.7.3 天然气低压间歇循环催化改制制气装置宜采用双筒炉和顺流式流程。

4.7.4 天然气低压间歇循环催化改制制气工艺主要设计参数宜符合下列要求：

1 反应器内改制用天然气空间速度：500～600$m^3/(m^3 \cdot h)$；

2 反应器内催化剂高度：0.8～1.2m；

3 加热用天然气用量与制气用天然气用量比例：小于 29/100；

4 过程蒸汽量与改制用天然气量之比值：1.5～1.6(质量比)；

5 循环时间：2～5min；

6 每千立方米天然气的催化改制煤气产率：

改制炉出口煤气：2650～2540m^3（高热值按 12.56～13.06MJ/m^3 计）。

4.7.5 天然气改制煤气增热流程宜采用天然气掺混方案，增热程度应根据煤气热值、华白指数和燃烧势的要求确定。

4.7.6 天然气改制炉应设置废热回收设备。

4.7.7 天然气改制炉应设置蒸汽蓄热器，不宜设置生产用汽锅炉。

4.7.8 冷却系统和鼓风设备的设计应符合本规范第 4.5.9 条的要求。

天然气改制流程中的冷却设备的设计应符合本规范第 4.5.10 条的要求。

空气鼓风机的选择，应符合本规范第 4.5.11 条的要求。

4.7.9 天然气改制炉宜设置防爆装置，并应符合本规范第 4.5.13条的要求。

4.7.10 天然气改制炉的露天布置应符合本规范第 4.5.14 条的要求。

4.7.11 控制室不应与空气鼓风机布置在同一建筑物内。

4.7.12 天然气改制厂可不设工业废水处理装置。

4.7.13 自动控制装置的程序控制系统设计应符合本规范第 4.4.18 条的要求。

4.7.14 自动控制装置的传动系统设计，应符合本规范第 4.4.19 条的要求。

4.8 调　　峰

4.8.1 气源厂应具有调峰能力，调峰气量应与外部调峰能力相配合，并应根据燃气输配要求确定。

在选定主气源炉型时，应留有一定余量的产气能力以满足用气高峰负荷需要。

4.8.2 调峰装置必须具有快开、快停能力，调度灵活，投产后质量稳定。

4.8.3 气源厂的原料和产品的储量应满足用气高峰

负荷的需要。

4.8.4 气源厂设计时，各类管线的口径应考虑用气高峰时的处理量和通过量。混合前、后的出厂煤气，均应设置煤气计量装置。

4.8.5 气源厂应设置调度室。

4.8.6 季节性调峰出厂燃气组分宜符合现行国家标准《城市燃气分类》GB/T 13611 的规定。

5 净 化

5.1 一 般 规 定

5.1.1 本章适用于煤干馏制气的净化工艺设计。煤炭气化制气及重油裂解制气的净化工艺设计可参照采用。

5.1.2 煤气净化工艺的选择，应根据煤气的种类、用途、处理量和煤气中杂质的含量，并结合当地条件和煤气掺混情况等因素，经技术经济方案比较后确定。

煤气净化主要有煤气冷凝冷却、煤气排送、焦油雾脱除、氨脱除、粗苯吸收、萘最终脱除、硫化氢及氰化氢脱除、一氧化碳变换及煤气脱水等工艺。各工段的排列顺序根据不同的工艺需要确定。

5.1.3 煤气净化设备的能力，应按小时最大煤气处理量和其相应的杂质含量确定。

5.1.4 煤气净化装置的设计，应做到当净化设备检修和清洗时，出厂煤气中杂质含量仍能符合现行的国家标准《人工煤气》GB 13612的规定。

5.1.5 煤气净化工艺设计，应与化工产品回收设计相结合。

5.1.6 煤气净化车间主要生产场所爆炸和火灾危险区域等级应符合本规范附录 B 的规定。

5.1.7 煤气净化工艺的设计应充分考虑废水、废气、废渣及噪声的处理，符合国家现行有关标准的规定，并应防止对环境造成二次污染。

5.1.8 煤气净化车间应提高计算机自动监测控制系统水平，降低劳动强度。

5.2 煤气的冷凝冷却

5.2.1 煤气的冷凝冷却宜采用间接式冷凝冷却工艺。也可采用先间接式冷凝冷却，后直接式冷凝冷却工艺。

5.2.2 间接式冷凝冷却工艺的设计，宜符合下列要求：

1 煤气经冷凝冷却后的温度，当采用半直接法回收氨以制取硫铵时，宜低于 35℃；当采用洗涤法回收氨时，宜低于 25℃；

2 冷却水宜循环使用，对水质宜进行稳定处理；

3 初冷器台数的设置原则，当其中 1 台检修时，其余各台仍能满足煤气冷凝冷却的要求；

4 采用轻质焦油除去管壁上的萘。

5.2.3 直接式冷凝冷却工艺的设计，宜符合下列要求：

1 煤气经冷却后的温度，低于 35℃；

2 开始生产及补充用冷却水的总硬度，小于 0.02mmol/L；

3 洗涤水循环使用。

5.2.4 焦油氨水分离系统的工艺设计，应符合下列要求：

1 煤气的冷凝冷却为直接式冷凝冷却工艺时，初冷器排出的焦油氨水和荒煤气管排出的焦油氨水，宜采用分别澄清分离系统；

2 煤气的冷凝冷却为间接式冷凝冷却工艺时，初冷器排出的焦油氨水和荒煤气管排出的焦油氨水的处理：当脱氨为硫酸吸收法时，可采用混合澄清分离系统；当脱氨为水洗涤法时，可采用分别澄清分离系统；

3 剩余氨水应除油后再进行溶剂萃取脱酚和蒸氨；

4 焦油氨水分离系统的排放气应设置处理装置。

5.3 煤 气 排 送

5.3.1 煤气鼓风机的选择，应符合下列要求：

1 风量应按小时最大煤气处理量确定；

2 风压应按煤气系统的最大阻力和煤气罐的最高压力的总和确定；

3 煤气鼓风机的并联工作台数不宜超过 3 台。每 1～3 台，宜另设 1 台备用。

5.3.2 离心式鼓风机宜设置调速装置。

5.3.3 煤气循环管的设置，应符合下列要求：

1 当采用离心式鼓风机时，必须在鼓风机的出口煤气总管至初冷器前的煤气总管间设置大循环管。数台风机并联时，宜在鼓风机的进出口煤气总管间，设置小循环管；

注：当设有调速装置，且风机转速的变化能适应输气量的变化时可不设小循环管。

2 当采用容积式鼓风机时，每台鼓风机进出口的煤气管道上，必须设置旁通管。数台风机并联时，应在风机出口的煤气总管至初冷器前的煤气总管间设置大循环管，并应在风机的进出口煤气总管间设置小循环管。

5.3.4 用电动机带动的煤气鼓风机，其供电系统应符合现行的国家标准《供配电系统设计规范》GB 50052 的“二级负荷”设计的规定；电动机应采取防爆措施。

5.3.5 离心式鼓风机应设有必要的连锁和信号装置。

5.3.6 鼓风机的布置，应符合下列要求：

1 鼓风机房安装高度，应能保证进口煤气管道内冷凝液排出通畅。当采用离心式鼓风机时，鼓风机进口煤气的冷凝液排出口与水封槽满流口中心高差不应小于2.5m（以水柱表示）。

2 鼓风机机组之间和鼓风机与墙之间的通道宽度，应根据鼓风机的型号、操作和检修的需要等因素确定。

3 鼓风机机组的安装位置，应能使鼓风机前阻力最小，并使各台初冷器阻力均匀。

4 鼓风机房宜设置起重设备。

5 鼓风机应设置单独的仪表操作间；仪表操作间可毗邻鼓风机房的外墙设置，但应用耐火极限不低于3h的非燃烧体实墙隔开，并应设置能观察鼓风机运转的隔声耐火玻璃窗。

6 离心鼓风机用的油站宜布置在底层，楼板面上留出检修孔或安装孔。油站的安装高度应满足鼓风机主油泵的吸油高度。鼓风机应设置事故供油装置。

7 鼓风机房应设煤气泄漏报警及事故通风设备。

8 鼓风机房应做不发火花地面。

5.4 焦油雾的脱除

5.4.1 煤气中焦油雾的脱除设备，宜采用电捕焦油器。电捕焦油器不得少于2台，并应并联设置。

5.4.2 电捕焦油器设计，应符合下列要求：

1 电捕焦油器应设置泄爆装置、放散管和蒸汽管，负压回收流程可不设泄爆装置；

2 电捕焦油器宜设有煤气含氧量的自动测量仪；

3 当干馏煤气中含氧量大于1%（体积分数）时应进行自动报警，当含氧量达到2%或电捕焦油器的绝缘箱温度低于规定值时，应有能立即切断电源的措施。

5.5 硫酸吸收法氨的脱除

5.5.1 采用硫酸吸收进行氨的脱除和回收时，宜采用半直接法。当采用饱和器时，其设计应符合下列要求：

1 煤气预热器的煤气出口温度，宜为60～80℃；

2 煤气在饱和器环形断面内的流速，应为0.7～0.9m/s；

3 饱和器出口煤气中含氨量应小于30mg/m³；

4 循环母液的小时流量，不应小于饱和器内母液容积的3倍；

5 氨水中的酚宜回收。酚的回收可在蒸氨工艺之前进行；蒸氨后的废氨水中含氨量，应小于300mg/L。

5.5.2 硫铵工段布置应符合下列要求：

1 硫铵工段可由硫铵、吡啶、蒸氨和酸碱储槽等组成，其布置应考虑运输方便；

2 硫铵工段应设置现场分析台；

3 吡啶操作室应与硫铵操作室分开布置，可用楼梯间隔开；

4 蒸氨设备宜露天布置并布置在吡啶装置一侧。

5.5.3 饱和器机组布置宜符合下列要求：

1 饱和器中心与主厂房外墙的距离，应根据饱和器直径确定，并宜符合表5.5.3-1的规定；

2 饱和器中心间的最小距离，应根据饱和器直径确定，并宜符合表5.5.3-2的规定；

表5.5.3-1 饱和器中心与主厂房外墙的距离

饱和器直径（mm）	6250	5500	4500	3000	2000
饱和器中心与主厂房外墙距离（m）	＞12	＞10	7～10		

表5.5.3-2 饱和器中心间的最小距离

饱和器直径（mm）	6250	5500	4500	3000
饱和器中心距（m）	12	10	9	7

3 饱和器锥形底与防腐地坪的垂直距离应大于400mm；

4 泵宜露天布置。

5.5.4 离心干燥系统设备的布置宜符合下列要求。

1 硫铵操作室的楼层标高，应满足下列要求：

1）由结晶槽至离心机母液能顺利自流；

2）离心机分离出母液能自流入饱和器。

2 2台连续式离心机的中心距不宜小于4m。

5.5.5 蒸氨和吡啶系统的设计应符合下列要求：

1 吡啶生产应负压操作；

2 各溶液的流向应保证自流。

5.5.6 硫铵系统设备的选用和设置应符合下列要求：

1 饱和器机组必须设置备品，其备品率为50%～100%；

2 硫铵系统宜设置2个母液储槽；

3 硫铵结晶的分离应采用耐腐蚀的连续离心机，并应设置备品；

4 硫铵系统必须设置粉尘捕集器。

5.5.7 设备和管道中硫酸浓度小于75%时，应采取防腐蚀措施。

5.5.8 离心机室的墙裙、各操作室的地面、饱和器机组母液储槽的周围地坪和可能接触腐蚀性介质的地方，均应采取防腐蚀措施。

5.5.9 对酸焦油、废酸液等应分别处理。

5.6 水洗涤法氨的脱除

5.6.1 煤气进入洗氨塔前，应脱除焦油雾和萘。进入洗氨塔的煤气含萘量应小于500mg/m³。

5.6.2 洗氨塔出口煤气含氨量，应小于100mg/m³。

5.6.3 洗氨塔出口煤气温度，宜为25～27℃。

5.6.4 新洗涤水的温度应低于25℃；总硬度不宜大

于 0.02mmol/L。

5.6.5 水洗涤法脱氨的设计宜符合下列要求：

1 洗涤塔不得少于 2 台，并应串联设置；

2 两相邻塔间净距不宜小于 2.5m；当塔径超过 5m 时，塔间净距宜取塔径的一半；当采用多段循环洗涤塔时，塔间净距不宜小于 4m；

3 洗涤泵房与塔群间净距不宜小于 5m；

4 蒸氨和黄血盐系统除泵、离心机和碱、铁刨花、黄血盐等储存库外，其余均宜露天布置；

5 当采用废氨水洗氨时，废氨水冷却器宜设置在洗涤部分。

5.6.6 富氨水必须妥善处理，不得造成二次污染。

5.7 煤气最终冷却

5.7.1 煤气最终冷却宜采用间接式冷却。

5.7.2 煤气经最终冷却后，其温度宜低于 27℃。

5.7.3 当煤气最终冷却采用横管式间接式冷却时，其设计应符合下列要求：

1 煤气在管间宜自上向下流动，冷却水在管内宜自下向上流动。在煤气侧宜有清除管壁上萘的设施；

2 横管内冷却水可分为两段，其下段水入口温度，宜低于 20℃；

3 冷却器煤气出口处宜设捕雾装置。

5.8 粗苯的吸收

5.8.1 煤气中粗苯的吸收，宜采用溶剂常压吸收法。

5.8.2 吸收粗苯用的洗油，宜采用焦油洗油。

5.8.3 洗油循环量，应按煤气中粗苯含量和洗油的种类等因素确定。循环洗油中含萘量宜小于 5%。

5.8.4 采用不同类型的洗苯塔时，应符合下列要求：

1 当采用木格填料塔时，不应少于 2 台，并应串联设置；

2 当采用钢板网填料塔或塑料填料塔时，宜采用 2 台并宜串联设置；

3 当煤气流量比较稳定时，可采用筛板塔。

5.8.5 洗苯塔的设计参数，应符合下列要求：

1 木格填料塔：煤气在木格间有效截面的流速，宜取 1.6～1.8m/s；吸收面积宜按 1.0～1.1m²/(m³·h)(煤气)计算；

2 钢板网填料塔：煤气的空塔流速，宜取0.9～1.1m/s；吸收面积宜按 0.6～0.7m²/(m³·h)(煤气)计算；

3 筛板塔：煤气的空塔流速，宜取 1.2～2.5m/s。每块湿板的阻力，宜取 200Pa。

5.8.6 系统必须设置相应的粗苯蒸馏装置。

5.8.7 所有粗苯储槽的放散管皆应装设呼吸阀。

5.9 萘的最终脱除

5.9.1 萘的最终脱除，宜采用溶剂常压吸收法。

5.9.2 洗萘用的溶剂宜采用直馏轻柴油或低萘焦油洗油。

5.9.3 最终洗萘塔，宜采用填料塔，可不设备用。

5.9.4 最终洗萘塔，宜分为两段。第一段可采用循环溶剂喷淋；第二段应采用新鲜溶剂喷淋，并设定时定量控制装置。

5.9.5 当进入最终洗萘塔的煤气中含萘量小于 400mg/m³ 和温度低于 30℃时，最终洗萘塔的设计参数宜符合下列要求：

1 煤气的空塔流速 0.65～0.75m/s；

2 吸收面积按大于 0.35m²/(m³·h)(煤气)计算。

5.10 湿法脱硫

5.10.1 以煤或重油为原料所产生的人工煤气的脱硫脱氰宜采用氧化再生法。

5.10.2 氧化再生法的脱硫液，应选用硫容量大、副反应小、再生性能好、无毒和原料来源比较方便的脱硫液。

5.10.3 当采用氧化再生法脱硫时，煤气进入脱硫装置前，应脱除油雾。

当采用氨型的氧化再生法脱硫时，脱硫装置应设在氨的脱除装置之前。

5.10.4 当采用蒽醌二磺酸钠法常压脱硫时，其吸收部分的设计应符合下列要求：

1 脱硫液的硫容量，应根据煤气中硫化氢的含量，并按照相似条件下的运行经验或试验资料确定；

注：当无资料时，可取 0.2～0.25kg(硫)/m³(溶液)。

2 脱硫塔宜采用木格填料塔或塑料填料塔；

3 煤气在木格填料塔内空塔流速，宜取 0.5m/s；

4 脱硫液在反应槽内停留时间，宜取 8～10min；

5 脱硫塔台数的设置原则，应在操作塔检修时，出厂煤气中硫化氢含量仍能符合现行的国家标准《人工煤气》GB 13612 的规定。

5.10.5 蒽醌二磺酸钠法常压脱硫再生设备，宜采用高塔式或喷射再生槽式。

1 当采用高塔式再生设备时，其设计应符合下列要求：

1）再生塔吹风强度宜取 100～130m³/(m²·h)。空气耗量可按 9～13m³/kg(硫)计算；

2）脱硫液在再生塔内停留时间，宜取25～30min；

3）再生塔液位调节器的升降控制器，宜设在硫泡沫槽处；

4）宜设置专用的空气压缩机。入塔的空气应除油。

2 当采用喷射再生设备时，其设计宜符合下列要求：

1）再生槽吹风强度，宜取 80～145m³/(m²·

h)；空气耗量可按 3.5～$4m^3/m^3$（溶液）计算；

2）脱硫液在再生槽内停留时间，宜取 6～10min。

5.10.6 脱硫液加热器的设置位置，应符合下列要求：

1 当采用高塔式再生时，加热器宜位于富液泵与再生塔之间。

2 当采用喷射再生槽时，加热器宜位于贫液泵与脱硫塔之间。

5.10.7 蒽醌二磺酸钠法常压脱硫中硫磺回收部分的设计，应符合下列要求：

1 硫泡沫槽不应少于 2 台，并轮流使用。硫泡沫槽内应设有搅拌装置和蒸汽加热装置；

2 硫磺成品种类的选择，应根据煤气种类、硫磺产量并结合当地条件确定；

3 当生产熔融硫时，可采用硫膏在熔硫釜中脱水工艺。熔硫釜宜采用夹套罐式蒸汽加热。

硫渣和废液应分别回收集中处理，并应设废气净化装置。

5.10.8 事故槽的容量，应按系统中存液量大的单台设备容量设计。

5.10.9 煤气脱硫脱氰溶液系统中副产品回收设备的设置，应按煤气种类及脱硫副反应的特点进行设计。

5.11 常压氧化铁法脱硫

5.11.1 脱硫剂可选择成型脱硫剂、也可选用藻铁矿、钢厂赤泥、铸铁屑或与铸铁屑有同样性能的铁屑。

藻铁矿脱硫剂中活性氧化铁含量宜大于 15%。当采用铸铁屑或铁屑时，必须经氧化处理。

配制脱硫剂用的疏松剂宜采用木屑。

5.11.2 常压氧化铁法脱硫设备可采用箱式或塔式。

5.11.3 当采用箱式常压氧化铁法时，其设计应符合下列要求：

1 当煤气通过脱硫设备时，流速宜取 7～11mm/s；当进口煤气中硫化氢含量小于 $1.0g/m^3$ 时，其流速可适当提高；

2 煤气与脱硫剂的接触时间，宜取 130～200s；

3 每层脱硫剂的厚度，宜取 0.3～0.8m；

4 氧化铁法脱硫剂需用量不应小于下式的计算值：

$$V=\frac{1637\sqrt{C_s}}{f\cdot\rho} \qquad (5.11.3)$$

式中 V——每小时 $1000m^3$ 煤气所需脱硫剂的容积（m^3）；

C_s——煤气中硫化氢含量（体积分数）；

f——新脱硫剂中活性氧化铁含量，可取 15%～18%；

ρ——新脱硫剂密度（t/m^3）。当采用藻铁矿或铸铁屑脱硫剂时，可取 0.8～0.9。

5 常压氧化铁法脱硫设备的操作设计温度，可取 25～35℃。每个脱硫设备应设置蒸汽注入装置。寒冷地区的脱硫设备，应有保温措施；

6 每组脱硫箱（或塔），宜设一个备用。连通每个脱硫箱间的煤气管道的布置，应能依次向后轮环输气。

5.11.4 脱硫箱宜采用高架式。

5.11.5 箱式和塔式脱硫装置，其脱硫剂的装卸，应采用机械设备。

5.11.6 常压氧化铁法脱硫设备，应设有煤气安全泄压装置。

5.11.7 常压氧化铁法脱硫工段应设有配制和堆放脱硫剂的场地；场地应采用混凝土地坪。

5.11.8 脱硫剂采用箱内再生时，掺空气后煤气中含氧量应由煤气中硫化氢含量确定。但出箱时煤气中含氧量应小于 2%（体积分数）。

5.12 一氧化碳的变换

5.12.1 本节适用于城镇煤气制气厂中对两段炉煤气、水煤气、半水煤气、发生炉煤气及其混合气体等人工煤气降低煤气中一氧化碳含量的工艺设计。

5.12.2 煤气一氧化碳变换可根据气质情况选择全部变换或部分变换工艺。

5.12.3 煤气的一氧化碳变换工艺宜采用常压变换工艺流程，根据煤气工艺生产情况也可采用加压变换工艺流程。

5.12.4 用于进行一氧化碳变换的煤气应为经过净化处理后的煤气。

5.12.5 用于进行一氧化碳变换的煤气，应进行煤气含氧量监测，煤气中含氧量（体积分数）不应大于 0.5%。当煤气中含氧量达 0.5%～1.0%时应减量生产，当含氧量大于 1%时应停车置换。

5.12.6 变换炉的设计应力求做到触媒能得到最有效的利用，结构简单、阻力小、热损失小、蒸汽耗量低。

5.12.7 一氧化碳变换反应宜采用中温变换，中温变换反应温度宜为 380～520℃。

5.12.8 一氧化碳变换工艺的主要设计参数宜符合下列要求：

1 饱和塔入塔热水与出塔煤气的温度差宜为：3～5℃；

2 出饱和塔煤气的饱和度宜为：70%～90%；

3 饱和塔进、出水温度宜为：85～65℃；

4 热水塔进、出水温度宜为：65～80℃；

5 触媒层温度宜为：350～500℃；

6 进变换炉蒸汽与煤气比宜为：0.8～1.1（体积分数）；

7　变换炉进口煤气温度宜为：320～400℃；

8　进变换炉煤气中氧气含量应≤0.5%；

9　饱和塔、热水塔循环水杂质含量应≤5×10^{-4}；

10　一氧化碳变换系统总阻力宜≤0.02MPa；

11　一氧化碳变换率宜为：85%～95%。

5.12.9　常压变换系统中热水塔应叠放在饱和塔之上。

5.12.10　一氧化碳变换工艺所用热水应采用封闭循环系统。

5.12.11　一氧化碳变换系统宜设预腐蚀器除酸。

5.12.12　循环水量应保证完成最大限度地传递热量，应满足喷淋密度的要求，并应使设备结构和运行费用经济合理。

5.12.13　一氧化碳变换炉、热水循环泵及冷却水泵宜设置为一开一备。

5.12.14　变换炉内触媒宜分为三段装填。

5.12.15　一氧化碳变换工艺过程中所产生的热量应进行回收。

5.12.16　一氧化碳工艺生产过程应设置必要的自动监控系统。

5.12.17　一氧化碳变换炉应设置超温报警及连锁控制。

5.13　煤 气 脱 水

5.13.1　煤气脱水宜采用冷冻法进行脱水。

5.13.2　煤气脱水工段宜设在压送工段后。

5.13.3　煤气脱水宜采用间接换热工艺。

5.13.4　工艺过程中的冷量应进行充分回收。

5.13.5　煤气脱水后的露点温度应低于最冷月地面下1m处平均地温3～5℃。

5.13.6　换热器的结构设计应易于清理内部杂质。

5.13.7　制冷机组应选用变频机组。

5.13.8　煤气冷凝水应集中处理。

5.14　放散和液封

5.14.1　严禁在厂房内放散煤气和有害气体。

5.14.2　设备和管道上的放散管管口高度应符合下列要求：

1　当放散管直径大于150mm时，放散管管口应高出厂房顶面、煤气管道、设备和走台4m以上。

2　当放散管直径小于或等于150mm时，放散管管口应高出厂房顶面、煤气管道、设备和走台2.5m以上。

5.14.3　煤气系统中液封槽液封高度应符合下列要求：

1　煤气鼓风机出口处，应为鼓风机全压（以Pa表示）乘0.1加500mm；

2　硫铵工段满流槽内的液封高度和水封槽内液封高度应满足煤气鼓风机全压（以Pa表示）乘0.1要求；

3　其余处均应为最大操作压力（以Pa表示）乘0.1加500mm。

5.14.4　煤气系统液封槽的补水口严禁与供水管道直接相接。

6　燃气输配系统

6.1　一 般 规 定

6.1.1　本章适用于压力不大于4.0MPa（表压）的城镇燃气（不包括液态燃气）室外输配工程的设计。

6.1.2　城镇燃气输配系统一般由门站、燃气管网、储气设施、调压设施、管理设施、监控系统等组成。城镇燃气输配系统设计，应符合城镇燃气总体规划。在可行性研究的基础上，做到远、近期结合，以近期为主，并经技术经济比较后确定合理的方案。

6.1.3　城镇燃气输配系统压力级制的选择，以及门站、储配站、调压站、燃气干管的布置，应根据燃气供应来源、用户的用气量及其分布、地形地貌、管材设备供应条件、施工和运行等因素，经过多方案比较，择优选取技术经济合理、安全可靠的方案。

城镇燃气干管的布置，应根据用户用量及其分布，全面规划，并宜按逐步形成环状管网供气进行设计。

6.1.4　采用天然气作气源时，城镇燃气逐月、逐日的用气不均匀性的平衡，应由气源方（即供气方）统筹调度解决。

需气方对城镇燃气用户应做好用气量的预测，在各类用户全年的综合用气负荷资料的基础上，制定逐月、逐日用气量计划。

6.1.5　在平衡城镇燃气逐月、逐日的用气不均匀性基础上，平衡城镇燃气逐小时的用气不均匀性，城镇燃气输配系统尚应具有合理的调峰供气措施，并应符合下列要求：

1　城镇燃气输配系统的调峰气总容量，应根据计算月平均日用气总量、气源的可调量大小、供气和用气不均匀情况和运行经验等因素综合确定。

2　确定城镇燃气输配系统的调峰气总容量时，应充分利用气源的可调量（如主气源的可调节供气能力和输气干线的调峰能力等）。采用天然气做气源时，平衡小时的用气不均所需调峰气量宜由供气方解决，不足时由城镇燃气输配系统解决。

3　储气方式的选择应因地制宜，经方案比较，择优选取技术经济合理、安全可靠的方案。对来气压力较高的天然气输配系统宜采用管道储气的方式。

6.1.6　城镇燃气管道的设计压力（*P*）分为7级，并应符合表6.1.6的要求。

表 6.1.6　城镇燃气管道设计压力（表压）分级

名　称		压力（MPa）
高压燃气管道	A	2.5＜P≤4.0
	B	1.6＜P≤2.5
次高压燃气管道	A	0.8＜P≤1.6
	B	0.4＜P≤0.8
中压燃气管道	A	0.2＜P≤0.4
	B	0.01≤P≤0.2
低压燃气管道		P＜0.01

6.1.7　燃气输配系统各种压力级别的燃气管道之间应通过调压装置相连。当有可能超过最大允许工作压力时，应设置防止管道超压的安全保护设备。

6.2　燃气管道计算流量和水力计算

6.2.1　城镇燃气管道的计算流量，应按计算月的小时最大用气量计算。该小时最大用气量应根据所有用户燃气用气量的变化叠加后确定。

独立居民小区和庭院燃气支管的计算流量宜按本规范第 10.2.9 条规定执行。

6.2.2　居民生活和商业用户燃气小时计算流量（0℃和 101.325kPa），宜按下式计算：

$$Q_h = \frac{1}{n}Q_a \qquad (6.2.2\text{-}1)$$

$$n = \frac{365 \times 24}{K_m K_d K_h} \qquad (6.2.2\text{-}2)$$

式中　Q_h——燃气小时计算流量（m^3/h）；

Q_a——年燃气用量（m^3/a）；

n——年燃气最大负荷利用小时数（h）；

K_m——月高峰系数，计算月的日平均用气量和年的日平均用气量之比；

K_d——日高峰系数，计算月中的日最大用气量和该月日平均用气量之比；

K_h——小时高峰系数，计算月中最大用气量日的小时最大用气量和该日小时平均用气量之比。

6.2.3　居民生活和商业用户用气的高峰系数，应根据该城镇各类用户燃气用量（或燃料用量）的变化情况，编制成月、日、小时用气负荷资料，经分析研究确定。

工业企业和燃气汽车用户燃气小时计算流量，宜按每个独立用户生产的特点和燃气用量（或燃料用量）的变化情况，编制成月、日、小时用气负荷资料确定。

6.2.4　采暖通风和空调所需燃气小时计算流量，可按国家现行的标准《城市热力网设计规范》CJJ 34 有关热负荷规定并考虑燃气采暖通风和空调的热效率折算确定。

6.2.5　低压燃气管道单位长度的摩擦阻力损失应按下式计算：

$$\frac{\Delta P}{l} = 6.26 \times 10^7 \lambda \frac{Q^2}{d^5}\rho \frac{T}{T_0} \qquad (6.2.5)$$

式中　ΔP——燃气管道摩擦阻力损失（Pa）；

λ——燃气管道摩擦阻力系数，宜按式（6.2.6-2）和附录 C 第 C.0.1 条第 1、2 款计算；

l——燃气管道的计算长度（m）；

Q——燃气管道的计算流量（m^3/h）；

d——管道内径（mm）；

ρ——燃气的密度（kg/m^3）；

T——设计中所采用的燃气温度（K）；

T_0——273.15（K）。

6.2.6　高压、次高压和中压燃气管道的单位长度摩擦阻力损失，应按式（6.2.6-1）计算：

$$\frac{P_1^2 - P_2^2}{L} = 1.27 \times 10^{10} \lambda \frac{Q^2}{d^5}\rho \frac{T}{T_0} Z \qquad (6.2.6\text{-}1)$$

$$\frac{1}{\sqrt{\lambda}} = -2\lg\left[\frac{K}{3.7d} + \frac{2.51}{Re\sqrt{\lambda}}\right] \qquad (6.2.6\text{-}2)$$

式中　P_1——燃气管道起点的压力（绝对压力，kPa）；

P_2——燃气管道终点的压力（绝对压力，kPa）；

Z——压缩因子，当燃气压力小于 1.2MPa（表压）时，Z 取 1；

L——燃气管道的计算长度（km）；

λ——燃气管道摩擦阻力系数，宜按式（6.2.6-2）计算；

K——管壁内表面的当量绝对粗糙度（mm）；

Re——雷诺数（无量纲）。

注：当燃气管道的摩擦阻力系数采用手算时，宜采用附录 C 公式。

6.2.7　室外燃气管道的局部阻力损失可按燃气管道摩擦阻力损失的 5%～10%进行计算。

6.2.8　城镇燃气低压管道从调压站到最远燃具管道允许阻力损失，可按下式计算：

$$\Delta P_d = 0.75 P_n + 150 \qquad (6.2.8)$$

式中　ΔP_d——从调压站到最远燃具的管道允许阻力损失（Pa）；

P_n——低压燃具的额定压力（Pa）。

注：ΔP_d 含室内燃气管道允许阻力损失，室内燃气管道允许阻力损失应按本规范第 10.2.11 条确定。

6.3　压力不大于 1.6MPa 的室外燃气管道

6.3.1　中压和低压燃气管道宜采用聚乙烯管、机械接口球墨铸铁管、钢管或钢骨架聚乙烯塑料复合管，并应符合下列要求：

1　聚乙烯燃气管道应符合现行的国家标准《燃气

用埋地聚乙烯管材》GB 15558.1 和《燃气用埋地聚乙烯管件》GB 15558.2的规定；

2 机械接口球墨铸铁管道应符合现行的国家标准《水及燃气管道用球墨铸铁管、管件和附件》GB/T 13295 的规定；

3 钢管采用焊接钢管、镀锌钢管或无缝钢管时，应分别符合现行的国家标准《低压流体输送用焊接钢管》GB/T 3091、《输送流体用无缝钢管》GB/T 8163 的规定；

4 钢骨架聚乙烯塑料复合管道应符合国家现行标准《燃气用钢骨架聚乙烯塑料复合管》CJ/T 125 和《燃气用钢骨架聚乙烯塑料复合管件》CJ/T 126 的规定。

6.3.2 次高压燃气管道应采用钢管。其管材和附件应符合本规范第 6.4.4 条的要求。地下次高压 B 燃气管道也可采用钢号 Q235B 焊接钢管，并应符合现行国家标准《低压流体输送用焊接钢管》GB/T 3091 的规定。

次高压钢质燃气管道直管段计算壁厚应按式(6.4.6) 计算确定。最小公称壁厚不应小于表 6.3.2 的规定。

表 6.3.2 钢质燃气管道最小公称壁厚

钢管公称直径 *DN*（mm）	公称壁厚（mm）
*DN*100～150	4.0
*DN*200～300	4.8
*DN*350～450	5.2
*DN*500～550	6.4
*DN*600～700	7.1
*DN*750～900	7.9
*DN*950～1000	8.7
*DN*1050	9.5

6.3.3 地下燃气管道不得从建筑物和大型构筑物（不包括架空的建筑物和大型构筑物）的下面穿越。

地下燃气管道与建筑物、构筑物或相邻管道之间的水平和垂直净距，不应小于表 6.3.3-1 和表 6.3.3-2 的规定。

表 6.3.3-1 地下燃气管道与建筑物、构筑物或相邻管道之间的水平净距（m）

项目		地下燃气管道压力（MPa）				
		低压	中压		次高压	
		<0.01	B ≤0.2	A ≤0.4	B 0.8	A 1.6
建筑物	基础	0.7	1.0	1.5	—	—
	外墙面（出地面处）	—	—	—	5.0	13.5
给水管		0.5	0.5	0.5	1.0	1.5
污水、雨水排水管		1.0	1.2	1.2	1.5	2.0
电力电缆（含电车电缆）	直埋	0.5	0.5	0.5	1.0	1.5
	在导管内	1.0	1.0	1.0	1.0	1.5
通信电缆	直埋	0.5	0.5	0.5	1.0	1.5
	在导管内	1.0	1.0	1.0	1.0	1.5
其他燃气管道	*DN*≤300mm	0.4	0.4	0.4	0.4	0.4
	DN>300mm	0.5	0.5	0.5	0.5	0.5
热力管	直埋	1.0	1.0	1.0	1.5	2.0
	在管沟内（至外壁）	1.0	1.5	1.5	2.0	4.0
电杆（塔）的基础	≤35kV	1.0	1.0	1.0	1.0	1.0
	>35kV	2.0	2.0	2.0	5.0	5.0
通信照明电杆（至电杆中心）		1.0	1.0	1.0	1.0	1.0
铁路路堤坡脚		5.0	5.0	5.0	5.0	5.0
有轨电车钢轨		2.0	2.0	2.0	2.0	2.0
街树（至树中心）		0.75	0.75	0.75	1.2	1.2

表 6.3.3-2 地下燃气管道与构筑物或相邻管道之间垂直净距（m）

项目		地下燃气管道（当有套管时，以套管计）
给水管、排水管或其他燃气管道		0.15
热力管、热力管的管沟底（或顶）		0.15
电缆	直埋	0.50
	在导管内	0.15
铁路（轨底）		1.20
有轨电车（轨底）		1.00

注：1 当次高压燃气管道压力与表中数不相同时，可采用直线方程内插法确定水平净距。

2 如受地形限制不能满足表 6.3.3-1 和表 6.3.3-2 时，经与有关部门协商，采取有效的安全防护措施后，表 6.3.3-1 和表 6.3.3-2 规定的净距，均可适当缩小，但低压管道不应影响建（构）筑物和相邻管道基础的稳固性，中压管道距建筑物基础不应小于 0.5m 且距建筑物外墙面不应小于 1m，次高压燃气管道距建筑物外墙面不应小于 3.0m。其中当对次高压 A 燃气管道采取有效的安全防护措施或当管道壁厚不小于 9.5mm 时，管道距建筑物外墙面不应小于 6.5m；当管壁厚度不小于 11.9mm 时，管道距建筑物外墙面不应小于 3.0m。

3 表 6.3.3-1 和表 6.3.3-2 规定除地下燃气管道与热力管的净距不适于聚乙烯燃气管道和钢骨架聚乙烯塑料复合管外，其他规定均适用于聚乙烯燃气管道和钢骨架聚乙烯塑料复合管道。聚乙烯燃气管道与热力管道的净距应按国家现行标准《聚乙烯燃气管道工程技术规程》CJJ 63 执行。

4 地下燃气管道与电杆（塔）基础之间的水平净距，还应满足本规范表 6.7.5 地下燃气管道与交流电力线接地体的净距规定。

6.3.4 地下燃气管道埋设的最小覆土厚度（路面至管顶）应符合下列要求：

1 埋设在机动车道下时，不得小于0.9m；

2 埋设在非机动车车道（含人行道）下时，不得小于0.6m；

3 埋设在机动车不可能到达的地方时，不得小于0.3m；

4 埋设在水田下时，不得小于0.8m。

注：当不能满足上述规定时，应采取有效的安全防护措施。

6.3.5 输送湿燃气的燃气管道，应埋设在土壤冰冻线以下。

燃气管道坡向凝水缸的坡度不宜小于0.003。

6.3.6 地下燃气管道的基础宜为原土层。凡可能引起管道不均匀沉降的地段，其基础应进行处理。

6.3.7 地下燃气管道不得在堆积易燃、易爆材料和具有腐蚀性液体的场地下面穿越，并不宜与其他管道或电缆同沟敷设。当需要同沟敷设时，必须采取有效的安全防护措施。

6.3.8 地下燃气管道从排水管（沟）、热力管沟、隧道及其他各种用途沟槽内穿过时，应将燃气管道敷设于套管内。套管伸出构筑物外壁不应小于表6.3.3-1中燃气管道与该构筑物的水平净距。套管两端应采用柔性的防腐、防水材料密封。

6.3.9 燃气管道穿越铁路、高速公路、电车轨道或城镇主要干道时应符合下列要求：

1 穿越铁路或高速公路的燃气管道，应加套管。

注：当燃气管道采用定向钻穿越并取得铁路或高速公路部门同意时，可不加套管。

2 穿越铁路的燃气管道的套管，应符合下列要求：

1）套管埋设的深度：铁路轨底至套管顶不应小于1.20m，并应符合铁路管理部门的要求；

2）套管宜采用钢管或钢筋混凝土管；

3）套管内径应比燃气管道外径大100mm以上；

4）套管两端与燃气管的间隙应采用柔性的防腐、防水材料密封，其一端应装设检漏管；

5）套管端部距路堤坡脚外的距离不应小于2.0m。

3 燃气管道穿越电车轨道或城镇主要干道时宜敷设在套管或管沟内；穿越高速公路的燃气管道的套管、穿越电车轨道或城镇主要干道的燃气管道的套管或管沟，应符合下列要求：

1）套管内径应比燃气管道外径大100mm以上，套管或管沟两端应密封，在重要地段的套管或管沟端部宜安装检漏管；

2）套管或管沟端部距电车道边轨不应小于2.0m；距道路边缘不应小于1.0m。

4 燃气管道宜垂直穿越铁路、高速公路、电车轨道或城镇主要干道。

6.3.10 燃气管道通过河流时，可采用穿越河底或采用管桥跨越的形式。当条件许可时，可利用道路桥梁跨越河流，并应符合下列要求：

1 随桥梁跨越河流的燃气管道，其管道的输送压力不应大于0.4MPa。

2 当燃气管道随桥梁敷设或采用管桥跨越河流时，必须采取安全防护措施。

3 燃气管道随桥梁敷设，宜采取下列安全防护措施：

1）敷设于桥梁上的燃气管道应采用加厚的无缝钢管或焊接钢管，尽量减少焊缝，对焊缝进行100%无损探伤；

2）跨越通航河流的燃气管道管底标高，应符合通航净空的要求，管架外侧应设置护桩；

3）在确定管道位置时，与随桥敷设的其他管道的间距应符合现行国家标准《工业企业煤气安全规程》GB 6222支架敷管的有关规定；

4）管道应设置必要的补偿和减振措施；

5）对管道应做较高等级的防腐保护；

对于采用阴极保护的埋地钢管与随桥管道之间应设置绝缘装置；

6）跨越河流的燃气管道的支座（架）应采用不燃烧材料制作。

6.3.11 燃气管道穿越河底时，应符合下列要求：

1 燃气管道宜采用钢管；

2 燃气管道至河床的覆土厚度，应根据水流冲刷条件及规划河床确定。对不通航河流不应小于0.5m；对通航的河流不应小于1.0m，还应考虑疏浚和投锚深度；

3 稳管措施应根据计算确定；

4 在埋设燃气管道位置的河流两岸上、下游应设立标志。

6.3.12 穿越或跨越重要河流的燃气管道，在河流两岸均应设置阀门。

6.3.13 在次高压、中压燃气干管上，应设置分段阀门，并应在阀门两侧设置放散管。在燃气支管的起点处，应设置阀门。

6.3.14 地下燃气管道上的检测管、凝水缸的排水管、水封阀和阀门，均应设置护罩或护井。

6.3.15 室外架空的燃气管道，可沿建筑物外墙或支柱敷设，并应符合下列要求：

1 中压和低压燃气管道，可沿建筑耐火等级不低于二级的住宅或公共建筑的外墙敷设；

次高压 B、中压和低压燃气管道，可沿建筑耐火等级不低于二级的丁、戊类生产厂房的外墙敷设。

2 沿建筑物外墙的燃气管道距住宅或公共建筑物中不应敷设燃气管道的房间门、窗洞口的净距：中压管道不应小于 0.5m，低压管道不应小于 0.3m。燃气管道距生产厂房建筑物门、窗洞口的净距不限。

3 架空燃气管道与铁路、道路、其他管线交叉时的垂直净距不应小于表 6.3.15 的规定。

表 6.3.15 架空燃气管道与铁路、道路、其他管线交叉时的垂直净距

<table>
<tr><td colspan="2" rowspan="2">建筑物和管线名称</td><td colspan="2">最小垂直净距（m）</td></tr>
<tr><td>燃气管道下</td><td>燃气管道上</td></tr>
<tr><td colspan="2">铁路轨顶</td><td>6.0</td><td>—</td></tr>
<tr><td colspan="2">城市道路路面</td><td>5.5</td><td>—</td></tr>
<tr><td colspan="2">厂区道路路面</td><td>5.0</td><td>—</td></tr>
<tr><td colspan="2">人行道路路面</td><td>2.2</td><td>—</td></tr>
<tr><td rowspan="3">架空电力线，电压</td><td>3kV 以下</td><td>—</td><td>1.5</td></tr>
<tr><td>3～10kV</td><td>—</td><td>3.0</td></tr>
<tr><td>35～66kV</td><td>—</td><td>4.0</td></tr>
<tr><td rowspan="2">其他管道，管径</td><td>≤300mm</td><td>同管道直径，但不小于 0.10</td><td>同左</td></tr>
<tr><td>>300mm</td><td>0.30</td><td>0.30</td></tr>
</table>

注：1 厂区内部的燃气管道，在保证安全的情况下，管底至道路路面的垂直净距可取 4.5m；管底至铁路轨顶的垂直净距，可取 5.5m。在车辆和人行道以外的地区，可在从地面到管底高度不小于 0.35m 的低支柱上敷设燃气管道。

2 电气机车铁路除外。

3 架空电力线与燃气管道的交叉垂直净距尚应考虑导线的最大垂度。

4 输送湿燃气的管道应采取排水措施，在寒冷地区还应采取保温措施。燃气管道坡向凝水缸的坡度不宜小于 0.003。

5 工业企业内燃气管道沿支柱敷设时，尚应符合现行的国家标准《工业企业煤气安全规程》GB 6222 的规定。

6.4 压力大于 1.6MPa 的室外燃气管道

6.4.1 本节适用于压力大于 1.6MPa（表压）但不大于 4.0MPa（表压）的城镇燃气（不包括液态燃气）室外管道工程的设计。

6.4.2 城镇燃气管道通过的地区，应按沿线建筑物的密集程度划分为四个管道地区等级，并依据管道地区等级作出相应的管道设计。

6.4.3 城镇燃气管道地区等级的划分应符合下列规定：

1 沿管道中心线两侧各 200m 范围内，任意划分为 1.6km 长并能包括最多供人居住的独立建筑物数量的地段，作为地区分级单元。

注：在多单元住宅建筑物内，每个独立住宅单元按一个供人居住的独立建筑物计算。

2 管道地区等级应根据地区分级单元内建筑物的密集程度划分，并应符合下列规定：

1）一级地区：有 12 个或 12 个以下供人居住的独立建筑物。

2）二级地区：有 12 个以上，80 个以下供人居住的独立建筑物。

3）三级地区：介于二级和四级之间的中间地区。有 80 个或 80 个以上供人居住的独立建筑物但不够四级地区条件的地区、工业区或距人员聚集的室外场所 90m 内铺设管线的区域。

4）四级地区：4 层或 4 层以上建筑物（不计地下室层数）普遍且占多数、交通频繁、地下设施多的城市中心城区（或镇的中心区域等）。

3 二、三、四级地区的长度应按下列规定调整：

1）四级地区垂直于管道的边界线距最近地上 4 层或 4 层以上建筑物不应小于 200m。

2）二、三级地区垂直于管道的边界线距该级地区最近建筑物不应小于 200m。

4 确定城镇燃气管道地区等级，宜按城市规划为该地区的今后发展留有余地。

6.4.4 高压燃气管道采用的钢管和管道附件材料应符合下列要求：

1 燃气管道所用钢管、管道附件材料的选择，应根据管道的使用条件（设计压力、温度、介质特性、使用地区等）、材料的焊接性能等因素，经技术经济比较后确定。

2 燃气管道选用的钢管，应符合现行国家标准《石油天然气工业 输送钢管交货技术条件 第 1 部分：A 级钢管》GB/T 9711.1（L175 级钢管除外）、《石油天然气工业 输送钢管交货技术条件 第 2 部分：B 级钢管》GB/T 9711.2 和《输送流体用无缝钢管》GB/T 8163 的规定，或符合不低于上述三项标准相应技术要求的其他钢管标准。三级和四级地区高压燃气管道材料钢级不应低于 L245。

3 燃气管道所采用的钢管和管道附件应根据选

用的材料、管径、壁厚、介质特性、使用温度及施工环境温度等因素，对材料提出冲击试验和（或）落锤撕裂试验要求。

4 当管道附件与管道采用焊接连接时，两者材质应相同或相近。

5 管道附件中所用的锻件，应符合国家现行标准《压力容器用碳素钢和低合金钢锻件》JB 4726、《低温压力容器用低合金钢锻件》JB 4727 的有关规定。

6 管道附件不得采用螺旋焊缝钢管制作，严禁采用铸铁制作。

6.4.5 燃气管道强度设计应根据管段所处地区等级和运行条件，按可能同时出现的永久荷载和可变荷载的组合进行设计。当管道位于地震设防烈度 7 度及 7 度以上地区时，应考虑管道所承受的地震荷载。

6.4.6 钢质燃气管道直管段计算壁厚应按式（6.4.6）计算，计算所得到的厚度应按钢管标准规格向上选取钢管的公称壁厚。最小公称壁厚不应小于表 6.3.2 的规定。

$$\delta = \frac{PD}{2\sigma_s \phi F} \qquad (6.4.6)$$

式中 δ——钢管计算壁厚（mm）；

P——设计压力（MPa）；

D——钢管外径（mm）；

σ_s——钢管的最低屈服强度（MPa）；

F——强度设计系数，按表 6.4.8 和表 6.4.9 选取；

ϕ——焊缝系数。当采用符合第 6.4.4 条第 2 款规定的钢管标准时取 1.0。

6.4.7 对于采用经冷加工后又经加热处理的钢管，当加热温度高于 320℃（焊接除外）或采用经过冷加工或热处理的钢管煨弯成弯管时，则在计算该钢管或弯管壁厚时，其屈服强度应取该管材最低屈服强度（σ_s）的 75%。

6.4.8 城镇燃气管道的强度设计系数（F）应符合表 6.4.8 的规定。

表 6.4.8 城镇燃气管道的强度设计系数

地区等级	强度设计系数（F）
一级地区	0.72
二级地区	0.60
三级地区	0.40
四级地区	0.30

6.4.9 穿越铁路、公路和人员聚集场所的管道以及门站、储配站、调压站内管道的强度设计系数，应符合表 6.4.9 的规定。

表 6.4.9 穿越铁路、公路和人员聚集场所的管道以及门站、储配站、调压站内管道的强度设计系数（F）

<table>
<tr><th rowspan="2">管道及管段</th><th colspan="4">地区等级</th></tr>
<tr><th>一</th><th>二</th><th>三</th><th>四</th></tr>
<tr><td>有套管穿越Ⅲ、Ⅳ级公路的管道</td><td>0.72</td><td>0.6</td><td rowspan="5">0.4</td><td rowspan="5">0.3</td></tr>
<tr><td>无套管穿越Ⅲ、Ⅳ级公路的管道</td><td>0.6</td><td>0.5</td></tr>
<tr><td>有套管穿越Ⅰ、Ⅱ级公路、高速公路、铁路的管道</td><td>0.6</td><td>0.6</td></tr>
<tr><td>门站、储配站、调压站内管道及其上、下游各 200m 管道，截断阀室管道及其上、下游各 50m 管道（其距离从站和阀室边界线起算）</td><td>0.5</td><td>0.5</td></tr>
<tr><td>人员聚集场所的管道</td><td>0.4</td><td>0.4</td></tr>
</table>

6.4.10 下列计算或要求应符合现行国家标准《输气管道工程设计规范》GB 50251 的相应规定：

1 受约束的埋地直管段轴向应力计算和轴向应力与环向应力组合的当量应力校核；

2 受内压和温差共同作用下弯头的组合应力计算；

3 管道附件与没有轴向约束的直管段连接时的热膨胀强度校核；

4 弯头和弯管的管壁厚度计算；

5 燃气管道径向稳定校核。

6.4.11 一级或二级地区地下燃气管道与建筑物之间的水平净距不应小于表 6.4.11 的规定。

表 6.4.11 一级或二级地区地下燃气管道与建筑物之间的水平净距（m）

燃气管道公称直径 DN（mm）	地下燃气管道压力（MPa）		
	1.61	2.50	4.00
900＜DN≤1050	53	60	70
750＜DN≤900	40	47	57
600＜DN≤750	31	37	45
450＜DN≤600	24	28	35
300＜DN≤450	19	23	28
150＜DN≤300	14	18	22
DN≤150	11	13	15

注：1 当燃气管道强度设计系数不大于 0.4 时，一级或二级地区地下燃气管道与建筑物之间的水平净距可按表 6.4.12 确定。

2 水平净距是指管道外壁到建筑物出地面处外墙面的距离。建筑物是指平常有人的建筑物。

3 当燃气管道压力与表中数不相同时，可采用直线方程内插法确定水平净距。

6.4.12 三级地区地下燃气管道与建筑物之间的水平净距不应小于表 6.4.12 的规定。

表 6.4.12 三级地区地下燃气管道与建筑物之间的水平净距（m）

燃气管道公称直径和壁厚 δ（mm）	地下燃气管道压力（MPa）		
	1.61	2.50	4.00
A 所有管径 $\delta<9.5$	13.5	15.0	17.0
B 所有管径 $9.5\leqslant\delta<11.9$	6.5	7.5	9.0
C 所有管径 $\delta\geqslant11.9$	3.0	5.0	8.0

注：1 当对燃气管道采取有效的保护措施时，$\delta<9.5$mm 的燃气管道也可采用表中 B 行的水平净距。

2 水平净距是指管道外壁到建筑物出地面处外墙面的距离。建筑物是指平常有人的建筑物。

3 当燃气管道压力与表中数不相同时，可采用直线方程内插法确定水平净距。

6.4.13 高压地下燃气管道与构筑物或相邻管道之间的水平和垂直净距，不应小于表 6.3.3-1 和 6.3.3-2 次高压 A 的规定。但高压 A 和高压 B 地下燃气管道与铁路路堤坡脚的水平净距分别不应小于 8m 和 6m；与有轨电车钢轨的水平净距分别不应小于 4m 和 3m。

注：当达不到本条净距要求时，采取有效的防护措施后，净距可适当缩小。

6.4.14 四级地区地下燃气管道输配压力不宜大于 1.6MPa（表压）。其设计应遵守本规范 6.3 节的有关规定。

四级地区地下燃气管道输配压力不应大于 4.0MPa（表压）。

6.4.15 高压燃气管道的布置应符合下列要求：

1 高压燃气管道不宜进入四级地区；当受条件限制需要进入或通过四级地区时，应遵守下列规定：

1）高压 A 地下燃气管道与建筑物外墙面之间的水平净距不应小于 30m（当管壁厚度 $\delta\geqslant9.5$mm 或对燃气管道采取有效的保护措施时，不应小于 15m）；

2）高压 B 地下燃气管道与建筑物外墙面之间的水平净距不应小于 16m（当管壁厚度 $\delta\geqslant9.5$mm 或对燃气管道采取有效的保护措施时，不应小于 10m）；

3）管道分段阀门应采用遥控或自动控制。

2 高压燃气管道不应通过军事设施、易燃易爆仓库、国家重点文物保护单位的安全保护区、飞机场、火车站、海（河）港码头。当受条件限制管道必须在本款所列区域内通过时，必须采取安全防护措施。

3 高压燃气管道宜采用埋地方式敷设。当个别地段需要采用架空敷设时，必须采取安全防护措施。

6.4.16 当管道安全评估中危险性分析证明，可能发生事故的次数和结果合理时，可采用与表 6.4.11、表 6.4.12 和 6.4.15 条不同的净距和采用与表 6.4.8、表 6.4.9 不同的强度设计系数（F）。

6.4.17 焊接支管连接口的补强应符合下列规定：

1 补强的结构形式可采用增加主管道或支管道壁厚或同时增加主、支管道壁厚、或三通、或拔制扳边式接口的整体补强形式，也可采用补强圈补强的局部补强形式。

2 当支管道公称直径大于或等于 1/2 主管道公称直径时，应采用三通。

3 支管道的公称直径小于或等于 50mm 时，可不作补强计算。

4 开孔削弱部分按等面积补强，其结构和数值计算应符合现行国家标准《输气管道工程设计规范》GB 50251 的相应规定。其焊接结构还应符合下述规定：

1）主管道和支管道的连接焊缝应保证全焊透，其角焊缝腰高应大于或等于 1/3 的支管道壁厚，且不小于 6mm；

2）补强圈的形状应与主管道相符，并与主管道紧密贴合。焊接和热处理时补强圈上应开一排气孔，管道使用期间应将排气孔堵死，补强圈宜按国家现行标准《补强圈》JB/T 4736 选用。

6.4.18 燃气管道附件的设计和选用应符合下列规定：

1 管件的设计和选用应符合国家现行标准《钢制对焊无缝管件》GB 12459、《钢板制对焊管件》GB/T 13401、《钢制法兰管件》GB/T 17185、《钢制对焊管件》SY/T 0510 和《钢制弯管》SY/T 5257 等有关标准的规定。

2 管法兰的选用应符合国家现行标准《钢制管法兰》GB/T 9112～GB/T 9124、《大直径碳钢法兰》GB/T 13402 或《钢制法兰、垫片、紧固件》HG 20592～HG 20635 的规定。法兰、垫片和紧固件应考虑介质特性配套选用。

3 绝缘法兰、绝缘接头的设计应符合国家现行标准《绝缘法兰设计技术规定》SY/T 0516 的规定。

4 非标钢制异径接头、凸形封头和平封头的设计，可参照现行国家标准《钢制压力容器》GB 150 的有关规定。

5 除对焊管件之外的焊接预制单体（如集气管、清管器接收筒等），若其所用材料、焊缝及检验不同于本规范所列要求时，可参照现行国家标准《钢制压力容器》GB 150 进行设计、制造和检验。

6 管道与管件的管端焊接接头形式宜符合现行国家标准《输气管道工程设计规范》GB 50251 的有关规定。

7 用于改变管道走向的弯头、弯管应符合现行国家标准《输气管道工程设计规范》GB 50251 的有关规定，且弯曲后的弯管其外侧减薄处厚度应不小于按式（6.4.6）计算得到的计算厚度。

6.4.19 燃气管道阀门的设置应符合下列要求：

1 在高压燃气干管上，应设置分段阀门；分段阀门的最大间距：以四级地区为主的管段不应大于8km；以三级地区为主的管段不应大于13km；以二级地区为主的管段不应大于24km；以一级地区为主的管段不应大于32km。

2 在高压燃气支管的起点处，应设置阀门。

3 燃气管道阀门的选用应符合国家现行有关标准，并应选择适用于燃气介质的阀门。

4 在防火区内关键部位使用的阀门，应具有耐火性能。需要通过清管器或电子检管器的阀门，应选用全通径阀门。

6.4.20 高压燃气管道及管件设计应考虑日后清管或电子检管的需要，并宜预留安装电子检管器收发装置的位置。

6.4.21 埋地管线的锚固件应符合下列要求：

1 埋地管线上弯管或迂回管处产生的纵向力，必须由弯管处的锚固件、土壤摩阻或管子中的纵向应力加以抵消。

2 若弯管处不用锚固件，则靠近推力起源点处的管子接头处应设计成能承受纵向拉力。若接头未采取此种措施，则应加装适用的拉杆或拉条。

6.4.22 高压燃气管道的地基、埋设的最小覆土厚度、穿越铁路和电车轨道、穿越高速公路和城镇主要干道、通过河流的形式和要求等应符合本规范6.3节的有关规定。

6.4.23 市区外地下高压燃气管道沿线应设置里程桩、转角桩、交叉和警示牌等永久性标志。

市区内地下高压燃气管道应设立管位警示标志。在距管顶不小于500mm处应埋设警示带。

6.5 门站和储配站

6.5.1 本节适用于城镇燃气输配系统中，接受气源来气并进行净化、加臭、储存、控制供气压力、气量分配、计量和气质检测的门站和储配站的工程设计。

6.5.2 门站和储配站站址选择应符合下列要求：

1 站址应符合城镇总体规划的要求；

2 站址应具有适宜的地形、工程地质、供电、给水排水和通信等条件；

3 门站和储配站应少占农田、节约用地并注意与城镇景观等协调；

4 门站站址应结合长输管线位置确定；

5 根据输配系统具体情况，储配站与门站可合建；

6 储配站内的储气罐与站外的建、构筑物的防火间距应符合现行国家标准《建筑设计防火规范》GB 50016的有关规定。站内露天燃气工艺装置与站外建、构筑物的防火间距应符合甲类生产厂房与厂外建、构筑物的防火间距的要求。

6.5.3 储配站内的储气罐与站内的建、构筑物的防火间距应符合表6.5.3的规定。

表6.5.3 储气罐与站内的建、构筑物的防火间距（m）

储气罐总容积（m^3）	≤1000	>1000～≤10000	>10000～≤50000	>50000～≤200000	>200000
明火、散发火花地点	20	25	30	35	40
调压室、压缩机室、计量室	10	12	15	20	25
控制室、变配电室、汽车库等辅助建筑	12	15	20	25	30
机修间、燃气锅炉房	15	20	25	30	35
办公、生活建筑	18	20	25	30	35
消防泵房、消防水池取水口	20				
站内道路（路边）	10	10	10	10	10
围墙	15	15	15	15	18

注：1 低压湿式储气罐与站内的建、构筑物的防火间距，应按本表确定；

2 低压干式储气罐与站内的建、构筑物的防火间距，当可燃气体的密度比空气大时，应按本表增加25%；比空气小或等于时，可按本表确定；

3 固定容积储气罐与站内的建、构筑物的防火间距应按本表的规定执行。总容积按其几何容积（m^3）和设计压力（绝对压力，10^2kPa）的乘积计算；

4 低压湿式或干式储气罐的水封室、油泵房和电梯间等附属设施与该储罐的间距按工艺要求确定；

5 露天燃气工艺装置与储气罐的间距按工艺要求确定。

6.5.4 储气罐或罐区之间的防火间距，应符合下列要求：

1 湿式储气罐之间、干式储气罐之间、湿式储气罐与干式储气罐之间的防火间距，不应小于相邻较大罐的半径；

2 固定容积储气罐之间的防火间距，不应小于相邻较大罐直径的2/3；

3 固定容积储气罐与低压湿式或干式储气罐之间的防火间距，不应小于相邻较大罐的半径；

4 数个固定容积储气罐的总容积大于200000m³时，应分组布置。组与组之间的防火间距：卧式储罐，不应小于相邻较大罐长度的一半；球形储罐，不应小于相邻较大罐的直径，且不应小于20.0m；

5 储气罐与液化石油气罐之间防火间距应符合现行国家标准《建筑设计防火规范》GB 50016的有关规定。

6.5.5 门站和储配站总平面布置应符合下列要求：

1 总平面应分区布置，即分为生产区（包括储罐区、调压计量区、加压区等）和辅助区。

2 站内的各建构筑物之间以及与站外建构筑物之间的防火间距应符合现行国家标准《建筑设计防火规范》GB 50016的有关规定。站内建筑物的耐火等级不应低于现行国家标准《建筑设计防火规范》GB 50016"二级"的规定。

3 站内露天工艺装置区边缘距明火或散发火花地点不应小于20m，距办公、生活建筑不应小于18m，距围墙不应小于10m。与站内生产建筑的间距按工艺要求确定。

4 储配站生产区应设置环形消防车通道，消防车通道宽度不应小于3.5m。

6.5.6 当燃气无臭味或臭味不足时，门站或储配站内应设置加臭装置。加臭量应符合本规范第3.2.3条的有关规定。

6.5.7 门站和储配站的工艺设计应符合下列要求：

1 功能应满足输配系统输气调度和调峰的要求；

2 站内应根据输配系统调度要求分组设置计量和调压装置，装置前应设过滤器；门站进站总管上宜设置分离器；

3 调压装置应根据燃气流量、压力降等工艺条件确定设置加热装置；

4 站内计量调压装置和加压设备应根据工作环境要求露天或在厂房内布置，在寒冷或风沙地区宜采用全封闭式厂房；

5 进出站管线应设置切断阀门和绝缘法兰；

6 储配站内进罐管线上宜设置控制进罐压力和流量的调节装置；

7 当长输管道采用清管工艺时，其清管器的接收装置宜设置在门站内；

8 站内管道上应根据系统要求设置安全保护及放散装置；

9 站内设备、仪表、管道等安装的水平间距和标高均应便于观察、操作和维修。

6.5.8 站内宜设置自动化控制系统，并宜作为输配系统的数据采集监控系统的远端站。

6.5.9 站内燃气计量和气质的检验应符合下列要求：

1 站内设置的计量仪表应符合表6.5.9的规定；

2 宜设置测定燃气组分、发热量、密度、湿度和各项有害杂质含量的仪表。

表6.5.9 站内设置的计量仪表

进、出站参数	功能		
	指示	记录	累计
流量	+	+	+
压力	+	+	—
温度	+	+	—

注：表中"+"表示应设置。

6.5.10 燃气储存设施的设计应符合下列要求：

1 储配站所建储罐容积应根据输配系统所需储气总容量、管网系统的调度平衡和气体混配要求确定；

2 储配站的储气方式及储罐形式应根据燃气进站压力、供气规模、输配管网压力等因素，经技术经济比较后确定；

3 确定储罐单体或单组容积时，应考虑储罐检修期间供气系统的调度平衡；

4 储罐区宜设有排水设施。

6.5.11 低压储气罐的工艺设计，应符合下列要求：

1 低压储气罐宜分别设置燃气进、出气管，各管应设置关闭性能良好的切断装置，并宜设置水封阀，水封阀的有效高度应取设计工作压力（以Pa表示）乘0.1加500mm。燃气进、出气管的设计应能适应气罐地基沉降引起的变形；

2 低压储气罐应设储气量指示器。储气量指示器应具有显示储量及可调节的高低限位声、光报警装置；

3 储气罐高度超越当地有关的规定时应设高度障碍标志；

4 湿式储气罐的水封高度应经过计算后确定；

5 寒冷地区湿式储气罐的水封应设有防冻措施；

6 干式储气罐密封系统，必须能够可靠地连续运行；

7 干式储气罐应设置紧急放散装置；

8 干式储气罐应配有检修通道。稀油密封干式储气罐外部应设置检修电梯。

6.5.12 高压储气罐工艺设计，应符合下列要求：

1 高压储气罐宜分别设置燃气进、出气管，不需要起混气作用的高压储气罐，其进、出气管也可合为一条；燃气进、出气管的设计宜进行柔性计算；

2 高压储气罐应分别设置安全阀、放散管和排污管；

3 高压储气罐应设置压力检测装置；

4 高压储气罐宜减少接管开孔数量；

5 高压储气罐宜设置检修排空装置；

6 当高压储气罐罐区设置检修用集中放散装置时，集中放散装置的放散管与站外建、构筑物的防火间距不应小于表 6.5.12-1 的规定；集中放散装置的放散管与站内建、构筑物的防火间距不应小于表 6.5.12-2 的规定；放散管管口高度应高出距其 25m 内的建构筑物 2m 以上，且不得小于 10m；

7 集中放散装置宜设置在站内全年最小频率风向的上风侧。

表6.5.12-1 集中放散装置的放散管与站外建、构筑物的防火间距

项目		防火间距（m）
明火、散发火花地点		30
民用建筑		25
甲、乙类液体储罐，易燃材料堆场		25
室外变、配电站		30
甲、乙类物品库房，甲、乙类生产厂房		25
其他厂房		20
铁路（中心线）		40
公路、道路（路边）	高速，Ⅰ、Ⅱ级，城市快速	15
	其他	10
架空电力线（中心线）	>380V	2.0 倍杆高
	≤380V	1.5 倍杆高
架空通信线（中心线）	国家Ⅰ、Ⅱ级	1.5 倍杆高
	其他	1.5 倍杆高

表 6.5.12-2 集中放散装置的放散管与站内建、构筑物的防火间距

项目	防火间距（m）
明火、散发火花地点	30
办公、生活建筑	25
可燃气体储气罐	20
室外变、配电站	30
调压室、压缩机室、计量室及工艺装置区	20
控制室、配电室、汽车库、机修间和其他辅助建筑	25
燃气锅炉房	25
消防泵房、消防水池取水口	20
站内道路（路边）	2
围墙	2

6.5.13 站内工艺管道应采用钢管。燃气管道设计压力大于 0.4MPa 时，其管材性能应分别符合现行国家标准《石油天然气工业输送钢管交货技术条件》GB/T 9711、《输送流体用无缝钢管》GB/T 8163 的规定；设计压力不大于 0.4MPa 时，其管材性能应符合现行国家标准《低压流体输送用焊接钢管》GB/T 3091 的规定。

阀门等管道附件的压力级别不应小于管道设计压力。

6.5.14 燃气加压设备的选型应符合下列要求：

1 储配站燃气加压设备应结合输配系统总体设计采用的工艺流程、设计负荷、排气压力及调度要求确定；

2 加压设备应根据吸排气压力、排气量选择机型。所选用的设备应便于操作维护、安全可靠，并符合节能、高效、低振和低噪声的要求；

3 加压设备的排气能力应按厂方提供的实测值为依据。站内加压设备的形式应一致，加压设备的规格应满足运行调度要求，并不宜多于两种。

储配站内装机总台数不宜过多。每 1～5 台压缩机宜另设 1 台备用。

6.5.15 压缩机室的工艺设计应符合下列要求：

1 压缩机宜按独立机组配置进、出气管及阀门、旁通、冷却器、安全放散、供油和供水等各项辅助设施；

2 压缩机的进、出气管道宜采用地下直埋或管沟敷设，并宜采取减振降噪措施；

3 管道设计应设有能满足投产置换，正常生产维修和安全保护所必需的附属设备；

4 压缩机及其附属设备的布置应符合下列要求：

1）压缩机宜采取单排布置；

2）压缩机之间及压缩机与墙壁之间的净距不宜小于 1.5m；

3）重要通道的宽度不宜小于 2m；

4）机组的联轴器及皮带传动装置应采取安全防护措施；

5）高出地面 2m 以上的检修部位应设置移动或可拆卸式的维修平台或扶梯；

6）维修平台及地坑周围应设防护栏杆；

5 压缩机室宜根据设备情况设置检修用起吊设备；

6 当压缩机采用燃气为动力时，其设计应符合现行国家标准《输气管道工程设计规范》GB 50251 和《石油天然气工程设计防火规范》GB 50183 的有关规定；

7 压缩机组前必须设有紧急停车按钮。

6.5.16 压缩机的控制室宜设在主厂房一侧的中部或主厂房的一端。控制室与压缩机室之间应设有能观察各台设备运转的隔声耐火玻璃窗。

6.5.17 储配站控制室内的二次检测仪表及操作调节装置宜按表 6.5.17 规定设置。

表 6.5.17　储配站控制室内二次检测仪表及调节装置

参数名称		现场显示	控制室		
			显示	记录或累计	报警连锁
压缩机室进气管压力		—	+	—	+
压缩机室出气管压力		—	+	+	—
机组	吸气压力	+	—	—	—
	吸气温度	+	—	—	—
	排气压力	+	+	—	+
	排气温度	+	—	—	—
压缩机室	供电电压	—	+	—	—
	电流	—	+	—	—
	功率因数	—	+	—	—
	功率	—	+	—	—
机组	电压	+	+	—	—
	电流	+	+	—	—
	功率因数	—	+	—	—
	功率	—	+	—	—
压缩机室	供水温度	—	+	—	—
	供水压力	—	+	—	+
机组	供水温度	+	—	—	—
	回水温度	+	—	—	—
	水流状态	+	+	—	—
润滑油	供油压力	+	—	—	+
	供油温度	+	—	—	—
	回油温度	+	—	—	—
电机防爆通风系统排风压力		—	+	—	+

注：表中“+”表示应设置。

6.5.18　压缩机室、调压计量室等具有爆炸危险的生产用房应符合现行国家标准《建筑设计防火规范》GB 50016 的“甲类生产厂房”设计的规定。

6.5.19　门站和储配站内的消防设施设计应符合现行国家标准《建筑设计防火规范》GB 50016 的规定，并符合下列要求：

1　储配站在同一时间内的火灾次数应按一次考虑。储罐区的消防用水量不应小于表 6.5.19 的规定。

表 6.5.19　储罐区的消防用水量

储罐容积 (m^3)	>500 ~ ≤10000	>10000 ~ ≤50000	>50000 ~ ≤100000	>100000 ~ ≤200000	>200000
消防用水量 (L/s)	15	20	25	30	35

注：固定容积的可燃气体储罐以组为单位，总容积按其几何容积（m^3）和设计压力（绝对压力，10^2kPa）的乘积计算。

2　当设置消防水池时，消防水池的容量应按火灾延续时间 3h 计算确定。当火灾情况下能保证连续向消防水池补水时，其容量可减去火灾延续时间内的补水量。

3　储配站内消防给水管网应采用环形管网，其给水干管不应少于 2 条。当其中一条发生故障时，其余的进水管应能满足消防用水总量的供给要求。

4　站内室外消火栓宜选用地上式消火栓。

5　门站的工艺装置区可不设消防给水系统。

6　门站和储配站内建筑物灭火器的配置应符合现行国家标准《建筑灭火器配置设计规范》GB 50140 的有关规定。储配站内储罐区应配置干粉灭火器，配置数量按储罐台数每台设置 2 个；每组相对独立的调压计量等工艺装置区应配置干粉灭火器，数量不少于 2 个。

注：1　干粉灭火器指 8kg 手提式干粉灭火器。
　　2　根据场所危险程度可设置部分 35kg 手推式干粉灭火器。

6.5.20　门站和储配站供电系统设计应符合现行国家标准《供配电系统设计规范》GB 50052 的“二级负荷”的规定。

6.5.21　门站和储配站电气防爆设计符合下列要求：

1　站内爆炸危险场所的电力装置设计应符合现行国家标准《爆炸和火灾危险环境电力装置设计规范》GB 50058 的规定。

2　其爆炸危险区域等级和范围的划分宜符合本规范附录 D 的规定。

3　站内爆炸危险厂房和装置区内应装设燃气浓度检测报警装置。

6.5.22　储气罐和压缩机室、调压计量室等具有爆炸危险的生产用房应有防雷接地设施，其设计应符合现行国家标准《建筑物防雷设计规范》GB 50057 的“第二类防雷建筑物”的规定。

6.5.23　门站和储配站的静电接地设计应符合国家现行标准《化工企业静电接地设计规程》HGJ 28 的规定。

6.5.24　门站和储配站边界的噪声应符合现行国家标准《工业企业厂界噪声标准》GB 12348 的规定。

6.6　调压站与调压装置

6.6.1　本节适用于城镇燃气输配系统中不同压力级别管道之间连接的调压站、调压箱（或柜）和调压装置的设计。

6.6.2　调压装置的设置应符合下列要求：

1　自然条件和周围环境许可时，宜设置在露天，但应设置围墙、护栏或车挡；

2　设置在地上单独的调压箱（悬挂式）内时，对居民和商业用户燃气进口压力不应大于 0.4MPa；对工业用户（包括锅炉房）燃气进口压力不应大于 0.8MPa；

3　设置在地上单独的调压柜（落地式）内时，

对居民、商业用户和工业用户（包括锅炉房）燃气进口压力不宜大于1.6MPa；

4 设置在地上单独的建筑物内时，应符合本规范第6.6.12条的要求；

5 当受到地上条件限制，且调压装置进口压力不大于0.4MPa时，可设置在地下单独的建筑物内或地下单独的箱体内，并应分别符合本规范第6.6.14条和第6.6.5条的要求；

6 液化石油气和相对密度大于0.75燃气的调压装置不得设于地下室、半地下室内和地下单独的箱体内。

6.6.3 调压站（含调压柜）与其他建筑物、构筑物的水平净距应符合表6.6.3的规定。

表6.6.3 调压站（含调压柜）与其他建筑物、构筑物水平净距（m）

设置形式	调压装置入口燃气压力级制	建筑物外墙面	重要公共建筑、一类高层民用建筑	铁路（中心线）	城镇道路	公共电力变配电柜
地上单独建筑	高压(A)	18.0	30.0	25.0	5.0	6.0
	高压(B)	13.0	25.0	20.0	4.0	6.0
	次高压(A)	9.0	18.0	15.0	3.0	4.0
	次高压(B)	6.0	12.0	10.0	3.0	4.0
	中压(A)	6.0	12.0	10.0	2.0	4.0
	中压(B)	6.0	12.0	10.0	2.0	4.0
调压柜	次高压(A)	7.0	14.0	12.0	2.0	4.0
	次高压(B)	4.0	8.0	8.0	2.0	4.0
	中压(A)	4.0	8.0	8.0	1.0	4.0
	中压(B)	4.0	8.0	8.0	1.0	4.0
地下单独建筑	中压(A)	3.0	6.0	6.0	—	3.0
	中压(B)	3.0	6.0	6.0	—	3.0
地下调压箱	中压(A)	3.0	6.0	6.0	—	3.0
	中压(B)	3.0	6.0	6.0	—	3.0

注：1 当调压装置露天设置时，则指距离装置的边缘；
2 当建筑物（含重要公共建筑）的某外墙为无门、窗洞口的实体墙，且建筑物耐火等级不低于二级时，燃气进口压力级别为中压A或中压B的调压柜一侧或两侧（非平行），可贴靠上述外墙设置；
3 当达不到上表净距要求时，采取有效措施，可适当缩小净距。

6.6.4 地上调压箱和调压柜的设置应符合下列要求：

1 调压箱（悬挂式）

1）调压箱的箱底距地坪的高度宜为1.0～1.2m，可安装在用气建筑物的外墙壁上或悬挂于专用的支架上；当安装在用气建筑物的外墙上时，调压器进出口管径不宜大于*DN*50；

2）调压箱到建筑物的门、窗或其他通向室内的孔槽的水平净距应符合下列规定：

当调压器进口燃气压力不大于0.4MPa时，不应小于1.5m；

当调压器进口燃气压力大于0.4MPa时，不应小于3.0m；

调压箱不应安装在建筑物的窗下和阳台下的墙上；不应安装在室内通风机进风口墙上；

3）安装调压箱的墙体应为永久性的实体墙，其建筑物耐火等级不应低于二级；

4）调压箱上应有自然通风孔。

2 调压柜（落地式）

1）调压柜应单独设置在牢固的基础上，柜底距地坪高度宜为0.30m；

2）距其他建筑物、构筑物的水平净距应符合表6.6.3的规定；

3）体积大于1.5m^3的调压柜应有爆炸泄压口，爆炸泄压口不应小于上盖或最大柜壁面积的50%（以较大者为准）；爆炸泄压口宜设在上盖上；通风口面积可包括在计算爆炸泄压口面积内；

4）调压柜上应有自然通风口，其设置应符合下列要求：

当燃气相对密度大于0.75时，应在柜体上、下各设1%柜底面积通风口；调压柜四周应设护栏；

当燃气相对密度不大于0.75时，可仅在柜体上部设4%柜底面积通风口；调压柜四周宜设护栏。

3 调压箱（或柜）的安装位置应能满足调压器安全装置的安装要求。

4 调压箱（或柜）的安装位置应使调压箱（或柜）不被碰撞，在开箱（或柜）作业时不影响交通。

6.6.5 地下调压箱的设置应符合下列要求：

1 地下调压箱不宜设置在城镇道路下，距其他建筑物、构筑物的水平净距应符合本规范表6.6.3的规定；

2 地下调压箱上应有自然通风口，其设置应符合本规范第6.6.4条第2款4）项规定；

3 安装地下调压箱的位置应能满足调压器安全装置的安装要求；

4 地下调压箱设计应方便检修；

5 地下调压箱应有防腐保护。

6.6.6 单独用户的专用调压装置除按本规范第6.6.2和6.6.3条设置外，尚可按下列形式设置，但应符合下列要求：

1 当商业用户调压装置进口压力不大于0.4MPa，或工业用户（包括锅炉）调压装置进口压力不大于0.8MPa时，可设置在用气建筑物专用单层毗连建筑物内：

1）该建筑物与相邻建筑应用无门窗和洞口的防火墙隔开，与其他建筑物、构筑物水平净距应符合本规范表6.6.3的规定；

2）该建筑物耐火等级不应低于二级，并应具有轻型结构屋顶爆炸泄压口及向外开启的门窗；

3）地面应采用撞击时不会产生火花的材料；

4）室内通风换气次数每小时不应小于2次；

5）室内电气、照明装置应符合现行的国家标准《爆炸和火灾危险环境电力装置设计规范》GB 50058的“1区”设计的规定。

2 当调压装置进口压力不大于0.2MPa时，可设置在公共建筑的顶层房间内：

1）房间应靠建筑外墙，不应布置在人员密集房间的上面或贴邻，并满足本条第1款2）、3）、5）项要求；

2）房间内应设有连续通风装置，并能保证通风换气次数每小时不小于3次；

3）房间内应设置燃气浓度检测监控仪表及声、光报警装置。该装置应与通风设施和紧急切断阀连锁，并将信号引入该建筑物监控室；

4）调压装置应设有超压自动切断保护装置；

5）室外进口管道应设有阀门，并能在地面操作；

6）调压装置和燃气管道应采用钢管焊接和法兰连接。

3 当调压装置进口压力不大于0.4MPa，且调压器进出口管径不大于*DN*100时，可设置在用气建筑物的平屋顶上，但应符合下列条件：

1）应在屋顶承重结构受力允许的条件下，且该建筑物耐火等级不应低于二级；

2）建筑物应有通向屋顶的楼梯；

3）调压箱、柜（或露天调压装置）与建筑物烟囱的水平净距不应小于5m。

4 当调压装置进口压力不大于0.4MPa时，可设置在生产车间、锅炉房和其他工业生产用气房间内，或当调压装置进口压力不大于0.8MPa时，可设置在独立、单层建筑的生产车间或锅炉房内，但应符合下列条件：

1）应满足本条第1款2）、4）项要求；

2）调压器进出口管径不应大于*DN*80；

3）调压装置宜设不燃烧体护栏；

4）调压装置除在室内设进口阀门外，还应在室外引入管上设置阀门。

注：当调压器进出口管径大于*DN*80时，应将调压装置设置在用气建筑物的专用单层房间内，其设计应符合本条第1款的要求。

6.6.7 调压箱（柜）或调压站的噪声应符合现行国家标准《城市区域环境噪声标准》GB 3096的规定。

6.6.8 设置调压器场所的环境温度应符合下列要求：

1 当输送干燃气时，无采暖的调压器的环境温度应能保证调压器的活动部件正常工作；

2 当输送湿燃气时，无防冻措施的调压器的环境温度应大于0℃；当输送液化石油气时，其环境温度应大于液化石油气的露点。

6.6.9 调压器的选择应符合下列要求：

1 调压器应能满足进口燃气的最高、最低压力的要求；

2 调压器的压力差，应根据调压器前燃气管道的最低设计压力与调压器后燃气管道的设计压力之差值确定；

3 调压器的计算流量，应按该调压器所承担的管网小时最大输送量的1.2倍确定。

6.6.10 调压站（或调压箱或调压柜）的工艺设计应符合下列要求：

1 连接未成环低压管网的区域调压站和供连续生产使用的用户调压装置宜设置备用调压器，其他情况下的调压器可不设备用。

调压器的燃气进、出口管道之间应设旁通管，用户调压箱（悬挂式）可不设旁通管。

2 高压和次高压燃气调压站室外进、出口管道上必须设置阀门；

中压燃气调压站室外进口管道上，应设置阀门。

3 调压站室外进、出口管道上阀门距调压站的距离：

当为地上单独建筑时，不宜小于10m，当为毗连建筑物时，不宜小于5m；

当为调压柜时，不宜小于5m；

当为露天调压装置时，不宜小于10m；

当通向调压站的支管阀门距调压站小于100m时，室外支管阀门与调压站进口阀门可合为一个。

4 在调压器燃气入口处应安装过滤器。

5 在调压器燃气入口（或出口）处，应设防止燃气出口压力过高的安全保护装置（当调压器本身带有安全保护装置时可不设）。

6 调压器的安全保护装置宜选用人工复位型。安全保护（放散或切断）装置必须设定启动压力值并具有足够的能力。启动压力应根据工艺要求确定，当工艺无特殊要求时应符合下列要求：

1）当调压器出口为低压时，启动压力应使与低压管道直接相连的燃气用具处于安全工作压力以内；

2）当调压器出口压力小于0.08MPa时，启动压力不应超过出口工作压力上限的50%；

3）当调压器出口压力等于或大于0.08MPa，但不大于0.4MPa时，启动压力不应超过出口工作压力上限0.04MPa；

4）当调压器出口压力大于0.4MPa时，启动压力不应超过出口工作压力上限的10%。

7 调压站放散管管口应高出其屋檐1.0m以上。

调压柜的安全放散管管口距地面的高度不应小于4m；设置在建筑物墙上的调压箱的安全放散管管口应高出该建筑物屋檐1.0m；

地下调压站和地下调压箱的安全放散管管口也应按地上调压柜安全放散管管口的规定设置。

注：清洗管道吹扫用的放散管、指挥器的放散管与安全水封放散管属于同一工作压力时，允许将它们连接在同一放散管上。

8 调压站内调压器及过滤器前后均应设置指示式压力表，调压器后应设置自动记录式压力仪表。

6.6.11 地上调压站内调压器的布置应符合下列要求：

1 调压器的水平安装高度应便于维护检修；

2 平行布置2台以上调压器时，相邻调压器外缘净距、调压器与墙面之间的净距和室内主要通道的宽度均宜大于0.8m。

6.6.12 地上调压站的建筑物设计应符合下列要求：

1 建筑物耐火等级不应低于二级；

2 调压室与毗连房间之间应用实体隔墙隔开，其设计应符合下列要求：

1）隔墙厚度不应小于24cm，且应两面抹灰；

2）隔墙内不得设置烟道和通风设备，调压室的其他墙壁也不得设有烟道；

3）隔墙有管道通过时，应采用填料密封或将墙洞用混凝土等材料填实；

3 调压室及其他有漏气危险的房间，应采取自然通风措施，换气次数每小时不应小于2次；

4 城镇无人值守的燃气调压室电气防爆等级应符合现行国家标准《爆炸和火灾危险环境电力装置设计规范》GB 50058"1区"设计的规定（见附录图D-7）；

5 调压室内的地面应采用撞击时不会产生火花的材料；

6 调压室应有泄压措施，并应符合现行国家标准《建筑设计防火规范》GB 50016的有关规定；

7 调压室的门、窗应向外开启，窗应设防护栏和防护网；

8 重要调压站宜设保护围墙；

9 设于空旷地带的调压站或采用高架遥测天线的调压站应单独设置避雷装置，其接地电阻值应小于10Ω。

6.6.13 燃气调压站采暖应根据气象条件、燃气性质、控制测量仪表结构和人员工作的需要等因素确定。当需要采暖时严禁在调压室内用明火采暖，但可采用集中供热或在调压站内设置燃气、电气采暖系统，其设计应符合下列要求：

1 燃气采暖锅炉可设在与调压器室毗连的房间内；

调压器室的门、窗与锅炉室的门、窗不应设置在建筑的同一侧；

2 采暖系统宜采用热水循环式；

采暖锅炉烟囱排烟温度严禁大于300℃；烟囱出口与燃气安全放散管出口的水平距离应大于5m；

3 燃气采暖锅炉应有熄火保护装置或设专人值班管理；

4 采用防爆式电气采暖装置时，可对调压器室或单体设备用电加热采暖。电采暖设备的外壳温度不得大于115℃。电采暖设备应与调压设备绝缘。

6.6.14 地下调压站的建筑物设计应符合下列要求：

1 室内净高不应低于2m；

2 宜采用混凝土整体浇筑结构；

3 必须采取防水措施；在寒冷地区应采取防寒措施；

4 调压室顶盖上必须设置两个呈对角位置的人孔，孔盖应能防止地表水浸入；

5 室内地面应采用撞击时不产生火花的材料，并应在一侧人孔下的地坪设置集水坑；

6 调压室顶盖应采用混凝土整体浇筑。

6.6.15 当调压站内、外燃气管道为绝缘连接时，调压器及其附属设备必须接地，接地电阻应小于100Ω。

6.7 钢质燃气管道和储罐的防腐

6.7.1 钢质燃气管道和储罐必须进行外防腐。其防腐设计应符合国家现行标准《城镇燃气埋地钢质管道腐蚀控制技术规程》CJJ 95和《钢质管道及储罐腐蚀控制工程设计规范》SY 0007的有关规定。

6.7.2 地下燃气管道防腐设计，必须考虑土壤电阻率。对高、中压输气干管宜沿燃气管道途经地段选点测定其土壤电阻率。应根据土壤的腐蚀性、管道的重要程度及所经地段的地质、环境条件确定其防腐等级。

6.7.3 地下燃气管道的外防腐涂层的种类，根据工程的具体情况，可选用石油沥青、聚乙烯防腐胶带、环氧煤沥青、聚乙烯防腐层、氯磺化聚乙烯、环氧粉末喷涂等。当选用上述涂层时，应符合国家现行有关标准的规定。

6.7.4 采用涂层保护埋地敷设的钢质燃气干管应同时采用阴极保护。

市区外埋地敷设的燃气干管，当采用阴极保护时，宜采用强制电流方式，并应符合国家现行标准《埋地钢质管道强制电流阴极保护设计规范》SY/T 0036的有关规定。

市区内埋地敷设的燃气干管，当采用阴极保护时，宜采用牺牲阳极法，并应符合国家现行标准《埋地钢质管道牺牲阳极阴极保护设计规范》SY/T 0019 的有关规定。

6.7.5 地下燃气管道与交流电力线接地体的净距不应小于表 6.7.5 的规定。

表 6.7.5 地下燃气管道与交流电力线接地体的净距（m）

电压等级（kV）	10	35	110	220
铁塔或电杆接地体	1	3	5	10
电站或变电所接地体	5	10	15	30

6.8 监控及数据采集

6.8.1 城市燃气输配系统，宜设置监控及数据采集系统。

6.8.2 监控及数据采集系统应采用电子计算机系统为基础的装备和技术。

6.8.3 监控及数据采集系统应采用分级结构。

6.8.4 监控及数据采集系统应设主站、远端站。主站应设在燃气企业调度服务部门，并宜与城市公用数据库连接。远端站宜设置在区域调压站、专用调压站、管网压力监测点、储配站、门站和气源厂等。

6.8.5 根据监控及数据采集系统拓扑结构设计的需求，在等级系统中可在主站与远端站之间设置通信或其他功能的分级站。

6.8.6 监控及数据采集系统的信息传输介质及方式应根据当地通信系统条件、系统规模和特点、地理环境，经全面的技术经济比较后确定。信息传输宜采用城市公共数据通信网络。

6.8.7 监控及数据采集系统所选用的设备、器件、材料和仪表应选用通用性产品。

6.8.8 监控及数据采集系统的布线和接口设计应符合国家现行有关标准的规定，并具有通用性、兼容性和可扩性。

6.8.9 监控及数据采集系统的硬件和软件应有较高可靠性，并应设置系统自身诊断功能，关键设备应采用冗余技术。

6.8.10 监控及数据采集系统宜配备实时瞬态模拟软件，软件应满足系统进行调度优化、泄漏检测定位、工况预测、存量分析、负荷预测及调度员培训等功能。

6.8.11 监控及数据采集系统远端站应具有数据采集和通信功能，并对需要进行控制或调节的对象点，应有对选定的参数或操作进行控制或调节功能。

6.8.12 主站系统设计应具有良好的人机对话功能，宜满足及时调整参数或处理紧急情况的需要。

6.8.13 远端站数据采集等工作信息的类型和数量应按实际需要予以合理地确定。

6.8.14 设置监控和数据采集设备的建筑应符合现行国家标准《计算站场地技术要求》GB 2887 和《电子计算机机房设计规范》GB 50174 以及《计算机机房用活动地板技术条件》GB 6550 的有关规定。

6.8.15 监控及数据采集系统的主站机房，应设置可靠性较高的不间断电源设备及其备用设备。

6.8.16 远端站的防爆、防护应符合所在地点防爆、防护的相关要求。

7 压缩天然气供应

7.1 一 般 规 定

7.1.1 本章适用于下列工作压力不大于 25.0MPa（表压）的城镇压缩天然气供应工程设计：

1 压缩天然气加气站；

2 压缩天然气储配站；

3 压缩天然气瓶组供气站。

7.1.2 压缩天然气的质量应符合现行国家标准《车用压缩天然气》GB 18047 的规定。

7.1.3 压缩天然气可采用汽车载运气瓶组或气瓶车运输，也可采用船载运输。

7.2 压缩天然气加气站

7.2.1 压缩天然气加气站站址选择应符合下列要求：

1 压缩天然气加气站宜靠近气源，并应具有适宜的交通、供电、给水排水、通信及工程地质条件；

2 在城镇区域内建设的压缩天然气加气站站址应符合城镇总体规划的要求。

7.2.2 压缩天然气加气站与天然气储配站合建时，站内的天然气储罐与气瓶车固定车位的防火间距不应小于表 7.2.2 的规定。

7.2.3 压缩天然气加气站与天然气储配站的合建站，当天然气储罐区设置检修用集中放散装置时，集中放散装置的放散管与站内、外建、构筑物的防火间距不应小于本规范第 6.5.12 条的规定。集中放散装置的放散管与气瓶车固定车位的防火间距不应小于 20m。

表 7.2.2 天然气储罐与气瓶车固定车位的防火间距（m）

储罐总容积（m^3）		≤50000	>50000
气瓶车固定车位最大储气容积（m^3）	≤10000	12.0	15.0
	>10000～≤30000	15.0	20.0

注：1 储罐总容积按本规范表 6.5.3 注 3 计算；
2 气瓶车在固定车位最大储气总容积（m^3）为在固定车位储气的各气瓶车总几何容积（m^3）与其最高储气压力（绝对压力 10^2kPa）乘积之和，并除以压缩因子；
3 天然气储罐与气瓶车固定车位的防火间距，除符合本表规定外，还不应小于较大罐直径。

7.2.4 气瓶车固定车位与站外建、构筑物的防火间距不应小于表7.2.4的规定。

表7.2.4 气瓶车固定车位与站外建、构筑物的防火间距（m）

项目 \ 气瓶车在固定车位最大储气总容积(m^3)			>4500～≤10000	>10000～≤30000
明火、散发火花地点，室外变、配电站			25.0	30.0
重要公共建筑			50.0	60.0
民用建筑			25.0	30.0
甲、乙、丙类液体储罐，易燃材料堆场，甲类物品库房			25.0	30.0
其他建筑	耐火等级	一、二级	15.0	20.0
		三级	20.0	25.0
		四级	25.0	30.0
铁路(中心线)			40.0	
公路、道路(路边)	高速，Ⅰ、Ⅱ级，城市快速		20.0	
	其他		15.0	
架空电力线(中心线)			1.5倍杆高	
架空通信线(中心线)	Ⅰ、Ⅱ级		20.0	
	其他		1.5倍杆高	

注：1 气瓶车在固定车位最大储气总容积按本规范表7.2.2注2计算；
2 气瓶车在固定车位储气总几何容积不大于$18m^3$，且最大储气总容积不大于$4500m^3$时，应符合现行国家标准《汽车加油加气站设计与施工规范》GB 50156的规定。

7.2.5 气瓶车固定车位与站内建、构筑物的防火间距不应小于表7.2.5的规定。

表7.2.5 气瓶车固定车位与站内建、构筑物的防火间距（m）

名称 \ 气瓶车在固定车位最大储气总容积(m^3)		>4500～≤10000	>10000～≤30000
明火、散发火花地点		25.0	30.0
压缩机室、调压室、计量室		10.0	12.0
变、配电室、仪表室、燃气热水炉室、值班室、门卫		15.0	20.0
办公、生活建筑		20.0	25.0
消防泵房、消防水池取水口		20.0	
站内道路(路边)	主要	10.0	
	次要	5.0	
围墙		6.0	10.0

注：1 气瓶车在固定车位最大储气总容积按本规范表7.2.2注2计算。
2 变、配电室、仪表室、燃气热水炉室、值班室、门卫等用房的建筑耐火等级不应低于现行国家标准《建筑设计防火规范》GB 50016中“二级”规定。
3 露天的燃气工艺装置与气瓶车固定车位的间距可按工艺要求确定。
4 气瓶车在固定车位储气总几何容积不大于$18m^3$，且最大储气总容积不大于$4500m^3$时，应符合现行国家标准《汽车加油加气站设计与施工规范》GB 50156的规定。

7.2.6 站内应设置气瓶车固定车位，每个气瓶车的固定车位宽度不应小于4.5m，长度宜为气瓶车长度，在固定车位场地上应标有各车位明显的边界线，每台车位宜对应1个加气嘴，在固定车位前应留有足够的回车场地。

7.2.7 气瓶车应停靠在固定车位处，并应采取固定措施，在充气作业中严禁移动。

7.2.8 气瓶车在固定车位最大储气总容积不应大于$30000m^3$。

7.2.9 加气柱宜设在固定车位附近，距固定车位2～3m。加气柱距站内天然气储罐不应小于12m，距围墙不应小于6m，距压缩机室、调压室、计量室不应小于6m，距燃气热水炉室不应小于12m。

7.2.10 压缩天然气加气站的设计规模应根据用户的需求量与天然气气源的稳定供气能力确定。

7.2.11 当进站天然气硫化氢含量超过本规范第7.1.2条的规定时，应进行脱硫。当进站天然气水量超过本规范第7.1.2条规定时，应进行脱水。

天然气脱硫和脱水装置设计应符合现行国家标准《汽车加油加气站设计与施工规范》GB 50156的有关规定。

7.2.12 进入压缩机的天然气含尘量不应大于$5mg/m^3$，微尘直径应小于$10\mu m$；当天然气含尘量和微尘直径超过规定值时，应进行除尘净化。进入压缩机的天然气质量还应符合选用的压缩机的有关要求。

7.2.13 在压缩机前应设置缓冲罐，天然气在缓冲罐内停留的时间不宜小于10s。

7.2.14 压缩天然气加气站总平面应分区布置，即分为生产区和辅助区。压缩天然气加气站宜设2个对外出入口。

7.2.15 进压缩天然气加气站的天然气管道上应设切断阀；当气源为城市高、中压输配管道时，还应在切断阀后设安全阀。切断阀和安全阀应符合下列要求：

1 切断阀应设置在事故情况下便于操作的安全地点；

2 安全阀应为全启封闭式弹簧安全阀，其开启压力应为站外天然气输配管道最高工作压力；

3 安全阀采用集中放散时，应符合本规范第6.5.12条第6款的规定。

7.2.16 压缩天然气系统的设计压力应根据工艺条件确定，且不应小于该系统最高工作压力的1.1倍。

向压缩天然气储配站和压缩天然气瓶组供气站运送压缩天然气的气瓶车和气瓶组，在充装温度为20℃时，充装压力不应大于20.0MPa（表压）。

7.2.17 天然气压缩机应根据进站天然气压力、脱水工艺及设计规模进行选型，型号宜选择一致，并应有备用机组。压缩机排气压力不应大于25.0MPa（表压）；多台并联运行的压缩机单台排气量，应按公称容积流量的80%～85%进行计算。

7.2.18 压缩机动力宜选用电动机，也可选用天然气发动机。

7.2.19 天然气压缩机应根据环境和气候条件露天设

置或设置于单层建筑物内，也可采用橇装设备。压缩机宜单排布置，压缩机室主要通道宽度不宜小于1.5m。

7.2.20 压缩机前总管中天然气流速不宜大于15m/s。

7.2.21 压缩机进口管道上应设置手动和电动（或气动）控制阀门。压缩机出口管道上应设置安全阀、止回阀和手动切断阀。出口安全阀的泄放能力不应小于压缩机的安全泄放量；安全阀放散管管口应高出建筑物2m以上，且距地面不应小于5m。

7.2.22 从压缩机轴承等处泄漏的天然气，应汇总后由管道引至室外放散，放散管管口的设置应符合本规范第7.2.21条的规定。

7.2.23 压缩机组的运行管理宜采用计算机控制装置。

7.2.24 压缩机应设有自动和手动停车装置，各级排气温度大于限定值时，应报警并人工停车。在发生下列情况之一时，应报警并自动停车：

1 各级吸、排气压力不符合规定值；

2 冷却水（或风冷鼓风机）压力和温度不符合规定值；

3 润滑油压力、温度和油箱液位不符合规定值；

4 压缩机电机过载。

7.2.25 压缩机卸载排气宜通过缓冲罐回收，并引入进站天然气管道内。

7.2.26 从压缩机排出的冷凝液处理应符合如下规定：

1 严禁直接排入下水道。

2 采用压缩机前脱水工艺时，应在每台压缩机前排出冷凝液的管路上设置压力平衡阀和止回阀。冷凝液汇入总管后，应引至室外储罐，储罐的设计压力应为冷凝系统最高工作压力的1.2倍。

3 采用压缩机后脱水或中段脱水工艺时，应设置在压缩机运行中能自动排出冷凝液的设施。冷凝液汇总后应引至室外密闭水封塔，释放气放散管管口的设置应符合本规范第7.2.21条的规定；塔底冷凝水应集中处理。

7.2.27 从冷却器、分离器等排出的冷凝液，应按本章第7.2.26条第3款的要求处理。

7.2.28 压缩天然气加气站检测和控制调节装置宜按表7.2.28规定设置。

表7.2.28 压缩天然气加气站检测和控制调节装置

续表7.2.8

参数名称		现场显示	控制室		
			显示	记录或累计	报警连锁
天然气进站压力		+	+	+	—
天然气进站流量		—	+	+	—
压缩机室	调压器出口压力	+	+	+	—
	过滤器出口压力	+	+	+	—
	压缩机吸气总管压力	—	+	—	—
	压缩机排气总管压力	+	+	—	—
	冷却水：供水压力	+	+	+	—
	供水温度	+	+	+	+
	回水温度	+	+	+	+
	润滑油：供油压力	+	+	+	—
	供油温度	+	+	—	—
	回油温度	+	+	—	—
	供　电：电压	+	+	—	—
	电流	—	+	—	—
	功率因数	—	+	—	—
	功率	—	+	—	—
压缩机组	压缩机各级：吸气、排气压力	+	+	—	+
	排气温度	+	+	—	+（手动）
	冷却水：供水压力	+	+	—	+
	供水温度	+	+	—	+
	回水温度	+	+	—	+
	润滑油：供油压力	+	+	—	+
	供油温度	+	+	—	—
	回油温度	+	+	—	+
脱水装置	出口总管压力	+	+	+	—
	加热用气：压力	+	+	—	+
	温度	—	—	+	—
	排气温度	+	+	—	—

注：表中"+"表示应设置。

7.2.29 压缩天然气加气站天然气系统的设计，应符合本规范第6.5节的有关规定。

7.3 压缩天然气储配站

7.3.1 压缩天然气储配站站址选择应符合下列要求：

1 符合城镇总体规划的要求；

2 应具有适宜的地形、工程地质、交通、供电、给水排水及通信条件；

3 少占农田、节约用地并注意与城市景观协调。

7.3.2 压缩天然气储配站的设计规模应根据城镇各

类天然气用户的总用气量和供应本站的压缩天然气加气站供气能力及气瓶车运输条件等确定。

7.3.3 压缩天然气储配站的天然气总储气量应根据气源、运输和气候等条件确定，但不应小于本站计算月平均日供气量的1.5倍。

压缩天然气储配站的天然气总储气量包括停靠在站内固定车位的压缩天然气气瓶车的总储气量。当储配站天然气总储气量大于30000m^3时，除采用气瓶车储气外应建天然气储罐等其他储气设施。

注：有补充或替代气源时，可按工艺条件确定。

7.3.4 压缩天然气储配站内天然气储罐与站外建、构筑物的防火间距应符合现行国家标准《建筑设计防火规范》GB 50016的规定。站内露天天然气工艺装置与站外建、构筑物的防火间距按甲类生产厂房与厂外建、构筑物的防火间距执行。

7.3.5 压缩天然气储配站内天然气储罐与站内建、构筑物的防火间距应符合本规范第6.5.3条的规定。

7.3.6 天然气储罐或罐区之间的防火间距应符合本规范第6.5.4条的规定。

7.3.7 当天然气储罐区设置检修用集中放散装置时，集中放散装置的放散管与站内、外建、构筑物的防火间距应符合本规范第7.2.3条的规定。

7.3.8 气瓶车固定车位与站外建、构筑物的防火间距应符合本规范第7.2.4条的规定。

7.3.9 气瓶车固定车位与站内建、构筑物的防火间距应符合本规范第7.2.5条的规定。

7.3.10 气瓶车固定车位的设置和气瓶车的停靠应符合本规范第7.2.6条和7.2.7条的规定。卸气柱的设置应符合本规范第7.2.9条有关加气柱的规定。

7.3.11 压缩天然气储配站总平面应分区布置，即分为生产区和辅助区。压缩天然气储配站宜设2个对外出入口。

7.3.12 当压缩天然气储配站与液化石油气混气站合建时，站内天然气储罐及固定车位与液化石油气储罐的防火间距应符合现行国家标准《建筑设计防火规范》GB 50016的规定。

7.3.13 压缩天然气系统的设计压力应符合本章第7.2.16条的规定。

7.3.14 压缩天然气应根据工艺要求分级调压，并应符合下列要求：

1 在一级调压器进口管道上应设置快速切断阀。

2 调压系统应根据工艺要求设置自动切断和安全放散装置。

3 在压缩天然气调压过程中，应根据工艺条件确定对调压器前压缩天然气进行加热，加热量应能保证设备、管道及附件正常运行。加热介质管道或设备应设超压泄放装置。

4 在一级调压器进口管道上宜设置过滤器。

5 各级调压器系统安全阀的安全放散管宜汇总至集中放散管，集中放散管管口的设置应符合本规范第7.2.21条的规定。

7.3.15 通过城市天然气输配管道向各类用户供应的天然气无臭味或臭味不足时，应在压缩天然气储配站内进行加臭，加臭量应符合本规范第3.2.3条的规定。

7.3.16 压缩天然气储配站的天然气系统，应符合本规范第6.5节的有关规定。

7.4 压缩天然气瓶组供气站

7.4.1 瓶组供气站的规模应符合下列要求：

1 气瓶组最大储气总容积不应大于1000m^3，气瓶组总几何容积不应大于4m^3。

2 气瓶组储气总容积应按1.5倍计算月平均日供气量确定。

注：气瓶组最大储气总容积为各气瓶组总几何容积（m^3）与其最高储气压力（绝对压力10^2kPa）乘积之和，并除以压缩因子。

7.4.2 压缩天然气瓶组供气站宜设置在供气小区边缘，供气规模不宜大于1000户。

7.4.3 气瓶组应在站内固定地点设置。气瓶组及天然气放散管管口、调压装置至明火散发火花的地点和建、构筑物的防火间距不应小于表7.4.3的规定。

表7.4.3 气瓶组及天然气放散管管口、调压装置至明火散发火花的地点和建、构筑物的防火间距（m）

项目 \ 名称		气瓶组	天然气放散管管口	调压装置
明火、散发火花地点		25	25	25
民用建筑、燃气热水炉间		18	18	12
重要公共建筑、一类高层民用建筑		30	30	24
道路（路边）	主要	10	10	10
	次要	5	5	5

注：本表以外的其他建、构筑物的防火间距应符合国家现行标准《汽车用燃气加气站技术规范》CJJ 84中天然气加气站三级站的规定。

7.4.4 气瓶组可与调压计量装置设置在一起。

7.4.5 气瓶组的气瓶应符合国家有关现行标准的规定。

7.4.6 气瓶组供气站的调压应符合本规范第7.3节的规定。

7.5 管道及附件

7.5.1 压缩天然气管道应采用高压无缝钢管，其技术性能应符合现行国家标准《高压锅炉用无缝钢管》

GB 5310、流体输送用《不锈钢无缝钢管》GB/T 14976 或《化肥设备用高压无缝钢管》GB 6479 的规定。

7.5.2 钢管外径大于 28mm 时压缩天然气管道宜采用焊接连接，管道与设备、阀门的连接宜采用法兰连接；小于或等于 28mm 的压缩天然气管道及其与设备、阀门的连接可采用双卡套接头、法兰或锥管螺纹连接。双卡套接头应符合现行国家标准《卡套管接头技术条件》GB 3765 的规定。管接头的复合密封材料和垫片应适应天然气的要求。

7.5.3 压缩天然气系统的管道、管件、设备与阀门的设计压力或压力级别不应小于系统的设计压力，其材质应与天然气介质相适应。

7.5.4 压缩天然气加气柱和卸气柱的加气、卸气软管应采用耐天然气腐蚀的气体承压软管；软管的长度不应大于 6.0m，有效作用半径不应小于 2.5m。

7.5.5 室外压缩天然气管道宜采用埋地敷设，其管顶距地面的埋深不应小于 0.6m，冰冻地区应敷设在冰冻线以下。当管道采用支架敷设时，应符合本规范第 6.3.15 条的规定。埋地管道防腐设计应符合本规范第 6.7 节的规定。

7.5.6 室内压缩天然气管道宜采用管沟敷设。管底与管沟底的净距不应小于 0.2m。管沟应用干砂填充，并应设活动门与通风口。室外管沟盖板应按通行重载汽车负荷设计。

7.5.7 站内天然气管道的设计，应符合本规范第 6.5.13 条的有关规定。

7.6 建筑物和生产辅助设施

7.6.1 压缩天然气加气站、压缩天然气储配站和压缩天然气瓶组供气站的生产厂房及其他附属建筑物的耐火等级不应低于二级。

7.6.2 在地震烈度为 7 度或 7 度以上地区建设的压缩天然气加气站、压缩天然气储配站和压缩天然气瓶组供气站的建、构筑物抗震设计，应符合现行国家标准《构筑物抗震设计规范》GB 50191 和《建筑物抗震设计规范》GB 50011 的有关规定。

7.6.3 站内具有爆炸危险的封闭式建筑应采取良好的通风措施；在非采暖地区宜采用敞开式或半敞开式建筑。

7.6.4 压缩天然气加气站、压缩天然气储配站在同一时间内的火灾次数应按一次考虑，消防用水量按储罐区及气瓶车固定车位（总储气容积按储罐区储气总容积与气瓶车在固定车位最大储气容积之和计算）的一次消防用水量确定。

7.6.5 压缩天然气加气站、压缩天然气储配站内的消防设施设计应符合现行国家标准《建筑设计防火规范》GB 50016 的规定，并应符合本规范第 6.5.19 条第 1、2、3、6 款的要求。

7.6.6 压缩天然气加气站、压缩天然气储配站的废油水、洗罐水等应回收集中处理。

7.6.7 压缩天然气加气站的供电系统设计应符合现行国家标准《供配电系统设计规范》GB 50052“三级负荷”的规定。但站内消防水泵用电应为“二级负荷”。

7.6.8 压缩天然气储配站的供电系统设计应符合现行国家标准《供配电系统设计规范》GB 50052“二级负荷”的规定。

7.6.9 压缩天然气加气站、压缩天然气储配站和压缩天然气瓶组供气站站内爆炸危险场所和生产用房的电气防爆、防雷和静电接地设计及站边界的噪声控制应符合本规范第 6.5.21 条至第 6.5.24 条的规定。

7.6.10 压缩天然气加气站、压缩天然气储配站和压缩天然气瓶组供气站应设置燃气浓度检测报警系统。

燃气浓度检测报警器的报警浓度应取天然气爆炸下限的 20%（体积分数）。

燃气浓度检测报警器及其报警装置的选用和安装，应符合国家现行标准《石油化工企业可燃气体和有毒气体检测报警设计规范》SH 3063 的规定。

8 液化石油气供应

8.1 一 般 规 定

8.1.1 本章适用于下列液化石油气供应工程设计：

1 液态液化石油气运输工程；

2 液化石油气供应基地（包括：储存站、储配站和灌装站）；

3 液化石油气气化站、混气站、瓶组气化站；

4 瓶装液化石油气供应站；

5 液化石油气用户。

8.1.2 本章不适用于下列液化石油气工程和装置设计：

1 炼油厂、石油化工厂、油气田、天然气气体处理装置的液化石油气加工、储存、灌装和运输工程；

2 液化石油气全冷冻式储存、灌装和运输工程（液化石油气供应基地的全冷冻式储罐与基地外建、构筑物的防火间距除外）；

3 海洋和内河的液化石油气运输；

4 轮船、铁路车辆和汽车上使用的液化石油气装置。

8.2 液态液化石油气运输

8.2.1 液态液化石油气由生产厂或供应基地至接收站可采用管道、铁路槽车、汽车槽车或槽船运输。运输方式的选择应经技术经济比较后确定。条件接近时，宜优先采用管道输送。

8.2.2 液态液化石油气输送管道应按设计压力（P）分为3级，并应符合表8.2.2的规定。

8.2.3 输送液态液化石油气管道的设计压力应高于管道系统起点的最高工作压力。管道系统起点最高工作压力可按下式计算：

表8.2.2 液态液化石油气输送管道设计压力（表压）分级

管道级别	设计压力（MPa）
Ⅰ 级	$P>4.0$
Ⅱ 级	$1.6<P\leqslant4.0$
Ⅲ 级	$P\leqslant1.6$

$$P_q = H + P_s \quad (8.2.3)$$

式中 P_q——管道系统起点最高工作压力（MPa）；

H——所需泵的扬程（MPa）；

P_s——始端储罐最高工作温度下的液化石油气饱和蒸气压力（MPa）。

8.2.4 液态液化石油气采用管道输送时，泵的扬程应大于公式（8.2.4）的计算值。

$$H_j = \Delta P_Z + \Delta P_Y + \Delta H \quad (8.2.4)$$

式中 H_j——泵的计算扬程（MPa）；

ΔP_Z——管道总阻力损失，可取1.05～1.10倍管道摩擦阻力损失（MPa）；

ΔP_Y——管道终点进罐余压，可取0.2～0.3（MPa）；

ΔH——管道终、起点高程差引起的附加压力（MPa）。

注：液态液化石油气在管道输送过程中，沿途任何一点的压力都必须高于其输送温度下的饱和蒸气压力。

8.2.5 液态液化石油气管道摩擦阻力损失，应按下式计算：

$$\Delta P = 10^{-6}\lambda\frac{Lu^2\rho}{2d} \quad (8.2.5)$$

式中 ΔP——管道摩擦阻力损失（MPa）；

L——管道计算长度（m）；

u——液态液化石油气在管道中的平均流速（m/s）；

d——管道内径（m）；

ρ——平均输送温度下的液态液化石油气密度（kg/m^3）；

λ——管道的摩擦阻力系数，宜按本规范第6.2.6条中公式（6.2.6-2）计算。

注：平均输送温度可取管道中心埋深处，最冷月的平均地温。

8.2.6 液态液化石油气在管道内的平均流速，应经技术经济比较后确定，可取0.8～1.4m/s，最大不应超过3m/s。

8.2.7 液态液化石油气输送管线不得穿越居住区、村镇和公共建筑群等人员集聚的地区。

8.2.8 液态液化石油气管道宜采用埋地敷设，其埋设深度应在土壤冰冻线以下，且应符合本规范第6.3.4条的有关规定。

8.2.9 地下液态液化石油气管道与建、构筑物或相邻管道之间的水平净距和垂直净距不应小于表8.2.9-1和表8.2.9-2的规定。

表8.2.9-1 地下液态液化石油气管道与建、构筑物或相邻管道之间的水平净距（m）

项目＼管道级别		Ⅰ级	Ⅱ级	Ⅲ级
特殊建、构筑物（军事设施、易燃易爆物品仓库、国家重点文物保护单位、飞机场、火车站和码头等）		100		
居民区、村镇、重要公共建筑		50	40	25
一般建、构筑物		25	15	10
给水管		1.5	1.5	1.5
污水、雨水排水管		2	2	2
热力管	直埋	2	2	2
	在管沟内（至外壁）	4	4	4
其他燃料管道		2	2	2
埋地电缆	电力线（中心线）	2	2	2
	通信线（中心线）	2	2	2
电杆（塔）的基础	≤35kV	2	2	2
	>35kV	5	5	5
通信照明电杆（至电杆中心）		2	2	2
公路、道路（路边）	高速，Ⅰ、Ⅱ级，城市快速	10	10	10
	其他	5	5	5
铁路（中心线）	国家线	25	25	25
	企业专用线	10	10	10
树木（至树中心）		2	2	2

注：1 当因客观条件达不到本表规定时，可按本规范第6.4节的有关规定降低管道强度设计系数，增加管道壁厚和采取有效的安全保护措施后，水平净距可适当减小；

2 特殊建、构筑物的水平净距应从其划定的边界线算起；

3 当地下液态液化石油气管道或相邻地下管道中的防腐采用外加电流阴极保护时，两相邻地下管道（缆线）之间的水平净距尚应符合国家现行标准《钢质管道及储罐腐蚀控制工程设计规范》SY 0007的有关规定。

表 8.2.9-2 地下液态液化石油气管道与构筑物或地下管道之间的垂直净距（m）

项目		地下液态液化石油气管道（当有套管时，以套管计）
给水管，污水、雨水排水管（沟）		0.20
热力管、热力管的管沟底（或顶）		0.20
其他燃料管道		0.20
通信线、电力线	直埋	0.50
	在导管内	0.25
铁路（轨底）		1.20
有轨电车（轨底）		1.00
公路、道路（路面）		0.90

注：1 地下液化石油气管道与排水管（沟）或其他有沟的管道交叉时，交叉处应加套管；

2 地下液化石油气管道与铁路、高速公路、Ⅰ级或Ⅱ级公路交叉时，尚应符合本规范第6.3.9条的有关规定。

8.2.10 液态液化石油气输送管道通过的地区，应按其沿线建筑密集程度划分为4个地区等级，地区等级的划分和管道强度设计系数选取、管道及其附件的设计应符合本规范第6.4节的有关规定。

8.2.11 在下列地点液态液化石油气输送管道应设置阀门：

1 起、终点和分支点；

2 穿越铁路国家线、高速公路、Ⅰ级或Ⅱ级公路、城市快速路和大型河流两侧；

3 管道沿线每隔约5000m处。

注：管道分段阀门之间应设置放散阀，其放散管管口距地面不应小于2.5m。

8.2.12 液态液化石油气管道上的阀门不宜设置在地下阀门井内。如确需设置，井内应填满干砂。

8.2.13 液态液化石油气输送管道采用地上敷设时，除应符合本节管道埋地敷设的有关规定外，尚应采取有效的安全措施。地上管道两端应设置阀门。两阀门之间应设置管道安全阀，其放散管管口距地面不应小于2.5m。

8.2.14 地下液态液化石油气管道的防腐应符合本规范第6.7节的有关规定。

8.2.15 液态液化石油气输送管线沿途应设置里程桩、转角桩、交叉桩和警示牌等永久性标志。

8.2.16 液化石油气铁路槽车和汽车槽车应符合国家现行标准《液化气体铁路槽车技术条件》GB 10478和《液化石油气汽车槽车技术条件》HG/T 3143的规定。

8.3 液化石油气供应基地

8.3.1 液化石油气供应基地按其功能可分为储存站、储配站和灌装站。

8.3.2 液化石油气供应基地的规模应以城镇燃气专业规划为依据，按其供应用户类别、户数和用气量指标等因素确定。

8.3.3 液化石油气供应基地的储罐设计总容量宜根据其规模、气源情况、运输方式和运距等因素确定。

8.3.4 液化石油气供应基地储罐设计总容量超过3000m³时，宜将储罐分别设置在储存站和灌装站。灌装站的储罐设计容量宜取1周左右的计算月平均日供应量，其余为储存站的储罐设计容量。

储罐设计总容量小于3000m³时，可将储罐全部设置在储配站。

8.3.5 液化石油气供应基地的布局应符合城市总体规划的要求，且应远离城市居住区、村镇、学校、影剧院、体育馆等人员集聚的场所。

8.3.6 液化石油气供应基地的站址宜选择在所在地区全年最小频率风向的上风侧，且应是地势平坦、开阔、不易积存液化石油气的地段。同时，应避开地震带、地基沉陷和废弃矿井等地段。

8.3.7 液化石油气供应基地的全压力式储罐与基地外建、构筑物、堆场的防火间距不应小于表8.3.7的规定。

半冷冻式储罐与基地外建、构筑物的防火间距可按表8.3.7的规定执行。

表 8.3.7 液化石油气供应基地的全压力式储罐与基地外建、构筑物、堆场的防火间距（m）

总容积（m³）	≤50	>50～≤200	>200～≤500	>500～≤1000	>1000～≤2500	>2500～≤5000	>5000
单罐容积（m³） / 项目	≤20	≤50	≤100	≤200	≤400	≤1000	—
居住区、村镇和学校、影剧院、体育馆等重要公共建筑（最外侧建、构筑物外墙）	45	50	70	90	110	130	150
工业企业（最外侧建、构筑物外墙）	27	30	35	40	50	60	75
明火、散发火花地点和室外变、配电站	45	50	55	60	70	80	120

续表 8.3.7

项目		总容积（m^3）	≤50	>50~≤200	>200~≤500	>500~≤1000	>1000~≤2500	>2500~≤5000	>5000
		单罐容积（m^3）	≤20	≤50	≤100	≤200	≤400	≤1000	—
民用建筑，甲、乙类液体储罐，甲、乙类生产厂房，甲、乙类物品仓库，稻草等易燃材料堆场			40	45	50	55	65	75	100
丙类液体储罐，可燃气体储罐，丙、丁类生产厂房，丙、丁类物品仓库			32	35	40	45	55	65	80
助燃气体储罐、木材等可燃材料堆场			27	30	35	40	50	60	75
其他建筑	耐火等级	一、二级	18	20	22	25	30	40	50
		三　级	22	25	27	30	40	50	60
		四　级	27	30	35	40	50	60	75
铁路（中心线）	国家线		60	70		80		100	
	企业专用线		25	30		35		40	
公路、道路（路边）	高速，Ⅰ、Ⅱ级，城市快速		20	25					30
	其他		15	20					25
架空电力线（中心线）			1.5倍杆高				1.5倍杆高，但35kV以上架空电力线不应小于40		
架空通信线（中心线）	Ⅰ、Ⅱ级		30		40				
	其他		1.5倍杆高						

注：1　防火间距应按本表储罐总容积或单罐容积较大者确定，间距的计算应以储罐外壁为准；

2　居住区、村镇系指1000人或300户以上者，以下者按本表民用建筑执行；

3　当地下储罐单罐容积小于或等于$50m^3$，且总容积小于或等于$400m^3$时，其防火间距可按本表减少50%；

4　与本表规定以外的其他建、构筑物的防火间距，应按现行国家标准《建筑设计防火规范》GB 50016执行。

8.3.8　液化石油气供应基地的全冷冻式储罐与基地外建、构筑物、堆场的防火间距不应小于表8.3.8的规定。

表8.3.8　液化石油气供应基地的全冷冻式储罐与基地外建、构筑物、堆场的防火间距（m）

项　目			间　距
明火、散发火花地点和室外变配电站			120
居住区、村镇和学校、影剧院、体育场等重要公共建筑（最外侧建、构筑物外墙）			150
工业企业（最外侧建、构筑物外墙）			75
甲、乙类液体储罐，甲、乙类生产厂房，甲、乙类物品仓库，稻草等易燃材料堆场			100
丙类液体储罐，可燃气体储罐，丙、丁类生产厂房，丙、丁类物品仓库			80
助燃气体储罐、可燃材料堆场			75
民用建筑			100
其他建筑	耐火等级	一级、二级	50
		三级	60
		四级	75
铁路（中心线）	国家线		100
	企业专用线		40
公路、道路（路边）	高速，Ⅰ、Ⅱ级，城市快速		30
	其他		25
架空电力线（中心线）			1.5倍杆高，但35kV以上架空电力线应大于40

续表 8.3.8

项目		间距
架空通信线（中心线）	Ⅰ、Ⅱ级	40
	其他	1.5 倍杆高

注：1 本表所指的储罐为单罐容积大于 5000m³，且设有防液堤的全冷冻式液化石油气储罐。当单罐容积等于或小于 5000m³ 时，其防火间距可按本规范表 8.3.7 条中总容积相对应的全压力式液化石油气储罐的规定执行；
2 居住区、村镇系指 1000 人或 300 户以上者，以下者按本表民用建筑执行；
3 与本表规定以外的其他建、构筑物的防火间距，应按现行国家标准《建筑设计防火规范》GB50016 执行；
4 间距的计算应以储罐外壁为准。

8.3.9 液化石油气供应基地的储罐与基地内建、构筑物的防火间距应符合下列规定：

1 全压力式储罐的防火间距不应小于表 8.3.9 的规定；

2 半冷冻式储罐的防火间距可按表 8.3.9 的规定执行；

3 全冷冻式储罐与基地内道路和围墙的防火间距可按表 8.3.9 的规定执行。

8.3.10 全冷冻式液化石油气储罐与全压力式液化石油气储罐不得设置在同一罐区内，两类储罐之间的防火间距不应小于相邻较大储罐的直径，且不应小于 35m。

表 8.3.9 液化石油气供应基地的全压力式储罐与基地内建、构筑物的防火间距（m）

项目 \ 总容积（m³）		≤50	>50~≤200	>200~≤500	>500~≤1000	>1000~≤2500	>2500~≤5000	>5000
项目 \ 单罐容积（m³）		≤20	≤50	≤100	≤200	≤400	≤1000	—
明火、散发火花地点		45	50	55	60	70	80	120
办公、生活建筑		25	30	35	40	50	60	75
灌瓶间、瓶库、压缩机室、仪表间、值班室		18	20	22	25	30	35	40
汽车槽车库、汽车槽车装卸台柱（装卸口）、汽车衡及其计量室、门卫		18	20	22	25	30		40
铁路槽车装卸线（中心线）		—		20				30
空压机室、变配电室、柴油发电机房、新瓶库、真空泵房、库房		18	20	22	25	30	35	40
汽车库、机修间		25	30	35		40		50
消防泵房、消防水池（罐）取水口		40				50		60
站内道路（路边）	主要	10	15					20
	次要	5	10					15
围墙		15	20					25

注：1 防火间距应按本表总容积或单罐容积较大者确定；间距的计算应以储罐外壁为准；
2 地下储罐单罐容积小于或等于 50m³，且总容积小于或等于 400m³ 时，其防火间距可按本表减少 50%；
3 与本表规定以外的其他建、构筑物的防火间距应按现行国家标准《建筑设计防火规范》GB 50016 执行。

8.3.11 液化石油气供应基地总平面必须分区布置，即分为生产区（包括储罐区和灌装区）和辅助区；

生产区宜布置在站区全年最小频率风向的上风侧或上侧风侧；

灌瓶间的气瓶装卸平台前应有较宽敞的汽车回车场地。

8.3.12 液化石油气供应基地的生产区应设置高度不低于 2m 的不燃烧体实体围墙。辅助区可设置不燃烧体非实体围墙。

8.3.13 液化石油气供应基地的生产区应设置环形消防车道。消防车道宽度不应小于 4m。当储罐总容积小于 500m³ 时，可设置尽头式消防车道和面积不应小于 12m×12m 的回车场。

8.3.14 液化石油气供应基地的生产区和辅助区至少应各设置 1 个对外出入口。当液化石油气储罐总容积超过 1000m³ 时，生产区应设置 2 个对外出入口，其间距不应小于 50m。

对外出入口宽度不应小于 4m。

8.3.15 液化石油气供应基地的生产区内严禁设置地下和半地下建、构筑物（寒冷地区的地下式消火栓和储罐区的排水管、沟除外）。

生产区内的地下管（缆）沟必须填满干砂。

8.3.16 基地内铁路引入线和铁路槽车装卸线的设计应符合现行国家标准《工业企业标准轨距铁路设计规范》GBJ 12 的有关规定。

供应基地内的铁路槽车装卸线应设计成直线，其终点距铁路槽车端部不应小于 20m，并应设置具有明显标志的车档。

8.3.17 铁路槽车装卸栈桥应采用不燃烧材料建造，其长度可取铁路槽车装卸车位数与车身长度的乘积，宽度不宜小于 1.2m，两端应设置宽度不小于 0.8m 的斜梯。

8.3.18 铁路槽车装卸栈桥上的液化石油气装卸鹤管应设置便于操作的机械吊装设施。

8.3.19 全压力式液化石油气储罐不应少于 2 台，其储罐区的布置应符合下列要求：

1 地上储罐之间的净距不应小于相邻较大罐的直径；

2 数个储罐的总容积超过 3000m³ 时，应分组布置。组与组之间相邻储罐的净距不应小于 20m；

3 组内储罐宜采用单排布置；

4 储罐组四周应设置高度为 1m 的不燃烧体实体防护墙；

5 储罐与防护墙的净距：球形储罐不宜小于其半径，卧式储罐不宜小于其直径，操作侧不宜小于 3.0m；

6 防护墙内储罐超过 4 台时，至少应设置 2 个过梯，且应分开布置。

8.3.20 地上储罐应设置钢梯平台，其设计宜符合下列要求：

1 卧式储罐组宜设置联合钢梯平台。当组内储罐超过 4 台时，宜设置 2 个斜梯；

2 球形储罐组宜设置联合钢梯平台。

8.3.21 地下储罐宜设置在钢筋混凝土槽内，槽内应填充干砂。储罐罐顶与槽盖内壁净距不宜小于 0.4m；各储罐之间宜设置隔墙，储罐与隔墙和槽壁之间的净距不宜小于 0.9m。

8.3.22 液化石油气储罐与所属泵房的间距不应小于 15m。当泵房面向储罐一侧的外墙采用无门窗洞口的防火墙时，其间距可减少至 6m。液化石油气泵露天设置在储罐区内时，泵与储罐之间的距离不限。

8.3.23 液态液化石油气泵的安装高度应保证不使其发生气蚀，并采取防止振动的措施。

8.3.24 液态液化石油气泵进、出口管段上阀门及附件的设置应符合下列要求：

1 泵进、出口管应设置操作阀和放气阀；

2 泵进口管应设置过滤器；

3 泵出口管应设置止回阀，并宜设置液相安全回流阀。

8.3.25 灌瓶间和瓶库与站外建、构筑物之间的防火间距，应按现行国家标准《建筑设计防火规范》GB 50016 中甲类储存物品仓库的规定执行。

8.3.26 灌瓶间和瓶库与站内建、构筑物的防火间距不应小于表 8.3.26 的规定。

表 8.3.26 灌瓶间和瓶库与站内建、构筑物的防火间距（m）

项目 \ 总存瓶量（t）	≤10	>10～≤30	>30
明火、散发火花地点	25	30	40
办公、生活建筑	20	25	30
铁路槽车装卸线（中心线）	20	25	30
汽车槽车库、汽车槽车装卸台柱（装卸口）、汽车衡及其计量室、门卫	15	18	20
压缩机室、仪表间、值班室	12	15	18
空压机室、变配电室、柴油发电机房	15	18	20
机修间、汽车库	25	30	40
新瓶库、真空泵房、备件库等非明火建筑	12	15	18
消防泵房、消防水池（罐）取水口	25	30	
站内道路（路边） 主要	10		
站内道路（路边） 次要	5		
围墙	10	15	

注：1 总存瓶量应按实瓶存放个数和单瓶充装质量的乘积计算；

2 瓶库与灌瓶间之间的距离不限；

3 计算月平均日灌瓶量小于 700 瓶的灌瓶站，其压缩机室与灌瓶间可合建成一幢建筑物，但其间应采用无门、窗洞口的防火墙隔开；

4 当计算月平均日灌瓶量小于 700 瓶时，汽车槽车装卸柱可附设在灌瓶间或压缩机室山墙的一侧，山墙应是无门、窗洞口的防火墙。

8.3.27 灌瓶间内气瓶存放量宜取 1～2d 的计算月平均日供应量。当总存瓶量（实瓶）超过 3000 瓶时，宜另外设置瓶库。

灌瓶间和瓶库内的气瓶应按实瓶区、空瓶区分组布置。

8.3.28 采用自动化、半自动化灌装和机械化运瓶的灌瓶作业线上应设置灌瓶质量复检装置，且应设置检漏装置或采取检漏措施。

采用手动灌瓶作业时，应设置检斤秤，并应采取检漏措施。

8.3.29 储配站和灌装站应设置残液倒空和回收装置。

8.3.30 供应基地内液化石油气压缩机设置台数不宜少于 2 台。

8.3.31 液化石油气压缩机进、出口管道上阀门及附件的设置应符合下列要求：

1 进、出口应设置阀门；

2 进口应设置过滤器；

3 出口应设置止回阀和安全阀；

4 进、出口管之间应设置旁通管及旁通阀。

8.3.32 液化石油气压缩机室的布置宜符合下列要求：

1 压缩机机组间的净距不宜小于 1.5m；

2 机组操作侧与内墙的净距不宜小于 2.0m；其余各侧与内墙的净距不宜小于 1.2m；

3 气相阀门组宜设置在与储罐、设备及管道连接方便和便于操作的地点。

8.3.33 液化石油气汽车槽车库与汽车槽车装卸台柱之间的距离不应小于 6m。

当邻向装卸台柱一侧的汽车槽车库山墙采用无门、窗洞口的防火墙时，其间距不限。

8.3.34 汽车槽车装卸台柱的装卸接头应采用与汽车槽车配套的快装接头，其接头与装卸管之间应设置阀门。装卸管上宜设置拉断阀。

8.3.35 液化石油气储配站和灌装站宜配置备用气瓶，其数量可取总供应户数的 2%左右。

8.3.36 新瓶库和真空泵房应设置在辅助区。新瓶和检修后的气瓶首次灌瓶前应将其抽至 80kPa 真空度以上。

8.3.37 使用液化石油气或残液做燃料的锅炉房，其附属储罐设计总容积不大于 $10m^3$ 时，可设置在独立的储罐室内，并应符合下列规定：

1 储罐室与锅炉房之间的防火间距不应小于 12m，且面向锅炉房一侧的外墙应采用无门、窗洞口的防火墙。

2 储罐室与站内其他建、构筑物之间的防火间距不应小于 15m。

3 储罐室内储罐的布置可按本规范第 8.4.10 条第 1 款的规定执行。

8.3.38 设置非直火式气化器的气化间可与储罐室毗连，但其间应采用无门、窗洞口的防火墙。

8.4 气化站和混气站

8.4.1 液化石油气气化站和混气站的储罐设计总容量应符合下列要求：

1 由液化石油气生产厂供气时，其储罐设计总容量宜根据供气规模、气源情况、运输方式和运距等因素确定；

2 由液化石油气供应基地供气时，其储罐设计总容量可按计算月平均日 3d 左右的用气量计算确定。

8.4.2 气化站和混气站站址的选择宜按本规范第 8.3.6 条的规定执行。

8.4.3 气化站和混气站的液化石油气储罐与站外建、构筑物的防火间距应符合下列要求：

1 总容积等于或小于 $50m^3$ 且单罐容积等于或小于 $20m^3$ 的储罐与站外建、构筑物的防火间距不应小于表 8.4.3 的规定。

2 总容积大于 $50m^3$ 或单罐容积大于 $20m^3$ 的储罐与站外建、构筑物的防火间距不应小于本规范第 8.3.7 条的规定。

表 8.4.3 气化站和混气站的液化石油气储罐与站外建、构筑物的防火间距（m）

项目 \ 总容积（m^3）		≤10	>10~≤30	>30~≤50
项目 \ 单罐容积（m^3）		—	—	≤20
居民区、村镇和学校、影剧院、体育馆等重要公共建筑，一类高层民用建筑（最外侧建、构筑物外墙）		30	35	45
工业企业（最外侧建、构筑物外墙）		22	25	27
明火、散发火花地点和室外变配电站		30	35	45
民用建筑，甲、乙类液体储罐，甲、乙类生产厂房，甲、乙类物品库房，稻草等易燃材料堆场		27	32	40
丙类液体储罐，可燃气体储罐，丙、丁类生产厂房，丙、丁类物品库房		25	27	32
助燃气体储罐、木材等可燃材料堆场		22	25	27
其他建筑 耐火等级	一、二级	12	15	18
	三级	18	20	22
	四级	22	25	27
铁路（中心线）	国家线	40	50	60
	企业专用线	25		
公路、道路（路边）	高速，Ⅰ、Ⅱ级，城市快速	20		
	其他	15		
架空电力线（中心线）		1.5 倍杆高		
架空通信线（中心线）		1.5 倍杆高		

注：1 防火间距应按本表总容积或单罐容积较大者确定；间距的计算应以储罐外壁为准；

2 居住区、村镇系指 1000 人或 300 户以上者，以下者按本表民用建筑执行；

3 当采用地下储罐时，其防火间距可按本表减少 50%；

4 与本表规定以外的其他建、构筑物的防火间距应按现行国家标准《建筑设计防火规范》GB 50016 执行；

5 气化装置气化能力不大于 150kg/h 的瓶组气化混气站的瓶组间、气化混气间与建、构筑物的防火间距可按本规范第 8.5.3 条执行。

8.4.4 气化站和混气站的液化石油气储罐与站内建、构筑物的防火间距不应小于表 8.4.4 的规定。

表 8.4.4 气化站和混气站的液化石油气储罐与站内建、构筑物的防火间距（m）

<table>
<tr><td rowspan="2">总容积（m^3）
单罐容积（m^3）
项目</td><td>≤10</td><td>>10～≤30</td><td>>30～≤50</td><td>>50～≤200</td><td>>200～≤500</td><td>>500～≤1000</td><td>>1000</td></tr>
<tr><td>—</td><td>—</td><td>≤20</td><td>≤50</td><td>≤100</td><td>≤200</td><td>—</td></tr>
<tr><td>明火、散发火花地点</td><td>30</td><td>35</td><td>45</td><td>50</td><td>55</td><td>60</td><td>70</td></tr>
<tr><td>办公、生活建筑</td><td>18</td><td>20</td><td>25</td><td>30</td><td>35</td><td>40</td><td>50</td></tr>
<tr><td>气化间、混气间、压缩机室、仪表间、值班室</td><td>12</td><td>15</td><td>18</td><td>20</td><td>22</td><td>25</td><td>30</td></tr>
<tr><td>汽车槽车库、汽车槽车装卸台柱（装卸口）、汽车衡及其计量室、门卫</td><td colspan="2">15</td><td>18</td><td>20</td><td>22</td><td>25</td><td>30</td></tr>
<tr><td>铁路槽车装卸线（中心线）</td><td colspan="2">—</td><td colspan="5">20</td></tr>
<tr><td>燃气热水炉间、空压机室、变配电室、柴油发电机房、库房</td><td colspan="2">15</td><td>18</td><td>20</td><td>22</td><td>25</td><td>30</td></tr>
<tr><td>汽车库、机修间</td><td>25</td><td>30</td><td colspan="2">35</td><td colspan="3">40</td></tr>
<tr><td>消防泵房、消防水池（罐）取水口</td><td colspan="2">30</td><td colspan="4">40</td><td>50</td></tr>
<tr><td>站内道路（路边）主要</td><td colspan="3">10</td><td colspan="4">15</td></tr>
<tr><td>站内道路（路边）次要</td><td colspan="3">5</td><td colspan="4">10</td></tr>
<tr><td>围墙</td><td colspan="3">15</td><td colspan="4">20</td></tr>
</table>

注：1 防火间距应按本表总容积或单罐容积较大者确定，间距的计算应以储罐外壁为准；

2 地下储罐单罐容积小于或等于 $50m^3$，且总容积小于或等于 $400m^3$ 时，其防火间距可按本表减少 50%；

3 与本表规定以外的其他建、构筑物的防火间距应按现行国家标准《建筑设计防火规范》GB 50016 执行；

4 燃气热水炉间是指室内设置微正压室燃式燃气热水炉的建筑。当设置其他燃烧方式的燃气热水炉时，其防火间距不应小于 30m；

5 与空温式气化器的防火间距，从地上储罐区的防护墙或地下储罐室外侧算起不应小于 4m。

8.4.5 液化石油气气化站和混气站总平面应按功能分区进行布置，即分为生产区（储罐区、气化、混气区）和辅助区。

生产区宜布置在站区全年最小频率风向的上风侧或上侧风侧。

8.4.6 液化石油气气化站和混气站的生产区应设置高度不低于 2m 的不燃烧体实体围墙。

辅助区可设置不燃烧体非实体围墙。

储罐总容积等于或小于 $50m^3$ 的气化站和混气站，其生产区与辅助区之间可不设置分区隔墙。

8.4.7 液化石油气气化站和混气站内消防车道、对外出入口的设置应符合本规范第 8.3.13 条和第 8.3.14 条的规定。

8.4.8 液化石油气气化站和混气站内铁路引入线、铁路槽车装卸线和铁路槽车装卸栈桥的设计应符合本规范第 8.3.16～8.3.18 条的规定。

8.4.9 气化站和混气站的液化石油气储罐不应少于 2 台。液化石油气储罐和储罐区的布置应符合本规范第 8.3.19～8.3.21 条的规定。

8.4.10 工业企业内液化石油气气化站的储罐总容积不大于 $10m^3$ 时，可设置在独立建筑物内，并应符合下列要求：

1 储罐之间及储罐与外墙的净距，均不应小于相邻较大罐的半径，且不应小于 1m；

2 储罐室与相邻厂房之间的防火间距不应小于表 8.4.10 的规定；

3 储罐室与相邻厂房的室外设备之间的防火间距不应小于 12m；

4 设置非直火式气化器的气化间可与储罐室毗连，但应采用无门、窗洞口的防火墙隔开。

表 8.4.10 总容积不大于 $10m^3$ 的储罐室与相邻厂房之间的防火间距

相邻厂房的耐火等级	一、二级	三 级	四 级
防火间距（m）	12	14	16

8.4.11 气化间、混气间与站外建、构筑物之间的防火间距应符合现行国家标准《建筑设计防火规范》GB 50016 中甲类厂房的规定。

8.4.12 气化间、混气间与站内建、构筑物的防火间距不应小于表 8.4.12 的规定。

表 8.4.12 气化间、混气间与站内建、构筑物的防火间距

项目		防火间距（m）
明火、散发火花地点		25
办公、生活建筑		18
铁路槽车装卸线（中心线）		20
汽车槽车库、汽车槽车装卸台柱（装卸口）、汽车衡及其计量室、门卫		15
压缩机室、仪表间、值班室		12
空压机室、燃气热水炉间、变配电室、柴油发电机房、库房		15
汽车库、机修间		20
消防泵房、消防水池（罐）取水口		25
站内道路（路边）	主要	10
	次要	5
围墙		10

注：1 空温式气化器的防火间距可按本表规定执行；

2 压缩机室可与气化间、混气间合建成一幢建筑物，但其间应采用无门、窗洞口的防火墙隔开；

3 燃气热水炉间的门不得面向气化间、混气间。柴油发电机伸向室外的排烟管管口不得面向具有火灾爆炸危险的建、构筑物一侧；

4 燃气热水炉间是指室内设置微正压室燃式燃气热水炉的建筑。当采用其他燃烧方式的热水炉时，其防火间距不应小于 25m。

8.4.13 液化石油气储罐总容积等于或小于 $100m^3$ 的气化站、混气站，其汽车槽车装卸柱可设置在压缩机室山墙一侧，其山墙应是无门、窗洞口的防火墙。

8.4.14 液化石油气汽车槽车库和汽车槽车装卸台柱之间的防火间距可按本规范第 8.3.33 条执行。

8.4.15 燃气热水炉间与压缩机室、汽车槽车库和汽车槽车装卸台柱之间的防火间距不应小于 15m。

8.4.16 气化、混气装置的总供气能力应根据高峰小时用气量确定。

当设有足够的储气设施时，其总供气能力可根据计算月最大日平均小时用气量确定。

8.4.17 气化、混气装置配置台数不应少于 2 台，且至少应有 1 台备用。

8.4.18 气化间、混气间可合建成一幢建筑物。气化、混气装置亦可设置在同一房间内。

1 气化间的布置宜符合下列要求：

1）气化器之间的净距不宜小于 0.8m；

2）气化器操作侧与内墙之间的净距不宜小于 1.2m；

3）气化器其余各侧与内墙的净距不宜小于 0.8m。

2 混气间的布置宜符合下列要求：

1）混合器之间的净距不宜小于 0.8m；

2）混合器操作侧与内墙的净距不宜小于 1.2m；

3）混合器其余各侧与内墙的净距不宜小于 0.8m。

3 调压、计量装置可设置在气化间或混气间内。

8.4.19 液化石油气可与空气或其他可燃气体混合配制成所需的混合气。混气系统的工艺设计应符合下列要求：

1 液化石油气与空气的混合气体中，液化石油气的体积百分含量必须高于其爆炸上限的 2 倍。

2 混合气作为城镇燃气主气源时，燃气质量应符合本规范第 3.2 节的规定；作为调峰气源、补充气源和代用其他气源时，应与主气源或代用气源具有良好的燃烧互换性。

3 混气系统中应设置当参与混合的任何一种气体突然中断或液化石油气体积百分含量接近爆炸上限的 2 倍时，能自动报警并切断气源的安全连锁装置。

4 混气装置的出口总管上应设置检测混合气热值的取样管。其热值仪宜与混气装置连锁，并能实时调节其混气比例。

8.4.20 热值仪应靠近取样点设置在混气间内的专用隔间或附属房间内，并应符合下列要求：

1 热值仪间应设有直接通向室外的门，且与混气间之间的隔墙应是无门、窗洞口的防火墙；

2 采取可靠的通风措施，使其室内可燃气体浓度低于其爆炸下限的 20%；

3 热值仪间与混气间门、窗之间的距离不应小于 6m；

4 热值仪间的室内地面应比室外地面高出 0.6m。

8.4.21 采用管道供应气态液化石油气或液化石油气与其他气体的混合气时，其露点应比管道外壁温度低 5℃以上。

8.5 瓶组气化站

8.5.1 瓶组气化站气瓶的配置数量宜符合下列要求：

1 采用强制气化方式供气时，瓶组气瓶的配置数量可按1～2d的计算月最大日用气量确定。

2 采用自然气化方式供气时，瓶组宜由使用瓶组和备用瓶组组成。使用瓶组的气瓶配置数量应根据高峰用气时间内平均小时用气量、高峰用气持续时间和高峰用气时间内单瓶小时自然气化能力计算确定。

备用瓶组的气瓶配置数量宜与使用瓶组的气瓶配置数量相同。当供气户数较少时，备用瓶组可采用临

时供气瓶组代替。

8.5.2 当采用自然气化方式供气，且瓶组气化站配置气瓶的总容积小于 $1m^3$ 时，瓶组间可设置在与建筑物（住宅、重要公共建筑和高层民用建筑除外）外墙毗连的单层专用房间内，并应符合下列要求：

1 建筑物耐火等级不应低于二级；

2 应通风良好，并设有直通室外的门；

3 与其他房间相邻的墙应为无门、窗洞口的防火墙；

4 应配置燃气浓度检测报警器；

5 室温不应高于45℃，且不应低于0℃。

注：当瓶组间独立设置，且面向相邻建筑的外墙为无门、窗洞口的防火墙时，其防火间距不限。

8.5.3 当瓶组气化站配置气瓶的总容积超过 $1m^3$ 时，应将其设置在高度不低于 2.2m 的独立瓶组间内。

独立瓶组间与建、构筑物的防火间距不应小于表 8.5.3 的规定。

表 8.5.3 独立瓶组间与建、构筑物的防火间距（m）

项目 \ 气瓶总容积（m^3）		≤2	>2～≤4
明火、散发火花地点		25	30
民用建筑		8	10
重要公共建筑、一类高层民用建筑		15	20
道路（路边）	主要	10	
	次要	5	

注：1 气瓶总容积应按配置气瓶个数与单瓶几何容积的乘积计算。
2 当瓶组间的气瓶总容积大于 $4m^3$ 时，宜采用储罐，其防火间距按本规范第 8.4.3 和第 8.4.4 条的有关规定执行。
3 瓶组间、气化间与值班室的防火间距不限。当两者毗连时，应采用无门、窗洞口的防火墙隔开。

8.5.4 瓶组气化站的瓶组间不得设置在地下室和半地下室内。

8.5.5 瓶组气化站的气化间宜与瓶组间合建一幢建筑，两者间的隔墙不得开门窗洞口，且隔墙耐火极限不应低于 3h。瓶组间、气化间与建、构筑物的防火间距应按本规范第 8.5.3 条的规定执行。

8.5.6 设置在露天的空温式气化器与瓶组间的防火间距不限，与明火、散发火花地点和其他建、构筑物的防火间距可按本规范第 8.5.3 条气瓶总容积小于或等于 $2m^3$ 一档的规定执行。

8.5.7 瓶组气化站的四周宜设置非实体围墙，其底部实体部分高度不应低于 0.6m。围墙应采用不燃烧材料。

8.5.8 气化装置的总供气能力应根据高峰小时用气量确定。气化装置的配置台数不应少于 2 台，且应有 1 台备用。

8.6 瓶装液化石油气供应站

8.6.1 瓶装液化石油气供应站应按其气瓶总容积 V 分为三级，并应符合表 8.6.1 的规定。

表 8.6.1 瓶装液化石油气供应站的分级

名 称	气瓶总容积（m^3）
Ⅰ级站	$6<V\leqslant20$
Ⅱ级站	$1<V\leqslant6$
Ⅲ级站	$V\leqslant1$

注：气瓶总容积按实瓶个数和单瓶几何容积的乘积计算。

8.6.2 Ⅰ、Ⅱ级液化石油气瓶装供应站的瓶库宜采用敞开或半敞开式建筑。瓶库内的气瓶应分区存放，即分为实瓶区和空瓶区。

8.6.3 Ⅰ级瓶装供应站出入口一侧的围墙可设置高度不低于 2m 的不燃烧体非实体围墙，其底部实体部分高度不应低于 0.6m，其余各侧应设置高度不低于 2m 的不燃烧体实体围墙。

Ⅱ级瓶装液化石油气供应站的四周宜设置非实体围墙，其底部实体部分高度不应低于 0.6m。围墙应采用不燃烧材料。

8.6.4 Ⅰ、Ⅱ级瓶装供应站的瓶库与站外建、构筑物的防火间距不应小于表 8.6.4 的规定。

表 8.6.4 Ⅰ、Ⅱ级瓶装供应站的瓶库与站外建、构筑物的防火间距（m）

项目 \ 气瓶总容积（m^3） \ 名称		Ⅰ级站		Ⅱ级站	
		>10～≤20	>6～≤10	>3～≤6	>1～≤3
明火、散发火花地点		35	30	25	20
民用建筑		15	10	8	6
重要公共建筑、一类高层民用建筑		25	20	15	12
道路（路边）	主要	10		8	
	次要	5		5	

注：气瓶总容积按实瓶个数与单瓶几何容积的乘积计算。

8.6.5 Ⅰ级瓶装液化石油气供应站的瓶库与修理间或生活、办公用房的防火间距不应小于 10m。

管理室可与瓶库的空瓶区侧毗连，但应采用无门、窗洞口的防火墙隔开。

8.6.6 Ⅱ级瓶装液化石油气供应站由瓶库和营业室组成。两者宜合建成一幢建筑，其间应采用无门、窗洞口的防火墙隔开。

8.6.7 Ⅲ级瓶装液化石油气供应站可将瓶库设置在与建筑物（住宅、重要公共建筑和高层民用建筑除外）外墙毗连的单层专用房间，并应符合下列要求：

1 房间的设置应符合本规范第 8.5.2 条的规定；

2 室内地面的面层应是撞击时不发生火花的面层；

3 相邻房间应是非明火、散发火花地点；

4 照明灯具和开关应采用防爆型；

5 配置燃气浓度检测报警器；

6 至少应配置 8kg 干粉灭火器 2 具；

7 与道路的防火间距应符合本规范第 8.6.4 条中Ⅱ级瓶装供应站的规定；

8 非营业时间瓶库内存有液化石油气气瓶时，应有人值班。

8.7 用　户

8.7.1 居民用户使用的液化石油气气瓶应设置在符合本规范第 10.4 节规定的非居住房间内，且室温不应高于 45℃。

8.7.2 居民用户室内液化石油气气瓶的布置应符合下列要求：

1 气瓶不得设置在地下室、半地下室或通风不良的场所；

2 气瓶与燃具的净距不应小于 0.5m；

3 气瓶与散热器的净距不应小于 1m，当散热器设置隔热板时，可减少到 0.5m。

8.7.3 单户居民用户使用的气瓶设置在室外时，宜设置在贴邻建筑物外墙的专用小室内。

8.7.4 商业用户使用的气瓶组严禁与燃气燃烧器具布置在同一房间内。瓶组间的设置应符合本规范第 8.5 节的有关规定。

8.8 管道及附件、储罐、容器和检测仪表

8.8.1 液态液化石油气管道和设计压力大于 0.4MPa 的气态液化石油气管道应采用钢号 10、20 的无缝钢管，并应符合现行国家标准《输送流体用无缝钢管》GB/T 8163 的规定，或符合不低于上述标准相应技术要求的其他钢管标准的规定。

设计压力不大于 0.4MPa 的气态液化石油气、气态液化石油气与其他气体的混合气管道可采用钢号 Q235B 的焊接钢管，并应符合现行国家标准《低压流体输送用焊接钢管》GB/T 3091 的规定。

8.8.2 液化石油气站内管道宜采用焊接连接。管道与储罐、容器、设备及阀门可采用法兰或螺纹连接。

8.8.3 液态液化石油气输送管道和站内液化石油气储罐、容器、设备、管道上配置的阀门及附件的公称压力（等级）应高于其设计压力。

8.8.4 液化石油气储罐、容器、设备和管道上严禁采用灰口铸铁阀门及附件，在寒冷地区应采用钢质阀门及附件。

注：1 设计压力不大于 0.4MPa 的气态液化石油气、气态液化石油气与其他气体的混合气管道上设置的阀门和附件除外。

2 寒冷地区系指最冷月平均最低气温小于或等于 −10℃的地区。

8.8.5 液化石油气管道系统上采用耐油胶管时，最高允许工作压力不应小于 6.4MPa。

8.8.6 站内室外液化石油气管道宜采用单排低支架敷设，其管底与地面的净距宜为 0.3m。

跨越道路采用支架敷设时，其管底与地面的净距不应小于 4.5m。

管道埋地敷设时，应符合本规范第 8.2.8 条的规定。

8.8.7 液化石油气储罐、容器及附件材料的选择和设计应符合现行国家标准《钢制压力容器》GB150、《钢制球形容器》GB 12337 和国家现行《压力容器安全技术监察规程》的规定。

8.8.8 液化石油气储罐的设计压力和设计温度应符合国家现行《压力容器安全技术监察规程》的规定。

8.8.9 液化石油气储罐最大设计允许充装质量应按下式计算：

$$G = 0.9\rho V_h \tag{8.8.9}$$

式中 G——最大设计允许充装质量（kg）；

ρ——40℃时液态液化石油气密度（kg/m^3）；

V_h——储罐的几何容积（m^3）。

注：采用地下储罐时，液化石油气密度可按当地最高地温计算。

8.8.10 液化石油气储罐第一道管法兰、垫片和紧固件的配置应符合国家现行《压力容器安全技术监察规程》的规定。

8.8.11 液化石油气储罐接管上安全阀件的配置应符合下列要求：

1 必须设置安全阀和检修用的放散管；

2 液相进口管必须设置止回阀；

3 储罐容积大于或等于 50m^3 时，其液相出口管和气相管必须设置紧急切断阀；储罐容积大于 20m^3，但小于 50m^3 时，宜设置紧急切断阀；

4 排污管应设置两道阀门，其间应采用短管连接。并应采取防冻措施。

8.8.12 液化石油气储罐安全阀的设置应符合下列要求：

1 必须选用弹簧封闭全启式，其开启压力不应大于储罐设计压力。安全阀的最小排气截面积的计算应符合国家现行《压力容器安全技术监察规程》的规定。

2 容积为 100m^3 或 100m^3 以上的储罐应设置 2 个或 2 个以上安全阀。

3 安全阀应设置放散管，其管径不应小于安全阀的出口管径；

地上储罐安全阀放散管管口应高出储罐操作平台 2m 以上，且应高出地面 5m 以上；

地下储罐安全阀放散管管口应高出地面 2.5m 以上。

4 安全阀与储罐之间应装设阀门，且阀口应全开，并应铅封或锁定。

注：当储罐设置 2 个或 2 个以上安全阀时，其中 1 个安全阀的开启压力应按本条第 1 款的规定执行，其余安全阀的开启压力可适当提高，但不得超过储罐设计压力的 1.05 倍。

8.8.13 储罐检修用放散管的管口高度应符合本规范第 8.8.12 条第 3 款的规定。

8.8.14 液化石油气气液分离器、缓冲罐和气化器可设置弹簧封闭式安全阀。

安全阀应设置放散管。当上述容器设置在露天时，其管口高度应符合本规范第 8.8.12 条第 3 款的规定。设置在室内时，其管口应高出屋面 2m 以上。

8.8.15 液化石油气储罐仪表的设置应符合下列要求：

1 必须设置就地指示的液位计、压力表；

2 就地指示液位计宜采用能直接观测储罐全液位的液位计；

3 容积大于 $100m^3$ 的储罐，应设置远传显示的液位计和压力表，且应设置液位上、下限报警装置和压力上限报警装置；

4 宜设置温度计。

8.8.16 液化石油气气液分离器和容积式气化器等应设置直观式液位计和压力表。

8.8.17 液化石油气泵、压缩机、气化、混气和调压、计量装置的进、出口应设置压力表。

8.8.18 爆炸危险场所应设置燃气浓度检测报警器，报警器应设在值班室或仪表间等有值班人员的场所。检测报警系统的设计应符合国家现行标准《石油化工企业可燃气体和有毒气体检测报警设计规范》SH 3063 的有关规定。

瓶组气化站和瓶装液化石油气供应站可采用手提式燃气浓度检测报警器。

报警器的报警浓度值应取其可燃气体爆炸下限的 20%。

8.8.19 地下液化石油气储罐外壁除采用防腐层保护外，尚应采用牺牲阳极保护。地下液化石油气储罐牺牲阳极保护设计应符合国家现行标准《埋地钢质管道牺牲阳极阴极保护设计规范》SY/T 0019 的规定。

8.9 建、构筑物的防火、防爆和抗震

8.9.1 具有爆炸危险的建、构筑物的防火、防爆设计应符合下列要求：

1 建筑物耐火等级不应低于二级；

2 门、窗应向外开；

3 封闭式建筑应采取泄压措施，其设计应符合现行国家标准《建筑设计防火规范》GB 50016 的有关规定；

4 地面面层应采用撞击时不产生火花的材料，其技术要求应符合现行国家标准《建筑地面工程施工质量验收规范》GB 50209 的规定。

8.9.2 具有爆炸危险的封闭式建筑应采取良好的通风措施。事故通风量每小时换气不应少于 12 次。

当采用自然通风时，其通风口总面积按每平方米房屋地面面积不应少于 $300cm^2$ 计算确定。通风口不应少于 2 个，并应靠近地面设置。

8.9.3 非采暖地区的灌瓶间及附属瓶库、汽车槽车库、瓶装供应站的瓶库等宜采用敞开或半敞开式建筑。

8.9.4 具有爆炸危险的建筑，其承重结构应采用钢筋混凝土或钢框架、排架结构。钢框架和钢排架应采用防火保护层。

8.9.5 液化石油气储罐应牢固地设置在基础上。

卧式储罐的支座应采用钢筋混凝土支座。球形储罐的钢支柱应采用不燃烧隔热材料保护层，其耐火极限不应低于 2h。

8.9.6 在地震烈度为 7 度和 7 度以上的地区建设液化石油气站时，其建、构筑物的抗震设计应符合现行国家标准《建筑抗震设计规范》GB 50011 和《构筑物抗震设计规范》GB 50191 的规定。

8.10 消防给水、排水和灭火器材

8.10.1 液化石油气供应基地、气化站和混气站在同一时间内的火灾次数应按一次考虑，其消防用水量应按储罐区一次最大小时消防用水量确定。

8.10.2 液化石油气储罐区消防用水量应按其储罐固定喷水冷却装置和水枪用水量之和计算，并应符合下列要求：

1 储罐总容积大于 $50m^3$ 或单罐容积大于 $20m^3$ 的液化石油气储罐、储罐区和设置在储罐室内的小型储罐应设置固定喷水冷却装置。固定喷水冷却装置的用水量应按储罐的保护面积与冷却水供水强度的乘积计算确定。着火储罐的保护面积按其全表面积计算；距着火储罐直径（卧式储罐按其直径和长度之和的一半）1.5 倍范围内（范围的计算应以储罐的最外侧为准）的储罐按其全表面积的一半计算；

冷却水供水强度不应小于 0.15L/(s·m²)。

2 水枪用水量不应小于表 8.10.2 的规定。

3 地下液化石油气储罐可不设置固定喷水冷却装置，其消防用水量应按水枪用水量确定。

表 8.10.2 水枪用水量

总容积（m^3）	≤500	>500~≤2500	>2500
单罐容积（m^3）	≤100	≤400	>400
水枪用水量（L/s）	20	30	45

注：1 水枪用水量应按本表储罐总容积或单罐容积较大者确定。
2 储罐总容积小于或等于 $50m^3$，且单罐容积小于或等于 $20m^3$ 的储罐或储罐区，可单独设置固定喷水冷却装置或移动式水枪，其消防用水量应按水枪用水量计算。

8.10.3 液化石油气供应基地、气化站和混气站的消防给水系统应包括：消防水池（罐或其他水源）、消防水泵房、给水管网、地上式消火栓和储罐固定喷水冷却装置等。

消防给水管网应布置成环状，向环状管网供水的干管不应少于两根。当其中一根发生故障时，其余干管仍能供给消防总用水量。

8.10.4 消防水池的容量应按火灾连续时间 6h 所需最大消防用水量计算确定。当储罐总容积小于或等于 $220m^3$，且单罐容积小于或等于 $50m^3$ 的储罐或储罐区，其消防水池的容量可按火灾连续时间 3h 所需最大消防用水量计算确定。当火灾情况下能保证连续向消防水池补水时，其容量可减去火灾连续时间内的补水量。

8.10.5 消防水泵房的设计应符合现行国家标准《建筑设计防火规范》GB 50016 的有关规定。

8.10.6 液化石油气球形储罐固定喷水冷却装置宜采用喷雾头。卧式储罐固定喷水冷却装置宜采用喷淋管。储罐固定喷水冷却装置的喷雾头或喷淋管的管孔布置，应保证喷水冷却时将储罐表面全覆盖（含液位计、阀门等重要部位）。

液化石油气储罐固定喷水冷却装置的设计和喷雾头的布置应符合现行国家标准《水喷雾灭火系统设计规范》GB 50219 的规定。

8.10.7 储罐固定喷水冷却装置出口的供水压力不应小于 0.2MPa。水枪出口的供水压力：对球形储罐不应小于 0.35MPa，对卧式储罐不应小于 0.25MPa。

8.10.8 液化石油气供应基地、气化站和混气站生产区的排水系统应采取防止液化石油气排入其他地下管道或低洼部位的措施。

8.10.9 液化石油气站内干粉灭火器的配置除应符合表 8.10.9 的规定外，还应符合现行国家标准《建筑灭火器配置设计规范》GB 50140 的规定。

表 8.10.9 干粉灭火器的配置数量

场所	配置数量
铁路槽车装卸栈桥	按槽车车位数，每车位设置 8kg、2 具，每个设置点不宜超过 5 具
储罐区、地下储罐组	按储罐台数，每台设置 8kg、2 具，每个设置点不宜超过 5 具
储罐室	按储罐台数，每台设置 8kg、2 具
汽车槽车装卸台柱（装卸口）	8kg 不应少于 2 具
灌瓶间及附属瓶库、压缩机室、烃泵房、汽车槽车库、气化间、混气间、调压计量间、瓶组间和瓶装供应站的瓶库等爆炸危险性建筑	按建筑面积，每 $50m^2$ 设置 8kg、1 具，且每个房间不应少于 2 具，每个设置点不宜超过 5 具
其他建筑（变配电室、仪表间等）	按建筑面积，每 $80m^2$ 设置 8kg、1 具，且每个房间不应少于 2 具

注：1 表中 8kg 指手提式干粉型灭火器的药剂充装量。
2 根据场所具体情况可设置部分 35kg 手推式干粉灭火器。

8.11 电 气

8.11.1 液化石油气供应基地内消防水泵和液化石油气气化站、混气站的供电系统设计应符合现行国家标准《供配电系统设计规范》GB 50052“二级负荷”的规定。

8.11.2 液化石油气供应基地、气化站、混气站、瓶装供应站等爆炸危险场所的电力装置设计应符合现行国家标准《爆炸和火灾危险环境电力装置设计规范》GB 50058 的规定，其用电场所爆炸危险区域等级和范围的划分宜符合本规范附录 E 的规定。

8.11.3 液化石油气供应基地、气化站、混气站、瓶装供应站等具有爆炸危险的建、构筑物的防雷设计应符合现行国家标准《建筑物防雷设计规范》GB 50057 中“第二类防雷建筑物”的有关规定。

8.11.4 液化石油气供应基地、气化站、混气站、瓶装供应站等静电接地设计应符合国家现行标准《化工企业静电接地设计规程》HGJ 28 的规定。

8.12 通信和绿化

8.12.1 液化石油气供应基地、气化站、混气站内至少应设置 1 台直通外线的电话。

年供应量大于 10000t 的液化石油气供应基地和供应居民 50000 户以上的气化站、混气站内宜设置电话机组。

8.12.2 在具有爆炸危险场所使用的电话应采用防爆型。

8.12.3 液化石油气供应基地、气化站、混气站内的绿化应符合下列要求：

1 生产区内严禁种植易造成液化石油气积存的植物；

2 生产区四周和局部地区可种植不易造成液化石油气积存的植物；

3 生产区围墙 2m 以外可种植乔木；

4 辅助区可种植各类植物。

9 液化天然气供应

9.1 一般规定

9.1.1 本章适用于液化天然气总储存容积不大于 $2000m^3$ 的城镇液化天然气供应站工程设计。

9.1.2 本章不适用于下列液化天然气工程和装置设计：

1 液化天然气终端接收基地；

2 油气田的液化天然气供气站和天然气液化工厂（站）；

3 轮船、铁路车辆和汽车等运输工具上的液化天然气装置。

9.2 液化天然气气化站

9.2.1 液化天然气气化站的规模应符合城镇总体规划的要求，根据供应用户类别、数量和用气量指标等因素确定。

9.2.2 液化天然气气化站的储罐设计总容积应根据其规模、气源情况、运输方式和运距等因素确定。

9.2.3 液化天然气气化站站址选择应符合下列要求：

1 站址应符合城镇总体规划的要求。

2 站址应避开地震带、地基沉陷、废弃矿井等地段。

9.2.4 液化天然气气化站的液化天然气储罐、集中放散装置的天然气放散总管与站外建、构筑物的防火间距不应小于表 9.2.4 的规定。

9.2.5 液化天然气气化站的液化天然气储罐、集中放散装置的天然气放散总管与站内建、构筑物的防火间距不应小于表 9.2.5 的规定。

表 9.2.4 液化天然气气化站的液化天然气储罐、天然气放散总管与站外建、构筑物的防火间距（m）

<table>
<tr><th colspan="2" rowspan="2">名称 / 项目</th><th colspan="7">储罐总容积（m^3）</th><th rowspan="2">集中放散装置的天然气放散总管</th></tr>
<tr><th>≤10</th><th>>10~≤30</th><th>>30~≤50</th><th>>50~≤200</th><th>>200~≤500</th><th>>500~≤1000</th><th>>1000~≤2000</th></tr>
<tr><td colspan="2">居住区、村镇和影剧院、体育馆、学校等重要公共建筑（最外侧建、构筑物外墙）</td><td>30</td><td>35</td><td>45</td><td>50</td><td>70</td><td>90</td><td>110</td><td>45</td></tr>
<tr><td colspan="2">工业企业（最外侧建、构筑物外墙）</td><td>22</td><td>25</td><td>27</td><td>30</td><td>35</td><td>40</td><td>50</td><td>20</td></tr>
<tr><td colspan="2">明火、散发火花地点和室外变、配电站</td><td>30</td><td>35</td><td>45</td><td>50</td><td>55</td><td>60</td><td>70</td><td>30</td></tr>
<tr><td colspan="2">民用建筑，甲、乙类液体储罐，甲、乙类生产厂房，甲、乙类物品仓库，稻草等易燃材料堆场</td><td>27</td><td>32</td><td>40</td><td>45</td><td>50</td><td>55</td><td>65</td><td>25</td></tr>
<tr><td colspan="2">丙类液体储罐，可燃气体储罐，丙、丁类生产厂房，丙、丁类物品仓库</td><td>25</td><td>27</td><td>32</td><td>35</td><td>40</td><td>45</td><td>55</td><td>20</td></tr>
<tr><td rowspan="2">铁路（中心线）</td><td>国家线</td><td>40</td><td>50</td><td>60</td><td colspan="2">70</td><td colspan="2">80</td><td>40</td></tr>
<tr><td>企业专用线</td><td colspan="3">25</td><td colspan="2">30</td><td colspan="2">35</td><td>30</td></tr>
<tr><td rowspan="2">公路、道路（路边）</td><td>高速，Ⅰ、Ⅱ级，城市快速</td><td colspan="3">20</td><td colspan="4">25</td><td>15</td></tr>
<tr><td>其他</td><td colspan="3">15</td><td colspan="4">20</td><td>10</td></tr>
<tr><td colspan="2">架空电力线（中心线）</td><td colspan="5">1.5 倍杆高</td><td colspan="2">1.5 倍杆高，但 35kV 以上架空电力线不应小于 40m</td><td>2.0 倍杆高</td></tr>
<tr><td rowspan="2">架空通信线（中心线）</td><td>Ⅰ、Ⅱ级</td><td colspan="2">1.5 倍杆高</td><td colspan="2">30</td><td colspan="3">40</td><td>1.5 倍杆高</td></tr>
<tr><td>其他</td><td colspan="8">1.5 倍杆高</td></tr>
</table>

注：1 居住区、村镇系指 1000 人或 300 户以上者，以下者按本表民用建筑执行；

2 与本表规定以外的其他建、构筑物的防火间距应按现行国家标准《建筑设计防火规范》GB 50016 执行；

3 间距的计算应以储罐的最外侧为准。

表 9.2.5 液化天然气气化站的液化天然气储罐、天然气放散总管与站内建、构筑物的防火间距（m）

名称 / 项目		储罐总容积（m^3）							集中放散装置的天然气放散总管
		≤10	>10 ~ ≤30	>30 ~ ≤50	>50 ~ ≤200	>200 ~ ≤500	>500 ~ ≤1000	>1000 ~ ≤2000	
明火、散发火花地点		30	35	45	50	55	60	70	30
办公、生活建筑		18	20	25	30	35	40	50	25
变配电室、仪表间、值班室、汽车槽车库、汽车衡及其计量室、空压机室 汽车槽车装卸台柱（装卸口）、钢瓶灌装台		15		18	20	22	25	30	25
汽车库、机修间、燃气热水炉间		25			30	35		40	25
天然气（气态）储罐		20	24	26	28	30	31	32	20
液化石油气全压力式储罐		24	28	32	34	36	38	40	25
消防泵房、消防水池取水口		30		40				50	20
站内道路（路边）	主要	10			15				2
	次要	5			10				
围墙		15			20		25		2
集中放散装置的天然气放散总管		25							—

注：1 自然蒸发气的储罐（BOG 罐）与液化天然气储罐的间距按工艺要求确定；

2 与本表规定以外的其他建、构筑物的防火间距应按现行国家标准《建筑设计防火规范》GB 50016 执行；

3 间距的计算应以储罐的最外侧为准。

9.2.6 站内兼有灌装液化天然气钢瓶功能时，站区内设置储存液化天然气钢瓶（实瓶）的总容积不应大于 $2m^3$。

9.2.7 液化天然气气化站内总平面应分区布置，即分为生产区（包括储罐区、气化及调压等装置区）和辅助区。

生产区宜布置在站区全年最小频率风向的上风侧或上侧风侧。

液化天然气气化站应设置高度不低于 2m 的不燃烧体实体围墙。

9.2.8 液化天然气气化站生产区应设置消防车道，车道宽度不应小于 3.5m。当储罐总容积小于 $500m^3$ 时，可设置尽头式消防车道和面积不应小于 12m×12m 的回车场。

9.2.9 液化天然气气化站的生产区和辅助区至少应各设 1 个对外出入口。当液化天然气储罐总容积超过 $1000m^3$ 时，生产区应设置 2 个对外出入口，其间距不应小于 30m。

9.2.10 液化天然气储罐和储罐区的布置应符合下列要求：

1 储罐之间的净距不应小于相邻储罐直径之和的 1/4，且不应小于 1.5m；储罐组内的储罐不应超过两排；

2 储罐组四周必须设置周边封闭的不燃烧体实体防护墙，防护墙的设计应保证在接触液化天然气时不应被破坏；

3 防护墙内的有效容积（V）应符合下列规定：

1）对因低温或因防护墙内一储罐泄漏着火而可能引起防护墙内其他储罐泄漏，当储罐采取了防止措施时，V 不应小于防护墙内最大储罐的容积；

2）当储罐未采取防止措施时，V 不应小于防护墙内所有储罐的总容积；

4 防护墙内不应设置其他可燃液体储罐；

5 严禁在储罐区防护墙内设置液化天然气钢瓶灌装口；

6 容积大于 $0.15m^3$ 的液化天然气储罐（或容器）不应设置在建筑物内。任何容积的液化天然气容器均不应永久地安装在建筑物内。

9.2.11 气化器、低温泵设置应符合下列要求：

1 环境气化器和热流媒体为不燃烧体的远程间接加热气化器、天然气气体加热器可设置在储罐区内，与站外建、构筑物的防火间距应符合现行国家标准《建筑设计防火规范》GB 50016 中甲类厂房的规定。

2 气化器的布置应满足操作维修的要求。

3 对于输送液体温度低于−29℃的泵，设计中应有预冷措施。

9.2.12 液化天然气集中放散装置的汇集总管，应经加热将放散物加热成比空气轻的气体后方可排入放散总管；放散总管管口高度应高出距其25m内的建、构筑物2m以上，且距地面不得小于10m。

9.2.13 液化天然气气化后向城镇管网供应的天然气应进行加臭，加臭量应符合本规范第3.2.3条的规定。

9.3 液化天然气瓶组气化站

9.3.1 液化天然气瓶组气化站采用气瓶组作为储存及供气设施，应符合下列要求：

1 气瓶组总容积不应大于$4m^3$。

2 单个气瓶容积宜采用175L钢瓶，最大容积不应大于410L，灌装量不应大于其容积的90%。

3 气瓶组储气容积宜按1.5倍计算月最大日供气量确定。

9.3.2 气瓶组应在站内固定地点露天（可设置罩棚）设置。气瓶组与建、构筑物的防火间距不应小于表9.3.2的规定。

表9.3.2 气瓶组与建、构筑物的防火间距（m）

项目 \ 气瓶总容积（m^3）		≤2	>2～≤4
明火、散发火花地点		25	30
民用建筑		12	15
重要公共建筑、一类高层民用建筑		24	30
道路（路边）	主要	10	10
	次要	5	5

注：气瓶总容积应按配置气瓶个数与单瓶几何容积的乘积计算。单个气瓶容积不应大于410L。

9.3.3 设置在露天（或罩棚下）的空温式气化器与气瓶组的间距应满足操作的要求，与明火、散发火花地点或其他建、构筑物的防火间距应符合本规范第9.3.2条气瓶总容积小于或等于$2m^3$一档的规定。

9.3.4 气化装置的总供气能力应根据高峰小时用气量确定。气化装置的配置台数不应少于2台，且应有1台备用。

9.3.5 瓶组气化站的四周宜设置高度不低于2m的不燃烧体实体围墙。

9.4 管道及附件、储罐、容器、气化器、气体加热器和检测仪表

9.4.1 液化天然气储罐、设备的设计温度应按−168℃计算，当采用液氮等低温介质进行置换时，应按置换介质的最低温度计算。

9.4.2 对于使用温度低于−20℃的管道应采用奥氏体不锈钢无缝钢管，其技术性能应符合现行的国家标准《流体输送用不锈钢无缝钢管》GB/T 14976的规定。

9.4.3 管道宜采用焊接连接。公称直径不大于50mm的管道与储罐、容器、设备及阀门可采用法兰、螺纹连接；公称直径大于50mm的管道与储罐、容器、设备及阀门连接应采用法兰或焊接连接；法兰连接采用的螺栓、弹性垫片等紧固件应确保连接的紧密度。阀门应能适用于液化天然气介质，液相管道应采用加长阀杆和能在线检修结构的阀门（液化天然气钢瓶自带的阀门除外），连接宜采用焊接。

9.4.4 管道应根据设计条件进行柔性计算，柔性计算的范围和方法应符合现行国家标准《工业金属管道设计规范》GB 50316的规定。

9.4.5 管道宜采用自然补偿的方式，不宜采用补偿器进行补偿。

9.4.6 管道的保温材料应采用不燃烧材料，该材料应具有良好的防潮性和耐候性。

9.4.7 液态天然气管道上的两个切断阀之间必须设置安全阀，放散气体宜集中放散。

9.4.8 液化天然气卸车口的进液管道应设置止回阀。液化天然气卸车软管应采用奥氏体不锈钢波纹软管，其设计爆裂压力不应小于系统最高工作压力的5倍。

9.4.9 液化天然气储罐和容器本体及附件的材料选择和设计应符合现行国家标准《钢制压力容器》GB 150、《低温绝热压力容器》GB 18442和国家现行《压力容器安全技术监察规程》的规定。

9.4.10 液化天然气储罐必须设置安全阀，安全阀的开启压力及阀口总通过面积应符合国家现行《压力容器安全技术监察规程》的规定。

9.4.11 液化天然气储罐安全阀的设置应符合下列要求：

1 必须选用奥氏体不锈钢弹簧封闭全启式；

2 单罐容积为$100m^3$或$100m^3$以上的储罐应设置2个或2个以上安全阀；

3 安全阀应设置放散管，其管径不应小于安全阀出口的管径。放散管宜集中放散；

4 安全阀与储罐之间应设置切断阀。

9.4.12 储罐应设置放散管，其设置要求应符合本规范第9.2.12条的规定。

9.4.13 储罐进出液管必须设置紧急切断阀，并与储罐液位控制连锁。

9.4.14 液化天然气储罐仪表的设置，应符合下列要求：

1 应设置两个液位计，并应设置液位上、下限报警和连锁装置。

注：容积小于$3.8m^3$的储罐和容器，可设置一个液位计（或固定长度液位管）。

2 应设置压力表，并应在有值班人员的场所设置高压报警显示器，取压点应位于储罐最高液位以上。

3 采用真空绝热的储罐，真空层应设置真空表接口。

9.4.15 液化天然气气化器的液体进口管道上宜设置紧急切断阀，该阀门应与天然气出口的测温装置连锁。

9.4.16 液化天然气气化器或其出口管道上必须设置安全阀，安全阀的泄放能力应满足下列要求：

1 环境气化器的安全阀泄放能力必须满足在1.1倍的设计压力下，泄放量不小于气化器设计额定流量的1.5倍。

2 加热气化器的安全阀泄放能力必须满足在1.1倍的设计压力下，泄放量不小于气化器设计额定流量的1.1倍。

9.4.17 液化天然气气化器和天然气气体加热器的天然气出口应设置测温装置并应与相关阀门连锁；热媒的进口应设置能遥控和就地控制的阀门。

9.4.18 对于有可能受到土壤冻结或冻胀影响的储罐基础和设备基础，必须设置温度监测系统并应采取有效保护措施。

9.4.19 储罐区、气化装置区域或有可能发生液化天然气泄漏的区域内应设置低温检测报警装置和相关的连锁装置，报警显示器应设置在值班室或仪表室等有值班人员的场所。

9.4.20 爆炸危险场所应设置燃气浓度检测报警器。报警浓度应取爆炸下限的20%，报警显示器应设置在值班室或仪表室等有值班人员的场所。

9.4.21 液化天然气气化站内应设置事故切断系统，事故发生时，应切断或关闭液化天然气或可燃气体来源，还应关闭正在运行可能使事故扩大的设备。

液化天然气气化站内设置的事故切断系统应具有手动、自动或手动自动同时启动的性能，手动启动器应设置在事故时方便到达的地方，并与所保护设备的间距不小于15m。手动启动器应具有明显的功能标志。

9.5 消防给水、排水和灭火器材

9.5.1 液化天然气气化站在同一时间内的火灾次数应按一次考虑，其消防水量应按储罐区一次消防用水量确定。

液化天然气储罐消防用水量应按其储罐固定喷淋装置和水枪用水量之和计算，其设计应符合下列要求：

1 总容积超过50m³ 或单罐容积超过20m³ 的液化天然气储罐或储罐区应设置固定喷淋装置。喷淋装置的供水强度不应小于0.15L/（s·m²）。着火储罐的保护面积按其全表面积计算，距着火储罐直径（卧式储罐按其直径和长度之和的一半）1.5倍范围内（范围的计算应以储罐的最外侧为准）的储罐按其表面积的一半计算。

2 水枪宜采用带架水枪。水枪用水量不应小于表9.5.1的规定。

表 9.5.1 水枪用水量

总容积（m³）	≤200	>200
单罐容积（m³）	≤50	>50
水枪用水量（L/s）	20	30

注：1 水枪用水量应按本表总容积和单罐容积较大者确定。

2 总容积小于50m³ 且单罐容积小于等于20m³ 的液化天然气储罐或储罐区，可单独设置固定喷淋装置或移动水枪，其消防水量应按水枪用水量计算。

9.5.2 液化天然气立式储罐固定喷淋装置应在罐体上部和罐顶均匀分布。

9.5.3 消防水池的容量应按火灾连续时间6h计算确定。但总容积小于220m³ 且单罐容积小于或等于50m³ 的储罐或储罐区，消防水池的容量应按火灾连续时间3h计算确定。当火灾情况下能保证连续向消防水池补水时，其容量可减去火灾连续时间内的补水量。

9.5.4 液化天然气气化站的消防给水系统中的消防泵房，给水管网和供水压力要求等设计应符合本规范第8.10节的有关规定。

9.5.5 液化天然气气化站生产区防护墙内的排水系统应采取防止液化天然气流入下水道或其他以顶盖密封的沟渠中的措施。

9.5.6 站内具有火灾和爆炸危险的建、构筑物、液化天然气储罐和工艺装置区应设置小型干粉灭火器，其设置数量除应符合表9.5.6的规定外，还应符合现行国家标准《建筑灭火器配置设计规范》GB 50140的规定。

表 9.5.6 干粉灭火器的配置数量

场 所	配置数量
储罐区	按储罐台数，每台储罐设置8kg和35kg各1具
汽车槽车装卸台（柱、装卸口）	按槽车车位数，每个车位设置8kg、2具
气瓶灌装台	设置8kg不少于2具
气瓶组（≤4m³）	设置8kg不少于2具
工艺装置区	按区域面积，每50m² 设置8kg、1具，且每个区域不少于2具

注：8kg和35kg分别指手提式和手推式干粉型灭火器的药剂充装量。

9.6 土建和生产辅助设施

9.6.1 液化天然气气化站建、构筑物的防火、防爆和抗震设计，应符合本规范第8.9节的有关规定。

9.6.2 设有液化天然气工艺设备的建、构筑物应有良好的通风措施。通风量按房屋全部容积每小时换气次数不应小于6次。在蒸发气体比空气重的地方，应在蒸发气体聚集最低部位设置通风口。

9.6.3 液化天然气气化站的供电系统设计应符合现行国家标准《供配电系统设计规范》GB 50052“二级负荷”的规定。

9.6.4 液化天然气气化站爆炸危险场所的电力装置设计应符合现行国家标准《爆炸和火灾危险环境电力装置设计规范》GB 50058的有关规定。

9.6.5 液化天然气气化站的防雷和静电接地设计，应符合本规范第8.11节的有关规定。

10 燃气的应用

10.1 一般规定

10.1.1 本章适用于城镇居民、商业和工业企业用户内部的燃气系统设计。

10.1.2 燃气调压器、燃气表、燃烧器具等，应根据使用燃气类别及其特性、安装条件、工作压力和用户要求等因素选择。

10.1.3 燃气应用设备铭牌上规定的燃气必须与当地供应的燃气相一致。

10.2 室内燃气管道

10.2.1 用户室内燃气管道的最高压力不应大于表10.2.1的规定。

表10.2.1 用户室内燃气管道的最高压力（表压MPa）

燃气用户		最高压力
工业用户	独立、单层建筑	0.8
	其他	0.4
商业用户		0.4
居民用户（中压进户）		0.2
居民用户（低压进户）		<0.01

注：1 液化石油气管道的最高压力不应大于0.14MPa；
2 管道井内的燃气管道的最高压力不应大于0.2MPa；
3 室内燃气管道压力大于0.8MPa的特殊用户设计应按有关专业规范执行。

10.2.2 燃气供应压力应根据用户设备燃烧器的额定压力及其允许的压力波动范围确定。

民用低压用气设备的燃烧器的额定压力宜按表10.2.2采用。

表10.2.2 民用低压用气设备燃烧器的额定压力（表压kPa）

燃烧器＼燃气	人工煤气	天然气		液化石油气
		矿井气	天然气、油田伴生气、液化石油气混空气	
民用燃具	1.0	1.0	2.0	2.8或5.0

10.2.3 室内燃气管道宜选用钢管，也可选用铜管、不锈钢管、铝塑复合管和连接用软管，并应分别符合第10.2.4～10.2.8条的规定。

10.2.4 室内燃气管道选用钢管时应符合下列规定：

1 钢管的选用应符合下列规定：

1）低压燃气管道应选用热镀锌钢管（热浸镀锌），其质量应符合现行国家标准《低压流体输送用焊接钢管》GB/T 3091的规定；

2）中压和次高压燃气管道宜选用无缝钢管，其质量应符合现行国家标准《输送流体用无缝钢管》GB/T 8163的规定；燃气管道的压力小于或等于0.4MPa时，可选用本款第1）项规定的焊接钢管。

2 钢管的壁厚应符合下列规定：

1）选用符合GB/T 3091标准的焊接钢管时，低压宜采用普通管，中压应采用加厚管；

2）选用无缝钢管时，其壁厚不得小于3mm，用于引入管时不得小于3.5mm；

3）当屋面上的燃气管道和高层建筑沿外墙架设的燃气管道，在避雷保护范围以外时，采用焊接钢管或无缝钢管时其管道壁厚均不得小于4mm。

3 钢管螺纹连接时应符合下列规定：

1）室内低压燃气管道（地下室、半地下室等部位除外）、室外压力小于或等于0.2MPa的燃气管道，可采用螺纹连接；管道公称直径大于*DN*100时不宜选用螺纹连接。

2）管件选择应符合下列要求：
管道公称压力$PN\leqslant0.01$MPa时，可选用可锻铸铁螺纹管件；
管道公称压力$PN\leqslant0.2$MPa时，应选用钢或铜合金螺纹管件。

3）管道公称压力$PN\leqslant0.2$MPa时，应采用现行国家标准《55°密封螺纹第2部分：圆锥内螺纹与圆锥外螺纹》GB/T 7306.2规定的螺纹（锥/锥）连接。

4）密封填料，宜采用聚四氟乙烯生料带、

尼龙密封绳等性能良好的填料。

4 钢管焊接或法兰连接可用于中低压燃气管道（阀门、仪表处除外），并应符合有关标准的规定。

10.2.5 室内燃气管道选用铜管时应符合下列规定：

1 铜管的质量应符合现行国家标准《无缝铜水管和铜气管》GB/T 18033 的规定。

2 铜管道应采用硬钎焊连接，宜采用不低于1.8%的银（铜—磷基）焊料（低银铜磷钎料）。铜管接头和焊接工艺可按现行国家标准《铜管接头》GB/T 11618 的规定执行。

铜管道不得采用对焊、螺纹或软钎焊（熔点小于500℃）连接。

3 埋入建筑物地板和墙中的铜管应是覆塑铜管或带有专用涂层的铜管，其质量应符合有关标准的规定。

4 燃气中硫化氢含量小于或等于 $7mg/m^3$ 时，中低压燃气管道可采用现行国家标准《无缝铜水管和铜气管》GB/T 18033 中表 3-1 规定的 A 型管或 B 型管。

5 燃气中硫化氢含量大于 $7mg/m^3$ 而小于 $20mg/m^3$ 时，中压燃气管道应选用带耐腐蚀内衬的铜管；无耐腐蚀内衬的铜管只允许在室内的低压燃气管道中采用；铜管类型可按本条第 4 款的规定执行。

6 铜管必须有防外部损坏的保护措施。

10.2.6 室内燃气管道选用不锈钢管时应符合下列规定：

1 薄壁不锈钢管：

1）薄壁不锈钢管的壁厚不得小于 0.6mm（*DN*15 及以上），其质量应符合现行国家标准《流体输送用不锈钢焊接钢管》GB/T 12771 的规定；

2）薄壁不锈钢管的连接方式，应采用承插氩弧焊式管件连接或卡套式管件机械连接，并宜优先选用承插氩弧焊式管件连接。承插氩弧焊式管件和卡套式管件应符合有关标准的规定。

2 不锈钢波纹管：

1）不锈钢波纹管的壁厚不得小于 0.2mm，其质量应符合国家现行标准《燃气用不锈钢波纹软管》CJ/T 197 的规定；

2）不锈钢波纹管应采用卡套式管件机械连接，卡套式管件应符合有关标准的规定。

3 薄壁不锈钢管和不锈钢波纹管必须有防外部损坏的保护措施。

10.2.7 室内燃气管道选用铝塑复合管时应符合下列规定：

1 铝塑复合管的质量应符合现行国家标准《铝塑复合压力管 第 1 部分：铝管搭接焊式铝塑管》GB/T 18997.1 或《铝塑复合压力管 第 2 部分：铝管对接焊式铝塑管》GB/T 18997.2 的规定。

2 铝塑复合管应采用卡套式管件或承插式管件机械连接，承插式管件应符合国家现行标准《承插式管接头》CJ/T 110 的规定，卡套式管件应符合国家现行标准《卡套式管接头》CJ/T 111 和《铝塑复合管用卡压式管件》CJ/T 190 的规定。

3 铝塑复合管安装时必须对铝塑复合管材进行防机械损伤、防紫外线（UV）伤害及防热保护，并应符合下列规定：

1）环境温度不应高于 60℃；

2）工作压力应小于 10kPa；

3）在户内的计量装置（燃气表）后安装。

10.2.8 室内燃气管道采用软管时，应符合下列规定：

1 燃气用具连接部位、实验室用具或移动式用具等处可采用软管连接。

2 中压燃气管道上应采用符合现行国家标准《波纹金属软管通用技术条件》GB/T 14525、《液化石油气（LPG）用橡胶软管和软管组合件 散装运输用》GB/T 10546 或同等性能以上的软管。

3 低压燃气管道上应采用符合国家现行标准《家用煤气软管》HG 2486 或国家现行标准《燃气用不锈钢波纹软管》CJ/T 197 规定的软管。

4 软管最高允许工作压力不应小于管道设计压力的 4 倍。

5 软管与家用燃具连接时，其长度不应超过 2m，并不得有接口。

6 软管与移动式的工业燃具连接时，其长度不应超过 30m，接口不应超过 2 个。

7 软管与管道、燃具的连接处应采用压紧螺帽（锁母）或管卡（喉箍）固定。在软管的上游与硬管的连接处应设阀门。

8 橡胶软管不得穿墙、顶棚、地面、窗和门。

10.2.9 室内燃气管道的计算流量应按下列要求确定：

1 居民生活用燃气计算流量可按下式计算：

$$Q_h = \sum kNQ_n \tag{10.2.9}$$

式中 Q_h——燃气管道的计算流量（m^3/h）；

k——燃具同时工作系数，居民生活用燃具可按附录 F 确定；

N——同种燃具或成组燃具的数目；

Q_n——燃具的额定流量（m^3/h）。

2 商业用和工业企业生产用燃气计算流量应按所有用气设备的额定流量并根据设备的实际使用情况确定。

10.2.10 商业和工业用户调压装置及居民楼栋调压装置的设置形式应符合本规范第 6.6.2 条和第 6.6.6 条的规定。

10.2.11 当由调压站供应低压燃气时，室内低压燃气管道允许的阻力损失，应根据建筑物和室外管道等情况，经技术经济比较后确定。

10.2.12 室内燃气管道的阻力损失，可按本规范第6.2.5条和第6.2.6条的规定计算。

室内燃气管道的局部阻力损失宜按实际情况计算。

10.2.13 计算低压燃气管道阻力损失时，对地形高差大或高层建筑立管应考虑因高程差而引起的燃气附加压力。燃气的附加压力可按下式计算：

$$\Delta H = 9.8 \times (\rho_k - \rho_m) \times h \quad (10.2.13)$$

式中 ΔH——燃气的附加压力（Pa）；

ρ_k——空气的密度（kg/m³）；

ρ_m——燃气的密度（kg/m³）；

h——燃气管道终、起点的高程差（m）。

10.2.14 燃气引入管敷设位置应符合下列规定：

1 燃气引入管不得敷设在卧室、卫生间、易燃或易爆品的仓库、有腐蚀性介质的房间、发电间、配电间、变电室、不使用燃气的空调机房、通风机房、计算机房、电缆沟、暖气沟、烟道和进风道、垃圾道等地方。

2 住宅燃气引入管宜设在厨房、外走廊、与厨房相连的阳台内（寒冷地区输送湿燃气时阳台应封闭）等便于检修的非居住房间内。当确有困难，可从楼梯间引入（高层建筑除外），但应采用金属管道且引入管阀门宜设在室外。

3 商业和工业企业的燃气引入管宜设在使用燃气的房间或燃气表间内。

4 燃气引入管宜沿外墙地面上穿墙引入。室外露明管段的上端弯曲处应加不小于 $DN15$ 清扫用三通和丝堵，并做防腐处理。寒冷地区输送湿燃气时应保温。

引入管可埋地穿过建筑物外墙或基础引入室内。当引入管穿过墙或基础进入建筑物后应在短距离内出室内地面，不得在室内地面下水平敷设。

10.2.15 燃气引入管穿墙与其他管道的平行净距应满足安装和维修的需要，当与地下管沟或下水道距离较近时，应采取有效的防护措施。

10.2.16 燃气引入管穿过建筑物基础、墙或管沟时，均应设置在套管中，并应考虑沉降的影响，必要时应采取补偿措施。

套管与基础、墙或管沟等之间的间隙应填实，其厚度应为被穿过结构的整个厚度。

套管与燃气引入管之间的间隙应采用柔性防腐、防水材料密封。

10.2.17 建筑物设计沉降量大于50mm时，可对燃气引入管采取如下补偿措施：

1 加大引入管穿墙处的预留洞尺寸。

2 引入管穿墙前水平或垂直弯曲2次以上。

3 引入管穿墙前设置金属柔性管或波纹补偿器。

10.2.18 燃气引入管的最小公称直径应符合下列要求：

1 输送人工煤气和矿井气不应小于25mm；

2 输送天然气不应小于20mm；

3 输送气态液化石油气不应小于15mm。

10.2.19 燃气引入管阀门宜设在建筑物内，对重要用户还应在室外另设阀门。

10.2.20 输送湿燃气的引入管，埋设深度应在土壤冰冻线以下，并宜有不小于0.01坡向室外管道的坡度。

10.2.21 地下室、半地下室、设备层和地上密闭房间敷设燃气管道时，应符合下列要求：

1 净高不宜小于2.2m。

2 应有良好的通风设施，房间换气次数不得小于3次/h；并应有独立的事故机械通风设施，其换气次数不应小于6次/h。

3 应有固定的防爆照明设备。

4 应采用非燃烧体实体墙与电话间、变配电室、修理间、储藏室、卧室、休息室隔开。

5 应按本规范第10.8节规定设置燃气监控设施。

6 燃气管道应符合本规范第10.2.23条要求。

7 当燃气管道与其他管道平行敷设时，应敷设在其他管道的外侧。

8 地下室内燃气管道末端应设放散管，并应引出地上。放散管的出口位置应保证吹扫放散时的安全和卫生要求。

注：地上密闭房间包括地上无窗或窗仅用作采光的密闭房间等。

10.2.22 液化石油气管道和烹调用液化石油气燃烧设备不应设置在地下室、半地下室内。当确需要设置在地下一层、半地下室时，应针对具体条件采取有效的安全措施，并进行专题技术论证。

10.2.23 敷设在地下室、半地下室、设备层和地上密闭房间以及竖井、住宅汽车库（不使用燃气，并能设置钢套管的除外）的燃气管道应符合下列要求：

1 管材、管件及阀门、阀件的公称压力应按提高一个压力等级进行设计；

2 管道应采用钢号为10、20的无缝钢管或具有同等及同等以上性能的其他金属管材；

3 除阀门、仪表等部位和采用加厚管的低压管道外，均应焊接和法兰连接；应尽量减少焊缝数量，钢管道的固定焊口应进行100%射线照相检验，活动焊口应进行10%射线照相检验，其质量不得低于现行国家标准《现场设备、工业管道焊接工程施工及验收规范》GB 50236－98中的Ⅲ级；其他金属管材的焊接质量应符合相关标准的规定。

10.2.24 燃气水平干管和立管不得穿过易燃易爆品仓库、配电间、变电室、电缆沟、烟道、进风道和电

梯井等。

10.2.25 燃气水平干管宜明设，当建筑设计有特殊美观要求时可敷设在能安全操作、通风良好和检修方便的吊顶内，管道应符合本规范第10.2.23条的要求；当吊顶内设有可能产生明火的电气设备或空调回风管时，燃气干管宜设在与吊顶底平的独立密封∩型管槽内，管槽底宜采用可卸式活动百叶或带孔板。

燃气水平干管不宜穿过建筑物的沉降缝。

10.2.26 燃气立管不得敷设在卧室或卫生间内。立管穿过通风不良的吊顶时应设在套管内。

10.2.27 燃气立管宜明设，当设在便于安装和检修的管道竖井内时，应符合下列要求：

1 燃气立管可与空气、惰性气体、上下水、热力管道等设在一个公用竖井内，但不得与电线、电气设备或氧气管、进风管、回风管、排气管、排烟管、垃圾道等共用一个竖井；

2 竖井内的燃气管道应符合本规范第10.2.23条的要求，并尽量不设或少设阀门等附件。竖井内的燃气管道的最高压力不得大于0.2MPa；燃气管道应涂黄色防腐识别漆；

3 竖井应每隔2～3层做相当于楼板耐火极限的不燃烧体进行防火分隔，且应设法保证平时竖井内自然通风和火灾时防止产生"烟囱"作用的措施；

4 每隔4～5层设一燃气浓度检测报警器，上、下两个报警器的高度差不应大于20m；

5 管道竖井的墙体应为耐火极限不低于1.0h的不燃烧体，井壁上的检查门应采用丙级防火门。

10.2.28 高层建筑的燃气立管应有承受自重和热伸缩推力的固定支架和活动支架。

10.2.29 燃气水平干管和高层建筑立管应考虑工作环境温度下的极限变形，当自然补偿不能满足要求时，应设置补偿器；补偿器宜采用Ⅱ形或波纹管形，不得采用填料型。补偿量计算温差可按下列条件选取：

1 有空气调节的建筑物内取20℃；

2 无空气调节的建筑物内取40℃；

3 沿外墙和屋面敷设时可取70℃。

10.2.30 燃气支管宜明设。燃气支管不宜穿过起居室（厅）。敷设在起居室（厅）、走道内的燃气管道不宜有接头。

当穿过卫生间、阁楼或壁柜时，燃气管道应采用焊接连接（金属软管不得有接头），并应设在钢套管内。

10.2.31 住宅内暗埋的燃气支管应符合下列要求：

1 暗埋部分不宜有接头，且不应有机械接头。暗埋部分宜有涂层或覆塑等防腐蚀措施。

2 暗埋的管道应与其他金属管道或部件绝缘，暗埋的柔性管道宜采用钢盖板保护。

3 暗埋管道必须在气密性试验合格后覆盖。

4 覆盖层厚度不应小于10mm。

5 覆盖层面上应有明显标志，标明管道位置，或采取其他安全保护措施。

10.2.32 住宅内暗封的燃气支管应符合下列要求：

1 暗封管道应设在不受外力冲击和暖气烘烤的部位。

2 暗封部位应可拆卸，检修方便，并应通风良好。

10.2.33 商业和工业企业室内暗设燃气支管应符合下列要求：

1 可暗埋在楼层地板内；

2 可暗封在管沟内，管沟应设活动盖板，并填充干砂；

3 燃气管道不得暗封在可以渗入腐蚀性介质的管沟中；

4 当暗封燃气管道的管沟与其他管沟相交时，管沟之间应密封，燃气管道应设套管。

10.2.34 民用建筑室内燃气水平干管，不得暗埋在地下土层或地面混凝土层内。

工业和实验室的室内燃气管道可暗埋在混凝土地面中，其燃气管道的引入和引出处应设钢套管。钢套管应伸出地面5～10cm。钢套管两端应采用柔性的防水材料密封；管道应有防腐绝缘层。

10.2.35 燃气管道不应敷设在潮湿或有腐蚀性介质的房间内。当确需敷设时，必须采取防腐蚀措施。

输送湿燃气的燃气管道敷设在气温低于0℃的房间或输送气相液化石油气管道处的环境温度低于其露点温度时，其管道应采取保温措施。

10.2.36 室内燃气管道与电气设备、相邻管道之间的净距不应小于表10.2.36的规定。

表10.2.36 室内燃气管道与电气设备、相邻管道之间的净距

管道和设备		与燃气管道的净距(cm)	
		平行敷设	交叉敷设
电气设备	明装的绝缘电线或电缆	25	10(注)
	暗装或管内绝缘电线	5(从所做的槽或管子的边缘算起)	1
	电压小于1000V的裸露电线	100	100
	配电盘或配电箱、电表	30	不允许
	电插座、电源开关	15	不允许
相邻管道		保证燃气管道、相邻管道的安装和维修	2

注：1 当明装电线加绝缘套管且套管的两端各伸出燃气管道10cm时，套管与燃气管道的交叉净距可降至1cm。

2 当布置确有困难，在采取有效措施后，可适当减小净距。

10.2.37 沿墙、柱、楼板和加热设备构件上明设的燃气管道应采用管支架、管卡或吊卡固定。

管支架、管卡、吊卡等固定件的安装不应妨碍管道的自由膨胀和收缩。

10.2.38 室内燃气管道穿过承重墙、地板或楼板时必须加钢套管，套管内管道不得有接头，套管与承重墙、地板或楼板之间的间隙应填实，套管与燃气管道之间的间隙应采用柔性防腐、防水材料密封。

10.2.39 工业企业用气车间、锅炉房以及大中型用气设备的燃气管道上应设放散管，放散管管口应高出屋脊（或平屋顶）1m以上或设置在地面上安全处，并应采取防止雨雪进入管道和放散物进入房间的措施。

当建筑物位于防雷区之外时，放散管的引线应接地，接地电阻应小于10Ω。

10.2.40 室内燃气管道的下列部位应设置阀门：

1 燃气引入管；

2 调压器前和燃气表前；

3 燃气用具前；

4 测压计前；

5 放散管起点。

10.2.41 室内燃气管道阀门宜采用球阀。

10.2.42 输送干燃气的室内燃气管道可不设置坡度。输送湿燃气（包括气相液化石油气）的管道，其敷设坡度不宜小于0.003。

燃气表前后的湿燃气水平支管应分别坡向立管和燃具。

10.3 燃气计量

10.3.1 燃气用户应单独设置燃气表。

燃气表应根据燃气的工作压力、温度、流量和允许的压力降（阻力损失）等条件选择。

10.3.2 用户燃气表的安装位置，应符合下列要求：

1 宜安装在不燃或难燃结构的室内通风良好和便于查表、检修的地方。

2 严禁安装在下列场所：

1）卧室、卫生间及更衣室内；

2）有电源、电器开关及其他电器设备的管道井内，或有可能滞留泄漏燃气的隐蔽场所；

3）环境温度高于45℃的地方；

4）经常潮湿的地方；

5）堆放易燃易爆、易腐蚀或有放射性物质等危险的地方；

6）有变、配电等电器设备的地方；

7）有明显振动影响的地方；

8）高层建筑中的避难层及安全疏散楼梯间内。

3 燃气表的环境温度，当使用人工煤气和天然气时，应高于0℃；当使用液化石油气时，应高于其露点5℃以上。

4 住宅内燃气表可安装在厨房内，当有条件时也可设置在户门外。

住宅内高位安装燃气表时，表底距地面不宜小于1.4m；当燃气表装在燃气灶具上方时，燃气表与燃气灶的水平净距不得小于30cm；低位安装时，表底距地面不得小于10cm。

5 商业和工业企业的燃气表宜集中布置在单独房间内，当设有专用调压室时可与调压器同室布置。

10.3.3 燃气表保护装置的设置应符合下列要求：

1 当输送燃气过程中可能产生尘粒时，宜在燃气表前设置过滤器；

2 当使用加氧的富氧燃烧器或使用鼓风机向燃烧器供给空气时，应在燃气表后设置止回阀或泄压装置。

10.4 居民生活用气

10.4.1 居民生活的各类用气设备应采用低压燃气，用气设备前（灶前）的燃气压力应在$0.75\sim1.5P_n$的范围内（P_n为燃具的额定压力）。

10.4.2 居民生活用气设备严禁设置在卧室内。

10.4.3 住宅厨房内宜设置排气装置和燃气浓度检测报警器。

10.4.4 家用燃气灶的设置应符合下列要求：

1 燃气灶应安装在有自然通风和自然采光的厨房内。利用卧室的套间（厅）或利用与卧室连接的走廊作厨房时，厨房应设门并与卧室隔开。

2 安装燃气灶的房间净高不宜低于2.2m。

3 燃气灶与墙面的净距不得小于10cm。当墙面为可燃或难燃材料时，应加防火隔热板。

燃气灶的灶面边缘和烤箱的侧壁距木质家具的净距不得小于20cm，当达不到时，应加防火隔热板。

4 放置燃气灶的灶台应采用不燃烧材料，当采用难燃材料时，应加防火隔热板。

5 厨房为地上暗厨房（无直通室外的门或窗）时，应选用带有自动熄火保护装置的燃气灶，并应设置燃气浓度检测报警器、自动切断阀和机械通风设施，燃气浓度检测报警器应与自动切断阀和机械通风设施连锁。

10.4.5 家用燃气热水器的设置应符合下列要求：

1 燃气热水器应安装在通风良好的非居住房间、过道或阳台内；

2 有外墙的卫生间内，可安装密闭式热水器，但不得安装其他类型热水器；

3 装有半密闭式热水器的房间，房间门或墙的下部应设有效截面积不小于$0.02m^2$的格栅，或在门与地面之间留有不小于30mm的间隙；

4 房间净高宜大于2.4m；

5 可燃或难燃烧的墙壁和地板上安装热水器时，应采取有效的防火隔热措施；

6 热水器的给排气筒宜采用金属管道连接。

10.4.6 单户住宅采暖和制冷系统采用燃气时，应符合下列要求：

1 应有熄火保护装置和排烟设施；

2 应设置在通风良好的走廊、阳台或其他非居住房间内；

3 设置在可燃或难燃烧的地板和墙壁上时，应采取有效的防火隔热措施。

10.4.7 居民生活用燃具的安装应符合国家现行标准《家用燃气燃烧器具安装及验收规程》CJJ 12 的规定。

10.4.8 居民生活用燃具在选用时，应符合现行国家标准《燃气燃烧器具安全技术条件》GB 16914 的规定。

10.5 商业用气

10.5.1 商业用气设备宜采用低压燃气设备。

10.5.2 商业用气设备应安装在通风良好的专用房间内；商业用气设备不得安装在易燃易爆物品的堆存处，亦不应设置在兼做卧室的警卫室、值班室、人防工程等处。

10.5.3 商业用气设备设置在地下室、半地下室（液化石油气除外）或地上密闭房间内时，应符合下列要求：

1 燃气引入管应设手动快速切断阀和紧急自动切断阀；停电时紧急自动切断阀必须处于关闭状态；

2 用气设备应有熄火保护装置；

3 用气房间应设置燃气浓度检测报警器，并由管理室集中监视和控制；

4 宜设烟气一氧化碳浓度检测报警器；

5 应设置独立的机械送排风系统；通风量应满足下列要求：

1）正常工作时，换气次数不应小于 6 次/h；事故通风时，换气次数不应小于 12 次/h；不工作时换气次数不应小于 3 次/h；

2）当燃烧所需的空气由室内吸取时，应满足燃烧所需的空气量；

3）应满足排除房间热力设备散失的多余热量所需的空气量。

10.5.4 商业用气设备的布置应符合下列要求：

1 用气设备之间及用气设备与对面墙之间的净距应满足操作和检修的要求；

2 用气设备与可燃或难燃的墙壁、地板和家具之间应采取有效的防火隔热措施。

10.5.5 商业用气设备的安装应符合下列要求：

1 大锅灶和中餐炒菜灶应有排烟设施，大锅灶的炉膛或烟道处应设爆破门；

2 大型用气设备的泄爆装置，应符合本规范第 10.6.6 条的规定。

10.5.6 商业用户中燃气锅炉和燃气直燃型吸收式冷（温）水机组的设置应符合下列要求：

1 宜设置在独立的专用房间内；

2 设置在建筑物内时，燃气锅炉房宜布置在建筑物的首层，不应布置在地下二层及二层以下；燃气常压锅炉和燃气直燃机可设置在地下二层；

3 燃气锅炉房和燃气直燃机不应设置在人员密集场所的上一层、下一层或贴邻的房间内及主要疏散口的两旁；不应与锅炉和燃气直燃机无关的甲、乙类及使用可燃液体的丙类危险建筑贴邻；

4 燃气相对密度（空气等于 1）大于或等于 0.75 的燃气锅炉和燃气直燃机，不得设置在建筑物地下室和半地下室；

5 宜设置专用调压站或调压装置，燃气经调压后供应机组使用。

10.5.7 商业用户中燃气锅炉和燃气直燃型吸收式冷（温）水机组的安全技术措施应符合下列要求：

1 燃烧器应是具有多种安全保护自动控制功能的机电一体化的燃具；

2 应有可靠的排烟设施和通风设施；

3 应设置火灾自动报警系统和自动灭火系统；

4 设置在地下室、半地下室或地上密闭房间时应符合本规范第 10.5.3 条和 10.2.21 条的规定。

10.5.8 当需要将燃气应用设备设置在靠近车辆的通道处时，应设置护栏或车挡。

10.5.9 屋顶上设置燃气设备时应符合下列要求：

1 燃气设备应能适用当地气候条件。设备连接件、螺栓、螺母等应耐腐蚀；

2 屋顶应能承受设备的的荷载；

3 操作面应有 1.8m 宽的操作距离和 1.1m 高的护栏；

4 应有防雷和静电接地措施。

10.6 工业企业生产用气

10.6.1 工业企业生产用气设备的燃气用量，应按下列原则确定：

1 定型燃气加热设备，应根据设备铭牌标定的用气量或标定热负荷，采用经当地燃气热值折算的用气量；

2 非定型燃气加热设备应根据热平衡计算确定；或参照同类型用气设备的用气量确定；

3 使用其他燃料的加热设备需要改用燃气时，可根据原燃料实际消耗量计算确定。

10.6.2 当城镇供气管道压力不能满足用气设备要求，需要安装加压设备时，应符合下列要求：

1 在城镇低压和中压 B 供气管道上严禁直接安装加压设备。

2 在城镇低压和中压B供气管道上间接安装加压设备时应符合下列规定：

1）加压设备前必须设低压储气罐。其容积应保证加压时不影响地区管网的压力工况；储气罐容积应按生产量较大者确定；

2）储气罐的起升压力应小于城镇供气管道的最低压力；

3）储气罐进出口管道上应设切断阀，加压设备应设旁通阀和出口止回阀；由城镇低压管道供气时，储罐进口处的管道上应设止回阀；

4）储气罐应设上、下限位的报警装置和储量下限位与加压设备停机和自动切断阀连锁。

3 当城镇供气管道压力为中压A时，应有进口压力过低保护装置。

10.6.3 工业企业生产用气设备的燃烧器选择，应根据加热工艺要求、用气设备类型、燃气供给压力及附属设施的条件等因素，经技术经济比较后确定。

10.6.4 工业企业生产用气设备的烟气余热宜加以利用。

10.6.5 工业企业生产用气设备应有下列装置：

1 每台用气设备应有观察孔或火焰监测装置，并宜设置自动点火装置和熄火保护装置；

2 用气设备上应有热工检测仪表，加热工艺需要和条件允许时，应设置燃烧过程的自动调节装置。

10.6.6 工业企业生产用气设备燃烧装置的安全设施应符合下列要求：

1 燃气管道上应安装低压和超压报警以及紧急自动切断阀；

2 烟道和封闭式炉膛，均应设置泄爆装置，泄爆装置的泄压口应设在安全处；

3 鼓风机和空气管道应设静电接地装置。接地电阻不应大于100Ω；

4 用气设备的燃气总阀门与燃烧器阀门之间，应设置放散管。

10.6.7 燃气燃烧需要带压空气和氧气时，应有防止空气和氧气回到燃气管路和回火的安全措施，并应符合下列要求：

1 燃气管路上应设背压式调压器，空气和氧气管路上应设泄压阀。

2 在燃气、空气或氧气的混气管路与燃烧器之间应设阻火器；混气管路的最高压力不应大于0.07MPa。

3 使用氧气时，其安装应符合有关标准的规定。

10.6.8 阀门设置应符合下列规定：

1 各用气车间的进口和燃气设备前的燃气管道上均应单独设置阀门，阀门安装高度不宜超过1.7m；燃气管道阀门与用气设备阀门之间应设放散管；

2 每个燃烧器的燃气接管上，必须单独设置有启闭标记的燃气阀门；

3 每个机械鼓风的燃烧器，在风管上必须设置有启闭标记的阀门；

4 大型或并联装置的鼓风机，其出口必须设置阀门；

5 放散管、取样管、测压管前必须设置阀门。

10.6.9 工业企业生产用气设备应安装在通风良好的专用房间内。当特殊情况需要设置在地下室、半地下室或通风不良的场所时，应符合本规范第10.2.21条和第10.5.3条的规定。

10.7 燃烧烟气的排除

10.7.1 燃气燃烧所产生的烟气必须排出室外。设有直排式燃具的室内容积热负荷指标超过207W/m³时，必须设置有效的排气装置将烟气排至室外。

注：有直通洞口（哑口）的毗邻房间的容积也可一并作为室内容积计算。

10.7.2 家用燃具排气装置的选择应符合下列要求：

1 灶具和热水器（或采暖炉）应分别采用竖向烟道进行排气。

2 住宅采用自然换气时，排气装置应按国家现行标准《家用燃气燃烧器具安装及验收规程》CJJ 12－99中A.0.1的规定选择。

3 住宅采用机械换气时，排气装置应按国家现行标准《家用燃气燃烧器具安装及验收规程》CJJ 12－99中A.0.3的规定选择。

10.7.3 浴室用燃气热水器的给排气口应直接通向室外，其排气系统与浴室必须有防止烟气泄漏的措施。

10.7.4 商业用户厨房中的燃具上方应设排气扇或排气罩。

10.7.5 燃气用气设备的排烟设施应符合下列要求：

1 不得与使用固体燃料的设备共用一套排烟设施；

2 每台用气设备宜采用单独烟道；当多台设备合用一个总烟道时，应保证排烟时互不影响；

3 在容易积聚烟气的地方，应设置泄爆装置；

4 应设有防止倒风的装置；

5 从设备顶部排烟或设置排烟罩排烟时，其上部应有不小于0.3m的垂直烟道方可接水平烟道；

6 有防倒风排烟罩的用气设备不得设置烟道闸板；无防倒风排烟罩的用气设备，在至总烟道的每个支管上应设置闸板，闸板上应有直径大于15mm的孔；

7 安装在低于0℃房间的金属烟道应做保温。

10.7.6 水平烟道的设置应符合下列要求：

1 水平烟道不得通过卧室；

2 居民用气设备的水平烟道长度不宜超过5m，

弯头不宜超过4个（强制排烟式除外）；

商业用户用气设备的水平烟道长度不宜超过6m；

工业企业生产用气设备的水平烟道长度，应根据现场情况和烟囱抽力确定；

3 水平烟道应有大于或等于0.01坡向用气设备的坡度；

4 多台设备合用一个水平烟道时，应顺烟气流动方向设置导向装置；

5 用气设备的烟道距难燃或不燃顶棚或墙的净距不应小于5cm；距燃烧材料的顶棚或墙的净距不应小于25cm。

注：当有防火保护时，其距离可适当减小。

10.7.7 烟囱的设置应符合下列要求：

1 住宅建筑的各层烟气排出可合用一个烟囱，但应有防止串烟的措施；多台燃具共用烟囱的烟气进口处，在燃具停用时的静压值应小于或等于零；

2 当用气设备的烟囱伸出室外时，其高度应符合下列要求：

1）当烟囱离屋脊小于1.5m时（水平距离），应高出屋脊0.6m；

2）当烟囱离屋脊1.5～3.0m时（水平距离），烟囱可与屋脊等高；

3）当烟囱离屋脊的距离大于3.0m时（水平距离），烟囱应在屋脊水平线下10°的直线上；

4）在任何情况下，烟囱应高出屋面0.6m；

5）当烟囱的位置临近高层建筑时，烟囱应高出沿高层建筑物45°的阴影线；

3 烟囱出口的排烟温度应高于烟气露点15℃以上；

4 烟囱出口应有防止雨雪进入和防倒风的装置。

10.7.8 用气设备排烟设施的烟道抽力（余压）应符合下列要求：

1 热负荷30kW以下的用气设备，烟道的抽力（余压）不应小于3Pa；

2 热负荷30kW以上的用气设备，烟道的抽力（余压）不应小于10Pa；

3 工业企业生产用气工业炉窑的烟道抽力，不应小于烟气系统总阻力的1.2倍。

10.7.9 排气装置的出口位置应符合下列规定：

1 建筑物内半密闭自然排气式燃具的竖向烟囱出口应符合本规范第10.7.7条第2款的规定。

2 建筑物壁装的密闭式燃具的给排气口距上部窗口和下部地面的距离不得小于0.3m。

3 建筑物壁装的半密闭强制排气式燃具的排气口距门窗洞口和地面的距离应符合下列要求：

1）排气口在窗的下部和门的侧部时，距相邻卧室的窗和门的距离不得小于1.2m，距地面的距离不得小于0.3m。

2）排气口在相邻卧室的窗的上部时，距窗的距离不得小于0.3m。

3）排气口在机械（强制）进风口的上部，且水平距离小于3.0m时，距机械进风口的垂直距离不得小于0.9m。

10.7.10 高海拔地区安装的排气系统的最大排气能力，应按在海平面使用时的额定热负荷确定，高海拔地区安装的排气系统的最小排气能力，应按实际热负荷（海拔的减小额定值）确定。

10.8 燃气的监控设施及防雷、防静电

10.8.1 在下列场所应设置燃气浓度检测报警器：

1 建筑物内专用的封闭式燃气调压、计量间；

2 地下室、半地下室和地上密闭的用气房间；

3 燃气管道竖井；

4 地下室、半地下室引入管穿墙处；

5 有燃气管道的管道层。

10.8.2 燃气浓度检测报警器的设置应符合下列要求：

1 当检测比空气轻的燃气时，检测报警器与燃具或阀门的水平距离不得大于8m，安装高度应距顶棚0.3m以内，且不得设在燃具上方。

2 当检测比空气重的燃气时，检测报警器与燃具或阀门的水平距离不得大于4m，安装高度应距地面0.3m以内。

3 燃气浓度检测报警器的报警浓度应按国家现行标准《家用燃气泄漏报警器》CJ 3057的规定确定。

4 燃气浓度检测报警器宜与排风扇等排气设备连锁。

5 燃气浓度检测报警器宜集中管理监视。

6 报警器系统应有备用电源。

10.8.3 在下列场所宜设置燃气紧急自动切断阀：

1 地下室、半地下室和地上密闭的用气房间；

2 一类高层民用建筑；

3 燃气用量大、人员密集、流动人口多的商业建筑；

4 重要的公共建筑；

5 有燃气管道的管道层。

10.8.4 燃气紧急自动切断阀的设置应符合下列要求：

1 紧急自动切断阀应设在用气场所的燃气入口管、干管或总管上；

2 紧急自动切断阀宜设在室外；

3 紧急自动切断阀前应设手动切断阀；

4 紧急自动切断阀宜采用自动关闭、现场人工开启型。

10.8.5 燃气管道及设备的防雷、防静电设计应符合下列要求：

1 进出建筑物的燃气管道的进出口处，室外的屋面管、立管、放散管、引入管和燃气设备等处均应有防雷、防静电接地设施；

2 防雷接地设施的设计应符合现行国家标准《建筑物防雷设计规范》GB 50057 的规定；

3 防静电接地设施的设计应符合国家现行标准《化工企业静电接地设计规程》HGJ 28 的规定。

10.8.6 燃气应用设备的电气系统应符合下列规定：

1 燃气应用设备和建筑物电线、包括地线之间的电气连接应符合有关国家电气规范的规定。

2 电点火、燃烧器控制器和电气通风装置的设计，在电源中断情况下或电源重新恢复时，不应使燃气应用设备出现不安全工作状况。

3 自动操作的主燃气控制阀、自动点火器、室温恒温器、极限控制器或其他电气装置（这些都是和燃气应用设备一起使用的）使用的电路应符合随设备供给的接线图的规定。

4 使用电气控制器的所有燃气应用设备，应当让控制器连接到永久带电的电路上，不得使用照明开关控制的电路。

附录A 制气车间主要生产场所爆炸和火灾危险区域等级

表A 制气车间主要生产场所爆炸和火灾危险区域等级

项目及名称	场所及装置	生产类别	耐火等级	易燃或可燃物质释放源、级别	等级 室内	等级 室外	说明
备煤及焦处理	受煤、煤场（棚）	丙	二	固体状可燃物	22区	23区	
	破碎机、粉碎机室	乙	二	煤尘	22区		
	配煤室、煤库、焦炉煤塔顶	丙	二	煤尘	22区		
	胶带通廊、转运站（煤、焦），水煤气独立煤斗室	丙	二	煤尘、焦尘	22区		
	煤、焦试样室、焦台	丙	二	焦尘、固状可燃物	22区	23区	
	筛焦楼、储焦仓	丙	二	焦尘	22区		
	制气主厂房储煤层：封闭建筑且有煤气漏入	乙	二	煤气、二级	2区		包括直立炉、水煤气、发生炉等顶上的储煤层
	制气主厂房储煤层：敞开、半敞开建筑或无煤气漏入	乙	二	煤尘	22区		
焦炉	焦炉地下室、煤气水封室、封闭煤气预热器室	甲	二	煤气、二级	1区		通风不好
	焦炉分烟道走廊、炉端台底层	甲	二	煤气、二级	无		通风良好，可使煤气浓度不超过爆炸下限值的10%
	煤塔底层计器室	甲	二	煤气、二级	1区		变送器在室内
	炉间台底层	甲	二	煤气、二级	2区		
直立炉	直立炉顶部操作层	甲	二	煤气、二级	1区		
	其他空间及其他操作层	甲	二	煤气、二级	2区		
水煤气炉、两段水煤气炉、流化床水煤气炉	煤气生产厂房	甲	二	煤气、二级	1区		
	煤气排送机间	甲	二	煤气、二级	2区		
	煤气管道排水器间	甲	二	煤气、二级	1区		
	煤气计量器室	甲	二	煤气、二级	1区		
	室外设备	甲	二	煤气、二级		2区	
发生炉、两段发生炉	煤气生产厂房	乙	二	煤气、二级	无		
	煤气排送机间	乙	二	煤气、二级	2区		
	煤气管道排水器间	乙	二	煤气、二级	2区		
	煤气计量器室	乙	二	煤气、二级	2区		
	室外设备			煤气、二级	2区		

续表 A

项目及名称	场所及装置	生产类别	耐火等级	易燃或可燃物质释放源、级别	等级		说明
					室内	室外	
重油制气	重油制气排送机房	甲	二	煤气、二级	2区		
	重油泵房	丙	二	重油	21区		
	重油制气室外设备			煤气、二级		2区	
轻油制气	轻油制气排送机房	甲	二	煤气、二级	2区		天然气改制，可参照执行。当采用 LPG 为原料时，还必须执行本规范第 8 章中相应的安全条文
	轻油泵房、轻油中间储罐	甲	二	轻油蒸气、二级	1区	2区	
	轻油制气室外设备			煤气、二级	2区		
缓冲气罐	地上罐体			煤气、二级		2区	
	煤气进出口阀门室				1区		

注：1　发生炉煤气相对密度大于 0.75，其他煤气相对密度均小于 0.75。

2　焦炉为一利用可燃气体加热的高温设备，其辅助土建部分的建筑物可化为单元，对其爆炸和火灾危险等级进行划分。

3　直立炉、水煤气炉等建筑物高度满足不了甲类要求，仍按工艺要求设计。

4　从释放源向周围辐射爆炸危险区域的界限应按现行国家标准《爆炸和火灾危险环境电力装置设计规范》GB 50058 执行。

附录 B　煤气净化车间主要生产场所爆炸和火灾危险区域等级

表 B-1　煤气净化车间主要生产场所生产类别

生产场所或装置名称	生产类别
煤气鼓风机室室内、粗苯（轻苯）泵房、溶剂脱酚的溶剂泵房、吡啶装置室内	甲
1　初冷器、电捕焦油器、硫铵饱和器、终冷、洗氨、洗苯、脱硫、终脱萘、脱水、一氧化碳变换等室外煤气区； 2　粗苯蒸馏装置、吡啶装置、溶剂脱酚装置等的室外区域； 3　冷凝泵房、洗苯洗萘泵房； 4　无水氨（液氨）泵房、无水氨装置的室外区域； 5　硫磺的熔融、结片、包装区及仓库	乙
化验室和鼓风机冷凝的焦油罐区	丙

表 B-2　煤气净化车间主要生产场所爆炸和火灾危险区域等级

生产场所或装置名称	区域等级
煤气鼓风机室室内、粗苯（轻苯）泵房、溶剂脱酚的溶剂泵房、吡啶装置室内、干法脱硫箱室内	1区

续表 B-2

生产场所或装置名称	区域等级
1　初冷器、电捕焦油器、硫铵饱和器、终冷、洗氨、洗苯、脱硫、终脱萘、脱水、一氧化碳变换等室外煤气区； 2　粗苯蒸馏装置、吡啶装置、溶剂脱酚装置等的室外区域； 3　无水氨（液氨）泵房、无水氨装置的室外区域； 4　浓氨水（≥8%）泵房，浓氨水生产装置的室外区域； 5　粗苯储槽、轻苯储槽	2区
脱硫剂再生装置	10区
硫磺仓库	11区
焦油氨水分离装置及焦油储槽、焦油洗油泵房、洗苯洗萘泵房、洗油储槽、轻柴油储槽、化验室	21区
稀氨水（＜8%）储槽、稀氨水泵房、硫铵厂房、硫铵包装设施及仓库、酸碱泵房、磷铵溶液泵房	非危险区

注：1　所有室外区域不应整体划分某级危险区，应按现行国家标准《爆炸和火灾危险环境电力装置设计规范》GB 50058，以释放源和释放半径划分爆炸危险区域。本表中所列室外区域的危险区域等级均指释放半径内的爆炸危险区域等级，未被划入的区域则均为非危险区。

2　当本表中所列 21 区和非危险区被划入 2 区的释放源释放半径内时，则此区应划为 2 区。

附录C 燃气管道摩擦阻力计算

C.0.1 低压燃气管道：

根据燃气在管道中不同的运动状态，其单位长度的摩擦阻力损失采用下列各式计算：

1 层流状态：$Re \leqslant 2100$ $\lambda = 64/Re$

$$\frac{\Delta P}{l} = 1.13 \times 10^{10} \frac{Q}{d^4} \nu\rho \frac{T}{T_0} \quad (C.0.1\text{-}1)$$

2 临界状态：$Re = 2100 \sim 3500$

$$\lambda = 0.03 + \frac{Re - 2100}{65Re - 10^5}$$

$$\frac{\Delta P}{l} = 1.9 \times 10^6 \left(1 + \frac{11.8Q - 7 \times 10^4 d\nu}{23Q - 10^5 d\nu}\right) \frac{Q^2}{d^5} \rho \frac{T}{T_0} \quad (C.0.1\text{-}2)$$

3 湍流状态：$Re > 3500$

1）钢管：

$$\lambda = 0.11 \left(\frac{K}{d} + \frac{68}{Re}\right)^{0.25}$$

$$\frac{\Delta P}{l} = 6.9 \times 10^6 \left(\frac{K}{d} + 192.2 \frac{d\nu}{Q}\right)^{0.25} \frac{Q^2}{d^5} \rho \frac{T}{T_0} \quad (C.0.1\text{-}3)$$

2）铸铁管：

$$\lambda = 0.102236 \left(\frac{1}{d} + 5158 \frac{d\nu}{Q}\right)^{0.284}$$

$$\frac{\Delta P}{l} = 6.4 \times 10^6 \left(\frac{1}{d} + 5158 \frac{d\nu}{Q}\right)^{0.284} \frac{Q^2}{d^5} \rho \frac{T}{T_0} \quad (C.0.1\text{-}4)$$

式中 Re——雷诺数；

ΔP——燃气管道摩擦阻力损失（Pa）；

λ——燃气管道的摩擦阻力系数；

l——燃气管道的计算长度（m）；

Q——燃气管道的计算流量（m^3/h）；

d——管道内径（mm）；

ρ——燃气的密度（kg/m^3）；

T——设计中所采用的燃气温度（K）；

T_0——273.15（K）；

ν——0℃和101.325kPa时燃气的运动黏度（m^2/s）；

K——管壁内表面的当量绝对粗糙度，对钢管：输送天然气和气态液化石油气时取0.1mm；输送人工煤气时取0.15mm。

C.0.2 次高压和中压燃气管道：

根据燃气管道不同材质，其单位长度摩擦阻力损失采用下列各式计算：

1 钢管：

$$\lambda = 0.11 \left(\frac{K}{d} + \frac{68}{Re}\right)^{0.25}$$

$$\frac{P_1^2 - P_2^2}{L} = 1.4 \times 10^9 \left(\frac{K}{d} + 192.2 \frac{d\nu}{Q}\right)^{0.25} \frac{Q^2}{d^5} \rho \frac{T}{T_0} \quad (C.0.2\text{-}1)$$

2 铸铁管：

$$\lambda = 0.102236 \left(\frac{1}{d} + 5158 \frac{d\nu}{Q}\right)^{0.284}$$

$$\frac{P_1^2 - P_2^2}{L} = 1.3 \times 10^9 \left(\frac{1}{d} + 5158 \frac{d\nu}{Q}\right)^{0.284} \frac{Q^2}{d^5} \rho \frac{T}{T_0} \quad (C.0.2\text{-}2)$$

式中 L——燃气管道的计算长度（km）。

C.0.3 高压燃气管道的单位长度摩擦阻力损失，宜按现行的国家标准《输气管道工程设计规范》GB 50251有关规定计算。

注：除附录C所列公式外，其他计算燃气管道摩擦阻力系数（λ）的公式，当其计算结果接近本规范式（6.2.6-2）时，也可采用。

附录D 燃气输配系统生产区域用电场所的爆炸危险区域等级和范围划分

D.0.1 本附录适用于运行介质相对密度小于或等于0.75的燃气。相对密度大于0.75的燃气爆炸危险区域等级和范围的划分宜符合本规范附录E的有关规定。

D.0.2 燃气输配系统生产区域用电场所的爆炸危险区域等级和范围划分应符合下列规定：

1 燃气输配系统生产区域所有场所的释放源属第二级释放源。存在第二级释放源的场所可划为2区，少数通风不良的场所可划为1区。其区域的划分宜符合以下典型示例的规定：

1）露天设置的固定容积储气罐的爆炸危险区域等级和范围划分见图D-1。

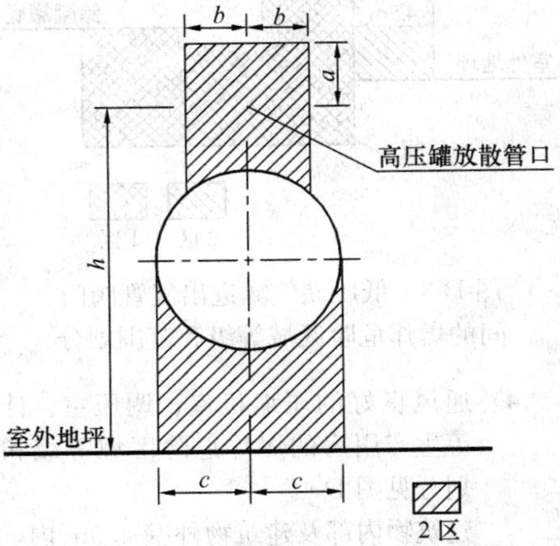

图D-1 露天设置的固定容积储气罐的爆炸危险区域等级和范围划分

以储罐安全放散阀放散管管口为中心，当管口高度 h 距地坪大于4.5m时，半径 b 为 3m，顶部距管口 a 为 5m（当管口高度 h 距地坪小于等于 4.5m 时，半径 b 为 5m，顶部距管口 a 为 7.5m）以及管口到地坪以上的范围为 2 区。

储罐底部至地坪以上的范围（半径 c 不小于 4.5m）为 2 区。

2）露天设置的低压储气罐的爆炸危险区域等级和范围划分见图 D-2(a)和 D-2(b)。

干式储气罐内部活塞或橡胶密封膜以上的空间为 1 区。

储气罐外部罐壁外 4.5m 内，罐顶（以放散管管口计）以上 7.5m 内的范围为 2 区。

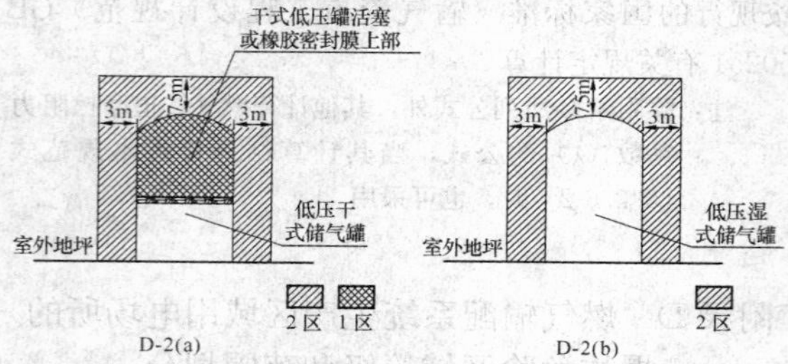

图 D-2　露天设置的低压储气罐的爆炸危险区域等级和范围划分

3）低压储气罐进出气管阀门间的爆炸危险区域等级和范围划分见图 D-3。

阀门间内部的空间为 1 区。

阀门间外壁 4.5m 内，屋顶（以放散管管口计）7.5m 内的范围为 2 区。

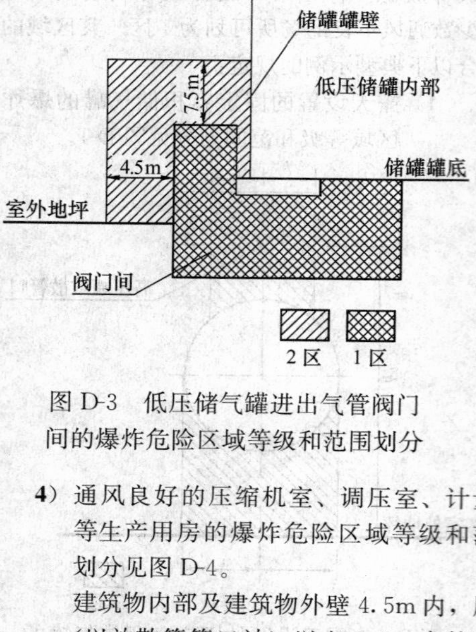

图 D-3　低压储气罐进出气管阀门间的爆炸危险区域等级和范围划分

4）通风良好的压缩机室、调压室、计量室等生产用房的爆炸危险区域等级和范围划分见图 D-4。

建筑物内部及建筑物外壁 4.5m 内，屋顶（以放散管管口计）以上 7.5m 内的范围为 2 区。

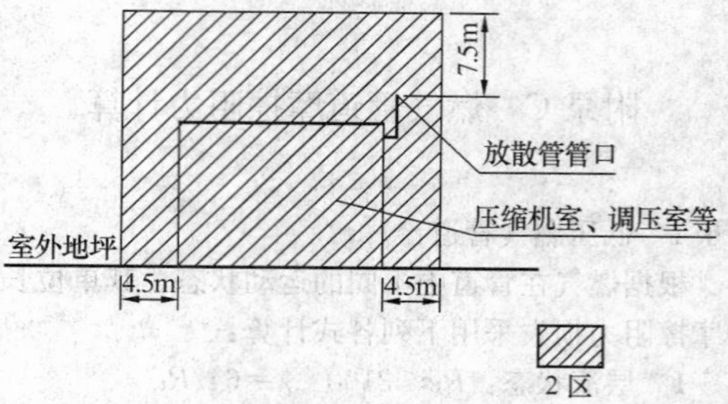

图 D-4　通风良好的压缩机室、调压室、计量室等生产用房的爆炸危险区域等级和范围划分

5）露天设置的工艺装置区的爆炸危险区域等级和范围的划分见图 D-5。

工艺装置区边缘外 4.5m 内，放散管管口（或最高的装置）以上 7.5m 内范围为 2 区。

6）地下调压室和地下阀室的爆炸危险区域等级和范围划分见图 D-6。

地下调压室和地下阀室内部的空间为 1 区。

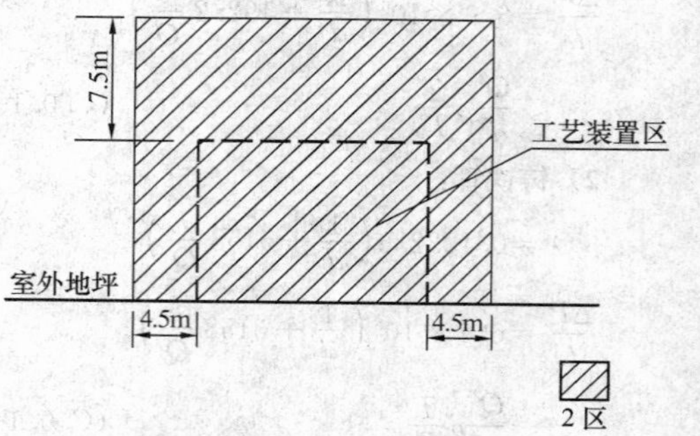

图 D-5　露天设置的工艺装置区的爆炸危险区域等级和范围划分

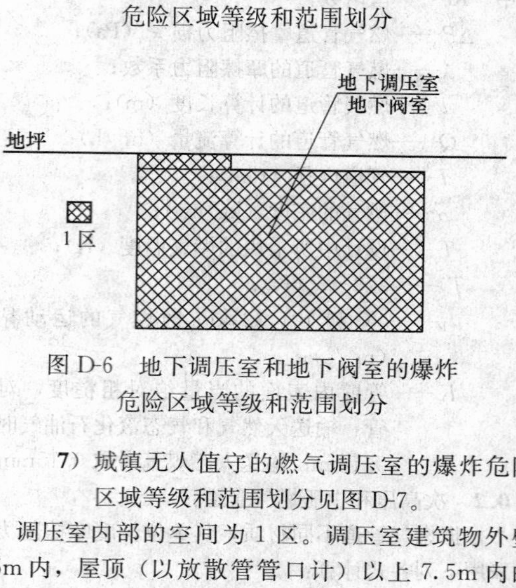

图 D-6　地下调压室和地下阀室的爆炸危险区域等级和范围划分

7）城镇无人值守的燃气调压室的爆炸危险区域等级和范围划分见图 D-7。

调压室内部的空间为 1 区。调压室建筑物外壁 4.5m 内，屋顶（以放散管管口计）以上 7.5m 内的范围为 2 区。

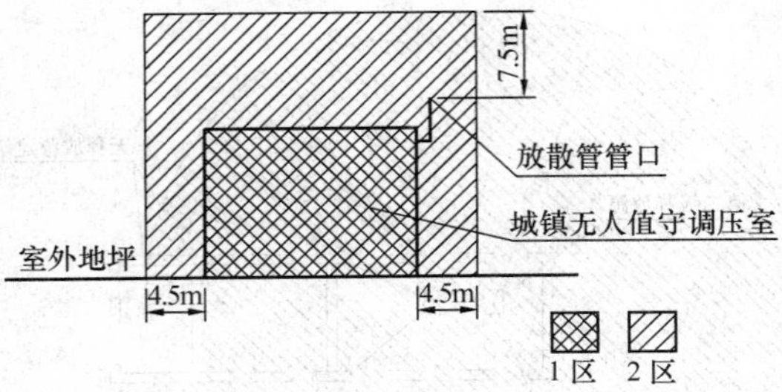

图 D-7 城镇无人值守的燃气调压室的爆炸危险区域等级和范围划分

2 下列用电场所可划分为非爆炸危险区域：

1）没有释放源，且不可能有可燃气体侵入的区域；

2）可燃气体可能出现的最高浓度不超过爆炸下限的10%的区域；

3）在生产过程中使用明火的设备的附近区域，如燃气锅炉房等；

4）站内露天设置的地上管道区域。但设阀门处应按具体情况确定。

附录 E 液化石油气站用电场所爆炸危险区域等级和范围划分

E.0.1 液化石油气站生产区用电场所的爆炸危险区域等级和范围划分宜符合下列规定：

1 液化石油气站内灌瓶间的气瓶灌装嘴、铁路槽车和汽车槽车装卸口的释放源属第一级释放源，其余爆炸危险场所的释放源属第二级释放源。

2 液化石油气站生产区各用电场所爆炸危险区域的等级，宜根据释放源级别和通风等条件划分。

1）根据释放源的级别划分区域等级。存在第一级释放源的区域可划为1区，存在第二级释放源的区域可划为2区。

2）根据通风等条件调整区域等级。当通风条件良好时，可降低爆炸危险区域等级；当通风不良时，宜提高爆炸危险区域等级。有障碍物、凹坑和死角处，宜局部提高爆炸危险区域等级。

3 液化石油气站用电场所爆炸危险区域等级和范围划分宜符合第E.0.2条～第E.0.6条典型示例的规定。

注：爆炸危险性建筑的通风，其空气流量能使可燃气体很快稀释到爆炸下限的20%以下时，可定为通风良好。

E.0.2 通风良好的液化石油气灌瓶间、实瓶库、压缩机室、烃泵房、气化间、混气间等生产性建筑的爆炸危险区域等级和范围划分见图E.0.2，并宜符合下列规定：

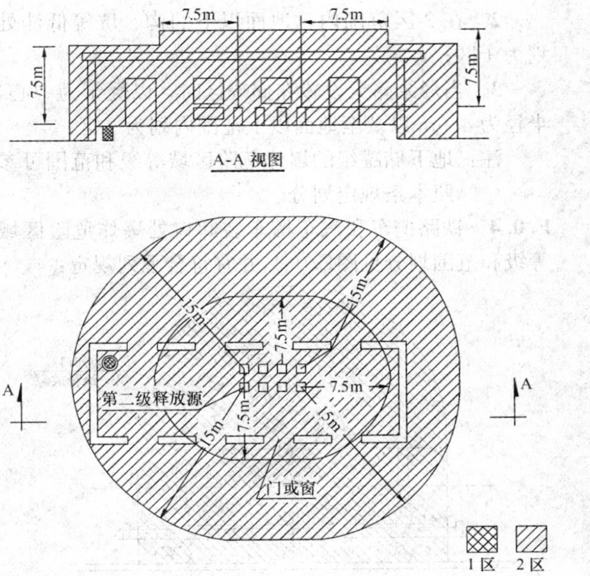

图 E.0.2 通风良好的生产性建筑爆炸危险区域等级和范围划分

1 以释放源为中心，半径为15m，地面以上高度7.5m和半径为7.5m，顶部与释放源距离为7.5m的范围划为2区；

2 在2区范围内，地面以下的沟、坑等低洼处划为1区。

E.0.3 露天设置的地上液化石油气储罐或储罐区的爆炸危险区域等级和范围的划分见图E.0.3，并宜符合下列规定：

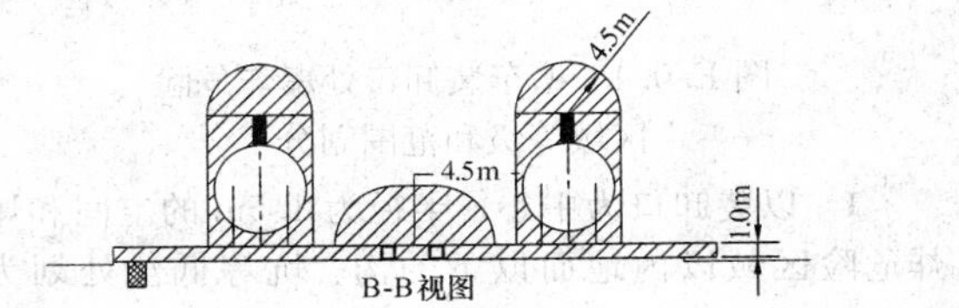

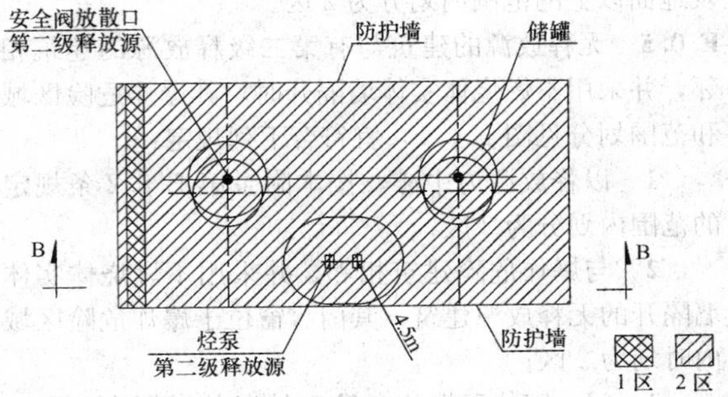

图 E.0.3 地上液化石油气储罐区爆炸危险区域等级和范围划分

1 以储罐安全阀放散管管口为中心，半径为4.5m，以及至地面以上的范围内和储罐区防护墙以内，防护墙顶部以下的空间划为2区；

2 在2区范围内，地面以下的沟、坑等低洼处划为1区；

3 当烃泵露天设置在储罐区时，以烃泵为中心，半径为4.5m以及至地面以上范围内划为2区。

注：地下储罐组的爆炸危险区域等级和范围可参照本条规定划分。

E.0.4 铁路槽车和汽车槽车装卸口处爆炸危险区域等级和范围划分见图E.0.4，并宜符合下列规定：

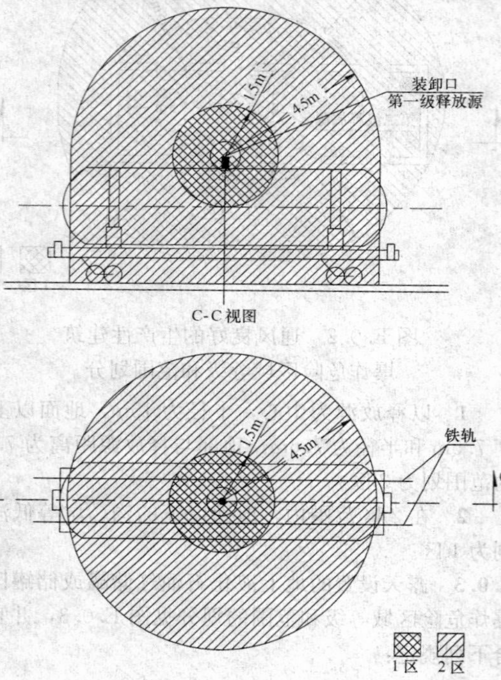

图E.0.4 槽车装卸口处爆炸危险区域等级和范围划分

1 以装卸口为中心，半径为1.5m的空间和爆炸危险区域以内地面以下的沟、坑等低洼处划为1区；

2 以装卸口为中心，半径为4.5m，1区以外以及地面以上的范围内划分为2区。

E.0.5 无释放源的建筑与有第二级释放源的建筑相邻，并采用不燃烧体实体墙隔开时，其爆炸危险区域和范围划分见图E.0.5，宜符合下列规定：

1 以释放源为中心，按本附录第E.0.2条规定的范围内划分为2区；

2 与爆炸危险建筑相邻，并采用不燃烧体实体墙隔开的无释放源建筑，其门、窗位于爆炸危险区域内时划为2区；

3 门、窗位于爆炸危险区域以外时划为非爆炸危险区。

E.0.6 下列用电场所可划为非爆炸危险区域：

1 没有释放源，且不可能有液化石油气或液化石油气和其他气体的混合气侵入的区域；

2 液化石油气或液化石油气和其他气体的混合

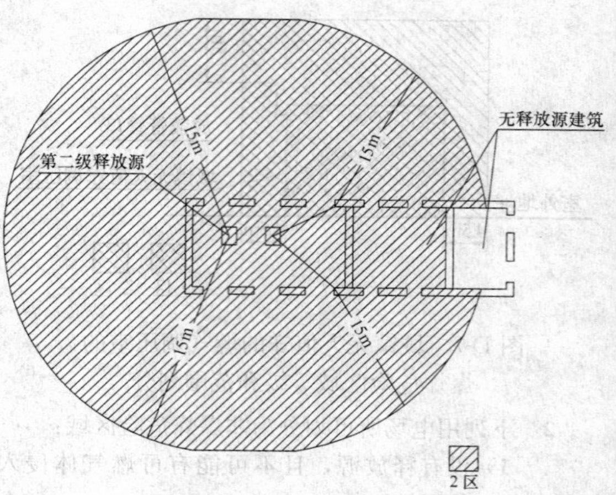

图E.0.5 与具有第二级释放源的建筑物相邻，并采用不燃烧体实体墙隔开时，其爆炸危险区域和范围划分

气可能出现的最高浓度不超过其爆炸下限10%的区域；

3 在生产过程中使用明火的设备或炽热表面温度超过区域内可燃气体着火温度的设备附近区域。如锅炉房、热水炉间等；

4 液化石油气站生产区以外露天设置的液化石油气和液化石油气与其他气体的混合气管道，但其阀门处视具体情况确定。

附录F 居民生活用燃具的同时工作系数 *K*

表F 居民生活用燃具的同时工作系数 *K*

同类型燃具数目 *N*	燃气双眼灶	燃气双眼灶和快速热水器	同类型燃具数目 *N*	燃气双眼灶	燃气双眼灶和快速热水器
1	1.000	1.000	40	0.390	0.180
2	1.000	0.560	50	0.380	0.178
3	0.850	0.440	60	0.370	0.176
4	0.750	0.380	70	0.360	0.174
5	0.680	0.350	80	0.350	0.172
6	0.64	0.310	90	0.345	0.171
7	0.600	0.290	100	0.340	0.170
8	0.580	0.270	200	0.310	0.160
9	0.560	0.260	300	0.300	0.150
10	0.540	0.250	400	0.290	0.140
15	0.480	0.220	500	0.280	0.138
20	0.450	0.210	700	0.260	0.134
25	0.430	0.200	1000	0.250	0.130
30	0.400	0.190	2000	0.240	0.120

注：1 表中"燃气双眼灶"是指一户居民装设一个双眼灶的同时工作系数；当每一户居民装设两个单眼灶时，也可参照本表计算。

2 表中"燃气双眼灶和快速热水器"是指一户居民装设一个双眼灶和一个快速热水器的同时工作系数。

3 分散采暖系统的采暖装置的同时工作系数可参照国家现行标准《家用燃气燃烧器具安装及验收规程》CJJ 12－99中表3.3.6-2的规定确定。

本规范用词说明

1 为便于在执行本规范条文时区别对待，对要求严格程度不同的用词说明如下：

1）表示很严格，非这样做不可的用词：
正面词采用“必须”；
反面词采用“严禁”。

2）表示严格，在正常情况下均这样做的用词：
正面词采用“应”；
反面词采用“不应”或“不得”。

3）表示允许稍有选择，在条件许可时首先应这样做的用词：
正面词采用“宜”或“可”；
反面词采用“不宜”。

表示有选择，在一定条件下可以这样做的用词，采用“可”。

2 条文中指定应按其他有关标准、规范执行时，写法为“应符合……的规定”或“应按……执行”。

中华人民共和国国家标准

城镇燃气设计规范

GB 50028—2006

条 文 说 明

前　言

根据建设部建标［2001］87 号文的要求，由建设部负责主编，具体由中国市政工程华北设计研究院会同有关单位共同对《城镇燃气设计规范》GB 50028－93 进行了修订，经建设部 2006 年 7 月 12 日以中华人民共和国建设部公告第 451 号批准发布。

为便于广大设计、施工、科研、学校等有关单位人员在使用本规范时能正确理解和执行条文规定，《城镇燃气设计规范》编制组根据建设部关于编制工程标准、条文说明的统一规定，按《城镇燃气设计规范》的章、节、条的顺序，编制了本条文说明，供本规范使用者参考。在使用中如发现本条文说明有欠妥之处，请将意见函寄：天津市气象台路，中国市政工程华北设计研究院城镇燃气设计规范国家标准管理组（邮政编码：300074）。

目　次

1 总 则

1.0.1 提出使城镇燃气工程设计符合安全生产、保证供应、经济合理、保护环境的要求，这是结合城镇燃气特点提出的。

由于燃气是公用的，它具有压力，又具有易燃易爆和有毒等特性，所以强调安全生产是非常必要的。

保证供应这个要求是与安全生产密切联系的。要求城镇燃气在质量上要达到一定的质量指标，同时，在量的方面要能满足任何情况下的需要，做到持续、稳定的供气，满足用户的要求。

1.0.2 本规范适用范围明确为“城镇燃气工程”。所谓城镇燃气，是指城市、乡镇或居民点中，从地区性的气源点，通过输配系统供给居民生活、商业、工业企业生产、采暖通风和空调等各类用户公用性质的，且符合本规范燃气质量要求的气体燃料。

1.0.3 积极采用行之有效的新技术、新工艺、新材料和新设备，早日改变城镇燃气落后面貌，把我国建设成为社会主义的现代化强国，需要在设计方面加以强调，故作此项规定。

1.0.4 城镇燃气工程牵涉到城市能源、环保、消防等的全面布局，城镇燃气管道、设备建设后，也不应轻易更换，应有一个经过全面系统考虑过的城镇燃气规划作指导，使当前建设不致于盲目进行，避免今后的不合理或浪费。因而提出应遵循能源政策，根据城镇总体规划进行设计，并应与城镇能源规划、环保规划、消防规划等相结合。

2 术 语

本章所列术语，其定义及范围，仅适用于本规范。

3 用气量和燃气质量

3.1 用 气 量

3.1.1 供气原则是一项与很多重大设计原则有关联的复杂问题，它不仅涉及到国家的能源政策，而且和当地具体情况、条件密切有关。从我国已有煤气供应的城市来看，例如在供给工业和民用用气的比例上就有很大的不同。工业和民用用气的比例是受城市发展包括燃料资源分配、环境保护和市场经济等多因素影响形成的，不能简单作出统一的规定。故本规范对供气原则不作硬性规定。在确定气量分配时，一般应优先发展民用用气，同时也要发展一部分工业用气，两者要兼顾，这样做有利于提高气源厂的效益，减少储气容积，减轻高峰负荷，增加售气收费，有利于节假日负荷的调度平衡等。那种把城镇燃气单纯地看成是民用用气是片面的。

采暖通风和空调用气量，在气源充足的条件下，可酌情纳入。燃气汽车用气量仅指以天然气和液化石油气为气源时才考虑纳入。

其他气量中主要包括了两部分内容：一部分是管网的漏损量；另一部分是因发展过程中出现没有预见到的新情况而超出了原计算的设计供气量。其他气量中的前一部分是有规律可循的，可以从调查统计资料中得出参考性的指标数据；后一部分则当前还难掌握其规律，暂不能作出规定。

3.1.3 居民生活和商业的用气量指标，应根据当地居民生活和商业用气量的统计数据分析确定。这样做更加切合当地的实际情况，由于燃气已普及，故一般均具备了统计的条件。对居民用户调查时：

1 要区分用户有无集中采暖设备。有集中采暖设备的用户一般比无集中采暖设备用户的用气量要高一些，这是因为无集中采暖设备的用户在采暖期采用煤火炉采暖兼烧水、做饭，因而减少了燃气用量。一般每年差10%～20%，这种差别在采暖期比较长的城市表现得尤为明显；

2 一般瓶装液化石油气居民用户比管道供燃气的居民用户用气量指标要低10%～15%；

3 根据调研表明，居民用户用气量指标增加是非常缓慢的，个别还有下降的情况，平均每年的增长率小于1%，因而在取用气量指标时，不必对今后发展考虑过多而加大用气量指标。

3.2 燃 气 质 量

3.2.1 城镇燃气是供给城镇居民生活、商业、工业企业生产、采暖通风和空调等做燃料用的，在燃气的输配、储存和应用的过程中，为了保证城镇燃气系统和用户的安全，减少腐蚀、堵塞和损失，减少对环境的污染和保障系统的经济合理性，要求城镇燃气具有一定的质量指标并保持其质量的相对稳定是非常重要的基础条件。

为保证燃气用具在其允许的适应范围内工作，并提高燃气的标准化水平，便于用户对各种不同燃具的选用和维修，便于燃气用具产品的国内外流通等，各地供应的城镇燃气（应按基准气分类）的发热量和组分应相对稳定，偏离基准气的波动范围不应超过燃气用具适应性的允许范围，也就是要符合城镇燃气互换的要求。具体波动范围，根据燃气类别宜按现行的国家标准《城市燃气分类》GB/T 13611的规定采用并应适当留有余地。

现行的国家标准《城市燃气分类》GB/T 13611，详见表1（华白数按燃气高发热量计算）。

以常见的天然气10T和12T为例（相当于国际联盟标准的L类和H类），其成分主要由甲烷和少量惰性气体组成，燃烧特性比较类似，一般可用单一参数（华白数）判定其互换性。表1中所列华白数的范围是指GB/T 13611－92规定的最大允许波动范围，但作为商品天然气供给作城镇燃气时，应适当留有余地，参考英国规定，是留有3%～5%的余量，则10T和12T作城镇燃气商品气时华白数波动范围如表2，可作为确定商品气波动范围的参考。

表1　GB/T 13611－92 城市燃气的分类

（干，0℃，101.3kPa）

类别		华白数W，MJ/m³（kcal/m³）标准	华白数W 范围	燃烧势CP 标准	燃烧势CP 范围
人工煤气	5R	22.7（5430）	21.1（5050）～24.3（5810）	94	55～96
	6R	27.1（6470）	25.2（6017）～29.0（6923）	108	63～110
	7R	32.7（7800）	30.4（7254）～34.9（8346）	121	72～128
天然气	4T	18.0（4300）	16.7（3999）～19.3（4601）	25	22～57
	6T	26.4（6300）	24.5（5859）～28.2（6741）	29	25～65
	10T	43.8（10451）	41.2（9832）～47.3（11291）	33	31～34
	12T	53.5（12768）	48.1（11495）～57.8（13796）	40	36～88
	13T	56.5（13500）	54.3（12960）～58.8（14040）	41	40～94
液化石油气	19Y	81.2（19387）	76.9（18379）～92.7（22152）	48	42～49
	20Y	84.2（20113）	76.9（18379）～92.7（22152）	46	42～49
	22Y	92.7（22152）	76.9（18379）～92.7（22152）	42	42～49

注：6T为液化石油气混空气，燃烧特性接近天然气。

表2　10T和12T天然气华白数波动范围（MJ/m³）

类别	标准（基准气）	GB/T 13611－92范围	城镇燃气商品气范围
10T	43.8	41.2～47.3 －5.94%～＋8%	42.49～45.99 －3%～＋5%
12T	53.5	48.1～57.8 －10.1%～＋8%	50.83～56.18 －5%～＋5%

3.2.2　本条对作为城镇燃气且已有产品标准的燃气引用了现行的国家标准，并根据城镇燃气要求作了适当补充；对目前尚无产品标准的燃气提出了质量安全指标要求。

1　天然气的质量技术指标国家现行标准《天然气》GB 17820－1999的一类气或二类气的规定，详见表3。

表3　天然气的技术指标

项目	一类	二类	三类	试验方法
高位发热量，MJ/m³	＞31.4			GB/T 11062
总硫（以硫计），mg/m³	≤100	≤200	≤460	GB/T 11061
硫化氢，mg/m³	≤6	≤20	≤460	GB/T 11060.1
二氧化碳，%（体积分数）	≤3.0			GB/T 13610
水露点，℃	在天然气交接点的压力和温度条件下，天然气的水露点应比最低环境温度低5℃			GB/T 17283

注：1　标准中气体体积的标准参比条件是101.325kPa，20℃；

2　取样方法按GB/T 13609。

本规范历史上对燃气中硫化氢的要求为小于或等于20mg/m³，因而符合二类气的要求是允许的；但考虑到今后户内燃气管的暗装等要求，进一步降低H_2S含量以减少腐蚀，也是适宜的。故在此提出应符合一类气或二类气的规定；应补充说明的是：一类或二类天然气对二氧化碳的要求为小于或等于3%（体积分数），作为燃料用的城镇燃气对这一指标要求是不高的，其含量应根据天然气的类别而定，例如对10T天然气，二氧化碳加氮等惰性气体之和不应大于14%，故本款对惰性气体含量未作硬性规定。对于含惰性气体较多、发热量较低的天然气，供需双方可在协议中另行规定。

3　人工煤气的质量技术指标中关于通过电捕焦油器时氧含量指标和规模较小的人工煤气工程煤气发热量等需要适当放宽的问题，于正在进行修订中的《人工煤气》GB 13621标准中表达，故本规范在此采用引用该标准。

4　采用液化石油气与空气的混合气做主气源时，液化石油气的体积分数应高于其爆炸上限的2倍（例如液化石油气爆炸上限如按10%计，则液化石油气与空气的混合气做主气源时，液化石油气的体积分数应高于20%），以保证安全，这是根据原苏联建筑法规的规定制定的。

3.2.3 本条规定了燃气具有臭味的必要及其标准。

1 关于空气—燃气中臭味"应能察觉"的含义

"应能察觉"与空气中的臭味强度和人的嗅觉能力有关。臭味的强度等级国际上燃气行业一般采用Sales等级，是按嗅觉的下列浓度分级的：

0级——没有臭味；

0.5级——极微小的臭味（可感点的开端）；

1级——弱臭味；

2级——臭味一般，可由一个身体健康状况正常且嗅觉能力一般的人识别，相当于报警或安全浓度；

3级——臭味强；

4级——臭味非常强；

5级——最强烈的臭味，是感觉的最高极限。超过这一级，嗅觉上臭味不再有增强的感觉。

"应能察觉"的含义是指嗅觉能力一般的正常人，在空气—燃气混合物臭味强度达到2级时，应能察觉空气中存在燃气。

2 对无毒燃气加臭剂的最小用量标准

美国和西欧等国，对无毒燃气（如天然气、气态液化石油气）的加臭剂用量，均规定在无毒燃气泄漏到空气中，达到爆炸下限的20%时，应能察觉。故本规范也采用这个规定。在确定加臭剂用量时，还应结合当地燃气的具体情况和采用加臭剂种类等因素，有条件时，宜通过试验确定。

据国外资料介绍，空气中的四氢噻吩（THT）为0.08mg/m³时，可达到臭味强度2级的报警浓度。以爆炸下限为5%的天然气为例，则5%×20%=1%，相当于在天然气中应加THT 8mg/m³，这是一个理论值。实际加入量应考虑管道长度、材质、腐蚀情况和天然气成分等因素，取理论值的2～3倍。以下是国外几个国家天然气加臭剂量的有关规定：

1） 比利时　加臭剂为四氢噻吩(THT)

18～20mg/m³

2） 法国　加臭剂为四氢噻吩（THT）

低热值天然气　20mg/m³

高热值天然气　25mg/m³

当燃气中硫醇总量大于5mg/m³时，可以不加臭。

3） 德国　加臭剂为四氢噻吩（THT）

17.5mg/m³

加臭剂为硫醇（TBH）

4～9mg/m³

4） 荷兰　加臭剂为四氢噻吩（THT）

18mg/m³

据资料介绍，北京市天然气公司、齐齐哈尔市天然气公司也采用四氢噻吩（THT）作为加臭剂，加入量北京为18mg/m³，齐齐哈尔为16～20mg/m³。

根据上述国内外加臭剂用量情况，对于爆炸下限为5%的天然气，取加臭剂用量不宜小于20mg/m³。并以此作为推论，当不具备试验条件时，对于几种常见的无毒燃气，在空气中达到爆炸下限的20%时应能察觉的加臭用量，不宜小于表4的规定，可做确定加臭剂用量的参考。

表4　几种常见的无毒燃气的加臭剂用量

燃气种类	加臭剂用量（mg/m³）
天然气（天然气在空气中的爆炸下限为5%）	20
液化石油气（C_3和C_4各占一半）	50
液化石油气与空气的混合气（液化石油气：空气=50：50；液化石油气成分为C_3和C_4各占一半）	25

注：1　本表加臭剂按四氢噻吩计。

2　当燃气成分与本表比例不同时，可根据燃气在空气中的爆炸下限，对比爆炸下限为5%的天然气的加臭剂用量，按反比计算出燃气所需加臭剂用量。

3 对有毒燃气加臭剂的最少用量标准

有毒燃气一般指含CO的可燃气体。CO对人体毒性极大，一旦漏入空气中，尚未达到爆炸下限20%时，人体早就中毒，故对有毒燃气，应按在空气中达到对人体允许的有害浓度之时应能察觉来确定加臭剂用量。关于人体允许的有害浓度的含义，根据"一氧化碳对人体影响"的研究，其影响取决于空气中CO含量、吸气持续时间和呼吸的强度。为了防止中毒死亡，必须采取措施保证在人体血液中决不能使碳氧血红蛋白浓度达到65%，因此，在相当长的时间内吸入的空气中CO浓度不能达到0.1%。当然这个标准是一个极限程度，空气中CO浓度也不应升高到足以使人产生严重症状才发现，因而空气中CO报警标准的选取应比0.1%低很多，以确保留有安全余量。

含有CO的燃气漏入室内，室内空气中CO浓度的增长是逐步累计的，但其增长开始时快而后逐步变缓，最后室内空气中CO浓度趋向于一个最大值X，并可用下式表示：

$$X=\frac{V\cdot K}{I}\% \tag{1}$$

式中　V——漏出的燃气体积（m³/h）；

K——燃气中CO含量（%）（体积分数）；

I——房间的容积（m³）。

此式是在时间$t\to\infty$，自然换气次数$n=1$的条件下导出的。

对应于每一个最大值X，有一个人体血液中碳氧血红蛋白浓度值，其关系详见表5。

表 5　空气中不同的 CO 含量与血液中最大的碳氧血红蛋白浓度的关系

空气中 CO 含量 X(%)（体积分数）	血液中最大的碳氧血红蛋白浓度（%）	对人影响
0.100	67	致命界限
0.050	50	严重症状
0.025	33	较重症状
0.018	25	中等症状
0.010	17	轻度症状

德、法和英等发达国家，对有毒燃气的加臭剂用量，均规定为在空气中一氧化碳含量达到 0.025%（体积分数）时，臭味强度应达到 2 级，以便嗅觉能力一般的正常人能察觉空气中存在燃气。

从表 5 可以看到，采用空气中 CO 含量 0.025% 为标准，达到平衡时人体血液中碳氧血红蛋白最高只能到 33%，对人一般只能产生头痛、视力模糊、恶心等，不会产生严重症状。据此可理解为，空气中 CO 含量 0.025% 作为燃气加臭理论的“允许的有害浓度”标准，在实际操作运行中，还应留有安全余量，本规范推荐采用 0.02%。

一般含有 CO 的人工煤气未经深度净化时，本身就有臭味，是否应补充加臭，有条件时，宜通过试验确定。

3.2.4　本条 1～4 款对加臭剂的要求是按美国联邦法规第 49 号 192 部分和美国联邦标准 ANSI/ASME B31.8 规定等效采用的。其中“加臭剂不应对人体有害”是指按本规范第 3.2.3 条要求加入微量加臭剂到燃气中后不应对人体有害。

4　制　　气

4.1　一 般 规 定

4.1.1　本章节内容属人工制气气源，其工艺是成熟的，运行安全可靠，所采用的炉型有焦炉、直立炉、煤气发生炉、两段煤气发生炉、水煤气发生炉、两段水煤气发生炉、流化床水煤气炉与三筒式重油裂解炉、二筒式轻油裂解炉等。国内外虽还有新的工艺、新的炉型，但由于在国内城镇燃气方面尚未普遍应用，因此未在本规范中编写此类内容。

4.1.2　本条文规定了炉型选择原则。

目前我国人工制气厂有大、中、小规模 70 余家，大都由上述某单一炉型或多种炉型互相配合组成。其中小气源厂制气规模为 $10\times10^4\sim5\times10^5m^3/d$，有的大型气源厂制气规模达到 $5\times10^5\sim10\times10^5m^3/d$ 以上。

各制气炉型的选择，主要应根据制气原料的品种：如取得合格的炼焦煤，且冶金焦有销路，则选择焦炉作制气炉型；当取得气煤或肥气煤时，则采用直立炉作为制气炉型，副产气焦，一般作为煤气发生炉、水煤气发生炉的原料生产低热值煤气供直立炉加热和调峰用；其他炉型选择条件，可详见本章有关条文。

焦炉及煤气发生炉的工艺设计，除本章内结合城镇燃气设计特点重点列出的条文以外，还可参照《炼焦工艺设计技术规定》YB 9069－96 及《发生炉煤气站设计规范》GB 50195－94。

4.1.3　附录 A 是根据《建筑设计防火规范》GBJ 16－97、《爆炸和火灾危险环境电力装置设计规范》GB 50058－92 和制气生产工艺特殊要求编制的。

4.2　煤的干馏制气

4.2.1　本条提出了煤干馏炉煤的质量要求。

1　直立炉装炉煤的坩埚膨胀序数，葛金指数等指标规定的理由：

因直立炉是连续干馏制气炉型，它的装炉煤要求与焦炉有所不同。装炉煤的粘结性和结焦性的化验指标习惯上均采用国际上通用的指标。在坩埚膨胀序数和葛金指数方面，从我国各直立炉煤气厂几十年的生产经验来看，装炉煤的坩埚膨胀序数以在“$1\frac{1}{2}$～4”之间为好，特别是“3～4”时更适用于直立炉的生产。此时煤斤行速正常、操作顺利，生产的焦炭块度大小适当。其中块度为 25～50mm 的焦炭较多。但煤的粘结性和结焦性所表达的内容还有所不同，故还必须得到煤的葛金指数。葛金指数中 A、B、C 型表明是不粘结或粘结性差的，所产焦块松碎。这种煤装入炉内将使生产操作不正常，容易脱煤，甚至造成炉子爆炸的恶性事故。某煤气厂就因此发生过事故，死伤数人。其主要原因就是煤不合要求（当时使用的主要煤种是阜新煤，其坩埚膨胀序数为 $1\frac{1}{2}$，葛金指数为 B，颗粒小于 10mm 的煤占重量的 80% 以上）。因此，对连续式直立炉的装炉煤的质量指标作本条规定。葛金指数必须在 F～G_1 的范围，以保证直立炉的安全生产。

经过十余年的运行管理与科学研究，通过排焦机械装置的改进，可以扩大直立炉使用的煤种，生产焦炭新品种。鞍山热能研究所与大连煤气公司、大同矿务局与杨树浦煤气厂在不同时间，不同地点相继对弱粘结性的大同煤块在直立炉中作了多次成功的试验，炼制出合格的高质量铁合金焦。因此对炼制铁合金焦时的直立炉装炉煤质安全指标在注中明确煤种可选用弱粘结煤，但煤的粒度应为15～50mm块煤。灰分含量应小于10%，并具有热稳定性大于60%的煤种。目前大同矿务局连续直立式炭化炉，采用大同煤块炼制优质铁合金焦，运行良好。

直立炉的装炉煤粒度定为小于50mm，是防止过大的煤块堵塞辅助煤箱上的煤阀进口。

2 焦炉装炉煤的各项主要指标是由其中各单种煤的性质及配比决定的。目前我国炼焦工业的配煤大多数立足本省、本区域的煤炭资源，在满足生产工艺要求的范围内，要求充分利用我国储量较多，具有一定粘结性的高挥发量煤（如肥气煤）进行配煤，因此冶金工业中炼焦煤的挥发分（干基）已达到了24%～31%，胶质层指数（Y）在14～20mm。（详：《炼焦工艺设计技术规定》YB 9069）。

对于城市煤气厂，为了不与冶金炼焦争原料，装炉煤的气、肥气煤种的配入量要多一些，一般到70%～80%。很多炼焦制气厂装炉煤挥发分高达32%～34%，而胶质指数（Y）甚至低到13mm。

结合上述因素，在制定本条文时，考虑到冶金，城建等各方面的炼焦工业，对装炉煤挥发分规定为“24% ～ 32%”及胶质层指数（Y）规定为13～20mm。

配煤粘结指数（G）的提出，是由于单用胶质层指数（Y）这项指标有其局限性，即对瘦煤和肥煤的试验条件不易掌握，因此就必须采用我国煤炭学会正式选定的烟煤粘结指数G与Y值共同决定炼焦用煤的粘结性。焦炉用煤的灰分、硫分、粒度等指标均是为了保证焦炭的质量。

灰分指标对冶金工业和煤气厂（站）都很重要，炼焦原煤灰分越高，焦炭的灰分越大，则高炉焦比增加，致使高炉利用系数和生产效率降低。焦炭的灰分过高，焦炭的强度也会下降，耐磨性变坏，关系到高炉生产能力，所以规定装炉煤的灰分含量小于或等于11%（对1000～4000m^{3}高炉应为9%～10%，对大于4000m^{3}高炉应小于或等于9%）。用于水煤气、发生炉作气化原料的焦炭，由于所产焦为气焦，原料煤中的灰分可放宽到16%。

原料煤中60%～70%的硫残留在焦炭中，焦炭硫含量高，在高炉炼铁时，易使生铁变脆，降低生铁质量。所以规定煤中硫含量应小于1%（对1000～4000m^{3}高炉应为0.6%～0.8%，对大于4000m^{3}高炉应小于0.6%）。原料煤的粒度，决定装炉煤的堆积密度，装炉煤的堆积密度越大，焦炭的质量越好，但原料煤粉碎得过细或过粗都会使煤的堆积密度变化。因此本条文根据实际生产经验总结规定炼焦装炉煤粒度小于3mm的含量为75%～80%。各级别高炉对焦炭质量要求见表6（重庆钢铁设计院编制的“炼铁工艺设计技术规定”）。

表6 各级别高炉对焦炭质量要求

炉容级别（m^3）／焦炭质量	300	750	1200	2000	2500～3000	＞4000
焦炭强度						
M40(%)	≥74	≥75	≥76	≥78	≥80	≥82
M10(%)	≤9	≤9	≤8.5	≤8	≤8	≤7
焦炭灰分(%)	≤14	≤13	≤13	≤13	≤13	≤12
焦炭硫分(%)	≤0.7	≤0.7	≤0.7	≤0.7	≤0.7	≤0.6
焦炭粒度(mm)	75～15	75～15	75～20	75～20	75～20	75～25
＞75mm(%)	≤10	≤10	≤10	≤10	≤10	≤10

装炉煤的各质量指标的测定应按国家煤炭试验标准方法进行（见表7）。

表7 装炉煤质量指标的测定方法

序号	质量指标	国家煤炭试验标准	标准号
1	水分、灰分、挥发分	煤的工业分析方法	GB 212
2	坩埚膨胀序数(F、S、I)	烟煤自由膨胀序数(亦称坩埚膨胀)测定方法	GB 5448
3	葛金指数	煤的葛金低温干馏试验方法	GB 1341
4	胶质层指数(Y)焦块最终收缩度(X)	烟煤胶质层指数测定方法	GB 479
5	粘结指数(G)	烟煤粘结指数测定方法	GB 5447
6	全硫(St.d)	煤中全硫的测定方法	GB 214
7	热稳定性(TS+6)	煤的热稳定性测定方法	GB 1573
8	抗碎强度(＞25mm)	煤的抗碎强度测定方法	GB 15459
9	灰熔点(ST)	煤灰熔融性的测定方法	GB 219
10	罗加指数(RI)	烟煤罗加指数测定方法	GB 5449
11	煤的化学反应性(a)	煤对二氧化碳化学反应性的测定方法	GB 220
12	粒度分级	煤炭粒度分级	GB 189

4.2.2 直立炉对所使用装炉煤的粒度大小及其级配含量有一定要求，目的在于保证生产。直立炉使用煤粒度最低标准为：粒度小于50mm，粒度小于10mm的含量小于75%。所以在煤准备流程中应设破碎装置。

直立炉一般采用单种煤干馏制气，当煤种供应不稳定时，不得不采用一些粘结性差的煤，为了安全生产，必须配以强粘结性的煤种；有时为适应高峰供气的需要，也可适当增加一定配比的挥发物含量大于

30%的煤种。因此直立炉车间应设置配煤装置。例：葛金指数为0的统煤，可配以1∶1G_3的煤种或配以1∶2G_2的煤种，使混配后的混合煤葛金指数接近F～G_1。

对焦炉制气用煤的准备，工艺流程基本上有两种，其根本区别在于是先配煤后粉碎（混合粉碎），还是先粉碎后配煤（分级粉碎），就相互比较而言各有特点。先配后粉碎工艺流程是我国目前普遍采用的一种流程，具有过程简单、布置紧凑、使用设备少、操作方便、劳动定员少，投资和操作费用低等优点。但不能根据不同煤种进行不同的粉碎细度处理，因此这种流程只适用于煤质较好，且均匀的煤种。当煤料粘结性较差，且煤质不均时宜采用先粉碎后配煤的工艺流程，也就是将组成炼焦煤料各单种煤先根据其性质（不同硬度）进行不同细度的分别粉碎，再按规定的比例配合、混匀，这对提高配煤的准确度、多配弱粘结性煤和改善焦炭质量有好处。因此目前国内有些焦化厂采用了这种流程。但该流程较复杂，基建投资也较多，配煤成本高。对于城市煤气厂，目前大量使用的是气煤，所得焦炭一般符合气化焦的质量指标，生产的煤气的质量不会因配煤工艺不同而异，因此煤准备宜采用先配煤后粉碎的流程。由于炼焦进厂煤料为洗精煤，粒度较小，无需设置破碎煤的装置。

4.2.3 原料煤的装卸和倒运作业量很大，如果不实行机械化作业，势必占用大量的劳动力并带来经营费用高、占地面积大、煤料损失多、积压车辆等问题。因此，无论大、中、小煤气厂原料煤受煤、卸煤、储存、倒运均应采用机械化设备，使机械化程序达到80%～90%以上。机械化程度可按下式评定：

$$\theta=\left(1-\frac{n_1}{n_2}\right)\times 100\% \tag{2}$$

式中 θ——机械化程度（%）；

n_1——采用某种机械化设备后，作业实需定员（人）；

n_2——全部人工作业时需要的定员（人）。

4.2.4 本条文规定了储煤场场地确定原则。

1 影响储煤量大小的因素是很多的，与工厂的性质和规模，距供煤基地的远近、运输情况，使用的煤种数等因素都有关系。其中以运输方式为主要因素。因此储煤场操作容量：当由铁路来煤时，宜采用10～20d的用煤量；当由水路来煤时，宜采用15～30d的用煤量；当采用公路来煤时，宜采用30～40d的用煤量。

2 煤堆高度的确定，直接影响储煤场地的大小，应根据机械设备工作高度确定，目前煤场各种机械设备一般堆煤高度如下：

推煤机	7～9m
履带抓斗、起重机	7m
扒煤机	7～9m
桥式抓斗起重机	一般7～9m
门式抓斗起重机	一般7～9m
装卸桥	9m
斗轮堆取料机	10～12m

由于机械设备在不断革新，设计时应按厂家提供的堆煤高度技术参数为准。

3 储煤场操作容量系数

储煤场操作容量系数即储煤场的操作容量（即有效容量）和总容量之比。储煤场的机械装备水平直接影响其操作容量系数的大小。根据某些机械化储煤场，来煤供应比较及时的情况下的实际生产数据分析，储煤场操作容量系数一般可按0.65～0.7进行选用。

根据操作容量、堆煤高度和操作容量系数可以大致确定煤场的储煤面积和总面积：

$$F_H=\frac{W}{KH_m r_0} \tag{3}$$

式中 F_H——煤场的储煤面积（m^2）；

W——操作容量（t）；

H_m——实际可能的最大堆煤高度（m）；

K——与堆煤形状有关的系数：梯形断面的煤堆$K=0.75$～0.8；三角形断面的煤堆$K=0.45$；

r_0——煤的堆积密度（t/m^3）。

煤场的总面积F（m^2）可按下式计算

$$F=\frac{F_H}{0.65\sim0.7} \tag{4}$$

4.2.5 本条规定了关于配煤槽和粉碎机室的设计要求。

1 配煤槽设计容量的正确合理，对于稳定生产和提高配煤质量都有很大的好处。如容量过小，就使得配煤前的机械设备的允许检修时间过短，适应不了生产上的需要，甚至影响正常生产，所以应根据煤气厂具体条件来确定。

2 配煤槽个数如果少了就不能适应生产上的需要，也不能保证配煤的合理和准确。如果个数太多并无必要且增加投资和土建工程量。因此，各厂应根据本身具体条件按照所用的煤种数目、配煤比以及清扫倒换等因素来决定配煤槽个数。

3 煤料中常混有或大或小的铁器，如铁块、铁棒、钢丝之类，这类东西如不除去，影响粉碎机的操作，熔蚀炉墙，损害炉体，故必须设置电磁分离器。

4 粉碎机运转时粉尘大，从安全和工业卫生要求必须有除尘装置。

5 粉碎机运转时噪声较大，从职工卫生和环境的要求，必须采取综合控制噪声的措施，按《工业企业噪声控制设计规范》GBJ 87要求设计。

4.2.6 煤准备系统中各工段生产过程的连续性是很强的，全部设备的启动或停止都必须按一定的顺序和方向来操作。在生产中各机械设备均有出现故障或损坏的可能。当某一设备发生故障时就破坏了整个工艺生产的连续性，进而损坏设备，故作本条规定以防这一恶性事故的发生。应设置带有模拟操作盘的连锁集中控制装置。

4.2.7 直立炉的储煤仓位于炉体的顶层，其形状受到工艺条件的限制及相互布置上的约束而设计为方形。这就造成了下煤时出现“死角”现象，实际下煤的数量只有全仓容量的1/2～2/3（现也有在煤仓底部的中间增加锥形的改进设计）。直立炉的上煤设备检修时间一般为8h。综合以上两项因素，储煤仓总容量按36h用量设计一般均能满足了。某地新建直立炉储煤仓按32h设计，一般情况下操作正常，但当原煤中水分较大不易下煤时操作就较为紧张。所以在本条中推荐储煤仓总容量按36h用煤量计算。

规定辅助煤箱的总容量按2h用煤量计算。这就是说，每生产1h只用去箱内存煤量的一半，保证还余下一半煤量可起密封作用，用以在炉顶微正压的条件下防止炉内煤气外窜，并保证直立炉的安全正常操作。

直立炉正常操作中每日需轮换两门炭化室停产烧空炉，以便烧去炉内石墨（俗称烧煤垢），保证下料通畅。烧垢后需先加焦，然后才能加煤投入连续生产。另外，在直立炉的全年生产过程中，往往在供气量减少时安排停产检修，在这种情况下，为了适应开工投产的需要，故规定“储焦仓总容量按一次加满四门炭化室的装焦量计算”。

对于焦炉储煤塔总容量的设计规定，基本上是依据鞍山焦耐院多年来从设计到生产实践的经验总结。炭化室有效容积大于20m^{3}焦炉总容量一般都是按16h用煤量计算的，有的按12h用煤量计算。焦炉储煤塔容量的大小与备煤系统的机械化水平有很大的关系，因此规定储煤塔的容量均按12～16h用量计算，主要是为了保证备煤系统中的设备有足够的允许检修时间。

4.2.8 煤干馏制气产品产率的影响因素很多，有条件时应作煤种配煤试验来确定。但在考虑设计方案而缺乏实测数据时可采用条文中的规定。

因为煤气厂要求的主要产品是煤气，气煤配入量一般较多，配煤中挥发分也相应增加，因而单位煤气发生量一般比焦化厂要大。根据多年操作实践证明，配煤挥发分与煤气发生量之间有如下关系：

根据一些焦化厂的生产统计数据证明：当配煤挥发分在“28%～30%”时，煤气发生量平均值为“345m^3/t”。但南方一些煤气厂和焦化厂操作条件有所不同，即使在配煤情况相近时，煤气发生量也不相同，因此只能规定其波动范围（见表8）。

表8 焦炉煤气的产率

挥发分（V_f,%）	27	28	29	30
煤气生产量（m^3/t）	324	326	348	360

全焦产率随配煤挥发分增加相应要减少，焦炭中剩余挥发分的多少也影响全焦率的大小。在正常情况下，全焦率的波动范围较小，实际全焦率大于理论全焦率，其差值称为校正系数“a”。煤料的初次产物（荒煤气）遇到灼热的焦炭裂解时会生成石墨沉积于焦炭表面；挥发分越高，其裂解机会越多，“a”值也就越大。

全焦率计算公式：

$$B_{焦} = \frac{100 - V_{干煤}}{100 - V_{干焦}} \times 100 + a \tag{5}$$

$$a = 47.1 - 0.58\frac{100 - V_{干煤}}{100 - V_{干焦}} \times 100 \tag{6}$$

式中 $B_{焦}$——全焦率（%）；

$V_{干煤}$——配煤的挥发分（干基）（%）；

$V_{干焦}$——焦炭中的挥发分（干基）（%）。

本规范所定全焦率指标就是根据此公式计算的。

此公式经焦化厂验证，实际全焦率与理论计算值是比较接近的。生产统计所得校正系数“a”相差不超过1%。

直立炉所产的煤气及气焦的产率与挥发分、水分、灰分、煤的粒度及操作条件有关，条文中所规定各项指标也都是根据历年生产统计资料制定的。

4.2.9 焦炉的结构有单热式和复热式两种。焦炉的加热煤气耗用量一般要达到自身产气量的45%～60%。如果利用其他热值较低的煤气来代替供加热用的优质回炉煤气，不但能提高出厂焦炉气的产量达1倍左右，而且也有利于焦炉的调火操作。各地煤气公司就是采用这种办法。此外，城市煤气的供应在1年中是不均衡的。在南方地区一般是寒季半年里供气量较大。此时焦炉可用热值低的煤气加热；而在暑季的半年里供气量较小，此时又可用回炉煤气加热。所以针对煤气厂的条件来看以采用复热式的炉型较为合适。

4.2.10 本条规定了加热煤气耗热量指标。

当采用热值较低的煤气作为煤干馏炉的加热煤气以顶替回炉煤气时，以使用机械发生炉（含两段机械发生炉或高炉）煤气最为相宜，因为它具有燃烧火焰长，可用自产的中小块气焦（弱粘结烟煤）来生产等项优点。上海、长春、昆明、天津、北京、南京等煤气公司加热煤气都是采用机械发生炉（或两段机械发生炉）煤气。

煤干馏炉的加热煤气的耗热量指标是一项综合性的指标。焦炉的耗热量指标是按鞍山焦耐院多年来的经验总结资料制定的。对炭化室有效容积大于20m^{3}的焦炉。用焦炉煤气加热时规定耗热量指标为

2340kJ/kg。而根据实测数据，当焦炉的均匀系数和安定系数均在 0.95 以上时，3 个月平均耗热量为 2260kJ/kg；当全年的均匀系数和安定系数均在 0.90 以上时，耗热量为 2350kJ/kg。这说明本条规定的指标是符合实际情况的。

根据国务院国办［2003］10 号文件及国家经贸委第 14 号令的精神：今后所建焦炉炭化室高度应在 4m 以上（折合容积大于 20m³）。因此炭化室容积约为 10m³ 和小于 6m³ 的焦炉耗热量指标不再编入本条正文中。故在此条文说明中保留，以供现有焦炉生产、改建时参考（见表 9）。

表 9　焦炉耗热量指标［kJ/kg（煤）］

加热煤气种类	炭化室有效容积（m³）		适用范围
	约 10	＜6	
焦炉煤气	2600	2930	作为计算生产消耗用
发生炉煤气	2930	3260	作为计算生产消耗用
焦炉煤气	2850	3180	作为计算加热系统设备用
发生炉煤气	3140	3470	作为计算加热系统设备用

直立炉的加热使用机械发生炉热煤气，由于热煤气难于测定煤气流量，在制定本条规定时只能根据生产上使用发生炉所耗的原料量的实际数据（每吨煤经干馏需要耗用 180～210kg 的焦），经换算耗热量为 2590～3010kJ/kg。考虑影响耗热量的因素较多，故指标按上限值规定为 3010kJ/kg。

上面所提到的耗热量是作为计算生产消耗时使用的指标。在设计加热系统时，还需稍留余地，应考虑增加一定的富裕量。根据鞍山焦耐院的总结资料，作为生产消耗指标与作为加热系统计算指标的耗热量之间相差为 210～250kJ/kg。本条规定的加热系统计算用的耗热量指标就是根据这一数据制定的。

4.2.11　本条规定了加热煤气管道的设计要求。

1　要求发生炉煤气加热的管道上设置混入回炉煤气的装置，其目的是稳定加热煤气的热值，防止炉温波动。在回炉煤气加热总管上装设预热器，其目的是以防止煤气中的焦油、萘冷凝下来堵塞管件，并使入炉煤气温度稳定。

2　在加热煤气系统中设压力自动调节装置是为了保证煤气压力的稳定，从而使进入炉内的煤气流量维持不变，以满足加热的要求。

3　整个加热管道中必须经常保持正压状态，避免由于出现负压而窜入空气，引起爆炸事故。因此必须规定在加热煤气管道上设煤气的低压报警信号装置，并在管道末端设置爆破膜，以减少爆破时损坏程度。

5　加热煤气管道一般都是采用架空方式，这主要是考虑到便于排出冷凝物和清扫管道。

4.2.12　直立炉、焦炉桥管设置低压氨水喷洒，主要是使氨水蒸发，吸收荒煤气显热，大幅度降低煤气温度。

直立炉荒煤气或焦炉集气管上设置煤气放散管是由于直立炉与焦炉均为砖砌结构，不能承受较高的煤气压力，炉顶压力要求基本上为±0 大气压，防止砖缝由于炉内煤气压力过高而受到破坏，导致泄漏而缩短炉体寿命并影响煤气产率和质量。制气厂的生产工艺过程极为复杂，各种因素也较多，如偶尔逢电气故障、设备事故、管道堵塞时，干馏炉生产的煤气无法确保安全畅通地送出，而制气设备仍在连续不断地生产；同时，产气量无法瞬时压缩减产，因此必须采取紧急放散以策安全。放散出来的煤气为防止污染环境，必须燃烧后排出。放散管出口应设点火装置。

4.2.13　本条规定了干馏炉顶荒煤气管的设计要求。

1　荒煤气管上设压力自动调节装置的主要理由如下：

1）煤干馏炉的荒煤气的导出流量是不均匀的，其中焦炉的气量波动更大，需要设该项装置以稳定压力；否则将影响焦炉及净化回收设备的正常生产。

2）正常操作时要求炭化室始终保持微正压，同时还要求尽量降低炉顶空间的压力，使荒煤气尽快导出。这样才能达到减轻煤气二次裂解，减少石墨沉积，提高煤气质量和增加化工产品的产量和质量等目的，因此需要设置压力调节装置。

3）为了维持炉体的严密性也需要设置压力调节装置以保持炉内的一定压力。否则空气窜入炉内，造成炉体漏损严重、裂纹增加，将大大降低炉体寿命。

2　因为煤气中含有大量焦油，为了保证调节蝶阀动作灵活就要防止阀上粘结焦油，因此必须采取氨水喷洒措施。

3　由于煤气产量不够稳定，煤气总管蝶阀或调节阀的自动控制调节是很重要的安全措施。尤其是当排送机室、鼓风机室或调节阀失常时，必须加强联系并密切注意，相互配合。当调节阀用人工控制调节时，更应加强信号联系。

4.2.14　捣炉与放焦的时间，在同一碳化炉上应绝对错开。捣炉或放焦时，炉顶或炉底的压力必须保持正常。任何一操作都会影响炉顶或炉底的压力，当炉顶与炉底压力不正常，偶尔空气渗入时，煤气与空气混合成爆炸性混合气遇火源发生爆炸，从而使操作人员受到伤害。因此捣炉与放焦之间应有联系信号，应避免在一个炉子上同时操作。

焦炉的推焦车、拦焦车、熄焦车在出焦过程中有密切的配合关系，因此在该设备中设计有连锁、控制装置，以防发生误操作。

4.2.15　设置隔热装置是为了减少上升管散发出来的热量，便于操作工人的测温和调火。

首钢、鞍钢为了改善焦炉的生产环境污染和节约能源，从1981年开始使用以高压氨水代替高压蒸汽进行消烟装煤生产以来，各地焦炉相继采用这项技术，已有20多年的历史了，对减少焦炉冒烟，降低初冷的负荷和冷凝酚水量取得了行之有效的结果，并经受了长时间的考验。

4.2.16 焦炉氨水耗量指标，多年来经过实践是适用的。总结各类焦炉生产情况该指标为6～8m^3/t(煤)，焦炉当采用双集气管时取大值，单集气管时取小值。

直立炉的氨水耗量主要是总结了实际生产数据。指标定为"4m^3/t(煤)"比焦炉低，这是因为直立炉系中温干馏，荒煤气出口温度较低的原因。

高压氨水的耗量一般为低压氨水总耗量的1/30(即3.4%～3.6%)左右。这个数据是一个生产消耗定额，是以一个炭化室每吨干煤所需要的量。当选择高压氨水泵的小时流量时应考虑氨水喷嘴的孔径及焦炉加煤和平煤所需的时间。高压氨水压力应随焦炉炭化室容积不同而不同，这次规范修改是根据1999年焦化行业协会，与会专家一致认为4.3m以下焦炉高压氨水压力1.8～2.5MPa，6m以下焦炉高压氨水压力为1.8～2.7MPa，完全可以满足焦炉的无烟装置操作，结合焦耐设计院近几年设计高压氨水多采用2.2MPa，压力过高影响焦油、氨水质量（煤粉含量高）的意见，因此对高压氨水压力调整为1.5～2.7MPa。每个工程设计在决定高压氨水泵压力时还应考虑焦炉氨水喷嘴安装位置的几何标高。氨水喷嘴的构造形式以及管线阻力等因素。

该条文中所规定的高压氨水的压力和流量指标均以当前几种常用的喷嘴为依据。如果喷嘴形式有较大变化，若设计时将高、低压氨水合用一个喷嘴，那么喷嘴的设计性能既要满足高压氨水喷射消烟除尘要求，又要保证低压氨水喷洒冷却的效果。

低压氨水应设事故用水，其理由是一旦氨水供应出问题，不致影响桥管中荒煤气的降温。事故用水一般是由生产所要求设置的清水管来供应的，为了避免氨水倒流进清水管系统腐蚀管件，该两管不应直接连接。

直立炉氨水总管以环网形连通安装，可避免管道未端氨水压力降得太多而使流量减少。

4.2.17 废热锅炉的设置地点与锅炉的出力有很大关系。同样形式的两台废热锅炉由于安装高度不一样，结果在产气量上有明显差别（见表10）。

表10 废热锅炉产气量的比较

放置地点	废气进口温度、产气量		蒸气压力(MPa)	引风机功率(kW)
	℃	t/h		
+14m标高处	900	6～7	0.637	23
±0m标高处	800	5～6	0.558	55

注：废气总管标高为+8.5m处。

废热锅炉有卧式、立式、水管式与火管式、高压与低压等种类。采用火管式废热锅炉时，应留有足够的周围场地与清灰的措施，有利于清灰。

在定期检修或抢修期间，检修动力机械设备、各种类型的泵、调换火管等工作要求周围必须留有富裕的场地，便于吊装，有利于改善工作环境，并缩短检修周期。一般每一台废热锅炉的安全运行期为6个月，82英寸30门直立炉附属废热锅炉的每小时蒸汽产量可达6t左右。

采用钢结构时，结构必须牢固，在运行中不应有振动，防止机械设备损坏，影响使用寿命或造成环境噪声。

4.2.18 本条规定了直立炉熄焦系统的设计要求。

1 本款规定主要是保证熄焦水能够连续（排焦是连续的）均衡供应。从三废处理角度出发，熄焦水中含酚水应循环使用，以减少外排的含酚污水量。

2 排焦传动装置采用调速电机控制，可达到无级变速，有利于准确地控制煤斤行速。

3 当焦炭运输设备一旦发生故障而停止运转进行抢修1～2h时，还能保持直立炉的生产正常进行。因此，排焦箱容量须按4h排焦量计算。

采用弱粘结性块煤时，为防止炉底排焦轴失控，造成脱煤、行速不均匀甚至造成爆炸的事故，炉底排焦箱内必须设置排焦控制器。现国内外已在W-D连续直立炉的排焦箱内推广应用。

4 为了减轻劳动强度、减少定员，人工放焦应改成液压机械排焦。为此，本款规定排焦门的启闭宜采用机械化设备，这是必要和可能的。

5 熄焦过程是在排焦箱内不断地利用循环水进行喷淋，每2h放焦一次，焦内含水量一般在15%左右。当焦中含水分过高、含屑过多时，筛焦设备在分筛统焦过程中就会遇到困难，不易按级别分筛完善，不利于气化生产的原料要求与保证出售商品焦的质量。因此，不论采取什么运输方式，在运输过程中应有一段沥水的过程，以便逐步减少统焦中的水分，一般应考虑80s的沥水时间，从而有利于分筛。80s系某厂三组炭化炉自放焦、吊焦至筛焦的实测沥水时间的平均值。

4.2.19 湿法熄焦是目前焦化工业普遍采用的方法。载有赤热焦炭的熄焦车开进熄焦塔内，熄焦水泵自动(靠电机车压合极限开关或采用无触点的接近开关)喷水熄焦。并能按熄焦时间自动停止。熄焦时散发出含尘蒸汽是污染源，因此熄焦塔内应设置捕尘装置，效果尚好。熄焦用水量与熄焦时间是长期实践总结出的生产指标，可作为熄焦水泵选择的依据。

熄焦后的水经过沉淀池将粉焦沉淀下来，澄清后的水继续循环使用。因此沉淀池的长、宽尺寸应能满足粉焦的完全沉降，以及考虑粉焦抓斗在池内操作，以降低工人体力劳动强度。

提出大型焦化厂应采用干法熄焦。由于大型焦炉产量高，如 100 万 t/a 规模的焦化厂每小时出焦量 114t，并根据宝钢干熄焦生产经验，1t 红焦可产生压力 4.6MPa，温度为 450℃的中压蒸汽 0.45t，是节能、改善焦炭质量和环境保护的有效措施；但由于基建投资高，资金回收期长，所以只有大型焦化厂采用。

4.2.20 在熄焦过程中蒸发的水量为 0.4m^3/t 干煤，最好是由清水进行补充，但为了减少生产污水的外排量，可以使用生化处理后符合指标要求的生化尾水补充。

4.2.21 焦台设计各项数据是根据鞍山焦耐院对放焦过程的研究资料，以及该院对各厂的生产实践归纳出来的经验和数据而做出的。经测定及生产经验得知，运焦皮带能承受的温度一般是 70～80℃，因此要求焦炭在焦台上须停留 30min 以上，以保证焦炭温度由 100～130℃降至 70～80℃。

4.2.22 熄焦后的焦炭是多级粒度的混合焦，根据用户的需要须设筛焦楼，将混合焦粒度分级。综合冶金、化工、机械等行业的需要，焦炭筛分的设施按直接筛分后焦炭粒度大于 40mm、40～25mm、25～10mm 和小于 10mm，共 4 级设计。为满足铁合金的需要，有些焦化厂还将小于 10mm 级的焦炭筛分为 10～5mm 和小于 5mm 两级，前者可用于铁合金。也有焦化厂为了供铸造使用，将大于 60～80mm 筛出。(详见《冶金焦炭质量标准》GB 1996，《铸造焦炭质量标准》GB 8729)。有利于经济效益和综合利用。

城市煤气厂生产的焦炭必须要有储存场地以保证正常的生产。对于采用直立炉的制气厂，厂内一般都设置配套的水煤气炉和发生炉设施。故中、小块以及大块焦都直接由本厂自用，经常存放在储焦场地上的仅为低谷生产任务时的大块焦和一部分中、小块焦。因此储焦场地的容量为“按 3～4d”产焦量计算就够了。

采用炭化室有效容积大于 20m^3 焦炉的制气厂焦炭总产量中很大部分是供给某一固定钢铁企业用户的。一般是按计划定期定量地采用铁路运输方式由制气厂向钢铁企业直接输送焦炭。

筛分设备在运行时，振动扬尘很大，从安全和工业卫生要求必须有除尘通风设施。

4.2.23 在筛焦楼内设有储焦仓，对于直立炉的储焦仓容量规定按 10～12h 产焦量确定。这是根据目前生产厂的生产实践经验提出的。80 门直立炉二座筛焦楼，其储焦仓容量约为 11h 产焦量，从历年生产情况看已能满足要求。

焦炉的储焦仓容量按 6～8h 产焦量的规定，基本上是按照鞍山焦耐院历年来对各厂的生产总结资料确定的。生产实践证明不会影响焦炉的正常操作。

4.2.24 储焦场地应平整光洁，对倒运焦炭有利。

4.2.25 独立炼焦制气厂在铁路或公路运输周转不开的情况下，才需要将必须落地的焦炭存放在储焦场内。储焦场的操作容量，当铁路运输时，宜采用 15d 产焦量；当采用公路运输时，宜采用 20d 产焦量。

4.2.26 直立炉的气焦用于制气时一般可采用两种工艺：一为生产发生炉煤气，二为生产水煤气。发生炉的原料要求使用中、小块气焦，既有利于加焦，又有利于气化，另外成本也较低，因此将自产气焦制作发生炉煤气是较为合理的。水煤气的原料要求一般是大块焦。用它生产的水煤气成本高，作为城市煤气的主气源是不经济和不安全的。所以规定这部分生产的水煤气只供作为调峰掺混气，以适应不经常的短期高峰用气的要求。

注：大块焦为 40～60mm，中、小块焦为 25～40mm 和 25～10mm。

4.3 煤的气化制气

4.3.1 煤的气化制气的炉型，本次规范修编由原有煤气发生炉、水煤气发生炉 2 种炉型基础上，又增加了两段煤气发生炉、两段水煤气发生炉和流化床水煤气炉等 3 种炉型，共 5 种炉型。

1 两段煤气发生炉和两段水煤气发生炉的特点是在煤气发生炉或水煤气发生炉的上部。增设了一个干馏段，这就可以广泛使用弱粘性烟煤，所产煤气，不但比常规的发生炉煤气、水煤气的发热量高，而且可以回收煤中的焦油。1980 年以来两段煤气发生炉，在我国的机械、建材、冶金、轻工、城建等行业作为工业加热能源广泛地被采用。粗略的统计有近千台套，两段水煤气发生炉已被采用作为城镇燃气的主气源（如：秦皇岛市、阜新市、威海市、保定市、白银市、汉阳市、安亭县等），但该煤气供居民用 CO 指标不合格，应采取有效措施降低 CO 含量。

这两种炉型，国内开始采用时，是从波兰、意大利、法国、奥地利等国引进技术，（国外属 20 世纪 40 年代技术）后通过中国市政工程华北设计研究院、机械部设计总院、北京轻工设计院等单位消化吸收，按照中国的国情设计出整套设备和工艺图纸，一些设备厂家也成功地按图制造出合格的产品，满足了国内市场的需要。取得了各种生产数据，达到预想的结果。所以该工艺在技术上是成熟的，在运行时是安全可靠的。

2 流化床水煤气炉，是我国自行研制的一种炉型，是由江苏理工大学（江苏大学）研究发明：1985 年承担国家计委节能局“沸腾床粉煤制气技术研究”课题（节科 8507 号）建立 ϕ500mm 小型试验装置，1989 年通过机电部组织的部级鉴定（机械委〈88〉教民 005 号）；1989 年又提出流化床间歇制气工艺，并通过 ϕ200mm 实验装置的小试，1990 年在镇江市灯头厂建立 ϕ400mm 的流化床水煤气试验示范站，日产气 3000m³，为工业化提供了可靠的技术数据及放大经验，并获国家发明专利（专利号ZL90105680.4）。1996 年郑州永泰能源新设备有限公司从江苏理工大学购置粉煤流化床水煤气炉发明专利的实施权，经过开发 1998 年完成 φ1.6m 气化炉的工业装置成套设备，并建成郑州金城煤气站 3×φ1.6m 炉，日供煤气量 48000m³，向金城房地产公司居民小区供气，经过生产运行，气化炉的各技术指标达到设计要求。同年由国家经贸委委托河南省经贸委组织中国工程院院士岑可法教授等 12 位专家对"常压流化床水煤气炉"进行了新产品（新技术）鉴定（鉴定验收证号、豫经贸科鉴字 1999/039）；河南省南阳市建设 5×φ1.6m 气化炉煤制气厂，日产煤气 10 万 m³（采用沼气、LPG 增热），1999 年 9 月向市区供气。该产品被国家经贸委、国经贸技术（1999）759 号文列为 1999 年度国家重点新产品。

郑州永泰能源新设备有限公司，在此基础上又进行多项改进，并放大成 φ2.5m 炉，逐步推广到工业用气领域。

近年来上海沃和拓新科技有限公司购买了该技术实施权从事流化床水煤气站工程建设。目前采用该技术的厂家有：文登开润曲轴有限公司、南阳市沼气公司、鲁西化工；正在兴建的有高平铸管厂、二汽襄樊基地第二动力分厂、贵州毕节市、新余恒新化工、兴义市等。

总的说来该炉型号以粉煤作原料，采用鼓泡型流化床技术，根据水煤气制气工艺原理，制取中热值煤气，工艺流程短、产品单一。经过开发、制造、建设、运行、取得了可靠成熟的经验，可作为我国利用粉煤制气的城市（或工业）煤气气源。

2002 年国家科学技术部批准江苏大学为《国家科技成果重点推广计划》项目"常压循环流化床水煤气炉"的技术依托单位［项目编号 2002EC000198］。

4.3.2 煤的气化制气，所产煤气一般是热值较低，煤气组分中一氧化碳含量较高，如要作为城市煤气主气源，前者涉及煤气输配的经济性，后者与煤气使用安全强制性要求指标（CO 含量应小于 20%）相抵触，因此提出必须采取有效措施使气质达到现行国家标准《人工煤气》GB 13612 的要求。

4.3.3 气化用煤的主要质量指标的要求是根据《煤炭粒度分级》GB 189、《发生炉煤气站设计规范》GB 50195、《常压固定床煤气发生炉用煤质量标准》GB 9143 以及现有煤气站实际生产数据总结而编写的。

1 根据气化原理，要求气化炉内料层的透气性均匀，为此选用的粒度应相差不太悬殊，所以在条文中发生炉煤气燃料粒度不得超过两级。

当发生炉、水煤气作为煤气厂辅助气源时，从煤气厂整体经济利益考虑并结合两种气化炉对粒度的实际要求，粒度 25mm 以上的焦炭用于水煤气炉，而不用于发生炉。当煤气厂自身所产焦炭或气焦，其粒度能平衡时发生炉也可使用大于 25mm 的焦炭或气焦。其粒度的上、下限可放宽选用相邻两级。

煤的质量指标：

灰分：《固定床煤气发生炉用煤质量标准》GB 9143 规定，发生炉用煤中含灰分的要求小于 24%。由于煤气厂采用直立炉作气源时，要求煤中含灰分小于 25%，制成半焦后，其灰分上升至 33%。从煤气厂总体经济利益出发，这种高灰分半焦应由厂内自身平衡，做水煤气炉和发生炉的原料。由于中块以上的焦供水煤气炉，小块焦供发生炉，条文中规定水煤气炉用焦含灰分小于 33%；发生炉用焦含灰分小于 35%。

灰熔点（ST）：在煤气厂中，发生炉热煤气的主要用途是作直立炉的加热燃料气，加热火道中的调节砖温度约 1200℃，热煤气中含尘量较高，当灰熔点低于 1250℃，灰渣在调节砖上熔融，造成操作困难。所以在条文中规定，当发生炉生产热煤气时，灰熔点（ST）应大于 1250℃。

2 两段煤气（水煤气）发生炉如果炉内煤块大小相差悬殊，会使大块中挥发分干馏不透，影响了干馏和气化效果，因此条文中规定用煤粒度限使用其中的一级。所使用的煤种主要是弱粘结性烟煤，为了提高煤气热值，并扩大煤源，条文中规定干基挥发分大于、等于 20%。煤中干基灰分定为小于、等于 25%，其理由是两段炉干馏段内半焦产率约为 75%～80%，则进入气化段的半焦灰分不致高于 33%。

煤的自由膨胀序数（F.S.I）和罗加指标（R.I）代表烟煤的粘结性指标（GB 5447，GB 5449），两个指标起互补作用。本条文规定的指标数值对保证炉子的安全生产有很大的意义，如果指标过高，煤熔融的粘结性（膨胀量）超过干馏段的锥度，则煤层与炉壁粘附导致不能均匀下降，此时必须采取打钎操作，这样不但造成煤层不规则的大幅度下降，而且钎头多次打击炉壁，而使炉膛损坏。我国两段炉大都使用大同煤、阜新煤、神府煤等（F.S.I）均小于 2，（R.I）小于 20。

两段炉使用弱粘结性烟煤，其热稳定性优于无烟煤，因此仍采用一段炉对煤种热稳定性指标大于 60%。

两段炉加煤时，煤的落差较一段炉小，但两段炉标高较高，煤提升高度大，因此对用煤抗碎强度的规定不应低于一般炉的 60%的要求。

根据我国煤资源情况提出煤灰熔融性软化温度大于、等于 1250℃，是能达到的，满足了两段炉生产的要求，不会产生结渣现象。

3 流化床水煤气炉对煤的粒度要求，最好是采用粒度（1～13mm）均匀的煤。目前实际供应的末煤小于 13mm 或小于 25mm 的较多，为了防止煤气的带出物过多，使灰渣含碳量降低，对1mm以下，大于13mm以上煤分别规定为小于10%和小于15%的要求。当使用烟煤作原料时，要求罗加指数小于45，以防流化床气化时产生煤干馏粘结。流化床气化，气化速度比固定床煤气化反应时间短，速度要高得多，故提出要求煤的化学反应性（a）大于30%。

4 各气化用煤的含硫量均控制在1%以内，是当前我国的环境保护政策的要求，高硫煤不准使用。

5 气化用煤的各质量指标的测定应按国家煤炭试验标准方法进行（详见表7）。

4.3.5 本条文是按气化炉为三班连续运行规定的，否则，煤斗中有效储量相应减少。

按《发生炉煤气站设计规范》GB 50195规定，运煤系统为一班制工作时，储煤斗的有效储量为气化炉18～20h耗煤量；运煤系统为两班制工作时，储煤斗的有效储量为气化炉12～14h耗煤量；而本条文的有效储煤量的上、下限分别增加2h。因为在煤气厂中干馏炉、气化炉和锅炉等四大炉的上煤系统基本是共用的，在运煤系统前端运输带出故障修复后，四大炉需要依次供煤，排在最后供煤系统的气化炉，煤斗容量应适当增大。

备煤系统不宜按三班工作的理由是为了留有设备的充裕的检修时间。

4.3.7 各种煤气化炉煤气低热值指标的规定与炉型，工艺特点，煤的质量（气化用煤主要质量指标见表4.3.3）操作条件都有关。本条文提出的指标在正常操作条件下，一般是可以达到的，如果用户有较高的要求，可采用热值增富方法（如富氧气化或掺入LPG等）。

4.3.8 气化炉吨煤产气率指标与选用的炉型有关，如W-G型炉比D型炉产气量要高，煤的质量与气化率也有密切的关系，如大同煤的气化率较高。煤的粒度大小与均匀性也直接影响气化炉的产气率。所以，本条文写明要把各种因素综合加以考虑。对已用于煤气站气化的煤种，应采用平均产气率指标（指在正常、稳定生产条件下所达到的指标）。对未曾用于气化的煤种，要根据气化试验报告的产气率确定。本条文提出的产气率指标是在缺乏上述条件时，供设计人员参考。表4.3.8中的数据，由中国市政工程华北设计研究院、中元国际工程设计研究院、郑州永泰能源新设备有限公司等单位提供。

4.3.9 本条文规定气化炉每1～4台以下宜另设一台备用，主要是城市煤气厂供气不允许间断，设备的完好率要求高。根据城市煤气厂（设有煤干馏炉、水煤气、发生炉）气化炉的检修率一般在25%左右，对于流化床水煤气炉，该设备无转动机械部件，检修、开停方便，其设备备用率，目前尚无实践总结资料，故本条文暂按固定床气化炉情况确定。

4.3.10 对水煤气发生炉、两段水煤气发生炉，以3台编为一组再备用1台最佳，因为鼓风阶段约占1/3时间。3台炉共用1台鼓风机比较合理。而流化床水煤气的鼓风（或制气）阶段约为1/2时间，因此建议2台编为一组。由于这些气化炉均属于间歇式制气采用上述编制方法，可以保持气量均衡，这样可以合用一套煤气冷却和废气处理及鼓风设备，对于节约投资，方便管理，都有好处，实践证明是经济合理的。

目前流化床水煤气炉鼓风气温度较高，在高温阀门国内尚未解决前，其废热锅炉与气化炉应按一对一布置，便于生产切换。

4.3.12 一般循环制气炉的缓冲气罐，由于气量变化频繁，罐的上下位置移动大，若采用小型螺旋气罐易于卡轨，很多煤气厂均有反映，不得不改为直立式低压储气罐。该罐的容积定为0.5～1倍煤气小时产气量，完全满足需要。

4.3.13 循环制气炉因系间歇制气，作为气化剂的蒸汽也是间歇供应的，但锅炉是连续生产的。而气化炉使用蒸汽是间歇的，故应设置蒸汽蓄能器，作为蒸汽的缓冲容器。由于蒸汽蓄能器不设备用，其系统中配套装置与仪表一旦破坏，就无法向煤气炉供应蒸汽。因此，煤气站宜另设一套备用的蒸汽系统，以保证正常生产。

4.3.14 由于并联工作台数过多，其不稳定因素增加，且造成阻力损失，本条文规定并联工作台数不宜超过3台。

4.3.15 在煤气厂中，水煤气一般作为掺混气，掺混量约1/3。与干馏气掺混后经过脱硫才能供居民使用，而干法脱硫的最佳操作温度为25～30℃，极限温度为45℃。在煤气厂内干馏煤气在干法脱硫箱前将煤气冷却至25℃左右，与35℃的水煤气混合后的温度约28.3℃，仍在脱硫最佳操作温度的范围内。

在煤气厂中发生炉冷煤气除作干馏气的掺混气外，主要作焦炉的加热气。如果发生炉煤气的温度增高，将影响煤气排送机的输送能力和煤气热量的利用，最终将影响焦炉加热火道的温度，造成燃料的浪费，故规定冷煤气温度不宜超过35℃。

热煤气在煤气厂中用作直立炉的加热气，发生炉燃料多采用直立炉的半焦，焦油含量少，故规定热煤气不低于350℃（近年来，煤气厂发生炉煤气站多选用W-G型炉，其出口温度约300～400℃）。

煤气厂中发生炉冷煤气作为焦炉加热，并通过焦炉的蓄热室进行预热，为防止蓄热室被堵塞，故该煤气中的灰尘和焦油雾，应小于20mg/m^3。

煤气厂的热煤气一般供直立炉加热，而热煤气目前只能作到一级除尘（旋风除尘器除尘），所以煤气中含尘量仍很高，约300mg/m^3。因此，在设计煤气管道时沿管道应设置灰斗和清灰口，以便清除灰尘。

4.3.16 煤气厂中的发生炉煤气站一般采用无烟煤或本厂所产焦炭、半焦作原料，所得焦油流动性极差。

当煤气通过电气滤清器时，焦油与灰尘沉降在沉淀极上结成岩石状物，不易流动，很难清理。所以本条文规定发生炉煤气站中电气滤清器应采用有冲洗装置或能连续形成水膜的湿式装置。如上海浦东煤气厂的气化炉以焦炭为原料，采用这种形式的电气滤清器已运转多年，电气滤清器本身无焦油灰尘沉淀积块，管道无堵塞现象。

4.3.17 煤气厂中，煤气站基本采用焦炭和半焦为原料，所产焦油流动性极差，如用间接冷却器冷却，焦油和灰尘沉积在间冷器的管壁上，使冷却效果大大降低，且这种沉积物坚如岩石，很难清除，故本条规定煤气的冷却与洗涤宜采用直接式。

按本规范第 4.3.15 规定冷煤气温度不应高于 35℃。因此，作为煤气站最终冷却的冷循环水，其进口温度不宜高于 28℃，这个条件对煤气厂来说是做得到的，因为煤气厂主气源的冷却系统基本设有制冷设备，适当增加制冷设备容量在夏季煤气站的冷循环水进口水温即可满足不高于 28℃的要求。

热循环水主要供竖管净化冷却煤气用，水温高时，水的蒸发系数大，热水在煤气中蒸发，吸热达到降温作用，再有水中焦油黏度小，水系统堵塞的机会少，而且其表面张力小，较易润湿灰尘，便于除尘。故规定热循环水温度不应低于 55℃。热循环水系统除了由冷循环水补充的部分冷水及自然冷却降温外，没有冷却设备，在正常情况下，热平衡的温度均不小于 55℃。

4.3.21 放散管管口的高度应考虑放散时排出的煤气对放散操作的工人及周围人员影响，防止中毒事故的发生。因此，规定必须高出煤气管道和设备及走台 4m，并离地面不小于 10m。

本条文还规定厂房内或距离厂房 10m 以内的煤气管道和设备上的放散管管口必须高出厂房顶部 4m，这也是考虑在煤气放散时，屋面上的人员不致因排出的煤气中毒，煤气也不会从建筑物天窗、侧窗侵入室内。

4.3.22 为适应煤气净化设备和煤气排送机检修的需要，应在系统中设置可靠的隔断煤气措施，以防止煤气漏入检修设备而发生中毒事故，所以在条文中作出了这方面的规定。

4.3.23 电气滤清器内易产生火花、操作上稍有不慎即有爆炸危险，根据《发生炉煤气设计规范》GB 50195 编制组所调查的 65 个电气滤清器均设有爆破阀，生产工厂也确认电气滤清器的爆破阀在爆炸时起到了保护设备或减轻设备损伤的作用。所以本条文规定电气滤清器必须装设爆破阀。《发生炉煤气设计规范》GB 50195编制组调查中，多数工厂单级洗涤塔设有爆破阀，但在某些工厂发生了几起由于误操作或动火时不按规定造成严重爆炸事件，故条文中规定“宜设有爆破阀”以防止误操作时发生爆炸事故。

4.3.24 本条文规定厂区煤气管道与空气管道应架空敷设，其理由如下：

1 水煤气与发生炉煤气一氧化碳含量很高，前者高达 37%，后者约 23%～27%，毒性大且地下敷设漏气不易察觉，容易引起中毒事故。

2 水煤气与发生炉煤气中杂质含量较高，冷煤气的凝结水量较大，地下敷设不便于清理、试压和维修，容易引起管道堵塞，影响生产。

3 地下敷设基本费用较高，而维护检修的费用更高。

因此，厂区煤气管道和空气管道采用架空敷设既安全又经济，在技术上完全能够做到。

由于热煤气除采用旋风除尘器外，无其他更有效的除尘设备，而旋风除尘器的效率约 70%。当产量降低时，除尘器的效率更低，因此旋风除尘器后的热煤气管道沿线应设有清灰装置，以便定时清除沿线积灰，保证管道畅通。

4.3.25 爆破膜作为空气管道爆炸时泄压之用，其安装位置应在空气流动方向管道末端，因为管末端是薄弱环节，爆破时所受冲击力较大。

关于煤气排送机前的低压煤气总管是否要设置爆破阀或泄压水封的问题，根据《发生炉煤气设计规范》GB 50195 编制组调查：因停电或停制气时，易有空气渗漏至低压煤气管内形成爆炸性混合气体，故本条文提出应设爆破阀和泄压水封。

4.3.26 根据我国煤气站几十年的经验，本条文规定的水封高度是能达到安全生产要求的。

热煤气站使用的湿式盘阀水封高度有低于本规范表 4.3.26 中第一项的规定，这种盘阀之所以允许采用，有下列几种原因：

1 由于大量的热煤气经过湿式盘阀，要考虑清理焦油渣的方便；为了经常掏除数量较多的渣，水封不能太高；

2 热煤气站煤气的压力比较稳定，一般不产生负压，水封安全高度低一些，也不致进入空气引起爆炸；

3 湿式盘阀只能装在室外，不允许装在室内，以防止炉出口压力过高时水封被突破，大量煤气逸出引起事故。

这种盘阀的有效水封高度不受表 4.3.26 的限制，但应等于最大工作压力（以 Pa 表示）乘 0.1 加 50mm 水柱。由于这种盘阀只能在室外安装，允许降低其水封高度，并限于在热煤气系统中使用，所以在本条文中加注。

4.3.27 本条规定了设置仪表和自动控制的要求。

1 设置空气、蒸汽、给水和煤气等介质计量装置，是经济运行和核算成本所必须的。

4 饱和空气温度是发生炉气化的重要参数，采用自动调节，可以保证饱和空气温度的稳定，使其能控制在±0.5℃范围内，从而保证了煤气的质量。特别是在煤气负荷变化较大时，有利于炉子的正常运行。

6 两段炉上段出口煤气温度，一般控制在120℃左右。控制方式是调节两段炉下段出口煤气量。

7 汽包水位自动调节，是防止汽包满水和缺水的事故发生。

8 气化炉缓冲柜位于气化装置与煤气排送机之间，缓冲柜到高限位时，如不停止自动控制机运转将有顶翻缓冲柜的危险。所以本条文规定煤气缓冲柜的高位限位器应与自动控制机连锁。当煤气缓冲柜下降到低限位时，如果不停止煤气排送机的运转将发生抽空缓冲柜的事故。因此规定循环气化炉缓冲柜的低位限位器与煤气排送机连锁。

9 循环制气煤气站高压水泵出口设有高压水罐，目的是保持稳定的压力，供自动控制机正常工作，但当压力下降到规定值时，便无法开启和关闭有关水压阀门，将导致危险事故发生。因此规定高压水罐的压力应与自动控制机连锁。

10 空气总管压力过低或空气鼓风机停车，必须自动停止煤气排送机，以保证煤气站内整个气体系统正压安全运行。所以两者之间设计连锁装置。

11 电气滤清器内易产生火花、操作上稍有不慎即有爆炸危险，因此为防止在电气滤清器内形成负压从外面吸入空气引起爆炸事故，特规定该设备出口煤气压力下降至规定值（小于50Pa）、或气化煤气含氧量达到1%时即能自动立即切断电源；对于设备绝缘箱温度值的限制是因为煤气温度达到露点时，会析出水分，附着在瓷瓶表面，致使瓷瓶耐压性能降低、易发生击穿事故。所以一般规定绝缘保温箱的温度不应低于煤气入口温度加25℃（《工业企业煤气安全规程》GB 6222），否则立即切断电源。

12 低压煤气总管压力过低，必须自动停止煤气排送机，以保证煤气系统正压安全运行，压力的设计值和允许值应根据工艺系统的具体要求确定。

13 气化炉自动加煤一般依据炉内煤位高度、炉出口煤气温度及炉内火层情况，设置自动加煤机构，保持炉内的煤层稳定。气化炉出灰都是自动的，但在某一质量的煤种的条件下，在正常生产时煤、灰量之比是一定的。因此自动加煤机构和自动出灰机构一定要互相协调连锁。

14 本条是为循环制气的要求而编制的。循环气化炉（水煤气发生炉、两段水煤气发生炉、流化床水煤气炉）的生产过程：水煤气炉是“吹风—吹净—制气—吹净”（每个循环约420s），流化床水煤气是“吹风—制气—吹风”（每个循环约150s）周而复始进行，在各阶段中有几十个阀门都要循环动作，这就需要设置程序控制器指挥自动控制机的传动系统按预先所规定的次序自动操作运行。

4.4 重油低压间歇循环催化裂解制气

4.4.1 本条规定了重油的质量要求。

我国虽然规定了商品重油的各种牌号及质量标准，但实际供应的重油质量不稳定，有时甚至是几种不同油品的混合物。为了满足工艺生产的要求，本条文中针对作为裂解原料的重油规定了几项必要的质量指标要求。

对条文的规定分别说明如下：

1 碳氢比（C/H）指标：绝大多数厂所用重油的C/H指标都在7.5以下，C/H越低，产气率越高，越适合作为制气原料。根据上述情况，作出“C/H宜小于7.5”的规定。

2 残炭指标：残炭量的大小决定积炭量的多少，如果积炭量多就会降低催化剂的效果，并提高焦油产品中游离碳的含量，造成处理上的困难。一般说来残碳值比较低的重油适宜于造气。故对残炭的上限值有所限制，规定了“小于12%”的指标要求。

4.4.2 确定原料油储存量的因素较多，总的来说要根据原料油的供应情况、运输方式、运距以及用油的不均衡性等条件进行综合分析后确定。

炼油厂的检修期一般为15d左右，在这一期间制气厂的原料用油只能由自己的储存能力来解决。储存能力的大小既要考虑满足生产需要，又要考虑占地与基建投资的节约。综合以上因素，确定为：“一般按15～20d的用油量计算”。

4.4.3 本条规定了工艺和炉型的选择要求。

重油催化裂解制气工艺所生产的油制气组分与煤干馏制取的城市燃气组分较为接近，可适应目前使用的煤干馏气灶具。且由于催化裂解制气的产气量较大，粗苯质量较好，所以经济效果也是比较好的。另外，副产焦油含水较低，这对综合利用提供了有利条件。因此用于城市燃气的生产应采用催化裂解制气工艺。

采用催化裂解制气工艺时，要求催化剂床温度均匀，上下层温度差应在±100℃范围内，不宜再大；同时要求催化剂表面尽量少积炭，以防止局部温度升高；也不允许温度低的蒸汽直接与催化剂接触。以上这些要求是一般单、双筒炉难以达到的，而三筒炉则容易满足。

4.4.4 本条规定了重油低压间歇循环催化裂解制气工艺主要设计参数。

1 反应器的液体空间速度。

反应器液体空间速度的选取对确定炉体的大小有着直接关系。催化裂解炉实际液体空间速度与工艺计算选用的液体空间速度一般相差不大，根据国内几个厂的实际液体空间速度的数据，规定催化裂解制气的液体空间速度为0.6～0.65$m^3/(m^3 \cdot h)$。

4 关于加热油用量占总用油量的比例。加热油量占总用油量的比例与炉子大小有关，也与操作管理水平有关。现有厂的加热油量占总用油量的实际比例在15%～16%。

5 过程蒸汽量与制气油量之比值。

重油裂解主要产物为燃气和焦油，它受到裂解温度、液体空间速度和过程蒸汽量等较多条件和因素的综合影响，如处理不好就会增加积炭。因此不能孤立地确定水蒸气与油量之比值，它要受裂解温度、液体空间速度和催化床厚度等具体条件的约束，应综合考虑燃气热值和产气率的相互关系，随着过程蒸汽量与油量之比值的增加将会提高裂解炉的得热，同时对煤气的组成也有很大的影响。采用过程蒸汽的目的是促进炉内产生水煤气反应，同时要控制油在炉内停留时间以保证正常生产。

据国外资料报道：日本北港厂建的13.2万m^3/(d·台）蓄热式裂解炉，从平衡含氢物质的计算中推算出过程蒸汽中水蒸气分解率仅为23%，可说明在一般情况下，过程蒸汽在炉内之作用和控制在炉内停留时间二者间的数量关系；根据日本冈崎建树所作的“油催化裂解实验的曲线”中可看出随着水蒸气和油比例的增加而气化率直线增加，热值直线下降，而总热量则以缓慢的二次曲线的坡度增加。其中：H_2增加最明显；CO的增加极少；CO_2几乎不变；CH_4和重烃类的组分有降低。说明了水蒸气和碳反应生成的H_2和CO都不多，主要是热分解促进了H_2的生成。所以过多的水蒸气对炉内温度、油的停留时间都不利。一般蒸汽与油的比值应为1.0～1.2范围，实际多取1.1～1.2较为适宜。

7 关于每吨重油催化裂解产品产率。煤气产率要根据产品气的热值确定。产品气的热值高，煤气产率低，相反，产品气的热值低，煤气产率就高，一般煤气低热值按21MJ/m^3时，煤气产率约为1100～1200m^3。

8 我国有催化剂的专业性生产厂，其含镍量可根据重油裂解制气工艺要求而不同。目前使用的催化剂含镍量为3%～7%。

4.4.5 重油制气炉在加热期产生的燃烧废气温度较高，对余热应加以利用。对于1台10万m^3/d的油制气装置，废气温度如按550℃计，每小时大约可生产2.3t蒸汽（饱和蒸汽压力为0.4MPa）。鼓风期产生的燃烧废气中含有的热量大约相当于燃烧时所用加热油热量的80%。如2台油制气炉设1台废热锅炉，则其产生的蒸汽可满足过程蒸汽需要量的一半，因此这部分相当可观的热量应该予以回收和利用。

因重油制气炉生产过程中会散出大量的尘粒（炭粒）污染周围环境，根据环境保护的要求应设置除尘装置。重油制气装置在不同操作阶段排放出不同性质的废气。在一加热、二加热和烧炭阶段中，烟囱排出的是燃烧废气，其中除了有二氧化碳外，还夹带着大量的烟尘炭粒。通过旋风除尘和水膜除尘设备或其他有效的除尘设备后，使含尘量小于1g/m^3，再通过30m以上的烟囱排放以符合环保要求。

4.4.6 重油循环催化裂解装置生产是间歇的，生产过程中蒸汽的需要也是间歇的，而且瞬时用汽量较大，而锅炉则是连续生产的，因此应设蒸汽蓄能器作为蒸汽的缓冲容器。

4.4.7 油制气炉的生产系间歇式制气，为了保持产气均衡、节约投资、管理方便，所以规定每2台炉编为一组，合用一套煤气冷却系统和动力设备，这种布置已经在实践中证明是经济合理的。

4.4.8 重油制气的冷却在开发初期一直选用煤气直接式冷却的方法。直接式冷却对焦油和萘的洗涤、冷凝都是有利的，可以洗下大量焦油和萘，减少净化系统的负荷及管道堵塞现象。考虑到污染的防治，设计中改用了间接冷却方法，效果较好，减少了大量的污水，同时也消除了水冷却过程中的二次污染现象，至于采用间冷工艺后管道堵塞问题，可以采取措施解决。如北京751厂的运行经验，在设备上用加热循环水喷淋，冬季进行定期的蒸汽吹扫，没有发生因堵塞而停止运行。如上海吴淞制气厂在1992年60万m^3/d重油制气工程中，兼顾了直冷和间冷的优点，采用了直冷—间冷—直冷流程，取得了很好的效果。

4.4.9 本条规定了空气鼓风机的选择。

空气鼓风机的风压应按空气、燃烧废气通过反应器、蒸汽蓄热器、废热锅炉等设备的阻力损失和炉子出口压力之和来确定。也就是应按加热期系统的全部阻力确定。

4.4.11 本条规定是根据现有各厂的实际情况确定的。一般规模的厂原料油系统除设置总的储油罐外，均设中间油罐。原料油经中间油罐升温至80℃，再经预热器进入炉内，这样既保证了入炉前油温符合要求，也节省了加热用的蒸汽量。对于规模小的输油系统也有个别不设中间油罐，而直接从总储油罐处将重油加热到入炉要求的温度。

4.4.12 设置缓冲气罐的主要目的是为了保证煤气排送机安全正常运转，起到稳定煤气压力的作用，有利于整个生产系统的操作。缓冲气罐的容积各厂不一，其容量相当于20min到1h产气量的范围。根据各地调查，从历年生产经验来看，该罐不是用作储存煤气，而是仅作缓冲用的，因此容量不应太大。一般按0.5～1.0h产气量计算已能满足生产要求。

据沈阳、上海等厂的实际生产情况，都发现进入缓冲气罐的煤气杂质较多，有大量的油（包括轻、重油）沉积在气罐底部，故应设集油、排油装置。

4.4.14 油制气炉的操作人员经常都在仪表控制室内进行工作，很少在炉体部分直接操作，因此没有必要将炉体设备安设在厂房内。采取露天设置后的主要问题是解决自控传送介质的防冻问题，例如在严寒地区若采用水压控制系统时，就必须同时考虑水的防冻措施（如加入防冻剂等）。

国内现有的油制气炉一般都布置在露天，根据近年来的生产实践均感到在厂房内的操作条件较差，尤其是夏季，厂房很热，焦油蒸气的气味很大，同时还增加了不少投资。因此除有特殊要求外，炉体设备不建厂房，所以本条规定："宜露天布置"。

4.4.15 本条规定"控制室不应与空气鼓风机室布置在同一建筑物内"。这是由于空气鼓风机的振动和噪声很大，对仪表的正常运行及使用寿命都有影响，对操作人员的身体健康也有影响。有的厂空气鼓风机室设在控制室的楼下，振动和噪声的影响很大。上海吴淞煤气制气公司、北京751厂的空气鼓风机室是单独设置的，与控制室不在同一建筑物内，就减少了这种影响，效果较好。

条文中规定了"控制室应布置在油制气区夏季最大频率风向的上风侧"，主要是防止油制气炉生产时排出的烟尘、焦油蒸气等影响控制室的仪表和控制装置。

4.4.16 焦油分离池经常散发焦油蒸气，气味很大，而且在分离池附近还进行外运焦油、掏焦油渣作业，使周围环境很脏。故规定"应布置在油制气区夏季最小频率风向的上风侧"，以尽量减少对相邻设置的污染和影响。

4.4.17 重油制气污水主要来自制气生产过程中燃气洗涤、冷却设备中冷凝下来的污水和燃气冷却系统循环水经补充后的排放污水，每台10万m^3/d制气炉的污水排放量估计在30～35t/h，其水质为：pH：7.5，COD 1000～2000mg/L，BOD 200～500mg/L，油类250～600mg/L，挥发酚10～65mg/L，CN 10～40mg/L，硫化物5～40mg/L，NH_3 40mg/L，可见重油制气厂应设污水处理装置，污水经处理达到国家现行标准《污水综合排放标准》GB 8978的规定。

4.4.18 本条规定了自动控制装置程序控制系统设计的技术要求

各种程序控制系统具有不同的特点，各地的具体条件也互不相同，不宜于统一规定采用程序控制系统的形式，因此本条仅规定工艺对程序控制系统的基本技术要求。

1 油制气炉生产过程是"加热—吹扫—制气—吹扫—加热……"周而复始进行的，在各阶段中许多阀门都要循环动作，就需要设置程序控制器自动操作运行。又因在生产过程中有时需要单独进入某一操作阶段（如升温、烧炭等），故程序控制器还应能手动操作。

2 生产操作上要求能够根据运行条件灵活调节每一循环时间和每阶段百分比分配。例如催化裂解制气的每一循环时间可在6～8min内调节；每循环中各阶段时间的分配可在一定范围内调节。

3 重油制气工艺过程在按照预定的程序自动或手动连续进行操作，为保证生产过程的安全，还需要对操作完成的正确性进行检查。故规定了"应设置循环中各阶段比例和阀门动作的指示信号"。

4 主要阀门如空气阀、油阀、煤气阀等应设置"检查和连锁装置"，以达到防止因阀门误动作而造成爆炸和其他意外事故，在控制系统的设计上还规定了"在发生故障时应有显示和报警信号，并能恢复到安全状态"，使操作人员能及时处理故障。

4.4.19 本条规定了设计自控装置的传动系统设计技术要求。

1 国内现采用的传动系统有气压、水压、油压式几种，各有其优缺点，在设计前应考虑所建的地区、炉子大小、厂地条件、程序控制器形式等综合条件合理选择。

2 在传动系统中设置储能设备，既是安全上的技术措施，又是节省动能的手段。储能设备是传送介质管理系统的缓冲机构，其中储备一部分能量以适应在启闭大容量装置的阀门时压力急剧变化的需要，满足大负荷容量，减少传动泵功率。当传动泵发生故障或停电时，储能设备还可起到应急的动力能源作用，使油制气炉处于安全状态。

3 由于重油制气炉是间歇循环生产的，生产过程中的流量瞬时变化大、阀门换向频繁，因此传动系统中采用的控制阀、工作缸、自动阀和附件等应和这种特点相适应，使生产过程能顺利进行。

4.5 轻油低压间歇循环催化裂解制气

4.5.1 生产煤气所用的石脑油随装置和催化剂而异，一般性质为相对密度0.65～0.69，含硫量小于10^{-4}，终馏点低于130℃，石蜡烃含量高于80%，芳香烃含量低于5%，采用这种性质的原料，其目的在于气化后：①燃气中含硫少，不需要净化装置；②不会生成焦油等副产品，所以不需要处理设备；③无烟尘及污水公害，不需要设置污水处理装置；④气化效率高。

原料油中石蜡烃高，产物中焦油和炭生成量就少，气体生成量就多，而且生成气中烃类多而氢气少，一般热值也高，当原料油中环状化合物多时，产物中焦油和炭生成量就多，气体生成量就少，而且气体含氢量多，烃类少，热值就低。原料中烯烃、芳香烃的增加会形成积炭，这些都可能导致催化剂失活。

根据国内外生产实践，本规范推荐如条文所列的对轻质石脑油的各种要求。从目前国外进口的轻质石脑油看，一般能满足上述要求，国产石脑油目前没有能满足此要求的品牌油，一般终馏点高于130℃，但在140℃以内尚能顺利操作，超过140℃时要谨慎操作。

4.5.2 内浮顶罐是在固定顶油罐和浮顶罐的基础上发展起来的。为了减少油品损耗和保持油品的性质，内浮顶罐的顶部采用拱顶与浮顶的结合，外部为拱顶，内部为浮顶。内部浮顶可减少油品的蒸发损耗，使蒸发损失很小。而外部拱顶又可避免雨水、尘土等异物从环形空间进入罐内污染油品。轻油制气原料油为终馏点小于130℃的轻质石脑油，属易挥发烃类，故选用内浮顶罐储存轻油。

确定原料油储存量的因素较多，总的来说要根据原料油的供应情况、运输方式、运距以及用油的不均衡性等条件进行分析后确定。如采用国外进口油，要根据来船大小和来船周期考虑，采用国产油则要考虑运距大小、运输方式和炼油厂的检修周期，经综合分析，一般认为按15～20d的用油量储存，南京轻油制气厂设计考虑采用国外油时按20d储存量。

4.5.3 轻油间歇循环催化裂解制气装置是顺流式反应装置，它不同于重油逆流反应装置，当使用重质原料时，由于制气阶段沉积在催化剂层的炭多，利用这些炭可以补充热量，相比之下，采用石脑油为原料因沉积在催化剂层的炭很少，气体中也无液态产物，故对保持蓄热式装置的反应温度反而不利，因此采用能对吸热量最大的催化剂层进行直接加热的顺流式装置。同时裂化石脑油时，相对重油裂解而言，需要热量较少，生产能力和蒸汽用量就会大，高温气流的显热很大，鼓风阶段的空气相对用量却不多，用大量的高温气流显热去预热少量空气是不经济的，所以不设空气蓄热器，只需两筒炉，有的甚至采用单筒炉。

南京和大连进口装置的加热室均为一个火焰监视器，投产后发现其监视范围窄，后增加了一个火焰监视器，使操作可靠性增加。

4.5.4 本条文规定了轻油间歇循环催化裂解制气工艺主要设计参数：

1 反应器液体空间速度

推荐的液体空间速度为0.6～0.9m^3/（m^3·h）。这个数据和炉型、催化剂、循环时间均有关，一般说UGI-CCR炉直径较小，循环时间短，其液体空间速度可取高值，而Onia-Gagi炉直径较大，循环时间长，其液体空间速度可取低值。

3 关于加热油用量与制气油用量的比例

由于用于加热的轻油在燃烧时和重油制气中燃烧的重油相比，燃烧热量和效率相差不大，而用于气化的轻油却比重油制气中的气化原料重油的可用量却大得多，因而加热用油量与制气用油量的比值要比重油制气的这个参数高一些，根据国外介绍的材料和南京投产后的实际情况，推荐设计值为29/100。

4 过程蒸汽量与制气油量比值

由于原料质量好，轻油制气比重油制气可用碳量大，因而过程蒸汽量与制气油量之比值要大于重油制气的比值1.1～1.2。一般过程蒸汽和轻油的重量比应高于1.5，低于1.5时会析出炭并吸附在催化剂气孔上，造成氧化铝载体碎裂，当炭和氧化铝的膨胀系数相差10%即会产生这种现象。根据南京轻油制气厂实际数据，提出此比值宜取1.5～1.6。

5 循环时间

循环时间2～5min是针对不同的轻油制气炉型操作的一个范围，对于UGI-C.C.R炉炉子直径较小，采用的循环时间短，一般在2～3min之间调节，南京轻油制气厂采用这种炉型，其循环时间为2min，它的特点是炉温波动较小，生成的燃气组成比较均匀。而Onia-Gagi炉，炉子设计直径较大，采用的循环时间较长，一般在4～5min之间调节，香港马头角轻油制气厂采用Onia-Gagi炉，其循环时间为5min，一个周期内炉温波动较大，产生的气体组成前后差别较大，但完全能满足燃料气质量要求，使阀门等设备的机械磨损可以降低。

4.5.5 石油系原料的气化装置，不管是连续式还是间歇式，生成的气体中均含有15%～20%的一氧化碳，根据我国城市燃气对人工制气质量的规定，要求气体中CO含量宜小于10%，对于CO含量多的燃气发生装置，要求设立CO变换装置，我国大连煤气厂采用的LPG改质装置上设置了CO变换装置，使出口燃气中CO含量小于5%。

CO变换设备设置时，应考虑CO变换器能维持正常化学反应工况，如果炉子为调峰操作，时开时停，则CO变换效果不会太理想。

4.5.6 本条文对轻油制气采用石脑油增热时推荐的增热方式以及对燃气烃露点的限制。

所谓烃露点就是将饱和蒸汽加压或降低温度时发生液化并开始产生液滴的温度。用石脑油增热后的气体，将这种气体冷却或置于较低外界气温，在达到某温度时，气体中的一部分石脑油就液化，这个温度就称为露点。

城市燃气管道一般埋地铺设，并铺于冰冻线以下，为此规定石脑油增热程度限制在比燃气烃露点温度低5℃，使燃气在管道中不致发生结露。

4.5.7 轻油制气炉采用顺流式流程，由制气炉出来的700～750℃高温烟气或燃气均通过同一台废热锅炉回收余热，在加热期，将烟气温度降至250℃，烟气通过30m高烟囱排至大气，在制气期，将燃气温度也降至250℃后进入后冷却系统。以1台25万m^3/d的轻油制气装置为例，每小时可生产8.5t蒸汽（压力以1.6MPa表压计），它可以经过蒸汽过热器过热至320℃后进入蒸汽透平，驱动空气鼓风机后汇入低压蒸汽缓冲罐，作制气炉制气用汽或吹扫用汽，也可以不经蒸汽透平，产生较低压力的蒸汽汇入低压蒸汽缓冲罐后使用。

如果采用CO变换流程，其余热回收要分成两部分，需要设置2个废热锅炉，一个在CO变换器前，称为主废热锅炉，用于全部烟气和部分燃气的余热回收；另一个在CO变换器后，用于全部燃气的余热回收，经燃气部分旁通进入CO变换器的温度为330℃，由于CO变换为放热反应，燃气离开CO变换器进入变换废热锅炉的温度为420℃，经二次余热回收后以1台17.5万m^3/d的装置为例，每小时可生产6t蒸汽。

4.5.8 轻油制气装置的生产属间歇循环性质，生产过程中使用蒸汽也是间歇的，而且瞬时用汽量较大，故需要设置蒸汽蓄能器作为缓冲储能以保持输出的蒸汽压力比较稳定。

轻油制气流程中烟气和燃气均通过同一台废热锅炉回收余热，产汽基本连续，蒸汽完全可能自给，除满足自给的蒸汽需要量外还可以有少量外供，因此轻油制气厂可以不设置生产用汽锅炉房。开工时的蒸汽可以采用外来蒸汽供应方式，也可以先加热废热锅炉自产供给。

4.5.9 本条文关于2台炉子编组的说明参照重油低压间歇循环催化裂解4.4.7条文说明。

4.5.10 轻油制气不同于重油制气，轻油制气所得到的为洁净燃气，燃气中无炭黑、无焦油、无萘，因而燃气的冷却宜采用直接式冷却设备，一是效果好，二是对环保有利，洗涤后的废水可以直接排放，三是投资省，冷却设备可以采用空塔或填料塔。

4.5.14 轻油制气炉的操作人员经常都在仪表控制室内进行工作，很少在炉体部分直接操作，因此没有必要将炉体设备安设在厂房内。由于以轻油为原料，其属易燃易爆物质，构成甲类火灾危险性区域，为此本条文规定"轻油制气炉应露天布置"。

4.5.15 本条文控制室与鼓风机布置关系的说明参照重油低压间歇循环催化裂解制气4.4.15条文中关于"控制室不应与空气鼓风机布置在同一建筑物内"的说明。

4.5.16 轻油制气炉出来的气体经余热回收后进入水封式洗涤塔中，采用循环水冷却。根据工业循环水加入部分新鲜水起调节作用的要求，以50万m^3/d产气量为例，经水量平衡后，每天约需排放多余的水500t，其排放水的水质根据国内外资料其数据如下：pH6～8，BOD 20mg/L，COD 10～100mg/L，重金属：无，颜色：清，油脂：无，悬浮物小于30mg/L，硫化物1mg/L，从上述可见，直接排放的废水已基本上达到我国污水排放一级标准，可见，轻油制气厂可不设污水处理装置。我国南京轻油制气厂、大连LPG改质厂均没有设置工业废水处理装置，香港马头角轻油制气厂也没有设置工业废水处理装置。

4.6 液化石油气低压间歇循环催化裂解制气

4.6.1 本条规定了制气用液化石油气的质量要求。

液化石油气制气用原料的不饱和烃含量要求小于15%是基于不饱和烃量的增加会形成积炭，将会导致催化剂失活。理想的液化石油气原料是C_3和C_4烷烃，不饱和烃含量15%是根据大连实际操作经验的上限。

4.6.3 本条规定了液化石油气低压间歇循环催化裂解制气工艺主要设计参数。

4 轻油或液化石油气间歇循环催化裂解制气工艺流程中若采用CO变换方案时，根据反应平衡的要求，提高水蒸气量，CO变换率上升。为此，过程蒸汽量与制气油量的比例将从1.5～1.6（重量比）上升为1.8～2.2，过量的增加没有必要，不但浪费蒸汽，还将增加后系统的冷却负荷。

4.7 天然气低压间歇循环催化改制制气

4.7.2 本条文主要对天然气进炉压力的波动作出规定，进炉压力一般在0.15MPa，其波动值应小于7%，以维持炉子的稳定操作，可采用增加炉前天然气的管道的直径和管道长度的方法，也可以采用储罐稳压的方法，但一般以前者方法可取。

4.7.4 本条文规定了天然气低压间歇循环催化改制制气工艺主要设计参数。

1 反应器改制用天然气催化床空间速度，其推荐值为500～600$m^3/(m^3\cdot h)$，这个数据和炉型、催化剂、循环时间均有关，UGI-CCR炉炉子直径小，循环时间短，其气体空间速度可取高值，而Onia-Gagi炉炉子直径较大，循环时间长，其气体空间速度可取低值。

4 过程蒸汽量与改制用天然气量之比值

由于天然气为洁净原料，可用碳量大，因而过程蒸汽量与改制用天然气量之比值和轻油制气类似，一般过程蒸汽和改制用天然气的重量比应高于1.5，低于1.5时会析出碳，并吸附在催化剂气孔上，使催化剂能力降低甚至破坏催化剂。根据上海吴淞煤气制气有限公司的实际操作，提出此比值取1.5～1.6。

5 净　化

5.1 一般规定

5.1.1 本章内容是为了满足本规范第3.2.2条规定的人工煤气质量要求，所需进行的净化工艺设计内容而作出的相应规定，并不包括天然气或液化石油气等属于外部气源的净化工艺设计内容。

5.1.2 本章增加了一氧化碳变换及煤气脱水工艺，考虑到一氧化碳变换过程的主要目的是降低煤气中的有毒气体一氧化碳的含量，而煤气脱水的主要目的是为除去煤气中的水分，都属于净化煤气的工艺过程，因此将一氧化碳变换及煤气脱水工艺加入到煤气净化工艺中。

5.1.4 本章对煤气初冷器、电捕焦油器、硫铵饱和器等主要设备的有关备用设计问题都已分别作了具体规定。但是对于泵、机及槽等一般设备则没有一一作出有关备用的规定，以避免过于繁琐。净化设备的类型繁多，并且各种设备都需有清洗、检修等问题，所以本规定要求“应”指的是在设计中对净化设备的能力和台数要本着经济合理的原则适当考虑“留有余地”，也允许必要时可以利用另一台的短时间超负荷、强化操作来做到出厂煤气的杂质含量仍能符合《人工煤气》GB 13612 的规定要求。

5.1.5 煤气的净化是将煤气中的焦油雾、氨、萘、硫化氢等主要杂质脱除至允许含量以下，以保证外供煤气的质量符合指标要求，在此同时还生成一些化工产品，这些产品的生成是与煤气净化相辅相成的，所以煤气净化有时也通称为“净化与回收”。

事实上，在有些净化工艺过程中，往往因未考虑回收副反应所生成的化工产品而使正常的运行难以维持，因此煤气净化设计必须与化工产品回收设计相结合。这里所指的化工产品实质上包括两种：一种是净化过程中直接生成的化工产品如硫铵、焦油等；另一种是由于副反应所生成的化工产品如硫代硫酸钠、硫氰酸钠等。

5.1.6 本条所列之爆炸和火灾区域等级是根据《爆炸和火灾危险环境电力装置设计规范》GB 50058 并按该篇原则结合煤气净化各部分情况确定。

附录表 B-1 中鼓风机室室内、粗苯（轻苯）泵房、溶剂脱酚的溶剂泵房、吡啶装置室内应划为甲类生产场所，详见《建筑设计防火规范》GBJ 16 附录三。初冷器、电捕焦油器、硫铵饱和器、终冷、洗氨、洗苯、脱硫、终脱萘等煤气区和粗苯蒸馏装置、吡啶装置、溶剂脱酚装置的室外区域均为敞开的建构筑物，通风良好，虽然处理的介质为易燃易爆介质，但塔器、管道等密封性好，不易泄漏。按照《建筑设计防火规范》GBJ 16 生产的火灾危险性分类注①，应划为乙类生产场所。

附录表 B-2 煤气净化车间主要生产场所爆炸和火灾危险区域等级。

当粗苯洗涤泵房、氨水泵房未被划入以煤气为释放源划分为 2 区内时，应划为非危险区；当粗苯洗涤泵房、氨水泵房被划入以煤气为释放源划分的 2 区内时，则应划为 2 区。

理由：洗苯富油的闪点为 45～60℃，洗苯的操作温度低于 30℃；氨气的爆炸极限为 15.7%～27.4%，与氨水相平衡的气相中氨气的浓度达不到此爆炸极限，都不符合《爆炸和火灾危险环境电力装置设计规范》GB 50058 中第 2.1.1 条中的条件，所以富油和氨水都不应作为释放源划分危险区，因此当粗苯洗涤泵房、氨水泵房未被划入以煤气为释放源划分的 2 区内时，应划为非危险区。当粗苯洗涤泵房、氨水泵房被划入以煤气为释放源划分的 2 区内时，则应划为 2 区。此外，根据《爆炸和火灾危险环境电力装置设计规范》GB 50058，所有室外区域不应整体划为某类危险区，应以释放源和释放半径划分危险区，这是比较科学准确的，且与国际接轨。

《焦化安全规程》GB 12710 是在《爆炸和火灾危险环境电力装置设计规范》GB 50058 之前根据老规范制定的，此时仅以区域划分爆炸和火灾危险类别，没有释放源的划分概念。在 GB 50058 制定后，GB 12710 中的爆炸和火灾危险区域的划分有些内容不符合 GB 50058 中的规定，因此《焦化安全规程》中的有些内容未被引用到本规范中。

5.1.7 一些老的，简单的净化工艺往往只考虑以煤气净化达标为目的，对于那些从煤气中回收下来的废水、废渣和在煤气净化过程中所产生的废水、废渣、废气及噪声往往没有进行进一步的处理，因而对环境造成二次污染。随着我国对环境保护要求的提高，在净化工艺设计中应对煤气净化生产工艺过程产生的三废及噪声进行防治处理，并满足现行国家有关的环境保护的规范、标准的要求。

5.1.8 目前工业自动化水平已发展得越来越快，提高煤气净化工艺的自动化监控水平，是提高生产效率，改善劳动条件，降低成本，保障安全生产的重要措施。

5.2 煤气的冷凝冷却

5.2.1 煤干馏气的冷凝冷却工艺形式，在我国少数制气厂、焦化厂（如镇江焦化厂、南沙河焦化厂、上海吴淞炼焦制气厂等）曾经采用直接冷凝冷却工艺。这些工厂处理的煤气量一般较少（多为 5000m^3/h），故煤气中氨的脱除采用水洗涤法。

水洗涤法直接冷却煤气工艺的优点是，洗涤水在冷却煤气的同时，还起到冲刷煤气中萘的作用，其缺点是，制取的浓氨水销售不畅，增加了废气和废水的处理负荷。所以，煤干馏气的冷凝冷却一般推荐间接冷凝冷却工艺。

高于 50℃的粗煤气宜采用间接冷却，此阶段放出的热量主要是为水蒸汽冷凝热，传热效率高，萘不会凝结造成设备堵塞。当粗煤气低于 50℃时，水汽量减少，间冷传热效率低，萘易凝结，此阶段宜采用直接冷却。日本川铁千叶工场首创了“间-直混冷工艺”；1979 年石家庄焦化厂建成了间直混冷的试验装置。上海宝山钢铁厂焦化分厂的焦炉煤气就依据上述原理采用间冷和直冷相结合的初冷工艺。煤气进入横管式间接冷却器被冷却到 50～55℃，再进入直冷空喷塔冷却到 25～35℃。在直冷空喷塔内向上流动的煤气与分两段喷洒下来的氨水焦油混合液密切接触而得到冷却。循环液经沉淀析出除去固体杂质后，并用螺旋板换热器冷却到 25℃左右，再送到直冷空喷塔上、中两段喷洒。由于采用闭路液流系统，故减少了环境的污染。

5.2.2 为了保证煤气净化设备的正常操作和减轻煤气鼓风机的负荷，要求在冷却煤气时尽可能多地把萘、焦油等杂质冷凝下来并从系统中排出。为了达到这一目的就需对初冷器后煤气温度有一定的限制，一般控制在20～25℃为好。如石家庄东风焦化厂因为采取了严格控制初冷器出口温度为（20±2）℃范围之内的措施，进入各净化设备之前煤气中萘含量就很少，保证了净化设备的正常运行，见表11。

表11 某焦化厂各净化设备后煤气中萘含量

取样点	萘含量（mg/m^3）	温度（℃）	备注
鼓风机后	1088	＞25（煤气）	
2洗氨塔后	651		
终冷塔后	353	18～21	终冷水上温度（15℃）

1 冷却后煤气的温度。当氨的脱除是采用硫酸吸收法时，一般来说煤气处理量往往较大（大于或等于$10000m^3/h$）。在这种情况下，若要求初冷器出口煤气温度太低（25℃），则需要大量低温水（23～$24t/1000m^3$干煤气），这是十分困难的（尤其对南方地区）。再则煤气在进入饱和器之前还需通过预热器把煤气加热到70～80℃。故在工艺允许范围内初冷器出口煤气温度可适当提高。

当氨的脱除是采用水洗涤法时，一般来说煤气处理量往往较少（一般为$5000m^3/h$），需要的冷却水量不太多，故欲得相应量的低温水而把煤气冷却到25℃是有可能的。再如若初冷时不把煤气冷却到25℃，则当洗氨时也仍须把煤气冷却到25℃左右，而这样做是十分不合理的（因煤气中萘和焦油会将洗氨塔堵塞）。故要求初冷器出口煤气温度应小于25℃。

初冷器的冷却水出口温度。为了防止初冷器内水垢生成，又要照顾到对冷却水的暂时硬度不宜要求过分严格（否则导致水的软化处理投资过高），因此需要控制初冷器出口水的温度。排水温度与水的硬度有关。见表12。

表12 排水温度与水硬度关系

碳酸盐硬度（mmol/L（me/L）	排水温度（℃）
≤2.5（5）	45
3（6）	40
3.5（7）	35
5（10）	30

在实际操作中一般控制小于50℃。在设计时应权衡冷却水的暂时硬度大小及通过水量这两项因素，选取一经济合理的参数，而不宜做硬性的规定。

2 本款制定原则是根据节约用水角度出发的。我国许多制气厂、焦化厂的初冷器冷却水是采用循环使用的。例如大连煤气公司、鞍钢化工总厂、南京梅山焦化厂等均采用凉水架降温，循环使用皆有一定效果。但我国地域广大，各地气象条件不一，尤其南方气温高，湿度大，凉水架降温作用较差。

在冷却水循环使用过程中，由于蒸发浓缩水中可溶解性的钙盐、镁盐等盐类和悬浮物的浓度会逐渐增大，容易导致换热设备和管路的内壁结垢或腐蚀，甚至菌藻类生物的生长。为了消除换热设备和管路内壁结垢堵塞或减弱腐蚀被损坏，延长设备使用寿命，提高水的循环利用率，国内外大多在循环水中投加药剂进行水质的稳定处理。

不同地区的水质不尽相同，因此在循环水中投加的药剂品种和数量亦不相同，可选用的阻垢缓蚀的药剂举例如下：

1）有机磷酸盐：如氨基三甲叉磷酸盐（ATMP），羟基乙叉磷酸盐（HEDP），能与成垢离子Ca^{2+}、Mg^{2+}等形成稳定的化合物或络合物，这样提高了钙、镁离子在水中的溶解度，促使产生一些易被水冲掉的非结晶颗粒，抑制$CaCO_3$、$MgCO_3$等晶格的生长，从而阻止了垢物的生成；

2）聚磷酸盐：如六偏磷酸钠，添入循环水中，既有阻垢作用也有缓蚀作用；

3）聚羧酸类：如聚丙烯酸钠（TS-604）添入循环水中也有阻垢作用和缓蚀作用。

循环水中投加阻垢缓蚀的药剂，一般是复合配制的。

在设计中，如初冷器的循环冷却水系统中，一般有加药装置，配好的药剂由泵送入冷却器的出水管中，加药后的冷却水再流入吸水池内，再用循环水泵抽送入初冷器中循环使用。

循环冷却水中添加适宜的药剂，都有良好的阻垢和缓腐蚀作用。例如平顶山焦化厂对初冷器循环水的稳定处理进行了标定总结：循环水量$1050m^3/h$，加药运行阶段用的药剂为羟基乙叉磷酸盐（HEDP）、聚丙烯酸钠（TS-604）及六偏磷酸钠等，运行取得了良好的效果，阻垢率达99%，腐蚀速度小于0.01mm/年，循环水利用率为97%，达到国内外同类循环水处理技术的先进水平。又如，上海宝钢焦化厂循环冷却水采用了水质稳定的处理技术，投产数年后，初冷器水管内壁几乎光亮如初，获得了显著的阻垢和缓蚀效果。

5.2.3 本条规定了直接冷凝冷却工艺的设计要求。

1 冷却后煤气的温度。洗涤水与煤气直接接触过程中，除起冷却煤气的作用外，还同时能起到洗萘与洗焦油雾的作用。如果把煤气冷却到同一温度时，直接式冷凝冷却工艺的洗萘、洗焦油雾的效果比间接式冷凝冷却工艺的效果好。如在脱氨工艺都是水洗涤法时，在基本保证煤气净化设备的正常操作前提下，可以允许直接式初冷塔出口煤气温度比间接式初冷器出口煤气温度高10℃左右，间冷和直冷在初冷后煤气中萘含量基本相当。

2 含有氨的煤气在直接与水接触过程中，氨会促使水中的碳酸盐发生反应，加速水垢的生成而容易堵塞初冷塔。故对水的硬度应加以规定，但又不宜要求太高。所以本条规定的洗涤水的硬度指标采用了锅炉水的标准，即《工业锅炉水质标准》GB 1576规定的不大于0.03mmol/L。

3 本款是执行现行国家标准《室外给水设计规范》和《室外排水设计规范》的有关规定。

5.2.4 本条规定了焦油氨水分离系统的设计要求。

1、2 当采用水洗涤法脱氨时，为了保证剩余氨水中氨的浓度，不论初冷方式采用直接式或间接式冷凝冷却工艺，对初冷器排出的焦油氨水均应单独进行处理，而不宜与从荒煤气管排出的焦油氨水合并在一起处理，其原因有二：

1） 当初冷工艺为间接式时，其冷凝液中氨浓度为6～7g/L，而当与荒煤气管排出的焦油氨水混合后则氨的浓度降为1.5～2.5g/L（本溪钢铁公司焦化厂分析数据）。

2） 当初冷工艺为直接式时，出初冷塔的洗涤水温度小于60℃，为了保证集气管喷淋氨水温度大于75℃，则两者也不宜掺混。所以规定宜“分别澄清分离”。

采用硫酸吸收法脱氨时，初冷工艺一般采用间接式冷凝冷却工艺，则初冷器排出的焦油氨水与荒煤气管排出的焦油氨水可采用先混合后分离系统。其原因是，间接式初冷器排出的焦油氨水冷凝液较少，且含有$(NH_4)_2S$、NH_4CN、$(NH_4)_2CO_3$等挥发氨盐，而荒煤气管排出的焦油氨水冷凝液中含有NH_4Cl、NH_4CNS、$(NH_4)_2S_2O_3$等固定氨盐，其浓度为30～40g/L。若将两者分别分离则焦油中固定氨盐浓度较大，必将引起焦油在进一步加工时严重腐蚀设备。如将两者先混合后分离，则可以保持焦油中固定氨盐浓度为2～5g/L左右，在焦油进一步加工时，对设备内腐蚀程度可以大大减轻。

3 含油剩余氨水进行溶剂萃取脱酚容易乳化溶剂，增加萃取脱酚的溶剂消耗。含油剩余氨水进入蒸氨塔蒸氨，容易堵塞蒸氨塔内的塔板或填料。剩余氨水除油的方法，一般为澄清分离法或过滤法。剩余氨水澄清分离法除油需要较长的停留时间，需要建造大容积澄清槽，投资额和占地面积都较大，而且氨水中的轻油和乳化油也不能用澄清法除去。许多煤气厂都采用焦炭过滤器过滤剩余氨水，除油效果较好但至少需半年调换焦炭一次，此项工作既脏又累。

4 焦油氨水分离系统的澄清槽、分离槽、储槽等都会散发有害气体（如氰化氢、硫化氢、轻质吡啶等等）而污染大气、妨碍职工身体健康。为此，应将焦油氨水分离系统的槽体封闭，把所有的放散管集中，使放散气进入洗涤塔处理，洗涤塔后用引风机使之负压操作，洗涤水掺入工业污水进行生化处理。上海宝钢焦化厂的焦油氨水分离系统的排放气处理装置的运行状况良好。

5.3 煤气排送

5.3.1 本条规定了煤气鼓风机的选择原则。

1 当若干台鼓风机并联运行时，其风量因受并联影响而有所减少，在实际操作中，两台容积式鼓风机并联时的流量损失约为10%，两台离心式鼓风机并联时的流量损失则大于10%。

鼓风机并联时流量损失值取决于下列三个因素：

1） 管路系统阻力（管路特性曲线）；

2） 鼓风机本身特性（风机特性曲线）；

3） 并联风机台数。

所以在设计时应从经济角度出发，一般将流量损失控制在20%内较为合理。

3 关于备用鼓风机的设置。大型焦化厂中，煤气的排送一般采用离心式鼓风机，每2台鼓风机组成一输气系统，其中1台备用。煤制气厂采用容积式鼓风机，往往是每2～4台组成一输气系统（内设1台备用）。考虑到各厂规模大小不同，对煤气鼓风机备用要求也不同，故本条规定台数的幅度较大。

5.3.2 本条规定了离心式鼓风机宜设置调速装置的要求。

上海市浦东煤气厂和大连市第二煤气厂的冷凝鼓风工段，在离心式鼓风机上配置了调速装置。生产实践表明，不仅能使风机便于启动、噪声低、运转稳定可靠，而且不用“煤气小循环管”即能适应煤气产量的变化，节约大量的电能。调速装置的应用可延长鼓风机的检修周期，又便于煤气生产的调度，因此有明显的综合效益。

调速装置一般可采用液力偶合器。

5.3.3 本条规定了煤气循环管的设置要求。由于输送的煤气种类不同，鼓风机构造不同，所要求设置循环管的形式也不相同。

1 离心式鼓风机在其转速一定的情况下，煤气的输送量与其总压头有关。对应于鼓风机的最高运行压力，煤气输送量有一临界值，输送量大于临界值，则鼓风机的运行处于稳定操作范围；输送量小于临界值，则鼓风机操作将出现“喘振”现象。

另外，为了保证煤干馏制气炉炉顶吸气管内压力稳定，可以采用鼓风机煤气进口管阀门的开度调节，也可用鼓风机进出口总管之间的循环管（小循环器）

来调节，但此法只适宜在循环量少时使用。

目前大连煤气公司选用D250-42离心式鼓风机，配置了调速装置，调速范围1～5，所以本条注规定只有在风机转速变化能适应流量变化时，才可不设小循环管。

当煤干馏制气炉刚开工投产或者因故需要延长结焦时间时的煤气发生量较少，为了保证鼓风机操作的稳定，同时又不使煤气温上升过高，通常采用煤气“大循环”的方法调节，即将鼓风机压出的一部分煤气返回送至初冷器前的煤气总管道中。虽然这种调节方法将增加鼓风机能量的无效消耗，还会增加初冷器处理负荷和冷却水用量，但是能保证循环煤气温度保持在鼓风机允许的温度范围之内，各厂（例如南京煤气厂、青岛煤气厂等）的实际经验说明了这个“大循环管道”设置的必要性。

2 当冷凝鼓风工段的煤气处理量较小时，一般可选用容积式鼓风机。

5.3.4 本规范将“用电动机带动的煤气鼓风机的供电系统设计”由“一级负荷”调整为“二级负荷”，主要考虑按一级负荷设计实施起来难度往往很大，而且按照《供配电系统设计规范》GB 50052关于电力负荷分级规定，用电动机带动的煤气鼓风机其供电系统对供电可靠性要求程度及中断供电后可能会造成的影响进行分级，其供电负荷等级应确定为二级负荷。

二级负荷的供电系统要求应满足《供配电系统设计规范》GB 50052的有关规定。

人工煤气厂中除发生炉煤气工段之外，皆属“甲类生产”，所以带动鼓风机的电动机应采取防爆措施。如鼓风机的排送煤气量大，无防爆电机可配备时，国内目前采用主电机配置通风系统来解决。

5.3.5 离心式鼓风机机组运行要求的电气连锁及信号系统如下：

1 鼓风机的主电机与电动油泵连锁。当电动油泵启动，油压达到正常稳定后，主电机才能开始合闸启动；当主电机达到额定转数主油泵正常工作后，电动油泵停车；主电机停车时，电动油泵自启运转；

2 机组的轴承温度达到65℃时，发出声、光预告信号；轴承温度达到75℃时，发出声光紧急信号，鼓风机主电机自动停车；

3 轴承润滑系统主进油管油压低于0.06MPa时，发出声光预告信号，电动油泵自启运转；当主进油管油压降至鼓风机机组润滑系统规定的最低允许油压时，发出声、光紧急信号，鼓风机的主电机自动停车。鼓风机转子的轴向位移达到规定允许的低限值时，发出声、光预告信号；当达到规定允许的高限值时，发出声光紧急信号，鼓风机主电机自动停车；

4 润滑油油箱中的油位下降到比低位线高100mm时，发出声、光信号；

5 鼓风机的主电机与其通风机连锁。当通风机正常运转后，进风压力达到规定值时，主电机再合闸启动；

6 鼓风机主电机通风系统。当进口风压降至400Pa或出口风压降至200Pa时发出声、光信号。

5.3.6 本条规定了鼓风机房的布置要求。

1 规定对鼓风机机组安装高度要求，是对鼓风机正常运转的必要措施。如果冷凝液不能畅通外排时，会引起机内液量增多，从而会破坏鼓风机的正常操作，产生严重事故。《煤气设计手册》规定，当采用离心鼓风机时，煤气管底部标高在3m以上，机前煤气吸入管阀门后的冷凝液排出口与水封槽满流口中心高差应大于2.5m，就是考虑到鼓风机的最大吸力，防止水封液被吸入煤气管和鼓风机内所需要的高度差；

2 鼓风机机组之间和鼓风机与墙之间的距离，应根据操作和检查的需要确定，一般设计尺寸见表13。

表13 鼓风机之间距离

鼓风机型号	D1250-22	D750-23	D250-23	D60×4.8-120/3500
机组中心距（m）	12	8	8	6
厂房跨距（m）	15	12	12	9

5 规定“应设置单独的仪表操作间”是为了改善工人操作条件和保持一个比较安静的生产操作环境，便于与外界联系工作。在以往设计中，凡仪表间与鼓风机房设在同一房间内且无隔墙分开的，鼓风机运转时，其噪声大大超过人的听力保护标准及语言干扰标准，长期在这样的环境中操作对工人健康和工作均不利。

按照《建筑设计防火规范》要求，压缩机室与控制室之间应设耐火极限不低于3h的非燃烧墙。但是为了便于观察设备运转应设有生产必需的隔声玻璃窗。本条文与《工业企业煤气安全规程》GB 6222第5.2.1条要求是一致的。

5.4 焦油雾的脱除

5.4.1 煤气中的焦油雾在冷凝冷却过程中，除大部进入冷凝液中外，尚有一部分焦油雾以焦油气泡或粒径1～7μm的焦油雾滴悬浮于煤气气流中。为保证后续净化系统的正常运行，在冷凝鼓风工段设计中，应选用电捕焦油器清除煤气中的焦油雾。

电捕焦油器按沉淀极的结构形式分为管式、同心圆（环板）式和板式三种。我国通常采用的是前两种电捕焦油器。

虽然可以采用机捕焦油器捕除煤气中的焦油雾，但效率不甚理想，目前国内新建煤气厂中已不采用。

本条文规定“电捕焦油器不得少于2台”，是为了当其中1台检修时仍能保证有效地脱除焦油雾的要求。

各厂实践证明，设有3台及3台以上并联的电捕焦油器时，在实际操作中可以不设置备品。电捕焦油器具有操作弹性较大的特点。例如，煤气在板式电捕焦油器内流速为0.4～1m/s，停留时间为3～6s；煤气在板式电捕焦油器内流速为1～1.5m/s，停留时间为2～4s；故只要在设计时充分运用这一特点，虽然不设备品仍能维持正常生产。

5.4.2 不同煤气的爆炸极限各不相同，我们通常所说的爆炸极限是指煤气在空气中的体积百分比，而煤气中的含氧量是指氧气在煤气中的体积百分比。由于煤气中的氧气主要是由于煤气生产操作过程中吸入或掺进了空气造成的，因此可考虑把煤气中的氧含量理解为是掺入了一定量的空气，这样就可计算出煤气中氧的体积百分比或空气的体积百分比为多少时达到爆炸极限。各种人工煤气的爆炸极限范围见表14。

由表14可看出，各种燃气的爆炸上限最大为70%，这时空气所占比例即为30%，则氧含量大于6%，这样越过置换终止点的20%的安全系数时，此时氧含量可达4.8%，因此生产中要求氧含量指标小于1%是有点过于保守了。

表14 各种人工煤气爆炸极限表（体积百分比）

序号	名 称	煤气空气混合物中煤气（体积百分比）		煤气空气混合物中空气（体积百分比）		煤气空气混合物中氧气（体积百分比）	
		上限	下限	上限	下限	上限	下限
1	焦炉煤气	35.8	4.5	64.2	95.5	13.5	20.1
2	直立炉煤气	40.9	4.9	59.1	95.1	12.4	20.0
3	发生炉煤气	67.5	21.5	32.5	79.5	6.8	16.5
4	水煤气	70.4	6.2	29.6	93.8	6.2	19.7
5	油制气	42.9	4.7	57.1	95.3	12.0	20.0

从表14可看出：正常生产情况下，煤气中的空气量不可能达到如此高浓度，没有必要控制煤气中氧含量一定要低于1%。实际生产过程中由于控制煤气中含氧量小于1%很难进行操作，许多企业采用含氧量小于或等于1%切断电源的控制，经常发生断电停车，影响后续工段的正常生产。国内大部分企业都反映很难将电捕焦油器含氧量控制在小于或等于1%，一般控制在2%～4%，同时国内国际经过几十年的实际生产运行，没有发生电捕焦油器爆炸的情况。国外一些国家将煤气中含氧量设定为4%，个别企业甚至达到6%。因此采用控制煤气中含氧量小于或等于2%（体积分数）并经上海吴淞煤气厂实践证明是很安全的，从爆炸极限角度分析是完全可行的。

5.5 硫酸吸收法氨的脱除

5.5.1 塔式硫酸吸收法脱除煤气中的氨，这种装置在我国已有多家工厂在运行。如上海宝山钢铁总厂焦化分厂、天津第二煤气厂等。不过，半直接法采用饱和器生产硫酸铵已是我国各煤气厂、焦化厂普遍采用的成熟工艺，这不仅回收煤气中的氨，而且也能回收煤气冷凝水中的氨，所以本规范目前仍推荐这一工艺。

1 确定进入饱和器前的煤气温度的指标为“60～80℃”。这是根据饱和器内水平衡的要求，总结了各厂实践经验而确定的。《煤气设计手册》及《焦化设计参考资料》的数据均为“60～70℃”。这一指标与蒸氨塔气分缩器出气温度的控制有关。

3 凡采用硫酸铵工艺的，饱和器出口煤气含氨量都能达到小于30mg/m^{3}的要求，例如沈阳煤气二厂、上海杨树浦煤气厂、鞍钢化工总厂等。

4 母液循环量是影响饱和器内母液搅拌的一个重要因素，特别是当气量不稳定时尤其突出。在以往设计中采用的小时母液循环量一般为饱和器内母液量的2倍，实践证明这是不能满足生产要求的，会引起饱和器内酸度不均、硫铵颗粒小、饱和器底部结晶、结块等现象，故目前各厂在生产实践中逐步增大了母液循环量，例如上海杨树浦煤气厂将母液循环量由2倍改为3倍，丹东煤气公司为5倍，均取得良好效果。但随着母液循环量的增大，动力消耗也相应增大，所以应在满足生产基础上选择一个适当值，一般来说规定循环量为饱和器内母液量3倍已能满足生产的要求。

5 煤气厂一般对含酚浓度高的废水多采取溶剂萃取法回收酚，效果较为理想。故条文规定“氨水中的酚宜回收”。

先回收酚后蒸氨的生产流程有下列优点：

1）可避免在蒸氨过程中挥发酚的损失，减少氨类产品受酚的污染；

2）氨水中轻质焦油进入脱酚溶剂中，能减轻轻质焦油对蒸氨塔的堵塞。但也有认为这项工艺的蒸汽消耗量稍大；氨气用于提取吡啶对吡啶质量有影响。因此条文规定“酚的回收宜在蒸氨之前进行”。

废氨水中含氨量的规定是按照既要尽可能多回收氨，又要合理使用蒸汽，而且还应能达到此项指标的要求等项原则而制定的。表15列举各厂蒸氨后的废氨水中含氨量。

5.5.2 本条规定了硫铵工段的工艺布置要求。

3　吡啶生产虽然属于硫铵工段的一个组成部分，但不宜由硫铵的泵工和卸料工来兼任，宜由专职的吡啶生产工人进行操作，并切实加强防毒、防泄漏、防火工作，设单独操作室为宜。

表 15　废氨水中含氨量

脱氨工艺	厂名	蒸氨塔塔型	原料氨水含氨（%）	废氨水含氨（%）
硫铵	北京焦化厂	泡罩	0.08～0.09	0.02
	上海杨树浦煤气厂	瓷环	0.3	0.03
	上海焦化厂	浮阀	0.1～0.15	<0.01
	梅山焦化厂	瓷环	0.18	0.005
	鞍钢化工总厂二回收	泡罩	0.126～0.1398	0.01～0.012
	鞍钢化工总厂三回收	泡罩	0.21～0.238	0.008～0.01
	鞍钢化工总厂四回收	泡罩	0.086～0.156	0.019～0.014
水洗氨	桥西焦化厂	泡罩	0.82	0.03
	东风焦化厂一回收	栅板	0.5	0.007
	东风焦化厂二回收	栅板	0.3	0.0435
	东风焦化厂一回收	泡罩	0.795	0.0097

4　蒸氨塔的位置应尽量靠近吡啶装置，方便吡啶生产操作。

5.5.3　本条规定了饱和器机组的布置。

1、2　规定饱和器与主厂房的距离和饱和器中心距之间的距离，考虑到检修设备应留有一定的回转余地。

3　规定锥形底与防腐地坪的垂直距离，以便于饱和器底部敷设保温层。冲洗地坪时，尽可能避免溅湿饱和器底部。

4　为防止硫酸和硫铵母液的输送泵在故障或检修时，流散或溅出的液体腐蚀建筑物或构筑物，故硫铵工段的泵类宜集中布置在露天。对于寒冷地区则可将泵成组设置在泵房内。

5.5.4　本条规定了离心干燥系统设备的布置要求。

2　规定 2 台连续式离心机的中心距是考虑到结晶槽的安装距离，并能使结晶料浆直接通畅地进入离心机，同时也保证了设备的检修和安装所需的空间。

5.5.5　吡啶蒸气有毒，含硫化氢、氰化氢等有毒气体，故吡啶系统皆应在负压下进行操作。中和器内吸力保持 500～2000Pa 为宜。其方法可将轻吡啶设备的放散管集中在一起接到鼓风机前的负压煤气管道上，即可达到轻吡啶设备的负压状态。

5.5.6　本条规定了硫铵系统的设备要求。

1　饱和器机组包括饱和器、满流槽、除酸器、母液循环泵、结晶液泵、硫酸泵、结晶槽、离心分离机等。由于皆易损坏，为在检修时能维持正常生产，故都需要设置备品。以各厂的实践经验来看，二组中一组生产一组备用，或三组中二组生产一组备用是可行的。而结晶液泵和母液循环泵的管线设计安装中，也可互为通用。

2　硫铵工段设置的两个母液储槽，一个是为满流槽溢流接受母液用的；另一个是必须能容纳一个饱和器机组的全部母液，作为待抢修饱和器抽出母液储存用。

3　规定了硫铵结晶的分离方法。

4　国内已普遍采用沸腾床干燥硫酸铵结晶，效果良好，上海市杨树浦煤气厂、上海市浦东煤气厂和上海焦化厂都建有这种装置。

硫铵工段的沸腾干燥系统都配备有结晶粉尘的收集和热风洗涤装置，运行效果都较好。

5.5.7　从上海市杨树浦煤气厂和上海焦化厂的生产实践来看，紫铜管、防酸玻璃钢制成的满流槽、中央管、泡沸伞和结晶槽的耐腐蚀效果较好；用普通不锈钢的泵管和连续式离心机的筛网，损坏较快。92%以上的浓硫酸用硅钢翼片泵和碳钢管其使用寿命较长。

5.5.8　上海杨树浦煤气厂硫铵厂房改造时，以花岗岩石块用耐酸胶泥勾缝做成室内外地坪，防腐涂料做成室内墙面，防腐蚀效果良好。

5.5.9　硫铵工段的酸焦油尚无妥善处理方法，一般当燃料使用。包钢焦化厂硫铵工段的酸焦油，曾经配入精苯工段的酸焦油中，作为橡胶的胶粘剂。

废酸液是指饱和器机组周围的漏失酸液和洗刷设备、地坪的含酸废水，流经地沟汇总在地下槽里，作为补充循环母液的水分而重复使用。在国外某些炼油制气厂里，连雨水也汇总经过沉淀处理除去杂质，如有害物质的含量超过排放标准，则也要掺入有害物质浓度较高的废水中去活性污泥处理。因此硫铵工段的含氨并呈酸性的废水不能任意排放。

5.6　水洗涤法氨的脱除

5.6.1　煤气中焦油雾和萘是使洗氨塔堵塞的主要因素。例如石家庄东风焦化厂、首钢焦化厂等洗氨塔木格填料曾经被焦油等杂质堵塞，每年都需清扫一次，而且清扫不易彻底。而长春煤气公司在洗氨塔前设置了电捕焦油器，故木格填料连续操作两年多还未发生堵塞现象。为了保证木格塔的洗氨除萘效果，故规定“煤气进入洗氨塔前，应脱除焦油雾和萘”。

按本规范规定脱除焦油雾最好是采用电捕焦油器，但也有不采用电捕焦油器脱焦油的。例如唐山焦化厂和石家庄原桥西焦化厂等厂未设置电捕焦油器时期，是利用低温水使初冷器出口煤气温度降低到25℃以下，使大量焦油和萘在初冷器中被冲洗下来，再通过机械脱焦油器脱焦油，这样处理也能保证正常操作。脱除萘是指水洗萘或油洗萘。一般规模小的生产厂均采用水洗萘，这样可与洗氨水合在一起，减少一个油洗系统。水中的萘还需人工捞出，但操作环境很差，对环境污染较大；规模较大的生产厂一般采用油洗萘流程，在这方面莱芜焦化厂、攀钢焦化厂等均有成功的经验，油洗萘后煤气中萘含量均能达到本条要求的“小于500mg/m³”的指标。还需说明的是：当采用洗萘时应在终冷洗氨塔中同时洗萘和洗氨，以达到小于500mg/m³ 的指标。

5.6.2 这是因为煤气中的氨在洗苯塔中会少量地溶入洗油中，容易使洗油老化。当溶解有氨的富油升温蒸馏时，氨将析出腐蚀粗苯蒸馏设备。所以要求尽量减少进入洗苯塔煤气中的含氨量，以保证最大程度地减轻氨对粗苯蒸馏设备的腐蚀和洗油的老化。为此，在洗氨塔的最后一段要设置净化段，用软水进一步洗涤粗煤气中的氨。

5.6.3 本条规定“洗氨塔出口煤气温度，宜为25～27℃”的根据如下：

1 与煤气初冷器煤气出口温度相适应，从而避免大量萘的析出而堵塞木格填料；

2 便于煤气中氨能充分地被洗涤水吸收下来。塔后煤气温度若高于27℃，则会使煤气中含氨量增加，以使粗苯吸收工段的蒸馏部分设备腐蚀。

5.6.4 本条规定了洗涤水的水质要求。

在一定的洗涤水量条件下水温低些对氨吸收有利，这是早经理论与实践证实的一条经验。从上海吴淞炼焦制气厂的生产实践表明：随着水温从21℃上升到33～35℃则洗氨塔后煤气中含氨量从“50～120mg/m³ 上升为250～500mg/m³”。详见表16。

表16 洗涤水温度与塔后煤气中含氨量关系

冷却水种类	冷却后废水温度(℃)	2号终冷洗氨塔后煤气温度(℃)	煤气中氨含量(g/m³)		
			1号终冷洗氨塔前	1号终冷洗氨塔后	2号终冷洗氨塔后
深井水(21℃)	21～23	23～25	1～2	0.15～0.5	0.05～0.12
制冷水(23～25℃)	25～28	28～30	2.5～5	0.3～0.7	0.2～0.4
黄浦江水(33～35℃)	35～38	38～40	2.5～5	0.45～1.5	0.25～0.5

临汾钢铁厂的《氨洗涤工艺总结》中指出，“只有控制洗涤水温度在25℃左右时，才能依靠调节水量来保证塔后煤气中含氨量小于30mg/m³，从降温水获得的可能性来说也是以25℃为宜，否则成本太高”。

过去对洗涤水中硬度指标无明确规定，但从实践中了解到，含氨煤气会促使洗涤水生成水垢，堵塞管道和塔填料，故有些工厂（例如临汾钢铁厂）采用软化水作为洗涤水，经过长期运转未发现有水垢堵塞现象，确定水的软化程度需从技术和经济两个方面来考虑，目前很难得出确切的结论。因为洗涤水是循环使用的，所以补充水量不大，故对小型煤气厂来说，为了节约软化设备投资，采取从锅炉房中获得如此少量的软化水是可能的。因此本条规定对软化水指标即按锅炉用水最低一级标准，即《工业锅炉水质标准》GB 1576 中水总硬度不大于0.03mmol/L。

5.6.5 本条规定了水洗涤法脱氨的设计要求。

1 规定了洗氨塔的设置不得少于2台，并应串联设置，这是为了当其中一台清扫时，其余各台仍能起洗氨作用，从而保证了后面工序能顺利进行。

5.6.6 当采用水洗涤法回收煤气中的氨时，有的厂将全部洗涤水进行蒸馏（如莱芜焦化厂、上海吴淞煤气厂等）。这种流程中原料富氨水中含氨量可达5g/L左右。也有的厂将部分洗氨水蒸馏回收氨，而将净化段之洗涤水直接排放（如以前的桥西焦化厂、攀钢焦化厂等），这种流程中原料富氨水中含氨量可达8～10g/L，也有少数煤气厂由于氨产量少没有加工成化肥（如以前的北京751厂、大连煤气一厂等），曾将洗氨水直接排放。煤气的洗氨水中，含有大量的氨、氰、硫、酚和COD等成分，严重污染环境，故必须经过处理，达到排放标准后才能外排。

在洗氨的同时，煤气中的氰化物也同时被洗下来，如上海吴淞煤气厂的洗氨水中含氰化物250～400mg/L；石家庄东风焦化厂一回收工段的洗氨水含氰化物约300mg/L，二回收工段的洗氨水含氰化物200～600mg/L，鉴于目前从氨水中回收黄血盐的工艺已经成熟，故在本条中明确规定“不得造成二次污染”。

5.7 煤气最终冷却

5.7.1 由于采用直接式冷却煤气的工艺进行煤气的最终冷却将产生一定量的废水、废气，特别是在用水直接冷却煤气时，水会将煤气中的氰化氢等有毒气体洗涤下来，而在水循环换热的过程中这些有毒气体将挥发出来散布到空气中造成二次污染，这种煤气最终冷却工艺已逐步淘汰，目前国内新建的项目已不考虑采用直接式冷却工艺，许多已建的直接式冷却工艺也逐步改为间接式冷却工艺，因此本规范不再采用直接式冷却工艺。

5.7.2 终冷器出口煤气温度的高低，是决定煤气中萘在终冷器内净化和粗苯在洗涤塔内被吸收的效果的极重要因素。苯的脱除与煤气出终冷器的温度有关。其温度越低，终冷后煤气中苯含量就越少。而对粗苯而言，煤气温度越高，吸收效率越差。由于吸苯洗油温度与煤气温度差是一定值，在表17洗油温度与吸苯效率关系中反映了终冷后煤气温度高低对吸苯效率的影响。

表17 洗油温度与吸苯效率的关系

洗油温度（℃）	20	25	30	35	40	45
吸苯效率 η（%）	96.4	95.15	93.96	87.7	83.7	69.6

当然终冷后温度太低（如低于15℃）也会导致洗油性质变化，而使吸苯效率降低，且温度低会影响横管冷却器内喷洒的轻质焦油冷凝液的流动性。

现在规定的"宜低于27℃"是参照上海吴淞炼焦制气厂在出塔煤气温度为25～27℃时洗苯塔运行良好，塔后煤气中萘含量小于400mg/m^{3}而定的。

5.7.3 本条规定了煤气最终冷却采用横管式间接冷却的设计要求。

1 采用煤气自上而下流动使煤气与冷凝液同向流动便于冷凝液排出，条文中所列"在煤气侧宜有清除管壁上萘的设施"。目前国内设计及使用的有轻质焦油喷洒来脱除管壁上萘，但考虑喷洒焦油后会有焦油雾进入洗苯工段，故也可采用喷富油来脱除管壁上萘的措施。

2 冷却水可分两段，上段可用凉水架冷却水，下段需用低温水目的是减少低温水的消耗量。

3 冷却器煤气出口设捕雾装置可将喷洒液的雾状液滴及随煤气冷却后在煤气中未被冲刷下去的杂质捕集，一些厂选用旋流板捕雾器效果较好。

5.8 粗苯的吸收

5.8.1 对于煤气中粗苯的吸收，国内外有固体吸附法、溶剂常压吸收法及溶剂压力吸收法。

溶剂压力吸收法吸收效率较高、设备较小，但是国内的煤气净化系统一般均为常压，若再为提高效率增加压力在经济上就不合理了。固体吸附国内有活性炭法，此法适用于小规模而且脱除苯后净化度较高的单位，此法成本较高。

5.8.2 洗苯用洗油目前可以采用焦油洗油和石油洗油两种。我国绝大多数煤气厂、焦化厂是采用焦油洗油，该法十分成熟；有少数厂使用石油洗油。例如北京751厂，但洗苯效果不理想而且再生困难。过去我国煤气厂大量发展仅依赖于焦化厂生产的洗油，出现了洗油供不应求的状况。故在本条中用"宜"表示对没有焦油洗油来源的厂留有余地。

5.8.3 本条规定了洗油循环量和其质量要求。

在相同的吸收温度条件下，影响循环洗油量的主要因素有以下两项：一是煤气中粗苯含量，其二是洗油种类。循环洗油量大小与上述两方面的因素有关。一般情况下对煤干馏气焦油洗油循环量取为1.6～1.8L/m^3（煤气），石油洗油2.1～2.2L/m^3（煤气），油制气（催化裂解）为2L/m^3（煤气）。

"循环洗油中含萘量宜小于5%"是为了使洗苯塔后煤气含萘量可以达到"小于400mg/m^3"的指标要求，从而减少了最终除萘塔轻柴油的喷淋量。

从平衡关系资料可知，当操作温度为30℃、洗油中含萘为5%时，焦油洗萘则与之相平衡的煤气含萘量为150～200mg/m^3，石油洗油则为200～250mg/m^3。当然实际操作与平衡状态是有一定差距的，但400mg/m^{3}还是能达到。国内各厂中已采用循环洗油含萘小于5%者均能使煤气含萘量小于400mg/m^3。

5.8.4 本条规定了洗苯塔形式的选择。

1 木格填料塔是吸苯的传统设备，它操作稳定，弹性大，因而为我国大多数制气厂、焦化厂所采用。但木格填料塔设备庞大，需要消耗大量的木材，多年来有一些工厂先后采用筛板塔、钢板网塔、塑料填料塔成功地代替了木格填料塔。木格填料塔的木格清洗、检修时间较长，一般应设置不小于2台并且应串联设置。

2 钢板网填料塔在国内一些厂经过一段时间使用有了一定的经验。塑料填料塔以聚丙烯花形填料为主的填料塔，近年来逐渐得到广泛的应用。该两种填料塔都具有操作稳定、设备小、节约木材之优点。但该设备要求进塔煤气中焦油雾的含量少，否则会造成填料塔堵塞，需要经常清扫。为考虑1台检修时能继续洗苯宜设2台串联使用。当1台检修时另1台可强化操作。

3 筛板塔比木格填料塔及钢板网填料塔有节约木材、钢材之优点。清扫容易，检修方便，但要求煤气流量比较稳定，而且塔的阻力大（约为4000Pa），在煤气鼓风机压头计算时应予以考虑。

5.8.5 本条规定了洗苯塔的设计参数要求。

1 所列木格填料塔的各项设计参数是长期操作经验积累数据所得，比较可靠。

2 钢板网填料塔设计参数是经"吸苯用钢板网填料塔经验交流座谈会"上，9个使用工厂和设计单位共同确定的。

3 本条所列数据是近年来筛板塔设计及实践操作经验的总结，一般认为是合适的。各厂筛板塔的空塔流速见表18。

表18 各厂筛板塔的煤气空塔流速表

厂 名	空塔流速（m/s）
大连煤气公司一厂	1
吉林电石厂	2～2.5
沈阳煤气公司二厂	1.3
本规范推荐值	1.2～2.5

5.8.6 粗苯蒸馏装置是获得符合质量要求的循环洗油和回收粗苯必不可少的装置，它与吸苯装置有机结成一体不可分割。因此本系统必须设置相应的粗苯蒸馏装置，其具体设计参数应遵守有关专业设计规范的规定。

5.9 萘的最终脱除

5.9.1 萘的最终脱除方法，一般采用的是溶剂常压吸收法。此外也可用低温冷却法，即使煤气温度降低脱除其中的萘，低温冷却法由于生产费用较高，国内尚未推广。

5.9.2 最终洗涤用油在实际应用中以直馏轻柴油为好。一般新鲜的直馏轻柴油无萘，吸收效果较好。而且在使用过程中不易聚合生成胶状物质防止堵塞设备及管道。近年来有些直立炉干馏气厂考虑直馏轻柴油的货源以及价格问题，经比较效益较差。因此也有用直立炉的焦油蒸馏制取低萘洗油作为最终洗萘用油。此法脱萘效果较无萘直馏轻柴油差，但也可以使用，故本规范规定，宜用直馏轻柴油或低萘焦油洗油。

直馏轻柴油之型号视使用厂所在地区之寒冷程度，一般选用 0 号或－10 号直馏轻柴油。

5.9.3 最终除萘塔可不设备品，因为进入最终除萘塔时的煤气其杂质已很少，一般不易堵塔，而且在操作制度上，每年冬季当洗苯塔操作良好时，可以允许最终除萘塔暂时停止生产，进行清扫而不影响煤气净化效果。当最终除萘为独立工段时，一般将单塔改为双塔，此时，最终除萘可一塔检修另外一塔操作。

5.9.4 轻柴油喷淋方式在国外采用塔中部循环，塔顶定时、定量喷淋，国内有的厂仅有塔顶定时喷淋不设中部循环，也有的厂设有中部循环，顶部定时、定量喷淋甚至将洗萘塔变换为两个串联的塔，前塔用轻柴油循环喷淋，后塔用塔顶定时、定量喷淋。

塔顶定时、定量喷淋是在洗油喷淋量较少，又能保证填料湿润均匀而采取的措施。一般电器对泵启动采取定时控制装置。

5.9.5 本条规定了最终除萘塔设计参数和指标要求。

上海吴淞炼焦制气厂控制进入最终除萘塔煤气中含萘量（即出洗苯塔煤气中含萘量）小于 400mg/m^3，以便在可能条件下达到降低轻柴油耗量的目的，上海焦化厂也采用类似的做法。因为目前吸萘后的轻柴油出路尚未很好解决，而以低价出售做燃料之用，经济亏损较大。日本一般是把吸萘后的轻柴油做裂化原料，而我国尚未应用。所以当吸萘后的轻柴油尚无良好出路之前，设计时应贯彻尽可能降低进入最终除萘塔前煤气中的含萘量的原则。

最终除萘塔的设计参数是按上海吴淞炼焦制气厂实践操作经验总结得出的。

5.10 湿法脱硫

5.10.1 常用的湿法脱硫有直接氧化法、化学吸收法和物理吸收法。由于煤或重油为原料的制气厂一般操作压力为常压，而化学吸收法和物理吸收法在压力下操作适宜，因此本规范规定宜采用氧化再生脱硫工艺。当采用鲁奇炉等压力下制气工艺时可采用物理或化学吸收法脱硫工艺。

5.10.2 目前国内直接氧化法脱硫方法较多，因此本规范作了一般原则性规定，希望脱硫液硫容量大、副反应小，再生性能好、原料来源方便以及脱硫液无毒等。

目前国内使用较多的直接氧化法是改良蒽醌（改良 A. D. A）法，栲胶法、苦味酸法及萘醌法等在一些厂也有较广泛的应用。

5.10.3 焦油雾的带入会使脱硫液及产品受污染并且使填料表面积降低，因此无论哪一种脱硫方法都希望将焦油雾除去。

直接氧化法有氨型和钠型两种，当采用氨型（如氨型的苦味酸法及萘醌法）时必须充分利用煤气中的氨，因此必须设在氨脱除之前。

原规范本条规定采用蒽醌二磺酸钠法常压脱硫时煤气进入脱硫装置前应脱除苯类，本条不用明确规定。由于仅仅是油煤气未经脱苯进入蒽醌法脱硫装置内含有部分轻油带入脱硫液中使脱硫液产生恶臭。但大多数的煤气厂该现象不明显，所以国内有一些厂已将蒽醌二磺酸钠法常压脱硫放在吸苯之前。

5.10.4 本条规定了蒽醌二磺酸钠法常压脱硫吸收部分的设计要求：

1 硫容量是设计脱硫液循环量的主要依据。影响硫容量的因素不仅是硫化氢的浓度、脱硫效率、还有脱硫液的成分和操作控制条件等。

上海及四川几个厂的不同煤气及不同气量的硫容量数据约为 0.17～0.26kg/m^3（溶液）。设计过程中如有条件在设计前根据运行情况进行试验，则应按试验资料确定硫容量进行计算选型。如果没有条件进行试验则应从实际出发，其硫容量可根据煤气中硫化氢含量按照相似条件下的运行经验数据，在 0.2～0.25kg/m^3（溶液）中选取。

2 国内蒽醌法脱硫的脱硫塔普遍采用木格填料塔，个别厂采用旋流板塔、喷射塔以及空塔等。木格填料塔具有操作稳定、弹性大之优点，但需要消耗大量木材。为此有些厂采用竹格以及其他材料来代替木格。在上海宝山钢铁厂和天津第二煤气厂所采用的萘醌法和苦味酸法脱硫中脱硫塔填料均采用了塑料填料，因此本条文只提“宜采用填料塔”，这就不排除今后新型塔的选用。

3 空塔速度采用 0.5m/s，经实践证明是合理指标。

4 反应槽内停留时间的长短是影响到脱硫液中氢硫化物的含量能否全部转化为硫的一个关键。国内各制气厂均认为槽内停留时间不宜太短。表 19 是各厂蒽醌法脱硫液在反应槽内的停留时间。

表 19　脱硫液在反应槽内停留时间

厂名	上海杨树浦煤气厂	上海吴淞炼焦制气厂	四川化工厂	衢州化工厂	上海焦化厂
停留时间(min)	8	10～12	3.9～11	6～10	10

按国外资料报道，对于不同硫容量和反应时间消耗氢硫化物的百分比见图1。

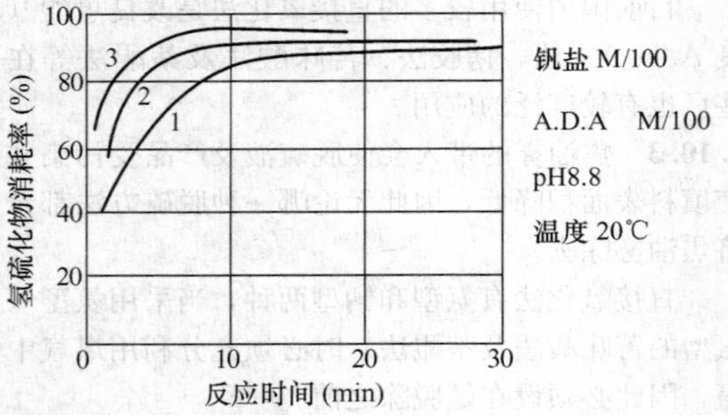

图1　不同硫容量和反应时间消耗氢硫化物的百分比图

硫容量：1—0.33kg/m³；2—0.25kg/m³；3—0.20kg/m³

因此规定采用“在反应槽内的停留时间一般取8～10min”。

5　原规范中考虑木格清洗时间较长，规定宜设置1台备用塔，本条中没写此项。考虑常压木格填料塔都比较庞大，木材用量也大，因此基建投资费用较高，平时闲置1台备品的必要性应在设计中予以考虑。是设置1台备用塔还是设计中做成2塔同时生产，在检修时一个塔加大喷淋强化操作，由设计时统一考虑。因此本条文中未加规定。

5.10.5　喷射再生槽在国内已有大量使用。但高塔式再生在国内使用时间较长，为较成熟可靠之设备。故本规范对两者均加以肯定。

1　条文中规定采用9～13m³/kg（硫）的空气用量指标，来源于目前国内几个设计院所采用的经验数据。

空气在再生塔内的吹风强度定为100～130m³/(m²·h)是参考“南京化工公司化工研究院合成氨气体净化调查组”在总结对鲁南、安阳、宣化、盘锦、本溪等地化肥厂的蒽醌法脱硫实地调查后所确定的。

由表20可见“再生塔内的停留时间，一般取25～30min”是可行的。

表 20　脱硫液在再生塔内的停留时间统计表

厂名	上海杨树浦煤气厂	上海吴淞炼焦制气厂	四川化工厂	衢州化工厂	上海焦化厂
停留时间(min)	24	25～30	36	29～42	32

“宜设置专用的空气压缩机”是根据大多数煤气厂和焦化厂的操作经验制定的。湿法脱硫工段如果没有专用的空气压缩机而与其他工段合用时，则容易出现空气压力的波动，引起再生塔内液面不稳定现象，因而硫泡沫可能进入脱硫塔内。例如南化公司合成氨气体净化组有下列报告记载：“安阳、宣化等化肥厂其压缩空气要供仪表、变换、触媒等部门使用，因此进入再生塔的空气很不稳定，再生的硫不能及时排出，大量沉积于循环槽及脱硫塔内造成堵塔”。在编制规范的普查中，很多煤气厂都反映发生过类似情况。

规定“入塔的空气应除油”的理由在于避免油质带入脱硫液与硫粘合后堵塞脱硫塔内的木格填料，所以一般都设有除油器。如采用无油润滑的空气压缩机就没有设置除油装置的必要了。

2　蒽醌二磺酸法常压脱硫再生部分的设计中对喷射再生设备的选用已逐渐增多，本条所列举数据是根据广西大学以及广西、浙江的化肥厂使用经验汇总的。喷射再生槽在制气厂、焦化厂已被普遍采用，经实际使用效果良好。

5.10.6　脱硫液的加热器除与脱硫系统的反应温度有关以外还取决于系统中水平衡的需要。

在以往采用高塔再生时该加热器宜设于富液泵与再生塔之间。而再生塔与脱硫塔之间的溶液靠液体之高差，由再生塔自流入脱硫塔，若在此间设加热器，一则设置的位置不好放置（在较高的平台上），二则由于自流速度较小使其传热效率较低。

当采用喷射再生槽时该加热器可以设于贫脱硫液泵与脱硫塔之间或富液泵与喷射再生槽之间，由于喷射再生槽目前大多是自吸空气型，则要求泵出口压力比脱硫液泵出口压力高。在富液泵后设加热器还应增加泵的扬程，故不经济。另外加热器设于富液管道系统较设于贫液管道上容易堵塞加热器，因此加热器宜设于贫脱硫液泵与脱硫塔之间。

5.10.7　本条规定了蒽醌二磺酸钠法常压脱硫回收部分的设计要求。

1　设置两台硫泡沫槽的目的是可以轮流使用，即使在硫泡沫槽中修、大修的时候，也不致影响蒽醌脱硫正常运行；

2　煤干馏气、水煤气、油煤气等硫化氢含量各不相同，处理气量也有多有少，所以不宜对生产粉硫或融熔硫作硬性规定。在气量少且硫化氢含量低的地方以及如机械发生炉煤气中所含焦油在前工序较难脱除，因此不宜生产融熔硫；

3　多年来上海焦化厂等厂采用了取消真空过滤器而硫膏的脱水工作在熔硫釜中进行，先脱水后将水在压力下排放并半连续加料最后再熔硫，这样在不增加能耗情况下可简化一个工序，提高设备利用率。

由于对废液硫渣的处理方法很多，因此在本条中仅规定“硫渣和废液应分别回收并应设废气净化装置”。

5.10.9 各种煤气含氰化氢、氧等杂质浓度不同，并且操作温度也不相同，所以副反应的生成速度不同。有的必须设置回收硫代硫酸钠、硫氰酸钠等副产品的设备，以保持脱硫液中杂质含量不致过高而影响脱硫效果和正常操作。有的副反应速度缓慢，则可不设置回收副产品的装置。

在设置中对硫代硫酸钠，硫氰酸钠等副产品的加工深度应是以保护煤气厂或焦化厂的脱硫液为主，一般加工到粗制产品即可，至于进一步的加工或精制品应随市场情况因地制宜确定。

5.11 常压氧化铁法脱硫

5.11.1 常压氧化铁法脱硫（下简称干法脱硫）常用的脱硫剂有藻铁矿（来自伊春、蓟县、怀柔等地）、氧化铸铁屑、钢厂赤泥等等。

天然矿如藻铁矿由于不同地区及矿井，其活性氧化铁的含量是有差异的，脱硫效果不同，钢厂赤泥也随着不同的钢厂其活性也有差异，再则脱硫工场与矿或钢厂地理位置不同，有交通运输等各种问题。因此干法脱硫剂的选择强调要根据当地条件，因地制宜选用。

氧化铸铁屑是较常用的脱硫剂，有的厂认为氧化后的钢屑也有较好的脱硫性能。氧化后的铸铁屑一般控制在 Fe_2O_3/FeO 大于 1.5 作为氧化合格的指标。条文只原则的提出“当采用铸铁屑或铁屑时，必须经过氧化处理”。

由于不同的脱硫剂或即使相同品种的脱硫剂产地不同，脱硫剂的品位也会有较大的差异。因此本条只原则规定脱硫剂中活性氧化铁重量含量应大于15%。

疏松剂可用木屑，小木块、稻糠等等，由于考虑表面积的大小以及吸水性能，本条规定为“宜采用木屑”。

关于其他新型高效脱硫剂暂不列入规范。

5.11.2 常压氧化铁法脱硫设备目前大多采用箱式脱硫设备。而箱式脱硫设备中又以铸铁箱比钢板箱使用得多。目前国内个别厂使用塔式脱硫设备，该设备在装、卸脱硫剂时机械化程度较高脱硫效率较高，随着新型、高效脱硫剂的使用，塔式脱硫设备正逐渐得到推广。因此本条定为“可采用箱式和塔式两种”。

5.11.3 本条规定了采用箱式常压氧化铁法的设计要求。

1 煤气通过干法脱硫箱的气速，本条规定宜取 7～11mm/s，参考了美国的数据 $u=7\sim16$mm/s，英国的数据 $u=7$mm/s，日本的数据 $u=6.6$mm/s 而定的。

当处理的煤气中硫化氢含量低于 1g/m^3 时，如仍采用 7～11mm/s 就过于保守了，事实上无论国内与国外的实践证明，当硫化氢含量较低时可以适当提高流速而不影响脱硫效率，如日本的 4 个煤气厂箱内流速分别为 16.2mm/s、28.6mm/s、37.7mm/s、47.4mm/s，上海杨树浦煤气厂箱内流速为 20.5mm/s（见表 21）。

表 21 几个进箱硫化氢含量低的生产实况表

干箱 \ 厂名	甲煤气厂	乙煤气厂	日本（1）厂	日本（2）厂	日本（3）厂	日本（4）厂
长×宽（m^2） 高（m）	148.8 2.13	2.5×3.5 3.0	13.0×8.0 4.0	15.0×11.0 4.1	15.0×11.0 4.1	6.0×7.0 4.0
使用箱数	二组分 8 箱	3（一箱备用）	2	3	2	4
气流方式	每组串联	串联	串联	并联	串联	串联
每箱内脱硫剂（m^3）	208	17.55	208	330	396	100
每箱脱硫剂层数	2	5	2	2	4	8
每层脱硫剂厚度（mm）	700	400	1000	1000	600	300
处理煤气种类	直立炉煤气 水煤气 油煤气	立箱炉气	发生炉煤气	发生炉煤气及油煤气	煤煤气	发生炉煤气
处理量（m^3/h）	22000	2400	14100	22000 及 7000	17000	7170
煤气在箱内流速（mm/s）	20.5	76.5	37.7	16.2	28.6	47.4
接触时间（s）	272	79	106	123	168	200
进口 H_2S（g/m^3）	0.3～0.5	0.8～1.4	0.147	0.509	0.5	0.13
出口 H_2S（g/m^3）	＜0.008	＜0.02	＜0.02	＜0.02	＜0.04	0.0

2 煤气与脱硫剂的接触时间，本规定为宜取130～200s，这是参考了国内外一些厂的数据综合的。如原苏联为130～200s，日本四个厂为106～200s，国内一些厂最小的为45.5s，最多的为382s，一般为130～200s之间的脱硫效率都较高（见表22）。

表22 脱硫箱内气速和接触时间实况表

厂名	进口 H_2S (g/m^3)	出口 H_2S (g/m^3)	箱内气速 (mm/s)	接触时间 (s)
上海吴淞炼焦制气厂	0.02～1.0	<0.008	13	115
上海焦化厂	0.3	0.01	7.4	324
北京751厂①	0.8～1.4	<0.02	76.5	79
大连煤气二厂②	2.0～4.0	0.02	8.6	210
鞍山煤气公司化工厂	4.0	0.02	6.3	382
沈阳煤气二厂	2.2	0.008～0.48	9.8	1.33
鞍山煤气公司铁西厂	4.0	0.2～0.3	62.5	103
大连煤气厂②	0.4～1.0	0.2～0.8	13.1	92.5

注：① 使用天然活性铁泥。
② 使用颜料厂的下脚铁泥。其余各厂都使用人工氧化铁脱硫剂。

3 每层脱硫剂厚度

日本《都市煤气工业》介绍脱硫剂厚度为0.3～1.0m，但根据北京、鞍山、沈阳、大连、丹东、上海等煤气公司的实况，多数使用脱硫剂高度在0.4～0.7m之间，所以将这一指标制定为“0.3～0.8m”之间。

4 干法脱硫剂量的计算公式

干法脱硫剂量的计算公式较多，可供参考的有如下四个公式：

1） 米特公式：

一组四个脱硫箱，每箱内脱硫剂3′6″～4′，每个箱最小截面积是：

当 H_2S 量500～700格令/100立方英尺时为0.5平方英尺/（1000立方英尺·d）

当 H_2S 量小于200格令/100立方英尺时为0.4平方英尺/（1000立方英尺·d）

注：1格令/100立方英尺＝$22.9mg/m^3$

2） 爱佛里公式

$$R=\frac{\text{每小时煤气通过量(立方英尺)}}{\text{一个干箱内的氧化铁脱硫剂量(立方英尺)}} \tag{7}$$

R＝25～30（箱式）

R＞30（塔式）

3） 斯蒂尔公式：

$$A=\frac{GS}{3000(D+C)} \tag{8}$$

式中 A——煤气经过一组串联箱中任一箱内截面积（平方英尺）；

G——需要脱硫的最大煤气量（标准立方英尺/时）；

S——进口煤气中 H_2S 含量的校正系数；

当煤气中 H_2S 含量为 $4.5\sim23g/m^3$ 时 S 值为480～720；

D——气体通过干箱组的氧化铁脱硫剂总深度（英尺）；

C——系数，对2、3、4个箱时分别为4、8、10。

4） 密尔本公式：

$$V=\frac{1673\sqrt{C_s}}{f\rho} \tag{9}$$

式中 V——每小时处理 $1000m^3$ 煤气所需脱硫剂 (m^3)；

C_s——煤气中 H_2S 含量（体积%）；

f——新脱硫剂中活性三氧化二铁重量含量（%）；

ρ——新脱硫剂的密度 (t/m^3)。

以上四个公式比较，米特和爱佛里公式较粗糙，而且不考虑煤气中 H_2S 含量的变化，故不宜推荐，斯蒂尔公式虽在 S 校正系数中考虑了 H_2S 的变化，但 S 值仅是 H_2S 在 $4.5\sim23g/m^3$ 间才适用，对干法脱硫箱常用的低 H_2S 值时就不能适用了，经过一系列公式演算和实际情况对照认为密尔本公式较为适宜。

按《焦炉气及其他可燃气体的脱硫》一书说明，密尔本公式只适用于 H_2S 含量小于0.8%体积比（相当于 $12g/m^3$ 左右），这符合一般人工煤气的范围。

5 脱硫箱的设计温度。根据一般资料介绍，干箱的煤气出口温度宜在28～30℃，温度过低时将使硫化反应速度缓慢，煤气中的水分大量冷凝造成脱硫剂过湿，煤气与氧化铁接触不良，脱硫效率明显下降。这里规定了“25～35℃”的操作温度，即说明在设计时对于寒冷地区的干箱需要考虑保温。至于应采取哪些保温措施则需视具体情况决定，不作硬性规定。

规定“每个干箱宜设计蒸汽注入装置”是在必要时可以增加脱硫剂的水分和保持脱硫反应温度，有利于提高和保持脱硫效率。

6 规定每组干法脱硫设备宜设置一个备用箱是从实际出发的，考虑到我国幅员辽阔，生产条件各不相同。干法脱硫剂的配制、再生的时间也各不相同，为保证顺利生产，应设置备用箱，以做换箱时替代用。

条文中规定了连接每个脱硫箱间的煤气管道的布置应能依次向后轮换输气。向后轮换输气是指Ⅰ、Ⅱ、Ⅲ、Ⅳ→Ⅳ、Ⅰ、Ⅱ、Ⅲ→Ⅲ、Ⅳ、Ⅰ、Ⅱ→Ⅱ、Ⅲ、Ⅳ、Ⅰ（Ⅰ、Ⅱ、Ⅲ、Ⅳ代表干箱之号）。

煤气换向依次向后轮换输气之优点：

1） 保证在第Ⅰ、Ⅱ箱内保持足够的反应条件；

2） 煤气将渐渐冷却，由于后面箱中氧仍能发挥作用使硫化铁能良好再生；

3） 可有效避免脱硫剂着火的危险。

上海杨树浦煤气厂、北京751厂等均是向后轮换输气的，操作情况良好。

当采用赤泥时，虽然赤泥干法脱硫剂具有含活性氧化铁量较藻铁矿高，通过脱硫剂的气速可以较藻铁矿大，与脱硫剂的接触时间可以缩短以及通过脱硫剂的阻力降比藻铁矿的小等优点，但由于该脱硫剂在国内使用的不少厂仅仅停留在能较好替换原藻铁矿等，而该脱硫剂对一些生产参数尚需做进一步的工作。本规定赤泥脱硫剂仍可按公式（5.11.3）设计。但由于其密度为0.3～0.5t/m^3 会造成计算后需用脱硫剂体积增加，这与实际情况有差异，因此在设计中可取脱硫剂厚度的上限、停留时间的下限从而提高箱内气速。

5.11.4 干法脱硫箱有高架式、半地下式及地下式等形式。高架式便于脱硫剂的卸料也可用机械设备较半地下式及地下式均优越。本条规定宜采用高架式。

5.11.5 塔式的干法脱硫设备同样宜用机械设备装卸，从而减少劳动强度和改善工人劳动环境。

5.11.6 为安全生产，干法脱硫箱应有安全泄压装置，其安装位置为：

1 在箱前或箱后的煤气管道上安装水封筒；

2 在箱的顶盖上设泄压安全阀。

5.11.7 干法脱硫工段应有配制、堆放脱硫剂的场地。除此之外该场地还应考虑脱硫剂再生时翻晒用的场地。一般该场地宜为干箱总面积的2～3倍。

5.11.8 当采用脱硫剂箱内再生时，根据煤气中硫化氢的含量来确定煤气中氧的增加量，但从安全角度出发，一般出箱煤气中含氧量不应大于2%（体积分数）。

5.12 一氧化碳的变换

5.12.1 一氧化碳与水蒸气在催化剂的作用下发生变换反应生成氢和二氧化碳的过程很早就用于合成氨工业，以后并用于制氢。在合成甲醇等生产中用来调整水煤气中一氧化碳和氢的比例，以满足工艺上的要求。多年来各国为了降低城市煤气中的一氧化碳的含量，也采用了一氧化碳变换装置，在降低城市煤气的毒性方面得到了广泛的应用，并取得了良好的效果。煤气中一氧化碳与水蒸气的变换反应可用下式表式：

$$CO + H_2O = CO_2 + H_2 + \text{热量}$$

5.12.2 全部变换工艺是指将全部煤气引入一氧化碳变换工段进行处理，而部分变换工艺是指将一部分煤气引入一氧化碳变换工段进行一氧化碳变换处理，选择全部变换或部分变换工艺主要根据煤气中一氧化碳的含量确定，无论采用哪种工艺，其目的都是为降低煤气中一氧化碳的含量，使其达到规范规定的浓度标准。根据不同的催化剂的工艺条件，煤气中的一氧化碳含量可以降低至2%～4%或0.2%～0.4%。由于一氧化碳变换工艺是一个耗能降热值的工艺过程，因此可以选择将一部分煤气进行一氧化碳变换后与未进行一氧化碳变换的人工煤气进行掺混，使煤气中一氧化碳含量达到标准要求，采取部分变换工艺的主要目的是为了减少能耗，降低成本，减少煤气热值的降低。

5.12.3 一氧化碳变换工艺有常压和加压两种工艺流程，选择何种工艺流程主要是根据煤气生产工艺来确定，当制气工艺为常压生产工艺时，一氧化碳变换工艺宜采用常压变换流程，当制气工艺为加压气化工艺时宜考虑采用加压变换流程。

5.12.4 人工煤气中各种杂质较多，如不进行脱除硫化氢，焦油等净化处理，将会造成变换炉中的触媒污染和中毒，影响变换效果。触媒是一氧化碳变换反应的催化剂，它对硫化氢较为敏感，如果煤气中硫化氢含量过高将造成触媒中毒；如果煤气中焦油含量高，将会污染触媒的表面，从而降低反应效率。

5.12.5 由于一氧化碳变换的反应温度较高，最高可达520℃以上，接近或高于煤气的理论着火温度（例如氢的着火温度为400℃，一氧化碳的着火温度为605℃，甲烷的着火温度为540℃），因此在有氧气的情况下就会首先引起煤气中的氢气发生燃烧，进而引燃煤气，如果局部达到爆炸极限还会引起爆炸。严格控制氧含量的目的主要是为安全生产考虑。

5.12.9 一氧化碳常压变换工艺流程中，热水塔通常都被叠装在饱和塔之上，热水靠自身位差经水加热器进入饱和塔，饱和塔的出水由水泵压回热水塔。

而在一氧化碳加压变换的工艺流程中，饱和塔叠装于热水塔之上，饱和塔出水自流入热水塔，加热后的热水用泵压入水加热器后再进入饱和塔。

5.12.10 一氧化碳变换工段热水用量较大，设计时应充分考虑节水、节能及环境保护的需要，采用封闭循环系统减少用水量，节省动力消耗，减少污水排放。

5.12.12 变换系统中设置了饱和热水塔，利用水为媒介将变换气的余热传递给煤气。因此在饱和塔与热水塔之间循环使用的水量必须保证能最大限度地传递热量。若水量太小则不能保证将变换气的热量最大限度地吸收下来，或最大限度地把热量传给煤气。在满足喷淋密度的情况下还要控制循环水量不能过大，水量偏大时，饱和塔推动力大，对饱和塔有利，而热水塔推动力小，对热水塔不利。同样水量偏小时，饱和塔推动力小对饱和塔不利，热水塔推动力大对热水塔有利，但两种情况都不利于生产，因此必须选择一合适水量，使饱和塔和热水塔都在合理范围之内。

对于填料塔，每 $1000m^3$ 煤气约需循环水量 $15m^3$，对于穿流式波纹塔，常压变换操作下循环热水流量是气体重量的 13～15 倍。在加压变换操作下每 $1000m^3$ 煤气需循环水量 $10m^3$。

5.12.14 一氧化碳变换反应是放热反应，随着反应的进行，变换气的温度不断升高，它将使反应温度偏离最适宜的反应温度，甚至损坏催化剂，因此在设计中应采用分段变换的方法，在反应中间移走部分热量，使反应尽可能在接近最适宜的温度下进行。变换炉中的催化剂一般可设置 2～3 层，故通常称之为两段变换或三段变换。在变换炉上部的第一段一般是在较高的温度下进行近乎绝热的变换反应，然后对一段变换气进行中间冷却，再进入第二、三段，在较低温度下进行变换反应。这样既提高了反应速度也提高了催化剂的利用率。

5.13 煤 气 脱 水

5.13.1 煤气脱水可以采用冷冻法、吸附法、化学反应等方法进行，目前国内外在人工煤气生产领域中，普遍采用冷冻法脱除煤气中的水分。采用吸附法脱水需要增加相当多的吸附剂；采用化学方法脱水需要增加化学反应剂。冷冻法脱水有工艺流程简单、成本低、无污染、处理量大等特点。

5.13.2 煤气脱水工段一般情况下应设在压送工段后，主要有三个方面原因：一是考虑脱水工段的换热设备多，因此系统阻力损失较大，放在压送工段后可以满足系统阻力要求；二是脱水效果好，煤气压力提高后其所含水分的饱和蒸汽分压相应提高，有利于冷冻脱水；三是煤气加压后体积变小，使煤气脱水设备的体积都相应的减小。

5.13.5 煤气脱水的技术指标主要是控制煤气的露点温度，脱水的目的是为了降低煤气的露点温度，当环境温度高于煤气的露点温度时，煤气不会有水析出。当环境温度低于煤气的露点温度时煤气中的水分就会部分冷凝出来。由于煤气输配过程中，用于输送煤气的中、低压管网的平均覆土深度一般为地下 1m 左右，根据多年的生产运行情况看，在环境温度比煤气露点温度高 3～5℃时，煤气中的水分不会析出，因此将煤气的露点温度控制在低于最冷月地下平均地温 3℃以上时就能保证煤气在输送过程中管道中不会有水析出。

5.13.6 由于煤气中的焦油、灰尘、萘等杂质在生产操作过程中会析出，粘结在换热设备的内壁上，从而影响换热效率，特别是冷却煤气的换热器。由于是采用冷水间接冷却煤气的工艺，当煤气中的萘遇冷时会在换热器的管壁析出，煤焦油及灰尘也会在管壁上逐渐地粘结，影响换热效果，因此需要定期清理这些换热器。国内现有清洗换热器的方法是用蒸汽吹扫，同时也采用人工清理的方式将换热器内的污垢除去。所以在进行换热器的结构设计时应考虑其内部结构便于清理及拆装。

5.13.7 冷冻法煤气脱水工段的主要动力消耗是制冷机组的电力消耗，由于城镇煤气供应量具有高、低峰值，选用变频制冷机组可以适应这种高低峰变化要求，并大大节省动力消耗，降低生产成本。

5.14 放散和液封

5.14.2 设备和管道上的放散管管口高度应考虑放散出有害气体对操作人员有危害及对环境有污染。《工业企业煤气安全规程》GB 6222 中第 4.3.1.2 条中规定放散管管口高度必须高出煤气管道、设备和走台 4m 并且离地面不小于 10m。本规定考虑对一些小管径的放散管高出 4m 后其稳定性较差，因此本规定中按管径给予分类，公称直径大于 150mm 的放散管定为高出 4m，不大于 150mm 的放散管按惯例设计定为 2.5m 而 GB 6222 规定离地不小于 10m，所以在本规定中就不作硬性规定，应视现场具体情况而定，原则是考虑人员及环境的安全。

5.14.3 煤气系统中液封槽高度在《工业企业煤气安全规程》GB 6222 中第 4.2.2.1 条规定水封的有效高度为煤气计算压力加 500mm。本规定中根据气源厂内各工段情况做出的具体规定，其中第 2 款硫铵工段由于满流槽中是酸液，其密度大，液封高度相应较小，而且酸液漏出会造成腐蚀。因此该液封高度按习惯做法定为鼓风机的全压。

5.14.4 煤气系统液封槽、溶解槽等需补水的容器，在设计时都应注意其补水口严禁与供水管道直接相连，防止在操作失误、设备失灵或特殊情况下造成倒流，污染供水系统。

煤气厂供水系统被污染在国内已经发生过。由于煤气厂内许多化学物质皆为有毒物质，一旦发生水质污染，极易造成严重后果。

6 燃气输配系统

6.1 一 般 规 定

6.1.1 城镇燃气管道压力范围是根据长输高压天然

气的到来和参考国外城市燃气经验制定的。

据西气东输长输管道压力工况，压缩机出口压力为10.0MPa，压缩机进口压力为8.0MPa，这样从输气干线引支线到城市门站，在门站前能达到6.0MPa左右，为城镇提供了压力高的气源。提高输配管道压力，对节约管材，减少能量损失有好处；但从分配和使用的角度看，降低管道压力有利于安全。为了适应天然气用气量显著增长和节约投资、减少能量损失的需要，提高城市输配干管压力是必然趋势；但面对人口密集的城市过多提高压力也不适宜，适当地提高压力以适应输配燃气的要求，又能从安全上得到保障，使二者能很好地结合起来应是要点。参考和借鉴发达国家和地区的经验是一途径。一些发达国家和地区的城市有关长输管道和城市燃气输配管道压力情况如表23。

表23　燃气输配管道压力（MPa）

城市名称	长输管道	地区或外环高压管道	市　区次高压管道	中压管道	低压管道
洛杉矶	5.93～7.17	3.17	1.38	0.138～0.41	0.0020
温哥华	6.62	3.45	1.20	0.41	0.0028或0.0069或0.0138
多伦多	9.65	1.90～4.48	1.20	0.41	0.0017
香　港	—	3.50	A.0.40～0.70 B.0.24～0.40	0.0075～0.24	0.0075或0.0020
悉　尼	4.50～6.35	3.45	1.05	0.21	0.0075
纽　约	5.50～7.00	2.80		0.10～0.40	0.0020
巴　黎	6.80（一环以外整个法兰西岛地区）	4.00（巴黎城区向外10～15km的一环）	0.4～1.9	A.≤0.40 B.≤0.04 （老区）	0.0020
莫斯科	5.5	2.0	0.3～1.2	A.0.1～0.3 B.0.005～0.1	≤0.0050
东　京	7.0	4.0	1.0～2.0	A.0.3～1.0 B.0.01～0.3	<0.0100

从上述九个特大城市看，门站后高压输气管道一般成环状或支状分布在市区外围，其压力为2.0～4.48MPa不等，一般不需敷设压力大于4.0MPa的管道，由此可见，门站后城市高压输气管道的压力为4.0MPa已能满足特大城市的供气要求，故本规范把门站后燃气管道压力适用范围定为不大于4.0MPa。

但不是说城镇中不允许敷设压力大于4.0MPa的管道。对于大城市如经论证在工艺上确实需要且在技术、设备和管理上有保证，在门站后也可敷设压力大于4.0MPa的管道，另外门站前肯定会需要和敷设压力大于4.0MPa的管道。城镇敷设压力大于4.0MPa的管道设计宜按《输气管道工程设计规范》GB 50251并参照本规范高压A（4.0MPa）管道的有关规定执行。

6.1.3　"城镇燃气干管的布置，宜按逐步形成环状管网供气进行设计"，这是为保证可靠供应的要求，否则在管道检修和新用户接管安装时，影响用户用气的面就太大了。城镇燃气都是逐步发展的，故在条文中只提"逐步形成"，而不是要求每一期工程都必须完成环状管网；但是要求每一期工程设计都宜在一项最后"形成干线环状管网"的总体规划指导下进行，以便最后形成干线环状管网。

6.1.4、**6.1.5**　城镇各类用户的用气量是不均匀的，随月、日、小时而变化，平衡这种变化，需要有调峰措施（调度供气措施）。以往城镇燃气公司一般统管气源、输配和应用，平衡用气的不均匀性由当地燃气公司统筹调度解决。在天然气来到之后，城镇燃气属于整个天然气系统的下游（需气方），长输管道为中游，天然气开采净化为上游（中游和上游可合称为城镇燃气的供气方）。上、中、下游有着密切的联系，应作为一个系统工程对待，调峰问题作为整个系统中的问题，需从全局来解决，以求得天然气系统的优化，达到经济合理的目的。

6.1.4条所述逐月、逐日的用气不均匀性，主要表现在采暖和节假日等日用气量的大幅度增长，其日用量可为平常的2～3倍，平衡这样大的变化，除了改变天然气田采气量外，国外一般采用天然气地下储气库和液化天然气储库。液化天然气受经济规模限制，我国一般在沿海液化天然气进口地附近才有可能采用；而天然气地下库受地质条件限制也不可能在每个城市兴建，由于受用气城市分布和地质条件因素影响，本条规定应由供气方统筹调度解决（在天然气地下库规划分区基础上）。

为了做好对逐月、逐日的用气量不均匀性的平衡，城镇燃气部门（需气方），应经调查研究和资料积累，在完成各类用户全年综合用气负荷资料（含计划中缓冲用户安排）的基础上，制定逐月、逐日用气量计划并应提前与供气方签订合同，据国外经验这个合同在实施中可根据近期变化进行调整，地下储气库和天然气气井可以用来平衡逐日用气量的变化，如果地下储气库距离城市近，还可以用来平衡逐小时用气量的变化，这些做法经国外的实践表明是可行的。

6.1.5条所述平衡逐小时的用气量不均匀性，采用天然气做气源时，一般要考虑利用长距离输气干管的储气条件和地下储气库的利用条件、输气干管向城镇小时供气量的允许调节幅度和安排等，本规范规定宜由供气方解决，在发挥长距离输气干管和地下储气库等设施的调节作用基础上，不足时由城镇燃气部门解决。

储气方式多种多样，本条强调应因地制宜，经方案比较确定。高压罐的储气方式在很多发达国家（包括以前采用高压罐较多的原苏联）已不再建于天然气工程，应引起我们的重视。

6.1.6 本条规定了城镇燃气管道按设计压力的分级

1 根据现行的国家标准《管道和管路附件的公称压力和试验压力》GB 1048，将高压管道分为 $2.5<P\leqslant4.0$MPa；和 $1.6<P\leqslant2.5$MPa两档，以便于设计选用。

2 把低压管道的压力由小于或等于0.005MPa提高到小于0.01MPa。这是考虑为今后提高低压管道供气系统的经济性和为高层建筑低压管道供气解决高程差的附加压头问题提供方便。

低压管道压力提高到小于0.01MPa在发达国家和地区是成熟技术，发达国家和地区低压燃气管道采用小于0.01MPa的有：比利时、加拿大、丹麦、西德、匈牙利、瑞典、日本等；采用0.0070～0.0075MPa有英国、澳大利亚、中国香港等。由于管道压力比原先低压管道压力提高不多，故仍可在室内采用钢管丝扣连接；此系统需要在用户燃气表前设置低—低压调压器，用户燃具前压力被稳定在较佳压力下，也有利于提高热效率和减少污染。

3 城镇燃气输配系统压力级制选择应在本条所规定的范围内进行，这里应说明的是：

1） 不是必须全部用上述压力级制，例如：
一种压力的单级低压系统；
二种压力的：中压B—低压两级系统；中压A—低压两级系统；
三种压力的：次高压B—中压A—低压系统；次高压A—中压A—低压系统；
四种或四种以上压力的多级系统等都是可以采用的。各种不同的系统有其各自的适用对象，我们不能笼统地说哪种系统好或坏，而只能说针对某一具体城镇，选用哪种系统更好一些。

2） 也不是说在设计中所确定的压力上限值必须等于本条所规定的上限值。一般在某一个压力级范围内还应做进一步的分析与比较。例如中压B的取值可以在0.010～0.2MPa中选择，这应根据当地情况做技术经济比较后才能确定。

6.2 燃气管道计算流量和水力计算

6.2.1 为了满足用户小时最大用气量的需要，城镇燃气管道的计算流量，应按计算月的小时最大用气量计算。即对居民生活和商业用户宜按第6.2.2条计算，对工业用户和燃气汽车用户宜按第6.2.3条计算。

对庭院燃气支管和独立的居民点，由于所接用具的种类和数量一般为已知，此时燃气管道的计算流量宜按本规范第10.2.9条规定计算，这样更加符合实际情况。

6.2.4 燃气作为建筑物采暖通风和空调的能源时，其热负荷与采用热水（或蒸汽）供热的热负荷是基本一致的，故可采用《城市热力网设计规范》CJJ 34中有关热负荷的规定，但生活热水的热负荷不计在内，因为生活热水的热负荷在燃气供应中已计入用户的用气量指标中。

6.2.5、6.2.6 本条以柯列勃洛克公式替代原来的阿里特苏里公式。柯氏公式是至今为世界各国在众多专业领域中广泛采用的一个经典公式，它是普朗特半经验理论发展到工程应用阶段的产物，有较扎实的理论和实验基础，在规范的正文中作这样的改变，符合中国加入WTO以后技术上和国际接轨的需要，符合今后广泛开展国际合作的需要。

柯列勃洛克公式是个隐函数公式，其计算上产生的困难，在计算机技术得到广泛应用的今天已经不难解决，但考虑到使用部门的实际情况，给出一些形式简单便于计算的显函数公式仍是需要的，在附录C中列出了原规范中的阿里特苏里公式，阿氏公式和柯式公式比较偏差值在5%以内，可认为其计算结果是基本一致的。

公式中的当量粗糙度 K，反映管道材质、制管工艺、施工焊接、输送气体的质量、管材存放年限和条件等诸多因素使摩阻系数值增大的影响，因此采用旧钢管的 K 值。

对于我国使用的焊接钢管，其新钢管当量粗糙度多数国家认定为 $K=0.045$mm左右，1990年的燃气设计规范专题报告中，引用了二组新钢管实测数据，计算结果与 $K=0.045$mm十分接近。在实际工程设计中参照其他国家规范对天然气管道采用当量粗糙度的情况，取 $K=0.1$mm较合适。取 $K=0.1$mm比新钢管取 $K=0.045$mm，其 λ 值平均增大10.24%。

考虑到人工煤气气质条件，比天然气容易造成污塞和腐蚀，根据1990年的燃气设计规范专题报告中的二组旧钢管实测数据，反推当量粗糙度 K 为 0.14～0.18mm。

本规范对人工煤气使用钢管时取 $K=0.15$mm，它比新钢管 $K=0.045$mm，λ 值平均增大 18.58%。

6.2.8 本条所述的低压燃气管道是指和用户燃具直接相接的低压燃气管道（其中间不经调压器）。我国目前大多采用区域调压站，出口燃气压力保持不变，由低压分配管网供应到户就是这种情况。

1 国内几个有代表性城市低压燃气管道计算压力降的情况见表 24。燃具额定压力 P_n 为 800Pa 时，燃具前的最低压力为 600Pa，约为 P_n 的 600/800＝75%。低压管道总压力降取值：北京较低、沈阳较高、上海居中。这有种种原因，如北京为 1958 年开始建设的，对今后的发展留有较大余地；又如沈阳是沿用旧的管网，由于用户在不断的增加，要求不断提高输气能力，不得不把调压站出口压力向上提，这是迫不得已采取的一种措施；上海市的情况界于上述两城市之间，其压力降为 900Pa，约为 P_n 的 1.0 倍。

表 24　几个城市低压管道压力降（Pa）

项目 \ 城市	北京（人工煤气）	上海（人工煤气）	沈阳（人工煤气）	天津（天然气）
燃具的额定压力 P_n	800	900	800	2000
调压站出口压力	1100～1200	1500	1800～2000	3150
燃具前最低压力	600	600	600	1500
低压管道总压力降 ΔP	550	900	1300	1650
其中：干管	150	500	1000	1100
支管	200	200	100	300
户内管	100	80	80	100
煤气表	100	120	120	150

2 原苏联建筑法规《燃气供应、室内外燃气设备设计规范》对低压燃气管道的计算压力降规定如表 25，其总压力降约为燃具额定压力的 90%。

表 25　低压燃气管道的计算压力降（Pa）

所用燃气种类及燃具额定压力	从调压站到最远燃具的总压力降	管道中包括	
		街区	庭院和室内
天然气、油田气、液化石油气与空气的混合气以及其他低热值为 33.5～41.8MJ/m³ 的燃气，民用燃气燃具前额定压力为 2000Pa 时	1800	1200	600
同上述燃气民用燃气燃具前额定压力为 1300Pa 时	1150	800	350
低热值为 14.65～18.8MJ/m³ 的人工煤气与混合气，民用燃气燃具前额定压力为 1300Pa 时	1150	800	350

3 从我国有关部门对居民用的人工煤气、天然气、液化石油气燃具所做的测定表明，当燃具前压力波动为 $0.5P_n$～$1.5P_n$ 时，燃烧器的性能达到燃具质量标准的要求，燃具的这种性能，在我国的《家用燃气灶具标准》GB 16410 中已有明确规定。

但不少代表提出，在实际使用中不宜把燃具长期置于 $0.5P_n$ 下工作，因为这样不合乎中国人炒菜的要求，且使做饭时间加长，参照表 24 的情况，可见取 $0.75P_n$ 是可行的。这样一个压力相当于燃气灶热负荷比额定热负荷仅仅降低了 13.4%，是能基本满足用户使用要求的，而且这只是对距调压站最远用户而言，在一年中也仅仅是在计算月的高峰时出现，对广大用户不会产生影响。

综上所述燃气灶具前的实际压力允许波动范围取为 $0.75P_n$～$1.5P_n$ 是比较合适的。

4 因低压燃气管道的计算压力降必须根据民用燃气灶具压力允许的波动范围来确定，则有 $1.5P_n-0.75P_n=0.75P_n$。

按最不利情况即当用气量最小时，靠近调压站的最近用户处有可能达到压力的最大值，但由调压站到此用户之间最小仍有约 150Pa 的阻力（包括煤气表阻力和干、支管阻力），故低压燃气管道（包括室内和室外）总的计算压力降最少还可加大的 150Pa，故 $\Delta P_d=0.75P_n+150$

5 根据本条规定，低压管道压力情况如表 26。

表 26　低压燃气管道压力数值表（Pa）

燃气种类	人工煤气	天然气	
燃气灶额定压力 P_n	800	1000	2000
燃气灶前最大压力 P_{max}	1200	1500	3000
燃气灶前最小压力 P_{min}	600	750	1500
调压站出口最大压力	1350	1650	3150
低压燃气管道总的计算压力降（包括室内和室外）	750	900	1650

6 应当补充说明的是，本条所给出的只是低压燃气管道的总压力降，至于其在街区干管、庭院管和室内管中的分配，还应根据情况进行技术经济分析比较后确定。作为参考，现将原苏联建筑法规推荐的数

值列如表27。

表27 《原苏联建筑法规》规定的低压燃气管道压力降分配表（Pa）

燃气种类及燃具额定压力	总压力降 ΔP	街区	单层建筑		多层建筑	
			庭院	室内	庭院	室内
人工煤气 1300	1150	800	200	150	100	250
天然气 2000	1800	1200	350	250	250	350

对我国的一般情况参照原苏联建筑法规，列出的数值如表28可供参考。

表28 低压燃气管道压力降分配参考表（Pa）

燃气种类及燃具额定压力	总压力降 ΔP	街区	单层建筑		多层建筑	
			庭院	室内	庭院	室内
人工煤气 1000	900	500	200	200	100	300
天然气 2000	1650	1050	300	300	200	400

6.3 压力不大于1.6MPa的室外燃气管道

6.3.1 中、低压燃气管道因内压较低，其可选用的管材比较广泛，其中聚乙烯管由于质轻、施工方便、使用寿命长而被广泛使用在天然气输送上。机械接口球墨铸铁管是近年来开发并得到广泛应用的一种管材，它替代了灰口铸铁管，这种管材由于在铸铁熔炼时在铁水中加入少量球化剂，使铸铁中石墨球化，使其比灰口铸铁管具有较高的抗拉、抗压强度，其冲击性能为灰口铸铁管10倍以上。钢骨架聚乙烯塑料复合管是近年我国新开发的一种新型管材，其结构为内外两层聚乙烯层，中间夹以钢丝缠绕的骨架，其刚度较纯聚乙烯管好，但开孔接新管比较麻烦，故只作输气干管使用。根据目前产品标准的压力适应范围和工程实践，本规范将上述三种管材均列于中、低压燃气管道之列。

6.3.2 次高压燃气管道一般在城镇中心城区或其附近地区埋设，此类地区人口密度相对较大，房屋建筑密集，而次高压燃气管道输送的是易燃、易爆气体且管道中积聚了大量的弹性压缩能，一旦发生破裂，材料的裂纹扩展速度极快，且不易止裂，其断裂长度也很长，后果严重。因此必须采用具有良好的抗脆性破坏能力和良好的焊接性能的钢管，以保证输气管道的安全。

对次高压燃气管道的管材和管件，应符合本规范第6.4.4条的要求（即高压燃气管材和管件的要求）。但对于埋入地下的次高压B燃气管道，其环境温度在0℃以上，据了解在竣工和运行的城镇燃气管道中，有不少地下次高压燃气管道（设计压力0.4～1.6MPa）采用了钢号Q235B的《低压流体输送用焊接钢管》，并已有多年使用的历史。考虑到城镇燃气管道位于人口密度较大的地区，为保障安全在设计中对压力不大于0.8MPa的地下次高压B燃气管道采用钢号Q235B的《低压流体输送用焊接钢管》也是适宜的。（经对钢管制造厂调研，Q235A材料成分不稳定，故不宜采用）。

最小公称壁厚是考虑满足管道在搬运和挖沟过程中所需的刚度和强度要求，这是参照钢管标准和有关国内外标准确定的，并且该厚度能满足在输送压力0.8MPa，强度系数不大于0.3时的计算厚度要求。例如在设计压力为0.8MPa，选用L245级钢管时，对应 DN100～1050最小公称壁厚的强度设计系数为0.05～0.19。详见表29。

表29 L245级钢管、设计压力 P 为0.8MPa、1.6MPa对应的强度设计系数 F

DN（D）	δ_{min}	$F\left(=\dfrac{PD}{2\sigma_s\delta_{min}}\right)$	
		P=0.8MPa	P=1.6MPa
100（114.3）	4.0	0.05	0.10
150（168.3）		0.07	0.14
200（219.1）	4.8	0.07	0.14
300（323.9）		0.11	0.22
350（355.6）	5.2	0.11	0.22
400（406.4）		0.13	0.26
450（457）		0.14	0.28
500（508）	6.4	0.13	0.26
550（559）		0.14	0.28
600（610）	7.1	0.14	0.28
700（711）		0.16	0.32
750（762）	7.9	0.16	0.32
900（914）		0.19	0.38
950（965）	8.7	0.18	0.36
1000（1016）		0.19	0.38
1050（1067）	9.5	0.18	0.36

注：如果选用L210级钢管，强度设计系数 F' 为表中 F 值乘1.167。

6.3.3 本条规定了敷设地下燃气管道的净距要求。

地下燃气管道在城市道路中的敷设位置是根据当地远、近期规划综合确定的，厂区内煤气管道的敷设也应根据类似的原则，按工厂的规划和其他工种管线布置确定。另外，敷设地下燃气管道还受许多因素限制，例如：施工、检修条件、原有道路宽度与路面的种类、周围已建和拟建的各类地下管线设施情况、所用管材、管接口形式以及所输送的燃气压力等。在敷设燃气管道时需要综合考虑，正确处理以上所提供的要求和条件。本条规定的水平净距和垂直净距是在参考各地燃气公司和有关其他地下管线规范以及实践经验后，在保证施工和检修时互不影响及适当考虑燃气输送压力影响的情况下而确定的，基本沿用原规范数据，现补充说明如下：

1 与建筑物及地下构筑物的净距

长期实践经验与燃气管道漏气中毒事故的统计资料表明，压力不高的燃气管道漏气中毒事故的发生在一定范围内并不与燃气管道与建筑物的净距有必然关系，采用加大管道与房屋的净距的办法并不能完全避免事故的发生，相反会增加设计时管位选择的困难或使工程费用增加（如迁移其他管道或绕道等方法来达到规定的要求）。实践经验证明，地下燃气管道的安全运行与提高工程施工质量、加强管理密切相关。考虑到中、低压管道是市区中敷设最多的管道，故本次修订中将原规定的中压管道与建筑物净距予以适当减小，在吸收了香港的经验并采取有效的防护措施后，把次高、中、低压管道与建筑物外墙面净距，分别降至应不小于 3m、1m（距建筑物基础 0.5m）和不影响基础的稳固性。有效的防护措施是指：

1）增加管壁厚度，钢管可按表 6.3.2 酌情增加，但次高压 A 管道与建筑物外墙面为 3m 时，管壁厚度不应小于 11.9mm；对于聚乙烯管、球墨铸铁管和钢骨架聚乙烯塑料复合管可不采取增加厚度的办法；

2）提高防腐等级；

3）减少接口数量；

4）加强检验（100%无损探伤）等。

以上措施根据管材种类不同可酌情采用。

本条原规范是指到建筑物基础的净距，考虑到基础在管道设计时不便掌握，且次高压管道到建筑物净距要求较大，不会碰到建筑物基础，为方便管道布置，故改为到建筑物外墙面；中、低压管道净距要求较小，有可能碰到建筑物的基础，故规定仍指到建筑物基础的净距。

应该说明的是，本规范规定的至建筑物净距综合了南北各地情况，低压管取至建筑物基础的净距为 0.7m，对于北方地区，考虑到在开挖管沟时不至于对建筑物基础产生影响，应根据管道埋深适当加大与建筑物基础的净距。并不是要求一律按表 6.3.3-1 水平净距进行设计，在条件许可时（如在比较宽敞的道路上敷设燃气管道）宜加大管道到建筑物基础的净距。

2 地下燃气管道与相邻构筑物或管道之间的水平净距与垂直净距

1）水平净距：基本上是采用原规范规定，与现行的国家标准《城市工程管线综合规划规范》GB 50289－98 基本相同。

2）垂直净距：与现行的国家标准《城市工程管线综合规划规范》GB 50289－98 完全一致。

6.3.4 对埋深的规定是为了避免因埋设过浅使管道受到过大的集中轮压作用，造成设计浪费或出现超出管道负荷能力而损坏。

按我国铸铁管的技术标准进行验算，条文中所规定的覆土深度，对于一般管径的铸铁管，其强度都是能适应的。如上海地区在车行道下最小覆土深度为 0.8m 的铸铁管，经长期的实践运行考验，情况良好。此次修编中将埋在车行道下的最小覆土深度由 0.8m 改为 0.9m，主要是考虑到今后车行道上的荷载将会有所增加。对埋设在庭院内地下燃气管道的深度同埋设在非车行道下的燃气管道深度早先的规定是均不能小于 0.6m。但在我国土壤冰冻线较浅的南方地区，埋设在街坊内泥土下的小口径管道（指口径 50mm 以下的）的覆土厚度一般为 0.30m，这个深度同时也满足砌筑排水明沟的要求，参照中南地区、上海市煤气公司与四川省城市煤气设计施工规程，在修订中增加了对埋设在机动车不可能到达地方的地下燃气管道覆土厚度为 0.3m 的规定，以节约工程投资。“机动车道”或“非机动车道”分别是指机动车能或不能通行的道路，这对于城市道路是容易区分的，对于居民住宅区内道路，按如下区分掌握：如果是机动车以正常行驶速度通行的主要道路则属于机动车道；住宅区内由上述主要道路到住宅楼门之间的次要道路，机动车只是缓行进入或停放的，可视为非机动车道。目前国内外有关燃气管道埋设深度的规定如表 30 所示。

6.3.5 规定燃气管道敷设于冻土层以下，是防止燃气中冷凝液被冻结堵塞管道，影响正常供应。但在燃气中有些是干气，如长输的天然气等，故只限于湿气时才须敷设在冻土层以下。但管道敷设在地下水位高于输气管道敷设高度的地区时，无论是对湿气还是干气，都应考虑地下水从管道不严密处或施工时灌入的可能，故为防止地下水在管内积聚也应敷设有坡度，使水容易排除。

表 30 国内外燃气管道的埋设深度（至管顶）（m）

地点	条件	埋设深度	最大冻土深度	备注
北京	主干道 干线 支线 非车行道	≥1.20 ≥1.00 ≥0.80	0.85	北京市《地下煤气管道设计施工验收技术规定》
上海	机动车道 车行道 人行道 街坊 引入管	1.00 0.80 0.60 0.60 0.30	0.06	上海市标准《城市煤气、天然气管道工程技术规程》DGJ 08-10

续表 30

地点	条件	埋设深度	最大冻土深度	备注
大连		≥1.00	0.93	《煤气管道安全技术操作规程》
鞍山		1.40	1.08	
沈阳	*DN*250mm 以下 *DN*250mm 以上	≥1.20 ≥1.00		
长春		1.80	1.69	
哈尔滨	向阳面 向阴面	1.80 2.30	1.97	
中南地区	车行道 非车行道 水田下 街坊泥土路	≥0.80 ≥0.60 ≥0.60 ≥0.40		《城市煤气管道工程设计、施工、验收规程》（城市煤气协会中南分会）
四川省	车行道 直埋 套管 非车行道 郊区旱地 郊区水田 庭院	0.80 0.60 0.60 0.60 0.80 0.40		《城市煤气输配及应用工程设计、安装、验收技术规程》
美国	一级地区 二、三、四级地区 （正常土质/岩石）	0.762/0.457 0.914/0.610		美国联邦法规 49-192《气体管输最低安全标准》
日本	干管 特殊情况 供气管： 车行道 非车行道	1.20 0.60 >0.60 >0.30		道路施行法第 12 条及本支管指针（设计篇）；供给管、内管指针（设计篇）
原苏联	高级路面 非高级路面 运输车辆不通行之地	≥0.80 ≥0.90 0.60		《燃气供应建筑法规》CH$_n$ⅡⅡ-37
原东德	一般 采取特别防护措施	0.8～1.0 0.6		DINZ 470

为了排除管内燃气冷凝水，要求管道保持一定的坡度。国内外有关燃气管道坡度的规定如表 31，地下燃气管道的坡度国内外一般所采用的数值大部分都不小于 0.003。但在很多旧城市中的地下管一般都比较密集，往往有时无法按规定坡度敷设，在这种情况下允许局部管段坡度采取小于 0.003 的数值，故本条规范用词为“不宜”。

表 31 国内外室外地下燃气管道的坡度

地点	管别	坡度	备注
北京	干管、支管 干管、支管 （特殊情况下）	>0.0030 >0.0015	北京市《地下煤气管道设计施工验收技术规定》
上海	中压管 低压管 引入管	≥0.003 ≥0.005 ≥0.010	上海市标准《城市煤气、天然气管道工程技术规程》DGJ 08-10
沈阳	干管、支管	0.003～0.005	
长春	干管	>0.003	
大连	干管、支管： 逆气流方向 顺气流方向 引入管	 >0.003 >0.002 >0.010	《煤气管道安全技术操作规程》
天津		>0.003	天津市《煤气化工程管道安装技术规定》
中南地区		>0.003	《城市煤气管道工程设计、施工、验收规程》（城市煤气协会中南分会）
四川省		>0.003	《城市煤气输配及应用工程设计、安装、验收技术规程》
英国	配气干管 支管	0.003 0.005	《配气干管规程》IGE/TD/3 《煤气支管规程》IGE/TD/4
日本		0.001～0.003	本支管指针（设计篇）
原苏联	室外地下煤气管道	≥0.002	《燃气供应建筑法规》CH$_n$Ⅱ2.04.08

6.3.7 地下燃气管道在堆积易燃、易爆材料和具有腐蚀性液体的场地下面通过时，不但增加管道负荷和容易遭受侵蚀，而且当发生事故时相互影响，易引起次生灾害。

燃气管道与其他管道或电缆同沟敷设时，如燃气管道漏气易引起燃烧或爆炸，此时将影响同沟敷设的其他管道或电缆使其受到损坏；又如电缆漏电时，使燃气管道带电，易产生人身安全事故。故对燃气管道说来不宜采取和其他管道或电缆同沟敷设；而把同沟敷设的做法视为特殊情况，必须提出充足的理由并采取良好的通风和防爆等防护措施才允许采用。

6.3.8 地下燃气管道不宜穿过地下构筑物，以免相互产生不利影响。当需要穿过时，穿过构筑物内的地下燃气管应敷设在套管内，并将套管两端密封，其一是为了防止燃气管被损或腐蚀而造成泄漏的气体沿沟槽向四周扩散，影响周围安全；其二若周围泥土流入安装后的套管内后，不但会导致路面沉陷，而且燃气管的防腐层也会受到损伤。

关于套管伸出构筑物外壁的长度原规范规定为不小于0.1m，考虑到套管与构筑物的交接处形成薄弱环节，并且由于伸出构筑物外壁长度较短，构筑物在维修或改建时容易影响燃气管道的安全，且对套管与构筑物之间采取防水渗漏措施的操作较困难，故修订时将套管伸出构筑物外壁的长度由原来的0.1m改为表6.3.3-1燃气管道与该构筑物的水平净距，其目的是为了更好地保护套管内的燃气管道和避免相互影响。

6.3.9 本条规定了燃气管道穿越铁路、高速公路、电车轨道或城镇主要干道时敷设要求。

套管内径裕量的确定应考虑所穿入的燃气管根数及其防腐层的防护带或导轮的外径、管道的坡度、可能出现的偏弯以及套管材料与顶管方法等因素。套管内径比燃气管道外径大100mm以上的规定系参照：①加拿大燃气管线系统规程中套管口径的规定：燃气管外径小于168.3mm时，套管内径应大于燃气管外径50mm以上；燃气管外径大于或等于168.3mm时，套管内径应大于燃气管外径75mm以上；②原苏联建筑法规关于套管直径应比燃气管道直径大100mm以上的规定；③我国西南地区的《城市煤气输配及应用工程设计、安装、验收技术规定》中关于套管内径应大于输气管外径100mm的规定等，是结合施工经验而定的。

燃气管道不应在高速公路下平行敷设，但横穿高速公路是允许的，应将燃气管道敷设在套管中，这在国外也常采用。

套管端部距铁路堤坡脚的距离要求是结合各地经验并参照“石油天然气管道保护条例第五章第二节第4条”的规定编制。

6.3.10 燃气管道通过河流时，目前采用的有穿越河底、敷设在桥梁上或采用管桥跨越等三种形式。一般情况下，北方地区由于气温较低，采用穿越河底者较多，其优点是不需保温与经常维修，缺点是施工费用高，损坏时修理困难。南方地区则采用敷设在桥梁上或采用管桥跨越形式者较多，例如上海市煤气和天然气管道通过河流采用敷设于桥梁上的方式很多。南京、广州、湘潭和四川亦有很多燃气管道采用敷设于桥梁上，其输气压力为0.1～1.6MPa。上述敷设于桥梁上的燃气管道在长期（有的已达百年）的运行过程中没有出现什么问题。利用桥梁敷设形式的优点是工程费用低，便于检查和维修。

上述敷设在桥梁上通过河流的方式实践表明有着较大的优点，但与《城市桥梁设计准则》原规定燃气管道不得敷设于桥梁上有矛盾。为此2001年6月5日由建设部标准定额研究所召开有建设部城市建设研究院、《城镇燃气设计规范》主编单位中国市政工程华北设计研究院和《城市桥梁设计准则》主编单位上海市政工程设计研究院，以及北京市政工程设计研究院、部分城市煤气公司、市政工程设计和管理部门等参加的协调会，与会专家经过讨论达成如下共识，一致认为“两个标准的局部修订协调应遵循以下三个原则：①安全适用、技术先进、经济合理；②必须符合国家有关法律、法规的规定；③必须采取具体的安全防护措施。确定条文改为：当条件许可，允许利用道路桥梁跨越河流时，必须采取安全防护措施。并限定燃气管道输送压力不应大于0.4MPa”。

本条文是按上述协调会结论和会后协调修订的，并补充了安全防护措施规定。

6.3.11 原规范规定燃气管道穿越河底时，燃气管道至规划河底的覆土深度只提出应根据水流冲刷条件确定并不小于0.5m，但水流冲刷条件的提法不具体又很难界定，此次修订增加了对通航河流及不通航河流分别规定了不同的覆土深度，目的是不使管道裸露于河床上。另外根据有关河、港监督部门的意见，以往有些过河管道埋于河底，因未满足疏浚和投锚深度要求，往往受到破坏，故规定“对通航的河流还应考虑疏浚和投锚深度”。

6.3.12 对于穿越和跨越重要河流的燃气管道，从船舶运行与水流冲刷的条件看，要预计到它受到损坏的可能性，且损坏之后修复时间较长，而重要河流必然担负着运输等项重大任务，不能允许受到燃气管道破坏时的影响，为了当一旦燃气管道破坏时便于采取紧急措施，故规定在河流两侧均应设置阀门。

6.3.13 本条规定了阀门的布置要求。

在次高压、中压燃气干管上设置分段阀门，是为了便于在维修或接新管操作或事故时切断气源，其位置应根据具体情况而定，一般要掌握当两个相邻阀门关闭后受它影响而停气的用户数不应太多。

将阀门设置在支管上的起点处，当切断该支管供应气时，不致影响干管停气；当新支管与干管连接时，在新支管上的起点处所设置的阀门，也可起到减少干管停气时间的作用。

在低压燃气管道上，切断燃气可以采用橡胶球阻塞等临时措施，故装设阀门的作用不大，且装设阀门增加投资、增加产生漏气的机会和日常维修工作。故对低压管道是否设置阀门不作硬性规定。

6.3.14 地下管道的检测管、凝水缸的排水管均设在燃气管道上方，且在车行道部分的燃气管经常遭受车辆的重压，由于检测和排水管口径较小，如不进行有效保护，容易受损，因此应在其上方设置护罩。并且管口在护罩内也便于检测和排水时的操作。

水封阀和阀门由于在检修和更换时人员往往要至地下操作，设置护井可方便维修人员操作。

6.3.15 燃气管道沿建筑物外墙敷设的规定，是参照苏联建筑法规《燃气供应》$CH_{n}\Pi$2.04.08-87确定。其中“不应敷设燃气管道的房间”见本规范第10.2.14条。

与铁路、道路和其他管线交叉时的最小垂直净距是按《工业企业煤气安全规程》GB 6222 和上海市的规定而定；与架空电力线最小垂直净距是按《66kV及以下架空电力线路设计规范》GB 50061－97 的规定而定。

6.4 压力大于 1.6MPa 的室外燃气管道

6.4.2、6.4.3 我国城镇燃气管道的输送压力均不高，本规范原规定的压力范围为小于或等于1.6MPa，保证管道安全除对管道强度、严密性有一定要求外，主要是控制管道与周围建筑物的距离，在实践中管道选线有时遇到困难。随着长输天然气的到来，输气压力必然提高，如果单纯保证距离则难以实施。在规范的修订中，吸收和引用了国外发达国家和我国 GB 50251 规范的成果，采取以控制管道自身的安全性主动预防事故的发生为主，但考虑到城市人员密集，交通频繁，地下设施多等特殊环境以及我国的实际情况，规定了适当控制管道与周围建筑物的距离（详见本规范第 6.4.11 和 6.4.12 条说明），一旦发生事故时使恶性事故减少或将损失控制在较小的范围内。

控制管道自身的安全性，如美国联邦法规 49 号192 部分《气体管输最低安全标准》、美国国家标准ANSI/ASME B31.8 和英国气体工程师学会标准IGE/TD/1 等，采用控制管道及构件的强度和严密性，从管材设备选用、管道设计、施工、生产、维护到更新改造的全过程都要保障好，是一个质量保障体系的系统工程。其中保障管道自身安全的最重要设计方法，是在确定管壁厚度时按管道所在地区不同级别，采用不同的强度设计系数（计算采用的许用应力值取钢管最小屈服强度的系数）。因此，管道位置的地区等级如何划分，各级地区采用多大的强度设计系数，就是问题要点。

管道地区等级的划分方法英国、美国有所不同，但大同小异。美国联邦法规和美国国家标准 ANSI/ASME B31.8 是按不同的独立建筑物（居民户）密度将输气管道沿线划分为四个地区等级，其划分方法是以管道中心线两侧各 220 码（约 200m）范围内，任意划分为 1 英里（约 1.6km）长并能包括最多供人居住独立建筑物（居民户）数量的地段，以此计算出该地段的独立建筑物（居民户）密度，据此确定管道地区等级；我国国家标准《输气管道工程设计规范》GB 50251 的划分方法与美国法规和 ANSI/ASME B31.8 标准相同，但分段长度为 2km；英国气体工程师学会标准 IGE/TD/1 是按不同的居民人数密度将输气管道沿线划分为三个地区等级，其划分方法是以管道中心线两侧各 4 倍管道距建筑物的水平净距（根据压力和管径查图）范围内，任意划分为 1 英里（约1.6km）长并能包括最多数量居民的地段，以此计算出该地段每公顷面积上的居民密度，并据此确定管道地区等级。从以上划分方法看，美国法规和标准划分合理，简单清晰，容易操作，故本规范管道地区等级的划分方法采用美国法规规定。

几个国家和地区管道地区分级标准和强度设计系数 F 详见表 32。

表 32 管道地区分级标准和强度设计系数 F

标准及使用地	一级地区	二级地区	三级地区	四级地区
美国联邦法规 49－192 和标准 ANSI/ASME B31.8	户数≤10 $F=0.72$	10<户数<46 $F=0.6$	户数≥46 $F=0.5$	4 层或 4 层以上建筑占多数的地区 $F=0.4$
英国气体工程师学会 IGE/TD/I 标准（第四版）	户数<54［注］ $F\leqslant0.72$		中间地区 $F=0.3$	人口密度大，多层建筑多，交通频繁和地下设施多的城市或镇的中心区域 管道压力≤1.6MPa
法国燃料气管线安全规程	户数≤4 $F=0.73$	4<户数<40 $F=0.6$	户数≥40 $F=0.4$	
我国《输气管道工程设计规范》GB 50251	户数≤12［注］ $F=0.72$	12<户数<80［注］ $F=0.6$	户数≥80［注］ $F=0.5$	4 层或 4 层以上建筑普遍集中、交通频繁、地下设施多的地区 $F=0.4$
香港中华煤气公司	户数<54［注］ $F\leqslant0.72$		中间地区 $F=0.3$	本岛区管道压力≤0.7MPa
多伦多燃气公司	多伦多市区 $F=0.3$			
洛杉矶南加州燃气公司	没有人住的地区 $F=0.72$		低层建筑（≤3 层）为主的地区 $F=0.5$	多层建筑为主的地区 $F=0.4$
本规范采用值	户数≤12 $F=0.72$	12<户数<80 $F=0.6$	户数≥80 的中间地区 $F=0.4$	4 层或 4 层以上建筑普遍且占多数、交通频繁、地下设施多的城市中心城区（或镇的中心区域等）。$F=0.3$

注：为了便于对比，我们均按美国标准要求计算，即折算为沿管道两边宽各 200m，长 1600m 面积内（$64\times10^4m^2$）的户数计算（多单元住宅中，每一个独立单元按 1 户计算，每 1 户按 3 人计算）。表中的“户数”在各标准中表达略有不同，有“居民户数”、“居住建筑物数”和“供人居住的独立建筑物数”等。

从表 32 可知，各标准对各级地区范围密度指数和描述是不尽相同的。在第 6.4.3 条第 2 款地区等级的划分中：

1、2 项从美国、英国、法国和我国 GB 50251 标准看，一级和二级地区的范围密度指数相差不大，(其中 GB 50251 的二级地区密度指数相比国外标准差别稍大一些，这是编制该规范时根据我国农村实际情况确定的)。本规范根据上述情况，对一级和二级地区的范围密度指数取与 GB 50251 相同。

3 三级地区是介于二级和四级之间的中间地区。指供人居住的建筑物户数在 80 或 80 以上，但又不够划分为四级地区的任一地区分级单元。

另外，根据美国标准 ANSI/ASME B31.8，工业区应划为三级地区；根据美国联邦法规 49－192，对距人员聚集的室外场所 100 码（约 91m）范围也应定为三级地区；本规范均等效采用（取为 90m），人员聚集的室外场所是指运动场、娱乐场、室外剧场或其他公共聚集场所等。

4 根据英国标准 IGE/TD/1（第四版）对燃气管道的 T 级地区（相当于本规范的四级地区）规定为“人口密度大，多层建筑多，交通频繁和地下服务设施多的城市或镇的中心区域”。并规定燃气管道的压力不大于 1.6MPa，强度设计系数 F 一般不大于 0.3 等，更加符合城镇的实际情况和有利于安全，因而本规范对四级地区的规定采用英国标准。其中“多层建筑多”的含义明确为 4 层或 4 层以上建筑物（不计地下室层数）普遍且占多数；“城市或镇的中心区域”的含义明确为“城市中心城区（或镇的中心区域等)”。从而将 4 层或 4 层以上建筑物普遍且占多数的地区分为：城市的中心城区（或镇的中心区域等）和城市管辖的（或镇管辖的）其他地区两种情况，区别对待。在此需要进一步说明的是：

1) 管道经过城市的中心城区（或镇的中心区域等）且 4 层或 4 层以上建筑物普遍且占多数同时具备才被划入管道的四级地区。

2) 此处除指明包括镇的中心区域在内外，凡是与镇相同或比镇大的新城区、卫星城的中心区域等是否属于管道的四级地区，也应根据四级地区的地区等级划分原则确定。

3) 对于城市的非中心城区（或镇的非中心区域等）地上 4 层或 4 层以上建筑物普遍且占多数的燃气管道地区，应划入管道的三级地区，其强度设计系数 $F=0.4$，这与《输气管道设计规范》GB 50251 中的燃气管道四级地区强度系数 F 是相同的。

4) 城市的中心城区（不包括郊区）的范围宜按城市规划并应由当地城市规划部门确定。据了解：例如：上海市的中心城区规划在外环道路以内（不包括外环道路红线内）。又如：杭州市的中心城区规划在距外环道路内侧最少 100m 以内。

5)“4 层或 4 层以上建筑物普遍且占多数”可按任一地区分级单元中燃气管道任一单侧 4 层或 4 层以上建筑物普遍且占多数，即够此项条件掌握。建筑物层数的计算除不计地下室层数外，顶层为平常没有人的美观装饰观赏间、水箱间等时可不计算在建筑物层数内。

第 6.4.3 条第 4 款，关于今后发展留有余地问题，其中心含义是在确定地区等级划分时，应适当考虑地区今后发展的可能性，如果在设计一条新管道时，看到这种将来的发展足以改变该地区的等级，则这种可能性应在设计时予以考虑。至于这种将来的发展考虑多远，是远期、中期或近期规划，应根据具体项目和条件确定，不作统一规定。

6.4.4 本条款是对高压燃气管道的材料提出的要求。

2 钢管标准《石油天然气工业输送钢管交货技术条件第 1 部分：A 级钢管》GB/T 9711.1 中 L175 级钢管有三种与相应制造工艺对应的钢管：无缝钢管、连续炉焊钢管和电阻焊钢管。其中连续炉焊钢管因其焊缝不进行无损检测，其焊缝系数仅为 0.6，并考虑到 175 级钢管强度较低，不适用于高压燃气管道，因此规定高压燃气管道材料不应选用 GB/T 9711.1 标准中的 L175 级钢管。为便于管材的设计选用，将该条款规定的标准钢管的最低屈服强度列于表 33。

表 33 钢管的最低屈服强度

钢级或钢号				最低屈服强度① σ_s ($R_{t0.5}$)，(MPa)
GB/T 9711.1	GB/T 9711.2	ANSI/API5L②	GB/T 8163	
L210		A		210
L245	L245···	B		245
L290	L290···	X42		290
L320		X46		320
L360	L360···	X52		360
L390		X56		390
L415	L415···	X60		415
L450	L450···	X65		450
L485	L485···	X70		485
L555	L555···	X80		555
			10	205
			20	245

续表 33

钢级或钢号				最低屈服强度① σ_s（$R_{t0.5}$），（MPa）
GB/T 9711.1	GB/T 9711.2	ANSI/API5L②	GB/T 8163	
			Q295	295（S＞16时，285）③
			Q345	325（S＞16时，315）

注：① GB/ T9711.1、GB/ T9711.2 标准中，最低屈服强度即为规定总伸长应力 $R_{t0.5}$。

② 在此列出与 GB/ T 9711.1、GB/ T 9711.2 对应的 ANSI/API5L 类似钢级，引自标准 GB/ T 9711.1、GB/ T 9711.2 标准的附录。

③ S 为钢管的公称壁厚。

3 材料的冲击试验和落锤撕裂试验是检验材料韧性的试验。冲击试验和落锤撕裂试验可按照《石油天然气工业输送钢管交货技术条件第 1 部分：A 级钢管》GB/ T 9711.1 标准中的附录 D 补充要求 SR3 和 SR4 或《石油天然气工业输送钢管交货技术条件第 2 部分：B 级钢管》GB/T 9711.2 标准中的相应要求进行。GB/ T 9711.2 标准将韧性试验作为规定性要求，GB/ T 9711.1 将其作为补充要求（由订货协议确定），GB/ T 8163 未提这方面要求。试验温度应考虑管道使用时和压力试验（如果用气体）时预测的最低金属温度，如果该温度低于标准中的试验温度（GB/ T 9711.1 为 10℃，GB/ T 9711.2 为 0℃），则试验温度应取该较低温度。

6.4.5 管道的抗震计算可参照国家现行标准《输油（气）钢质管道抗震设计规范》SY/ T 0450。

6.4.6 直管段的计算壁厚公式与《输气和配气管线系统》ASMEB31.8、《输气管道工程设计规范》GB 50251 等规范中的壁厚计算式是一致的。该公式是采用弹性失效准则，以最大剪应力理论推导得出的壁厚计算公式。因城镇燃气温度范围对管材强度没有影响，故不考虑温度折减系数。在确定管道公称壁厚时，一般不必考虑壁厚附加量。对于钢管标准允许的壁厚负公差，在确定强度设计系数时给予了适当考虑并加了裕量；对于腐蚀裕量，因本规范中对外壁防腐设计提出了要求，因此对外壁腐蚀裕量不必考虑，对于内壁腐蚀裕量可视介质含水分多少和燃气质量酌情考虑。

6.4.7 经冷加工的管子又经热处理加热到一定温度后，将丧失其应变强化性能，按国内外有关规范和资料，其屈服强度降低约 25%，因此在进行该类管道壁厚计算或允许最高压力计算时应予以考虑。条文中冷加工是指为使管子符合标准规定的最低屈服强度而采取的冷加工（如冷扩径等），即指利用了冷加工过程所提高强度的情况。管子揻弯的加热温度一般为800～1000℃，对于热处理状态管子，热弯过程会使其强度有不同程度的损失，根据 ASME B31.8 及一些热弯管机械性能数据，强度降低比率按 25% 考虑。

6.4.8 强度设计系数 F，根据管道所在地区等级不同而不同。并根据各国国情（如地理环境、人口等）其取值也有所不同。几个国家管道地区分级标准和强度设计系数 F 的取值情况详见表 32。

1 从美国、英国、法国和我国 GB 50251 标准看，对一级和二级地区的强度设计系数的取值基本相同，本规范也取为 0.72 和 0.60，与上述标准相同。

2 对三级地区，英国标准比法国、美国和我国 GB 50251 标准控制严，其强度设计系数依次分别为 0.3、0.4、0.5、0.5。考虑到对于城市的非中心城区（或镇的非中心区域等）地上 4 层或 4 层以上建筑物普遍且占多数的燃气管道地区，已划入管道的三级地区；对于城市的中心城区（或镇的中心区域等）三级和四级地区的分界线主要是以 4 层或 4 层以上建筑是否普遍且占多数为标准，而我国每户平均住房面积比发达国家要低很多，同样建筑面积的一幢 4 层楼房，我国的住户数应比发达国家多，而其他小于或等于 3 层的低层建筑，在发达国家大多是独门独户，我国则属多单元住宅居多，因而当我国采用发达国家这一分界线标准时，不少划入三级地区的地段实际户数已相当于进入发达国家四级地区规定的户数范围（地区分级主要与户数有关，但为了统计和判断方便又常以住宅单元建筑物数为尺度）；参考英国、法国、美国标准和多伦多、香港等地的规定，本规范对三级地区强度设计系数取为 0.4。

3 对四级地区英国标准比法国、美国和我国 GB 50251 标准控制更严，这是由于英国标准提出四级地区是指城市或镇的中心区域且多层建筑多的地区（本规范已采用），同时又规定燃气管道压力不应超过 1.6MPa（最近该标准第四版已由 0.7MPa 改为 1.6MPa）。由于管道敷设有最小壁厚的规定，按 L245 级钢管和设计压力 1.6MPa 时反算强度设计系数约为 0.10～0.38，一般比其他标准 0.4 低很多。香港采用英国标准，多伦多燃气公司市区燃气管道强度设计系数采用 0.3。我国是一个人口众多的大国，城市人口（特别是四级地区）普遍比较密集，多层和高层建筑较多，交通频繁，地下设施多，高压燃气管道一旦破坏，对周围危害很大，为了提高安全度，保障安全，故要适当降低强度设计系数，参考英国标准和多伦多燃气公司规定，本规范对四级地区取为 0.3。

6.4.9 本条根据美国联邦法规 49－192 和我国 GB 50251 标准并结合第 6.4.8 条规定确定。

6.4.11、**6.4.12** 关于地下燃气管道到建筑物的水平净距。

控制管道自身安全是从积极的方面预防事故的发生，在系统各个环节都按要求做到的条件下可以保障管道的安全。但实际上管道难以做到绝对不会出现事故，从国内和国外的实践看也是如此，造成事故的主要原因是：外力作用下的损坏，管材、设备及焊接缺陷，管道腐蚀，操作失误及其他原因。外力作用下的损坏常常和法制不健全、管理不严有关，解决尚难到位；管材、设备和施工中的缺陷以及操作中的失误应该避免，但也很难杜绝；管道长期埋于地下，目前城镇燃气行业对管内、外的腐蚀情况缺乏有效的检测手段和先进设备，管道在使用后的质量得不到有效及时的监控，时间一长就会给安全带来隐患；而城市又是人群集聚之地，交通频繁、地下设施复杂，燃气管道压力越来越高，一旦破坏、危害甚大。因此，适当控制高压燃气管道与建筑物的距离，是当发生事故时将损失控制在较小范围，减少人员伤亡的一种有效手段。在条件允许时要积极去实施，在条件不允许时也可采取增加安全措施适当减少距离，为了处理好这一问题，结合国情，在本规范第 6.4.11 条、6.4.12 条等效采用了英国气体工程师学会 IGE/ TD/1《高压燃气输送钢管》标准的成果。

1 从表 6.4.11 可见，由于高压燃气管道的弹性压缩能量主要与压力和管径有关，因而管道到建筑物的水平净距根据压力和管径确定。

2 三级地区房屋建筑密度逐渐变大，采用表 6.4.11 的水平净距有困难，此时强度设计系数应取 0.4（IGE/ TD/1 标准取 0.3），即可采用表 6.4.12（此时在一、二区也可采用）。其中：

1） 采取行之有效的保护措施，表 6.4.12 中 A 行管壁厚度小于 9.5mm 的燃气管道可采用 B 行的水平净距。据 IGE/ TD/1 标准介绍，“行之有效的保护措施”是指沿燃气管道的上方设置加强钢筋混凝土板（板应有足够宽度以防侧面侵入）或增加管壁厚度等措施，可以减少管道被破坏，或当管壁厚度达到 9.5mm 以上后可取得同样效果。因此在这种条件下，可缩小高压燃气管道到建筑物的水平净距。对于采用 B 行的水平净距有困难的局部地段，可将管壁厚度进一步加厚至不小于 11.9mm 后可采用 C 行的水平净距。

2） 据英国气体工程师学会人员介绍：经实验证明，在三级地区允许采用的挖土机，不会对强度设计系数不大于 0.3（本规范取为 0.4）管壁厚度不小于 11.9mm 的钢管造成破坏，因此采用强度设计系数不大于 0.3（本规范为 0.4）管壁厚度不小于 11.9mm 的钢管（管道材料钢级不低于 L245），基本上不需要安全距离，高压燃气管道到建筑物 3m 的最小要求，是考虑挖土机的操作规定和日常维修管道的需要以及避免以后建筑物拆建对管道的影响。如果采用更高强度的钢管，原则上可以减少管壁的厚度（采用比 11.9mm 小），但采用前，应反复对它防御挖土机破坏管道的能力作出验证。

6.4.14、6.4.15 这两条对不同压力级别燃气管道的宏观布局作了规定，以便创造条件减少事故及危害。规定四级地区地下燃气管道输配压力不宜大于 1.6MPa，高压燃气管道不宜进入四级地区，不应从军事设施、易燃易爆仓库、国家重点文物保证区、机场、火车站、码头通过等，都是从有利于安全上着眼。但以上要求在受到条件限制时也难以实施（例如有要求燃气压力为高压 A 的用户就在四级地区，不得不从此通过，否则就不能供气或非常不合理等）。故本规范对管道位置布局只是提倡但不作硬性限制，对这些个别情况应从管道的设计、施工、检验、运行管理上加强安全防护措施，例如采用优质钢管、强度设计系数不大于 0.3、防腐等级提高、分段阀门采用遥控或自动控制、管道到建筑物的距离予以适当控制、严格施工检验、管道投产后对管道的运行状况和质量监控检查相对多一些等。

“四级地区地下燃气管道输配压力不应大于 4.0MPa（表压）”这一规定，在一般情况下应予以控制，但对于大城市，如经论证在工艺上确实需要且在技术、设备和管理上有保证，并经城市建设主管部门批准，压力大于 4.0MPa 的燃气管道也可进入四级地区，其设计宜按《输气管道工程设计规范》GB 50251 并参照本规范 4.0MPa 燃气管道的有关规定执行（有关规定主要指：管道强度设计系数、管道距建筑物的距离等）。

第 6.4.15 条中高压 A 燃气管道到建筑物的水平净距 30m 是参考温哥华、多伦多市的规定确定的。几个城市高压燃气管道到建筑物的净距见表 34。

表 34 几个城市高压燃气管道到建筑物的水平净距

城市	管道压力、管径与到建筑物的水平净距	备注
温哥华	管道输气压力 3.45MPa 至建筑物净距约为 30m（100 英尺）	经过市区
多伦多	管道输气压力小于或等于 4.48MPa 至建筑物净距约为 30m（100 英尺）	经过市区
洛杉矶	管道输气压力小于或等于 3.17MPa 至建筑物净距约为 6～9m（20～30 英尺）	洛杉矶市区 90%以上为三级地区（估计）

续表 34

城市	管道压力、管径与到建筑物的水平净距	备注
香港	管道输气压力 3.5MPa，采用 AP15LX42 钢材，管径 *DN*700，壁厚 12.7mm。至建筑物净距最小为 3m	在三级或三级以下地区敷设，不进入居民点和四级地区

本条中所述"对燃气管道采取行之有效的保护措施"，是指沿燃气管道的上方设置加强钢筋混凝土板（板应有足够宽度以防侧面侵入）或增加管壁厚度等措施。

6.4.16 在特殊情况下突破规范的设计今后可能会遇到，本条等效采用英国 IGE/ TD/1 标准，对安全评估予以提倡，以利于我国在这方面制度和机构的建设。承担机构应具有高压燃气管道评估的资质、并由国家有关部门授权。

6.4.18 管道附件的国家标准目前还不全，为便于设计选用，列入了有关行业标准。

6.4.19 本条对高压燃气管道阀门的设置提出了要求。

1 分段阀门的最大间距是等效采用美国联邦法规 49－192 的规定。

6.4.20 对于管道清管装置工程设计中已普遍采用。而电子检管目前国内很少见。电子检管现在发达国家已日益普遍，已被证实为一有效的管道状况检查方法，且无需挖掘或中断燃气供应。对暂不装设电子检管装置的高压燃气管道，宜预留安装电子检管器收发装置的位置。

6.5 门站和储配站

6.5.1 本节规定了门站和储配站的设计要求。

在城镇输配系统中，门站和储配站根据燃气性质、供气压力、系统要求等因素，一般具有接收气源来气，控制供气压力、气量分配、计量等功能。当接收长输管线来气并控制供气压力、计量时，称之为门站。当具有储存燃气功能并控制供气压力时，称之为储配站。两者在设计上有许多共同的相似之处，为使规范简洁起见，本次修改将原规范第 5.4 节和 5.5 节合并。

站内若设有除尘、脱萘、脱硫、脱水等净化装置，液化石油气储存，增热等设施时，应符合本规范其他章节相应的规定。

6.5.2 门站和储配站站址的选择应征得规划部门的同意并批准。在选址时，如果对站址的工程地质条件以及与邻近地区景观协调等问题注意不够，往往增大了工程投资又破坏了城市的景观。

6 国家标准《建筑设计防火规范》GB 50016 规定了有关要求。

6.5.3 为了使本规范的适用性和针对性更强，制定了表 6.5.3。此表的规定与《建筑设计防火规范》的规定是基本一致的。表中的储罐容积是指公称容积。

6.5.4 本条的规定与《建筑设计防火规范》的规定是一致的。

5 《建筑设计防火规范》GB 50016 规定了有关要求。

6.5.5 本条规定了站区总图布置的相关要求。

6.5.7 本条规定了门站和储配站的工艺设计要求。

3 调压装置流量和压差较大时，由于节流吸热效应，导致气体温度降低较多，常常引起管壁外结露或结冰，严重时冻坏装置，故规定应考虑是否设置加热装置。

7 本条系指门站作为长输管道的末站时，将清管的接收装置与门站相结合时布置紧凑，有利于集中管理，是比较合理的，故予以推荐。但如果在长输管道到城镇的边上，由长输管道部门在城镇边上又设有调压计量站时，则清管器的接收装置就应设在长输管道部门的调压计量站，而不应设在城镇的门站。

8 当放散点较多且放散量较大时，可设置集中放散装置。

6.5.10 本条规定了燃气储存设施的设计要求。

2 鉴于储罐造价较高而各型储罐造价差异也较大，因此在确定储气方式及储罐型式时应进行技术经济比较。

3 各种储罐的技术指标随单体容积增加而显著改善。在确定各期工程建罐的单体容积时，应考虑储罐停止运行（检修）时供气系统的调度平衡，以防止片面追求增加储罐单体容积。

4 罐区排水设施是指储罐地基下沉后应能防止罐区积水。

6.5.11 本条规定了低压储气罐的工艺设计要求。

2 为预防出现低压储气罐顶部塌陷而提出此要求。

4 湿式储气罐水封高度一般规定应大于最大工作压力（以 Pa 表示）的 1.5 倍，但实际证明这一数值不能满足运行要求，故本规范提出应经计算确定。

7 干式储气罐由于无法在罐顶直接放散，故要求另设紧急放散装置。

8 为方便干式储气罐检修，规定了此条要求。

6.5.12 本条规定了高压储气罐的工艺设计要求。

1 由于进、出气管受温度、储罐沉降、地震影响较大，故规定宜进行柔性计算。

4 高压储气罐开孔影响罐体整体性能。

5 高压储罐检修时，由于工艺所限，罐内余气较多，故规定本条要求。可采用引射器等设备尽量排空罐内余气。

6 大型球罐（3000m^3 以上）检修时罐内余气较

多，为排除罐内余气，可设置集中放散装置。表6.5.12-1中的“路边”对公路是指用地界，对城市道路是指道路红线。

6.5.14 本条规定了燃气加压设备选型的要求。

3 规定压缩机组设置备用是为了保证安全和正常供气。“每1～5台燃气压缩机组宜另设1台备用”。这是根据北京、上海、天津与沈阳等地的备用机组的设置情况而规定的。如北京东郊储配站第一压缩车间的8台压缩机组中有2台为备用；天津千米桥储配站设计的14台压缩机组中有3台备用；上海水电路储配站的6台压缩机中有1台为备用等。从多年实际运行经验来看，上述各地备用数量是能适应生产要求的。

6.5.15 本条规定了压缩机室的工艺设计要求。

1、3 系针对工艺管道施工设计有时缺少投产置换及停产维修时必需的管口及管件而作出此规定。

4 规定“压缩机宜采取单排布置”，这样机组之间相互干扰少，管理维修方便，通风也较好。但考虑新建、扩建时压缩机室的用地条件不尽相同，故规定“宜”。

6.5.16 按照《建筑设计防火规范》GB 50016要求，压缩机室与控制室之间应设耐火极限不低于3h的非燃烧墙。但是为了便于观察设备运转应设有生产必需的隔声玻璃窗。本条文与《工业企业煤气安全规程》GB 6222-86第5.2.1条要求是一致的。

6.5.19 **1** 此款与《建筑设计防火规范》GB 50016的规定是一致的。

储配站内设置的燃气气体储罐类型一般按压力分为两大类，即常压罐（压力小于10kPa）和压力罐（压力通常为0.5～1.6MPa）。常压罐按密封形式可分为湿式和干式储气罐，其储气几何容积是变化的，储气压力变化很小。压力罐的储气容积是固定的，其储气量随储气压力变化而变化。

从燃气介质的性质来看，与液态液化石油气有较大的差别。气体储罐为单相介质储存，过程无相变。火灾时，着火部位对储罐内的介质影响较小，其温度、压力不会有较大的变化。从实际使用情况看，气体储罐无大事故发生。因此，气体储罐可以不设置固定水喷淋冷却装置。

由于储罐的类型和规格较多，消防保护范围也不尽相同，表6.5.19的消防用水量，系指消火栓给水系统的用水量，是基本安全的用水量。

6.5.20 原规范规定门站储配站为“一级负荷”主要是为了提高供气的安全可靠性。实际操作中，要达到“一级负荷”（应由两个电源供电，当一个电源发生故障时，另一个电源不应同时受到损坏）的电源要求十分困难，投资很大。“二级负荷”（由两回线路供电）的电源要求从供电可靠性上完全满足燃气供气安全的需要，当采用两回线路供电有困难时，可另设燃气或燃油发电机等自备电源，且可以大大节省投资，可操作性强。

6.5.21 本条是在《爆炸和火灾危险环境电力装置设计规范》GB 50058的基础上，结合燃气输配工程的特点和工程实践编制的。根据GB 50058的有关内容，本次修订将原规范部分爆炸危险环境属“1区”的区域改为“2区”。由于爆炸危险环境区域的确定影响因素很多，设计时应根据具体情况加以分析确定。

6.6 调压站与调压装置

6.6.2 调压装置的设置形式多种式样，设计时应根据当地具体情况，因地制宜地选择采用，本条对调压装置的设置形式（不包括单独用户的专用调压装置设置形式）及其条件作了一般规定。调压装置宜设在地上，以利于安全和运行、维护。其中：

1 在自然条件和周围环境条件许可时，宜设在露天。这是较安全和经济的形式。对于大、中型站其优点较多。

2、3 在环境条件较差时，设在箱子内是一种较经济适用的形式。分为调压箱（悬挂式）和调压柜（落地式）两种。对于中、小型站优点较多。具体做法见第6.6.4条。

4 设在地上单独的建筑物内是我国以往用得较多的一种形式（与采用人工煤气需防冻有关）。

5、6 当受到地上条件限制燃气相对密度不大于0.75，且压力不高时才可设置在地下，这是一种迫不得已才采用的形式。但相对密度大于0.75时，泄漏的燃气易集聚，故不得设于地下室、半地下室和地下箱内。

6.6.3 本条调压站（含调压柜）与其他建、构筑物水平净距的规定，是参考了荷兰天然气调压站建设经验和规定，并结合我国实践，对原规范进行了补充和调整。表6.6.3中所列净距适用于按规范建设与改造的城镇，对于无法达到该表要求又必须建设的调压站（含调压柜），本规范留有余地，提出采取有效措施，可适当缩小净距。有效措施是指：有效的通风，换气次数每小时不小于3次；加设燃气泄漏报警器；有足够的防爆泄压面积（泄爆方向有必要时还应加设隔爆墙）；严格控制火源等。各地可根据具体情况与有关部门协调解决。表6.6.3中的“一类高层民用建筑”详见现行国家标准《高层民用建筑设计防火规范》GB 50045-95第3.0.1条（2005年版）。

6.6.4 本条是调压箱和调压柜的设置要求。其中体积大于$1.5m^3$调压柜爆炸泄压口的面积要求，是等效采用英国气体工程师学会标准IGE/TD/10和香港中华煤气公司的规定，当爆炸时能使柜内压力不超过3.5kPa，并不会对柜内任何部分（含仪表）造成损坏。

调压柜自然通风口的面积要求，是等效采用荷兰天然气调压站（含调压柜）的建设经验和规定。

6.6.6 “单独用户的专用调压装置”系指该调压装置主要供给一个专用用气点（如一个锅炉房、一个食堂或一个车间等），并由该用气点兼管调压装置，经常有人照看，且一般用气量较小，可以设置在用气建筑物的毗连建筑物内或设置在生产车间、锅炉房及其他生产用气厂房内。对于公共建筑也可设在建筑物的顶层内，这些做法在国内外都有成熟的经验，修订时根据国内的实践经验，补充了设在用气建筑物的平屋顶上的形式。

6.6.8 我国最早使用调压器（箱）的省份都在南方，其环境温度影响较小。北方省份使用调压箱时，则环境温度的影响是不可低估的。对于输送干燃气应主要考虑环境温度，介质温度对调压器皮膜及活动部件的影响；而对于输送湿燃气，应防止冷凝水的结冻；对于输送气态液化石油气，应防止液化石油气的冷凝。

6.6.10 本条规定了调压站（或调压箱或调压柜）的工艺设计要求。

1 调压站的工艺设计主要应考虑该调压站在确保安全的条件下能保证对用户的供气。有些城市的区域调压站不分情况均设置备用调压器，这就加大了一次性建设投资。而有些城市低压管网不成环，其调压器也不设旁通管，一旦发生故障只能停止供气，更是不可取的。对于低压管网不成环的区域调压站和连续生产使用的用户调压装置宜设置备用调压器，比之旁通管更安全、可靠。

2、3 调压器的附属设备较多，其中较重要的是阀门，各地对于调压站外设不设阀门有所争议。本条根据多数意见并参考国外规范，对高压和次高压室外燃气管道使用“必须”用语，而对中压室外进口燃气管道使用“应”的用语给予强调。并对阀门设置距离提出要求，以便在出现事故时能在室外安全操作阀门。

6 调压站的超压保护装置种类很多，目前国内主要采用安全水封阀，适用于放散量少的情况，一旦放散量较多时对环境的污染及周围建筑的火灾危险性是不容忽视的，一些管理部门反映，在超压放散的同时，低压管道压力仍然有可能超过 5000Pa，造成一些燃气表损坏漏气事故，说明放散法并不绝对安全，设计宜考虑使用能快速切断的安全阀门或其他防止超压的设备。调压的安全保护装置提倡选用人工复位型，在人工复位后应对调压器后的管道设备进行检查，防止发生意外事故。

本款对安全保护装置（切断或放散）的启动压力规定，是等效采用美国联邦法规 49－192《气体管输最低安全标准》的规定。

6.6.12 本条规定了地上式调压站的建筑物设计要求。

3 关于地上式调压站的通风换气次数，曾有过不同规定。北京最初定为每小时 6 次，但冬季感到通风面积太大，操作人员自动将进风孔堵上；后改为 3 次，但仍然认为偏大。上海地上调压站室内通风换气次数为 2 次，他们认为是能够满足运行要求的，冬季最冷的时候，调压器皮膜虽稍感有些僵硬，但未影响使用。《原苏联建筑法规》对地上调压站室内通风换气定为每小时 3 次。

原上海市煤气公司曾用“臭敏检漏仪”对调压站室内煤气（人工煤气）浓度进行测定，在正常情况下（通风换气为每小时 2 次），地上调压站室内空气中的煤气含量是极少的，详见表 35。

综上所述，对地上式调压站室内通风换气次数规定为每小时不应小于 2 次。

表 35 上海市部分调压站室内煤气浓度的测定记录（体积分数）

调压站地址 \ 煤气浓度 \ 时间	刚打开时	5min后	10min后	15min后	调压站形式
宜川四村	0	0	0	0	地上式
大陆机器厂光复西路	0	0	0	0	地上式
横滨路、四川北路	0.2/1000	0	0	0	地上式
常熟路、淮海中路	80/1000	18/1000	12/1000	4/1000	地下式
江西中路、武昌路	2.4/1000	2/1000	2/1000	1.4/1000	地下式

6.6.13 我国北方城镇燃气调压站采暖问题不易解决，所以本条规定了使用燃气锅炉进行自给燃气式的采暖要求，以期在无法采用集中供热时用此办法解决实际问题，对于中、低调压站，宜采用中压燃烧器作自给燃气式采暖锅炉的燃烧器，可以防止调压器故障引起停止供热事故。

调压器室与锅炉室门、窗开口不应设置在建筑物的同一侧；烟囱出口与燃气安全放散管出口的水平距离应大于 5m；这些都是防止发生事故的措施，应予以保证。

6.6.14 本条给出地下式调压站的建筑要求。设计中还应提出调压器进、出口管道与建筑本身之间的密封要求，以防地下水渗漏事故。

6.6.15 当调压站内外燃气管道为绝缘连接时，室内静电无法排除，极易产生火花引起事故，因此必须妥善接地。

6.7 钢质燃气管道和储罐的防腐

6.7.1 金属的腐蚀是一种普遍存在的自然现象，它给人类造成的损失和危害是十分巨大的。据国家科委腐蚀科学学科组对 200 多个企业的调查表明，腐蚀损失平均值占总产值的 3.97%。某市一条 ϕ325 输气干管，输送混合气（天然气与发生炉煤气），使用仅 4 年曾 3 次爆管，从爆管的部位查看，管内壁下部严重腐蚀，腐蚀麻坑直径 5～14mm，深度达 2mm，严重的腐蚀是引起爆管的直接原因。

设法减缓和防止腐蚀的发生是保证安全生产的根本措施之一，对于城镇燃气输配系统的管线、储罐、场站设备等都需要采用优质的防腐材料和先进的防腐技术加以保护。对于内壁腐蚀防治的根本措施是将燃气净化或选择耐腐蚀的材料以及在气体中加入缓蚀剂；对于净化后的燃气，则主要考虑外壁腐蚀的防护。本条明确规定了对钢质燃气管道和储罐必须进行外防腐，其防腐设计应符合《城镇燃气埋地钢质管道腐蚀控制技术规程》CJJ 95 和《钢质管道及储罐腐蚀控制工程设计规范》SY 0007 的规定。

6.7.2 关于土壤的腐蚀性，我国还没有一种统一的方法和标准来划分。目前国内外对土壤的研究和统计指出，土壤电阻率、透气性、湿度、酸度、盐分、氧化还原电位等都是影响土壤腐蚀性的因素，而这些因素又是相互联系和互相影响的，但又很难找出它们之间直接的，定量的相关性。所以，目前许多国家和我国也基本上采用土壤电阻率来对土壤的腐蚀性进行分级，表 36 列出的分级标准可供参考。

表 36 土壤腐蚀等级划分参考表

国别 \ 电阻率（Ω/m） \ 等级	极强	强	中	弱	极弱
美国	＜20	20～45	45～60	60～100	
原苏联	＜5	5～10	10～20	20～100	＞100
中国		＜20	20～50	＞50	

注：中国数据摘自 SY 0007 规范。

土壤电阻率和土壤的地质、有机质含量、含水量、含盐量等有密切关系，它是表示土壤导电能力大小的重要指标。测定土壤电阻率从而确定土壤腐蚀性等级，这为选择防腐蚀涂层的种类和结构提供了依据。

6.7.3 随着科学技术的发展，地下金属管道防腐材料已从初期单一的沥青材料发展成为以有机高分子聚合物为基础的多品种、多规格的材料系列，各种防腐蚀涂层都具有自身的特点及使用条件，各类新型材料也具有很大的竞争力。条文中提出的外防腐涂层的种类，在国内应用较普遍。因它们具有技术成熟，性能较稳定，材料来源广，施工方便，防腐效果好等优点，设计人员可视工程具体情况选用。另外也可采用其他行之有效的防腐措施。

6.7.4 地下燃气管道的外防腐涂层一般采用绝缘层防腐，但防腐层难免由于不同的原因而造成局部损坏，对于防腐层已被损坏了的管道，防止电化学腐蚀则显得更为重要。美国、日本等国都明确规定了采用绝缘防腐涂层的同时必须采用阴极保护。石油、天然气长输管道也规定了同时采用阴极保护。实践证明，采取这一措施都取得了较好的防护效果。阴极保护法已被推广使用。

阴极保护的选择受多种因素的制约，外加电流阴极保护和牺牲阳极保护法各自又具有不同的特性和使用条件。从我国当前的实际情况考虑，长输管道采用外加电流阴极保护技术上是比较成熟的，也积累了不少的实践经验；而对于城镇燃气管道系统，由于地下管道密集，外加电流阴极保护对其他金属管道构筑物干扰大、互相影响，技术处理较难，易造成自身受益，他家受害的局面。而牺牲阳极保护法的主要优点在于此管道与其他不需要保护的金属管道或构筑物之间没有通电性，互相影响小，因此提出城市市区内埋地敷设的燃气干管宜选用牺牲阳极保护。

6.7.5 接地体是埋入地中并直接与大地接触的金属导体。它是电力装置接地设计主要内容之一，是电力装置安全措施之一。其埋设地位置和深度、形式不仅关系到电力装置本身的安全问题，而且对地下金属构筑物都有较大的影响，地下钢质管道必将受其影响，交流输电线路正常运行时，对与它平行敷设的管道将产生干扰电压。据资料介绍，对管道的每 10V 交流干扰电压引起的腐蚀，相当于 0.5V 的直流电造成的腐蚀。在高压配电系统中，甚至可产生高达几十伏的干扰电压。另外，交流电力线发生故障时，对附近地下金属管道也可产生高压感应电压，虽是瞬间发生，也会威胁人身安全，也可击穿管道的防腐涂层，故对此作了这一规定。

6.8 监控及数据采集

6.8.1 城市燃气输配系统的自动化控制水平，已成为城市燃气现代化的主要标志。为了实现城市燃气输配系统的自动化运行，提高管理水平，城市燃气输配系统有必要建设先进的控制系统。

6.8.2 电子计算机的技术发展很快。作为城市燃气输配系统的自动化控制系统，必须跟上技术进步的步伐，与同期的电子技术水平同步。

6.8.4 监控及数据采集（SCADA）系统一般由主站（MTU）和远端站（RTU）组成，远端站一般由微处理机（单板机或单片机）加上必要的存储器和输入/输出接口等外围设备构成，完成数据采集或控制调节功能，有数据通信能力。所以，远端站是一种前端功能单元，应该按照气源点、储配站、调压站或管网监测点的不同参数测、控或调节需要确定其硬件和软件设计。主站一般由微型计算机（主机）系统为基础构成，特别对图像显示部分的功能应有新扩展，以使主站适合于管理监视的要求。在一些情况下，主机配有专用键盘更便于操作和控制。主站还需有打印机设备输出定时记录报表、事件记录和键盘操作命令记录，提供完善的管理信息。

6.8.5 SCADA系统的构成（拓扑结构）与系统规模、城镇地理特征、系统功能要求、通信条件有很密切的关系，同时也与软件的设计互相关联。SCADA系统中的MTU与RTU结点的联系可看成计算机网络，但是其特点是在RTU之间可以不需要互相通信，只要求各RTU能与MTU进行通信联系。在某些情况下，尤其是系统规模很大时在MTU与RTU之间增设中间层次的分级站，减少MTU的连接通道，节省通信线路投资。

6.8.6 信息传输是监控和数据采集系统的重要组成部分。信息传输可以采用有线及无线通信方式。由于国内城市公用数据网络的建设发展很快，且租用价格呈下降趋势，所以充分利用已有资源来建设监控和数据采集系统是可取的。

6.8.8 达到标准化的要求有利于通用性和兼容性，也是质量的一个重要方面。标准化的要求指对印刷电路板、接插件、总线标准、输入/输出信号、通信协议、变送器仪表等等逻辑的或物理的技术特性，凡属有标准可循的都要做到标准化。

6.8.9 SCADA是一种连续运转的管理技术系统。借助于它，城镇燃气供应企业的调度部门和运行管理人员得以了解整个输配系统的工艺。因此，可靠性是第一位的要求，这要求SCADA系统从设计、设备器件、安装、调试各环节都达到高质量，提高系统的可靠性。从设计环节看，提高可靠性要从硬件设计和软件设计两方面都采取相应措施。硬件设计的可靠性可以通过对关键部件设备（如主机、通信系统、CRT操作接口，调节或控制单元、各极电源）采取双重化（一台运转一台备用），故障自诊断，自动备用方式（通过监视单元 Watch Dog Unit）控制等实现。此外，提高系统的抗干扰能力也属于提高系统可靠性的范畴。在设计中应该分析干扰的种类、来源和传播途径，采取多种办法降低计算机系统所处环境的干扰电屏。如采用隔离、屏蔽、改善接地方式和地点等，改进通信电缆的敷设方法等。在软件设计方面也要采取措施提高程序的可靠性。在软件中增加数字滤波也有利于提高计算机控制系统的抗干扰能力。

6.8.10 系统的应用软件水平是系统功能水平高低的主要标志。采用实时瞬态模拟软件可以实时反映系统运行工况，进行调度优化，并根据分析和预测结果对系统采取相应的调度控制措施。

6.8.11 SCADA系统中每一个RTU的最基本功能要求是数据采集和与主站之间的通信。对某些端点应根据工艺和管理的需要增加其他功能，如对调压站可以增设在远端站建立对调压器的调节和控制回路，对压缩车间运行进行监视或设置由远端站进行的控制和调节。

随着SCADA技术应用的推广及设计、运行经验的积累，SCADA的功能设计可以逐渐丰富和完善。

从参数方面看，对燃气输配系统最重要的是压力与流量。在某些场合需要考虑温度、浓度以及火灾或人员侵入报警信号。具体哪些参数列入SCADA的范围，要因工程而异。

6.8.12 一般的SCADA系统都应有通过键盘CRT进行人机对话的功能。在需经由主站控制键盘对远端的调节控制单元组态或参数设置或紧急情况进行处理和人工干预时，系统应从硬件及软件设计上满足这些功能要求。

7 压缩天然气供应

7.1 一般规定

7.1.1 本条规定了压缩天然气供应工程设计的适用范围。

压缩天然气供应是城镇天然气供应的一种方式。目前我国天然气输气干线密度较小，许多城市还不具备由输气干线供给天然气的条件，对于一些距气源（气田或天然气输气干线等）不太远（一般在200km以内），用气量较少的城镇，可以采用气瓶车（气瓶组）运输天然气到城镇供给居民生活、商业、工业及采暖通风和空调等各类用户作燃料使用，并在城镇区域内建设城镇天然气输配管道或工业企业供气管道。在选择压缩天然气供应方式时，应与城市其他燃气供应方式进行技术经济比较后确定。

1 本条提出的工作压力限值（25.0MPa）是指天然气压缩后系统、气瓶车（气瓶组）加气系统及卸气系统（至一级调压器前）的压力限值。

2 压缩天然气加气站的主要供应对象是城镇的压缩天然气储配站和压缩天然气瓶组供气站；与汽车用天然气加气母站不同，它可以远离城市而且供气规模较大，可以同时供应数个城镇的用气。压缩天然气加气站也可兼有向汽车用天然气加气子站供气的能力。

对每次只向1辆气瓶车加气，在加气完毕后气瓶车即离站外运的压缩天然气加气站，可按现行国家标准《汽车加油加气站设计与施工规范》GB 50156执行。

7.1.2 压缩天然气采用气瓶车（气瓶组）运输，必须考虑硫化物在高压下对钢瓶的应力腐蚀，则应严格控制天然气中硫化氢和水分含量。压缩天然气需在储配站中下调为城镇天然气管道的输送压力（一般为中低压系统），调压过程是节流降压吸热过程，为防止温度过低影响设备、设施及管道和附件的使用，保证安全运行，则应对天然气进行加热，也应控制天然气中不饱和烃类含量。所以规定了压缩天然气的质量应符合《车用压缩天然气》GB 18047 的规定。

7.2 压缩天然气加气站

7.2.1 本条规定对压缩天然气加气站站址的基本要求：

1 必须有稳定、可靠的气源条件，宜尽量靠近气源。

交通、供电、给水排水及工程地质等条件不仅影响建设投资，而且对运行管理和供气成本也有较大影响，是选择站址应考虑的条件，与用户（各城镇的压缩天然气储配站和压缩天然气瓶组供气站等）间的交通条件尤为重要。

2 压缩天然气加气站多与油气田集气处理站、天然气输气干线的分输站和城市天然气门站、储配站毗邻。在城镇区域内建设压缩天然气加气站应符合城市总体规划的要求，并应经城市规划主管部门批准。

7.2.2 气瓶车固定车位应在场地上标志明显的边界线；在总平面布置中确定气瓶车固定车位的位置时，天然气储罐与气瓶车固定车位防火间距应从气瓶车固定车位外边界线计算。

7.2.4 气瓶车在压缩天然气加气站内加气用时较长，以及因运输调度的需要，实车（已加完气的气瓶车）可能在站内较长时间停留，从全站安全管理考虑，应将停靠在固定车位的实车在安全防火方面视同储罐对待。气瓶车固定车位与站内外建、构筑物的防火间距，应从固定车位外边界线计算。为保证安全运行和管理，气瓶车在固定车位的最大储气总容积不应大于 30000m^3。

气瓶车固定车位储气总几何容积不大于 18m^3（最大储气总容积不大于 4500m^3）符合国家标准《汽车加油加气站设计与施工规范》GB 50156 中压缩天然气储气设施总容积小于等于 18m^3 的规定，应执行其有关规定。

7.2.6 为保证停靠在固定车位的气瓶车之间有足够的间距，各固定车位的宽度不应小于 4.5m。为操作方便和控制加气软管的长度，每个固定车位对应设置 1 个加气嘴是适宜的。

气瓶车进站后需要在固定车位前的回车场地上进行调整，需倒车进入其固定车位，要求在固定车位前有较宽敞的回车场地。

7.2.7 气瓶车在固定车位停靠对中后，可采用车带固定支柱等设施进行固定，固定设施必须牢固可靠，在充装作业中严禁移动以确保充装安全。

7.2.8 控制气瓶车在固定车位的最大储气总容积，即控制气瓶车在充装完毕后的实车停靠数量（气瓶车一般充装量为 4500m^3/辆），是安全管理的需要。

7.2.9 加气软管的长度不大于 6m，根据气瓶车加气操作要求，气瓶车与加气柱间距 2～3m 为宜。

7.2.10 天然气压缩站的供应对象是周边的城镇用户，确定其设计规模应进行用户用气量的调查。

7.2.11 进站天然气含硫超过标准则应在进入压缩机前进行脱硫，可以保护压缩机。进站天然气中含有游离水应脱除。

天然气脱硫、脱水装置的设计在国家现行标准《汽车加油加气站设计与施工规范》GB 50156 作了规定。

7.2.12 控制进入压缩机天然气的含尘量、微尘直径是保护压缩机，减少对活塞、缸体等磨损的措施。

7.2.13 为保证压缩机的平稳运行在压缩机前设置缓冲罐，并应保证天然气在缓冲罐内有足够的停留时间。

7.2.14 压缩天然气系统运行压力高，气瓶数量多，接头多，其发生天然气泄漏的概率较高，为便于运行管理和安全管理，在压缩站采用生产区和辅助区分区布置是必要的。压缩站宜设 2 个对外出入口可便于车辆运行、消防和安全疏散。

7.2.15 在进站天然气管道上设置切断阀，并且对于以城市高、中压输配管道为气源时，还应在切断阀后设安全阀；是在事故状态下的一种保护措施，避免事故扩大。

1 切断阀的安全地点应在事故情况便于操作，又要离开事故多发区，并且能快速切断气源。

2 安全阀的开启压力应不大于来气的城市高、中压输配管道的最高工作压力，以避免天然气压缩系统高压的天然气进入城市高中压输配管道后，造成管道压力升高而危及附近用户的使用安全。

7.2.16 压缩天然气系统包括系统中所有的设备、管道、阀门及附件的设计压力不应小于系统设计压力。系统中设有的安全阀开启压力不应大于系统的设计压力。这是与国内外有关标准的规定相一致的。

在压缩天然气储配站及瓶组供气站内停靠的气瓶车或气瓶组，具备运输、储存和供气功能，在站内停留时间较长，在炎热季节气瓶车或瓶组受日晒或环境温度影响，将导致气瓶内压缩天然气压力升高。为控制储存、供气系统压缩天然气的工作压力小于 25.0MPa，则应控制气瓶车或气瓶组的充装压力。一般地区在充装温度为 20℃时，充装压力不应大于 20.0MPa。对高温地区或充装压力较高的情况，应考虑在固定车位或气瓶组停放区加罩棚等措施。

7.2.17 本条规定了压缩机的选型要求。选用型号相同的压缩机便于运行管理和维护及检修。根据运行经验，多台并联压缩机的总排气量为各单机台称排气量总和的 80%～85%。设置备用机组是保证不间断供气的措施。

7.2.18 有供电条件的压缩天然气加气站，压缩机动力选择电动机可以节省投资，运行操作及维护都比较方便；对没有供电条件的压缩站也可选用天然气发动机。

7.2.20 控制压缩机进口管道中天然气的流速是保证压缩机平稳工作、减少振动的措施。

7.2.21 本条规定了压缩机进、出口管道设置阀门等保护措施要求。

1 进口管道设置手动阀和电动控制阀门（电磁阀），控制阀门可以与压缩机的电气开关连锁。

2 在出口管道上设置止回阀可以避免邻机运行干扰，设置安全阀对压缩机实施超压保护。

3 安全阀放散管口的设置必须符合要求，应避免天然气窜入压缩机室和邻近建筑物。

7.2.22 由压缩机轴承等处泄漏的天然气量很少，不宜引到压缩机入口等处，以保证运行的安全。

7.2.23 压缩机组采用计算机集中控制，可以提高机组运行的安全可靠程度及运行管理水平。

7.2.24 本条规定了压缩机的控制及保护措施。

1 受运行和环境温度的影响而发生排气温度大于限定值（冷却水温度达不到规定值）时，压缩机应报警并人工停车，操作及管理人员应根据实际发生的情况进行处理。

2 如果发生各级吸、排气压力不符合规定值、冷却水（或风冷鼓风机）压力或温度不符合规定值、润滑油的压力和温度及油箱液位不符合规定值、电动机过载等情况应视为紧急情况，应报警及自动停车，以便采取紧急措施。

7.2.25 压缩机停车后应卸载，然后方可启动。压缩卸载排气量较多，为使卸载天然气安全回收，天然气应通过缓冲罐等处理后，再引入压缩机进口管道。

7.2.26 本条规定了对压缩机排出的冷凝液处理要求。

1 压缩机排出的冷凝液中含有压缩后易液化的天然气中的C_3、C_4等组分，若直接排入下水道会造成危害。

2 采用压缩机前脱水时，压缩机排出的冷凝液中可能含有较多的C_3、C_4等组分，应引至室外储罐进行分离回收。

3 采用压缩机后脱水或中段脱水时，压缩机排出的冷凝液中含有的C_3、C_4等组分较少，应引至室外密封水塔，经露天储槽放掉冷凝液中溶解的可燃气体（释放气）后，方可集中处理。

7.2.27 从冷却器、分离器等排出的冷凝液，溶解少量的可燃气体，可引至室外密封水塔，经露天储槽放掉溶解的可燃气体后，方可排放冷凝液。

7.2.28 为防止误操作，预防事故发生，本条规定了天然气压缩站检测和控制装置的要求。一些重要参数除设置就地显示外，宜在控制室设置二次仪表和自动、手动控制开关。

7.3 压缩天然气储配站

7.3.1 压缩天然气储配站选址时应符合城镇总体规划的要求，并应经当地规划主管部门批准。为了靠近用户，储配站一般离城镇中心区域较近，选址应考虑环保及城镇景观的要求。

7.3.2 压缩天然气储配站首先应落实气源（压缩天然气加气站）的供气能力，对气瓶车的运输道路应作实地考察、调研（可以用其他车辆运输作参考），并在对用户用气情况的调研基础上，进行技术经济分析确定设计规模。

7.3.3 压缩天然气储配站应有必要的天然气储存量，以保证在特殊的气候和交通条件（如：洪水、暴雨、冰雪、道路及气源距离等）下造成气瓶车运输中断的紧急情况时，可以连续稳定的向用户供气。一般地区的储配站至少应备有相当于其计算月平均日供气量的1.5倍储气量。对有补充、替代气源（如：液化石油气混空气等）及气候与交通条件特殊的情况，应按实际情况确定储气能力。

压缩天然气储配站通常是由停靠在站内固定车位的气瓶车供气，气瓶车经卸气、调压等工艺将天然气通过城镇天然气输配管道供给各类用户。气瓶车在站内是一种转换型的供气设施，一车气用完后转由另一车供气。未供气的气瓶车则起储存作用。因此压缩天然气储配站的天然气总储气量包括停靠在站内固定车位气瓶车压缩天然气的储量和站内天然气储罐的储量。气瓶车在站内应采取转换式的供气、储气方式，避免气瓶车在站内储气时间（停靠时间）过长，应转换使用（运输、供气、储存按管理顺序转换）。气瓶车是一种活动式的储气设施，储气量过大，停靠在固定车位的气瓶车数量过多会给安全管理、运行管理带来不便，增加事故发生概率；根据我国已投产和在建的压缩天然气储配站实际情况调研，确定气瓶车在固定车位的最大储气能力不大于30000m^3是比较适宜的。

当储配站天然气总储量大于30000m^3时，除可采用气瓶车储气外，应设置天然气储罐等其他储气设施。

7.3.4 现行国家标准《建筑设计防火规范》GB 50016规定了有关要求。

7.3.11 压缩天然气储配站有高压运行的压缩天然气系统，气瓶车运输频繁，其总平面布置应分为生产区和辅助区，宜设2个对外出入口。

7.3.12 一些规模较大的压缩天然气储配站选用液化石油气混空气设置作为替代气源，以减少天然气储气量，也有的压缩天然气储配站是在原液化石油气混气站、储配站站址内扩建的，这种合建站站内天然气储罐（包括气瓶车固定车位）与液化石油气储罐的防火间距应符合现行国家标准《建筑设计防火规范》GB 50016 的有关规定。

7.3.14 本条规定了压缩天然气调压工艺要求。

1 在一级调压器进口管道上设置快速切断阀，是在事故状态下快速切断气源（气瓶车）的保护措施，其安装地点应便于操作。

2 为保证调压系统安全、稳定运行，保护设备、管道及附件，必须严格控制各级调压器的出口压力，在出现调压器出口压力异常，并达到规定值（切断压力值）时，紧急切断阀应切断调压器进口。调压器出口压力过低时，也应有切断措施。

各级调压器后管道上设置的安全放散阀是对调压器出口压力异常的紧急状况的第二级保护设施。安全放散阀是在调压出口压力达到紧急切断压力值后，紧急切断阀的切断功能失效而出口压力继续升高时，达到安全阀开启力值，安全放散天然气，以保护调压系统。所以安全放散阀的开启压力高于该级调压器紧急切断压力。

3 对压差较大，流量较大的压缩天然气调压过程，吸热量需求很大，会造成系统运行温度过低，危及设备、管道、阀门及附件，所以必须加热天然气。在加热介质管道或设备设超压泄放装置是为了在发生压缩天然气泄漏时，保护加热介质管道和设备。

7.4 压缩天然气瓶组供气站

7.4.1 压缩天然气瓶组供气站一般设置在用气用户附近，为保证安全管理和安全运行，应限制其储气量和供应规模。

7.4.4 压缩天然气瓶组供气站的气瓶组储气量小，且调压、计量、加臭装置为气瓶组的附属设施，可设置在一起。

天然气放散管为气瓶组及调压设施的附属装置，应设置在气瓶组及调压装置处。

7.5 管道及附件

7.5.1 压缩天然气管道的材质是由压缩天然气系统的压力和环境温度确定的，必须按规定选用。

7.5.2 本条规定是根据压缩天然气系统的最高工作力可达 25.0MPa，其设计压力不应小于 25.0MPa，根据卡套式锥管螺纹管接头的使用范围，对公称压力为 40.0MPa 时为 *DN*28；公称压力为 25.0MPa 时为 *DN*42，在本规范中考虑压缩天然气的性质以及压缩天然气系统在本章中的设计压力规定范围，所以限定外径小于或等于 28mm 的钢管采用卡套连接是比较安全的、可靠的。

7.5.4 本条对充气、卸气软管的选用作了规定，是安全使用的需要。

7.5.6 本条规定了采用双卡套接头连接和室内的压缩天然气管道宜采用管沟敷设，是为了便于维护、检修。

7.6 建筑物和生产辅助设施

7.6.1 压缩天然气加气站、压缩天然气储配站和压缩天然气瓶组供气站站内建筑物的耐火等级均不应低于现行国家标准《建筑设计防火规范》GB 50016 中“二级”的规定，是由于站内生产介质天然气的性质确定的，可以在事故状态下降低火灾的危害性和次生灾害。

7.6.3 敞开式、半敞开式厂房有利于天然气的扩散、消防及人员的撤离。

7.6.4 本条与现行国家标准《建筑设计防火规范》GB 50016 的有关规定是一致的，气瓶车在加气站、储配站起储存天然气作用，在计算消防用水量时应按天然气储罐对待。在站内气瓶车及储罐均储存的是气体燃气，气体储罐可以不设固定水喷淋装置。对每次只向 1 辆气瓶车加气，在加气完毕后气瓶车即离站外运的压缩天然气加气站，可执行现行国家标准《汽车加油加气站设计与施工规范》GB 50156 的规定。

7.6.6 废油水、洗罐水应回收集中处理，是环保和安全的要求，集中处理可以节省投资。

7.6.7 压缩天然气加气站的生产用电可以暂时中断，依靠其用户——各城镇的压缩天然气储配站或瓶组供气站的储气量保证稳定和不间断供应，因此其用电负荷属于现行国家标准《供配电系统设计规范》GB 50052“三级”负荷。但该站消防水泵用电负荷为“二级”负荷，应采用两回线路供电，有困难时可自备燃气或燃油发电机等，既满足要求，又可节约投资。

7.6.8 压缩天然气储配站不能间断供应，生产用电负荷及消防水泵用电负荷均属现行国家标准《供配电系统设计规范》GB 50052“二级”负荷。

7.6.10 设置可燃气体检测及报警装置，可以及时发现非正常的超量泄漏，以便操作和管理人员及时处理。

8 液化石油气供应

8.1 一 般 规 定

8.1.1 规定了本章的适用范围。这里要说明的是新建工程应严格执行本章规定，扩建和改建工程执行本章规定确有困难时，可采取有效的安全措施，并与当地有关主管部门协商后，可适当降低要求。

8.1.2 规定了本章不适用的液化石油气工程和装置设计，其原因是：

1 炼油厂、石油化工厂、油气田、天然气气体处理装置的液化石油气加工、储存、灌装和运输是指这些企业内部的工艺过程，应遵循有关专业规范。

2 世界各发达国家对液化石油气常温压力储存和低温常压储存分别称全压力式储存和全冷冻式储存，故本次规范修订采用国际通用命名。

液化石油气全冷冻式储存在国外早就使用，且有成熟的设计、施工和管理经验。我国虽在深圳、太仓、张家港和汕头等地已建成液化石油气全冷冻式储存基地，但尚缺乏设计经验，故暂未列入本规范。由于各地有关部门对全冷冻式储罐与基地外建、构筑物之间的防火间距希望作明确规定，故仅将这部分的规定纳入本规范。

3 目前在广州、珠海、深圳等东南部沿海和长江中下游等地区，采用全压力式槽船运输液化石油气，并积累一定运行经验，但属水上运输和码头装卸作业，其设计应执行有关专业规范。

4 在轮船、铁路车辆和汽车上使用的液化石油气装置设计，应执行有关专业规范。

8.2 液态液化石油气运输

8.2.1 液化石油气由生产厂或供应基地至接收站（指储存站、储配站、灌装站、气化站和混气站）可采用管道、铁路槽车、汽车槽车和槽船运输。在进行液化石油气接收站方案设计和初步设计时，运输方式的选择是首先要解决的问题之一。运输方式主要根据接收站的规模、运距、交通条件等因素，经过基建投资和常年运行管理费用等方面的技术经济比较择优确定。当条件接近时，宜优先采用管道输送。

1 管道输送：这种运输方式一次投资较大、管材用量多（金属耗量大），但运行安全、管理简单、运行费用低。适用于运输量大的液化石油气接收站，也适用于虽运输量不大，但靠近气源的接收站。

2 铁路槽车运输：这种运输方式的运输能力较大、费用较低。当接收站距铁路线较近、具有较好接轨条件时，可选用。而当距铁路线较远、接轨投资较大、运距较远、编组次数多，加之铁路槽车检修频繁、费用高，则应慎重选用。

3 汽车槽车运输：这种运输方式虽然运输量小，常年费用较高，但灵活性较大，便于调度，通常广泛用于各类中、小型液化石油气站。同时也可作为大中型液化石油气供应基地的辅助运输工具。

在实际工程中液化石油气供应基地通常采用两种运输方式，即以一种运输方式为主，另一种运输方式为辅。中小型液化石油气灌装站和气化站、混气站采用汽车槽车运输为宜。

8.2.2 液态液化石油气管道按设计压力 P（表压）分为：小于或等于 1.6MPa、大于 1.6～4.0MPa 和大于 4.0MPa 三级，其根据有二：

1 符合目前我国各类管道压力级别划分；

2 符合目前我国液化石油气输送管道设计压力级别的现状。

8.2.3 原规定输送液态液化石油气管道的设计压力应按管道系统起点最高工作压力确定不妥。在设计时应按公式（8.2.3）计算管道系统起点最高工作压力后，再圆整成相应压力作为管道设计压力，故改为管道设计压力应高于管道系统起点的最高工作压力。

8.2.4 液态液化石油气采用管道输送时，泵的扬程应大于按公式（8.2.4）的计算扬程。关于该公式说明如下：

1 管道总阻力损失包括摩擦阻力损失和局部阻力损失。在实际工作中可不详细计算每个阀门及附件的局部阻力损失，而根据设计经验取 5%～10% 的摩擦阻力损失。当管道较长时取较小值，管道较短时取较大值。

2 管道终点进罐余压是指液态液化石油气进入接收站储罐前的剩余压力（高于罐内饱和蒸气压力的差值）。为保证一定的进罐速度，根据运行经验取 0.2～0.3MPa。

3 计算管道终、起点高程差引起的附加压头是为了保证液态液化石油气进罐压力。

“注”中规定管道沿线任何一点压力都必须高于其输送温度下的饱和蒸气压力，是为了防止液态液化石油气在输送过程发生气化而降低管道输送能力。

8.2.5 液态液化石油气管道摩擦阻力损失计算公式中的摩擦阻力系数 λ 值宜按本规范第 6.2.6 条中公式（6.2.6-2）计算。手算时，可按本规范附录 C 中第 C.0.2 条给定的 λ 公式计算。

8.2.6 液态液化石油气在管道中的平均流速取 0.8～1.4m/s，是经济流速。

管道内最大流速不应超过 3m/s 是安全流速，以确保液态液化石油气在管道内流动过程中所产生的静电有足够的时间导出，防止静电电荷集聚和电位增高。

国内外有关规范规定的烃类液体在管道内的最大流速如下：

美国《烃类气体和液体的管道设计》规定为 2.3～2.4m/s；

原苏联建筑法规《煤气供应、室内外燃气设备设计规范》规定最大流速不应超过 3m/s。

《输油管道工程设计规范》GB 50253 中规定与本规范相同。

《石油化工厂生产中静电危害及其预防止》规定油品管道最大允许流速为 3.5～4m/s。

据此，本规范规定液态液化石油气在管道中的最大允许流速不应超过 3m/s。

8.2.7 液态液化石油气输送管道不得穿越居住区、村镇和公共建筑群等人员集聚的地区，主要考虑公共安全问题。因为液态液化石油气输送管道工作压力较高，一旦发生断裂引起大量液化石油气泄漏，其危险性较一般燃气管道危险性和破坏性大得多。因此在国内外这类管线都不得穿越居住区、村镇和公共建筑群等人员集聚的地区。

8.2.8 本条推荐液态液化石油气输送管道采用埋地敷设，且应埋设在冰冻线以下。

因为管道沿线环境情况比较复杂，埋地敷设相对安全。同时，液态液化石油气能溶解少量水分，在输送过程中，当温度降低时其溶解水将析出，为防止析出水结冻而堵塞管道，应将其埋设在冰冻线以下。此外，还要考虑防止外部动荷载破坏管道，故应符合本规范第6.3.4条规定的管道最小覆土深度。

8.2.9 本条表8.2.9-1和8.2.9-2按不同压力级别，分三个档次分别规定了地下液态液化石油气管道与建、构筑物和相邻管道之间的水平和垂直净距，其依据如下：

1 关于地下液态液化石油气管道与建、构筑物或相邻管道之间的水平净距。

1）国内现状。我国一些城市敷设的地下液态液化石油气管道与建、构筑物的水平净距见表37。

表37 我国一些城市地下液态液化石油气管道与建、构筑物的水平净距（m）

名称 \ 城市	北京	天津	南京	武汉	宁波
一般建、构筑物	15	15	25	15	25
铁路干线	15	25	25	25	10
铁路支线	10	20	10	10	10
公路	10	10	10	10	10
高压架空电力线	1～1.5倍杆高	10	10	10	—
低压架空电力线	2	2	—	1	—
埋地电缆	2	2.5	—	1	—
其他管线	2	1	—	2.5	—
树木	2	1.5	—	1.5	—

2）现行国家标准《输油管道工程设计规范》GB 50253的规定见表38。

表38 液态液化石油气管道与建、构筑物的间距

项目		间距（m）
军工厂、军事设施、易燃易爆仓库、国家重点文物保护单位		200
城镇居民点、公共建筑		75
架空电力线		1倍杆高，且≥10
国家铁路线（中心线）	干线	25
	支线（单线）	10
公路	高速、Ⅰ、Ⅱ级	10
	Ⅲ、Ⅳ级	5

3）在美国和英国等发达国家敷设输气管道时，按建筑物密度划定地区等级，以此确定管道结构和试压方法。计算管道壁厚时，则按地区等级采取不同强度设计系数（F）求出所需的壁厚以此保证安全。美国标准对管道安全间距无明确规定。

4）考虑管道断裂后大量液化石油气泄漏到大气中，遇到点火源发生爆炸并引起火灾时，其辐射热对人的影响。火焰热辐射对人的影响主要与泄漏量、地形、风向和风速等因素有关。一般情况下，火焰辐射热强度可视为半球形分布，随距离的增加其强度减弱。当辐射热强度为22000kJ/(h·m^2)时，人在3s后感觉到灼痛。为了安全不应使人受到大于16000kJ/(h·m^2)的辐射热强度，故应让人有足够的时间跑到安全地点。计算表明，当安全距离为15m时，相当于每小时有1.5t液态液化石油气从管道泄漏，全部气化而着火，这是相当大的事故。因此，液态液化石油气管道与居住区、村镇、重要公共建筑之间的防火间距规定要大些，而与有人活动的一般建、构筑物的防火间距规定的小些。

5）与给水排水、热力及其他燃料管道的水平净距不小于1.5m和2m（根据《热力网设计规范》CJJ 34设在管沟内时为4m），主要考虑施工和检修时互不干扰和防止液化石油气进入管沟的危害，同时也考虑设置阀门井的需要。

6）与埋地电力线之间的水平净距主要考虑施工和检修时互不干扰。

对架空电力线主要考虑不影响电杆（塔）的基础，故与小于或等于35kV和大于35kV的电杆基础分别不小于2m和5m。

7）与公路和铁路线的水平间距是参照《中华人民共和国公路管理条例》和国家现行标准《铁路工程设计防火规范》TB 10063等有关规范确定的。

8）与树木的水平净距主要考虑管道施工时尽可能不伤及树木根系，因液化石油气管道直径较小，故规定不应小于2m。

表8.2.9-1注1采取行之有效的保护措施见本规范第6.4.12条条文说明。

注3考虑两相邻地下管道中有采用外加电流阴极保护时，为避免对其相邻管道的影响，故两者的水平和垂直净距尚应符合国家现行标准《钢质管道及储罐

腐蚀控制工程设计规范》SY 0007 的有关规定。

2 地下液态液化石油气管道与构筑物或相邻管道之间的垂直净距。

1）与给水排水、热力及其他燃料管道交叉时的垂直净距不小于 0.2m，主要考虑管道沉降的影响。

2）与电力线、通信线交叉时的垂直净距均规定不小于 0.5m 和 0.25m（在导管内）是参照国家现行标准《城市电力规划规范》GB 50293 的有关规定确定的。

3）与铁路交叉时，管道距轨底垂直净距不小于 1.2m 是考虑避免列车动荷载的影响。

4）与公路交叉时，管道与路面的垂直净距不小于 0.9m 是考虑避免汽车动荷载的影响。

8.2.10 本条是新增加的，主要参照本规范第 6.4 节和现行国家标准《输油管道工程设计规范》GB 50253 的有关规定，以保证管道自身安全性为基本出发点确定的。

8.2.11 液态液化石油气输送管道阀门设置数量不宜过多。阀门的设置主要根据管段长度、各管段位置的重要性和检修的需要，并考虑发生事故时能及时将有关管段切断。

管路沿线每隔 5000m 左右设置一个阀门，是根据国内现状确定的。

8.2.12 液态液化石油气管道上的阀门不宜设置在地下阀门井内，是为了防止发生泄漏时，窝存液化石油气。若设置在阀门井内时，井内应填满干砂。

8.2.13 液态液化石油气输送管道采用地上敷设较地下敷设危险性大些，一般情况下不推荐采用地上敷设。当采用地上敷设时，除应符合本规范第 8.2 节管道地下敷设时的有关规定外，尚应采取行之有效的安全措施。如：采用较高级的管道材料，提高焊缝无损探伤的抽查率、加强日常检查和维护等。同时规定了两端应设置阀门。

两阀门之间设置管道安全阀是为了防止因太阳辐射热使其压力升高造成管道破裂。管道安全阀应从管顶接出。

8.2.15 增加本条的规定是为了便于日常巡线和维护管理。

8.2.16 本条规定设计时选用的铁路槽车和汽车槽车性能应符合条文中相应技术条件的要求，以保证槽车的安全运行。

8.3 液化石油气供应基地

8.3.1 使用液化石油气供应基地这一用语，其目的为便于本节条文编写。

液化石油气供应基地按其功能可分为储存站、储配站和灌装站。各站功能如下：

储存站即液化石油气储存基地，其主要功能是储存液化石油气，同时进行灌装槽车作业，并将其转输给灌装站、气化站和混气站。

灌装站 即液化石油气灌瓶基地，其主要功能是进行灌瓶作业，并将其送至瓶装供应站或用户。同时，也可灌装汽车槽车，并将其送至气化站和混气站。

储配站 兼有储存站和灌装站的全部功能，是储存站和灌装站的统称。

8.3.2 对液化石油气供应基地规模的确定做了原则性规定。其中居民用户液化石油气用气量指标应根据当地居民用气量指标统计资料确定。当缺乏这方面资料时，可根据当地居民生活水平、生活习惯、气候条件、燃料价格等因素并参考类似城市居民用气量指标确定。

我国一些城市居民用户液化石油气实际用气量指标见表 39。

表 39 我国一些城市居民用户液化石油气实际用气量指标

城市名称	北京	天津	上海	沈阳	长春	桂林	青岛	南京	济南	杭州
每户用气量指标 kg/(户·月)	9.6～10.76	9.65～10.8	13～14	10.5～11	10.4～11.5	10.23～10.3	10.0	15～17	10.5	10.0
每人用气量指标 kg/(人·月)	2.4～2.69	2.4～2.69	3.25～3.5	2.6～2.75	2.6～3.25	2.55～3.07	2.50	3.75～4.25	2.6	2.50

根据上表并考虑生活水平逐渐提高的趋势，北方地区可取 15kg/(月·户)，南方地区可取 20kg/(月·户)。

8.3.3 关于液化石油气供应基地储罐设计总容量仅作了原则性的规定。主要考虑如下：

1 20 世纪 80 年代以来，我国各大、中城市建成的液化石油气储配站储罐容积多为 35～60d 的用气量。

近年来我国液化石油气供销已实现市场经济模式运作，因此，其供应基地的储罐设计总容量不宜过大，应根据建站所在地区的具体情况确定。

2 2000 年我国液化石油气年产量为 870 万 t，

进口液化石油气约 570 万 t，年总消耗量达 1440 万 t，基本满足市场需要。

3 目前我国已建成一批液化石油气全冷冻式储存基地（一级站），在我国东南沿海、长江中下游和内地等地区已有大型全压力式储存站（二级站）近百座。总储存能力可满足国内市场需要。

8.3.4 液化石油气供应基地储罐设计总容量分配问题

本条规定了液化石油气供应基地储罐设计总容量超过 3000m³ 时，宜将储罐分别设置在储存站和灌装站，主要是考虑城市安全问题。

灌装站的储罐设计总容量宜取一周左右计算月平均日供应量，其余为储存站的储罐设计总容量，主要依据如下：

1 国内外液化石油气火灾和爆炸事故实例表明，其单罐容积和总容积越大，发生事故时所殃及的范围和造成的损失越大。

2 世界各液化石油气发达国家，如：美国、日本、原苏联、法国、西班牙等国的液化石油气分为三级储存，即一、二、三级储存基地。一级储存基地是国家或地区级的储存基地，通常采用全冷冻式储罐或地下储库储存，其储存量达数万吨级以上。二级储存量基地其储存量次之，通常采用全压力式储存，单罐容积和总容积较大。三级储存基地即灌装站，其储存量和单罐容积较小，储罐总容量一般为 1～3d 的计算月平均日供应量。

3 我国一些大城市，如：北京、天津、南京、杭州、武汉、济南、石家庄等地采用两级储存，即分为储存站和灌装站两级储存。

一些城市液化石油气储存量及分储情况见表 40。

表 40 一些城市液化石油气储存量及分储情况表

城市		北京	天津	南京	杭州	济南	石家庄
总计	储罐总容量（m³）	17680	9992	7680	2398	约 4000	5020
	总储存天数（d）	21.8	52.4	36.4	70	43.9	77
储存站	储罐总容量（m³）	15600	7600	5600	2000	3200	4000
	储存天数（d）	17.3	37.2	24.4	59	36	56
灌装站	储罐总容量（m³）	2080	2392	2080	398	约 800	1020
	储存天数（d）	4.5	15.2	12	11	约 7.9	11

注：本表为 1987 年统计资料。

从上表可见，灌装站储罐设计容量定为计算月平均日供气量的一周左右是符合我国国情的。

8.3.5 因为液化石油气供应基地是城市公用设施重要组成部分之一，故其布局应符合城市总体规划的要求。液化石油气供应基地的站址应远离居住区、村镇、学校、影剧院、体育馆等人员集中的地区是为了保证公共安全，以防止万一发生像墨西哥和我国吉林那样的恶性事故给人们带来巨大的生命财产损失和长期精神上的恐惧。

8.3.6 本条规定了液化石油气供应基地选址的基本原则

1 站址推荐选择在所在地区全年最小频率风向的上风侧，主要考虑站内储罐或设备泄漏而发生事故时，避免和减少对保护对象的危害；

2 站址应是地势平坦、开阔、不易积存液化石油气的地带，而不应选择在地势低洼，地形复杂，易积存液化石油气的地带，以防止一旦液化石油气泄漏，因积存而造成事故隐患。同时也考虑减少土石方工程量，节省投资；

3 避开地震带、地基沉陷和废弃矿井等地段是为防止万一发生自然灾害而造成巨大损失。

8.3.7 本条规定了液化石油气供应基地全压力式储罐与站外建、构筑物的防火间距。

条文中表 8.3.7 按储罐总容积和单罐容积大小分为七个档次，分别规定不同的防火间距要求。

第一、二档指小型灌装站；

第三、四档指中型灌装站；

第五、六档指大型储存站、灌装站和储配站；

第七档指特大型储存站。

表 8.3.7 规定的防火间距主要依据如下：

1 根据国内外液化石油气爆炸和火灾事故实例。当储罐、容器或管道破裂引起大量液化石油气泄漏与空气混合遇到点火源发生爆炸和火灾时，殃及范围和造成的损失与单罐容积、总容积、破坏程度、泄漏量大小、地理位置、气温、风向、风速等条件，以及安全消防设施和扑救等因素有关。

当储罐容积较大，且发生破裂时，其爆炸和火灾事故的殃及范围通常在 100～300m 甚至更远（根据资料记载最远可达 1500m）。

当储罐容积较小，泄漏量不大时，其爆炸和火灾事故的殃及范围近者为 20～30m，远者可达 50～60m。

在此应说明，像我国吉林和墨西哥那样的恶性事故不作为本条编制依据，因为这类事故仅靠防火间距确保安全既不经济，也不可行。

2 国内有关规范

1）本规范在修订过程中曾与现行国家标准《建筑设计防火规范》GB 50016 国家标准管理组多次协调。两规范规定的储罐与站外建、构筑物之间的防火间距协调一致。

2）国内其他有关规范规定的液化石油气储罐与站外建、构筑物之间的防火间距见表 41。

表 41　国内有关规范规定的储罐与站外建、构筑物的防火间距（m）

<table>
<tr><th colspan="2" rowspan="2">规范名称 / 储罐容积 / 项目</th><th>《石油化工企业设计防火规范》GB 50160</th><th colspan="5">《原油和天然气工程设计防火规范》GB 50183</th></tr>
<tr><th rowspan="2">液化烃罐组</th><th colspan="5">液化石油气和天然气凝液厂、站、库（m^3）</th></tr>
<tr><th colspan="2"></th><th>≤200</th><th>201～1000</th><th>1001～2500</th><th>2501～5000</th><th>>5000</th></tr>
<tr><td colspan="2">居住区、公共福利设施、村庄</td><td>120</td><td>50</td><td>60</td><td>80</td><td>100</td><td>120</td></tr>
<tr><td colspan="2">相邻工厂（围墙）</td><td>120</td><td>50</td><td>60</td><td>80</td><td>100</td><td>120</td></tr>
<tr><td colspan="2">国家铁路线（中心线）</td><td>55</td><td>40</td><td>50</td><td>50</td><td>60</td><td>60</td></tr>
<tr><td colspan="2">厂外企业铁路线（中心线）</td><td>45</td><td>35</td><td>40</td><td>45</td><td>50</td><td>55</td></tr>
<tr><td colspan="2">国家或工业区铁路编组站（铁路中心线或建筑物）</td><td>55</td><td>—</td><td>—</td><td>—</td><td>—</td><td>—</td></tr>
<tr><td colspan="2">厂外公路（路边）</td><td>25</td><td>20</td><td>25</td><td>25</td><td>30</td><td>30</td></tr>
<tr><td colspan="2">变配电站（围墙）</td><td>80</td><td>50</td><td>60</td><td>70</td><td>80</td><td>80</td></tr>
<tr><td rowspan="2">架空电力线（中心线）</td><td>35kV 以下</td><td rowspan="2">1.5 倍杆高</td><td rowspan="2">1.5 倍杆高，且≥30</td><td colspan="4">1.5 倍杆高</td></tr>
<tr><td>35kV 以上</td><td colspan="4">40</td></tr>
<tr><td rowspan="2">架空通信线（中心线）</td><td>Ⅰ、Ⅱ级</td><td>50</td><td colspan="5">40</td></tr>
<tr><td>其他</td><td>—</td><td colspan="5">1.5 倍杆高</td></tr>
<tr><td colspan="2">通航江、河、海岸边</td><td>25</td><td colspan="5">—</td></tr>
</table>

注：1　居住区、公共福利设施和村庄在 GB 50183 中指 100 人以上。

2　变配电站一栏 GB 50183 指 35kV 及以上的变电所，且单台变压器在 10000kV·A 及以上者，单台变压器容量小于 10000kV·A 者可减少 25%。

3　国外有关规范

1）美国有关规范的规定

美国国家消防协会《液化石油气规范》NFPA58（1998 年版）规定的储罐（单罐容积）与重要建筑、建筑群的防火间距见表 42。

表 42　美国消防协会《液化石油气规范》NFPA58（1998 年版）规定的全压力式储罐与重要公共建筑、建筑群的防火间距

每个储罐的水容积 加仑（m^3） \ 间距 英尺（m） \ 安装形式	覆土储罐或地下储罐	地上储罐
＜125（0.5）	—	—
125～250（＞0.5～1.0）	10(3)	10(3)
251～500（＞1.0～1.9）	10(3)	10(3)
501～2000（＞1.9～7.6）	10(3)	25(7.6)
2001～30000（＞7.6～114）	50(15)	50(15)
30001～70000（＞114～265）	50(15)	75(23)
70001～90000（＞265～341）	50(15)	100(30)
90001～120000（＞341～454）	50(15)	125(38)
120001～200000（＞454～757）	50(15)	200(61)
200001～1000000（＞757～3785）	50(15)	300(91)
＞1000000（＞3785）	50(15)	400(122)

美国国家消防协会《公用供气站内液化石油气储存和装卸标准》NFPA59（1998 年版）规定的全压力式储罐与液化石油气站无关的重要建筑、建筑群或可以用于建设的相邻地产之间的距离与 NFPA58 的规定基本相同，故不另列表。

美国石油协会《LPG 设备的设计与制造》API2510（1995 年版）规定的全压力式储罐（单罐容积）与建、构筑物的防火间距见表 43。

表 43　美国石油协会《LPG 设备设计和制造》API 2510（1995 年版）规定的全压力式储罐与建、构筑物的防火间距

每个储罐的水容量 加仑(m^3)	与可能开发的相邻地界线英尺(m)
2000～30000(7.6～114)	50(15)
30000～70000(>114～265)	75(23)
70001～90000(>265～341)	100(30)
90001～120000(>341～454)	125(38)
>120001(>454)	200(61)

注：1　与储罐无关建筑的水平间距 100 英尺(30m)。
2　与火炬或其他外露火焰装置的水平间距 100 英尺(30m)。
3　与架空电力线和变电站的水平间距 50 英尺(15m)。
4　与船运水路、码头和桥礅的水平间距 100 英尺(30m)。

美国以上三个标准中的储罐均指单罐，当其水容积在 12000 加仑（45.4m^3）或以上时，规定一组储罐台数不应超过 6 台，组间距不应小于 50 英尺(15m)。当设置固定水炮时，可减至 25 英尺(7.6m)。当设置水喷雾系统或绝热屏障时，一组储罐不应超过 9 台，组间距不应小于 25 英尺（7.6m）。

2）澳大利亚标准《LPG-储存和装卸》AS1596-1989 规定的地上储罐与建、构筑物的防火间距见表 44。

表 44　澳大利亚标准《LPG-储存和装卸》AS 1596-1989 规定的地上储罐与建、构筑物的防火间距

储罐储存能力(m^3)	与公共场所或铁路线的最小距离(m)	与保护场所的最小间距(m)
20	9	15
50	10	18
100	11	20
200	12	25
500	22	45
750	30	60
1000	40	75
2000	50	100
3000	60	120
4000 及以上	65	130

注：1　保护场所包括以下任何一种场所：
住宅、礼拜堂、公共建筑、学校、医院、剧院以及人们习惯聚集的任何建筑物；
工厂、办公楼、商店、库房以及雇员工作的建筑物；
可燃物存放地，其类型和数量足以在发生火灾时产生巨大的辐射热而危及液化石油气储罐；位于固定泊锚设施的船舶。
2　公共场所指不属于私人财产的任何为公众开放的场所，包括街道和公路。

3）《日本液化石油气安全规则》和《JLPA001 一般标准》（1992 年）规定。

第一类居住区（指居民稠密区）严禁设置液化石油气储罐，其他区域对储罐容量作了如表 45 的规定。

表 45　液化石油气储罐设置容量的限制表

所在区域	一般居住区	商业区	准工业区	工业区或工业专用用地
储罐容量（t）	3.5	7.0	35	不限

液化石油气储罐与站外一级保护对象或二级保护对象之间的防火间距分别按公式（10）、（11）计算确定。

$$L_1 = 0.12\sqrt{x+10000} \tag{10}$$

$$L_4 = 0.08\sqrt{x+10000} \tag{11}$$

式中　L_1——储罐与一级保护对象的防火间距（m）；当按此式计算结果超过 30m 时，取不小于 30m；
L_4——储罐与二级保护对象的防火间距（m）；当按此式计算结果超过 20m 时，取不小于 20m；
x——储罐总容量（kg）。

注：1　一级保护对象指居民区、学校、医院、影剧院、托幼保育院、残疾人康复中心、博物院、车站、机场、商店等公共建筑及设施。
2　二级保护对象指一级保护对象以外的供居住用建筑物。

当储罐与保护对象不能满足上述公式计算得出的防火间距时，可按《JLPA001 一般标准》中的规定，采用埋地、防火墙或水喷雾装置加防火墙等安全措施后，按该标准中规定的相应的公式计算确定。

此外，当单罐容量超过 20t 时，与保护对象的防火间距不应小于 50m，且不应小于按公式 $x=0.480\sqrt[3]{328\times10^3\times W}$［式中：$W$ 为储存能力（t）的平方根］计算得出的间距值。例如：当储存能力为 1000t 时，其防火间距不应小于 104m。可见日本对单罐容积超过 20t 时，其防火间距要求较大，主要是考虑公共安全。

4　原规范执行情况和局部修订情况

原规范（1993 年版）规定的全压力式液化石油气储罐与基地外建、构筑物之间的防火间距是根据 20 世纪 80 年代国内情况制订的。原规范 1993 年颁布以来大都反映表 6.3.7 中第一、二项规定的防火间距偏大，选址比较困难。据此本规范国家标准管理组根据当时我国液化石油气行业水平，参考国外有关规范，会同有关部门认真讨论，在 1998 年进行了局部修订，将储罐与居住区、村镇和学校、影剧院、体育馆等重要公共建筑的防火间距，按罐容大小改定为

60～200m；将储罐与工业区的防火间距改定为50～180m。并于1998年10月1日起以局部修订（1998年版）颁布实施。

5 本次修订情况

20世纪90年代以来在我国东南沿海和长江中下游地区先后建成数十座大型液化石油气全压力式储存基地。这些基地的建成带动了我国液化石油气行业的发展，其技术和装备、施工安装、运行管理和员工素质等均有较大提高。有些方面接近或达到世界先进水平。据此，本次修订本着逐步与先进国家同类规范接轨的原则，在1998年局部修订的基础上对原规范第6.3.7条作了修订：

1） 与居住区、村镇和学校、影剧院、体育馆等重要公共建筑的防火间距，按储罐总容积和单罐容积大小由60～200m减少至45～150m。

本项中，学校、影剧院和体育馆（场）人员流动量大，且集中，故其防火间距应从围墙算起。

2） 将工业区改为工业企业，其防火间距由50～180m减少至27～75m。必须注意，当液化石油气储罐与相邻的建、构筑物不属于本表所列建、构筑物时，方按工业企业的防火间距执行。

3） 本表第3项至第7项是新增加的。根据各项建、构筑物危险性大小和万一发生事故时，与液化石油气储罐之间的相互影响程度，其防火间距与现行国家标准《建筑设计防火规范》GB 50016的规定协调一致。

4） 架空电力线的防火间距做了调整后，与《建筑设计防火规范》的规定一致。

5） 与Ⅰ、Ⅱ级架空通信线的防火间距不变，增加了与其他级架空通信线的防火间距不应小于1.5倍杆高的规定。

表8.3.7中注2　居住区和村镇指1000人或300户以上者是参照现行国家标准《城市居住区规划设计规范》GB 50180规定的居住区分级控制规模中组团一级为1000～3000人和300～700户的下限确定的。

注3　地下液化石油气储罐因其地温比较稳定，故罐内液化石油气饱和蒸气压力较地上储罐稳定，且较低，相对安全些。参照美国、日本和原苏联等国家有关规范，并与公安部七局和《建筑设计防火规范》国家管理组多次协商，规定其单罐容积小于或等于$50m^3$，且总容积小于或等于$400m^3$时，防火间距可按表8.3.7减少50%。

8.3.8 规定了液化石油气供应基地全冷冻式储罐与基地外建、构筑物的防火间距。主要依据如下。

1 国外有关规范

1） 美国、日本和德国等国家标准规定的液化石油气储罐与站外建、构筑物的防火间距与储存规模、单罐容积、安装形式等因素有关，而与储存方式无关，故全冷冻式或全压力式储罐与建、构筑物的防火间距规定相同。

2） 美国消防协会标准NFPA58－1998、NFPA59－1998均规定，按单罐容积大小分档提出不同的防火间距要求。例如：单罐容积大于1000000加仑（$3785m^3$）时，不论采用哪种储存方式，与重要建筑物、可燃易燃液体储罐和可以进行建设的相邻地产界线的距离均不小于122m。

美国石油协会标准API2510－1995规定单罐容积大于$454m^3$时，其防火间距不应小于61m。如果相邻地界有住宅、公共建筑、集会广场或工业用地时，应采用较大距离或增加安全防护措施。

3） 日本《石油密集区域灾害防止法》规定，大型综合油气基地与人口密集区域（学校、医院、剧场、影院、重要文化遗产建筑、日流动人口2万以上车站、建筑面积$2000m^2$以上的商店、酒店等）的安全距离不小于150m；与上述区域以外的居民居住建筑的安全距离不小于80m。

《日本液化石油气安全规则》规定大于或等于990t的全冷冻式储罐与第一种保护对象的防火间距不应小于120m，与第二种保护对象不应小于80m。

4） 德国TRB810规定有防液堤的全冷冻式液化石油气单罐容积大于$3785m^3$时与建筑物距离不小于60m。

2 国内情况

近年来为适应我国液化石油气市场需要先后在深圳、太仓、汕头和张家港等地区已建成一批大型全冷冻式液化石油气储存基地。这些基地的建设大都引进国外技术，与基地外建、构筑物之间的防火间距是参照国外有关规范和《建筑设计防火规范》，并结合当地情况与安全主管部门协商确定的。

3 全冷冻式液化石油气储罐是借助罐壁保冷、可靠的制冷系统和自动化安全保护措施保证安全运行。这种储存方式是比较安全的，目前未曾发生重大事故。

我国已建成的全冷冻式液化石油气供应基地虽然积累了一定的设计、施工和运行管理经验，但根据我国国情表8.3.8中第1～3项的防火间距取与本规范第8.3.7条罐容大于$5000m^3$一档规定相同，略大于国外有关规范的规定。

表8.3.8中第4项以后的各项的防火间距主要是参照本规范第8.3.7条罐容大于$5000m^3$一档和《建

筑设计防火规范》中的有关规定确定的。

表 8.3.8 注 1　本表所指的储罐为单罐容积大于 $5000m^3$ 的全冷冻式储罐。根据有关部门的统计资料，目前我国每年进口液化石油气约 600 万 t，预测以后逐年将以 10%的速度增加。从技术、安全和经济等方面考虑，这种储存基地的建设应以大型为主，故对单罐容积大于 $5000m^3$ 储罐与站外建、构筑物的防火间距作了具体规定。当单罐容积小于或等于 $5000m^3$ 时，其防火间距按本规范表 8.3.7 中总容积相对应档的全压力式液化石油气储罐的规定执行。

注 2　说明同 8.3.7 条注 2。

8.3.9　本条规定的液化石油气供应基地全压力式储罐与站内建、构筑物的防火间距主要依据与本规范第 8.3.7 条类同，并本着内外有别的原则确定其防火间距，即与站内建、构筑物的间距较与站外小些。本条规定自颁布以来，工程建设实践证明基本是可行的。在本条修订过程中与《建筑设计防火规范》国家标准管理组进行了认真协调。同时对原规范按建、构筑物功能和危险类别进行排序，并对防火间距做了适当调整。

8.3.10　全冷冻式和全压力式液化石油气储罐不得设置在同一储罐区内，主要防止其中一种形式储罐发生事故时殃及另一种形式储罐。特别是当全压力式储罐发生火灾时导致全冷冻式储罐的保冷绝热层遭到破坏，是十分危险的。各国有关规范均如此规定。

关于两者防火间距　美国石油协会标准 API2510－95 规定不应小于相邻较大储罐直径的 3/4，且不应小于 30m。《日本石油密集区域灾害防止法》规定不应小于 35m。据此，本条规定取较大值，即两者间距不应小于相邻较大罐的直径，且不应小于 35m。

8.3.11　本条规定了液化石油气供应基地的总平面布置基本要求。

1　液化石油气供应基地必须分区布置。首先将其分为生产区和辅助区，其次按功能和工艺路线分小区布置。主要考虑：有利按本规范规定的防火间距大小顺序进行总图布置，节约用地；便于安全管理和生产管理；储罐区布置在边侧有利发展等。

2　生产区宜布置在站区全年最小频率风向上风侧或上侧风侧，主要考虑液化石油气泄漏和发生事故时减少对辅助区的影响，故有条件时推荐按本款规定执行。

3　灌瓶间的气瓶装卸台前应留有较宽敞的汽车回车场地是为了便于运瓶汽车回车的需要。场地宽度根据日灌瓶量和运瓶车往返的频繁程度确定，一般不宜小于 30m。大型灌瓶站应宽敞一些，小型灌站可窄一些。

8.3.12　液化石油气供应基地的生产区和生产区与辅助区之间应设置高度不低于 2m 的不燃烧体实体围墙，主要是考虑安全防范的需要。

辅助区的其他各侧围墙改为可设置不燃烧体非实体墙，因为辅助区没有爆炸危险性建、构筑物，同时有利辅助区进行绿化和美化。

8.3.13　关于消防车道设置的规定是根据液化石油气储罐总容量大小区分的。储罐总容积大于 $500m^3$ 时，生产区应设置环形消防车道。小于 $500m^3$ 时，可设置尽头式消防车道和面积不小于 12m×12m 的回车场，这是消防扑救的基本要求。

8.3.14　液化石油气供应基地出入口设置的规定，除生产需要外还考虑发生火灾时保证消防车畅通。

8.3.15　因为气态液化石油气密度约为空气的 2 倍，故生产区内严禁设置地下、半地下建、构筑物，以防积存液化石油气酿成事故隐患。

同时，规定生产区内设置地下管沟时，必须填满干砂。

8.3.18　铁路槽车装卸栈桥上的液化石油气装卸鹤管应设置便于操作的机械吊装设施，主要考虑防止进行装卸作业时由于鹤管回弹而打伤操作人员和减轻劳动强度。

8.3.19　全压力式液化石油气储罐不应少于 2 台的规定是新增加的，主要考虑储罐检修时不影响供气，及发生事故时，适应倒罐的要求。

本条同时规定了地上液化石油气储罐和储罐区的布置要求。

1　储罐之间的净距主要是考虑施工安装、检修和运行管理的需要，故规定不应小于相邻较大罐的直径。

2　数个储罐总容积超过 $3000m^3$ 时应分组布置。

国外有关规范对一组储罐的台数作了规定。如美国 NFPA58－1998、NFPA59－1998 和 API2510－1995 规定单罐容积大于或等于 12000 加仑（$45.4m^3$）时，一组储罐不应多于 6 台，增加安全消防措施后可设置 9 台，主要考虑组内储罐台数太多事故概率大，且管路系统复杂，维修管理麻烦，也不经济。本条虽对组内储罐台数未作规定，但设计时一组储罐台数不宜过多。

组与组之间的距离不应小于 20m，主要考虑发生事故时便于扑救和减少对相邻储罐组的殃及。

3　组内储罐宜采用单排布置，主要防止储罐一旦破裂时对邻排储罐造成严重威胁，乃至破坏而造成二次事故。

国外有关规范不允许储罐轴向面对建、构筑物布置，值得我们设计时借鉴。

4　储罐组四周应设置高度为 1m 的不燃烧体实体防护墙是防止储罐或管道发生破坏时，液态液化石油气外溢而造成更大的事故。吉林事故的实例证明了设置防护墙的必要性。此外，防护墙高度为 1m 不会使储罐区因通风不良而窝气。

8.3.21 地下储罐设置方式有：直埋式、储槽式（填砂、充水或机械通风）和覆盖式（采用混凝土或其他材料将储罐覆盖）等。在我国多采用储槽式，即将地下储罐置于钢筋混凝土槽内，并填充干砂，比较安全、切实可行，故推荐这种设置方式。

储罐罐顶与槽盖内壁间距不宜小于 0.4m，主要考虑使其液温（罐内压力）比较稳定。

储罐与隔墙或槽壁之间的净距不宜小于 0.9m 主要是考虑安装和检修的需要。

此外，尚应注意在进行钢筋混凝土槽设计和施工时，应采取防水和防漂浮的措施。

8.3.22 本条规定与《建筑设计防火规范》一致。

当液化石油气泵设置在泵房时，应能防止不发生气蚀，保证正常运行。

当液化石油气泵露天设置在储罐区内时，宜采用屏蔽泵。

8.3.23 正确地确定液化石油气泵安装高度（以储罐最低液位为准，其安装高度为负值）是防止泵运行时发生汽蚀，保证其正常运行的基本条件，故设计时应予以重视。

1 为便于设计时参考，给出离心式烃泵安装高度计算公式：

$$H_b \geqslant \frac{102\times10^3}{\rho}\sum\Delta P+\Delta h+\frac{u^2}{2g} \quad (12)$$

式中 H_b——储罐最低液面与泵中心线的高程差(m)；

$\sum\Delta P$——储罐出口至泵入口管段的总阻力损失(MPa)；

Δh——泵的允许气蚀余量（m）；

u——液态液化石油气在泵入口管道中的平均流速，可取小于 1.2（m/s）；

g——重力加速度（m/s^2）；

ρ——液态液化石油气的密度（kg/m^3）。

2 容积式泵（滑片泵）的安装要求根据产品样本确定。当样本未给出安装要求时，储罐最低液位与泵中心线的高程差可取不小于 0.6m，烃泵吸入管段的水平长度可取不大于 3.6m，且应尽量减少阀门和管件数量，并尽量避免管道采用向上竖向弯曲。

8.3.26 本条防火间距的编制依据与第 8.3.9 条类同。

因为灌瓶间和瓶库内储存一定数量实瓶，参照《建筑设计防火规范》中甲类库房和厂房与建筑物防火间距的规定，按其总存瓶量分为≤10t、>10～≤30t 和>30t（分别相当于储存 15kg 实瓶为≤700 瓶、>700 瓶～≤2100 瓶和>2100 瓶）三个档次分别提出不同的防火间距要求。同时，对原规范按建、构筑物功能、危险类别调整排序，并对防火间距进行了局部调整后列于表 8.3.26。

1 因为生活、办公用房与明火、散发火花地点不属同类性质场所，故将其单列在第 2 项，其防火间距为 20～30m，比原规定减少 5～10m。

2 汽车槽车库、汽车槽车装卸台（柱）、汽车衡及其计量室关系密切均列入第 4 项，其防火间距改为 15～20m。

3 空压机室、变配电室列于第 6 项，并增加了柴油发电机房，其防火间距调整为 15～20m。

4 因机修间、汽车库有时有明火作业列于第 7 项，其防火间距规定同本表第 1 项。

5 其余各项不变。

表 8.3.26 中注 2 瓶库系灌瓶间的附属建筑，考虑便于配置机械化运瓶设施和瓶车装卸气瓶作业，故其间距不限。

注 3 为减少占地面积和投资，计算月平均日灌瓶量小于 700 瓶的中、小型灌装站的压缩机室可与灌瓶间合建成一幢建筑物，为保证安全，防止和减少发生事故时相互影响，两者之间应采用防火墙隔开。

注 4 计算月平均日灌瓶量小于 700 瓶的中、小型灌装站（供应量小于 3000t/a，供应居民小于 10000 户），1～2d 一辆汽车槽车送液化石油气即可满足供气需要。为减少占地面积和节约投资可将汽车槽车装卸柱附设在灌瓶间或压缩机室山墙的一侧。为保证安全，其山墙应是无门、窗洞口的防火墙。

8.3.27 灌瓶间内气瓶存放量（实瓶）是根据各地燃气公司实际运行情况确定的。一些灌装站的实际气瓶存放情况见表 46。

从上表可以看出，存瓶量取 1～2d 的计算月平均日灌瓶量是可以保证连续供气的。

灌瓶间和瓶库内气瓶应按实瓶区和空瓶区分组布置，主要考虑便于有序管理和充分利用其有效的建筑面积。

表 46 一些灌装站气瓶实际储存情况

站名	津二灌瓶站	宁第一灌瓶厂	沪国权路灌瓶站	沈灌瓶站	汉灌瓶站	长春站
平均日灌瓶量（个/d）	约 3000	7000～8000	1300～1400	1500	1500～1600	1500
储存瓶数（个）	3000～4000	8000	6000～7000	1000	4000	4500
储存天数（d）	≥1	约 1	约 4	0.67	2.7	约 3

8.3.28 本条规定是为了保证液化石油气的灌瓶质量，即灌装量应保证在允许误差范围内和瓶体各部位不应漏气。

8.3.33 液化石油气汽车槽车车库和汽车槽车装卸台（柱）属同一性质的建、构筑物，且两者关系密切，故规定其间距不应小于6m。当邻向装卸台（柱）一侧的汽车槽车库外墙采用无门、窗洞口的防火墙时，其间距不限，可节约用地。

8.3.34 汽车槽车装卸台（柱）的快装接头与装卸管之间应设置阀门是为了减少装卸车完毕后液化石油气排放量。

推荐在汽车槽车装卸柱的装卸管上设置拉断阀是防止万一发生误操作将其管道拉断而引起大量液化石油气泄漏。

8.3.35 液化石油气储配站、灌装站备用新瓶数量可取总供应户数的2%左右，是根据各站实际运行经验确定的。

8.3.36 新瓶和检修后的气瓶首次灌瓶前将其抽至80.0kPa真空度以上，可保证灌装完毕后，其瓶内气相空间的氧气含量控制在4%以下，以防止燃气用具首次点火时发生爆鸣声。

8.3.37 本条规定主要考虑有3点：

1 限制储罐总容积不大于10m³，为减少发生事故时造成损失。

2 设置在储罐室内以减少液化石油气泄漏时向锅炉房一侧扩散。

3 储罐室与锅炉房的防火间距不应小于12m，是根据《建筑设计防火规范》中甲类厂房的防火间距确定的。面向锅炉房一侧的储罐室外墙应采用无门、窗洞口的防火墙是安全防火措施。

8.3.38 设置非直火式气化器的气化间可与储罐室毗连，可减少送至锅炉房的气态液化石油气管道长度，防止再液化。为保证安全，还规定气化间与储罐室之间采用无门、窗洞口的防火墙隔开。

8.4 气化站和混气站

8.4.1 气化站和混气站储罐设计总容量根据液化石油气来源的不同做了原则性规定。

为保证安全供气和节约投资。由生产厂供应时，其储存时间长些，储罐容积较大；由供应基地供气时其储存时间短些，储罐容积较小。

8.4.2 气化站和混气站站址选择原则宜按本规范第8.3.6条执行。这是选址的基本要求。

8.4.3 本条是新增加的。因为近年来随着我国城市现代化建设发展的需要，气化站和混气站建站数量渐多，规模也有所增大，有些站的供气规模已达供应居民（10～20）万户，同时还供应商业和小型工业用户等。本条编制依据与第8.3.7条类同。

1 表8.4.3将储罐总容积小于或等于50m³，且单罐容积小于或等于20m³的储罐共分三档，分别提出不同的防火间距要求。这类气化站和混气站属小型站，相当于供应居民10000户以下，为节约投资和便于生产管理宜靠近供气负荷区选址建站。

2 储罐总容积大于50m³或单罐容积大于20m³的储罐，与站外建、构筑物之间的防火间距按本规范第8.3.7条的规定执行，根据储罐确定是合理的。

8.4.4 本条是在原规范的基础上按储罐总容积和单罐容积扩展后分七档，分别提出不同的防火间距要求。

第一至三档指小型气化站和混气站，相当于供应居民10000户以下；

第四、五档指中型气化站和混气站，相当于供应居民10000～50000户；

第六、七档指大型气化站和混气站相当于供应居民50000户以上；

本条表8.4.4规定的防火间距与第8.3.9条基本类同，其编制依据亦类同。

表8.4.4注4 中燃气热水炉是指微正压室燃式燃气热水炉。这种燃气热水炉燃烧所需空气完全由鼓风机送入燃烧室，其燃烧过程是全封闭的，在微正压下燃烧无外露火焰，其燃烧过程实现自动化，并配有安全连锁装置，故该燃气热水炉间可不视为明火、散发火花地点，其防火间距按罐容不同分别规定为15～30m。当采用其他燃烧方式的燃气热水炉时，该建筑视为明火、散发火花地点，其防火间距不应小于30m。

注5 是新增加的。空温式气化器通常露天就近储罐区（组）设置，两者的距离主要考虑安装和检修需要，并参考国外有关规范确定的。

8.4.5 本条规定与第8.3.11条的规定基本一致。

8.4.6 本条规定与第8.3.12条的规定基本一致，但对储罐总容积等于或小于50m³的小型气化站和混气站，为节约用地，其生产区和辅助区之间可不设置分区隔墙。

8.4.10 工业企业内液化石油气气化站的储罐总容积不大于10m³时，可将其设置在独立建筑物内是为了保证安全，并节约用地。同时，对室内储罐布置和与其他建筑物的防火间距作了具体规定。

1 室内储罐布置主要考虑安装、运行和检修的需要。

2、3 储罐室与相邻厂房和相邻厂房室外设备之间的防火间距分别不应小于表8.4.10和12m的规定是按《建筑设计防火规范》中甲类厂房的防火间距规定确定的。

4 气化间可与储罐室毗连是考虑工艺要求和节省投资。但设置直火式气化器的气化间不得与储罐室毗连是防止一旦储罐泄漏而发生事故。

8.4.11 本条是新增加的。主要考虑执行本规范时的可操作性。

8.4.12 本条是在原规范基础上修订的。具体内容和防火间距的规定与表8.4.4中储罐总容积小于或等于10m³一档的规定基本相同，个别项目低于前表的规定。

注1　空温式气化器气化方式属降压强制气化，其气化压力较低，虽设置在露天，其防火间距按表8.4.12的规定执行是可行的。

注2　压缩机室与气化间和混气间属同一性质建筑，将其合建可节省投资、节约用地和便于管理。

注3　燃气热水炉间的门不得面向气化间、混气间是从安全角度考虑，以防止气化间、混气间有可燃气体泄漏时，窜入燃气热水炉间。柴油发电机伸向室外的排气管管口不得面向具有爆炸危险性建筑物一侧，是为了防止排放的废气带火花时对其构成威胁。

注4　见本规范表8.4.4注4说明。

8.4.13　储罐总容积小于或等于100m³的气化站和混气站，日用气量较小，一般2～3d来一次汽车槽车向站内卸液化石油气，故允许将其装卸柱设置在压缩机室的山墙一侧。山墙采用无门、窗洞口的防火墙是为保证安全运行。

8.4.15　本条是新增加的。燃气热水炉间与压缩机室、汽车槽车库和装卸台（柱）的防火间距规定不应小于15m，与本规范表8.4.12气化间和混气间与燃气热水炉间的防火间距规定相同。

8.4.16　本条是在原规范的基础上修订的。

1　气化、混气装置的总供气能力应根据高峰小时用气量确定，并合理地配置气化、混气装置台数和单台装置供气能力，以适应用气负荷变化需要。

2　当设有足够的储气设施时，可根据计算月最大日平均小时用气量确定总供气能力以减少装置配置台数和单台装置供气能力。

8.4.18　气化间和混气间关系密切将其合建成一幢建筑，节省投资和用地，且便于工艺布置和运行管理。

8.4.19　本条是对液化石油气混气系统工艺设计提出的基本要求。

1　液化石油气与空气的混合气体中，液化石油气的体积百分含量必须高于其爆炸上限的2.0倍，是安全性指标，这是根据原苏联建筑法规的规定确定的。

2　混合气作为调峰气源、补充气源和代用其他气源时，应与主气源或代用气源具有良好的燃烧互换性是为了保证燃气用具具有良好的燃烧性能和卫生要求。

3　本款规定是保证混气系统安全运行的重要安全措施。

4　本款是新增加的。规定在混气装置出口总管上设置混合气热值取样管，并推荐采用热值仪与混气装置连锁，实时调节混气比和热值，以保证燃器具稳定燃烧。

8.4.20　本条是新增加的。

热值仪应靠近取样点设置在混气间内的专用隔间或附属房间内是根据运行经验和仪表性能要求确定的，以减少信号滞后。此外，因为热值仪带有常明小火，为保证安全运行对热值仪间的安全防火设计要求作了具体规定。

8.4.21　本条规定是为了防止液态液化石油气和液化石油气与其他气体的混合气在管内输送过程中产生再液化而堵塞管道或发生事故。

8.5　瓶组气化站

8.5.1　本条是在原规范基础上修订的。修订后分别对两种气化方式的瓶组气化站气瓶的配置数量作了相应的规定。

1　采用强制气化方式时，主要考虑自气瓶组向气化器供气只是部分气瓶运行，其余气瓶备用。根据运行经验，气瓶数量按1～2d的计算月最大日用气量配置可以保证连续向用户供气。

2　采用自然气化方式时，在用气时间内使用瓶组的气瓶，吸收环境大气热量而自然气化向用户供气。使用瓶组气瓶通常是同时运行的。为保证连续向用户供气，故推荐备用瓶组的气瓶配置数量与使用瓶组相同。当供气户数较少时，根据具体情况可采用临时供气瓶组代替备用瓶组，以保证在更换气瓶时正常向用户供气。

采用自然气化方式时，其使用瓶组、备用瓶组（或临时供气瓶组）气瓶配置数量参照日本有关资料和我国实际情况给出下列计算方法，供设计时参考。

1）使用瓶组的气瓶配置数量可按公式（13）计算确定。

$$N_s = \frac{Q_f}{\omega} + N_y \tag{13}$$

式中　N_s——使用瓶组的气瓶配置数量（个）；

Q_f——高峰用气时间内平均小时用气量。可参照本规范第10.2.9条公式计算或根据统计资料得出高峰月高峰日小时用气量变化表，确定高峰用气持续时间和高峰用气时间内平均小时用气量（kg/h）；

ω——高峰用气持续时间内单瓶小时自然气化能力。此值与液化石油气组分，环境温度和高峰用气持续时间等因素有关。不带和带有自动切换装置的50kg气瓶组单瓶自然气化能力可参照表47和48确定（kg/h）；

N_y——相当于1d左右计算月平均日用气量所需气瓶数量（个）。

2）备用瓶组气瓶配置数量N_b和使用瓶组气瓶配置数量N_s相同，即：

$$N_b = N_s \tag{14}$$

表 47　不带自动切换装置的 50kg 气瓶组单瓶自然气化能力

高峰用气持续时间（h）	1		2		3		4	
气温（℃）	5	0	5	0	5	0	5	0
高峰小时单瓶气化能力（kg/h）	1.14	0.45	0.79	0.39	0.67	0.34	0.62	0.32
非高峰小时单瓶气化能力（kg/h）	0.26	0.26	0.26	0.26	0.26	0.26	0.26	0.26

表 48　带有自动切换装置的 50kg 气瓶组单瓶自然气化能力

高峰用气持续时间（h）	1		2		3		4	
气温（℃）	5	0	5	0	5	0	5	0
高峰小时单瓶气化能力（kg/h）	2.29	1.37	1.50	0.99	1.30	0.88	1.18	0.79
非高峰小时单瓶气化能力（kg/h）	0.41	0.41	0.41	0.41	0.41	0.41	0.41	0.41

3） 当采用临时瓶组代替备用瓶组供气时，其气瓶配置数量可根据更换使用瓶组所需要的时间、高峰用气时间内平均小时用气量和临时供气时间内单瓶小时自然气化能力计算确定。

临时供气瓶组的气瓶配置数量可按公式（15）计算确定。

$$N_L = \frac{Q_f}{\omega_L} \tag{15}$$

式中　N_L——临时供气瓶组的气瓶配置数量（个）；

Q_f——同公式（13）；

ω_L——更换气瓶时，临时供气瓶组的单瓶自然气化能力，可参照表 49 确定（kg/h）。

4） 总气瓶配置数量

①瓶组供应系统的总气瓶配置数量按公式（16）计算。

$$N_Z = N_s + N_b = 2N_s \tag{16}$$

式中　N_Z——总气瓶配置数量（个）；

其余符号同前。

②采用临时供气瓶组代替备用瓶组时，其瓶组供应系统总气瓶配置数量按公式（17）计算。

$$N_Z = N_s + N_L \tag{17}$$

式中　N_Z——总气瓶配置数量（个）；

N_L——临时供气瓶组的气瓶配置数量（个）；

其余符号同前。

表 49　临时供气的 50kg 气瓶组单瓶自然气化能力（kg/h）

更换气瓶时间	2d			1d			1h			30min		
气温（℃）	5	0	−5	5	0	−5	5	0	−5	5	0	−5
高峰用气持续时间 4h	1.8	1.0	0.2	2.5	1.7	0.9	—	—	—	—	—	—
高峰用气持续时间 3h	2.3	1.3	0.3	3.0	2.0	1.0	8.0	6.8	4.8	14.8	11.8	8.7
高峰用气持续时间 2h	3.3	2.1	1.0	4.1	2.9	1.7	—	—	—	—	—	—
高峰用气持续时间 1h	6.4	4.4	2.5	7.1	5.1	4.2	—	—	—	—	—	—

8.5.2　采用自然气化方式供气，且瓶组气化站的气瓶总容积不超过 $1m^3$（相当于 8 个 50kg 气瓶）时，允许将其设置在与建筑物（重要公共建筑和高层民用建筑除外）外墙毗连的单层专用房间内。为了保证安全运行，同时提出相应的安全防火设计要求。

本条"注"是新增加的。根据工程实践，当瓶组间独立设置，且面向相邻建筑物的外墙采用无门、窗洞口的防火墙时，其防火间距不限，是合理的。

8.5.3　当瓶组气化站的气瓶总容积超过 $1m^3$ 时，对瓶组间的设置提出了较高的要求，即应将其设置在独立房间内。同时，规定其房间高度不应低于 2.2m。

表 8.5.3 对瓶组间与建、构筑物的防火间距分两档提出不同要求，其依据与本规范第 8.6.4 条的依据类同，但较其同档瓶库的防火间距的规定略大些。

注 2　当瓶组间的气瓶总容积大于 $4m^3$ 时，气瓶数量较多，其连接支管和管件过多，漏气概率大，操作管理也不方便，故超过此容积时，推荐采用储罐。

注 3　瓶组间和气化间与值班室的间距不限，可节省投资、节约用地和便于管理。但当两者毗连时，应采用无门、窗洞口的防火墙隔开，且值班室内的用电设备应采用防爆型。

8.5.4 本条是新加的。明确规定瓶组气化站的气瓶不得设置在地下和半地下室内，以防因泄漏、窝气而发生事故。

8.5.5 瓶组气化站采用强制气方式供气时，其气化间和瓶组间属同一性质的建筑，考虑接管方便，利于管理和节省投资，故推荐两者合建成一幢建筑物，但其间应设置不开门、窗洞口的隔墙。隔墙的耐火极限不应低于3h，是按《建筑设计防火规范》GB 50016确定。

8.5.6 本条是新增加的。目前有些地区采用空温式气化器，并将其设置在室外，为接管方便，宜靠近瓶组间。参照国外规范的有关规定，两者防火间距不限。空温式气化器的气化温度和气化压力均较低，故与明火、散发火花地点和建、构筑物的防火间距可按本规范第8.5.3条气瓶总容积小于或等于$2m^3$一档的规定执行。

8.5.7 对瓶组气化站，考虑安全防护和管理需要，并兼顾与小区景观协调，故推荐其四周设置非实体围墙，但其底部实体部分高度不应低于0.6m。围墙应采用不燃烧材料砌筑，上部可采用不燃烧体装饰墙或金属栅栏。

8.6 瓶装液化石油气供应站

8.6.1 本条原规定的瓶装液化石油气供应站的供应范围（规模）和服务半径较大，用户换气不够方便，与站外建、构筑物的防火间距要求较大，建设用地多，站址选择比较困难。新建瓶装供应站选址只有纳入城市总体规划或居住区详规，才能得以实现。近年来随着市场经济的发展，这种服务半径较大的供应方式已不能满足市场需要。因此，在全国各城镇，特别是东南沿海和经济发达地区纷纷涌现了存瓶量较小和设施简陋的各种形式售瓶商店（代客充气服务站、分销店、代销店等）。这类商店在一些大中城市已达数百家之多。例如：在广东省除广州市原有5座瓶装供应站外，其余各城市多采用售瓶商店的方式向客户供气。长沙市有各类售瓶商店达500多家，天津市有200多家。这类售瓶商店虽然对活跃市场、方便用户起到积极作用，但因无序发展，环境比较复杂，设施比较简陋，规范经营者较少，不同程度上存在事故隐患，威胁自身和环境安全。为了规范市场，有序管理，更好地为客户服务，一些城市燃气行业管理部门多次提出，为解决瓶装液化石油气供应站选址困难，为适应市场需要，建议采用多元化的供应方式，瓶装液化石油气采用物流配送方式供应各类客户用气。物流配送供应方式是以电话、电脑等工具作交易平台，由配送中心、配送站、分销（代销）点、流动配送车辆等组成配送服务网络，实行现代化经营，可安全优质地为客户服务。并对原规范进行修订。

考虑燃气行业管理部门的上述意见，为适应市场经济发展的需要和体现规范可操作性的原则，故将瓶装液化石油气供应站按其供应范围（规模）和气瓶总容积分为：Ⅰ、Ⅱ、Ⅲ级站。

1 Ⅰ级站相当于原规范的瓶装供应站，其供应范围（规模）一般为5000～7000户，少数为10000户左右。这类供应站大都设置在城市居民区附近，考虑经营管理、气瓶和燃器具维修、方便客户换气和环境安全等，其供应范围不宜过大，以5000～10000户较合适，气瓶总容积不宜超过$20m^3$（相当于15kg气瓶560瓶左右）。

2 Ⅱ级站供应范围宜为1000～5000户，相当于现行国家标准《城市居住区规划设计规范》GB 50180规定的1～2个组团的范围。该站可向Ⅲ级站分发气瓶，也可直接供应客户。气瓶总容积不宜超过$6m^3$（相当于15kg气瓶170瓶左右）。

3 Ⅲ级站供应范围不宜超过1000户，因为这类站数量多，所处环境复杂，故限制气瓶总容积不得超过$1m^3$（相当于15kg气瓶28瓶）。

8.6.2 液化石油气气瓶严禁露天存放，是为防止因受太阳辐射热致使其压力升高而发生气瓶爆炸事故。

Ⅰ、Ⅱ级瓶装供应站的瓶库推荐采用敞开和半敞开式建筑，主要考虑利于通风和有足够的防爆泄压面积。

8.6.3 Ⅰ级瓶装供应站的瓶库一般距面向出入口一侧居住区的建筑相对远一些，考虑与周围环境协调，故面向出入口一侧可设置高度不低于2m的不燃烧体非实体围墙，且其底部实体部分高度不应低于0.6m，其余各侧应设置高度不低于2m的不燃烧体实体围墙。

Ⅱ级瓶装供应站瓶库内的存瓶较少，故其四周设置非实体围墙即可，但其底部实体部分高度不应低于0.6m。围墙应采用不燃烧材料。主要考虑与居住区景观协调。

8.6.4 Ⅰ、Ⅱ级瓶装供应站的瓶库与站外建、构筑物之间的防火间距按其级别和气瓶总容积分为四档，提出不同的防火间距要求。

Ⅰ级瓶装供应瓶库内气瓶的危险性较同容积的储罐危险性小些，故其防火间距较本规范第8.4.3条和第8.4.4条气化站、混气站中第一、二档储罐规定的防火间距小些。

同理，Ⅱ级瓶装供应站瓶库的防火间距较本规范第8.5.3条同容积瓶组间规定的防火间距小些。

8.6.5 Ⅰ级瓶装供应站内一般配置修理间，以便进行气瓶和燃器具等简单维修作业，生活、办公建筑的室内时有炊事用火，故瓶库与两者的间距不应小于10m。

营业室可与瓶库的空瓶区一侧毗连以便于管理，其间采用防火墙隔开是考虑安全问题。

8.6.6 Ⅱ级瓶装供应站由瓶库和营业室组成。站内不宜进行气瓶和燃器具维修作业。推荐两者连成一幢建筑，有利选址，节省用地和投资。

8.6.7 Ⅲ级瓶装供应站俗称售瓶点或售瓶商店。这种站随市场需要，其数量较多，为规范管理，保证安全供气，故采用积极引导的思路，对其设置条件和应采取的安全措施给予明确规定。

8.7 用 户

8.7.1 居民使用的瓶装液化石油气供应系统由气瓶、调压器、管道及燃器具等组成。

设置气瓶的非居住房间室温不应超过45℃，主要是为保证安全用气，以防止因气瓶内液化石油气饱和蒸气压升高时，超过调压器进口最高允许工作压力而发生事故。

8.7.2 居民使用的气瓶设置在室内时，对其布置提出的要求主要考虑保证安全用气。

8.7.3 单户居民使用的气瓶设置在室外时，推荐设置在贴邻建筑物外墙的专用小室内，主要是针对别墅规定的。小室应采用不燃烧材料建造。

8.7.4 商业用户使用的50kg液化石油气气瓶组，严禁与燃烧器具布置在同一房间内是防止事故发生的基本措施。同时，规定了根据气瓶组的气瓶总容积大小按本规范第8.5节的有关规定进行瓶组间的设置。

8.8 管道及附件、储罐、容器和检测仪表

8.8.1 本条规定了液化石油气管道材料应根据输送介质状态和设计压力选择，其技术性能应符合相应的现行国家标准和其他有关标准的规定。

8.8.3 液态液化石油气输送管道和站内液化石油气储罐、容器、设备、管道上配置的阀门和附件的公称压力（等级）应高于其设计压力是根据《压力容器安全技术监察规程》和《工业金属管道设计规范》GB 50316的有关规定，以及液化石油气行业多年的工程实践经验确定的。

8.8.4 根据各地运行经验，参照《压力容器安全技术监察规程》和国外有关规范，本条规定液化石油气储罐、容器、设备和管道上严禁采用灰口铸铁阀门及附件。在寒冷地区应采用钢质阀门及附件，主要是防止因低温脆断引起液化石油气泄漏而酿成爆炸和火灾事故。

8.8.5 本条规定用于液化石油气管道系统上采用耐油胶管时，其公称工作压力不应小于6.4MPa是参照国外有关规范和国内实践确定的。

8.8.6 本条对站区室外液化石油气管道敷设的方式提出基本要求。

站区室外管道推荐采用单排低支架敷设，其管底与地面净距取0.3m左右。这种敷设方式主要是便于管道施工安装、检修和运行管理，同时也节省投资。

管道跨越道路采用支架敷设时，其管底与地面净距不应小于4.5m，是根据消防车的高度确定的。

8.8.9 液化石油气储罐最大允许充装质量是保证其安全运行的最重要参数。参照国家现行《压力容器安全技术监察规程》、美国国家消防协会标准NFPA58－1998、NFPA59－1998和《日本JLPA001一般标准》等有关规范的规定，并根据我国液化石油气站的运行经验，本条采用《日本JLPA001一般标准》相同的规定。

液化石油气储罐最大允许充装质量应按公式$G=0.9\rho V_h$计算确定。

式中：系数0.9的含义是指液温为40℃时，储罐最大允许体积充装率为90%。液化石油气储罐在此规定值下运行，可保证罐内留有足够的剩余空间（气相空间），以防止过量灌装。同时，按本规范第8.8.12条规定确定的安全阀开启压力值，可保证其放散前，罐内尚有3%～5%的气相空间。0.9是保证储罐正常运行的重要安全系数。

ρ是指40℃时液态液化石油气的密度。该密度应按其组分计算确定。当组分不清时，按丙烷计算。组分变化时，按最不利组分计算。

8.8.10 根据国家现行《压力容器安全技术监察规程》第37条的规定，设计盛装液化石油气的储存容器，应参照行业标准HG20592～20635的规定，选取压力等级高于设计压力的管法兰、垫片和紧固件。液化石油气储罐接管使用法兰连接的第一个法兰密封面，应采用高颈对焊法兰，金属缠绕垫片（带外环）和高强度螺栓组合。

8.8.11 本条对液化石油气储罐接管上安全阀件的配置作了具体规定，以保证储罐安全运行。

容积大于或等于50m³储罐液相出口管和气相管上必须设置紧急切断阀，同时还应设置能手动切断的装置。

排污管阀门处应防水冻结，并应严格遵守排污操作规程，防止因关不住排污阀门而产生事故。

8.8.12 本条规定了液化石油气储罐安全阀的设置要求。

1 安全阀的结构形式必须选用弹簧封闭全启式。选用封闭式，可防止气体向周围低空排放。选用全启式，其排放量较大。安全阀的开启压力不应高于储罐设计压力是根据《压力容器安全技术监察规程》的规定确定的。

2 容积为100m³和100m³以上的储罐容积较大，故规定设置2个或2个以上安全阀。此时，其中一个安全阀的开启压力按本条第1款的规定取值，其余可略高些，但不得超过设计压力的1.05倍。

3 为保证安全阀放散时气流畅通，规定其放散管管径不应小于安全阀的出口直径。地上储罐放散管管口应高出操作平台2m和地面5m以上，地下储罐应高出地面2.5m以上，是为了防止气体排放时，操

作人员受到伤害。

4　美国标准NFPA58规定液化石油气储罐与安全阀之间不允许安装阀门，国家现行标准《压力容器安全技术监察规程》规定不宜设置阀门，但考虑目前国产安全阀开启后回座有时不能保证全关闭，且规定安全阀每年至少进行一次校验，故本款规定储罐与安全阀之间应设置阀门。同时规定储罐运行期间该阀门应全开，且应采用铅封或锁定（或拆除手柄）。

8.8.15　本条规定了液化石油气储罐上仪表的设置要求。

在液化石油气储罐测量参数中，首要的是液位，其次是压力，再次是液温。因此其仪表设置根据储罐容积的大小作了相应的规定。

储罐不分容积大小均必须设置就地指示的液位计、压力表。

单罐容积大于100m³的储罐除设置前述的就地指示仪表外，尚应设置远传显示液位计、压力表和相应的报警装置。

同时，推荐就地指示液位计采用能直接观测储罐全液位的液位计。因为这种液位计最直观，比较可靠，适于我国国情。

8.8.18　液化石油气站内具有爆炸危险的场所应设置可燃气体浓度检测报警器。检测器设置在现场，报警器应设置在有值班人员的场所。报警器的报警浓度应取液化石油气爆炸下限的20%。此值是参考国内外有关规范确定的。"20%"是安全警戒值，以警告操作人员迅速采取排险措施。瓶装供应站和瓶组气化站等小型液化石油气站危险性小些，也可采用手提式可燃气体浓度检测报警器。

8.9　建、构筑物的防火、防爆和抗震

8.9.1　为防止和减少具有爆炸危险的建、构筑物发生火灾和爆炸事故时造成重大损失，本条对其耐火等级、泄压措施、门窗和地面做法等防火、防爆设计提出了基本要求。

8.9.2　具有爆炸危险的封闭式建筑物应采取良好的通风措施。设计可根据建筑物具体情况确定通风方式。采用强制通风时，事故通风能力是按现行国家标准《采暖通风和空气调节设计规范》GB 50019的有关规定确定的。采用自然通风时，通风口的面积和布置是参照日本规范确定的，其通风次数相当于3次/h。

8.9.3　本条所列建筑物在非采暖地区推荐采用敞开式或半敞开式建筑，主要是考虑利于通风。同时也加大了建筑物的泄压比。

8.9.4　对具有爆炸危险的建筑，其承重结构形式的规定是参照现行国家标准《建筑设计防火规范》GB 50016有关规定确定的，以防止发生事故时建筑倒塌。

8.9.5　根据调查资料，有的液化石油气站将储罐置于砖砌或枕木等制作的支座上，没有良好的紧固措施，一旦发生地震或其他灾害十分危险，故本条规定储罐应牢固地设置在基础上。

对卧式储罐应采用钢筋混凝土支座。

球形储罐的钢支柱应采用不燃烧隔热材料保护层，其耐火极限不应低于2h，以防止储罐直接受火过早失去支撑能力而倒塌。耐火极限不低于2h是参照美国规范NFPA58－98的规定确定的。

8.10　消防给水、排水和灭火器材

8.10.1　本条是根据现行国家标准《建筑设计防火规范》中有关规定确定的。

8.10.2　液化石油气储罐和储罐区是站内最危险的设备和区域，一旦发生事故其后果不堪设想。液化石油气储罐区一旦发生火灾时，最有效的办法之一是向着火和相邻储罐喷水冷却，使其温度、压力不致升高。具体办法是利用固定喷水冷却装置对着火储罐和相邻储罐喷水将其全覆盖进行降温保护，同时利用水枪进行辅助灭火和保护，故其总用水量应按储罐固定喷水冷却装置和水枪用水量之和计算，具体说明如下。

1　本款规定的液化石油气储罐固定喷水冷却装置的设置范围及其用水量的计算方法，（保护面积和冷却水供水强度）与《建筑设计防火规范》GB 50016的规定一致。

液化石油气储罐区的消防用水量具体计算方法如下：

$$Q = Q_1 + Q_2 \tag{18}$$

式中　Q——储罐区消防用水量（m^3/h）；

Q_1——储罐固定喷水冷却装置用水量（m^3/h），按公式（19）计算；

Q_2——水枪用水量（m^3/h）。

$$Q_1 = 3.6F \cdot q + 1.8\sum_{i=1}^{n} F_i \cdot q \tag{19}$$

式中　F——着火罐的全表面积（m^2）；

F_i——距着火罐直径（卧式罐按直径和长度之和的一半）1.5倍范围内各储罐中任一储罐全表面积（m^2）；

q——储罐固定喷水冷却装置的供水强度，取0.15L/(s·m²)。

2　水枪用水量按不同罐容分档规定，与《建筑设计防火规范》的规定一致。

本款注2储罐总容积小于或等于50m³，且单罐容积小于或等于20m³的储罐或储罐区，其危险性小些，故可设置固定喷水冷却装置或移动式水枪，其消防水量按表8.10.2规定的水枪用水量计算。

3　本款是新增加的。因为地下储罐发生火灾时，其罐体不会直接受火，故可不设置固定水喷淋装置，其消防水量按水枪用水量确定。

8.10.4　消防水池（罐）容量的确定与《建筑设计防

火规范》的规定一致。

8.10.6 因为固定喷水冷却装置采用喷雾头，对其储罐冷却效果较好，故对球形储罐推荐采用。卧式储罐的喷水冷却装置可采用喷淋管。

储罐固定喷水冷却装置的喷雾头或喷淋管孔的布置应保证喷水冷却时，将其储罐表面全覆盖，这是对其设计的基本要求。同时，对储罐液位计、阀门等重要部位也应采取喷水保护。

8.10.7 储罐固定喷水冷却装置出口的供水压力不应小于0.2MPa是根据现行国家标准《水喷雾灭火系统设计规范》GB 50219规定确定的。水枪供水压力是根据国内外有关规范确定的。

8.10.9 液化石油气站内具有火灾和爆炸危险的建、构筑物应设置干粉灭火器，其配置数量和规格根据场所的危险情况和现行国家标准《建筑灭火器配置设计规范》GB 50140的有关规定确定。因为液化石油气火灾爆炸危险性大，初期发生火灾如不及时扑救，将使火势扩大而造成巨大损失。故本条规定的干粉灭火器的配置数量和规格较《建筑灭火器配置设计规范》的规定大一些。

8.11 电 气

8.11.1 本条规定了液化石油气供应基地、气化站和混气站的用电负荷等级。

液化石油气供应基地停电时，不会影响供气区域内用户正常用气，其供电系统用电负荷等级为“三级”即可。但消防水泵用电，应为“二级”负荷，以保证火灾时正常运行。

液化石油气气化站和混气站是采用管道向各类用户供气，为保证用户安全用气，不允许停电，并应保证消防用电需要，故规定其用电负荷等级为“二级”。

8.11.2 本条中的附录E是根据现行国家标准《爆炸和火灾环境电力装置设计规范》GB 50058，并考虑液化石油气站内运行介质特性，工艺过程特征、运行经验和释放源情况等因素进行释放源等级划分。在划定释放源等级后，根据其级别和通风等条件再进行爆炸危险区域等级和范围的划分。

爆炸危险区域范围的划分与诸多因素有关，如：可燃气体的泄放量、释放速度、浓度、爆炸下限、闪点、相对密度、通风情况、有无障碍物等。因此，具体爆炸危险区域范围划分的规定在世界各国还是一个长期没有得到妥善解决的问题。目前美国电工委员会(IEC)对爆炸危险区域范围的划分仅做原则性规定。GB 50058规定的具体尺寸是推荐性的等效采用了国际上广泛采用的美国石油学会API-RP-500和美国国家消防协会(NFPA)的有关规定。本规范在此也作了推荐性的规定。具体设计时，需要结合液化石油气站用电场所的实际情况妥善地进行爆炸危险区域范围的划分和相应的设计才能保证安全，切忌生搬硬套。

9 液化天然气供应

9.1 一 般 规 定

9.1.1 本条规定了本章适用范围。

液化天然气（LNG）气化站（又称LNG卫星站），是城镇液化天然气供应的主要站场，是一种小型LNG的接收、储存、气化站，LNG来自天然气液化工厂或LNG终端接收基地或LNG储配站，一般通过专用汽车槽车或专用气瓶运来，在气化站内设有储罐（或气瓶）、装卸装置、泵、气化器、加臭装置等，气化后的天然气可用做中小城镇或小区、或大型工业、商业用户的主气源，也可用做城镇调节用气不均匀的调峰气源。

规定液化天然气总储存量不大于2000m^3，主要考虑国内目前液化天然气生产基地数量和地理位置的实际情况以及安全性，现有的液化天然气气化站的储存天数较长（一般在7d内）等因素而确定的，该总储存量可以满足一般中小城镇的需要。

9.1.2 由于本章不适用的工程和装置设计，在规模上和使用环境、性质上均与本规范有较大差异，因此应遵守其他有关的相应规范。

9.2 液化天然气气化站

9.2.4 本条规定了液化天然气气化站的液化天然气储罐、天然气放散总管与站外建、构筑物的防火间距。

1 液化天然气是以甲烷为主要组分的烃类混合物，从液化石油气（LPG）与液化天然气的主要特性对比（见表50）中可见，LNG的自燃点、爆炸极限均比LPG高；当高于－112℃时，LNG蒸气比空气轻，易于向高处扩散；而LPG蒸气比空气重，易于在低处集聚而引发事故；以上特点使LNG在运输、储存和使用上比LPG要安全些。

表50 液化石油气与液化天然气的主要特性对比

项 目	液化石油气（商品丙烷）	液化天然气
在1大气压力下初始沸腾点（℃）	－42	－162
15.6℃时，每立方米液体变成蒸气后的体积（m^3）	271	约600
蒸气在空气中的爆炸极限（%）	2.15～9.60	5.00～15.00
自燃点（℃）	493	650
蒸气的低发热值（kJ/m^3）	93244	约35900

续表 50

项　目	液化石油气（商品丙烷）	液化天然气
蒸气的相对密度（空气为 1）	15.6℃时为 1.50	纯甲烷在高于－112℃时比15.6℃时的空气轻
蒸气压力（表压 kPa）	37.8℃时不大于1430	在常温下放置，液态储罐的蒸气压力将不断增加
15.6℃时，每立方米液体的质量（kg/m^3）	504	430～470

从燃烧发出的热量大小看，可以反映出对周围辐射热影响的大小。同样 $1m^3$ 的 LNG 或 LPG（以商品丙烷为例）变化为气体后，燃烧所产生的热量 LNG 比 LPG 要小一些，对周围辐射热影响也小些，采用表 50 数据经计算燃烧所产生的热量如下：

液化天然气　$35900\times600=2154\times10^4$ kJ

商品丙烷气　$93244\times271=2527\times10^4$ kJ

2　综上所述，在防火间距和消防设施上对于小型 LNG 气化站的要求可比 LPG 气化站降低一些，但考虑到 LNG 气化站在我国尚处于初期发展阶段，采用与 LPG 气化站基本相同的防火间距和消防设施也是适宜的。

表 9.2.4 中 LNG 储罐与站外建、构筑物的防火间距，是参考我国 LPG 气化站的实践经验和本规范 LPG 气化站的有关规定编制的。

3　表 9.2.4 中集中放散装置的天然气放散总管与站外建、构筑物的防火间距，是参照本规范天然气门站、储配站的集中放散装置放散管的有关规定编制的。

9.2.5　本条规定了液化天然气气化站的液化天然气储罐、天然气放散总管与站内建、构筑物的防火间距。

1　本条的编制依据与第 9.2.4 条类同。

美国消防协会《液化天然气生产、储存和装卸标准》NFPA59A（2001 年版）规定的液化天然气储罐拦蓄区与建筑物和建筑红线的间距见表 51。

表 51　拦蓄区到建筑物和建筑红线的间距

储罐水容量（m^3）	从拦蓄区或储罐排水系统边缘到建筑物和建筑红线最小距离（m）	储罐之间最小距离（m）
＜0.5	0	0
0.5～1.9	3	1
1.9～7.6	4.6	1.5
7.6～56.8	7.6	1.5
56.8～114	15	1.5
114～265	23	相邻罐直径之和的 1/4 但不小于 1.5m
＞265	0.7 倍罐直径，但不小于 30m	

表 9.2.5 中 LNG 储罐与站内建、构筑物的防火间距，是参考我国 LPG 气化站的实践经验、本规范 LPG 气化站的有关规定和 NFPA59A 的有关规定编制的。

2　表 9.2.5 中集中放散装置的天然气放散总管与站内建、构筑物的防火间距，是参照本规范天然气门站、储配站的集中放散装置放散管的有关规定编制的。

9.2.10　本条规定了液化天然气储罐和储罐区的布置要求。

1　储罐之间的净距要求是参照 NFPA59A（见表 51）编制的。

2～4　款是参照 NFPA59A（2001 年版）编制的，其中第 3 款的“防护墙内的有效容积”是指防护墙内的容积减去积雪、其他储罐和设备等占有的容积和裕量。

5　是保障储罐区安全的需要。

6　是参照 NFPA57《液化天然气车（船）载燃料系统规范》（1999 年版）的规定编制的。容器容积太大，遇有紧急情况时，在建筑物内不便于搬运。而长期放置在建筑物内的装有液化天然气的容器，将会使容器压力不断上升或经安全阀排放天然气，造成事故或浪费能源、污染环境。

9.2.11　本条规定了气化器、低温泵的设置要求。

1　参照 NFPA59A 标准，气化器分为加热、环境和工艺等三类。

1） 加热气化器是指从燃料的燃烧、电能或废热取热的气化器。又分为整体加热气化器（热源与气化换热器为一体）和远程加热气化器（热源与气化换热器分离，通过中间热媒流体作传热介质）两种。

2） 环境气化器是指从天然热源（如大气、海水或地热水）取热的气化器。本规范中将从大气取热的气化器称为空温式气化器。

3） 工艺气化器是指从另一个热力或化学过

程取热，或储备或利用 LNG 冷量的气化器。

2 环境气化器、远程加热气化器（当采用的热媒流体为不燃烧流体时），可设置在储罐区内，是参照 NFPA57（1999 年版）的规定编制的。

设在储罐区的天然气气体加热器也应具备上述环境式或远程加热气化器（当采用的热媒流体为不燃烧流体时）的结构条件。

9.2.12 液化天然气集中放散装置的汇集总管，应经加热将放散物天然气加热成比空气轻的气体后方可放散，是使天然气易于向上空扩散的安全措施，放散总管距其 25m 内的建、构筑物的高度要求是参照本规范天然气门站、储配站的放散总管的高度规定编制的。

天然气的放散是迫不得已采取的措施，对于储罐经常出现的 LNG 自然蒸发气（BOG 气）应经储罐收集后接到向外供应天然气的管道上，供用户使用。

9.3 液化天然气瓶组气化站

9.3.1 液化天然气瓶组气化站供应规模的确定主要依据如下：

液化天然气瓶组气化站主要供应城镇小区，气瓶组总容积 $4m^3$ 可以满足 2000～2500 户居民的使用要求，同时从安全角度考虑供应规模不宜过大。

为便于装卸、运输、搬运和安装，单个气瓶容积宜采用 175L，最大不应大于 410L，是根据实践和国内产品规格编制的。

9.3.2 本条编制依据与第 9.2.4 条类同。

LNG 气瓶组与建、构筑物的防火间距是参考本规范中液化石油气瓶组间至建、构筑物的防火间距编制的，但考虑到液化石油气的最大气瓶为 50kg（容积 118L），而 LNG 气瓶最大为 410L，因而对气瓶组至民用建筑或重要公共建筑的防火间距规定，LNG 气瓶组比液化石油气气瓶间要大一些。

关于液化天然气气瓶上的安全阀是否要汇集后集中放散的问题，目前存在不同做法，只要是能保证系统的安全运行，可由设计人员根据实际情况确定，本规范不作硬性统一的规定。当需要设放散管时，放散口应引到安全地点。

9.4 管道及附件、储罐、容器、气化器、气体加热器和检测仪表

9.4.1 本条规定了液化天然气储罐和设备的设计温度，是参照 NFPA59A 标准编制的。

9.4.3 本条规定了液化天然气管道连接和附件的设计要求，是参照 NFPA59A 标准编制的。

9.4.7 液态天然气管道上两个切断阀之间设置安全阀是为了防止因受热使其压力升高而造成管道破裂。

9.4.8 本条规定了液化天然气卸车软管和附件的设计要求，是参照 NFPA59A 标准编制的。

9.4.14 本条规定了液化天然气储罐仪表设置的设计要求，是参照 NFPA59A 标准编制的。

9.4.15 本条规定了气化器的液体进口紧急切断阀的设计要求，是参照 NFPA59A 标准编制的。

9.4.16 本条规定了气化器安全阀的设计要求，是参照 NFPA59A 标准编制的。安全阀可以设在气化器上，也可设在紧接气化器的出口管道上。

9.4.17～9.4.19 此三条规定是参照 NFPA59A 标准编制的。

9.4.21 本条规定了液化天然气气化站紧急关闭系统的设计要求，是参照 NFPA59A 标准编制的。

9.5 消防给水、排水和灭火器材

9.5.1～9.5.4 此四条规定了液化天然气气化站消防给水的设计要求。

1 根据欧洲标准《液化天然气设施与设备　陆上设施的设计》BSEN1473－1997 的有关说明，在液化天然气气化站内消防水有着与其他消防系统不同的用途，水既不能控制也不能熄灭液化天然气液池火灾，水在液化天然气中只会加速液化天然气的气化，进而增加其燃烧速度，对火灾的控制只会产生相反的结果。在液化天然气气化站内消防水大量用于冷却受到火灾热辐射的储罐和设备或可能以其他方式加剧液化天然气火灾的任何被火灾吞灭的结构，以减少火灾升级和降低设备的危险。

2 条文制定的原则是根据 NFPA58 和 NFPA59A 中有关消防系统的制订原则而确定的。根据 NFPA58 和 NFPA59A 的有关液化石油气和液化天然气站区的消防系统设计要求是基本一致的情况，因此编制的液化天然气气化站的消防系统设计的要求和本规范中的液化石油气供应的消防系统设计有关要求基本一致。

9.5.5 本条规定是参照 NFPA59A 标准编制的。

9.5.6 液化天然气气化站内具有火灾和爆炸危险的建、构筑物、液化天然气储罐和工艺装置设置小型干粉灭火器，对初期扑灭失火避免火势扩大，具有重要作用，故应设置。根据《建筑灭火器配置设计规范》GB 50140 的规定，站内液化天然气储罐或工艺装置区应按严重危险级配置灭火器材。

9.6 土建和生产辅助设施

9.6.2 本条规定了液化天然气工艺设备的建、构筑物的通风设计要求，是参照 NFPA59A 标准编制的。

9.6.3 液化天然气气化站承担向城镇或小区大量用户或大型用户等供气的重要任务，电力的保证是气化站正常运行的必备条件，其用电负荷及其供配电系统设计应符合《供配电系统设计规范》GB 50052“二级”负荷的有关规定。

10　燃气的应用

10.1　一 般 规 定

10.1.1　燃气系统设计指的是工艺设计。对于土建、公用设备等项设计还应按其他标准、规范执行。

10.2　室内燃气管道

10.2.1　本条规定了室内燃气管道的最高压力，主要参照原苏联和美国的规范编制的。

1　原苏联《燃气供应标准》(1991年版)5.29条规定：安装在厂房内或住宅及非生产性公共建筑外墙上的组合式调压器的燃气进口压力不应超过下列规定：

住宅和非生产性公共建筑——0.3MPa；

工业（包括锅炉房）和农业企业——1.2MPa。

2　美国规范 ASME B31.8 输气和配气系统第845.243条对送给家庭、小商业和小工业用户的燃气压力做了如下限定：

用户调压器的进口压力应小于或等于60磅/平方英寸（0.41MPa），如超压时应自动关闭并人工复位；

用户调压器的进口压力小于或等于125磅/平方英寸（0.86MPa）时，除调压器外还应设置一个超压向室外放空的泄压阀，或在上游设辅助调压器，使通到用户的燃气压力不超过最大安全值。

3　我国燃气中压进户的情况。

四川、北京、天津等有高、中压燃气供应的城市中，有一部分锅炉房和工业车间内燃气的供应压力已达到0.4MPa，然后由专用调压器调至0.1MPa以下供用气设备使用；

北京、成都、深圳等市早已开展了中压进户的工作，详见表52。

表52　我国部分城市中压进户的使用情况表

地点	燃气种类	厨房内调压器入口压力（MPa）	使用时间（年）
北京	人工煤气	0.1	20以上
成都	天然气	0.2	20以上
深圳	液化石油气	0.07	20以上

4　国外中压进户表前调压的入户压力在第十五届世界煤气会议上曾有过报导，其入户的允许压力值详见表53。

表53　国外中压进户的燃气压力值

国别	户内表前最高允许压力（MPa）	国别	户内表前最高允许压力（MPa）
美国	0.05	法国	0.4
英国	0.2	比利时	0.5

5　中压进厨房的限定压力为0.2MPa，主要是根据我国深圳等地多年运行经验和参照国外情况制定的，为保证运行安全，故将进厨房的燃气压力限定为0.2MPa。

6　本条的表注1为等同美国国家燃气规范 ANSIZ 223.1-1999规定。

10.2.2　本条规定了用气设备燃烧器的燃气额定压力。

1　燃气额定压力是燃烧器设计的重要参数。为了逐步实现设备的标准化、系列化，首先应对燃气额定压力进行规定。

2　一个城市低压管网压力是一定的，它同时供应几种燃烧方式的燃烧器（如引射式、机械鼓风的混合式、扩散式等），当低压管网的压力能满足引射式燃烧器的要求时，则更能满足另外两种燃烧器的要求（另外两种燃烧器对压力要求不太严格），故对所有低压燃烧器的额定压力以满足引射式燃烧器为准而作了统一的规定，这样就为低压管网压力确定创造了有利条件。

3　国内低压燃气燃烧器的额定压力值如下：

人工煤气：1.0kPa；天然气：2.0kPa；液化石油气：2.8kPa（工业和商业可取5.0kPa）。

4　国外民用低压燃气燃烧器的额定压力值如下：

1）人工煤气：日本1.0kPa(煤气用具检验标准)；原苏联1.3kPa(《建筑法规》-1977)；美国1.5kPa(ASAZ21.1.1-1964)。

2）天然气：法国2.0kPa(法国气体燃料用具的鉴定)；原苏联2.0kPa(《建筑法规》-1977)；美国 1.75kPa（ASAZ21.1.1-1964)。

3）液化石油气：原苏联3.0kPa(《建筑法规》-1977)；日本2.8kPa(日本JIS)；美国2.75kPa(ASAZ21.1.1)。

10.2.3　本条将原规范应采用镀锌钢管，改为宜采用钢管。对规范规定的其他管材，在有限制条件下可采用。

10.2.4　对钢管螺纹连接的规定的依据如下：

1　管道螺纹连接适用压力上限定为0.2MPa是参照澳大利亚标准，但澳大利亚在此压力下，一般用于室外调压器之前，我国螺纹标准编制说明中也指出，采用圆锥内螺纹与圆锥外螺纹（锥/锥）连接时，可适用更高的介质压力。但考虑到室内管量大、面广、管件质量难保证、缺乏经常性维护、与用户安全关系密切等，故本规范对压力小于或等于0.2MPa时只限在室外采用，室内螺纹连接只用于低压。

2　美国国家燃气规范 ANSIZ223.1-1999，对室内燃气管螺纹规定采用（锥/锥）连接，最高压力可用于0.034MPa。

我国国产螺纹管件一般为锥管螺纹。故本规范对室内燃气管螺纹规定采用（锥/锥）连接。

10.2.5 本条规定了铜管用做燃气管的使用条件。

1 城镇燃气中硫化氢含量的限定：

GB 17820－1999《天然气》标准附录A规定，金属材料无腐蚀的含量为小于或等于 6mg/m³（湿燃气）。

美国《燃气规范》ANSIZ 223.1－1999 规定，对铜材允许的含量为小于或等于 7mg/m³（湿燃气）。

原苏联《燃气规范》和我国《天然气》标准规定，对钢材允许的含量为小于或等于 20mg/m³（湿燃气）。

本规范对铜管采用的是小于或等于 7mg/m³ 的要求。

2 几个国家户内常用的铜管类型和壁厚见表54。据此本规范对燃气用铜管选用为A型或B型。

3 我国已有铜管国家标准，上海、佛山等城市使用铜管用于燃气已有4～5年，明装和暗埋的均有，但以暗埋敷设的为主。

表 54 几个国家户内常用的铜管类型及壁厚

通径（mm）	中国			澳大利亚				美国
	类型、壁厚（mm）			类型、壁厚（mm）				壁厚（mm）
	A	B	C	A	B	C	D	—
5	1.0	0.8	0.6	—	—	—	—	—
6	1.0	0.8	0.6	0.91	0.71	—	—	—
8	1.0	0.8	0.6	0.91	0.71	—	—	—
10	1.2	0.8	0.6	1.02	0.91	0.71	—	—
15	1.2	1.0	0.7	1.02	0.91	0.71	—	1.06
—	1.2	1.0	0.8	1.22	1.02	0.91	—	1.07
20	1.5	1.2	0.9	1.42	1.02	0.91	—	1.14
25	1.5	1.2	0.9	1.63	1.22	0.91	—	1.27
32	2.0	1.5	1.2	1.63	1.22	—	0.91	1.40
40	2.0	1.5	1.2	1.63	1.22	—	0.91	1.52

注：1 澳大利亚燃气安装标准 AS5601－2000/AG601－2000，规定燃气用户选用的铜管应为A型或B型。

2 美国联邦法规 49－192(2000)，规定了如上表所列燃气用户铜管的最小壁厚。

3 我国现行国家标准《天然气》GB17820－1999 附录A中规定：燃气中 $H_2S \leqslant 6mg/m^3$ 时，对金属无腐蚀；$H_2S \leqslant 20mg/m^3$ 时，对钢材无明显腐蚀。

4 根据美国西南研究院(SWRI)和天然气研究院(GRI)，关于"天然气成分对铜腐蚀作用的试验评估"(1993年3月)：

1）试验分析表明，天然气中硫化氢、氧气和水的浓度在规定范围内(水：112mg/m³，硫化氢：5.72～22.88mg/m³，总硫：229～458mg/m³，二氧化碳 2.0%～3.0%，氧气：0.5%～1.0%)，铜管20年的最大的穿透值为 0.23mm，一般铜管的壁厚为 0.90mm 以上，所以铜管不会因腐蚀而穿透。

2）试验表明，天然气中硫化氢、氧气和水的浓度在规定范围内，腐蚀产物可能在铜管内形成，并可能脱落阻塞下游设备的喷嘴；可通过设过滤器除去腐蚀产物的碎片，以减少设备的堵塞；也可选用内壁衬锡的铜管，以防止铜管的内腐蚀。

10.2.6 对不锈钢管规定的根据如下：

1 薄壁不锈钢管的壁厚不得小于 0.6mm（*DN*15 及以上），按 GB/T 12771 标准，一般 *DN*15 及以上（外径≥13mm）管子的壁厚≥0.6mm，而外径 8～12mm 管子壁厚为 0.3～0.5mm，比波纹管壁厚大。

管道连接方式一般可分以下六大类：螺纹连接、法兰连接、焊接连接、承插连接、粘结连接、机械连接（如胀接、压接、卡压、卡套等）。螺纹连接等前四种属传统的应用面较普遍的连接方式。粘结连接具有局限性。机械连接一般指较灵活的、现场可组装的，即安装较简便的连接方式。

薄壁不锈钢管采用承插氩弧焊式管件属无泄漏接头连接，与卡压、卡套等机械连接相比较具有明显优点，故推荐选用。

2 不锈钢波纹管的壁厚不得小于 0.2mm，是目前国内产品的一般要求。

3 薄壁不锈钢管和不锈钢波纹管必须有防外部损坏的保护措施，是参照美国、荷兰和欧洲燃气规范编制的。

10.2.7 本条规定了铝塑复合管用做燃气管的使用条件。

1 目前国外用于燃气的铝塑复合管的国家有荷兰（NPR3378－10，2001）和澳大利亚（AS5601－2004 等，本条规定的根据主要来源于澳大利亚燃气安装标准（2004年版），该标准规定有铝塑管不允许暴露在 60℃以上的温度下，最高使用压力为 70kPa 等要求。

2 防阳光直射(防紫外线)，防机械损伤等是对聚乙烯管的一般要求，由于铝塑复合管的内、外均为聚乙烯，因而也应有此要求。欧洲（BSEN1775－1998)、美国法规 49－192(2000)、荷兰(NPR3378－10，2001)等国外《燃气规范》对室内用的 PE 和 PE/Al/PE 等塑料管材均有上述规定要求。

3 铝塑复合管我国已有国家标准，长春、福州等城市使用铝塑复合管用于燃气已有7～8年，主要采用明装且限用于住宅单元内的燃气表后。考虑到铝塑复合管不耐火和塑料老化问题，故本规范限制只允许在户内燃气表后采用。

10.2.9 关于居民生活使用的燃具同时工作系数（简

称“系数”），是由上海煤气公司综合了上海、北京、沈阳、成都等地区的测定资料，经过整理、计算、验证后推荐的数据，详见附录F。由于“系数”的测定验证仅限于四个城市，就我国广大地区而言，尚有一定的局限性，故条文用词采用“可”。

10.2.11 低压燃气管道的计算总压力降可按本规范第6.2.8条确定，至于其在街区干管、庭院管和室内管中的分配，应根据建筑物等情况经技术经济比较后确定。当调压站供应压力不大于5kPa的低压燃气时，对我国一般情况，参照原苏联《建筑法规》并作适当调整，推荐表55作为室内低压燃气管道压力损失控制值，可供设计时参考。

表55 室内低压燃气管道允许的阻力损失参考表

燃气种类	从建筑物引入管至管道末端阻力损失(Pa)	
	单层	多层
人工煤气、矿井气	200	300
天然气、油田伴生气、液化石油气混空气	300	400
液化石油气	400	500

注：1 阻力损失包括计量装置的损失。
2 当由楼幢调压箱供应低压燃气时，室内低压燃气管道允许的阻力损失，也可按本规范第6.2.8条计算确定。

推荐表55中室内燃气管道允许的阻力损失的参考值理由如下：

1 原苏联的住宅中一般不设置燃气计量装置。

1）原苏联《室内燃气设备设计标准》（建筑法规Ⅱ）-62规定：当有使用气体燃料的采暖用具（炉子、小型采暖炉、壁炉）时，居住建筑的住宅中才设燃气表。

2）原苏联《建筑法规》-77规定，室内压降的分配没提到燃气表的压力降。

3）原苏联《建筑法规》-77规定：为了计量供给工业企业、公用生活企业和锅炉房的燃气流量应规定设置流量计（注：住宅计量没有规定）。

2 家用膜式燃气表的阻力损失。

1）在原TJ 28-78《城市煤气设计规范》规定：低压计量装置的压力损失：当流量等于或小于$3m^3/h$时，不应大于120Pa；当流量大于$3m^3/h$，等于或小于$100m^3/h$时，不应大于200Pa；当流量大于$100m^3/h$时，应根据所选的表型确定。

2）在GB/T 6968-1997《膜式煤气表》的表5中规定：煤气表的最大流量值Q_{max}为$1\sim10m^3/h$时，总压力损失最大值为200Pa。

3）综上所述，家用燃气表的阻力损失一般为：流量小于或等于$3m^3/h$时，阻力损失可取120Pa；大于$3m^3/h$而小于或等于$10m^3/h$，或在1.5倍额定流量下使用时，阻力损失可取200Pa。

3 室内燃气管道阻力损失的参考值。

因原苏联住宅厨房内不设置煤气表，故供气系统的阻力损失值不能等同采用原苏联《建筑法规》中的数值（详见本规范条文说明表27），故作适当调整（见表55和表28）。

10.2.14 本条规定的目的是为了保证用气的安全和便于维修管理。

1 人工煤气引入管管段内，往往容易被萘、焦油和管道内腐蚀铁锈所堵塞，检修时要在引入管阀门处进行人工疏通管道的工作，需要带气作业。此外阀门本身也需要经常维修保养。因此，凡是检修人员不便进入的房间和处所都不能敷设燃气引入管。

2 规定燃气引入管应设在厨房或走廊等便于检修的非居住房间内的根据是：

原苏联1977年《建筑法规》第8.21条规定：住房内燃气立管规定设在厨房、楼梯间或走廊内；

我国的实际情况也是将燃气引入管设在厨房、楼梯间或走廊内。

10.2.16 规定燃气引入管“穿过建筑物基础、墙或管沟时，应设置在套管中”，前者是防止当房屋沉降时压坏燃气管道，以及在管道大修时便于抽换管道；后者是防止燃气管道漏气时沿管沟扩散而发生事故。

对于高层建筑等沉降量较大的地方，仅采取将燃气管道设在套管中的措施是不够的，还应采取补偿措施，例如，在穿过基础的地方采用柔性接管或波纹补偿器等更有效的措施，用以防止燃气管道损坏。

10.2.18 燃气引入管的最小公称直径规定理由如下：

1 当输送人工煤气或矿井气时，我国多数燃气公司根据多年生产实践经验，规定最小公称直径为*DN*25。国外有关资料如英国、美国、法国等国家也规定了最小公称直径为*DN*25。为了防止造成浪费，又要防止管道堵塞，根据国内外情况，将输送人工煤气或矿井气的引入管最小公称直径定为*DN*25。

2 当输送天然气或液化石油气时，因这类燃气中杂质较少，管道不易堵塞，且燃气热值高，因此引入管的管径不需过大。故将引入管的最小公称直径规定为：天然气*DN*20，液化石油气*DN*15。

10.2.19 本条规定了引入管阀门布置的要求。

规定“对重要用户应在室外另设置阀门”。这是为了万一在用气房间发生事故时，能在室外比较安全地带迅速切断燃气，有利于保证用户的安全。重要用户一般系指：国家重要机关、宾馆、大会堂、大型火车站和其他重要建筑物等，具体设计时还应听取当地主管部门的意见予以确定。

10.2.21 本条规定了地下室、半地下室、设备层和地上密闭房间敷设燃气管道时应具备的安全条件。

10.2.22 地下室和半地下室一般通风较差，比空气重的液化石油气泄漏后容易集聚达到爆炸极限并发生事故，故规定上述地点不应设置液化石油气管道和设备。当确需设置在上述地点时，参考美国、日本和我国深圳市的经验，建议采取下述安全措施，经专题技术论证并经建设、消防主管部门批准后方可实施。

1 只限地下一层靠外墙部位使用的厨房烹调设备采用，其装机热负荷不应大于 0.75MW（58.6kg/h 的液化石油气）；

2 应使用低压管道液化石油气，引入管上应设紧急自动切断阀，停电时应处于关闭状态；

3 应有防止燃气向厨房相邻房间泄漏的措施；

4 应设置独立的机械送排风系统，通风换气次数：正常工作不应小于 6 次/h，事故通风时不应小于 12 次/h；

5 厨房及液化石油气管道经过的场所应设置燃气浓度检测报警器，并由管理室集中监视；

6 厨房靠外墙处应有外窗并经过竖井直通室外，外窗应为轻质泄压型；

7 电气设备应采用防爆型；

8 燃气管道敷设应符合本规范第 10.2.21、10.2.23 条规定等。

10.2.23 本条规定了在地下室、管道井等危险部位敷设燃气管道时的具体安全措施。

1 管道提高一个压力等级的含义是指：低压提高到 0.1MPa；中压 B 提高到 0.4MPa；中压 A 提高到 0.6MPa。

3 管道焊缝射线照相检验，主要是根据现行国家标准《工业金属管道工程施工及验收规范》GB 50235－1997 中 7.4.3.1 条的规定和我国燃气管道焊接的实际情况确定的。

10.2.25 室内燃气管道一般均应明设，这是为了便于检修、检漏并保证使用安全；同时明设作法也较节约。在特殊情况下（例如考虑美观要求而不允许设明管或明管有可能受特殊环境影响而遭受损坏时）允许暗设，但必须便于安装和检修，并达到通风良好的条件（通风换气次数大于 2 次/h），例如装在具有百页盖板的管槽内等。

燃气管道暗设在建筑物的吊顶或密封的Ⅱ形管槽内，为上海市推荐做法及规定。

室内水平干管尽量不穿建筑物的沉降缝，但有时不可避免，故规定为不宜。穿过时应采取防护措施。

10.2.27 本条规定了燃气管道井的安全措施。燃气管道与下水管等设在同一竖井内为国内、以及澳大利亚住宅管道井的普遍做法，多年运行没发生什么问题。管道井防火、通风措施是根据国内管道井的普遍做法。主要是根据国家《建筑设计防火规范》、美国《燃气规范》和国内实际做法规定的。

10.2.28 高层建筑立管的自重和热胀冷缩产生的推力，在管道固定支架和活动支架设计、管道补偿等设计上是必须要考虑的，否则燃气管道可能出现变形、折断等安全问题。

10.2.29 室内燃气管道在设计时必须考虑工作环境温度下的极限变形，否则会使管道热胀冷缩造成扭曲、断裂，一般可以用室内管道的安装条件做自然补偿，当自然条件不能调节时，必须采用补偿器补偿；室内管道宜采用波纹补偿器；因波纹补偿器安装方便，调节安装误差的幅度大，造型也轻巧美观。

补偿量计算温度为国内设计计算时的推荐数据。

10.2.31 本条规定了住宅内暗埋燃气管道的安全要求，为澳大利亚、荷兰等国外标准规定和我国上海等地的习惯做法。

机械接头指胀接、压接、卡压、卡套等连接方式用的接头，管螺纹连接未列入机械连接中。

10.2.32 住宅内暗封的燃气管道指隐蔽在柜橱、吊顶、管沟等部位的燃气管道。

10.2.33 为了使商业和工业企业室内暗设的燃气管便于安装和检修，并能延长使用年限达到安全可靠的目的，条文提出了敷设方式及措施。

10.2.34 民用建筑室内水平干管不应埋设在地下和地面混凝土层内主要为防腐蚀和便于检修。工业和实验室用的燃气管道可埋设在混凝土地面中为参照原苏联《建筑法规》的规定。

10.2.36 本条规定电表、电插座、电源开关与燃气管道的净距为我国上海、香港等地的实践经验，其他为原苏联《建筑法规》的规定。

10.2.38 为了防止当房屋沉降时损坏燃气管道及管道大修时便于抽换管道，以及因室内温度变化燃气管道随温度变化而有伸缩的情况，条文规定燃气管道穿过承重墙、地板或楼板时“必须”安装在套管中。

10.2.39 设置放散管的目的是为工业企业车间、锅炉房以及大中型用气设备首次使用或长时间不用又再次使用时，用来吹扫积存的燃气管道中的空气、杂质。当停炉时，如果总阀门关闭不严，漏到管道中的燃气可以通过放散管放散出去，以免燃气进入炉膛和烟道发生事故。

原苏联《建筑法规》规定：放散管应当服务于从离开引入地点最远的燃气管段开始引至最后一个阀门（按燃气流动方向）前面的每一机组的支管为止。具有相同的燃气压力的燃气管道的放散管可以连接起来。放散管的直径不应小于 20mm。放散管应设有为了能够确定放散程度而用的带有转心门或旋塞的取样管。

放散管要高出屋脊 1m 以上或地面上安全处设置

是为了防止由放散管放散出的燃气进入屋内。使燃气能尽快飘散在大气中。

为了防止雨水进入放散管，管口要加防雨帽或将管道搣一个向下的弯。对于设在屋脊为不耐火材料，周围建筑物密集、容易窝风地区的放散管，管口距屋脊应更高，以便燃气尽快扩散于大气中。

因为放散管是建筑物的最高点，若处在防雷区之外时，容易遭到雷击而引起火灾或燃气爆炸。所以放散管必须设接地引线。根据《中华人民共和国爆炸危险场所电气安全规程》的规定，确定引线接地电阻应小于 10Ω。

10.2.40 燃气阀门是重要的安全切断装置，燃气设备停用或检修时必须关断阀门，本条规定的部位应设置阀门是目前国内外的普遍做法。

10.2.41 选用能快速切断的球阀做室内燃气管道的切断装置是目前国内的普遍做法，安全性较好。

10.3 燃 气 计 量

10.3.1 为减少浪费，合理使用燃气，搞好成本核算，各类用户按户计量是不可缺少的措施。目前，已充分认识到这一点，改变了过去按人收费和一表多户按户收费等不正常现象。

燃气表应按燃气的最大工作压力和允许的压力降（阻力损失）等条件选择为参照美国《燃气规范》的规定。

10.3.2 本条规定了用户燃气表安装设计要求。

1 “通风良好”是燃气表的保养和用气安全所需要的条件，各地煤气公司对要求“通风良好”均作了规定。如果使用差压式流量计则仅对二次仪表有通风良好的要求。

2 禁止安装燃气表的房间、处所的规定是根据上海市煤气公司的实践经验和规定提出的，这主要是为了安全。因为燃气表安装在卫生间内，外壳容易受环境腐蚀影响；安装在卧室则当表内发生故障时既不便于检修，又极易发生事故；在危险品和易燃物品堆存处安装煤气表，一旦出现漏气时更增加了易燃、易爆品的危险性，万一发生事故时必然加剧事故的灾情，故规定为“严禁安装”。

3 目前输配管道内燃气一般都含有水分。燃气经过燃气表时还有散热降温作用。如环境温度低于燃气露点温度或低于 0℃时，燃气表内会出现冷凝或冻结现象，从而影响计量装置的正常运转，故各地燃气公司对环境温度均有规定。

4 煤气表一般装在灶具的上方，煤气表与灶具、热水器等燃烧设备的水平净距应大于 30cm 是参照北京、上海等地标准的规定制定的。

规定当有条件时燃气表也可设置在户门外，设置在门外楼梯间等部位应考虑漏气、着火后对消防疏散的影响，要有安全措施，如设表前切断阀、对燃气表的保护和加强自然通风等。

5 商业和工业企业用气的计量装置，目前多数用户都是安装在毗邻的或隔开的调压站内或单独的房间内，并设有测压、旁通等设施，计量装置本身体积也较大，故占地较大，为了管理方便，宜布置在单独房间内。

10.3.3 本条规定设置计量保护装置的技术条件。

1 输送过程中产生的尘埃来自没有保护层的钢管遇到燃气中的氧、水分、硫化氢等杂质而分别形成的氧化铁或硫化铁。四川省成都市和重庆市的天然气站或计量装置前安装过滤器来除去硫化铁及其他固体尘粒取得了实际效果。天津市因所用石油伴生气中杂质较少，其计量装置前没有装设过滤器。东北各地则普遍发现黑铁管内壁和计量装置内均有严重积垢和腐蚀现象，但没有定性定量分析资料，从外表观察积垢实物，估计是焦油、萘、硫化铁、氧化铁等的混合物。

原苏联 ГОСТ5364《家用燃气表技术要求》规定“表内应有护网防杂质进入机构”；英国标准没有规定；我国各地生产的燃气表也不附带过滤器。

我们认为并非所有的计量装置都需要安装过滤器，不必把它作为计量装置的固定附件，而应根据输送燃气的具体情况和当地实践经验来决定是否需要安装。

2 对于机械鼓风助燃的用气设备，当燃气或空气因故突然降低压力和或者误操作时，均会出现燃气、空气窜混现象，导致燃烧器回火产生爆炸事故，造成燃气表、调压器、鼓风机等设备损坏。设置泄压装置是为了防止一旦发生爆炸时，不至于损坏设备。

上海彭浦机器厂曾发生过加热炉爆炸事故，由于设了止回阀而保护了阀前的调压器。沈阳压力开关厂和华光灯泡厂原来在计量装置后未装防爆膜，曾发生过因回火爆炸而损坏燃气表的事故；在增加防爆膜后，当再次回火发生爆炸时则未造成损失。燃气压力较高时宜设止回阀，压力较低时宜设防爆膜。

10.4 居民生活用气

10.4.1 目前国内的居民生活用气设备，如燃气灶、热水器、采暖器等都使用 5kPa 以下的低压燃气，主要是为了安全，即使中压进户（中压燃气进入厨房）也是通过调压器降至低压后再进入计量装置和用气设备的。

10.4.2 居民生活用气设备严禁安装在卧室内的理由：

1 原苏联《建筑法规》规定：居住建筑物内的燃气灶具应装在厨房内。采暖用容积式热水器和小型燃气采暖锅炉必须设在非居住房间内；

2 燃气红外线采暖器和火道（炕、墙）式燃气采暖装置在我国一些地区的卧室使用后，都曾发生过多起人身中毒和爆炸事故。

根据国内、国外情况，故规定燃气用具严禁在卧室内安装。

10.4.3 为保证室内的卫生条件，当设置在室内的直排式燃具，其容积热负荷指标不超过本规范第10.7.1条规定的207W/m³时，也宜设置排气扇、吸油烟机等机械排烟设施；为保证室内的用气安全，非密闭的一般用气房间也宜设置可燃气体浓度检测报警器。

10.4.4 燃气灶安装位置的规定理由如下：

1 在通风良好的厨房中安装燃气灶是普遍的安装形式，当条件不具备时，也可安装在其他单独的房间内，如卧室的套间、走廊等处，为了安全和卫生，故规定要有门与卧室隔开。

2 一般新住宅的净高为2.4～2.8m，为了照顾已有建筑并考虑到燃烧产生的废气层能够略高于成年人头部，以减少对人的危害，故规定燃气灶安装房间的净高不宜低于2.2m；当低于2.2m时，应限制室内燃气灶眼数量，并应采取措施保证室内较好的通风条件。

3 燃气灶或烤箱灶侧壁距木质家具的净距不小于20cm，比原苏联标准大5cm，主要是因我国灶具的热负荷比原苏联大，烤箱的温度（t=280℃）也比国外高，有可能造成烤箱外壁温度较高。另外，我国使用的锅型也较大，考虑到安全和使用的方便而作了上述规定。

10.4.5 燃气热水器安装位置的规定理由如下：

1 通风良好条件一般应采用机械换气的措施来解决，设置在阳台时应有防冻、防风雨的措施。

2 规定除密闭式热水器外其他类型热水器严禁安装在卫生间内，主要是防止因倒烟和缺氧而产生事故，国内外均有这方面的安全事故，故作此规定。

密闭式热水器燃烧需要的空气来自室外，燃烧后的烟气排至室外，在使用过程中不影响室内的卫生条件，故可以安装在卫生间内。

3 安装半密闭式热水器的房间的门或墙的下部设有不小于0.02m²的格栅或在门与地面之间留有不小于30mm的间隙，是参照原苏联规范的规定，目的在于增加房间的通风，以保证燃烧所需空气的供给。

4 房间净高宜大于2.4m是8L/min以上大型快速热水器在墙上安装时的需要高度。

5 大量使用的快速热水器都安装在墙上，不耐火的墙壁应采取有效的隔热措施。容积式热水器安装时也有同样的要求。

10.4.6 住宅单户分散采暖系统，由于使用时间长，通风换气条件一般较差，故规定应具备熄火保护和排烟设施等条件。

10.5 商业用气

10.5.1 商业用气设备宜采用低压燃气设备。对于在地下室、半地下室等危险部位使用时，应尽量选用低压燃气设备，否则应经有关部门批准方可选用中压燃气设备。

10.5.2 本条规定的通风良好的专用房间主要是考虑安全而规定的。

10.5.3 本条对地下室等危险部位使用燃气时的安全技术要求进行了规定，主要依据我国上海、深圳等城市的经验。

10.5.5 大锅灶热负荷较大，所以都设有炉膛和烟道，为保证安全，在这些容易聚集燃气的部位应设爆破门。

10.5.6、10.5.7 对商业用户中燃气锅炉和燃气直燃型吸收式冷（温）水机组的设置作了规定，主要依据《建筑设计防火规范》GB 50016、《高层民用建筑设计防火规范》GB 50045和我国上海等地的实际运行经验。

10.6 工业企业生产用气

10.6.1 用气设备的燃气用量是燃气应用设计的重要资料，由于影响工业燃气用量的因素很多，现在所掌握的统计分析资料还达不到提出指标数据的程度，故本条只作出定性规定。

非定型用气设备的燃气用量，应由设计单位收集资料，通过分析确定计算依据，然后通过详细的热平衡计算确定。当资料数据不全，进行热平衡计算有困难时，可参照同类型用气设备的用气指标确定。

在实际生产中，影响炉子（用气设备）用气量的因素很多，如炉子的生产量、燃气及其助燃用空气的预热温度、燃烧过剩空气系数及燃烧效果的好坏、烟气的排放温度等。燃气用量指标是在一定的设备和生产条件下总结的经验数据，因此在选择运用各类经验耗热指标时，要注意分析对比，条件不同时要加以修正。

原有加热设备使用“其他燃料”，主要指的是使用固体和液体燃料的加热设备改烧气体燃料（城市燃气）的问题。在确定燃气用量时，不但要考虑不同热值因素的折算，还要考虑不同热效率因素的折算。

10.6.2 关于在供气管网上直接安装升压装置的情况在实际中已存在，由于安装升压装置的用户用气量大，影响了供气管网的稳定，尤其是对低压和中压B管网影响较大，造成其他用户燃气压力波动范围加大，降低了灶具燃烧的稳定性，增加了不安全因素。因此，条文规定“严禁”在低压和中压B供气管道上“直接”安装加压设备，并主要根据上海等地的经验规定了当用户用气压力需要升压时必须采取的相应措施，以确保供气管网安全稳定供气。

10.6.4 为了提高加热设备的燃烧温度、改善燃烧性能、节约燃气用量、提高炉子热效率，其有效的办法之一是搞好余热利用。

废热中余热的利用形式主要是预热助燃用的空气，当加热温度要求在1400℃以上时，助燃用空气必须预热，否则不能达到所要求的温度。如有些高温焙烧窑，当把助燃用的空气预热到1200℃时窑温可达到1800℃。

根据上海的经验和一些资料介绍，采用余热利用装置后，一般可节省燃气10%～40%。当不便于预热助燃用空气时，也宜设置废热锅炉来回收废热。

10.6.5 规定了工业用气设备的一般工艺要求。

1 用气设备应有观察孔或火焰监测装置，并宜设置自动点火装置和熄火保护装置是对用气设备的一般技术要求。

由于工业用气设备用气量大、燃烧器的数量多，且因受安装条件的限制，使人工点火和观火比较困难；通过调查不少用气设备由于在点火阶段的误操作而发生爆炸事故。当用气设备装有自动点火和熄火保护装置后，对设备的点火和熄火起到安全监测作用，从而保证了设备的安全、正常运转。

2 用气设备的热工检测仪表是加热工艺应有的，不论是手动控制的还是自动控制的用气设备都应有热工检测仪表，包括有检测下述各方面的仪表：

1）燃气、空气（或氧气）的压力、温度、流量直观式仪表；

2）炉膛（燃烧室）的温度、压力直观式仪表；

3）燃烧产物成分检测仪表（测定烟气中CO、CO_2、O_2含量）；

4）排放烟气的温度、压力直观式仪表。

5）被加热对象的温度、压力直观式仪表。

上述五个方面的热工检测仪表并不要求全部安装、而应根据不同加热工艺的具体要求确定；但对其中检测燃气、空气的压力和炉膛（燃烧室）温度、排烟温度等两个方面应有直观的指示仪表。

用气设备是否设燃烧过程的自动调节，应根据加热工艺需要和条件的可能确定。燃烧过程的自动调节主要是指对燃烧温度和燃烧气氛的调节。当加热工艺要求要有稳定的加热温度和燃烧气氛，只允许有很小的波动范围，而靠手动控制不能满足要求时，应设燃烧过程的自动调节。当加热工艺对燃烧后的炉气压力有要求时，还可设置炉气压力的自动调节装置。

10.6.6 规定了工业生产用气设备应设置的安全设施。

1 使用机械鼓风助燃的用气设备，在燃气总管上应设置紧急自动切断阀，一般是一台或几台设备装一个紧急自动切断阀，其目的是防止当燃气或空气压力降低（如突然停电）时，燃气和空气窜混而发生回火事故。

2 用气设备的防爆设施主要是根据各单位的实践经验而制定的。从调查中，各单位均认为用气设备的水平烟道应设置爆破门或起防爆作用的检查人孔。过去有些单位没有设置或设置了之后泄压面积不够，曾出现过炸坏烟道、烟囱的事故。

锅炉、间接式加热等封闭式的用气设备，其炉膛应设置爆破门，而非封闭式的用气设备，如果炉门和进出料口能满足防爆要求时则可不另设爆破门。

关于爆破门的泄压面积按什么标准确定，现在还缺乏这方面的充分依据。例如北京、上海等地习惯作法，均按每$1m^3$烟道或炉膛的体积其泄压面积不小于$250cm^2$设计。又如原苏联某《安全规程》中规定："每个锅炉，燃烧室、烟道及水平烟道都应设爆破门"。"设计单位改装采暖锅炉时，一般采用爆破门的总面积是每$1m^3$的燃烧室、主烟道或水平烟道的体积不小于$250cm^2$"。

根据以上情况，本条规定用气设备的烟道和封闭式炉膛应设爆破门，爆破门的泄压面积指标，暂不作规定。

3 鼓风机和空气管道静电接地主要是防止当燃气泄漏窜入鼓风机和空气管道后静电引起的爆炸事故。

4 设置放散管的目的是在用气设备首次使用或长时间不用再次使用时，用来吹扫积存在燃气管道中的空气。另外，当停炉时，总阀门关闭不严漏出的燃气可利用放散管放出，以免进入炉膛和烟道而引发事故。

10.6.7 本条参照美国《燃气规范》的规定，根据有关技术资料说明如下：

1 背压式调压器（例如我国上海劳动阀门二厂等生产的GQT型大气压调压器）其工作原理如下：

在大气压调压器结构中，膜片、阀杆、阀瓣系统的自重为调压弹簧的反作用力所平衡，阀门通常保持"闭"的状态。即使当进口侧有气体压力输入时，阀门仍不致开启，出口侧压力保持零的状态。

当外部压力由控制孔进入上部隔膜室，致使压力升高时，或当下游气路中混合器动作抽吸管路中气体，下部隔膜室压力形成负压时，由于主隔膜存在上下压差，阀门向下开启，燃气由出口侧输出。并可使燃气与空气保持恒定的混合比。

此种调压器结构合理，灵敏度高，可在气路中组成吸气式、均压式、溢流式等多种用途，是自动控制出口压力、气体流量的机械式自动控制器，对提高燃气热效率、节约能源、简化燃烧装置的操作管理均有很好作用。其安装要求参见该产品说明书。

2 混气管路中的阻火器及其压力的限制：

1）防回火的阻火器，其阻火网的孔径必须在回火的临界孔径之内。

2）混合管路中的压力不得大于0.07MPa，其目的主要是当发生回火时，降低破坏力；另外，混气压力大于一般喷嘴的临界压力（0.08MPa左右）已无使用意义。

10.7 燃烧烟气的排除

10.7.1 本条规定的室内容积热负荷指标是参照美国《燃气规范》ANSI 223.1－1999 的规定。

有效的排气装置一般指排气扇、排油烟机等机械排烟设施。

10.7.2 规定住宅内排气装置的选择原则。

1 烟气应尽量通过住宅的竖向烟道排至室外；20m 以下高度的住宅可选用自然排气的独立烟道或共用烟道，灶具和热水器（或采暖炉）的烟道应分开设置；20m 以上的高层住宅可选用机械抽气（屋顶风机）的负压共用烟道，但不均匀抽气问题还有待解决。

2 排烟设施应符合《家用燃气燃烧器具安装及验收规程》CJJ 12－99 的规定。

10.7.5 为保证燃烧设备安全、正常使用而对排烟设备作了具体规定。

1 使用固体燃料时，加热设备的排烟设施一般没有防爆装置，停止使用时也可能有明火存在，所以它和用气设备不得共用一套排烟设施，以免相互影响发生事故。

2 多台设备合用一个烟道时，为防止排烟时的互相影响，一般都设置单独的闸板（带防倒风排烟罩者除外），不用时关闭。另外，每台设备的分烟道与总烟道连接位置，以及它们之间的水平和垂直距离都将影响排烟，这是设计时一定要考虑的。

3 防倒风排烟罩：在现行国家标准《家用燃气快速热水器》GB 6932－2001 中 3.22 中的名称为“防倒风排气罩”，其定义为：装在热水器烟气出口处，用于减少倒风对燃器燃烧性能影响的装置。

10.7.6～10.7.8 根据原苏联《建筑法规》、《燃气在城乡中的应用》等标准和资料确定的。

10.7.9 参照美国《燃气规范》ANSIZ 223.1－1999 和我国香港《住宅式气体热水炉装置规定》2001 年的规定编制。

10.7.10 参照美国《燃气规范》ANSIZ 223.1－1999 的规定编制。

10.8 燃气的监控设施及防雷、防静电

10.8.1 本条规定了在地上密闭房间、地下室、燃气管道竖井等通风不良场所应设置燃气浓度检测报警器，以策安全。

10.8.2 规定了燃气浓度检测报警器的安装要求，是参照《燃气燃烧器具安全技术通则》GB 16914－97 和日本《燃具安装标准》的规定。

10.8.3 本条规定用燃气的危险部位和重要部位宜设紧急自动切断阀。

国内目前使用紧急自动切断阀的经验表明，该产品易出现误动作或不动作，国内深圳市已有将其拆除或停用的情况，故不作强行设置的规定。

10.8.5 本条规定了燃气管道和设备的防雷、防静电要求。目前高层建筑的室外立管、屋面管、以及燃气引入管等部位均要求有防雷、防静电接地，工业企业用的燃气、空气（氧气）混气设备也要求有静电接地。故规定燃气应用设计时要考虑防雷、防静电的安全接地问题，其工艺设计应严格按照防雷、防静电的有关规范执行。

10.8.6 本条是参照美国《燃气规范》ANSIZ 223.1－1999 的规定。

中华人民共和国国家标准

室外给水排水和燃气热力工程抗震设计规范

Code for seismic design of outdoor water supply, sewerage, gas and heating engineering

GB 50032—2003

主编部门：北 京 市 规 划 委 员 会
批准部门：中华人民共和国建设部
施行日期：2 0 0 3 年 9 月 1 日

中华人民共和国建设部
公　　告

第 145 号

建设部关于发布国家标准《室外给水排水和燃气热力工程抗震设计规范》的公告

现批准《室外给水排水和燃气热力工程抗震设计规范》为国家标准，编号为 GB 50032—2003，自 2003 年 9 月 1 日起实施。其中，第 1.0.3、3.4.4、3.4.5、3.6.2、3.6.3、4.1.1、4.1.4、4.2.2、4.2.5、5.1.1、5.1.4、5.1.10、5.1.11、5.4.1、5.4.2、5.5.2、5.5.3、5.5.4、6.1.2、6.1.5、7.2.8、9.1.5、10.1.2 条为强制性条文，必须严格执行。原《室外给水排水和煤气热力工程抗震设计规范》TJ 32—78 同时废止。

本规范由建设部标准定额研究所组织中国建筑工业出版社出版发行。

中华人民共和国建设部

2003 年 4 月 25 日

前　言

根据建设部要求，由主编部门北京市规划委员会组织北京市市政工程设计研究总院和北京市煤气热力工程设计院共同对《室外给水排水和煤气热力工程抗震设计规范》TJ 32—78 进行修订，经有关部门专家会审，批准为国家标准，改名为《室外给水排水和燃气热力工程抗震设计规范》GB 50032—2003。

随着地震工程学科的发展和新的震害反映的积累，TJ 32—78 在内容上和技术水准上已明显呈现不足，为此需加以修订。此外，在工程结构设计标准体系上，亦已由单一安全系数转向以概率统计为基础的极限状态设计方法，据此抗震设计亦需与之相协调匹配，对原规范进行必要的修订。

本规范共有 10 章及 3 个附录，内容包括总则、主要符号、抗震设计的基本要求、场地、地基和基础、地震作用和结构抗震验算、盛水构筑物、贮气构筑物、泵房、水塔、管道等。

本规范以黑体字标志的条文为强制性条文，必须严格执行。本规范将来可能需要进行局部修订，有关局部修订的信息和条文内容将刊登在《工程建设标准化》杂志上。

本规范由建设部负责管理和对强制性条文的解释，北京市规划委员会负责具体管理，北京市市政工程设计研究总院负责具体技术内容的解释。

为提高规范的质量，请各单位在执行本规范过程中，结合工程实践，认真总结经验，并将意见和建议寄交北京市市政工程设计研究总院（地址：北京市西城区月坛南街乙二号；邮编：100045）。

本标准主编单位：北京市市政工程设计研究总院

参编单位：北京市煤气热力工程设计院

主要起草人员：沈世杰　刘雨生　雷宜泰　钟敢承　王乃震　舒亚俐

目　次

1 总　　则

1.0.1 为贯彻执行《中华人民共和国建筑法》和《中华人民共和国防震减灾法》，并施行以预防为主的方针，使室外给水、排水和燃气、热力工程设施经抗震设防后，减轻地震破坏，避免人员伤亡，减少经济损失，特制订本规范。

1.0.2 按本规范进行抗震设计的构筑物及管网，当遭遇低于本地区抗震设防烈度的多遇地震影响时，一般不致损坏或不需修理仍可继续使用。当遭遇本地区抗震设防烈度的地震影响时，构筑物不需修理或经一般修理后仍能继续使用；管网震害可控制在局部范围内，避免造成次生灾害。当遭遇高于本地区抗震设防烈度预估的罕遇地震影响时，构筑物不致严重损坏，危及生命或导致重大经济损失；管网震害不致引发严重次生灾害，并便于抢修和迅速恢复使用。

1.0.3 抗震设防烈度为6度及高于6度地区的室外给水、排水和燃气、热力工程设施，必须进行抗震设计。

1.0.4 抗震设防烈度应按国家规定的权限审批、颁发的文件（图件）确定。

1.0.5 本规范适用于抗震设防烈度为6度至9度地区的室外给水、排水和燃气、热力工程设施的抗震设计。

对抗震设防烈度高于9度或有特殊抗震要求的工程抗震设计，应按专门研究的规定设计。

注：本规范以下条文中，一般略去"抗震设防烈度"表叙字样，对"抗震设防烈度为6度、7度、8度、9度"简称为"6度、7度、8度、9度"。

1.0.6 抗震设防烈度可采用现行的中国地震动参数区划图的地震基本烈度（或与本规范设计基本地震加速度值对应的烈度值）；对已编制抗震设防区划的地区或厂站，可按经批准的抗震设防区划确认的抗震设防烈度或抗震设计地震动参数进行抗震设防。

1.0.7 对室外给水、排水和燃气、热力工程系统中的下列建、构筑物（修复困难或导致严重次生灾害的建、构筑物），宜按本地区抗震设防烈度提高一度采取抗震措施（不作提高一度抗震计算），当抗震设防烈度为9度时，可适当加强抗震措施。

1 给水工程中的取水构筑物和输水管道、水质净化处理厂内的主要水处理构筑物和变电站、配水井、送水泵房、氯库等；

2 排水工程中的道路立交处的雨水泵房、污水处理厂内的主要水处理构筑物和变电站、进水泵房、沼气发电站等；

3 燃气工程厂站中的贮气罐、变配电室、泵房、贮瓶库、压缩间、超高压至高压调压间等；

4 热力工程主干线中继泵站内的主厂房、变配电室等。

1.0.8 对位于设防烈度为6度地区的室外给水、排水和燃气、热力工程设施，可不作抗震计算；当本规范无特别规定时，抗震措施应按7度设防的有关要求采用。

1.0.9 室外给水、排水和燃气、热力工程中的房屋建筑的抗震设计，应按现行的《建筑抗震设计规范》GB 50011执行；水工建筑物的抗震设计，应按现行的《水工建筑物抗震设计规范》SDJ 10执行；本规范中未列入的构筑物的抗震设计，应按现行的《构筑物抗震设计规范》GB 50191执行。

2 主要术语、符号

2.1 术　　语

2.1.1 地震作用　earthquake action

由地震动引起的结构动态作用，包括水平地震作用和竖向地震作用。

2.1.2 抗震设防烈度　seismic fortification intensity

按国家规定的权限批准作为一个地区抗震设防依据的地震烈度。

2.1.3 设计地震动参数　design parameter of ground motion

抗震设计采用的地震加速度（速度、位移）时程曲线、加速度反应谱和峰值加速度。

2.1.4 设计基本加速度　design basic acceleration of ground motion

50年设计基准期超越概率10%的地震加速度的设计取值。

2.1.5 设计特征周期　design characteristic period of ground motion

抗震设计采用的地震影响系数曲线中，反映地震震级、震中距和场地类别等因素的下降段起点对应的周期值。

2.1.6 场地　site

工程群体所在地，具有相同的反应谱特征。其范围相当于厂区、居民小区和自然村或不小于1.0km^2的平面面积。

2.1.7 抗震概念设计　seismic conceptual design

根据地震震害和工程经验所获得的基本设计原则和设计思想，进行结构总体布置并确定细部抗震措施的过程。

2.1.8 抗震措施　seismic fortification measures

除地震作用计算和抗震计算以外的抗震内容，包括抗震构造措施。

2.2 符　　号

2.2.1 作用和作用效应

F_{EK}、F_{EVK}——结构上的水平、竖向地震作用的标准值；

G_E、G_{eq}——地震时结构(构件)的重力荷载代表值、等效总重力荷载代表值；

p——基础底面压力；

s——地震作用效应与其他荷载效应的基本组合；

s_E——地震作用效应（弯矩、轴向力、剪力、应力和变形）；

s_K——作用、荷载标准值的效应；

$\Delta_{pl,k}$——地震引起半个视波长范围内管道沿管轴向的位移量标准值。

2.2.2 材料性能和抗力

f、f_K、f_E——各种材料的强度设计值、标准值和抗震设计值；

K——结构（构件）的刚度；

R——结构构件承载力；

$[u_a]$——管道接头的允许位移量。

2.2.3 几何参数

A——构件截面面积；

d——土层深度或厚度；

H——结构高度、池壁高度；

H_w——池内水深；

L——剪切波的波长；

l——构件长度；

l_p——每根管子的长度。

2.2.4 计算参数

f_w——动水压力系数；

α——水平地震影响系数；

α_{max}、α_{Vmax}——水平地震、竖向地震影响系数最大值；

γ_{RE}——承载力抗震调整系数；

η——地震作用效应调整系数；

ψ——拉杆影响系数；

ψ_λ——结构杆件长细比影响系数；

ζ_t——沿管道方向的位移传递系数。

3 抗震设计的基本要求

3.1 规划与布局

3.1.1 位于地震区的大、中城市中的给水水源、燃气气源、集中供热热源和排水系统，应符合下列要求：

1 水源、气源和热源的设置不宜少于两个，并应在规划中确认布局在城市的不同方位；

2 对取地表水作为主要水源的城市，在有条件时宜配置适量的取地下水备用水源井；

3 在统筹规划、合理布局的前提下，用水较大的工业企业宜自建水源供水；

4 排水系统宜分区布局，就近处理和分散出口。

3.1.2 地震区的大、中城市中给水、燃气和热力的管网和厂站布局，应符合下列要求：

1 给水、燃气干线应敷设成环状；

2 热源的主干线之间应尽量连通；

3 净水厂、具有调节水池的加压泵房、水塔和燃气贮配站、门站等，应分散布置。

3.1.3 排水系统内的干线与干线之间，宜设置连通管。

3.2 场地影响和地基、基础

3.2.1 对工程建设的场地，应根据工程地质、地震地质资料及地震影响按下列规定判别出有利、不利和危险地段：

1 坚硬土或开阔平坦密实均匀的中硬土地段，可判为有利建设场地；

2 软弱土、液化土、非岩质的陡坡、条状突出的山嘴、高耸孤立的山丘、河岸边缘、断层破碎地带、故河道及暗埋的塘浜沟谷地段，应判为不利建设场地；

3 地震时可能发生滑坡、崩塌、地陷、地裂、泥石流等及发震断裂带上可能发生地表错位的地段，应判为危险建设场地。

3.2.2 建设场地的选择，应符合下列要求：

1 宜选择有利地段；

2 应尽量避开不利地段；当无法避开时，应采取有效的抗震措施；

3 不应在危险地段建设。

3.2.3 位于Ⅰ类场地上的构筑物，可按本地区抗震设防烈度降低一度采取抗震构造措施，但设计基本地震加速度为0.15g和0.30g地区不降；计算地震作用时不降；抗震设防烈度为6度时不降。

3.2.4 对地基和基础的抗震设计，应符合下列要求：

1 当地基受力层范围内存在液化土或软弱土层时，应采取措施防止地基承载力失效、震陷和不均匀沉降导致构筑物或管网结构损坏。

2 同一结构单元的构筑物不宜设置在性质截然不同的地基土上，并不宜部分采用天然地基、部分采用桩基等人工地基。当不可避免时，应采取有效措施避免震陷导致损坏结构，例如设置变形缝分离，加设垫褥等方法。

3 同一结构单元的构筑物，其基础宜设置在同一标高上；当不可避免存在高差时，基础应缓坡相接，缓坡坡度不宜大于1：2。

4 当构筑物基底受力层内存在液化土、软弱黏性土或严重不均匀土层时，虽经地基处理，仍应采取措施加强基础的整体性和刚度。

3.3 地 震 影 响

3.3.1 工程设施所在地区遭受的地震影响，应采用相应于抗震设防烈度的设计基本地震加速度和设计特征周期或本规范第1.0.5条规定的设计地震动参数作为表征。

3.3.2 抗震设防烈度和设计基本地震加速度取值的对应关系，应符合表3.3.2的规定。设计基本地震加速度为0.15g和0.30g地区的工程设施，应分别按抗震设防烈度7度和8度的要求进行抗震设计。

表3.3.2 抗震设防烈度和设计基本地震加速度的对应关系

抗震设防烈度	6	7	8	9
设计基本地震加速度	0.05g	0.10g (0.15g)	0.20g (0.30g)	0.40g
注：g为重力加速度。				

3.3.3 设计特征周期应根据工程设施所在地区的设计地震分组和场地类别确定。本规范的设计地震共分为三组。

3.3.4 我国主要城镇（县级及县级以上城镇）中心地区的抗震设防烈度、设计基本地震加速度值和所属的设计地震分组，可按本规范附录A采用。

3.4 抗震结构体系

3.4.1 抗震结构体系应根据建筑物、构筑物和管网的使用功能、材质、建设场地、地基地质、施工条件和抗震设防要求等因素，经技术经济综合比较后确定。

3.4.2 给水、排水和燃气、热力工程厂站中建筑物的建筑设计中有关规则性的抗震概念设计要求，应按现行《建筑抗震设计规范》GB 50011的规定执行。

3.4.3 构筑物的平面、竖向布置，应符合下列要求：

1 构筑物的平面、竖向布置宜规则、对称，质量分布和刚度变化宜均匀；相邻各部分间刚度不宜突变。

2 对体型复杂的构筑物，宜设置防震缝将结构分成规则的结构单元；当设置防震缝有困难时，应对结构进行整体抗震计算，针对薄弱部位，采取有效的抗震措施。

3 防震缝应根据抗震设防烈度、结构类型及材质、结构单元间的高差留有足够宽度，其两侧上部结构应完全分开，基础可不分；当防震缝兼作变形缝（伸缩、沉降）时，基础亦应分开。变形缝的缝宽，应符合防震缝的要求。

3.4.4 构筑物和管道的结构体系，应符合下列要求：

1 应具有明确的计算简图和合理的地震作用传递路线；

2 应避免部分结构或构件破坏而导致整个体系丧失承载能力；

3 同一结构单元应具有良好的整体性；对局部削弱或突变形成的薄弱部位，应采取加强措施。

3.4.5 结构构件及其连接，应符合下列要求：

1 混凝土结构构件应合理选择截面尺寸及配筋，避免剪切先于弯曲破坏、混凝土压溃先于钢筋屈服，钢筋锚固先于构件破坏；

2 钢结构构件应合理选择截面尺寸，防止局部或整体失稳；

3 构件节点的承载力，不应低于其连接构件的承载力；

4 装配式结构的连接，应能保证结构的整体性；

5 管道与构筑物、设备的连接处（含一定距离内），应配置柔性构造措施；

6 预应力混凝土构件的预应力钢筋，应在节点核心区以外锚固。

3.5 非 结 构 构 件

3.5.1 非结构构件，包括建筑非结构构件和各种设备，这类构件自身及其与结构主体的连接，应由相关专业人员分别负责进行抗震设计。

3.5.2 围护墙、隔墙等非承重受力构件，应与主体结构有可靠连接；当位于出入口、通道及重要设备附近处，应采取加强措施。

3.5.3 幕墙、贴面等装饰物，应与主体结构有可靠连接。不宜设置贴镶或悬吊较重的装饰物，当必要时应加强连接措施或防护措施，避免地震时脱落伤人。

3.5.4 各种设备的支座、支架和连接，应满足相应烈度的抗震要求。

3.6 结构材料与施工

3.6.1 给水、排水和燃气、热力工程厂站中建筑物的结构材料与施工要求，应符合现行《建筑抗震设计规范》GB 50011的规定。

3.6.2 钢筋混凝土盛水构筑物和地下管道管体的混凝土等级，不应低于C 25。

3.6.3 砌体结构的砖砌体强度等级不应低于MU10，块石砌体的强度等级不应低于MU20；砌筑砂浆应采用水泥砂浆，其强度等级不应低于M7.5。

3.6.4 在施工过程中，不宜以屈服强度更高的钢筋替代原设计的受力钢筋；当不能避免时，应按钢筋强度设计值相等的原则换算，并应满足正常使用极限状态和抗震要求的构造措施规定。

3.6.5 毗连构筑物及与构筑物连接的管道，当坐落在回填土上时，回填土应严格分层压实，其压实密度应达到该回填土料最大压实密度的95%～97%。

3.6.6 混凝土构筑物和现浇混凝土管道的施工缝处，

应严格剔除浮浆、冲洗干净，先铺水泥浆后再进行二次浇筑，不得在施工缝处铺设任何非胶结材料。

4 场地、地基和基础

4.1 场 地

4.1.1 建（构）筑物、管道场地的类别划分，应以土层的等效剪切波速和场地覆盖层厚度的综合影响作为判别依据。

4.1.2 在场地勘察时，对测定土层剪切波速的钻孔数量，应符合下列要求：

1 在初勘阶段，对大面积同一地质单元，应为控制性钻孔数量的 1/3～1/5；对山间河谷地区可适量减少，但不宜少于 3 个孔。

2 在详勘阶段，对每个建（构）筑物不宜少于 2 个孔，当处于同一地质单元，且建（构）筑物密集时，虽测孔数可适量减少，但不得少于 1 个。对地下管道不应少于控制性钻孔的 1/2。

4.1.3 对厂站内的小型附属建（构）筑物或埋地管道，当无实测剪切波速或实测数量不足时，可根据各层岩土名称及性状，按表 4.1.3 划分土的类型，并依据当地经验或已测得的少量剪切波速数据，参照表 4.1.3 内给出的波速范围内判定各土层的剪切波速。

表 4.1.3 土的类型划分和剪切波速范围

土的类型	岩土名称和性状	剪切波速范围 (m/s)
坚硬土或岩石	稳定岩石，密实的碎石土。	$V_S>500$
中硬土	中密、稍密的碎石土，密实、中密的砾、粗、中砂，$f_{ak}>200$ 的粘性土和粉土，坚硬黄土。	$500\geqslant V_S>250$
中软土	稍密的砾、粗、中砂，除松散外的细、粉砂，$f_{ak}\leqslant200$ 的粘性土和粉土，$f_{ak}\geqslant130$ 的填土，可塑黄土。	$250\geqslant V_S>140$
软弱土	淤泥和淤泥质土，松散的砂，新近沉积的粘性土和粉土，$f_{ak}<130$ 的填土，新近堆积黄土和流塑黄土。	$V_S\leqslant140$

注：f_{ak} 为地基静承载力特征值（kPa）；
V_S 为岩土剪切波速。

4.1.4 工程场地覆盖层厚度的确定，应符合下列要求：

1 一般情况下，应按地面至剪切波速大于 500m/s 土层顶面的距离确定；

2 当地面 5m 以下存在剪切波速大于相邻上层土剪切波速的 2.5 倍的土层，且其下卧土层的剪切波速均不小于 400m/s 时，可取地面至该土层顶面的距离确定。

3 剪切波速大于 500m/s 的孤石、透镜体，应视同周围土层；

4 土层中的火山岩硬夹层，应视为刚体，其厚度应从覆盖土层中扣除。

4.1.5 土层等效剪切波速应按下列公式计算

$$V_{se}=\frac{d_0}{t} \tag{4.1.5-1}$$

$$t=\sum_{i=1}^{n}\left(\frac{d_i}{V_{si}}\right) \tag{4.1.5-2}$$

式中 V_{se}——土层等效剪切波速（m/s）；

d_0——计算深度（m），取覆盖层厚度和 20m 两者的较小值；

t——剪切波在地表与计算深度之间传播的时间（s）；

d_i——计算深度范围内第 i 土层的厚度（m）；

n——计算深度范围内土层的分层数；

V_{si}——计算深度范围内第 i 层土层的剪切波速（m/s）。

4.1.6 建（构）筑物和管道的场地类别，应根据土层等效剪切波速和场地覆盖层厚度按表 4.1.6 的划分确定。

表 4.1.6 场地类别划分表

等效剪切波速（m/s） \ 覆盖层厚度（m） \ 场地类别	Ⅰ	Ⅱ	Ⅲ	Ⅳ
$V_{se}>500$	0			
$500\geqslant V_{se}>250$	<5	≥5		
$250\geqslant V_{se}>140$	<3	3～50	>50	
$V_{se}\leqslant140$	<3	3～15	16～80	>80

4.1.7 当厂站或埋地管道工程的场地遭遇发震断裂时，应对断裂影响做出评价。符合下列条件之一者，可不考虑发震断裂错动对建（构）筑物和埋地管道的影响。

1 抗震设防烈度小于 8 度；

2 非全新世活动断裂；

3 抗震设防烈度为 8 度、9 度地区，前第四纪基岩隐伏断裂的土层覆盖厚度分别大于 60m、90m。

当不能满足上述条件时，首先应考虑避开主断裂带，其避开距离不宜少于表 4.1.7 的规定。如管道无法避免时，应采取必要的抗震措施或控制震害的应急措施。

表 4.1.7 避开发震断裂的最小距离表（m）

烈度 \ 工程类别	厂站	管道工程	
		输水、气、热	配管、排水管
8	300	300	200
9	500	500	300

注：1 避开距离指至主断裂外缘的水平距离。
2 厂站的避开距离应为主断裂带外缘至厂站内最近建（构）筑物的距离。

4.1.8 当需要在条状突出的山嘴、高耸孤立的山丘、非岩质的陡坡、河岸和边坡边缘等抗震不利地段建造建（构）筑物时，除应确保其在地震作用下的稳定性外，尚应考虑该场地的震动放大作用。相应各种条件下地震影响系数的放大系数（λ），可按表 4.1.8 采用。

表 4.1.8 地震影响系数的放大系数 λ 表

突出台地坡降 H/L \ $\frac{B}{H}$ \ 突出高度 H(m)	岩质地层	$H<20$	$20\leqslant H<40$	$40\leqslant H<60$	$H\geqslant 60$
	非岩质地层	$H<5$	$5\leqslant H<15$	$15\leqslant H<25$	$H\geqslant 25$
$\frac{H}{L}<0.3$	$\frac{B}{H}<2.5$	1.00	1.10	1.20	1.30
	$2.5\leqslant\frac{B}{H}<5$	1.00	1.06	1.12	1.18
	$\frac{B}{H}\geqslant 5$	1.00	1.03	1.06	1.09
$0.3\leqslant\frac{H}{L}<0.6$	$\frac{B}{H}<2.5$	1.10	1.20	1.30	1.40
	$2.5\leqslant\frac{B}{H}<5$	1.06	1.12	1.18	1.24
	$\frac{B}{H}\geqslant 5$	1.03	1.06	1.09	1.12
$0.6\leqslant\frac{H}{L}<1.0$	$\frac{B}{H}<2.5$	1.20	1.30	1.40	1.50
	$2.5\leqslant\frac{B}{H}<5$	1.12	1.18	1.24	1.30
	$\frac{B}{H}\geqslant 5$	1.06	1.09	1.12	1.15
$\frac{H}{L}\geqslant 1.0$	$\frac{B}{H}<2.5$	1.30	1.40	1.50	1.60
	$2.5\leqslant\frac{B}{H}<5$	1.18	1.24	1.30	1.36
	$\frac{B}{H}\geqslant 5$	1.09	1.12	1.15	1.18

注：表中 B 为建（构）筑物至突出台地边缘的距离；
L 为突出台地边坡的水平长度。

4.1.9 对场地岩土工程勘察，除应按国家有关标准的规定执行外，尚应根据实际需要划分对抗震有利、不利和危险的地段，并提供建设场地类别及岩土的地震稳定性（滑坡、崩塌、液化及震陷特性等）评价。

4.2 天然地基和基础

4.2.1 天然地基上的埋地管道和下列建（构）筑物，可不进行地基和基础的抗震验算：

1 本规范规定可不进行抗震验算的建（构）筑物；

2 设防烈度为 7 度、8 度或 9 度时，水塔及地基的静力承载力标准值分别大于 80、100、120kPa 且高度不超过 25m 的建（构）筑物。

4.2.2 对天然地基进行抗震验算时，应采用地震作用效应标准组合；相应地基抗震承载力应取地基承载力特征值乘以地基抗震承载力调整系数确定。

4.2.3 地基土的抗震承载力应按下式计算：

$$f_{aE}=f_a\cdot\zeta_a \tag{4.2.3}$$

式中 f_{aE}——调整后的地基抗震承载力；

f_a——深宽修正后的地基土承载力特征值，应按现行《建筑地基基础设计规范》GB 50007 的规定确定；

ζ_a——地基抗震承载力调整系数，应按表 4.2.3 采用。

表 4.2.3 地基土抗震承载力调整系数（ζ_a）

岩土名称和性状	ζ_a
岩石，密实的碎石土，密实的砾、粗、中砂，$f_{aK}\geqslant 300$kPa 的粘性土和粉土。	1.5
中密、稍密的碎石土，中密、稍密的砾、粗、中、砂，密实、中密的细、粉砂，150kPa$\leqslant f_{aK}<$300kPa 的粘性土和粉土，坚硬黄土。	1.3
稍密的细、粉砂，100kPa$\leqslant f_{aK}<$150kPa 的粘性土和粉土，新近沉积的粘性土和粉土，可塑黄土。	1.1
淤泥，淤泥质土，松散的砂，填土，新近堆积黄土。	1.0

4.2.4 对天然地基验算地震作用下的竖向承载力时，应符合下式要求：

$$p\leqslant f_{aE} \tag{4.2.4-1}$$

$$p_{max}\leqslant 1.2f_{aE} \tag{4.2.4-2}$$

式中 p——在地震作用效应标准组合下的基底平均压力；

p_{max}——在地震作用效应标准组合下的基底最大压力。

对高宽比大于 4 的建（构）筑物，在地震作用下基础底面不宜出现零压应力区；其他建（构）筑物允许出现零压应力区，但其面积不应超过基础底面积的 15%。

4.2.5 设防烈度为 8 度或 9 度，当建（构）筑物的地基土持力层为软弱粘性土（f_{aK} 小于 100kPa、120kPa）时，对下列建（构）筑物应进行抗震滑动验算：

1 矩形敞口地面式水池，底板为分离式的独立基础挡水墙。

2 地面式泵房等厂站构筑物，未设基础梁的柱间支撑部位的柱基等。

验算时，抗滑阻力可取基础底面上的摩擦力与基础正侧面上的水平土抗力之和。水平土抗力的计算取值不应大于被动土压力的1/3。抗滑安全系数不应小于1.10。

4.3 液化土和软土地基

4.3.1 饱和砂土或粉土（不含黄土）的液化判别及相应的地基处理，对位于设防烈度为6度地区的建（构）筑物和管道工程可不考虑。

4.3.2 在地面以下15m或20m范围内的饱和砂土或粉土（不含黄土），当符合下列条件之一时，可初步判为不液化或不考虑液化影响：

1 地质年代为第四纪晚更新世（Q_3）及其以前、设防烈度为7度、8度时；

2 粉土的黏粒（粒径小于0.005mm的颗粒）含量百分率，7度、8度和9度分别不小于10、13和16时；

注：黏粒含量判别系采用六偏磷酸钠作分散剂测定，采用其他方法时应按有关规定换算。

3 当上覆非液化土层厚度和地下水位深度符合下列条件之一时，可不考虑液化影响：

$$d_u > d_0 + d_b - 2 \quad (4.3.2\text{-}1)$$

$$d_w > d_0 + d_b - 3 \quad (4.3.2\text{-}2)$$

$$d_u + d_w > 1.5d_0 + d_b - 4.5 \quad (4.3.2\text{-}3)$$

式中 d_u——上覆盖非液化土层厚度（m），淤泥和淤泥质土层不宜计入；

d_w——地下水位深度（m），宜按工程使用期内的年平均最高水位采用；当缺乏可靠资料时，也可按近期内年最高水位采用；

d_b——基础埋置深度（m），当不大于2m时，应按2m计算；

d_0——液化土特征深度（m），可按表4.3.2采用。

表 4.3.2 液化土特征深度（m）

饱和土类别 \ 设防烈度	7	8	9
粉土	6	7	8
砂土	7	8	9

4.3.3 饱和砂土或粉土经初步液化判别后，确认需要进一步做液化判别时，应采用标准贯入试验法。当标准贯入锤击数实测值（未经杆长修正）小于液化判别标准贯入锤击数临界值时，应判为液化土。

液化判别标准贯入锤击数临界值可按下式计算：

1 当$d_s \leqslant 15$m时：

$$N_{cr} = N_0[0.9 + 0.1(d_s - d_w)]\sqrt{\frac{3}{\rho_c}} \quad (4.3.3\text{-}1)$$

2 当$d_s \geqslant 15$m时（适用于基础埋深大于5m或采用桩基时）：

$$N_{cr} = N_0(2.4 - 0.1d_w)\sqrt{\frac{3}{\rho_c}} \quad (4.3.3\text{-}2)$$

式中 d_s——标准贯入点深度（m）；

N_{cr}——液化判别标准贯入锤击数临界值；

N_0——液化判别标准贯入锤击数基准值，应按表4.3.3采用；

ρ_c——粘粒含量百分率，当小于3或为砂土时应取3计算。

表 4.3.3 标准贯入锤击数基准值（N_0）

设计地震分组 \ 设防烈度	7	8	9
第一组	6（8）	10（13）	16
第二、三组	8（10）	12（15）	18

注：括号内数值适用于设计基本地震加速度为0.15g和0.30g的地区。

4.3.4 当地基中15m或20m深度内存在液化土层时，应探明各液化土层的深度和厚度，并按下式计算每个钻孔的液化指数：

$$I_{lE} = \sum_{i=1}^{n}\left(1 - \frac{N_i}{N_{cri}}\right)d_i w_i \quad (4.3.4)$$

式中 I_{lE}——液化指数；

n——每一个钻孔15m或20m深度范围内液化土中标准贯入试验点的总数；

N_i、N_{cri}——分别为深度i点处标准贯入锤击数的实测值和临界值，当实测值大于临界值时应取临界值的数值；

d_i——i点所代表的土层厚度（m），可采用与该标准贯入试验点相邻的上、下两标准贯入试验点深度差的一半，但上界不高于地下水位深度，下界不深于液化深度；

w_i——i土层考虑单位土层厚度的层位影响权函数值（单位为m^{-1}），当该层中点的深度不大于5m时应取10，等于15m或20m（根据判别深度）时应取为0，5～15m或20m时应按线性内插法取值。

注：对第1.0.7条规定的构筑物，可按本地区抗震设防烈度的要求计算液化指数。

4.3.5 对存在液化土层的地基，应根据其钻孔的液化指数按表4.3.5确定液化等级。

表 4.3.5 液化等级划分表

液化等级 / 判别深度	轻微	中等	严重
15	$0<I_{lE}\leqslant5$	$5<I_{lE}\leqslant15$	$I_{lE}>15$
20	$0<I_{lE}\leqslant6$	$6<I_{lE}\leqslant18$	$I_{lE}>18$

4.3.6 未经处理的液化土层一般不宜作为天然地基的持力层。对地基的抗液化处理措施，应根据建（构）筑物和管道工程的使用功能、地基的液化等级，按表 4.3.6 的规定选择采用。

表 4.3.6 抗液化措施

液化等级 / 工程项目类别		轻微	中等	严重
第 1.0.6 条规定的工程项目		B 或 C	A 或 B+C	A
厂站内其他建（构）筑物		C	B 或 C	A 或 B+C
管道	输水、气、热干线	D	C	B+C
	配管主干线	D	C	B+D
	一般配管	不采取措施	D	C

注：A——全部消除地基液化沉陷；
B——部分消除地基液化沉陷；
C——减小不均匀沉陷、提高结构对不均匀沉陷的适应能力；
D——提高管道结构适应不均匀沉陷的能力。

4.3.7 全部消除地基液化沉陷的措施，应符合下列要求：

1 采用桩基时，应符合本章第 4 节有关条款的要求；

2 采用深基础时，基础底面应埋入液化深度以下的稳定土层中，其埋入深度不应小于 500mm；

3 采用加密法（如振冲、振动加密、碎石桩挤密，强夯等）加固时，处理深度应达到液化深度下界；处理后桩间土的标准贯入锤击数实测值不宜小于相应的液化标准贯入锤击数临界值（N_{cr}）。

4 采用换土法时，应挖除全部液化土层；

5 采用加密法或换土法时，其处理宽度从基础底面外边缘算起，不应小于基底处理深度的 1/2，且不应小于 2m。

4.3.8 部分清除地基液化沉陷的措施，应符合下列要求：

1 处理深度应使处理后的地基液化指数不大于 4（判别深度为 15m 时）或 5（判别深度为 20m 时）；对独立基础或条形基础，尚不应小于基底液化土层特征深度值（d_0）和基础宽度的较大值。

2 土层当采用振冲或挤密碎石桩加固时，加固后的桩间土的标准贯入锤击数，应符合 4.3.7 条 3 款的要求。

3 基底平面的处理宽度，应符合 4.3.7 条 5 款的要求。

4.3.9 减轻液化沉陷影响，对建（构）筑物基础和上部结构的处理，可根据工程具体情况采用下列各项措施：

1 选择合适的基础埋置深度；

2 调整基础底面积，减少基础偏心；

3 加强基础的整体性和刚度，如采用整体底板（筏基）等；

4 减轻荷载，增强上部结构的整体性、刚度和均匀对称性，合理设置沉降缝，对敞口式构筑物的壁顶加设圈梁等。

4.3.10 提高管道适应液化沉陷能力，应符合下列要求：

1 对埋地的输水、气、热力管道，宜采用钢管；

2 对埋地的承插式接口管道，应采用柔性接口；

3 对埋地的矩形管道，应采用钢筋混凝土现浇整体结构，并沿线设置具有抗剪能力的变形缝，缝宽不宜小于 20mm，缝距一般不宜大于 15m；

4 当埋地圆形钢筋混凝土管道采用预制平口接头管时，应对该段管道做钢筋混凝土满包，纵向钢筋的总配筋率不宜小于 0.3%；并应沿线加密设置变形缝（构造同 3 款要求），缝距一般不宜大于 10m；

5 架空管道应采用钢管，并应设置适量的活动、可挠性连接构造。

4.3.11 设防烈度为 8 度、9 度地区，当建（构）筑物地基主要受力层内存在淤泥、淤泥质土等软弱黏性土层时，应符合下列要求：

1 当软弱黏性土层上覆盖有非软土层，其厚度不小于 5m（8 度）或 8m（9 度）时，可不考虑采取消除软土震陷的措施。

2 当不满足要求时，消除震陷可采用桩基或其他地基加固措施。

4.3.12 厂站建（构）筑物或地下管道傍故河道、现代河滨、海滨、自然或人工坡边建造，当地基内存在液化等级为中等或严重的液化土层时，宜避让至距常时水线 150m 以外；否则应对地基做有效的抗滑加固处理，并应通过抗滑动验算。

4.4 桩 基

4.4.1 设防烈度为 7 度或 8 度地区，承受竖向荷载为主的低承台桩基，当地基无液化土层时，可不进行桩基抗震承载力验算。

4.4.2 当地基无液化土层时，低承台桩基的抗震验算，应符合下列规定：

1 单桩的竖向和水平向抗震承载力设计值，可比静载时提高 25%；

2 当承台四周侧面的回填土的压实系数不低于 90%时，可考虑承台正面填土抗力与桩共同承担水平地震作用，但不应计入承台底面与地基土间的摩擦力。

承台正面填土的土抗力，可按朗金被动土压力的1/3计算。

4.4.3 当地基内存在液化土层时，低承台的抗震验算，应符合下列规定：

1 对一般浅基础不宜计入承台正面填土的土抗力作用；

2 当桩承台底面上、下分别有厚度不小于1.5m、1.0m的非液化土层时，可按下列两种情况进行桩的抗震验算，并按不利情况设计：

(1) 桩承受全部地震作用，桩承载力按本节第4.4.2条规定采用，但液化土的桩周摩阻力及桩水平抗力均应乘以表4.4.3所列的折减系数；

表 4.4.3 土层液化影响折减系数

λ_N	深度 d_s（m）	折减系数
$\lambda_N \leqslant 0.6$	$d_s<10$	0
	$10<d_s\leqslant 20$	1/3
$0.6<\lambda_N\leqslant 0.8$	$d_s<10$	1/3
	$10<d_s\leqslant 20$	2/3
$0.8<\lambda_N\leqslant 1.0$	$d_s<10$	2/3
	$10<d_s\leqslant 20$	1

注：λ_N 为液化土层的标准贯入锤击数实测值与相应的临界值之比。

(2) 地震作用按水平地震影响系数最大值的10%采用，桩承载力按本节第4.4.2条规定采用，但应扣除液化土层的全部摩阻力及桩承台下2m深度范围内非液化土的桩周摩阻力。

4.4.4 厂站内的各类盛水构筑物，其基础为整体式筏基，当采用预制桩或其他挤土桩，且桩距不大于4倍桩径时，打桩后桩间土的标准贯入锤击数达到不液化要求时，其单桩承载力可不折减，但对桩尖持力层做强度校核时，桩群外侧的应力扩散角应取为零。

4.4.5 处于液化土中的桩基承台周围，应采用非液化土回填夯实。

4.4.6 存在液化土层的桩基，桩的箍筋间距应加密，宜与桩顶部相同，加密范围应自桩顶至液化土层下界面以下2倍桩径处；在此范围内，桩的纵向钢筋亦应与桩顶保持一致。

5 地震作用和结构抗震验算

5.1 一 般 规 定

5.1.1 各类厂站构筑物的地震作用，应按下列规定确定：

1 一般情况下，应对构筑物结构的两个主轴方向分别计算水平向地震作用，并进行结构抗震验算；各方向的水平地震作用，应由该方向的抗侧力构件全部承担。

2 设有斜交抗侧力构件的结构，应分别考虑各抗侧力构件方向的水平地震作用。

3 设防烈度为9度时，水塔、污泥消化池等盛水构筑物、球形贮气罐、水槽式螺旋轨贮气罐、卧式圆筒形贮气罐应计算竖向地震作用。

5.1.2 各类构筑物的结构抗震计算，应采用下列方法：

1 湿式螺旋轨贮气罐以及近似于单质点体系的结构，可采用底部剪力法计算；

2 除第1款规定外的构筑物，宜采用振型分解反应谱法计算。

5.1.3 管道结构的抗震计算，应符合下列规定：

1 埋地管道应计算地震时剪切波作用下产生的变位或应变；

2 架空管道可对支承结构作为单质点体系进行抗震计算。

5.1.4 计算地震作用时，构筑物（含架空管道）的重力荷载代表值应取结构构件、防水层、防腐层、保温层（含上覆土层）、固定设备自重标准值和其他永久荷载标准值（侧土压力、内水压力）、可变荷载标准值（地表水或地下水压力等）之和。可变荷载标准值中的雪荷载、顶部和操作平台上的等效均布荷载，应取50%计算。

5.1.5 一般构筑物的阻尼比（ζ）可取0.05，其水平地震影响系数应根据烈度、场地类别、设计地震分组及结构自振周期按图5.1.5采用，其形状参数应符合下列规定：

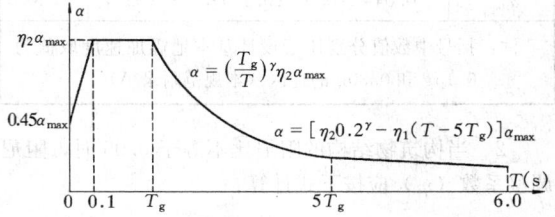

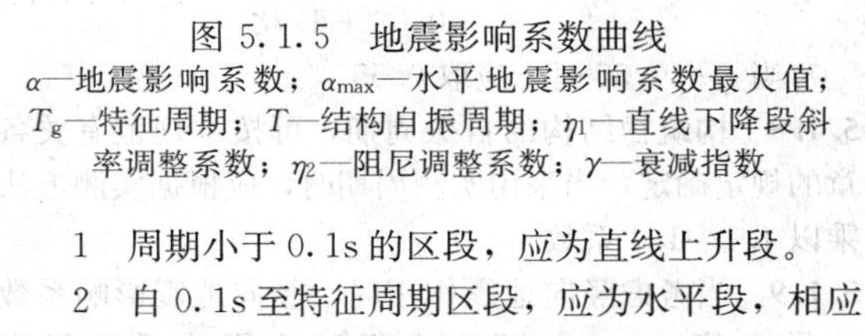

图 5.1.5 地震影响系数曲线

α—地震影响系数；α_{max}—水平地震影响系数最大值；T_g—特征周期；T—结构自振周期；η_1—直线下降段斜率调整系数；η_2—阻尼调整系数；γ—衰减指数

1 周期小于0.1s的区段，应为直线上升段。

2 自0.1s至特征周期区段，应为水平段，相应阻尼调整系数为1.0，地震影响系数为最大值 α_{max}，应按本规范5.1.7条规定采用。

3 自特征周期 T_g 至5倍特征周期区段，应为曲线下降段，其衰减指数（γ）应采用0.9。

4 自5倍特征周期至6s区段，应为直线下降段，其下降斜率调整系数（η_1）应取0.02。

5　特征周期应根据本规范附录A列出的设计地震分组按表5.1.5的规定采用。

注：当结构自振周期大于6.0s时，地震影响系数应作专门研究确定。

表 5.1.5　特征周期值（s）

设计地震分组 \ 场地类别	Ⅰ	Ⅱ	Ⅲ	Ⅳ
第一组	0.25	0.35	0.45	0.65
第二组	0.30	0.40	0.55	0.75
第三组	0.35	0.45	0.65	0.90

5.1.6　当构筑物结构的阻尼比（ζ）不等于0.05时，其水平地震影响系数曲线仍可按图5.1.5确定，但形状参数应按下列规定调整：

1　曲线下降段的衰减指数应按下式确定：

$$\gamma = 0.9 + \frac{0.05-\zeta}{0.5+5\zeta} \qquad (5.1.6\text{-}1)$$

2　直线下降段的下降斜率调整系数应按下式确定：

$$\eta_1 = 0.02 + \frac{0.05-\zeta}{8} \qquad (5.1.6\text{-}2)$$

当 η_1 值小于零时，应取零。

5.1.7　水平地震影响系数最大值的取值，应符合下列规定：

1　当构筑物结构的阻尼比为0.05时，多遇地震的水平地震影响系数最大值应按表5.1.7采用。

表 5.1.7　多遇地震的水平地震影响系数最大值（ζ=0.05）

烈　度	6	7	8	9
α_{max}	0.04	0.08（0.12）	0.16（0.24）	0.32

注：括号中数值分别用于设计基本地震加速度取值为0.15g和0.30g的地区（本规范附录A）。

2　当构筑物结构的阻尼比不等于0.05时，阻尼调整系数（η_2）应按下式计算：

$$\eta_2 = 1 + \frac{0.05-\zeta}{0.06+1.7\zeta} \qquad (5.1.7)$$

当 $\eta_2 < 0.55$ 时，应取0.55。

5.1.8　构筑物结构的自振周期，可按本规范有关各章的规定确定；当采用实测周期时，应根据实测方法乘以1.1～1.4系数。

5.1.9　当考虑竖向地震作用时，竖向地震影响系数的最大值（α_{Vmax}）可取水平地震影响系数最大值的65%。

5.1.10　当按水平地震加速度计算构筑物或管道结构的地震作用时，其设计基本地震加速度值应按表3.3.2采用。

5.1.11　构筑物和管道结构的抗震验算，应符合下列规定：

1　设防烈度为6度或本规范有关各章规定不验算的结构，可不进行截面抗震验算，但应符合相应设防烈度的抗震措施要求。

2　埋地管道承插式连接或预制拼装结构（如盾构、顶管等），应进行抗震变位验算。

3　除1、2款外的构筑物、管道结构均应进行截面抗震强度或应变量验算；对污泥消化池、挡墙式结构等，尚应进行抗震稳定验算。

5.2　构筑物的水平地震作用和作用效应计算

5.2.1　当采用基底剪力法时，结构的水平地震作用计算简图可按图5.2.1采用；水平地震作用标准值应按下列公式确定：

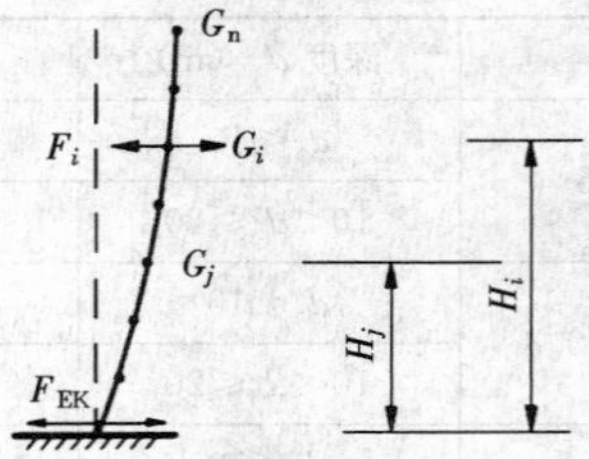

图5.2.1　水平地震作用计算简图

$$F_{EK} = \alpha_1 G_{eq} \qquad (5.2.1\text{-}1)$$

$$F_i = \frac{G_i H_i}{\sum_{j=1}^{n} G_j \cdot H_j} \qquad (5.2.1\text{-}2)$$

式中　F_{EK}——结构总水平地震作用标准值；

α_1——相应于结构基本自振周期的水平地震影响系数值，应按本章第5.1.5条的规定确定；

G_{eq}——结构等效总重力荷载代表值；单质点应取总重力荷载代表值；多质点可取总重力荷载代表值的85%；

G_i、G_j——分别为集中于质点 i、j 的重力荷载代表值，应按本章第5.1.4条规定确定；

F_i——质点 i 的水平地震作用标准值；

H_i、H_j——分别为质点 i、j 的计算高度。

5.2.2　当采用振型分解反应谱法时，可不计扭转影响的结构，应按下列规定计算水平地震作用和作用效应：

1　结构 j 振型 i 质点的水平地震作用标准值，应按下列公式确定：

$$F_{ji} = \alpha_j \cdot \gamma_j \cdot \chi_{ji} \cdot G_i \qquad (5.2.2\text{-}1)$$

$$\gamma_j = \frac{\sum_{i=1}^{n} \chi_{ji} G_i}{\sum_{i=1}^{n} \chi_{ji}^2 G_i} \qquad (5.2.2\text{-}2)$$

$$(i = 1,2,\cdots n; j = 1,2,\cdots m)$$

式中　F_{ji}——j 振型 i 质点的水平地震作用标准值；

α_j——相应于 j 振型自振周期的地震影响系数，应按本规范 5.1.5 条的规定确定；

x_{ji}——j 振型 i 质点的水平相对位移；

γ_j——j 振型的参与系数。

2　水平地震作用效应（弯矩、剪力、轴力和变形），应按下式确定：

$$S=\sqrt{\Sigma S_j^2} \qquad (5.2.2\text{-}3)$$

式中　S——水平地震作用效应；

S_j——j 振型水平地震作用产生的作用效应，可只取前 1～3 个振型；当基本振型的自振周期大于 1.5s 时，所取振型个数可适当增加。

5.2.3　对突出构筑物顶部的小型结构，当采用底部剪力法计算时，其地震作用效应宜乘以增大系数 3.0，此增大部分不应往下传递，但与该突出结构直接相联的构件应予计入。

5.2.4　对于有盖的矩形盛水构筑物应考虑空间作用，其水平地震作用和作用效应计算，可按本规范有关条文规定确定。

5.2.5　计算水平地震作用时，除本规范专门规定外，一般情况下可不考虑结构与地基土的相互作用影响。

5.3　构筑物的竖向地震作用计算

5.3.1　竖向地震作用除本规范有关条文另有规定外，对筒式或塔式构筑物，其竖向地震作用标准值可按下式确定（图 5.3.1）：

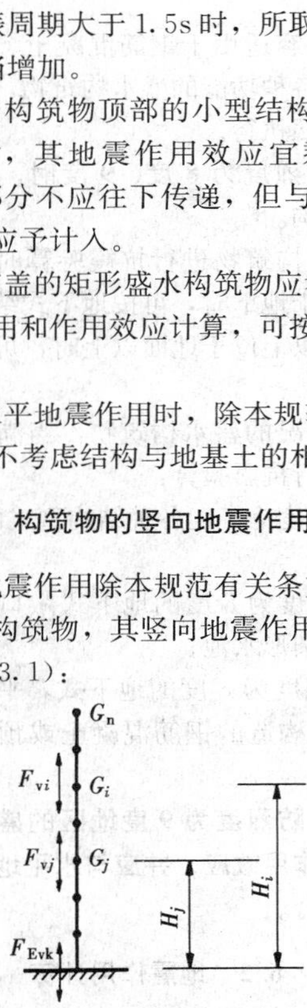

图 5.3.1　结构竖向地震作用计算简图

$$F_{EVK}=\alpha_{Vmax}\cdot G_{eqV} \qquad (5.3.1\text{-}1)$$

$$F_{vi}=F_{EVK}\frac{G_iH_i}{\Sigma G_jH_j} \qquad (5.3.1\text{-}2)$$

式中　F_{EVK}——结构总竖向地震作用标准值；

F_{Vi}——质点 i 的竖向地震作用标准值；

α_{Vmax}——竖向地震影响系数的最大值，应按第 5.1.9 条的规定确定；

G_{eqV}——结构等效总重力荷载，可取其重力荷载代表值的 75%；

H_i、H_j——分别为质点 i、j 的计算高度。

5.3.2　对长悬臂和大跨度结构的竖向地震作用标准值，当 8 度或 9 度时分别取该结构、构件重力荷载代表值的 10% 或 20%。

5.4　构筑物结构构件截面抗震强度验算

5.4.1　结构构件的地震作用效应和其他作用效应的基本组合，应按下式计算：

$$S=\gamma_G\sum_{i=1}^{n}C_{Gi}G_{Ei}+\gamma_{EH}C_{EH}F_{EH,k}+\gamma_{EV}C_{EV}F_{EV,k}+\psi_t\gamma_tC_t\Delta_{tk}+\psi_w\gamma_wC_ww_k \qquad (5.4.1)$$

式中　S——结构构件内力组合设计值，包括组合的弯矩、轴力和剪力设计值；

γ_G——重力荷载分项系数，一般情况应采用 1.2，当重力荷载效应对构件承载力有利时，可取 1.0；

γ_{EH}、γ_{EV}——分别为水平、竖向地震作用分项系数，应按表 5.4.1 的规定采用；

γ_t——温度作用分项系数，应取 1.4；

γ_w——风荷载分项系数，应取 1.4；

G_{Ei}——i 项重力荷载代表值，可按 5.1.4 条的规定采用；

$F_{EH,k}$、$F_{EV,k}$——分别为水平、竖向地震作用标准值；

Δ_{tk}——温度作用标准值；

w_k——风荷载标准值；

ψ_t——温度作用组合系数，可取 0.65；

ψ_w——风荷载组合系数，一般构筑物可不考虑（即取零），对消化池、贮气罐、水塔等较高的筒型构筑物可采用 0.2；

C_G、C_{EH}、C_{EV}、C_t、C_w——分别为重力荷载、水平地震作用、竖向地震作用、温度作用和风荷载的作用效应系数，可按弹性理论结构力学方法确定。

表 5.4.1　地震作用分项系数

地震作用	γ_{EH}	γ_{EV}
仅考虑水平地震作用	1.3	—
仅考虑竖向地震作用	—	1.3
同时考虑水平与竖向地震作用	1.3	0.5

5.4.2　结构构件的截面抗震强度验算，应按下式确定：

$$S \leqslant \frac{R}{\gamma_{RE}} \quad (5.4.2)$$

式中 R——结构构件承载力设计值，应按各相关的结构设计规范确定；

γ_{RE}——承载力抗震调整系数，应按表 5.4.2 的规定采用。

表 5.4.2 承载力抗震调整系数

材料	结构构件	受力状态	γ_{RE}
钢	柱	偏压	0.70
	柱间支撑	轴拉、轴压	0.90
	节点板、连接螺栓		0.90
	构件焊缝		1.00
砌体	两端设构造柱、芯柱的抗震墙	受剪	0.90
	其他抗震墙	受剪	1.00
钢筋混凝土	梁	受弯	0.75
	轴压比小于 0.15 的柱	偏压	0.75
	轴压比不小于 0.15 的柱	偏压	0.80
	抗震墙	偏压	0.85
	各类构件	剪、拉	0.85

5.4.3 当仅考虑竖向地震作用时，各类结构构件承载力抗震调整系数均宜采用 1.0。

5.5 埋地管道的抗震验算

5.5.1 埋地管道的地震作用，一般情况可仅考虑剪切波行进时对不同材质管道产生的变位或应变；可不计算地震作用引起管道内的动水压力。

5.5.2 承插式接头的埋地圆形管道，在地震作用下应满足下式要求：

$$\gamma_{EHP}\Delta_{pl,k} \leqslant \lambda_c \sum_{i=1}^{n}[u_a]_i \quad (5.5.2)$$

式中 $\Delta_{pl,k}$——剪切波行进中引起半个视波长范围内管道沿管轴向的位移量标准值；

γ_{EHP}——计算埋地管道的水平向地震作用分项系数，可取 1.20；

$[u_a]_i$——管道 i 种接头方式的单个接头设计允许位移量；

λ_c——半个视波长范围内管道接头协同工作系数，可取 0.64 计算；

n——半个视波长范围内，管道的接头总数。

5.5.3 整体连接的埋地管道，在地震作用下的作用效应基本组合，应按下式确定：

$$S=\gamma_G S_G+\gamma_{EHP}S_{Ek}+\psi_t\gamma_t C_t\Delta_{tk} \quad (5.5.3)$$

式中 S_G——重力荷载（非地震作用）的作用标准值效应；

S_{Ek}——地震作用标准值效应。

5.5.4 整体连接的埋地管道，其结构截面抗震验算应符合下式要求：

$$S \leqslant \frac{|\varepsilon_{ak}|}{\gamma_{PRE}} \quad (5.5.4)$$

式中 $|\varepsilon_{ak}|$——不同材质管道的允许应变量标准值；

γ_{PRE}——埋地管道抗震调整系数，可取 0.90 计算。

6 盛水构筑物

6.1 一般规定

6.1.1 本章内容适用于钢筋混凝土、预应力混凝土和砌体结构的各种功能的盛水构筑物，其他材质的盛水构筑物可参照执行。

6.1.2 当设防烈度为 8 度、9 度时，盛水构筑物不应采用砌体结构。

6.1.3 对盛水构筑物进行抗震验算时，当构筑物高度一半以上埋于地下时，可按地下式结构验算；当构筑物高度一半以上位于地面以上时，可按地面式结构验算。

6.1.4 下列情况的盛水构筑物，当满足抗震构造要求时，可不进行抗震验算：

1 设防烈度为 7 度各种结构型式的不设变形缝、单层水池；

2 设防烈度为 8 度的地下式敞口钢筋混凝土和预应力混凝土圆形水池；

3 设防烈度为 8 度的地下式，平面长宽比小于 1.5、无变形缝构造的钢筋混凝土或预应力混凝土的有盖矩形水池。

6.1.5 位于设防烈度为 9 度地区的盛水构筑物，应计算竖向地震作用效应，并应与水平地震作用效应按平方和开方组合。

6.2 地震作用计算

6.2.1 盛水构筑物在水平地震作用下的自重惯性力标准值，应按下列规定计算（图 6.2.1）：

1 地面式水池壁板的自重惯性力标准值，应按下式计算：

$$F_{GWZ,k}=\eta_m\alpha_1\gamma_1 g_w\sin\left(\frac{\pi Z}{2H}\right) \quad (6.2.1\text{-}1)$$

2 地面式水池顶盖的自重惯性力标准值，应按下式计算：

$$F_{Gd,k}=\eta_m\alpha_1\gamma_1 W_d \quad (6.2.1\text{-}2)$$

3 地下式水池池壁和顶盖的自重惯性力标准值，可按式（6.2.1-1）和（6.2.1-2）计算，但应取 $\gamma_1\alpha_1\sin\left(\frac{\pi Z}{2H}\right)=\frac{1}{3}K_H$ 和 $\alpha_1\gamma_1=\frac{1}{3}K_H$，其中 K_H 为设计基本地震加速度(按表 3.3.2)与重力加速度的比值。

上列式中 $F_{GWZ,k}$——池壁沿高度的自重惯性力标准值（kN/m^2）；

η_m——地震影响系数的调整系数，可取 1.5；

α_1——相应于水池结构基振型的地震影响系数，一般可取 $\alpha_1=\alpha_{max}$；

γ_1——相应于水池结构基振型的振型参与系数，一般可取 1.10；

g_W——池壁沿高度的单位面积重度（kN/m^2）；

W_d——水池顶盖的自重（kN）；

$F_{Gd,k}$——水池顶盖的自重惯性力标准值（kN）；

H——池壁高度（m）；

Z——计算截面距池壁底端的高度（m）。

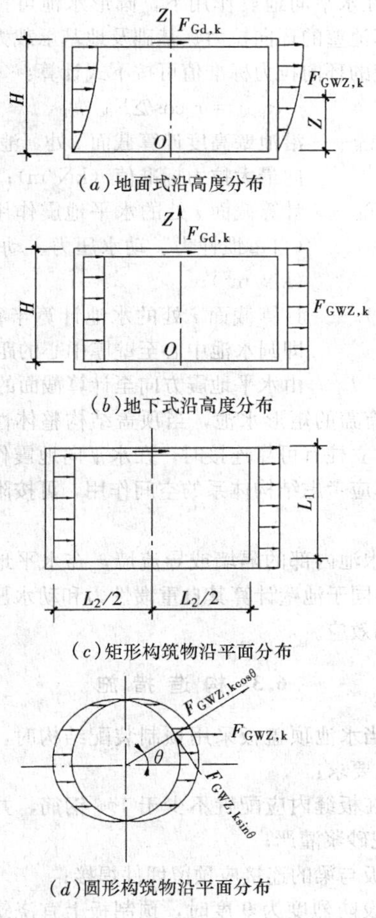

(a) 地面式沿高度分布

(b) 地下式沿高度分布

(c) 矩形构筑物沿平面分布

(d) 圆形构筑物沿平面分布

图 6.2.1　自重惯性力分布图

6.2.2　圆形水池在水平地震作用下的动水压力标准值，应按下列公式计算（图 6.2.2）：

$$F_{wc,k}(\theta)=K_H\cdot\gamma_W\cdot H_W\cdot f_{wc}\cos\theta \quad (6.2.2\text{-}1)$$

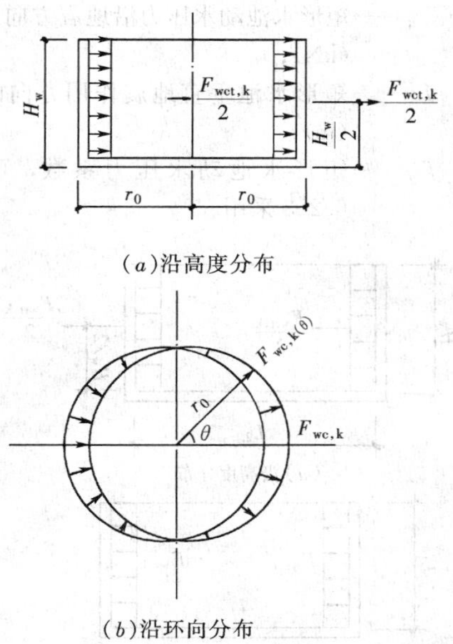

(a) 沿高度分布

(b) 沿环向分布

图 6.2.2　圆形水池动水压力

$$F_{wct,k}=K_H\cdot\gamma_w\cdot\pi\cdot r_0\cdot H_w^2\cdot f_{wc} \quad (6.2.2\text{-}2)$$

式中　$F_{wc,k}(\theta)$——圆形水池的动水压力标准值（kN/m^2）；

$F_{wct,k}$——圆形水池动水压力标准值沿地震方向的合力（kN）；

γ_W——池内水的重力密度（kN/m^3）；

r_0——水池的内半径（m）；

H_W——池内水深（m）；

θ——计算截面与沿地震方向轴线的夹角；

f_{wc}——圆形水池的动水压力系数，可按表 6.2.2 采用；

K_H——水平地震加速度与重力加速度的比值，应按表 3.3.2 确定。

表 6.2.2　圆形水池动水压力系数 f_{Wc}

水池形式	H_W/r_0								
	≤0.6	0.8	1.0	1.2	1.4	1.6	1.8	2.0	2.2
地面式	0.40	0.39	0.36	0.34	0.32	0.30	0.28	0.26	0.25
地下式	0.32	0.30	0.28	0.26	0.24	0.22	0.21	0.19	0.18

6.2.3　矩形水池在水平地震作用下的动水压力标准值，应按下列公式计算（图 6.2.3）：

$$F_{wr,c}=K_H\cdot\gamma_W H_W\cdot f_{wr} \quad (6.2.3\text{-}1)$$

$$F_{wrt,k}=2K_H\cdot\gamma_W L_1 H_W^2\cdot f_{wr} \quad (6.2.3\text{-}2)$$

式中　$F_{wr,c}$——矩形水池的动水压力标准值（kN/m^2）；

$F_{\mathrm{wrt,k}}$——矩形水池动水压力沿地震方向的合力（kN）；

L_1——矩形水池垂直地震作用方向的边长（m）；

f_{wr}——矩形水池动水压力系数，可按表 6.2.3 采用。

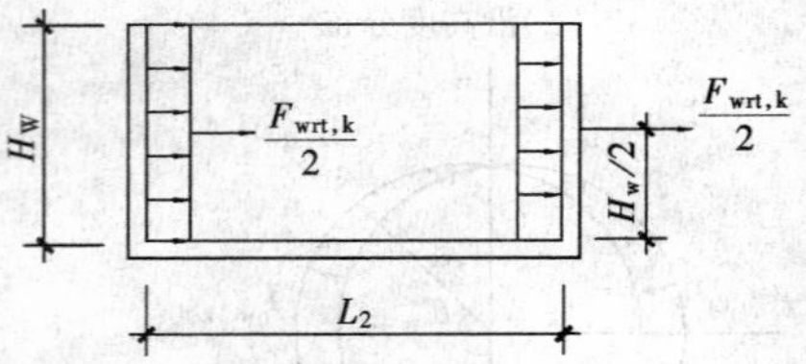

(a)沿高度分布

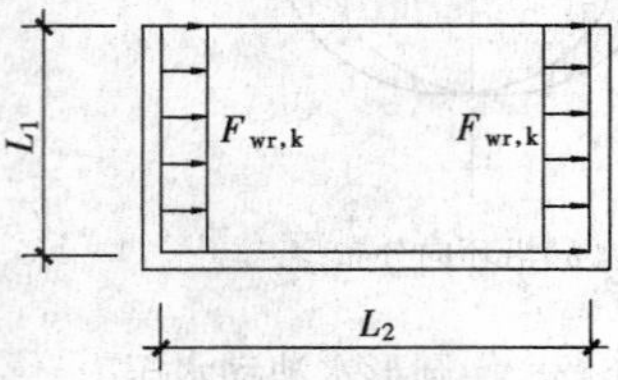

(b)沿平面分布

图 6.2.3 矩形水池动水压力

表 6.2.3 矩形水池动水压力系数 f_{wr}

水池形式	$\frac{L_2}{H_W}$				
	0.5	1.0	1.5	2.0	≥3.0
地面式	0.15	0.24	0.30	0.32	0.35
地下式	0.11	0.18	0.22	0.25	0.27
注：表中 L_2 为矩形水池沿地震作用方向的边长（m）。					

6.2.4 作用在水池池壁上的动土压力标准值，应按下式计算（图 6.2.4）：

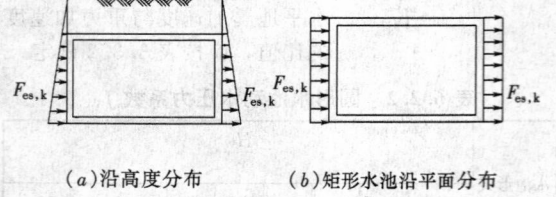

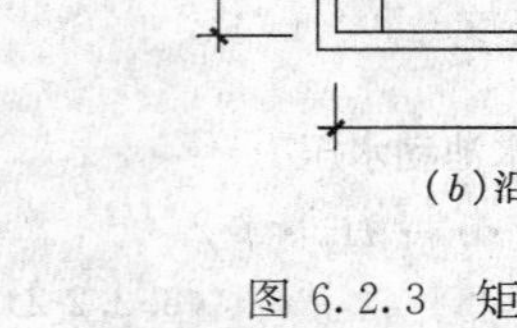

(a)沿高度分布

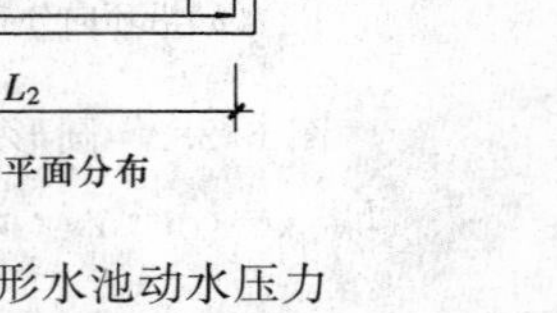

(b)矩形水池沿平面分布

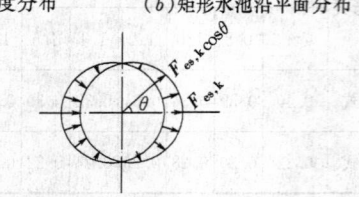

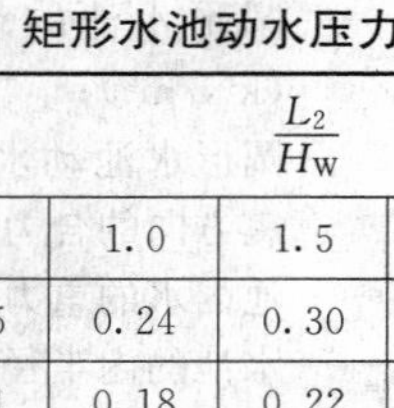

(c)圆形水池沿平面分布

图 6.2.4 动土压力分布图

$$F_{\mathrm{es,k}}=K_{\mathrm{H}}\cdot F_{\mathrm{ep,k}}\cdot \mathrm{tg}\phi \qquad (6.2.3\text{-}4)$$

式中 $F_{\mathrm{es,k}}$——地震时作用于水池池壁任一高度上的最大土压力增量（kN/m²）；

$F_{\mathrm{ep,k}}$——相应计算高度处的主动土压力标准值（kN/m²）；当位于地下水位以下时，土的重度应取20kN/m³；

ϕ——池壁外侧土的内摩擦角，一般情况下可取 30°计算。

6.2.5 当设防烈度为 9 度时，水池的顶盖和动水压力应计算竖向地震作用，其作用标准值可按下列公式确定：

1 水池顶盖：

$$F_{\mathrm{GdV,k}}=\alpha_{\mathrm{Vmax}}\cdot W_{\mathrm{d}} \qquad (6.2.5\text{-}1)$$

2 动水压力（其作用方向同静水压力）：

$$F_{\mathrm{WVE,k}}=0.8\alpha_{\mathrm{Vmax}}\gamma_{\mathrm{W}}\,(H_{\mathrm{W}}-Z) \qquad (6.2.5\text{-}2)$$

式中 $F_{\mathrm{GdV,k}}$——水池顶盖的竖向地震作用标准值（kN）；

$F_{\mathrm{WVE,k}}$——竖向地震作用下，水池池壁上的动水压力（kN/m²）；

Z——由池底至计算高度处的距离（m）。

6.2.6 在水平向地震作用下，圆形水池可按竖向剪切梁验算池壁的环向拉力、基础及地基承载力。

池壁的环向拉力标准值可按下式计算：

$$R_{ti,\mathrm{k}} = r_{\mathrm{c}}\cos\theta\Sigma F_{i\mathrm{k}} \qquad (6.2.6)$$

式中 $P_{ti,\mathrm{k}}$——沿池壁高度计算截面 i 处，池壁的环向最大拉力标准值（kN/m）；

$F_{i\mathrm{k}}$——计算截面 i 处的水平地震作用标准值（自重惯性力、动水压力、动土压力）（kN/m²）；

r_{c}——计算截面 i 处的水池计算半径（m），即圆水池中心至壁厚中心的距离；

θ——由水平地震方向至计算截面的夹角。

6.2.7 有盖的矩形水池，当顶盖结构整体性良好并与池壁、立柱有可靠连接时，在水平向地震作用下的抗震验算应考虑结构体系的空间作用，可按附录 B 进行计算。

6.2.8 水池内部的隔墙或导流墙，在水平地震作用下，应类同于池壁计算其自重惯性力和动水压力的作用及作用效应。

6.3 构造措施

6.3.1 当水池顶盖板采用预制装配结构时，应符合下列构造要求：

1 在板缝内应配置不少于 1ϕ6 钢筋，并应采用 M10 水泥砂浆灌严；

2 板与梁的连接应预留埋件焊接；

3 设防烈度为 9 度时，预制板上宜浇筑二期钢筋混凝土叠合层。

6.3.2 水池顶盖与池壁的连接，应符合下列要求：

1 当顶盖与池壁非整体连接时，顶盖在池壁上的支承长度不应小于 200mm；

2 当设防烈度为 7 度且场地为Ⅲ、Ⅳ类时，砌体池壁的顶部应设置钢筋混凝土圈梁，并应预留埋件与顶盖上的预埋件焊连；

3　当设防烈度为7度且场地为Ⅲ、Ⅳ类和设防烈度为8度、9度时，钢筋混凝土池壁的顶部，应设置预埋件与顶盖内预埋件焊连。

6.3.3　设防烈度为8度、9度时，有盖水池的内部立柱应采用钢筋混凝土结构；其纵向钢筋的总配筋率分别不宜小于0.6%、0.8%；柱上、下两端1/8、1/6高度范围内的箍筋应加密，间距不应大于10cm；立柱与梁或板应整体连结。

6.3.4　设防烈度为7度且场地为Ⅲ、Ⅳ类时，采用砌体结构的矩形水池，在池壁拐角处，每沿300～500mm高度内，应加设不少于3ϕ6水平钢筋，伸入两侧池壁内的长度不应小于1.0m。

6.3.5　设防烈度为8度、9度时，采用钢筋混凝土结构的矩形水池，在池壁拐角处，里、外层水平向钢筋的配筋率均不宜小于0.3%，伸入两侧池壁内的长度不应小于1/2池壁高度。

6.3.6　设防烈度为8度且位于Ⅲ类、Ⅳ类场地上的有盖水池、池壁高度应留有足够高度的干弦，其高度宜按表6.3.6采用。

表 6.3.6　池壁干弦高度（m）

$\frac{H_W}{r_0}$或$\frac{2H_w}{L_2}$ / 场地类别	≤0.2	0.3	0.4	0.5
Ⅲ	0.30	0.30	0.30 (0.35)	0.35 (0.40)
Ⅳ	0.30 (0.40)	0.35 (0.45)	0.40 (0.50)	0.50 (0.60)

注：1　按$\frac{H_W}{r_0}$或$\frac{2H_w}{L_2}$确定的无需插入，就近采用即可；

2　表中括号内数值适用于设计基本地震加速度为0.30g地区。

6.3.7　水池内部的导流墙与立柱的连接，应采取有效措施避免立柱在干弦高度范围内形成短柱。

7　贮气构筑物

7.1　一般规定

7.1.1　本章内容适用于燃气工程中的钢制球形贮气罐（简称球罐），卧式圆筒形贮气罐（简称卧罐）和水槽式螺旋轨贮气罐（简称湿式罐）。

7.1.2　贮气构筑物在水平地震作用下，均可按沿主轴方向进行抗震计算。

7.1.3　湿式罐的钢筋混凝土水槽的地震作用，可按6.2中有关敞口圆形池的条文确定。钢水槽和地下式环形水槽，均可不做抗震强度验算。

7.2　球形贮气罐

7.2.1　球罐可简化为单质点体系，其基本自振周期可按下式计算：

$$T_1=2\pi\sqrt{\frac{W_{eqs,k}}{gK_s}} \tag{7.2.1}$$

式中　T_1——球罐的基本自振周期（s）；

$W_{eqs,k}$——等效总重力荷载标准值（N）；

K_s——球罐结构的侧移刚度（N/m）。

7.2.2　球罐的等效总重力荷载，应按下式计算：

$$W_{eqs,k}=W_{sk}+0.5W_{ck}+0.7W_{lk} \tag{7.2.2}$$

式中　W_{sk}——球罐壳体及保温层、喷淋装置及工作梯等附件的自重标准值（N）；

W_{ck}——球罐支柱和拉杆的自重标准值（N）；

W_{lk}——罐内贮液的自重标准值（N）。

7.2.3　球罐结构的侧移刚度，可按下列公式计算（图7.2.3）：

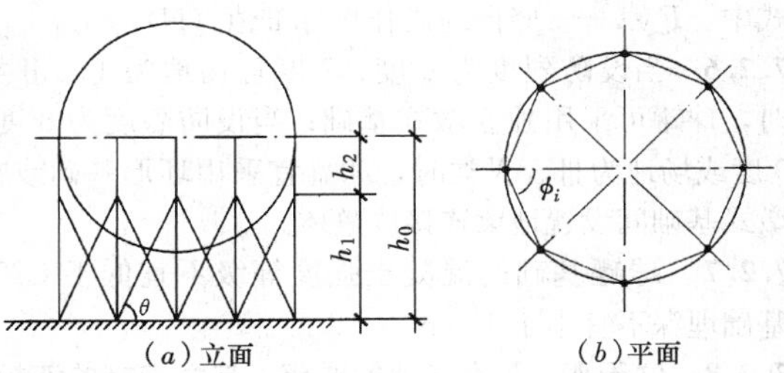

图 7.2.3　球罐简图

$$K_s=\frac{12E_sI_s}{h_0^3}\Sigma\frac{n_i}{\psi_i} \tag{7.2.3-1}$$

$$\psi_i=1-\frac{(1-\psi_h)^4(1+2\psi_h)^2}{\psi_\lambda\cdot\frac{I_sl}{A_1h_0^3\cos^2\theta\cos^2\phi_i}+(1+3\psi_h)(1-\psi_h)^3} \tag{7.2.3-2}$$

$$\psi_h=1-\frac{h_1}{h_0} \tag{7.2.3-3}$$

式中　K_s——侧移刚度（N/m）；

E_s——支柱及支撑杆件材料的弹性模量（N/m²）；

I_s——单根支柱的截面惯性矩（m⁴）；

h_0——支柱基础顶面至罐中心的高度（m）；

A_1——单根支撑杆件的截面面积（m²）；

h_1——支撑结构的高度（m）；

l——支撑杆件的长度（m）；

n_i——与地震作用方向夹角为ϕ_i的构架榀数，可按表7.2.3确定；

ψ_i——i构架支撑结构在地震作用方向的拉杆影响系数；

ψ_h——拉杆高度影响系数；

ϕ_i——i构架与地震作用方向的夹角（°），可按表7.2.3采用；

θ——支撑杆件与水平面的夹角（°）；

ϕ_λ——支撑杆件长细比影响系数，长细比小于150时，可采用6；长细比大于、等于150时，可采用12。

表 7.2.3 ϕ_i 及相应的 n_i 值

构架总榀数 / ϕ_i 及 n_i	6		8		10			12		
ϕ_i	60°	0°	67.5°	22.5°	72°	36°	0°	75°	45°	15°
n_i	4	2	4	4	4	4	2	4	4	4

7.2.4 球罐的水平地震作用标准值应按下式计算：

$$F_{sH,k}=\eta_m\alpha_1 W_{eqs,k} \quad (7.2.4)$$

式中 $F_{sH,k}$——水平地震作用标准值（N）。

注：确定 α_1 时，应取阻尼比 $\zeta=0.02$。

7.2.5 当设防烈度为9度时，球罐应计入竖向地震效应，竖向地震作用标准值应按下式计算：

$$F_{sV,k}=\alpha_{Vm}W_{eqs,k} \quad (7.2.5)$$

式中 $F_{sV,k}$——竖向地震作用标准值（N）。

7.2.6 当设防烈度为6度、7度且场地为Ⅰ、Ⅱ类时，球罐可采用独立墩式基础；当设防烈度为8度、9度或场地为Ⅲ、Ⅳ类时，球罐宜采用环形基础或在墩式基础间设置地梁连接成整体。

7.2.7 球罐基础的混凝土强度等级不宜低于C20，基础埋深不宜小于1.5m。

7.2.8 位于Ⅲ、Ⅳ类场地的球罐，与之连接的液相、气相管应设置弯管补偿器或其他柔性连接措施。

7.3 卧式圆筒形贮罐

7.3.1 卧罐可按单质点体系计算，其水平地震作用标准值应按下式确定：

$$F_{hH,k}=\eta_m\alpha_{max}W_{eqh,k} \quad (7.3.1)$$

式中 $F_{hH,k}$——水平地震作用标准值（N）；

$W_{eqh,k}$——卧罐的等效重力荷载标准值（N）。

7.3.2 卧罐按单质点体系，在地震作用下的等效重力荷载标准值可按下式计算：

$$W_{eqh,k}=0.5\ (W_{sk}+W_{lk}) \quad (7.3.2)$$

式中 W_{sk}——罐体及保温层等重量（N）。

7.3.3 当设防烈度为9度时，卧罐应计入竖向地震效应，其竖向地震作用标准值应按下式计算：

$$F_{hV,k}=\alpha_{Vm}W_{eqh,k} \quad (7.3.3)$$

7.3.4 卧罐应设置鞍型支座，支座与支墩间应采用螺栓连接。

7.3.5 卧罐宜设置在构筑物的底层；罐间的联系平台的一端应采用活动支承。

7.3.6 位于Ⅲ、Ⅳ类场地的卧罐，与之连接的液相、气相管应设置弯管补偿器或其他柔性连接措施。

7.4 水槽式螺旋轨贮气罐

7.4.1 湿式罐可简化为多质点体系（图7.4.1），其

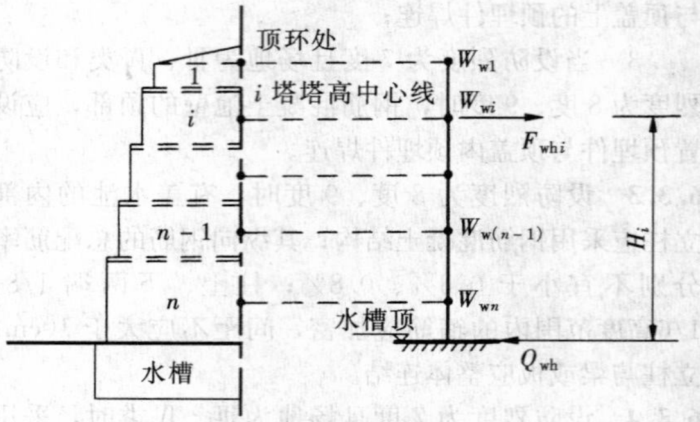

图 7.4.1 湿式罐结构计算简图

水平方向的地震作用标准值可按下列公式计算：

$$Q_{wH,k}=\eta_m\alpha_1 W_{wk} \quad (7.4.1\text{-}1)$$

$$F_{wHi,k}=\frac{W_{wi}H_{wi}}{\sum_{i=1}^{n}W_{wi}H_{wi}}Q_{wH} \quad (7.4.1\text{-}2)$$

式中 Q_{wH}——水槽顶面处上部贮气塔体的总水平地震作用标准值（N）；

W_{wk}——贮气塔体总重量（N），包括各塔塔体结构、水封环内贮水、导轮、附件的重量和配重及罐顶半边均布雪载的50%；

$F_{wHi,k}$——集中质点 i 处的水平向地震作用标准值（N）；

W_{wi}——集中质点 i 处的重量（N），包括 i 塔体结构、水封环内贮水、导轮、附件的重量和配重，顶塔尚应包括罐顶半边均有雪载的50%；

H_{wi}——由水槽顶面至相应集中质点 i 处的高度（m）；

α_1——相应于基振型周期的地震影响系数，当罐容量不大于15万 m^3 时，可取 $T_1=0.5s$。

7.4.2 当设防烈度为9度时，湿式罐应计入竖向地震效应，竖向地震作用标准值应按下列公式计算：

$$P_{wV,k}=\alpha_{Vm}W_w \quad (7.4.2\text{-}1)$$

$$F_{wVi,k}=\frac{W_{wi}H_{wi}}{\sum_{i=1}^{n}W_{wi}H_{wi}}P_{wV,k} \quad (7.4.2\text{-}2)$$

式中 $P_{wV,k}$——总竖向地震作用标准值（N）；

$F_{wVi,k}$——集中质点 i 处的竖向地震作用标准值（N）。

7.4.3 湿式罐的贮气塔体结构，应分别按下列两种情况进行抗震验算：

1 贮气塔全部升起时，应验算各塔导轮、导轨的强度；

2 仅底塔未升起时，应验算该塔上部伸出挂圈的导轨与上挂圈之间的连接强度。

验算时，作用在导轮、导轨上的力应乘以不均匀

系数，可取 1.2 计算。

7.4.4 环形水槽在水平地震作用下的动水压力标准值，应按下列公式计算（图 7.4.4）：

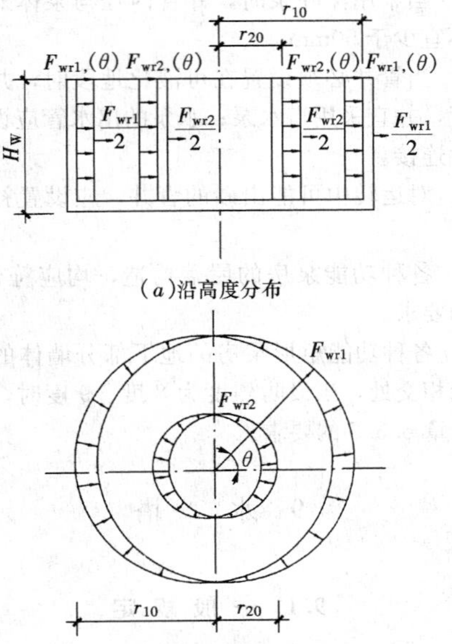

(*a*)沿高度分布

(*b*)沿平面环向分布

图 7.4.4 环形水槽动水压力

$$F_{\mathrm{wr1,k}}(\theta)=K_{\mathrm{H}}\gamma_{\mathrm{w}}H_{\mathrm{w}}F_{\mathrm{wr1}}\cos\theta \quad (7.4.4\text{-}1)$$

$$F_{\mathrm{wr2,k}}(\theta)=K_{\mathrm{H}}\gamma_{\mathrm{w}}H_{\mathrm{w}}F_{\mathrm{wr2}}\cos\theta \quad (7.4.4\text{-}2)$$

$$F_{\mathrm{wr1,k}}=K_{\mathrm{H}}\pi\gamma_{10}H_{\mathrm{w}}^{2}f_{\mathrm{wr1}} \quad (7.4.4\text{-}3)$$

$$F_{\mathrm{wr2,k}}=K_{\mathrm{H}}\pi\gamma_{20}H_{\mathrm{w}}^{2}f_{\mathrm{wr2}} \quad (7.4.4\text{-}4)$$

式中 $F_{\mathrm{wr1,k}}(\theta)$——外槽壁上的动水压力标准值（$N/m^2$）；

$F_{\mathrm{wr2,k}}(\theta)$——内槽壁上的动水压力标准值（$N/m^2$）；

$F_{\mathrm{wr1,k}}$——外槽壁上动水压力标准值沿地震方向的合力（N）；

$F_{\mathrm{wr2,k}}$——内槽壁上动水压力标准值沿地震方向的合力（N）；

r_{10}——环形水槽外壁的内半径（m）；

r_{20}——环形水槽内壁的外半径（m）；

f_{wr1}——外槽壁上的动水压力系数，可按表 7.4.4 采用；

f_{wr2}——内槽壁上的动水压力系数，可按表 7.4.4 采用。

表 7.4.4 环形水槽动水压力系数 f_{wr1}、f_{wr2}

r_{20}/r_{10}	0.75		0.80		0.85		0.90	
H_w/r_{10} \ f_{wr}	f_{wr1}	f_{wr2}	f_{wr1}	f_{wr2}	f_{wr1}	f_{wr2}	f_{wr1}	f_{wr2}
0.20	0.33	0.25	0.30	0.22	0.26	0.18	0.21	0.12
0.25	0.31	0.21	0.28	0.17	0.24	0.13	0.19	0.08

续表 7.4.4

r_{20}/r_{10}	0.75		0.80		0.85		0.90	
H_w/r_{10} \ f_{wr}	f_{wr1}	f_{wr2}	f_{wr1}	f_{wr2}	f_{wr1}	f_{wr2}	f_{wr1}	f_{wr2}
0.30	0.29	0.17	0.27	0.14	0.23	0.10	0.18	0.05
0.35	0.58	0.13	0.26	0.10	0.22	0.06	0.17	0.02
0.40	0.57	0.10	0.25	0.07	0.21	0.03	—	—

7.4.5 位于Ⅲ、Ⅳ类场地上的湿式罐，其高度与直径之比不宜大于 1.2。

7.4.6 贮气塔的每组导轮的轴座，应具有良好的整体构造，如整体浇铸等。

7.4.7 湿式罐的罐容量等于或大于 5000m³ 时，其贮气塔的导轮不宜采用小于 24kg/m 的钢轨。

7.4.8 位于Ⅲ、Ⅳ类场地上的湿式罐，与之连接的进、出口燃气管，均应设置弯管补偿器或其他柔性连接措施。

8 泵 房

8.1 一 般 规 定

8.1.1 本章内容可适用于各种功能的提升、加压、输送等泵房结构。

8.1.2 对设防烈度为 6 度、7 度和设防烈度为 8 度且泵房地下部分高度与地面以上高度之比大于 1 的地下水取水井室（泵房）、各种功能泵房的地下部分结构；均可不进行抗震验算，但均应符合相应设防烈度（含需要提高一度设防）的抗震措施要求。

8.1.3 采用卧式泵和轴流泵的地面以上部分泵房结构，其抗震验算和相应的抗震措施，应按《建筑抗震设计规范》GB 50011 中相应结构类别的有关规定执行。

8.1.4 当泵房和控制室、配电室或生活用房毗连时，应符合下列要求：

1 基础不宜坐落在不同高程；当不可避免时，对埋深浅的基础下应做人工地基处理，避免导致震陷。

2 当基础坐落高差或建筑竖向高差较大；平面布置相差过大；结构刚度截然不同时，均应设防震缝。

3 防震缝应沿建筑物全高设置，缝两侧均应设置墙体，基础可不设缝（当结合沉降缝时则应贯通基础），缝宽不宜小于 50mm。

8.2 地震作用计算

8.2.1 地下水取水井室可简化为单质点体系，其水平地震作用标准值的确定，应符合下列规定：

1 当场地为Ⅰ、Ⅱ类时，可仅对井室的室外地面以上结构进行计算，水平地震作用标准值可按下式确定：

$$F_{pk}=\alpha_{max}W_{eqp,k} \quad (8.2.1\text{-}1)$$

$$W_{eqp,k}=W_{pt,k}+0.37W_{pw,k} \quad (8.2.1\text{-}2)$$

式中 F_{pk}——简化为单质点体系时，井室所承受的水平地震作用标准值（kN）；

$W_{eqp,k}$——室外地面以上井室的等效总重力荷载标准值（kN）；

$W_{pt,k}$——井室屋盖自重标准值及50%雪载之和（kN）；

$W_{pw,k}$——室外地面以上井室结构墙体自重标准值（kN）。

2 当场地为Ⅲ、Ⅳ类时，井室所承受的水平地震作用标准值可按下式确定：

$$F_{pk}=\eta_p\alpha_{max}W'_{eqp,k} \quad (8.2.1\text{-}3)$$

$$W'_{eqp,k}=W_{pt,k}+0.25W'_{pw,k} \quad (8.2.1\text{-}4)$$

式中 η_p——考虑井室结构与地基土共同作用的折减系数，可按表8.2.1采用；

$W'_{eqp,k}$——井室的等效总重力荷载（kN）；

$W'_{pw,k}$——井室基础以上墙体及楼梯等的自重标准值（kN）。

表 8.2.1 折减系数 η_p

$\frac{D_p}{H_p}$	0.40	0.50	0.55	0.60	0.65	0.70	0.75	0.80
η_p	1.00	0.94	0.89	0.85	0.78	0.74	0.68	0.63

注：表中 H_p 为井室全高；D_p 为井室地面以下埋深。

8.2.2 当设防烈度为8度、9度时，各种功能泵房的地下部分结构，应计入水平地震作用所产生的结构自重惯性力、动水压力（泵房内部）和动土压力，其标准值可按第6章相应计算规定确定。

8.3 构造措施

8.3.1 地下水取水井室的结构构造，应符合下列规定：

1 当设防烈度为7度、8度时，砌体砂浆不应低于M7.5；门宽不宜大于1.0m；窗宽不宜大于0.6m。

2 当设防烈度为7度、8度时，预制装配式钢筋混凝土屋盖的板缝应配置不少于1ϕ6钢筋，并应采用不低于M10砂浆灌严；墙顶应设置钢筋混凝土圈梁；板缝钢筋应与圈梁拉结；板与梁和梁与圈梁间应有可靠拉结。

3 当设防烈度为9度时，屋盖宜整体现浇钢筋混凝土结构或在预制装配结构上浇筑二期钢筋混凝土叠合层；砌体墙上门及窗洞处应设置钢筋混凝土边框，厚度不宜小于120mm。

8.3.2 管井的设计构造应符合下列要求：

1 除设防烈度为6度或7度的Ⅰ、Ⅱ类场地外，管井不宜采用非金属材质。

2 当采用深井泵时，井管内径与泵体外径间的空隙不宜少于50mm。

3 当管井必须设置在可液化地段时，井管应采用钢管，并宜采用潜水泵；水泵的出水管应设有良好的柔性连接。

4 对运转中可能出砂的管井，应设置补充滤料设施。

8.3.3 各种功能泵房的屋盖构造，均应符合8.3.1规定的要求。

8.3.4 各种功能矩形泵房的地下部分墙体的拐角处及两墙相交处，当设防烈度为8度、9度时，均应符合第6章6.3.5的要求。

9 水 塔

9.1 一般规定

9.1.1 本章内容可适用于下列条件的水塔：

1 普通类型、功能单一的独立式水塔；

2 水柜为钢筋混凝土结构。

9.1.2 水柜的支承结构应根据水塔建设场地的抗震设防烈度、场地类别及水柜容量确定结构形式。

1 6度、7度地区且场地为Ⅰ、Ⅱ类，水柜容积不大于20m^{3}时，可采用砖柱支承；

2 6度、7度或8度Ⅰ、Ⅱ类场地，水柜容积不大于50m^{3}时，可采用砖筒支承；

3 9度或8度且场地为Ⅲ、Ⅳ类时，应采用钢筋混凝土结构支承。

9.1.3 水柜可不进行抗震验算，但应符合本章给出的相应构造措施要求。

9.1.4 水柜支承结构当符合下列条件时，可不进行抗震验算，但应符合本章给出的相应构造措施要求。

1 7度且场地为Ⅰ、Ⅱ类的钢筋混凝土支承结构；水柜容积不大于50m^{3}且高度不超过20m的砖筒支承结构；水柜容积不大于20m^{3}且高度不超过7m的砖柱支承结构。

2 7度或8度且场地为Ⅰ、Ⅱ类，水柜的钢筋混凝土筒支承结构。

9.1.5 水塔的抗震验算应符合下列规定：

1 应考虑水塔上满载和空载两种工况；

2 支承结构为构架时，应分别按正向和对角线方向进行验算；

3 9度地区的水塔应考虑竖向地震作用。

9.2 地震作用计算

9.2.1 水塔的地震作用可按单质点计算，在水平地震作用下的地震作用标准值可按下式计算：

$$F_{wt,k}=[(\alpha_f W_f)^2+(\alpha_s W_s)^2]^{1/2} \quad (9.2.1\text{-}1)$$

$$W_s=0.456\frac{r_0}{h_w}\tanh\left(1.84\frac{h_w}{r_0}\right)W_w \quad (9.2.1\text{-}2)$$

$$W_f=(W_w-W_s)+\xi_{ts}G_{ts,k}+G_{tw,k} \quad (9.2.1\text{-}3)$$

式中 $F_{wt,k}$——作用在水柜重心处的水平地震作用标准值（kN）；

W_s——水柜中产生对流振动的水体重量（kN）；

W_f——作用在水柜重心处水塔结构的等效重量及水柜中脉冲水体的重量之和（kN）；

W_w——水柜中的总贮水重量（kN）；

$G_{ts,k}$——水塔支承结构的重量标准值（kN）；

$G_{tw,k}$——水塔水柜结构的重量标准值（kN）；

ζ_{ts}——水塔支承结构重量作用在水柜重心处的等效系数，对等刚度支承结构可取 0.35；对变刚度支承结构可按具体条件取 $0.35>\xi_{ts}\geqslant 0.25$；

h_w——水柜内的贮水高度，对倒锥形水柜可取水面至锥壳底端的高度（m）；

r_0——水柜的内半径，对倒锥形水柜可取上部筒壳的内半径（m）；

α_f——相应于水塔结构基本自振周期的水平地震影响系数（空柜或满水），应按本规范 5.1.5 条确定；

α_s——相应于水柜中水的基本自振周期的水平地震影响系数，可按本规范 5.1.5 条及 5.1.6 条规定并取 $\zeta=0$ 确定。

9.2.2 水塔结构的基本自振周期可按下式计算：

$$T_{ts}=2\pi\sqrt{\frac{W_f}{gK_{ts}}} \quad (9.2.2)$$

式中 T_{ts}——水塔结构的基本自振周期（s）；

K_{ts}——水塔支承结构的刚度（kN/m）；

g——重力加速度（m/s^2）。

注：当计算空柜时，W_f 中不含贮水作用项。

9.2.3 水柜中水的基本自振周期可按下式计算：

$$T_w=\frac{2\pi}{\sqrt{\frac{g}{r_0}1.84\tanh\left(1.84\frac{h_w}{r_0}\right)}} \quad (9.2.3)$$

9.2.4 对位于 9 度地区的水塔，应验算竖向地震作用，可按本规范 5.3.2 条规定计算。当验算竖向地震作用与水平地震作用组合效应时，应采用平方和开方组合确定。

9.3 构 造 措 施

9.3.1 除Ⅰ类场地外，水塔采用柱支承时，柱基宜采用整体筏基或环状基础；当采用独立柱基时，应设置连系梁。

9.3.2 水柜由钢筋混凝土筒支承时，应符合下列构造要求：

1 筒壁的竖向钢筋直径不应小于 12mm，间距不应大于 200mm。

2 筒壁上的门洞处，应设置加厚门框，并配置加强筋，两侧门框内的加强筋截面积不应少于切断竖向钢筋截面积的 1.5 倍，并应在门洞顶部两侧加设八字斜筋，斜筋里外层不少于 2ϕ12 钢筋。

3 筒壁上的窗洞或其他孔洞处，周围应设置加强筋；加强筋构造同门洞处要求，但八字斜筋应上下均设置。

9.3.3 水柜由钢筋混凝土构架支承时，应符合下列构造要求：

1 横梁内箍筋的搭接长度不应少于 40 倍钢筋直径；箍筋间距不应大于 200mm，且在梁端的 1 倍梁高范围内，箍筋间距不应大于 100mm。

2 立柱内的箍筋间距不应大于 200mm，且在水柜以下和基础以上各 800mm 范围内以及梁柱节点上下各 1 倍柱宽并不小于 1/6 柱净高范围内，柱内箍筋间距不应大于 100mm；箍筋直径，7 度、8 度不应小于 8mm，9 度不应小于 10mm。

3 水柜下环梁和支架梁端应加设腋角，并配置不少于主筋截面积 50%的钢筋。

4 8 度、9 度时，当水塔高度超过 20m 时，沿支架高度每隔 10m 左右宜设置钢筋混凝土水平交叉支撑一道，支撑构件的截面不宜小于支架柱的截面。

9.3.4 水柜由砖筒支承的水塔，应符合下列构造要求：

1 对 6 度Ⅳ类场地和 7 度Ⅰ、Ⅱ类场地的砖筒内应有适量配筋，其配筋范围及配筋量不应少于表 9.3.4 的要求。

表 9.3.4 砖筒壁配筋要求

配筋方式 \ 烈度和场地类别	6 度Ⅳ类场地和 7 度Ⅰ、Ⅱ类场地
配筋高度范围	全高
砌体内竖向配筋	ϕ10，间距 500～700mm，并不少于 6 根
砌体竖槽配筋	每槽 1ϕ12，间距 1000mm，并不少于 6 根
砌体内环向配筋	ϕ8，间距 360mm

2 对 7 度Ⅲ、Ⅳ类场地和 8 度Ⅰ、Ⅱ类场地的砖筒壁，宜设置不少于 4 根构造柱，柱截面不宜小于 240mm×240mm，并与圈梁连接；柱内纵向钢筋宜采用 4ϕ14，箍筋间距不应大于 200mm，且在柱上、下两端宜加密；沿柱高每隔 500mm 设置 2ϕ6 拉结钢筋，每边伸入筒壁内长度不宜小于 1m；柱底端应锚入筒壁基础内。

3 砖筒沿高度每隔 4m 左右宜设圈梁一道，其截面高度不宜小于 180mm，宽度不宜小于筒壁厚度的2/3或 240mm；梁内纵筋不宜少于 4ϕ12，箍筋间距不宜大于 250mm。

4　砖筒上的门洞上下应设置钢筋混凝土圈梁。洞两侧 7 度Ⅰ、Ⅱ类场地应设置门框，门框的截面尺寸应能弥补门洞削弱的刚度；7 度Ⅲ、Ⅳ类场地和 8 度Ⅰ、Ⅱ类场地应设置钢筋混凝土门框，门框内竖向钢筋截面积不应少于上下圈梁内的配筋量，并应锚入圈梁内。

5　砖筒上的其他洞口处，宜与门洞处采取相同的构造措施，当洞上下无圈梁时应加设 3ϕ8 钢筋，其两端伸入筒壁长度不应小于 1m。

10　管　道

10.1　一 般 规 定

10.1.1　本章中架空管道内容适用于跨越河、湖及其他障碍的自承式管道。

10.1.2　埋地管道应计算在水平地震作用下，剪切波所引起管道的变位或应变。

10.1.3　对高度大于 3.0mm 的埋地矩形或拱形管道，除应计算管道纵向作用效应外，尚应计算在水平地震作用下动土压力等对管道横截面的作用效应。

10.1.4　符合下列条件的管道结构可不进行抗震验算：

1　各种材质的埋地预制圆形管材，其连接接口均为柔性构造，且每个接口的允许轴向拉、压变位不小于 10mm。

2　设防烈度 6 度、7 度，符合 7 度抗震构造要求的埋地雨、污水管道。

3　设防烈度为 6 度、7 度或 8 度Ⅰ、Ⅱ类场地的焊接钢管和自承式架空平管。

4　管道上的阀门井、检查井等附属构筑物。

10.2　地震作用计算

10.2.1　地下直埋式管道的抗震验算应满足第 5 章 5.5 的要求，由地震时剪切波行进中引起的直线段管道结构的作用效应标准值，可按附录 C 计算。

10.2.2　符合本章 10.1.3 规定的地下管道，在水平地震作用下土压力标准值，可按本规定 6.2.4 的规定计算。

10.2.3　架空管道纵向或横向的基本自振周期，可按下式计算：

$$T_1=2\pi\sqrt{\frac{G_{eq}}{gK_c}} \qquad (10.2.3)$$

式中　T_1——基本自振周期（s）；

G_{eq}——纵向或横向计算单元（跨度）等代重力荷载代表值（N），应取永久荷载标准值的 100%，可变荷载标准值的 50% 和支承结构自重标准值的 30%；

K_c——纵向或横向支承结构的刚度（N/m）。

10.2.4　架空管道支承结构所承受的水平地震作用标准值，可按下式计算：

$$F_{hc,k}=\alpha_1 G_{eq} \qquad (10.2.4)$$

式中　α_1——相应纵向或横向基本自振周期的地震影响系数。

10.2.5　当设防烈度为 9 度时，架空管道支承结构应计算竖向地震作用效应，其竖向地震作用标准值可按下式计算：

$$F_{cV,k}=\alpha_{V\max} G_{eq} \qquad (10.2.5)$$

10.2.6　架空管道结构所承受的水平地震作用标准值，可按下列公式计算：

1　平管：

$$F_{ph,k}=\frac{\alpha_1 G'_{eq}}{l} \qquad (10.2.6\text{-}1)$$

2　折线形管：

$$F_{pc,k}=\frac{\alpha_1 G'_{eq}}{2l_1+l_2} \qquad (10.2.6\text{-}2)$$

3　拱形管：

$$F_{pa,k}=\frac{\alpha_1 G'_{eq}}{l_a} \qquad (10.2.6\text{-}3)$$

式中　$F_{ph,k}$——平管单位长度的水平地震作用标准值（N/mm）；

l——平管的计算单元长度（mm）；

$F_{pc,k}$——折线形管单位长度的水平地震作用标准值(N/mm)；

l_1——折线形管的折线部分管道长度（mm）；

l_2——折线形管的水平部分管道长度（mm）；

$F_{pa,k}$——拱形管单位长度的水平地震作用标准值(N/mm)；

l_a——拱形管道的拱形弧长（mm）；

G'_{eq}——管道的总重力荷载标准值（N），即为 G_{eq} 减去管道支承结构自重标准值的 30%。

10.2.7　当设防烈度为 9 度时，架空管道应计算竖向地震作用效应，其竖向地震作用标准值可按下列公式计算：

1　平管：

$$F_{phv,k}=\alpha_{vm}\frac{G'_{eq}}{l} \qquad (10.2.7\text{-}1)$$

2　折线形管：

$$F_{pcv,k}=\alpha_{vm}\frac{G'_{eq}}{2l_1+l_2} \qquad (10.2.7\text{-}2)$$

3　拱形管：

$$F_{pav,k}=\alpha_{vm}\frac{G'_{eq}}{l_a} \qquad (10.2.7\text{-}3)$$

式中 $F_{phv,k}$——平管单位长度的竖向地震作用标准值（N/mm）；

$F_{pcv,k}$——折线形管单位长度的竖向地震作用标准值(N/mm)；

$F_{pav,k}$——拱形管单位长度的竖向地震作用标准值(N/mm)。

10.3 构造措施

10.3.1 给水和燃气管道的管材选择，应符合下列要求：

1 材质应具有较好的延性；

2 承插式连接的管道，接头填料宜采用柔性材料；

3 过河倒虹吸管或架空管应采用焊接钢管；

4 穿越铁路或其他主要交通干线以及位于地基土为液化土地段的管道，宜采用焊接钢管。

10.3.2 地下直埋或架空敷设的热力管道，当设防烈度为8度（含8度）以下时，管外保温材料应具有良好的柔性；当设防烈度为9度时，宜采取管沟内敷设。

10.3.3 地下直埋圆形排水管道应符合下列要求：

1 当采用钢筋混凝土平口管，设防烈度为8度以下及8度Ⅰ、Ⅱ类场地时，应设置混凝土管基，并应沿管线每隔26～30m设置变形缝，缝宽不小于20mm，缝内填柔性材料；8度Ⅲ、Ⅳ类场地或9度时，不应采用平口连接管。

2 8度Ⅲ、Ⅳ类场地或9度时，应采用承插式管或企口管，其接口处填料应采用柔性材料。

10.3.4 混合结构的矩形管道应符合下列要求：

1 砌体采用砖不应低于MU10；块石不应低于MU20；砂浆不应低于M10。

2 钢筋混凝土盖板与侧墙应有可靠连接。设防烈度为7度、8度且属Ⅲ、Ⅳ类场地时，预制装配顶盖不得采用梁板系统结构（不含钢筋混凝土槽形板结构）。

3 基础应采用整体底板。当设防烈度为8度且场地为Ⅲ、Ⅳ类时，底板应为钢筋混凝土结构。

10.3.5 当设防烈度为9度或场地土为可液化地段时，矩形管道应采用钢筋混凝土结构，并适当加设变形缝；缝的构造等应符合4.3.10的第3款要求。

10.3.6 地下直埋承插式圆形管道和矩形管道，在下列部位应设置柔性接头及变形缝：

1 地基土质突变处；

2 穿越铁路及其他重要的交通干线两端；

3 承插式管道的三通、四通、大于45°的弯头等附件与直线管段连接处。

注：附件支墩的设计应符合该处设置柔性连接的受力条件。

10.3.7 当设防烈度为7度且地基土为可液化地段或设防烈度为8度、9度时，泵及压送机的进、出管上宜设置柔性连接。

10.3.8 管道穿过建（构）筑物的墙体或基础时，应符合下列要求：

1 在穿管的墙体或基础上应设置套管，穿管与套管间的缝隙内应填充柔性材料。

2 当穿越的管道与墙体或基础为嵌固时，应在穿越的管道上就近设置柔性连接。

10.3.9 当设防烈度为7度、8度且地基土为可液化土地段或设防烈度为9度时，热力管道干线的附件均应采用球墨铸铁或铸钢材料。

10.3.10 燃气厂及储配站的出口处，均应设置紧急关断阀。

10.3.11 管网上的阀门均应设置阀门井。

10.3.12 当设防烈度为7度、8度且地基土为可液化土地段或设防烈度为9度时，管网的阀门井、检查井等附属构筑物不宜采用砌体结构。如采用砌体结构时，砖不应低于MU10，块石不应低于MU20，砂浆不应低于M10，并应在砌体内配置水平封闭钢筋，每500mm高度内不应少于2ϕ6。

10.3.13 架空管道的活动支架上，应设置侧向挡板。

10.3.14 当输水、输气等埋地管道不能避开活动断裂带时，应采取下列措施：

1 管道宜尽量与断裂带正交；

2 管道应敷设在套筒内，周围填充砂料；

3 管道及套筒应采用钢管；

4 断裂带两侧的管道上（距断裂带有一定的距离）应设置紧急关断阀。

附录A 我国主要城镇抗震设防烈度、设计基本地震加速度和设计地震分组

本附录仅提供我国抗震设防区各县级及县级以上的中心地区工程建设抗震设计时所采用的抗震设防烈度、设计基本地震加速度和设计地震分组。

注：本附录一般把设计抗震第一、二、三组简称为"第一组、第二组、第三组"。

A.0.1 首都和直辖市

1 抗震设防烈度为8度、设计基本地震加速度值为0.20g：

北京（除昌平、门头沟外的11个市辖区），平谷，大兴，延庆，宁河，汉沽。

2 抗震设防烈度为7度、设计基本地震加速度值为0.15g：

密云，怀柔，昌平，门头沟，天津（除汉沽、大港外的12个市辖区），蓟县，宝坻，静海。

3 抗震设防烈度为7度、设计基本地震加速度值为0.10g：

大港，上海（除金山外的15个市辖区），南汇，奉贤。

4 抗震设防烈度为6度、设计基本地震加速度值为0.05g：

崇明，金山，重庆（14个市辖区），巫山，奉节，云阳，忠县，丰都，长寿，壁山，合川，铜梁，大足，荣昌，永川，江津，綦江，南川，黔江，石柱，巫溪*。

注：1 首都和直辖市的全部县级和县级以上设防城镇，设计地震分组均为第一组；

2 上标*指该城镇的中心位于本设防区和较低设防区的分界线，下同。

A.0.2 河北省

1 抗震设防烈度为8度、设计基本地震加速度值为0.20g：

第一组：廊坊（2个市辖区），唐山（5个市辖区），三河，大厂，香河，丰南，丰润，怀来，涿鹿。

2 抗震设防烈度为7度、设计基本地震加速度值为0.15g：

第一组：邯郸（4个市辖区），邯郸县，文安，任丘，河间，大城，涿州，高碑店。涞水，固安，永清，玉田，迁安，卢龙，滦县，滦南，唐海，乐亭，宣化，蔚县，阳原，成安，磁县，临漳，大名，宁晋。

3 抗震设防烈度为7度、设计基本地震加速度值为0.10g：

第一组：石家庄（6个市辖区），保定（3个市辖区）。张家口（4个市辖区），沧州（2个市辖区），衡水，邢台（2个市辖区），霸州，雄县，易县，沧县，张北，万全，怀安，兴隆，迁西，抚宁，昌黎，青县，献县，广宗，平乡，鸡泽，隆尧，新河曲周，肥乡，馆陶，广平，高邑，内丘，邢台县，赵县，武安，涉县，赤城，涞源，定兴，容城，徐水，安新，高阳，博野，蠡县，肃宁，深泽，安平，饶阳，魏县，藁城，栾城，晋州，深州，武强，辛集，冀州，任县，柏乡，巨鹿，南和，沙河，临城，泊头，永年，崇礼，南宫*。

第二组：秦皇岛（海港、北戴河），清苑，遵化，安国。

4 抗震设防烈度为6度、设计基本地震加速度值为0.05g：

第一组：正定，围场，尚义，灵寿，无极，平山，鹿泉，井陉，元氏，南皮，吴桥，景县，东光。

第二组：承德（除鹰手营子以外的两个市辖区），隆化，承德县，宽城，青龙，阜平，满城，顺平，唐县，望都，曲阳，定州，行唐，赞皇，黄骅，海兴，孟村，盐山，阜城，故城，清河，山海关，沽源，新乐，武邑，枣强，威县。

第三组：丰宁，滦平，鹰手营子，平泉，临西，邱县。

A.0.3 山西省

1 抗震设防烈度为8度、设计基本地震加速度值为0.20g：

第一组：太原（6个市辖区），临汾，忻州，祁县，平遥，古县，代县，原平，定襄，阳曲，太谷，介休，耿石，汾西，霍州，洪洞，襄汾，晋中，浮山，永济，清徐。

2 抗震设防烈度为7度、设计基本地震加速度值为0.15g：

第一组：大同（4个市辖区），朔州（朔城区），大同县，怀仁，浑源，广灵，应县，山阴，灵丘，繁峙，五台，古交，交城，文水，汾阳，曲沃，孝义，侯马，新绛，稷山，绛县，河津，闻喜，翼城，万荣。临猗，夏县，运城，芮城，平陆。沁源*，宁武*。

3 抗震设防烈度为7度、设计基本地震加速度值为0.10g：

第一组：长治（2个市辖区），阳泉（3个市辖区），长治县，阳高，天镇，左云，右玉，神池，寿阳，昔阳。安泽，乡宁，垣曲，沁水，平定，和顺，黎城，潞城，壶关。

第二组：平顺，榆衬，武乡，娄烦，交口，隰县，蒲县，吉县，静乐，盂县，沁县，陵川，平鲁。

4 抗震设防烈度为6度、设计基本地震加速度值为0.05g：

第二组：偏关，河曲，保德，兴县，临县，方山，柳林。

第三组：晋城，离石，左权，襄垣，屯留，长子，高平，阳城，泽州，五寨，岢岚，岚县，中阳，石楼，永和，大宁。

A.0.4 内蒙古自治区

1 抗震设防烈度为8度、设计基本地震加速度值为0.30g：

第一组：土默特右旗，达拉特旗*。

2 抗震设防烈度为8度、设计基本地震加速度值为0.20g：

第一组：包头（除白云矿区外的5个市辖区），呼和浩特（4个市辖区），土默特左旗，乌海（3个市辖区），杭锦后旗，磴口，宁城，托克托*。

3 抗震设防烈度为7度、设计基本地震加速度值为0.15g：

第一组：喀拉沁旗，五原，乌拉特前旗，临河，固阳，武川，凉城，和林格尔，赤峰（红山*，元宝山区）

第二组：阿拉善左旗。

4 抗震设防烈度为7度、设计基本地震加速度值为0.10g：

第一组：集宁，清水河，开鲁，傲汉旗，乌特拉后旗，卓资，察右前旗，丰镇，扎兰屯，乌特拉中旗，赤峰（松山区），通辽*。

第三组：东胜，准格尔旗。

5　抗震设防烈度为6度、设计基本地震加速度值为0.05g：

第一组：满洲里，新巴尔虎右旗，莫力达瓦旗，阿荣旗，扎赉特旗，翁牛特旗，兴和，商都，察右后旗，科左中旗，科左后旗，奈曼旗，库伦旗，乌审旗，苏尼特右旗。

第二组：达尔罕茂明安联合旗，阿拉善右旗，鄂托克旗，鄂托克前旗，白云。

第三组：伊金霍洛旗，杭锦旗，四王子旗，察右中旗。

A.0.5　辽宁省

1　抗震设防烈度为8度、设计基本地震加速度值为0.20g：

普兰店，东港。

2　抗震设防烈度为7度、设计基本地震加速度值为0.15g：

营口（4个市辖区），丹东（3个市辖区），海城，大石桥，瓦房店，盖州，金州。

3　抗震设防烈度为7度、设计基本地震加速度值为0.10g：

沈阳（9个市辖区），鞍山（4个市辖区），大连（除金州外的5个市辖区），朝阳（2个市辖区），辽阳（5个市辖区），抚顺（除顺城外的3个市辖区），铁岭（2个市辖区），盘锦（2个市辖区），盘山，朝阳里，辽阳里，岫岩，铁岭县，凌源，北票，建平，开原，抚顺县，灯塔，台安，大洼，辽中。

4　抗震设防烈度为6度、设计基本地震加速度值为0.05g：

本溪（4个市辖区），阜新（5个市辖区），锦州（3个市辖区），葫芦岛（3个市辖区），昌图，西丰，法库，彰武，铁法，阜新县，康平，新民，黑山，北宁，义县，喀喇沁，凌海，兴城，绥中，建昌，宽甸，凤城，庄河，长海，顺城。

注：全省县级及县级以上设防城镇的设计地震分组。除兴城，绥中，建昌。南票为第二组外，均为第一组。

A.0.6　吉林省

1　抗震设防烈度为8度、设计基本地震加速度值为0.20g：

前郭尔罗斯，松原。

2　抗震设防烈度为7度、设计基本地震加速度值为0.15g：

大安*。

3　抗震设防烈度为7度、设计基本地震加速度值为0.10g：

长春（6个市辖区），吉林，（除丰满外的3个市辖区），白城，乾安，舒兰，九台，永吉*。

4　抗震设防烈度为6度、设计基本地震加速度值为0.05g：

四平（2个市辖区），辽源（2个市辖区），镇赉，洮南，延吉，汪清，图们，珲春，龙井，和龙，安图，蛟河，桦甸，梨树，磐石，东丰，辉南，梅河口，东辽，榆树，靖宇，抚松，长岭，通榆，德惠，农安，伊通，公主岭，扶余，丰满。

注：全省县级及县级以上设防城镇，设计地震分组均为第一组。

A.0.7　黑龙江省

1　抗震设防烈度为7度、设计基本地震加速度值为0.10g：

绥化，萝北，泰来。

2　抗震设防烈度为6度、设计基本地震加速度值为0.05g：

哈尔滨（7个市辖区），齐齐哈尔（7个市辖区），大庆（5个市辖区），鹤岗（6个市辖区），牡丹江（4个市辖区），鸡西（6个市辖区），佳木斯（5个市辖区），七台河（3个市辖区），伊春（伊春区，乌马河区），鸡东，望奎，穆棱，绥芬河，东宁，宁安，五大连池，嘉荫，汤原，桦南，桦川，依兰，勃利，通河，方正，木兰，巴彦，延寿，尚志，宾县，安达，明水，绥棱，庆安，兰西，肇东，肇州，肇源，呼兰，阿城，双城，五常，讷河，北安，甘南，富裕，龙江，黑河，青冈*，海林*。

注：全省县级及县级以上设防城镇，设计地震分组均为第一组。

A.0.8　江苏省

1　抗震设防烈度为8度、设计基本地震加速度值为0.30g：

第一组：宿迁，宿豫*。

2　抗震设防烈度为6度、设计基本地震加速度值为0.20g：

第一组：新沂，邳州，睢宁。

3　抗震设防烈度为7度、设计基本地震加速度值为0.15g：

第一组：扬州（3个市辖区），镇江（2个市辖区），东海，沭阳，泗洪，江都，大丰。

4　抗震设防烈度为7度、设计基本地震加速度值为0.10g：

第一组：南京（11个市辖区），淮安（除楚州外的3个市辖区），徐州（5个市辖区），铜山，沛县，常州（4个市辖区），泰州（2个市辖区），赣榆，泗阳，盱眙，射阳，江浦，武进，盐城，盐都，东台，海安，姜堰，如皋，如东，扬中，仪征，兴化，高邮，六合，句容，丹阳，金坛，丹徒，溧阳，溧水，昆山，太仓。

第三组：连云港（4个市辖区），灌云。

5　抗震设防烈度为 6 度、设计基本地震加速度值为 0.05g：

第一组：南通（2 个市辖区），无锡（6 个市辖区），苏州（6 个市辖区），通州，宜兴，江阴，洪泽，金湖，建湖，常熟，吴江，靖江，泰兴，张家港，海门，启东，高淳，丰县。

第二组：响水，滨海，阜宁，宝应，金湖。

第三组：灌南，涟水，楚州。

A.0.9　浙江省

1　抗震设防烈度为 7 度、设计基本地震加速度值为 0.10g：

岱山，嵊泗，舟山（2 个市辖区）。

2　抗震设防烈度为 6 度、设计基本地震加速度值为 0.05g：

杭州（6 个市辖区），宁波（5 个市辖区），湖州，嘉兴（2 个市辖区），温州（3 个市辖区），绍兴，绍兴县，长兴，安吉，临安，奉化，鄞县，象山，德清，嘉善，平湖，海盐，桐乡，余杭，海宁，萧山，上虞，慈溪，余姚，瑞安，富阳，平阳，苍南，乐清，永嘉，泰顺，景宁，云和，庆元，洞头。

注：全省县级及县级以上设防城镇，设计地震分组均为第一组。

A.0.10　安徽省

1　抗震设防烈度为 7 度、设计基本地震加速度值为 0.15g：

第一组：五河，泗县。

2　抗震设防烈度为 7 度、设计基本地震加速度值为 0.10g：

合肥（4 个市辖区），蚌埠（4 个市辖区），阜阳（3 个市辖区），淮南（5 个市辖区），枞阳，怀远，长丰，六安（2 个市辖区），灵璧，固镇，凤阳，明光，定远，肥东，肥西，舒城，庐江，桐城，霍山，涡阳，安庆（3 个市辖区）*，铜陵县*。

3　抗震设防烈度为 6 度、设计基本地震加速度值为 0.05g：

第一组：铜陵（3 个市辖区），芜湖（4 个市辖区），巢湖，马鞍山（4 个市辖区），滁州（2 个市辖区），芜湖县，砀山，萧县，亳州，界首，太和，临泉，阜南，利辛，蒙城，凤台，寿县，颍上，霍丘，金寨，天长，来安，全椒，含山，和县，当涂，无为，繁昌，池州，岳西，潜山，太湖，怀宁，望江，东至，宿松，南陵，宣城，郎溪，广德，泾县，青阳，石台。

第二组：濉溪，淮北。

第三组：宿州。

A.0.11　福建省

1　抗震设防烈度为 8 度、设计基本地震加速度值为 0.20g：

第一组：金门*。

2　抗震设防烈度为 7 度、设计基本地震加速度值为 0.15g：

第一组：厦门（7 个市辖区），漳州（2 个市辖区），晋江，石狮，龙海，长泰，漳浦，东山，诏安。

第二组：泉州（4 个市辖区）。

3　抗震设防烈度为 7 度、设计基本地震加速度值为 0.10g：

第一组：福州（除马尾外的 4 个市辖区），安溪，南靖，华安，平和，云霄。

第二组：莆田（2 个市辖区），长乐，福清，莆田县，平潭，惠安，南安，马尾。

4　抗震设防烈度为 6 度、设计基本地震加速度值为 0.05g：

第一组：三明（2 个市辖区），政和，屏南，霞浦，福鼎，福安，柘荣，寿宁，周宁，松溪，宁德，古田，罗源，沙县，龙溪，闽清，闽侯，南平，大田，漳平，龙岩，永定，泰宁，宁化，长汀，武平，建宁，将乐，明溪，清流，连城，上杭，永安，建瓯。

第二组：连江，永泰，德化，永春，仙游。

A.0.12　江西省

1　抗震设防烈度为 7 度、设计基本地震加速度值为 0.10g：

寻乌，会昌。

2　抗震设防烈度为 6 度、设计基本地震加速度值为 0.05g：

南昌（5 个市辖区），九江（2 个市辖区），南昌县，进贤，余干，九江县，彭泽，湖口，星子，瑞昌，德安，都昌，武宁，修水，靖安，铜鼓，宜丰，宁都，石城，瑞金，安远，安南，龙南，全南，大余。

注：全省县级及县级以上设防城镇，设计地震分组均为第一组。

A.0.13　山东省

1　抗震设防烈度为 8 度、设计基本地震加速度值为 0.20g：

第一组：郯城，临沭，莒南，莒县，沂水，安丘，阳谷。

2　抗震设防烈度为 7 度、设计基本地震加速度值为 0.15g：

第一组：临沂（3 个市辖区），潍坊（4 个市辖区），菏泽，东明，聊城，苍山，沂南，昌邑，昌乐，青州，临驹，诸城，五莲，长岛，蓬莱，龙口，莘县，鄄城，寿光*。

3　抗震设防烈度为 7 度、设计基本地震加速度值为 0.10g：

第一组：烟台（4 个市辖区），威海，枣庄（5 个市辖区），淄博（除博山外的 4 个市辖区），平原，高唐，茌平，东阿，平阴，梁山，郓城，定陶，巨野，成武，曹县，广饶，博兴，高青，桓台，文登，沂源，蒙阴，费县，微山，禹城，冠县，莱芜（2个市辖区）*，单县*，夏津*。

第二组：东营（2个市辖区），招远，新泰，栖霞，莱州，日照，平度，高密，垦利，博山，滨州*，平邑*。

4 抗震设防烈度为6度、设计基本地震加速度值为0.05g：

第一组：德州，宁阳，陵县，曲阜，邹城，鱼台，乳山，荣成，兖州。

第二组：济南（5个市辖区），青岛（7个市辖区），泰安（2个市辖区），济宁（2个市辖区），武城，乐陵，庆云，无棣，阳信，宁津，沾化，利津，惠民，商河，临邑，济阳，齐河，邹平，章丘，泗水，莱阳，海阳，金乡，滕州，莱西，即墨。

第三组：胶南，胶州，东平，汶上，嘉祥，临清，长清，肥城。

A.0.14 河南省

1 抗震设防烈度为8度、设计基本地震加速度值为0.20g：

第一组：新乡（4个市辖区），新乡县，安阳（4个市辖区），安阳县，鹤壁（3个市辖区），原阳，延津，汤阴，淇县，卫辉，获嘉，范县，辉县。

2 抗震设防烈度为7度、设计基本地震加速度值为0.15g：

第一组：郑州（6个市辖区），濮阳，濮阳县，长桓，封丘，修武，武陟，内黄，浚县，滑县，台前，南乐，清丰，灵宝，三门峡，陕县，林州*。

3 抗震设防烈度为7度、设计基本地震加速度值为0.10g：

第一组：洛阳（6个市辖区），焦作（4个市辖区），开封（5个市辖区），南阳（2个市辖区），开封县，许昌县，沁阳，博爱，孟州，孟津，巩义，偃师，济源，新密，新郑，民权，兰考，长葛，温县，荥阳，中牟，杞县*，许昌*。

4 抗震设防烈度为6度、设计基本地震加速度值为0.05g：

第一组：商丘（2个市辖区），信阳（2个市辖区），漯河，平顶山（4个市辖区），登封，义马，虞城，夏邑，通许，尉氏，睢县，宁陵，柘城，新安，宜阳，嵩县，汝阳，伊州，禹州，郏县，宝丰，襄城，郾城，鄢陵，扶沟，太康，鹿邑，郸城，沈丘，项城，淮阳，周口，商水，上蔡，临颍，西华，西平，栾川，内乡，镇平，唐河，邓州，新野，社旗，平舆，新县，驻马店，泌阳，汝南，桐柏，淮滨，息县，正阳，遂平，光山，罗山，潢川，商城，固始，南召，舞阳*。

第二组：汝州，睢县，永城。

第三组：卢氏，洛宁，渑池。

A.0.15 湖北省

1 抗震设防烈度为7度、设计基本地震加速度值为0.10g：

竹溪，竹山，房县。

2 抗震设防烈度为6度、设计基本地震加速度值为0.05g：

武汉（13个市辖区），荆州（2个市辖区），荆门，襄樊（2个辖区），襄阳，十堰（2个市辖区），宜昌（4个市辖区），宜昌县，黄石（4个市辖区），恩施，咸宁，麻城，团风，罗田，英山，黄冈，鄂州，浠水，蕲春，黄梅，武穴，郧西，郧县，丹江口，谷城，老河口，宜城，南漳，保康，神农架，钟祥，沙洋，远安，兴山，巴东，秭归，当阳，建始，利川，公安，宣恩，咸丰，长阳，宜都，枝江，松滋，江陵，石首，监利，洪湖，孝感，应城，云梦，天门，仙桃，红安，安陆，潜江，嘉鱼，大冶，通山，赤壁，崇阳，通城，五峰*，京山*。

注：全省县级及县级以上设防城镇，设计地震分组均为第一组。

A.0.16 湖南省

1 抗震设防烈度为7度、设计基本地震加速度值为0.15g：

常德（2个市辖区）。

2 抗震设防烈度为7度、设计基本地震加速度值为0.10g：

岳阳（3个市辖区），岳阳县，汨罗，湘阴，临澧，澧县，津市，桃源，安乡，汉寿。

3 抗震设防烈度为6度、设计基本地震加速度值为0.05g：

长沙（5个市辖区），长沙县，益阳（2个市辖区），张家界（2个市辖区），郴州（2个市辖区），邵阳（3个市辖区），邵阳县，泸溪，沅陵，娄底，宜章，资兴，平江，宁乡，新化，冷水江，涟源，双峰，新邵，邵东，隆回，石门，慈利，华容，南县，临湘，沅江，桃江，望城，溆浦，会同，靖州，韶山，江华，宁远，道县，临武，湘乡*，安化*，中方*，洪江*。

注：全省县级及县级以上设防城镇，设计地震分组均为第一组。

A.0.17 广东省

1 抗震设防烈度为8度、设计基本地震加速度值为0.20g：

汕头（5个市辖区），澄海，潮安，南澳，徐闻，潮州*。

2 抗震设防烈度为7度、设计基本地震加速度值为0.15g：

揭阳，揭东，潮阳，饶平。

3 抗震设防烈度为7度、设计基本地震加速度值为0.10g：

广州（除花都外的9个市辖区），深圳（6个市辖区），湛江（4个市辖区），汕尾，海丰，普宁，惠来，阳江，阳东，阳西，茂名，化州，廉江，遂溪，吴川，丰顺，南海，顺德，中山，珠海，斗门，电白，雷州，佛山（2个市辖区）*，江门（2个市辖区）*，新会*，陆丰*。

4 抗震设防烈度为6度、设计基本地震加速度值为0.05g：

韶关（3个市辖区），肇庆（2个市辖区），花都，河源，揭西，东源，梅州，东莞，清远，清新，南雄，仁化，始兴，乳源，曲江，英德，佛冈，龙门，龙川，平远，大埔，从化，梅县，兴宁，五华，紫金，陆河，增城，博罗，惠州，惠阳，惠东，三水，四会，云浮，云安，高要，高明，鹤山，封开，郁南，罗定，信宜，新兴，开平，恩平，台山，阳春，高州，翁源，连平，和平，蕉岭，新丰*。

注：全省县级及县级以上设防城镇，设计地震分组均为第一组。

A.0.18 广西自治区

1 抗震设防烈度为7度、设计基本地震加速度值为0.15g：

灵山，田东。

2 抗震设防烈度为7度、设计基本地震加速度值为0.10g：

玉林，兴业，横县，北流，百色，田阳，平果，隆安，浦北，博白，乐业*。

3 抗震设防烈度为6度、设计基本地震加速度值为0.05g：

南宁（6个市辖区），桂林（5个市辖区），柳州（5个市辖区），梧州（3个市辖区），钦州（2个市辖区），贵港（2个市辖区），防城港（2个市辖区），北海（2个市辖区），兴安，灵川，临桂，永福，鹿寨，天峨，东兰，巴马，都安，大化，马山，融安，象州，武宣，桂平，平南，上林，宾阳，武鸣，大新，扶绥，邕宁，东兴，合浦，钟山，贺州，藤县，苍梧，容县，岑溪，陆川，凤山，凌云，田林，隆林，西林，德保，靖西，那坡，天等，崇左，上思，龙州，宁明，融水，凭祥，全州。

注：全省县级及县级以上设防城镇，设计地震分组均为第一组。

A.0.19 海南省

1 抗震设防烈度为8度、设计基本地震加速度值为0.30g：

海口（3个市辖区），琼山。

2 抗震设防烈度为8度、设计基本地震加速度值为0.20g：

文昌，文安。

3 抗震设防烈度为7度、设计基本地震加速度值为0.15g：

澄迈。

4 抗震设防烈度为7度、设计基本地震加速度值为0.10g：

临高，琼海，儋州，屯昌。

5 抗震设防烈度为6度、设计基本地震加速度值为0.05g：

三亚，万宁，琼中，昌江，白沙，保亭，陵水，东方，乐东，通什。

注：全省县级及县级以上设防城镇，设计地震分组均为第一组。

A.0.20 四川省

1 抗震设防烈度不低于9度、设计基本地震加速度值不小于0.40g：

第一组：康定，西昌。

2 抗震设防烈度为8度、设计基本地震加速度值为0.30g：

第一组：冕宁*。

3 抗震设防烈度为8度、设计基本地震加速度值为0.20g：

第一组：松潘，道孚，泸定，甘孜，炉霍，石棉，喜德，普格，宁南，德昌，理塘。

第二组：九寨沟。

4 抗震设防烈度为7度、设计基本地震加速度值为0.15g：

第一组：宝兴，茂县，巴塘，德格，马边，雷波。

第二组：越西，雅江，九龙，平武，木里，盐源，会东，新龙。

第三组：天全，荥经，汉源，昭觉，布拖，丹巴，芦山，甘洛。

5 抗震设防烈度为7度、设计基本地震加速度值为0.10g：

第一组：成都（除龙泉驿、清白江的5个市辖区），乐山（除金口河外的3个市辖区），自贡（4个市辖区），宜宾，宜宾县，北川，安县，绵竹，汶川，都江堰，双流，新津，青神，峨边，沐川，屏山，理县，得荣，新都*。

第二组：攀枝花（3个市辖区），江油，什邡，彭州，郫县，温江，大邑，崇州，邛崃，蒲江，彭山，丹棱，眉山，洪雅，夹江，峨嵋山，若尔盖，色达，壤塘，马尔康，石渠，白玉，金川，黑水，盐边，米易，乡城，稻城，金口河，朝天区*。

第三组：青川，雅安，名山，美姑，金阳，小金，会理。

6 抗震设防烈度为6度、设计基本地震加速度值为0.05g：

第一组：泸州（3个市辖区），内江（2个市辖），德阳，宣汉，达州，达县，大竹，邻水，渠县，广安，华蓥，隆昌，富顺，泸县，南溪，江安，长宁，

第三组：盐池。

A.0.28 新疆自治区

1 抗震设防烈度不低于9度、设计基本地震加速度值不小于0.40g：

第二组：乌恰，塔什库尔干。

2 抗震设防烈度为8度、设计基本地震加速度值为0.30g：

第二组：阿图什，喀什，疏附。

3 抗震设防烈度为8度、设计基本地震加速度值为0.20g：

第一组：乌鲁木齐（7个市辖区），乌鲁木齐县，温宿，阿克苏，柯坪，米泉，乌苏，特克斯，库车，巴里坤，青河，富蕴，乌什*。

第二组：尼勒克，新源，巩留，精河，奎屯，沙湾，玛纳斯，石河子，独山子。

第三组：疏勒，伽师，阿克陶，英吉沙。

4 抗震设防烈度为7度、设计基本地震加速度值为0.15g：

第一组：库尔勒，新和，轮台，和静，焉耆，博湖，巴楚，昌吉，拜城，阜康*，木垒*。

第二组：伊宁，伊宁县，霍城，察布查尔，呼图壁。

第三组：岳普湖。

5 抗震设防烈度为7度、设计基本地震加速度值为0.10g：

第一组：吐鲁番，和田，和田县，昌吉，吉木萨尔，洛浦，奇台，伊吾，鄯善，托克逊，和硕，尉犁，墨玉，策勒，哈密。

第二组：克拉玛依（克拉玛依区），博乐，温泉，阿合奇，阿瓦提，沙雅。

第三组：莎车，泽普，叶城，麦盖提，皮山。

6 抗震设防烈度为6度、设计基本地震加速度值为0.05g：

第一组：于田，哈巴河，塔城，额敏，福海，和布克赛尔，乌尔禾。

第二组：阿勒泰，托里。民丰，若羌，布尔津，吉木乃，裕民，白碱滩。

第三组：且末。

A.0.29 港澳特区和台湾省

1 抗震设防烈度不低于9度、设计基本地震加速度值不小于0.40g：

第一组：台中。

第二组：苗栗，云林，嘉义，花莲。

2 抗震设防烈度为8度、设计基本地震加速度值为0.30g：

第二组：台北，桃园，台南，基隆，宜兰，台东，屏东。

3 抗震设防烈度为8度、设计基本地震加速度值为0.20g：

第二组：高雄，澎湖。

4 抗震设防烈度为7度、设计基本地震加速度值为0.15g：

第一组：香港。

5 抗震设防烈度为7度、设计基本地震加速度值为0.10g：

第一组：澳门。

附录B 有盖矩形水池考虑结构体系的空间作用时水平地震作用效应标准值的确定

B.0.1 有盖的矩形水池，当符合本规范6.2.7要求时，可将水池结构简化为若干等代框架组成，每榀等代框架所受的地震作用，通过空间作用，由顶盖传至周壁共同承担。

B.0.2 各榀等代框架所承受的地震作用及其作用效应（内力），可按下列方法确定：

1 先按本规范第6.2.1、6.2.3及6.2.4条规定，计算各项水平地震作用标准值，并折算到每榀等代框架上；

2 在等代框架顶端加设限制侧移的链杆，计算等代框架在水平地震作用下的内力，并求出附加链杆的反力R；

3 根据矩形水池的长、宽比$\left(\frac{L}{B}\right)$及顶盖结构构造，按附表B.0.2确定地震作用折减系数η_r，将链杆反力R折减为$\eta_r R$；

4 将$\eta_r R$反方向作用于等代框架顶部，计算等代框架的内力；

5 将上述第2、4项计算所得的等代框架内力叠加，即为考虑空间作用时，等代框架在水平地震作用下所产生的作用效应（内力）。

表B.0.2 水平地震作用折减系数η_r（%）

水池顶盖结构构造	水池长宽比$\frac{L}{B}$								
	1.0	1.2	1.4	1.6	1.8	2.0	2.5	3.0	4.0
现浇钢筋混凝土	6	7	9	11	12	14	21	28	47
预制装配钢筋混凝土	9	12	14	17	21	25	35	47	70

B.0.3 对于大容量的水池，结构的长度或宽度上，或两个方向上设有变形缝时，在变形缝处应设置抗侧力构件。此时考虑空间作用应取变形缝间的水池结构作为计算单元，等代框架两侧的抗侧力构件及其刚度，应根据计算单元的具体构造确定，在水平地震作用下的作用效应计算方法，可参照B.0.2进行。

附录C 地下直埋直线段管道在剪切波作用下的作用效应计算

C.1 承插式接头管道

C.1.1 地下直埋直线段管道沿管轴向的位移量标准值，可按下列公式计算（图C.1.1）：

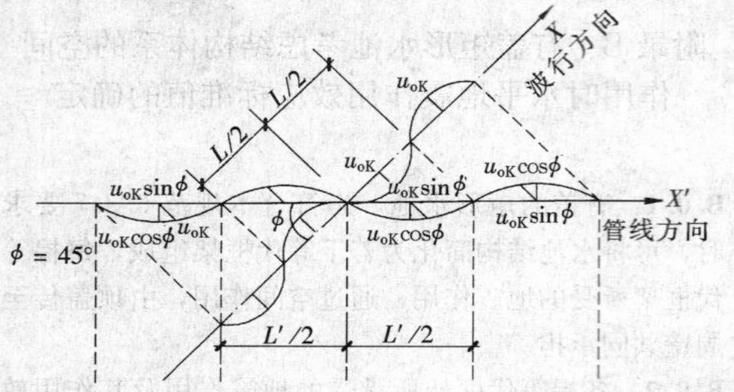

图C.1.1 地下管道计算简图

管道在行波作用下，管道敷设处自由土体的变位

$$\Delta_{pl,k}=\zeta_t\Delta'_{sl,k} \quad (C.1.1\text{-}1)$$

$$\Delta'_{sl,k}=\sqrt{2}U_{0k} \quad (C.1.1\text{-}2)$$

$$\zeta_t=\frac{1}{1+\left(\frac{2\pi}{L}\right)^2\frac{EA}{K_1}} \quad (C.1.1\text{-}3)$$

式中 $\Delta_{pl,k}$——在剪切波作用下，管道沿管线方向半个视波长范围内的位移标准值（mm）；

$\Delta'_{sl,k}$——在剪切波作用下，沿管线方向半个视波长范围内自由土体的位移标准值（mm）；

ζ_t——沿管道方向的位移传递系数；

E——管道材质的弹性模量（N/mm^2）；

A——管道的横截面面积（mm^2）；

K_1——沿管道方向单位长度的土体弹性抗力（N/mm^2），可按C.1.2确定；

L——剪切波的波长（mm）；可按C.1.3确定；

U_{0k}——剪切波行进时管道埋深处的土体最大位移标准值（mm）；可按C.1.4确定。

C.1.2 沿管道方向的土体弹性抗力，可按下式计算：

$$K_1=u_pk_1 \quad (C.1.2)$$

式中 u_p——管道单位长度的外缘表面积（mm^2/mm）；对无刚性管基的圆管即为πD_1（D_1为管外径）；当设置刚性管基时，即为包括管基在内的外缘面积；

k_1——沿管道方向土体的单位面积弹性抗力（N/mm^3），应根据管道外缘构造及相应土质试验确定，当无试验数据时，一般可采用$0.06N/mm^3$。

C.1.3 剪切波的波长可按下式计算：

$$L=V_{sp}T_g \quad (C.1.3)$$

式中 V_{sp}——管道埋设深度处土层的剪切波速（mm/s），应取实测剪切波速的2/3值采用；

T_g——管道埋设场地的特征周期（s）。

C.1.4 剪切波行进时管道埋深处的土体最大水平位移标准值，可按下式确定：

$$U_{0k}=\frac{K_HgT_g}{4\pi^2} \quad (C.1.4)$$

C.1.5 地下直埋承插式圆形管道的结构抗震验算应满足本规范5.5.2的要求。管道各种接头方式的单个接头设计允许位移量［U_a］；可按表C.1.5采用；半个剪切波视波长范围内的管道接头数量（n），可按下式确定：

$$n=\frac{V_{sp}T_g}{\sqrt{2}l_p} \quad (C.1.5)$$

式中 l_p——管道的每根管子长度（mm）。

表C.1.5 管道单个接头设计允许位移量［U_a］

管道材质	接头填料	［U_a］（mm）
铸铁管（含球墨铸铁）、PC管	橡胶圈	10
铸铁、石棉水泥管	石棉水泥	0.2
钢筋混凝土管	水泥砂浆	0.4
PCCP	橡胶圈	15
PVC、FRP、PE管	橡胶圈	10

C.1.6 地下矩形管道变形缝的单个接缝设计允许位移量，当采用橡胶或塑料止水带时，其轴向位移可取30mm。

C.2 整体焊接钢管

C.2.1 焊接钢管在水平地震作用下的最大应变量标准值可按下式计算：

$$\varepsilon_{sm,k}=\zeta_tU_{0k}\frac{\pi}{L} \quad (C.2.1)$$

C.2.2 焊接钢管的抗震验算应符合本规范5.5.3及5.5.4规定的要求。

C.2.3 钢管的允许应变量标准值，可按下式采用：

1 拉伸 $[\varepsilon_{at,k}]=1.0\%$ (C.2.3-1)

2 压缩 $[\varepsilon_{ac,k}]=0.35\frac{t_p}{D_1}$ (C.2.3-2)

式中 $[\varepsilon_{at,k}]$——钢管的允许拉应变标准值；

$[\varepsilon_{ac,k}]$——钢管的允许压应变标准值；

t_p——管壁厚；

D_1——管外径。

本规范用词说明

1 为便于在执行本规范条文时区别对待，对要求严格程度不同的用词说明如下：

1）表示很严格，非这样做不可的：

正面词采用“必须”，反面词采用“严禁”。

2）表示严格，在正常情况下均应这样做的：

正面词采用“应”，反面词采用“不应”或“不得”，

3）对表示允许稍有选择，在条件许可时首先应这样做的：

正面词采用“宜”或“可”，反面词采用“不宜”。

2 指定应按其他有关标准、规范执行时，写法为“应符合……的规定”“应按……执行”。非必须按所指定的标准、规范或其他规范执行时，写法为“可参照……”。

中华人民共和国国家标准

室外给水排水和燃气热力工程抗震设计规范

GB 50032—2003

条 文 说 明

修订总说明

本规范修订中，主要做了如下的修改和增补：

1. 根据给水、排水、燃气、热力工程的特点，使之符合“小震不坏、中震可修、大震不倒”的抗震设防要求，并与常规结构设计采用的以概率统计为基础的极限状态设计模式相协调。

2. 对设计反应谱、场地划分、液化土判别等抗震设计的一系列基础性数据，做了全面修订，与我国现行《建筑抗震设计规范》GB 50011—2001 等协调一致。

3. 对设防烈度为 9 度（一般为震中）地区，增补了应进行竖向地震作用的抗震验算；对盛水构筑物的动水压力，增补了考虑长周期地震波动的影响。

4. 对贮气构筑物中的球罐和卧罐，修改了地震作用计算公式，以使与《构筑物抗震设计规范》GB 50191 协调一致。

5. 将各种功能的泵房结构独立成章，增补了对地下水取水泵房的地震作用计算规定；并对埋深较大的泵房，规定了考虑结构与土共同工作的计算方法。

6. 增补了自承式架空管道的地震作用计算规定。

7. 对地下直埋管的抗震验算，修改了位移传递系数的确定，使之与国际接轨。

8. 根据新修订的《建筑抗震设计规范》GB 50011—2001，其内容中已删去“水塔”抗震，为此将其纳入本规范中。在确定“水塔”地震作用时，对水柜中的贮水，分别考虑了脉冲质量和对流振动质量，并对抗震措施做了若干补充，方便工程应用。

目　次

1 总 则

1.0.1 本条是编制本规范的目的和设防要求。阐明了本规范的编制是以“地震工作要以预防为主”作为基本指导思想，达到减轻地震对工程设施的破坏程度，保障工作人员和生产安全的目的。

1.0.2 本条规定体现了抗震设防三个水准的要求：“小震不坏，中震可修，大震不倒”。即当遭遇低于设防烈度的地震影响时，结构基本处于弹性工作状态，不需修理仍能保持其正常使用功能；当遭遇本地区设防烈度的地震影响时，给水、排水、燃气和热力工程中的各类构筑物的损坏仅可能出现在非主要受力构件，主要受力构件不需修理或经一般修理后仍能继续生产运行；当遭遇高于本地区设防烈度一度时，相当于遭遇大震（50 年超越概率 2%～3%），此时构筑物符合抗震设计基本要求，通过概念设计的控制并满足抗震构造措施，即可避免严重震害，不致发生倒塌或大量涌水危及工作人员生命安全。

给水、排水、燃气和热力工程的管网，是城市生命线工程的主体，涉及面广，沿线地基土质情况、场地条件多变，由此遭遇的地震影响各异，很难确保完全避免震害。本规范立足于尽量减少损坏，并通过抗震构造措施，当局部发生损坏时，不致造成严重次生灾害，并便于抢修，迅速恢复运行。

1.0.3 本条阐明本规范的适用范围。适用的地震烈度区，除设防烈度 7～9 度地区外，还增加了 6 度区，主要是依据当前国家有关政策规定拟定的，同时也和现行国家标准《建筑抗震设计规范》等协调一致。

1.0.6 本条阐明了抗震设防的基本依据。明确在一般情况下可采用现行中国地震动参数区划图规定的基本烈度作为设防烈度。同时根据其说明书提到：“由于编图所依据的基础资料、比例尺和概率水平所限，本区划图不宜作为重大工程和某些可能引起严重次生灾害的工程建设的抗震设防依据”。即当厂站占地大、场地条件复杂时，按区划基本烈度进行抗震设计可能导致较大误差。为了使抗震设计尽量符合实际情况，很多大的工程建设和某些地震区城市均有针对性地做了抗震设施区划，经审查确认批准后，该区划所提供的设防烈度和地震动参数可作为抗震设计依据。

1.0.7 本条针对给水、排水、燃气和热力工程系统中的一些关键部位设施，在抗震设计时应加强其抗震能力，并明确了加强方法可从抗震措施上着手，即可按本地区设防烈度提高一度采取抗震措施；当设防烈度为 9 度时，则可在相应 9 度烈度抗震措施的基础上适当予以加强。

本条规定主要考虑到这些工程设施，均系城市生命线工程的重要组成部分，一旦遭受地震后严重损坏，将导致城市赖以运行的生命线陷于瘫痪，酿成严重次生灾害（二次灾害）或危及人民生命安全。例如给水工程中的净水厂、水处理构筑物、变电站、进水和输水泵房及氯库等，前者决定着有否供水能力，后者氯毒外泄有害生命；排水工程中除对污水处理厂设施应防止震害导致污染第二次灾害外，还有道路立交排水泵房，当遭遇严重损坏无法正常使用时，将导致立交路口雨水集中不能及时排除而中断交通，1976 年唐山地震后适逢降大雨，正是由于立交路口积水过深阻断交通，给震后抢救工作带来很大困难，因此从次生灾害考虑，对这类泵房的抗震能力有必要适当提高；类似这种情况，对燃气工程系统中一些关键部位设施，如加压站、高中压调压站以及相应的配电室等，均应尽量减少次生灾害，适当提高抗震能力。

1.0.8 本条提出了对位于设防烈度为 6 度区的工程设施的抗震要求，即可以不做抗震计算，但在抗震措施方面符合 7 度的要求即可。

1.0.9 在给水、排水、燃气、热力工程的厂站中，其厂前区通常均设有综合办公楼、化验室及其他单宿、食堂等附属建筑物，本条文明确对于这类建筑物的抗震设计要求，应按《建筑抗震设计规范》执行；同时在水源工程中还会遇到挡水坝等中、小型水工建筑物，在燃气、热力工程中尚有些工业构筑物及设备，条文同样明确了应按现行的《水工建筑物抗震设计规范》SDJ 110 和《构筑物抗震设计规范》GB 50191 执行，本规范不再转引。

3 抗震设计的基本要求

3.1 规划与布局

3.1.1～3.1.3 这些条文的要求，基本上沿用了原规范的规定。

主要考虑到给水、排水、燃气和热力工程设施是城市生命线工程的重要组成部分，一旦受到震害严重损坏后，将影响城市正常运转，给居民生活造成困难，工业生产和国家财产受到大量损失。在强烈地震时，往往由于场地、地基等因素的影响，城市中各个区域的震害反映是不等同的，例如 1975 年我国辽南海城地震时，7 度区鞍山市的震害，以铁西区最为突出；1976 年河北唐山地震时，唐山路南区受灾甚于路北区，天津市以和平区最为严重。因此，首先应该从整体城市建设方面做出合理的规划，地震区城市中的给水水源、燃气气源、热力热源和相应输配管网亟需统筹规划，合理布局，排水管网及污水处理厂的分区布局、干线沟通等筹划，这是提高城市建设整体抗震能力、力求减少震害、次生灾害的基本措施。

3.2 场地影响和地基、基础

3.2.1、3.2.2 条文提出的要求，均沿用原规范的规定。

主要考虑到历次烈震中工程设施的震害反映，建设场地的影响十分显著，在有条件时宜尽量避开对抗震不利的措施，并不应在危险的场地建设，这样做可以确保工程设施的安全可靠，同时也可减少工程投资，提高工程设施的投资效益。

3.2.3 本条对位于Ⅰ类场地上的构筑物，规定了在抗震措施方面可以适当降低要求，即可按建设地区的设防烈度降低一度采用，但在抗震计算时不能降低。主要考虑到Ⅰ类场地的地震动力反应较小，而给水、排水、燃气、热力工程中的各类构筑物一般整体性较好，可以不需要做进一步加强，即可满足要求。同时对设防烈度为6度区的构筑物，规定了不宜再降低，还是应该定位在地震区建设的范畴，符合必要的抗震措施要求。

3.2.4 条文对地基和基础的抗震设计提出了总体要求。首先指出当工程设施的地震受力层内存在液化土时，应防止可能导致地基承载力失效；当存在软弱土层时，应防止震陷或显著不均匀沉降，导致工程设施损坏或影响正常运转（例如一些水质净化处理水设备等）。同时条文还规定了当对液化土和软弱粘性土进行必要的地基处理后，还有必要采取措施加强各类构筑物基础的整体性和刚度，主要考虑到地基处理比较复杂，很难做到完全消除地基变形和不均匀沉降。

此外，条文对各类构筑物基础的设计高程和构造提出了要求。当同一结构单元的构筑物不可避免设置在性质截然不同的地基土上时，应考虑到地基震动形态的差异，为此要求在相应部位的结构上设置防震缝分离或通过加设垫褥地基，以消除结构遭致损坏。与此相类似情况，同一结构单元的构筑物，宜采用同一结构类型的基础，不宜混用天然地基和人工地基。

结合给水、排水工程中经常遇到的情况，构筑物的基础高程由于工艺条件存在不同高差，对此，条文要求这种情况的基础宜缓坡相连，以免地震时产生滑移而导致结构损坏。

3.3 地 震 影 响

3.3.1 对工程抗震设计，如何反映地震作用影响，本条明确了应以相应抗震设防烈度的设计基本地震加速度和设计特征周期作为表征。对已编制抗震设防区划的地区或厂站，则可按批准确认的抗震设防烈度或抗震设计地震动参数进行抗震设防。

3.3.2 本条给定了抗震设防烈度和设计基本地震加速度的对应关系，这些数据与原规范是一致的，只是根据新修订的《中国地震动参数区划图 A_1》，在地震动峰值加速度 $0.1g$ 和 $0.2g$ 之间存在 $0.15g$ 区域，$0.2g$ 和 $0.4g$ 之间存在 $0.3g$ 区域。条文明确规定了该两个区域内的工程设施，其抗震设计要求应分别与7度和8度地区相当。

3.3.3 条文针对设计特征周期，即设计所用的地震影响系数特征周期（T_g）的确定，按工程设施所在地的设计地震分组和场地类别给出了规定。主要是根据实际震害反应，在同一影响烈度条件下，远震和近震的影响不同，对高柔结构、贮液构筑物、地下管线等工程设施，远震长周期的影响更甚，为此条文将设计地震分为三组，更好地反映震中距的影响。

3.3.4 条文明确了以附录A给出我国主要城镇中心区的抗震设防烈度、设计基本地震加速度和相应的设计地震分组，便于工程抗震设计应用。

3.4 抗 震 结 构 体 系

3.4.1 本条是对抗震设计提出的总体要求。根据国内外历次强烈地震中的震害反映，对构筑物的结构体系和管网的结构构造，应综合考虑其使用功能、结构材质、施工条件以及建设场地、地基地质等因素，通过技术经济综合比较后选定。

3.4.2、3.4.3 条文对构筑物的工艺设计提出了要求。工艺设计对结构抗震性能影响显著，平、立面布置不规则，质量和刚度变化较大时，将导致结构在地震作用下产生扭矩，对结构体系的抗震带来困难，因此条文要求尽量避免。当不可避免时，则宜将构筑物的结构采用防震缝分割成若干规则的结构单元，避免造成震害。对设置防震缝确有困难时，条文要求应对结构体系进行整体分析，并对其薄弱部位采取恰当的抗震构造措施。

针对建筑物这方面的抗震规定，条文明确应按《建筑抗震设计规范》GB 50011执行。

3.4.4 本条要求结构分析的计算简图应明确，并符合实际情况；在水平地震作用下具有合理的传递路线；充分发挥地基逸散阻尼对上部结构的减震效果。

同时要求在结构体系上尽量具有多道抗震防线，例如尽可能具备结构体系的空间工作和超静定作用，藉以提高结构的抗震能力，避免部分结构或构件破坏导致整个结构体系丧失承载力。此外，针对工艺要求往往形成结构上的削弱部位，将是抗震的薄弱部位，应加强其构造措施，使同一单元的结构体系，具有良好的整体性。

3.4.5 本条对钢筋混凝土结构构件提出的要求，主要是改善其适应变形的性能。对钢结构应注意在地震作用下（水平向及竖向）防止局部或整体失稳，合理确定其构件的截面尺寸。

同时，条文还对各类构件的节点连接提出了要求，除满足承载力外，尚应符合加强结构的整体性，以求获得结构体系的整体空间作用效果，提高结构的抗震能力。

对地下管道结构的要求，不同于构筑物，管道为一线状结构，管周覆土形成很大的阻尼，管道结构的振动特性可以忽略，主要随地震时剪切波的行进形态而变位，不可能以单纯加强管道结构的刚度达到抗震目的，为此条文提出在管道与构筑物、设备的连接处，应予妥善处理，既要防止管道本身损坏，又要避免由于管道变位（瞬时拉、压）造成设备损坏（唐山地震中就发生过多起事故），因此该连接处应在管道上设置柔性连接接头，但可以离开一定的距离（根据管线的布置确定），以使在柔性接头与设备等之间尚可设置止推（拉）的构造措施。

3.5 非结构构件

3.5.1～3.5.4 非承重受力构件遭受震害破坏，往往引起二次灾害，砸坏设备，甚至砸伤工作人员，对震后的生产正常运行和人民生命造成祸害，为此条文要求进行抗震设计并加强其抗震措施。

3.6 结构材料与施工

3.6.2～3.6.3 在水工业工程中，通常应用混凝土和砌体材料，当承受地震作用时，一般对材料的抗拉、抗剪强度要求较高，过低的混凝土等级或砂浆等级（砌体结构主要与灰缝强度有关）对抗震不利，为此条文提出了低限的要求。

3.6.4 本条要求主要是从控制混凝土构件的延性考虑，规定在施工过程中对原设计的钢筋不能以屈服强度更高的钢材直接简单地替代。

3.6.5 构筑物基础或地下管道坐落在肥槽回填土，在厂站工程中经常会遇到，此时有必要控制好回填土的密实度；地震时密实度不够的回填土将会出现震陷，从而损坏结构。为此条文规定了对回填土压实密度的要求。

3.6.6 混凝土构筑物和管道的施工缝，通常是结构的关键部位，接茬质量不佳就会形成薄弱部位，当承受水平地震作用时，施工缝处的连接质量尤为重要，因此条文规定了最低限度应做到的要求。条文还针对有在施工缝处放置非胶结材料的做法作了限制，这种处理虽对该处防止渗水有一定作用，但却削弱了该处的截面强度（尤其是抗剪），对抗震不利。

4 场地、地基和基础

4.1 场地

本节内容包括场地类别划分方法及其所依据的指标、地下断裂对工程建设的影响评价、局部突出地形对地震动参数的放大作用等，条文对此所做出的规定，均系按照我国《建筑抗震设计规范》GB 50011（最新修订的版本）的要求引用。这样对工程抗震设计的基础数据和条件方面，在我国保持协调一致。

4.2 天然地基和基础

本节内容除保留原规范的规定外，补充了对基些构筑物的稳定验算要求，例如厂站中的地面式敞口水处理池，不少情况会采用分离式基础，墙体结构成为独立挡水墙，此时在水平地震作用下应进行抗滑稳定验算；同时规定水平向土抗力的取值不应大于被动土压力的1/3，避免过多利用土的被动抗力导致过大变位。

4.3 液化土和软土地基

4.4 桩基

这两节的内容和规定，基本上按《建筑抗震设计规范》GB 50011 的要求引用。其中对管道结构的抗液化沉陷，系针对管道结构和功能的特点，补充了如下规定：

1. 管道组成的网络结构在城市中密布，涉及面广，通过液化土地段的沉陷量及其可能出现的不均匀沉陷，很难准确预计，管道能否完全免除震害难以确认；据此对输水、气和热力管道，考虑到遭受震害损坏后次生灾害严重，规定应采用钢管敷设，钢管的延性较好，同时还立足于抢修方便。

2. 对采用承插式接口的管道，要求采用柔性接口以此适应地震波动位移和震陷，达到免除或减少震害。

3. 对矩形管道和平口连接的钢筋混凝土预制管管道，从采用钢筋混凝土结构和沿线设置变形缝（沉降缝）两方面做了规定；前者增加管道结构的整体性，后者用以适应波动位移和震陷。

4. 对架空管道规定了应采用钢管，同时设置适量的可挠性连接，用以适应震陷并便于抢修。

5 地震作用和结构抗震验算

5.1 一般规定

5.1.1 本条对给水、排水、燃气、热力工程各类厂站中构筑物的地震作用，规定了计算原则，其中，对污水处理厂中的消化池和各种贮气罐，提出了当设防烈度为9度时，应计算竖向地震作用的影响，前者考虑到壳型顶盖的受力条件；后者罐体的连接件的强度。这些部位均属结构上的薄弱环节，在震中地区承受竖向拉、压应有足够的强度，避免震害损坏导致次生灾害。

5.1.2 本条关于各类构筑的抗震计算方法的规定，沿用了原规范的要求。

5.1.3 本条对埋地管道结构的抗震计算模式，沿用了原规范的规定。同时补充了对架空管道结构的抗震计算方法的规定。

5.1.4 本条系根据《工程结构设计统一标准》的原则规定和原规范的规定，对计算地震作用时构筑物的重力荷载代表值提出了统一要求。

5.1.5～5.1.7 条文对于抗震设计反应谱的规定，系按《建筑抗震设计规范》GB 50011 的规定引用，这样也可在抗震设计基本数据上取得协调一致。

5.1.8 本条对构筑物的自振周期的取值做了规定。构筑物结构的实测振动周期，通常是在脉动或小振幅振动的条件下测得，而当遭遇地震强烈振动时，结构的阻尼作用将减少，相应的振动周期加长，因此条文规定当根据实测周期采用时，应予以适当加长。

5.1.9 当考虑竖向地震作用时，竖向地震影响系数的最大值，国内外取值不尽相同，条文规定系根据国内统计数据，即取水平地震影响系数最大值的 65% 作为计算依据。

5.1.10 埋地管道结构在水平地震作用下，通常需要应用水平地震加速度计算管道的位移或应力，据此条文规定了相应设防烈度的水平地震加速度值。此项取值沿用了原规范的规定，同时也和国内其他专业的抗震设计规范的规定协调一致。

5.1.11 本条对各类构筑物和管道结构的抗震验算，做了原则规定。即当设防烈度为 6 度或有关章节规定可不做抗震验算的结构，在抗震构造措施上，仍应符合本规范规定的要求。对埋地管道，当采用承插式连接或预制拼装结构时，在地震作用下应进行变位验算，因为大量震害反映，这类管道结构的震害通常多发生在连接处变位过量，从而导致泄漏，甚至破坏。对污泥消化池等较高的构筑物和独立式挡墙结构，除满足强度要求外，尚应进行抗震稳定验算，以策安全。

5.2 构筑物的水平地震作用和作用效应计算

本节内容分别对水平地震作用下的基底剪力法和振型分解法的具体计算方法，给出了规定，基本上沿用了原规范的要求。当考虑构筑物两个或两个以上振型时，其作用效应标准值由各振型提供的分量的平方和开方确定。

5.3 构筑物的竖向地震作用计算

本节对构筑物的竖向地震作用计算做了具体规定。通常竖向地震的第一振型振动周期是很短的，其相应的地震影响系数可取最大值。对湿式燃气罐的第一振型可确定为线性变化，故条文规定其竖向地震作用可按竖向地震影响系数的最大值与第一振型等效质量的乘积计算；相应对于其他长悬臂结构等，均可直接按这一原则进行计算。

5.4 构筑物结构构件截面抗震强度验算

本节规定了构筑物结构构件截面的抗震强度验算。其中关于荷载（作用）分项系数的取值，考虑了与常规设计协调，对永久作用取 1.20，可变作用取 1.40；对地震作用的分项系数与《建筑抗震设计规范》协调一致，由此相应的承载力抗震调整系数一并引入。

5.5 埋地管道的抗震验算

5.5.1 本条规定了埋地管道地震作用的计算原则，同时明确可不计地震动引起管道内的动水压力。因为在常规设计中，需要考虑管道运行中可能出现的残余水锤作用，此值一般取正常运行压力的 40%～50%，而强烈地震与残余水锤同时发生的几率极小，因此可以不再计入地震动引起的管内动水压力。

5.5.2 本条规定了承插式接头埋地圆管的抗震验算要求。地震作用引起的管道位移，对承插接头的圆管，由于接口是薄弱环节，位移量将由管道接头来承担，如果接头的允许位移不足，就会形成泄漏、拔脱等震害，这在国内外次强烈地震中多有反映。为此条文规定具体验算条件，应满足（5.5.2）式，其中采用了数值小于 1.0 的接头协同工作系数，主要考虑到虽然管道上的接头在顺应地震动位移时都会发挥作用，但也不可能每个接头的允许位移量都能充分发挥，因此必须给予一定的折减。对接头协同工作系数取 0.64，与原规范保持一致。

5.5.3～5.5.4 对整体连接的埋地管道，例如焊接钢管等，条文给出了验算方法，以验算管道结构的应变量控制，对钢管可考虑其可延性，允许进入塑性阶段，与国外标准协调一致。

6 盛水构筑物

6.1 一般规定

本节内容基本上保持了原规范的规定，补充明确了当设防烈度为 8 度和 9 度时，不应采用砌体结构，主要考虑到砌体结构的抗拉强度低，难以满足抗震要求，如果执意加厚截面厚度或加设钢筋，也将是不经济的，不如采用钢筋混凝土结构，提高其抗震能力，稳妥可靠。

此外，结合当前大型水池和双层盛水构筑物的兴建，对不需进行抗震验算的范围，做了修正和补充；并对位于 9 度地区的盛水构筑物明确了计算竖向地震作用的要求，提高抗震安全。

6.2 地震作用计算

本节内容基本上保持了原规范的规定，仅对设防烈度为 9 度时，补充了顶盖和内贮水的竖向地震作用计算，其中在竖向地震作用下的动水压力标准值，系根据美国 A. S. Veletsos 和国内的研究报告给出。此外，还对水池中导流墙，规定了需进行水平地震作用的验算要求。

6.3 构造措施

本节内容除保持了原规范的要求外，补充了下列规定：

1. 对位于Ⅲ、Ⅳ类场地上的有盖水池，规定了在运行水位基础上池壁应预留的干弦高度。这是考虑到在长周期地震波的影响下，池内水面可能会出现晃动，此时如干弦高度不足将形成真空压力，顶盖受力剧增。条文对此项液面晃动影响，主要考虑长周期地震的作用，9度通常为震中，7度的影响有限，为此仅对8度Ⅲ、Ⅳ类场地提出了干弦高度的要求。根据理论计算，由于水的阻尼很小，液面晃动高度会是很高的，考虑到地震毕竟发生几率很小，不宜过于增加投资，因此只是按照计算数值，给定了适当提高干弦高度的要求，即允许顶盖出现部分损坏，例如裂缝宽度超过常规设计的规定等。

2. 对水池内导流墙，须要与立柱或池壁连接，又需要避免立柱在干弦高度内形成短柱，不利于抗震，为此条文提出应采取有效措施，符合两方面的要求。

7 贮气构筑物

本章内容基本上保持了原规范的规定，仅就下列内容做了补充和修改：

1. 增补了竖向地震作用的计算规定；

2. 对球罐和卧罐的水平地震作用计算规定，按《构筑物抗震设计规范》GB 50191的相应内容做了修改，以使协调一致，但明确了在计算地震作用时，应取阻尼比$\zeta=0.02$；

3. 对湿式贮气罐的环形水槽动水压力系数做了修改，即使在计算式中不再出现原规范引用的结构系数C值，因此将C值归入动水压力系数中，这样计算结果保持了原规范中的规定。

8 泵房

8.1 一般规定

8.1.1 在给水、排水、燃气、热力工程中，各种功能的泵房众多，根据工艺要求泵房的体型、竖向高程设计各不相似，条文明确了本章内容对这些泵房的抗震验算等均可适用。

8.1.2 在历次强烈地震中，提升地下水的取水井室（泵房形式的一种）当地下部分大于地面以上结构高度时，在6度、7度区并未发生过震害损坏。主要是这种井室体型不大，结构构造简单、整体刚度较好，当埋深较大时动力效应较小，因此条文规定只需符合相应的抗震构造措施，可不做抗震验算。

8.1.3 卧式泵和轴流泵的泵房地面以上结构，其结构型式均与工业民用建筑雷同，因此条文明确应直接按《建筑抗震设计规范》GB 50011的规定执行。

8.1.4 本条要求保持了原规范的规定。

8.2 地震作用计算

本节主要对地下水取水井室的地震作用计算做了规定。这类取水泵房在唐山地震中受到震害众多，一旦损坏，水源断绝，给震后生活、生产造成很大的次生灾害。

条文对位于Ⅰ、Ⅱ类场地的井室结构，规定了仅可对其地面以上部分结构计算水平地震作用，并考虑结构以剪切变形为主。对位于Ⅲ、Ⅳ类场地的井室结构，则规定应对整个井室进行地震作用计算，但可考虑结构与土的共同作用，结构所承受的地震作用随地下埋深而衰减。此时将结构视为以弯曲变形为主，并通过有限元分析确定了衰减系数的具体数据。

8.3 构造措施

本节内容保持了原规范的各项规定。

9 水塔

本章内容原属《建筑抗震设计规范》GBJ 11—89中的一部分，经新修订后，将水塔的抗震设计纳入本规范。

本章内容除保留了原规范拟定的抗震设计要求外，做了以下几方面的修订：

1 明确了水塔的水柜可不进行抗震计算，主要考虑支水柜通常的容量都不大，在历次强震中均未出现震害，损坏都位于水柜的支承结构。

2 修订了确定地震作用的计算公式，计入了在水平地震作用下，水柜内贮水的对流振动作用。地震动时，水柜内贮水将形成脉冲和对流两种运动形态，前者随结构一并振动，后者将产生水的晃动，两者的振动周期不同，因此应予分别计入。

3 在分别计算贮水的脉冲和对流作用时，考虑到贮水振动和结构振动的周期相差较大，两者的耦联影响很小，因此未予计入，简化了工程抗震计算。

4 在确定对流振动作用时，考虑到水的阻尼要远小于0.05，因此在确定地震影响系数α时，规定了可取阻尼比$\zeta=0$。

5 水柜内贮水的脉冲质量约位于柜底以上$0.38H_w$（水深）处，与对流质量组合后其总的动水压力作用将会提高，为简化计算，与结构重力荷载代表值的等效作用一并取在水柜结构的重心处。

6 在构造措施方面，对支承筒体的孔洞加强措施，做了进一步具体的补充。

10 管 道

10.1 一般规定

10.1.1 本条明确了本章有关架空管道的规定，主要是针对给水、排水、燃气、热力工程中跨越河、湖等障碍的自承式钢管道，对其他非自承式架空管道则可参照执行。

10.1.2 条文规定对埋地管道主要应计算在水平地震作用下，剪切波所引起的管道变位或应力，相的剪切波速应为管道埋深一定范围内的综合平均波速，规定应由工程地质勘察单位提供自地面至管底不小于5m深度内各层土的剪切波速。

10.1.3 条文规定了对较大的矩形或拱形管道，除应验算剪切波引起的位移或应力外，尚应对其横截面进行抗震验算，即此时管道横截面上尚承受动土压力等作用，对较大的矩形或拱形管道不应忽视，唐山地震中的一些大断面排水矩形管道，就发生过多起横断面抗震强度不足的震害。

10.1.4 条文规定了对埋地管道可以不做抗震验算的几种情况，主要是根据历次强震中的反映和原规范的相应规定。

10.2 地震作用计算

本节内容规定了埋地和架空管道地震作用的计算方法。对架空管道可按单质点体系计算，在确定等代重力荷载代表值时，条文分别给出了不同结构型式架空管道的地震作用计算公式。

10.3 构造措施

本节内容保持了原规范的各项规定。需要补充说明的是管道与机泵等设备的连接，从地震动考虑，管道在剪切波作用下将瞬时产生接、压位移，造成对与之连接设备的损坏，唐山地震中多有发生（如汉沽取水泵房等），据此要求在该连接处应设置柔性可活动接头；而常规运行时，可能发生回水推力，该处需可靠连接，共同承受此项推力。据此本次修改时在10.3.7、10.3.8中，明确规定了针对这种情况，应在该连接管道上就近设置柔性连接，兼顾常规运行和抗震的需要。

附录B 有盖矩形水池考虑结构体系的空间作用时水平地震作用效应标准值的确定

本附录保持了原规范的内容。同时针对当前城市给水工程中清水池的池容量日益扩大，不少清水池结构由于超长而设置了温度变形缝，附录条文中规定了在变形缝处应设置抗侧力构件（框架、斜撑等），此时水平地震作用的作用效应计算方法完全一致，只是水池的边墙由该处的抗侧力构件替代，从而计算其水平地震作用折减系数 η_l 值。

附录C 地下直埋直线段管道在剪切波作用下的作用效应计算

1 计算模式及公式

地下直埋管道在剪切波作用下，如图C.1.6所示，在半个视波长范围内的管段，将随波的行进处于瞬时受拉、瞬时受压状态。半个视波长内管道沿管轴向的位移量标准值（Δ_{pl}）可按（C.1.1-1）式计算，即

$$\Delta_{pl}=\zeta_t\cdot\Delta_{sl} \quad (C.1.1\text{-}1)$$

此式的计算模式系将管道视作弹性地基内的线状结构。ζ_t 为剪切波作用下沿管轴向土体位移传递到管道上的传递系数，原规范对传递系数的取值系根据我国1975年海城营口地震和1976年唐山地震中承插式铸铁管的震害数据统计获得，这次修改时考虑到原规范统计数据毕竟很有限，为此对传递系数 ζ_t 值改用计算模式的理论解，即（C.1.1-3）式。

对管道位移量的计算，并非管道上各点的位移绝对值，而应是管道在半个视波长内的位移增量，这是导致管道损坏的主要因素。

2 计算参数

沿管道轴向土体的单位面积弹性抗力（K_1），当无实测数据时，给定可采用0.06N/mm³，系引用日本高、中压煤气抗震设计规范所提供数据。从理论上分析，此值应与管道埋深有关，而且还应与管道外表面的构造、体型有关，很难统一取值，这里给出的采用值不是很确切的，必要时应通过试验测定。在无实测数据时，对 K_1 推荐采用统一常数，主要考虑到埋地管体均与回填土相接触，其误差不致很大。

关于管道单个接头的设计允许位移量［U_a］，系通过国内试验测定获得的。该项专题试验研究，由北京市科委给予经费资助。

3 对焊接钢管这种整体连接管道，条文规定了可以直接验算在水平地震作用下的最大应变量，同时亦可与国内外有关钢管的抗震验算取得协调。对于钢管的允许应变量，考虑到在市政工程中钢管的材质多采用Q235钢，因此条文中的允许应变量系针对Q235给出。

中华人民共和国国家标准

供配电系统设计规范

Code for design electric power supply systems

GB 50052—2009

主编部门：中 国 机 械 工 业 联 合 会
批准部门：中华人民共和国住房和城乡建设部
施行日期：2 0 1 0 年 7 月 1 日

中华人民共和国住房和城乡建设部
公　　告

第437号

关于发布国家标准《供配电系统设计规范》的公告

现批准《供配电系统设计规范》为国家标准，编号为 GB 50052—2009，自 2010 年 7 月 1 日起实施。其中，第 3.0.1、3.0.2、3.0.3、3.0.9、4.0.2 条为强制性条文，必须严格执行。原《供配电系统设计规范》GB 50052—95 同时废止。

本规范由我部标准定额研究所组织中国计划出版社出版发行。

中华人民共和国住房和城乡建设部

二〇〇九年十一月十一日

前　　言

本规范是根据原建设部《关于印发〈二〇〇一～二〇〇二年度工程建设国家标准制订、修订计划〉的通知》（建标〔2002〕85 号）要求，由中国联合工程公司会同有关设计研究单位共同修订完成的。

在修订过程中，规范修订组在研究了原规范内容后，经广泛调查研究、认真总结实践经验，并参考了有关国际标准和国外先进标准，先后完成了初稿、征求意见稿、送审稿和报批稿等阶段，最后经有关部门审查定稿。

本规范共分 7 章，主要内容包括：总则，术语，负荷分级及供电要求，电源及供电系统，电压选择和电能质量，无功补偿，低压配电等。

修订的主要内容有：

1. 对原规范的适用范围作了调整；

2. 增加了“有设置分布式电源的条件，能源利用效率高、经济合理时”作为设置自备电源的条件之一；“当有特殊要求，应急电源向正常电源转换需短暂并列运行时，应采取安全运行的措施”；660V 等级的低压配电电压首次列入本规范；

3. 对保留的各章所涉及的主要技术内容也进行了补充、完善和必要的修改。

本规范中以黑体字标志的条文为强制性条文，必须严格执行。

本规范由住房和城乡建设部负责管理和对强制性条文的解释，中国机械工业联合会负责日常管理工作，中国联合工程公司负责具体技术内容的解释。本规范在执行过程中，请各单位注意总结经验，积累资料，随时将有关意见和有关资料寄送至中国联合工程公司（地址：浙江省杭州市石桥路 338 号，邮政编码：310022，E-mail：lusx@chinacuc. com 或 chenjl@chinacuc. com），以供今后修订时参考。

本规范组织单位、主编单位、参编单位、主要起草人和主要审查人员名单：

组 织 单 位：中国机械工业勘察设计协会

主 编 单 位：中国联合工程公司

参 编 单 位：中国寰球工程公司
中国航空工业规划设计研究院
中国电力工程顾问集团西北电力设计院
中建国际（深圳）设计顾问有限公司

主要起草人：吕适翔　陈文良　陈济良
熊　延　高凤荣　陈有福
钱丽辉　丁　杰　弓普站
徐　辉

主要审查人员：田有连　杜克俭　钟景华
王素英　陈众励　李道本
曾　涛　张文才　高小平
杨　彤　李　平

目　次

Contents

1 总 则

1.0.1 为使供配电系统设计贯彻执行国家的技术经济政策，做到保障人身安全、供电可靠、技术先进和经济合理，制定本规范。

1.0.2 本规范适用于新建、扩建和改建工程的用户端供配电系统的设计。

1.0.3 供配电系统设计应按照负荷性质、用电容量、工程特点和地区供电条件，统筹兼顾，合理确定设计方案。

1.0.4 供配电系统设计应根据工程特点、规模和发展规划，做到远近期结合，在满足近期使用要求的同时，兼顾未来发展的需要。

1.0.5 供配电系统设计应采用符合国家现行有关标准的高效节能、环保、安全、性能先进的电气产品。

1.0.6 本规范规定了供配电系统设计的基本技术要求。当本规范与国家法律、行政法规的规定相抵触时，应按国家法律、行政法规的规定执行。

1.0.7 供配电系统设计除应遵守本规范外，尚应符合国家现行有关标准的规定。

2 术 语

2.0.1 一级负荷中特别重要的负荷　vital load in first grade load

中断供电将发生中毒、爆炸和火灾等情况的负荷，以及特别重要场所的不允许中断供电的负荷。

2.0.2 双重电源　duplicate supply

一个负荷的电源是由两个电路提供的，这两个电路就安全供电而言被认为是互相独立的。

2.0.3 应急供电系统（安全设施供电系统）　electric supply systems for safety services

用来维持电气设备和电气装置运行的供电系统，主要是：为了人体和家畜的健康和安全，和/或为避免对环境或其他设备造成损失以符合国家规范要求。

注：供电系统包括电源和连接到电气设备端子的电气回路。在某些场合，它也可以包括设备。

2.0.4 应急电源（安全设施电源）　electric source for safety services

用作应急供电系统组成部分的电源。

2.0.5 备用电源　stand-by electric source

当正常电源断电时，由于非安全原因用来维持电气装置或其某些部分所需的电源。

2.0.6 分布式电源　distributed generation

分布式电源主要是指布置在电力负荷附近，能源利用效率高并与环境兼容，可提供电、热（冷）的发电装置，如微型燃气轮机、太阳能光伏发电、燃料电池、风力发电和生物质能发电等。

2.0.7 逆调压方式　inverse voltage regulation mode

逆调压方式就是负荷大时电网电压向高调，负荷小时电网电压向低调，以补偿电网的电压损失。

2.0.8 基本无功功率　basic reactive power

当用电设备投入运行时所需的最小无功功率。如该用电设备有空载运行的可能，则基本无功功率即为其空载无功功率。如其最小运行方式为轻负荷运行，则基本无功功率为在此轻负荷情况下的无功功率。

2.0.9 隔离电器　isolator

在执行工作、维修、故障测定或更换设备之前，为人提供安全的电器设备。

2.0.10 TN系统　TN system

电力系统有一点直接接地，电气装置的外露可导电部分通过保护线与该接地点相连接。根据中性导体（N）和保护导体（PE）的配置方式，TN系统可分为如下三类：

1　TN-C系统，整个系统的N、PE线是合一的。

2　TN-C-S系统，系统中有一部分线路的N、PE线是合一的。

3　TN-S系统，整个系统的N、PE线是分开的。

2.0.11 TT系统　TT system

电力系统有一点直接接地，电气装置的外露可导电部分通过保护线接至与电力系统接地点无关的接地极。

2.0.12 IT系统　IT system

电力系统与大地间不直接连接，电气装置的外露可导电部分通过保护接地线与接地极连接。

3 负荷分级及供电要求

3.0.1 电力负荷应根据对供电可靠性的要求及中断供电在对人身安全、经济损失上所造成的影响程度进行分级，并应符合下列规定：

1　符合下列情况之一时，应视为一级负荷。

1）中断供电将造成人身伤害时。

2）中断供电将在经济上造成重大损失时。

3）中断供电将影响重要用电单位的正常工作。

2　在一级负荷中，当中断供电将造成人员伤亡或重大设备损坏或发生中毒、爆炸和火灾等情况的负荷，以及特别重要场所的不允许中断供电的负荷，应视为一级负荷中特别重要的负荷。

3　符合下列情况之一时，应视为二级负荷。

1）中断供电将在经济上造成较大损失时。

2）中断供电将影响较重要用电单位的正常工作。

4　不属于一级和二级负荷者应为三级负荷。

3.0.2 一级负荷应由双重电源供电，当一电源发生故障时，另一电源不应同时受到损坏。

3.0.3 一级负荷中特别重要的负荷供电，应符合下列要求：

1　除应由双重电源供电外，尚应增设应急电源，并严禁将其他负荷接入应急供电系统。

2　设备的供电电源的切换时间，应满足设备允许中断供电的要求。

3.0.4 下列电源可作为应急电源：

1　独立于正常电源的发电机组。

2　供电网络中独立于正常电源的专用的馈电线路。

3　蓄电池。

4　干电池。

3.0.5 应急电源应根据允许中断供电的时间选择，并应符合下列规定：

1　允许中断供电时间为15s以上的供电，可选用快速自启动的发电机组。

2　自投装置的动作时间能满足允许中断供电时间的，可选用带有自动投入装置的独立于正常电源之外的专用馈电线路。

3　允许中断供电时间为毫秒级的供电，可选用蓄电池静止型不间断供电装置或柴油机不间断供电装置。

3.0.6 应急电源的供电时间，应按生产技术上要求的允许停车过程时间确定。

3.0.7 二级负荷的供电系统，宜由两回线路供电。在负荷较小或地区供电条件困难时，二级负荷可由一回6kV及以上专用的架空线路供电。

3.0.8 各级负荷的备用电源设置可根据用电需要确定。

3.0.9 备用电源的负荷严禁接入应急供电系统。

4 电源及供电系统

4.0.1 符合下列条件之一时，用户宜设置自备电源：

1 需要设置自备电源作为一级负荷中的特别重要负荷的应急电源时或第二电源不能满足一级负荷的条件时。

2 设置自备电源比从电力系统取得第二电源经济合理时。

3 有常年稳定余热、压差、废弃物可供发电，技术可靠、经济合理时。

4 所在地区偏僻，远离电力系统，设置自备电源经济合理时。

5 有设置分布式电源的条件，能源利用效率高、经济合理时。

4.0.2 应急电源与正常电源之间，应采取防止并列运行的措施。当有特殊要求，应急电源向正常电源转换需短暂并列运行时，应采取安全运行的措施。

4.0.3 供配电系统的设计，除一级负荷中的特别重要负荷外，不应按一个电源系统检修或故障的同时另一电源又发生故障进行设计。

4.0.4 需要两回电源线路的用户，宜采用同级电压供电。但根据各级负荷的不同需要及地区供电条件，亦可采用不同电压供电。

4.0.5 同时供电的两回及以上供配电线路中，当有一回路中断供电时，其余线路应能满足全部一级负荷及二级负荷。

4.0.6 供配电系统应简单可靠，同一电压等级的配电级数高压不宜多于两级；低压不宜多于三级。

4.0.7 高压配电系统宜采用放射式。根据变压器的容量、分布及地理环境等情况，亦可采用树干式或环式。

4.0.8 根据负荷的容量和分布，配变电所应靠近负荷中心。当配电电压为35kV时，亦可采用直降至低压配电电压。

4.0.9 在用户内部邻近的变电所之间，宜设置低压联络线。

4.0.10 小负荷的用户，宜接入地区低压电网。

5 电压选择和电能质量

5.0.1 用户的供电电压应根据用电容量、用电设备特性、供电距离、供电线路的回路数、当地公共电网现状及其发展规划等因素，经技术经济比较确定。

5.0.2 供电电压大于等于35kV时，用户的一级配电电压宜采用10kV；当6kV用电设备的总容量较大，选用6kV经济合理时，宜采用6kV；低压配电电压宜采用220V/380V，工矿企业亦可采用660V；当安全需要时，应采用小于50V电压。

5.0.3 供电电压大于等于35kV，当能减少配变电级数、简化结线及技术经济合理时，配电电压宜采用35kV或相应等级电压。

5.0.4 正常运行情况下，用电设备端子处电压偏差允许值宜符合下列要求：

1 电动机为±5%额定电压。

2 照明：在一般工作场所为±5%额定电压；对于远离变电所的小面积一般工作场所，难以满足上述要求时，可为+5%，－10%额定电压；应急照明、道路照明和警卫照明等为+5%，－10%额定电压。

3 其他用电设备当无特殊规定时为±5%额定电压。

5.0.5 计算电压偏差时，应计入采取下列措施后的调压效果：

1 自动或手动调整并联补偿电容器、并联电抗器的接入容量。

2 自动或手动调整同步电动机的励磁电流。

3 改变供配电系统运行方式。

5.0.6 符合在下列情况之一的变电所中的变压器，应采用有载调压变压器：

1 大于35kV电压的变电所中的降压变压器，直接向35kV、10kV、6kV电网送电时。

2 35kV降压变电所的主变压器，在电压偏差不能满足要求时。

5.0.7 10、6kV配电变压器不宜采用有载调压变压器；但在当地10、6kV电源电压偏差不能满足要求，且用户有对电压要求严格的设备，单独设置调压装置技术经济不合理时，亦可采用10、6kV有载调压变压器。

5.0.8 电压偏差应符合用电设备端电压的要求，大于等于35kV电网的有载调压宜实行逆调压方式。逆调压的范围为额定电压的0～+5%。

5.0.9 供配电系统的设计为减小电压偏差，应符合下列要求：

1 应正确选择变压器的变压比和电压分接头。

2 应降低系统阻抗。

3 应采取补偿无功功率措施。

4 宜使三相负荷平衡。

5.0.10 配电系统中的波动负荷产生的电压变动和闪变在电网公共连接点的限值，应符合现行国家标准《电能质量 电压波动和闪变》GB 12326的规定。

5.0.11 对波动负荷的供电，除电动机启动时允许的电压下降情况外，当需要降低波动负荷引起的电网电压波动和电压闪变时，宜采取下列措施：

1 采用专线供电。

2 与其他负荷共用配电线路时，降低配电线路阻抗。

3 较大功率的波动负荷或波动负荷群与对电压波动、闪变敏感的负荷，分别由不同的变压器供电。

4 对于大功率电弧炉的炉用变压器，由短路容量较大的电网供电。

5 采用动态无功补偿装置或动态电压调节装置。

5.0.12 配电系统中的谐波电压和在公共连接点注入的谐波电流允许限值，宜符合现行国家标准《电能质量 公用电网谐波》GB/T 14549的规定。

5.0.13 控制各类非线性用电设备所产生的谐波引起的电网电压正弦波形畸变率，宜采取下列措施：

1 各类大功率非线性用电设备变压器，由短路容量较大的电网供电。

2 对大功率静止整流器，采用增加整流变压器二次侧的相数和整流器的整流脉冲数，或采用多台相数相同的整流装置，并使整流变压器的二次侧有适当的相角差，或按谐波次数装设分流滤波器。

3 选用D,yn11接线组别的三相配电变压器。

5.0.14 供配电系统中在公共连接点的三相电压不平衡度允许限值，宜符合现行国家标准《电能质量 三相电压允许不平衡度》GB/T 15543的规定。

5.0.15 设计低压配电系统时，宜采取下列措施，降低三相低压配电系统的不对称度：

1 220V或380V单相用电设备接入220V/380V三相系统时，宜使三相平衡。

2 由地区公共低压电网供电的220V负荷，线路电流小于等于60A时，可采用220V单相供电；大于60A时，宜采用220V/380V三相四线制供电。

6 无功补偿

6.0.1 供配电系统设计中应正确选择电动机、变压器的容量，并应降低线路感抗。当工艺条件允许时，宜采用同步电动机或选用带空载切除的间歇工作制设备。

6.0.2 当采用提高自然功率因数措施后，仍达不到电网合理运行要求时，应采用并联电力电容器作为无功补偿装置。

6.0.3 用户端的功率因数值，应符合国家现行标准的有关规定。

6.0.4 采用并联电力电容器作为无功补偿装置时，宜就地平衡补偿，并符合下列要求：

1 低压部分的无功功率，应由低压电容器补偿。

2 高压部分的无功功率，宜由高压电容器补偿。

3 容量较大，负荷平稳且经常使用的用电设备的无功功率，宜单独就地补偿。

4 补偿基本无功功率的电容器组，应在配变电所内集中补偿。

5 在环境正常的建筑物内，低压电容器宜分散设置。

6.0.5 无功补偿容量，宜按无功功率曲线或按以下公式确定：

$$Q_C = P(\tan\Phi_1 - \tan\Phi_2) \tag{6.0.5}$$

式中：Q_C——无功补偿容量(kvar)；

P——用电设备的计算有功功率(kW)；

$\tan\Phi_1$——补偿前用电设备自然功率因数的正切值；

$\tan\Phi_2$——补偿后用电设备功率因数的正切值，取 $\cos\Phi_2$ 不小于0.9值。

6.0.6 基本无功补偿容量，应符合以下表达式的要求：

$$Q_{Cmin} < P_{min}\tan\Phi_{1min} \tag{6.0.6}$$

式中：Q_{Cmin}——基本无功补偿容量(kvar)；

P_{min}——用电设备最小负荷时的有功功率(kW)；

$\tan\Phi_{1min}$——用电设备在最小负荷下，补偿前功率因数的正切值。

6.0.7 无功补偿装置的投切方式，具有下列情况之一时，宜采用手动投切的无功补偿装置：

1 补偿低压基本无功功率的电容器组。

2 常年稳定的无功功率。

3 经常投入运行的变压器或每天投切次数少于三次的高压电动机及高压电容器组。

6.0.8 无功补偿装置的投切方式，具有下列情况之一时，宜装设无功自动补偿装置：

1 避免过补偿，装设无功自动补偿装置在经济上合理时。

2 避免在轻载时电压过高，造成某些用电设备损坏，而装设无功自动补偿装置在经济上合理时。

3 只有装设无功自动补偿装置才能满足在各种运行负荷的情况下的电压偏差允许值时。

6.0.9 当采用高、低压自动补偿装置效果相同时，宜采用低压自动补偿装置。

6.0.10 无功自动补偿的调节方式，宜根据下列要求确定：

1 以节能为主进行补偿时，宜采用无功功率参数调节；当三相负荷平衡时，亦可采用功率因数参数调节。

2 提供维持电网电压水平所必要的无功功率及以减少电压偏差为主进行补偿时，应按电压参数调节，但已采用变压器自动调压者除外。

3 无功功率随时间稳定变化时，宜按时间参数调节。

6.0.11 电容器分组时，应满足下列要求：

1 分组电容器投切时，不应产生谐振。

2 应适当减少分组组数和加大分组容量。

3 应与配套设备的技术参数相适应。

4 应符合满足电压偏差的允许范围。

6.0.12 接在电动机控制设备侧电容器的额定电流，不应超过电动机励磁电流的0.9倍；过电流保护装置的整定值，应按电动机-电容器组的电流确定。

6.0.13 高压电容器组宜根据预期的涌流采取相应的限流措施。低压电容器组宜加大投切容量且采用专用投切器件。在受谐波量较大的用电设备影响的线路上装设电容器组时，宜串联电抗器。

7 低压配电

7.0.1 带电导体系统的型式，宜采用单相二线制、两相三线制、三相三线制和三相四线制。

低压配电系统接地型式，可采用TN系统、TT系统和IT系统。

7.0.2 在正常环境的建筑物内，当大部分用电设备为中小容量，且无特殊要求时，宜采用树干式配电。

7.0.3 当用电设备为大容量或负荷性质重要，或在有特殊要求的建筑物内，宜采用放射式配电。

7.0.4 当部分用电设备距供电点较远，而彼此相距很近、容量很小的次要用电设备，可采用链式配电，但每一回路环链设备不宜超过5台，其总容量不宜超过10kW。容量较小用电设备的插座，采用链式配电时，每一条环链回路的设备数量可适当增加。

7.0.5 在多层建筑物内，由总配电箱至楼层配电箱宜采用树干式配电或分区树干式配电。对于容量较大的集中负荷或重要用电设备，应从配电室以放射式配电；楼层配电箱至用户配电箱应采用放射式配电。

在高层建筑物内，向楼层各配电点供电时，宜采用分区树干式配电；由楼层配电间或竖井内配电箱至用户配电箱的配电，应采取放射式配电；对部分容量较大的集中负荷或重要用电设备，应从变电所低压配电室以放射式配电。

7.0.6 平行的生产流水线或互为备用的生产机组，应根据生产要求，宜由不同的回路配电；同一生产流水线的各用电设备，宜由同一回路配电。

7.0.7 在低压电网中，宜选用D，yn11接线组别的三相变压器作为配电变压器。

7.0.8 在系统接地型式为TN及TT的低压电网中，当选用Y，yn0接线组别的三相变压器时，其由单相不平衡负荷引起的中性线电流不得超过低压绕组额定电流的25%，且其一相的电流在满载时不得超过额定电流值。

7.0.9 当采用220V/380V的TN及TT系统接地型式的低压电网时，照明和电力设备宜由同一台变压器供电，必要时亦可单独设置照明变压器供电。

7.0.10 由建筑物外引入的配电线路，应在室内分界点便于操作维护的地方装设隔离电器。

本规范用词说明

1 为便于在执行本规范条文时区别对待，对要求严格程度不同的用词说明如下：

1)表示很严格，非这样做不可的：

正面词采用“必须”，反面词采用“严禁”；

2)表示严格，在正常情况下均应这样做的：

正面词采用“应”，反面词采用“不应”或“不得”；

3)表示允许稍有选择，在条件许可时首先应这样做的：

正面词采用“宜”，反面词采用“不宜”；

4)表示有选择，在一定条件下可以这样做的，采用“可”。

2 条文中指明应按其他有关标准执行的写法为：“应符合……的规定”或“应按……执行”。

引用标准名录

《电能质量 电压波动和闪变》GB 12326

《电能质量 公用电网谐波》GB/T 14549

《电能质量 三相电压允许不平衡度》GB/T 15543

中华人民共和国国家标准

供配电系统设计规范

GB 50052—2009

条 文 说 明

修 订 说 明

根据建设部建标〔2002〕85号文的要求，由中国联合工程公司主编，与中国寰球工程公司等有关设计研究单位共同修订完成的《供配电系统设计规范》GB 50052—2009经住房和城乡建设部2009年11月11日以437号公告批准、发布。

本规范修订遵循的主要原则：1）贯彻现行国家法律、法规；2）涉及人身及生产安全的使用强制性条文；3）采用行之有效的新技术，做到技术先进、经济合理、安全实用；4）积极采用国际标准和国外先进标准，并且符合中国国情；5）广泛征求意见，通过充分协商，共同确定；6）执行现行国家关于工程建设标准编制规定，确保可操作性；7）按"统一、协调、简化、优选"的原则严格把关，并注意与国家有关工程建设标准内容之间的协调。

本规范修订开展的主要工作：1）筹建《供配电系统设计规范》修订编制组，制定《供配电系统设计规范》修订工作大纲；2）编制《供配电系统设计规范》初稿和专题调研报告大纲；3）编制《供配电系统设计规范》征求意见稿，并经历了起草、汇总、互审、专题技术会议讨论定稿，以及征求意见稿征求意见的整理、汇总、分析等程序；4）制编《供配电系统设计规范》送审稿，以及完成送审稿专家审查意见的修改；5）完成《供配电系统设计规范》报批稿。

本规范修订，与上次规范比较在内容方面变化的主要情况及原规范编制单位、主要起草人名单：1）引入了"双重电源"术语；2）对本规范的适用范围进行了修改；3）取消了原规范第3.0.5条；4）增加了分布式能源作为自备电源的条文；5）修改了应急电源与正常电源之间并列运行、配电级数、低压配电电压、由地区公共低压电网供电的220V负荷的容量等内容；6）原规范主编单位：机械工业部第二设计研究院；原规范参加单位：上海市电力工业局、化工部中国环球化工工程公司、中国航空工业规划设计研究院；原规范主要起草人：瞿元龙、章长东、郑祖煌、陈乐珊、徐永根、王厚余、陈文良、黄幼珍、刘汉云、包伟民。

为便于广大设计、施工、科研、学校等单位的有关人员在使用本标准时能正确理解和执行条文规定，《供配电系统设计规范》修订组按章、条顺序编制了本规范的条文说明，供使用者参考。

目　次

1　总　　则

1.0.2　由于工业用电负荷增大，有些企业内部设有110kV电压等级的变电所，甚至有些企业（如石化、钢铁行业）已建220kV电压等级用户终端变电所。本规范原规定其适用范围为110kV及以下的供配电系统，与目前适用状况已显示出一定的局限性，且在现有的标准中也没有任何关于强制要求公用供电部门保证安全供电的条文，公用供电部门为实现和用户签订的合同中可靠供电，自然会按实际需要考虑到用哪一级的供电电压。为此，本规范修订为：适用于新建、扩建和改建工程的用户端供配电系统的设计。

民用建筑供电电压大多采用35kV、10kV、220V/380V电压等级。

针对新建、扩建和改建工程应与相关电气专业强制性规范相协调。

1.0.3　一个地区的供配电系统如果没有一个全面的规划，往往造成资金浪费、能耗增加等不合理现象。因此，在供配电系统设计中，应由供电部门与用户全面规划，从国家整体利益出发，判别供配电系统合理性。

1.0.5　2005年10月原建设部、科技部颁发的“绿色建筑技术导则”在前言中明确指出：推进绿色建设是发展节能、节地型住宅和公共建筑的具体实践。党的十六大报告指出：我国要实现“可持续发展能力不断增强，生态环境得到改善，资源利用效率显著提高，促进人与自然的和谐，推动整个社会走上生产发展，生活富裕、生态良好的文明发展道路。”采用符合国家现行有关标准的高效节能、性能先进、环保、安全可靠的电气产品，也是电气供配电系统设计可持续发展的要求。

时下健康环保、绿色空间成为人们越来越关注的焦点，“人与自然”是永恒的主题。2005年8月13日欧盟各国完成了两项关于电子垃圾的立法，并于2006年7月1日正式启动。这两项指令分别为“关于报废电子、电器设备指令”（WEEE）和“关于在电子、电器设备中禁止使用某些有害物质指令”（ROHS），涉及的产品包括十大类近20万种，几乎涉及所有的电子信息产品，“两指令”实际上是一个非常典型的“绿色环保壁垒”。

因此，对企业应不断加大力度研究新工艺，开发新产品，本条规定采用环保安全的电气产品，也是符合社会发展的需求。

供配电系统设计时所选用的设备，必须经国家主管部门认定的鉴定机构鉴定合格的产品，积极采用成熟的新技术、新设备，严禁采用国家已公布的淘汰产品。

3　负荷分级及供电要求

3.0.1　用电负荷分级的意义，在于正确地反映它对供电可靠性要求的界限，以便恰当地选择符合实际水平的供电方式，提高投资的经济效益，保护人员生命安全。负荷分级主要是从安全和经济损失两个方面来确定。安全包括了人身生命安全和生产过程、生产装备的安全。

确定负荷特性的目的是为了确定其供电方案。在目前市场经济的大环境下，政府应该只对涉及人身和生产安全的问题采取强制性的规定，而对于停电造成的经济损失的评价主要应该取决于用户所能接受的能力。规范中对特别重要负荷及一、二、三级负荷的供电要求是最低要求，工程设计中用户可以根据其本身的特点确定其供电方案。由于各个行业的负荷特性不一样，本规范只能对负荷的分级作原则性规定，各行业可以依据本规范的分级规定，确定用电设备或用户的负荷级别。

停电一般分为计划检修停电和事故停电，由于计划检修停电事先通知用电部门，故可采取措施避免损失或将损失减少至最低限度。条文中是按事故停电的损失来确定负荷的特性。

政治影响程度难以衡量。个别特殊的用户有特别的要求，故不在条文中表述。

1　对于中断供电将会产生人身伤亡及危及生产安全的用电负荷视为特别重要负荷，在生产连续性较高行业，当生产装置工作电源突然中断时，为确保安全停车，避免引起爆炸、火灾、中毒、人员伤亡，而必须保证的负荷，为特别重要负荷，例如中压及以上的锅炉给水泵，大型压缩机的润滑油泵等；或者事故一旦发生能够及时处理，防止事故扩大，保证工作人员的抢救和撤离，而必须保证的用电负荷，亦为特别重要负荷。在工业生产中，如正常电源中断时处理安全停产所必须的应急照明、通信系统；保证安全停产的自动控制装置等。民用建筑中，如大型金融中心的关键电子计算机系统和防盗报警系统；大型国际比赛场馆的记分系统以及监控系统等。

2　对于中断供电将会在经济上产生重大损失的用电负荷视为一级负荷。例如：使生产过程或生产装备处于不安全状态、重大产品报废、用重要原料生产的产品大量报废、生产企业的连续生产过程被打乱需要长时间才能恢复等将在经济上造成重大损失，则其负荷特性为一级负荷。大型银行营业厅的照明、一般银行的防盗系统；大型博物馆、展览馆的防盗信号电源、珍贵展品室的照明电源，一旦中断供电可能会造成珍贵文物和珍贵展品被盗，因此其负荷特性为一级负荷。在民用建筑中，重要的交通枢纽、重要的通信枢纽、重要宾馆、大型体育场馆，以及经常用于重要活动的大量人员集中的公共场所等，由于电源突然中断造成正常秩序严重混乱的用电负荷为一级负荷。

3　中断供电使得主要设备损坏、大量产品报废、连续生产过程被打乱需较长时间才能恢复、重点企业大量减产等将在经济上造成较大损失，则其负荷特性为二级负荷。中断供电将影响较重要用电单位的正常工作，例如：交通枢纽、通信枢纽等用电单位中的重要电力负荷，以及中断供电将造成大型影剧院、大型商场等较多人员集中的重要的公共场所秩序混乱，因此其负荷特性为二级负荷。

4　在一个区域内，当用电负荷中一级负荷占大多数时，本区域的负荷作为一个整体可以认为是一级负荷；在一个区域内，当用电负荷中一级负荷所占的数量和容量都较少时，而二级负荷所占的数量和容量较大时，本区域的负荷作为一个整体可以认为是二级负荷。在确定一个区域的负荷特性时，应分别统计特别重要负荷，一、二、三级负荷的数量和容量，并研究在电源出现故障时需向该区域保证供电的程度。

在工程设计中，特别是对大型的工矿企业，有时对某个区域的负荷定性比确定单个的负荷特性更具有可操作性。按照用电负荷在生产使用过程中的特性，对一个区域的用电负荷在整体上进行确定，其目的是确定整个区域的供电方案以及作为向外申请用电的依据。如在一个生产装置中只有少量的用电设备生产连续性要求高，不允许中断供电，其负荷为一级负荷，而其他的用电设备可以断电，其性质为三级负荷，则整个生产装置的用电负荷可以确定为三级负荷；如果生产装置区的大部分用电设备生产的连续性都要求很高，停产将会造成重大的经济损失，则可以确定本装置的负荷特性为一级负荷。如果区域负荷的特性为一级负荷，则应该按照一级负荷的供电要求对整个区域供电；如果区域负荷特性是二级负荷，则对整个区域按照二级负荷的供电要求进行供电，对其中少量的特别重要负荷按照规定供电。

3.0.2　条文采用的“双重电源”一词引用了《国际电工词汇》IEC 60050.601—1985第601章中的术语第601-02-19条“duplicate supply”。因地区大电力网在主网电压上部是并网的，用电部门无论从电网取几回电源进线，也无法得到严格意义上的两个独立电源。所以这里指的双重电源可以是分别来自不同电网的电源，或者来自同一电网但在运行时电路互相之间联系很弱，或者来自同一个电网但其间的电气距离较远，一个电源系统任意一处出现异常运行时或发生短路故障时，另一个电源仍能不中断供电，这样的电源都可视为双重电源。

一级负荷的供电应由双重电源供电，而且不能同时损坏，只有必须满足这两个基本条件，才可能维持其中一个电源继续供电。双重电源可一用一备，亦可同时工作，各供一部分负荷。

3.0.3 一级负荷中特别重要的负荷的供电除由双重电源供电外，尚需增加应急电源。由于在实际中很难得到两个真正独立的电源，电网的各种故障都可能引起全部电源进线同时失去电源，造成停电事故。对特别重要负荷要由与电网不并列的、独立的应急电源供电。

工程设计中，对于其他专业提出的特别重要负荷，应仔细研究，凡能采取非电气保安措施者，应尽可能减少特别重要负荷的负荷量。

3.0.4 多年来实际运行经验表明，电气故障是无法限制在某个范围内部的，电力部门从未保证过供电不中断，即使供电中断也不罚款。因此，应急电源应是与电网在电气上独立的各式电源，例如：蓄电池、柴油发电机等。供电网络中有效地独立于正常电源的专用的馈电线路即是指保证两个供电线路不大可能同时中断供电的线路。

正常与电网并联运行的自备电站不宜作为应急电源使用。

3.0.5 应急电源类型的选择，应根据特别重要负荷的容量、允许中断供电的时间，以及要求的电源为交流或直流等条件来进行。由于蓄电池装置供电稳定、可靠、无切换时间、投资较少，故凡允许停电时间为毫秒级，且容量不大的特别重要负荷，可采用直流电源的，应由蓄电池装置作为应急电源。若特别重要负荷要求交流电源供电，允许停电时间为毫秒级，且容量不大，可采用静止型不间断供电装置。若有需要驱动的电动机负荷，且负荷不大，可以采用静止型应急电源，负荷较大，允许停电时间为15s以上的可采用快速启动的发电机组，这是考虑快速启动的发电机组一般启动时间在10s以内。

大型企业中，往往同时使用几种应急电源，为了使各种应急电源设备密切配合，充分发挥作用，应急电源接线示例见图1（以蓄电池、不间断供电装置、柴油发电机同时使用为例）。

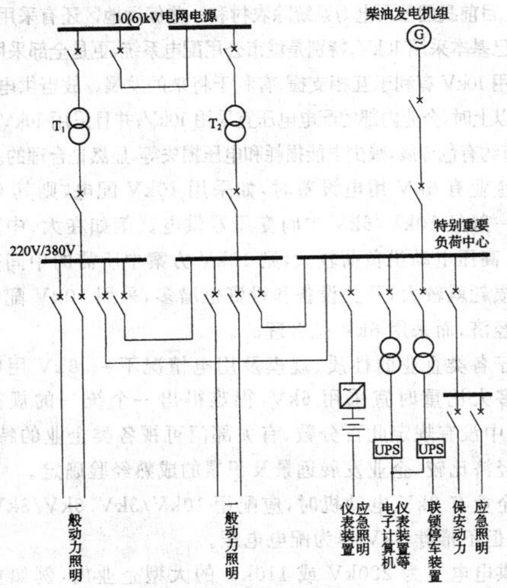

图1 应急电源接线示例

3.0.7 由于二级负荷停电造成的损失较大，且二级负荷包括的范围也比一级负荷广，其供电方式的确定，如能根据供电费用及供配电系统停电几率所带来的停电损失等综合比较来确定是合理的。目前条文中对二级负荷的供电要求是根据本规范的负荷分级原则和当前供电情况确定的。

对二级负荷的供电方式，因其停电影响还是比较大的，故应由两回线路供电。两回线路与双重电源略有不同，二者都要求线路有两个独立部分，而后者还强调电源的相对独立。

只有当负荷较小或地区供电条件困难时，才允许由一回6kV及以上的专用架空线供电。这点主要考虑电缆发生故障后有时检查故障点和修复需时较长，而一般架空线路修复方便（此点和电缆的故障率无关）。当线路自配电所引出采用电缆线路时，应采用两回线路。

3.0.9 备用电源与应急电源是两个完全不同用途的电源。备用电源是当正常电源断电时，由于非安全原因用来维持电气装置或其某些部分所需的电源；而应急电源，又称安全设施电源，是用作应急供电系统组成部分的电源，是为了人体和家畜的健康和安全，以及避免对环境或其他设备造成损失的电源。本条文从安全角度考虑，其目的是为了防止其他负荷接入应急供电系统，与第3.0.3条1款相一致。

4 电源及供电系统

4.0.1 电力系统所属大型电厂单位容量的投资少，发电成本低，而用户一般的自备中小型电厂则相反。分布式电源与一般意义上的中小型电厂有本质的区别，除了供电之外，还同时供热供冷，是多联产系统，实现对能源的梯级利用，能够提高能源的综合利用效率，环境负面影响小，经济效益好。故在原规范条文第1款至第4款的基础上增加了第5款条文，在条文各款规定的情况下，用户宜设置自备电源。

第1款对一级负荷中特别重要负荷的供电，是按本规范第3.0.3条第1款“尚应增设应急电源”的要求因而需要设置自备电源。为了保证一级负荷的供电条件也有需要设置自备电源的。

第2款、第4款设置自备电源需要经过技术经济比较后才定。

第3款设置自备电源的型式是一项挖掘工厂企业潜力、解决电力供需矛盾的技术措施。但各企业是否建自备电站，需经过全面技术经济比较确定。利用常年稳定的余热、压差、废弃物进行发电，技术经济指标优越，并能充分利用能源，还可减少温室气体和其他污染物的排放。废弃物是指可以综合利用的废弃资源，如煤矸石、煤泥、煤层气、焦化煤气等。

第5款设置自备电源的型式是未来大型电网的有力补充和有效支撑。分布式电源的一次能源包括风能、太阳能、水力、海洋能、地热和生物质能等可再生能源，也包括天然气等不可再生的清洁能源；二次能源为分布在用户端的热电冷联产，实现以直接满足用户多种需求的能源梯级利用。当今技术比较成熟、世界上应用较广的最主要方式是燃气热电冷联产，它利用十分先进的燃气轮机或燃气内燃机燃烧洁净的天然气发电，对做功后的余热进一步回收，用来制冷、供暖和供生活热水。从而实现对能源的梯级利用，提高能源的综合利用效率。这种系统尤其适用于宾馆、饭店、高档写字楼、高级公寓、学校、机关、医院以及电力品质和安全系数要求较高及电力供应不足的用户。

分布式电源所发电力应以就近消化为主，原则上不允许向电网反送功率，但利用可再生能源发电的分布式电源除外。用户大部分用电可以自己解决，不足部分由大电网补充，可以显著降低对大电网的依赖性，提高供电可靠性。分布式电源一般产生电、热、冷或热电联产，热力和电力不外销，与外购电和外购热相比具有经济性。

4.0.2 应急电源与正常电源之间应采取可靠措施防止并列运行，目的在于保证应急电源的专用性，防止正常电源系统故障时应急电源向正常电源系统负荷送电而失去作用，例如应急电源原动机的启动命令必须由正常电源主开关的辅助接点发出，而不是由继电器的接点发出，因为继电器有可能误动而造成与正常电源误并网。有个别用户在应急电源向正常电源转换时，为了减少电源转换对应急设备的影响，将应急电源与正常电源短暂并列运行，并列完成后立即将应急电源断开。当需要并列操作时，应符合下列条件：①应取得供电部门的同意；②应急电源需设置频率、相位和电压的自动同步系统；③正常电源应设置逆功率保护；④并列及不并列运行时故障情况的短路保护、电击保护都应得到保证。

具有应急电源蓄电池组的静止不间断电源装置，其正常电源是经整流环节变为直流才与蓄电池组并列运行的，在对蓄电池组进行浮充储能的同时经逆变环节提供交流电源，当正常电源系统故障时，利用蓄电池组直流储能放电而自动经逆变环节不间断地提供交流电源，但由于整流环节的存在因而蓄电池组不会向正常电源进线侧反馈，也就保证了应急电源的专用性。

国际标准 IEC 60364-5-551：第 551.7 条 发电设备可能与公用电网并列运行时，对电气装置的附加要求，也有相关的规定。

4.0.3 多年运行经验证明，变压器和线路都是可靠的供电元件，用户在一个电源检修或事故的同时另一电源又发生事故的情况是极少的，而且这种事故往往都是由于误操作造成，在加强维护管理，健全必要的规章制度后是可以避免的，如果不提高维护水平，只在供配电系统上层层保险，过多地建设电源线路和变电所，不但造成大量浪费而且事故也终难避免。

4.0.4 两回电源线路采用同级电压可以互相备用，提高设备利用率，如能满足一级和二级负荷用电要求时，亦可采用不同电压供电。

4.0.5 一级和二级负荷在突然停电后将造成不同程度的严重损失，因此在做供配电系统设计时，当确定线路通过容量时，应考虑事故情况下一回路中断供电时，其余线路应能满足本规范第3.0.2条、第 3.0.3 条和第 3.0.7 条规定的一级负荷和二级负荷用电的要求。

4.0.6 如果供配电系统接线复杂，配电层次过多，不仅管理不便、操作频繁，而且由于串联元件过多，因元件故障和操作错误而产生事故的可能性也随之增加。所以复杂的供配电系统导致可靠性下降，不受运行和维修人员的欢迎；配电级数过多，继电保护整定时限的级数也随之增多，而电力系统容许继电保护的时限级数对10kV 来说正常也只限于两级；如配电级数出现三级，则中间一级势必要与下一级或上一级之间无选择性。

高压配电系统同一电压的配电级数为两级，例如由低压侧为10kV 的总变电所或地区变电所配电至 10kV 配电所，再从该配电所以 10kV 配电给配电变压器，则认为 10kV 配电级数为两级。

低压配电系统的配电级数为三级，例如从低压侧为 380V 的变电所低压配电屏至配电室分配电屏，由分配电屏至动力配电箱，由动力配电箱至终端用电设备，则认为 380V 配电级数为三级。

4.0.7 配电系统采用放射式则供电可靠性高，便于管理，但线路和高压开关柜数量多，而如对辅助生产区，多属三级负荷，供电可靠性要求较低，可用树干式，线路数量少，投资也少。负荷较大的高层建筑，多属二级和一级负荷，可用分区树干式或环式，减少配电电缆线路和高压开关柜数量，从而相应少占电缆竖井和高压配电室的面积。住宅区多属三级负荷，也有高层二级和一级负荷，因此以环式或树干式为主，但根据线路路径等情况也可用放射式。

4.0.8 将总变电所、配电所、变电所建在靠近负荷中心位置，可以节省线材、降低电能损耗，提高电压质量，这是供配电系统设计的一条重要原则。至于对负荷较大的大型建筑和高层建筑分散设置变电所，这也是将变电所建在靠近各自低压负荷中心位置的一种形式。郊区小化肥厂等用电单位，如用电负荷均为低压又较集中，当供电电压为 35kV 时可用 35kV 直降至低压配电电压，这样既简化供配电系统，又节省投资和电能，提高电压质量。又如铁路、轨道交通的供电特点是用电点的负荷均为低压，小而集中，但用电点多而又远离，当高压配电电压为 35kV 时，各变电所亦可采用35kV 直降至低压配电系统。

4.0.9 一般动力和照明负荷是由同一台变压器供电，在节假日或周期性、季节性轻负荷时，将变压器退出运行并把所带负荷切换到其他变压器上，可以减少变压器的空载损耗。当变压器定期检修或故障时，可利用低压联络线来保证该变电所的检修照明及其所供的一部分负荷继续供电，从而提高了供电可靠性。

4.0.10 当小负荷在低压供电合理的情况下，其用电应由供电部门统一规划，尽量由公共的 220V/380V 低压网络供电，使地区配电变压器和线路得到充分利用。各地供电部门对低压供电的容量有不同的要求。根据原电力工业部令第 8 号《供电营业规则》第二章第八条规定：“用户单相用电设备总容量不足 10kW 的可采用低压 220V 供电。”第二章第九条规定：“用户用电设备容量在 100kW以下或需用变压器容量在 50kV·A 及以下者，可采用低压三相四线制供电，特殊情况亦可采用高压供电。用电负荷密度较高的地区，经过技术经济比较，采用低压供电的技术经济性明显优于高压供电时，低压供电的容量界限可适当提高。”

上海市电力公司《供电营业细则》第二章第九条第(2)款规定：“非居民用户：用户单相用电设备总容量 10kW 及以下的，可采用低压单相 220V 供电。用户用电设备容量在 350kW 以下或最大需量在 150kW 以下的，采用低压三相四线 380V 供电。”

5 电压选择和电能质量

5.0.1 用户需要的功率大，供电电压应相应提高，这是一般规律。

选择供电电压和输送距离有关，也和供电线路的回路数有关。输送距离长，为降低线路电压损失，宜提高供电电压等级。供电线路的回路多，则每回路的送电容量相应减少，可以降低供电电压等级。用电设备特性，例如波动负荷大，宜由容量大的电网供电，也就是要提高供电电压的等级。还要看用户所在地点的电网提供什么电压方便和经济。所以，供电电压的选择，不易找出统一的规律，只能定原则。

5.0.2 目前我国公用电力系统除农村和一些偏远地区还有采用 3kV 和 6kV 外，已基本采用 10kV，特别是城市公用配电系统，更是全部采用 10kV。因此，采用 10kV 有利于互相支援，有利于将来的发展。故当供电电压为35kV 及以上时，企业内部的配电电压宜采用 10kV；并且采用 10kV 配电电压可以节约有色金属，减少电能损耗和电压损失等，显然是合理的。

当企业有 6kV 用电设备时，如采用 10kV 配电，则其 6kV 用电设备一般经 10kV/6kV 中间变压器供电。例如在大、中型化工厂，6kV 高压电动机负荷较大，则 10kV 方案中所需的中间变压器容量及损耗就较大，开关设备和投资也增多，采用 10kV 配电电压反而不经济，而采用 6kV 是合理的。

由于各类企业的性质、规模及用电情况不一，6kV 用电负荷究竟占多大比重时宜采用 6kV，很难得出一个统一的规律。因此，条文中没有规定此百分数，有关部门可视各类企业的特点，根据技术经济比较，企业发展远景及积累的成熟经验确定。

当企业有 3kV 电动机时，应配用 10kV/3kV、6kV/3kV 专用变压器，但不推荐 3kV 作为配电电压。

在供电电压为 220kV 或 110kV 的大型企业内，例如重型机器厂，可采用三绕组主变压器，以 35kV 专供大型电热设备，以

10kV 作为动力和照明配电电压。

660V 电压目前在国内煤矿、钢铁等行业已有应用，国内开关、电机等配套设备制造技术也已逐渐成熟。660V 电压与传统的 380V 电压相比绝缘水平相差不大，两者电机设备费用也大体相当。从工业生产方面看，采用 660V 电压，可将原采用 10kV、6kV 供电的部分设备改用 660V 供电，从而降低工程设备投资，同时，将低压供电电压由 380V 提高到 660V，又可改善供电质量。但从安全方面讲，电压越低，使用越安全。由于目前国内大多数行业仍习惯于 380V/220V 电压，因此，本标准提出对工矿企业也可采用 660V 电压。

在内科诊疗术室、手术室等特殊医疗场所和对电磁干扰有特殊要求的精密电子设备室等场所，为防止误触及电气系统部件而造成人身伤害，或因电磁干扰较大引起控制功能丧失或混乱从而造成重大设备损毁或人身伤亡，可采用安全电压进行配电。安全电压通常可采用 42、36、24、12、6V。

5.0.3 随着经济的发展，企业的规模在不断变大，在一些特大型的化工、钢铁等企业，企业内车间用电负荷非常大，采用 10kV 电压已难以满足用电负荷对电压降的要求，而采用 35kV 或以上电压作为一级配电电压既能满足企业的用电要求，也比采用较低电压能减少配变电级数、简化接线。因此，采用 35kV 或以上电压作为配电电压对这类用户更为合理。对这类用户，可采用若干个 35kV 或相应供电电压等级的降压变电所分别设在车间旁的负荷中心位置，并以 35kV 或相应供电电压等级的电压线路直接在厂区配电，而不采用设置大容量总降压变电所以较低的电压配电。这样可以大大缩短低压线路，降低有色金属和电能消耗量。

又如某些企业其负荷不大但较集中，均为低压用电负荷，因工厂位于郊区取得 10、6kV 电源困难，当采用 35kV 供电，并经 35kV/0.38kV 降压变压器对低压负荷配电，这样可以减少变电级数，从而可以节省电能和投资，并可以提高电能质量，此时，宜采用 35kV 电压作为配电电压。

当然，35kV 以上电压作为企业内直配电压，投资高、占地多，而且还受到设备、线路走廊、环境条件的影响，因此宜慎重确定。

5.0.4 电压偏差问题是普遍关系到全国工业和生活用户利益的问题，并非仅关系某一部门。从政策角度来看，则是贯彻节能方针和逐步实现技术现代化的问题。为使用电设备正常运行并具有合理的使用寿命，设计供配电系统时应验算用电设备对电压偏差的要求。

在各用户和用户设备的受电端都存在一定的电压偏差范围。同时，由于用户和用户本身负荷的变化，此一偏差范围往往会增大。因此，在供配电系统设计中，应了解电源电压和本单位负荷变化的情况，进行本单位电动机、照明等用电设备电压偏差的计算。

条文中的电压偏差允许值，电动机系根据现行国家标准《旋转电机 定额和性能》GB 755 的有关规定确定的；照明系根据现行国家标准《建筑照明设计标准》GB 50034 中的有关规定确定的。

对于其他用电设备，其允许电压偏差的要求应符合用电设备制造标准的规定；当无特殊规定时，根据一般运行经验及考虑与电动机、照明对允许电压偏差基本一致，故条文规定为±5%额定电压。

用电设备，尤其是用的最多的异步电动机，端子电压如偏离现行国家标准《旋转电机 定额和性能》GB 755 规定的允许电压偏差范围，将导致它们的性能变劣，寿命降低，及在不合理运行下增加运行费用，故要求验算端电压。

对于少数距电源较远的电动机，如电动机端电压低于额定值的 95%时，仍能保证电动机温升符合现行国家标准《旋转电机 定额和性能》GB 755 的规定，且堵转转矩、最小转矩、最大转矩均能满足传动要求时，则电动机的端电压可低于 95%，但不得低于 90%，即电动机的额定功率适当选得大些，使其经常处于轻载状态，这时电动机的效率比满载时低，但要增加电网的无功负荷。

下面列举国外这方面的数据以供比较：

美国标准——美国电动机的标准(NEMA 标准)规定电动机允许电压偏差范围为±10%，美国供电标准也为±10%，参见第 5.0.6 条说明。

英国标准 BS4999 第 31 部分规定：电动机在电压为 95%～105%额定电压范围内应能提供额定功率；在英国本土(UK)使用的电动机，按供电规范的要求，其范围应为 94%～106%(供电规范中规定±6%)。

澳大利亚标准与英国基本一样，为±6%。

在我国，根据现行国家标准《电能质量 供电电压允许偏差》GB/T 12325，各级电压的供电电压允许偏差也有一定规定，这些数值是指供电部门电网对用户供电处的数值，也是根据我国电网目前水平所制定的标准，当然与设备制造标准有差异、有矛盾。因而在上述标准内也增加了第(4)条内容，即“对供电电压允许偏差有特殊要求的用户，由供用电双方协议确定”。

5.0.5 产生电压偏差的主要因素是系统滞后的无功负荷所引起的系统电压损失。因此，当负荷变化时，相应调整电容器的接入容量就可以改变系统中的电压损失，从而在一定程度上缩小电压偏差的范围。调整无功功率后，电压损失的变化可按下式计算：

对于线路：
$$\Delta U_1{}'=\Delta Q_C\,\frac{X_1}{10U_k^2}\% \tag{1}$$

对于变压器：
$$\Delta U_T{}'=\Delta Q_C\,\frac{E_k}{S_T}\% \tag{2}$$

式中：ΔQ_C——增加或减少的电容器容量(kvar)；

X_1——线路电抗(Ω)；

E_k——变压器短路电压(%)；

U_k——线路电压(kV)；

S_T——变压器容量(kV·A)。

并联电抗器的投入量可以看作是并联电容器的切除量。计算式同上。

并联电抗器在 35kV 以上区域变电所或大型企业的变电所内有时装设，用于补偿各级电压上并联电容器过多投入和电缆电容等形成的超前电流，抑制轻负荷时电压过高效果也很好，中小型企业的变电所无此装置。

同样，与调整电容器和电抗器容量的原理相同，如调整同步电动机的励磁电流，使同步电动机超前或滞后运行，籍以改变同步电动机产生或消耗的无功功率，也同样可以达到电压调整的目的。

一班制、二班制或以二班制为主的工厂，白天高峰负荷时电压偏低，因此将变压器抽头调在“－5%”位置上，但到夜间负荷轻时电压就过高，这时如切断部分负载的变压器，改用低压联络线供电，增加变压器和线路中的电压损耗，就可以降低用电设备的过高电压。在调查中不乏这样的实例。他们在轻载时切断部分变压器，既降低了变压器的空载损耗，又起到电压调整的作用。

5.0.6 图 2 表示供电端按逆调压、稳压(顺调压)和不调压三种运行方式用电设备端电压的比较。

图上设定逆调压和不调压时 35kV 母线电压变动范围为额定电压的 0～＋5%；各用户的重负荷和轻负荷出现的时间大体上一致；最大负荷为最小负荷的 4 倍，与此相应供电元件的电压损失近似地取为 4 倍；35kV、10kV 和 380V 线路在重负荷时电压损失分别为 4%、2%和 5%；35kV/10kV 及 10kV/0.38kV 变压器分接头各提升电压 2.5%及 5%。

由图可知，用电设备上的电压偏差在逆调压方式下可控制在＋3.2%～－4.9%，在稳压方式下为＋3.2%～－9.9%，不调压时则为＋8.2%～－9.9%。根据此分析，在电力系统合理设计和用户负荷曲线大体一致的条件下，只在 110kV 区域变电所实行逆调压，大部分用户的电压质量要求就可满足。因此条文规定了“大于 35kV 电压的变电所中的降压变压器，直接向 35、10、6kV 电网送电时”应采用有载调压变压器，变电所一般是公用的区域变电所，也有大企业的总变电所。反之，如果中小企业都装置有载调压变压器，不仅增加投资和维护工作量，还将影响供电可靠性，从国家整体利益看，是很不合理的。

少数用户可能因其负荷曲线特殊，或距区域变电所过远等原因，在采用地区集中调压方式后，还不能满足电压质量要求，此时，可在 35kV 变电所也采用有载变压器。

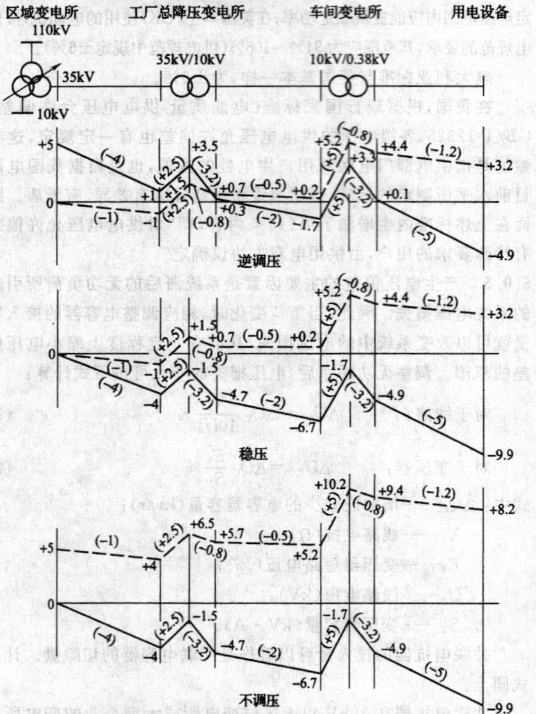

图 2 供电端按逆调压、稳压和不调压三种运行方式比较

注：实线表示重负荷时的情况，虚线表示轻负荷时的情况；括号内数字为供电元件的电压损失，无括号数字为电压偏差。

以下列出美国标准处理调压问题的资料，以供借鉴。但应注意美国电动机标准是±10%，不是±5%。从美国标准中也可以看出，他们也是从整体上考虑调压，而不是"各自为政"。

美国电压标准（ANSI C84-1a-1980）的规定：

1 供电系统设计要按"范围 A"进行，出现"范围 B"的电压偏差范围应是极少见的，出现后应即采取措施设法达到"范围 A"的要求。

2 "范围 A"的要求：

115V～120V 系统：

有照明时：用电设备处 110V～125V；

供电点 114V～126V。

无照明时：用电设备处 108V～125V；

供电点 114V～126V。

460V～480V 系统（包括 480V/277V 三相四线制系统）：

有照明时：用电设备处 440V～500V；

供电点 456V～504V。

无照明时：用电设备处 432V～500V；

供电点 456V～504V。

13200V 系统：供电点 12870V～13860V。

3 电动机额定电压：115、230、460V 等。

照明额定电压：120、240V 等。

从美国电压标准中计算出的电压偏差百分数：

对电动机：用电设备处（电机端子）无照明时＋8.7%、－6%；有照明时＋8.7%、－4.4%；

供电点＋9.6%、－0.9%。

对照明：用电设备处＋4.2%、－8.3%；

供电点＋5%、－5%。

对高压电源（额定电压按 13200V）：照明＋5%、－2.5%；电动机＋9.6%、－1.7%。

5.0.7 基于第 5.0.6 条所述原因，10、6kV 变电所的变压器不必有载调压。条文中指出，在符合更严格的条件时，10、6kV 变电所才可有载调压。

5.0.8 在区域变电所实行逆调压方式可使用电设备的受电电压偏差得到改善，详见本规范第 5.0.6 条说明。但只采用有载调压变压器和逆调压是不够的，同时应在有载调压后的电网中装设足够的可调整的无功电源（电力电容器、调相机等）。因为当变电所调高输送电压后，线路中原来的有功负荷和无功负荷都相应增加，尤其是因网路的电抗相当大，网路中的变压器电压损失和线路电压损失的增加量均与无功负荷增加量成正比，可以抵消变压器调高电压的效果，所以在回路中应设置无功电源以减小无功负荷，并应可调，方能达到预期的调压效果。计算电压损失变化的公式见本规范第 5.0.5 条说明。

逆调压的范围规定为 0～＋5%，本规范第 5.0.6 条文说明图中证明用电设备端子上已能达到电压偏差为±5%的要求。我国现行的变压器有载调压分接头，220、110、63kV 均为±8×1.25%，35kV 为±3×2.5%，10、6kV 为±4×2.5%。

5.0.9 在供配电系统设计中，正确选择供电元件和系统结构，就可以在一定程度上减少电压偏差。

由于电网各点的电压水平高低不一，合理选择变压器的变比和电压分接头，即可将供配电系统的电压调整在合理的水平上。但这只能改变电压水平而不能缩小偏差范围。

供电元件的电压损失与其阻抗成正比，在技术经济合理时，减少变压级数，增加线路截面，采用电缆供电，或改变系统运行方式，可以减少电压损失，从而缩小电压偏差范围。

合理补偿无功功率可以缩小电压偏差范围，见本规范 5.0.5 说明。若因过补偿而多支出费用，也是不合理的。

在三相四线制中，如三相负荷分布不均（相线对中性线），将产生零序电压，使零点移位，一相电压降低，另一相电压升高，增大了电压偏差，如图 3 所示。由于 Y，yn0 接线变压器零序阻抗较大，不对称情况较严重，因此应尽量使三相负荷分布均匀。

同样，线间负荷不平衡，则引起线间电压不平衡，增大了电压偏差。

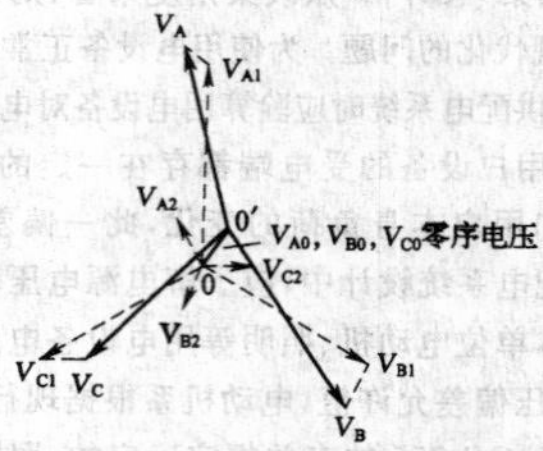

图 3 不对称电压向量图

5.0.11 电弧炉等波动负荷引起的电压波动和闪变对其他用电设备影响甚大，如照明闪烁，显像管图像变形，电动机转速不均，电子设备、自控设备或某些仪器工作不正常，从而影响正常生产，因而应积极采取措施加以限制。

1、2 这两款是考虑线路阻抗的作用。

3 本款是考虑变压器阻抗的作用。波动负荷以弧焊机为例，机器制造厂焊接车间或工段的弧焊机群总容量很大时，宜由专用配电变压器供电。当然，对电压波动和闪变比较敏感的负荷也可以采用第 5 款的措施。

4 有关炼钢电弧炉引起电压波动的标准，在我国，现行国家标准《电热设备电力装置设计规范》GB 50056 对电弧炉工作短路引起的供电母线的电压波动值作了限制的规定。本款规定"对于大功率电弧炉的炉用变压器，由短路容量较大的电网供电"，一般就是由更高电压等级的电网供电。但在电压波动能满足限制要求时，应选用一次电压较低的变压器，有利于保证断路器的频繁操作性能。当然也可以采取其他措施，例如：

1)采用电抗器,限制工作短路电流不大于电炉变压器额定电流的3.5倍(将降低钢产量)。

2)采用静止补偿装置。静止补偿装置对大功率电弧炉或其他大功率波动性负荷引起的电压波动和闪变以及产生的谐波有很好的补偿作用,但它的价格昂贵,故在条文中不直接推荐。

5 采用动态补偿或调节装置,直接对波动电压和电压闪变进行动态补偿或调解,以达到快速改善电压的目的。

为使人们了解静止补偿装置(SVC,static var compensator)、动态无功补偿装置和动态电压调节装置,现将其使用状况作简要介绍。

1 静止补偿装置(SVC)。

国际上在20世纪60年代就采用SVC,近几年发展很快,在输电工程和工业上都有应用。SVC的类型有:

PC/TCR(固定电容器/晶闸管控制电抗器)型;

TSC(晶闸管投切电容器)型;

TSC/TCR型;

SR(自饱和电抗器)型。

其中PC/TCR型是用的较多的一种。

TCR和TSC本身产生谐波,都附有消除设施。

自饱和电抗器型SVC的特点有:

1)可靠性高。第四届国际交流与直流输出会议于1985年9月在伦敦英国电机工程师学会(IEE)召开,SVC是会议的三个中心议题之一。会议上专家介绍,自饱和电抗器式与晶闸管式SVC的事故率之比为1∶7。

2)反映速度更快。

3)维护方便,维护费用低。

4)过载能力强。会议上专家又介绍实例,容量为192Mvar的SVC,可过载到800Mvar(大于4倍),持续0.5s而无问题。如晶闸管式SVC要达到这样大的过载能力,需大大放大阀片的尺寸,从而大幅度提高了成本。

5)自饱和电抗器有其独特的结构特点,例如:三相的用9个芯柱,线圈的连接也比较特殊,目的是自身平衡5次、7次等高次谐波,还采用一个小型的3柱网形电抗器(Mesh Reactor)来减少更高次谐波的影响。但其制造工艺和电力变压器是相同的,所以一般电力变压器厂的生产设备、制造工艺和试验设备都有条件制造这种自饱和电抗器。

6)自饱和电抗器的噪音水平约为80dB,需要装在隔音室内。

7)成套的SVC没有一定的标准,但组成SVC的各项部件则有各自的标准,如自饱和电抗器的标准大部分和电力变压器相同,只是饱和曲线的斜率、谐波和噪声水平等的规定有所不同。

由于自饱和电抗器的可靠性高、电子元件少、维护方便,同时我国有一定条件的电力变压器厂都能制造,所以我国应迅速发展自饱和电抗器式的SVC。

我国原能源部电力科学研究院研制成功的两套自饱和电抗器式SVC已用于轧机波动负荷的补偿。

2 动态无功补偿装置。

动态无功补偿装置是在原静止无功补偿装置的基础上,采用成熟、可靠的晶闸管控制电抗器和固定电容器组,即TCR+FC的典型结构,准确迅速地跟踪电网或负荷的动态波动,对变化的无功功率进行动态补偿。动态无功补偿装置克服了传统的静态无功补偿装置响应速度慢及机械触点经常烧损等缺点,动态响应速度小于20ms,控制灵活,能进行连续、分相和近似线性的无功功率调节,具有提高功率因数、降低损耗、稳定负载电压、增加变压器带载能力及抑制谐波等功能。

3 动态电压调节装置。

动态电压调节装置(DVR,dynamic voltage regulator),也称作动态电压恢复装置(dynamic voltage restorer),是一种基于柔性交流输电技术(Flexible AC Transmission System,简称FACTS)原理的新型电能质量调节装置,主要用于补偿供电电网产生的电压跌落、闪变和谐波等,有效抑制电网电压波动对敏感负载的影响,从而保证电网的供电质量。

串联型动态电压调节器是配电网络电能质量控制调节设备中的代表。DVR装置串联在系统与敏感负荷之间,当供电电压波形发生畸变时,DVR装置迅速输出补偿电压,使合成的电压动态维持恒定,保证敏感负荷感受不到系统电压波动,确保对敏感负荷的供电质量。

与以往的无功补偿装置如自动投切电容器组装置和SVC相比具有如下特点:

1)响应时间更快。以往的无功补偿装置响应时间为几百毫秒至数秒,而DVR为毫秒级。

2)抑制电压闪变或跌落,对畸变输入电压有很强的抑制作用。

3)抑制电网产生的谐波。

4)控制灵活简便,电压控制精准,补偿效果好。

5)具有自适应功能,既可以断续调节,也可以连续调节被控系统的参数,从而实现了动态补偿。

国外对DVR技术的研究开展得较早,形成了一系列的产品并得到广泛应用。西屋(Westinghouse)公司于1996年8月为美国电科院(EPRI)研制了世界上第一台DVR装置并成功投入工业应用;随后ABB、西门子等公司也相继推出了自己的产品,由ABB公司为以色列一家半导体制造厂生产的容量为2×22.5MV·A、世界上最大的DVR于2000年投入运行。

我国在近几年也开展了对DVR技术的研究工作,并相继推出了不少产品,但目前产品还主要集中于低压配电网络,高压供电网络中的产品还较少。

5.0.12 谐波对电力系统的危害一般有:

1 交流发电机、变压器、电动机、线路等增加损耗;

2 电容器、电缆绝缘损坏;

3 电子计算机失控、电子设备误触发、电子元件测试无法进行;

4 继电保护误动作或误动;

5 感应型电度表计量不准确;

6 电力系统干扰通信线路。

关于电力系统的谐波限制,各工业化国家由于考虑问题不同,所采取的指标类型、限值有很大的差别。如谐波次数、低次一般取2次,最高次则取19、25、40、50次不等。有些国家不作限制,而德国只取5、7、11、13次。在所用指标上,有的只规定一个指标,如前苏联只规定了总的电压畸变值不大于5%,而美国就不同电压等级和供电系统分别规定了电压畸变值,英国则规定三级限制标准等。近期各国正在对谐波的限制不断制订更完善和严格的要求,但还没有国际公认的推荐标准。

我国对谐波的限值标准已经制定。现行国家标准《电能质量 公用电网谐波》GB/T 14549,对交流额定频率为50Hz,标称电压110kV及以下的公用电网谐波的允许值已给出了明确的限制要求。

国外一些国家的谐波限值的具体规定如下:

1 英国电气委员会工程技术导则G5/3。

第一级规定:按表1规定,供电部门可不必考虑谐波电流的产生情况。

第二级规定:设备容量如超过第一级规定,但满足下列规定时,允许接入电力系统。

1)用户全部设备在安装处任何相上所产生的谐波电流都不超过表2中所列的数值;

2)新负荷接入系统之前在公共点的谐波电压不超过表3值的

75%；

3）短路容量不是太小。

第三级规定：接上新负载后的电压畸变不应超过表3的规定。

2 美国国家标准 ANSI/IEEE Std 519 静止换流器谐波控制和无功补偿导则，其电力系统电压畸变限值见表4及表5。

3 日本电力会社的规定。其高次谐波电压限值见表6。

4 德国 VDEN 标准。其电压畸变限值见表7。

表1 第一级规定中换流器和交流调压器最大容量

供电电压（kV）	三相换流器（kV·A）			三相交流调压器（kV·A）	
	3脉冲	6脉冲	12脉冲	6组可控硅	3组可控硅 3组二极管
0.415	8	12	—	14	10
6.6和11	85	130	250	150	100

表2 第二级规定的用户接入系统处谐波电流允许值

供电电压（kV）	谐波电流次数及限值（有效值A）																	
	2	3	4	5	6	7	8	9	10	11	12	13	14	15	16	17	18	19
0.415	48	34	22	59	11	40	9	8	7	19	6	16	5	5	5	6	4	6
6.6和11	13	8	6	10	4	8	3	3	3	7	2	6	2	2	2	2	1	1
33	11	7	5	9	4	6	3	2	2	6	2	5	2	1	1	2	1	1
132	5	4	3	4	2	3	1	1	1	3	1	3	1	1	1	1	1	1

表3 供电系统任何点的谐波电压最大允许值

供电电压（kV）	谐波电压总值（%）	单独的谐波电压值（%）	
		奇次	偶次
0.415	5	4	2
6.6和11	4	3	1.75
33	3	2	1
132	1.5	1	0.5

表4 中压和高压电力系统谐波电压畸变限值

供电电压（kV）	专线系统（%）	一般系统（%）
2.4～69	8	5
115及以上	1.5	1.5

表5 460V低压系统的谐波电压畸变限值

系统类别	ρ	$A_N(V\mu_s)$	电压畸变（%）
特殊场合	10	16400	3
一般系统	5	22800	5
专线系统	2	36500	10

注：1 ρ 为总阻抗/整流器支路的阻抗。

2 A_N 为整流槽降面积。

3 特殊场合指静止整流器从一相换到另一相时出现的槽降电压变化速度会引起误触发事故的场合。一般系统指静止整流器与一般用电设备合用的电力系统。专线系统指专供静止整流器与对电压波形畸变不敏感负荷的电力系统。

表6 高次谐波电压限值

电压等级（kV）	各高次谐波电压（%）	总畸变电压（%）
66及以下	1	2
154及以上	0.5	1

表7 电压畸变限值

谐波次数 / 电压畸变限值	5	7	11	13
中压线路	5次+7次=5%		11次+13次=3%	
中压线路上的变换装置	3%	3%	2%	2%

5.0.13 条文提出对降低电网电压正弦波形畸变率的措施，说明如下：

1 由短路容量较大的电网供电，一般指由电压等级高的电网供电和由主变压器大的电网供电。电网短路容量大，则承受非线性负荷的能力高。

2 ①整流变压器的相数多，整流脉冲数也随之增多。也可由安排整流变压器二次侧的接线方式来增加整流脉冲数。例如有一台整流变压器，二次侧有△和Y三相线圈各一组，各接三相桥式整流器，把这两个整流器的直流输出串联或并联（加平衡电抗）接到直流负荷，即可得到十二脉冲整流电路。整流脉冲数越高，次数低的谐波被削去，变压器一次谐波含量越小。②例如有两台Y/△·Y整流变压器，若将其中一台加移相线圈，使两台变压器的一次侧主线圈有15°相角差，两台的综合效应在理论上可大大改善向电力系统注入谐波。③因静止整流器的直流负荷一般不经常波动，谐波的次数和含量不经常变更，故应按谐波次数装设分流滤波器。滤波器由L-C-R电路组成，系列用串联谐振原理，各调谐在谐振频率为需要消除的谐波的次数。有的还装有一组高通滤波器，以消除更高次数的谐波。这种方法设备费用和占地面积较多，设计时应注意。

3 参看本规范第7.0.7条说明。

5.0.15

1 本款是一般设计原则。

2 本款是向设计人员提供具体的准则，设计由公共电网供电的220V负荷时，在什么情况下可以单相供电。

根据供电部门对每个民用用户分户计量的原则，每个民用用户单独作为一个进线点。随着人民物质生活水平的提高，家庭用电设备逐渐增多，引起民用用户的用电负荷逐渐增大。根据建设部民用小康住宅设计规范，推荐民用住宅每户按4kW～8kW设计（根据不同住房面积进行负荷功率配置）；根据各省市建设规划部门推荐的民用住宅电气设计要求，上海市每户约9kW，江苏省每户约8kW，陕西省每户约6kW～8kW，福建省每户约4kW～10kW，其中200m²以上别墅类民用住宅每户甚至达到约12kW。

随着技术的发展，配电变压器和配电终端产品的质量有了很大提高，能够承受一定程度的三相负荷不平衡。因此，作为一个前瞻性的设计规范，本规范将60A作为低压负荷单相、三相供电的分界，负荷线路电流小于等于60A时，可采用220V单相供电，负荷线路电流大于60A时，宜以220V/380V三相四线制供电。

6 无功补偿

6.0.1 在用电单位中，大量的用电设备是异步电动机、电力变压器、电阻炉、电弧炉、照明等，前两项用电设备在电网中的滞后无功功率的比重最大，有的可达全厂负荷的80%，甚至更大。因此在设计中正确选用电动机、变压器等容量，可以提高负荷率，对提高自然功率因数具有重要意义。

用电设备中的电弧炉、矿热炉、电渣重熔炉等短网流过的电流很大，而且容易产生很大的涡流损失，因此在布置和安装上采取适当措施减少电抗，可提高自然功率因数。在一般工业企业与民用建筑中，线路的感抗也占一定的比重，设法降低线路损耗，也是提高自然功率因数的一个重要环节。

此外，在工艺条件允许时，采用同步电动机超前运行，选用带有自动空载切除装置的电焊机和其他间隙工作制的生产设备，均可提高用电单位的自然功率因数。从节能和提高自然功率因数的条件出发，对于间歇制工作的生产设备应大量生产内藏式空载切除装置，并大力推广使用。

6.0.2 当采取6.0.1条的各种措施进行提高自然功率因数后，尚不能达到电网合理运行的要求时，应采用人工补偿无功功率。

人工补偿无功功率，经常采用两种方法，一种是同步电动机超前运行，一种是采用电容器补偿。同步电动机价格贵，操作控制复杂，本身损耗也较大，不仅采用小容量同步电动机不经济，即使容量较大而且长期连续运行的同步电动机也正为异步电动机加电容器补偿所代替，同时操作工人往往担心同步电动机超前运行会增加维修工作量，经常将设计中的超前运行同步电动机作滞后运行，丧失了采用同步电动机的优点。因此，除上述工艺条件适当者外，不宜选用同步电动机。当然，通过技术经济比较，当采用同步电动机作为无功补偿装置确实合理时，也可采用同步电动机作为无功补偿装置。

工业与民用建筑中所用的并联电容器价格便宜，便于安装，维修工作量、损耗都比较小，可以制成各种容量，分组容易，扩建方便，既能满足目前运行要求，又能避免由于考虑将来的发展使目前装设的容量过大，因此应采用并联电力电容器作为人工补偿的主要设备。

6.0.3 根据《全国供用电规则》和《电力系统电压和无功电力技术导则》，均要求电力用户的功率因数应达到下列规定：高压供电的工业用户和高压供电装有带负荷调整电压装置的电力用户，其用户交接点处的功率因数为0.9以上；其他100kV·A(kW)及以上电力用户和大、中型电力排灌站，其用户交接点处的功率因数为0.85以上。而《国家电网公司电力系统无功补偿配置技术原则》中则规定：100kV·A及以上高压供电的电力用户，在用户高峰时变压器高压侧功率因数不宜低于0.95；其他电力用户，功率因数不宜低于0.90。

根据现行国家标准《并联电容器装置设计规范》GB 50227—2008中第3.0.2条的要求，变电站的电容器安装容量，应根据本地区电网无功规划和国家现行标准中有关规定经计算后确定，也可根据有关规定按变压器容量进行估算。当不具备设计计算条件时，电容器安装容量可按变压器容量的10%～30%确定。

据有关资料介绍，全国各地区220kV的变电所中电容器安装容量均在10%～30%之间，因此，如没有进行调相调压计算，一般情况下，电容器安装容量可按上述数据确定，这与《电力系统电压和无功电力技术导则》中的规定也是一致的。

6.0.4 为了尽量减少线损和电压降，宜采用就地平衡无功功率的原则来装设电容器。目前国内生产的自愈式低压并联电容器，体积小、重量轻、功耗低、容量稳定；配有电感线圈和放电电阻，断电后3min内端电压下降到50V以下，抗涌流能力强；装有专门设计的过压力保护和熔丝保护装置，使电容器能在电流过大或内部压力超常时，把电容器单元从电路中断开；独特的结构设计使电容器的每个元件都具有良好的通风散热条件，因而电容器能在较高的环境温度50℃下运行；允许300倍额定电流的涌流1000次。因此在低压侧完全由低压电容器补偿是比较合理的。

为了防止低压部分过补偿产生的不良效果，因此高压部分应由高压电容器补偿。

无功功率单独就地补偿就是将电容器安装在电气设备的附近，可以最大限度地减少线损和释放系统容量，在某些情况下还可以缩小馈电线路的截面积，减少有色金属消耗。但电容器的利用率往往不高，初次投资及维护费用增加。从提高电容器的利用率和避免遭致损坏的观点出发，宜用于以下范围：

选择长期运行的电气设备，为其配置单独补偿电容器。由于电气设备长期运行，电容器的利用率高，在其运行时，电容器正好接在线路上，如压缩机、风机、水泵等。

首先在容量较大的用电设备上装设单独补偿电容器，对于大容量的电气设备，电容器容易获得比较良好的效益，而且相对地减少涌流。

由于每千乏电容器箱的价格随电容器容量的增加而减少，也就是电容器容量小时，其电容器箱的价格相对比较大，因此目前最好只考虑5kvar及以上的电容器进行单独就地补偿，这样可以完全采用干式低压电容器。目前生产的干式低压电容器每个单元内装有限流线圈，可有效地限制涌流；同时每个单元还装有过热保护装置，当电容器温升超过额定值时，能自动地将电容器从线路中切除；此外每个单元内均装有放电电阻，当电容器从电源断开后，可在规定时间内，将电容器的残压降到安全值以内。由于这种电容器有比较多的功能，电容器箱内不需再增加元件，简化了线路，提高了可靠性。

由于基本无功功率相对稳定，为便于维护管理，应在配变电所内集中补偿。

低压电容器分散布置在建筑物内可以补偿线路无功功率，相应地减少电能损耗及电压损失。国内调查结果说明，电容器运行的损耗率只有0.25%，但不适用于环境恶劣的建筑物。因此，在正常环境的建筑物内，在进行就地补偿以后，宜在无功功率不大且相对集中的地方分散布置。在民用公共建筑中，宜按楼层分散布置；住宅小区宜在每幢或每单元底层设置配电小间，在其内考虑设置低压无功补偿装置。

当考虑在上述场所安装就地补偿柜后，管井或配电小间应留有装设这些设备的位置。

6.0.5 对于工业企业中的工厂或车间以及整幢的民用建筑物或其一层需要进行无功补偿时，宜根据负荷运行情况绘制无功功率曲线，根据该曲线及无功补偿要求，决定补偿容量。国内外类似工厂和高层及民用建筑都有负荷运行曲线，可利用这些类似建筑的资料计算无功补偿的容量。

当无法取得无功功率曲线时，可按条文中提供的常用公式计算无功补偿容量。

6.0.7 高压电容器由于专用的断路器和自动投切装置尚未形成系列，虽然也有些产品，但质量还不稳定。鉴于这种情况，凡可不用自动补偿或采用自动补偿效果不大的地方均不宜装设自动无功补偿装置。这条所列的基本无功功率是当用电设备投入运行时所需的最小无功功率，常年稳定的无功功率及在运行期间恒定的无功功率均不需自动补偿。对于投切次数甚少的电容器组，按我国移相电容器机械行业标准《电热电容器 移相电容器》JB 1629—75中A.5.3条规定的次数为每年允许不超过1000次，在这些情况下都宜采用手动投切的无功功率补偿装置。

6.0.8 因为过补偿要罚款，如果无功功率不稳定，且变化较大，采用自动投切可获得合理的经济效果时，宜装设无功自动补偿装置。

装有电容器的电网，对于有些对电压敏感的用电设备，在轻载时由于电容器的作用，线路电压往往升得更高，会造成这种用电设备(如灯泡)的损坏或严重影响寿命及使用效能，当能避免设备损坏，且经过经济比较，认为合理时，宜装设无功自动补偿装置。

为了满足电压偏差允许值的要求，在各种负荷下有不同的无功功率调整值，如果在各种运行状态下都需要不超过电压偏差允许值，只有采用自动补偿才能满足时，就必须采用无功自动补偿装置。当经济条件许可时，宜采用动态无功功率补偿装置。

6.0.9 由于高压无功自动补偿装置对切换元件的要求比较高，且价格较高，检修维护也较困难，因此当补偿效果相同时，宜优先采用低压无功自动补偿装置。

6.0.10 根据我国现有设备情况及运行经验，当采用自动无功补偿装置时，宜根据本条提出的三种方式加以选用。

如果以节能为主，首要的还是节约电费，应以补偿无功功率参数来调节。目前按功率因数补偿的甚多，但根据电网运行经验，功率因数只反应相位，不反应无功功率，而且目前大部分自动补偿装置的信号只取一相参数，这样可能会出现过补偿或负补偿，并且当三相不平衡时，功率因数值就不准确，负荷不平衡度越大，误差也越大，因此只有在三相负荷平衡时才可采用功率因数参数调节。

电网的电压水平与无功功率有着密切的关系，采用调压减少电压偏差，必须有足够的可调整的无功功率，否则将导致电网其他部分电压下降。且在工业企业与民用建筑中造成电容器端子电压升高的原因很多，如电容器装置接人电网后引起的电网电压升高，轻负荷引起的电压升高，系统电压波动所引起的电压升高。近年来，由于采用大容量的整流装置日益增加，高次谐波引起的电网电压升高。根据IEC标准《电力电容器》第15.1条规定："电容器适用于端子间电压有效值升到不超过1.10倍额定电压值下连续运行"。国内多数制造厂规定：电容器只允许在不超过1.05倍额定电压下长期运行，只能在1.1倍额定电压(瞬时过电压除外)下短期运行(一昼夜)。当电网电压过高时，将引起电容器内部有功功率损耗显著增加，使电容器介质遭受热力击穿，影响其使用寿命。另外电网电压过高时，除了电容器过载外，还会引起邻近电器的铁芯磁通过饱和，从而产生高次谐波对电容器更不利。有些用电设备，对电压波动很敏感，例如白炽灯，当电压升高5%时，寿命将缩短50%，白炽灯由于电压升高烧毁灯泡的事已屡见不鲜。此外，由于工艺需要，必须减少电压偏差值的，也需要按电压参数调节无功功率。如供电变压器已采用自动电压调节，则不能再采用以电压为主参数的自动无功补偿装置，避免造成振荡。

目前，国内已有厂家开发研制分相无功功率自动补偿控制器，它采集三相电参数，经微处理器运算，判断各相是否需要投切补偿电容器，然后控制接触器，使每相的功率因数均得到最佳补偿，该控制器可根据需要设置中性线电压偏移保护功能，当中性线电压偏移大于50V时，自动使进线断路器跳闸，保护设备和人身安全；具有过电压保护功能，当电网相电压大于250V时，控制器能在30s内将补偿电容自动逐个全部切除。

对于按时间为基准，有一定变化规律的无功功率，可以根据这种变化规律进行调节，线路简单，价格便宜，根据运行经验，效果良好。

6.0.11 在工业企业中，电容器的装接容量有的也比较大，一些大型的冶金化工、机械等行业都装有较多容量的电容器，因此应根据补偿无功和调节电压的需要分组投切。

由于目前工业企业中采用大型整流及变流装置的设备越来越多，民用建筑中采用变频调速的水泵、风机已很普遍，以致造成电网中的高次谐波的百分比很高。高次谐波的允许值必须满足现行国家标准《电能质量 公用电网谐波》GB/T 14549中所列的允许值，当分组投切大容量电容器组时，由于其容抗的变化范围较大，如果系统的谐波感抗与系统的谐波容抗相匹配，就会发生高次谐波谐振，造成过电压和过电流，严重危及系统及设备的安全运行，所以必须避免。

根据现行国家标准《并联电容器装置设计规范》GB 50227，因电容器参数的分散性，其配套设备的额定电流按大于电容器组额定电流的1.35倍考虑。由于投入电容器时合闸涌流甚大，而且容量愈小，相对的涌流倍数愈大，以1000kV·A变压器低压侧安装的电容器组为例，仅投切一台12kvar电容器则涌流可达其额定电流的56.4倍，如投切一组300kvar电容器，则涌流仅为其额定电流的12.4倍。所以电容器在分组时，应考虑配套设备，如接触器或自动开关在开断电容器时产生重击穿过电压及电弧重击穿现象。

根据目前国内设备制造情况，对于10kV电容器，断路器允许的配置容量为10000kvar，氧化锌避雷器允许的配置容量为8000kvar，这些是防止电容器爆炸的最大允许电容器并联容量，但根据一些设计重工业和大型化工企业设计院的习惯做法，10kV电容器的分组容量一般为2000kvar～3000kvar。为了节约设备、方便操作，宜减少分组，加大分组容量。

根据调查了解，无载调压分接开关的调压范围是额定电压的2.5%或5%，有载调压开关的调压范围为额定电压的1.25%或2.5%，所以当用电容器组的投切来调节母线电压时，调节范围宜限制在额定电压的2.5%以内，但对经常投运而很少切除的电容器组以及从经济性出发考虑的电容器组，可允许超过这个范围，因此本条文仅说明"应符合满足电压偏差的允许范围"，未提出具体电压偏差值。

6.0.12 当对电动机进行就地补偿时，应选用长期连续运行且容量较大的电动机配用电容器。电容器额定电流的选择，按照IEC出版物831电容器篇中的安装使用条件："为了防止电动机在电源切断后继续运行时，由于电容器产生自激可能转为发电状态，以致造成过电压，以不超过电动机励磁电流的90%为宜"。

起重机或电梯等在重物下降时，电动机运行于第四象限，为避免过电压，不宜单独用电容器补偿。对于多速电动机，如不停电进行变压及变速，也容易产生过电压，也不宜单独用电容器补偿。如对这些用电设备需要采用电容器单独补偿，应为电容器单独设置控制设备，操作时先停电再进行切换，避免产生过电压。

当电容器装在电动机控制设备的负荷侧时，流过过电流装置的电流小于电动机本身的电流，电流减少的百分数近似值可用下式计算：

$$\Delta I = 100(1 - \cos\phi_1 / \cos\phi_2) \tag{3}$$

式中：ΔI——减少的线路电流百分数(%)；

$\cos\phi_1$——安装电容器前的功率因数；

$\cos\phi_2$——安装电容器后的功率因数。

设计时应考虑电动机经常在接近实际负荷下使用，所以保护电器的整定值应按加装电容器的电动机-电容器组的电流来确定，保护电器壳体、馈电线的允许载流量仍按电动机容量来确定。

6.0.13 IEC出版物831电容器篇中电容器投入时涌流的计算公式如下：

$$I_s = I_n \sqrt{\frac{2S}{Q}} \tag{4}$$

式中：I_s——电容器投入时的涌流(A)；

I_n——电容器组额定电流(A)；

S——安装电容器处的短路功率(MV·A)；

Q——电容器容量(Mvar)。

在高压电容器回路中，S比较大，根据计算，如I_s大于控制开关所容许的投入电流值，则宜采用串联电抗器加以限制。

在低压电容器回路中，首先宜在合理范围内(见6.0.11条)加大投切的电容器容量，如计算而得的I_s尚大于控制电器的投入电流，则宜采用专用电容器投切器件。国内目前生产的有CJR及CJ16型接触器，前者在三相中每相均串有1.5Ω电阻，后者在三相中的两相内串有1.5Ω电阻，两者投入电流均可达额定电流的20倍，待电容器充电到80%左右容量时，才将电阻短接，电容器才正式投入运行。根据计算和试验，这类接触器能符合投入涌流的要求，并且价格较低，应用较广泛，这种方式对于投切不频繁的地方，只要选用质量较好的接触器，还是可以满足补偿要求的。现在市场上新投放的产品有晶闸管投切方式，该方式采用双向可控硅作投切单元，通过晶闸管过零投切，避免了电容器投入时的"浪涌电流"的产生，无机械动作，补偿快速，特别适用于投切频繁的场所。该投切方式采用的投切器件为晶闸管，价格较高，由于晶闸管在投入及运行时有一定的压降，平均为1V左右，需消耗一定的有功功率，并且发热量较大，需对其实施相应的散热措施，以避免晶闸管损坏。还有一种接触器与晶闸管结合的投切方式，它集以上两种方式的优点，采用由晶闸管投切、接触器运行的投切方式。该方式由于采用晶闸管"过零"投切，因此在电容器投切过程中不会产生"浪涌电流"，有效提高了电容器的使用寿命；在电容器运行时，用接触器代替晶闸管作为运行开关，避免了晶闸管在运行时的有功损耗和发热，提高了晶闸管的使用寿命。这种方式是近年来农网改造中普遍应用的方式。

由于电容器回路是一个LC电路，对某些谐波容易产生谐振，造成谐波放大，使电流增加和电压升高，如串联一定感抗值的电抗器可以避免谐振，如以串入电抗器的百分比为K，当电网中5次谐波电压较高，而3次谐波电压不太高时，K宜采用4.5%；如3次谐波电压较高时，K宜采用12%，当电网中谐波电压不大时，K宜采用0.5%。

7 低压配电

7.0.1 根据国际电工委员会IEC标准(出版物60364-3、第二版、1993)配电系统的类型有两个特征,即带电导体系统的类型和系统接地的类型。而带电导体的类型分为交流系统:单相二线制、单相三线制、二相三线制、二相五线制、三相三线制及三相四线制;直流系统:二线制、三线制。本次修订考虑按我国常用方式列入,如图4所示。

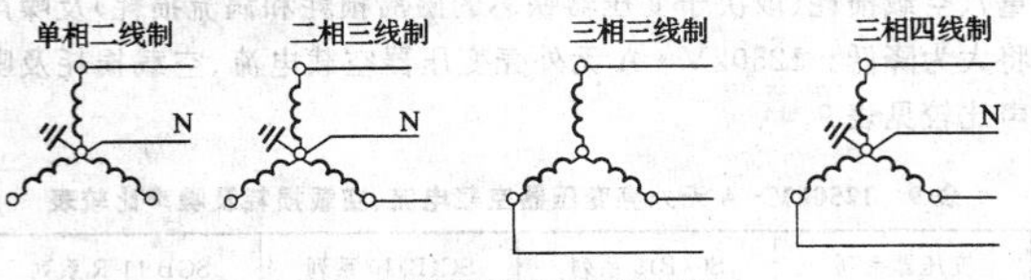

图4 交流系统带电导体类型

低压配电系统接地型式有以下三种:

1 TN系统。

电力系统有一点直接接地,电气装置的外露可导电部分通过保护线与该接地点相连接。根据中性导体(N)和保护导体(PE)的配置方式,TN系统可分为如下三类:

1)TN-C系统。整个系统的N、PE线是合一的。如图5所示。

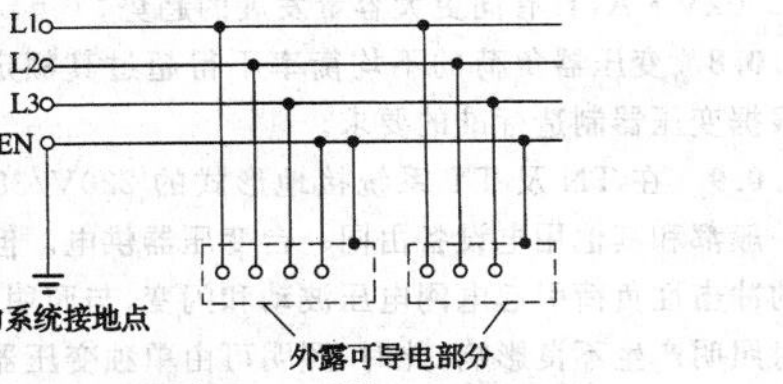

图5 TN-C系统

2)TN-C-S系统。系统中有一部分线路的N、PE线是合一的。如图6所示。

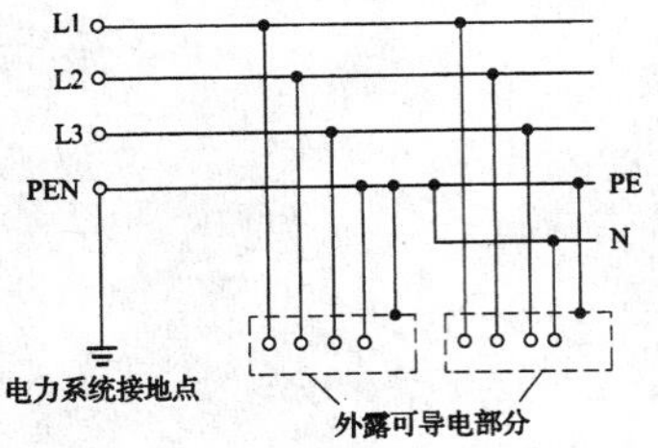

图6 TN-C-S系统

3)TN-S系统。整个系统的N、PE线是分开的。如图7所示。

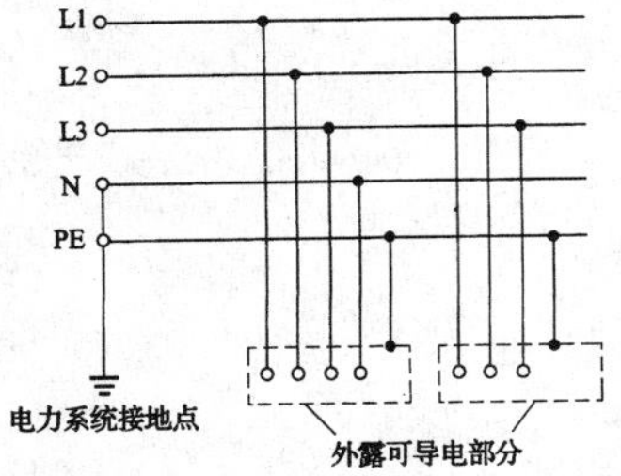

图7 TN-S系统

2 TT系统。

电力系统有一点直接接地,电气设备的外露可导电部分通过保护线接至与电力系统接地点无关的接地极。如图8所示。

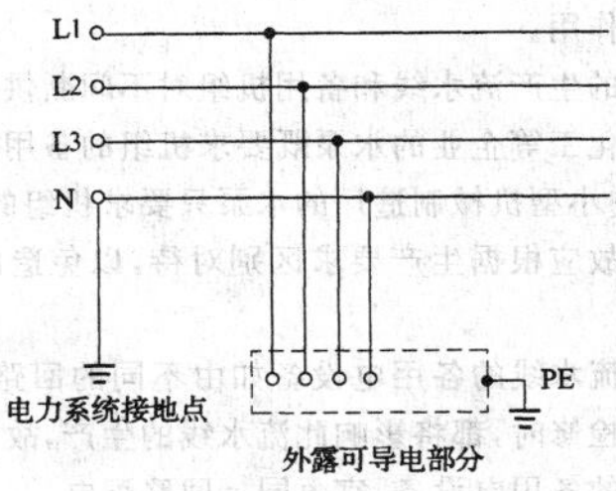

图8 TT系统

3 IT系统。

电力系统与大地间不直接连接,电气装置的外露可导电部分通过保护接地线与接地极连接。如图9所示。

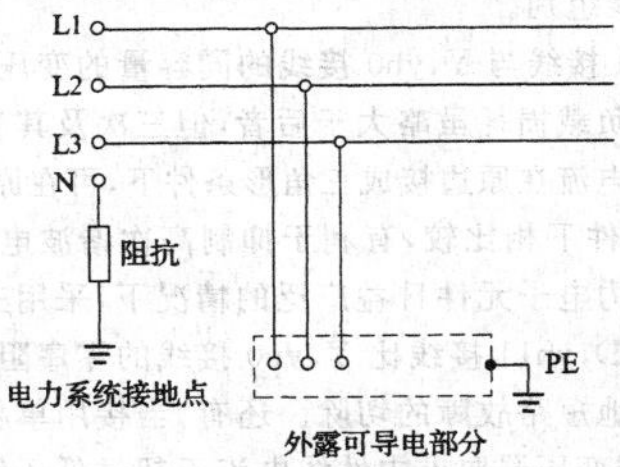

图9 IT系统

对于民用建筑的低压配电系统应采用TT、TN-S或TN-C-S接地型式,并进行等电位连接。为保证民用建筑的用电安全,不宜采用TN-C接地型式;有总等电位连接的TN-S接地型式系统建筑物内的中性线不需要隔离;对TT接地型式系统的电源进线开关应隔离中性线,漏电保护器必须隔离中性线。

7.0.2 树干式配电包括变压器干线式及不附变电所的车间或建筑物内干线式配电。其推荐理由如下:

1 我国各工厂对采用树干式配电已有相当长时间,积累了一定的运行经验。绝大部分车间的运行电工没有对此配电方式提出否定的意见。

2 树干式配电的主要优点是结构简单,节省投资和有色金属用量。

3 目前国内普遍使用的插接式母线和预分支电缆,根本不存在线路的接头不可靠问题,其供电可靠性很高。从调查的用户反映,此配电方式很受用户欢迎,完全能满足生产的要求。

4 干线的维修工作量是不大的,正常的维修工作一般一年仅二三次,大多数工厂均可能在一天内全部完成。如能统一安排就不需要分批或分段进行维修工作。

综上所述,树干式配电与放射式配电相比较,树干式配电由于结构简单,能节约一定数量的配电设备和线路,可不设专用的低压配电室,这时在其供电可靠性和维护工作上的缺点并不严重。因此,推荐树干式配电,但树干式配电方式并不包括由配电箱接至用电设备的配电。

7.0.3 特殊要求的建筑物是指有潮湿、腐蚀性环境或有爆炸和火灾危险场所等建筑物。

7.0.4 供电给容量较小用电设备的插座,采用链式配电时,其环链数量可适当增加。此规定给出容量较小的用电设备系对携带型的用电设备容量在1kW以下,主要考虑用插座供电限制在1kW以下时,可以在满负荷情况下经常合闸,用插座供电的设备因容量较小可以不受此条上述数量的限制,其数量可以适当增加。另外插座的配电回路一般都配置了带漏电保护功能的断路器,安全可靠性得以保证。

7.0.5 较大容量的集中负荷和重要用电设备主要是指电梯、消防水泵、加压水泵等负荷。

7.0.6 平行的生产流水线和互为备用的生产机组如由同一回路配电,则当此回路停止供电时,将使数条流水线都停止生产或备用机组不起备用作用。

各类企业的生产流水线和备用机组对不间断供电的要求不一(如一般冶金、化工等企业的水泵既要求机组的备用也要求回路的备用,而某些中小型机械制造厂的水泵只要求机组的备用,不要求回路的备用),故应根据生产要求区别对待,以免造成设备和投资的浪费。

同一生产流水线的备用电设备如由不同的回路配电,则当任一母线或线路检修时,都将影响此流水线的生产,故本条文规定同一生产流水线的各用电设备,宜由同一回路配电。

7.0.7 我国工业与民用建筑中在相当长一段时间内,对 1000kV·A 及以下容量电压为 10kV/(0.4~0.23)kV、6kV/(0.4~0.23)kV 的配电变压器,几乎全部采用 Y,yn0 接线组别,但目前大都采用了 D,yn11 接线组别。

以 D,yn11 接线与 Y,yn0 接线的同容量的变压器相比较,前者空载损耗与负载损耗虽略大于后者,但三次及其整数倍以上的高次谐波激磁电流在原边接成三角形条件下,可在原边环流,与原边接成 Y 形条件下相比较,有利于抑制高次谐波电流,这在当前电网中接用电力电子元件日益广泛的情况下,采用三角形接线是有利的。另外 D,yn11 接线比 Y,yn0 接线的零序阻抗要小得多,有利于单相接地短路故障的切除。还有,当接用单相不平衡负荷时,Y,yn0 接线变压器要求中性线电流不超过低压绕组额定电流的 25%,严重地限制了接用单相负荷的容量,影响了变压器设备能力的充分利用。因而在低压电网中,推荐采用 D,yn11 接线组别的配电变压器。

目前配电变压器的发展趋势呈现如下特点:

铁芯结构——变压器铁芯由插接式铁芯向整条硅钢片环绕,并已开始研究且生产非晶合金节能变压器。

绝缘特性——变压器采用环氧树脂浇铸,向采用性能更好的绝缘材料发展(如美国 NOMEX 绝缘材料),大大提高了变压器安全运行能力,且在变压器运行中无污染,对温度、灰尘不敏感。

体积、重量——体积向更小,重量向不断递减的趋势发展。

1250kV·A 无外壳的变压器外形尺寸及重量比较见表 8。

表 8　1250kV·A 无外壳的变压器外形尺寸及重量比较表

变压器系列	SC(B)9 系列	SC(B)10 系列	SGB 11-R 系列
外形尺寸 $l \times B \times H$(mm)	2350×1500×2150	1610×1270×1700	1480×1270×1565
重量(kg)	3940	3330	3030

变压器性能——采用优质的硅钢片整条环绕的变压器其空载电流(取决于变压器铁芯的磁路结构,硅钢片质量以及变压器容量)、空载损耗(取决于变压器铁芯的磁滞损耗和涡流损耗)及噪声将大为降低。1250kV·A 无外壳变压器空载电流、空载损耗及噪声比较见表 9。

表 9　1250kV·A 无外壳变压器空载电流、空载损耗及噪声比较表

变压器系列	SC(B)9 系列	SC(B)10 系列	SGB 11-R 系列
空载电流(%)	0.8	0.8	0.2
空载损耗(W)	2350	2080	1785
噪声(dB)	55~65	55~65	49

变压器容量——目前生产的变压器容量自 30kV·A ~ 2500kV·A,且有向更大容量发展的趋势。

7.0.8 变压器负荷的不均衡率不得超过其额定容量的 25%,是根据变压器制造标准的要求。

7.0.9 在 TN 及 TT 系统接地形式的 220V/380V 电网中,照明一般都和其他用电设备由同一台变压器供电。但当接有较大功率的冲击性负荷引起电网电压波动和闪变,与照明合用变压器时,将对照明产生不良影响,此时,照明可由单独变压器供电。

7.0.10 在室内分界点便于操作维护的地方装设隔离电器,是为了便于检修室内线路或设备时可明显表达电源的切断,有明显表达电源切断状况的断路器也可作为隔离电器。但在具体操作时,应挂警示牌,以策安全。

中华人民共和国国家标准

给水排水工程构筑物结构设计规范

Structural design code for special structures of water supply and waste water engineering

GB 50069—2002

批准部门：中华人民共和国建设部
施行日期：2 0 0 3 年 3 月 1 日

中华人民共和国建设部
公　　告

第 91 号

建设部关于发布国家标准《给水排水工程构筑物结构设计规范》的公告

现批准《给水排水工程构筑物结构设计规范》为国家标准，编号为 GB 50069—2002，自 2003 年 3 月 1 日起实施。其中，第 3.0.1、3.0.2、3.0.5、3.0.6、3.0.7、3.0.9、4.3.3、5.2.1、5.2.3、5.3.1、5.3.2、5.3.3、5.3.4、6.1.3、6.3.1、6.3.4 条为强制性条文，必须严格执行。原《给水排水工程结构设计规范》GBJ 69—84 中的相应内容同时废止。

本规范由建设部标准定额研究所组织中国建筑工业出版社出版发行。

中华人民共和国建设部

二〇〇二年十一月二十六日

前　　言

本规范根据建设部（92）建标字第 16 号文的要求，对原规范《给水排水工程结构设计规范》GBJ 69—84 作了修订。由北京市规划委员会为主编部门，北京市市政工程设计研究总院为主编单位，会同有关设计单位共同完成。原规范颁布实施至今已 15 年，在工程实践中效果良好。这次修订主要是由于下列两方面的原因：

（一）结构设计理论模式和方法有重要改进

GBJ 69—84 属于通用设计规范，各类结构（混凝土、砌体等）的截面设计均应遵循本规范的要求。我国于 1984 年发布《建筑结构设计统一标准》GBJ 68—84（修订版为《建筑结构可靠度设计统一标准》GB 50068—2001）后，1992 年又颁发了《工程结构可靠度设计统一标准》GB 50153—92。在这两本标准中，规定了结构设计均采用以概率理论为基础的极限状态设计方法，替代原规范采用的单一安全系数极限状态设计方法，据此，有关结构设计的各种标准、规范均作了修订，例如《混凝土结构设计规范》、《砌体结构设计规范》等。因此，《给水排水工程结构设计规范》GBJ 69—84 也必须进行修订，以与相关的标准、规范协调一致。

（二）原规范 GBJ 69—84 内容过于综合，不利于促进技术进步

原规范 GBJ 69—84 为了适应当时的急需，在内容上力求能概括给水排水工程的各种结构，不仅列入了水池、沉井、水塔等构筑物，还包括各种不同材料的管道结构。这样处理虽然满足了当时的工程应用，但从长远来看不利于发展，不利于促进技术进步。我国实行改革开放以来，通过交流和引进国外先进技术，在科学技术领域有了长足进步，这就需要对原标准、规范不断进行修订或增补。由于原规范的内容过于综合，往往造成不能及时将行之有效的先进技术反映进去，从而降低了它应有的指导作用。在这次修订 GBJ 69—84 时，原则上是尽量减少综合性，以利于及时更新和完善。为此将原规范分割为以下两部分，共 10 本标准：

1. 国家标准

（1）《给水排水工程构筑物结构设计规范》；

（2）《给水排水工程管道结构设计规范》。

2. 中国工程建设标准化协会标准

（1）《给水排水工程钢筋混凝土水池结构设计规程》；

（2）《给水排水工程水塔结构设计规程》；

（3）《给水排水工程钢筋混凝土沉井结构设计规程》；

（4）《给水排水工程埋地钢管管道结构设计规程》；

（5）《给水排水工程埋地铸铁管管道结构设计规程》；

（6）《给水排水工程埋地预制混凝土圆形管管道结构设计规程》；

（7）《给水排水工程埋地管芯缠丝预应力混凝土

管和预应力钢筒混凝土管管道结构设计规程》；

（8）《给水排水工程埋地矩形管管道结构设计规程》。

本规范主要是针对给水排水工程构筑物结构设计中的一些共性要求作出规定，包括适用范围、主要符号、材料性能要求、各种作用的标准值、作用的分项系数和组合系数、承载能力和正常使用极限状态，以及构造要求等。这些共性规定将在协会标准中得到遵循，贯彻实施。

本规范由建设部负责管理和对强制性条文的解释，由北京市市政工程设计研究总院负责对具体技术内容的解释。请各单位在执行本规范过程中，注意总结经验和积累资料，随时将发现的问题和意见寄交北京市市政工程设计研究总院（100045），以供今后修订时参考。

本规范编制单位和主要起草人名单

主编单位：北京市市政工程设计研究总院

参编单位：中国市政工程中南设计研究院、中国市政工程西北设计研究院、中国市政工程西南设计研究院、中国市政工程东北设计研究院、上海市政工程设计研究院、天津市市政工程设计研究院、湖南大学、铁道部专业设计院。

主要起草人：沈世杰、刘雨生（以下按姓氏笔画排列）

王文贤、王憬山、冯龙度

刘健行、苏发怀、陈世江

沈宜强、宋绍先、钟启承

郭天木、葛春辉、翟荣申

潘家多

目　次

1 总 则

1.0.1 为了在给水排水工程构筑物结构设计中贯彻执行国家的技术经济政策，达到技术先进、经济合理、安全适用、确保质量，制定本规范。

1.0.2 本规范适用于城镇公用设施和工业企业中一般给水排水工程构筑物的结构设计；不适用于工业企业中具有特殊要求的给水排水工程构筑物的结构设计。

1.0.3 贮水或水处理构筑物、地下构筑物，一般宜采用钢筋混凝土结构；当容量较小且安全等级低于二级时，可采用砖石结构。

在最冷月平均气温低于－3℃的地区，外露的贮水或水处理构筑物不得采用砖砌结构。

1.0.4 本规范系根据国家标准《建筑结构可靠度设计统一标准》GB 50068—2001 和《工程结构可靠度设计统一标准》GB 50153—92 规定的原则制定。

1.0.5 按本规范设计时，对于一般荷载的确定、构件截面计算和地基基础设计等，应按现行有关标准的规定执行。对于建造在地震区、湿陷性黄土或膨胀土等地区的给水排水工程构筑物的结构设计，尚应符合现行有关标准的规定。

2 主 要 符 号

2.0.1 作用和作用效应

$F_{ep,k}$、$F'_{ep,k}$——地下水位以上、以下的侧向土压力标准值；

$F_{dw,k}$——流水压力标准值；

$q_{fw,k}$——地下水的浮托力标准值；

F_{lk}——冰压力标准值；

f_l——冰的极限抗压强度；

f_{lm}——冰的极限弯曲抗压强度；

S——作用效应组合设计值；

w_{max}——钢筋混凝土构件的最大裂缝宽度；

γ_s——回填土的重力密度；

γ_{s0}——原状土的重力密度。

2.0.2 材料性能

Fi——混凝土的抗冻等级；

Si——混凝土的抗渗等级；

α_c——混凝土的线膨胀系数；

β_c——混凝土的热交换系数；

λ_c——混凝土的导热系数。

2.0.2 几何参数

A_n——构件的混凝土净截面面积；

A_0——构件的换算截面面积；

A_s——钢筋混凝土构件的受拉区纵向钢筋截面面积；

e_0——纵向轴力对截面重心的偏心距；

H_s——覆土高度；

t_l——冰厚；

W_0——构件换算截面受拉边缘的弹性抵抗矩；

Z_w——自地面至地下水位的距离。

2.0.4 计算系数及其他

K_a——主动土压力系数；

K_f——水流力系数；

K_s——设计稳定性抗力系数；

m_p——取水头部迎水流面的体型系数；

n_d——淹没深度影响系数；

n_s——竖向土压力系数；

T_a——壁板外侧的大气温度；

T_m——壁板内侧介质的计算温度；

Δt——壁板的内、外侧壁面温差；

α_{ct}——混凝土拉应力限制系数；

α_E——钢筋的弹性模量与混凝土弹性模量的比值；

γ——受拉区混凝土的塑性影响系数；

η_{fw}——地下水浮托力折减系数；

ν——受拉钢筋表面形状系数；

ψ——裂缝间纵向受拉钢筋应变不均匀系数；

ψ_c——可变作用的组合值系数；

ψ_q——可变作用的准永久值系数。

3 材 料

3.0.1 贮水或水处理构筑物、地下构筑物的混凝土强度等级不应低于 C25。

3.0.2 混凝土、钢筋的设计指标应按《混凝土结构设计规范》GB 50010 的规定采用；砖石砌体的设计指标应按《砌体结构设计规范》GB 50003 的规定采用；钢材、钢铸件的设计指标应按《钢结构设计规范》GB 50017 的规定采用。

3.0.3 钢筋混凝土构筑物的抗渗，宜以混凝土本身的密实性满足抗渗要求。构筑物混凝土的抗渗等级要求应按表 3.0.3 采用。

混凝土的抗渗等级，应根据试验确定。相应混凝土的骨料应选择良好级配；水灰比不应大于 0.50。

表 3.0.3 混凝土抗渗等级 S*i* 的规定

最大作用水头与混凝土壁、板厚度之比值 i_w	抗渗等级 Si
＜10	S4
10～30	S6
≥30	S8

注：抗渗等级 Si 的定义系指龄期为 28d 的混凝土试件，施加 i×0.1MPa 水压后满足不渗水指标。

3.0.4 贮水或水处理构筑物、地下构筑物的混凝土，当满足抗渗要求时，一般可不作其他抗渗、防腐处理；对接触侵蚀性介质的混凝土，应按现行的有关规范或进行专门试验确定防腐措施。

3.0.5 贮水或水处理构筑物、地下构筑物的混凝土，其含碱量最大限值应符合《混凝土碱含量限值标准》CECS 53 的规定。

3.0.6 最冷月平均气温低于−3℃的地区，外露的钢筋混凝土构筑物的混凝土应具有良好的抗冻性能，并应按表 3.0.6 的要求采用。混凝土的抗冻等级应进行试验确定。

表 3.0.6 混凝土抗冻等级 Fi 的规定

结构类别 / 工作条件 / 气候条件	地表水取水头部（冻融循环总次数）≥100	地表水取水头部（冻融循环总次数）<100	其他（地表水取水头部的水位涨落区以上部位及外露的水池等）
最冷月平均气温低于−10℃	F300	F250	F200
最冷月平均气温在−3～−10℃	F250	F200	F150

注：1 混凝土抗冻等级 Fi 系指龄期为 28d 的混凝土试件，在进行相应要求冻融循环总次数 i 次作用后，其强度降低不大于 25%，重量损失不超过 5%；

2 气温应根据连续 5 年以上的实测资料，统计其平均值确定；

3 冻融循环总次数系指一年内气温从+3℃以上降至−3℃以下，然后回升至+3℃以上的交替次数；对于地表水取水头部，尚应考虑一年中月平均气温低于−3℃期间，因水位涨落而产生的冻融交替次数，此时水位每涨落一次应按一次冻融计算。

3.0.7 贮水或水处理构筑物、地下构筑物的混凝土，不得采用氯盐作为防冻、早强的掺合料。

3.0.8 在混凝土配制中采用外加剂时，应符合《混凝土外加剂应用技术规范》GBJ 119 的规定。并应根据试验鉴定，确定其适用性及相应的掺合量。

3.0.9 混凝土用水泥宜采用普通硅酸盐水泥；**当考虑冻融作用时，不得采用火山灰质硅酸盐水泥和粉煤灰硅酸盐水泥；受侵蚀介质影响的混凝土，应根据侵蚀性质选用。**

3.0.10 混凝土热工系数，可按表 3.0.10 采用。

表 3.0.10 混凝土热工系数

系数名称	工作条件	系数值
线膨胀系数 α_c	温度在 0～100℃范围内	1×10^{-5} (1/℃)
导热系数 λ_c	构件两侧表面与空气接触	1.55 [W/(m·K)]
	构件一侧表面与空气接触，另一侧表面与水接触	2.03 [W/(m·K)]
热交换系数 β_c	冬季混凝土表面与空气之间	23.26 [W/(m²·K)]
	夏季混凝土表面与空气之间	17.44 [W/(m²·K)]

3.0.11 贮水或水处理构筑物、地下构筑物的砖石砌体材料，应符合下列要求：

1 砖应采用普通粘土机制砖，其强度等级不应低于 MU10；

2 石材强度等级不应低于 MU30；

3 砌筑砂浆应采用水泥砂浆，并不应低于 M10。

4 结构上的作用

4.1 作用分类和作用代表值

4.1.1 结构上的作用可分为三类：永久作用、可变作用和偶然作用。

4.1.2 永久作用应包括：结构和永久设备的自重、土的竖向压力和侧向压力、构筑物内部的盛水压力、结构的预加应力、地基的不均匀沉降。

4.1.3 可变作用应包括：楼面和屋面上的活荷载、吊车荷载、雪荷载、风荷载、地表或地下水的压力(侧压力、浮托力)、流水压力、融冰压力、结构构件的温、湿度变化作用。

4.1.4 偶然作用，系指在使用期间不一定出现，但发生时其值很大且持续时间较短，例如高压容器的爆炸力等，应根据工程实际情况确定需要计入的偶然发生的作用。

4.1.5 结构设计时，对不同的作用应采用不同的代表值：对永久作用，应采用标准值作为代表值；对可变作用，应根据设计要求采用标准值、组合值或准永久值作为代表值。

作用的标准值，应为设计采用的基本代表值。

4.1.6 当结构承受两种或两种以上可变作用时，在承载能力极限状态设计或正常使用极限状态按短期效应标准组合设计中，对可变作用应取其标准值和组合值作为代表值。

可变作用组合值，应为可变作用标准值乘以作用组合系数。

4.1.7 当正常使用极限状态按长期效应准永久组合设计时，对可变作用应采用准永久值作为代表值。

可变作用准永久值，应为可变作用的标准值乘以作用的准永久值系数。

4.1.8 使结构或构件产生不可忽略的加速度的作用，应按动态作用考虑，一般可将动态作用简化为静态作用乘以动力系数后按静态作用计算。

4.2 永久作用标准值

4.2.1 结构自重的标准值，可按结构构件的设计尺寸与相应材料单位体积的自重计算确定。对常用材料和构件，其自重可按现行《建筑结构荷载规范》GB 50009 的规定采用。

永久性设备的自重标准值、可按该设备的样本提供的数据采用。

4.2.2 直接支承轴流泵电动机、机械表面曝气设备的梁系，设备转动部分的自重及由其传递的轴向力应乘以动力系数后作为标准值。动力系数可取 2.0。

4.2.3 作用在地下构筑物上竖向土压力标准值，应按下式计算：

$$F_{sv,k} = n_s \gamma_s H_s \tag{4.2.3}$$

式中 $F_{sv,k}$——竖向土压力（kN/m^2）；

n_s——竖向土压力系数，一般可取 1.0，当构筑物的平面尺寸长宽比大于 10 时，n_s 宜取 1.2；

γ_s——回填土的重力密度（kN/m^3）；可按 $18kN/m^3$ 采用；

H_s——地下构筑物顶板上的覆土高度（m）。

4.2.4 作用在开槽施工地下构筑物上的侧向土压力标准值，应按下列规定确定（图 4.2.4）：

1 应按主动土压力计算；

2 当地面平整、构筑物位于地下水位以上部分的主动土压力标准值可按下式计算（图 4.2.4）：

$$F_{ep,k} = K_a \gamma_s z \tag{4.2.4-1}$$

构筑物位于地下水位以下部分的侧壁上的压力应为主动土压力与地下水静水压力之和，此时主动土压力标准值可按下式计算（图 4.2.4）：

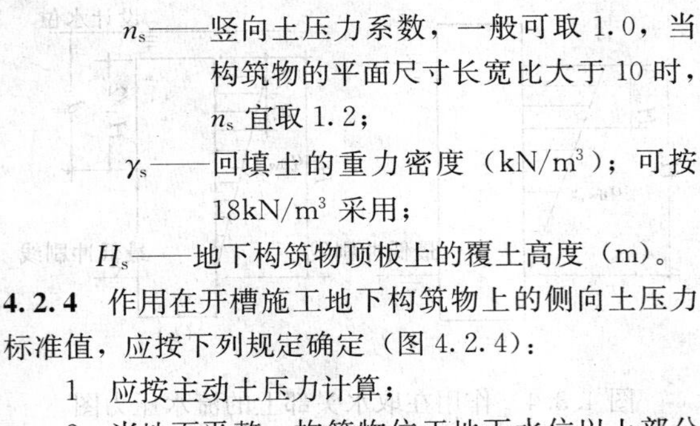

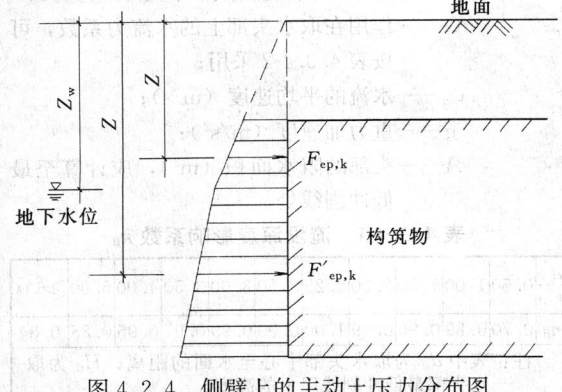

图 4.2.4 侧壁上的主动土压力分布图

$$F'_{ep,k} = K_a[\gamma_s z_w + \gamma'_s(z - z_w)] \tag{4.2.4-2}$$

上列式中 $F_{ep,k}$——地下水位以上的主动土压力（kN/m^2）；

$F'_{ep,k}$——地下水位以下的主动土压力（kN/m^2）；

K_a——主动土压力系数，应根据土的抗剪强度确定，当缺乏试验资料时，对砂类土或粉土可取$\frac{1}{3}$；对粘性土可取$\frac{1}{3}$～$\frac{1}{4}$；

z——自地面至计算截面处的深度(m)；

z_w——自地面至地下水位的距离（m）；

γ'_s——地下水位以下回填土的有效重度（kN/m^3），可按 $10kN/m^3$ 采用。

4.2.5 作用在沉井构筑物侧壁上的主动土压力标准值，可按公式 4.2.4-1 或 4.2.4-2 计算，此时应取 $\gamma_s = \gamma_{so}$。位于多层土层中的侧壁上的主动土压力标准值，可按下式计算：

$$F_{epn,k} = K_{an}\left[\sum_{1}^{n-1}\gamma_{soi}h_i + \gamma_{son}\left(z_n - \sum_{1}^{n-1}h_i\right)\right] \tag{4.2.5}$$

式中 $F_{epn,k}$——第 n 层土层中，距地面 z_n 深度处侧壁上的主动土压力（kN/m^2）；

γ_{soi}——i 层土的天然状态重度（kN/m^3）；当位于地下水位以下时应取有效重度；

γ_{son}——第 n 层土的天然状态重度（kN/m^3）；当位于地下水位以下时应取有效重度；

h_i——i 层土层的厚度（m）；

z_n——自地面至计算截面处的深度（m）；

K_{an}——第 n 层土的主动土压力系数。

4.2.6 构筑物内的水压力应按设计水位的静水压力计算，对给水处理构筑物，水的重度标准值，可取 $10kN/m^3$ 采用；对污水处理构筑物，水的重度标准值，可取 $10 \sim 10.8kN/m^3$ 采用。

注：机械表面曝气池内的设计水位，应计入水面波动的影响。

4.2.7 施加在结构构件上的预加应力标准值，应按预应力钢筋的张拉控制应力值扣除相应张拉工艺的各项应力损失采用。张拉控制应力值应按现行《混凝土结构设计规范》GB 50010 的有关规定确定。

注：当对构件作承载能力极限状态计算，预加应力为不利作用时，由钢筋松弛和混凝土收缩、徐变引起的应力损失不应扣除。

4.2.8 地基不均匀沉降引起的永久作用标准值，其沉降量及沉降差应按现行《建筑地基基础设计规范》GB 50007 的有关规定计算确定。

4.3 可变作用标准值、准永久值系数

4.3.1 构筑物楼面和屋面的活荷载及其准永久值系数，应按表 4.3.1 采用。

表 4.3.1 构筑物楼面和屋面的活荷载及其准永久值系数 ψ_q

项序	构筑物部位	活荷载标准值（kN/m^2）	准永久值系数 ψ_q
1	不上人的屋面、贮水或水处理构筑物的顶盖	0.7	0.0
2	上人屋面或顶盖	2.0	0.4
3	操作平台或泵房等楼面	2.0	0.5
4	楼梯或走道板	2.0	0.4
5	操作平台、楼梯的栏杆	水平向 1.0kN/m	0.0

注：1 对水池顶盖，尚应根据施工或运行条件验算施工机械设备荷载或运输车辆荷载；
2 对操作平台、泵房等楼面，尚应根据实际情况验算设备、运输工具、堆放物料等局部集中荷载；
3 对预制楼梯踏步，尚应按集中活荷载标准值 1.5kN 验算。

4.3.2 吊车荷载、雪荷载、风荷载的标准值及其准永久值系数，应按《建筑结构荷载规范》GB 50009 的规定采用。

确定水塔风荷载标准值时，整体计算的风载体型系数 μ_s 应按下列规定采用：

1 倒锥形水箱的风载体型系数应为+0.7；

2 圆柱形水箱或支筒的风载体型系数应为+0.7；

3 钢筋混凝土构架式支承结构的梁、柱的风载体型系数应为+1.3。

4.3.3 地表水或地下水对构筑物的作用标准值应按下列规定采用：

1 构筑物侧壁上的水压力，应按静水压力计算；

2 水压力标准值的相应设计水位，应根据勘察部门和水文部门提供的数据采用：可能出现的最高和最低水位，对地表水位宜按 1%频率统计分析确定；对地下水位应综合考虑近期内变化及构筑物设计基准期内可能的发展趋势确定。

3 水压力标准值的相应设计水位，应根据对结构的作用效应确定取最低水位或最高水位。当取最低水位时，相应的准永久值系数对地表水可取常年洪水位与最高水位的比值，对地下水可取平均水位与最高水位的比值。

4 地表水或地下水对结构作用的浮托力，其标准值应按最高水位确定，并应按下式计算：

$$q_{fw,k} = \gamma_w h_w \eta_{fw} \quad (4.3.3)$$

式中 $q_{fw,k}$——构筑物基础底面上的浮托力标准值（kN/m^2）；

γ_w——水的重度（kN/m^3）；可按 $10kN/m^3$ 采用；

h_w——地表水或地下水的最高水位至基础底面（不包括垫层）计算部位的距离（m）；

η_{fw}——浮托力折减系数，对非岩质地基应取 1.0；对岩石地基应按其破碎程度确定，当基底设置滑动层时，应取 1.0。

注：1 当构筑物基底位于地表滞水层内，又无排除上层滞水措施时，基础底面上的浮托力仍应按式 4.3.3 计算确定。
2 当构筑物两侧水位不等时，基础底面上的浮托力可按沿基底直线变化计算。

4.3.4 作用在取水构筑物头部上的流水压力标准值，应根据设计水位按下式计算确定（图 4.3.4）：

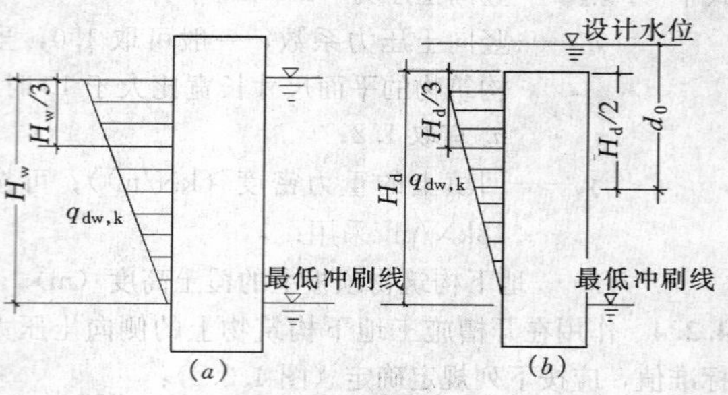

图 4.3.4 作用在取水头部上的流水压力图
(a) 非淹没式；(b) 淹没式

$$F_{dw,k} = n_d K_f \frac{\gamma_w v_w^2}{2g} A \quad (4.3.4)$$

式中 $F_{dw,k}$——头部上的流水压力标准值（kN）；

n_d——淹没深度影响系数，可按表 4.3.4-1 采用；对于非淹没式取水头部应为 1.0；

K_f——作用在取水头部上的水流力系数，可按表 4.3.4-2 采用；

v_w——水流的平均速度（m/s）；

g——重力加速度（m/s^2）；

A——头部的阻水面积（m^2），应计算至最低冲刷线处。

表 4.3.4-1 淹没深度影响系数 n_d

$\frac{d_0}{H_d}$	0.50	1.00	1.50	2.00	2.25	2.50	3.00	3.50	4.00	5.00	≥6.00
n_d	0.70	0.89	0.96	0.99	1.00	0.99	0.99	0.97	0.95	0.88	0.84

注：表中 d_0 为取水头部中心至水面的距离；H_d 为取水头部最低冲刷线以上的高度。

表 4.3.4-2 取水头部上的水流力系数 K_f

头部体型	方形	矩形	圆形	尖端形	长圆形
K_f	1.47	1.28	0.78	0.69	0.59

流水压力的准永久值系数，应按 4.3.3 中 3 的规定确定。

4.3.5 河道内融流冰块作用在取水头部上的压力，其标准值可按下列规定确定：

1 作用在具有竖直边缘头部上的融冰压力，可按下式计算：

$$F_{Ik}=m_h f_I b t_I \tag{4.3.5-1}$$

2 作用在具有倾斜破冰棱的头部上的融冰压力，可按下式计算：

$$F_{Iv,k}=f_{Iw} b t_I^2 \tag{4.3.5-2}$$

$$F_{Ih,k}=f_{Iw} b t_I^2 \operatorname{tg}\theta \tag{4.3.5-3}$$

式中 F_{Ik}——竖直边缘头部上的融冰压力标准值（kN）；

m_h——取水头部迎水流面的体型系数，方形时为 1.0；圆形时为 0.9；尖端形时应按表 4.3.5 采用；

f_I——冰的极限抗压强度（kN/m^2），当初融流冰水位时可按 $750kN/m^2$ 采用；

t_I——冰厚（m），应按实际情况确定；

$F_{Iv,k}$——竖向冰压力标准值（kN）；

$F_{Ih,k}$——水平向冰压力标准值（kN）；

b——取水头部在设计流冰水位线上的宽度（m）；

f_{Iw}——冰的弯曲抗压极限强度（kN/m^2），可按 $0.7f_I$ 采用；

θ——破冰棱对水平线的倾角（°）。

表 4.3.5 尖端形取水头部体形系数 m_h

尖端形取水头部迎水流向角度	45°	60°	75°	90°	120°
m_h	0.60	0.65	0.69	0.73	0.81

3 融冰压力的准永久值系数 ψ_q，对东北地区和新疆北部地区可取 $\psi_q=0.5$；对其他地区可取 $\psi_q=0$。

4.3.6 贮水或水处理构筑物的温度变化作用（包括湿度变化的当量温差）标准值，可按下列规定确定：

1 暴露在大气中的构筑物壁板的壁面温差，应按下式计算：

$$\Delta t=\frac{\dfrac{h}{\lambda_i}}{\dfrac{1}{\beta_i}+\dfrac{h}{\lambda_i}}(T_m-T_o) \tag{4.3.6}$$

式中 Δt——壁板的内、外侧壁面温差（℃）；

h——壁板的厚度（m）；

λ_i——i 材质的壁板的导热系数[W/(m·K)]；

β_i——i 材质壁板与空气间的热交换系数［W/(m^2·K)］；

T_m——壁板内侧介质的计算温度（℃）；可按年最低月的平均水温采用；

T_a——壁板外侧的大气温度（℃）；可按当地年最低月的统计平均温度采用。

2 暴露在大气中的构筑物壁板的壁面湿度当量温差 Δt，应按 10℃采用。

3 温度、湿度变化作用的准永久值系数 ψ_q 宜取 1.0 计算。

注：1 对地下构筑物或设有保温措施的构筑物，一般可不计算温度、湿度变化作用；

2 暴露在大气中有圆形构筑物和符合本规范有关伸缩变形缝构造要求的矩形构筑物壁板，一般可不计算温、湿度变化对壁板中面的作用。

5 基本设计规定

5.1 一般规定

5.1.1 本规范采用以概率理论为基础的极限状态设计方法，以可靠指标度量结构构件的可靠度；按承载能力极限状态计算时，除对结构整体稳定验算外均采用以分项系数的设计表达式进行设计。

5.1.2 本规范采用的极限状态设计方法，对结构设计应计算下列两类极限状态：

1 承载能力极限状态：应包括对结构构件的承载力（包括压曲失稳）计算、结构整体失稳（滑移及倾覆、上浮）验算。

2 正常使用极限状态：应包括对需要控制变形的结构构件的变形验算，使用上要求不出现裂缝的抗裂度验算，使用上需要限制裂缝宽度的验算等。

5.1.3 结构内力分析，均应按弹性体系计算，不考虑由非弹性变形所产生的塑性内力重分布。

5.1.4 结构构件的截面承载力计算，应按我国现行设计规范《混凝土结构设计规范》GB 50010 或《砌体结构设计规范》GB 50003、《钢结构设计规范》GB 50017 的规定执行。

5.1.5 构筑物的地基计算（承载力、变形、稳定），应按我国现行设计规范《建筑地基基础设计规范》GB 50007 的规定执行。

5.1.6 结构构件按承载能力极限状态进行强度计算时，结构上的各项作用均应采用作用设计值。

作用设计值，应为作用分项系数与作用代表值的乘积。

5.1.7 结构构件按正常使用极限状态验算时，结构上的各项作用均应采用作用代表值。

5.1.8 对构筑物进行结构设计时，根据《工程结构可靠度设计统一标准》GB 50153 的规定，应按结构破坏可能产生的后果的严重性确定安全等级，按二级执行。对重要工程的关键构筑物，其安全等级可提高一级执行，但应报有关主管部门批准或业主认可。

5.2 承载能力极限状态计算规定

5.2.1 对结构构件作强度计算时，应采用下列极限状态计算表达式：

$$\gamma_0 S \leqslant R \tag{5.2.1}$$

式中 γ_0——结构重要性系数，对安全等级为一、二、三级的结构构件，应分别取 1.1、1.0、0.9；

S——作用效应的基本组合设计值；

R——结构构件抗力的设计值，应按《混凝土结构设计规范》GB 50010、《砌体结构设计规范》GB 50003、《钢结构设计规范》GB 50017 的规定确定。

5.2.2 作用效应的基本组合设计值，应按下列规定确定：

1 对于贮水池、水处理构筑物、地下构筑物等可不计算风荷载效应，其作用效应的基本组合设计值，应按下式计算：

$$S=\sum_{i=1}^{m}\gamma_{Gi}C_{Gi}G_{ik}+\gamma_{Q1}C_{Q1}Q_{1k}+\psi_c\sum_{j=2}^{n}\gamma_{Qj}C_{Qj}Q_{jk} \tag{5.2.2-1}$$

式中 G_{ik}——第 i 个永久作用的标准值；

C_{Gi}——第 i 个永久作用的作用效应系数；

γ_{Gi}——第 i 个永久作用的分项系数，当作用效应对结构不利时，对结构和设备自重应取 1.2，其他永久作用应取 1.27；当作用效应对结构有利时，均应取 1.0；

Q_{jk}——第 j 个可变作用的标准值；

C_{Qj}——第 j 个可变作用的作用效应系数；

γ_{Q1}、γ_{Qj}——第 1 个和第 j 个可变作用的分项系数，对地表水或地下水的作用应作为第一可变作用取 1.27，对其他可变作用应取 1.40；

ψ_c——可变作用的组合值系数，可取 0.90 计算。

2 对水塔等构筑物，应计入风荷载效应，当进行整体分析时，其作用效应的基本组合设计值，应按下式计算：

$$S=\sum_{i=1}^{n}\gamma_{Gi}\cdot C_{Gi}\cdot G_{ik}+1.4\left(G_{Q1}\cdot Q_{1k}+0.6\sum_{j=2}^{n}C_{Qj}\cdot Q_{jk}\right) \tag{5.2.2-2}$$

式中 C_{Q1}、Q_{1k}——第一可变作用的作用效应系数、作用标准值，第一可变作用应为风荷载。

5.2.3 构筑物在基本组合作用下的设计稳定性抗力系数 K_s 不应小于表 5.2.3 的规定。验算时，抵抗力应只计入永久作用，可变作用和侧壁上的摩擦力不应计入；抵抗力和滑动、倾覆力应均采用标准值。

表 5.2.3 构筑物的设计稳定性抗力系数 K_s

失稳特征	设计稳定性抗力系数 K_s
沿基底或沿齿墙底面连同齿墙间土体滑动	1.30
沿地基内深层滑动（圆弧面滑动）	1.20
倾覆	1.50
上浮	1.05

5.2.4 对挡土（水）墙、水塔等构筑物基底的地基反力，可按直线分布计算。基底边缘的最小压力，不宜出现负值（拉力）。

5.3 正常使用极限状态验算规定

5.3.1 对正常使用极限状态，结构构件应分别按作用短期效应的标准组合或长期效应的准永久组合进行验算，并应保证满足变形、抗裂度、裂缝开展宽度、应力等计算值不超过相应的规定限值。

5.3.2 对混凝土贮水或水质净化处理等构筑物，当在组合作用下，构件截面处于轴心受拉或小偏心受拉（全面处于受拉）状态时，应按不出现裂缝控制；并应取作用短期效应的标准组合进行验算。

5.3.3 对钢筋混凝土贮水或水质净化处理等构筑物，当在组合作用下，构件截面处于受弯或大偏心受压、受拉状态时，应按限制裂缝宽度控制；并应取作用长期效应的准永久组合进行验算。

5.3.4 钢筋混凝土构筑物构件的最大裂缝宽度限值，应符合表 5.3.4 的规定。

表 5.3.4 钢筋混凝土构筑物构件的最大裂缝宽度限值 w_{max}

类别	部位及环境条件	w_{max} (mm)
水处理构筑物、水池、水塔	清水池、给水水质净化处理构筑物	0.25
	污水处理构筑物、水塔的水柜	0.20
泵房	贮水间、格栅间	0.20
	其他地面以下部分	0.25
取水头部	常水位以下部分	0.25
	常水位以上湿度变化部分	0.20

注：沉井结构的施工阶段最大裂缝宽度限值可取 0.25mm。

5.3.5 电机层楼面的支承梁应按作用的长期效应的准永久组合进行变形计算，其允许挠度应符合下式要求：

$$w_v \leqslant \frac{l_0}{750} \quad (5.3.5)$$

式中 w_v——支承梁的允许挠度（cm）；

l_0——支承梁的计算跨度（cm）。

5.3.6 对于正常使用极限状态，作用效应的标准组合设计值 S_s 和作用效应的准永久组合设计值 S_d，应分别按下列公式确定：

1 标准组合

$$S_d = \sum_{i=1}^{m} G_{Gi} \cdot G_{ik} + G_{Q1} \cdot Q_{1k} + \psi_c \sum_{j=2}^{n} C_{Qj} \cdot Q_{jk} \quad (5.3.6\text{-}1)$$

对水塔等构筑物，当计入风荷载时可取 $\psi_c = 0.6$；当不计入风荷载时，应为

$$S_d = \sum_{i=1}^{m} G_{Gi} \cdot G_{ik} + \sum_{j=1}^{n} C_{Qj} \cdot Q_{jk} \quad (5.3.6\text{-}2)$$

2 准永久组合

$$S_d = \sum_{i=1}^{m} G_{Gi} \cdot G_{ik} + \sum_{j=1}^{n} C_{Qj} \cdot \psi_{qj} \cdot Q_{jk} \quad (5.3.6\text{-}3)$$

式中 ψ_{qj}——第 j 个可变作用的准永久值系数。

5.3.7 对钢筋混凝土构筑物，当其构件在标准组合作用下处于轴心受拉或小偏心受拉的受力状态时，应按下列公式进行抗裂度验算：

1 对轴心受拉构件应满足：

$$\frac{N_k}{A_0} \leqslant \alpha_{ct} f_{tk} \quad (5.3.7\text{-}1)$$

式中 N_k——构件在标准组合下计算截面上的纵向力（N）；

f_{tk}——混凝土轴心抗拉强度标准值（N/mm^2），应按现行《混凝土结构设计规范》GB 50010 的规定采用；

A_0——计算截面的换算截面面积（mm^2）；

α_{ct}——混凝土拉应力限制系数，可取 0.87。

2 对偏心受拉构件应满足：

$$N_k\left(\frac{e_0}{\gamma W_0} + \frac{1}{A_0}\right) \leqslant \alpha_{ct} f_{tk} \quad (5.3.7\text{-}2)$$

式中 e_0——纵向力对截面重心的偏心距（mm）；

W_0——构件换算截面受拉边缘的弹性抵抗矩（mm^3）；

γ——截面抵抗矩塑性系数，对矩形截面为 1.75。

5.3.8 对于预应力混凝土结构的抗裂验算，应满足下式要求：

$$\alpha_{cp}\sigma_{sk} - \sigma_{pc} \leqslant 0 \quad (5.3.8)$$

式中 σ_{sk}——在标准组合作用下，计算截面的边缘法向应力（N/mm^2）；

σ_{pc}——扣除全部预应力损失后，计算截面上的预压应力（N/mm^2）；

α_{cp}——预压效应系数，对现浇混凝土结构可取 1.15；对预制拼装结构可取 1.25。

5.3.9 钢筋混凝土构筑物的各部位构件，在准永久组合作用下处于受弯、大偏心受压或大偏心受拉状态时，其可能出现的最大裂缝宽度可按附录 A 计算确定，并应符合 5.3.4 的要求。

6 基本构造要求

6.1 一般规定

6.1.1 贮水或水处理构筑物一般宜按地下式建造；当按地面式建造时，严寒地区宜设置保温设施。

6.1.2 钢筋混凝土贮水或水处理构筑物，除水槽和水塔等高架贮水池外，其壁、底板厚度均不宜小于 20cm。

6.1.3 构筑物各部位构件内，受力钢筋的混凝土保护层最小厚度（从钢筋的外缘处起），应符合表 6.1.3 的规定。

表 6.1.3 钢筋的混凝土保护层最小厚度（mm）

构件类别	工作条件	保护层最小厚度
墙、板、壳	与水、土接触或高湿度	30
	与污水接触或受水气影响	35
梁、柱	与水、土接触或高湿度	35
	与污水接触或受水气影响	40
基础、底板	有垫层的下层筋	40
	无垫层的下层筋	70

注：1 墙、板、壳内的分布筋的混凝土净保护层最小厚度不应小于 20mm；梁、柱内箍筋的混凝土净保护层最小厚度不应小于 25mm；

2 表列保护层厚度系按混凝土等级不低于 C25 给出，当采用混凝土等级低于 C25 时，保护层厚度尚应增加 5mm；

3 不与水、土接触或不受水气影响的构件，其钢筋的混凝土保护层的最小厚度，应按现行的《混凝土结构设计规范》GB 50010 的有关规定采用；

4 当构筑物位于沿海环境，受盐雾侵蚀显著时，构件的最外层钢筋的混凝土最小保护层厚度不应少于 45mm；

5 当构筑物的构件外表设有水泥砂浆抹面或其他涂料等质量确有保证的保护措施时，表列要求的钢筋的混凝土保护层厚度可酌量减小，但不得低于处于正常环境的要求。

6.1.4 钢筋混凝土墙（壁）的拐角及与顶、底板的交接处，宜设置腋角。腋角的边宽不应小于150mm，并应配置构造钢筋，一般可按墙或顶、底板截面内受力钢筋的50%采用。

6.2 变形缝和施工缝

6.2.1 大型矩形构筑物的长度、宽度较大时，应设置适应温度变化作用的伸缩缝。伸缩缝的间距可按表6.2.1的规定采用。

表6.2.1 矩形构筑物的伸缩缝最大间距（m）

结构类别＼工作条件＼地基类别		岩基		土基	
		露天	地下式或有保温措施	露天	地下式或有保温措施
砌体	砖	30		40	
	石	10		15	
现浇混凝土		5	8	8	15
钢筋混凝土	装配整体式	20	30	30	40
	现浇	15	20	20	30

注：1 对于地下式或有保温措施的构筑物，应考虑施工条件及温度、湿度环境等因素，外露时间较长时，应按露天条件设置伸缩缝；
2 当有经验时，例如在混凝土中施加可靠的外加剂或浇筑混凝土时设置后浇带，减少其收缩变形，此时构筑物的伸缩缝间距可根据经验确定，不受表列数值限制。

6.2.2 当构筑物的地基土有显著变化或承受的荷载差别较大时，应设置沉降缝加以分割。

6.2.3 构筑物的伸缩缝或沉降缝应做成贯通式，在同一剖面上连同基础或底板断开。伸缩缝的缝宽不宜小于20mm；沉降缝的缝宽不应小于30mm。

6.2.4 钢筋混凝土构筑物的伸缩缝和沉降缝的构造，应符合下列要求：

1 缝处的防水构造应由止水板材、填缝材料和嵌缝材料组成；

2 止水板材宜采用橡胶或塑料止水带，止水带与构件混凝土表面的距离不宜小于止水带埋入混凝土内的长度，当构件的厚度较小时，宜在缝的端部局部加厚，并宜在加厚截面的突缘外侧设置可压缩性板材；

3 填缝材料应采用具有适应变形功能的板材；

4 嵌缝材料应采用具有适应变形功能、与混凝土表面粘结牢固的柔性材料，并具有在环境介质中不老化、不变质的性能。

6.2.5 位于岩石地基上的构筑物，其底板与地基间应设置可滑动层构造。

6.2.6 混凝土或钢筋混凝土构筑物的施工缝设置，应符合下列要求：

1 施工缝宜设置在构件受力较小的截面处；

2 施工缝处应有可靠的措施保证先后浇筑的混凝土间良好固结，必要时宜加设止水构造。

6.3 钢筋和埋件

6.3.1 钢筋混凝土构筑物的各部位构件的受力钢筋，应符合下列规定：

1 受力钢筋的最小配筋百分率，应符合现行《混凝土结构设计规范》GB 50010的有关规定；

2 受力钢筋宜采用直径较小的钢筋配置；每米宽度的墙、板内，受力钢筋不宜少于4根，且不超过10根。

6.3.2 现浇钢筋混凝土矩形构筑物的各构件的水平向构造钢筋，应符合下列规定：

1 当构件的截面厚度小于、等于50cm时，其里、外侧构造钢筋的配筋百分率均不应小于0.15%。

2 当构件的截面厚度大于50cm时，其里、外侧均可按截面厚度50cm配置0.15%构造钢筋。

6.3.3 钢筋混凝土墙（壁）的拐角处的钢筋，应有足够的长度锚入相邻的墙（壁）内；锚固长度应自墙（壁）的内侧表面起算。

6.3.4 钢筋的接头应符合下列要求：

1 对具有抗裂性要求的构件（处于轴心受拉或小偏心受拉状态），其受力钢筋不应采用非焊接的搭接接头；

2 受力钢筋的接头应优先采用焊接接头，非焊接的搭接接头应设置在构件受力较小处；

3 受力钢筋的接头位置，应按现行《混凝土结构设计规范》GB 50010的规定相互错开；如必要时，同一截面处的绑扎钢筋的搭接接头面积百分率可加大到50%，相应的搭接长度应增加30%。

6.3.5 钢筋混凝土构筑物各部位构件上的预埋件，其锚筋面积及构造要求，除应按现行《混凝土结构设计规范》GB 50010的有关规定确定外，尚应符合下列要求：

1 预埋件的锚板厚度应附加腐蚀裕度；

2 预埋件的外露部分，必须作可靠的防腐保护。

6.4 开孔处加固

6.4.1 钢筋混凝土构筑物的开孔处，应按下列规定采取加强措施：

1 当开孔的直径或宽度大于300mm但不超过1000mm时，孔口的每侧沿受力钢筋方向应配置加强钢筋，其钢筋截面积不应小于开孔切断的受力钢筋截面积的75%；对矩形孔口的四周尚应加设斜筋；对圆形孔口尚应加设环筋。

2 当开孔的直径或宽度大于1000mm时，宜对孔口四周加设肋梁；当开孔的直径或宽度大于构筑物壁、板计算跨度的$\frac{1}{4}$时，宜对孔口设置边梁，梁内配筋应按计算确定。

6.4.2 砖砌体的开孔处，应按下列规定采取加强措施：

1 砖砌体的开孔处宜采用砌筑砖券加强。砖券厚度，对直径小于1000mm的孔口，不应小于120mm；对直径大于1000mm的孔口，不应小于240mm。

2 石砌体的开孔处，宜采用局部浇筑混凝土加强。

附录A 钢筋混凝土矩形截面处于受弯或大偏心受拉（压）状态时的最大裂缝宽度计算

A.0.1 受弯、大偏心受拉或受压构件的最大裂缝宽度，可按下列公式计算：

$$w_{\max}=1.8\psi\frac{\sigma_{sq}}{E_s}\left(1.5c+0.11\frac{d}{\rho_{te}}\right)(1+\alpha_1)\cdot\nu \tag{A.0.1-1}$$

$$\psi=1.1-\frac{0.65f_{tk}}{\rho_{te}\sigma_{sq}\alpha_2} \tag{A.0.1-2}$$

式中 $w_{\max}$——最大裂缝宽度（mm）；

ψ——裂缝间受拉钢筋应变不均匀系数，当$\psi<0.4$时，应取0.4；当$\psi>1.0$时，应取1.0；

σ_{sq}——按长期效应准永久组合作用计算的截面纵向受拉钢筋应力（N/mm²）；

E_s——钢筋的弹性模量（N/mm²）；

c——最外层纵向受拉钢筋的混凝土净保护层厚度（mm）；

d——纵向受拉钢筋直径（mm）；当采用不同直径的钢筋时，应取$d=\frac{4A_s}{u}$；u为纵向受拉钢筋截面的总周长（mm）；

ρ_{te}——以有效受拉混凝土截面面积计算的纵向受拉钢筋配筋率，即$\rho_{te}=\frac{A_s}{0.5bh}$；$b$为截面计算宽度，$h$为截面计算高度；$A_s$为受拉钢筋的截面面积（mm²），对偏心受拉构件应取偏心力一侧的钢筋截面面积；

α_1——系数，对受弯、大偏心受压构件可取$\alpha_1=0$；对大偏心受拉构件可取$\alpha_1=0.28\left[\frac{1}{1+\frac{2e_0}{h_0}}\right]$；

ν——纵向受拉钢筋表面特征系数，对光面钢筋应取1.0；对变形钢筋应取0.7；

f_{tk}——混凝土轴心抗拉强度标准值（N/mm²）；

α_2——系数，对受弯构件可取$\alpha_2=1.0$；对大偏心受压构件可取$\alpha_2=1-0.2\frac{h_0}{e_0}$；对大偏心受拉构件可取$\alpha_2=1+0.35\frac{h_0}{e_0}$。

A.0.2 受弯、大偏心受压、大偏心受拉构件的计算截面纵向受拉钢筋应力σ_{sq}，可按下列公式计算：

1 受弯构件的纵向受拉钢筋应力

$$\sigma_{sq}=\frac{M_q}{0.87A_sh_0} \tag{A.0.2-1}$$

式中 M_q——在长期效应准永久组合作用下，计算截面处的弯矩（N-mm）；

h_0——计算截面的有效高度（mm）。

2 大偏心受压构件的纵向受拉钢筋应力

$$\sigma_{sq}=\frac{M_q-0.35N_q(h_0-0.3e_0)}{0.87A_sh_0} \tag{A.0.2-2}$$

式中 N_q——在长期效应准永久组合作用下，计算截面上的纵向力（N）；

e_0——纵向力对截面重心的偏心距（mm）。

3 大偏心受拉构件的纵向钢筋应力

$$\sigma_{ls}=\frac{M_q+0.5N_q(h_0-a')}{A_s(h_0-a')} \tag{A.0.2-3}$$

式中 a'——位于偏心力一侧的钢筋至截面近侧边缘的距离（mm）。

附录B 本规范用词说明

B.0.1 为便于在执行本规范条文时区别对待，对要求严格程度不同的用词说明如下：

1 表示很严格，非这样做不可的：
正面词采用“必须”，反面词采用“严禁”。

2 表示严格，在正常情况下均应这样做的：
正面词采用“应”，反面词采用“不应”或“不得”。

3 表示允许稍有选择，在条件许可时首先应这样做的：
正面词采用“宜”或“可”，反面词采用“不宜”。

B.0.2 条文中指定应按其他有关标准、规范执行时，写法为“应符合……规定”。

中华人民共和国国家标准

给水排水工程构筑物结构设计规范

GB 50069—2002

条 文 说 明

目　次

1 总　　则

1.0.1～1.0.5 主要是针对本规范的适用范围，给出了明确规定。同时明确了本规范的修订系遵照我国现行标准《工程结构可靠度设计统一标准》GB 50153—92进行的，亦即在结构设计理论模式和方法上，统一采用了以概率理论为基础的极限状态设计方法。

针对适用范围，主要从工程性质、结构类型以及和其他规范的关系等方面，做出了明确规定。其考虑与原规范GBJ 69—84是一致的，只是排除了有关地下管道结构的内容。

1　工程性质

在《总则》中，阐明了本规范系适用于城镇公用设施和工业企业中的一般给水排水工程设施的构筑物结构设计，排除了某些特殊工程中相应设施的结构设计。主要是考虑到给水排水工程作为生命线工程的重要内容，涉及面较广，除城镇公用设施外，各行业情况比较复杂，在安全性和可靠度要求方面会存在不同要求，本规范很难概括。遇到这种情况，可以不受本规范的约束，可以按照某特定条件的要求，另行拟订设计标准，当然也不排除很多技术问题可以参照本规范实施。

2　结构类型

关于结构类型，在大量的给水排水工程构筑物中，主要是采用混凝土结构（广义的，包括钢筋混凝土和预应力混凝土结构），只是在一些小型的工程中，限于经济条件和地区条件，也还采用砖石结构。自20世纪60年代开始，通过对已建工程的总结，明确了贮水或水处理构筑物以及各种位于地下、水下的防水结构，采用砌体结构很难做到很好地符合设计使用标准，在渗、漏水方面难能完善达标；同时在工程投资上，采用砌体结构并无可取的经济效益（各部位构件截面加大、附加防水构造措施等）。另外，在砌体结构的静力计算方面，也存在一定的问题。在给水排水工程的构筑物结构中，多为板、壳结构，其受力状态多属平面问题，甚至需要进行空间分析，这就有别于一般按构件的计算，需要涉及砌体的双向受力的力学性参数，对不同的砌体材料如何合理可靠地确定，目前尚缺乏依据。如果再考虑为提高砌体的防水性能，采用浇筑混凝土夹层等组合结构，此时将涉及两者共同工作的若干力学参数，情况将更为复杂，尚缺乏可资总结的可靠经验。反之，如果不考虑这些因素，完全按照杆件结构分析，则构件的截面厚度将大为增加，与工程实际条件不符，规范这样处理显然将是不恰当的。

据此，本规范明确了对于给水排水工程中的贮水或水处理构筑物、地下构筑物，一般宜采用混凝土结构，仅当容量较小时可采用砌体结构。此时对砌体结构的设计，可根据各地区的实践经验，参照混凝土结构的有关规定进行具体设计。

3　本规范与其他规范的关系

在《总则》中明确了本规范与其他规范的关系。

本规范属于专业规范的范畴，其任务是解决有关给水排水工程中有关构筑物结构设计的特定问题。因此对于有关结构设计的可靠度标准、荷载标准、构件截面设计以及地基基础设计等，均就根据我国现行的相关标准、规范执行，例如《砌体结构设计规范》、《混凝土结构设计规范》、《建筑地基基础设计规范》等。本规范主要是针对一些特定问题，作了补充规定，以确保给水排水工程中构筑物的结构设计，达到技术先进、安全适用、确保质量的目标。

此外，本规范还明确了对于承受偶遇作用或建造在特殊地基上的给水排水工程构筑物的结构设计（例如地震区的强烈地面运动作用、湿陷性黄土地区、膨胀土地区等），应遵照我国现行的相关标准、规范执行，本规范不作引入。

2 主 要 符 号

2.0.1～2.0.4 主要针对有关给水排水工程构筑物结构设计中一些常用的符号，做出了统一规定，以供有关给水排水工程中各项构筑物结构设计规范中共同遵照使用。

本规范中对主要符号的统一规定，系依据下列原则：

1　一般均按《建筑结构设计术语和符号标准》GB/T 50083—97的规定采用；

2　相关标准、规范已采用的符号，在本规范中均直接引用；

3　在不与上述一、二相关的条件下，尽量沿用原规范已用符号。

3 材　　料

3.0.1 这一条是针对贮水或水处理构筑物、地下构筑物的混凝土强度等级提出了要求，比之原规范要求稍高。主要是根据工程实践总结，一般盛水构筑物或地下构筑物的防渗，以混凝土的水密性自防水为主，这样满足承载力要求的混凝土等级，往往与抗渗要求不协调，实际工程用混凝土等级将取决于抗渗要求；同时考虑到近几年来的混凝土制筑工艺，多转向商品化、泵送，加上多生产高标号水泥，导致实际采用的混凝土等级偏高。据此，规范修订时将混凝土等级结合工程实际予以适当提高，以使在承载力设计中能够获得充分利用，避免相互脱节。

3.0.2 本条内容与原规范的提法是一致的，只是将离心悬辊工艺的混凝土等有关要求删去，因为这种混凝土成型工艺在给水排水工程中，仅在管道制作中应用，所以这方面的内容将列入《给水排水工程管道结构设计规范》中。

3.0.3 关于构筑物混凝土抗渗的要求，与原规范的要求相同，以构筑物承受的最大水头与构件混凝土厚度的比值为指标，确定应采用的混凝土抗渗等级。原规范考虑了国内施工单位可能由于试验设备的限制，对混凝土抗渗等级的试验会产生困难，从而给出了变通做法，在修订时本条删去了这一内容。主要是在实施中了解到一般正规的施工单位都拥有试验设备，不存在试验有困难；而一些承接转包的非正规施工单位，不但无试验设备，而且技术力量较弱，施工质量欠佳。为此在确保混凝土的水密性问题上，应从严要求，一概通过试验核定混凝土的配比，可靠保证构筑物的防渗性能。

3.0.4、3.0.7、3.0.8 条文保持原规范的要求。其内容主要从保证结构的耐久性考虑，混凝土内掺加氯盐后将形成氯化物溶液，增强其导电性；加速产生电化学腐蚀，严重影响结构耐久性。

这方面在国外有关标准中都有类似的规定。例如《英国贮液构筑物实施规范》（BS 5337—1976）中，对混凝土的拌合料及其他掺合料就明确规定："不得使用氯化钙或含有氯化物的拌合料，其他掺合料仅在工程师许可时方可应用"；日本土木学会1977年编制的《日本混凝土与钢筋混凝土规范》，在第二十一章"冬季混凝土施工"中，同样也明确规定："不得采用食盐或其他药剂，借以降低混凝土的冻结温度"。

3.0.6 本条与抗渗等级相似，用以控制混凝土必要的抗冻性能，采用抗冻等级多年来已是国内行之有效的方法。结合原规范GBJ 69—84实施以来，反映了对一般贮液构筑物规定的抗冻等级偏低，在实际工程中尤其是应用商品混凝土的水灰比偏高时，出现了混凝土抗冻不足而酥裂现象，同时也反映了构筑物阳面冻融条件的不利影响，为此在这次修订时适当提高了混凝土的抗冻等级。

3.0.5 这一条内容是根据近几年来工程实践反映的问题而制订的，主要是防止混凝土在潮湿土在潮湿环境下产生异常膨胀而导致破坏。这种异常膨胀来源于水泥中的碱与活性骨料发生化学反应形成，因此条文引用了《混凝土碱含量限值标准》（CECS 53：93），对控制混凝土中的碱含量和选用非活性骨料作出规定。这个问题在国外早已引起重视，英、美、日、加拿大等国均对此进行过大量的研究，并据此提出要求。我国CECS 53：93拟订的标准，即系在参照国外研究资料的基础上进行的。

3.0.9 原规范GBJ 69—84中有此内容，但系以附注的形式给出。在这次修订时，结合工程实际应用情况予以独立条文明确。主要是强调了对有水密性要求的混凝土，提出了选择水泥材料品种的要求。从结构耐久性考虑，普通硅酸盐水泥制作的混凝土，其碳化平均率最低，较之其他品种的水泥对保证结构耐久性更有利，按有关研究资料提供的数据如表3.0.9所示。

表3.0.9 各种水泥品种混凝土的相对平均碳化率

水泥品种	普通水泥	矿渣水泥	火山灰水泥	粉煤灰水泥
碳化平均率	1	1.4	1.7	1.9

3.0.10 关于混凝土材料热工系数的规定，与原规范GBJ 69—84是一致的，本次修订时仅对各项系数的计量单位，按我国现行法定计量单位作了换算。

3.0.11 本文内容保持原规范的要求。主要是针对砌体材料提出了规定，对砌体的砌筑砂浆强调应采用水泥砂浆，考虑到白灰系属气硬性材料，用于高湿度环境的结构不妥，难能保证达到应有的强度要求。对于砂浆的强度等级条文未作具体规定，但从施工砌筑操作要求，一般不宜低于M5，即使用M5其和易性仍然是比较差的，习惯上均沿用不低于M7.5相当于水灰比1：4较为合适，本规范给予适当提高，规定采用M10，以使与《砌体结构设计规范》协调一致。

4 结构上的作用

4.1 一般规定

4.1.1 本条是针对给水排水工程构筑物常遇的各种作用，根据其性质和出现的条件，作了区分为永久作用和可变作用的规定。

其中，关于构筑物内的盛水压力，本条规定按永久作用考虑。这对滤池、清水池等构筑物的内盛水情况是有差别的，这些池子在运行时水位不是没有变化的，但出现最高水位的时间要占整个设计基准期的2/3以上，同时其作用效应将占90%以上，对壁板甚至是100%，因此以列为永久性作用为宜。至于其满足可靠度要求的设计参数，可根据工程经验校核获得，与原规范要求取得较好的协调。

4.1.2～4.1.4 主要对作用中有些荷载的设计代表值、标准值、相关标准、规范中已作了规定，本规范中不再另订，应予直接引用。

4.2 永久作用的标准值

4.2.2 对于电动机的动力影响，保持了原规范的要求，主要考虑在给水排水工程中应用的电动机容量不大，因此可简化为静力计算。

4.2.3 本条对作用地下地构筑物上的竖向土压力计算做出了规定。

原规范GBJ 69—84中给出的计算公式，经工程实践证明是适宜的。其中竖向土压力系数n_s值，原规范按不同施工条件给出，主要是针对地下管道上的竖向土压力。这次修订时在编制内容上将构筑物与地下管道分别制订，因此n_s值一般应为1.0，当遇到狭长型构筑物即其长宽比大于10时，竖向土压力可能出现与地下管道这种线状结构相类似的情况，即将由于沟槽内回填沉陷不均而在构筑物顶部形成竖向土压力的增大。

4.2.4 条文对地下构筑物上的侧土压力计算作了规定。主要是保持了原规范的计算公式，按回填土的主动土压力考虑，并按习惯上使用的朗金氏主动土压计算模式给出，应用较为方便。

土对构筑物形成的压力，可以有主动土压力、静止土压力、被动土压力三种情况。被动土压力的产生，相当于土体被动受到挤压而达到极限平衡状态，这实际上要求构筑物产生较大的侧向位移，在工程上一般是不允许的，即使对某些结构（拱结构的支座、顶进结构的后背等）需要利用被动土压力时，也经常留有足够的余度，避免结构产生过大的侧移。静止土压力相当于结构和土体都不产生任何变形的情况，这在一般施工条件下是不成立的。同时工程实践也同上述的古典土压力理论模式有差别，结构物外侧的土体并非半无限均匀介质，而是基槽回填土。一般回填土的密实度要差一些，即使回填土的密实度良好，试验证明其抗剪强度也低于原状土，主要在于土的结构内聚力消失，不能在短时期内恢复。因此基槽内回填土内形成主动极限平衡状态，并不真正需要结构物沿土压方向产生位移或转动，安全可以由于结构物外侧土体的抗剪强度不同而自行向结构物方向的变形，很多试验已证明这种变形不需很显著，即可使土体达到主动极限平衡状态，对构筑物形成主动土压力。

条文对位于地下水位以下的土压力计算，做出了具体规定：对土的重度取有效重度，即扣去浮力的作用；除计算土压力外，还应另行计算地下水的静水压力，即认为在地下水位以下的土体中存在连续的自由水，它们在一般压力下可视作不可压缩的，因此其侧压力系数应为1.0。这种计算原则为国内、外极大多数工程技术人员所采用。例如日本的《预应力混凝土清水池标准设计书及编制说明》中，对土压力计算的规定为："用朗金公式计算作用在水池上的土压力。如水池必须建在地下水位以下时，除用浮容重外，还要考虑水压力"。我国高教部试用教材《地基及基础》（1980年，华南工学院、南京工学院主编和天津大学、哈尔滨建工学院主编的两本）中，亦均介绍了按这一原则的计算方法。

针对位于地下水位以下的土压力计算问题，有些资料介绍了直接取土的饱和容重乘以侧压力系数计算；也有些资料认为水压力可只计算土内孔隙部分的水压力等。应该指出这些方法都是不妥的，前者忽略了土中存在自由水，其泊桑系数为0.5，相应的侧压系数应为1.0，后者将自由水视作在土体中不连续，这是缺乏根据并且也与水压力的计算和分布相矛盾的。同时必须指出这两种计算方法均减少了静水压力的实际数值，实质上导致降低了结构的可靠度。

4.2.5 针对沉井结构上的土压力计算，条文的规定与原规范的要求是一致的。沉井在下沉过程中不可能完全紧贴土体，因此周围土体仍将处于主动极限平衡状态，按主动土压力计算是恰当的，只是土的重度应按天然状态考虑。

4.2.6 本条系关于池内水压力的计算规定。只是明确了表面曝气池内的盛水压力，应考虑水面波动影响，实际上可按池壁齐顶水压计算。

4.3 可变作用标准值、准永久值系数

本节内容中关于作用标准值的采用，均保持了原规范的规定，仅作了以下补充：

1. 对地表水和地下水的压力，提出应考虑的条件，即地表水位宜按1%频率统计确定，地下水位则根据近期变化及补给发展趋势确定。同时规定了相应的准永久值系数的采用。这些规定主要是保证结构安全，避免在50年使用期由于地表水或地下水的压力变化，导致构筑物损坏。

2. 对于融冰压力的准永久值系数，按不同地区分别作了规定。东北地区和新疆北部气温低、冰冻期长，因此准永久值系数取0.5，而我国其他地区冰冻期短，相应的准永久值系数可取零。

3. 对于温、湿度变化作用，暴露在大气中的构筑物长年承受，只是程度不同，例如冬、夏季甚于春、秋，并且冬季以温差为主，温差影响很小，夏季则相反，保温、湿度作用总是存在的，因此条文规定相应的准永久值系数可取1.0计算。

5 基本设计规定

5.1 一 般 规 定

5.1.1、5.1.2 本条明确规定这次修订的规范系采用以概率理论为基础的极限状态设计方法。并规定了在结构设计中应考虑满足承载能力和正常使用两种极限状态。

对于给水排水工程的各种构筑物，主要是处于盛水或潮湿环境，因此防渗、防漏和耐久性是必须考虑的。满足正常使用要求时，控制裂缝开展是必要的，对于圆形构筑物或矩形构筑物的某些部位（例如长壁水池的角隅处），其受力状态多属轴拉或小偏心受拉，即整个截面处于受拉状态，这就需要控制其裂缝出现；更多的构件将处于受弯，大偏心受力状态，从耐久性要求，需要限制其裂缝开展宽度，防止钢筋锈蚀影响构筑物的使用年限，这里也包括混凝土的抗渗，抗冻以及钢筋保护层厚度等要求。另外，在某些情况下，也需要控制构件的过大变位，例如轴流泵电机层的支承结构，变位过大时将导致传动轴的寿命受损以及能耗增加、功效降低。

5.1.3 本条规定了对各种构筑物进行结构内力分析时的要求。主要是根据给水排水工程中构筑物的正常运行特点，从抗渗、耐久性的要求，不允许结构内力达到塑性重分布状态，明确按内力处于弹性阶段的弹性体系进行结构分析。

5.1.4～5.1.8 条文主要明确与相应现行设计规范的衔接。同时规定了一般给水排水工程中的各种构筑物，其重要性等级应按二级采用，当有特殊要求时，可以提高等级，但相应工程投资将增加，应报工程主管部门批准。

5.2 承载能力极限状态计算规定

5.2.1、5.2.2 条文按我国现行规范《建筑结构可靠度设计统一标准》GB 50068—2001、《工程结构可靠度设计统一标准》GB 50153 的规定，给出了设计表达式。其中有关结构构件抗力的设计值，明确应按相应的专业结构设计规范规定的值采用。

1 对于作用分项系数的拟定，这次修订中尚缺乏足够的实测统计数据，因此主要还以工程校核法确定，即以原规范 GBJ 69—84 行之有效的作用效应为基础，使修订后的作用效应能与之相接轨。

对于结构自重的分项系数，均按原规范的单一安全系数，通过工程校核，维持原水准确定，即取 1.20 采用。

考虑到在给水排水工程中，不少构筑物的受力条件，均以永久作用为主，因此对构筑物内的盛水压力和外部土压力的作用分项系数，均规定采用 1.27，以使与原规范的作用效应衔接。

按原规范 GBJ 69—84，盛水压力取齐顶计算时，安全系数可乘以附加安全系数 0.9。当以受弯构件为例时，安全系数 $K=0.9\times1.4=1.26$。此时可得。

$$1.26M_G=\mu bh_0^2\left(1-\frac{\mu R_g}{2R_w}\right)R_g \quad (5.2.2\text{-}1)$$

式中 M_G——永久作用盛水压力的作用效应；

μ——构件的截面受拉钢筋配筋百分率；

b——构件截面的计算宽度；

h_0——构件截面的计算有效高度；

R_g——受拉钢筋的抗拉强度设计值；

R_w——混凝土的弯曲抗压强度设计值。

按 GBJ 10—89 计算时，可得

$$\gamma_G M_G=\rho bh_0^2\left(1-\frac{\rho f_y}{2f_{cm}}\right)f_y \quad (5.2.2\text{-}2)$$

式中 ρ、f_y、f_{cm} 同 μ、R_g、R_w。

如果令 $\mu=\rho$ 时，可得分项系数 γ_G 为：

$$\gamma_G=\frac{1.2bf_y\left(\frac{\rho f_y}{2f_{cm}}\right)}{R_g\left(1-\frac{\mu R_g}{2R_w}\right)} \quad (5.2.2\text{-}3)$$

以 200# 混凝土、Ⅱ级钢为例，则：

$R_g=340\text{N/mm}^2$；$R_w=14\text{N/mm}^2$；

$f_y=310\text{N/mm}^2$；$f_{cm}=10\text{N/mm}^2$。

代入式（5.2.2-3）可得：

$$\gamma_G=\frac{390.6(1-15.50\rho)}{340(1-12.14\rho)} \quad (5.2.2\text{-}4)$$

在不同的 ρ 值下的变化如表 5.2.2 所示。

表 5.2.2 ρ-γ_G 表

ρ（%）	0.2	0.4	0.6	0.8	1.0	1.2
γ_G	1.140	1.133	1.124	1.115	1.105	1.095

如果盛水压力取设计水位，相应单一安全系数 $K=1.4$ 时，上表（5.2.2）内 $\rho=0.2\%$ 时的 $\gamma_G=1.27$。此值不仅对受弯构件，对轴拉、偏心受力、受剪等构件均可适用。

当构件同时承受永久作用和可变作用时，仍以受弯构件为例，此时按原规范：

$$K(M_G+M_Q)=\mu bh_0^2(1-\mu R_g/2R_w)R_g \quad (5.2.2\text{-}5)$$

按 GBJ 10—89：

$$\gamma_G M_G+\gamma_Q M_Q=\rho bh_0^2\left(1-\frac{\rho f_y}{2f_{cm}}\right)f_y \quad (5.2.2\text{-}6)$$

令 $\eta=M_Q/M_G$，则

$$K(M_G+M_Q)=K(1+\eta)M_G$$

$$\gamma_G M_G+\gamma_G M_Q=(\gamma_G+\eta\gamma_Q)M_G$$

$$\frac{(\gamma_G+\eta\gamma_Q)}{K(1+\eta)}=\frac{f_y\left(1-\frac{\rho f_y}{2f_{cm}}\right)}{R_g\left(1-\frac{\mu R_g}{2R_w}\right)} \quad (5.2.2\text{-}7)$$

以式（5.2.2-3）代入式（5.2.2-7）可得：

$$\gamma_Q=\frac{(1+\eta)\gamma_G-\gamma_G}{\eta}=\gamma_G \quad (5.2.2\text{-}8)$$

以工程校核前提来看，式（5.2.2-8）是符合式（5.2.2-5）的。γ_G 值是随配筋率 ρ 而变的，对给水排水工程中的板、壳结构，ρ 值很少超过 1%，因此取 $\gamma_Q=1.27$ 与原规范相比，不会带来很大的出入，一般都在 3%以内，稍偏于安全。但考虑与《工程结构可靠度设计统一标准》（GB 50153）相协调，条文对 γ_Q 仍取 1.40，并与组合系数配套使用。

2 对于地下水或地表水压力的作用分项系数，考虑到很多情况是与土压力并存的，并且对构筑物壁板的作用效应是主要的，一般应为第一可变作用，因此可与土压力计算相协调，取该项系数 $\gamma_Q=1.27$，方便设计应用（可由受水位变动引起土、水压力同时变动）。

3 关于组合系数 ψ_C 的取值，同样根据工程校核的原则，为此取 $\gamma_Q=1.4$，$\psi_C=0.9$，最终结果符合上述式（5.2.2-8），与原规划协调一致。仅当可变作用只有一项温、湿度变化时，相应的可变作用效应比原规范提高了 1.10 倍，这是考虑到温、湿度变化在实践中往往难以精确计算，也是结构出现裂缝的主要因素，为此适当地提高应该认为需要的。同样，对水塔设计中的风荷载，保持了原规范中的考虑，适当提高了要求。

4 关于满足可靠度指标的要求，上述换算系通过原规范依据的《钢筋混凝土结构设计规范》TJ 10—74 与其修编的《混凝土结构设计规范》GBJ 10—89 对此获得，基于后者是满足要求的，因此也可确认换算后的各项系数，同样可满足应具备的可靠度指标。

5.2.3 关于构筑物设计稳定抗力系数的规定

构筑物的稳定性验算，包括抗浮、抗滑动和抗倾覆，除抗浮与地下水有关外，后两者均与地基土的物理力学性参数直接相关。目前在稳定设计方法方面，尚很不统一，尽管在《建筑结构设计统一标准》GB 50068、《工程结构设计统一标准》GB 50153—92 及《建筑结构荷载规范》GB 50009 中，规定了稳定性验算同样按多系数极限状态进行，但现行的《建筑地基基础设计规范》GB 50007，仍采用单一抗力系数的极限状态设计方法。对此考虑到原规范 GBJ 69—84 给出的验算方法，亦以 GBJ 7 为基础，并且地基土的物理力学性参数的统计资料尚不完善，因此在这次修订时仍保持原规范 GBJ 69—84 的规定，待今后条件成熟后再行局部修订，以策安全。

5.2.4 本条规定保持了原规范的要求。

5.3 正常使用极限状态验算规定

5.3.1～5.3.3 正常使用极限状态验算，包括运行要求，观感要求，尤其是耐久性（使用寿命）要求。条文对验算内容及相应的作用组合条件做出了规定：当构件在组合作用下，截面处于全截面受拉状态（轴拉或小偏心受拉）时，一旦应力超过其抗拉强度时，截面将出现贯通裂缝，这对盛水构筑物是不能允许的，对此应按抗裂度验算，限制裂缝出现，相应作用组合应按短期效应的标准组合作为验算条件；当构件在组合作用下，截面处于压弯或拉弯状态（受弯、大偏心受拉或偏心受压）时，可以允许截面出现裂缝，但需要从耐久性考虑，限制裂缝的最大宽度，避免钢筋的锈蚀，此时相应的作用组合可按长期效应的准永久组合作为验算条件。

5.3.4 关于构件截面最大裂缝宽度限值的规定。

条文基本上仍采用了原规范 GBJ 69—84 的规定值，因为这些限值在实践中证明是合适的。仅对沉井结构的最大裂缝限值作了修订，主要考虑到原规范仅对沉井的施工阶段作用效应作了规定，允许裂宽偏大，这样对使用阶段来说不一定是合适的，因此这次修订时与其他构筑物的衡量标准协调一致，允许裂宽适当减小，确保结构的使用寿命。

5.3.5 本条对于泵房内电机层的支承梁变形限值，维持原规范 GBJ 69—84 的要求，实践证明它对保证电机正常运行、节约耗电是适宜的。

5.3.6 条文对正常使用极限状态给出了作用效应计算通式。结合给水排水工程的具体情况，考虑了长期作用效应和短期作用效应两种计算式，分别针对构件不同的受力条件，与本节 5.3.2 及 5.3.3 的规定协调一致。

5.3.7～5.3.8 条文给出了钢筋混凝土构件处于轴心受拉或小偏心受力状态时，相应的抗裂度验算公式。条文根据工程实践经验和原规范的规定，拟定了混凝土拉应力限制系数 α_{cf} 的取值。即根据工程校准法，可通过下式计算：

$$\alpha_{ct} f_{tk} = R_f / K_f \tag{5.3.7-1}$$

式中 f_{tk}——《混凝土结构设计规范》GBJ 10—89 中的混凝土抗拉强度标准值；

R_f——《钢筋混凝土结构设计规范》TJ 10—74 中混凝土抗裂设计强度；

K_f——抗裂安全系数，取 1.25。

按 TJ 10—74，对混凝土的抗裂设计强度按 200mm 立方体试验强度的平均值减 1.0 倍标准差采用，即

$$R_f = 0.5\mu_{fcu(200)}^{2/3}(1-\delta_f)$$

以混凝土标号 R^b 表示，则可得

$$R^b = \mu f_{cu(200)}(1-\delta_f)$$

$$R_f = 0.5\left(\frac{R^b}{1-\delta_f}\right)^{2/3}(1-\delta_f)$$

$$= 0.5(R^b)^{2/3}(1-\delta_f)^{1/3} \tag{5.3.7-2}$$

按 GBJ 10—89，试块改为 150mm 立方体（考虑与国际接轨），混凝土的各项强度标准值取其试验平均值减去 1.645 倍标准差，并统一采用量钢 N/mm²，则可得：

$$\mu_{fcu(200)} = 0.95\mu_{fcu(150)}$$

$$f_{tk} = 0.5(0.95\mu_{fcu(150)})^{2/3}(0.1)^{1/3}(1-1.645\delta_f)$$

$$= 0.23\left(\frac{f_{cu,k}}{1-1.645\delta_f}\right)^{2/3}(1-1.645\delta_f)$$

$$= 0.23 f_{cu\cdot k}^{2/3}(1-1.645\delta_f)^{1/3} \tag{5.3.7-3}$$

对于标准差 δ_f 值，当$R^b \leqslant 200$；$\delta_f \leqslant 0.167$

$250 \leqslant R^b \leqslant 400$；$\delta_f = 0.145$

以此代入式（5.3.7-2）及式（5.3.7-3），计算结果可列于表 5.3.7 作为新、旧对比。

表 5.3.7 R_f/f_{tk} 对比表

TJ 10—74	R^b（kgf/cm²）	220	270	320	370	420
	R_f（N/mm²）	1.70	2.00	2.20	2.45	2.65
GBJ 10—89	f_{cuk}（N/mm²）	C 20	C 25	C 30	C 35	C 40
	f_{tk}（N/mm²）	1.50	1.75	2.00	2.25	2.45
$R_f/f_{tk}\cdot k_f$	R_f/f_{tk}	1.13	1.14	1.10	1.09	1.08
	α_{ct}	0.90	0.91	0.88	0.87	0.86

从表 5.3.7 所列 α_{ct} 的数据，在给水排水工程中混凝土的等级不可能超过 C40，为此条文规定可取 0.87 采用，与原规范的抗裂安全要求基本上协调一致。

5.3.8 本条对于预应力混凝土结构的抗裂验算，基本上按照原规范的要求。以往在给水排水工程中，对贮水构筑物的预加应力均要求设计荷载作用下，构件截面上保持一定的剩余压应力。此次修订时，对预制装配结构仍保持了原规范的规定，即取预压效应系数 $\alpha_{cp}=1.25$；对现浇混凝土结构适当降低了 α_{cp} 值，采用 1.15，仍留有足够的剩余压应力，应该认为对结构的安全可靠还是有充分保证的。

6 基本构造要求

本章大部分条文的内容和要求，均保持原规范 GBJ 69—84 的规定，下面仅对修订后有增补或局部修改的条文加以说明。

6.1 一 般 规 定

6.1.2 对贮水或水处理构筑物的壁和底板厚度规定了不小于 20cm。主要是从保证施工质量和构筑物的耐久性考虑，这类构筑物的钢筋净保护层厚度不宜太小，也就决定了构件的厚度不宜太小，否则难能做好混凝土的振捣密实性，就会影响其水密性要求，并且将不利于钢筋的锈蚀，从而影响构筑物的使用寿命。

6.1.3 关于钢筋最小保护层厚度的规定

钢筋的最小保护层厚度比之原规范 GBJ 69—84 稍有增加，主要是从构筑物的耐久性考虑。钢筋混凝土结构的使用寿命通常取决于钢筋的严重锈蚀而导致破坏。钢筋锈蚀可有集中锈蚀和均匀锈蚀两种情况，前者发生于裂缝处，加大保护层厚度可以延长碳化时间，亦即对结构的使用寿命提高了保证率。

同时，对比国外标准，例如 BS 8007 是针对盛水构筑物的技术规范，对钢筋的保护层厚度最小是 40mm，比之我国标准要大一些。另外，对钢筋保护层厚度取稍大一些，有利于混凝土（钢筋与模板间）的振捣，对混凝土的水密性是有好处，也就提高了施工质量的保证率。

6.2 对变形缝和施工缝的构造要求

6.2.1 关于大型矩形构筑物的伸缩缝间距要求，原规范 GBJ 69—84 的规定在实践中是可行的，为此在修订时仍予引用。考虑到近年来混凝土中的掺合料发展较快，有一些微膨胀型掺合料对减少混凝土的温、湿度收缩可望收到成效，因此在条文中加注了如果有这方面的使用经验，可以适当扩大伸缩缝的间距。

6.2.4 对钢筋混凝土构筑物的伸缩缝和沉降缝的构造，在原规范条文要求的基础上稍作了补充，明确了应由止水板材、填缝材料和嵌缝材料组成，并对后两者的性能提出了要求。

6.2.5 本条对建于岩基上的大型构筑物，规定了底板下应设置滑动层的要求。主要是考虑到底板混凝土如果直接浇筑在基岩上，两者粘结力很强，当混凝土收缩时很难避免产生裂缝，仅以减少伸缩缝的间距还难能奏效，应设置滑动层为妥。

6.2.6 本条除保留原规范要求外，对施工缝处先后浇筑的混凝土的界面结合，指出应保证做到良好固结，必要时如施工操作条件较差处应考虑设置止水构造，即在该处加设止水板，避免造成渗漏。

6.3 关于钢筋和埋件的构造规定

6.3.4 本条中有关钢筋的接头，除要求满足不开裂构件的钢筋接头应采用焊接和钢筋接头位置应设在构件受力较小处外，对接头在同一截面处的错开百分率，容许采用 50% 的规定，但要求搭接长度适当增加。这在国外标准中亦有类似的做法，目的在于方便施工，虽然钢筋用量稍有增加，但对钢筋加工和绑扎工序都缩减了工作量，也就加速了施工进度，从总体考虑可认为在一定的条件下还是可取的。

附录 A 钢筋混凝土矩形截面处于受弯或大偏心受拉（压）状态时的最大裂缝宽度计算

本附录对最大裂缝宽度的计算规定，基本上保持了原规范的要求，仅作了如下的修改及说明。

1 对裂缝间受拉钢筋应变不均匀系数 ψ 的表达式，与《混凝土结构设计规范》GB 50010 作了协调，统一了计算公式。实际上这两种表达式是一致的。如以受弯构件为例：

$$\psi = 1.1\left(1-\frac{0.235R_f bh^2}{M\alpha_{\psi}}\right) \qquad (\text{附 A-1})$$

受弯时取 $M=0.87A_s\sigma_s h_0$，$\alpha_{\psi}=0$

$$h \approx 1.1h_0$$

代入（附 A-1）式可得

$$\psi = 1.1\left(1-\frac{0.235R_f bh\times 1.1h_0}{0.87A_s\sigma_s h_0}\right)$$

$$= 1.1\left(1-\frac{0.29f_{tk}}{A_s\sigma_s/bh}\right)$$

$$= 1.1\left(1-\frac{2\times 0.297f_{tk}}{2A_s\sigma_s/bh}\right) = 1.1-\frac{0.65f_{tk}}{\rho_{te}\sigma_s}$$

2 补充了对钢筋保护层厚度的影响因素。此项因素国外很重视，认为对结构的总体耐久性至关重要，为此条文对原规范中的 l_f 作了修改，即：

$$l_{\mathrm{f}}=\left(b+0.06\frac{d}{\mu}\right)=\left[6+0.06\frac{d}{\frac{0.5}{0.5}\cdot\frac{A_{\mathrm{s}}}{bh/1.1}}\right]$$

$$=\left(6+0.109\frac{d}{\rho_{\mathrm{te}}}\right)=1.5C+0.11d/\rho_{\mathrm{te}}$$

式中 C 为钢筋净保护层厚度，当 C=40mm 时，即与原规范一致；当 C<40mm 时，将稍低于原规范计算数据，但与工程实践反映相比还是符合的。

3　原规范给出的计算公式，对构件处于受弯、偏心受力（压、拉）状态是连续的，应该认为是较为合理的，为此本规范修订时保持了原规范的基本计算模式。

中华人民共和国国家标准

城市用地分类与规划建设用地标准

Code for classification of urban land use and planning standards of development land

GB 50137—2011

主编部门：中华人民共和国住房和城乡建设部
批准部门：中华人民共和国住房和城乡建设部
施行日期：2 0 1 2 年 1 月 1 日

中华人民共和国住房和城乡建设部
公　　告

第 880 号

关于发布国家标准《城市用地分类与规划建设用地标准》的公告

现批准《城市用地分类与规划建设用地标准》为国家标准，编号为GB 50137－2011，自 2012 年 1 月 1 日起实施。其中，第 3.2.2、3.3.2、4.2.1、4.2.2、4.2.3、4.2.4、4.2.5、4.3.1、4.3.2、4.3.3、4.3.4、4.3.5 条为强制性条文，必须严格执行。原《城市用地分类与规划建设用地标准》GBJ 137－90 同时废止。

本标准由我部标准定额研究所组织中国建筑工业出版社出版发行。

中华人民共和国住房和城乡建设部

2010 年 12 月 24 日

前　　言

根据住房和城乡建设部《关于印发〈2008 年工程建设标准规范制订、修订计划（第一批）〉的通知》（建标［2008］102 号）的要求，标准编制组广泛调查研究，认真总结实践经验，参考有关国内外标准，并在广泛征求意见的基础上，修订本标准。

本标准修订的主要技术内容是：增加城乡用地分类体系；调整城市建设用地分类体系；调整规划建设用地的控制标准，包括规划人均城市建设用地面积标准、规划人均单项城市建设用地面积标准以及规划城市建设用地结构三部分；并对相关条文进行了补充修改。

本标准中以黑体字标志的条文为强制性条文，必须严格执行。

本标准由住房和城乡建设部负责管理和对强制性条文的解释，由中国城市规划设计研究院负责具体技术内容的解释。执行过程中如有意见或建议，请寄送中国城市规划设计研究院《城市用地分类与规划建设用地标准》修订组（地址：北京市车公庄西路 5 号，邮政编码：100044）。

本标准主编单位：中国城市规划设计研究院

本标准参编单位：上海同济城市规划设计研究院

北京大学城市与区域规划系（城市规划设计中心）

北京市城市规划设计研究院

浙江省城乡规划设计研究院

辽宁省城乡建设规划设计院

四川省城乡规划设计研究院

本标准主要起草人员：王　凯　赵　民　林　坚　张　菁　靳东晓　徐　泽　楚建群　李新阳　徐　颖　谢　颖　顾　浩　邵　波　张立鹏　韩　华　鹿　勤　张险峰　张文奇　刘贵利　张　播　高　捷　程　遥　汪　军　乐　芸　张书海　苗春蕾　田　刚　陈　宏　詹　敏　洪　明　赵书鑫

本标准主要审查人员：董黎明　王静霞　任世英　邹德慈　李　先　范耀邦　徐　波　耿慧志　谭纵波　潘一玲

目　次

Contents

1 总　　则

1.0.1 依据《中华人民共和国城乡规划法》，为统筹城乡发展，集约节约、科学合理地利用土地资源，制定本标准。

1.0.2 本标准适用于城市、县人民政府所在地镇和其他具备条件的镇的总体规划和控制性详细规划的编制、用地统计和用地管理工作。

1.0.3 编制城市（镇）总体规划和控制性详细规划除应符合本标准外，尚应符合国家现行有关标准的规定。

2 术　　语

2.0.1 城乡用地　town and country land

指市（县、镇）域范围内所有土地，包括建设用地（development land）与非建设用地（non-development land）。建设用地包括城乡居民点建设用地、区域交通设施用地、区域公用设施用地、特殊用地、采矿用地以及其他建设用地，非建设用地包括水域、农林用地以及其他非建设用地。城乡用地内各类用地的术语见本标准表3.2.2。

2.0.2 城市建设用地　urban development land

指城市（镇）内居住用地（residential）、公共管理与公共服务设施用地（administration and public services）、商业服务业设施用地（commercial and business）、工业用地（industrial，manufacturing）、物流仓储用地（logistics and warehouse）、道路与交通设施用地（road，street and transportation）、公用设施用地（public utilities）、绿地与广场用地（green space and square）的统称。城市建设用地内各类用地的术语见本标准表3.3.2。城市建设用地规模指上述用地之和，单位为hm^2。

2.0.3 人口规模　population

人口规模分为现状人口规模与规划人口规模，人口规模应按常住人口进行统计。常住人口指户籍人口数量与半年以上的暂住人口数量之和，单位为万人。

2.0.4 人均城市建设用地面积　urban development land area per capita

指城市（镇）内的城市建设用地面积除以该范围内的常住人口数量，单位为m^2/人。

2.0.5 人均单项城市建设用地面积　single-category urban development land area per capita

指城市（镇）内的居住用地、公共管理与公共服务设施用地、道路与交通设施用地以及绿地与广场用地等单项用地面积除以城市建设用地范围内的常住人口数量，单位为m^2/人。

2.0.6 人均居住用地面积　residential land area per capita

指城市（镇）内的居住用地面积除以城市建设用地内的常住人口数量，单位为m^2/人。

2.0.7 人均公共管理与公共服务设施用地面积　administration and public services land area per capita

指城市（镇）内的公共管理与公共服务设施用地面积除以城市建设用地范围内的常住人口数量，单位为m^2/人。

2.0.8 人均道路与交通设施用地面积　road，street and transportation land area per capita

指城市（镇）内的道路与交通设施用地面积除以城市建设用地范围内的常住人口数量，单位为m^2/人。

2.0.9 人均绿地与广场用地面积　green space and square area per capita

指城市（镇）内的绿地与广场用地面积除以城市建设用地范围内的常住人口数量，单位为m^2/人。

2.0.10 人均公园绿地面积　park land area per capita

指城市（镇）内的公园绿地面积除以城市建设用地范围内的常住人口数量，单位为m^2/人。

2.0.11 城市建设用地结构　composition of urban development land

指城市（镇）内的居住用地、公共管理与公共服务设施用地、工业用地、道路与交通设施用地以及绿地与广场用地等单项用地面积除以城市建设用地面积得出的比重，单位为%。

2.0.12 气候区　climate zone

指根据《建筑气候区划标准》GB 50178－93，以1月平均气温、7月平均气温、7月平均相对湿度为主要指标，以年降水量、年日平均气温低于或等于5℃的日数和年日平均气温高于或等于25℃的日数为辅助指标而划分的七个一级区。

3 用地分类

3.1 一般规定

3.1.1 用地分类包括城乡用地分类、城市建设用地分类两部分，应按土地使用的主要性质进行划分。

3.1.2 用地分类采用大类、中类和小类3级分类体系。大类应采用英文字母表示，中类和小类应采用英文字母和阿拉伯数字组合表示。

3.1.3 使用本分类时，可根据工作性质、工作内容及工作深度的不同要求，采用本分类的全部或部分类别。

3.2 城乡用地分类

3.2.1 城乡用地共分为2大类、9中类、14小类。

3.2.2 城乡用地分类和代码应符合表3.2.2的规定。

表 3.2.2 城乡用地分类和代码

类别代码			类别名称	内容
大类	中类	小类		
H			建设用地	包括城乡居民点建设用地、区域交通设施用地、区域公用设施用地、特殊用地、采矿用地及其他建设用地等
	H1		城乡居民点建设用地	城市、镇、乡、村庄建设用地
		H11	城市建设用地	城市内的居住用地、公共管理与公共服务设施用地、商业服务业设施用地、工业用地、物流仓储用地、道路与交通设施用地、公用设施用地、绿地与广场用地
		H12	镇建设用地	镇人民政府驻地的建设用地
		H13	乡建设用地	乡人民政府驻地的建设用地
		H14	村庄建设用地	农村居民点的建设用地
	H2		区域交通设施用地	铁路、公路、港口、机场和管道运输等区域交通运输及其附属设施用地，不包括城市建设用地范围内的铁路客货运站、公路长途客货运站以及港口客运码头
		H21	铁路用地	铁路编组站、线路等用地
		H22	公路用地	国道、省道、县道和乡道用地及附属设施用地
		H23	港口用地	海港和河港的陆域部分，包括码头作业区、辅助生产区等用地
		H24	机场用地	民用及军民合用的机场用地，包括飞行区、航站区等用地，不包括净空控制范围用地
		H25	管道运输用地	运输煤炭、石油和天然气等地面管道运输用地，地下管道运输规定的地面控制范围内的用地应按其地面实际用途归类
	H3		区域公用设施用地	为区域服务的公用设施用地，包括区域性能源设施、水工设施、通信设施、广播电视设施、殡葬设施、环卫设施、排水设施等用地
	H4		特殊用地	特殊性质的用地
		H41	军事用地	专门用于军事目的的设施用地，不包括部队家属生活区和军民共用设施等用地
		H42	安保用地	监狱、拘留所、劳改场所和安全保卫设施等用地，不包括公安局用地
	H5		采矿用地	采矿、采石、采沙、盐田、砖瓦窑等地面生产用地及尾矿堆放地
	H9		其他建设用地	除以上之外的建设用地，包括边境口岸和风景名胜区、森林公园等的管理及服务设施等用地

续表 3.2.2

类别代码			类别名称	内　　容
大类	中类	小类		
E			非建设用地	水域、农林用地及其他非建设用地等
	E1		水域	河流、湖泊、水库、坑塘、沟渠、滩涂、冰川及永久积雪
		E11	自然水域	河流、湖泊、滩涂、冰川及永久积雪
		E12	水库	人工拦截汇集而成的总库容不小于 10 万 m^3 的水库正常蓄水位岸线所围成的水面
		E13	坑塘沟渠	蓄水量小于 10 万 m^3 的坑塘水面和人工修建用于引、排、灌的渠道
	E2		农林用地	耕地、园地、林地、牧草地、设施农用地、田坎、农村道路等用地
	E9		其他非建设用地	空闲地、盐碱地、沼泽地、沙地、裸地、不用于畜牧业的草地等用地

3.3 城市建设用地分类

3.3.1 城市建设用地共分为 8 大类、35 中类、42 小类。

3.3.2 城市建设用地分类和代码应符合表 3.3.2 的规定。

表 3.3.2 城市建设用地分类和代码

类别代码			类别名称	内　　容
大类	中类	小类		
R			居住用地	住宅和相应服务设施的用地
	R1		一类居住用地	设施齐全、环境良好，以低层住宅为主的用地
		R11	住宅用地	住宅建筑用地及其附属道路、停车场、小游园等用地
		R12	服务设施用地	居住小区及小区级以下的幼托、文化、体育、商业、卫生服务、养老助残、公用设施等用地，不包括中小学用地
	R2		二类居住用地	设施较齐全、环境良好，以多、中、高层住宅为主的用地
		R21	住宅用地	住宅建筑用地（含保障性住宅用地）及其附属道路、停车场、小游园等用地
		R22	服务设施用地	居住小区及小区级以下的幼托、文化、体育、商业、卫生服务、养老助残、公用设施等用地，不包括中小学用地
	R3		三类居住用地	设施较欠缺、环境较差，以需要加以改造的简陋住宅为主的用地，包括危房、棚户区、临时住宅等用地
		R31	住宅用地	住宅建筑用地及其附属道路、停车场、小游园等用地
		R32	服务设施用地	居住小区及小区级以下的幼托、文化、体育、商业、卫生服务、养老助残、公用设施等用地，不包括中小学用地

续表 3.3.2

类别代码			类别名称	内容
大类	中类	小类		
A			公共管理与公共服务设施用地	行政、文化、教育、体育、卫生等机构和设施的用地，不包括居住用地中的服务设施用地
	A1		行政办公用地	党政机关、社会团体、事业单位等办公机构及其相关设施用地
	A2		文化设施用地	图书、展览等公共文化活动设施用地
		A21	图书展览用地	公共图书馆、博物馆、档案馆、科技馆、纪念馆、美术馆和展览馆、会展中心等设施用地
		A22	文化活动用地	综合文化活动中心、文化馆、青少年宫、儿童活动中心、老年活动中心等设施用地
	A3		教育科研用地	高等院校、中等专业学校、中学、小学、科研事业单位及其附属设施用地，包括为学校配建的独立地段的学生生活用地
		A31	高等院校用地	大学、学院、专科学校、研究生院、电视大学、党校、干部学校及其附属设施用地，包括军事院校用地
		A32	中等专业学校用地	中等专业学校、技工学校、职业学校等用地，不包括附属于普通中学内的职业高中用地
		A33	中小学用地	中学、小学用地
		A34	特殊教育用地	聋、哑、盲人学校及工读学校等用地
		A35	科研用地	科研事业单位用地
	A4		体育用地	体育场馆和体育训练基地等用地，不包括学校等机构专用的体育设施用地
		A41	体育场馆用地	室内外体育运动用地，包括体育场馆、游泳场馆、各类球场及其附属的业余体校等用地
		A42	体育训练用地	为体育运动专设的训练基地用地
	A5		医疗卫生用地	医疗、保健、卫生、防疫、康复和急救设施等用地
		A51	医院用地	综合医院、专科医院、社区卫生服务中心等用地
		A52	卫生防疫用地	卫生防疫站、专科防治所、检验中心和动物检疫站等用地
		A53	特殊医疗用地	对环境有特殊要求的传染病、精神病等专科医院用地
		A59	其他医疗卫生用地	急救中心、血库等用地
	A6		社会福利用地	为社会提供福利和慈善服务的设施及其附属设施用地，包括福利院、养老院、孤儿院等用地
	A7		文物古迹用地	具有保护价值的古遗址、古墓葬、古建筑、石窟寺、近代代表性建筑、革命纪念建筑等用地。不包括已作其他用途的文物古迹用地
	A8		外事用地	外国驻华使馆、领事馆、国际机构及其生活设施等用地
	A9		宗教用地	宗教活动场所用地

续表 3.3.2

类别代码			类别名称	内　　容
大类	中类	小类		
B			商业服务业设施用地	商业、商务、娱乐康体等设施用地，不包括居住用地中的服务设施用地
	B1		商业用地	商业及餐饮、旅馆等服务业用地
		B11	零售商业用地	以零售功能为主的商铺、商场、超市、市场等用地
		B12	批发市场用地	以批发功能为主的市场用地
		B13	餐饮用地	饭店、餐厅、酒吧等用地
		B14	旅馆用地	宾馆、旅馆、招待所、服务型公寓、度假村等用地
	B2		商务用地	金融保险、艺术传媒、技术服务等综合性办公用地
		B21	金融保险用地	银行、证券期货交易所、保险公司等用地
		B22	艺术传媒用地	文艺团体、影视制作、广告传媒等用地
		B29	其他商务用地	贸易、设计、咨询等技术服务办公用地
	B3		娱乐康体用地	娱乐、康体等设施用地
		B31	娱乐用地	剧院、音乐厅、电影院、歌舞厅、网吧以及绿地率小于65%的大型游乐等设施用地
		B32	康体用地	赛马场、高尔夫、溜冰场、跳伞场、摩托车场、射击场，以及通用航空、水上运动的陆域部分等用地
	B4		公用设施营业网点用地	零售加油、加气、电信、邮政等公用设施营业网点用地
		B41	加油加气站用地	零售加油、加气、充电站等用地
		B49	其他公用设施营业网点用地	独立地段的电信、邮政、供水、燃气、供电、供热等其他公用设施营业网点用地
	B9		其他服务设施用地	业余学校、民营培训机构、私人诊所、殡葬、宠物医院、汽车维修站等其他服务设施用地
M			工业用地	工矿企业的生产车间、库房及其附属设施用地，包括专用铁路、码头和附属道路、停车场等用地，不包括露天矿用地
	M1		一类工业用地	对居住和公共环境基本无干扰、污染和安全隐患的工业用地
	M2		二类工业用地	对居住和公共环境有一定干扰、污染和安全隐患的工业用地
	M3		三类工业用地	对居住和公共环境有严重干扰、污染和安全隐患的工业用地
W			物流仓储用地	物资储备、中转、配送等用地，包括附属道路、停车场以及货运公司车队的站场等用地
	W1		一类物流仓储用地	对居住和公共环境基本无干扰、污染和安全隐患的物流仓储用地
	W2		二类物流仓储用地	对居住和公共环境有一定干扰、污染和安全隐患的物流仓储用地
	W3		三类物流仓储用地	易燃、易爆和剧毒等危险品的专用物流仓储用地

续表 3.3.2

类别代码			类别名称	内容
大类	中类	小类		
S			道路与交通设施用地	城市道路、交通设施等用地，不包括居住用地、工业用地等内部的道路、停车场等用地
	S1		城市道路用地	快速路、主干路、次干路和支路等用地，包括其交叉口用地
	S2		城市轨道交通用地	独立地段的城市轨道交通地面以上部分的线路、站点用地
	S3		交通枢纽用地	铁路客货运站、公路长途客运站、港口客运码头、公交枢纽及其附属设施用地
	S4		交通场站用地	交通服务设施用地，不包括交通指挥中心、交通队用地
		S41	公共交通场站用地	城市轨道交通车辆基地及附属设施，公共汽（电）车首末站、停车场（库）、保养场，出租汽车场站设施等用地，以及轮渡、缆车、索道等的地面部分及其附属设施用地
		S42	社会停车场用地	独立地段的公共停车场和停车库用地，不包括其他各类用地配建的停车场和停车库用地
	S9		其他交通设施用地	除以上之外的交通设施用地，包括教练场等用地
U			公用设施用地	供应、环境、安全等设施用地
	U1		供应设施用地	供水、供电、供燃气和供热等设施用地
		U11	供水用地	城市取水设施、自来水厂、再生水厂、加压泵站、高位水池等设施用地
		U12	供电用地	变电站、开闭所、变配电所等设施用地，不包括电厂用地。高压走廊下规定的控制范围内的用地应按其地面实际用途归类
		U13	供燃气用地	分输站、门站、储气站、加气母站、液化石油气储配站、灌瓶站和地面输气管廊等设施用地，不包括制气厂用地
		U14	供热用地	集中供热锅炉房、热力站、换热站和地面输热管廊等设施用地
		U15	通信用地	邮政中心局、邮政支局、邮件处理中心、电信局、移动基站、微波站等设施用地
		U16	广播电视用地	广播电视的发射、传输和监测设施用地，包括无线电收信区、发信区以及广播电视发射台、转播台、差转台、监测站等设施用地
	U2		环境设施用地	雨水、污水、固体废物处理等环境保护设施及其附属设施用地
		U21	排水用地	雨水泵站、污水泵站、污水处理、污泥处理厂等设施及其附属的构筑物用地，不包括排水河渠用地
		U22	环卫用地	生活垃圾、医疗垃圾、危险废物处理（置），以及垃圾转运、公厕、车辆清洗、环卫车辆停放修理等设施用地
	U3		安全设施用地	消防、防洪等保卫城市安全的公用设施及其附属设施用地
		U31	消防用地	消防站、消防通信及指挥训练中心等设施用地
		U32	防洪用地	防洪堤、防洪枢纽、排洪沟渠等设施用地
	U9		其他公用设施用地	除以上之外的公用设施用地，包括施工、养护、维修等设施用地

续表 3.3.2

类别代码			类别名称	内容
大类	中类	小类		
G			绿地与广场用地	公园绿地、防护绿地、广场等公共开放空间用地
	G1		公园绿地	向公众开放，以游憩为主要功能，兼具生态、美化、防灾等作用的绿地
	G2		防护绿地	具有卫生、隔离和安全防护功能的绿地
	G3		广场用地	以游憩、纪念、集会和避险等功能为主的城市公共活动场地

4 规划建设用地标准

4.1 一般规定

4.1.1 用地面积应按平面投影计算。每块用地只可计算一次，不得重复。

4.1.2 城市（镇）总体规划宜采用 1/10000 或 1/5000 比例尺的图纸进行建设用地分类计算，控制性详细规划宜采用 1/2000 或 1/1000 比例尺的图纸进行用地分类计算。现状和规划的用地分类计算应采用同一比例尺。

4.1.3 用地的计量单位应为万平方米（公顷），代码为“hm^2”。数字统计精度应根据图纸比例尺确定，1/10000 图纸应精确至个位，1/5000 图纸应精确至小数点后一位，1/2000 和 1/1000 图纸应精确至小数点后两位。

4.1.4 城市建设用地统计范围与人口统计范围必须一致，人口规模应按常住人口进行统计。

4.1.5 城市（镇）总体规划应统一按附录 A 附表的格式进行用地汇总。

4.1.6 规划建设用地标准应包括规划人均城市建设用地面积标准、规划人均单项城市建设用地面积标准和规划城市建设用地结构三部分。

4.2 规划人均城市建设用地面积标准

4.2.1 规划人均城市建设用地面积指标应根据现状人均城市建设用地面积指标、城市（镇）所在的气候区以及规划人口规模，按表 4.2.1 的规定综合确定，并应同时符合表中允许采用的规划人均城市建设用地面积指标和允许调整幅度双因子的限制要求。

表 4.2.1 规划人均城市建设用地面积指标（m^2/人）

气候区	现状人均城市建设用地面积指标	允许采用的规划人均城市建设用地面积指标	允许调整幅度		
			规划人口规模 ≤20.0 万人	规划人口规模 20.1～50.0 万人	规划人口规模 >50.0 万人
Ⅰ、Ⅱ、Ⅵ、Ⅶ	≤65.0	65.0～85.0	>0.0	>0.0	>0.0
	65.1～75.0	65.0～95.0	+0.1～+20.0	+0.1～+20.0	+0.1～+20.0
	75.1～85.0	75.0～105.0	+0.1～+20.0	+0.1～+20.0	+0.1～+15.0
	85.1～95.0	80.0～110.0	+0.1～+20.0	−5.0～+20.0	−5.0～+15.0
	95.1～105.0	90.0～110.0	−5.0～+15.0	−10.0～+15.0	−10.0～+10.0
	105.1～115.0	95.0～115.0	−10.0～−0.1	−15.0～−0.1	−20.0～−0.1
	>115.0	≤115.0	<0.0	<0.0	<0.0
Ⅲ、Ⅳ、Ⅴ	≤65.0	65.0～85.0	>0.0	>0.0	>0.0
	65.1～75.0	65.0～95.0	+0.1～+20.0	+0.1～20.0	+0.1～+20.0
	75.1～85.0	75.0～100.0	−5.0～+20.0	−5.0～+20.0	−5.0～+15.0
	85.1～95.0	80.0～105.0	−10.0～+15.0	−10.0～+15.0	−10.0～+10.0
	95.1～105.0	85.0～105.0	−15.0～+10.0	−15.0～+10.0	−15.0～+5.0
	105.1～115.0	90.0～110.0	−20.0～−0.1	−20.0～−0.1	−25.0～−5.0
	>115.0	≤110.0	<0.0	<0.0	<0.0

注：1 气候区应符合《建筑气候区划标准》GB 50178－93 的规定，具体应按本标准附录 B 执行。

2 新建城市（镇）、首都的规划人均城市建设用地面积指标不适用本表。

4.2.2 新建城市（镇）的规划人均城市建设用地面积指标宜在（85.1～105.0）m^2/人内确定。

4.2.3 首都的规划人均城市建设用地面积指标应在（105.1～115.0）m^2/人内确定。

4.2.4 边远地区、少数民族地区城市（镇）以及部分山地城市（镇）、人口较少的工矿业城市（镇）、风景旅游城市（镇）等，不符合表4.2.1规定时，应专门论证确定规划人均城市建设用地面积指标，且上限不得大于150.0m^2/人。

4.2.5 编制和修订城市（镇）总体规划应以本标准作为规划城市建设用地的远期控制标准。

4.3 规划人均单项城市建设用地面积标准

4.3.1 规划人均居住用地面积指标应符合表4.3.1的规定。

表4.3.1 人均居住用地面积指标（m^2/人）

建筑气候区划	Ⅰ、Ⅱ、Ⅵ、Ⅶ气候区	Ⅲ、Ⅳ、Ⅴ气候区
人均居住用地面积	28.0～38.0	23.0～36.0

4.3.2 规划人均公共管理与公共服务设施用地面积不应小于5.5m^2/人。

4.3.3 规划人均道路与交通设施用地面积不应小于12.0m^2/人。

4.3.4 规划人均绿地与广场用地面积不应小于10.0m^2/人，其中人均公园绿地面积不应小于8.0m^2/人。

4.3.5 编制和修订城市（镇）总体规划应以本标准作为规划单项城市建设用地的远期控制标准。

4.4 规划城市建设用地结构

4.4.1 居住用地、公共管理与公共服务设施用地、工业用地、道路与交通设施用地和绿地与广场用地五大类主要用地规划占城市建设用地的比例宜符合表4.4.1的规定。

表4.4.1 规划城市建设用地结构

用地名称	占城市建设用地比例(%)
居住用地	25.0～40.0
公共管理与公共服务设施用地	5.0～8.0
工业用地	15.0～30.0
道路与交通设施用地	10.0～25.0
绿地与广场用地	10.0～15.0

4.4.2 工矿城市（镇）、风景旅游城市（镇）以及其他具有特殊情况的城市（镇），其规划城市建设用地结构可根据实际情况具体确定。

附录A 城市总体规划用地统计表统一格式

A.0.1 城市（镇）总体规划城乡用地应按表A.0.1进行汇总。

表A.0.1 城乡用地汇总表

用地代码		用地名称	用地面积（hm^2）		占城乡用地比例（%）	
			现状	规划	现状	规划
H		建设用地				
	其中	城乡居民点建设用地				
		区域交通设施用地				
		区域公用设施用地				
		特殊用地				
		采矿用地				
		其他建设用地				
E		非建设用地				
	其中	水域				
		农林用地				
		其他非建设用地				
		城乡用地			100	100

A.0.2 城市（镇）总体规划城市建设用地应按表A.0.2进行平衡。

表A.0.2 城市建设用地平衡表

用地代码		用地名称	用地面积（hm^2）		占城市建设用地比例（%）		人均城市建设用地面积（m^2/人）	
			现状	规划	现状	规划	现状	规划
R		居住用地						
A		公共管理与公共服务设施用地						
	其中	行政办公用地						
		文化设施用地						
		教育科研用地						
		体育用地						
		医疗卫生用地						
		社会福利用地						
		……						
B		商业服务业设施用地						
M		工业用地						
W		物流仓储用地						
S		道路与交通设施用地						
		其中：城市道路用地						
U		公用设施用地						
G		绿地与广场用地						
		其中：公园绿地						
H		城市建设用地			100	100		

备注：______年现状常住人口______万人

______年规划常住人口______万人

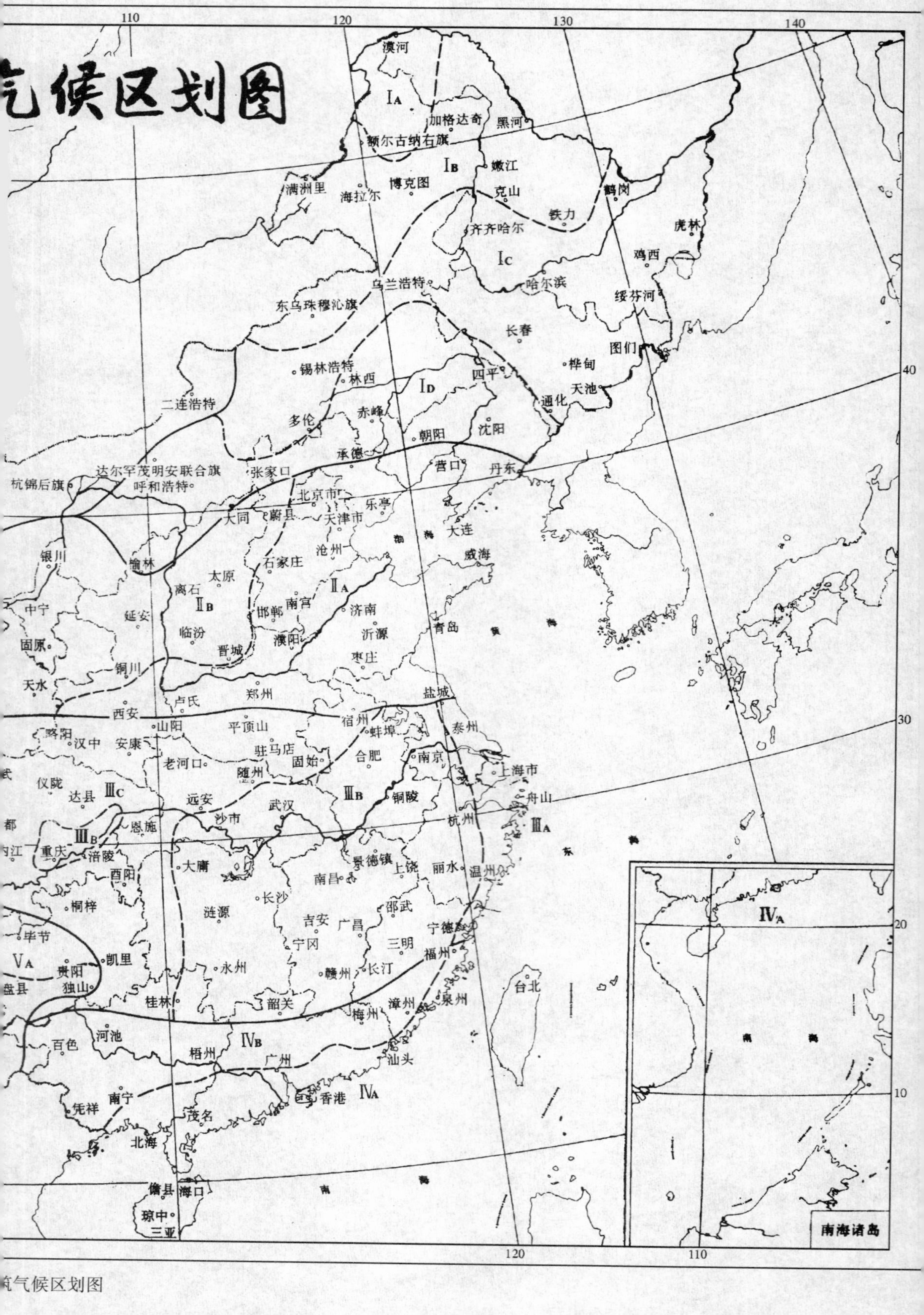

气候区划图
110
120
130
140
40
30
20
10
漠河
ⅠA
加格达奇
黑河
额尔古纳右旗
ⅠB
嫩江
满洲里
博克图
海拉尔
克山
鹤岗
铁力
齐齐哈尔
虎林
ⅠC
鸡西
哈尔滨
乌兰浩特
绥芬河
东乌珠穆沁旗
长春
图们
锡林浩特
桦甸
林西
四平
ⅠD
天池
二连浩特
通化
赤峰
多伦
沈阳
朝阳
承德
营口
丹东
达尔罕茂明安联合旗
张家口
杭锦后旗
呼和浩特
北京市
乐亭
大同
蔚县
天津市
大连
沧州
渤海
银川
榆林
威海
石家庄
太原
离石
ⅡA
ⅡB
南宫
济南
中宁
延安
邯郸
临汾
沂源
青岛
黄海
固原
晋城
濮阳
枣庄
铜川
天水
郑州
盐城
卢氏
西安
宿州
山阳
平顶山
蚌埠
泰州
略阳
汉中
安康
驻马店
合肥
南京
老河口
固始
上海市
仪陇
随州
达县
ⅢC
ⅢB
铜陵
舟山
远安
武汉
都
沙市
杭州
ⅢA
ⅢB
恩施
内江
重庆
涪陵
东
景德镇
酉阳
大庸
南昌
上饶
丽水
温州
长沙
桐梓
涟源
吉安
邵武
广昌
毕节
宁冈
三明
宁德
ⅤA
凯里
永州
福州
贵阳
赣州
长汀
盘县
独山
台北
桂林
韶关
漳州
泉州
梅州
百色
河池
ⅣB
梧州
广州
汕头
南宁
香港
ⅣA
凭祥
茂名
北海
南海
儋县
海口
琼中
三亚
ⅣA
南海
南海诸岛
120
110

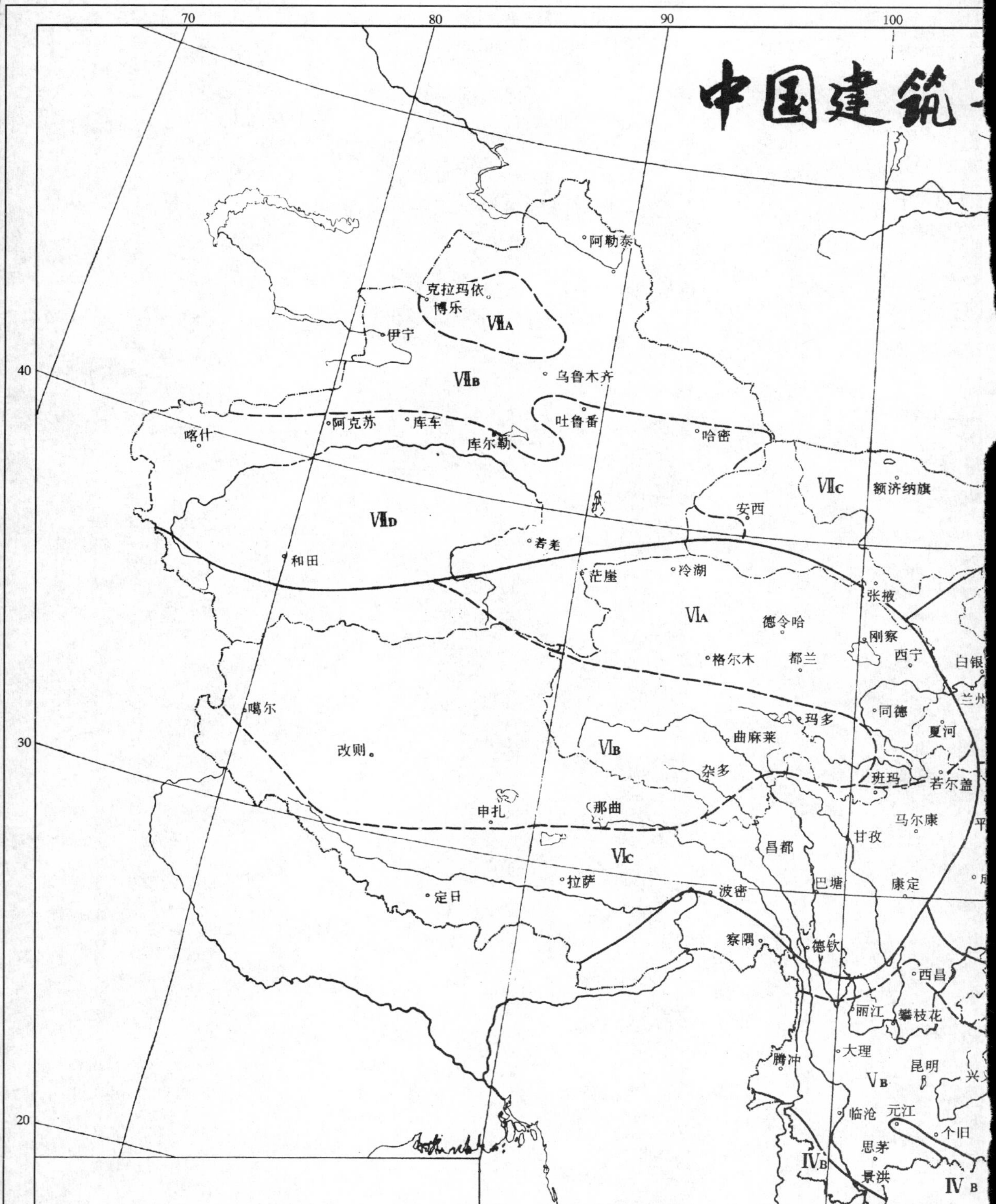
中国建筑
70
80
90
100
40
30
20
阿勒泰
克拉玛依
博乐
ⅦA
伊宁
ⅦB
乌鲁木齐
吐鲁番
喀什
阿克苏
库车
库尔勒
哈密
ⅦC
额济纳旗
安西
ⅦD
若羌
和田
芒崖
冷湖
张掖
ⅥA
德令哈
刚察
格尔木
都兰
西宁
白银
兰州
噶尔
玛多
同德
夏河
ⅥB
曲麻莱
改则
杂多
班玛
若尔盖
申扎
那曲
马尔康
甘孜
ⅥC
昌都
拉萨
定日
波密
巴塘
康定
察隅
德钦
西昌
丽江
攀枝花
大理
腾冲
昆明
ⅤB
临沧
元江
个旧
思茅
ⅣB
景洪
ⅣB
0
160
320公里
本图上中国国界系按照地图出版社1980年出版的1:400万
《中华人民共和国地图》绘制。
80
90
100

图B　中国建

本标准用词说明

1 为便于在执行本标准条文时区别对待，对要求严格程度不同的用词说明如下：

1）表示很严格，非这样做不可的用词：

正面词采用“必须”，反面词采用“严禁”；

2）表示严格，在正常情况均应这样做的用词：

正面词采用“应”，反面词采用“不应”或“不得”；

3）表示允许稍有选择，在条件许可时首先应这样做的用词：

正面词采用“宜”，反面词采用“不宜”；

4）表示有选择，在一定条件下可以这样做的用词，采用“可”。

2 条文中指明应按其他有关标准、规范执行的写法为：“应符合……的规定”或“应按……执行”。

引用标准名录

1 《建筑气候区划标准》GB 50178－93

中华人民共和国国家标准

城市用地分类与规划建设用地标准

GB 50137—2011

条 文 说 明

修 订 说 明

《城市用地分类与规划建设用地标准》GB 50137－2011（以下简称本标准），经住房和城乡建设部 2010 年 12 月 24 日以第 880 号公告批准、发布。

本标准是在《城市用地分类与规划建设用地标准》GBJ 137－90（以下简称原标准）的基础上修订而成，上一版的主编单位是中国城市规划设计研究院，参编单位是北京市城市规划设计研究院、上海市城市规划设计院、四川省城乡规划设计研究院、辽宁省城乡建设规划设计院、湖北省城市规划设计研究院、陕西省城乡规划设计院、同济大学城市规划系，主要起草人员是蒋大卫、范耀邦、沈福林、吴今露、罗希、赵崇仁、潘家莹、沈肇裕、石如琤、王继勉、兰继中、吕光琪、曹连群、吴明伟、吴载权、何善权。本次修订的主要技术内容是：1. 增加城乡用地分类体系；2. 调整城市建设用地分类体系；3. 调整规划建设用地的控制标准；4. 对相关条文进行了补充修改。

本标准修订过程中，编制组根据《关于加快进行〈城市用地分类与规划建设用地标准〉修订的函》（建规城函［2008］008 号）的要求，参考了大量国内外已有的相关法规、技术标准，征求了专家、相关部门和社会各界对于原标准以及标准修订的意见，并与相关国家标准相衔接。

为便于广大规划设计、管理、科研、学校等有关单位人员在使用本标准时能正确理解和执行条文规定，《城市用地分类与规划建设用地标准》编制组按章、节、条顺序编制了本标准的条文说明，对条文规定的目的、依据以及执行中需注意的有关事项进行了说明，还着重对强制性条文的强制性理由作了解释。但是，本条文说明不具备与标准正文同等的法律效力，仅供使用者作为理解和把握标准规定的参考。

目　次

1 总 则

1.0.1 1990年颁布的原标准作为城市规划编制与管理工作的一项重要技术规范施行了21年，它在统一全国的城市用地分类和计算口径、合理引导不同城市建设布局等方面发挥了积极作用。为适应我国城乡发展宏观背景的变化，落实2008年1月颁布实施的《中华人民共和国城乡规划法》以及国家对新时期城市发展应“节约集约用地，从严控制城市用地规模”的要求，对原标准作出修订。

1.0.2 由于县人民政府所在地镇的管理体制不同于一般镇，城镇建设目标与标准也与一般镇有所区别，其规划与建设应按城市标准执行；其他具备条件的镇指人口规模、经济发展水平已达到设市城市标准，但管理体制仍保留镇的行政建制。因此，这两类镇与城市一并作为本标准的适用对象。

3 用 地 分 类

3.1 一 般 规 定

3.1.1 为贯彻《中华人民共和国城乡规划法》有关城乡统筹的新要求，本标准设立“城乡用地”分类。“城乡用地”分类的地类覆盖市域范围内所有的建设用地和非建设用地，以满足市域土地使用的规划编制、用地统计、用地管理等工作需求。

本标准提出的“城市建设用地”基于原标准在大类上做了调整，主要包括：为强调城市（镇）政府对基础民生需求服务的保障，合理调控市场行为，将原标准“公共设施用地”分为“公共管理与公共服务设施用地”（A）和“商业服务业设施用地”（B）；为反映城市（镇）生活的基本职能要求，将原标准涉及区域服务的“对外交通用地”和不仅仅为本城市（镇）使用的“特殊用地”等归入城乡用地分类；为体现城市规划的公共政策属性，在“居住用地”中强调了保障性住宅用地。

本标准的用地分类按土地实际使用的主要性质或规划引导的主要性质进行划分和归类，具有多种用途的用地应以其地面使用的主导设施性质作为归类的依据。如高层多功能综合楼用地，底层是商店，2～15层为商务办公室，16～20层为公寓，地下室为车库，其使用的主要性质是商务办公，因此归为“商务用地”（B2）。若综合楼使用的主要性质难以确定时，按底层使用的主要性质进行归类。

3.1.2 本标准用地分类体系为保证分类良好的系统性、完整性和连续性，采用大、中、小3级分类，在图纸中同一地类的大、中、小类代码不能同时出现使用。

3.2 城乡用地分类

3.2.1 “城乡用地分类”在同等含义的地类上尽量与《土地利用现状分类》GB/T 21010-2007衔接，并充分对接《中华人民共和国土地管理法》中的农用地、建设用地和未利用地“三大类”用地，以利于城乡规划在基础用地调查时可高效参照土地利用现状调查资料（表1）。

表1 城乡用地分类与《中华人民共和国土地管理法》“三大类”对照表

《中华人民共和国土地管理法》三大类	城乡用地分类类别		
	大类	中类	小类
农用地	E非建设用地	E1水域	E13坑塘沟渠
		E2农林用地	—
建设用地	H建设用地	H1城乡居民点建设用地	H11城市建设用地
			H12镇建设用地
			H13乡建设用地
			H14村庄建设用地
		H2区域交通设施用地	H21铁路用地
			H22公路用地
			H23港口用地
			H24机场用地
			H25管道运输用地
		H3区域公用设施用地	
		H4特殊用地	H41军事用地
			H42安保用地
		H5采矿用地	—
		H9其他建设用地	—
	E非建设用地	E1水域	E12水库
		E9其他非建设用地	E9中的空闲地
未利用地	E非建设用地	E1水域	E11自然水域
		E9其他非建设用地	E9中除去空闲地以外的用地

3.2.2 本条文属于强制性条文。表3.2.2“城乡用地分类和代码”已就每类用地的含义作了简要解释，现按大类排列顺序作若干补充说明：

1 建设用地

（1）“城乡居民点建设用地”（H1）与《中华人

民共和国城乡规划法》中规划编制体系的市、镇、乡、村规划层级相对应，满足市域用地规划管理的需求。

(2)“公路用地”(H22) 的内容与《土地利用现状分类》GB/T 21010－2007 衔接，采用国道、省道、县道、乡道作为划分标准。“机场用地”(H24) 净空控制范围内的用地应按其地面实际用途归类。

(3)“区域公用设施用地”(H3) 与城市建设用地分类中的“公用设施用地”和“商业服务业设施用地”不重复。其中，水工设施指人工修建的闸、坝、堤路林、水电厂房、扬水站等常水位岸线以上的设施，与《土地利用现状分类》GB/T 21010－2007 中的二级类“水工建筑用地”内容基本对应。

(4)“特殊用地”(H4) 中“安保用地”(H42) 不包括公安局，该用地应归入“行政办公用地”(A1)。

(5)“采矿用地”(H5) 与《土地利用现状分类》GB/T 21010－2007 中的二级类“采矿用地”内容统一，其中，露天矿虽然一般开采后均作回填处理改作他用，并不是土地的最终形式，但是其用地具有开发建设性质，故将其纳入“采矿用地”。

2 非建设用地

(1)“水域”(E1) 包括《土地利用现状分类》GB/T 21010－2007 一级地类“水域及水利设施用地”除去“水工建筑用地”的地类。

(2)“农林用地”(E2) 包括《土地利用现状分类》GB/T 21010－2007 一级地类“耕地”、“园地”、“林地”与二级地类“天然牧草地”、“人工牧草地”、“设施农用地”、“田坎”、“农村道路”。其中，“农村道路”指公路以外的南方宽度不小于 1m、北方宽度不小于 2m 的村间、田间道路（含机耕道）。

(3)“其他非建设用地”(E9) 包括《土地利用现状分类》GB/T 21010－2007 一级地类“其他土地”中的空闲地、盐碱地、沼泽地、沙地、裸地和一级地类“草地”中的其他草地。

自然保护区、风景名胜区、森林公园等范围内的“非建设用地”(E) 按土地实际用途归入“水域”(E1)、“农林用地”(E2) 和“其他非建设用地”(E9) 的一种或几种。

3.3 城市建设用地分类

3.3.1 本标准的“城市建设用地”与城乡用地分类中的“H11 城市建设用地”概念完全衔接。

3.3.2 本条文属于强制性条文。表 3.3.2“城市建设用地分类和代码”已就每类用地的含义作了简要解释，现按大类排列顺序作若干补充说明：

1 居住用地

本标准将住宅和相应服务配套设施看作一个整体，共同归为“居住用地”(R) 大类，包括单位内的职工生活区（含有住宅、服务设施等用地）。为加强民生保障、便于行政管理，本标准将中小学用地划入“教育科研用地”(A3)。

本标准结合我国的实际情况，将居住用地 (R) 按设施水平、环境质量和建筑层数等综合因素细分为 3 个中类，满足城市（镇）对不同类型居住用地提出不同的规划设计及规划管理要求。其中：

“一类居住用地”(R1) 包括别墅区、独立式花园住宅、四合院等。

“二类居住用地”(R2) 强调了保障性住宅，进一步体现国家关注中低收入群众住房问题的公共政策要求。

“三类居住用地”(R3) 在现状居住用地调查分类时采用，以便于制定相应的旧区更新政策。

2 公共管理与公共服务设施用地

“公共管理与公共服务设施用地”(A) 是指政府控制以保障基础民生需求的服务设施，一般为非营利的公益性设施用地。其中：

“教育科研用地”(A3) 包括附属于院校和科研事业单位的运动场、食堂、医院、学生宿舍、设计院、实习工厂、仓库、汽车队等用地。

“文物古迹用地”(A7) 的内容与《历史文化名城保护规划规范》GB 50357－2005 相衔接。已作其他用途的文物古迹用地应按其地面实际用途归类，如北京的故宫和颐和园均是国家级重点文物古迹，但故宫用作博物院，颐和园用作公园，因此应分别归到“图书展览用地”(A21) 和“公园绿地”(G1)，而不是归为“文物古迹用地”(A7)。

为了保证“公共管理与公共服务设施用地”(A) 的土地供给，“行政办公用地”(A1)、“文化设施用地”(A2)、“教育科研用地”(A3)、“体育用地”(A4)、“医疗卫生用地”(A5)、“社会福利用地”(A6) 等中类应在用地平衡表中列出。

3 商业服务业设施用地

“商业服务业设施用地”(B) 是指主要通过市场配置的服务设施，包括政府独立投资或合资建设的设施（如剧院、音乐厅等）用地。其中：

“其他商务用地”(B29) 包括在市场经济体制下逐步转轨为商业性办公的企业管理机构（如企业总部等）和非事业科研设计机构用地。

4 工业用地

“工业用地”(M) 包括为工矿企业服务的办公室、仓库、食堂等附属设施用地。

本标准按工业对居住和公共环境的干扰污染程度将“工业用地”(M) 细分为 3 个中类。界定工业对周边环境干扰污染程度的主要衡量因素包括水、大气、噪声等，应依据工业具体条件及国家有关环境保护的规定与指标确定中类划分，建议参考以下标准执行（表 2）。

表 2　工业用地的分类标准

	水	大气	噪声
参照标准	《污水综合排放标准》GB 8978－1996	《大气污染物综合排放标准》GB 16297－1996	《工业企业厂界环境噪声排放标准》GB 12348－2008
一类工业企业	低于一级标准	低于二级标准	低于 1 类声环境功能区标准
二类工业企业	低于二级标准	低于二级标准	低于 2 类声环境功能区标准
三类工业企业	高于二级标准	高于二级标准	高于 2 类声环境功能区标准

5　物流仓储用地

由于物流、仓储与货运功能之间具有一定的关联性与兼容性，本标准设立"物流仓储用地"（W），并按其对居住和公共环境的干扰污染程度分为 3 个中类。界定物流仓储对周边环境干扰污染程度的主要衡量因素包括交通运输量、安全、粉尘、有害气体、恶臭等。

6　道路与交通设施用地

"城市道路用地"（S1）不包括支路以下的道路，旧城区小街小巷、胡同等分别列入相关的用地内。为了保障城市（镇）交通的基本功能，应在用地平衡表中列出该中类。

"城市轨道交通用地"（S2）指地面以上（包括地面）部分且不与其他用地重合的城市轨道交通线路、站点用地，以满足城市轨道交通发展建设的需要。

"交通枢纽用地"（S3）包括枢纽内部用于集散的广场等附属用地。

"交通场站用地"（S4）不包括交通指挥中心、交通队用地，该用地应归入"行政办公用地"（A1）。"社会停车场用地"（S42）不包括位于地下的社会停车场，该用地应按其地面实际用途归类。

7　公用设施用地

"供电用地"（U12）不包括电厂用地，该用地应归入"工业用地"（M）。"供燃气用地"（U13）不包括制气厂用地，该用地应归入"工业用地"（M）。"通信用地"（U15）仅包括以邮政函件、包件业务为主的邮政局、邮件处理和储运场所等用地，不包括独立地段的邮政汇款、报刊发行、邮政特快、邮政代办、电信服务、水电气热费用收缴等经营性邮政网点用地，该用地应归入"其他公用设施营业网点用地"（B49）。"环卫用地"（U22）包括废旧物品回收处理设施等用地。

8　绿地与广场用地

由于满足市民日常公共活动需求的广场与绿地功能相近，本标准将绿地与广场用地合并设立大类。

"公园绿地"（G1）的名称、内容与《城市绿地分类标准》CJJ/T 85-2002 统一，包括综合公园、社区公园、专类公园、带状公园、街旁绿地。位于城市建设用地范围内以文物古迹、风景名胜点（区）为主形成的具有城市公园功能的绿地属于"公园绿地"（G1），位于城市建设用地范围以外的其他风景名胜区则在"城乡用地分类"中分别归入"非建设用地"（E）的"水域"（E1）、"农林用地"（E2）以及"其他非建设用地"（E9）中。为了保证市民的基本游憩生活需求，应在用地平衡表中列出该中类。

"防护绿地"（G2）的名称、内容与《城市绿地分类标准》CJJ/T 85－2002 统一，包括卫生隔离带、道路防护绿地、城市高压走廊绿带、防风林、城市组团隔离带等。

"广场用地"（G3）不包括以交通集散为主的广场用地，该用地应归入"交通枢纽用地"（S3）。

园林生产绿地以及城市建设用地范围外基础设施两侧的防护绿地，按照实际使用用途纳入城乡建设用地分类"农林用地"（E2）。

4　规划建设用地标准

4.1　一 般 规 定

4.1.4　城市建设用地在现状调查时按现状建成区范围统计，在编制规划时按规划建设用地范围统计。多组团分片布局的城市（镇）可分片计算用地，再行汇总。

4.2　规划人均城市建设用地面积标准

4.2.1　本条文属于强制性条文。通过各项因素对人均城市建设用地面积指标的影响分析，发现人口规模、气候区划两个因素对于人均城市建设用地面积的影响最为显著，因此本标准选择人口规模、气候区划两个因素进一步细分城市（镇）类别并分别进行控制。

本标准气候区参考《城市居住区规划设计规范》GB 50180－93（2002 年版）的相关规定，结合全国现有城市（镇）特点，分为Ⅰ、Ⅱ、Ⅵ、Ⅶ以及Ⅲ、Ⅳ、Ⅴ两类。

本标准的人均城市建设用地面积指标采用"双因子"控制，"双因子"是指"允许采用的规划人均城市建设用地面积指标"和"允许调整幅度"，确定人均城市建设用地面积指标时应同时符合这两个控制因素。其中，前者规定了在不同气候区中不同现状人均城市建设用地面积指标城市（镇）可采用的取值上下限区间，后者规定了不同规模城市（镇）的规划人均城市建设用地面积指标比现状人均城市建设用地面积指标增加或减少的可取数值。

基于现状用地统计资料的分析，依据节约集约用地的原则，本标准将位于Ⅰ、Ⅱ、Ⅵ、Ⅶ气候区的城市（镇）规划人均城市建设用地面积指标的上下限幅度定为（65.0～115.0）m^2/人，将位于Ⅲ、Ⅳ、Ⅴ气候区的城市（镇）规划人均城市建设用地面积指标的上下限幅度定为（65.0～110.0）m^2/人。

本标准确定“允许调整幅度”总体控制在（－25.0～＋20.0）m^2/人范围内，未来人均城市建设用地面积除少数新建城市（镇）外，大多数城市（镇）只能有限度地增减。在具体确定调整幅度时，应本着节约集约用地和保障、改善民生的原则，根据各城市（镇）具体条件优化调整用地结构，在规定幅度内综合各因素合理增减，而非盲目选取极限幅度。

以下是举例详细说明：

（1）西北某市所处地域为Ⅱ气候区，现状人均城市建设用地面积指标64.1m^2/人，规划期末常住人口规模为50.0万人。对照本标准表4.2.1，规划人均城市建设用地面积取值区间为（65.0～85.0）m^2/人，允许调整幅度为＞0.0 m^2/人，因此规划人均城市建设用地面积指标可选（65.0～85.0）m^2/人。

（2）华南某市所处地域为Ⅳ气候区，现状人均城市建设用地面积指标95.0m^2/人，规划期末常住人口规模为95.0万人。对照本标准表4.2.1，规划人均城市建设用地面积取值区间为（85.0～105.0）m^2/人，允许调整幅度为（－10.0～10.0）m^2/人，因此规划人均城市建设用地面积指标可选（85.0～105.0）m^2/人。

（3）华东某市所处地域为Ⅲ气候区，现状人均城市建设用地面积指标119.2m^2/人，规划期末常住人口规模为75.0万人。对照本标准表4.2.1，规划人均城市建设用地面积取值区间为≤110.0 m^2/人，允许调整幅度为＜0.0m^2/人，因此规划人均城市建设用地面积指标不能大于110.0m^2/人。

4.2.2 本条文属于强制性条文。新建城市（镇）是指新开发城市（镇），应保证按合理的用地标准进行建设。新建城市（镇）的规划人均城市建设用地面积指标宜在（95.1～105.0）m^2/人内确定，如果该城市（镇）不能满足以上指标要求时，也可以在（85.1～95.0）m^2/人内确定。

4.2.3 本条文属于强制性条文。由于首都的行政管理、对外交往、科研文化等功能较突出，用地较多，因此，人均城市建设用地面积指标应适当放宽。

4.2.4 本条文属于强制性条文。我国幅员辽阔，城市（镇）之间的差异性较大。既有边远地区及少数民族地区中不少城市（镇），地多人少，经济水平低，具有不同的民族生活习俗；也有一些山地城市（镇），地少人多；还存在个别特殊原因的城市（镇），如人口较少的工矿及工业基地、风景旅游城市（镇）等。这些城市（镇）可根据实际情况，本着“合理用地、节约用地、保证用地”的原则确定其规划人均城市建设用地面积指标。

4.2.5 本条文属于强制性条文。对规划人均城市建设用地指标提出远期控制标准，是为了保障城市（镇）社会经济发展、人口增长与土地开发建设之间的长期协调性，促进城市（镇）节约集约使用土地，防止城市（镇）用地的盲目扩张，而且对于节省城市（镇）基础设施的投资，节约能源，减少运输和整个城市（镇）的经营管理费用，都具有重要意义。

4.3 规划人均单项城市建设用地面积标准

4.3.1 本条文属于强制性条文。本标准人均居住用地面积指标按照Ⅰ、Ⅱ、Ⅵ、Ⅶ气候区以及Ⅲ、Ⅳ、Ⅴ气候区分为两类分别控制。人均居住用地面积水平主要与人均住房水平及住宅建筑面积密度有关。参照住房和城乡建设部政策研究中心《全面建设小康社会居住目标研究》中2020年城镇人均住房建筑面积35.0m^2/人的标准，根据《城市居住区规划设计规范》GB 50180－93（2002年版）关于住宅建筑密度、住宅用地比例的相关规定，推导归纳Ⅰ、Ⅱ、Ⅵ、Ⅶ气候区的人均居住区用地面积最低值为（30.0～40.0）m^2/人，Ⅲ、Ⅳ、Ⅴ气候区的人均居住区用地面积最低值为（25.0～38.0）m^2/人。

在此基础上，由于“居住用地”（R）不包括中小学用地，根据《城市居住区规划设计规范》GB 50180－93（2002年版）中人均教育用地（1.0～2.4）m^2/人的要求，本标准综合确定Ⅰ、Ⅱ、Ⅵ、Ⅶ气候区的人均居住用地面积指标为（28.0～38.0）m^2/人，Ⅲ、Ⅳ、Ⅴ气候区的人均居住用地面积指标为（23.0～36.0）m^2/人。

4.3.2 本条文属于强制性条文。本标准基于《城市公共设施规划规范》GB 50442－2008关于原标准“行政办公用地”、“商业金融用地”、“文化娱乐用地”、“体育用地”、“医疗卫生用地”、“教育科研设计用地”、“社会福利用地”人均指标的相关规定以及《城市居住区规划设计规范》GB 50180－93（2002年版）关于人均教育用地指标的规定，综合确定人均公共管理与公共服务设施用地面积不低于5.5m^2/人。

4.3.3 本条文属于强制性条文。“道路与交通设施用地”（S）的人均指标由“城市道路用地”（S1）、“城市轨道交通用地”（S2）、“交通枢纽用地”（S3）、“交通场站用地”（S4）以及“其他交通设施用地”（S9）5部分人均指标组成。本标准根据近年来国内52个城市（镇）总体规划用地资料的分析研究，参考相关交通规范综合确定人均道路与交通设施用地面积最低不应小于12.0m^2/人，具体细分指标为：人均城市道路用地面积最低按10m^2/人控制，人均交通枢纽用地最低按0.2m^2/人控制，人均交通场站用地最低按1.8m^2/人控制。

对于人口规模较大的城市（镇），由于公共交通比例较高，高等级道路比例相对较高，人均道路与交通设施用地面积指标低限应在此基础上酌情提高。

4.3.4 本条文属于强制性条文。《国家园林城市标准》规定园林城市人均公共绿地最低值在（6.0～8.0）m^2/人之间。2007年制定的《国家生态园林城市标准》提出人均公共绿地12m^2/人应该是今后城市（镇）努力要达到的一个目标。本标准确定以10m^2/人作为人均绿地与广场用地面积控制的低限，为了维护好城市（镇）良好的生态环境，并提出人均公园绿地面积控制的低限为8m^2/人。

4.3.5 本条文属于强制性条文。对居住用地、公共管理与公共服务用地、道路与交通设施用地、绿地与广场用地的单项人均城市建设用地指标提出低限标准的规定，是为了使得每个居民所必需的基本居住、公共服务、交通、绿化权利得到保障。

4.4 规划城市建设用地结构

4.4.1 “城市建设用地结构”是指城市（镇）各大类用地与建设用地的比例关系。对城市（镇）各项用地资料统计表明，“居住用地”（R）、“公共管理与公共服务设施用地”（A）、“工业用地”（M）、“道路与交通设施用地”（S）、“绿地与广场用地”（G）5大类用地占城市建设用地的比例具有一般规律性，本标准综合研究确定比例关系，对城市（镇）规划编制、管理具有指导作用，在实际工作中可参照执行。其中，规模较大城市（镇）的“道路与交通设施用地”（S）占城市建设用地的比例宜比规模较小城市（镇）高。

4.4.2 工矿城市（镇）、风景旅游城市（镇）等由于工矿业用地、景区用地比重大，其用地结构应体现出该类城市（镇）的专业职能特色。

中华人民共和国国家标准

给水排水构筑物工程施工及验收规范

Code for construction and acceptance of water and sewerage structures

GB 50141—2008

主编部门：中华人民共和国住房和城乡建设部
批准部门：中华人民共和国住房和城乡建设部
施行日期：2 0 0 9 年 5 月 1 日

中华人民共和国住房和城乡建设部
公　　告

第133号

关于发布国家标准《给水排水构筑物工程施工及验收规范》的公告

现批准《给水排水构筑物工程施工及验收规范》为国家标准，编号为GB 50141—2008，自2009年5月1日起实施。其中，第1.0.3、3.1.10、3.1.16、3.2.8、6.1.4、7.3.12（4）、8.1.6条（款）为强制性条文，必须严格执行。原《给水排水构筑物施工及验收规范》GBJ 141—90同时废止。

本规范由我部标准定额研究所组织中国建筑工业出版社出版发行。

中华人民共和国住房和城乡建设部

2008年10月15日

前　　言

本规范根据建设部"关于印发《二零零四年工程建设国家标准制定、修订计划》的通知"（建标[2004] 67号）的要求，由北京市政建设集团有限责任公司会同有关单位对《给水排水构筑物施工及验收规范》GBJ 141—90进行修订而成。

在修订过程中，编制组进行了深入的调查研究和专题研讨，总结了我国各地给水排水构筑物工程施工与质量验收的实践经验，坚持了"验评分离、强化验收、完善手段、过程控制"的指导原则，参考了有关国内外相关规范，并以多种形式广泛征求了有关单位的意见，最后经审查定稿。

本规范规定的主要内容有：给水排水构筑物工程及其分项工程施工技术、质量、施工安全方面规定；施工质量验收的标准、内容和程序。

本规范中以黑体字标志的条文为强制性条文，必须严格执行。

本规范由住房和城乡建设部负责管理和对强制性条文的解释，由北京市政建设集团有限责任公司负责具体技术内容的解释。为了提高规范质量，请各单位在执行本规范的过程中，总结经验和积累资料，随时将发现的问题和意见寄北京市政建设集团有限责任公司。地址：北京市海淀区三虎桥路6号，邮编：100044；E-mail：kjb@bmec.cn；以供今后修订时参考。

本规范主编单位、参编单位和主要起草人：

主 编 单 位：北京市政建设集团有限责任公司

参 编 单 位：北京市市政四建设工程有限责任公司
上海市建设工程质量监督站公用事业分站
天津市市政公路管理局
北京市自来水设计公司
北京城市排水集团有限责任公司
天津市自来水集团有限公司
北京市市政工程管理处
上海市第二市政工程有限公司
北京建筑工程学院
西安市市政设计研究院
重庆大学
广东工业大学
武汉市水务局
武汉市给排水工程设计院有限公司

主要起草人：焦永达　于清军　苏耀军
王洪臣　杨　毅　姚慧健
曹洪林　张　勤　李俊奇
蔡　达　范曙明　袁观洁
王金良　包安文　岳秀平
王和平　吴进科　游青城
葛金科　孙连元　刘　青

目　次

1 总 则

1.0.1 为加强给水、排水（以下简称给排水）构筑物工程施工管理，规范施工技术，统一施工质量检验、验收标准，确保工程质量，制定本规范。

1.0.2 本规范适用于新建、扩建和改建城镇公用设施和工业企业中常规的给排水构筑物工程的施工与验收。不适用于工业企业中具有特殊要求的给排水构筑物工程施工与验收。

1.0.3 给排水构筑物工程所用的原材料、半成品、成品等产品的品种、规格、性能必须符合国家有关标准的规定和设计要求；接触饮用水的产品必须符合有关卫生要求。严禁使用国家明令淘汰、禁用的产品。

1.0.4 给排水构筑物工程施工与验收，除应符合本规范的规定外，尚应符合国家现行有关标准的规定。

2 术 语

2.0.1 围堰 cofferdam

在施工期间围护基坑，挡住河（江、海、湖）水，避免主体构筑物直接在水体中施工的导流挡水设施。

2.0.2 施工降排水 construction drainage

在进行土方开挖或构筑物施工时，为保持基坑或沟槽内在无水影响的环境条件下施工，而进行的降排水工作。常用方法有明排水和井点降排水两种。

2.0.3 明排水 drainage by open channel

将流入基坑或沟槽内的地表或地下水汇集到集水井，然后用水泵抽走的排水方式。

2.0.4 井点降排水 drainage by well points

又称井点降水。在基坑内或沟槽周边设置滤水管（井），在基坑（沟槽）开挖前和开挖过程中，用抽吸设备不断从滤水管（井）中抽水，使地下水位降低至坑（槽）底以下，满足干地施工条件的、人工降低地下水位的排水方式。井点类型包括轻型井点、喷射井点、电渗井点、管井井点和深水泵井点等。

2.0.5 施工缝 construction joint

混凝土浇筑施工时，由于技术或施工组织上的原因，不能一次连续浇筑时，而在预先选定的停歇位置留置的搭接面或后浇带。

2.0.6 后浇带 post-placed strip

在浇筑大体积混凝土构筑物时设置的后浇筑的施工缝。

2.0.7 变形缝 deformation joint

为适应温度变化作用、地基沉陷作用和地震破坏作用引起水平和竖向变位而设置的构造缝。包括伸缩缝、沉降缝和防震缝。

2.0.8 止水带 water stopping band; water sealing band

在构筑物或管渠相邻部分或分段接缝间，用以防止接缝面产生渗漏的带状设施，其材质类型有金属、橡胶、塑料等。

2.0.9 沉井 open caisson

在地面上先制作井筒（井室），然后在井筒（井室）内挖土，使井筒（井室）靠自重或外力下沉至设计标高，再实施封底和内部工程的施工方法。

2.0.10 装配式混凝土构筑物 prefabricated concrete cistern

以预制钢筋混凝土池壁等构件或半成品为主，拼装而成的钢筋混凝土构筑物。

2.0.11 预应力混凝土构筑物 prestressed concrete cistern

由配置受力的预应力钢筋通过张拉或其他方法在外荷载作用前预先施加内应力的混凝土构筑物。

2.0.12 塘体构筑物 ponding cistern

以防渗膜或土为主进行防渗处理的水处理或调蓄构筑物。包括稳定塘、湿地、暴雨滞留塘等。

2.0.13 取水构筑物 intake structure

给水系统中，取集、输送原水而设置的各种构筑物的总称。

2.0.14 排放构筑物 outlet structure

排水系统中，处置、排放污水而设置的各种构筑物的总称。

2.0.15 水处理构筑物 water（waste water）treatment structure

给水（排水）系统中，对原水（污水）进行水质处理、污泥处置而设置的各种构筑物的总称。

2.0.16 调蓄池构筑物 adjusting structure

给水（排水）系统中，平衡调配（调节）与输送、分配处理水量而设置的各种构筑物的总称。

2.0.17 满水试验 watering test

水池结构施工完毕后，以水为介质对其进行的严密性试验。

2.0.18 气密性试验 air tightness test

消化池满水试验合格后，在设计水位条件下以空气为介质对其进行的气密性试验。

3 基 本 规 定

3.1 施工基本规定

3.1.1 施工单位应具备相应的施工资质，施工人员应具有相应资格。施工项目质量控制应有相应的施工技术标准、质量管理体系、质量控制和检验制度。

3.1.2 施工前应熟悉和审查施工图纸，掌握设计意图与要求。实行自审、会审（交底）和签证制度；对施工图有疑问或发现差错时，应及时提出意见和建议。需变更设计时，应按照相应程序报审，经相关单位签证认定后实施。

3.1.3 施工前应根据工程需要进行下列调查研究：

1 现场地形、地貌、建（构）筑物、各种管线、其他设施及障碍物情况；

2 工程地质和水文地质资料；

3 气象资料；

4 工程用地、交通运输、疏导及其环境条件；

5 施工供水、排水、通信、供电和其他动力条件；

6 工程材料、施工机械、主要设备和特种物资情况；

7 在地表水水体中或岸边施工时，应掌握地表水的水文和航运资料；在寒冷地区施工时，尚应掌握地表水的冻结资料和土层冰冻资料；

8 与施工有关的其他情况和资料。

3.1.4 开工前应编制施工组织设计，关键的分项、分部工程应分别编制专项施工方案。施工组织设计和专项施工方案必须按规定程序审批后执行，有变更时应办理变更审批。

3.1.5 施工组织设计应包括保证工程质量、安全、工期，保护环境、降低成本的措施，并应根据施工特点，采取下列特殊措施：

1 地下、半地下构筑物应采取防止地表水流进基坑和地下水排水中断的措施；必要时应对构筑物采取抗浮的应急措施；

2 特殊气候条件下应采取相应施工措施；

3 在地表水水体中或岸边施工时，应采取防汛、防冲刷、防漂浮物、防冰凌的措施以及对防洪堤的保护措施；

4 沉井和基坑施工降排水，应对其影响范围内的原有建（构）筑物进行沉降观测，必要时采取防护措施。

3.1.6 给排水构筑物施工时，应按"先地下后地上、先深后浅"的顺序施工，并应防止各构筑物交叉施工相互干扰。

对建在地表水水体中、岸边及地下水位以下的构筑物，其主体结构宜在枯水期施工；抗渗混凝土宜避开低温及高温季节施工。

3.1.7 施工临时设施应根据工程特点合理设置，并有总体布置方案。对不宜间断施工的项目，应有备用动力和设备。

3.1.8 施工测量应实行施工单位复核制、监理单位复测制，填写相关记录，并符合下列规定：

1 施工前，建设单位应组织有关单位进行现场交桩，施工单位对所交桩复核测量；原测桩有遗失或变位时，应补钉桩校正，并应经相应的技术质量管理部门和人员认定；

2 临时水准点和构筑物轴线控制桩的设置应便于观测且必须牢固，并应采取保护措施；临时水准点的数量不得少于2个；

3 临时水准点、轴线桩及构筑物施工的定位桩、高程桩，必须经过复核方可使用，并应经常校核；

4 与拟建工程衔接的已建构筑物平面位置和高程，开工前必须校测；

5 给排水构筑物工程测量应满足当地规划部门的有关规定。

3.1.9 施工测量的允许偏差应符合表3.1.9的规定，并应满足国家现行标准《工程测量规范》GB 50026和《城市测量规范》CJJ 8的有关规定。有特定要求的构筑物施工测量还应遵守其特殊规定。

表 3.1.9 施工测量允许偏差

序号	项目		允许偏差
1	水准测量高程闭合差	平地	$\pm 20\sqrt{L}$（mm）
		山地	$\pm 6\sqrt{n}$（mm）
2	导线测量方位角闭合差		$24\sqrt{n}$（″）
3	导线测量相对闭合差		1/5000
4	直接丈量测距的两次较差		1/5000

注：1 L 为水准测量闭合线路的长度（km）；
2 n 为水准或导线测量的测站数。

3.1.10 工程所用主要原材料、半成品、构（配）件、设备等产品，进入施工现场时必须进行进场验收。

进场验收时应检查每批产品的订购合同、质量合格证书、性能检验报告、使用说明书、进口产品的商检报告及证件等，并按国家有关标准规定进行复验，验收合格后方可使用。

混凝土、砂浆、防水涂料等现场配制的材料应经检测合格后使用。

3.1.11 在质量检查、验收中使用的计量器具和检测设备，应经计量检定、校准合格后方可使用；承担材料和设备检测的单位，应具备相应的资质。

3.1.12 所用材料、半成品、构（配）件、设备等在运输、保管和施工过程中，必须采取有效措施防止损坏、锈蚀或变质。

3.1.13 构筑物的防渗、防腐、防冻层施工应符合国家有关标准的规定和设计要求。

3.1.14 施工单位应做好文明施工，遵守有关环境保护的法律、法规，采取有效措施控制施工现场的各种粉尘、废气、废弃物以及噪声、振动等对环境造成的污染和危害。

3.1.15 施工单位必须取得安全生产许可证，并应遵守有关施工安全、劳动保护、防火、防毒的法律、法规，建立安全管理体系和安全生产责任制，确保安全施工。对高空作业、井下作业、水上作业、水下作业、压力容器等特殊作业，制定专项施工方案。

3.1.16 工程施工质量控制应符合下列规定：

1 各分项工程应按照施工技术标准进行质量控制，分项工程完成后，应进行检验；

2 相关各分项工程之间，应进行交接检验；所有隐蔽分项工程应进行隐蔽验收；未经检验或验收不合格不得进行下道分项工程施工；

3 设备安装前应对有关的设备基础、预埋件、预留孔的位置、高程、尺寸等进行复核。

3.1.17 工程应经过竣工验收合格后，方可投入使用。

3.2 质量验收基本规定

3.2.1 给排水构筑物工程施工质量验收应在施工单位自检合格基础上，按分项工程（验收批）、分部（子分部）工程、单位（子单位）工程的顺序进行，并符合下列规定：

1 工程施工质量应符合本规范和相关专业验收规范的规定；

2 工程施工应符合工程勘察、设计文件的要求；

3 参加工程施工质量验收的各方人员应具备相应的资格；

4 工程质量的验收应在施工单位自行检查、评定合格的基础上进行；

5 隐蔽工程在隐蔽前应由施工单位通知监理单位进行验收，并形成验收文件；

6 涉及结构安全和使用功能的试块、试件和现场检测项目，应按规定进行平行检测或见证取样检测；

7 分项工程（验收批）的质量应按主控项目和一般项目进行验收；每个检查项目的检查数量，除本规范有关条款有明确规定外，应全数检查；

8 对涉及结构安全和使用功能的分部工程应进行试验或检测；

9 承担试验检测的单位应具有相应资质；

10 工程的外观质量应由质量验收人员通过现场检查共同确认。

3.2.2 单位（子单位）工程、分部（子分部）工程、分项工程（验收批）的划分可按本规范附录A确定，质量验收记录应按本规范附录B填写。

3.2.3 分项工程（验收批）质量合格应符合下列规定：

1 主控项目的质量经抽样检验合格；

2 一般项目中的实测（允许偏差）项目抽样检验的合格率应达到80%，且超差点的最大偏差值应在允许偏差值的1.5倍范围内；

3 主要工程材料的进场验收和复验合格，试块、试件检验合格；

4 主要工程材料的质量保证资料以及相关试验检测资料齐全、正确；具有完整的施工操作依据和质量检查记录。

3.2.4 分部（子分部）工程质量验收合格应符合下列规定：

1 分部（子分部）工程所含全部分项工程的质量合格；

2 质量控制资料应完整；

3 分部（子分部）工程中，混凝土强度、混凝土抗渗、地基基础处理、桩基础检测、位置及高程、回填压实等的检验和抽样检测结果应符合本规范有关规定；

4 外观质量验收应符合要求。

3.2.5 单位（子单位）工程质量合格应符合下列规定，必要时应在设备安装、调试后进行单位工程验收：

1 单位（子单位）工程所含全部分部（子分部）工程的质量合格；

2 质量控制资料应完整；

3 单位（子单位）工程所含分部工程有关结构安全及使用功能的检测资料应完整；

4 涉及构筑物水池位置与高程、满水试验、气密性试验、压力管道水压试验、无压管渠严密性试验以及地下水取水构筑物的抽水清洗和产水量测定、地表水活动式取水构筑物的试运行等有关结构安全及使用功能的试验检测、抽查结果应符合规定；

5 外观质量验收应符合要求。

3.2.6 管渠工程的质量验收应符合现行国家标准《给水排水管道工程施工及验收规范》GB 50268的有关规定。

3.2.7 工程质量验收不合格时，应按下列规定处理：

1 经返工返修或更换材料、构件、设备等的分项工程，应重新进行验收；

2 经有相应资质的检测单位检测鉴定能够达到设计要求的分项工程，应予以验收；

3 经有相应资质的检测单位检测鉴定达不到设计要求、但经原设计单位核算认可能够满足结构安全和使用功能要求的分项工程，可予以验收；

4 经返修或加固处理的分项工程、分部（子分部）工程，改变外形尺寸但仍能满足使用要求，可按技术处理方案和协商文件进行验收。

3.2.8 通过返修或加固处理仍不能满足结构安全和使用功能要求的分部（子分部）工程、单位（子单位）工程，严禁验收。

3.2.9 分项工程（验收批）应由专业监理工程师组织施工项目质量负责人等进行验收。

3.2.10 分部工程（子分部）应由总监理工程师组织施工项目负责人及其技术、质量负责人等进行验收。

对于涉及重要部位的地基基础、主体结构、主要设备等分部（子分部）工程，设计和勘察单位工程项目负责人、施工单位技术质量部门负责人应参加验收。

3.2.11 单位工程经施工单位自行检验合格后，应向建设单位提出验收申请。单位工程有分包单位施工时，分包单位对所承包的工程应按本规范的规定进行验收，总承包单位应派人参加，并对分包单位进行管理；分包工程完成后，应及时地将有关资料移交总承包单位。

3.2.12 对符合竣工验收条件的单位（子单位）工程，应由建设单位按规定组织验收。施工、勘察、设计、监理等单位有关负责人应参加验收，该工程的管理或使用单位有关人员也应参加验收。

3.2.13 参加验收各方对工程质量验收意见不一致时，可由工程所在地建设行政主管部门或工程质量监督机构协调解决。

3.2.14 单位工程质量验收合格后，建设单位应按规定将单位工程竣工验收报告和有关文件，报送工程所在地建设行政主管部门备案。

3.2.15 工程竣工验收后，建设单位应将有关文件和技术资料归档。

4 土石方与地基基础

4.1 一般规定

4.1.1 建设单位应向施工单位提供施工影响范围内的地下管线、建（构）筑物及其他公共设施资料，施工单位应采取措施加以保护。

4.1.2 施工前应进行挖、填方的平衡计算，综合考虑土石方运距最短、运程最合理和各个工程项目的合理施工顺序等，做好土石方平衡调配，减少重复挖运。

4.1.3 降排水系统应经检查和试运转，一切正常后方可开始施工。

4.1.4 平整场地的表面坡度应符合设计要求，设计无要求时，流水方向的坡度大于或等于0.2%。

4.1.5 基坑（槽）开挖前，应根据围堰或围护结构的类型、工程水文地质条件、施工工艺和地面荷载等因素制定施工方案，经审批后方可施工。

4.1.6 围堰、围护结构应经验收合格后方可进行基坑开挖。挖至设计高程后应及时组织验收，合格后进入下道工序施工，并应减少基坑裸露时间。基坑验收后应予保护，防止扰动。

4.1.7 深基坑应做好上、下基坑的坡道，保证车辆行驶及施工人员通行安全。

4.1.8 有防汛、防台风要求的基坑必须制定应急措施，确保安全。

4.1.9 施工中应对支护结构、周围环境进行观察和监测，出现异常情况应及时处理，恢复正常后方可继续施工。

4.1.10 基坑开挖至设计高程后应由建设单位会同设计、勘察、施工、监理等单位共同验收；发现岩、土质与勘察报告不符或有其他异常情况时，由建设单位会同上述单位研究确定处理措施。

4.1.11 土石方爆破必须按国家有关部门规定，由具有相应资质的单位进行施工。

4.2 围 堰

4.2.1 围堰施工方案应包括以下主要内容：

1 围堰平面布置图；

2 水体缩窄后的水面曲线和波浪高度验算；

3 围堰的强度和稳定性计算；

4 围堰断面施工图；

5 板桩加工图；

6 围堰施工方法与要求，施工材料和机具选定；

7 拆除围堰方法与要求；

8 堰内排水安全措施。

4.2.2 围堰结构应满足设计要求，构造简单，便于施工、维护和拆除。围堰与构筑物外缘之间，应留有满足施工排水与施工作业要求的宽度。

4.2.3 围堰类型的选择应根据基坑及河道的水文地质、施工方法和装备、环境保护等因素，经技术经济比较后确定。不同围堰类型的适用条件应符合表4.2.3的规定。

表 4.2.3 围堰适用条件

序号	围堰类型	适用条件	
		最大水深（m）	最大流速（m/s）
1	土围堰	2.0	0.5
2	草捆土围堰	5.0	3.0
3	袋装土围堰	3.5	2.0
4	木板桩围堰	5.0	3.0
5	双层型钢板桩填芯围堰	10.0	3.0
6	止水钢板桩抛石围堰	—	3.0
7	钻孔桩围堰	—	3.0
8	抛石夯筑芯墙止水围堰	—	3.0

4.2.4 土、袋装土、钢板桩围堰的顶面高程，宜高出施工期间的最高水位0.5～0.7m；草捆土围堰堰顶面高程宜高出施工期的最高水位1.0～1.5m；临近通航水体尚应考虑涌浪高度。

4.2.5 围堰施工和拆除，不得影响航运和污染临近取水水源的水质。

4.2.6 围堰内基坑排水过程中必须随时对围堰进行检查，并应符合下列规定：

1 围堰坑内积水、渗水量应进行测算，并应绘制排水量与下降水位值之间的关系曲线，在堰内设置水位观测标尺进行观测与记录；

2 排水量与水位下降发生异常时，应停止排水，查明原因进行处理后，再重新进行排水；

3 排水后堰内水位不下降，甚至上升时，必须立即停止排水，进行检查；如发现围堰变形、结构不稳定，必须立即向堰内注水，使其恢复至平衡水位后，查明原因并经处理合格后方能抽除堰内水并重新排水。

4.2.7 土、袋装土围堰施工应符合下列规定：

1 填筑前必须清理基底；

2 填筑材料应以黏性土为主；

3 填筑顺序应自岸边起始，双向合拢时，拢口应设置于水深较浅区域；

4 围堰填筑完成后，堰内应进行压渗处理，堰外迎水面进行防冲刷加固；

5 土、袋装土围堰结构尺寸应符合表4.2.7的规定。

表4.2.7 土、袋装土围堰结构尺寸

序号	围堰形式	断面尺寸			堰顶超高（施工期最高水位以上）(m)
		堰顶宽(m)	边坡坡度		
			堰内侧	堰外侧	
1	土围堰	≥1.5	1∶1～1∶3	—	0.5～0.7
2	袋装土围堰	1～2	1∶0.2～1∶1	1∶0.5～1∶1	0.5～0.7

注：表中堰顶宽度指不行驶机动车时的宽度。

4.2.8 钢板桩围堰施工应符合下列规定：

1 选用的钢板桩材质、型号和性能应满足设计要求；

2 悬臂钢板桩，其埋设深度、强度、刚度、稳定性均应经计算、验算；

3 钢板桩搬运起吊时，应防止锁口损坏和由于自重导致变形；在存放期间应防止变形及锁口内积水；

4 钢板桩的接长应以同规格、等强度的材料焊接；焊接时应用夹具夹紧，先焊钢板桩接头，后焊连接钢板；

5 钢板桩的插、打与拆除应符合下列规定：

1）插、打前在锁口内应涂抹防水涂料；

2）吊装钢板桩的吊点结构牢固安全、位置准确；

3）钢板桩在黏土中不宜采用射水法沉桩，锤击时应设桩帽；

4）应设插、打导向装置，最初插、打的钢板桩，应详细检查其平面位置和垂直度；

5）需要接长的钢板桩，其相邻两钢板桩的接头位置，应上下错开不少于1m；

6）钢板桩的转角及封闭，可用焊接连接或骑缝搭接；

7）拆除钢板桩前，堰内外水位应相同，拔桩应由下游开始。

4.2.9 在通航河道上的围堰布置要满足航行的要求，并设置警告标志和警示灯。

4.3 施工降排水

4.3.1 下列工程施工应采取降排水措施：

1 受地表水、地下动水压力作用影响的地下结构工程；

2 采用排水法下沉和封底的沉井工程；

3 基坑底部存在承压含水层，且经验算基底开挖面至承压含水层顶板之间的土体重力不足以平衡承压水水头压力，需要减压降水的工程；

4 基坑位于承压水层中，必须降低承压水水位的工程。

4.3.2 降排水施工准备工作应符合下列规定：

1 收集工程地质、水文地质勘测资料；

2 确定土层稳定性计算参数；

3 制定施工降排水方案，确定施工降排水方法、机具选型及数量；

4 对基坑渗透性的评定和渗水量的估算，以及地基沉降变形的计算；

5 确定变形观测点，水位观测孔（井）的布置；

6 必要时应作抽水试验，验证渗透系数及水力坡降曲线，以保证基坑地下水位降至坑底以下；

7 基坑受承压水影响时，应进行承压水降压计算，对承压水降压的影响进行评估。

4.3.3 施工降排水系统的排水应输送至抽水影响半径范围以外的河道或排水管道。

4.3.4 降排水施工必须采取有效的措施，控制施工降排水对周围构筑物和环境的不良影响。

4.3.5 施工过程中不得间断降排水，并应对降排水系统进行检查和维护；构筑物未具备抗浮条件时，严禁停止降排水。

4.3.6 冬期施工应对降排水系统采取防冻措施，停止抽水时应及时将泵体及进出水管内的存水放空。

4.3.7 明排水施工应符合下列规定：

1 适用于排除地表水或土质坚实、土层渗透系数较小、地下水位较低、水量较少、降水深度在5m以内的基坑（槽）排水；

2 依据工程实际情况按表4.3.7选择具体方式；

表4.3.7 明排水方式选择

序号	排水方式	适用条件
1	明沟与集水井排水	小型及中等面积的基坑（槽）
2	分层明沟排水	可分层施工的较深基坑（槽）
3	深沟排水	大面积场区施工

3 施工时应保证基坑边坡的稳定和地基不被扰动；

4 集水井施工应符合下列规定：

1）宜布置在构筑物基础范围以外，且不得影响基坑的开挖及构筑物施工；

2）基坑面积较大或基坑底部呈倒锥形时，可在基础范围内设置，集水井筒与基础紧密连接，便于封堵；

3）井壁宜加支护；土层稳定且井深不大于1.2m时，可不加支护；

4）处于细砂、粉砂、粉土或粉质黏土等土层时，应采取过滤或封闭措施；封底后的井底高程应低于基坑底，且不宜小于1.2m；

5 排水沟施工应符合下列规定：

1）配合基坑的开挖及时降低深度，其深度不宜小于0.3m；

2）基坑挖至设计高程，渗水量较少时，宜采用盲沟排水；

3）基坑挖至设计高程，渗水量较大时，宜在排水沟内埋设直径150～200mm设有滤水孔的排水管，且排水管两侧和上部应回填卵石或碎石。

4.3.8 井点降水施工应符合下列规定：

1 设计降水深度在基坑（槽）范围内不宜小于基坑（槽）底面以下0.5m，软土地层的设计降水深度宜适当加大；受承压水层影响时，设计降水深度应符合施工方案要求；

2 应根据设计降水深度、地下静水位、土层渗透系数及涌水量按表4.3.8选用井点系统；

3 井点孔的直径应为井点管外径加2倍管外滤层厚度，滤层厚度宜为100～150mm；井点孔应垂直，其深度可略大于井点管所需深度，超深部分可用滤料回填；

4 井点管应居中安装且保持垂直；填滤料时井点管口应临时封堵，滤料沿井点管周围均匀灌入，灌填高度应高出地下静水位；

表4.3.8 井点系统选用条件

序号	井点类别	土层渗透系数（m/d）	降水深度（m）
1	单级轻型井点	0.1～50	3～6
2	多级轻型井点	0.1～50	6～12（由井点层数而定）
3	喷射井点	0.1～2	8～20
4	电渗井点	＜0.1	根据选用的井点确定
5	管井井点	20～200	8～30
6	深井井点	10～250	＞15

注：多级井点必须注意各级之间设置重复抽吸降水区间。

5 井点管安装后，可进行单井、分组试抽水；根据试抽水的结果，可对井点设计作必要的调整；

6 轻型井点的集水总管底面及抽水设备基座的高程宜尽量降低；

7 井壁管长度允许偏差为±100mm，井点管安装高程的允许偏差为±100mm。

4.3.9 施工降排水终止抽水后，排水井及拔除井点管所留的孔洞，应及时用砂、石等填实；地下静水位以上部分，可用黏土填实。

4.4 基坑开挖与支护

4.4.1 基坑开挖与支护施工方案应包括以下主要内容：

1 施工平面布置图及开挖断面图；

2 挖、运土石方的机械型号、数量；

3 土石方开挖的施工方法；

4 围护与支撑的结构形式，支设、拆除方法及安全措施；

5 基坑边坡以外堆土石方的位置及数量，弃运土石方运输路线及土石方挖运平衡表；

6 开挖机械、运输车辆的行驶线路及斜道设置；

7 支护结构、周围环境的监控量测措施。

4.4.2 施工除符合本章规定外，还应满足现行国家标准《建筑地基基础工程施工质量验收规范》GB 50202、《建筑边坡工程技术规范》GB 50330的相关规定。

4.4.3 基坑底部为倒锥形时，坡度变换处增设控制桩；同时沿圆弧方向的控制桩也应加密。

4.4.4 基坑的边坡应经稳定性验算确定。土质条件良好、地下水位低于基坑底面高程、周围环境条件允许时，深度在5m以内边坡不加支撑时，边坡最陡坡度应符合表4.4.4的规定：

表4.4.4 深度在5m以内的基坑边坡的最陡坡度

序号	土的类别	边坡坡度（高：宽）		
		坡顶无荷载	坡顶有静载	坡顶有动载
1	中密的砂土	1∶1.00	1∶1.25	1∶1.50
2	中密的碎石类土（充填物为砂土）	1∶0.75	1∶1.00	1∶1.25
3	硬塑的粉土	1∶0.67	1∶0.75	1∶1.00
4	中密的碎石类土（充填物为黏性土）	1∶0.50	1∶0.67	1∶0.75
5	硬塑的粉质黏土、黏土	1∶0.33	1∶0.50	1∶0.67
6	老黄土	1∶0.10	1∶0.25	1∶0.33
7	软土（经井点降水后）	1∶1.25	—	—

4.4.5 土石方应随挖、随运，宜将适用于回填的土分类堆放备用。

4.4.6 基坑开挖的顺序、方法应符合设计要求，并应遵循“对称平衡、分层分段（块）、限时挖土、限时支撑”的原则。

4.4.7 采用明排水的基坑，当边坡岩土出现裂缝、沉降失稳等征兆时，必须立即停止开挖，进行加固、削坡等处理。

雨期施工基坑边坡不稳定时，其坡度应适度放缓；并应采取保护措施。

4.4.8 设有支撑的基坑，应遵循“开槽支撑、先撑后挖、分层开挖和严禁超挖”的原则开挖，并应按施工方案在基坑边堆置土方；基坑边堆置土方不得超过设计的堆置高度。

4.4.9 基坑的降排水应符合下列规定：

1 降排水系统应于开挖前2～3周运行；对深度较大，或对土体有一定固结要求的基坑，运行时间还应适当提前；

2 及时排除基坑积水，有效地防止雨水进入基坑；

3 基坑受承压水影响时，应在开挖前检查承压水的降压情况。

4.4.10 软土地层或地下水位高、承压水水压大、易发生流砂、管涌地区的基坑，必须确保降排水系统有效运行；如发现涌水、流砂、管涌现象，必须立即停止开挖，查明原因并妥善处理后方能继续开挖。

4.4.11 基坑施工中，地基不得扰动或超挖；局部扰动或超挖，并超出允许偏差时，应与设计商定或采取下列处理措施：

1 排水不良发生扰动时，应全部清除扰动部分，用卵石、碎石或级配砾石回填；

2 岩土地基局部超挖时，应全部清除基底碎渣，回填低强度混凝土或碎石。

4.4.12 超固结岩土复合边坡遇水结冰冻融易产生坍滑时，应及时采取措施防止坍塌与滑坡。

4.4.13 开挖深度大于5m，或地基为软弱土层，地下水渗透系数较大或受场地限制不能放坡开挖时，应采取支护措施。

4.4.14 基坑支护应综合考虑基坑深度及平面尺寸、施工场地及周围环境要求、施工装备、工艺能力及施工工期等因素，并应按照表4.4.14选用支护结构。

4.4.15 基坑支护应符合下列规定：

1 支护结构应具有足够的强度、刚度和稳定性；

2 支护部件的型号、尺寸、支撑点的布设位置，各类桩的入土深度及锚杆的长度和直径等应经计算确定；

3 围护墙体、支撑围檩、支撑端头处设置传力构造，围檩及支撑不应偏心受力，围檩集中受力部位应加肋板；

表 4.4.14 支护结构形式及其适用条件

序号	类别	结构形式	适用条件	备注
1	水泥土类	粉喷桩	基坑深度≤6m，土质较密实，侧壁安全等级二、三级基坑	采用单排、多排布置成连续墙体，亦可结合土钉喷射混凝土
		深层搅拌桩	基坑深度≤7m，土层渗透系数较大，侧壁安全等级二、三级基坑	组合成土钉墙，加固边坡同时起隔渗作用
2	钢筋混凝土类	预制桩	基坑深度≤7m，软土层，侧壁安全等级二、三级基坑；周围环境对振动敏感的应采用静力压桩	与粉喷桩、深层搅拌桩结合使用
		钻孔桩	基坑深度≤14m，侧壁安全等级一、二、三级基坑	与锁口梁、围檩、锚杆组合成支护体系，亦可与粉喷、搅拌桩结合
		地下连续墙	基坑深度大于12m，有降水要求，土层及软土层，侧壁安全等级一、二、三级基坑	与地下结构外墙结合，以及楼板梁等结合形成支护体系
3	钢板桩类	型钢组合桩	基坑深度小于8m，软土地基，有降水要求时应与搅拌桩等结合，侧壁安全等级一、二、三级基坑；不宜用于周围环境对沉降敏感的基坑	用单排或双排布置，与锁口梁、围檩、锚杆组成支护体系
		拉森式专用钢板桩	基坑深度小于11m，能满足降水要求，适用侧壁安全等级一、二、三级基坑；不宜用于周围环境对沉降敏感的基坑	布置成弧形、拱形，自行止水
4	木板桩类	木桩	基坑深小于6m，侧壁安全等级三级基坑	木材强度满足要求
		企口板桩	基坑深度小于5m，侧壁安全等级二、三级基坑	木材强度满足要求

4 支护结构设计应根据表 4.4.15 选用相应的侧壁安全等级及重要性系数；

表 4.4.15 基坑侧壁安全等级及重要性系数

序号	安全等级	破坏后果	重要性系数（y_0）
1	一级	支护结构破坏、土体失稳或过大变形对环境及地下结构的影响严重	1.10
2	二级	支护结构破坏、土体失稳或过大变形对环境及地下结构的影响一般	1.00
3	三级	支护结构破坏、土体失稳或过大变形对环境及结构影响轻微	0.90

5 支护不得妨碍基坑开挖及构筑物的施工；

6 支护安装和拆除方便、安全、可靠。

4.4.16 支护的设置应符合下列规定：

1 开挖到规定深度时，应及时安装支护构件；

2 设在基坑中下层的支撑梁及土锚杆，应在挖土至规定深度后及时安装；

3 支护的连接点必须牢固可靠。

4.4.17 支护系统的维护、加固应符合下列规定：

1 土方开挖和结构施工时，不得碰撞或损坏边坡、支护构件，降排水设施等；

2 施工机具设备、材料，应按施工方案均匀堆（停）放；

3 重型施工机械的行驶及停置必须在基坑安全距离以外；

4 做好基坑周边地表水的排泄和地下水的疏导；

5 雨期应覆盖土边坡，防止冲刷、浸润下滑，冬期应防止冻融。

4.4.18 支护出现险情时，必须立即进行处理，并应符合下列规定：

1 支护结构变形过大、变形速率过快时，应在坑底与坑壁间增设斜撑、角撑等；

2 边坡土体裂缝呈现加速趋势，必须立即采取反压坡脚、减载、削坡等安全措施，保持稳定后再行全面加固；

3 坑壁漏水、流砂时，应采取措施进行封堵，封堵失效时必须立即灌注速凝浆液固结土体，阻止水土流失，保护基坑的安全与稳定；

4 基坑周边构筑物出现沉降失稳、裂缝、倾斜等征兆时，必须及时加固处理并采取其他安全措施。

4.4.19 基坑开挖与支护施工应进行量测监控，监测项目、监测控制值应根据设计要求及基坑侧壁安全等级进行选择，并应符合表 4.4.19 的规定。

表 4.4.19 基坑开挖监测项目

侧壁安全等级	地下管线位移	地表土体沉降	周围建（构）筑物沉降	围护结构顶位移	围护结构墙体测斜	支撑轴力	地下水位	支撑立柱隆沉	土压力	孔隙水压力	坑底隆起	土体水平位移	土体分层沉降
一级	√	√	√	√	√	√	√	√	◇	◇	◇	◇	◇
二级	√	√	√	√	√	√	√	◇	◇	◇	◇	◇	◇
三级	√	√	√	√	√	◇	◇	◇	◇	◇	◇	◇	◇

注：“√”为必选项目，“◇”为可选项目，可按设计要求选择。

4.5 地 基 基 础

4.5.1 地基基础施工除应执行本规范的规定外，尚应符合国家现行标准《建筑地基基础工程施工质量验收规范》GB 50202、《建筑地基处理技术规范》JGJ 79、《建筑基桩检测技术规范》JGJ 106 的有关规定。

4.5.2 构筑物垫层、基础、底板施工前应对下列项目进行复验，符合设计要求和有关规定后方可进行施工：

1 基底标高及基坑几何尺寸、轴线位置；

2 天然岩土地基及地基处理；

3 复合地基、桩基工程；

4 降排水系统。

4.5.3 地基基础的施工方案应包括下列主要内容：

1 地基处理方式的选择，材料、配比，施工工艺和顺序，施工参数，施工机具，地基强度及承载力检验方法；

2 复合地基桩成桩工艺，材料、配比，施工参数，施工机具，承载力检测要求；

3 工程基础桩成桩施工工艺，材料、配比，施工参数，施工机具，承载力检测要求。

4.5.4 施工前应进行施工场地的整理，满足施工机具的作业要求；并应复核施工测量的轴线、水准点；所有施工机具、仪器仪表应进场验收合格，运行正常、安全可靠。

4.5.5 地基处理施工应符合下列规定：

1 灰土地基、砂石地基和粉煤灰地基：应将表层的浮土清除，并应控制材料配比、含水量、分层厚度及压实度，混合料应搅拌均匀；地层遇有局部软弱土层或孔穴，挖除后用素土或灰土分层填实；

2 强夯处理地基：应将施工场地的积水及时排除，地下水位降低到夯层面以下 2m；施工应控制夯锤落距、次数、夯击位置和夯击范围；强夯处理的范围宜超出构筑物基础，超出范围为加固深度的 1/3～1/2，且不小于 3m；对地基透水性差、含水量高的土层，前后两遍夯击应有 2～4 周的间歇期；

3 注浆加固地基：应根据设计要求及工程具体情况选用浆液材料，并应进行现场试验，确定浆液配比、施工参数及注浆顺序；浆液应搅拌充分、筛网过滤；施工中应严格控制施工参数和注浆顺序；地基承载力、注浆体强度合格率达不到80%时，应进行二次注浆。

4.5.6 复合地基施工应符合下列规定：

1 复合地基桩，应按设计要求进行工艺性试桩，以验证或调整设计参数，并确定施工工艺、技术参数；

2 复合地基桩，应控制所用材料配比，以及桩（孔）位、桩（孔）径、桩长（孔深）、桩（孔）身垂直度的偏差；

3 水泥土搅拌桩，应控制水泥浆注入量、机头喷浆提升速度、搅拌次数；停浆（灰）面宜比设计桩顶高 300～500mm；

4 高压旋喷桩，应控制水泥用量、压力、相邻桩位间距、提升速度和旋转速度；并应合理安排成桩施工顺序，详细记录成孔情况；需要扩大加固范围或提高强度时应采取复喷措施；

5 振冲桩，应控制填料粒径、填料用量、水压、振密电流、留振时间和振冲点位置顺序，防止漏振；

6 水泥粉煤灰碎石桩，应控制桩身混合料的配比、坍落度、灌入量和提拔钻杆（或套管）速度、成孔深度；成桩顶标高宜高于设计标高 500mm 以上；

7 砂桩，应选择适当的成桩方法，控制灌砂量、标高；合理安排成桩施工顺序；

8 土和灰土挤密桩，应控制填料含水量和夯击次数；并应合理安排成桩施工顺序；成桩预留覆盖土层厚度：沉管（锤击、振动）成孔宜为 0.50～0.70m，冲击成孔宜为 1.20～1.50m；

9 预制桩及灌注桩，应按本规范第 4.5.7 条的规定执行；

10 复合地基桩施工完成后，应按现行国家标准《建筑地基基础工程施工质量验收规范》GB 50202 规定和设计要求，检验桩体强度和地基承载力。

4.5.7 工程基础桩施工应符合下列规定：

1 成桩工艺、技术参数应满足设计要求；必要时应进行承载力或成桩工艺的试桩；

2 所用的工程材料、预制混凝土桩及钢桩、灌注桩的预制钢筋笼及混凝土进场验收合格；

3 混凝土灌注桩，应控制成孔、清渣、钢筋笼放置、灌注混凝土施工，防止坍（缩）孔和钻孔灌注桩护筒周围冒浆现象；端承桩应复验持力层的岩土性能，或按设计要求对桩底进行处理；

4 沉入桩，应控制沉桩的垂直度、贯入度、标高，桩顶的完整性；接桩施工的间歇时间应符合规定，焊接接桩应做10%的焊缝探伤检验；应按施工工艺、技术参数和地形地貌安排施工顺序；施加桩顶的作用力与桩帽、桩垫、桩身的中心轴线应重合；

5 沉入斜桩时，其倾斜角应符合设计要求，并避免影响后沉入桩施工。

4.5.8 抗浮锚杆、抗浮桩施工应符合下列规定：

1 抗浮锚杆，应采取打入式工艺或压浆工艺；成孔机具符合要求；

2 预制抗浮桩，应按设计要求进行桩身抗裂性能检验；

3 抗浮锚杆、抗浮桩，应按设计要求进行抗拔检验。

4.5.9 构筑物的垫层、基础及底板施工应符合下列规定：

1 对地基面层进行清理；

2 清除成桩顶端的预留高出部分和松散部分；

3 对桩顶的钢筋进行整形、处理；

4 按设计要求或有关规定设置变形缝。

4.6 基坑回填

4.6.1 基坑回填应在构筑物的地下部分验收合格后及时进行。不需做满水试验的构筑物，在墙体的强度未达到设计强度以前进行基坑回填时，其允许回填高度应与设计商定。

4.6.2 回填材料应符合设计要求或有关规范规定。

4.6.3 回填前应清除基坑内的杂物、建筑垃圾，并将积水排除干净。

4.6.4 每层回填厚度及压实遍数，应根据土质情况及所用机具，经过现场试验确定，层厚差不得超出 100mm。

4.6.5 应均匀回填、分层压实，其压实度应符合本规范表 4.7.7 的规定和设计要求。

4.6.6 钢、木板桩支撑的基坑回填，支撑的拆除应自下而上逐层进行。基坑填土压实高度达到支撑或土锚杆的高度时，方可拆除该层支撑。拆除后的孔洞及拔出板桩后的孔洞宜用砂填实。

4.6.7 雨期应经常检验回填土的含水量，随填、随压，防止松土淋雨；填土时基坑四周被破坏的土堤及排水沟应及时修复；雨天不宜填土。

4.6.8 冬期在道路或管道通过的部位不得回填冻土，其他部位可均匀掺入冻土，其数量不应超过填土总体积的 15%，但冻土的块径不得大于 150mm。

4.6.9 基坑回填后，必须保持原有的测量控制桩点和沉降观测桩点；并应继续进行观测直至确认沉降趋于稳定，四周建（构）筑物安全为止。

4.6.10 基坑回填土表面应略高于地面，整平，并利于排水。

4.7 质量验收标准

4.7.1 围堰应符合下列规定：

主 控 项 目

1 围堰结构形式和围堰高度、堰底宽度、堰顶宽度以及悬臂桩式围堰板桩入土深度符合设计要求；

检查方法：观察，检查施工记录、测量记录。

2 堰体稳固，变位、沉降在限定值内，无开裂、塌方、滑坡现象，背水面无线流；

检查方法：观察，检查施工记录、监测记录。

一 般 项 目

3 所用钢板桩、木桩、填筑土石方、围堰用袋等材料符合设计要求和有关标准的规定；

检查方法：观察；检查钢板桩、编织袋、石料等的出厂合格证；检查材料进场验收记录、土质鉴定报告。

4 土、袋装土围堰的边坡应稳定、密实，堰内边坡平整、堰外边坡耐水流冲刷；双层桩填芯围堰的内外桩排列紧密一致，芯内填筑材料应分层压实；止水钢板桩垂直，相邻板桩锁口咬合紧密；

检查方法：观察；检查施工记录。

5 围堰施工允许偏差应符合表 4.7.1 的规定。

表 4.7.1 围堰施工允许偏差

	检查项目	允许偏差（mm）	检查数量		检查方法
			范围	点数	
1	围堰中心轴线位置	50	每10m	1	用经纬仪、钢尺量
2	堰顶高程	不低于设计要求			水准仪测量
3	堰顶宽度	不低于设计要求			钢尺量
4	边坡	不陡于设计要求			钢尺量
5	钢板桩、木桩轴线位置	陆上：100；水上 200	每20根	1	用经纬仪、钢尺量
6	钢板桩顶标高	陆上：100；水上 200			水准仪测量
7	钢板桩、木桩长度	±100			钢尺量
8	钢板桩垂直度	1.0%H，且不大于100			线锤及直尺量

注：H指钢板桩的总长度，mm。

4.7.2 基坑开挖应符合下列规定：

主 控 项 目

1 基底不应受浸泡或受冻；天然地基不得扰动、超挖；

检查方法：观察；检查地基处理资料、施工记录。

2 地基承载力应符合设计要求；

检查方法：检查验基（槽）记录；检查地基处理或承载力检验报告、复合地基承载力检验报告、工程桩承载力检验报告。

检查数量：

1）同类型、同处理工艺的地基：不应少于 3 点；$1000m^2$ 以上工程，每 $100m^2$ 至少应有 1 点；$3000m^2$ 以上工程，每 $300m^2$ 至少应有 1 点；每个独立基础下不应少于 1 点，条形基础槽，每 20 延米应有 1 点；

2）同类型、同工艺的复合地基：不少于总数的 1%，且不应少于 3 处；有单桩检验要求时，不少于总数的 1%，且至少 3 根；

3）同类型、同工艺的工程基础桩承载力和桩身质量：承载力：采用静载荷试验时，不少于总数的 1%，且不应少于 3 根；当总数少于 50 根时，不应少于 2 根；采用高应变动力检测时，不少于总数的 2%，且不应少于 5 根；

桩身质量：灌注桩，不少于总数的 30%，且不应少于 20 根；其他桩，不少于总数的 20%，且不应少于 10 根。

3 基坑边坡稳定、围护结构安全可靠，无变形、沉降、位移，无线流现象；基底无隆起、沉陷、涌水（砂）等现象；

检查方法：观察；检查监测记录、施工记录。

一 般 项 目

4 基坑边坡护坡完整，无明显渗水现象；围护墙体排列整齐，钢板桩咬合紧密，混凝土墙体结构密实、接缝严密，围檩与支撑牢固可靠；

检查方法：观察；检查施工记录、监测记录。

5 基坑开挖允许偏差应符合表 4.7.2 的规定。

表 4.7.2 基坑开挖允许偏差

	检查项目		允许偏差（mm）	检查数量		检查方法
				范围	点数	
1	平面位置		≤50	每轴	4	经纬仪测量，纵横各二点
2	高程	土方	±20	每 $25m^2$	1	5m×5m 方格网挂线尺量
		石方	+20、−200			
3	平面尺寸		满足设计要求	每座	8	用钢尺量测，坑底、坑顶各 4 点
4	放坡开挖的边坡坡度		满足设计要求	每边	4	用钢尺或坡度尺量测
5	多级放坡的平台宽度		+100，−50	每级	每边 2	用钢尺量测
6	基底表面平整度		20	每 $25m^2$	1	用 2m 靠尺、塞尺量测

4.7.3 基坑围护结构与支撑系统的质量验收应符合现行国家标准《建筑地基基础工程施工质量验收规范》GB 50202 的相关规定及本规范第 4.7.2 条的规定。

4.7.4 地基基础的地基处理、复合地基、工程基础桩的质量验收应符合现行国家标准《建筑地基基础工程施工质量验收规范》GB 50202 的相关规定及本规范第 4.7.2 条的规定。有抗浮、抗侧向力要求的桩基应按设计要求进行试验。

4.7.5 抗浮锚杆应符合下列规定：

主 控 项 目

1 钢杆件（钢筋、钢绞线等）以及焊接材料、锚头、压浆材料等的材质、规格应符合设计要求；

检查方法：观察，检查出厂质量合格证明、性能检验报告和有关复验报告。

2 锚杆的结构、数量、深度等应符合设计要求；

检查方法：观察，检查施工记录。

3 锚杆抗拔能力、压浆强度等应符合设计要求；

检查方法：检查锚杆的抗拔试验报告、浆液试块强度试验报告。

一 般 项 目

4 锚杆施工允许偏差应符合表 4.7.5 的规定。

表 4.7.5 锚杆施工允许偏差

检查项目		允许偏差（mm）	检查数量		检查方法
			范围	点数	
1	锚固段长度	±30	1 根	1	钢尺量测
2	锚杆式锚固体位置	±100	1 根	1	钢尺量测
3	钻孔倾斜角度	±1%	10 根	1	量测钻机倾角
4	锚杆与构筑物锁定	按设计要求	1 根	1	观察、试拔

4.7.6 钢筋混凝土基础工程的模板、钢筋、混凝土及分项工程质量验收应分别符合本规范第 6.8.1、6.8.2、6.8.3、6.8.7 条的规定。

4.7.7 基坑回填应符合下列规定：

主 控 项 目

1 回填材料应符合设计要求；回填土中不应含有淤泥、腐殖土、有机物，砖、石、木块等杂物，超过本规范第 4.6.8 条规定的冻土块应清除干净；

检查方法：观察，检查施工记录。

2 回填高度符合设计要求；沟槽不得带水回填，回填应分层夯实；

检查方法：观察，用水准仪检查，检查施工记录。

3 回填时构筑物无损伤、沉降、位移；

检查方法：观察，检查沉降观测记录。

一 般 项 目

4 回填土压实度应符合设计要求，设计无要求时，应符合表 4.7.7 的规定。

表 4.7.7 回填土压实度

检查项目		压实度（%）	检查频率		检查方法
			范围	组数	
1	一般情况下	≥90	构筑物四周回填按 50 延米/层；大面积回填按 500m²/层	1(三点)	环刀法
2	地面有散水等	≥95		1(三点)	环刀法
3	当年回填土上修路、铺设管道	≥93注 ≥95		1(三点)	环刀法

注：表中压实度除标注者外均为轻型击实标准。

5 压实后表面平整、无松散、起皮、裂纹；粗细颗粒分配均匀，不得有砂窝及梅花现象；

检查方式：观察，检查施工记录。

6 回填表面平整度宜为 20mm；

检查方法：观察，用靠尺和楔形塞尺量测；检查施工记录。

5 取水与排放构筑物

5.1 一 般 规 定

5.1.1 本章适用于地下水取水构筑物（含大口井、渗渠和管井）、固定式地表水取水构筑物（含岸边式和河床式）、活动式地表水取水构筑物以及岸边和水中排放构筑物的施工与验收。

5.1.2 取水与排放构筑物的施工除符合本章规定外，还应符合下列规定：

1 固定式取水及排放泵房应符合本规范第 7 章的规定；

2 管井应符合现行国家标准《供水管井技术规范》GB 50296 的规定；

3 土石方与地基基础工程应符合本规范第 4 章的相关规定；

4 混凝土结构工程的钢筋、模板、混凝土分项工程应符合本规范第 6 章的相关规定；

5 进、出水管渠中，现浇钢筋混凝土管渠工程应符合本规范第 6.7 节的相关规定；预制管铺设的管渠工程应符合现行国家标准《给水排水管道工程施工及验收规范》GB 50268 的相关规定。

5.1.3 施工前应编制施工方案，涉及水上作业时还应征求相关河道、航道和堤防管理部门的意见。

5.1.4 施工场地布置、土石方堆弃、排泥、排废弃物等，不得影响水源环境、水体水质、航运航道，也不得影响堤岸及附近建（构）筑物的正常使用。施工中产生的废料、废液等应妥善处理。

5.1.5 施工应满足下列规定：

1 施工前应建立施工测量控制系统，对施工范围内的河道地形进行校测，并可根据需要设置地面、水上及水下控制桩点；

2 施工船舶、设备的停靠、锚泊及预制件驳运、浮运和施工作业时，应符合河道、航道等管理部门的有关规定，并有专人指挥；施工期间对航运有影响时应设置警告标志和警示灯，夜间施工应有保证通航的照明；

3 水下开挖基坑或沟槽应根据河道的水文、地质、航运等条件，确定水下挖泥、出泥及水下爆破、出渣等施工方案，必要时可进行试挖或试爆；

4 完工后应及时拆除全部施工设施，清理现场，修复原有护堤、护岸等；

5 应按国家航运部门有关规定和设计要求，设置水下构筑物及管道警示标志、水中及水面构筑物的防冲撞设施；

6 宜利用枯水季节进行施工，同时应考虑冰冻影响。

5.1.6 应根据工程环境、施工特点，做好构筑物结构和周围环境监控量测。

5.2 地下水取水构筑物

5.2.1 施工期间应避免地面污水及非取水层水渗入取水层。

5.2.2 施工完毕并经检验合格后，应按下列规定进行抽水清洗：

1 抽水清洗前应将构筑物中的泥沙和其他杂物清除干净；

2 抽水清洗时，大口井应在井中水位降到设计最低动水位以下停止抽水；渗渠应在集水井中水位降到集水管底以下停止抽水，待水位回升至静水位左右应再行抽水；抽水时应取水样，测定含砂量；设备能力已经超过设计产水量而水位未达到上述要求时，可按实际抽水设备的能力抽水清洗；

3 水中的含砂量小于或等于 1/200000（体积比）时，停止抽水清洗；

4 应及时记录抽水清洗时的静水位、水位下降值、含砂量测定结果。

5.2.3 抽水清洗后，应按下列规定测定产水量：

1 测定大口井或渗渠集水井中的静水位；

2 抽出的水应排至降水影响半径范围以外；

3 按设计产水量进行抽水，并测定井中的相应动水位；含水层的水文地质情况与设计不符时，应测定实际产水量及相应的水位；

4 测定产水量时，水位和水量的稳定延续时间应符合设计要求；设计无要求时，岩石地区不少于 8h，松散层地区不少于 4h；

5 宜采用薄壁堰测定产水量；

6 及时记录产水量及其相应的水位下降值检测结果；

7 宜在枯水期测定产水量。

5.2.4 大口井、渗渠施工所用的管节、滤料应符合下列规定：

1 管节的规格、性能及尺寸公差应符合国家相关产品标准的规定；

2 井筒混凝土无漏筋、孔洞、夹渣、疏松现象；

3 辐射管管节的外观应直顺、无残缺、无裂缝，管端光洁平齐且与管节轴线垂直；

4 有裂缝、缺口、露筋的集水管不得使用，进水孔眼数量和总面积的允许偏差应为设计值的±5%；

5 滤料的制备应符合下列规定：

1）滤料的粒径、不均匀系数及性质符合设计要求；

2）严禁使用风化的岩石质滤料；

3）滤料经过筛选检验合格后，按不同规格堆放在干净的场地上，并防止杂物混入；

4）标明堆放的滤料的规格、数量和铺设的层次；

5）滤料在铺设前应冲洗干净；其含泥量不应大于 1.0%（重量比）；

6 铺设大口井或渗渠的反滤层前，应将大口井中或渗渠沟槽中的杂物全部清除，并经检查合格后，方可铺设反滤层；反滤层、滤料层均匀度应符合设计要求；

7 滤料在运输和铺设过程中，应防止不同规格的滤料或其他杂物混入；冬期施工，滤料中不得含有冻块；

8 滤料铺设时，应采用溜槽或其他方法将滤料送至大口井井底或渗渠槽底，不得直接由高处向下倾倒。

5.2.5 大口井施工应符合本规范第 7.3 节规定，并符合下列规定：

1 井筒施工应符合下列规定：

1）井壁进水孔的反滤层必须按设计要求分层铺设，层次分明，装填密实；

2）采用沉井法下沉大口井井筒，在下沉前铺设进水孔反滤层时，应在井壁的内侧将进水孔临时封闭；不得采用泥浆套润滑减阻；

3）井筒下沉就位后应按设计要求整修井底，经检验合格后方可进行下一道工序；

4）井底超挖时应回填，并填至井底设计高程，其中井底进水的大口井，可采用与基底相同的砂砾料或与基底相近的滤料回填；封底的大口井，宜采用粗砂、砾石或卵石等粗颗粒材料回填；

2 井底反滤层铺设应符合下列规定：

1）宜将井中水位降到井底以下；

2）在前一层铺设完毕并经检验合格后，方

可铺设次层；

3）每层厚度不得小于该层的设计厚度；

3 大口井周围散水下回填黏土应符合下列规定：

1）黏土应呈现松散状态，不含有大于 50mm 的硬土块，且不含有卵石、木块等杂物；

2）不得使用冻土；

3）分层铺设压实，压实度不小于 95%；

4）黏土与井壁贴紧，且不漏夯；

4 新建复合井应先施工管井，建成的管井井口应临时封闭牢固；大口井施工时不得碰撞管井，且不得将管井作任何支撑使用。

5.2.6 辐射管施工应符合下列规定：

1 应根据含水层的土质、辐射管的直径、长度、管材以及设备条件等确定施工方法；

2 每根辐射管的施工应连续作业，不宜中断；埋入含水层中，辐射管向出水口应有不小于 4‰的坡度；

3 辐射管施工完毕，应采用高压水冲洗；辐射管与预留孔（管）之间的缝隙应封闭牢固，且不得漏砂；

4 锤打法或顶管法施工应符合下列规定：

1）辐射管的入土端应安装顶帽，施力端应安装管帽；

2）锤打施力或顶进千斤顶的作用中心线，与辐射管的中心线同轴；

3）千斤顶的支架应与底板固定；

4）千斤顶的后背布置应符合设计要求；

5 机械钻进法施工应符合下列规定：

1）大口井井壁强度达到设计要求后，方可安装钻机设备；

2）钻机应可靠地固定；

3）钻孔均匀进尺，遇坚硬地层，钻进速度不宜过大；

4）钻进和喷水必须同步，及时冲出钻屑；

6 水射法施工应符合下列规定：

1）水射设备连接牢固，过水通畅，安全可靠，且不得漏水；

2）水压不小于 0.3MPa，水枪的喷口流速：中、粗砂层，宜采用 15m/s；卵石层，宜采用 30m/s；

3）辐射管开始推进时，其入土端宜稍低于外露端；

4）辐射管随水枪射水，缓缓推进。

5.2.7 渗渠施工应符合下列规定：

1 渗渠沟槽施工应符合下列规定：

1）沟槽底及槽壁应平整，槽底中心线至沟槽壁的宽度不得小于中心线至设计反滤层外缘的宽度；

2）采用弧形基础时，其弧形曲线应与集水管的弧度基本吻合；

3）集水管与弧形基础之间的空隙，宜用砂石填充；

2 预制混凝土枕基的现场安装应符合下列规定：

1）枕基应与槽底接触稳定；

2）枕基间铺设的滤料应捣实，并按枕基的弧面最低点整平；

3）枕基位置及其标高应符合设计要求；

3 预制混凝土条形基础现浇管座应符合下列规定：

1）条形基础与槽底接触稳定；

2）条形基础的位置及其标高应符合设计要求；

3）条形基础的上表面凿毛，并冲刷干净；

4）浇筑管座时，在集水管两侧同时浇筑，集水管与条形基础间的三角区应填实，且不得使集水管位移；

4 集水管铺设应符合下列规定：

1）下管前应对集水管作外观检查，下管时不得损伤集水管；

2）铺设前应将管内外清扫干净，且不得有堵塞进水孔眼现象；铺设时应使集水管无进水孔眼部分的中线位于管底，并将集水管固定；

3）集水管铺设的坡度必须符合设计要求；

5 反滤层铺设应符合下列规定：

1）现场浇筑管座混凝土的强度应达到 5MPa 以上方可铺设反滤层；

2）集水管两侧的反滤层应对称分层铺设，每层厚度不宜超过 300mm，且不得使集水管产生位移；

3）每层滤料应厚度均匀，其厚度不得小于该层的设计厚度，各层间层次清晰；

4）分段铺设时，相邻滤层的留茬应呈阶梯形，铺设接头时应层次分明；

5）反滤层铺设完毕应采取保护措施，严禁车辆、行人通行或堆放材料，抛掷杂物；

6 沟槽回填应符合下列规定：

1）反滤层以上的回填土应符合设计要求；当设计无要求时，宜选用不含有害物质、不易堵塞反滤层的砂类土；

2）若槽底以上原土成层分布，宜按原土层顺序回填；

3）回填土时，宜对称于集水管中心线分层回填，并不得破坏反滤层和损伤集水管；

4）冬期回填土时，反滤层以上 0.5m 范围内，不得回填冻土；

5）回填土应分层夯实；

7 渗渠施工完毕，应清除现场遗留的土方及其他杂物，恢复施工前的河床地形。

5.3 地表水固定式取水构筑物

5.3.1 施工方案应包括以下主要内容：

1 施工平面布置图及纵、横断面图；

2 水中及岸边构筑物、管渠的围堰或基坑（基槽）、沉井施工方案；

3 水下基础工程的施工方法；

4 取水头部等采用预制拼装时，其构件制作，下水与浮运，下沉、定位及固定，水下拼装的技术措施；

5 进水管渠的施工方法以及与构筑物连接的技术措施；

6 施工设备机具的数量、型号以及安全性能要求；

7 水上、水下作业和深基坑作业的安全措施；

8 周围环境、航运安全等的技术措施。

5.3.2 施工方法应根据设计要求和工程具体情况，经技术经济比较后确定。

5.3.3 采用预制取水头部进行浮运沉放施工应符合下列规定：

1 取水头部预制的场地应符合下列规定：

1）场地周围应有足够供堆料、锚固、下滑、牵引以及安装施工机具、机电设备、牵引绳索的地段；

2）地基承载力应满足取水头部的荷载要求，达不到荷载要求时，应对地基进行加固处理；

2 混凝土预制构件的制作应按本规范第6章的有关规定执行；

3 预制钢构件的加工、制作、拼装应按现行国家标准《钢结构工程施工质量验收规范》GB 50205的有关规定执行；

4 预制构件沉放完成后，应按设计要求进行底部结构施工，其混凝土底板宜采用水下混凝土封底。

5.3.4 取水头部水上打桩应符合表5.3.4的规定。

表 5.3.4 取水头部水上打桩的尺寸要求

序号	项目		允许偏差(mm)
1	上面有盖梁的轴线位置	垂直于盖梁中心线	150
2		平行于盖梁中心线	200
3	上面无纵横梁的桩轴线位置		1/2 桩径或边长
4	桩顶高程		+100，−50

5.3.5 取水头部浮运前应设置下列测量标志：

1 取水头部中心线的测量标志；

2 取水头部进水管口的中心测量标志；

3 取水头部各角吃水深度的标尺，圆形时为相互垂直两中心线与圆周交点吃水深度的标尺；

4 取水头部基坑定位的水上标志；

5 下沉后，测量标志应仍露出水面。

5.3.6 取水头部浮运前准备工作应符合下列规定：

1 取水头部的混凝土强度达到设计要求，并经验收合格；

2 取水头部清扫干净，水下孔洞全部封闭，不得漏水；

3 拖曳缆绳绑扎牢固；

4 下滑机具安装完毕，并经过试运转；

5 检查取水头部下水后的吃水平衡，不平衡时，应采取浮托或配重措施；

6 浮运拖轮、导向船及测量定位人员均做好准备工作；

7 必要时应进行封航管理。

5.3.7 取水头部的定位，应采用经纬仪三点交叉定位法。岸边的测量标志，应设在水位上涨不被淹没的稳固地段。

5.3.8 取水头部沉放前准备工作应符合下列规定：

1 拆除构件拖航时保护用的临时措施；

2 对构件底面外形轮廓尺寸和基坑坐标、标高进行复测；

3 备好注水、灌浆、接管工作所需的材料，做好预埋螺栓的修整工作；

4 所有操作人员应持证上岗，指挥通信系统应清晰畅通。

5.3.9 取水头部定位后，应进行测量检查，及时按设计要求进行固定。施工期间应对取水头部、进水间等构筑物的进水孔口位置、标高进行测量复核。

5.3.10 水中构筑物施工完成后，应按本规范第5.4节的规定和设计要求进行回填、抛石等稳定结构的施工。

5.3.11 河床式取水进水口从进水管道内垂直顶升法施工，应按本规范第5.5.5条的规定执行。其取水头部装置应按设计要求进行安装，且位置准确、安装稳固。

5.3.12 岸边取水构筑物的进水口施工应按本规范第5.5节规定和设计要求执行。

5.4 地表水活动式取水构筑物

5.4.1 施工方案应包括以下主要内容：

1 取水构筑物施工平面布置图及纵、横断面图；

2 水下抛石方法；

3 浇筑混凝土及预制构件现场组装；

4 缆车或浮船及其联络管组装和试运转；

5 水下打桩；

6 水下安装；

7 水上、水下作业的安全措施。

5.4.2 水下抛石施工应符合下列规定：

1 抛石顶宽不得小于设计要求；

2 抛石时应采用标控位置；宜通过试抛确定水流流速、水深及抛石方法对抛石位置的影响；

3 所用抛石应有良好的级配；

4 抛石施工应由深处向岸堤进行；

5 抛石时应测水深，测量的频率应能指导抛石的正确作业；

6 宜采用断面方格网法控制定点抛石。

5.4.3 水下抛石预留沉量数值宜为抛石厚度的10%～20%；可按当地经验或现场试验确定；在水面附近应进行铺砌或人工抛埋。

5.4.4 对易受水流、波浪、冲淤影响的部位，基床平整后应及时进行下道工序。

5.4.5 斜坡道应自下而上进行施工，现浇混凝土坡度较陡时，应采取防止混凝土下滑的措施。

5.4.6 水位以下的轨道枕、梁、底板采用预制混凝土构件时，应预埋安装测量标志的辅助铁件。

5.4.7 缆车、浮船的接管车斜坡道、斜坡道上框架等结构的施工以及斜坡道上轨枕、轨梁、轨道的铺设，应按设计要求和国家有关规范执行。

5.4.8 缆车、浮船接管车的制作应符合设计要求，并应符合下列规定：

1 钢制构件焊接过程应采取防止变形措施；

2 钢制构件加工完毕应及时进行防腐处理。

5.4.9 摇臂管的钢筋混凝土支墩，应在水位上涨至平台前完成。

5.4.10 摇臂管安装前应及时测量挠度；如挠度超过设计要求，应会同设计单位采取补强措施，复测合格后方可安装。

5.4.11 摇臂管及摇臂接头在安装前应水压试验合格，其试验压力应为设计压力的1.5倍，且不小于0.4MPa。

5.4.12 摇臂接头的铸件材质及零部件加工尺寸应符合设计要求。铸件切削加工后，不得进行导致部位变形的任何补焊。

5.4.13 摇臂接头应在岸上进行试组装调试，使接头能转动灵活。

5.4.14 摇臂管安装应符合下列规定：

1 摇臂接头的岸、船两端组装就位，调试完成；

2 浮船上、下游锚固妥当，并能按施工要求移动泊位；

3 江河流速超过1m/s时应采取安全措施；

4 避开雨天、雪天和五级风以上的天气。

5.4.15 浮船与摇臂管联合试运行前，浮船应验收合格并符合下列规定方可试运行：

1 船上机电设备应按国家有关规范规定安装完毕，且安装检验与设备联动调试应合格；

2 进水口处应有防漂浮物的装置及清理设备；船舷外侧应有防撞击设施；

3 安全设施及防火器材应配置合理、完备，符合船舶管理的有关规定；

4 各水密舱的密封性能良好，所安装的管道、电缆等设施未破坏水密舱的密封效果；

5 抛锚位置应正确，锚链和缆绳强度的安全系数应符合规定，工作正常可靠。

5.4.16 浮船与摇臂管应按下列步骤联动试运行，并做好记录：

1 空载试运行应符合下列规定：

1）配电设备，所有用电设备试运转；

2）测定摇臂管的空载挠度；

3）移动浮船泊位，检查摇臂管水平移动；

4）测定浮船四角干舷高度；

2 满载试运行应符合下列规定：

1）机组应按设计要求连续试运转24h；

2）测定浮船四角干舷高度，船体倾斜度应符合设计要求；设计无要求时，不允许船体向摇臂管方向倾斜；船体向水泵吸水管方向的倾斜度不得超过船宽的2%，且不大于100mm；超过时，应会同有关单位协商处理；船舱底部应无漏水；

3）测定摇臂管的挠度；

4）移动浮船泊位，检查摇臂管的水平移动；

5）检查摇臂接头，有渗漏时应首先调整压盖的紧力；调整压盖无效时，再检查、调整填料涵的尺寸。

5.4.17 缆车、浮船接管车应按下列步骤试运行，并做好记录：

1 配电设备，所有用电设备试运转；

2 移动缆车、浮船接管车行走平稳，出水管与斜坡管连接正常；

3 起重设备试吊合格；

4 水泵机组按设计要求的负荷连续试运转24h；

5 水泵机组运行时，缆车、浮船的振动值应在设计允许的范围内。

5.5 排放构筑物

5.5.1 施工方案应根据工程水文地质条件、设计文件的要求编制，主要内容宜符合本规范第5.3.1条的有关规定，并应包括岸边排放的出水口护坡及护坦、水中排放出水涵渠（管道）和出水口的施工方法。

5.5.2 土石方与地基基础、砌体及混凝土结构施工应符合本规范第4章和第6章的相关规定，并应符合下列规定：

1 基础应建在原状土上，地基松软或被扰动时，应按设计要求处理；

2 排放出水口的泄水孔应畅通，不得倒流；

3 翼墙变形缝应按设计要求设置、施工，位置准确，设缝顺直，上下贯通；

4 翼墙临水面与岸边排放口端面应平顺连接；

5 管道出水口防潮门井的混凝土浇筑前，其预埋件安装应符合防潮门产品的安装要求。

5.5.3 翼墙背后填土应符合本规范第 4.6 节的规定，并应符合下列规定：

1 在混凝土或砌筑砂浆达到设计抗压强度后，方可进行；

2 填土时，墙后不得有积水；

3 墙后反滤层与填土应同时进行；

4 回填土分层压实。

5.5.4 岸边排放的出水口护坡、护坦施工应符合下列规定：

1 石砌体铺浆砌筑应符合下列规定：

1）水泥砂浆或细石混凝土应按设计强度提高 15%，水泥强度等级不低于 32.5，细石混凝土的石子粒径不宜大于 20mm，并应随拌随用；

2）封砌整齐、坚固，灰浆饱满、嵌缝严密，无掏空、松动现象；

2 石砌体干砌砌筑应符合下列规定：

1）底部应垫稳、填实，严禁架空；

2）砌紧口缝，不得叠砌和浮塞；

3 护坡砌筑的施工顺序应自下而上、分段上升；石块间相互交错，砌体缝隙严密，无通缝；

4 具有框格的砌筑工程，宜先修筑框格，然后砌筑；

5 护坡勾缝应自上而下进行，并应符合本规范第 6.5.14 条规定；

6 混凝土浇筑护坦应符合下列规定：

1）砂浆、混凝土宜分块、间隔浇筑；

2）砂浆、混凝土在达到设计强度前，不得堆放重物和受强外力；

7 如遇中雨或大雨，应停止施工并有保护措施；

8 水下抛石施工时，按本规范第 5.4 节的相关规定进行。

5.5.5 水中排放出水口从出水管道内垂直顶升施工，应符合现行国家标准《给水排水管道工程施工及验收规范》GB 50268 的规定，并应符合下列规定：

1 顶升立管完成后，应按设计要求稳管、保护；

2 在水下揭去帽盖前，管道内必须灌满水；

3 揭帽盖的安全措施准备就绪；

4 排放头部装置应按设计要求进行安装，且位置准确、安装稳固。

5.5.6 砌筑水泥砂浆、细石混凝土以及混凝土结构的试块验收合格标准应符合下列规定：

1 水泥砂浆应符合本规范第 6.5.2、6.5.3 条的规定；

2 细石混凝土，每 $100m^3$ 的砌体为一个验收批，应至少检验一次强度；每次应制作试块一组，每组三块；并符合本规范第 6.2.8 条第 6 款的规定；

3 混凝土结构的混凝土应符合本规范第 6.2.8 条的规定。

5.5.7 排放构筑物的施工应符合本规范第 5.3 节的相关规定。

5.6 进、出水管渠

5.6.1 取水构筑物进水管渠、排放构筑物的出水管渠的施工方案主要内容应包括管渠的施工方法、施工技术措施、水上及水下作业和深基槽作业的安全措施。

5.6.2 进、出水管施工符合现行国家标准《给水排水管道工程施工及验收规范》GB 50268 的相关规定，并应符合下列规定：

1 现浇钢筋混凝土结构管渠施工应符合本规范第 6.7.7 条规定；

2 砌体结构管渠施工应符合本规范第 6.7.6 条规定；

3 取水构筑物的水下进水管渠，与取水头部连接段设有弯（折）管时，宜采用围堰开槽或沉管法施工；条件允许时，直线段采用顶管法施工，弯（折）管段采用围堰开槽或沉管法施工；

4 水中架空管道应符合下列规定：

1）排架宜采用预制构件进行装配施工，严格控制排架位置及顶面标高；

2）可采用浮拖法、船吊法等进行管道就位；预制管段的拖运、浮运、吊运及下沉按现行国家标准《给水排水管道工程施工及验收规范》GB 50268 的相关规定执行；

5 水下管道接口采用管箍连接时，应先在陆地或船上试接和校正；管道在水下连接后，由潜水员检查接头质量，并做好质量检查记录。

5.6.3 沉管采用分段下沉时，应严格控制管段长度；最后一节管段下沉前应进行管位及长度复核。

5.6.4 水下顶管施工应符合现行国家标准《给水排水管道工程施工及验收规范》GB 50268 的相关规定，并符合下列规定：

1 利用进水间、出水井等构筑物作为顶管工作井，并采用井壁作顶管后背时，后背设计应获得有关单位同意；

2 后背与千斤顶接触的平面应与管段轴线垂直，其垂直偏差不得超过 5mm；

3 顶管机穿墙时应采取防止水、砂涌入工作坑的措施，并宜将工具管前端稍微抬高；

4 顶管过程中应保持顶进进尺土方量与出土量的平衡，并严禁超量排土。

5.6.5 进、出水管渠的位置、坡度符合设计要求，流水通畅。

5.6.6 管渠穿越构筑物的墙体间隙，应按设计要求处理，封填密实、不渗漏。

5.7 质量验收标准

5.7.1 取水与排放构筑物结构中有关钢筋混凝土结构、砖石砌体结构工程的各分项工程质量验收应符合本规范第6.8.1～6.8.9条的有关规定。取水与排放泵房工程的质量验收应符合本规范第7.4节的有关规定。

5.7.2 进、出水管渠中现浇钢筋混凝土、砌体结构的管渠工程质量验收应符合本规范第6.8.11、6.8.12条的规定；预制管铺设的管渠工程质量验收应符合现行国家标准《给水排水管道工程施工及验收规范》GB 50268的相关规定。

5.7.3 大口井应符合下列规定：

主控项目

1 预制管节、滤料的规格、性能应符合国家有关标准、设计要求和本规范第5.2.4条相关规定；

检查方法：观察，检查每批的产品出厂质量合格证明、性能检验报告及有关的复验报告。

2 井筒位置及深度、辐射管布置应符合设计要求；

检查方法：检查施工记录、测量记录。

3 反滤层铺设范围、高度应符合设计要求；

检查方法：观察，检查施工记录、测量记录、滤料用量。

4 抽水清洗、产水量的测定应符合本规范第5.2.2、5.2.3条的规定；

检查方法：检查抽水清洗、产水量的测定记录。

一般项目

5 井筒应平整、洁净、边角整齐，无变形；混凝土表面不得出现有害裂缝，蜂窝麻面面积不得超过总面积的1%；

检查方法：观察，量测表面缺陷。

6 辐射管坡向正确、线形直顺、接口平顺，管内洁净；管与预留孔（管）之间无渗漏水现象；

检查方法：观察。

7 反滤层层数和每层厚度应符合设计要求；

检查方法：观察，检查施工记录。

8 大口井外四周封填材料、厚度等应符合设计要求和本规范第5.2.5条第3款的规定，封填密实；

检查方法：观察，检查封填材料的质量保证资料。

9 预制井筒的制作尺寸允许偏差，应符合表5.7.3-1的规定。

表5.7.3-1 预制井筒的允许偏差

检查项目		允许偏差（mm）	检查数量		检查方法
			范围	点数	
1	筒平面尺寸	长、宽（L）	±0.5%L，且≤100	每座	长、宽各3	用钢尺量测
2	筒平面尺寸	曲线部分半径（R）	±0.5%R，且≤50	每对应30°圆心角	1	用钢尺量测
3	筒平面尺寸	两对角线差	不超过对角线长的1%	每座	2	用钢尺量测
4	井壁厚度		±15	每座	6	用钢尺量测

10 大口井施工的允许偏差应符合表5.7.3-2的规定。

表5.7.3-2 大口井施工的允许偏差

检查项目		允许偏差（mm）	检查数量		检查方法
			范围	点数	
1	井筒中心位置	30	每座	1	用经纬仪测量
2	井筒井底高程	±30	每座	1	用水准仪测量
3	井筒倾斜	符合设计要求，且≤50	每座	1	垂线、钢尺量，取最大值
4	表面平整度	≤10	10m	1	用钢尺量测
5	预埋件、预埋管的中心位置	≤5	每件	1	用水准仪测量
6	预留洞的中心位置	≤10	每洞	1	用水准仪测量
7	辐射管坡度	符合设计要求，且≥4‰	每根	1	用水准仪或水平尺测量

5.7.4 渗渠应符合下列规定：

主控项目

1 预制管材、滤料及原材料的规格、性能应符合国家有关标准、设计要求和本规范第5.2.4条相关规定；

检查方法：观察；检查每批的产品出厂质量合格证明、性能检验报告及有关的复验报告。

2 集水管安装的进水孔方向正确，且无堵塞；管道坡度必须符合设计要求；

检查方法：观察；检查施工记录、测量记录。

3 抽水清洗、产水量的测定应符合本规范第5.2.2、5.2.3条的规定；

检查方法：检查抽水清洗、产水量的测定记录。

一般项目

4 集水管道应坡向正确、线形直顺、接口平顺，管内洁净；管道应垫稳，管口间隙应均匀；

检查方法：观察，检查施工记录、测量记录。

5 集水管施工允许偏差应符合表5.7.4的规定。

表5.7.4 渗渠集水管道施工的允许偏差

检查项目			允许偏差（mm）	检查数量		检查方法
				范围	点数	
1	沟槽	高程	±20	20m	1	用水准仪测量
2		槽底中心线每侧宽	不小于设计宽度			用钢尺量测
3	基础	高程（弧型基础底面、枕基顶面、条形基础顶面）	±15			用水准仪测量
4		中心轴线	20			用经纬仪或挂中线钢尺量测
5		相邻枕基的中心距离	20			用钢尺量
6	管道	轴线位置	10			用经纬仪或挂中线钢尺量测
7		内底高程	±20			用水准仪测量
8		对口间隙	±5	每处		用钢尺量测
9		相邻两管节错口	5			用钢尺量测

注：对口间隙不得大于相邻滤层中的滤料最小直径。

5.7.5 管井应符合下列规定：

主控项目

1 井管、过滤器的类型、规格、性能应符合国家有关标准规定和设计要求；

检查方法：观察；检查每批的产品出厂质量合格证明、性能检验报告。

2 滤料的规格应符合设计要求，其中不符合规格的数量不得超过设计数量的15%；滤料应不含土或杂物，严禁使用棱角碎石；

检查方法：观察；检查滤料的筛分报告等。

3 井身应圆正、竖直，其直径不得小于设计要求；

检查方法：观察；检查钻井记录、探井检查记录。

4 井管安装稳固，并直立于井口中心、上端口水平；井管安装的偏斜度：小于或等于100m的井段，其顶角的偏斜不得超过1°；大于100m的井段，每百米顶角偏斜的递增速度不得超过1.5°；

检查方法：检查安装记录；用经纬仪、水准仪、垂线等测量。

5 洗井、出水量和水质测定符合国家有关标准的规定和设计要求；

检查方法：按现行国家标准《供水管井技术规范》GB 50296的有关规定执行，检查抽水试验资料和水质检验资料。

一般项目

6 井身的偏斜度应符合本条第4款的相关规定；井段的顶角和方位角不得有突变；

检查方法：观察；检查钻井记录、探井检查记录。

7 过滤管安装深度的允许偏差为±300mm；

检查方法：检查安装记录；用水准仪、钢尺测量。

8 填砾的数量及深度符合设计要求；

检查方法：观察；检查施工记录、用料记录。

9 洗井后井内沉淀物的高度应小于井深的5‰；

检查方法：观察；用水准仪、钢尺测量。

10 管井封闭位置、厚度、封闭材料以及封闭效果符合设计要求；

检查方法：观察；检查施工记录、用料记录。

5.7.6 预制取水头部的制作应符合下列规定：

主控项目

1 工程原材料、预制构件等的产品质量保证资料应齐全，每批的出厂质量合格证明书及各项性能检验报告应符合国家有关标准规定和设计要求；

检查方法：检查产品质量合格证、出厂检验报告和进场复验报告。

2 混凝土结构的强度、抗渗、抗冻性能应符合设计要求；外观无严重质量缺陷；钢制结构的拼接、防腐性能应符合设计要求；结构无变形现象；

检查方法：观察，检查混凝土结构的抗压、抗渗、抗冻试块试验报告，钢制结构的焊接（栓接）质量检验报告、防腐层检测记录；检查技术处理资料。

3 预制构件试拼装经检验合格，进水孔、预留孔及预埋件位置正确；

检查方法：观察，检查试拼装记录、施工记录、隐蔽验收记录。

一般项目

4 混凝土结构表面应光洁平整，洁净，边角整齐；外观质量不宜有一般缺陷；

检查方法：观察；检查技术处理资料。

5 钢制结构防腐层完整，涂装均匀；

检查方法：观察。

6 拼装、沉放的吊环、定位件、测量标记等满足安装要求；

检查方法：观察；检查施工记录。

7 取水头部制作允许偏差应分别符合表5.7.6-1和表5.7.6-2的规定。

表 5.7.6-1 预制箱式和筒式钢筋混凝土取水头部的允许偏差

检查项目			允许偏差（mm）	检查数量		检查方法
				范围	点数	
1	长、宽(直径)、高度		±20	每构件	各4	用钢尺量各边
2	变形	方形的两对角线差值	对角线长0.5%		2	用钢尺量上下两端面
		圆形的椭圆度	$D_o/200$，且≤20		2	
3	厚 度		+10，−5		8	用钢尺量测
4	表面平整度		10		4	用2m直尺、塞尺量测
5	端面垂直度		8		4	
6	中心位置	预埋件、预埋管	5	每处	1	用钢尺量测
		预留洞	10	每洞	1	

注：D_o 为外径(mm)。

表 5.7.6-2 预制箱式和筒式钢结构取水头部制作的允许偏差

检查项目			允许偏差（mm）		检查数量		检查方法
			箱 式	管 式	范 围	点 数	
1	椭圆度		$D_o/200$，且≤20	$D_o/200$，且≤10	每构件	1	用钢尺量测
2	周长	D_o≤1600	±8	±8		1	用钢尺量测
		D_o>1600	±12	±12		1	用钢尺量测
3	长、宽（多边形边长）、直径、高度		1/200，且≤20	$D_o/200$		长、宽（多边形边长）、直径、高度各1	用钢尺量测
4	端面垂直度		4	5		1	用钢尺量测
5	中心位置	进水管	10	10	每处	1	用钢尺量测
		进水孔	20	20	每洞	1	用钢尺量测

注：D_o 为外径（mm）。

5.7.7 预制取水头部的沉放应符合下列规定：

主 控 项 目

1 沉放安装中所用的原材料、配件等的等级、规格、性能应符合国家有关标准规定和设计要求；

检查方法：检查产品的出厂质量合格证、出厂检验报告和进场复验报告。

2 取水头部的沉放位置、高度以及预制构件之间的连接方式等符合设计要求，拼装位置准确、连接稳固；

检查方法：观察；检查施工记录、测量记录，检查拼接连接的施工检验记录、试验报告；用钢尺、水准仪、经纬仪测量拼接位置。

3 进水孔、进水管口的中心位置符合设计要求；结构无变形、裂缝、歪斜；

检查方法：观察；检查施工记录、测量记录。

一 般 项 目

4 底板结构层厚度、封底混凝土强度应符合设计要求；

检查方法：观察；检查封底混凝土强度报告、施工记录。

5 基坑回填、抛石的范围、高度应符合设计要求；

检查方法：观察，潜水员水下检查；检查施工记录。

6 进水工艺布置、装置安装符合设计要求；钢制结构防腐层无损伤；

检查方法：观察；检查施工记录。

7 警告、警示标志及安全保护设施设置齐全；

检查方法：观察；检查施工记录。

8 取水头部安装的允许偏差应符合表 5.7.7 的规定。

5.7.8 缆车、浮船式取水构筑物工程的混凝土及砌体结构应符合下列规定：

表 5.7.7 取水头部安装的允许偏差

检查项目		允许偏差	检查数量		检查方法
			范围	点数	
1	轴线位置	150mm	每座	2	用经纬仪测量
2	顶面高程	±100mm	每座	4	用水准仪测量
3	水平扭转	1°	每座	1	用经纬仪测量
4	垂直度	1.5‰H，且≤30mm	每座	1	用经纬仪、垂球测量

注：H 为底板至顶面的总高度（mm）。

主 控 项 目

1 所用的原材料、砖石砌块、构件应符合国家有关标准规定和设计要求；

检查方法：检查产品的出厂质量合格证、出厂检验报告和进场复验报告。

2 混凝土强度、砌筑砂浆强度应符合设计要求；

检查方法：检查混凝土结构的抗压、抗冻试块报告，检查砌筑砂浆的抗压强度试块报告。

3 水下基床抛石、反滤层和垫层的铺设范围、厚度应符合设计要求；构筑物结构类型、斜坡道上预制框架装配连接形式、摇臂管支墩数量与布置方式等应符合设计要求；结构稳定、位置正确，无沉降、位移、变形等现象；

检查方法：观察（水下部分潜水员检查）；检查施工记录、测量记录、监测记录。

4 混凝土结构外光内实，外观质量无严重缺陷；砌体结构砌筑完整、灰缝饱满，无明显裂缝、通缝等现象；斜坡道的坡度、水平度满足铺轨要求；

检查方法：观察；检查施工资料。

一 般 项 目

5 混凝土结构外观质量不宜有一般缺陷，砌体结构砌筑齐整、缝宽均匀一致；

检查方法：观察；检查技术资料。

6 缆车、浮船接管车斜坡道现浇混凝土及砌体结构施工的允许偏差应符合表5.7.8-1的规定。

表5.7.8-1 缆车、浮船接管车斜坡道的现浇混凝土和砌体结构施工允许偏差

检查项目			允许偏差（mm）	检查数量		检查方法
				范围	点数	
1	轴线位置		20	每10m	2	用经纬仪测量
2	长度		$\pm L/200$		2	用钢尺量测
3	宽度		±20		1	用钢尺量测
4	厚度		±10		2	用钢尺量测
5	高程	设计枯水位以上	±10		2	用水准仪测量
6		设计枯水位以下	±30		2	用水准仪测量
7	中心位置	预埋件	5	每处	1	用钢尺量测
8		预留件	10		1	用钢尺量测
9	表面平整度		10	每10m	1	用2m直尺、塞尺量测

注：L为斜坡道总长度（mm）。

7 缆车、浮船接管车斜坡道上现浇钢筋混凝土框架施工的允许偏差应符合表5.7.8-2的规定。

表5.7.8-2 缆车、浮船接管车斜坡道上现浇钢筋混凝土框架施工允许偏差

检查项目			允许偏差（mm）	检查数量		检查方法
				范围	点数	
1	轴线位置		20	每座	2	用经纬仪测量
2	长、宽		±10	每座	各3	用钢尺量长、宽
3	高程		±10	每座	4	用水准仪测量
4	垂直度		$H/200$，且≤15	每座	4	铅垂配合钢尺量测
5	水平度		$L/200$，且≤15	每座	4	用钢尺量测
6	表面平整度		10	每座	4	用2m直尺、塞尺检查
7	中心位置	预埋件	5	每件	1	用钢尺量测
8		预留孔	10	每洞	1	用钢尺量测

注：1 H为柱的高度（mm）；

2 L为单梁或板的长度（mm）。

8 缆车、浮船接管车斜坡道上预制钢筋混凝土框架施工的允许偏差应符合表5.7.8-3的规定。

表5.7.8-3 缆车、浮船接管车斜坡道上预制钢筋混凝土框架施工允许偏差

检查项目			允许偏差（mm）			检查数量		检查方法
			板	梁	柱	范围	点数	
1	长度		+10，−5	+10，−5	+5，−10	每件	1	用钢尺量测
2	宽度、高度或厚度		±5	±5	±5	每件	各1	用钢尺量宽度、高度或厚度
3	直顺度		$L/1000$，且≤20	$L/750$，且≤20	$L/750$，且≤20	每件	1	用钢尺量测
4	表面平整度		5	5	5	每件	1	用2m直尺、塞尺量测
5	中心位置	预埋件	5	5	5	每件	1	用钢尺量测
		预留孔	10	10	10	每洞	1	用钢尺量测

注：L为构件长度（mm）。

9 缆车、浮船接管车斜坡道上预制框架安装的允许偏差应符合表5.7.8-4的规定。

10 缆车、浮船接管车斜坡道上钢筋混凝土轨枕、梁及轨道安装应符合表5.7.8-5的规定。

表5.7.8-4 缆车、浮船接管车斜坡道上预制框架安装允许偏差

检查项目		允许偏差（mm）	检查数量		检查方法
			范围	点数	
1	轴线位置	20	每座	2	用经纬仪测量
2	长、宽、高	±10	每座	各2	用钢尺量长、宽、高
3	高程（柱基，柱顶）	±10	每柱	2	用水准仪测量
4	垂直度	$H/200$，且≤10	每座	4	垂球配合钢尺检查
5	水平度	$L/200$，且≤10	每座	2	用钢尺量测

注：1 H为柱的高度(mm)；

2 L为单梁或板的长度(mm)。

表 5.7.8-5 缆车、浮船接管车斜坡道上轨枕、梁及轨道安装尺寸要求

检查项目			允许偏差（mm）	检查数量		检查方法
				范围	点数	
1	钢筋混凝土轨枕、轨梁	轴线位置	10	每10m	2	用经纬仪量测
2		高程	+2，−5		2	用水准仪量测
3		中心线间距	±5		1	用钢尺量测
4		接头高差	5	每处	1	用靠尺量测
5		轨梁柱跨间对角线差	15	每跨	2	用钢尺量测
6	轨道	轴线位置	5	每根轨	2	用经纬仪量测
7		高程	±2		2	用水准仪量测
8		同一横截面上两轨高差	2		2	用水准仪量测
9		两轨内距	±2		2	用钢尺量测
10		钢轨接头左、右、上三面错位	1		3	用靠尺、钢尺量

11 摇臂管钢筋混凝土支墩施工的允许偏差应符合表 5.7.8-6 的规定。

表 5.7.8-6 摇臂管钢筋混凝土支墩施工允许偏差

检查项目			允许偏差（mm）	检查数量		检查方法
				范围	点数	
1	轴线位置		20	每墩	1	用经纬仪测量
2	长、宽或直径		±20	每墩	1	用钢尺量测
3	曲线部分的半径		±10	每墩	1	用钢尺量测
4	顶面高程		±10	每墩	1	用水准仪测量
5	顶面平整度		10	每墩	1	用水准仪测量
6	中心位置	预埋件	5	每件	1	用钢尺量测
7		预留孔	10	每洞	1	用钢尺量测

5.7.9 缆车、浮船式取水构筑物的接管车与浮船应符合下列规定：

主 控 项 目

1 机电设备、仪器仪表应符合国家有关标准规定和设计要求，浮船接管车、摇臂管等构件、附件应符合本规范第 5.4.8～5.4.13 条的规定和设计要求；

检查方法：观察；检查产品出厂质量报告、进口产品的商检报告及证件等；检查摇臂管及摇臂接头的现场检验记录。

2 缆车、浮船接管车以及浮船上的设备布置、数量应符合设计要求，安装牢固、防腐层完整、构件无变形、各水密舱的密封性能良好；且安装检测、联动调试合格；

检查方法：观察；检查安装记录、检测记录、联动调试记录及报告。

3 摇臂管及摇臂接头的岸、船两端组装就位符合设计要求，调试合格；

检查方法：观察；检查摇臂接头岸上试组装调试记录，安装记录、调试记录。

4 浮船与摇臂管联合试运行以及缆车、浮船接管车试运转符合本规范第 5.4.16～5.4.17 条的规定，各种设备运行情况正常，并符合设计要求；

检查方法：检查试运行报告。

一 般 项 目

5 进水口处的防漂浮物装置及清理设备安装正确；

检查方法：观察，检查安装记录。

6 船舷外侧防撞击设施、锚链和缆绳、安全及消防器材等设置齐全、配备正确；

检查方法：观察，检查安装记录。

7 浮船各部尺寸允许偏差应符合表 5.7.9-1 的规定。

表 5.7.9-1 浮船各部尺寸允许偏差

检查项目			允许偏差（mm）			检查数量		检查方法
			钢船	钢筋混凝土船	木船	范围	点数	
1	长、宽		±15	±20	±20	每船	各 2	用钢尺量测
2	高度		±10	±15	±15	每船	2	用钢尺量测
3	板梁、横隔梁	高度	±5	±5	±5	每件	1	用钢尺量测
4		间距	±5	±10	±10	每件	1	用钢尺量测
5	接头外边缘高差		$\delta/5$，且不大于 2	3	2	每件	1	用钢尺量测
6	机组与设备位置		10	10	10	每件	1	用钢尺量测
7	摇臂管支座中心位置		10	10	10	每支座	1	用钢尺量测

注：δ 为板厚（mm）。

8　缆车、浮船接管车的尺寸允许偏差应符合表5.7.9-2的规定。

表 5.7.9-2　缆车、浮船接管车尺寸允许偏差

<table>
<tr><th colspan="2" rowspan="2">检查项目</th><th rowspan="2">允许偏差</th><th colspan="2">检查数量</th><th rowspan="2">检查方法</th></tr>
<tr><th>范围</th><th>点数</th></tr>
<tr><td>1</td><td>轮中心距</td><td>±1mm</td><td>每轮</td><td>1</td><td>用钢尺量测</td></tr>
<tr><td>2</td><td>两对角轮距差</td><td>2mm</td><td>每组</td><td>1</td><td>用钢尺量测</td></tr>
<tr><td>3</td><td>同侧滚轮直顺偏差</td><td>±1mm</td><td>每侧</td><td>1</td><td>用钢尺量测</td></tr>
<tr><td>4</td><td>外形尺寸</td><td>±5mm</td><td>每车</td><td>4</td><td>用钢尺量测</td></tr>
<tr><td>5</td><td>倾斜角</td><td>±30′</td><td>每车</td><td>1</td><td>用经纬仪量</td></tr>
<tr><td>6</td><td>机组与设备位置</td><td>10mm</td><td>每件</td><td>1</td><td>用钢尺量测</td></tr>
<tr><td>7</td><td>出水管中心位置</td><td>10mm</td><td>每管</td><td>1</td><td>用钢尺量测</td></tr>
</table>

注：倾斜角为轮轨接触平面与水平面的倾角。

5.7.10　岸边排放构筑物的出水口应符合下列规定：

主 控 项 目

1　所用原材料、石料、防渗材料符合国家有关标准的规定和设计要求；

检查方法：观察；检查每批的产品出厂质量合格证明、性能检验报告及有关的复验报告。

2　混凝土强度、砌筑砂浆（细石混凝土）强度应符合设计要求；其试块的留置及质量评定应符合本规范第5.5.6条的相关规定；

检查方法：检查混凝土结构的抗压、抗渗、抗冻试块试验报告，检查灌浆砂浆（或细石混凝土）的抗压强度试块试验报告。

3　构筑物结构稳定、位置正确，出水口无倒坡现象；翼墙、护坡等混凝土或砌筑结构的沉降量、位移量应符合设计要求；

检查方法：观察；检查施工记录、测量记录、监测记录。

4　混凝土结构外光内实，外观质量无严重缺陷；砌体结构砌筑完整、灌浆密实，无裂缝、通缝、翘动等现象；

检查方法：观察；检查施工资料。

一 般 项 目

5　混凝土结构外观质量不宜有一般缺陷；砌体结构砌筑齐整，勾缝平整、缝宽均匀一致；抛石的范围、高度应符合设计要求；

检查方法：观察；检查技术处理资料。

6　翼墙反滤层铺筑断面不得小于设计要求，其后背的回填土的压实度不应小于95%；

检查方法：观察；检查回填土的压实度试验报告，检查施工记录。

7　变形缝位置应准确，安设顺直，上下贯通；变形缝的宽度允许偏差为0～5mm；

检查方法：观察；用钢尺随机量测。

8　所有预埋件、预留孔洞、排水孔位置正确；

检查方法：观察。

9　施工允许偏差应符合表5.7.10的规定。

表 5.7.10　岸边排放构筑物的出水口的施工允许偏差

<table>
<tr><th colspan="5" rowspan="2">检查项目</th><th rowspan="2">允许偏差(mm)</th><th colspan="2">检查数量</th><th rowspan="2">检查方法</th></tr>
<tr><th>范围</th><th>点数</th></tr>
<tr><td rowspan="3">1</td><td colspan="2" rowspan="3">轴线位置</td><td colspan="2">混凝土结构</td><td>±10</td><td rowspan="21">每段或每10m长</td><td rowspan="5">1点</td><td rowspan="3">用经纬仪测量</td></tr>
<tr><td rowspan="2">砌石结构</td><td>料　石</td><td>±10</td></tr>
<tr><td>块石、卵石</td><td>±15</td></tr>
<tr><td rowspan="7">2</td><td rowspan="7">翼墙</td><td rowspan="2">顶面高程</td><td colspan="2">混凝土结构</td><td>±10</td><td rowspan="2">用水准仪测量</td></tr>
<tr><td colspan="2">砌石结构</td><td>±15</td></tr>
<tr><td rowspan="3">断面尺寸、厚度</td><td colspan="2">混凝土结构</td><td>+10，−5</td><td rowspan="5">2点</td><td rowspan="3">用钢尺量测</td></tr>
<tr><td rowspan="2">砌石结构</td><td>料石</td><td>±15</td></tr>
<tr><td>块石</td><td>+30，−20</td></tr>
<tr><td rowspan="2">墙面垂直度</td><td colspan="2">混凝土结构</td><td>1.5‰H</td><td rowspan="2">用垂线量测</td></tr>
<tr><td colspan="2">砌石结构</td><td>0.5%H</td></tr>
<tr><td rowspan="11">3</td><td rowspan="11">护坡、护坦</td><td rowspan="3">坡面、坡底顶面高程</td><td rowspan="2">砌石结构</td><td>块石、卵石</td><td>±20</td><td rowspan="3">1点</td><td rowspan="3">用水准仪测量</td></tr>
<tr><td>料　石</td><td>±15</td></tr>
<tr><td colspan="2">混凝土结构</td><td>±10</td></tr>
<tr><td rowspan="3">净空尺寸</td><td rowspan="2">砌石结构</td><td>块石、卵石</td><td>±20</td><td rowspan="3">2点</td><td rowspan="3">用钢尺量测</td></tr>
<tr><td>料　石</td><td>±10</td></tr>
<tr><td colspan="2">混凝土结构</td><td>±10</td></tr>
<tr><td colspan="3">护坡坡度</td><td>不大于设计要求</td><td rowspan="5">2点</td><td>用水准仪测量</td></tr>
<tr><td colspan="3">结构厚度</td><td>不小于设计要求</td><td>用钢尺量测</td></tr>
<tr><td rowspan="3">坡面、坡底平整度</td><td rowspan="2">砌石结构</td><td>块石、卵石</td><td>20</td><td rowspan="3">用2m直尺、塞尺量测</td></tr>
<tr><td>料　石</td><td>15</td></tr>
<tr><td colspan="2">混凝土结构</td><td>12</td></tr>
<tr><td>4</td><td colspan="4">预埋件中心位置</td><td>5</td><td>每处</td><td>1</td><td>用钢尺量测</td></tr>
<tr><td>5</td><td colspan="4">预留孔洞中心位置</td><td>10</td><td>每处</td><td>1</td><td>用钢尺量测</td></tr>
</table>

注：H系指墙全高（mm）。

5.7.11　水中排放构筑物的出水口应符合下列规定：

主 控 项 目

1　所用预制构件、配件、抛石料符合国家有关标准规定和设计要求；

检查方法：观察；检查每批的产品出厂质量合格证明、性能检验报告及有关的复验报告。

2　出水口的位置、相邻间距及顶面高程应符合设计要求；

检查方法：检查施工记录、测量记录。

3 出水口顶部的出水装置安装牢固、位置正确、出水通畅；

检查方法：观察（潜水员检查）；检查施工记录。

一 般 项 目

4 垂直顶升立管周围采用抛石等稳管保护措施的范围、高度符合设计要求；

检查方法：观察（潜水员检查）；检查施工记录。

5 警告、警示标志及安全保护设施符合设计要求，设置齐全；

检查方法：观察；检查施工记录。

6 钢制构件的防腐措施符合设计要求；

检查方法：观察；检查施工记录、防腐检验记录。

7 施工允许偏差应符合表 5.7.11 的规定。

表 5.7.11 水中排放构筑物的出水口的施工允许偏差

<table>
<tr><th colspan="3" rowspan="2">检查项目</th><th rowspan="2">允许偏差（mm）</th><th colspan="2">检查数量</th><th rowspan="2">检查方法</th></tr>
<tr><th>范围</th><th>点数</th></tr>
<tr><td>1</td><td colspan="2">出水口顶面高程</td><td>±20</td><td rowspan="5">每座</td><td rowspan="5">1点</td><td>用水准仪测量</td></tr>
<tr><td>2</td><td colspan="2">出水口垂直度</td><td>0.5%H</td><td>用垂线、钢尺量测</td></tr>
<tr><td rowspan="2">3</td><td rowspan="2">出水口中心轴线</td><td>沿水平出水管纵向</td><td>30</td><td rowspan="2">用经纬仪、钢尺测量</td></tr>
<tr><td>沿水平出水管横向</td><td>20</td></tr>
<tr><td>4</td><td colspan="2">相邻出水口间距</td><td>40</td><td>用测距仪测量</td></tr>
</table>

注：H 为垂直顶升管节的总长度（mm）。

5.7.12 固定式岸边取水构筑物的进水口质量验收可按本规范第 5.7.10 条的规定执行。

5.7.13 固定式河床取水构筑物的进水口进水管道内垂直顶升法施工时，其进水口质量验收可参照本规范第 5.7.11 条的规定执行。

6 水处理构筑物

6.1 一 般 规 定

6.1.1 本章适用于净水、污水处理构筑物结构工程施工及验收，亦适用于本规范的其他相关章节的结构工程。

6.1.2 水处理构筑物施工应符合下列规定：

1 编制施工方案时，应根据设计要求和工程实际情况，综合考虑各单体构筑物施工方法和技术措施，合理安排施工顺序，确保各单体构筑物之间的衔接、联系满足设计工艺要求；

2 应做好各单体构筑物不同施工工况条件下的沉降观测；

3 涉及设备安装的预埋件、预留孔洞以及设备基础等有关结构施工，在隐蔽前安装单位应参与复核；设备安装前还应进行交接验收；

4 水处理构筑物底板位于地下水位以下时，应进行抗浮稳定验算；当不能满足要求时，必须采取抗浮措施；

5 满足其相应的工艺设计、运行功能、设备安装的要求。

6.1.3 水处理构筑物的满水试验应符合本规范第 9.2 节的规定，并应符合下列规定：

1 编制试验方案；

2 混凝土或砌筑砂浆强度已达到设计要求；与所试验构筑物连接的已建管道、构筑物的强度符合设计要求；

3 混凝土结构，试验应在防水层、防腐层施工前进行；

4 装配式预应力混凝土结构，试验应在保护层喷涂前进行；

5 砌体结构，设有防水层时，试验应在防水层施工以后；不设有防水层时，试验应在勾缝以后；

6 与构筑物连接的管道、相邻构筑物，应采取相应的防差异沉降的措施；有伸缩补偿装置的，应保持松弛、自由状态；

7 在试验的同时应进行构筑物的外观检查，并对构筑物及连接管道进行沉降量监测；

8 满水试验合格后，应及时按规定进行池壁外和池顶的回填土方等项施工。

6.1.4 水处理构筑物施工完毕必须进行满水试验。消化池满水试验合格后，还应进行气密性试验。

6.1.5 水处理构筑物的防水、防腐、保温层应按设计要求进行施工，施工前应进行基层表面处理。

6.1.6 构筑物的防水、防腐蚀施工应按现行国家标准《地下工程防水技术规范》GB 50108、《建筑防腐蚀工程施工及验收规范》GB 50212 等的相关规定执行。

6.1.7 普通水泥砂浆、掺外加剂水泥砂浆的防水层施工应符合下列规定：

1 宜采用普通硅酸盐水泥、膨胀水泥或矿渣硅酸盐水泥和质地坚硬、级配良好的中砂，砂的含泥量不得超过 1%；

2 施工应符合下列规定：

1） 基层表面应清洁、平整、坚实、粗糙；

2） 施作水泥砂浆防水层前，基层表面应充分湿润，但不得有积水；

3） 水泥砂浆的稠度宜控制在 70～80mm，采用机械喷涂时，水泥砂浆的稠度应经试配确定；

4）掺外加剂的水泥砂浆防水层厚度应符合设计要求，但不宜小于 20mm；

5）多层做法刚性防水层宜连续操作，不留施工缝；必须留施工缝时，应留成阶梯茬，按层次顺序，层层搭接；接茬部位距阴阳角的距离不应小于 200mm；

6）水泥砂浆应随拌随用；

7）防水层的阴、阳角应为圆弧形；

3 水泥砂浆防水层的操作环境温度不应低于 5℃，基层表面应保持 0℃以上；

4 水泥砂浆防水层宜在凝结后覆盖并洒水养护 14d；冬期应采取防冻措施。

6.1.8 位于构筑物基坑施工影响范围内的管道施工应符合下列规定：

1 应在沟槽回填前进行隐蔽验收，合格后方可进行回填施工；

2 位于基坑中或受基坑施工影响的管道，管道下方的填土或松土必须按设计要求进行夯实，必要时应按设计要求进行地基处理或提高管道结构强度；

3 位于构筑物底板下的管道，沟槽回填应按设计要求进行；回填处理材料可采用灰土、级配砂石或混凝土等。

6.1.9 管道穿过水处理构筑物墙体时，穿墙部位施工应符合设计要求；设计无要求时可预埋防水套管，防水套管的直径应至少比管道直径大 50mm。待管道穿过防水套管后，套管与管道空隙应进行防水处理。

6.1.10 构筑物变形缝的止水带应按设计要求选用，并应符合下列规定：

1 塑料或橡胶止水带的形状、尺寸及其材质的物理性能，均应符合国家有关标准规定，且无裂纹、气泡、孔洞；

2 塑料或橡胶止水带对接接头应采用热接，不得采用叠接；接缝应平整牢固，不得有裂口、脱胶现象；T字接头、十字接头和Y字接头，应在工厂加工成型；

3 金属止水带应平整、尺寸准确，其表面的铁锈、油污应清除干净，不得有砂眼、钉孔；

4 金属止水带接头应视其厚度，采用咬接或搭接方式；搭接长度不得小于 20mm，咬接或搭接必须采用双面焊接；

5 金属止水带在伸缩缝中的部分应涂防锈和防腐涂料；

6 钢边橡胶止水带等复合止水带应在工厂加工成型。

6.2 现浇钢筋混凝土结构

6.2.1 模板施工前，应根据结构形式、施工工艺、设备和材料供应等条件进行模板及其支架设计。模板及其支架的强度、刚度及稳定性必须满足受力要求。

模板设计应包括以下主要内容：

1 模板的形式和材质的选择；

2 模板及其支架的强度、刚度及稳定性计算，其中包括支杆支承面积的计算，受力铁件的垫板厚度及与木材接触面积的计算；

3 防止吊模变形和位移的预防措施；

4 模板及其支架在风载作用下防止倾倒的措施；

5 各部分模板的结构设计，各结合部位的构造，以及预埋件、止水板等的固定方法；

6 隔离剂的选用；

7 模板及其支架的拆除顺序、方法及保证安全措施。

6.2.2 混凝土模板安装应按现行国家标准《混凝土结构工程施工质量验收规范》GB 50204 的相关规定执行，并应符合下列规定：

1 池壁与顶板连续施工时，池壁内模立柱不得同时作为顶板模板立柱；顶板支架的斜杆或横向连杆不得与池壁模板的杆件相连接；

2 池壁模板可先安装一侧，绑完钢筋后，随浇筑混凝土随分层安装另一侧模板，或采用一次安装到顶而分层预留操作窗口的施工方法；采用这种方法时，应符合下列规定：

1）分层安装模板，其每层层高不宜超过 1.5m；分层留置窗口时，窗口的层高不宜超过 3m，水平净距不宜超过 1.5m；斜壁的模板及窗口的分层高度应适当减小；

2）有预留孔洞或预埋管时，宜在孔口或管口外径 1/4～1/3 高度处分层；孔径或管外径小于 200mm 时，可不受此限制；

3）事先做好分层模板及窗口模板的连接装置，以便迅速安装；安装一层模板或窗口模板的时间不应超过混凝土的初凝时间；

4）分层安装模板或安装窗口模板时，应防止杂物落入模内；

3 安装池壁的最下一层模板时，应在适当位置预留清扫杂物用的窗口；在浇筑混凝土前，应将模板内部清扫干净，经检验合格后，再将窗口封闭；

4 池壁模板施工时，应设置确保墙体直顺和防止浇筑混凝土时模板倾覆的装置；

5 池壁的整体式内模施工，木模板为竖向木纹使用时，除应在浇筑前将模板充分湿透外，并应在模板适当间隔处设置八字缝板；拆模时，应先拆内模；

6 采用穿墙螺栓来平衡混凝土浇筑对模板的侧压力时，应选用两端能拆卸的螺栓，并应符合下列规定：

1）两端能拆卸的螺栓中部宜加焊止水环，且止水环不宜采用圆形；

2）螺栓拆卸后混凝土壁面应留有40～50mm深的锥形槽；

3）在池壁形成的螺栓锥形槽，应采用无收缩、易密实、具有足够强度、与池壁混凝土颜色一致或接近的材料封堵，封堵完毕的穿墙螺栓孔不得有收缩裂缝和湿渍现象；

7 跨度不小于4m的现浇钢筋混凝土梁、板，其模板应按设计要求起拱；设计无具体要求时，起拱度宜为跨度的1/1000～3/1000；

8 设有变形缝的构筑物，其变形缝处的端面模板安装还应符合下列规定：

1）变形缝止水带安装应固定牢固、线形平顺、位置准确；

2）止水带面中心线应与变形缝中心线对正，嵌入混凝土结构端面的位置应符合设计要求；

3）止水带和模板安装中，不得损伤带面，不得在止水带上穿孔或用铁钉固定就位；

4）端面模板安装位置应正确，支撑牢固，无变形、松动、漏缝等现象；

9 固定在模板上的预埋管、预埋件的安装必须牢固，位置准确；安装前应清除铁锈和油污，安装后应做标志；

10 模板支架的立杆和斜杆的支点应垫木板或方木。

6.2.3 混凝土模板的拆除应符合下列规定：

1 整体现浇混凝土的模板支架拆除应符合下列规定：

1）侧模板，应在混凝土强度能保证其表面及棱角不因拆除模板而受损坏时，方可拆除；

2）底模板，应在与结构同条件养护的混凝土试块达到表6.2.3规定强度，方可拆除；

表6.2.3 整体现浇混凝土底模板拆模时所需的混凝土强度

序号	构件类型	构件跨度 L（m）	达到设计的混凝土立方体抗压强度的百分率（%）
1	板	≤2	≥50
		2<L≤8	≥75
		>8	≥100
2	梁、拱、壳	≤8	≥75
		>8	≥100
3	悬臂构件	—	≥100

2 模板拆除时，不应对顶板形成冲击荷载；拆下的模板和支架不得撞击底板顶面和池壁墙面；

3 冬期施工时，池壁模板应在混凝土表面温度与周围气温温差较小时拆除，温差不宜超过15℃，拆模后应立即覆盖保温。

6.2.4 钢筋进场检验以及钢筋加工、连接、安装等应按现行国家标准《混凝土结构工程施工质量验收规范》GB 50204的相关规定执行，并应符合下列规定：

1 浇筑混凝土之前，应进行钢筋隐蔽工程验收，钢筋隐蔽工程验收应包括下列内容：

1）钢筋的品种、规格、数量、位置等；

2）钢筋的连接方式、接头位置、接头数量、接头面积百分率等；

3）预埋件的规格、数量、位置等；

2 受力钢筋的连接方式应符合设计要求，设计无要求时，应优先选择机械连接、焊接；不具备机械连接、焊接连接条件时，可采用绑扎搭接连接；

3 相邻纵向受力钢筋的绑扎接头宜相互错开，绑扎搭接接头中钢筋的横向净距不应小于钢筋直径，且不小于25mm；并符合以下规定：

1）钢筋搭接处，应在中心和两端用钢丝扎牢；

2）钢筋绑扎搭接接头连接区段长度为$1.3L_1$（L_1为搭接长度），凡搭接接头中点位于连接区段长度内的搭接接头均属于同一连接区段；同一连接区段内，纵向钢筋搭接接头面积百分率为该区段内有搭接接头的纵向受力钢筋截面面积的比值（图6.2.4）；

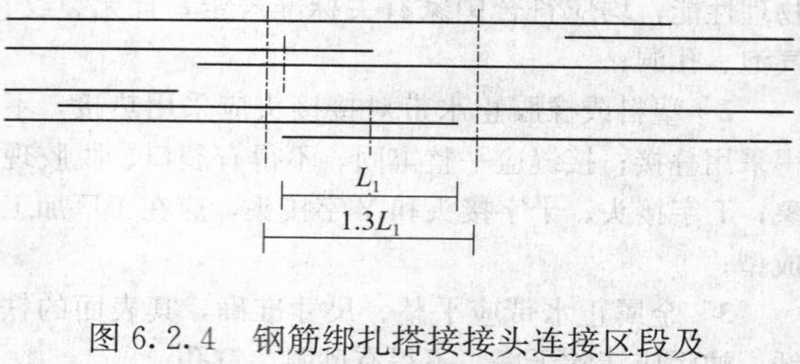

图6.2.4 钢筋绑扎搭接接头连接区段及接头面积百分率确定方式示意图

3）同一连接区段内，纵向受力钢筋搭接接头面积百分率应符合设计要求；设计无具体要求时，受压区不得超过50%；受拉区不得超过25%；池壁底部和顶部与顶板施工缝处的预埋竖向钢筋可按50%控制，并应按本规范规定的受拉区钢筋搭接长度增加30%；

4）设计无要求时，纵向受力钢筋绑扎搭接接头的最小搭接长度应按表6.2.4的规定执行；

表 6.2.4 钢筋绑扎接头的最小搭接长度

序 号	钢筋级别	受拉区	受压区
1	HPB235	$35d_0$	$30d_0$
2	HRB335	$45d_0$	$40d_0$
3	HRB400	$55d_0$	$50d_0$
4	低碳冷拔钢丝	300mm	200mm

注：d_0 为钢筋直径，单位 mm。

4 受力钢筋采取机械连接、焊接连接时，应按设计要求及现行国家标准《混凝土结构工程施工质量验收规范》GB 50204 的相关规定执行；

5 钢筋安装时的保护层厚度应符合现行国家标准《给水排水工程构筑物结构设计规范》GB 50069 的相关规定；保护层厚度尺寸的控制应符合下列规定：

1）钢筋的加工尺寸、模板和钢筋的安装位置应正确；

2）模板支撑体系、钢筋骨架等应安装固定且牢固，确保在施工荷载下不变形、走动；

3）控制保护层的垫块、杆件等尺寸正确、布置合理、支垫稳固；

6 基础、顶板钢筋采取焊接排架的方法固定时，排架固定的间距应根据钢筋的刚度选择；

7 成型的网片或骨架必须稳定牢固，不得有滑动、折断、位移、伸出等情况；

8 变形缝止水带安装部位、预留开孔等处的钢筋应预先制作成型，安装位置准确、尺寸正确、安装牢固；

9 预埋件、预埋螺栓及插筋等，其埋入部分不得超过混凝土结构厚度的 3/4。

6.2.5 混凝土浇筑的施工方案应包括以下主要内容：

1 混凝土配合比设计及外加剂的选择；

2 混凝土的搅拌及运输；

3 混凝土的分仓布置、浇筑顺序、速度及振捣方法；

4 预留施工缝后浇带的位置及要求；

5 预防混凝土施工裂缝的措施；

6 季节性施工的特殊措施；

7 控制工程质量的措施；

8 搅拌、运输及振捣机械的型号与数量。

6.2.6 混凝土原材料的质量控制应按现行国家标准《混凝土结构工程施工质量验收规范》GB 50204 的相关规定执行，并应符合下列规定：

1 主体结构的混凝土宜使用同品种、同强度等级的水泥拌制；也可按底板、池壁、顶板等分别采用同品种、同强度等级的水泥；

2 配制现浇混凝土的水泥应符合下列规定：

1）宜采用普通硅酸盐水泥、火山灰质硅酸盐水泥；掺用外加剂时，可采用矿渣硅酸盐水泥；

2）冬期施工宜采用普通硅酸盐水泥；

3）有抗冻要求的混凝土，宜采用普通硅酸盐水泥，不宜采用火山灰质硅酸盐水泥和粉煤灰硅酸盐水泥；

4）水泥进场时应进行性能指标复验，其质量必须符合现行国家标准《通用硅酸盐水泥》GB 175 等的规定；严禁使用含氯化物的水泥；

5）对水泥质量有怀疑或水泥出厂超过三个月（快硬硅酸盐水泥超过一个月）时，应进行复验，并按复验结果使用；

3 粗、细骨料的质量应符合国家现行标准《混凝土用砂、石质量及检验方法标准》JGJ 52 的规定，且符合下列规定：

1）粗骨料最大颗粒粒径不得大于结构截面最小尺寸的 1/4，不得大于钢筋最小净距的 3/4，同时不宜大于 40mm；采用多级级配时，其规格及级配应通过试验确定；

2）粗骨料的含泥量不应大于 1%，吸水率不应大于 1.5%；

3）混凝土的细骨料，宜采用中、粗砂，其含泥量不应大于 3%；

4 拌制混凝土宜采用对钢筋混凝土的强度及耐久性无影响的洁净水；

5 外加剂的质量及技术指标应符合现行国家标准《混凝土外加剂》GB 8076、《混凝土外加剂应用技术规范》GB 50119 和有关环境保护的规定，并通过试验确定其适用性和用量；不得掺入含有氯盐成分的外加剂；

6 掺用矿物掺合料时，其质量应符合国家有关标准规定，且矿物掺合料的掺量应通过试验确定；

7 混凝土中碱的总含量应符合现行国家标准《给水排水工程构筑物结构设计规范》GB 50069 的规定和设计要求。

6.2.7 混凝土配合比及拌制应符合下列规定：

1 配合比的设计，应保证结构设计要求的强度和抗渗、抗冻性能，并满足施工的要求；

2 配合比应通过计算和试配确定；

3 宜选择具有一定自补偿性能的材料配比；或在满足设计和施工要求的前提下，应适量降低水泥用量；

4 混凝土拌制前，应测定砂、石含水率并根据测试结果调整材料用量，提出施工配合比；

5 首次使用的混凝土配合比应进行开盘鉴定，其工作性质满足设计配合比的要求；开始生产时应至少留置一组标准养护试件，作为验证配合比的依据；

6 混凝土原材料每盘称量的偏差应符合表6.2.7的规定。

表 6.2.7 原材料每盘称量的允许偏差

序 号	材料名称	允许偏差（%）
1	水泥、掺合料	±2
2	粗、细骨料	±3
3	水、外加剂	±2

注：1 各种衡器应定期校验，每次使用前应用进行零点校核，保持计量准确；

2 雨期或含水率有显著变化时，应增加含水率检测次数，并及时调整水和骨料用量。

6.2.8 混凝土试块的留置及混凝土试块验收合格标准应符合下列规定：

1 混凝土试块应在混凝土的浇筑地点随机抽取；

2 混凝土抗压强度试块的留置应符合下列规定：

1）标准试块：每构筑物的同一配合比的混凝土，每工作班、每拌制 $100m^3$ 混凝土为一个验收批，应留置一组，每组三块；当同一部位、同一配合比的混凝土一次连续浇筑超过 $1000m^3$ 时，每拌制 $200m^3$ 混凝土为一个验收批，应留置一组，每组三块；

2）与结构同条件养护的试块：根据施工方案要求，按拆模、施加预应力和施工期间临时荷载等需要的数量留置；

3 抗渗试块的留置应符合下列规定：

1）同一配合比的混凝土，每构筑物按底板、池壁和顶板等部位，每一部位每浇筑 $500m^3$ 混凝土为一个验收批，留置一组，每组六块；

2）同一部位混凝土一次连续浇筑超过 $2000m^3$ 时，每浇筑 $1000m^3$ 混凝土为一个验收批，留置一组，每组六块；

4 抗冻试块的留置应符合下列规定：

1）同一抗冻等级的抗冻混凝土试块每构筑物留置不少于一组；

2）同一个构筑物中，同一抗冻等级抗冻混凝土用量大于 $2000m^3$ 时，每增加 $1000m^3$ 混凝土增加留置一组试块；

5 冬期施工，应增置与结构同条件养护的抗压强度试块两组，一组用于检验混凝土受冻前的强度，另一组用于检验解冻后转入标准养护28d的强度；并应增置抗渗试块一组，用于检验解冻后转入标准养护28d的抗渗性能；

6 混凝土的抗压、抗渗、抗冻试块符合下列要求的，应判定为验收合格：

1）同批混凝土抗压试块的强度应按现行国家标准《混凝土强度检验评定标准》GBJ 107的规定评定，评定结果必须符合设计要求；

2）抗渗试块的抗渗性能不得低于设计要求；

3）抗冻试块在按设计要求的循环次数进行冻融后，其抗压极限强度同检验用的相当龄期的试块抗压极限强度相比较，其降低值不得超过25%；其重量损失不得超过5%。

6.2.9 混凝土的浇筑必须在模板和支架检验符合施工方案要求后，方可进行；入模时应防止离析，连续浇筑时每层浇筑高度应满足振捣密实的要求。

6.2.10 采用振捣器捣实混凝土应符合下列规定：

1 振捣时间，应使混凝土表面呈现浮浆并不再沉落；

2 插入式振捣器的移动间距，不宜大于作用半径的1.5倍；振捣器距离模板不宜大于振捣器作用半径的1/2；并应尽量避免碰撞钢筋、模板、止水带、预埋管（件）等；振捣器宜插入下层混凝土50mm；

3 表面振动器的移动间距，应能使振动器的平板覆盖已振实部分的边缘；

4 浇筑预留孔洞、预埋管、预埋件及止水带等周边混凝土时，应辅以人工插捣。

6.2.11 变形缝处止水带下部以及腋角下部的混凝土浇筑作业，应确保混凝土密实，且止水带不发生位移。

6.2.12 混凝土运输、浇筑及间歇时间不应超过混凝土的初凝时间。同一施工段的混凝土应连续浇筑，并应在底层混凝土初凝之前将上一层混凝土浇筑完毕。底层混凝土初凝后浇筑上一层混凝土时，应留置施工缝。

6.2.13 混凝土底板和顶板，应连续浇筑不得留置施工缝；设计有变形缝时，应按变形缝分仓浇筑。

6.2.14 构筑物池壁的施工缝设置应符合设计要求，设计无要求时，应符合下列规定：

1 池壁与底部相接处的施工缝，宜留在底板上面不小于200mm处；底板与池壁连接有腋角时，宜留在腋角上面不小于200mm处；

2 池壁与顶部相接处的施工缝，宜留在顶板下面不小于200mm处；有腋角时，宜留在腋角下部。

3 构筑物处地下水位或设计运行水位高于底板顶面8m时，施工缝处宜设置高度不小于200mm、厚度不小于3mm的止水钢板。

6.2.15 浇筑施工缝处混凝土应符合下列规定：

1 已浇筑混凝土的抗压强度不应小于2.5MPa；

2 在已硬化的混凝土表面上浇筑时，应凿毛和冲洗干净，并保持湿润，但不得积水；

3　浇筑前，施工缝处应先铺一层与混凝土强度等级相同的水泥砂浆，其厚度宜为15～30mm；

4　混凝土应细致捣实，使新旧混凝土紧密结合。

6.2.16　后浇带浇筑应在两侧混凝土养护不少于42d以后进行，其混凝土技术指标不得低于其两侧混凝土。

6.2.17　浇筑倒锥壳底板或拱顶混凝土时，应由低向高、分层交圈、连续浇筑。

6.2.18　浇筑池壁混凝土时，应分层交圈、连续浇筑。

6.2.19　混凝土浇筑完成后，应按施工方案及时采取有效的养护措施，并应符合下列规定：

1　应在浇筑完成后的12h以内，对混凝土加以覆盖并保湿养护；

2　混凝土浇水养护的时间不得少于14d，保持混凝土处于湿润状态；

3　用塑料布覆盖养护时，敞露的混凝土表面应覆盖严密，并应保持塑料布内有凝结水；

4　混凝土强度达到1.2MPa前，不得在其上踩踏或安装模板及支架；

5　环境最低气温不低于－15℃时，可采用蓄热法养护；对预留孔、洞以及迎风面等容易受冻部位，应加强保温措施。

6.2.20　蒸汽养护时，应使用低压饱和蒸汽均匀加热，最高温度不宜大于30℃；升温速度不宜大于10℃/h；降温速度不宜大于5℃/h。

掺加引气剂的混凝土严禁采取蒸汽养护。

6.2.21　池内加热养护时，池内温度不得低于5℃，且不宜高于15℃，并应洒水养护，保持湿润。池壁外侧应覆盖保温。

6.2.22　水处理构筑物现浇钢筋混凝土不宜采用电热养护。

6.2.23　日最高气温高于30℃施工时，可选用下列措施：

1　骨料经常洒水降温，或加棚盖防晒；

2　掺入缓凝剂；

3　适当增大混凝土的坍落度；

4　利用早晚气温较低的时间浇筑混凝土；

5　混凝土浇筑完毕后及时覆盖养护，防止暴晒，并应增加浇水次数，保持混凝土表面湿润。

6.2.24　冬期浇筑的混凝土冷却前应达到设计要求的临界强度。在满足临界强度情况下，宜降低入模温度。

6.2.25　浇筑大体积混凝土结构时，应有专项施工方案和相应的技术措施。

6.3　装配式混凝土结构

6.3.1　预制装配式混凝土结构施工应符合下列规定：

1　后张法预应力的施工应符合本规范第6.4节的相关规定和设计要求；

2　除按本节规定施工外，还应符合现行国家标准《混凝土结构工程施工质量验收规范》GB 50204的相关规定和设计要求。

6.3.2　构件的堆放应符合下列规定：

1　应按构件的安装部位，配套就近堆放；

2　堆放时，应按设计受力条件支垫并保持稳定；曲梁应采用三点支承；

3　堆放构件的场地，应平整夯实，并有排水措施；

4　构件的标识应朝向外侧。

6.3.3　构件运输及吊装时的混凝土强度应符合设计要求，当设计无要求时，不应低于设计强度的75%。

6.3.4　预制构件与现浇结构之间、预制构件之间的连接应按设计要求进行施工。

6.3.5　现浇混凝土底板的杯槽、杯口安装模板前，应复测杯槽、杯口中心线位置；杯槽、杯口模板必须安装牢固。

6.3.6　杯槽内壁与底板的混凝土应同时浇筑，不应留置施工缝；宜后浇筑杯槽外壁混凝土。

6.3.7　预制构件安装前，应复验合格；有裂缝的构件应进行鉴定。

6.3.8　预制柱、梁及壁板等在安装前应标注中心线，并在杯槽、杯口上标出中心线。

6.3.9　预制构件安装前应将不同类别的构件按预定位置顺序编号，并将与混凝土连接的部位进行凿毛，清除浮渣、松动的混凝土。

6.3.10　构件应按设计位置起吊，曲梁宜采用三点吊装。吊绳与构件平面的交角不应小于45°；小于45°时，应进行强度验算。

6.3.11　构件安装就位后，应采取临时固定措施。曲梁应在梁的跨中设临时支撑，待二次混凝土达到设计强度的75%及以上时，方可拆除支撑。

6.3.12　安装的构件，必须在轴线位置及高程进行校正后焊接或浇筑接头混凝土。

6.3.13　构筑物壁板的接缝施工应符合下列规定：

1　壁板接缝的内模在保证混凝土不离析的条件下，宜一次安装到顶；分段浇筑时，外模应随浇、随支，分段支模高度不宜超过1.5m；

2　浇筑前，接缝的壁板表面应洒水保持湿润，模内应洁净；

3　壁板间的接缝宽度，不宜超过板宽的1/10；缝内浇筑细石混凝土或膨胀性混凝土，其强度等级应符合设计要求；设计无要求时，应比壁板混凝土强度等级提高一级；

4　应根据气温和混凝土温度，选择壁板缝宽较大时进行浇筑；

5　混凝土如有离析现象，应进行二次拌合；

6　混凝土分层浇筑厚度不宜超过250mm，并应采用机械振捣，配合人工捣固。

6.4 预应力混凝土结构

6.4.1 本节适用于下列后张法预应力混凝土结构施工：

1 装配式或现浇预应力混凝土圆形水处理构筑物；

2 不设变形缝、设计附加预应力的现浇混凝土矩形水处理构筑物。

6.4.2 预应力筋、锚具、夹具和连接器的进场检验应按现行国家标准《混凝土结构工程施工质量验收规范》GB 50204 的相关规定和设计要求执行，并应符合下列规定：

1 按设计要求选用预应力筋、锚具、夹具和连接器；

2 无粘结预应力筋应符合下列规定：

1）预应力筋外包层材料，应采用聚乙烯或聚丙烯，严禁使用聚氯乙烯；外包层材料性能应满足国家现行标准《无粘结预应力混凝土结构技术规程》JGJ 92 的要求；

2）预应力筋涂料层应采用专用防腐油脂，其性能应满足国家现行标准《无粘结预应力混凝土结构技术规程》JGJ 92 的要求；

3）必须采用Ⅰ类锚具，锚具规格应根据无粘结预应力筋的品种、张拉吨位以及工程使用情况选用；

3 测定钢丝、钢筋预应力值的仪器和张拉设备应在使用前进行校验、标定；张拉设备的校验期限，不应超过半年；张拉设备出现反常现象或在千斤顶检修后，应重新校检；

4 预应力筋下料应符合下列规定：

1）应采用砂轮锯和切断机切断，不得采用电弧切断；

2）钢丝束两端采用镦头锚具时，同一束中各根钢丝长度差异不应大于钢丝长度的1/5000，且不应大于5mm；成组张拉长度不大于10m的钢丝时，同组钢丝长度差异不得大于2mm。

6.4.3 施工过程中应避免电火花损伤预应力筋，受损伤的预应力筋应予以更换；无粘结预应力筋外包层不应破损。

6.4.4 圆形构筑物的环向预应力钢筋的布置和锚固位置应符合设计要求。采用缠丝张拉时，锚具槽应沿构筑物的周长均匀布置，其数量应不少于下列规定：

1 直径小于或等于25m时，可采用4条；

2 直径大于25m、小于或等于50m时，可采用6条；

3 直径大于50m可采用8条；

4 构筑物底端不能缠丝的部位，应在附近局部加密环向预应力筋。

6.4.5 后张法有粘结预应力筋预留孔道安装和无粘结预应力筋铺设应符合下列规定：

1 应按现行国家标准《混凝土结构工程施工质量验收规范》GB 50204 的相关规定和设计要求执行；

2 有粘结预应力筋的预留孔道，其产品尺寸和性能应符合国家有关标准规定和设计要求；波纹管孔道，安装前其表面应清洁、无锈蚀和油污，安装应稳固；安装后无孔洞、裂缝、变形，接口不应开裂或脱口；

3 无粘结预应力筋施工应符合下列规定：

1）锚固肋数量和布置，应符合设计要求；设计无要求时，应保证张拉段无粘结预应力筋长不超过50m，且锚固肋数量为双数；

2）安装时，上下相邻两环无粘结预应力筋锚固位置应错开一个锚固肋；以锚固肋数量的一半为无粘结预应力筋分段（张拉段）数量；每段无粘结预应力筋的计算长度应考虑加入一个锚固肋宽度及两端张拉工作长度和锚具长度；

3）应在浇筑混凝土前安装、放置；浇筑混凝土时，严禁踏压撞碰无粘结预应力筋、支撑架以及端部预埋件；

4）无粘结预应力筋不应有死弯，有死弯时必须切断；

5）无粘结预应力筋中严禁有接头；

4 在预留孔洞套管位置的预应力筋布置应符合设计要求。

6.4.6 预应力筋安装完毕，应进行预应力筋隐蔽工程验收，其内容包括：

1 预应力筋的品种、规格、数量、位置等；

2 锚具、连接器的品种、规格、位置、数量等；

3 锚垫板、锚固槽的位置、数量等；

4 预留孔道的规格、数量、位置、形状及灌浆孔、排气兼泌水管设置等；

5 锚固区局部加强构造等。

6.4.7 预应力筋张拉或放张应制定专项施工方案，明确施工组织，确定施工方法、施工顺序、控制应力、安全措施等。

6.4.8 预应力筋张拉或放张时，混凝土强度应符合设计要求；设计无具体要求时，不得低于设计强度的75%。

6.4.9 圆形构筑物缠丝张拉应符合下列规定：

1 缠丝施加预应力前，应先清除池壁外表面的混凝土浮粒、污物，壁板外侧接缝处宜采用水泥砂浆抹平压光，洒水养护；

2　施加预应力前，应在池壁上标记预应力钢丝、钢筋的位置和次序号；

3　缠绕环向预应力钢丝施工应符合下列规定：

1）预应力钢丝接头应密排绑扎牢固，其搭接长度不应小于250mm；

2）缠绕预应力钢丝，应由池壁顶向下进行，第一圈距池顶的距离应按设计要求或按缠丝机性能确定，并不宜大于500mm；

3）池壁两端不能用绕丝机缠绕的部位，应在顶端和底端附近局部加密或改用电热张拉；

4）池壁缠丝前，在池壁周围，必须设置防护栏杆；已缠绕的钢丝，不得用尖硬或重物撞击；

4　施加预应力时，每缠一盘钢丝应测定一次钢丝应力，并应按本规范附录表C.0.2的规定做记录。

6.4.10　圆形构筑物电热张拉钢筋施工应符合下列规定：

1　张拉前，应根据电工、热工等参数计算伸长值，并应取一环作试张拉，进行验证；

2　预应力筋的弹性模量应由试验确定；

3　张拉可采用螺丝端杆，墩粗头插U形垫板，帮条锚具U形垫板或其他锚具；

4　张拉作业应符合下列规定：

1）张拉顺序，设计无要求时，可由池壁顶端开始，逐环向下；

2）与锚固肋相交处的钢筋应有良好的绝缘处理；

3）端杆螺栓接电源处应除锈，并保持接触紧密；

4）通电前，钢筋应测定初应力，张拉端应刻画伸长标记；

5）通电后，应进行机具、设备、线路绝缘检查，测定电流、电压及通电时间；

6）电热温度不应超过350℃；

7）张拉过程中应采用木锤连续敲打各段钢筋；

8）伸长值控制允许偏差为±6%；经电热达到规定的伸长值后，应立即进行锚固，锚固必须牢固可靠；

9）每一环预应力筋应对称张拉，并不得间断；

10）张拉应一次完成；必须重复张拉时，同一根钢筋的重复次数不得超过3次，当发生裂纹时，应更换预应力筋；

11）张拉过程中，发现钢筋伸长时间超过预计时间过多时，应立即停电检查；

5　应在每环钢筋中选一根钢筋，在其两端和中间附近各设一处测点进行应力值测定；初读数应在钢筋初应力建立后通电前测量，末读数应在断电并冷却后测量；

6　电热张拉应按本规范附录表C.0.3和表C.0.4的规定做记录。

6.4.11　预应力筋保护层的施工应在满水试验合格后、池内满水条件下进行喷浆。喷浆层的厚度，应满足预应力钢筋的净保护层厚度且不应小于20mm。

6.4.12　喷射水泥砂浆预应力筋保护层施工应符合下列规定：

1　水泥砂浆的配制应符合下列规定：

1）砂子粒径不得大于5mm；细度模数应为2.3～3.7，最优含水率应经试验确定；

2）配合比应符合设计要求，或经试验确定；无条件试验时，其灰砂比宜为1∶2～1∶3；水灰比宜为0.25～0.35；

3）水泥砂浆强度等级应符合设计要求；设计无要求时不应低于M30；

4）砂浆应拌合均匀，随拌随喷；存放时间不得超过2h；

2　喷浆作业应符合下列规定：

1）喷浆前，必须对工作面进行除污、去油、清洗等处理；

2）喷浆机罐内压力宜为0.5MPa，供水压力应相适应；输料管长不宜小于10m；管径不宜小于25mm；

3）应沿池壁的圆周方向自下向上喷浆；喷口至工作面的距离应视回弹及喷层密实情况确定；

4）喷枪应与喷射面保持垂直，受障碍物影响时，喷枪与喷射面夹角不应大于15°；

5）喷浆时应连续，层厚均匀密实；

6）喷浆宜在气温高于15℃时进行，大风、冰冻、降雨或当日气温低于0℃时，不得进行喷浆作业；

3　水泥砂浆保护层凝结后应加遮盖，保持湿润并不应少于14d；

4　在进行下一道分项工程前，应对水泥砂浆保护层进行外观和粘结情况的检查，有空鼓、开裂等缺陷现象时，应凿开检查并修补密实；

5　水泥砂浆试块强度验收应符合本规范第6.5.3条规定，试块留置：喷射作业开始、中间、结束时各留置一组试块，共三组，每组六块；每构筑物、每工作班为一个验收批。

6.4.13　有粘结、无粘结预应力筋的后张法张拉施工应符合下列规定：

1　张拉前，应清理承压板面，检查承压板后面的混凝土质量；

2　张拉顺序应符合设计要求；设计无要求时，可分批、分阶段对称张拉或依次张拉；

3 张拉程序应符合设计要求；设计无要求时，宜符合下列规定：

1）采用具有自锚性能的锚具、普通松弛力筋时，张拉程序为 0→初应力→$1.03\sigma_{con}$（锚固）；

2）采用具有自锚性能的锚具、低松弛力筋时，张拉程序为 0→初应力→σ_{con}（持荷 2min 锚固）；

3）采用其他锚具时，张拉程序为 0→初应力→$1.05\sigma_{con}$（持荷 2min）→σ_{con}（锚固）；

4 预应力筋张拉时，应采用张拉应力和伸长值双控法，其预应力筋实际伸长值与计算伸长值的允许偏差为±6%，张拉锚固后预应力值与规定的检验值的允许偏差为±5%；

5 张拉过程中应避免预应力筋断裂或滑脱，断裂或滑脱的数量严禁超过同一截面预应力筋总根数的 3%，且每束钢丝不得超过一根；

6 张拉端预应力筋的内缩量限值应符合表 6.4.13 的规定；

表 6.4.13 张拉端预应力筋的内缩量限值

锚具类别		内缩量限值（mm）
支承式锚具（镦头锚具等）	螺帽缝隙	1
	每块后加垫板的缝隙	1
锥塞式锚具		5
夹片式锚具	有顶压	5
	无顶压	6～8

7 张拉过程应按本规范附录表 C.0.1 的规定填写张拉记录；

8 预应力筋张拉完毕，宜采用砂轮锯或其他机械方法切断超长部分，严禁采用电弧切断；

9 无粘结预应力张拉应符合下列规定：

1）张拉段无粘结预应力筋长度小于 25m 时，宜采用一端张拉；张拉段无粘结预应力筋长度大于 25m 而小于 50m 时，宜采用两端张拉；张拉段无粘结预应力筋长度大于 50m 时，宜采用分段张拉和锚固；

2）安装张拉设备时，直线的无粘结预应力筋，应使张拉力的作用线与预应力筋中心重合；曲线的无粘结预应力筋，应使张拉力的作用线与预应力筋中心线末端重合；

10 封锚应符合设计要求；设计无要求时应符合下列规定：

1）凸出式锚固端锚具的保护层厚度不应小于 50mm；

2）外露预应力筋的保护层厚度不应小于 50mm；

3）封锚混凝土强度不得低于相应结构混凝土强度，且不得低于 C40。

6.4.14 有粘结预应力筋张拉后应尽早进行孔道灌浆；孔道水泥浆灌浆应符合下列规定：

1 孔道内水泥浆应饱满、密实，宜采用真空灌浆法；

2 水灰比宜为 0.4～0.45，宜掺入 0.01%水泥用量的铝粉；搅拌后 3h 泌水率不宜大于 2%，泌水应能在 24h 内全部重新被水泥浆吸收；

3 水泥浆的抗压强度应符合设计要求；设计无要求时不应小于 30MPa；

4 水泥浆抗压强度的试块留置：每工作班为一个验收批，至少留置一组，每组六块；试块强度验收应符合本规范第 6.5.3 条规定。

6.4.15 预应力筋保护层、孔道灌浆和封锚等所用的水泥砂浆、水泥浆、混凝土，均不得含有氯化物。

6.5 砌体结构

6.5.1 砌体所用的材料，应符合下列规定：

1 机制烧结砖的强度等级不应低于 MU10，其外观质量应符合现行国家标准《烧结普通砖》GB/T 5101 一等品的要求；

2 石材强度等级不应低于 MU30，且质地坚实，无风化剥层和裂纹；

3 砌块的强度等级应符合设计要求；

4 进入现场砖、石等砌块应符合现行国家标准《砌体工程施工质量验收规范》GB 50203 的相关规定，水泥、砂应符合本规范第 6.2.6 条的相关规定；

5 砌筑砂浆应采用水泥砂浆，其强度等级应符合设计要求，且不应低于 M10；

6 应采用机械搅拌砂浆，搅拌时间不得少于 2min，并应在初凝前使用；出现泌水时应拌合均匀后再用。

6.5.2 砌筑砂浆试块留置及验收批：每座砌体水处理构筑物的同一类型、强度等级砂浆，每砌筑 $100m^3$ 砌体的砂浆作为一个验收批，强度值应至少检查一次，每次应留置试块一组；砂浆组成材料有变化时，应增加试块留置数量。

6.5.3 砌筑砂浆试块强度验收时其强度合格标准应符合下列规定：

1 每个构筑物各组试块的抗压强度平均值不得低于设计强度等级所对应的立方体抗压强度；

2 各组试块中的任意一组的强度平均值不得低于设计强度等级所对应的立方体抗压强度的 75%。

6.5.4 砌体结构的砌筑施工除符合本节规定外，还应符合现行国家标准《砌体工程施工质量验收规范》GB 50203 的相关规定和设计要求。

6.5.5 砌筑前应将砖石、砌块表面上的污物和水锈清除。砌石（块）应浇水湿润，砖应用水浸透。

6.5.6 砌体中的预埋管洞口结构应加强，并有防渗措施；设计无要求时，可采用管外包封混凝土法（对于金属管还应加焊止水环后包封）；包封的混凝土抗压强度等级不小于 C25，管外浇筑厚度不应小于 150mm。

6.5.7 砌筑池壁不得用于脚手架支搭。

6.5.8 砌体砌筑完毕，应即进行养护，养护时间不应少于 7d。

6.5.9 砌体水处理构筑物冬期不宜施工。

6.5.10 砖砌池壁施工应符合下列规定：

1 各砖层间应上下错缝，内外搭砌，灰缝均匀一致；

2 水平灰缝厚度和竖向灰缝宽度宜为 10mm，且不小于 8mm、不大于 12mm；圆形池壁，里口灰缝宽度不应小于 5mm；

3 转角或交接处应同时砌筑，对不能同时砌筑而需留置的临时间断处应砌成斜槎，斜槎水平投影长度不得小于高度的 2/3。

6.5.11 砌砖时砂浆应满铺满挤，挤出的砂浆应随时刮平，严禁用水冲浆灌缝，严禁用敲击砌体的方法纠正偏差。

6.5.12 石砌池壁施工应符合下列规定：

1 分皮砌筑，上下错缝，丁、顺搭砌，分层找齐；

2 灰缝厚度：细料石砌体不宜大于 10mm，粗料石砌体不宜大于 20mm；

3 水平缝，宜采用坐浆法；竖向缝，宜采用灌浆法。

6.5.13 砌石位置偏移时，应将料石提起，刮除灰浆后再砌；并应防止碰动邻近料石，不得撬动或敲击。

6.5.14 石砌体的勾缝应符合下列规定：

1 勾缝前，应清扫干净砌体表面上粘结的灰浆、泥污等，并洒水湿润；

2 勾缝灰浆宜采用细砂拌制的 1∶1.5 水泥砂浆；砂浆嵌入深度不应小于 20mm；

3 勾缝宽窄均匀、深浅一致，不得有假缝、通缝、丢缝、断裂和粘结不牢等现象；

4 勾缝完毕应清扫砌体表面粘附的灰浆；

5 勾缝砂浆凝结后，应及时养护。

6.6 塘 体 结 构

6.6.1 塘体基槽施工应符合本规范第 4 章的相关规定和设计要求，并应符合下列规定：

1 开挖时，应严格控制基底高程和边坡坡度；采用机械开挖时，基底和边坡应至少留出 150mm，由人工挖至设计标高和边坡坡度；如局部出现超挖，必须按设计要求进行处理；

2 基底和边坡不得有树根、石块、草皮等杂物，避免受水浸泡和受冻；发现有与勘察报告不符合的土质时，应进行清除，按设计要求处理；

3 基底坡脚线和边坡上口线应修边整齐、顺直；基底应平整，不得有反坡；边坡顶面不得随意堆土。

6.6.2 塘体的衬里、护坡结构施工前，应将施工影响范围的基底面、坡面、坡顶面清理干净，并整平；基底和边坡的土体应密实，其密实度应达到设计要求；坡脚结构应按设计要求进行施工，稳定牢固。

6.6.3 塘体护坡、护坦施工应符合下列规定：

1 护坡类型、结构形式等应按设计要求确定；

2 应由坡底向坡顶依次进行施工；

3 施工应按本规范第 5.5.4 条的相关规定执行。

6.6.4 塘体衬里的类型、结构层应按设计要求进行施工；衬里应完整、平顺、稳定；衬里的施工质量检验应符合设计要求和国家有关规范规定。

6.6.5 塘体防渗施工应符合下列规定：

1 防渗材料性能、规格、质量应按设计要求严格控制；

2 防渗材料应按国家有关标准、规定进行检验；

3 防渗部位应按设计要求进行施工；

4 预埋管的防渗措施应符合设计要求。

6.6.6 塘体混凝土、砌体结构工程施工应符合本规范第 6.2～6.5 节和 6.7 节的相关规定。

6.6.7 与塘体连接的预制管道铺设应符合现行国家标准《给水排水管道工程施工及验收规范》GB 50268 的相关规定。

6.7 附属构筑物

6.7.1 主体构筑物的走道平台、梯道、设备基础、导流墙（槽）、支架、盖板、栏杆等的细部结构工程，各类工艺井（如吸水井、泄空井、浮渣井）、管廊桥架、闸槽、水槽（廊）、堰口、穿孔、孔口等的工艺辅助构筑物工程，以及连接管道、管渠工程等的施工应符合本节的规定。

6.7.2 附属构筑物工程施工应符合下列规定：

1 应合理安排与其相关的构筑物施工顺序，确保结构和施工安全；

2 地基基础受到已建构筑物的施工影响或处于已建构筑物的基坑范围内时，应按设计要求进行地基处理；

3 施工前，应对与其相关的已建构筑物进行测量复核；

4 有关土石方、地基基础、结构等工程施工应按本规范第 4、6 章等的规定进行；

5 应做好相邻构筑物的沉降观测工作。

6.7.3 细部结构、工艺辅助构筑物工程施工应符合下列规定：

1 构筑物水平位置、高程、结构尺寸、工艺尺寸等应符合设计要求；

2 对薄壁混凝土结构或外形复杂的构筑物，采取相应的施工技术措施，确保模板及支架稳固、拼接严密，防止钢筋变形、走动，避免混凝土缺陷的出现；

3 施工中应严格控制过水的堰、口、孔、槽等高程和线形；

4 细部结构与主体结构刚性连接，其变形缝设置应一致、贯通；

5 与已浇筑结构衔接施工时，应调正预留钢筋、插筋，钢筋接头应符合本规范第6.2.4条的相关规定；混凝土结合面应按施工缝要求处置；

6 设备基础、穿墙管道、闸槽等采用二次混凝土或灌浆施工时应密实不渗，宜选择具有流动性好、早强快凝的微膨胀混凝土或灌浆材料；

7 穿墙部位施工，其接缝填料、止水措施应符合设计要求。

6.7.4 混凝土试块的留置及混凝土试块验收合格标准应符合本规范第6.2.8条的规定，其验收批的确定应符合下列规定：

1 相继连续浇筑，同一混凝土配比、且均一次浇筑成型的若干个附属构筑物，抗压试块每次累计浇筑$100m^3$作为一个验收批留置，无需区分构筑物；抗渗试块亦按每次累计浇筑$500m^3$作为一个验收批留置，无需区分底板、侧墙和顶板；

2 同一混凝土配比的主体和附属构筑物同时浇筑时，应以主体结构为主设验收批，该附属构筑物无需再单独留置试块；

3 设置施工缝、分次浇筑的较大型混凝土附属构筑物，验收批仍应按本规范第6.2.8条的规定执行；

4 现浇钢筋混凝土管渠，应按本规范第6.2.8条的规定执行；连续浇筑若干节管渠，可按不超过4节或100m的施工段作为一个验收批留置。

6.7.5 砌筑砂浆试块留置及砂浆试块验收合格标准应符合本规范第6.5.2、6.5.3条的规定，其验收批的确定应符合下列规定：

1 构筑物类型相同且单个砌体不足$30m^3$时，该类型构筑物每次累计砌筑$100m^3$作为一个验收批；

2 砌体结构管渠可按两道变形缝之间的施工段作为一个验收批。

6.7.6 砌体结构管渠的施工应符合本规范第6.5节的相关规定和设计要求，并应符合下列规定：

1 管渠变形缝施工应符合下列规定：

1）变形缝内应清除干净，两侧应涂刷冷底子油一道；

2）缝内填料应填塞密实；

3）灌注沥青等填料应待灌注底板缝的沥青冷却后，再灌注墙缝，并应连续灌满灌实；

4）缝外墙面铺贴沥青卷材时，应将底层抹平，铺贴平整，不得有拥包现象；

2 砌筑拱圈应符合下列规定：

1）拱胎的模板尺寸应符合施工方案要求，并留出模板伸胀缝，板缝应严实平整；

2）拱胎的安装应稳固，高程准确，拆装简易；

3）砌筑前，拱胎应充分湿润，冲洗干净，并均匀涂刷隔离剂；

4）砌筑应自两侧向拱中心对称进行，灰缝匀称，拱中心位置正确，灰缝砂浆饱满严密；

5）应采用退茬法砌筑，每块砌块退半块留茬，拱圈应在24h内封顶，两侧拱圈之间应满铺砂浆，拱顶上不得堆置器材；

3 采用混凝土砌块砌筑拱形管渠或管渠的弯道时，宜采用楔形或扇形砌块；砌体垂直灰缝宽度大于30mm时，应采用细石混凝土灌实，混凝土强度等级不应小于C20；

4 反拱砌筑应符合下列规定：

1）砌筑前，应按设计要求的弧度制作反拱的样板，沿设计轴线每隔10m设一块；

2）根据样板挂线，先砌中心的一列砖、石，并找准高程后接砌两侧，灰缝不得凸出砖面，反拱砌筑完成后，应待砂浆强度达到设计抗压强度的75%时，方可踩压；

3）反拱表面应光滑平顺，高程允许偏差应为±10mm；

5 拱形管渠侧墙砌筑养护完毕安装拱胎前，两侧墙外回填土时，墙内应采取措施，保持墙体稳定；

6 砌筑后的砌体应及时进行养护，并不得遭受冲刷、振动或撞击；砂浆强度达到设计抗压强度的75%时，方可在无振动条件下拆除拱胎；

7 砌筑结构管渠抹面应符合下列规定：

1）渠体表面粘接的杂物应清理干净，并洒水湿润；

2）水泥砂浆抹面宜分两道，第一道抹面应刮平使表面造成粗糙纹，第二道抹平后，应分两次压实抹光；

3）抹面应压实抹平，施工缝留成阶梯形；接茬时，应先将留茬均匀涂刷水泥浆一道，并依次抹压，使接茬严密；阴阳角应抹成圆角；

4）抹面砂浆终凝后，应及时保持湿润养护，养护时间不宜少于14d；

8 安装矩形管渠钢筋混凝土盖板应符合下列规定：

1）安装前，墙顶应清扫干净，洒水湿润，

而后铺浆安装；

2）安装的板缝宽度应均匀一致，吊装时应轻放，不得碰撞；

3）盖板就位后，相邻板底错台不应大于10mm，板端压墙长度，允许偏差为±10mm；板缝及板端的三角灰，采用水泥砂浆填实。

6.7.7 现浇钢筋混凝土结构管渠施工应符合本规范第6.2节的规定和设计要求，并应符合下列规定：

1 现浇拱形管渠模板支设时，拱架结构应简单、坚固，便于制作与拆装；倒拱形渠底流水面部分，应使内模略低于设计高程，且拱面模板应圆整光滑；采用木模时，拱面中心宜设八字缝板一块；

2 现浇圆形钢筋混凝土结构管渠模板的支设应符合下列规定：

1）浇筑混凝土基础时，应埋设固定钢筋骨架的架立筋、内模箍筋地锚和外模地锚；

2）基础混凝土抗压强度达到1.2MPa后，应固定钢筋骨架及管内模；

3）管内模尺寸不应小于设计要求，并便于拆装；采用木模时，应在圆内对称位置各设八字缝板一块；浇筑前模板应洒水湿透；

4）管外模直面部分和堵头板应一次支设，直面部分应设八字缝板，弧面部分宜在浇筑过程中支设；外模采用框架固定时，应防止整体结构的纵向扭曲变形；

3 管渠变形缝内止水带的设置位置应准确牢固，与变形缝垂直，与墙体中心对正；架立止水带的钢筋应预先制作成型；

4 管渠钢筋骨架的安设与定位，应在基础混凝土抗压强度达到规定要求后，将钢筋骨架放在预埋架立筋的预定位置，使其平直后与架立筋焊牢；钢筋骨架的段与段之间的纵向钢筋应相间地焊接与绑扎；

5 管渠基础下的砂垫层铺平拍实后，混凝土浇筑前不得踩踏；浇筑管渠基础垫层时，基础面高程宜低于设计基础面，其允许偏差应为0～－10mm；

6 现浇钢筋混凝土矩形管渠的施工缝应留在墙底腋角以上不小于200mm处；侧墙与顶板宜连续浇筑，浇筑至墙顶时，宜间歇1～1.5h后，再继续浇筑顶板；

7 混凝土浇筑不得发生离析现象，管渠两侧应对称浇筑，高差不宜大于300mm；

8 圆形管渠两侧混凝土的浇筑，浇筑到管径之半的高度时，宜间歇1～1.5h后再继续浇筑；

9 现浇钢筋混凝土结构管渠，除应遵守常规的混凝土浇筑与养护要求外，并应符合下列规定：

1）管渠顶及拱顶混凝土的坍落度宜降低10～20mm；

2）宜选用碎石作混凝土的粗骨料；

3）增加二次振捣，顶部厚度不得小于设计值；

4）初凝后抹平压光；

10 浇筑管渠混凝土时，应经常观察模板、支架、钢筋骨架预埋件和预留孔洞，有变形或位移时，应立即修整。

6.7.8 装配式钢筋混凝土结构管渠施工应符合本规范第6.3节的规定和设计要求，并应符合下列规定：

1 装配式管渠的基础与墙体等上部构件采用杯口连接时，杯口宜与基础一次连续浇筑；采用分期浇筑时，其基础面应凿毛并清洗干净后方可浇筑；

2 矩形或拱形构件的安装应符合下列规定：

1）基础杯口混凝土达到设计强度的75%以后，方可进行安装；

2）安装前应将与构件连接部位凿毛清洗，杯底应铺设水泥砂浆；

3）安装时应使构件稳固、接缝间隙符合设计的要求；

3 管渠侧墙两板间的竖向接缝应采用设计要求的材料填实；设计无要求时，宜采用细石混凝土或水泥砂浆填实；

4 后浇杯口混凝土的浇筑，宜在墙体构件间接缝填筑完毕，杯口钢筋绑扎后进行；后浇杯口混凝土达到设计抗压强度的75%以后方可回填土；

5 矩形或拱形构件进行装配施工时，其水平接缝应铺满水泥砂浆，使接缝咬合，且安装后应及时勾抹压实接缝内外面；

6 矩形或拱形构件的填缝或勾缝应先做外缝，后做内缝，并适时洒水养护；内部填缝或勾缝，应在管渠外部回填土后进行；

7 管渠顶板的安装应轻放，不得振裂接缝，并应使顶板缝与墙板缝错开。

6.7.9 管渠的功能性试验应符合现行国家标准《给水排水管道工程施工及验收规范》GB 50268的相关规定。压力管渠水压试验时，其允许渗水量应符合式（6.7.9-1）的规定：

$$\text{压力管渠：}Q_1=0.014D_i=0.014\frac{S}{\pi} \quad (6.7.9\text{-}1)$$

无压管渠闭水试验时，其允许渗水量应符合式（6.7.9-2）的规定：

$$\text{无压管渠：}Q_2=1.25\sqrt{D_i}=1.25\sqrt{\frac{S}{\pi}} \quad (6.7.9\text{-}2)$$

式中 Q_1——压力管渠允许渗水量[L/(min·km)]；

Q_2——无压管渠允许渗水量[m^3/(24h·km)]；

D_i——管道内径（mm）；

S——管渠的湿周周长（mm）。

6.8 质量验收标准

6.8.1 模板应符合下列规定：

主 控 项 目

1 模板及其支架应满足浇筑混凝土时的承载能力、刚度和稳定性要求，且应安装牢固；

检查方法：观察；检查模板支架设计、验算。

2 各部位的模板安装位置正确、拼缝紧密不漏浆；对拉螺栓、垫块等安装稳固；模板上的预埋件、预留孔洞不得遗漏，且安装牢固；

检查方法：观察；检查模板设计、施工方案。

3 模板清洁、脱模剂涂刷均匀，钢筋和混凝土接茬处无污渍；

检查方法：观察。

一 般 项 目

4 浇筑混凝土前，模板内的杂物应清理干净；钢模板板面不应有明显锈渍；

检查方法：观察。

5 对清水混凝土工程及装饰混凝土工程，应使用能达到设计效果的模板；

检查方法：观察。

6 整体现浇混凝土模板安装允许偏差应符合表6.8.1的规定。

表 6.8.1 整体现浇混凝土水处理构筑物模板安装允许偏差

检查项目				允许偏差（mm）	检查数量		检查方法
					范围	点数	
1	相邻板差			2	每 20m	1	用靠尺量测
2	表面平整度			3	每 20m	1	用 2m 直尺配合塞尺检查
3	高程			±5	每 10m	1	用水准仪测量
4	垂直度	池壁、柱	$H \leqslant 5$m	5	每 10m（每柱）	1	用垂线或经纬仪测量
			5m$<H \leqslant$15m	0.1%H，且≤6		2	
5	平面尺寸	$L \leqslant$20m		±10	每池（每仓）	4	用钢尺量测
		20m$\leqslant L \leqslant$50m		±L/2000		6	
		$L \geqslant$50m		±25		8	
6	截面尺寸	池壁、顶板		±3	每池（每仓）	4	用钢尺量测
		梁、柱		±3	每梁柱	1	
		洞净空		±5	每洞	1	
		槽、沟净空		±5	每 10m	1	

续表 6.8.1

检查项目			允许偏差（mm）	检查数量		检查方法
				范围	点数	
7	轴线位移	底板	10	每侧面	1	用经纬仪测量
		墙	5	每 10m	1	
		梁、柱		每柱		
		预埋件、预埋管	3	每件	1	
8	中心位置	预留洞	5	每洞	1	用钢尺量测
9	止水带	中心位移	5	每 5m	1	用钢尺量测
		垂直度	5	每 5m	1	用垂线配合钢尺量测

注：1 L 为混凝土底板和池体的长、宽或直径，H 为池壁、柱的高度；

2 止水带指设计为防止变形缝渗水或漏水而设置的阻水装置，不包括施工单位为防止混凝土施工缝漏水而加的止水板；

3 仓指构筑物中由变形缝、施工缝分隔而成的一次浇筑成型的结构单元。

6.8.2 钢筋应符合下列规定：

主 控 项 目

1 进场钢筋的质量保证资料应齐全，每批的出厂质量合格证明书及各项性能检验报告应符合国家有关标准规定和设计要求；受力钢筋的品种、级别、规格和数量必须符合设计要求；钢筋的力学性能检验、化学成分检验等应符合现行国家标准《混凝土结构工程施工质量验收规范》GB 50204 的相关规定；

检查方法：观察；检查每批的产品出厂质量合格证明、性能检验报告及有关的复验报告。

2 钢筋加工时，受力钢筋的弯钩和弯折、箍筋的末端弯钩形式等应符合现行国家标准《混凝土结构工程施工质量验收规范》GB 50204 的相关规定和设计要求；

检查方法：观察；检查施工记录，用钢尺量测。

3 纵向受力钢筋的连接方式应符合设计要求；受力钢筋采用机械连接接头或焊接接头时，其接头应按现行国家标准《混凝土结构工程施工质量验收规范》GB 50204 的相关规定进行力学性能检验；

检查方法：观察；检查施工记录，检查连接材料的产品质量合格证及接头力学性能检验报告。

4 同一连接区段内的受力钢筋，采用机械连接或焊接接头时，接头面积百分率应符合现行国家标准《混凝土结构工程施工质量验收规范》GB 50204 的相关规定；采用绑扎接头时，接头面积百分率及最小搭接长度应符合本规范第 6.2.4 条第 3 款的规定；

检查方法：观察；检查施工记录；用钢尺量测（检查数量：底板、侧墙、顶板以及柱、梁、独立基础等部位抽测均不少于20%）。

一 般 项 目

5 钢筋应平直、无损伤，表面不得有裂纹、油污、颗粒状或片状老锈；

检查方法：观察；检查施工记录。

6 成型的网片或骨架应稳定牢固，不得有滑动、折断、位移、伸出等情况；绑扎接头应扎紧并向内折；

检查方法：观察。

7 钢筋安装就位后应稳固，无变形、走动、松散等现象；保护层符合要求；

检查方法：观察。

8 钢筋加工的形状、尺寸应符合设计要求，其偏差应符合表6.8.2-1的规定；

表 6.8.2-1 钢筋加工的允许偏差

<table>
<tr><th colspan="3" rowspan="2">检查项目</th><th rowspan="2">允许偏差（mm）</th><th colspan="2">检查数量</th><th rowspan="2">检查方法</th></tr>
<tr><th>范围</th><th>点数</th></tr>
<tr><td>1</td><td colspan="2">受力钢筋成型长度</td><td>+5，−10</td><td rowspan="4">每批、每一类型抽查1%且不少于3根</td><td>1</td><td>用钢尺量测</td></tr>
<tr><td rowspan="2">2</td><td rowspan="2">弯起钢筋</td><td>弯起点位置</td><td>±20</td><td>1</td><td rowspan="2">用钢尺量测</td></tr>
<tr><td>弯起点高度</td><td>0，−10</td><td>1</td></tr>
<tr><td>3</td><td colspan="2">箍筋尺寸</td><td>±5</td><td>2</td><td>用钢尺量测，宽、高各量1点</td></tr>
</table>

9 钢筋安装的允许偏差应符合表6.8.2-2的规定。

表 6.8.2-2 钢筋安装位置允许偏差

<table>
<tr><th colspan="3" rowspan="2">检查项目</th><th rowspan="2">允许偏差（mm）</th><th colspan="2">检查数量</th><th rowspan="2">检查方法</th></tr>
<tr><th>范围</th><th>点数</th></tr>
<tr><td>1</td><td colspan="2">受力钢筋的间距</td><td>±10</td><td>每5m</td><td>1</td><td rowspan="12">用钢尺量测</td></tr>
<tr><td>2</td><td colspan="2">受力钢筋的排距</td><td>±5</td><td>每5m</td><td>1</td></tr>
<tr><td>3</td><td colspan="2">钢筋弯起点位置</td><td>20</td><td>每5m</td><td>1</td></tr>
<tr><td rowspan="2">4</td><td rowspan="2">箍筋、横向钢筋间距</td><td>绑扎骨架</td><td>±20</td><td>每5m</td><td>1</td></tr>
<tr><td>焊接骨架</td><td>±10</td><td>每5m</td><td>1</td></tr>
<tr><td>5</td><td colspan="2">圆环钢筋同心度（直径小于3m管状结构）</td><td>±10</td><td>每3m</td><td>1</td></tr>
<tr><td rowspan="2">6</td><td rowspan="2">焊接预埋件</td><td>中心线位置</td><td>3</td><td>每件</td><td>1</td></tr>
<tr><td>水平高差</td><td>±3</td><td>每件</td><td>1</td></tr>
<tr><td rowspan="3">7</td><td rowspan="3">受力钢筋的保护层</td><td>基础</td><td>0～+10</td><td>每5m</td><td>4</td></tr>
<tr><td>柱、梁</td><td>0～+5</td><td>每柱、梁</td><td>4</td></tr>
<tr><td>板、墙、拱</td><td>0～+3</td><td>每5m</td><td>1</td></tr>
</table>

6.8.3 现浇混凝土应符合下列规定：

主 控 项 目

1 现浇混凝土所用的水泥、细骨料、粗骨料、外加剂等原材料的产品质量保证资料应齐全，每批的出厂质量合格证明书及各项性能检验报告应符合本规范第6.2.6条的规定和设计要求；

检查方法：观察；检查每批的产品出厂质量合格证明、性能检验报告及有关的复验报告。

2 混凝土配合比应满足施工和设计要求；

检查方法：观察；检查混凝土配合比设计，检查试配混凝土的强度、抗渗、抗冻等试验报告；对于商品混凝土还应检查出厂质量合格证明等。

3 结构混凝土的强度、抗渗和抗冻性能应符合设计要求；其试块的留置及质量评定应符合本规范第6.2.8条的相关规定；

检查方法：检查施工记录；检查混凝土试块的试验报告、混凝土质量评定统计报告。

4 混凝土结构应外光内实；施工缝后浇带部位应表面密实，无冷缝、蜂窝、露筋现象，否则应修理补强；

检查方法：观察；检查施工缝处理方案，检查技术处理资料。

5 拆模时的混凝土结构强度应符合本规范第6.2.3条的相关规定和设计要求；

检查方法：观察；检查同条件养护下的混凝土强度试块报告。

一 般 项 目

6 浇筑现场的混凝土坍落度或维勃稠度符合配合比设计要求；

检查方法：观察；检查混凝土坍落度或维勃稠度检验记录，检查施工配合比；检查现场搅拌混凝土原材料的称量记录。

7 模板在浇筑中无变位、变形、漏浆等现象，拆模后无粘模、缺棱掉角及损伤表面等现象；

检查方法：观察；检查施工记录。

8 施工缝后浇带位置应符合设计要求，表面平顺，无明显漏浆、错台、色差等现象；

检查方法：观察；检查施工记录。

9 混凝土表面无明显收缩裂缝；

检查方法：观察；检查混凝土记录。

10 对拉螺栓孔的填封应密实、平整，无收缩现象；

检查方法：观察；检查填封材料的配合比。

6.8.4 装配式混凝土结构的构件安装应符合下列规定：

主 控 项 目

1 装配式混凝土所用的原材料、预制构件等的产品质量保证资料应齐全，每批的出厂质量合格证明书及各项性能检验报告应符合国家有关标准规定和设计要求；

检查方法：观察；检查每批的原材料、构件出厂质量合格证明、性能检验报告及有关的复验报告；对于现场制作的混凝土构件应按本规范第 6.8.3 条的规定执行。

2 预制构件上的预埋件、插筋、预留孔洞的规格、位置和数量应符合设计要求；

检查方法：观察。

3 预制构件的外观质量不应有严重质量缺陷，且不应有影响结构性能和安装、使用功能的尺寸偏差；

检查方法：观察；检查技术处理方案、资料；用钢尺量测。

4 预制构件与结构之间、预制构件之间的连接应符合设计要求；构件安装应位置准确，垂直、稳固；相邻构件湿接缝及杯口、杯槽填充部位混凝土应密实，无漏筋、孔洞、夹渣、疏松现象；钢筋机械或焊接接头连接可靠；

检查方法：观察；检查预留钢筋机械或焊接接头连接的力学性能检验报告，检查混凝土强度试块试验报告。

5 安装后的构筑物尺寸、表面平整度应满足设计和设备安装及运行的要求；

检查方法：观察；检查安装记录；用钢尺等量测。

一 般 项 目

6 预制构件的混凝土表面应平整、洁净，边角整齐；外观质量不宜有一般缺陷；

检查方法：观察；检查技术处理方案、资料。

7 构件安装时，应将杯口、杯槽内及构件连接面的杂物、污物清理干净，界面处理满足安装要求；

检查方法：观察。

8 现浇混凝土杯口、杯槽内表面应平整、密实；预制构件安装不应出现扭曲、损坏、明显错台等现象；

检查方法：观察。

9 预制构件制作的允许偏差应符合表 6.8.4-1 的规定；

10 钢筋混凝土池底板及杯口、杯槽的允许偏差应符合表 6.8.4-2 的规定；

11 预制混凝土构件安装允许偏差应符合表 6.8.4-3 的规定。

表 6.8.4-1 预制构件制作的允许偏差

检查项目			允许偏差（mm）		检查数量		检查方法
			板	梁、柱	范围	点数	
1	长度		±5	−10	每构件	2	用钢尺量测
2	横截面尺寸	宽	−8	±5			
		高	±5	±5			
		肋宽	+4，−2	—			
		厚	+4，−2	—			
3	板对角线差		10	—		2	用钢尺量测
4	直顺度（或曲梁的曲度）		L/1000，且不大于 20	L/750，且不大于 20		2	用小线（弧形板）、钢尺量测
5	表面平整度		5	—		2	用 2m 直尺、塞尺量测
6	预埋件	中心线位置	5	5	每处	1	用钢尺量测
		螺栓位置	5	5			
		螺栓明露长度	+10，−5	+10，−5			
7	预留孔洞中心线位置		5	5		1	用钢尺量测
8	受力钢筋的保护层		+5，−3	+10，−5	每构件	4	用钢尺量测

注：1 L 为构件长度（mm）；

2 受力钢筋的保护层偏差，仅在必要时进行检查；

3 横截面尺寸栏内的高，对板系指其肋高。

表 6.8.4-2 装配式钢筋混凝土水处理构筑物底板及杯口、杯槽的允许偏差

检查项目			允许偏差（mm）	检查数量		检查方法
				范围	点数	
1	圆池半径		±20	每座池	6	用钢尺量测
2	底板轴线位移		10	每座池	2	用经纬仪测量横纵各 1 点
3	预留杯口、杯槽	轴线位置	8	每 5m	1	用钢尺量测
		内底面高程	0，−5	每 5m	1	用水准仪测量
		底宽、顶宽	+10，−5	每 5m	1	用钢尺量测
4	中心位置偏移	预埋件、预埋管	5	每件	1	用钢尺量测
		预留洞	10	每洞	1	用钢尺量测

表 6.8.4-3　预制壁板（构件）安装允许偏差

检查项目			允许偏差（mm）	检查数量		检查方法
				范围	点数	
1	壁板、墙板、梁、柱中心轴线		5	每块板（每梁、柱）	1	用钢尺量测
2	壁板、墙板、柱高程		±5	每块板（每柱）	1	用水准仪测量测
3	壁板、墙板及柱垂直度	$H \leqslant 5$m	5	每块板（每梁、柱）	1	用垂球配合钢尺量测
		$H>5$m	8	每块板（每梁、柱）	1	
4	挑梁高程		−5，0	每梁	1	用水准仪量测
5	壁板、墙板与定位中线半径		±10	每块板	1	用钢尺量测
6	壁板、墙板、拱构件间隙		±10	每处	2	用钢尺量测

注：H 为壁板及柱的全高。

6.8.5　圆形构筑物缠丝张拉预应力混凝土应符合下列规定：

主 控 项 目

1　预应力筋和预应力锚具、夹具、连接器以及保护层所用水泥、砂、外加剂等的产品质量保证资料应齐全，每批的出厂质量合格证明书及各项性能检验报告应符合本规范第 6.4.2 条的相关规定和设计要求；

检查方法：观察；检查每批的原材料出厂质量合格证明、性能检验报告及有关的复验报告。

2　预应力筋的品种、级别、规格、数量、下料、墩头加工以及环向预应力筋和锚具槽的布置、锚固位置必须符合设计要求；

检查方法：观察。

3　缠丝时，构件及拼接处的混凝土强度应符合本规范第 6.4.8 条的规定；

检查方法：观察；检查混凝土强度试块试验报告。

4　缠丝应力应符合设计要求；缠丝过程中预应力筋应无断裂，发生断裂时应将钢丝接好，并在断裂位置左右相邻锚固槽各增加一个锚具；

检查方法：观察；检查张拉记录、应力测量记录，技术处理资料。

5　保护层砂浆的配合比计量准确，其强度、厚度应符合设计要求，并应与预应力筋（钢丝）粘结紧密，无漏喷、脱落现象；

检查方法：观察；检查水泥砂浆强度试块试验报告，检查喷浆施工记录。

一 般 项 目

6　预应力筋展开后应平顺，不得有弯折，表面不应有裂纹、刺、机械损伤、氧化铁皮和油污；

检查方法：观察。

7　预应力锚具、夹具、连接器等的表面应无污物、锈蚀、机械损伤和裂纹；

检查方法：观察。

8　缠丝顺序应符合设计和施工方案要求；各圈预应力筋缠绕与设计位置的偏差不得大于 15mm；

检查方法：观察；检查张拉记录、应力测量记录；每圈预应力筋的位置用钢尺量，并不少于1点。

9　保护层表面应密实、平整，无空鼓、开裂等缺陷现象；

检查方法：观察；检查技术处理方案、资料。

10　预应力筋保护层允许偏差应符合表 6.8.5 规定。

表 6.8.5　预应力筋保护层允许偏差

检查项目		允许偏差（mm）	检查数量		检查方法
			范围	点数	
1	平整度	30	每 50m^2	1	用 2m 直尺配合塞尺量测
2	厚度	不小于设计值	每 50m^2	1	喷浆前埋厚度标记

6.8.6　后张法预应力混凝土应符合下列规定：

主 控 项 目

1　预应力筋和预应力锚具、夹具、连接器以及有粘结预应力筋孔道灌浆所用水泥、砂、外加剂、波纹管等的产品质量保证资料应齐全，每批的出厂质量合格证明书及各项性能检验报告应符合本规范第 6.4.2 条的相关规定和设计要求；

检查方法：观察；检查每批的原材料出厂质量合格证明、性能检验报告及有关的复验报告。

2　预应力筋的品种、级别、规格、数量下料加工必须符合设计要求；

检查方法：观察。

3　张拉时混凝土强度应符合本规范第 6.4.8 条的规定；

检查方法：观察；检查混凝土试块的试验报告。

4　后张法张拉应力和伸长值、断裂或滑脱数量、内缩量等应符合本规范 6.4.13 条第 4、5、6 款的规定和设计要求；

检查方法：观察；检查张拉记录。

5　有粘结预应力筋孔道灌浆应饱满、密实；灌浆水泥砂浆强度应符合设计要求；

检查方法：观察；检查水泥砂浆试块的试验报告。

一 般 项 目

6　有粘结预应力筋应平顺，不得有弯折，表面不应有裂纹、刺、机械损伤、氧化铁皮和油污；无粘结预应力筋护套应光滑，无裂缝和明显褶皱；

检查方法：观察。

7 预应力锚具、夹具、连接器等的表面应无污物、锈蚀、机械损伤和裂纹；波纹管外观应符合本规范第 6.4.5 条第 2 款的规定；

检查方法：观察。

8 后张法有粘结预应力筋预留孔道的规格、数量、位置和形状应符合设计要求，并应符合下列规定：

1）预留孔道的位置应牢固，浇筑混凝土时不应出现位移和变形；

2）孔道应平顺，端部的预埋锚垫板应垂直于孔道中心线；

3）成孔用管道应封闭良好，接头应严密且不得漏浆；

4）灌浆孔的间距：预埋波纹管不宜大于 30m；抽芯成型孔道不宜大于 12m；

5）曲线孔道的曲线波峰部位应设排气（泌水）管，必要时可在最低点设置排水孔；

6）灌浆孔及泌水管的孔径应能保证浆液畅通；

检查方法：观察；用钢尺量。

9 无粘结预应力筋的铺设应符合下列规定：

1）无粘结预应力筋的定位牢固，浇筑混凝土时不应出现移位和变形；

2）端部的预埋锚垫板应垂直于预应力筋；

3）内埋式固定端垫板不应重叠，锚具与垫板应贴紧；

4）无粘结预应力筋成束布置时应能保证混凝土密实并能裹住预应力筋；

5）无粘结预应力筋的护套应完整，局部破损处应采用防水胶带缠绕紧密；

检查方法：观察。

10 预应力筋张拉后与设计位置的偏差不得大于 5mm，且不得大于池壁截面短边边长的 4%；

检查方法：每工作班检查 3%、且不少于 3 束预应力筋，用钢尺量。

11 封锚的保护层厚度、外露预应力筋的保护层厚度、封锚混凝土强度应符合本规范第 6.4.13 条第 10 款的规定；

检查方法：观察；检查封锚混凝土试块的试验报告，检查 5%、且不少于 5 处；预应力筋保护层厚度，用钢尺量。

6.8.7 混凝土结构水处理构筑物应符合下列规定：

主 控 项 目

1 水处理构筑物结构类型、结构尺寸以及预埋件、预留孔洞、止水带等规格、尺寸应符合设计要求；

检查方法：观察；检查施工记录、测量记录、隐蔽验收记录。

2 混凝土强度符合设计要求；混凝土抗渗、抗冻性能符合设计要求；

检查方法：检查配合比报告；检查混凝土抗压、抗渗、抗冻试块试验报告。

3 混凝土结构外观无严重质量缺陷；

检查方法：观察，检查技术处理方案、资料。

4 构筑物外壁不得渗水；

检查方法：观察，检查技术处理方案、资料。

5 构筑物各部位以及预埋件、预留孔洞、止水带等的尺寸、位置、高程、线形等的偏差，不得影响结构性能和水处理工艺平面布置、设备安装、水力条件；

检查方法：观察；检查施工记录、测量放样记录。

一 般 项 目

6 混凝土结构外观不宜有一般质量缺陷；

检查方法：观察，检查技术处理方案、资料。

7 结构无明显湿渍现象；

检查方法：观察。

8 结构表面应光洁和顺、线形流畅；

检查方法：观察。

9 混凝土结构水处理构筑物允许偏差应符合表 6.8.7 的规定。

表 6.8.7 混凝土结构水处理构筑物允许偏差

	检查项目		允许偏差（mm）	检查数量		检查方法
				范围	点数	
1	轴线位移	池壁、柱、梁	8	每池壁、柱、梁	2	用经纬仪测量纵横轴线各计 1 点
2	高程	池壁顶	±10	每 10m	1	用水准仪测量
		底板顶		每 $25m^2$	1	
		顶板		每 $25m^2$	1	
		柱、梁		每柱、梁	1	
3	平面尺寸（池体的长、宽或直径）	$L\leqslant 20m$	±20	长、宽各 2；直径各 4		用钢尺量测
		$20m<L\leqslant 50m$	$\pm L/1000$			
		$L>50m$	±50			
4	截面尺寸	池壁	+10，−5	每 10m	1	用钢尺量测
		底板		每 10m	1	
		柱、梁		每柱、梁	1	
		孔、洞、槽内净空	±10	每孔、洞、槽	1	用钢尺量测

续表 6.8.7

检查项目			允许偏差（mm）	检查数量		检查方法
				范围	点数	
5	表面平整度	一般平面	8	每 25m²	1	用2m直尺配合塞尺检查
		轮轨面	5	每 10m	1	用水准仪测量
6	墙面垂直度	$H\leqslant 5m$	8	每 10m	1	用垂线检查
		$5m<H\leqslant 20m$	$1.5H/1000$	每 10m	1	
7	中心线位置偏移	预埋件、预埋管	5	每件	1	用钢尺量测
		预留洞	10	每洞	1	
		水槽	±5	每 10m	2	用经纬仪测量纵横轴线各计1点
8	坡度		0.15%	每 10m	1	水准仪测量

注：1 H 为池壁全高，L 为池体的长、宽或直径；
2 检查轴线、中心线位置时，应沿纵、横两个方向测量，并取其中的较大值；
3 水处理构筑物所安装的设备有严于本条规定的特殊要求时，应按特殊要求执行，但在水处理构筑物施工前，设计单位必须给予明确。

6.8.8 砖石砌体结构水处理构筑物应符合下列规定：

主 控 项 目

1 砖、石以及砌筑、抹面用的水泥、砂等材料的产品质量保证资料应齐全，每批的出厂质量合格证明书及各项性能检验报告应符合本规范第 6.5.1 条的相关规定和设计要求；

检查方法：观察；检查产品质量合格证、出厂检验报告和及有关的进场复验报告。

2 砌筑、抹面砂浆配合比应满足施工和本规范第 6.5.1 条的相关规定；

检查方法：观察；检查砌筑砂浆配合比单及记录；对于商品砌筑砂浆还应检查出厂质量合格证明等。

3 砌筑、抹面砂浆的强度应符合设计要求；其试块的留置及质量评定应符合本规范第 6.5.2、6.5.3 条的相关规定；

检查方法：检查施工记录；检查砌筑砂浆试块的试验报告。

4 砌体结构各部位的构造形式以及预埋件、预留孔洞、变形缝位置、构造等应符合设计要求；

检查方法：观察；检查施工记录、测量放样记录。

5 砌筑应垂直稳固、位置正确；灰缝必须饱满、密实、完整，无透缝、通缝、开裂等现象；砖砌抹面时，砂浆与基层及各层间应粘结紧密牢固，不得有空鼓及裂纹等现象；

检查方法：观察；检查施工记录，检查技术处理资料。

一 般 项 目

6 砌筑前，砖、石表面应洁净，并充分湿润；

检查方法：观察。

7 砌筑砂浆应灰缝均匀一致、横平竖直，灰缝宽度的允许偏差为±2mm；

检查方法：观察；每 20m 用钢尺量 10 皮砖、石砌体进行折算。

8 抹面时，抹面接茬应平整，阴阳角清晰顺直；

检查方法：观察。

9 勾缝应密实，线形平整、深度一致；

检查方法：观察。

10 砖砌体水处理构筑物施工允许偏差应符合表 6.8.8-1 的规定；

表 6.8.8-1 砖砌体水处理构筑物施工允许偏差

检查项目			允许偏差（mm）	检查数量		检查方法
				范围	点数	
1	轴线位置（池壁、隔墙、柱）		10	各池壁、隔墙、柱	1	用经纬仪测量
2	高程（池壁、隔墙、柱的顶面）		±15	每 5m	1	用水准仪测量
3	平面尺寸（池体长、宽或直径）	$L\leqslant 20m$	±20	每池	4	用钢尺量测
		$20<L\leqslant 50m$	$\pm L/1000$	每池	4	用钢尺量测
4	垂直度（池壁、隔墙、柱）	$H\leqslant 5m$	8	每 5m	1	经纬仪测量或吊线配合钢尺量测
		$H>5m$	$1.5H/1000$	每 5m	1	
5	表面平整度	清水	5	每 5m	1	用 2m 直尺配合塞尺量测
		混水	8	每 5m	1	
6	中心位置	预埋件、预埋管	5	每件	1	用钢尺量测
		预埋洞	10	每洞	1	用钢尺量测

注：1 L 为池体长、宽或直径；
2 H 为池壁、隔墙或柱的高度。

11 石砌体水处理构筑物施工允许偏差应符合表 6.8.8-2 的规定。

表 6.8.8-2 石砌体水处理构筑物施工允许偏差

检查项目			允许偏差（mm）	检查数量		检查方法
				范围	点数	
1	轴线位置（池壁）		10	各池壁	1	用经纬仪测量
2	高程（池壁顶面）		±15	每 5m	1	用水准仪测量
3	平面尺寸（池体长、宽或直径）	$L\leqslant 20m$	±20	每 5m	1	用钢尺量测
		$20<L\leqslant 50m$	$\pm L/1000$	每 5m	1	

续表 6.8.8-2

检查项目			允许偏差（mm）	检查数量		检查方法
				范围	点数	
4	砌体厚度		+10，−5	每5m	1	用钢尺量测
5	垂直度（池壁）	$H \leqslant 5m$	10	每5m	1	经纬仪或吊线、钢尺量
		$H>5m$	$2H/1000$	每5m	1	
6	表面平整度	清水	10	每5m	1	用2m直尺配合塞尺量测
		混水	15	每5m	1	
7	中心位置	预埋件、预埋管	5	每件	1	用钢尺量测
		预埋洞	10	每洞	1	用钢尺量测

注：1 *L* 为池体长、宽或直径；
2 *H* 为池壁高度。

6.8.9 构筑物变形缝应符合下列规定：

主 控 项 目

1 构筑物变形缝的止水带、柔性密封材料等的产品质量保证资料应齐全，每批的出厂质量合格证明书及各项性能检验报告应符合本规范第6.1.10条的相关规定和设计要求；

检查方法：观察；检查产品质量合格证、出厂检验报告和及有关的进场复验报告。

2 止水带位置应符合设计要求；安装固定稳固，无孔洞、撕裂、扭曲、褶皱等现象；

检查方法：观察，检查施工记录。

3 先行施工一侧的变形缝结构端面应平整、垂直，混凝土或砌筑砂浆应密实，止水带与结构咬合紧密；端面混凝土外观严禁出现严重质量缺陷，且无明显一般质量缺陷；

检查方法：观察。

4 变形缝应贯通，缝宽均匀一致；柔性密封材料嵌填应完整、饱满、密实；

检查方法：观察。

一 般 项 目

5 变形缝结构端面部位施工完成后，止水带应完整，线形直顺，无损坏、走动、褶皱等现象；

检查方法：观察。

6 变形缝内的填缝板应完整，无脱落、缺损现象；

检查方法：观察。

7 柔性密封材料嵌填前缝内应清洁杂物、污物；嵌填应表面平整，其深度应符合设计要求，并与两侧端面粘结紧密；

检查方法：观察。

8 构筑物变形缝施工允许偏差应符合表6.8.9的规定。

表 6.8.9 构筑物变形缝施工的允许偏差

检查项目			允许偏差（mm）	检查数量		检查方法
				范围	点数	
1	结构端面平整度		8	每处	1	用2m直尺配合塞尺量测
2	结构端面垂直度		$2H/1000$，且不大于8	每处	1	用垂线量测
3	变形缝宽度		±3	每处每2m	1	用钢尺量测
4	止水带长度		不小于设计要求	每根	1	用钢尺量测
5	止水带位置	结构端面	±5	每处每2m	1	用钢尺量测
		止水带中心	±5			
6	相邻错缝		±5	每处	4	用钢尺量测

注：*H* 为结构全高（mm）。

6.8.10 塘体结构应符合下列规定：

1 基槽应符合本规范第4.7.2、4.7.4条等的规定，且基槽开挖允许偏差应符合表6.8.10的规定；

表 6.8.10 塘体结构基槽开挖允许偏差

检查项目		允许偏差（mm）	检查数量		检查方法
			范围	点数	
1	轴线位移	20	每10m	1	用经纬仪测量
2	基底高程	±20	每10m	1	用水准仪测量
3	平面尺寸	±20	每10m	1	用钢尺量测
4	边坡	设计边坡的0～3%范围	每10m	1	用坡度尺测量

2 塘体结构质量应符合本规范第5.7.10条等的规定；对于钢筋混凝土工程，其模板、钢筋、混凝土、混凝土结构构筑物还应分别符合本规范第6.8.1、6.8.2、6.8.3和6.8.7条的规定。

6.8.11 现浇钢筋混凝土、装配式钢筋混凝土管渠应符合下列规定：

1 模板、钢筋、混凝土、构件安装、变形缝应分别符合本规范第6.8.1～6.8.4条和6.8.9条的规定；

2 混凝土结构管渠应符合本规范第6.8.7条的规定，且其允许偏差应符合表6.8.11的规定。

表 6.8.11 混凝土结构管渠允许偏差

检查项目		允许偏差（mm）	检查数量		检查方法
			范围	点数	
1	轴线位置	15	每 5m	1	用经纬仪测量
2	渠底高程	±10	每 5m	1	用水准仪测量
3	管、拱圈断面尺寸	不小于设计要求	每 5m	1	用钢尺量测
4	盖板断面尺寸	不小于设计要求	每 5m	1	用钢尺量测
5	墙高	±10	每 5m	1	用钢尺量测
6	渠底中线每侧宽度	±10	每 5m	2	用钢尺量测
7	墙面垂直度	10	每 5m	2	经纬仪或吊线、钢尺检查
8	墙面平整度	10	每 5m	2	用 2m 靠尺检查
9	墙厚	+10，0	每 5m	2	用钢尺量测

注：渠底高程在竣工后的贯通测量允许偏差可按±20mm执行。

6.8.12 砖石砌体管渠工程的变形缝、砖石砌体结构管渠质量验收应分别符合本规范第 6.8.8、6.8.9 条的规定，且砖石砌体结构管渠的允许偏差应符合表 6.8.12 的规定。

表 6.8.12 砌体管渠施工质量允许偏差

检查项目			允许偏差（mm）				检查数量		检查方法
			砖	料石	块石	混凝土砌块	范围	点数	
1	轴线位置		15	15	20	15	每 5m	1	用经纬仪测量
2	渠底	高程	±10	±20		±10	每 5m	1	用水准仪测量
		中心线每侧宽	±10	±10	±20	±10	每 5m	2	用钢尺量测
3	墙高		±20	±20		±20	每 5m	2	用钢尺量测
4	墙厚		不小于设计要求				每 5m	2	用钢尺量测
5	墙面垂直度		15	15		15	每 5m	2	经纬仪或吊线、钢尺量测
6	墙面平整度		10	20	30	10	每 5m	2	用 2m 靠尺量测
7	拱圈断面尺寸		不小于设计要求				每 5m	2	用钢尺量测

6.8.13 水处理工艺的辅助构筑物工程中，涉及钢筋混凝土结构的模板、钢筋、混凝土、构件安装等的质量验收应分别符合本规范第 6.8.1～6.8.4 条的规定，涉及砖石砌体结构的质量验收应符合本规范第 6.8.8 条的规定。工艺辅助构筑物的质量验收应符合下列规定：

主 控 项 目

1 有关工程材料、型材等的产品质量保证资料应齐全，并符合国家有关标准的规定和设计要求；

检查方法：观察；检查产品质量合格证、出厂检验报告及有关的进场复验报告。

2 位置、高程、结构和工艺线形尺寸、数量等应符合设计要求，满足运行功能；

检查方法：观察；检查施工记录、测量放样记录。

3 混凝土、水泥砂浆抹面等光洁密实、线形和顺，无阻水、滞水现象；

检查方法：观察。

4 堰板、槽板、孔板等安装应平整、牢固，安装位置及高程应准确，接缝应严密；堰顶、穿孔槽、孔眼的底缘在同一水平面上；

检查方法：观察；检查安装记录；用钢尺、水准仪等量测检查。

一 般 项 目

5 工艺辅助构筑物施工允许偏差应符合表 6.8.13 的规定。

表 6.8.13 工艺辅助构筑物施工的允许偏差

检查项目				允许偏差（mm）	检查数量		检查方法
					范围	点数	
1	轴线位置	工艺井		15	每座	1	用经纬仪测量
		板、堰、槽、孔、眼（混凝土结构）		5	每 3m		
2	高程	工艺井井底		±10	每座	1	用水准仪测量
		板、堰顶、槽底、孔眼中心	混凝土结构	±5	每 3m	1	
			型板安装	±2			
3	净尺寸	工艺井		不小于设计要求	每座	1	用钢尺量测
		槽、孔、眼	混凝土结构	±5	每 3m	1	
			型板安装	±3			
4	墙面垂直度	工艺井		10	每座	2	经纬仪或吊线、钢尺量测
		堰、槽、孔、眼	混凝土结构	$1.5H/1000$	每 3m	1	
			型板安装	$1.0H/1000$			
5	墙面平整度	工艺井		10	每座	2	用 2m 靠尺量测；堰顶、槽底用水平仪测量
		板、堰、槽、孔、眼	混凝土结构	5	每 3m	1	
			型板安装	2			
6	墙厚	工艺井		+10，0	每座	2	用钢尺量测
		板、堰、槽、孔、眼的结构		+5，0	每 3m	1	
7	孔眼间距			±5	每处	1	用钢尺量测

注：H 为全高（mm）。

6.8.14 水处理的细部结构工程中涉及模板、钢筋、混凝土、构件安装、砌筑等质量验收应分别符合本规范第 6.8.1～6.8.4 条和 6.8.8 条的规定；混凝土设备基础、闸槽等的质量应符合本规范第 7.4.3 条的规定；梯道、平台、栏杆、盖板、走道板、设备行走的钢轨轨道等细部结构应符合下列规定：

主 控 项 目

1 原材料、成品构件、配件等的产品质量保证资料应齐全，并符合国家有关标准的规定和设计要求；

检查方法：观察；检查产品质量合格证、出厂检验报告及有关的进场复验报告。

2 位置和高程、线形尺寸、数量等应符合设计要求，安装应稳固可靠；

检查方法：观察；检查施工记录、测量放样记录。

3 固定构件与结构预埋件应连接牢固；活动构件安装平稳可靠、尺寸匹配，无走动、翘动等现象；混凝土结构外观质量无严重缺陷；

检查方法：观察；检查施工记录和有关的检验记录。

4 安全设施应符合国家有关安全生产的规定；

检查方法：观察；检查施工安全技术方案。

一 般 项 目

5 混凝土结构外观质量不宜有一般缺陷，钢制构件防腐完整，活动走道板无变形、松动等现象；

检查方法：观察。

6 梯道、平台、栏杆、盖板（走道板）安装的允许偏差应符合表 6.8.14-1 的规定；

表 6.8.14-1 梯道、平台、栏杆、盖板（走道板）安装的允许偏差

<table>
<tr><th colspan="4" rowspan="2">检查项目</th><th rowspan="2">允许偏差（mm）</th><th colspan="2">检查数量</th><th rowspan="2">检查方法</th></tr>
<tr><th>范围</th><th>点数</th></tr>
<tr><td rowspan="2">1</td><td rowspan="2">楼梯</td><td colspan="2">长、宽</td><td>±5</td><td>每座</td><td>各 2</td><td>用钢尺量测</td></tr>
<tr><td colspan="2">踏步间距</td><td>±3</td><td>每处</td><td>1</td><td>用钢尺量测，取最大值</td></tr>
<tr><td rowspan="2">2</td><td rowspan="2">平台</td><td colspan="2">长、宽</td><td>±5</td><td>每处每 5m</td><td>各 1</td><td>用钢尺量测</td></tr>
<tr><td colspan="2">局部凸凹度</td><td>3</td><td>每处</td><td>1</td><td>用 1m 直尺量测</td></tr>
<tr><td rowspan="2">3</td><td rowspan="2">栏杆</td><td colspan="2">直顺度</td><td>5</td><td>每 10m</td><td>1</td><td>20m 小线量测，取最大值</td></tr>
<tr><td colspan="2">垂直度</td><td>3</td><td>每 10m</td><td>1</td><td>用垂线、钢尺量测</td></tr>
<tr><td rowspan="4">4</td><td rowspan="4">盖板（走道板）</td><td rowspan="2">混凝土盖板</td><td>直顺度</td><td>10</td><td>每 5m</td><td>1</td><td>用 20m 小线量测，取最大值</td></tr>
<tr><td>相邻高差</td><td>8</td><td>每 5m</td><td>1</td><td>用直尺量测，取最大值</td></tr>
<tr><td rowspan="2">非混凝土盖板</td><td>直顺度</td><td>5</td><td>每 5m</td><td>1</td><td>用 20m 小线量测，取最大值</td></tr>
<tr><td>相邻高差</td><td>2</td><td>每 5m</td><td>1</td><td>用直尺量测，取最大值</td></tr>
</table>

7 构筑物上行走的清污设备轨道铺设的允许偏差应符合表 6.8.14-2 的规定。

表 6.8.14-2 轨道铺设的允许偏差

<table>
<tr><th colspan="2" rowspan="2">检查项目</th><th rowspan="2">允许偏差（mm）</th><th colspan="2">检查数量</th><th rowspan="2">检查方法</th></tr>
<tr><th>范围</th><th>点数</th></tr>
<tr><td>1</td><td>轴线位置</td><td>5</td><td>每 10m</td><td>1</td><td>用经纬仪测量</td></tr>
<tr><td>2</td><td>轨顶高程</td><td>±2</td><td>每 10m</td><td>1</td><td>用水准仪测量</td></tr>
<tr><td>3</td><td>两轨间距或圆形轨道的半径</td><td>±2</td><td>每 10m</td><td>1</td><td>用钢尺量测</td></tr>
<tr><td>4</td><td>轨道接头间隙</td><td>±0.5</td><td>每处</td><td>1</td><td>用塞尺测量</td></tr>
<tr><td>5</td><td>轨道接头左、右、上三面错位</td><td>1</td><td>每处</td><td>1</td><td>用靠尺量测</td></tr>
</table>

注：1 轴线位置：对平行两直线轨道，应为两平行轨道之间的中线；对圆形轨道，为其圆心位置；

2 平行两直线轨道接头的位置应错开，其错开距离不应等于行走设备前后轮的轮距。

6.8.15 水处理构筑物的水泥砂浆防水层的质量验收应符合现行国家标准《地下防水工程质量验收规范》GB 50208 的相关规定。

6.8.16 水处理构筑物的防腐层质量验收应按现行国家标准《建筑防腐蚀工程施工及验收规范》GB 50212 的相关规定执行。

6.8.17 水处理构筑物的钢结构工程，应按现行国家标准《钢结构工程施工质量验收规范》GB 50205 的相关规定执行。

7 泵 房

7.1 一 般 规 定

7.1.1 本章适用于给排水工程中的固定式取水（排放）、输送、提升、增压泵房结构工程施工与验收。小型泵房可参照执行。

7.1.2 泵房施工前准备工作应符合下列规定：

1 施工前应对其施工影响范围内的各类建（构）筑物、河岸和管线的基础等情况进行实地详勘调查，根据安全需要采取相应保护措施；

2 复核泵站内泵房以及各单体构筑物的位置坐标、控制点和水准点；泵房及进出水流道、泵房与泵站内进出水构筑物、其他单体构筑物连接的管道或构筑物，其位置、走向、坡度和标高应符合设计要求；

3 分建式泵站施工应与泵站内进出水构筑物、其他单体构筑物、连接管道兼顾，合理安排单体构筑物的施工顺序；合建式泵站，其泵房施工应包括进出水构筑物等；

4　岸边泵房宜在枯水期施工，并应在汛前施工至安全部位；需度汛时，对已建部分应有防护措施。

7.1.3　泵房施工应符合下列规定：

1　土石方与地基基础工程应按本规范第4章的相关规定执行；

2　泵房地下部分的混凝土及砌筑结构工程应按本规范第6章的有关规定执行；

3　泵房地下部分采用沉井法施工时，应符合本规范第7.3节的规定；水中泵房沉井采用浮运法施工时可按本规范第5.3节的相关规定执行；

4　泵房地面建筑部分的结构工程应符合现行国家标准《建筑地面工程施工质量验收规范》GB 50209及其相关专业规范的规定；

5　泵站内与泵房有关的进出水构筑物、其他单体构筑物以及管渠等工程的施工，应按本规范的相关章节规定执行；

6　预制成品管铺设的管道工程应符合现行国家标准《给水排水管道工程施工及验收规范》GB 50268的相关规定。

7.1.4　应采取措施控制泵房与进、出水构筑物和管道之间的不均匀沉降，满足设计要求。

7.1.5　泵房的主体结构、内部装饰工程施工完毕，现场清理干净，且经检验满足设备安装要求后，方可进行设备安装。

7.1.6　泵房施工应制定高空、起重作业及基坑、模板工程等安全技术措施。

7.2　泵房结构

7.2.1　结构施工前应会同设备安装单位，对相关的设备锚栓或锚板的预埋位置、预留孔洞、预埋件等进行检查核对。

7.2.2　底板混凝土施工应符合下列规定：

1　施工前，地基基础验收合格；

2　设计无要求时，垫层厚度不应小于100mm，平面尺寸宜大于底板，混凝土强度等级不应低于C10；

3　混凝土应连续浇筑，不宜分层浇筑或浇筑面较大时，可采用多层阶梯推进法浇筑，其上下两层前后距离不宜小于1.5m，同层的接头部位应充分振捣，不得漏振；

4　在斜面基底上浇筑混凝土时，应从低处开始，逐层升高，并采取措施保持水平分层，防止混凝土向低处流动；

5　混凝土表面应抹平、压实，防止出现浮层和干缩裂缝。

7.2.3　混凝土结构的高、大模板以及流道、渐变段等外形复杂的模板架设与支撑、脚手架搭设、拆除等，应编制专项施工方案并符合设计要求。模板安装中不得遗漏相关的预埋件和预留孔洞，且应安装牢固、位置准确。

7.2.4　与水接触的混凝土结构施工应符合下列规定：

1　应采取技术措施，提高混凝土质量，避免混凝土缺陷的产生；

2　混凝土原材料、配合比、混凝土浇筑及养护等应符合本规范第6.2节的规定；

3　应按设计要求设置施工缝，并宜少设施工缝；

4　混凝土浇筑应从低处开始，按顺序逐层进行，入模混凝土上升高度应一致平衡；

5　混凝土浇筑完毕应及时养护。

7.2.5　钢筋混凝土进、出水流道施工还应符合下列规定：

1　流道模板安装前宜进行预拼装检验；流道的模板、钢筋安装与绑扎应作统一安排，互相协调；

2　曲面、倾斜面层模板底部混凝土应振捣充分，模板面积较大时，应在适当位置开设便于进料和振捣的窗口；

3　变径流道的线形、断面尺寸应按设计要求施工。

7.2.6　平台、楼层、梁、柱、墙等混凝土结构施工缝的设置应符合下列规定：

1　墙、柱底端的施工缝宜设在底板或基础已有混凝土顶面，其上端施工缝宜设在楼板或大梁的下面；与其嵌固连接的楼层板、梁或附墙楼梯等需要分期浇筑时，其施工缝的位置及插筋、嵌槽应会同设计单位商定；

2　与板连成整体的大断面梁，宜整体浇筑；如需分期浇筑，其施工缝宜设在板底面以下20～30mm处，板下有梁托时，应设在梁托下面；

3　有主、次梁的楼板，施工缝应设在次梁跨中1/3范围内；

4　结构复杂的施工缝位置，应按设计要求留置。

7.2.7　水泵与电机等设备基础施工应符合下列规定：

1　钢筋混凝土基础工程应符合本规范第6章的相关规定和设计要求；

2　水泵和电动机的基础与底板混凝土不同时浇筑时，其接触面除应按施工缝处理外，底板应按设计要求预埋钢筋。

7.2.8　水泵与电机安装进行基座二次混凝土及地脚螺栓预留孔灌浆时，应遵守下列规定：

1　浇筑二次混凝土前，应对一次混凝土表面凿毛清理，刷洗干净；

2　地脚螺栓埋入混凝土部分的油污应清除干净；灌浆前应清除灌浆部位全部杂物；

3　地脚螺栓的弯钩底端不应接触孔底，外缘距离孔壁不应小于15mm；振捣密实，不得撞击地脚螺栓；

4　混凝土或砂浆配比应通过试验确定；浇筑厚度大于或等于40mm时，宜采用细石混凝土灌注；小于 40mm 时，宜采用水泥砂浆灌注；其强度等级均应比基座混凝土设计强度等级提高一级；

5 混凝土或砂浆达到设计强度的 75%以后，方可将螺栓对称拧紧；

6 地脚螺栓预埋采用植筋时，应通过试验确定。

7.2.9 平板闸的闸槽安装位置应准确。闸槽定位及埋件固定检查合格后，应及时浇筑混凝土。

7.2.10 采用转动螺旋泵成型螺旋泵槽时，应将槽面压实抹光。槽面与螺旋叶片外缘间的空隙应均匀一致，并不得小于 5mm。

7.2.11 泵房进、出水管道穿过墙体时，穿墙管部位应设置防水套管。套管与管道的间隙，应待泵房沉降稳定后再按设计要求进行填封。

7.2.12 在施工的不同阶段，应经常对泵房以及泵站内其他各单体构筑物进行沉降、位移监测。

7.3 沉 井

7.3.1 泵房沉井施工方案应包括以下主要内容：

1 施工平面布置图及剖面（包括地质剖面）图；

2 采用分节制作或一次制作，分节下沉或一次下沉的措施；

3 沉井制作的地基处理要求及施工方法；

4 刃脚的承垫及抽除的方案设计；

5 沉井制作的模板设计；

6 沉井制作的混凝土施工方案；

7 分阶段计算下沉系数，制定减阻、加荷、防止突沉和超沉措施；

8 排水下沉或不排水下沉的措施；

9 沉井下沉遇到障碍物的处理措施；

10 沉井下沉中的纠偏、控制措施；

11 挖土、出土、运输、堆土或泥浆处理的方法及其设备的选用；

12 封底方法及质量控制的措施；

13 施工安全措施。

7.3.2 沉井施工应有详细的工程地质及水文地质资料和剖面图，并查勘沉井周围有无地下障碍物或其他建（构）筑物、管线等情况；地质勘探钻孔深度应根据施工需要确定，但不得小于沉井刃脚设计高程以下 5m。

7.3.3 沉井制作前应做好下列准备工作：

1 按施工方案要求，进行施工平面布置，设定沉井中心桩，轴线控制桩，基坑开挖深度及边坡；

2 沉井施工影响附近建（构）筑物、管线或河岸设施时，应采取控制措施，并应进行沉降和位移监测，测点应设在不受施工干扰和方便测量地方；

3 地下水位应控制在沉井基坑以下 0.5m，基坑内的水应及时排除；采用沉井筑岛法制作时，岛面标高应比施工期最高水位高出 0.5m 以上；

4 基坑开挖应分层有序进行，保持平整和疏干状态。

7.3.4 制作沉井的地基应具有足够的承载力，地基承载力不能满足沉井制作阶段的荷载时，除对地基进行加固等措施外，刃脚的垫层可采用砂垫层上铺垫木或素混凝土，且应符合下列规定：

1 垫层的结构厚度和宽度应根据土体地基承载力、沉井下沉结构高度和结构形式，经计算确定；素混凝土垫层的厚度还应便于沉井下沉前凿除；

2 砂垫层分布在刃脚中心线的两侧范围，应考虑方便抽除垫木；砂垫层宜采用中粗砂，并应分层铺设、分层夯实；

3 垫木铺设应使刃脚底面在同一水平面上，并符合设计起沉标高的要求；平面布置要均匀对称，每根垫木的长度中心应与刃脚底面中心线重合，定位垫木的布置应使沉井有对称的着力点；

4 采用素混凝土垫层时，其强度等级应符合设计要求，表面平整。

7.3.5 沉井刃脚采用砖模时，其底模和斜面部分可采用砂浆、砖砌筑；每隔适当距离砌成垂直缝。砖模表面可采用水泥砂浆抹面，并应涂一层隔离剂。

7.3.6 沉井结构的钢筋、模板、混凝土工程施工应符合本规范第 6 章的有关规定和设计要求；混凝土应对称、均匀、水平连续分层浇筑，并应防止沉井偏斜。

7.3.7 分节制作沉井时还应符合下列规定：

1 每节制作高度应符合施工方案要求，且第一节制作高度必须高于刃脚部分；井内设有底梁或支撑梁时应与刃脚部分整体浇筑捣实；

2 设计无要求时，混凝土强度应达到设计强度的 75%后，方可拆除模板或浇筑后节混凝土；

3 混凝土施工缝处理应采用凹凸缝或设置钢板止水带，施工缝应凿毛并清理干净；内外模板采用对拉螺栓固定时，其对拉螺栓的中间应设置防渗止水片；钢筋密集部位和预留孔底部应辅以人工振捣，保证结构密实；

4 沉井每次接高时各部位的轴线位置应一致、重合，及时做好沉降和位移监测；必要时应对刃脚地基承载力进行验算，并采取相应措施确保地基及结构的稳定；

5 分节制作、分次下沉的沉井，前次下沉后进行后续接高施工应符合下列规定：

1）应验算接高后稳定系数等，并应及时检查沉井的沉降变化情况，严禁在接高施工过程中沉井发生倾斜和突然下沉；

2）后续各节的模板不应支撑于地面上，模板底部应距地面不小于 1m。

7.3.8 沉井下沉及封底施工必须严格控制，实施信息化施工；各阶段的下沉系数与稳定系数等应符合施工方案的要求，必要时还应进行涌土和流砂的验算。

7.3.9 沉井下沉方式应根据沉井下沉穿过的工程地质和水文地质条件、下沉深度、周围环境等情况进行确定；施工过程中改变下沉方式时，应与设计协商。

7.3.10 沉井下沉前应做下列准备工作：

1 将井壁、隔墙、底梁等与封底及底板连接部位凿毛；

2 预留孔、洞和预埋管临时封堵，防止渗漏水；

3 在沉井井壁上设置下沉观测标尺、中线和垂线；

4 采用排水下沉需要降低地下水位时，地下水位降水高度应满足下沉施工要求；

5 第一节混凝土强度应达到设计强度，其余各节应达到设计强度的70%；对于分节制作分次下沉的沉井，后续下沉、接高部分混凝土强度应达到设计强度的70%。

7.3.11 凿除混凝土垫层或抽除垫木应符合下列规定：

1 凿除或抽除时，沉井混凝土强度应达到设计要求；

2 凿除混凝土垫层应分区域按顺序对称、均匀、同步凿除；凿断线应与刃脚底边齐平，定位支撑点最后凿除，不得漏凿；凿除的碎块应及时清除，并及时用砂或砂石回填；

3 抽除垫木宜分组、依次、对称、同步进行，每抽出一组，即用砂填实；定位垫木应最后抽除，不得遗漏；

4 第一节沉井设有混凝土底梁或支撑梁时，应先将底梁下的垫层除去。

7.3.12 排水下沉施工应符合下列规定：

1 应采取措施，确保下沉和降低地下水过程中不危及周围建（构）筑物、道路或地下管线，并保证下沉过程和终沉时的坑底稳定；

2 下沉过程中应进行连续排水，保证沉井范围内地层水疏干；

3 挖土应分层、均匀、对称进行；对于有底梁或支撑梁的沉井，其相邻格仓高差不宜超过0.5m；开挖顺序应根据地质条件、下沉阶段、下沉情况综合确定，不得超挖；

4 用抓斗取土时，沉井内严禁站人；对于有底梁或支撑梁的沉井，严禁人员在底梁下穿越。

7.3.13 不排水下沉施工应符合下列规定：

1 沉井内水位应符合施工方案控制水位；下沉有困难时，应根据内外水位、井底开挖几何形状、下沉量及速率、地表沉降等监测资料综合分析调整井内外的水位差；

2 机械设备的配备应满足沉井下沉以及水中开挖、出土等要求，运行正常；废弃土方、泥浆应专门处置，不得随意排放；

3 水中开挖、出土方式应根据井内水深、周围环境控制要求等因素选择。

7.3.14 沉井下沉控制应符合下列规定：

1 下沉应平稳、均衡、缓慢，发生偏斜应通过调整开挖顺序和方式"随挖随纠、动中纠偏"；

2 应按施工方案规定的顺序和方式开挖；

3 沉井下沉影响范围内的地面四周不得堆放任何东西，车辆来往要减少振动；

4 沉井下沉监控测量应符合下列规定：

1）下沉时标高、轴线位移每班至少测量一次，每次下沉稳定后应进行高差和中心位移量的计算；

2）终沉时，每小时测一次，严格控制超沉，沉井封底前自沉速率应小于10mm/8h；

3）如发生异常情况应加密量测；

4）大型沉井应进行结构变形和裂缝观测。

7.3.15 沉井采用辅助方法下沉时，应符合下列规定：

1 沉井外壁采用阶梯形以减少下沉摩擦阻力时，在井外壁与土体之间应有专人随时用黄砂均匀灌入，四周灌入黄砂的高差不应超过500mm；

2 采用触变泥浆套助沉时，应采用自流渗入、管路强制压注补给等方法；触变泥浆的性能应满足施工要求，泥浆补给应及时以保证泥浆液面高度；施工中应采取措施防止泥浆套损坏失效，下沉到位后应进行泥浆置换；

3 采用空气幕助沉时，管路和喷气孔、压气设备及系统装置的设置应满足施工要求；开气应自上而下，停气应缓慢减压，压气与挖土应交替作业；确保施工安全。

7.3.16 沉井采用爆破方法开挖下沉时，应符合国家有关爆破安全的规定。

7.3.17 沉井采用干封底时，应符合下列规定：

1 在井点降水条件下施工的沉井应继续降水，并稳定保持地下水位距坑底不小于0.5m；在沉井封底前应用大石块将刃脚下垫实；

2 封底前应整理好坑底和清除浮泥，对超挖部分应回填砂石至规定标高；

3 采用全断面封底时，混凝土垫层应一次性连续浇筑；有底梁或支撑梁分格封底时，应对称逐格浇筑；

4 钢筋混凝土底板施工前，井内应无渗漏水，且新、老混凝土接触部位凿毛处理，并清理干净；

5 封底前应设置泄水井，底板混凝土强度达到设计强度且满足抗浮要求时，方可封填泄水井、停止降水。

7.3.18 水下封底应符合下列规定：

1 基底的浮泥、沉积物和风化岩块等应清除干净；软土地基应铺设碎石或卵石垫层；

2 混凝土凿毛部位应洗刷干净；

3 浇筑混凝土的导管加工、设置应满足施工要求；

4 浇筑前，每根导管应有足够量的混凝土，浇筑时能一次将导管底埋住；

5 水下混凝土封底的浇筑顺序，应从低处开始，逐渐向周围扩大；井内有隔墙、底梁或混凝土供应量受到限制时，应分格对称浇筑；

6 每根导管的混凝土应连续浇筑，且导管埋入混凝土的深度不宜小于1.0m；各导管间混凝土浇筑面的平均上升速度不应小于0.25m/h；相邻导管间混凝土上升速度宜相近，最终浇筑成的混凝土面应略高于设计高程；

7 水下封底混凝土强度达到设计强度，沉井能满足抗浮要求时，方可将井内水抽除，并凿除表面松散混凝土进行钢筋混凝土底板施工。

7.4 质量验收标准

7.4.1 泵房结构、设备基础、沉井以及沉井封底施工中有关混凝土、砌体结构工程、附属构筑物工程的各分项工程质量验收应符合本规范第6.8节的相关规定。

7.4.2 混凝土及砌体结构泵房应符合下列规定：

主 控 项 目

1 泵房结构类型、结构尺寸、工艺布置平面尺寸及高程等应符合设计要求；

检查方法：观察；检查施工记录、测量记录、隐蔽验收记录。

2 混凝土、砌筑砂浆抗压强度符合设计要求；混凝土抗渗、抗冻性能应符合设计要求；混凝土试块的留置及质量验收应符合本规范第6.2.8条的相关规定，砌筑砂浆试块的留置及质量验收应符合本规范第6.5.2、6.5.3条的相关规定；

检查方法：检查配合比报告；检查混凝土试块抗压、抗渗、抗冻试验报告，检查砌筑砂浆试块抗压试验报告。

3 混凝土结构外观无严重质量缺陷；砌体结构砌筑完整、灌浆密实，无裂缝、通缝等现象；

检查方法：观察；检查施工技术处理资料。

4 井壁、隔墙及底板均不得渗水；电缆沟内不得有湿渍现象；

检查方法：观察。

5 变径流道应线形和顺、表面光洁，断面尺寸不得小于设计要求；

检查方法：观察。

一 般 项 目

6 混凝土结构外观不宜有一般的质量缺陷；砌体结构砌筑齐整，勾缝平整，缝宽一致；

检查方法：观察。

7 结构无明显湿渍现象；

检查方法：观察。

8 导流墙、板、槽、坎及挡水墙、板、墩等表面应光洁和顺、线形流畅；

检查方法：观察。

9 现浇钢筋混凝土及砖石砌筑泵房允许偏差应符合表7.4.2的相关规定。

表7.4.2 现浇钢筋混凝土及砖石砌筑泵房允许偏差

<table>
<tr><td colspan="3" rowspan="3">检查项目</td><td colspan="4">允许偏差（mm）</td><td colspan="2">检查数量</td><td rowspan="3">检查方法</td></tr>
<tr><td rowspan="2">混凝土</td><td rowspan="2">砖砌体</td><td colspan="2">石砌体</td><td rowspan="2">范围</td><td rowspan="2">点数</td></tr>
<tr><td>毛料石</td><td>粗、细料石</td></tr>
<tr><td rowspan="2">1</td><td rowspan="2">轴线位置</td><td>底板、墙基</td><td>15</td><td>10</td><td>20</td><td>15</td><td rowspan="2">每部位</td><td rowspan="2">横、纵向各1点</td><td rowspan="2">用钢尺、经纬仪测量</td></tr>
<tr><td>墙、柱、梁</td><td>8</td><td>10</td><td>15</td><td>10</td></tr>
<tr><td rowspan="2">2</td><td rowspan="2">高程</td><td>垫层、底板、墙、柱、梁</td><td>±10</td><td colspan="3">±15</td><td rowspan="4">每部位</td><td rowspan="2">不少于1点</td><td rowspan="2">用水准仪测量</td></tr>
<tr><td>吊装的支承面</td><td>−5</td><td>—</td><td>—</td><td>—</td></tr>
<tr><td rowspan="2">3</td><td rowspan="2">截面尺寸</td><td>墙、柱、梁、顶板</td><td>+10，−5</td><td>—</td><td>+20，−10</td><td>+10，−5</td><td rowspan="2">横、纵向各1点</td><td rowspan="2">用钢尺量测</td></tr>
<tr><td>洞、槽、沟净空</td><td>±10</td><td colspan="3">±20</td></tr>
<tr><td rowspan="2">4</td><td rowspan="2">中心位置</td><td>预埋件、预埋管</td><td colspan="4">5</td><td rowspan="2">每处</td><td rowspan="2">横、纵向各1点</td><td rowspan="2">用钢尺、水准仪测量</td></tr>
<tr><td>预留洞</td><td colspan="4">10</td></tr>
<tr><td rowspan="3">5</td><td rowspan="3">平面尺寸（长宽或直径）</td><td>$L \leqslant 20m$</td><td colspan="4">±20</td><td rowspan="8">每部位</td><td rowspan="3">横、纵向各1点</td><td rowspan="3">用钢尺量测</td></tr>
<tr><td>$20m < L \leqslant 50m$</td><td colspan="4">$\pm L/1000$</td></tr>
<tr><td>$50m < L \leqslant 250m$</td><td colspan="4">±50</td></tr>
<tr><td rowspan="3">6</td><td rowspan="3">垂直度</td><td>$H \leqslant 5m$</td><td>8</td><td colspan="3">10</td><td rowspan="3">1点</td><td rowspan="3">用垂球、钢尺量测</td></tr>
<tr><td>$5m < H \leqslant 20m$</td><td>$1.5H/1000$</td><td colspan="3">$2H/1000$</td></tr>
<tr><td>$H > 20m$</td><td>30</td><td colspan="3">—</td></tr>
<tr><td rowspan="2">7</td><td rowspan="2">表面平整度</td><td>垫层、底板、顶板</td><td>10</td><td colspan="3">—</td><td rowspan="2">1点</td><td rowspan="2">用2m直尺、塞尺量测</td></tr>
<tr><td>墙、柱、梁</td><td>8</td><td>清水5
混水8</td><td>20</td><td>清水10
混水15</td></tr>
</table>

注：L为泵房的长、宽或直径；H为墙、柱等的高度。

7.4.3 泵房设备的混凝土基础及闸槽应符合下列规定：

主 控 项 目

1 所用工程材料的等级、规格、性能应符合国家有关标准的规定和设计要求；

检查方法：检查产品的出厂质量合格证、出厂检验报告和进场复验报告。

2 基础、闸槽以及预埋件、预留孔的位置、尺寸应符合设计要求；水泵和电机分装在两个层间时，各层间板的高程允许偏差应为±10mm；上下层间板安装机电和水泵的预留洞中心位置应在同一垂直线上，其相对偏差应为5mm；

检查方法：观察；检查施工记录、测量记录；用水准仪、经纬仪量测允许偏差。

3 二次混凝土或灌浆材料的强度符合设计要求；采用植筋方式时，其抗拔试验应符合设计要求；

检查方法：检查二次混凝土或灌浆材料的试块强度报告，检查试件试验报告。

4 混凝土外观无严重质量缺陷；

检查方法：观察；检查技术处理资料。

一 般 项 目

5 混凝土外观不宜有一般质量缺陷；表面平整，外光内实；

检查方法：观察；检查技术处理资料。

6 允许偏差应符合表7.4.3的相关规定。

表7.4.3 设备基础及闸槽的允许偏差

检查项目			允许偏差（mm）	检查数量		检查方法
				范围	点 数	
1	轴线位置	水泵与电动机	8	每座	横、纵向各测1点	用经纬仪测量
		闸槽	5			
2	高程	设备基础	−20	每座	1点	用水准仪测量
		闸槽底槛	±10			
3	闸槽	垂直度	$H/1000$，且不大于20	每座	两槽各1点	用垂线、钢尺量测
		两闸槽间净距	±5	每座	2点	用钢尺量测
		闸槽扭曲（自身及两槽相对）	2	每座	2点	用垂线、钢尺量测
4	预埋地脚螺栓	顶端高程	+20	每处	1点	用水准仪测量
		中心距	±2	每处	根部、顶部各1点	用钢尺量测
5	预埋活动地脚螺栓锚板	中心位置	5	每处	横、纵向各1点	用经纬仪测量
		高程	+20	每处	1点	用水准仪测量
		水平度（带槽的锚板）	5	每处	1点	用水平尺量测
		水平度（带螺纹的锚板）	2			

续表7.4.3

检查项目			允许偏差（mm）	检查数量		检查方法
				范围	点 数	
6	基础外形	平面尺寸	±10	每座	横、纵向各1点	用钢尺量测
		水平度	$L/200$，且不大于10	每处	1点	用水平尺量测
		垂直度	$H/200$，且不大于10	每处	1点	用垂线、钢尺量测
7	地脚螺栓预留孔	中心位置	8	每处	横、纵向各1点	用经纬仪测量
		深度	+20	每处	1点	用探尺量测
		孔壁垂直度	10	每处	1点	用垂线、钢尺量测
8	闸槽底槛	水平度	3	每处	1点	用水平尺量测
		平整度	2	每处	1点	挂线量测

注：1 L为基础的长或宽（mm）；H为基础、闸槽的高度（mm）；

2 轴线位置允许偏差，对管井是指与管井实际中心的偏差。

7.4.4 沉井制作应符合下列规定：

主 控 项 目

1 所用工程材料的等级、规格、性能应符合国家有关标准的规定和设计要求；

检查方法：检查产品的出厂质量合格证、出厂检验报告和进场复验报告。

2 混凝土强度以及抗渗、抗冻性能应符合设计要求；

检查方法：检查沉井结构混凝土的抗压、抗渗、抗冻试块的试验报告。

3 混凝土外观无严重质量缺陷；

检查方法：观察，检查技术处理资料。

4 制作过程中沉井无变形、开裂现象；

检查方法：观察；检查施工记录、监测记录，检查技术处理资料。

一 般 项 目

5 混凝土外观不宜有一般质量缺陷；

检查方法：观察。

6 垫层厚度、宽度，垫木的规格、数量应符合施工方案的要求；

检查方法：观察；检查施工记录，检查地基承载力检验记录、砂垫层压实度检验记录、混凝土垫层强度试验报告。

7 沉井制作尺寸的允许偏差应符合表7.4.4的规定。

7.4.5 沉井下沉及封底应符合下列规定：

主 控 项 目

1 封底所用工程材料应符合国家有关标准规定和设计要求；

检查方法：检查产品的出厂质量合格证、出厂检验报告和进场复验报告。

2 封底混凝土强度以及抗渗、抗冻性能应符合设计要求；

检查方法：检查封底混凝土的抗压、抗渗、抗冻试块的试验报告。

表 7.4.4 沉井制作尺寸的允许偏差

检查项目			允许偏差（mm）	检查数量		检验方法
				范围	点数	
1	平面尺寸	长 度	±0.5%L，且≤100	每座	每边1点	用钢尺量测
2		宽 度	±0.5%B，且≤50		1	用钢尺量测
3		高 度	±30		方形每边1点 圆形4点	用钢尺量测
4		直径（圆形）	±0.5%D_0，且≤100		2	用钢尺量测（相互垂直）
5		两对角线差	对角线长1%，且≤100		2	用钢尺量测
6	井壁厚度		±15		每10m延长1点	用钢尺量测
7	井壁、隔墙垂直度		≤1%H		方形每边1点 圆形4点	用经纬仪测量，垂线、直尺量测
8	预埋件中心线位置		±10	每件	1点	用钢尺量测
9	预留孔（洞）位移		±10	每处	1点	用钢尺量测

注：L 为沉井长度（mm）；
B 为沉井宽度（mm）；
H 为沉井高度（mm）；
D_0 为沉井外径（mm）。

3 封底前坑底标高应符合设计要求；封底后混凝土底板厚度不得小于设计要求；

检查方法：检查沉井下沉记录、终沉后的沉降监测记录；用水准仪、钢尺或测绳量测坑底和混凝土底板顶面高程。

4 下沉过程及封底时沉井无变形、倾斜、开裂现象；沉井结构无线流现象，底板无渗水现象；

检查方法：观察；检查沉井下沉记录。

一 般 项 目

5 沉井结构无明显渗水现象；底板混凝土外观质量不宜有一般缺陷；

检查方法：观察。

6 沉井下沉阶段的允许偏差应符合表 7.4.5-1 规定。

表 7.4.5-1 沉井下沉阶段的允许偏差

检查项目		允许偏差（mm）	检查数量		检查方法
			范围	点数	
1	沉井四角高差	不大于下沉总深度的1.5%～2.0%，且不大于500	每座	取方井四角或圆井相互垂直处	用水准仪测量（下沉阶段：不少于2次/8h；终沉阶段：1次/h）
2	顶面中心位移	不大于下沉总深度的1.5%，且不大于300		1点	用经纬仪测量（下沉阶段不少于1次/8h；终沉阶段2次/8h）

注：下沉速度较快时应适当增加测量频率。

7 沉井的终沉允许偏差应符合表 7.4.5-2 的相关规定。

表 7.4.5-2 沉井终沉的允许偏差

检查项目		允许偏差（mm）	检查数量		检查方法
			范围	点数	
1	下沉到位后，刃脚平面中心位置	不大于下沉总深度的1%；下沉总深度小于10m时应不大于100	每座	取方井四角或圆井相互垂直处各1点	用经纬仪测量
2	下沉到位后，沉井四角（圆形为相互垂直两直径与周围的交点）中任何两角的刃脚底面高差	不大于该两角间水平距离的1%，且不大于300；两角间水平距离小于10m时应不大于100			用水准仪测量
3	刃脚平均高程	不大于100；地层为软土层时可根据使用条件和施工条件确定		取方井四角或圆井相互垂直处，共4点，取平均值	用水准仪测量

注：下沉总高度，系指下沉前与下沉后刃脚高程之差。

8 调蓄构筑物

8.1 一 般 规 定

8.1.1 本章适用于水塔、水柜、调蓄池（清水池、调节水池、调蓄水池）等给排水调蓄构筑物的施工与验收。

8.1.2 调蓄构筑物工程除按本章规定和设计要求执行外，还应符合下列规定：

1 土石方与地基基础应按本规范第 4 章的相关规定执行；

2 水柜、调蓄池等贮水构筑物的混凝土和砌体工程应按本规范第 6 章的有关规定执行；

3 与调蓄构筑物有关的管道、进出水构筑物和砌体工程等应按本规范的相关章节规定执行。

8.1.3 调蓄构筑物施工前应根据设计要求，复核已建的与调蓄构筑物有关的管道、进出水构筑物的位置坐标、控制点和水准点。施工时应采取相应技术措施、合理安排各构筑物的施工顺序，避免新、老管道、构筑物之间出现影响结构安全、运行功能的差异沉降。

8.1.4 调蓄构筑物施工过程中应编制施工方案，并应包括施工过程中施工影响范围内的建（构）筑物、地下管线等监控量测方案。

8.1.5 调蓄构筑物施工应制定高空、起重作业及基坑支护、模板支架工程等的安全技术措施。

8.1.6 施工完毕的贮水调蓄构筑物必须进行满水试验。

8.1.7 贮水调蓄构筑物的满水试验应符合本规范第6.1.3条的规定，并应编制测定沉降变形的方案，在满水试验过程中，应根据方案测定水池的沉降变形量。

8.2 水 塔

8.2.1 水塔的基础施工应遵守下列规定：

1 地基处理、工程基础桩应按本规范第4.5节规定和设计要求，进行承载力检测和桩身质量检验；

2 “M”形、球形等组合壳体基础应符合下列规定：

1）基础下的土基应避免扰动；

2）挖土胎时宜按“十”字或“米”字形布置，用特制的靠尺控制，先挖成标准槽，然后向两侧扩挖成型；

3）土胎表面的保护层宜采用1∶3水泥砂浆抹面，其厚度宜为15～20mm，表面应平整密实；浇筑混凝土时不得破坏；

4）混凝土浇筑厚度的允许偏差应为＋5、－3mm，混凝土表面应抹压密实；

3 基础的预埋螺栓及滑模支承杆，位置应准确，并必须采取防止发生位移的固定措施。

8.2.2 水塔所有预埋件位置应符合设计要求，设置牢固。

8.2.3 现浇钢筋混凝土圆筒、框架结构的塔身施工应符合下列规定：

1 模板支架安装应符合下列规定：

1）制定模板支架安装、拆卸的专项施工方案；

2）采用滑升模板或“三节模板倒模施工法”时，应符合国家有关规范规定，支撑体系安全可靠；

3）支模前，应核对圆筒或框架基础预埋竖向钢筋的规格、基面的轴线和高程；

4）有控制圆筒或框架垂直度或倾斜度的措施；

5）每节模板的高度不宜超过1.5m；

2 混凝土浇筑应符合下列规定：

1）制定混凝土浇筑工程的专项施工方案；

2）浇筑前，模板、钢筋安装质量应检验合格；混凝土配比符合设计要求；

3）混凝土输送满足浇筑要求，整个浇筑过程中应经常检查模板支撑体系情况；

4）施工缝应凿毛，清理干净；

5）混凝土浇筑完成后应进行养护；

3 模板支架拆卸应符合国家有关规范的规定。

8.2.4 预制钢筋混凝土圆筒结构的塔身装配应符合下列规定：

1 装配前，每节预制塔身的质量验收合格；

2 采用上、下节预埋钢环对接时，其圆度应一致；钢环应设临时拉、撑控制点，上下口调平并找正后，与钢筋焊接；采用预留钢筋搭接时，上下节的预留钢筋应错开；

3 圆筒或框架塔身上口，应标出控制的中心位置；

4 圆筒两端钢环对接的接缝应按设计要求处理；设计无要求时，可采用1∶2水泥砂浆抹压平整；

5 圆筒或框架塔身采用预留钢筋搭接时，其接缝混凝土强度高于主体混凝土一级，表面应抹压平整。

8.2.5 钢架、钢圆筒结构的塔身施工应符合下列规定：

1 制定专项方案，并应有施工安全措施；

2 钢构件的制作、预拼装经验收合格后方可安装；现场拼接组装应符合国家相应规范的规定和设计要求；

3 安装前，钢架或钢圆筒塔身的主杆上应有中线标志；

4 钢构件采用螺栓连接时，应符合下列规定：

1）螺栓孔位不正需扩孔时，扩孔部分应不超过2mm；不得用气割进行穿孔或扩孔；

2）钢架或钢圆筒构件在交叉处遇有间隙时，应装设相应厚度的垫圈或垫板；

3）用螺栓连接构件时，螺杆应与构件面垂直；螺母紧固后，外露丝扣应不少于两扣；剪力的螺栓，其丝扣不得位于连接构件的剪力面内；必须加垫时，每端垫圈不应超过两个；

4）螺栓穿入的方向，水平螺栓应由内向外；垂直螺栓应由下向上；

5）钢架或钢圆筒塔身的全部螺栓应紧固，水柜等设备、装置全部安装以后还应全部复拧；

5 钢构件焊接作业应符合国家有关标准规定和

设计要求；

6 钢构件安装时，螺栓连接、焊接的检验应按设计要求执行；

7 钢结构防腐应按设计要求施工。

8.2.6 预制砌块和砖、石砌体结构的塔身施工还应符合本规范第6.5节的规定和设计要求。

8.2.7 水塔的贮水设施施工应按本规范第8.3节的规定执行。

8.2.8 水塔避雷针的安装应符合下列规定：

1 避雷针安装应垂直，位置准确，安装牢固；

2 接地体和接地线的安装位置应准确，焊接牢固，并应检验接地体的接地电阻；

3 利用塔身钢筋作导线时，应作标志，接头必须焊接牢固，并应检验接地电阻。

8.3 水 柜

8.3.1 水柜在地面预制或装配时应符合下列规定：

1 地基处理符合设计要求；

2 水柜下环梁设置吊杆的预留孔应与塔顶提升装置的吊杆孔位置一致，并垂直对应；

3 水柜满水试验应符合下列规定：

1）水柜在地面进行满水试验时，应对地下室底板及内墙采取防渗漏措施；

2）保温水柜试验，应在保温层施工前进行；

3）充水应分三次进行，每次充水宜为设计水深的1/3，且静置时间不少于3h；

4）充水至设计水深后的观测时间：钢丝网水泥水柜不应少于72h；钢筋混凝土水柜不应少于48h；

5）水柜及其配管穿越部分，均不得渗水、漏水。

8.3.2 水柜的保温层施工应符合下列规定：

1 应在水柜的满水试验合格后进行喷涂或安装；

2 采用装配式保温层时，保温罩上的固定装置应与水柜上预埋件位置一致；

3 采用空气层保温时，保温罩接缝处的水泥砂浆必须填塞密实。

8.3.3 水柜吊装应制定施工方案，并应包括以下主要内容：

1 吊装方式的选定及需用机械的规格、数量；

2 吊装架的设计；

3 吊装杆件的材质、尺寸、构造及数量；

4 保证平稳吊装的措施；

5 吊装安全技术措施。

8.3.4 钢丝网水泥及钢筋混凝土倒锥壳水柜的吊装应符合下列规定：

1 水柜中环梁及其以下部分结构强度达到规定后方可吊装；

2 吊装前应在塔身外壁周围标明水柜底面的坐落位置，并检查吊装架及机电设备等，必须保持完好；

3 应先作吊装试验，将水柜提升至离地面0.2m左右，对各部位进行详细检查，确认完全正常后方可正式吊装；

4 水柜应平稳吊装；

5 吊装水柜下环梁底超过设计高程0.2m；及时垫入支座调平并固定后，使水柜就位与支座焊接牢固。

8.3.5 钢丝网水泥倒锥壳水柜的制作应符合下列规定：

1 施工材料应符合下列规定：

1）宜采用普通硅酸盐水泥，不宜采用矿渣硅酸盐水泥或火山灰质硅酸盐水泥；

2）宜采用细度模量2.0～3.5，最大粒径不宜超过4mm砂，含泥量不得大于2%，云母含量不得大于0.5%；

3）钢丝网的规格应符合设计要求，其网格尺寸应均匀，且网面平直。

2 模板安装可按本规范有关规定执行，其安装允许偏差应符合表8.3.5-1、表8.3.5-2的规定；

表8.3.5-1 钢丝网水泥倒锥壳水柜整体现浇模板安装允许偏差

项 目	允许偏差（mm）
轴线位置（对塔身轴线）	5
高度	±5
平面尺寸	±5
表面平整度（用弧长2m的弧形尺检查）	3

表8.3.5-2 钢丝网水泥倒锥壳水柜预制构件模板安装允许偏差

项 目	允许偏差（mm）
长度	±3
宽度	±2
厚度	±1
预留孔中心位置	2
表面平整度（用2m直尺检查）	3

3 筋网绑扎应符合下列规定：

1）筋网的表面应洁净，无油污和锈蚀；

2）低碳冷拔钢丝的连接不应采用焊接；绑扎时搭接长度不宜小于250mm；

3）纵筋宜用整根钢筋，绑扎须平直，间距均匀；

4）钢丝网应铺平绷紧，不得有波浪、束腰、网泡、丝头外翘等现象；

5）钢丝网的搭接长度，环向不小于100mm，竖向不小于50mm；上下层搭接位置应错开；

6）绑扎结点应按梅花形排列，其间距不宜大于100mm（网边处不大于50mm）；

7）严禁在网面上走动和抛掷物件；

8）绑扎完成后应进行全面检查；

4 水泥砂浆的拌制与使用应符合下列规定：

1）水灰比宜为0.32～0.40；灰砂比宜为1∶1.5～1∶1.7；

2）应拌合均匀，拌合时间不得小于3min；

3）应随拌随用，不宜超过1h，初凝后的砂浆不得使用；

4）抹压中砂浆不得加水稀释或撒干水泥吸水；

5 钢丝网水泥砂浆施工应符合下列规定：

1）抹压砂浆前，应将网层内清理干净；

2）施工顺序应自下而上，由中间向两边（或一边）环圈进行；

3）手工施浆，钢丝网内砂浆应压实抹平，待每个网孔均充满砂浆并稍突出时，方可加抹保护层砂浆并压实抹平；砂浆施工缝及环梁交角处冷缝处应细致操作，交角处宜抹成圆角；

4）机械振动时，应根据构件形状选用适宜的振动器；砂浆应振捣至不再有明显下沉，无气泡逸出，表面出现稀浆时为止；

5）喷浆法施工应符合本规范第6.4.12条的规定；

6）水泥砂浆表面压光应待砂浆的游离水析出后进行；压光宜进行三遍，最后一遍在接近终凝时完成；

7）钢丝网保护层厚度应符合设计要求；设计无要求时，宜为3～5mm；

8）水泥砂浆的抹压宜一次连续成活；不能一次成活时，接头处应在砂浆终凝前拉毛，接茬前应把该处浮渣清除，用水冲洗干净。

6 砂浆试块留置及验收批：每个水柜作为一个验收批，强度值应至少检查一次；每次应在现场制作标准试块三组，其中一组作标准养护，用以检验强度；两组随壳体养护，用以检验脱模、出厂或吊装时的强度；

7 压光成活后及时进行养护，并应符合下列规定：

1）自然养护：应保持砂浆表面充分湿润，养护时间不应少于14d；

2）蒸汽养护：温度与时间应符合表8.3.5-3的规定；

表8.3.5-3 蒸汽养护温度与时间

序号	项目		温度与时间
1	静置期	室温10℃以下	＞12h
		室温10～25℃	＞8h
		室温25℃以上	＞6h
2	升温速度		10～15℃/h
3	恒温		65～70℃，6～8h
4	降温速度		10～15℃/h
5	降温后浸水或覆盖洒水养护		不少于10d

8 水泥砂浆应达到设计强度的70%方可脱模。

8.3.6 预制装配式钢丝网水泥倒锥壳水柜的装配应符合下列规定：

1 预制的钢丝网水泥扇形板构件宜侧放，支架垫木应牢固稳定；

2 装配准备应符合下列规定：

1）下环梁企口面上，应测定每块壳体构件安装的中心位置，并检查其高程；

2）应根据水塔中心线设置构件装配的控制桩，用以控制构件的起立高度及其顶部距水柜中心距离；

3）构件接缝处表面必须凿毛，伸出的连接钢环应调整平顺，灌缝前应冲洗干净，并使接茬面湿润；

3 装配应符合下列规定：

1）吊装时，吊绳与构件接触处应设木垫板；起吊时严禁猛起；吊离地面后应立即检查，确认平稳后，方准提升；

2）宜按一个方向顺序进行装配；构件下端与下环梁拼接的三角缝应衬垫；三角缝的上面缝口应临时封堵，构件的临时支撑点应加垫木板；

3）构件全部装配并经调整就位后，方可固定穿筋；插入预留钢筋环内的两根穿筋，应各与预留钢环靠紧，并使用短钢筋，在接缝中每隔0.5m处与穿筋焊接；

4）中环梁安装模板前，应检查已安装固定的倒锥壳壳体顶部高程，按实测高程作为安装模板控制水平的依据；混凝土浇筑前，应先埋设塔顶栏杆的预埋件和伸入顶盖接缝内的预留钢筋，并采取措施控制其位置；

5）倒锥壳壳体的接缝宜在中环梁混凝土浇筑后进行；接缝宜从下向上浇筑、振动、抹压密实，并应由其中一缝向两边方向进行；

4 水柜顶盖装配前，应先安装和固定上环梁底模，其装配、穿筋、接缝等施工可按照本条的规定执行，但接缝插入穿筋前必须将塔顶栏杆安装好。

8.3.7 钢筋混凝土水柜的施工应符合下列规定：

1 钢筋混凝土水柜的制作应按本规范第6章的相关规定执行，并应符合设计要求；

2 钢筋混凝土倒锥壳水柜的混凝土施工缝宜留在中环梁内；

3 正锥壳顶盖模板的支撑点应与倒锥壳模板的支撑点相对应。

8.3.8 钢水柜的安装应符合下列规定：

1 钢水柜的制作、检验及安装应符合现行国家标准《钢结构工程施工质量验收规范》GB 50205的相关规定和设计要求；对于球形钢水柜还应符合现行国家标准《球形储罐施工及验收规范》GB 50094的相关规定；

2 水柜吊装应视吊装机械性能选用一次吊装，或分柜底、柜壁及顶盖三组吊装；

3 吊装前应先将吊机定位，并试吊；经试吊检验合格后，方可正式吊装；

4 水柜内应在与吊点的相应位置加十字支撑，防止水柜起吊后变形；

5 整体吊装单支筒全钢水塔还应符合下列规定：

1）吊装前，对吊装机具设备及地锚规格，必须指定专人进行检查；

2）主牵引地锚、水塔中心、吊绳、止动地锚四点必须在同一垂直面上；

3）吊装离地时，应作一次全面检查，如发现问题，应落地调整，符合要求后，方可正式吊装；

4）水塔必须一次立起，不得中途停下；立起至70°后，牵引速度应减缓；

5）吊装过程中，现场人员均应远离塔高1.2倍的距离以外；

6）水塔吊装完成，必须紧固地脚螺栓，并安装拉线后，方可上塔解除钢丝绳。

8.4 调 蓄 池

8.4.1 调蓄池工程施工应制定专项施工方案，主要内容应包括基坑开挖与支护、模板支架、混凝土等施工方法及地层变形、周围环境的监测。

8.4.2 相关构筑物、各工艺管道等的施工顺序应先深后浅；地基受扰动或承载力不满足要求时，应按设计要求进行加固处理。

8.4.3 应做好基坑降、排水，施工阶段构筑物的抗浮稳定性不能满足要求时，必须采取抗浮措施。

8.4.4 构筑物的导流、消能、排气、排空等设施应按设计要求施工。

8.4.5 水池、顶板上部表面的防水、防渗、保温等措施应符合本规范第6章的相关规定和设计要求。

8.4.6 地下式构筑物水池满水试验合格后，方可进行防水层施工，并及时进行池壁外和池顶的土方回填施工。

8.4.7 回填土作业应均匀对称，防止不均匀沉降、位移。

8.5 质量验收标准

8.5.1 调蓄构筑物中有关混凝土、砌体结构工程、附属构筑物工程的各分项工程质量验收应符合本规范第6.8节的相关规定。

8.5.2 钢筋混凝土圆筒、框架结构水塔塔身应符合下列规定：

主 控 项 目

1 水塔塔身的结构类型、结构尺寸以及预埋件、预留孔洞等规格应符合设计要求；

检查方法：观察；检查施工记录、测量记录、隐蔽验收记录。

2 混凝土的强度、抗冻性能必须符合设计要求；其试块的留置及质量评定应符合本规范第6.2.8条的相关规定；

检查方法：检查配合比报告；检查混凝土抗压、抗冻试块的试验报告。

3 塔身混凝土结构外观质量无严重缺陷；

检查方法：观察；检查处理方案、资料。

4 塔身各部位的构造形式以及预埋件、预留孔洞位置、构造等应符合设计要求，其尺寸偏差不得影响结构性能和相关构件、设备的安装；

检查方法：观察；检查施工记录、测量放样记录。

一 般 项 目

5 混凝土结构外观质量不宜有一般缺陷；

检查方法：观察；检查处理方案、资料。

6 混凝土表面应平整密实，边角整齐；

检查方法：观察。

7 装配式塔身的预制构件之间的连接应符合设计要求，钢筋连接质量符合国家相关标准的规定；

检查方法：检查施工记录、钢筋接头检验报告。

8 钢筋混凝土圆筒或框架塔身施工的允许偏差应符合表8.5.2的规定。

表8.5.2 钢筋混凝土圆筒或框架塔身施工允许偏差

	检查项目	允许偏差（mm）		检查数量		检查方法
		圆筒塔身	框架塔身	范围	点数	
1	中心垂直度	1.5H/1000，且不大于30	1.5H/1000，且不大于30	每座	1	钢尺配合垂球量测
2	壁厚	−3，+10	−3，+10	每3m高度	4	用钢尺量测
3	框架塔身柱间距和对角线	—	L/500	每柱	1	用钢尺量测

续表 8.5.2

检查项目		允许偏差（mm）		检查数量		检查方法
		圆筒塔身	框架塔身	范围	点数	
4	圆筒塔身直径或框架节点距塔身中心距离	±20	±5	圆筒塔身4；框架塔身每节点1		用钢尺量测
5	内外表面平整度	10	10	每3m高度	2	用弧长为2m的弧形尺量测
6	框架塔身每节柱顶水平高差	—	5	每柱	1	用钢尺量测
7	预埋管、预埋件中心位置	5	5	每件	1	用钢尺测量
8	预留孔洞中心位置	10	10	每洞	1	用钢尺量测

注：H 为圆筒塔身高度（mm）；L 为柱间距或对角线长（mm）。

8.5.3 钢架、钢圆筒结构水塔塔身应符合下列规定：

主 控 项 目

1 钢材、连接材料、钢构件、防腐材料等的产品质量保证资料应齐全，每批的出厂质量合格证明书及各项性能检验报告应符合国家有关标准规定和设计要求；

检查方法：检查产品质量合格证、出厂检验报告和进场复验报告。

2 钢构件的预拼装质量经检验合格；

检查方法：观察；检查预拼装及检验记录。

3 钢构件之间的连接方式、连接检验等符合设计要求，组装应紧密牢固；

检查方法：观察；检查施工记录，检查螺栓连接的力学性能检验记录或焊接质量检验报告。

4 塔身各部位的结构形式以及预埋件、预留孔洞位置、构造等应符合设计要求，其尺寸偏差不得影响结构性能和相关构件、设备的安装；

检查方法：观察；检查施工记录、测量放样记录。

一 般 项 目

5 采用螺栓连接构件时，螺头平面与构件间不得有间隙；螺栓应全部穿入，其穿入的方向符合规范要求；

检查方法：观察；检查施工记录。

6 采用焊接连接构件时，焊缝表面质量符合设计要求；

检查方法：观察；检查焊缝外观质量检验记录。

7 钢结构表面涂层厚度及附着力符合设计要求；涂层外观应均匀，无褶皱、空泡、凝块、透底等现象，与钢构件表面附着紧密；

检查方法：观察；检查厚度及附着力检测记录。

8 钢架及钢圆筒塔身施工的允许偏差应符合表8.5.3的规定。

表 8.5.3 钢架及钢圆筒塔身施工允许偏差

检查项目			允许偏差（mm）		检查数量		检查方法
			钢架塔身	钢圆筒塔身	范围	点数	
1	中心垂直度		$1.5H/1000$，且不大于30	$1.5H/1000$，且不大于30	每座	1	垂球配合钢尺量测
2	柱间距和对角线差		$L/1000$	—	两柱	1	用钢尺量测
3	钢架节点距塔身中心距离		5	—	每节点	1	用钢尺量测
4	塔身直径	$D_0 \leqslant 2m$	—	$+D_0/200$	每座	4	用钢尺量测
		$D_0 > 2m$	—	+10	每座	4	用钢尺量测
5	内外表面平整度		—	10	每3m高度	2	用弧长为2m的弧形尺量测
6	焊接附件及预留孔洞中心位置		5	5	每件（每洞）	1	用钢尺量测

注：H 为钢架或圆筒塔身高度（mm）；
L 为柱间距或对角线长（mm）；
D_0 为圆筒塔外径。

8.5.4 预制砌块和砖、石砌体结构水塔塔身应符合下列规定：

主 控 项 目

1 预制砌块、砖、石、水泥、砂等材料的产品质量保证资料应齐全，每批的出厂质量合格证明书及各项性能检验报告应符合国家有关标准规定和设计要求；

检查方法：观察；检查产品质量合格证、出厂检验报告和进场复验报告。

2 砌筑砂浆配比及强度符合设计要求；其试块的留置及质量评定应符合本规范第6.5.2、6.5.3条的相关规定；

检查方法：检查施工记录，检查砂浆配合比记录、砂浆试块试验报告。

3 砌块砌筑应垂直稳固、位置正确；灰缝或灌缝饱满、严密，无透缝、通缝、开裂现象；

检查方法：观察；检查施工记录，检查技术处理资料。

4 塔身各部位的构造形式以及预埋件、预留孔洞位置、构造等应符合设计要求，其尺寸偏差不得影响结构性能和相关构件、设备的安装；

检查方法：观察；检查施工记录、测量放样记录。

一 般 项 目

5 砌筑前，预制砌块、砖、石表面应洁净，并充分湿润；

检查方法：观察。

6 预制砌块和砖的砌筑砂浆灰缝应均匀一致、横平竖直，灰缝宽度的允许偏差为±2mm；

检查方法：观察；用钢尺随机抽测10皮砖、石砌体进行折算。

7 砌筑进行勾缝时，勾缝应密实，线形平整、深度一致；

检查方法：观察。

8 预制砌块和砖、石砌体塔身施工的允许偏差应符合表8.5.4的规定。

表8.5.4 预制砌块和砖、石砌体塔身施工允许偏差

检查项目			允许偏差（mm）		检查数量		检查方法
			预制砌块、砖砌塔身	石砌塔身	范围	点数	
1	中心垂直度		$1.5H/1000$	$2H/1000$	每座	1	垂球配合钢尺量测
2	壁厚		不小于设计要求	+20 −10	每3m高度	4	用钢尺量测
3	塔身直径	$D_0\leq5$m	$\pm D_0/100$	$\pm D_0/100$	每座	4	用钢尺量测
		$D_0>5$m	±50	±50	每座	4	用钢尺量测
4	内外表面平整度		20	25	每3m高度	2	用弧长为2m的弧形尺检查
5	预埋管、预埋件中心位置		5	5	每件	1	用钢尺量测
6	预留洞中心位置		10	10	每洞	1	用钢尺量测

注：H为塔身高度（mm）；

D_0为塔身截面外径（mm）。

8.5.5 钢丝网水泥、钢筋混凝土倒锥壳水柜和圆筒水柜制作应符合下列规定：

主 控 项 目

1 原材料的产品质量保证资料应齐全，每批的出厂质量合格证明书及各项性能检验报告应符合国家有关标准规定和设计要求；

检查方法：检查产品质量合格证、出厂检验报告和进场复验报告。

2 水柜钢丝网或钢筋的规格数量、各部位结构尺寸和净尺寸以及预埋件、预留孔洞位置、构造等应符合设计要求；其尺寸偏差不得影响结构性能和相关构件、设备的安装；

检查方法：观察；检查施工记录、测量放样记录。

3 砂浆或混凝土强度以及混凝土抗渗、抗冻性能应符合设计要求；砂浆试块的留置应符合本规范第8.3.5条第6款的规定，混凝土试块的留置应符合本规范第6.2.8条的相关规定；

检查方法：检查砂浆抗压强度试块的试验报告，混凝土抗压、抗渗、抗冻试块试验报告。

4 水柜外观质量无严重缺陷；

检查方法：观察；检查加固补强技术资料。

一 般 项 目

5 钢丝网或钢筋安装平整，表面无污物；

检查方法：观察。

6 混凝土水柜外观质量不宜有一般缺陷，钢丝网水柜壳体砂浆不得有空鼓和缺棱掉角，表面不得有露丝、露网、印网和气泡；

检查方法：观察。

7 水柜制作的允许偏差应符合表8.5.5的规定。

表8.5.5 水柜制作的允许偏差

检查项目		允许偏差（mm）	检查数量		检查方法
			范围	点数	
1	轴线位置（对塔身轴线）	10	每座	2	钢尺配合、垂球量测
2	结构厚度	+10，−3	每座	4	用钢尺量测
3	净高度	±10	每座	2	用钢尺量测
4	平面净尺寸	±20	每座	4	用钢尺量测
5	表面平整度	5	每座	2	用弧长为2m的弧形尺检查
6	预埋管、预埋件中心位置	5	每处	1	用钢尺量测
7	预留孔洞中心位置	10	每洞	1	用钢尺量测

8.5.6 钢丝网水泥、钢筋混凝土倒锥壳水柜和圆筒水柜吊装应符合下列规定：

主 控 项 目

1 预制水柜、水柜预制构件等的成品质量经检验、验收符合设计要求；拼装连接所用材料的产品质量保证资料应齐全，每批的出厂质量合格证明书及各项性能检验报告应符合国家有关标准规定和设计要求；

检查方法：观察；检查预制件成品制作的质量保证资料和相关施工检验资料；检查每批原材料的出厂质量合格证明、性能检验报告及有关的复验报告。

2 预制水柜经满水试验合格；水柜预制构件经试拼装检验合格；

检查方法：观察；检查预制水柜的满水试验记录，检查水柜预制构件经试拼装检验记录。

3 钢筋、预埋件、预留孔洞的规格、位置和数量应符合设计要求；

检查方法：观察。

4　水柜与塔身、预制构件之间的拼接方式符合设计要求；构件安装应位置准确，垂直、稳固；相邻构件的钢筋接头连接可靠，湿接缝的混凝土应密实；

检查方法：观察；检查施工记录，检查预留钢筋机械或焊接接头连接的力学性能检验报告，检查混凝土强度试块的试验报告。

5　安装后的水柜位置、高程等应满足设计要求；

检查方法：观察；检查安装记录；用钢尺、水准仪等测量检查。

一 般 项 目

6　构件安装时，应将连接面的杂物、污物清理干净，界面处理满足安装要求；

检查方法：观察。

7　吊装完成后，水柜无变形、裂缝现象，表面应平整、洁净，边角整齐；

检查方法：观察；检查加固补强技术资料。

8　各拼接部位严密、平顺，无损伤、明显错台等现象；

检查方法：观察。

9　防水、防腐、保温层应符合设计要求；表面应完整，无破损等现象；

检查方法：观察；检查施工记录，检查相关的施工检验资料。

10　水柜的吊装施工允许偏差应符合表 8.5.6 的规定。

表 8.5.6　水柜吊装施工允许偏差

检查项目		允许偏差(mm)	检查数量		检查方法
			范围	点数	
1	轴线位置（对塔身轴线）	10	每座	1	垂球、钢尺量测
2	底部高程	±10	每座	1	用水准仪测量
3	装配式水柜净尺寸	±20	每座	4	用钢尺量测
4	装配式水柜表面平整度	10	每 2m 高度	2	用弧长为 2m 的弧形尺检查
5	预埋管、预埋件中心位置	5	每件	1	用钢尺量测
6	预留孔洞中心位置	10	每洞	1	用钢尺量测

8.5.7　钢水柜制作及安装的质量验收应按现行国家标准《钢结构工程施工质量验收规范》GB 50205 的相关规定执行；对于球形钢水柜还应符合现行国家标准《球形储罐施工及验收规范》GB 50094 的相关规定。

8.5.8　清水、调蓄（调节）水池混凝土结构的质量验收应符合本规范第 6.8.7 条的规定。

9　功能性试验

9.1　一 般 规 定

9.1.1　水处理、调蓄构筑物施工完毕后，均应按照设计要求进行功能性试验。

9.1.2　功能性试验须满足本规范第 6.1.3 条的规定，同时还应符合下列条件：

1　池内清理洁净，水池内外壁的缺陷修补完毕；

2　设计预留孔洞、预埋管口及进出水口等已做临时封堵，且经验算能安全承受试验压力；

3　池体抗浮稳定性满足设计要求；

4　试验用充水、充气和排水系统已准备就绪，经检查充水、充气及排水闸门不得渗漏；

5　各项保证试验安全的措施已满足要求；

6　满足设计的其他特殊要求。

9.1.3　功能性试验所需的各种仪器设备应为合格产品，并经具有合法资质的相关部门检验合格。

9.1.4　各种功能性试验应按附录 D、附录 E 填写试验记录。

9.2　满 水 试 验

9.2.1　满水试验的准备应符合下列规定：

1　选定洁净、充足的水源；注水和放水系统设施及安全措施准备完毕；

2　有盖池体顶部的通气孔、人孔盖已安装完毕，必要的防护设施和照明等标志已配备齐全；

3　安装水位观测标尺，标定水位测针；

4　现场测定蒸发量的设备应选用不透水材料制成，试验时固定在水池中；

5　对池体有观测沉降要求时，应选定观测点，并测量记录池体各观测点初始高程。

9.2.2　池内注水应符合下列规定：

1　向池内注水应分三次进行，每次注水为设计水深的 1/3；对大、中型池体，可先注水至池壁底部施工缝以上，检查底板抗渗质量，无明显渗漏时，再继续注水至第一次注水深度；

2　注水时水位上升速度不宜超过 2m/d；相邻两次注水的间隔时间不应小于 24h；

3　每次注水应读 24h 的水位下降值，计算渗水量，在注水过程中和注水以后，应对池体作外观和沉降量检测；发现渗水量或沉降量过大时，应停止注水，待作出妥善处理后方可继续注水；

4　设计有特殊要求时，应按设计要求执行。

9.2.3　水位观测应符合下列规定：

1 利用水位标尺测针观测、记录注水时的水位值；

2 注水至设计水深进行水量测定时，应采用水位测针测定水位，水位测针的读数精确度应达1/10mm；

3 注水至设计水深24h后，开始测读水位测针的初读数；

4 测读水位的初读数与末读数之间的间隔时间应不少于24h；

5 测定时间必须连续。测定的渗水量符合标准时，须连续测定两次以上；测定的渗水量超过允许标准，而以后的渗水量逐渐减少时，可继续延长观测；延长观测的时间应在渗水量符合标准时止。

9.2.4 蒸发量测定应符合下列规定：

1 池体有盖时蒸发量忽略不计；

2 池体无盖时，必须进行蒸发量测定；

3 每次测定水池中水位时，同时测定水箱中的水位。

9.2.5 渗水量计算应符合下列规定：

水池渗水量按下式计算：

$$q = \frac{A_1}{A_2}[(E_1 - E_2) - (e_1 - e_2)] \quad (9.2.5)$$

式中 q——渗水量 [$L/(m^2 \cdot d)$]；

A_1——水池的水面面积（m^2）；

A_2——水池的浸湿总面积（m^2）；

E_1——水池中水位测针的初读数（mm）；

E_2——测读 E_1 后24h水池中水位测针的末读数（mm）；

e_1——测读 E_1 时水箱中水位测针的读数（mm）；

e_2——测读 E_2 时水箱中水位测针的读数（mm）。

9.2.6 满水试验合格标准应符合下列规定：

1 水池渗水量计算应按池壁（不含内隔墙）和池底的浸湿面积计算；

2 钢筋混凝土结构水池渗水量不得超过2$L/(m^2 \cdot d)$；砌体结构水池渗水量不得超过3$L/(m^2 \cdot d)$。

9.3 气密性试验

9.3.1 气密性试验应符合下列要求：

1 需进行满水试验和气密性试验的池体，应在满水试验合格后，再进行气密性试验；

2 工艺测温孔的加堵封闭、池顶盖板的封闭、安装测温仪、测压仪及充气截门等均已完成；

3 所需的空气压缩机等设备已准备就绪。

9.3.2 试验精确度应符合下列规定：

1 测气压的U形管刻度精确至毫米水柱；

2 测气温的温度计刻度精确至1℃；

3 测量池外大气压力的大气压力计刻度精确至10Pa。

9.3.3 测读气压应符合下列规定：

1 测读池内气压值的初读数与末读数之间的间隔时间应不少于24h；

2 每次测读池内气压的同时，测读池内气温和池外大气压力，并换算成同于池内气压的单位。

9.3.4 池内气压降应按下式计算：

$$P = (P_{d1} + P_{a1}) - (P_{d2} + P_{a2}) \times \frac{273 + t_1}{273 + t_2} \quad (9.3.4)$$

式中 P——池内气压降（Pa）；

P_{d1}——池内气压初读数（Pa）；

P_{d2}——池内气压末读数（Pa）；

P_{a1}——测量 P_{d1} 时的相应大气压力（Pa）；

P_{a2}——测量 P_{d2} 时的相应大气压力（Pa）；

t_1——测量 P_{d1} 时的相应池内气温（℃）；

t_2——测量 P_{d2} 时的相应池内气温（℃）。

9.3.5 气密性试验达到下列要求时，应判定为合格：

1 试验压力宜为池体工作压力的1.5倍；

2 24h的气压降不超过试验压力的20%。

附录A 给排水构筑物单位工程、分部工程、分项工程划分

表A 给排水构筑物单位工程、分部工程、分项工程划分表

分部（子分部）工程 \ 分项工程 \ 单位（子单位）工程		构筑物工程或按独立合同承建的水处理构筑物、管渠、调蓄构筑物、取水构筑物、排放构筑物	
		分项工程	验收批
地基与基础工程	土石方	围堰、基坑支护结构（各类围护）、基坑开挖（无支护基坑开挖、有支护基坑开挖）、基坑回填	1 按不同单体构筑物分别设置分项工程（不设验收批时）； 2 单体构筑物分项工程视需要可设验收批；
	地基基础	地基处理、混凝土基础、桩基础	
主体结构工程	现浇混凝土结构	底板（钢筋、模板、混凝土）、墙体及内部结构（钢筋、模板、混凝土）、顶板（钢筋、模板、混凝土）、预应力混凝土（后张法预应力混凝土）、变形缝、表面层（防腐层、防水层、保温层等的基面处理、涂衬）、各类单体构筑物	

续表 A

分项工程 / 单位(子单位)工程 / 分部(子分部)工程		构筑物工程或按独立合同承建的水处理构筑物、管渠、调蓄构筑物、取水构筑物、排放构筑物	
		分项工程	验收批
主体结构工程	装配式混凝土结构	预制构件现场制作（钢筋、模板、混凝土）、预制构件安装、圆形构筑物缠丝张拉预应力混凝土、变形缝、表面层（防腐层、防水层、保温层等的基面处理、涂衬）、各类单体构筑物	1 按不同单体构筑物分别设置分项工程（不设验收批时）； 2 单体构筑物分项工程视需要可设验收批；
	砌体结构	砌体（砖、石、预制砌体）、变形缝、表面层（防腐层、防水层、保温层等的基面处理、涂衬）、护坡与护坦、各类单体构筑物	
	钢结构	钢结构现场制作、钢结构预拼装、钢结构安装（焊接、栓接等）、防腐层（基面处理、涂衬）、各类单体构筑物	
附属构筑物工程	细部结构	现浇混凝土结构（钢筋、模板、混凝土）、钢制构件（现场制作、安装、防腐层）、细部结构	3 其他分项工程可按变形缝位置、施工作业面、标高等分为若干个验收批
	工艺辅助构筑物	混凝土结构（钢筋、模板、混凝土）、砌体结构、钢结构（现场制作、安装、防腐层）、工艺辅助构筑物	
	管渠	同主体结构工程的"现浇混凝土结构、装配式混凝土结构、砌体结构"	
进、出水管渠	混凝土结构	同附属构筑物工程的"管渠"	
	预制管铺设	同现行国家标准《给水排水管道工程施工与验收规范》GB 50268	

注：1 单体构筑物工程包括：取水构筑物（取水头部、进水涵渠、进水间、取水泵房等单体构筑物），排放构筑物（排放口、出水涵渠、出水井、排放泵房等单体构筑物），水处理构筑物（泵房、调节配水池、蓄水池、清水池、沉砂池、工艺沉淀池、曝气池、澄清池、滤池、浓缩池、消化池、稳定塘、涵渠等单体构筑物），管渠，调蓄构筑物（增压泵房、提升泵房、调蓄池、水塔、水柜等单体构筑物）；

2 细部结构指主体构筑物的走道平台、梯道、设备基础、导流墙（槽）、支架、盖板等的现浇混凝土或钢结构；对于混凝土结构，与主体结构工程同时连续浇筑施工时，其钢筋、模板、混凝土等分项工程验收，可与主体结构工程合并；

3 各类工艺辅助构筑物指各类工艺井、管廊桥架、闸槽、水槽（廊）、堰口、穿孔、孔口、斜板、导流墙（板）等；对于混凝土和砌体结构，与主体结构工程同时连续浇筑、砌筑施工时，其钢筋、模板、混凝土、砌体等分项工程验收，可与主体结构工程合并；

4 长输管渠的分项工程应按管段长度划分成若干个验收批分项工程，验收批、分项工程质量验收记录表式同现行国家标准《给水排水管道工程施工与验收规范》GB 50268—2008 表 B.0.1 和表 B.0.2；

5 管理用房、配电房、脱水机房、鼓风机房、泵房等的地面建筑工程同现行国家标准《建筑工程施工质量验收统一标准》GB 50300—2001 附录 B 规定。

附录 B 分项、分部、单位工程质量验收记录

B.0.1 分项工程（验收批）的质量验收记录由施工项目部专业质量检查员填写，监理工程师（建设项目专业技术负责人）组织项目部专业质量检查员进行验收，并按表 B.0.1 记录。

表 B.0.1 分项工程（验收批）质量验收记录表

编号：__________

工程名称		分部工程名称		分项工程名称	
施工单位		专业工长		项目经理	
验收批名称、部位					
分包单位		分包项目经理		施工班组长	
	质量验收规范规定的检查项目及验收标准		施工单位检查评定记录		监理（建设）单位验收记录
主控项目	1				
	2				
	3				
	4				
	5			合格率	
	6			合格率	
一般项目	1				
	2				
	3				
	4			合格率	
	5			合格率	
	6			合格率	
施工单位检查评定结果	项目专业质量检查员			年 月 日	
监理（建设）单位验收结论	监理工程师（建设单位项目专业技术负责人）			年 月 日	

B.0.2 分部（子分部）工程质量应由总监理工程师（建设项目专业负责人）组织施工项目经理和有关勘察、设计项目负责人进行验收，并按表 B.0.2 记录。

表 B. 0. 2　分部（子分部）工程质量验收记录表

编号：________

工程名称				分部工程名称	
施工单位		技术部门负责人		质量部门负责人	
分包单位		分包单位负责人		分包技术负责人	
序号	分项工程名称	验收批数	施工单位检查评定	验 收 意 见	
1					
2					
3					
4					
5					
6					
质量控制资料					
安全和功能检验（检测）报告					
观感质量验收					
验收单位	分包单位	项目经理		年　月　日	
	施工单位	项目经理		年　月　日	
	勘察单位	项目负责人		年　月　日	
	设计单位	项目负责人		年　月　日	
	监理（建设）单位	总监理工程师 （建设单位项目专业负责人）		年　月　日	

B. 0. 3　单位（子单位）工程质量竣工验收记录由施工单位填写，验收结论由监理（建设）单位填写，综合验收结论由参加验收各方共同商定，建设单位填写，应对工程质量是否符合设计和规范要求及总体质量水平作出评价，并按表 B. 0. 3-1～表 B. 0. 3-4 记录。

表 B. 0. 3-1　单位（子单位）工程质量竣工验收记录表

编号：________

工程名称		工程类型		工程造价	
施工单位		技术负责人		开工日期	
项目经理		项目技术负责人		竣工日期	
序号	项　目	验 收 记 录		验收结论	
1	分部工程	共____分部； 经查符合标准及设计要求____分部			
2	质量控制资料核查	共____项； 经审查符合要求____项； 经核定符合规范要求____项			
3	安全和主要使用功能核查及抽查结果	共核查____项，符合要求____项； 共抽查____项，符合要求____项； 经返工处理符合要求____项			
4	观感质量检验	共抽查____项； 符合要求____项； 不符合要求____项			
5	综合验收结论				
参加验收单位	建设单位	监理单位	施工单位	设计单位	
	（公章） 单位（项目）负责人 年　月　日	（公章） 总监理工程师 年　月　日	（公章） 单位负责人 年　月　日	（公章） 单位（项目）负责人 年　月　日	

表 B. 0. 3-2　单位（子单位）工程质量控制资料核查表

工程名称		施工单位		
序号		资 料 名 称	份数	核查意见
1	材质质量保证资料	原材料（钢筋、钢绞线、焊材、水泥、砂石、混凝土外加剂、防腐材料、保温材料等）、半成品与成品（橡胶止水带（圈）、预拌商品混凝土、预拌商品砂浆、砌体、钢制构件、混凝土预制构件、预应力锚具等）、设备及配件等的出厂质量合格证明及性能检验报告（进口产品的商检报告）、进场复验报告等		
2	施工检测	①混凝土强度、混凝土抗渗、混凝土抗冻、砂浆强度、钢筋焊接、钢结构焊接、钢结构栓接；②桩基完整性检测、地基处理检测；③回填土压实度；④防腐层、防水层、保温层检验；⑤构筑物沉降、变形观测；⑥围护、围堰监测等		

续表 B.0.3-2

工程名称		施工单位		
序号		资料名称	份数	核查意见
3	结构安全和使用功能性检测	①桩基础动载测试及静载试验、基础承载力检测；②构筑物满水试验、气密性试验；③压力管渠水压试验、无压管渠严密性试验记录；④地下水取水构筑物抽水清洗、产水量测定；⑤地表水取水构筑物的试运行；⑥构筑物位置及高程等		
4	施工测量	①控制桩（副桩）、永久（临时）水准点测量复核；②施工放样复核；③竣工测量		
5	施工技术管理	①施工组织设计（施工大纲）、专题施工方案及批复；②图纸会审、施工技术交底；③设计变更、技术联系单；④质量事故（问题）处理；⑤材料、设备进场验收、计量仪器校核报告；⑥工程会议纪要、洽商记录；⑦施工日记		
6	验收记录	①分项、分部（子分部）、单位（子单位）工程质量验收记录；②隐蔽验收记录		
7	施工记录	①地基基础、地层等加固处理以及降排水；②桩基成桩；③支护结构施工；④沉井下沉；⑤混凝土浇筑；⑥预应力张拉及灌浆；⑦预制构件吊（浮）运、安装；⑧钢结构预拼装；⑨焊条烘焙、焊接热处理；⑩预埋、预留；⑪防腐、防水、保温层基面处理等		
8	竣工图			
结论： 施工项目经理 年 月 日		结论： 总监理工程师 年 月 日		

表 B.0.3-3 单位（子单位）工程观感质量核查表

工程名称			施工单位				
序号	检查项目		抽查质量情况	好	中	差	
1	主体构筑物	现浇混凝土结构					
2		装配式混凝土结构					
3		钢结构					
4		砌体结构					
5	附属构筑物	管渠、涵渠、管道					
6		细部结构					
7		工艺辅助结构					
8	变形缝						
9	设备基础						
10	防水、防腐、保温层						
11	预埋件、预留孔（洞）						
12	回填土						
13	装饰						
14	地面建筑：按《建筑工程施工质量验收统一标准》GB 50300－2001 中附录 G.0.1—3 的规定执行						
15	总体布置						
16							
观感质量综合评价							
结论： 施工项目经理 年 月 日			结论： 总监理工程师 年 月 日				

表 B.0.3-4　单位（子单位）工程结构安全和使用功能性检测记录表

工程名称		施工单位	
序号	安全和功能检查项目	资料核查意见	功能抽查结果
1	满水试验、气密性试验记录		—
2	压力管渠水压试验、无压管渠严密性试验记录		—
3	主体构筑物位置及高程测量汇总和抽查检验		
4	工艺辅助构筑物位置及高程测量汇总及抽查检验		
5	混凝土试块抗压强度试验汇总		—
6	水泥砂浆试块抗压强度汇总		—
7	混凝土试块抗渗试验汇总		—
8	混凝土试块抗冻试验汇总		—
9	钢结构焊接无损检测报告汇总		—
10	主体结构实体的混凝土强度抽查检验　按《混凝土结构工程施工质量验收规范》GB 50204—2002 第10.1节的规定执行		
11	主体结构实体的钢筋保护层厚度抽查检验　按《混凝土结构工程施工质量验收规范》GB 50204—2002 第10.1节的规定执行		
12	桩基础动测或静载试验报告		—
13	地基基础加固检测报告		—
14	防腐、防水、保温层检测汇总及抽查检验		
15	地下水取水构筑物抽水清洗、产水量测定		—
16	地表水取水构筑物的试运行记录及抽查检验		
17	地面建筑：按《建筑工程施工质量验收统一标准》GB 50300—2001 中附录 G.0.1—3 的规定执行		
结论： 施工项目经理 年　月　日		结论： 总监理工程师 年　月　日	

附录 C　预应力筋张拉记录

C.0.1　预应力筋张拉应按表 C.0.1 记录。

表 C.0.1　预应力筋张拉记录表

预应力筋张拉记录表				编号	
构筑物名称		预应力束编号		张拉日期	年　月　日
预应力钢筋种类		规格		标准抗拉强度（MPa）	
张拉时混凝土强度	MPa				
张拉控制应力 σ_k =	f_{ptk} = 　MPa	张拉时混凝土构件龄期	d		
张拉机具设备编号	A端 / B端	千斤顶		油泵	压力表

		初始应力阶段	控制应力阶段	超张拉应力阶段
压力值（MPa）				
张拉力（kN）				
压力表读数（MPa）	A端			
	B端			

理论伸长值（mm）		计算伸长值(mm)		顶楔时压力表理论读数（MPa）	
实测伸长值(mm)					

阶　段	A端 活塞伸出量（mm）	A端 油表读数（MPa）	B端 活塞伸出量（mm）	B端 油表读数（MPa）
初始应力阶段（σ_0）				
相邻级别阶段（$2\sigma_0$）				
倒　顶				
二次张拉				
超张拉应力阶段				
控制应力阶段				
伸出量差值（mm）	ΔL_A =		ΔL_B =	
顶楔时压力表读数				
实测伸长值（mm）	$\Sigma\Delta$ =		伸长值偏差（mm）	
张拉应力偏差（%）				
滑丝、断丝情况				

监理（建设）单位	施工项目 技术负责人	施工项目 施工员	施工项目 记录人

C.0.2 缠绕钢丝应力测量应按表C.0.2记录。

表C.0.2 缠绕钢丝应力测量记录表

缠绕钢丝应力测量记录表		编号		
工程名称		构筑物名称		
施工单位		施工日期		年 月 日
构筑物外径		壁板施工		
锚固肋数		钢丝直径		
钢丝环数		每段钢筋长度（m）		
环号	肋号	平均应力（N/mm²）	应力损失（N/mm²）	应力损失率（%）
监理（建设）单位	施工项目			
	技术负责人	质检员	测量人	

C.0.3 电热张拉钢筋应按表C.0.3记录。

表C.0.3 电热张拉钢筋记录表

电热张拉钢筋记录表			编号						
工程名称			构筑物名称						
施工单位			施工日期				年 月 日		
构筑物外径			壁板施工						
锚固肋数			钢筋直径						
钢丝环数			每段钢筋长度（m）						
日期（年、月、日）	气温（℃）	环号	肋号	一次电压（V）	一次电流（A）	二次电压（V）	二次电流（A）	钢筋表面温度（℃）	伸长值（mm）
监理（建设）单位	施工项目								
	技术负责人		质检员		测量人				

C.0.4 电热张拉钢筋应力测量应按表C.0.4记录。

表C.0.4 电热张拉钢筋应力测量记录表

电热张拉钢筋应力测量记录表		编号				
工程名称		构筑物名称				
施工单位		施工日期		年 月 日		
构筑物外径		壁板施工				
锚固肋数		钢筋直径				
钢丝环数		每段钢筋长度（m）				
日期（年、月、日）	环号	肋号	测点	应变（mm）		应力（N/mm²）
				初读数	末读数	
监理（建设）单位	施工项目					
	技术负责人	质检员	测量人			

附录D 满水试验记录

表D 满水试验记录表

构筑物满水试验记录表		编号	
工程名称			
施工单位			
构筑物名称		注水日期	年 月 日
构筑物结构		允许渗水量	L/(m²·d)
构筑物平面尺寸		水面面积 A_1	m²
水深		湿润面积 A_2	m²
测读记录	初读数	末读数	两次读数差
测读时间（年 月 日 时 分）			
构筑物水位 E（mm）			
蒸发水箱水位 e（mm）			
大气温度（℃）			
水温（℃）			
实际渗水量 q	m³/d	L/(m²·d)	占允许量的百分率（%）
试验结论：			
监理（建设）单位	施工项目		
	技术负责人	质检员	测量人

附录E 气密性试验记录

表E 气密性试验记录表

气密性试验记录表		编 号	
工程名称			
施工单位			
池 号		试验日期	年 月 日
气室顶面直径（m）		顶面面积（m^2）	
气室底面直径（m）		底面面积（m^2）	
气室高度（m）		气室体积（m^3）	
测读记录	初读数	末读数	两次读数差
测读时间（年 月 日 时 分）			
池内气压（Pa）			
大气压力（Pa）			
池内气温（℃）			
池内水位 E（mm）			
压力降（Pa）			
压力降占试验压力（%）			
备注：			
试验结论：			
监理（建设）单位	施工项目		
	技术负责人	质检员	测量人

附录F 钢筋混凝土结构外观质量缺陷评定方法

F.0.1 钢筋混凝土结构外观质量缺陷，应根据其对结构性能和使用功能影响的严重程度，按表F.0.1的规定进行评定。

表F.0.1 钢筋混凝土结构外观质量缺陷评定

名称	现 象	严重缺陷	一般缺陷
露筋	钢筋未被混凝土包裹而外露	纵向受力钢筋部位	其他钢筋有少量
蜂窝	混凝土表面缺少水泥砂浆而形成石子外露	结构主要受力部位	其他部位有少量

续表F

名称	现 象	严重缺陷	一般缺陷
孔洞	混凝土中孔穴深度和长度超过保护层厚度	结构主要受力部位	其他部位有少量
夹渣	混凝土中夹有杂物且深度超过保护层厚度	结构主要受力部位	其他部位有少量
疏松	混凝土中局部不密实	结构主要受力部位	其他部位有少量
裂缝	缝隙从混凝土表面延伸至混凝土内部	结构主要受力部位有影响结构性能或使用功能的裂缝	其他部位有少量不影响结构性能或使用功能的裂缝
连接部位	结构连接处混凝土缺陷及连接钢筋、连接件松动	连接部位有影响结构传力性能的缺陷	连接部位基础不影响结构传力性能的缺陷
外形	缺棱掉角、棱角不直、翘曲不平、飞边凸肋等	清水混凝土结构有影响使用功能或装饰效果的缺陷	其他混凝土结构不影响使用功能的缺陷
外表	结构表面麻面、掉皮、起砂、沾污等	具有重要装饰效果的清水混凝土结构缺陷	其他混凝土结构不影响使用功能的缺陷

附录G 混凝土构筑物渗漏水程度评定方法

G.0.1 渗漏水程度应按表G.0.1规定进行评定。

表G.0.1 渗漏水程度评定

术语	状况描述与定义	标识符号
湿渍	混凝土构筑物侧壁，呈现明显色泽变化的潮湿斑；在通风条件下潮湿斑可消失，即蒸发量大于渗入量的状态	#
渗水	水从混凝土构筑物侧壁渗出，在外壁上可观察到明显的流挂水膜范围；在通风条件下水膜也不会消失，即渗入量大于蒸发量的状态	○
水珠	悬挂在混凝土构筑物侧壁顶部的水珠、构筑物侧壁渗漏水用细短棒引流并悬挂在其底部的水珠，其滴落间隔时间超过1min；渗漏水用干棉纱能够拭干，但短时间内可观察到擦拭部位从湿润至水渗出的变化	◇
滴漏	悬挂在混凝土构筑物侧壁顶部的水珠、构筑物侧壁渗漏水用细短棒引流并悬挂在其底部的水珠，其滴落速度每分钟至少1滴；渗漏水用干棉纱不易拭干，且短时间内可明显观察到擦拭部位有水渗出和集聚的变化	▽
线流	指渗漏水呈线流、流淌或喷水状态	↓

本规范用词说明

1 为了便于在执行本规范条文时区别对待，对要求严格程度不同的用词说明如下：

表示很严格，非这样做不可的用词：

正面词采用“必须”，反面词采用“严禁”；

表示严格，在正常情况下均应这样做的用词：

正面词采用“应”，反面词采用“不应”或“不得”；

表示允许稍有选择，在条件许可时首先应这样做的用词：

正面词采用“宜”，反面词采用“不宜”；

表示有选择，在一定条件下可以这样做的，采用“可”。

2 规范中指定应按其他有关标准、规范执行时，写法为：“应符合……的规定”或“应按……执行”。

中华人民共和国国家标准

给水排水构筑物工程
施工及验收规范

GB 50141—2008

条 文 说 明

目　次

1 总 则

1.0.1 《给水排水构筑物施工及验收规范》GBJ 141—90）（以下简称原规范）颁布执行已有18年之久，对我国给水排水（以下简称给排水）构筑物工程建设起到了积极作用。近些年随着国民经济和城市建设的飞速发展，给排水构筑物工程技术的提高，施工机械与材料设备的更新；原规范内容已不能满足当前给排水工程建设的需要。为了规范施工技术，统一施工质量检验、验收标准，确保工程质量，特对原规范进行修订。

修订后的《给水排水构筑物施工及验收规范》称为《给水排水构筑物工程施工及验收规范》（以下简称本规范）定位于指导全国各地区进行给排水构筑物工程施工与验收工作的通用性标准，需确定施工技术、质量、安全要求，并规定检验与验收内容、合格标准及程序，以便指导给排水构筑物工程施工与验收工作。

1.0.2 本规范适用于新建、扩建和改建的城镇公用设施和工业区常用给排水构筑物工程施工及验收，工业企业中具有特殊要求的给排水构筑工程施工及验收，除特殊要求部分外，可参照本规范的规定执行。

1.0.3 本条为强制性条文。给排水构筑物工程所使用的原材料、半成品、成品等产品质量会直接影响工程结构安全、使用功能及环境保护，因此必须符合国家有关的产品标准。为保障人民身体健康，接触生活饮用水产品的卫生性能必须符合国家标准《生活饮用输配水设备及防护材料的安全性评价标准》GB/T 17219规定。本规范推广应用新材料、新技术、新工艺，严禁使用国家明令淘汰、禁用的产品。

1.0.4 给排水构筑物工程建设与施工必须遵守国家的法令法规。工程有具体要求而本规范又无规定时，应执行国家相关规范、标准，或由建设、设计、施工、监理等有关方面协商解决。

2 术 语

本章给出的18个术语（专用名词），均为本规范有关章节中所引用的。本规范从给排水构筑物工程施工过程和质量验收实际应用的角度，参照《中国土木建筑百科辞典：工程施工》，全国科学技术名词审定委员会公布《土木工程名词》（科学出版社，2003版）及有关标准、规程的术语赋予其涵义，但涵义不一定是术语的定义。同时还分别给出了相应的推荐性英文术语，该英文术语也不一定是国际通用的标准术语，仅供参考。

3 基 本 规 定

3.1 施工基本规定

3.1.4 本条规定了用于指导工程施工的施工组织设计以及关键的分项、分部工程专项施工方案编制要求和审批的规定。

施工组织设计的核心是施工方案，本规范对施工方案编制主要内容作出规定；对于施工组织设计和施工方案的审批程序，各地、各行业均有不同的具体规定；本规范不便对此进行统一的规定，而强调其内容要求和“按规定程序”审批后执行。

3.1.8、**3.1.9** 此两条文保留了原规范关于施工测量的规定，没有增补内容；主要考虑施工测量已有《工程测量规范》GB 50026和《城市测量规范》CJJ 8等专业规范的具体规定，本规范不便摘录，仅列出行业或专业的基本规定。

3.1.10 本条为强制性条文，规定给排水构筑物工程所用的主要原材料、半成品、构（配）件和设备等产品进入施工现场时必须进行进场验收，并按国家有关标准规定进行复验，验收合格后方可使用。施工现场配制的混凝土、砂浆、防水涂料等应经检测合格后使用。

3.1.16 本条为强制性条文，给出了工程施工质量控制基本规定：

第1款强调工程施工中各分项工程应按照施工技术标准进行质量控制，且在完成后进行检验（自检）；

第2款强调各分项工程之间应进行交接检验（互检），所有隐蔽分项工程应进行隐蔽验收，规定未经检验或验收不合格不得进行其后分项工程或下道工序。分项工程和工序在概念上应有所不同的，一项分项工程由一道或若干工序组成，不应视同使用。

第3款规定设备安装前必须对基础性工作进行复核检验。

3.2 质量验收基本规定

3.2.1 本条规定给排水构筑物工程施工质量验收基础条件是施工单位自检合格，并应按验收批、分项工程、分部（子分部）工程、单位（子单位）工程依序进行。

本条第7款规定分项工程（验收批）是工程项目验收的基础，分项工程（验收批）验收分为主控项目和一般项目：主控项目，即在构筑工程中的对结构安全和使用功能起决定性作用的检验项目；一般项目，即除主控项目以外的检验项目，通常为现场实测实量的检验项目又称为允许偏差项目。检查方法和检查数量在相关条文中规定，检查数量未规定者，即为全数检查。

本条第10款强调工程的外观质量应由质量验收人员通过现场检查共同确认，这是考虑外观通常是定性的结论，需要验收人员共同确认。

3.2.2 本规范依据各地的工程实践经验将给排水构筑物单位（子单位）工程、分部（子分部）工程、分项工程（验收批）的原则划分列入附录A，有关的质量验收记录表式样列入附录B，以供工程使用时参考。

3.2.3 本条规定了分项工程（验收批）质量验收合格的4项条件：

第1款主控项目，抽样检验或全数检查100%合格。

第2款一般项目，抽样检验的合格率应达到80%，且超差点的最大偏差值应在允许偏差值的1.5倍范围内。

"合格率"的计算公式为：

$$合格率=\frac{同一实测项目中的合格点（组）数}{同一实测项目的应检点（组数）}\times 100\%$$

抽样检查必须按照规定的抽样方案（依据本规范所给出的检查数量），随机地从进场材料、构配件、设备或工程检验项目中，按验收批抽取一定数量的样本所进行的检查。

第3款主要工程材料的进场验收和复验合格，试块、试件检验合格。

第4款主要工程材料的质量保证资料以及相关试验、检测资料齐全、正确；具有完整的施工操作依据和质量检查记录。

3.2.4 本规范规定按不同单体构筑物分别设置分项工程；单体构筑物分项工程视需要可设验收批；其他分项工程可按变形缝位置、施工作业面、标高等分为若干个验收批。

不设验收批时，分项工程为施工质量验收的基础；分部（子分部）工程质量验收合格的基础是分部（子分部）工程所含的分项工程均验收合格。

3.2.7 本条规定了给排水构筑物工程质量验收不合格品处理的具体规定：返修，系指对工程不符合标准的部位采取整修等措施；返工，系指对不符合标准的部位采取的重新制作、重新施工等措施。返修或返工的验收批或分项工程可以重新验收和评定质量合格。正常情况下，不合格品应在验收批检验或验收时发现，并应及时得到处理，否则将影响后续验收批和相关的分项、分部工程的验收。本规范从"强化验收"促进"过程控制"原则出发，规定施工中所有质量隐患必须消灭在萌芽状态。

但是，由于特定原因在验收批检验或验收时未能及时发现质量不符合标准规定，且未能及时处理或为了避免更大的经济损失时，在不影响结构安全和使用功能条件下，可根据不符合规定的程度按本条规定进行处理。采用本条第4款时，验收结论必须说明原因和附相关单位出具的书面文件资料，并且该单位工程不应评定质量合格，只能写明"通过验收"，责任方应承担相应的经济责任。

4 土石方与地基基础

4.1 一 般 规 定

4.1.9 本条强调基坑（槽）土方施工中应对支护结构、周围环境进行监测，出现异常情况应及时处理，待恢复正常后方可继续施工。本条中监测是指沉降观测、变形测量等工程施工安全监测项目。

4.1.10 本条参考了《建筑地基基础工程施工质量验收规范》GB 50202—2002附录A.1.1条"所有建（构）筑物均应进行施工验槽"的规定，基坑开挖中发现岩、土质与建设单位提供的设计勘测资料不符或有其他异常情况时，应由建设单位会同建设、监理、设计、勘测等有关单位共同研究处理，由设计单位提出变更设计。

4.2 围 堰

4.2.3 本规范在原规范基础上增加了工程常用的围堰类型，如双层型钢板桩填芯围堰、止水钢板桩、抛石围堰、钻孔桩围堰、抛石夯筑芯墙止水围堰。土、草捆土、袋装土围堰适用于土质透水性较小的河床；袋装土围堰用袋可根据实际情况选用草袋、麻袋、编织袋等。

4.3 施工降排水

4.3.2 地下水位降低，底层结构会受到一定影响。如果降水期间有泥沙带出，还会引起地层下沉，影响建筑物安全。本条第5款规定设置变形观测点；水位观测是掌握降水效果，保证施工顺利进行的重要环节；因此在设计井点时应同时考虑观测孔的设置。本条第6款规定基坑地下水位应降至坑底以下，通常应不小于500mm。

4.3.7 本条第4款，集水井处于细砂、粉砂、粉土或粉质黏土等土层时，应采取过滤或封闭措施，井壁过滤可采用无砂混凝土管等措施，井底封闭可用木盘或水下浇筑混凝土等措施。

4.3.8 本条文中表4.3.8给出了井点系统选用的主要条件，井点通常分为真空井点、喷射井点、管井三类进行设计，降排水施工应根据设计降水深度（或基坑开挖深度）、地下静水位、土层渗透系数及涌水量等因素，综合考虑选用经济合理、技术可靠、施工方便的降水方法。

4.3.9 本条强调了施工降排水终止抽水后，应及时用砂、石等材料填充排水井及拔除井点管所留的孔洞，防止人、动物不慎坠落。

4.4 基坑开挖与支护

4.4.4 本条的表 4.4.4 给出开挖深度在 5m 以内的基坑可不加支撑时的坡度控制值，以便施工时参考；有成熟施工经验时，可不受本表限制。

本条强调开挖基坑的边坡应通过稳定性分析计算来确定，而不能仅依据施工经验确定；在软土基坑坡顶不宜设置静载或动载，需要设置时，应对土的承载力和边坡的稳定性进行验算。

4.4.8 土质条件或工程环境条件较差设有支撑的基坑，开挖时应遵循"开槽支撑、先撑后挖、分层开挖和严禁超挖"的施工原则。施工过程中，应特别注意基坑边堆置土方不得超过施工方案的设计荷载和堆置高度，以保证支撑结构的安全。

4.4.9 本条规定了基坑开挖前的降排水时限和基本要求：一般情况下应提前 2～3 周；对深度较大，或对土体有一定固结要求的基坑，降排水运行的提前时间还应适当增加。

4.4.14 基坑支护结构应根据工程的具体情况，参照表 4.4.14 依据基坑深度、土质、侧壁安全等级选用支护结构形式。护坡桩一般分为四大类，即水泥土类：粉喷桩、深层搅拌桩；钢筋混凝土类：预制桩、钻孔桩、地下连续墙；钢板桩类：钢组合桩、拉森式专用钢板桩；木板桩类：木桩、企口板桩。除此之外，目前已在工程中应用的还有 SMW 桩等形式。

4.4.15 鉴于工程实践中支护结构设计有时由施工单位进行具体设计，本条对此作出规定。表 4.4.15 参考了《建筑基坑支护技术规程》JGJ 120—99 表 3.1.3。

4.4.19 本条强调围护结构应进行测量监控，表 4.4.19 基坑开挖监测项目是依据本规范第 4.4.15 条基坑边坡（侧壁）安全等级及重要性系数规定的；表 4.4.19 参考了《建筑基坑支护技术规程》JGJ 120—99 表 3.8.3。

4.5 地基基础

4.5.3 工程基础桩通常称为"基桩"，本规范指不需与地基共同承载的桩。

4.5.6 本规范规定了复合地基和桩基施工具体规定，如水泥土搅拌桩、高压旋喷桩、振冲桩、水泥粉煤灰碎石桩、砂桩、土和灰土挤密桩、预制桩及灌注桩，参考了《建筑地基基础工程施工质量验收规范》GB 50202 相关内容。

4.6 基坑回填

4.6.4 回填作业技术参数，如每层填筑厚度及压实遍数，应根据土质情况及所用机具，经过现场试验确定，以保证回填压实满足要求。

4.6.5 压实度，有的规范称为"压实系数"；本规范中的压实度除注明者外，皆以轻型击实试验法求得的最大干密度为 100%。

4.6.6 钢、木板桩支护的基坑回填时，应按本条规定拆除钢、木板桩，并对拆除后孔洞及拔出板桩后的孔洞应用砂填实。

4.6.9 本条强调基坑回填后，必须保持原有的测量控制桩点以及沉降观测桩点；并应继续进行观测直至确认沉降趋于稳定，四周建（构）筑物安全无损为止。

4.7 质量验收标准

4.7.1 本条第 2 款规定围堰必须稳固，但工程实践表明：土体变位、沉降也会发生，必须加以限定；无开裂、塌方、滑坡现象，背水面无线漏是堰体安全的基本要求。

4.7.2 本条对基坑开挖和地基处理的质量验收作出具体规定，主控项目的检查方法系指验收时，多数为现场观察或检查施工方案、施工记录、试验报告或检测报告等文件资料；检查数量则指工程项目在隐蔽前的抽查数量。

4.7.7 回填材料为土时，土质应均匀，其含水量应接近最佳含水量（误差不超过 3%）；灰土应严格控制配合比，搅拌均匀，颜色基本一致；压实后表面平整、无松散、起皮、裂纹；天然砂石级配良好，粗细颗粒分配均匀，压实后不得有砂窝及梅花现象。

表 4.7.7 回填土压实度的规定，系在原规范第 4.3.5 条文基础上补充。本规范中压实度的检验点数根据各地工程实践来确定。相对《建筑地基基础工程施工质量验收规范》GB 50202—2002 第 4.1.5 条（强制性条文）控制较为严格。

5 取水与排放构筑物

5.1 一般规定

5.1.2 取水与排放构筑物中进、出水管渠工程，包括现浇钢筋混凝土管渠、涵渠和预制管铺设的管渠、涵渠；本规范统称为管渠。

5.1.5 本条规定了工程施工前应具备的基本条件，特别是临近水体作业，施工船舶、设备的停靠、锚泊及预制件驳运、浮运和施工作业时，应制定水下开挖基坑或沟槽施工方案，必要时可进行试挖或试爆；设置水下构筑物及管道警示标志、水中及水面构筑物的防冲撞设施。

5.2 地下水取水构筑物

5.2.1 地下水取水构筑物施工期间应避免地面污水及非取水层水渗入取水层。如不慎造成取水层污染，应及时采取补救措施。

5.2.2 地下水取水构筑物大口井施工完毕并经检验合格后，应按本条规定进行抽水清洗至水中的含砂量小于或等于1/200000（体积比），方可停止抽水清洗。

5.2.4 本条第1款管节为工厂预制的成品管节；采用无砂混凝土现场制作大口井井筒或渗渠集水管时，应经试验确定其骨料粒径、灰石比和水灰比，并应制定搅拌、浇筑和养护的施工措施，其渗透系数、阻砂能力和强度应不低于设计要求。

5.2.6 本条第1款施工方法有锤打法、顶管法、机械水平钻进法、水射法、水射法与锤打法或顶管法的联合以及其他方法；第4款（2）要求锤打施力中心线或顶进千斤顶的合力作用中心线与所施做的辐射管的中心线同轴。

5.3 地表水固定式取水构筑物

5.3.1 本条第3款水下基坑（槽）开挖，可采用挖泥船、空气吸泥机或爆破法开挖；主体结构施工，可采用围堰法、沉井法等方法；沉井法施工，可采用筑岛法、浮运法施工；沉井的制作、下沉及封底应符合本规范第7.3节的要求。

5.4 地表水活动式取水构筑物

5.4.2 本条对水下抛石作业作出具体规定。由于地表水活动式取水构筑物所处河段都是冲刷河段，河岸受水流冲击很大，为保证取水设施的安全，一般都要抛石护岸。护岸区是有一定范围的，施工中要根据设计要求在岸上设置控制标杆，抛石船对着岸上的标杆来控制抛石的位置。

5.4.11 水压试验应按《给水排水管道工程施工及验收规范》GB 50268的相关规定执行。

5.5 排放构筑物

5.5.3 本条对翼墙背后填土规定：在混凝土或砌筑砂浆达到设计抗压强度后方可进行；填土时，墙后不得有积水；墙后反滤层与填土应同时进行。

5.5.4 本条对岸边排放的出水口护坡、护坦砌筑施工作出规定。石料不得有翘口石、飞口石，翘口石系指顶面不平的砌石，飞口石系指外棱不齐的砌石。浆砌法一般指铺浆法砌筑，要求灰浆饱满、嵌缝严密，无掏空、松动现象；干砌即不用砂浆铺砌，大多采用立砌法，要求砌体缝口紧固，底部应垫稳、填实，严禁架空。

通缝指砌体中上下皮块材搭接长度小于规定数值的竖向灰缝；假缝指砌体仅在表面做灰缝处理的灰缝；丢缝指砌体未做灰缝处理的灰缝。

5.5.6 本条对砌筑细石混凝土结构的试块留置及验收批进行了规定：浆砌石采用细石混凝土，每$100m^3$的砌体为一个验收批，应至少检验一次强度；每次应制作试块一组，每组三块。

5.6 进、出水管渠

5.6.2 进、出水管渠铺设可采用开槽法、沉管法或非开槽法施工。沉管法施工可采用浮拖法、船吊法等进行管道就位；预制管段的拖运、浮运、吊运及下沉应按《给水排水管道工程施工及验收规范》GB 50268的相关规定执行。

5.7 质量验收标准

5.7.1 本规范将钢筋混凝土结构、砖石砌体结构工程的各分项工程质量验收具体规定列入第6.8.1～6.8.9条；各单体构筑物工程的质量验收仅列出其专项规定。

5.7.3 第5款规定混凝土表面不得出现有害裂缝。有害裂缝应指附录表F.0.1中的严重缺陷的裂缝；本规范中允许偏差按构筑物尺寸，如长（L）、高（H）、半径（R）等的百分比控制时，构筑物尺寸与允许偏差计量单位必须相同。

5.7.6 本条第4款参照《混凝土结构工程施工质量验收规范》GB 50204—2002第8.2节规定：一般项目中，外观质量不宜有一般缺陷；已出现的一般缺陷应按技术方案进行处理后重新验收。一般缺陷见本规范附录表F.0.1规定。

本规范中D_o表示管道或圆形构筑物的外径，D_i表示内径。预制管铺设的管渠工程质量验收应符合《给水排水管道工程施工及验收规范》GB 50268的相关规定。

5.7.8 本规范参照《混凝土结构工程施工质量验收规范》GB 50204—2002第8.2节规定：混凝土结构主控项目中，外观质量无严重缺陷；给排水构筑物混凝土结构应比其他构（建）筑物要求严格。

6 水处理构筑物

6.1 一般规定

6.1.1 水处理包括给水处理和污水处理，由于工艺要求，每个单体构筑物都有其相应的、专一的功能要求，并在土建工程结构结束后安装相应处理装置和设备。本章依照分项工程（工序）施工顺序对水处理构筑物施工及验收作出详细的规定。

6.1.3 本条规定了水处理构筑物的满水试验前应具备的基本要求，并规定了混凝土结构、装配式预应力混凝土结构、砌体结构等水处理构筑物满水试验、池壁外和池顶的回填土方等施工顺序；如需倒序施工，必须征得设计等方面同意方可进行。

6.1.4 本条为强制性条文，规定水处理构筑物施工完毕必须进行满水试验，消化池满水试验合格后，还应按本规范第9.3节的规定进行气密性试验。

6.1.7 砂浆的流动性也称为稠度，现场测试采用10s的沉入深度。

6.1.8 本条规定了位于构筑物基坑影响范围内的管道施工应符合的具体要求，强调应在回填前进行隐蔽验收，合格后方可进行回填施工；为保证管道地基承载能力，必要时经过设计的同意，可进行地基加固处理或提高管道结构的强度。

6.1.9 管道穿墙部位的处理应符合设计要求，当设计无具体要求时应按本条规定处理。

6.2 现浇钢筋混凝土结构

6.2.2 本条规定了水处理构筑物的混凝土模板安装不同于其他行业的具体要求。第6款强调了池体混凝土模板对拉螺栓设置的要求。

本条第7款系《混凝土结构工程施工质量验收规范》GB 50204—2002第4.2.5条内容。

6.2.3 本条参考了《混凝土结构工程施工质量验收规范》GB 50204—2002第4.3节的内容，在本规范第6.8.3条第5款进行规定；混凝土模板的拆除施工过程控制应参照《混凝土结构工程施工质量验收规范》GB 50204—2002第4.3节规定执行。

6.2.4 水处理构筑物的钢筋进场检验以及钢筋加工应参照《混凝土结构工程施工质量验收规范》GB 50204—2002第5.1、5.2、5.3节的规定执行。本条仅对钢筋的连接、安装给出具体规定。

钢筋绑扎接头的搭接长度，除应符合本规范表6.2.4要求外，在受拉区不得小于300mm，在受压区不得小于200mm；混凝土设计强度大于15MPa时，其最小搭接长度应按本规范表6.2.4的规定执行；混凝土设计强度为15MPa时，除低碳冷拔钢丝外，最小搭接长度应按表中数值增加$5d_0$；直径大于25mm的带肋钢筋，其最小搭接长度应按表中相应数值乘以系数1.1取用；对环氧树脂涂层的带肋钢筋，其最小搭接长度应按表中相应数值乘以系数1.25取用。

本条第5款强调了钢筋保护层厚度的控制，钢筋保护层最小厚度参见《给水排水工程构筑物结构设计规范》GB 50069—2002第6.1.3条规定；鉴于水处理构筑物的特点，施工过程中从钢筋的加工尺寸到钢筋和模板的安装都必须严格加以控制。

6.2.6 本条参考了《混凝土结构工程施工质量验收规范》GB 50204—2002第7.2节内容，对给排水构筑物工程的混凝土原材料及外加剂、掺合料选择与使用作出规定。特别是强调水池混凝土不得掺入含有氯盐成分的外加剂，外加剂和矿物掺合料的掺量应通过试验确定。混凝土中的碱含量控制参见《混凝土结构设计规范》GB 50010—2002第3.4.2条结构混凝土的基本要求：C25、C30强度等级混凝土的最大碱含量3.0kg/m³；使用非碱活性骨料时，对混凝土中的碱含量可不作限制。拌合用水的水质应符合《混凝土用水标准》JGJ 63规定。

6.2.7 本条规定了混凝土配合比及拌制要求，参考了《混凝土结构工程施工质量验收规范》GB 50204—2002第7.3.2条规定：首次使用的混凝土配合比应进行开盘鉴定，其工作性质满足设计配合比的要求；开始生产时应至少留置一组标准养护试件，作为验证配合比的依据。混凝土试块的尺寸及强度换算系数应按《混凝土结构工程施工质量验收规范》(GB 50204—2002）表7.1.2的规定选用。

6.2.8 本规范结合行业特点，在总结工程实践经验基础上，并参考了北京、上海等地方标准给出了混凝土试块的留置、混凝土试块的验收批和混凝土试块的抗压强度、抗渗性能、抗冻性能的评定应遵循的具体规定；其中试块留置和验收批的规定视不同结构或不同构筑物有所变化；但是试块的抗压强度、抗渗性能、抗冻性能的评定验收应按照本条的规定执行。

6.2.19 水工构筑物混凝土浇筑完毕后，应按施工方案及时采取有效的养护措施。当日平均气温低于5℃时，不得浇水；通常采用塑料布或土工布覆盖洒水养护的方法；混凝土表面不便浇水或使用塑料布时，宜涂刷养护剂；对大体积混凝土的养护，应根据气候条件按施工技术方案采用控温措施；冬期施工环境最低温度不低于−15℃时，可采取蓄热法养护或带模养护等措施。

6.3 装配式混凝土结构

6.3.7 有裂缝的构件应进行技术鉴定，判定其是否属于严重质量缺陷，经过有关处理后能否使用。施工单位提出的技术处理方案，需有关方面进行确认。

6.4 预应力混凝土结构

6.4.2 预应力筋、锚具、夹具和连接器的进场检验应按《混凝土结构工程施工质量验收规范》GB 50204—2002第6.1节和第6.2节规定和设计要求执行；预应力筋端部锚具的制作还应执行其第6.3.5条的规定。

6.4.9 预应力钢丝接头应采用18～20号绑丝绑扎牢固。

6.4.12 本条第5款对喷射水泥砂浆试块留置、验收批作出了具体规定；其质量验收评定应按本规范第6.5.2条和第6.5.3条的规定执行。喷射水泥砂浆试块应采用边长为70.7mm的立方体，每组六块。第1款水泥砂浆用砂的含水率宜为1.5%～5.0%，最优含水率应经试验确定。含泥量小于3%。

6.4.13 本条第3款张拉程序的规定参考了《公路桥涵施工技术规范》JTJ 041—2000第12.10.3条内容。

第4、5、6款参考了《混凝土结构施工质量验收规范》GB 50204—2002第6.4节内容；过程控制时，检查数量应参照执行。

6.4.14 本条第4款水泥浆抗压强度试块制作的具体规定，试块应标准养护28d；试块抗压强度的采用值（代表值）应为一组试块的平均值；当一组试块中的最大值或最小值与平均值相差大于20%时，应取中间4个试块强度的平均值。

6.5 砌体结构

6.5.1 第6款规定砂浆应在初凝前使用，已凝结的砂浆不得使用，且不得掺入新拌制砂浆使用。

6.5.2 本条参考了《砌体工程施工质量验收规范》GB 50203—2002第4.0.12条，规定了砌体水处理构筑物砂浆试块强度的验收批和试块留置数量的规定：同类型、同强度等级的砂浆试块，每砌筑$100m^3$的砌体作为一个验收批，不足$100m^3$也应作为一个验收批；每验收批应留置试块一组，每组六块。当砂浆组成材料有变化时，应增试块留置数量。

6.5.3 本条参考了《砌体工程施工质量验收规范》GB 50203—2002第4.0.12条，规定了砌筑砂浆试块验收其强度合格的标准规定：统一验收批各组试块抗压强度的平均值不得低于设计强度等级所对应的立方体抗压强度；各组试块中任意一组的强度平均值不得低于设计强度等级所对应的立方体抗压强度的75%。本规范中除砌筑砂浆试块外，预应力筋保护层、孔道灌浆和封锚等所用的水泥砂浆、水泥浆等试块验收其强度合格的标准也必须执行本条规定；只是试块留置及验收批规定有所不同。

6.5.5 砌筑砌体时，砌石应保持湿润，砖应提前1～2d浇水湿润。

6.5.10 本条第3款的规定参照了《砌体工程施工质量验收规范》GB 50203—2002第5.2.3条（强制性条文）。

6.5.12 本条第1款参考《砌体工程施工质量验收规范》GB 50203—2002第7.1.7条，规定分层找平；每砌3～4皮为一个分层高度，每个分层高度应找平一次。

6.6 塘体结构

6.6.1 塘体构筑物因其施工简便、造价低，近些年来在工程实践中应用较多，如BIOLAKE工艺中的氧化塘；本规范在总结工程实践的基础上作出了规定。基槽施工是塘体构筑物施工关键的分项工程，必须按照本规范第4章的相关规定和设计要求做好基础处理和边坡修整。本条第2款对此进行了规定，边坡应为符合设计要求的原状土，不得人工贴补。

6.6.5 塘体结构水工构筑物防渗施工是塘体结构施工的关键环节，首先应按设计要求控制防渗材料类型、规格、性能、质量；进场的防渗材料应按国家相关标准的规定进行检验，防渗材料施工应按设计要求或参照《城市生活垃圾卫生填埋技术规范》CJJ 17有关规定对连接、焊接部位的施工质量严格控制、检验与验收。

6.7 附属构筑物

6.7.1 本规范的附属构筑物涵盖了主体构筑物以外的所有细部结构、各类工艺井、工艺辅助构筑物工程，以及连接管道、管渠工程等。

6.7.3 本条对细部结构、工艺辅助构筑物工程施工作出具体规定，特别是对薄壁混凝土结构或外形复杂的构筑物，必须采取相应的施工技术措施，确保二次浇筑混凝土的模板及支架稳固、拼接严密，防止钢筋、模板发生变形、走动，避免混凝土出现质量缺陷。第5款规定拟浇筑的细部结构、工艺辅助构筑物混凝土和已浇筑的混凝土主体结构衔接按施工缝处理。

6.7.4 细部结构、工艺辅助构筑物混凝土一次连续浇筑量相对于水处理构筑物要少得多，本节在总结工程实践的基础上对试块的留置及其验收批进行了规定。

6.7.5 参考了相关规范，本节对细部结构、工艺辅助构筑物砌筑砂浆试块留置及其验收批进行了规定。

6.7.6 本条第7款水泥砂浆抹面宜分为两道，是指设计无具体要求，抹面厚度为20mm时，第一道宜厚12～13mm，第二道宜厚7～8mm，两道抹面间隔时间应不小于48h。

6.7.7 本条第1款中规定当使用木模板时，应在适当位置，如拱中心设八字缝板，以消除模板和混凝土的应力。

6.8 质量验收标准

6.8.1 本条所列模板支架质量验收主控项目第2项“各部位的模板安装位置正确、拼缝紧密不漏浆；对拉螺栓、垫块等安装稳固；模板上的预埋件、预留孔洞不得遗漏，且安装牢固；”参考了《混凝土结构工程施工质量验收规范》GB 50204—2002第4.2.6条的规定，在过程控制时，可参照该条规定的检查数量。

6.8.2 进场钢筋的质量检验、钢筋加工应参照《混凝土结构工程施工质量验收规范》GB 50204—2002第5.2节和5.3节的相关规定执行；在过程控制时，可参照该节规定的检查数量。

6.8.5 本条第2款规定圆形构筑物缠丝张拉预应力筋下料、墩头加工必须符合设计要求，设计无具体要求时，应参照《混凝土结构工程施工质量验收规范》GB 50204—2002第6.3节规定执行。

6.8.6 本条第2款规定预应力钢绞线下料加工必须符合设计要求，设计无具体要求时，应参照《混凝土结构工程施工质量验收规范》GB 50204—2002第6.3节规定执行。

6.8.7 本条第4款规定构筑物外壁不得渗水，术语渗水的描述见附录G。

7 泵 房

7.2 泵房结构

7.2.4 本条第4款规定混凝土应分层顺序进行，浇筑时入模混凝土上升高度应一致平衡，并使混凝土能输送到位，不得采用振捣棒的振动长距离驱使混凝土流向低处。

7.2.8 本条第6款规定地脚螺栓预埋采用植筋时，应通过试验确定其技术参数。

7.3 沉 井

7.3.1 近些年来，采用沉井法施工泵房等给排水地下构筑物较多，本规范在总结上海等地实践经验的基础上，对泵房沉井法施工作出较详细的技术规定。

7.3.12 本文第4款为强制条文，是基于近年工程实践经验而作出的规定。

7.3.13 本条第3款规定水中开挖、出土方式应根据井内水深、周围环境控制要求等因素选择。用抓斗水中挖土时，坑底应保持"中心深、四周浅"，并应符合"锅底"状的要求；采用水力机械挖土时，水力吸泥装置应抽取汇流至集泥坑中的泥浆，防止直接抽取土层或局部吸泥过深；当井内水深超过10m、周围环境控制要求较高时，可采用空气吸泥法或水力钻吸法出土。

7.3.14 本条第2款规定应按施工方案规定的顺序和方式开挖，基本要求如下：

1 下沉阶段，应"先中后边"，形成"锅底"状，并控制"锅底"深度；

2 终沉阶段，应"先边后中"，形成"反锅底"状，并随"反锅底"的平缓开挖使沉井缓慢到位。

7.3.15 沉井施工当下沉量及速率（系数）偏小时，应按本条规定的辅助方法助沉。

7.3.18 水下封底浇筑混凝土导管应采用直径为200～300mm的钢管制作，并应有足够的强度和刚度；导管内壁应光滑，管段的接头应密封良好并便于拆装。

导管的数量应由计算确定；导管的有效作用半径可取3～4m，其布置应使各导管的浇筑面积互相覆盖，对边沿或拐角处，可加设导管。

导管设置的位置应准确；每根导管上端应装有数节1.0m长的短管；导管中应设球塞或隔板等隔水装置；导管底端部应尽量靠近坑底，但应保证球塞顺利地放出或隔板完全打开。

7.4 质量验收标准

7.4.5 沉井四角高度差指顶面测得的高差，中心位移指轴心。

8 调蓄构筑物

8.1 一般规定

8.1.1 本规范将水塔、水柜和调蓄池（清水池、调节水池、调蓄水池）等给排水构筑物归类为"调蓄构筑物"。

近年来我国大城市供水系统中采用水塔和钢水柜较少，普遍采用变频高压供水系统。但鉴于各地的发展不均衡，一些地区仍在采用水塔和钢水柜供水系统，本章保留了原规范第九章水塔部分内容。

8.1.6 本条为强制性条文，规定调蓄构筑物施工完成后必须按本规范第9章规定进行满水试验。

8.2 水 塔

8.2.1 内倒锥外正锥组合壳俗称"M"形壳，"M"形和球形等组合壳体基础施工首先控制好土模成型，其次是控制好壳体混凝土厚度；特制的靠尺是指事先放样制成的板靠尺，用来检查控制混凝土厚度。

8.3 水 柜

8.3.1 水柜在地面进行满水试验时，水柜尚无底板，故需对地下室底板及内墙采取防渗漏措施。竣工后可不必再进行满水试验。

8.3.3 水柜吊装应制定施工方案和安全技术方案，以保证施工安全。

8.3.5 本条第3款筋网绑扎可采用22号钢丝或退火钢丝绑扎。

9 功能性试验

9.2 满水试验

9.2.1 本条第5款规定满水试验时，如对池体有沉降观测要求时应设置观测点。

9.2.3 本条第5款规定了渗水量测定符合标准要求时必须测量两次以上，以验证准确性；观测的渗水量超过允许标准要求时，应继续观测；如其后的渗水量逐渐减少，应继续延长观测时间至渗水量符合标准时止。

9.2.4 蒸发量的检测具体要求：①现场测定蒸发量的设备，可采用直径为500mm，高300mm的敞口钢板水箱，并设有测定水位的测针。水箱应经检验，不得渗漏；②水箱应固定在水池中，水箱中充水深度可在200mm左右；③测定水池中水位的同时，测定水箱中的水位；④现场测定蒸发量时，其设备型号、形式、材质等都将对蒸发量产生不同程度的影响，因此，当采用其他方法测定蒸发量时，须经严格试验后确定。

9.2.5 采用式（9.2.5）计算水池渗水量，连续观测时，前次的 E_2、e_2 即为下次的 E_1 及 e_1；按式（9.2.5）计算的结果，渗水量如超过本规范第 9.2.6 条第 2 款的规定标准，应检查出原因所在，处理后重新进行测定。雨天时，不应进行满水试验渗水量的测定。

9.3 气密性试验

9.3.1 本条第 1 款规定试验水池满水试验和气密性试验的顺序，污水处理构筑物中消化池应进行满水试验和气密性试验。

附录 A 给排水构筑物单位工程、分部工程、分项工程划分

给排水构筑物工程检验与验收项目应依照工程合同划分为工程项目、单位工程、单体工程；单位工程可划分为：验收批、分项工程、分部工程。且应按不同单体构筑物分别设置分项工程，单体构筑物分项工程视需要可设验收批；其他分项工程可按变形缝位置、施工作业面、标高等分为若干个验收部位。

本表供工程施工使用，具体验收批、子分部、子单位工程设置应根据工程的具体情况，由施工单位会同建设、设计和监理等单位商定。

附录 B 分项、分部、单位工程质量验收记录

验收批、子分部工程、子单位工程可分别使用分项工程、分部工程和单位工程的质量验收记录表。

附录 F 钢筋混凝土结构外观质量缺陷评定方法

给排水构筑物工程质量验收中观感质量评定，需对钢筋混凝土结构外观质量缺陷较科学地进行评定，表 F.0.1 参考了《混凝土结构工程施工质量验收规范》GB 50204—2002 第 8.1.1 条的相关规定。

附录 G 混凝土构筑物渗漏水程度评定方法

本附录根据工程实践，并参考了相关规范对给排水构筑物渗漏水程度评定的术语和定义进行了规定，以供使用时参考。

中华人民共和国国家标准

电力工程电缆设计规范

Code for design of cables of electric engineering

GB 50217—2007

主编部门：中国电力企业联合会
批准部门：中华人民共和国建设部
施行日期：2 0 0 8 年 4 月 1 日

中华人民共和国建设部
公　告

第 732 号

建设部关于发布国家标准《电力工程电缆设计规范》的公告

现批准《电力工程电缆设计规范》为国家标准，编号为GB 50217—2007，自 2008 年 4 月 1 日起实施。其中，第 5.1.9、5.3.5条为强制性条文，必须严格执行。原《电力工程电缆设计规范》GB 50217—94 同时废止。

本规范由建设部标准定额研究所组织中国计划出版社出版发行。

中华人民共和国建设部

二〇〇七年十月二十三日

前　言

本规范是根据建设部《关于印发“二〇〇一～二〇〇二年度工程建设国家标准制定、修订计划”的通知》（建标〔2002〕85 号）的要求，由中国电力工程顾问集团西南电力设计院会同有关单位对《电力工程电缆设计规范》GB 50217—1994 修订而成的。

本规范修订的主要技术内容包括：

1. 增加了中、高压电缆芯数选择要求；

2. 增加了电缆绝缘类型选择要求，取消了粘性浸渍纸绝缘电缆的相关内容；

3. 增加了主芯截面 $400mm^2<S\leqslant800mm^2$ 和 $S>800mm^2$ 的保护地线允许最小截面选择要求；

4. 增加了大电流负荷的供电回路由多根电缆并联时对电缆截面、材质等要求；

5. 增加了电缆终端一般性选择要求；

6. 增加了直接对电缆实施金属层开断并作绝缘处理内容；

7. 增加了交流系统三芯电缆的金属层接地要求；

8. 增加了城市电缆系统的电缆与管道相互间允许距离相关规定；

9. 增加了架空桥架检修通道设置要求；

10. 增加了电缆隧道安全孔设置间距要求；

11. 增加了附录 B 和附录 F。

本规范以黑体字标志的条文为强制性条文，必须严格执行。

本规范由建设部负责管理和对强制性条文的解释，由中国电力企业联合会标准化中心负责具体管理，由中国电力工程顾问集团西南电力设计院负责具体技术内容的解释。本规范在执行过程中，请各单位结合工程实践，认真总结经验，注意积累资料，随时将意见和建议反馈给中国电力工程顾问集团西南电力设计院（地址：四川省成都市东风路 18 号，邮编：610021），以便今后修改时参考。

本规范主编单位、参编单位和主要起草人：

主 编 单 位：中国电力工程顾问集团西南电力设计院

参 编 单 位：中国电力工程顾问集团东北电力设计院

喜利得（中国）有限公司

主要起草人：李国荣　熊　涛　张天泽　齐　春　陶　勤　万里宁　王　鑫　王聪慧

目　次

1 总　　则

1.0.1 为使电力工程电缆设计做到技术先进、经济合理、安全适用、便于施工和维护，制定本规范。

1.0.2 本规范适用于新建、扩建的电力工程中500kV及以下电力电缆和控制电缆的选择与敷设设计。

1.0.3 电力工程的电缆设计，除应符合本规范的规定外，尚应符合国家现行有关标准的规定。

2 术　　语

2.0.1 耐火性　fire resistance

在规定试验条件下，试样在火焰中被燃烧而在一定时间内仍能保持正常运行的性能。

2.0.2 耐火电缆　fire resistant cable

具有耐火性的电缆。

2.0.3 阻燃性　flame retardancy

在规定试验条件下，试样被燃烧，在撤去试验火源后，火焰的蔓延仅在限定范围内，且残焰或残灼在限定时间内能自行熄灭的特性。

2.0.4 阻燃电缆　flame retardant cable

具有阻燃性的电缆。

2.0.5 干式交联　dry-type cross-linked

使交联聚乙烯绝缘材料的制造能显著减少水分含量的交联工艺。

2.0.6 水树　water tree

交联聚乙烯电缆运行中绝缘层发生树枝状微细裂纹现象的略称。

2.0.7 金属塑料复合阻水层　metallic-plastic composite water barrier

由铝或铅箔等薄金属层夹于塑料层中特制的复合带沿电缆纵向包围构成的阻水层。

2.0.8 热阻　thermal resistance

计算电缆载流量采取热网分析法，以一维散热过程的热欧姆法则所定义的物理量。

2.0.9 回流线　auxiliary ground wire

配置平行于高压单芯电缆线路、以两端接地使感应电流形成回路的导线。

2.0.10 直埋敷设　direct burying

电缆敷设入地下壕沟中沿沟底铺有垫层和电缆上铺有覆盖层，且加设保护板再埋齐地坪的敷设方式。

2.0.11 浅槽　channel

容纳电缆数量较少未含支架的有盖槽式构筑物。

2.0.12 工作井　manhole

专用于安置电缆接头等附件或供牵拉电缆作业所需的有盖坑式电缆构筑物。

2.0.13 电缆构筑物　cable buildings

专供敷设电缆或安置附件的电缆沟、浅槽、排管、隧道、夹层、竖（斜）井和工作井等构筑物。

2.0.14 挠性固定　slip fixing

使电缆随热胀冷缩可沿固定处轴向角度变化或稍有横移的固定方式。

2.0.15 刚性固定　rigid fixing

使电缆不随热胀冷缩发生位移的夹紧固定方式。

2.0.16 电缆的蛇形敷设　snaking of cable

按定量参数要求减小电缆轴向热应力或有助自由伸缩量增大而使电缆呈蛇形状的敷设方式。

3 电缆型式与截面选择

3.1 电缆导体材质

3.1.1 控制电缆应选用铜导体。

3.1.2 用于下列情况的电力电缆，应选用铜导体：

1 电机励磁、重要电源、移动式电气设备等需保持连接具有高可靠性的回路。

2 振动剧烈、有爆炸危险或对铝有腐蚀等严酷的工作环境。

3 耐火电缆。

4 紧靠高温设备布置。

5 安全性要求高的公共设施。

6 工作电流较大，需增多电缆根数时。

3.1.3 除限于产品仅有铜导体和第3.1.1、3.1.2条确定应选用铜导体的情况外，电缆导体材质可选用铜或铝导体。

3.2 电力电缆芯数

3.2.1 1kV及以下电源中性点直接接地时，三相回路的电缆芯数的选择，应符合下列规定：

1 保护线与受电设备的外露可导电部位连接接地时，应符合下列规定：

1）保护线与中性线合用同一导体时，应选用四芯电缆。

2）保护线与中性线各自独立时，宜选用五芯电缆；当满足本规范第5.1.16条的规定时，也可采用四芯电缆与另外的保护线导体组成。

2 受电设备外露可导电部位的接地与电源系统接地各自独立时，应选用四芯电缆。

3.2.2 1kV及以下电源中性点直接接地时，单相回路的电缆芯数的选择，应符合下列规定：

1 保护线与受电设备的外露可导电部位连接接地时，应符合下列规定：

1）保护线与中性线合用同一导体时，应选用两芯电缆。

2）保护线与中性线各自独立时，宜选用三芯电缆；当满足本规范第 5.1.16 条的规定时，也可采用两芯电缆与另外的保护线导体组成。

2 受电设备外露可导电部位的接地与电源系统接地各自独立时，应选用两芯电缆。

3.2.3 3～35kV 三相供电回路的电缆芯数的选择，应符合下列规定：

1 工作电流较大的回路或电缆敷设于水下时，每回可选用3 根单芯电缆。

2 除上述情况外，应选用三芯电缆；三芯电缆可选用普通统包型，也可选用 3 根单芯电缆绞合构造型。

3.2.4 110kV 三相供电回路，除敷设于湖、海水下等场所且电缆截面不大时可选用三芯型外，每回可选用 3 根单芯电缆。

110kV 以上三相供电回路，每回应选用 3 根单芯电缆。

3.2.5 电气化铁路等高压交流单相供电回路，应选用两芯电缆或每回选用 2 根单芯电缆。

3.2.6 直流供电回路的电缆芯数的选择，应符合下列规定：

1 低压直流供电回路，宜选用两芯电缆；也可选用单芯电缆。

2 高压直流输电系统，宜选用单芯电缆；在湖、海等水下敷设时，也可选用同轴型两芯电缆。

3.3 电缆绝缘水平

3.3.1 交流系统中电力电缆导体的相间额定电压，不得低于使用回路的工作线电压。

3.3.2 交流系统中电力电缆导体与绝缘屏蔽或金属层之间额定电压的选择，应符合下列规定：

1 中性点直接接地或经低电阻接地的系统，接地保护动作不超过 1min 切除故障时，不应低于 100%的使用回路工作相电压。

2 除上述供电系统外，其他系统不宜低于 133%的使用回路工作相电压；在单相接地故障可能持续 8h 以上，或发电机回路等安全性要求较高时，宜采用 173%的使用回路工作相电压。

3.3.3 交流系统中电缆的耐压水平，应满足系统绝缘配合的要求。

3.3.4 直流输电电缆绝缘水平，应具有能承受极性反向、直流与冲击叠加等的耐压考核；使用的交联聚乙烯电缆应具有抑制空间电荷积聚及其形成局部高场强等适应直流电场运行的特性。

3.3.5 控制电缆的额定电压的选择，不应低于该回路工作电压，并应符合下列规定：

1 沿高压电缆并行敷设的控制电缆（导引电缆），应选用相适合的额定电压。

2 220kV 及以上高压配电装置敷设的控制电缆，应选用 450/750V。

3 除上述情况外，控制电缆宜选用 450/750V；外部电气干扰影响很小时，可选用较低的额定电压。

3.4 电缆绝缘类型

3.4.1 电缆绝缘类型的选择，应符合下列规定：

1 在使用电压、工作电流及其特征和环境条件下，电缆绝缘特性不应小于常规预期使用寿命。

2 应根据运行可靠性、施工和维护的简便性以及允许最高工作温度与造价的综合经济性等因素选择。

3 应符合防火场所的要求，并应利于安全。

4 明确需要与环境保护协调时，应选用符合环保的电缆绝缘类型。

3.4.2 常用电缆的绝缘类型的选择，应符合下列规定：

1 中、低压电缆绝缘类型选择除应符合本规范第 3.4.3～3.4.7条的规定外，低压电缆宜选用聚氯乙烯或交联聚乙烯型挤塑绝缘类型，中压电缆宜选用交联聚乙烯绝缘类型。

明确需要与环境保护协调时，不得选用聚氯乙烯绝缘电缆。

2 高压交流系统中电缆线路，宜选用交联聚乙烯绝缘类型。在有较多的运行经验地区，可选用自容式充油电缆。

3 高压直流输电电缆，可选用不滴流浸渍纸绝缘、自容式充油类型。在需要提高输电能力时，宜选用以半合成纸材料构造的型式。

直流输电系统不宜选用普通交联聚乙烯型电缆。

3.4.3 移动式电气设备等经常弯移或有较高柔软性要求的回路，应选用橡皮绝缘等电缆。

3.4.4 放射线作用场所，应按绝缘类型的要求，选用交联聚乙烯或乙丙橡皮绝缘等耐射线辐照强度的电缆。

3.4.5 60℃以上高温场所，应按经受高温及其持续时间和绝缘类型要求，选用耐热聚氯乙烯、交联聚乙烯或乙丙橡皮绝缘等耐热型电缆；100℃以上高温环境，宜选用矿物绝缘电缆。

高温场所不宜选用普通聚氯乙烯绝缘电缆。

3.4.6 －15℃以下低温环境，应按低温条件和绝缘类型要求，选用交联聚乙烯、聚乙烯绝缘、耐寒橡皮绝缘电缆。

低温环境不宜选用聚氯乙烯绝缘电缆。

3.4.7 在人员密集的公共设施，以及有低毒阻燃性防火要求的场所，可选用交联聚乙烯或乙丙橡皮等不含卤素的绝缘电缆。

防火有低毒性要求时，不宜选用聚氯乙烯电缆。

3.4.8 除本规范第 3.4.5～3.4.7 条明确要求的情况外，6kV 以下回路，可选用聚氯乙烯绝缘电缆。

3.4.9 对6kV重要回路或6kV以上的交联聚乙烯电缆，应选用内、外半导电与绝缘层三层共挤工艺特征的型式。

3.5 电缆护层类型

3.5.1 电缆护层的选择，应符合下列要求：

1 交流系统单芯电力电缆，当需要增强电缆抗外力时，应选用非磁性金属铠装层，不得选用未经非磁性有效处理的钢制铠装。

2 在潮湿、含化学腐蚀环境或易受水浸泡的电缆，其金属层、加强层、铠装上应有聚乙烯外护层，水中电缆的粗钢丝铠装应有挤塑外护层。

3 在人员密集的公共设施，以及有低毒阻燃性防火要求的场所，可选用聚乙烯或乙丙橡皮等不含卤素的外护层。

防火有低毒性要求时，不宜选用聚氯乙烯外护层。

4 除−15℃以下低温环境或药用化学液体浸泡场所，以及有低毒难燃性要求的电缆挤塑外护层宜选用聚乙烯外，其他可选用聚氯乙烯外护层。

5 用在有水或化学液体浸泡场所的6～35kV重要回路或35kV以上的交联聚乙烯电缆，应具有符合使用要求的金属塑料复合阻水层、金属套等径向防水构造。

敷设于水下的中、高压交联聚乙烯电缆应具有纵向阻水构造。

3.5.2 自容式充油电缆的加强层类型，当线路未设置塞止式接头时最高与最低点之间高差，应符合下列规定：

1 仅有铜带等径向加强层时，容许高差应为40m；但用于重要回路时宜为30m。

2 径向和纵向均有铜带等加强层时，容许高差应为80m；但用于重要回路时宜为60m。

3.5.3 直埋敷设时电缆护层的选择，应符合下列规定：

1 电缆承受较大压力或有机械损伤危险时，应具有加强层或钢带铠装。

2 在流砂层、回填土地带等可能出现位移的土壤中，电缆应具有钢丝铠装。

3 白蚁严重危害地区用的挤塑电缆，应选用较高硬度的外护层，也可在普通外护层上挤包较高硬度的薄外护层，其材质可采用尼龙或特种聚烯烃共聚物等，也可采用金属套或钢带铠装。

4 地下水位较高的地区，应选用聚乙烯外护层。

5 除上述情况外，可选用不含铠装的外护层。

3.5.4 空气中固定敷设时电缆护层的选择，应符合下列规定：

1 小截面挤塑绝缘电缆直接在臂式支架上敷设时，宜具有钢带铠装。

2 在地下客运、商业设施等安全性要求高且鼠害严重的场所，塑料绝缘电缆应具有金属包带或钢带铠装。

3 电缆位于高落差的受力条件时，多芯电缆应具有钢丝铠装，交流单芯电缆应符合本规范第3.5.1条第1款的规定。

4 敷设在桥架等支承较密集的电缆，可不含铠装。

5 明确需要与环境保护相协调时，不得采用聚氯乙烯外护层。

6 除应按本规范第3.5.1条第3、4款和本条第5款的规定，以及60℃以上高温场所应选用聚乙烯等耐热外护层的电缆外，其他宜选用聚氯乙烯外护层。

3.5.5 移动式电气设备等经常弯移或有较高柔软性要求回路的电缆，应选用橡皮外护层。

3.5.6 放射线作用场所的电缆，应具有适合耐受放射线辐照强度的聚氯乙烯、氯丁橡皮、氯磺化聚乙烯等外护层。

3.5.7 保护管中敷设的电缆，应具有挤塑外护层。

3.5.8 水下敷设时电缆护层的选择，应符合下列规定：

1 在沟渠、不通航小河等不需铠装层承受拉力的电缆，可选用钢带铠装。

2 江河、湖海中电缆，选用的钢丝铠装型式应满足受力条件。当敷设条件有机械损伤等防范要求时，可选用符合防护、耐蚀性增强要求的外护层。

3.5.9 路径通过不同敷设条件时电缆护层的选择，应符合下列规定：

1 线路总长未超过电缆制造长度时，宜选用满足全线条件的同一种或差别尽量小的一种以上型式。

2 线路总长超过电缆制造长度时，可按相应区段分别选用适合的不同型式。

3.6 控制电缆及其金属屏蔽

3.6.1 双重化保护的电流、电压，以及直流电源和跳闸控制回路等需增强可靠性的两套系统，应采用各自独立的控制电缆。

3.6.2 下列情况的回路，相互间不应合用同一根控制电缆：

1 弱电信号、控制回路与强电信号、控制回路。

2 低电平信号与高电平信号回路。

3 交流断路器分相操作的各相弱电控制回路。

3.6.3 弱电回路的每一对往返导线，应属于同一根控制电缆。

3.6.4 电流互感器、电压互感器每组二次绕组的相线和中性线应配置于同一根电缆内。

3.6.5 强电回路控制电缆，除位于高压配电装置或与高压电缆紧邻并行较长，需抑制干扰的情况外，其他可不含金属屏蔽。

3.6.6 弱电信号、控制回路的控制电缆，当位于存在干扰影响的环境又不具备有效抗干扰措施时，应具有金属屏蔽。

3.6.7 控制电缆金属屏蔽类型的选择，应按可能的电气干扰影响，计入综合抑制干扰措施，并应满足降低干扰或过电压的要求，同时应符合下列规定：

1 位于 110kV 以上配电装置的弱电控制电缆，宜选用总屏蔽或双层式总屏蔽。

2 用于集成电路、微机保护的电流、电压和信号接点的控制电缆，应选用屏蔽型。

3 计算机监控系统信号回路控制电缆的屏蔽选择，应符合下列规定：

1）开关量信号，可选用总屏蔽。

2）高电平模拟信号，宜选用对绞线芯总屏蔽，必要时也可选用对绞线芯分屏蔽。

3）低电平模拟信号或脉冲量信号，宜选用对绞线芯分屏蔽，必要时也可选用对绞线芯分屏蔽复合总屏蔽。

4 其他情况，应按电磁感应、静电感应和地电位升高等影响因素，选用适宜的屏蔽型式。

5 电缆具有钢铠、金属套时，应充分利用其屏蔽功能。

3.6.8 需降低电气干扰的控制电缆，可增加一个接地的备用芯，并应在控制室侧一点接地。

3.6.9 控制电缆金属屏蔽的接地方式，应符合下列规定：

1 计算机监控系统的模拟信号回路控制电缆屏蔽层，不得构成两点或多点接地，应集中式一点接地。

2 集成电路、微机保护的电流、电压和信号的控制电缆屏蔽层，应在开关安置场所与控制室同时接地。

3 除上述情况外的控制电缆屏蔽层，当电磁感应的干扰较大时，宜采用两点接地；静电感应的干扰较大时，可采用一点接地。

双重屏蔽或复合式总屏蔽，宜对内、外屏蔽分别采用一点、两点接地。

4 两点接地的选择，还宜在暂态电流作用下屏蔽层不被烧熔。

3.6.10 强电控制回路导体截面不应小于 $1.5mm^2$，弱电控制回路不应小于 $0.5mm^2$。

3.7 电力电缆导体截面

3.7.1 电力电缆导体截面的选择，应符合下列规定：

1 最大工作电流作用下的电缆导体温度，不得超过电缆使用寿命的允许值。持续工作回路的电缆导体工作温度，应符合本规范附录 A 的规定。

2 最大短路电流和短路时间作用下的电缆导体温度，应符合本规范附录 A 的规定。

3 最大工作电流作用下连接回路的电压降，不得超过该回路允许值。

4 10kV 及以下电力电缆截面除应符合上述 1～3 款的要求外，尚宜按电缆的初始投资与使用寿命期间的运行费用综合经济的原则选择。10kV 及以下电力电缆经济电流截面选用方法宜符合本规范附录 B 的规定。

5 多芯电力电缆导体最小截面，铜导体不宜小于 $2.5mm^2$，铝导体不宜小于 $4mm^2$。

6 敷设于水下的电缆，当需导体承受拉力且较合理时，可按抗拉要求选择截面。

3.7.2 10kV 及以下常用电缆按 100%持续工作电流确定电缆导体允许最小截面，宜符合本规范附录 C 和附录 D 的规定，其载流量按照下列使用条件差异影响计入校正系数后的实际允许值应大于回路的工作电流。

1 环境温度差异。

2 直埋敷设时土壤热阻系数差异。

3 电缆多根并列的影响。

4 户外架空敷设无遮阳时的日照影响。

3.7.3 除本规范第 3.7.2 条规定的情况外，电缆按 100%持续工作电流确定电缆导体允许最小截面时，应经计算或测试验证，计算内容和参数选择应符合下列规定：

1 含有高次谐波负荷的供电回路电缆或中频负荷回路使用的非同轴电缆，应计入集肤效应和邻近效应增大等附加发热的影响。

2 交叉互联接地的单芯高压电缆，单元系统中三个区段不等长时，应计入金属层的附加损耗发热的影响。

3 敷设于保护管中的电缆，应计入热阻影响；排管中不同孔位的电缆还应分别计入互热因素的影响。

4 敷设于封闭、半封闭或透气式耐火槽盒中的电缆，应计入包含该型材质及其盒体厚度、尺寸等因素对热阻增大的影响。

5 施加在电缆上的防火涂料、包带等覆盖层厚度大于1.5mm时，应计入其热阻影响。

6 沟内电缆埋砂且无经常性水分补充时，应按砂质情况选取大于 2.0K·m/W 的热阻系数计入电缆热阻增大的影响。

3.7.4 电缆导体工作温度大于 70℃的电缆，计算持续允许载流量时，应符合下列规定：

1 数量较多的该类电缆敷设于未装机械通风的隧道、竖井时，应计入对环境温升的影响。

2 电缆直埋敷设在干燥或潮湿土壤中，除实施换土处理能避免水分迁移的情况外，土壤热阻系数取值不宜小于 2.0K·m/W。

3.7.5 电缆持续允许载流量的环境温度，应按使用地区的气象温度多年平均值确定，并应符合表 3.7.5 的规定。

表 3.7.5 电缆持续允许载流量的环境温度（℃）

电缆敷设场所	有无机械通风	选取的环境温度
土中直埋	—	埋深处的最热月平均地温
水下	—	最热月的日最高水温平均值
户外空气中、电缆沟	—	最热月的日最高温度平均值
有热源设备的厂房	有	通风设计温度
	无	最热月的日最高温度平均值另加 5℃
一般性厂房、室内	有	通风设计温度
	无	最热月的日最高温度平均值
户内电缆沟	无	最热月的日最高温度平均值另加 5℃ *
隧道		
隧道	有	通风设计温度

注：当 * 属于本规范第 3.7.4 条 1 款的情况时，不能直接采取仅加 5℃。

3.7.6 通过不同散热区段的电缆导体截面的选择，应符合下列规定：

1 回路总长未超过电缆制造长度时，应符合下列规定：

1）重要回路，全长宜按其中散热较差区段条件选择同一截面。

2）非重要回路，可对大于 10m 区段散热条件按段选择截面，但每回路不宜多于 3 种规格。

3）水下电缆敷设有机械强度要求需增大截面时，回路全长可选同一截面。

2 回路总长超过电缆制造长度时，宜按区段选择电缆导体截面。

3.7.7 对非熔断器保护回路，应按满足短路热稳定条件确定电缆导体允许最小截面，并应按照本规范附录 E 的规定计算。

3.7.8 选择短路计算条件，应符合下列规定：

1 计算用系统接线，应采用正常运行方式，且宜按工程建成后 5～10 年发展规划。

2 短路点应选取在通过电缆回路最大短路电流可能发生处。

3 宜按三相短路计算。

4 短路电流的作用时间，应取保护动作时间与断路器开断时间之和。对电动机等直馈线，保护动作时间应取主保护时间；其他情况，宜取后备保护时间。

3.7.9 1kV 以下电源中性点直接接地时，三相四线制系统的电缆中性线截面，不得小于按线路最大不平衡电流持续工作所需最小截面；有谐波电流影响的回路，尚宜符合下列规定：

1 气体放电灯为主要负荷的回路，中性线截面不宜小于相芯线截面。

2 除上述情况外，中性线截面不宜小于 50% 的相芯线截面。

3.7.10 1kV 以下电源中性点直接接地时，配置保护接地线、中性线或保护接地中性线系统的电缆导体截面的选择，应符合下列规定：

1 中性线、保护接地中性线的截面，应符合本规范第 3.7.9 条的规定；配电干线采用单芯电缆作保护接地中性线时，截面应符合下列规定：

1）铜导体，不小于 $10mm^2$；

2）铝导体，不小于 $16mm^2$。

2 保护地线的截面，应满足回路保护电器可靠动作的要求，并应符合表 3.7.10 的规定。

表 3.7.10 按热稳定要求的保护地线允许最小截面（mm^2）

电缆相芯线截面	保护地线允许最小截面
$S \leqslant 16$	S
$16 < S \leqslant 35$	16
$35 < S \leqslant 400$	$S/2$
$400 < S \leqslant 800$	200
$S > 800$	$S/4$

注：S 为电缆相芯线截面。

3 采用多芯电缆的干线，其中性线和保护地线合一的导体，截面不应小于 $4mm^2$。

3.7.11 交流供电回路由多根电缆并联组成时，各电缆宜等长，并应采用相同材质、相同截面的导体；具有金属套的电缆，金属材质和构造截面也应相同。

3.7.12 电力电缆金属屏蔽层的有效截面，应满足在可能的短路电流作用下温升值不超过绝缘与外护层的短路允许最高温度平均值。

4 电缆附件的选择与配置

4.1 一 般 规 定

4.1.1 电缆终端的装置类型的选择，应符合下列规定：

1 电缆与六氟化硫全封闭电器直接相连时，应采用封闭式 GIS 终端。

2 电缆与高压变压器直接相连时，应采用象鼻式终端。

3 电缆与电器相连且具有整体式插接功能时，应采用可分离式（插接式）终端。

4 除上述情况外，电缆与其他电器或导体相连时，应采用敞开式终端。

4.1.2 电缆终端构造类型的选择，应按满足工程所需可靠性、安装与维护简便和经济合理等因素综合确定，并应符合下列规定：

1 与充油电缆相连的终端，应耐受可能的最高工作油压。

2 与六氟化硫全封闭电器相连的 GIS 终端，其接口应相互配合；GIS 终端应具有与 SF_6 气体完全隔离的密封结构。

3 在易燃、易爆等不允许有火种场所的电缆终端，应选用无明火作业的构造类型。

4 220kV 及以上 XLPE 电缆选用的终端型式，应通过该型终端与电缆连成整体的标准性资格试验考核。

5 在多雨且污秽或盐雾较重地区的电缆终端，宜具有硅橡胶或复合式套管。

6 66～110kV XLPE 电缆户外终端宜选用全干式预制型。

4.1.3 电缆终端绝缘特性的选择，应符合下列规定：

1 终端的额定电压及其绝缘水平，不得低于所连接电缆额定电压及其要求的绝缘水平。

2 终端的外绝缘，必须符合安置处海拔高程、污秽环境条件所需爬电比距的要求。

4.1.4 电缆终端的机械强度，应满足安置处引线拉力、风力和地震力作用的要求。

4.1.5 电缆接头的装置类型的选择，应符合下列规定：

1 自容式充油电缆线路高差超过本规范第 3.5.2 条的规定，且需分隔油路时，应采用塞止接头。

2 电缆线路距离超过电缆制造长度，且除本条第 3 款情况外，应采用直通接头。

3 单芯电缆线路较长以交叉互联接地的隔断金属层连接部位，除可在金属层上实施有效隔断及其绝缘处理的方式外，其他应采用绝缘接头。

4 电缆线路分支接出的部位，除带分支主干电缆或在电缆网络中应设置有分支箱、环网柜等情况外，其他应采用 T 型接头。

5 三芯与单芯电缆直接相连的部位，应采用转换接头。

6 挤塑绝缘电缆与自容式充油电缆相连的部位，应采用过渡接头。

4.1.6 电缆接头构造类型的选择，应按满足工程所需可靠性、安装与维护简便和经济合理等因素综合确定，并应符合下列规定：

1 海底等水下电缆的接头，应维持钢铠层纵向连续且有足够的机械强度，宜选用软性连接。

2 在可能有水浸泡的设置场所，6kV 及以上 XLPE 电缆接头应具有外包防水层。

3 在不允许有火种场所的电缆接头，不得选用热缩型。

4 220kV 及以上 XLPE 电缆选用的接头，应由该型接头与电缆连成整体的标准性试验确认。

5 66～110kV XLPE 电缆线路可靠性要求较高时，不宜选用包带型接头。

4.1.7 电缆接头的绝缘特性应符合下列规定：

1 接头的额定电压及其绝缘水平，不得低于所连接电缆额定电压及其要求的绝缘水平。

2 绝缘接头的绝缘环两侧耐受电压，不得低于所连接电缆护层绝缘水平的 2 倍。

4.1.8 电缆终端、接头的布置，应满足安装维修所需的间距，并应符合电缆允许弯曲半径的伸缩节配置的要求，同时应符合下列规定：

1 终端支架构成方式，应利于电缆及其组件的安装；大于 1500A 的工作电流时，支架构造宜具有防止横向磁路闭合等附加发热措施。

2 邻近电气化交通线路等对电缆金属层有侵蚀影响的地段，接头设置方式宜便于监察维护。

4.1.9 电力电缆金属层必须直接接地。交流系统中三芯电缆的金属层，应在电缆线路两终端和接头等部位实施接地。

4.1.10 交流单芯电力电缆线路的金属层上任一点非直接接地处的正常感应电势计算，宜符合本规范附录 F 的规定。电缆线路的正常感应电势最大值应满足下列规定：

1 未采取能有效防止人员任意接触金属层的安全措施时，不得大于 50V。

2 除上述情况外，不得大于 300V。

4.1.11 交流系统单芯电力电缆金属层接地方式的选择，应符合下列规定：

1 线路不长，且能满足本规范第 4.1.10 条要求时，应采取在线路一端或中央部位单点直接接地（图 4.1.11-1）。

2 线路较长，单点直接接地方式无法满足本规范第 4.1.10 条的要求时，水下电缆、35kV 及以下电缆或输送容量较小的 35kV 以上电缆，可采取在线路两端直接接地（图 4.1.11-2）。

3 除上述情况外的长线路，宜划分适当的单元，且在每个单元内按 3 个长度尽可能均等区段，应设置绝缘接头或实施电缆金属层的绝缘分隔，以交叉互联接地（图 4.1.11-3）。

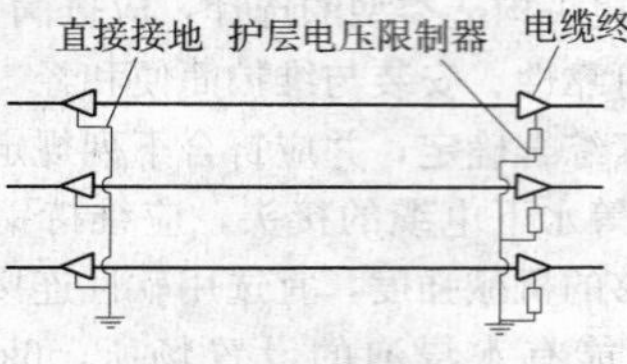

(a) 线路一端单点直接接地

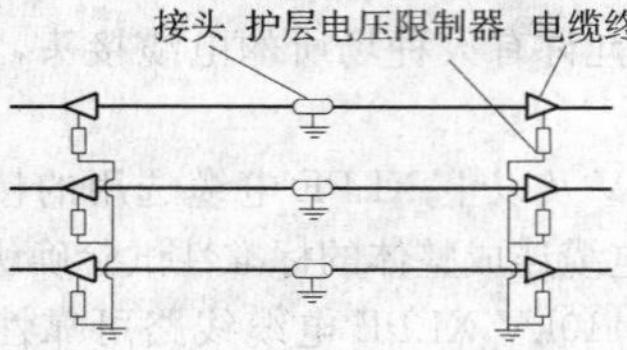

(b) 线路中央部位单点直接接地

图 4.1.11-1 线路一端或中央部位单点直接接地

注：设置护层电压限制器适合 35kV 以上电缆，35kV 电缆需要时可设置，35kV 以下电缆不需设置。

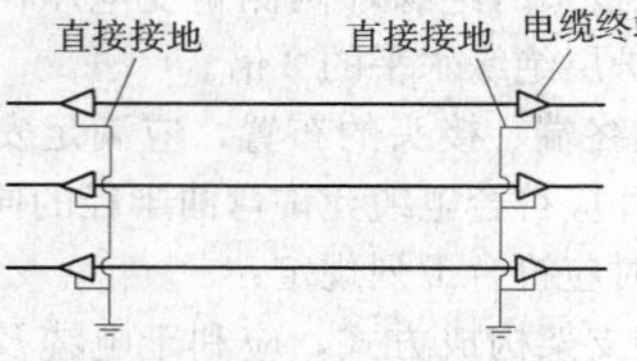

图 4.1.11-2 线路两端直接接地

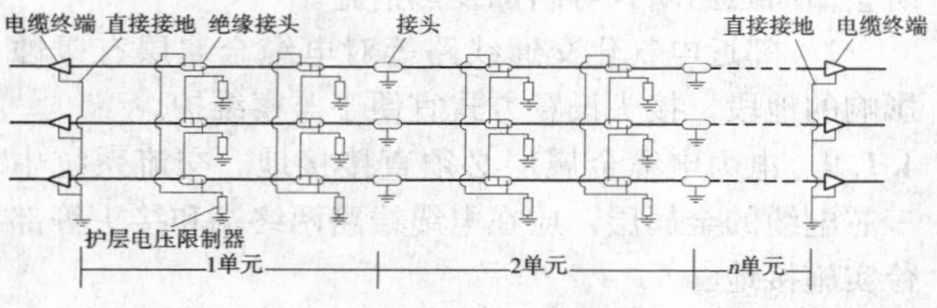

图 4.1.11-3 交叉互联接地

注：图中护层电压限制器配置示例按 Y_0 接线。

4.1.12 交流系统单芯电力电缆及其附件的外护层绝缘等部位，应设置过电压保护，并应符合下列规定：

1 35kV 以上单芯电力电缆的外护层、电缆直连式 GIS 终端的绝缘筒，以及绝缘接头的金属层绝缘分隔部位，当其耐压水平低于可能的暂态过电压时，应添加保护措施，且宜符合下列规定：

1) 单点直接接地的电缆线路，在其金属层电气通路的末端，应设置护层电压限制器。

2) 交叉互联接地的电缆线路，每个绝缘接头应设置护层电压限制器。线路终端非直接接地时，该终端部位应设置护层电压限制器。

3) GIS 终端的绝缘筒上，宜跨接护层电压限制器或电容器。

2 35kV 单芯电力电缆金属层单点直接接地，且有增强护器绝缘保护需要时，可在线路未接地的终端设置护层电压限制器。

4.1.13 护层电压限制器参数的选择，应符合下列规定：

1 可能最大冲击电流作用下护层电压限制器的残压，不得大于电缆护层的冲击耐压被 1.4 所除数值。

2 系统短路时产生的最大工频感应过电压作用下，在可能长的切除故障时间内，护层电压限制器应能耐受。切除故障时间应按 5s 以内计算。

3 可能最大冲击电流累积作用 20 次后，护层电压限制器不得损坏。

4.1.14 护层电压限制器的配置连接，应符合下列规定：

1 护层电压限制器配置方式，应按暂态过电压抑制效果、满足工频感应过电压下参数匹配、便于监察维护等因素综合确定，并应符合下列规定：

1) 交叉互联线路中绝缘接头处护层电压限制器的配置及其连接，可选取桥形非接地△、Y_0 或桥形接地等三相接线方式。

2) 交叉互联线路未接地的电缆终端、单点直接接地的电缆线路，宜采取 Y_0 接线方式配置护层电压限制器。

2 护层电压限制器连接回路，应符合下列规定：

1) 连接线应尽量短，其截面应满足系统最大暂态电流通过时的热稳定要求。

2) 连接回路的绝缘导线、隔离刀闸等装置的绝缘性能，不得低于电缆外护层绝缘水平。

3) 护层电压限制器接地箱的材质及其防护等级应满足其使用环境的要求。

4.1.15 交流系统 110kV 及以上单芯电缆金属层单点直接接地时，下列任一情况下，应沿电缆邻近设置平行回流线。

1 系统短路时电缆金属层产生的工频感应电压，超过电缆护层绝缘耐受强度或护层电压限制器的工频耐压。

2 需抑制电缆邻近弱电线路的电气干扰强度。

4.1.16 回流线的选择与设置，应符合下列规定：

1 回流线的阻抗及其两端接地电阻，应达到抑制电缆金属层工频感应过电压，并应使其截面满足最大暂态电流作用下的热稳定要求。

2 回流线的排列配置方式，应保证电缆运行时在回流线上产生的损耗最小。

3 电缆线路任一终端设置在发电厂、变电所时，回流线应与电源中性线接地的接地网连通。

4.1.17 重要回路且可能有过热部位的高压电缆线路，宜设置温度检测装置。

4.1.18 重要交流单芯高压电缆金属层单点直接接地或交叉互联接地时，该电缆线路宜设置护层绝缘监察装置。

4.2 自容式充油电缆的供油系统

4.2.1 自容式充油电缆必须接有供油装置。供油装置的选择，应保证电缆工作的油压变化符合下列规定：

1 冬季最低温度空载时，电缆线路最高部位油压不得小于容许最低工作油压。

2 夏季最高温度满载时，电缆线路最低部位油压不得大于容许最高工作油压。

3 夏季最高温度突增至额定满载时，电缆线路最低部位或供油装置区间长度一半部位的油压不宜大于容许最高暂态油压。

4 冬季最低温度从满载突然切除时，电缆线路最高部位或供油装置区间长度一半部位的油压不得小于容许最低工作油压。

4.2.2 自容式充油电缆的容许最低工作油压，必须满足维持电缆电气性能的要求；容许最高工作油压、暂态油压，应符合电缆耐受机械强度的能力，并应符合下列规定：

1 容许最低工作油压不得小于0.02MPa。

2 铅包、铜带径向加强层构成的电缆，容许最高工作油压不得大于0.4MPa；用于重要回路时不宜大于0.3MPa。

3 铅包、铜带径向与纵向加强层构成的电缆，容许最高工作油压不得大于0.8MPa；用于重要回路时不宜大于0.6MPa。

4 容许最高暂态油压，可按1.5倍容许最高工作油压计算。

4.2.3 供油装置的选择，应保证可能供油量大于电缆需要供油量，并应符合下列规定：

1 供油装置可采用压力油箱。压力油箱的可能供油量，宜按夏季高温满载、冬季低温空载等电缆可能有的工况下油压最大变化范围条件确定。

2 电缆需要的供油量，应计入负荷电流和环境温度变化所引起电缆线路本体及其附件的油量变化总和。

3 供油装置的供油量，宜有40%的裕度。

4 电缆线路一端供油且每相仅一台工作供油箱时，对重要回路应另设一台备用供油箱；当每相配有两台及以上工作供油箱时，可不设置备用供油箱。

4.2.4 供油箱的配置，应符合下列规定：

1 宜按相分别配置。

2 一端供油方式且电缆线路两端有较大高差时，宜配置在较高地位的一端。

3 线路较长且一端供油无法满足容许暂态油压要求时，可配置在电缆线路两端或油路分段的两端。

4.2.5 供油系统及其布置，应保证管路较短、部件数量紧凑，并应符合下列规定：

1 按相设置多台供油箱时，应并联连接。

2 供油管的管径不得小于电缆油道管径，宜选用含有塑料或橡皮绝缘护套的铜管。

3 供油管应经一段不低于电缆护层绝缘强度的耐油性绝缘管再与终端或塞止接头相连。

4 在可能发生不均匀沉降或位移的土质地方，供油箱与终端的基础应整体相连。

5 户外供油箱宜设置遮阳措施。环境温度低于供油箱工作容许最低温度时，应采取加热等改善措施。

4.2.6 供油系统应按相设置油压过低、过高越限报警功能的监察装置，并应保证油压事故信号可靠地传到运行值班处。

5 电缆敷设

5.1 一般规定

5.1.1 电缆的路径选择，应符合下列规定：

1 应避免电缆遭受机械性外力、过热、腐蚀等危害。

2 满足安全要求条件下，应保证电缆路径最短。

3 应便于敷设、维护。

4 宜避开将要挖掘施工的地方。

5 充油电缆线路通过起伏地形时，应保证供油装置合理配置。

5.1.2 电缆在任何敷设方式及其全部路径条件的上下左右改变部位，均应满足电缆允许弯曲半径要求。

电缆的允许弯曲半径，应符合电缆绝缘及其构造特性的要求。对自容式铅包充油电缆，其允许弯曲半径可按电缆外径的20倍计算。

5.1.3 同一通道内电缆数量较多时，若在同一侧的多层支架上敷设，应符合下列规定：

1 应按电压等级由高至低的电力电缆、强电至弱电的控制和信号电缆、通讯电缆“由上而下”的顺序排列。

当水平通道中含有35kV以上高压电缆，或为满足引入柜盘的电缆符合允许弯曲半径要求时，宜按“由下而上”的顺序排列。

在同一工程中或电缆通道延伸于不同工程的情况，均应按相同的上下排列顺序配置。

2 支架层数受通道空间限制时，35kV及以下的相邻电压级电力电缆，可排列于同一层支架上；1kV及以下电力电缆也可与强电控制和信号电缆配置在同一层支架上。

3 同一重要回路的工作与备用电缆实行耐火分隔时，应配置在不同层的支架上。

5.1.4 同一层支架上电缆排列的配置，宜符合下列规定：

1 控制和信号电缆可紧靠或多层叠置。

2 除交流系统用单芯电力电缆的同一回路可采取品字形（三叶形）配置外，对重要的同一回路多根电力电缆，不宜叠置。

3 除交流系统用单芯电缆情况外，电力电缆的相互间宜有1倍电缆外径的空隙。

5.1.5 交流系统用单芯电力电缆的相序配置及其相间距离，应同时满足电缆金属护层的正常感应电压不超过允许值，并宜保证按持续工作电流选择电缆截面小的原则确定。

未呈品字形配置的单芯电力电缆，有两回线及以上配置在同一通路时，应计入相互影响。

5.1.6 交流系统用单芯电力电缆与公用通讯线路相距较近时，宜维持技术经济上有利的电缆路径，必要时可采取下列抑制感应电势的措施：

1 使电缆支架形成电气通路，且计入其他并行电缆抑制因素的影响。

2 对电缆隧道的钢筋混凝土结构实行钢筋网焊接连通。

3 沿电缆线路适当附加并行的金属屏蔽线或罩盒等。

5.1.7 明敷的电缆不宜平行敷设在热力管道的上部。电缆与管道之间无隔板防护时的允许距离，除城市公共场所应按现行国家标准《城市工程管线综合规划规范》GB 50289执行外，尚应符合表5.1.7的规定。

表5.1.7 电缆与管道之间无隔板防护时的允许距离（mm）

电缆与管道之间走向		电力电缆	控制和信号电缆
热力管道	平行	1000	500
	交叉	500	250
其他管道	平行	150	100

5.1.8 抑制电气干扰强度的弱电回路控制和信号电缆，除应符合本规范第3.6.6～3.6.9条的规定外，当需要时可采取下列措施：

1 与电力电缆并行敷设时相互间距，在可能范围内宜远离；对电压高、电流大的电力电缆间距宜更远。

2 敷设于配电装置内的控制和信号电缆，与耦合电容器或电容式电压互感、避雷器或避雷针接地处的距离，宜在可能范围内远离。

3 沿控制和信号电缆可平行敷设屏蔽线，也可将电缆敷设于钢制管或盒中。

5.1.9 在隧道、沟、浅槽、竖井、夹层等封闭式电缆通道中，不得布置热力管道，严禁有易燃气体或易燃液体的管道穿越。

5.1.10 爆炸性气体危险场所敷设电缆，应符合下列规定：

1 在可能范围应保证电缆距爆炸释放源较远，敷设在爆炸危险较小的场所，并应符合下列规定：

1）易燃气体比空气重时，电缆应埋地或在较高处架空敷设，且对非铠装电缆采取穿管或置于托盘、槽盒中等机械性保护。

2）易燃气体比空气轻时，电缆应敷设在较低处的管、沟内，沟内非铠装电缆应埋砂。

2 电缆在空气中沿输送易燃气体的管道敷设时，应配置在危险程度较低的管道一侧，并应符合下列规定：

1）易燃气体比空气重时，电缆宜配置在管道上方。

2）易燃气体比空气轻时，电缆宜配置在管道下方。

3 电缆及其管、沟穿过不同区域之间的墙、板孔洞处，应采用非燃性材料严密堵塞。

4 电缆线路中不应有接头；如采用接头时，必须具有防爆性。

5.1.11 用于下列场所、部位的非铠装电缆，应采用具有机械强度的管或罩加以保护：

1 非电气人员经常活动场所的地坪以上2m内、地中引出的地坪以下0.3m深电缆区段。

2 可能有载重设备移经电缆上面的区段。

5.1.12 除架空绝缘型电缆外的非户外型电缆，户外使用时，宜采取罩、盖等遮阳措施。

5.1.13 电缆敷设在有周期性振动的场所，应采取下列措施：

1 在支持电缆部位设置由橡胶等弹性材料制成的衬垫。

2 使电缆敷设成波浪状且留有伸缩节。

5.1.14 在有行人通过的地坪、堤坝、桥面、地下商业设施的路面，以及通行的隧洞中，电缆不得敞露敷设于地坪或楼梯走道上。

5.1.15 在工厂的风道、建筑物的风道、煤矿里机械提升的除运输机通行的斜井通风巷道或木支架的竖井井筒中，严禁敷设敞露式电缆。

5.1.16 1kV以下电源直接接地且配置独立分开的中性线和保护地线构成的系统，采用独立于相芯线和中性线以外的电缆作保护地线时，同一回路的该两部分电缆敷设方式，应符合下列规定：

1 在爆炸性气体环境中，应敷设在同一路径的同一结构管、沟或盒中。

2 除上述情况外，宜敷设在同一路径的同一构筑物中。

5.1.17 电缆的计算长度，应包括实际路径长度与附加长度。附加长度，宜计入下列因素：

1 电缆敷设路径地形等高差变化、伸缩节或迂回备用裕量。

2 35kV及以上电缆蛇形敷设时的弯曲状影响增加量。

3　终端或接头制作所需剥截电缆的预留段、电缆引至设备或装置所需的长度。35kV及以下电缆敷设度量时的附加长度，应符合本规范附录G的规定。

5.1.18　电缆的订货长度，应符合下列规定：

1　长距离的电缆线路，宜采用计算长度作为订货长度。

对35kV以上单芯电缆，应按相计算；线路采取交叉互联等分段连接方式时，应按段开列。

2　对35kV及以下电缆用于非长距离时，宜计及整盘电缆中截取后不能利用其剩余段的因素，按计算长度计入5%～10%的裕量，作为同型号规格电缆的订货长度。

3　水下敷设电缆的每盘长度，不宜小于水下段的敷设长度。有困难时，可含有工厂制的软接头。

5.2　敷设方式选择

5.2.1　电缆敷设方式的选择，应视工程条件、环境特点和电缆类型、数量等因素，以及满足运行可靠、便于维护和技术经济合理的要求选择。

5.2.2　电缆直埋敷设方式的选择，应符合下列规定：

1　同一通路少于6根的35kV及以下电力电缆，在厂区通往远距离辅助设施或城郊等不易经常性开挖的地段，宜采用直埋；在城镇人行道下较易翻修情况或道路边缘，也可采用直埋。

2　厂区内地下管网较多的地段，可能有熔化金属、高温液体溢出的场所，待开发有较频繁开挖的地方，不宜采用直埋。

3　在化学腐蚀或杂散电流腐蚀的土壤范围内，不得采用直埋。

5.2.3　电缆穿管敷设方式的选择，应符合下列规定：

1　在有爆炸危险场所明敷的电缆，露出地坪上需加以保护的电缆，以及地下电缆与公路、铁道交叉时，应采用穿管。

2　地下电缆通过房屋、广场的区段，以及电缆敷设在规划中将作为道路的地段时，宜采用穿管。

3　在地下管网较密的工厂区、城市道路狭窄且交通繁忙或道路挖掘困难的通道等电缆数量较多时，可采用穿管。

5.2.4　下列场所宜采用浅槽敷设方式：

1　地下水位较高的地方。

2　通道中电力电缆数量较少，且在不经常有载重车通过的户外配电装置等场所。

5.2.5　电缆沟敷设方式的选择，应符合下列规定：

1　在化学腐蚀液体或高温熔化金属溢流的场所，或在载重车辆频繁经过的地段，不得采用电缆沟。

2　经常有工业水溢流、可燃粉尘弥漫的厂房内，不宜采用电缆沟。

3　在厂区、建筑物内地下电缆数量较多但不需要采用隧道，城镇人行道开挖不便且电缆需分期敷设，同时不属于上述情况时，宜采用电缆沟。

4　有防爆、防火要求的明敷电缆，应采用埋砂敷设的电缆沟。

5.2.6　电缆隧道敷设方式的选择，应符合下列规定：

1　同一通道的地下电缆数量多，电缆沟不足以容纳时应采用隧道。

2　同一通道的地下电缆数量较多，且位于有腐蚀性液体或经常有地面水溢流的场所，或含有35kV以上高压电缆以及穿越公路、铁道等地段，宜采用隧道。

3　受城镇地下通道条件限制或交通流量较大的道路下，与较多电缆沿同一路径有非高温的水、气和通讯电缆管线共同配置时，可在公用性隧道中敷设电缆。

5.2.7　垂直走向的电缆，宜沿墙、柱敷设；当数量较多，或含有35kV以上高压电缆时，应采用竖井。

5.2.8　电缆数量较多的控制室、继电保护室等处，宜在其下部设置电缆夹层。电缆数量较少时，也可采用有活动盖板的电缆层。

5.2.9　在地下水位较高的地方，化学腐蚀液体溢流的场所，厂房内应采用支持式架空敷设。建筑物或厂区不宜地下敷设时，可采用架空敷设。

5.2.10　明敷且不宜采用支持式架空敷设的地方，可采用悬挂式架空敷设。

5.2.11　通过河流、水库的电缆，无条件利用桥梁、堤坝敷设时，可采用水下敷设。

5.2.12　厂房内架空桥架敷设方式不宜设置检修通道，城市电缆线路架空桥架敷设方式可设置检修通道。

5.3　地下直埋敷设

5.3.1　直埋敷设电缆的路径选择，宜符合下列规定：

1　应避开含有酸、碱强腐蚀或杂散电流电化学腐蚀严重影响的地段。

2　无防护措施时，宜避开白蚁危害地带、热源影响和易遭外力损伤的区段。

5.3.2　直埋敷设电缆方式，应符合下列规定：

1　电缆应敷设于壕沟里，并应沿电缆全长的上、下紧邻侧铺以厚度不小于100mm的软土或砂层。

2　沿电缆全长应覆盖宽度不小于电缆两侧各50mm的保护板，保护板宜采用混凝土。

3　城镇电缆直埋敷设时，宜在保护板上层铺设醒目标志带。

4　位于城郊或空旷地带，沿电缆路径的直线间隔100m、转弯处和接头部位，应竖立明显的方位标志或标桩。

5　当采用电缆穿波纹管敷设于壕沟时，应沿波纹管顶全长浇注厚度不小于100mm的素混凝土，宽度不应小于管外侧50mm，电缆可不含铠装。

5.3.3　直埋敷设于非冻土地区时，电缆埋置深度应符合下列规定：

1　电缆外皮至地下构筑物基础，不得小于0.3m。

2　电缆外皮至地面深度，不得小于0.7m；当位于行车道或耕地下时，应适当加深，且不宜小于1.0m。

5.3.4　直埋敷设于冻土地区时，宜埋入冻土层以下；当无法深埋时可埋设在土壤排水性好的干燥冻土层或回填土中，也可采取其他防止电缆受到损伤的措施。

5.3.5　直埋敷设的电缆，严禁位于地下管道的正上方或正下方。

电缆与电缆、管道、道路、构筑物等之间的容许最小距离，应符合表5.3.5的规定。

表5.3.5　电缆与电缆、管道、道路、构筑物等之间的容许最小距离（m）

电缆直埋敷设时的配置情况		平行	交叉
控制电缆之间		—	0.5①
电力电缆之间或与控制电缆之间	10kV及以下电力电缆	0.1	0.5①
	10kV以上电力电缆	0.25②	0.5①
不同部门使用的电缆		0.5②	0.5①
电缆与地下管沟	热力管沟	2③	0.5①
	油管或易（可）燃气管道	1	0.5①
	其他管道	0.5	0.5①
电缆与铁路	非直流电气化铁路路轨	3	1.0
	直流电气化铁路路轨	10	1.0
电缆与建筑物基础		0.6③	—
电缆与公路边		1.0③	—
电缆与排水沟		1.0③	—
电缆与树木的主干		0.7	—
电缆与1kV以下架空线电杆		1.0③	—
电缆与1kV以上架空线杆塔基础		4.0③	—

注：①用隔板分隔或电缆穿管时不得小于0.25m；
②用隔板分隔或电缆穿管时不得小于0.1m；
③特殊情况时，减小值不得大于50%。

5.3.6　直埋敷设的电缆与铁路、公路或街道交叉时，应穿保护管，保护范围应超出路基、街道路面两边以及排水沟边0.5m以上。

5.3.7　直埋敷设的电缆引入构筑物，在贯穿墙孔处应设置保护管，管口应实施阻水堵塞。

5.3.8　直埋敷设电缆的接头配置，应符合下列规定：

1　接头与邻近电缆的净距，不得小于0.25m。

2　并列电缆的接头位置宜相互错开，且净距不宜小于0.5m。

3　斜坡地形处的接头安置，应呈水平状。

4　重要回路的电缆接头，宜在其两侧约1.0m开始的局部段，按留有备用量方式敷设电缆。

5.3.9　直埋敷设电缆采取特殊换土回填时，回填土的土质应对电缆外护层无腐蚀性。

5.4　保护管敷设

5.4.1　电缆保护管内壁应光滑无毛刺。其选择，应满足使用条件所需的机械强度和耐久性，且应符合下列规定：

1　需采用穿管抑制对控制电缆的电气干扰时，应采用钢管。

2　交流单芯电缆以单根穿管时，不得采用未分隔磁路的钢管。

5.4.2　部分和全部露出在空气中的电缆保护管的选择，应符合下列规定：

1　防火或机械性要求高的场所，宜采用钢质管，并应采取涂漆或镀锌包塑等适合环境耐久要求的防腐处理。

2　满足工程条件自熄性要求时，可采用阻燃型塑料管。部分埋入混凝土中等有耐冲击的使用场所，塑料管应具备相应承压能力，且宜采用可挠性的塑料管。

5.4.3　地中埋设的保护管，应满足埋深下的抗压和耐环境腐蚀性的要求。管枕配置跨距，宜按管路底部未均匀夯实时满足抗弯矩条件确定；在通过不均匀沉降的回填土地段或地震活动频发地区，管路纵向连接应采用可挠式管接头。

同一通道的电缆数量较多时，宜采用排管。

5.4.4　保护管管径与穿过电缆数量的选择，应符合下列规定：

1　每管宜只穿1根电缆。除发电厂、变电所等重要性场所外，对一台电动机所有回路或同一设备的低压电动机所有回路，可在每管合穿不多于3根电力电缆或多根控制电缆。

2　管的内径，不宜小于电缆外径或多根电缆包络外径的1.5倍。排管的管孔内径，不宜小于75mm。

5.4.5　单根保护管使用时，宜符合下列规定：

1　每根电缆保护管的弯头不宜超过3个，直角弯不宜超过2个。

2　地下埋管距地面深度不宜小于0.5m；与铁路交叉处距路基不宜小于1.0m；距排水沟底不宜小于0.3m。

3　并列管相互间宜留有不小于20mm的空隙。

5.4.6　使用排管时，应符合下列规定：

1　管孔数宜按发展预留适当备用。

2　导体工作温度相差大的电缆，宜分别配置于适当间距的不同排管组。

3　管路顶部土壤覆盖厚度不宜小于0.5m。

4　管路应置于经整平夯实土层且有足以保持连续平直的垫块上；纵向排水坡度不宜小于0.2%。

5　管路纵向连接处的弯曲度，应符合牵引电缆时不致损伤的要求。

6　管孔端口应采取防止损伤电缆的处理措施。

5.4.7　较长电缆管路中的下列部位，应设置工作井：

1　电缆牵引张力限制的间距处。电缆穿管敷设时容许最大管长的计算方法，宜符合本规范附录 H 的规定。

2 电缆分支、接头处。

3 管路方向较大改变或电缆从排管转入直埋处。

4 管路坡度较大且需防止电缆滑落的必要加强固定处。

5.5 电缆构筑物敷设

5.5.1 电缆构筑物的尺寸应按容纳的全部电缆确定，电缆的配置应无碍安全运行，满足敷设施工作业与维护巡视活动所需空间，并应符合下列规定：

1 隧道内通道净高不宜小于 1900mm；在较短的隧道中与其他管沟交叉的局部段，净高可降低，但不应小于 1400mm。

2 封闭式工作井的净高不宜小于 1900mm。

3 电缆夹层室的净高不得小于 2000mm，但不宜大于 3000mm。民用建筑的电缆夹层净高可稍降低，但在电缆配置上供人员活动的短距离空间不得小于 1400mm。

4 电缆沟、隧道或工作井内通道的净宽，不宜小于表 5.5.1 所列值。

表 5.5.1 电缆沟、隧道或工作井内通道的净宽（mm）

电缆支架配置方式	具有下列沟深的电缆沟			开挖式隧道或封闭式工作井	非开挖式隧道
	＜600	600～1000	＞1000		
两侧	300*	500	700	1000	800
单侧	300*	450	600	900	800

注：* 浅沟内可不设置支架，勿需有通道。

5.5.2 电缆支架、梯架或托盘的层间距离，应满足能方便地敷设电缆及其固定、安置接头的要求，且在多根电缆同置于一层情况下，可更换或增设任一根电缆及其接头。

在采用电缆截面或接头外径尚非很大的情况下，符合上述要求的电缆支架、梯架或托盘的层间距离的最小值，可取表 5.5.2 所列值。

表 5.5.2 电缆支架、梯架或托盘的层间距离的最小值（mm）

电缆电压级和类型、敷设特征		普通支架、吊架	桥架
控制电缆明敷		120	200
电力电缆明敷	6kV 以下	150	250
	6～10kV 交联聚乙烯	200	300
	35kV 单芯	250	300
	35kV 三芯	300	350
	110～220kV、每层 1 根以上		
	330kV、500kV	350	400
电缆敷设于槽盒中		h+80	h+100

注：h 为槽盒外壳高度。

5.5.3 水平敷设时电缆支架的最上层、最下层布置尺寸，应符合下列规定：

1 最上层支架距构筑物顶板或梁底的净距允许最小值，应满足电缆引接至上侧柜盘时的允许弯曲半径要求，且不宜小于表5.5.2所列数再加 80～150mm 的和值。

2 最上层支架距其他设备的净距，不应小于 300mm；当无法满足时应设置防护板。

3 最下层支架距地坪、沟道底部的最小净距，不宜小于表5.5.3所列值。

表 5.5.3 最下层支架距地坪、沟道底部的最小净距（mm）

电缆敷设场所及其特征		垂直净距
电缆沟		50
隧道		100
电缆夹层	非通道处	200
	至少在一侧不小于 800mm 宽通道处	1400
公共廊道中电缆支架无围栏防护		1500
厂房内		2000
厂房外	无车辆通过	2500
	有车辆通过	4500

5.5.4 电缆构筑物应满足防止外部进水、渗水的要求，且应符合下列规定：

1 对电缆沟或隧道底部低于地下水位、电缆沟与工业水管沟并行邻近、隧道与工业水管沟交叉时，宜加强电缆构筑物防水处理。

2 电缆沟与工业水管沟交叉时，电缆沟宜位于工业水管沟的上方。

3 在不影响厂区排水的情况下，厂区户外电缆沟的沟壁宜高出地坪。

5.5.5 电缆构筑物应实现排水畅通，且应符合下列规定：

1 电缆沟、隧道的纵向排水坡度，不得小于 0.5%。

2 沿排水方向适当距离宜设置集水井及其泄水系统，必要时应实施机械排水。

3 隧道底部沿纵向宜设置泄水边沟。

5.5.6 电缆沟沟壁、盖板及其材质构成，应满足承受荷载和适合环境耐久的要求。

可开启的沟盖板的单块重量，不宜超过 50kg。

5.5.7 电缆隧道、封闭式工作井应设置安全孔，安全孔的设置应符合下列规定：

1 沿隧道纵长不应少于 2 个。在工业性厂区或变电所内隧道的安全孔间距不宜大于 75m。在城镇公共区域开挖式隧道的安全孔间距不宜大于 200m，非开挖式隧道的安全孔间距可适当增大，且宜根据隧道埋深和结合电缆敷设、通风、消防等综合确定。

隧道首末端无安全门时，宜在不大于5m处设置安全孔。

2 对封闭式工作井，应在顶盖板处设置2个安全孔。位于公共区域的工作井，安全孔井盖的设置宜使非专业人员难以启开。

3 安全孔至少应有一处适合安装机具和安置设备的搬运，供人出入的安全孔直径不得小于700mm。

4 安全孔内应设置爬梯，通向安全门应设置步道或楼梯等设施。

5 在公共区域露出地面的安全孔设置部位，宜避开公路、轻轨，其外观宜与周围环境景观相协调。

5.5.8 高落差地段的电缆隧道中，通道不宜呈阶梯状，且纵向坡度不宜大于15°，电缆接头不宜设置在倾斜位置上。

5.5.9 电缆隧道宜采取自然通风。当有较多电缆导体工作温度持续达到70℃以上或其他影响环境温度显著升高时，可装设机械通风，但机械通风装置应在一旦出现火灾时能可靠地自动关闭。

长距离的隧道，宜适当分区段实行相互独立的通风。

5.5.10 非拆卸式电缆竖井中，应有人员活动的空间，且宜符合下列规定：

1 未超过5m高时，可设置爬梯，且活动空间不宜小于800mm×800mm。

2 超过5m高时，宜设置楼梯，且每隔3m宜设置楼梯平台。

3 超过20m高且电缆数量多或重要性要求较高时，可设置简易式电梯。

5.6 其他公用设施中敷设

5.6.1 通过木质结构的桥梁、码头、栈道等公用构筑物，用于重要的木质建筑设施的非矿物绝缘电缆时，应敷设在不燃性的保护管或槽盒中。

5.6.2 交通桥梁上、隧洞中或地下商场等公共设施的电缆，应具有防止电缆着火危害、避免外力损伤的可靠措施，并应符合下列规定：

1 电缆不得明敷在通行的路面上。

2 自容式充油电缆在沟槽内敷设时应埋砂，在保护管内敷设时，保护管应采用非导磁的不燃性材质的刚性保护管。

3 非矿物绝缘电缆用在无封闭式通道时，宜敷设在不燃性的保护管或槽盒中。

5.6.3 公路、铁道桥梁上的电缆，应采取防止振动、热伸缩以及风力影响下金属套因长期应力疲劳导致断裂的措施，并应符合下列规定：

1 桥墩两端和伸缩缝处，电缆应充分松弛。当桥梁中有挠角部位时，宜设置电缆迂回补偿装置。

2 35kV以上大截面电缆宜采用蛇形敷设。

3 经常受到振动的直线敷设电缆，应设置橡皮、砂袋等弹性衬垫。

5.7 水下敷设

5.7.1 水下电缆路径的选择，应满足电缆不易受机械性损伤、能实施可靠防护、敷设作业方便、经济合理等要求，且应符合下列规定：

1 电缆宜敷设在河床稳定、流速较缓、岸边不易被冲刷、海底无石山或沉船等障碍、少有沉锚和拖网渔船活动的水域。

2 电缆不宜敷设在码头、渡口、水工构筑物附近，且不宜敷设在疏浚挖泥区和规划筑港地带。

5.7.2 水下电缆不得悬空于水中，应埋置于水底。在通航水道等需防范外部机械力损伤的水域，电缆应埋置于水底适当深度的沟槽中，并应加以稳固覆盖保护；浅水区的埋深不宜小于0.5m，深水航道的埋深不宜小于2m。

5.7.3 水下电缆严禁交叉、重叠。相邻的电缆应保持足够的安全间距，且应符合下列规定：

1 主航道内，电缆间距不宜小于平均最大水深的1.2倍。引至岸边间距可适当缩小。

2 在非通航的流速未超过1m/s的小河中，同回路单芯电缆间距不得小于0.5m，不同回路电缆间距不得小于5m。

3 除上述情况外，应按水的流速和电缆埋深等因素确定。

5.7.4 水下的电缆与工业管道之间的水平距离，不宜小于50m；受条件限制时，不得小于15m。

5.7.5 水下电缆引至岸上的区段，应采取适合敷设条件的防护措施，且应符合下列规定：

1 岸边稳定时，应采用保护管、沟槽敷设电缆，必要时可设置工作井连接，管沟下端宜置于最低水位下不小于1m处。

2 岸边未稳定时，宜采取迂回形式敷设以预留适当备用长度的电缆。

5.7.6 水下电缆的两岸，应设置醒目的警告标志。

6 电缆的支持与固定

6.1 一般规定

6.1.1 电缆明敷时，应沿全长采用电缆支架、桥架、挂钩或吊绳等支持与固定。最大跨距应符合下列规定：

1 应满足支架件的承载能力和无损电缆的外护层及其导体的要求。

2 应保证电缆配置整齐。

3 应适应工程条件下的布置要求。

6.1.2 直接支持电缆的普通支架（臂式支架）、吊架的允许跨距，宜符合表6.1.2所列值。

表6.1.2 普通支架（臂式支架）、吊架的允许跨距（mm）

电缆特征	敷设方式	
	水平	垂直
未含金属套、铠装的全塑小截面电缆	400*	1000
除上述情况外的中、低压电缆	800	1500
35kV以上高压电缆	1500	3000

注：*维持电缆较平直时，该值可增加1倍。

6.1.3 35kV及以下电缆明敷时，应设置适当固定的部位，并应符合下列规定：

1 水平敷设，应设置在电缆线路首、末端和转弯处以及接头的两侧，且宜在直线段每隔不少于100m处。

2 垂直敷设，应设置在上、下端和中间适当数量位置处。

3 斜坡敷设，应遵照1、2款因地制宜。

4 当电缆间需保持一定间隙时，宜设置在每隔约10m处。

5 交流单芯电力电缆，还应满足按短路电动力确定所需予以固定的间距。

6.1.4 35kV以上高压电缆明敷时，加设固定的部位除应符合本规范第6.1.3条的规定外，尚应符合下列规定：

1 在终端、接头或转弯处紧邻部位的电缆上，应设置不少于1处的刚性固定。

2 在垂直或斜坡的高位侧，宜设置不少于2处的刚性固定；采用钢丝铠装电缆时，还宜使铠装钢丝能夹持住并承受电缆自重引起的拉力。

3 电缆蛇形敷设的每一节距部位，宜采取挠性固定。蛇形转换成直线敷设的过渡部位，宜采取刚性固定。

6.1.5 在35kV以上高压电缆的终端、接头与电缆连接部位，宜设置伸缩节。伸缩节应大于电缆容许弯曲半径，并应满足金属护层的应变不超出容许值。未设置伸缩节的接头两侧，应采取刚性固定或在适当长度内电缆实施蛇形敷设。

6.1.6 电缆蛇形敷设的参数选择，应保证电缆因温度变化产生的轴向热应力、无损充油电缆的纸绝缘，不致对电缆金属套长期使用产生应变疲劳断裂，且宜按允许拘束力条件确定。

6.1.7 35kV以上高压铅包电缆在水平或斜坡支架上的层次位置变化端、接头两端等受力部位，宜采用能适应方位变化且避免棱角的支持方式。可在支架上设置支托件等。

6.1.8 固定电缆用的夹具、扎带、捆绳或支托件等部件，应具有表面平滑、便于安装、足够的机械强度和适合使用环境的耐久性。

6.1.9 电缆固定用部件的选择，应符合下列规定：

1 除交流单芯电力电缆外，可采用经防腐处理的扁钢制夹具、尼龙扎带或镀塑金属扎带。强腐蚀环境，应采用尼龙扎带或镀塑金属扎带。

2 交流单芯电力电缆的刚性固定，宜采用铝合金等不构成磁性闭合回路的夹具；其他固定方式，可采用尼龙扎带或绳索。

3 不得采用铁丝直接捆扎电缆。

6.1.10 交流单芯电力电缆固定部件的机械强度，应验算短路电动力条件。并宜满足下列公式：

$$F \geqslant \frac{2.05 i^2 L k}{D} \times 10^{-7} \quad (6.1.10\text{-}1)$$

对于矩形断面夹具：

$$F = b \cdot h \cdot \sigma \quad (6.1.10\text{-}2)$$

式中 F——夹具、扎带等固定部件的抗张强度（N）；

i——通过电缆回路的最大短路电流峰值（A）；

D——电缆相间中心距离（m）；

L——在电缆上安置夹具、扎带等的相邻跨距（m）；

k——安全系数，取大于2；

b——夹具厚度（mm）；

h——夹具宽度（mm）；

σ——夹具材料允许拉力（Pa），对铝合金夹具，σ取80×10^6。

6.1.11 电缆敷设于直流牵引的电气化铁道附近时，电缆与金属支持物之间宜设置绝缘衬垫。

6.2 电缆支架和桥架

6.2.1 电缆支架和桥架，应符合下列规定：

1 表面应光滑无毛刺。

2 应适应使用环境的耐久稳固。

3 应满足所需的承载能力。

4 应符合工程防火要求。

6.2.2 电缆支架除支持工作电流大于1500A的交流系统单芯电缆外，宜选用钢制。在强腐蚀环境，选用其他材料电缆支架、桥架，应符合下列规定：

1 电缆沟中普通支架（臂式支架），可选用耐腐蚀的刚性材料制。

2 电缆桥架组成的梯架、托盘，可选用满足工程条件阻燃性的玻璃钢制。

3 技术经济综合较优时，可选用铝合金制电缆桥架。

6.2.3 金属制的电缆支架应有防腐处理，且应符合下列规定：

1 大容量发电厂等密集配置场所或重要回路的

钢制电缆桥架，应从一次性防腐处理具有的耐久性，按工程环境和耐久要求，选用合适的防腐处理方式。

在强腐蚀环境，宜采用热浸锌等耐久性较高的防腐处理。

2 型钢制臂式支架，轻腐蚀环境或非重要性回路的电缆桥架，可采用涂漆处理。

6.2.4 电缆支架的强度，应满足电缆及其附件荷重和安装维护的受力要求，且应符合下列规定：

1 有可能短暂上人时，计入900N的附加集中荷载。

2 机械化施工时，计入纵向拉力、横向推力和滑轮重量等影响。

3 在户外时，计入可能有覆冰、雪和大风的附加荷载。

6.2.5 电缆桥架的组成结构，应满足强度、刚度及稳定性要求，且应符合下列规定：

1 桥架的承载能力，不得超过使桥架最初产生永久变形时的最大荷载除以安全系数为1.5的数值。

2 梯架、托盘在允许均布承载作用下的相对挠度值，钢制不宜大于1/200；铝合金制不宜大于1/300。

3 钢制托臂在允许承载下的偏斜与臂长比值，不宜大于1/100。

6.2.6 电缆支架型式的选择，应符合下列规定：

1 明敷的全塑电缆数量较多，或电缆跨越距离较大、高压电缆蛇形安置方式时，宜选用电缆桥架。

2 除上述情况外，可选用普通支架、吊架。

6.2.7 电缆桥架型式的选择，应符合下列规定：

1 需屏蔽外部的电气干扰时，应选用无孔金属托盘加实体盖板。

2 在有易燃粉尘场所，宜选用梯架，最上一层桥架应设置实体盖板。

3 高温、腐蚀性液体或油的溅落等需防护场所，宜选用托盘，最上一层桥架应设置实体盖板。

4 需因地制宜组装时，可选用组装式托盘。

5 除上述情况外，宜选用梯架。

6.2.8 梯架、托盘的直线段超过下列长度时，应留有不少于20mm的伸缩缝：

1 钢制30m。

2 铝合金或玻璃钢制15m。

6.2.9 金属制桥架系统，应设置可靠的电气连接并接地。采用玻璃钢桥架时，应沿桥架全长另敷设专用接地线。

6.2.10 振动场所的桥架系统，包括接地部位的螺栓连接处，应装置弹簧垫圈。

6.2.11 要求防火的金属桥架，除应符合本规范第7章的规定外，尚应对金属构件外表面施加防火涂层，其防火涂层应符合现行国家标准《电缆防火涂料通用技术条件》GA 181的有关规定。

7 电缆防火与阻止延燃

7.0.1 对电缆可能着火蔓延导致严重事故的回路、易受外部影响波及火灾的电缆密集场所，应设置适当的阻火分隔，并应按工程重要性、火灾几率及其特点和经济合理等因素，采取下列安全措施：

1 实施阻燃防护或阻止延燃。

2 选用具有阻燃性的电缆。

3 实施耐火防护或选用具有耐火性的电缆。

4 实施防火构造。

5 增设自动报警与专用消防装置。

7.0.2 阻火分隔方式的选择，应符合下列规定：

1 电缆构筑物中电缆引至电气柜、盘或控制屏、台的开孔部位，电缆贯穿隔墙、楼板的孔洞处，工作井中电缆管孔等均应实施阻火封堵。

2 在隧道或重要回路的电缆沟中的下列部位，宜设置阻火墙（防火墙）。

1）公用主沟道的分支处。

2）多段配电装置对应的沟道适当分段处。

3）长距离沟道中相隔约200m或通风区段处。

4）至控制室或配电装置的沟道入口、厂区围墙处。

3 在竖井中，宜每隔7m设置阻火隔层。

7.0.3 实施阻火分隔的技术特性，应符合下列规定：

1 阻火封堵、阻火隔层的设置，应按电缆贯穿孔洞状况和条件，采用相适合的防火封堵材料或防火封堵组件。用于电力电缆时，宜使对载流量影响较小；用在楼板竖井孔处时，应能承受巡视人员的荷载。

阻火封堵材料的使用，对电缆不得有腐蚀和损害。

2 阻火墙的构成，应采用适合电缆线路条件的阻火模块、防火封堵板材、阻火包等软质材料，且应在可能经受积水浸泡或鼠害作用下具有稳固性。

3 除通向主控室、厂区围墙或长距离隧道中按通风区段分隔的阻火墙部位应设置防火门外，其他情况下，有防止窜燃措施时可不设防火门。防窜燃方式，可在阻火墙紧靠两侧不少于1m区段所有电缆上施加防火涂料、包带或设置挡火板等。

4 阻火墙、阻火隔层和阻火封堵的构成方式，应按等效工程条件特征的标准试验，满足耐火极限不低于1h的耐火完整性、隔热性要求确定。

当阻火分隔的构成方式不为该材料标准试验的试件装配特征涵盖时，应进行专门的测试论证或采取补加措施；阻火分隔厚度不足时，可沿封堵侧紧靠的约1m区段电缆上施加防火涂料或包带。

7.0.4 非阻燃性电缆用于明敷时，应符合下列规定：

1 在易受外因波及而着火的场所，宜对该范围内的电缆实施阻燃防护；对重要电缆回路，可在适当部位设置阻火段实施阻止延燃。

阻燃防护或阻火段，可采取在电缆上施加防火涂料、包带；当电缆数量较多时，也可采用阻燃、耐火槽盒或阻火包等。

2 在接头两侧电缆各约3m区段和该范围内邻近并行敷设的其他电缆上，宜采用防火包带实施阻止延燃。

7.0.5 在火灾几率较高、灾害影响较大的场所，明敷方式下电缆的选择，应符合下列规定：

1 火力发电厂主厂房、输煤系统、燃油系统及其他易燃易爆场所，宜选用阻燃电缆。

2 地下的客运或商业设施等人流密集环境中需增强防火安全的回路，宜选用具有低烟、低毒的阻燃电缆。

3 其他重要的工业与公共设施供配电回路，当需要增强防火安全时，也可选用具有阻燃性或低烟、低毒的阻燃电缆。

7.0.6 阻燃电缆的选用，应符合下列规定：

1 电缆多根密集配置时的阻燃性，应符合现行国家标准《电缆在火焰条件下的燃烧试验 第3部分：成束电线或电缆的燃烧试验方法》GB/T 18380.3的有关规定，并应根据电缆配置情况、所需防止灾难性事故和经济合理的原则，选择适合的阻燃性等级和类别。

2 当确定该等级类阻燃电缆能满足工作条件下有效阻止延燃性时，可减少本规范第7.0.4条的要求。

3 在同一通道中，不宜把非阻燃电缆与阻燃电缆并列配置。

7.0.7 在外部火势作用一定时间内需维持通电的下列场所或回路，明敷的电缆应实施耐火防护或选用具有耐火性的电缆：

1 消防、报警、应急照明、断路器操作直流电源和发电机组紧急停机的保安电源等重要回路。

2 计算机监控、双重化继电保护、保安电源或应急电源等双回路合用同一通道未相互隔离时的其中一个回路。

3 油罐区、钢铁厂中可能有熔化金属溅落等易燃场所。

4 火力发电厂水泵房、化学水处理、输煤系统、油泵房等重要电源的双回供电回路合用同一电缆通道而未相互隔离时的其中一个回路。

5 其他重要公共建筑设施等需有耐火要求的回路。

7.0.8 明敷电缆实施耐火防护方式，应符合下列规定：

1 电缆数量较少时，可采用防火涂料、包带加于电缆上或把电缆穿于耐火管中。

2 同一通道中电缆较多时，宜敷设于耐火槽盒内，且对电力电缆宜采用透气型式，在无易燃粉尘的环境可采用半封闭式，敷设在桥架上的电缆防护区段不长时，也可采用阻火包。

7.0.9 耐火电缆用于发电厂等明敷有多根电缆配置中，或位于油管、有熔化金属溅落等可能波及场所时，其耐火性应符合现行国家标准《电线电缆燃烧试验方法 第1部分：总则》GB/T 12666.1中的A类耐火电缆。除上述情况外且为少量电缆配置时，可采用符合现行国家标准《电线电缆燃烧试验方法 第1部分：总则》GB/T 12666.1中的B类耐火电缆。

7.0.10 在油罐区、重要木结构公共建筑、高温场所等其他耐火要求高且敷设安装和经济合理时，可采用矿物绝缘电缆。

7.0.11 自容式充油电缆明敷在公用廊道、客运隧洞、桥梁等要求实施防火处理时，可采取埋砂敷设。

7.0.12 靠近高压电流、电压互感器等含油设备的电缆沟，该区段沟盖板宜密封。

7.0.13 在安全性要求较高的电缆密集场所或封闭通道中，宜配备适于环境的可靠动作的火灾自动探测报警装置。

明敷充油电缆的供油系统，宜设置反映喷油状态的火灾自动报警和闭锁装置。

7.0.14 在地下公共设施的电缆密集部位、多回充油电缆的终端设置处等安全性要求较高的场所，可装设水喷雾灭火等专用消防设施。

7.0.15 电缆用防火阻燃材料产品的选用，应符合下列规定：

1 阻燃性材料应符合现行国家标准《防火封堵材料的性能要求和试验方法》GA 161的有关规定。

2 防火涂料、阻燃包带应分别符合现行国家标准《电缆防火涂料通用技术条件》GA 181和《电缆用阻燃包带》GA 478的有关规定。

3 用于阻止延燃的材料产品，除上述第2款外，尚应按等效工程使用条件的燃烧试验满足有效的自熄性。

4 用于耐火防护的材料产品，应按等效工程使用条件的燃烧试验满足耐火极限不低于1h的要求，且耐火温度不宜低于1000℃。

5 用于电力电缆的阻燃、耐火槽盒，应确定电缆载流能力或有关参数。

6 采用的材料产品应适于工程环境，并应具有耐久可靠性。

附录A 常用电力电缆导体的最高允许温度

表A 常用电力电缆导体的最高允许温度

电缆			最高允许温度（℃）	
绝缘类别	型式特征	电压（kV）	持续工作	短路暂态
聚氯乙烯	普通	≤6	70	160
交联聚乙烯	普通	≤500	90	250
自容式充油	普通牛皮纸	≤500	80	160
	半合成纸	≤500	85	160

附录B　10kV及以下电力电缆经济电流截面选用方法

B.0.1　电缆总成本计算式如下：

电缆线路损耗引起的总成本由线路损耗的能源费用和提供线路损耗的额外供电容量费用两部分组成。

考虑负荷增长率 a 和能源成本增长率 b，电缆总成本计算式如下：

$$C_T = C_I + I_{max}^2 \cdot R \cdot L \cdot F \quad (B.0.1\text{-}1)$$

$$F = N_p \cdot N_c \cdot (\tau \cdot P + D)\Phi/(1+i/100) \quad (B.0.1\text{-}2)$$

$$\Phi = \sum_{n=1}^{N}(r^{n-1}) = (1-r^N)/(1-r) \quad (B.0.1\text{-}3)$$

$$r = (1+a/100)^2(1+b/100)/(1+i/100) \quad (B.0.1\text{-}4)$$

式中　C_T——电缆总成本（元）；

C_I——电缆本体及安装成本（元），由电缆材料费用和安装费两部分组成；

I_{max}——第一年导体最大负荷电流（A）；

R——单位长度的视在交流电阻（Ω）；

L——电缆长度（m）；

F——由计算式（B.0.1-2）定义的辅助量（元/kW）；

N_p——每回路相线数目，取3；

N_c——传输同样型号和负荷值的回路数，取1；

τ——最大负荷损耗时间（h），即相当于负荷始终保持为最大值，经过 τ 小时后，线路中的电能损耗与实际负荷在线路中引起的损耗相等。可使用最大负荷利用时间（T）近似求 τ 值，$T=0.85\tau$；

P——电价（元/kW·h），对最终用户取现行电价，对发电企业取发电成本，对供电企业取供电成本；

D——由于线路损耗额外的供电容量的成本（元/kW·年），可取252元/kW·年；

Φ——由计算式（B.0.1-3）定义的辅助量；

i——贴现率（%），可取全国现行的银行贷款利率；

N——经济寿命（年），采用电缆的使用寿命，即电缆从投入使用一直到使用寿命结束整个时间年限；

r——由计算式（B.0.1-4）定义的辅助量；

a——负荷增长率（%），在选择导体截面时所使用的负荷电流是在该导体截面允许的发热电流之内的，当负荷增长时，有可能会超过该截面允许的发热电流。a 的波动对经济电流密度的影响很小，可忽略不计，取0；

b——能源成本增长率（%），取2%。

B.0.2　电缆经济电流截面计算式如下：

1　每相邻截面的 A_1 值计算式：

$$A_1 = (S_{1总投资} - S_{2总投资})/(S_1 - S_2)(元/m \cdot mm^2) \quad (B.0.2\text{-}1)$$

式中　$S_{1总投资}$——电缆截面为 S_1 的初始费用，包括单位长度电缆价格和单位长度敷设费用总和（元/m）；

$S_{2总投资}$——电缆截面为 S_2 的初始费用，包括单位长度电缆价格和单位长度敷设费用总和（元/m）。

同一种型号电缆的 A 值平均值计算式：

$$A = \sum_{n=1}^{n} A_n / n (元/m \cdot mm^2) \quad (B.0.2\text{-}2)$$

式中　n——同一种型号电缆标称截面档次数，截面范围可取25～300mm²。

2　电缆经济电流截面计算式：

1）经济电流密度计算式：

$$J = \sqrt{\frac{A}{F \times \rho_{20} \times B \times [1+\alpha_{20}(\theta_m - 20)] \times 1000}} \quad (B.0.2\text{-}3)$$

2）电缆经济电流截面计算式：

$$S_j = I_{max}/J \quad (B.0.2\text{-}4)$$

式中　J——经济电流密度（A/mm²）；

S_j——经济电缆截面（mm²）；

$B = (1+Y_p+Y_s)(1+\lambda_1+\lambda_2)$，可取平均值1.0014；

ρ_{20}——20℃时电缆导体的电阻率（Ω·mm²/m），铜芯为 18.4×10^{-9}、铝芯为 31×10^{-9}，计算时可分别取18.4和31；

α_{20}——20℃时电缆导体的电阻温度系数（1/℃），铜芯为0.00393、铝芯为0.00403。

B.0.3　10kV及以下电力电缆按经济电流截面选择，宜符合下列要求：

1　按照工程条件、电价、电缆成本、贴现率等计算拟选用的10kV及以下铜芯或铝芯的聚氯乙烯、交联聚乙烯绝缘等电缆的经济电流密度值。

2　对备用回路的电缆，如备用的电动机回路等，宜按正常使用运行小时数的一半选择电缆截面。对一些长期不使用的回路，不宜按经济电流密度选择截面。

3　当电缆经济电流截面比按热稳定、容许电压降或持续载流量要求的截面小时，则应按热稳定、容许电压降或持续载流量较大要求截面选择。当电缆经济电流截面介于电缆标称截面档次之间，可视其接近程度，选择较接近一档截面，且宜偏小选取。

附录 C　10kV 及以下常用电力电缆允许 100%持续载流量

C.0.1　1～3kV 常用电力电缆允许持续载流量见表 C.0.1-1～表 C.0.1-4。

表 C.0.1-1　1～3kV 油纸、聚氯乙烯绝缘电缆空气中敷设时允许载流量（A）

绝缘类型		不滴流纸			聚氯乙烯		
护套		有钢铠护套			无钢铠护套		
电缆导体最高工作温度（℃）		80			70		
电缆芯数		单芯	二芯	三芯或四芯	单芯	二芯	三芯或四芯
电缆导体截面（mm^2）	2.5	—	—	—	—	18	15
	4	—	30	26	—	24	21
	6	—	40	35	—	31	27
	10	—	52	44	—	44	38
	16	—	69	59	—	60	52
	25	116	93	79	95	79	69
	35	142	111	98	115	95	82
	50	174	138	116	147	121	104
	70	218	174	151	179	147	129
	95	267	214	182	221	181	155
	120	312	245	214	257	211	181
	150	356	280	250	294	242	211
	185	414	—	285	340	—	246
	240	495	—	338	410	—	294
	300	570	—	383	473	—	328
环境温度（℃）		40					

注：1　适用于铝芯电缆，铜芯电缆的允许持续载流量值可乘以 1.29。
　　2　单芯只适用于直流。

表 C.0.1-2　1～3kV 油纸、聚氯乙烯绝缘电缆直埋敷设时允许载流量（A）

绝缘类型		不滴流纸			聚氯乙烯					
护套		有钢铠护套			无钢铠护套			有钢铠护套		
电缆导体最高工作温度（℃）		80			70					
电缆芯数		单芯	二芯	三芯或四芯	单芯	二芯	三芯或四芯	单芯	二芯	三芯或四芯
电缆导体截面（mm^2）	4	—	34	29	47	36	31	—	34	30
	6	—	45	38	58	45	38	—	43	37
	10	—	58	50	81	62	53	77	59	50
	16	—	76	66	110	83	70	105	79	68
	25	143	105	88	138	105	90	134	100	87
	35	172	126	105	172	136	110	162	131	105
	50	198	146	126	203	157	134	194	152	129
	70	247	182	154	244	184	157	235	180	152
	95	300	219	186	295	226	189	281	217	180
	120	344	251	211	332	254	212	319	249	207
	150	389	284	240	374	287	242	365	273	237
	185	441	—	275	424	—	273	410	—	264
	240	512	—	320	502	—	319	483	—	310
	300	584	—	356	561	—	347	543	—	347
	400	676	—	—	639	—	—	625	—	—
	500	776	—	—	729	—	—	715	—	—
	630	904	—	—	846	—	—	819	—	—
	800	1032	—	—	981	—	—	963	—	—
土壤热阻系数（K·m/W）		1.5			1.2					
环境温度（℃）		25								

注：1　适用于铝芯电缆，铜芯电缆的允许持续载流量值可乘以 1.29。
　　2　单芯只适用于直流。

表 C.0.1-3　1～3kV 交联聚乙烯绝缘电缆空气中敷设时允许载流量（A）

电缆芯数		三芯		单　芯							
单芯电缆排列方式				品字形				水平形			
金属层接地点				单侧		两侧		单侧		两侧	
电缆导体材质		铝	铜	铝	铜	铝	铜	铝	铜	铝	铜
电缆导体截面（mm^2）	25	91	118	100	132	100	132	114	150	114	150
	35	114	150	127	164	127	164	146	182	141	178
	50	146	182	155	196	155	196	173	228	168	209
	70	178	228	196	255	196	251	228	292	214	264
	95	214	273	241	310	241	305	278	356	260	310
	120	246	314	283	360	278	351	319	410	292	351
	150	278	360	328	419	319	401	365	479	337	392
	185	319	410	372	479	365	461	424	546	369	438
	240	378	483	442	565	424	546	502	643	424	502
	300	419	552	506	643	493	611	588	738	479	552
	400	—	—	611	771	579	716	707	908	546	625
	500	—	—	712	885	661	803	830	1026	611	693
	630	—	—	826	1008	734	894	963	1177	680	757
环境温度（℃）		40									
电缆导体最高工作温度（℃）		90									

注：1　允许载流量的确定，还应符合本规范第 3.7.4 条的规定。
　　2　水平形排列电缆相互间中心距为电缆外径的 2 倍。

表 C.0.1-4　1～3kV 交联聚乙烯绝缘电缆直埋敷设时允许载流量（A）

电缆芯数		三芯		单芯			
单芯电缆排列方式				品字形		水平形	
金属层接地点				单侧		单侧	
电缆导体材质		铝	铜	铝	铜	铝	铜
电缆导体截面（mm^2）	25	91	117	104	130	113	143
	35	113	143	117	169	134	169
	50	134	169	139	187	160	200
	70	165	208	174	226	195	247
	95	195	247	208	269	230	295
	120	221	282	239	300	261	334
	150	247	321	269	339	295	374
	185	278	356	300	382	330	426
	240	321	408	348	435	378	478
	300	365	469	391	495	430	543
	400	—	—	456	574	500	635
	500	—	—	517	635	565	713
	630	—	—	582	704	635	796
电缆导体最高工作温度（℃）		90					
土壤热阻系数（K·m/W）		2.0					
环境温度（℃）		25					

注：水平形排列电缆相互间中心距为电缆外径的 2 倍。

C.0.2　6kV 常用电缆允许持续载流量见表 C.0.2-1 和表C.0.2-2。

表 C.0.2-1　6kV 三芯电力电缆空气中敷设时允许载流量（A）

绝缘类型		不滴流纸	聚氯乙烯		交联聚乙烯	
钢铠护套		有	无	有	无	有
电缆导体最高工作温度（℃）		80	70		90	
电缆导体截面（mm^2）	10	—	40	—	—	—
	16	58	54	—	—	—
	25	79	71	—	—	—
	35	92	85	—	114	—
	50	116	108	—	141	—
	70	147	129	—	173	—
	95	183	160	—	209	—
	120	213	185	—	246	—
	150	245	212	—	277	—
	185	280	246	—	323	—
	240	334	293	—	378	—
	300	374	323	—	432	—
	400	—	—	—	505	—
	500	—	—	—	584	—
环境温度（℃）		40				

注：1　适用于铝芯电缆，铜芯电缆的允许持续载流量值可乘以 1.29。

2　电缆导体工作温度大于 70℃时，允许载流量还应符合本规范第 3.7.4 条的规定。

表 C.0.2-2　6kV 三芯电力电缆直埋敷设时允许载流量（A）

绝缘类型		不滴流纸	聚氯乙烯		交联聚乙烯	
钢铠护套		有	无	有	无	有
电缆导体最高工作温度（℃）		80	70		90	
电缆导体截面（mm^2）	10	—	51	50	—	—
	16	63	67	65	—	—
	25	84	86	83	87	87
	35	101	105	100	105	102
	50	119	126	126	123	118
	70	148	149	149	148	148
	95	180	181	177	178	178
	120	209	209	205	200	200
	150	232	232	228	232	222
	185	264	264	255	262	252
	240	308	309	300	300	295
	300	344	346	332	343	333
	400	—	—	—	380	370
	500	—	—	—	432	422
土壤热阻系数（K·m/W）		1.5	1.2		2.0	
环境温度（℃）		25				

注：适用于铝芯电缆，铜芯电缆的允许持续载流量值可乘以 1.29。

C.0.3　10kV 常用电力电缆允许持续载流量见表C.0.3。

表 C.0.3　10kV 三芯电力电缆允许载流量（A）

绝缘类型		不滴流纸		交联聚乙烯			
钢铠护套				无		有	
电缆导体最高工作温度（℃）		65		90			
敷设方式		空气中	直埋	空气中	直埋	空气中	直埋
电缆导体截面（mm^2）	16	47	59	—	—	—	—
	25	63	79	100	90	100	90
	35	77	95	123	110	123	105
	50	92	111	146	125	141	120
	70	118	138	178	152	173	152
	95	143	169	219	182	214	182
	120	168	196	251	205	246	205
	150	189	220	283	223	278	219
	185	218	246	324	252	320	247
	240	261	290	378	292	373	292
	300	295	325	433	332	428	328
	400	—	—	506	378	501	374
	500	—	—	579	428	574	424
环境温度（℃）		40	25	40	25	40	25
土壤热阻系数（K·m/W）		—	1.2	—	2.0	—	2.0

注：1　适用于铝芯电缆，铜芯电缆的允许持续载流量值可乘以 1.29。

2　电缆导体工作温度大于 70℃时，允许载流量还应符合本规范第 3.7.4 条的规定。

附录 D 敷设条件不同时电缆允许持续载流量的校正系数

D.0.1 35kV 及以下电缆在不同环境温度时的载流量校正系数见表 D.0.1。

表 D.0.1 35kV 及以下电缆在不同环境温度时的载流量校正系数

敷设位置		空气中				土壤中			
环境温度（℃）		30	35	40	45	20	25	30	35
电缆导体最高工作温度（℃）	60	1.22	1.11	1.0	0.86	1.07	1.0	0.93	0.85
	65	1.18	1.09	1.0	0.89	1.06	1.0	0.94	0.87
	70	1.15	1.08	1.0	0.91	1.05	1.0	0.94	0.88
	80	1.11	1.06	1.0	0.93	1.04	1.0	0.95	0.90
	90	1.09	1.05	1.0	0.94	1.04	1.0	0.96	0.92

D.0.2 除表 D.0.1 以外的其他环境温度下载流量的校正系数可按下式计算：

$$K=\sqrt{\frac{\theta_m-\theta_2}{\theta_m-\theta_1}} \tag{D.0.2}$$

式中 θ_m——电缆导体最高工作温度（℃）；

θ_1——对应于额定载流量的基准环境温度（℃）；

θ_2——实际环境温度（℃）。

D.0.3 不同土壤热阻系数时电缆载流量的校正系数见表 D.0.3。

表 D.0.3 不同土壤热阻系数时电缆载流量的校正系数

土壤热阻系数（K·m/W）	分类特征（土壤特性和雨量）	校正系数
0.8	土壤很潮湿，经常下雨。如湿度大于 9%的沙土；湿度大于 10%的沙-泥土等	1.05
1.2	土壤潮湿，规律性下雨。如湿度大于 7%但小于 9%的沙土；湿度为 12%～14%的沙-泥土等	1.0
1.5	土壤较干燥，雨量不大。如湿度为 8%～12%的沙-泥土等	0.93
2.0	土壤干燥，少雨。如湿度大于 4%但小于 7%的沙土；湿度为 4%～8%的沙-泥土等	0.87
3.0	多石地层，非常干燥。如湿度小于 4%的沙土等	0.75

注：1 适用于缺乏实测土壤热阻系数时的粗略分类，对 110kV 及以上电缆线路工程，宜以实测方式确定土壤热阻系数。

2 校正系数适用于附录 C 各表中采取土壤热阻系数为 1.2K·m/W 的情况，不适用于三相交流系统的高压单芯电缆。

D.0.4 土中直埋多根并行敷设时电缆载流量的校正系数见表 D.0.4。

表 D.0.4 土中直埋多根并行敷设时电缆载流量的校正系数

并列根数		1	2	3	4	5	6
电缆之间净距（mm）	100	1	0.9	0.85	0.80	0.78	0.75
	200	1	0.92	0.87	0.84	0.82	0.81
	300	1	0.93	0.90	0.87	0.86	0.85

注：不适用于三相交流系统单芯电缆。

D.0.5 空气中单层多根并行敷设时电缆载流量的校正系数见表 D.0.5。

表 D.0.5 空气中单层多根并行敷设时电缆载流量的校正系数

并列根数		1	2	3	4	5	6
电缆中心距	$S=d$	1.00	0.90	0.85	0.82	0.81	0.80
	$S=2d$	1.00	1.00	0.98	0.95	0.93	0.90
	$S=3d$	1.00	1.00	1.00	0.98	0.97	0.96

注：1 S 为电缆中心间距，d 为电缆外径。

2 按全部电缆具有相同外径条件制订，当并列敷设的电缆外径不同时，d 值可近似地取电缆外径的平均值。

3 不适用于交流系统中使用的单芯电力电缆。

D.0.6 电缆桥架上无间距配置多层并列电缆载流量的校正系数见表 D.0.6。

表 D.0.6 电缆桥架上无间距配置多层并列电缆载流量的校正系数

叠置电缆层数		一	二	三	四
桥架类别	梯架	0.8	0.65	0.55	0.5
	托盘	0.7	0.55	0.5	0.45

注：呈水平状并列电缆数不少于 7 根。

D.0.7 1～6kV 电缆户外明敷无遮阳时载流量的校正系数见表 D.0.7。

表 D.0.7 1～6kV 电缆户外明敷无遮阳时载流量的校正系数

电缆截面（mm^2）				35	50	70	95	120	150	185	240
电压（kV）	1	芯数	三	—	—	—	0.90	0.98	0.97	0.96	0.94
	6		三	0.96	0.95	0.94	0.93	0.92	0.91	0.90	0.88
			单	—	—	—	0.99	0.99	0.99	0.99	0.98

注：运用本表系数校正对应的载流量基础值，是采取户外环境温度的户内空气中电缆载流量。

附录E 按短路热稳定条件计算电缆导体允许最小截面的方法

E.1 固体绝缘电缆导体允许最小截面

E.1.1 电缆导体允许最小截面，由下列公式确定：

$$S \geqslant \frac{\sqrt{Q}}{C} \times 10^2 \quad (E.1.1\text{-}1)$$

$$C = \frac{1}{\eta}\sqrt{\frac{Jq}{\alpha K \rho}\ln\frac{1+\alpha(\theta_m - 20)}{1+\alpha(\theta_p - 20)}} \quad (E.1.1\text{-}2)$$

$$\theta_p = \theta_o + (\theta_H - \theta_o)\left(\frac{I_p}{I_H}\right)^2 \quad (E.1.1\text{-}3)$$

E.1.2 除电动机馈线回路外，均可取 $\theta_p = \theta_H$。

E.1.3 Q 值确定方式，应符合下列规定：

1 对火电厂 3～10kV 厂用电动机馈线回路，当机组容量为 100MW 及以下时：

$$Q = I^2(t + T_b) \quad (E.1.3\text{-}1)$$

2 对火电厂 3～10kV 厂用电动机馈线回路，当机组容量大于 100MW 时，Q 的表达式见表 E.1.3-1。

表 E.1.3-1 机组容量大于 100MW 时火电厂电动机馈线回路 Q 值表达式

t(s)	T_b(s)	T_d(s)	Q值($A^2 \cdot S$)
0.15	0.045	0.062	$0.195I^2 + 0.22II_d + 0.09I_d^2$
	0.06		$0.21I^2 + 0.23II_d + 0.09I_d^2$
0.2	0.045	0.062	$0.245I^2 + 0.22II_d + 0.09I_d^2$
	0.06		$0.26I^2 + 0.24II_d + 0.09I_d^2$

注：1 对于电抗器或 U_d% 小于 10.5 的双绕组变压器，取 $T_b = 0.045$，其他情况取 $T_b = 0.06$。

2 对中速断路器，t 可取 0.15s，对慢速断路器，t 可取 0.2s。

3 除火电厂 3～10kV 厂用电动机馈线外的情况：

$$Q = I^2 \cdot t \quad (E.1.3\text{-}2)$$

式中 S——电缆导体截面（mm^2）；

J——热功当量系数，取 1.0；

q——电缆导体的单位体积热容量（$J/cm^3 \cdot ℃$），铝芯取 2.48，铜芯取 3.4；

θ_m——短路作用时间内电缆导体允许最高温度（℃）；

θ_p——短路发生前的电缆导体最高工作温度（℃）；

θ_H——电缆额定负荷的电缆导体允许最高工作温度（℃）；

θ_o——电缆所处的环境温度最高值（℃）；

I_H——电缆的额定负荷电流（A）；

I_p——电缆实际最大工作电流（A）；

I——系统电源供给短路电流的周期分量起始有效值（A）；

I_d——电动机供给反馈电流的周期分量起始有效值之和（A）；

t——短路持续时间（s）；

T_b——系统电源非周期分量的衰减时间常数（s）；

α——20℃ 时电缆导体的电阻温度系数（1/℃），铜芯为 0.00393、铝芯为 0.00403；

ρ——20℃时电缆导体的电阻系数（$\Omega cm^2/cm$），铜芯为 0.0184×10^{-4}、铝芯为 0.031×10^{-4}；

η——计入包含电缆导体充填物热容影响的校正系数，对3～10kV 电动机馈线回路，宜取 $\eta = 0.93$，其他情况可按 $\eta = 1$；

K——电缆导体的交流电阻与直流电阻之比值，可由表E.1.3-2选取。

表 E.1.3-2 K 值选择用表

电缆类型		6～35kV 挤塑					自容式充油		
导体截面（mm^2）		95	120	150	185	240	240	400	600
芯数	单芯	1.002	1.003	1.004	1.006	1.010	1.003	1.011	1.029
	多芯	1.003	1.006	1.008	1.009	1.021	—	—	—

E.2 自容式充油电缆导体允许最小截面

E.2.1 电缆导体允许最小截面应满足下式：

$$S^2 + \left(\frac{q_0}{q}S_0\right)S \geqslant \left[\alpha K \rho I^2 t / Jq \ln\frac{1+\alpha(\theta_m - 20)}{1+\alpha(\theta_p - 20)}\right]10^4 \quad (E.2.1)$$

式中 S_0——不含油道内绝缘油的电缆导体中绝缘油充填面积（mm^2）；

q_0——绝缘油的单位体积热容量（$J/cm^3 \cdot ℃$），可取1.7。

E.2.2 除对变压器回路的电缆可按最大工作电流作用时的 θ_p 值外，其他情况宜取 $\theta_p = \theta_H$。

附录F 交流系统单芯电缆金属层正常感应电势算式

F.0.1 交流系统中单芯电缆线路一回或两回的各相按通常配置排列情况下，在电缆金属层上任一点非直接接地处的正常感应电势值，可按下式计算：

$$E_s = L \cdot E_{so} \quad (F.0.1)$$

式中 E_s——感应电势（V）；

L——电缆金属层的电气通路上任一部位与其直接接地处的距离（km）；

E_{so}——单位长度的正常感应电势（V/km）。

F.0.2 E_{so} 的表达式见表 F.0.2。

表 F.0.2 E_{so}的表达式

电缆回路数	每根电缆相互间中心距均等时的配置排列特征	A或C相（边相）	B相（中间相）	符号 Y	符号 a（Ω/km）	符号 b（Ω/km）	符号 X_s（Ω/km）
1	2根电缆并列	IX_s	IX_s	—	—	—	—
	3根电缆呈等边三角形	IX_s	IX_s	—	—	—	—
	3根电缆呈直角形	$\frac{I}{2}\sqrt{3Y^2+\left(X_s-\frac{a}{2}\right)^2}$	IX_s	$X_s+\frac{a}{2}$	$(2\omega\ln2)\times10^{-4}$	—	$\left(2\omega\ln\frac{S}{r}\right)\times10^{-4}$
	3根电缆呈直线并列	$\frac{I}{2}\sqrt{3Y^2+(X_s-a)^2}$	IX_s	X_s+a	$(2\omega\ln2)\times10^{-4}$	—	$\left(2\omega\ln\frac{S}{r}\right)\times10^{-4}$
2	两回电缆等距直线并列（相序同）	$\frac{I}{2}\sqrt{3Y^2+\left(X_s-\frac{b}{2}\right)^2}$	$I\left(X_s+\frac{a}{2}\right)$	$X_s+a+\frac{b}{2}$	$(2\omega\ln2)\times10^{-4}$	$(2\omega\ln5)\times10^{-4}$	$\left(2\omega\ln\frac{S}{r}\right)\times10^{-4}$
	两回电缆等距直线并列（但相序排列互反）	$\frac{I}{2}\sqrt{3Y^2+\left(X_s-\frac{b}{2}\right)^2}$	$I\left(X_s+\frac{a}{2}\right)$	$X_s+a-\frac{b}{2}$	$(2\omega\ln2)\times10^{-4}$	$(2\omega\ln5)\times10^{-4}$	$\left(2\omega\ln\frac{S}{r}\right)\times10^{-4}$

注：1 $\omega=2\pi f$；
2 r—电缆金属层的平均半径(m)；
3 I—电缆导体正常工作电流(A)；
4 f—工作频率(Hz)；
5 S—各电缆相邻之间中心距(m)；
6 回路电缆情况，假定其每回 I、r 均等。

附录G 35kV及以下电缆敷设度量时的附加长度

表G 35kV及以下电缆敷设度量时的附加长度

项目名称		附加长度(m)
电缆终端的制作		0.5
电缆接头的制作		0.5
由地坪引至各设备的终端处	电动机(按接线盒对地坪的实际高度)	0.5～1
	配电屏	1
	车间动力箱	1.5
	控制屏或保护屏	2
	厂用变压器	3
	主变压器	5
	磁力启动器或事故按钮	1.5

注：对厂区引入建筑物，直埋电缆因地形及埋设的要求，电缆沟、隧道、吊架的上下引接，电缆终端、接头等所需的电缆预留量，可取图纸量出的电缆敷设路径长度的5%。

附录H 电缆穿管敷设时容许最大管长的计算方法

H.0.1 电缆穿管敷设时的容许最大管长，应按不超过电缆容许拉力和侧压力的下列关系式确定：

$$T_{i=n}\leqslant T_m$$

$$或\ T_{j=m}\leqslant T_m \quad (H.0.1\text{-}1)$$

$$P_j\leqslant P_m\ (j=1,2\cdots\cdots) \quad (H.0.1\text{-}2)$$

式中 $T_{i=n}$——从电缆送入管端起至第 n 个直线段拉出时的牵引力（N）；

$T_{j=m}$——从电缆送入管端起至第 m 个弯曲段拉出时的牵引力（N）；

T_m——电缆容许拉力（N）；

P_j——电缆在 j 个弯曲管段的侧压力(N/m)；

P_m——电缆容许侧压力（N/m）。

H.0.2 水平管路的电缆牵拉力可按下列公式计算：

1 直线段：

$$T_i=T_{i-1}+\mu CWL_i \quad (H.0.2\text{-}1)$$

2 弯曲段：

$$T_j=T_i\cdot e^{\mu\theta j} \quad (H.0.2\text{-}2)$$

式中 T_{i-1}——直线段入口拉力（N），起始拉力 $T_0=T_{i-1}$（$i=1$），可按20m左右长度

电缆摩擦力计，其他各段按相应弯曲段出口拉力；

μ——电缆与管道间的动摩擦系数；

W——电缆单位长度的重量（kg/m）；

C——电缆重量校正系数，2 根电缆时，$C_2=1.1$，3 根电缆品字形时，$C_3=1+\left[\frac{4}{3}+\left(\frac{d}{D-d}\right)^2\right]$；

L_i——第 i 段直线管长（m）；

θ_j——第 j 段弯曲管的夹角角度（rad）；

d——电缆外径（mm）；

D——保护管内径（mm）。

H.0.3 弯曲管段电缆侧压力可按下列公式计算：

1 1 根电缆：

$$P_j=T_j/R_j \quad \text{(H.0.3-1)}$$

式中 R_j——第 j 段弯曲管道内半径（m）。

2 2 根电缆：

$$P_j=1.1T_j/2R_j \quad \text{(H.0.3-2)}$$

3 3 根电缆呈品字形：

$$P_j=C_3T_j/2R_j \quad \text{(H.0.3-3)}$$

H.0.4 电缆容许拉力，应按承受拉力材料的抗张强度计入安全系数确定。可采取牵引头或钢丝网套等方式牵引。

用牵引头方式的电缆容许拉力计算式：

$$T_m=k\sigma qs \quad \text{(H.0.4)}$$

式中 k——校正系数，电力电缆 $k=1$，控制电缆 $k=0.6$；

σ——导体允许抗拉强度（N/m^2），铜芯 68.6×10^6、铝芯 39.2×10^6；

q——电缆芯数；

s——电缆导体截面（mm^2）。

H.0.5 电缆容许侧压力，可采取下列数值：

1 分相统包电缆 $P_m=2500N/m$；

2 其他挤塑绝缘或自容式充油电缆 $P_m=3000N/m$。

H.0.6 电缆与管道间动摩擦系数，可取表 H.0.6 所列数值。

表 H.0.6 电缆穿管敷设时动摩擦系数 μ

管壁特征和管材	波纹状	平滑状		
	聚乙烯	聚氯乙烯	钢	石棉水泥
μ	0.35	0.45	0.55	0.65

注：电缆外护层为聚氯乙烯，敷设时加有润滑剂。

本规范用词说明

1 为便于在执行本规范条文时区别对待，对要求严格程度不同的用词说明如下：

1）表示很严格，非这样做不可的用词：
正面词采用“必须”，反面词采用“严禁”。

2）表示严格，在正常情况下均应这样做的用词：
正面词采用“应”，反面词采用“不应”或“不得”。

3）表示允许稍有选择，在条件许可时首先应这样做的用词：
正面词采用“宜”，反面词采用“不宜”；

表示有选择，在一定条件下可以这样做的用词，采用“可”。

2 本规范中指明应按其他有关标准、规范执行的写法为“应符合……的规定”或“应按……执行”。

中华人民共和国国家标准

电力工程电缆设计规范

GB 50217—2007

条 文 说 明

目　次

1 总 则

1.0.1 系原条文1.0.1保留条文。条文中“电力工程”系指包括发电、输变电、石油、冶金、化工、建筑、市政等电力工程。

1.0.2 系原条文1.0.2修改条文。近十年来，我国先后在多个发电工程建成使用500kV电缆，城网220kV电缆输送容量不断增大，已难以适应供电需求，500kV电缆随将应用，且会越来越广泛，规范适用范围需由220kV扩大至500kV。

改建的电力工程可参照本规范执行。

1.0.3 系原条文1.0.3保留条文。

2 术 语

2.0.1 系原条文2.0.1修改条文。给出电缆的耐火性定义。

2.0.2 系新增条文。

2.0.3 系原条文2.0.2修改条文。给出电缆的阻燃性定义。

2.0.4 系新增条文。消防术语关于材料的燃烧属性是按不燃、难燃、易燃等来划分的，“阻燃”往往被误理解为“阻止燃烧”或不会着火，所以在《电力工程电缆设计规范》GB 50217—94报批时，原国家主管部门审定“明确不用阻燃而用难燃来表征电缆属性”。本次修编基于一些单位反映，在工程应用中对难燃与阻燃是否等同时有误解，十年来的实际工作已习惯“阻燃性”和“阻燃电缆”，因此现以“阻燃性”及“阻燃电缆”取代原规范的“难燃性”和“难燃电缆”，达到使用与制造两方面统一。

2.0.5 系原条文2.0.3保留条文。

2.0.6 系原条文2.0.4修改条文。

2.0.7 系原条文2.0.5修改条文。

2.0.8、**2.0.9** 系原条文2.0.6、2.0.7保留条文。

2.0.10 系原条文2.0.8修改条文。

2.0.11 系原条文2.0.10保留条文。

2.0.12 系原条文2.0.13修改条文。

2.0.13 系原条文2.0.14修改条文。“排管”也作为较常采用的电缆构筑物型式，因此增加“排管”。

2.0.14、**2.0.15** 系原条文2.0.15、2.0.16保留条文。

2.0.16 系原条文2.0.17修改条文。

3 电缆型式与截面选择

3.1 电缆导体材质

3.1.1 系原条文3.1.1修改条文。有关“芯”、“芯线”名称，按照现行电缆有关标准统一称为“导体”。

控制和信号电缆导体截面一般较小，使用铝芯在安装时的弯折常有损伤，与铜导体和端子的连接往往出现接触电阻过大，且铝材具有蠕动属性，连接的可靠性较差，故统一明确采用铜导体。

3.1.2 系原条文3.1.2、3.1.3合并修改条文。几点说明如下：

1 在相同条件下铜与铜导体比铝和铜导体连接的接触电阻要小约10～30倍，另据美国消费品安全委员会（CPCS）统计的火灾事故率，铜导体电线电缆只占铝的1/55，可确认铜导体电缆比铝导体电缆的连接可靠性和安全性高，我国的工程实践也在一定程度上反映，铝比铜导体的事故率较高。

2 电源回路一般电流较大，同一回路往往需要多根电缆，采用铝芯电缆更需增加电缆数量，造成柜、盘内连接拥挤，曾多次因连接处发生故障导致严重事故。

3 耐火电缆需具有在经受750～1000℃作用下维持通电的功能，铝的熔融温度为660℃，而铜可达到1080℃

4 水下敷设比陆上的费用高许多，采用铜芯电缆有助于减少电缆根数，从而节省施工费用和缩短施工工期，对工程有利。

5 我国的铝和铜资源都欠充足，长期以来均需自国际市场购进20%以上，在加入WTO以后，电工铜的原材料来源有了较大的改善。

6 将原条文3.1.3的3种“宜”使用铜的情况一并修改为“应”，既符合当前实际情况和趋势，也是更好地体现经济发展强调安全生产的国策。

3.1.3 系原条文3.1.4修改条文。产品仅有铜导体的指充油电缆、耐火电缆、矿物绝缘电缆等。

3.2 电力电缆芯数

3.2.1、**3.2.2** 系原条文3.2.1、3.2.2保留条文。

3.2.3 系原条文3.2.3修改条文。3～35kV中压三相供电电缆，我国长期以来惯用普通统包三芯型，单芯型使用不多，近年开始有采用绞合三芯型（工厂化以3根单芯电缆绞合构造成1根，也称扭绞型）。

1 3根单芯比1根普通三芯电缆投资大，但优点是：①电缆与柜、盘内终端连接时，由于可减免交叉，使电气安全间距较宽裕，改善了安装作业条件；②在长线路工程可减免电缆接头，增强运行可靠性；③其截流量较高，约增大10%左右，可使截面选择降低1档；④一旦电缆发生接地，难以发展至相间短路；⑤容许弯曲半径较小，利于大截面电缆的敷设。

2 绞合三芯型电缆在日、法早已应用，其构造特征是把3根单芯电缆沿纵向全长采用钢带按恰当螺距以螺旋式环绕（日），或按适当间距以间隔式捆扎（法）形成1根整体，不存在统包三芯电缆的各缆芯之间需有填充料。

绞合三芯型电缆除具有单芯电缆的上述优点外，还具有普通统包三芯电缆的敷设较简单的特点，且造价也相近。这对于XLPE电缆如今趋向采用预制式附件，以及环网柜等使用情况，尤显其优越性。

3.2.4 系新增条文。世界上66～132kV级截面不超过500mm²的电缆，日本、欧洲等除单芯型外，还早已生产应用三芯型。如日本名古屋航空港供电的77kV海底电缆，美国西海岸圣胡安岛供电电缆敷设于水深100m海峡，先后建成115kV充油（1982年）、69kV XLPE 500mm²（2004年），电缆线路均为三芯型（见《广东电缆技术》2005，No.3；2005，No.4）。欧洲正开发132kV 800mm²三芯XLPE电缆（总外径184mm），用于长距离跨海工程（见《ETEP》，Vol.13，2003），日本近又开发出154kV 1000mm²三芯XLPE电缆，用于埋管敷设，降低工程造价（见《IEEJ Trans. PE》，Vol.126，No.4，2006）。近年，我国中部某大湖的110kV XLPE小截面水下电缆工程，就采用了引进欧洲制造的三芯型，由于在海、湖中水下电缆敷设的难度大、占工程造价的份额高，这就可显著缩短工期降低投资。

3.2.5 系新增条文。电气化铁道的牵引变电站通常为交流单相，近年我国北方曾有220kV系统向牵引变供电，其线路每回由2根单芯电缆组成，已建成投入运行。

3.2.6 系原条文3.2.5修改条文。高压直流输电电缆线路敷设于海底，其施工往往很复杂。为减少工作量和降低造价，日本近年曾开发出直流120kV同轴型XLPE绝缘电缆，如截面为200mm²的电缆，采用17mm直径缆芯导体作为主回路导体，9mm厚的主绝缘外围以50根2.1mm线径构成返回路导体，其外围依次为4mm厚绝缘层、2.6mm厚铅包、3.5mm厚挤包聚乙烯内护层、垫层、41根6mm外径钢丝、4.5mm外护层，电缆总外径98mm，重约22.5kg/m（空气中）；该型电缆的接头由工厂化制作。已按国际大电网会议（CIGRE）推荐标准通过试验获确认可使用。这显示了直流输电电缆并非只限于以往的2根单芯组成方式（详见《广东电缆技术》，2003，No.1）。

3.3 电缆绝缘水平

3.3.1 系原条文3.3.1保留条文。

3.3.2 系原条文3.3.2修改条文。

1 本款将"中性点经低阻抗接地"修改为"中性点经低电阻接地"，以避免"低阻抗"误解为含有消弧线圈接地。

2 中性点不直接接地系统的电缆导体与金属层之间额定电压级的选择要求，原规范编制时，根据供电系统一些曾采用相电压U_0级（如10kV系统U_0为6kV的标称6/10kV）电缆，运行中曾屡有发生绝缘击穿故障，造成巨大损失现象，分析是缘于单相接地引起健全相电压升高，且持续时间较长，故需采用比U_0高一档的电压级（如8.7/10kV等）以增强安全。但另有煤矿等个别行业，认为其使用U_0级的电缆，在较长实践中却并不存在此现象，坚持无必要比U_0级提高。为兼顾两方面情况，同时仍偏重安全考虑，对规范初稿所拟不应低于133%U_0的要求，定稿时把"应"改为"宜"，同时添加"供电系统"前置词。这仍然被认为还不足以反映其特点，因而不得不在条文说明中含有如下的阐述：对采用U_0后的电缆运行实践尚无问题的情况，可允许区别对待。

近有报道，某行业系统使用6/10kV级XLPE电缆运行14年来，累计发生单相接地80余次，接地持续时间有达2h 15min，累计接地持续时间有超过7h 15min；在46次电缆故障中，电缆绝缘击穿占65%，充分显示了U_0级电缆不能可靠运行。在更换抑或继续使用这批电缆的处理对策上，涉及投资而争议难决，就有认为原规范条文说明中的一些不确定提法应予删除（见《电力设备》，Vol.6，No.10，2005，P63～65）。这一报道事例，再次印证本条第2款成立无误。

3.3.3 系原条文3.3.3保留条文。

3.3.4 系原条文3.3.4修改条文。高压输电用直流电缆，由于不存在电容电流，输送有功功率不受距离限制，且导体直流电阻比交流电阻小，又无金属套电阻损耗和介质、涡流、磁滞损耗，从而具有比交流电缆较大的载流量。通常100kV以上输电超过约30km，尤其是海底敷设时，多倾向用直流电缆，世界上迄今使用只有不滴流浸渍（Mass Impregnated Non Draining，简称MIND或MI）层状绝缘或自容式充油电缆两类型，但国外正竞相研制适用于直流输电的XLPE电缆，近年日本开发出直流型250kV、500kV的XLPE电缆，即将应用。

直流电缆的电场分布依赖绝缘电阻率（ρ），且受空间电荷影响，由于ρ是温度的函数，电缆最大场强的部位就随负荷大小改变，故绝缘特性与交流电缆有显著不同。若使用现行交流XLPE电缆，其交联残渣因素，在高温时影响电荷积聚会形成局部高场强，从而导致绝缘击穿强度降低。

本条文关于输电直流电缆绝缘特性的要点，与交流电缆具有不同的特征，是源于国际大电网会议（CIGRE）20世纪80年代的挤包绝缘直流电缆试验导则（草案），以及20世纪90年代日本开发250kV与研制500kV XLPE电缆的试验项目（参见《广东电缆技术》，2004，No.1，No.2）。

3.3.5 系原条文3.3.5修改条文。控制电缆600/1000V与450/750V没有本质区别，控制电缆制造要求的最小绝缘厚度的绝缘强度远大于600/1000V。因此，取消600/1000V电压等级。

3.4 电缆绝缘类型

3.4.1 系新增条文。条文不只是针对现行电缆，也适合不久或将有新型绝缘电缆之应用。如高温（指在低温范畴意义上比以往极低温有大幅提高）超导电缆正进入工业性试运行阶段，我国在世界上也位于前列，其传输大容量时的能耗显著较小，应用前景看好；又如，超高压输电使用压缩气体管道绝缘线（GIL）在一些国家已成功实践，我国随着大容量输电需求也将可能运用。另一方面，近年曾有新型绝缘电缆的推出，虽示出其独特优点，但需以满足条文第1款的试验论证，来规范引导其健康发展。此外，按条文第2款来评估，有的新型绝缘电缆虽具备部分优越特性，但对工程条件并不适用（如易着火，毒性大等），这一规范性制约就具有积极意义。

1 电缆绝缘在一定条件下的常规预期使用寿命不少于30～50年，它与电缆应通过的标准性老化试验实质对应。

2 同一使用条件的不同类型绝缘电缆，有的安装与维护管理较麻烦，但经历长期实践其运行可靠性易于把握；有的造价虽较低，但容许最高工作温度不高从而载流量较低，所需电缆截面较大。在未能兼顾情况下，需视使用条件及其侧重性来选择。

除矿物绝缘型外的电缆绝缘固体或液体材料，都属可燃物质，由含氯、氟等卤化物构成的绝缘电缆，不能用于有低毒无卤化防火要求的场所。

3 21世纪全球进入生态协调呼声日益高涨。日本从20世纪末开始由政府明令公用事业需使用环保型电缆，日本电线工业协会制定了JCS第419号（1998）控制电缆、JCS第418号A（1999）低压电力电缆等环保型产品标准，主要特征是不用聚氯乙烯（PVC）。欧洲的环保活动声势早盛，但在电缆上禁用PVC却经历了反复，如瑞典已明确PVC的淘汰推迟至2007年；此外，基于SF_6气体的温室效应相当于CO_2的2.4万倍，西门子公司推出具有80%N_2与20%SF_6混合气体的500kV GIL，于2001年在日内瓦的工程成功实践，日本近年也步其后尘开发这种环保型GIL。我国电力行业标准DL/T 978—2005中含N_2/SF_6混合气体构造，显示了适应环保之考虑。由此可见，电缆的绝缘用材或构造有适应环保化趋向。

环保型电缆具有的特征：①使用期间对周围生态环境和人体安全不致产生危害；②废弃处理焚烧时不会有二噁英等致癌物质扩散，或掩埋时不会有铅（如用于塑料的稳定剂）之类流失危害；③材料将有再生循环利用可能。

3.4.2 系新增条文。本条文中的“常用”是指在工业与民用范围已广泛应用。

1 中低压电缆曾长期使用粘性浸渍纸绝缘型，世界上除英、俄等少数国家外，如今多已被挤塑绝缘电缆取代，我国现也如此，因而本次修订不再纳入。

低压系统中挤塑类PVC型电缆广泛使用的主要因素是其造价较低，而交联聚乙烯（XLPE）型电缆在近十年来也大量应用，我国XLPE电缆生产能力有了充足发展，两种材料的价格差距逐渐缩小，且XLPE的容许最高工作温度较大，从而按截流量确定的电缆导体截面可较小，XLPE电缆的经济性与PVC电缆不相上下，况且XLPE电缆符合环保化趋势，故在维持继续使用PVC型的同时又纳入XLPE电缆。

2 35kV以上高压电缆的应用，世界上有自容式充油（FF）、钢管充油（PFF）、聚乙烯（PE）、乙丙橡胶（EPR）、XLPE、GIL等类型，其中EPR多在意大利使用且用于150kV及以下，PE在法国、美国等曾有少量使用，我国个别水电厂也引进500kV PE电缆投入运行，PFF、GIL虽在不少国家使用但数量不多，常用的是FF与XLPE电缆，我国也如此。66～330kV FF电缆有30年以上运行实践，而电压至220kV的XLPE电缆比FF电缆使用晚20年左右，近10年有大量应用趋势，且两类电缆在国内均能制造。

FF电缆在国内外已有相当长的成功运行经验，其可靠耐久性较易把握。它比XLPE电缆虽多增了油务的管理，但却因此有油压监视和报警，线路一旦受损能从其信号显示及时发现；此外，对运行电缆抽取油样做色谱分析、电气测试，可实现有效的绝缘监察。这些恰是XLPE电缆所没有的长处。

XLPE电缆不存在供油系统附属装置及其油务带来的麻烦，易受欢迎，包括超高压系统的应用已是大势所趋。但是其实践时间还不够长，400～500kV级XLPE电缆在欧洲、日本的运行实践才不过10年。此外，较长的电缆线路其投资在目前还比FF型贵。因此，在推广XLPE型的同时并考虑了有选用FF型电缆的空间。

3 高压直流输电电缆迄今在世界上使用不滴流浸渍纸绝缘（MI）与FF两种类型，且近年已开发半合成纸（或称聚丙烯薄膜，简称PPLP）取代以往用的牛皮纸，使MI型电缆的容许最高工作温度由原来的50～55℃提升到80℃，载流能力可显著增大。

现行交流系统用的普通XLPE电缆不适合直流输电，因直流电场下交联残渣影响杂电荷的产生，当温度较高时空间电荷积聚易形成局部高场强，这将会导致绝缘击穿强度降低，且其直流击穿强度还具有随温度升高而降低的特性。

另一方面，国外研究直流输电用新型XLPE电缆已见成效，如日本采用在XLPE料中添加具有导电性或者有极性的无机填料两种方法，均可使直流击穿电压提高50%～80%，固有绝缘电阻率也显著提高，据此确认250kV直流XLPE电缆开发成功；随后，又完成500kV级模型的实物性能试验验证，包括在

PE料中加入极性团实施聚合物材料的改性方式，证实直流击穿与极性反转击穿，能分别提高约70%和50%，可认为用XLPE构造直流输电电缆的技术已攻克，不久将获应用。以上简介了国外近年已研究开发XLPE构造直流输电电缆的可行，也就反衬出现行交流常规型XLPE电缆，不能直接用于直流输电系统（可参见《广东电缆技术》，2004，No.1）。

3.4.3、**3.4.4** 系原条文3.4.3、3.4.4保留条文。

3.4.5 系原条文3.4.5修改条文。

3.4.6 系原条文3.4.6修改条文。用于额定电压$U_0/U \leqslant 1.8/3$kV电缆的聚氯乙烯绝缘混合料（PVC/A）的耐受最低温度为－15℃。

3.4.7 系原条文3.4.7修改条文。

3.4.8 系原条文3.4.8修改条文。

3.4.9 系原条文3.4.9修改条文。绝缘层和内、外半导电层三层共挤工艺比二层共挤加半导电包带的工艺构造电缆，有较优的耐水树特性，得到长期实践证实，有利于提高电缆的运行可靠性，且目前国内大多数制造厂已具备此工艺条件，强调6kV重要回路或6kV以上的交联聚乙烯电缆采用该工艺是必要的。

3.5 电缆护层类型

3.5.1 系原条文3.5.1修改条文。

1 曾有多个工程交流单芯电力电缆采用钢带或钢丝铠装，未达载流量就出现电缆过热甚至烧毁事故，因此判断钢带或钢丝铠装所作非磁性处理的实际效果不好，铠装层产生涡流、磁滞损耗并未抑制到预期程度。故本条文强调非磁性处理需确有效，又考虑到现今技术难以实现，故对需要增强电缆抗外力的外护层，首先示明铠装层应采用非磁性金属材料，主要有铝合金等。如广东某核电厂使用的法国铝合金铠装单芯电力电缆，运行中没有过热现象，反映良好，此外，英国等单芯电力电缆也采用铝合金铠装。

2 以聚乙烯（PE）作外护层的电缆，在实际工程中得到较广泛应用，反映较好。

3 原条款3的低温值－20℃修改为－15℃，是基于电缆外护层用聚氯乙烯（PVC）的ST_1、ST_2混合料的耐受最低温度为－15℃。

4 电缆外护层塑料护套的化学稳定性，可参照《城市电力电缆线路设计技术规定》DL/5221—2005附录E。

3.5.2 系原条文3.5.2保留条文。

3.5.3 系原条文3.5.3修改条文。我国南方一些地区，电缆遭受不同程度白蚁危害的现象较普遍，有的蛀蚀电缆外护层乃至金属套，造成110kV、220kV电缆故障，不容忽视。由于化学防治方法的副作用将危害生态环境协调，因而合理的对策是采取物理防治法。

国内外工程实践的做法有：日本强调用硬度较高的光滑尼龙外护层，防蚁性优越，但成本高，且耐酸蚀性较差。以往英国BICC电缆公司在东南亚的白蚁活动地区，采用邵氏硬度不小于65的聚乙烯外护层（见G.F.Moore,《Electric Cables Handbook》,1997），近年梅戈诺（Megolon）公司推出一种Termigon（译称退灭虫）特种聚烯烃共聚物防蚁护套料，不仅硬度比以往毫不逊色，且光洁有弹性又耐磨，防蚁性与抗酸蚀性均优，成本比尼龙低。国内有关单位与之合作，用于通信电缆，经测定符合GB/T 2951.38—1986标准，在电讯行业逐渐使用，2002年又用于肇庆110kV电缆工程实践（见《广东电缆技术》，2003，No.3）。

物理防治方法晚于化学防治方法，经验还不足，认识有待深化。虽然个别地区的金属套或钢铠曾遭白蚁蛀蚀，但还不宜完全否定其功效，仍作为一种防白蚁手段保留。

地下水位较高的地区，采用聚乙烯（PE）外护层，是就材料透水率（g·cm/cm^3·dmm H_2O）而论，一般性PE为28×10^{-8}，而PVC为160×10^{-8}，因此PE的阻水性较好（见《日立电线》，No.2，1982）。

3.5.4 系原条文3.5.4修改条文。原条文第1、7款取消，保留第2款，其他各款有不同程度的修改。

1 除俄、英等极少数国家，一般在中低压回路不再选用浸渍纸绝缘电缆，我国也如此。不滴流浸渍纸绝缘电缆在国外直流400kV及以下输电虽有应用，但今后可能被已开发的XLPE直流电缆取代，故本规范不再纳入浸渍纸绝缘电缆内容。

2 由于铠装电缆成本增加不多且有利安全，故用词“可”改为“应”。

3 交流回路单芯电力电缆铠装层，避免使用钢铠。

4 增加第5款，以适应今后环保要求。

3.5.5、**3.5.6** 系原条文3.5.5、3.5.6保留条文。

3.5.7 系原条文3.5.7修改条文。取消油浸纸绝缘铅套电缆相关内容。

3.5.8、**3.5.9** 系原条文3.5.8、3.5.9保留条文。

3.6 控制电缆及其金属屏蔽

3.6.1 系原条文3.6.1保留条文。

3.6.2 系原条文3.6.2修改条文。为防止相互间干扰，确保运行安全，用词“宜”改为“应”。

3.6.3 系原条文3.6.3修改条文。为防止相互间干扰，确保运行安全，用词“宜”改为“应”。

3.6.4 系新增条文。电流互感器、电压互感器的每组二次绕组各相线和中性线处于同一根电缆中，是消除由于设计配置不当引起干扰的有效措施。

3.6.5 系原条文3.6.4保留条文。

3.6.6 系原条文3.6.5修改条文。目前国内普通控制电缆与带屏蔽的控制电缆价差已缩小，且安全性要求也越来越重要，因此将“宜”改为“应”。

3.6.7 系原条文3.6.6修改条文。增加第2款，是基于原电力工业部1994年1月发布的“电力系统继电保护及安全自动装置反事故措施要点”第7.1条，以增强控制信号回路安全可靠性。

3.6.8 系原条文3.6.7修改条文。备用芯以一端接地方式，可增强屏蔽作用，但备用芯如果两端接地，则会增添电磁感应干扰途径反而不利，故补充只能以一点接地。

3.6.9 系原条文3.6.8修改条文。

1 “一点接地”的要求由“宜”改为“应”，是基于现今不存在条件不许可情况，以确保安全。

2 增加第2款，是基于原电力工业部1994年1月发布的“电力系统继电保护及安全自动装置反事故措施要点”第7.1条，以增强控制信号回路安全可靠性。

3.6.10 系新增条文。规定了控制信号电缆容许量小截面，以防止出现断线，有助于增强安全性。

3.7 电力电缆导体截面

3.7.1 系原条文3.7.1修改条文。

1 电缆导体的持续容许最高温度（θ_m），对应绝缘耐热使用寿命约40年，明确最大工作电流（I_R）需满足不得超过θ_m，是实现电缆预期使用寿命的要素。直接取θ_m求算I_R时，需把所有涉及发热的因素计全才符合上述原则，否则，客观存在的发热因素未完全计入，I_R计算值就会偏大，运行中导体实际温度将超出θ_m。

I_R的算法标准IEC 287（1982）或IEC 60287-1-1（1995），不再像1968年初版时示出各类电缆的θ_m值，而提示θ_m值确定需留有安全裕度。不妨就高压单芯电缆I_R求算时θ_m值的择取作一辨析：1993年IEC 287-1-2首次公布双回并列电缆的涡流损耗率λ_{1d}''算式，此前只有单回电缆涡流损耗率λ_1''的算式，而$\lambda_{1d}''>\lambda_1''$，可认为双回并列电缆在依照$\lambda_{1d}''$与$\theta_m$计算的$I_R$，与仅依$\lambda_1''$（即未计入并行回路引起涡流损耗增大的影响）求算$I_R$时，要使两者相同或相近，就需对后者采取低于$\theta_m$的$\theta_m'$值。这也昭示了IEC 287并非是所有的算式一次性制订完备，因而它不硬性规定单一θ_m值，以不失科学严谨性。藉此还需指出，IEC 60287-1-2（1993）只适合两回单芯电缆并列配置，它主要反映直埋或穿管埋地敷设电缆方式，但我国多以隧道、沟或排管敷设电缆方式，并行两回电缆为层叠配置情况，其λ_{1d}''算式在该标准中却未给出，也没有说明可略而不计。然而，在日本电线工业协会标准JCS第168号E（1995）《电力电缆的容许电流（之一）》中，却示明包含2层及其以上层叠配置单芯电缆的λ_{1d}''算式，经按一般电缆使用条件计算分析，其λ_{1d}''与λ_1''值差异明显而不能忽视（可参见《广东电缆技术》2001，No.3）。因此，在并非所有发热因素计全时，求算I_R若仍依固定的θ_m值计，就满足不了本条款要求。

美国爱迪生照明公司联合会（AEIC）制订的AEIC CS7（1993）《额定电压69kV至138kV XLPE屏蔽电力电缆技术要求》标准中载明：“当I_R计算涉及电缆存在的全部热性数据充分已知，确保θ_m不致超过时，可按θ_m为90℃，否则应采取比该温度降低10℃或其他适当值”。这对于辨析地择取θ_m值的理解，可供参考。

2 关于条款4，电力电缆截面最佳经济性算法IEC 1959标准于1991年首次公示，后又纳入电缆额定电流计算标准系列IEC 60287-3-2（1995；1996修订）。其算法是基于电缆线路初始投资与今后运行期间的能量损耗综合最小。

多年来我国经济持续高速增长，发供电随着用电需求虽在不断迅猛发展，但一些地区仍感电力不足。分析认为，以往一般只按载流量紧凑地选择电缆截面，导致线损较大，这一影响不可忽视；现今地球“温室效应”愈益严重，尤因火力发电的CO_2排放影响占有相当大成分，在这一形势下，需着眼于努力降低损耗、减少电源增长（火电厂一直占有较大份额）带来温室效应的加剧，就需要考虑电缆的经济截面。至于经济截面比按载流量选择截面增大后，降低年损耗的同时会引起初投资的增加，从我国宏观经济条件来看，现已能适应。

由于电缆经济电流密度受电缆成本、贴现率、电价、使用寿命、最大负荷利用小时数等诸多因素影响，难以给出固定不变的电缆经济电流密度曲线或数据，需要时，可按照本规范附录B的方法计算。

3 条款5在原条文基础上新增铜芯电缆最小截面的规定。

3.7.2 系原条文3.7.2修改条文。

IEC等标准关于电缆的持续容许工作电流算法分两类：①负荷为100%持续（100% Load factor），即常年持续具有日负荷率（L_f）为1时的I_{R1}，如发电厂中持续满发机组及其辅机，或工矿主要用电器具等供电回路的负荷电流；②负荷虽持续但并非100%恒定最大，而是周期性变化，即常年持续具有$L_f<1$时的I_{R2}，如城网供电电缆线路等公用负荷电流。

IEC 60287（以往称IEC 287）为I_{R1}算法标准，IEC 60851（原IEC 851）为$I_{R2}=M\cdot I_{R1}$的M算法标准，日本电线工业协会JCS第168号E（1994）、美国电子电气工程师学会IEEE Std 853（1995）标准均同时含I_{R1}、I_{R2}。在空气中敷设的电缆，$I_{R1}=I_{R2}$，直埋或穿管埋地（包括排管）敷设的电缆，$I_{R1}<I_{R2}$；当L_f约为0.7左右时，一般I_{R2}比I_{R1}增大约20%以上。我国长期以来工程实践只计I_{R1}且一般遵循IEC 60287，至于IEC 851-1、IEC 853-2虽早于1985、

1989 年公示，但国内迄今几乎未在工程中运用，或缘于该算法需按日负荷曲线分时计算感到繁琐，而日、美标准只需计入 L_f 求算 I_{R2}，适合工程设计阶段（可参见《广东电缆技术》，2001，No. 4，P. 2～12）。在我国由于尚未广为知晓而缺乏应用，故此次修改标准就没有直接示出 I_{R2}，只在持续工作电流之首增加 100%，这虽是沿袭原规范基本内容，但冠以 100% 的持续工作电流不仅示明归属 I_{R1}，也意味着对于 I_{R2} 和短时应急过载 I_E（参见《广东电缆技术》，2002，No. 4）以及提高载流量的途径（参见《广东电缆技术》，2003，No. 4），都留有另行考虑的空间，显然不应被误解为 I_{R2}、I_E 均排斥或拒绝。从这一意义不妨强调，本规范现仅规定电缆载流能力中属于 I_{R1} 的基本要求。

此外，100%持续工作电流之称谓，既与 IEC 60287 标准名称一致，又与本规范附录 C 内容能相呼应。

3.7.3 系原条文 3.7.3 修改条文。

1 因为含变流、电子电压调整等装置的负荷有高次谐波，诸如变频空调、电气化铁道等。在香港的低压配电电缆、东北某电铁牵引变电站的 220kV 供电电缆工程实践，都已显示了计入高次谐波的影响。

2 条款 3 去掉“塑料”。因为电缆保护管并不局限塑料材质，如复合式玻纤增强塑料、陶瓷等管材，均有应用。

3.7.4～3.7.7 系原条文 3.7.4～3.7.7 保留条文。

3.7.8 系原条文 3.7.8 修改条文。

1 工程建成后 5～10 年取代原条文的 5 年以上，可与较多的工程实际相结合，利于安全，也与《导体和电器选择设计技术规定》DL/T 5222—2005 中的规定一致。

2 将原条文中“保护切除时间”和“断路器全分闸时间”分别改为“保护动作时间”和“断路器开断时间”，使概念更清晰。

3.7.9 系原条文 3.7.9 保留条文。

3.7.10 系原条文 3.7.10 修改条文。

1 补充“配电干线采用单芯电缆作保护接地中性线时”的前提条件，以与《低压配电设计规范》GB 50054—95 协调一致。

2 补充主芯截面 $400mm^2 < S \leqslant 800mm^2$ 和 $S > 800mm^2$ 的保护地线允许最小截面选择要求。

3 新增条款 3。

因多芯电缆的中性线和保护地线合一时的芯线要求，原规范中没有叙及，而实际已较多采用。

3.7.11 系原条文 3.7.11 修改条文。大电流负荷的供电回路，往往由多根单芯大截面电缆并联组成，运行时屡因电流分配不均，其中有电缆出现过热乃至影响继续供电。

交流供电回路多根电缆并联时的电流分配，主要依赖于导体阻抗，同时还受金属层（有环流时）阻抗的影响。并联各电缆的长度以及导体、金属层截面均等，是使电流能均匀分配的必要条件，在应用单芯电缆时，各电缆在空间上几何配置的相互关系，常难使各阻抗值均等；而各电缆的相序排列关系，也影响电流分配。故应以计算方式确定各电流分配的电流值，较为复杂繁琐。近年，首次公布的 IEC 60287-3-1（2002）《多根单芯电缆并联电流分配及其金属层环流损耗的计算》标准，是按照并联电缆的各导体阻抗、金属层阻抗均等的前提下，建立联立方程导出，其算法具有公认的可行性。需要指出的是，该算法从工程实用意义上已并不简单，可推论若不具备并联电缆各导体阻抗、金属层阻抗均等的条件，计算各电缆的电流分配必将更繁琐复杂。

现今，供电回路由多根并列组成的电缆采取相同截面，既不存在条件不许可的情况，而基于上述考虑，故需对原条文用词的“宜”改为“应”，且补增电缆长度尽量相等的要求。

3.7.12 系原条文 3.7.12 保留条文。

4 电缆附件的选择与配置

4.1 一 般 规 定

4.1.1 系原条文 4.1.1 修改条文。

4.1.2 系原条文 4.1.2 修改条文。电缆终端的构造类型，随电压等级、电缆绝缘类别、终端装置型式等有所差异。在同一电压级的特定绝缘电缆及其终端装置情况下，终端构造方式可能有多种类型。

66kV 以上自容式充油电缆终端构造已基本定型且种类有限，然而 XLPE 电缆的终端构造类型较多，其户外式终端、GIS 终端的构造类型及其在世界上主要应用概况，列于表 1。XLPE 电缆远晚于充油电缆运用实践，在逐步提升其应用电压等级的初期，常沿袭后者终端构造型式，其可靠性较易把握；然而在电缆使用增多后，具有注入油/SF_6 的非干式构造终端，往往感到安装或运行管理较麻烦，且有安装质量等因素出现漏油之类缺陷，促使趋向用干式构造；但干式终端实践历史尚不够长，荷兰 150kV 电缆系统曾在 1993 年 1 天中发生多个干式终端一连串故障，经分析判明是橡胶应力锥与 XLPE 电缆绝缘间界面问题所导致（详 IEEE Electrical Insulation Magazine, Yol. 15，No. 4，1999），荷兰于 1997 年向 IEC 提出关于界面绝缘评价的试验方法标准化提案，只因基础性研究不够充分尚未被采纳（详见日本《电气学会技术报告》第 948 号，2004，1），然而，至少可认为，干式终端所含不同绝缘材料间弹性压接的界面压力，长期使用将有自然减小，是否确实不影响绝缘击穿特性，依现行标准试验似还难以充分地评断。这对于电压等级越高其意义显然越需重视。

表 1 66kV 及以上 XLPE 电缆户外式、GIS 终端的构造类型及其应用概况

序号	终端装置名称	终端构造类型特征		主要特点	主要国家应用电压（年份）及其他
		类别	型式		
1	户外式终端	干式	热缩式	需明火作业	欧美应用最高工作电压 72kV
2			橡胶预制	安装与维护简便	法国 66～110kV，我国、日本近已开发
3		非干式（套管内注入绝缘油或 SF_6 气体）	增绕应力锥	沿袭充油电缆所用，有长期实践经验，易把握可靠性。但安装费时	日本 275kV（1980 年）、500kV（1988 年）；法国 66～190kV；英国、韩国 400kV
4			电容锥	—	—
5			导向锥	—	—
6			预制应力锥	安装较简便，可减免潮气影响，绝缘可靠性较高	日本 66～275kV，欧美澳 200～500kV，法国 190kV（注油）、200～500kV（SF_6）
7			预制应力锥复合套管	复合式套管改善耐污特性，可避免爆裂碎片溅飞的破坏影响	瑞士 20 世纪 80 年代开创至 1995 年，110～170kV、220～400kV 各已运行 15 年、5 年；日本近年也开发
8	GIS 终端	无套管	直浸式	预制应力锥＋SF_6 气体构成	法国、瑞典 200～500kV
9		有套管非干式	电容锥	长期实践证实绝缘性可靠	法国 66～190kV，德国 310～500kV
10			预制应力锥	安装较简便	广泛用于 500kV 及以下各高压级
11		有套管干式	预制应力锥	安装更简便，运行管理也简单	欧洲首创，英国 500kV，日本 275kV
12			预制应力锥，导体插接	部件分解简单，安装更进一步简化	德国 110～220kV（20 世纪 90 年代以来）

注：1 表中内容摘自 2000 年日本《电气学会技术报告》第 767 号“关于海外输电电缆的技术动向”。

2 我国的工程实践中序号 2、3、6、7、9、10、11、12 都有不同程度的应用。

本条文既对各类型终端构造的使用特征归纳出合理选择原则，还基于某些电缆或终端的特点，以条款 1、2、3 分别示明必要的制约，又按《额定电压 150kV（U_m＝170kV）以上至 500kV（U_m＝550kV）挤出绝缘电力电缆及其附件——试验方法和要求》IEC 62067—2001 标准，以条款 4 提示需具备满足该标准资格试验（国内常称预鉴定试验）为选用前提；另以条款 5、6 示出并非严格而留有选择余地的推荐内容，它们反映了大多数工程设计的做法或趋向。

4.1.3 系原条文 4.1.3 修改条文。一般套管外绝缘的爬电比距要求，在《高压架空线路和发电厂、变电所环境污区分级及外绝缘选择标准》GB/T 16434 中有选择方法的规定，电缆终端的套管不应低于其要求。GB/T 16434 标准附录 B 提示影响外绝缘发生污闪的因素，往往随时间推移会出现难以预料的变化，工程设计应给今后运行管理留有适当安全裕度。近年，有论述对东北、华北和河南电网大面积污闪事故分析，除证实必须满足爬电比距标准要求外，还强调 500kV 级变电设备的爬电比距应高于所在污秽地区的规定值（可参见《电力设备》，Vol，No. 4，2001）。

电缆终端与一般支持绝缘子在出现闪络击穿事故后的更换影响不同，前者价昂且换装费时，故宜有较大安全裕度。此外，同一盐密度表征的污秽条件下，日本高压电缆终端套管的爬电比距较 GB/T 16434 规定值要稍大些。

综上，本次规范修改以“必须”取代“应”。

4.1.4 系原条文 4.1.4 保留条文。

4.1.5 系原条文 4.1.5 修改条文。

本条款 3：在 275kV 及以下单芯 XLPE 电缆线路，直接对电缆实施金属层开断并做绝缘处理，以减免绝缘接头的设置，为最近欧洲、日本开创的新方法。欧洲是在需要实施交叉互联的局部段，剥切其外护层、金属套和外半导电层，且对露出的该段绝缘层实施表面平滑打磨后，再进行绝缘增强和密封防水处理，形成等效于绝缘接头的功能；日本的方法不同之处只是不切剥外半导电层，从而不存在绝缘层表面的再处理（可参见《广东电缆技术》，2002，No. 4）。

我国近年在 220kV XLPE 电缆线路工程已如此

实践。这种做法，常被称为假绝缘接头。

本条款4：带分支主干电缆（Main cable with branches）（有称预分支电缆）是一种在主干电缆多个特定部位实施工厂化预制分支的特殊形式电缆，它的分支接头，已被纳入该电缆整体，无须另选用T型接头。这种电缆目前我国只有低压级，国外已有6～10kV级，它主要用于高层建筑配电。

4.1.6 系原条文4.1.6修改条文。电力电缆，尤其是高压XLPE电缆的接头构造类型较多。接头的装置类型中直通接头与绝缘接头的基本构成相同，此类接头使用广泛，就高压范围看，充油电缆接头构造几乎已定型，而XLPE电缆随着应用不断扩展和技术进步，其接头选用问题则愈益受到关注。

现将世界上66kV以上XLPE电缆直通接头的构造类型、特点及其主要应用概况列示于表2。从不完全的调查所知，除了表中序号3、5、6等项外，列示的其他类型接头在我国66～220kV系统均有不同程度的应用，实践历史最长不到30年，而近年来，采用预制式接头已是较普遍趋向。

以往使用PJ、PMJ的工程实践中，有在竣工试验或运行不长时间发生绝缘击穿，但这些归属初期实践缺乏经验的因素，易于克服改观，无碍其继续有效应用（参见全国第六次电力电缆运行经验交流会论文集）。同属预制式的CSJ、SPJ，近年虽有较多选用趋向，从减免安装过程中绝缘件受污损，有利于增强绝缘可靠性，但其长期运行的界面压力将自然减小，就使用寿命期内未来是否确能保持所需绝缘特性而论，还不一定优于PJ。综合分析，表2所列各类型构造，除个别外，或许评断为时尚早，因而从一般性考虑按使用特征归纳出合理选择原则。

虽然66～110kV电缆线路原有的TJ多在正常运行，且还将继续。但对于TJ的应用问题，要看到以往采用它是由于接头的构造类型有限，其选择条件不像如今的多样化；TJ的可靠性受人为因素影响较大，是其本质弱点；既然可靠性相对较高的构造类型已不乏供选择，国产PMJ等也已问世，而TJ的应用电压不可能进入220kV级，其发展空间有限，再开发国产绕包机等缺乏实际意义，因此，对于工程设计限制选用TJ，有其积极意义。但这显然不意味现已正常运行的TJ均需撤换，它也不应属于工程设计范畴。

表2 66kV及以上XLPE电缆接头构造类型和主要应用概况

序号	接头构造类型的中英文名称（英文简称）	构成特征与使用性特点	国内外主要应用电压、时间及其反映
1	包带型接头（TJ） Taped Joint	安装过程绝缘易受潮或污染，带与带间空隙难限制在150μm以下，工艺要求高。可靠性缺乏保障	日本用于154kV以下，我国110kV早期曾有相当数量运用，大多正常但发生过几起故障。多认为可靠性难负期望，而几乎不再选用*
2	包带模塑型接头（TMJ） Taping Molded Joint	比TJ绝缘性较好，但安装环境的洁净与防潮要求仍较高	我国某工程110kV TMJ竣工试验曾发生5个击穿，缘于安装工艺欠当**
3	橡胶带绕包模塑型接头（RMJ）Rubber Mold Joint	与TMJ用0.5mm厚可交联的聚乙烯带不同，是用0.25mm橡胶带。比TMJ的加热温度低，时间较短，造价降20%	日本于20世纪90年代末开发，已在66kV实践
4	挤出模塑型接头（EMJ） Extruded Molded Joint	在严格实施安装过程的质量管理，包含藉助电脑处理的X射线成像检测，能检出杂质50、伤痕深60、微孔40μm	日本克服了早期曾出现施工质量问题后，不仅在275kV大量应用，500kV接头的首次实践也采用此型
5	注入模塑型接头（IMJ）	预制橡胶应力锥和增强绝缘件套入连接处，注入液态橡胶，常温固化成形	德国420kV首创，1995年开始做预鉴定试验
6	部件模塑型接头（BMJ） Block Molded Joint	预制出与XLPE同材质的模件套入后模塑成形。比EMJ费时少一半，投资省10%	不存在相异材质的绝缘界面特性影响，可靠性高，日本1996年用于275kV
7	向对型接头（BBJ） Back to Back Joint	由置于注有油/SF_6的封闭筒内2个终端呈顶构成；它也可构成分支接头	澳大利亚1991年用于220kV，德国也应用
8	组合预制期（PJ） Prefabricated Joint	由乙丙橡胶应力锥、环氧树脂绝缘件、弹簧构成。橡胶预制件较小	日本首创，用于132～400kV，韩国66～500kV；英国、丹麦、加拿大、德国用于300～500kV
9	整体预制型（PMJ） Pre-molded Joint	由单一硅橡胶绝缘件构成，其内径与电缆绝缘外径需较大的过盈配合，比PJ安装较简，但需来回拖拽易污损	欧洲首创，瑞典1972年用于80kV，现已至275kV；瑞士、荷兰用于60～500kV；英国、美国、法国、澳大利亚多用于200～300kV；德国、加拿大、意大利、法国用于300～500kV

续表 2

序号	接头构造类型的中英文名称（英文简称）	构成特征与使用性特点	国内外主要应用电压、时间及其反映
10	导体插接式整体预制型（PMJ-CF）	安装时不存在 PMJ 的来回拖拽，绝缘完整性获保障，安装更简，费时更少	荷兰首创，50～150kV 已应用 1500 个以上，275kV 级已通过型式试验
11	预扩径冷缩型（CSJ） Cold-Shrinkable Joint	工厂化预扩径，按所匹配电缆设螺旋形内衬，比 PMJ 易安装，增强绝缘可靠性	日本于 20 世纪 90 年代后期开发用于 66～400kV
12	现场扩径冷缩型或称自压缩型（SPJ） Self-Pressurized Jiont	安装时的扩径使绝缘界面压力特性难免有差异，优点是它在隔氧密封下可保持 10 年，而 CSJ 只 2～3 年	日本首创，1995 年以来 66～132kV 已应用 1300 个、154kV81 个、220kV 包含在我国应用的已有 100 个以上

注：1 * 详见 1997 年、2000 年全国第五次、第六次电力电缆运行经验交流会论文集，《上海电力》1993，No.1。

** 详见 1992 年全国第四次电力电缆运行经验会论文集。

2 除注 1 所示外，其余详见《电气学会技术报告》第 767 号，2000，3。

4.1.7、**4.1.8** 系原条文 4.1.7、4.1.8 保留条文。

4.1.9 系新增条文。电力电缆的金属层直接接地，是保障人身安全所需，也有利于电缆安全运行。

交流系统中三芯电缆的金属层，在两终端等部位以不少于 2 点接地，正常运行时金属层不感生环流。未规定单芯电缆一般也如此实施接地，是考虑正常运行的单芯电缆金属层感生环流及其损耗发热影响，故另以第 5.1.10 条区分要求。

电力电缆的金属层，为金属屏蔽层、金属套的总称，对于既有金属屏蔽层又有金属套的单芯电缆，金属层的接地是指二者均连通接地。

4.1.10 系原条文 4.1.9 修改条文。交流单芯电缆金属层正常感应电势（E_S）的推荐算法示于本规范附录 F，适合包括并列双回电缆的常用配置方式。它引自日本东京电力公司饭冢喜八郎等编著《电力ケーブル技术ハソドブシク》，1994 年第 2 版。以往虽有资料给出 E_S 算法，或较繁琐；或仅示出 1 回电缆，而并列双回是大多电缆线路工程的一般性情况，忽视相邻回路影响的 E_S 算值，就比实际值偏小而欠安全。

1 50V 是交流系统中人体接触带电设备装置的安全容许限值。它基于 IEC 61936—1 标准中所示人体安全容许电压 50～80V；IEC 61200—413 标准按通过人体不危及生命安全的容许电流 29mA（试验测定值为 30～67mA）和人体电阻 1725Ω 计，推荐在带电接触时容许电压为 50V。

2 本款原规范感应电势容许值为 100V，此次修改提升为 300V，修改原因及其可行性、注意事项和这一修改的积极意义，分述如下：

1）高压电缆截面和负荷电流的愈益增大，在较长距离电缆线路工程，受金属正常感应电势容许值（E_{SM}）仅 100V 的制约，往往不仅不能采取单点接地，而且交叉互联接地需以较多单元，使得不长的电缆段就需设置绝缘接头。如 500kV 1×2500mm² 电缆通常三相直列式配置时，每隔约 250m 就需设置接头；若以品字形配置虽可增大距离，但在沟道中会使蛇形敷设施工困难，且支架的承受荷载过重、截流量较小以及安全性降低，因而靠限制电缆三相配置方式并非上策。

又基于超高压电缆的接头造价昂贵，且接头数量若多，不仅安装工作量大、工期长，且将影响运行可靠性降低，因而，近些年来日本、欧洲在大幅度增加电缆制造长度的同时，还采取提升 E_{SM} 的做法，以作为一揽子对策。如：日本中部电力公司海部线 275kV 1×2500mm² XLPE 电缆 23km 长，实施 5 个交叉互联单元，平均 4300m 长单元的 3 个区间段中，最长段按电缆制造长度 1800m 考虑；福冈 220kV 1×2000mm² XLPE 电缆线路 2.8km 长，若按以往电缆制造长度约 500m，需实施 2 个交叉互联单元，现可采取 1 个交叉互联，其最长区段按电缆制造长度增加为 1050m 考虑，由于接头减少，工程总投资节省了 5%；其他还有类似的工程实践，都具有 E_S 达 200～300V 的特点（参见《电气评论》，1997.7 和《フジクラ技报》，1998.10 等）。英国国家电网公司于 20 世纪初对运行 30 年的 21km 长 275kV 电缆线路改造，研究了由原来的 28 个交叉互联单元缩减为 7 个可行，交叉互联单元段增至 2955～3099m，其中最大 E_S 达 214V；西班牙马德里地区 400kV 1×2500mm² XLPE 电缆 12.7km 长输电干线，采取 5 个交叉互联单元，单元中最长区段按电缆制造长度 850m 考虑，E_S 达 263～317V，该线路于 2004 年建成运行（参见《IEEE TPD》，Vol. 18，No. 3，2003 和《Transmission & Distribution world》，2005，8）。

2）原规范规定 $E_{SM} \leqslant 100V$，主要是参照日本 1979 年出版的《地中送电规程》JEAC 6021，该规程 2000 年修订版取消 100V，改为在采取有效绝缘防护时不大于 300V；着有绝缘防护用具或带电作业器具时不大于 7000V（见《地中送电规程》JEAC 6021—2000）。此外，IEC 的有关标准迄今未显示 E_{SM} 值，然而在国际大电网会议（CIGRE）的有关专题论述中，曾涉及 E_{SM} 的提升，20 世纪 70 年代，当时一般按 E_{SM} 为 50～65V 的情况下，CIGRE 有撰文提出，在人体不能任意接触的情况，E_{SM} 可取 60～100V；2000 年 CIGRE 的论述则提出 E_{SM} 可取 400V。美国电子电气工程师学会（IEEE）较早的标准《交流单相电缆金属层连接方式适用性以及电缆金属层感应电势和电流的计算导则》IEEE Std575—1988 载有：应以安全性限制 E_S，却未明示 E_{SM} 值，只指出按通常电缆外护层的绝缘性，E_{SM} 可达 300V，但需以 600V 为限；该导则附录中还示出当时北美地区电缆工程实践的 E_S 最大值：美国 60～90V，加拿大 100V，均比同期欧洲广泛以 65V 的做法要高。

3）E_{SM} 超出 50V 时，不论是 100V 或 300V，都属于人体不能任意接触需安全防护的范畴，这一电压终究不很高，在考虑工作人员万一可能带电接触，如电缆外护层破损有金属层裸露时，运行管理中可明确需着绝缘靴或设绝缘垫等；至于在终端或绝缘头有局部裸露金属，除了可设置警示牌外，对安置场所可采取埋设均压带或设置局部范围绝缘垫等措施。

顺便指出，按带电作业用绝缘垫产品适用电压等级划分为 4 类，其 0 类、1 类为 380V、3000V，相应耐压为 10kV、20kV，故可认为 E_{SM} 无论是 100V 或 300V，绝缘垫选用也无差异（见《带电作业用绝缘垫》DL/T 853—2004 标准）。

4）E_{SM} 值由 100V 提升至 300V，对于电缆外护层绝缘保护器（简称护层电压限制器）的三相配置接线与参数匹配，有如下考虑：

①由于金属层上电气通路远离直接接地点的 E_S 值，较以往可能增大 3 倍，在系统发生短路时该处的工频过电压（U_{ov}）相应也将比以往情况增大 3 倍，为使装设于该处的护层电压限制器承受的 U_{ov} 不致过高，可把三相接线由过去的 Y_0 改为采取 Δ 或 Y 等，从而使作用于护层电压限制器的 U_{ov}，可降至 Y_0 时的 $1/\sqrt{3}$ 或 1/2 倍或者更低。

②护层电压限制器的残压（U_r），不得超出电缆外护层冲击过电压作用时的保护水平（U_L），其工频耐压（U_R）应满足 $U_R \geqslant U_{ov}$，是其参数选择匹配原则。如果因 U_{ov} 比以往显著增大而不再满足该关系式，其方法之一是添加阀片串联数来提高 U_R，但伴随着 U_r 会增大，需验核 $U_r \leqslant U_L$ 是否仍满足。近年日本的工程为适应 E_{SM} 提升，曾采用此方法实践，或有启迪性。

③若上述①、②尚不足以适应，可促使开发更佳参数的护层电压限制器，也并不存在克服不了的技术障碍。

5）提升 E_{SM} 的积极意义，是减免单芯电缆线路接头的配置，既降低工程造价和缩短工期，又有利于增强电缆线路系统的可靠性。电压等级越高，其效益越明显。此外，还将会促使我国生产厂家增大电缆制造长度，随之更有助于上述积极意义的体现。总之，在我国经济形势持续高涨下，高压、超高压的大截面单芯电缆线路工程建设，将不断发展，提升 E_{SM} 仅每年投资节省费，估计将超过百万元或千万元以上。

4.1.11 系原条文 4.1.10 修改条文。

1 单点接地方式增添在线路中央部位也可实施，有利于其应用范围扩大。

2 原条文“35kV 及以上的电缆线路”系印误，现更正为“35kV 及以下电缆”。

3 电缆金属层实施绝缘分隔以取代绝缘接头，近年在国内外已成功实践。见第 4.1.5 条说明。

关于接地方式选择在中低压单芯电缆的国外做法简介如下：

35(或 33)kV 及以下电缆线路在不能以单点接地时，英国、日本等国通常是采取全接地方式，仅在 33kV 级大截面线路可能用交叉互联（见 G. F. Moore，《Electric Cables Handbook》，1997）。

4.1.12 系原条文 4.1.11 修改条文。

单芯电力电缆及其接头的外护层和终端支座、绝缘接头的金属层绝缘分隔、GIS 终端的绝缘筒这三个部位，冲击耐压指标在国内外标准中有不尽全面的各自规定，现列于表 3。

表 3 国内外标准中载列单芯电缆及其附件的冲击耐压（kV）指标

标准号	部　位	各额定电压级对应外护层等冲击耐压（kV）				
GB/T 11017 GB 2952 GB/Z 18890.1	额定电压（kV）	≤35	66	110	220	500
	电缆外护层、户外终端支座	20	—	37.5	47.5	72.5
IEC 60229	电缆主绝缘额定冲击耐压（kV）	<380	—	380～750	750～1175	≥1550
	电缆外护层	20	—	37.5	47.5	72.5
IEC 60840—1999	电缆主绝缘额定冲击耐压（kV）	250～325	—	550～750	—	—
	电缆及其接头外护层，终端支座	30	—	30（37.5）	—	—
	绝缘接头的金属层分隔绝缘	60	—	60（75）	—	—
JEC 3402 （日）	额定电压（kV）	—	66～77	110～187	220～275	500
	电缆外护层等	—	45 (50)	60	65	80
	GIS 终端的绝缘筒	—	40	50	—	—
IEEE 404—1993 （美）	额定电压（kV）	—	46～138		—	—
	绝缘接头的金属分隔绝缘	—	60		—	—

为评估电缆系统上述部位可能作用的暂态过电压，可经由计算或测试两个途径，简述如下：

1　按电缆连接特征的等价电路求算：

1）电缆与架空线直接相连的情况，外护层的雷电冲击过电压算法：

①首侧终端接地、电缆尾侧金属层开路端的冲击过电压 U_{SA} 的表达式：

$$U_{SA}=2E\frac{RZ_{se}/(R+Z_{se})}{Z_o+Z_c+[RZ_{se}/(R+Z_{se})]}(\text{kV})\qquad(1)$$

或当电缆尾端接有大的电容时：

$$U_{SA}=-4E\frac{Z_c}{Z_o+Z_c}\times\frac{Z_{se}}{Z_c+Z_{se}}\ (\text{kV})\qquad(2)$$

②尾侧终端接地、电缆首侧金属层开路端的冲击电压 U_{SB} 的表达式：

$$U_{SB}=2E\frac{Z_{se}}{Z_o+Z_c+Z_{se}}\qquad(3)$$

式中　E——雷电进行波幅值（kV）；

Z_o——架空线波阻抗（Ω），一般为400～600Ω；

Z_c——电缆导体与金属层之间波阻抗（Ω）；

Z_{se}——电缆金属层与大地之间波阻抗（Ω）；

R——金属层接地电阻（Ω）。

Z_c、Z_{se} 与电缆规格、型式和敷设方式有关，尤其后者影响差异较明显。理论计算值与实测值往往有较大差异，现从日本和国际大电网会议（CIGRE）文献中摘列部分 Z_c、Z_{se} 值，列于表4。

表4　部分单芯电缆 Z_c、Z_{se} 值

电缆敷设方式	电缆规格、型式			实测值（Ω）		计算值（Ω）	
	电压（kV）	截面（mm^2）	型式	Z_c	Z_{se}	Z_c	Z_{se}
隧道	275	2500	充油	17.6	77	17.6	78.4
	220	2500	充油	17.8	53.9	15.5	79.2
	154	800	充油	13	21.4～22.6	10.9	87.5
管道	154	800	充油	15	22～25	16.6	5.7
	77	400	充油	14.3	12.7	13.2	8.6
	77	400	XLPE	29.6	25.5	26.4	6.9
	77	2000	XLPE	19.9	55.9	15.7	5.1
直埋	275	1000	充油	19	10.9	19.2	2.6
	225	400	充油	30	12.1	23.6	3.3
	110	1400	充油	10	11.5	8.8	3.2

2）电缆直连GIS终端的绝缘筒，因断路器切合时产生操作过电压，具有约20MHz高频衰减振荡波和波头长0.1μs陡度的特征，该行波沿电缆导体浸入，在金属层感生暂态过电压的相关因素和等价电路，示于图1，可得到绝缘筒间过电压（U_{ab}）、电缆金属层对地过电压（U_s）的表达式：

$$U_{ab}=2E_1\frac{\dfrac{L_2Z_{cs}}{L_2+Z_{cs}}+\dfrac{L_1Z_{se}}{L_1+Z_{se}}}{Z_c+Z_{cb}+\dfrac{L_2Z_{cs}}{L_2+Z_{cs}}+\dfrac{L_1Z_{se}}{L_1+Z_{se}}}\qquad(4)$$

$$U_s=\frac{Z_{se}}{Z_{se}+Z_{cs}}U_{ab}(1-\varepsilon^{-\alpha})\qquad(5)$$

$$\alpha=\frac{1}{C}\cdot\frac{Z_c+Z_{cb}+Z_{se}+Z_{cs}}{(Z_c+Z_{cb})(Z_{se}+Z_{cs})}\qquad(6)$$

式中　E_1——GIS的断路器切合过电压沿电缆导体进行波幅值（kV）；

Z_{cb}——气体绝缘母线的芯线与护层间波阻抗（Ω）；

Z_{cs}——气体绝缘母线的护层与大地间波阻抗（Ω）；

L_1、L_2——气体绝缘母线和电缆的各自接地线感抗（Ω）；

C——两护层间的杂散电容（F）；

其余符号含意同上。

以上算法虽不复杂，然而在工程设计中要确定准确的有关参数，一般较难办。

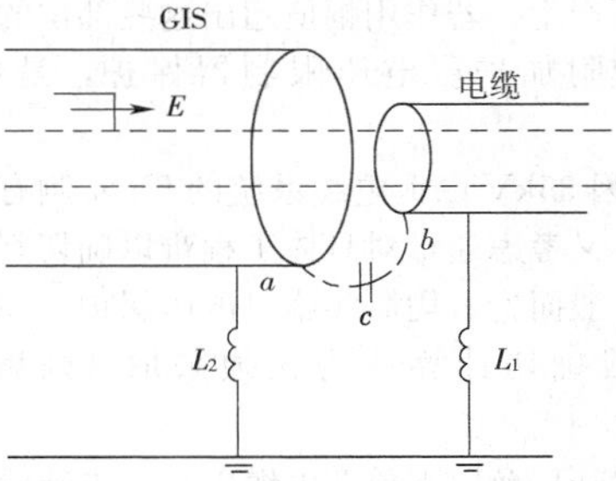

（a）连接形态

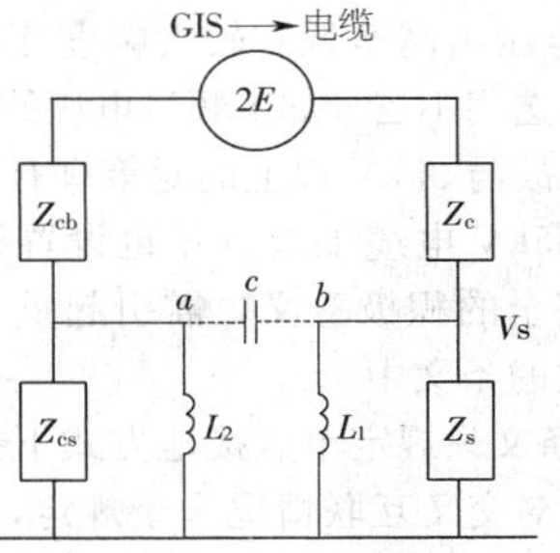

（b）等价电路

图1　电缆直连GIS终端绝缘筒的暂态过电压计算用等价电路

2　经由实际系统的测试结果评估。迄今所见，主要有日本报道过66kV及以上单芯电缆线路的系列实际测试，现摘列部分结果如下：

1）对于66～275kV电缆未设置护层电压限制器情况，20世纪80年代起先后进行过10次以上测试，电缆线路金属层对地暂态过电压（U_s）分别达45.6kV、100～219kV、90～246kV（相应额定电压级为 66kV、154kV、275kV)，均已超出电缆外护层绝缘耐压水平。

此外，系列 66～154kV 电缆具有多个交叉互联单元的长线路测试数据，显示了电缆线路首端（雷电波侵入侧；若线路另一侧直连架空线，则存在两侧首端）起始 1～2 个交叉互联单元的 U_s 才有超过耐压值情况，其后的 U_s 均在耐压水平以下。虽如此，但日本对 275kV 及以上电缆线路所有的绝缘接头，均仍设置护层电压限制器以策安全。

2) 66～275kV 电缆直连 GIS 终端的绝缘筒，在 3 种不同条件电缆线路的测试结果，U_{ab} 分别达 44.9kV、52.4kV、104.4kV、186.6kV（相应额定电压级为 66kV、77kV、154kV、275kV），均超出耐压值，若在绝缘筒并联 0.03μF 电容或护层电压限制器，则测得 U_{ab} 不超过 6～14kV，证实有效。[参见日本《电气学会技术报告》第 366 号（1991）、第 527 号（1994）等专题论述]。

3 基于以上论述就本条文内容作如下解释。

1) 单芯电缆的外护层等 3 类部位，在运行中承受可能的暂态过电压，如雷电波或断路器操作、系统短路时所产生，若作用幅值超出这些部位的耐压指标时，就应附加护层电压限制器保护，是作为原则要求。

2) 因 35kV 以上电缆系统的 U_s 实测有超出耐压值情况，又考虑通常对具体工程难以确切判明，为安全计就一般而论，均需实施过电压保护。如果有工程经实测或确切计算认为无须采取，则属“一般”之外。

3) 35kV 及以下单芯电缆以往多未装设护层电压限制器，经多年运行尚未反映有过电压问题；而实测 U_s 随额定电压由高至低有较大幅度变小的趋势，况且设置后若选用不当（如工频过电压的热损坏）也会带来弊病，故与 35kV 以上的对策宜有所区分。鉴于国内有的 35kV 电缆工程近年也设置护层电压限制器，利于安全的积极意义，需引起重视，现都综合反映于修改的条文中。

4) 原条文只规定单点接地方式下护层电压限制器的设置，对交叉互联情况未予规定，易产生误解，现予以补增。

5) 本条款 1 的第 3) 项也系补增。首先需指出，我国迄今使用电缆直连 GIS 终端为国外引进产品，国内有关标准尚无 GIS 终端的绝缘筒耐压指标，现基于上述第 1 款第 2) 项，并借鉴日本《地中送电规程》JEAC 6021—2000 规定（如图 2）拟定此对策。其次在用词上并未以“应”而取“宜”，是考虑到一旦若选用较高的耐压指标而确能耐受 U_{ab} 时，保护措施或将免除。

4.1.13 系原条文 4.1.12 修改条文。现行的电缆用护层电压限制器（Sheath Voltage Limiter，简称

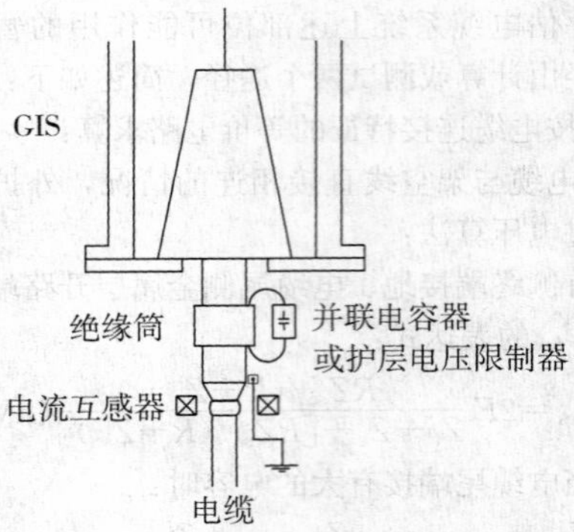

图 2　GIS 终端绝缘筒及其接地和保护示意

SVL）主体为无间隙的氧化锌阀片，具有电压为电流函数的非线性变化特征，其特征参数含：①起始动作电压 U_{1mA}；②残压 U_r；③一定时间内的工频耐压 $U_{AC.t}$。

1 雷电波侵入或断路器操作时产生的冲击感应过电压，使 SVL 动作形成的 U_r，不致超过电缆护层绝缘耐受水平，是作为其功能的基本要素之一。U_r 乘以 1.4 是计入绝缘配合系数。

2 电缆金属层相连的 SVL，在系统正常运行时所承受几百伏内的电压下，具有很高的电阻性，犹如对地隔断状态；当系统短路时产生的工频过电压（$U_{OV.AC}$），在短路切除时间（t_k）内，不超出 $U_{AC.t}$ 时则 SVL 能保持正常工作。

我国现行 SVL 用的串联阀片，显示有单个阀片的特性参数，其 $U_{AC.t}$ 按 2s 给出。日本按 66～275kV 电缆系统用的整体 SVL 示出参数含有 $U_{1mA} \geqslant 4.5$kV，$U_r \leqslant 14$kV；另对 SVL 在工频过电压下是否出现热损坏的界定，曾基于系列试验归纳出电压、时间临界关系曲线，如 t_k 为 0.2s 或 2s 时，不发生热破坏的相应临界工频电压为 6.4kV 或 6kV（参见《电气评论》1997 年 7 月号载“电力ケーブル防食层保护装置の适用基准”）。

就 t_k 值的确定而论，不同电压级系统继电保护与断路器动作的可靠性统计，显示了 t_k 存在差别，如日本 1984～1991 年根据 3 大电力系统实绩，按电压级 500kV、275kV、154kV 及以下，推荐 t_k 相应为 0.2s、0.4s、2s（见《电气学会技术报告》第 527 号，1994）；但英国则按继电保护的第 2 级动作来择取 t_k（见 G. F. Moore，《Electric Cables Handbook》，1997）；我国的部分运行统计，则显示与日本类似规律。按原条文 t_k 统一按 5s 计诚然偏安全，但考虑到此次修改正常感应电势由 100V 提升至 300V 后，将使 $U_{OV.AC}$ 值比以往会增大，随之给 SVL 的 $U_{AC.t}$ 选择可能带来困难，而对超高压电缆的 t_k 考虑比 5s 减小时就有所弥补，故修改原条文硬性的 5s 规定，采取变通的表达。

4.1.14 系原条文 4.1.13 修改条文。

1　单点接地方式电缆线路的 SVL 接线配置方式有 Y_0、Y 或 Δ。一般安置 SVL 的环境较潮湿，Δ、Y 法的 SVL 需保持对地绝缘性，且不及 Y_0 法易于实施阀片的老化检测，故以往实践中多使用 Y_0 法，且三相装一箱，其中每台 SVL 还配置连接片或隔离刀闸。又 Δ 比 Y_0 的抑制过电压效果较好，但承受工频过电压却是 Y_0 法的 1.73 倍；Y 则比 Y_0 的工频过电压稍低，它适合接地电阻大于 0.2Ω 情况。

2　交叉互联电缆线路在绝缘接头部位，设置 SVL 的三相连接方式有多种提议，主要有：(a) Y_0；(b) Δ 或桥形不接地；(c) 桥形接地；(d) Δ 加 Y_0 双重式等。日本《地中送电规程》JEAC 6021—2000 载有 (a) ～ (c) 示例，如图 3 所示。

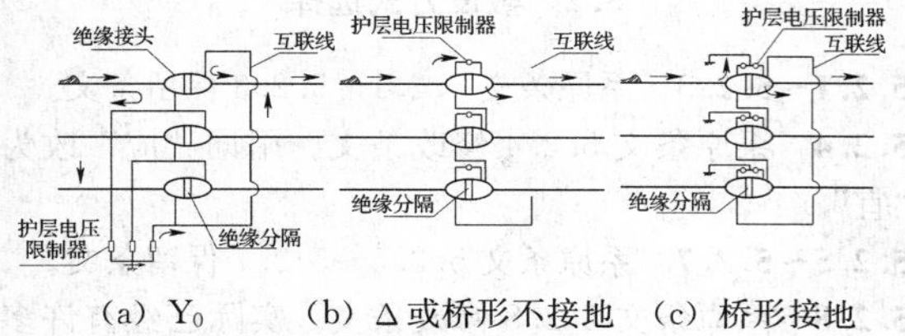

(a) Y_0　　(b) Δ 或桥形不接地　(c) 桥形接地

图 3　交叉互联线路设置护层电压限制器的三相接线方式

从暂态过电压保护效果看，按最佳到较差的顺序依次有(d)＞(c)＞(b)＞(a)；就(b)与(c)相比，如果保护回路一旦断线时，对地的暂态感应电势（U_s）二者虽相当，但绝缘接头金属层绝缘分隔的跨接暂态感应电势（U_{AA}），(b) 比 (c) 显著较高；就连接线长度影响而论，(a) 方式的连接线比 (b)、(c) 长，一般达 2～10m 或电缆直埋时可能更长，暂态冲击波沿连接的波阻产生压降，与 SVL 的 U_r 一起叠加作用之 U_s，前者就往往占有相当份额，而 (c) 配置方式跨接于绝缘接头的 SVL 以铜排连接时长度只为 0.02～0.2m。

从系统短路时产生 $U_{OV.AC}$ 作用于 SVL 的大小来看，(a) 为 (b) 的 $1/\sqrt{3}$，(c) 为 (b) 的 1/2。

从运行中定期需进行检测的方便性来看，带有隔离刀闸的 Y_0 接线方式 (a)，就有其优点。

英国等欧洲电缆直埋线路曾广泛使用 Y_0 接线，日本以往曾用 Y_0，近年则主要采取上述 (b)、(c)，也有采取 (b) 与 (a) 联合方式。

3　SVL 连接回路的要求，除了从电气性协调一致考虑外，还从实际使用条件以及经验启迪所归纳，尤其是直埋电缆的环境。例如英国直埋电缆线路设置的 SVL 箱，按可能处于 1m 深水中条件做防水密封；箱壳顶采取钟罩式；箱体采取铸铁或不锈钢；箱内绝缘支承用瓷质件；对同轴电缆引入处加密封套；部分空隙以沥青化合物充填等。国际大电网会议（CIGRE）的有关导则也强调箱体应密封防潮。又如我国工程实践，有的箱底胶木板在运行中受潮丧失绝缘性，同轴电缆未与它充分隔开时，进行绝缘检测易出现误判等。

注：参见《电气学会技术报告》第 366 号(1991)，第 527 号(1994)；G. F. Moore，《Electric cables Handbook》，1997；《Electra》No. 128，1990；《上海电力》No. 4，2001 等。

4.1.15　系原条文 4.1.14 修改条文。工程实践显示，一般是在单点接地方式下考虑设置回流线所带来改善的功能，现按此改变原条文表达方式，既确切又有助提示其积极意义，以适应规范有关条款改变后的局面，即此次单芯电缆金属层正常运行下感应电势限值由 100V 提升至 300V，将使电缆线路单点接地方式的容许距离显著增长，随之在系统短路时产生的工频感应过电压（$U_{OV.AC}$），会比以往有增大至约 3 倍可能，设置回流线以抑制 $U_{OV.AC}$ 就不失为一有效对策。

如 $U_{OV.AC}$ 值增高超出 SVL 的 $U_{AC.t}$ 时，交叉互联接地具有的使 SVL 由 Δ 接法改变为 Y_0、桥形接地来降低 $U_{OV.AC}$ 之途径，对单点接地方式却不适应，需以回流线的设置来适应。

4.1.16　系原条文 4.1.15 修改条文。110kV 及以上交流系统中性点为直接接地，系统发生单相短路时，在金属层单点接地的电缆线路，沿金属层产生的 $U_{OV.AC}$ 有下列表达式：

无并行回流线：

$$U_{OV.AC}=\left[R+\left(R_g+jw\times10^{-4}\ln\frac{D}{r_s}\right)l\right]I_k \quad (7)$$

有并行回流线，回流线与电源中性线接地的地网未连通：

$$U_{OV.AC}=\left(R_P+j2w\times10^{-4}\ln\frac{s^2}{r_P r_s}\right)lI_k \quad (8)$$

有并行回流线，回流线与电源中性线接地的地网连通：

$$U_{OV.AC}=\left(Z_{AA}-Z_{PA}\frac{R_1+R_2+lZ_{PA}}{R_1+R_2+lZ_{PP}}\right)lI_k \quad (9)$$

$$Z_{AA}=R_g+j2w\times10^{-4}\ln\frac{D}{r_s} \quad (10)$$

$$Z_{PA}=R_g+j2w\times10^{-4}\ln\frac{D}{s} \quad (11)$$

$$Z_{PP}=R_P+R_g+j2w\times10^{-4}\ln\frac{D}{r_P} \quad (12)$$

式中　D——地中电流穿透深度；当 $f=50$Hz 时，$D=93.18\sqrt{\rho}$(m)；ρ 为土壤电阻率(Ω·m)，通常为 20～100；直埋取 50～100；

R——金属层单点接地处的接地电阻(Ω)；

R_P 和 R_1、R_2——回流线电阻（Ω/km）及其两端的接地电阻（Ω）；

R_g——大地的漏电电阻（Ω/km），$R_g=\pi^2\times f\times 10^{-4}=0.0493$；

r_P、r_s——回流线导体、电缆金属层的平均半径（m）；

s——回流线至相邻最近一相电缆的距离（m）；

I_k——短路电流（kA），$w=2\pi f$，f 为工作频率（Hz）；

l——电缆线路计算长度（km）；当 SVL 设置于线路中央或者设置于两侧终端而在线路中央直接接地时，l 为两则终端之间线路长度的一半。

运用（7）～（9）式的一般结果显示：（7）式中 R 占相当份额，同一条件下有（8）比（7）式算值小，（9）比（8）式算值较小因而比（7）式算值更小。由此，本条款 3 和条款 1 的前一段，得以释明，后一段则指，系统短路时在回流线感生的暂态环流，按发热温升不致熔融导体是保持继续使用功能的最低要求，现以热稳定计是留有充分的安全裕度。

需指出，当电缆并非直埋或排管敷设而是在隧道、沟道中，则金属支架接地的连接线就具有一定程度的回流线功能。

注：上述算式可参见江日洪编《交联聚乙烯电力电缆线路》，1997；《Elactra》No. 128，1990 等。

4.1.17 系原条文 4.1.16 保留条文。

4.1.18 系原条文 4.1.17 修改条文。电缆的金属层是金属屏蔽层、金属套的总称。

4.2 自容式充油电缆的供油系统

4.2.1～4.2.6 系原条文 4.2.1～4.2.6 保留条文。

5 电缆敷设

5.1 一般规定

5.1.1 系原条文 5.1.1 修改条文。

5.1.2 系原条文 5.1.2 保留条文。

5.1.3 系原条文 5.1.3 修改条文。

5.1.4 系原条文 5.1.4 修改条文。用词“应”修改为“宜”。

5.1.5、5.1.6 系原条文 5.1.5、5.1.6 保留条文。

5.1.7 系原条文 5.1.7 修改条文。城市电缆从原条文表列值适用范围剔出，是因为《城市工程管线综合规划规范》GB 50289—98 含有相关规定，以避免两个等同规范存在差异时不便执行。

5.1.8 系原条文 5.1.8 保留条文。

5.1.9 系原条文 5.1.9 修改条文。原条文的 5℃提法不便执行，且从安全影响考虑，不能只限于重要回路而应适用于所有的电缆。修改后实质与原国家电力公司 2000 年 9 月 28 日下发的《防止电力生产重大事故的二十五项重点要求》和《火力发电厂与变电所设计防火规范》GB 50229—2006 的有关规定一致。

5.1.10 系原条文 5.1.10 修改条文。

5.1.11～5.1.15 系原条文 5.1.11～5.1.15 保留条文。

5.1.16 系原条文 5.1.16 修改条文。原条文“1kV 以上”属印误，更正为“1kV 以下”。

5.1.17、5.1.18 系原条文 5.1.17、5.1.18 保留条文。

5.2 敷设方式选择

5.2.1～5.2.3 系原条文 5.2.1～5.2.3 保留条文。

5.2.4 系原条文 5.2.4 修改条文。用词“应”改为“宜”。

5.2.5～5.2.7 系原条文 5.2.5～5.2.7 保留条文。

5.2.8 系原条文 5.2.8 修改条文。实际已经有许多不设电缆夹层工程的事例，因此将用词“应”改为“宜”，可根据不同条件留有选择余地，对节省电缆工程土建费用具有积极意义。

5.2.9～5.2.11 系原条文 5.2.9～5.2.11 保留条文。

5.2.12 系新增条文。发电厂等工业厂房采用的桥架是按长时间耐久性要求做一次性防腐处理，又因电缆接头少，故维修周期长，工作量少，而厂房具有管道布置密集、空间受限的特点，因此架空桥架不宜设置检修通道。但城市电缆线路较长，路径常处于交通繁忙且管线设施较多，或有立体交叉等复杂环境中，加之有些桥架一次性防腐处理的耐久性时间不够长，又存在较多电缆接头，需有一定的维护工作量，以往电缆线路架空桥架却因缺乏检修通道，而在维护时阻碍正常交通。故作此规定。

5.3 地下直埋敷设

5.3.1 系原条文 5.3.1 保留条文。

5.3.2 系原条文 5.3.2 修改条文。在我国经济持续增长形势下，许多城镇不断扩大，以致原来未在道路范围内的直埋电缆，随着市政建设快速发展，时有因机械施工被外力损坏，造成人身伤亡、供电中断等事故，故需强调城镇所有地方，不仅局限于道路范围，沿电缆直埋敷设路径需设置标识带。

5.3.3、5.3.4 系原条文 5.3.3、5.3.4 保留条文。

5.3.5 系原条文 5.3.5 保留条文。经多年工程实践，原条文规定的电缆与电缆、管道、道路、构筑物等之间的容许最小距离对保证安全具有重要的指导意义，本次修改纳入强制性条文。

5.3.6～5.3.9 系原条文 5.3.6～5.3.9 保留条文。

5.4 保护管敷设

5.4.1 系原条文5.4.1修改条文。

5.4.2 系原条文5.4.2保留条文。

5.4.3 系原条文5.4.3修改条文。地中电缆保护管的耐受压力，除了覆盖土层的重量，在可能有汽车通行的地方（有的现虽无道路但并不能断定没有载重车经过）还需计入其影响。日本《地中送电规程》JEAC 6021—2000也如此规定，还给出有关计算数据：土层的单位体积重量为16～18kN/m³（不含水分）或20kN/m³（含水分）；路面交通荷重（埋深不超过3m时，计入车辆急刹车时冲击力）为12～35.5kN/mm²（相应埋深由3m至1m变化）。其载重车总重按220kN或250kN，后轮重2×47.5kN或2×50kN，依55°分布角推算出均布荷载。

电缆保护管可使用钢管、塑料管、玻纤增强塑料（FRP）管等，由于FRP管强度较高，不像塑料管需以混凝土加固，可纵向以适当间距设置管枕来直接埋土敷设。现对管枕的容许最大间距示明确定原则，是基于实践的安全性考虑。它与日本同类应用FPR管的技术要求一样。

5.4.4 系原条文5.4.4修改条文。

5.4.5 系原条文5.4.5修改条文。根据设计和现场施工实践，电缆保护管弯头一般不会超过3个，当电缆路径复杂需要3个以上弯头时，可采用两段保护管。

5.4.6、5.4.7 系原条文5.4.6、5.4.7保留条文。

5.5 电缆构筑物敷设

5.5.1 系原条文5.5.1修改条文。电缆构筑物内电缆配置遵循本规范第5.1.2～5.1.4条和第6.1.5条规定，是安全运行的基本要求，此外，电缆配置方式还可有进一步增强安全或提高运行经济性的其他考虑，诸如：①在工作井的管路接口引入的局部段，也以弧形敷设形成伸缩节，使在热伸缩下避免电缆金属套出现疲劳应变超过容许值而导致的开裂；②在隧道等全长线路，每回单芯电缆各相以适当间距，组成品字或直角乃至平列式配置，有助于提高载流量；③2回及以上高压单芯电缆并列敷设情况，加大其并列间距可减少金属套涡流损耗，从而能提高载流量等。这都在一定程度上导致空间尺寸增大，进而可能影响工程造价增加，尤其地中长隧道较显著，因而同时需顾及投资增加因素，选择恰当的配置以使技术经济综合效益最佳。

电缆构筑物内敷设施工与巡视维护作业所需通道的宽、高空间容许最小尺寸，原规范规定值获实践认同，现基本沿袭，仅按新情况稍作调整充实。

1 如今城网电缆隧道以地中推进的构建方式为多，且由于其空间尺寸较大，会导致工程造价很高，故考虑非开挖式比开挖式隧道的通道宽度宜紧凑些。日本《地中送电规程》JEAC 6021—2000规定："考虑到隧道中施工与巡视维护活动的有限次数，通道宽度按正常步行姿势所需不小于700～800mm即可，高度则为不小于2000mm"。可借鉴作为非开挖式隧道引用。

考虑到地中推进大口径管构建的隧道，一般在断面为圆形的下侧弓弦处设置步行地坪，故不再采用隧道净高而采用通道净高。

2 隧道与其他管沟交叉的局部段，容许比人员通行所需高度适当降低的情况，不适用于长距离隧道，以策安全。

5.5.2 系原条文5.5.2修改条文。本条文首先规定电缆支架、梯架或托盘的层间距离确定的原则要求。而影响层间距离的主要因素有：

1 高压单芯电缆呈品字形配置时，可能以铝合金制夹具固定，故对3根电缆外接圆的外径，需计入金具凸出的附加尺寸。

2 接头一般比电缆外径粗，不同构造型式接头有一定差异，就高压XLPE电缆用整体橡胶预制式（简称PMJ或RMJ等）与组合预制式（即橡胶制应力锥与环氧树脂模制部件组装，简称PJ）相比，PJ约比PMJ粗100mm。如220kV 1×2000mm² XLPE电缆外径约为138mm、PJ的外径约为360mm。此外，绝缘接头上直接以铜排跨接护层电压限制器时，又占有一定空间。

3 电缆支架托臂通常为不等腰梯形断面，随着电缆外径越粗其承受荷载就越重，则托臂的断面包含高度尺寸会相应较大。

4 同一电压级电缆截面供选择的范围很大，像中压电缆一般有50～1000mm²，高压有200～2500mm²，故同级电缆的外径变化约1.5～1.7倍。

鉴于上述因素，如果没有前提限制，按电压级来制定满足条文要求的层间距离值，就必然很大，这对使用电缆截面尚小、接头外径不大等情况，显然会导致构筑物尺寸很不经济合理。此外，日本《地中送电规程》JEAC 6021—2000虽未规定统一的层间距离容许值，但就各类使用条件（包含电压级、某一电缆截面以下等）给出示例值以供参考（可参见《广东电缆技术》，2006，No.3）。

考虑原规范表5.5.2所列值历经多年实践，供实际工作者遵循且广受欢迎，再增加330、500kV级数值以充实，并补充使用前提条件后纳入本条文，将给实际工作带来便利。而表5.5.2所列值虽并非适合各电压级的全部截面电缆或所有接头，但如有截面很大或接头外径很粗的情况，由于已明示使用条件具有提示性，将促使按条文原则要求去校核，就可再作调整。

5.5.3 系原条文5.5.3修改条文。原条文"最下层电缆支架距地坪、沟道底部的最小净距（mm）”表中“电缆沟”、“隧道”及“公共廊道中电缆支架未有围栏防护”栏给出的最小尺寸是一个范围，现修改给出明确单一的限定值。

5.5.4～5.5.6 系原条文5.5.4～5.5.6保留条文。

5.5.7 系原条文5.5.7修改条文。在沿袭原规范条文基本要求基础上，作了适当调整。

1 考虑电缆隧道中巡检人员安全出口的需要，城镇公共区域不宜设置过密间距的安全孔（门），且结合一般电缆敷设与通风装置，由75m放宽至200m较合适，但对于非开挖式隧道，通常埋深可能达10～50m，加以大口径管顶进的构建方式，其安全孔设置难度很大，不便对安全孔间距作硬性规定。

2 封闭式工作井当成安全孔供人进出时，在公共区域需要防止非专业人员可能随便进入。如日本《地中送电规程》JEAC 6021—2000就明确规定："工作井的盖板应使得专业工作人员外的一般人不容易开启，以预防任意进入的危险，为此，不仅需盖板具有足够重的重量，而且需使用特殊的开启工具"。

3 敷设电缆用牵引机、电缆接头组装用机具、隧道内安置防噪声的大叶片风机、照明箱和控制箱等，其尺寸较大，安全孔（门）需有适合通过的尺寸。

4 安全孔设置合适的爬梯，是指一般为固定式，且在高差较大时宜有单侧或双侧的扶手栏杆，以保证安全。

5 隧道安全孔的出口设置在车辆通行道路上，将达不到安全效果，宜尽可能避免。

5.5.8～5.5.10 原条文5.5.8～5.5.10保留条文。

5.6 其他公用设施中敷设

5.6.1 系原条文5.6.1保留条文。

5.6.2 系原条文5.6.2修改条文。自容式充油电缆除采用沟槽内埋砂敷设方式外，还可以选择敷设在不燃性材质的刚性保护管中。

5.6.3 系原条文5.6.3保留条文。

5.7 水下敷设

5.7.1～5.7.6 系原条文5.7.1～5.7.6保留条文。

6 电缆的支持与固定

6.1 一般规定

6.1.1 系原条文6.1.1修改条文。在原条文"电缆明敷时，应沿全长采用电缆支架、挂钩或吊绳等支持"中补充"桥架"。

6.1.2～6.1.11 系原条文6.1.2～6.1.11保留条文。

6.2 电缆支架和桥架

6.2.1 系原条文6.2.1修改条文。原条文对电缆支架提出的要求，同样适合电缆桥架，故条文中补充"桥架"。

6.2.2 系原条文6.2.2修改条文。原条文中的电流取值"1000A"修改为"1500A"，与本规范第4.1.8条一致，也与《导体和电器选择设计技术规定》DL/T 5222—2005第7.3.9条相协调。

6.2.3～6.2.6 系原条文6.2.3～6.2.6保留条文。

6.2.7 系原条文6.2.7修改条文。

1 实践证明，屏蔽外部的电气干扰，采用无孔金属托盘加实体盖板能起到较好的效果。

2 在有易燃粉尘场所如火电厂的输煤系统，桥架最上一层装设实体盖板时，以下各层梯架上粉尘不易积聚，又利于电缆散热。

3 高温、腐蚀性液体或油的溅落等需防护场所使用的托盘，最上一层装设实体盖板，可增强防护措施。

6.2.8～6.2.11 系原条文6.2.8～6.2.11保留条文。

7 电缆防火与阻止延燃

7.0.1 系原条文7.0.1保留条文。

7.0.2 系原条文7.0.2修改条文。排管中电缆引至工作井的管孔，也需实施阻火封堵。

7.0.3 系原条文7.0.3修改条文。

1 条款1说明：

1）正在编制的《防火封堵材料》国家标准中已明确，孔洞用的该材料含有：①柔性有机堵料；②无机堵料；③阻火包；④阻火模块；⑤防火封堵板材；⑥泡沫封堵材料。我国已广泛应用①～⑤类，⑥类在欧洲已应用。生产厂家早已推出①～⑤类产品，近年又开发有膨胀型防火密封胶、防火灰泥、防火发泡砖、防火涂层矿棉板等品种。

2）防火封堵组件是一种由非单一封堵材料构成特定厚度的组合体，可含有支撑件。国外如日本电气施工协会按使用条件特征（孔洞口径及其贯穿电缆所占其面积百分数、封堵材料品种组合及其构成方式等）制定系列分类组装件模式，经日本建筑中心（BCJ）防火特性评定委员会评定，通过标准试验确定（BCJ-防火-型号标志）供应用，使封堵阻火性能较可靠地把握（参见日本期刊《电设工业》，2000，5，P44～56）。我国的生产厂家近年也有推出封堵组件，经标准试验证实了阻火性。

3）长期运行中电缆载流量（I_M）受制于电缆导体工作温度（θ_M），封堵部位的散热变差会使局部电缆导体温度持续增高$\Delta\theta$，使I_M值降低，就采用有机堵料与无机堵料两种而论，国内外曾进行过测试，如封堵层 102～340mm 厚且使用无机堵料时，$\Delta\theta$ 达 8～18℃，相应 I_M 需减少 10%～20%；若使用有机堵料时，$\Delta\theta$ 的增值很小可忽略（参见《电力设备》，2002，No.3，P45～51）；像膨胀式有机防火堵料、膨胀式阻火包之类材料，用于封堵时，可使电缆周围存在一定空隙以利正常运行时的散热，而一旦有火焰高温作用，热膨胀形成密封，能起阻火作用，因而也利于 I_M 不致降低。

4）按不同封堵材料的技术经济性，结合使用条件优化选择，如：当电缆贯穿孔洞为适应扩建而留有较大空间时，除对电缆周围宜用有机堵料外，其他空间的填充，可采用廉价、利于工效提高的无机堵料、阻火包等。

2 根据中国移动通讯调查，户外电缆沟设置阻火墙用的阻火包，由于积水浸泡曾有坍塌。故作此规定。

3 条款 4 说明：

1）电缆贯穿孔洞封堵的一侧，若发生电缆着火，通过电缆导体、金属套的热传导，使背火侧出现高温，当电缆表面温度（θ_f）达到外护层材料的引燃温度时，则继续形成电缆延燃。通常电缆外护层为 PVC，其引燃温度约 380℃。而阻火分隔的背火侧高温水随其厚度越薄越显著。对此，常用隔热性来表征，在此项燃烧试验标准中应有所反映，如美国 IEEE Std 634（1978 年）规定 θ_f 不得超过 370℃；日本建设者公告 2999 号、通商产业者第 122 号令所颁标准中，封堵层背火面限值为 260℃、θ_f 为 360℃。

2）防火封堵材料和其组件的阻火性，均经标准试验考核确认。当阻火分隔的构成特征如封堵厚度较薄或电缆截面很大、根数较多等，比该材料的标准试件装置条件苛刻时，其阻火有效性就需再证实。对隔热性不足需施加防火涂料等措施的长度值确定，是基于国内外测试值，一般可考虑 0.5～1m；至于在封堵一侧或两侧施加，需视情况而定，如贯穿楼板孔洞引至柜、盘的电缆，一般在楼板上侧施加即可。

7.0.4 系原条文 7.0.4 保留条文。

7.0.5 系原条文 7.0.5 修改条文。修改原条文对采用阻燃电缆需具有 300MW 及以上机组的条件，改为不限机组容量，以增强电厂的安全。

7.0.6 系原条文 7.0.6 保留条文。

7.0.7 系原条文 7.0.7 修改条文。新增条款 4。

7.0.8 系原条文 7.0.8 保留条文。

7.0.9 系原条文 7.0.9 保留条文。耐火电缆是具有在规定试验条件下，试样在火焰中被燃烧而在一定时间内仍能够保持正常运行性能的电缆，与阻燃电缆有显著区别。耐火电缆有较好的耐燃烧性能，但造价较高。

耐火电缆需着重考核在模拟工程条件及一定温度和时间的外部火焰作用下的持续通电能力。IEC 331 耐火性试验标准规定，火焰作用温度为 750℃时间为 3h，被试电缆应能在工作电压下维持连续通电。日本消防厅 1978 年修正的公告（强制性标准）规定，耐火电缆需在燃烧试验炉内按标准升温曲线的 30min 高温考核，30min 的最高温度为 840℃。我国《电线电缆燃烧试验方法　第 1 部分：总则》GB/T 12666.1—1990 和《在火焰条件下电缆或光缆的线路完整性试验　第 21 部分　试验步骤和要求　额定电压 0.6/1.0kV及以下电缆》GB/T 19216.21—2003 等效 IEC 331，但试验温度和时间与 IEC 331 不同，划分为 A 级 950～1000℃、B 级 750～800℃两类，时间均为 1.5h，要求较 IEC 331 高。

在模拟工程条件及一定温度和时间的外部火焰作用下进行的电缆持续通电能力试验，国内外都进行过多次。在完成《电力工程电缆设计规范》GB 50217—94 报批稿前，国内曾按工程隧道和大厅式条件、配置 4～9 层支架、数十至上百根电缆，进行多次燃烧试验，测得火焰温度高达 875～990℃，每区段 800℃以上的时间未超过 0.5h，接近 1000℃的时间约在 10min 内。前苏联在隧道中 3～5 层支架多根电缆做燃烧试验，测得高温多在 850～1100℃，700～800℃持续时间 12min，隧道中空气温度 850～930℃。美国在大厅条件下配置 7 层电缆托架多根电缆，进行过燃烧试验，测得温度达 850～930℃。

20 世纪 80 年代初，日本东京高层建筑曾发生电缆火灾事故，事后测试，该建筑中的耐火电缆外护层被烧损但绝缘性仍能符合要求，表明符合日本耐火试验标准的耐火电缆经受住了高温火焰考验。英国军舰在马尔维纳斯海战中，其耐火电缆被烧损不能使用，反映出仅达到 IEC 331 标准（750℃），并不足以满足实际所需耐火性，此后促使英国制定出 BS 6387 标准，该标准的电缆耐火最高温度为 950℃、作用时间 20min。

综上所述，耐火电缆符合 GB 12666.1 标准的 A 类较为可靠。

7.0.10～7.0.12 系原条文 7.0.10～7.0.12 保留条文。

7.0.13 系原条文 7.0.13 修改条文。

7.0.14 系原条文 7.0.14 保留条文。

7.0.15 系原条文 7.0.15 修改条文。

附录 A　常用电力电缆导体的最高允许温度

系在原规范附录 A 基础上删改。

1 交流系统中不滴流浸渍、粘性浸渍纸绝缘电缆，现今除俄、英等极少数国家尚继续有限地采用外，我国与大多数国家一样，已不再选用，故删去。

2 电力电缆的耐高温特性与作用时间密切有关，一般分为：①长期持续；②短时应急过载；③短路暂态。世界上仅日、美的标准示出①～③相应允许最高温度 θ_m、θ_{me}、θ_{mk}，迄今 IEC 标准中未曾示明 θ_{me}，且本规范也尚未涉及②项，故仍只列示①、③。

3 自容式充油电缆除以牛皮纸作层状绝缘基材料，国外近有用半合成（聚丙烯薄膜，即 Polypropylene Laminated Paper，简称 PPLP）取代，我国也已具备这一制作能力。现所示普通型 θ_m 值比原规范提高，是根据《交流 330kV 及以下油纸绝缘自容式充油电缆及附件》GB 9326；半合成纸型 θ_m 值则参照日本 JCS 第 168 号 E（1995）、美国 AEIC CS_4（1993）标准。它比法国 275～400kV 自容式电缆 ES 109—5（1991）标准 θ_m 为 90℃稍低。

4 聚氯乙烯（PVC）绝缘电缆的 θ_m 示出值，是按现行国家标准《额定电压 1kV（U_m＝1.2kV）到 35kV（U_m＝40.5kV）挤包绝缘电力电缆及附件》GB/T 12706。它称之为普通型，因另曾研制有耐热型，需有所区分。国外关于 PVC 电缆类型可能的 θ_m 范围，如加拿大有撰述认为可在 60～105℃（参见《IEEE Transactions on Dielectrics and Electrical Insulation》，Vol. 8，No. 5，2001），日本 JCS 第 168 号 E 标准所示 PVC 电缆 θ_m 为 60℃。

5 交联聚乙烯（XLPE）绝缘电缆的 θ_m 示出值，依 220kV 及以下电缆制造标准 GB/T 12706、《额定电压 110kV 交联聚乙烯绝缘电力电缆及其附件》GB/T 11017、《额定电压 220kV（U_m＝252kV）交联聚乙烯绝缘电力电缆及其附件》GB/Z 18890.1～3，以及 500kV 级电缆需满足 IEC 62027—2001 标准试验考核所确定。与原规范 10kV 以上 θ_m 取 80℃不同，现不再按电压区分，都取统一的 90℃，是基于如下考虑：

XLPE 电缆迄今运行已达 30 年以上，并未显示 θ_m 需比额定值有所降低后才能可靠工作。至于日本 JCS 第 168 号 E（1995）标准中虽加注 110kV 以上 XLPE 电缆多使用 θ_m 为 80℃，但从 2001 年 IEC 62027 标准公布推行后，国际上无一例外地都遵从该标准满足长达 1 年的资格试验（或称预鉴定试验），因而再无须留有裕度。此外，按美国标准 AEIC CS7（1993）对 θ_m 值选取要求：需在计算载流量所涉及电缆存在的全部热性数据充分已知，确保 θ_m 不致超过时可采取 90℃，否则应取比该温度降低 10℃或其他适当值。借鉴已纳入本规范 3.7.1 的条文说明中提示，故无必要对本附录列示 θ_m 值打折扣。

需指出的是，国内外现行 XLPE 电缆的 θ_m 均为 90℃，且仅此一种，但日本近有特别选用非交联时具有高熔点（128℃）的聚乙烯料，来研制 θ_m 达 105℃的耐高温 XLPE 电缆，且包含接头等附件也能适应（参见《电气学会论文志》B，Vol. 123，No. 12 或《广东电缆技术》2004，No. 2），因而，或许今后将可能不止当今一种型式，故对所列 XLPE 电缆也注明属普通型。

6 原规范关于 θ_{mk} 的备注，源自早期苏联《电气安装规程》，苏联第 6 版修订已不再含有，而原规范当时沿袭自较早的电力部颁布的《发电厂、变电所电缆选择与敷设设计规程》。现鉴于实际工作多未照办又尚无不良反应，因此，本次修订删除该备注。

附录 B　10kV 及以下电力电缆经济电流截面选用方法

系新增附录。

电缆的经济电流密度是选择电缆的必要条件之一，对于选择电缆继而节省能源、改善环境、提高电力运行可靠性有着重要的技术经济意义。

导体的截面选择过小，将增加电能的损耗；选择过大，则增加初投资。使用经济电流密度选择电缆的目的，就是在已知负荷的情况下，选择最经济的电缆截面。

在经济电流密度的表达式中，有以下几个参数：C_1、A、Y_p、Y_s、P、i、b、a、N、R、N_p、N_c、τ。参数中除 i 为国家规定的贷款利息外，其余的参数均要进行数据统计或调查研究。

经济电流密度计算公式中参数的确定：

（1）C_1：电缆本体及安装成本（元），由电缆材料费用和安装费两部分组成。电缆安装费中不包括电缆头制作及直埋电缆挖填土的费用。

（2）A：电缆投资中有一部分和电缆截面有关，这部分叫做成本的可变部分即为 A。其数值是相邻截面电缆的投资差与截面差的比值，即是电缆截面与投资形成函数的曲线的斜率。单位为元/m·mm²，其公式见本规范式（B.0.2-1）。

对相同型号的电缆，随着截面积的变化 A 值变化的幅度不大，取其平均值作为计算数值。

（3）Y_p、Y_s：Y_p 为集肤效应系数，Y_s 为临近效应系数。

集肤效应系数 Y_p 与导体的直流电阻、截面积及材质有关，其函数表达式为：

$$Y_p = f(X) \tag{13}$$

$X=1256/(R_0 \cdot K_1)$，其中 $R_0 \cdot K_1$ 为在工作温度下导体的直流电阻（Ω/m）。

$R_0=\rho_{20}/S$（Ω/m）为 20℃下的直流电阻最大值。

$K_1=1+\alpha_{20}(\theta_m-20)$，为温度系数，其中 θ_m 为经验数值（见 IEC 287-3-2/1995）取 40℃。

K_1（铝）＝1.0806

K_1(铜)=1.077

邻近效应系数 Y_s 的表达式为：

$Y_s=1.5(d_1/S)^2 \cdot G(X')/[1-5(d_1/S)^2 \cdot H(X')/24]$ (14)

$$H(X')=F(X')/G(X')$$

$$X'=0.984X$$

式中 d——导体外径；

S——导体中心距离。

每种不同型号和材料的电缆，都可以求出各自对应截面的 Y_p、Y_s 值，因同种型号和材料的导体的 Y_p、Y_s 值随截面的变化波动不大，所以在计算中取其平均值。

(4) P：根据 IEC 287-3-2/1995，P 为电价，是在相关电压水平上 kW·h 的成本，也就是使用者的用电成本。P 值根据使用对象的不同是各不相同的。对于使用本专题的三类用户，即发电企业、供电企业和最终用户，要分别进行讨论。对于最终用户 P 值为现行电价，而对于发电企业和供电企业来说则是发电成本和供电成本。

由于发电行业和供电行业还没有完全分开，他们之间仍存在千丝万缕的联系，而且发电厂本身由于发电方式的差异和地域性的差别，其发电成本是千差万别的，而发电企业给电网的上网电价也是各不相同的。因此，国家电力公司动力经济研究中心建议发电成本和供电成本各取一个全国平均价。

(5) i：为贴现率（%），可取全国现行的银行贷款利率。

(6) b：为能源成本增长率（%），根据 IEC 287-3-2/1995，取 2%。

(7) a：为负荷增长率。我们在选择导体截面时所使用的负荷电流是在该导体截面允许的发热电流之内的，当负荷增长时，有可能会超过该截面允许的发热电流。考虑 a 的目的是预计负荷的增长而将导体截面留有一定的裕度。

当使用经济电流密度选择导体截面时，往往选择的经济截面要比发热截面大很多，不存在负荷的增长使发热截面不满足要求的情况；同时，负荷增长率是随时间、空间不断变化的，很难确定其数值；根据灵敏度分析，a 的波动对 J 的影响又很小，所以忽略不计。

(8) N：为经济寿命，即采用导体的使用寿命。考虑某种导体从投入使用一直到使用寿命结束整个时间内的投资和运行费用的总和最小，而不是使用中的某个阶段。

根据 IEC 287-3-2/1995 及国家电力公司动力经济研究中心的建议，N 取 30 年。

(9) R：为交流电阻（Ω/m）。计算公式为：

$$R=R_0 \cdot B \cdot K_1 \tag{15}$$

式中 R_0——20℃下的直流电阻；

B——导体损耗系数；

K_1——温度系数。

(10) N_p：为每回路相线数。本报告中讨论的均为三相导体，所以 N_p 取 3。

(11) N_c：为传输同样型号和负荷值的回路数。考虑为独立的导体，N_c 取 1。

(12) τ：为最大负荷损耗时间，即相当于负荷始终保持为最大值，经过 τ 小时后，线路中的电能损耗与实际负荷在线路中引起的损耗相等。单位为小时，其表达式如下：

$$\tau=(\int_0^{8760} W_o{}^2 \mathrm{d}t)/W_m{}^2 \tag{16}$$

式中 W_o——视在功率；

W_m——视在功率最大值。

实际系统中负荷是随时间变化的，所以送电网络的功率损耗也随着负荷变化而变化。表示负荷随时间变化的曲线称之为负荷曲线。设计新电网时，负荷曲线是不知道的，同时负荷变化同很多因素有关，因此要准确预测某线路的 τ 值是相当困难的。特别是最大负荷损耗时间 τ 和视在功率（全电流）的负荷曲线有关，而一般负荷曲线都是用有功负荷表示，若要将有功负荷曲线改为视在功率负荷曲线就要知道每一时刻的功率因素，这就更困难了。目前可使用最大负荷利用时间 T 来近似求 τ 值。所谓最大负荷利用时间，就是负荷始终等于最大负荷，经过 T 小时后它所送出的电能恰好等于负荷的全年实际用电量。显然 T 与 τ 的关系是由负荷曲线的形状和功率因素决定的。T 的表达式如下：

$$T=(\int_0^{8760} P\mathrm{d}t)/P_m \tag{17}$$

式中 P——有功功率；

P_m——有功功率的最大值。

附录 C 10kV 及以下常用电力电缆允许100%持续载流量

系原附录 B。

附录 D 敷设条件不同时电缆允许持续载流量的校正系数

系原附录 C。

附录 E 按短路热稳定条件计算电缆导体允许最小截面的方法

系原附录 D。

附录 F　交流系统单芯电缆金属层正常感应电势算式

系新增附录。

附录 G　35kV 及以下电缆敷设度量时的附加长度

系原附录 E。

附录 H　电缆穿管敷设时容许最大管长的计算方法

系原附录 F。

中华人民共和国国家标准

输气管道工程设计规范

Code for design of gas transmission pipeline engineering

GB 50251—2015

主编部门：中 国 石 油 天 然 气 集 团 公 司
批准部门：中华人民共和国住房和城乡建设部
施行日期：2 0 1 5 年 1 0 月 1 日

中华人民共和国住房和城乡建设部
公　告

第734号

住房城乡建设部关于发布国家标准《输气管道工程设计规范》的公告

现批准《输气管道工程设计规范》为国家标准，编号为GB 50251—2015，自2015年10月1日起实施。其中，第3.2.9、3.4.3、3.4.4、4.2.4、6.3.4、7.2.1（4）、7.2.2（6）条（款）为强制性条文，必须严格执行。原国家标准《输气管道工程设计规范》GB 50251—2003同时废止。

本规范由我部标准定额研究所组织中国计划出版社出版发行。

中华人民共和国住房和城乡建设部

2015年2月2日

前　言

根据住房城乡建设部《关于印发〈2011年工程建设标准规范制订、修订计划〉的通知》（建标〔2011〕17号）的要求，规范编制组经广泛调查研究，认真总结近年输气管道工程建设实践经验，参考有关国际标准和国外先进标准，并在广泛征求意见，开展多项专题研究的基础上，修订本规范。

本规范共分11章和10个附录，内容包括：总则、术语、输气工艺、线路、管道和管道附件的结构设计、输气站、地下储气库地面设施、仪表与自动控制、通信、辅助生产设施以及焊接与检验、清管与试压、干燥与置换等。

本次修订的主要内容如下：

1. 将原规范“监控与系统调度”拆分为“仪表与自动控制”和“通信”两章编写。

2. 取消原规范中“节能、环保、劳动安全卫生”一章，将其内容补充到相关章节中。

3. 在“线路”章和“输气站”章中分别增加防腐与保温节，在“辅助生产设施”章中增加“供热”节。

4. 增加了一级一类地区采用0.8强度设计系数的相关规定和并行管道设计规定。

5. 补充修订了输气站及阀室放空设计规定、线路截断阀（室）间距调增规定及阀室选址规定，试压、焊接检验与置换要求。

6. 增加了附录J“输气站及阀室爆炸危险区域划分推荐做法”、附录K“埋地管道水压强度试验推荐做法”。

本规范中以黑体字标志的条文为强制性条文，必须严格执行。

本规范由住房城乡建设部负责管理和对强制性条文的解释，由石油工程建设专业标准化委员会负责日常管理，由中国石油集团工程设计有限责任公司西南分公司负责具体技术内容的解释。执行过程中如有意见和建议，请寄送中国石油集团工程设计有限责任公司西南分公司（地址：四川省成都市高新区升华路6号CPF大厦，邮政编码：610041）。

本规范主编单位、参编单位、主要起草人和主要审查人：

主 编 单 位：中国石油集团工程设计有限责任公司西南分公司

参 编 单 位：中国石油天然气管道局天津设计院

主要起草人：谌贵宇　汤晓勇　郭佳春　孙在蓉　李　强　郭成华　孟凡彬　向　波　钟小木　唐胜安　何丽梅　张永红　赵淑珍　吴克信　雒定明　张　平　李　巧　陈　凤　牟　建　陈　杰　陈　静　刘科慧　卫　晓　刘玉峰　卿太钢　傅贺平

主要审查人：叶学礼　苗承武　章申远　任启瑞　梅三强　刘海春　胡　颖　张文伟　史　航　李　爽　吴　勇　张邕生　孙立刚　吴洪松　王冰怀　董　旭　刘嵬辉　卜祥军　李国海　隋永莉　宋　飞　李献军　吴昌汉　马　珂　朱　峰　刘志田　王庆红　张箭啸　李延金　王小林

目　次

Contents

1 总　　则

1.0.1 为在输气管道工程设计中贯彻国家的有关法规和方针政策，统一技术要求，做到技术先进、经济合理、安全适用、确保质量，制定本规范。

1.0.2 本规范适用于陆上新建、扩建和改建输气管道工程设计。

1.0.3 输气管道工程设计应符合下列规定：

1 应保护环境、节约能源、节约用地，并应处理好与铁路、公路、输电线路、河流、城乡规划等的相互关系；

2 应积极采用新技术、新工艺、新设备及新材料；

3 应优化设计方案，确定经济合理的输气工艺及最佳的工艺参数；

4 扩建项目应合理地利用原有设施和条件；

5 分期建设项目应进行总体设计，并制定分期实施计划。

1.0.4 输气管道工程设计除应符合本规范外，尚应符合国家现行有关标准的规定。

2 术　　语

2.0.1 管道气体　pipeline gas

通过管道输送的天然气、煤层气和煤制天然气。

2.0.2 输气管道工程　gas transmission pipeline project

用管道输送天然气、煤层气和煤制天然气的工程。一般包括输气管道、输气站、管道穿(跨)越及辅助生产设施等工程内容。

2.0.3 输气站　gas transmission station

输气管道工程中各类工艺站场的总称。一般包括输气首站、输气末站、压气站、气体接收站、气体分输站、清管站等。

2.0.4 输气首站　gas transmission initial station

输气管道的起点站。一般具有分离、调压、计量、清管等功能。

2.0.5 输气末站　gas transmission terminal station

输气管道的终点站。一般具有分离、调压、计量、清管、配气等功能。

2.0.6 气体接收站　gas receiving station

在输气管道沿线，为接收输气支线来气而设置的站，一般具有分离、调压、计量、清管等功能。

2.0.7 气体分输站　gas distributing station

在输气管道沿线，为分输气体至用户而设置的站，一般具有分离、调压、计量、清管等功能。

2.0.8 压气站　compressor station

在输气管道沿线，用压缩机对管道气体增压而设置的站。

2.0.9 地下储气库　underground gas storage

利用地下的某种密闭空间储存天然气的地质构造、气井及地面设施。地质构造类型包括盐穴型、枯竭油气藏型、含水层型等。

2.0.10 注气站　gas injection station

将天然气注入地下储气库而设置的站。

2.0.11 采气站　gas withdraw station

将天然气从地下储气库采出而设置的站。

2.0.12 管道附件　pipe auxiliaries

管件、法兰、阀门、清管器收发筒、汇管、组合件、绝缘法兰或绝缘接头等管道专用承压部件。

2.0.13 管件　pipe fitting

弯头、弯管、三通、异径接头和管封头。

2.0.14 弹性敷设　pipe laying with elastic bending

利用管道在外力或自重作用下产生弹性弯曲变形，改变管道走向或适应高程变化的管道敷设方式。

2.0.15 清管系统　pigging system

为清除管线内凝聚物和沉积物，隔离、置换或进行管道在线检测的全套设备。其中包括清管器、清管器收发筒、清管器指示器及清管器示踪仪等。

2.0.16 设计压力　design pressure(DP)

在相应的设计温度下，用以确定管道计算壁厚及其他元件尺寸的压力值，该压力为管道的内部压力时称为设计内压力，为外部压力时称为设计外压力。

2.0.17 设计温度　design temperature

管道在正常工作过程中，在相应设计压力下，管壁或元件金属可能达到的最高或最低温度。

2.0.18 管输气体温度　pipeline gas temperature

气体在管道内输送时的流动温度。

2.0.19 操作压力　operating pressure(OP)

在稳定操作条件下，一个系统内介质的压力。

2.0.20 最大操作压力　maximum operating pressure(MOP)

在正常操作条件下，管线系统中的最大实际操作压力。

2.0.21 最大允许操作压力　maximum allowable operating pressure(MAOP)

管线系统遵循本规范的规定，所能连续操作的最大压力，等于或小于设计压力。

2.0.22 泄压放空系统　relief and blow-down system

对超压泄放、紧急放空及开工、停工或检修时排放出的可燃气体进行收集和处理的设施。泄压放空系统由泄压设备、收集管线、放空管和处理设备或其中一部分设备组成。

2.0.23 水露点　water dew point

气体在一定压力下析出第一滴水时的温度。

2.0.24 烃露点　hydrocarbon dew point

气体在一定压力下析出第一滴液态烃时的温度。

2.0.25 冷弯弯管　cold bends

用模具将管子在不加热状态下弯制成需要角度的弯管。

2.0.26 热煨弯管　hot bends

管子加热后，在弯制机具上弯曲成需要角度的弯管。

2.0.27 并行管道　parallel pipelines

以一定间距(小于或等于50m)相邻敷设的两条或多条管道。

2.0.28 线路截断阀(室)　block valve station

油气输送管道线路截断阀及其配套设施的总称，也称为阀室。

3 输 气 工 艺

3.1 一 般 规 定

3.1.1 输气管道的设计输送能力应按设计委托书或合同规定的

年或日最大输气量计算。当采用年输气量时，设计年工作天数应按350d计算。

3.1.2 进入输气管道的气体应符合现行国家标准《天然气》GB 17820中二类气的指标，并应符合下列规定：

1 应清除机械杂质；

2 水露点应比输送条件下最低环境温度低5℃；

3 烃露点应低于最低环境温度；

4 气体中硫化氢含量不应大于$20mg/m^3$；

5 二氧化碳含量不应大于3%。

3.1.3 输气管道的设计压力应根据气源条件、用户需要、管材质量及管道附近的安全因素，经技术经济比较后确定。

3.1.4 当输气管道及其附件已按现行国家标准《钢质管道外腐蚀控制规范》GB/T 21447和《埋地钢质管道阴极保护技术规范》GB/T 21448的要求采取了防腐措施时，不应再增加管壁的腐蚀裕量。

3.1.5 输气管道应设清管设施，清管设施宜与输气站合并建设。

3.1.6 当管道采用内壁减阻涂层时，应经技术经济比较确定。

3.2 工艺设计

3.2.1 工艺设计应根据气源条件、输送距离、输送量、用户的特点和要求以及与已建管网和地下储气库容量和分布的关系，对管道进行系统优化设计，经综合分析和技术经济对比后确定。

3.2.2 工艺设计应确定下列内容：

1 输气总工艺流程；

2 输气站的工艺参数和流程；

3 输气站的数量和站间距；

4 输气管道的直径、设计压力及压气站的站压比。

3.2.3 工艺设计中应合理利用气源压力。当采用增压输送时，应结合输量、管径、输送压力、供电及运行管理因素，进行多方案技术经济比选，按经济和节能的原则合理选择压气站的站压比和确定站间距。

3.2.4 压气站特性和管道特性应匹配，并应满足工艺设计参数和运行工况变化的要求。在正常输气条件下，压缩机组应在高效区内工作。

3.2.5 具有分输或配气功能的输气站宜设置气体限量、限压设施。

3.2.6 当输气管道气源来自油气田天然气处理厂、地下储气库、煤制天然气工厂或煤层气处理厂时，输气管道接收站的进气管线上应设置气质监测设施。

3.2.7 输气管道的强度设计应满足运行工况变化的要求。

3.2.8 输气站宜设置越站旁通。

3.2.9 进、出输气站的输气管道必须设置截断阀，并应符合现行国家标准《石油天然气工程设计防火规范》GB 50183的有关规定。

3.3 工艺计算与分析

3.3.1 输气管道工艺设计至少应具备下列资料：

1 管道气体的组成；

2 气源的数量、位置、供气量及其可变化范围；

3 气源的压力、温度及其变化范围；

4 沿线用户对供气压力、供气量及其变化的要求。当要求利用管道储气调峰时，应具备用户的用气特性曲线和数据；

5 沿线自然环境条件和管道埋设处地温。

3.3.2 输气管道水力计算应符合下列规定：

1 当输气管道纵断面的相对高差$\Delta h \leqslant 200m$且不考虑高差影响时，应按下式计算：

$$q_v = 1051\left[\frac{(P_1^2 - P_2^2)d^5}{\lambda Z \Delta T L}\right]^{0.5} \tag{3.3.2-1}$$

式中：q_v——气体（$P_0 = 0.101325MPa$，$T = 293K$）的流量（m^3/d）；

P_1——输气管道计算段的起点压力（绝）（MPa）；

P_2——输气管道计算段的终点压力（绝）（MPa）；

d——输气管道内径（cm）；

λ——水力摩阻系数；

Z——气体的压缩因子；

Δ——气体的相对密度；

T——输气管道内气体的平均温度（K）；

L——输气管道计算段的长度（km）。

2 当考虑输气管道纵断面的相对高差影响时，应按下列公式计算：

$$q_v = 1051\left\{\frac{[P_1^2 - P_2^2(1 + \alpha \Delta h)]d^5}{\lambda Z \Delta T L\left[1 + \frac{\alpha}{2L}\sum_{i=1}^{n}(h_i + h_{i-1})L_i\right]}\right\}^{0.5} \tag{3.3.2-2}$$

$$\alpha = \frac{2g\Delta}{ZR_a T} \tag{3.3.2-3}$$

式中：α——系数（m^{-1}）；

Δh——输气管道计算段的终点对计算段起点的标高差（m）；

n——输气管道沿线计算的分管段数。计算分管段的划分是沿输气管道走向，从起点开始，当其中相对高差≤200m时划作一个计算分管段；

h_i——各计算分管段终点的标高（m）；

h_{i-1}——各计算分管段起点的标高（m）；

L_i——各计算分管道的长度（km）；

g——重力加速度，$g = 9.81m/s^2$；

R_a——空气的气体常数，在标准状况下（$P_0 = 0.101325MPa$，$T = 293K$），$R_a = 287.1m^3/(s^2 \cdot K)$。

3 水力摩阻系数宜按下式计算，当输气管道工艺计算采用手算时，宜采用附录A中的公式。

$$\frac{1}{\sqrt{\lambda}} = -2.01\lg\left(\frac{K}{3.71d} + \frac{2.51}{Re\sqrt{\lambda}}\right) \tag{3.3.2-4}$$

式中：K——钢管内壁绝对粗糙度（m）；

d——管道内径（m）；

Re——雷诺数。

3.3.3 输气管道沿线任意点的温度计算应符合下列规定：

1 当不考虑节流效应时，应按下列公式计算：

$$t_x = t_0 + (t_1 - t_0)e^{-\alpha x} \tag{3.3.3-1}$$

$$\alpha = \frac{225.256 \times 10^6 KD}{q_v \Delta c_p} \tag{3.3.3-2}$$

式中：t_x——输气管道沿线任意点的气体温度（℃）；

t_0——输气管道埋设处的土壤温度（℃）；

t_1——输气管道计算段起点的气体温度（℃）；

e——自然对数底数，宜按2.718取值；

x——输气管道计算段起点至沿线任意点的长度（km）；

K——输气管道中气体到土壤的总传热系数[$W/(m^2 \cdot K)$]；

D——输气管道外直径（m）；

q_v——输气管道中气体（$P_0 = 0.101325MPa$，$T = 293K$）的流量（m^3/d）；

c_p——气体的定压比热[$J/(kg \cdot K)$]。

2 当考虑节流效应时，应按下式计算：

$$t_x = t_0 + (t_1 - t_0)e^{-\alpha x} - \frac{j\Delta P_x}{\alpha x}(1 - e^{-\alpha x}) \tag{3.3.3-3}$$

式中：j——焦耳-汤姆逊效应系数（℃/MPa）；

ΔP_x——x长度管段的压降（MPa）。

3.3.4 根据工程的实际需求，宜对输气管道系统进行稳态和动态模拟计算，确定在不同工况条件下压气站的数量、增压比、压缩机计算功率和动力燃料消耗，管道系统各节点流量、压力、温度和管道的储气量等。根据系统分析需要，可按小时或天确定计算时间段。

3.3.5 稳态和动态模拟的计算软件应经工程实践验证。

3.4 输气管道的安全泄放

3.4.1 输气站宜在进站截断阀上游和出站截断阀下游设置泄压放空设施。

3.4.2 输气管道相邻线路截断阀（室）之间的管段上应设置放空阀，并应结合建设环境可设置放空立管或预留引接放空管线的法兰接口。放空阀直径与放空管直径应相等。

3.4.3 存在超压的管道、设备和容器，必须设置安全阀或压力控制设施。

3.4.4 安全阀的定压应经系统分析后确定，并应符合下列规定：

1 压力容器的安全阀定压应小于或等于受压容器的设计压力。

2 管道的安全阀定压（P_0）应根据工艺管道最大允许操作压力（P）确定，并应符合下列规定：

1）当 $P \leqslant 1.8$MPa 时，管道的安全阀定压（P_0）应按下式计算：

$$P_0 = P + 0.18\text{MPa} \tag{3.4.4-1}$$

2）当 $1.8\text{MPa} < P \leqslant 7.5$MPa 时，管道的安全阀定压（$P_0$）应按下式计算：

$$P_0 = 1.1P \tag{3.4.4-2}$$

3）当 $P > 7.5$MPa 时，管道的安全阀定压（P_0）应按下式计算：

$$P_0 = 1.05P \tag{3.4.4-3}$$

4）采用 0.8 强度设计系数的管道设置的安全阀，定压不应大于 $1.04P$。

3.4.5 安全阀泄放管直径计算应符合下列规定：

1 单个安全阀的泄放管直径，应按背压不大于该阀泄放压力的10%确定，且不应小于安全阀的出口管径；

2 连接多个安全阀的泄放管直径，应按所有安全阀同时泄放时产生的背压不大于其中任何一个安全阀的泄放压力的10%确定，且泄放管截面积不应小于安全阀泄放支管截面积之和。

3.4.6 放空的气体应安全排入大气。

3.4.7 输气站放空设计应符合下列规定：

1 输气站应设放空立管，需要时还可设放散管；

2 输气站天然气宜经放空立管集中排放，也可分区排放，高、低压放空管线应分别设置，不同排放压力的天然气放空管线汇入同一排放系统时，应确保不同压力的放空点能同时畅通排放；

3 当输气站设置紧急放空系统时，设计应满足在15min内将站内设备及管道内压力从最初的压力降到设计压力的50%；

4 从放空阀门排气口至放空设施的接入点之间的放空管线，用管的规格不应缩径。

3.4.8 阀室放空设计应符合下列规定：

1 阀室宜设置放空立管，室内安装的截断阀的放散管应引至室外；

2 不设放空立管的阀室应设放空阀或预留引接放空管线的法兰接口；

3 阀室周围环境不具备天然气放空条件时，可不设放空立管，该阀室上下游管段内的天然气应由相邻的阀室或相邻输气站放空。

3.4.9 放空立管和放散管的设计应符合下列规定：

1 放空立管直径应满足设计最大放空量的要求；

2 放空立管和放散管的顶端不应装设弯管；

3 放空立管和放散管应有稳管加固措施；

4 放空立管底部宜有排除积水的措施；

5 放空立管和放散管设置的位置应能方便运行操作和维护；

6 放空立管和放散管防火设计应符合现行国家标准《石油天然气工程设计防火规范》GB 50183 的有关规定。

4 线 路

4.1 线 路 选 择

4.1.1 线路的选择应符合下列要求：

1 线路走向应根据工程建设目的和气源、市场分布，结合沿线城镇、交通、水利、矿产资源和环境敏感区的现状与规划，以及沿途地区的地形、地质、水文、气象、地震等自然条件，通过综合分析和多方案技术经济比较，确定线路总体走向；

2 线路宜避开环境敏感区，当路由受限需要通过环境敏感区时，应征得其主管部门同意并采取保护措施；

3 大中型穿（跨）越工程和压气站位置的选择，应符合线路总体走向。局部线路走向应根据大中型穿（跨）越工程和压气站的位置进行调整；

4 线路应避开军事禁区、飞机场、铁路及汽车客运站、海（河）港码头等区域；

5 除为管道工程专门修建的隧道、桥梁外，不应在铁路或公路的隧道内及桥梁上敷设输气管道。输气管道从铁路或公路桥下交叉通过时，不应改变桥梁下的水文条件；

6 与公路并行的管道路由宜在公路用地界3m以外，与铁路并行的管道路由宜在铁路用地界3m以外，如地形受限或其他条件限制的局部地段不满足要求时，应征得道路管理部门的同意；

7 线路宜避开城乡规划区，当受条件限制，需要在城乡规划区通过时，应征得城乡规划主管部门的同意，并采取安全保护措施；

8 石方地段的管线路由爆破挖沟时，应避免对公众及周围设施的安全造成影响；

9 线路宜避开高压直流换流站接地极、变电站等强干扰区域；

10 埋地管道与建（构）筑物的间距应满足施工和运行管理需求，且管道中心线与建（构）筑物的最小距离不应小于5m。

4.1.2 输气管道应避开滑坡、崩塌、塌陷、泥石流、洪水严重侵蚀等地质灾害地段，宜避开矿山采空区及全新世活动断层。当受到条件限制必须通过上述区域时，应选择危害程度较小的位置通过，并采取相应的防护措施。

4.2 地区等级划分及设计系数确定

4.2.1 输气管线通过的地区，应按沿线居民户数和（或）建筑物的密集程度，划分为四个地区等级，并应依据地区等级做出相应的管道设计。

4.2.2 地区等级划分应符合下列规定：

1 沿管线中心线两侧各200m范围内，任意划分成长度为2km并能包括最大聚居户数的若干地段，按划定地段内的户数应划分为四个等级。在乡村人口聚集的村庄、大院及住宅楼，应以每一独立户作为一个供人居住的建筑物计算。地区等级应按下列原则划分：

1）一级一类地区：不经常有人活动及无永久性人员居住的区段；

2）一级二类地区：户数在15户或以下的区段；

3）二级地区：户数在15户以上100户以下的区段；

4）三级地区：户数在100户或以上的区段，包括市郊居住区、商业区、工业区、规划发展区以及不够四级地区条件的人口稠密区；

5)四级地区：四层及四层以上楼房（不计地下室层数）普遍集中、交通频繁、地下设施多的区段。

2 当划分地区等级边界线时，边界线距最近一幢建筑物外边缘不应小于200m。

3 在一、二级地区内的学校、医院以及其他公共场所等人群聚集的地方，应按三级地区选取设计系数。

4 当一个地区的发展规划足以改变该地区的现有等级时，应按发展规划划分地区等级。

4.2.3 输气管道的强度设计系数应符合表4.2.3的规定。

表4.2.3 强度设计系数

地区等级	强度设计系数F
一级一类地区	0.8
一级二类地区	0.72
二级地区	0.6
三级地区	0.5
四级地区	0.4

注：一级一类地区的线路管道可采用0.8或0.72强度设计系数。

4.2.4 穿越道路的管段以及输气站和阀室内管道的强度设计系数，应符合表4.2.4的规定。

表4.2.4 穿越道路的管段以及输气站和阀室内管道的强度设计系数

管段或管道	地区等级				
	一		二	三	四
	一类	二类			
	强度设计系数				
有套管穿越三、四级公路的管道	0.72	0.72	0.6	0.5	0.4
无套管穿越三、四级公路的管道	0.6	0.6	0.5	0.5	0.4
穿越一、二级公路，高速公路，铁路的管道	0.6	0.6	0.6	0.5	0.4
输气站内管道及截断阀室内管道	0.5	0.5	0.5	0.5	0.4

4.3 管道敷设

4.3.1 输气管道应采用埋地方式敷设，特殊地段可采用土堤或地面形式敷设。

4.3.2 埋地管道覆土层最小厚度应符合表4.3.2的规定。在不能满足要求的覆土厚度或外荷载过大、外部作业可能危及管道之处，应采取保护措施。

表4.3.2 最小覆土厚度(m)

地区等级	土壤类		岩石类
	旱地	水田	
一级	0.6	0.8	0.5
二级	0.8	0.8	0.5
三级	0.8	0.8	0.5
四级	0.8	0.8	0.5

注：1 对需平整的地段应按平整后的标高计算。

2 覆土层厚度应从管顶算起。

3 季节性冻土区宜埋设在最大冰冻线以下。

4 旱地和水田轮种的地区或现有旱地规划需要改为水田的地区应按水田确定埋深。

5 穿越鱼塘或沟渠的管线，应埋设在清淤层以下不小于1.0m。

4.3.3 管沟边坡坡度应根据土壤类别、物理力学性质（如黏聚力、内摩擦角、湿度、容重等）、边坡顶部附近载荷情况和管沟开挖深度综合确定。当无上述土壤的物理性质资料时，对土壤构造均匀、无地下水、水文地质条件良好、深度不大于5m且不加支撑的管沟，其边坡坡度值可按表4.3.3确定。深度超过5m的管沟，应根据实际情况可采取将边坡放缓、加筑平台或加设支撑。

表4.3.3 深度在5m以内管沟最陡边坡坡度值

土壤类别	最陡边坡坡度值(高宽比)		
	坡顶无载荷	坡顶有静载荷	坡顶有动载荷
中密的砂土	1∶1.00	1∶1.25	1∶1.50
中密的碎石类土（充填物为砂土）	1∶0.75	1∶1.00	1∶1.25
硬塑的粉土	1∶0.67	1∶0.75	1∶1.00
中密的碎石类土（充填物为黏性土）	1∶0.50	1∶0.67	1∶0.75
硬塑的粉质黏土、黏土	1∶0.33	1∶0.50	1∶0.67
老黄土	1∶0.10	1∶0.25	1∶0.33
软土（经井点降水）	1∶1.00	—	—
硬质岩	1∶0	1∶0	1∶0

注：1 静载荷系指堆土或料堆等，动载荷系指有机械挖土、吊管机和推土机等动力机械作业。

2 对软土地区，开挖深度不应超过4m。

3 冻土地区，应根据冻土可能的变化趋势及土壤特性经现场试挖确定边坡度值。

4.3.4 管沟宽度应符合下列规定：

1 管沟深度小于或等于5m时，沟底宽度应按下式计算：

$$B=D_o+K \tag{4.3.4}$$

式中：B——沟底宽度(m)；

D_o——钢管的结构外径(m)，包括防腐及保温层的厚度，两条或两条以上的管道同沟敷设时，D_o应取各管道结构外径之和加上相邻管道之间的净距之和；

K——沟底加宽裕量(m)，宜按表4.3.4取值。

表4.3.4 沟底加宽裕量(m)

条件因素	沟上焊接				沟下焊条电弧焊接			沟下半自动焊接处管沟	沟下焊接弯头、弯管及连头处管沟
	土质管沟		岩石爆破管沟	弯头、冷弯管处管沟	土质管沟		岩石爆破管沟		
	沟中有水	沟中无水			沟中有水	沟中无水			
沟深3m以内	0.7	0.5	0.9	1.5	1.0	0.8	0.9	1.6	2.0
沟深3m～5m	0.9	0.7	1.1	1.5	1.2	1.0	1.1	1.6	2.0

注：1 当采用机械开挖管沟，计算的沟底宽度小于挖斗宽度时，沟底宽度应按挖斗宽度计算。

2 沟下焊接弯头、弯管、碰口及半自动焊接处的管沟加宽范围宜为工作点两边各1m。

2 当管沟需要加支撑，在决定底宽时，应计入支撑结构的厚度。

3 当管沟深度大于5m时，应根据土壤类别及物理力学性质确定沟底宽度。

4.3.5 岩石及砾石区的管沟，沟底比土壤区管沟超挖不应小于0.2m，并用细土或砂将超挖部分压实垫平后方可下管。管沟回填时，应先用细土回填至管顶以上0.3m，方可用原开挖土回填并压实。管沟回填土在不影响土地复耕或水土保持的情况下宜高出地面0.3m。

4.3.6 农耕区及其他植被区的管沟开挖，应将表层耕(腐)质土和下层土分别堆放，管沟回填时应将耕(腐)质土回填到表层。

4.3.7 当管沟纵坡较大时，应根据土壤性质，采取防止回填土下滑或回填细土流失的措施。

4.3.8 在沼泽、水网（含水田）地区的管道，当覆土层不足以克服管浮力时，应采取稳管措施。有积水的管沟，宜排净水后回填，否则应采取防止回填作业造成管道位移的措施。

4.3.9 当输气管道采用土堤埋设时，土堤高度和顶部宽度应根据地形、工程地质、水文地质、土壤类别及性质确定，并应符合下列

规定：

1 管道在土堤中的覆土厚度不应小于 0.8m，土堤顶部宽度不应小于管道直径的两倍且不得小于 1.0m；

2 土堤的边坡坡度值应根据土壤类别和土堤的高度确定，管底以下黏性土土堤，压实系数宜为 0.94～0.97，堤高小于 2m 时，边坡坡度值宜为 1∶1～1∶1.25，堤高为 2m～5m 时，边坡坡度值宜为 1∶1.25～1∶1.5，土堤受水浸淹没部分的边坡宜采用 1∶2 的边坡坡度值；

3 位于斜坡上的土堤应进行稳定性计算。当自然地面坡度大于 20％时，应采取防止填土沿坡面滑动的措施；

4 当土堤阻碍地表水或地下水泄流时，应设置泄水设施。泄水能力应根据地形和汇水量按防洪标准重现期为 25 年一遇的洪水量设计，并应采取防止水流对土堤冲刷的措施；

5 土堤的回填土，其透水性能宜相近；

6 沿土堤基底表面的植被应清除干净；

7 软弱地基上的土堤应采取防止填土后基础沉陷的措施。

4.3.10 输气管道通过人工或天然障碍物时，应符合现行国家标准《油气输送管道穿越工程设计规范》GB 50423 和《油气输送管道跨越工程设计规范》GB 50459 的有关规定。

4.3.11 埋地输气管道与其他埋地管道、电力电缆、通信光（电）缆交叉的间距应符合下列规定：

1 输气管道与其他管道交叉时，垂直净距不应小于 0.3m，当小于 0.3m 时，两管间交叉处应设置坚固的绝缘隔离物，交叉点两侧各延伸 10m 以上的管段，应确保管道防腐层无缺陷；

2 输气管道与电力电缆、通信光（电）缆交叉时，垂直净距不应小于 0.5m，交叉点两侧各延伸 10m 以上的管段，应确保管道防腐层无缺陷。

4.3.12 埋地输气管道与高压交流输电线路杆（塔）和接地体之间的距离宜符合下列规定：

1 在开阔地区，埋地管道与高压交流输电线路杆（塔）基脚间的最小距离不宜小于杆（塔）高；

2 在路由受限地区，埋地管道与交流输电系统的各种接地装置之间的最小水平距离不宜小于表 4.3.12 的规定。在采取故障屏蔽、接地、隔离等防护措施后，表 4.3.12 规定的距离可适当减小。

表 4.3.12 埋地管道与交流接地体的最小距离（m）

电压等级（kV）	≤220	330	500
铁塔或电杆接地	5.0	6.0	7.5

4.3.13 地面敷设的输气管道与架空交流输电线路的距离应符合表 4.3.13 的规定。

表 4.3.13 地面管道与架空输电线路最小距离（m）

项目		电压等级（kV）								
		3～10	35～66	110	220	330	500	750	1000 单回路	1000 双回路（逆相序）
最小垂直距离		3.0	4.0	4.0	5.0	6.0	7.5	9.5	18	16
最小水平距离	开阔地区	最高杆（塔）高	最高杆（塔）高	最高杆（塔）高	最高杆（塔）高	最高杆（塔）高	最高杆（塔）高	最高杆（塔）高	最高杆（塔）高	
	路径受限地区	2.0	4.0	4.0	5.0	6.0	7.5	9.5	13	

注：表中最小水平距离为边导线至管道任何部分的水平距离。

4.3.14 弯管应符合下列规定：

1 线路用热煨弯管的曲率半径不应小于管子外径的 5 倍，并应满足清管器或检测仪器能顺利通过的要求；

2 热煨弯管的任何部位不得有裂纹和其他机械损伤，其两端部 100mm 长直管段范围内的圆度不应大于连接管圆度的规定值，其他部位的圆度不应大于 2.5％；

3 不应采用有环向焊缝的钢管制作热煨弯管；

4 冷弯弯管的最小曲率半径应符合表 4.3.14 的规定。

表 4.3.14 冷弯弯管最小曲率半径

公称直径 DN(mm)	最小曲率半径 R(mm)
≤300	$18D$
350	$21D$
400	$24D$
450	$27D$
500	$30D$
$550 \leqslant DN \leqslant 1000$	$40D$
≥1050	$50D$

注：表中的 D 为钢管外径（mm）。

4.3.15 输气管道采用弹性敷设时应符合下列规定：

1 弹性敷设管道与相邻的反向弹性弯管之间及弹性弯管和人工弯管之间，应采用直管段连接，直管段长度不应小于管子外径值，且不应小于 500mm；

2 弹性敷设管道的曲率半径应满足管子强度要求，且不应小于钢管外径的 1000 倍，垂直面上弹性敷设管道的曲率半径还应大于管在自重作用下产生的挠度曲线的曲率半径，曲率半径应按下式计算：

$$R \geqslant 3600\sqrt[3]{\frac{1-\cos\frac{\alpha}{2}}{\alpha^4}D^2} \tag{4.3.15}$$

式中：R——管道弹性弯曲曲率半径（m）；

α——管道的转角（°）；

D——钢管外径（cm）。

4.3.16 弯管不得使用褶皱弯或虾米弯弯管代替。管子对接偏差不应大于 3°。

4.3.17 管道通过较大的陡坡地段以及受温度变化影响，应校核管道的稳定性，并宜根据计算结果确定设置锚固或采取其他管道稳定的措施。当采用锚固墩时，管道与锚固墩之间应有良好的电绝缘。

4.3.18 埋地输气管道与民用炸药储存仓库的最小水平距离应符合下列规定：

1 埋地输气管道与民用炸药储存仓库的最小水平距离应按下式计算：

$$R = -267e^{-Q/8240} + 342 \tag{4.3.18}$$

式中：R——管道与民用炸药储存仓库的最小水平距离（m）；

e——常数，取 2.718；

Q——炸药库容量（kg），$1000\text{kg} \leqslant Q \leqslant 10000\text{kg}$。

2 当炸药库与管道之间存在下列情况之一时，按本规范式（4.3.18）计算的水平距离值可折减 15％～20％：

1）炸药库地面标高大于管道的管顶标高；

2）炸药库与管道间存在深度大于管沟深度的沟渠；

3）炸药库与管道间存在宽度大于 50m 且高度大于 10m 的山体。

3 无论现状炸药库的库存药量有多少，本规范式（4.3.18）中的炸药库容量 Q 应按政府部门批准的建库规模取值。库存药量不足 1000kg 应按 1000kg 取值计算。

4.4 并行管道敷设

4.4.1 并行敷设的管道，应统筹规划、合理布局及共用公用设施，先建管道应为后建管道的建设和运行管理创造条件。

4.4.2 不受地形、地物或规划限制地段的并行管道，最小净距不应小于 6m。

4.4.3 受地形、地物或规划限制地段的并行管道，采取安全措施后净距可小于 6m，同期建设时可同沟敷设，同沟敷设的并行管道，间距应满足施工及维护需求且最小净距不应小于 0.5m。

4.4.4 穿越段的并行管道，应根据建设时机和影响因素综合分析确定间距。共用隧道、跨越管桥及涵洞设施的并行管道，净距不应小于0.5m。

4.4.5 石方地段不同期建设的并行管道，后建管道采用爆破开挖管沟时，并行净距宜大于20m且应控制爆破参数。

4.4.6 穿越全新世活动断层的并行管道不宜同沟敷设。

4.5 线路截断阀(室)的设置

4.5.1 输气管道应设置线路截断阀(室)，管道沿线相邻截断阀之间的间距应符合下列规定：

1 以一级地区为主的管段不宜大于32km；

2 以二级地区为主的管段不宜大于24km；

3 以三级地区为主的管段不宜大于16km；

4 以四级地区为主的管段不宜大于8km；

5 本条第1款至第4款规定的线路截断阀间距，如因地物、土地征用、工程地质或水文地质造成选址受限的可作调增，一、二、三、四级地区调增分别不应超过4km、3km、2km、1km。

4.5.2 线路截断阀(室)应选择在交通方便、地形开阔、地势相对较高的地方，防洪设防标准不应低于重现期25年一遇。线路截断阀(室)选址受限时，应符合下列规定：

1 与电力、通信线路杆(塔)的间距不应小于杆(塔)的高度再加3m；

2 距铁路用地界外不应小于3m；

3 距公路用地界外不应小于3m；

4 与建筑物的水平距离不应小于12m。

4.5.3 线路截断阀及与输气管线连通的第一个其他阀门应采用焊接连接阀门。截断阀可采用自动或手动阀门，并应能通过清管器或检测仪器，采用自动阀时，应同时具有手动操作功能。

4.5.4 截断阀可安装在地面上或埋地。截断阀及其辅助工艺管道应采取稳固措施。截断阀及其配套设施宜采用围栏或围墙进行保护。

4.6 线路管道防腐与保温

4.6.1 输气管道应采取外防腐层加阴极保护的联合防护措施，管道的防腐蚀设计应符合现行国家标准《钢质管道外腐蚀控制规范》GB/T 21447的有关规定。

4.6.2 管道外防腐层类型、等级的选择应根据地形与地质条件、管道所处环境的腐蚀性、地理位置、输送介质温度、杂散电流、经济性等综合因素确定。管道外防腐层的性能及施工技术要求应符合国家现行相关标准的规定。

4.6.3 管道阴极保护设计应根据工程规模、土壤环境、管道防腐层质量等因素，经济合理地选用保护方式，并应符合现行国家标准《埋地钢质管道阴极保护技术规范》GB/T 21448的有关规定。

4.6.4 阴极保护管道应与非保护构筑物电绝缘。在绝缘接头或绝缘法兰的连接设施上应设置防高压电涌冲击的保护设施。

4.6.5 在交、直流干扰源影响区域内的管道，应按现行国家标准《埋地钢质管道交流干扰防护技术标准》GB/T 50698和《埋地钢质管道直流干扰防护技术标准》GB 50991的规定，采取有效的减缓干扰的防护措施。

4.6.6 阴极保护管道应设置阴极保护参数测试设施，宜设置阴极保护参数监测装置。

4.6.7 非同沟敷设的并行管道宜分别实施阴极保护，阳极地床方式和位置的选择应能避免相互之间的干扰。同沟敷设且阴极保护站合建的管段可采用联合保护。

4.6.8 地面以上敷设的管道如需保温时，应采用防腐层进行防腐，保温层材料和保护层材料的性能应符合现行国家标准《工业设备及管道绝热工程设计规范》GB 50264的有关规定。

4.7 线路水工保护

4.7.1 管道水工保护设计应依据当地气象、水文、地形及地质等条件，结合当地施工材料及经验做法，采取植物措施和工程措施相结合的综合防治措施。

4.7.2 管道通过土(石)坎、田坎、陡坡、河流、冲沟、峁岘、沟渠、不稳定边坡地段时，应因地制宜地采取保护管道和防止水土流失的水工保护措施。

4.7.3 管道通过易受水流冲刷的河(沟)岸时，应采取护岸措施。护岸设计应符合下列规定：

1 应符合防洪及河道、水利管理的有关法规；

2 应保证水流顺畅，不得冲、淘穿越管段及河床岸坡；

3 应因地制宜、就地取材，根据水流及冲刷程度，采用抛石护岸、石笼护岸、浆砌石或干砌块石护岸、混凝土或钢筋混凝土护岸措施；

4 护岸宽度应根据实际水文地质条件确定，且不应小于施工扰动岸坡的宽度。护岸顶高出设计洪水位(含浪高和壅水高)不应小于0.5m。护岸不应减少或改变河道的过水断面。

4.7.4 河流、沟渠穿越地段的水工保护设计应符合现行国家标准《油气输送管道穿越工程设计规范》GB 50423的有关规定。

4.7.5 山地敷设埋地管道的水工保护设计应符合下列规定：

1 管道顺坡埋地敷设时，应依据管道纵坡坡度、回填土特性和管沟地质条件，在管沟内设置截水墙，截水墙的间距宜为10m～20m；

2 管道横坡向埋地敷设时，管沟附近坡面应保持稳定，水工保护设计应根据地形、地质条件综合布置坡面截、排水系统和支挡防护措施；

3 应依据边坡坡度在坡脚处设置护坡或挡土墙防护措施；

4 宜根据边坡雨水汇流流量在坡面设置截、排水沟。排水沟应充分利用原始坡面沟道，出水口设置位置不应对管道、耕地或邻近建(构)筑物形成冲刷。

4.7.6 管道通过土(石)坎、田坎段时，可采取浆砌石堡坎、干砌石堡坎、加筋土堡坎或袋装土堡坎结构形式进行防护，堡坎宽度不应小于施工作业带扰动宽度。

4.8 管道标识

4.8.1 管道沿线应设置里程桩、转角桩、标志桩、交叉桩和警示牌等永久性标识。

4.8.2 管径相同且并行净距小于6m的埋地管道，以及管径相同共用隧道、涵洞或共用管桥跨越的管道，应有可明显区分识别的标识。

4.8.3 通过人口密集区、易受第三方损坏地段的埋地管道应加密设置标识桩和警示牌，并应在管顶上方连续埋设警示带。

4.8.4 平面改变方向一次转角大于5°时，应设置转角桩。平面上弹性敷设的管道，应在弹性敷设段设置加密标识桩。

4.8.5 地面敷设的管段应设警示牌并采取保护措施。

5 管道和管道附件的结构设计

5.1 管道强度和稳定性计算

5.1.1 管道强度计算应符合下列规定：

1 埋地管道强度设计应根据管段所处地区等级以及所承受永久荷载、可变荷载和偶然荷载而定，通过地震动峰值加速度大于或等于$0.05g$至小于或等于$0.4g$地区内的管道，应按现行国家标准《油气输送管道线路工程抗震技术规范》GB 50470 的有关规定进行强度设计和校核；

2 埋地直管段的轴向应力与环向应力组合的当量应力，应小于钢管标准规定的最小屈服强度的90%，管道附件的设计强度不应小于相连管道直管段的设计强度；

3 输气管道采用的钢管符合本规范第5.2.2条规定时，焊缝系数值应取1.0。

5.1.2 输气管道强度计算应符合下列规定：

1 直管段管壁厚度应按下式计算：

$$\delta=\frac{PD}{2\sigma_s\varphi Ft} \tag{5.1.2}$$

式中：δ——钢管计算壁厚（mm）；

P——设计压力（MPa）；

D——钢管外径（mm）；

σ_s——钢管标准规定的最小屈服强度（MPa）；

φ——焊缝系数；

F——强度设计系数，应按本规范表4.2.3和表4.2.4选取；

t——温度折减系数，当温度小于120℃时，t值应取1.0。

2 受约束的埋地直管段轴向应力计算和当量应力校核，应按本规范附录B进行计算。

3 当温度变化较大时，应进行热胀应力计算。必要时应采取限制热胀位移的措施。

4 受内压和温差共同作用下弯头的组合应力，应按本规范附录C进行计算。

5 常用钢管的屈服强度应符合表5.1.2的规定。

表5.1.2 常用钢管屈服强度要求（MPa）

钢管钢级	无缝和焊接钢管管体 屈服强度 $R_{t0.5}$		钢管钢级	无缝和焊接钢管管体 屈服强度 $R_{t0.5}$	
	最小	最大		最小	最大
L245	245	450	L450	450	600
L290	290	495	L485	485	635
L320	320	525	L555	555	705
L360	360	530	L625	625	775
L390	390	545	L690	690	840
L415	415	565	L830	830	1050

注：1 $R_{t0.5}$表示屈服强度（0.5%总伸长率）。

2 L690、L830适用于$R_{P0.2}$（0.2%非比例伸长）。

5.1.3 输气管道的最小管壁厚度不应小于4.5mm，钢管外径与壁厚之比不应大于100。

5.1.4 输气管道径向稳定校核应按下列公式进行计算。当管道埋设较深或外荷载较大时，应按无内压状态校核稳定性。

$$\Delta_x\leqslant 0.03D \tag{5.1.4-1}$$

$$\Delta_x=\frac{ZKWD_m^3}{8EI+0.061E_sD_m^3} \tag{5.1.4-2}$$

$$W=W_1+W_2 \tag{5.1.4-3}$$

$$I=\delta_n^3/12 \tag{5.1.4-4}$$

式中：Δ_x——钢管水平方向最大变形量（m）；

D——钢管外径（m）；

Z——钢管变形滞后系数，宜取1.5；

K——基床系数，宜按本规范附录D的规定选取；

W——作用在单位管长上的总竖向荷载（N/m）；

D_m——钢管平均直径（m）；

E——钢材弹性模量（N/m²）；

I——单位管长截面惯性矩（m⁴/m）；

E_s——土壤变形模量（N/m²），E_s值应采用现场实测数，当无实测资料时，可按本规范附录D的规定选取；

W_1——单位管长上的竖向永久荷载（N/m）；

W_2——地面可变荷载传递到管道上的荷载（N/m）；

δ_n——钢管公称壁厚（m）。

5.1.5 曾采用冷加工使其符合规定的最小屈服强度的钢管，以后又将其不限时间加热到高于480℃或高于320℃超过1h（焊接除外），该钢管允许承受的最高压力，不应超过按本规范式（5.1.2）计算值的75%。

5.2 材 料

5.2.1 输气管道所用钢管及管道附件的选材，应根据操作压力、温度、介质特性、使用地区等因素，经技术经济比较后确定。采用的钢管和钢材，应具有良好的韧性和焊接性能。

5.2.2 输气管道选用的钢管应符合现行国家标准《石油天然气工业 管线输送系统用钢管》GB/T 9711中的PSL2级、《高压锅炉用无缝钢管》GB 5310、《高压化肥设备用无缝钢管》GB 6479及《输送流体用无缝钢管》GB/T 8163的有关规定。

5.2.3 输气管道所采用的钢管和管道附件，应根据强度等级、管径、壁厚、焊接方式及使用环境温度等因素对材料提出韧性要求。

5.2.4 钢级不明的材料不应用于管道及其管道附件制作。铸铁和铸钢不应用于制造管件。

5.2.5 钢管应在工厂逐根进行静水压试验，管体或焊缝不得渗漏，管壁应无明显的鼓胀。一级一类地区采用0.8设计系数的钢管，工厂静水压试验压力产生的环向应力不应小于管材标准规定的最小屈服强度的95%。其他设计系数使用的钢管，工厂静水压试验压力产生的环向应力不宜小于管材标准规定的最小屈服强度的90%。

5.2.6 处于寒冷地区地面安装的承压元件、法兰及紧固件等材料的力学性能应满足设计最低温度的使用要求。

5.2.7 钢管表面的凿痕、槽痕、刻痕和凹痕等有害缺陷处理应符合下列规定：

1 钢管在运输、安装或修理中造成壁厚减薄时，管壁上任一点的厚度不应小于按本规范式（5.1.2）计算确定的钢管壁厚的90%；

2 凿痕、槽痕应打磨光滑，对被电弧烧痕所造成的"冶金学上的刻痕"应打磨掉，并圆滑过渡，打磨后的管壁厚度小于本规范第5.2.7条第1款的规定时，应将管子受损部分整段切除，不得嵌补；

3 在纵向或环向焊缝处影响钢管曲率的凹痕均应去除，其他部位的凹痕深度，当钢管公称直径小于或等于300mm时，不应大于6mm，当钢管公称直径大于300mm时，不应大于钢管公称直径的2%，当凹痕深度不符合要求时，应将管受损部分整段切除，不得嵌补或将凹痕敲鼓。

5.2.8 放空管线、管件和放空立管的材料宜按低温低应力工况校核。

5.3 管道附件

5.3.1 管道附件应符合下列规定：

1 管件的制作应符合国家现行标准《钢板制对焊管件》GB/T 13401、《钢制对焊无缝管件》GB/T 12459、《钢制对焊管件规范》SY/T 0510及《油气输送用钢制感应加热弯管》SY/T 5257的有关规定，钢制管法兰、法兰盖、法兰紧固件及法兰用垫片应符合现行国家标准GB 9112～GB 9131系列标准的有关规定；

2 快开盲板的设计制作应符合现行行业标准《快速开关盲板技术规范》SY/T 0556的有关规定。

5.3.2 管道附件与没有轴向约束的直管连接时，应按本规范附录E规定的方法进行承受热膨胀的强度校核。

5.3.3 弯管的管壁厚度应按下列公式计算：

$$\delta_b=\delta\cdot m \tag{5.3.3-1}$$

$$m=\frac{4R-D}{4R-2D} \quad (5.3.3\text{-}2)$$

式中：δ_b——弯管的管壁计算厚度(mm)；

δ——与弯管所连接的同材质直管段管壁计算厚度(mm)；

m——弯管的管壁厚度增大系数；

R——弯管的曲率半径(mm)；

D——弯管的外直径(mm)。

5.3.4 主管上不宜直接开孔焊接支管。当直接在主管上开孔与支管连接或自制三通时，开孔削弱部分可按等面积补强，结构和计算方法应符合本规范附录F的规定。当支管外径大于或等于1/2主管内径时，应采用标准三通件。

5.3.5 异径接头可采用带折边或不带折边的两种结构形式，强度设计应符合现行国家标准《压力容器》GB 150.1～GB 150.4的有关规定。

5.3.6 管封头应采用长短轴比值为2的标准型椭圆形封头，结构、尺寸和强度应符合现行国家标准《压力容器》GB 150.1～GB 150.4的有关规定。

5.3.7 管法兰的选用应符合国家现行相关标准的规定。法兰的密封垫片和紧固件应与法兰配套选用。绝缘接头和绝缘法兰的设计、制造及检验应符合现行行业标准《绝缘接头与绝缘法兰技术规范》SY/T 0516的有关规定。

5.3.8 在防爆区内使用的阀门，应具有耐火性能。防爆区采用的设备应具有相应的防爆等级，输气站及阀室的爆炸危险区域划分应符合本规范第10.1.7条和附录J的规定。

5.3.9 需要通过清管器和检测仪器的阀门，应选用全通径阀门。

5.3.10 与工艺管道连接的设备、管道附件和压力容器应满足管道系统1.5倍设计压力的强度试验要求。

6 输 气 站

6.1 输气站设置

6.1.1 输气站的设置应符合目标市场、线路走向和输气工艺设计的要求，各类输气站宜联合建设。

6.1.2 输气站位置选择应符合下列规定：

1 应满足地形平缓、地势相对较高及近远期扩建需求；

2 应满足供电、给水、排水、生活及交通方便的需求；

3 应避开山洪、滑坡、地面沉降、风蚀沙埋等不良工程地质地段及其他不宜设站的地方；

4 压气站的位置选择宜远离噪声敏感区；

5 区域布置的防火距离应符合现行国家标准《石油天然气工程设计防火规范》GB 50183的有关规定。

6.1.3 输气站内平面布置、防火安全、场内道路交通与外界公路的连接应符合国家现行标准《石油天然气工程设计防火规范》GB 50183和《石油天然气工程总图设计规范》SY/T 0048的有关规定。

6.2 站场工艺

6.2.1 输气站设计输气能力应与管道系统设计输气能力匹配。

6.2.2 输气站应根据设备运行对气体中固液含量的要求，分析确定分离过滤设备的设置。

6.2.3 调压及计量设计应符合下列规定：

1 应满足输气工艺、生产运行及检修需要；

2 在需控制压力及需要对气体流量进行控制和调节的管段上应设置调压设施，调压应注意节流温降的影响；

3 具有贸易交接、设备运行流量分配和自耗气的工艺管路上应设置计量设施；

4 计量流程的设计及设备的选择应满足流量变化的要求。

6.2.4 清管设施设计应符合下列规定：

1 清管设施宜与输气站合并建设，当输气站站间距超过清管器可靠运行距离时，应单独设置清管站；

2 清管工艺应采用不停气密闭清管工艺流程，进出站的管段上宜设置清管器通过指示器；

3 清管器收、发筒的结构尺寸应能满足通过清管器或智能检测器的要求；

4 清管作业清除的污物应进行收集处理，不得随意排放。

6.2.5 输气站放空设计应符合本规范第3.4.7条的要求。

6.2.6 输气站生产的污液宜集中收集，应根据污物源的点位、数量、物性参数等设计排污管道系统，排污管道的终端应设排污池或排污罐。

6.3 压缩机组的布置及厂房设计

6.3.1 压缩机组应根据工作环境及对机组的要求，布置在露天或厂房内。在严寒地区、噪声控制地区或风沙地区宜采用全封闭式厂房，其他地区宜采用敞开式或半敞开式厂房。

6.3.2 厂房内压缩机及其辅助设备的布置，应根据机型、机组功率、外型尺寸、检修方式、运输等因素按单层或双层布置，并应符合下列规定：

1 两台压缩机组的突出部分间距及压缩机组与墙的间距，应能满足操作、检修的场地和通道要求；

2 压缩机组的布置应便于管线和设备安装；

3 压缩机基础的布置和设计应符合现行国家标准《动力机器基础设计规范》GB 50040的有关规定，并应采取相应的减振、隔振措施。

6.3.3 压气站内建(构)筑物的防火、防爆和噪声控制应按国家现行相关标准的有关规定进行设计。

6.3.4 压缩机房的每一操作层及其高出地面3m以上的操作平台(不包括单独的发动机平台)，应至少设置两个安全出口及通向地面的梯子。操作平台上的任意点沿通道中心线与安全出口之间的最大距离不得大于25m。安全出口和通往安全地带的通道，必须畅通无阻。压缩机房设置的平开门应朝外开。

6.3.5 压缩机房的建筑平面、空间布置应满足工艺流程、设备布置、设备安装和维修的要求。

6.3.6 压缩机厂房的防火设计应符合现行国家标准《石油天然气工程设计防火规范》GB 50183的有关规定。

6.3.7 压缩机房内，应根据压缩机检修的需要配置供检修用的固定起重设备。当压缩机组布置在露天、敞开式厂房内或机组自带起吊设备时，可不设固定起重设备，但应设置移动式起重设备的吊装场地和行驶通道。

6.4 压气站工艺及辅助系统

6.4.1 压气站工艺流程设计应根据输气系统工艺要求，满足气体的除尘、分液、增压、冷却、越站、试运作业和机组的启动、停机、正常操作及安全保护等要求。

6.4.2 压气站宜设置分离过滤设备，处理后的天然气应符合压缩机组对固液含量的要求。

6.4.3 压气站内的总压降不宜大于0.25MPa。

6.4.4 当压缩机出口气体温度高于下游设施、管道以及管道敷设环境允许的最高操作温度或为提高气体输送效率时，应设置冷却器。

6.4.5 每一台离心式压缩机组宜设天然气流量计量设施。

6.4.6 压缩机组能耗宜采用单机计量。

6.4.7 压缩机组进、出口管线上应设截断阀，截断阀宜布置在压缩机厂房外，其控制应纳入机组控制系统。

6.4.8 压缩机采用燃机驱动时，燃机的燃料气供给系统设计应符合下列规定：

1 燃料气的气质、压力、流量应满足燃机的运行要求；

2 燃料气管线应从压缩机进口截断阀上游的总管上接出，应设置调压设施和对单台机组的计量设施；

3 燃料气管线在进入压缩机厂房前及每台燃机前应装设截断阀；

4 燃料气安全放空宜在核算放空背压后接入站场相同压力等级的放空系统；

5 燃料气中可能出现凝液时，宜在燃料气系统加装气-液聚结器或其他能去除凝液的设施。

6.4.9 离心式压缩机的润滑油系统的动力应由主润滑油泵、辅助润滑油泵和紧急润滑油泵或高位油箱构成。辅助油泵的出油管应设单向阀。

6.4.10 采用注油润滑的往复式压缩机各级出口均应设气-液分离设备。

6.4.11 冷却系统设计应符合下列规定：

1 气体冷却应根据压气站所处地理位置、气象、水源、排水、供配电等情况比较确定，可采用空冷、水冷或其他冷却方式，气体通过冷却器的压力损失不宜大于 0.07MPa；

2 往复式压缩机和燃气发动机气缸壁冷却水宜采用密闭循环冷却；

3 冷却系统的布置应注意与相邻散热设施的关系，应避免相互干扰。

6.4.12 压缩空气系统设计应符合下列规定：

1 压缩空气系统的设计应符合现行国家标准《压缩空气站设计规范》GB 50029 的有关规定；

2 压缩空气系统所提供的压缩空气应满足离心式压缩机、电机正压通风，站内仪表用风及其他设施对气量、气质、压力的要求；

3 空气储罐容量应满足 15min 干气密封、仪表用风等的气量要求；

4 空气罐或罐组出口处宜设置止回阀。

6.4.13 燃气轮机的启动宜采用电液马达启动、交流电机启动或气马达启动。当采用气马达启动时，驱动气马达的气体气质及气体参数应符合设备制造厂的要求，应在每台发动机附近的启动用空气管线上设置止回阀。

6.4.14 以燃气为动力的压缩机组应设置空气进气过滤系统，过滤后的气质应符合设备制造厂的要求。

6.4.15 以燃气为动力的压缩机组的废气排放口应高于新鲜空气进气系统的进气口，宜位于进气口当地最小风频上风向，废气排放口与新鲜空气进气口应保持足够的距离，避免废气重新吸入进气口。

6.5 压缩机组的选型及配置

6.5.1 压缩机组的选型和台数，应根据压气站的总流量、总压比、出站压力、气质等参数，结合机组备用方式，进行技术经济比较后确定。

6.5.2 压气站宜选用离心式压缩机。在站压比较高、输量较小时，可选用往复式压缩机。

6.5.3 同一压气站内的压缩机组宜采用同一机型。

6.5.4 压缩机的原动机选型应结合当地能源供给情况及环境条件，进行技术经济比较后确定。离心式压缩机宜采用燃气轮机、变频调速电机或机械调速电机，往复式压缩机宜采用燃气发动机或电机。

6.5.5 驱动设备所需的功率应与压缩机相匹配。驱动设备的现场功率应有适当裕量，应能满足不同季节环境温度、不同海拔高度条件下的工况需求，且应能克服由于运行年限增长等原因可能引起的功率下降。压缩机的轴功率可按本规范附录 G 进行计算。

6.6 压缩机组的安全保护

6.6.1 往复式压缩机出口与第一个截断阀之间应装设安全阀和放空阀，安全阀的泄放能力不应小于压缩机的最大排量。

6.6.2 每台压缩机组应设置安全保护装置，并应符合下列规定：

1 压缩机气体进口应设置压力高限、低限报警和低限越限停机装置；

2 压缩机气体出口应设置压力高限报警和高限越限停机装置；

3 压缩机的原动机（除电动机外）应设置转速高限报警和超限停机装置；

4 启动气和燃料气管线应设置限流及超压保护设施。燃料气管线应设置停机或故障时的自动切断气源及排空设施；

5 压缩机组润滑油系统应有报警和停机装置；

6 压缩机组应设置振动监控装置及振动高限报警、超限自动停机装置；

7 压缩机组应设置轴承温度及燃气轮机透平进口气体温度监控装置，温度高限报警、超限自动停机装置；

8 离心式压缩机应设置喘振检测及控制设施；

9 压缩机组的冷却系统应设置振动检测及超限自动停车装置；

10 压缩机组应设轴位移检测、报警及超限自动停机装置；

11 压缩机的干气密封系统应有泄放超限报警装置。

6.6.3 事故紧急停机时，压缩机进、出口阀应自动关闭，防喘振阀应自动开启，压缩机及其配管应自动泄压。

6.7 站内管线

6.7.1 站内所有工艺管道均应采用钢管及钢质管件。钢管材料应符合本规范第 5.2 节的有关规定。

6.7.2 机组的仪表、控制、取样、润滑油，离心式压缩机用密封气、燃料气、压缩空气等系统的阀门、管道及管件等宜采用不锈钢材质。

6.7.3 钢管强度计算应符合本规范第 5.1.2 条的规定，设计系数的选择应符合本规范表 4.2.4 的规定。

6.7.4 站内管线安装设计应采取减小振动和热应力的措施。压缩机进、出口配管对压缩机连接法兰所产生的应力应小于压缩机技术条件的允许值。

6.7.5 管线的连接方式除因安装需要采用螺纹、卡套或法兰连接外，均应采用焊接。

6.7.6 输气站内管线应采用地上或埋地敷设，不宜采用管沟敷设。当采用管沟敷设时，应采取防止天然气泄漏积聚的措施。

6.7.7 管道穿越车行道路和围墙基础时，宜采取保护措施。

6.7.8 从站内分离设备至压缩机入口的管段宜进行内壁清洗。

6.7.9 与分离器、清管收发筒、压缩机组等设备相连的地面和埋地管道应采取防止管道沉降或位移的措施。

6.8 站内管道及设备的防腐与保温

6.8.1 站场地面以上的钢质管道和金属设施应采用防腐层进行防腐蚀防护。

6.8.2 站场埋地钢质管道的防腐层宜采用加强级或特加强级，可采取外防腐层加阴极保护的联合防护措施。

6.8.3 因工艺或材料低温性能原因需要保温的管道和设备，应进行保温。

6.8.4 保温管道及设备应采用防腐层进行防腐。埋地管道的保温设计应符合现行国家标准《埋地钢质管道防腐保温层技术标准》GB/T 50538 的有关规定。地上钢质管道及设备的保温设计应符合现行国家标准《工业设备及管道绝热工程设计规范》GB 50264 的有关规定。

7 地下储气库地面设施

7.1 一般规定

7.1.1 地下储气库地面设施设计范围应包括采、注气井井口至输气干线之间的工艺及相关辅助设施。

7.1.2 地下储气库地面设施的设计处理能力应根据地质结构的储、供气能力，按设计委托书或合同规定的季节调峰气量、日调峰气量或应急调峰气量确定。

7.1.3 地下储气库宜靠近负荷中心。

7.1.4 注气站、采气站宜合一建设，注气站、采气站宜靠近注采井场。

7.1.5 注入气应满足地下储气库地面设备及地质构造对气质的要求。采出的外输气应满足本规范第3.1.2条对气质的要求。

7.1.6 集注站宜远离噪声敏感区，注气压缩机宜采取噪声控制措施。

7.1.7 地下储气库地面站场防火间距应符合现行国家标准《石油天然气工程设计防火规范》GB 50183的有关规定。

7.1.8 其他要求应符合现行行业标准《地下储气库设计规范》SY/T 6848的有关规定。

7.2 地面工艺

7.2.1 注气工艺应符合下列规定：

1 压缩机的进气管线上应设置过滤分离设备，处理后天然气应符合压缩机组对固液含量的要求；

2 根据储气库地质条件要求，对注入的天然气应采取除油措施；

3 每口单井的注气量应进行计量；

4 注气管线应设置安全截断阀。

7.2.2 采气工艺应符合下列规定：

1 采气系统应有可靠的气液分离设备，采出气应有计量和气质分析设施；

2 采出气应采取防止水合物形成的措施；

3 应根据地下储气库的不同类型，经过技术经济比较，确定采出天然气的脱水、脱烃、脱酸工艺流程；

4 采用节流方式控制水、烃露点的工艺装置，宜配置双套调压节流装置，调压装置宜采用降噪措施；

5 采气工艺应充分利用地层压力能，采、注气管线宜合一使用，采气、注气系统间应采取可靠的截断措施；

6 采气管线应设置安全截断阀。

7.2.3 地下储气库辅助系统应适应注采井、观察井的操作及监测要求。

7.3 设备选择

7.3.1 压缩机的选择应符合下列规定：

1 注气压缩机的选型、配置及工艺应符合本规范第6章的要求，注气压缩机不宜设置备用；

2 地下储气库注气压缩机宜选择往复式压缩机，压缩机各级出口宜在冷却器前设置润滑油分离器，当注气量较大时，可选用离心式压缩机；

3 注气压缩机的选型宜兼顾注气和采气；

4 当地供电系统可靠，供电量充裕时，注气压缩机宜选择电驱。

7.3.2 冷却器宜符合下列规定：

1 宜选择空冷器；

2 空冷器宜设置振动报警、关机装置。

8 仪表与自动控制

8.1 一般规定

8.1.1 输气管道应设置测量、控制、监视仪表及控制系统。

8.1.2 输气管道应根据规模、环境条件及管理需求确定自动控制水平，宜设置监控与数据采集(SCADA)系统。

8.1.3 监控与数据采集(SCADA)系统宜包括调度控制中心的计算机系统、管道各站场的控制系统、远程终端装置(RTU)以及数据通信系统。系统应为开放型网络结构，具有通用性、兼容性和可扩展性。

8.1.4 仪表及控制系统的选型，应根据输气管道特点、规模、发展规划、安全生产要求，经方案对比论证确定，选型宜全线统一。

8.2 调度控制中心

8.2.1 输气管道调度控制中心应设置在调度管理、通信联络、系统维修、交通方便的地方。

8.2.2 调度控制中心计算机系统应配备操作系统软件、监控与数据采集(SCADA)系统软件。调度控制中心宜具备下列功能：

1 采集和监控输气管道各站场的主要工艺变量和设备运行状况；

2 工艺流程的动态显示、工艺变量和设备运行状态报警显示、管理及事件的查询；

3 数据的采集、归档、管理以及趋势图显示，生产统计报表的生成和打印；

4 数据通信信道监视及管理、主备信道的自动切换。

8.2.3 调度控制中心的计算机系统应配置服务器、操作员工作站、工程师工作站、外部存储设备、网络设备和打印机。服务器、网络设备等宜冗余配置。

8.2.4 调度控制中心的计算机系统应采取相应的措施确保数据安全。

8.3 站场控制系统及远程终端装置

8.3.1 输气站宜设置站场控制系统。站场控制系统宜具备下列功能：

1 采集和监控主要工艺变量和设备运行状态；

2 站场安全联锁保护；

3 工艺流程的动态显示、工艺变量和设备运行状态报警显示、管理及事件的查询；

4 数据的采集、归档、管理以及趋势图显示，生产统计报表的生成和打印；

5 向调度控制中心发送实时数据，执行调度控制中心发送的指令。

8.3.2 输气站安全仪表系统的安全完整性等级宜根据站场安全仪表功能回路的辨识分析确定。

8.3.3 输气站紧急联锁应具备下列功能：

1 紧急截断阀关闭；

2 紧急放空阀打开；

3 压气站压缩机机组停机并放空；

4 切断除消防系统和应急电源以外的供电电源。

8.3.4 设置远程终端装置(RTU)的清管站、阀室宜具备下列功能：

1 采集温度、压力和线路截断阀状态参数；

2 向调度控制中心发送实时数据；

3 执行调度控制中心发送的指令。

8.4 输气管道监控

8.4.1 流量计量应符合下列规定：

1 计量系统的设计应符合现行国家标准《天然气计量系统技术要求》GB/T 18603 的有关规定；

2 输气管道贸易交接计量系统应设置备用计量管路；

3 输气管道贸易交接计量系统配置宜根据天然气能量计量的需求确定。

8.4.2 压力控制应符合下列规定：

1 输气站压力控制系统的设计应保证输气管道安全、平稳、连续地向下游用户供气，维持管道下游压力在工艺所需的范围之内，确保管道下游不超过允许的压力；

2 供气量超限可能导致管输系统失调的部位，压力控制系统应具有限流功能；

3 压力控制系统可设置备用管路。

8.4.3 当压力控制系统出现故障会危及下游供气设施安全时，应设置可靠的压力安全装置。压力安全装置的设计应符合下列规定：

1 当上游最大操作压力大于下游最大操作压力时，气体调压系统应设置单个的（第一级）压力安全设备。

2 当上游最大操作压力大于下游最大操作压力 1.6MPa 以上，以及上游最大操作压力大于下游管道和设备强度试验压力时，单个的（第一级）压力安全设备还应同时加上第二个安全设备。此时可选择下列措施之一：

1）每一回路串联安装 2 台安全截断设备，安全截断设备应具备快速关闭能力并提供可靠截断密封；

2）每一回路安装 1 台安全截断设备和 1 台附加的压力调节控制设备；

3）每一回路安装 1 台安全截断设备和 1 台最大流量安全泄放设备。

8.4.4 压缩机组控制应符合下列规定：

1 压缩机组控制系统宜独立设置，应由以微处理机为基础的工业控制器、仪表系统及附属设备组成，应完成对所属压缩机组及其辅助系统的监视、控制和保护任务；

2 压缩机组控制系统应通过标准数据接口与站场控制系统进行数据通信。

8.4.5 火灾及可燃气体报警系统设计应符合下列规定：

1 易积聚可燃气体的封闭区域内应对可燃气体泄漏进行检测；

2 压缩机厂房宜设置火焰探测报警系统；

3 输气站内的建筑物火灾自动报警系统的设计应符合现行国家标准《火灾自动报警系统设计规范》GB 50116 的有关规定。

9 通 信

9.0.1 输气管道通信方式，应根据输气管道管理营运对通信的要求以及行业的通信网络规划确定。

9.0.2 光缆与输气管道同沟敷设时，应符合现行行业标准《输油（气）管道同沟敷设光缆（硅芯管）设计及施工规范》SY/T 4108 的有关规定。光纤容量应预留适当的富裕量以备今后业务发展的需要。

9.0.3 通信站的位置应根据生产要求，宜设置在管道各级生产管理部门、沿线工艺站场及其他沿管道的站点。

9.0.4 线路阀室应依据输气工艺、监控和数据采集（SCADA）系统的控制要求选择适当的通信方式。

9.0.5 管道通信系统的通信业务应根据输气工艺、监控和数据采集（SCADA）系统数据传输和生产管理运行等需要设置。

9.0.6 输气管道通信宜在调度控中心设自动电话交换系统，电话交换系统应具有调度功能。站场电话业务宜接入当地公共电话网。

9.0.7 监控和数据采集（SCADA）系统数据传输当设置备用传输通道时，宜采用与主用传输通道不同的通信路由。

9.0.8 输气管道巡回检查、管道事故抢修和维修的部门，可配备满足使用条件的移动通信设备。

9.0.9 站场值班室应设火警电话，火警电话宜为公网直拨电话或消防部门专用火警系统电话。

10 辅助生产设施

10.1 供 配 电

10.1.1 输气站及阀室的供电电源应从所在供电营业区的电力系统取得。当无法取得外部电源，或经技术经济分析后取得电源不合理时，宜设置自备电源。

10.1.2 供电电压应根据输气站及阀室所在地区供电条件、用电负荷电压及负荷等级、送电距离等因素，经技术经济对比后确定。

10.1.3 输气站及阀室应根据输气管道的重要性、运行需求和供电可靠性，确定主要设备的用电负荷等级，并应符合下列规定：

1 输气站的用电负荷等级不宜低于重要电力用户的二级负荷，当中断供电将影响输气管道运行或造成重大经济损失时，应为重要电力用户的一级负荷；

2 调度控制中心用电负荷等级宜为一级负荷，阀室用电负荷等级不宜低于三级负荷；

3 输气站及阀室用电单元的负荷等级宜符合表 10.1.3 的规定。

表 10.1.3 输气站及阀室用电单元的负荷等级

单元名称	用电负荷名称	负荷等级
压缩机厂房	应急润滑油系统、电动阀（紧急截断及放空使用）、配套控制系统	重要负荷
	电动机驱动系统、机组配套设施、通风系统	二级
消防系统	消防水泵、稳压设备、配套控制系统	重要负荷
锅炉房	燃烧器、给水泵、补水泵、风机、水处理设备	二级
控制室	计算机控制系统、变电所综合自动化系统、通信系统、应急照明	重要负荷
	工作照明、空调设备、安防及通风设施	二级
给排水设施	供水设备（电驱机组）	二级
	污水处理设备、通风系统、供水设备（生活设施）	三级
工艺设备	进出站及放空用电动阀、计量设备、调压设备、事故照明、安防系统、压缩机区电动阀	重要负荷
	正常照明、电伴热、空气压缩系统	二级
阴极保护	恒电位仪、电位传送器	三级
变电所及发电房	控制保护系统、发电机启动设备、应急照明	重要负荷
	变配电及发电设施的正常照明、通风系统	二级
生产辅助设施	生产用房正常照明、通风、空调、防冻、安防系统	二级
	维修设备、库房、化验、车库等	三级
生活设施	值班宿舍、厨房、采暖及通风	三级
阀室	紧急截断阀、自动控制系统、通信系统	重要负荷
	变配电及发电设施的正常照明、通风系统	三级

注：1 表中各单元负荷等级定义应符合现行国家标准《供配电系统设计规范》GB 50052 的有关规定，重要负荷是指输气站内直接与安全、输气作业及计量有关的用电负荷，中断供电时会对人身、设备和运行造成损害的用电设施需要保证一定时间的供电连续性。

2 当输气站定义为重要电力用户的一级负荷时，表中设备的负荷等级应提高一级，重要负荷即为特别重要负荷。

3 输气站内其他没有明确规定用电负荷等级的设备，可根据实际情况确定。

10.1.4 供电要求应符合下列规定：

1 重要电力用户的供电电源配置应按现行国家标准《重要电力用户供电电源及自备应急电源配置技术规范》GB/Z 29328的有关规定执行；

2 消防设备的供电应按现行国家标准《石油天然气工程设计防火规范》GB 50183的有关规定执行；

3 输气站因突然停电会造成设备损坏或作业中断时，站内重要负荷应配置应急电源，其中控制、仪表、通信等重要负荷，应采用不间断电源供电，蓄电池后备时间不宜小于1.5h。

10.1.5 输气站内的变电站功率因数应符合下列规定：

1 35kV及以上电压等级的变电站，在变压器最大负荷时，其一次侧功率因数不宜小于0.95；

2 变压器容量为100kV·A及以上的10kV变电站功率因数不宜小于0.95；

3 变电站配置的无功补偿设备应根据负荷变化自动控制功率因数，任何情况下不应向电网倒送无功。

10.1.6 输气站及阀室照明应符合下列规定：

1 室内照明应符合现行国家标准《建筑照明设计标准》GB 50034的有关规定，室外照明应符合现行国家标准《室外作业场地照明设计标准》GB 50582的有关规定；

2 控制室、值班室、发电房及消防等重要场所应设应急照明；

3 人员活动场所应设置安全疏散照明，人员疏散的出口和通道应设置疏散照明。

10.1.7 输气站及阀室的爆炸危险区域划分应符合本规范附录J的规定，电气设计应符合现行国家标准《爆炸危险环境电力装置设计规范》GB 50058的有关规定，电气设备应符合现行国家标准《爆炸性环境》GB 3836系列标准的有关规定。

10.1.8 爆炸危险环境的建（构）筑物不宜以风险作为防雷分类依据，输气站及阀室的雷电防护应符合下列规定：

1 雷电防护应符合国家现行标准《建筑物防雷设计规范》GB 50057和《油气田及管道工程雷电防护设计规范》SY/T 6885的有关规定；

2 金属结构的放空立管及放散管上不应装接闪杆；

3 雷电防护接地宜与站场的保护接地、工作接地共用接地系统，接地电阻应按照电气设备的工作接地要求确定，当共用接地系统的接地电阻无法满足要求时，应有完善的均压及隔离措施。

10.2 给水排水及消防

10.2.1 输气站的给水水源应根据生产、生活、消防用水量和水质要求，结合当地水源条件及水文地质资料等因素综合比较确定。

10.2.2 输气站总用水量应包括生产用水量、生活用水量、消防用水量（当设有安全水池或罐时，可不计入）、绿化和浇洒道路用水量以及未预见用水量。未预见用水量宜按最高日用水量的15%～25%计算。

10.2.3 安全水池（罐）的设置宜根据输气站的用水量、供水系统的可靠程度确定。当需要设安全水池（罐）时，应符合下列规定：

1 宜利用地形设置安全水池（罐）；

2 安全水池（罐）的容积宜根据生产所需的储备水量和消防用水量确定，生产、生活储备水量宜按8h～24h最高日平均时用水量计算；

3 当安全水池（罐）兼有储存消防用水功能时，应有确保消防储水不作它用的技术措施；

4 寒冷地区的安全水池（罐）宜采取防冻措施。

10.2.4 输气站的给水水质应符合下列规定：

1 生产用水应符合输气生产工艺要求，生活用水应符合现行国家标准《生活饮用水卫生标准》GB 5749的有关规定；

2 循环冷却水系统的水质和处理应符合现行国家标准《工业循环冷却水处理设计规范》GB 50050和《工业循环水冷却设计规范》GB/T 50102的有关规定；

3 当压缩机组等设备自带循环冷却水系统时，冷却水水质应符合设备规定的给水水质要求。

10.2.5 循环冷却水系统根据具体情况可采用敞开式或密闭式循环系统；当采用密闭式循环系统时，闭式循环管路内宜充装软化水或除盐水。

10.2.6 输气站污水处置方案宜按现行国家标准《污水综合排放标准》GB 8978和污水水质污染情况，结合工程实际情况、环境影响评价报告和当地污水处置条件综合确定，污水可采用回用、外运、接入城镇排水管道和外排等多种形式处理。

10.2.7 污水处理设施宜小型化、橇装化。

10.2.8 输气站消防设施的设计应符合现行国家标准《石油天然气工程设计防火规范》GB 50183、《建筑设计防火规范》GB 50016和《建筑灭火器配置设计规范》GB 50140的有关规定。

10.3 采暖通风和空气调节

10.3.1 输气站的采暖通风和空气调节设计应符合现行国家标准《采暖通风与空气调节设计规范》GB 50019的有关规定。

10.3.2 各类建筑物的冬季室内采暖计算温度应符合下列规定：

1 生产和辅助生产建筑物应按表10.3.2的规定执行；

2 有特殊要求的建筑物应按需要或国家现行相关标准的规定执行；

3 其他建筑物的冬季室内温度应符合国家现行标准《工业企业设计卫生标准》的有关规定。

表10.3.2 输气站生产和辅助生产建筑物冬季采暖室内计算温度（℃）

名称	温度
计量仪表室、控制室、值班室、化验室	18～20
各类泵房、通风机房	5～10
机、电、仪表修理间	16～18
车库（不带检修坑）	5
车库（带检修坑）	14～16

10.3.3 输气站内生产和辅助生产建筑物的通风设计应符合下列规定：

1 对散发有害物质或有爆炸危险气体的部位，宜采取局部通风措施，建筑物内的有害物质浓度应符合国家现行标准《工业企业设计卫生标准》GBZ 1的有关规定，并应使气体浓度不高于爆炸下限浓度的20%。

2 对同时散发有害物质、有爆炸危险气体和热量的建筑物，全面通风量应按消除有害物质、气体或余热所需的最大空气量计算。当建筑物内散发的有害物质、气体和热量不能确定时，全面通风的换气次数应符合下列规定：

1）厂房的换气次数宜为8次/h，当房间高度不大于6m时，通风量应按房间实际高度计算，房间高度大于6m时，通风量应按6m高度计算；

2）分析化验室的换气次数宜为6次/h。

10.3.4 散发有爆炸危险气体的压缩机厂房除应按本规范第10.3.3条设计正常换气外，还应另外设置保证每小时不小于房内容积8次换气量的事故排风设施。

10.3.5 输气站内其他可能突然散发大量有害或有爆炸危险气体的建筑物也应设事故通风系统。事故通风量应根据工艺条件和可能发生的事故状态计算确定。事故通风宜由正常使用的通风系统和事故通风系统共同承担，当事故状态难以确定时，通风总量应按每小时不小于房内容积的12次换气量确定。

10.3.6 阀室应采用自然通风。

10.3.7 设有机械排风的房间应设置有效的补风措施。

10.3.8 对于可能有气体积聚的地下、半地下建(构)筑物内,应设置固定的或移动的机械排风设施。

10.3.9 当采用常规采暖通风设施不能满足生产过程、工艺设备或仪表对室内温度、湿度的要求时,可按实际需要设置空气调节、加湿(除湿)装置。

10.4 供　热

10.4.1 输气站场天然气的加热应满足热负荷及工艺要求。加热方式应通过技术经济对比确定。

10.4.2 输气站场采用集中供暖时,供热介质宜选用热水,供暖热源宜使用工艺生产过程中产生的余热。

10.4.3 输气站场锅炉的最大负荷应按下式计算:

$$Q_{max}=K(K_1Q_1+K_2Q_2+K_3Q_3+K_4Q_4) \quad (10.4.3)$$

式中: Q_{max}——最大计算热负荷(kW);

K——锅炉房自耗及供热管网热损失系数,取1.05~1.2;

K_1——采暖热负荷同时使用系数,取1.0;

K_2——通风热负荷同时使用系数,取0.9~1.0;

K_3——生产热负荷同时使用系数,取0.5~1.0;

K_4——生活热负荷同时使用系数,取0.5~0.7;

Q_1、Q_2、Q_3、Q_4——依次为采暖、通风、生产及生活最大热负荷(kW)。

10.4.4 锅炉房设计应符合现行国家标准《锅炉房设计规范》GB 50041的有关规定。

11　焊接与检验、清管与试压、干燥与置换

11.1 焊接与检验

11.1.1 设计文件应明确输气管道和管道附件的焊接接头形式及焊接检验要求。

11.1.2 在开工前应根据设计文件提出的钢种等级、管道规格、焊接接头形式进行焊接工艺评定,并应根据焊接工艺评定结果编制焊接工艺规程。焊接工艺评定和焊接工艺规程,线路应符合现行行业标准《钢质管道焊接及验收》SY/T 4103的有关规定,站场应符合现行行业标准《石油天然气金属管道焊接工艺评定》SY/T 0452的有关规定。

11.1.3 焊接材料的选用应根据被焊材料的力学性能、化学成分、焊前预热、焊后热处理以及使用条件等因素确定。

11.1.4 焊接材料应符合现行国家标准《非合金钢及细晶粒钢焊条》GB/T 5117、《热强钢焊条》GB/T 5118、《气体保护电弧焊用碳钢、低合金钢焊丝》GB/T 8110、《埋弧焊用碳钢焊丝和焊剂》GB/T 5293、《熔化焊用钢丝》GB/T 14957、《低合金钢药芯焊丝》GB/T 17493以及《碳钢药芯焊丝》GB/T 10045的有关规定。

11.1.5 焊缝的坡口形式和尺寸的设计应能保证焊接质量和满足清管器通过的要求。对接焊缝坡口应根据焊接工艺确定。管端焊接接头形式应符合本规范附录H的规定。

11.1.6 焊管之间对接焊时,制管焊缝应错开且间距不宜小于100mm。输气站内地面安装的有缝管,制管焊缝布置应避开现场开孔的位置。

11.1.7 管线连头口的焊缝宜预留在地形较好的直管段上,不应强力组对。

11.1.8 焊件的预热和焊后热处理应符合下列规定:

1　焊前预热和焊后热处理应根据管道材料的性能、焊件厚度、焊接条件、施工现场气候条件,通过焊接工艺评定确定;

2　当焊接两种具有不同预热要求的材料时,应以预热温度要求较高的材料为准;

3　当焊接接头所连接的两端材质相同而厚度不同时,应力消除应以相接两部分中的较厚者确定;

4　材质不同的焊件之间的焊缝,当其中一种材料要求应力消除时,应进行应力消除,当两种材质均需要应力消除时,应按两者要求较高的应力消除温度为准;

5　焊件预热和焊后热处理应受热均匀,并在施焊和应力消除过程中保持规定的温度,加热带以外的部分应予保温。

11.1.9 焊接质量的检测与试验应符合下列规定:

1　当管道操作环向应力大于或等于标准规定的最小屈服强度的20%时,焊接接头应进行无损检测,或将完工的焊接接头割下后做破坏性试验。

2　焊接接头应在形状尺寸及外观目视检查合格后进行无损检测。焊接接头的无损检测应符合下列规定:

1)所有焊接接头应进行全周长100%无损检测,宜选择射线或超声波无损检测方法,当射线或超声波方法不可行时,可采用磁粉或渗透方法对焊缝表面缺陷进行检测;

2)返修焊缝和未经试压的管道连头口焊缝,应进行100%超声波和100%射线检测;

3)输气站和阀室内工艺管道焊缝、弯头或弯管与直管段焊缝,均应进行100%射线照相检验,放空及排污管道的焊缝应进行100%手工超声波检验,并应进行10%射线照相复查检验;

4)线路管道采用全自动焊接时,宜采用全自动超声波检测仪对全部环焊缝进行检测,射线复查应符合现行国家标准《油气长输管道工程施工及验收规范》GB 50369的有关规定。

3　线路管道当采用手工超声波对焊缝进行无损检测时,应采用射线照相对所选取的焊缝全周长进行复验,复验数量应为每个焊工或流水作业焊工组当天完成的全部焊缝中任意选取不小于下列数目的焊缝进行:

1)一级地区中焊缝的5%;

2)二级地区中焊缝的10%;

3)三级地区中焊缝的15%;

4)四级地区中焊缝的20%;

5)当每天的焊口数量达不到本款第1项、第2项、第3项、第4项复验比例要求时,可以以每千米为一个检验段按本款规定的比例进行复验。

4　射线、手工超声波、磁粉和渗透检测,应按现行行业标准《石油天然气钢质管道无损检测》SY/T 4109的有关要求进行检测和等级评定,射线和手工超声波焊缝检测应达到Ⅱ级及以上。

5　全自动超声波检测应符合现行国家标准《石油天然气管道工程全自动超声波检测技术规范》GB/T 50818的有关规定。

6　用破坏性试验检验的焊接接头,取样、试验项目和方法、焊接质量要求应按现行行业标准《钢质管道焊接及验收》SY/T 4103和《石油天然气金属管道焊接工艺评定》SY/T 0452的有关规定执行。

7　焊工资格、管道焊前、焊接过程中间、焊后检查、焊接缺陷的清除和返修、焊接工程交工检验记录、竣工验收要求,应按现行国家标准《油气长输管道工程施工及验收规范》GB 50369和《石油天然气站内工艺管道工程施工规范》GB 50540的有关规定执行。

8　输气管道穿(跨)越的焊接质量检验应符合现行国家标准《油气输送管道穿越工程设计规范》GB 50423和《油气输送管道跨越工程设计规范》GB 50459的有关规定。

11.2 清管、测径与试压

11.2.1 清管扫线与测径应符合下列规定：

1 输气管道试压前应采用清管器进行清管，且清管次数不应少于两次；

2 清管扫线应设临时清管器收发设施和放空口，不应使用站内设施；

3 管道试压前宜用测径板进行测径。

11.2.2 输气管道试压应符合下列规定：

1 输气管道应进行强度试验和严密性试验，试压管段应按本规范第4.2.2条规定的地区等级并结合地形分段；一级一类地区采用0.8强度设计系数的管道，强度试验应采用压力-体积图法进行监测；埋地管道水压强度试验可按本规范附录K的推荐方法进行；

2 经试压合格的管段间相互连接的焊缝经超声波和射线照相检验合格，可不再进行试压；

3 输气站和阀室应单独进行强度试验，穿(跨)越管段的试压应符合现行国家标准《油气输送管道穿越工程设计规范》GB 50423和《油气输送管道跨越工程设计规范》GB 50459的有关规定；

4 参与管道试压的试压头、连接管道、阀门及其组合件等的耐压能力，应能承受管道的最大试验压力，试压头与管道连接的环焊缝应进行100%射线检测，检测应符合本规范第11.1.9条第4款的规定；

5 试压过程中，应采取安全措施，试压介质应安全排放并应符合环境保护要求。

11.2.3 输气管道强度试验应符合下列规定：

1 输气管线强度试验应在回填后进行，试验介质应符合下列规定：

1)位于一级一类地区采用0.8强度设计系数的管段应采用水作试验介质；

2)位于一级二类、二级地区的管段可采用气体或水作试验介质；

3)位于三、四级地区的管段应采用水作试验介质。

2 输气站及阀室的强度试验应采用水作试验介质。

3 当具备表11.2.3全部各项条件时，三、四级地区的线路管段以及输气站和阀室内的工艺管道可采用空气作为强度试验介质。

表11.2.3 三、四级地区的管段及输气站和阀室内的工艺管道空气试压条件

现场最大试验压力产生的环向应力		最大操作压力不超过现场最大试验压力的80%	所试验的是新管子，并且焊缝系数为1.0
三级地区	四级地区		
$<50\%\sigma_s$	$<40\%\sigma_s$		

注：表中σ_s为钢管标准规定的最小屈服强度(MPa)。

4 输气管线强度试验压力应符合下列规定：

1)一、二级地区内的线路管段水压试验压力不应小于设计压力的1.25倍；

2)一级二类地区和二级地区内的线路管段采用空气进行强度试验时，试验压力应为设计压力的1.25倍；

3)三级和四级地区内的管段试验压力不应小于设计压力的1.5倍。

5 输气站和阀室内的工艺管道强度试验压力不应小于设计压力的1.5倍。

6 输气管线用水作为试压介质时，试验段高点的试验压力应符合本条第4款的规定。一级一类地区采用0.8强度设计系数管道的每个试验段，试验压力在低点处产生的环向应力不应大于管材标准规定的最小屈服强度的1.05倍；其他地区等级管线的每个试压段，试验压力在低点处产生的环向应力不应大于管材标准规定的最小屈服强度的95%。水质应为无腐蚀性洁净水。试压宜在环境温度为5℃以上进行，低于5℃时应采取防冻措施。注水宜连续，并应采取措施排除管线内的气体。水试压合格后，应将管段内积水清扫干净。

7 一级一类地区采用0.8强度设计系数的管道，强度试验结束后宜进行管道膨胀变形检测。对膨胀变形量超过1%管道外径的应进行开挖检查；对超过1.5%管道外径的应进行换管，换管长度不应小于1.5倍的管道外径。

8 强度试验的稳压时间不应少于4h。

11.2.4 输气管道严密性试验应符合下列规定：

1 严密性试验应在强度试验合格后进行；

2 线路管道和阀室严密性试验可用水或气体作试验介质，宜与强度试验介质相同；

3 输气站的严密性试验应采用空气或其他不易燃和无毒的气体作试验介质；

4 严密性试验压力应为设计压力，并应以稳压24h不泄漏为合格。

11.3 干燥与置换

11.3.1 管道干燥及验收应符合下列规定：

1 管道的干燥应在试压、清管扫水结束后进行，宜采用站间干燥，可采用吸水性泡沫清管塞多次吸附后，再用干燥气体(压缩空气或氮气等)吹扫、真空蒸发、注入甘醇类吸湿剂清洗等方法或以上方法的组合进行管内干燥，管道末端应用水露点检测仪进行检测；

2 管道干燥方法应减少对环境的不利影响；

3 当采用干燥气体吹扫时，可在管道末端配置水露点分析仪，干燥后排出气体水露点应连续4h比管道输送条件下最低环境温度至少低5℃、变化幅度不大于3℃，注入管道的干燥气体温度不宜低于5℃，且不应大于防腐层的耐受温度；

4 当采用真空法时，选用的真空表精度不应小于1级，干燥后管道内气体水露点应连续4h低于－20℃(相当于绝对压力100Pa)；

5 当采用甘醇类吸湿剂时，干燥后管道末端排出甘醇含水量的质量百分比应小于20%。

11.3.2 管道气体置换应符合下列规定：

1 管道内的气体置换应在干燥结束后或投产前进行，置换过程中的混合气体应集中放空，置换管道末端应用检测仪对气体进行检测；

2 用天然气推动惰性气体作隔离段置换空气时，隔离气段的长度应保证到达置换管线末端天然气与空气不混合，置换管道末端测得的含氧量不应大于2%；

3 用天然气置换管道内惰性气体时，置换管道末端天然气含量不应小于80%；

4 置换过程中管内气体流速度不宜大于5m/s；

5 输气站可结合线路管道一并置换，当输气站单独置换时，应先用惰性气体置换工艺管道及设备内空气，再用天然气置换惰性气体，置换管道末端天然气含量不应小于80%；

6 管道干燥结束后，如果不能立即投人运行，宜用干燥氮气置换管内气体，并应保持内压0.12MPa～0.15MPa(绝)的干燥状态下的密闭封存。

附录A 输气管道工艺计算

A.0.1 当输气管道沿线的相对高差$\Delta h \leqslant 200$m且不考虑高差影

响时，气体的流量应按下式计算：

$$q_v = 11522Ed^{2.53}\left(\frac{P_1^2-P_2^2}{ZTL\Delta^{0.961}}\right)^{0.51} \quad (A.0.1)$$

式中：q_v——气体（$P_0=0.101325$MPa，$T=293$K）的流量（m^3/d）；

E——输气管道的效率系数（当管道公称直径为 300mm～800mm 时，E 为 0.8～0.9；当管道公称直径大于 800mm 时，E 为 0.91～0.94）；

d——输气管内直径（cm）；

P_1、P_2——输气管道计算管段起点和终点的压力（绝）（MPa）；

Z——气体的压缩因子；

T——气体的平均温度（K）；

L——输气管道计算段的长度（km）；

Δ——气体的相对密度。

A.0.2 当考虑输气管道沿线的相对高差影响时，气体的流量应按下式计算：

$$q_v = 11522Ed^{2.53}\left\{\frac{P_1^2-P_2^2(1+\alpha\Delta h)}{ZTL\Delta^{0.961}\left[1+\frac{\alpha}{2L}\sum_{i=1}^{n}(h_i+h_{i-1})L_i\right]}\right\}^{0.51} \quad (A.0.2)$$

式中：α——系数（m^{-1}），$\alpha=\frac{2g\Delta}{R_a ZT}$，$R_a$ 为空气和气体常数，在标准状况下，$R_a=287.1m^2/(s^2\cdot K)$；

Δh——输气管道计算管段的终点对计算段的起点的标高差（m）；

n——输气管道沿线计算管段数，计算管段是沿输气管道走向从起点开始，当相对高差≤200m 时划作一个计算管段；

h_i、h_{i-1}——各计算管段终点和对该段起点的标高差（m）；

L_i——各计算管段长度（km）。

附录 B 受约束的埋地直管段轴向应力计算和当量应力校核

B.0.1 由内压和温度引起的轴向应力应按下列公式计算：

$$\sigma_L = \mu\sigma_h + E\alpha(t_1-t_2) \quad (B.0.1\text{-}1)$$

$$\sigma_h = \frac{Pd}{2\delta_n} \quad (B.0.1\text{-}2)$$

式中：σ_L——管道的轴向应力，拉应力为正，压应力为负（MPa）；

μ——泊桑比，取 0.3；

σ_h——由内压产生的管道环向应力（MPa）；

E——钢材的弹性模量（MPa）；

α——钢材的线膨胀系数（℃$^{-1}$）；

t_1——管道下沟回填时的温度（℃）；

t_2——管道的工作温度（℃）；

P——管道设计内压力（MPa）；

d——管子内径（mm）；

δ_n——管子公称壁厚（mm）。

B.0.2 受约束热胀直管段，应按最大剪应力强度理论计算当量应力，并应满足下式要求：

$$\sigma_e = \sigma_h - \sigma_L < 0.9\sigma_s \quad (B.0.2)$$

式中：σ_e——当量应力（MPa）；

σ_s——管材标准规定的最小屈服强度（MPa）。

附录 C 受内压和温差共同作用下的弯头组合应力计算

C.0.1 当弯头所受的环向应力 σ_h 小于许用应力[σ]时，组合应力 σ_e 应按下列公式计算：

$$\sigma_e = \sigma_h + \sigma_{hmax} < \sigma_b \quad (C.0.1\text{-}1)$$

$$\sigma_h = \frac{Pd}{2\delta_b} \quad (C.0.1\text{-}2)$$

$$[\sigma] = F\varphi t\sigma_s \quad (C.0.1\text{-}3)$$

$$\sigma_{hmax} = \beta_q\sigma_o \quad (C.0.1\text{-}4)$$

$$\beta_q = 1.8\left[1-\left(\frac{r}{R}\right)^2\right]\left(\frac{1}{\lambda}\right)^{2/3} \quad (C.0.1\text{-}5)$$

$$\lambda = \frac{R\delta_b}{r^2} \quad (C.0.1\text{-}6)$$

$$\sigma_o = \frac{Mr}{I_b} \quad (C.0.1\text{-}7)$$

式中：σ_e——由内压和温差共同作用下的弯头组合应力（MPa）；

σ_h——由内压产生的环向应力（MPa）；

σ_{hmax}——由热胀弯矩产生的最大环向应力（MPa）；

σ_b——材料的强度极限（MPa）；

P——设计内压力（MPa）；

d——弯头内径（m）；

δ_b——弯头的壁厚（m）；

[σ]——材料的许用应力（MPa）；

F——设计系数，应按本规范表 4.2.3 和表 4.2.4 选取；

φ——焊缝系数，当选用符合本规范第 5.2.2 条规定的钢管时，φ 值取 1.0；

t——温度折减系数，温度低于 120℃时，t 取 1.0；

σ_s——材料标准规定的最小屈服强度（MPa）；

β_q——环向应力增强系数；

σ_o——热胀弯矩产生的环向应力（MPa）；

r——弯头截面平均半径（m）；

R——弯头曲率半径（m）；

λ——弯头参数；

M——弯头的热胀弯矩（MN·m）；

I_b——弯头截面的惯性矩（m^4）。

附录 D 敷管条件的设计参数

表 D 敷管条件的设计参数

敷管类型	敷管条件	E_s (MN/m^2)	基床包角（°）	基床系数 K
1型	管道敷设在未扰动的土上，回填土松散	1.0	30	0.108
2型	管道敷设在未扰动的土上，管中线以下的土轻轻压实	2.0	45	0.105
3型	管道放设在厚度至少有 100mm 的松土垫层内，管顶以下的回填土轻轻压实	2.8	60	0.103

续表D

敷管类型	敷 管 条 件	E_s (MN/m²)	基床包角 (°)	基床系数 K
4 型	管道放在砂卵石或碎石垫层内，垫层顶面应在管底以上 1/8 管径处，但不得小于 100mm，管顶以下回填土夯实密度约为 80%	3.8	90	0.096
5 型	管中线以下放在压实的黏土内，管顶以下回填土夯实，夯实密度约为 90%	4.8	150	0.085

注：1 管径大于或等于 750mm 的管道不宜采用 1 型。

2 基床包角指管基土壤反作用的圆弧角。

3 表中的 E_s 为土壤变形模量。

附录 E 管道附件由膨胀引起的综合应力计算

E.0.1 当输气管道系统中的直管段没有轴向约束（如固定支墩或其他锚固件）时，由于热胀作用使管道附件产生弯曲和扭转，其产生的组合应力（不考虑流体内压作用）应按下列公式计算：

$$\sigma_e \leqslant 0.72\sigma_s \tag{E.0.1-1}$$

$$\sigma_e = \sqrt{\sigma_{mp}^2 + 4\sigma_{ts}^2} \tag{E.0.1-2}$$

$$\sigma_{mp} = \frac{IM_b}{W} \tag{E.0.1-3}$$

$$\sigma_{ts} = \frac{M_t}{2W} \tag{E.0.1-4}$$

式中：σ_e——组合应力（MPa）；

σ_s——钢管标准规定的最小屈服强度（MPa）；

σ_{mp}——弯曲合应力（MPa）；

σ_{ts}——扭应力（MPa）；

I——管件弯曲应力增强系数，应按表 E.0.1 选取或计算；

M_b——总弯曲力矩（N·m）；

W——钢管截面系数（cm³）；

M_t——扭矩（N·m）。

表 E.0.1 管件弯曲应力增强系数表

名称	应力增强系数 I		挠性特性 h	简 图
	平面内 I_i	平面外 I_o		
弯头或弯管（见注）	$\frac{0.9}{h^{2/3}}$	$\frac{0.75}{h^{2/3}}$	$\frac{\delta R}{r^2}$	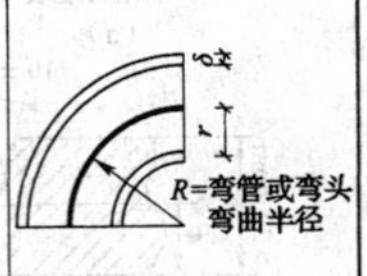
拔制三通（见注）	$0.75I_o+0.25$	$\frac{0.9}{h^{2/3}}$	$4.4\frac{\delta}{r}$	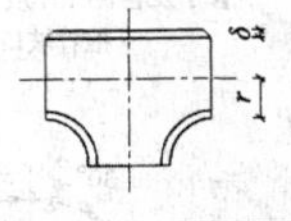
带加强圈的三通（见注）	$0.75I_o+0.25$	$\frac{0.9}{h^{2/3}}$	$\frac{\left(\delta+\frac{1}{2}M\right)^{5/2}}{\delta^{3/2}\cdot r}$	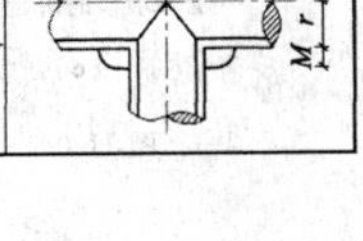

续表 E.0.1

名称	应力增强系数 I		挠性特性 h	简 图
	平面内 I_i	平面外 I_o		
整体加强三通（见注）	$0.75I_o+0.25$	$\frac{0.9}{h^{2/3}}$	$\frac{\delta}{r}$	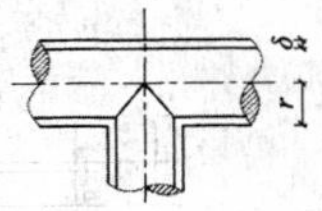
对焊接头，对焊异径接头及对焊法兰	1.0	1.0		
双面焊平焊法兰	1.2	1.2		
角焊接头或单面焊平焊法兰	1.3	1.3		

注：对管道附件，应力增强系数 I 适用于任何平面上的弯曲，其值不应小于 1，这两个系数适用于弧形弯头整个弧长及三通交接口处。

E.0.2 对于大口径薄壁弯头或弯管，应力增强系数应除以修正系数，修正系数应按下式计算：

$$\alpha = 1 + 3.25\frac{P}{E}\left(\frac{r}{\delta}\right)^{5/2}\left(\frac{R}{r}\right)^{2/3} \tag{E.0.2}$$

式中：α——应力增强系数的修正系数；

P——管道附件承受的内压（MPa）；

E——室温下材料的弹性模量。

E.0.3 当管件计算的组合应力不满足本规范式（E.0.1-1）时，应加大壁厚再校核。

附录 F 三通和开孔补强的结构与计算

F.0.1 三通或直接在管道上开孔与支管连接时，其开孔削弱部分可按等面积补强原理进行补强，其补强应按下列公式计算：

$$A_1 + A_2 + A_3 \geqslant A_R \tag{F.0.1-1}$$

$$A_1 = d_i(\delta_n' - \delta_n) \tag{F.0.1-2}$$

$$A_2 = 2H(\delta_b' - \delta_b) \tag{F.0.1-3}$$

$$A_R = \delta_n d_i \tag{F.0.1-4}$$

式中：A_1——在有效补强区内，主管承受内压所需设计壁厚外的多余厚度形成的面积（mm²）；

A_2——在有效补强区内，支管承受内压所需最小壁厚外的多余厚度形成的截面积（mm²）；

A_3——在有效补强区内，另加的补强元件的面积，包括这个区内的焊缝截面积（mm²）；

A_4——主管开孔削弱所需要补强的面积（mm²）。

F.0.2 拔制三通补强（图 F.0.2）补强结构的补强计算应满足本规范式（F.0.1-1）的要求，其中的 A_3 应按下式计算：

$$A_3 = 2r_0(\delta_0 - \delta_b') \tag{F.0.2}$$

F.0.3 整体加厚三通（图 F.0.3）补强结构可采用主管或支管的壁厚或主、支管壁厚同时加厚补强，补强计算应满足本规范式（F.0.1-1）的要求，其中的 A_3 应是补强区内的焊缝面积。

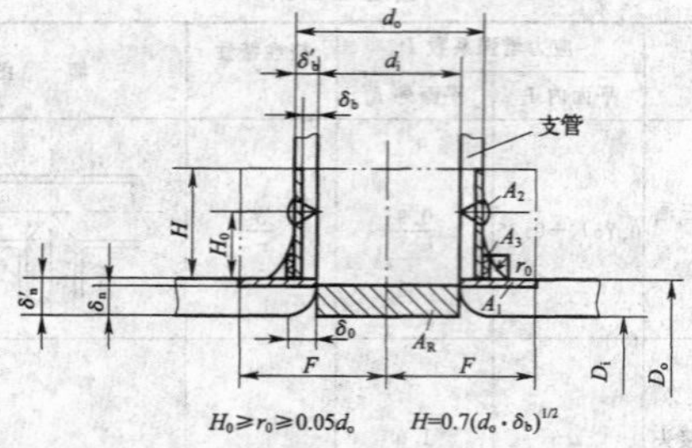

图 F.0.2　拔制三通补强

d_o—支管外径(mm)；d_i—支管内径(mm)；D_o—主管外径(mm)；

D_i—主管内径(mm)；H—补强区的高度(mm)；

δ_0—翻边处的直管管壁厚度(mm)；δ_b—与支管连接的直管管壁厚度(mm)；

δ'_b—支管实际厚度(mm)；δ_n—与主管连接的直管管壁厚度(mm)；

δ'_n—主管的实际厚度(mm)；F—补强区宽度的1/2，等于d_i(mm)；

H_0—拔制三通支管接口扳边的高度(mm)；

r_0—拔制三通扳边接口外形轮廓线部分的曲率半径(mm)

注：图中双点划线范围内为有效补强区。

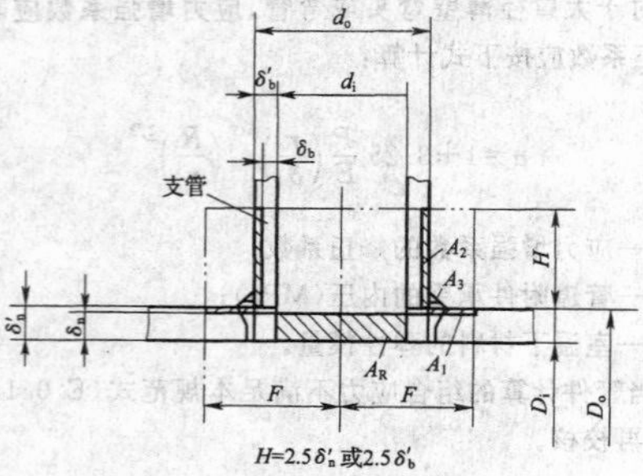

图 F.0.3　整体加厚三通

注：图 F.0.3 中，除 A_3 外其余符号的含义与图 F.0.2 相同。

F.0.4　在管道上直接开孔与支管连接的开孔局部补强(图 F.0.4)结构，开孔削弱部分的补强计算应满足本规范式(F.0.1-1)的要求，其中的 A_3 应是补强元件提供的补强面积与补强区内的焊缝面积之和，补强的材质和结构还应符合下列规定：

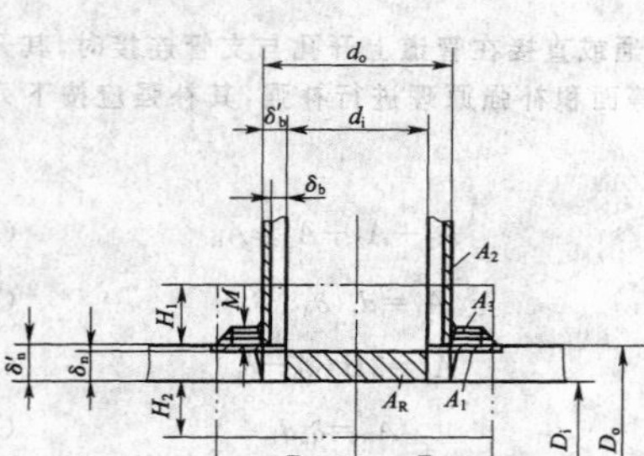

图 F.0.4　开孔局部补强

注：图 F.0.4 中，除 A3 外其余符号的含义与图 F.0.2 相同。

1　补强元件的材质应和主管道材质一致，当补强元件钢材的许用应力低于主管道材料的许用应力时，补强元件面积应按二者许用应力的比值成比例增加；

2　主管上邻近开孔连接支管时，其两相邻支管中心线的距离不得小于两支管直径之和的1.5倍，当相邻两支管中心线的距离小于2倍大于1.5倍两支管直径之和时，应采用联合补强件，且两支管外壁到外壁间的补强面积不得小于主管上开孔所需总补强面积的1/2；

3　开孔应避开主管道的制管焊缝和环焊缝。

附录 G　压缩机轴功率计算

G.0.1　离心式压缩机轴功率应按下式计算：

$$N=\frac{\omega}{3600\eta}\cdot\frac{8.3145}{M}\cdot\frac{ZT_1}{(K-1)/K}\cdot(\varepsilon^{\frac{K-1}{K}}-1) \qquad (G.0.1)$$

式中：N——压缩机轴功率(kW)；

ω——天然气流量(kg/h)；

η——压缩机效率；

M——气体的质量(kg/kmol)，其值等于气体的相对分子量；

Z——气体平均压缩因子；

T_1——压缩机进口气体温度(K)；

K——气体绝热指数，以甲烷为主的天然气 K 可取1.27～1.31；

ε——压缩比。

G.0.2　往复式压缩机轴功率应按下式计算：

$$N=16.745P_1q_v\frac{K}{K-1}(\varepsilon^{\frac{K-1}{K}}-1)\frac{Z_1+Z_2}{2Z_1}\cdot\frac{1}{\eta} \qquad (G.0.2)$$

式中：N——压缩机轴功率(kW)；

P_1——压缩机进气压力(MPa)；

q_v——进气条件下压缩机排量(m^3/min)；

Z_1、Z_2——压缩机进、排气条件下的气体压缩系数。

附录 H　管端焊接接头坡口型式

H.0.1　管端壁厚相同的对焊接头坡口型式宜符合图 H.0.1 的规定。

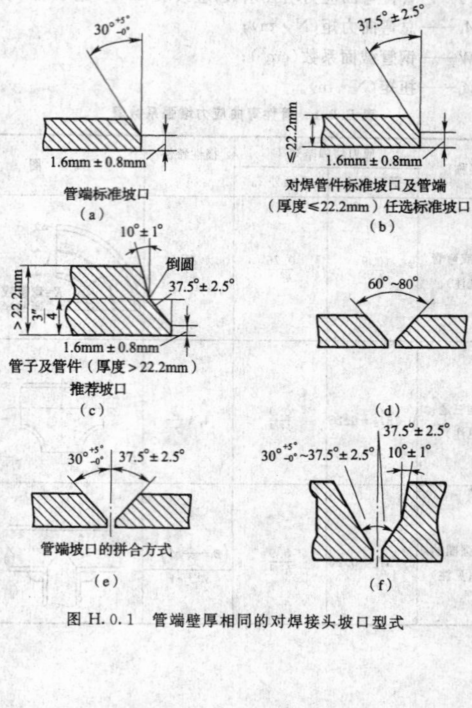

图 H.0.1　管端壁厚相同的对焊接头坡口型式

H.0.2 管端壁厚不同和(或)材料屈服强度不同的对焊接头坡口型式应满足图 H.0.2 的要求，并应符合下列规定：

1 材料、过渡处理及焊后热处理应符合下列规定：

1)对接管段的最小屈服强度不同时，焊缝金属的力学性能不应小于强度较高的管段；

2)壁厚不等管段的管端之间的过渡，可按图 H.0.2 所示方法或可采用预制的过渡短节管过渡；

3)采用加工斜坡口时，焊趾部位应圆滑过渡，不应出现咬边或凹槽；

4)最小屈服强度相同的不等壁厚管段对接焊时，对加工斜坡口的最小角度可不作限制；

5)焊后热处理应按有效焊缝高度值确定。

2 对接管段内径不同时，坡口应符合下列规定：

1)当壁厚差不大于 2.5mm 时应焊透，坡口可按图 H.0.2(a)加工且不作特殊加工处理；

2)当壁厚差大于 2.5mm 且不能进入管内焊接时，应按图 H.0.2(b)将较厚侧管端内部加工成斜坡口，斜坡口的加工角度最大不应大于 30°，最小不应小于 14°；

3)当壁厚差超过 2.5mm，但不超过较薄管段壁厚的 1/2，且能进入管内施焊时，可按图 H.0.2(c)采用内焊填充完成过渡，较厚管段上的坡口钝边高度应等于管壁厚度的内偏差加上对接管上的坡口的钝边高度；

4)当壁厚差大于较薄管段壁厚的 1/2，且能进入管内施焊时，可按图 H.0.2(b)将较厚管端的内侧加工成斜坡口，或可按图 H.0.2(d)加工成组合型式的斜坡口，即以较薄管钢壁厚的 1/2 采用锥形焊缝，并从该点起将剩余部分加工成锥面。

3 当相焊接钢管外径不等时，坡口应符合下列规定：

1)当壁厚差不超过较薄钢管壁厚的 1/2 时，可按图 H.0.2(e)加工坡口，焊缝过渡面角度不应大于 30°，且焊趾部位应圆滑过渡；

2)当壁厚差超过较薄钢管壁厚的 1/2 时，应按图 H.0.2(f)将超出部分加工成斜坡口。

4 当相接管段内径及外径均不同时，应综合采用图 H.0.2(a)～H.0.2(f)或图 H.0.2(g)的方式进行坡口设计。

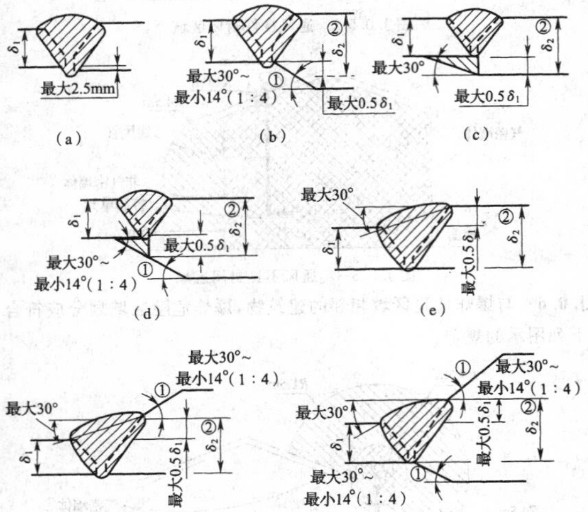

图 H.0.2 管端壁厚不同和(或)材料屈服强度不同的对焊接头坡口型式

注：1 当相接材料等强度不等厚度时，图中①不限定最小值。

2 图中②设计用最大厚度 δ_2 不应大于 $1.5\delta_1$。

附录 J 输气站及阀室爆炸危险区域划分推荐做法

J.0.1 爆炸危险区域划分的表示方法宜符合下列图示的规定：

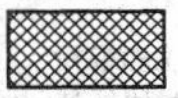

图 J.0.1-1 1 区

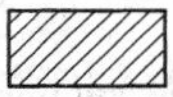

图 J.0.1-2 2 区

J.0.2 工艺阀门及设备爆炸危险区域划分应符合下列图示的规定：

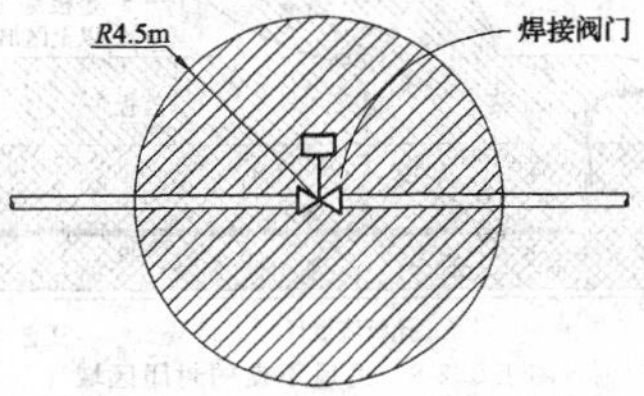

图 J.0.2-1 通风良好区域的焊接连接阀门

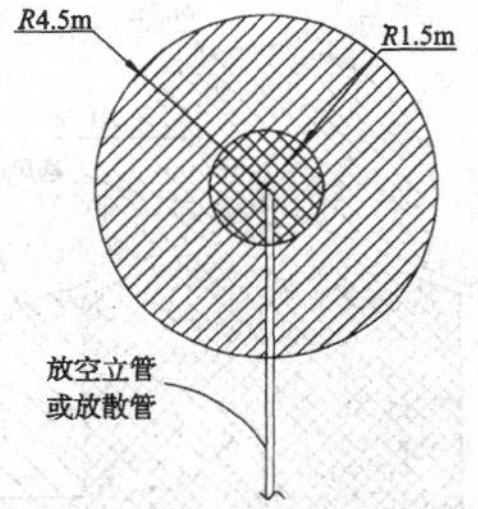

图 J.0.2-2 通风良好区域的放空立管或放散管

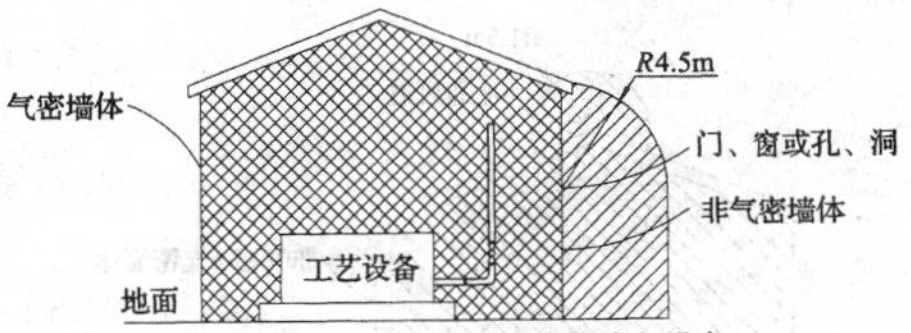

图 J.0.2-3 通风不良区域的放空设备

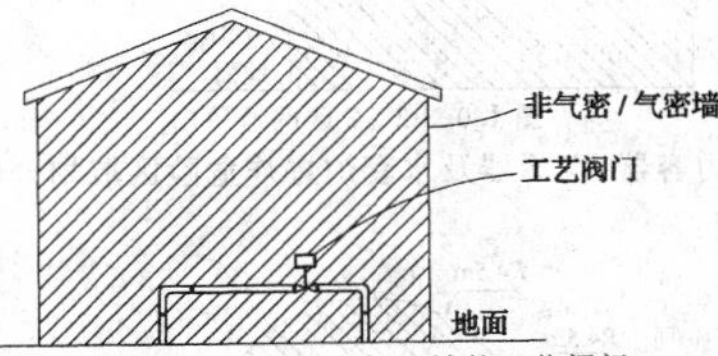

图 J.0.2-4 通风良好区域的工艺阀门

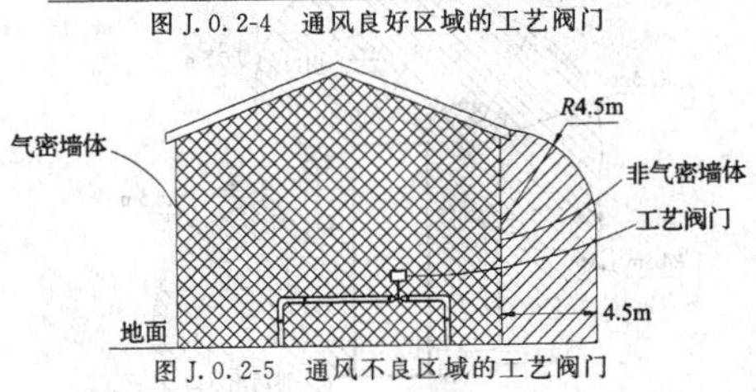

图 J.0.2-5 通风不良区域的工艺阀门

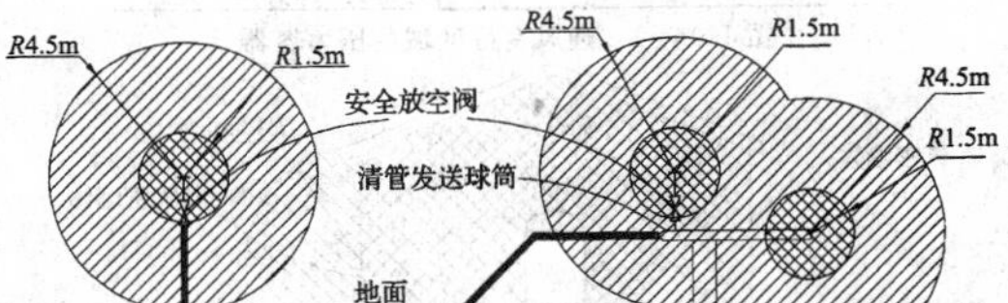

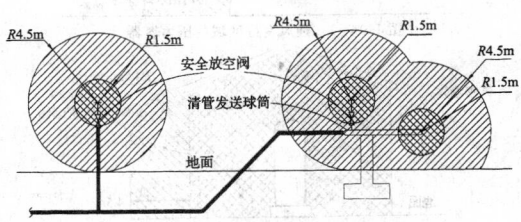

图 J.0.2-6 通风良好的户外设备

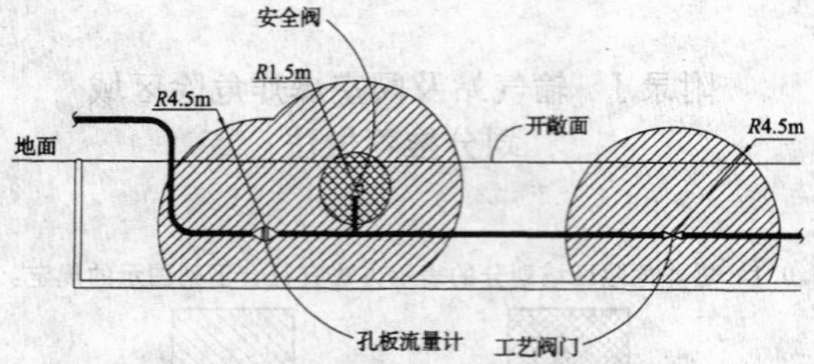

图 J. 0. 2-7　通风良好的封闭区域

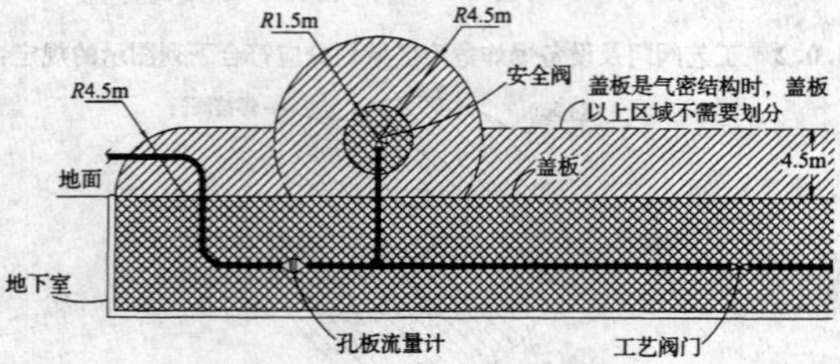

图 J. 0. 2-8　通风不良的封闭区域

J. 0. 3　通风口爆炸危险区域划分应符合下列图示的规定：

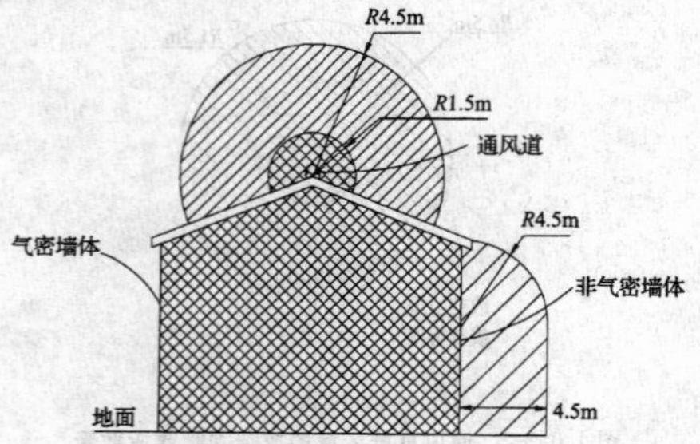

图 J. 0. 3-1　1 区的通风口

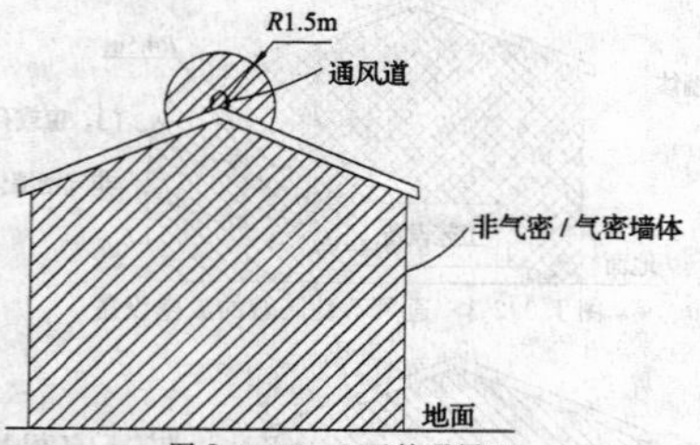

图 J. 0. 3-2　2 区的通风口

J. 0. 4　压力容器、空冷器及水套炉爆炸危险区域划分应符合下列图示的规定：

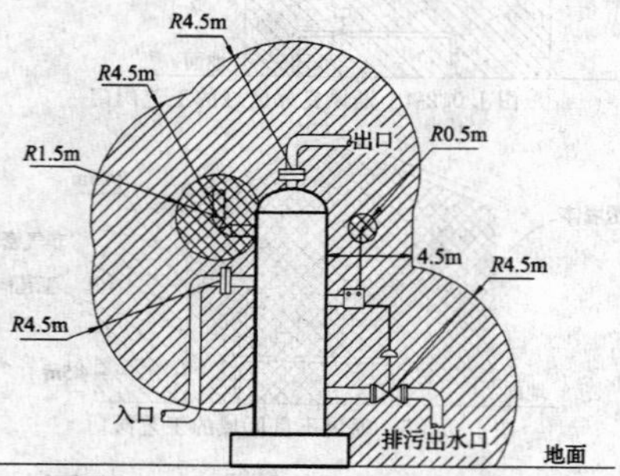

图 J. 0. 4-1　通风良好区域的压力容器

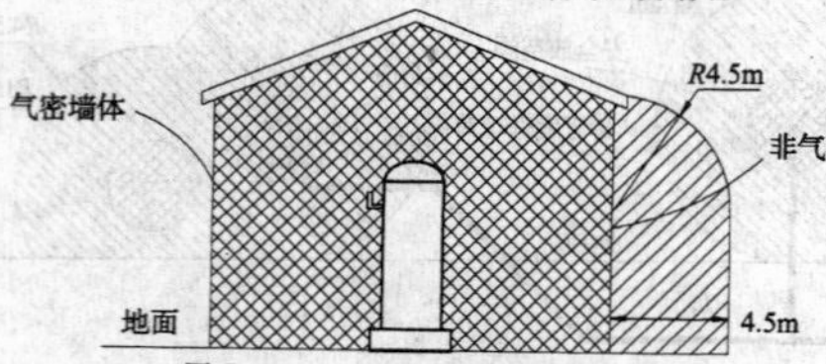

图 J. 0. 4-2　通风不良区域的压力容器

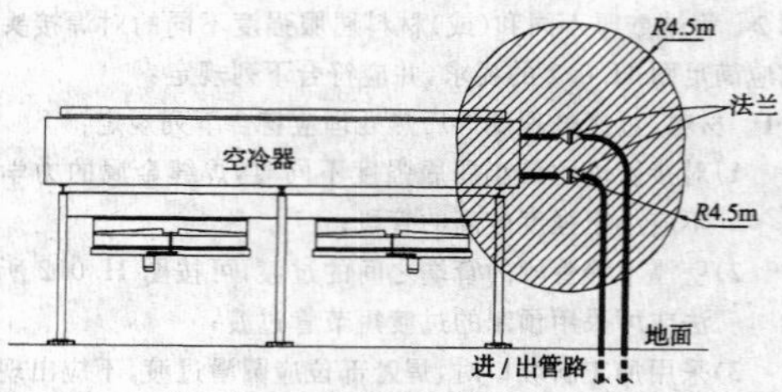

图 J. 0. 4-3　通风良好区域的后空冷器

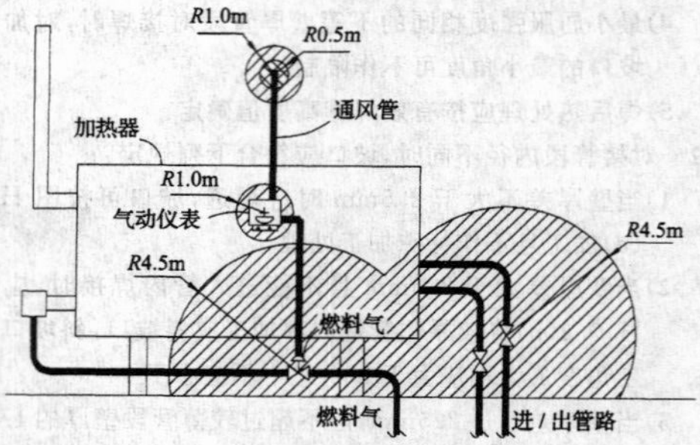

图 J. 0. 4-4　通风良好区域的水套炉

J. 0. 5　气液联动阀爆炸危险区域划分应符合下列图示的规定：

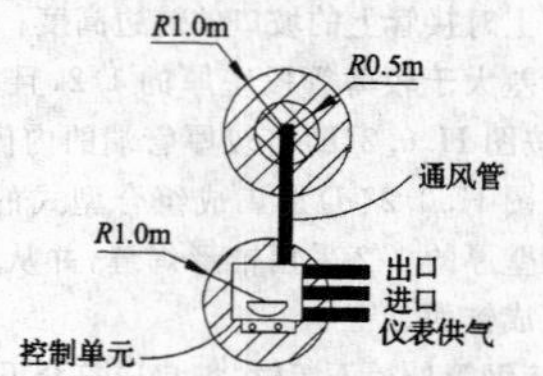

图 J. 0. 5-1　通风良好非封闭区域

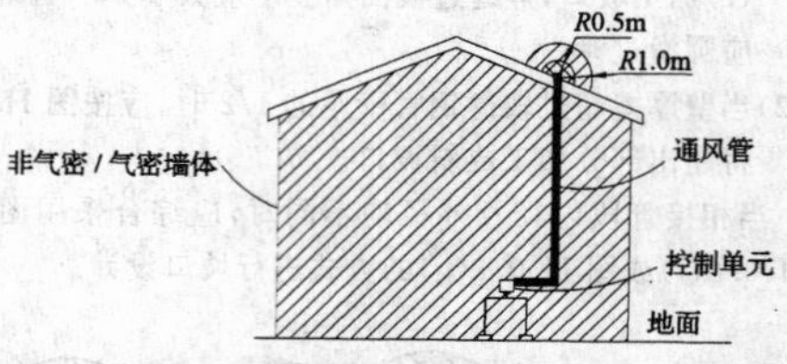

图 J. 0. 5-2　通风良好封闭区域

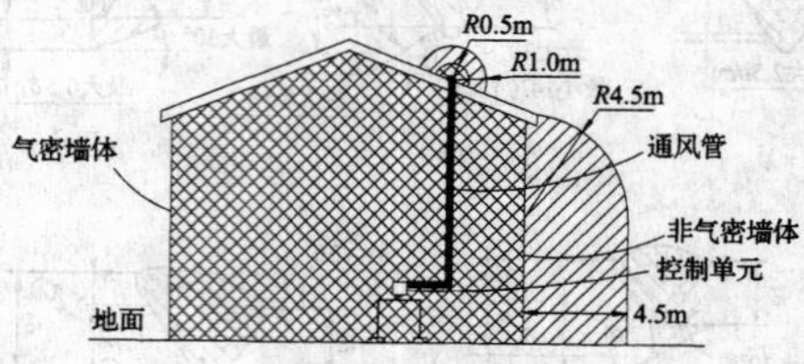

图 J. 0. 5-3　通风不良封闭区域

J. 0. 6　与爆炸危险区域相邻的建筑物，爆炸危险区域划分应符合下列图示的规定：

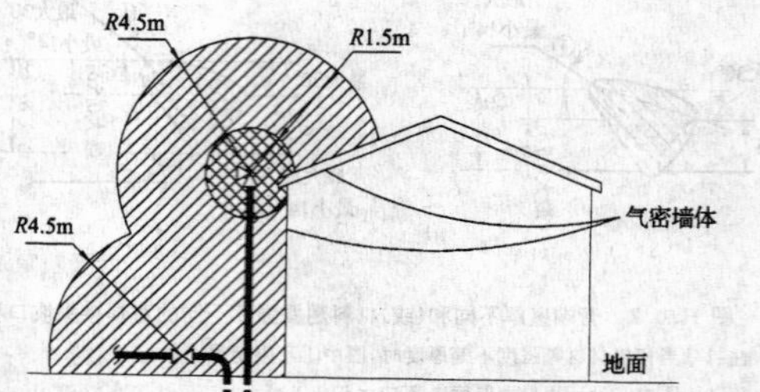

图 J. 0. 6-1　封闭墙体的建筑物

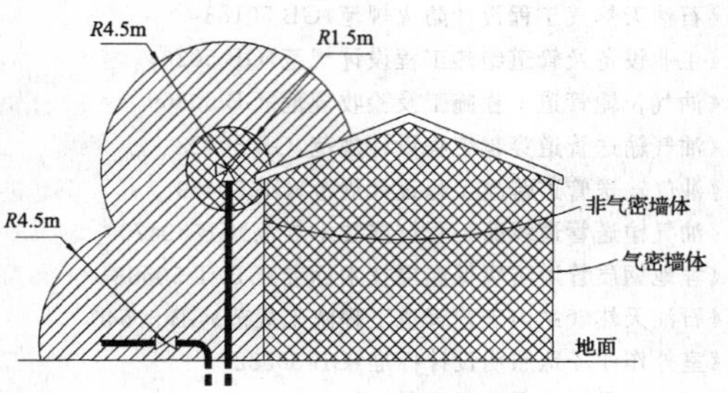

图 J.0.6-2　与 1 区相邻、非气密墙体的建筑物

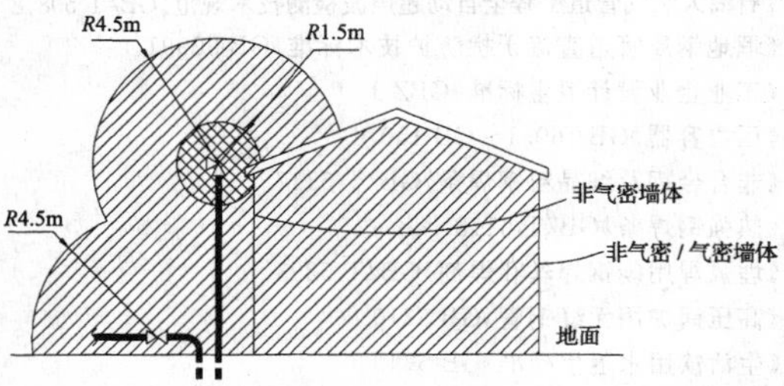

图 J.0.6-3　与 2 区相邻、非气密墙体的建筑物

J.0.7　压缩机组爆炸危险区域划分应符合下列图示的规定：

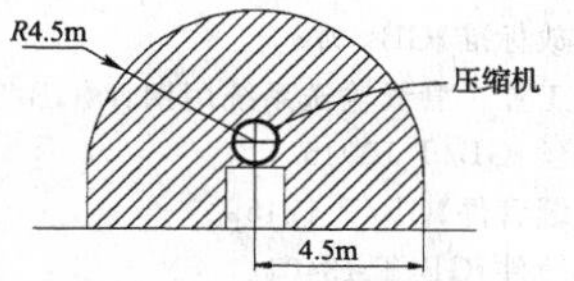

图 J.0.7-1　露天安装

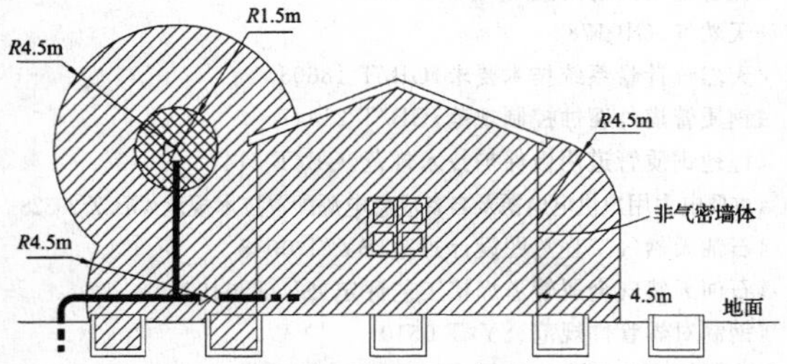

图 J.0.7-2　通风良好的厂房

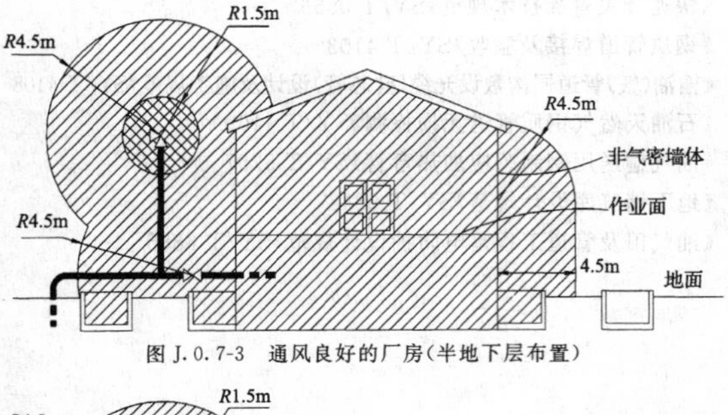

图 J.0.7-3　通风良好的厂房(半地下层布置)

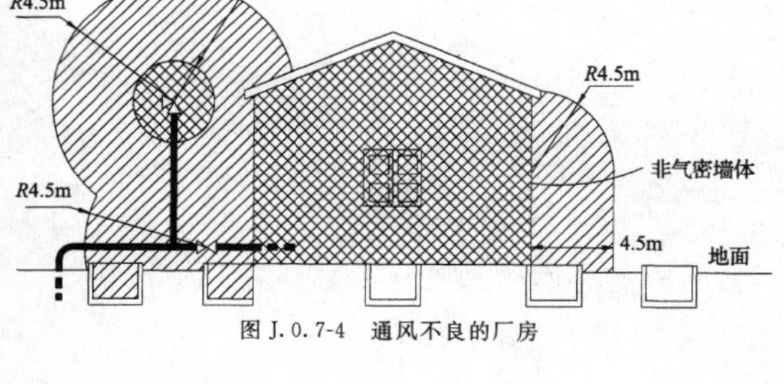

图 J.0.7-4　通风不良的厂房

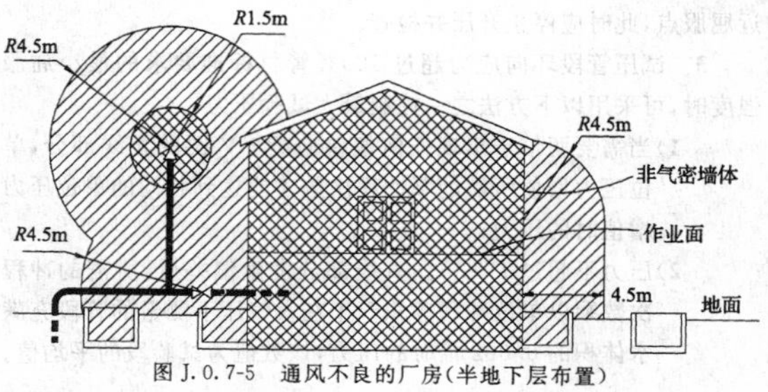

图 J.0.7-5　通风不良的厂房(半地下层布置)

注：本条的图示中，地面以下的沟槽内存在释放源时，应按图 J.0.2-7、图 J.0.2-8 划分爆炸危险区域。

附录 K　埋地管道水压强度试验推荐做法

K.0.1　一级一类地区采用 0.8 强度设计系数的管道强度试验，应绘制压力-体积关系图($P-V$ 图)监测试验过程。

K.0.2　试压使用的设备及材料应符合下列规定：

1　试验管段的充水设备宜采用离心泵；

2　试验管段的升压注水设备应采用往复泵，泵的流量选择应适当，以便提供合适的升压速度，泵的工作压力应大于管段的最大试验压力；

3　试验使用的试压头、管汇、阀门及管线的承压能力应大于管段的最大试验压力，试压前应对试压系统进行全面检查，确保参与试压的设施处于良好状态。

K.0.3　试验管段的充水应符合下列规定：

1　应在试验管段内的充水起点置入一个或多个隔离球之后充水，以尽可能地排出管线内的空气，隔离球可在试压完成之后取出；

2　充水宜连续进行，并应对充水的体积进行计量，以便判断管内空气排出程度；

3　充水完成后，应进行一段时间的热稳定，使充入水的温度与地层温度相平衡，方可进入试压阶段。

K.0.4　试压应符合下列规定：

1　可将试压段的试验压力升高到不超过最大试验压力的 80%，并应稳压一段时间；

2　在稳压时间内，应监视并检查试验管段是否有泄漏，如发现泄漏应泄压并修复；

3　稳压时间完成后，应以均匀的速度升压到试验压力；

4　升压达到试验压力，应稳压一定时间并观察，在此期间，可根据需要向管内适量添加试压介质，以便保持试验压力，之后进入试验压力的稳压阶段并应记录稳压时间。

K.0.5　管道产生屈服所需压力的测定应符合下列规定：

1　试验管段升压期间应绘制 $P-V$ 图，$P-V$ 图的绘制应符合下列规定：

1)宜以升压注入水的体积(V)为横坐标，以压力(P)为纵坐标，用升压注入管线内水的体积与管段压力变化绘制关系图；

2)应在足以准确建立 $P-V$ 图直线部分的最低压力点开始绘制；

3)数据采集点应足够密集，以便能及时测出 $P-V$ 图中偏离直线部分的非线性(曲线)的开始位置。

2　试验期间，应密切监视 $P-V$ 图图形的变化趋势，$P-V$ 图中偏离直线后出现非线性(曲线)部分的开始，预示该管段快要接近屈服点，此时应停止升压并检查。

3 试压管段环向应力超过100%管材标准要求的最小屈服强度时，可采用以下方法之一控制最大试验压力：

1)当需要两倍于出现任何偏差前 $P-V$ 图的直线部分，单位压力增值所需的泵冲程次数才能达到相同的单位压力增值时的压力；

2)压力不超过 $P-V$ 图直线部分发生偏差后，所需的冲程次数乘以单位冲程容积等于在大气压下测量的管段充满水体积的0.002倍时的压力，该数值为试验段的平均值。

本规范用词说明

1 为便于在执行本规范条文时区别对待，对要求严格程度不同的用词说明如下：

1)表示很严格，非这样做不可的：
正面词采用"必须"，反面词采用"严禁"；

2)表示严格，在正常情况下均应这样做的：
正面词采用"应"，反面词采用"不应"或"不得"；

3)表示允许稍有选择，在条件许可时首先应这样做的：
正面词采用"宜"，反面词采用"不宜"；

4)表示有选择，在一定条件下可以这样做的，采用"可"。

2 条文中指明应按其他有关标准执行的写法为："应符合……的规定"或"应按……执行"。

引用标准名录

《建筑设计防火规范》GB 50016
《采暖通风与空气调节设计规范》GB 50019
《压缩空气站设计规范》GB 50029
《建筑照明设计标准》GB 50034
《动力机器基础设计规范》GB 50040
《锅炉房设计规范》GB 50041
《工业循环冷却水处理设计规范》GB 50050
《供配电系统设计规范》GB 50052
《建筑物防雷设计规范》GB 50057
《爆炸危险环境电力装置设计规范》GB 50058
《工业循环水冷却设计规范》GB/T 50102
《火灾自动报警系统设计规范》GB 50116
《建筑灭火器配置设计规范》GB 50140
《石油天然气工程设计防火规范》GB 50183
《工业设备及管道绝热工程设计规范》GB 50264
《油气长输管道工程施工及验收规范》GB 50369
《油气输送管道穿越工程设计规范》GB 50423
《油气输送管道跨越工程设计规范》GB 50459
《油气输送管道线路工程抗震技术规范》GB 50470
《埋地钢质管道防腐保温层技术标准》GB/T 50538
《石油天然气站内工艺管道工程施工规范》GB 50540
《室外作业场地照明设计标准》GB 50582
《埋地钢质管道交流干扰防护技术标准》GB/T 50698
《石油天然气管道工程全自动超声波检测技术规范》GB/T 50818
《埋地钢质管道直流干扰防护技术标准》GB 50991
《工业企业设计卫生标准》GBZ 1
《压力容器》GB 150.1～GB 150.4
《非合金钢及细晶粒钢焊条》GB/T 5117
《热强钢焊条》GB/T 5118
《埋弧焊用碳钢焊丝和焊剂》GB/T 5293
《高压锅炉用无缝钢管》GB 5310
《生活饮用水卫生标准》GB 5749
《高压化肥设备用无缝钢管》GB 6479
《气体保护电弧焊用碳钢、低合金钢焊丝》GB/T 8110
《输送流体用无缝钢管》GB/T 8163
《污水综合排放标准》GB 8978
《石油天然气工业　管线输送系统用钢管》GB/T 9711
《碳钢药芯焊丝》GB/T 10045
《钢制对焊无缝管件》GB/T 12459
《钢板制对焊管件》GB/T 13401
《熔化焊用钢丝》GB/T 14957
《低合金钢药芯焊丝》GB/T 17493
《天然气》GB 17820
《天然气计量系统技术要求》GB/T 18603
《钢质管道外腐蚀控制规范》GB/T 21447
《埋地钢质管道阴极保护技术规范》GB/T 21448
《重要电力用户供电电源及自备应急电源配置技术规范》GB/Z 29328
《石油天然气工程总图设计规范》SY/T 0048
《石油天然气金属管道焊接工艺评定》SY/T 0452
《钢制对焊管件规范》SY/T 0510
《绝缘接头与绝缘法兰技术规范》SY/T 0516
《快速开关盲板技术规范》SY/T 0556
《钢质管道焊接及验收》SY/T 4103
《输油(气)管道同沟敷设光缆(硅芯管)设计及施工规范》SY/T 4108
《石油天然气钢质管道无损检测》SY/T 4109
《油气输送用钢制感应加热弯管》SY/T 5257
《地下储气库设计规范》SY/T 6848
《油气田及管道工程雷电防护设计规范》SY/T 6885

中华人民共和国国家标准

输气管道工程设计规范

GB 50251—2015

条 文 说 明

修 订 说 明

《输气管道工程设计规范》GB 50251—2015经住房城乡建设部2015年2月2日以第734号公告批准发布。

本规范是在《输气管道工程设计规范》GB 50251—2003的基础上修订而成，上一版的主编单位是中国石油集团工程设计有限责任公司西南分公司（四川石油勘察设计研究院），参编单位是天津大港油田集团石油工程有限责任公司、中国石油规划总院，主要起草人员是叶学礼、章申远、任启瑞、向波、吴克信、雒定明、魏廉敦、王声铭、刘兴国、唐胜安、孟凡彬、刘科慧、程祖亮。

为便于广大设计、施工、科研、学校等单位有关人员在使用本规范时能正确理解和执行条文规定，《输气管道工程设计规范》编制组按章、节、条顺序编制了本规范的条文说明，对条文规定的目的、依据以及执行中需注意的有关事项进行了说明，还着重对强制性条文的强制性理由作了解释。但是，本条文说明不具备与规范正文同等的法律效力，仅供使用者作为理解和把握规范规定的参考。

目　次

1 总　　则

1.0.2 本规范适用范围是从上游气源(厂、站)的外输管道接口到城镇燃气门站或直供用户之间的陆上新建、扩建和改建输气管道工程设计。气源(厂、站)指油气田天然气处理厂(站)、煤制天然气(Synthetic natural gas,SNG)工厂、煤层气处理厂、输气管道的分输站或分输阀室、LNG 汽化后的外输气管道接口、地下储气库采出天然气经处理合格后的外输天然气接口等。输气管道的气源可分为四类:第一类是从地下采出(如油气田、煤层气、非常规油气田、地下储气库)的经气体处理厂(站)处理后的天然气;第二类是用原煤经气化工艺合成的天然气;第三类是从输气管道分输的天然气,它是其下游输气管道的气源;第四类是 LNG 汽化后作为输气管道的气源。以上四类气源中,第一类和第二类可能存在工厂(站)生产运行工况波动,造成外输天然气质量不稳定的情况,因此输气管道接收这些气源时,注意加强气体质量的监测,防止不合格的天然气进入输气管道,以便有效控制管道内的腐蚀。

1.0.3 本条说明如下:

1 本规范充分考虑了输气管道建设与保护环境、节约能源、节约用地,处理好与铁路、公路、输电线路、河流、城乡规划等的相互关系。同时,也要求输气管道工程设计执行国家法律、法规及规章的要求,本规范的使用人员要密切关注国家相关法律法规的更新变化,以确保管道建设的合规性。

2 本规范要求输气管道工程设计不断采用国内外新技术、新工艺、新设备、新材料,吸收新的科技成果,以推动我国管道建设技术水平的进一步提升,但要符合国情,注重实效。

3 对大中型输气管道工程项目,一般都要进行优化设计,以此确定最优的工艺参数。对小型输气管道项目,如改扩建、管道长度短、站场工艺流程简单等项目往往不具备做优化设计的条件。

4 扩建项目要处理好利用与扩建的关系,合理、充分地利用原有设施,以利于节省投资和方便运行管理。同时,扩建项目应做好安全措施,如收集原有埋地管道位置的资料,动火点、连头点的选择与安全,扩建施工场地与原设备区的隔离等。

5 分期建设的项目需要进行综合分析,进行总体规划和设计,制定分期实施计划。总体规划和设计应为后期工程的设计和建设留有余地和创造条件,确保前期工程设计和建设成果在后期仍能充分利用,将后期工程的建造对前期建设成果的影响降至最低。

1.0.4 本规范只编写了输气管道的主体工程部分,而防腐工程、穿跨越工程、环境保护工程、水土保持工程、供电及输电线路工程(输气站外部供电的输电线路)等有关设计,应按国家和行业相关标准执行。本规范在条文和条文说明中引述的法律法规及其他标准规范,请使用人员密切关注其更新变化。

2 术　　语

本章所列术语,其定义及范围仅适用于本规范。本规范将原术语进行了局部修改,由原 26 个术语增加为 28 个。删除了原规范中的"输气干线"和"输气支线",增加的术语包括:冷弯弯管、热煨弯管、并行管道和线路截断阀(室)。本规范涉及的放空立管和放散管术语执行现行国家标准《石油天然气工程设计防火规范》GB 50183 的有关规定。

2.0.1 本规范 2003 版"管输气体"定义为"通过管道输送的天然气和煤气"。本次修订过程中经会议讨论将原"管输气体"修改为"管道气体",同时局部修改了定义内容。

根据《中华人民共和国石油天然气管道保护法》(2010 年 6 月 25 日第十一届全国人民代表大会常务委员会第十五次会议通过)第三条规定:"本法所称石油包括原油和成品油,所称天然气包括天然气、煤层气和煤制气"。

关于"煤气"。现行国家标准《城镇燃气设计规范》GB 50028—2006 第 2.0.2 条规定,人工煤气指"以固体、液体或气体(包括煤、重油、轻油、液体石油气、天然气等)为原料经转化制得的,且符合现行国家标准《人工煤气》GB/T 13612 质量要求的可燃气体。人工煤气又简称为煤气"。现行国家标准《人工煤气》GB/T 13612 中规定"本标准适用于以煤或油(轻油、重油)液化石油气、天然气等为原料转化制取的可燃气体,经城镇燃气管网输送至用户,作为居民生活、工业企业生产的燃料"。从以上两个标准来看,人工煤气制气原料种类多,且主要作为居民生活、工业企业生产的燃料,因此"煤气或人工煤气"属城镇燃气的范畴。

煤制天然气指以煤炭为原料经转化制得的且符合现行国家标准《天然气》GB 17820 质量要求的可燃气体(Synthetic natural gas,简称 SNG)。

综合以上因素,根据《中华人民共和国石油天然气管道保护法》,本次修订增加了"煤层气",并将"煤制气"明确规定为"煤制天然气",取消原规范本条定义中包括的"煤气",最终将"管道气体"修改定义为"通过管道输送的天然气、煤层气和煤制天然气"。

3 输 气 工 艺

3.1 一 般 规 定

3.1.1 输气管道的输气量受气源供气波动、用户负荷变化、季节温差及管道维修等因素的影响,不可能全年满负荷运行。为保证输气管道的年输送任务,要求输气管道的输气能力有一定的裕量。故本规范规定当采用年输气量时,输气管道输气设计能力按每年工作 350d 计算。

由于有的设计委托书或合同中规定的输气规模为日输气量,在工艺设计中,日输气量更能直接反映出输气管道的输气能力和规模,故本规范将日输气量作为输气管道的设计输送能力指标。

3.1.2 影响天然气输送和使用的主要因素有硫化氢、水及烃冷凝物和固体杂质等,本条对管道气体质量进行了规定,主要考虑了输送工艺、管输安全、管道腐蚀及一般用户对气质的使用要求。

1 输气管道中的机械杂质(含粉尘)的沉积会影响输气效率,同时输气站内随天然气高速流动的机械杂质对部分设备会产生危害。因此,需根据机械杂质出现的可能性,采取分离或过滤设备清出有害的机械杂质。无论是天然气处理厂、煤制天然气工厂、地下储气库、管道气还是 LNG 等气源,来自气源的有害机械杂质(固体颗粒)可能性极小。就我国运行中的输气管道清管排出的污物特征来看,输气管道中的机械杂质主要来自管道施工清管不彻底的焊渣、泥沙等。因此,控制有害机械杂质,关键是控制施工清管质量,还可以优化或简化输气站分离器或过滤器设置的数量。

2 输气过程出现游离水是造成管道腐蚀的主要原因,没有水就没有电化学腐蚀或其他形式的腐蚀产生,同时游离水析出也会影响管道的输送效率,因此本款对水露点进行了严格要求。根据四川石油设计院、四川石油管理局输气处《低浓度硫化氢对钢材腐蚀的研究》表明："……工业天然气经过硅胶脱水后对钢材无腐蚀，腐蚀试样仍保持原来金属光泽，腐蚀率几乎等于零，表明无水条件下钢材的腐蚀是难以产生的"。按本规范设计的输气管道壁厚不考虑腐蚀裕量，也是基于严格控制天然气水露点，防止内腐蚀的产生。考虑到我国幅员辽阔，气候差异较大，对天然气水露点要求也可因地而异。需要说明的是，水露点需根据天然气输送所经的地域、沿线压力变化及环境温度变化进行系统分析，确保输气全过程中管道中任意一点的压力和温度组合工况下无液态水析出。

3　世界多数国家对烃露点要求按水露点方法作出了规定。脱除管道气体中液态烃的主要目的是提高管输效率、保障输气安全。本规范根据我国具体情况规定了气体的烃露点，与现行国家标准《天然气》GB 17820 二类气的要求一致。

4、5　硫化氢和二氧化碳在有游离水的情况下会导致管道内壁腐蚀，因此控制水露点非常重要。天然气中的二氧化碳属于不可燃成分，会降低热值。考虑到我国输气管道不是单纯把气体从起点输送到终点，管道沿线也会有大量民用与工业用户，为确保用户的用气安全及保护环境，管道气体硫化氢和二氧化碳含量应符合现行国家标准《天然气》GB 17820 二类气的要求，以满足多数用户对气质的要求。

3.1.3　在气源压力、施工技术水平及管材质量都能满足的情况下，高压输气一般比较经济，能充分利用气源压力，可以节省能耗。对用压缩机增压输送的管道，管道能耗和长期运行维护费用是重点考虑的指标，因此需通过多方案优化设计，选择最优的工艺参数，在保证安全的前提下，以经济节能的原则确定输气管道设计压力和站压比。管输压力的确定还要综合考虑管道材质、制管水平、施工质量、下游用户对压力的需求和管道通过地区安全等因素。

3.1.4　输气管道需要做好防腐设计，以保证输气管道的使用寿命。管道防腐分为外防腐(即防止土壤、环境等对金属的腐蚀)和内防腐(即防止所输送气体中的有害介质对管内壁的腐蚀)。现行国家标准《钢质管道外腐蚀控制规范》GB/T 21447 和《埋地钢质管道阴极保护技术规范》GB/T 21448 提出了防止管道外腐蚀的有效办法，故本规范规定输气管道外腐蚀按这两部规范的有关规定执行。

凡符合本规范第 3.1.2 条规定的管道气体，一般不会对管内壁金属产生腐蚀。当输送不符合上述规定的气体时，需采取其他有效措施，如降低气体的水露点、注入缓蚀剂或内部涂层等措施，防止管内壁腐蚀发生。由于工程造价、金属耗量等经济原因，输气管道一般不采用增加腐蚀裕量的方法来解决管壁内腐蚀问题。故本规范规定，管道采取防腐措施后，确定管壁厚度时可不考虑腐蚀裕量。

3.1.5　输气管道设置清管设施，一方面是为进行必要的清管，以保持管道高效运行；另一方面是为满足管道内检测的需要，以便于管道的完整性管理。清管设施的设置需结合运行管理的需要，具体情况具体分析，并非所有管道均需设置，如对于长度短，经分析不清管、不内检测也能满足管道长期可靠运行的，可不设清管设施。本条增加了清管设施宜与输气站合并建设，主要是考虑运行管理方便、节约占地、可共用公用设施和节省投资。

本规范未给出清管设施之间的最大间距，主要是该间距与管道内壁情况、清管器密封(皮碗)材料的耐磨性、清管器自备电源可用时间的长短、地形、清管时管内气体流速等因素有关，因此清管设施之间的最大间距需结合各种影响因素综合分析确定，本规范不作具体规定。

3.1.6　输气管道内壁涂层的主要功能是减阻。内涂可提高管输效率、降低能耗，效益是明显的，同时内涂还具有一定的防腐蚀作用。根据 2003 年化学工业出版社出版的由胡士信、陈向新主编的《天然气管道减阻内涂技术》介绍，输气管道内壁涂层可提高管输效率 4%～8%。输气管道是否采用内涂层，需根据项目的特点、管径、输量等参数经技术经济比选后确定。

3.2　工 艺 设 计

3.2.1　工艺系统优化是工艺设计的核心。系统优化设计是将影响工艺方案的各种设计参数和条件分别组合，构成多个工艺方案，经工艺计算和系统优化比较，最终确定推荐工艺方案的过程。对大中型输气管道项目，要求进行优化设计，确定最优的工艺参数。对小型输气管道项目，如改扩建、管道长度短、站场工艺流程简单等项目往往不具备做工艺系统优化设计的条件。

3.2.2　制定方案首先是选择工艺，然后确定工艺参数。通过工艺计算和设备选型、管径初选从而进行技术经济比较，才能最终确定管径和输压。是否需要增压输送，也需在技术经济比较之后才能确定。优化设计就是选择输气工艺、选定管径、确定输压、选定压比、确定站间距、进行技术经济比较的过程。本条规定了输气工艺设计不可缺少的四个方面的内容。

3.2.3　充分利用气源压力有利于节能，并有显著的经济效果。只要管道设备及材料本身的制造、施工及检验等能达到并符合技术经济优化条件，而气源的压力也能较长时间保证，在保证安全的前提下，输气压力尽量提高是合适的。

输气管道是否采取增压输送，取决于管道长度、输气量、管径大小的选择及用户对供气压力的要求等各方面条件。压气站的站间距取决于站压比的选择。压气站的站数取决于输气管道的长度和站压比。就离心式压缩机技术而言，我国建成的输气管道压气站站压比已达 2.5(如中国石油陕京二线输气管道榆林压气站)。本规范强调按经济节能的原则进行比选，合理选择压气站的站压比和确定站间距，因此未给定站压比值。本规范 2003 版第 3.2.3 条规定"当采用离心式压缩机增压输送时，站压比宜为 1.2～1.5，站间距不宜小于 100km"仍可参考使用。

3.2.4　压缩机选型要满足输气工艺设计参数和运行工况变化两个条件，也就是在输气工艺流程规定的范围内要求压缩机在串联、并联组合操作或越站输气时，其机组特性也能同管道特性相适应，并要求动力机械也应在合理的效率范围内工作。

3.2.5　输气干线的各分输站、配气站及末站的压力是由管道输气工艺设计确定的。上述各站的输气压力和输气量要控制在允许范围内，否则将使管道系统输气失去平衡，故管道系统中的分输站和配气站对其分输量或配气量及其输压均需进行控制和限制。

3.2.6　本条规定的目的是从源头严格监测进入输气管道气体的质量，确保进入管道的气体质量符合第 3.1.2 条的规定，有利于管道长期可靠运行。气源来自油气田天然气处理厂、地下储气库、煤制天然气工厂、煤层气处理厂等时，由于以上工厂可能出现运行工况不稳定、气质不达标的情况，因此本条规定接收这些气源时要设置气质监测设施。当气源来自管道气或 LNG 站的汽化气源时，其气质已符合管道气体质量要求，因此本规范未对接收这些气源作出气质监测的要求。如果因运行管理或能量计量的需要，其他天然气接收站也可设置气质监测设施。

3.2.7　输气管道的壁厚是按输气压力和地区等级确定的。输气压力可能出现两种情况，一是正常输气时所形成的管段压力，二是变工况时的管段压力。当某一压气站因停运而进行越站操作时，停运压气站上游管段压力一般大于正常操作条件时的压力。故本条规定管道系统的强度设计应满足运行工况变化的要求。

3.2.8　本规范 2003 版第 3.2.8 条强条规定输气站应设置越站旁通，但经近十年的工程实践，并非所有输气站都需设置越站旁通。因此本次修订提出输气站宜设置越站旁通。压气站设管道越站旁通的目的是为了在必要时进行越站操作，清管站设管道越站旁通是正常运行流程。对于其他输气站是否设置越站旁通，需根据运行管理的需要和项目特点具体分析确定。

3.2.9　本条为强制性条文。输气站内天然气大量泄漏或发生火灾事故时，快速切断气源是控制事故扩大最有效的措施。进、出输气站的输气管道上设置截断阀其目的是切断气源。当站内设备检修需要停运，输气站内天然气大量泄漏或发生火灾事故，输气管线发生事故时，则需将输气站与输气管线截断，故进、出输气站的输气管道上设置截断阀是必要的。

现行国家标准《石油天然气工程设计防火规范》GB 50183 对进、出天然气站场的天然气管道设置截断阀有明确规定，设计时应严格执行。

3.3 工艺计算与分析

3.3.1 设计和计算所需的主要基础资料和数据，是由管道建设单位根据工程建设条件和任务提出的。本条所列举的各项资料是输气管道设计和计算必不可少的。不具备这些资料和数据，管道输气工艺设计便无法进行。

在有压气站的输气管道工艺计算中，沿线自然环境条件，如站场海拔高程、大气压、环境温度、沿线土壤传热系数等，都是必备的资料。当要利用管道储气调峰时，动态模拟计算还需要用户的用气特性曲线和数据。

3.3.2 输气管道工艺计算采用输气管道基本公式，是考虑到管道设计中计算技术的发展，现阶段已有条件进行复杂和更加精确的计算。

本规范公式系按气体动力学理论并根据气体管路中流体的运动方程、连续性方程和气体状态方程联立解导而得，其结果可由下列基本方程表达：

$$-\frac{dp}{\rho}=\lambda\frac{dx}{d}\cdot\frac{\omega^2}{2}+\frac{d\omega}{2}+g\mathrm{d}h+\frac{d\omega^2}{2}$$

假定 $\mathrm{d}h=0$ 作为水平管系，则上述表达式可用下列方程表示：

$$-\frac{dp}{\rho}=\lambda\frac{dx}{d}\cdot\frac{\omega^2}{2}+\frac{d\omega}{2}+\frac{d\omega^2}{2}$$

再将上述方程经计算和简化，即得计算水平管的基本公式如下：

$$q_v=C\left[\frac{(P_H^2-P_K^2)d^5}{\lambda Z\Delta TL}\right]^{0.5} \tag{1}$$

当输气管道沿线地形平坦，任意两点的相对高差小于 200m，输气压力不高时，按水平管公式计算误差很小，可忽略不计。此时可采用水平管基本公式(1)计算。但是在输气压力较高时，即使相对高程小于 200m，气柱造成的压力也较大，如在 6.4MPa 压力下，相对密度 0.6 的天然气 200m 气柱造成的压力达 0.1MPa。为了说明式(1)的使用条件，条文中增加了“不考虑高差影响时”的限制条件。

当输气管道沿线地形起伏，任意两点的相对高差大于 200m 对输气量有影响时，应按式(2)计算。

将长度为 L 的输气管道视为由数段高差不同且坡度为均匀向上或向下的若干直管管段组成。设各管的长度为 L_1、L_2、L_3……L_n，压力为 P_H、P_1、P_2、P_3……P_K，高程为 h_H、h_1、h_2、h_3……h_K。如设起点高程为 $h_H=0$，则各直线管段的高差为 $\Delta h_1=h_1-h_H$，$\Delta h_2=h_2-h_1$，$\Delta h_3=h_3-h_2$……$\Delta h=h_K-h_H$，通过上述基本方程进行运算和简化后则可得下式：

$$q_v=C\left\{\frac{[P_H^2-P_K^2(1+\alpha\Delta h)]d^5}{\lambda Z\Delta TL\left[1+\frac{\alpha}{2L}\sum_{i=1}^{n}(h_i+h_{i-1})L_i\right]}\right\}^{0.5} \tag{2}$$

式中：q_v——气体的流量($P_0=0.101325$MPa，$T_0=293$K)(m³/d)；

C——计算常数，$C=\pi T_0R_a/4P_0$，其中，$T_0=293$K，R_a 为空气的气体常数，在标准状态下，$R_a=287.1\mathrm{m^2/(S^2\cdot K)}$，$P_0=0.101325$MPa；

P_H、P_K——计算管段起点和终点压力(MPa)；

α——系数(m^{-1})，$\alpha=\frac{2g\Delta}{ZR_aT}$，其中，$g$ 为重力加速度，取 $9.81\mathrm{m/s^2}$，R_a 为空气的气体常数，在标准状态下，$R_a=287.1\mathrm{m^2/(S^2\cdot K)}$；

Δh——计算管段起点和终点间高差(m)；

d——管道内径(cm)；

λ——水力摩阻系数；

Z——气体压缩因子；

Δ——气体相对密度；

T——气体温度(K)；

n——输气管道计算管段内按沿线高差变化所划分的计算段数；

h_i、h_{i-1}——各划分管段终点和起点的标高(m)；

L_i——各划分段长度(km)。

式(1)和式(2)中各参数符号的计量单位除说明之外，见表 1，当各参数单位予以给定时，可得 C 值，见表 1。

表 1

P	L	d	q	C
10^5Pa	km	mm	10^6m³/d	0.332×10^{-6}
Pa	m	m	m³/s	0.0384

式(2)分子中$(1+\alpha\Delta h)$一项表示输气管道终点与起点的高差对流量的影响，分母中$\left[1+\frac{\alpha}{2L}\sum_{i=1}^{n}(h_i+h_{i-1})L_i\right]$一项表示输气管沿线地形(沿线中间点的高程)对流量的影响。

天然气在标准状态下，假设 $\rho_G=0.7\mathrm{kg/m^3}$，100m 气柱相当压力为 700Pa，可以忽略不计。但在地形起伏、高差大于 200m 的情况下，造成输气量误差较大，则不能忽略。如压力为 7.5MPa、压缩因子为 0.87 时，$\rho_G=60.3\mathrm{kg/m^3}$，高差为 1000m 时即相对于 0.603MPa 的压力，这样的压力就不能忽略。因此，凡是在输气管线上出现有比管线起点高或低 200m 的点，就必须在输气管道水力计算中考虑高差对输量的影响。

将式(3.3.2-1)和式(3.3.2-2)按法定符号和法定计量单位进行转换，则得本规范正文中所列的公式。

当输气管道中气体流态为阻力平方区时，根据目前我国冶金、制管、施工及生产管理等状况，工艺计算推荐采用附录 A 给出的公式(原为 Panhandle B 式)。

附录 A 公式中引入一个输气效率系数 E，其定义为：

$$E=\frac{Q_\varphi}{Q}$$

式中：Q_φ——气体实际流量(m³/d)；

Q——气体计算流量(m³/d)。

输气效率系数 E 等于输气管道实际输气量与理论计算输气量之比，表明管道实际运行情况偏离理想计算条件的程度。设计时选取 E 值应考虑计算条件与管道实际运行条件的差异，以保证运行一段时间后管道实际输气量能满足设计任务输气量。美国一般取 $E=0.9\sim0.96$。

E 值的大小主要与管道运行年限、管内清洁程度、管径大小、管壁粗糙情况等因素有关。若气质控制严格，管内无固、液杂质聚积，内壁光滑无腐蚀时 E 值较高。当管壁粗糙度和清洁程度相同时，大口径管道相对粗糙度较小，故 E 值比小口径管道高。

我国管道施工水平及气体的气质控制与世界先进水平尚有差距，运行条件与设计条件也不尽相符。本规范推荐输气管道公称直径为 300mm～800mm 时，E 值为 0.8～0.9，大于 800mm 时，E 值为 0.91～0.94。

3.3.4 由于输气管道工程规模扩大，系统复杂性提高，供气范围大，对供气可靠性的要求提高。不稳定工况对安全、平稳供气影响很大，不稳定工况主要来自供用气的不均衡性和管道系统故障，如管线破裂漏气、压缩机组故障停运等。为了分析不稳定工况对供气可靠性的影响，需要模拟各种不稳定工况条件下各节点工艺参数和储气量，以便分析管道的供气和调峰能力、事故自救能力和应采取的对策。

对用气不均衡性的动态计算，应提供一个波动周期内每小时用气量的变化数据(或负荷系数)，一般以一周为一周期。如果是事故工况，主要是计算出管道能维持供气的时间，时间长短随事故地点、事故性质而变化，故条文中对计算周期不作具体规定。

3.3.5 目前我国输气管道工艺分析主要借助软件计算，由于输气工艺分析计算的软件较多，如有国际知名公司开发的，也有自主开发的软件，因此要求在使用前需经工程实践验证，以保证计算结果的可靠性。

3.4 输气管道的安全泄放

3.4.1 本规范2003版规定本条为强条，本次修订取消强条改为一般规定，主要考虑到泄压放空设施的主要作用是对线路管道进行放空。以下两种情况需按本条要求设置放空设施：一是连接两座输气站之间的线路管道无阀室时，或有阀室但阀室处无放空条件，二是输气站承担线路管道放空时。本条的规定要与线路阀室的放空设施设置相结合，具体问题具体分析，原则是确保线路的每段管道均能放空。

3.4.2 本条是参考美国国家标准《输气和配气管道系统》ASME B31.8—2012第846.2.1条的规定"输气管道干线上应安装排放阀，以便位于主阀门之间的每段管线均能放空。为使管线放空而配置的连接管尺寸和能力，应能在紧急情况下使管段尽快放空"。

输气管道相邻截断阀（室）之间的管段上设置放空阀，目的是管段维修或管道事故时能截断管线并分段放空。为便于运行管理、节约用地，国内外输气管道线路截断阀之间管段的放空阀及放空设施均与线路截断阀合并在一处建设（国外称为线路截断阀，我国习惯称为阀室）。通常情况下，在每个阀室内的线路截断阀上、下游管道上均设放空设施更有利于尽快放空（即每段管道上有两处可放空）。当阀室所处位置不具备放空条件时，该阀室可只设放空阀或只设放空管线的连接口，但紧邻该阀室的上、下游阀室（或输气站）必须具备放空条件并设置管段的放空设施，以确保管段至少有一处可以放空，这是特殊情况下的一种处理方式。

本规范第3.4.8条对阀室放空设计进行了要求，第3.4.9条对阀室放空立管和放散管设计进行了要求，第4.5节对阀室的间距和选址等进行了要求。

我国目前尚未形成多气源、多储气库相结合的可靠供气系统，用户对管道供气的可靠性依赖程度仍然很高。无论管道泄漏或维修放空均需要在较短的时间内完成，以便为修复管道提供更充裕的时间，尽快恢复供气，减小社会影响，就现阶段我国管网系统现状，具有放空条件的阀室设置放空立管比较符合生产管理实际。因此，有条件情况下，在每个阀室内的上、下游管道上均设置放空设施是本规范提倡的做法。

3.4.3 本条为强制性条文。设计压力通常是根据工艺条件需要的最大操作压力决定的。受压设备和容器由于误操作、压力控制装置发生故障或火灾事故等原因，上述管道、设备、容器内压可能超过设计压力，或者是发生火灾事故时，受压管道或容器的材料性能下降，承压能力减弱。为了防止超压现象发生，一般均需在承压设备和容器上或其连接管线上装设安全阀或压力控制设施。

如果经分析不存在超压可能或管道设计压力大于流体可能达到的最大压力，则可不设置安全阀或压力控制设施。当一个站场存在不同设计压力的管道及设备，为防止调压设备失效而引起低压系统超压，应在低压系统上按不同设计压力分别设置安全阀或压力控制设施。除安全阀外，输气站常用的压力控制设施还有安全切断阀等。

输气站内，对泄压放空气体宜引入同等压力的放空管线并引至输气站放空立管去放空，这种泄压放空方式对防火安全有好处。

3.4.4 本条为强制性条文。美国国家标准《输气和配气管道系统》ASME B31.8—2012第845.4.1条规定："操作环向应力大于72%SMYS的压力下，管道或管道部件系统控制压力不超过最大允许操作压力的4%"。SMYS指管材标准规定的最小屈服强度。

本次修订是在本规范2003版的基础上，参考美国国家标准《输气和配气管道系统》ASME B31.8增加了一级一类地区采用0.8强度设计系数线路管道超压保护安全阀定压要求。对一级一类地区采用0.8强度设计系数线路管道超压保护设施一般设在管段上游的输气站内。

3.4.5 输气站内安全泄放的气体和放空的气体一般均用放空管线引到放空立管排放。对于排气引出管直径大小的确定，通常是以安全阀泄放压力的10%作为背压进行计算。

3.4.6 输气管道安全泄放和放空的气体安全排入大气与放空系统的工艺设计、材料选用、系统结构安全、排放量、排放时间的长短、排放点周围的环境条件、排放时的气象条件、排放时采取的安全管理措施等诸多因素有关。安全排放需要根据项目具体情况，将各种影响因素综合考虑后制定安全排放设计方案和管理措施。

3.4.7 本条对输气站放空设计作出规定。

1 输气站因维护、维修、改扩建或事故等，放空频率比线路管道要高一些，特别是站内设计有安全阀或紧急放空系统时，其放空的时间点是不可预见的，为便于输气站运行管理，输气站设放空立管是合理的也是必要的。放散管只是方便站场放空的一种补充设施，对于输气站内不便于集中排放的气体适合采用放散管。

2 本款指全站设一个共用的放空立管，对于工艺系统复杂的站场，如压气站或枢纽站，可以在放空时分区域延时对每个区域逐一排放，流程设计时要考虑为分区放空操作创造条件。在北美地区，输气管道压气站有分区域集中排放且每个分区都设置了一个放空立管的案例，这种方式在我国来说不利于节约用地，因此本规范原则上不推荐这种方式。

4 用管的规格不应缩径，是指管外径的标准级差。

3.4.8 本条对阀室放空设计作出规定。

1 我国目前尚未形成多气源、多储气库相结合的可靠供气系统，用户对管道供气的可靠性依赖程度仍然很高。因此无论管道泄漏事故处理或管道维修均需要在较短的时间内完成，以便尽快恢复供气，减小社会影响。而管道泄漏事故处理或管道维修的全过程需要合理分配放空和修复时间，如中石油一般规定管道事故后至恢复供气的时间不超过72小时，给定的放空时间约为10h～12h，阀室设置放空立管可实现尽快放空并为修复管道和恢复供气创造条件。就现阶段我国管网和运行管理现状，具有排放条件的阀室设置放空立管比较符合生产管理实际，有利于实现尽快放空从而缩短放空时间，故本规范提出阀室宜设放空立管。设在室内的线路截断阀阀腔或气液联动执行机构的储能罐采用放散管排放天然气时，为确保天然气排放安全，将气体引至室外排放是合适的。

2 除本条第3款的特殊情况外，未设放空立管的阀室设置放空阀或预留引接放空管线的法兰接口，其目的是为移动放空设施的使用或引接放空管线至安全地点排放提供有利条件。设置放空阀或预留引接放空管线的法兰接口需要征求运行管理方的意见后确定。对于大口径管道，为减少管段放空量，如果阀室预期会出现移动压缩机向下游管段倒气的情况，需分析预留接口的共用性后确定设计方案。

3 地区等级、地面建筑物或其他地面设施等因素均对阀室选址有影响，有的阀室周围环境可能不具备放空条件，这种情况下，此阀室可以不设放立管。但该阀室紧邻的上、下游阀室（或站场）需设放空设施并承担管段内的天然气放空，以确保每段管道均能放空，这是特殊情况下的处理方式。

3.4.9 本条对放空立管和放散管的设计作出规定。

1 本款的最大放空量指最大小时放空量，这与放空总量和放空完成的时间有关。在确定最大放空量时，输气站需考虑紧急放空、全站集中放空或分区放空等因素。线路管道除考虑管段管径、长度和压力外，还要考虑运行管理的需要（如最长可中断供气时间等）。关于管道放空时间的长短，需根据运行管理需求确定，目前中国石油输气管道泄漏事故或维修一般要求在10h～12h完成线路放空(对小直径管道,放空完成的时间本身就会更短)。因此,设计者需根据多种因素分析后确定最大小时放空量,进而确定放空立管直径,以确保放空立管直径满足最大放空量的要求。

2 放空立管顶端严禁设弯管,原因是放空时天然气流速大,顶端向大气排出的气体产生的反向推力将对立管底部产生巨大的弯矩,有造成放空立管倾倒的可能,故特予以强调。

3 气体放空时对立管底部会产生较大的反座力,同时,与放空立管连接的放空管线也可能发生振动并传递至放空立管,为防止这种反座力和振动传递威胁放空立管的结构安全,放空立管本身和靠近放空立管的放空管线采取加固稳定措施是必要的。放散管通常管径较小,刚度小,需视其高度和结构型式采取稳固措施。

4 放空立管是垂直地面安装的,在多雨地区,雨水会从放空立管管口进入放空立管内,可能造成雨水积聚甚至会流入放空管线内,将引起放空管道系统的腐蚀,因此在放空立管结构设计时,需在放空立管底部设置排水阀,该阀的位置要能自流排净积液。对于低矮的放空立管(便于操作),有利于采取防止雨水进入放空立管的措施,如在放空立管顶端放置抗紫外线材料的轻型非金属防雨罩(如塑料材料的盖帽),这样可以防止雨水等污物进入放空立管,也不会影响放空作业。

4 线　　路

4.1 线路选择

4.1.1 根据中华人民共和国中央人民政府网数据,中国陆地面积约960万平方千米,地势为西高东低,山地、高原和丘陵约占陆地面积的67%,盆地和平原约占陆地面积的33%。2010年中华人民共和国国家统计局第六次全国人口普查主要数据公报(第1号)(2011年4月28日)普查登记的大陆31个省、自治区、直辖市和现役军人的人口共13.4亿人,平均每个家庭户的人口为3.10人,居住在城镇的人口约占49.7%,居住在乡村的人口约占50.3%。从人口分布看,西部及西北部人口密度较小,中部、东部及东南部人口分布密集,随着我国城镇化建设的推进,乡村居住人口有减少的趋势。我国是一个地质灾害和地震多发的国家,城镇化建设、国家基础设施建设等与管道建设均具有选择有利地形的原则,不可避免地要发生相互关联或相互影响。而天然气用户又主要集中在中部、东部及东南部等人口密集区和经济发达地区,加上国家对土地利用的严格要求、各类环境敏感区的设立等,诸多因素均会造成路由选择、输气站及阀室选址等一系列的困难。为协调好管道建设与各方关系,本条提出了线路选择的基本要求。

1 通常线路工程的费用为全部工程费用的60%以上,因此,线路应进行多方案调查、分析、比选,择优而定。管道选线需注重路由的合规性,充分考虑沿线的各级政府要求、环境保护、人口分布、第三方活动、施工及运行维护的方便性、其他方的已有及规划建设设施、植被、土壤腐蚀性、干扰电流的影响、工程地质及水文条件对管道路由的影响等,处理好管道与相关利益方的关联协调。选线时,应明确管线的起点、拟需要经过的中间点和终点,经济合理地处理好干线与支线之间的关系。管道施工的难易取决于地形、工程地质条件及沿线交通状况,这些都是线路选择的重要因素。因此,管道选线需调查清楚管道沿线限制通过的区域,在考虑管线沿线环境、安全、路由协调、施工、运行维护、设计措施等所有因素的基础上,经多方案技术经济比较,优选线路,并非最短的路由就是最优的方案。

2 环境敏感区是影响管道线路路由的重要因素。中华人民共和国环境保护部令第33号(自2015年6月1日起施行)《建设项目环境影响评价分类管理名录》第三条指出:本名录所称环境敏感区,是指依法设立的各级各类自然、文化保护地,以及对建设项目的某类污染因子或者生态影响因子特别敏感的区域,主要包括:

(一)自然保护区、风景名胜区、世界文化和自然遗产地、饮用水水源保护区;

(二)基本农田保护区、基本草原、森林公园、地质公园、重要湿地、天然林、珍稀濒危野生动植物天然集中分布区、重要水生生物的自然产卵场、索饵场、越冬场和洄游通道、天然渔场、资源性缺水地区、水土流失重点防治区、沙化土地封禁保护区、封闭及半封闭海域、富营养化水域;

(三)以居住、医疗卫生、文化教育、科研、行政办公等为主要功能的区域,文物保护单位,具有特殊历史、文化、科学、民族意义的保护地。

此外,自2008年6月1日起施行的《中华人民共和国水污染防治法》(中华人民共和国主席令第八十七号)第五十八条规定,禁止在饮用水水源一级保护区内新建、改建、扩建与供水设施和保护水源无关的建设项目。按此法规,输气管道工程通过饮用水水源一级保护区属禁止行为。

当管道与环境敏感区有关联时,要确保路由的合规性,避开法规禁止的区域。

3 通常管道项目的起点和终点是已经确定的。输气管道压气站的站间距是经技术经济比选确定的,可调间距范围较小,且压气站的选址要求也较高。而大中型穿(跨)越属线路工程中的控制性工程,其选址受地形、地质条件、水文条件和穿越方案的影响较大。因此要求压气站和大中型穿(跨)越位置的选择,总体上要符合线路走向择优选择有利位置。线路可作适当调整来满足压气站和大中型穿(跨)越选址。压气站和大中型穿(跨)越位置的选择,应在经济合理和安全的前提下处理好与管道路由之间的关系。

4 军事禁区往往是战争攻击的目标,对管道安全影响甚大,应避开。飞机场、铁路及汽车客运站、海(河)港码头均为重要的基础设施或人员密集区,管道线路应绕避。

5 公路、铁路的桥梁及隧道属道路专用。根据现行行业标准《公路路线设计规范》JTG D20—2006“12.5.7 严禁天然气输送管道利用公路桥梁跨越河流。原油、天然气输送管道穿(跨)越河流时,管道距大桥的距离,不应小于100m;距中桥不应小于50m”,“12.5.8 严禁原油、天然气输送管道通过公路隧道”;现行行业标准《铁路工程设计防火规范》TB 10063—2007(2012年局部修订)“4.2.1 甲、乙、丙类液体和可燃气体管道严禁在铁路桥梁上敷设,且不应在桥梁范围内的上方跨越”。故本款作此规定。

6 近十年来管道建设与道路建设发展都很快,不可避免地要发生并行或交叉,使管道与道路之间的间距成为近年关注的热点和难点,如果间距确定太大,无论谁先建都将制约后建的项目规划建设。本款规定的间距是考虑道路先建,后建管道不影响道路的用地,因此规定管道布置在道路用地界3m以外,这个要求与现行国家标准《输油管道工程设计规范》GB 50253一致。管道与道路并行或交叉时,管道的选线需密切关注道路法规相关的要求,在合规的前提下,协调好管道与道路的关系。并行道路选择管道路由时,要注意避开可能危及管道安全的因素,如道路的高陡边坡区、高填方区、道路的排水或排洪口(区)等。同时,管道的施工建设也不得影响道路的结构安全。

7 中华人民共和国主席令第七十四号《中华人民共和国城乡规划法》所称规划区是指城市、镇和村庄的建成区以及因城乡建设和发展需要,必须实行规划控制的区域。在我国现有国情下，根据多年的工程实践，输气管道线路完全避开城乡规划区是不现实的。输气管道的总体选线原则是避开城乡规划区，当路由受限，确需在规划区通过时，要尽可能地避开建成区，且需征得城乡规划主管部门同意。进入城乡规划区内的管道要采取可靠的安全保护措施，这些措施包括：降低管道设计应力水平、提高焊缝检测要求、提高管道防腐性能要求、加密地面标识、埋设警示带、消除天然气泄漏在有限空间内的聚积、加强运行期间的完整性管理等。如果城乡规划专门为管道规划或预留走廊带时，则应按规划或预留的走廊带布设管道。

8 石方地段的管道选线需综合考虑爆破挖沟的安全和工期影响因素。石方段管道采用人工或机械开挖管沟时效率低，爆破成沟又可能涉及附近的公众或其他设施的安全。因此，石方段路由需经技术、经济、工期、环境安全等因素综合比较确定路由方案，确保路由选择的合理性。

9 电干扰引起的腐蚀会对管道本体的安全造成影响，管道与交/直流干扰源的间距直接决定了管道受到的干扰程度，而防护措施是被动的，减缓能力也是有限的，防护距离是保证防护措施达到预期效果的前提。国内高压直流输电（HVDC）系统近年发展很快，拟建和已建的超高压直流输电线路有30多条干线，其首端和末端换流站的接地极对管道造成的直流干扰影响程度剧烈、影响范围很大，在其处于单极大地回流方式运行或正常运行下的不平衡电流，通过入地而引起的直流干扰都会给管道带来严重腐蚀等影响。另外，交流干扰源中埋地管道与高压输电线路平行或靠近时，由于电磁耦合影响，存在持续干扰以及故障和雷电情况下的强电冲击影响可能对管道造成交流腐蚀，及故障情况或雷电状态下对管道防腐层和金属本体、管道辅助设施的损伤，以及操作和维护人员及公众的接触安全影响等。因此，线路选择时尽可能地从空间上保证与干扰源的间距是原则，尽可能地远离强干扰源，使干扰程度减轻到防护措施的能力范围内。本条规定与现行行业标准《石油天然气安全规程》AQ 2012—2007第7.3.7条的规定一致。

10 美国国家标准ASME B31.8—2012和加拿大国家标准《油气管道系统》CSA Z662—2007都没有规定管道与建（构）筑物间的距离要求。美国联邦法规《管道安全法 天然气部分》49CFR—2011第192.325条对管道与地下构筑物的间距进行了规定：(a)安装的每条输气管道与任何其他与本输气管道无关的地下构筑物之间的间距，必须至少305mm。如果无法实现这一间距，则必须对输气管道加以保护，避免因靠近其他结构物可能给管道造成损坏；(b)安装的每条干管与其他任何地下构筑物之间必须有足够的距离，以便进行维护和避免其他构筑物可能受到损坏。

中华人民共和国主席令第三十号《中华人民共和国石油天然气管道保护法》（2010年10月1日起施行）第三十条规定，管道线路中心线两侧各5米地域范围内，禁止建房以及修建其他建筑物和构筑物。因此，本款参照《石油天然气管道保护法》规定对挖沟敷设的一般地段线路管道，管道中心线与建（构）筑物的最小距离不应小于5m。在执行时，除满足本款规定外，对大口径管道其间距还要考虑施工的可行性及运行维护的方便性。

4.2 地区等级划分及设计系数确定

4.2.1、4.2.2 我国大型输气管道工程建设始于20世纪50年代。管道的安全保证基本上沿用前苏联大型管线设计模式，埋地管道与居民点、工矿企业和独立建（构）筑物之间保持一定的安全距离。后来，根据我国情况制定了《埋地输气干线至各类建构筑物最小安全距离、防火距离》，但在执行过程中，遇到很多矛盾，有些问题难以解决。20世纪70年代中期参照美国国家标准ASME B31.8按不同地区等级采用不同的设计系数，做出相应的管道设计。当时，地区等级不是按居民密度指数划分，而是以建（构）筑物的安全防火类别为基础，相应地划分出四类地区等级，设计系数与美国国家标准ASME B31.8的规定一致，经实践，尚属可行。本规范1994版、2003版均采用了以居民密度指数划分地区等级，并规定了相应的强度设计系数，本次修订仍规定采用控制管道自身的安全性作为输气管道的设计原则，并将原一级地区细分为一级一类地区和一级二类地区。现分述如下：

第一，输气管道建设中的安全保证有两种指导思想：一是控制管道自身的安全性，如美国国家标准ASME B31.8、加拿大国家标准《油气管道系统》CSA Z662、《石油和天然气工业管道输送系统》ISO 13623等。它们的原则是严格控制管道及其构件的强度和严密性，并贯穿到从管道设计、管材冶金、制管、设备材料选用、施工、检验、运行、维护到更新改造的全过程，即管道全生命周期的完整性管理。用控制管道的强度和结构安全来确保管道系统的安全，从而为管道周围公众、建（构）筑物及其他设施提供安全保证，目前欧美各国多采用这种设防原则。二是控制安全距离，如前苏联《大型管线》、俄罗斯联邦国家标准《大型管线压力大于10MPa时的设计标准》ГОСТ Р55989—2014，它们虽对管道系统强度有一定要求，但主要是控制管道与周围建（构）筑物的距离，以此为周围建（构）筑物提供安全保证。

第二，加强管道自身安全是对管道周围公众、建（构）筑物及其他设施安全的重要保证。对于任何地区的管道仅就承受内压而言，应是安全可靠的。如果存在有可能造成管道损伤的不安全因素，就需要及时采取一定的措施以保证管道的安全。欧美国家输气管道设计采取的主要安全措施是随着公共活动的增加而降低管道应力水平，即增加管道壁厚，以强度确保管道自身的安全，从而为管道周围公众、建（构）筑物及其他设施提供安全保证。这种"公共活动"的定量方法就是确定地区等级，并使管道设计与相应的设计系数相结合。在这些地区主要采取降低管道应力的方法增加安全度。按不同的地区等级，采用不同的设计系数（F）来保证管道周围公众、建（构）筑物及其他设施的安全，显然这种做法比采取安全距离适应性强，线路选择比较灵活，也较经济合理。

第三，强度设计系数（F）。管道安全性的判断是许用应力值，使用条件不同其值亦异。即使在同样条件下，根据各国国情，其值亦有所差异。美国ASME B31.8按管道使用条件对许用应力值有详细的规定，该标准1992年及以前的版本规定的许用应力值在$0.4\sigma_s$～$0.72\sigma_s$（σ_s为钢管标准规定的最小屈服强度）之间，该标准1989版及之后版本规定的许用应力值在$0.4\sigma_s$～$0.8\sigma_s$之间，即美国ASME B31.8已将最大许用应力提升为$0.8\sigma_s$。

输气管线设计采用设计系数0.8时（一级一类地区），管道应选择在人类活动少且无永久性人员居住的地区，采用设计系数0.72时（一级二类地区），管道应处于野外和人口稀少的地区，在这些区域发生管道事故，除管道公司财产损失外，对外界的危害程度不大。采用设计系数0.4时（四级地区），管道处在人口稠密、楼房集中和交通频繁的地区，由于输气管道运行聚积了大量的弹性压缩能量，管道一旦发生破坏，对周围环境危害甚大，因此，应降低管道应力水平，提高安全度，以确保管道周围公众及建（构）筑物的安全。此外，在四级地区的线路截断阀一般不超过8km，管道发生事故时，气体向外释放量较其他地区等级少，从而把危害降到最低限度。根据国内外的大量实践证明，按不同的地区等级采用不同的设计系数来设计输气管道是安全可靠的。不同地区等级采用不同地区的强度设计系数，在合理使用管材强度上也是经济合理的。本次修订根据我国近十年工程建设经验和技术发展水平，增加了0.8强度设计系数，本规范的设计系数与美国国家标准《输气和配气管道系统》ASME B31.8一致，即0.8、0.72、0.6、0.5、0.4。

第四，地区等级划分。美国国家标准ASME B31.8按不同的居民（建筑物）密度指数将输气管道沿线划分为四个地区等级。其划分的具体方法是以管道中心两侧各 1/8 英里(201m)范围内,任意划分成长度为 1 英里的若干管段,在划定的管道区域内计算供人居住独立建筑物(户)数目,定为该区域的居民(建筑物)密度指数,并以此确定地区等级。

我国幅员辽阔,东西南北地区特征差别甚大。根据我们多年的工作实践,按居民住户(建筑物)密度指数划分为四个地区等级,进行相应的管道设计是适宜的。同时,从我国实际情况出发,对居民住户(建筑物)密度指数的确定做了一些改变,这与美国 ASME B31.8 不同。本规范本次修订增加了一级一类地区可采用 0.8 设计系数并对该地区等级划分提出了严格的要求,对其他地区等级的划分未作调整。

本规范采用沿管道中心线两侧各 200m 范围内,任意划分长度为 2km 的若干管道区域,按划定区域内供人居住的独立建筑物(户)数目(以数目多者为准)确定居民(建筑物)密度指数。

我国是世界上人口最多的国家,大陆 31 个省、自治区、直辖市现有人口约 13.4 亿。我国人口分布很不均匀,中、东部地区人口密度大,西部地区人口密度小,全国平均人口密度约为 140 人/km^2。全国乡村人口密度约为 70.2 人/km^2,乡村按 3.1 人/户来计算独立建筑物数,则居民(建筑物)密度指数约为 22.7 户/km^2,按本规范提出的管段划分区域(0.8km^2)计算,我国乡村指数则为 18.2,即我国按乡村居民独立建筑物数密度指数,全国平均为二级地区。从乡村人口居住情况看,山区及丘陵地区多为分散居住,平原地区多为集中居住。我国大陆 31 个省、自治区、直辖市及全国人口密度统计见表 2。

表 2 大陆 31 个省、自治区、直辖市及全国人口密度(人/km^2)

地区	人口密度	地区	人口密度
西藏自治区	3	辽宁省	296
青海省	8	福建省	298
新疆维吾尔自治区	13	湖北省	308
内蒙古自治区	21	湖南省	310
甘肃省	60	重庆市	350
黑龙江省	81	河北省	382
宁夏回族自治区	95	安徽省	425
云南省	117	浙江省	535
吉林省	147	河南省	563
四川省	165	广东省	580
陕西省	181	山东省	610
广西壮族自治区	194	江苏省	767
贵州省	197	天津市	1086
山西省	228	北京市	1195
海南省	256	上海市	3630
江西省	267	全国平均	140

注:1 基础料据来源:中华人民共和国国家统计局 2010 第六次全国人口普查主要数据公报。

2 本表除全国平均人口密度外,其余人口密度根据(未考虑现役军人及难以确定常住地人员)常住人口数及各地区陆地国土面积计算得出。

3 大陆 31 个省、自治区、直辖市共有家庭户 401517330 户,家庭户人口为 1244608395 人,平均每个家庭户的人口为 3.10 人。

4 大陆 31 个省、自治区、直辖市和现役军人的人口中,居住在城镇的人口为 665575306 人,占 49.68%;居住在乡村的人口为 674149546 人,占 50.32%。同 2000 年第五次全国人口普查相比,城镇人口增加 207137093 人,乡村人口减少 133237289 人,城镇人口比重上升 13.46 个百分点。

综上所述,我国按乡村居民独立建筑物数密度指数平均为二级地区,乡村居民(建筑物)密度指数约为 22.7 户/km^2,采用安全距离原则设计输气管道明显不合适。因此本规范采用提高输气管道自身的安全度来保证管道周围建筑物的安全是积极的,与用安全距离来保证管道周围建(构)筑物的安全相比,前者较为合理。采用管道自身的安全度来保证安全已被当今许多工业发达国家所采用,因此,本规范修订时仍以按地区等级确定管道自身强度安全为原则。

本次修订是在 2003 版基础上,将一级地区细分为一级一类和一级二类两个地区类别,确定一级一类地区可采用 0.8 或 0.72 强度设计系数,一级二类地区采用 0.72 强度设计系数。对一级一类地区的划分方式主要参考了以下国外标准:

(1)美国国家标准《输气和配气管道系统》ASME B31.8—2012,该标准第 840.2.2 条规定,一级地区(包括一级一类 0.8 设计系数和一级二类 0.72 设计系数)指沿管道中心线两侧各 0.2km 范围内、任意划分长度为 1.6km 的地带内;供人居住的建筑物不超过 10 户(密度指数为 15.6 户/km^2),主要指荒地、沙漠、山区、草原、耕地和人口稀少的居民区。

(2)加拿大《油气管道系统》CSA Z662—2007 的一级地区划分与美国国家标准《输气和配气管道系统》ASME B31.8 基本一致,区别在于 CSA Z662 规定:无人区(None)或供人居住的建筑物不超过 10 户(密度指数为 15.6 户/km^2)均为一级地区,一级地区设计系数均为 0.8。

(3)《石油和天然气工业管道输送系统》ISO 13623 与美国和加拿大标准略有不同,它是以每平方千米的人的个数来确定的地区等级,对输送 D 类无毒的天然气,一级地区指管道中心线两侧各 0.2km 范围内,沿管道任意划 1km^2的面积,这个面积内不经常有人类活动,为无永久性住房的地区,如不通行的沙漠、荒凉的冻土地区等,在该地区,环向应力设计系数可以增大到 0.83(环向应力的计算方式与美国国家标准 ASME B31.8 也略有不同)。

综上所述,本规范首次引入 0.8 强度设计系数,为慎重和安全考虑,本规范一级一类地区的划分要求比美国和加拿大标准要求更严格一些,与 ISO 13623 要求基本一致。因此,本规范规定一级一类地区采用 0.8 设计系数的管道为不经常有人活动、无永久性人员居住的地区。

4.2.3 本规范 2003 版的修编时,曾考虑了采纳 0.8 设计系数,但因我国当时冶金、制管、施工、检验及完整性管理等技术与世界先进水平尚存在一定差距,故未采纳。本次修订增加一级一类地区可采用 0.8 设计系数,主要考虑了以下因素:

(1)本规范 2003 版发布至今,我国输气管道工程建设经过了十几年的快速发展,建成了西气东输管道、陕京二线、冀宁联络线、陕京三线、西气东输二线管道、西气东输三线管道(西段)等大口径、高压、高钢级全国骨干输气管道,最大设计压力已达 12MPa,最大管径为 D1219mm,最高钢级为 X80,且目前我国正在开展更高钢级、更大管径的技术研究。我国在管线钢的冶金、制管、施工及检验技术、质量控制水平、完整性管理水平方面有了显著提高,管道建设总体技术基本接近或达到国际先进水平,为本规范修订增加一级一类地区可采用 0.8 设计系数打下了良好基础。

(2)美国国家标准《输气和配气管道系统》ASME B31.8—1989 正式将设计系数提高到 0.8 并沿用至今。该标准将一级地区分为一级一类地区(设计系数取 0.8)和一级二类地区(设计系数取 0.72)。

(3)加拿大在 1968 年基于 ASME B31.4 和 B31.8,编制并颁布了分别适用于输油和输气管道的联邦法规 CSA Z183 和 CSA 184,1994 年将这两部法规进行了合并,形成了《油气管道系统》CSA Z662,至今一级地区仍采用 0.8 强度设计系数。

(4)《石油和天然气工业管道输送系统》ISO 13623 中规定 D 类无毒天然气管道在一级地区采用的环向应力系数最大为 0.83。

(5)管道失效与设计系数的关系。

1980 年,美国机械工程师协会(ASME)将 1953 年~1971 年间采用 0.72 以上设计系数与采用 0.72 及以下设计系数运行的输气管道的事故率进行了比较，设计系数在 0.72 及以下的输气管线事故率平均值为 2.5×10^{-4}/(千米·年)，设计系数为 0.72 以上的输气管线事故率平均值为 3.1×10^{-4}/(千米·年)，说明这期间采用 0.72 以上设计系数的输气管线事故率要高一些。此后，ASME 统计分析了 1984 年～2001 年的事故数据库，其结果是输气管线事故率平均值为 1.8×10^{-4}/(千米·年)，事故率降低的根本原因是完整性管理的应用及管理水平的提高。

ASME 根据 1984 年～2001 年间美国管道事故数据库，分析了管道的运行应力与输气管道事故率之间的关系，其结果是设计系数低于 0.4 的天然气管道事故率最高，占所有事故的比例接近 40%；设计系数高于 0.72 的管道，事故仅占所有事故的 2%。数据表明，应力水平和设计系数不是管道发生失效事故的主要原因，事故率和设计系数无直接关系。ASME 又进一步对 1984 年～2001 年间事故数据库分析，研究了诱发管道事故的主要原因，其结果是外力损伤是诱发管道事故的主要原因，占所有管道事故的 39%，腐蚀导致的管道事故占 24%，建造和制管缺陷导致的管道事故占 14%，其他原因造成的管道事故占 23%。

1954 年～2004 年间，加拿大天然气管道的事故率大约为 2.0×10^{-4}/(千米·年)，与美国的天然气管道事故率基本相当。加拿大没有建立与美国相似的事故数据库，因此，无法具体判定钢管级别、规格或者运行压力等哪个因素是引起管道事故的主要原因。但是，采用 0.8 设计系数并没有造成管道事故的发生。

根据以上国外管道数据分析，管道失效与设计系数关系不大，北美地区已有管道工程应用情况表明，采取严格的质量控制与完整性管理措施，0.8 与 0.72 设计系数的管道失效概率基本相当。采用 0.8 设计系数技术可行。

(6)加拿大和美国管道工程标准规定了输气管道一级地区可采用 0.8 强度设计系数，目前国际上按 0.8 设计系数建造运行的管道已达数万公里。与采用 0.72 设计系数的管道相比，事故率并没有明显的上升。管道失效受多种因素的影响，但设计系数不是管道失效的控制因素，采用 0.8 设计系数，虽然失效概率和运行风险有一定程度的增加，但都在可以接受的范围之内。

(7)通过合理控制管材化学成分、钢管的断裂韧性指标、壁厚偏差和管材最小屈服强度偏差，我国现有管材制造技术水平可以满足 0.8 设计系数的管材要求。

(8)采用 0.8 设计系数，钢管需在工厂进行达到管材标准规定的最小屈服强度 100% 静水试压试验，现场至少要进行 1.25 倍设计压力的水压强度试验，考虑到现场地形高差，要求低点试验压力产生的环向应力不大于 105% 管材标准规定的最小屈服强度。采取严格的试压措施，用压力-体积图法监测试压过程，现场水压强度试压不会造成管道的试压失效，还可在一定程度上提高管道的完整性。

(9)2006 年美国批准建设 Rockies Express Pipeline(洛基捷运管线)州际输气管道，管线全长约 2117km，管径为 D1067，最大允许操作压力为 10.2MPa。管道 90% 处于一级地区，一级地区内管道最大环向应力不超过 80% 管材标准规定的最小屈服强度，即设计系数最大为 0.8。管道公司对此管道在一级地区使用 0.8 设计系数和 0.72 设计系数进行了 9 个方面的风险分析：①应力腐蚀裂纹；②工艺缺陷；③天气/外部原因；④焊接和制造缺陷；⑤设备故障；⑥设备影响或第三方损害；⑦外部腐蚀；⑧内部腐蚀；⑨不当操作风险分析。根据以上 9 项风险分析结果，使用 0.8 设计系数的管道总体风险没有显著增加。此外，使用 0.8 设计系数的管道只在外部腐蚀、内部腐蚀和不当操作方面风险稍稍增加。由于壁厚要薄一些，应力更高，相应的风险也要稍大一些，安全性有所降低。根据 Rockies Express Pipeline 风险分析，0.8 设计系数的管道，只要严格控制进入管道内的气体质量(防止内腐蚀)、采取可靠的外防腐蚀措施及加强完整性管理，管道的可靠性是有保障的。

(10)采用 0.8 设计系数，可减小管道壁厚，节省钢材耗量，且对增加输量有一定效果。

(11)我国地域辽阔，具备一级一类地区采用 0.8 强度设计系数的地域条件，如戈壁、沙漠、草原等地区。

(12)为本规范修订增加 0.8 强度设计系数，中国石油天然气股份公司专门组织开展了“输气管道提高强度设计系数工业性应用研究”(该项研究是中国石油天然气股份公司重大科技专项“第三代大输量天然气管道工程关键技术研究”中的子课题之一)。在该子课题中开展了《输气管道提高强度设计系数可行性研究》、《0.8 设计系数用管材技术条件及管材生产技术研究》、《0.8 设计系数管道现场焊接工艺及环焊缝综合评价技术研究》、《西三线 0.8 设计系数示范工程设计及施工技术研究》、《示范工程服役安全可靠性评估及风险分析》。根据研究成果，中石油于 2013 年在西气东输三线管道工程(西段)甘肃境内建设完成了管径 D1219mm、设计压力 12MPa、X80、长约 300km 的 0.8 设计系数输气管道试验段，为本规范的修订提供了理论和实践依据。

综上所述，本规范修订增加 0.8 强度设计系数的条件和时机已经成熟。

本规范并非要求一级一类地区必须采用 0.8 强度设计系数，即在一级一类地区的管道，采用 0.8 或 0.72 强度设计系数均是可以的。值得注意的是，在一级一类地区采用 0.8 强度设计系数的管道，本规范对管线的运行压力控制、管材工厂静水压试验、现场水压强度试验等方面都有更加严格的要求(其要求分布在各章节中)。因此，一级一类地区需在综合分析本规范的相关要求、工程具体条件和技术经济比较后，确定一级一类地区采用 0.8 或 0.72 设计系数。

4.2.4 本条为强制性条文。本规范规定在一级一类、一级二类、二、三、四级地区，设计系数分别为 0.8、0.72、0.6、0.5、0.4，这种相互对应的关系，在某些情况下也有例外。如在一级地区内的大中型穿(跨)越管道、输气站及阀室内的管道、穿越不同等级道路的管道，则不能套用相应的地区等级来确定管道的设计系数，为避免混淆，本条对这些地段管道的强度设计系数作了明确的规定，以便正确选用设计系数。

一级一类地区采用 0.8 设计系数的管道，如果不可避免地出现地面敷设的管段(除管道跨越工程外)，则该地面管段应采用不大于 0.72 的设计系数，主要是基于管道水压强度试验的考虑。

考虑到一、二级公路，高速公路及铁路的重要性，穿越这些道路都是采用非开挖方式，如套管或涵洞，属有套管类穿越。这些穿越也有采用定向钻穿越的方式。因此，本次修订删除了原规范表 4.2.4 中“有套管穿越一、二级公路，高速公路，铁路的管道”中的“有套管”三个字。

本规范不可能列出所有特殊情况设计系数的选用规定，针对不同的特殊地段，设计者应根据风险作出判断，采用合适的设计系数和设计措施，以确保相互安全。设计措施可以根据潜在影响分析和管道的安全风险分析，对管道采取适当降低设计系数、提高焊缝检测要求、提高防腐等级、增加埋深、加密地区标识等措施，以削减管道系统风险。

4.3 管道敷设

4.3.1 考虑管道的安全，便于维护，不影响交通和耕作等，本规范要求输气管道为埋地敷设。埋地敷设困难的特殊地段，经设计论证后，亦可采用地上或土堤敷设等形式。

4.3.2 为了保证管道完好，免受外力损伤，不妨碍农业耕作等要求，本规范根据近年工程实践并参考美国国家标准《输气和配气管道系统》ASME B31.8—2012 第 841.1.11 条规定了最小覆土厚度。ASME B31.8 规定的最小覆土厚度见表 3。

表 3 最小覆土厚度(mm)

地区等级	最小覆土厚度		
	正常挖沟	岩石地区	
		管径≤DN500	管径>DN500
一级地区	610	300	460
二级地区	760	460	460
三级和四级地区	760	610	610
公共道路、铁路穿越处的排水沟底以下	910	610	610

根据第三方破坏管道失效概率统计，管道埋设越深，第三方破坏导致的事故频率越低，因此在人口密集区和其他工程建设活动频繁地区适当增加管道埋深，对管道安全更有利。

4.3.3 本条是参照现行国家标准《油气长输管道工程施工及验收规范》GB 50369 的要求制订的。表 4.3.3 注 2 中，对软土地区开挖深度不应超过 4m 是根据现行国家标准《建筑地基基础工程施工质量验收规范》GB 50202—2002 表 6.2.3 临时性挖方边坡值制订的。冻土地区在施工期间，可能会由于季节的变化出现冻融，此时土壤的特性会发生变化，管沟边坡的坡度值就要根据冻融后的土壤特性来确定，因此提出采用试挖确定边坡坡度值。

4.3.5 回填土的粒径需符合现行国家标准《油气长输管道工程施工及验收规范》GB 50369 的要求。

4.3.6 本条所作规定是考虑到土壤肥力恢复，有利于植被的生长，减少水土流失，同时对管道保护有利。

4.3.7 当管沟坡度较大时，管沟内回填物易下滑，细土易流失。为防止回填土下滑或细土流失，根据土壤特性，在管沟内分段设截水墙或采取其他措施是合适的。

4.3.9 土堤埋设管道在最近十年的管道工程中应用很少。土堤的砌筑高度和宽度需要依据管径大小、埋设深度、当地地形、水文地质、工程地质条件及土壤类别与性质来确定。但修筑土堤的高度与宽度，除满足埋深要求外，同时也要起到保护管道安全的作用。

1 有冻土的地区，其埋深还需考虑冻土对管道稳定性的影响。

2 压实系数是参照填土地基质量控制值的要求确定的，作为管道土堤施工及土堤边坡稳定要求是必要的。压实系数的定义是土壤的控制干容重 γ_d 与最大干容重 γ_{max} 的比值。边坡坡度值的确定主要是根据一般黏性土的物理力学性质，力求土堤边坡在自然环境中有足够的稳定性。但在这方面的实践经验尚少，有待于日后多积累资料进行修订。

3 地面坡度大于 20% 的自然坡面，根据铁路路基设计要求，是要进行稳定性计算的。虽然管道土堤设计比铁路路基的要求要低一些，但同样要求土堤稳定，所以应进行稳定性计算。

6 从土堤的稳定性出发，沿土堤基底表面植物应清除干净。

4.3.11 埋地输气管道与其他埋地管道、电缆、光缆的交叉，多发生在输气管道后建的情况，交叉通常是输气管道从其下方穿越。本条规定了输气管道与其他埋地管道、电缆、光缆交叉垂直净距，与其他管道交叉垂直净距是从管道安装和维护方面考虑的，与埋地电缆、光缆交叉垂直净距是从电绝缘方面考虑的。考虑到目前的输气管道防腐层性能及施工质量较好，具有较好的电绝缘性，为方便防腐管的现场调运和施工，取消了 2003 版中交叉点处输气管道两侧各 10m 以上的管段采用最高绝缘等级的要求。

4.3.12 本条与现行国家标准《埋地钢质管道交流干扰防护技术标准》GB/T 50698 一致。开阔地区指管道敷设环境具备满足规划、施工环境条件等的地段，杆(塔)高度的距离可满足相关架空线路保护区、施工机具安全距离要求，兼顾协调和设计的可操作性。但对长距离并行靠近高压交流输电线路的管线，满足杆(塔)高度的距离并不是意味着管道不存在交流干扰影响，干扰防护还需按本规范第 4.6.5 条执行。

表 4.3.12 中给出的是一般情况下避免击穿外防腐层的最小净距。管道与杆(塔)接地体之间的合理距离与对地故障电流或雷电流的大小、故障持续时间、土壤电阻率、管道防腐层电气强度、相邻的杆(塔)与变电站的距离等因素有关，对具体工程而言影响参数都是不同的，随地点而变。

目前长输管道建设中，对管道与 750kV、1000kV 杆(塔)接地极的距离采取适当加大稳妥的做法，一般规定不应小于 10m，否则应采取防护措施。但由于影响因素多，情况复杂，本规范尚不能给出一个合理的值。

4.3.13 表 4.3.13 的规定引自现行国家标准《66kV 及以下架空电力线路设计规范》GB 50061、《110kV～750kV 架空输电线路设计规范》GB 50545 和《1000kV 架空输电线路设计规范》GB 50665。

4.3.14 输气管线除采用感应加热弯管外，还使用冷弯弯管。降低弯管热胀应力最经济、最有效的措施是加大弯管的曲率半径，对温差较大的埋地管道尽量采用曲率半径大的弯管。

1 热煨弯管曲率半径的规定与现行行业标准《油气输送用钢制感应加热弯管》SY/T 5257 的要求一致。

2 热煨弯管端部圆度及其他部位的圆度要求与现行行业标准《油气输送用钢制感应加热弯管》SY/T 5257 的要求一致。

3 本款规定与现行行业标准《油气输送用钢制感应加热弯管》SY/T 5257—2012 第 7.3.6 条的要求一致。

4 本规范 2003 版冷弯弯管曲率半径见表 4，其曲率半径与美国国家标准 ASME B31.8 一致。

表 4 冷弯弯管曲率半径

公称直径 DN(mm)	最小曲率半径 R_{min}
≤300	18D(D 为管子外径)
350	21D
400	24D
450	27D
≥500	30D

本次修订是在本规范 2003 版的基础上，结合近年国内管道工程实际应用情况对冷弯弯管的最小曲率半径进行了明确和调整。对于无实际工程应用的大口径、高钢级管道，冷弯弯管的最小曲率半径在满足本条规定的前提下宜通过试弯验证确定。冷弯管的制作及验收尚应符合现行行业标准《钢质管道冷弯管制作及验收规范》SY/T 4127 的规定。

4.3.15 本条中的式(4.3.15)是考虑管道连续敷设，支承条件介于简支梁和两端嵌固的中间状态，挠度系数取 3/384 推导来的。

4.3.18 为了确定埋地输气管道与民用炸药储存仓库的最小水平距离，受中国石油西南管道分公司委托，中国石油集团工程设计有限责任公司西南分公司与解放军理工大学野战工程学院联合开展了《油气管道与炸药库安全距离专题研究》(2014 年 7 月 24 日，由中国石油天然气与管道分公司在北京组织验收)，根据专题研究报告，说明如下：

(1)工业炸药起爆感度均不敏感。近几年发生的几起地面炸药库爆炸事件中，炸药受热燃烧是发生炸药库爆炸的主要诱因。

(2)根据对爆炸与冲击荷载下金属管道动力响应数值模拟计算方法的深入研究，本次专题研究成功解决了多物质流固耦合算法、管道-介质相互作用接触处理技术、本构关系和材料参数、“沙漏”模式控制、应力波与人工体积黏性、时间积分和时步长等关键技术难题，构建了相应的流固耦合有限元数值计算模型，通过一系列模型爆炸实验数据的校核，形成一套完整的计算参数。

(3)炸药库爆炸产生的地面空气冲击波不会影响埋地管道的安全。炸药库爆炸时，库房的结构体大多已粉碎或成为小块飞溅物，库房最多只有两块大的飞溅物(砖混结构的库房，库房顶部的两个角上的未被爆炸粉碎的混凝土块，可能形成大块飞溅物)可能击中飞行距离内的埋地管道，对管道安全不利。经计算，10 吨库爆炸大块飞溅物最远飞行距离为 357m(5 吨库为 307m)，但这种飞溅物击中线性工程的埋地输气管道的概率很小(无合适的方法建模量化计算准确的概率值)，不作重点考虑。炸药库爆炸的地震动波是埋地管道的主要危害因素，本研究通过大量爆炸实验数据和5种岩土特性(硬岩、中硬岩、软土、硬土、普通土)特征，针对爆炸地震波作用下埋地管道安全标准问题，研究确定了客观合适的振动速度14cm/s为安全判据，该判据具有科学性、安全性。针对炸药库爆炸地震波危害效应对管道的影响，拟合出炸药库与管道的安全距离的关系式，该计算式简单实用，计算精度满足实际工程需要，本规范予以采纳。

(4)关于埋地管道对炸药库的影响。

1980年，美国机械工程师协会(ASME)调查了1953年～1971年间输气管道的失效事故率，设计系数在0.72及以下的输气管线，管道事故率的平均值为2.5×10^{-4}/(千米·年)，设计系数为0.72以上的输气管线，管道事故率的平均值为3.1×10^{-4}/(千米·年)。ASME对1984年～2001年事故数据库进行分析，管道事故率的平均值为1.8×10^{-4}/(千米·年)，这期间管道事故率明显降低，其根本原因是完整性管理的应用及管理水平的提高。

ASME根据1984年～2001年美国管道事故数据库，分析了诱发管道事故的主要原因，其结果是外力损伤是诱发管道事故的主要原因，占所有管道事故的39%，腐蚀导致的管道事故占24%，建造和制管缺陷导致的管道事故占14%，其他原因造成的管道事故占23%。

1954年至2004年间，加拿大天然气管道的事故率大约为2.0×10^{-4}/(千米·年)，与美国的天然气管道事故率基本相当。

根据中国石油集团工程设计有限责任公司西南分公司《输气管道放空系统设计专题研究报告》(2012年9月)，中国石油2000年以后建设的47条输气管道，总长为21144.14km，管道事故率为1.14×10^{-4}/(千米·年)(报告编制时的近5年数据统计)，说明我国2000年以后建设的管道事故率比北美地区的管道事故率低，这与管道较新、管道建设技术水平及管理水平提高等因素有关。

2000年以来，由西气东输管道建设引领，我国输气管道步入了快速发展期。目前，我国输气管道建设技术已接近或达到世界先进水平。根据北美地区和我国中国石油的管道失效数据统计和分析，输气管道的事故率很低。我国管道事故多发生于第三方破坏(如挖掘使管道穿孔)或焊口质量问题的小泄漏，这种小泄漏天然气释放量小、影响范围小且泄漏的天然气会向上空迅速扩散，即使意外点燃其影响范围也较小。输气管道发生全断裂或爆裂产生危害范围大，但这种事故在全球的案例都比较少见。输气管道设计作为技术安全型，按照本规范设计建设的输气管道是安全的。

输气管道失效的主要外因是第三方破坏泄漏和土体移动造成管道位移，这些因素均可采取设计、施工和加强管理等措施消除风险。气体质量符合现行国家标准《天然气》GB 17820中二类气指标，且管道采用了外防腐层及阴极保护时，可消除内外腐蚀对管道的影响。输气管道选择岩土稳定地段通过，可消除土体位移对管道的危害。炸药库一般处于山地和人员活动稀少地区，输气管道经过炸药库附近地区也能有效避开第三方活动对管道的安全影响。

输气管道沿线按地区等级设置了线路截断阀并在阀室设置了放空设施，发生管道事故时可截断主管线并从阀室放空事故管段内的天然气，进而可减少天然气在泄漏点的释放量，降低危害程度。输气管道事故率本身很低，管道断裂或因强度问题而爆裂才可能会对邻近的炸药库造成影响，这种事故又要发生在特定的炸药库附近，其概率会更低。按本规范设计输气管道，并采取工程措施和加强管理，输气管道的本质安全是可以保证的。

综上所述，输气管道和炸药库的设计均属技术安全型，事故发生概率均很低，按本条规定计算确定安全距离，能保证炸药库和输气管道的相互安全。

(5)输气管道作为线性的埋地管道，被炸药库爆炸的大块飞溅物击中并损坏的概率极小，本规范不予考虑。如果要考虑大块飞溅物击中并损坏埋地管道这种小概率因素，可采取适当增加埋深的措施，可参考表5确定安全埋深(在距小型炸药库310m和大型炸药库360m范围内的管道)。

表5 典型输气管道的最小安全埋深

管道类型	炸药库类型	
	小型库(药量≤5000kg)	大型库(药量≤10000kg)
L555 D1219×26.4 12.0MPa	1.2m	1.2m
L555 D1219×22.0 10.0MPa	1.2m	1.2m
L555 D1219×18.4 10.0MPa	1.2m	1.3m
L485 D1016×21.0 10.0MPa	1.3m	1.4m
L485 D813×14.2 8.0MPa	1.3m	1.5m
L450 D813×11.9 6.3MPa	1.4m	1.6m
L415 D660×7.1 4.0MPa	1.7m	1.9m
L450 D559×10.0 8.0MPa	1.5m	1.7m
L360 D406.4×6.3 4.0MPa	2.0m	2.4m
L245 D219×6.3 4.0MPa	2.3m	2.8m

4.4 并行管道敷设

4.4.1 我国按乡村居民独立建筑物密度指数平均为22.7户/km^2，平均可划为二级地区，路由选择困难是近年管道建设中遇到的难题。受城乡规划、土地利用、地物、环境敏感区等诸多因素的影响，或政府部门给定共用路由通道，管道并行敷设的情况不可避免。本规范将并行管道间距定为50m以内，主要是考虑到这个并行间距对管道施工及运行维护等方面的影响可能要大一些。如果并行间距超过50m，管道之间的相互影响较小，按单条管道分别设计是合适的。

并行敷设管道有利于节约用地、便于土地总体规划和利用、便于运行维护管理和节省投资。并行管道路由选择时需根据管道的运行管理需求，有条件时并行管道的输气站和阀室合建或相邻建设，对共用公用设施是有利的。

针对西气东输二线管道(习惯称“西二线”)与西气东输管道(习惯称“西一线”)并行敷设问题，2009年西气东输二线管道设计联合体完成了《西气东输二线管道工程并行敷设管道关键技术研究》，解决了西二线与西一线的并行敷设问题。该成果经实际应用和总结，形成了中国石油油气储运项目设计规定《油气管道并行敷设设计规定》CDP—G—OGP—PL—001—2010—1。此后，该设计规定又在中卫—贵阳输气管道、中缅管道、陕京三线管道、西气东输三线管道等工程中进行了大量应用，证明《油气管道并行敷设设计规定》制定的并行间距尚属可行，本规范采纳了上述的部分成果。

并行管道路由通道的宽度通常是有限的，因此路由通道的利用要统筹规划，合理布局管道线位，先建管道要为后建管道的建设和运行创造条件。如果政府部门牵头统一规划全国能源管道的通道，更有利于管道的建设和管理。

不同期建设的并行管道，新建管道的选线及建设要注意按《中华人民共和国石油天然气管道保护法》的有关规定协调好各方关系。

4.4.2 不受地形、地物或规划限制地段的并行管道，需按起决定作用的管道失效而不造成其他并行管道破坏的原则确定间距。一般来说，输油管道和输气管道并行敷设时，输气管道为起决定作用的管道；输气管道与输气管道并行敷设时，需根据输气压力、管径、壁厚等参数来确定起决定作用的管道。根据西气东输二线工程设计联合体开展的《并行管道间距及安全措施》研究(2009年)，经多种并行工况下的定量分析，管径小于或等于D1219mm，压力小于或等于12MPa，埋深1.2m，混合土的条件下，与输气管道并行间距在6m以上时，输气管道失效一般不会引起相邻管道的失效。基于以上成果以及近年并行管道的工程实践，本规范规定不受限地段并行管道净距不小于6m。当并行管道的设计参数超出上述范围时，要适当增加间距。

4.4.3 受地形、地物或规划限制地段的并行管道，管道之间要保持6m以上的间距通常是难以达到的，在这些地段采取相应的安全措施可以减小间距，甚至同沟敷设(同期建设时)。安全措施可以从以下几方面考虑：①管材防腐及施工质量的控制措施；②运行期间的管理措施；③不同期建设时，新建管道施工时对已建管道的安全稳定所采取的措施；④如存在与加热输送管道并行，还需要进行热影响分析并采取恰当的措施；⑤同沟敷设的管道，要根据管径、便于施工及维护等因素综合考虑间距，对大口径管道可适当增大间距。本条规定的同沟敷设管道最小并行净距不小于0.5m是根据近年工程实践确定的。

4.4.4 建设时机指同期建设或不同期建设。影响因素指相互之间的结构安全影响及施工时对其他设施结构的安全影响，如并行管道分别顶管或分别采用涵洞穿越同一道路时，顶管套管或涵洞之间的最小距离要考虑相互影响及对道路结构安全的影响，根据以往的工程经验，顶管套管或涵洞之间的净距不小于10m为宜，如通过分析论证或采取措施和道路管理机构同意，净距还可更小一些；如并行管道不同期建设的开挖穿越同一河流，新建管道的布置需考虑对已建管道稳定性的影响，将新建管道布置在对已建管道稳定性影响区以外是合适的；并行管道采用定向钻穿越同一障碍物时，需要考虑定向钻自身控向精度影响，根据以往的工程经验，间距不小于10m较为合适。

并行管道共用隧道、跨越管桥及涵洞设施在西气东输二线管道、中缅输油气管道、西气东输三线管道等已有工程实践案例中证实，共用这些设施有利于运行管理和节省投资。并行管道共用上述设施时，需统一规划，合理布局，采取同期建设或为拟建管道预留通道或同期建成拟建管道共用设施段的管段并封存保护。不同期建设的并行管道，当新建管道要利用已建管道的隧道、跨越管桥及涵洞设施时，由于原设施的设计可能未考虑到拟建管道需要利用这些设施，因此要在方案论证的基础上，决定是否可利用。由于共用隧道、跨越管桥及涵洞设施的空间有限，除考虑设施及管道本质安全外，满足施工及运行管理必要的空间也是需要重点考虑的因素。本条规定的最小并行净距不小于0.5m是根据近年工程实践确定的。

4.4.5 在石方地段不同期建设的并行管道，后建管道如采用爆破开挖管沟会影响已建管道的安全，为消除安全隐患，控制间距和控制爆破在已建管道上产生的质点峰值振动速度相结合是一种有效的安全措施。爆破在已建管道上产生的质点峰值振动速度控制在不大于14cm/s为宜。根据近年来西气东输二线管道、中贵输气管道、西气东输三线管道等工程实践，间距确定为不宜小于20m尚属可行，本规范予以采纳。

4.5 线路截断阀(室)的设置

4.5.1 线路截断阀(室)是输气管道线路工程中的一部分，它根据地区等级在管道上不等距离设置，目的是便于管线分段维护以及在管线事故情况下能截断管线段，尽可能减少放空损失和防止事故扩大。ASME B31.8等国外标准均描述为线路截断阀，我国油气管道业界习惯称为阀室。

本条修订增加了第5款，提出了线路截断阀间距调增的规定，主要是考虑到阀室是沿管道走向选址，选址需要考虑的因素很多，如地区等级、基本农田占用、阀室防洪、阀室放空、交通依托、工程地质、水文地质、地物分布等，诸多因素均会影响阀室的选址。近年来在我国人口密集地区，输气管道阀室选址困难的问题十分突出，为解决这一矛盾，参照相关国外标准增加线路截断阀间距调增规定。

本条第5款的阀室间距调增是参照加拿大《Oil and gas pipeline systems》Z 662—2007制定的。该标准对线路截断阀在一级地区无间距要求(相当于设计系数0.8)，二级地区为25km(相当于设计系数0.72)，三级地区为13km(相当于设计系数0.56)，四级地区为8km(相当于设计系数0.44)。该标准规定线路截断阀间距可调增，但调增不超该地区等级规定值的25%。

本条第5款将阀室间距调增量确定为不大于该地区等级规定值的12.5%，即一、二、三、四级地区调增分别不超过4km、3km、2km、1km。值得注意的是本条规定的阀室间距调增是针对选址困难的个别阀室制定的。

由于本规范包括并行管道，因此需要特别说明的是本条中的“相邻截断阀之间”是指同一条管道沿管线布置的相邻截断阀之间的间距，不适用于并行管道之间的阀室相邻建设的间距控制。

4.5.2 本条规定的距离是指从阀室围墙(栏)的外侧算起。

4.5.3 为减少阀室天然气泄漏风险，本条规定线路截断阀及与干线连通的第一个其他阀门应采用焊接连接的阀门，采用全焊接阀门效果更好。同时，阀室还需做好地基处理，防止不均匀沉降，对阀室的小口径管道，如引压管等还要重视施工质量的控制并做好支撑。

当输气管道发生泄漏时，截断阀关闭方式有自动、远程控制和手动。本条规定即使采用自动或远程控制阀，该阀也需要具有手动功能，主要考虑到自动或远程控制失效，仍可手动操作。此外，需要清管的输气管道，线路截断阀还要求能通过清管器或检测仪器。

4.5.4 线路截断阀宜优先采用埋地方式。对于管径较小的管线，线路截断阀可选择安装在地面上或阀组区成橇地面安装，这对防腐有利。本条未提及采用阀井方式，主要是考虑到阀井存在天然气泄漏聚积空间，且不便于采取可靠的通风措施。截断阀的操作机构、阀室的辅助工艺管道、旁通阀和放空阀等为地面安装，且设置围栏或围墙等进行保护，目的是防止非操作人员接近或破坏。本条规定的稳固措施指设计采取的防止阀室内管道系统发生位移的措施，如对地基进行处理、对管道及阀门进行支撑等。

4.6 线路管道防腐与保温

4.6.2 线路管道的外防腐层涉及直管、热煨弯管、补口等对象。本条中的地理位置涵盖管道所属区域类别、人口密度、人员活动的频繁性、管道维护的可接近性(注意：定向钻穿越、水下隧道等管段人员可接近性差，维护困难)、施工环境温度条件。管道防腐层涉及的材料类型较多，包括现场补口，但所选择的材料性能和施工技术要求均应满足相对应的现行国家标准的要求。

4.6.6 常用检测设施有：①沿线设置的各型阴极保护测试桩；②电绝缘性能测试桩；③阴极保护参数站内检测系统。监测装置有：①阴极保护电源设备和电位远传器的参数远传系统；②用于无人区或难以接近地方，以及交、直流干扰区段的远距离实时自动监测采集装置。

4.6.7 分别实施阴极保护便于防腐层地面检漏、阴极保护有效性测试评价，方便测试维护，本条的规定与ISO 15589—1—2003《石油和天然气工业　管道输送系统的阴极保护　第1部分：陆上管道》第6.3.2条的要求一致。如果不是全线采用同沟敷设的工程，并行管道尽量不要采用联合保护，联合保护会给管道以后阴极保护检测、评价，以及管道防腐层的检测带来很大影响。对于局部同沟的工程，要根据具体情况而定，如果两条管道采取独立的阴极保护系统，阴极保护站分别设置的，局部同沟则还是分开保护；如果同沟段相对较长，可以考虑合建阴极保护站，进行联合保护。另外，高压输电线路下的金属管道会因电磁耦合感应交流电压，感应电压和电流的大小受管道截面积的影响，管道截面积越大，感应的电压越高。如果将输电线路下的两条或多条管道进行均压连接，会形成"一初级、多次级"变压器耦合，造成多条管道上感应的电压相互叠加，在很短的并行段内感应出比单一管道更高的电压，对管道和操作人员的安全造成不利影响，也会大大加快交流腐蚀速度，所以不宜采用联合保护。

4.7 线路水工保护

4.7.1 管道水工保护是保证管线稳定性的重要措施。因此设计应依据当地气象、水文、地形及地质等条件，结合当地施工材料及当地经验做法，因地制宜，采取植物措施和工程措施相结合的综合防治措施。

4.7.6 本条提出了常规堡坎的做法要求。对于管道通过黄土峁峁段的特殊情况，根据峁峁的稳定性、宽度等情况，可采取灰土护坡、浆砌石护面或网格骨架加植物护面措施等进行防护。黄土峁峁护坡宜专项勘察设计。

4.8 管道标识

4.8.1 管道标识可按中华人民共和国石油天然气行业标准《管道干线标记设置技术规范》SY/T 6064 执行。

4.8.2 管径相同且近距离的并行管道，无论是埋地还是地面，仅从外观上是难以区分的，为便于运行管理及维修快速识别，特制定本条规定。

5 管道和管道附件的结构设计

5.1 管道强度和稳定性计算

5.1.1 本条对埋地管道强度计算作出规定。

1 本款中的永久荷载、可变荷载和偶然荷载指以下内容：

(1)永久荷载包括以下内容：

1)输送天然气的内压力；

2)钢管及其附件、绝缘层、保温层、结构附件的自重；

3)输送管道单位长度内天然气的重量；

4)横向和竖向的土压力；

5)管道介质静压力和水浮力；

6)温度作用载荷以及静止流体由于受热膨胀而增加的压力；

7)连接构件相对位移而产生的作用力。

(2)可变荷载包括以下内容：

1)试压的水重量；

2)附在管道上的冰雪荷载；

3)风、波浪、水流、水涌等外部因素产生的冲击力；

4)车辆荷载及行人重量；

5)清管荷载；

6)检修荷载；

7)施工过程中的各种作用力。

(3)偶然荷载包括以下内容：

1)位于地震动峰值加速度大于或等于 $0.1g$ 地区的管道，由于地震引起的断层位移、砂土液化、山体滑坡等施加在管道上的作用力；

2)振动和共振所引起的应力；

3)冻土或膨胀土中的膨胀压力；

4)沙漠中沙丘移动的影响；

5)地基沉降附加在管道上的荷载。

2 本规范规定管壁厚度按第三强度理论计算。强度计算公式仅考虑管子环向应力。当输送介质温差较大时，管道应力将会增大而且是压应力。因此，必须按双向应力状态对组合当量应力进行校核，以保证管道运行安全。

3 我国制管技术已接近或达到世界先进水平，国内多家制管企业均能按现行国家标准《石油天然气工业 管线输送系统用钢管》GB/T 9711 中的 PSL2 级或《管线钢管规范》API SPEC 5L 的 PSL2 级有关规定制造管材。本规范第 11 章提出了严格的施工、焊接、检验要求，以确保管道安全运行。故本规范规定，不再考虑由于焊接所降低的钢材设计应力，规定在强度计算中焊缝系数为 1.0。

5.1.2 本条对输气管道强度计算作出规定。

1 采用管材标准规定的最小屈服强度值进行输气管道强度计算为世界各国广泛应用。输气管道采用屈服强度计算法是比较稳妥的。对于管壁厚的计算，世界各国大都采用第三强度理论。本规范规定采用美国国家标准《输气和配气管道系统》ASME B31.8 的直管壁厚计算公式，该公式计算简便，在输气管道设计中已广泛应用。

2、3 当温度变化较大时，埋地受约束直管段应考虑温差产生的轴向应力，并应对环向应力 σ_h 与轴向应力 σ_L 形成的组合应力 σ_e 进行校核，对于管道承受内压和热胀应力的验算有不同的选择，ASME B31.4《液态烃和其他液体管线输送系统》采用第三强度理论，即：

$$\sigma_e=\sigma_h-\sigma_L\leqslant 0.9\sigma_s$$

加拿大、日本采用第四强度理论，即：

$$\sigma_e=(\sigma_h^2-\sigma_h\sigma_L+\sigma_L^2)^{0.5}\leqslant 0.9\sigma_s$$

一般来说，第四强度理论较准确地反映弹塑性材料产生破坏的条件，而按第三强度理论验算一般稍偏安全。为与管子壁厚计算一致，本规范推荐采用第三强度理论验算。

4 本条第四款系采用原华东石油学院蔡强康教授、吕英民教授《埋地热输管线的内力和应力计算》一文提出的弯头强度校核方法。该方法是令由热胀和内压共同引起危险点的计算应力 σ_e 小于材料的屈服极限 σ_s，在满足 $\sigma_h<[\sigma]$ 的条件下，$\sigma_e=\sigma_h+\sigma_{max}\leqslant\sigma_s$。

对于热胀弯矩值的计算，可按华东石油学院崔孝秉《埋地长输管道水平弯头的升温载荷近似分析》，蔡强康、吕英民《埋地热输管线的内力和应力计算》，机械系力学教研室《埋地热输管线的强度研究》等有关文献进行计算或采用软件计算。

5 本款列出的常用钢管的屈服强度值是从现行国家标准《石油天然气工业 管线输送系统用钢管》GB/T 9711 中摘录了部分与设计计算有关的数据。

5.1.3 输气管道的最小壁厚，一般认为 $D/\delta>140$ 时才会在正常的运输、铺设、埋管情况下出现圆截面的失稳，其中，D 为管子外径，δ 为管子壁厚。根据国外研究表明，$D/\delta<140$ 时，正常情况下不会出现刚度问题。本条考虑到：①近年的输气管道工程建设中未发现径厚比大于 100 的情况；②美国管道安全法规 49CFR 192.112 钢管利用最大允许操作压力设计要求径厚比不应大于 100；③径厚比过大，管子的现场吊装、转运、布管等易发生管子的端口圆度变化，不利于保证施工质量；④在以往建设的输气管道工程中，除站场小口径管道外，壁厚小于 4.5mm 的情况极少。因此，本规范规定输气管道工程用钢管的最小管壁厚度不应小于 4.5mm，钢管外径与壁厚之比不应大于 100。

5.1.4 当管道埋设较深或外载荷较大时，需进行管子圆截面失稳校核，钢管的径向稳定本规范推荐采用依阿法(IOWA)公式计算管子变形，变形量不超过管子外径的 3%。

5.1.5 无论是根据应变硬化现象还是形变热处理理论及实验，都说明冷加工能提高屈服强度 20%～30%，管材钢级不同有一定差别。

由于变形提高的屈服强度值(也包括其他性能)将随最终回火温度的提高而逐渐消失。一般在 300℃～320℃ 出现一个大的相组织变化，而在480℃～485℃强化的效果将基本消失。因为过高的最终回火温度，或者虽然温度较低(300℃左右)，但过长的保温时间，将使金属晶粒错位结构遭到破坏。

在本条指出的两个温度及时间条件下，原来符合规定的最小屈服的管子将丧失应变强化性能，即屈服强度降低20%～30%，所以本条规定管子允许承受的最高压力不应超过按式(5.1.2)计算值的75%是合理的。

5.2 材　　料

5.2.1 设计输气管道时，材料的选择至关重要。选择材料要考虑的因素很多，应进行多方面的、综合性的比较，在满足使用条件的前提下，要特别注意安全可靠性和经济性。

输气管道输送的是易燃、易爆气体，一旦发生事故，后果极其严重。因为输气管道在运行时，管中积聚了大量的弹性压缩能，一旦发生破裂，材料的裂纹扩展速度极快，且不易止裂，其断裂长度也会很大。因此，要求采用的钢管和构件的材料应具有良好的抗裂能力和良好的焊接性能，以保证管道的安全。

5.2.2 本条提出了输气管道工程用钢管的基础标准，在使用这些基础标准时，设计还应根据钢管规格、钢级及具体使用条件，提出钢管的补充技术条件，以确保输气管道的用管安全可靠。本条列出的基础标准中，建议优先采用符合现行国家标准《石油天然气工业　管线输送系统用钢管》GB/T 9711中的PSL2级钢管。

5.2.3 对于输气管道工程所用管子，由于天然气的可压缩性，管道开裂后不易止裂，足够的夏比V形缺口试验吸收功和足够的断口剪切面积的结合是输气管线钢管管体的基本性能，它能确保钢管避免脆性断裂扩展，控制其延性断裂扩展。冲击韧性反映材料的塑性变形和断裂过程吸收能量的能力，是材料强度和塑性的综合反映，是抗断裂、止裂的主要指标。提出控制韧性指标是预防管道脆性破坏的有效办法。经济合理的韧性要求与钢种的强度等级、管径、壁厚、焊接方法和使用环境、温度等因素有关，设计应进行综合分析判断。对所采用的输气管道钢管和管道附件的材料，提出控制韧性的测试项目和指标，以确保管道安全。输气管道用钢管抗延性断裂扩展的确定方法可按现行国家标准《石油天然气工业　管线输送系统用钢管》GB/T 9711的有关要求执行。

在低温条件下，金属材料韧性降低，脆性增加。因此，要十分注意暴露在气温特别低的地方的管道和设施，在这些场合选用材料时，应慎重考虑其低温力学性能。

输气管道用钢管不能依靠材料自身止裂时，可采取其他防止延性断裂的止裂措施，如沿管道每隔一段距离安装止裂器，止裂器可采用钢套筒、钢丝绳卷、厚壁钢管、复合材料或其他适当型式的组件。

5.2.4 由于铸钢材料组织不紧密均匀，一般应尽量不用。铸铁材料脆性大，组织疏松，输气管道禁止使用。

5.2.5 一级一类地区采用0.8强度设计系数使用的钢管，要求在工厂进行100%管材标准规定的最小屈服强度的静水压试验。本条规定工厂静水压试验压力产生的环向应力不应小于95%管材最小屈服强度，在这种试验压力下，考虑管端荷载和密封压力产生的轴向压缩应力，其组合应力已接近或达到100%管材标准规定的最小屈服强度。由于不同的制管厂工厂水压试验的方法可能各有不同，因此本条提出工厂静水压试验压力产生的环向应力不小于95%管材最小屈服强度。其他设计系数管段使用的钢管，工厂静水压试验压力产生的环向应力不宜小于90%管材标准规定的最小屈服强度，主要考虑到较高的工厂静水压试验有利于提高缺陷检出率和残余应力释放，有利于管道的完整性，有利于复杂山区地段管线水压强度试验的试压段落划分。

5.2.7 本条对钢管表面有害缺陷的检验和处理作出规定。

1 钢管在运输、安装或修理中造成的管壁厚度减薄不应超过10%，即环向应力不应超过10%，该限制值在管壁负公差允许范围之内。

2 钢管会在运输、安装或修理中造成局部损伤，如齿痕、槽痕、刻痕等缺陷，会成为开裂源，是造成管线破坏的重要原因，从断裂的观点，这些缺陷都应加以防止、修补或消除，故作出比较严格的规定，以保证管道安全运行。

磨掉"冶金学上的刻痕"，应先将电弧烧痕磨掉后，再用20%的过硫酸铵溶液涂敷到磨光面上，如有黑点应再打磨。

3 本款参照ASME B31.8—2012第841.2.4条(c)提出。

5.2.8 输气站或阀室放空时，放空阀后的放空管线、管件及放空立管可能会出现低温的工况。如果出现低温工况，优先按低温低应力条件进行判别。低温低应力工况为设计温度低于或等于－20℃的受压管道及其组成件，其环向应力小于或等于1/6标准规定的最小屈服强度。当材料最小抗拉强度小于或等于540MPa，若设计温度升高50℃后，高于－20℃的低温低应力工况，其材料可免做低温冲击试验。若设计采用的管道或组成件经校核不满足低温低应力工况时，可适当增加壁厚进一步校核。

5.3 管道附件

5.3.1 管道附件几何形状各异，使用时产生的应力比较复杂，是输气管道结构中的薄弱环节。因此，应从管道结构的整体出发，对其所用材料、强度、严密性、保持几何形状的能力、制作质量等提出基本要求。

5.3.2 管道系统中，当直管段没有轴向约束时，由于流体压力作用和热膨胀作用会使管道附件产生一定的力和力矩。因此，设计时需对上述的管道附件按附录E规定的方法进行强度校核。附录E中所列的方法，是参照美国国家标准ASME B31.8中的规定给出的。

5.3.3 弯管在流体压力作用下，产生的环向应力沿弯管截面的分布是很不均匀的。原四川石油设计院与原华东石油学院曾根据理论推导并经试验验证，推荐用"环管公式"来计算弯管或弯头各点环向应力。产生的最大环向应力在弯头的内凹点，这个应力比直管产生的环向应力大，其增加系数的倍数m称为在内压作用下弯管的增大系数。这个系数是R/D_o(弯管或弯头的曲率半径R与其外径D_o的比值)的函数，R/D_o愈大，m愈小。因此，要尽可能增大曲率半径R，"环管公式"中$m=(4R-D_o)/(4R-2D_o)$。

线路管道所使用的热煨弯管通常与直管段材质是相同的，但也有不同材质的特殊情况，如X65的线路管道使用X70的热煨弯管。本条公式中的δ指弯管与所连接的直管段材质相同时的直管段壁厚的计算厚度。如果弯管与所连接的直管段材质不相同，则按弯管材质计算所需的直管段壁厚(δ)值来确定热煨弯管的壁厚。线路直管段的壁厚计算与地区等有关，直管段的壁厚按本规范式(5.1.2)计算。

5.3.4 近年来管道技术进步，输气管道上引接支管通常采用三通或凸台补强的方式，现场开孔采用补强圈补强的支管连接方式已很少使用，为保证结构安全，本规范规定不宜在主管上开孔直接焊接支管。

当需要直接在主管上开孔与支管焊接连接或自制焊接三通时，开孔削弱部分的补强设计计算方法有多种，当前各国有关规范中的开孔补强设计计算方法主要有等面积法、极限分析法、安全性理论等。本规范附录F规定的方法是根据美国国家标准《输气和配气管道系统》ASME B31.8的补强型式和用等面积法进行补强计算确定的。

5.3.5 管子和异径接头相接，产生结构的不连续性，必然使连接处产生过大的局部应力。异径接头的锥角愈大，其局部应力也愈大。从流体力学的观点看，锥角愈小流体阻力也愈小，因此希望锥角要小。异径接头的强度计算应按现行国家标准《压力容器》GB 150.1～GB150.4 执行。

5.3.6 输气管道工程中，管封头主要用于站场或阀室的预留接口端部以及汇管的两端部，管道分段试压也用封头。在近年的输气管道工程中，平封头已很少使用或不用。因此，本规范规定应采用椭圆形封头，并应按现行国家标准《压力容器》GB 150.1～GB 150.4的规定进行椭圆形封头设计和计算。

5.3.8 在防爆区内的阀门在使用软密封结构时需考虑其耐火性能。所谓阀门的耐火性能主要是指软密封材料因火灾破坏以后，该阀门仍然具有相当好的密封性能。关于阀门的耐火性能要求可按照《阀门耐火试验规范》API 6FA 或国家现行相关标准执行。在防爆区如出现明火或火花，又遇天然气泄漏，可能导致爆炸或火灾，为消除安全隐患，本规范规定在防爆区内采用的设备应具有相应的防爆能力，这些设备包括自控、通信、电气、工艺等。

5.3.10 近几年有的工程项目出现了站场工艺系统强度试验压力不匹配的问题，主要表现在：站场工艺管道系统要求按 1.5 倍设计压力进行强度试验，而系统中的分离器等压力容器按现行国家标准《压力容器》GB 150.1～GB 150.4 的试验压力为 1.25 倍设计压力，使管道和压力容器构成的系统相互之间的强度试验压力不匹配，如将压力容器与工艺管道隔离试验又很困难。为使输气站的压力容器、设备和工艺管道能一并系统试压提出本条规定。

6 输 气 站

6.1 输气站设置

6.1.1 输气站设置，第一是满足输气工艺的要求，第二是符合目标市场、线路走向的要求。这里所指的线路走向是线路总体走向。由于站场选址又需符合本规范第 6.1.2 条的要求，在线路中线位置选址不一定完全符合这些要求，此时站场位置可以在不影响线路总体走向和管线增长不太大的条件下，在中线两侧选择站址。为了减少站场数量，共用公用设施，减少管理环节，降低建设和管理费用，各种站场在满足输气工艺的前提下，联合建设是合适的。

6.1.2 本条对输气站位置选择作出规定。

3 输气站是输气管道的重要节点设施，可能承担气体的加压、分输或向用户直接供气任务，因此输气站的选址要避开不良地质地区。

4 压气站在运行过程中会连续产生噪声，因此压气站的位置选择宜要远离居住区等噪声敏感区。

6.1.3 本条中的站场内道路交通，设计除应符合现行国家相关标准外，还需要考虑方便运行作业及维修的车行道。输气站特别是压气站因有大部件检修工作，需要进行拆卸、装配、起吊和运输；清管站在清管作业时，需车辆运送清管器；对于安装有大于或等于 *DN*400 直径阀门的站场，因大型阀门拆卸检修或吊运更换，亦需车辆运输。

6.2 站 场 工 艺

6.2.2 符合本规范第 3.1.2 条要求的天然气，在输送过程中不会出现凝析水，而机械杂质主要来自施工清管不彻底。输气站的一些设备的正常运行对天然气中的固液含量又有要求（如压缩机等），为保障输气管道系统的长期可靠运行，有必要采用过滤和分离设备来清除天然气中的固液杂质。目前输气站场中，常用的过滤和分离设备主要有多管干式除尘器（也称旋风分离器）和过滤分离器以及兼具两者功能的组合式过滤分离器。

从北美地区输气管道调查情况看，其输气站使用过滤分离器数量较少。就我国输气管道运行情况来看，天然气中的机械杂质主要来自管道施工清管不彻底的焊渣、泥沙等杂物。因此，只要从源头控制机械杂质的产生，则可减少输气站分离器或过滤器设置的数量，进而简化流程、减少投资、减少占地、减少泄漏的风险点。为此需要分析后确定分离过滤设备的设置。

6.2.3 本条对调压及计量设计作出规定。

1 输气站是为实现输气工艺而设置的，故需按输气工艺、生产运行及检修需要履行其特定的功能。输气站的站内调压计量工艺设计需满足输气工艺，如压力、温度、流量以及变工况的要求等。

2 为使输气站的操作平稳、计量准确和压缩机安全运行，应对站场压力进行控制。为了保证对用户的供气量和供气压力，通常需要设置调压装置对压力和流量进行调节和控制。调压装置不但进行压力调节，同时也可对流量进行调节。为防止节流后气体温度降低导致管线冰堵等危害，根据工艺需要设置天然气加热设施。

3 计量是管理和操作的需要，同时也是实行经济核算要求，因此本款规定对贸易交接、设备运行流量分配考核和自耗气应设置计量装置。

4 通常输气站投产至达到设计输气能力有一个时间过程，有的甚至需要几年时间才能达到设计输量，这就要求流程设计时考虑近、中、远期的流量变化需求。输气站投产初期，往往输量较小，计量装置的选型宜考虑投产初期小流量的工况。

6.2.4 随着技术的进步，清管收发筒上快开盲板的设计采用了安全自锁装置，安全性能大幅提高，因此本条修订取消了 2003 版中的“6.3.5 清管器收发筒上的快开盲板，不应正对距离小于或等于 60m 的居住区或建(构)筑物区。当受场地条件限制无法满足上述要求时，应采取相应安全措施”。但在设计时，清管收发筒上快速开关盲板的布置要有利于清管作业。

1 输气管道运行过程中粉尘等污物在管道中沉积需要清管，管道内检测也需要使用智能清管器，因此输气管道应按生产运行的需要设置清管设施。为便于管理、节约投资、节约用地，清管设施宜与输气站合建。本规范未具体明确输气管道上清管设施之间的最大间距要求，主要是该间距与管道内壁情况、清管器密封（皮碗）材料的耐磨性、清管器自备电源可用时间的长短、地形、清管时管内气体流速等因素有关，沿输气管线布置的清管设施之间的距离需要根据上述因素综合分析确定。

2 不停气密闭清管除避免气体大量放空外，有利于环境保护，有利于运行安全，故本规范规定采用不停气密闭清管工艺。清管器通过指示器宜安装在以下位置：①接收清管器时，能判断清管器已全部进入清管接收筒；②发送清管器时，能判断清管器已全部进入输气管线。本规范未规定清管指示信号上传，主要取决于自动化控制水平和运行管理的需要。

6.3 压缩机组的布置及厂房设计

6.3.1 压缩机厂房的形式有三种：全封闭式、半敞开式、敞开式。全封闭式为四周有墙和门窗；半敞开式为四周为半截墙；敞开式为仅有房屋顶盖。

封闭式厂房建筑一般用于气候寒冷、风沙大的地区或需要噪声控制的地区，能较好地保护压缩机机组和有效控制噪声。当采用封闭式厂房时，应采取良好的通风设施，厂房应采用轻质泄压屋盖、外墙、门窗等外围结构，保证足够的泄压面积。泄压面积应布置合理，且应靠近可能的爆炸部位，不应面对人员集中的场所和主要交通道路。对于噪声控制地区，压缩机组厂房应根据国家现行相关标准的规定采取综合隔声降噪措施，通过隔声降噪措施能有效降低噪声对人员及周围环境的影响。

6.3.4 本条为强制性条文。本条规定是为了保证一旦发生事故现场人员能迅速撤离。人员疏散以安全到达安全出口为前提，安全出口包括直接通向室外的出口和安全疏散楼梯间。本条是参照ASME B31.8—2012 第 843.1.3 条规定的。

6.3.5 压缩机厂房的设计应留有足够机组吊装的高度及摆放位置，厂房的立柱构架要考虑电机轴的抽芯空间。

6.3.7 压缩机厂房内应合理组织空间，除按工艺生产要求布置压缩机机组和管道外，为便于压缩机组的安装和检修，封闭式和半敞开式压缩机厂房需根据压缩机组的检修及安装要求，设置相应吨位的吊车；根据安装检修的需要和结构的特点，合理布置吊装跨以及厂房内的检修用地；在燃气轮机自带起吊设备时，可不另设固定起吊设备；当压缩机组布置在露天、开敞式厂房内时一般均不设置吊车，压缩机的安装与检修均采用汽车吊或履带吊等起吊设备，应留有吊装设备工作的场地。

6.4 压气站工艺及辅助系统

6.4.2 进入压缩机组的气体，清除固体杂质和凝液目的是为了防止损坏压缩机。本规范对固液含量、粒径未提出限值，因目前为止无可靠的检测手段。据文献介绍，苏联学者曾在280-11-1型增压器上做磨损试验研究工作，气体中尘粒（电石、石英）的大小为 $5\mu m$～$600\mu m$，发现最大的磨损强度发生在 $75\mu m$ 粒径，随着粒径的继续增大，磨损反而稍有减弱。在粒径为 $10\mu m$ 时，磨损几乎减弱到最大值的 1/3，粒径在 $5\mu m$ 以下时，磨损已小到可忽略。当粒径为 $10\mu m$～$20\mu m$ 而含尘量在 $1mg/m^3$ 以上时，由于叶片的磨损使离心压缩机不能保证 50000h～60000h 的可靠性工作。如以此文献介绍的资料为准，进入压缩机的气体含尘粒径可限为 $5\mu m$ 以下。目前，各压缩机厂家的压缩机对入口气质条件要求不尽相同，因此设计时需要与压缩机厂家沟通，以便对进入压缩机前的天然气采取适当的过滤分离措施，以保证压缩机的长期可靠运行。

6.4.3 气体经压气站升压是靠消耗动力达到的，气体在管道和设备中流动压损大则耗能多，如压力损失规定过小，管径会加大。因此，应有一个经济合理的限值，本条条文说明列出下述国外资料供参考：

(1)美国《怎样选择合适的输气管线用离心式压缩机》一文介绍，压缩机站进出口管线压力降各为 5psi(34.53kPa)，该压降已包括该管段上设备的压降。

(2)日本千代田公司确定经济管径的压缩机进口管压降为 $0.069kg/cm^2\times100m$，压缩机出口管压降为 $11.5kg/cm^2\times100m$（四川《卧龙河净化工厂引进工程技术资料》）。

(3)埃索标准(三)规定，按经济要求确定管径的压缩机入口管压降为 0.1 磅/平方英寸×100 英尺(0.689kPa×100m)，压缩机出口管压降为 0.2 磅/平方英寸×100 英尺(1.379kPa×100m)。

(4)《德国城市煤气配气手册》规定，按压缩机进出管总压损（包括该管段上装的设备）不大于 1 巴(100kPa)选管径。

(5)《全苏干线管道工艺设计标准》第一部分“天然气管道”规定，压气站站内管道的压力损失不超过表 6 的数值。

表 6 气体在压气站站内管道的压力损失(MPa)

输气管中气体压力(表压)	压力损失				
	总计				
	天然气一级分离	天然气二级分离	压气站进口处		压气站出口处
			天然气一级分离	天然气二级分离	
5.4	0.15	0.2	0.08	0.13	0.07
7.35	0.23	0.3	0.12	0.19	0.11
9.81	0.26	0.34	0.13	0.21	0.13

6.4.4 管道外防腐层特性、管道敷设环境（如植被、永冻土等）对管道的温度都有不同的要求。降低输送气体温度可以提高输送效率，国外压气站设计中通过技术经济对比确定出站温度，也有只对防喘振循环气体进行冷却，而对外输气体不进行冷却的例子。目前，国内压气站设计中通常经技术经济对比确定压缩机站的出口温度。

6.4.5 本条规定的目的是便于进行防喘振控制。

6.4.9 离心式压缩机的润滑油系统除了在压缩机组正常运行过程中要求持续提供润滑油外，在机组启动过程和停机后一定时间内、故障紧急停机过程中，均需要持续给机组供润滑油以保护机组，润滑油供油系统应安全可靠。目前，离心式压缩机组的润滑油供油系统一般由主润滑油泵、辅助润滑油泵、紧急润滑油泵或高位油箱构成，主润滑油泵常为交流电机驱动泵或由原动机带动的泵，辅助润滑油泵为交流电机驱动泵，紧急润滑油泵为直流电机驱动泵或高位油箱，其具体选择应根据压缩机和原动机制造厂家的标准设备、压气站的供电供气条件以及用户的要求确定。

6.4.11 本条对冷却系统设计作出规定。

1 气体冷却的常用方式有空冷和水冷等形式。目前较多采用空冷，可减少或取消循环水系统，从而简化冷却设施，特别是在给排水不方便的地区尤为合理。

6.4.13 当采用气马达启动时，根据 ASME B31.8—2012 的要求，应在每台发动机附近的启动用空气管线上装设止回阀，以防气体从发动机倒流进空气管道系统，在主空气管线上紧邻空气罐或罐组出口处亦应设置止回阀。

6.5 压缩机组的选型及配置

6.5.2 压气站是输气干线系统的一个重要组成部分，压气站投资在输气管道总投资中、压缩机组在站场的总投资中以及压气站的年经营费用在输气管道总的年经营费用中都占有较大比例。因此，选择经济合理、耐久可靠的压缩机组，对降低投资和输气成本有很重要的意义。目前可供选用的机组主要有离心式和往复式两种类型，其主要优缺点如下：

(1)离心式：

主要优点：排量大且流量较均衡（无脉动现象），机身较轻，结构较简单。

主要缺点：易产生喘振，单级压比较低。

(2)往复式：

主要优点：效率较高，单级压比较高，适应进气压力变化范围较大，无喘振现象。

主要缺点：机身较笨重，结构较复杂，振动较大，流量不均衡（有脉动现象）。

综上所述，输气量较大、压力变化不大的输气干线宜选用离心式压缩机。在特殊情况下，如输气干线首站（气源压力可能有较大的变化）、储气库（要求压比较高）、中途有气体输入的站场（如干线中途有气田输入气体的站场，其进气压力可能受气田供气压力的影响），压力变化较大，或输气量较小时，也可选用往复式活塞压缩机。

6.5.4 随着电子技术的发展以及供电条件的改善，大功率变频电机驱动离心式压缩机组在西气东输、陕京管道系统等长输天然气管道上已有了较多的成功实例。由于电机驱动在投资、效率、环保、运行维护、使用寿命等方面具有优势，因此，在供电条件好、综合费用节省的情况下，压气站在驱动设备的选择中考虑使用变频调速电机是合适的。

6.5.5 本条参考英国及欧洲标准《天然气供气系统—压缩机站功能要求》SB EN12583 及国内压气站设计经验制定。燃气轮机和燃气发动机的现场实际输出功率与高程和环境温度密切相关，站址确定后，高程是一定的，环境温度却随季节而不同。燃气轮机和燃气发动机在不同季节不同环境温度下的出力差异较大，为了使驱动设备的实际输出功率与压缩机所需要的功率相匹配，应合理确定驱动设备的设计环境温度。一般情况下燃气轮机的现场出力是按当地最高月平均气温确定的。

6.6 压缩机组的安全保护

6.6.2 压缩机组的安全保护装置应由压缩机组(指压缩机、原动机及两机的辅机)制造厂配套提供,在订货时需提出压缩机组的技术要求。

6.6.3 本条参考英国及欧洲标准《天然气供气系统—压缩机站功能要求》SB EN12583 制定。

6.7 站内管线

6.7.2 为防止管道内壁腐蚀对管内输送介质的污染,从而可能对仪表和压缩机组造成损坏,特提出本条要求。

6.7.4 离心式压缩机组的正常运转对机组的安装和对中要求很严格。离心式压缩机进出口配管对压缩机连接法兰所产生的应力应小于压缩机的允许值,防止因安装应力超过允许值而使压缩机不能正常运转甚至造成损坏。压缩机的受力允许值在 API 617 中已作规定,但在订货中用户也可根据其需要提出特殊要求。

6.7.6 管线敷设在管沟内,易因泄漏而使管沟内积聚可燃气体影响安全,故本条规定站内管线不宜采用管沟敷设。若因安装原因,站内局部管段确需敷设在管沟内时,需采取防止天然气积聚的措施,如在管沟内充砂、通风、设置可燃气体报警等措施。其次,管沟积水可能会影响管道的稳定性,因此还要考虑防止地下水浸入管沟的措施,必要时采取管道稳固和排水措施。

6.8 站内管道及设备的防腐与保温

6.8.2 站内埋地管道与线路管道不同,由于存在较为密集、交错,与接地网连通的原因,用于防腐层地面检漏的 PCM 等检测手段不适用,使得破损点查找定位和补伤修复有困难;又由于管径变化多,弯头、三通等异形件多,难以全部采用工厂预制的防腐层,需现场进行防腐;另外,除土壤浓差电化学腐蚀外,不同材质管道、金属构筑物相连,也需考虑电偶腐蚀风险因素。因此,防腐层等级宜采用该材料相对应的标准所规定的最高等级,以尽可能保证防腐层的完整性控制腐蚀。

7 地下储气库地面设施

7.1 一般规定

7.1.2 地下的储气库一般作为大中城市的季节、日调峰或应急调峰手段,应对城市的不同种类的燃气用户进行调查,确定不同用户的工作系数,计算所需调峰气量,地下储气库用于事故应急调峰时,建设方应提供干线事故时所需的事故应急用气量。

7.1.3 地下储气库靠近负荷中心或长输管线可以减少管线的建设费用,降低管线上的压降,国外一般不超过 150km。

7.1.4 国外的集气站及注气站一般合一建设,以减少共用系统投资。

7.1.6 集注站的主要噪声源为注气压缩机组,一般压缩机组的噪音均超过 100dB,对周围声环境影响较大。

7.2 地面工艺

7.2.1 本条对注气工艺作出规定。

1 由于天然气管线在运输、施工过程中不可避免地会造成在管线内存在粉尘颗粒等异物,在清管过程中,不能完全清扫干净,天然气中的粉尘是影响压缩机运行周期的重要因素,根据往复式压缩机特性以及目前国产过滤器制造水平,压缩机入口天然气含尘应小于 1ppm(粒径应小于 2μm)。大多数压缩机为有油润滑,为分离出级间天然气携带的润滑油和保护压缩机,各级入口应设置分液设备。

2 经调研,国外注气压缩机出口净化后 1000m^3 天然气中润滑油含量为 0.4g~0.5g,我国大张坨地下储气库天然气最终含油量小于 5ppm,板 876 地下储气库注入地层的天然气含油量小于 1ppm,此数值应根据地下储气库的地质类型由地质研究部门提出。

3 对每口单井的注气量进行计量,是为了便于地质监测,进行数值模拟研究以及加深地质认识。

4 本款为强制性条文。由于注气管线压力较高,一般在 10MPa 以上,为安全起见,出站切断阀门应具有高、低压自动关闭功能。

7.2.2 本条对采气工艺作出规定。

1 在地下储气库的运行过程中,监测地下储气库中的含水量是十分重要的,采出气中的水以及轻烃应单独进行计量和监测。

3 根据地质运行方案、采出气组成和压力确定采用节流制冷、冷剂制冷或膨胀制冷工艺。

4 在采用节流工艺控制水、烃露点的装置中,调压节流装置是最主要的设备,宜设置备用,储气库调峰外输压力波动较大,应考虑控制调节阀噪声问题。

5 在注采井与集注站距离较近的情况下,宜采用注采合一设计方式,可降低工程投资。

6 本款为强制性条文。切断阀门应具有高、低压自动关闭功能。

7.3 设备选择

7.3.1 本条对压缩机的选择作出规定。

2 根据国内地下储气库注气压缩机的使用情况,地下储气库的地层压力高、气量变化范围大,往复式压缩机能较好地适应地下储气库压力变化范围较宽的工况。根据国外调研情况,在盐穴型储气库、油气藏型储气库也有采用离心式压缩机的实例。

3 国外注气压缩机选型采用了既可用在注气阶段也可用在采气阶段的方式,美国蓝湖天然气地下储气库位于密执安州境内底特律西南方约 250 里处,蓝湖-18A 储气库主要用于季节性调峰,该储气库工作气量为 46bcf,起点气为 7.5bcf,日处理量为 690MMscfd,是美国最大的储气库之一。蓝湖-18A 压缩机站有 3 台 Dresser-Rand6000hp 整体式气驱注气压缩机。6 个并列的压缩机气缸单级操作时,出口压力为 1400psig,当串联使用时,每级 3 个气缸,出口压力可达到 4200psig。机组的主要功能是注气,当采气井生产压力降低,净化后的天然气不能进入地区配气管网时,可将天然气加压外输。站内机组在气库运行周期中,可单机操作也可并联或串联运行。

注气压缩机在采气阶段也可运行,可使采气阶段井口压力尽量低,扩大地下储气库的工作压力区间,增大地下储气库的调峰气量,提高注气压缩机使用率。

8 仪表与自动控制

8.1 一 般 规 定

8.1.2 运行复杂及重要的输气管道通常具有大口径、高压、站场多、输送工艺复杂、线路长等特点，应设置 SCADA 系统。中国目前具有代表性的输气管道有西气东输管道(一线、二线、三线)、陕京输气管道(一线、二线、三线)、中卫—贵阳输气管道、中缅管道等，均采用了计算机监控与数据采集(SCADA)系统进行调度、管理和监控。中石油已于 2007 年在北京建成全国管网的国家级调度控制中心，河北廊坊建设了备用控制中心。

根据安全及管控需求，国内外在输气管道中采用 SCADA 系统已经属于成熟技术。考虑规范的通用性，小型管道、支线管道需结合项目的情况决定其控制水平，因此本次修订采用“宜”。

8.1.3 本条参照现行国家标准《油气田及管道工程计算机控制系统设计规范》GB/T 50823 规范性附录 B.1.2 编制。运行复杂及重要的输气管道 SCADA 系统宜单独设置调度控制中心，小型输气管道、支线输气管道，其调度控制中心可由其中一站场控制系统通过完善功能来承担。

8.1.4 仪表及控制系统的选型设计应执行现行国家标准《油气田及管道工程计算机控制系统设计规范》GB/T 50823 和《油气田及管道工程仪表控制系统设计规范》GB/T 50892 的有关规定。通常在设计前期主要针对输气管道关键设备如流量计量仪表、压力控制设备、在线分析仪器、站场控制系统等进行。考虑到国标的通用性及管道建设可能存在的阶段性，本次修订采用“宜全线统一”。

8.2 调度控制中心

8.2.1 输气管道 SCADA 系统调度控制中心的设计应参照现行国家标准《油气田及管道工程计算机控制系统设计规范》GB/T 50823规范性附录 B 的内容进行。

为保证在意外事件(如所处地段/区域停电、火灾、地震、通信中断及其他自然灾害、人为破坏等)发生时，仍能实时地对管道全线进行调度与控制，保证实时数据的采集、处理、存储功能以及历史数据的安全，根据管道监控需求可设置备用控制中心。备用控制中心随时监视和跟踪调度控制中心的运行状态，保证数据同步并达到历史数据异地备份的目的。

备用控制中心的主要功能是在调度控制中心失效后，持续保证输气管道安全、平稳地运行。操作人员可通过计算机系统完成下列主要操作任务：

(1)数据采集和处理；

(2)工艺流程的动态显示；

(3)报警显示、报警管理以及事件的查询、打印；

(4)数据的采集、归档、管理以及趋势图显示；

(5)生产统计报表的生成和打印；

(6)安全联锁保护等。

备用控制中心的硬件配置在满足功能需求和可靠性保证的前提下应尽可能简化。

8.2.2 运行复杂及重要的输气管道，其调度控制中心还宜根据管理、运行需求进行输气管道泄漏检测及定位，清管器跟踪，天然气的输量调整、预测和计划，组分追踪，模拟仿真及培训等管道系统应用软件配置，这些功能的实现宜逐步实施。

8.3 站场控制系统及远程终端装置

8.3.2 本条参照现行国家标准《油气田及管道工程计算机控制系统设计规范》GB/T 50823 规范性附录 B.3 编制。

输气站安全仪表系统安全完整性等级(SIL)的确定是基于 IEC 61508/61511 等国际标准，借鉴国外行业导则及经验，同时结合国内输气管道建设的实际情况，应用特定的方法如保护层分析方法(LOPA)来评估各种危害事件发生时所造成的人员伤亡风险、环境破坏风险及经济损失风险，综合评估、确定安全仪表系统(SIS)所执行各安全仪表功能(SIF)回路的完整性等级(SIL)。但目前国内输气管道建设并非全部执行上述过程，因此本条原则性地提出要求。

安全仪表系统设计的具体要求还应符合现行国家标准《石油化工安全仪表系统设计规范》GB/T 50770 的有关规定。

8.3.4 小型站场及阀室应用 RTU 较多，增加该条款规定了设置有 RTU 的清管站和阀室的基本功能及要求。根据控制功能的不同，阀室可分为普通阀室、监视阀室和监控阀室三类：

普通阀室是只设置线路截断阀及相关工艺设施、不设置监视和控制设备(RTU)的阀室，其线路截断阀采用手动或气液联动执行机构驱动。

监视阀室采用远程监视集成系统或 RTU 对阀室的压力和线路截断阀的阀位进行采集并远传，不对线路截断阀进行远程控制，其线路截断阀仍采用手动或气液联动执行机构驱动。

监控阀室设置有 RTU，是进行数据监视、控制的阀室。阀室内线路截断阀的阀位信号、管道温度或压力信号等可上传，并可通过 SCADA 系统实现远程控制，即可实现远程关闭线路截断阀。

设置有 RTU 的清管站和阀室的设计需符合现行国家标准《油气田及管道工程计算机控制系统设计规范》GB/T 50823 规范性附录 B.4 的有关规定。

8.4 输气管道监控

8.4.1 贸易交接计量是输气管道极为重要的功能，决定了贸易双方的根本利益。计量系统推荐采用备用方式配置，以便在其中一路流量计量管路发生故障或进行流量计检定时，不影响天然气流量的连续计量。根据计量仪表的更新发展，流量计选型宜采用气体超声流量计、气体涡轮流量计、标准孔板节流装置流量计等。

天然气能量计量与计价已经为当今世界多数天然气消费国所接受和采纳，成为国际上最流行的天然气贸易和消费计量与结算方式。除苏联、东欧国家外，北美、南美、西欧、中东和亚洲的大多数国家的天然气交易合同虽然在计量单位上有所差异，但是大都采用天然气的能量单位结算费用，天然气输送和终端消费也同样采用能量计价。目前我国只有中海油输往香港中华电力的天然气和已经投产的广东和福建 LNG 项目等使用能量计量方式。

随着我国天然气市场需求的日益旺盛，我国天然气供应已经呈现多元化格局，除了国产天然气外，还有进口天然气、LNG 汽化气、煤层气、煤制天然气、非常规天然气等进入输气管网。不同气源的热值存在差异，多种气源进入输气管网进行销售，势必影响商品气的技术指标，特别是因发热量等关键参数波动过大而引起天然气交接上的纠纷和争议。在相同的天然气价格水平下，天然气按体积流量计量和结算，对使用低发热量天然气的用户明显不公。相对而言，按能量计量可以消除交接双方因体积计量条件不同所引起的争议，可信度和透明度更强，交易双方都能接受。

在天然气能量测定标准化方面，美国于 1996 年制定了 AGA 5号报告《燃料气能量计量》，国际标准化组织(ISO)于 1998 年开始制定《天然气能量测定》，并于 2007 年出版正式标准。虽然我国的天然气体积计量技术及其标准化已经接近国际水平，但为使我国天然气计量方式与国际惯例接轨，全国天然气标准化技术委员会于2003年成立天然气能量的测定标准技术工作组，跟踪国际标准《天然气能量测定》ISO 15112的制定进程，并开展了大量与天然气能量测定有关的技术研究和标准化工作，现行国家标准《天然气能量的测定》GB/T 22723也于2008年12月31日发布，并于2009年8月1日起实施，它标志着在我国开展天然气能量计量将有标准可依，对我国天然气计量方式与国际惯例接轨提供了技术支持。

我国要实施天然气能量计量，尚需在标准物质和溯源体系建立方面进一步完善，全面推广能量计量体系还将有一个过程，考虑到国家标准的前瞻性和通用性，因此本次修订提出输气管道贸易交接计量系统配置宜考虑天然气能量计量的需求。

8.4.2 "限流功能"的实现通常可采取将压力控制系统与流量检测系统进行组合，就构成了压力/流量自动选择性调节系统。正常工况下，该系统为压力调节系统，以维持下游压力在允许的范围内。当供气流量超过设定值时，根据运行管理需要，站场控制系统将自动切换为流量调节系统，以达到限制局部供气量的目的。当实际供气流量低于限制值时，系统能自动切换至压力控制方式。

8.4.3 欧洲标准化委员会(CEN)在2000年2月颁布的《气体供应系统—用于输送和分配的气体调压站—功能需求》(Gas supply systems—Gas pressure regulating stations for transmission and distribution—Functional requirements)(EN 12186)标准中明确提出，在气体分输站当压力调节系统出现故障时，压力安全系统必须自动地运行，以防止系统下游气体压力超过允许的范围，同时还应考虑到系统压力测量和调节的偏差，并具体要求如下：

当$MOPu \leqslant MIPd$或$MOPu \leqslant$10kPa(100mbar)时，气体调压系统无需设置压力安全系统；当$MOPu > MIPd$时，气体调压系统应设置单个的(第一级)压力安全系统；当$MOPu - MOPd >$ 1.6MPa(16bar)，以及$MOPu > STPd$时，单个的(第一级)压力安全系统还需同时加上第二个安全装置，以增加系统的压力安全等级。其中，$MOPu$为气体调压系统上游最大操作压力(Maximum upstream operating pressure)，该压力是在正常操作条件下(气体调压系统和管道无任何设备/装置出现故障)可被连续地控制的。$MOPd$为气体调压系统下游最大操作压力(Maximum downstream operating pressure)。$MIPd$为气体调压系统下游最大偶然出现的压力(Maximum downstream incidental pressure)，该压力是气体调压系统和管道能够承受的，其压力可被压力安全装置所限制。$STPd$为气体调压系统下游管道和设备强度试验压力(downstream strength test pressure)。

国内已建或在建的大多数输气管道中，压力控制系统基本上采用了如下设计原则：

(1)气体调压系统采用了一用一备或多用一备的工艺流程，以确保不间断气体输送。调压管路采用电动截断球阀通过SCADA站场控制系统进行自动切换控制。

(2)符合"当$MOPu - MOPd >$ 1.6MPa(16bar)，以及$MOPu > STPd$"时，气体调压系统根据相关标准要求，设有两级安全装置，即除压力调节阀(PV—Pressure valve)外，在其上游串联设置有独立的安全切断阀(SSV—Safety slam－shut valve)和监控调压阀(MV—Monitor valve)，以保证下游输气管道和设备的绝对安全。安全切断阀、监控调压阀和压力调节阀串联设置(按气体流向顺序为：安全切断阀、监控调压阀、压力调节阀)，其中，安全切断阀和监控调压阀的压力检测点均独立设在压力调节阀下游且与压力调节阀的压力检测点邻近布置。安全切断阀、监控调压阀、压力调节阀的压力设定值关系为：SP1(安全切断阀)＞SP2(监控调压阀)＞SP3(压力调节阀)。要求SP1≤$MIPd$，SP2≤$TOPd$，SP3则根据运行要求进行设定，其中，$TOPd$为气体调压系统下游压力调节装置可控制的临时操作压力(Downstream temporary operating pressure)。

EN 12186给出了MOP、TOP与MIP的相互关系，见表7。

表7 MOP、TOP与MIP的关系表

MOP 100kPa(bar)	TOP 100kPa(bar)	MIP 100kPa(bar)
MOP＞40	1.1MOP	1.15MOP
16＜MOP≤40	1.1MOP	1.20MOP
5＜MOP≤16	1.2MOP	1.30MOP
2＜MOP≤5	1.3MOP	1.40MOP
0.1＜MOP≤2	1.5MOP	1.75MOP
MOP≤0.1	1.5MOP	2.25MOP

注：TOP—压力调节装置可控制的临时操作压力(Temporary operating pressure)；
TOPd—气体调压系统下游压力调节装置可控制的临时操作压力(Downstream temporary operating pressure)。

(3)气体调压系统与流量检测系统进行组合，构成了压力/流量自动选择性调节系统。正常情况下，该系统为压力调节系统，以维持下游压力在允许的范围内。当供气流量超过设定值时，根据运行管理需要，SCADA站场控制系统将自动切换为流量调节系统，以达到限制局部供气量的目的。当实际供气流量低于限制值时，系统能自动切换至压力控制方式。

西气东输气体调压系统的设备选择及操作为：压力调节阀采用电动调节阀，监控调压阀采用自力式调压器，安全切断阀采用自力式高、低压安全切断阀。

压力调节系统工作调压阀的执行机构采用电动执行机构是为了管道调度控制中心能方便、可靠地通过站场控制系统远程对调压阀的设定值进行操作，同时也能对压力/流量自动选择性调节系统相关参数进行远程操作。

监控调压阀是压力安全系统中的第一级安全设备，其作用是当工作调压阀出现故障时，既能保证系统下游不超压，又维持下游的正常供气。正常情况下，监控调压阀因设定值较高而处于全开位置，当工作调压阀出现故障造成下游超压时，串联的监控调压阀将自动投入进行调压。监控调压阀采用自力式调压器，从动力到调节回路均与工作调压回路不同，从而提高了系统的有效性和可靠性。

安全切断阀是压力安全系统中的第二级安全设备，安装在监控调压阀的上游。正常时，该阀动作的设定值高于工作调压阀和监控调压阀的设定值而处于全开状态。当测量值大于安全切断阀的设定值时及时切断供气管路并发出报警信号，以保证下游设施的安全。安全切断阀关闭后，应人工在现场确认关闭原因后才能将其开启。安全切断阀为自力式并独立设置，以保证在任何情况下避免调压阀与安全切断阀之间的相互影响。

对于设有气体调压系统的站场，无论何种原因引起工作调压阀不能正常工作时，监控调压阀将自动投入运行。当监控调压阀的使用也不能降低下游压力时，安全切断阀将自动工作。无论哪一个压力安全设备动作，都表明该气体调压系统已处于非正常运行状态。因此，上述任一情况发生都将发出报警信息，以使站场控制系统按照预定的程序自动切换至备用供气管线，同时提醒操作人员到现场进行设备检查，以保证整个站场以及下游管线和设备的安全运行。

电动调压阀、自力式调压阀将输出4mA～20mA的阀位反馈信号至站场控制系统，以便SCADA系统实时监控气体调压系统的运行情况。此外，电动调压阀还将输出故障接点信号，自力式安全切断阀输出全开、全关阀位接点信号作为报警系统的输入信息和备用回路的自动切换输入信号。

8.4.5 布置有工艺设施的输气站封闭区域主要指压气站压缩机厂房内和室内管道截断阀室。国内设计中，压缩机厂房内均设置了可燃气体探测器和火焰探测器，具备监视与监控功能的室内管道截断阀室内也设置了可燃气体探测器。露天或棚式布置的工艺设施区可燃气体探测器和火焰探测器的设计应符合现行国家标准《石油化工可燃气体和有毒气体检测报警设计规范》GB 50493和《石油天然气工程设计防火规范》GB 50183的有关规定。

9 通 信

9.0.1 输气管道通信方式不仅要满足输气管道管理对通信业务的种类和数量的要求，也要符合企业管道建设通信网络规划的要求，这样既能满足管道建设需要，又能避免重复建设，从而节省投资。传输方式可以是光纤通信网、卫星通信网、租用公共通信网和其他自建通信网。

9.0.2 利用输气管道的管沟与管道同沟敷设光缆或高密度聚乙烯硅芯管已在国内外广泛采用，经实践证明该方式既能满足管道自身通信业务的需求，又节省配套通信工程投资。光缆可采用直埋敷设或布放在高密度聚乙烯硅芯内敷设的方式。

9.0.3 通信站与管道各级生产管理部门、沿线工艺站场及其他沿管道的站点合并建设，有利于管理及共用公用设施，对节省投资有利。如通信站与输气站合建，这样便于管道通信业务的接入，另一方面通信及其辅助设施可以依托站场的机房、供电等辅助设施，便于管理维护。

9.0.4 线路阀室分为不同种类，其通信方式应按照输气工艺和SCADA系统控制要求及阀室设计规定选择。

9.0.5 输气管道通信业务种类是根据石油天然气行业的生产实际需要和多年来生产维护运行的经验提出来的。管道通信业务种类通常有生产调度和行政管理话音通信、SCADA数据传输通信、企业数据网络通信、工业电视通信系统、会议电视通信系统、扩音对讲通信系统、安防系统（如入侵自动报警系统、门禁系统等）、巡线和应急通信等。

9.0.6 电话交换系统是指数字程控电话交换设备或软交换设备。

9.0.7 SCADA系统数据传输备用传输通道的设置是为了保证输气管道的正常安全运行管理，提高SCADA系统数据传输的可靠性。采用不同的通信路由是为了提高通信网络的可靠性。

9.0.8 为了输气管道的线路巡回检查、事故的抢修、日常的维护和投产或扩建时的通信联络方便，可配备满足使用条件的移动式通信设备，如防爆对讲机等，以便作业人员能及时与邻近的输气站或上级单位沟通联系。

10 辅助生产设施

10.1 供 配 电

10.1.1 输气管道的用电点包含了输气站、阀室和阴极保护站等，从电网取得电源有利于降低投资和用电管理。对于除压气站外的输气站、阀室等站场而言，其连续运行的动力用电设备不多，用电负荷较小，站场所在地区常常因为电网基础较差，有可能发生无法取得电源或者外接电源方案实施困难、费用投资高等问题，因此本条允许经过技术经济比较有明显优势时，可以采用自备电源的方案。自备电源通常利用管输气作为动力燃料，当取得其他燃料（如汽油或柴油）较为经济时，也可作为发电燃料。

10.1.2 供电电压是指供电网络输电线路提供的电源电压，以及输气站及阀室用电设备使用的电压。通常分为交流110kV、35kV、10kV、380V，以及直流24V。设计时需要结合用电设备的运行需求，以及供电条件、送电距离等因素综合分析，确定经济合理的电压等级。在压缩机的驱动方案选择中，供电电压的选择是影响电驱系统费用的主要因素之一，因此供电电压等级需要综合分析后确定。

10.1.3 本条对输气站及阀室用电负荷等级作出规定。

1 本款的主要依据是现行国家标准《重要电力用户供电电源及自备应急电源配置技术规范》GB/Z 29328中的有关规定。输气站及阀室的供电中断通常不会发生人员伤亡或重大设备损坏，但是会影响管道用户供气和企业生产作业，尤其是重要的输气干线，是地区或企业的重要能源供给，联系着重要的工业生产和城市生活，应慎重考虑各用电点的负荷等级。目前，国内供气管网已经实现多气源及干线联网的格局，单个输气站中断作业对管网供气影响力减弱，由外部电源导致输气作业停止的可能性很低，因此，除了与上游处理设施密切联系的首站外，没有必要将所有输气站定义为重要电力用户的一级负荷。

同时，本款对本规范2003版中电驱压气站宜为一级负荷的内容进行修订，主要是考虑电驱压气站虽然对供电可靠性要求较高，其与燃驱压缩机辅助用电系统的负荷等级应该是一致的，供电可靠性应结合管线失效性分析确定，通常情况下定义为重要电力用户二级负荷是合理的、可行的，但个别压气站符合条件时仍然应定义为一级负荷。

2 根据现行国家标准《重要电力用户供电电源及自备应急电源配置技术规范》GB/Z 29328附录内容，阀室不属于重要电力用户，其用电负荷容量较小，主要是保证数据传输或远程控制，本款依据现行国家标准《供配电系统设计规范》GB 50052规定阀室可以为三级负荷。排流站在目前的输气管道中存在多种不确定因素，因而暂未列入条款，可参照阴极保护的用电负荷等级确定。

3 考虑到重要电力用户中不同性质的用电设备对电源可靠性要求不尽相同，设计时并不需要按照相同的负荷等级供电，本款对输气站及阀室的典型用电设施进行分类，负荷等级的定义与现行国家标准《供配电系统设计规范》GB 50052一致，以方便设计过程中的用电负荷统计及电源容量配置。

表10.1.3给出输气管道常见用电设备的负荷等级规定，主要针对长输管道的通用情况，个别管道输气站及阀室，对用电需求可靠性、电源中断影响没有安全、环保及较大经济损失等问题时，不需要将生产用电设备定义为二级负荷；阀室配置RTU设备时，其用电负荷均为重要负荷。

10.1.4 本条对供电要求作出规定。

3 本款规定的应急电源可以是发电机组、不间断交/直流电源以及蓄电池等的一种或多种。对于一/二级负荷中需要维持正常生产秩序和安全停车的负荷，其用电负荷较小，在外部电源中断时需配置应急电源，以保证输气站在外电源突然中断时的安全可靠。

按照输气站用电设备正常情况下的运行情况，自备电源在0.5h内就能完成起动和切换，而压气站的重要负荷在外电源中断时，保证约0.5h的连续供电即可。考虑到不间断电源设备制造成本，后备时间1h是较为经济的配置方案，同时结合运行维护的实际情况，本款规定了不间断电源后备时间下限值为1.5h。对于无自备电源的输气站或阀室，应充分考虑运行管理的实际情况，如运行管理故障处理时间、环境条件等各种因素，可以适当提高不间断电源的后备时间。

10.1.5 本条依据2009年2月《国家电网公司电力系统电压质量和无功电力管理规定》中有关用户的无功补偿规定编制。考虑到部分输气站及阀室的用电负荷以小于80kW的情况居多，功率因数达到0.9存在实际困难，通常供电部门对此类用户也无强制要求，本条对于用电容量较小的站场不作功率因数要求。

10.1.7 现行行业标准《石油设施电气设备安装区域一级、0区、1区和2区区域划分推荐作法》SY/T 6671中仅规定了压缩机及其他释放源的推荐做法，没有提供分输站、清管站、阀室等站场的分区意见。本条参考美国天然气协会（AGA）的标准提出输气管道各类释放源爆炸危险区域划分的推荐做法，规定了区域划分的下限值，其中1区、2区的定义符合IEC 60079、现行国家标准《爆炸危险环境电力装置设计规范》GB 50058以及NEC505、CEC Section18、ATEX 1999/92/EC的规定。而《爆炸性环境》GB 3836（等同于IEC60079）的全部内容为强制性标准，本条要求爆炸危险区域的电气设备选择应符合其规定，对于进口设备则应取得与IEC-Ex的等同认证后才能使用。

10.1.8 本条对雷电防护作出规定。

2 站场的放空立管、放散管通常是没有天然气释放的，因此不需要设置独立接闪杆。依据现行国家标准《建筑物防雷设计规范》GB 50057，作为金属结构的构筑物不需要在本体上装设接闪杆。结合输气管道工程多年来的实际经验，本款规定的做法未发生过雷电事故，因此在本规范2003版的基础上修订为不宜装设接闪杆。

3 雷电防护接地电阻是指冲击接地电阻值，站场内不同区域的冲击接地电阻应满足不大于10Ω的要求。对于处于特殊土壤条件下的站场，如沙漠、岩石、砂石等，降低接地电阻值不是唯一的防护措施，若存在实际困难接地电阻无法达到10Ω时，做好局部等电位和整体等电位联结即可。有关电气设备的工作接地参见现行国家标准《交流电气装置的接地设计规范》GB/T 50065。

10.2 给水排水及消防

10.2.1 本条对输气站水源作出规定。

(1)当供水水源采用自建地下水时，宜根据相关水资源论证进行设计。

(2)生产、生活及消防用水宜采用同一水源。

(3)对于电驱压气站等对供水可靠性要求较高的输气站场，当采用打井取水时，宜根据具体情况设置备用水源井。

10.2.2 对于输水管线和水源取水能力，如果输气站已设有安全水池，且安全水池又能保证有足够的消防用水量不作他用，则可不将消防水量计入总水量中。消防用水及补水时间按现行国家标准《石油天然气工程设计防火规范》GB 50183经计算确定。绿化和浇洒道路用水及未预见水量按现行行业标准《油气厂、站、库给水排水设计规范》SY/T 0089确定。

10.2.3 对生产用水量较大的输气站，当供水系统得不到切实保证时，如水源取水的供电等级偏低、单条输水管线供水等，一般需设安全水池（罐），保证一旦供水系统发生事故时，能有足够的水量维持正常生产和火灾扑救。

10.2.6 本条对输气站污水处置作出规定。

(1)当用作站内回用水时，其水质宜符合现行国家标准《城市污水再生利用 城市杂用水水质》GB/T 18920的有关规定。

(2)当采用罐车外运时，其水质宜符合污水处理厂（站）等污水接受单位的进水控制指标的相关规定。同时，还宜在站内设置污水储存池（罐），有效储存容积宜按10天～15天生活污水量计算确定。

(3)当接入城镇排水管道时，其水质宜符合《污水排入城镇下水道水质标准》CJ 343的有关规定。

(4)当外排至沟渠或天然水体时，其水质宜符合现行国家标准《污水综合排放标准》GB 8978和地方有关部门的有关规定。

10.3 采暖通风和空气调节

10.3.1 现行国家标准《采暖通风与空气调节设计规范》GB 50019—2003的第1.0.2条中明确规定：本规范适用于新建、扩建和改建的民用和工业建筑的采暖、通风与空气调节设计。现行国家标准《采暖通风与空气调节设计规范》GB 50019目前正在修订中并拟更名为《工业建筑供暖通风与空气调节设计规范》，提示本规范的使用者关注GB 50019修订后的变化。

10.3.2 本条对室内采暖计算温度作出规定。

1 规范中表10.3.2的值是根据现行国家标准《工业企业设计卫生标准》GBZ 1规定的原则，并参照现行国家标准《油气集输设计规范》GB 50350等相关规范确定的。

2 有特殊要求的建筑物主要是指设有测量、控制及调节系统的仪器、仪表的建筑物和其他有特殊要求的建筑物如计算机室等。

3 其他建筑物主要指行政、办公、医务等建筑物。

10.3.3 本条对生产和辅助生产建筑物的通风设计作出规定。

1 对生产有害物质或气体的工艺过程应尽量密闭，是工业生产和环境保护设计的基本原则。当不可能完全做到时，应采取局部通风或全面通风措施，以确保建筑物内的空气质量达到卫生和安全的要求。输气管道各类站场中有害物质或气体的爆炸下限和允许浓度见表8。

表8 有害物质或气体的爆炸下限和允许浓度

组分	爆炸下限(%)(体积)	车间空气中的允许浓度(mg/m^3)
甲烷	5.0	—
乙烷	2.9	—
丙烷	2.1	—
丁烷	1.8	—
戊烷	1.4	—
硫化氢	4.3	10
一氧化碳	12.5	30
氢气	4.0	—

在确定建筑物的换气次数时，有害物质浓度应达到卫生标准的规定值。而对卫生标准未作规定的易爆气体如甲烷、乙烷等，则应控制在安全浓度以下。

现行国家标准《采暖通风与空气调节设计规范》GB 50019对建筑物内易爆气体的允许浓度无明确规定。苏联建筑法规《采暖通风与空调设计规范》СНиП Ⅱ—33—75第4.101条规定：对于排除含有爆炸危险性物质的局部排风系统以及含有上述物质的全面排风系统，其风量是以保证爆炸危险性的气体和蒸汽的浓度不超过爆炸下限的5%。

本规范认为，在确定含有爆炸危险气体的建筑物的通风量时，应当规定爆炸性气体的允许浓度作为计算依据，而这个浓度的规定原则应该是既要保证生产安全，又不过多地增加通风设备的建设费用和能耗。苏联规定过高过严，要达到这个要求必须成倍地增加建筑物内的通风量。参照下列资料，规定爆炸性气体安全浓度为该气体爆炸下限浓度的20%是恰当的：

(1)现行国家标准《城镇燃气设计规范》GB 50028第3.2.3条规定：无毒燃气泄漏到空气中，到达爆炸下限的20%浓度时，应能觉察。

(2)美国消防协会规定：对可燃气体置换时，应使置换后气体中可燃组分的浓度不大于该组分爆炸下限浓度的20%；或置换气量不小于容积的5倍。

(3)当前我国生产的各类可燃气体浓度检测报警仪器，一般把报警界限浓度规定在该气体爆炸下限浓度的20%或25%。

2 本条主要是依据国家现行标准《石油化工采暖通风与空气调节设计规范》SH/T 3004—2011附录B、《油气集输设计规范》GB 50350—2005附录K、《化工采暖通风与空气调节设计规范》HG/T 20698和《采暖通风与空气调节设计规范》GB 50019规定的。

(1)现行行业标准《石油化工采暖通风与空气调节设计规范》SH/T 3004—2011 附录 B 表 B－1 注：房间高度小于或等于 6m 时，通风量按房间实际容积计算；房间高度大于 6m 时，通风量按 6m 以下房间容积计算。

(2)现行国家标准《油气集输设计规范》GB 50350—2005 附录 K 注 2：计算通风量时，房间高度大于 6m 时按 6m 计算，事故通风量应按房间实际高度计算。

(3)现行行业标准《化工采暖通风与空气调节设计规范》HG/T 20698 第 5.6.3 条第 3 款规定：设计计算容积确定方法，当房间高度小于或等于 6m 时，按房间实际容积计算；当房间高度大于 6m 时，按 6m 的空间体积计算。

(4)现行国家标准《采暖通风与空气调节设计规范》GB 50019 第 5.3.10 条规定：当房间高度大于 6m 时，排风量可按 $6m^3/(h \cdot m^2)$。

10.3.4 对于压缩机厂房的事故通风的换气次数和系统设置的规定是按照苏联《采暖通风与空调设计规范》СНИП Ⅱ—33—75 第 4.107 条，结合我国气田集输和炼油等规范规定的。

10.3.5 本条主要是依据现行国家标准《采暖通风与空气调节设计规范》GB 50019 第 5.4.3 条内容规定的。

10.4 供 热

10.4.3 根据生产、生活、采暖、通风、锅炉房自耗及管网损耗的热量，计算出系统的最大耗热量，作为确定锅炉房规模大小之用，称为最大计算热负荷。本条的供热负荷计算公式中，热网损失耗热约占总负荷的 5%～10%，再考虑部分锅炉房自耗，K 一般取 1.05～1.2；油气田内部采暖一般是连续供给的，即 $K_1=1.0$；集气、压气站的通风负荷是连续的，即 $K_2=0.9\sim1.0$。

11 焊接与检验、清管与试压、干燥与置换

11.1 焊接与检验

11.1.2 输气管道，特别是长距离输气管道，其通过地区的自然条件和施工条件往往差别很大，加之近年高钢级管材的大量使用，故在开工前应根据区段施工条件和钢种等级、焊接材料、焊接方法等因素进行焊接工艺评定，并据此编制焊接工艺规程。现行行业标准《钢质管道焊接及验收》SY/T 4103 拟将升为国家标准，提示本规范使用者关注这部标准的变化。

11.1.4 焊接材料的质量及其选用是保证焊接质量的首要问题，本规范列出了焊接材料应符合的标准。本规范 2003 版采用的《碳钢焊条》GB/T 5117 已修订为《非合金钢及细晶粒钢焊条》GB/T 5117—2012(对应 AWS A5.1)；《低合金钢焊条》GB/T 5118 已修订为《热强钢焊条》GB/T 5118—2012。现行国家标准《气体保护电弧焊用碳钢、低合金钢焊丝》GB/T 8110 是在《气体保护焊用碳钢焊丝和填充丝标准》AWS A5.18 和《气体保护电弧焊用低合金钢焊丝和填充丝标准》AWS A5.28 的基础上制定的。现行国家标准《埋弧焊用碳钢焊丝和焊剂》GB/T 5293 是在《埋弧焊用碳钢焊丝和焊剂标准》AWS A5.17 的基础上制定的。现行国家标准《低合金钢药芯焊丝》GB/T 17493 是根据《弧焊用低合金钢药芯焊丝标准》AWS A5.29 和《气体保护电弧焊用低合金钢焊丝和填充丝标准》AWS A5.28 中金属粉芯焊丝部分制定的。

11.1.5 坡口形式的选择是从保证焊接接头质量、节省填充金属、满足焊接方式、便于操作、减少焊接变形及能满足清管工艺等几个方面考虑的。全自动焊需根据设备的性能要求及管材规格确定坡口形式，坡口通常采用现场加工。

11.1.8 焊前预热和焊后热处理目的是为了消除或降低焊件接头的残余应力，防止焊缝或母材产生裂纹，改善焊缝和金属热影响区的金相组织和材料性能。焊缝是否需要消除残余应力，除考虑用途、工作条件、材料性能等方面外，厚度是主要考虑的因素，焊前预热和焊后热处理需根据焊接工艺评定结果确定参数。

4 参照 ASME B31.8—2012 第 825.6 条的规定，当具有不同应力消除要求的两种金属材料焊接接头进行应力消除时，应按要求较高的应力消除温度。

11.1.9 焊接质量检验是保证焊接质量的重要环节之一。本规范规定以下三个步骤进行焊缝的质量检验，即外观检查、无损检测及破坏性试验。抽取现场焊接接头做破坏性试验对保证整个管道的焊接质量是有利的，特别是对钢级较高的管道。本条强调所有焊接接头应进行 100% 无损检测，以避免由于单一检测方法的局限性造成焊接接头漏检。为区分全自动超声波检验，本条将全自动超声波检验以外的超声波检验定义为“手工超声波”。本次修订增加了全自动超声波检测方法。本规范 2003 版规定手工超声波检测Ⅰ级为合格，射线照相检测Ⅱ级为合格，本次修订规定射线和手工超声波的检测均需要至少达到Ⅱ级为合格。

11.2 清管、测径与试压

11.2.1 本条对清管扫线与测径作出规定。

3 本次修订增加了测径板测径的要求。测径的目的是检测管道截面圆度变形程度及通过能力。根据近年工程实践，测径作业通常与试压前的清管作业同步进行，测径板可采用铝板制作并安装在清管器上，当测径板通过管道后出现变形，则需采用电子测径仪等设备对变形位置进行精确测量和定位，然后对变形部位的管道开挖验证或换管。中国石油所建管道测径采用的测径板厚度值见表 9，测径板直径取管道最小内径的 92.5%，经近年的工程实践证明尚属可行，可供参考采用。

表 9 测径板厚度值

管道公称直径(mm)	100～300	300～600	600～1000	1000～1400
测径板厚度(mm)	4～6	6～8	8～10	10～12

11.2.2 本条对输气管道试压作出规定。

1 一级一类地区采用 0.8 强度设计系数的管道强度试压，试验压力产生的环向应力基本接近管材标准规定的最小屈服强度，存在管材屈服的风险，因此需要绘制压力-体积图监测试验，以防止管道发生屈服。

5 本规范第 11.2.3 条中允许一级二类和二级地区可采用气体进行强度试验。特别应注意的是，应慎重决定选择用气体进行强度试压，因为气体试压失败致管道爆裂比用水试压致管道爆裂产生的危害要大得多。如果不可避免地需要采用气体进行强度试验，则需开展风险识别，制订可靠的安全措施，将风险降至最低。

11.2.3 本条对输气管道强度试验作出规定。

1 一级一类地区采用 0.8 强度设计系数的管段，试验压力最小为 1.25 倍的设计压力，试验压力产生的环向应力可能接近或达到管材标准规定的最小屈服强度，采用水作试验介质有利于试压安全，有利于绘制压力-体积图监测试压并控制最大试验压力。

6 一级一类地区采用 0.8 强度设计系数的每个试验段，试验压力在低点处产生的环向应力不大于管材标准要求的最小屈服强度的 1.05 倍，这是一个趋于安全的值，主要基于以下因素：

(1)根据第四强度理论(Huber-Von mises)，该理论广泛应用于具有拉伸屈服应力和压缩屈服应力的金属材料上。埋地管道受土壤约束，根据第四强度理论计算，管材屈服时，需要其压力产生的环向应力为 1.125 倍管材标准规定的最小屈服强度。本规范规定试验压力在低点处产生的环向应力不大于管材标准规定的最小屈服强度的 1.05 倍是安全的。

(2)为测试和验证，2013年8月，西气东输三线0.8强度设计系数试验段中的约3.9km进行了水压强度试验，该段地形平坦(地形相对高程差约5.3m)，试压期间，由中国石油天然气管道科学研究院对8个测试点进行了应力测试，测试结果表明试验压力产生的环向应力为1.05倍管材标准规定的最小屈服强度并稳压4小时，各监测点的等效应力均小于管材标准规定的最小屈服强度，各检测点位置的材料未进入塑性变形阶段，说明测点处材料未发生屈服。

(3)美国国家标准《输气和配气管道系统》ASME B31.8—2012规定了0.8强度设计系数的管道水压强度试验压力，最小为1.25倍最大操作压力，最大试验压力需要用压力-体积曲线图测定。

(4)加拿大《油气管道系统》Z 662—2007规定了0.8强度设计系数的管道水压强度试验压力，最小为1.25倍最大操作压力，最大试验压力同样也要求用压力-体积曲线图测定，最大取偏离$P-V$曲线直线段0.2%偏差和管材环向应力为1.1倍标准规定的最小屈服强度的那个压力，取两者的较低值。该标准第8.8.2条还规定，对于L555钢级及以下管道，强度试验压力产生的环向应力不得超过110%管材标准规定的最小屈服强度；L555钢级以上钢级的管道，强度试验压力产生的环向应力不得超过107%管材标准规定的最小屈服强度。

综上所述，我国首次将0.8强度设计系纳入本规范，考虑到我国管材最小屈服强度偏差控制水平、制管质量控制水平、现场施工质量以及我国试压精度控制等，中国石油天然气股份有限公司组织开展的“输气管道提高强度设计系数工业性应用研究”结论为，0.8强度设计系数的管段试验段低点试验压力控制在产生环向应力的1.05倍标准规定的最小屈服强度。为慎重和安全起见，本规范将强度试验管段低点试验压力也控制在产生环向应力的1.05倍标准规定的最小屈服强度。随着管道建设综合技术水平的进一步提高，各方面经验的进一步丰富，进一步提升低点试验压力、减小试验的数量也是可行的，但最大试验压力产生的环向应力不要超过1.1倍管材标准规定的最小屈服强度，同时需要采用压力-体积曲线图进行监测。

7 本规范规定一级一类地区采用0.8强度设计系数的钢管，工厂水压试验压力产生的环向应力不小于95%标准规定的管材最小屈服强度(考虑管端荷载和密封压力产生的轴向压缩应力，其组合应力基本达到了100%管材标准规定的最小屈服强度)，并要求管子工厂水压试验时管壁应无明显的鼓胀，即在工厂内就排除了已膨胀变形的管子出厂。埋地管道水压强度试验时，理论上试验压力产生的环向应力达到1.125倍管材标准规定的最小屈服强度时，管材才会发生屈服，而本规范取值为1.05倍，管材不会发生屈服。西气东输三线西段0.8强度设计系数试验段，在对3.9km管段强度试验时，选取了8个测试点进行应力测试，测试结果表明试验压力产生的环向应力为1.05倍管材标准规定的最小屈服强度并稳压4h，各监测点的等效应力均小于管材标准规定的最小屈服强度，各检测点位置的材料未进入塑性变形阶段，说明测点处材料未发生屈服。同时，该段管道在水压强度试验后又对管体进行了膨胀变形检测，结果表明最大膨胀变形量仅为0.24%D(D指管子外径)，远低于本规范要求的1%D。综上所述，按本规范在一级一类地区采用0.8强度设计系数的设计管道，水压强度试验引起的管道有害膨胀变形可能性极小，甚至不会发生(除非材料的最小屈服强度偏差控制出现了问题)。因此，本款未严格要求进行管道水压强度试验后的膨胀变形检测，如果要进行水压强度试验后的管道膨胀变形检测，可以抽查检测或全线检测。

本规范膨胀变形量超过1%D应进行开挖检查，对超过1.5%D的应进行换管，换管长度不应小于1.5D。以上的要求是根据“输气管道提高强度设计系数工业性应用研究”和西气东输三线西段0.8强度设计系数试验段工程实践提出的。

11.2.4 本条对输气管道严密性试验作出规定。

3 输气站存在法兰、螺纹、卡套、阀门填料函等多种密封方式，具有泄漏点多的风险。近年的工程实践表明，采用水做严密性试验后，投产进气时，容易发生天然气泄漏。用气体作为严密性试验介质能更容易检测工艺系统的严密性能，并满足生产运行的实际需要。由于输气站严密性试验前均进行了1.5倍设计压力下的强度试验，在设计压力下用气体进行严密性试验不存在因强度问题而带来的安全风险。

4 用水进行严密试验时，无压降不泄漏为合格。用气体进行严密性试验时，在试验压力下用发泡剂重点检查法兰、螺纹、卡套、阀门填料函等处，无气泡为合格。

11.3 干燥与置换

11.3.2 本条对管道气体置换作出规定。

第2、3、4、5款是参照现行行业标准《天然气管道运行规范》SY/T 5922—2012第6.5节的相关要求编制的。

第6款目的是防止外界湿空气重新进入管道。

中华人民共和国国家标准

电力设施抗震设计规范

Code for seismic design of electrical installations

GB 50260—2013

主编部门：中 国 电 力 企 业 联 合 会
批准部门：中华人民共和国住房和城乡建设部
施行日期：2 0 1 3 年 9 月 1 日

中华人民共和国住房和城乡建设部
公　告

第1632号

住房城乡建设部关于发布国家标准《电力设施抗震设计规范》的公告

现批准《电力设施抗震设计规范》为国家标准，编号为GB 50260—2013，自2013年9月1日起实施。其中，第1.0.3、1.0.7、1.0.8、1.0.10、3.0.6、3.0.8、3.0.9、5.0.1、5.0.3、5.0.4、7.1.2条为强制性条文，必须严格执行。原国家标准《电力设施抗震设计规范》GB 50260—96同时废止。

本规范由我部标准定额研究所组织中国计划出版社出版发行。

中华人民共和国住房和城乡建设部

二〇一三年一月二十八日

前　言

本规范是根据原建设部《关于印发〈2004年工程建设标准规范制订、修订计划〉的通知》（建标〔2004〕67号）的要求，由中国电力工程顾问集团西北电力设计院会同有关单位共同编制完成。

本规范在修订过程中，修订组经广泛调查研究，认真总结实践经验，经广泛征求意见和多次讨论修改，最后经审查定稿。

本规范共分8章，主要内容包括：总则，术语和符号，场地，选址与总体布置，电气设施地震作用，电气设施，火力发电厂和变电站的建（构）筑物，送电线路杆塔及微波塔。

本规范修订的主要技术内容包括：

1. 增加了术语和符号章节；

2. 修订了规范的适用范围；

3. 按国家标准《建筑抗震设计规范》GB 50011—2010确定场地划分，修改了地震影响系数；

4. 对动力设计方法、支架动力放大系数、荷载敬应组合以及地震试验等提出了更明确的要求；

5. 增加了电气设备的隔震与消能减震设计；

6. 适度增加了主厂房钢筋混凝土结构布置的要求，对特别不规则布置提出了限制条件；补充了栈桥与相邻建（构）筑物间在高抗震设防要求时的连接方式等内容；明确了抗震验算杆塔的设计原则；

7. 吸收了汶川大地震电力设施及电力设备受损情况的经验和教训，适当提高了电力设施的抗震设计标准；

8. 增加了强制性条文。

本规范中以黑体字标志的条文为强制性条文，必须严格执行。

本规范由住房和城乡建设部负责管理和对强制性条文的解释，由中国电力企业联合会负责日常管理，由中国电力工程顾问集团西北电力设计院负责具体技术内容的解释。本规范在执行过程中，请各单位结合工程实践，认真总结经验，积累资料，将意见和建议反馈给中国电力工程顾问集团西北电力设计院（地址：西安市高新技术产业开发区团结南路22号；邮政编码：710075），以供今后修订时参考。

本规范主编单位、参编单位、主要起草人和主要审查人：

主 编 单 位：中国电力工程顾问集团西北电力设计院

参 编 单 位：中国地震局地球物理研究所
中国地震局工程力学研究所
郑州机械研究所
中国电力科学研究院
同济大学
中国电力工程顾问集团华北电力设计院工程有限公司
中国电力工程顾问集团华东电力设计院
重庆大学
西安西开高压电气股份有限公司

主要起草人：张晓江　刘明秋　朱小利　林　娜
李小军　周正华　刘玉民　代泽兵
谢　强　张玉明　卢智成　马团生
赵纪生　刘启方　潘炎根　陈正伦

李英民　何丽婷　余明星　唐先明

史　东　周　爽　朴昌吉

主要审查人：贾　成　董建国　张蜂蜜　刘锡荟

姚德康　刘厚建　曹枚根　尤红兵

赵风新　杜继平　刘开华　陈　峥

包永忠　刘晓瑞　陈其春　李国荣

周建军　夏应朴　钟西岳　周　玉

张润明　张希捷　顾丕骅　闫关星

姜　涛　张自平　张晓星　隋国秀

目　次

Contents

1 总 则

1.0.1 为贯彻执行《中华人民共和国防震减灾法》，实行"以预防为主、防御与救助结合"的方针，使电力设施经抗震设防后，减轻电力设施的地震破坏，避免人员伤亡，减少经济损失，制定本规范。

1.0.2 本规范适用于抗震设防烈度6度至9度地区的新建、扩建、改建的下列电力设施的抗震设计：

1 单机容量为12MW～1000MW火力发电厂的电力设施。

2 单机容量为10MW及以上水力发电厂的有关电气设施。

3 电压等级为110kV～750kV交流输变电工程中的电力设施。

4 电压等级为±660kV及以下直流输变电工程中的电力设施。

5 电力通信微波塔及其基础。

1.0.3 新建、改建和扩建的电力设施必须达到抗震设防要求。

1.0.4 按本规范设计的电力设施中的电气设施，当遭受到相当于本地区抗震设防烈度及以下的地震影响时，不应损坏，仍可继续使用；当遭受到高于本地区抗震设防烈度相应的罕遇地震影响时，不应严重损坏，经修理后即可恢复使用。

1.0.5 按本规范设计的电力设施的建(构)筑物，当遭受到低于本地区抗震设防烈度的多遇地震影响时，主体结构不受损坏或不需修理仍可继续使用；当遭受到相当于本地区抗震设防烈度的设防地震影响时，可能发生损坏，但经一般修理或不需修理仍可继续使用；当遭受到高于本地区抗震设防烈度相应的罕遇地震影响时，不应倒塌或发生危及生命的严重破坏。

1.0.6 电力设施应根据其抗震的重要性和特点分为重要电力设施和一般电力设施，并应符合下列规定：

1 符合下列条款之一者为重要电力设施：

1)单机容量为300MW及以上或规划容量为800MW及以上的火力发电厂；

2)停电会造成重要设备严重破坏或危及人身安全的工矿企业的自备电厂；

3)设计容量为750MW及以上的水力发电厂；

4)220kV枢纽变电站，330kV～750kV变电站，330kV及以上换流站，500kV～750kV线路大跨越塔，±400kV及以上线路大跨越塔；

5)不得中断的电力系统的通信设施；

6)经主管部(委)批准的，在地震时必须保障正常供电的其他重要电力设施。

2 除重要电力设施以外的其他电力设施为一般电力设施。

1.0.7 电力设施中的建(构)筑物根据其重要性分为三类，并应符合下列规定：

1 重要电力设施中发电厂的主要建(构)筑物和输变电工程供电建(构)筑物为重点设防类，简称为乙类。

2 一般电力设施中的主要建(构)筑物和有连续生产运行设备的建(构)筑物以及公用建(构)筑物、重要材料库为标准设防类，简称为丙类。

3 乙、丙类以外的次要建(构)筑物为适度设防类，简称为丁类。

1.0.8 电力设施的抗震设防地震动参数或烈度必须按国家规定的权限审批、颁发的文件(图件)确定。

1.0.9 电力设施的抗震设防烈度或地震动参数应根据现行国家标准《中国地震动参数区划图》GB 18306的有关规定确定。对按有关规定做过地震安全性评价的工程场地，应按批准的抗震设防设计地震动参数或相应烈度进行抗震设防。重要电力设施中的电气设施可按抗震设防烈度提高1度设防，但抗震设防烈度为9度及以上时不再提高。

1.0.10 各抗震设防类别的建(构)筑物的抗震设防标准，均应符合现行国家标准《建筑工程抗震设防分类标准》GB 50223的有关规定。

1.0.11 当架空送电线路的重要大跨越杆塔和基础需提高1度设防时，应组织专家审查，并报主管单位核准。

1.0.12 电力设施中的电气设施和建(构)筑物的抗震设计除应符合本规范的规定外，尚应符合国家现行有关标准的规定。

2 术语和符号

2.1 术 语

2.1.1 抗震设防烈度 seismic precautionary intensity

按国家规定的权限批准作为一个地区抗震设防依据的地震烈度。一般情况下，取50年内超越概率10%的地震烈度。

2.1.2 场地 site

工程群体所在地，具有相似的反应谱特征。其范围相当于厂区、居民小区和自然村或不小于1.0km²的平面面积。

2.1.3 地震作用 earthquake action

由地震动引起的结构动态作用，包括水平地震作用和竖向地震作用。

2.1.4 设计基本地震加速度 design basic acceleration of ground motion

50年设计基准期超越概率10%的地震加速度值，为一般建设工程抗震设计地震加速度取值。

2.1.5 设计特征周期 design characteristic period of ground motion

抗震设计用的地震影响系数曲线中，反映地震震级、震中距和场地类别等因素的下降段起始点对应的周期值，简称特征周期。

2.1.6 抗震措施 seismic measures

除地震作用计算和抗力计算以外的抗震设计内容，包括抗震构造措施。

2.1.7 抗震构造措施 details of seismic design

根据抗震概念设计原则，一般不需计算而对结构和非结构各部分必须采取的各种细部要求。

2.1.8 固有频率 natural frequency

只取决于结构本身物理特性(质量、刚度和阻尼)的自由振动频率。

2.1.9 时程曲线 time history curve

加速度、速度、位移等物理量与时间的关系曲线分别称为加速度、速度、位移时程曲线。

2.1.10 正弦拍波 sine beat

由较低频率正弦波调制的某一频率的连续正弦波。一个正弦拍波的持续时间为调制频率的半个周期。

2.2 符 号

2.2.1 作用和作用效应：

F_{ji}——j振型i质点的水平地震作用标准值；

F_{EK}——结构总水平地震作用标准值；

F_i——i质点的水平地震作用标准值；

F_n——顶部附加水平地震作用；

G_i、G_j——分别为集中于质点i、j的重力荷载代表值；

G_{eq}——结构(设备)等效总重力荷载代表值；

S_E——地震作用效应(弯矩、轴向力、剪力、应力和变形);

S——地震作用效应与其他荷载效应的基本组合;

S_k——作用、荷载标准值的效应;

S_{Ek}——水平地震作用标准值的效应;

S_j——j 振型水平地震作用效应;

M——弯矩;

N——轴向力;

V——地震作用产生的剪力。

2.2.2 抗力和材料性能:

E_c——瓷套管的弹性模量;

K_c——瓷套管的抗弯刚度;

R——结构(设备)构件承载力设计值;

K——结构(设备)构件的刚度;

σ_{tot}——地震作用和其他荷载产生的总应力;

σ_v——设备或材料的破坏应力。

2.2.3 几何参数:

H_0——电气设施体系重心高度;

h——计算断面处距底部高度;

H_i、H_j——分别为 i、j 质点的计算高度;

h_c——瓷套管与法兰胶装高度;

I_c——截面惯性矩;

d_c——瓷套管胶装部位外径;

L_c——梁单元长度;

t_e——法兰与瓷套管之间的间隙距离。

2.2.4 计算系数:

ζ——结构阻尼比;

γ——衰减指数;

η_1——地震影响系数曲线中直线下降段的下降斜率调整系数;

η_2——阻尼调整系数;

γ_{RE}——承载力抗震调整系数;

α——水平地震影响系数;

α_{max}——水平地震影响系数最大值(周期 $T=0$ 的值,$0.40\alpha_{max}$ 对应着刚性结构动力不放大)。

2.2.5 其他:

a_0——设计基本地震加速度;

g——重力加速度;

a——地面运动时程的水平加速度;

a_s——地面运动时程的最大水平加速度;

T——体系(结构)自振周期;

f——体系(结构)在测试方向的基本频率;

T_g——特征周期;

T_p——正弦拍波各拍间时间间隔;

X_{ji}——j 振型 i 质点的 X 方向相对水平位移;

Y_{ji}——j 振型 i 质点的 Y 方向相对水平位移。

3 场　　地

3.0.1 工程场地按照现行国家标准《建筑抗震设计规范》GB 50011 可分为有利、一般、不利和危险地段。

3.0.2 工程场地的类别划分,应以土层等效剪切波速和场地覆盖层厚度为准。

3.0.3 场地土层剪切波速的测量,应符合现行国家标准《建筑抗震设计规范》GB 50011 的有关规定。

3.0.4 工程场地覆盖层厚度的确定,应符合下列要求:

1 一般情况下,应按地面至剪切波速大于 500m/s 且其下卧各层岩土的剪切波速均不小于 500m/s 的土层顶面的距离确定。

2 当地面 5m 以下存在剪切波速大于上部各土层的剪切波速 2.5 倍的土层,且该层及其下卧各层岩土的剪切波速均不小于 400m/s 时,可按地面至该土层顶面的距离确定。

3 剪切波速大于 500m/s 的孤石、透镜体,应视同周围土层。

4 土层中的火山岩硬夹层,应视为刚体,其厚度应从覆盖土层中扣除。

3.0.5 土层的等效剪切波速,应按下列公式计算:

$$v_{se}=\frac{d_0}{t} \tag{3.0.5-1}$$

$$t=\sum_{i=1}^{n}\frac{d_i}{v_{si}} \tag{3.0.5-2}$$

式中:v_{se}——土层等效剪切波速(m/s);

d_0——计算深度(m),取覆盖层厚度和 20m 两者的较小值;

t——剪切波在地面至计算深度之间的传播时间(s);

d_i——计算深度范围内第 i 土层的厚度(m);

v_{si}——计算深度范围内第 i 土层的剪切波速(m/s);

n——计算深度范围内土层的分层数。

3.0.6 工程场地类别,应根据土层等效剪切波速和场地覆盖层厚度按表 3.0.6 划分为四类,其中Ⅰ类分为$Ⅰ_0$、$Ⅰ_1$两个亚类。当有可靠的剪切波速和覆盖层厚度且其值处于表 3.0.6 所列场地类别的分界线附近时,应允许按插值方法确定地震作用计算所用的设计特征周期。

表 3.0.6 场地覆盖层厚度

等效剪切波速(m/s)	场地类别				
	$Ⅰ_0$	$Ⅰ_1$	Ⅱ	Ⅲ	Ⅳ
$V_s>800$	$d=0$	—	—	—	—
$800\geqslant V_s>500$		$d=0$	—	—	—
$500\geqslant V_{se}>250$		$d<5$	$d\geqslant5$	—	—
$250\geqslant V_{se}>150$		$d<3$	$3\leqslant d<50$	$d\geqslant50$	—
$V_{se}\leqslant150$		$d<3$	$3\leqslant d<15$	$15\leqslant d<80$	$d\geqslant80$

注:V_s为场地岩石剪切波速;V_{se}为场地土层等效剪切波速;d 为覆盖层厚度(单位:m)。

3.0.7 场地内存在发震断裂时,应对断裂的工程影响进行评价,并应符合现行国家标准《建筑抗震设计规范》GB 50011 的有关规定。

3.0.8 当需要在条状突出的山嘴、高耸孤立的山丘、非岩石和强风化岩石的陡坡、河岸和边坡边缘等不利地段进行建设时,除保证地震作用下的稳定性外,尚应估计不利地段对设计地震动参数可能产生的影响,应按现行国家标准《建筑抗震设计规范》GB 50011 规定的方法对设计地震动参数进行修正。

3.0.9 场地地质勘察应划分对电力设施有利、一般、不利和危险的地段,并应提供电力设施的场地覆盖层厚度、土层剪切波速和岩土地震稳定性(滑坡、崩塌等)评价结果,以及对液化地基提供液化判别、液化等级、液化深度等数据。

3.0.10 输电线路勘察范围和勘察项目可按有关规定执行。

4 选址与总体布置

4.0.1 发电厂、变电站应选择在对抗震有利的地段,并应避开对抗震不利地段;当无法避开时,应采取有效措施。不得在危险地段选址。

4.0.2 发电厂不宜建在抗震设防烈度为 9 度的地区。当必须在 9 度抗震设防烈度地区建厂时,重要电力设施应建在坚硬(坚硬土或岩石)场地。

4.0.3 发电厂的铁路、公路或变电站的进站道路应避开地震时可能发生崩塌、大面积滑坡、泥石流、地裂和错位的危险地段。

4.0.4 电力设施的主要生产建(构)筑物、设备,根据其所处场地的地质和地形,应选择对抗震有利的地段进行布置,并应避开不利地段。

4.0.5 当在8m以上高挡土墙、高边坡的上、下平台布置电力设施时,应根据其重要性适当增加电力设施至挡土墙或边坡的距离。

4.0.6 发电厂的燃油库、酸碱库、液氨脱硝剂制备及存储车间宜布置在厂区边缘较低处。燃油罐、酸碱罐、液氨罐四周应设防护围堤。

4.0.7 发电厂厂区的地下管、沟,宜简化和分散布置,并不宜平行布置在道路行车道下面,但抗震设防烈度为7度~9度地震区不应布置在主要道路行车道内。地下管、沟主干线应在地面上设置标志。

4.0.8 发电厂厂外的管、沟、栈桥不宜布置在遭受地震时可能发生崩塌、大面积滑坡、泥石流、地裂和错位等危险地段,宜避开洞穴和欠固结填土区。

4.0.9 发电厂的主厂房、办公楼、试验楼、食堂等人员密集的建筑物,主要出入口应设置安全通道,附近应有疏散场地。

4.0.10 发电厂道路边缘至建(构)筑物的距离应满足地震时消防通道不致被散落物阻塞的要求。

4.0.11 发电厂、变电站水准基点的布置应避开对抗震不利地段。

5 电气设施地震作用

5.0.1 电气设施的地震作用应按下列原则确定:

1 电气设施抗震验算应至少在两个水平轴方向分别计算水平地震作用,各方向的水平地震作用应由该方向抗侧力构件承担。

2 对质量和刚度不对称的结构,应计入水平地震作用下的扭转影响。

3 抗震设防烈度为8度、9度时,大跨度设施和长悬臂结构应验算竖向地震作用。

5.0.2 电气设施可采用静力法、底部剪力法、振型分解反应谱法或时程分析法等进行抗震分析。

5.0.3 地震作用的地震影响系数应根据现行国家标准《中国地震动参数区划图》GB 18306的有关规定、场地类别、结构自振周期、阻尼比及本规范第1.0.9条确定,并应符合下列要求:

1 水平地震影响系数最大值应根据设计基本地震加速度应按表5.0.3-1采用,设计基本地震加速度应根据现行国家标准《中国地震动参数区划图》GB 18306取电气设施所在地的地震动峰值加速度。

2 水平地震影响系数特征周期应根据现行国家标准《中国地震动参数区划图》GB 18306取电气设施所在地反应谱特征周期,并根据场地类别调整确定;或根据国家标准《建筑抗震设计规范》GB 50011按电气设施所在地的设计地震分组和场地类别按表5.0.3-2采用。如按罕遇地震计算时特征周期增加0.05s。

注:周期大于6.0s的结构所采用的地震影响系数应专门研究。

表 5.0.3-1 水平地震影响系数最大值

抗震设防烈度	6	7	7	8	8	9
设计基本地震加速度(g)	0.05	0.10	0.15	0.20	0.30	0.40
地震影响系数最大值	0.125	0.250	0.375	0.500	0.750	1.000

表 5.0.3-2 特征周期值(s)

设计地震分组	场地类别				
	I_0	I_1	Ⅱ	Ⅲ	Ⅳ
第一组	0.20	0.25	0.35	0.45	0.65
第二组	0.25	0.30	0.40	0.55	0.75
第三组	0.30	0.35	0.45	0.65	0.90

5.0.4 对已编制地震小区划的城市或开展工程场地地震安全性评价的场地,应按批准的设计地震动参数采用相应的地震影响系数。

5.0.5 地震作用的地震影响系数曲线的形状参数应符合下列要求:

1 对于Ⅱ类场地,地震作用的地震影响系数曲线(图5.0.5)的形状参数计算应符合下列规定:

1)直线上升段,周期小于0.1s的区段;

2)水平段,自0.1s至特征周期的区段;

3)曲线下降段,自特征周期至5倍特征周期的区段;

4)直线下降段,自5倍特征周期至6s区段;

5)地震影响系数曲线按下式表达:

$$\alpha=\begin{cases}\left[0.40+\dfrac{\eta_2-0.40}{0.1}T\right]\alpha_{\max} & 0\leqslant T<0.1\\ \eta_2\alpha_{\max} & 0.1\leqslant T<T_g\\ \left(\dfrac{T_g}{T}\right)^{\gamma}\eta_2\alpha_{\max} & T_g\leqslant T<5T_g\\ \left[\eta_2\,0.2^{\gamma}-\eta_1(T-5T_g)\right]\alpha_{\max} & 5T_g\leqslant T\leqslant 6.0\end{cases} \tag{5.0.5-1}$$

$$\gamma=0.9+\frac{0.05-\zeta}{0.3+6\zeta} \tag{5.0.5-2}$$

$$\eta_1=0.02+\frac{0.05-\zeta}{4+32\zeta} \tag{5.0.5-3}$$

$$\eta_2=1+\frac{0.05-\zeta}{0.08+1.6\zeta} \tag{5.0.5-4}$$

式中:α——地震影响系数;

$\alpha_{\max}$——地震影响系数最大值;

T_g——特征周期;

T——结构自振周期;

ζ——结构阻尼比;

γ——衰减指数;

η_1——直线下降段的下降斜率调整系数,当计算值 $\eta_1<0$ 时,η_1 应取为0;

η_2——阻尼调整系数,当计算值 $\eta_2<0.55$ 时,η_2 应取为0.55。

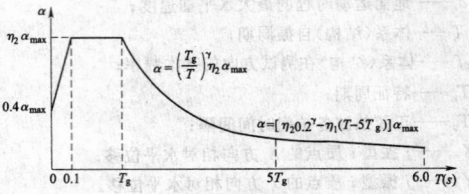

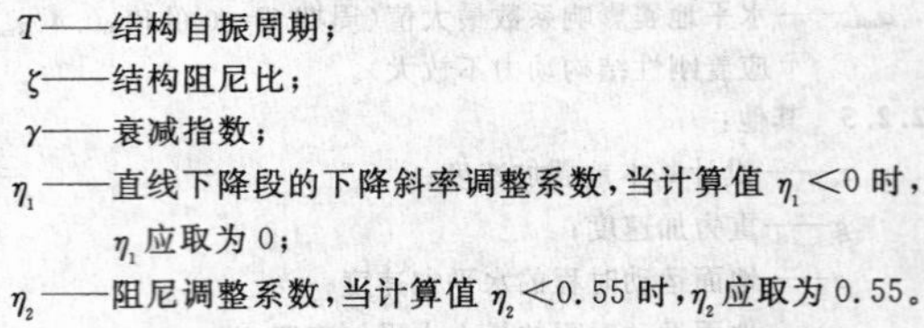

图 5.0.5 地震影响系数曲线

2 对于其他类场地,计算地震作用的地震影响系数曲线形状参数按下式确定:

$$\alpha_S=\eta_3\alpha \tag{5.0.5-5}$$

式中:α_S——不同类场地的地震影响系数;

α——按式(5.0.5-1)计算的地震影响系数值;

η_3——地震影响系数最大值场地调整系数,应符合表5.0.5的规定。

表 5.0.5 地震影响系数最大值场地调整系数

场地类别	设计基本地震加速度(g)					
	0.05	0.10	0.15	0.20	0.30	≥0.40
I_0	0.72	0.74	0.75	0.76	0.85	0.90
I_1	0.80	0.82	0.83	0.85	0.95	1.00

续表 5.0.5

场地类别	设计基本地震加速度(g)					
	0.05	0.10	0.15	0.20	0.30	≥0.40
Ⅱ	1.00	1.00	1.00	1.00	1.00	1.00
Ⅲ	1.30	1.25	1.15	1.00	1.00	1.00
Ⅳ	1.25	1.20	1.10	1.00	0.95	0.90

5.0.6 当采用底部剪力法进行结构水平地震作用计算(图 5.0.6)时,结构的总水平地震作用标准值及各质点的水平地震作用标准值,应按下列公式计算:

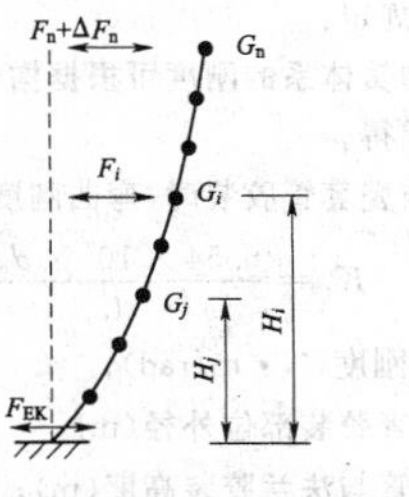

图 5.0.6 结构水平地震作用计算简图

1 结构总水平地震作用标准值应按下式计算:

$$F_{Ek}=\alpha_1 G_{eq} \tag{5.0.6-1}$$

式中:F_{Ek}——结构总水平地震作用标准值;

α_1——对应于结构基本自振周期的水平地震影响系数,应按本规范第 5.0.5 条采用;

G_{eq}——结构等效总重力荷载,单质点应取总重力荷载代表值,多质点可取总重力荷载代表值的 85%。

2 各质点的水平地震作用标准值应按下式计算:

$$F_i=\frac{G_iH_i}{\sum_{j=1}^{n}G_jH_j}F_{Ek}\cdot(1-\delta_n)$$

$$(i=1,2,\cdots n) \tag{5.0.6-2}$$

式中:F_i——i 质点的水平地震作用标准值;

G_i、G_j——分别为集中于质点 i、j 的重力荷载代表值;

H_i、H_j——分别为 i、j 质点的计算高度;

δ_n——顶部附加地震作用系数,可符合表 5.0.6 的规定。

表 5.0.6 顶部附加地震作用系数

T_g(s)	$T_1>1.4T_g$(s)	$T_1\leqslant1.4T_g$(s)
≤0.35	$0.08T_1+0.07$	0
<0.35~0.55	$0.08T_1+0.01$	
>0.55	$0.08T_1-0.02$	

注:T_1 为结构的基本自振周期。

3 顶部附加水平地震作用应按下式计算:

$$\Delta F_n=\delta_n F_{Ek} \tag{5.0.6-3}$$

式中:ΔF_n——顶部附加水平地震作用,应符合表 5.0.6 的要求。

5.0.7 当采用振型分解反应谱法时,所取振型数应能保证参与质量至少达到总质量的 90% 或以上。地震作用和作用效应应符合下列规定:

1 结构 j 振型 i 质点的水平地震作用标准值,应按下列公式确定:

$$F_{ji}=\alpha_j\gamma_jX_{ji}G_i \tag{5.0.7-1}$$

$$(i=1,2,\cdots n;j=1,2,\cdots m)$$

$$\gamma_j=\frac{\sum_{i=1}^{n}X_{ji}G_i}{\sum_{i=1}^{n}X_{ji}^2G_i} \tag{5.0.7-2}$$

式中:F_{ji}——j 振型 i 质点的水平地震作用标准值;

α_j——相应于 j 振型自振周期的水平地震影响系数,应按本规范第 5.0.5 条采用;

γ_j——j 振型的参与系数;

X_{ji}——j 振型 i 质点的水平相对位移;

G_i——i 质点的重力荷载代表值,应包括全部恒荷载、固定设备重力荷载和附加在质点上的其他重力荷载。

2 当相邻振型周期比小于 0.9 时,各振型的水平地震作用效应(弯矩、剪力、轴向力和变形),应按下式进行计算:

$$S_{Ek}=\sqrt{\sum_{j=1}^{m}S_j^2} \tag{5.0.7-3}$$

式中:S_{Ek}——水平地震作用效应;

S_j——j 振型水平地震作用效应。

3 当相邻振型周期比大于等于 0.9 时,各振型的水平地震作用效应(弯矩、剪力、轴向力和变形),应按下列公式进行计算:

$$S_{Ek}=\sqrt{\sum_{j=1}^{m}\sum_{k=1}^{m}\rho_{jk}S_jS_k} \tag{5.0.7-4}$$

$$\rho_{jk}=\frac{8\sqrt{\zeta_j\zeta_k}(\zeta_j+\lambda_T\zeta_k)\lambda_T^{1.5}}{(1-\lambda_T^2)^2+4\zeta_j\zeta_k(1+\lambda_T^2)\lambda_T+4(\zeta_j^2+\zeta_k^2)\lambda_T^2} \tag{5.0.7-5}$$

式中:S_{Ek}——水平地震作用效应;

S_j、S_k——分别为 j、k 振型地震作用效应;

ζ_j、ζ_k——分别为 j、k 振型的阻尼比;

ρ_{jk}——j 振型与 k 振型的耦联系数;

λ_T——k 振型与 j 振型的自振周期比。

6 电气设施

6.1 一般规定

6.1.1 电气设施的抗震设计应符合下列规定:

1 重要电力设施中的电气设施,当抗震设防烈度为 7 度及以上时,应进行抗震设计。

2 一般电力设施中的电气设施,当抗震设防烈度为 8 度及以上时,应进行抗震设计。

3 安装在屋内二层及以上和屋外高架平台上的电气设施,当抗震设防烈度为 7 度及以上时,应进行抗震设计。

6.1.2 电气设备、通信设备应根据设防标准进行选择。对位于高烈度区且不能满足抗震要求或对于抗震安全性和使用功能有较高要求或专门要求的电气设施,可采用隔震或消能减震措施。

6.2 设计方法

6.2.1 电气设施的抗震设计宜采用下列方法:

1 对于基频高于 33Hz 的刚性电气设施,可采用静力法。

2 对于以剪切变形为主或近似于单质点体系的电气设施,可采用底部剪力法。

3 除以上款外的电气设施,宜采用振型分解反应谱法。

4 对于特别不规则或有特殊要求的电气设施,可采用时程分析法进行补充抗震设计。

6.2.2 当采用静力设计法进行抗震设计时,地震作用产生的弯矩或剪力可分别按下列公式计算:

1 地震作用产生的弯矩可按下式计算:

$$M=\frac{a_0G_{eq}(H_0-h)}{g} \tag{6.2.2-1}$$

式中:M——地震作用产生的弯矩(kN·m);

a_0——设计地震加速度值;

G_{eq}——结构等效总重力荷载代表值(kN);

H_0——电气设施体系重心高度(m);

h——计算断面处距底部高度(m);

g——重力加速度。

2 地震作用产生的剪力可按下式计算:

$$V = \frac{a_o G_{eq}}{g} \quad (6.2.2\text{-}2)$$

式中：V——地震作用产生的剪力(kN)。

6.2.3 当采用底部剪力法进行抗震设计或采用振型分解反应谱法进行抗震设计时，应符合本规范第5章的有关规定。

6.2.4 当采用动力时程分析法进行抗震设计时，可采用实际强震记录或人工合成地震动时程作为地震动输入时程。输入地震动时程不应少于三条，其中至少应有一条人工合成地震动时程。时程的总持续时间不应少于30s，其中强震动部分不应小于6s。计算结果宜取时程法计算结果的包络值和振型分解反应谱法计算结果的较大值。

6.2.5 当需进行竖向地震作用的时程分析时，地面运动最大竖向加速度 a_v 可取最大水平加速度 a_h 的65%。

6.2.6 当电气设备有支承结构时，应充分考虑支承结构的动力放大作用；若仅作电气设施本体的抗震设计时，地震输入加速度应乘以支承结构动力反应放大系数，并应符合下列规定：

1 当支架设计参数确定时，应将支架与电气设施作为一个整体进行抗震设计。

2 当支架设计参数缺乏时，对于预期安装在室外、室内底层、地下洞内、地下变电站底层地面上或低矮支架上的电气设施，其支架的动力反应放大系数的取值不宜小于1.2，且支架设计应保证其动力反应放大系数不大于所取值。

3 安装在室内二、三层楼板上的电气设备和电气装置，建筑物的动力反应放大系数应取2.0。对于更高楼层上的电气设备和电气装置，应专门研究。

4 安装在变压器、电抗器的本体上的部件，动力反应放大系数应取2.0。

6.2.7 电气设施抗震设计地震作用计算应包括体系的总重力(含端子板、金具及导线的重量)、内部压力、端子拉力及0.25倍设计风载等产生的荷载，可不计算地震作用与短路电动力的组合。

6.3 抗震计算

6.3.1 电气设施按静力法进行抗震计算时，应包括下列内容：

1 地震作用计算。

2 电气设备、电气装置的根部和其他危险断面处，由地震作用效应与按规定组合的其他荷载效应所共同产生的弯矩、应力的计算。

3 抗震强度验算。

6.3.2 电气设施按振型分解反应谱法或时程分析法进行抗震计算时，应包括下列内容：

1 体系自振频率和振型计算。

2 地震作用计算。

3 在地震作用下，各质点的位移、加速度和各断面的弯矩、应力等动力反应值计算。

4 电气设备、电气装置的根部和其他危险断面处，由地震作用效应及与按规定组合的其他荷载效应所共同产生的弯矩、应力的计算。

5 抗震强度验算。

6.3.3 电气设施抗震设计应根据体系的特点、计算精度的要求及不同的计算方法，可采用质量—弹簧体系力学模型或有限元力学模型。

6.3.4 质量—弹簧体系力学模型应按下列原则建立：

1 单柱式、多柱式和带拉线结构的体系可采用悬臂多质点体系或质量—弹簧体系。

2 装设减震阻尼装置的体系，应计入减震阻尼装置的剪切刚度、弯曲刚度和阻尼比。

3 高压管型母线、大电流封闭母线等长跨结构的电气装置，可简化为多质点弹簧体系。

4 变压器类的套管可简化为悬臂多质点体系。

5 计算时应计入设备法兰连接的弯曲刚度。

6.3.5 直接建立质量—弹簧体系力学模型时，主要力学参数应按下列原则确定：

1 把连续分布的质量简化为若干个集中质量，并应合理地确定质点数量。

2 刚度应包括悬臂或弹簧体系的刚度和连接部分的集中刚度，并应符合下列规定：

1)悬臂或弹簧体系的刚度可根据构建的弹性模量和外形尺寸计算求得。

2)当法兰与瓷套管胶装时，弯曲刚度 K_c 可按下式计算：

$$K_c = \frac{6.54 \times 10^7 \times d_c h_c^2}{t_e} \quad (6.3.5\text{-}1)$$

式中：K_c——弯曲刚度(N·m/rad)；

d_c——瓷套管胶装部位外径(m)；

h_c——瓷套管与法兰胶装高度(m)；

t_e——法兰与瓷套管之间的间隙距离(m)。

3)当法兰与瓷套管用弹簧卡式连接时，其弯曲刚度可按下式计算：

$$K_c = \frac{4.9 \times 10^7 \times d_c h'^2_c}{t_e} \quad (6.3.5\text{-}2)$$

式中：h'_c——弹簧卡式连接中心至法兰底部的高度(m)。

4)减震阻尼装置的弯曲刚度可按制造厂规定的性能要求确定。

6.3.6 按有限单元分析建立力学模型时，应合理确定有限单元类型和数目，并应符合下列规定：

1 有限单元的力学参数可由电气设备体系和电气装置的结构直接确定。

2 当电气设备法兰与瓷套管连接的弯曲刚度用一个等效梁单元代替时，该梁单元的截面惯性矩 I_c 可按下式计算：

$$I_c = K_c \frac{L_c}{E_c} \quad (6.3.6\text{-}1)$$

式中：I_c——截面惯性矩(m^4)；

L_c——梁单元长度(m)，取单根瓷套管长度的1/20左右；

E_c——瓷套管的弹性模量(Pa)。

6.3.7 在对电气设施进行地震作用计算时，应采用结构的实际阻尼比。对于电瓷类设备，若实际阻尼比未知，建议取值最大不超过2%，并应符合本规范第5章的有关规定。

6.3.8 电气设施的结构抗震强度验算，应保证设备和装置的根部或其他危险断面处产生的应力值小于设备或材料的容许应力值。

当采用破坏应力或破坏弯矩进行验算时，瓷套管和瓷绝缘子的应力及弯矩应分别满足下列公式的要求：

1 地震作用和其他荷载作用产生的瓷套管和瓷绝缘子总应力应按下式计算：

$$\sigma_{tot} \leqslant \frac{\sigma_u}{1.67} \quad (6.3.8\text{-}1)$$

式中：σ_{tot}——地震作用和其他荷载产生的总应力(Pa)；

σ_u——设备或材料的破坏应力值(Pa)。

2 地震作用和其他荷载产生的瓷套管和瓷绝缘子总弯矩应按下式计算：

$$M_{tot} \leqslant \frac{M_u}{1.67} \quad (6.3.8\text{-}2)$$

式中：M_{tot}——地震作用和其他荷载产生的总弯矩(N·m)；

M_u——设备或材料的破坏弯矩(N·m)。

6.4 抗 震 试 验

6.4.1 对新型设备或改型较大的设备，应采取地震模拟振动台试验验证其抗震能力；对由于尺寸、重量或复杂性等原因而不具备整体试验条件的设备，或已经通过试验而又改型不大的设备，可以采用部分试验或试验与分析相结合的方法进行验证。

6.4.2 试件应按照运行条件进行安装，任何仅用于试验的固定或连接设施不应影响试件的动力性能。

6.4.3 电气设施抗震强度验证试验应分别在两个主轴方向上检验危险断面处的应力值。但对于对称结构的电气设备和电气装置，可只对一个方向进行验证试验。

6.4.4 对横向布置的穿墙套管等大跨度、长悬臂电气设施，宜采用水平和竖向双向同时输入波形进行验证试验。

6.4.5 电气设施抗震强度验证试验的输入波形和加速度值应按下列原则确定：

1 对于原型电气设备带支架体系和原型电气装置体系的验证试验，振动台输入波形可采用满足本规范第5.0.5条规定的地震影响系数曲线的实际强震记录或人工合成地震波；输入的加速度值应按设计采用的烈度及本规范表5.0.3-1采用。当仅进行电气设备本体或电气设备和电气装置的部件验证试验时，其幅值应乘以本规范第6.2.6条所规定的动力反应放大系数。

2 当仅进行电气设备本体或电气设备和电气装置的部件验证试验时，振动台输入波形也可采用5个正弦共振调幅5波组成的正弦拍波(图6.4.5)。

各拍的加速度时程可按下列规定确定：

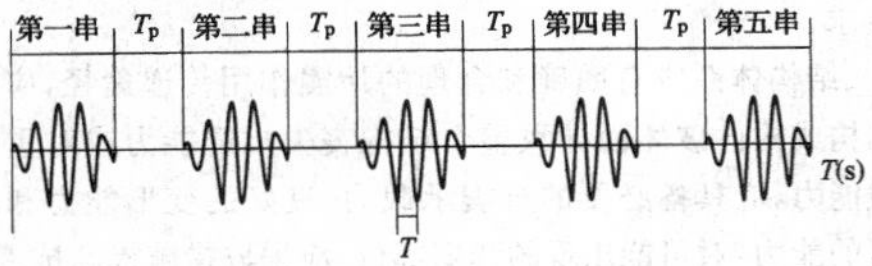

图 6.4.5 正弦拍波

当 $t \geqslant 5T$ 时，$a=0$；

当 $0 \leqslant t < 5T$ 时，a 值可按下列公式确定：

$$a = a_s \sin \omega t \cdot \sin \frac{\omega t}{10} \quad (6.4.5\text{-}1)$$

$$a_s = 0.75 a_0 \quad (6.4.5\text{-}2)$$

式中：a——各时程的水平加速度(g)；

t——时间(s)；

T——体系在测试方向的基本自振周期(s)；

a_s——时程分析地面运动最大水平加速度(g)；

a_0——与设计拟采用烈度对应的地震加速度值(g)；

ω——体系在测试方向的基本自振圆频率(Hz)。

为避免各拍地震反应的叠加，各拍间隔可按下式确定：

$$T_p \geqslant \left(\frac{1}{f}\right)\left(\frac{1}{\zeta}\right) \quad (6.4.5\text{-}3)$$

式中：T_p——拍间间隔(s)；

f——体系在测试方向的基本频率(Hz)。

6.4.6 试件的测点布置应根据电气设施的结构形式、试验要求等确定，所有测点的数值应同时记录和采集。

6.4.7 验证试验测得的危险断面应力值，应与重力、内部压力、端子拉力及0.25倍设计风载等荷载所产生的应力进行组合，当满足本规范第6.3.8条规定时，可确认本型式产品能满足抗震要求。

6.5 电气设施布置

6.5.1 电气设施布置应根据抗震设防烈度、场地条件和其他环境条件，并结合电气总布置及运行、检修条件，通过技术经济分析确定。

6.5.2 当抗震设防烈度为8度及以上时，电气设施布置宜符合下列要求：

1 电压为110kV及以上的配电装置形式，不宜采用高型、半高型和双层屋内配电装置。

2 电压为110kV及以上的管型母线配电装置的管型母线，宜采用悬挂式结构。

3 电压为110kV及以上的高压设备，当满足本规范第6.4.1条抗震强度验证试验要求时，可按照产品形态要求进行布置。

6.5.3 当抗震设防烈度为8度及以上时，110kV及以上电压等级的电容补偿装置的电容器平台宜采用悬挂式结构。

6.5.4 当抗震设防烈度为8度及以上时，干式空心电抗器不宜采用三相垂直布置。

6.6 电 力 通 信

6.6.1 重要电力设施的电力通信，必须设有两个及以上相互独立的通信通道，并应组成环形或有迂回回路的通信网络。两个相互独立的通道宜采用不同的通信方式。

6.6.2 一般电力设施的大、中型发电厂和重要变电站的电力通信，应有两个或两个以上相互独立的通信通道，并宜组成环形或有迂回回路的通信网络。

6.6.3 电力通信设备应具有可靠的电源，并应符合下列要求：

1 重要电力设施的电力通信电源，应由能自动切换的、可靠的双回路交流电源供电，并应设置独立可靠的直流备用电源。

2 一般电力设施的大型发电厂和重要变电站的电力通信电源，应设置工作电源和直流备用电源。

6.7 电气设施安装设计的抗震要求

6.7.1 抗震设防烈度为7度及以上的电气设施的安装设计应符合本节要求。

6.7.2 设备引线和设备间连线宜采用软导线，其长度应留有余量。当采用硬母线时，应有软导线或伸缩接头过渡。

6.7.3 电气设备、通信设备和电气装置的安装应牢固可靠。设备和装置的安装螺栓或焊接强度应满足抗震要求。

6.7.4 变压器类安装设计应符合下列要求：

1 变压器类宜取消滚轮及其轨道，并应固定在基础上。

2 变压器类本体上的油枕、潜油泵、冷却器及其连接管道等附件以及集中布置的冷却器与本体间连接管道，应符合抗震要求。

3 变压器类的基础台面宜适当加宽。

6.7.5 旋转电机安装设计应符合下列要求：

1 安装螺栓和预埋铁件的强度，应符合抗震要求。

2 在调相机、空气压缩机和柴油发电机附近应设置补偿装置。

6.7.6 断路器、隔离开关、GIS等设备的操作电源或气源的安装设计应符合抗震要求。

6.7.7 蓄电池、电力电容器的安装设计应符合下列要求：

1 蓄电池安装应装设抗震架。

2 蓄电池在组架间的连线宜采用软导线或电缆连接，端电池宜采用电缆作为引出线。

3 电容器应牢固地固定在支架上，电容器引线宜采用软导线。当采用硬母线时，应装设伸缩接头装置。

6.7.8 开关柜(屏)、控制保护屏、通信设备等，应采用螺栓或焊接的固定方式。当设防烈度为8度或9度时，可将几个柜(屏)在重心位置以上连成整体。

6.8 电气设备的隔震与消能减震设计

6.8.1 应根据电气设备的结构特点、使用要求、自振周期以及场地类别等，选择相适应的隔震与消能减震措施。

6.8.2 隔震与减震措施分别为装设隔震器和减震器。常用的隔震器或减震器包括橡胶阻尼器、阻尼垫和剪弯型、拉压型、剪切型等铅合金减震器以及其他减震装置。

6.8.3 当采用隔震或消能措施时，不应影响电气设备的正常使用功能。

6.8.4 隔震器和消能减震器应满足强度和位移要求。

6.8.5 隔震器或消能减震器宜设置在支架或电气设备与基础、建筑物及构筑物的连接处。

6.8.6 减震设计应根据电气设备结构特点、自振频率、安装地点场地土类别，选择相适应的减震器，并应符合下列要求：

1 安装减震器的基础或支架的平面应平整，每个减震器受力应均衡。

2 根据减震器的水平刚度及转动刚度验算电气设备体系的稳定性。

6.8.7 冬季环境温度低于－15℃及以下地区，应选用具有耐低温性能的隔震或减震器。

6.8.8 在对装设减震器的体系进行抗震分析时，应计入其剪切刚度、弯曲刚度和阻尼比，其弯曲刚度可按制造厂规定的性能要求确定。

7 火力发电厂和变电站的建(构)筑物

7.1 一般规定

7.1.1 发电厂和变电站(或换流站)的建(构)筑物抗震设防类别应按表7.1.1确定，各设防类别建(构)筑物的抗震设防标准，均应符合现行国家标准《建筑工程抗震设防分类标准》GB 50223中3.0.3的要求。

表7.1.1 发电厂和变电站(或换流站)建(构)筑物抗震设防类别

类别	发电厂建(构)筑物名称	变电站(或换流站)建(构)筑物名称
重点设防类(简称乙类)	重要电力设施中的主厂房、集中控制楼、直接空冷器支架、烟囱、烟道、网控楼、调度通信楼、屋内配电装置室、碎煤机室、运煤转运站、运煤栈桥、圆形(或球形)煤场、热网首站、燃油和燃气机组电厂的燃料供应设施。电厂的消防站或消防车库	1. 220kV及以下枢纽变电站和330kV及以上变电站：主控通信楼、配电装置楼(室)、继电器室、站用电室； 2. ±330kV及以上换流站：控制楼、阀厅、继电器室、站用电室
标准设防类(简称丙类)	除乙、丁类以外的其他建(构)筑物	1. 所有构架、设备支架； 2. 除乙类以外的其他建(构)筑物，包括综合楼(备班楼)检修备品库、泵房、消防设备间、汽车库等
适度设防类(简称丁类)	一般材料库、自行车棚和厂区厕所	—

注：规模较小的乙类建筑，当采用抗震性能较好的结构体系时，允许按丙类建筑设防。

7.1.2 电力设施中的建(构)筑物应根据设防分类、烈度、结构类型和结构高度采用不同的抗震等级，并应符合相应的计算和构造措施要求。电力设施中丙类建筑的抗震等级应按表7.1.2确定。

表7.1.2 电力设施中丙类建(构)筑物的抗震等级

结构类型或建(构)筑物名称		设防烈度							
		6		7		8		9	
钢筋混凝土框架结构	高度(m)	≤25	>25	≤25	>25	≤25	>25	≤25	
	框架	四	三	三	二	二	一	一	
	大跨度框架	三		二		一		一	
钢筋混凝土框架-抗震墙结构	高度(m)	≤60	>60	≤60	>60	≤60	>60	≤50	
	框架	四	三	三	二	二	一	一	
	抗震墙	三		二		一		一	
钢结构	高度(m)	≤50	>50	≤50	>50	≤50	>50	≤50	>50
	框架-支撑		四	四	三	三	二	二	一

续表7.1.2

结构类型或建(构)筑物名称		设防烈度							
		6		7		8		9	
集中控制楼、屋内配电装置楼	钢筋混凝土结构	三		二		一		一	
	钢结构	四		三		二		一	
运煤廊道	高度(m)	≤30	>30～55	≤30	>30～50	≤30	>30～40	≤25	
	钢筋混凝土结构	四	三	三	二	二	一	一	
	高度(m)	≤50	>50	≤50	>50	≤50	>50	≤50	>50
	钢结构		四	四	三	三	二	二	一

注：1 表中高度指室外地面至檐口的高度(不包括局部突出屋面部分)。
2 高度接近或等于高度分界时，应允许结合建(构)筑物的不规则程度及场地、地基条件确定抗震等级。
3 大跨度框架指跨度不小于18m的框架。
4 表中运煤廊道是指廊道支柱采用钢筋混凝土结构或钢结构。
5 当运煤廊道跨度大于24m时，抗震等级应再提高一级。
6 设置少量抗震墙的钢筋混凝土框架-抗震墙结构，在规定的水平力作用下，底层框架部分所承担的地震倾覆力矩大于结构总地震倾覆力矩的50%时，其框架部分的抗震等级应按表中框架对应的抗震等级确定，适用的最大高度应允许比框架适当增加。

7.1.3 电力设施中的建(构)筑物地震作用和结构抗震验算，应符合现行国家标准《建筑抗震设计规范》GB 50011的有关规定。

7.1.4 当抗震设防烈度为6度时，除本规范有具体规定外，对乙、丙、丁类建筑(不包括国家规定抗震设防烈度6度区要提高1度设防的电力设施)可不进行地震作用计算，但应满足相应的抗震构造措施要求。

7.1.5 结构体系应有明确和合理的地震作用传递途径，应避免因部分结构或构件破坏而导致整个结构丧失抗震能力或对重力荷载的承载能力，应具备必要的抗震承载力、良好的变形能力和消耗地震能量的能力，对可能出现的薄弱部位，应采取措施提高抗震能力。

7.1.6 厂房结构设计应与工艺设计相协调，平面布置宜对称、规则，并应具有良好的整体性，竖向宜规则，结构侧向刚度宜均匀变化，同时应合理布局结构抗侧力体系和结构构件，以满足抗震概念设计的要求。

7.1.7 主厂房结构材料的选择应综合考虑电厂的重要性、抗震设防类别、抗震设防烈度、场地条件、地基、厂房布置等因素，高烈度区宜优先选用抗震性能较好的钢结构。

7.1.8 对常规三列式布置的主厂房结构，当抗震设防烈度6度和7度、Ⅰ～Ⅱ类场地时，主厂房宜采用钢筋混凝土框架结构；当抗震设防烈度7度、Ⅲ～Ⅳ类场地和抗震设防烈度8度、Ⅰ类场地时，主厂房宜采用钢筋混凝土框架—抗震墙结构，也可采用钢结构；抗震设防烈度8度Ⅱ～Ⅳ类场地时，主厂房宜采用钢结构，结构体系宜选择框架-支撑结构；单机容量1000MW及以上时，主厂房宜采用钢结构，当采用钢筋混凝土结构时应进行专门论证。

7.1.9 抗震设防烈度8度、9度地区的厂房可采用消能减震设计。

7.2 钢筋混凝土主厂房结构布置和构造要求

7.2.1 主厂房的结构布置，应与工艺专业统一规划，平面和竖向布置宜规则、均匀、对称，应符合下列要求：

1 设备宜采用低位布置，减轻工艺荷载，隔墙和围护结构宜采用轻质材料，降低结构自重，降低建(构)筑物的高度和重心。

2 框架的平面布置，应控制局部凹凸变化，对常规布置的主厂房结构，不宜采用集中控制楼插入主厂房框架的平面布置，不应采用局部单排架布置；当需要采用时宜按实际需要增设防震缝。

3 不宜采用较长的悬臂构件，不应在悬臂结构、锅炉与主厂房之间可滑动的平台上布置重型设备。

4 不宜采用错层和侧向刚度突变的结构。

5 结构体系宜有多道设防，合理布置抗侧力构件，使结构两个主轴方向的动力特性宜接近。

7.2.2 主厂房结构的防震缝，应按现行国家标准《建筑抗震设计规范》GB 50011 的有关规定进行确定，并应符合下列要求：

1 主厂房主体结构与汽机基座之间应设防震缝。

2 主厂房主体结构与锅炉炉架、加热器平台、运煤栈桥和结构类型不同的毗连建(构)筑物宜设防震缝。

3 列入同一计算简图的建(构)筑物可不设防震缝，但应保证结构的整体工作性。

4 防震缝不宜加大距离作其他用途。

5 钢结构建(构)筑物、软弱地基上主厂房的防震缝宽度宜适当加大。

7.2.3 当不同体系之间的连接走道不能采用防震缝分开时，应采用一端简支一端滑动。

7.2.4 主厂房外侧柱列的抗震措施，可根据结构布置、设防烈度、场地条件、荷载大小等因素，选择框架结构或框架-抗震支撑体系。当外侧柱列设置支撑时，宜采用交叉形式的钢支撑，当有吊车或抗震设防烈度 8 度、9 度时，宜在厂房单元两端增设上柱支撑。

7.2.5 抗震墙或抗震支撑宜集中布置在每一柱列伸缩缝区段的中部，使结构的刚度中心接近质量中心，并宜在框架柱列上对称布置。

7.2.6 抗震墙或抗震支撑应沿全高设置，沿高度方向不宜出现刚度突变。

7.2.7 框架结构的围护墙和隔墙应优先采用轻质墙或与柱柔性连接的墙板，当抗震设防烈度 8 度、9 度时墙体应有满足层间变位的变形能力，外墙板的连接件应具有足够的延性和适当的转动能力。

7.2.8 屋盖结构应为自重轻、重心低、整体性强的结构，屋架和柱顶、屋面板与屋架、支撑和主体结构(屋架)之间的连接应牢固。各连接处均应使屋盖系统抗震能力得到充分利用，并不应采用无端屋架或屋面梁的山墙承重方案。

7.2.9 汽机房屋面应采用有檩轻型屋盖体系，屋盖承重结构可采用钢屋架，当汽机房跨度不大于 30m 时，可采用实腹钢梁，屋面宜采用压型钢板和其他轻型材料。

7.2.10 屋盖的抗震构造应符合下列规定：

1 当屋架(或钢梁)与柱顶的连接，抗震设防烈度 8 度及以下时宜采用螺栓，抗震设防烈度 9 度时宜采用钢板铰。当屋架(或钢梁)与支座采用螺栓连接时，安装完毕后应将螺杆与螺帽焊牢，屋架(或钢梁)端部支承垫板的厚度不宜小于 16mm。

2 有檩屋盖的檩条应与屋架(钢梁)焊牢，应有足够的支承长度。当采用双脊檩时，应在跨度 1/3 处相互拉结。轻型屋盖的压型钢板应与檩条可靠拉结。

7.2.11 当主厂房采用框排架结构时，汽机房屋盖支撑系统的设置和承重结构与主体结构的连接除了应满足现行国家标准《建筑抗震设计规范》GB 50011 的有关规定外，还应采取加强措施。

7.2.12 山墙抗风柱的柱顶，应与端屋架的上弦(或屋面梁的上翼缘)有可靠连接，连接部位应位于上弦横向支撑与屋架(屋面梁)的连接节点处，位置不符合时应在支撑中增设次腹杆，将山墙顶部的水平地震作用传至节点部位。

7.3 钢结构主厂房结构布置和构造措施

7.3.1 主厂房钢结构可采用框架结构、框架-支撑结构。当采用框架-支撑结构时应符合下列要求：

1 柱间支撑宜布置在荷载较大的柱间，且宜在同一柱间上下贯通，不贯通时应错开开间后连续布置，并宜适当增加相近楼层、屋面的水平支撑，确保支撑承担的水平地震作用能传递至基础。

2 柱间支撑杆件应采用整根材料，当超过材料最大长度规格时，可采用对接焊缝等强拼接，且不应小于支撑杆件塑性承载力的 1.2 倍。

3 纵向柱间支撑宜设置于柱列中部附近。

4 屋面的横向水平支撑和顶层的柱间支撑，宜设置在厂房单元端部的同一柱间内；当厂房单元较长，应每隔 3 个～5 个柱间设置一道。

5 楼层水平支撑的布置应与柱间支撑位置相协调。

6 钢结构宜采用中心支撑，有条件时也可采用偏心支撑等耗能支撑。中心支撑宜采用交叉支撑，也可采用人字支撑或单斜杆支撑，不宜采用 K 形支撑；支撑的轴线应交汇于梁柱构件轴线的交点，确有困难时偏离中心不应超过支撑杆件的宽度，并应计入由此产生的附加弯矩。

7 厂房水平支撑可设在次梁底部，但支撑杆端部应与楼层轴线上主梁的腹板和下翼缘同时相连。

8 楼层轴线上的主梁可作为水平支撑系统的弦杆，斜杆与弦杆夹角宜在 30°～60°。

9 当楼板上开大孔时，应在开孔周围的柱网区格设水平支撑。

7.3.2 钢结构的抗震构造措施宜符合下列要求：

1 梁与柱的连接宜采用柱贯通型。

2 当柱在两个互相垂直的方向都与梁刚接时，宜采用箱型截面。当仅在一个方向刚接时，宜采用工字型截面，并应将柱腹板置于刚接框架平面内。

3 当柱与梁刚接时，柱在梁翼缘对应位置设置横向加劲肋，且加劲肋厚度不应小于梁的翼缘厚度。

4 梁腹板宜采用摩擦型高强度螺栓通过连接板与柱连接，腹板角部宜设置扇形切角，其端部与梁翼缘的全熔透焊缝应隔开。

5 当框架梁采用悬臂梁段与柱刚接时，悬臂梁段与柱应预先采用全焊接连接，梁的现场拼接可采用翼缘焊接腹板螺栓连接或全部螺栓连接。

6 当梁与柱刚性连接时，柱在翼缘上下各 500mm 的节点范围内，工字形柱翼缘与腹板或箱形柱壁板间的连接焊缝，应采用全熔透焊缝。

7 框架柱接头宜位于框架梁上方 1.3m 附近，当采用焊接连接时，上下柱的对接接头应采用全熔透焊缝；在柱拼接接头上下各 100mm 范围内，工字形截面柱翼缘与腹板间的焊缝，应采用全熔透焊缝。

7.4 集中控制楼、配电装置楼

7.4.1 集中控制楼、配电装置楼可根据设防烈度、场地类别选用可靠的抗震结构形式。一般宜采用现浇钢筋混凝土框架结构，楼(屋)盖应采用现浇钢筋混凝土结构。对于框架结构的抗震等级应按本规范表 7.1.2 确定。

7.4.2 结构中的构造柱、圈梁和填充墙的抗震要求应满足现行国家标准《建筑抗震设计规范》GB 50011 的有关规定。

7.4.3 当抗震设防烈度 8 度、9 度时，对于控制室顶部大开间结构的屋面宜采用钢结构和轻型屋面。

7.4.4 集中控制楼、配电装置楼与相邻建(构)筑物之间宜设抗震缝。

7.5 运煤廊道

7.5.1 地上廊道结构应按现行国家标准《建筑抗震设计规范》GB 50011的有关规定，进行地震作用和作用效应计算。

7.5.2 地上廊道跨度不大于 24m 的廊身结构，可不进行竖向地震作用的抗震验算；但抗震设防烈度 8 度、9 度时，地上廊道跨度大于 24m 的廊身结构，应进行竖向地震作用的抗震验算。

7.5.3 当抗震设防烈度 8 度、9 度时，地上廊道楼面应采用现浇钢筋混凝土楼板，屋面和围护结构宜采用轻型结构，不应采用砌体结构围护。

7.5.4 当廊道跨度大于 18m 时，跨间承重结构宜采用钢梁或钢桁架。当采用钢桁架结构时，应在桁架跨度两端支座处设置门型框架。

7.5.5 地上廊道与相邻建筑物之间，抗震设防烈度7度时宜设置防震缝，抗震设防烈度8度和9度时应设置防震缝。

7.5.6 当抗震设防烈度6度、7度和8度，场地为Ⅰ～Ⅱ类场地时，廊道跨间承重结构可采用搁置在相邻建(构)筑物上的滑动或滚动支座，但应采取防止脱落的措施。

7.6 变电站建(构)筑物

7.6.1 变电站或换流站建(构)筑物抗震设防类别及抗震设防标准、钢筋混凝土房屋的抗震等级应分别符合本规范表7.1.1和表7.1.2的规定。

7.6.2 变电站或换流站建筑物的地震作用和结构抗震验算，应符合现行国家标准《建筑抗震设计规范》GB 50011的有关规定。

7.6.3 变电站主控通信楼、配电装置楼(室)以及换流站控制楼、阀厅、户内直流场等建筑物，宜择优选用规则的形体，其抗侧力构件的平面布置宜规则对称、侧向刚度沿竖向宜均匀变化、竖向抗侧力构件的截面尺寸和材料强度宜自下而上逐渐减小、避免侧向刚度和承载力的突变。

7.6.4 变电站多层配电装置楼不应采用单跨框架结构。

7.6.5 换流站阀厅及户内直流场单极均为单层工业厂房，宜采用钢排架结构、钢筋混凝土排架结构等质量和刚度分布对称的结构形式。其抗震构造措施应符合下列规定：

1 当采用钢排架结构时，厂房框架柱的长细比、厂房框架柱及梁的板件宽厚比、厂房的屋盖支撑及柱间支撑布置、柱脚构造等，均应符合现行国家标准《建筑抗震设计规范》GB 50011的有关规定。

当屋盖横梁与柱顶铰接时，宜采用螺栓连接。

2 采用钢筋混凝土排架结构时，抗震设防烈度8度时屋架(屋面梁)与柱顶的连接宜采用螺栓，抗震设防烈度9度时宜采用钢板铰，亦可采用螺栓；屋架(屋面梁)端部支撑垫板的厚度不宜小于16mm。

3 当内直流场设有桥式起重机时，起重机梁系统的构件与厂房框架柱的连接应能可靠地传递纵向水平地震作用。

7.6.6 构架柱梁应优先采用抗震性能较好的钢结构。构架柱宜采用A字形钢管柱、角钢或钢管格构式柱，220kV及以下电压等级的构架柱也可采用A字形钢筋混凝土环形杆和钢管混凝土柱等结构形式；构架梁宜采用单钢管梁、三角形或矩形断面的格构式钢梁等结构形式。

7.6.7 设备支架宜与构架的结构形式相协调，宜采用钢管支架、角钢或钢管格构式支架、钢筋混凝土环形杆支架和钢管混凝土支架等结构形式。

7.6.8 构架应分段按多质点体系进行地震作用计算。构架地震作用效应计算简图与静力效应计算简图应取得一致，并应分别验算顺导线方向和垂直导线方向的水平地震作用，且应由各自方向的抗侧力构件承担。

7.6.9 设备支架应与其上电气设备联合按多质点进行地震作用计算。当计算结构基本自振周期时，柱重力荷载可按柱自重标准值的1/4作用于柱顶取值；当计算水平地震作用时，柱重力荷载可按柱自重标准值的2/3作用于柱顶取值。

7.6.10 构架、设备支架的地震作用和荷载效应组合应符合下列要求：

1 当计算地震作用时，构架、设备支架的重力荷载代表值应取结构自重标准值、导线自重标准值、设备自重标准值(包括绝缘子串、金具、阻波器及其他电气设备自重标准值)和正常运行工况各可变荷载组合值之和，应按下式计算：

$$S_{GE}=S_{GK}+\Psi_{Ci}S_{Qik} \quad (7.6.10\text{-}1)$$

式中：S_{GE}——重力荷载代表值的效应；

S_{Gk}——结构自重标准值、设备自重标准值及导线自重标准值的效应；导线自重标准值可取安装气象条件下非紧线相导线张力标准值的垂直分量；

Ψ_{Ci}——可变荷载S_{Qik}的组合值系数，一般取0.5；

S_{Qik}——分别对应表7.6.10正常运行工况时四种气象条件下各可变荷载标准值的效应。

表7.6.10 正常运行工况四种气象条件下导线可变荷载标准值的效应及风速取值

序号	可变荷载代号	各可变荷载标准值及对应的风速
1	S_{Q1k}	大风气象条件下，电气提供的导线张力标准值的垂直分量扣除导线自重标准值后的可变荷载标准值的效应，风速取基本风压对应的风速
2	S_{Q2k}	覆冰有风气象条件下，电气提供的导线张力标准值的垂直分量扣除导线自重标准值后的可变荷载标准值的效应，取10m/s的风速
3	S_{Q3k}	最低气温气象条件下，电气提供的导线张力标准值的垂直分量扣除导线自重标准值后的可变荷载标准值的效应，取10m/s的风速
4	S_{Q4k}	最高气温气象条件下，电气提供的导线张力标准值的垂直分量扣除导线自重标准值后的可变荷载标准值的效应，取10m/s的风速

2 正常运行工况四种气象条件下，构架、设备支架地震作用效应和其他荷载效应的基本组合，应按下式计算：

$$S=\gamma_G S_{GE}+\gamma_{Eh}S_{Ehk}+\gamma_{EV}S_{EVK}+\Psi_Q\gamma_Q S_{QK}+\Psi_w\gamma_w S_{wk} \quad (7.6.10\text{-}2)$$

式中：S——结构构件内力组合的设计值，包括组合的弯矩、轴向力和剪力设计值等；

γ_G——重力荷载分项系数，一般情况应采用1.2；当重力荷载效应对构件承载能力有利时，不应大于1.0；

S_{GE}——重力荷载代表值的效应，可按本条第1款采用；

γ_{Eh}、γ_{EV}——水平、竖向地震作用分项系数，按现行国家标准《建筑抗震设计规范》GB 50011采用；

γ_Q——正常运行工况导线荷载水平分量分项系数，应采用1.3；

γ_w——风荷载分项系数，应采用1.4；

S_{Ehk}——水平地震作用标准值的效应，尚应乘以相应的增大系数或调整系数；

S_{EVK}——竖向地震作用标准值的效应，尚应乘以相应的增大系数或调整系数；

S_{wk}——作用于构架、设备支架的风荷载标准值的效应(即结构风压)：顺导线方向风作用时，结构风压作用在构架平面外；垂直导线方向风作用时，结构风压作用在构架平面内；除大风气象条件下取基本风压对应的风速计算结构风压外，其他气象条件应采用10m/s时的风速计算结构风压；

S_{QK}——正常运行工况导线荷载水平分量标准值的效应；

Ψ_Q——正常运行工况导线荷载水平分量组合值系数，应采用1.0；

Ψ_w——风荷载组合值系数，对于风荷载起控制作用的构支架应采用0.2。

7.6.11 下列构支架、站区独立避雷针可不进行截面抗震验算，而需满足抗震构造要求：

1 抗震设防烈度6度，在任何类场地的构支架及其地基基础。

2 抗震设防烈度小于或等于8度，Ⅰ、Ⅱ类场地的构支架及其地基基础。

3 抗震设防烈度小于9度的站区独立避雷针。

7.6.12 变压器(高抗)、换流变(平抗)等大型落地设备，应加强设备本体与基础之间的连接，以防止这些质量较大的大型设备在地震时发生滑移、脱轨、转动或倾斜等震害。

8 送电线路杆塔及微波塔

8.1 一般规定

8.1.1 线路路径和塔位选择宜避开危险地段，如地震时易出现滑坡、崩塌、地陷、地裂、泥石流、地基液化等及发震断裂带上可能发生地表位错的地段，当无法避让时，应采取必要措施。

8.1.2 混凝土跨越塔不宜用于地震烈度为8度及以上地区或者地基因地震易液化，且液化深度较深的场地。

8.1.3 当线路通过地质灾害易发区时，宜采用单回路架设。

8.1.4 大跨越工程应进行地震安全性评估。

8.1.5 输电线路杆塔和基础抗震设防烈度应采用当地的基本地震烈度；对于乙类建筑，地震作用应符合本地区抗震设防烈度的要求，当抗震设防烈度为6度～8度时，抗震措施应符合本地区抗震设防烈度提高1度的要求；当为9度时，应符合比9度抗震设防更高的要求；地基基础的抗震措施，应符合国家现行有关标准的规定。

8.1.6 位于7度及以上地区的混凝土高塔、8度及以上地区的钢结构大跨越塔和微波高塔、9度及以上地区的各类杆塔和微波塔均应进行抗震验算。

8.1.7 7度及以上地区的大跨越塔、微波高塔及特殊重要的杆塔基础、8度及以上地区的220kV及以上耐张型杆塔的基础，当场地为饱和砂土或饱和粉土（不含黄土）时，均应考虑地基液化的可能性，必要时要采取稳定地基或基础的抗液化措施。

8.1.8 对大跨越杆塔和长悬臂横担杆塔尚应进行竖向地震作用验算；当为8度时，可取该结构、构件重力荷载代表值的10%；当为9度时，可取20%。设计基本地震加速度为0.3g时，可取该结构、构件重力荷载代表值的15%。

8.2 计算要点

8.2.1 计算杆塔动力特性时，可不计入导线和避雷线的重量。

8.2.2 计算地震作用时，重力荷载代表值应按无冰、年平均温度的运行情况取值。

8.2.3 杆塔地震作用一般采用振型分解反应谱计算，当需要精确计算时，宜采用时程分析法。杆塔结构采用振型分解反应谱法计算地震作用时，可只取前2个～3个振型，当基本自振周期大于1.5s时，应适当增加振型个数。

8.2.4 杆塔结构的地震作用效应与其他荷载效应的基本组合应按下式计算：

$$S=\gamma_G\cdot S_{GE}+\gamma_{Eh}\cdot S_{Ehk}+\gamma_{EV}\cdot S_{EVK}+\Psi_Q\cdot\gamma_Q\cdot S_{QK}+\Psi_w\cdot\gamma_w\cdot S_{wk} \tag{8.2.4}$$

式中：γ_G——重力荷载分项系数，对结构受力有利时取1.0，不利时取1.2，验算结构抗倾覆或抗滑移时取0.9；

γ_{Eh}，γ_{EV}——水平、竖向地震作用分项系数，应按表8.2.4的规定采用；

γ_Q——活荷载分项系数，取γ_Q=1.4；

γ_w——风荷载分项系数，取γ_Q=1.4；

Ψ_Q——风荷载组合值系数，可取0.2；

Ψ_w——活荷载组合值系数，可取0.35；

S_{GE}——重力荷载代表值的效应；

S_{Ehk}——水平地震作用标准值的效应；

S_{EVK}——竖向地震作用标准值的效应；

S_{QK}——活荷载的代表值效应；

S_{wk}——风荷载标准值效应。

表8.2.4 地震作用分项系数

考虑地震作用的情况		γ_{Eh}	γ_{EV}
仅考虑水平地震作用		1.3	不考虑
仅考虑竖向地震作用		不考虑	1.3
同时考虑水平与竖向地震作用	水平地震作用为主时	1.3	0.5
	竖向地震作用为主时	0.5	1.3

8.2.5 结构构件的截面抗震验算，应采用下列设计表达式：

$$S\leqslant\frac{R}{\gamma_{RE}} \tag{8.2.5}$$

式中：R——结构构件承载力设计值；

γ_{RE}——承载力抗震调整系数，应按表8.2.5确定；

表8.2.5 承载力抗震调整系数

材料	结构构件	承载力抗震调整系数
钢	跨越塔	0.85
	除跨越塔以外的其他铁塔	0.80
	焊缝和螺栓	1.00
钢筋混凝土	跨越塔	0.90
	钢管混凝土杆塔	0.80
	钢筋混凝土杆	0.80
	各类受剪构件	0.85

8.3 构造要求

8.3.1 基本地震烈度为9度及以上地区，铁塔与基础宜采用地脚螺栓连接方式，便于出现地基不均匀沉降后的基础处理。

8.3.2 结构的阻尼比，自立式铁塔宜取0.03，钢筋混凝土杆塔和拉线杆塔宜取0.05。

本规范用词说明

1 为便于在执行本规范条文时区别对待，对要求严格程度不同的用词说明如下：

1）表示很严格，非这样做不可的：

正面词采用“必须”，反面词采用“严禁”；

2）表示严格，在正常情况下均应这样做的：

正面词采用“应”，反面词采用“不应”或“不得”；

3）表示允许稍有选择，在条件许可时首先应这样做的：

正面词采用“宜”，反面词采用“不宜”；

4）表示有选择，在一定条件下可以这样做的，采用“可”。

2 条文中指明应按其他有关标准执行的写法为：“应符合……的规定”或“应按……执行”。

引用标准名录

《建筑抗震设计规范》GB 50011

《建筑工程抗震设防分类标准》GB 50223

《中国地震动参数区划图》GB 18306

中华人民共和国国家标准

电力设施抗震设计规范

GB 50260—2013

条 文 说 明

修 订 说 明

《电力设施抗震设计规范》GB 50260—2013，经住房和城乡建设部 2013 年 1 月 28 日以第 1632 号公告批准发布。

本规范是在《电力设施抗震设计规范》GB 50260—96 的基础上修订而成，上一版的主编单位是电力工业部西北电力设计院，参编单位是国家地震局工程力学研究所、电力工业部华北电力设计院、电力工业部电力建设研究所、西安交通大学、太原工业大学、大连理工大学，主要起草人员是蒋士青、赵道揆、文良谟、郭玉学、刘曾武、尹之潜、石兆吉、张其浩、徐健学、白玉麟、朱永庆、王永滋、李勃、王延白、张圣贤、钟德山、范良干、李世温、曲乃泗、罗命达、彭世良、王祖慧、焦悦琴、张运刚、汪丽珠、高象波。

本次规范修订工作，原则上包括原有版本的全部内容。对原有条款中不能满足《中华人民共和国防震减灾法》、《地震安全性评价管理条例》及未反映当前技术进步的内容进行了修订；本次修编还与现行国家标准《建筑工程抗震设防分类标准》GB 50223—2008、《建筑抗震设计规范》GB 50011—2010 及《工业企业电气设备抗震设计规范》GB 50556—2010 进行了协调；同时对全国有关单位的回复意见，也在修编中予以体现。

本次修订过程中，发生了 2008 年“5.12”汶川大地震，修订组调查了汶川大地震后四川电力公司、甘肃电力公司及陕西电力公司等多个单位的 500kV 变电站、220kV 变电站、110kV 变电站及四川境内的多个大中型火力发电厂和水利发电站的电力设施的受损情况，分析了电力设施受损的原因，论证了将 220kV 枢纽站列入重要电力设施的必要性，吸收了汶川大地震电力设施及电力设备受损情况的经验和教训。另外，本次修订也吸收了原国家电力公司重点科研项目《大型火电厂主厂房抗震设计试验研究》的研究成果及近几年的高参数、大容量机组的设计经验。

与 1996 年版规范相比，本版的主要变动有：整体结构进行了调整，标准正文框架按《工程建设标准编写规定》（建标〔2008〕182 号）设置。技术内容按板块编排；新增了术语与符号；增加了英文目录；增补了修订说明；扩大了规范的适用范围，使之可用于单机容量为 1000MW 机组、750kV 变电工程及 660kV 以下换流站工程。按现行国家标准《建筑抗震设计规范》GB 50011—2010 确定场地划分；修改了地震影响系数，对动力设计方法、支架动力放大系数、荷载效应组合以及地震试验等提出了更明确的要求；增加电气设备的隔震与消能减震设计；适当提高了重要电力设施及一般电力设施的抗震设防标准；适度增加主厂房钢筋混凝土结构布置的要求，对特别不规则布置提出了限制条件；补充栈桥与相邻建（构）筑物间在高抗震设防要求时的连接方式等内容；明确了作抗震验算杆塔的设计原则。

本次修订后，本规范第 1.0.3、1.0.7、1.0.8、1.0.10、3.0.6、3.0.8、3.0.9、5.0.1、5.0.3、5.0.4、7.1.2 条为强制性条文。

为便于广大设计、施工、科研、学校等单位有关人员在使用本规范时能正确理解和执行条文规定，《电力设施抗震设计规范》修订组按章、节、条顺序编制了本规范的条文说明，对条文规定的目的、依据以及执行中需注意的有关事项进行了说明，还着重对强制性条文的强制性理由做了解释。但是，本条文说明不具备与规范正文同等的法律效力，仅供使用者作为理解和把握规范规定的参考。

目　次

1 总 则

1.0.1 本条是规范编制的目的和指导思想，规范修订贯彻了《中华人民共和国抗震减灾法》地震工作以“预防为主、防御与救助相结合”的方针。抗震设防是以现有科学技术水平和经济条件为前提，随着科学技术水平的提高，将来会有所突破。

1.0.2 本条为本规范的适用范围，将其修编与现有电力设施的规模相适应。

本规范所称电力设施应包括火力发电厂及变电站(或换流站)建(构)筑物、送电线路的构筑物和电气设施，以及水力发电厂的有关电气设施；但不包括烟囱、冷却塔、一般管道及其支架。

本规范所称电气设施应包括电气设备、电力系统的通信设备、电气装置和连接导体等；水力发电厂的有关电气设施，指安装在大坝内和大坝上的电气设施。

对水力发电厂，本规范仅适用于常规安装的电气设施，如在大坝上和大坝内安装的电气设施。水电厂的建(构)筑物的抗震设计不属本规范的适用范围。

火力发电厂的烟囱、冷却塔和一般管道及管道支架等设施的抗震设计分别列入现行国家标准《建筑抗震设计规范》GB 50011和《构筑物抗震设计规范》GB 50191的范围。

本规范的适用范围不包含1000kV及以上交流电力设施和±800kV及以上直流电力设施的抗震设计。

1.0.3 本条是根据《中华人民共和国抗震减灾法》新增的条款，确定为强制性条文。

1.0.4、1.0.5 为原规范条文第1.0.3条、第1.0.4条。这两条为规范的设防标准，考虑我国的经济条件，在既保证电力设施遭受地震作用时尽量减少设备损坏和人员伤亡，避免造成电力系统大面积、长时间的停止供电给国民经济带来重大损失，又不能因抗震设防标准过高而增加投资太多。本规范的电力设施包括电气设施和建(构)筑物两大类，分别有其自身的结构特点和功能要求。电气设施的震害经验显示，由于瓷质构件强度不足所致结构损坏和功能损失的情况较多，表示这类设施在地震作用下的延性较弱，不能完全符合现行国家标准《建筑抗震设计规范》GB 50011—2010中“三个水准设防目标”的前提假设条件。另一方面，在地震中或地震后，要求电气设施的功能不受损坏，不致大面积停电事故，这也是与“要求建(构)筑物不倒塌并危及人身安全”的水准设防目标不完全一样的地方。因此分别就电气设施与建(构)筑物提出了不同的设防要求。

1.0.6 为原规范条文第1.0.5条。电力设施划分为重要电力设施和一般电力设施。划分的主要根据是：火力发电厂的设计规划容量、水电厂的设计装机容量、供电对象的重要性、变电工程的电压等级和在电网中的地位，以及通信设施的重要性等。并增加单机容量1000MW机组、750kV电压等级变电站和330kV及以上换流站为重要电力设施。

根据现行国家标准《建筑工程抗震设防分类标准》GB 50223—2008，220kV及以下枢纽变电站的主控通信楼、配电装置楼、就地继电器室为重要电力设施。原规范中没有将220kV枢纽变电站的电气设施列入重要电力设施，但在汶川地震中，220kV枢纽变电站高压设备瓷套管受损较为严重，故有必要在本规范中将220kV枢纽变电站的电气设施也列入重要电力设施，提高其设防标准。另外，将220kV枢纽变电站的电气设施列为重要电力设施后，造价相对增加较少，也有利于灾后迅速恢复生产。对于220kV以下枢纽变电站仍然执行现行国家标准《建筑工程抗震设防分类标准》GB 50223—2008。

工业企业电气设备抗震设计执行现行国家标准《工业企业电气设备抗震设计规范》GB 50556—2010。

1.0.7 本条结合电力设施的具体情况，并与现行国家标准《建筑工程抗震设防分类标准》GB 50223—2008第3.0.2条的规定保持一致，确定为强制性条文。本条将电力设施中的建(构)筑物按现行国家标准《建筑工程抗震设防分类标准》GB 50223—2008的规定，根据其特点和重要性划分为三类，本次修订，将原规范中划分的一、二、三类改为与现行国家标准《建筑工程抗震设防分类标准》GB 50223—2008一致的乙、丙、丁类。其目的是方便应用，避免混淆和错误。

1.0.8 本条结合电力设施的具体情况，并与现行国家标准《建筑抗震设计规范》GB 50011—2010强制性条文第1.0.4条的规定保持一致，确定为强制性条文。

1.0.9 本条根据现行国家标准《建筑抗震设计规范》GB 50011—2010第1.0.5条进行修编。

电力设施的抗震设防地震动参数或烈度，在一般情况下还是采用现行国家标准《中国地震动参数区划图》GB 18306确定的抗震设防地震动参数或相应烈度。本规范增加了“按有关规定开展地震安全性评价的场地，应按批准的设计地震动参数或相应烈度进行抗震设防”的要求。

工程场地地震安全性评价报告必须经国务院或省(直辖市、自治区)地震行政主管部门批准后才可使用，地震安全性评价结果(一般包括抗震设防烈度、地震动峰值加速度、反应谱特征周期值、地震影响系数曲线、地震加速度时程曲线)，将作为具体建设工程的抗震设防要求。

重要电力设施中的建(构)筑物按照要求应提高一度加强其抗震措施，但重要电力设施中的电气设施可采取的抗震措施非常有限，其抗震能力的提高基本上依赖于自身强度的提高，因此应提高一度设防。

1.0.10 本条结合电力设施的具体情况，并与现行国家标准《建筑抗震设计规范》GB 50011—2010第3.1.1条的规定保持一致，确定为强制性条文。

1.0.11 500kV以上大跨越塔，已定为乙类建筑，提高抗震措施而不要求提高地震作用，在设防概念上有所不同：提高抗震措施，着眼于把财力、物力用在增加结构薄弱部位的抗震能力上，是经济而有效的方法，提高地震作用，则结构的各构件均全面增加材料。但对输电线路铁塔来说，涉及抗震措施的要求很少，设防烈度提高1度和不提高1度差别不大，因此为保证大跨越铁塔和基础的安全，需要增大地震作用。

500kV以下大跨越塔，虽属丙类建筑，地震作用和抗震措施均按设防烈度计算，但对某些线路在区域内非常重要，若业主要求对其提高标准，可增加1度设防。

综上所述，乙类建筑，若提高设防烈度，抗震措施所用烈度与设防烈度相同，不提高设防烈度，抗震措施所用烈度比设防烈度提高1度；丙类建筑，抗震措施所用烈度始终与设防烈度相同。

实际工程中设防烈度是否提高，应根据工程实际，由业主单位批准同意。

1.0.12 本条规定按本规范进行抗震设计时，尚应遵守和符合现行有关国家标准的规定。本规范主要是针对电力设施的特点制定的，而有些设施如烟囱、冷却塔等虽属电力设施，但其抗震设计规定均分别列入现行国家标准《建筑抗震设计规范》GB 50011和《构筑物抗震设计规范》GB 50191。特别指出的是，建(构)筑物的抗震设计应按现行国家标准《建筑抗震设计规范》GB 50011执行。

2 术语和符号

本章新增术语部分根据现行国家标准《建筑抗震设计规范》

GB 50011—2010 和《抗震减灾术语 第1部分:基本术语》GB/T 18207.1 编写,对本章符号部分进行了修正。

3 场 地

3.0.1 本条将场地分为对电力设施抗震有利、一般、不利和危险等四种情况。总的来说,电力设施的震害是由地震动和地基失效两种原因形成,地震动可以通过电力设施抗震设计和增加适当抗震措施来解决;地基失效(如砂土液化、沉陷等)可以按现行国家标准《建筑抗震设计规范》GB 50011—2010 有关规定进行液化判别及相应的加固和改造地基来解决。但是,对电力设施抗震不利地区的各种情况则应视具体情况进行分析和处理或通过专门研究来解决。如查明可能发生滑坡、崩塌、泥石流、地陷、地裂和地表断裂错位等地区或地带是危险地段,不应选作电力设施场地。

3.0.2～3.0.6 按照现行国家标准《建筑抗震设计规范》GB 50011—2010 第4.1.2条～第4.1.6条进行修编。

(1)关于场地覆盖层厚度的定义,补充了当地下某一下卧土层的剪切波速大于或等于 400m/s 且不小于相邻的上层土的剪切波速的 2.5 倍时,覆盖层厚度可按地面至该下卧层顶面的距离取值的规定。需要注意的是,这一规定只适用于当下卧层硬土层顶面的埋深大于 5m 时的情况。

(2)土层剪切波速的平均采用更富有物理意义的等效剪切波速的公式计算,即:

$$v_{se} = \frac{d_0}{t} \tag{1}$$

式中:d_0——场地评定用的计算深度,取覆盖层厚度和 20m 两者中的较小值;

t——剪切波在地表与计算深度之间传播的时间。

(3)考虑到波速为 500m/s～800m/s 的场地还不是很坚硬,将原场地类别Ⅰ类场地(坚硬土或岩石场地)中的硬质岩石场地明确为 $Ⅰ_0$ 类场地。因此,土的类型划分也相应区分。硬质岩石的波速,我国核电站抗震设计为 700m,美国抗震设计规范为 760m,欧洲抗震规范为 800m,从偏于安全方面考虑,调整为 800m/s。

(4)考虑到软弱土的指标 140m/s 与国际标准相比略偏低,将其改为 150m/s,场地类别的分界也改为 150m/s。

(5)为了保持与 1996 年版规范的延续性以及与其他有关规范的协调,作为一种补充手段,当有充分依据时,允许使用插入方法确定边界线附近(指相差 15%的范围)的 T_g 值。图1给出了一种连续化插入方案,可将原有场地分类及修订方案进行比较。该图在场地覆盖层厚度 d_{ov} 和等效剪切波速 v_{se} 平面上按本次修订的场地分类方法用等步长和按线性规则改变步长的方案进行连续化插入,相邻等值线的 T_g 值均相差 0.01s。

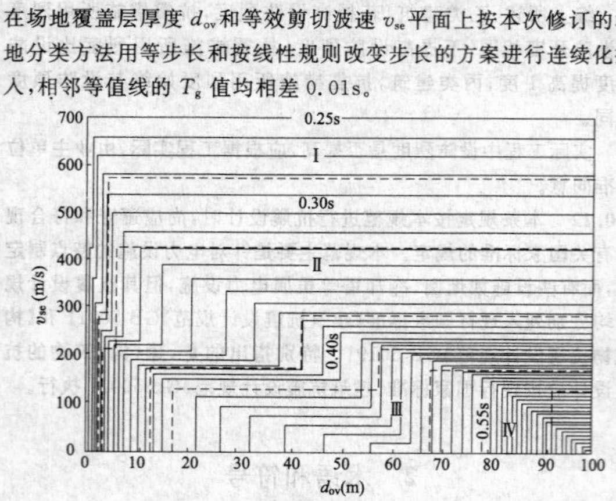

图1 在 d_{ov}-v_{se} 平面上的 T_g 等值线图

(用于设计特征周期一组,图中相邻 T_g 等值线的差值均为 0.01s)

第3.0.6条规定的场地分类方法主要适用于剪切波速随深度呈递增趋势的一般场地,对于有较厚软夹层的场地土层,由于其对短周期地震动具有抑制作用,可以根据分析结果适当调整场地类别和设计地震动参数。其中,第3.0.6条与现行国家标准《建筑抗震设计规范》GB 50011—2010 第4.1.6条的规定保持一致,确定为强制性条文。

3.0.7 新增条文,采用了现行国家标准《建筑抗震设计规范》GB 50011—2010 中第4.1.7条内容。

3.0.8 新增条文,与现行国家标准《建筑抗震设计规范》GB 50011—2010 第4.1.8条的规定保持一致,确定为强制性条文。

3.0.9 强制性条文,与现行国家标准《建筑抗震设计规范》GB 50011—2010 第4.1.9条的规定保持一致,确定为强制性条文。

4 选址与总体布置

4.0.1 本条是对地震地区发电厂、变电站厂(所)址选择的基本要求。

4.0.2 对于重要电力设施是否能建在9度地区的问题,从地震地质宏观来看,该地区虽被划分为9度,但其中某些局部地区具有基岩的良好地基条件,其抗震设防烈度仍小于9度,经过论证落实,这些地区仍是可以建设重要发电厂和变电站的,如云南阳宗海电厂虽处于9度地震区,正因为是基岩地基,经论证后按7度设防。故本条规定9度区的重要电力设施应建在坚硬场地。因此,对9度地区的建厂条件需要在分析论证的基础上区别对待,不能一概而论,从而为9度区的厂、所址选择创造了条件。

4.0.3 发电厂的铁路和公路、变电站的公路要求在发生地震后仍能保持畅通,对于确保电厂的燃料供应、及时运送救援物资,为震后抢修尽快恢复生产运行具有重要意义,因此,本条要求发电厂的铁路、公路,变电站的公路展线在不增加或增加投资不多的情况下,应尽量避开地震时有可能发生崩塌、大面积滑坡、泥石流、地裂和错位的不良地质地段,选择有利地段展线,以尽量减少震害。

4.0.4 不均匀地基、软弱层、深填土等均属不良地质;条形山梁、高耸孤立的山丘、倾斜岩层上覆盖土层的陡坡、河岸边缘、采空区、暗埋的塘浜沟谷、隐伏地形、故河道、断层破碎带等均属于不利抗震的地形地貌,位于上述地段的建(构)筑物更易遭受破坏,故要求发电厂和变电站的主要生产建(构)筑物和设备在可能的条件下应尽量避免布置在这些地段,以免地震时造成较大破坏,影响及时恢复生产。

4.0.5 建(构)筑物、设备至挡土墙、边坡的距离一般按现行国家标准《建筑地基基础设计规范》GB 50007—2011 第5.4.2条确定。但位于地震区布置在高度大于 8m 的高挡土墙、高边坡上下平台的重要建(构)筑物、设备,应结合地质、地形条件,宜在此基础上适当加大距离,以增加地震时电力设施的安全度。

4.0.6 本条系针对高烈度地区所具有的较大破坏性而制定的,目的在于防止和减少地震时泄露出的有害物质对邻近所引起的次生灾害。

4.0.7 地下管、沟集中地段,地震时当其中一部分管、沟破损、断裂后将有可能危及相邻管沟的安全,或构成对临近管沟的污染,如酸、碱管断裂,酸、碱溢出将腐蚀其他管沟;生活污水排水管破坏后将污染临近管沟,因此,在布置厂区地下管沟时,应视管沟性质分类,性质相同或类似的可采用综合管沟,或按类小集中,以简化管沟布置,有利于抗震。同时,在不增加用地的前提下,管沟宜适当分散布置,避免过于集中,以减少地震时的互相影响。据唐山震害情况调查,地震时将造成某些管沟发生位移,给修复工作带来困难,为此,要求主干管、沟所通过的地面应设置标志,表明其所在位置。当管沟平行于道路布置在行车部分内，地震时无论道路还是管沟遭破坏，都将造成互相影响，增加了修复工作，使道路不能尽快恢复通车，不利于救援工作。

4.0.8 位于不良地质地段的发电厂厂外管沟（如循环水管、沟，补给水管，灰、渣管沟等），由地震引起的崩塌、大面积滑坡、泥石流、地裂和错位，对管沟亦将产生次生灾害使之损坏，故要求厂外主要管、沟尽量避开上述地段，如因条件限制无法避开时，应采取地基处理或其他防护措施。

4.0.9 唐山等地的震害情况表明：某些人员集中的建筑，其出入口因缺少安全通道，往往出口被临近倒塌的建（构）筑物堵塞，致使大量人员不能迅速撤离危险区，从而增加了人员伤亡；有的即使撤出，但附近又无安全疏散场地，使脱险人员又再次被临近倒塌的建筑、设施砸伤压死。据此，结合电厂具体情况，特提出主厂房、办公楼、试验室、食堂等人员密集的建筑，其主入口应设置安全通道，通道附近应有供人员疏散的场地，该场地应不受附近建（构）筑物、设施坍塌的影响，以满足人员疏散要求。

4.0.10 调查表明：厂区主要道路震后是否能保持畅通，对救援和恢复工作的及时、顺利进行极为重要。如有的道路由于被坍塌物所堵塞不能通行，使运输车辆和起吊设备不能及时发挥作用，从而延误了时机，增加了伤亡和损失。因此结合发电厂具体情况，要求主厂房、水处理、仓库等区的主要道路应环行贯通，为震后的救援与恢复工作创造条件。建（构）筑物受地震破坏的坍塌范围与其高度成正比，据统计，散落距离大致为高度的1/5～1/6（特殊情况除外），道路应布置在此界限之外。

4.0.11 从唐山等地的震害情况看，在震害较重的地区，布置在地质条件较差地段的水准基点也遭破坏，给恢复工作带来困难，故要求发电厂、变电站的水准基点应避开抗震不利地段。

5 电气设施地震作用

5.0.1 本条结合电力设施的具体情况，与现行国家标准《建筑抗震设计规范》GB 50011—2010 第 5.1.1 条的规定保持一致，确定为强制性条文。抗震设计时，结构（对设备进行力学分析时也视为结构）所承受的“地震荷载”实际上是由于地震地面运动引起的动态作用，按照现行国家标准《建筑结构设计术语和符号标准》GB/T 50083 的规定，属间接作用，不能称为“荷载”，改称“地震作用”。有关地震作用考虑的原则为：

（1）考虑到地震可能来自任意方向，而一般电力设施的结构单元具有两个水平主轴方向，并沿主轴方向考虑抗地震作用，并由该方向抗侧力构件承担。

（2）质量和刚度分布明显不均匀的结构在水平地震作用下将产生扭转振动，增大地震效应，故应考虑扭转效应。

（3）有关长悬臂和大跨度结构的竖向地震作用的计算同现行国家标准《建筑抗震设计规范》GB 50011—2010。

5.0.2 电气设施的结构类型繁多，应针对不同的设施采用不同的抗震分析方法，对此，本规范各章中分别作了规定，明确了不同抗震分析方法的适用范围。

5.0.3～5.0.5 按照现行国家标准《中国地震动参数区划图》GB 18306 进行修编。其中第 5.0.3 条、第 5.0.4 条结合电力设施的具体情况，与现行国家标准《建筑抗震设计规范》GB 50011—2010 第 5.1.4 条的规定保持一致，确定为强制性条文。

5.0.6、5.0.7 条文沿用了现行国家标准《建筑抗震设计规范》GB 50011—2010 中的底部剪力法和振型分解反应谱法。在底部剪力法中，它是根据 31 条不同场地上的地震记录，计算了 400 多座不同周期的结构。计算结果表明，在结构高度的 60%以上，剪力随结构周期的增长而变大。这种变化关系可近似地用线性变化表示。本条底部剪力法中，在沿高度分配荷载时，在顶层附加一地震作用是根据上述结果给出的。按修改后的方法计算出的剪力与按精确方法计算的结果一致。

考虑到计算手段的发展和计算准确度要求的提高，多数电气设施不适宜用底部剪力法求地震作用，振型分解反应谱法适用范围较广，作为本规范计算地震作用的主要方法列入了本节。为提高分析精度，一般建议适当增加组合的振型个数，至少保证参振质量达总质量的 90%以上。且为了考虑相邻振型之间的互相影响，当其周期比大于 0.9 时，计算地震作用效应不应采用平方和开方 SRSS 组合方法，而应采用完全方根组合 CQC 方法，如本规范式 5.0.7-4 和式 5.0.7-5 所示。

6 电气设施

6.1 一般规定

6.1.1 电气设施抗震设计的原则。

1 重要电力设施中的电气设施由于在电力系统中重要性较高，造价也高，且其体系重心高，质量大，故规定设防烈度为 7 度及以上时，应进行抗震设计。

2 根据我国的震害情况，220kV 及以下等级的电气设施在遭受到地震烈度为 8 度及以上的地震作用时，有震害实例，故规定应进行抗震设计。从汶川地震后的统计数据来看，220kV 双断口 SF_6 断路器及 110kV 少油断路器倾倒或瓷柱断裂比较严重，220kV 单断口 SF_6 断路器折断相对较低，如安县两台 252kV 双断口 SF_6 断路器六相全部断裂，安县辕门坝 126kV 变电站中的双断口少油断路器三相断裂，同一变电站中的两台单断口 252kV 断路器却只有一相倾倒，毁坏率远低于双断口断路器，220kV 及以下隔离开关除了因震中地震烈度超过设备设防烈度地区外，周边地区的隔离开关损坏比较少。因此，对于 220kV 及以下变电站，8 度地区可采用中型布置，断路器选用单断口 SF_6 型，硬母线采用悬吊式安装。

3 安装在屋内二层及以上和屋外高架平台上的电气设施，由于建（构）筑物对地面运动加速度值有放大作用，故规定在设防烈度为 7 度及以上时应进行抗震设计。

6.1.2 电气设备、通信设备应根据设防烈度选择，其抗震能力应满足抗震要求。

由于有些已定型的电气设备其抗震性能较差，若为提高抗震能力而改变产品结构或改用高强度瓷套，困难较多或提高造价较多时，采取装设隔震或减震阻尼装置提高其抗震能力是经济、简单而有效的措施。

其他抗震措施如降低设备的安装高度、采用低式安装方式，屋内设备尽量安装在底层等，可减少建（构）筑物的动力反应放大作用。

6.2 设计方法

6.2.1～6.2.3 电气设施的结构形式不同，其动力特性不同，动力反应也就不同。根据震害调查及破坏几率研究，对不同电气设施规定了不同设计方法。其中，静力法、底部剪力法和振型分解反应谱法是基本方法，时程分析法作为补充方法，对于特别不规则或有特殊要求的电气设备才被要求采用。所谓“补充”，主要指对结构的底部剪力、最大位移等进行比较，当时程分析法大于振型分解反应谱法时，相关部位的构造或设计应做相应的调整。

当采用振型分解反应谱法进行抗震分析时，除可按照第 5 章有关要求进行计算外，也可采用如下的计算方法：

(1)求出结构的固有频率及振型。

(2)求出振型的个数，应满足 X、Y、Z 三个方向的地震载荷参与质量大于 90% 的要求。每阶振型$\{\phi_j\}$应关于质量$[M]$归一：$\{\phi_j\}^T[M]\{\phi_j\}=1$。

(3)对每阶振型$\{\phi_j\}$，根据对应的固有频率 f_j 和阻尼，从地震影响系数曲线(条文图 5.0.5)求出其地震动力放大系数 $\beta_j=\alpha_j/$设计基本地震加速度 a_0。

(4)求出第 j 阶振型 D 方向地震反应位移$\{u_j\}^D$：

$$\{u_j\}^D=\frac{a_0\cdot\beta_j\cdot\{\phi_j\}^T\cdot[M]\cdot\{E\}}{(2\pi\cdot f_j)^2}\cdot\{\phi_j\} \tag{2}$$

式中：a_0——设计基本地震加速度(ms^{-2})；

$\{\phi_j\}^T$——第 j 阶振型的转置；

$[M]$——结构有限元质量矩阵(kg)；

$\{E\}$——单位地震矢量。地震方向对应的线位移自由度对应行上的值为 1，其余行上的值为 0。

(5)将所有振型 D 方向地震反应位移用平方和的平方根叠加：

$$u_i^D=\sqrt{\sum_j[(u_i^j)^D]^2} \tag{3}$$

式中：i——结构位移矢量的第 i 个分量。

(6)将水平(X 或 Y)与竖直 Z 方向地震反应位移用平方和的平方根组合：

$$u_i=\sqrt{\sum_D(u_i^D)^2} \tag{4}$$

式中：D——指 X 和 Z 或 Y 和 Z。

(7)应力计算。

用第 j 阶振型在 D 方向的地震反应位移$\{u_j\}^D$，求出对应的应力${}^K_NS_j^D$，其中 N 为某个结点，K 为某个应力分量。用平方和的平方根叠加所有振型的应力：

$${}^K_NS^D=\sqrt{\sum_j({}^K_NS_j^D)^2} \tag{5}$$

最后，将水平(X 或 Y)与竖直 Z 方向的地震应力用平方和的平方根组合总应力${}^K_NS$：

$${}^K_NS=\sqrt{\sum_D({}^K_NS^D)^2} \tag{6}$$

式中：D——指 X 和 Z 或 Y 和 Z。

(8)(X,Z)和(Y,Z)两种情况分别与其他载荷(如内压、风载、导线拉力等)产生的应力按绝对值求和组合应力，找出最大应力设计校核。

6.2.4 正确选择输入的地震加速度时程曲线，要满足地震动三要素的要求，即频谱特性、有效峰值和持续时间均要符合规定。

6.2.5 本条规定的“需进行竖向地震作用的时程分析”的电气设施，主要指 220kV 及以上电压等级的横向安装的穿墙套管和水平悬臂对地震竖向分力反应较大的设备。

6.2.6 由于建筑物或构筑物对地面运动加速度值都有一定程度的放大作用，因此仅对电气设备和电气装置本体进行抗震设计时，必须乘以支承结构动力响应放大系数。但也不得不指出，根据中国电力科学研究院、国网北京经济技术研究院、同济大学、西北电力设计院和郑州机械研究所等单位的相关研究结果均显示，支架的动力放大系数比较复杂，与场地土类别、设备重量和刚度、支架材料与形式等都密切相关，且变化幅度较大。因此：

1 原则上，有支架且支架设计参数已确定时，应将支架与设备作为一个整体进行抗震设计。

2 当支架设计参数未知，而又需要对电气设备和电气装置本体进行单独抗震设计或校核时，通过在振动台上对电气设备有无支架的对比试验和计算分析结果，建议根据支架刚度与高度选择支架动力放大系数，原则上支架刚度越小、高度越大，支架动力放大系数越大，反之亦然。因此，原则上对有支架的电气装置本体单独进行校核时，所输入的地震加速度应根据实际情况至少乘以1.2的放大系数，且支架的设计应保证其动力放大系数不超过此取值要求。

3 日本通过实测和动力响应分析的结果，取建筑物二、三层的动力放大系数在 2 倍以下。

为研究建筑物的抗震性能，西北电力设计院与同济大学联合进行了发电厂及变电站主控制楼和 110kV 屋内配电装置楼的模型房屋在振动台上的模拟地震试验，试验结果表明：建筑物各层楼动力放大系数为楼层越高，β 越大，并随输入加速度增加而减小。当输入加速度值为 $0.5g$ 及以下时，二、三层楼动力反应放大系数为 1.5～2.5。

根据国内、外研究结果，为简化电气设备的抗震计算，建议取建筑物二、三层的动力放大系数为 2.0。

4 变压器、高压电抗器的出线套管抗震设计应考虑变压器和高压电抗器基础及本体的动力响应放大系数。

日本根据实验研究结果，提出变压器基础及本体的动力响应放大系数为 2.0。

燕山石油化工公司的“变压器抗震鉴定标准编写组”在振动台上进行了 4 台 6kV～10kV、1000kV·A 及以下电力变压器的模拟地震试验，测得变压器本体上部加速度值时振动台输入加速度值的 1.2 倍～2.0 倍，其中动力反应较大的一台变压器振动试验各部位的动力反应加速度实测值如表 1 所示。

表 1 变压器各部位动力响应加速度值

测点部位	台面输入	套管底部	套管上部	油枕	冷却器
加速度值 g	0.04	0.08	0.12	0.11	0.09
动力放大系数	—	2.00	3.99	2.75	2.25

表 1 中的动力放大系数以振动台输入加速度值为基础。从表 1 可以看出，变压器本体的动力放大系数为 2.0 及以上。

综合上述国内外研究成果，建议取变压器和高压电抗器基础及本体的动力放大系数为 2.0。

6.2.7 电气设施抗震设计地震作用计算应包括体系总重力及所承受荷载的组合，同时因地震作用与短路电动力在同一瞬间同时发生的几率很低，故可不考虑同时作用的组合。

6.3 抗 震 计 算

6.3.1 静力设计法实质只是用静力地震系数来求得地震作用及其他荷载所产生的总弯矩和总应力，然后再进行抗震强度验算。

6.3.2 本条规定了按振型分解反应谱法或时程分析法进行抗震计算的内容。用这两种方法可较精确的计算本条所规定的内容，但最终目的是要验算电气设施能否满足抗震要求。

6.3.3 力学模型的建立对进行电气设施抗震计算起着重要作用。力学模型必须由其结构特点、计算精度的要求及所采用的计算方法来确定。

6.3.4 本条规定了建立质量—弹簧体系力学模型的原则。有一点应特别注意，即应计入设备法兰连接的弯曲刚度，否则对计算结果影响很大。

电气设施的质量弹簧体系的力学模型示例如表 2 所示。

表 2 电气设施质量—弹簧体系力学模型示例

解构型式	代表性设备和装置体系		计算模型		
	设备名称	结构简图	质量—弹簧体系(无阻尼器)	质量—弹簧体系(有阻尼器)	单质点
单柱式	FZ-110J 避雷器体系	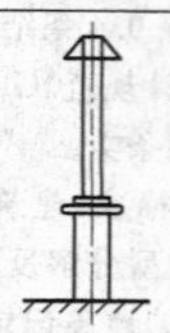			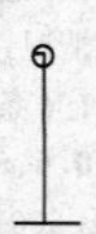

续表 2

解构型式	代表性设备和装置体系		计算模型		
	设备名称	结构简图	质量—弹簧体系（无阻尼器）	质量—弹簧体系（有阻尼器）	单质点
多柱式	SW6-220 少油断路器体系	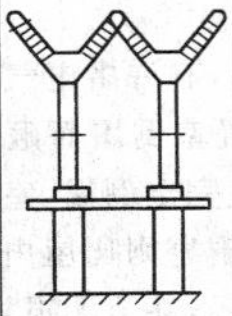	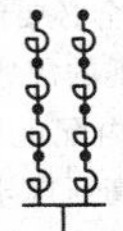	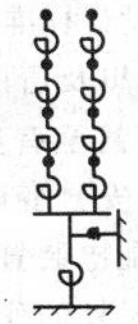	
带拉线结构	FZ-220J 避雷器体系	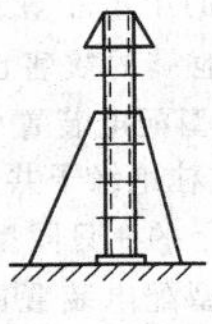	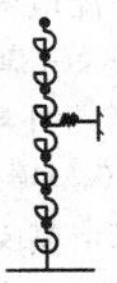	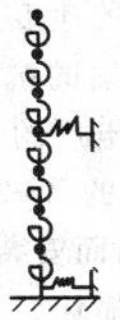	
长跨结构	大电流三相封闭母线体系	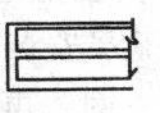	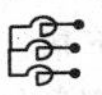		

6.3.5 规定了建立质量—弹簧体系力学模型主要力学参数的确定原则。

1 质点数量的确定应合理，质点数量越多计算结果越精确，但质点数量太多将增加计算的工作量并带来分析问题困难。

2 本规范中式(6.3.5-1)给出了法兰与瓷套管胶装连接时弯曲刚度计算公式，此公式系日本的经验公式，国内有关单位如中国电力科学研究院、同济大学、中国水利水电科学研究院、国网北京经济技术研究院进行的抗震计算分析和试验研究与日本经验公式基本一致；本规范中式(6.3.5-2)为法兰和瓷套管用弹簧卡式连接时弯曲刚度的计算公式，系我国进行试验研究和计算分析所得的经验公式。

6.3.6 本条规定了按有限单元建立力学模型的原则。电气设备法兰与瓷套管连接的弯曲刚度确定方法仍可按规范中式(6.3.5-1)和式(6.3.5-2)计算。必须指出的是，法兰与瓷套管连接的弯曲刚度对设备整体刚度的影响较大，也影响到模态分析结果的准确性，进而会影响地震效应分析结果的准确性。原则上来说，随着有限元技术的发展，在建模过程中可详细模拟连接法兰的受力状态来达到尽量逼近其真实刚度的效果，不过由于受力状态与法兰、螺栓、胶装材料、套管等材料的力学性能有关，还与摩擦、接触、变形协调等力学行为有关，有限元建模过程比较复杂，因此除非能够试验验证建模方法的合理性，还是推荐选用规范中式(6.3.5-1)和式(6.3.5-2)进行计算。

6.3.7 阻尼比对电气设施的抗震性能有非常明显的影响，但由于阻尼机理的复杂性和不确定，各设施的阻尼比差异较大，即便同一个设施，在不同输入激励下，其阻尼比也可能不同。因此一般应采用实际阻尼比作为计算输入条件。电瓷类设备的阻尼比离散性也较大，不过据一些试验结果来看，多介于1%～5%，更集中于2%～3%，因此为保守起见，在缺乏实际阻尼试验参数时，也参照其他相关规范如IEEE 693和IEC系列规范，建议取值最大不超过2%。

6.3.8 关于抗震验算的原则。

按瓷件的容许应力较合理，当抗震计算或抗震试验所得最大应力值只要小于容许应力即认为满足抗震要求。瓷件的容许应力根据统计规律，按下式计算：

$$[\sigma] = \bar{X} - 3\sigma \tag{7}$$

式中：$[\sigma]$——容许应力(MPa)；

$\bar{X}$——各试品破坏应力平均值(MPa)；

σ——标准偏差。

按式(7)求得的容许应力较合理，但目前制造厂按此式确定瓷件的容许应力有一定困难。而有的只提供瓷件的破坏弯矩和破坏应力。

电瓷产品破坏应力的离散性较大，电瓷材料又属脆性材料，没有塑性变形阶段，当应力超过一定值时立即断裂，故必须具有一定的安全系数。现行行业标准《高压配电装置设计技术规程》DL/T 5352、《导体和电器选择设计技术规定》DL/T 5222都规定了套管、支柱绝缘子的安全系数：荷载长期作用时为2.5，荷载短时作用时为1.67。本规定参照上述条文，提出地震作用和其他荷载产生的总应力$\sigma_{tot} \leqslant \frac{\sigma_u}{1.67}$。1.67为安全系数。

6.4 抗震试验

6.4.1 随着有限元理论水平及计算机仿真水平的不断提高，我们可以越来越多地依赖计算机仿真对电气设施的抗震能力进行验证，尽管如此，对于电气设备特别是高压电器和电瓷产品，由于其材料参数的离散性与非线性、阻尼比的不确定性、连接方式的复杂性、安装工艺的差异性等原因，对于新型产品还是应首先通过地震台试验进行验证，另一方面也是对仿真模型的准确性的验证，该仿真模型可用于针对改型不大的设备的抗震能力验证。

随着我国大型振动台的发展，除大型变压器、电抗器本体及长跨结构的电气装置外，一般均可进行原型设备带支架的试验。

对于变压器、电抗器套管可采用仅对套管进行试验，再乘以变压器、电抗器本体的动力响应放大系数。

对于长跨结构如管型母线等可采用模型试验。日本曾对500kV支持式铝管母线进行了1/4模型试验。

6.4.2 试件的动力性能与抗震试验结果直接相关，因此试验时应保证其动力性能与实际运行条件一致。

6.4.3 电气设备和电气装置抗震强度验证以两个主轴方向上设备根部和其他危险断面处产生的最大应力值能否满足要求为主要内容。

有些电气设备的X轴、Y轴方向的结构是不对称的，两个轴向的动力特性和动力响应也不一样，实际地震波的运动方向也不是固定的，故应分别进行X轴、Y轴抗震试验。

6.4.4 实际地震波包含有水平和竖向两个方面的加速度同时作用。日本东京电力株式会社曾对275kV空气断路器进行过水平、竖向双向振动试验。由于断路器水平和竖向的自振频率不同，故输入的正弦波的波数不同，其试验主要参数及结果如表3所示。

表3 日本水平、竖向双向振动试验主要参数及结果

输入波形	振动方向	输入系数			与仅水平振动试验比较	
		频率(Hz)	加速度值(g)	振动时间	根部加速度放大率(%)	根部应变值放大率(%)
正弦共振n波	水平	1.7	0.3	3波	+11%	−9.8%
	竖向	6.4	0.15	12波	—	—
El-cen-tor波(美)(1940)	水平	—	0.3	实际地震记录	−2.8%	+1.8%
	竖向	—	0.15	实际地震记录		
宫城县近海地震波(日)(1978)	水平	—	0.3	实际地震记录	+4.8%	+5.1%
	竖向	—	0.15	实际地震记录		

日本东京电力株式会社试验结果表明，水平、竖向同时振动与仅水平振动的动力反应有放大的，也有减少的。日本东京电力株式会社试验结论认为：对于ABM型275kV空气断路器及

与其结构相同的电气设备，当考虑水平和竖向双向地震力同时作用时，其动力反应值比仅进行水平单向地震作用时增大10%为宜。

大多数电气设备对竖向地震作用不太敏感，且耐受垂直力的抗压抗拉强度大，不一定都要进行水平和竖向双向试验。

对于少数电气设备和电气装置如穿墙套管、长跨母线装置等，对竖向地震反应较敏感，宜进行水平和竖向双向试验。

6.4.5 IEC、日本、法国等除采用反应谱法外，也同时规定可采用动力时程分析法。世界各国电气设备电气抗震试验所采用的波形不同，目前所采用的主要波形有单频波和多频波两类。

所谓单频波就是试验波形中仅有一个振动频率。电气设备抗震试验用的单频波的主要波形有：

(1)连续正弦波；

(2)正弦共振 n 波($n=2,3,4\cdots$)；

(3)正弦共振调幅波；

(4)正弦共振拍波(即多个正弦共振调幅波串)。

多频波就是波形中含有多个甚至成百上千不同频率的振动波形。电气设备抗震试验用的多频波的主要波形有：

(1)随机波；

(2)时程反应谱波；

(3)实际地震波。

对于原型电气设备带支架体系和原型电气装置体系即比较接近实际运行状态，振动台以输入人工合成地震波比较合理。而仅对设备本体进行抗震试验里，振动台输入应考虑支架的动力放大作用。

另一方面，一般支架对地震波有滤波作用，传到设备底部时已近似为接近设备频率的正弦波，故也可采用正弦波作为地震输入。日本以正弦共振3波作为考核波，IEC等采用5个正弦共振调幅5波组成的调幅波串进行动力时程分析。本规范参照IEC标准，推荐规范图6.4.5所示波形，各时程加速度值亦采用IEC标准经计算分析，正弦共振调幅5波与正弦共振3波的反应基本一致，以$Y_{10}W_5$-444型避雷器带支架体系的避雷器根部应力计算结果为例，正弦共振3波0.3g为正弦共振调幅5波0.3g的1.04倍。日本《电气设备抗震设计指南》中以正弦共振2波与实际地震等效，共振3波为2波的1.3倍。而通过计算分析和试验研究，并参考IEC文件和日本的标准，提出由式(6.4.5-1)及式(6.4.5-2)确定的地面运动最大水平加速度值作为用正弦共振调幅5波进行抗震计算的标准值。

本规范对原2s的拍间间隔做出修改，根据体系的基频和阻尼比确定拍间间隔，避免各拍的叠加效应。

6.4.6 为提高电气设备和电气装置抗震验证试验的准确性和便于对试验数据进行分析，特提出测点布置和数据采集的要求。

6.4.7 抗震强度验证试验的评价方法与抗震强度验算原则一致。

6.5 电气设施布置

6.5.1 本条提出了地震区电气设施布置总的要求。

6.5.2 以往认为地震烈度为8度及以下，配电装置损坏较少。但在汶川地震中，震后实测最高烈度高达11度，其影响范围内多个地区的地震烈度在6度以上，在地震烈度达到8度及以上变电站中，电气设备损坏情况较严重，部分变电站的双端口断路器由于上部重量较大，在地震中瓷柱受到地震冲击而断裂(安县220kV变电站内所有LW6型断路器均断裂损坏)，有些隔离开关的瓷柱也发生断裂，电流互感器底座与套管连接处出现漏油，少量避雷器因头部均压环较大发生瓷柱折断，部分变电站的变压器本体因体积大、重心高受到震动冲击后瓷套破裂、渗漏，有4座220kV变电站及3座110kV变电站的主变压器受到冲击后本体固定螺栓剪断，发生位移，这些设备损坏后导致四川省电力公司内110kV以上变电站停运80座，线路停运168条，甘肃省电力公司内110kV以上变电站停运4座，停运线路7条，陕西省电力公司内110kV以上变电站停运6座，停运线路6条，造成了巨大的经济损失。对于110kV的变电站，选择中型布置就可以提高相应的抗震能力，其相应的代价远小于地震所带来的损失，因此适当的提高110kV变电站的抗震设计标准是完全必要的。

1 在汶川及唐山地震的震害中，有许多电气设备因房屋倒塌而被砸坏，甚至有些屋内配电装置室倒塌而砸毁了室内所有的电气设备(安县变电站高压配电室完全倒塌，室内设备全部毁坏)，而屋外配电装置的电气设备的震害则比屋内配电装置轻得多。特别是屋外的变电构架损坏较轻，甚至无损坏，即使损坏部分修复也比较方便，而屋内配电装置修复困难，周期长，影响震后恢复供电的速度。屋外配电装置的中型布置方案比高型、半高型布置方案的抗震性能好，唐山地震的震害已说明这一点。例如陡河发电厂的220kV屋外半高型配电装置中，安装在标高为13.4m处的ZS-220/400型棒式支柱绝缘子共6只，唐山地震时折断5只，而安装在2.5m高支架上的9只同型号棒式支柱绝缘子则均未损坏。另外，高型、半高型配电装置由于设备上、下两层布置，当上层设备损坏后掉下来往往会打坏下层设备，带来次生灾害。如陡河发电厂的220kV半高型配电装置中上层一组隔离开关瓷柱折断后，掉下来打坏了下层安装的抗震性能较好的SF_6落地罐式断路器的瓷套管就是一例。再者，由于高型、半高型布置的部分设备间连线或引下线较长，地震时导线的摇摆力比较大，故容易拉坏设备。

2 支持式管型母线配电装置，由于棒式支柱绝缘子抗震性能较差，是一个薄弱环节，管型母线在地震力的作用下将使支柱绝缘子的内应力增加，同时由于管型母线在地震力时容易发生共振，故地震时支柱母线的棒式支柱绝缘子易折断并使母线损坏。如吕家坨变电站一相铝管母线在唐山地震中就是由于棒式支柱绝缘子折断而造成落地损坏的；而在汶川地震中，有多个变电站的110kV硬母线支柱绝缘子在地震作用下从上部或根部被剪断，采用悬吊式的母线基本完好。在现行行业标准《高压配电装置设计技术规程》DL/T 5352中，也要求110kV及以上配电装置当地震烈度为8度及以上时，母线采用悬吊式，因此本次将其修改为8度及以上。

3 对于可满足带支架进行试验的产品，其形态已经可以满足抗震的要求，在安装时可按照产品的说明进行安装。

6.5.3 110kV及以上电容补偿装置的电容器平台和设备平台，本身自重较大，再加上电容器和设备的重量，总重量很大，若采用支持式，支柱绝缘子强度很难满足抗震强度要求，以采用悬挂式为宜。

6.5.4 干式空心电抗器三相垂直布置时，其质量大、重心高，在8度及以上地震作用时，支柱绝缘子将可能损坏，造成电抗器倾倒摔坏，故作此规定。

6.6 电力通信

6.6.1 对本规范第1.0.6条规定的重要电力设施的电力通信的通道组织和通信方式作出了规定。

6.6.2 对本规范第1.0.6条规定的一般电力设施的大、中型发电厂和重要变电站的电力通信的通道组织和通信方式作出了规定。这里所指大、中型发电厂是指单机容量为100MW或规划容量为400MW以上的发电厂。

6.6.3 通信电源必须可靠，并根据其重要性分别作出规定。

6.7 电气设施安装设计的抗震要求

6.7.1 本条为本节的适用范围。

安装设计采取必要的抗震措施，是提高电气设备、通信设备和电气装置抗震能力的重要环节，所有电气设施在7度及以上时，都必须认真执行本节规定。

6.7.2 设备引线和设备间连线，宜采用软导线，以防止地震时拉坏设备。

汶川及唐山地震时，因变压器位移和母线损坏等，拉坏变压器套管或设备端子的实例很多。故要求采用硬母线时应有软导线或伸缩接头过渡。

6.7.3 过去35kV多油断路器均为压板式固定方式，唐山地震时，有15台DW2-35型断路器因压板震松，断路器掉下基础台倾倒，造成喷油、漏油等现象。

唐山发电厂在唐山地震前已对主变压器采取了固定措施，用70mm×4mm的扁钢将变压器与轨道焊接起来，但焊接强度不够，焊口被拉开，变压器普遍位移，并造成套管拉坏漏油等。

位于8度地震区的天津军粮城电厂3号主变压器因固定螺栓强度不够，地震时螺栓被剪断，变压器位移300mm，造成变压器110kV的A相套管损坏。

6.7.4 电力变压器和并联电抗器是电气设备中的重要设备，不仅体积大、价格高、制造困难，且是输变电工程中必不可少的设备。从震害调查看出，电力变压器的位移、损坏是比较普遍和严重的，必须采取抗震措施，防止位移、倾倒和损坏。

1 以往的大型电力变压器和并联电抗器从考虑检修搬运的方便而设有滚轮，安装时多数将滚轮直接浮放在钢轨上。由于滚轮和钢轨的接触面小，摩擦力也很小，故容易脱轨倾倒。因此，在地震烈度高于7度的地区，宜取消变压器、并联电抗器和消弧线圈的滚轨和安装用的钢轨，将变压器等设备直接安装在基础台上，并采取固定措施。

2 本款主要要求设计人员在编制技术条件书中应有抗震要求。集中布置的冷却器与本体连接管道间在靠近变压器类本体附近，应设电力变压器和并联电抗器的基础台，且应适当加宽，防止变压器等设备万一发生位移，不致掉下基础台倾倒摔坏。基础加宽300mm是根据海城地震和唐山地震的震害教训提出的。海城地震中，有23台主变压器发生位移，一般位移为100mm～200mm，最大位移410mm。

唐山地震时，凡是有滚轮直接放在钢轨上的35kV～220kV、4500kV·A及以上的主变压器，在地震度为7度及以上的地震区，均有不同程度的位移，一般位移200mm～400mm，位移最大者达720mm。汶川地震中，多台变压器本体发生位移及掉台，其中500kV茂县2号主变起火，220kV袁家坝站、天明站、大康站、永兴站、安县站及新市站主变发生不同程度的位移。220kV德阳新市站主变固定螺栓全部震断，但由于采用了定位夹固定，变压器仍非常牢靠的固定在轨道上，避免了掉台。220kV安县1号主变本体从基础震落到油坑内，高压套管折弯，本体底盘局部变形，该站为20世纪70年代设计，本体与基座无可靠连接，无地脚螺栓，没有定位及固定措施。

6.7.5 调相机、电动机、空压机等旋转电机本体刚度大、强度高，震害中本体因地震直接引起损坏的可能性小，但往往因次生灾害造成损坏。故主要应注意螺栓强度、平衡等问题，并应防止油、汽管道损坏使事故扩大。在调相机等设备附近应装设补偿装置。

6.7.6 为了电气设备能够在地震中正确操作，设备的操作电源或气源应安全可靠，保证可靠分、合闸，防止带来次生灾害。

6.7.7 唐山和海城地震时，蓄电池发生位移、倾倒、摔坏的现象非常普遍，而且由于蓄电池损坏，失去直流电源带来严重的次生灾害，造成的损失也是巨大的。但是，只要重视并采取一定的抗震措施就可以避免或减少蓄电池的震害。

1 蓄电池的震害与蓄电池的类型和安装方式有很大的关系。地震时所损坏的蓄电池几乎全部是玻璃缸式蓄电池。这是因为在没有采取防震措施的情况下，把蓄电池直接放在支墩或木支架上，且多数在支墩（或支架）与蓄电池底部间装有玻璃垫。由于蓄电池的玻璃缸底部及玻璃垫均很光滑，摩擦力小，且接触面也很小，故在地震力作用下极易发生位移、倾斜和倾倒。相反，防酸隔爆式蓄电池是塑料外壳，安装时一般不加玻璃垫，直接放在支墩（或支架）上，其接触面积较大，摩擦系数也较玻璃缸式蓄电池大，地震时位移较小。在海城地震和唐山地震中，几组防酸隔爆式蓄电池虽有位移现象，但均未中断直流供电。

唐山地震时，凡震前有抗震措施的蓄电池均未发生损坏现象，装设抗震架比较方便，投资增加也不多，故规定7度及以上时均应设抗震架。

2 为防止蓄电池地震时受力拉坏，采用软导线连接和电缆连接方案。

3 移相电容器的震害也是很普遍的，个别变电站的损坏十分严重。电容器的损坏与安装方式有直接关系，海城地震中移相电容器的损坏都是因电容器未固定。

唐山地区移相电容器有两种安装方式，一种是直接放在平台上，未加固定；另一种是将电容器固定在支架上。

唐山地震时，固定在支架上的电容器基本完好无损，而直接放在平台上的电容器则发生位移、倾倒及掉下平台摔坏等震害。例如古冶变电站约有20余只电容器被震落到地上摔坏，有10余只倾斜；唐山东南郊变电站的电容器因地震造成位移、倾倒，其中一相的16只电容器全部倾倒。

6.7.8 柜、屏等设备牢固地固定在基础上以后，地震时一般不会发生倾倒事故。当设防烈度为8度及以上时，为提高柜、屏的整体性，在重心位置以上连成整体，更有利于抗震。

6.8 电气设备的隔震与消能减震设计

为更有效的减轻地震灾害，提高电气设施的抗震能力，本规范新增电气设施的隔震与减震设计。隔震与减震是使电气设备减轻地震灾害的有效技术，在土木与机械工程领域被广泛应用，在各国的电气设施领域也逐渐引起重视。

隔震体系通过延长结构的自振周期从而减少结构的水平地震作用。国内外大量试验和工程经验表明，隔震一般可使结构的水平地震加速度反应降低60%左右，从而消除或有效减轻结构和非结构的地震破坏，提高建筑物及其内部设施和人员的地震安全性，增加了震后建筑物继续使用的功能。

减震体系通过增加结构阻尼达到增加地震耗能、降低结构反应，从而更好地保护设备的目的。

不同的电气设备具有不同的结构特点，而同样的电气设备处于不同的场地类别条件下具有不同的使用要求，都需要选择相适应的隔震与消能措施。

7 火力发电厂和变电站的建（构）筑物

7.1 一 般 规 定

7.1.1 本条为新增内容，依据现行国家标准《建筑工程抗震设防分类标准》GB 50223—2008明确了发电厂和变电站中的建（构）筑物抗震设防分类，同时说明了规模较小的乙类建筑允许按丙类建筑设防。这里较小的乙类建筑，一般指单层而且高度不超过12m的规则现浇钢筋混凝土框架结构或钢结构，如单层转运站、继电器室、屋内配电装置室、站用电室等。

7.1.2 本条结合电力设施的具体情况，与现行国家标准《建筑抗震设计规范》GB 50011—2010第6.1.2条的规定保持一致，确定为强制性条文。本次修订按照现行国家标准《建筑抗震设计规范》GB 50011—2010的规定，新增了钢结构的抗震等级。表中对钢筋混凝土框架结构等级划分高度界限与现行国家标准《建筑抗震设计规范》GB 50011—2010 保持一致，将原标准的 25m 和 35m 统一为 25m；框架—抗震墙高度界限由原标准的 50m、60m 统一为 60m；增加了大跨度的钢筋混凝土框架结构，其主要原因是随着发电厂机组容量和变电站电压等级的提高，设备体积和重量加大了很多，工艺布置对厂房跨度要求越来越大，这种结构的抗震措施应相应提高。增加了运煤廊道按不同高度划分抗震等级的规定，6 度且高度在 30m 及以下的结构较原标准适当放宽，7 度、8 度 30m 以上的结构适当提高，同时提出廊道跨度大于 24m 抗震等级适当提高的规定。

本次修订依据现行国家标准《建筑抗震设计规范》GB 50011—2010 增加了设置少量抗震墙的钢筋混凝土框架-抗震墙结构抗震等级划分的规定，这种结构在电力设施的建(构)筑物中普遍存在。

7.1.7 本条为新增条文。由于主厂房结构受工艺布置限制，荷载分布极不均匀，结构平面布置和竖向布置都会出现一定的不规则性。而钢结构具有结构延性好、抗震性能优和材料可再生利用的优势，故本标准提出抗震设防区，特别是高烈度区宜优先选用抗震性能较好的钢结构。

7.1.8 本条为新增条文，“常规三列式布置的主厂房结构”是指由汽机房、除氧间和煤仓间组成的框排架结构，如图 2 所示。该布置方式在火力发电厂中普遍被采用。

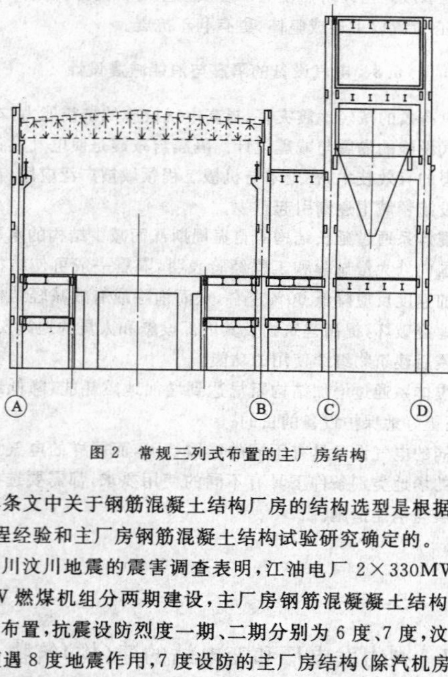

图 2 常规三列式布置的主厂房结构

本条文中关于钢筋混凝土结构厂房的结构选型是根据震害资料、工程经验和主厂房钢筋混凝土结构试验研究确定的。

四川汶川地震的震害调查表明，江油电厂 2×330MW＋2×300MW 燃煤机组分两期建设，主厂房钢筋混凝凝土结构均采用三列式布置，抗震设防烈度一期、二期分别为 6 度、7 度，汶川地震江油遭遇 8 度地震作用，7 度设防的主厂房结构(除汽机房的网架屋盖外)基本完好，6 度设防的厂房有轻度破坏。

工程设计经验表明，7 度Ⅲ类场地及以上采用钢筋混凝凝土结构时，当抗震墙(或抗震支撑)的设置因工艺布置的限制无法改变偏向一侧的布置方式时，结构很难满足抗震设计要求，故本标准提出“7 度Ⅲ～Ⅳ类场地可采用钢结构”。

2003 年电力行业重点科技攻关项目《火力发电厂主厂房结构抗震设计技术》，针对常规布置主厂房拟动力抗震试验分析研究的结果表明：

(1)单机容量为 600MW 三列式布置的钢筋混凝土主厂房结构(图 2)，在 7 度抗震设防Ⅱ类场地研究条件下，厂房的横向结构模型在最大输入加速度 $0.05g$ 时基本处于弹性阶段；在最大输入加速度 $0.3g$，模型结构虽未达到承载力极限，但其整体位移角明显增大、裂缝加剧和出现塑性铰，结构已基本达到屈服状态，结构虽能满足“大震不倒”的设防要求，但整体富裕度不大，结构可满足 7 度抗震设防的目标。

(2)横向框排架结构相对于纵向框架—剪力墙结构而言刚度偏小，应增大横向的刚度。结构存在错层、薄弱层、强梁弱柱等问题，对结构抗震不利。

(3)设防烈度 8 度及Ⅰ类场地以上时，不应采用常规布置的钢筋混凝土结构。

关于 1000MW 级的主厂房，其结构总高度、层高以及设备管道荷载等较 600MW 机组增加较多，选择钢结构有其优越性。目前，6 度、7 度区采用钢筋混凝土结构有在建工程，但缺乏工程经验和实践检验，因此标准提出进行专门论证后确定。

7.2 钢筋混凝土主厂房结构布置和构造要求

7.2.1 对于钢筋混凝土主厂房结构，抗震的概念设计与现行国家标准《建筑抗震设计规范》GB 50011 是相适应的，该规范是编制条文的主要参考文献。主厂房的结构布置与工艺布置关系密切，因此从方案确定时就应尽量做到使结构有利于抗震和提高结构自身的抗震能力。实际工程中，经常出现为满足工艺布置的要求，造成结构布置很不合理的情况。因此本次修订明确了不应采用的几种结构布置方案，如不应采用局部单排架布置，不应在悬臂结构以及锅炉与主厂房之间可滑动的平台上布置重型设备等。

7.2.2、7.2.3 凡相邻结构动力特性不同，而又可能分开成为各自独立的单元，都应用防震缝分开。动力特性不同，未分开的建筑其震害现象十分普遍，其事例如下：

(1)某电厂的炉架或电梯间与主厂房框架相连接的钢步道和管道吊家架横梁，普遍在支座处剪断或压弯。

(2)唐山某电厂除氧煤仓间 1～4 轴框架倒塌，使搁在 C 列柱上的一跨栈桥落下。

(3)天津某发电厂运煤转运站至主厂房之间的栈桥结构由于纵向刚度较弱，防震缝宽度太小，震后栈桥撞入转运站 120mm，将转运站部分墙体撞裂。

还应指出，当主结构与设备相连时，震害更为突出，如陡河电站的启动锅炉房，该建(构)筑物的钢筋混凝土柱与锅炉走道平台相连，震后建(构)筑物严重倾斜，柱几乎被拉断。

防震缝的设置是出于两者动力特性不同时才设置的，因此，相邻建(构)筑物间应能各自双向自由变位。根据宏观震害调查，当设防烈度为 7 度及以下时，对某些结构，如炉前平台、运煤栈桥等，在自身有一定抗震能力条件下，要求沿结构或构件的纵向能滑动，其横向为简支，连接处能承担地震作用，也能满足抗震要求。8 度、9 度时应设置抗震缝。

唐山地震后，大量震害调查表明，防震缝的作用是显著的。防震缝的宽度可按现行国家标准《建筑抗震设计规范》GB 50011 选用。

根据实际地震房屋可能产生的变位来看，例如，某电站的主厂房(9 度)框架高 37m，按现行国家标准《建筑抗震设计规范》GB 50011规定的数值进行计算，防震缝宽度为 29cm。地震后，对该框架按实测位移角计算，其变位为 29.6cm，可见所规定的防震缝宽度数值还是比较能反应火力发电厂的实际情况。

对于软土地基上的建(构)筑物，由于地基的不均匀沉降(华东电力设计院根据现场调查，有的工程，其地基变位呈“U”形分布)，减少了原留缝的宽度，因此，在软土地基上宜将防震缝的宽度适当加大。

由于钢结构的变形能力比混凝土结构强，本次修订增加了钢结构防震缝的宽度宜适当加大的规定。

7.2.4、7.2.5 外侧柱列的抗震措施应尽可能发挥纵向框架的抗震作用，这要根据围护结构的形式、屋面荷载和抗震设防烈度等因素确定。纵向抗震体系采用框架结构，还是框架-抗震支撑协同工作体系应由计算确定。由于主厂房内都有吊车又是在电厂中最重要的建(构)筑物,宜优先选用后者。

本次修订删除了“当采用框架-抗震支撑体系时,若抗震支撑所承受的地震倾覆力矩大于结构总倾覆力矩的50%,其框架部分的轴压可增加到0.9”。此条对于主厂房结构采用钢筋混凝土框架-抗震支撑的结构,要使抗震支撑所承受的地震倾覆力矩大于结构总倾覆力矩的50%,支撑的埋件锚筋很多,梁柱节点钢筋太多,混凝土施工困难,因此这种情况很难实现,本次规范修订将此条删除。

外侧柱列若设置一档抗震支撑就可满足抗震要求时,则应布置在中部。

主厂房框架的扭转问题,主要应从布置上来解决,电厂框架的纵向刚度应具有一定的均匀性,在框架纵向单侧设置抗震墙,会造成“质心”与“刚心”的差距较大,将会显著增加结构的扭转,根据几个工程主厂房的扭转计算,当抗震墙布置不合理时,会造成一些构件地震作用成数倍的增加,建议采用框架-抗震墙的主厂房结构应采用空间分析,合理布置抗震墙,减少扭转作用。

7.2.6 抗震墙和抗震支撑至少应有一档沿全高设置,主要考虑到高振型对顶层的框架会产生不利影响,也可避免出现刚度突变。当结构出现刚度突变会导致应力集中,使结构局部产生破坏。

7.2.8 从历次地震的震害情况来看,轻屋盖比重屋盖抗震性能好,无天窗的屋盖系统比有天窗的抗震性能好;利用山墙承重的厂房对抗震不利,如陡河电厂的热处理室屋面板直接搁在山墙上,地震时山墙倒塌将屋面板一起拉下来;此外,屋架与柱顶,屋面板与屋架,支撑与天窗架,屋架与支撑的连接等是否牢固,直接影响屋盖的震害程度。汶川地震有一些单层厂房也出现了这些问题。因此加强屋盖结构的整体性设计是屋盖设计的重点。

7.2.9 根据现行国家标准《建筑抗震设计规范》GB 50011并结合火力发电厂的特点,对屋盖系统选型作出一些规定,由于目前工程中普遍采用平面采光天窗,取消了原有突出屋面的侧面采光的天窗,更没有采用钢筋混凝土天窗架的工程,因此本次修订取消了突出屋面天窗的条文,并提出当屋面采用轻型材料时,屋面梁可采用实腹钢梁,但采用实腹钢梁应有跨度的限制,一般不宜大于30m。

7.2.10 本条依据现行国家标准《建筑抗震设计规范》GB 50011进行修订。

7.2.11 火力发电厂主厂房屋面结构,受到结构形式的影响,其受力较复杂,通过震害分析充分暴露了这种结构的薄弱环节,它的震害比其他部位重,如某电站框架只有①~④轴线倒塌,而屋盖则是全部塌落。唐山电站位于10度区,主厂房框架损坏轻微,屋盖系统除①~⑦轴线外(该部分作了特别加强),其余31个轴线范围内的屋盖全部塌落,又如唐山422水泥厂钾肥车间,其结构形式与陡河电站主厂房框排架结构相类似,排架部分的跨度仅9m,也发生屋盖全部塌落,四川汶川地震,江油电厂二期汽机房的网架屋盖塌落,这些现象不能不认为框排架系统的屋盖是抗震设计的关键部位之一。从设计角度看,它应比一般单层多跨的工业厂房有所加强,另外,还考虑到外侧柱与框架的纵向刚度不同,易对屋盖产生扭转,加强联结和屋面支撑系统的受力。因此,主厂房屋盖设计除按现行国家标准《建筑抗震设计规范》GB 50011执行外,对屋盖支撑系统和屋盖与主体结构的连接设计应采取更高的加强措施。具体措施可见相关的行业标准。

7.2.12 本条为新增条文,抗风柱的柱顶与屋架上弦的连接节点,要具有传递水平地震力的承载力,但连接点必须在上弦横向支撑与屋架的连接点,否则将使屋架上弦或屋面梁附加了节间平面外的弯矩,而在电厂主厂房的设计中,山墙抗风柱间距受汽机大平台柱网的限制,抗风柱与屋架(或屋面梁)和水平支撑的节点很难交在一点,因此对这些不符合要求的情况,根据现行国家标准《建筑抗震设计规范》GB 50011的规定,提出了在屋架横向支撑中增加次腹杆的要求,使抗风柱顶的水平力传递至上弦的横向支撑的节点。

7.3 钢结构主厂房结构布置和构造措施

本节条文为新增条文,主要依据现行国家标准《建筑抗震设计规范》GB 50011的要求制定。

钢结构厂房的支撑布置是设计的重要环节,已建钢结构主厂房一般都采用框架-支撑结构,支撑的布置与工艺专业必须密切配合。在条件许可时,宜优先采用交叉支撑,支撑布置在荷载较大的柱间,有利于荷载直接传递;上下贯通有利于结构刚度沿高度变化均匀;靠中间布置,减少结构的温度作用。

纯框架结构延性好,但抗侧力刚度较差;中心支撑框架通过支撑提高框架的刚度,但支撑受压会屈曲,支撑屈曲将导致原结构的承载力降低;偏心支撑框架可通过偏心梁段剪切屈服限制支撑的受压屈曲,从而保证结构具有稳定的承载能力和良好的耗能性能,而结构抗侧力刚度介于纯框架和中心支撑框架之间。

楼层水平支撑设计的作用主要是传递水平地震作用和风荷载,控制柱的计算长度和保证结构构件安装时的稳定。

7.4 集中控制楼、配电装置楼

7.4.1 集中控制楼、配电装置楼在电厂和变电站中都是很重要的建筑,其特点层高不等、顶层为大开间,因此跨度较大,高度一般不会超过30m,鉴于该建筑在电厂和变电站的重要程度,提出一般情况下宜采用现浇钢筋混凝土框架结构。框架的抗震等级只与抗震设防烈度有关。

7.4.2 本次修订取消了原规范中采用砖混结构的要求。对于采用砖混结构的集中控制楼、配电装置楼可按照现行国家标准《建筑抗震设计规范》GB 50011的要求执行。

7.4.3 本次修订的新增条文,由于控制室的开间要求较大,本次修订提出对于跨度大于18m或为8度、9度时,控制室顶部大开间结构的屋面宜采用钢结构承重的轻型屋面。

7.4.4 本次修订取消了抗震缝的具体数值,缝宽的确定依据现行国家标准《建筑抗震设计规范》GB 50011的要求确定。

7.5 运 煤 廊 道

7.5.1 地上廊道的地震作用计算与建筑物相近,因此其地震作用可按现行国家标准《建筑抗震设计规范》GB 50011进行水平地震作用及其作用效应计算。

7.5.3、7.5.4 唐山地震中,某电站的地上运煤廊道凡是砖墙承重、预制钢筋混凝土楼板(或屋面板)的砖混结构震害最为严重,如2号皮带运煤廊道地上部分用24砖墙,震后两侧砖纵墙均倾斜,墙和屋面板压在皮带上,而在采用桁架承重和轻质材料围护结构的高运煤廊道震后比较完好。四川汶川地震,震中附近的电厂地上运煤廊道均采用钢桁架承重和金属墙板围护,震后基本完好。由此说明地震区的地上运煤廊道采用轻质材料和高强度材料有利于抗震。

本次修订提出,当为8度和9度时,地上廊道宜采用轻型围护结构,不应采用砖墙维护。当跨度大于18m时,地上廊道的跨间承重结构应采用钢桁架。当为6度和7度、跨度较小时可采用钢筋混凝土框架结构。

7.5.5 运煤廊道是两个建筑物之间的连接通道,属窄长型构筑物,其特点是廊道纵向刚度很大,横向刚度较小,而支架刚度亦较小,和相邻建筑物相比,无论刚度和质量都存在较大的差异,同时,廊道作为传力构件,地震作用将会互相传递,导致较薄弱的建筑物产生较大的破坏。若廊道偏心支承于建(构)筑物上,还将产生偏心扭转效应,加剧其他建筑物的破坏。基于以上原因,提出运煤廊道与相邻建筑物之间,7度时,宜设防震缝脱开;8度及9度时应设防震缝脱开。

7.5.6 某些特殊情况下,由于工艺的要求以及结构处理上的困难,廊道和建(构)筑物不可能分开自成体系,其后果如第7.5.5条说明所述。为了减少地震中由于刚度、质量的差异所产生的不利影响,宜采用传递水平力小的连接构造,如球形支座(有防滑落措施)、悬吊支座、摇摆柱等。

7.6 变电站建(构)筑物

7.6.1 新增条文。

变电站或换流站建(构)筑物抗震设防类别应符合现行国家标准《建筑工程抗震设防分类标准》GB 50223—2008的要求,抗震设防类别及抗震设防标准按规范表7.1.1执行;变电站或换流站钢筋混凝土房屋抗震等级应符合现行国家标准《建筑抗震设计规范》GB 50011的要求,并按规范表7.1.2执行。

7.6.2 新增条文。

与一般建筑物相比,变电站或换流站建筑物的地震作用和结构抗震验算没有特殊性,应符合现行国家标准《建筑抗震设计规范》GB 50011的相关要求。

7.6.3 新增条文。

合理的建筑形体及其构件布置的规则性在抗震设计中是至关重要的。本条要求变电站或换流站建筑设计需特别重视其平、立、剖面及构件布置不规则对抗震性能的影响,提倡平、立面简单对称。因为震害表明,简单、对称的建筑在地震时较不容易破坏,简单、对称的结构容易估计其地震时的反应,也容易采取抗震构造措施和进行细部处理。

7.6.4 新增条文。

现行国家标准《建筑抗震设计规范》GB 50011相关条文对多层和高层钢筋混凝土房屋规定:"甲、乙类建筑以及高度大于24m的丙类建筑,不应采用单跨框架结构"。变电站配电装置楼(室)为重点设防类(简称乙类)建筑,工艺要求多为单跨布置,对于继电器室、站用电室等高度不高、跨度不大的单层单跨结构应不受此规定限制,但相对于110kV、220kV多层配电装置楼则不应采用单跨框架结构,但可以采用框架-抗震墙结构,框-墙结构中的框架,可以是单跨。

7.6.5 新增条文。

就单极而言,换流站阀厅及户内直流场均为单层工业厂房。

户内直流场一般与同极阀厅毗邻脱开布置,与防火(墙)无关,工艺要求也不高,其结构形式的选择受到的制约条件较少,应根据工程所在地气象条件优先采用建筑平面刚度均匀、抗震性能好和施工便捷、投资节省的钢排架结构或钢筋混凝土排架结构。

对于阀厅而言,其工艺要求相对比较复杂,对密闭性、空气洁净度、微正压运行、通风和空气调节、防电磁干扰、防火、防排烟、地面清洁度等都有严格的使用要求。阀厅结构形式的选择不仅要满足工艺功能使用要求,还必须综合考虑抗震要求、气象条件、施工和维护方便等因素。总结国内已建各电压等级换流站阀厅的设计和施工经验,实际工程中也应优先采用建筑平面刚度均匀、抗震性能好和施工便捷、投资节省的钢排架结构、钢筋混凝土排架结构、钢-混凝土排架混合结构等三种结构形式。需要指出的是,此三种排架结构中的纵向平面框架一般都需要设置柱间支撑。

1 阀厅采用钢排架结构时,阀厅与纵(横)向防火墙脱开布置,阀厅与纵(横)向防火墙为两个独立的结构单元,纵向防火墙兼作阀厅的外围护墙。钢排架结构虽有利于抗震,但整片钢筋混凝土防火墙严重制约工期的缺陷并没有克服。

2 阀厅采用钢筋混凝土排架结构或钢—混凝土排架混合结构时,阀厅和纵(横)向防火墙为一个结构单元。此时,纵(横)向防火墙均为钢筋混凝土框架填充墙,同时也兼做阀厅的外围护墙。

3 阀厅采用钢排架—抗震墙混合结构(即原先ABB或SIEMENS设计模式)时,阀厅和抗震墙为一个结构单元,抗震墙兼作阀厅承重结构、换流变防火墙和阀厅的外围护墙。此种结构形式建筑平面刚度很不均匀,不利于抗震,混凝土抗震墙(防火墙)严重制约工期,在寒冷和严寒地区此缺点表现得尤为突出。国内已建和在建的换流站阀厅及防火墙结构类型见表4。

表4 国内已建(在建)换流站阀厅及防火墙结构类型一览表

序号	工程名称	输送容量	阀厅及防火墙结构类型
1	葛上工程 (葛洲坝→上海)	±500kV/1200MW	钢排架-抗震墙(兼防火墙)结构
2	天广工程 (天生桥→广州北)	±500kV/1800MW	钢排架-抗震墙(兼防火墙)结构
3	三常工程 (龙泉→政平)	±500kV/3000MW	钢排架-抗震墙(兼防火墙)结构 【户内直流场为钢排架-支撑结构】
4	三广工程 (江陵→鹅城)	±500kV/3000MW	钢排架-抗震墙(兼防火墙)结构
5	贵广一回 (安顺→肇庆)	±500kV/3000MW	钢排架-抗震墙(兼防火墙)结构
6	贵广二回 (兴仁→深圳)	±500kV/3000MW	钢排架-抗震墙(兼防火墙)结构
7	灵宝背靠背换流站	120kV/360MW	钢筋混凝土排架结构(砖填充墙)
8	三沪工程 (宜都→华新)	±500kV/3000MW	钢排架-抗震墙(兼防火墙)结构
9	东北华北直流联网高岭背靠背换流站	±500kV/1200MW	钢筋混凝土排架结构(砖填充墙)
10	灵宝背靠背换流站扩建	167kV/750MW	钢筋混凝土排架结构(砖填充墙)
11	中俄直流联网黑河背靠背换流站	±500kV/750MW	钢筋混凝土排架-抗震墙(兼防火墙)结构
12	德宝工程 (德阳→宝鸡)	±500kV/3000MW	钢-混凝土排架混合结构(防火墙为砖填充墙)
13	呼辽工程 (伊敏→木家)	±500kV/3000MW	伊敏站:钢排架-抗震墙(兼防火墙)结构 木家站:钢-混凝土排架混合结构(防火墙为砖填充墙)
14	三沪二回 (荆门→枫泾)	±500kV/3000MW	钢排架-抗震墙(兼防火墙)结构
15	西北—华北(山东)工程 (银川东→青岛)	±660kV/4000MW	钢排架结构,钢筋混凝土纵横向板式防火墙与钢排架柱脱开布置 【户内直流场也为钢排架结构】
16	云广工程 (楚雄→穗东)	±800kV/5000MW	高端阀厅:钢-混凝土排架混合结构,混凝土柱为短肢剪力墙,防火墙为砖填充墙。 低端阀厅:钢-混凝土排架混合结构、防火墙为砖填充墙,其中低端阀厅中间一列为钢柱、压型钢板隔墙。
17	向上工程 (复龙→奉贤)	±800kV/6400MW	高端阀厅:钢排架结构,钢筋混凝土纵横向板式防火墙与钢排架柱脱开布置。 低端阀厅:换流变侧为钢筋混凝土柱-抗震墙混合结构,中间一列为混凝土柱、砖填充墙,换流变侧为抗震墙(兼防火墙)

续表 4

序号	工程名称	输送容量	阀厅及防火墙结构类型
18	锦苏工程（裕隆→同里）	±800kV/7200MW	同上
19	青藏直流（格尔木→拉萨）	±400kV/600MW	钢排架结构，钢筋混凝土纵横向板式防火墙与钢排架柱脱开布置【户内直流场为钢筋混凝土排架结构、砖填充墙】
20	糯扎渡（普洱）→广东（江门）	±800kV/5000MW	高端阀厅：钢-混凝土排架混合结构，其中混凝土柱为短肢剪力墙，砖填充墙。 低端阀厅：钢-混凝土排架混合结构，其中混凝土柱为短肢剪力墙，中间一列为钢柱，压型钢板隔墙
21	溪洛渡右岸（昭通）→广东（从化）	±500kV/2X3200MW	钢-混凝土排架混合结构（防火墙为砖填充墙）
22	溪洛渡左岸（双龙）→浙西（武义）	±800kV/8000MW	钢排架结构，钢筋混凝土纵横向板式防火墙与钢排架柱脱开布置。 低端阀厅：钢筋混凝土柱-抗震墙结构，中间一列为混凝土柱、砖填充墙，换流变侧为抗震墙（兼防火墙）
23	哈密→郑州	±800kV/8000MW	高端阀厅：钢-混凝土排架混合结构，混凝土柱为短肢剪力墙，砖填充墙。 低端阀厅：钢筋混凝土排架结构，换流变侧混凝土柱为短肢剪力墙，中间一列为混凝土柱，砖墙填充
24	宁东（灵州）→浙江（绍兴）	±800kV/8000MW	钢排架结构，钢筋混凝土纵横向板式防火墙与钢排架柱脱开布置。 低端阀厅：钢筋混凝土柱-抗震墙结构，中间一列为混凝土柱、砖填充墙，换流变侧为抗震墙（兼防火墙）
25	云南（金沙江）→广西（柳南）	±500kV/3200MW	钢排架结构，钢筋混凝土纵横向板式防火墙与钢排架柱脱开布置

注：输送容量仅供参考；阀厅结构型式各设计单位表述不尽统一。

本条还针对阀厅及户内直流场等单层工业厂房提出了主要的抗震构造措施，与现行国家标准《建筑抗震设计规范》GB 50011 中的相关规定保持一致。

7.6.6 原标准第 6.5.1 条的修改条文。

根据我国国情和实际工程实践中对构架柱梁结构形式的实际应用，结合抗震要求，本条罗列了常用的构架柱、构架梁结构形式，他们都具备较好的抗震能力。具体工程可以根据不同的电压等级、结构受力、抗震性能、工程造价、材料来源（或地区习惯）、加工运输条件以及美观等方面综合考虑后选用。

同时，在满足抗震要求的前提下，本标准也鼓励设计人员在经过充分的计算论证、技术经济比较和真型试验后对构架的结构形式及材料选用进行技术创新。

7.6.7 新增条文。

设备支架宜与站内构架的结构型式尽量保持协调一致，是从整个变电站的美观角度考虑的。同时，本条所列设备支架结构形式也都具备相当的抗震能力。

国家电网公司科技部科研课题《输变电工程抗震设计研究报告》的分析计算和在振动台上的真型试验结果表明，支柱型、细长类高压电气设备，支架顶部动力放大系数较大，在地震作用下容易发生共振。因此，设备支架宜尽量采用钢结构，以提高地震阻尼作用。有条件时，可采用减震器或阻尼器，改变设备体系的频率和阻尼比，从而降低设备的地震动反应。

7.6.8 原标准第 6.5.2 条的修改条文。

不管是人字柱构架、还是格构式构架，梁柱各杆件的地震作用分段按多质点体系计算更为精确。构架一般只考虑两个主轴方向的水平地震作用，可不考虑竖向地震作用。

构架应优先采用空间杆系分析与设计软件进行空间分析计算。

传统的平面分析方法，由于无法精确反映构件的真实受力状态，造成某些构件受力不足安全度过于富裕，而另一些构件则接近于满应力甚至超应力工作状态，结构安全性较差；当采用空间分析程序计算时，由于可以对所有的构件依照设定的应力控制指标进行满应力设计，所有的构件的安全度都是接近的，构架的整体可靠度指标也就等同于任一构件的可靠度指标。在结构可靠度方面，由于结构本身不存在余度特别大或设计应力比较紧张的构件，从整体上讲，构架的安全度反而提高了。

7.6.9 原标准第 6.5.3 条的修改条文。

传统上将设备支架简化为单质点体系计算与实际情况相差较远，不够合理和安全。支架上安装有电气设备时，应将支架与其上电气设备及其连接作为一个整体按多质点进行地震动力分析。

7.6.10 原标准第 6.5.4 条的修改条文。

根据现行国家标准《建筑抗震设计规范》GB 50011 补充了重力荷载代表值表达式、地震作用效应与风荷载效应的基本组合表达式，方便设计人员直接引用。

地震作用只需与正常运行工况时四种气象条件下的荷载效应进行组合，安装、检修工况时可不考虑同时发生地震。

重力荷载代表值是垂直向下的力，规范中式（7.6.10-1）的 S_{Gk} 除应计及结构自重标准值、构支架上设备（如阻波器、悬垂串等设备）自重标准值外，还应计及悬挂在构支架上的导线自重标准值，将安装气象条件下非紧线相导线荷载标准值的垂直分量作为导线自重标准值是比较适宜的。重力荷载代表值中考虑了电气提供的导线荷载标准值的垂直分量扣除导线自重标准值后的可变荷载标准值参与组合，参照现行国家标准《建筑抗震设计规范》GB 50011 的规定，该可变荷载标准值组合值系数一般取 $\Psi_{ci}=0.5$。

与现行国家标准《建筑抗震设计规范》GB 50011 中建筑物地震作用效应和其他荷载效应的基本组合表达式不同，对于有导线荷载作用的构支架，规范中式（7.6.10-2）多出的 $\Psi_Q\gamma_Q S_{QK}$ 一项考虑了正常运行工况电气提供的导线荷载水平分量标准值的效应，它与作用在结构上的风荷载标准值的效应 S_{wk} 同属水平荷载类型、荷载也都作用在结构节点上，同属一种作用方式。应分别按顺导线方向和垂直导线方向的风引起的导线荷载标准值的水平分量效应与对应的结构风压效应进行组合，因为两个方向的风不可能同时存在。

现行国家标准《建筑抗震设计规范》GB 50011 规定风荷载起控制作用的高层建筑，风荷载组合值系数 Ψ_w 应采用 0.2，构支架也属于风荷载起控制作用的构筑物。

构支架地震作用效应和风荷载效应的基本组合，工程经验表明可不考虑竖向地震作用，仅考虑水平地震作用。

7.6.11 新增条文。

实际工程中，通过对不同场地、不同抗震设防烈度下的构支架在地震作用效应和其他荷载效应组合计算表明，地震作用工况下构支架杆件的应力大多小于其他荷载效应组合工况（如大风、覆冰有风）下产生的应力，地震作用组合大多不起控制作用，即在发生地震灾害时的构支架所承受的荷载工况并非最不利状态，尤其对于钢结构构支架，具有强度高、重量轻、延性和韧性好等特点，在2008年“5·12”四川汶川地震中几乎没有损失。但对于钢筋混凝土构支架，除次生灾害的破坏外，也存在少量的直接地震力破坏情况。应该说钢筋混凝土构架本身的结构形式在地震力的作用下不易破坏。少量破坏的原因，一是水泥杆暴露在空气中，长期风吹日晒，导致混凝土风化、碳化；二是水泥杆开裂、碳化使钢筋失去表面钝化膜的保护，部分钢筋锈蚀、膨胀，导致混凝土保护层剥落，两者均直接导致构件截面承载力降低，存在结构缺陷，从而使结构薄弱处在地震力产生破坏。

本条引用现行国家标准《高耸结构设计规范》GB 50135 有关条文，并针对变电站实际情况给出的具体规定，便于设计人员直接引用。所谓"高耸结构"是指相对高而细的结构，如变电站构支架、独立避雷针等。

7.6.12 新增条文。

从 2008 年"5·12"四川汶川地震灾害调查看，变压器基础震后未见破坏，但变压器存在移位、转动、倾斜甚至脱轨等破坏现象。变压器脱轨损坏了附属构件后产生漏油，喷油甚至烧毁，其余设备基础均未见明显破坏情况。

可见落地变压器、高抗等大型设备由于未采取固定措施或虽采取了固定措施，但方式不当或强度不足，地震时将固定螺栓剪断、拉脱或将焊缝拉开使固定措施失效，导致变压器滑移甚至掉台，因此应加强大型落地电力设备与基础之间的连接。

除设备厂家有专门的安装要求外，根据国家电网公司科技部《输变电工程抗震设计研究报告》在 7 度～9 度抗震设防烈度下对 750kV 单相变压器与基础连接焊缝的地震作用计算结果，建议焊脚尺寸 h_f 取 12mm。按照现行国家标准《钢结构设计规范》GB 50017有关角焊缝的要求，角焊缝表面应做成直线型或凹型，焊脚尺寸的比例取 1∶1.5。

同时，本标准也鼓励设计人员对大型电力设备采取行之有效的其他隔震和消能减震措施。

8 送电线路杆塔及微波塔

8.1 一 般 规 定

8.1.1 新增条文。

依据现行国家标准《建筑抗震设计规范》GB 50011 第4.4.1条要求，建设场地应划分为有利、不利和危险地段。为减少工程风险、降低投资，限制送电线路通过危险地段。当送电线路无法避免危险地段时，应采取必要措施，保证杆塔和基础安全。

8.1.2 新增条文。

对输电线路杆塔多次地震后灾害调查显示，地基液化和地基不均匀沉降是线路杆塔破坏的主要原因之一，如 1975 年我国海城地震，跨河段铁塔发生了地基液化和地基不均匀沉降导致的塔身倾斜和基础毁坏；1976 年唐山地震，部分混凝土电杆由于地基液化和不均匀沉降导致的拉线松弛、电杆倾斜损坏；1995 年日本兵库地震，20 余座铁塔发生基础不均匀沉陷、塔身倾斜和倒塌。混凝土结构抗震性能较差，对地基沉陷敏感，结构分析表明，设防烈度 8 度及以上地区，钢筋混凝土结构的杆塔，地震荷载组合会控制构件设计，因此，这一地区不适宜采用混凝土跨越塔。

8.1.3 新增条文。

为限制灾害影响范围，减少灾害损失，通过不良地质区段的线路宜采用单回路架设。

8.1.4 新增条文。

大跨越工程一般位于通航江河、湖泊或海峡等，发生故障时严重影响航运或修复特别困难，因此对大跨越工程需作地震安全性评价。

8.1.5 新增条文。

根据现行国家标准《建筑抗震设计规范》GB 50011 强制性条文第 1.0.4 条及非强制性条文第 1.0.5 条进行修编。线路杆塔设计抗震设防烈度采用现行国家标准《中国地震动参数区划图》GB 18306 的地震基本烈度，根据本规范关于设防烈度和抗震设防区划地震动参数的审批权限，由国家规范有关主管部门规定。

根据现行国家标准《建筑工程抗震设防分类标准》GB 50223 第 3.0.2 条、第 3.0.3 条要求，重点设防类建筑应按高于本地区抗震设防烈度 1 度的要求加强其抗震措施；但抗震设防烈度为 9 度时应按比 9 度更高的要求采取抗震措施；已按规范第 1.0.11 条提高设防烈度的乙类建筑不再提高。

8.1.6 新增条文。

结合以往研究结论和工程经验，依据本次专题研究成果，新增本条文。

混凝土高塔是指混凝土塔身总高度超过 100m 的塔，工程设计经验表明，位于 7 度区的这类高塔，个别断面是由地震荷载控制的。

研究计算表明，基本地震烈度 8 度及以下一般铁塔，杆塔内力和选材均由非地震组合控制；大跨越铁塔由于杆塔高度高、自振周期长，虽然杆塔大部分杆件由非地震内力控制，但横隔面、地线支架等部位的杆件可能由地震组合作用控制，因此，要求对 8 度及以上地区大跨越塔、微波高塔作抗震验算。

9 度区主要位于四川、云南、西藏、新疆等西部地区，随着经济发展和西部大开发，可能在这些地区建造输电线路，9 度区各类杆塔均需作抗震验算。由于 9 度区地震破坏大，设计经验少，建议工程项目尽可能避开。

8.1.7 地基液化对地基承载能力影响很大，因此地基和基础设计应考虑适当的抗液化或消除液化措施，条文中未包括电压等级的重要线路，可参照执行。

8.1.8 原规范第 7.0.8 条修改条文。根据现行国家标准《建筑抗震设计规范》GB 50011 第 4.1.1 条规定，大跨越塔和长悬臂横担杆塔应进行竖向地震作用验算。

8.2 计 算 要 点

8.2.1 导线、地线通过悬垂绝缘子串和金具与杆塔连接。绝缘子串相当于一个单摆系统，其周期比杆塔周期长得多。在挂有导线、地线的铁塔模型试验中也证实了铁塔的动力影响要比不挂线的铁塔小，故可不考虑导线、地线的动力影响。

8.2.2 杆塔的地震作用验算荷载只考虑正常运行情况，不考虑事故和安装情况，恒荷载不考虑覆冰情况。导、地线的拉力只是在验算特种塔时考虑，此时导线、地线的应力采用年平均温度下的应力。

8.2.3 新增条文。

振型个数的多少关系到结构计算精度和计算工作量，自振周期小于 1.5s，振型个数取前 2 个～3 个振型，计算精度已满足工程要求，自振周期大于 1.5s，由于高阶振型的影响，可适当增加振型个数，一般取振型参与质量达到总质量 90%所需的振型数。

8.2.4 原规范第 7.0.6 条修改。本条根据现行国家标准《建筑结构可靠度设计统一标准》GB 50068、《构筑物抗震设计规范》GB 50191和《110kV～750kV 架空输电线路设计规范》GB 50545 的有关规定和线路杆塔结构的特点制订。

根据现行国家标准《建筑结构可靠度设计统一标准》GB 50068 确定荷载分项系数的原则和目前抗震设计水准的可靠指标，考虑了与地震烈度对应的地面运动、加速度的峰值和动力放大系数的不确定性，研究分析了对应于不同烈度的地震作用的均值和方差，并利用了现行国家标准《建筑结构可靠度设计统一标准》GB 50068 中给出的各种荷载的统计参数。按 Torkstra 的荷载组合规则，确定了本规范所建议的荷载分项系数，这些系数是用一次二矩方法求出的最优组合。承载力抗震调整系数 γ_{RE} 参考现行国家标准《建筑抗震设计规范》GB 50011，并依据送电线路杆塔的特点确定。

8.2.5 原规范第7.0.7条。承载力抗震调整系数γ_{RE}参考现行国家标准《建筑抗震设计规范》GB 50011，并根据送电线路杆塔的特点而定出其值。

8.3 构造要求

8.3.1 新增条文。

铁塔和基础连接，常见的有插入角钢和地脚螺栓两种方式。考虑到9度区铁塔与基础连接产生破坏或基础产生不均匀沉降的可能性，为方便基础处理，建议采用地脚螺栓连接方式。

8.3.2 为原规范第7.0.9条文。自立式铁塔结构的阻尼比，根据铁塔模型试验其值在0.02～0.03，现行国家标准《建筑抗震设计规范》GB 50011对钢结构取0.02，钢筋混凝土结构取0.05，现行国家标准《高耸结构设计规范》GB 50135对钢结构取0.02，现行国家标准《构筑物抗震设计规范》GB 50191也对钢结构阻尼比取0.02，本次修订沿用原条文取0.03。对钢筋混凝土杆塔的阻尼比参考《日本建筑结构抗震条例》所规定的值，国内钢筋混凝土烟囱结构阻尼比也取0.05，故本规范规定宜取0.05。

中华人民共和国国家标准

给水排水管道工程施工及验收规范

Code for construction and acceptance of
water and sewerage pipeline works

GB 50268—2008

主编部门：中华人民共和国住房和城乡建设部
批准部门：中华人民共和国住房和城乡建设部
施行日期：2 0 0 9 年 5 月 1 日

中华人民共和国住房和城乡建设部
公　　告

第132号

关于发布国家标准《给水排水管道工程施工及验收规范》的公告

现批准《给水排水管道工程施工及验收规范》为国家标准，编号为GB 50268—2008，自2009年5月1日起实施。其中，第1.0.3、3.1.9、3.1.15、3.2.8、9.1.10、9.1.11条为强制性条文，必须严格执行。原《给水排水管道工程施工及验收规范》GB 50268—97和《市政排水管渠工程质量检验评定标准》CJJ 3—90同时废止。

本规范由我部标准定额研究所组织中国建筑工业出版社出版发行。

中华人民共和国住房和城乡建设部

2008年10月15日

前　　言

本规范根据建设部《关于印发〈二〇〇四年工程建设国家标准制订、修订计划〉的通知》（建标[2004] 67号）的要求，由北京市政建设集团有限责任公司会同有关单位对《给水排水管道工程施工及验收规范》GB 50268—97进行修订而成。

在修订过程中，编制组进行了的深入的调查研究和专题研讨，总结了我国各地给水排水管道工程施工与质量验收的实践经验，坚持了“验评分离、强化验收、完善手段、过程控制”的指导原则，参考了有关国内外相关规范，并以多种形式广泛征求了有关单位的意见，最后经审查定稿。

本规范规定的主要内容有：总则、术语、基本规定、土石方与地基处理、开槽施工管道主体结构、不开槽施工管道主体结构、沉管和桥管施工主体结构、管道附属构筑物、管道功能性试验及附录。

本规范中以黑体字标志的条文为强制性条文，必须严格执行。

本规范由住房和城乡建设部负责管理和对强制性条文的解释，由北京市政建设集团有限责任公司负责具体技术内容的解释。为了提高规范质量，请各单位在执行本规范的过程中，注意总结经验和积累资料，随时将发现的问题和意见寄交北京市政建设集团有限责任公司（地址：北京市海淀区三虎桥路6号，邮编：100044；E-mail：kjb@bmec.cn）；以供今后修订时参考。

本规范主编单位、参编单位和主要起草人：

主 编 单 位：北京市政建设集团有限责任公司

参 编 单 位：上海市建设工程质量监督站公用事业分站
北京城市排水集团有限责任公司
天津市市政公路管理局
北京市自来水设计公司
天津市自来水集团有限公司
北京市市政工程管理处
北京市市政四建设工程有限责任公司
上海市第二市政工程有限公司
北京建筑工程学院
广东工业大学
重庆大学
西安市市政设计研究院
武汉市水务局
武汉市给排水工程设计院有限公司
新兴铸管股份有限公司

主要起草人：焦永达　苏耀军　杨　毅　王洪臣
于清军　李　强　郑进玉　曹洪林
李俊奇　岳秀平　王和平　蔡　达
袁观洁　张　勤　王金良　刘彦林
游青城　葛金科　孙连元　李绍海
刘　青

目 次

1 总　　则

1.0.1 为加强给水、排水（以下简称给排水）管道工程施工管理，规范施工技术，统一施工质量检验、验收标准，确保工程质量，制定本规范。

1.0.2 本规范适用于新建、扩建和改建城镇公共设施和工业企业的室外给排水管道工程的施工及验收；不适用于工业企业中具有特殊要求的给排水管道施工及验收。

1.0.3 给排水管道工程所用的原材料、半成品、成品等产品的品种、规格、性能必须符合国家有关标准的规定和设计要求；接触饮用水的产品必须符合有关卫生要求。严禁使用国家明令淘汰、禁用的产品。

1.0.4 给排水管道工程施工与验收，除应符合本规范的规定外，尚应符合国家现行有关标准的规定。

2 术　　语

2.0.1 压力管道　pressure pipeline

本规范指工作压力大于或等于 0.1MPa 的给排水管道。

2.0.2 无压管道　non-pressure pipeline

本规范指工作压力小于 0.1MPa 的给排水管道。

2.0.3 刚性管道　rigid pipeline

主要依靠管体材料强度支撑外力的管道，在外荷载作用下其变形很小，管道的失效是由于管壁强度的控制。本规范指钢筋混凝土、预（自）应力混凝土管道和预应力钢筒混凝土管道。

2.0.4 柔性管道　flexible pipeline

在外荷载作用下变形显著的管道，竖向荷载大部分由管道两侧土体所产生的弹性抗力所平衡，管道的失效通常由变形造成而不是管壁的破坏。本规范主要指钢管、化学建材管和柔性接口的球墨铸铁管管道。

2.0.5 刚性接口　rigid joint of pipelines

不能承受一定量的轴向线变位和相对角变位的管道接口，如用水泥类材料密封或用法兰连接的管道接口。

2.0.6 柔性接口　flexible joint of pipelines

能承受一定量的轴向线变位和相对角变位的管道接口，如用橡胶圈等材料密封连接的管道接口。

2.0.7 化学建材管　chemical material pipelines

本规范指玻璃纤维管或玻璃纤维增强热固性塑料管（简称玻璃钢管）、硬聚氯乙烯管（UPVC）、聚乙烯管（PE）、聚丙烯管（PP）及其钢塑复合管的统称。

2.0.8 管渠　canal; ditch; channel

指采用砖、石、混凝土砌块砌筑的，钢筋混凝土现场浇筑的或采用钢筋混凝土预制构件装配的矩形、拱形等异型（非圆形）断面的输水通道。

2.0.9 开槽施工　trench installation

从地表开挖沟槽，在沟槽内敷设管道（渠）的施工方法。

2.0.10 不开槽施工　trenchless installation

在管道沿线地面下开挖成形的洞内敷设或浇筑管道（渠）的施工方法，有顶管法、盾构法、浅埋暗挖法、定向钻法、夯管法等。

2.0.11 管道交叉处理　pipeline cross processing

指施工管道与既有管线相交或相距较近时，为保证施工安全和既有管线运行安全所进行的必要的施工处理。

2.0.12 顶管法　pipe jacking method

借助于顶推装置，将预制管节顶入土中的地下管道不开槽施工方法。

2.0.13 盾构法　shield method

采用盾构机在地层中掘进的同时，拼装预制管片或现浇混凝土构筑地下管道的不开槽施工方法。

2.0.14 浅埋暗挖法　shallow undercutting method

利用土层在开挖过程中短时间的自稳能力，采取适当的支护措施，使围岩或土层表面形成密贴型薄壁支护结构的不开槽施工方法。

2.0.15 定向钻法　directional drilling method

利用水平钻孔机钻进小口径的导向孔，然后用回扩钻头扩大钻孔，同时将管道拉入孔内的不开槽施工方法。

2.0.16 夯管法　pipe ramming method

利用夯管锤（气动夯锤）将管节夯入地层中的地下管道不开槽施工方法。

2.0.17 沉管法　sunken pipeline method; immersed pipeline method

将组装成一定长度的管段或钢筋混凝土密封管段沉入水底或水底开挖的沟槽内的水底管道铺设方法，又称沉埋法或预制管段沉埋法。

2.0.18 桥管法　bridging pipeline method

以桥梁形式跨越河道、湖泊、海域、铁路、公路、山谷等天然或人工障碍专用的管道铺设方法。

2.0.19 工作井　working shaft

用顶管、盾构、浅埋暗挖等不开槽施工法施工时，从地面竖直开挖至管道底部的辅助通道，也称为工作坑、竖井等。

2.0.20 管道严密性试验　leak test

对已敷设好的管道用液体或气体检查管道渗漏情况的试验统称。

2.0.21 压力管道水压试验　water pressure test for pressure pipeline

以水为介质，对已敷设的压力管道采用满水后加压的方法，来检验在规定的压力值时管道是否发生结构破坏以及是否符合规定的允许渗水量（或允许压力降）标准的试验。

2.0.22 无压管道闭水试验 water obturation test for non-pressure pipeline

以水为介质对已敷设重力流管道（渠）所做的严密性试验。

2.0.23 无压管道闭气试验 pneumatic pressure test for nonpressure pipeline

以气体为介质对已敷设管道所做的严密性试验。

3 基本规定

3.1 施工基本规定

3.1.1 从事给排水管道工程的施工单位应具备相应的施工资质，施工人员应具备相应的资格。给排水管道工程施工和质量管理应具有相应的施工技术标准。

3.1.2 施工单位应建立、健全施工技术、质量、安全生产等管理体系，制订各项施工管理规定，并贯彻执行。

3.1.3 施工单位应按照合同文件、设计文件和有关规范、标准要求，根据建设单位提供的施工界域内地下管线等构（建）筑物资料、工程水文地质资料，组织有关施工技术管理人员深入沿线调查，掌握现场实际情况，做好施工准备工作。

3.1.4 施工单位应熟悉和审查施工图纸，掌握设计意图与要求，实行自审、会审（交底）和签证制度；发现施工图有疑问、差错时，应及时提出意见和建议；如需变更设计，应按照相应程序报审，经相关单位签证认定后实施。

3.1.5 施工单位在开工前应编制施工组织设计，对关键的分项、分部工程应分别编制专项施工方案。施工组织设计、专项施工方案必须按规定程序审批后执行，有变更时要办理变更审批。

3.1.6 施工临时设施应根据工程特点合理设置，并有总体布置方案。对不宜间断施工的项目，应有备用动力和设备。

3.1.7 施工测量应实行施工单位复核制、监理单位复测制，填写相关记录，并符合下列规定：

1 施工前，建设单位应组织有关单位进行现场交桩，施工单位对所交桩进行复核测量；原测桩有遗失或变位时，应及时补钉桩校正，并应经相应的技术质量管理部门和人员认定；

2 临时水准点和管道轴线控制桩的设置应便于观测、不易被扰动且必须牢固，并应采取保护措施；开槽铺设管道的沿线临时水准点，每200m不宜少于1个；

3 临时水准点、管道轴线控制桩、高程桩，必须经过复核方可使用，并应经常校核；

4 不开槽施工管道，沉管、桥管等工程的临时水准点、管道轴线控制桩，应根据施工方案进行设置，并及时校核；

5 对既有管道、构（建）筑物与拟建工程衔接的平面位置和高程，开工前必须校测。

3.1.8 施工测量的允许偏差，应符合表3.1.8的规定，并应满足国家现行标准《工程测量规范》GB 50026和《城市测量规范》CJJ 8的有关规定；对有特定要求的管道还应遵守其特殊规定。

表 3.1.8 施工测量的允许偏差

项目		允许偏差
水准测量高程闭合差	平地	$\pm 20\sqrt{L}$ (mm)
	山地	$\pm 6\sqrt{n}$ (mm)
导线测量方位角闭合差		$40\sqrt{n}$ ($''$)
导线测量相对闭合差	开槽施工管道	1/1000
	其他方法施工管道	1/3000
直接丈量测距的两次较差		1/5000

注：1 L为水准测量闭合线路的长度（km）；
2 n为水准或导线测量的测站数。

3.1.9 工程所用的管材、管道附件、构（配）件和主要原材料等产品进入施工现场时必须进行进场验收并妥善保管。进场验收时应检查每批产品的订购合同、质量合格证书、性能检验报告、使用说明书、进口产品的商检报告及证件等，并按国家有关标准规定进行复验，验收合格后方可使用。

3.1.10 现场配制的混凝土、砂浆、防腐与防水涂料等工程材料应经检测合格后方可使用。

3.1.11 所用管节、半成品、构（配）件等在运输、保管和施工过程中，必须采取有效措施防止其损坏、锈蚀或变质。

3.1.12 施工单位必须遵守国家和地方政府有关环境保护的法律、法规，采取有效措施控制施工现场的各种粉尘、废气、废弃物以及噪声、振动等对环境造成的污染和危害。

3.1.13 施工单位必须取得安全生产许可证，并应遵守有关施工安全、劳动保护、防火、防毒的法律、法规，建立安全管理体系和安全生产责任制，确保安全施工。对不开槽施工、过江河管道或深基槽等特殊作业，应制定专项施工方案。

3.1.14 在质量检验、验收中使用的计量器具和检测设备，必须经计量检定、校准合格后方可使用。承担材料和设备检测的单位，应具备相应的资质。

3.1.15 给排水管道工程施工质量控制应符合下列规定：

1 各分项工程应按照施工技术标准进行质量控制，每分项工程完成后，必须进行检验；

2　相关各分项工程之间，必须进行交接检验，所有隐蔽分项工程必须进行隐蔽验收，未经检验或验收不合格不得进行下道分项工程。

3.1.16　管道附属设备安装前应对有关的设备基础、预埋件、预留孔的位置、高程、尺寸等进行复核。

3.1.17　施工单位应按照相应的施工技术标准对工程施工质量进行全过程控制，建设单位、勘察单位、设计单位、监理单位等各方应按有关规定对工程质量进行管理。

3.1.18　工程应经过竣工验收合格后，方可投入使用。

3.2　质量验收基本规定

3.2.1　给排水管道工程施工质量验收应在施工单位自检基础上，按验收批、分项工程、分部（子分部）工程、单位（子单位）工程的顺序进行，并应符合下列规定：

1　工程施工质量应符合本规范和相关专业验收规范的规定；

2　工程施工质量应符合工程勘察、设计文件的要求；

3　参加工程施工质量验收的各方人员应具备相应的资格；

4　工程施工质量的验收应在施工单位自行检查，评定合格的基础上进行；

5　隐蔽工程在隐蔽前应由施工单位通知监理等单位进行验收，并形成验收文件；

6　涉及结构安全和使用功能的试块、试件和现场检测项目，应按规定进行平行检测或见证取样检测；

7　验收批的质量应按主控项目和一般项目进行验收；每个检查项目的检查数量，除本规范有关条款有明确规定外，应全数检查；

8　对涉及结构安全和使用功能的分部工程应进行试验或检测；

9　承担检测的单位应具有相应资质；

10　外观质量应由质量验收人员通过现场检查共同确认。

3.2.2　单位（子单位）工程、分部（子分部）工程、分项工程和验收批的划分可按本规范附录A在工程施工前确定，质量验收记录应按本规范附录B填写。

3.2.3　验收批质量验收合格应符合下列规定：

1　主控项目的质量经抽样检验合格；

2　一般项目中的实测（允许偏差）项目抽样检验的合格率应达到80%，且超差点的最大偏差值应在允许偏差值的1.5倍范围内；

3　主要工程材料的进场验收和复验合格，试块、试件检验合格；

4　主要工程材料的质量保证资料以及相关试验检测资料齐全、正确；具有完整的施工操作依据和质量检查记录。

3.2.4　分项工程质量验收合格应符合下列规定：

1　分项工程所含的验收批质量验收全部合格；

2　分项工程所含的验收批的质量验收记录应完整、正确；有关质量保证资料和试验检测资料应齐全、正确。

3.2.5　分部（子分部）工程质量验收合格应符合下列规定：

1　分部（子分部）工程所含分项工程的质量验收全部合格；

2　质量控制资料应完整；

3　分部（子分部）工程中，地基基础处理、桩基础检测、混凝土强度、混凝土抗渗、管道接口连接、管道位置及高程、金属管道防腐层、水压试验、严密性试验、管道设备安装调试、阴极保护安装测试、回填压实等的检验和抽样检测结果应符合本规范的有关规定；

4　外观质量验收应符合要求。

3.2.6　单位（子单位）工程质量验收合格应符合下列规定：

1　单位（子单位）工程所含分部（子分部）工程的质量验收全部合格；

2　质量控制资料应完整；

3　单位（子单位）工程所含分部（子分部）工程有关安全及使用功能的检测资料应完整；

4　涉及金属管道的外防腐层、钢管阴极保护系统、管道设备运行、管道位置及高程等的试验检测、抽查结果以及管道使用功能试验应符合本规范规定；

5　外观质量验收应符合要求。

3.2.7　给排水管道工程质量验收不合格时，应按下列规定处理：

1　经返工重做或更换管节、管件、管道设备等的验收批，应重新进行验收；

2　经有相应资质的检测单位检测鉴定能够达到设计要求的验收批，应予以验收；

3　经有相应资质的检测单位检测鉴定达不到设计要求，但经原设计单位验算认可，能够满足结构安全和使用功能要求的验收批，可予以验收；

4　经返修或加固处理的分项工程、分部（子分部）工程，改变外形尺寸但仍能满足结构安全和使用功能要求，可按技术处理方案文件和协商文件进行验收。

3.2.8　通过返修或加固处理仍不能满足结构安全或使用功能要求的分部（子分部）工程、单位（子单位）工程，严禁验收。

3.2.9　验收批及分项工程应由专业监理工程师组织施工项目的技术负责人（专业质量检查员）等进行验收。

3.2.10 分部（子分部）工程应由专业监理工程师组织施工项目质量负责人等进行验收。

对于涉及重要部位的地基基础、主体结构、非开挖管道、桥管、沉管等分部（子分部）工程，设计和勘察单位工程项目负责人、施工单位技术质量部门负责人应参加验收。

3.2.11 单位工程经施工单位自行检验合格后，应由施工单位向建设单位提出验收申请。单位工程有分包单位施工时，分包单位对所承包的工程应按本规范的规定进行验收，验收时总承包单位应派人参加；分包工程完成后，应及时地将有关资料移交总承包单位。

3.2.12 对符合竣工验收条件的单位工程，应由建设单位按规定组织验收。施工、勘察、设计、监理等单位等有关负责人以及该工程的管理或使用单位有关人员应参加验收。

3.2.13 参加验收各方对工程质量验收意见不一致时，可由工程所在地建设行政主管部门或工程质量监督机构协调解决。

3.2.14 单位工程质量验收合格后，建设单位应按规定将竣工验收报告和有关文件，报工程所在地建设行政主管部门备案。

3.2.15 工程竣工验收后，建设单位应将有关文件和技术资料归档。

4 土石方与地基处理

4.1 一般规定

4.1.1 建设单位应向施工单位提供施工影响范围内地下管线（构筑物）及其他公共设施资料，施工单位应采取措施加以保护。

4.1.2 给排水管道工程的土方施工，除应符合本章规定外，涉及围堰、深基（槽）坑开挖与围护、地基处理等工程，还应符合现行国家标准《给水排水构筑物工程施工及验收规范》GB 50141 及国家相关标准的规定。

4.1.3 沟槽的开挖、支护方式应根据工程地质条件、施工方法、周围环境等要求进行技术经济比较，确保施工安全和环境保护要求。

4.1.4 沟槽断面的选择与确定应符合下列规定：

1 槽底宽、槽深、分层开挖高度、各层边坡及层间留台宽度等，应方便管道结构施工，确保施工质量和安全，并尽可能减少挖方和占地；

2 做好土（石）方平衡调配，尽可能避免重复挖运；大断面深沟槽开挖时，应编制专项施工方案；

3 沟槽外侧应设置截水沟及排水沟，防止雨水浸泡沟槽。

4.1.5 沟槽开挖至设计高程后应由建设单位会同设计、勘察、施工、监理单位共同验槽；发现岩、土质与勘察报告不符或有其他异常情况时，由建设单位会同上述单位研究处理措施。

4.1.6 沟槽支护应根据沟槽的土质、地下水位、沟槽断面、荷载条件等因素进行设计；施工单位应按设计要求进行支护。

4.1.7 土石方爆破施工必须按国家有关部门的规定，由有相应资质的单位进行施工。

4.1.8 管道交叉处理应符合下列规定：

1 应满足管道间最小净距的要求，且按有压管道避让无压管道、支管道避让干线管道、小口径管道避让大口径管道的原则处理；

2 新建给排水管道与其他管道交叉时，应按设计要求处理；施工过程中对既有管道进行临时保护时，所采取的措施应征求有关单位意见；

3 新建给排水管道与既有管道交叉部位的回填压实度应符合设计要求，并应使回填材料与被支承管道贴紧密实。

4.1.9 给排水管道铺设完毕并经检验合格后，应及时回填沟槽。回填前，应符合下列规定：

1 预制钢筋混凝土管道的现浇筑基础的混凝土强度、水泥砂浆接口的水泥砂浆强度不应小于5MPa；

2 现浇钢筋混凝土管渠的强度应达到设计要求；

3 混合结构的矩形或拱形管渠，砌体的水泥砂浆强度应达到设计要求；

4 井室、雨水口及其他附属构筑物的现浇混凝土强度或砌体水泥砂浆强度应达到设计要求；

5 回填时采取防止管道发生位移或损伤的措施；

6 化学建材管道或管径大于900mm的钢管、球墨铸铁管等柔性管道在沟槽回填前，应采取措施控制管道的竖向变形；

7 雨期应采取措施防止管道漂浮。

4.2 施工降排水

4.2.1 对有地下水影响的土方施工，应根据工程规模、工程地质、水文地质、周围环境等要求，制定施工降排水方案，方案应包括以下主要内容：

1 降排水量计算；

2 降排水方法的选定；

3 排水系统的平面和竖向布置，观测系统的平面布置以及抽水机械的选型和数量；

4 降水井的构造，井点系统的组合与构造，排放管渠的构造、断面和坡度；

5 电渗排水所采用的设施及电极；

6 沿线地下和地上管线、周边构（建）筑物的保护和施工安全措施。

4.2.2 设计降水深度在基坑（槽）范围内不应小于基坑（槽）底面以下0.5m。

4.2.3 降水井的平面布置应符合下列规定：

1 在沟槽两侧应根据计算确定采用单排或双排降水井，在沟槽端部，降水井外延长度应为沟槽宽度的1～2倍；

2 在地下水补给方向可加密，在地下水排泄方向可减少。

4.2.4 降水深度必要时应进行现场抽水试验，以验证并完善降排水方案。

4.2.5 采取明沟排水施工时，排水井宜布置在沟槽范围以外，其间距不宜大于150m。

4.2.6 施工降排水终止抽水后，降水井及拔除井点管所留的孔洞，应及时用砂石等填实；地下水静水位以上部分，可采用黏土填实。

4.2.7 施工单位应采取有效措施控制施工降排水对周边环境的影响。

4.3 沟槽开挖与支护

4.3.1 沟槽开挖与支护的施工方案主要内容应包括：

1 沟槽施工平面布置图及开挖断面图；

2 沟槽形式、开挖方法及堆土要求；

3 无支护沟槽的边坡要求；有支护沟槽的支撑形式、结构、支拆方法及安全措施；

4 施工设备机具的型号、数量及作业要求；

5 不良土质地段沟槽开挖时采取的护坡和防止沟槽坍塌的安全技术措施；

6 施工安全、文明施工、沿线管线及构（建）筑物保护要求等。

4.3.2 沟槽底部的开挖宽度，应符合设计要求；设计无要求时，可按下式计算确定：

$$B = D_o + 2(b_1 + b_2 + b_3) \quad (4.3.2)$$

式中 B——管道沟槽底部的开挖宽度（mm）；

D_o——管外径（mm）；

b_1——管道一侧的工作面宽度（mm），可按表4.3.2选取；

b_2——有支撑要求时，管道一侧的支撑厚度，可取150～200mm；

b_3——现场浇筑混凝土或钢筋混凝土管渠一侧模板的厚度（mm）。

表4.3.2 管道一侧的工作面宽度

管道的外径 D_o（mm）	管道一侧的工作面宽度 b_1（mm）		
	混凝土类管道		金属类管道、化学建材管道
$D_o \leqslant 500$	刚性接口	400	300
	柔性接口	300	
$500 < D_o \leqslant 1000$	刚性接口	500	400
	柔性接口	400	
$1000 < D_o \leqslant 1500$	刚性接口	600	500
	柔性接口	500	
$1500 < D_o \leqslant 3000$	刚性接口	800～1000	700
	柔性接口	600	

注：1 槽底需设排水沟时，b_1应适当增加；
2 管道有现场施工的外防水层时，b_1宜取800mm；
3 采用机械回填管道侧面时，b_1需满足机械作业的宽度要求。

4.3.3 地质条件良好、土质均匀、地下水位低于沟槽底面高程，且开挖深度在5m以内、沟槽不设支撑时，沟槽边坡最陡坡度应符合表4.3.3的规定。

表4.3.3 深度在5m以内的沟槽边坡的最陡坡度

土的类别	边坡坡度（高：宽）		
	坡顶无荷载	坡顶有静载	坡顶有动载
中密的砂土	1∶1.00	1∶1.25	1∶1.50
中密的碎石类土（充填物为砂土）	1∶0.75	1∶1.00	1∶1.25
硬塑的粉土	1∶0.67	1∶0.75	1∶1.00
中密的碎石类土（充填物为黏性土）	1∶0.50	1∶0.67	1∶0.75
硬塑的粉质黏土、黏土	1∶0.33	1∶0.50	1∶0.67
老黄土	1∶0.10	1∶0.25	1∶0.33
软土（经井点降水后）	1∶1.25	—	—

4.3.4 沟槽每侧临时堆土或施加其他荷载时，应符合下列规定：

1 不得影响建（构）筑物、各种管线和其他设施的安全；

2 不得掩埋消火栓、管道闸阀、雨水口、测量标志以及各种地下管道的井盖，且不得妨碍其正常使用；

3 堆土距沟槽边缘不小于0.8m，且高度不应超过1.5m；沟槽边堆置土方不得超过设计堆置高度。

4.3.5 沟槽挖深较大时，应确定分层开挖的深度，并符合下列规定：

1 人工开挖沟槽的槽深超过3m时应分层开挖，每层的深度不超过2m；

2 人工开挖多层沟槽的层间留台宽度：放坡开槽时不应小于0.8m，直槽时不应小于0.5m，安装井点设备时不应小于1.5m；

3 采用机械挖槽时，沟槽分层的深度按机械性能确定。

4.3.6 采用坡度板控制槽底高程和坡度时，应符合下列规定：

1 坡度板选用有一定刚度且不易变形的材料制作，其设置应牢固；

2 对于平面上呈直线的管道，坡度板设置的间距不宜大于15m；对于曲线管道，坡度板间距应加密；井室位置、折点和变坡点处，应增设坡度板；

3 坡度板距槽底的高度不宜大于3m。

4.3.7 沟槽的开挖应符合下列规定：

1 沟槽的开挖断面应符合施工组织设计（方案）的要求。槽底原状地基土不得扰动，机械开挖时槽底预留200～300mm土层由人工开挖至设计高程，整平；

2 槽底不得受水浸泡或受冻，槽底局部扰动或受水浸泡时，宜采用天然级配砂砾石或石灰土回填；槽底扰动土层为湿陷性黄土时，应按设计要求进行地基处理；

3 槽底土层为杂填土、腐蚀性土时，应全部挖除并按设计要求进行地基处理；

4 槽壁平顺，边坡坡度符合施工方案的规定；

5 在沟槽边坡稳固后设置供施工人员上下沟槽的安全梯。

4.3.8 采用撑板支撑应经计算确定撑板构件的规格尺寸，且应符合下列规定：

1 木撑板构件规格应符合下列规定：

1）撑板厚度不宜小于50mm，长度不宜小于4m；

2）横梁或纵梁宜为方木，其断面不宜小于150mm×150mm；

3）横撑宜为圆木，其梢径不宜小于100mm；

2 撑板支撑的横梁、纵梁和横撑布置应符合下列规定：

1）每根横梁或纵梁不得少于2根横撑；

2）横撑的水平间距宜为1.5～2.0m；

3）横撑的垂直间距不宜大于1.5m；

4）横撑影响下管时，应有相应的替撑措施或采用其他有效的支撑结构；

3 撑板支撑应随挖土及时安装；

4 在软土或其他不稳定土层中采用横排撑板支撑时，开始支撑的沟槽开挖深度不得超过1.0m；开挖与支撑交替进行，每次交替的深度宜为0.4～0.8m；

5 横梁、纵梁和横撑的安装应符合下列规定：

1）横梁应水平，纵梁应垂直，且与撑板密贴，连接牢固；

2）横撑应水平，与横梁或纵梁垂直，且支紧、牢固；

3）采用横排撑板支撑，遇有柔性管道横穿沟槽时，管道下面的撑板上缘应紧贴管道安装；管道上面的撑板下缘距管道顶面不宜小于100mm；

4）承托翻土板的横撑必须加固，翻土板的铺设应平整，与横撑的连接应牢固。

4.3.9 采用钢板桩支撑，应符合下列规定：

1 构件的规格尺寸经计算确定；

2 通过计算确定钢板桩的入土深度和横撑的位置与断面；

3 采用型钢作横梁时，横梁与钢板桩之间的缝应采用木板垫实，横梁、横撑与钢板桩连接牢固。

4.3.10 沟槽支撑应符合以下规定：

1 支撑应经常检查，发现支撑构件有弯曲、松动、移位或劈裂等迹象时，应及时处理；雨期及春季解冻时期应加强检查；

2 拆除支撑前，应对沟槽两侧的建筑物、构筑物和槽壁进行安全检查，并应制定拆除支撑的作业要求和安全措施；

3 施工人员应由安全梯上下沟槽，不得攀登支撑。

4.3.11 拆除撑板应符合下列规定：

1 支撑的拆除应与回填土的填筑高度配合进行，且在拆除后应及时回填；

2 对于设置排水沟的沟槽，应从两座相邻排水井的分水线向两端延伸拆除；

3 对于多层支撑沟槽，应待下层回填完成后再拆除其上层槽的支撑；

4 拆除单层密排撑板支撑时，应先回填至下层横撑底面，再拆除下层横撑，待回填至半槽以上，再拆除上层横撑；一次拆除有危险时，宜采取替换拆撑法拆除支撑。

4.3.12 拆除钢板桩应符合下列规定：

1 在回填达到规定要求高度后，方可拔除钢板桩；

2 钢板桩拔除后应及时回填桩孔；

3 回填桩孔时应采取措施填实；采用砂灌回填时，非湿陷性黄土地区可冲水助沉；有地面沉降控制要求时，宜采取边拔桩边注浆等措施。

4.3.13 铺设柔性管道的沟槽，支撑的拆除应按设计要求进行。

4.4 地基处理

4.4.1 管道地基应符合设计要求，管道天然地基的强度不能满足设计要求时应按设计要求加固。

4.4.2 槽底局部超挖或发生扰动时，处理应符合下列规定：

1 超挖深度不超过150mm时，可用挖槽原土回填夯实，其压实度不应低于原地基土的密实度；

2 槽底地基土壤含水量较大，不适于压实时，应采取换填等有效措施。

4.4.3 排水不良造成地基土扰动时，可按以下方法处理：

1 扰动深度在100mm以内，宜填天然级配砂石或砂砾处理；

2 扰动深度在300mm以内，但下部坚硬时，宜填卵石或块石，再用砾石填充空隙并找平表面。

4.4.4 设计要求换填时，应按要求清槽，并经检查合格；回填材料应符合设计要求或有关规定。

4.4.5 灰土地基、砂石地基和粉煤灰地基施工前必须按本规范第4.4.1条规定验槽并处理。

4.4.6 采用其他方法进行管道地基处理时，应满足国家有关规范规定和设计要求。

4.4.7 柔性管道处理宜采用砂桩、搅拌桩等复合地基。

4.5 沟槽回填

4.5.1 沟槽回填管道应符合以下规定：

1 压力管道水压试验前，除接口外，管道两侧及管顶以上回填高度不应小于0.5m；水压试验合格后，应及时回填沟槽的其余部分；

2 无压管道在闭水或闭气试验合格后应及时回填。

4.5.2 管道沟槽回填应符合下列规定：

1 沟槽内砖、石、木块等杂物清除干净；

2 沟槽内不得有积水；

3 保持降排水系统正常运行，不得带水回填。

4.5.3 井室、雨水口及其他附属构筑物周围回填应符合下列规定：

1 井室周围的回填，应与管道沟槽回填同时进行；不便同时进行时，应留台阶形接茬；

2 井室周围回填压实时应沿井室中心对称进行，且不得漏夯；

3 回填材料压实后应与井壁紧贴；

4 路面范围内的井室周围，应采用石灰土、砂、砂砾等材料回填，其回填宽度不宜小于400mm；

5 严禁在槽壁取土回填。

4.5.4 除设计有要求外，回填材料应符合下列规定：

1 采用土回填时，应符合下列规定：

1）槽底至管顶以上500mm范围内，土中不得含有机物、冻土以及大于50mm的砖、石等硬块；在抹带接口处、防腐绝缘层或电缆周围，应采用细粒土回填；

2）冬期回填时管顶以上500mm范围以外可均匀掺入冻土，其数量不得超过填土总体积的15%，且冻块尺寸不得超过100mm；

3）回填土的含水量，宜按土类和采用的压实工具控制在最佳含水率±2%范围内；

2 采用石灰土、砂、砂砾等材料回填时，其质量应符合设计要求或有关标准规定。

4.5.5 每层回填土的虚铺厚度，应根据所采用的压实机具按表4.5.5的规定选取。

表4.5.5 每层回填土的虚铺厚度

压实机具	虚铺厚度（mm）
木夯、铁夯	≤200
轻型压实设备	200～250
压路机	200～300
振动压路机	≤400

4.5.6 回填土或其他回填材料运入槽内时不得损伤管道及其接口，并应符合下列规定：

1 根据每层虚铺厚度的用量将回填材料运至槽内，且不得在影响压实的范围内堆料；

2 管道两侧和管顶以上500mm范围内的回填材料，应由沟槽两侧对称运入槽内，不得直接回填在管道上；回填其他部位时，应均匀运入槽内，不得集中推入；

3 需要拌合的回填材料，应在运入槽内前拌合均匀，不得在槽内拌合。

4.5.7 回填作业每层土的压实遍数，按压实度要求、压实工具、虚铺厚度和含水量，应经现场试验确定。

4.5.8 采用重型压实机械压实或较重车辆在回填土上行驶时，管道顶部以上应有一定厚度的压实回填土，其最小厚度应按压实机械的规格和管道的设计承载力，通过计算确定。

4.5.9 软土、湿陷性黄土、膨胀土、冻土等地区的沟槽回填，应符合设计要求和当地工程标准规定。

4.5.10 刚性管道沟槽回填的压实作业应符合下列规定：

1 回填压实应逐层进行，且不得损伤管道；

2 管道两侧和管顶以上500mm范围内胸腔夯实，应采用轻型压实机具，管道两侧压实面的高差不应超过300mm；

3 管道基础为土弧基础时，应填实管道支撑角范围内腋角部位；压实时，管道两侧应对称进行，且不得使管道位移或损伤；

4 同一沟槽中有双排或多排管道的基础底面位于同一高程时，管道之间的回填压实应与管道与槽壁之间的回填压实对称进行；

5 同一沟槽中有双排或多排管道但基础底面的高程不同时，应先回填基础较低的沟槽；回填至较高基础底面高程后，再按上一款规定回填；

6 分段回填压实时，相邻段的接茬应呈台阶形，且不得漏夯；

7 采用轻型压实设备时，应夯夯相连；采用压路机时，碾压的重叠宽度不得小于200mm；

8　采用压路机、振动压路机等压实机械压实时，其行驶速度不得超过2km/h；

9　接口工作坑回填时底部凹坑应先回填压实至管底，然后与沟槽同步回填。

4.5.11　柔性管道的沟槽回填作业应符合下列规定：

1　回填前，检查管道有无损伤或变形，有损伤的管道应修复或更换；

2　管内径大于800mm的柔性管道，回填施工时应在管内设有竖向支撑；

3　管基有效支承角范围应采用中粗砂填充密实，与管壁紧密接触，不得用土或其他材料填充；

4　管道半径以下回填时应采取防止管道上浮、位移的措施；

5　管道回填时间宜在一昼夜中气温最低时段，从管道两侧同时回填，同时夯实；

6　沟槽回填从管底基础部位开始到管顶以上500mm范围内，必须采用人工回填；管顶500mm以上部位，可用机械从管道轴线两侧同时夯实；每层回填高度应不大于200mm；

7　管道位于车行道下，铺设后即修筑路面或管道位于软土地层以及低洼、沼泽、地下水位高地段时，沟槽回填宜先用中、粗砂将管底腋角部位填充密实后，再用中、粗砂分层回填到管顶以上500mm；

8　回填作业的现场试验段长度应为一个井段或不少于50m，因工程因素变化改变回填方式时，应重新进行现场试验。

4.5.12　柔性管道回填至设计高程时，应在12～24h内测量并记录管道变形率，管道变形率应符合设计要求；设计无要求时，钢管或球墨铸铁管道变形率应不超过2%，化学建材管道变形率应不超过3%；当超过时，应采取下列处理措施：

1　当钢管或球墨铸铁管道变形率超过2%，但不超过3%时；化学建材管道变形率超过3%，但不超过5%时；应采取下列处理措施：

1）挖出回填材料至露出管径85%处，管道周围内应人工挖掘以避免损伤管壁；

2）挖出管节局部有损伤时，应进行修复或更换；

3）重新夯实管道底部的回填材料；

4）选用适合回填材料按本规范第4.5.11条的规定重新回填施工，直至设计高程；

5）按本条规定重新检测管道变形率。

2　钢管或球墨铸铁管道的变形率超过3%时，化学建材管道变形率超过5%时，应挖出管道，并会同设计单位研究处理。

4.5.13　管道埋设的管顶覆土最小厚度应符合设计要求，且满足当地冻土层厚度要求；管顶覆土回填压实度达不到设计要求时应与设计协商进行处理。

4.6　质量验收标准

4.6.1　沟槽开挖与地基处理应符合下列规定：

主 控 项 目

1　原状地基土不得扰动、受水浸泡或受冻；

检查方法：观察，检查施工记录。

2　地基承载力应满足设计要求；

检查方法：观察，检查地基承载力试验报告。

3　进行地基处理时，压实度、厚度满足设计要求；

检查方法：按设计或规定要求进行检查，检查检测记录、试验报告。

一 般 项 目

4　沟槽开挖的允许偏差应符合表4.6.1的规定。

表4.6.1　沟槽开挖的允许偏差

序号	检查项目	允许偏差（mm）		检查数量		检查方法
				范围	点数	
1	槽底高程	土方	±20	两井之间	3	用水准仪测量
		石方	+20、−200			
2	槽底中线每侧宽度	不小于规定		两井之间	6	挂中线用钢尺量测，每侧计3点
3	沟槽边坡	不陡于规定		两井之间	6	用坡度尺量测，每侧计3点

4.6.2　沟槽支护应符合现行国家标准《建筑地基基础工程施工质量验收规范》GB 50202的相关规定，对于撑板、钢板桩支撑还应符合下列规定：

主 控 项 目

1　支撑方式、支撑材料符合设计要求；

检查方法：观察，检查施工方案。

2　支护结构强度、刚度、稳定性符合设计要求；

检查方法：观察，检查施工方案、施工记录。

一 般 项 目

3　横撑不得妨碍下管和稳管；

检查方法：观察。

4　支撑构件安装应牢固、安全可靠，位置正确；

检查方法：观察。

5　支撑后，沟槽中心线每侧的净宽不应小于施工方案设计要求；

检查方法：观察，用钢尺量测。

6　钢板桩的轴线位移不得大于50mm；垂直度不得大于1.5%；

检查方法：观察，用小线、垂球量测。

4.6.3　沟槽回填应符合下列规定：

主　控　项　目

1　回填材料符合设计要求；

检查方法：观察；按国家有关规范的规定和设计要求进行检查，检查检测报告。

检查数量：条件相同的回填材料，每铺筑1000m²，应取样一次，每次取样至少应做两组测试；回填材料条件变化时，应分别取样检测。

2　沟槽不得带水回填，回填应密实；

检查方法：观察，检查施工记录。

3　柔性管道的变形率不得超过设计要求或本规范第4.5.12条的规定，管壁不得出现纵向隆起、环向扁平和其他变形情况；

检查方法：观察，方便时用钢尺直接量测，不方便时用圆度测试板或芯轴仪在管内拖拉量测管道变形率；检查记录，检查技术处理资料；

检查数量：试验段（或初始50m）不少于3处，每100m正常作业段（取起点、中间点、终点近处各一点），每处平行测量3个断面，取其平均值。

4　回填土压实度应符合设计要求，设计无要求时，应符合表4.6.3-1、表4.6.3-2的规定。柔性管道沟槽回填部位与压实度见图4.6.3。

一　般　项　目

5　回填应达到设计高程，表面应平整；

检查方法：观察，有疑问处用水准仪测量。

6　回填时管道及附属构筑物无损伤、沉降、位移；

检查方法：观察，有疑问处用水准仪测量。

表4.6.3-1　刚性管道沟槽回填土压实度

序号	项目				最低压实度(%) 重型击实标准	最低压实度(%) 轻型击实标准	检查数量 范围	检查数量 点数	检查方法
1	石灰土类垫层				93	95	100m	每层每侧一组(每组3点)	用环刀法检查或采用现行国家标准《土工试验方法标准》GB/T 50123中其他方法
2	沟槽在路基范围外	胸腔部分	管侧		87	90	两井之间或1000m²		
		胸腔部分	管顶以上500mm		87±2(轻型)				
		其余部分			≥90(轻型)或按设计要求				
		农田或绿地范围表层500mm范围内			不宜压实，预留沉降量，表面整平				
3	沟槽在路基范围内	胸腔部分	管侧		87	90			
		胸腔部分	管顶以上250mm		87±2(轻型)				
		由路槽底算起的深度范围(mm)	≤800	快速路及主干路	95	98			
				次干路	93	95			
				支路	90	92			
			>800～1500	快速路及主干路	93	95			
				次干路	90	92			
				支路	87	90			
			>1500	快速路及主干路	87	90			
				次干路	87	90			
				支路	87	90			

注：表中重型击实标准的压实度和轻型击实标准的压实度，分别以相应的标准击实试验法求得的最大干密度为100%。

表 4.6.3-2 柔性管道沟槽回填土压实度

槽内部位		压实度（%）	回填材料	检查数量		检查方法
				范围	点数	
管道基础	管底基础	≥90	中、粗砂	—	—	用环刀法检查或采用现行国家标准《土工试验方法标准》GB/T 50123 中其他方法
管道基础	管道有效支撑角范围	≥95	中、粗砂	每 100m	每层每侧一组（每组 3 点）	
管道两侧		≥95	中、粗砂	每 100m	每层每侧一组（每组 3 点）	
管顶以上 500mm	管道两侧	≥90	中、粗砂、碎石屑，最大粒径小于 40mm 的砂砾或符合要求的原土	两井之间或每 $1000m^2$	每层每侧一组（每组 3 点）	
管顶以上 500mm	管道上部	85±2	中、粗砂、碎石屑，最大粒径小于 40mm 的砂砾或符合要求的原土	两井之间或每 $1000m^2$	每层每侧一组（每组 3 点）	
管顶 500～1000mm		≥90	原土回填	两井之间或每 $1000m^2$	每层每侧一组（每组 3 点）	

注：回填土的压实度，除设计要求用重型击实标准外，其他皆以轻型击实标准试验获得最大干密度为 100%。

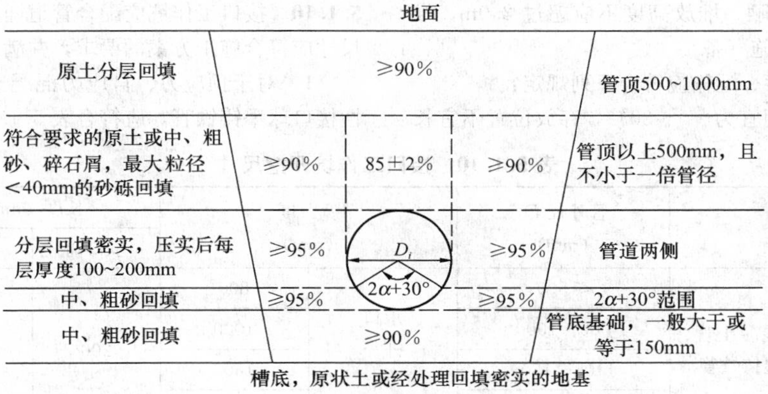

图 4.6.3 柔性管道沟槽回填部位与压实度示意图

5 开槽施工管道主体结构

5.1 一 般 规 定

5.1.1 本章适用于预制成品管开槽施工的给排水管道工程。管渠施工应按现行国家标准《给水排水构筑物工程施工及验收规范》GB 50141 的相关规定执行。

5.1.2 管道各部位结构和构造形式、所用管节、管件及主要工程材料等应符合设计要求。

5.1.3 管节和管件装卸时应轻装轻放，运输时应垫稳、绑牢，不得相互撞击，接口及钢管的内外防腐层应采取保护措施。

金属管、化学建材管及管件吊装时，应采用柔韧的绳索、兜身吊带或专用工具；采用钢丝绳或铁链时不得直接接触管节。

5.1.4 管节堆放宜选用平整、坚实的场地；堆放时必须垫稳，防止滚动，堆放层高可按照产品技术标准或生产厂家的要求；如无其他规定时应符合表 5.1.4 的规定，使用管节时必须自上而下依次搬运。

表 5.1.4 管节堆放层数与层高

管材种类	管径 D_o（mm）							
	100～150	200～250	300～400	400～500	500～600	600～700	800～1200	≥1400
自应力混凝土管	7 层	5 层	4 层	3 层	—	—	—	—
预应力混凝土管	—	—	—	—	4 层	3 层	2 层	1 层
钢管、球墨铸铁管	层高≤3m							
预应力钢筒混凝土管	—	—	—	—	—	3 层	2 层	1 层或立放
硬聚氯乙烯管、聚乙烯管	8 层	5 层	4 层	4 层	3 层	3 层	—	—
玻璃钢管	—	7 层	5 层	4 层	—	3 层	2 层	1 层

注：D_o 为管外径。

5.1.5 化学建材管节、管件贮存、运输过程中应采取防止变形措施，并符合下列规定：

1 长途运输时，可采用套装方式装运，套装的管节间应设有衬垫材料，并应相对固定，严禁在运输过程中发生管与管之间、管与其他物体之间的碰撞；

2 管节、管件运输时，全部直管宜设有支架，散装件运输应采用带挡板的平台和车辆均匀堆放，承插口管节及管件应分插口、承口两端交替堆放整齐，两侧加支垫，保持平稳；

3 管节、管件搬运时，应小心轻放，不得抛、摔、拖管以及受剧烈撞击和被锐物划伤；

4 管节、管件应堆放在温度一般不超过 40℃，并远离热源及带有腐蚀性试剂或溶剂的地方；室外堆放不应长期露天曝晒。堆放高度不应超过 2.0m，堆放附近应有消防设施（备）。

5.1.6 橡胶圈贮存、运输应符合下列规定：

1 贮存的温度宜为－5～30℃，存放位置不宜长期受紫外线光源照射，离热源距离应不小于 1m；

2 不得将橡胶圈与溶剂、易挥发物、油脂或对橡胶产生不良影响的物品放在一起；

3 在贮存、运输中不得长期受挤压。

5.1.7 管道安装前，宜将管节、管件按施工方案的要求摆放，摆放的位置应便于起吊及运送。

5.1.8 起重机下管时，起重机架设的位置不得影响沟槽边坡的稳定；起重机在架空高压输电线路附近作业时，与线路间的安全距离应符合电业管理部门的规定。

5.1.9 管道应在沟槽地基、管基质量检验合格后安装；安装时宜自下游开始，承口应朝向施工前进的方向。

5.1.10 接口工作坑应配合管道铺设及时开挖，开挖尺寸应符合施工方案的要求，并满足下列规定：

1 对于预应力、自应力混凝土管以及滑入式柔性接口球墨铸铁管，应符合表 5.1.10 的规定；

表 5.1.10 接口工作坑开挖尺寸

管材种类	管外径 D_o（mm）	宽度（mm）		长度（mm）		深度（mm）
				承口前	承口后	
预应力、自应力混凝土管、滑入式柔性接口球墨铸铁管	≤500	承口外径加	800	200	承口长度加200	200
	600～1000		1000			400
	1100～1500		1600			450
	＞1600		1800			500

2 对于钢管焊接接口、球墨铸铁管机械式柔性接口及法兰接口，接口处开挖尺寸应满足操作人员和连接工具的安装作业空间要求，并便于检验人员的检查。

5.1.11 管节下入沟槽时，不得与槽壁支撑及槽下的管道相互碰撞；沟内运管不得扰动原状地基。

5.1.12 合槽施工时，应先安装埋设较深的管道，当回填土高程与邻近管道基础高程相同时，再安装相邻的管道。

5.1.13 管道安装时，应将管节的中心及高程逐节调整正确，安装后的管节应进行复测，合格后方可进行下一工序的施工。

5.1.14 管道安装时，应随时清除管道内的杂物，暂时停止安装时，两端应临时封堵。

5.1.15 雨期施工应采取以下措施：

1 合理缩短开槽长度，及时砌筑检查井，暂时中断安装的管道及与河道相连通的管口应临时封堵；已安装的管道验收后应及时回填；

2 制定槽边雨水径流疏导、槽内排水及防止漂管事故的应急措施；

3 刚性接口作业宜避开雨天。

5.1.16 冬期施工不得使用冻硬的橡胶圈。

5.1.17 地面坡度大于 18%，且采用机械法施工时，应采取措施防止施工设备倾翻。

5.1.18 安装柔性接口的管道，其纵坡大于 18%时；或安装刚性接口的管道，其纵坡大于 36%时，应采取防止管道下滑的措施。

5.1.19 压力管道上的阀门，安装前应逐个进行启闭检验。

5.1.20 钢管内、外防腐层遭受损伤或局部未做防腐层的部位，下管前应修补，修补的质量应符合本规范第 5.4 节的有关规定。

5.1.21 露天或埋设在对橡胶圈有腐蚀作用的土质及地下水中的柔性接口，应采用对橡胶圈无不良影响的柔性密封材料，封堵外露橡胶圈的接口缝隙。

5.1.22 管道保温层的施工应符合下列规定：

1 在管道焊接、水压试验合格后进行；

2 法兰两侧应留有间隙，每侧间隙的宽度为螺栓长加20～30mm；

3 保温层与滑动支座、吊架、支架处应留出空隙；

4 硬质保温结构，应留伸缩缝；

5 施工期间，不得使保温材料受潮；

6 保温层伸缩缝宽度的允许偏差应为±5mm；

7 保温层厚度允许偏差应符合表 5.1.22 的规定。

表 5.1.22　保温层厚度的允许偏差

项　目	允许偏差	
厚度（mm）	瓦块制品	+5%
	柔性材料	+8%

5.1.23　污水和雨、污水合流的金属管道内表面，应按国家有关规范的规定和设计要求进行防腐层施工。

5.1.24　管道与法兰接口两侧相邻的第一至第二个刚性接口或焊接接口，待法兰螺栓紧固后方可施工。

5.1.25　管道安装完成后，应按相关规定和设计要求设置管道位置标识。

5.2　管道基础

5.2.1　管道基础采用原状地基时，施工应符合下列规定：

1　原状土地基局部超挖或扰动时应按本规范第4.4节的有关规定进行处理；岩石地基局部超挖时，应将基底碎渣全部清理，回填低强度等级混凝土或粒径10～15mm的砂石回填夯实；

2　原状地基为岩石或坚硬土层时，管道下方应铺设砂垫层，其厚度应符合表5.2.1的规定；

表 5.2.1　砂垫层厚度

管道种类/管外径	垫层厚度（mm）		
	D_o≤500	500<D_o≤1000	D_o>1000
柔性管道	≥100	≥150	≥200
柔性接口的刚性管道	150～200		

3　非永冻土地区，管道不得铺设在冻结的地基上；管道安装过程中，应防止地基冻胀。

5.2.2　混凝土基础施工应符合下列规定：

1　平基与管座的模板，可一次或两次支设，每次支设高度宜略高于混凝土的浇筑高度；

2　平基、管座的混凝土设计无要求时，宜采用强度等级不低于C15的低坍落度混凝土；

3　管座与平基分层浇筑时，应先将平基凿毛冲洗干净，并将平基与管体相接触的腋角部位，用同强度等级的水泥砂浆填满、捣实后，再浇筑混凝土，使管体与管座混凝土结合严密；

4　管座与平基采用垫块法一次浇筑时，必须先从一侧灌注混凝土，对侧的混凝土高过管底与灌注侧混凝土高度相同时，两侧再同时浇筑，并保持两侧混凝土高度一致；

5　管道基础应按设计要求留变形缝，变形缝的位置应与柔性接口相一致；

6　管道平基与井室基础宜同时浇筑；跌落水井上游接近井基础的一段应砌砖加固，并将平基混凝土浇至井基础边缘；

7　混凝土浇筑中应防止离析；浇筑后应进行养护，强度低于1.2MPa时不得承受荷载。

5.2.3　砂石基础施工应符合下列规定：

1　铺设前应先对槽底进行检查，槽底高程及槽宽须符合设计要求，且不应有积水和软泥；

2　柔性管道的基础结构设计无要求时，宜铺设厚度不小于100mm的中粗砂垫层；软土地基宜铺垫一层厚度不小于150mm的砂砾或5～40mm粒径碎石，其表面再铺厚度不小于50mm的中、粗砂垫层；

3　柔性接口的刚性管道的基础结构，设计无要求时一般土质地段可铺设砂垫层，亦可铺设25mm以下粒径碎石，表面再铺20mm厚的砂垫层（中、粗砂），垫层总厚度应符合表5.2.3的规定；

表 5.2.3　柔性接口刚性管道砂石垫层总厚度

管径（D_o）	垫层总厚度（mm）
300～800	150
900～1200	200
1350～1500	250

4　管道有效支承角范围必须用中、粗砂填充插捣密实，与管底紧密接触，不得用其他材料填充。

5.3　钢管安装

5.3.1　管道安装应符合现行国家标准《工业金属管道工程施工及验收规范》GB 50235、《现场设备、工业管道焊接工程施工及验收规范》GB 50236等规范的规定，并应符合下列规定：

1　对首次采用的钢材、焊接材料、焊接方法或焊接工艺，施工单位必须在施焊前按设计要求和有关规定进行焊接试验，并应根据试验结果编制焊接工艺指导书；

2　焊工必须按规定经相关部门考试合格后持证上岗，并应根据经过评定的焊接工艺指导书进行施焊；

3　沟槽内焊接时，应采取有效技术措施保证管道底部的焊缝质量。

5.3.2　管节的材料、规格、压力等级等应符合设计要求，管节宜工厂预制，现场加工应符合下列规定：

1　管节表面应无斑疤、裂纹、严重锈蚀等缺陷；

2　焊缝外观质量应符合表5.3.2-1的规定，焊缝无损检验合格；

表 5.3.2-1　焊缝的外观质量

项　目	技术要求
外观	不得有熔化金属流到焊缝外未熔化的母材上，焊缝和热影响区表面不得有裂纹、气孔、弧坑和灰渣等缺陷；表面光顺、均匀、焊道与母材应平缓过渡
宽度	应焊出坡口边缘2～3mm

续表 5.3.2-1

项　目	技 术 要 求
表面余高	应小于或等于 1+0.2 倍坡口边缘宽度，且不大于 4mm
咬边	深度应小于或等于 0.5mm，焊缝两侧咬边总长不得超过焊缝长度的 10%，且连续长不应大于 100mm
错边	应小于或等于 0.2t，且不应大于 2mm
未焊满	不允许

注：t 为壁厚（mm）。

3　直焊缝卷管管节几何尺寸允许偏差应符合表 5.3.2-2 的规定；

表 5.3.2-2　直焊缝卷管管节几何尺寸的允许偏差

项　目	允 许 偏 差（mm）	
周 长	$D_i \leqslant 600$	±2.0
	$D_i > 600$	$\pm 0.0035D_i$
圆　度	管端 $0.005D_i$；其他部位 $0.01D_i$	
端面垂直度	$0.001D_i$，且不大于 1.5	
弧　度	用弧长 $\pi D_i/6$ 的弧形板量测于管内壁或外壁纵缝处形成的间隙，其间隙为 $0.1t+2$，且不大于 4，距管端 200mm 纵缝处的间隙不大于 2	

注：D_i 为管内径（mm），t 为壁厚（mm）。

4　同一管节允许有两条纵缝，管径大于或等于 600mm 时，纵向焊缝的间距应大于 300mm；管径小于 600mm 时，其间距应大于 100mm。

5.3.3　管道安装前，管节应逐根测量、编号，宜选用管径相差最小的管节组对对接。

5.3.4　下管前应先检查管节的内外防腐层，合格后方可下管。

5.3.5　管节组成管段下管时，管段的长度、吊距，应根据管径、壁厚、外防腐层材料的种类及下管方法确定。

5.3.6　弯管起弯点至接口的距离不得小于管径，且不得小于 100mm。

5.3.7　管节组对焊接时应先修口、清根，管端端面的坡口角度、钝边、间隙，应符合设计要求，设计无要求时应符合表 5.3.7 的规定；不得在对口间隙夹焊帮条或用加热法缩小间隙施焊。

表 5.3.7　电弧焊管端倒角各部尺寸

倒角形式 图示	倒角形式 壁厚 t（mm）	间隙 b（mm）	钝边 p（mm）	坡口角度 α（°）
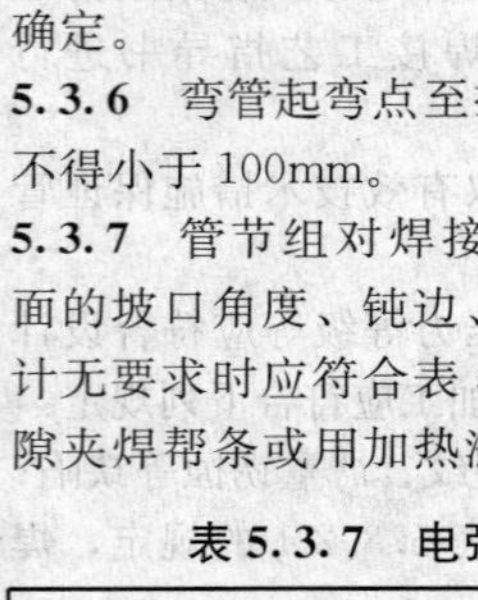	4～9	1.5～3.0	1.0～1.5	60～70
	10～26	2.0～4.0	1.0～2.0	60±5

5.3.8　对口时应使内壁齐平，错口的允许偏差应为壁厚的 20%，且不得大于 2mm。

5.3.9　对口时纵、环向焊缝的位置应符合下列规定：

1　纵向焊缝应放在管道中心垂线上半圆的 45°左右处；

2　纵向焊缝应错开，管径小于 600mm 时，错开的间距不得小于 100mm；管径大于或等于 600mm 时，错开的间距不得小于 300mm；

3　有加固环的钢管，加固环的对焊焊缝应与管节纵向焊缝错开，其间距不应小于 100mm；加固环距管节的环向焊缝不应小于 50mm；

4　环向焊缝距支架净距离不应小于 100mm；

5　直管管段两相邻环向焊缝的间距不应小于 200mm，并不应小于管节的外径；

6　管道任何位置不得有十字形焊缝。

5.3.10　不同壁厚的管节对口时，管壁厚度相差不宜大于 3mm。不同管径的管节相连时，两管径相差大于小管管径的 15%时，可用渐缩管连接。渐缩管的长度不应小于两管径差值的 2 倍，且不应小于 200mm。

5.3.11　管道上开孔应符合下列规定：

1　不得在干管的纵向、环向焊缝处开孔；

2　管道上任何位置不得开方孔；

3　不得在短节上或管件上开孔；

4　开孔处的加固补强应符合设计要求。

5.3.12　直线管段不宜采用长度小于 800mm 的短节拼接。

5.3.13　组合钢管固定口焊接及两管段间的闭合焊接，应在无阳光直照和气温较低时施焊；采用柔性接口代替闭合焊接时，应与设计协商确定。

5.3.14　在寒冷或恶劣环境下焊接应符合下列规定：

1　清除管道上的冰、雪、霜等；

2　工作环境的风力大于 5 级、雪天或相对湿度大于 90%时，应采取保护措施；

3　焊接时，应使焊缝可自由伸缩，并应使焊口缓慢降温；

4　冬期焊接时，应根据环境温度进行预热处理，并应符合表 5.3.14 的规定。

表 5.3.14　冬期焊接预热的规定

钢　号	环境温度（℃）	预热宽度（mm）	预热达到温度（℃）
含碳量≤0.2%碳素钢	≤−20	焊口每侧不小于 40	100～150
0.2%<含碳量<0.3%	≤−10		
16Mn	≤0		100～200

5.3.15　钢管对口检查合格后，方可进行接口定位焊接。定位焊接采用点焊时，应符合下列规定：

1　点焊焊条应采用与接口焊接相同的焊条；

2　点焊时，应对称施焊，其焊缝厚度应与第一层焊接厚度一致；

3　钢管的纵向焊缝及螺旋焊缝处不得点焊；

4　点焊长度与间距应符合表 5.3.15 的规定。

表 5.3.15　点焊长度与间距

管外径 D_o（mm）	点焊长度（mm）	环向点焊点（处）
350～500	50～60	5
600～700	60～70	6
≥800	80～100	点焊间距不宜大于 400mm

5.3.16　焊接方式应符合设计和焊接工艺评定的要求，管径大于 800mm 时，应采用双面焊。

5.3.17　管道对接时，环向焊缝的检验应符合下列规定：

1　检查前应清除焊缝的渣皮、飞溅物；

2　应在无损检测前进行外观质量检查，并应符合本规范表 5.3.2-1 的规定；

3　无损探伤检测方法应按设计要求选用；

4　无损检测取样数量与质量要求应按设计要求执行；设计无要求时，压力管道的取样数量应不小于焊缝量的 10%；

5　不合格的焊缝应返修，返修次数不得超过 3 次。

5.3.18　钢管采用螺纹连接时，管节的切口断面应平整，偏差不得超过一扣；丝扣应光洁，不得有毛刺、乱扣、断扣，缺扣总长不得超过丝扣全长的 10%；接口紧固后宜露出 2～3 扣螺纹。

5.3.19　管道采用法兰连接时，应符合下列规定：

1　法兰应与管道保持同心，两法兰间应平行；

2　螺栓应使用相同规格，且安装方向应一致；螺栓应对称紧固，紧固好的螺栓应露出螺母之外；

3　与法兰接口两侧相邻的第一至第二个刚性接口或焊接接口，待法兰螺栓紧固后方可施工；

4　法兰接口埋入土中时，应采取防腐措施。

5.4　钢管内外防腐

5.4.1　管体的内外防腐层宜在工厂内完成，现场连接的补口按设计要求处理。

5.4.2　水泥砂浆内防腐层应符合下列规定：

1　施工前应具备的条件应符合下列要求：

1）管道内壁的浮锈、氧化皮、焊渣、油污等，应彻底清除干净；焊缝突起高度不得大于防腐层设计厚度的 1/3；

2）现场施做内防腐的管道，应在管道试验、土方回填验收合格，且管道变形基本稳定后进行；

3）内防腐层的材料质量应符合设计要求；

2　内防腐层施工应符合下列规定：

1）水泥砂浆内防腐层可采用机械喷涂、人工抹压、拖筒或离心预制法施工；工厂预制时，在运输、安装、回填土过程中，不得损坏水泥砂浆内防腐层；

2）管道端点或施工中断时，应预留搭茬；

3）水泥砂浆抗压强度符合设计要求，且不应低于 30MPa；

4）采用人工抹压法施工时，应分层抹压；

5）水泥砂浆内防腐层成形后，应立即将管道封堵，终凝后进行潮湿养护；普通硅酸盐水泥砂浆养护时间不应少于 7d，矿渣硅酸盐水泥砂浆不应少于 14d；通水前应继续封堵，保持湿润；

3　水泥砂浆内防腐层厚度应符合表 5.4.2 的规定。

表 5.4.2　钢管水泥砂浆内防腐层厚度要求

管径 D_i（mm）	厚度（mm）	
	机械喷涂	手工涂抹
500～700	8	—
800～1000	10	—
1100～1500	12	14
1600～1800	14	16
2000～2200	15	17
2400～2600	16	18
2600 以上	18	20

5.4.3　液体环氧涂料内防腐层应符合下列规定：

1　施工前具备的条件应符合下列规定：

1）宜采用喷（抛）射除锈，除锈等级应不低于《涂装前钢材表面锈蚀等级和除锈等级》GB/T 8923 中规定的 Sa2 级；内表面经喷（抛）射处理后，应用清洁、干燥、无油的压缩空气将管道内部的砂粒、尘埃、锈粉等微尘清除干净；

2）管道内表面处理后，应在钢管两端 60～100mm 范围内涂刷硅酸锌或其他可焊性防锈涂料，干膜厚度为 20～40μm；

2　内防腐层的材料质量应符合设计要求；

3　内防腐层施工应符合下列规定：

1）应按涂料生产厂家产品说明书的规定配制涂料，不宜加稀释剂；

2）涂料使用前应搅拌均匀；

3）宜采用高压无气喷涂工艺，在工艺条件受限时，可采用空气喷涂或挤涂工艺；

4）应调整好工艺参数且稳定后，方可正式涂敷；防腐层应平整、光滑，无流挂、无划痕等；涂敷过程中应随时监测湿膜厚度；

5）环境相对湿度大于85%时，应对钢管除湿后方可作业；严禁在雨、雪、雾及风沙等气候条件下露天作业。

5.4.4 埋地管道外防腐层应符合设计要求，其构造应符合表5.4.4-1、表5.4.4-2及表5.4.4-3的规定。

表5.4.4-1 石油沥青涂料外防腐层构造

材料种类	普通级（三油二布）		加强级（四油三布）		特加强级（五油四布）	
	构造	厚度(mm)	构造	厚度(mm)	构造	厚度(mm)
石油沥青涂料	(1) 底料一层 (2) 沥青（厚度≥1.5mm） (3) 玻璃布一层 (4) 沥青（厚度1.0～1.5mm） (5) 玻璃布一层 (6) 沥青（厚度1.0～1.5mm） (7) 聚氯乙烯工业薄膜一层	≥4.0	(1) 底料一层 (2) 沥青（厚度≥1.5mm） (3) 玻璃布一层 (4) 沥青（厚度1.0～1.5mm） (5) 玻璃布一层 (6) 沥青（厚度1.0～1.5mm） (7) 玻璃布一层 (8) 沥青（厚度1.0～1.5mm） (9) 聚氯乙烯工业薄膜一层	≥5.5	(1) 底料一层 (2) 沥青（厚度≥1.5mm） (3) 玻璃布一层 (4) 沥青（厚度1.0～1.5mm） (5) 玻璃布一层 (6) 沥青（厚度1.0～1.5mm） (7) 玻璃布一层 (8) 沥青（厚度1.0～1.5mm） (9) 玻璃布一层 (10) 沥青（厚度1.0～1.5mm） (11) 聚氯乙烯工业薄膜一层	≥7.0

表5.4.4-2 环氧煤沥青涂料外防腐层构造

材料种类	普通级（三油）		加强级（四油一布）		特加强级（六油二布）	
	构造	厚度(mm)	构造	厚度(mm)	构造	厚度(mm)
环氧煤沥青涂料	(1) 底料 (2) 面料 (3) 面料 (4) 面料	≥0.3	(1) 底料 (2) 面料 (3) 面料 (4) 玻璃布 (5) 面料 (6) 面料	≥0.4	(1) 底料 (2) 面料 (3) 面料 (4) 玻璃布 (5) 面料 (6) 面料 (7) 玻璃布 (8) 面料 (9) 面料	≥0.6

表5.4.4-3 环氧树脂玻璃钢外防腐层构造

材料种类	加强级	
	构造	厚度（mm）
环氧树脂玻璃钢	(1) 底层树脂 (2) 面层树脂 (3) 玻璃布 (4) 面层树脂 (5) 玻璃布 (6) 面层树脂 (7) 面层树脂	≥3

5.4.5 石油沥青涂料外防腐层施工应符合下列规定：

1 涂底料前管体表面应清除油垢、灰渣、铁锈；人工除氧化皮、铁锈时，其质量标准应达St3级；喷砂或化学除锈时，其质量标准应达Sa2.5级；

2 涂底料时基面应干燥，基面除锈后与涂底料的间隔时间不得超过8h。涂刷应均匀、饱满，涂层不得有凝块、起泡现象，底料厚度宜为0.1～0.2mm，管两端150～250mm范围内不得涂刷；

3 沥青涂料熬制温度宜在230℃左右，最高温度不得超过250℃，熬制时间宜控制在4～5h，每锅料应抽样检查，其性能应符合表5.4.5的规定；

表5.4.5 石油沥青涂料性能

项目	性能指标
软化点（环球法）	≥125℃
针入度（25℃，100g）	5～20（1/10mm）
延度（25℃）	≥10mm

注：软化点、针入度、延度的试验方法应符合国家相关标准规定。

4 沥青涂料应涂刷在洁净、干燥的底料上，常温下刷沥青涂料时，应在涂底料后24h之内实施；沥青涂料涂刷温度以200～230℃为宜；

5 涂沥青后应立即缠绕玻璃布，玻璃布的压边宽度应为20～30mm，接头搭接长度应为100～150mm，各层搭接接头应相互错开，玻璃布的油浸透率应达到95%以上，不得出现大于50mm×50mm的空白；管端或施工中断处应留出长150～250mm的缓坡型搭茬；

6 包扎聚氯乙烯膜保护层作业时，不得有摺皱、脱壳现象；压边宽度应为 20～30mm，搭接长度应为 100～150mm；

7 沟槽内管道接口处施工，应在焊接、试压合格后进行，接茬处应粘结牢固、严密。

5.4.6 环氧煤沥青外防腐层施工应符合下列规定：

1 管节表面应符合本规范第 5.4.5 条第 1 款的规定；焊接表面应光滑无刺、无焊瘤、棱角；

2 应按产品说明书的规定配制涂料；

3 底料应在表面除锈合格后尽快涂刷，空气湿度过大时，应立即涂刷，涂刷应均匀，不得漏涂；管两端 100～150mm 范围内不涂刷，或在涂底料之前，在该部位涂刷可焊涂料或硅酸锌涂料，干膜厚度不应小于 25μm；

4 面料涂刷和包扎玻璃布，应在底料表干后、固化前进行，底料与第一道面料涂刷的间隔时间不得超过 24h。

5.4.7 雨期、冬期石油沥青及环氧煤沥青涂料外防腐层施工应符合下列规定：

1 环境温度低于 5℃时，不宜采用环氧煤沥青涂料；采用石油沥青涂料时，应采取冬期施工措施；环境温度低于－15℃或相对湿度大于 85％时，未采取措施不得进行施工；

2 不得在雨、雾、雪或 5 级以上大风环境露天施工；

3 已涂刷石油沥青防腐层的管道，炎热天气下不宜直接受阳光照射；冬期气温等于或低于沥青涂料脆化温度时，不得起吊、运输和铺设；脆化温度试验应符合现行国家标准《石油沥青脆点测定法 弗拉斯法》GB/T 4510 的规定。

5.4.8 环氧树脂玻璃钢外防腐层施工应符合下列规定：

1 管节表面应符合本规范第 5.4.5 条第 1 款的规定；焊接表面应光滑无刺、无焊瘤、无棱角；

2 应按产品说明书的规定配制环氧树脂；

3 现场施工可采用手糊法，具体可分为间断法或连续法；

4 间断法每次铺衬间断时应检查玻璃布衬层的质量，合格后再涂刷下一层；

5 连续法作业，连续铺衬到设计要求的层数或厚度，并应自然养护 24h，然后进行面层树脂的施工；

6 玻璃布除刷涂树脂外，可采用玻璃布的树脂浸揉法；

7 环氧树脂玻璃钢的养护期不应少于 7d。

5.4.9 外防腐层的外观、厚度、电火花试验、粘结力应符合设计要求，设计无要求时应符合表 5.4.9 的规定。

表 5.4.9 外防腐层的外观、厚度、电火花试验、粘结力的技术要求

材料种类	防腐等级	构造	厚度(mm)	外观	电火花试验		粘结力
石油沥青涂料	普通级	三油二布	≥4.0	外观均匀无褶皱、空泡、凝块	16kV	用电火花检漏仪检查无打火花现象	以夹角为 45°～60°边长 40～50mm 的切口，从角尖端撕开防腐层；首层沥青层应 100％地粘附在管道的外表面
	加强级	四油三布	≥5.5		18kV		
	特加强级	五油四布	≥7.0		20kV		
环氧煤沥青涂料	普通级	三油	≥0.3		2kV		以小刀割开一舌形切口，用力撕开切口处的防腐层，管道表面仍为漆皮所覆盖，不得露出金属表面
	加强级	四油一布	≥0.4		2.5kV		
	特加强级	六油二布	≥0.6		3kV		
环氧树脂玻璃钢	加强级	—	≥3	外观平整光滑、色泽均匀，无脱层、起壳和固化不完全等缺陷	3～3.5kV		以小刀割开一舌形切口，用力撕开切口处的防腐层，管道表面仍为漆皮所覆盖，不得露出金属表面

注：聚氨酯（PU）外防腐涂层可按本规范附录 H 选择。

5.4.10 防腐管在下沟槽前应进行检验，检验不合格应修补至合格。沟槽内的管道，其补口防腐层应经检验合格后方可回填。

5.4.11 阴极保护施工应与管道施工同步进行。

5.4.12 阴极保护系统的阳极的种类、性能、数量、分布与连接方式，测试装置和电源设备应符合国家有关标准的规定和设计要求。

5.4.13 牺牲阳极保护法的施工应符合下列规定：

1 根据工程条件确定阳极施工方式，立式阳极宜采用钻孔法施工，卧式阳极宜采用开槽法施工；

2 牺牲阳极使用之前，应对表面进行处理，清除表面的氧化膜及油污；

3 阳极连接电缆的埋设深度不应小于 0.7m，四周应垫有 50～100mm 厚的细砂，砂的顶部应覆盖水泥护板或砖，敷设电缆要留有一定富裕量；

4 阳极电缆可以直接焊接到被保护管道上，也可通过测试桩中的连接片相连。与钢质管道相连接的电缆应采用铝热焊接技术，焊点应重新进行防腐绝缘处理，防腐材料、等级应与原有覆盖层一致；

5 电缆和阳极钢芯宜采用焊接连接，双边焊缝长度不得小于 50mm；电缆与阳极钢芯焊接后，应采取防止连接部位断裂的保护措施；

6 阳极端面、电缆连接部位及钢芯均要防腐、绝缘；

7 填料包可在室内或现场包装，其厚度不应小于 50mm；并应保证阳极四周的填料包厚度一致、密实；预包装的袋子须用棉麻织品，不得使用人造纤维织品；

8 填包料应调拌均匀，不得混入石块、泥土、杂草等；阳极埋地后应充分灌水，并达到饱和；

9 阳极埋设位置一般距管道外壁 3～5m，不宜小于 0.3m，埋设深度（阳极顶部距地面）不应小于 1m。

5.4.14 外加电流阴极保护法的施工应符合下列规定：

1 联合保护的平行管道可同沟敷设；均压线间距和规格应根据管道电压降、管道间距离及管道防腐层质量等因素综合考虑；

2 非联合保护的平行管道间距，不宜小于 10m；间距小于 10m 时，后施工的管道及其两端各延伸 10m 的管段做加强级防腐层；

3 被保护管道与其他地下管道交叉时，两者间垂直净距不应小于 0.3m；小于 0.3m 时，应设有坚固的绝缘隔离物，并应在交叉点两侧各延伸 10m 以上的管段上做加强级防腐层；

4 被保护管道与埋地通信电缆平行敷设时，两者间距离不宜小于 10m；小于 10m 时，后施工的管道或电缆按本条第 2 款的规定执行；

5 被保护管道与供电电缆交叉时，两者间垂直净距不应小于 0.5m；同时应在交叉点两侧各延伸 10m 以上的管道和电缆段上做加强级防腐层。

5.4.15 阴极保护绝缘处理应符合下列规定：

1 绝缘垫片应在干净、干燥的条件下安装，并应配对供应或在现场扩孔；

2 法兰面应清洁、平直、无毛刺并正确定位；

3 在安装绝缘套筒时，应确保法兰准直；除一侧绝缘的法兰外，绝缘套筒长度应包括两个垫圈的厚度；

4 连接螺栓在螺母下应设有绝缘垫圈；

5 绝缘法兰组装后应对装置的绝缘性能按国家现行标准《埋地钢质管道阴极保护参数测试方法》SY/T 0023 进行检测；

6 阴极保护系统安装后，应按国家现行标准《埋地钢质管道阴极保护参数测试方法》SY/T 0023 的规定进行测试，测试结果应符合规范的规定和设计要求。

5.5 球墨铸铁管安装

5.5.1 管节及管件的规格、尺寸公差、性能应符合国家有关标准规定和设计要求，进入施工现场时其外观质量应符合下列规定：

1 管节及管件表面不得有裂纹，不得有妨碍使用的凹凸不平的缺陷；

2 采用橡胶圈柔性接口的球墨铸铁管，承口的内工作面和插口的外工作面应光滑、轮廓清晰，不得有影响接口密封性的缺陷。

5.5.2 管节及管件下沟槽前，应清除承口内部的油污、飞刺、铸砂及凹凸不平的铸瘤；柔性接口铸铁管及管件承口的内工作面、插口的外工作面应修整光滑，不得有沟槽、凸脊缺陷；有裂纹的管节及管件不得使用。

5.5.3 沿直线安装管道时，宜选用管径公差组合最小的管节组对连接，确保接口的环向间隙应均匀。

5.5.4 采用滑入式或机械式柔性接口时，橡胶圈的质量、性能、细部尺寸，应符合国家有关球墨铸铁管及管件标准的规定，并应符合本规范第 5.6.5 条的规定。

5.5.5 橡胶圈安装经检验合格后，方可进行管道安装。

5.5.6 安装滑入式橡胶圈接口时，推入深度应达到标记环，并复查与其相邻已安好的第一至第二个接口推入深度。

5.5.7 安装机械式柔性接口时，应使插口与承口法兰压盖的轴线相重合；螺栓安装方向应一致，用扭矩扳手均匀、对称地紧固。

5.5.8 管道沿曲线安装时，接口的允许转角应符合表 5.5.8 的规定。

表 5.5.8 沿曲线安装接口的允许转角

管径 D_i（mm）	允许转角（°）
75～600	3
700～800	2
≥900	1

5.6 钢筋混凝土管及预（自）应力混凝土管安装

5.6.1 管节的规格、性能、外观质量及尺寸公差应符合国家有关标准的规定。

5.6.2 管节安装前应进行外观检查，发现裂缝、保护层脱落、空鼓、接口掉角等缺陷，应修补并经鉴定合格后方可使用。

5.6.3 管节安装前应将管内外清扫干净，安装时应使管道中心及内底高程符合设计要求，稳管时必须采取措施防止管道发生滚动。

5.6.4 采用混凝土基础时，管道中心、高程复验合格后，应按本规范第5.2.2条的规定及时浇筑管座混凝土。

5.6.5 柔性接口形式应符合设计要求，橡胶圈应符合下列规定：

1 材质应符合相关规范的规定；

2 应由管材厂配套供应；

3 外观应光滑平整，不得有裂缝，破损、气孔、重皮等缺陷；

4 每个橡胶圈的接头不得超过2个。

5.6.6 柔性接口的钢筋混凝土管、预（自）应力混凝土管安装前，承口内工作面、插口外工作面应清洗干净；套在插口上的橡胶圈应平直、无扭曲，应正确就位；橡胶圈表面和承口工作面应涂刷无腐蚀性的润滑剂；安装后放松外力，管节回弹不得大于10mm，且橡胶圈应在承、插口工作面上。

5.6.7 刚性接口的钢筋混凝土管道，钢丝网水泥砂浆抹带接口材料应符合下列规定：

1 选用粒径0.5～1.5mm，含泥量不大于3%的洁净砂；

2 选用网格10mm×10mm、丝径为20号的钢丝网；

3 水泥砂浆配比满足设计要求。

5.6.8 刚性接口的钢筋混凝土管道施工应符合下列规定：

1 抹带前应将管口的外壁凿毛、洗净；

2 钢丝网端头应在浇筑混凝土管座时插入混凝土内，在混凝土初凝前，分层抹压钢丝网水泥砂浆抹带；

3 抹带完成后应立即用吸水性强的材料覆盖，3～4h后洒水养护；

4 水泥砂浆填缝及抹带接口作业时落入管道内的接口材料应清除；管径大于或等于700mm时，应采用水泥砂浆将管道内接口部位抹平、压光；管径小于700mm时，填缝后应立即拖平。

5.6.9 钢筋混凝土管沿直线安装时，管口间的纵向间隙应符合设计及产品标准要求，无明确要求时应符合表5.6.9-1的规定；预（自）应力混凝土管沿曲线安装时，管口间的纵向间隙最小处不得小于5mm，接口转角应符合表5.6.9-2的规定。

表5.6.9-1 钢筋混凝土管管口间的纵向间隙

管材种类	接口类型	管内径 D_i（mm）	纵向间隙（mm）
钢筋混凝土管	平口、企口	500～600	1.0～5.0
		≥700	7.0～15
	承插式乙型口	600～3000	5.0～1.5

表5.6.9-2 预（自）应力混凝土管沿曲线安装接口的允许转角

管材种类	管内径 D_i（mm）	允许转角（°）
预应力混凝土管	500～700	1.5
	800～1400	1.0
	1600～3000	0.5
自应力混凝土管	500～800	1.5

5.6.10 预（自）应力混凝土管不得截断使用。

5.6.11 井室内暂时不接支线的预留管（孔）应封堵。

5.6.12 预（自）应力混凝土管道采用金属管件连接时，管件应进行防腐处理。

5.7 预应力钢筒混凝土管安装

5.7.1 管节及管件的规格、性能应符合国家有关标准的规定和设计要求，进入施工现场时其外观质量应符合下列规定：

1 内壁混凝土表面平整光洁；承插口钢环工作面光洁干净；内衬式管（简称衬筒管）内表面不应出现浮渣、露石和严重的浮浆；埋置式管（简称埋筒管）内表面不应出现气泡、孔洞、凹坑以及蜂窝、麻面等不密实的现象；

2 管内表面出现的环向裂缝或者螺旋状裂缝宽度不应大于0.5mm（浮浆裂缝除外）；距离管的插口端300mm范围内出现的环向裂缝宽度不应大于1.5mm；管内表面不得出现长度大于150mm的纵向可见裂缝；

3 管端面混凝土不应有缺料、掉角、孔洞等缺陷。端面应齐平、光滑、并与轴线垂直。端面垂直度应符合表5.7.1的规定；

表5.7.1 管端面垂直度

管内径 D_i（mm）	管端面垂直度的允许偏差（mm）
600～1200	6
1400～3000	9
3200～4000	13

4 外保护层不得出现空鼓、裂缝及剥落；

5 橡胶圈应符合本规范第5.6.5条规定。

5.7.2 承插式橡胶圈柔性接口施工时应符合下列规定：

1 清理管道承口内侧、插口外部凹槽等连接部位和橡胶圈；

2 将橡胶圈套入插口上的凹槽内，保证橡胶圈在凹槽内受力均匀、没有扭曲翻转现象；

3 用配套的润滑剂涂擦在承口内侧和橡胶圈上，检查涂覆是否完好；

4 在插口上按要求做好安装标记，以便检查插入是否到位；

5 接口安装时，将插口一次插入承口内，达到安装标记为止；

6 安装时接头和管端应保持清洁；

7 安装就位，放松紧管器具后进行下列检查：

1）复核管节的高程和中心线；

2）用特定钢尺插入承插口之间检查橡胶圈各部的环向位置，确认橡胶圈在同一深度；

3）接口处承口周围不应被胀裂；

4）橡胶圈应无脱槽、挤出等现象；

5）沿直线安装时，插口端面与承口底部的轴向间隙应大于 5mm，且不大于表 5.7.2 规定的数值。

表 5.7.2 管口间的最大轴向间隙

管内径 D_i（mm）	内衬式管（衬筒管）		埋置式管（埋筒管）	
	单胶圈（mm）	双胶圈（mm）	单胶圈（mm）	双胶圈（mm）
600～1400	15	—	—	—
1200～1400	—	25	—	—
1200～4000	—	—	25	25

5.7.3 采用钢制管件连接时，管件应进行防腐处理。

5.7.4 现场合拢应符合以下规定：

1 安装过程中，应严格控制合拢处上、下游管道接装长度、中心位移偏差；

2 合拢位置宜选择在设有人孔或设备安装孔的配件附近；

3 不允许在管道转折处合拢；

4 现场合拢施工焊接不宜在当日高温时段进行。

5.7.5 管道需曲线铺设时，接口的最大允许偏转角度应符合设计要求，设计无要求时应不大于表 5.7.5 规定的数值。

表 5.7.5 预应力钢筒混凝土管沿曲线安装接口的最大允许偏转角

管材种类	管内径 D_i（mm）	允许平面转角（°）
预应力钢筒混凝土管	600～1000	1.5
	1200～2000	1.0
	2200～4000	0.5

5.8 玻璃钢管安装

5.8.1 管节及管件的规格、性能应符合国家有关标准的规定和设计要求，进入施工现场时其外观质量应符合下列规定：

1 内、外径偏差、承口深度（安装标记环）、有效长度、管壁厚度、管端面垂直度等应符合产品标准规定；

2 内、外表面应光滑平整，无划痕、分层、针孔、杂质、破碎等现象；

3 管端面应平齐、无毛刺等缺陷；

4 橡胶圈应符合本规范第 5.6.5 条的规定。

5.8.2 接口连接、管道安装除应符合本规范第 5.7.2 条的规定外，还应符合下列规定：

1 采用套筒式连接的，应清除套筒内侧和插口外侧的污渍和附着物；

2 管道安装就位后，套筒式或承插式接口周围不应有明显变形和胀破；

3 施工过程中应防止管节受损伤，避免内表层和外保护层剥落；

4 检查井、透气井、阀门井等附属构筑物或水平折角处的管节，应采取避免不均匀沉降造成接口转角过大的措施；

5 混凝土或砌筑结构等构筑物墙体内的管节，可采取设置橡胶圈或中介层法等措施，管外壁与构筑物墙体的交界面密实、不渗漏。

5.8.3 管道曲线铺设时，接口的允许转角不得大于表 5.8.3 的规定。

表 5.8.3 沿曲线安装的接口允许转角

管内径 D_i（mm）	允许转角（°）	
	承插式接口	套筒式接口
400～500	1.5	3.0
$500<D_i\leqslant1000$	1.0	2.0
$1000<D_i\leqslant1800$	1.0	1.0
$D_i>1800$	0.5	0.5

5.9 硬聚氯乙烯管、聚乙烯管及其复合管安装

5.9.1 管节及管件的规格、性能应符合国家有关标准的规定和设计要求，进入施工现场时其外观质量应符合下列规定：

1 不得有影响结构安全、使用功能及接口连接的质量缺陷；

2 内、外壁光滑、平整，无气泡、无裂纹、无脱皮和严重的冷斑及明显的痕纹、凹陷；

3 管节不得有异向弯曲，端口应平整；

4 橡胶圈应符合本规范第 5.6.5 条的规定。

5.9.2 管道铺设应符合下列规定：

1 采用承插式（或套筒式）接口时，宜人工布管且在沟槽内连接；槽深大于 3m 或管外径大于 400mm 的管道，宜用非金属绳索兜住管节下管；严禁将管节翻滚抛入槽中；

2 采用电熔、热熔接口时，宜在沟槽边上将管道分段连接后以弹性铺管法移入沟槽；移入沟槽时，管道表面不得有明显的划痕。

5.9.3 管道连接应符合下列规定：

1 承插式柔性连接、套筒（带或套）连接、法兰连接、卡箍连接等方法采用的密封件、套筒件、法兰、紧固件等配套管件，必须由管节生产厂家配套供应；电熔连接、热熔连接应采用专用电器设备、挤出焊接设备和工具进行施工；

2 管道连接时必须对连接部位、密封件、套筒等配件清理干净，套筒（带或套）连接、法兰连接、卡箍连接用的钢制套筒、法兰、卡箍、螺栓等金属制品应根据现场土质并参照相关标准采取防腐措施；

3 承插式柔性接口连接宜在当日温度较高时进行，插口端不宜插到承口底部，应留出不小于 10mm 的伸缩空隙，插入前应在插口端外壁做出插入深度标记；插入完毕后，承插口周围空隙均匀，连接的管道平直；

4 电熔连接、热熔连接、套筒（带或套）连接、法兰连接、卡箍连接应在当日温度较低或接近最低时进行；电熔连接、热熔连接时电热设备的温度控制、时间控制，挤出焊接时对焊接设备的操作等，必须严格按接头的技术指标和设备的操作程序进行；接头处应有沿管节圆周平滑对称的外翻边，内翻边应铲平；

5 管道与井室宜采用柔性连接，连接方式符合设计要求；设计无要求时，可采用承插管件连接或中介层做法；

6 管道系统设置的弯头、三通、变径处应采用混凝土支墩或金属卡箍拉杆等技术措施；在消火栓及闸阀的底部应加垫混凝土支墩；非锁紧型承插连接管道，每根管节应有 3 点以上的固定措施；

7 安装完的管道中心线及高程调整合格后，即将管底有效支撑角范围用中粗砂回填密实，不得用土或其他材料回填。

5.10 质量验收标准

5.10.1 管道基础应符合下列规定：

主 控 项 目

1 原状地基的承载力符合设计要求；

检查方法：观察，检查地基处理强度或承载力检验报告、复合地基承载力检验报告。

2 混凝土基础的强度符合设计要求；

检验数量：混凝土验收批与试块留置按照现行国家标准《给水排水构筑物工程施工及验收规范》GB 50141—2008 第 6.2.8 条第 2 款执行；

检查方法：混凝土基础的混凝土强度验收应符合现行国家标准《混凝土强度检验评定标准》GBJ 107 的有关规定。

3 砂石基础的压实度符合设计要求或本规范的规定；

检查方法：检查砂石材料的质量保证资料、压实度试验报告。

一 般 项 目

4 原状地基、砂石基础与管道外壁间接触均匀，无空隙；

检查方法：观察，检查施工记录。

5 混凝土基础外光内实，无严重缺陷；混凝土基础的钢筋数量、位置正确；

检查方法：观察，检查钢筋质量保证资料，检查施工记录。

6 管道基础的允许偏差应符合表 5.10.1 的规定。

表 5.10.1 管道基础的允许偏差

序号	检查项目			允许偏差（mm）	检查数量 范围	检查数量 点数	检查方法
1	垫层	中线每侧宽度		不小于设计要求	每个验收批	每 10m 测 1 点，且不少于 3 点	挂中心线钢尺检查，每侧一点
		高程	压力管道	±30			水准仪测量
			无压管道	0，−15			
		厚度		不小于设计要求			钢尺量测
2	混凝土基础、管座	平基	中线每侧宽度	+10，0			挂中心线钢尺量测每侧一点
			高程	0，−15			水准仪测量
			厚度	不小于设计要求			钢尺量测
		管座	肩宽	+10，−5			钢尺量测，挂高程线钢尺量测，每侧一点
			肩高	±20			

续表 5.10.1

<table>
<tr><th rowspan="2">序号</th><th rowspan="2" colspan="3">检 查 项 目</th><th rowspan="2">允许偏差
(mm)</th><th colspan="2">检查数量</th><th rowspan="2">检查方法</th></tr>
<tr><th>范围</th><th>点数</th></tr>
<tr><td rowspan="4">3</td><td rowspan="4">土(砂及砂砾)基础</td><td rowspan="2">高程</td><td>压力管道</td><td>±30</td><td rowspan="4">每个验收批</td><td rowspan="4">每 10m 测 1 点,且不少于 3 点</td><td rowspan="2">水准仪测量</td></tr>
<tr><td>无压管道</td><td>0,−15</td></tr>
<tr><td colspan="2">平基厚度</td><td>不小于设计要求</td><td>钢尺量测</td></tr>
<tr><td colspan="2">土弧基础腋角高度</td><td>不小于设计要求</td><td>钢尺量测</td></tr>
</table>

5.10.2 钢管接口连接应符合下列规定:

主 控 项 目

1 管节及管件、焊接材料等的质量应符合本规范第 5.3.2 条的规定;

检查方法:检查产品质量保证资料;检查成品管进场验收记录,检查现场制作管的加工记录。

2 接口焊缝坡口应符合本规范第 5.3.7 条的规定;

检查方法:逐口检查,用量规量测;检查坡口记录。

3 焊口错边符合本规范第 5.3.8 条的规定,焊口无十字型焊缝;

检查方法:逐口检查,用长 300mm 的直尺在接口内壁周围顺序贴靠量测错边量。

4 焊口焊接质量应符合本规范第 5.3.17 条的规定和设计要求;

检查方法:逐口观察,按设计要求进行抽检;检查焊缝质量检测报告。

5 法兰接口的法兰应与管道同心,螺栓自由穿入,高强度螺栓的终拧扭矩应符合设计要求和有关标准的规定;

检查方法:逐口检查;用扭矩扳手等检查;检查螺栓拧紧记录。

一 般 项 目

6 接口组对时,纵、环缝位置应符合本规范第 5.3.9 条的规定;

检查方法:逐口检查;检查组对检验记录;用钢尺量测。

7 管节组对前,坡口及内外侧焊接影响范围内表面应无油、漆、垢、锈、毛刺等污物;

检查方法:观察;检查管道组对检验记录。

8 不同壁厚的管节对接应符合本规范第 5.3.10 条的规定;

检查方法:逐口检查,用焊缝量规、钢尺量测;检查管道组对检验记录。

9 焊缝层次有明确规定时,焊接层数、每层厚度及层间温度应符合焊接作业指导书的规定,且层间焊缝质量均应合格;

检查方法:逐个检查;对照设计文件、焊接作业指导书检查每层焊缝检验记录。

10 法兰中轴线与管道中轴线的允许偏差应符合:D_i 小于或等于 300mm 时,允许偏差小于或等于 1mm;D_i 大于 300mm 时,允许偏差小于或等于 2mm;

检查方法:逐个接口检查;用钢尺、角尺等量测。

11 连接的法兰之间应保持平行,其允许偏差不大于法兰外径的 1.5‰,且不大于 2mm;螺孔中心允许偏差应为孔径的 5%;

检查方法:逐口检查;用钢尺、塞尺等量测。

5.10.3 钢管内防腐层应符合下列规定:

主 控 项 目

1 内防腐层材料应符合国家相关标准的规定和设计要求;给水管道内防腐层材料的卫生性能应符合国家相关标准的规定;

检查方法:对照产品标准和设计文件,检查产品质量保证资料;检查成品管进场验收记录。

2 水泥砂浆抗压强度符合设计要求,且不低于 30MPa;

检查方法:检查砂浆配合比、抗压强度试块报告。

3 液体环氧涂料内防腐层表面应平整、光滑,无气泡、无划痕等,湿膜应无流淌现象;

检查方法:观察,检查施工记录。

一 般 项 目

4 水泥砂浆防腐层的厚度及表面缺陷的允许偏差应符合表 5.10.3-1 的规定。

5 液体环氧涂料内防腐层的厚度、电火花试验应符合表 5.10.3-2 的规定。

表 5.10.3-1 水泥砂浆防腐层厚度及表面缺陷的允许偏差

检查项目		允许偏差		检查数量 范围	检查数量 点数	检查方法
1	裂缝宽度	≤0.8		管节	每处	用裂缝观测仪测量
2	裂缝沿管道纵向长度	≤管道的周长，且≤2.0m				钢尺量测
3	平整度	<2				用300mm长的直尺量测
4	防腐层厚度	D_i≤1000	±2		取两个截面，每个截面测2点，取偏差值最大1点	用测厚仪测量
		1000<D_i≤1800	±3			
		D_i>1800	+4，−3			
5	麻点、空窝等表面缺陷的深度	D_i≤1000	2			用直钢丝或探尺量测
		1000<D_i≤1800	3			
		D_i>1800	4			
6	缺陷面积	≤500mm²			每处	用钢尺量测
7	空鼓面积	不得超过2处，且每处≤10000mm²			每平方米	用小锤轻击砂浆表面，用钢尺量测

注：1 表中单位除注明者外，均为mm；

2 工厂涂覆管节，每批抽查20%；施工现场涂覆管节，逐根检查。

表 5.10.3-2 液体环氧涂料内防腐层厚度及电火花试验规定

检查项目		允许偏差(mm)		检查数量 范围	检查数量 点数	检查方法
1	干膜厚度（μm）	普通级	≥200	每根（节）管	两个断面，各4点	用测厚仪测量
		加强级	≥250			
		特加强级	≥300			
2	电火花试验漏点数	普通级	3	个/m²	连续检测	用电火花检漏仪测量，检漏电压值根据涂层厚度按5V/μm计算，检漏仪探头移动速度不大于0.3m/s
		加强级	1			
		特加强级	0			

注：1 焊缝处的防腐层厚度不得低于管节防腐层规定厚度的80%；

2 凡漏点检测不合格的防腐层都应补涂，直至合格。

5.10.4 钢管外防腐层应符合下列规定：

主 控 项 目

1 外防腐层材料（包括补口、修补材料）、结构等应符合国家相关标准的规定和设计要求；

检查方法：对照产品标准和设计文件，检查产品质量保证资料；检查成品管进场验收记录。

2 外防腐层的的厚度、电火花检漏、粘结力应符合表5.10.4的规定。

表 5.10.4 外绝缘防腐层厚度、电火花检漏、粘结力验收标准

检查项目		允许偏差	检查数量 防腐成品管	检查数量 补口	检查数量 补伤	检查方法
1	厚度	符合本规范第5.4.9条的相关规定	每20根1组（不足20根按1组），每组抽查1根。测管两端和中间共3个截面，每截面测互相垂直的4点	逐个检测，每个随机抽查1个截面，每个截面测互相垂直的4点	逐个检测，每处随机测1点	用测厚仪测量
2	电火花检漏		全数检查	全数检查	全数检查	用电火花检漏仪逐根连续测量
3	粘结力		每20根为1组（不足20根按1组），每组抽1根，每根1处	每20个补口抽1处	—	按本规范表5.4.9规定，用小刀切割观察

注：按组抽检时，若被检测点不合格，则该组应加倍抽检；若加倍抽检仍不合格，则该组为不合格。

一 般 项 目

3 钢管表面除锈质量等级应符合设计要求；

检查方法：观察；检查防腐管生产厂提供的除锈等级报告，对照典型样板照片检查每个补口处的除锈质量，检查补口处除锈施工方案。

4 管道外防腐层（包括补口、补伤）的外观质量应符合本规范第5.4.9条的相关规定；

检查方法：观察；检查施工记录。

5 管体外防腐材料搭接、补口搭接、补伤搭接应符合要求；

检查方法：观察；检查施工记录。

5.10.5 钢管阴极保护工程质量应符合下列规定：

主 控 项 目

1 钢管阴极保护所用的材料、设备等应符合国家有关标准的规定和设计要求；

检查方法：对照产品相关标准和设计文件，检查产品质量保证资料；检查成品管进场验收记录。

2 管道系统的电绝缘性、电连续性经检测满足阴极保护的要求；

检查方法：阴极保护施工前应全线检查；检查绝缘部位的绝缘测试记录、跨接线的连接记录；用电火花检漏仪、高阻电压表、兆欧表测电绝缘性，万用表测跨线等的电连续性。

3 阴极保护的系统参数测试应符合下列规定：

1）设计无要求时，在施加阴极电流的情况下，测得管/地电位应小于或等于－850mV（相对于铜—饱和硫酸铜参比电极）；

2）管道表面与同土壤接触的稳定的参比电极之间阴极极化电位值最小为100mV；

3）土壤或水中含有硫酸盐还原菌，且硫酸根含量大于0.5%时，通电保护电位应小于或等于－950mV（相对于铜—饱和硫酸铜参比电极）；

4）被保护体埋置于干燥的或充气的高电阻率（大于500Ω·m）土壤中时，测得的极化电位小于或等于－750mV（相对于铜—饱和硫酸铜参比电极）；

检查方法：按国家现行标准《埋地钢质管道阴极保护参数测试方法》SY/T 0023的规定测试；检查阴极保护系统运行参数测试记录。

一 般 项 目

4 管道系统中阳极、辅助阳极的安装应符合本规范第5.4.13、5.4.14条的规定；

检查方法：逐个检查；用钢尺或经纬仪、水准仪测量。

5 所有连接点应按规定做好防腐处理，与管道连接处的防腐材料应与管道相同；

检查方法：逐个检查；检查防腐材料质量合格证明、性能检验报告；检查施工记录、施工测试记录。

6 阴极保护系统的测试装置及附属设施的安装应符合下列规定：

1）测试桩埋设位置应符合设计要求，顶面高出地面400mm以上；

2）电缆、引线铺设应符合设计要求，所有引线应保持一定松弛度，并连接可靠牢固；

3）接线盒内各类电缆应接线正确，测试桩的舱门应启闭灵活、密封良好；

4）检查片的材质应与被保护管道的材质相同，其制作尺寸、设置数量、埋设位置应符合设计要求，且埋深与管道底部相同，距管道外壁不小于300mm；

5）参比电极的选用、埋设深度应符合设计要求；

检查方法：逐个观察（用钢尺量测辅助检查）；检查测试纪录和测试报告。

5.10.6 球墨铸铁管接口连接应符合下列规定：

主 控 项 目

1 管节及管件的产品质量应符合本规范第5.5.1条的规定；

检查方法：检查产品质量保证资料，检查成品管进场验收记录。

2 承插接口连接时，两管节中轴线应保持同心，承口、插口部位无破损、变形、开裂；插口推入深度应符合要求；

检查方法：逐个观察；检查施工记录。

3 法兰接口连接时，插口与承口法兰压盖的纵向轴线一致，连接螺栓终拧扭矩应符合设计或产品使用说明要求；接口连接后，连接部位及连接件应无变形、破损；

检查方法：逐个接口检查，用扭矩扳手检查；检查螺栓拧紧记录。

4 橡胶圈安装位置应准确，不得扭曲、外露；沿圆周各点应与承口端面等距，其允许偏差应为±3mm；

检查方法：观察，用探尺检查；检查施工记录。

一 般 项 目

5 连接后管节间平顺，接口无突起、突弯、轴向位移现象；

检查方法：观察；检查施工测量记录。

6 接口的环向间隙应均匀，承插口间的纵向间隙不应小于3mm；

检查方法：观察，用塞尺、钢尺检查。

7 法兰接口的压兰、螺栓和螺母等连接件应规格型号一致，采用钢制螺栓和螺母时，防腐处理应符合设计要求；

检查方法：逐个接口检查；检查螺栓和螺母质量合格证明书、性能检验报告。

8 管道沿曲线安装时，接口转角应符合本规范第5.5.8条的规定；

检查方法：用直尺量测曲线段接口。

5.10.7 钢筋混凝土管、预（自）应力混凝土管、预应力钢筒混凝土管接口连接应符合下列规定：

主 控 项 目

1 管及管件、橡胶圈的产品质量应符合本规范第5.6.1、5.6.2、5.6.5和5.7.1条的规定；

检查方法：检查产品质量保证资料；检查成品管进场验收记录。

2 柔性接口的橡胶圈位置正确，无扭曲、外露现象；承口、插口无破损、开裂；双道橡胶圈的单口水压试验合格；

检查方法：观察，用探尺检查；检查单口水压试验记录。

3 刚性接口的强度符合设计要求，不得有开裂、空鼓、脱落现象；

检查方法：观察；检查水泥砂浆、混凝土试块的抗压强度试验报告。

一 般 项 目

4 柔性接口的安装位置正确，其纵向间隙应符合本规范第5.6.9、5.7.2条的相关规定；

检查方法：逐个检查，用钢尺量测；检查施工记录。

5 刚性接口的宽度、厚度符合设计要求；其相邻管接口错口允许偏差：D_i小于700mm时，应在施工中自检；D_i大于700mm，小于或等于1000mm时，应不大于3mm；D_i大于1000mm时，应不大于5mm；

检查方法：两井之间取3点，用钢尺、塞尺量测；检查施工记录。

6 管道沿曲线安装时，接口转角应符合本规范第5.6.9、5.7.5条的相关规定；

检查方法：用直尺量测曲线段接口。

7 管道接口的填缝应符合设计要求，密实、光洁、平整；

检查方法：观察，检查填缝材料质量保证资料、配合比记录。

5.10.8 化学建材管接口连接应符合下列规定：

主 控 项 目

1 管节及管件、橡胶圈等的产品质量应符合本规范第5.8.1、5.9.1条的规定；

检查方法：检查产品质量保证资料；检查成品管进场验收记录。

2 承插、套筒式连接时，承口、插口部位及套筒连接紧密，无破损、变形、开裂等现象；插入后胶圈应位置正确，无扭曲等现象；双道橡胶圈的单口水压试验合格；

检查方法：逐个接口检查；检查施工方案及施工记录，单口水压试验记录；用钢尺、探尺量测。

3 聚乙烯管、聚丙烯管接口熔焊连接应符合下列规定：

1）焊缝应完整，无缺损和变形现象；焊缝连接应紧密，无气孔、鼓泡和裂缝；电熔连接的电阻丝不裸露；

2）熔焊焊缝焊接力学性能不低于母材；

3）热熔对接连接后应形成凸缘，且凸缘形状大小均匀一致，无气孔、鼓泡和裂缝；接头处有沿管节圆周平滑对称的外翻边，外翻边最低处的深度不低于管节外表面；管壁内翻边应铲平；对接错边量不大于管材壁厚的10%，且不大于3mm。

检查方法：观察；检查熔焊连接工艺试验报告和焊接作业指导书，检查熔焊连接施工记录、熔焊外观质量检验记录、焊接力学性能检测报告。

检查数量：外观质量全数检查；熔焊焊缝焊接力学性能试验每200个接头不少于1组；现场进行破坏性检验或翻边切除检验（可任选一种）时，现场破坏性检验每50个接头不少于1个，现场内翻边切除检验每50个接头不少于3个；单位工程中接头数量不足50个时，仅做熔焊焊缝焊接力学性能试验，可不做现场检验。

4 卡箍连接、法兰连接、钢塑过渡接头连接时，应连接件齐全、位置正确、安装牢固，连接部位无扭曲、变形；

检查方法：逐个检查。

一 般 项 目

5 承插、套筒式接口的插入深度应符合要求，相邻管口的纵向间隙应不小于10mm；环向间隙应均匀一致；

检查方法：逐口检查，用钢尺量测；检查施工记录。

6 承插式管道沿曲线安装时的接口转角，玻璃钢管的不应大于本规范第5.8.3条的规定；聚乙烯管、聚丙烯管的接口转角应不大于1.5°；硬聚氯乙烯管的接口转角应不大于1.0°；

检查方法：用直尺量测曲线段接口；检查施工记录。

7 熔焊连接设备的控制参数满足焊接工艺要求；设备与待连接管的接触面无污物，设备及组合件组装正确、牢固、吻合；焊后冷却期间接口未受外力影响；

检查方法：观察，检查专用熔焊设备质量合格证明书、校检报告，检查熔焊记录。

8 卡箍连接、法兰连接、钢塑过渡连接件的钢制部分以及钢制螺栓、螺母、垫圈的防腐要求应符合设计要求；

检查方法：逐个检查；检查产品质量合格证明书、检验报告。

5.10.9 管道铺设应符合下列规定：

主 控 项 目

1 管道埋设深度、轴线位置应符合设计要求，无压力管道严禁倒坡；

检查方法：检查施工记录、测量记录。

2 刚性管道无结构贯通裂缝和明显缺损情况；

检查方法：观察，检查技术资料。

3 柔性管道的管壁不得出现纵向隆起、环向扁平和其他变形情况；

检查方法：观察，检查施工记录、测量记录。

4 管道铺设安装必须稳固，管道安装后应线形平直；

检查方法：观察，检查测量记录。

一 般 项 目

5 管道内应光洁平整，无杂物、油污；管道无明显渗水和水珠现象；

检查方法：观察，渗漏水程度检查按本规范附录F第F.0.3条执行。

6 管道与井室洞口之间无渗漏水；

检查方法：逐井观察，检查施工记录。

7 管道内外防腐层完整，无破损现象；

检查方法：观察，检查施工记录。

8 钢管管道开孔应符合本规范第5.3.11条的规定；

检查方法：逐个观察，检查施工记录。

9 闸阀安装应牢固、严密，启闭灵活，与管道轴线垂直；

检查方法：观察检查，检查施工记录。

10 管道铺设的允许偏差应符合表5.10.9的规定。

表5.10.9 管道铺设的允许偏差（mm）

检查项目			允许偏差		检查数量		检查方法
					范围	点数	
1	水平轴线		无压管道	15	每节管	1点	经纬仪测量或挂中线用钢尺量测
			压力管道	30			
2	管底高程	$D_i \leqslant 1000$	无压管道	±10			水准仪测量
			压力管道	±30			
		$D_i > 1000$	无压管道	±15			
			压力管道	±30			

6 不开槽施工管道主体结构

6.1 一 般 规 定

6.1.1 本章适用于采用顶管、盾构、浅埋暗挖、地表式水平定向钻及夯管等方法进行不开槽施工的室外给排水管道工程。

6.1.2 施工前应进行现场调查研究，并对建设单位提供的工程沿线的有关工程地质、水文地质和周围环境情况，以及沿线地下与地上管线、周边建（构）筑物、障碍物及其他设施的详细资料进行核实确认；必要时应进行坑探。

6.1.3 施工前应编制施工方案，包括下列主要内容：

1 顶管法施工方案包括下列主要内容：

1）顶进方法比选和顶管段单元长度的确定；

2）顶管机选型及各类设备的规格、型号及数量；

3）工作井位置选择、结构类型及其洞口封门设计；

4）管节、接口选型及检验，内外防腐处理；

5）顶管进、出洞口技术措施，地基改良措施；

6）顶力计算、后背设计和中继间设置；

7）减阻剂选择及相应技术措施；

8）施工测量、纠偏的方法；

9）曲线顶进及垂直顶升的技术控制及措施；

10）地表及构筑物变形与形变监测和控制措施；

11）安全技术措施、应急预案。

2 盾构法施工方案包括下列主要内容：

1）盾构机的选型与安装方案；

2）工作井的位置选择、结构形式、洞门封门设计；

3）盾构基座设计，以及始发工作井后背布置形式；

4）管片的拼装、防水及注浆方案；

5）盾构进、出洞口的技术措施，以及地基、地层加固措施；

6）掘进施工工艺、技术管理方案；

7）垂直运输、水平运输方式及管道内断面布置；

8）掘进施工测量及纠偏措施；

9）地表变形及周围环境保护的要求、监测和控制措施；

10）安全技术措施、应急预案。

3 浅埋暗挖法施工方案包括下列主要内容：

1）土层加固措施和开挖方案；

2）施工降排水方案；

3）工作井的位置选择、结构类型及其洞口封门的设计、井内布置；

4）施工程序（步序）设计；

5）垂直运输、水平运输方式及管道内断面布置；

6）结构安全和环境安全、保护的要求、监测和控制措施；

7）安全技术措施、应急预案。

4 地表式定向钻法施工方案包括下列主要内容：

1）定向钻的入土点、出土点位置选择；

2）钻进轨迹设计（入土角、出土角、管道轴向曲率半径要求）；

3）确定终孔孔径及扩孔次数，计算管道回拖力，管材的选用；

4）定向钻机、钻头、钻杆及扩孔头、拉管头等的选用；

5）护孔减阻泥浆的配制及泥浆系统的布置；

6）地面管道布置走向及管道材质、组对拼装、防腐层要求；

7）导向定位系统设备的选择及施工探测（测量）技术要求、控制措施；

8）周围环境保护及监控措施。

5 夯管法施工方案包括下列主要内容：

1）工作井位置选择、结构类型、尺寸要求及其进、出洞口技术措施；

2）计算锤击力，确定管材、规格；

3）夯管锤及辅助设备的选用及作业要求；

4）减阻技术措施；

5）管组对焊接、防腐层施工要求，外防腐层的保护措施；

6）施工测量技术要求、控制措施；

7）管内土排除方式；

8）周围环境控制要求及监控措施；

9）安全技术措施、应急预案。

6.1.4 不开槽施工方法选择应符合下列规定：

1 顶管顶进方法的选择，应根据工程设计要求、工程水文地质条件、周围环境和现场条件，经技术经济比较后确定，并应符合下列规定：

1）采用敞口式（手掘式）顶管机时，应将地下水位降至管底以下不小于0.5m处，并应采取措施，防止其他水源进入顶管的管道；

2）周围环境要求控制地层变形、或无降水条件时，宜采用封闭式的土压平衡或泥水平衡顶管机施工；

3）穿越建（构）筑物、铁路、公路、重要管线和防汛墙等时，应制订相应的保护措施；

4）小口径的金属管道，无地层变形控制要求且顶力满足施工要求时，可采用一次顶进的挤密土层顶管法。

2 盾构机选型，应根据工程设计要求（管道的外径、埋深和长度），工程水文地质条件，施工现场及周围环境安全等要求，经技术经济比较确定。

3 浅埋暗挖施工方案的选择，应根据工程设计（隧道断面和结构形式、埋深、长度），工程水文地质条件，施工现场和周围环境安全等要求，经过技术经济比较后确定。

4 定向钻机的回转扭矩和回拖力确定，应根据终孔孔径、轴向曲率半径、管道长度，结合工程水文地质和现场周围环境条件，经过技术经济比较综合考虑后确定，并应有一定的安全储备；导向探测仪的配置应根据定向钻机类型、穿越障碍物类型、探测深度和现场探测条件选用。

5 夯管锤的锤击力应根据管径、钢管力学性能、管道长度，结合工程地质、水文地质和周围环境条件，经过技术经济比较后确定，并应有一定的安全储备。

6 工作井宜设置在检查井等附属构筑物的位置。

6.1.5 施工前应根据工程水文地质条件、现场施工条件、周围环境等因素，进行安全风险评估；并制定防止发生事故以及事故处理的应急预案，备足应急抢险设备、器材等物资。

6.1.6 根据工程设计、施工方法、工程水文地质条件，对邻近建（构）筑物、管线，应采用土体加固或其他有效的保护措施。

6.1.7 根据设计要求、工程特点及有关规定，对管（隧）道沿线影响范围地表或地下管线等建（构）筑物设置观测点，进行监控测量。监控测量的信息应及时反馈，以指导施工，发现问题及时处理。

6.1.8 监控测量的控制点（桩）设置应符合本规范第3.1.7条的规定，每次测量前应对控制点（桩）进行复核，如有扰动，应进行校正或重新补设。

6.1.9 施工设备、装置应满足施工要求，并应符合下列规定：

1 施工设备、主要配套设备和辅助系统安装完成后，应经试运行及安全性检验，合格后方可掘进作业；

2 操作人员应经过培训，掌握设备操作要领，熟悉施工方法、各项技术参数，考试合格方可上岗；

3 管（隧）道内涉及的水平运输设备、注浆系统、喷浆系统以及其他辅助系统应满足施工技术要求和安全、文明施工要求；

4 施工供电应设置双路电源，并能自动切换；动力、照明应分路供电，作业面移动照明应采用低压供电；

5 采用顶管、盾构、浅埋暗挖法施工的管道工程，应根据管（隧）道长度、施工方法和设备条件等确定管（隧）道内通风系统模式；设备供排风能力、管（隧）道内人员作业环境等还应满足国家有关标准规定；

6 采用起重设备或垂直运输系统时，应符合下列规定：

1）起重设备必须经过起重荷载计算；

2）使用前应按有关规定进行检查验收，合格后方可使用；

3）起重作业前应试吊，吊离地面100mm左右时，应检查重物捆扎情况和制动性能，确认安全后方可起吊；起吊时工作井内严禁站人，当吊运重物下井距作业面底部小于500mm时，操作人员方可近前工作；

4）严禁超负荷使用；

5）工作井上、下作业时必须有联络信号；

7 所有设备、装置在使用中应按规定定期检查、维修和保养。

6.1.10 顶管施工的管节应符合下列规定：

1 管节的规格及其接口连接形式应符合设计要求；

2 钢筋混凝土成品管质量应符合国家现行标准《混凝土和钢筋混凝土排水管》GB/T 11836、《顶进施工法用钢筋混凝土排水管》JC/T 640的规定，管节及接口的抗渗性能应符合设计要求；

3 钢管制作质量应符合本规范第5章的相关规定和设计要求，且焊缝等级应不低于Ⅱ级；外防腐结构层满足设计要求，顶进时不得被土体磨损；

4 双插口、钢承口钢筋混凝土管钢材部分制作与防腐应按钢管要求执行；

5 玻璃钢管质量应符合国家有关标准的规定；

6 橡胶圈应符合本规范第5.6.5条规定及设计要求，与管节粘附牢固、表面平顺；

7 衬垫的厚度应根据管径大小和顶进情况选定。

6.1.11 盾构管片的结构形式、制作材料、防水措施应符合设计要求，并应满足下列规定：

1 铸铁管片、钢制管片应在专业工厂中生产；

2 现场预制钢筋混凝土管片时，应按管片生产的工艺流程，合理布置场地、管片养护装置等；

3 钢筋混凝土管片的生产，应进行生产条件检查和试生产检验，合格后方可正式批量生产；

4 管片堆放的场地应平整，管片端部应用枕木垫实；

5 管片内弧面向上叠放时不宜超过3层，侧卧堆放时不得超过4层，内弧面不得向下叠放，否则应采取相应的安全措施；

6 施工现场管片安装的螺栓连接件、防水密封条及其他防水材料应配套存放，妥善保存，不得混用。

6.1.12 浅埋暗挖法施工的工程材料应符合设计和施工方案要求。

6.1.13 水平定向法施工，应根据设计要求选用聚乙烯管或钢管；夯管法施工采用钢管，管材的规格、性能还应满足施工方案要求；成品管产品质量应符合本规范第5章的相关规定和设计要求，且符合下列规定：

1 钢管接口应焊接，聚乙烯管接口应熔接；

2 钢管的焊缝等级应不低于Ⅱ级；钢管外防腐结构层及接口处的补口材质应满足设计要求，外防腐层不应被土体磨损或增设牺牲保护层；

3 钻定向钻施工时，轴向最大回拖力和最小曲率半径的确定应满足管材力学性能要求，钢管的管径与壁厚之比不应大于100，聚乙烯管标准尺寸比宜为SDR11；

4 夯管施工时，轴向最大锤击力的确定应满足管材力学性能要求，其管壁厚度应符合设计和施工要求；管节的圆度不应大于0.005管内径，管端面垂直度不应大于0.001管内径、且不大于1.5mm。

6.1.14 施工中应做好掘进、管道轴线跟踪测量记录。

6.1.15 管道的功能性试验符合本规范第9章的规定。

6.2 工 作 井

6.2.1 工作井的结构必须满足井壁支护以及顶管（顶进工作井）、盾构（始发工作井）推进后座力作用等施工要求，其位置选择应符合下列规定：

1 宜选择在管道井室位置；

2 便于排水、排泥、出土和运输；

3 尽量避开现有构（建）筑物，减小施工扰动对周围环境的影响；

4 顶管单向顶进时宜设在下游一侧。

6.2.2 工作井围护结构应根据工程水文地质条件、邻近建（构）筑物、地下与地上管线情况，以及结构受力、施工安全等要求，经技术经济比较后确定。

6.2.3 工作井施工应遵守下列规定：

1 编制专项施工方案；

2 应根据工作井的尺寸、结构形式、环境条件等因素确定支护（撑）形式；

3 土方开挖过程中，应遵循“开槽支撑、先撑后挖、分层开挖，严禁超挖”的原则进行开挖与支撑；

4 井底应保证稳定和干燥，并应及时封底；

5 井底封底前，应设置集水坑，坑上应设有盖；封闭集水坑时应进行抗浮验算；

6 在地面井口周围应设置安全护栏、防汛墙和防雨设施；

7 井内应设置便于上、下的安全通道。

6.2.4 顶管的顶进工作井、盾构的始发工作井的后背墙施工应符合下列规定：

1 后背墙结构强度与刚度必须满足顶管、盾构最大允许顶力和设计要求；

2 后背墙平面与掘进轴线应保持垂直，表面应坚实平整，能有效地传递作用力；

3 施工前必须对后背土体进行允许抗力的验算，验算通不过时应对后背土体加固，以满足施工安全、周围环境保护要求；

4 顶管的顶进工作井后背墙还应符合下列规定：

1）上、下游两段管道有折角时，还应对后背墙结构及布置进行设计；

2）装配式后背墙宜采用方木、型钢或钢板等组装，底端宜在工作坑底以下且不小于 500mm；组装构件应规格一致、紧贴固定；后背土体壁面应与后背墙贴紧，有孔隙时应采用砂石料填塞密实；

3）无原土作后背墙时，宜就地取材设计结构简单、稳定可靠、拆除方便的人工后背墙；

4）利用已顶进完毕的管道作后背时，待顶管道的最大允许顶力应小于已顶管道的外壁摩擦阻力；后背钢板与管口端面之间应衬垫缓冲材料，并应采取措施保护已顶入管道的接口不受损伤。

6.2.5 工作井尺寸应结合施工场地、施工管理、洞门拆除、测量及垂直运输等要求确定，且应符合下列规定：

1 顶管工作井应符合下列规定：

1）应根据顶管机安装和拆卸、管节长度和外径尺寸、千斤顶工作长度、后背墙设置、垂直运土工作面、人员作业空间和顶进作业管理等要求确定平面尺寸；

2）深度应满足顶管机导轨安装、导轨基础厚度、洞口防水处理、管接口连接等要求；顶混凝土管时，洞圈最低处距底板顶面距离不宜小于 600mm；顶钢管时，还应留有底部人工焊接的作业高度。

2 盾构工作井应符合下列规定：

1）平面尺寸应满足盾构安装和拆卸、洞门拆除、后背墙设置、施工车架或临时平台、测量及垂直运输要求；

2）深度应满足盾构基座安装、洞口防水处理、井与管道连接方式要求，洞圈最低处距底板顶面距离宜大于 600mm。

3 浅埋暗挖竖井的平面尺寸和深度应根据施工设备布置、土石方和材料运输、施工人员出入、施工排水等的需要以及设计要求进行确定。

6.2.6 工作井洞口施工应符合下列规定：

1 预留进、出洞口的位置应符合设计和施工方案的要求；

2 洞口土层不稳定时，应对土体进行改良，进出洞施工前应检查改良后的土体强度和渗漏水情况；

3 设置临时封门时，应考虑周围土层变形控制和施工安全等要求。封门应拆除方便，拆除时应减小对洞门土层的扰动；

4 顶管或盾构施工的洞口应符合下列规定：

1）洞口应设置止水装置，止水装置联结环板应与工作井壁内的预埋件焊接牢固，且用胶凝材料封堵；

2）采用钢管做预埋顶管洞口时，钢管外宜加焊止水环；

3）在软弱地层，洞口外缘宜设支撑点；

5 浅埋暗挖施工的洞口影响范围的土层应进行预加固处理。

6.2.7 顶管的顶进工作井内布置及设备安装、运行应符合下列规定：

1 导轨应采用钢质材料，其强度和刚度应满足施工要求；导轨安装的坡度应与设计坡度一致。

2 顶铁应符合下列规定：

1）顶铁的强度、刚度应满足最大允许顶力要求；安装轴线应与管道轴线平行、对称，顶铁在导轨上滑动平稳、且无阻滞现象，以使传力均匀和受力稳定；

2）顶铁与管端面之间应采用缓冲材料衬垫，并宜采用与管端面吻合的 U 形或环形顶铁；

3）顶进作业时，作业人员不得在顶铁上方及侧面停留，并应随时观察顶铁有无异常现象。

3 千斤顶、油泵等主顶进装置应符合下列规定：

1）千斤顶宜固定在支架上，并与管道中心的垂线对称，其合力的作用点应在管道中心的垂线上；千斤顶对称布置且规格应相同；

2）千斤顶的油路应并联，每台千斤顶应有进油、回油的控制系统；油泵应与千斤顶相匹配，并应有备用油泵；高压油管应顺直、转角少；

3）千斤顶、油泵、换向阀及连接高压油管等安装完毕，应进行试运转；整个系统应满足耐压、无泄漏要求，千斤顶推进速度、行程和各千斤顶同步性应符合施工要求；

4）初始顶进应缓慢进行，待各接触部位密合后，再按正常顶进速度顶进；顶进中若发现油压突然增高，应立即停止顶进，检查原因并经处理后方可继续顶进；

5）千斤顶活塞退回时，油压不得过大，速度不得过快。

6.2.8 盾构始发工作井内布置及设备安装、运行应符合下列规定：

1 盾构基座应符合下列规定：

1）钢筋混凝土结构或钢结构，并置于工作井底板上；其结构应能承载盾构自重和其他附加荷载；

2）盾构基座上的导轨应根据管道的设计轴线和施工要求确定夹角、平面轴线、顶面高程和坡度。

2 盾构安装应符合下列规定：

1）根据运输和进入工作井吊装条件，盾构可整体或解体运入现场，吊装时应采取防止变形的措施；

2）盾构在工作井内安装应达到安装精度要求，并根据施工要求就位在基座导轨上；

3）盾构掘进前，应进行试运转验收，验收合格方可使用。

3 始发工作井的盾构后座采用管片衬砌、顶撑组装时，应符合下列规定：

1）后座管片衬砌应根据施工情况确定开口环和闭口环的数量，其后座管片的后端面应与轴线垂直，与后背墙贴紧；

2）开口尺寸应结合受力要求和进出材料尺寸而定；

3）洞口处的后座管片应为闭口环，第一环闭口环脱出盾尾时，其上部与后背墙之间应设置顶撑，确保盾构顶力传至工作井后背墙；

4）盾构掘进至一定距离、管片外壁与土体的摩擦力能够平衡盾构掘进反力时，为提高施工速度可拆除盾构后座，安装施工平台和水平运输装置。

4 工作井应设置施工工作平台。

6.3 顶 管

6.3.1 顶管施工应根据工程具体情况采用下列技术措施：

1 一次顶进距离大于 100m 时，应采用中继间技术；

2 在砂砾层或卵石层顶管时，应采取管节外表面熔蜡措施、触变泥浆技术等减少顶进阻力和稳定周围土体；

3 长距离顶管应采用激光定向等测量控制技术。

6.3.2 计算施工顶力时，应综合考虑管节材质、顶进工作井后背墙结构的允许最大荷载、顶进设备能力、施工技术措施等因素。施工最大顶力应大于顶进阻力，但不得超过管材或工作井后背墙的允许顶力。

6.3.3 施工最大顶力有可能超过允许顶力时，应采取减少顶进阻力、增设中继间等施工技术措施。

6.3.4 顶进阻力计算应按当地的经验公式，或按式（6.3.4）计算：

$$F_p = \pi D_o L f_k + N_F \quad (6.3.4)$$

式中 F_p——顶进阻力（kN）；

D_o——管道的外径（m）；

L——管道设计顶进长度（m）；

f_k——管道外壁与土的单位面积平均摩阻力（kN/m^2），通过试验确定；对于采用触变泥浆减阻技术的宜按表 6.3.4-2 选用；

N_F——顶管机的迎面阻力（kN）；不同类型顶管机的迎面阻力宜按表 6.3.4-1 选择计算式。

表 6.3.4-1 顶管机迎面阻力（N_F）的计算公式

顶进方式	迎面阻力（kN）	式中符号
敞开式	$N_F = \pi(D_g - t)tR$	t——工具管刃脚厚度（m）
挤压式	$N_F = \frac{\pi}{4}D_g^2(1-e)R$	e——开口率
网格挤压	$N_F = \frac{\pi}{4}D_g^2\alpha R$	α——网格截面参数，取 α = 0.6～1.0
气压平衡式	$N_F = \frac{\pi}{4}D_g^2(\alpha R + P_n)$	P_n——气压强度（kN/m^2）
土压平衡和泥水平衡	$N_F = \frac{\pi}{4}D_g^2 P$	P——控制土压力

注：1 D_g——顶管机外径（mm）；

2 R——挤压阻力（kN/m^2），取 R = 300～500kN/m^2。

表 6.3.4-2 采用触变泥浆的管外壁单位面积平均摩擦阻力 f（kN/m^2）

管材＼土类	黏性土	粉土	粉、细砂土	中、粗砂土
钢筋混凝土管	3.0～5.0	5.0～8.0	8.0～11.0	11.0～16.0
钢 管	3.0～4.0	4.0～7.0	7.0～10.0	10.0～13.0

注：当触变泥浆技术成熟可靠、管外壁能形成和保持稳定、连续的泥浆套时，f 值可直接取 3.0～5.0kN/m^2。

6.3.5 开始顶进前应检查下列内容，确认条件具备时方可开始顶进。

1 全部设备经过检查、试运转；

2 顶管机在导轨上的中心线、坡度和高程应符合要求；

3 防止流动性土或地下水由洞口进入工作井的技术措施；

4 拆除洞口封门的准备措施。

6.3.6 顶管进、出工作井时应根据工程地质和水文地质条件、埋设深度、周围环境和顶进方法，选择技术经济合理的技术措施，并应符合下列规定：

1 应保证顶管进、出工作井和顶进过程中洞圈周围的土体稳定；

2 应考虑顶管机的切削能力；

3 洞口周围土体含地下水时，若条件允许可采取降水措施，或采取注浆等措施加固土体以封堵地下水；在拆除封门时，顶管机外壁与工作井洞圈之间应设置洞口止水装置，防止顶进施工时泥水渗入工作井；

4 工作井洞口封门拆除应符合下列规定：

1）钢板桩工作井，可拔起或切割钢板桩露出洞口，并采取措施防止洞口上方的钢板桩下落；

2）工作井的围护结构为沉井工作井时，应先拆除洞圈内侧的临时封门，再拆除井壁外侧的封板或其他封填物；

3）在不稳定土层中顶管时，封门拆除后应将顶管机立即顶入土层；

5 拆除封门后，顶管机应连续顶进，直至洞口及止水装置发挥作用为止；

6 在工作井洞口范围可预埋注浆管，管道进入土体之前可预先注浆。

6.3.7 顶进作业应符合下列规定：

1 应根据土质条件、周围环境控制要求、顶进方法、各项顶进参数和监控数据、顶管机工作性能等，确定顶进、开挖、出土的作业顺序和调整顶进参数；

2 掘进过程中应严格量测监控，实施信息化施工，确保开挖掘进工作面的土体稳定和土（泥水）压力平衡；并控制顶进速度、挖土和出土量，减少土体扰动和地层变形；

3 采用敞口式（手工掘进）顶管机，在允许超挖的稳定土层中正常顶进时，管下部135°范围内不得超挖；管顶以上超挖量不得大于15mm（见图6.3.7）；

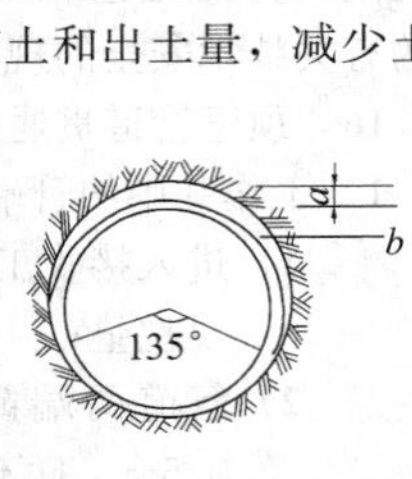

图6.3.7 超挖示意图

a—最大超挖量；

b—允许超挖范围

4 管道顶进过程中，应遵循“勤测量、勤纠偏、微纠偏”的原则，控制顶管机前进方向和姿态，并应根据测量结果分析偏差产生的原因和发展趋势，确定纠偏的措施；

5 开始顶进阶段，应严格控制顶进的速度和方向；

6 进入接收工作井前应提前进行顶管机位置和姿态测量，并根据进口位置提前进行调整；

7 在软土层中顶进混凝土管时，为防止管节飘移，宜将前3～5节管体与顶管机联成一体；

8 钢筋混凝土管接口应保证橡胶圈正确就位；钢管接口焊接完成后，应进行防腐层补口施工，焊接及防腐层检验合格后方可顶进；

9 应严格控制管道线形，对于柔性接口管道，其相邻管间转角不得大于该管材的允许转角。

6.3.8 施工的测量与纠偏应符合下列规定：

1 施工过程中应对管道水平轴线和高程、顶管机姿态等进行测量，并及时对测量控制基准点进行复核；发生偏差时应及时纠正；

2 顶进施工测量前应对井内的测量控制基准点进行复核；发生工作井位移、沉降、变形时应及时对基准点进行复核；

3 管道水平轴线和高程测量应符合下列规定：

1）出顶进工作井进入土层，每顶进300mm，测量不应少于一次；正常顶进时，每顶进1000mm，测量不应少于一次；

2）进入接收工作井前30m应增加测量，每顶进300mm，测量不应少于一次；

3）全段顶完后，应在每个管节接口处测量其水平轴线和高程；有错口时，应测出相对高差；

4）纠偏量较大、或频繁纠偏时应增加测量次数；

5）测量记录应完整、清晰；

4 距离较长的顶管，宜采用计算机辅助的导线法（自动测量导向系统）进行测量；在管道内增设中间测站进行常规人工测量时，宜采用少设测站的长导线法，每次测量均应对中间测站进行复核；

5 纠偏应符合下列规定：

1）顶管过程中应绘制顶管机水平与高程轨迹图、顶力变化曲线图、管节编号图，随时掌握顶进方向和趋势；

2）在顶进中及时纠偏；

3）采用小角度纠偏方式；

4）纠偏时开挖面土体应保持稳定；采用挖土纠偏方式，超挖量应符合地层变形控制和施工设计要求；

5）刀盘式顶管机应有纠正顶管机旋转措施。

6.3.9 采用中继间顶进时，其设计顶力、设置数量和位置应符合施工方案，并应符合下列规定：

1 设计顶力严禁超过管材允许顶力；

2 第一个中继间的设计顶力，应保证其允许最大顶力能克服前方管道的外壁摩擦阻力及顶管机的迎面阻力之和；而后续中继间设计顶力应克服两个中继间之间的管道外壁摩擦阻力；

3 确定中继间位置时，应留有足够的顶力安全系数，第一个中继间位置应根据经验确定并提前安装，同时考虑正面阻力反弹，防止地面沉降；

4 中继间密封装置宜采用径向可调形式，密封配合面的加工精度和密封材料的质量应满足要求；

5 超深、超长距离顶管工程，中继间应具有可更换密封止水圈的功能。

6.3.10 中继间的安装、运行、拆除应符合下列规定：

1 中继间壳体应有足够的刚度；其千斤顶的数量应根据该段施工长度的顶力计算确定，并沿周长均匀分布安装；其伸缩行程应满足施工和中继间结构受力的要求；

2 中继间外壳在伸缩时，滑动部分应具有止水性能和耐磨性，且滑动时无阻滞；

3 中继间安装前应检查各部件，确认正常后方可安装；安装完毕应通过试运转检验后方可使用；

4 中继间的启动和拆除应由前向后依次进行；

5 拆除中继间时，应具有对接接头的措施；中继间的外壳若不拆除，应在安装前进行防腐处理。

6.3.11 触变泥浆注浆工艺应符合下列规定：

1 注浆工艺方案应包括下列内容：

1）泥浆配比、注浆量及压力的确定；

2）制备和输送泥浆的设备及其安装；

3）注浆工艺、注浆系统及注浆孔的布置；

2 确保顶进时管外壁和土体之间的间隙能形成稳定、连续的泥浆套；

3 泥浆材料的选择、组成和技术指标要求，应经现场试验确定；顶管机尾部同步注浆宜选择黏度较高、失水量小、稳定性好的材料；补浆的材料宜黏滞小、流动性好；

4 触变泥浆应搅拌均匀，并具有下列性能：

1）在输送和注浆过程中应呈胶状液体，具有相应的流动性；

2）注浆后经一定的静置时间应呈胶凝状，具有一定的固结强度；

3）管道顶进时，触变泥浆被扰动后胶凝结构破坏，但应呈胶状液体；

4）触变泥浆材料对环境无危害；

5 顶管机尾部的后续几节管节应连续设置注浆孔；

6 应遵循"同步注浆与补浆相结合"和"先注后顶、随顶随注、及时补浆"的原则，制定合理的注浆工艺；

7 施工中应对触变泥浆的黏度、重度、pH 值，注浆压力，注浆量进行检测。

6.3.12 触变泥浆注浆系统应符合下列规定：

1 制浆装置容积应满足形成泥浆套的需要；

2 注浆泵宜选用液压泵、活塞泵或螺杆泵；

3 注浆管应根据顶管长度和注浆孔位置设置，管接头拆卸方便、密封可靠；

4 注浆孔的布置按管道直径大小确定，每个断面可设置3～5个；相邻断面上的注浆孔可平行布置或交错布置；每个注浆孔宜安装球阀，在顶管机尾部和其他适当位置的注浆孔管道上应设置压力表；

5 注浆前，应检查注浆装置水密性；注浆时压力应逐步升至控制压力；注浆遇有机械故障、管路堵塞、接头渗漏等情况时，经处理后方可继续顶进。

6.3.13 根据工程实际情况正确选择顶管机，顶进中对地层变形的控制应符合下列要求：

1 通过信息化施工，优化顶进的控制参数，使地层变形最小；

2 采用同步注浆和补浆，及时填充管外壁与土体之间的施工间隙，避免管道外壁土体扰动；

3 发生偏差应及时纠偏；

4 避免管节接口、中继间、工作井洞口及顶管机尾部等部位的水土流失和泥浆渗漏，并确保管节接口端面完好；

5 保持开挖量与出土量的平衡。

6.3.14 顶进应连续作业，顶进过程中遇下列情况之一时，应暂停顶进，及时处理，并应采取防止顶管机前方塌方的措施。

1 顶管机前方遇到障碍；

2 后背墙变形严重；

3 顶铁发生扭曲现象；

4 管位偏差过大且纠偏无效；

5 顶力超过管材的允许顶力；

6 油泵、油路发生异常现象；

7 管节接缝、中继间渗漏泥水、泥浆；

8 地层、邻近建（构）筑物、管线等周围环境的变形量超出控制允许值。

6.3.15 顶管穿越铁路、公路或其他设施时，除符合本规范的有关规定外，尚应遵守铁路、公路或其他设施的有关技术安全的规定。

6.3.16 顶管管道贯通后应做好下列工作：

1 工作井中的管端应按下列规定处理：

1）进入接收工作井的顶管机和管端下部应设枕垫；

2）管道两端露在工作井中的长度不小于0.5m，且不得有接口；

3）工作井中露出的混凝土管道端部应及时浇筑混凝土基础；

2 顶管结束后进行触变泥浆置换时，应采取下列措施：

1）采用水泥砂浆、粉煤灰水泥砂浆等易于固结或稳定性较好的浆液置换泥浆填充管外侧超挖、塌落等原因造成的空隙；

2）拆除注浆管路后，将管道上的注浆孔封

闭严密；

3）将全部注浆设备清洗干净；

3 钢筋混凝土管顶进结束后，管道内的管节接口间隙应按设计要求处理；设计无要求时，可采用弹性密封膏密封，其表面应抹平、不得凸入管内。

6.3.17 钢筋混凝土管曲线顶管应符合下列规定：

1 顶进阻力计算宜采用当地的经验公式确定；无经验公式时，可按相同条件下直线顶管的顶进阻力进行估算，并考虑曲线段管外壁增加的侧向摩阻力以及顶进作用力轴向传递中的损失影响。

2 最小曲率半径计算应符合下列规定：

1）应考虑管道周围土体承载力、施工顶力传递、管节接口形式、管径、管节长度、管口端面木衬垫厚度等因素；

2）按式（6.3.17）计算；不能满足公式计算结果时，可采取减小预制管管节长度的方法使之满足：

$$\tan\alpha = l/R_{min} = \Delta S/D_o \quad (6.3.17)$$

式中 α——曲线顶管时，相邻管节之间接口的控制允许转角（°）一般取管节接口最大允许转角的1/2，F型钢承口的管节宜小于0.3°；

R_{min}——最小曲率半径（m）；

l——预制管管节长度（m）；

D_o——管外径（m）；

ΔS——相邻管节之间接口允许的最大间隙与最小间隙之差（m）；其值与不同管节接口形式的控制允许转角和衬垫弹性模量有关。

3 所用的管节接口在一定角变位时应保持良好的密封性能要求，对于F型钢承口可增加钢套环承插长度；衬垫可选用无硬节松木板，其厚度应保证管节接口端面受力均匀。

4 曲线顶进应符合下列规定：

1）采用触变泥浆技术措施，并检查验证泥浆套形成情况；

2）根据顶进阻力计算中继间的数量和位置；并考虑轴向顶力、轴线调整的需要，缩短第一个中继间与顶管机以及后续中继间之间的间距；

3）顶进初始时，应保持一定长度的直线段，然后逐渐过渡到曲线段；

4）曲线段前几节管接口处可预埋钢板、预设拉杆，以备控制和保持接口张开量；对于软土层或曲率半径较小的顶管，可在顶管机后续管节的每个接口间隙位置，预设间隙调整器，形成整体弯曲弧度导向管段；

5）采用敞口式（手掘进）顶管机时，在弯曲轴线内侧可进行超挖；超挖量的大小应考虑弯曲段的曲率半径、管径、管长度等因素，满足地层变形控制和设计要求，并应经现场试验确定。

5 施工测量应符合本规范第6.3.8条的规定，并符合下列规定：

1）宜采用计算机辅助的导线法（自动测量导向系统）进行跟踪、快速测量；

2）顶进时，顶管机位置及姿态测量每米不应少于1次；

3）每顶入一节管，其水平轴线及高程测量不应少于3次。

6.3.18 管道的垂直顶升施工应符合下列规定：

1 垂直顶升范围内的特殊管段，其结构形式应符合设计要求，结构强度、刚度和管段变形情况应满足承载顶升反力的要求；特殊管段土基应进行强度、稳定性验算，并根据验算结果采取相应的土体加固措施；

2 顶进的特殊管段位置应准确，开孔管节在水平顶进时应采取防旋转的措施，保证顶升口的垂直度、中心位置满足设计和垂直顶升要求；开孔管节与相邻管节应连结牢固；

3 垂直顶升设备的安装应符合下列规定：

1）顶升架应有足够的刚度、强度，其高度和平面尺寸应满足人员作业和垂直管节安装要求，并操作简便；

2）传力底梁座安装时，应保证其底面与水平管道有足够的均匀接触面积，使顶升反力均匀传递到相邻的数节水平管节上；底梁座上的支架应对称布置；

3）顶升架安装定位时，顶升架千斤顶合力中心与水平开孔管顶升口中心宜同轴心和垂直；顶升液压系统应进行安装调试；

4 顶升前应检查下列施工事项，合格后方可顶升：

1）垂直立管的管节制作完成后应进行试拼装，并对合格管节进行组对编号；

2）垂直立管顶升前应进行防水、防腐蚀处理；

3）水平开孔管节的顶升口设置止水框装置且安装位置准确，并与相邻管节连接成整体；止水框装置与立管之间应安装止水嵌条，止水嵌条压紧程度可采用设置螺栓及方钢调节；

4）垂直立管的顶头管节应设置转换装置（转向法兰），确保顶头管节就位后顶升前，进行顶升口帽盖与水平管脱离并与顶头管相连的转换过程中不发生泥、水渗漏；

5）垂直顶升设备安装经检查、调试合格；

5 垂直顶升应符合下列规定：

1）应按垂直立管的管节组对编号顺序依次进行；

2）立管管节就位时应位置正确，并保证管节与止水框装置内圈的周围间隙均匀一致，止水嵌条止水可靠；

3）立管管节应平稳、垂直向上顶升；顶升各千斤顶行程应同步、匀速，并避免顶块偏心受力；

4）垂直立管的管节间接口连接正确、牢固，止水可靠；

5）应有防止垂直立管后退和管节下滑的措施；

6 垂直顶升完成后，应完成下列工作：

1）做好与水平开口管节顶升口的接口处理，确保底座管节与水平管连接强度可靠；

2）立管进行防腐和阴极保护施工；

3）管道内应清洁干净，无杂物；

7 垂直顶升管在水下揭去帽盖时，必须在水平管道内灌满水并按设计要求采取立管稳管保护及揭帽盖安全措施后进行；

8 外露的钢制构件防腐应符合设计要求。

6.4 盾 构

6.4.1 盾构施工应根据设计要求和工程具体情况确定盾构类型、施工工艺，布设管片生产及地下、地面生产辅助设施，做好施工准备工作。

6.4.2 钢筋混凝土管片生产应符合有关规范的规定和设计要求，并应符合下列规定：

1 模具、钢筋骨架按有关规定验收合格；

2 经过试验确定混凝土配合比，普通防水混凝土坍落度不宜大于70mm；水、水泥、外掺剂用量偏差应控制在±2%；粗、细骨料用量允许偏差应为±3%；

3 混凝土保护层厚度较大时，应设置防表面混凝土收缩的钢筋网片；

4 混凝土振捣密实，且不得碰钢模芯棒、钢筋、钢模及预埋件等；外弧面收水时应保证表面光洁、无明显收缩裂缝；

5 管片养护应根据具体情况选用蒸汽养护、水池养护或自然养护。

6.4.3 在脱模、吊运、堆放等过程中，应避免碰伤管片。

6.4.4 管片应按拼装顺序编号排列堆放。管片粘贴防水密封条前应将槽内清理干净；粘贴时应牢固、平整、严密，位置准确，不得有起鼓、超长和缺口等现象；粘贴后应采取防雨、防潮、防晒等措施。

6.4.5 盾构进、出工作井施工应符合下列规定：

1 土层不稳定时需对洞口土体进行加固，盾构出始发工作井前应对经加固的洞口土体进行检查；

2 出始发工作井拆除封门前应将盾构靠近洞口，拆除后应将盾构迅速推入土层内，缩短正面土层的暴露时间；洞圈与管片外壁之间应及时安装洞口止水密封装置；

3 盾构出工作井后的50～100环内，应加强管道轴线测量和地层变形监测；并应根据盾构进入土层阶段的施工参数，调整和优化下阶段的掘进作业要求；

4 进接收工作井阶段应降低正面土压力，拆除封门时应停止推进，确保封门的安全拆除；封门拆除后盾构应尽快推进和拼装管片，缩短进接受工作井时间；盾构到达接收工作井后应及时对洞圈间隙进行封闭；

5 盾构进接收工作井前100环应进行轴线、洞门中心位置测量，根据测量情况及时调整盾构推进姿态和方向。

6.4.6 盾构掘进应符合下列规定：

1 应根据盾构机类型采取相应的开挖面稳定方法，确保前方土体稳定；

2 盾构掘进轴线按设计要求进行控制，每掘进一环应对盾构姿态、衬砌位置进行测量；

3 在掘进中逐步纠偏，并采用小角度纠偏方式；

4 根据地层情况、设计轴线、埋深、盾构机类型等因素确定推进千斤顶的编组；

5 根据地质、埋深、地面的建筑设施及地面的隆沉值等情况，及时调整盾构的施工参数和掘进速度；

6 掘进中遇有停止推进且间歇时间较长时，应采取维持开挖面稳定的措施；

7 在拼装管片或盾构掘进停歇时，应采取防止盾构后退的措施；

8 推进中盾构旋转角度偏大时，应采取纠正的措施；

9 根据盾构选型、施工现场环境，合理选择土方输送方式和机械设备；

10 盾构掘进每次达到1/3管道长度时，对已建管道部分的贯通测量不少于一次；曲线管道还应增加贯通测量次数；

11 应根据盾构类型和施工要求做好各项施工、掘进、设备和装置运行的管理工作。

6.4.7 盾构掘进中遇有下列情况之一，应停止掘进，查明原因并采取有效措施：

1 盾构位置偏离设计轴线过大；

2 管片严重碎裂和渗漏水；

3 盾构前方开挖面发生坍塌或地表隆沉严重；

4 遭遇地下不明障碍物或意外的地质变化；

5 盾构旋转角度过大，影响正常施工；

6 盾构扭矩或顶力异常。

6.4.8 管片拼装应符合下列规定：

1 管片下井前应进行防水处理，管片与连接件等应有专人检查，配套送至工作面，拼装前应检查管片编组编号；

2 千斤顶顶出长度应满足管片拼装要求；

3 拼装前应清理盾尾底部，并检查拼装机运转是否正常；拼装机在旋转时，操作人员应退出管片拼装作业范围；

4 每环中的第一块拼装定位准确，自下而上，左右交叉对称依次拼装，最后封顶成环；

5 逐块初拧管片环向和纵向螺栓，成环后环面应平整；管片脱出盾尾后应再次复紧螺栓；

6 拼装时保持盾构姿态稳定，防止盾构后退、变坡变向；

7 拼装成环后应进行质量检测，并记录填写报表；

8 防止损伤管片防水密封条、防水涂料及衬垫；有损伤或挤出、脱槽、扭曲时，及时修补或调换；

9 防止管片损伤，并控制相邻管片间环面平整度、整环管片的圆度、环缝及纵缝的拼接质量，所有螺栓连接件应安装齐全并及时检查复紧。

6.4.9 盾构掘进中应采用注浆以利于管片衬砌结构稳定，注浆应符合下列规定：

1 根据注浆目的选择浆液材料，沉降量控制要求较高的工程不宜用惰性浆液；浆液的配合比及性能应经试验确定；

2 同步注浆时，注浆作业应与盾构掘进同步，及时充填管片脱出盾尾后形成的空隙，并应根据变形监测情况控制好注浆压力和注浆量；

3 注浆量控制宜大于环形空隙体积的150%，压力宜为0.2～0.5MPa；并宜多孔注浆；注浆后应及时将注浆孔封闭；

4 注浆前应对注浆孔、注浆管路和设备进行检查；注浆结束及时清洗管路及注浆设备。

6.4.10 盾构法施工及环境保护的监控内容应包括：地表隆沉、管道轴线监测，以及地下管道保护、地面建（构）筑物变形的量测等。有特殊要求时还应进行管道结构内力、分层土体变位、孔隙水压力的测量。施工监测情况应及时反馈，并指导施工。

6.4.11 盾构施工中对已成形管道轴线和地表变形进行监测应符合表6.4.11的规定。穿越重要建（构）筑物、公路及铁路时，应连续监测。

表6.4.11 盾构掘进施工的管道轴线、地表变形监测的规定

测量项目	量测工具	测点布置	监测频率
地表变形	水准仪	每5m设一个监测点，每30m设一个监测断面；必要时须加密	盾构前方20m、后方30m，监测2次/d；盾构后方50m，监测1次/2d；盾构后方＞50m，测1次/7d
管道轴线	水准仪、经纬仪、钢尺	每5～10环设一个监测断面	工作面后10环，监测1次/d；工作面后50环，监测1次/2d；工作面后＞50环，监测1次/7d

6.4.12 盾构施工的给排水管道应按设计要求施做现浇钢筋混凝土二次衬砌；现浇钢筋混凝土二次衬砌前应隐蔽验收合格，并应符合下列规定：

1 所有螺栓应拧紧到位，螺栓与螺栓孔之间的防水垫圈无缺漏；

2 所有预埋件、螺栓孔、螺栓手孔等进行防水、防腐处理；

3 管道如有渗漏水，应及时封堵处理；

4 管片拼装接缝应进行嵌缝处理；

5 管道内清理干净，并进行防水层处理。

6.4.13 现浇钢筋混凝土二次衬砌应符合下列规定：

1 衬砌的断面形式、结构形式和厚度，以及衬砌的变形缝位置和构造符合设计要求；

2 钢筋混凝土施工应符合现行国家标准《混凝土结构工程施工质量验收规范》GB 50204和《给水排水构筑物工程施工及验收规范》GB 50141的有关规定；

3 衬砌分次浇筑成型时，应“先下后上、左右对称、最后拱顶”的顺序分块施工；

4 下拱式非全断面衬砌时，应对无内衬部位的一次衬砌管片螺栓手孔封堵抹平。

6.4.14 全断面的钢筋混凝土二次衬砌，宜采用台车滑模浇筑，其施工应符合下列规定：

1 组合钢拱模板的强度、刚度，应能承受泵送混凝土荷载和辅助振捣荷载，并应确保台车滑模在拆卸、移动、安装等施工条件下不变形；

2 使用前模板表面应清理并均匀涂刷混凝土隔离剂，安装应牢固，位置正确；与已浇筑完成的内衬搭接宽度不宜小于200mm，另一端面封堵模板与管片的缝隙应封闭；台车滑模应设置辅助振捣；

3 钢筋骨架焊接应牢固，符合设计要求；

4 采用和易性良好、坍落度适当的泵送混凝土，泵送前应不产生离析；

5 衬砌应一次浇筑成型，并应符合下列要求：

1）泵送导管应水平设置在顶部，插入深度宜为台车滑模长度的2/3，且不小于3m；

2）混凝土浇筑应左右对称、高度基本一致，并应视情况采取辅助振捣；

3）泵送压力升高或顶部导管管口被混凝土埋入超过2m时，导管可边泵送边缓慢退出；导管管口至台车滑模端部时，应快速拔出导管并封堵；

4）混凝土达到规定的强度方可拆模；拆模和台车滑模移动时不得损伤已浇筑混凝土；

5）混凝土缺陷应及时修补。

6.5 浅埋暗挖

6.5.1 按工程结构、水文地质、周围环境情况选择施工方案。

6.5.2 按设计要求和施工方案做好加固土层和降排水等开挖施工准备。

6.5.3 开挖前的土层加固应符合下列规定：

1 超前小导管加固土层应符合下列规定：

1）宜采用顺直，长度 3～4m，直径 40～50mm 的钢管；

2）沿拱部轮廓线外侧设置，间距、孔位、孔深、孔径符合设计要求；

3）小导管的后端应支承在已设置的钢格栅上，其前端应嵌固在土层中，前后两排小导管的重叠长度不应小于 1m；

4）小导管外插角不应大于 15°；

2 超前小导管加固的浆液应依据土层类型，通过试验选定；

3 水玻璃、改性水玻璃浆液与注浆应符合下列规定：

1）应取样进行注浆效果检查，未达要求时，应调整浆液或调整小导管间距；

2）砂层中注浆宜定量控制，注浆量应经渗透试验确定；

3）注浆压力宜控制在 0.15～0.3MPa 之间，最大不得超过 0.5MPa，每孔稳压时间不得小于 2min；

4）注浆应有序，自一端起跳孔顺序注浆，并观察有无串孔现象，发生串孔时应封闭相邻孔；

5）注浆后，根据浆液类型及其加固试验效果，确定土层开挖时间；通常 4～8h 后方可开挖；

4 钢筋锚杆加固土层应符合下列规定：

1）稳定洞体时采用的锚杆类型、锚杆间距、锚杆长度及排列方式，应符合施工方案的要求；

2）锚杆孔距允许偏差：普通锚杆±100mm；预应力锚杆±200mm；

3）灌浆锚杆孔内应砂浆饱满，砂浆配比及强度符合设计要求；

4）锚杆安装经验收合格后，应及时填写记录；

5）锚杆试验要求：同批每 100 根为一组，每组 3 根，同批试件抗拔力平均值不得小于设计锚固力值。

6.5.4 土方开挖应符合下列规定：

1 宜用激光准直仪控制中线和隧道断面仪控制外轮廓线；

2 按设计要求确定开挖方式，内径小于 3m 的管道，宜用正台阶法或全断面开挖；

3 每开挖一榀钢拱架的间距，应及时支护、喷锚、闭合，严禁超挖；

4 土层变化较大时，应及时控制开挖长度；在稳定性较差的地层中，应采用保留核心土的开挖方法，核心土的长度不宜小于 2.5m；

5 在稳定性差的地层中停止开挖，或停止作业时间较长时，应及时喷射混凝土封闭开挖面；

6 相向开挖的两个开挖面相距约 2 倍管（隧）径时，应停止一个开挖面作业，进行封闭；由另一开挖面作贯通开挖。

6.5.5 初期衬砌施工应符合下列规定：

1 混凝土的强度符合设计要求，且宜采用湿喷方式；

2 按设计要求设置变形缝，且变形缝间距不宜大于 15m；

3 支护钢格栅、钢架以及钢筋网的加工、安装符合设计要求；运输、堆放应采取防止变形措施；安装前应除锈，并抽样试拼装，合格后方可使用；

4 喷射混凝土施工前应做好下列准备工作：

1）钢格栅、钢架及钢筋网安装检查合格；

2）埋设控制喷射混凝土厚度的标志；

3）检查管道开挖断面尺寸，清除松动的浮石、土块和杂物；

4）作业区的通风、照明设置符合规定；

5）做好排、降水；疏干地层的积、渗水；

5 喷射混凝土原材料及配合比应符合下列规定：

1）宜选用硅酸盐水泥或普通硅酸盐水泥；

2）细骨料应采用中砂或粗砂，细度模数宜大于 2.5，含水率宜控制在 5%～7%；采用防粘料的喷射机时，砂的含水率宜为 7%～10%；

3）粗骨料应采用卵石或碎石，粒径不宜大于 15mm；

4）骨料级配应符合表 6.5.5 规定；

表 6.5.5 骨料通过各筛径的累计质量百分数

骨料通过量（%）	筛孔直径（mm）							
	0.15	0.30	0.60	1.20	2.50	5.00	10.00	15.00
优	5～7	10～15	17～22	23～31	34～43	50～60	73～82	100
良	4～8	5～22	13～31	18～41	26～54	40～70	62～90	100

5）应使用非碱活性骨料；使用碱活性骨料时，混凝土的总含碱量不应大于 $3kg/m^3$；

6）速凝剂质量合格且用前应进行试验，初凝时间不应大于 5min，终凝时间不应大于 10min；

7）拌合用水应符合混凝土用水标准；

8）应控制水灰比；

6 干拌混合料应符合下列规定：

1）水泥与砂石质量比宜为 1∶4.0～1∶4.5，砂率宜取 45％～55％；速凝剂掺量应通过试验确定；

2）原材料按重量计，其称量允许偏差：水泥和速凝剂均为 ±2％，砂和石均为 ±3％；

3）混合料应搅拌均匀，随用随拌；掺有速凝剂的干拌混合料的存放时间不应超过 20min；

7 喷射混凝土作业应符合下列规定：

1）工作面平整、光滑、无干斑或流淌滑坠现象；喷射作业分段、分层进行，喷射顺序由下而上；

2）喷射混凝土时，喷头应保持垂直于工作面，喷头距工作面不宜大于 1m；

3）采取措施减少喷射混凝土回弹损失；

4）一次喷射混凝土的厚度：侧壁宜为 60～100mm，拱部宜为 50～60mm；分层喷射时，应在前一层喷混凝土终凝后进行；

5）钢格栅、钢架、钢筋网的喷射混凝土保护层不应小于 20mm；

6）应在喷射混凝土终凝 2h 后进行养护，时间不小于 14d；冬期不得用水养护；混凝土强度低于 6MPa 时不得受冻；

7）冬期作业区环境温度不低于 5℃；混合料及水进入喷射机口温度不低于 5℃；

8 喷射混凝土设备应符合下列规定：

1）输送能力和输送距离应满足施工要求；

2）应满足喷射机工作风压及耗风量的要求；

3）输送管应能承受 0.8MPa 以上压力，并有良好的耐磨性能；

4）应保证供水系统喷头处水压不低于 0.15～0.20MPa；

5）应及时检查、清理、维护机械设备系统，使设备处于良好状况；

9 操作人员应穿着安全防护衣具；

10 初期衬砌应尽早闭合，混凝土达到设计强度后，应及时进行背后注浆，以防止土体扰动造成土层沉降；

11 大断面分部开挖应设置临时支护。

6.5.6 施工监控量测应符合下列规定：

1 监控量测包括下列主要项目：

1）开挖面土质和支护状态的观察；

2）拱顶、地表下沉值；

3）拱脚的水平收敛值。

2 测点应紧跟工作面，离工作面距离不宜大于 2m，且宜在工作面开挖以后 24h 测得初始值。

3 量测频率应根据监测数据变化趋势等具体情况确定和调整；量测数据应及时绘制成时态曲线，并注明当时管（隧）道施工情况以分析测点变形规律。

4 监控量测信息及时反馈，指导施工。

6.5.7 防水层施工应符合下列规定：

1 应在初期支护基本稳定，且衬砌检查合格后进行；

2 防水层材料应符合设计要求，排水管道工程宜采用柔性防水层；

3 清理混凝土表面，剔除尖、突部位，并用水泥砂浆压实、找平，防水层铺设基面凹凸高差不应大于 50mm，基面阴阳角应处理成圆角或钝角，圆弧半径不宜小于 50mm；

4 初期衬砌表面塑料类衬垫应符合下列规定：

1）衬垫材料应直顺，用垫圈固定，钉牢在基面上；固定衬垫的垫圈，应与防水卷材同材质，并焊接牢固；

2）衬垫固定时宜交错布置，间距应符合设计要求；固定钉距防水卷材外边缘的距离不应小于 0.5m；

3）衬垫材料搭接宽度不宜小于 500mm；

5 防水卷材铺设时应符合下列规定：

1）牢固地固定在初期衬砌面上；采用软塑料类防水卷材时，宜采用热焊固定在垫圈上；

2）采用专用热合机焊接；双焊缝搭接，焊缝应均匀连续，焊缝的宽度不应小于 10mm；

3）宜环向铺设，环向与纵向搭接宽度不应小于 100mm；

4）相邻两幅防水卷材的接缝应错开布置，并错开结构转角处，且错开距离不宜小于 600mm；

5）焊缝不得有漏焊、假焊、焊焦、焊穿等现象；焊缝应经充气试验，合格条件为：气压 0.15MPa，经 3min 其下降值不大于 20％。

6.5.8 二次衬砌施工应符合下列规定：

1 在防水层验收合格后，结构变形基本稳定的条件下施作；

2 采取措施保护防水层完好；

3 伸缩缝应根据设计设置，并与初期支护变形缝位置重合；止水带安装应在两侧加设支撑筋，并固定牢固，浇筑混凝土时不得有移动位置、卷边、跑灰等现象；

4 模板施工应符合下列规定：

1）模板和支架的强度、刚度和稳定性应满足设计要求，使用前应经过检查，重复使用时应经修整；

2）模板支架预留沉落量为：0～30mm；

3）模板接缝拼接严密，不得漏浆；

4）变形缝端头模板处的填缝中心应与初期支护变形缝位置重合，端头模板支设应垂直、牢固；

5 混凝土浇筑应符合下列规定：

1）应按施工方案划分浇筑部位；

2）灌筑前，应对设立模板的外形尺寸、中线、标高、各种预埋件等进行隐蔽工程检查，并填写记录；检查合格后，方可进行灌筑；

3）应从下向上浇筑，各部位应对称浇筑振捣密实，且振捣器不得触及防水层；

4）应采取措施做好施工缝处理；

6 泵送混凝土应符合下列规定：

1）坍落度为60～200mm；

2）碎石级配，骨料最大粒径≤25mm；

3）减水型、缓凝型外加剂，其掺量应经试验确定；掺加防水剂、微膨胀剂时应以动态运转试验控制掺量；

4）骨料的含碱量控制符合本规范第6.5.5条的规定；

7 拆模时间应根据结构断面形式及混凝土达到的强度确定；矩形断面，侧墙应达到设计强度的70%；顶板应达到100%。

6.6 定向钻及夯管

6.6.1 定向钻及夯管施工应根据设计要求和施工方案组织实施。

6.6.2 定向钻施工前应检查下列内容，确认条件具备时方可开始钻进：

1 设备、人员应符合下列要求：

1）设备应安装牢固、稳定，钻机导轨与水平面的夹角符合入土角要求；

2）钻机系统、动力系统、泥浆系统等调试合格；

3）导向控制系统安装正确，校核合格，信号稳定；

4）钻进、导向探测系统的操作人员经培训合格；

2 管道的轴向曲率应符合设计要求、管材轴向弹性性能和成孔稳定性的要求；

3 按施工方案确定入土角、出土角；

4 无压管道从竖向曲线过渡至直线后，应设置控制井；控制井的设置应结合检查井、入土点、出土点位置综合考虑，并在导向孔钻进前施工完成；

5 进、出控制井洞口范围的土体应稳固；

6 最大控制回拖力应满足管材力学性能和设备能力要求，总回拖阻力的计算可按式（6.6.2-1）进行：

$$P = P_1 + P_F \quad (6.6.2\text{-}1)$$

$$P_F = \pi D_k^2 R_a / 4 \quad (6.6.2\text{-}2)$$

$$P_1 = \pi D_o L f_1 \quad (6.6.2\text{-}3)$$

式中 P——总回拖阻力（kN）；

P_F——扩孔钻头迎面阻力（kN）；

P_1——管外壁周围摩擦阻力（kN）；

D_k——扩孔钻头外径（m），一般取管道外径1.2～1.5倍；

D_o——管节外径（m）；

R_a——迎面土挤压力（kN/m^2）；一般情况下，黏性土可取500～600kN/m^2，砂性土可取800～1000kN/m^2；

L——回拖管段总长度（m）；

f_1——管节外壁单位面积的平均摩擦阻力（kN/m^2），可按本规范表6.3.4-2中的钢管取值；

7 回拖管段的地面布置应符合下列要求：

1）待回拖管段应布置在出土点一侧，沿管道轴线方向组对连接；

2）布管场地应满足管段拼接长度要求；

3）管段的组对拼接、钢管的防腐层施工、钢管接口焊接无损检验应符合本规范第5章的相关规定和设计要求；

4）管段回拖前预水压试验应合格；

8 应根据工程具体情况选择导向探测系统。

6.6.3 夯管施工前应检查下列内容，确认条件具备时方可开始夯进。

1 工作井结构施工符合要求，其尺寸应满足单节管长安装、接口焊接作业、夯管锤及辅助设备布置、气动软管弯曲等要求；

2 气动系统、各类辅助系统的选择及布置符合要求，管路连接结构安全、无泄漏，阀门及仪器仪表的安装和使用安全可靠；

3 工作井内的导轨安装方向与管道轴线一致，安装稳固、直顺，确保夯进过程中导轨无位移和变形；

4 成品钢管及外防腐层质量检验合格，接口外防腐层补口材料准备就绪；

5 连接器与穿孔机、钢管刚性连接牢固、位置正确、中心轴线一致，第一节钢管顶入端的管靴制作和安装符合要求；

6 设备、系统经检验、调试合格后方可使用；滑块与导轨面接触平顺、移动平稳；

7 进、出洞口范围土体稳定。

6.6.4 定向钻施工应符合下列规定：

1 导向孔钻进应符合下列规定：

1）钻机必须先进行试运转，确定各部分运转正常后方可钻进；

2）第一根钻杆入土钻进时，应采取轻压慢转的方式，稳定钻进导入位置和保证入土角；且入土段和出土段应为直线钻进，其直线长度宜控制在20m左右；

3）钻孔时应匀速钻进，并严格控制钻进给进力和钻进方向；

4）每进一根钻杆应进行钻进距离、深度、侧向位移等的导向探测，曲线段和有相邻管线段应加密探测；

5）保持钻头正确姿态，发生偏差应及时纠正，且采用小角度逐步纠偏；钻孔的轨迹偏差不得大于终孔直径，超出误差允许范围宜退回进行纠偏；

6）绘制钻孔轨迹平面、剖面图；

2 扩孔应符合下列规定：

1）从出土点向入土点回扩，扩孔器与钻杆连接应牢固；

2）根据管径、管道曲率半径、地层条件、扩孔器类型等确定一次或分次扩孔方式；分次扩孔时每次回扩的级差宜控制在100～150mm，终孔孔径宜控制在回拖管节外径的1.2～1.5倍；

3）严格控制回拉力、转速、泥浆流量等技术参数，确保成孔稳定和线形要求，无坍孔、缩孔等现象；

4）扩孔孔径达到终孔要求后应及时进行回拖管道施工；

3 回拖应符合下列规定：

1）从出土点向入土点回拖；

2）回拖管段的质量、拖拉装置安装及其与管段连接等经检验合格后，方可进行拖管；

3）严格控制钻机回拖力、扭矩、泥浆流量、回拖速率等技术参数，严禁硬拉硬拖；

4）回拖过程中应有发送装置，避免管段与地面直接接触和减小摩擦力；发送装置可采用水力发送沟、滚筒管架发送道等形式，并确保进入地层前的管段曲率半径在允许范围内；

4 定向钻施工的泥浆（液）配制应符合下列规定：

1）导向钻进、扩孔及回拖时，及时向孔内注入泥浆（液）；

2）泥浆（液）的材料、配比和技术性能指标应满足施工要求，并可根据地层条件、钻头技术要求、施工步骤进行调整；

3）泥浆（液）应在专用的搅拌装置中配制，并通过泥浆循环池使用；从钻孔中返回的泥浆经处理后回用，剩余泥浆应妥善处置；

4）泥浆（液）的压力和流量应按施工步骤分别进行控制；

5 出现下列情况时，必须停止作业，待问题解决后方可继续作业：

1）设备无法正常运行或损坏，钻机导轨、工作井变形；

2）钻进轨迹发生突变、钻杆发生过度弯曲；

3）回转扭矩、回拖力等突变，钻杆扭曲过大或拉断；

4）坍孔、缩孔；

5）待回拖管表面及钢管外防腐层损伤；

6）遇到未预见的障碍物或意外的地质变化；

7）地层、邻近建（构）筑物、管线等周围环境的变形量超出控制允许值。

6.6.5 夯管施工应符合下列规定：

1 第一节管入土层时应检查设备运行工作情况，并控制管道轴线位置；每夯入1m应进行轴线测量，其偏差控制在15mm以内；

2 后续管节夯进应符合下列规定：

1）第一节管夯至规定位置后，将连接器与第一节管分离，吊入第二节管进行与第一节管接口焊接；

2）后续管节每次夯进前，应待已夯入管与吊入管的管节接口焊接完成，按设计要求进行焊缝质量检验和外防腐层补口施工后，方可与连接器及穿孔机连接夯进施工；

3）后续管节与夯入管节连接时，管节组对拼接、焊缝和补口等质量应检验合格，并控制管节轴线，避免偏移、弯曲；

4）夯管时，应将第一节管夯入接收工作井不少于500mm，并检查露出部分管节的外防腐层及管口损伤情况；

3 管节夯进过程中应严格控制气动压力、夯进速率，气压必须控制在穿孔机工作气压定值内；并应及时检查导轨变形情况以及设备运行、连接器连接、导轨面与滑块接触情况等；

4 夯管完成后进行排土作业，排土方式采用人工结合机械方式排土；小口径管道可采用气压、水压方法；排土完成后应进行余土、残土的清理；

5 出现下列情况时，必须停止作业，待问题解决后方可继续作业：

1）设备无法正常运行或损坏，导轨、工作井变形；

2）气动压力超出规定值；

3）穿孔机在正常的工作气压、频率、冲击功等条件下，管节无法夯入或变形、开裂；

4）钢管夯入速率突变；

5）连接器损伤、管节接口破坏；

6）遇到未预见的障碍物或意外的地质变化；

7）地层、邻近建（构）筑物、管线等周围环境的变形量超出控制值。

6.6.6 定向钻和夯管施工管道贯通后应做好下列工作：

1 检查露出管节的外观、管节外防腐层的损伤情况；

2 工作井洞口与管外壁之间进行封闭、防渗处理；

3 定向钻管道轴向伸长量经校测应符合管材性能要求，并应等待24h后方能与已敷设的上下游管道连接；

4 定向钻施工的无压力管道，应对管道周围的钻进泥浆（液）进行置换改良，减少管道后期沉降量；

5 夯管施工管道应进行贯通测量和检查，并按本规范第5.4节的规定和设计要求进行内防腐施工。

6.6.7 定向钻和夯管施工过程监测和保护应符合下列规定：

1 定向钻的入土点、出土点以及夯管的起始、接收工作井设有专人联系和有效的联系方式；

2 定向钻施工时，应做好待回拖管段的检查、保护工作；

3 根据地质条件、周围环境、施工方式等，对沿线地面、建（构）筑物、管线等进行监测，并做好保护工作。

6.7 质量验收标准

6.7.1 工作井的围护结构、井内结构施工质量验收标准应按现行国家标准《建筑地基基础工程施工质量验收规范》GB 50202、《给水排水构筑物工程施工及验收规范》GB 50141的相关规定执行。

6.7.2 工作井应符合下列规定：

主 控 项 目

1 工程原材料、成品、半成品的产品质量应符合国家相关标准规定和设计要求；

检查方法：检查产品质量合格证、出厂检验报告和进场复验报告。

2 工作井结构的强度、刚度和尺寸应满足设计要求，结构无滴漏和线流现象；

检查方法：观察按本规范附录F第F.0.3条的规定逐座进行检查，检查施工记录。

3 混凝土结构的抗压强度等级、抗渗等级符合设计要求；

检查数量：每根钻孔灌柱桩、每幅地下连续墙混凝土为一个验收批，抗压强度、抗渗试块应各留置一组；沉井及其他现浇结构的同一配合比混凝土，每工作班且每浇筑100m³为一个验收批，抗压强度试块留置不应少于1组；每浇筑500m³混凝土抗渗试块留置不应少于1组；

检查方法：检查混凝土浇筑记录，检查试块的抗压强度、抗渗试验报告。

一 般 项 目

4 结构无明显渗水和水珠现象；

检查方法：按本规范附录F第F.0.3条的规定逐座观察。

5 顶管顶进工作井、盾构始发工作井的后背墙应坚实、平整；后座与井壁后背墙联系紧密；

检查方法：逐个观察；检查相关施工记录。

6 两导轨应顺直、平行、等高，盾构基座及导轨的夹角符合规定；导轨与基座连接应牢固可靠，不得在使用中产生位移；

检查方法：逐个观察、量测。

7 工作井施工的允许偏差应符合表6.7.2的规定。

表 6.7.2 工作井施工的允许偏差

<table>
<tr><th colspan="4" rowspan="2">检查项目</th><th rowspan="2">允许偏差（mm）</th><th colspan="2">检查数量</th><th rowspan="2">检查方法</th></tr>
<tr><th>范围</th><th>点 数</th></tr>
<tr><td rowspan="6">1</td><td rowspan="6">井内导轨安装</td><td rowspan="2">顶面高程</td><td>顶管、夯管</td><td>+3,0</td><td rowspan="6">每座</td><td rowspan="2">每根导轨2点</td><td rowspan="2">用水准仪测量、水平尺量测</td></tr>
<tr><td>盾构</td><td>+5,0</td></tr>
<tr><td rowspan="2">中心水平位置</td><td>顶管、夯管</td><td>3</td><td rowspan="2">每根导轨2点</td><td rowspan="2">用经纬仪测量</td></tr>
<tr><td>盾构</td><td>5</td></tr>
<tr><td rowspan="2">两轨间距</td><td>顶管、夯管</td><td>±2</td><td rowspan="2">2个断面</td><td rowspan="2">用钢尺量测</td></tr>
<tr><td>盾构</td><td>±5</td></tr>
<tr><td rowspan="2">2</td><td rowspan="2">盾构后座管片</td><td colspan="2">高 程</td><td>±10</td><td rowspan="2">每环底部</td><td>1点</td><td rowspan="2">用水准仪测量</td></tr>
<tr><td colspan="2">水平轴线</td><td>±10</td><td>1点</td></tr>
<tr><td rowspan="2">3</td><td rowspan="2">井尺寸</td><td>矩形</td><td>每侧长、宽</td><td rowspan="2">不小于设计要求</td><td rowspan="2">每座</td><td rowspan="2">2点</td><td rowspan="2">挂中线用尺量测</td></tr>
<tr><td>圆形</td><td>半径</td></tr>
<tr><td rowspan="2">4</td><td colspan="2" rowspan="2">进、出井预留洞口</td><td>中心位置</td><td>20</td><td rowspan="2">每个</td><td>竖、水平各1点</td><td>用经纬仪测量</td></tr>
<tr><td>内径尺寸</td><td>±20</td><td>垂直向各1点</td><td>用钢尺量测</td></tr>
<tr><td>5</td><td colspan="3">井底板高程</td><td>±30</td><td>每座</td><td>4点</td><td>用水准仪测量</td></tr>
<tr><td rowspan="2">6</td><td colspan="2" rowspan="2">顶管、盾构工作井后背墙</td><td>垂直度</td><td>0.1%H</td><td rowspan="2">每座</td><td rowspan="2">1点</td><td rowspan="2">用垂线、角尺量测</td></tr>
<tr><td>水平扭转度</td><td>0.1%L</td></tr>
</table>

注：H 为后背墙的高度（mm）；L 为后背墙的长度（mm）。

6.7.3 顶管管道应符合下列规定：

主 控 项 目

1 管节及附件等工程材料的产品质量应符合国家有关标准的规定和设计要求；

检查方法：检查产品质量合格证明书、各项性能检验报告，检查产品制造原材料质量保证资料；检查产品进场验收记录。

2 接口橡胶圈安装位置正确，无位移、脱落现象；钢管的接口焊接质量应符合本规范第5章的相关规定，焊缝无损探伤检验符合设计要求；

检查方法：逐个接口观察；检查钢管接口焊接检验报告。

3 无压管道的管底坡度无明显反坡现象；曲线顶管的实际曲率半径符合设计要求；

检查方法：观察；检查顶进施工记录、测量记录。

4 管道接口端部应无破损、顶裂现象，接口处无滴漏；

检查方法：逐节观察，其中渗漏水程度检查按本规范附录F第F.0.3条执行。

一 般 项 目

5 管道内应线形平顺、无突变、变形现象；一般缺陷部位，应修补密实、表面光洁；管道无明显渗水和水珠现象；

检查方法：按本规范附录F第F.0.3条、附录G的规定逐节观察。

6 管道与工作井出、进洞口的间隙连接牢固，洞口无渗漏水；

检查方法：观察每个洞口。

7 钢管防腐层及焊缝处的外防腐层及内防腐层质量验收合格；

检查方法：观察；按本规范第5章的相关规定进行检查。

8 有内防腐层的钢筋混凝土管道，防腐层应完整、附着紧密；

检查方法：观察。

9 管道内应清洁，无杂物、油污；

检查方法：观察。

10 顶管施工贯通后管道的允许偏差应符合表6.7.3的规定。

表 6.7.3 顶管施工贯通后管道的允许偏差

检查项目				允许偏差（mm）	检查数量		检查方法
					范围	点数	
1	直线顶管水平轴线	顶进长度<300m		50	每节管	1点	用经纬仪测量或挂中线用尺量测
		300m≤顶进长度<1000m		100			
		顶进长度≥1000m		$L/10$			

续表 6.7.3

检查项目				允许偏差（mm）	检查数量		检查方法
					范围	点数	
2	直线顶管内底高程	顶进长度<300m	D_i<1500	+30，−40	每管节	1点	用水准仪或水平仪测量
			D_i≥1500	+40，−50			
		300m≤顶进长度<1000m		+60，−80			用水准仪测量
		顶进长度≥1000m		+80，−100			
3	曲线顶管水平轴线	R≤150D_i	水平曲线	150			用经纬仪测量
			竖曲线	150			
			复合曲线	200			
		R>150D_i	水平曲线	150			
			竖曲线	150			
			复合曲线	150			
4	曲线顶管内底高程	R≤150D_i	水平曲线	+100，−150			用水准仪测量
			竖曲线	+150，−200			
			复合曲线	±200			
		R>150D_i	水平曲线	+100，−150			
			竖曲线	+100，−150			
			复合曲线	±200			
5	相邻管间错口	钢管、玻璃钢管		≤2			用钢尺量测，见本规范第4.6.3条的有关规定
		钢筋混凝土管		15%壁厚，且≤20			
6	钢筋混凝土管曲线顶管相邻管间接口的最大间隙与最小间隙之差			≤ΔS			
7	钢管、玻璃钢管道竖向变形			≤0.03D_i			
8	对顶时两端错口			50			

注：D_i 为管道内径（mm）；L 为顶进长度（mm）；ΔS 为曲线顶管相邻管节接口允许的最大间隙与最小间隙之差（mm）；R 为曲线顶管的设计曲率半径（mm）。

6.7.4 垂直顶升管道应符合下列规定：

主 控 项 目

1 管节及附件的产品质量应符合国家相关标准的规定和设计要求；

检查方法：检查产品质量合格证明书、各项性能检验报告，检查产品制造原材料质量保证资料；检查产品进场验收记录。

2 管道直顺，无破损现象；水平特殊管节及相邻管节无变形、破损现象；顶升管道底座与水平特殊管节的连接符合设计要求；

检查方法：逐个观察，检查施工记录。

3 管道防水、防腐蚀处理符合设计要求；无滴漏和线流现象；

检查方法：逐个观察；检查施工记录，渗漏水程度检查按本规范附录 F 第 F.0.3 条执行。

一 般 项 目

4 管节接口连接件安装正确、完整；

检查方法：逐个观察；检查施工记录。

5 防水、防腐层完整，阴极保护装置符合设计要求；

检查方法：逐个观察，检查防水、防腐材料技术资料、施工记录。

6 管道无明显渗水和水珠现象；

检查方法：按本规范附录 F 第 F.0.3 条的规定逐节观察。

7 水平管道内垂直顶升施工的允许偏差应符合表 6.7.4 的规定。

表 6.7.4 水平管道内垂直顶升施工的允许偏差

检查项目			允许偏差（mm）	检查数量		检查方法
				范围	点数	
1	顶升管帽盖顶面高程		±20	每根	1 点	用水准仪测量
2	顶升管管节安装	管节垂直度	≤1.5‰H	每节	各 1 点	用垂线量
		管节连接端面平行度	≤1.5‰D_o，且≤2			用钢尺、角尺等量测
3	顶升管节间错口		≤20			用钢尺量测
4	顶升管道垂直度		0.5%H	每根	1 点	用垂线量
5	顶升管的中心轴线	沿水平管纵向	30	顶头、底座管节	各 1 点	用经纬仪测量或钢尺量测
		沿水平管横向	20			
6	开口管顶升口中心轴线	沿水平管纵向	40	每处	1 点	
		沿水平管横向	30			

注：H 为垂直顶升管总长度（mm）；D_o为垂直顶升管外径（mm）。

6.7.5 盾构管片制作应符合下列规定：

主 控 项 目

1 工厂预制管片的产品质量应符合国家相关标准的规定和设计要求；

检查方法：检查产品质量合格证明书、各项性能检验报告，检查制造产品的原材料质量保证资料。

2 现场制作的管片应符合下列规定：

1）原材料的产品应符合国家相关标准的规定和设计要求；

2）管片的钢模制作的允许偏差应符合表 6.7.5-1 的规定；

检查方法：检查产品质量合格证明书、各项性能检验报告、进场复验报告；管片的钢模制作允许偏差按表 6.7.5-1 的规定执行。

3 管片的混凝土强度等级、抗渗等级符合设计要求；

检查方法：检查混凝土抗压强度、抗渗试块报告。

表 6.7.5-1 管片的钢模制作的允许偏差

检查项目		允许偏差	检查数量		检查方法
			范围	点数	
1	宽度	±0.4mm	每块钢模	6 点	用专用量轨、卡尺及钢尺等量测
2	弧弦长	±0.4mm		2 点	
3	底座夹角	±1°		4 点	
4	纵环向芯棒中心距	±0.5mm		全检	
5	内腔高度	±1mm		3 点	

检查数量：同一配合比当天同一班组或每浇筑 5 环管片混凝土为一个验收批，留置抗压强度试块 1 组；每生产 10 环管片混凝土应留置抗渗试块 1 组。

4 管片表面应平整，外观质量无严重缺陷、且无裂缝；铸铁管片或钢制管片无影响结构和拼装的质量缺陷；

检查方法：逐个观察；检查产品进场验收记录。

5 单块管片尺寸的允许偏差应符合表 6.7.5-2 的规定。

表 6.7.5-2 单块管片尺寸的允许偏差

检查项目		允许偏差（mm）	检查数量		检查方法
			范围	点 数	
1	宽度	±1	每块	内、外侧各 3 点	用卡尺、钢尺、直尺、角尺、专用弧形板量测
2	弧弦长	±1		两端面各 1 点	
3	管片的厚度	+3，−1		3 点	
4	环面平整度	0.2		2 点	
5	内、外环面与端面垂直度	1		4 点	
6	螺栓孔位置	±1		3 点	
7	螺栓孔直径	±1		3 点	

6 钢筋混凝土管片抗渗试验应符合设计要求；

检查方法：将单块管片放置在专用试验架上，按设计要求水压恒压 2h，渗水深度不得超过管片厚度的 1/5 为合格。

检查数量：工厂预制管片，每生产 50 环应抽查 1 块管片做抗渗试验；连续三次合格时则改为每生产 100 环抽查 1 块管片，再连续三次合格则最终改为 200 环抽查 1 块管片做抗渗试验；如出现一次不合格，则恢复每50环抽查1块管片，并按上述抽查要求进行试验。

现场生产管片，当天同一班组或每浇筑5环管片，应抽查1块管片做抗渗试验。

7 管片进行水平组合拼装检验时应符合表6.7.5-3的规定。

表6.7.5-3 管片水平组合拼装检验的允许偏差

	检查项目	允许偏差（mm）	检查数量		检查方法
			范围	点数	
1	环缝间隙	≤2	每条缝	6点	插片检查
2	纵缝间隙	≤2		6点	插片检查
3	成环后内径（不放衬垫）	±2	每环	4点	用钢尺量测
4	成环后外径（不放衬垫）	+4，−2		4点	用钢尺量测
5	纵、环向螺栓穿进后，螺栓杆与螺孔的间隙	$(D_1-D_2)<2$	每处	各1点	插钢丝检查

注：D_1为螺孔直径，D_2为螺栓杆直径，单位：mm。

检查数量：每套钢模（或铸铁、钢制管片）先生产3环进行水平拼装检验，合格后试生产100环再抽查3环进行水平拼装检验；合格后正式生产时，每生产200环应抽查3环进行水平拼装检验；管片正式生产后出现一次不合格时，则应加倍检验。

一 般 项 目

8 钢筋混凝土管片无缺棱、掉边、麻面和露筋，表面无明显气泡和一般质量缺陷；铸铁管片或钢制管片防腐层完整；

检查方法：逐个观察；检查产品进场验收记录。

9 管片预埋件齐全，预埋孔完整、位置正确；

检查方法：观察；检查产品进场验收记录。

10 防水密封条安装凹槽表面光洁，线形直顺；

检查方法：逐个观察。

11 管片的钢筋骨架制作的允许偏差应符合表6.7.5-4的规定。

表6.7.5-4 钢筋混凝土管片的钢筋骨架制作的允许偏差

	检查项目	允许偏差（mm）	检查数量		检查方法
			范围	点数	
1	主筋间距	±10	每榀	4点	用卡尺、钢尺量测
2	骨架长、宽、高	+5，−10		各2点	
3	环、纵向螺栓孔	畅通、内圆面平整		每处1点	
4	主筋保护层	±3		4点	
5	分布筋长度	±10		4点	
6	分布筋间距	±5		4点	
7	箍筋间距	±10		4点	
8	预埋件位置	±5		每处1点	

6.7.6 盾构掘进和管片拼装应符合下列规定：

主 控 项 目

1 管片防水密封条性能符合设计要求，粘贴牢固、平整、无缺损，防水垫圈无遗漏；

检查方法：逐个观察，检查防水密封条质量保证资料。

2 环、纵向螺栓及连接件的力学性能符合设计要求，螺栓应全部穿入，拧紧力矩应符合设计要求；

检查方法：逐个观察；检查螺栓及连接件的材料质量保证资料、复试报告，检查拼装拧紧记录。

3 钢筋混凝土管片拼装无内外贯穿裂缝，表面无大于0.2mm的推顶裂缝以及混凝土剥落和露筋现象；铸铁、钢制管片无变形、破损；

检查方法：逐片观察，用裂缝观察仪检查裂缝宽度。

4 管道无线漏、滴漏水现象；

检查方法：按本规范附录F第F.0.3条的规定，全数观察。

5 管道线形平顺，无突变现象；圆环无明显变形；

检查方法：观察。

一 般 项 目

6 管道无明显渗水；

检查方法：按本规范附录F第F.0.3条的规定全数观察。

7 钢筋混凝土管片表面不宜有一般质量缺陷；铸铁、钢制管片防腐层完好；

检查方法：全数观察，其中一般质量缺陷判定按本规范附录G的规定执行。

8 钢筋混凝土管片的螺栓手孔封堵时不得有剥落现象，且封堵混凝土强度符合设计要求；

检查方法：观察；检查封堵混凝土的抗压强度试块试验报告。

9 管片在盾尾内管片拼装成环的允许偏差应符合表6.7.6-1的规定。

表6.7.6-1 在盾尾内管片拼装成环的允许偏差

	检查项目		允许偏差（mm）	检查数量		检查方法
				范围	点数	
1	环缝张开		≤2	每环	1	插片检查
2	纵缝张开		≤2			插片检查
3	衬砌环直径圆度		$5‰D_i$		4	用钢尺量测
4	相邻管片间的高差	环向	5			用钢尺量测
		纵向	6			
5	成环环底高程		±100		1	用水准仪测量
6	成环中心水平轴线		±100			用经纬仪测量

注：环缝、纵缝张开的允许偏差仅指直线段。

10 管道贯通后的允许偏差应符合表 6.7.6-2 的规定。

表 6.7.6-2 管道贯通后的允许偏差

<table>
<tr><th colspan="3" rowspan="2">检查项目</th><th rowspan="2">允许偏差(mm)</th><th colspan="2">检查数量</th><th rowspan="2">检查方法</th></tr>
<tr><th>范围</th><th>点数</th></tr>
<tr><td rowspan="2">1</td><td rowspan="2">相邻管片间的高差</td><td>环向</td><td>15</td><td rowspan="8">每5环</td><td rowspan="2">4</td><td rowspan="2">用钢尺量测</td></tr>
<tr><td>纵向</td><td>20</td></tr>
<tr><td>2</td><td colspan="2">环缝张开</td><td>2</td><td rowspan="2">1</td><td rowspan="2">插片检查</td></tr>
<tr><td>3</td><td colspan="2">纵缝张开</td><td>2</td></tr>
<tr><td>4</td><td colspan="2">衬砌环直径圆度</td><td>8‰D_i</td><td>4</td><td>用钢尺量测</td></tr>
<tr><td rowspan="2">5</td><td rowspan="2">管底高程</td><td>输水管道</td><td>±150</td><td rowspan="3">1</td><td rowspan="2">用水准仪测量</td></tr>
<tr><td>套管或管廊</td><td>±100</td></tr>
<tr><td>6</td><td colspan="2">管道中心水平轴线</td><td>±150</td><td>用经纬仪测量</td></tr>
</table>

注：环缝、纵缝张开的允许偏差仅指直线段。

6.7.7 盾构施工管道的钢筋混凝土二次衬砌应符合下列规定：

主 控 项 目

1 钢筋数量、规格应符合设计要求；

检查方法：检查每批钢筋的质量保证资料和进场复验报告。

2 混凝土强度等级、抗渗等级符合设计要求；

检查方法：检查混凝土抗压强度、抗渗试块报告；

检查数量：同一配合比，每连续浇筑一次混凝土为一验收批，应留置抗压、抗渗试块各 1 组。

3 混凝土外观质量无严重缺陷；

检查方法：按本规范附录 G 的规定逐段观察；检查施工技术资料。

4 防水处理符合设计要求，管道无滴漏、线漏现象；

检查方法：按本规范附录 F 第 F.0.3 条的规定观察；检查防水材料质量保证资料、施工记录、施工技术资料。

一 般 项 目

5 变形缝位置符合设计要求，且通缝、垂直；

检查方法：逐个观察。

6 拆模后无隐筋现象，混凝土不宜有一般质量缺陷；

检查方法：按本规范附录 G 的规定逐段观察；检查施工技术资料。

7 管道线形平顺，表面平整、光洁；管道无明显渗水现象；

检查方法：全数观察。

8 钢筋混凝土衬砌施工质量的允许偏差应符合表 6.7.7 的规定。

表 6.7.7 钢筋混凝土衬砌施工质量的允许偏差

<table>
<tr><th colspan="2" rowspan="2">检查项目</th><th rowspan="2">允许偏差(mm)</th><th colspan="2">检查数量</th><th rowspan="2">检查方法</th></tr>
<tr><th>范围</th><th>点数</th></tr>
<tr><td>1</td><td>内径</td><td>±20</td><td rowspan="7">每榀</td><td>不少于 1 点</td><td rowspan="4">用钢尺量测</td></tr>
<tr><td>2</td><td>内衬壁厚</td><td>±15</td><td>不少于 2 点</td></tr>
<tr><td>3</td><td>主钢筋保护层厚度</td><td>±5</td><td>不少于 4 点</td></tr>
<tr><td>4</td><td>变形缝相邻高差</td><td>10</td><td>不少于 1 点</td></tr>
<tr><td>5</td><td>管底高程</td><td>±100</td><td rowspan="3">不少于 1 点</td><td>用水准仪测量</td></tr>
<tr><td>6</td><td>管道中心水平轴线</td><td>±100</td><td>用经纬仪测量</td></tr>
<tr><td>7</td><td>表面平整度</td><td>10</td><td>沿管道轴向用 2m 直尺量测</td></tr>
<tr><td>8</td><td>管道直顺度</td><td>15</td><td>每 20m</td><td>1 点</td><td>沿管道轴向用 20m 小线测</td></tr>
</table>

6.7.8 浅埋暗挖管道的土层开挖应符合下列规定：

主 控 项 目

1 开挖方法必须符合施工方案要求，开挖土层稳定；

检查方法：全过程检查；检查施工方案、施工技术资料、施工和监测记录。

2 开挖断面尺寸不得小于设计要求，且轮廓圆顺；若出现超挖，其超挖允许值不得超出现行国家标准《地下铁道工程施工及验收规范》GB 50299 的规定；

检查方法：检查每个开挖断面；检查设计文件、施工方案、施工技术资料、施工记录。

一 般 项 目

3 土层开挖的允许偏差应符合表 6.7.8 的规定。

表 6.7.8 土层开挖的允许偏差

<table>
<tr><th rowspan="2">序号</th><th rowspan="2">检查项目</th><th rowspan="2">允许偏差(mm)</th><th colspan="2">检查数量</th><th rowspan="2">检查方法</th></tr>
<tr><th>范围</th><th>点数</th></tr>
<tr><td>1</td><td>轴线偏差</td><td>±30</td><td>每榀</td><td>4</td><td>挂中心线用尺量每侧 2 点</td></tr>
<tr><td>2</td><td>高程</td><td>±30</td><td>每榀</td><td>1</td><td>用水准仪测量</td></tr>
</table>

注：管道高度大于 3m 时，轴线偏差每侧测量 3 点。

4 小导管注浆加固质量符合设计要求；

检查方法：全过程检查，检查施工技术资料、施工记录。

6.7.9 浅埋暗挖管道的初期衬砌应符合下列规定：

主 控 项 目

1 支护钢格栅、钢架的加工、安装应符合下列

规定：

1）每批钢筋、型钢材料规格、尺寸、焊接质量应符合设计要求；

2）每榀钢格栅、钢架的结构形式，以及部件拼装的整体结构尺寸应符合设计要求，且无变形；

检查方法：观察；检查材料质量保证资料，检查加工记录。

2 钢筋网安装应符合下列规定：

1）每批钢筋材料规格、尺寸应符合设计要求；

2）每片钢筋网加工、制作尺寸应符合设计要求，且无变形；

检查方法：观察；检查材料质量保证资料。

3 初期衬砌喷射混凝土应符合下列规定：

1）每批水泥、骨料、水、外加剂等原材料，其产品质量应符合国家标准的规定和设计要求；

2）混凝土抗压强度应符合设计要求；

检查方法：检查材料质量保证资料、混凝土试件抗压和抗渗试验报告。

检查数量：混凝土标准养护试块，同一配合比，管道拱部和侧墙每 20m 混凝土为一验收批，抗压强度试块各留置一组；同一配合比，每 40m 管道混凝土留置抗渗试块一组。

一 般 项 目

4 初期支护钢格栅、钢架的加工、安装应符合下列规定：

1）每榀钢格栅各节点连接必须牢固，表面无焊渣；

2）每榀钢格栅与壁面应楔紧，底脚支垫稳固，相邻格栅的纵向连接必须绑扎牢固；

3）钢格栅、钢架的加工与安装的允许偏差符合表 6.7.9-1 的规定。

表 6.7.9-1 钢格栅、钢架的加工与安装的允许偏差

检查项目				允许偏差	检查数量		检查方法
					范围	点数	
1	加工	拱架（顶拱、墙拱）	矢高及弧长	+200mm	每榀	2	用钢尺量测
			墙架长度	±20mm		1	
			拱、墙架横断面（高、宽）	+100mm		2	
		格栅组装后外轮廓尺寸	高度	±30mm		1	
			宽度	±20mm		2	
			扭曲度	≤20mm		3	
2	安装	横向和纵向位置		横向±30mm，纵向±50mm	每榀	2	用钢尺量测
		垂直度		5‰		2	用垂球及钢尺量测
		高程		±30mm		2	用水准仪测量
		与管道中线倾角		≤2°		1	用经纬仪测量
		间距	格栅	±100mm		每处1	用钢尺量测
			钢架	±50mm		每处1	

注：首榀钢格栅应经检验合格后，方可投入批量生产。

检查方法：观察；检查制造、加工记录，按表 6.7.9-1 的规定检查允许偏差。

5 钢筋网安装应符合下列规定：

1）钢筋网必须与钢筋格栅、钢架或锚杆连接牢固；

2）钢筋网加工、铺设的允许偏差应符合表 6.7.9-2 的规定。

表 6.7.9-2 钢筋网加工、铺设的允许偏差

检查项目			允许偏差（mm）	检查数量		检查方法
				范围	点数	
1	钢筋网加工	钢筋间距	±10	片	2	用钢尺量测
		钢筋搭接长	±15			
2	钢筋网铺设	搭接长度	≥200	一榀钢拱架长度	4	用钢尺量测
		保护层	符合设计要求		2	用垂球及尺量测

检查方法：观察；按表 6.7.9-2 的规定检查允许偏差。

6 初期衬砌喷射混凝土应符合下列规定：

1）喷射混凝土层表面应保持平顺、密实，且无裂缝、无脱落、无漏喷、无露筋、无空鼓、无渗漏水等现象；

2）初期衬砌喷射混凝土质量的允许偏差符合表 6.7.9-3 的规定。

表 6.7.9-3 初期衬砌喷射混凝土质量的允许偏差

	检查项目	允许偏差（mm）	检查数量		检查方法
			范围	点数	
1	平整度	≤30	每 20m	2	用 2m 靠尺和塞尺量测
2	矢、弦比	≯1/6	每 20m	1 个断面	用尺量测
3	喷射混凝土层厚度	见表注 1	每 20m	1 个断面	钻孔法或其他有效方法，并见表注 2

注：1 喷射混凝土层厚度允许偏差，60%以上检查点厚度不小于设计厚度，其余点处的最小厚度不小于设计厚度的 1/2；厚度总平均值不小于设计厚度；

2 每 20m 管道检查一个断面，每断面以拱部中线开始，每间隔 2～3m 设一个点，但每一检查断面的拱部不应少于 3 个点，总计不应少于 5 个点。

检查方法：观察；按表 6.7.9-3 的规定检查允许偏差。

6.7.10 浅埋暗挖管道的防水层应符合下列规定：

主 控 项 目

1 每批的防水层及衬垫材料品种、规格必须符合设计要求；

检查方法：观察；检查产品质量合格证明、性能检验报告等。

一 般 项 目

2 双焊缝焊接，焊缝宽度不小于 10mm，且均匀连续，不得有漏焊、假焊、焊焦、焊穿等现象；

检查方法：观察；检查施工记录。

3 防水层铺设质量的允许偏差符合表 6.7.10 的规定。

表 6.7.10 防水层铺设质量的允许偏差

	检查项目	允许偏差（mm）	检查数量		检查方法
			范围	点数	
1	基面平整度	≤50	每 5m	2	用 2m 直尺量取最大值
2	卷材环向与纵向搭接宽度	≥100			用钢尺量测
3	衬垫搭接宽度	≥50			

注：本表防水层系低密度聚乙烯（LDPE）卷材。

6.7.11 浅埋暗挖管道的二次衬砌应符合下列规定：

主 控 项 目

1 原材料的产品质量保证资料应齐全，每生产批次的出厂质量合格证明书及各项性能检验报告应符合国家相关标准规定和设计要求；

检查方法：检查产品质量合格证明书、各项性能检验报告、进场复验报告。

2 伸缩缝的设置必须根据设计要求，并应与初期支护变形缝位置重合；

检查方法：逐缝观察；对照设计文件检查。

3 混凝土抗压、抗渗等级必须符合设计要求。

检查数量：

1） 同一配比，每浇筑一次垫层混凝土为一验收批，抗压强度试块各留置一组；同一配比，每浇筑管道每 30m 混凝土为一验收批，抗压强度试块留置 2 组（其中 1 组作为 28d 强度）；如需要与结构同条件养护的试块，其留置组数可根据需要确定；

2） 同一配比，每浇筑管道每 30m 混凝土为一验收批，留置抗渗试块 1 组；

检查方法：检查混凝土抗压、抗渗试件的试验报告。

一 般 项 目

4 模板和支架的强度、刚度和稳定性，外观尺寸、中线、标高、预埋件必须满足设计要求；模板接缝应拼接严密，不得漏浆；

检查方法：检查施工记录、测量记录。

5 止水带安装牢固，浇筑混凝土时，不得产生移动、卷边、漏灰现象；

检查方法：逐个观察。

6 混凝土表面光洁、密实，防水层完整不漏水；

检查方法：逐段观察。

7 二次衬砌模板安装质量、混凝土施工的允许偏差应分别符合表 6.7.11-1、表 6.7.11-2 的规定。

表 6.7.11-1 二次衬砌模板安装质量的允许偏差

	检查项目	允许偏差	检查数量		检查方法
			范围	点数	
1	拱部高程（设计标高加预留沉降量）	±10mm	每 20m	1	用水准仪测量
2	横向（以中线为准）	±10mm	每 20m	2	用钢尺量测
3	侧模垂直度	≤3‰	每截面	2	垂球及钢尺量测
4	相邻两块模板表面高低差	≤2mm	每 5m	2	用尺量测取较大值

注：本表项目只适用分项工程检验，不适用分部及单位工程质量验收。

表 6.7.11-2 二次衬砌混凝土施工的允许偏差

序号	检查项目	允许偏差（mm）	检查数量		检查方法
			范围	点数	
1	中线	≤30	每 5m	2	用经纬仪测量，每侧计 1 点
2	高程	+20，−30	每 20m	1	用水准仪测量

6.7.12 定向钻施工管道应符合下列规定：

主 控 项 目

1 管节、防腐层等工程材料的产品质量应符合国家相关标准的规定和设计要求；

检查方法：检查产品质量保证资料；检查产品进场验收记录。

2 管节组对拼接、钢管外防腐层（包括焊口补口）的质量经检验（验收）合格；

检查方法：管节及接口全数观察；按本规范第5章的相关规定进行检查。

3 钢管接口焊接、聚乙烯管、聚丙烯管接口熔焊检验符合设计要求，管道预水压试验合格；

检查方法：接口逐个观察；检查焊接检验报告和管道预水压试验记录，其中管道预水压试验应按本规范第7.1.7条第7款的规定执行。

4 管段回拖后的线形应平顺、无突变、变形现象，实际曲率半径符合设计要求；

检查方法：观察；检查钻进、扩孔、回拖施工记录、探测记录。

一 般 项 目

5 导向孔钻进、扩孔、管段回拖及钻进泥浆（液）等符合施工方案要求；

检查方法：检查施工方案，检查相关施工记录和泥浆（液）性能检验记录。

6 管段回拖力、扭矩、回拖速度等应符合施工方案要求，回拖力无突升或突降现象；

检查方法：观察；检查施工方案，检查回拖记录。

7 布管和发送管段时，钢管防腐层无损伤，管段无变形；回拖后拉出暴露的管段防腐层结构应完整、附着紧密；

检查方法：观察。

8 定向钻施工管道的允许偏差应符合表6.7.12的规定。

表 6.7.12 定向钻施工管道的允许偏差

检查项目				允许偏差（mm）	检查数量		检查方法
					范围	点数	
1	入土点位置	平面轴向、平面横向		20	每入、出土点	各1点	用经纬仪、水准仪测量、用钢尺量测
		垂直向高程		±20			
2	出土点位置	平面轴向		500			
		平面横向		1/2倍 D_i			
		垂直向高程	压力管道	±1/2倍 D_i			
			无压管道	±20			
3	管道位置	水平轴线		1/2倍 D_i	每节管	不少于1点	用导向探测仪检查
		管道内底高程	压力管道	±1/2倍 D_i			
			无压管道	+20，−30			
4	控制井	井中心轴向、横向位置		20	每座	各1点	用经纬仪、水准仪测量、钢尺量测
		井内洞口中心位置		20			

注：D_i 为管道内径（mm）。

6.7.13 夯管施工管道应符合下列规定：

主 控 项 目

1 管节、焊材、防腐层等工程材料的产品应符合国家相关标准的规定和设计要求；

检查方法：检查产品质量合格证明书、各项性能检验报告，检查产品制造原材料质量保证资料；检查产品进场验收记录。

2 钢管组对拼接、外防腐层（包括焊口补口）的质量经检验（验收）合格；钢管接口焊接检验符合设计要求；

检查方法：全数观察；按本规范第5章的相关规定进行检查，检查焊接检验报告。

3 管道线形应平顺、无变形、裂缝、突起、突弯、破损现象；管道无明显渗水现象；

检查方法：观察，其中渗漏水程度按本规范附录F第F.0.3条的规定观察。

一 般 项 目

4 管内应清理干净，无杂物、余土、污泥、油污等；内防腐层的质量经检验（验收）合格；

检查方法：观察；按本规范第5章的相关规定进行内防腐层检查。

5 夯出的管节外防腐结构层完整、附着紧密，无明显划伤、破损等现象；

检查方法：观察；检查施工记录。

6 夯入的起始管节，其轴向水平位置、管中心高程的允许偏差应控制在±20mm范围内；

检查方法：用经纬仪、水准仪测量；检查施工记录。

7 夯锤的锤击力、夯进速度应符合施工方案要求；承受锤击的管端部无变形、开裂、残缺等现象，并满足接口组对焊接的要求；

检查方法：逐节检查；用钢尺、卡尺、焊缝量规等测量管端部；检查施工技术方案，检查夯进施工记录。

8 夯管贯通后的管道的允许偏差应符合表

6.7.13 的规定。

表 6.7.13　夯管贯通后的管道的允许偏差

检查项目			允许偏差（mm）	检查数量		检查方法
				范围	点数	
1	轴线水平位移		80	每管节	1点	用经纬仪测量或挂中线用钢尺量测
2	管道内底高程	$D_i<$ 1500	40			用水准仪测量
		$D_i\geqslant$ 1500	60			
3	相邻管间错口		≤2			用钢尺量测

注：1　D_i 为管道内径（mm）。

2　$D_i\leqslant$700mm 时，检查项目 1 和 2 可直接测量管道两端，检查项目 3 可检查施工记录。

7　沉管和桥管施工主体结构

7.1　一 般 规 定

7.1.1　穿越水体的管道施工方法，应根据水下管道长度和管径、水体深度、水体流速、水底土质、航运要求、管道使用年限、潮汐和风浪情况等因素确定。

7.1.2　施工前应结合工程详细勘察报告、水文气象资料和设计施工图纸，进行现场调查研究，掌握工程沿线的有关工程地质、水文地质和周围环境情况和资料，以及沿线地下和地上管线、建（构）筑物、障碍物及其他设施的详细资料。

7.1.3　施工场地布置、土石方堆弃及成槽排出的土石方等，不得影响航运、航道及水利灌溉。施工中，对危及的堤岸、管线和建筑物应采取保护措施。

7.1.4　沉管和桥管施工方案应征求相关河道管理等部门的意见。施工船舶、水上设备的停靠、锚泊、作业及管道施工时，应符合航政、航道等部门的有关规定，并有专人指挥。

7.1.5　施工前应对施工范围内及河道地形进行校测，建立施工测量控制系统，并可根据需要设置水上、水下控制桩。设置在河道两岸的管道中线控制桩及临时水准点，每侧不应少于 2 个，且应设在稳固地段和便于观测的位置，并采取保护措施。

7.1.6　管段吊运时，其吊点、牵引点位置宜设置管段保护装置，起吊缆绳不宜直接捆绑在管壁上。

7.1.7　管节进行陆上组对拼装应符合下列规定：

1　作业环境和组对拼装场地应满足接口连接和防腐层施工要求；

2　浮运法沉管施工，应选择溜放下管方便的场地；底拖法沉管施工，组对拼装管段的轴线宜与发送时的管段轴线一致；

3　管节组对拼装时应校核沉管及桥管的长度；分段沉放水下连接的沉管，其每段长度应保证水下接口的纵向间隙符合设计和安装连接要求；分段吊装拼接的桥管，其每段接口拼接位置应符合设计和吊装要求；

4　钢管、聚乙烯管、聚丙烯管组对拼装的接口连接应符合本规范第 5 章的有关规定，且钢管接口的焊接方法和焊缝质量等级应符合设计要求；

5　钢管内、外防腐层施工应符合本规范第 5 章相关规定和设计要求；

6　沉管施工时，管节组对拼装完成后，应对管道（段）进行预水压试验，合格后方可进行管节接口的防腐处理和沉管铺设；

7　组对拼装后管道（段）预水压试验应按设计要求进行，设计无要求时，试验压力应为工作压力的 2 倍，且不得小于 1.0MPa，试验压力达到规定值后保持恒压 10min，不得有降压和渗水现象。

7.1.8　沉管施工采用斜管连接时，其斜坡地段的现浇混凝土基础施工，应自下而上进行浇筑，并采取防止混凝土下滑的措施。

7.1.9　沉管和桥管段与斜管段之间应采用弯管连接。钢制弯头处的加强措施应符合设计要求；钢筋混凝土弯头可现浇或预制，混凝土强度和抗渗性能不应低于设计要求。

7.1.10　与陆上管道连接的弯管，在支墩施工前应按设计要求对弯管进行临时固定，以免发生位移、沉降。

7.1.11　沉管和桥管工程的管道功能性试验应符合下列规定：

1　给水管道宜单独进行水压试验，并应符合本规范第 9 章的相关规定；

2　超过 1km 的管道，可不分段进行整体水压试验；

3　大口径钢筋混凝土沉管，也可按本规范附录 F 的规定进行检查。

7.1.12　处于通航河道时，夜间施工应有保证通航的照明。沉管应按国家航运部门有关规定设置浮标或在两岸设置标志牌，标明水下管线的位置；桥管应按国家航运部门的有关规定和设计要求设置防冲撞的设施或标志，桥管结构底部高程应满足通航要求。

7.2　沉　　管

7.2.1　沉管施工方法的选择，应根据管道所处河流的工程水文地质、气象、航运交通等条件，周边环境、建（构）筑物、管线，以及设计要求和施工技术能力等因素，经技术经济比较后确定；不同施工方法的适应性宜满足下列规定：

1　水文和气象变化相对稳定，水流速度相对较小时，可采用水面浮运法；

2　水文和气象变化不稳定、沉管距离较长、水流速度相对较大时，可采用铺管船法；

3 水文和气象变化不稳定，且水流速度相对较大、沉管长度相对较短时，可采用底拖法；

4 预制钢筋混凝土管沉管工程，应采用浮运法；且管节浮运、系驳、沉放、对接施工时水文和气象等条件宜满足：风速小于10m/s、波高小于0.5m、流速小于0.8m/s、能见度大于1000m。

7.2.2 沉管施工中应根据设计要求、现场情况及施工能力采用下列施工技术措施：

1 水面浮运法可采取下列措施：

1）整体组对拼装、整体浮运、整体沉放；

2）分段组对拼装、分段浮运，管间接口在水上连接后整体沉放；

3）分段组对拼装、分段浮运，沉放后管段间接口在水下连接；

2 铺管船法的发送船应设置管段接口连接装置、发送装置；发送后的水中悬浮部分管段，可采用管托架或浮球等方法控制管道轴向弯曲变形；

3 底拖法的发送可采取水力发送沟、小平台发送道、滚筒管架发送道或修筑牵引道等方式；

4 预制钢筋混凝土管沉放的水下管道接口，可采用水力压接法柔性接口、浇筑钢筋混凝土刚性接口等形式；

5 利用管道自身弹性能力进行沉管铺设时，管道及管道接口应具有相应的力学性能要求。

7.2.3 沉管工程施工方案应包括以下主要内容：

1 施工平面布置图及剖面图；

2 沉管施工方法的选择及相应的技术要求；

3 陆上管节组对拼装方法；分段沉管铺设时管道接口的水下或水上连接方法；铺管船铺设时待发送管与已发送管的接口连接及质量检验方案；

4 水下成槽、管道基础施工方法；

5 稳管、回填方法；

6 船只设备及管道的水上、水下定位方法；

7 沉管施工各阶段的管道浮力计算，并根据施工方法进行施工各阶段的管道强度、刚度、稳定性验算；

8 管道（段）下沉测量控制方法；

9 施工机械设备数量与型号的配备；

10 水上运输航线的确定，通航管理措施；

11 施工场地临时供电、供水、通讯等设计；

12 水上、水下等安全作业和航运安全的保证措施；

13 预制钢筋混凝土管沉管工程，还应包括：临时干坞施工、钢筋混凝土管节制作、管道基础处理、接口连接、最终接口处理等施工技术方案。

7.2.4 沉管基槽浚挖应符合下列规定：

1 水下基槽浚挖前，应对管位进行测量放样复核，开挖成槽过程中应及时进行复测；

2 根据工程地质和水文条件因素，以及水上交通和周围环境要求，结合基槽设计要求选用浚挖方式和船舶设备；

3 基槽采用爆破成槽时，应进行试爆确定爆破施工方式，并符合下列规定：

1）炸药量计算和布置，药桩（药包）的规格、埋设要求和防水措施等，应符合国家相关标准的规定和施工方案的要求；

2）爆破线路的设计和施工、爆破器材的性能和质量、爆破安全措施的制定和实施，应符合国家相关标准的规定；

3）爆破时，应有专人指挥；

4 基槽底部宽度和边坡应根据工程具体情况进行确定，必要时进行试挖；基槽底部宽度和边坡应符合下列规定：

1）河床岩土层相当稳定河水流速度小、回淤量小，且浚挖施工对土层扰动影响较小时，底部宽度可按式（7.2.4）的规定确定，边坡可按表7.2.4的规定确定；

$$B \geqslant D_o + 2b + 1000 \quad (7.2.4)$$

式中 B——管道基槽底部的开挖宽度（mm）；

D_o——管外径（mm）；

b——管道外壁保护层及沉管附加物等宽度（mm）。

表7.2.4 沉管基槽底部宽度和边坡尺寸

岩土类别	底部宽度（mm）	边坡	
		浚挖深度<2.5m	浚挖深度≥2.5m
淤泥、粉砂、细砂	D_o+2b+2500～4000	1∶3.5～4.0	1∶5.0～6.0
砂质粉土、中砂、粗砂	D_o+2b+2000～4000	1∶3.0～3.5	1∶3.5～5.0
砂土、含卵砾石土	D_o+2b+1800～3000	1∶2.5～3.0	1∶3.0～4.0
黏质粉土	D_o+2b+1500～3000	1∶2.0～2.5	1∶2.5～3.5
黏土	D_o+2b+1200～3000	1∶1.5～2.0	1∶2.0～3.0
岩石	D_o+2b+1200～2000	1∶0.5	1∶1.0

2）在回淤较大的水域，或河床岩土层不稳定、河水流速度较大时，应根据试挖实测情况确定浚挖成槽尺寸，必要时沉管前应对基槽进行二次清淤；

3）浚挖缺乏相关试验资料和经验资料时，基槽底部宽度可按表 7.2.4 的规定进行控制；

5 基槽浚挖深度应符合设计要求，超挖时应采用砂或砾石填补；

6 基槽经检验合格后应及时进行管基施工和管道沉放。

7.2.5 沉管管基处理应符合下列规定：

1 管道及管道接口的基础，所用材料和结构形式应符合设计要求，投料位置应准确；

2 基槽宜设置基础高程标志，整平时可由潜水员或专用刮平装置进行水下粗平和细平；

3 管基顶面高程和宽度应符合设计要求；

4 采用管座、桩基时，施工应符合国家相关标准、规范的规定，管座、基础桩位置和顶面高程应符合设计和施工要求。

7.2.6 组对拼装管道（段）的沉放应符合下列规定：

1 水面浮运法施工前，组对拼装管道下水浮运时，应符合下列规定：

1）岸上的管节组对拼装完成后进行溜放下水作业时，可采用起重吊装、专用发送装置、牵引拖管、滑移滚管等方法下水，对于潮汐河流还可利用潮汐水位差下水；

2）下水前，管道（段）两端管口应进行封堵；采用堵板封堵时，应在堵板上设置进水管、排气管和阀门；

3）管道（段）溜放下水、浮运、拖运作业时应采取措施防止管道（段）防腐层损伤，局部损坏时应及时修补；

4）管道（段）浮运时，浮运所承受浮力不足以使管漂浮时，可在两旁系结刚性浮筒、柔性浮囊或捆绑竹、木材等；管道（段）浮运应适时进行测量定位；

5）管道（段）采用起重浮吊吊装时，应正确选择吊点，并进行吊装应力与变形验算；

6）应采取措施防止管道（段）产生超过允许的轴向扭曲、环向变形、纵向弯曲等现象，并避免外力损伤；

2 水面浮运至沉放位置时，在沉放前应做好下列准备工作：

1）管道（段）沉放定位标志已按规定设置；

2）基槽浚挖及管基处理经检查符合要求；

3）管道（段）和工作船缆绳绑扎牢固，船只锚泊稳定；起重设备布置及安装完毕，试运转良好；

4）灌水设备及排气阀门齐全完好；

5）采用压重助沉时，压重装置应安装准确、稳固；

6）潜水员装备完毕，做好下水准备；

3 水面浮运法施工，管道（段）沉放时，应符合下列规定：

1）测量定位准确，并在沉放中经常校测；

2）管道（段）充水时同时排气，充水应缓慢、适量，并应保证排气通畅；

3）应控制沉放速度，确保管道（段）整体均匀、缓慢下沉；

4）两端起重设备在吊装时应保持管道（段）水平，并同步沉放于基槽底，管道（段）稳固后，再撤走起重设备；

5）及时做好管道（段）沉放记录；

4 采用水面浮运法，分段沉放管道（段），水上连接接口时，应符合下列规定：

1）两连接管段接口的外形尺寸、坡口、组对、焊接检验等应符合本规范第 5 章的有关规定和设计要求；

2）在浮箱或船上进行接口连接时，应将浮箱或船只锚泊固定，并设置专用的管道（段）扶正、对中装置；

3）采用浮箱法连接时，浮箱内接口连接的作业空间应满足操作要求，并应防止进水；沿管道轴线方向应设置与管径匹配的弧形管托，且止水严密；浮箱及进水、排水装置安装、运行可靠，并由专人指挥操作；

4）管道接口完成后应按设计要求进行防腐处理；

5 采用水面浮运法，分段沉放管道（段），水下连接接口时，应符合下列规定：

1）分段管道水下接口连接形式应符合设计要求，沉放前连接面及连接件经检查合格；

2）采用管夹抱箍连接时，管夹下半部分可在管道沉放前，由潜水员固定在接口管座上或安装在先行沉放管段的下部；两分段管道沉放就位后，将管夹上半部分与下半部分对合，并由潜水员进行水下螺栓安装固定；

3）采用法兰连接时，两分段管道沉放就位后，法兰螺栓应全部穿入，并由潜水员进行水下螺栓安装固定；

4）管夹与管道外壁、以及法兰表面的止水密封圈应设置正确；

6 铺管船法施工应符合下列规定：

1）发送管道（段）的专用铺管船只及其管道（段）接口连接、管道（段）发送、水中托浮、锚泊定位等装置经检查符合要求；应设置专用的管道（段）扶正和对中装置，防止受风浪影响而影响组装拼接；

2）管道（段）发送前应对基槽断面尺寸、轴线及槽底高程进行测量复核；待发送管与已发送管的接口连接及防腐层施工质量应经检验合格；铺管船应经测量定位；

3）管道（段）发送时铺管船航行应满足管道轴线控制要求，航行应缓慢平稳；应及时检查设备运行、管道（段）状况；管道（段）弯曲不应超过管材允许弹性弯曲要求；管道（段）发送平稳，管道（段）及防腐层无变形、损伤现象；

4）及时做好发送管及接口拼装、管位测量等沉管记录；

7 底拖法施工应符合下列规定：

1）管道（段）底拖牵引设备的选用，应根据牵引力的大小、管材力学性能等要求确定，且牵引功率不应低于最大牵引力的1.2倍；牵引钢丝绳应按最大牵引力选用，其安全系数不应小于3.5；所有牵引装置、系统应安装正确、稳定安全；

2）管道（段）底拖牵引前应对基槽断面尺寸、轴线及槽底高程进行测量复核；发送装置、牵引道等设置满足施工要求；牵引钢丝绳位于管沟内，并与管道轴线一致；

3）管道（段）牵引时应缓慢均匀，牵引力严禁超过最大牵引力和管材力学性能要求，钢丝绳在牵引过程中应避免扭缠；

4）应跟踪检查牵引设备运行、钢丝绳、管道状况，及时测量管位，发现异常应及时纠正；

5）及时做好牵引速率、牵引力、管位测量等沉管记录。

8 管道沉放完成后，应检查下列内容，并做好记录：

1）检查管底与沟底接触的均匀程度和紧密性，管下如有冲刷，应采用砂或砾石铺填；

2）检查接口连接情况；

3）测量管道高程和位置。

7.2.7 预制钢筋混凝土管的沉放应符合下列规定：

1 干坞结构形式应根据设计和施工方案确定，构筑干坞应遵守下列规定：

1）基坑、围堰施工和验收应符合现行国家标准《给水排水构筑物工程施工及验收规范》GB 50141、《建筑地基基础工程施工质量验收规范》GB 50202等的有关规定和设计要求，且边坡稳定性应满足干坞放水和抽水的要求；

2）干坞平面尺寸应满足钢筋混凝土管节制作、主要设备、工程材料堆放和运输的布置需要；干坞深度应保证管节制作后浮运前的安装工作和浮运出坞的要求，并留出富余水深；

3）干坞地基强度应满足管节制作要求；表面应设置起浮层，保证干坞进水时管节能顺利起浮；坞底表面允许偏差控制：平整度为10mm、相邻板块高差为5mm、高程为±10mm；

2 钢筋混凝土管节制作应符合下列规定：

1）垫层及管节施工应满足设计要求和有关规定；

2）混凝土原材料选用、配合比设计、混凝土拌制及浇筑应符合现行国家标准《给水排水构筑物工程施工及验收规范》GB 50141的有关规定，并满足强度和抗渗设计要求；

3）混凝土体积较大的管节预制，宜采用低水化热配合比；应按大体积混凝土施工要求制定施工方案，严格控制混凝土配合比、入模浇筑温度、初凝时间、内外温差等；

4）管节防水处理、施工缝处理等应符合现行国家标准《地下工程防水技术规范》GB 50108规定和设计要求；

5）接口尺寸满足水下连接要求；采用水力压接法施工的柔性接口，管端部钢壳制作应符合现行国家标准《钢结构工程施工质量验收规范》GB 50205的有关规定和设计要求；

6）管节抗渗检验时，应按设计要求进行预水压试验，亦可在干坞中放水按本规范附录F的规定在管节内检查渗水情况；

3 预制管节的混凝土强度、抗渗性能、管节渗漏检验达到设计要求后，方可进水浮运；

4 钢筋混凝土管节（段）两端封墙及压载施工应符合下列规定：

1）封墙结构应符合设计要求，位置不宜设置在管节（段）接口施工范围内、并便于拆除；

2）封墙应设置排水阀、进气阀，并根据需

要设置人孔；所有预留洞口应设止水装置；

3）压载装置应满足设计和施工方案要求并便于装拆，布置应对称、配重应一致；

5 沉管基槽浚挖及管基处理施工应符合本规范第7.2.4条和第7.2.5条的规定，采用砂石基础时厚度可根据施工经验留出压实虚厚，管节（段）沉放前应再次清除槽底回淤、异物；在基槽断面方向两侧可打两排短桩设置高程导轨，便于控制基础整平施工；

6 管节（段）在浮起后出坞前，管节（段）四角干舷若有高差、倾斜，可通过分舱压载调整，严禁倾斜出坞；

7 管节（段）浮运、沉放应符合下列规定：

1）根据工程具体情况，并考虑对水下周围环境及水面交通的影响因素，选用管节（段）拖运、系驳、沉放、水下对接方式和配备相关设备；

2）管节（段）浮运到位后应进行测量定位，工作船只设备等应定位锚泊，并做好下沉前的准备工作；

3）管节（段）下沉前应设置接口对接控制标志并进行复核测量；下沉时应控制管节（段）轴向位置、已沉放管节（段）与待沉放管节（段）间的纵向间距，确保接口准确对接；

4）所有沉放设备、系统经检查运行可靠，管段定位、锚碇系统设置可靠；

5）沉放应分初步下沉、靠拢下沉和着地下沉阶段，严格按施工方案执行，并应连续测量和及时调整压载；

6）沉放作业应考虑管节的惯性运行影响，下沉应缓慢均匀，压载应平稳同步，管节（段）受力应均匀稳定、无变形损伤；

7）管节（段）下沉应听从指挥；

8 管节（段）下沉后的水下接口连接应符合下列规定：

1）采用水力压接法施工柔性接口时，其主要施工程序可见图7.2.7，在压接完成前应保证管节（段）轴向位置稳定，并悬浮在管基上；

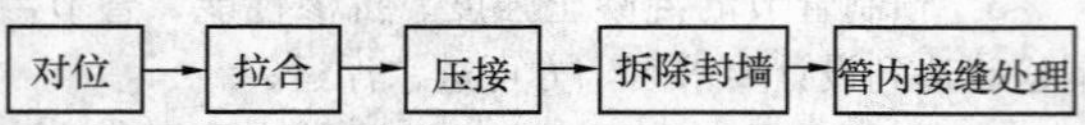

图7.2.7 水力压接法主要施工程序

2）采用刚性接口钢筋混凝土管施工时，应符合设计要求和现行国家标准《地下工程防水技术规范》GB 50108等的规定；施工前应根据底板、侧墙、顶板的不同施工要求以及防水要求分别制定相应的施工技术方案。

7.2.8 管节（段）沉放经检查合格后应及时进行稳管和回填，防止管道漂移，并应符合下列规定：

1 采用压重、投抛砂石、浇筑水下混凝土或其他锚固方式等进行稳管施工时，应符合下列规定：

1）对水流冲刷较大、易产生紊流、施工中对河床扰动较大等之处，以及沉管拐弯、分段接口连接等部位，沉放完成后应先进行稳管施工；

2）应采取保护措施，不得损伤管道及其防腐层；

3）预制钢筋混凝土管沉管施工，应进行稳管与基础二次处理，以确保管道稳定；

2 回填施工时，应符合下列规定：

1）回填材料应符合设计要求，回填应均匀、并不得损伤管道；水下部位应连续回填至满槽，水上部位应分层回填夯实；

2）回填高度应符合设计要求，并满足防止水流冲刷、通航和河道疏浚要求；

3）采用吹填回土时，吹填土质应符合设计要求，取土位置及要求应征得航运管理部门的同意，且不得影响沉管管道；

3 应及时做好稳管和回填的施工及测量记录。

7.3 桥　管

7.3.1 本节适用于自承式平管桥的给排水钢管道跨越工程施工。

7.3.2 桥管管道施工应根据工程具体情况确定施工方法，管道安装可采取整体吊装、分段悬臂拼装、在搭设的临时支架上拼装等方法。

桥管的下部结构、地基与基础及护岸等工程施工和验收应符合桥梁工程的有关国家标准、规范的规定。

7.3.3 桥管工程施工方案应包括以下主要内容：

1 施工平面布置图及剖面图；

2 桥管吊装施工方法的选择及相应的技术要求；

3 吊装前地上管节组对拼装方法；

4 管道支架安装方法；

5 施工各阶段的管道强度、刚度、稳定性验算；

6 管道吊装测量控制方法；

7 施工机械设备数量与型号的配备；

8 水上运输航线的确定，通航管理措施；

9 施工场地临时供电、供水、通信等设计；

10 水上、水下等安全作业和航运安全的保证措施。

7.3.4 桥管管道安装铺设前准备工作应符合下列规定：

1　桥管的地基与基础、下部结构工程经验收合格，并满足管道安装条件；

2　墩台顶面高程、中线及孔跨径，经检查满足设计和管道安装要求；与管道支架底座连接的支承结构、预埋件已找正合格；

3　应对不同施工工况条件下临时支架、支承结构、吊机能力等进行强度、刚度及稳定性验算；

4　待安装的管节（段）应符合下列规定：

1）钢管组对拼装及管件、配件、支架等经检验合格；

2）分段拼装的钢管，其焊接接口的坡口加工、预拼装的组对满足焊接工艺、设计和施工吊装要求；

3）钢管除锈、涂装等处理符合有关规定；

4）表面附着污物已清除；

5　已按施工方案完成各项准备工作。

7.3.5　施工中应对管节（段）的吊点和其他受力点位置进行强度、稳定性和变形验算，必要时应采取加固措施。

7.3.6　管节（段）移运和堆放，应有相应的安全保护措施，避免管体损伤；堆放场地平整夯实，支承点与吊点位置一致。

7.3.7　管道支架安装应符合下列规定：

1　支架安装完成后方可进行管道施工；

2　支架底座的支承结构、预埋件等的加工、安装应符合设计要求，且连接牢固；

3　管道支架安装应符合下列规定：

1）支架与管道的接触面应平整、洁净；

2）有伸缩补偿装置时，固定支架与管道固定之前，应先进行补偿装置安装及预拉伸（或压缩）；

3）导向支架或滑动支架安装应无歪斜、卡涩现象；安装位置应从支承面中心向位移反方向偏移，偏移量应符合设计要求，设计无要求时宜为设计位移值的1/2；

4）弹簧支架的弹簧高度应符合设计要求，弹簧应调整至冷态值，其临时固定装置应待管道安装及管道试验完成后方可拆除。

7.3.8　管节（段）吊装应符合下列规定：

1　吊装设备的安装与使用必须符合起重吊装的有关规定，吊运作业时必须遵守有关安全操作技术规定；

2　吊点位置应符合设计要求，设计无要求时应根据施工条件计算确定；

3　采用吊环起吊时，吊环应顺直；吊绳与起吊管道轴向夹角小于60°时，应设置吊架或扁担使吊环尽可能垂直受力；

4　管节（段）吊装就位、支撑稳固后，方可卸去吊钩；就位后不能形成稳定的结构体系时，应进行临时支承固定；

5　利用河道进行船吊起重作业时应遵守当地河道管理部门的有关规定，确保水上作业和航运的安全；

6　按规定做好管节(段)吊装施工监测,发现问题及时处理。

7.3.9　桥管采用分段拼装时还应符合下列规定：

1　高空焊接拼装作业时应设置防风、防雨设施，并做好安全防护措施；

2　分段悬臂拼装时，每管段轴线安装的挠度曲线变化应符合设计要求；

3　管段间拼装焊接应符合下列规定：

1）接口组对及定位应符合国家现行标准的有关规定和设计要求，不得强力组对施焊；

2）临时支承、固定措施可靠，避免施焊时该处焊缝出现不利的施工附加应力；

3）采用闭合、合拢焊接时，施工技术要求、作业环境应符合设计及施工方案要求；

4）管道拼装完成后方可拆除临时支承、固定设施；

4　应进行管道位置、挠度的跟踪测量，必要时应进行应力跟踪测量。

7.3.10　钢管管道外防腐层的涂装前基面处理及涂装施工应符合设计要求。

7.4　质量验收标准

7.4.1　沉管基槽浚挖及管基处理应符合下列规定：

主 控 项 目

1　沉管基槽中心位置和浚挖深度符合设计要求；

检查方法：检查施工测量记录、浚挖记录。

2　沉管基槽处理、管基结构形式应符合设计要求；

检查方法：可由潜水员水下检查；检查施工记录、施工资料。

一 般 项 目

3　浚挖成槽后基槽应稳定，沉管前基底回淤量不大于设计和施工方案要求，基槽边坡不陡于本规范的有关规定；

检查方法：检查施工记录、施工技术资料；必要时水下检查。

4　管基处理所用的工程材料规格、数量等符合设计要求；

检查方法：检查施工记录、施工技术资料。

5　沉管基槽浚挖及管基处理的允许偏差应符合表7.4.1的规定。

表 7.4.1　沉管基槽浚挖及管基处理的允许偏差

检查项目			允许偏差（mm）	检查数量		检查方法
				范围	点数	
1	基槽底部高程	土	0，－300	每 5～10m 取一个断面	基槽宽度不大于 5m 时测 1 点；基槽宽度大于 5m 时测不少于 2 点	用回声测深仪、多波束仪、测深图检查；或用水准仪、经纬仪测量、钢尺量测定位标志，潜水员检查
		石	0，－500			
2	整平后基础顶面高程	压力管道	0，－200			
		无压管道	0，－100			
3	基槽底部宽度		不小于规定		1 点	
4	基槽水平轴线		100			
5	基础宽度		不小于设计要求			
6	整平后基础平整度	砂基础	50			潜水员检查，用刮平尺量测
		砾石基础	150			

7.4.2 组对拼装管道（段）的沉放应符合下列规定：

主 控 项 目

1 管节、防腐层等工程材料的产品质量保证资料齐全，各项性能检验报告应符合相关国家相关标准的规定和设计要求；

检查方法：检查产品质量合格证明书、各项性能检验报告，检查产品制造原材料质量保证资料；检查产品进场验收记录。

2 陆上组对拼装管道（段）的接口连接和钢管防腐层（包括焊口、补口）的质量经验收合格；钢管接口焊接、聚乙烯管、接口熔焊检验符合设计要求，管道预水压试验合格；

检查方法：管道（段）及接口全数观察，按本规范第 5 章的相关规定进行检查；检查焊接检验报告和管道预水压试验记录，其中管道预水压试验应按本规范第 7.1.7 条第 7 款的规定执行。

3 管道（段）下沉均匀、平稳，无轴向扭曲、环向变形和明显轴向突弯等现象；水上、水下的接口连接质量经检验符合设计要求；

检查方法：观察；检查沉放施工记录及相关检测记录；检查水上、水下的接口连接检验报告等。

一 般 项 目

4 沉放前管道（段）及防腐层无损伤，无变形；

检查方法：观察，检查施工记录。

5 对于分段沉放管道，其水上、水下的接口防腐质量检验合格；

检查方法：逐个检查接口连接及防腐的施工记录、检验记录。

6 沉放后管底与沟底接触均匀和紧密；

检查方法：检查沉放记录；必要时由潜水员检查。

7 沉管下沉铺设的允许偏差应符合表 7.4.2 的规定。

表 7.4.2　沉管下沉铺设的允许偏差

检查项目			允许偏差（mm）	检查数量		检查方法
				范围	点数	
1	管道高程	压力管道	0，－200	每 10m	1 点	用回声测深仪、多波束仪、测深图检查；或用水准仪、经纬仪测量、钢尺量测定位标志
		无压管道	0，－100			
2	管道水平轴线位置		50	每 10m	1 点	

7.4.3 沉放的预制钢筋混凝土管节制作应符合下列规定：

主 控 项 目

1 原材料的产品质量保证资料齐全，各项性能检验报告应符合国家相关标准的规定和设计要求；

检查方法：检查产品质量合格证明书、各项性能检验报告、进场复验报告。

2 钢筋混凝土管节制作中的钢筋、模板、混凝土质量经验收合格；

检查方法：按国家有关规范的规定和设计要求进行检查。

3 混凝土强度、抗渗性能应符合设计要求；

检查方法：检查混凝土浇筑记录，检查试块的抗压强度、抗渗试验报告。

检查数量：底板、侧墙、顶板、后浇带等每部位的混凝土，每工作班不应少于 1 组、且每浇筑 $100m^3$ 为一验收批，抗压强度试块留置不应少于 1 组；每浇筑 $500m^3$ 混凝土及每后浇带为一验收批，抗渗试块留置不应少于 1 组。

4 混凝土管节无严重质量缺陷；

检查方法：按本规范附录 G 的规定进行观察，

对可见的裂缝用裂缝观察仪检测；检查技术处理方案。

5 管节抗渗检验时无线流、滴漏和明显渗水现象；经检测平均渗漏量满足设计要求；

检查方法：逐节检查；进行预水压渗漏试验；检查渗漏检验记录。

一般项目

6 混凝土重度应符合设计要求，其允许偏差为：$+0.01t/m^3$，$-0.02t/m^3$；

检查方法：检查混凝土试块重度检测报告，检查原材料质量保证资料、施工记录等。

7 预制结构的外观质量不宜有一般缺陷，防水层结构符合设计要求；

检查方法：观察；按本规范附录G的规定检查，检查施工记录。

8 钢筋混凝土管节预制的允许偏差应符合表7.4.3的规定。

表7.4.3 钢筋混凝土管节预制的允许偏差

检查项目			允许偏差(mm)	检查数量		检查方法
				范围	点数	
1	外包尺寸	长	±10	每10m	各4点	用钢尺量测
		宽	±10			
		高	±5			
2	结构厚度	底板、顶板	±5	每部位	各4点	
		侧墙	±5			
3	断面对角线尺寸差		0.5%L	两端面	各2点	
4	管节内净空尺寸	净宽	±10	每10m	各4点	
		净高	±10			
5	顶板、底板、外侧墙的主钢筋保护层厚度		±5	每10m	各4点	
6	平整度		5	每10m	2点	用2m直尺量测
7	垂直度		10	每10m	2点	用垂线测

注：L为断面对角线长（mm）。

7.4.4 沉放的预制钢筋混凝土管节接口预制加工（水力压接法）应符合下列规定：

主控项目

1 端部钢壳材质、焊缝质量等级应符合设计要求；

检查方法：检查钢壳制造材料的质量保证资料、焊缝质量检验报告。

2 端部钢壳端面加工成型的允许偏差应符合表7.4.4-1的规定。

表7.4.4-1 端部钢壳端面加工成型的允许偏差

检查项目		允许偏差(mm)	检查数量		检查方法
			范围	点数	
1	不平整度	<5，且每延米内<1	每个钢壳的钢板面、端面	每2m各1点	用2m直尺量测
2	垂直度	<5		两侧、中间各1点	用垂线吊测全高
3	端面竖向倾斜度	<5	每个钢壳	两侧、中间各2点	全站仪测量或吊垂线测端面上下外缘两点之差

3　专用的柔性接口橡胶圈材质及相关性能应符合相关规范规定和设计要求，其外观质量应符合表7.4.4-2的规定；

表 7.4.4-2　橡胶圈外观质量要求

缺陷名称	中间部分	边翼部分
气泡	直径≤1mm 气泡，不超过 3 处/m	直径≤2mm 气泡，不超过 3 处/m
杂质	面积≤$4mm^2$气泡，不超过 3 处/m	面积≤$8mm^2$气泡，不超过 3 处/m
凹痕	不允许	允许有深度不超过 0.5mm、面积不大于 $10mm^2$ 的凹痕，不超过 2 处/m
接缝	不允许有裂口及“海绵”现象；高度≤1.5mm 的凸起，不超过 2 处/m	
中心偏心	中心孔周边对称部位厚度差不超过 1mm	

检查方法：观察；检查每批橡胶圈的质量合格证明、性能检验报告。

一般项目

4　按设计要求进行端部钢壳的制作与安装；

检查方法：逐个观察；检查钢壳的制作与安装记录。

5　钢壳防腐处理符合设计要求；

检查方法：观察；检查钢壳防腐材料的质量保证资料，检查除锈、涂装记录。

6　柔性接口橡胶圈安装位置正确，安装完成后处于松弛状态，并完整地附着在钢端面上；

检查方法：逐个观察。

7.4.5　预制钢筋混凝土管的沉放应符合下列规定：

主控项目

1　沉放前、后管道无变形、受损；沉放及接口连接后管道无滴漏、线漏和明显渗水现象；

检查方法：观察，按本规范附录 F 第 F.0.3 条的规定检查渗漏水程度；检查管道沉放、接口连接施工记录。

2　沉放后，对于无裂缝设计的沉管严禁有任何裂缝；对于有裂缝设计的沉管，其表面裂缝宽度、深度应符合设计要求；

检查方法：观察，对可见的裂缝用裂缝观察仪检测；检查技术处理方案。

3　接口连接形式符合设计文件要求；柔性接口无渗水现象；混凝土刚性接口密实、无裂缝，无滴漏、线漏和明显渗水现象；

检查方法：逐个观察；检查技术处理方案。

一般项目

4　管道及接口防水处理符合设计要求；

检查方法：观察；检查防水处理施工记录。

5　管节下沉均匀、平稳，无轴向扭曲、环向变形、纵向弯曲等现象；

检查方法：观察；检查沉放施工记录。

6　管道与沟底接触均匀和紧密；

检查方法：潜水员检查；检查沉放施工及测量记录。

7　钢筋混凝土管沉放的允许偏差应符合表7.4.5的规定。

表 7.4.5　钢筋混凝土管沉放的允许偏差

	检查项目		允许偏差（mm）	检查数量		检查方法
				范围	点数	
1	管道高程	压力管道	0，−200	每 10m	1 点	用水准仪、经纬仪、测深仪测量或全站仪测量
		无压管道	0，−100			
2	沉放后管节四角高差		50	每管节	4 点	
3	管道水平轴线位置		50	每 10m	1 点	
4	接口连接的对接错口		20	每接口每面	各 1 点	用钢尺量测

7.4.6　沉管的稳管及回填应符合下列规定：

主控项目

1　稳管、管基二次处理、回填时所用的材料应符合设计要求；

检查方法：观察；检查材料相关的质量保证资料。

2　稳管、管基二次处理、回填应符合设计要求，管道未发生漂浮和位移现象；

检查方法：观察；检查稳管、管基二次处理、回填施工记录。

一般项目

3　管道未受外力影响而发生变形、破坏；

检查方法：观察。

4　二次处理后管基承载力符合设计要求；

检查方法：检查二次处理检验报告及记录。

5　基槽回填应两侧均匀，管顶回填高度符合设计要求。

检查方法：观察，用水准仪或测深仪每 10m 测 1 点检测回填高度；检查回填施工、检测记录。

7.4.7　桥管管道的基础、下部结构工程的施工质量应按国家现行标准《城市桥梁工程施工与质量验收规范》CJJ 2 的相关规定和设计要求验收。

7.4.8　桥管管道应符合下列规定：

主 控 项 目

1 管材、防腐层等工程材料的产品质量保证资料齐全，各项性能检验报告应符合相关国家标准的规定和设计要求；

检查方法：检查产品质量合格证明书、各项性能检验报告，检查产品制造原材料质量保证资料；检查产品进场验收记录。

2 钢管组对拼装和防腐层（包括焊口补口）的质量经验收合格；钢管接口焊接检验符合设计要求；

检查方法：管节及接口全数观察；按本规范第5章的相关规定进行检查，检查焊接检验报告。

3 钢管预拼装尺寸的允许偏差应符合表7.4.8-1的规定。

表 7.4.8-1 钢管预拼装尺寸的允许偏差

检查项目	允许偏差（mm）	检查数量		检查方法
		范围	点数	
长度	±3	每件	2点	用钢尺量测
管口端面圆度	D_o/500，且≤5	每端面	1点	
管口端面与管道轴线的垂直度	D_o/500，且≤3	每端面	1点	用焊缝量规测量
侧弯曲矢高	L/1500，且≤5	每件	1点	用拉线、吊线和钢尺量测
跨中起拱度	±L/5000	每件	1点	
对口错边	t/10，且≤2	每件	3点	用焊缝量规、游标卡尺测量

注：L为管道长度（mm）；t为管道壁厚（mm）。

4 桥管位置应符合设计要求，安装方式正确，且安装牢固、结构可靠、管道无变形和裂缝等现象；

检查方法：观察，检查相关施工记录。

一 般 项 目

5 桥管的基础、下部结构工程的施工质量经验收合格；

检查方法：按国家有关规范的规定和设计要求进行检查，检查其施工验收记录。

6 管道安装条件经检查验收合格，满足安装要求；

检查方法：观察；检查施工方案、管道安装条件交接验收记录。

7 桥管钢管分段拼装焊接时，接口的坡口加工、焊缝质量等级应符合焊接工艺和设计要求；

检查方法：观察，检查接口的坡口加工记录、焊缝质量检验报告。

8 管道支架规格、尺寸等，应符合设计要求；支架应安装牢固、位置正确，工作状况及性能符合设计文件和产品安装说明的要求；

检查方法：观察；检查相关质量保证及技术资料、安装记录、检验报告等。

9 桥管管道安装的允许偏差应符合表7.4.8-2的规定。

表 7.4.8-2 桥管管道安装的允许偏差

检查项目			允许偏差（mm）	检查数量		检查方法
				范围	点数	
1	支架	顶面高程	±5	每件	1点	用水准仪测量
		中心位置（轴向、横向）	10		各1点	用经纬仪测量，或挂中线用钢尺量测
		水平度	L/1500		2点	用水准仪测量
2	管道水平轴线位置		10	每跨	2点	用经纬仪测量
3	管道中部垂直上拱矢高		10		1点	用水准仪测量，或拉线和钢尺量测
4	支架地脚螺栓（锚栓）中心位移		5	每件	1点	用经纬仪测量，或挂中线用钢尺量测
5	活动支架的偏移量		符合设计要求			用钢尺量测
6	弹簧支架	工作圈数	≤半圈			观察检查
		在自由状态下，弹簧各圈节距	≤平均节距10%			用钢尺量测
		两端支承面与弹簧轴线垂直度	≤自由高度10%			挂中线用钢尺量测
7	支架处的管道顶部高程		±10			用水准仪测量

注：L为支架底座的边长（mm）。

10 钢管涂装材料、涂层厚度及附着力符合设计要求；涂层外观应均匀，无褶皱、空泡、凝块、透底等现象，与钢管表面附着紧密，色标符合规定；

检查方法：观察；用5～10倍的放大镜检查；用测厚仪量测厚度。

检查数量：涂层干膜厚度每5m测1个断面，每个断面测相互垂直的4个点；其实测厚度平均值不得低于设计要求，且小于设计要求厚度的点数不应大于10%，最小实测厚度不应低于设计要求的90%。

8 管道附属构筑物

8.1 一 般 规 定

8.1.1 本章适用于给排水管道工程中的各类井室、

支墩、雨水口工程。管道工程中涉及的小型抽升泵房及其取水口、排放口构筑物应符合现行国家标准《给水排水构筑物工程施工及验收规范》GB 50141 的有关规定。

8.1.2 管道附属构筑物的位置、结构类型和构造尺寸等应按设计要求施工。

8.1.3 管道附属构筑物的施工除应符合本章规定外，其砌筑结构、混凝土结构施工还应符合国家有关规范规定。

8.1.4 管道附属构筑物的基础（包括支墩侧基）应建在原状土上，当原状土地基松软或被扰动时，应按设计要求进行地基处理。

8.1.5 施工中应采取相应的技术措施，避免管道主体结构与附属构筑物之间产生过大差异沉降，而致使结构开裂、变形、破坏。

8.1.6 管道接口不得包覆在附属构筑物的结构内部。

8.2 井　　室

8.2.1 井室的混凝土基础应与管道基础同时浇筑；施工应满足本规范第 5.2.2 条的规定。

8.2.2 管道穿过井壁的施工应符合设计要求；设计无要求时应符合下列规定：

1 混凝土类管道、金属类无压管道，其管外壁与砌筑井壁洞圈之间为刚性连接时水泥砂浆应坐浆饱满、密实；

2 金属类压力管道，井壁洞圈应预设套管，管道外壁与套管的间隙应四周均匀一致，其间隙宜采用柔性或半柔性材料填嵌密实；

3 化学建材管道宜采用中介层法与井壁洞圈连接；

4 对于现浇混凝土结构井室，井壁洞圈应振捣密实；

5 排水管道接入检查井时，管口外缘与井内壁平齐；接入管径大于 300mm 时，对于砌筑结构井室应砌砖圈加固。

8.2.3 砌筑结构的井室施工应符合下列规定：

1 砌筑前砌块应充分湿润；砌筑砂浆配合比符合设计要求，现场拌制应拌合均匀、随用随拌；

2 排水管道检查井内的流槽，宜与井壁同时进行砌筑；

3 砌块应垂直砌筑，需收口砌筑时，应按设计要求的位置设置钢筋混凝土梁进行收口；圆井采用砌块逐层砌筑收口，四面收口时每层收进不应大于 30mm，偏心收口时每层收进不应大于 50mm；

4 砌块砌筑时，铺浆应饱满，灰浆与砌块四周粘结紧密、不得漏浆，上下砌块应错缝砌筑；

5 砌筑时应同时安装踏步，踏步安装后在砌筑砂浆未达到规定抗压强度前不得踩踏；

6 内外井壁应采用水泥砂浆勾缝；有抹面要求时，抹面应分层压实。

8.2.4 预制装配式结构的井室施工应符合下列规定：

1 预制构件及其配件经检验符合设计和安装要求；

2 预制构件装配位置和尺寸正确，安装牢固；

3 采用水泥砂浆接缝时，企口坐浆与竖缝灌浆应饱满，装配后的接缝砂浆凝结硬化期间应加强养护，并不得受外力碰撞或震动；

4 设有橡胶密封圈时，胶圈应安装稳固，止水严密可靠；

5 设有预留短管的预制构件，其与管道的连接应按本规范第 5 章的有关规定执行；

6 底板与井室、井室与盖板之间的拼缝，水泥砂浆应填塞严密，抹角光滑平整。

8.2.5 现浇钢筋混凝土结构的井室施工应符合下列规定：

1 浇筑前，钢筋、模板工程经检验合格，混凝土配合比满足设计要求；

2 振捣密实，无漏振、走模、漏浆等现象；

3 及时进行养护，强度等级未达设计要求不得受力；

4 浇筑时应同时安装踏步，踏步安装后在混凝土未达到规定抗压强度前不得踩踏。

8.2.6 有支、连管接入的井室，应在井室施工的同时安装预留支、连管，预留管的管径、方向、高程应符合设计要求，管与井壁衔接处应严密；排水检查井的预留管管口宜采用低强度砂浆砌筑封口抹平。

8.2.7 井室施工达到设计高程后，应及时浇筑或安装井圈，井圈应以水泥砂浆坐浆并安放平稳。

8.2.8 井室内部处理应符合下列规定：

1 预留孔、预埋件应符合设计和管道施工工艺要求；

2 排水检查井的流槽表面应平顺、圆滑、光洁，并与上下游管道底部接顺；

3 透气井及排水落水井、跌水井的工艺尺寸应按设计要求进行施工；

4 阀门井的井底距承口或法兰盘下缘以及井壁与承口或法兰盘外缘应留有安装作业空间，其尺寸应符合设计要求；

5 不开槽法施工的管道，工作井作为管道井室使用时，其洞口处理及井内布置应符合设计要求。

8.2.9 给排水井盖选用的型号、材质应符合设计要求，设计未要求时，宜采用复合材料井盖，行业标志明显；道路上的井室必须使用重型井盖，装配稳固。

8.2.10 井室周围回填土必须符合设计要求和本规范第 4 章的有关规定。

8.3 支　　墩

8.3.1 管节及管件的支墩和锚定结构位置准确，锚定牢固。钢制锚固件必须采取相应的防腐处理。

8.3.2 支墩应在坚固的地基上修筑。无原状土作后背墙时，应采取措施保证支墩在受力情况下，不致破坏管道接口。采用砌筑支墩时，原状土与支墩之间应采用砂浆填塞。

8.3.3 支墩应在管节接口做完、管节位置固定后修筑。

8.3.4 支墩施工前，应将支墩部位的管节、管件表面清理干净。

8.3.5 支墩宜采用混凝土浇筑，其强度等级不应低于C15。采用砌筑结构时，水泥砂浆强度不应低于M7.5。

8.3.6 管节安装过程中的临时固定支架，应在支墩的砌筑砂浆或混凝土达到规定强度后方可拆除。

8.3.7 管道及管件支墩施工完毕，并达到强度要求后方可进行水压试验。

8.4 雨 水 口

8.4.1 雨水口的位置及深度应符合设计要求。

8.4.2 基础施工应符合下列规定：

1 开挖雨水口槽及雨水管支管槽，每侧宜留出300～500mm的施工宽度；

2 槽底应夯实并及时浇筑混凝土基础；

3 采用预制雨水口时，基础顶面宜铺设20～30mm厚的砂垫层。

8.4.3 雨水口砌筑应符合下列规定：

1 管端面在雨水口内的露出长度，不得大于20mm，管端面应完整无破损；

2 砌筑时，灰浆应饱满，随砌、随勾缝，抹面应压实；

3 雨水口底部应用水泥砂浆抹出雨水口泛水坡；

4 砌筑完成后雨水口内应保持清洁，及时加盖，保证安全。

8.4.4 预制雨水口安装应牢固，位置平正，并符合本规范第8.4.3条第1款的规定。

8.4.5 雨水口与检查井的连接管的坡度应符合设计要求，管道铺设应符合本规范第5章的有关规定。

8.4.6 位于道路下的雨水口、雨水支、连管应根据设计要求浇筑混凝土基础。坐落于道路基层内的雨水支连管应作C25级混凝土全包封，且包封混凝土达到75%设计强度前，不得放行交通。

8.4.7 井框、井箅应完整无损、安装平稳、牢固。

8.4.8 井周回填土应符合设计要求和本规范第4章的有关规定。

8.5 质量验收标准

8.5.1 井室应符合下列要求：

主 控 项 目

1 所用的原材料、预制构件的质量应符合国家有关标准的规定和设计要求；

检查方法：检查产品质量合格证明书、各项性能检验报告、进场验收记录。

2 砌筑水泥砂浆强度、结构混凝土强度符合设计要求；

检查方法：检查水泥砂浆强度、混凝土抗压强度试块试验报告。

检查数量：每50m³砌体或混凝土每浇筑1个台班一组试块。

3 砌筑结构应灰浆饱满、灰缝平直，不得有通缝、瞎缝；预制装配式结构应坐浆、灌浆饱满密实，无裂缝；混凝土结构无严重质量缺陷；井室无渗水、水珠现象；

检查方法：逐个观察。

一 般 项 目

4 井壁抹面应密实平整，不得有空鼓，裂缝等现象；混凝土无明显一般质量缺陷；井室无明显湿渍现象；

检查方法：逐个观察。

5 井内部构造符合设计和水力工艺要求，且部位位置及尺寸正确，无建筑垃圾等杂物；检查井流槽应平顺、圆滑、光洁；

检查方法：逐个观察。

6 井室内踏步位置正确、牢固；

检查方法：逐个观察，用钢尺量测。

7 井盖、座规格符合设计要求，安装稳固；

检查方法：逐个观察。

8 井室的允许偏差应符合表8.5.1的规定。

表 8.5.1 井室的允许偏差

<table>
<tr><th rowspan="2" colspan="4">检查项目</th><th rowspan="2">允许偏差（mm）</th><th colspan="2">检查数量</th><th rowspan="2">检查方法</th></tr>
<tr><th>范围</th><th>点数</th></tr>
<tr><td>1</td><td colspan="3">平面轴线位置（轴向、垂直轴向）</td><td>15</td><td rowspan="10">每座</td><td>2</td><td>用钢尺量测、经纬仪测量</td></tr>
<tr><td>2</td><td colspan="3">结构断面尺寸</td><td>+10，0</td><td>2</td><td>用钢尺量测</td></tr>
<tr><td rowspan="2">3</td><td rowspan="2">井室尺寸</td><td colspan="2">长、宽</td><td rowspan="2">±20</td><td rowspan="2">2</td><td rowspan="2">用钢尺量测</td></tr>
<tr><td colspan="2">直径</td></tr>
<tr><td rowspan="2">4</td><td rowspan="2">井口高程</td><td colspan="2">农田或绿地</td><td>+20</td><td rowspan="2">1</td><td rowspan="6">用水准仪测量</td></tr>
<tr><td colspan="2">路面</td><td>与道路规定一致</td></tr>
<tr><td rowspan="4">5</td><td rowspan="4">井底高程</td><td rowspan="2">开槽法管道铺设</td><td>$D_i \leq 1000$</td><td>±10</td><td rowspan="4">2</td></tr>
<tr><td>$D_i > 1000$</td><td>±15</td></tr>
<tr><td rowspan="2">不开槽法管道铺设</td><td>$D_i < 1500$</td><td>+10，−20</td></tr>
<tr><td>$D_i \geq 1500$</td><td>+20，−40</td></tr>
</table>

续表 8.5.1

检查项目			允许偏差（mm）	检查数量		检查方法
				范围	点数	
6	踏步安装	水平及垂直间距、外露长度	±10	每座	1	用尺量测偏差较大值
7	脚窝	高、宽、深	±10			
8	流槽宽度		+10			

8.5.2 雨水口及支、连管应符合下列要求：

主 控 项 目

1 所用的原材料、预制构件的质量应符合国家有关标准的规定和设计要求；

检查方法：检查产品质量合格证明书、各项性能检验报告、进场验收记录。

2 雨水口位置正确，深度符合设计要求，安装不得歪扭；

检查方法：逐个观察，用水准仪、钢尺量测。

3 井框、井箅应完整、无损，安装平稳、牢固；支、连管应直顺，无倒坡、错口及破损现象；

检查数量：全数观察。

4 井内、连接管道内无线漏、滴漏现象；

检查数量：全数观察。

一 般 项 目

5 雨水口砌筑勾缝应直顺、坚实，不得漏勾、脱落；内、外壁抹面平整光洁；

检查数量：全数观察。

6 支、连管内清洁、流水通畅，无明显渗水现象；

检查数量：全数观察。

7 雨水口、支管的允许偏差应符合表 8.5.2 的规定。

表 8.5.2 雨水口、支管的允许偏差

检查项目		允许偏差（mm）	检查数量		检查方法
			范围	点数	
1	井框、井箅吻合	≤10	每座	1	用钢尺量测较大值（高度、深度亦可用水准仪测量）
2	井口与路面高差	−5，0			
3	雨水口位置与道路边线平行	≤10			
4	井内尺寸	长、宽：+20，0 深：0，−20			
5	井内支、连管管口底高度	0，−20			

8.5.3 支墩应符合下列要求：

主 控 项 目

1 所用的原材料质量应符合国家有关标准的规定和设计要求；

检查方法：检查产品质量合格证明书、各项性能检验报告、进场验收记录。

2 支墩地基承载力、位置符合设计要求；支墩无位移、沉降；

检查方法：全数观察；检查施工记录、施工测量记录、地基处理技术资料。

3 砌筑水泥砂浆强度、结构混凝土强度符合设计要求；

检查方法：检查水泥砂浆强度、混凝土抗压强度试块试验报告。

检查数量：每 50m^3 砌体或混凝土每浇筑 1 个台班一组试块。

一 般 项 目

4 混凝土支墩应表面平整、密实；砖砌支墩应灰缝饱满，无通缝现象，其表面抹灰应平整、密实；

检查方法：逐个观察。

5 支墩支承面与管道外壁接触紧密，无松动、滑移现象；

检查方法：全数观察。

6 管道支墩的允许偏差应符合表 8.5.3 的规定。

表 8.5.3 管道支墩的允许偏差

检查项目		允许偏差（mm）	检查数量		检查方法
			范围	点数	
1	平面轴线位置（轴向、垂直轴向）	15	每座	2	用钢尺量测或经纬仪测量
2	支撑面中心高程	±15		1	用水准仪测量
3	结构断面尺寸（长、宽、厚）	+10，0		3	用钢尺量测

9 管道功能性试验

9.1 一 般 规 定

9.1.1 给排水管道安装完成后应按下列要求进行管道功能性试验：

1 压力管道应按本规范第 9.2 节的规定进行压力管道水压试验，试验分为预试验和主试验阶段；试验合格的判定依据分为允许压力降值和允许渗水量值，按设计要求确定；设计无要求时，应根据工程实际情况，选用其中一项值或同时采用两项值作为试验合格的最终判定依据；

2　无压管道应按本规范第9.3、9.4节的规定进行管道的严密性试验，严密性试验分为闭水试验和闭气试验，按设计要求确定；设计无要求时，应根据实际情况选择闭水试验或闭气试验进行管道功能性试验；

3　压力管道水压试验进行实际渗水量测定时，宜采用附录C注水法。

9.1.2　管道功能性试验涉及水压、气压作业时，应有安全防护措施，作业人员应按相关安全作业规程进行操作。管道水压试验和冲洗消毒排出的水，应及时排放至规定地点，不得影响周围环境和造成积水，并应采取措施确保人员、交通通行和附近设施的安全。

9.1.3　压力管道水压试验或闭水试验前，应做好水源的引接、排水的疏导等方案。

9.1.4　向管道内注水应从下游缓慢注入，注入时在试验管段上游的管顶及管段中的高点应设置排气阀，将管道内的气体排除。

9.1.5　冬期进行压力管道水压或闭水试验时，应采取防冻措施。

9.1.6　单口水压试验合格的大口径球墨铸铁管、玻璃钢管、预应力钢筒混凝土管或预应力混凝土管等管道，设计无要求时应符合下列要求：

1　压力管道可免去预试验阶段，而直接进行主试验阶段；

2　无压管道应认同严密性试验合格，无需进行闭水或闭气试验。

9.1.7　全断面整体现浇的钢筋混凝土无压管渠处于地下水位以下时，除设计有要求外，管渠的混凝土强度、抗渗性能检验合格，并按本规范附录F的规定进行检查符合设计要求时，可不必进行闭水试验。

9.1.8　管道采用两种（或两种以上）管材时，宜按不同管材分别进行试验；不具备分别试验的条件必须组合试验，且设计无具体要求时，应采用不同管材的管段中试验控制最严的标准进行试验。

9.1.9　管道的试验长度除本规范规定和设计另有要求外，压力管道水压试验的管段长度不宜大于1.0km；无压力管道的闭水试验，条件允许时可一次试验不超过5个连续井段；对于无法分段试验的管道，应由工程有关方面根据工程具体情况确定。

9.1.10　给水管道必须水压试验合格，并网运行前进行冲洗与消毒，经检验水质达到标准后，方可允许并网通水投入运行。

9.1.11　污水、雨污水合流管道及湿陷土、膨胀土、流砂地区的雨水管道，必须经严密性试验合格后方可投入运行。

9.2　压力管道水压试验

9.2.1　水压试验前，施工单位应编制的试验方案，其内容应包括：

1　后背及堵板的设计；

2　进水管路、排气孔及排水孔的设计；

3　加压设备、压力计的选择及安装的设计；

4　排水疏导措施；

5　升压分级的划分及观测制度的规定；

6　试验管段的稳定措施和安全措施。

9.2.2　试验管段的后背应符合下列规定：

1　后背应设在原状土或人工后背上，土质松软时应采取加固措施；

2　后背墙面应平整并与管道轴线垂直。

9.2.3　采用钢管、化学建材管的压力管道，管道中最后一个焊接接口完毕一个小时以上方可进行水压试验。

9.2.4　水压试验管道内径大于或等于600mm时，试验管段端部的第一个接口应采用柔性接口，或采用特制的柔性接口堵板。

9.2.5　水压试验采用的设备、仪表规格及其安装应符合下列规定：

1　采用弹簧压力计时，精度不低于1.5级，最大量程宜为试验压力的1.3～1.5倍，表壳的公称直径不宜小于150mm，使用前经校正并具有符合规定的检定证书；

2　水泵、压力计应安装在试验段的两端部与管道轴线相垂直的支管上。

9.2.6　开槽施工管道试验前，附属设备安装应符合下列规定：

1　非隐蔽管道的固定设施已按设计要求安装合格；

2　管道附属设备已按要求紧固、锚固合格；

3　管件的支墩、锚固设施混凝土强度已达到设计强度；

4　未设置支墩、锚固设施的管件，应采取加固措施并检查合格。

9.2.7　水压试验前，管道回填土应符合下列规定：

1　管道安装检查合格后，应按本规范第4.5.1条第1款的规定回填土；

2　管道顶部回填土宜留出接口位置以便检查渗漏处。

9.2.8　水压试验前准备工作应符合下列规定：

1　试验管段所有敞口应封闭，不得有渗漏水现象；

2　试验管段不得用闸阀做堵板，不得含有消火栓、水锤消除器、安全阀等附件；

3　水压试验前应清除管道内的杂物。

9.2.9　试验管段注满水后，宜在不大于工作压力条件下充分浸泡后再进行水压试验，浸泡时间应符合表9.2.9的规定：

表 9.2.9 压力管道水压试验前浸泡时间

管材种类	管道内径 D_i（mm）	浸泡时间（h）
球墨铸铁管（有水泥砂浆衬里）	D_i	≥24
钢管（有水泥砂浆衬里）	D_i	≥24
化学建材管	D_i	≥24
现浇钢筋混凝土管渠	D_i≤1000	≥48
	D_i＞1000	≥72
预（自）应力混凝土管、预应力钢筒混凝土管	D_i≤1000	≥48
	D_i＞1000	≥72

9.2.10 水压试验应符合下列规定：

1 试验压力应按表 9.2.10-1 选择确定。

表 9.2.10-1 压力管道水压试验的试验压力（MPa）

管材种类	工作压力 P	试验压力
钢管	P	P+0.5，且不小于 0.9
球墨铸铁管	≤0.5	2P
	＞0.5	P+0.5
预(自)应力混凝土管、预应力钢筒混凝土管	≤0.6	1.5P
	＞0.6	P+0.3
现浇钢筋混凝土管渠	≥0.1	1.5P
化学建材管	≥0.1	1.5P，且不小于 0.8

2 预试验阶段：将管道内水压缓缓地升至试验压力并稳压 30min，期间如有压力下降可注水补压，但不得高于试验压力；检查管道接口、配件等处有无漏水、损坏现象；有漏水、损坏现象时应及时停止试压，查明原因并采取相应措施后重新试压。

3 主试验阶段：停止注水补压，稳定 15min；当 15min 后压力下降不超过表 9.2.10-2 中所列允许压力降数值时，将试验压力降至工作压力并保持恒压 30min，进行外观检查若无漏水现象，则水压试验合格。

表 9.2.10-2 压力管道水压试验的允许压力降（MPa）

管材种类	试验压力	允许压力降
钢管	P+0.5，且不小于 0.9	0
球墨铸铁管	2P	0.03
	P+0.5	
预（自）应力钢筋混凝土管、预应力钢筒混凝土管	1.5P	
	P+0.3	
现浇钢筋混凝土管渠	1.5P	
化学建材管	1.5P，且不小于 0.8	0.02

4 管道升压时，管道的气体应排除；升压过程中，发现弹簧压力计表针摆动、不稳，且升压较慢时，应重新排气后再升压。

5 应分级升压，每升一级应检查后背、支墩、管身及接口，无异常现象时再继续升压。

6 水压试验过程中，后背顶撑、管道两端严禁站人。

7 水压试验时，严禁修补缺陷；遇有缺陷时，应做出标记，卸压后修补。

9.2.11 压力管道采用允许渗水量进行最终合格判定依据时，实测渗水量应小于或等于表 9.2.11 的规定及下列公式规定的允许渗水量。

表 9.2.11 压力管道水压试验的允许渗水量

管道内径 D_i(mm)	允许渗水量(L/min·km) 焊接接口钢管	球墨铸铁管、玻璃钢管	预(自)应力混凝土管、预应力钢筒混凝土管
100	0.28	0.70	1.40
150	0.42	1.05	1.72
200	0.56	1.40	1.98
300	0.85	1.70	2.42
400	1.00	1.95	2.80
600	1.20	2.40	3.14
800	1.35	2.70	3.96
900	1.45	2.90	4.20
1000	1.50	3.00	4.42
1200	1.65	3.30	4.70
1400	1.75	—	5.00

1 当管道内径大于表 9.2.11 规定时，实测渗水量应小于或等于按下列公式计算的允许渗水量：

钢管：$q=0.05\sqrt{D_i}$ (9.2.11-1)

球墨铸铁管（玻璃钢管）：

$$q=0.1\sqrt{D_i} \quad (9.2.11\text{-}2)$$

预（自）应力混凝土管、预应力钢筒混凝土管：

$$q=0.14\sqrt{D_i} \quad (9.2.11\text{-}3)$$

2 现浇钢筋混凝土管渠实测渗水量应小于或等于按下式计算的允许渗水量：

$$q=0.014D_i \quad (9.2.11\text{-}4)$$

3 硬聚氯乙烯管实测渗水量应小于或等于按下式计算的允许渗水量：

$$q=3\cdot\frac{D_i}{25}\cdot\frac{P}{0.3\alpha}\cdot\frac{1}{1440} \quad (9.2.11\text{-}5)$$

式中 q——允许渗水量（L/min·km）；

D_i——管道内径（mm）；

P——压力管道的工作压力（MPa）；

α——温度—压力折减系数；当试验水温 0°～25°时，α 取 1；25°～35°时，α 取 0.8；35°～45°时，α 取 0.63。

9.2.12 聚乙烯管、聚丙烯管及其复合管的水压试验除应符合本规范第9.2.10条的规定外，其预试验、主试验阶段应按下列规定执行：

1 预试验阶段：按本规范第9.2.10条第2款的规定完成后，应停止注水补压并稳定30min；当30min后压力下降不超过试验压力的70%，则预试验结束；否则重新注水补压并稳定30min再进行观测，直至30min后压力下降不超过试验压力的70%。

2 主试验阶段应符合下列规定：

1）在预试验阶段结束后，迅速将管道泄水降压，降压量为试验压力的10%～15%；期间应准确计量降压所泄出的水量（ΔV），并按下试计算允许泄出的最大水量ΔV_{max}：

$$\Delta V_{max} = 1.2V\Delta P\left(\frac{1}{E_w} + \frac{D_i}{e_n E_p}\right) \quad (9.2.12)$$

式中 V——试压管段总容积（L）；

ΔP——降压量（MPa）；

E_w——水的体积模量，不同水温时E_w值可按表9.2.12采用；

E_p——管材弹性模量（MPa），与水温及试压时间有关；

D_i——管材内径（m）；

e_n——管材公称壁厚（m）。

ΔV小于或等于ΔV_{max}时，则按本款的第（2）、（3）、（4）项进行作业；ΔV大于ΔV_{max}时应停止试压，排除管内过量空气再从预试验阶段开始重新试验。

表9.2.12 温度与体积模量关系

温度（℃）	体积模量（MPa）	温度（℃）	体积模量（MPa）
5	2080	20	2170
10	2110	25	2210
15	2140	30	2230

2）每隔3min记录一次管道剩余压力，应记录30min；30min内管道剩余压力有上升趋势时，则水压试验结果合格。

3）30min内管道剩余压力无上升趋势时，则应持续观察60min；整个90min内压力下降不超过0.02MPa，则水压试验结果合格。

4）主试验阶段上述两条均不能满足时，则水压试验结果不合格，应查明原因并采取相应措施后再重新组织试压。

9.2.13 大口径球墨铸铁管、玻璃钢管及预应力钢筒混凝土管道的接口单口水压试验应符合下列规定：

1 安装时应注意将单口水压试验用的进水口（管材出厂时已加工）置于管道顶部；

2 管道接口连接完毕后进行单口水压试验，试验压力为管道设计压力的2倍，且不得小于0.2MPa；

3 试压采用手提式打压泵，管道连接后将试压嘴固定在管道承口的试压孔上，连接试压泵，将压力升至试验压力，恒压2min，无压力降为合格；

4 试压合格后，取下试压嘴，在试压孔上拧上M10×20mm不锈钢螺栓并拧紧；

5 水压试验时应先排净水压腔内的空气；

6 单口试压不合格且确认是接口漏水时，应马上拔出管节，找出原因，重新安装，直至符合要求为止。

9.3 无压管道的闭水试验

9.3.1 闭水试验法应按设计要求和试验方案进行。

9.3.2 试验管段应按井距分隔，抽样选取，带井试验。

9.3.3 无压管道闭水试验时，试验管段应符合下列规定：

1 管道及检查井外观质量已验收合格；

2 管道未回填土且沟槽内无积水；

3 全部预留孔应封堵，不得渗水；

4 管道两端堵板承载力经核算应大于水压力的合力；除预留进出水管外，应封堵坚固，不得渗水；

5 顶管施工，其注浆孔封堵且管口按设计要求处理完毕，地下水位于管底以下。

9.3.4 管道闭水试验应符合下列规定：

1 试验段上游设计水头不超过管顶内壁时，试验水头应以试验段上游管顶内壁加2m计；

2 试验段上游设计水头超过管顶内壁时，试验水头应以试验段上游设计水头加2m计；

3 计算出的试验水头小于10m，但已超过上游检查井井口时，试验水头应以上游检查井井口高度为准；

4 管道闭水试验应按本规范附录D（闭水法试验）进行。

9.3.5 管道闭水试验时，应进行外观检查，不得有漏水现象，且符合下列规定时，管道闭水试验为合格：

1 实测渗水量小于或等于表9.3.5规定的允许渗水量；

2 管道内径大于表9.3.5规定时，实测渗水量应小于或等于按下式计算的允许渗水量；

$$q = 1.25\sqrt{D_i} \quad (9.3.5\text{-}1)$$

3 异型截面管道的允许渗水量可按周长折算为圆形管道计；

4 化学建材管道的实测渗水量应小于或等于按下式计算的允许渗水量。

$$q = 0.0046D_i \quad (9.3.5\text{-}2)$$

式中 q——允许渗水量（m^3/24h·km）；

D_i——管道内径（mm）。

表 9.3.5 无压管道闭水试验允许渗水量

管材	管道内径 D_i（mm）	允许渗水量 [m^3/(24h·km)]
钢筋混凝土管	200	17.60
	300	21.62
	400	25.00
	500	27.95
	600	30.60
	700	33.00
	800	35.35
	900	37.50
	1000	39.52
	1100	41.45
	1200	43.30
	1300	45.00
	1400	46.70
	1500	48.40
	1600	50.00
	1700	51.50
	1800	53.00
	1900	54.48
	2000	55.90

9.3.6 管道内径大于 700mm 时，可按管道井段数量抽样选取 1/3 进行试验；试验不合格时，抽样井段数量应在原抽样基础上加倍进行试验。

9.3.7 不开槽施工的内径大于或等于 1500mm 钢筋混凝土管道，设计无要求且地下水位高于管道顶部时，可采用内渗法测渗水量；渗漏水量测方法按附录 F 的规定进行，符合下列规定时，则管道抗渗性能满足要求，不必再进行闭水试验：

1 管壁不得有线流、滴漏现象；

2 对有水珠、渗水部位应进行抗渗处理；

3 管道内渗水量允许值 $q\leqslant 2$[L/(m^2·d)]。

9.4 无压管道的闭气试验

9.4.1 闭气试验适用于混凝土类的无压管道在回填土前进行的严密性试验。

9.4.2 闭气试验时，地下水位应低于管外底 150mm，环境温度为－15～50℃。

9.4.3 下雨时不得进行闭气试验。

9.4.4 闭气试验合格标准应符合下列规定：

1 规定标准闭气试验时间符合表 9.4.4 的规定，管内实测气体压力 $P\geqslant 1500$Pa 则管道闭气试验合格。

表 9.4.4 钢筋混凝土无压管道闭气检验规定标准闭气时间

管道 DN (mm)	管内气体压力（Pa）		规定标准闭气时间 S（″）
	起点压力	终点压力	
300	2000	≥1500	1′45″
400			2′30″
500			3′15″
600			4′45″
700			6′15″
800			7′15″
900			8′30″
1000			10′30″
1100			12′15″
1200			15′
1300			16′45″
1400			19′
1500			20′45″
1600			22′30″
1700			24′
1800			25′45″
1900			28′
2000			30′
2100			32′30″
2200			35′

2 被检测管道内径大于或等于 1600mm 时，应记录测试时管内气体温度（℃）的起始值 T_1 及终止值 T_2，并将达到标准闭气时间时膜盒表显示的管内压力值 P 记录，用下列公式加以修正，修正后管内气体压降值为 ΔP：

$$\Delta P=103300-(P+101300)(273+T_1)/(273+T_2) \tag{9.4.4}$$

ΔP 如果小于 500Pa，管道闭气试验合格。

3 管道闭气试验不合格时，应进行漏气检查、修补后复检。

4 闭气试验装置及程序见附录 E。

9.5 给水管道冲洗与消毒

9.5.1 给水管道冲洗与消毒应符合下列要求：

1 给水管道严禁取用污染水源进行水压试验、冲洗，施工管段处于污染水水域较近时，必须严格控制污染水进入管道；如不慎污染管道，应由水质检测部门对管道污染水进行化验，并按其要求在管道并网运行前进行冲洗与消毒；

2 管道冲洗与消毒应编制实施方案；

3 施工单位应在建设单位、管理单位的配合下进行冲洗与消毒；

4 冲洗时，应避开用水高峰，冲洗流速不小于 1.0m/s，连续冲洗。

9.5.2 给水管道冲洗消毒准备工作应符合下列规定：

1 用于冲洗管道的清洁水源已经确定；

2 消毒方法和用品已经确定，并准备就绪；

3 排水管道已安装完毕，并保证畅通、安全；

4 冲洗管段末端已设置方便、安全的取样口；

5 照明和维护等措施已经落实。

9.5.3 管道冲洗与消毒应符合下列规定：

1 管道第一次冲洗应用清洁水冲洗至出水口水样浊度小于 3NTU 为止，冲洗流速应大于 1.0m/s。

2 管道第二次冲洗应在第一次冲洗后，用有效氯离子含量不低于 20mg/L 的清洁水浸泡 24h 后，再用清洁水进行第二次冲洗直至水质检测、管理部门取样化验合格为止。

附录 A 给排水管道工程分项、分部、单位工程划分

表 A 给排水管道工程分项、分部、单位工程划分表

单位工程（子单位工程）			开（挖）槽施工的管道工程、大型顶管工程、盾构管道工程、浅埋暗挖管道工程、大型沉管工程、大型桥管工程	
分部工程（子分部工程）			分项工程	验收批
土方工程			沟槽土方（沟槽开挖、沟槽支撑、沟槽回填）、基坑土方（基坑开挖、基坑支护、基坑回填）	与下列验收批对应
管道主体工程	预制管开槽施工主体结构	金属类管、混凝土类管、预应力钢筒混凝土管、化学建材管	管道基础、管道接口连接、管道铺设、管道防腐层（管道内防腐层、钢管外防腐层）、钢管阴极保护	可选择下列方式划分：①按流水施工长度；②排水管道按井段；③给水管道按一定长度连续施工段或自然划分段（路段）；④其他便于过程质量控制方法
管道主体工程	管渠（廊）	现浇钢筋混凝土管渠、装配式混凝土管渠、砌筑管渠	管道基础、现浇钢筋混凝土管渠（钢筋、模板、混凝土、变形缝）、装配式混凝土管渠（预制构件安装、变形缝）、砌筑管渠（砖石砌筑、变形缝）、管道内防腐层、管廊内管道安装	每节管渠（廊）或每个流水施工段管渠（廊）
管道主体工程	不开槽施工主体结构	工作井	工作井围护结构、工作井	每座井
管道主体工程	不开槽施工主体结构	顶管	管道接口连接、顶管管道（钢筋混凝土管、钢管）、管道防腐层（管道内防腐层、钢管外防腐层）、钢管阴极保护、垂直顶升	顶管顶进：每100m；垂直顶升：每个顶升管
管道主体工程	不开槽施工主体结构	盾构	管片制作、掘进及管片拼装、二次内衬（钢筋、混凝土）、管道防腐层、垂直顶升	盾构掘进：每100环；二次内衬：每施工作业断面；垂直顶升：每个顶升管
管道主体工程	不开槽施工主体结构	浅埋暗挖	土层开挖、初期衬砌、防水层、二次内衬、管道防腐层、垂直顶升	暗挖：每施工作业断面；垂直顶升：每个顶升管
管道主体工程	不开槽施工主体结构	定向钻	管道接口连接、定向钻管道、钢管防腐层（内防腐层、外防腐层）、钢管阴极保护	每 100m
管道主体工程	不开槽施工主体结构	夯管	管道接口连接、夯管管道、钢管防腐层（内防腐层、外防腐层）、钢管阴极保护	每 100m
管道主体工程	沉管	组对拼装沉管	基槽浚挖及管基处理、管道接口连接、管道防腐层、管道沉放、稳管及回填	每 100m（分段拼装按每段，且不大于 100m）
管道主体工程	沉管	预制钢筋混凝土沉管	基槽浚挖及管基处理、预制钢筋混凝土管节制作（钢筋、模板、混凝土）、管节接口预制加工、管道沉放、稳管及回填	每节预制钢筋混凝土管
管道主体工程	桥管		管道接口连接、管道防腐层（内防腐层、外防腐层）、桥管管道	每跨或每 100m；分段拼装按每跨或每段，且不大于 100m
附属构筑物工程			井室（现浇混凝土结构、砖砌结构、预制拼装结构）、雨水口及支连管、支墩	同一结构类型的附属构筑物不大于 10 个

注：1 大型顶管工程、大型沉管工程、大型桥管工程及盾构、浅埋暗挖管道工程，可设独立的单位工程；

2 大型顶管工程：指管道一次顶进长度大于 300m 的管道工程；

3 大型沉管工程：指预制钢筋混凝土管沉管工程；对于成品管组对拼装的沉管工程，应为多年平均水位水面宽度不小于 200m，或多年平均水位水面宽度 100～200m 之间，且相应水深不小于 5m；

4 大型桥管工程：总跨长度不小于 300m 或主跨长度不小于 100m；

5 土方工程中涉及地基处理、基坑支护等，可按现行国家标准《建筑地基基础工程施工质量验收规范》GB 50202 等相关规定执行；

6 桥管的地基与基础、下部结构工程，可按桥梁工程规范的有关规定执行；

7 工作井的地基与基础、围护结构工程，可按现行国家标准《建筑地基基础工程施工质量验收规范》GB 50202、《混凝土结构工程施工质量验收规范》GB 50204、《地下防水工程质量验收规范》GB 50208、《给水排水构筑物工程施工及验收规范》GB 50141 等相关规定执行。

附录B 分项、分部、单位工程质量验收记录

B.0.1 验收批的质量验收记录由施工项目专业质量检查员填写，监理工程师（建设项目专业技术负责人）组织施工项目专业质量检查员进行验收，并按表B.0.1记录。

表B.0.1 分项工程（验收批）质量验收记录表

编号：________

工程名称		分部工程名称		分项工程名称	
施工单位		专业工长		项目经理	
验收批名称、部位					
分包单位		分包项目经理		施工班组长	

项目	序号	质量验收规范规定的检查项目及验收标准	施工单位检查评定记录	监理（建设）单位验收记录
主控项目	1			
	2			
	3			
	4			
	5			合格率
	6			合格率
一般项目	1			
	2			
	3			
	4			合格率
	5			合格率
	6			合格率

施工单位检查评定结果	项目专业质量检查员：　　　　年　月　日
监理（建设）单位验收结论	监理工程师（建设单位项目专业技术负责人）　　　　年　月　日

B.0.2 分项工程质量应由监理工程师（建设项目专业技术负责人）组织施工项目技术负责人等进行验收，并按表B.0.2记录。

表 B.0.2 分项工程质量验收记录表

编号：________

<table>
<tr><td colspan="2">工程名称</td><td></td><td>分项工程名称</td><td></td><td>验收批数</td><td></td></tr>
<tr><td colspan="2">施工单位</td><td></td><td>项目经理</td><td></td><td>项目技术
负责人</td><td></td></tr>
<tr><td colspan="2">分包单位</td><td></td><td>分包单位
负责人</td><td></td><td>施工班组长</td><td></td></tr>
<tr><td>序号</td><td>验收批
名称、部位</td><td>施工单位检
查评定结果</td><td colspan="4">监理（建设）
单位验收结论</td></tr>
<tr><td>1</td><td></td><td></td><td colspan="4"></td></tr>
<tr><td>2</td><td></td><td></td><td colspan="4"></td></tr>
<tr><td>3</td><td></td><td></td><td colspan="4"></td></tr>
<tr><td>4</td><td></td><td></td><td colspan="4"></td></tr>
<tr><td>5</td><td></td><td></td><td colspan="4"></td></tr>
<tr><td>6</td><td></td><td></td><td colspan="4"></td></tr>
<tr><td>7</td><td></td><td></td><td colspan="4"></td></tr>
<tr><td>8</td><td></td><td></td><td colspan="4"></td></tr>
<tr><td>9</td><td></td><td></td><td colspan="4"></td></tr>
<tr><td>10</td><td></td><td></td><td colspan="4"></td></tr>
<tr><td>11</td><td></td><td></td><td colspan="4"></td></tr>
<tr><td>12</td><td></td><td></td><td colspan="4"></td></tr>
<tr><td>13</td><td></td><td></td><td colspan="4"></td></tr>
<tr><td>14</td><td></td><td></td><td colspan="4"></td></tr>
<tr><td>15</td><td></td><td></td><td colspan="4"></td></tr>
<tr><td>16</td><td></td><td></td><td colspan="4"></td></tr>
<tr><td>17</td><td></td><td></td><td colspan="4"></td></tr>
<tr><td>18</td><td></td><td></td><td colspan="4"></td></tr>
<tr><td>19</td><td></td><td></td><td colspan="4"></td></tr>
<tr><td>检查结论</td><td colspan="2">施工项目
技术负责人：
年 月 日</td><td>验收结论</td><td colspan="3">监理工程师
（建设项目专业技术负责人）
年 月 日</td></tr>
</table>

B.0.3 分部（子分部）工程质量应由总监理工程师和建设项目专业负责人、组织施工项目经理和有关单位项目负责人进行验收，并按表B.0.3记录。

表B.0.3 分部（子分部）工程质量验收记录表

编号：________

<table>
<tr><td colspan="2">工程名称</td><td colspan="3"></td><td>分部工程名称</td><td></td></tr>
<tr><td colspan="2">施工单位</td><td>技术部门负责人</td><td colspan="2"></td><td>质量部门负责人</td><td></td></tr>
<tr><td colspan="2">分包单位</td><td>分包单位负责人</td><td colspan="2"></td><td>分包技术负责人</td><td></td></tr>
<tr><td>序号</td><td>分项工程名称</td><td>验收批数</td><td colspan="2">施工单位检查评定</td><td colspan="2">验 收 意 见</td></tr>
<tr><td>1</td><td></td><td></td><td colspan="2"></td><td colspan="2" rowspan="11"></td></tr>
<tr><td>2</td><td></td><td></td><td colspan="2"></td></tr>
<tr><td>3</td><td></td><td></td><td colspan="2"></td></tr>
<tr><td>4</td><td></td><td></td><td colspan="2"></td></tr>
<tr><td>5</td><td></td><td></td><td colspan="2"></td></tr>
<tr><td>6</td><td></td><td></td><td colspan="2"></td></tr>
<tr><td>7</td><td></td><td></td><td colspan="2"></td></tr>
<tr><td>8</td><td></td><td></td><td colspan="2"></td></tr>
<tr><td>9</td><td></td><td></td><td colspan="2"></td></tr>
<tr><td></td><td></td><td></td><td colspan="2"></td></tr>
<tr><td></td><td></td><td></td><td colspan="2"></td></tr>
<tr><td colspan="2">质量控制资料</td><td colspan="3"></td><td colspan="2"></td></tr>
<tr><td colspan="2">安全和功能检验（检测）报告</td><td colspan="3"></td><td colspan="2"></td></tr>
<tr><td colspan="2">观感质量验收</td><td colspan="3"></td><td colspan="2"></td></tr>
<tr><td rowspan="5">验收单位</td><td>分包单位</td><td colspan="5">项目经理　　　　年 月 日</td></tr>
<tr><td>施工单位</td><td colspan="5">项目经理　　　　年 月 日</td></tr>
<tr><td>设计单位</td><td colspan="5">项目负责人　　　　年 月 日</td></tr>
<tr><td>监理单位</td><td colspan="5">总监理工程师　　　　年 月 日</td></tr>
<tr><td>建设单位</td><td colspan="5">项目负责人（专业技术负责人）　　　　年 月 日</td></tr>
</table>

B.0.4 单位（子单位）工程质量竣工验收应按表B.0.4-1～表B.0.4-4记录。单位（子单位）工程质量竣工验收记录由施工单位填写，验收结论由监理（建设）单位填写，综合验收结论由参加验收各方共同商定，建设单位填写；并应对工程质量是否符合规范规定和设计要求及总体质量水平做出评价。

表 B.0.4-1 单位（子单位）工程质量竣工验收记录表

编号：______

工程名称		类型		工程造价	
施工单位		技术负责人		开工日期	
项目经理		项目技术负责人		竣工日期	
序号	项目	验收记录		验收结论	
1	分部工程	共　　分部，经查　　分部 符合标准及设计要求　　分部			
2	质量控制资料核查	共　项，经审查符合要求　　项， 经核定符合规范规定　　项			
3	安全和主要使用功能核查及抽查结果	共核查　　项，符合要求　　项， 共抽查　　项，符合要求　　项， 经返工处理符合要求　　项			
4	观感质量检验	共抽查　　项，符合要求　　项， 不符合要求　　项			
5	综合验收结论				
参加验收单位	建设单位	设计单位	施工单位	监理单位	
	（公章） 项目负责人 年　月　日	（公章） 项目负责人 年　月　日	（公章） 项目负责人 年　月　日	（公章） 总监理工程师 年　月　日	

B.0.4-2　单位（子单位）工程质量控制资料核查表

工程名称		施工单位		
序号		资料名称	份数	核查意见
1	材质质量保证资料	①管节、管件、管道设备及管配件等；②防腐层材料、阴极保护设备及材料；③钢材、焊材、水泥、砂石、橡胶止水圈、混凝土、砖、混凝土外加剂、钢制构件、混凝土预制构件		
2	施工检测	①管道接口连接质量检测（钢管焊接无损探伤检验、法兰或压兰螺栓拧紧力矩检测、熔焊检验）；②内外防腐层（包括补口、补伤）防腐检测；③预水压试验；④混凝土强度、混凝土抗渗、混凝土抗冻、砂浆强度、钢筋焊接；⑤回填土压实度；⑥柔性管道环向变形检测；⑦不开槽施工土层加固、支护及施工变形等测量；⑧管道设备安装测试；⑨阴极保护安装测试；⑩桩基完整性检测、地基处理检测		
3	结构安全和使用功能性检测	①管道水压试验；②给水管道冲洗消毒；③管道位置及高程；④浅埋暗挖管道、盾构管片拼装变形测量；⑤混凝土结构管道渗漏水调查；⑥管道及抽升泵站设备（或系统）调试、电气设备电试；⑦阴极保护系统测试；⑧桩基动测、静载试验		
4	施工测量	①控制桩（副桩）、永久（临时）水准点测量复核；②施工放样复核；③竣工测量		
5	施工技术管理	①施工组织设计（施工方案）、专题施工方案及批复；②焊接工艺评定及作业指导书；③图纸会审、施工技术交底；④设计变更、技术联系单；⑤质量事故（问题）处理；⑥材料、设备进场验收；计量仪器校核报告；⑦工程会议纪要；⑧施工日记		
6	验收记录	①验收批、分项、分部（子分部）、单位（子单位）工程质量验收记录；②隐蔽验收记录		
7	施工记录	①接口组对拼装、焊接、拴接、熔接；②地基基础、地层等加固处理；③桩基成桩；④支护结构施工；⑤沉井下沉；⑥混凝土浇筑；⑦管道设备安装；⑧顶进（掘进、钻进、夯进）；⑨沉管沉放及桥管吊装；⑩焊条烘陪、焊接热处理；⑪防腐层补口补伤等		
8	竣工图			
结论： 施工项目经理： 年　月　日		结论： 总监理工程师： 年　月　日		

表 B.0.4-3　单位（子单位）工程观感质量核查表

工程名称			施工单位			
序号	检查项目		抽查质量情况	好	中	差
1	管道工程	管道、管道附件位、附属构筑物位置				
2		管道设备				
3		附属构筑物				
4		大口径管道（渠、廊）：管道内部、管廊内管道安装				
5		地上管道（桥管、架空管、虹吸管）及承重结构				
6		回填土				
7	顶管、盾构、浅埋暗挖、定向钻、夯管	管道结构				
8		防水、防腐				
9		管缝（变形缝）				
10		进、出洞口				
11		工作坑（井）				
12		管道线形				
13		附属构筑物				
14	抽升泵站	下部结构				
15		地面建筑				
16		水泵机电设备、管道安装及基础支架				
17		防水、防腐				
18		附属设施、工艺				
观感质量综合评价						
结论： 施工项目经理： 年　月　日			结论： 总监理工程师： 年　月　日			

注：地面建筑宜符合现行国家标准《建筑工程施工质量验收统一标准》GB 50300 的有关规定。

表 B.0.4-4　单位（子单位）工程结构安全和使用功能性检测记录表

工程名称		施工单位	
序号	安全和功能检查项目	资料核查意见	功能抽查结果
1	压力管道水压试验（无压力管道严密性试验）记录		
2	给水管道冲洗消毒记录及报告		
3	阀门安装及运行功能调试报告及抽查检验		
4	其他管道设备安装调试报告及功能检测		
5	管道位置高程及管道变形测量及汇总		
6	阴极保护安装及系统测试报告及抽查检验		
7	防腐绝缘检测汇总及抽查检验		
8	钢管焊接无损检测报告汇总		
9	混凝土试块抗压强度试验汇总		
10	混凝土试块抗渗、抗冻试验汇总		
11	地基基础加固检测报告		
12	桥管桩基础动测或静载试验报告		
13	混凝土结构管道渗漏水调查记录		
14	抽升泵站的地面建筑		
15	其他		
结论： 施工项目经理： 年　月　日		结论： 总监理工程师： 年　月　日	

注：抽升泵站的地面建筑宜符合现行国家标准《建筑工程施工质量验收统一标准》GB 50300 的有关规定。

附录C 注水法试验

C.0.1 压力升至试验压力后开始计时，每当压力下降，应及时向管道内补水，但最大压降不得大于0.03MPa，保持管道试验压力恒定，恒压延续时间不得少于2h，并计量恒压时间内补入试验管段内的水量。

C.0.2 实测渗水量应按式（C.0.1）计算：

$$q=\frac{W}{T\cdot L}\times 1000 \tag{C.0.1}$$

式中 q——实测渗水量（L/min·km）；

W——恒压时间内补入管道的水量（L）；

T——从开始计时至保持恒压结束的时间（min）；

L——试验管段的长度（m）。

C.0.3 注水法试验应进行记录，记录表格宜符合表C.0.3的规定。

表 C.0.3 注水法试验记录表

工程名称				试验日期		年 月 日
桩号及地段						
管道内径（mm）	管材种类		接口种类		试验段长度（m）	
工作压力（MPa）	试验压力（MPa）		15min降压值（MPa）		允许渗水量[L/(min·km)]	
渗水量测定记录	次数	达到试验压力的时间 t_1	恒压结束时间 t_2	恒压时间 T(min)	恒压时间内补入的水量 W(L)	实测渗水量 q[L/(min·m)]
	1					
	2					
	3					
	4					
	5					
	折合平均实测渗水量[L/(min·km)]					
外观						
评语						

施工单位： 试验负责人：
监理单位： 设计单位：
建设单位： 记录员：

附录D 闭水法试验

D.0.1 闭水法试验应符合下列程序：

1 试验管段灌满水后浸泡时间不应少于24h；

2 试验水头应按本规范第9.3.4条的规定确定；

3 试验水头达规定水头时开始计时，观测管道的渗水量，直至观测结束时，应不断地向试验管段内补水，保持试验水头恒定。渗水量的观测时间不得小于30min；

4 实测渗水量应按下式计算：

$$q=\frac{W}{T\cdot L} \tag{D.0.1}$$

式中 q——实测渗水量[L/(min·m)]；

W——补水量（L）；

T——实测渗水观测时间（min）；

L——试验管段的长度（m）。

D.0.2 闭水试验应作记录，记录表格应符合表D.0.2的规定。

表 D.0.2 管道闭水试验记录表

工程名称				试验日期	年 月 日	
桩号及地段						
管道内径（mm）	管材种类		接口种类		试验段长度(m)	
试验段上游设计水头(m)	试验水头（m）		允许渗水量[m^3/(24h·km)]			
渗水量测定记录	次数	观测起始时间 T_1	观测结束时间 T_2	恒压时间 T(min)	恒压时间内补入的水量 W(L)	实测渗水量 q[L/(min·m)]
	1					
	2					
	3					
	折合平均实测渗水量[m^3/(24h·km)]					
外观记录						
评语						

施工单位： 试验负责人：
监理单位： 设计单位：
建设单位： 记录员：

附录E 闭气法试验

E.0.1 将进行闭气检验的排水管道两端用管堵密封，然后向管道内填充空气至一定的压力，在规定闭气时间测定管道内气体的压降值。检验装置如图E.0.1所示。

E.0.2 检验步骤应符合下列规定：

1 对闭气试验的排水管道两端管口与管堵接触

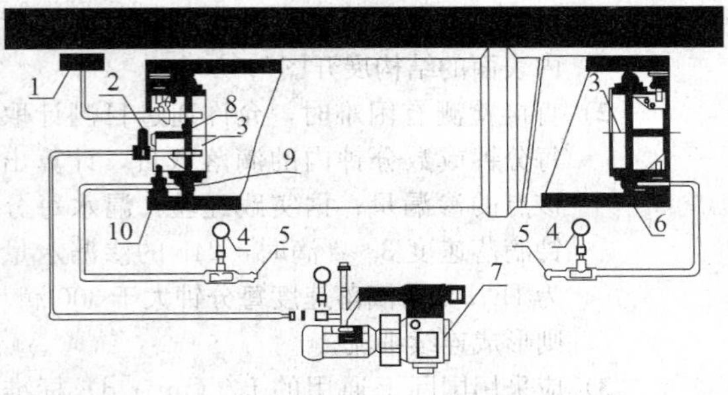

图 E.0.1　排水管道闭气检验装置图

1—膜盒压力表；2—气阀；3—管堵塑料封板；
4—压力表；5—充气嘴；6—混凝土排水管道；
7—空气压缩机；8—温度传感器；
9—密封胶圈；10—管堵支撑脚

部分的内壁应进行处理，使其洁净磨光；

2　调整管堵支撑脚，分别将管堵安装在管道内部两端，每端接上压力表和充气罐，如图 E.0.1 所示；

3　用打气筒向管堵密封胶圈内充气加压，观察压力表显示至 0.05～0.20MPa，且不宜超过 0.20MPa，将管道密封；锁紧管堵支撑脚，将其固定；

4　用空气压缩机向管道内充气，膜盒表显示管道内气体压力至 3000Pa，关闭气阀，使气体趋于稳定，记录膜盒表读数从 3000Pa 降至 2000Pa 历时不应少于 5min；气压下降较快，可适当补气；下降太慢，可适当放气；

5　膜盒表显示管道内气体压力达到 2000Pa 时开始计时，在满足该管径的标准闭气时间规定（见本规范表 9.4.4），计时结束，记录此时管内实测气体压力 P，如 $P \geqslant 1500$Pa 则管道闭气试验合格，反之为不合格；管道闭气试验记录表见表 E.0.2；

表 E.0.2　管道闭气检验记录表

<table>
<tr><td>工程名称</td><td colspan="5"></td></tr>
<tr><td>施工单位</td><td colspan="5"></td></tr>
<tr><td>起止井号</td><td colspan="5">号井段至______号井段______共______m</td></tr>
<tr><td>管径</td><td colspan="2">φ____mm____管</td><td>接口种类</td><td colspan="2"></td></tr>
<tr><td>试验日期</td><td></td><td>试验次数</td><td>第___次 共___次</td><td>环境温度</td><td>℃</td></tr>
<tr><td>标准闭气时间(s)</td><td colspan="5"></td></tr>
<tr><td rowspan="2">≥1600mm管道的内压修正</td><td>起始温度 T_1(s)</td><td>终止温度 T_2(s)</td><td>标准闭气时间时的管内压力值 P(Pa)</td><td colspan="2">修正后管内气体压降值 ΔP(Pa)</td></tr>
<tr><td></td><td></td><td></td><td colspan="2"></td></tr>
<tr><td>检验结果</td><td colspan="5"></td></tr>
</table>

施工单位：　　　　　　　　　　试验负责人：
监理单位：　　　　　　　　　　设计单位：
建设单位：　　　　　　　　　　记录员：

6　管道闭气检验完毕，必须先排除管道内气体，再排除管堵密封圈内气体，最后卸下管堵；

7　管道闭气检验工艺流程应符合图 E.0.2 规定。

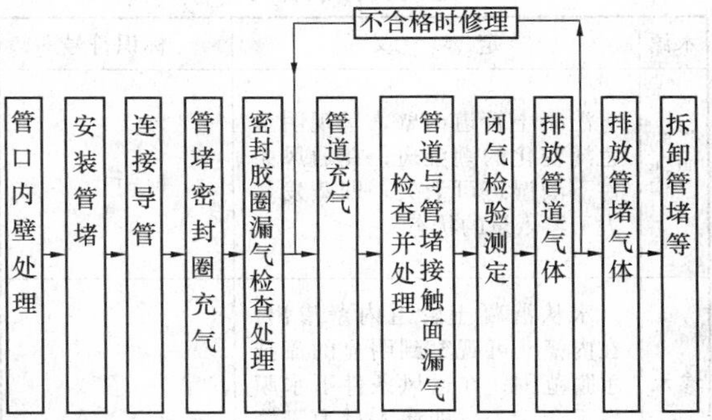

图 E.0.2　管道闭气检验工艺流程图

E.0.3　漏气检查应符合下列规定：

1　管堵密封胶圈严禁漏气。

检查方法：管堵密封胶圈充气达到规定压力值 2min 后，应无压降。在试验过程中应注意检查和进行必要的补气。

2　管道内气体趋于稳定过程中，用喷雾器喷洒发泡液检查管道漏气情况。

检查方法：检查管堵对管口的密封，不得出现气泡；检查管口及管壁漏气，发现漏气应及时用密封修补材料封堵或作相应处理；漏气部位较多时，管内压力下降较快，要及时进行补气，以便作详细检查。

附录 F　混凝土结构无压管道渗水量测与评定方法

F.0.1　混凝土结构无压管道渗水量测与评定适用于下列条件：

1　大口径（$D_i \geqslant 1500$mm）钢筋混凝土结构的无压管道；

2　地下水位高于管道顶部；

3　检查结果应符合设计要求的防水等级标准；无设计要求时，不得有滴漏、线流现象。

F.0.2　漏水调查应符合下列规定：

1　施工单位应提供管道工程的“管内表面的结构展开图”；

2　“管内表面的结构展开图”应按下列要求进行详细标示：

1）检查中发现的裂缝，并标明其位置、宽度、长度和渗漏水程度；

2）经修补、堵漏的渗漏水部位；

3）有渗漏水，但满足设计防水等级标准允许渗漏要求而无需修补的部位；

3　经检查、核对标示好的“管内表面的结构展开图”应纳入竣工验收资料。

F.0.3 渗漏水程度描述使用的术语、定义和标识符号，可按表F.0.3采用。

表F.0.3 渗漏水程度描述使用的术语、定义和标识符号

术语	定　　义	标识符号
湿渍	混凝土管道内壁，呈现明显色泽变化的潮湿斑；在通风条件下潮湿斑可消失，即蒸发量大于渗入量的状态	#
渗水	水从混凝土管道内壁渗出，在内壁上可观察到明显的流挂水膜范围；在通风条件下水膜也不会消失，即渗入量大于蒸发量的状态	○
水珠	悬挂在混凝土管道内壁顶部的水珠、管道内侧壁渗漏水用细短棒引流并悬挂在其底部的水珠，其滴落间隔时间超过1min；渗漏水用干棉纱能够拭干，但短时间内可观察到擦拭部位从湿润至水渗出的变化	◇
滴漏	悬挂在混凝土管道内壁顶部的水珠、管道内侧壁渗漏水用细短棒引流并悬挂在其底部的水珠，其滴落速度每min至少1滴；渗漏水用干棉纱不易拭干，且短时间内可明显观察到擦拭部位有水渗出和集聚的变化	▽
线流	指渗漏水呈线流、流淌或喷水状态	↓

F.0.4 管道内有结露现象时，不宜进行渗漏水检测。

F.0.5 管道内壁表面渗漏水程度宜采用下列检测方法：

1 湿渍点：用手触摸湿斑，无水分浸润感觉；用吸墨纸或报纸贴附，纸不变颜色；检查时，用粉笔勾划出施渍范围，然后用钢尺测量长宽并计算面积，标示在"管内表面的结构展开图"；

2 渗水点：用手触摸可感觉到水分浸润，手上会沾有水分；用吸墨纸或报纸贴附，纸会浸润变颜色；检查时，要用粉笔勾划出渗水范围，然后用钢尺测量长宽并计算面积，标示在"管内表面的结构展开图"；

3 水珠、滴漏、线流等漏水点宜采用下列方法检测：

1）管道顶部可直接用有刻度的容器收集测量；侧壁或底部可用带有密封缘口的规定尺寸方框，安装在测量的部位，将渗漏水导入量测容器内或直接量测方框内的水位；计算单位时间的渗漏水量（单位为L/min或L/h等），并将每个漏水点位置、单位时间的渗漏水量标示在"管内表面的结构展开图"；

2）直接检测有困难时，允许通过目测计取每分钟或数分钟内的滴落数目，计算出该点的渗漏量；据实践经验：漏水每分钟滴落速度3～4滴时，24h的渗漏水量为1L；如果滴落速度每分钟大于300滴，则形成连续细流；

3）应采用国际上通用的L/（m^2·d）标准单位；

4）管道内壁表面积等于管道内周长与管道延长的乘积。

F.0.6 管道总渗漏水量的量测可采用下列方法，并应通过计算换算成L/（m^2·d）标准单位：

1 集水井积水量测法：测量在设定时间内的集水井水位上升数值，通过计算得出渗漏水量；

2 管道最低处积水量测法：测量在设定时间内的最低处水位上升数值，通过计算得出渗漏水量；

3 有流动水的管道内设量水堰法：量测水堰上开设的V形槽口水流量，然后计算得出渗漏水量；

4 通过专用排水泵的运转，计算专用排水泵的工作时间、排水量，并将排水量换算成渗漏量。

附录G 钢筋混凝土结构外观质量缺陷评定方法

G.0.1 钢筋混凝土结构外观质量缺陷，应根据其对结构性能和使用功能影响的严重程度，按表G.0.1的规定进行评定。

表G.0.1 钢筋混凝土结构外观质量缺陷评定

名称	现　　象	严重缺陷	一般缺陷
露筋	钢筋未被混凝土包裹而外露	纵向受力钢筋部位	其他钢筋有少量
蜂窝	混凝土表面缺少水泥砂浆而形成石子外露	结构主要受力部位	其他部位有少量
孔洞	混凝土中孔穴深度和长度超过保护层厚度	结构主要受力部位	其他部位有少量
夹渣	混凝土中夹有杂物且深度超过保护层厚度	结构主要受力部位	其他部位有少量
疏松	混凝土中局部不密实	结构主要受力部位	其他部位有少量
裂缝	缝隙从混凝土表面延伸至混凝土内部	结构主要受力部位有影响结构性能或使用功能的裂缝	其他部位有少量不影响结构性能或使用功能的裂缝

续表 G.0.1

名称	现　　象	严重缺陷	一般缺陷
连接部位	结构连接处混凝土缺陷及连接钢筋、连接件松动	连接部位有影响结构传力性能的缺陷	连接部位基础不影响结构传力性能的缺陷
外形	缺棱掉角、棱角不直、翘曲不平、飞边凸肋等	清水混凝土结构有影响使用功能或装饰效果的缺陷	其他混凝土结构不影响使用功能的缺陷
外表	结构表面麻面、掉皮、起砂、沾污等	具有重要装饰效果的清水混凝土结构缺陷	其他混凝土结构不影响使用功能的缺陷

附录 H　聚氨酯（PU）涂层

H.1　聚氨酯涂料

H.1.1　聚氨酯涂料防腐层的性能应符合表 H.1.1 的规定。

表 H.1.1　聚氨酯涂料防腐层性能

序号	项　　目	性能指标	试验方法
1	附着力(级)	≤2	SY/T 0315
2	阴极剥离(65℃,48h)(mm)	≤12	SY/T 0315
3	耐冲击(J/m)	≥5	SY/T 0315
4	抗弯曲(1.5°)	涂层无裂纹和分层	SY/T 0315
5	耐磨性(Cs17 砂轮，1kg，1000 转)(mg)	≤100	GB/T 1768
6	吸水性(24h,%)	≤3	GB/T 1034
7	硬度(Shore D)	≥65	GB/T 2411
8	耐盐雾(1000h)	涂层完好	GB/T 1771
9	电气强度(MV/m)	≥20	GB/T 1408.1
10	体积电阻率(Ω·m)	1×10^{13}	GB/T 1410
11	耐化学介质腐蚀(10%硫酸、30%氯化钠、30%氢氧化钠、2号柴油,30d)	涂层完整、无起泡、无脱落	GB 9274

H.1.2　聚氨酯涂料应有出厂质量证明书及检验报告、使用说明书、出厂合格证等技术资料。用于输送饮用水管道内壁或与人体接触的聚氨酯涂料，应有国家合法部门出具的适用于饮用水的检验报告等证明文件。

H.1.3　聚氨酯涂料应包装完好，并在包装上标明制造商名称、产品名称、型号、批号、产品数量、生产日期及有效期等。

H.1.4　涂敷作业应按制造厂家提供的使用说明书的要求存放聚氨酯涂料。

H.1.5　对每种牌（型）号的聚氨酯涂料，在使用前均应由合法检测部门按本标准规定的性能项目进行检验。

H.1.6　涂敷作业应对每一生产批聚氨酯涂料按规定的聚氨酯指标主要性能进行质量复检。不合格的涂料不能用于涂敷。

H.2　涂敷工艺

H.2.1　表面预处理应符合下列规定：

1　钢材除锈等级应达到现行国家标准《涂装前钢材表面锈蚀等级和除锈等级》GB 8923—1988 中规定的 Sa2$\frac{1}{2}$级的要求，表面锈纹深度达到 40～100μm。

2　表面温度应高于露点温度 3℃以上，且相对湿度应低于 85%，方可进行除锈作业。

3　除锈合格的表面一般应在 8h 内进行防腐层的涂敷，如果出现返锈，必须重新进行表面处理。

H.2.2　外防腐层涂敷应符合下列规定：

1　涂敷环境条件：表面温度应高于露点温度 3℃以上，相对湿度应低于 85%，方可进行涂敷作业。环境温度与管节温度应维持在制造厂家所建议的范围内。雨、雪、雾、风沙等气候条件下，应停止防腐层的露天作业。

2　管材及涂敷材料的加热：需要对被涂敷的管节进行加热时，应限制在制造厂家所规定的温度限值之内，并保证管节表面不被污染。加热方法及加热温度应依照制造厂家的建议。

3　涂敷方法：应按制造厂家的技术说明书进行涂敷，可使用手工涂刷或双组分高压无气热喷涂设备进行喷涂。

4　涂敷间隔：每道防腐层喷涂之间的时间间隔应小于制造厂家技术说明书的规定值。

5　复涂：

1）涂敷厚度未达到规定厚度时，且未超过制造厂家所规定的可复涂时间，可再涂敷同种涂料以达到规定的厚度，但不得有分层现象；

2）已超过制造厂家所规定的可复涂时间的防腐层，必须全部清除干净，重新涂敷。

6　管端预留长度按照设计要求执行。

H.3　涂层质量检验

H.3.1　涂层质量应按制造厂家标示的涂料固化所需时间进行固化检查，防腐层不得有未干硬或黏腻性、潮湿或黏稠区域。

H.3.2　防腐层外观应全部目视检查，防腐层上不得出现尖锐的突出部、龟裂、气泡和分层等缺陷，微量凹陷、小点或皱褶的面积不超过总面积的10%可视为合格。

H.3.3 防腐层厚度应采用磁性测厚仪逐根测量。内防腐层检测距管口大于150mm范围内的两个截面，外防腐层随机抽取三个截面。每个截面测量上、下、左、右四点的防腐层厚度。所有结果符合表H.3.3规定或设计要求值为合格。

表H.3.3 无溶剂聚氨酯涂料内外防腐层的厚度

管材	外防腐层厚度	内防腐层厚度
钢管	≥500μm	≥500μm
焊缝处防腐层的厚度，不得低于管本体防腐层规定厚度的80%		

H.3.4 防腐层检漏应采用电火花检漏仪对防腐层面积进行100%检漏，检漏电压为5V/μm，发现漏点及时修补。

本规范用词说明

1 为了便于在执行本规范条文时区别对待，对要求严格程度不同的用词说明如下：

1）表示很严格，非这样做不可的用词：
正面词采用"必须"，反面词采用"严禁"；

2）表示严格，在正常情况下均应这样做的用词：
正面词采用"应"，反面词采用"不应"或"不得"；

3）表示允许稍有选择，在条件许可时首先应这样做的用词：
正面词采用"宜"，反面词采用"不宜"；
表示有选择，在一定条件下可以这样做的，采用"可"。

2 条文中指定应按其他有关标准、规范执行时，写法为："应符合……的规定"或"应按……执行"。

中华人民共和国国家标准

给水排水管道工程施工及验收规范

GB 50268—2008

条 文 说 明

目　次

1 总 则

1.0.1 《给水排水管道工程施工及验收规范》GB 50268—97（以下简称原“规范”）颁布执行已有11年之久，对我国给排水管道工程建设起到了积极作用。近些年来随着国民经济和城市建设的飞速发展，给排水管道工程技术的提高，施工机械与设备的更新，管材品种及结构的发展；原“规范”的内容已不能满足当前给排水管道工程建设与施工的需要。为了规范施工技术，统一施工质量检验、验收标准，确保工程质量；特对原“规范”进行修订，并将《市政排水管渠工程质量检验评定标准》CJJ 3 内容纳入《给水排水管道工程施工及验收规范》。

修订后的《给水排水管道工程施工及验收规范》（以下简称本规范）定位于指导全国各地区进行给排水管道工程施工与验收工作的通用性标准，需要明确施工（含技术、质量、安全）要求，对检验与验收的工程项目划分、检验与验收合格标准及组织程序做出具体规定。

1.0.2 本规范适用于房屋建筑外部的给排水管道工程，其主要针对城镇和工业区常用的开槽施工的管道，不开槽施工的管道，桥管、沉管管道及附属构筑物等工程的施工要求及验收标准进行规定。

1.0.3 本条为强制性条文。给排水管道工程所使用的管材、管道附件及其他材料的品种类型较多、产品规格不统一，产品质量会直接影响工程结构安全使用功能及环境保护。为此，管材、管件及其他材料必须符合国家有关的产品标准。为保障人民身体健康，供应生活饮用水管道的卫生性能必须符合国家标准《生活饮用水输配水设备及防护材料的安全性评价标准》GB/T 17219 规定。本规范推倡应用新材料、新技术、新工艺，严禁使用国家明令淘汰、禁用的产品。

1.0.4 给排水管道工程建设与施工必须遵守国家的法令法规。当工程有具体要求而本规范又无规定时，应执行国家相关规范、标准，或由建设、设计、施工、监理等有关方面协商解决。

本规范所引用的国家有关规范、规程、标准均为现行且有效的，条文中给出编号，以便于使用时查找。

2 术 语

2.0.1 压力管道沿用了原“规范”的术语，定义为管道内输送的介质是在压力状态下运行，工作压力大于或等于 0.1MPa 的给排水管道；并以此来界定压力管道和无压管道。

2.0.3～2.0.6 刚性管道、柔性管道、刚性接口和柔性接口的术语参考了《管道工程结构常用术语》CECS 83：96 和《给水排水工程管道结构设计规范》GB 50332—2002；在结构设计上柔性管道、刚性管道的区分主要是考虑或不考虑管道和管周土体弹性抗力共同承担荷载。柔性管道失效通常由管道的环向变形过大造成，因而在工程施工涉及到基础处理与回填要求不同。

2.0.7 化学（又称化工）建材管的术语参考了《给水排水工程管道结构设计规范》GB 50332—2002，将施工安装方式类似的硬聚氯乙烯管（UPVC）、聚乙烯管（HDPE）、玻璃纤维管或玻璃纤维增强热固性塑料管（FRP）、钢塑复合管等管材统称为“化学建材管”，而不涉及其他类别（如 PB、ABS 等管材）的“化学管材”；并将玻璃纤维管或玻璃纤维增强热固性塑料管简称为“玻璃钢管”，以便于工程施工应用。

2.0.17 沉管法主要有：浮运法（或漂浮敷设法）指管道在水面浮运（拖）到位后下沉的施工方法；底拖法（或牵引敷设法）指管道从水底拖入槽内的施工方法；铺管船法指管道在船只上发送并通过船只沿规定线路进行下沉的施工方法。

2.0.20～2.0.23 给水排水管道的功能性试验包括管道严密性试验（leak test）和管道的水压试验（water pressure test）。管道严密性试验应包括管道闭水试验（water obturation test）和管道闭气试验（pneumatic pressure test）。本规范分别给出了水压试验、闭水试验和闭气试验的术语解释。

其他术语从工程实践实际应用的角度，参照《给水排水设计基本术语标准》GBJ 125、《管道工程结构常用术语》CECS 83：96 及有关标准、规程中的术语赋予其涵义，但涵义不一定是术语的定义。同时还分别给出了相应的推荐性英文术语，该英文术语也不一定是国际通用的标准术语，仅供参考。

3 基本规定

3.1 施工基本规定

3.1.1 本条规定从事给排水管道工程的施工单位应具备相应的施工资质，施工人员应具备相应的资格；给排水管道工程施工和质量管理应具有相应的施工技术标准；这些都是工程施工管理和质量控制的基本规定。

3.1.3 本条根据给排水管道工程施工的特点，强调施工准备中对现场沿线及周围环境进行调查，以便了解并掌握地下管线等建（构）筑物真实资料；是基于近年来的工程实践经验与教训而作出的规定。

3.1.4 工程施工项目应实行自审、会审（交底）和签证制度，这是工程施工准备中重要环节；发现施工图有疑问、差错时，应及时提出意见和建议；如需变更设计，应按照相应程序报审，经相关单位签证认定后实施。

3.1.5 本条为强制性条文，对施工组织设计和施工方案的编制以及审批程序做出规定。施工组织设计的核心是施工方案，本规范重点对施工方案做出具体规定；对于施工组织设计和施工方案审批程序，各地、各行业均有不同的规定，本规范不宜对此进行统一的规定，而强调其内容要求和按"规定程序"审批后执行。

3.1.7、3.1.8 为施工测量条文，原"规范"列为施工准备内容。本次修订没有增加更多内容，主要考虑施工测量已有《工程测量规范》GB 50026 和《城市测量规范》CJJ 8 的具体规定，本规范仅列出专业的基本规定。

3.1.9 本条为强制性条文，规定工程所用的管材、管件、构（配）件和主要原材料等产品应执行进场验收制和复验制，验收合格后方可使用。

3.1.13 根据住房和城乡建设部的有关规定，施工单位必须取得安全生产许可证；且对安全风险较高的分项工程和特种作业应制定专项施工方案。

3.1.15 本条为强制性条文，给出了给排水管道工程施工质量控制基本规定：

第1款强调工程施工中各分项工程应按照施工技术标准进行质量控制，且在完成后进行检验（自检）；

第2款强调各分项工程之间应进行交接检验（互检），所有隐蔽分项工程应进行隐蔽验收，规定未经检验或验收不合格不得进行其后分项工程或下道工序。分项工程和工序在概念上应有所不同的，一项分项工程由一道或若干工序组成，不应视同使用。

3.2 质量验收基本规定

3.2.1 本条规定给排水管道工程施工质量验收基础条件是施工单位自检合格，并应按验收批、分项工程、分部（子分部）工程、单位（子单位）工程依序进行。

本条第7款规定验收批是工程项目验收的基础，验收分为主控项目和一般项目。主控项目，即在管道工程中的对结构安全和使用功能起决定性作用的检验项目，一般项目，即除主控项目以外的检验项目，通常为现场实测实量的检验项目又称为允许偏差项目。检查方法和检查数量在相关条文中规定，检查数量未规定者，即为全数检查。

本条第10款强调工程的外观质量应由质量验收人员通过现场检查共同确认，这是考虑外观（观感）质量通常是定性的结论，需要验收人员共同确认。

3.2.2 给排水管道工程的特点是线形构筑物工程，通常采用分期投资建设，工程招标时将一条管线分成若干单位工程；工程规模大小决定了工程项目的划分，规模较小的工程通常不划分验收批。本规范附录A给出了单位（子单位）工程、分部（子分部）工程、分项工程和验收批的原则划分，以供使用时参考。应强调的是在工程具体应用时应按照工程施工合同或有关规定，在工程施工前由有关方共同确认。附录B在总结给水排水管道工程多年来实践的基础上，列出了有关的质量验收记录表样式及填写要求。

3.2.3 本条规定了验收批质量验收合格的4项条件：

第1款主控项目，抽样检验或全数检查100%合格；

第2款一般项目，抽样检验的合格率应达到80%，且超差点的最大偏差值应在允许偏差值的1.5倍范围内；

"合格率"的计算公式为：

$$合格率=\frac{同一实测项目中的合格点（组）数}{同一实测项目的应检点（组数）}\times 100\%$$

抽样检验必须按照规定的抽样方案（依据本规范所给出的检查数量），随机地从进场材料、构配件、设备或工程检验项目中，按验收批抽取一定数量的样本所进行的检验。

第3款主要工程材料的进场验收和复验合格，试块、试件检验合格；

第4款主要工程材料的质量保证资料以及相关试验检测资料齐全、正确；具有完整的施工操作依据和质量检查记录。

3.2.4 本条规定了分项工程质量验收合格的条件是分项工程所含的验收批均验收合格。当工程不设验收批时，分项工程即为质量验收基础；其验收合格条件应按本规范第3.2.3条规定执行。

3.2.5 当工程规模较大时，可考虑设置子分部工程，其质量验收合格条件同分部工程。

3.2.6 当工程规模较大时，可考虑设置子单位工程，其质量验收合格条件同单位工程。

3.2.7 本条规定了给排水管道工程质量验收不合格品处理的具体规定：返修，系指对工程不符合标准的部位采取整修等措施；返工，系指对不符合标准的部位采取的重新制作、重新施工等措施。返工或返修的验收批或分项工程可以重新验收和评定质量合格。正常情况下，不合格品应在验收批检验或验收时发现，并应及时得到处理，否则将影响后续验收批和相关的分项、分部工程的验收。本规范从"强化验收"促进"过程控制"原则出发，规定施工中所有质量隐患必须消灭在萌芽状态。

但是，由于特定原因在验收批检验或验收时未能及时发现质量不符合标准规定，且未能及时处理或为了避免经济的更大损失时，在不影响结构安全和使用功能条件下，可根据不符合标准的程度按本条规定进行处理。采用本条第4款时，验收结论必须说明原因和附相关单位出具的书面文件资料，并且该单位工程不应评定质量合格，只能写明"通过验收"，责任方应承担相应的经济责任。

3.2.8 本条是强制性条文，强调通过返修或加固处理仍不能满足结构安全或使用要求的分部（子分部）工程、单位（子单位）工程，严禁验收。

3.2.11 本规范规定分包工程验收时，施工单位应派人参加；施工单位系指施工承包单位或总承包单位。

3.2.14 建设单位应依据国务院第279号令《建设工程质量管理条例》及建设部第78号令《房屋建筑工程和市政基础设施工程竣工验收备案管理暂行办法》以及各地方的有关法规规章等规定，报工程所在地建设行政管理部门或其他有关部门办理竣工备案手续。

4 土石方与地基处理

4.1 一 般 规 定

4.1.1 本条系根据《中华人民共和国建筑法》第四十条“建设单位应当向建筑施工企业提供与施工现场相关的地下管线资料，建筑施工企业应当采取措施加以保护”的规定制定的。

4.1.2 本规范保留了对撑板、钢板桩沟槽施工的支撑有关内容，大型给排水管道工程还涉及到围堰、深基槽围护、地基处理等工程，应执行现行国家标准《给水排水构筑物施工及验收规范》GB 50141、《建筑地基基础工程施工质量验收规范》GB 50202的规定。

4.1.4 管道沟槽断面通常分为直槽、梯形槽，大型管道、深埋管道和综合管道应采取分层（步）开挖、分层放坡，并应编制专项施工方案和制定切实可行的安全技术措施；大型管道划分见第4.5.11条的条文说明。

4.1.5 按照《建筑地基基础工程施工质量验收规范》GB 50202—2002附录A.1.1条“所有建（构）筑物均应进行施工验槽”规定，基（槽）坑开挖中发现岩、土质与建设单位提供的设计勘测资料不符或有其他异常情况时，应由建设单位会同建设、设计、勘察、监理等有关单位共同研究处理，由设计单位提出变更设计。

4.1.8 给排水管道施工时，经常与已建的或同时施工的给水、排水、煤气、热力、电缆等地下管道交叉；这些交叉的处理应由设计单位给出具体设计，施工单位按照设计要求施工。

但是，已建管道尤其是管径较小的管道通常在开挖沟槽时才发现；在这种情况下，施工单位应征得设计同意按照本条规定，进行管道交叉处理施工。

4.2 施工降排水

4.2.1 本条对施工降排水方案主要内容作出了具体规定，强调城市施工中降排水应对沿线地下和地上管线、建（构）筑物进行保护，以确保施工安全；降排水方案应经过技术经济比选，必要时应经过专家论证。

4.2.3 本条按照《建筑与市政降水工程技术规范》JGJ/T 111对管道沟槽降水井的平面布置作出具体规定。通常，降水井应在管道沟槽的两侧布置。

4.2.6 本条强调施工降排水终止抽水后，应及时用砂、石等材料填充排水井及拔除井点管所留的孔洞，以防止人、动物不慎坠落，酿成事故。

4.3 沟槽开挖与支护

4.3.1 沟槽开挖与支护的施工，通常采用木板桩和钢板桩，沟槽回填时应按照本规范规定拆除；在软土层或邻近建（构）筑物等情况下施工时，应采取喷锚支护、灌注桩等围护形式。

4.3.2 管道开挖宽度应符合设计要求，设计无具体要求时，本条给出计算公式和参考宽度（表4.3.2管道一侧的工作面宽度）；表4.3.2在原“规范”表3.2.1基础上根据工程实践经验进行了修改。混凝土类管指钢筋混凝土管、预（自）应力混凝土管和预应力钢筒混凝土管；金属类管指钢管和球墨铸铁管。

本规范中：D_o表示管外径或公称外径，D_i表示管内径或公称内径。

4.3.3 本条参照现行国家标准《岩土工程勘察规范》GB 50021规定，取消了原“规范”中“轻亚黏土”的类别；表4.3.3给出了沟槽的坡度控制值，供施工时参考；有当地施工经验时，可不必受表中数值约束。

4.3.4 本条对沟槽每侧堆土或施加其他荷载作出规定，堆土高度应在施工方案中作出设计；软土层沟槽坡顶不宜设置静载或动载；需要设置时，应对土的承载力和边坡的稳定性进行验算。

4.3.5 本条保留了原“规范”人工开挖的规定，现在沟槽开挖大多采用机械，因机械性能不同，沟槽的分层（步）开挖深度和留台宽度也不同，应在施工方案中确定。

4.3.7 本条对沟槽的开挖进行了具体规定，强调开挖断面应符合施工组织设计（方案）的要求和采用天然地基时槽底原状土不得扰动；机械开挖时或不能连续施工时，沟槽底应预留200～300mm由人工开挖、清槽。

4.3.9 采用钢板桩支撑可采用槽钢、工字钢或定型钢板桩，选择悬臂、单锚、或多层横撑等形式支撑。

4.3.13 铺设柔性管道的沟槽支撑采用打入钢板桩、木板桩等支撑系统，拔桩用砂土回填板桩留下的孔缝时，对柔性管两侧土的弹性抗力要有保证；对此，国外相关规范也在讨论是否应拔桩的问题。

4.4 地 基 处 理

4.4.2 施工时应采取措施避免沟槽超挖，遇有某种原因，造成槽底局部超挖且不超过150mm时，施工单位可按本条规定处理。

4.4.3 施工过程因排水不良造成地基土扰动，不超过本条规定时，可按本条规定处理。

4.4.7 化学建材管等柔性管道，应采用砂桩、搅拌桩等复合地基处理，不能采用预制桩基础，也不能采取浇筑混凝土刚性基础和360°满封混凝土等处理方法。

4.5 沟槽回填

4.5.3 本条中第5款不仅指井室、雨水口及其他附属构筑物周围回填，也指管道回填。

4.5.4 回填材料质量直接影响到管道施工质量，必须严格控制；本条对回填材料质量作出具体规定。

4.5.5 本条文表4.5.5压实工具中未列蛙式夯，尽管其目前在工程中还在使用，但因蛙式夯易引起安全问题且压实效果差，属于限制使用的机具，故本规范规定采用震动夯等轻型压实机具。

4.5.7 本条规定正式回填前应按压实度要求经现场试验确定压实工具、虚铺厚度、含水量、每层土的压实遍数等施工参数。

4.5.11 本条对柔性管道的沟槽回填的作出具体规定。

第2款强调内径大于800mm的柔性管道，回填施工中宜在管内设竖向支撑，本规范参考相关规范的规定，主要是考虑施工时人工进入管道拆装支撑的因素。

第3款管基有效支承角系指2α加30°。管道基础中心角（2α）是设计计算得出的，加30°是考虑到施工作业的不利因素影响而采取的保险措施；该部位回填应采用木夯等机具夯实。

第8款规定柔性管道回填作业前进行现场试验的试验段长度应为一个井段或不少于50m。其目的在于验证管材、回填料、压实机具及压实参数，以减少其后的补救处理发生机率，是基于各地的工程实践经验规定的。

4.5.12 本条规定了柔性管道回填至设计高度时，应在12～24h之内应检测管道变形率，并规定了管道变形率控制指标及超过控制指标的处理措施。

柔性管在工程施工过程中允许有一定的变形，但这种变形必须不影响管道的使用安全；其变形指的是管体在垂直方向上直径的变化，又称为“管道径向挠曲值”、“管道径向直径变形率”或“管道竖向变形率”，本规范通称为“管道变形率”。“管道变形率”可分为“安装（初始）变形”和“使用（长期）变形”。“安装（初始）变形”反映了管道铺设的技术质量；“使用（长期）变形”反映了管道的管-土系统对土壤和其他荷载的适应程度，又称为“允许变形”。因此控制管道的长期变形量，首先应控制管道的初始变形量。

本规范所称管道变形率系指管道的初始变形量；在埋地柔性管道允许的变形范围内，竖向管道直径的减少和横向管道直径的增加大致相等，因此在施工过程中通常检验竖向管道直径的变形量。

我国目前关于柔性管道变形率的检测研究资料报道较少。欧洲标准（ENV1046：2001）规定，柔性管的初始变形率应控制在2%～4%的范围内；澳大利亚、新西兰标准［AS/NZS2566.1（增补1：1998）］规定，柔性管的初始变形率不应超过4%；考虑柔性管道变形率与时间的关系，欲控制管道的长期变形率，其初始变形率不得超过管道长期变形率的2/3。

依据《给水排水工程管道结构设计规范》GB 50332—2002第4.3.2条给出的金属管道和化学建材管道设计的变形允许值，本规范规定：钢管或球墨铸铁管道变形率应不超过2%，化学建材管道变形率应不超过3%；当钢管或球墨铸铁管道变形率超过2%，但不超过3%时；化学建材管道变形率超过3%，但不超过5%时；应采取更换回填材料或改变压实方法等处理措施。

当钢管或球墨铸铁管道变形率超过3%，化学建材管道变形率超过5%时；应采取更换管材等处理措施。

本规范中：d表示天，h表示小时，min表示分钟，s表示秒。

4.5.13 本条规定给排水管道覆土厚度符合设计要求，管顶最小覆土厚度应满足当地冰冻厚度要求；因条件限制，刚性管道的管顶覆土无法满足上述要求时，或管顶覆土压实度达不到本规范第4.6.3条的规定，应由设计单位提出处理方案，可采用混凝土包封或具有结构强度的其他材料回填；柔性管道的管顶覆土无法满足上述要求时，应按设计要求或有关规定进行处理，可采用套管方法，不得采用包封混凝土的处理方法。

4.6 质量验收标准

4.6.1 本规范规定了检查（验）项目的检查方法和检查数量（抽样频率）；主控项目的现场检查方法多数为观察或简单量测，验收时应检查施工记录、检测记录或试验报告等质量保证资料；除有注明外应为全数检查，因此全数检查的检查项目只列出检查方法。

一般项目的检查数量（抽样频率）应根据检验项目的特性来确定抽样范围和应抽取的点数，按所规定的检查方法检查；有些项目现场检查也采取观察和简单量测的检查方法。

4.6.2 沟槽支护和支撑检查项目应作为过程检查，不宜作为工程验收项目。

4.6.3 本条第3款柔性管道变形率的检查方法：方

便时用钢尺量测或钻入管道用钢尺直接量测；不方便时可采用圆度测试板或芯轴仪在管道内拖拉量测；也可采用光学电测法测变形率，光学电测仪或芯轴仪已有定型产品。检查数量参考了北京市工程建设标准《高密度聚乙烯排水管道工程施工与验收技术规程》DBJ 01—94—2005。

计算管道变形率（%）：变形率＝（管内径－垂直方向实际内径）/管内径×100%

第4款回填土压实度应符合设计要求，当设计无要求时，应采用表4.6.3-1和表4.6.3-2规定。表4.6.3-2的规定参考了北京市工程建设标准《高密度聚乙烯排水管道工程施工与验收技术规程》DBJ 01—94—2005规定柔性管道处于城市车行道路范围管顶覆土不宜小于1.0m，对管顶以上500～1000mm（或由管顶至路槽底算起1.0m的深度范围）覆土压实度作出规定。

给水排水管道沟槽回填和压实的目的，除埋设管道后应恢复原地貌外，更重要的是起到保护管道结构的作用。若在沟槽回填土上修筑路面，除符合本条规定外，还应满足道路工程回填压实要求；遇有矛盾时应由设计单位提出处理方案。

压实度又称为压实系数，评价压实度的标准有轻型击实和重型击实两种标准。在《城镇道路工程施工及验收规范》CJJ 1中以重型击实标准为准，并给出了相应的轻型标准。本规范对刚性管道的沟槽回填土的压实度，也给出这两种标准的规定。需要说明的是给排水管道沟槽回填土的压实多采用轻型压实工具，且习惯上以轻型击实标准为准；本规范中除注明者外，皆以轻型击实试验法求得的最大干密度为100%。

图4.6.3中"管顶以上500mm，且不小于一倍管径"系指小口径管道；中、大口径管道应经试验确定。

5 开槽施工管道主体结构

5.1 一般规定

5.1.2 本规范中，管节系指成品管预制生产长度的单根管；管段指施工过程将一定数量单根管连接成的管段；管道指管节或管段按设计要求铺设安装完毕的管道。

5.1.4 本条规定了不同管材的管节堆放层数与层高，本规范表5.1.4管节堆放层数与层高的规定取自工程实践的经验资料，供无具体规定时参照执行。

5.1.23 本条规定污水和雨、污水合流的金属管道内表面，应按国家有关规范的规定和设计要求设置防腐层；防腐层可在预制时设置，也可在现场施工。国外的相关规范对钢筋混凝土管道也有设置防腐层的要求，以便提高钢筋混凝土管道的防腐性能。

5.1.25 根据国家有关规范规定，给排水管道安装完成后，应按相关规定和设计要求设置管道位置标识带，以便检查与维护。

5.2 管道基础

5.2.1 原状土地基，又称为天然地基，指既符合设计要求，施工过程中又未被扰动的地基。表5.2.1中对柔性接口刚性管道不分管径规定了垫层厚度，是来自工程实践经验。

5.2.2 本条保留了原"规范"的混凝土基础及水泥砂浆抹带的接口内容，主要用于钢筋混凝土平口管排水管道工程，这类管道必须采用混凝土或钢筋混凝土基础来提高管材的支承强度和解决接口问题。

新的《混凝土低压排水管》JC/T 923—2003颁布以来，各种预应力混凝土管都已被广泛用于排水管道；钢筋混凝土管的接口也普遍采用了承插口、企口及钢套筒等插入方式连接，采用橡胶圈的柔性接头钢筋混凝土管，不但施工简便，缩短了施工工期，且抵抗地基变形能力强。现浇混凝土基础的排水管道已非主流，且呈淘汰趋势；虽然无筋的混凝土平口管在有些地区仍在采用，但是本规范作为新修编的国家规范依据有关规定删除了无筋的混凝土平口管内容。

5.2.3 本条对砂石基础施工作出了具体的规定，近些年来给排水管道，包括钢管、球墨铸铁管、化学建材管、钢筋混凝土管、预（自）应力混凝土管道工程已广泛采用弧形土基；开槽施工的弧形土基做法通常都用砂石回填，所以国内通称为"砂石基础"；砂石也属于岩土类，因此砂石基础实际上也是土基础。

弧形土基的回填要求，对刚性管道和柔性管道在腋角以下部分都是一样的，差别在于管道两侧回填土的压实度，柔性管道要求达到95%，刚性管道要求达到90%。本条规定管道的有效支承角范围必须用中、粗砂回填，主要考虑其有利于管周的力传递；现场有条件时也可使用砂性土，但应与设计协商。

5.3 钢管安装

5.3.2 本规范中"圆度"是指同端管口相互垂直的最大直径与最小直径之差与管道内径 D_i 的比值，也称为不圆度或椭圆度。

5.3.7 给排水管道钢管的对接焊口多为V形坡口，本条参考了《工业金属管道工程施工及验收规范》GB 50235—1997中第5.0.5条和附录B.0.1的内容；清根即对坡口及其内外表面进行清理，应参照《工业金属管道工程施工及验收规范》GB 50235—1997中表5.0.5的规定执行。

5.3.9 本条第5款"直管管段两相邻环向焊缝的间距不应小于200mm"，来自原"规范"的第4.2.9.5条"并不应小于管节的外径"并参考了《工业金属管道工程施工及验收规范》GB 50235—1997 第 5.0.2.1 条规定，以便解决实际工程应用不同规范规定的矛盾，且避免焊缝过于集中。

5.3.17 本规范规定钢管管道焊缝质量检测应首先进行外观检验，外观质量应符合本规范表 5.3.2-1 规定。无损检测应符合《压力设备无损检测第 2 部分 射线检测》JB/T 4730.2—2005 和《压力设备无损检测 第 3 部分 超声检测》JB/T 4730.3—2005 的有关规定，检测方法主要有射线检测和超声检测。本条第 6 款保留了原“规范”的规定，不合格的焊缝应返修，返修次数不得超过 3 次；相关规范规定返修次数不得超过 2 次。

5.4 钢管内外防腐

5.4.2 本条参考了《埋地给水钢管道水泥砂浆衬里技术标准》CECS 10：89 的规定，对机械喷涂和手工涂抹施工的钢管水泥砂浆内防腐层厚度及偏差进行规定，见本规范表 5.4.2 钢管水泥砂浆内防腐层厚度要求。

5.4.3 液体环氧类涂料已广泛应用于钢管管道内防腐层，本条新增关于液体环氧涂料内防腐层施工的具体规定。

5.4.4 本条保留了原“规范”的表 5.4.4-1、表 5.4.4-2，新增了表 5.4.4-3，并将聚氨酯（PU）涂层作为附录 H，以供工程施工选用。

防腐层构造：普通级（三油二布）、加强级（四油三布）、特加强级（五油四布）中油指所用涂料，布指玻璃布等衬布。

5.4.8 环氧树脂玻璃布防腐层俗称为环氧树脂玻璃钢外防腐层，本规范采用俗称是为便于施工应用。

手糊法是涂刷环氧树脂施工常采取的简便方法，即作业人员带上防护手套蘸取环氧树脂直接涂抹管外壁施做防腐层，施工质量较易控制；手糊法又可分为间断法和连续法施工方式。

间断法施工要求：

1 在基层的表面均匀地涂刷底料，不得有漏涂、流挂等缺陷；

2 用腻子修平基层的凹陷处，自然固化不宜少于 24h，修平表面后，进行玻璃布衬层施工；

3 施工程序：先在基层上均匀涂刷一层环氧树脂，随即衬上一层玻璃布，玻璃布必须贴实，使胶料浸入布的纤维内，且无气泡；树脂应饱满并应固化 24h；修整表面后，再按上述程序铺衬至设计要求的层数或厚度；

4 每次铺衬间断应检查玻璃布衬层的质量，当有毛刺、脱层和气泡等缺陷时，应进行修补；同层玻璃布的搭接宽度不应小于 50mm，上下两层的接缝应错开，错开距离不得小于 50mm，阴阳角处应增加一至二层玻璃布；均匀涂刷面层树脂，待第一层硬化后，再涂刷下一层。

连续法施工作业程序与间断法相同。

玻璃布的树脂浸揉法，即将玻璃布放置在配好的树脂里浸泡揉挤，使玻璃布完全浸透，将玻璃布拉平进行贴衬的方法。

5.4.11～5.4.15 为本规范新增的内容。阴极保护法又分为牺牲阳极保护法和外加电流阴极保护法（又称强制电流阴极保护）；本规范参照相关规范对阴极保护工程施工作出了具体规定。

5.5 球墨铸铁管安装

5.5.1 目前由于球墨铸铁管的抗腐蚀性能、耐久性能优越，已逐渐取代大口径钢管普遍应用，接口形式为橡胶圈接口；采用刚性接口的灰口铸铁管已被淘汰，故本规范删除了灰口铸铁管的相关内容。

5.5.6 滑入式（对单推入式）橡胶圈接口安装时，推入深度应达到标记环，应复查与其相邻已安好的第一至第二个接口推入深度，防止已安好的接口拔出或错位；或采用其他措施保证已安好的接口不发生变位。

5.6 钢筋混凝土管及预（自）应力混凝土管安装

5.6.1 本条强调管材应符合国家有关标准的规定。混凝土管、陶土管属于小口径管，混凝土管基本为平口管，陶土管生产精度差；这两种管材本身强度低，抗变形能力差，施工周期长，已不能满足城市排水工程建设发展的需要；上海、北京等许多城市建设主管部门已经明令用化学建材管取代混凝土管、陶土管。尽管混凝土管、陶土管在有些地区还在应用，但数量逐渐减少；属于国家限制使用和逐步淘汰产品，故本规范不再列入其内容。

5.6.5 管道柔性接口的橡胶圈又称为密封胶圈、止水胶圈，其截面为圆形（通常称为“O”橡胶圈）或楔形等截面形式，本规范统称为橡胶圈。本条第 1 款规定橡胶圈材质应符合相关规范的要求，其基本物理力学性能：邵氏硬度 55～62，拉伸强度大于 13MPa，拉断伸长率大于 300%，使用温度－40℃至 60℃，老化系数不应小于 0.8（70℃，144h）。本条第 3、4 款是对管材厂配套供应的橡胶圈外观质量检查的规定。

5.6.6 圆形橡胶圈应滚动就位于工作面，楔形等橡胶圈应设置在插口端，滑动就位于工作面，为方便插接应涂抹润滑剂。

5.6.9 目前钢筋混凝土管、预（自）应力管已普遍采用承插乙型口，本条中表 5.6.9-1 取消了“原规范”承插甲型口的规定。

5.7 预应力钢筒混凝土管安装

本规范新增了预应力钢筒混凝土管（PCCP）安装施工内容，在工程实践基础上参考了《预应力钢筒混凝土管》GB/T 19685—2005 有关内容编制而成。

5.7.1 预应力钢筒混凝土管（PCCP）分为内衬式预应力钢筒混凝土管和埋置式预应力钢筒混凝土管。内衬式预应力钢筒混凝土管简称为内衬式管或衬筒管，通常采用离心工艺生产；埋置式预应力钢筒混凝土管简称为埋置式管或埋筒管，一般采用立式振动成型工艺生产。

第 2 款对管内表面裂缝作出规定，管内表面不允许出现影响使用寿命的有害裂缝；但实践表明内衬层超过一定厚度时，总会出现一些裂缝，应加以限制。

5.7.2 本条第 7 款所指的特定钢尺，也称钢制测隙规，其要求：厚 0.4～0.5mm，宽 15mm，长 200mm 以上；将其插入承插口之间检查橡胶圈各部的环向位置，是否在插口环的凹槽内，橡胶圈是否在同一深度，间隙是否符合要求。

5.7.4 分段施工必然形成现场合拢。本条对预应力钢筒混凝土管（PCCP）现场合拢施工做出规定，除正确选择位置外，施工应严格控制合拢处上、下游管道接装长度、中心位移偏差以便形成直管对接合拢。

5.8 玻璃钢管安装

玻璃钢管因其良好的抗腐蚀性能，轻质高强的物理力学性能，近些年来在给排水管道工程中得到了推广应用；其中玻璃纤维增强树脂夹砂管（RPMP）较多，玻璃纤维增强树脂管（RTRP）要少一些。玻璃钢管虽然同属于化学建材管类，但在工程施工方面与其他化学建材管区别较大，故单列一节。施工的要求和验收标准，来自北京、广州、江苏等地区的工程实践经验，并参考了有关规范、标准。

5.8.2 玻璃钢管接口连接有承插式和套筒式两种方式，承插式连接应符合本规范第 5.7.2 条的规定，套筒式连接应符合本条第 1 款规定。通过混凝土或砌筑结构等构筑物墙体内的管道，可设置橡胶止水圈或采用中介层法等措施，以保证管外壁与构筑物墙体的交界面密实、不渗漏。中介层法参见《埋地硬聚氯乙烯排水管道工程技术规程》CECS 122 附录 H。

5.9 硬聚氯乙烯管、聚乙烯管及其复合管安装

5.9.1 鉴于硬聚氯乙烯管（UPVC）、聚乙烯管（HDPE）及其复合管目前市场上品种繁多，规格不统一，产品质量参差不齐；有必要对进入施工现场的管节、管件的外观质量逐根进行检验。

5.9.3 本条关于管道连接的规定参考了《埋地聚乙烯排水管道工程技术规程》CECS 164、《埋地硬聚氯乙烯给水管道工程技术规程》CECS 17、《埋地聚乙烯给水管道工程技术规程》CJJ 101 等相关规范、规程。硬聚氯乙烯、聚乙烯管及其复合管安装管道连接方式较多，大同小异，本规范把重点放在检验与验收标准方面。

本规范规定电熔连接、热熔连接应采用专用电器设备、挤出焊接设备和工具进行施工。据调研目前建筑市场的实际情况，一般施工单位并不具备符合要求的连接设备和专业焊工，为保证施工的质量，本条规定应由管材生产厂家直接安装作业或提供设备并进行连接作业的技术指导。连接需要的润滑剂等辅助材料，宜由管材供应厂家配套提供。

卡箍连接方式，在北京等地区应用较多；卡箍通常称为哈夫件，系英文 HALF 的译音；本规范采用“卡箍”术语取代了通常所称的“哈夫件”。

5.10 质量验收标准

5.10.1 本条第 2 款规定混凝土基础的混凝土验收批及试块的留置应符合现行国家标准《给水排水构筑物工程施工及验收规范》GB 50141—2008 第 6.2.8 条第 2 款混凝土抗压强度试块的留置应符合的规定：

1 标准试块：每构筑物的同一配合比的混凝土，每工作班、每拌制 100m^3 混凝土为一个验收批，应留置一组，每组三块；当同一部位、同一配合比的混凝土一次连续浇筑超过 1000m^3 时，每拌制 200m^3 混凝土为一个验收批，应留置一组，每组三块；

2 与结构同条件养护的试块：根据施工设计要求，按拆模、施加预应力和施工期间临时荷载等需要的数量留置；

本条第 6 款规定了开槽施工管道垫层和土基高程的允许偏差，对此国外相应的施工标准中都没有具体规定；按实际施工情况，同样的管材，同样的基础，无压管和压力管应是相同的；表 5.10.1 中分为无压管道和压力管道采用了不同的标准，主要是考虑到无压管道重力流对高程控制的要求较高一些；相对而言采用混凝土基础，管道的高程比较好掌握；弧形土基类的高程较难掌握。

5.10.2 本规范将施工质量标准要求多列入有关条文，质量验收标准中仅列出检验项目及其质量验收的检验方法和检验数量；本条中所指量规或扭矩扳手等检查专用工具的要求见相关规范标准。

5.10.4 将钢管外防腐层的厚度、电火花检漏、粘结力均列为主控项目，表 5.10.4 为表 5.4.9 技术要求的相应验收质量标准。本规范中产品质量保证资料应包括产品的质量合格证明书、各项性能检验报告，产品制造原材料质量检测鉴定等资料。

5.10.8 化学建材管连接质量验收标准主控项目中，特别规定了熔焊连接的质量检验与验收标准，现场破坏性检验或翻边切除检验具体要求如下：

1 现场破坏性检验：将焊接区从管道上切割下来，并锯成三条等分试件，焊接断面应无气孔和脱焊；然后分别将三条试件的切除面弯曲成 180°，焊接断面应无裂缝；

2 翻边切除检验：使用专用工具切除翻边突起

部分，翻边应实心和圆滑，根部较宽；翻边底面无杂质、气孔、扭曲和损坏；弯曲后不应有裂纹，焊接处不应有连接线；

3 上述检验中若有不合格的则应加倍抽检，加倍检验仍不合格时应停止焊接，查明原因进行整改后方可施焊。

5.10.9 管道铺设反映了开槽施工管道的整体质量，不论何种管材，除接口作为重点控制外，均对其轴线、高程和外观质量作出规定，并作为隐检项目进行验收记录。

本条将无压管道严禁倒坡作为主控质量项目，严于国外相关规范的规定。

6 不开槽施工管道主体结构

6.1 一般规定

6.1.2 本条强调不开槽施工前应进行现场沿线的调查，仔细核对建设单位提供的工程勘察报告，特别是已有地下管线和构筑物应人工挖探孔（通称坑探）确定其准确位置，以免施工造成损坏。

6.1.3 本规范将不开槽施工的始发井、接受井、竖井通称为工作井，进出工作井是施工过程的关键环节；鉴于各地、不同行业对进出工作井的定义不统一，本规范规定在工作井内，施工设备按设计高程及坡度井从壁预留洞口进入土层的施工过程定义为“出工作井”；反之，施工设备从土层中进入工作井壁预留洞口并完全脱离预留洞口的过程定义为“进工作井”。

本规范所称的顶管机包括机械顶管的机头和人工顶管的工具管。

6.1.4 不开槽法施工的工程选择适当的施工方法是工程顺利实施的关键，本条规定分别给出了顶管法、盾构法、浅埋暗挖法、地表式水平定向钻法及夯管法等施工方法应考虑的主要因素。

6.1.7 不开槽施工，必须根据设计要求、工程特点及有关规定，对管（隧）道沿线影响范围地表或地下管线等建（构）筑物设置观测点，进行监控测量。监控测量的信息应及时反馈，以指导施工，发现问题及时处理。

6.1.8 本条对不开槽法施工应设置的完整、可靠的地面与地下量测点（桩）在本规范第3.1.7条基础上进行了规定。

6.1.10 鉴于顶管施工的钢筋混凝土管已推广采用钢承口和双插口接头，本条第4款对接头的钢制部分提出防腐的要求。

6.2 工 作 井

6.2.2 工作井的围护结构应考虑工程水文地质条件、工程环境、结构受力、施工安全等因素，并经技术经济比较选用钢木支撑、喷锚支护、钢板桩、钻孔灌柱桩、加筋水泥土搅拌桩、沉井、地下连续墙等形式。

6.2.3 根据有关规定超过5m深的工作井均应制定专项施工方案，并根据受力条件和便于施工等因素设计井内支撑，选择支撑结构体系和材料；支撑应形成封闭式框架，矩形工作井的四角应加斜撑，圆形工作井应加圈梁支撑。

6.2.4 本条第4款规定顶管工作井、盾构始发工作井后背墙的施工应遵守的具体规定。装配式后背墙指用方木、型钢、钢板或其他材料加工的构件，在现场组合而成的后背墙。人工后背墙指钢板桩、沉井和连续墙等非原状土后背墙。

6.3 顶 管

6.3.1 本规范所指的长距离顶管是指一次顶进长度300m以上并设置中继间的顶管施工。

6.3.2 本条规定了顶管施工顶力应满足的条件，一般来说只要顶进的顶力大于顶进的阻力，管道就能正常顶进。顶进的阻力增大时，由于管节和工作坑后背墙的结构性能不可能无限制（也没有必要）的增加，继续增加顶力也毫无意义，更何况顶进设备的自身能力也有一定的限度。因此在确定施工最大允许顶力时，应综合考虑管材力学性能、工作坑后背墙结构的允许最大荷载、顶进设备能力、施工技术措施等因素。

6.3.3 本条规定施工最大顶力有可能超过管材或工作井的允许顶力时，必须考虑采用中继间和管道外壁润滑减阻等施工技术措施，计算应留出一定的安全系数，以确保顶管施工顺利进行。

6.3.4 由于地质条件的复杂、多变等不确定因素，顶进阻力计算（也可称为估算）很复杂，且实践性很强，因此本条规定，应首先采用当地的应用成熟的经验公式。当无当地的经验公式时，可采用本条给出的计算公式（6.3.4）进行计算。该公式与原“规范”公式（6.4.8）不同点在于：

1 本规范公式（6.3.4），顶力即顶进阻力 F_p 为顶进 L 长度的管道外壁摩擦阻力（$\pi D_o L f_k$）与工具管迎面阻力（N_F）两部分之和。原“规范”公式（6.4.8），顶力为 L 长度的管道自重与周围土层之间的阻力、L 长度的管道周围土压力对管道产生的阻力和工具管迎面阻力三部分之和。

2 本规范公式（6.3.4）中 f_k 为管道外壁与土的单位面积平均摩阻力，单位为 kN/m^2，通过试验确定，有表可查；对于采用触变泥浆减阻技术的可参照表6.3.4-2选用；原“规范”公式（6.4.8），则需计算管道自重与土压力之和，然后乘以 f_k 摩擦系数。

3 本规范公式（6.3.4），N_F 为顶管机的迎面阻力，单位为kN。不同类型顶管机的迎面阻力可参照

表 6.3.4-1 选择计算式。原“规范”公式（6.4.8）中顶管机迎面阻力 P_f 需按照原“规范”表 6.4.8-2 计算。

经工程实践计算对比证明，本规范的计算公式计算较为简便、实用。

6.3.8 本条第 1 款规定施工过程中应对管道水平轴线和高程、顶管机姿态等进行测量，并及时对测量控制基准点进行复核，以便发现偏差；顶管机姿态应包括其轴线空间位置、垂直方向倾角、水平方向偏转角、机身自转的转角。

第 5 款规定了纠偏基本要领：及时纠偏和小角度纠偏；挖土纠偏和调整顶进合力方向纠偏；刀盘式顶管机纠偏时，可采用调整挖土方法、调整顶进合力方向、改变切削刀盘的转动方向、在管内相对于机头旋转的反向增加配重等措施。

6.3.11 触变泥浆注浆工艺要求是保证顶进时管道外壁与土体之间形成稳定的、连续的泥浆套，其效果可通过顶力降低程度来验证。

6.3.12 触变泥浆注浆系统应由拌浆装置、注浆装置、注浆管道系统等组成，本条给出其布置、安装和运行的基本规定；制浆装置容积计算时宜按 5～10 倍管道外壁与其周围土层之间环形间隙的体积来设置拌浆装置、注浆装置。

6.3.16 本条第 3 款规定了顶管顶进结束后，须进行泥浆置换；特别是管道穿越道路、铁路等重要设施时，填充注浆后应进行雷达探测等方法检测。

6.3.17 本条给出了管道曲线顶进顶力计算和最小曲率半径的计算，以及顶进的具体规定。管节接口的最大允许转角有表可查或在产品技术参数中提供。曲线顶管的测量是很关键的，除采用先进仪器设备外，还应由专业测绘单位承担，以保证曲线顶进的顺利进行。

6.4 盾　构

6.4.14 盾构施工的给排水隧道（本规范统称为管道）应能承受内压，应按设计要求施作现浇钢筋混凝土二次衬砌，本节对二次衬砌施工进行了具体规定，体现了给排水管道工程的专业特点。

6.5 浅 埋 暗 挖

6.5.1 本条规定浅埋暗挖法施工应按工程结构、水文地质、周围环境情况选择正确的施工方案。本次修编过程中，对暗挖法（含浅埋暗挖）施工给排水管道是有不同见解的；争论所在是暗挖法的初次衬砌不能计入结构永久性受力，因此暗挖法施工的给排水管道的工程投资将会增加。但考虑到各地采用暗挖法施工给排水管道工程已很普遍，为控制暗挖法施工给排水管道工程的施工质量，本规范在各地实践基础上给出具体的规定。

6.5.3 本条第 1 款给出超前小导管加固注浆规定，在砂卵石中超前小导管长度宜为 2～3m，管径也应小些；采用双排小导管时，第 2 排管的外插角应大于 15°；当现场不具备注浆量试验条件时，砂层注浆量每延米导管注浆液宜控制在 30～50L 范围。

6.5.5 本条中第 7 款喷射混凝土作业规定，分层喷射混凝土作业时，应在前一层喷混凝土终凝后进行；若在终凝 1h 后再进行喷射时，喷层表面应用水汽清洗。

本条第 10 款初次衬砌结构背后注浆应符合下列要求：

1 背后注浆作业距开挖面的距离不宜小于 5m；

2 注浆管宜在拱顶至两侧起拱线以上的范围内布置；

3 浆液材料、配合比和注浆压力应符合设计或施工方案的要求。

本条第 11 款规定大断面开挖时应根据施工需要施作临时仰拱或横隔板等临时性支护措施，并应在初期衬砌完成后拆除。

6.5.6 本条中监控量测时态曲线分析与隧道受力状态评价可参考如下规定：

1 时态曲线呈现下列特征，可认为管道受力基本稳定：

1）拱脚水平收敛速度小于 0.2mm/d；

2）拱顶垂直位移速度小于 0.1mm/d。

2 时态曲线呈现下列特征，应认为管道尚处于不稳定状态，应及时采取措施：

1）时态曲线的变化没有变缓的趋势；

2）量测数据有突变或不断增大的趋势；

3）支护变形过大或出现明显的受力裂缝。

6.6 定向钻及夯管

6.6.1 本规范的定向钻系指地表式定向钻，给排水管道工程应用定向钻机铺设小、中口径管道，长度可达数百米。通常用于均质黏性土地层，不适用于杂填土、自稳能力差的砂性土层、砾石层、岩石或坚硬夹层中钻进。

夯管法指在不开挖沟槽的条件下，在工作井中利用夯管锤（气动夯锤）将钢管按管道设计轴线直接夯入地层中（通过撞击管道传力托架直接把管道顶进地下，不需要设置反作用力墙），实现不开挖铺管。夯进过程中，土体进入管内，待管道贯通后将管内土体清出。夯管法施工一般采用钢管，接口为焊接连接方式；通常用于短距离（小于 70m）的中、小口径管道的铺设。该方法对土层的适应性较强，当周围施工环境许可时也用于大口径管道铺设。

6.6.2 本条具体规定了定向钻施工前应做好各项准备工作，包括设备、人员、施工技术参数、管道的地面布置，确认条件具备时方可开始钻进。应根据工程具体情况选择导向探测系统，包括无缆式地表定位导向系统或有缆式地表定位导向系统，在计算机辅助下随钻随测，以指导施工。

6.6.5 本条第4款关于夯管排土的具体要求如下：

1 排土过程中应设专人指挥，禁止非作业人员在工作井附近逗留；

2 采用人工排土时应保证管内通风有效；

3 采用气压、水压排土时，在安全影响区范围内应进行全封闭作业；作业中无漏气、漏水现象，严禁管内土喷溅排出；

4 采用气压、水压排土时，加压处的管口必须加固和密闭；严禁采用加压排出剩余土。

6.7 质量验收标准

6.7.2 虽然工作井不属于工程的结构，但作为施工的临时结构物对工程施工安全、质量的保证起到关键作用，必须进行控制。

混凝土的抗压、抗渗、抗冻试块应按《给水排水构筑物工程施工及验收规范》GB 50141—2008 第6.2.8条第6款的规定进行评定：

1 同批混凝土抗压试块的强度应按现行国家标准《混凝土强度检验评定标准》GBJ 107 的规定评定，评定结果必须符合设计要求；

2 抗渗试块的抗渗性能不得低于设计要求；

3 抗冻试块在按设计要求的循环次数进行冻融后，其抗压极限强度同检验用的相当龄期的试块抗压极限强度相比较，其降低值不得超过25%；其重量损失不得超过5%。

6.7.3 本条系顶管施工的给排水管道的质量验收标准，不适用于施工套管的管道质量验收。

本条第3款规定顶管施工的无压力管道的管底坡度无明显反坡现象，无明显反坡系指不得影响重力流或管道维护，检查时可通过现场观察或简单量测方法判定。

本条第4款“接口处无滴漏”系指管道处于地下水包裹时检验项目。

表6.7.3第6项中 $\Delta S=l\times D_o/R_{min}$；其中 l 为管节长度，D_o 为管节外径；R_{min} 为顶管的最小曲率半径。ΔS 可按本规范式（6.3.17）推导出，一般可按1/2的木衬垫厚度取值。

6.7.5 盾构管片制作质量检验分为工厂预制、现场制作进行控制，有条件时应采用工厂预制盾构管片。

6.7.6 本规范的盾构掘进和管片拼装质量标准有别于现行国家标准《地下铁道工程施工及验收规范》GB 50299，体现了给排水管道工程的专业特点。

6.7.7 本条第2款对盾构施工管道的二次衬砌钢筋混凝土试块留置与验收批作出规定；第3款外观质量无严重缺陷的判定应参照附录G的规定。

6.7.8～6.7.11 浅埋暗挖施工的管道施工质量按分项工程施工顺序为：土层开挖——初期衬砌——防水层——二次衬砌，并分别给出质量验收标准，在指标的控制上有别于其他专业工程；表6.7.10中防水层材料指低密度聚乙烯（LDPE）卷材，采用其他卷材和涂膜施工防水层时，应按照现行国家标准《地下铁道工程施工及验收规范》GB 50299的有关规定执行。

7 沉管和桥管施工主体结构

7.1 一般规定

7.1.1 在河流等水域施工给排水工程管道，应根据工程水文地质等具体情况选择明挖铺设管道施工和水下铺设管道施工。前者的管道铺设可采取开槽施工法；而后者可采用浮运法、拖运法等施工方法，将已经组装拼接好的管道（如钢管、或化学建材管）直接沉入河底；并视工程具体情况不留或仅留少数接口在水上（或水下）连接。对于管内水压较小的管道（如取水管、排放管等），目前也采用预制钢筋混凝土管分节下沉、水下接口连接的方法施工。沉管法分为以下几种：浮运法（或漂浮敷设法）指管道在水面浮运（拖）到位后下沉的施工方法，又称为浮拖法；底拖法（或牵引敷设法）指管道从水底拖入槽内的施工方法；铺管船法指管道在船只上发送并通过船只沿规定线路进行下沉的施工方法，铺管船法也应属于浮运法的一种，但其施工技术与常规的水面浮运法有很大的不同。钢筋混凝土管沉管也应属于浮运法，只是管材和管道形成的方式不同。

近些年来在江河、湖海中进行沉管施工的工程越来越多，且工程施工难度的增加，水面浮运法施工的局限性很难满足一些特殊沉管工程的施工要求（如漂管要求水流速度小于0.2m/s以下）；可采用底拖法、铺管船法、钢筋混凝土管沉放等施工方法，以适应给排水管道穿越水域的工程施工需要。

本规范是在总结了国内给水管道过江工程、海底引水管道等工程的施工经验基础上编制的有关铺管船法施工内容。

底拖法参考了《原油和天然气输送管道穿跨越工程设计规范 穿越工程》SY/T 0015.1和《石油天然气管道穿越工程施工及验收规范》SY/T 4079的相关规定。

本规范编制中除了总结有关给排水管道工程的施工经验外，还借鉴了公路沉管隧道工程的施工经验。

由于沉管施工涉及水下、水面作业，工程技术要求高、设备使用多、施工安全和航运安全控制等复杂因素，沉管施工方法确定后，还应根据施工现场条件、工程地质和水文条件、航运交通，以及设计要求和施工技术能力，制定相应的施工技术措施，保证沉管施工质量。

7.1.11 本条第1款规定采用沉管或桥管给水管道部分宜单独进行水压试验，并应符合本规范第9章的相关规定；第2款规定应根据工程具体情况，不必受1km的管道试验长度限制，可不分段进行整体水压试验；第3款规定大口径钢筋混凝土管沉放管道可在铺设后可按本规范内渗法和附录F的规定进行管道严密性检验。

7.2 沉　　管

7.2.2 沉管施工中管道整体组对拼装、整体浮运、整体沉放时，可称管道（段）；分段（节）组对拼装、分段（节）浮运，分段（节）管间接口在水上连接后整体沉放时，水上连接前应称为管段（节），水上连接后整体沉放也应称其为管道（段）沉放；沉放管道（段）水下接口连接安装后应称其为管道。

7.2.4 本条中式（7.2.4）和表7.2.4的规定参考了相关资料，管道外壁保护层及沉管附加物在管道两侧都有，计算开挖宽度应取2*b*；表7.2.4中数据不包括回淤量、潜水员潜水操作宽度；若遇流砂，底部宽度和边坡应根据施工方法确定；浚挖时，若对河床扰动较小可采用表中低值，反之则取大值；当采用挖泥船开挖时，底部宽度和边坡还应考虑挖泥船类型、斗容积、定位方法等因素。

7.2.6 本条第6款第3）项管道（段）弯曲包括发送装置处形成的管道（段）"拱弯"与发送后水中管道（段）形成的"垂弯"，均不应超过管材允许弹性弯曲要求。

7.3 桥　　管

7.3.2 桥管管道施工应根据工程具体情况确定施工方法，管道安装可采取整体吊装、分段悬臂拼装、在搭设的临时支架上拼装等方法。桥管管道施工方法的选择，应根据工程规模、桥管位置、管道吊装场地和方法、河流水文条件、航运交通、周边环境等条件，以及设计要求和施工技术能力等因素，经技术经济比较后确定。

桥管的下部结构、地基与基础及护岸等工程施工和验收应按照国家现行标准《城市桥梁工程施工及验收规范》CJJ 2相关规定。

7.3.7～7.3.10 条文参考了工业管道桥管的施工要求，对支架和支座施工作出规定；支架主要承重，支座强调固定方式。管道安装按整体吊装、分段悬臂拼装、在搭设的临时支架上拼装等不同施工方式作出规定。

7.4 质量验收标准

7.4.3 预制钢筋混凝土沉放的管节制作第3款规定了试块留置与验收批；第5款对管节水压试验时逐节进行的外观检验作出规定。

7.4.4 本条第3款对橡胶圈材质及相关性能应符合相关规范的规定和设计要求作了规定，表7.4.4-2是针对沉放的预制钢筋混凝土管节采用水力压接法接口预制加工的专用橡胶圈的外观检查。

8　管道附属构筑物

8.1 一 般 规 定

8.1.1 原"规范"内容包括检查井、雨水口、进出水口构筑物 和支墩，本规范内容涵盖了给排水管道工程中的各类井室、支墩、雨水口工程。管道工程中涉及的小型抽升泵房及其取水口、排放口构筑物纳入了现行国家标准《给水排水构筑物工程施工及验收规范》GB 50141的有关内容。

8.1.3 本规范规定给排水管道附属构筑物的专业施工要求，砌体结构、混凝土结构施工基本要求应符合现行国家标准《砌体工程施工质量验收规范》GB 50203、《混凝土结构工程施工质量验收规范》GB 50204及《给水排水构筑物工程施工及验收规范》GB 50141的有关规定，本规范不再一一列出。

8.2 井　　室

8.2.2 本条对设计无要求时混凝土类管道、金属类压力（无压）管道和化学建材管道穿过井壁的施工作出具体规定。

8.5 质量验收标准

8.5.1 本条第2款给出了砌筑砂浆试块留置的验收批的规定，试块强度进行质量评定应符合现行国家标准《给水排水构筑物工程施工及验收规范》GB 50141—2008第6.5.3条的规定：

1 同品种同强度等级砂浆，各组试块的抗压强度平均值不得低于设计强度所对应的立方体抗压强度；

2 各组试块中的任意一组的强度平均值不得低于设计强度等级所对应的立方体抗压强度的0.75倍；

3 砂浆强度按每座构筑物工程内同品种同强度为同一验收批；每座构筑物工程中同品种同强度按取样规定仅有一组试块时，该组试块抗压强度的平均值不得低于设计强度所对应的立方体抗压强度；

4 砂浆强度应为标准养护条件下，龄期为28d的试块抗压强度试验结果为准。

9　管道功能性试验

9.1 一 般 规 定

9.1.1 管道功能性试验作为给排水管道施工质量验

收的主控项目，应在管道安装完成后进行。

本条第1款总结了北京、上海、天津等城市工程实践经验，并参考了《埋地聚乙烯给水管道工程技术规程》CJJ 101—2004中第7.2节的内容，规定压力管道水压试验分为预试验和主试验阶段，取代了原“规范”的强度试验和严密性试验；并规定试验合格的判定依据分为允许压力降值和允许渗水量值。此次修订主要考虑以下情况：

1）近些年来给水工程普遍采用的球墨铸铁管、钢管、玻璃钢管和预应力钢筒混凝土管，管材本身内在质量和接口形式有了很大的改进，水压强度试验合格后为检验管材质量为主要目的的严密性试验已非必要；而对于现浇混凝土结构或浅埋暗挖法施工的管道严密性试验还是有必要；前者试验合格的判定依据应使用允许压力降值；后者试验合格的判定依据宜采用允许压力降值和允许渗水量值；

2）原“规范”第10.2.13.4条已引用试验压力降作为判定管道水压试验和严密性试验合格的依据；

3）北京、上海、天津等城市近些年的工程实践已普遍采用试验压力降作为判定管道水压试验合格的依据；

4）试验方法应尽可能避免繁琐和不必要的资源浪费。

本规范规定试验合格的判定依据应根据设计要求来确定，通常工程设计文件都对管道试验作出具体规定；设计无要求时，应根据工程实际情况，选用允许压力降值和允许渗水量值中一项值或同时采用两项值作为试验合格的最终判定依据。

本条第2款规定无压管道的严密性试验分为闭水试验和闭气试验，也是基于天津、北京、石家庄、太原、西安等城市或地区的工程实践经验。鉴于通常工程设计文件都对管道试验作出具体要求，本规范规定无压管道的严密性试验由设计要求确定；设计无要求时，有关方面应根据实际情况选择闭水试验或闭气试验进行管道功能性试验。

本条第3款规定压力管道水压试验进行实际渗水量测定时，采用附录C注水法；根据各城市或地区的工程实践经验，取消了原“规范”放水法试验的规定，主要考虑其操作性较差，不便应用。

9.1.6 单口水压试验合格的大口径球墨铸铁管、玻璃钢管、预应力钢筒混凝土管或预应力混凝土管道，检验其管材质量和接口质量的预试验阶段和严密性试验已非必要；本条规定设计无要求时，压力管道无需进行预试验阶段，而直接进行主试验阶段；无压管道可认同为严密性试验合格，免去闭水试验或闭气试验。这是基于各地工程实践经验制定的，以避免水资源浪费和节约工程成本。

9.1.7 本规范规定全断面整体现浇的钢筋混凝土排水管渠处于地下水位以下或采用不开槽施工时，除设计有要求外，当管渠的混凝土强度、抗渗性能检验合格，按本规范附录F的规定进行内渗法检查；符合设计要求时，可免去管渠的闭水试验。各地的工程实践表明：内渗法和闭水试验都可检验混凝土管道的严密性，只要管径足够允许人员进入、计量方法准确得当，内渗法试验更易于操作，且避免了水资源浪费。

9.1.8 本条规定当管道采用两种（或两种以上）管材时，且每种管材的管段长度具备单独试验条件时，可分别按其管材所规定的试验压力、允许压力降和（或）允许渗水量分别进行试验；管道不具备分别试验的条件必须组合试验时，且设计无具体要求时，应遵守从严的原则选用不同管材中的管道长度最长、试验控制最严的标准进行试验。

9.1.9 除本规范和设计另有要求外，本条规定管道的试验长度。压力管道水压试验的管段长度不宜大于1.0km；无压管道闭水试验管段长度不宜超过5个连续井段。这是主要考虑便于试验操作而进行的原则性规定；对于无法分段试验的如海底管道、倒虹吸管道等应由工程有关方面根据工程具体情况确定管道的试验长度。

9.1.10 本条作为强制性条文，规定给水管道必须水压试验合格，生活饮用水并网前进行冲洗与消毒，水质经检验达到国家有关标准规定后，方可投入运行。

9.1.11 本条作为强制性条文，规定污水、雨污水合流管道及湿陷土、膨胀土、流沙地区的雨水管道，必须经严密性试验合格方可回填、投入运行。

9.2 压力管道水压试验

9.2.9 本条规定了待试验管道的浸泡时间（见表9.2.9），系在原“规范”第10.2.8条内容基础上的修订补充；据工程实践将有水泥砂浆衬里的球墨铸铁管、钢管的浸泡时间由“≥48h”降低到“≥24h”。

9.2.10 本条规定了压力管道水压试验程序和合格标准。

第1款中表9.2.10-1给出了不同管材管道的试验压力，预应力钢筒混凝土管与预（自）应力钢筋混凝土管试验压力相同，化学建材管试验压力参考了《埋地聚乙烯给水管道工程技术规程》CJJ 101—2004中第7.1.3条的规定。

第2款规定预试验程序和要求，参考国外相关标准，预试验主要目的是在试验压力下检查管道接口、配件等处有无漏水、损坏现象；发现有无漏水、损坏现象应停止试压；并查明原因采取相应措施后重新试压。预试验对于保证主试验成功是完全必要的。

第3款规定了主试验程序和要求，表9.2.10-2中所列允许压力降数值取自北京、上海、天津等城市的工程实践数据和《埋地聚乙烯给水管道工程技术规程》CJJ 101；原“规范”中钢管、球墨铸铁管、钢筋混凝土类管三大类管道允许压力降数值为0.05MPa，表9.2.10-2中数值严于原“规范”第10.2.13.5条的规定。

9.2.11 本条保留了原“规范”10.2.13基本内容，以供管道水压试验采用允许渗水量进行最终合格判定依据时使用；并给出内径100～1400mm钢管、球墨铸铁管、钢筋混凝土类管三大类管道允许渗水量表，以及内径大于1400mm管道允许渗水量的计算公式。

本条第2和第3款分别为现浇钢筋混凝土管渠和硬聚氯乙烯管道允许渗水量的计算公式，来自原“规范”第10.2.13.3条和《埋地硬聚氯乙烯给水管道工程技术规程》CECS 17的相关规定。

9.2.12 本条引用了《埋地聚乙烯给水管道工程技术规程》CJJ 101—2004中第7.2节的内容，对聚乙烯管及其复合管的水压试验作出规定，并依据工程实践经验，将停止注水稳定时间由60min减至30min。本规范中其他化学建材管道也可参照本条规定执行。

9.3 无压管道的闭水试验

9.3.5 本条第1、2和3款管道闭水试验允许渗水量计算公式沿用了原“规范”的计算公式。

第4款给出的化学建材管道的允许渗水量式计算公式系采用《埋地硬聚氯乙烯排水管道工程技术规程》CECS 122：2001中允许渗水量标准，也是参照美国《PVC管设计施工手册》执行的。

9.3.6 依据各地的反馈意见，本条删除了原“规范”在“水源缺乏的地区”的限定；但同时补充规定：试验不合格时，抽样井段数量应在原抽样基础上加倍进行试验。

9.3.7 本规范规定：内径大于或等于1500mm混凝土结构管道，包括顶管、有二次衬砌结构盾构或浅埋暗挖施工管道，当地下水位高于管道顶部可采用内渗法（又称内闭水试验）检验，渗水量检测方法可按本规范附录F的规定选择。

本条第2、3款中术语可参照本规范附录F的规定。

本条第3款内渗法允许渗漏水量标准定为：$q \leqslant 2[L/(m^2 \cdot d)]$，在总结北京等城市工程实践基础上，参考了《地下工程防水技术规范》GB 50108第3.2.1条四级防水等级标准而制定的。

北京市地方工程建设标准较严些，允许渗漏水量$q \leqslant 0.1[L/(m^2 \cdot d)]$；工程实际应用表明现场的渗漏量检测难以操作。

对于同样管径的顶管工程，采用本条外闭水试验标准要比采用本规范第9.3.5条内闭水试验的允许渗水量小得多，在工程实际选用时应加以注意。

9.4 无压管道的闭气试验

9.4.1 本规范规定闭气试验适用于混凝土类的无压管道在回填土前进行的严密性试验，不适用于无地下水的顶管施工的管道；北京地区已进行了无地下水的顶管施工的管道闭气试验工程性研究，但作为标准尚不够成熟，还不能用来指导工程应用。

9.4.4 本条在专家论证的基础上引用了天津市工程建设标准《混凝土排水管道工程检验标准》（备案号J 10454—2004）的规定，而天津市工程建设标准《混凝土排水管道工程检验标准》（备案号J 10454—2004）是基于原“规范”公式（10.3.5）即本规范式（9.3.5-1）经对比试验和工程实践得出的闭气标准，在工程应用时务请注意其基本要求。

9.5 给水管道冲洗与消毒

9.5.3 本条保留了原“规范”基本内容，并依据北京等城市的管道冲洗与消毒实践经验给出具体规定；管道第一次冲洗，又称为冲浊；管道第二次冲洗，又称为冲毒。有效氯离子含量，北京地区一般为25～50mg/L，各地也各有所不同，20mg/L为规定的最低值。

附录A 给排水管道工程分项、分部、单位工程划分

为了便于工程实际应用，本规范编制了“给排水管道工程分项、分部、单位工程划分表”，施工单位可根据工程的具体情况，会同有关方面在施工前或在施工组织设计阶段进行具体划分。

中小型管道工程的工程检验项目可按附录A进行分项、分部、单位工程划分。

附录B 分项、分部、单位工程质量验收记录

给排水管道工程的验收在设验收批时，验收批的验收是工程质量验收的最小单位，是分项工程乃至整个给水排水管道工程质量验收的基础。

各分项工程检查项目合格以外，还应对该分部工程进行外观质量评价、以及对涉及结构安全和使用功能的分部工程进行施工检测和试验。

本规范中“子分部”、“子单位”工程，主要是针对一些大型的、综合性、多专业施工队伍、多工种的给水排水管道工程，这类工程可能同时包含了多种施工方式和部位（如有开槽敷设、顶管、沉管、泵站工程等），为了便于施工质量的过程控制和质量管理而

设置的。

单位工程验收也称竣工验收，是在其所含的各分部工程验收合格的基础上进行，是给排水管道工程投入使用前的最后一次验收，也是最重要的验收。

本规范给出了验收批、分项工程、分部工程、单位工程的质量验收记录表，以统一记录表的格式、内容和方式；其中各分项工程验收批验收记录表根据附录B的通用表式，还可根据该通用表样，结合本规范各章节的质量验收要求，制订不同分项工程验收批的专用表样，以便于施工检验与验收使用。

附录C 注水法试验

本规范规定压力管道的水压试验应采用注水法试验，内容系在原“规范”附录A基础上修订的。

附录D 闭水法试验

本规范规定无压管道可选用闭水试验，并沿用了原“规范”附录B内容。

附录E 闭气法试验

本规范规定钢筋混凝土类无压管道可选用闭气试验，引用了天津市工程建设标准《混凝土排水管道工程检验标准》（备案号J 10 454—2004）的部分内容。

附录F 混凝土结构无压管道渗水量测与评定方法

附录F较详细地介绍了混凝土结构无压管道渗漏水调查、量测方法、计算公式，主要内容来自各地工程实践经验，并参考了《地下防水工程质量验收规范》GB 50208—2002附录C的规定以及北京、上海等地区的工程建设标准。

附录G 钢筋混凝土结构外观质量缺陷评定方法

给排水管道工程现浇混凝土施工质量验收中外观（观感）质量评定，需对钢筋混凝土结构外观质量缺陷较科学地进行评定，表G.0.1参考了《混凝土结构工程施工质量验收规范》GB 50204—2002第8.1.1条的相关规定。

附录H 聚氨酯（PU）涂层

鉴于目前给水管道工程已有聚氨酯（PU）涂层用作钢管外防腐层的工程实例，为方便应用，将这部分内容列入本规范附录H。

中华人民共和国国家标准

城市给水工程规划规范

Code for urban water supply engineering planning

GB 50282—98

主编部门：中华人民共和国建设部
批准部门：中华人民共和国建设部
施行日期：1999 年 2 月 1 日

关于发布国家标准《城市给水工程规划规范》的通知

建标［1998］14号

根据原国家计委计综合［1992］490号文附件二“1992年工程建设标准制订修订计划”的要求，由我部会同有关部门共同制订的《城市给水工程规划规范》，已经有关部门会审。现批准《城市给水工程规划规范》GB50282—98为强制性国家标准，自1999年2月1日起施行。

本规范由我部负责管理，由浙江省城乡规划设计研究院负责具体解释工作。本规范由建设部标准定额研究所组织中国建筑工业出版社出版发行。

中华人民共和国建设部

1998年8月20日

前　言

本规范是根据原国家计委计综合［1992］490号文的要求，由建设部负责编制而成。经建设部1998年8月20日以建标［1998］14号文批准发布。

在本规范编制过程中，规范编制组在总结实践经验和科研成果的基础上，主要对城市水资源及城市用水量、给水范围和规模、给水水质和水压、水源、给水系统、水厂和输配水等方面作了规定，并广泛征求了全国有关单位的意见，最后由我部会同有关部门审查定稿。

在本规范执行过程中，希望各有关单位结合工程实践和科学研究，认真总结经验，注意积累资料，如发现需要修改和补充之处，请将意见和有关资料寄交浙江省城乡规划设计研究院（通讯地址：杭州保俶路224号，邮政编码310007），以供今后修订时参考。

主编单位：浙江省城乡规划设计研究院

参编单位：杭州市规划设计院，大连市规划设计院，陕西省城乡规划设计研究院

主要起草人：王　杉、张宛梅、周胜昔、吴兆申、肖玲群、曹世法、付文清、张　华、韩文斌、张明生

目　次

1 总　　则

1.0.1 为在城市给水工程规划中贯彻执行《城市规划法》、《水法》、《环境保护法》，提高城市给水工程规划编制质量，制定本规范。

1.0.2 本规范适用于城市总体规划的给水工程规划。

1.0.3 城市给水工程规划的主要内容应包括：预测城市用水量，并进行水资源与城市用水量之间的供需平衡分析；选择城市给水水源并提出相应的给水系统布局框架；确定给水枢纽工程的位置和用地；提出水资源保护以及开源节流的要求和措施。

1.0.4 城市给水工程规划期限应与城市总体规划期限一致。

1.0.5 城市给水工程规划应重视近期建设规划，且应适应城市远景发展的需要。

1.0.6 在规划水源地、地表水水厂或地下水水厂、加压泵站等工程设施用地时，应节约用地，保护耕地。

1.0.7 城市给水工程规划应与城市排水工程规划相协调。

1.0.8 城市给水工程规划除应符合本规范外，尚应符合国家现行的有关强制性标准的规定。

2 城市水资源及城市用水量

2.1 城市水资源

2.1.1 城市水资源应包括符合各种用水的水源水质标准的淡水（地表水和地下水）、海水及经过处理后符合各种用水水质要求的淡水（地表水和地下水）、海水、再生水等。

2.1.2 城市水资源和城市用水量之间应保持平衡，以确保城市可持续发展。在几个城市共享同一水源或水源在城市规划区以外时，应进行市域或区域、流域范围的水资源供需平衡分析。

2.1.3 根据水资源的供需平衡分析，应提出保持平衡的对策，包括合理确定城市规模和产业结构，并应提出水资源保护的措施。水资源匮乏的城市应限制发展用水量大的企业，并应发展节水农业。针对水资源不足的原因，应提出开源节流和水污染防治等相应措施。

2.2 城市用水量

2.2.1 城市用水量应由下列两部分组成：

第一部分应为规划期内由城市给水工程统一供给的居民生活用水、工业用水、公共设施用水及其他用水水量的总和。

第二部分应为城市给水工程统一供给以外的所有用水水量的总和。其中应包括：工业和公共设施自备水源供给的用水、河湖环境用水和航道用水、农业灌溉和养殖及畜牧业用水、农村居民和乡镇企业用水等。

2.2.2 城市给水工程统一供给的用水量应根据城市的地理位置、水资源状况、城市性质和规模、产业结构、国民经济发展和居民生活水平、工业回用水率等因素确定。

2.2.3 城市给水工程统一供给的用水量预测宜采用表 2.2.3-1 和表 2.2.3-2 中的指标。

表 2.2.3-1　城市单位人口综合用水量指标

（万 m^3/（万人·d））

区域	城市规模			
	特大城市	大城市	中等城市	小城市
一区	0.8～1.2	0.7～1.1	0.6～1.0	0.4～0.8
二区	0.6～1.0	0.5～0.8	0.35～0.7	0.3～0.6
三区	0.5～0.8	0.4～0.7	0.3～0.6	0.25～0.5

注：1. 特大城市指市区和近郊区非农业人口 100 万及以上的城市；大城市指市区和近郊区非农业人口 50 万及以上不满 100 万的城市；中等城市指市区和近郊区非农业人口 20 万及以上不满 50 万的城市；小城市指市区和近郊区非农业人口不满 20 万的城市。

2. 一区包括：贵州、四川、湖北、湖南、江西、浙江、福建、广东、广西、海南、上海、云南、江苏、安徽、重庆；

二区包括：黑龙江、吉林、辽宁、北京、天津、河北、山西、河南、山东、宁夏、陕西、内蒙古河套以东和甘肃黄河以东的地区；

三区包括：新疆、青海、西藏、内蒙古河套以西和甘肃黄河以西的地区。

3. 经济特区及其他有特殊情况的城市，应根据用水实际情况，用水指标可酌情增减（下同）。

4. 用水人口为城市总体规划确定的规划人口数（下同）。

5. 本表指标为规划期最高日用水量指标（下同）。

6. 本表指标已包括管网漏失水量。

表 2.2.3-2　城市单位建设用地综合用水量指标

（万 m^3/（km^2·d））

区域	城市规模			
	特大城市	大城市	中等城市	小城市
一区	1.0～1.6	0.8～1.4	0.6～1.0	0.4～0.8
二区	0.8～1.2	0.6～1.0	0.4～0.7	0.3～0.6
三区	0.6～1.0	0.5～0.8	0.3～0.6	0.25～0.5

注：本表指标已包括管网漏失水量。

2.2.4 城市给水工程统一供给的综合生活用水量的预测，应根据城市特点、居民生活水平等因素确定。人均综合生活用水量宜采用表 2.2.4 中的指标。

表 2.2.4 人均综合生活用水量指标

（L/（人·d））

区域	城市规模			
	特大城市	大城市	中等城市	小城市
一区	300～540	290～530	280～520	240～450
二区	230～400	210～380	190～360	190～350
三区	190～330	180～320	170～310	170～300

注：综合生活用水为城市居民日常生活用水和公共建筑用水之和，不包括浇洒道路、绿地、市政用水和管网漏失水量。

2.2.5 在城市总体规划阶段，估算城市给水工程统一供水的给水干管管径或预测分区的用水量时，可按照下列不同性质用地用水量指标确定。

1 城市居住用地用水量应根据城市特点、居民生活水平等因素确定。单位居住用地用水量可采用表2.2.5-1中的指标。

表 2.2.5-1 单位居住用地用水量指标

（万 m^3/（km^2·d））

用地代号	区域	城市规模			
		特大城市	大城市	中等城市	小城市
R	一区	1.70～2.50	1.50～2.30	1.30～2.10	1.10～1.90
	二区	1.40～2.10	1.25～1.90	1.10～1.70	0.95～1.50
	三区	1.25～1.80	1.10～1.60	0.95～1.40	0.80～1.30

注：1. 本表指标已包括管网漏失水量。
2. 用地代号引用现行国家标准《城市用地分类与规划建设用地标准》(GBJ137)（下同）。

2 城市公共设施用地用水量应根据城市规模、经济发展状况和商贸繁荣程度以及公共设施的类别、规模等因素确定。单位公共设施用地用水量可采用表2.2.5-2中的指标。

3 城市工业用地用水量应根据产业结构、主体产业、生产规模及技术先进程度等因素确定。单位工业用地用水量可采用表2.2.5-3中的指标。

表 2.2.5-2 单位公共设施用地用水量指标

（万 m^3/（km^2·d））

用地代号	用地名称	用水量指标
C	行政办公用地	0.50～1.00
	商贸金融用地	0.50～1.00
	体育、文化娱乐用地	0.50～1.00
	旅馆、服务业用地	1.00～1.50
	教育用地	1.00～1.50
	医疗、休疗养用地	1.00～1.50
	其他公共设施用地	0.80～1.20

注：本表指标已包括管网漏失水量。

表 2.2.5-3 单位工业用地用水量指标

（万 m^3/（km^2·d））

用地代号	工业用地类型	用水量指标
M1	一类工业用地	1.20～2.00
M2	二类工业用地	2.00～3.50
M3	三类工业用地	3.00～5.00

注：本表指标包括了工业用地中职工生活用水及管网漏失水量。

4 城市其他用地用水量可采用表2.2.5-4中的指标。

表 2.2.5-4 单位其他用地用水量指标

（万 m^3/（km^2·d））

用地代号	用地名称	用水量指标
W	仓储用地	0.20～0.50
T	对外交通用地	0.30～0.60
S	道路广场用地	0.20～0.30
U	市政公用设施用地	0.25～0.50
G	绿地	0.10～0.30
D	特殊用地	0.50～0.90

注：本表指标已包括管网漏失水量。

2.2.6 进行城市水资源供需平衡分析时，城市给水工程统一供水部分所要求的水资源供水量为城市最高日用水量除以日变化系数再乘上供水天数。各类城市的日变化系数可采用表2.2.6中的数值。

表 2.2.6 日变化系数

特大城市	大城市	中等城市	小城市
1.1～1.3	1.2～1.4	1.3～1.5	1.4～1.8

2.2.7 自备水源供水的工矿企业和公共设施的用水量应纳入城市用水量中，由城市给水工程进行统一规划。

2.2.8 城市河湖环境用水和航道用水、农业灌溉和养殖及畜牧业用水、农村居民和乡镇企业用水等的水量应根据有关部门的相应规划纳入城市用水量中。

3 给水范围和规模

3.0.1 城市给水工程规划范围应和城市总体规划范围一致。

3.0.2 当城市给水水源地在城市规划区以外时，水源地和输水管线应纳入城市给水工程规划范围。当输水管线途经的城镇需由同一水源供水时，应进行统一规划。

3.0.3 给水规模应根据城市给水工程统一供给的城

市最高日用水量确定。

3.0.4 城市中用水量大且水质要求低于现行国家标准《生活饮用水卫生标准》（GB5749）的工业和公共设施，应根据城市供水现状、发展趋势、水资源状况等因素进行综合研究，确定由城市给水工程统一供水或自备水源供水。

4 给水水质和水压

4.0.1 城市统一供给的或自备水源供给的生活饮用水水质应符合现行国家标准《生活饮用水卫生标准》（GB5749）的规定。

4.0.2 最高日供水量超过 100 万 m^3，同时是直辖市、对外开放城市、重点旅游城市，且由城市统一供给的生活饮用水供水水质，宜符合本规范附录 A 中表 A.0.1-1 的规定。

4.0.3 最高日供水量超过 50 万 m^3 不到 100 万 m^3 的其他城市，由城市统一供给的生活饮用水供水水质，宜符合本规范附录 A 中表 A.0.1-2 的规定。

4.0.4 城市统一供给的其他用水水质应符合相应的水质标准。

4.0.5 城市配水管网的供水水压宜满足用户接管点处服务水头 28m 的要求。

5 水源选择

5.0.1 选择城市给水水源应以水资源勘察或分析研究报告和区域、流域水资源规划及城市供水水源开发利用规划为依据，并应满足各规划区城市用水量和水质等方面的要求。

5.0.2 选用地表水为城市给水水源时，城市给水水源的枯水流量保证率应根据城市性质和规模确定，可采用 90%～97%。建制镇给水水源的枯水流量保证率应符合现行国家标准《村镇规划标准》（GB50188）的有关规定。当水源的枯水流量不能满足上述要求时，应采取多水源调节或调蓄等措施。

5.0.3 选用地表水为城市给水水源时，城市生活饮用水给水水源的卫生标准应符合现行国家标准《生活饮用水卫生标准》(GB5749)以及国家现行标准《生活饮用水水源水质标准》（CJ3020）的规定。当城市水源不符合上述各类标准，且限于条件必需加以利用时，应采取预处理或深度处理等有效措施。

5.0.4 符合现行国家标准《生活饮用水卫生标准》（GB5749）的地下水宜优先作为城市居民生活饮用水水源。开采地下水应以水文地质勘察报告为依据，其取水量应小于允许开采量。

5.0.5 低于生活饮用水水源水质要求的水源，可作为水质要求低的其他用水的水源。

5.0.6 水资源不足的城市宜将城市污水再生处理后用作工业用水、生活杂用水及河湖环境用水、农业灌溉用水等，其水质应符合相应标准的规定。

5.0.7 缺乏淡水资源的沿海或海岛城市宜将海水直接或经处理后作为城市水源，其水质应符合相应标准的规定。

6 给水系统

6.1 给水系统布局

6.1.1 城市给水系统应满足城市的水量、水质、水压及城市消防、安全给水的要求，并应按城市地形、规划布局、技术经济等因素经综合评价后确定。

6.1.2 规划城市给水系统时，应合理利用城市已建给水工程设施，并进行统一规划。

6.1.3 城市地形起伏大或规划给水范围广时，可采用分区或分压给水系统。

6.1.4 根据城市水源状况、总体规划布局和用户对水质的要求，可采用分质给水系统。

6.1.5 大、中城市有多个水源可供利用时，宜采用多水源给水系统。

6.1.6 城市有地形可供利用时，宜采用重力输配水系统。

6.2 给水系统的安全性

6.2.1 给水系统中的工程设施不应设置在易发生滑坡、泥石流、塌陷等不良地质地区及洪水淹没和内涝低洼地区。地表水取水构筑物应设置在河岸及河床稳定的地段。工程设施的防洪及排涝等级不应低于所在城市设防的相应等级。

6.2.2 规划长距离输水管线时，输水管不宜少于两根。当其中一根发生事故时，另一根管线的事故给水量不应小于正常给水量的 70%。当城市为多水源给水或具备应急水源、安全水池等条件时，亦可采用单管输水。

6.2.3 市区的配水管网应布置成环状。

6.2.4 给水系统主要工程设施供电等级应为一级负荷。

6.2.5 给水系统中的调蓄水量宜为给水规模的10%～20%。

6.2.6 给水系统的抗震要求应按国家现行标准《室外给水排水和煤气热力工程抗震设计规范》（TJ32）及现行国家标准《室外给水排水工程设施抗震鉴定标准》（GBJ43）执行。

7 水源地

7.0.1 水源地应设在水量、水质有保证和易于实施水源环境保护的地段。

7.0.2 选用地表水为水源时，水源地应位于水体功能区划规定的取水段或水质符合相应标准的河段。饮用水水源地应位于城镇和工业区的上游。饮用水水源地一级保护区应符合现行国家标准《地面水环境质量标准》（GB3838）中规定的Ⅱ类标准。

7.0.3 选用地下水水源时，水源地应设在不易受污染的富水地段。

7.0.4 水源为高浊度江河时，水源地应选在浊度相对较低的河段或有条件设置避砂峰调蓄设施的河段，并应符合国家现行标准《高浊度水给水设计规范》（CJJ40）的规定。

7.0.5 当水源为感潮江河时，水源地应选在氯离子含量符合有关标准规定的河段或有条件设置避咸潮调蓄设施的河段。

7.0.6 水源为湖泊或水库时，水源地应选在藻类含量较低、水位较深和水域开阔的位置，并应符合国家现行标准《含藻水给水处理设计规范》（CJJ32）的规定。

7.0.7 水源地的用地应根据给水规模和水源特性、取水方式、调节设施大小等因素确定。并应同时提出水源卫生防护要求和措施。

8 水 厂

8.0.1 地表水水厂的位置应根据给水系统的布局确定。宜选择在交通便捷以及供电安全可靠和水厂生产废水处置方便的地方。

8.0.2 地表水水厂应根据水源水质和用户对水质的要求采取相应的处理工艺，同时应对水厂的生产废水进行处理。

8.0.3 水源为含藻水、高浊水或受到不定期污染时，应设置预处理设施。

8.0.4 地下水水厂的位置根据水源地的地点和不同的取水方式确定，宜选择在取水构筑物附近。

8.0.5 地下水中铁、锰、氟等无机盐类超过规定标准时，应设置处理设施。

8.0.6 水厂用地应按规划期给水规模确定，用地控制指标应按表8.0.6采用。水厂厂区周围应设置宽度不小于10m的绿化地带。

表 8.0.6 水厂用地控制指标

建设规模（万 m^3/d）	地表水水厂（$m^2 \cdot d/m^3$）	地下水水厂（$m^2 \cdot d/m^3$）
5～10	0.7～0.50	0.40～0.30
10～30	0.50～0.30	0.30～0.20
30～50	0.30～0.10	0.20～0.08

注：1. 建设规模大的取下限，建设规模小的取上限。
2. 地表水水厂建设用地按常规处理工艺进行，厂内设置预处理或深度处理构筑物以及污泥处理设施时，可根据需要增加用地。
3. 地下水水厂建设用地按消毒工艺进行，厂内设置特殊水质处理工艺时，可根据需要增加用地。
4. 本表指标未包括厂区周围绿化地带用地。

9 输 配 水

9.0.1 城市应采用管道或暗渠输送原水。当采用明渠时，应采取保护水质和防止水量流失的措施。

9.0.2 输水管（渠）的根数及管径（尺寸）应满足规划期给水规模和近期建设的要求，宜沿现有或规划道路铺设，并应缩短线路长度，减少跨越障碍次数。

9.0.3 城市配水干管的设置及管径应根据城市规划布局、规划期给水规模并结合近期建设确定。其走向应沿现有或规划道路布置，并宜避开城市交通主干道。管线在城市道路中的埋设位置应符合现行国家标准《城市工程管线综合规划规范》的规定。

9.0.4 输水管和配水干管穿越铁路、高速公路、河流、山体时，应选择经济合理线路。

9.0.5 当配水系统中需设置加压泵站时，其位置宜靠近用水集中地区。泵站用地应按规划期给水规模确定，其用地控制指标应按表9.0.5采用。泵站周围应设置宽度不小于10m的绿化地带，并宜与城市绿化用地相结合。

表 9.0.5 泵站用地控制指标

建设规模（万 m^3/d）	用地指标（$m^2 \cdot d/m^3$）
5～10	0.25～0.20
10～30	0.20～0.10
30～50	0.10～0.03

注：1. 建设规模大的取下限，建设规模小的取上限。
2. 加压泵站设有大容量的调节水池时，可根据需要增加用地。
3. 本指标未包括站区周围绿化地带用地。

附录A 生活饮用水水质指标

表 A.0.1-1 生活饮用水水质指标一级指标

项 目	指 标 值
色度	1.5Pt-Co mg/L
浊度	1NUT
臭和味	无
肉眼可见物	无
pH	6.5～8.5
总硬度	450mg$CaCO_3$/L
氯化物	250mg/L
硫酸盐	250mg/L
溶解性固体	1000mg/L
电导率	400（20℃）μs/cm
硝酸盐	20mgN/L
氟化物	1.0mg/L
阴离子洗涤剂	0.3mg/L
剩余氯	0.3，末 0.05mg/L

续表 A.0.1-1

项　目	指　标　值
挥发酚	0.002mg/L
铁	0.03mg/L
锰	0.1mg/L
铜	1.0mg/L
锌	1.0mg/L
银	0.05mg/L
铝	0.2mg/L
钠	200mg/L
钙	100mg/L
镁	50mg/L
硅	
溶解氧	
碱度	>30mg$CaCO_3$/L
亚硝酸盐	0.1mgNO_2/L
氨	0.5mgNH_3/L
耗氧量	5mg/L
总有机碳	
矿物油	0.01mg/L
钡	0.1mg/L
硼	1mg/L
氯仿	60μg/L
四氯化碳	3μg/L
氰化物	0.05mg/L
砷	0.05mg/L
镉	0.01mg/L
铬	0.05mg/L
汞	0.001mg/L
铅	0.05mg/L
硒	0.01mg/L
DDT	1μg/L
666	5μg/L
苯并（a）芘	0.01μg/L
农药（总）	0.5μg/L
敌敌畏	0.1μg/L
乐果	0.1μg/L
对硫磷	0.1μg/L
甲基对硫磷	0.1μg/L
除草醚	0.1μg/L
敌百虫	0.1μg/L
2，4，6-三氯酚	10μg/L
1，2-二氯乙烷	10μg/L
1，1-二氯乙烯	0.3μg/L
四氯乙烯	10μg/L

续表 A.0.1-1

项　目	指　标　值
三氯乙烯	30μg/L
五氯酚	10μg/L
苯	10μg/L
酚类：（总量）	0.002mg/L
苯酚	
间甲酚	
2，4-二氯酚	
对硝基酚	
有机氯：（总量）	1μg/L
二氯甲烷	
1，1，1-三氯乙烷	
1，1，2 三氯乙烷	
1，1，2，2-四氯乙烷	
三溴甲烷	
对二氯苯	
六氯苯	0.01μg/L
铍	0.0002mg/L
镍	0.05mg/L
锑	0.01mg/L
钒	0.1mg/L
钴	1.0mg/L
多环芳烃（总量）	0.2μg/L
萘	
萤蒽	
苯并（b）萤蒽	
苯并（k）萤蒽	
苯并（1，2，3，4d）芘	
苯并（ghi）芘	
细菌总数 37℃	100 个/mL
大肠杆菌群	3 个/mL
粪型大肠杆菌	MPN<1/100mL
	膜法 0/100mL
粪型链球菌	MPN<1/100mL
	膜法 0/100mL
亚硫酸还原菌	MPN<1/100mL
放射性（总 α）	0.1Bq/L
（总 β）	1Bq/L

注：1. 指标取值自 EC（欧共体）；
2. 酚类总量中包括 2，4，6-三氯酚，五氯酚；
3. 有机氯总量中包括 1，2-二氯乙烷，1，1-二氯乙烯，四氯乙烯，三氯乙烯，不包括三溴甲烷及氯苯类；
4. 多环芳烃总量中包括苯并（a）芘；
5. 无指标值的项目作测定和记录，不作考核；
6. 农药总量中包括 DDT 和 666。

表 A.0.1-2 生活饮用水水质指标二级指标

项　　目	指 标 值
色度	1.5Pt-Co mg/L
浊度	2NUT
臭和味	无
肉眼可见物	无
pH	6.5～8.5
总硬度	450mg$CaCO_3$/L
氯化物	250mg/L
硫酸盐	250mg/L
溶解性固体	1000mg/L
硝酸盐	20mgN/L
氟化物	1.0mg/L
阴离子洗涤剂	0.3mg/L
剩余氯	0.3，末 0.05mg/L
挥发酚	0.002mg/L
铁	0.03mg/L
锰	0.1mg/L
铜	1.0mg/L
锌	1.0mg/L
银	0.05mg/L
铝	0.2mg/L
钠	200mg/L
氰化物	0.05mg/L
砷	0.05mg/L
镉	0.01mg/L
铬	0.05mg/L
汞	0.001mg/L
铅	0.05mg/L
硒	0.01mg/L
氯仿	60μg/L
四氯化碳	3μg/L
DDT	1μg/L
666	5μg/L
苯并（a）芘	0.01μg/L
2，4，6-三氯酚	10μg/L
1，2-二氯乙烷	10μg/L

续表 A.0.1-2

项　　目	指 标 值
1，1-二氯乙烯	0.3μg/L
四氯乙烯	10μg/L
三氯乙烯	30μg/L
五氯酚	10μg/L
苯	10μg/L
农药（总）	0.5μg/L
敌敌畏	0.1μg/L
乐果	0.1μg/L
对硫磷	0.1μg/L
甲基对硫磷	0.1μg/L
除草醚	0.1μg/L
敌百虫	0.1μg/L
细菌总数 37℃	100 个/mL
大肠杆菌群	3 个/mL
粪型大肠杆菌	MPN<1/100mL
	膜法 0/100mL
放射性（总 α）	0.1Bq/L
（总 β）	1Bq/L

注：1. 指标取值自 WHO（世界卫生组织）；
　　2. 农药总量中包括 DDT 和 666。

规范用词用语说明

1. 执行本规范条文时，对于要求严格程度的用词，说明如下，以便在执行中区别对待。

（1）表示很严格，非这样做不可的用词：
正面词采用“必须”；反面词采用“严禁”。

（2）表示严格，在正常情况下均应这样做的用词：
正面词采用“应”；反面词采用“不应”或“不得”。

（3）表示允许稍有选择，在条件许可时，首先应这样做的用词：
正面词采用“宜”；反面词采用“不宜”。

（4）表示有选择，在一定条件下可以这样做的，采用“可”。

2. 条文中指明应按其他有关标准和规范执行的写法为：“应按……执行”或“应符合……要求或规定”。

中华人民共和国国家标准

城市给水工程规划规范

Code for Urban Water Supply Engineering Planning

GB 50282—98

条 文 说 明

目　次

1 总 则

1.0.1 阐明编制本规范的宗旨。城市规划事业在近十几年来有了很大的发展，但是在城市规划各项法规、标准制定上明显落后于发展的需要。给水工程是城市基础设施的重要组成部分，是城市发展的保证，但在城市给水工程规划中，由于没有相应的国家标准可供参考，因此全国各地规划设计单位所作的给水工程规划内容和深度各不相同。这种情况，不利于城市给水工程规划水平的提高，不利于城市给水工程规划的统一评定和检查，同时也影响了城市给水工程规划作为城市发展政策性法规和后阶段设计工作指导性文件的严肃性。

随着《城市规划法》、《水法》、《环境保护法》、《水污染防治法》等一系列法规的颁布和《地面水环境质量标准》、《生活饮用水卫生标准》、《污水综合排放标准》等一系列标准的实施，人们的法制观念日渐加强，深感需要有城市给水工程规划方面的法规，以便在编制城市给水工程规划时有法可依，有章可循。

同时，本规范具体体现了国家在给水工程中的技术经济政策，保证了城市给水工程规划的先进性、合理性、可行性及经济性，是我国城市规划规范体系日益完善的表现。

1.0.2 规定本规范的适用范围。明确指出本规范适用于城市总体规划中的给水工程规划。

根据规划法，城市规划分为总体规划、详细规划两阶段。大中城市在总体规划基础上应编制分区规划。鉴于现行的各类给水规范其适用对象大都为具体工程设计，内容虽然详尽，但缺少宏观决策、总体布局等方面的内容。为此本规范的条文设置尽量避免与其他给水规范内容重复，为总体规划（含分区规划）的城市给水工程规划服务，编制城市给水工程详细规划时，可依照本规范和其他给水规范。

按照国家有关划分城乡标准的规定，设市城市和建制镇同属于城市的范畴，所以建制镇总体规划中的给水工程规划可按本规范执行。

由于农村给水的条件和要求与城市存在较大差异，因此无法归纳在同一规范中。

1.0.3 规定城市给水工程规划的主要任务和规划内容。

城市给水工程规划的内容是根据《城市规划编制办法实施细则》的有关要求确定的，同时又强调了水资源保护及开源节流的措施。

水是不可替代资源，对国计民生有着十分重要的作用。根据《饮用水水源保护区污染防治管理规定》和《生活饮用水水源水质标准》（CJ3020）的规定，饮用水水源保护区的设置和污染防治应纳入当地的社会经济发展规划和水污染防治规划。水源的水质和给水工程紧密相关，因此对水源的卫生防护必须在给水工程规划中予以体现。

我国是一个水资源匮乏的国家，城市水资源不足已成为全国性问题，在一些水资源严重不足的城市已影响到社会的安定。针对水资源不足的城市，我们应从两方面采取措施解决，一方面是“开源”，积极寻找可供利用的水源（包括城市污水的再生利用），以满足城市发展的需要；另一方面是“节流”，贯彻节约用水的原则，采取各种行政、技术和经济的手段来节约用水，避免水的浪费。

1.0.4 城市总体规划的规划期限一般为20年。本条明确城市给水工程规划的规划期限应与城市总体规划的期限相一致。作为城市基础设施重要组成部分的给水工程关系着城市的可持续发展，城市的文明、安全和居民的生活质量，是创造良好投资环境的基石。因此，城市给水工程规划应有长期的时效以符合城市的要求。

1.0.5 本条对城市总体规划的给水工程规划处理好近期建设和远景发展的关系作了明确规定。编制城市总体规划的给水工程规划是和总体规划的规划期限一致的，但近期建设规划往往是马上要实施的。因此，近期建设规划应受到足够的重视，且应具有可行性和可操作性。由于给水工程是一个系统工程，为此应处理好城市给水工程规划和近期建设规划的关系及二者的衔接，否则将会影响给水工程系统技术上的优化决策，并会造成城市给水工程不断建设，重复建设的被动局面。

在城市给水工程规划中，宜对城市远景的给水规模及城市远景采用的给水水源进行分析。一则可对城市远景的给水水源尽早地进行控制和保护，二则对工业的产业结构起到导向作用。所以城市给水工程规划应适应城市远景发展的给水工程的要求。

1.0.6 明确规划给水工程用地的原则。由于城市不断发展，城市用水量亦会大幅度增加，随之各类给水工程设施的用地面积也必然增加。但基于我国人口多，可耕地面积少等国情，节约用地是我国的基本国策。在规划中体现节约用地是十分必要的。强调应做到节约用地，可以利用荒地的，不占用耕地，可以利用劣地的，不占用好地。

1.0.7 城市给水工程规划除应符合总体规划的要求外，尚应与其他各项规划相协调。由于与城市排水工程规划之间联系紧密，因此和城市排水工程规划的协调尤为重要。协调的内容包括城市用水量和城市排水量、水源地和城市排水受纳体、水厂和污水处理厂厂址、给水管道和排水管道的管位等方面。

1.0.8 提出给水工程规划，除执行《城市规划法》、《水法》、《环境保护法》、《水污染防治法》及本规范外，还需同时执行相关的标准、规范和规定。目前主要的有以下这些标准和规范：《生活饮用水卫生标准》、《生活杂用水水质标准》、《地面水环境质量标准》、《生活饮用水水源水质标准》、《饮用水水源保护区污染防治管理规定》、《供水水文地质勘察规范》、《室外给水设计规范》、《高浊度水给水设计规范》、《含藻水给水处理设计规范》、《饮用水除氟设计规程》、《建筑中水设计规范》、《污水综合排放标准》、《城市污水回用设计规范》等。

2 城市水资源及城市用水量

2.1 城 市 水 资 源

2.1.1 阐明城市水资源的内涵。凡是可用作城市各种用途的水均为城市水资源。包括符合各种用水水源水质标准的地表和地下淡水；水源水质不符合用水水源水质标准，但经处理可符合各种用水水质要求的地表和地下淡水；淡化或不淡化的海水以及将城市污水经过处理达到各种用水相应水质标准的再生水等。

2.1.2 城市水资源和城市用水量之间的平衡是指水质符合各项用水要求的水量之间的平衡。

根据中华人民共和国国务院令第158号《城市供水条例》第十条："编制城市供水水源开发利用规划，应当从城市发展的需要出发，并与水资源统筹规划和水长期供求规划相协调"。因此，当城市采用市域内本身的水资源时，应编制水资源统筹和利用规划，达到城市用水的供需平衡。

当城市本身水资源贫乏时，可以考虑外域引水。可以一个城市单独引水，也可几个城市联合引水。根据《水法》第二十一条："兴建跨流域引水工程，必须进行全面规划和科学论证，统筹兼顾引出和引入流域的用水需求，防止对生态环境的不利影响"。因此，当城市采用外域水源或几个城市共用一个水源时，应进行区域或流域范围的水资源综合规划和专项规划，并与国土规划相协调，以满足整个区域或流域的城市用水供需平衡。

2.1.3 本条指明应在水资源供需平衡的基础上合理确定城市规模和城市产业结构。由于水是一种资源，是城市赖以生存的生命线，因此应采取确保水资源不受破坏和污染的措施。水资源供需不平衡的城市应分析其原因并制定相应的对策。

造成城市水资源不足有多种原因，诸如：属于工程的原因、属于污染的原因、属于水资源匮乏的原因或属于综合性的原因等，可针对各种不同的原因采取相应措施。如建造水利设施拦蓄和收集地表径流；建造给水工程设施，扩大城市供水能力；强化对城市水资源的保护，完善城市排污系统，建设污水处理设施；采取分质供水、循环用水、重复用水、回用再生水、限制发展用水量大的产业及采用先进的农业节水灌溉技术等，在有条件时也可以从外域引水等。

2.2 城 市 用 水 量

2.2.1 说明城市用水量的组成。

城市的第一部分用水量指由城市给水工程统一供给的水量。包括以下内容：

居民生活用水量：城镇居民日常生活所需的用水量。

工业用水量：工业企业生产过程所需的用水量。

公共设施用水量：宾馆、饭店、医院、科研机构、学校、机关、办公楼、商业、娱乐场所、公共浴室等用水量。

其他用水量：交通设施用水、仓储用水、市政设施用水、浇洒道路用水、绿化用水、消防用水、特殊用水（军营、军事设施、监狱等）等水量。

城市的第二部分用水指不由城市给水工程统一供给的水量。包括工矿企业和大型公共设施的自备水，河湖为保持环境需要的各种用水，保证航运要求的用水，农业灌溉和水产养殖业、畜牧业用水，农村居民生活用水和乡镇企业的工业用水等水量。

2.2.2 说明预测城市用水量时应考虑的相关因素。用水量应结合城市的具体情况和本条文中的各项因素确定，并使预测的用水量尽量切合实际。一般地说，年均气温较高、居民生活水平较高、工业和经济比较发达的城市用水量较高。而水资源匮乏、工业和经济欠发达或年均气温较低的城市用水量较低。城市的流动和暂住人口对城市用水量也有一定影响，特别是风景旅游城市、交通枢纽城市和商贸城市，这部分人口的用水量更不可忽视。

2.2.3 提出城市用水量预测宜采用综合指标法，并提出了城市单位人口和单位建设用地综合用水量指标（见表2.2.3-1、2.2.3-2）。该两项指标主要根据1991～1994年《城市建设统计年报》中经选择的175个典型城市用水量（包括9885万用水人口，156亿m^3/年供水量，约占全国用水人口的68%和全国供水总量的73%，具有一定代表性）分析整理得出。此外，还对全国部分城市进行了函调，并将函调资料作为分析时的参考。

由于城市用水量与城市规模、所在地区气候、居民生活习惯有着不同程度的关系。按国家的《城市规划法》的规定，将城市规模分成特大城市、大城市、中等城市和小城市。同时为了和《室外给水设计规范》中城市生活用水量定额的区域划分一致，故将该定额划分的三个区域用来作为本规范的城市综合用水量指标区域划分（见表2.2.3-1注）。

在选用本综合指标时有以下几点应加以说明：

（1）自备水源是城市用水量的重要组成部分，但分析《城市建设统计年报》中包括自备水源在内的统计数据时，各相似城市的用水量出入极大，没有规律，无法得出共性指标，因此只能在综合指标中舍去自备水源这一因素。故在确定城市用水量，进行城市水资源平衡时，应根据城市具体情况对自备水源的水量进行合理预测。

(2) 综合指标是预测城市给水工程统一供给的用水量和确定给水工程规模的依据，它的适用年限延伸至2015年。制定本表时，已将至2015年城市用水的增长率考虑在指标内，为此近期建设规划采用的指标可酌情减少。若城市规划年限超过2015年，用水量指标可酌情增加。用水量年增长率一般为1.5%～3%，大城市趋于低值，小城市趋于高值。

(3)《城市建设统计年报》中所提供的用水人口未包括流动人员及暂住人口，反映在样本值中单位人口用水量就偏高。故在选用本指标时，要认真加以分析研究。

(4) 由于我国城市情况十分复杂，对城市用水量的影响很大。故在分析整理数据时已将特殊情况删除，从而本综合指标只适用于一般性质的城市。对于那些特殊的城市，诸如：经济特区、纯旅游城市、水资源紧缺城市、一个城市就是一个大企业的城市（如：鞍钢、大庆）等，都需要按实际情况将综合指标予以修正采用。

采用综合指标法预测城市用水量后，可采用用水量递增法和相关比例法等预测方法对城市用水量进行复核，以确保水量预测的准确性。

2.2.4 本条规定了人均综合生活用水量指标，并提出了影响指标选择的因素。人均综合生活用水量系指城市居民生活用水和公共设施用水两部分的总水量。不包括工业用水、消防用水、市政用水、浇洒道路和绿化用水、管网漏失等水量。

表2.2.4系根据《室外给水设计规范》修订过程中"综合生活用水定额建议值"的成果推算，其年限延伸至2015年。在应用时应结合当地自然条件、城市规模、公共设施水平、居住水平和居民的生活水平来选择指标值。

城市给水工程统一供给的用水量中工业用水所占比重较大。而工业用水量因工业的产业结构、规模、工艺的先进程度等因素，各城市不尽相同。但同一城市的城市用水量与人均综合生活用水量之间往往有相对稳定的比例，因此可采用"人均综合生活用水量指标"结合两者之间的比例预测城市用水量。

2.2.5 总体规划阶段城市给水工程规划估算给水干管管径或预测分区的用水量时，宜采用表2.2.5-1～2.2.5-4中所列出的不同性质用地用水量指标。不同性质用地用水量指标为规划期内最高日用水量指标，指标值使用年限延伸至2015年。近期建设规划采用该指标值时可酌情减少。

1 城市单位居住用地用水量指标（表2.2.5-1）是根据《室外给水设计规范》修订过程中"居民生活用水定额"的成果，并结合《城市居住区规划设计规范》(GB50180) 中有关规定推算确定的。

居住用地用水量包括了居民生活用水及居住区内的区级公共设施用水、居住区内道路浇洒用水和绿化用水等用水量的总和。

由于在城市总体规划阶段对居住用地内的建筑层数和容积率等指标只作原则规定，故确定居住用地用水量是在假设居住区内的建筑以多层住宅为主的情况下进行的。选用本指标时，需根据居住用地实际情况，对指标加以调整。

2 城市公共设施用地用水量不仅与城市规模、经济发展和商贸繁荣程度等因素密切相关，而且公共设施随着类别、规模、容积率不同，用水量差异很大。在总体规划阶段，公共设施用地只分到大类或中类，故其用水量只能进行匡算。调查资料表明公共设施用地规划期最高日用水量指标一般采用0.50～1.50万m^3/(km^2·d)。公共设施用地用水量可按不同的公共设施在表2.2.5-2中选用。

3 城市工业用地用水量不仅与城市性质、产业结构、经济发展程度等因素密切相关。同时，工业用地用水量随着主体工业、生产规模、技术先进程度不同，也存在很大差别。城市总体规划中工业用地以污染程度划分为一、二、三类，而污染程度与用水量多少之间对应关系不强。

为此，城市工业用水量宜根据城市的主体产业结构，现有工业用水量和其他类似城市的情况综合分析后确定。当地无资料又无类似城市可参考时可采用表2.2.5-3确定工业用地用水量。

4 根据调查，不同城市的仓储用地、对外交通、道路广场、市政用地、绿化及特殊用地等用水量变化幅度不大，而且随着规划年限的延伸增长幅度有限。在选用指标时，特大城市、大城市及南方沿海经济开放城市等可取上限值，北方城市及中小城市可取下限值。指标值见表2.2.5-4。

在使用不同性质用地用水量指标时，有以下几点说明：

(1)"不同性质用地用水量指标"适用于城市总体规划阶段。在总体规划中，城市建设用地分类一般只到大类，各类用地中各种细致分类或用地中具体功能还未规定，这与城市详细规划有明显差别。根据《城市规划法》的规定，城市详细规划应当在城市总体规划或者分区规划的基础上，对城市近期建设区域的各项建设作出具体规划。在详细规划中，城市建设用地分类至中、小类，而且由于在建设用地中的人口密度和建筑密度不同以及建设项目不同都会导致用水量指标有较大差异。因此详细规划阶段预测用水量时不宜采用本规范的"不同性质用地用水量指标"，而应根据实际情况和要求并结合已经落实的建设项目进行研究，选择合理的用水量指标进行计算。

(2)“不同性质用地用水量指标”是通用性指标。《城市给水工程规划规范》是一本通用规范。我国幅源辽阔，城市众多，由于城市性质、规模、地理位置、经济发达程度、居民生活习惯等因素影响，各城市的用水量指标差异很大。为使“不同性质用地用水量指标”成为全国通用性指标，我们首先将调查资料中特大及特小值舍去，在推荐用水量指标时都给于一定的范围，并给出选用原则。对于具有特殊情况或特殊需求的城市，应根据本规范提出的原则，结合城市的具体条件对用水量指标作出适当的调整。

(3)“不同性质用地用水量指标”是规划指标，不是工程设计指标。在使用本指标时，应根据各自城市的情况进行综合分析，从指标范围中选择比较适宜的值。且随着时间的推移，规划的不断修改（编），指标也应不断的修正，从而对规划实施起到指导作用。

2.2.6 城市水资源平衡系指所能提供的符合水质要求的水量和城市年用水总量之间的平衡。城市年用水总量为城市平均日用水量乘以年供水天数而得。城市给水工程规划所得的城市用水量为最高日用水量，最高日用水量和平均日用水量的比值称日变化系数，日变化系数随着城市规模的扩大而递减。表2.2.6中的数值是参照《室外给水设计规范》修编中大量的调查统计资料推算得出。在选择日变化系数时可结合城市性质、城市规模、工业水平、居民生活水平及气候等因素进行确定。

2.2.7 工矿企业和公共设施的自备水源用水是城市用水量的一部分，虽然不由城市给水工程统一供给，但对城市水资源的供需平衡有一定影响。因此，城市给水工程规划应对自备水源的取水水源、取水量等统一规划，提出明确的意见。

规划期内未经明确同意采用自备水源的企业应从严控制兴建自备水源。

2.2.8 除自备水源外的城市第二部分用水量应根据有关部门的相应规划纳入城市用水量，统一进行水资源平衡。

农村居民生活用水和乡镇工业用水一般属于城市第二部分用水，但有些城市周围的农村由于水源污染或水资源缺乏，无法自行解决生活、工业用水，在有关部门统一安排下可纳入城市统一供水范围。

3 给水范围和规模

3.0.1 按《城市规划法》规定：城市规划区是在总体规划中划定的。城市给水工程规划将城市建设用地范围作为工作重点，规划的主要内容应符合本规范1.0.3条的要求。对城市规划区内的其他地区，可提出水源选择，给水规模预测等方面的意见。

3.0.2 城市给水水源地距离城市较远且不在城市规划区范围内时，应把水源地及输水管划入给水工程规划范围内。当超出本市辖区范围时，应和有关部门进行协调。输水管沿线的城镇、工业区、开发区等需统一供水时，经与有关部门协调后可一并列入给水工程规划范围，但一般只考虑增加取水和输水工程的规模，不考虑沿线用户的水厂设置。

3.0.3 明确给水规模由城市给水工程统一供给的城市最高日用水量确定。根据给水规模可进行给水系统中各组成部分的规划设计。但给水规模中未包括水厂的自用水量和原水输水管线的漏失水量，因此取、输水工程的规模应增加上述两部分水量，净水工程应增加水厂自用水量。

城市给水工程规划的给水规模按规划期末城市所需要的最高日用水量确定，是规划期末城市供水设施应具备的生产能力。规划给水规模和给水工程的建设规模含义不同。建设规模可根据规划给水规模的要求，在建设时间和建设周期上分期安排和实施。给水工程的建设规模应有一定的超前性。给水工程建成投产后，应能满足延续一个时段的城市发展的需求，避免刚建成投产又出现城市用水供不应求的情况的发生。

3.0.4 一般情况下工业用水和公共设施用水应由城市给水工程统一供给。绝大多数城市给水工程统一供给的水的水质符合现行国家标准《生活饮用水卫生标准》(GB5749）的要求。但对于城市中用水量特别大，同时水质要求又低于现行国家标准《生活饮用水卫生标准》(GB5749）的工矿企业和公共设施用水，应根据城市水资源和供水系统等的具体条件明确这部分水是纳入城市统一供水的范畴还是要求这些企业自建自备水源供水。如由城市统一供水，则应明确是供给城市给水工程同一水质的水，还是根据企业的水质要求分质供水。一般来说，当这些企业自成格局且附近有水质水量均符合要求的水源时，可自建自备水源；当城市水资源并不丰富，而城市给水工程设施有能力时，宜统一供水。

当自备水源的水质低于现行国家标准《生活饮用水卫生标准》时，企业职工的生活饮用水应纳入城市给水工程统一供水的范围。

当企业位置虽在城市规划建设用地范围内，目前城区未扩展到那里且距水厂较远，近期不可能为该企业单独铺设给水管时，也可建自备水源，但宜在规划中明确对该企业今后供水的安排。

4 给水水质和水压

4.0.1 《生活饮用水卫生标准》(GB5749）是国家制定的关于生活饮用水水质的强制性法规。由城市统一供给和自备水源供给的生活饮用水水质均应符合该标准。

1996年7月9日建设部、卫生部第53号令《生活饮用水卫生监督管理办法》指出集中式供水、二次供水单位供应的生活饮用水必须符合国家《生活饮用水卫生标准》，并强调二次供水设施应保证不使生活饮用水水质受到污染，并有利于清洗和消毒。

由于我国的生活饮用水水质标准已逐渐与国际接轨，因此现行国家标准《生活饮用水卫生标准》是生活饮用水水质的最低标准。

4.0.2、4.0.3 生活饮用水水质标准在一定程度上代表了一个国家或地区的经济发展和文明卫生水平，为此对一些重要城市提高了生活饮用水水质标准。一般认为：欧洲共同体饮用水水质指令及美国安全用水法可作为国际先进水平；世界卫生组织执行的水质准则可理解为国际水平。

本规范附录A中列出了生活饮用水水质的一级指标和二级指标。二级指标参考世界卫生组织拟订的水质标准和我国国家环保局确定的“水中优先控制污染物黑名单”（14类68种），根据需要和可能增加16项水质目标；一级指标参考欧共体水质指令，并根据1991年底参加欧共体经济自由贸易协会国家的供水联合体提出的对欧共体水质标准修改的“建议书”以及我国“水中优先控制污染物黑名单”，按需要和可能增加水质目标38项。进行城市给水工程规划时，城市统一供给的生活饮用水水质，应按现行国家标准《生活饮用水卫生标准》执行。特大城市和大城市根据条文要求的城市统一供水的水量和城市性质，分别执行一级指标或二级指标。

4.0.4 本条所指城市统一供给的其他用水为非生活饮用水，这些用水的水质应符合相应的用水水质标准。

4.0.5 提出城市给水工程的供水水压目标。满足用户接管点处服务水头28m的要求，相当于将水送至6层建筑物所需的最小水头。用户接管点系配水管网上用户接点处。目前大部分城市的配水管网为生活、生产、消防合一的管网，供水水压为低压制，不少城市的多层建筑屋顶上设置水箱，对昼夜用水量的不均匀情况进行调节，以达到较低压力的条件下也能满足白天供水的目的。但屋顶水箱普遍存在着水质二次污染、影响城市和建筑景观以及不经济等缺点，为此本规范要求适当提高供水水压，以达到六层建筑由城市水厂直接供水或由管网中加压泵站加压供水，不再在多层建筑上设置水箱的目的。高层建筑所需的水压不宜作为城市的供水水压目标，仍需自设加压泵房加压供水，避免导致投资和运行费用的浪费。

5 水源选择

5.0.1 水源选择是给水工程规划的关键。在进行总体规划时应对水资源作充分的调查研究和现有资料的收集工作，以便尽可能使规划符合实际。若没有水源可靠性的综合评价，将会造成给水工程的失误。确保水源水量和水质符合要求是水源选择的首要条件。因此必须有可靠的水资源勘察或分析研究报告作依据。若报告内容不全，可靠性较差，无法作为给水工程规划的依据时，为防止对后续的规划设计工作和城市发展产生误导作用，应进行必要的水资源补充勘察。

根据《中华人民共和国水法》：“水资源属于国家所有，即全民所有”。“开发利用水资源和防治水害，应当全面规划、统筹兼顾、综合利用、讲求效益，发挥水资源的综合功能”。因此，城市给水水源的选择应以区域或流域水资源规划及城市供水水源开发利用规划为依据，达到统筹兼顾、综合利用的目的。缺水地区，水质符合饮用水水源要求的水体往往是多个城市的供水水源。而各城市由于城市的发展而导致的用水量增加又会产生相互间的矛盾。因此，规划城市用水量的需求应与区域或流域水资源规划相吻合，应协调好与周围城市和地区的用水量平衡，各项用水应统一规划、合理分配、综合利用。

城市给水水源在水质和水量上应满足城市发展的需求，给水工程规划应紧扣城市总体规划中各个发展阶段的需水量，安排城市给水水源，若水源不足应提出解决办法。

5.0.2 明确选用地表水作为城市给水水源时，对水源水量的要求。

城市给水水源的枯水流量保证率可采用90%～97%，水资源较丰富地区及大中城市的枯水流量保证率宜取上限，干旱地区、山区（河流枯水季节径流量很小）及小城镇的枯水流量保证率宜取下限。当选择的水源枯水流量不能满足保证率要求时，应采取选择多个水源，增加水源调蓄设施，市域外引水等措施来保证满足供水要求。

5.0.3 明确选用地表水作为城市给水水源时，城市给水水源的卫生标准应符合现行国家标准《生活饮用水卫生标准》（GB5749）中有关水源方面的规定和《生活饮用水水源水质标准》（CJ3020）的规定。若水源水质不符合上述标准的要求，同时无其他水源可选时，在水厂的常规净水工艺前或后应设置预处理或深度处理设施，确保水厂的出水水质符合本规范第4.0.1、4.0.2、4.0.3条的规定。

5.0.4 贯彻优水优用的原则，符合《生活饮用水卫生标准》（GB5749）的地下水应优先作为城市生活饮用水水源。为防止由于地下水超采造成地面沉陷和地下水水源枯竭，强调取水量应小于允许开采量或采用回灌等措施。

5.0.5 本条强调水资源的利用。低于生活饮用水水源水质标准的原水，一般可作为城市第二部分用水（除农村居民生活用水外）的水源，原水水质应与各种用途的水质标准相符合。

5.0.6 提出水资源不足，但经济实力较强、技术管理水平较高的城市，宜设置城市回用水系统。城市回用水水质应符合《城市污水回用设计规范》(CECS61：94)、《生活杂用水水质标准》(CJ25.1) 等法规和标准，用作相应的各种用水。

5.0.7 由于我国沿海和海岛城市往往淡水资源十分紧缺，为此提出可将海水经处理用于工业冷却和生活杂用水（有条件的城市可将海水淡化作居民饮用），以解决沿海城市和海岛城市缺乏淡水资源的困难。海水用于城市各项用水，其水质应符合各项用水相应的水质标准。

6 给 水 系 统

6.1 给水系统布局

6.1.1 为满足城市供水的要求，给水系统应在水质、水量、水压三方面满足城市的需求。给水系统应结合城市具体情况合理布局。

城市给水系统一般由水源地、输配水管网、净(配)水厂及增压泵站等几部分组成，在满足城市用水各项要求的前提下，合理的给水系统布局对降低基建造价、减少运行费用、提高供水安全性、提高城市抗灾能力等方面是极为重要的。规划中应十分重视结合城市的实际情况，充分利用有利的条件进行给水系统合理的布局。

6.1.2 城市总体规划往往是在城市现状基础上进行的，给水工程规划必须对城市现有水源的状况、给水设施能力、工艺流程、管网布置以及现有给水设施有否扩建可能等情况有充分了解。给水工程规划应充分发挥现有给水系统的能力，注意使新老给水系统形成一个整体，做到既安全供水，又节约投资。

6.1.3 提出了在城市地形起伏大或规划范围广时可采用分区、分压给水系统。一般情况下供水区地形高差大且界线明确宜于分区时，可采用并联分压系统；供水区呈狭长带形，宜采用串联分压系统；大、中城市宜采用分区加压系统；在高层建筑密集区，有条件时宜采用集中局部加压系统。

6.1.4 提出了城市在一定条件下可采用分质给水系统。包括：将原水分别经过不同处理后供给对水质要求不同的用户；分设城市生活饮用水和污水回用系统，将处理后达到水质要求的再生水供给相应的用户；也可采用将不同的水源分别处理后供给相应用户。

6.1.5 大、中城市由于地域范围较广，其输配水管网投资所占的比重较大，当有多个水源可供利用时，多点向城市供水可减少配水管网投资，降低水厂水压，同时能提高供水安全性，因此宜采用多水源给水系统。

6.1.6 水厂的取、送水泵房的耗电量较大，要节约给水工程的能耗，往往首先从取、送水泵房着手。当城市有可供利用的地形时，可考虑重力输配水系统，以便充分利用水源势能，达到节约输配水能耗，减少管网投资，降低水厂运行成本的目的。

6.2 给水系统的安全性

6.2.1 提出了给水系统中工程设施的地质和防洪排涝要求。

给水系统的工程设施所在地的地质要求良好，如设置在地质条件不良地区（滑坡、泥石流、塌陷等），既影响设施的安全性，直接关系到整个城市的生产活动和生活秩序，又增加建设时的地基处理费用和基建投资。在选择地表水取水构筑物的设置地点时，应将取水构筑物设在河岸、河床稳定的地段，不宜设在冲刷、尤其是淤积严重的地段，还应避开漂浮物多、冰凌多的地段，以保证取水构筑物的安全。

给水工程为城市中的重要基础设施，在城市发生洪涝灾害时为减少损失，为避免疫情发生以及为救灾的需要，首先应恢复城市给水系统和供电系统，以保障人民生活，恢复生产。按照《城市防洪工程设计规范》(CJJ50)，给水系统主要工程设施的防洪排涝等级应不低于城市设防的相应等级。

6.2.2 提出了长距离输水管线的规划原则要求。同时可参照现行国家标准《室外给水设计规范》(GBJ13)。

6.2.3 提出了市区配水管网布置的要求。为了配合城市和道路的逐步发展，管网工程可以分期实施，近期可先建成枝状，城市边远区或新开发区的配水管近期也可为枝状，但远期均应连接成环状网。

6.2.4 提出了主要给水工程设施的供电要求。

6.2.5 提出了给水系统中调蓄设施的容量要求。

6.2.6 提出了给水系统的抗震要求和设防标准。

7 水 源 地

7.0.1 提出水源地必须设置在能满足取水的水量、水质要求的地段，并易于实施环境保护。对于那些虽然可以作为水源地，但环保措施实施困难，或需大量投资才能达到目的的地段，应慎重考虑。

7.0.2 地表水水体具有作为城市给水水源、城市排水受纳体和泄洪、通航、水产养殖等多种功能。环保部门为有利于地表水水体的环境保护，发挥其多种功能的作用，协调水体上下游城市的关系，对地表水水体进行合理的功能区划，并报省、市、自治区人民政府批准颁布施行。当选用地表水作为城市给水水源时，水源地应位于水体功能区划规定的取水段。为防止水源地受城市污水和工业废水的污染，水源地的位置应选择在城镇和工业区的上游。

按现行的《生活饮用水卫生标准》（GB5749）规定“生活饮用水的水源，必须设置卫生防护地带”。水源地一级保护区的环境质量标准应符合现行国家标准《地面水环境质量标准》（GB3838）中规定的Ⅱ类标准。

7.0.3 提出地下水水源地的选择原则。

7.0.4 提出水源为高浊度江河时，水源地选择原则。同时应符合国家现行标准《高浊度水给水设计规范》（CJJ40）的规定。

7.0.5 提出感潮江河作水源时，水源地的选择原则。

7.0.6 提出湖泊、水库作水源时，水源地的选择原则。同时应符合《含藻水给水处理设计规范》（CJJ32）的规定。

7.0.7 本条提出了确定水源地用地的原则和应考虑的因素。水源地的用地因水源的种类（地表水、地下水、水库水等）、取水方式（岸边式、缆车式、浮船式、管井、大口井、渗渠等）、输水方式（重力式、压力式）、给水规模大小以及是否有专用设施（避砂峰、咸潮的调蓄设施）和是否有净水预处理构筑物等有关，需根据水源实际情况确定用地。同时应遵循本规范1.0.7条规定。

确定水源地的同时应提出水源地的卫生防护要求和采取的具体措施。

按《饮用水水源保护区污染防治管理规定》，饮用水水源保护区一般划分为一级保护区和二级保护区，必要时可增设准保护区。

饮用水地表水水源保护区包括一定的水域和陆域，其范围应按照不同水域特点进行水质定量预测，并考虑当地具体条件加以确定，保证在规划设计的水文条件和污染负荷下，当供应规划水量时，保护区的水质能达到相应的标准。饮用水地表水水源的一级和二级保护区的水质标准不得低于《地面水环境质量标准》（GB3838）Ⅱ类和Ⅲ类标准。

饮用水地下水水源保护区应根据饮用水水源地所处地理位置、水文地质条件、供水量、开采方式和污染源的分布划定。一、二级保护区的水质均应达到《生活饮用水卫生标准》（GB5749）的要求。

8 水 厂

8.0.1 提出对地表水水厂位置选择的原则要求。

水厂的位置应根据给水系统的布局确定，但水厂位置是否恰当则涉及给水系统布局的合理性，同时对工程投资、常年运行费用将产生直接的影响。为此，应对水厂位置的确定作多方面的比较，并考虑厂址所在地应不受洪水威胁，有良好的工程地质条件，交通便捷，供电安全可靠，生产废水处置方便，卫生环境好，利于设立防护带，少占良田等因素。

8.0.2 提出对地表水水厂净水工艺选择的规划原则要求。符合《生活饮用水水源水质标准》（CJ3020）中规定的一级水源水，只需经简易净水工艺（如过滤），消毒后即可供生活饮用。符合《生活饮用水水源水质标准》（CJ3020）中规定的二级水源水，说明水质受轻度污染，可以采用常规净水工艺（如絮凝、沉淀、过滤、消毒等）进行处理；水质比二级水源水差的水，不宜作为生活饮用水的水源。若限于条件需利用时，在毒理性指标没超过二级水源水标准的情况下，应采用相应的净化工艺进行处理（如在常规净水工艺前或后增加预处理或深度处理）。地表水水厂均宜考虑生产废水的处理和污泥的处置，防止对水体的二次污染。

8.0.3 提出了特殊原水应增加相应的处理设施。如含藻水和高浊度水可根据相应规范的要求增设预处理设施；原水存在不定期污染情况时，宜在常规处理前增加预处理设施或在常规处理后增加深度处理设施，以保证水厂的出水水质。

8.0.4 提出地下水水厂位置选择的原则要求。

8.0.5 提出当地下水中铁、锰、氟等无机盐类超过规定标准时应考虑除铁、除锰和除氟的处理设施。

8.0.6 提出地表水、地下水水厂的控制用地指标。此指标系《城市给水工程项目建设标准》中规定的净配水厂用地控制指标。

水厂周围设绿化带有利于水厂的卫生防护和降低水厂的噪声对周围的影响。

9 输 配 水

9.0.1 提出城市给水系统原水输水管（渠）的规划原则。由于原水在明渠中易受周围环境污染，又存在渗漏和水量不易保证等问题，所以不提倡用明渠输送城市给水系统的原水。

9.0.2、9.0.3 提出确定城市输配水管管径和走向的原则。因输、配水管均为地下隐蔽工程，施工难度和影响面大，因此，宜按规划期限要求一次建成。为结合近期建设，节省近期投资，有些输、配水管可考虑双管或多管，以便分期实施。给水工程中输水管道所占投资比重较大，因此城市输水管道应缩短长度，并沿现有或规划道路铺设以减少投资，同时也便于维修管理。

城市配水干管沿规划或现有道路布置既方便用户接管，又可以方便维修管理。但宜避开城市交通主干道，以免维修时影响交通。

9.0.4 输水管和配水干管穿越铁路、高速公路、河流、山体等障碍物时，选位要合理，应在方便操作维修的基础上考虑经济性。规划时可参照《室外给水设计规范》（GBJ13）有关条文。

9.0.5 本条规定了泵站位置选择原则和用地控制指

标。

城市配水管网中的加压泵站靠近用水集中地区设置，可以节省能源，保证供水水压。但泵站的调节水池一般占地面积较大，且泵站在运行中可能对周围造成噪声干扰，因此宜和绿地结合。若无绿地可利用时，应在泵站周围设绿化带，既有利于泵站的卫生防护，又可降低泵站的噪声对周围环境的影响。

用地指标系《城市给水工程项目建设标准》中规定的泵站用地控制指标。

中华人民共和国国家标准

城市工程管线综合规划规范

Code for urban engineering pipelines comprehensive planning

GB 50289—2016

主编部门：中华人民共和国住房和城乡建设部
批准部门：中华人民共和国住房和城乡建设部
施行日期：2 0 1 6 年 1 2 月 1 日

中华人民共和国住房和城乡建设部
公　告

第1099号

住房城乡建设部关于发布国家标准《城市工程管线综合规划规范》的公告

现批准《城市工程管线综合规划规范》为国家标准，编号为GB 50289－2016，自2016年12月1日起实施。其中，第4.1.8、5.0.6、5.0.8、5.0.9条为强制性条文，必须严格执行。原国家标准《城市工程管线综合规划规范》GB 50289－98同时废止。

本规范由我部标准定额研究所组织中国建筑工业出版社出版发行。

中华人民共和国住房和城乡建设部

2016年4月15日

前　言

根据住房和城乡建设部《关于印发〈2009年工程建设标准规范制订、修订计划〉的通知》(建标[2009]88号)的要求，规范编制组经广泛调查研究，认真总结实践经验，参考有关国际标准和国外先进标准，并在广泛征求意见的基础上，修订了本规范。

本规范主要技术内容是：1.总则；2.术语；3.基本规定；4.地下敷设；5.架空敷设。

本规范修订的主要技术内容是：

1.在管线种类上，新增了再生水工程管线，"电信"工程管线改为"通信"工程管线。

2.增加了术语和基本规定章节。

3.结合现行国家标准，对规范中部分工程管线的敷设方式进行了修改，区分了保护管敷设和管沟敷设。

4.结合实际调研及国家现行标准，对工程管线的最小覆土深度、工程管线之间及其与建（构）筑物之间的最小水平净距、工程管线交叉时的最小垂直净距、架空管线之间及其与建（构）筑物之间的最小水平净距和交叉时的最小垂直净距局部进行了修订。

本规范中以黑体字标志的条文为强制性条文，必须严格执行。

本规范由住房和城乡建设部负责管理和对强制性条文的解释，由沈阳市规划设计研究院负责具体技术内容的解释。执行过程中如有意见或建议，请寄送沈阳市规划设计研究院《城市工程管线综合规划规范》管理组（地址：辽宁省沈阳市南三好街1号，邮编110004）。

本规范主编单位：沈阳市规划设计研究院

本规范参编单位：昆明市规划设计研究院

本规范主要起草人员：檀　星　王建伟　周易冰　关增义　李少宇　李　亚　张俊宝

本规范主要审查人员：郝天文　徐承华　李颜强　王承东　张晓昕　高　斌　王恒栋　郑向阳　洪昌富　仝德良　韩玉鹤

目 次

Contents

1 总 则

1.0.1 为合理利用城市用地，统筹安排工程管线在地上和地下的空间位置，协调工程管线之间以及工程管线与其他相关工程设施之间的关系，并为工程管线综合规划编制和管理提供依据，制定本规范。

1.0.2 本规范适用于城市规划中的工程管线综合规划和工程管线综合专项规划。

1.0.3 城市工程管线综合规划应近远期结合，考虑远景发展的需要，并应结合城市的发展合理布置，充分利用地上、地下空间，与城市用地、城市交通、城市景观、综合防灾和城市地下空间利用等规划相协调。

1.0.4 城市工程管线综合规划除应符合本规范外，尚应符合国家现行有关标准的规定。

2 术 语

2.0.1 工程管线 engineering pipeline

为满足生活、生产需要，地下或架空敷设的各种专业管道和缆线的总称，但不包括工业工艺性管道。

2.0.2 区域工程管线 regional engineering pipeline

在城市间或城市组团间主要承担输送功能的工程管线。

2.0.3 管线廊道 pipeline gallery

在城市规划中，为敷设地下或架空工程管线而控制的用地。

2.0.4 覆土深度 earth depth

工程管线顶部外壁到地表面的垂直距离。

2.0.5 水平净距 horizontal clearance

工程管线外壁（含保护层）之间或管线外壁与建（构）筑物外边缘之间的水平距离。

2.0.6 垂直净距 vertical clearance

工程管线外壁（含保护层）之间或工程管线外壁与建（构）筑物外边缘之间的垂直距离。

3 基本规定

3.0.1 城市工程管线综合规划的主要内容应包括：协调各工程管线布局；确定工程管线的敷设方式；确定工程管线敷设的排列顺序和位置，确定相邻工程管线的水平间距、交叉工程管线的垂直间距；确定地下敷设的工程管线控制高程和覆土深度等。

3.0.2 城市工程管线综合规划应能够指导各工程管线的工程设计，并应满足工程管线的施工、运行和维护的要求。

3.0.3 城市工程管线宜地下敷设，当架空敷设可能危及人身财产安全或对城市景观造成严重影响时应采取直埋、保护管、管沟或综合管廊等方式地下敷设。

3.0.4 工程管线的平面位置和竖向位置均应采用城市统一的坐标系统和高程系统。

3.0.5 工程管线综合规划应符合下列规定：

1 工程管线应按城市规划道路网布置；

2 各工程管线应结合用地规划优化布局；

3 工程管线综合规划应充分利用现状管线及线位；

4 工程管线应避开地震断裂带、沉陷区以及滑坡危险地带等不良地质条件区。

3.0.6 区域工程管线应避开城市建成区，且应与城市空间布局和交通廊道相协调，在城市用地规划中控制管线廊道。

3.0.7 编制工程管线综合规划时，应减少管线在道路交叉口处交叉。当工程管线竖向位置发生矛盾时，宜按下列规定处理：

1 压力管线宜避让重力流管线；

2 易弯曲管线宜避让不易弯曲管线；

3 分支管线宜避让主干管线；

4 小管径管线宜避让大管径管线；

5 临时管线宜避让永久管线。

4 地下敷设

4.1 直埋、保护管及管沟敷设

4.1.1 严寒或寒冷地区给水、排水、再生水、直埋电力及湿燃气等工程管线应根据土壤冰冻深度确定管线覆土深度；非直埋电力、通信、热力及干燃气等工程管线以及严寒或寒冷地区以外地区的工程管线应根据土壤性质和地面承受荷载的大小确定管线的覆土深度。

工程管线的最小覆土深度应符合表 4.1.1 的规定。当受条件限制不能满足要求时，可采取安全措施减少其最小覆土深度。

表 4.1.1 工程管线的最小覆土深度（m）

管线名称		给水管线	排水管线	再生水管线	电力管线		通信管线		直埋热力管线	燃气管线	管沟
					直埋	保护管	直埋及塑料、混凝土保护管	钢保护管			
最小覆土深度	非机动车道（含人行道）	0.60	0.60	0.60	0.70	0.50	0.60	0.50	0.70	0.60	—
	机动车道	0.70	0.70	0.70	1.00	0.50	0.90	0.60	1.00	0.90	0.50

注：聚乙烯给水管线机动车道下的覆土深度不宜小于 1.00m。

4.1.2 工程管线应根据道路的规划横断面布置在人行道或非机动车道下面。位置受限制时，可布置在机动车道或绿化带下面。

4.1.3 工程管线在道路下面的规划位置宜相对固定，分支线少、埋深大、检修周期短和损坏时对建筑物基础安全有影响的工程管线应远离建筑物。工程管线从道路红线向道路中心线方向平行布置的次序宜为：电力、通信、给水（配水）、燃气（配气）、热力、燃气（输气）、给水（输水）、再生水、污水、雨水。

4.1.4 工程管线在庭院内由建筑线向外方向平行布置的顺序，应根据工程管线的性质和埋设深度确定，其布置次序宜为：电力、通信、污水、雨水、给水、燃气、热力、再生水。

4.1.5 沿城市道路规划的工程管线应与道路中心线平行，其主干线应靠近分支管线多的一侧。工程管线不宜从道路一侧转到另一侧。

道路红线宽度超过 40m 的城市干道宜两侧布置配水、配气、通信、电力和排水管线。

4.1.6 各种工程管线不应在垂直方向上重叠敷设。

4.1.7 沿铁路、公路敷设的工程管线应与铁路、公路线路平行。工程管线与铁路、公路交叉时宜采用垂直交叉方式布置；受条件限制时，其交叉角宜大于60°。

4.1.8 河底敷设的工程管线应选择在稳定河段，管线高程应按不妨碍河道的整治和管线安全的原则确定，并应符合下列规定：

1 在Ⅰ级～Ⅴ级航道下面敷设，其顶部高程应在远期规划航道底标高 2.0m 以下；

2 在Ⅵ级、Ⅶ级航道下面敷设，其顶部高程应在远期规划航道底标高 1.0m 以下；

3 在其他河道下面敷设，其顶部高程应在河道底设计高程 0.5m 以下。

4.1.9 工程管线之间及其与建（构）筑物之间的最小水平净距应符合本规范表 4.1.9 的规定。当受道路宽度、断面以及现状工程管线位置等因素限制难以满足要求时，应根据实际情况采取安全措施后减少其最小水平净距。大于 1.6MPa 的燃气管线与其他管线的水平净距应按现行国家标准《城镇燃气设计规范》GB 50028 执行。

表 4.1.9 工程管线之间及其与建（构）筑物之间的最小水平净距（m）

序号	管线及建(构)筑物名称			1	2		3	4	5					6	7		8		9	10	11	12			13	14	15
				建(构)筑物	给水管线		污水、雨水管线	再生水管线	燃气管线					直埋热力管线	电力管线		通信管线		管沟	乔木	灌木	地上杆柱			道路侧石边缘	有轨电车钢轨	铁路钢轨(或坡脚)
					d≤200mm	d>200mm			低压	中压		次高压			直埋	保护管	直埋	管道、通道				通信照明及<10kV	高压铁塔基础边				
										B	A	B	A										≤35kV	>35kV			
1	建(构)筑物			—	1.0	3.0	2.5	1.0	0.7	1.0	1.5	5.0	13.5	3.0	0.6		1.0	1.5	0.5	—		—			—	—	—
2	给水管线	d≤200mm		1.0	—		1.0	0.5	0.5			1.0	1.5	1.5	0.5		1.0		1.5	1.5	1.0	0.5	3.0		1.5	2.0	5.0
		d>200mm		3.0			1.5																				
3	污水、雨水管线			2.5	1.0	1.5	—	0.5	1.0	1.2		1.5	2.0	1.5	0.5		1.0		1.5	1.5	1.0	0.5	1.5		1.5	2.0	5.0
4	再生水管线			1.0	0.5		0.5	—	0.5			1.0	1.5	1.0	0.5		1.0		1.5	1.0		0.5	3.0		1.5	2.0	5.0
5	燃气管线	低压	P<0.01MPa	0.7	0.5		1.0	0.5	DN≤300mm 0.4 DN>300mm 0.5					1.0	0.5	1.0	0.5	1.0	1.0	0.75		1.0	1.0	2.0	1.5	2.0	5.0
		中压 B	0.01MPa≤P≤0.2MPa	1.0			1.2												1.5								
		中压 A	0.2MPa<P≤0.4MPa	1.5																							
		次高压 B	0.4MPa<P≤0.8MPa	5.0	1.0		1.5	1.0						1.5	1.0		1.0		2.0	1.2				5.0	2.5		
		次高压 A	0.8MPa<P≤1.6MPa	13.5	1.5		2.0	1.5						2.0	1.5		1.5		4.0								
6	直埋热力管线			3.0	1.5		1.5	1.0	1.0			1.5	2.0	—	2.0		1.0		1.5	1.5		1.0	(3.0 >330kV 5.0)		1.5	2.0	5.0
7	电力管线	直埋		0.6	0.5		0.5	0.5	0.5			1.0	1.5	2.0	0.25	0.1	<35kV 0.5 ≥35kV 2.0		1.0	0.7		1.0	2.0		1.5	2.0	10.0（非电气化 3.0）
		保护管							1.0						0.1	0.1											
8	通信管线	直埋		1.0	1.0		1.0	1.0	0.5			1.0	1.5	1.0	<35kV 0.5 ≥35kV 2.0		0.5		1.0	1.5	1.0	0.5	0.5	2.5	1.5	2.0	2.0
		管道、通道		1.5					1.0																		

续表 4.1.9

<table>
<tr><td rowspan="4">序号</td><td rowspan="4" colspan="3">管线及建(构)筑物名称</td><td>1</td><td colspan="2">2</td><td>3</td><td>4</td><td colspan="5">5</td><td>6</td><td colspan="2">7</td><td colspan="2">8</td><td>9</td><td>10</td><td>11</td><td colspan="3">12</td><td>13</td><td>14</td><td>15</td></tr>
<tr><td rowspan="3">建(构)筑物</td><td colspan="2">给水管线</td><td rowspan="3">污水、雨水管线</td><td rowspan="3">再生水管线</td><td colspan="5">燃气管线</td><td rowspan="3">直埋热力管线</td><td colspan="2">电力管线</td><td colspan="2">通信管线</td><td rowspan="3">管沟</td><td rowspan="3">乔木</td><td rowspan="3">灌木</td><td colspan="3">地上杆柱</td><td rowspan="3">道路侧石边缘</td><td rowspan="3">有轨电车钢轨</td><td rowspan="3">铁路钢轨(或坡脚)</td></tr>
<tr><td rowspan="2">$d\leqslant$ 200 mm</td><td rowspan="2">$d>$ 200 mm</td><td rowspan="2">低压</td><td colspan="2">中压</td><td colspan="2">次高压</td><td rowspan="2">直埋</td><td rowspan="2">保护管</td><td rowspan="2">直埋</td><td rowspan="2">管道、通道</td><td rowspan="2">通信照明及<10 kV</td><td colspan="2">高压铁塔基础边</td></tr>
<tr><td>B</td><td>A</td><td>B</td><td>A</td><td>≤35 kV</td><td>>35 kV</td></tr>
<tr><td>9</td><td colspan="3">管沟</td><td>0.5</td><td colspan="2">1.5</td><td>1.5</td><td>1.5</td><td>1.0</td><td colspan="2">1.5</td><td>2.0</td><td>4.0</td><td>1.5</td><td colspan="2">1.0</td><td colspan="2">1.0</td><td>—</td><td>1.5</td><td>1.0</td><td>1.0</td><td colspan="2">3.0</td><td>1.5</td><td>2.0</td><td>5.0</td></tr>
<tr><td>10</td><td colspan="3">乔木</td><td rowspan="2">—</td><td colspan="2">1.5</td><td>1.5</td><td rowspan="2">1.0</td><td rowspan="2" colspan="3">0.75</td><td rowspan="2" colspan="2">1.2</td><td rowspan="2">1.5</td><td rowspan="2" colspan="2">0.7</td><td colspan="2">1.5</td><td>1.5</td><td rowspan="2" colspan="2">—</td><td rowspan="2">—</td><td rowspan="2" colspan="2">—</td><td rowspan="2">0.5</td><td rowspan="2">—</td><td rowspan="2">—</td></tr>
<tr><td>11</td><td colspan="3">灌木</td><td colspan="2">1.0</td><td>1.0</td><td colspan="2">1.0</td><td>1.0</td></tr>
<tr><td rowspan="3">12</td><td rowspan="3">地上杆柱</td><td colspan="2">通信照明及<10kV</td><td rowspan="3">—</td><td colspan="2">0.5</td><td>0.5</td><td>0.5</td><td colspan="5">1.0</td><td>1.0</td><td colspan="2">1.0</td><td colspan="2">0.5</td><td>1.0</td><td colspan="2">—</td><td rowspan="3" colspan="3">—</td><td rowspan="3">0.5</td><td rowspan="3">—</td><td rowspan="3">—</td></tr>
<tr><td rowspan="2">高压塔基础边</td><td>≤35kV</td><td rowspan="2" colspan="2">3.0</td><td rowspan="2">1.5</td><td rowspan="2">3.0</td><td colspan="5">1.0</td><td rowspan="2">3.0 (>330 kV 5.0)</td><td rowspan="2" colspan="2">2.0</td><td colspan="2">0.5</td><td rowspan="2">3.0</td><td rowspan="2" colspan="2">—</td></tr>
<tr><td>>35kV</td><td colspan="3">2.0</td><td colspan="2">5.0</td><td colspan="2">2.5</td></tr>
<tr><td>13</td><td colspan="3">道路侧石边缘</td><td>—</td><td colspan="2">1.5</td><td>1.5</td><td>1.5</td><td colspan="3">1.5</td><td colspan="2">2.5</td><td>1.5</td><td colspan="2">1.5</td><td colspan="2">1.5</td><td>1.5</td><td colspan="2">0.5</td><td colspan="3">0.5</td><td>—</td><td>—</td><td>—</td></tr>
<tr><td>14</td><td colspan="3">有轨电车钢轨</td><td>—</td><td colspan="2">2.0</td><td>2.0</td><td>2.0</td><td colspan="5">2.0</td><td>2.0</td><td colspan="2">2.0</td><td colspan="2">2.0</td><td>2.0</td><td colspan="2">—</td><td colspan="3">—</td><td>—</td><td>—</td><td>—</td></tr>
<tr><td>15</td><td colspan="3">铁路钢轨(或坡脚)</td><td>—</td><td colspan="2">5.0</td><td>5.0</td><td>5.0</td><td colspan="5">5.0</td><td>5.0</td><td colspan="2">10.0(非电气化3.0)</td><td colspan="2">2.0</td><td>3.0</td><td colspan="2">—</td><td colspan="3">—</td><td>—</td><td>—</td><td>—</td></tr>
</table>

注：1　地上杆柱与建(构)筑物最小水平净距应符合本规范表 5.0.8 的规定；
2　管线距建筑物距离，除次高压燃气管道为其至外墙面外均为其至建筑物基础，当次高压燃气管道采取有效的安全防护措施或增加管壁厚度时，管道距建筑物外墙面不应小于 3.0m；
3　地下燃气管线与铁塔基础边的水平净距，还应符合现行国家标准《城镇燃气设计规范》GB 50028 地下燃气管线和交流电力线接地体净距的规定；
4　燃气管线采用聚乙烯管材时，燃气管线与热力管线的最小水平净距应按现行行业标准《聚乙烯燃气管道工程技术规程》CJJ 63 执行；
5　直埋蒸汽管道与乔木最小水平间距为 2.0m。

4.1.10　工程管线与综合管廊最小水平净距应按现行国家标准《城市综合管廊工程技术规范》GB 50838 执行。

4.1.11　对于埋深大于建(构)筑物基础的工程管线，其与建(构)筑物之间的最小水平距离，应按下式计算，并折算成水平净距后与表 4.1.9 的数值比较，采用较大值。

$$L=\frac{(H-h)}{\tan\alpha}+\frac{B}{2} \qquad (4.1.11)$$

式中：L——管线中心至建(构)筑物基础边水平距离(m)；

H——管线敷设深度(m)；

h——建(构)筑物基础底砌置深度(m)；

B——沟槽开挖宽度(m)；

α——土壤内摩擦角(°)。

4.1.12　当工程管线交叉敷设时，管线自地表面向下的排列顺序宜为：通信、电力、燃气、热力、给水、再生水、雨水、污水。给水、再生水和排水管线应按自上而下的顺序敷设。

4.1.13　工程管线交叉点高程应根据排水等重力流管线的高程确定。

4.1.14　工程管线交叉时的最小垂直净距，应符合本规范表 4.1.14 的规定。当受现状工程管线等因素限制难以满足要求时，应根据实际情况采取安全措施后减少其最小垂直净距。

表 4.1.14　工程管线交叉时的最小垂直净距(m)

<table>
<tr><td rowspan="2">序号</td><td rowspan="2" colspan="2">管线名称</td><td rowspan="2">给水管线</td><td rowspan="2">污水、雨水管线</td><td rowspan="2">热力管线</td><td rowspan="2">燃气管线</td><td colspan="2">通信管线</td><td colspan="2">电力管线</td><td rowspan="2">再生水管线</td></tr>
<tr><td>直埋</td><td>保护管及通道</td><td>直埋</td><td>保护管</td></tr>
<tr><td>1</td><td colspan="2">给水管线</td><td>0.15</td><td></td><td></td><td></td><td></td><td></td><td></td><td></td><td></td></tr>
<tr><td>2</td><td colspan="2">污水、雨水管线</td><td>0.40</td><td>0.15</td><td></td><td></td><td></td><td></td><td></td><td></td><td></td></tr>
<tr><td>3</td><td colspan="2">热力管线</td><td>0.15</td><td>0.15</td><td>0.15</td><td></td><td></td><td></td><td></td><td></td><td></td></tr>
<tr><td>4</td><td colspan="2">燃气管线</td><td>0.15</td><td>0.15</td><td>0.15</td><td>0.15</td><td></td><td></td><td></td><td></td><td></td></tr>
<tr><td rowspan="2">5</td><td rowspan="2">通信管线</td><td>直埋</td><td>0.50</td><td>0.50</td><td>0.25</td><td>0.50</td><td>0.25</td><td>0.25</td><td></td><td></td><td></td></tr>
<tr><td>保护管、通道</td><td>0.15</td><td>0.15</td><td>0.25</td><td>0.15</td><td>0.25</td><td>0.25</td><td></td><td></td><td></td></tr>
</table>

续表 4.1.14

序号	管线名称		给水管线	污水、雨水管线	热力管线	燃气管线	通信管线		电力管线		再生水管线
							直埋	保护管及通道	直埋	保护管	
6	电力管线	直埋	0.50*	0.50*	0.50*	0.50*	0.50*	0.50*	0.50*	0.25	
		保护管	0.25	0.25	0.25	0.15	0.25	0.25	0.25	0.25	
7	再生水管线		0.50	0.40	0.15	0.15	0.15	0.15	0.50*	0.25	0.15
8	管沟		0.15	0.15	0.15	0.15	0.25	0.25	0.50*	0.25	0.15
9	涵洞(基底)		0.15	0.15	0.15	0.15	0.25	0.25	0.50*	0.25	0.15
10	电车(轨底)		1.00	1.00	1.00	1.00	1.00	1.00	1.00	1.00	1.00
11	铁路(轨底)		1.00	1.20	1.20	1.20	1.50	1.50	1.00	1.00	1.00

注：1 *用隔板分隔时不得小于 0.25m；

2 燃气管线采用聚乙烯管材时，燃气管线与热力管线的最小垂直净距应按现行行业标准《聚乙烯燃气管道工程技术规程》CJJ 63 执行；

3 铁路为时速大于等于 200km/h 客运专线时，铁路(轨底)与其他管线最小垂直净距为 1.50m。

4.2 综合管廊敷设

4.2.1 当遇下列情况之一时，工程管线宜采用综合管廊敷设。

1 交通流量大或地下管线密集的城市道路以及配合地铁、地下道路、城市地下综合体等工程建设地段；

2 高强度集中开发区域、重要的公共空间；

3 道路宽度难以满足直埋或架空敷设多种管线的路段；

4 道路与铁路或河流的交叉处或管线复杂的道路交叉口；

5 不宜开挖路面的地段。

4.2.2 综合管廊内可敷设电力、通信、给水、热力、再生水、天然气、污水、雨水管线等城市工程管线。

4.2.3 干线综合管廊宜设置在机动车道、道路绿化带下，支线综合管廊宜设置在绿化带、人行道或非机动车道下。综合管廊覆土深度应根据道路施工、行车荷载、其他地下管线、绿化种植以及设计冰冻深度等因素综合确定。

5 架空敷设

5.0.1 沿城市道路架空敷设的工程管线，其线位应根据规划道路的横断面确定，并不应影响道路交通、居民安全以及工程管线的正常运行。

5.0.2 架空敷设的工程管线应与相关规划结合，节约用地并减小对城市景观的影响。

5.0.3 架空线线杆宜设置在人行道上距路缘石不大于 1.0m 的位置，有分隔带的道路，架空线线杆可布置在分隔带内，并应满足道路建筑限界要求。

5.0.4 架空电力线与架空通信线宜分别架设在道路两侧。

5.0.5 架空电力线及通信线同杆架设应符合下列规定：

1 高压电力线可采用多回线同杆架设；

2 中、低压配电线可同杆架设；

3 高压与中、低压配电线同杆架设时，应进行绝缘配合的论证；

4 中、低压电力线与通信线同杆架设应采取绝缘、屏蔽等安全措施。

5.0.6 架空金属管线与架空输电线、电气化铁路的馈电线交叉时，应采取接地保护措施。

5.0.7 工程管线跨越河流时，宜采用管道桥或利用交通桥梁进行架设，并应符合下列规定：

1 利用交通桥梁跨越河流的燃气管线压力不应大于 0.4MPa；

2 工程管线利用桥梁跨越河流时，其规划设计应与桥梁设计相结合。

5.0.8 架空管线之间及其与建（构）筑物之间的最小水平净距应符合表 5.0.8 的规定。

表 5.0.8 架空管线之间及其与建（构）筑物之间的最小水平净距（m）

名称		建(构)筑物(凸出部分)	通信线	电力线	燃气管道	其他管道
电力线	3kV 以下边导线	1.0	1.0	2.5	1.5	1.5
	3kV～10kV 边导线	1.5	2.0	2.5	2.0	2.0
	35kV～66kV 边导线	3.0	4.0	5.0	4.0	4.0
	110kV 边导线	4.0	4.0	5.0	4.0	4.0
	220kV 边导线	5.0	5.0	7.0	5.0	5.0
	330kV 边导线	6.0	6.0	9.0	6.0	6.0
	500kV 边导线	8.5	8.0	13.0	7.5	6.5
	750kV 边导线	11.0	10.0	16.0	9.5	9.5
通信线		2.0	—	—	—	—

注：架空电力线与其他管线及建（构）筑物的最小水平净距为最大计算风偏情况下的净距。

5.0.9 架空管线之间及其与建（构）筑物之间的最小垂直净距应符合表5.0.9的规定。

表5.0.9 架空管线之间及其与建（构）筑物之间的最小垂直净距（m）

名称		建(构)筑物	地面	公路	电车道(路面)	铁路(轨顶)		通信线	燃气管道 $P\leqslant1.6$MPa	其他管道
						标准轨	电气轨			
电力线	3kV以下	3.0	6.0	6.0	9.0	7.5	11.5	1.0	1.5	1.5
	3kV～10kV	3.0	6.5	7.0	9.0	7.5	11.5	2.0	3.0	2.0
	35kV	4.0	7.0	7.0	10.0	7.5	11.5	3.0	4.0	3.0
	66kV	5.0	7.0	7.0	10.0	7.5	11.5	3.0	4.0	3.0
	110kV	5.0	7.0	7.0	10.0	7.5	11.5	3.0	4.0	3.0
	220kV	6.0	7.5	8.0	11.0	8.5	12.5	4.0	5.0	4.0
	330kV	7.0	8.5	9.0	12.0	9.5	13.5	5.0	6.0	5.0
	500kV	9.0	14.0	14.0	16.0	14.0	16.0	8.5	7.5	6.5
	750kV	11.5	19.5	19.5	21.5	19.5	21.5	12.0	9.5	8.5
通信线		1.5	(4.5) 5.5	(3.0) 5.5	9.0	7.5	11.5	0.6	1.5	1.0
燃气管道 $P\leqslant1.6$MPa		0.6	5.5	5.5	9.0	6.0	10.5	1.5	0.3	0.3
其他管道		0.6	4.5	4.5	9.0	6.0	10.5	1.0	0.3	0.25

注：1 架空电力线及架空通信线与建(构)物及其他管线的最小垂直净距为最大计算弧垂情况下的净距；

2 括号内为特指与道路平行，但不跨越道路时的高度。

5.0.10 高压架空电力线路规划走廊宽度可按表5.0.10确定。

表5.0.10 高压架空电力线路规划走廊宽度
（单杆单回或单杆多回）

线路电压等级（kV）	走廊宽度（m）
1000（750）	90～110
500	60～75
330	35～45
220	30～40
66，110	15～25
35	15～20

5.0.11 架空燃气管线敷设除应符合本规范外，还应符合现行国家标准《城镇燃气设计规范》GB 50028的规定。

5.0.12 架空电力线敷设除应符合本规范外，还应符合现行国家标准《66kV及以下架空电力线路设计规范》GB 50061及《110kV～750kV架空输电线路设计规范》GB 50545的规定。

本规范用词说明

1 为便于在执行本规范条文时区别对待，对要求严格程度不同的用词说明如下：

1）表示很严格，非这样做不可的用词：
正面词采用“必须”，反面词采用“严禁”；

2）表示严格，在正常情况下均应这样做的用词：
正面词采用“应”，反面词采用“不应”或“不得”；

3）表示允许稍有选择，在条件许可时首先应这样做的用词：
正面词采用“宜”，反面词采用“不宜”；

4）表示有选择，在一定条件下可以这样做的用词，采用“可”。

2 条文中指明应按其他有关标准执行的写法为“应符合……的规定”或“应按……执行”。

引用标准名录

1 《城镇燃气设计规范》GB 50028

2 《66kV及以下架空电力线路设计规范》GB 50061

3 《110kV～750kV架空输电线路设计规范》GB 50545

4 《城市综合管廊工程技术规范》GB 50838

5 《聚乙烯燃气管道工程技术规程》CJJ 63

中华人民共和国国家标准

城市工程管线综合规划规范

GB 50289—2016

条 文 说 明

制 订 说 明

《城市工程管线综合规划规范》GB 50289 - 2016 经住房和城乡建设部 2016 年 4 月 15 日以第 1099 号公告批准、发布。

本规范是在《城市工程管线综合规划规范》GB 50289 - 98 的基础上修订而成，上一版的主编单位是沈阳市规划设计研究院，参编单位是昆明市规划设计研究院。主要起草人员是：关增义、刘绍治、王健、李美英、徐玉符。

本规范修订过程中，编制组参考了大量国内外已有的相关法规、技术标准，征求了专家、相关部门和社会各界对于原规范以及规范修订的意见，并与相关国家标准相衔接。

为便于广大规划编制、管理、科研、学校等有关单位人员在使用本规范时能正确理解和执行条文规定，《城市工程管线综合规划规范》编制组按章、节、条顺序编制了本规范的条文说明，对条文规定的目的、依据以及执行中需注意的有关事项进行了说明，还着重对强制性条文的强制性理由做了解释。但是，本条文说明不具备与规范正文同等的法律效力，仅供使用者作为理解和把握规范规定的参考。

目　次

1 总 则

1.0.1 城市工程管线种类很多，其功能和施工时间也不统一，在城市道路有限断面上需要综合安排、统筹规划，避免各种工程管线在平面和竖向空间位置上的互相冲突和干扰，保证城市功能的正常运转。编制本规范的目的就是在总结城市工程管线综合规划建设经验的基础上，充分吸收和借鉴国内外先进技术，为工程管线综合规划编制、管理制定统一技术标准，以提高城市工程管线综合规划的科学性、先进性和可操作性，合理利用城市用地。

1.0.2 本规范的编制以《中华人民共和国城乡规划法》为主要依据，适用于城市规划各阶段的工程管线综合规划和单独编制的工程管线综合专项规划，本规范也适用于镇规划的工程管线综合规划。

调研中发现，对于总体规划阶段是否需要编制工程管线综合规划各地存在不同的理解，本次修订去掉了原来提到的阶段，各地可根据实际情况编制某个阶段的工程管线综合规划。

工厂内部工艺性管线种类多、专业性强、敷设要求复杂，大多自成系统，较少涉及与城市工程管线交叉与衔接，不需要按本规范执行。但与厂区以外城市工程管线相接部分要严格遵循本规范有关规定执行。

1.0.3 工程管线综合规划要按规划期限合理确定管线种类、规模和位置，同时要考虑近期建设需要，并适度考虑远景规划以满足城市可持续、健康发展的要求。同时，地下、地上空间也是有限的，工程管线综合规划时应避免浪费空间。

另外，工程管线规划作为城市规划的重要组成部分，各规划阶段都有相应的给水、排水、再生水、电力、通信、热力和燃气等专业规划，工程管线综合规划是将这些专业规划中的线路工程在同一空间内进行综合。要满足各专业功能、容量等方面的要求和城市空间综合布置的要求，使工程管线正常运行，管线综合规划还要与城市用地、城市交通、城市景观、城市综合防灾和城市地下空间利用等规划相协调，使得规划更趋科学合理。

1.0.4 给水、排水、再生水、电力、通信、热力、燃气等工程，目前已有各自的规划或设计规范，工程管线综合规划除执行本规范外，还要遵循国家相关标准的规定。

2 术 语

本章术语是对本规范条文所涉及的城市工程管线综合规划基本技术术语给予统一定义和词解。

3 基本规定

3.0.1 本条是对工程管线综合规划主要内容做出说明，工程管线规划既要满足城市建设与发展中工业生产与人民生活的需要，又要结合城市特点因地制宜，合理规划。

3.0.2 本条是工程管线综合规划的基本原则，在特殊环境中的工程管线综合规划，如旧城区改造、历史街区改造等，必须采取可行的安全措施，才可以适当缩小最小水平净距和最小垂直净距以及最小覆土深度等参数。

3.0.3 城市工程管线采用地下敷设安全性相对较高，而且不会影响城市景观，但考虑经济因素和地区差异，地下敷设作为引导性要求，只是对于架空敷设可能危及人身财产安全或对城市景观要求高的地区，工程管线严格要求采用地下敷设。

3.0.4 采用城市统一的坐标系统和高程系统是为了避免工程管线在平面位置和竖向高程上系统之间的混乱和互不衔接。某些工厂厂区内或相对独立地区为了本身设计和施工的需要常自设坐标系统，但要取得不同坐标系统换算关系，保证在与城市工程管线系统连接处采用统一的坐标系统和高程系统，避免互不衔接问题。

3.0.5 本条对工程管线综合规划提出了一般要求：

1 工程管线按规划道路网布置，避免规划道路网与现状道路网不一致情况下工程管线的再次迁移或对用地的影响。

2 工程管线布局还要结合用地规划，综合优化各专业管线需求，既便于用户使用又节省地下空间。

3 对于原有管线满足不了要求需要改造的工程管线，应通过原线位抽换管线，充分利用地下空间。

4 工程管线在地震断裂带、沉陷区、滑坡危险地带等不良地质条件地区敷设时，随着地段地质的变化，可能会引起工程管线断裂等破坏事故，造成损失，引起危险事故发生。确实无法避开的工程管线，应采取安全措施并制定应急预案。

3.0.6 输水管线、输气管线、输油管线、电力高压走廊等需要规划专用管廊，对城市用地分隔较大，并且占用较多的城市建设用地，应与铁路、高速公路等城市对外交通廊道结合，将这些管线统一考虑规划管线廊道，与城市布局相协调。本条目的是为减少工程管线对城市的影响，节约用地，同时又有利于对区域工程管线用地的控制。输油、输气管线与其他管线间距应按现行国家标准《输油管道工程设计规范》GB 50253、《输气管道工程设计规范》GB 50251 等规定进行控制。

3.0.7 本条为工程管线交叉时的基本避让原则。

1 压力管线与重力流管线交叉发生冲突时，压力管线容易调整管线高程，以解决交叉时的矛盾。

2 给水、热力、燃气等工程管线多使用易弯曲材质管道，可以通过一些弯曲方法来调整管线高程和坐标，从而解决工程管线交叉矛盾。

3 主干管径较大，调整主干管线的弯曲度较难，另外过多地调整主干线的弯曲度将增加系统阻力，需提高输送压力，增加运行费用。

4 地下敷设

4.1 直埋、保护管及管沟敷设

4.1.1 确定地下工程管线覆土深度一般考虑下列因素：

1 保证工程管线在荷载作用下不损坏，正常运行；

2 在严寒、寒冷地区，保证管道内介质不冻结；

3 满足竖向规划要求。

我国地域广阔，各地区气候差异较大，严寒、寒冷地区土壤冰冻线较深，给水、排水、再生水、直埋电力、湿燃气等工程管线属深埋一类。热力、干燃气、非直埋电力、通信等工程管线不受冰冻影响，属浅埋一类。严寒、寒冷地区以外的地区冬季土壤不冰冻或者冰冻深度只有几十厘米，覆土深度不受此影响。

表4.1.1中管沟包括电力、通信和热力管沟等，其在人行道下最小覆土深度根据各地实际情况和相关标准要求确定。如盖板上需要地面铺装时应为0.20m，盖板上需要种植时应加大覆土深度，在南方一些城市，也有盖板直接作为人行道路面的。

4.1.2 本条规定是为了减少工程管线在施工或日常维修时与城市道路交通相互影响，节省工程投资和日常维修费用。我国大多数城市在工程管线综合规划时，都考虑首先将工程管线敷设在人行道或非机动车道下面。当受道路断面限制，没有位置时，可将管线布置在车行道下面。在一些新规划区，由于绿化带较宽，可以在绿化带下敷设工程管线，但应注意在管线埋设深度和位置上与绿化相协调。

4.1.3、4.1.4 规定工程管线在城市道路、居住区综合布置时的排列次序所遵循的原则是为工程管线综合规划提供方便，为科学规划管理提供依据。需要说明的是并不是所有的城市路段和小区中都有这些种类的工程管线，如缺少某种管线时，在执行规范中各工程管线要按规定的次序去掉缺少的管线后依次排列。在本规范第4.1.3条中，将给水管道分为输水管道和配水管道，燃气管道分为输气管道和配气管道，是因其城市工程管线中承担的功能不同，管道有较大差别，在平面布置中的与其他管线的排列顺序有差别。

4.1.5 主干线靠近分支管线多的一侧是为了节省管线，减少交叉。

过去我国城市道路上的工程管线多为单侧敷设，随着城市道路的加宽，道路两侧建筑量的增大，工程管线承担负荷的增多，单侧敷设工程管线势必增加工程管线在道路横向上的破路次数，随之带来支管线增加、支管线与主干线交叉增加。近几年各城市在拓宽城市道路的同时，通常将配水、配气、通信、电力和排水管线等沿道路两侧各规划建设一条，既便于连接用户和支管，也利于分期建设。道路下同时有综合管廊的，可根据综合管廊内敷设管线情况确定单侧还是双侧敷设直埋或保护管敷设的管线。

4.1.6 各专业工程管线权属单位不同，重叠敷设影响管线检修及运行安全。调研中发现，历史文化街区、旧城区等由于道路狭窄以及宽窄不一等特殊性，将工程管线引入这些地区，不能完全避免管线的重叠敷设，但要尽可能减少重叠的长度，并采取加套管、斜交等技术措施保证管线安全，利于维护。

4.1.7 工程管线与铁路、公路平行有利于高效利用土地，也便于管线的定位，交叉角的规定是为减少管线交叉长度。

4.1.8 本条为强制性条文。本条规定要求工程管线敷设在稳定的河道段，并提出了不同河道下敷设管线的高程要求，以保证河道疏浚或整治河道时与工程管线不相互影响，保证工程管线施工及运行安全。

4.1.9 本条是从城市建设中各工程管线综合规划统筹安排的角度，在分析和研究大量专业规范数据的基础上并兼顾工程管线、井、闸等构筑物尺寸来规定其合理的最小净距数据，对于受到各种制约条件限制，无法满足最小净距要求的情况，应采取相应措施，如增加管材强度、加设保护管、适当安装截断闸阀及增加管理措施等。

根据现行行业标准《城市道路绿化规划与设计规范》CJJ 75的规定，对于当遇到特殊情况，树木与管线净距不能达到本规范表4.1.9规定的标准时，其绿化树木根茎中心至地下管线（除热力、燃气外）外缘的最小距离可采用本规范表4.1.9的规定。

4.1.10 现行国家标准《城市综合管廊工程技术规范》GB 50838规定了综合管廊与相邻地下构筑物和地下管线间的最小净距应根据地质条件和相邻构筑物性质确定，且不得小于表1规定的数值。管廊与地下管线水平最小净距的规定基于：明挖施工时为防止泥土塌方对沟槽进行支护所需最小净距。暗挖施工时为防止泥土挤压而影响相邻的管线或构筑物安全所需最小净距。

表1 综合管廊与地下管线和地下构筑物的最小净距（m）

施工方法 相邻情况	明挖施工	非开挖施工
综合管廊与地下构筑物水平	1.0	综合管廊外径

续表 1

施工方法 相邻情况	明挖施工	非开挖施工
综合管廊与地下管线平行	1.0	综合管廊外径
综合管廊与地下管线交叉穿越	0.5	1.0

4.1.11 对于埋深大于建（构）筑物基础的工程管线，还应计算其与建（构）筑物之间的最小水平距离。

土壤的内摩擦角应以地质勘测数据为准，正常密实度情况下的土壤内摩擦角可参考以下数值：黏性土30°；砂类土30°～35°；粗砂、卵砾石35°～40°；碎石类土40°～45°；碎石45°～50°。

4.1.12 本条所提出的顺序为一般的顺序，规划时还应根据具体情况确定。但给水、再生水和排水管道交叉时，上下顺序应严格按规定执行。

4.1.13 本条规定为管线竖向规划时确定各管线高程的基础。

4.1.14 本条规定在综合各专业设计规范基础上进行了修订。

4.2 综合管廊敷设

4.2.1 本条规定了适合规划建设综合管廊的几种情况。

4.2.2 从国内外工程建设实例看，各种城市工程管线均可敷设在综合管廊内，但重力流管道是否进入综合管廊应根据经济技术比较后确定。燃气为天然气时，燃气管线可敷设在综合管廊内，但必须采取有效的安全保护措施。

4.2.3 综合管廊规划位置确定主要考虑对地下空间的集约利用及综合管廊的施工运行维护要求。设置在绿化带下利于人员出入口、吊装口和通风口等建设与使用，设置在机动车道下，可以在其他断面下敷设直埋管线。

5 架空敷设

5.0.1 架空线路规划线位要避免对城市交通和居民安全的影响，并满足工程管线的运行和维护需要，同时也要与道路分隔带、绿化带、行道树等协调，避免造成相互影响。

5.0.2 架空敷设的工程管线与城市用地、交通、绿化和景观等规划相协调，既能集约用地又尽可能减少对景观的影响。

5.0.3 本条规定是为了减少架空线线杆对道路通行的影响。

5.0.4 电力架空杆线与通信架空杆线分别架设在道路两侧可以避免相互影响。

5.0.5 高压电力线指电压为35kV及以上，中压配电电压为10kV、20kV，低压配电电压为380/220V。一般情况下，高压线路尽量不与中、低压配电线路同杆架设。在线路路径确有困难不得不同杆架设时，应进行绝缘配合的计算，以充分考虑架设条件及安全因素。

5.0.6 本条为强制性条文。金属管线易导电，一旦输电线及电气化铁路的馈电线断线，触及金属管线上，会扩大事故范围，引起更大的事故，所以要求架空金属管线与架空输电线、电气化铁路的馈电线交叉时，架空金属管线应采取接地保护措施，保护人身和财产安全。

5.0.7 本条是对工程管线跨越河流时，采用管道桥或利用交通桥梁进行架设的要求。

5.0.8 本条为强制条文。本规范表5.0.8规定了架空管线之间及其与建（构）筑物之间的最小水平净距，以保障架空管线施工及运营安全。

5.0.9 本条为强制条文。本规范表5.0.9规定了架空管线之间及其与建（构）筑物之间的最小垂直净距，以保障架空管线施工及运营安全。

5.0.10 各城市可结合本规范表5.0.10的规定和当地实际情况确定。

5.0.11 《城镇燃气设计规范》GB 50028对于架空敷设的燃气管线有相应规定。

5.0.12 《66kV及以下架空电力线路设计规范》GB 50061和《110kV～750kV架空输电线路设计规范》GB 50545对于架空电力线有相应规定。

中华人民共和国国家标准

城市电力规划规范

Code for planning of urban electric power

GB/T 50293—2014

主编部门：中华人民共和国住房和城乡建设部
批准部门：中华人民共和国住房和城乡建设部
施行日期：2 0 1 5 年 5 月 1 日

中华人民共和国住房和城乡建设部
公　　告

第520号

住房城乡建设部关于发布国家标准《城市电力规划规范》的公告

现批准《城市电力规划规范》为国家标准，编号为GB/T 50293－2014，自2015年5月1日起实施。原《城市电力规划规范》GB 50293－1999同时废止。

本规范由我部标准定额研究所组织中国建筑工业出版社出版发行。

中华人民共和国住房和城乡建设部

2014年8月27日

前　言

根据住房和城乡建设部《关于印发“2009年工程建设标准规范制订、修订计划”的通知》建标[2009]（88号）的要求，标准编制组广泛调查研究，认真总结实践经验，参考有关国内外标准，并在广泛征求意见的基础上，修订本规范。

本规范修订的主要技术内容是：1. 调整了电力规划编制的内容要求，将原第3章“城市电力规划编制基本要求”调改为“基本规定”；2. 在“城市供电设施”增加“环网单元”内容；3. 调整了电力规划负荷预测标准指标；4. 调整了变电站规划用地控制指标；5. 增加了超高压、新能源等相关内容；6. 增加了引用标准名录；7. 对相关条文进行了补充修改。

本规范由住房和城乡建设部负责管理，由中国城市规划设计研究院负责具体技术内容的解释。执行过程中如有意见和建议请寄送中国城市规划设计研究院（地址：北京市车公庄西路5号，邮编：100044）。

本规范主编单位：中国城市规划设计研究院

本规范参编单位：国家电网公司发展策划部
中国电力科学研究院
北京市城市规划设计研究院
上海市城市规划设计研究院
国网北京经济技术研究院
国网北京市电力公司

本规范主要起草人：洪昌富　侯义明　仝德良
王雅丽　夏　凉　刘海龙
韦　涛　崔　凯　魏保军
娄奇鹤　左向红　徐　俊
王立永　才　华　李红军
周启亮　贺　健　宋　毅

本规范主要审查人：王静霞　干银辉　王承东
檀　星　王永强　戴志伟
梁　峥　郑志宇　李朝顺
张国柱　和坤玲　杨秀华
高　斌

目　次

Contents

1 总　　则

1.0.1 为更好地贯彻执行国家城市规划、电力、能源的有关法规和方针政策，提高城市电力规划的科学性、合理性和经济性，确保规划编制质量，制定本规范。

1.0.2 本规范适用于城市规划的电力规划编制工作。

1.0.3 城市电力规划的主要内容应包括：预测城市电力负荷，确定城市供电电源、城市电网布局框架、城市重要电力设施和走廊的位置和用地。

1.0.4 城市电力规划应遵循远近结合、适度超前、合理布局、环境友好、资源节约和可持续发展的原则。

1.0.5 规划城市规划区内发电厂、变电站、开关站和电力线路等电力设施的地上、地下空间位置和用地时，应贯彻合理用地、节约用地的原则。

1.0.6 城市电力规划除应符合本规范的规定外，尚应符合国家现行有关标准的规定。

2 术　　语

2.0.1 城市用电负荷　urban electricity load

城市内或城市规划片区内，所有用电户在某一时刻实际耗用的有功功率的总和。

2.0.2 负荷同时率　load coincidence factor

在规定的时间段内，电力系统综合最高负荷与所属各个子地区（或各用户、各变电站）各自最高负荷之和的比值。

2.0.3 负荷密度　load density

表征负荷分布密集程度的量化参数，以每平方公里的平均用电功率计量。

2.0.4 城市供电电源　urban power supply sources

为城市提供电能来源的发电厂和接受市域外电力系统电能的电源变电站的总称。

2.0.5 城市发电厂　urban power plant

在市域范围内规划建设需要独立用地的各类发电设施。

2.0.6 城市变电站　urban substation

配置于城市区域中起变换电压、交换功率和汇集、分配电能的变电站及其配套设施。

2.0.7 城市电网　urban power network

城市区域内，为城市用户供电的各级电网的总称。

2.0.8 配电室　distribution room

主要为低压用户配送电能，设有中压配电进出线（可有少量出线）、配电变压器和低压配电装置，带有低压负荷的户内配电场所。

2.0.9 开关站　switching station

城网中设有高、中压配电进出线、对功率进行再分配的供电设施。可用于解决变电站进出线间隔有限或进出线走廊受限，并在区域中起到电源支撑的作用。

2.0.10 环网单元　ring main unit

用于10kV电缆线路分段、联络及分接负荷的配电设施。也称环网柜或开闭器。

2.0.11 箱式变电站　cabinet/pad-mounted distribution substation

由中压开关、配电变压器、低压出线开关、无功补偿装置和计量装置等设备共同安装于一个封闭箱体内的户外配电装置。

2.0.12 高压线走廊　high-tension line corridor

35kV及以上高压架空电力线路两边导线向外侧延伸一定安全距离所形成的两条平行线之间的通道。也称高压架空线路走廊。

3 基 本 规 定

3.0.1 城市电力规划应符合地区电力系统规划总体要求，并应与城市总体规划相协调。

3.0.2 城市电力规划编制阶段、期限和范围应与城市规划相一致。

3.0.3 城市电力规划应根据所在城市的性质、规模、国民经济、社会发展、地区能源资源分布、能源结构和电力供应现状等条件，结合所在地区电力发展规划及其重大电力设施工程项目近期建设进度安排，由城市规划、电力部门通过协商进行编制。

3.0.4 城市变电站、电力线路等各类供电设施的设置应符合现行国家标准《电磁辐射防护规定》GB 8702和《环境电磁波卫生标准》GB 9175电磁环境的有关规定。

3.0.5 规划新建的各类电力设施运行噪声及废水、废气、废渣三废排放对周围环境的干扰和影响，应符合国家环境保护方面的法律、法规的有关规定。

3.0.6 城市电力规划编制过程中，应与道路交通、绿化、供水、排水、供热、燃气、通信等规划相协调，统筹安排，空间共享，妥善处理相互间影响和矛盾。

4 城市用电负荷

4.1 城市用电负荷分类

4.1.1 城市用电负荷按城市建设用地性质分类，应与现行国家标准《城市用地分类与规划建设用地标准》GB 50137所规定的城市建设用地分类相一致。城市用电负荷按产业和生活用电性质分类，可分为第一产业用电、第二产业用电、第三产业用电、城乡居民生活用电。

4.1.2 城市用电负荷按城市负荷分布特点，可分为一般负荷（均布负荷）和点负荷两类。

4.2 城市用电负荷预测

4.2.1 城市总体规划阶段的电力规划负荷预测宜包括下列内容：

1 市域及中心城区规划最大负荷；

2 市域及中心城区规划年总用电量；

3 中心城区规划负荷密度。

4.2.2 城市详细规划阶段电力规划负荷预测宜包括下列内容：

1 详细规划范围内最大负荷；

2 详细规划范围内规划负荷密度。

4.2.3 城市电力负荷预测应确定一种主要的预测方法，并应用其他预测方法进行补充、校核。

4.2.4 负荷同时率的大小，应根据各地区电网用电负荷特性确定。

4.2.5 城市电力负荷预测方法的选择宜符合下列规定：

1 城市总体规划阶段电力负荷预测方法，宜选用人均用电指标法、横向比较法、电力弹性系数法、回归分析法、增长率法、单位建设用地负荷密度法、单耗法等。

2 城市详细规划阶段的电力负荷预测，一般负荷（均布负荷）宜选用单位建筑面积负荷指标法等；点负荷宜选用单耗法，或由有关专业部门、设计单位提供负荷、电量资料。

4.3 负荷预测指标

4.3.1 当采用人均用电指标法或横向比较法预测城市总用电量时，其规划人均综合用电量指标宜符合表4.3.1的规定。

表 4.3.1 规划人均综合用电量指标

城市用电水平分类	人均综合用电量［kWh/（人·a）］	
	现 状	规 划
用电水平较高城市	4501～6000	8000～10000
用电水平中上城市	3001～4500	5000～8000
用电水平中等城市	1501～3000	3000～5000
用电水平较低城市	701～1500	1500～3000

注：当城市人均综合用电量现状水平高于或低于表中规定的现状指标最高或最低限值的城市。其规划人均综合用电量指标的选取，应视其城市具体情况因地制宜确定。

4.3.2 当采用人均用电指标法或横向比较法预测居民生活用电量时，其规划人均居民生活用电量指标宜符合表4.3.2的规定。

表 4.3.2 规划人均居民生活用电量指标

城市用电水平分类	人均居民生活用电量［kWh/（人·a）］	
	现 状	规 划
用电水平较高城市	1501～2500	2000～3000
用电水平中上城市	801～1500	1000～2000
用电水平中等城市	401～800	600～1000
用电水平较低城市	201～400	400～800

注：当城市人均居民生活用电量现状水平高于或低于表中规定的现状指标最高或最低限值的城市，其规划人均居民生活用电量指标的选取，应视其城市的具体情况，因地制宜确定。

4.3.3 当采用单位建设用地负荷密度法进行负荷预测时，其规划单位建设用地负荷指标宜符合表4.3.3的规定。

表 4.3.3 规划单位建设用地负荷指标

城市建设用地类别	单位建设用地负荷指标（kW/hm²）
居住用地（R）	100～400
商业服务业设施用地（B）	400～1200
公共管理与公共服务设施用地（A）	300～800
工业用地（M）	200～800
物流仓储用地（W）	20～40
道路与交通设施用地（S）	15～30
公用设施用地（U）	150～250
绿地与广场用地（G）	10～30

注：超出表中建设用地以外的其他各类建设用地的规划单位建设用地负荷指标的选取，可根据所在城市的具体情况确定。

4.3.4 当采用单位建筑面积负荷密度指标法时，其规划单位建筑面积负荷指标宜符合表4.3.4的规定。

表 4.3.4 规划单位建筑面积负荷指标

建筑类别	单位建筑面积负荷指标（W/m²）
居住建筑	30～70 4～16（kW/户）
公共建筑	40～150
工业建筑	40～120
仓储物流建筑	15～50
市政设施建筑	20～50

注：特殊用地及规划预留的发展备用地负荷密度指标的选取，可结合当地实际情况和规划供能要求，因地制宜确定。

5 城市供电电源

5.1 城市供电电源种类和选择

5.1.1 城市供电电源可分为城市发电厂和接受市域外电力系统电能的电源变电站。

5.1.2 城市供电电源的选择，应综合研究所在地区的能源资源状况、环境条件和可开发利用条件，进行统筹规划，经济合理地确定城市供电电源。

5.1.3 以系统受电或以水电供电为主的大城市，应规划建设适当容量的本地发电厂，以保证城市用电安全及调峰的需要。

5.1.4 有足够稳定的冷、热负荷的城市，电源规划宜与供热（冷）规划相结合，建设适当容量的冷、热、电联产电厂，并应符合下列规定：

1 以煤（燃气）为主的城市，宜根据热力负荷分布规划建设热电联产的燃煤（燃气）电厂，同时与城市热力网规划相协调。

2 城市规划建设的集中建设区或功能区，宜结合功能区规划用地性质的冷热电负荷特点，规划中小型燃气冷、热、电三联供系统。

5.1.5 在有足够可再生资源的城市，可规划建设可再生能源电厂。

5.2 电力平衡与电源布局

5.2.1 电力平衡应根据城市总体规划和地区电力系统中长期规划，在负荷预测的基础上，考虑合理的备用容量，提出地区电力系统需要提供该城市的电力总容量，并应协调地区电力规划。

5.2.2 电源应根据所在城市的性质、人口规模和用地布局，合理确定城市电源点的数量和布局，大、中城市应组成多电源供电系统。

5.2.3 电源布局应根据负荷分布和电源点的连接方式，合理配置城市电源点，协调好电源布点与城市港口、机场、国防设施和其他工程设施之间的关系。

5.2.4 燃煤（气）电厂的布局应统筹考虑煤炭、燃气输送、环境影响、用地布局、电力系统需求等因素。

5.2.5 可再生能源电厂应依据资源条件布局并应与城市规划建设相协调。

5.3 城市发电厂规划布局

5.3.1 城市发电厂的规划布局，除应符合国家现行相关标准外，还应符合下列规定：

1 燃煤（气）电厂的厂址宜选用城市非耕地，并应符合现行国家标准《城市用地分类与规划建设用地标准》GB 50137 的有关要求。

2 大、中型燃煤电厂应安排足够容量的燃煤储存用地；燃气电厂应有稳定的燃气资源，并应规划设计相应的输气管道。

3 燃煤电厂选址宜在城市最小风频上风向，并应符合国家环境保护的有关规定。

4 供冷（热）电厂宜靠近冷（热）负荷中心，并与城市热力网设计相匹配。

5.3.2 燃煤电厂在规划厂址的同时应规划贮灰场和水灰管线等，贮灰场宜利用荒、滩地或山谷。

5.3.3 城市发电厂应根据发电厂与城网的连接方式规划出线走廊。

5.4 城市电源变电站布局

5.4.1 电源变电站的位置应根据城市总体规划布局、负荷分布及与外部电网的连接方式、交通运输条件、水文地质、环境影响和防洪、抗震要求等因素进行技术经济比较后合理确定。

5.4.2 规划新建的电源变电站，应避开国家重点保护的文化遗址或有重要开采价值的矿藏。

5.4.3 为保证可靠供电，应在城区外围建设高电压等级的变电站，以构成城市供电的主网架。

5.4.4 对用电量大、高负荷密度区，宜采用 220kV 及以上电源变电站深入负荷中心布置。

6 城市电网

6.1 规划原则

6.1.1 城市电网规划应分层分区，各分层分区应有明确的供电范围，并应避免重叠、交错。

6.1.2 城市电源应与城市电网同步规划，城市电网应根据地区发展规划和地区负荷密度，规划电源和走廊用地。

6.1.3 城市电网规划应满足结构合理、安全可靠、经济运行的要求，各级电网的接线宜标准化，并应保证电能质量，满足城市用电需求。

6.1.4 城市电网的规划建设应纳入城乡规划，应按城市规划布局和管线综合的要求，统筹安排、合理预留城网中各级电压变电站、开关站、电力线路等供电设施的位置和用地。

6.2 电压等级和层次

6.2.1 城市电网电压等级应符合现行国家标准《标准电压》GB/T 156 的规定。

6.2.2 城市电网应简化变压层级，优化配置电压等级序列，避免重复降压。城市电网的电压等级序列，应根据本地区实际情况和远景发展确定。

6.2.3 城市电网规划的目标电压等级序列以外的电压等级，应限制发展、逐步改造。

6.2.4 城市电网中的最高一级电压，应考虑城市电网发展现状，根据城市电网远期的规划负荷量和城市电网与外部电网的连接方式确定。

6.2.5 城市电网中各级电网容量应按一定的容载比配置，各电压等级城市电网容载比宜符合表6.2.5的规定。

表6.2.5 各电压等级城市电网容载比

年负荷平均增长率	小于7%	7%～12%	大于12%
500kV及以上	1.5～1.8	1.6～1.9	1.7～2.0
220kV～330kV	1.6～1.9	1.7～2.0	1.8～2.1
35kV～110kV	1.8～2.0	1.9～2.1	2.0～2.2

7 城市供电设施

7.1 一般规定

7.1.1 规划新建或改建的城市供电设施的建设标准、结构选型，应与城市现代化建设整体水平相适应。

7.1.2 设备选型应安全可靠、经济实用、兼顾差异，应用通用设备，选择技术成熟、节能环保和抗震性能好的产品，并应符合国家有关标准的规定。

7.1.3 规划新建的城市供电设施应根据其所处地段的地形地貌条件和环境要求，选择与周围环境景观相协调的结构形式与建筑外形。

7.1.4 在自然灾害多发地区和跨越铁路或桥梁等地段，应提高城市供电设施的设计标准。

7.1.5 供电设施规划时应考虑城市分布式能源、电动汽车充电站等布局、接入需要，适应智能电网发展。

7.2 城市变电站

7.2.1 城市变电站结构形式分类应符合表7.2.1的规定。

表7.2.1 城市变电站结构形式分类

大类	结构形式	小类	结构形式
1	户外式	1	全户外式
		2	半户外式
2	户内式	1	常规户内式
		2	小型户内式
3	地下式	1	半地下式
		2	全地下式
4	移动式	1	箱体式
		2	成套式

7.2.2 城市变电站按其一次侧电压等级可分为500kV、330kV、220kV、110（66）kV、35kV五类变电站。

7.2.3 城市变电站主变压器安装台（组）数宜为2台（组）～4台（组），单台（组）主变压器容量应标准化、系列化。35kV～500kV变电站主变压器单台（组）容量选择宜符合表7.2.3的规定。

表7.2.3 35kV～500kV变电站主变压器单台（组）容量表

变电站电压等级（kV）	单台（组）主变压器容量（MVA）
500	500、750、1000、1200、1500
330	120、150、180、240、360、500、750
220	90、120、150、180、240、360
110	20、31.5、40、50、63
66	10、20、31.5、40、50
35	3.15、6.3、10、20、31.5

7.2.4 城市变电站规划选址，应符合下列规定：

1 应与城市总体规划用地布局相协调；

2 应靠近负荷中心；

3 应便于进出线；

4 应方便交通运输；

5 应减少对军事设施、通信设施、飞机场、领（导）航台、国家重点风景名胜区等设施的影响；

6 应避开易燃、易爆危险源和大气严重污秽区及严重盐雾区；

7 220kV～500kV变电站的地面标高，宜高于100年一遇洪水位；35kV～110kV变电站的地面标高，宜高于50年一遇洪水位；

8 应选择良好地质条件的地段。

7.2.5 城市变电站出口应有（2～3）个电缆进出通道，应按变电站终期规模考虑变电站及其周边路网的电缆管沟规划以满足变电站进出线要求。

7.2.6 规划新建城市变电站的结构形式选择，宜符合下列规定：

1 在市区边缘或郊区，可采用布置紧凑、占地较少的全户外式或半户外式；

2 在市区内宜采用全户内式或半户外式；

3 在市中心地区可在充分论证的前提下结合绿地或广场建设全地下式或半地下式；

4 在大、中城市的超高层公共建筑群区、中心商务区及繁华、金融商贸街区，宜采用小型户内式；可建设附建式或地下变电站。

7.2.7 城市变电站的用地面积，应按变电站最终规模预留；规划新建的35kV～500kV变电站规划用地面积控制指标宜符合表7.2.7的规定。

表 7.2.7 35kV～500kV 变电站规划用地面积控制指标

序号	变压等级(kV)一次电压/二次电压	主变压器容量[MVA/台(组)]	变电站结构形式及用地面积（m²）		
			全户外式用地面积	半户外式用地面积	户内式用地面积
1	500/220	750～1500/2～4	25000～75000	12000～60000	10500～40000
2	330/220 及 330/110	120～360/2～4	22000～45000	8000～30000	4000～20000
3	220/110（66，35）	120～240/2～4	6000～30000	5000～12000	2000～8000
4	110（66）/10	20～63/2～4	2000～5500	1500～5000	800～4500
5	35/10	5.6～31.5/2～3	2000～3500	1000～2600	500～2000

注：有关特高压变电站、换流站等设施建设用地，宜根据实际需求规划控制。本指标未包括厂区周围防护距离或绿化带用地，不含生活区用地。

7.3 开 关 站

7.3.1 高电压线路伸入市区，可根据电网需求，建设 110kV 及以上电压等级开关站。

7.3.2 当 66kV～220kV 变电站的二次侧 35kV 或 10（20）kV 出线走廊受到限制，或者 35kV 或 10（20）kV 配电装置间隔不足，且无扩建余地时，宜规划建设开关站。

7.3.3 10(20)kV 开关站应根据负荷的分布与特点布置。

7.3.4 10(20)kV 开关站宜与 10(20)kV 配电室联体建设，且宜考虑与公共建筑物混合建设。

7.3.5 10(20)kV 开关站规划用地面积控制指标宜符合表 7.3.5 的规定。

表 7.3.5 10（20）kV 开关站规划用地面积控制指标

序号	设施名称	规模及机构形式	用地面积（m²）
1	10(20)kV 开关站	2 进线 8～14 出线，户内不带配电变压器	80～260
2	10(20)kV 开关站	3 进线 12～18 出线，户内不带配电变压器	120～350
3	10(20)kV 开关站	2 进线 8～14 出线，户内带 2 台配电变压器	180～420
4	10(20)kV 开关站	3 进线 8～18 出线，户内带 2 台配电变压器	240～500

7.4 环 网 单 元

7.4.1 10kV（20kV）环网单元宜在地面上建设，也可与用电单位的供电设施共同建设。与用电单位的建筑共同建设时，宜建在首层或地下一层。

7.4.2 10kV（20kV）环网单元每组开闭设备宜为 2 路进线(4～6）路馈出线。

7.5 公用配电室

7.5.1 规划新建公用配电室的位置，应接近负荷中心。

7.5.2 公用配电室宜按“小容量、多布点”原则规划设置，配电变压器安装台数宜为两台，单台配电变压器容量不宜超过 1000kVA。

7.5.3 在负荷密度较高的市中心地区，住宅小区、高层楼群、旅游网点和对市容有特殊要求的街区及分散的大用电户，规划新建的配电室宜采用户内型结构。

7.5.4 在公共建筑楼内规划新建的配电室，应有良好的通风和消防措施。

7.5.5 当城市用地紧张、现有配电室无法扩容且选址困难时，可采用箱式变电站，且单台变压器容量不宜超过 630kVA。

7.6 城市电力线路

7.6.1 城市电力线路分为架空线路和地下电缆线路两类。

7.6.2 城市架空电力线路的路径选择，应符合下列规定：

1 应根据城市地形、地貌特点和城市道路网规划，沿道路、河渠、绿化带架设，路径应短捷、顺直，减少同道路、河流、铁路等的交叉，并应避免跨越建筑物；

2 35kV 及以上高压架空电力线路应规划专用通道，并应加以保护；

3 规划新建的 35kV 及以上高压架空电力线路，不宜穿越市中心地区、重要风景名胜区或中心景观区；

4 宜避开空气严重污秽区或有爆炸危险品的建筑物、堆场、仓库；

5 应满足防洪、抗震要求。

7.6.3 内单杆单回水平排列或单杆多回垂直排列的市区 35kV～1000kV 高压架空电力线路规划走廊宽度，

宜根据所在城市的地理位置、地形、地貌、水文、地质、气象等条件及当地用地条件，按表7.6.3的规定合理确定。

表7.6.3 市区35kV～1000kV高压架空电力线路规划走廊宽度

线路电压等级（kV）	高压线走廊宽度（m）
直流±800	80～90
直流±500	55～70
1000（750）	90～110
500	60～75
330	35～45
220	30～40
66，110	15～25
35	15～20

7.6.4 市区内高压架空电力线路宜采用占地较少的窄基杆塔和多回路同杆架设的紧凑型线路结构，多路杆塔宜安排在同一走廊。

7.6.5 高压架空电力线路与邻近通信设施的防护间距，应符合现行国家标准《架空电力线路与调幅广播收音台的防护间距》GB 7495的有关规定。

7.6.6 高压架空电力线路导线与建筑物之间的最小垂直距离、导线与建筑物之间的水平距离、导线与地面间最小垂直距离、导线与街道行道树之间最小垂直距离应符合现行国家标准《66kV及以下架空电力线路设计规范》GB 50061、《110kV～750kV架空输电线路设计规范》GB 50545、《1000kV架空输电线路设计规范》GB 50665的有关规定。

7.6.7 规划新建的35kV及以上电力线路，在下列情况下，宜采用地下电缆线路：

1 在市中心地区、高层建筑群区、市区主干路、人口密集区、繁华街道等；

2 重要风景名胜区的核心区和对架空导线有严重腐蚀性的地区；

3 走廊狭窄，架空线路难以通过的地区；

4 电网结构或运行安全的特殊需要线路；

5 沿海地区易受热带风暴侵袭的主要城市的重要供电区域。

7.6.8 城区中、低压配电线路应纳入城市地下管线统筹规划，其空间位置和走向应满足配电网需求。

7.6.9 城市地下电缆线路路径和敷设方式的选择，除应符合现行国家标准《电力工程电缆设计规范》GB 50217的有关规定外，尚应根据道路网规划，与道路走向相结合，并应保证地下电缆线路与城市其他市政公用工程管线间的安全距离，同时电缆通道的宽度和深度应满足电网发展需求。

本规范用词说明

1 为便于在执行本规范条文时区别对待，对要求严格程度不同的用词说明如下：

1）表示很严格，非这样做不可的用词：
正面词采用“必须”，反面词采用“严禁”；

2）表示严格，在正常情况下均应这样做的用词：
正面词采用“应”，反面词采用“不应”或“不得”；

3）表示允许稍有选择，在条件许可时首先应这样做的用词：
正面词采用“宜”，反面词采用“不宜”；

4）表示有选择，在一定条件下可以这样做的用词，采用“可”。

2 条文中指明应按其他有关标准执行的写法为：“应符合……的规定”或“应按……执行”。

引用标准名录

1 《66kV及以下架空电力线路设计规范》GB 50061

2 《城市用地分类与规划建设用地标准》GB 50137

3 《电力工程电缆设计规范》GB 50217

4 《110kV～750kV架空输电线路设计规范》GB 50545

5 《1000kV架空输电线路设计规范》GB 50665

6 《标准电压》GB/T 156

7 《架空电力线路与调幅广播收音台的防护间距》GB 7495

8 《电磁辐射防护规定》GB 8702

9 《环境电磁波卫生标准》GB 9175

中华人民共和国国家标准

城市电力规划规范

GB/T 50293—2014

条 文 说 明

修订说明

《城市电力规划规范》GB/T 50293-2014（以下简称本规范），经住房和城乡建设部2014年8月27日以第520号公告批准、发布。

本规范是在《城市电力规划规范》GB 50293-1999（以下简称原规范）的基础上修订而成，上一版的主编单位是中国城市规划设计研究院，参编单位是电力工业部安全生产监察司、国家电力调度中心、北京市城市规划设计研究院、北京供电局、上海市城市规划设计研究院、上海电力工业局、天津市城市规划设计研究院，主要起草人员是刘学珍、朱保哲、刘玉娟、孙轩、金文龙、屠三益、武绪敏、任年荣、仝德良、吕千。

本次修订的主要内容是：1. 调整简化了电力规划编制的内容要求，将原第3章"城市电力规划编制基本要求"调改为"基本规定"；2. 在"城市供电设施"增加"环网单元"内容；3. 调整了电力规划负荷预测标准指标；4. 调整了变电站规划用地控制指标；5. 增加了超高压、新能源等相关内容；6. 增加了引用标准名录；7. 对相关条文进行了补充修改。

本规范修订过程中，编制组进行了系统深入的调查研究，总结了我国城市电网规划建设的实践经验，同时参考了大量国内外已有的相关法规、技术标准，征求了专家、相关部门和社会各界对于原规范以及规范修订的意见，并与相关国家标准规范相衔接。

为了便于广大规划设计、施工、科研、学校等单位有关人员在使用本规范时能正确理解和执行条文规定，《城市电力规划规范》编制组按章、节、条顺序编制本规范的条文说明，对条文规定的目的，依据以及执行中需要注意的有关事项进行了说明。但是，本条文说明不具备与规范正文同等的法律效力，仅供使用者作为理解和把握规范的参考。

目　次

1 总　　则

1.0.1 条文中明确规定了本规范编制的目的和依据。城市电力规划是城市规划的重要组成部分，具有综合性、政策性和电力专业技术性较强的特点，贯彻执行国家城乡规划、电力、能源的有关法规和方针政策，可为城市电力规划的编制工作提供可靠的基础和法律保证，以确保规划的质量。城市规划、电力能源的有关国家法规，主要包括：《中华人民共和国城乡规划法》、《中华人民共和国电力法》、《中华人民共和国土地管理法》、《中华人民共和国环境保护法》、《中华人民共和国可再生能源法》和《中华人民共和国节约能源法》等。

1.0.2 本规范适用范围包括有两层含意：一是本规范适用于《中华人民共和国城乡规划法》所称的城市中的设市城市，也包括建制镇。但考虑我国建制镇数量很多，规模和发展水平差异较大，各地理位置、资源条件以及供电管理水平和电力设施装备水平相差悬殊，各建制镇可结合本地实际情况因地制宜地参照执行本规范。二是本规范的适用范围覆盖了《中华人民共和国城乡规划法》所规定的各层次规划阶段中的电力规划编制工作。对于电力行业相关主管部门组织编制的电力专项规划或电力发展规划，其主要内容应符合本规范的要求，其他内容可以根据电力行业发展的专业需要确定。

1.0.5 节约用地，十分珍惜和合理使用城市每一寸土地，是我国一项基本国策，尤其是在改革开放不断深入发展的今天更为必要。执行本条文需注意的是：节约用地应在以保证供电设施安全经济运行、方便维护为前提的条件下，依靠科学进步，采用新技术、新设备、新材料、新工艺，或者通过技术革新，改造原有设备的布置方式，达到缩小用地、实现节省占地的目的，而不能不考虑供电设施必要的技术条件和功能上的要求，硬性压缩用地。

2 术　　语

本章主要将本规范中所涉及的城市电力规划基本技术用语，给以统一定义和词解；或对在其他标准、规范中尚未明确定义的专用术语，而在我国城市供用电领域中已成熟的惯用技术用语，加以肯定、纳入，以利于对本规范的正确理解和使用。

3 基本规定

3.0.1 城市电力规划是城市规划的重要组成部分，地区电力系统是城市重要的电源，是确定城网规模、布局的依据。因此，必须以城市规划、地区电力系统规划为依据，从全局出发，考虑城市电力规划的编制工作。

3.0.2 城市电力规划是城市规划的配套规划，规划阶段、期限和范围的划分，只有同城市规划相一致，才能使规划的内容、深度和实施进度做到与城市整体发展同步，使城市土地利用、环境保护及城市电力与其他工程设施之间的矛盾和影响得到有效的协调和解决，取得最佳的社会、经济、环境综合效益。

3.0.3 条文中提出的编制城市电力规划，尤其是编制城市总体规划阶段中的电力规划应由城市规划、电力两部门通过充分协商，密切合作进行编制的理由，主要是由城市电力规划所具有的综合协调性和电力专业技术性很强的双重性特点所决定的。在城市电力规划的编制工作中，要以城市总体规划为依据，统筹安排、综合协调各项电力设施在城市空间中的布局，为电力设施的建设提供必要的城市空间，同时城市的发展，也离不开电力能源的供应，两者之间是一种相互联系、相互制约的内涵关系。这种双重性特点在电力总体规划阶段体现得更为突出，如果在编制电力总体规划工作中，城市规划、电力两部门之间不能取得密切配合和协作，使制定的规划过分地偏重其双重性中的任何一个方面，都将不是一个全面完整的规划，也难以保证规划的质量和规划的实施。

3.0.4、3.0.5 这两条对城市电能生产、供应提出符合社会、经济、环境综合效益的具体要求。电力是一种先进的和使用方便的优质能源，它是国民经济发展的物质基础，是人民生活的必需品，是现代社会生活的重要标志。城市现代化程度越高，对电能的需求量就越大，但生产电能的发电厂所排出的废水、废气、粉尘、灰渣和承担输送电能任务的高压变电站和高压送、配电线路运行时所产生的电磁辐射、场强及噪声对城市的影响如果处理不当，都将会污染城市环境。因此，在规划阶段落实城市发电厂、高压变电站的位置和高压电力线路和路径时，既要考虑满足其靠近负荷中心的电力技术要求，也要充分考虑高压变电站和高压电力线路规划建设对周围环境的影响，并提出切实可行的防治措施。

3.0.6 城市电力、供水、排水、供热、燃气、通信工程管线，均属城市市政公用工程管线，一般沿城市道路两侧的地上、地下敷设。在编制规划过程中，城市电力规划如不能与其他工程规划之间很好地协调配合，势必将造成电力线路与树木之间、电力线路与其他工程管线相互间的影响和矛盾，进而影响电力规划的实施，并浪费国家资金。只有相互之间密切配合、统筹规划，使电力管线在城市空间占有合理的位置，才能保证电力规划得以顺利实施。

4 城市用电负荷

4.1 城市用电负荷分类

4.1.1 城市用电负荷分类的方法很多，从不同角度出发可以有不同的分类。本节中负荷分类的制订，主要从编制城市电力规划中的负荷预测工作需要出发，总结全国各城市编制城市电力规划的负荷预测工作经验，研究、分析不同规划阶段的负荷预测内容及其负荷特征、用电性质的区别，加以分别归类。

按用地性质进行负荷分类符合城市规划的技术特征，主要根据城市各类建设用地的用电性质不同加以区别，并依据现行国家标准《城市用地分类与规划建设用地标准》GB 50137 中建设用地的符号、代码分类口径进行相应的规定。这种分类方法的主要优点是：比较直观，便于基础资料的收集，有较强的适用性和可操作性，能够较好的与城市规划衔接。在城市总体规划中按各类建设用地的功能、用电性质的区别来划分负荷类别进行负荷预测，是取得比较满意预测结果的主要负荷分类方法。

按产业用电分类则可以使负荷预测简便。产业用电与行业用电之间的关系：第一产业用电为农、林、牧、副、渔、水利业用电，第二产业用电为工业、建筑业用电，第三产业用电为第一、第二产业用电以外的其他产业用电，居民生活用电指住宅用电。

4.1.2 条文中的点负荷是指城市中用电量大，负荷集中的大用电户，如：大型工厂企业或大型公共建筑群。一般负荷（均布负荷）是指点负荷以外分布较分散的其他负荷，在负荷预测中，为预测简便，可将这些负荷看作是分布比较均匀的一般用电户。

4.2 城市用电负荷预测

4.2.3 采用多种方法预测，并相互补充、校核，可以做到尽可能多地考虑相关因素，弥补某一种预测方法的局限性，从而使预测结果能够比较全面地反映未来负荷的发展规律。采用多种方法预测时，还应考虑影响未来城市负荷发展的不可预见的因素，留有一定裕度，以提高预测的准确性和可靠性。

4.2.4 通常情况下，我们将一个电网按照不同的要求可以划分为若干个小的子网，负荷同时率就是在同一时刻，若干子网的最大负荷之和与整个电网的最大负荷的比值。由于一个地区电网内各类用户的负荷特征和用电性能不同，各自最大负荷的巅峰值出现的时间都不一样，故在一段规定的时间内，一个地区电网的综合最大负荷值往往是小于用户各自的最大负荷值之和的。从空间特性来看，一般在同一地区随着用户的增多及区域的扩大，电网负荷同时率变化是有规律的。一方面用户数越多、区域越大，负荷同时率越低；另一方面，供电区域面积越大，负荷同时率趋向于一个稳定的值。

4.2.5 条文中推荐的几种负荷预测方法，是在总结全国各城市编制城市电力规划进行负荷预测时常用的几种预测方法的经验基础上，吸收了城市用电水平预测的最新科研成果，并参考国家电网公司 2006 年制定的《城市电力网规划设计导则》中的有关规定，经分析、研究后提出的。

由于每一种预测方法都是在限定的条件下建立的预测模型，所以每一种预测方法的范围都有一定的局限性，如电力弹性系数法、增长率法、回归分析法，主要根据历史统计数据，进行分析而建立的预测数学模型，多用于宏观预测城市总用电负荷或校核中远期的规划负荷预测值，以上各种方法可以同时应用，并相互进行补充校核。而负荷密度法、单耗法则适用于分项分类的局部预测，用以上方法预测的负荷可用横向比较法进行校核、补充。而在城市详细规划阶段，对地域范围较小的居住区、工业区等局部范围的负荷预测则多采用单位建筑面积负荷指标法。近年来，城市经济的高速发展、居民生活用电水平的不断提高以及经济结构调整、节能减排带来的产业用电负荷的变化，给负荷预测带来许多不确定因素。为此，还需要全国广大电力规划工作者对电力负荷预测方法进行积极研究探索，除条文中推荐的几种预测方法外，尚需不断开发研究出一些新的预测方法，以使之充实完善。

4.3 负荷预测指标

4.3.1 人均综合用电量指标是衡量一个国家或城市经济发达程度的一个重要参数，也是编制城市电力总体规划时，校核城市远期用电量预测水平和宏观控制远期电力发展规模的重要指标。

规划负荷指标的确定，受一定规划期内的城市社会经济发展、人口规模、资源条件、人民物质文化生活水平、电力供应程度等因素的制约。规划时各类用电指标的选取应根据所在城市的性质、人口规模、地理位置、社会经济发展、国内生产总值、产业结构，地区能源资源和能源消费结构、电力供应条件、居民生活水平及节能措施等因素，以该城市的现状水平为基础，对照表 4.3.1 中相应指标分级内的幅值范围，进行综合研究分析、比较后，因地制宜选定。

由于我国城市数量多，各城市之间人均综合用电量水平差异悬殊，供电条件也不尽相同，条文中制定的规划人均综合用电量指标，主要根据近 10 多年来全国城市用电统计资料的整理、分析和对国内不同类型的大、中、小城市近年来用电现状调查，并参考国外 23 个城市的综合用电量水平，总结我国城市用电发展规律的特点而制定的。全国城市人均综合用电量幅度，大致可分为四个层次，即用电水平较高城市、用电水平中上城市、用电水平中等城市和用电水平较低城市。通过分析还可以看出，我国用电水平较高的城市，多为以石油煤炭、化工、钢铁、原材料加工为主的重工业型、能源型城市。而用电水平较低的城市，多为人口多、经济较不发达、能源资源贫乏的城市，或为电能供应条件差的边远山区。但人口多、经济较发达的直辖市、省会城市及地区中心城市的人均综合用电量水平则处于全国的中等或中上等用电水平。这种受城市的性质、产业结构、人口规模、电能供应条件、经济基础等因素制约的用电发展规律，是符合我国国情和各类城市的用电特点的，这种用电增长的变化趋势在今后将会保持相当长的一段时期。

4.3.2 城市居民生活用电水平是衡量城市生活现代化程度的重要指标之一，人均居民生活用电量水平的高低，主要受城市的地理位置、人口规模、经济发展水平、居民收入、居民家庭生活消费结构及家用电器的拥有量、气候条件、生活习惯、居民生活用电量占城市总用电量的比重、电能供应政策及电源条件等诸多因素的制约。调查资料表明，改革开放以来，随着城市经济的迅速发展，我国普通居民家庭经济收入得到提高，生活消费结构发生了改变，使得居民家庭生活用电量也出现了迅速增加的趋势，见表1。

表1　居民家用电器总量统计分析

家用电器	年份总量（万台）					平均增长速度（%）		
	1978	1990	2000	2008	2009	1979～2009	1991～2009	2001～2009
家用洗衣机	0.04	663	1443	4447	4974	46	11.2	14.7
家用电冰箱	2.8	463	1279	4800	5930	28	14.4	18.6
房间空气调节器	0.02	24	1827	8147	8078	51.7	35.8	18
彩色电视机	0.38	1033	3936	9187	9899	38.8	12.6	10.8

通过借鉴香港地区和国外城市的经验以及对我国70多个大、中、小城市居民生活的用电现状调查资料可以看出，随着城市现代化进程步伐的加快，我国城市居民生活消费水平已经上了一个大台阶，电力供应条件也有了较大的改善。我国城市的一般居民家庭除了少量用电容量较大、不具备在一般居民家庭中普及的家用电器［如：电灶（6kW～8kW）、集中电采暖（10kW以上）、大容量电热水器（10kW）］外，其他中、高档家用电器（如：家用空调器、电饭煲、微波炉、组合音响、录像机、保健美容器具、文化娱乐器具、智能化家用电器等）都有不同程度的普及，人均居民生活用电量在近年来有较大增加。条文4.3.2的规划人均居民生活用电量指标，适用于不含市辖市、县的市区范围。指标分级及其规划指标幅值，是依据近年全国人均居民生活用电量统计值（表2），并结合2012年国家电力规划研究中心发布的《我国中长期发电能力及电力需求发展预测》中的相关数据而制定的。2012年我国人均居民生活用电量大致在1000至3000kWh/（人·a）。

表2　1991～2010年我国城市人均居民生活用电量

序号	城市居民生活用电水平分级	1991年城市人均居民生活用电量指标［kWh/（人·a）］	2010年城市人均居民生活用电量指标［kWh/（人·a）］	1991～2010年人均居民生活用电量递增速度（%）
1	较高生活用电水平城市	400～201	2500～1501	9.60～10.57
2	中上生活用电水平城市	200～101	1500～801	10.60～10.91
3	中等生活用电水平城市	100～51	800～401	10.86～10.96
4	较低生活用电水平城市	50～20	400～200	10.96～12.20

4.3.3 表4.3.3规划单位建设用地负荷指标，主要适用于新兴城市或城市新建区、开发区的负荷预测。该指标的确定，一是调研了全国50多个城市新建区、经济技术开发区规划实施以来的各类建设用地用电指标的实测数据。进入20世纪90年代以后，上海、北京、广州等经济率先发展的城市，市内特别繁华区负荷密度迅速增加，已达到（30～80）MW/km^2。根据相关资料，长沙市2010年的平均负荷密度已达到11.4MW/km^2，城市中心区部分区域的负荷密度已达18MW/km^2；广州市2010年的平均负荷密度已达到18.3MW/km^2，市中心区的规划平均负荷密度约为35MW/km^2以上。北京、上海及国外部分城市负荷密度参见表3、表4。到2010年，在上海市区供电公司的辖区范围内，平均负荷密度为3.8MW/km^2，最密集地区高达38.3MW。二是参考了部分城市的现行指标或经验数据，综合分析了我国城市未来各类建设用地用电的发展趋势。广州、上海、陕西等地区规划参考指标见表5、表6、表7等。

表3　国外部分城市负荷密度统计表

城　市	地　区	供电面积（km^2）	负荷密度（MW/km^2）
东京（1995年）	东京都中心	613	22.7
	东京都	2155	8.25
	东京电力内环	12689	2.3
纽约（2004年）	纽约州	12420	2
	纽约市	671	14
	曼哈顿	59.6	79
巴黎（2000年）	市区	105	29.0

表4　国内部分城市2010年负荷密度统计表

城市	地区	供电面积（km^2）	负荷密度（MW/km^2）
北京	全市	16410	2.63
	城区	73.5	30.1
	亦庄	49.9	8.6
	朝阳	470	7.2
	海淀	431	5.92
上海	全市	6340	3.75
	浦东	1210	4.6
	奉贤	687	1.7
	金山	586	1.8
	嘉定	459	3.6

1）广州市基础设施规划指标

表5　广州市人均综合及人均居民生活用电量指标［kWh/（人·a）］

	规划近期	规划目标年
人均综合用电量指标	6000～7000	12000～13000
人均居民生活用电量	900～1000	1800～2000

表6　单位建设用地负荷指标（W/m^2）

城市建设用地用电类别		负荷指标
公共设施用地用电	行政办公、金融贸易、商业、服务业、文化娱乐	90～100
	体育、医疗卫生、教育科研设施及其他	40～50
工业用地用电	一类工业	50～70
	二类工业	60～80
	三类工业	100～120
居住用地用电		40～50
对外交通用地用电	铁路站场	70
	机场飞行区、航站区及服务区	30
仓储用地用电		15
市政公用设施用地用电		10
其他事业用地用电		5

2）上海市控规技术准则

表7　各类建筑用电负荷指标表

用地性质		单位	中心城和新城	新市镇
居住		W/m^2	平均50～60	
其中	$90m^2$以下	W/m^2	60	50
	90～$140m^2$	W/m^2	75	60
	$140m^2$以上	W/m^2	70	60
公共建筑		W/m^2	平均80～90	
其中	办公金融	W/m^2	100	80
	商业	W/m^2	120	100
	医疗卫生	W/m^2	90	80
	教育科研	W/m^2	80	60
	文化娱乐	W/m^2	90	80
市政设施		W/m^2	35～40	
工业		W/m^2	平均55～60	
其中	研发	W/m^2	80～90	
	精细化工、生物医药	W/m^2	90～100	
	电子信息	W/m^2	55～80	
	精密机械、新型材料	W/m^2	50～60	
仓储物流		W/m^2	10～40	
公共绿地		MW/km^2	2	
道路广场		MW/km^2	2	

3）陕西省城乡规划设计院负荷预测指标

总体规划阶段：

单位用地负荷指标（kW/hm^2），含居住用地、公共建筑用地和工业用地等三类。

城市：居住用地36kW/hm^2、公共建筑用地70kW/hm^2、工业用地80kW/hm^2。

县城：居住用地27kW/hm^2、公共建筑用地52kW/hm^2、工业用地80kW/hm^2。

详细规划阶段：

（1）各类用地的最高用电负荷（kW/m^2，建筑面积）

住宅：80W/m^2、办公金融90W/m^2、商业100W/m^2、医疗卫生70W/m^2、教育科研50W/m^2、文化娱乐80W/m^2、市政设施90W/m^2、仓储物流40W/m^2、道路广场30W/m^2。

（2）同时率的取值范围：0.5～0.7

选用表4.3.3规划指标时，需根据规划区中所包括的城市建设用地类别、规划内容的要求和各类建设用地的构成作适当修正，如：规划区中的居住用地，可以是高级住宅用地，也可以是普通住宅用地或别墅居住用地，还可以是几种住宅用地地块皆有。此时，各类居住用地负荷预测时所选用的规划单位居住用地负荷指标值应是不相同的，高级住宅用地地块的单位居住用地负荷指标值要高一些，普通住宅用地地块的规划单位居住用地负荷指标值则要低一些。公共设施用地的功能地块类别更加繁多、更加复杂些，其规划单位用地负荷指标值的选取应由各城市权衡确定。

4.3.4 城市建筑类别很多，各类建筑在不同城市、地区的规划内容不同，需要配置的用电设施标准和数量也有差别。现将各建筑类别及建设用地的负荷密度指标制定依据分述如下：

（1）居住建筑的单位建筑面积负荷大小与建筑性质、建筑标准和其所处城市中的位置、经济发展水平、供电条件、家庭能源消费构成、居民收入及居民家庭物质文化生活消费水平、气温、生活习惯、居住条件等因素有关。据对北京、上海、天津、广州、汕头、深圳、重庆、西安、延安等50多个城市已建居住小区的居住建筑用电现状典型调查及全国城市函调所得资料分析：一般经济较发达、居民家庭收入较高、气温高、热季长的南方沿海城市的普通居民家庭中的家用电器拥有量和家庭生活用电量比一般内地城市要高，单位建筑面积负荷指标值也偏大，如：广州50W/m^2，深圳45W/m^2，上海为55W/m^2；而城市经济发展较慢、居民收入和生活消费水平较低、气温较低的我国西北地区城市或经济较贫困的山区城市的普通居民家庭对家用电器的需求量比南方城市相对要少，购买家用电器能力也较差，所以居民家庭用电量也较小，单位建筑面积负荷指标值也较低。本条文也参考国内一些城市居住建筑现行使用的规划单位建筑面积负荷地方标准（最高为70W/m^2，最低为30W/m^2）和国外一些城市及香港地区现行采用的居住建筑用电指标，考虑我国城市未来居民生活水平的提高和电能供应条件的改善因素，同时考虑了居民家庭生活能源消费的多能互补因素，进行综合分析研究后制定了居住建筑单位建筑面积负荷指标值。

（2）公共建筑单位建筑面积负荷指标值大小，主要取决于公共建筑的类别、功能、等级、规模和需要配置用电设备的完善程度，除此之外，公共建筑中的宾馆、饭店的单位建筑面积负荷值还与空调制冷形式的选用、综合性营业项目的多少(餐饮、娱乐、影剧等)有关，商贸建筑还与营业场地的大小、经营商品的档次、品种等有关。据对我国50多个城市已建公共建筑的用电现状调查分析，一般中高档宾馆、饭店的单位建筑面积负荷值约为(80～120)W/m^2，一般经济性酒店的单位建筑面积负荷值约为(50～90)W/m^2。商场的单位建筑面积负荷值大致分为：大型商场(80～120)W/m^2，中型商场(50～80)W/m^2，例如：上海东方商厦85W/m^2，友谊商城95W/m^2，大润发80W/m^2，百安居65W/m^2，广州百货大楼则高达140W/m^2。写字楼、行政办公楼的用电负荷比较稳定，单位建筑面积负荷值一般在（50～90）W/m^{2}左右，其中行政办公负荷指标略低于商务写字楼，例如深圳海丰苑大厦70W/m^2，日本世贸中心80W/m^2，莘庄镇人民政府60W/m^2。基础教育设施的单位建筑面积负荷值约为(20～40)W/m^2，医疗卫生及设施服务设施的单位建筑面积负荷值约为（40～60）W/m^2。以上调查研究所得数值和目前我国一般城市规划设计中采用的规划用电指标基本上是相吻合的，预计在今后相当长时间内，其负荷水平不会有太大变化，经上述综合分析比较后确定了表4.3.4中公共建筑规划指标值。

（3）工业建筑的规划单位建筑面积负荷指标值的确定主要根据上海、北京、西安、深圳、广州、天津、大连、汕头等50多个城市已规划实施的新建工业区和经济技术开发区中的工业标准厂房用电实测数据，以及上海、北京、西安、深圳等多个城市的城市规划部门现行使用的负荷密度指标值，并参考目前香港地区和内地一些城市的地方规定或经验数据及用电现状调查，经过综合分析研究后制定的。表4.3.4中工业建筑的规划单位建筑面积负荷指标，主要适用于以电子、纺织、轻工制品、机械制造、食品工业、医药制造等工业为主的综合工业标准厂房建筑。另外，根据我国城市现阶段的发展状况和经济结构调整的趋势，中心城及新城地区将逐步限制和取消高能耗的工业类型，因此城市建设区的工业用电负荷密度指标要低于城镇建设区。

（4）参考上海、北京、广州、深圳、西安等多个城市的规划部门现行使用的负荷密度指标值以及香港和内地一些城市的经验数据，经综合分析与比较后确定了表4.3.4中仓储物流建筑与市政设施建筑用电负荷密度指标值。

（5）近年来随着低碳节能、可持续发展理念在城市发展中得以体现，新能源技术及高效供能方式的应用成为新的趋势，尤其在部分南方城市。太阳能在示范性社区中得到规模应用，小型分布式风能用以补充地区照明等用电，而以多种能源集合高效利用的区域能源中心在城市新规划居住区、工业区以及CBD地区得到较大规模的应用和推广，例如广州大学城能源中心、江苏盐城海水源热泵、上海陈家镇实验生态社区、上海虹桥商务区一期能源中心、山西永济市地源热泵供能系统等，这些案例有一些属于示范性项目，有一些则已经较为成熟，是城市体现节能减排、转型发展的重要措施。而这些供能系统投运实现了能源的高效利用，是对传统大电网体制下用能方式的一种补充和革新，体现在用电负荷上必然是降低了用电需求量。因此在电力规划负荷预测时应当考虑这一用能新趋势，对于采用分布式功能系统的建筑或地区，在负荷预测指标的选取时，应根据空调冷热负荷的比重适当降低取值。能效比较低的建筑负荷密度指标调低幅度较大，能效比较高的建筑负荷密度指标调低幅度较小。例如：在上海市电力公司 2011 年完成的《上海市新虹桥医学园区高压配电网专业规划》中，由于考虑采用能源中心模式提供空调冷热负荷，在商办用地的负荷预测指标取值上降低了（20～30）W/m^2。

5 城市供电电源

5.1 城市供电电源种类和选择

5.1.1 城市发电厂种类主要有：火电厂、水电厂、核电厂和其他电厂，如：太阳能发电厂、风力发电厂、潮汐发电厂、地热发电厂等。目前我国城市供电电源仍以火电厂和水电厂为主，核电厂尚处于起步阶段，其他电厂占的比例很小。

电源变电站，是指位于城网主干送电网上的变电站，主要接受区域电网电能，并提供城市电源。它也是区域电网的一部分，起转送电能的枢纽变电站作用。

5.1.3 以系统受电或以水电供电为主的城市，每年逢枯水期，电能供应量都将大幅度减少，遇到严重干旱缺水年份，还需实行限时、限量供应，有许多企业实行一星期供 4 停 3，甚至供 3 停 4，一些高耗能企业在缺电高峰期只能停产，居民生活拉闸限电，给国民经济造成很大损失，也给城乡居民带来极大不便。在以系统受电或以水电供电为主的城市，如结合自身条件建设适当比例的火电厂，则可以弥补因枯水期缺水造成供电紧张的局面。

5.1.4 热电冷联产系统有多方面的优势：(1) 提高能源供应安全，在大型发电厂运行或供电中断时，小型热电联产/三联产机组接入电网，可保证继续供应终端用户；(2) 增加电网稳定性，由于使用吸收循环取代目前普遍采用的制冷循环，故在盛夏时节，三联产机组大大缓解了电网的压力。鉴于夏季用电高峰时电力公司常启用备用机组，输电线路常处于超负荷状态，三联产机组可进一步提高电网稳定性，并提高系统效率。

燃气三联产技术的适用条件：第一，冷热电负荷相对稳定，运行时间较长；第二，较高的电价和相对较低的天然气价格；第三，对使用冷热电的收费有保证；第四，相对较为严格的环境保护要求；第五，需要有事故备用或备用电源，即对电源的可靠性要求较高。符合上述条件的行业主要是宾馆、医院、大型商用建筑、写字楼、机场、工厂等。

5.2 电力平衡与电源布局

5.2.1 电力平衡就是根据预测的规划城市总用电负荷量与城网内各类发电厂总容量进行平衡。具体表达为：

$$P_{总} = P_{用} + P_{送} + P_{备} + P_{损} + P_{厂} - P_{受} - P_{自} \tag{1}$$

式中：$P_{总}$——城网内各类发电厂总容量；

$P_{用}$——规划城市总用电负荷量；

$P_{送}$——城市发电厂向系统电网送出的发电容量；

$P_{受}$——城网接受系统送入的容量；

$P_{备}$——城市发电厂备用容量；

$P_{损}$——城网网损；

$P_{厂}$——城市发电厂厂用电；

$P_{自}$——城市大用电户自备电厂容量。

5.2.5 污水处理发电、沼气发电、光伏发电、光膜发电等要考虑与城市规划建筑进行总体设计。

5.3 城市发电厂规划布局

5.3.1 条文规定的城市发电厂布置原则，与国家现行标准《小型火力发电厂设计规范》GB 50049 及《火力发电厂设计技术规程》DL 5000 中厂址选择中的建厂外部条件的要求基本一致。

5.4 城市电源变电站布局

5.4.4 在高负荷密度的市中心地区采用高压深入供电方式，是缓解城市用地紧张矛盾，解决市中心缺电问题，并能保证电压质量、提高供电安全可靠性的行之有效的措施，也是世界城市供电发展的必然趋势。20 世纪 60 年代，国外一些大、中城市（如日本东京、美国纽约、法国巴黎、英国伦敦等）中已出现 220kV 及以上电源深入市中心供电的实例。20 世纪 80 年代我国上海市在市中心繁华地段的人民广场建成 220kV 地下变电站；2009 年，国内首个 500kV 全地下变电站——世博 500kV 变电站在上海建成投运，该站深入市中心人口稠密区，且成为国内规模最大的地下变电站；而沈阳、武汉、广州等市也相继在市中心地区建成 220kV 户内变电站。这些城市都有效地解决了市中心大负荷用电问题。由于 500kV、220kV 电源变电站具有超高压、强电流、大容量供电的特点，对城市环境、安全消防都有较严格的要求，加之在用地十分紧张的市中心地区建设户内式或地下式 500（220）kV 电源变电站地价高、一次投资大，所以，对一个城市是否需要在市中心地区规划布置 500（220）kV 电源变电站，需根据我国现阶段的国情、国力，经技术经济比较和充分论证后合理确定。

6 城市电网

6.1 规划原则

6.1.1 贯彻"分层分区"原则，有利于城网安全、经济运行和合理供电。分层指按电压等级分层。分区指在分层下，按负荷和电源的地理分布特点来划分供电区。一个电压层可划分为一个供电区，也可划分为若干个供电区。

6.1.3 为避免城市电网发展过程频繁的改造，城市电网应在合理预测饱和负荷的基础上，确定目标网架，并以此依据指导近期电网建设，实现城市电网远近期发展的有效衔接。

考虑到我国地区之间的差异性，城市电网应根据负荷水平、供电可靠性要求和电网发展目标因地制宜地选择接线方式。

（1）特大型城市、省会城市、计划单列市等重点城市220kV及以上电网应按双环网标准建设，当不能形成地理上的环网时，可采用C形电气环网。

（2）城市人口、行政、经济、商业、交通集中的重点地区在电网结构上应满足供电安全N-1准则的要求，特别重要的地区应满足供电安全N-1-1准则的要求。

（3）城市重要用户除正常供电电源外，应有备用电源。如有需要，宜设应急保安电源。备用电源原则上应来自不同变电站（发电厂）或来自同一变电站（发电厂）的不同母线段。

6.1.4 电力供应是带有一定垄断性的社会公益性事业，电力供应设施是城市的重要基础设施之一。所以，城市供电设施的规划、建设应与城市规划建设同步配套，合理发展，做到优质服务，保证供电；同时，城市规划也应为城市电力建设创造条件，在规划阶段，根据建设需要，合理预留供电设施用地，保证其规划建设的空间环境。

6.2 电压等级和层次

6.2.1 城网确定的标准电压指电网受电端的额定电压，它是根据国家标准《标准电压》GB/T 156确定的，包括：交流1000、750、500、330、220、110（66）、35、10（20）kV和220 /380V，直流±800、±500kV。条文所列的11种电压中，1000kV、750kV、500kV属我国跨区域、跨省大电网采用的电压，其中1000kV属于特高压电压等级，已于2009年应用于晋东南—南阳—荆门1000kV特高压交流试验示范工程，并将逐步应用和推广至城网供电范围内。但目前，我国城网所采用的电压仍多为220kV及以下各级电压。随着城市规模的扩大和城市用电负荷的迅速增长，上海、北京、天津等特大型城市已在城市范围内建设500kV或更高电压等级的外环网，既承担区域电网输电网功能，同时也是城网的电源。

6.2.2、6.2.3 城市电网结构主要包括：点（发电厂、变电站、开关站、配电站）、线（电力线路）布置和接线方式，它在很大程度上取决于地区的负荷水平和负荷密度。城网结构是一个整体，城网中发、输、变、配用电之间应有计划按比例协调发展。为了适应用电负荷持续增长、减少建设投资和节能等需要，城网必须简化电压等级，减少变压层次，优化网络结构。通过不断实施城网改造，我国电压等级已逐步走向标准化、规范化，但电压序列层级仍然偏多，部分城网供电区还存在330（220）/110/35/10/0.4kV电压序列。该电压序列在我国电网发展过程中，为解决大范围、低负荷密度地区10kV线路供电距离过长的问题提供了有效的手段，但由于110kV和35kV电压级差较小，客观上也造成了两级电压供电范围重叠较多，送变电设备容量重复，电网损耗较大。城市电网中电压等级过多，不利于城市电网的标准化建设和运行管理。因此，应根据城市现有实际情况和远景发展目标，确定城市电网的目标电压等级序列。

6.2.4 我国地域辽阔，城市数量多，城市性质、规模差异大，城市用电量和城网与区域电网连接的电压等级（即城网最高一级电压）也不尽相同。城市规模大，用电需求量也大，城网与区域电网连接的电压也就高。我国一般大、中城市城网的最高一级电压多为220kV，次一级电压为110（66、35）kV。小城市或建制镇电网的最高一级电压多为110（66、35）kV，次一级电压则为10kV。此外，一些特大城市（如：北京、上海、天津等）城网最高一级电压已为500kV，次一级电压为220kV。

6.2.5 变电容载比是某一供电区域，变电设备总容量（kVA）与对应的总负荷（kW）的比值。计算各级电压网变电容载比时，该电压等级发电厂的升压变压容量及直供负荷不应计入，该电压等级用户专用变电站的变压器容量和负荷也应扣除，另外，部分区域之间仅进行故障时功率交换的联络变压器容量，如有必要也应扣除。变电容载比是反映城网供电能力的重要技术经济指标之一，是宏观控制变电总容量的指标，也是规划设计时，确定城网中某一电压层网所配置的变电总容量是否适当的一个重要指标。对处于发展初期、快速发展期的地区，重点开发区或负荷较为分散的偏远地区，可适当提高容载比的取值；对于网络发展完善或规划期内负荷明确的地区，在满足用电需求和可靠性要求的前提下，可以适当降低容载比的取值。

7 城市供电设施

7.1 一般规定

7.1.1 城市供电设施是城市重要的基础设施。供电设施的建设标准、结构形式的选择直接影响城市土地利用的经济合理性和城市景观及环境质量，进而影响城市现代化的过程。

7.1.2、7.1.3 条文主要是根据城市人口密集、用地紧张的建设条件及环保要求，对规划新建的城市供电设施提出原则性要求的技术规定。

7.1.4 电网是国家重要的基础设施，是城市重要的生命线工程之一，电力设施的损坏、供电中断将给社会经济和人民生活造成重大损失，同时还可能引发次生灾害；提高电力设施的抗灾能力是社会经济发展的需要。在汶川地震之后，国家电网公司于 2008 年 6 月 20 日下发了《国家电网公司输变电工程抗震设计要点》，对工程选址、场地地震评价、岩土工程勘察、结构抗震设计、建筑非结构构件抗震设计、配电装置选型、设备选型、设备安装及地震次生灾害防治等方面均提出了明确的要求。并且对 1996 版《电力设施抗震设计规范》GB 50260 进行修订，对原有条款中不满足《中华人民共和国防震减灾法》、《地震安全性评价管理条例》及未反映当前技术进步的内容进行了修订；贯彻了现行《建筑工程抗震设防分类标准》GB 50223、《建筑抗震设计规范》GB 50011 及《工业企业电气设备抗震设计规范》GB 50556 的新增内容；吸收了汶川地震电力设施及电力设备受损情况的经验和教训；借鉴了原国家电力公司重点科研项目"大型火电厂主厂房抗震设计试验研究"的成果，提高了电力设施的抗震设计标准。

7.2 城市变电站

7.2.3 条文中对 35kV 以上变电站主变压器容量和台数选择的规定，主要是从考虑电网的综合效益和技术条件出发的。主变压器单台容量小、台数少，需配置变电站的数量就要增多，占地及投资则相应要增大，不经济；增加主变压器台数可提高供电可靠性，但也不宜过多，台数过多则结线复杂，发生故障时，均匀转移符合困难；单台容量过大，会造成短路容量大和变电站出线过多，不易馈出等弊病。表 7.2.3 中 35～500kV 变电站主变压器单台（组）的规定，主要是通过对国内变压器生产厂家所生产的变压器规格、容量的调查了解得出的，与现行《城市电力网规划设计导则》中的有关要求也基本一致。

7.2.4 城市变电站是联结城网中各级电压网的中间环节，主要用以升降电压，汇集和分配电力。条文中城市变电站的规划选址规定，与国家现行标准《35kV～110kV 变电站设计规范》GB 50059 和《220kV～500kV 变电站设计技术规程》DL/T 5218 中选址要求基本一致。

7.2.6 条文针对深入市区规划新建的城市变电站位置所处城市地段的不同情况，分别对其结构形式的选择提出要求，分述如下：

随着城市用电量的急剧增加，市区负荷密度的迅速提高，66kV 以上高压变电站已逐渐深入市区，且布点数量越来越多。而市区用地的日趋紧张，选址困难和环保要求，使得改变变电站过去通常选用的体积大、用地多的常规户外式结构形式，减少变电站占地和加强环保措施，已成为当前需要迫切解决的问题。国内外实践经验表明，在不影响电网安全运行和供电可靠性的前提下，实现变电站户内化、小型化，可以达到减少占地、改善环境质量的目的。近年来，采用紧凑型布置方式的户外型、半户外型、全户内型以及与其他建筑合建的结构形式变电站在我国城市市区已得到迅速发展。变电站的建设，力求做到了与周围环境的协调，使市区变电站不仅实现了减少占地，而且还尽可能地满足城市建筑的多功能要求，使其除了作为供应电能的工业建筑外，还作为城市建筑的有机组成部分，在立面造型风格上和使用功能上，充分体现了城市未来的发展，适应城市现代化建设需要。同时，在规划建设市区变电站时还需要考虑有良好的消防措施，按照安全消防标准的有关规范规定，适当提高变电站建筑的防火等级，配置有效的安全消防装置和报警装置，妥善地解决防火、防爆、防毒气及环保等问题；

在市中心区，尤其是在大、中城市的超高层公共建筑群区、中心商务区及繁华闹市区，土地极为珍贵，地价高昂。为了用好每一寸土地，充分发挥土地的使用价值，取得良好的社会、经济、环境综合效益，国外在 20 世纪 60 年代、国内在 20 世纪 80 年代初，一些大、中城市已开始发展小型化全户内变电站，有的还与其他建筑结合建设，或建设地下变电站，多年来都积累有丰富的运行经验，如：日本东京都，在 20 世纪 80 年代共建设变电站 440 座，其中地下变电站为 130 座，约占 30%，地面户内式变电站大多数都和其他建筑或公共建筑楼群相结合，采用全封闭组合电器成套配电设备，有先进的消防措施和隔声装置，并有防爆管，以防故障引起火灾。其建筑立面造型，甚至色彩都考虑与周围建筑的协调。我国城市（如上海、广州、武汉、重庆等）都有在市中心地区或繁华街区建设地面全户内型变电站或地下式变电站的实例，运行经验表明，不仅可行而且都取得了较显著的社会、经济、环境综合效益。如：我国南方某市规划新建的一座 220kV 变电站，位于商业繁荣、建筑密集的闹市中心，为了节约用地，防止环境污染，他们选用线路·变压器组简化结线方案，220kV 侧不设断路器，除主变压器外，所有电气设备均布置安装在综合大楼内，变电站最终规模为 3×180MVA，110kV 出线 6 回，35kV 出线 20 回，综合大楼占地面积仅为 714m^2，大楼主体分为 4 层，一层安装 35kV 配电装置，二层安装 110kV 电缆层等，三层安装 110kV 六氟化硫全封闭组合电器成套配电装置，四层为控制室、会议室等，建筑物立面、色彩方面还做到了与周围建筑相协调。从投产运行后的实际效果看，无论在美观、平面布置的合理性和运行的安全稳定性等方面都取得了很好的效果。再如：南方的某一山城在市中心区新建的两座110kV变电站，一个采用国产常规设备，变电站的布置巧妙地利用了该区段狭窄复杂的高陡坡地形和地质条件，实现了内部空间合理布局和变电站内外交通流畅便捷。另一变电站引进国外小型电气设备，采用五层重叠设置，变电站有效用地面积700m²，大大节约了用地。为了发挥该变电站地块的效益，该变电站还合建了临街6层商业楼。再如：北方某地为解决市中心区负荷增长的用电需要，决定规划新建110kV变电站，然而因征地、拆迁工作困难，短期难以解决站址用地，他们利用城墙门门洞，在城墙内建设变电站，既节约了用地，又保留原有明朝城墙的风貌。

7.2.7 影响变电站占地面积的因素很多，如主结线方式、设备选型和变电站在城市中的位置等，其中以主结线方式影响最大。主结线方式包括：变电站的电压等级、进出线回路数、母线接线形式、主变压器台数和容量等。条文中表7.2.7所列（35～500）kV变电站规划用地面积控制指标，只考虑变电站围墙内的生产用地（含调相机用地），不包括职工生活用地。条文中表7.2.7所列（35～500）kV变电站规划用地面积控制指标归纳参考了国家电网公司变电站典型设计（2011年版），本次调整使规范与国网典型设计的用地指标基本一致；500kV户内、半户内站是参照北京市的城北、朝阳、海淀等站的建设实际情况选择确定。部分户内站用地面积较上一版规范有较大幅度上升，主要原因有两个方面，一是变电站变压器台数和总容量较原来有所增加，变压器体积和进出线规模都有较大幅度上升；二是消防安全等级提高，变电站要求布置消防环形通道及泵房等设施，用地范围需适度增加。值得注意的是，变电站由于其设备布局的特性，以规则的长方形（如70m×80m、180m×200m）用地效率较高，如果是三角地等异形地块，其边角还会形成用地浪费。

由于我国城市数量多，各城市的用地条件、经济基础、资金来源、供电管理技术水平不完全相同，规划时可结合本地实际情况因地制宜地选用表7.2.7的指标值。

7.3 开 关 站

7.3.1、7.3.2 规划建设开关站是缓解城市高压变电站出线回路数多、出线困难的有效方法，可以增强配电网的运行灵活性，提高供电可靠性。

7.3.4 10kV开关站与10kV配电所联体合建，可以节省占地，减少投资，提高供电可靠性。

7.4 环 网 单 元

7.4.1 环网单元是近年来广泛应用的配电开关设备，也称环网柜或开闭器，主要用于10kV（20kV）电缆线路分段、联络及分接负荷。按使用场所可分为户内环网单元和户外环网单元，是环网供电和终端供电的重要开关设备。随着大规模的城市建设，环网柜结构紧凑，占地面积小，运行安全可靠，维修量很小，运行费用低，可满足变配电设备无油化、集成化、小型化、智能化、模块化的要求，因此本次规范修编中首次把环网单元列入城市供电设施。为便于巡视、检修和维护，环网单元宜在地面上单独建设；但为更好地实现城市供电设施与城市景观的协调统一，当有景观协调或节约用地等特殊要求时，环网单元可考虑与用电单位的建筑共同建设；为便于故障检修、日常维护且防止设备受潮或进水，宜布置于地上首层或地下一层，而不能布置于底层。

7.4.2 环网单元的进出线规模可根据实际负荷大小和需求来选择，为体现环网单元结构紧凑、占地面积小的特点，环网单元的规模一般不超过2路进线6路出线。

7.5 公用配电室

7.5.1、7.5.2 条文是基于为保证各类终端负荷供电电压质量、经济运行、节省电能而提出的。根据小容量、适度布点的原则。

7.5.3、7.5.4 条文规定主要是基于保证在负荷密度高、市容有特殊要求地区的环境质量，又要满足安全消防、节约用地要求等因素而提高的。

7.5.5 箱式变电站是把高压受电设备、配电变压器和低压配电屏，按一定接线方案集合成一体的工厂预制型户内外配电装置，它具有体积小、占地少、投资省、工期短等优点，近年来，在城网中应用逐渐增多，反映良好。使用中应注意的是，选用箱式变电站时需考虑箱体内的通风散热问题及防止有害物侵入问题。

7.6 城市电力线路

7.6.2 架空线路有造价低、投资省、施工简单、建设工期短、维护方便等优点；其缺点是占地多、易受外力破坏，与市容不协调、影响景观等。今后随着科学技术的不断发展及人们对城市空间环保意识的加强，城市电力线路是采用架空线路，还是地下电缆的问题，将越来越需要在城市电力规划中作出原则性的规定。条文中根据我国国情、国力及各地城网现状，借鉴国外城市经验，对城市中规划新建的各级电压架空电力线路的路径选择作出原则规定。

7.6.3 通过对全国50多个不同类型城市已建成的各级电压架空线路的走廊宽度现状调查和一些城市现行采用的地方规定或经验数据进行分析表明，不同地区、不同规模、不同用地条件的城市高压架空线走廊宽度要求是有差别的。一般来说，东北、西北地区的城市由于气温低、风力大、导线覆冰等原因而易受导线弧垂大、风偏大等因素的影响，使其高压线走廊宽度的规定比华东、中南等地区城市偏大些。大城市由于人口多，用地紧张，选择城市高压线走廊困难，其高压线走廊宽度的规定比中、小城市偏紧。山区、高原城市比一般内地城市的高压线走廊宽度的规定偏大些。表 7.6.3 市区（35～1000）kV 高压架空线路规划走廊宽度的确定，是在调查研究的基础上，参考一些城市的现行地方规定及经验数据，借鉴国外城市经验，通过理论计算、分析、校核后确定的。由于我国地域辽阔，条件各异，各城市可结合表 7.6.3 的规定和本地实际用地条件因地制宜确定。表 7.6.3 的规定，只适用于单杆单回水平排列和单杆多回垂直排列的 35kV 及以上架空线路。

7.6.4 基于多年来的经验总结，规定与现行国标《66kV 及以下架空电力线路设计规范》GB 50061、《110kV～750kV 架空输电线路设计规范》GB 50545、《1000kV 架空输电线路设计规范》GB 50665 基本一致。

7.6.5 当前城市电网正向高电压、大容量发展，全国不少大、中城市均以高电压或超高压进城供电，深入市区的高压架空线路与邻近通信设施之间如不保持一定的安全防护距离，将会导致电磁干扰、危险影响及事故发生。为此，我国已制定颁发了有关标准规定，如：现行国家标准《架空电力线路与调幅广播收音台的防护间距》GB 7495、《架空电力线路、变电所对电视差转台、转播台无线干扰防护间距标准》GBJ 143、《电信线路遭受强电线路危险影响的容许值》GB 6830 等。

7.6.6 现行国家标准《66kV 及以下架空电力线路设计规范》GB 50061、《110kV～750kV 架空输电线路设计规范》GB 50545、《1000kV 架空输电线路设计规范》GB 50665 对架空电力线路跨越或接近建筑物的最小距离、与地面、街道行道树之间最小垂直距离等安全要素作出了详细的规定和说明，为方便使用，我们将分述于三个规范的数据整理成以下四个表格（表 8、表 9、表 10、表 11）中。

表 8 架空电力线路导线与建筑物之间的最小垂直距离

线路电压（kV）	1～10	35	110（66）	220	330	500	750	1000
垂直距离（m）	3.0	4.0	5.0	6.0	7.0	9.0	11.5	15.5

注：在导线最大计算弧垂情况下。

表 9 架空电力线路边导线与建筑物之间的水平距离

线路电压（kV）	110（66）	220	330	500	750	1000
水平距离（m）	2.0	2.5	3.0	5.0	6.0	7.0

注：在无风情况下。

表 10 架空电力线路导线与地面间最小垂直距离（m）

线路经过地区	线路电压（kV）							
	<1	1～10	35～110	220	330	500	750	1000
居民区	6.0	6.5	7.5	7.5	8.5	14.0	19.5	27.0
非居民区	5.0	5.0	6.0	6.5	7.5	11.0	15.5	22.0
交通困难地区	4.0	4.5	5.0	5.5	6.5	8.5	11.0	19.0

注：在最大计算导线弧垂情况下。

表 11 架空电力线路导线与街道行道树之间最小垂直距离

线路电压（kV）	<1	1～10	35～110	220	330	500	750	1000
最小垂直距离（m）	1.0	1.5	3.0	3.5	4.5	7.0	8.5	16

注：考虑树木自然生长高度。

7.6.7～7.6.9 城市电力线路电缆化是当今世界发展的必然趋势，地下电缆线路运行安全可靠性高，受外力破坏可能性小，不受大气条件等因素的影响，还可美化城市，具有许多架空线路替代不了的优点。许多发达国家的城市电网一直按电缆化的要求进行规划和建设，如：美国纽约有 80%以上的电力线路采用地下电缆，日本东京使用地下电缆也很广泛，尤其是城市中心地区。从国内实践来看，许多城市已向 10kV 配电全面实现电缆化的方向发展，电力行业标准《城市中低压配电网改造技术导则》DL/T 599—2005 中指出：城市道路网是城市配电网的依托，城市主、次干道均应留有电缆敷设的位置，有些干道还应留有电缆隧道位置。

中华人民共和国国家标准

城市排水工程规划规范

Code of urban wastewater engineering planning

GB 50318—2000

主编部门：中华人民共和国建设部
批准部门：中华人民共和国建设部
施行日期：2 0 0 1 年 6 月 1 日

关于发布国家标准《城市排水工程规划规范》的通知

建标［2000］282号

根据国家计委《一九九二年工程建设标准制订、修订计划》（计综合［1992］490号）的要求，由我部会同有关单位共同制订的《城市排水工程规划规范》，经有关部门会审，批准为国家标准，编号为GB 50318—2000，自2001年6月1日起施行。

本规范由我部负责管理，陕西省城乡规划设计研究院负责具体解释工作，建设部标准定额研究所组织中国建筑工业出版社出版发行。

中华人民共和国建设部

2000年12月21日

前　言

本规范是根据国家计委计综合［1992］490号文件《一九九二年工程建设标准制订、修订计划》的要求，由建设部负责编制而成。经建设部2000年12月21日以建标［2000］282号文批准发布。

在本规范的编制过程中，规范编制组在总结实践经验和科研成果的基础上，主要对城市排水规划范围和排水体制、排水量和规模、排水系统布局、排水泵站、污水处理厂、污水处理与利用等方面作了规定，并广泛征求了全国有关单位的意见，最后由我部会同有关部门审查定稿。

在本规范执行过程中，希望各有关单位结合工程实践和科学研究，认真总结经验、注意积累资料，如发现需要修改和补充之处，请将意见和有关资料寄交陕西省城乡规划设计研究院（通信地址：西安市金花北路8号，邮编710032），以供今后修订时参考。

本规范主编单位：陕西省城乡规划设计研究院

参 编 单 位：浙江省城乡规划设计研究院

大连市规划设计研究院

昆明市规划设计研究院

主要起草人：韩文斌　张明生　李小林　潘伯堂　赵　萍　曹世法　付文清　张　华　刘绍治　李美英

目　次

1 总 则

1.0.1 为在城市排水工程规划中贯彻执行国家的有关法规和技术经济政策，提高城市排水工程规划的编制质量，制定本规范。

1.0.2 本规范适用于城市总体规划的排水工程规划。

1.0.3 城市排水工程规划期限应与城市总体规划期限一致。在城市排水工程规划中应重视近期建设规划，且应考虑城市远景发展的需要。

1.0.4 城市排水工程规划的主要内容应包括：划定城市排水范围、预测城市排水量、确定排水体制、进行排水系统布局；原则确定处理后污水污泥出路和处理程度；确定排水枢纽工程的位置、建设规模和用地。

1.0.5 城市排水工程规划应贯彻“全面规划、合理布局、综合利用、保护环境、造福人民”的方针。

1.0.6 城市排水工程设施用地应按规划期规模控制，节约用地，保护耕地。

1.0.7 城市排水工程规划应与给水工程、环境保护、道路交通、竖向、水系、防洪以及其他专业规划相协调。

1.0.8 城市排水工程规划除应符合本规范外，尚应符合国家现行的有关强制性标准的规定。

2 排水范围和排水体制

2.1 排 水 范 围

2.1.1 城市排水工程规划范围应与城市总体规划范围一致。

2.1.2 当城市污水处理厂或污水排出口设在城市规划区范围以外时，应将污水处理厂或污水排出口及其连接的排水管渠纳入城市排水工程规划范围。涉及邻近城市时，应进行协调，统一规划。

2.1.3 位于城市规划区范围以外的城镇，其污水需要接入规划城市污水系统时，应进行统一规划。

2.2 排 水 体 制

2.2.1 城市排水体制应分为分流制与合流制两种基本类型。

2.2.2 城市排水体制应根据城市总体规划、环境保护要求，当地自然条件（地理位置、地形及气候）和废水受纳体条件，结合城市污水的水质、水量及城市原有排水设施情况，经综合分析比较确定。同一个城市的不同地区可采用不同的排水体制。

2.2.3 新建城市、扩建新区、新开发区或旧城改造地区的排水系统应采用分流制。在有条件的城市可采用截流初期雨水的分流制排水系统。

2.2.4 合流制排水体制应适用于条件特殊的城市，且应采用截流式合流制。

3 排水量和规模

3.1 城市污水量

3.1.1 城市污水量应由城市给水工程统一供水的用户和自备水源供水的用户排出的城市综合生活污水量和工业废水量组成。

3.1.2 城市污水量宜根据城市综合用水量（平均日）乘以城市污水排放系数确定。

3.1.3 城市综合生活污水量宜根据城市综合生活用水量（平均日）乘以城市综合生活污水排放系数确定。

3.1.4 城市工业废水量宜根据城市工业用水量（平均日）乘以城市工业废水排放系数，或由城市污水量减去城市综合生活污水量确定。

3.1.5 污水排放系数应是在一定的计量时间（年）内的污水排放量与用水量（平均日）的比值。

按城市污水性质的不同可分为：城市污水排放系数、城市综合生活污水排放系数和城市工业废水排放系数。

3.1.6 当规划城市供水量、排水量统计分析资料缺乏时，城市分类污水排放系数可根据城市居住、公共设施和分类工业用地的布局，结合以下因素，按表3.1.6的规定确定。

1 城市污水排放系数应根据城市综合生活用水量和工业用水量之和占城市供水总量的比例确定。

2 城市综合生活污水排放系数应根据城市规划的居住水平、给水排水设施完善程度与城市排水设施规划普及率，结合第三产业产值在国内生产总值中的比重确定。

3 城市工业废水排放系数应根据城市的工业结构和生产设备、工艺先进程度及城市排水设施普及率确定。

表 3.1.6 城市分类污水排放系数

城市污水分类	污水排放系数
城市污水	0.70～0.80
城市综合生活污水	0.80～0.90
城市工业废水	0.70～0.90

注：工业废水排放系数不含石油、天然气开采业和煤炭与其他矿采选业以及电力蒸汽热水产供业废水排放系数，其数据应按厂、矿区的气候、水文地质条件和废水利用、排放方式确定。

3.1.7 在城市总体规划阶段城市不同性质用地污水量可按照《城市给水工程规划规范》（GB 50282）中不同性质用地用水量乘以相应的分类污水排放系数

确定。

3.1.8 当城市污水由市政污水系统或独立污水系统分别排放时，其污水系统的污水量应分别按其污水系统服务面积内的不同性质用地的用水量乘以相应的分类污水排放系数后相加确定。

3.1.9 在地下水位较高地区，计算污水量时宜适当考虑地下水渗入量。

3.1.10 城市污水量的总变化系数，应按下列原则确定：

1 城市综合生活污水量总变化系数，应按《室外排水设计规范》(GBJ 14) 表 2.1.2 确定。

2 工业废水量总变化系数，应根据规划城市的具体情况，按行业工业废水排放规律分析确定，或参照条件相似城市的分析成果确定。

3.2 城市雨水量

3.2.1 城市雨水量计算应与城市防洪、排涝系统规划相协调。

3.2.2 雨水量应按下式计算确定：

$$Q=q\cdot\psi\cdot F \quad (3.2.2)$$

式中 Q——雨水量 (L/s)；

q——暴雨强度 (L/(s·ha))；

ψ——径流系数；

F——汇水面积 (ha)。

3.2.3 城市暴雨强度计算应采用当地的城市暴雨强度公式。当规划城市无上述资料时，可采用地理环境及气候相似的邻近城市的暴雨强度公式。

3.2.4 径流系数 (ψ) 可按表 3.2.4 确定。

表 3.2.4 径流系数

区 域 情 况	径流系数 (ψ)
城市建筑密集区（城市中心区）	0.60～0.85
城市建筑较密集区（一般规划区）	0.45～0.60
城市建筑稀疏区（公园、绿地等）	0.20～0.45

3.2.5 城市雨水规划重现期，应根据城市性质、重要性以及汇水地区类型（广场、干道、居住区）、地形特点和气候条件等因素确定。在同一排水系统中可采用同一重现期或不同重现期。

重要干道、重要地区或短期积水能引起严重后果的地区，重现期宜采用 3～5 年，其他地区重现期宜采用 1～3 年。特别重要地区和次要地区或排水条件好的地区规划重现期可酌情增减。

3.2.6 当生产废水排入雨水系统时，应将其水量计入雨水量中。

3.3 城市合流水量

3.3.1 城市合流管道的总流量、溢流井以后管段的流量估算和溢流井截流倍数 n_0 以及合流管道的雨水量重现期的确定可参照《室外排水设计规范》(GBJ 14)"合流水量"有关条文。

3.3.2 截流初期雨水的分流制排水系统的污水干管总流量应按下列公式估算：

$$Q_z=Q_s+Q_g+Q_{cy} \quad (3.3.2)$$

式中 Q_z——总流量 (L/s)；

Q_s——综合生活污水量 (L/s)；

Q_g——工业废水量 (L/s)；

Q_{cy}——初期雨水量 (L/s)。

3.4 排 水 规 模

3.4.1 城市污水工程规模和污水处理厂规模应根据平均日污水量确定。

3.4.2 城市雨水工程规模应根据城市雨水汇水面积和暴雨强度确定。

4 排 水 系 统

4.1 城市废水受纳体

4.1.1 城市废水受纳体应是接纳城市雨水和达标排放污水的地域，包括水体和土地。

受纳水体应是天然江、河、湖、海和人工水库、运河等地面水体。

受纳土地应是荒地、废地、劣质地、湿地以及坑、塘、淀洼等。

4.1.2 城市废水受纳体应符合下列条件：

1 污水受纳水体应符合经批准的水域功能类别的环境保护要求，现有水体或采取引水增容后水体应具有足够的环境容量。

雨水受纳水体应有足够的排泄能力或容量。

2 受纳土地应具有足够的容量，同时不应污染环境、影响城市发展及农业生产。

4.1.3 城市废水受纳体宜在城市规划区范围内或跨区选择，应根据城市性质、规模和城市的地理位置、当地的自然条件，结合城市的具体情况，经综合分析比较确定。

4.2 排水分区与系统布局

4.2.1 排水分区应根据城市总体规划布局，结合城市废水受纳体位置进行划分。

4.2.2 污水系统应根据城市规划布局，结合竖向规划和道路布局、坡向以及城市污水受纳体和污水处理厂位置进行流域划分和系统布局。

城市污水处理厂的规划布局应根据城市规模、布局及城市污水系统分布，结合城市污水受纳体位置、环境容量和处理后污水、污泥出路，经综合评价后确定。

4.2.3 雨水系统应根据城市规划布局、地形，结合竖向规划和城市废水受纳体位置，按照就近分散、自流排放的原则进行流域划分和系统布局。

应充分利用城市中的洼地、池塘和湖泊调节雨水径流，必要时可建人工调节池。

城市排水自流排放困难地区的雨水，可采用雨水泵站或与城市排涝系统相结合的方式排放。

4.2.4 截流式合流制排水系统应综合雨、污水系统布局的要求进行流域划分和系统布局，并应重视截流干管（渠）和溢流井位置的合理布局。

4.3 排水系统的安全性

4.3.1 排水工程中的厂、站不宜设置在不良地质地段和洪水淹没、内涝低洼地区。当必须在上述地段设置厂、站时，应采取可靠防护措施，其设防标准不应低于所在城市设防的相应等级。

4.3.2 污水处理厂和排水泵站供电应采用二级负荷。

4.3.3 雨水管道、合流管道出水口当受水体水位顶托时，应根据地区重要性和积水所造成的后果，设置潮门、闸门或排水泵站等设施。

4.3.4 污水管渠系统应设置事故出口。

4.3.5 排水系统的抗震要求应按《室外给水排水和煤气热力工程抗震设计规范》（TJ 32）及《室外给水排水工程设施抗震鉴定标准》（GBJ 43）执行。

5 排水管渠

5.0.1 排水管渠应以重力流为主，宜顺坡敷设，不设或少设排水泵站。当排水管遇有翻越高地、穿越河流、软土地基、长距离输送污水等情况，无法采用重力流或重力流不经济时，可采用压力流。

5.0.2 排水干管应布置在排水区域内地势较低或便于雨、污水汇集的地带。

5.0.3 排水管宜沿规划城市道路敷设，并与道路中心线平行。

5.0.4 排水管道穿越河流、铁路、高速公路、地下建（构）筑物或其他障碍时，应选择经济合理路线。

5.0.5 截流式合流制的截流干管宜沿受纳水体岸边布置。

5.0.6 排水管道在城市道路下的埋设位置应符合《城市工程管线综合规划规范》（GB 50289）的规定。

5.0.7 城市排水管渠断面尺寸应根据规划期排水规划的最大秒流量，并考虑城市远景发展的需要确定。

6 排水泵站

6.0.1 当排水系统中需设置排水泵站时，泵站建设用地按建设规模、泵站性质确定，其用地指标宜按表6.0.1-1和6.0.1-2规定。

表 6.0.1-1 雨水泵站规划用地指标（$m^2 \cdot s/L$）

建设规模	雨水流量（L/s）			
	20000以上	10000～20000	5000～10000	1000～5000
用地指标	0.4～0.6	0.5～0.7	0.6～0.8	0.8～1.1

注：1. 用地指标是按生产必须的土地面积。
2. 雨水泵站规模按最大秒流量计。
3. 本指标未包括站区周围绿化带用地。
4. 合流泵站可参考雨水泵站指标。

表 6.0.1-2 污水泵站规划用地指标（$m^2 \cdot s/L$）

建设规模	污水流量（L/s）				
	2000以上	1000～2000	600～1000	300～600	100～300
用地指标	1.5～3.0	2.0～4.0	2.5～5.0	3.0～6.0	4.0～7.0

注：1. 用地指标是按生产必须的土地面积。
2. 污水泵站规模按最大秒流量计。
3. 本指标未包括站区周围绿化带用地。

6.0.2 排水泵站结合周围环境条件，应与居住、公共设施建筑保持必要的防护距离。

7 污水处理与利用

7.1 污水利用与排放

7.1.1 水资源不足的城市宜合理利用经处理后符合标准的污水作为工业用水、生活杂用水及河湖环境景观用水和农业灌溉用水等。

7.1.2 在制定污水利用规划方案时，应做到技术可靠、经济合理和环境不受影响。

7.1.3 未被利用的污水应经处理达标后排入城市废水受纳体，排入受纳水体的污水排放标准应符合《污水综合排放标准》（GB 8978）的要求。在条件允许的情况下，也可排入受纳土地。

7.2 污水处理

7.2.1 城市综合生活污水与工业废水排入城市污水系统的水质均应符合《污水排入城市下水道水质标准》（CJ 3082）的要求。

7.2.2 城市污水的处理程度应根据进厂污水的水质、水量和处理后污水的出路（利用或排放）确定。

污水利用应按用户用水的水质标准确定处理程度。

污水排入水体应视受纳水体水域使用功能的环境保护要求，结合受纳水体的环境容量，按污染物总量控制与浓度控制相结合的原则确定处理程度。

7.2.3 污水处理的方法应根据需要处理的程度确定，城市污水处理一般应达到二级生化处理标准。

7.3 城市污水处理厂

7.3.1 城市污水处理厂位置的选择宜符合下列要求：

1 在城市水系的下游并应符合供水水源防护要求；

2 在城市夏季最小频率风向的上风侧；

3 与城市规划居住、公共设施保持一定的卫生防护距离；

4 靠近污水、污泥的排放和利用地段；

5 应有方便的交通、运输和水电条件。

7.3.2 城市污水处理厂规划用地指标宜根据规划期建设规模和处理级别按照表 7.3.2 的规定确定。

表 7.3.2 城市污水处理厂规划用地指标

（$m^2 \cdot d/m^3$）

建设规模	污水量（m^3/d）				
	20 万以上	10～20 万	5～10 万	2～5 万	1～2 万
用地指标	一级污水处理指标				
	0.3～0.5	0.4～0.6	0.5～0.8	0.6～1.0	0.6～1.4
	二级污水处理指标（一）				
	0.5～0.8	0.6～0.9	0.8～1.2	1.0～1.5	1.0～2.0
	二级污水处理指标（二）				
	0.6～1.0	0.8～1.2	1.0～2.5	2.5～4.0	4.0～6.0

注：1. 用地指标是按生产必须的土地面积计算。
2. 本指标未包括厂区周围绿化带用地。
3. 处理级别以工艺流程划分。
一级处理工艺流程大体为泵房、沉砂、沉淀及污泥浓缩、干化处理等。
二级处理（一），其工艺流程大体为泵房、沉砂、初次沉淀、曝气、二次沉淀及污泥浓缩、干化处理等。
二级处理（二），其工艺流程大体为泵房、沉砂、初次沉淀、曝气、二次沉淀、消毒及污泥提升、浓缩、消化、脱水及沼气利用等。
4. 本用地指标不包括进厂污水浓度较高及深度处理的用地，需要时可视情况增加。

7.3.3 污水处理厂周围应设置一定宽度的防护距离，减少对周围环境的不利影响。

7.4 污泥处置

7.4.1 城市污水处理厂污泥必须进行处置，应综合利用、化害为利或采取其他措施减少对城市环境的污染。

7.4.2 达到《农用污泥中污染物控制标准》（GB 4282）要求的城市污水处理厂污泥，可用作农业肥料，但不宜用于蔬菜地和当年放牧的草地。

7.4.3 符合《城市生活垃圾卫生填埋技术标准》（CJJ 17）规定的城市污水处理厂污泥可与城市生活垃圾合并处置，也可另设填埋场单独处置，应经综合评价后确定。

7.4.4 城市污水处理厂污泥用于填充洼地、焚烧或其他处置方法，均应符合相应的有关规定，不得污染环境。

本规范用词说明

一、执行本规范条文时，对于要求严格程度的用词，说明如下，以便在执行中区别对待。

1. 表示很严格，非这样做不可的用词
正面词采用“必须”，反面词采用“严禁”；

2. 表示严格，在正常情况下均应这样做的用词
正面词采用“应”，反面词采用“不应”或“不得”；

3. 表示允许稍有选择，在条件许可时首先应这样做的用词
正面词采用“宜”，反面词采用“不宜”。

4. 表示有选择，在一定条件下可以这样的，采用“可”。

二、条文中指明必须按其他有关标准和规范执行的写法为：“应按……执行”或“应符合……要求或规定”。

中华人民共和国国家标准

城市排水工程规划规范

GB 50318—2000

条文说明

前　言

根据国家计委计综合［1992］490号文的要求，《城市排水工程规划规范》由建设部主编，具体由陕西省城乡规划设计研究院会同浙江省城乡规划设计研究院、大连市规划设计研究院、昆明市规划设计研究院等单位共同编制而成。经建设部2000年12月21日以建标［2000］282号文批准发布。

为便于广大城市规划的设计、管理、教学、科研等有关单位人员在使用本规范时能正确理解和执行本规范，《城市排水工程规划规范》编制组根据国家计委关于编制标准、规范条文说明的统一要求，按《城市排水工程规划规范》的章、节、条的顺序，编制了条文说明，供国内有关部门和单位参考。在使用中如发现有不够完善之处，请将意见函寄陕西省城乡规划设计研究院，以供今后修改时参考。

通信地址：西安市金花北路8号

邮政编码：710032。

本条文说明仅供部门和单位执行本标准时使用，不得翻印。

目　次

1 总 则

1.0.1 阐明编制本规范的目的。20世纪80年代以来，我国城市规划事业发展迅速，积累了丰富的实践经验，但在制定城市规划各项法规、标准上起步较晚，明显落后于发展需要。由于没有相应的国家标准，全国各地城市规划设计单位在编制城市排水工程规划时出现内容、深度不一，这种状况不利于城市排水工程规划编制水平的提高，不利于排水工程规划的审查和管理工作，同时也影响了城市正常、有序的建设和发展。

随着国家《城市规划法》、《环境保护法》、《水污染防治法》等一系列法规的颁布和《污水综合排放标准》、《地面水环境质量标准》、《城市污水处理厂污水污泥排放标准》以及《生活杂用水水质标准》等一系列标准的实施，人们的法制观念日渐加强，城市规划相应法规的制定迫在眉睫；现在《城市给水工程规范》及其他专业规划规范都已陆续颁布实施，为完善城市规划法规体系，必须制定《城市排水工程规划规范》，以规范城市排水工程规划编制工作。

同时，本规范具体体现了国家在排水工程中的技术经济政策和保护环境、造福人民、实施城市可持续发展的基本国策，保证了排水工程规划的合理性、可行性、先进性和经济性，是为城市排水工程规划制定的一份法规性文件。

1.0.2 规定本规范的适用范围。本规范适用于设市城市总体规划阶段的排水工程规划。建制镇总体规划的排水工程规划可执行本规范。

本规范主要为整个城市的排水工程规划编制工作提供依据，在宏观决策、超前性以及对城市排水系统的总体布局等方面区别于现行的各类排水设计规范，在编制城市修建性详细规划时可参考设计规范进行。

1.0.3 城市排水工程规划的规划期限与城市总体规划期限相一致，设市城市一般为20年，建制镇一般为15～20年。

城市排水设施是城市基础设施的重要组成部分，是维护城市正常活动和改善生态环境，促进社会、经济可持续发展的必备条件。规划目标的实现和提高城市排水设施普及率、污水处理达标排放率等都不是一个短时期能解决的问题，需几个规划期才能完成。因此，城市排水工程规划应具有较长期的时效，以满足城市不同发展阶段的需要。本条明确规定了城市排水工程规划不仅要重视近期建设规划，而且还应考虑城市远景发展的需要。

城市排水工程近期建设规划是城市排水工程规划的重要组成部分，是实施排水工程规划的阶段性规划，是城市排水工程规划的具体化及其实施的必要步骤。通过近期建设规划，可以起到对城市排水工程规划进一步的修改和补充作用，同时也为城市近期建设和管理乃至详细规划和单项设计提供依据。

城市排水工程近期建设规划应以规划期规划目标为指导，对近期建设目标、发展布局以及城市近期需要建设项目的实施作出统筹安排。近期建设规划要有一定的超前性，并应注意城市排水系统的逐步形成，为城市污水处理厂的建成、使用创造条件。

排水工程规划要考虑城市发展、变化的需要，不但规划要近、远期结合，而且要考虑城市远景发展的需要。城市排水出口与污水受纳体的确定都不应影响下游城市或远景规划城市的建设和发展。城市排水系统的布局也应具有弹性，为城市远景发展留有余地。

1.0.4 规定城市排水工程规划的主要任务和规划内容。城市排水工程规划的内容是根据《城市规划编制办法实施细则》的有关要求确定的。

在确定排水体制、进行排水系统布局时，应拟定城市排水方案，确定雨、污水排除方式，提出对旧城原排水设施的利用与改造方案和在规划期限内排水设施的建设要求。

在确定污水排放标准时，应从污水受纳体的全局着眼，既符合近期的可能，又要不影响远期的发展。采取有效措施，包括加大处理力度、控制或减少污染物数量、充分利用受纳体的环境容量，使污水排放污染物与受纳水体的环境容量相平衡，达到保护自然资源，改善环境的目的。

1.0.5 本条规定在城市排水工程规划中应贯彻环境保护方面的有关方针，还应执行“预防为主，综合治理”以及环境保护方面的有关法规、标准和技术政策。

在城市总体规划时应根据规划城市的资源、经济和自然条件以及科技水平，优化产业结构和工业结构，并在用地规划时给以合理布局，尽可能减少污染源。在排水工程规划中应对城市所有雨、污水系统进行全面规划，对排水设施进行合理布局，对污水、污泥的处理、处置应执行“综合利用，化害为利，保护环境，造福人民”的原则。

在城市排水工程规划中，对“水污染防治七字技术要点”也可作为参考，其内容如下：

保——保护城市集中饮用水源；

截——完善城市排水系统，达到清、污分流，为集中合理和科学排放打下基础；

治——点源治理与集中治理相结合，以集中治理优先，对特殊污染物和地理位置不便集中治理的企业实行分散点源治理；

管——强化环境管理，建立管理制度，采取有力措施以管促治；

用——污水资源化，综合利用，节省水资源，减少污水排放；

引——引水冲污、加大水体流（容）量、增大环境容量，改善水质；

排——污水科学排放，污水经一级处理科学排海、排江，利用环境容量，减少污水治理费用。

1.0.6 规定了城市排水工程设施用地的规划原则。城市排水工程设施用地应按规划期规模一次规划，确定用地位置、用地面积，根据城市发展的需要分期建设。

排水设施用地的位置选择应符合规划要求，并考虑今后发展的可能；用地面积要根据规模和工艺流程、卫生防护的要求全面考虑，一次划定控制使用。

基于我国人口多，可耕地面积少的国情，排水设施用地从选址定点到确定用地面积都应贯彻“节约用地，保护耕地”的原则。

1.0.7 城市排水工程规划除应符合总体规划的要求外，并应与其他各项专业规划协调一致。

城市排水工程规划与城市给水工程规划之间关系紧密，排水工程规划的污水量、污水处理程度和受纳水体及污水出口应与给水工程规划的用水量、回用再生水的水质、水量和水源地及其卫生防护区相协调。

城市排水工程规划的受纳水体与城市水系规划、城市防洪规划相关，应与规划水系的功能和防洪的设计水位相协调。

城市排水工程规划的管渠多沿城市道路敷设，应与城市规划道路的布局和宽度相协调。

城市排水工程规划受纳水体、出水口应与城市环境保护规划水体的水域功能分区及环境保护要求相协调。

城市排水工程规划中排水管渠的布置和泵站、污水处理厂位置的确定应与城市竖向规划相协调。

城市排水工程规划除应与以上提到的几项专业规划协调一致外，与其他各项专业规划也应协调好。

1.0.8 提出排水工程规划除执行《城市规划法》、《环境保护法》、《水污染防治法》及本规范外，还需同时执行相关标准、规范的规定。目前主要的有以下这些标准和规范。

1.《城市给水工程规划规范》GB 50282—98

2.《污水综合排放标准》GB 8978—1996

3.《地面水环境质量标准》GB 3838—88

4.《城市污水处理厂污水污泥排放标准》CJ 3025—93

5.《生活杂用水水质标准》GB 2501—89

6.《景观娱乐用水水质标准》GB 12941—91

7.《农田灌溉水质标准》GB 5084—85

8.《海水水质标准》GB 3097—1997

9.《农用污泥中污染物控制标准》GB 4282—84

10.《室外排水设计规范》GBJ 14—87

11.《给水排水基本术语标准》GBJ 125—89

12.《城市用地分类与规划建设用地标准》GBJ 137—90

13.《城市生活垃圾卫生填埋技术标准》CJJ 17—88

14.《室外给水排水和煤气热力工程抗震设计规范》TJ 32—78

15.《室外给水排水工程设施抗震鉴定标准》GBJ 43—82

16.《城市工程管线综合规划规范》GB 50289—98

17.《污水排入城市下水道水质标准》CJ 3082—1999

18.《城市规划基本术语标准》GB/T 50280—98

19.《城市竖向规划规范》CJJ83—99

2 排水范围和排水体制

2.1 排 水 范 围

2.1.1 城市总体规划包括的城市中心区及其各组团，凡需要建设排水设施的地区均应进行排水工程规划。其中雨水汇水面积因受地形、分水线以及流域水系出流方向的影响，确定时需与城市防洪、水系规划相协调，也可超出城市规划范围。

2.1.2、**2.1.3** 这两条明确规定设在城市规划区以外规划城市的排水设施和城市规划区以外的城镇污水需接入规划城市污水系统时，应纳入城市排水范围进行统一规划。

保护城市环境，防止污染水体应从全流域着手。城市水体上游的污水应就地处理达标排放，如无此条件，在可能的条件下可接入规划城市进行统一规划处理。规划城市产生的污水应处理达标后排入水体，但对水体下游的现有城市或远景规划城市也不应影响其建设和发展，要从全局着想，促进全社会的可持续发展。

2.2 排 水 体 制

2.2.1 指出排水体制的基本分类。在城市排水工程规划中，可根据规划城市的实际情况选择排水体制。

分流制排水系统：当生活污水、工业废水和雨水、融雪水及其他废水用两个或两个以上的排水管渠来收集和输送时，称为分流制排水系统。其中收集和输送生活污水和工业废水（或生产污水）的系统称为污水排水系统；收集和输送雨水、融雪水、生产废水和其它废水的称雨水排水系统；只排除工业废水的称工业废水排水系统。

2.2.2 提出排水体制选择的依据。排水体制在城市的不同发展阶段和经济条件下，同一城市的不同地区，可采用不同的排水体制。经济条件好的城市，可采用分流制，经济条件差而自身条件好的可采用部分分流制、部分合流制，待有条件时再建完全分流制。

2.2.3 提出了新建城市、扩建新区、新开发区或旧城改造地区的排水系统宜采用分流制的要求；同时也提出了在有条件的城市可布设截流初期雨水的分流制排水系统的合理性，以适应城市发展的更高要求。

2.2.4 提出了合流制排水系统的适用条件。同时也提出了在旧城改造中宜将原合流制直泄式排水系统改造成截流式合流制。

采用合流制排水系统在基建投资、维护管理等方面可显示出其优越性，但其最大的缺点是增大了污水处理厂规模和污水处理的难度。因此，只有在具备了以下条件的地区和城市方可采用合流制排水系统。

1. 雨水稀少的地区。

2. 排水区域内有一处或多处水量充沛的水体，环境容量大，一定量的混合污水溢入水体后，对水体污染危害程度在允许范围内。

3. 街道狭窄，两侧建设比较完善，地下管线多，且施工复杂，没有条件修建分流制排水系统。

4. 在经济发达地区的城市，水体环境要求很高，雨、污水均需处理。

在旧城改造中，宜将原合流制排水系统改造为分流制。但是，由于将原直泄式合流制改为分流制，并非容易，改建投资大，影响面广，往往短期内很难实现。而将原合流制排水系统保留，沿河修建截流干管和溢流井，将污水和部分雨水送往污水处理厂，经处理达标后排入受纳水体。这样改造，其投资小，而且较容易实现。

3 排水量和规模

3.1 城市污水量

3.1.1 说明城市污水量的组成

城市污水量即城市全社会污水排放量，包括城市给水工程统一供水的用户和自备水源供水用户排出的污水量。

城市污水量主要包括城市生活污水量和工业废水量。还有少量其他污水（市政、公用设施及其他用水产生的污水）因其数量小和排除方式的特殊性无法进行统计，可忽略不计。

3.1.2 提出城市污水量估算方法。

城市污水量主要用于确定城市污水总规模。城市综合（平均日）用水量即城市供水总量，包括市政、公用设施及其他用水量及管网漏失水量。采用《城市给水工程规划规范》（GB 50282）表 2.2.3-1 或表 2.2.3-2 的“城市单位综合用水量指标”或“城市单位建设用地综合用水量指标”估算城市污水量时，应注意按规划城市的用水特点将“最高日”用水量换算成“平均日”用水量。

3.1.3 提出城市综合生活污水量的估算方法。

采用《城市给水工程规划规范》（GB 50282）表 2.2.4 的“人均综合生活用水量指标”估算城市综合生活污水量时，应注意按规划城市的用水特点将“最高日”用水量换算成“平均日”用水量。

3.1.4 提出工业废水量估算方法。

为城市平均日工业用水量（不含工业重复利用水量）即工业新鲜用水量或称工业补充水量。

在城市工业废水量估算中，当工业用水量资料不易取得时，也可采用将已经估算出的城市污水量减去城市综合生活污水量，可以得出较为接近的城市工业废水量。

3.1.5 解释污水排放系数的含义。

3.1.6 提出城市分类污水排放系数的取值原则，规定城市分类污水排放系数的取值范围，列于表 3.1.6 中供城市污水量预测时选用。

城市分类污水排放系数的推算是根据 1991～1995 年国家建设部《城市建设统计年报》中经选择的 172 个城市（城市规模、区域划分以及城市的选取均与《城市给水工程规划规范》（GB 50282）“综合用水指标研究”相一致，并增加了 1995 年资料）的有关城市用水量和污水排放量资料和 1990 年国家环境保护总局《环境统计年报》、1996 年国家环境保护总局 38 个城市《环年综 1 表》（即《各地区“三废”排放及处理利用情况表》）的不同工业行业用新鲜水量与工业废水排放量资料以及 1994 年城市给水、排水工程规划规范编制组全国函调资料和国内外部分城市排水工程规划设计污水量预测采用的排放系数，经分析计算综合确定的。

分析计算成果显示，城市不同污水现状排放系数与城市规模、所在地区无明显规律，同时三种类型的工业废水现状排放系数也无明显规律。因此我们认为，影响城市分类污水排放系数大小的主要因素应是建筑室内排水设施的完善程度和各工业行业生产工艺、设备及技术、管理水平以及城市排水设施普及率。

城市排水设施普及率，在编制排水工程规划时都已明确，一般要求规划期末在排水工程规划范围内都应达到 100%，如有规定达不到这一标准时，可按规划普及率考虑。

各工业行业生产工艺、设备和技术、管理水平，可根据规划城市总体规划的工业布局、要求及新、老工业情况进行综合评价，将其定为先进、较先进和一般三种类型，分别确定相应的工业废水排放系数。

城市综合生活污水排放系数可根据总体规划对居住、公共设施等建筑物室内给、排水设施水平的要求，结合保留的现状，对整个城市进行综合评价，确定出规划城市建筑室内排水设施完善程度，也可分区确定。

城市建筑室内排水设施的完善程度可分为三种类型：

建筑室内排水设施完善：用水设施齐全，排水设施配套，污水收集率高。

建筑室内排水设施较完善：用水设施较齐全，排水设施配套，污水收集率较高。

建筑室内排水设施一般：用水设施能满足生活的基本要求，排水设施配套，主要污水均能排入污水系统。

工业废水排放系数不含石油、天然气开采业和其他矿与煤炭采选业以及电力蒸汽热水产供业的工业废水排放系数，因以上三个行业生产条件特殊，其工业废水排放系数与其他工业行业出入较大，应根据当地厂、矿区的气候、水文地质条件和废水利用、排放合理确定，单独进行以上三个行业的工业废水量估算。再加入到前面估算的工业废水量中即为全部工业废水量。

城市污水量由于不包括其他污水量，因此在按城市供水总量估算城市污水量时其污水排放系数就应小于城市生活污水和工业废水的排放系数。其系数应结合城市生活用水量与工业用水量之和占城市供水总量的比例在表 3.2.3 数据范围内进行合理确定。

3.1.7 提出城市总体规划阶段不同性质用地污水量估算方法。在污水量估算时应将《城市给水工程规划规范》(GB 50282) 中的不同性质用地的用水指标由最高日用水量转换成平均日用水量。

城市居住用地和公共设施用地污水量可按相应的用水量乘城市综合生活污水排放系数。

城市工业用地工业废水量可按相应用水量乘以工业废水排放系数。

其他用地污、废水量可根据用水性质、水量和产生污、废水的数量及其出路分别确定。

3.1.8 提出城市污水系统包括市政污水系统和独立污水系统以及污水系统污水量的计算方法。工矿企业或大型公共设施因其水质、水量特殊或其他原因不便利用市政污水系统时，可建独立污水系统，污水经处理达标后排入受纳水体。

污水系统计算污水量包括城市综合生活污水量和生产污水量（工业废水量减去排入雨水系统或直接排入水体的生产废水量）。

3.1.9 在地下水位较高地区，污水系统在水量估算时，宜考虑地下水渗入量。因当地土质、管道及其接口材料和施工质量等因素，一般均存在地下水渗入现象。但具体在不同情况下渗入量的确定国内尚无成熟资料，国外个别国家也只有经验数据。日本采用每人每日最大污水量 10%～20%。据专业杂志介绍，上海浦东城市化地区地下水渗入量采用 $1000m^3/(km^2 \cdot d)$，具体规划时按计算污水量的 10% 考虑。因此，建议各规划城市应根据当地的水文地质情况，结合管道和接口采用的材料以及施工质量按当地经验确定。

3.1.10 该条规定出了城市综合污水、生活污水和工业废水量总变化系数的选值原则。

城市综合生活污水量总变化系数由于没有新的研究成果，应继续沿用《室外排水设计规范》(GBJ 14—87)(1997 年局部修订) 表 2.1.2-1 采用。为使用方便摘录如下：

表 2.1.2　生活污水量总变化系数

污水平均流量 (L/s)	5	15	40	70	100	200	500	≥1000
总变化系数	2.3	2.0	1.8	1.7	1.6	1.5	1.4	1.3

城市工业废水量总变化系数：由于工业企业的工业废水量及总变化系数随各行业类型、采用的原料、生产工艺特点和管理水平等有很大的差异，我国一直没有统一规定。最新大专院校教材《排水工程》在论述工业废水量计算中提出一些数据供参考：工业废水量日变化系数为 1.0，时变化系数分六个行业提出不同值：

冶金工业：1.0～1.1	纺织工业：1.5～2.0
制革工业：1.5～2.0	化学工业：1.3～1.5
食品工业：1.5～2.0	造纸工业：1.3～1.8

以上数据与我国 1958 年建筑工业出版社出版的《给水排水工程设计手册》（第二篇：排水工程）关于工业企业生产污水的变化系数一节中提出的时变化系数值基本一致（除纺织工业为 $K_{时}=1.0\sim1.15$ 不同外）。同时又提出如果有两个及两个以上工厂的生产污水排入同一个干管时，各厂最大污水量的排出时间、集中在同一个时间的可能性不大，并且各工厂距离干管的长度不一（系指总干管而言），故在计算中如无各厂详细变化资料，应将各工厂的污水量相加后再乘一折减系数 C。

工厂数目		C
2～3	约为：	0.95～1.00
3～4		0.85～0.95
4～5		0.80～0.85
5 以上		0.70～0.80

以上《给水排水工程设计手册》上的数据来源为前苏联资料。

工业用水量取决于工业企业对工业废水重复利用的方式；工业废水排放量取决于工业企业重复利用的程度。

随着环境保护要求的提高和人们对节水的重视，据国内外有关资料显示，工业企业对工业废水的重复利用率有达到 90% 以上的可能，工业废水有向零排放发展的趋势。因此，城市污水成分有以综合生活污水为主的可能。

3.2 城市雨水量

3.2.1 城市防洪、排涝系统是防止雨水径流危害城市安全的主要工程设施，也是城市废水排放的受纳水体。城市防洪工程是解决外来雨洪（河洪和山洪）对城市的威胁；城市排涝工程是解决城市范围内雨水过多或超标准暴雨以及外来径流注入，城市雨水工程无法解决而建造的规模较大的排水工程，一般属于农田排水或防洪工程范围。

如果城市防洪、排涝系统不完善，只靠城市排水工程解决不了城市遭受雨洪威胁的可能。因此应相互协调，按各自功能充分发挥其作用。

3.2.2 雨水量的估算，采用现行的常规计算办法，即各国广泛采用的合理化法，也称极限强度法。经多年使用实践证明，方法是可行的，成果是较可靠的，理论上有发展、实践上也积累了丰富的经验，只需在使用中注意采纳成功经验、合理地选用适合规划城市具体条件的参数。

3.2.3 城市暴雨强度公式，在城市雨水量估算中，宜采用规划城市近期编制的公式，当规划城市无上述资料时，可参照地理环境及气候相似的邻近城市暴雨强度公式。

3.2.4 径流系数，在城市雨水量估算中宜采用城市综合径流系数。全国不少城市都有自己城市在进行雨水径流量计算中采用的不同情况下的径流系数，我们认为在城市总体规划阶段的排水工程规划中宜采用城市综合径流系数，即按规划建筑密度将城市用地分为城市中心区、一般规划区和不同绿地等，按不同的区域，分别确定不同的径流系数。在选定城市雨水量估算综合径流系数时，应考虑城市的发展，以城市规划期末的建筑密度为准，并考虑到其他少量污水量的进入，取值不可偏小。

3.2.5 规定城市雨水管渠规划重现期的选定原则和依据

规划重现期的选定，根据规划的特点，宜粗不宜细。应根据城市性质的重要性，结合汇水地区的特点选定。排水标准确定应与城市政治、经济地位相协调，并随着地区政治、经济地位的变化不断提高。重要干道、重要地区或短期积水能引起严重后果的地区，重现期宜采用3～5年，其他地区可采用1～3年，在特殊地区还可采用更高的标准，如北京天安门广场的雨水管道，是按10年重现期设计的。在一些次要地区或排水条件好的地区重现期可适当降低。

3.2.6 指出当有生产废水排入雨水管渠时，应将排入的水量计算在管渠设计流量中。

3.3 城市合流水量

3.3.1 本条内容与《室外排水设计规范》（GBJ 14—87）（1997年局部修订）第二章第三节合流水量内容相似。其条文说明也可参照GBJ 14—87（1997年局部修订）的本节说明。

3.3.2 提出了截流初期雨水的分流制污水管道总流量的估算方法。

初期雨水量主要指“雨水流量过程线”中从降雨开始至最大雨水流量形成之前涨水曲线中水量较小的一段时间的雨水量。估算此雨水流量的时段、重现期应根据规划城市的降雨特征、雨型并结合城市规划污水处理厂的承受能力和城市水体环境保护要求综合分析确定。初期雨水流量的确定，主要取决于形成初期雨水时段内的平均降雨强度和汇水面积。

3.4 排水规模

3.4.1 提出城市污水工程规模和污水处理厂规模的确定原则。

3.4.2 提出城市雨水工程规模确定的原则。

4 排水系统

4.1 城市废水受纳体

4.1.1 明确了城市雨水和达标排放的污水可以排入受纳水体，也可排入受纳土地。污水达标排入受纳水体的标准为水体环境容量或《污水综合排放标准》（GB 8978），排入受纳土地的标准为城市环境保护要求。

4.1.2 明确了城市废水受纳体应具备的条件。现有受纳水体的环境容量不能满足时，可采取一定的工程措施如引水增容等，以达到应有的环境容量。

受纳土地应具有足够的容量，并应全面论证，不可盲目决定；在蒸发、渗漏达不到年水量平衡时，还应考虑汇入水体的出路。

4.1.3 明确了城市废水受纳体选择的原则。能在城市规划区范围内解决的就不要跨区解决；跨区选定城市废水受纳体要与当地有关部门协商解决。城市废水受纳体的最后选定应充分考虑两种方案的有利条件和不利因素，经综合分析比较确定，受纳水体能够满足污水排放的需求，尽量不要使用受纳土地，如受纳土地需要部分污水，在不影响环境要求和城市发展的前提下，也可解决部分污水的出路。

达标排放的污水在城市环境允许的条件下也可排入平常水量不足的季节性河流，作为景观水体。

4.2 排水分区与系统布局

4.2.1 指出城市排水系统应分区布局。根据城市总体规划用地布局，结合城市废水受纳体位置将城市用地分为若干个分区（包括独立排水系统）进行排水系统布局，根据分区规模和废水受纳体分布，一个分区可以是一个排水系统，也可以是几个排水系统。

4.2.2 指出城市污水系统布局的原则和依据以及污水处理厂规划布局要求。

污水流域划分和系统布局都必须按地形变化趋势进行；地形变化是确定污水汇集、输送、排放的条件。小范围地形变化是划分流域的依据，大的地形变化趋势是确定污水系统的条件。

城市污水处理厂是分散布置还是集中布置，或者采用区域污水系统，应根据城市地形和排水分区分布，结合污水污泥处理后的出路和污水受纳体的环境容量通过技术经济比较确定。一般大中城市，用地布局分散，地形变化较大，宜分散布置；小城市布局集中，地形起伏不大，宜采用集中布置；沿一条河流布局的带状城市沿岸有多个组团（或小城镇），污水量都不大，宜集中在下游建一座污水处理厂，从经济、管理和环境保护等方面都是可取的。

4.2.3 提出城市雨水系统布局原则和依据以及雨水调节池在雨水系统中的使用要求。

城市雨水应充分利用排水分区内的地形，就近排入湖泊、排洪沟渠、水体或湿地和坑、塘、淀洼等受纳体。

在城市雨水系统中设雨水调节池，不仅可以缩小下游管渠断面，减小泵站规模，节约投资，还有利于改善城市环境。

4.2.4 提出截流式合流制排水系统布局的原则和依据，并对截流干管（渠）和溢流井位置的布局提出了要求。截流干管和溢流井位置布局的合理与否，关系到经济、实用和效果，应结合管渠系统布置和环境要求综合比较确定。

4.3 排水系统的安全性

4.3.1 城市排水工程是城市的重要基础设施之一，在选择用地时必须注意地质条件和洪水淹没或排水困难的问题，能避开的一定要避开，实在无法避开的应采用可靠的防护措施，保证排水设施在安全条件下正常使用。

4.3.2 提出了城市污水处理厂和排水泵站的供电要求。《民用建筑电气设计规范》（JGJ/T16）规定：

电力负荷级别是根据供电可靠性及中断供电在政治、经济上所造成的损失或影响的程度确定的。

考虑到城市污水处理厂停电可能对该地区的政治、经济、生活和周围环境等造成不良影响而确定。

排水泵站在中断供电后将会对局部地区、单位在政治、经济上造成较大的损失而确定的。

《室外排水设计规范》（GBJ14）和《城市污水处理项目建设标准》对城市污水处理厂和排水泵站的供电均采用二级负荷。

上述规范还规定：二级负荷的供电系统应做到当发生电力变压器故障或线路常见故障时不致中断供电（或中断后能迅速恢复）。在负荷较小或地区供电条件困难时，二级负荷可由一回 6kV 及其以上专用架空线供电。为防万一可设自备电源（油机或专线供电）。

4.3.3 提出雨水管道、合流管道出水口当受水体水位顶托时按不同情况设置潮门、闸门或排水泵站的规定。

污水处理厂、排水泵站设超越管渠和事故出口在《室外排水设计规范》（GBJ 14）中已有规定，可在设计时考虑。

4.3.4 城市长距离输送污水的管渠应在合适地段增设事故出口，以防下游管渠发生故障，造成污水漫溢，影响城市环境卫生。

4.3.5 提出排水系统的抗震要求和设防标准。在城市排水工程规划中选定排水设施用地时，应予以考虑，以保证在城市发生地震灾害中的正常使用。

5 排水管渠

5.0.1 提出城市排水管渠应以重力流为主的要求和压力流使用的条件。

5.0.2 提出排水干管布置的要求。

5.0.3 提出排水管道宜沿规划道路敷设的要求。

污水管道通常布置在污水量大或地下管线较少一侧的人行道、绿化带或慢车道下，尽量避开快车道。

根据《城市工程管线综合规划规范》（GB 50289）中 2.2.5 规定，当规划道路红线宽度 $B \geqslant 50$m 时，可考虑在道路两侧各设一条雨、污水管线，便于污水收集，减少管道穿越道路的次数，有利于管道维护。

5.0.4 明确了管渠穿越河流、铁路、高速公路、地下建（构）筑物或其他障碍物时，线路走向、位置的选择既要合理，又便于今后管理维修。

倒虹管规划应参照《室外排水设计规范》（GBJ 14）有关章节的规定。

5.0.5 提出截流式合流制截流干管设置的最佳位置。沿水体岸边敷设，既可缩短排水管渠的长度，使溢流雨水很快排入水体，同时又便于出水口的管理。为了减少污染，保护环境，溢流井的设置尽可能位于受纳水体的下游，截流倍数以采用 2～3 倍为宜，环境容量小的水体（水库或湖泊）其截流倍数可选大值；环境容量大的水体（海域或大江、大河）可选较小的值。具体布置应视管渠系统布局和环境要求，经综合比较确定。

5.0.6 提出排水管道在城市道路下的埋设位置应符合国家标准《城市工程管线综合规划规范》（GB 50289）的规定要求。

5.0.7 提出排水管渠断面尺寸确定的原则。既要满足排泄规划期排水规模的需要，并应考虑城市发展水量的增加，提高管渠的适用年限，尽量减少改造的次数。据有关资料介绍，近 30 年来我国许多城市的排水管道都出现超负荷运行现象，除注意在估算城市排水量时采用符合规划期实际情况的污水排放系数和雨水径流系数外，还应给城市发展及其他水量排入留有余地，因此应将最大充满度适当减小。

6 排水泵站

6.0.1 提出排水泵站的规划用地指标。此指标系《全国市政工程投资估算指标》(HGZ 47—102—96)中 4B-1-2 雨污水泵站综合指标规定的用地指标，分列于本规范表 6.0.1-1 和 6.0.2-2 中，供规划时选择使用。雨、污水合流泵站用地可参考雨水泵站指标。

1996 年发布的《全国市政工程投资估算指标》比 1988 年发布的《城市基础设施工程投资估算指标》在“排水泵站”用地指标有所增大，在使用中应结合规划城市的具体情况，按照排水泵站选址的水文地质条件和可想到的内部配套建（构）筑物布置的情况及平面形状、结构形式等合理选用用地指标。

6.0.2 提出排水泵站与规划居住、公共设施建筑保持必要的防护距离，并进行绿化的要求。

具体的距离量化应根据泵站性质、规模、污染程度以及施工及当地自然条件等因素综合确定。

中国建筑工业出版社 1984 年出版的《苏联城市规划设计手册》规定“泵站到住宅的距离应不小于 20 米”；中国建筑工业出版社 1986 年出版的《给水排水设计手册》第 5 册（城市排水）规定泵站与住宅间距不得小于 30 米；洪嘉年高工主编的《给水排水常用规范详解手册》中谈到：“我国曾经规定泵站与居住房屋和公共建筑的距离一般不小于 25 米，但根据上海、天津等城市经验，在建成区内的泵站一般均未达到 25 米的要求，而周围居民也无不良反映”。

鉴于以上情况，现又无这方面的科研成果供采用，《室外排水设计规范》也无量化，经与有关环境保护部门的专家研究，认为“距离”的量化应视规划城市的具体条件、经环境评价后确定，在有条件的情况下可适当大些。

7 污水处理与利用

7.1 污水利用与排放

7.1.1 城市污水是一种资源，在水资源不足的城市宜合理利用污水经再生处理后作为城市用水的补充。根据城市的需要和处理条件确定其用途。

7.1.2 在制定污水回用方案时，应对技术可靠性、经济合理性和环境影响等情况进行全面论证和评价，做到稳妥可靠，不留后患，不得盲目行事。

7.1.3 对不能利用或利用不经济的城市污水应达标处理后排入城市污水受纳体。排入受纳土地的污水需经处理后达到二级生化标准或满足城市环境保护的要求。

7.2 污水处理

7.2.1 提出确定城市污水处理程度的依据。污水处理程度应根据进厂污水的水质、水量和处理后的出路分别确定。

受纳水体的环境容量因水体类型、水量大小和水力条件的不同各异。受纳水体的环境容量是一种自然资源，当环境容量大于污水排放污染物的要求时，应充分发挥这一自然资源的作用，以节省环保资金；当环境容量小于污水排放污染物的要求时，根据实际情况，采取相应的措施，包括削荷减污、加大处理力度以及用工程措施增大水体环境容量，使污水排放与受纳水体环境容量相平衡。城市污水处理厂的污水处理程度，应根据规划城市的具体情况，经技术经济比较确定。

7.2.2 《城市污水处理厂污水污泥排放标准》（CJ 3025—93）是国家建设部颁布的一项城镇建设行业标准，规定了城市污水处理厂排放污水、污泥标准及检测、排放与监督等要求，适用于全国各地城市污水处理厂。

全国各地城市污水处理厂应积极、严格执行该标准，按各城市的实际情况对污水进行处理达标排放，为城市的水污染防治，保护水资源，改变城市环境，促进城市可持续发展将起到有力的推动作用。

7.3 城市污水处理厂

7.3.1 提出城市污水处理厂位置选择的依据和应考虑的因素。

污水处理厂位置应根据城市污水处理厂的规划布局，结合规范条文提出的五项因素，按城市的实际情况综合选择确定。规范条文中提出的五项因素，不一定都能满足，在厂址选择中要抓住主要矛盾。当风向要求与河流下游条件有矛盾时，应先满足河流下游条件，再采取加强厂区卫生管理和适当加大卫生防护距离等措施来解决因风向造成污染的问题。

城市污水处理厂与规划居住、公共设施建筑之间的卫生防护距离影响因素很多，除与污水处理厂在河流上、下游和城市夏季主导风向有关外，还与污水处理采用的工艺、厂址是规划新址还是在建成区插建以及污染程度都有关系，总之关系复杂，很难量化，因此在本规范未作具体规定。

中国建筑工业出版社 1986 年出版的《给水排水设计手册》第 5 册（城市排水）及中国建筑工业出版社 1992 年出版的高等学校（城市规划专业学生用）试用教材《城市给水排水》（第二版）中均规定“厂址应与城镇工业区、居住区保持约 300 米以上距离”。

鉴于到目前为止，没有成熟和借鉴的指标供采用，《室外排水设计规范》也无量化。经与有关环境保护部门的专家研究，认为“距离”的量化应视规划城市的具体条件，经环境评价确定。在有条件的情况下可适当大些。

7.3.2 提出城市污水处理厂的规划用地指标。此指标系《全国市政工程估算指标》（HGZ 47—102—96）中 4B-1-1 污水处理厂综合指标规定的用地指标，列于本规范表 7.3.2 中，供规划时选择使用。在选择用地指标时应考虑规划城市具体情况和布局特点。

7.3.3 提出在污水处理厂周围应设置防护绿带的要求。

污水处理厂在城市中既是污染物处理的设施，同时在生产过程中也会产生一定的污染，除厂区在平面布置时应考虑生产区与生活服务区分别集中布置，采用以绿化等措施隔离开来，保证管理人员有良好的工作环境，增进职工的身体健康外，还应在厂区外围设置一定宽度（不小于 10 米）的防护绿带，以美化污水处理厂和减轻对厂区周围环境的污染。

7.4 污泥处置

7.4.1 提出了城市污水处理厂污泥处置的原则和要求。城市污水处理厂污泥应综合利用，化害为利，未被利用的污泥应妥善处置，不得污染环境。

7.4.2 提出了城市污水处理厂污泥用作农业肥料的条件和注意事项（详见《农用污泥中污染物控制标准》（GB 4282））。

7.4.3 提出城市污水处理厂污泥填埋的要求。

7.4.4 提出城市污水处理厂污泥用于填充洼地、焚烧或其他处置方法应遵循的原则。

中华人民共和国国家标准

给水排水工程管道结构设计规范

Structural design code for pipelines of water supply and waste water engineering

GB 50332—2002

批准部门：中华人民共和国建设部
施行日期：2 0 0 3 年 3 月 1 日

中华人民共和国建设部
公　告

第92号

建设部关于发布国家标准《给水排水工程管道结构设计规范》的公告

现批准《给水排水工程管道结构设计规范》为国家标准，编号为GB 50332—2002，自2003年3月1日起实施。其中，第4.1.7、4.2.2、4.2.10、4.2.11、4.2.13、4.3.2、4.3.3、4.3.4、5.0.3、5.0.4、5.0.5、5.0.11、5.0.13、5.0.14、5.0.16条为强制性条文，必须严格执行。原《给水排水工程结构设计规范》GBJ 69—84中的相应内容同时废止。

本规范由建设部标准定额研究所组织中国建筑工业出版社出版发行。

中华人民共和国建设部

二〇〇二年十一月二十六日

前　言

本规范根据建设部（92）建标字第16号文的要求，对原规范《给水排水工程结构设计规范》GBJ 69—84作了修订。由北京市规划委员会为主编部门，北京市市政工程设计研究总院为主编单位，会同有关设计单位共同完成。原规范颁布实施至今已15年，在工程实践中效果良好。这次修订主要是由于下列两方面的原因：

（一）结构设计理论模式和方法有重要改进

GBJ 69—84属于通用设计规范，各类结构（混凝土、砌体等）的截面设计均应遵循本规范的要求。我国于1984年发布《建筑结构设计统一标准》GBJ 68—84（修订版为《建筑结构可靠度设计统一标准》GB 50068—2001）后，1992年又颁发了《工程结构可靠度设计统一标准》GB 50153—92。在这两本标准中，规定了结构设计均采用以概率理论为基础的极限状态设计方法，替代原规范采用的单一安全系数极限状态设计方法。据此，有关结构设计的各种标准、规范均作了修订，例如《混凝土结构设计规范》、《砌体结构设计规范》等。因此，《给水排水工程结构设计规范》GBJ 69—84也必须进行修订，以与相关的标准、规范协调一致。

（二）原规范GBJ 69—84内容过于综合，不利于促进技术进步

原规范GBJ 69—84为了适应当时的急需，在内容上力求能概括给水排水工程的各种结构，不仅列入了水池、沉井、水塔等构筑物，还包括各种不同材料的管道结构。这样处理虽然满足了当时的工程应用，但从长远来看不利于发展，不利于促进技术进步。我国实行改革开放以来，通过交流和引进国外先进技术，在科学技术领域有了长足进步，这就需要对原标准、规范不断进行修订或增补。由于原规范的内容过于综合，往往造成不能及时将行之有效的先进技术反映进去，从而降低了它应有的指导作用。在这次修订GBJ 69—84时，原则上是尽量减少综合性，以利于及时更新和完善。为此将原规范分割为以下两部分，共10本标准：

1. 国家标准

（1）《给水排水工程构筑物结构设计规范》；

（2）《给水排水工程管道结构设计规范》。

2. 中国工程建设标准化协会标准

（1）《给水排水工程钢筋混凝土水池结构设计规程》；

（2）《给水排水工程水塔结构设计规程》；

（3）《给水排水工程钢筋混凝土沉井结构设计规程》；

（4）《给水排水工程埋地钢管管道结构设计规程》；

（5）《给水排水工程埋地铸铁管管道结构设计规程》；

（6）《给水排水工程埋地预制混凝土圆形管管道结构设计规程》；

（7）《给水排水工程埋地管芯缠丝预应力混凝土管和预应力钢筒混凝土管管道结构设计规程》；

（8）《给水排水工程埋地矩形管管道结构设计规

程》。

本规范主要是针对给水排水工程各类管道结构设计中的一些共性要求作出规定，包括适用范围、主要符号、材料性能要求、各种作用的标准值、作用的分项系数和组合系数、承载能力和正常使用极限状态，以及构造要求等。这些共性规定将在协会标准中得到遵循，贯彻实施。

本规范由建设部负责管理和对强制性条文的解释，由北京市市政工程设计研究总院负责对具体技术内容的解释。请各单位在执行本规范过程中，注意总结经验和积累资料，随时将发现的问题和意见寄交北京市市政工程设计研究总院（100045），以供今后修订时参考。

本规范编制单位和主要起草人名单

主编单位：北京市市政工程设计研究总院

参编单位：中国市政工程中南设计研究院、中国市政工程西北设计研究院、中国市政工程西南设计研究院、中国市政工程东北设计研究院、上海市政工程设计研究院、天津市市政工程设计研究院、湖南大学。

主要起草人：沈世杰　刘雨生（以下按姓氏笔画排列）

王文贤　王憬山　冯龙度　刘健行

苏发怀　陈世江　沈宜强　钟启承

郭天木　葛春辉　翟荣申　潘家多

目　次

1 总 则

1.0.1 为了在给水排水工程管道结构设计中，贯彻执行国家的技术经济政策，达到技术先进、经济合理、安全适用、确保质量，特制定本规范。

1.0.2 本规范适用于城镇公用设施和工业企业中的一般给水排水工程管道的结构设计，不适用于工业企业中具有特殊要求的给水排水工程管道的结构设计。

1.0.3 本规范系根据我国《建筑结构可靠度设计统一标准》GB 50068—2001 和《工程结构可靠度设计统一标准》GB 50153—92 规定的原则进行制定的。

1.0.4 按本规范设计时，有关构件截面计算和地基基础设计等，应按相应的国家标准的规定执行。

对于建造在地震区、湿陷性黄土或膨胀土等地区的给水排水工程管道结构设计，尚应符合我国现行的有关标准的规定。

2 主 要 符 号

2.1 管道上的作用

F_{vk}——管道内的真空压力标准值；

$F_{cr,k}$——管壁截面失稳的临界压力标准值；

q_{vk}——地面车辆轮压传递到管顶处的单位面积竖向压力标准值；

$F_{ep,k}$——主动土压力标准值；

F_{pk}——被动土压力标准值；

F_{wk}——管道内工作压力标准值；

$F_{wd,k}$——管道的设计内水压力标准值；

$Q_{vi,k}$——地面车辆的 i 个车轮所承担的单个轮压标准值；

S——作用效应组合设计值；

$F_{sv,k}$——每延长米管道上管顶的竖向土压力标准值。

2.2 几 何 参 数

A_0——管道计算截面的换算截面面积；

a——单个车轮的着地分布长度；

B_c——矩形管道的外缘宽度；

b——单个车轮的着地分布宽度；

D_0——圆形管道的计算直径；

D_1——圆形管道的外径；

d_i——相邻两个车轮间的净距；

e_0——纵向力对截面重心的偏心距；

H_s——管顶至设计地面的覆土高度；

h_0——钢筋混凝土计算截面的有效高度；

L_e——管道纵向承受轮压影响的有效长度；

L_p——轮压传递至管顶处沿管道纵向的影响长度；

r_0——圆形管道的计算半径；

t——管壁厚度；

μ——受拉钢筋截面的总周长；

W_0——管道换算截面受拉边缘的弹性抵抗矩；

$w_{d,max}$——管道的最大竖向变形；

w_{max}——钢筋混凝土计算截面的最大裂缝宽度。

2.3 计 算 系 数

C_c——填埋式土压力系数；

C_d——开槽施工土压力系数；

C_j——不开槽施工土压力系数；

C_G——永久作用的作用效应系数；

C_Q——可变作用的作用效应系数；

D_l——变形滞后效应系数；

E_p——管材弹性模量；

E_d——管侧土的综合变形模量；

K_a——主动土压力系数；

K_d——管道变形系数；

K_p——被动土压力系数；

K_s——设计稳定性抗力系数；

α_{ct}——混凝土拉应力限制系数；

α_s——管道结构与管周土体的刚度比；

γ——受拉区混凝土的塑性影响系数；

γ_G——永久作用分项系数；

γ_0——管道的重要性系数；

γ_Q——可变作用分项系数；

μ_d——动力系数；

ν_p——管材的泊桑比；

ρ——钢筋混凝土管道计算截面处钢筋的配筋率；

ψ——钢筋混凝土管道计算裂缝间受拉钢筋应变不均匀系数；

ψ_c——可变作用的组合值系数；

ψ_q——可变作用的准永久值系数。

3 管道结构上的作用

3.1 作用分类和作用代表值

3.1.1 管道结构上的作用，按其性质可分为永久作用和可变作用两类：

1 永久作用应包括结构自重、土压力（竖向和侧向）、预加应力、管道内的水重、地基的不均匀沉降。

2 可变作用应包括地面人群荷载、地面堆积荷载、地面车辆荷载、温度变化、压力管道内的静水压（运行工作压力或设计内水压力）、管道运行时可能出现的真空压力、地表水或地下水的作用。

3.1.2 结构设计时，对不同的作用应采用不同的代表值。

对永久作用，应采用标准值作为代表值；对可变作用，应根据设计要求采用标准值、组合值或准永久值作为代表值。

可变作用组合值，应为可变作用标准值乘以作用组合系数；可变作用准永久值，应为可变作用标准值乘以作用的准永久值系数。

3.1.3 当管道结构承受两种或两种以上可变作用时，承载能力极限状态设计或正常使用极限状态按短期效应的标准组合设计，可变作用应采用标准值和组合值作为代表值。

3.1.4 正常使用极限状态考虑长期效应按准永久组合设计，可变作用应采用准永久值作为代表值。

3.2 永久作用标准值

3.2.1 结构自重，可按结构构件的设计尺寸与相应的材料单位体积的自重计算确定。对常用材料及其制作件，其自重可按现行国家标准《建筑结构荷载规范》GB 50009 的规定采用。

3.2.2 作用在地下管道上的竖向土压力，其标准值应根据管道埋设方式及条件按附录 B 确定。

3.2.3 作用在地下管道上的侧向土压力，其标准值应按下列公式确定：

1 侧向土压力应按主动土压力计算；

2 侧向土压力沿圆形管道管侧的分布可视作均匀分布，其计算值可按管道中心处确定；

3 对埋设在地下水位以上的管道，其侧向土压力可按下式计算：

$$F_{ep,k} = K_a \gamma_s z \quad (3.2.3\text{-}1)$$

式中 $F_{ep,k}$——管侧土压力标准值（kN/m^2）；

K_a——主动土压力系数，应根据土的抗剪强度确定；当缺乏试验数据时，对砂类土或粉土可取 $\frac{1}{3}$；对粘性土可取 $\frac{1}{3} \sim \frac{1}{4}$；

γ_s——管侧土的重力密度（kN/m^3），一般可取 18 kN/m^3；

Z——自地面至计算截面处的深度（m），对圆形管道可取自地面至管中心处的深度。

4 对于埋置在地下水位以下的管道，管体上的侧向压力应为主动土压力与地下水静水压力之和；此时，侧向土压力可按下式计算：

$$F_{ep,k} = K_a[\gamma_s z_w + \gamma'_s(z - z_w)] \quad (3.2.3\text{-}2)$$

式中 γ'_s——地下水位以下管侧土的有效重度（kN/m^3），可按 10kN/m^3 采用；

Z_w——自地面至地下水位的距离（m）。

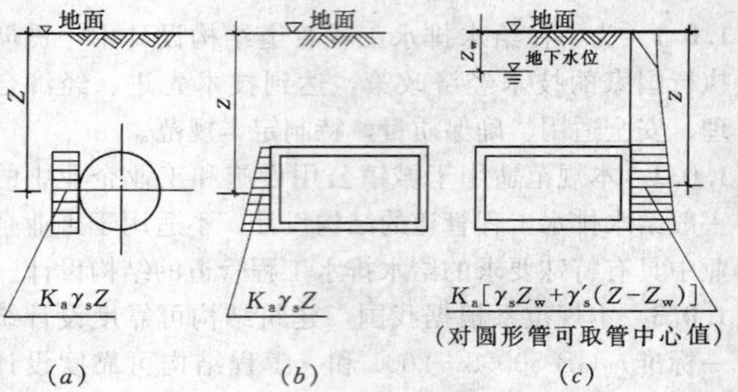

图 3.2.3 作用在管道上的侧向土压力

(*a*) 圆形管道（无地下水）；

(*b*) 矩形管道（无地下水）；

(*c*) 管道埋设在地下水位以下

3.2.4 管道中的水重标准值，可按水的重力密度为 10kN/m^3 计算。

3.2.5 预应力混凝土管道结构上的预加应力标准值，应为预应力钢筋的张拉控制应力值扣除相应张拉工艺的各项应力损失。张拉控制应力值，应按现行国家标准《混凝土结构设计规范》GB 50010 的有关规定确定。

3.2.6 对敷设在地基土有显著变化段的管道，需计算地基不均匀沉降，其标准值应按现行国家标准《建筑地基基础设计规范》GB 50007 的有关规定计算确定。

3.3 可变作用标准值、准永久值系数

3.3.1 地面人群荷载标准值可取 4kN/m^2 计算；其准永久值系数 ψ_q 可取 $\psi_q = 0.3$。

3.3.2 地面堆积荷载标准值可取 10kN/m^2 计算；其准永久值系数可取 $\psi_q = 0.5$。

3.3.3 地面车辆荷载对地下管道的影响作用，其标准值可按附录 C 确定；其准永久值系数应取 $\psi_q = 0.5$。

3.3.4 压力管道内的静水压力标准值应取设计内水压力计算，其标准值应根据管道材质及运行工作内水压力按表 3.3.4 的规定采用；相应准永久值系数可取 $\psi_q = 0.7$，但不得小于工作内水压力。

3.3.5 埋设在地表水或地下水以下的管道，应计算作用在管道上的静水压力（包括浮托力），相应的设计水位应根据勘察部门和水文部门提供的数据采用。其标准值及准永久值系数 ψ_q 的确定，应符合下列规定：

1 地表水的静水压力水位宜按设计频率 1% 采用。相应准永久值系数，当按最高洪水位计算时，可取常年洪水位与最高洪水位的比值。

表 3.3.4　压力管道内的设计内水压力标准值 $F_{wd,k}$

管道类别	工作压力 F_{wk}(10^{-1}MPa)	设计内水压力（MPa）
钢　管	F_{wk}	$F_{wk}+0.5\geqslant 0.9$
铸铁管	$F_{wk}\leqslant 5$	$2F_{wk}$
	$F_{wk}>5$	$F_{wk}+0.5$
混凝土管	F_{wk}	$(1.4\sim1.5)\ F_{wk}$
化学管材	F_{wk}	$(1.4\sim1.5)\ F_{wk}$

注：1　工业企业中低压运行的管道，其设计内水压力可取工作压力的 1.25 倍，但不得小于 0.4MPa。
　　2　混凝土管包括钢筋混凝土管、预应力混凝土管、预应力钢筒混凝土管。
　　3　化学管材管道包括硬聚氯乙烯圆管（UPVC）、聚乙烯圆管（PE）、玻璃纤维增强塑料管（GRP、FRP）等。
　　4　铸铁管包括普通灰口铸铁管、球墨铸铁管、未经退火处理的球态铸铁管等。
　　5　当管线上没有可靠的调压装置时，设计内水压力可按具体情况确定。

2　地下水的静水压力水位，应综合考虑近期内变化的统计数据及对设计基准期内发展趋势的变化综合分析，确定其可能出现的最高及最低水位。

应根据对结构的作用效应，选用最高或最低水位。相应的准永久值系数，当采用最高水位时，可取平均水位与最高水位的比值；当采用最低水位时，应取 1.0 计算。

3　地表水或地下水的重度标准值，可取 10 kN/m^3 计算。

3.3.6　压力管道在运行过程中可能出现的真空压力 F_v，其标准值可取 0.05MPa 计算；相应的准永久值系数可取 $\psi_q=0$。

3.3.7　对埋地管道采用焊接、粘接或熔接连接时，其闭合温度作用的标准值可按±25℃温差采用；相应的准永久值系数可取 $\psi_q=1.0$ 计算。

3.3.8　对架空管道，当采用焊接、粘接或熔接连接时，其闭合温度作用的标准值可按具体工况条件确定；相应的准永久值系数可取 $\psi_q=0.5$ 计算。

3.3.9　露天架空管道上的风荷载和雪荷载，其标准值及准永久值系数应按现行国家标准《建筑结构荷载规范》GB 50009 的有关规定确定。

4　基本设计规定

4.1　一 般 规 定

4.1.1　本规范采用以概率理论为基础的极限状态设计方法，以可靠指标度量结构构件的可靠度，除对管道验算整体稳定外，均采用含分项系数的设计表达式进行设计。

4.1.2　管道结构设计应计算下列两种极限状态：

1　承载能力极限状态：对应于管道结构达到最大承载能力，管体或连接构件因材料强度被超过而破坏；管道结构因过量变形而不能继续承载或丧失稳定（如横截面压屈等）；管道结构作为刚体失去平衡（横向滑移、上浮等）。

2　正常使用极限状态：对应于管道结构符合正常使用或耐久性能的某项规定限值；影响正常使用的变形量限值；影响耐久性能的控制开裂或局部裂缝宽度限值等。

4.1.3　管道结构的计算分析模型应按下列原则确定：

1　对于埋设于地下的矩形或拱形管道结构，均应属刚性管道；当其净宽大于 3.0m 时，应按管道结构与地基土共同作用的模型进行静力计算。

2　对于埋设于地下的圆形管道结构。应根据管道结构刚度与管周土体刚度的比值 α_s，判别为刚性管道或柔性管道，以此确定管道结构的计算分析模型：

当 $\alpha_s\geqslant 1$ 时，应按刚性管道计算；

当 $\alpha_s<1$ 时，应按柔性管道计算。

4.1.4　圆形管道结构与管周土体刚度的比值 α_s 可按下式确定：

$$\alpha_s=\frac{E_p}{E_d}\left(\frac{t}{r_0}\right)^3 \tag{4.1.4}$$

式中　E_p——管材的弹性模量（MPa）；

E_d——管侧土的变形综合模量（MPa），应由试验确定，如无试验数据时，可按附录 A 采用；

t——圆管的管壁厚（mm）；

r_0——圆管结构的计算半径（mm），即自管中心至管壁中线的距离。

4.1.5　对管道的结构设计应包括管体、管座（管道基础）及连接构造；对埋设于地下的管道，尚应包括管周各部位回填土的密实度设计要求。

4.1.6　对管道结构的内力分析，均应按弹性体系计算，不考虑由非弹性变形所引起的塑性内力重分布。

4.1.7　对管道结构应根据环境条件和输送介质的性能，设置内、外防腐构造。用于给水工程输送饮用水的管道，其内防腐材料必须符合有关卫生标准的要求，确保对人体健康无害。

4.2 承载能力极限状态计算规定

4.2.1 管道结构按承载能力极限状态进行强度计算时，应采用作用效应的基本组合。结构上的各项作用均应采用作用设计值。作用设计值，应为作用代表值与作用分项系数的乘积。

4.2.2 管道结构的强度计算应采用下列极限状态计算表达式：

$$\gamma_0 S \leqslant R \tag{4.2.2}$$

式中 γ_0——**管道的重要性系数，应根据表（4.2.2）的规定采用；**

S——**作用效应组合的设计值；**

R——**管道结构的抗力强度设计值。**

表 4.2.2 管道的重要性系数 γ_0

重要性系数 \ 管道类别	给水管道		排水管道	
	输水管	配水管	污水管	雨水管
γ_0	1.1	1.0	1.0	0.9

注：1 当输水管道设计为双线或设有调蓄设施时，可采用 $\gamma_0=1.0$。

2 排水管道中的雨水、污水合流管，γ_0 值应按污水管采用。

4.2.3 作用效应的组合设计值，应按下式确定：

$$S=\sum_{i=1}^{m}\gamma_{Gi}C_{Gi}G_{ik}+\gamma_{Q1}C_{Q1}Q_{1k}+\psi_c\sum_{j=2}^{n}\gamma_{Qj}C_{Qj}G_{jk}$$

式中 G_{ik}——第 i 个永久作用标准值；

C_{Gi}——第 i 个永久作用的作用效应系数；

γ_{Gi}——第 i 个永久作用的分项系数；

Q_{1k}——第 1 个可变作用标准值，该作用应为地下水或地表水产生的压力；

Q_{jk}——第 j 个可变作用的标准值；

γ_{Q1}、γ_{Qj}——分别为第 1 个和第 j 个可变作用的分项系数；

C_{Q1}、C_{Qj}——分别为第 1 个和第 j 个可变作用的作用效应系数；

ψ_c——可变作用的组合系数。

注：作用效应系数为结构在作用下产生的效应（如内力、应力等）与该作用的比值，可按结构力学方法确定。

4.2.4 管道结构强度标准值、设计值的确定，应符合下列要求：

1 对钢管道、砌体结构管道、钢筋混凝土矩形管道和架空管道的支承结构等现场制作的管道结构，其强度标准值和设计值应按相应的现行国家标准《钢结构设计规范》、《砌体结构设计规范》、《混凝土结构设计规范》等的规定确定。

2 对各种材料和相应的成型工艺制作的圆管，其强度标准值应按相应的产品行业标准采用；对尚无制定行业标准的新产品，则应由制造厂方提供，并应附有可靠的技术鉴定证明。

4.2.5 永久作用的分项系数，应按下列规定采用：

1 当作用效应对结构不利时，除结构自重应取 1.20 外，其余各项作用均应取 1.27 计算；

2 当作用效应对结构有利时，均应取 1.00 计算。

4.2.6 可变作用的分项系数，应按下列规定采用：

1 对可变作用中的地表水或地下水压力，其分项系数应取 1.27；

2 对可变作用中的地面人群荷载、堆积荷载、车辆荷载、温度变化、管道设计内水压力、真空压力，其分项系数应取 1.40。

4.2.7 可变作用的组合系数 ψ_c，应采用 0.90 计算。

4.2.8 对管道结构的管壁截面进行强度计算时，应符合下列要求：

1 对沿线采用柔性接口连接的管道，计算管壁截面强度时，应计算在组合作用下，环向内力所产生的应力；

2 对沿线采用焊接、粘接或熔接连接的管道，计算管壁截面强度时，除应计算在组合作用下的环向内力外，尚应计算管壁的纵向内力，并核算环向与纵向内力的组合折算应力；

3 对沿线柔性接口连接的管道，当其接口处设有刚度较大的压环约束时，该处附近的管壁截面，亦应计算管壁的纵向内力，并核算在环向与纵向内力作用下的组合折算应力。

4.2.9 管壁截面由环向与纵向内力作用下的组合折算应力，可按下式计算：

$$\sigma_i=\sqrt{\sigma_{\theta i}^2+\sigma_{Xi}^2-\sigma_{\theta i}\sigma_{Xi}} \tag{4.2.9}$$

式中 σ_i——管壁 i 截面处的折算应力（N/mm^2）；

$\sigma_{\theta i}$——管壁 i 截面处由组合作用产生的环向应力（N/mm^2）；

σ_{Xi}——管壁 i 截面处由组合作用产生的纵向应力（N/mm^2）。

4.2.10 对埋设在地表水或地下水以下的管道，应根据设计条件计算管道结构的抗浮稳定。计算时各项作用均应取标准值，并应满足抗浮稳定性抗力系数不低于 1.10。

4.2.11 对埋设在地下的柔性管道，应根据各项作用的不利组合，计算管壁截面的环向稳定性。计算时各项作用均应取标准值，并应满足环向稳定性抗力系数 K_s 不低于 2.0。

4.2.12 埋地柔性管道的管壁截面环向稳定性计算，应符合下式要求：

$$F_{cr,k}\geqslant K_s\left(\frac{F_{sv,k}}{D_0}+q_{vk}+F_{vk}\right) \tag{4.2.12-1}$$

$$F_{cr,k}=\frac{2E_p\,(n^2-1)}{3\,(1-\nu_p^2)}\left(\frac{t}{D_0}\right)^3+\frac{E_d}{2\,(n^2-1)\,(1+\nu_s^2)} \tag{4.2.12-2}$$

式中 $F_{cr,k}$——管壁截面失稳的临界压力标准值（N/mm^2）；

q_{vk}——地面车辆轮压传递到管顶处的竖向压力标准值（N/mm^2）；

F_{vk}——管内真空压力标准值（N/mm^2）；

ν_p——管材的泊桑比；

ν_s——管侧回填土的泊桑比；

D_0——管道的计算直径（mm），可取管壁中线距离；

n——管壁失稳时的折绉波数，其取值应使$F_{cr,k}$为最小值，并为等于、大于 2.0 的整数。

4.2.13 对非整体连接的管道，在其敷设方向改变处，应作抗滑稳定验算。抗滑稳定应按下列规定验算：

1 对各项作用均取标准值计算；

2 对稳定有利的作用，只计入永久作用（包括由永久作用形成的摩阻力）；

3 对沿滑动方向一侧的土压力可按被动土压力计算；

4 抗滑验算的稳定性抗力系数不应小于 1.5。

4.2.14 被动土压力标准值可按下式计算：

$$F_{pk}=\gamma_s z\cdot \mathrm{tg}^2\left(45^\circ+\frac{\varphi}{2}\right) \quad (4.2.14)$$

式中 φ——土的内摩擦角，应根据试验确定，当无试验数据时，可取 30°计算。

4.3 正常使用极限状态验算规定

4.3.1 管道结构的正常使用极限状态计算，应包括变形、抗裂度和裂缝开展宽度，并应控制其计算值不超过相应的限定值。

4.3.2 柔性管道的变形允许值，应符合下列要求：

1 采用水泥砂浆等刚性材料作为防腐内衬的金属管道，在组合作用下的最大竖向变形不应超过 $0.02\sim0.03D_0$；

2 采用延性良好的防腐涂料作为内衬的金属管道，在组合作用下的最大竖向变形不应超过 $0.03\sim0.04D_0$；

3 化学建材管道，在组合作用下的最大竖向变形不应超过 $0.05D_0$。

4.3.3 对于刚性管道，其钢筋混凝土结构构件在组合作用下，计算截面的受力状态处于受弯、大偏心受压或受拉时，截面允许出现的最大裂缝宽度，不应大于 0.2mm。

4.3.4 对于刚性管道，其混凝土结构构件在组合作用下，计算截面的受力状态处于轴心受拉或小偏心受拉时，截面设计应按不允许裂缝出现控制。

4.3.5 结构构件按正常使用极限状态验算时，作用效应均应采用作用代表值计算。

4.3.6 对混凝土结构构件截面按控制裂缝出现设计时，应按短期效应的标准组合作用计算。作用效应的标准组合设计值，应按下式确定：

$$S_d=\sum_{i=1}^{m}G_{Gi}G_{ik}+C_{Q1}Q_{1k}+\psi_c\sum_{j=2}^{n}C_{Qj}Q_{jk} \quad (4.3.6)$$

4.3.7 对钢筋混凝土结构构件的裂缝展开宽度，应按准永久组合作用计算。作用效应的准永久组合设计值，应按下式确定：

$$S_d=\sum_{i=1}^{m}G_{Gi}G_{ik}+\sum_{j=1}^{n}C_{Qj}\psi_{qj}Q_{jk} \quad (4.3.7)$$

式中 ψ_{qj}——相应 j 项可变作用的准永久值系数，应按本规范 3.3 的有关规定采用。

4.3.8 对柔性管道在组合作用下的变形，应按准永久组合作用计算，并应按下式计算其变形量：

$$w_{d,max}=D_l\frac{K_d r_0^3(F_{sv,k}+2\psi_q q_{vk}r_0)}{E_p I_p+0.061E_d r_0^3} \quad (4.3.8)$$

式中 $w_{d,max}$——管道在组合作用下的最大竖向变形（mm），并应符合 4.3.2 的要求；

D_l——变形滞后效应系数，可取 1.00～1.50 计算；

K_d——管道变形系数，应按管的敷设基础中心角确定；对土弧基础，当中心角为 90°、120° 时，分别可采用 0.096、0.089；

$F_{sv,k}$——每延长米管道上管顶的竖向土压力标准值（kN/mm），可按附录 B 计算；

q_{vk}——地面车辆轮压传递到管顶处的竖向压力标准值（kN/mm），可按附录 C 计算；

I_p——管壁的单位长度截面惯性矩（mm^4/mm）。

4.3.9 对刚性管道，其钢筋混凝土构件在标准组合作用下的截面控制裂缝出现计算，应按下列规定计算：

1 当计算截面处于轴心受拉状态时，应满足下式要求：

$$\frac{N_k}{A_0}\leqslant\alpha_{ct}\cdot f_{tk} \quad (4.3.9\text{-}1)$$

式中 N_k——在标准组合作用下计算截面上的轴向力（N）；

A_0——计算截面的换算截面积（mm^2）；

f_{tk}——构件混凝土的抗拉强度标准值（N/mm^2），应按现行国家标准《混凝土结构设计规范》GB 50010 的规定确定；

α_{ct}——混凝土拉应力限制系数，可取 0.87。

2 当计算截面处于小偏心受拉状态时，应满足下式要求：

$$N_k\left(\frac{e_0}{\gamma W_0}+\frac{1}{A_0}\right)\leqslant\alpha_{ct}f_{tk} \quad (4.3.9\text{-}2)$$

式中 e_0——计算截面上的轴向力对截面重心的偏心距（mm）；

W_0——换算截面受拉边缘的弹性抵抗矩（mm^3）；

γ——计算截面受拉区混凝土的塑性影响系数，对矩形截面可取1.75。

4.3.10 对预应力混凝土结构的管道，在标准组合作用下的控制裂缝出现计算，应满足下式要求：

$$\alpha_{cp}\sigma_{sk}-\sigma_{pc}\leqslant\alpha_{ct}f_{tk} \quad (4.3.10)$$

式中 σ_{sk}——在标准组合作用下，计算截面上的边缘最大拉应力（N/mm^2）；

σ_{pc}——扣除全部预应力损失后，计算截面上的预压应力（N/mm^2）；

α_{cp}——预压效应系数，可取1.25。

4.3.11 对刚性管道，其钢筋混凝土结构构件在准永久组合作用下，计算截面处于受弯、大偏心受压或大偏心受拉状态时，最大裂缝宽度可按附录D计算，并应符合4.3.3的要求。

5 基本构造要求

5.0.1 对圆形管道的接口宜采用柔性连接。当条件限制时，管道沿线应根据地基土质情况适当配置柔性连接接口。对敷设在地震区的管道，应根据相应的抗震设计规范要求执行。

5.0.2 对现浇钢筋混凝土矩形管道、混合结构矩形管道，沿线应设置变形缝。变形缝应贯通全截面，缝距不宜超过25m；缝处应设置防水措施（例如止水带、密封材料）。

注：当积累可靠实践经验，在混凝土配制及养护等方面具有相应的技术措施时，变形缝间距可适当加大。

5.0.3 对预应力混凝土圆管，应施加纵向预加应力，其值不应低于相应环向有效预压应力的20%。

5.0.4 现浇矩形钢筋混凝土管道和混合结构管道中的钢筋混凝土构件，其各部位受力钢筋的净保护层厚度，不应小于表5.0.4的规定。

表5.0.4 钢筋的净保护层最小厚度（mm）

管道类别 \ 构件类别 / 钢筋部位	顶板		侧壁		底板	
	上层	下层	内侧	外侧	上层	下层
给水、雨水	30	30	30	30	30	40
污水、合流	30	40	40	35	40	40

注：1 底板下应设有混凝土垫层；
2 当地下水有侵蚀性时，顶板上层及侧壁外侧筋的净保护层厚度尚应按侵蚀等级予以加厚；
3 构件内分布钢筋的混凝土净保护层厚度不应小于20mm。

5.0.5 对于厂制成品的钢筋混凝土或预应力混凝土圆管，其钢筋的净保护层厚度，当壁厚为8～100mm时不应小于12mm；当壁厚大于100mm时不应小于20mm。

5.0.6 对矩形管道的钢筋混凝土构件，其纵向钢筋的总配筋量不宜低于0.3%的配筋率。当位于软弱地基上时，其顶、底板纵向钢筋的配筋量尚应适当增加。

5.0.7 对矩形钢筋混凝土压力管道，顶、底板与侧墙连接处应设置腋角，并配置与受力筋相同直径的斜筋，斜筋的截面面积可为受力钢筋的截面面积的50%。

5.0.8 管道各部位的现浇钢筋混凝土构件，其混凝土抗渗性能应符合表5.0.8要求的抗渗等级。

表5.0.8 混凝土抗渗等级

最大作用水头与构件厚度比值 i_w	<10	10～30	>30
混凝土抗渗等级 S*i*	S4	S6	S8

注：抗渗标号S*i*的定义系指龄期为28d的混凝土试件，施加$i\times10^2$kPa水压后满足不渗水指标。

5.0.9 厂制混凝土压力管道的抗渗性能，应满足在设计内水压力作用下不渗水。

5.0.10 砌体结构的抗渗，应设置可靠的构造措施满足在使用条件下不渗水。

5.0.11 在最冷月平均气温低于−3℃的地区，露明敷设的管道和排水管道的进、出口处不少于10m长度的管道结构，不得采用粘土砖砌体。

5.0.12 在最冷月平均气温低于−3℃的地区，露明的钢筋混凝土管道应具有良好的抗冻性能，其混凝土的抗冻等级不应低于F200。

注：混凝土的抗冻等级F*i*，系指龄期为28天的混凝土试件经冻融循环*i*次作用后，其强度降低不超过25%，重量损失不超过5%。冻融循环次数系指从+3℃以上降低−3℃以下，然后回升至+3℃以上的交替次数。

5.0.13 混凝土中的碱含量最大限值，应符合《混凝土碱含量限值标准》CECS53的规定。

5.0.14 钢管管壁的设计厚度，应根据计算需要的厚度另加腐蚀构造厚度。此项构造厚度不应小于2mm。

5.0.15 铸铁管的设计壁厚应按下式采用：

$$t=0.975t_p-1.5 \quad (5.0.15)$$

式中 t——设计壁厚（mm）；

t_p——铸铁管的产品壁厚（mm）。

5.0.16 埋地管道的回填土应予压实，其压实系数λ_c应符合下列规定：

1 对圆形柔性管道弧形土基敷设时，管底垫层的压实系数应根据设计要求采用，控制在85%～

90%；相应管两侧（包括腋部）的压实系数不应低于90%～95%。

2 对圆形刚性管道和矩形管道，其两侧回填土的压实系数不应低于90%。

3 对管顶以上的回填土，其压实系数应根据地面要求确定；当修筑道路时，应满足路基的要求。

附录A 管侧回填土的综合变形模量

A.0.1 管侧土的综合变形模量应根据管侧回填土的土质、压实密度和基槽两侧原状土的土质，综合评价确定。

A.0.2 管侧土的综合变形模量 E_d 可按下列公式计算：

$$E_d = \zeta \cdot E_e \qquad (A.0.2\text{-}1)$$

$$\zeta = \frac{1}{\alpha_1 + \alpha_2\left(\frac{E_e}{E_n}\right)} \qquad (A.0.2\text{-}2)$$

式中 E_e——管侧回填土在要求压实密度时相应的变形模量(MPa),应根据试验确定；当缺乏试验数据时，可参照表A.0.2-1采用；

E_n——基槽两侧原状土的变形模量（MPa），应根据试验确定；当缺乏试验数据时，可参照表A.0.2-1采用；

ζ——综合修正系数；

α_1、α_2——与 B_r（管中心处槽宽）和 D_1（管外径）的比值有关的计算参数，可按表A.0.2-2确定。

表A.0.2-1 管侧回填土和槽侧原状土的变形模量（MPa）

回填土压实系数（%） / 原状土标准贯入锤击数 $N_{63.5}$ / 土的类别	85 4＜N≤14	90 14＜N≤24	95 24＜N≤50	100 ＞50
砾石、碎石	5	7	10	20
砂砾、砂卵石、细粒土含量不大于12%	3	5	7	14
砂砾、砂卵石、细粒土含量大于12%	1	3	5	10
粘性土或粉土（W_L＜50%）砂粒含量大于25%	1	3	5	10
粘性土或粉土（W_L＜50%）砂粒含量小于25%		1	3	7

注：1 表中数值适用于10m以内覆土，对覆土超过10m时，上表数值偏低；
2 回填土的变形模量 E_e 可按要求的压实系数采用；表中的压实系数（%）系指设计要求回填土压实后的干密度与该土在相同压实能量下的最大干密度的比值；
3 基槽两侧原状土的变形模量 E_n 可按标准贯入度试验的锤击数确定；
4 W_L 为粘性土的液限；
5 细粒土系指粒径小于0.075mm的土；
6 砂粒系指粒径为0.075～2.0mm的土。

表A.0.2-2 计算参数 α_1 及 α_2

$\frac{B_r}{D_1}$	1.5	2.0	2.5	3.0	4.0	5.0
α_1	0.252	0.435	0.572	0.680	0.838	0.948
α_2	0.748	0.565	0.428	0.320	0.162	0.052

A.0.3 对于填埋式敷设的管道，当 $\frac{B_r}{D_1}$＞5时，应取 ζ=1.0计算。此时 B_r 应为管中心处按设计要求达到的压实密度的填土宽度。

附录B 管顶竖向土压力标准值的确定

B.0.1 埋地管道的管顶竖向土压力标准值，应根据管道的敷设条件和施工方法分别计算确定。

B.0.2 对埋设在地面下的刚性管道，管顶竖向土压力可按下列规定计算：

1 当设计地面高于原状地面，管顶竖向土压力标准值应按下式计算：

$$F_{sv,k} = C_c \gamma_s H_s B_c \qquad (B.0.2\text{-}1)$$

式中 $F_{sv,k}$——每延长米管道上管顶的竖向土压力标准值（kN/m）；

C_c——填埋式土压力系数，与 $\frac{H_s}{B_c}$、管底地基土及回填土的力学性能有关，一般可取1.20～1.40计算；

γ_s——回填土的重力密度（kN/m^3）；

H_s——管顶至设计地面的覆土高度（m）；

B_c——管道的外缘宽度（m），当为圆管时，应以管外径 D_1 替代。

2　对由设计地面开槽施工的管道，管顶竖向土压力标准值可按下式计算：

$$F_{\mathrm{sv,k}} = C_{\mathrm{d}}\gamma_{\mathrm{s}} H_{\mathrm{s}} B_{\mathrm{c}} \qquad (\mathrm{B.0.2\text{-}2})$$

式中　C_{d}——开槽施工土压力系数，与开槽宽有关，一般可取1.2计算。

B.0.3　对不开槽、顶进施工的管道，管顶竖向土压力标准值可按下式计算：

$$F_{\mathrm{sv,k}} = C_j\gamma_{\mathrm{s}} B_{\mathrm{t}} D_1 \qquad (\mathrm{B.0.3\text{-}1})$$

$$B_{\mathrm{t}} = D_1\left[1+\mathrm{tg}\left(45^\circ-\frac{\varphi}{2}\right)\right] \qquad (\mathrm{B.0.3\text{-}2})$$

$$C_j = \frac{1-\exp\left(-2K_{\mathrm{a}}\mu\dfrac{H_{\mathrm{s}}}{B_{\mathrm{t}}}\right)}{2K_{\mathrm{a}}\mu} \qquad (\mathrm{B.0.3\text{-}3})$$

式中　C_j——不开槽施工土压力系数；

B_{t}——管顶上部土层压力传递至管顶处的影响宽度（m）；

$K_{\mathrm{a}}\mu$——管顶以上原状土的主动土压力系数和内摩擦系数的乘积，对一般土质条件可取$K_{\mathrm{a}}\mu=0.19$计算；

φ——管侧土的内摩擦角，如无试验数据时可取$\varphi=30^\circ$计算。

B.0.4　对开槽敷设的埋地柔性管道，管顶的竖向土压力标准值应按下式计算：

$$W_{\mathrm{ck}} = \gamma_{\mathrm{s}} H_{\mathrm{s}} D_1 \qquad (\mathrm{B.0.2\text{-}4})$$

附录C　地面车辆荷载对管道作用标准值的计算方法

C.0.1　地面车辆荷载对管道上的作用，包括地面行驶的各种车辆，其载重等级、规格型式应根据地面运行要求确定。

C.0.2　地面车辆荷载传递到埋地管道顶部的竖向压力标准值，可按下列方法确定：

1　单个轮压传递到管道顶部的竖向压力标准值可按下式计算（图C.0.2-1）：

$$q_{\mathrm{vk}} = \frac{\mu_{\mathrm{d}} Q_{\mathrm{v}i,\mathrm{k}}}{(a_i+1.4H)(b_i+1.4H)} \qquad (\mathrm{C.0.2\text{-}1})$$

式中　q_{vk}——轮压传递到管顶处的竖向压力标准值（$\mathrm{kN/m^2}$）；

$Q_{\mathrm{v}i,\mathrm{k}}$——车辆的$i$个车轮承担的单个轮压标准值（kN）；

a_i——i个车轮的着地分布长度（m）；

b_i——i个车轮的着地分布宽度（m）；

H——自车行地面至管顶的深度（m）；

μ_{D}——动力系数，可按表（C.0.2）采用。

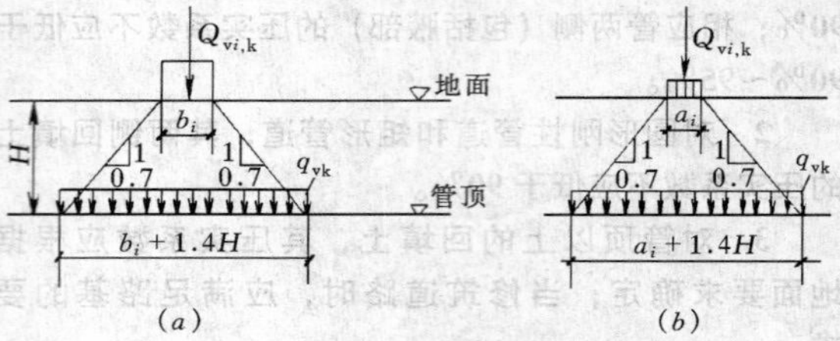

图C.0.2-1　单个轮压的传递分布图

（a）顺轮胎着地宽度的分布；

（b）顺轮胎着地长度的分布

2　两个以上单排轮压综合影响传递到管道顶部的竖向压力标准值，可按下式计算（图C.0.2-2）：

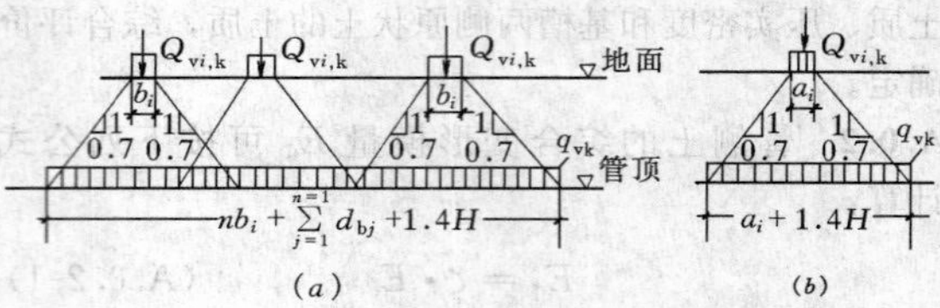

图C.0.2-2　两个以上单排轮压综合影响的传递分布图

（a）顺轮胎着地宽度的分布；

（b）顺轮胎着地长度的分布

$$q_{\mathrm{vk}} = \frac{\mu_{\mathrm{d}} nQ_{\mathrm{v}i,\mathrm{k}}}{(a_i+1.4H)\left(nb_i+\sum_{j=1}^{n-1}d_{\mathrm{b}j}+1.4H\right)} \qquad (\mathrm{C.0.2\text{-}2})$$

式中　n——车轮的总数量；

$d_{\mathrm{b}j}$——沿车轮着地分布宽度方向，相邻两个车轮间的净距（m）。

表C.0.2　动力系数μ_{D}

地面在管顶（m）	0.25	0.30	0.40	0.50	0.60	≥0.70
动力系数μ_{D}	1.30	1.25	1.20	1.15	1.05	1.00

3　多排轮压综合影响传递到管道顶部的竖向压力标准值，可按下式计算：

$$q_{\mathrm{vk}} = \frac{\mu_{\mathrm{d}}\sum_{i=1}^{n}Q_{\mathrm{v}i,\mathrm{k}}}{\left(\sum_{i=1}^{m_{\mathrm{a}}}a_i+\sum_{j=1}^{m_{\mathrm{a}}-1}d_{\mathrm{a}j}+1.4H\right)\left(\sum_{i=1}^{m_{\mathrm{b}}}b_i+\sum_{j=1}^{m_{\mathrm{b}}-1}d_{\mathrm{b}j}+1.4H\right)} \qquad (\mathrm{B.0.2.3})$$

式中　m_{a}——沿车轮着地分布宽度方向的车轮排数；

m_{b}——沿车轮着地分布长度方向的车轮排数；

$d_{\mathrm{a}j}$——沿车轮着地分布长度方向，相邻两个车轮间的净距（m）。

C.0.3　当刚性管道为整体式结构时，地面车辆荷载的影响应考虑结构的整体作用，此时作用在管道上的竖向压力标准值可按下式计算（图C.0.3）：

$$q_{\mathrm{ve,k}} = q_{\mathrm{vk}}\frac{L_{\mathrm{p}}}{L_{\mathrm{e}}} \qquad (\mathrm{C.0.3})$$

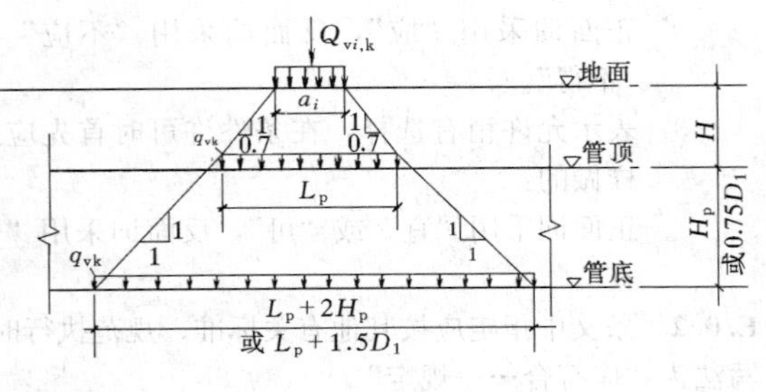

图 C.0.3　考虑结构整体作用时
车辆荷载的竖向压力传递分布

式中　$q_{ve.k}$——考虑管道整体作用时管道上的竖向压力（kN/m^2）；

L_p——轮压传递到管顶处沿管道纵向的影响长度（m）；

L_e——管道纵向承受轮压影响的有效长度（m），对圆形管道可取 $L_e=L_e+1.5D_1$；对矩形管道可取 $L_e=L_p+2H_p$，H_p 为管道高度（m）。

C.0.4　当地面设有刚性混凝土路面时，一般可不计地面车辆轮压对下部埋设管道的影响，但应计算路基施工时运料车辆和辗压机械的轮压作用影响，计算公式同（C.0.2-1）或（C.0.2-2）。

C.0.5　地面运行车辆的载重、车轮布局、运行排列等规定，应按行业标准《公路桥涵设计通用规范》JTJ 021 的规定采用。

附录 D　钢筋混凝土矩形截面处于受弯或大偏心受拉（压）状态时的最大裂缝宽度计算

D.0.1　受弯、大偏心受拉或受压构件的最大裂缝宽度，可按下列公式计算：

$$w_{max}=1.8\psi\frac{\sigma_{sq}}{E_s}\left(1.5c+0.11\frac{d}{\rho_{te}}\right)(1+\alpha_1)\cdot\nu \tag{D.0.1-1}$$

$$\psi=1.1-\frac{0.65f_{tk}}{\rho_{te}\sigma_{sq}\alpha_2} \tag{D.0.1-2}$$

式中　w_{max}——最大裂缝宽度（mm）；

ψ——裂缝间受拉钢筋应变不均匀系数，当 $\psi<0.4$ 时，应取 0.4；当 $\psi>1.0$ 时，应取 1.0；

σ_{sq}——按长期效应准永久组合作用计算的截面纵向受拉钢筋应力（N/mm^2）；

E_s——钢筋的弹性模量（N/mm^2）；

c——最外层纵向受拉钢筋的混凝土净保护层厚度（mm）；

d——纵向受拉钢筋直径（mm）；当采用不同直径的钢筋时，应取 $d=\frac{4A_s}{u}$；u 为纵向受拉钢筋截面的总周长（mm）；

ρ_{te}——以有效受拉混凝土截面面积计算的纵向受拉钢筋配筋率，即 $\rho_{te}=\frac{A_s}{0.5bh}$；$b$ 为截面计算宽度，h 为截面计算高度；A_s 为受拉钢筋的截面面积（mm^2），对偏心受拉构件应取偏心力一侧的钢筋截面面积；

α_1——系数，对受弯、大偏心受压构件可取 $\alpha_1=0$；对大偏心受拉构件可取 $\alpha_1=0.28\left(\frac{1}{1+\frac{2e_0}{h_0}}\right)$；

ν——纵向受拉钢筋表面特征系数，对光面钢筋应取 1.0；对变形钢筋应取 0.7；

f_{tk}——混凝土轴心抗拉强度标准值（N/mm^2）；

α_2——系数，对受弯构件可取 $\alpha_2=1.0$；对大偏心受压构件可取 $\alpha_2=1-0.2\frac{h_0}{e_0}$；对大偏心受拉构件可取 $\alpha_2=1+0.35\frac{h_0}{e_0}$。

D.0.2　受弯、大偏心受压、大偏心受拉构件的计算截面纵向受拉钢筋应力 σ_{sq}，可按下列公式计算：

1　受弯构件的纵向受拉钢筋应力

$$\sigma_{sq}=\frac{M_q}{0.87A_sh_0} \tag{A.0.2-1}$$

式中　M_q——在长期效应准永久组合作用下，计算截面处的弯矩（N·mm）；

h_0——计算截面的有效高度（mm）。

2　大偏心受压构件的纵向受拉钢筋应力

$$\sigma_{sq}=\frac{M_q-0.35N_q(h_0-0.3e_0)}{0.87A_sh_0} \tag{A.0.2-2}$$

式中　N_q——在长期效应准永久组合作用下，计算截面上的纵向力（N）；

e_0——纵向力对截面重心的偏心距（mm）。

3　大偏心受拉构件的纵向钢筋应力

$$\sigma_{sq}=\frac{M_q+0.5N_q(h_0-a')}{A_s(h_0-a')} \tag{A.0.2-3}$$

式中　a'——位于偏心力一侧的钢筋至截面近侧边缘的距离（mm）。

附录E 本规范用词说明

E.0.1 为便于在执行本规范条文时区别对待，对要求严格程度不同的用词说明如下：

1 表示很严格，非这样做不可的：

正面词采用“必须”，反面词采用“严禁”。

2 表示严格，在正常情况下均应这样做的：

正面词采用“应”，反面词采用“不应”或“不得”。

3 表示允许稍有选择，在条件许可时首先应这样做的：

正面词采用“宜”或“可”，反面词采用“不宜”。

E.0.2 条文中指定应按其他有关标准、规范执行时，写法为“应符合……规定”。

中华人民共和国国家标准

给水排水工程管道结构设计规范

GB 50332—2002

条 文 说 明

目　次

1 总 则

1.0.1 本条主要阐明本规范的内容，系针对给水排水工程中的各种管道结构设计，本属原规范《给水排水工程结构设计规范》GBJ 69—84 中有关管道结构部分。给水排水工程中应用的管道结构的材质、形状、制管工艺及连接构造型式众多，20 世纪 90 年代中，国内各地区又引进、开发了新的管材，例如各种化学管材（UPVC、FRP、PE 等）和预应力钢筒混凝土管（PCCP）等，随着科学技术的不断持续发展，新颖材料的不断开拓，新的管材、管道结构也会随之涌现和发展，据此有必要将有关管道结构的内容，从原规范中分离出来，既方便工程技术人员的应用，也便于今后修订。考虑管道结构的材质众多，物理力学性能、结构构造、成型工艺各异，工程设计所需要控制的内容不同，例如对金属管道和非金属管道的要求、非金属管道中化学管材和混凝土管材的要求等，都是不相同的，因此应按不同材质的管道结构，分别独立制订规范，这样也可与国际上的工程建设标准、规范体系相协调，便于管理和更新。

据此，还必须考虑到在满足给水排水工程中使用功能的基础上，各种不同材质的管道结构，应具有相对统一的标准，主要是有关荷载（作用）的合理确定和结构可靠度标准。本条明确本规范的内容是适用各种材质管道结构，而并非针对某种材质的管道结构。即本规范内容将针对各种材质管道结构的共性要求作出规定，提供作为编制不同材质管道结构设计规范时的统一标准依据，切实贯彻国家的技术经济政策。

1.0.2 给水排水工程的涉及面很广，除城镇公用设施外，多类工业企业中同样需要，条文明确规定本规范的内容仅适用于工业企业中一般性的给水排水工程，而工业企业中有特殊要求的工程，可以不受本规范的约束（例如需要提高结构可靠度标准或需考虑特殊的荷载项目等）。

1.0.3 本条明确了本规范的编制原则。由于管道结构埋于地下，在运行过程中检测较为困难，因此各方面的统计数据十分不足，本规范仅根据《工程结构可靠度设计统一标准》GB 50153 规定的原则，通过工程校准制订。

1.0.4 本条明确了本规范与其他技术标准、规范的衔接关系，便于工程技术人员掌握应用。

2 主 要 符 号

本章关于本规范中应用的主要符号，依据下列原则确定：

1 原规范 GBJ 69—84 中已经采用，当与《建筑结构术语和符号标准》GB/T 50083—97 的规定无矛盾时，尽量保留；否则按 GB/T 50083—97 的规定修改；

2 其他专业技术标准、规范已经采用并颁发的符号，本规范尽量引用；

3 国际上广为采用的符号（如覆土的竖向压力等），本规范尽量引用；

4 原规范 GBJ 69—84 中某些符号的角标采用拼音字母，本规范均转换为英文字母。

3 管道结构上的作用

3.1 作用分类和作用代表值

本节内容系依据《工程结构可靠度设计统一标准》GB 50153—92 的规定制订。对作用的分类中，将地表水或地下水的作用列为可变作用，因为地表水或地下水的水位变化较多，不仅每年不同，而且一年内也有丰水期和枯水期之分，对管道结构的作用是变化的。

3.2 永久作用标准值

本节关于永久作用标准值的确定，基本上保持了原规范的规定，仅对不开槽施工时土压力的标准值，改用了国际上通用的太沙基计算模型，其结果与原规范引用原苏联普氏卸力拱模型相差有限，具体说明见附录 B。

3.3 可变作用标准值、准永久值系数

本节关于可变作用标准值的确定，基本上保持了原规范的规定，仅对下列各项作了修改和补充：

1 对地表水作用规定了应与水域的水位协调确定，在一般情况下可按设计频率 1%的相应水位，确定地表水对管道结构的作用。同时对其准永久值系数的确定作了简化，即当按最高洪水位计算时，可取常年洪水位与最高洪水位的比值，实际上认为 1%频率最高洪水位出现的历时很短，计算结构长期作用效应时可不考虑。

2 对地下水作用的确定，条文着重于要考虑其可能变化的情况，不能仅按进行勘探时的地下水位确定地下水作用，因为地下水位不仅在一年内随降水影响变动，还要受附近水域补给的影响，例如附近河湖水位变化、鱼塘等养殖水场、农田等灌溉等，需要综合考虑这些因素，核定地下水位的变化情况，合理、可靠地确定其对结构的作用。相应的准永久值系数的确定，同样采取了简化的方法，只是考虑到最高水位的历时要比之地表水长，为此给予了适当的提高。

3 关于压力管道在运行过程中出现的真空压力，考虑其历时甚短，因此在计算长期作用效应时，条文规定可以不予计入。

4 对于采用焊接、粘接或熔接连接的埋地或架空管道，其闭合温差相应的准永久值系数的确定，主要考虑了历时的因素。埋地管道的最大闭合温差历时相对长些，从安全计规定了可取1.0；架空管道主要与日照影响有关，为此可取0.5采用。

4 基本设计规定

4.1 一 般 规 定

4.1.1、4.1.2 条文明确规定本规范的制订系根据《工程结构可靠度设计统一标准》GB 50153—92及《建筑结构可靠度设计统一标准》GB 50068—2001规定的原则，采用以概率理论为基础的极限状态设计方法。在具体编制中，考虑到统计数据的掌握不足，主要以工程校准法进行。其中关于管道结构的整体稳定验算，涉及地基土质的物理力学性能，其参数变异更甚，条文规定仍可按单一抗力系数方法进行设计验算。

条文规定管道结构均应按承载能力和正常使用两种极限状态进行设计计算。前者确保管道结构不致发生强度不足而破坏以及结构失稳而丧失承载能力；后者控制管道结构在运行期间的安全可靠和必要的耐久性，其使用寿命符合规定要求。

4.1.3 本条对管道结构的计算分析模型，作了原则规定。

1 对埋地的矩形或拱型管道，当其净宽较大时，管顶覆土等荷载通过侧墙、底板传递到地基，不可能形成均匀分布。如仍按底板下地基均布反力计算时，管道结构内力会出现较大的误差（尤其是底板的内力）。据此条文规定此时分析结构内力应按结构与地基土共同工作的模型进行计算，亦即应按弹性地基上的框（排）架结构分析内力，以使获得较为合理的结果。

本项规定在原规范中，控制管道净宽为4.0m作为限界，本次修改为3.0m，这是考虑到实际上净宽4.0m时，底板内力的误差还比较大，为此适当改变了净宽的限界条件。

2 条文对于埋地的圆形管道结构，规定了首先应对该圆管的相对刚度进行判别，即验算圆管的结构刚度与管周土体刚度的比值，以此判别圆管属于刚性管还是柔性管。前者可以不计圆管结构的变形影响；后者则应予考虑圆管结构变形引起管周土体的弹性抗力。两者的结构计算模型完全不同，为此条文要求先行判别确认。

在一般情况下，金属和化学管材的圆管属于柔性管范畴；钢筋混凝土、预应力混凝土和配有加劲肋构造的管材，通常属于刚性管一类。但也有可能当特大口径的圆管，采用非金属的薄壁管材时，也会归入柔性管的范畴。

4.1.4 条文对管、土刚度比值 a_s 给出了具体计算公式，便于工程技术人员应用。

当管顶作用均布压力 p 时，如不计管自重则可得管顶的变位为：

$$\Delta p = \frac{p(2\gamma_0)\gamma_0^3}{12E_pI_p} = \frac{p(2\gamma_0)\gamma_0^3}{E_pt^3} \quad (4.1.4\text{-}1)$$

在相同压力下，管周土体（柱）在管顶处的变位为：

$$\Delta s = \frac{q(2\gamma_0)}{E_d} \quad (4.1.4\text{-}2)$$

式中 γ_0——圆管的计算半径；

t——圆管的管壁厚；

E_p——圆管管材的弹性模量；

E_d——考虑管周回填土及槽边原状土影响的综合变形模量。

根据上列两式，当 $\Delta p < \Delta s$ 属刚性管；$\Delta p > \Delta s$ 则属柔性管，将两式归整后可得条文内所列判别式。

4.1.5 本条明确规定了对管道的结构设计，应综合考虑管体、管道的基础做法、管体间的连接构造以及埋地管道的回填土密实度要求。管体的承载能力除了与基础构造密切相关外，管体外的回填土质量同样十分重要，尤其对柔性管更是如此，回填土的弹抗作用有助于提高管体的承载能力，因此对不同刚度的管体应采取不同密实度要求的回填土，柔性管两侧的回填土需要密实度较高的回填土，以提供可靠的弹性抗力；但对不设管座的管体底部，其土基的压实密度却不宜过高，以免减少管底的支承接触面，使管体内力增加，承载能力降低。为此条文要求对回填土的密实度控制，应列入设计内容，各部位的控制要求应根据设计需要加以明确。对这方面的要求，国外相应规范都十分重视，甚至附以详图对管体四周的回填土要求，分区标示具体做法。

4.1.6 本条对管道结构的内力分析，明确应按弹性体系计算，不能考虑非弹性变形后的塑性内力重分布，主要在于管道结构必须保证其良好的水密性以及可靠的使用寿命。

4.1.7 条文针对管道结构的运行条件，从耐久性考虑，规定了需要进行内、外防腐的要求。同时，还对输送饮用水的管道，规定了其内防腐材料必须符合有关卫生标准的要求。这一点是十分重要的，对内防腐材料判定是否符合卫生标准，必须持有省级以上指定的检测部门的正式检测报告，以确保对人体健康无害。

4.2 承载能力极限状态计算规定

4.2.1～4.2.3 条文系根据多系数极限状态的计算模式作了规定。其中关于管道的重要性系数 γ_0，在原规范的基础上作了调整。原规范对地下管道按结构材质的不同，给定了强度设计调整系数，与工程实践不能完全协调，例如某些重要的生命线管道，由于其承受的荷载（主要是内水压力）不大，也可能采用钢筋混凝土结构。为此条文改为以管道的运行功能区分不同的可靠度要求，对排水工程中的雨水管道，保持了原规范的规定；对其他功能的管道适当作了提高，亦即不再降低水准。同时，对给水工程中的输水管道，如果单线敷设，并未设调蓄设施时，从供水水源的重要功能考虑，条文规定了应予提高标准。

4.2.4 本条规定了各种管道材质的强度标准值和设计值的确定依据。其中考虑到20世纪90年代以后，国内引进的新颖管材品种繁多，有些管材国内尚未制订相应的技术标准，对此在一般情况下，工程实践应用较为困难，如果有必要使用时，则强度指标由厂方提供（通常依据其企业标准），对此条文要求应具备可靠的技术鉴定证明，由依法指定的检测单位出具。

4.2.5～4.2.7 条文规定了各项作用的分项系数和可变作用的组合系数。

这些系数主要是通过工程校准制定的，与原规范的要求协调一致。其中关于混凝土结构的工程校准，可参阅《给水排水工程构筑物结构设计规范》的相应部分说明。必须指出，对其他材质的管道结构，不一定完全取得协调，对此，应在统一分项系数和组合系数的前提下，各种不同材质的管道结构可根据工程校准的原则，自行制定相应必要的调整系数。

4.2.8～4.2.9 条文对管道结构强度计算的要求，保持了原规范的规定。

4.2.10～4.2.13 条文给出了关于管道结构几种失稳状态的验算规定。基本上保持了原规范的要求，仅就以下几点作了修改和补充。

1 对管道的上浮稳定，关于整个管道破坏，原规范仅要求安全系数1.05，实践中普遍认为偏低，因为无论是地表水或地下水的水位，变异性大，设计中很难精确计算，因此条文给予了适当提高，稳定安全系数应控制在不低于1.10。

2 对柔性管道的环向截面稳定计算，原规范系参照原苏联1958年制定的《地下钢管设计技术条件和规范》，引用前苏联学者 E. A. НигоΛай 对于圆管失稳临界压力的解答，其分析模型系考虑了圆管周围360°全部管壁上的正、负土抗力作用。对比国外不少相应的规范则沿用 R·V·Mises 获得的明管临界压力公式。此次条文修改时，感到原规范依据的计算模型考虑管周土的负抗作用，是很值得推敲的，通常都不考虑土的负效应（即承拉作用），为此条文给出了不计管周土负抗作用的计算公式，以使更加符合工程实际情况。应该指出这种计算模型，日本藤田博爱氏于1961年就曾经推荐应用（日本"水道协会"杂志第318号）。

根据失稳临界压力计算模型的修改，不计管周土的负抗力作用后，相应的稳定安全系数也作了适当调整，取稳定安全系数不低于2.0。

3 条文补充了对非整体连接管道的抗滑动稳定验算规定。并在计算抗滑阻力时，规定可按被动土压力计算，但此时抗滑安全系数不宜低于1.50，以免产生过大的位移。

4.3 正常使用极限状态计算

4.3.1 本条对管道结构正常使用条件下的极限状态计算内容作了规定。这些要求主要针对管道结构的耐久性，保证其使用年限，提高工程投资效益。

4.3.2 本条对柔性管道的允许变形量作了规定。原规范仅对水泥砂浆内衬作出规定，控制管道的最大竖向变形量不宜超过0.02D。从工程实践来看，此项允许变形量与水泥砂浆的配制及操作成型工艺密切相关，例如手工涂抹和机械成型，其质量差异显著；砂浆配制掺入适量的纤维等增强抗力材料，将改善砂浆的延性性能等。据此，条文对水泥砂浆内衬的允许变形量，规定可以有一定的幅度，供工程技术人员对应采用。

此外，条文还结合近十年来防腐内衬材料的引进和开拓，管材品种的多种开发，增补了对防腐涂料内衬和化学管材的允许变形量的规定，这些规定与国外相应标准的要求基本上协调一致。

4.3.3～4.3.7 条文对钢筋混凝土管道结构的使用阶段截面计算做出了规定，这些要求和原规范的规定是协调一致的。

1 当在组合作用下，截面处于受弯或大偏心受压、拉时，应控制其最大裂缝宽度，不应大于0.2mm，确保结构的耐久性，符合使用年限的要求。同时明确此时可按长期效应的准永久组合作用计算。

2 当在组合作用下，截面处于轴心受拉或小偏心受拉时，应控制截面的裂缝出现，此时一旦形成开裂即将贯通全截面，直接影响管道结构的水密性要求和正常使用，因此相应的作用组合应取短期效应的标准组合作用计算。

4.3.8 本条对柔性管道的变形计算给出了规定，相应的组合作用应取长期效应的准永久组合作用计算。

原规范规定的计算模型系按原苏联1958年《地下钢管设计技术条件和规范》采用。该计算模型由前苏联学者 Л. М. ЕмеΛьянов 提出，其理念系依照地下柔性管道的受载程序拟定，即管子在沟槽中安装后，沟槽回填土使管体首先受到侧土压力使柔性管产生变形，向土体方向的变形导致土体的弹性抗力，据此计算管体在竖向、侧向土压力和弹性土抗

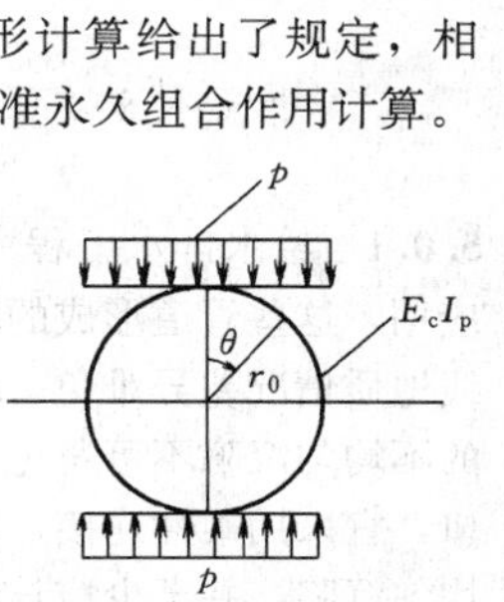

图 4.3.8

力作用下管体的变形。

如图4.3.8所示，当管体上下受到相等的均布压力p时，管体上任一点半径向位移ω为：

$$\omega=\frac{p\gamma_0^4}{12E_c I_p}\cos2\theta$$

按此式可得管顶和管侧的变位置是相同的。当管体仅受到侧向土压力时，亦将产生变形，其方向则与竖向土压作用相反。由于管侧土压力值要小于竖向土压力（例如1/3），因此管体的最终变形还取决于竖向土压力导致的变形形态。

应该认为原规范引用的计算模型在理念上还是清楚的，但与通常的弹性地基上结构的计算模型不相协调，后者的结构上的受力，只需计算结构上受到的组合作用以及由此形成的弹性地基反力。美国spangler氏即是按此理念提出了计算模型，获得国际上广为应用。据此条文修改为采用spangler计算模型，以使在柔性管的变形计算方法上与国际沟通，协调一致。

另外，在条文给定的计算变形公式中，引入了变形滞后效应系数D_L。此项系数取1.0～1.5，主要是管侧土体并非理想的弹性体，在抗力的长期作用下，土体会产生变形或松弛，管侧回填土的压实密度越高，滞后变形效应越显著，粘性土的滞后变形比砂性土历时更长，这一现象已被国内、外工程实践检测所证实（例如国内曾对北京市第九水厂*DN*2600mm输水管进行管体变形追踪检测）。显然此项变形滞后系数取值，不仅与埋地管道覆土竣工到投入运行的时间有关，还与管道的运行功能相关，如果是压力运行，内压将使管体变形复圆。因此，对变形滞后系数的取值，对无压或低压管（内压在0.2MPa以内）应取接近于1.5的数值；对于压力运行管道，竣工所投入运行的时间较短（例如不超过3个月），则可取1.0计算，亦即可以不考虑滞后变形的因素；对压力运行管道，从竣工到运行时间较长时，则可取$1.0<D_L<1.5$作为设计计算采用值。

4.3.9～4.3.11 有关条文规定可参阅《给水排水工程构筑物结构设计规范》相应条文的说明。

5 基本构造要求

5.0.1 给水排水工程中，各种材质的圆形管道广泛应用，这些管道形成的城市生命线管网涉及面广，沿线地质情况差异难免，埋深及覆土也多变，可能出现的不均匀沉陷不可避免。据此条文规定这些圆管的接口，宜采用柔性连接，以适应各种不同因素产生的不均匀沉陷，并至少应该在地基土质变化处设置柔口。此外，敷设在地震区的管道，则应根据抗震规范要求，沿线设置必要数量的柔性连接，以适应地震行波对管道引起的变位。

5.0.2 本条对现浇矩形钢筋混凝土管道（含混合结构中的现浇钢筋混凝土构件）的变形缝间距做出了规定，主要是考虑混凝土浇筑成型过程中的水化热影响。同时指出，如果当混凝土配制及养护方面具备相应的技术措施，例如掺加适量的微膨胀性能外加剂等，变形缝的间距可适当加长，但以不超过一倍（即50m）为好。

5.0.3 本条对预应力混凝土圆管的纵向预加应力，规定不宜低于环向有效预压应力的20%。主要考虑环向预压应力所引起的泊桑效应，如果管体纵向不施加相应的预加应力，管体纵向强度将降低，还不如普通钢筋混凝土强度，这对管体受力很不利，容易引发出现环向开裂，影响运行时的水密性要求及使用寿命。

5.0.4 本条对现浇钢筋混凝土结构的钢筋净保护层最小厚度作了规定。主要依据管道各部位构件的环境条件确定。例如对污水和合流管道的内侧钢筋，其保护层厚度作了适当增加，尤其是顶板下层筋的保护层厚度，考虑硫化氢气体的腐蚀更甚于接触污水本身。从耐久性考虑，国外对钢筋保护层厚度都取值较大，一般均采用$1\frac{3}{4}$英寸，条文基于原规范的取值，尽量避免过多增加工程投资，仅对污水、合流管的顶板下层筋保护层厚度，调整到接近国际上的通用水准。

5.0.5 条文对厂制的钢筋混凝土或预应力混凝土圆管的钢筋净保护层厚度的规定，主要考虑这些圆管的混凝土等级较高，一般都在C30以上，并且其制管成型工艺（离心、悬辊、芯模振动及高压喷射砂浆保护层等），对混凝土的密实性和砂浆的粘结性能较好；同时这些规定也与相应的产品标准可以取得协调。

5.0.6～5.0.16 条文的规定基本上保持了原规范的要求，仅作了如下补充与修改。

1 关于结构材质抗冻性能的要求，原规范以最冷月平均气温低于（－5℃）作为地区划分界限，实践证明此界限温度取值偏低，并与水工结构方面的规范协调一致，修改为以（－3℃）作界限指标，适当提高了抗冻要求。

2 增加了对混凝土中含碱量的限值控制，以确保结构的耐久性，符合使用年限要求。近十多年来国内多起发现碱集料反应对混凝土构件的损坏（国外20世纪40年代就已提出），严重影响了结构的使用寿命。这种事故主要是混凝土中的碱含量与砂、石等集料中的碱活性矿物，在混凝土凝固后缓慢发生化学反应，产生胶凝物质，吸收水分后产生膨胀，导致混凝土损坏。据此条文作了规定，应符合《混凝土碱含量标准》CECS3—93的要求。

3 条文对埋地管道各部位的回填土密实度要求，在原规范规定的基础上，作了进一步具体化，可方便工程技术人员应用，提高对管道结构的设计可靠度。

附录A　管侧回填土的综合变形模量

关于本附录的内容说明如下：

1　在柔性管道的计算中，需要应用管侧土的变形模量，原规范对此仅考虑了管侧回填土的密实度，以此确定相应的变形模量。实际上管侧土的抗力还会受到槽帮原状土土质的影响，国外相应的规范内（例如澳大利亚和美国的水道协会）已计入了这一因素，在计算中采用了考虑原状土性能后的综合变形模量。

2　本规范认为以综合变形模量替代以往采用的回填土变形模量是合理的，因此在本附录中引入并规定采用。

3　本附录在引入国外计算模式的基础上，进行了归整与简化，给出了实用计算参数，便于工程实践应用。

附录B　管顶竖向土压力标准值的确定

本附录内容基本上保持了原规范的规定，仅就以下两个方面作了修改：

1　针对当前城市建设的飞速发展，立交桥的建设得到广泛应用。随之出现不少管道上的设计地面标高远高于原状地面，此时管道承受的覆土压力，已非开槽沟埋式条件，有时甚至接近完全上埋式情况。据此，本附录补充了相应计算要求，规定对覆土压力系数的取值应适当提高，一般可取1.40。

2　对不开槽施工管道的管顶竖向压力，原规范采用原苏联学者 M. M. Прототиякунов 的计算模型，在一定的覆土高度条件下，管顶土层将形成“卸力拱”，管顶承受的竖向土压力将取决于卸力土拱的高度。目前国际上通用的计算模型系由美国学者太沙基提出，该模型的理念认为管体的受力条件类似于“沟埋式”敷管，管顶覆土的变形大于两侧土体的变形，管顶土体重量将通过剪力传递扩散给管两侧土体，据此即可获得本附录给出的计算公式：

$$F_{sv} = \lambda_c D_1 \qquad \text{(附 B-1)}$$

$$\lambda_c = \frac{\gamma_s B_t}{2K_a \cdot \mu}[1 - \exp(-2K_a \cdot \mu \cdot H_s / B_t)] \qquad \text{(附 B-2)}$$

上述计算公式的推导过程及卸力拱的计算，参阅原规范编制说明。

按式（附B-2），太沙基认为当土体处于极限平衡时，土的侧压力系数 $K_a \approx 1.0$，则当管顶覆土高度接近两倍卸力拱高度 h_g（$h_g = B_t / 2\text{tg}\phi$）时，式（附B-2）中［I－exp（$-2K_a\mu \cdot H_s/B_t$）］的影响已较小，如果忽略不计，太沙基计算模型和卸力拱计算模型的计算结果，可以协调一致的。

本附录根据以上分析对比，并考虑与国际接轨，方便工程技术人员与国外标准规范沟通，对不开槽施工管道的管顶竖向土压力计算，采用太沙基计算模型替代卸力拱计算模型。

附录C　地面车辆荷载对管道作用标准值的计算方法

本附录的内容保持原规范的各项规定。仅对整体式结构的刚性管道（一般指钢筋混凝土或预应力混凝土管道），附录规定了由车辆荷载作用在管道上的竖向压力，可通过结构的整体性，从管顶沿结构进行再扩散，使扩散范围内的管道结构共同来承担地面车辆荷载的作用，充分体现结构的整体作用。

附录D　钢筋混凝土矩形截面处于受弯或大偏心受拉（压）状态时的最大裂缝宽度计算

本附录内容基础上保持了原规范的规定，其计算公式的转换推导过程，可参阅《给水排水工程构筑物结构设计规范》的相应说明。

中华人民共和国国家标准

通信管道与通道工程设计规范

Design code for
communication conduit and passage engineering

GB 50373—2006

主编部门：中华人民共和国信息产业部
批准部门：中 华 人 民 共 和 国 建 设 部
施行日期：2 0 0 7 年 5 月 1 日

中华人民共和国建设部
公　　告

第 525 号

建设部关于发布国家标准《通信管道与通道工程设计规范》的公告

现批准《通信管道与通道工程设计规范》为国家标准，编号为 GB 50373—2006，自 2007 年 5 月 1 日起实施。其中，第 2.0.1、2.0.4、2.0.5、2.0.6、3.0.1（3、5）、3.0.3、6.0.1、6.0.2、6.0.3 条（款）为强制性条文，必须严格执行。

本规范由建设部标准定额研究所组织中国计划出版社出版发行。

中华人民共和国建设部

二〇〇六年十二月十一日

前　　言

本规范是根据建设部建标［2004］67 号文件“关于印发《二〇〇四年工程建设国家标准制定、修订计划》的通知”要求，由信息产业部综合规划司负责组织成立了规范编制组，在参考目前国内有关标准和收集有关工程通信管道及材料的使用情况，并广泛征求各方意见后制定的。

本规范主要对通信系统工程的管道及通道的规划与设计作出规定和要求，共分 11 章。主要技术内容包括：总则、通信管道与通道规则的原则、通信管道与通道路由和位置的确定、通信管道容量的确定、管材选择、通信管道埋设深度、通信管道弯曲与段长、通信管道铺设、人（手）孔设置、光（电）缆通道、光（电）缆进线室设计。

本规范以黑体字标志的条文为强制性条文，必须严格执行。

本规范由建设部负责管理和对强制性条文的解释，由信息产业部负责日常管理，由中讯邮电咨询设计院（原信息产业部邮电设计院）负责具体技术内容的解释。

本规范在执行过程中，请各单位注意总结经验，积累资料，随时将有关意见和建议反馈给中讯邮电咨询设计院（地址：河南省郑州市互助路 1 号，邮编：450007），以供今后修订时参考。

本规范主编单位和主要起草人：

主 编 单 位：中讯邮电咨询设计院

主要起草人：陈万虎　尹卫兵　顾荣生

目　次

1 总 则

1.0.1 为了适应现代化城市建设与信息发展的需要，统筹安排通信管道与通道在城市的地下空间位置，协调与城市其他工程管线之间的关系，并为通信管道与通道的规划和管理提供依据，制定本规范。

1.0.2 本规范适用于城市新建地下通信管道及通道工程的设计。

1.0.3 通信管道和通道的建设应按照统建共用的原则进行。

1.0.4 根据通信管道建设的特点，通信管道应超前建设，使工程能尽早形成生产能力，尽快产生经济效益。

1.0.5 通信管道与通道工程设计中必须选用符合国家有关技术标准的定型产品。未经国家有关产品质量监督检验机构检验合格的管材，不得在工程中使用。

1.0.6 通信管道与通道的建设除执行本规范外，尚应符合国家现行有关标准、规范的规定。

2 通信管道与通道规划的原则

2.0.1 通信管道与通道规划应以城市发展规划和通信建设总体规划为依据。通信管道建设规划必须纳入城市建设规划。

2.0.2 通信管道与通道应根据各使用单位发展需要，按照统建共用的原则，进行总体规划。

2.0.3 通信管道的总体规划应包括主干管道、支线管道、驻地网管道等规划和建设方案，除考虑使用外，还应考虑形成管道网络、实施可能性和经济性。

2.0.4 对于新建、改建的建筑物，楼外预埋通信管道应与建筑物的建设同步进行，并应与公用通信管道相连接。

2.0.5 城市的桥梁、隧道、高等级公路等建筑应同步建设通信管道或留有通信管道的位置。必要时，应进行管道特殊设计。

2.0.6 在终期管孔容量较大的宽阔道路上，当规划道路红线之间的距离等于或大于 40m 时，应在道路两侧修建通信管道或通道；当小于 40m 时，通信管道应建在用户较多的一侧、并预留过街管道，或根据具体情况建设。

2.0.7 通信管道与通道的建设宜与相关市政地下管线同步建设。

3 通信管道与通道路由和位置的确定

3.0.1 通信管道与通道路由的确定应符合下列要求：

1 通信管道与通道宜建在城市主要道路和住宅小区，对于城市郊区的主要公路也应建设通信管道。

2 选择管道与通道路由应在管道规划的基础上充分研究分路建设的可能(包括在道路两侧建设的可能)。

3 通信管道与通道路由应远离电蚀和化学腐蚀地带。

4 宜选择地下、地上障碍物较少的街道。

5 应避免在已有规划而尚未成型，或虽已成型但土壤未沉实的道路上，以及流砂、翻浆地带修建管道与通道。

3.0.2 选定管道与通道建筑位置时，应符合下列要求：

1 宜建筑在人行道下。如在人行道下无法建设，可建筑在慢车道下，不宜建筑在快车道下。

2 高等级公路上的通信管道建筑位置选择依次是：中央分隔带下、路肩及边坡和路侧隔离栅以内。

3 管道位置宜与杆路同侧。

4 通信管道与通道中心线应平行于道路中心线或建筑红线。

5 通信管道与通道位置不宜选在埋设较深的其他管线附近。

3.0.3 通信管道与通道应避免与燃气管道、高压电力电缆在道路同侧建设，不可避免时，通信管道、通道与其他地下管线及建筑物间的最小净距，应符合表 3.0.3 的规定。

表 3.0.3 通信管道、通道和其他地下管线及建筑物间的最小净距表

其他地下管线及建筑物名称		平行净距(m)	交叉净距(m)
已有建筑物		2.0	—
规划建筑物红线		1.5	—
给水管	$d\leqslant$300mm	0.5	0.15
	300mm $<d\leqslant$ 500mm	1.0	
	$d>$500mm	1.5	
污水、排水管		1.0	0.15
热力管		1.0	0.25
燃气管	压力≤300kPa(压力≤3kg/cm²)	1.0	0.3
	300kPa＜压力≤800kPa (3kg/cm²＜压力≤8kg/cm²)	2.0	
电力电缆	35kV 以下	0.5	0.5
	≥35kV	2.0	
高压铁塔基础边	＞35kV	2.50	—
通信电缆(或通信管道)		0.5	0.25
通信电杆、照明杆		0.5	—
绿化	乔木	1.5	—
	灌木	1.0	—
道路边石边缘		1.0	—
铁路钢轨(或坡脚)		2.0	—
沟渠(基础底)		—	0.5
涵洞(基础底)		—	0.25
电车轨底		—	1.0
铁路轨底		—	1.5

注：1 主干排水管后铺设时，其施工沟边与管道间的平行净距不宜小于 1.5m。

2 当管道在排水管下部穿越时，交叉净距不宜小于 0.4m，通信管道应作包封处理。包封长度自排水管道两侧各长 2m。

3 在交越处 2m 范围内，燃气管不应做接合装置和附属设备；如上述情况不能避免时，通信管道应做包封处理。

4 如电力电缆加保护管时，交叉净距可减至 0.15m。

3.0.4 人孔内不得有其他管线穿越。

3.0.5 通信管道与铁道及有轨电车道的交越角不宜小于 60°。交越时，与道岔及回归线的距离不应小于 3m。与有轨电车道或电气铁道交越处如采用钢管时，应有安全措施。

4 通信管道容量的确定

4.0.1 管孔容量应按业务预测及各运营商的具体情况计算，各段管孔数可按表 4.0.1 的规定估算。

表 4.0.1 管孔数量表

期别 / 使用性质	本 期	远 期
用户光(电)缆管孔	根据规划的光(电)缆条数	馈线电缆管道平均每 800 线对占用 1 孔；配线电缆管道平均每 400 线对占用 1 孔
中继光(电)缆管孔	根据规划的光(电)缆条数	视需要估算
过路进局(站)光(电)缆	根据需要计算	根据发展需要估算
租用管孔及其他	按业务预测及具体情况计算	视需要估算
备用管孔	2～3 孔	视具体情况估计

4.0.2 管道容量应按远期需要和合理的管群组合型式取定，并应留有适当的备用孔。水泥管道管群组合宜组成矩形体，高度宜大于其宽度，但不宜超过一倍。塑料管、钢管等宜组成形状整齐的群

体。

4.0.3　在同一路由上，应避免多次挖掘，管道应按远期容量一次建成。

4.0.4　进局(站)管道应根据终局(站)需要量一次建设。管孔大于48孔时可做通道，由地下光(电)缆进线室接出。

5　管材选择

5.0.1　通信管道通常采用的管材主要有：水泥管块、硬质或半硬质聚乙烯(或聚氯乙烯)塑料管以及钢管等。

5.0.2　水泥管块的规格和使用范围应符合表5.0.2的要求。

表5.0.2　水泥管块规格

孔数×孔径(mm)	标称	外形尺寸 长×宽×高(mm)	适用范围
3×90	三孔管块	600×360×140	城区主干管道、配线管道
4×90	四孔管块	600×250×250	城区主干管道、配线管道
6×90	六孔管块	600×360×250	城区主干管道、配线管道

5.0.3　通信用塑料管的管材主要有两种，聚氯乙烯(PVC-U)和高密度聚乙烯(HDPE)管，在高寒地区的特殊环境宜采用高密度聚乙烯(HDPE)管。

5.0.4　钢管宜在过路或过桥时使用。

5.0.5　关于管材的选用，对于城区原有道路各种综合管线较多、地形复杂的路段应选择塑料管道，用于光缆敷设的专用管道宜选用塑料管道；在郊区和野外的长途光缆管道建设应选用硅芯管塑料管道。

6　通信管道埋设深度

6.0.1　通信管道的埋设深度(管顶至路面)不应低于表6.0.1的要求。当达不到要求时，应采用混凝土包封或钢管保护。

表6.0.1　路面至管顶的最小深度表(m)

类别	人行道下	车行道下	与电车轨道交越(从轨道底部算起)	与铁道交越(从轨道底部算起)
水泥管、塑料管	0.7	0.8	1.0	1.5
钢管	0.5	0.6	0.8	1.2

6.0.2　进入人孔处的管道基础顶部距人孔基础顶部不应小于0.40m，管道顶部距人孔上覆底部不应小于0.30m。

6.0.3　当遇到下列情况时，通信管道埋设应作相应的调整或进行特殊设计：

1　城市规划对今后道路扩建、改建后路面高程有变动时。

2　与其他地下管线交越时的间距不符合表3.0.3的规定时。

3　地下水位高度与冻土层深度对管道有影响时。

6.0.4　管道铺设应有一定的坡度，以利渗入管内的地下水流向人孔。管道坡度应为3‰～4‰，不得小于2.5‰；如街道本身有坡度，可利用地势获得坡度。

6.0.5　在纵剖面上管道由于躲避障碍物不能直线建筑时，可使管道折向两段人孔向下平滑地弯曲，以利于渗水流向人孔，不得向上弯曲(即"U"形弯)。

7　通信管道弯曲与段长

7.0.1　管道段长应按人孔位置而定。在直线路由上，水泥管道的段长最大不得超过150m；塑料管道段长最大不得超过200m；高等级公路上的通信管道，段长最大不得超过250m。对于郊区光缆专用塑料管道，根据选用的管材形式和施工方式不同段长可达1000m。

7.0.2　每段管道应按直线铺设。如遇道路弯曲或需绕越地上、地下障碍物，且在弯曲点设置人孔而管道段又太短时，可建弯管道。弯曲管道的段长应小于直线管道最大允许段长。

7.0.3　水泥管道弯管道的曲率半径不应小于36m，塑料管道的曲率半径不应小于10m。弯管道中心夹角宜尽量大。同一段管道不应有反向弯曲(即"S"形弯)或弯曲部分的中心夹角小于90°的弯管道(即"U"形弯)。

8　通信管道铺设

8.0.1　通信管道铺设应符合下列规定：

1　管道的荷载与强度，其设计标准应符合国家相关标准及规定。

2　管道应建筑在良好的地基上，对于不同的土质应采用不同的管道基础。

3　在管道铺设过程和施工完后，应将进入人孔的管口封堵严密。

4　对于地下水位较高和冻土层地段应进行特殊设计。

5　管群组合应符合下列规定：

1)管群宜组成矩形，其高度不宜小于宽度，但高度不宜超过宽度一倍。

2)横向排列的管孔宜为偶数，宜与人孔托板容纳的光(电)缆数量相配合。

8.0.2　铺设水泥管道应符合下列规定：

1　土质较好的地区(如硬土)，挖好沟槽后应夯实沟底。

2　土质稍差的地区，挖好沟槽后应做混凝土基础。

3　土质较差的地区(如松软不稳定地区)，挖好沟槽后应做钢筋混凝土基础。

4　土质为岩石的地区，管道沟底应保证平整。

5　管群组合，宜以6孔管块为单元。

6　水泥管块接续宜采用抹浆平口接续。

8.0.3　铺设塑料管道应符合下列规定：

1　土质较好的地区(如硬土)，挖好沟槽后应夯实沟底，回填50mm细砂或细土。

2　土质稍差的地区，挖好沟槽后应做混凝土基础，基础上回填50mm细砂或细土。

3　土质较差的地区(如松软不稳定地区)，挖好沟槽后应做钢筋混凝土基础，基础上回填50mm细砂或细土。必要时对管道进行混凝土包封。

4　土质为岩石的地区，挖好沟槽后应回填200mm细砂或细土。

5　管道进入人孔或建筑物时，靠近人孔或建筑物侧应做不小于2m长度的钢筋混凝土基础和包封。

6　管孔内径大的管材应放在管群的下边和外侧，管孔内径小的管材应放在管群的上边和内侧。

7　多个多孔塑料管组成管群时，应首选栅格管或蜂窝管。

8　同一管群组合，宜选用一种管型的多孔管，但可与波纹塑料单孔管或水泥管组合在一起。

9　多层塑料管之间应分层填实管间空隙。

10　塑料管道的接续应符合下列规定：

1)塑料管之间的连接宜采用承插式粘接、承插弹性密封圈连接和机械压紧管件连接。

2)多孔塑料管的承口处及插口内应均匀涂刷专用中性胶合粘剂，最小粘度应不小于500MPa·s，塑料管应插到底，挤压固定。

3)各塑料管的接口宜错开。

4)塑料管的标志面应在上方。

5)栅格塑料管群应间隔 3m 左右用专用带捆绑一次，蜂窝管等其他管材宜采用专用支架排列固定。

11 一般情况下，管群上方 300mm 处宜加警告标识。

12 当塑料管非地下铺设时，对塑料管应采取防老化和机械损伤等保护措施。

8.0.4 铺设过路钢管管道应采用顶管或非开挖方式。桥上铺设宜采用沟槽或桥上固定。

9 人(手)孔设置

9.0.1 人(手)孔的荷载与强度，其设计标准应符合国家相关标准及规定。

9.0.2 人(手)孔位置的设置：

1 人(手)孔位置应设置在光(电)缆分支点、引上光(电)缆汇接点、坡度较大的管线拐弯处。道路交叉路口或拟建地下引入线路的建筑物旁宜建人(手)孔。

2 交叉路口的人(手)孔位置，宜选择在人行道或绿化地带。

3 人(手)孔位置应与其他相邻管线及管井保持距离，并相互错开。

4 人(手)孔位置不应设置在建筑物正门前、货物堆场和低洼积水处。

5 通信管道穿越铁道和较宽的道路时，应在其两侧设置人(手)孔。

9.0.3 人孔型式应根据终期管群容量大小确定。综合目前通信管道的建设和使用情况，人(手)孔型号的选择宜按下列孔数选择：

1 单一方向标准孔(孔径 90mm)不多于 6 孔、孔径为 28mm 或 32mm 的多孔管不多于 12 孔容量时，宜选用手孔。

2 单一方向标准孔(孔径 90mm)不多于 12 孔、孔径为 28mm 或 32mm 的多孔管不多于 24 孔容量时，宜选用小号人孔。

3 单一方向标准孔(孔径 90mm)不多于 24 孔、孔径为 28mm 或 32mm 的多孔管不多于 36 孔容量时，宜选用中号人孔。

4 单一方向标准孔(孔径 90mm)不多于 48 孔、孔径为 28mm 或 32mm 的多孔管不多于 72 孔容量时，宜选用大号人孔。

9.0.4 人(手)孔型式按表 9.0.4 的规定选用。

表 9.0.4 人(手)孔型式表

型式		管道中心线交角	备注
直通型		<7.5°	适用于直线通信管道中间设置的人孔
斜通型(亦称扇型)	15°	7.5°～22.5°	适用于非直线折点上设置的人孔
	30°	22.5°～37.5°	
	45°	37.5°～52.5°	
	60°	52.5°～67.5°	
	75°	67.5°～82.5°	
三通型(亦称拐弯型)		>82.5°	适用于直线通信管道上有另一方向分歧通信管道，其分歧点设置的人孔或局前人孔
四通型(亦称分歧型)		—	适用于纵横两路通信管道交叉点上设置的人孔，或局前人孔
局前人孔		—	适用于局前人孔
手孔		—	适用于光缆线路简易塑料管道、分支引上管等

9.0.5 对于地下水位较高地段，人(手)孔建筑应做防水处理。

9.0.6 人(手)孔应采用混凝土基础，遇到土壤松软或地下水位较高时，还应增设碴石垫层和采用钢筋混凝土基础。

9.0.7 根据地下水位情况，人(手)孔的建筑程式可按表 9.0.7 的规定确定。

表 9.0.7 人孔建筑程式表

地下水情况	建筑程式
人(手)孔位于地下水位以上	砖砌人(手)孔等
人(手)孔位于地下水位以下，且在土壤冰冻层以下	砖砌人(手)孔等(加防水措施)
人(手)孔位于地下水位以下，且在土壤冰冻层以内	钢筋混凝土人(手)孔(加防水措施)

9.0.8 人(手)孔盖应有防盗、防滑、防跌落、防位移、防噪声等措施，井盖上应有明显的用途及产权标志。

10 光(电)缆通道

10.0.1 若遇到下列情况可考虑建筑光(电)缆通道：

1 新建大容量通信局(站)的出局(站)段。

2 通信管道穿越城市主干街道、高速公路、铁道等今后不易进行扩建管道，且管道容量大的地段。

3 需要建设光(电)缆通道的其他路段。

10.0.2 光(电)缆通道的大小和埋深应符合下列要求：

1 宽度宜为 1.4～1.6m，净高不应小于 1.8m。

2 埋深(通道顶至路面)不应小于 0.3m。

10.0.3 光(电)缆通道应建筑在良好的地基上，可按土壤条件采用混凝土基础或钢筋混凝土基础。

10.0.4 光(电)缆通道建筑应采取有效的排水、照明、通风及防止漏水措施。

11 光(电)缆进线室设计

11.0.1 通信局(站)应设置专用的光(电)缆进线室。

11.0.2 光(电)缆进线室的设计应符合下列原则：

1 进线室在建筑物中所处位置应便于光(电)缆进局(站)，应设两路进线(不同方向)。

2 进线室的大小应按局所终局(站)容量设计，进局(站)管道容量或通道的大小亦应按终局(站)容量设计。

3 进线室应为专用房屋，除小局的电缆充气维护设备室外，不应与其他房屋共用。电缆进线室宜设置在测量室的下面或邻近测量室。

4 进线室在建筑物中的建筑方式，有条件时应优先采用半地下建筑方式，以利于通风、防止渗漏水和排水。

5 进线室宜靠近外墙安排，以利整个地下层的平面布置和合理利用。

6 进线室的净高和面积应满足容量和工艺的要求。

7 进线室的布置应便于施工和维护，各方向进线方便，并满足光(电)缆弯曲半径的技术要求。

11.0.3 光(电)缆进线室建筑应符合下列要求：

1 进线室内不宜有突出的梁和柱。

2 进线室内严禁煤气管道通过，其他管道也不宜通过。若有暖气管通过进线室时，应采取防护措施，不应影响光(电)缆布置和布放。进线室不得作为通往其他地下室的走道。

3 进局(站)管道穿越房屋承重墙时，必须与房屋结构分离，管道上不得承受承重墙的压力。

4 进线室的建筑结构应具有良好的防水性能，不应渗漏水。进局(站)管道口的所有空闲管孔和已穿放光(电)缆的管孔应采取有效的堵塞措施。在进线室内进局(站)管道口附近的适当位置设置挡水墙或积水罐。进线室应设有抽、排水用的设施。

5 进线室应具有防火性能。采用防火铁门，门向外开，宽度不小于 1000mm。

6 进线室应设置上线槽或上线孔(洞)。

7 进线室内预留的孔、槽位置应准确。四壁和天花板应抹光粉刷,地表面应抹平。

8 进线室外应设置防有害气体设施和通风装置,排风量应按每小时不小于五次容积计算。

11.0.4 进线室内应有白炽灯照明,除设有普通交流照明和保证照明系统外,还应设置事故照明灯,电灯应采取防潮、防爆措施。两种交流照明灯应相间排列。适当距离装设防潮电源插座,插座离地面高1400mm。所有灯线开关及插座均应采用暗线。所有照明开关应设在进线室入口处。

11.0.5 进线室内应装设地气线。

局(站)房屋建筑结构采用联合接地方式时,进线室四周墙柱内的钢筋应留有引出端子(每隔8~10m至少有一处引出端子),进线室的地气线可就近与钢筋引出端子焊接。

本规范用词说明

1 为便于在执行本规范条文时区别对待,对要求严格程度不同的用词说明如下:

1)表示很严格,非这样做不可的用词:

正面词采用"必须",反面词采用"严禁"。

2)表示严格,在正常情况下均应这样做的用词:

正面词采用"应",反面词采用"不应"或"不得"。

3)表示允许稍有选择,在条件许可时首先应这样做的用词:

正面词采用"宜",反面词采用"不宜";

表示有选择,在一定条件下可以这样做的用词,采用"可"。

2 本规范中指明应按其他有关标准、规范执行的写法为"应符合……的规定"或"应按……执行"。

中华人民共和国国家标准

通信管道与通道工程设计规范

GB 50373—2006

条 文 说 明

目　　次

1 总　　则

1.0.1 本规范提到的通信管道与通道，包括主干管道、支线管道、驻地网管道和高等级公路通信管道与通道等，是城市综合管网的一部分，在规划建设时应与城市规划一致，要协调好与城市其他工程管线之间的关系。

1.0.3 在通信管道与通道建设时，本规范提到统建共用的原则，主要是考虑通信事业高速发展的需要，各使用单位都需要通信管道，来建设自己的基础网络。如果每家都建设自己的地下专用通信管道，城市道路再宽也满足不了需要。现在已经有多家的管道和井盖在城市道路上出现，井盖上的标记也不统一，这种现象已经影响到城市的市容与美观。通信管道与通道的建设要统一规划，统一有偿使用已是当前通信管道建设的首要任务，因此，本规范提出统建共用。

1.0.4 在通常情况下，由于管道的建设周期较长，影响建设的因素较多，考虑各运营商的需要，管道与通道在基本建设中应超前建设。

2 通信管道与通道规划的原则

2.0.2 管道与通道的总体规划应由各运营商提出发展需要，包括主干管道、配线管道、开发区管道、小区配线管道以及高等级公路管道等的规划和方案。

2.0.3 除本节的规定外，城市规划区内新建的中高层、高层住宅楼、标准较高的多层住宅楼以及新建办公楼应配置电话暗配线系统，电话配线应通达每间办公室或每套住宅单元室内，并在楼内设置进线间（交接间）或分线盒。一般标准的多层住宅楼宜采用暗配线系统，如果限于条件，也可采用楼内或楼外墙壁电缆布线方式。

2.0.6 在宽阔道路两侧修建通信管道，是目前运营商发展业务的需要，在实际工程中已发现多家运营商在路两侧配线。

2.0.7 为了节省投资，避免重复开挖，管道与通道建设宜与市政建设同步实施。

3 通信管道与通道路由和位置的确定

3.0.1 在建设塑料通信管道路由和位置选择时，还应注意以下特点：

1 塑料管防水性能、防腐性能较好、摩擦系数小。

2 塑料管抗高温性能较差。

3 与水泥管相比，塑料管道占用道路断面小。

4 塑料管易弯曲，在道路障碍较多时，容易铺设。

3.0.3 在表3.0.3中列的最小净距，是指管道外壁间最小距离，是为保证最经济、方便的施工维护条件及设备安全可靠的需要。它与当地的土质条件、通信管道和其他管线的埋设深度、施工先后等有关。表列的数字是按土质较好时的要求，如果土质不好，还应视具体情况需要适当加宽间距。如果由于条件限制达不到规定数值，需要采取必要的防护措施。

管道与通道位置的确定应取得城建相关部门的同意。

4 通信管道容量的确定

4.0.1 由于各使用单位业务性质不同，使用管孔大小也不同。本条是按业务需要，提出了各种情况下的管孔需要量，表4.0.1管孔容量是按标准孔径90mm考虑的，在建设或使用时，应根据本单位的使用情况作相应的调整。

应合理地使用管孔，尽量避免小对数电缆占用一个标准管孔，造成管孔利用率降低。

4.0.4 对于电缆进局（站）管道，每孔平均对数可大些，10000门以下每孔可按400～600对，10000～40000门可按800～1200对估算，40000门以上可按1200～2400对估算。

5 管材选择

5.0.1 目前，通信管道管材普遍采用的主要有水泥管块、聚乙烯（或聚氯乙烯）塑料管，在主要过路和特殊地段采用钢管。过去有的地方采用如陶管和石棉管，由于该两种管材不适应建大容量的管道，本规范不做推荐。

5.0.2 水泥管道管块有3孔、4孔和6孔，在实际管道工程建设中，建议采用6孔单元组合的水泥管块群。水泥管块形式见图1所示。

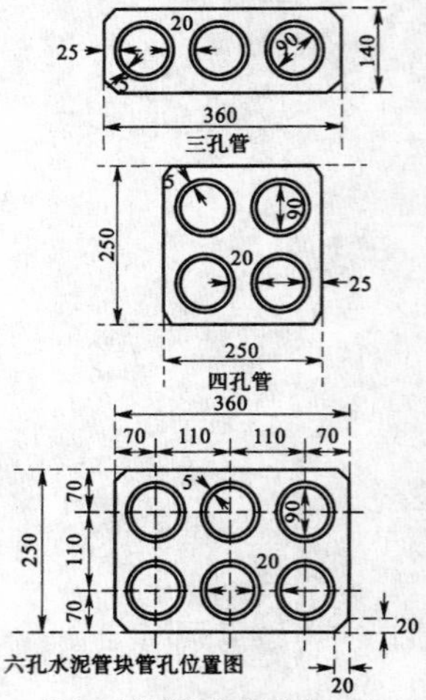

图1　水泥管块形式（单位：mm）

5.0.3 关于塑料管道，目前工程中使用最多而且有标准的塑料管分为单孔管和多孔管，单孔管有波纹管和硅芯管；多孔管有栅格管（可按用户需求孔数生产）和蜂窝管。通信用塑料管材如下：

1 栅格管：栅格管（PVC-U）型号和尺寸见表1。

表1　栅格管（PVC-U）型号和尺寸（mm）

型　号	内孔尺寸 d	内壁厚 C_2	外壁厚 C_1	宽度 L_1	高度 L_2
SVSY28×3	28	≥1.6	≥2.2	≤110	≤110
SVSY42×4	42	≥2.2	≥2.8		
SVSY50(48)×4	50(48)	≥2.6	≥3.2		
SVSY28×6	28	≥1.6	≥2.2		
SVSY33(32)×6	33(32)	≥1.8	≥2.2		
SVSY28×9	28	≥1.6	≥2.2		
SVSY33(32)×9	33(32)	≥1.8	≥2.2		

注：栅格管的内孔尺寸是指正方形的内切圆直径。

2 蜂窝管：蜂窝管（PVC-U）型号和尺寸见表2。

表 2 蜂窝管型号和尺寸(mm)

型　号	最小内径 d	内壁厚 C_2	外壁厚 C_1	宽度 L_1	高度 L_2
SVFY28×3	28	≥1.8	≥2.4	≤110	≤110
SVFY33(32)×3	33(32)				
SVFY28×5	28				
SVFY33(32)×5	33(32)				
SVFY28×7	27.5				
SVFY33(32)×7	33(32)				

注：蜂窝管的内孔尺寸是指正六边形的内切圆直径。

3 波纹管：双壁波纹管(PVC-U)规格尺寸见表 3。单壁波纹管的规格尺寸暂不做规定。

表 3 波纹管规格尺寸(mm)

标称直径	外径允许偏差	最小内径
110/100	0.40，−0.70	97
100/90	0.30，−0.60	88
75/65	0.30，−0.50	65
63/54	0.30，−0.40	54
50/41	0.30，−0.30	41

4 实壁管：实壁管(PVC-U)规格尺寸见表 4。

表 4 实壁管规格尺寸(mm)

标称直径	外径允许偏差	最小内径
110/100	0.40，0	97
100/90	0.30，0	88
75/65	0.30，0	65
63/54	0.30，0	54
50/41	0.30，0	41

5 硅芯管：硅芯管的规格尺寸见表 5。

表 5 硅芯管的规格尺寸(mm)

序号	规格	外径	壁厚
1	60/50	60	5.0
2	50/42	50	4.0
3	46/38	46	4.0
4	40/33	40	3.5
5	34/28	34	3.0
6	32/26	32	3.0

硅芯式塑料管，其内壁有硅芯层起润滑作用，摩擦系数小，被广泛用在光缆保护管。硅芯管的外径在 32～60mm 之间，每根长可达 2000m。

除上述型号的塑料管外，目前在工程中使用还有梅花管、集束管等，由于该型号的塑料管目前尚无国家产品标准，本次暂不纳入本规范，但可在工程中试用。

6 栅格管、蜂窝管的外形如图 2、图 3 所示。

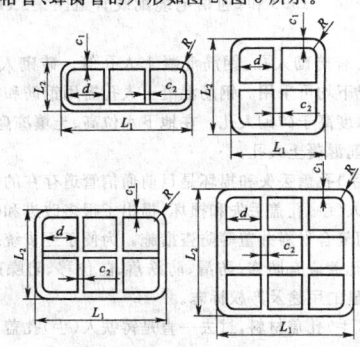

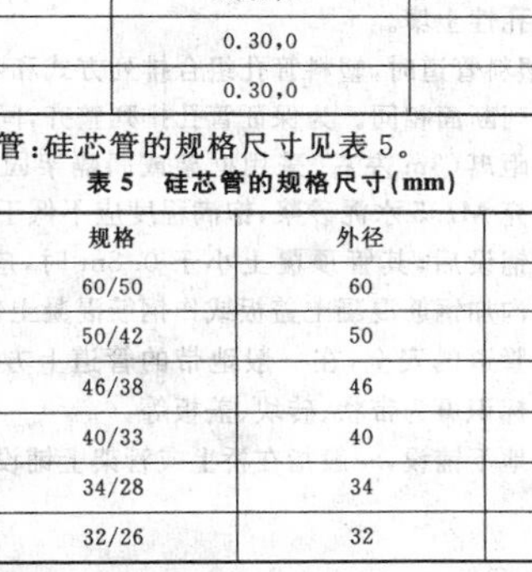

图 2 栅格式塑料管截面图

L_1、L_2—外形尺寸；d—内孔尺寸；c_1—外壁厚；c_2—内壁厚

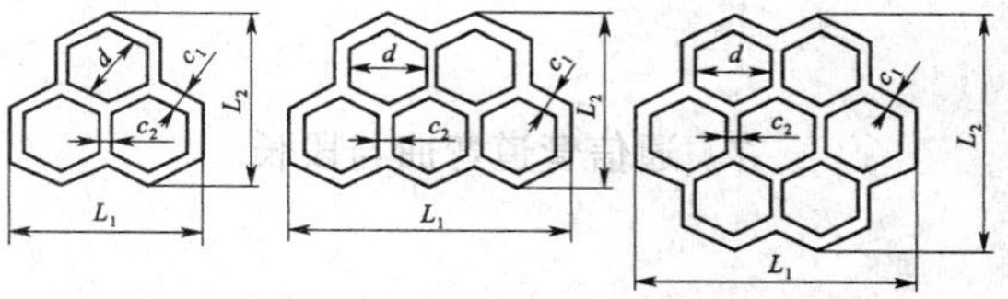

图 3 蜂窝式塑料管截面图

L_1、L_2—外形尺寸；d—内孔尺寸；c_1—外壁厚；c_2—内壁厚

5.0.5 关于管材的选用，目前有两种意见，一种是全部使用塑料管，另一种是仍用水泥管。前者主要在经济发达和东南部地区，后者主要在西部和经济较落后的地区。由于塑料管材的价格正逐步走低，目前多孔径塑料管道的综合造价已低于水泥管道加管内子管的综合造价。建议在地形较复杂、光缆专用管道建设时应首选塑料管。

6 通信管道埋设深度

6.0.1 表 6.0.1 管道埋设的最低深度要求，是考虑到管道的荷载和经济性而定的，由于城市道路及其相关专业施工机械化作业，使已有通信管道被破坏。为了加强管道的安全和可靠，在实际管道设计时，应根据管群组合情况增加埋设深度，城区建设管孔数较少的应埋到 1～1.2m。

通信管道与其他管线交越、埋深相互有冲突，且迁移有困难时，可考虑减少管道所占断面高度（如立铺改为卧铺等），或改变管道埋深。必要时，增加或降低埋深要求，但相应要采取必要的保护措施（如混凝土包封、加混凝土盖板等），且管道顶部距路面不得小于 0.5m。

6.0.3 管道埋设深度不足时的特殊设计：

1 管道设计要考虑在道路改建可能性引起的路面高程变动时，不致影响管道的最小埋深要求。此外，人孔埋深调整，一般可在人孔口圈下部加垫砖砌体，以适应路面高程的变化。

2 管道尽可能避免铺设在冻土层以及可能发生翻浆的土层内。在地下水位高的地区，宜埋浅一些。

6.0.4 为使管道具有合理的埋深，通常有两种管道坡度设置方法：一字坡和人字坡。

一字坡的方法：如图 4 所示，相邻两人孔间管道按一定坡度直线铺设。该方法施工比较简便，对电缆磨损小，但一端埋深较深，土方量较大。在段长较短及障碍物影响较小时，为便于施工，可采用一字坡的方法。

人字坡的方法：如图 5 所示，在管道中间适当地点作为顶点，以一定的坡度分向二端铺设。它平均埋深较浅，但在管道的弯点处容易损伤电缆，弯点水泥管的接口处张口宽度不宜大于 5mm。在管道穿越障碍物有困难或管道进入人孔时距上覆太近，可采用人字坡的方法。

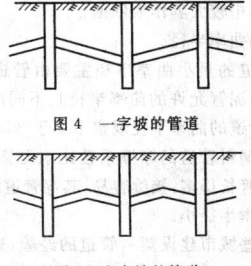

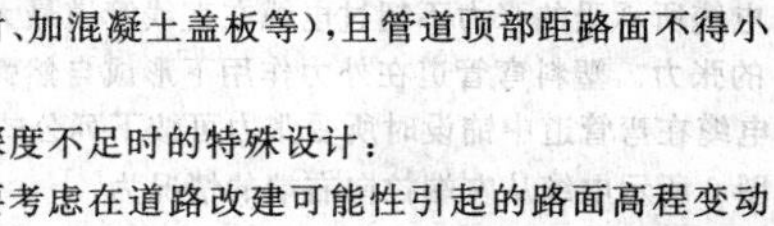

图 4 一字坡的管道

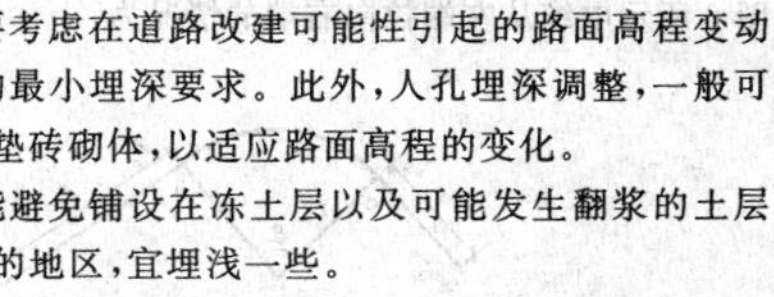

图 5 人字坡的管道

7 通信管道弯曲与段长

7.0.1 直线管道的最大段长可按下式计算：

$$L=\frac{T}{Wf} \tag{1}$$

式中 L——最大段长(m)；

T——电缆拖入直线管道所能承受的最大张力(N)；

W——电缆的单位自重(N/m)；

f——电缆与管壁的摩擦系数。f 的数值因管材而异，如表6所示。

表6 通信管道各种管材摩擦系数表

管材种类	摩擦系数 f	
	无润滑剂时	有润滑剂时
水泥管	0.8	0.6
塑料管(涂塑钢管)	0.29～0.33	
钢管	0.6～0.7	0.5
铸钢管	0.7～0.9	0.6

水泥管道最大段长不宜超过150m，是按铺设HYA1200-0.4考虑的，对于那些铺设电缆单位重量较轻或电缆对数较小的分支管道或地段，水泥管道最大段可大于150m。如果用摩擦系数较小的管材(如塑料管)，最大管道段长亦可适当增长。

7.0.3 弯管道段长和曲率半径。

1 弯管道段长。

弯曲管道的段长应小于直线管道最大允许段长，使弯管道内电缆所承受的张力不超过电缆在直线管道最大允许段长内所承受的张力。塑料弯管道在外力作用下形成自然弧度，严禁加热弯曲。电缆在弯管道中铺设时所受张力可按下列公式计算。图6所示电缆从左端拉向右端的情况为：

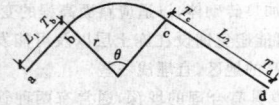

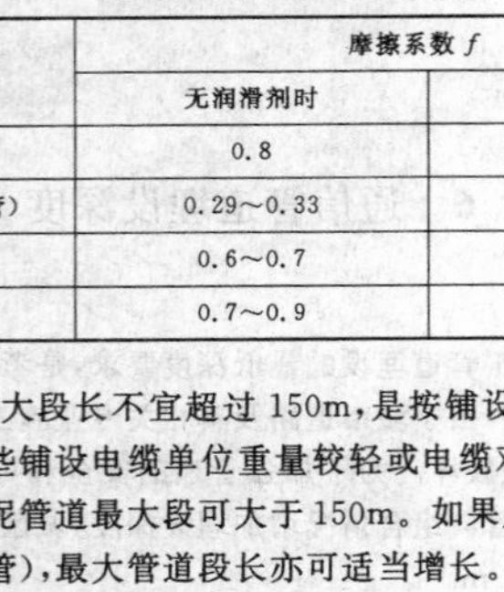

图6 电缆所受张力情况

$$T_b=WfL_1 \tag{2}$$

$$T_c=W\cdot r\{\sinh[f\theta+\mathrm{arcsinh}T_b/(W\cdot r)]\} \tag{3}$$

$$T_d=T_c+WfL_2 \tag{4}$$

式中 T_b、T_c、T_d——电缆在b、c、d点上的铺设张力(N)；

θ——弯曲管道的中心夹角(rad)；

r——弯曲管道的曲率半径(m)；

W——电缆的单位自重(N/m)；

f——电缆与管壁的摩擦系数。

L_1 和 L_2 不相同时，由于电缆拉入的方向不同，电缆所受张力也不同，应选用其中较大者作为依据。

2 弯管道的曲率半径。

水泥管弯管道的最小曲率半径主要由管道接续允许条件决定，不同底宽的水泥管允许的曲率半径是不同的。实际施工经验证明，水泥管弯管道的曲率半径规定不小于36m时能适应不同的管道底宽情况。塑料管道的摩擦系数比水泥管道的摩擦系数小，每节管长比水泥管长得多，接续容易，其弯管道的曲率半径可比水泥管弯管道的曲率半径小。

根据我国一些城市建设塑料管道的经验，塑料弯管道的曲率半径规定不小于10m时可以满足塑料弯管道的建筑要求。

8 通信管道铺设

8.0.2 管道地基与基础

1 管道地基分天然地基、人工地基两种：

1)天然地基：不需人工加固的地基。在稳定性土壤，土壤承载能力≥2倍的荷重和基坑在地下水位以上时可采用。

2)人工地基：在不稳定的土壤上必须经过人工加固，有以下几种方式：

①表面夯实：适用于粘土、砂土、大孔性土壤和回填土等的地基。

②碎石加固：土质条件较差或基础在地下水位以下。

③换土法：当土壤承载能力较差，宜挖去原有土壤，换以灰土或良好土壤。

④打桩加固：在土质松软的回填土、流砂、淤泥或Ⅱ级大孔性土壤等地区，采用桩基加固地基，以提高承载力。

2 管道的基础：基础是管道与地基中间的媒介结构，它支承管道，把管道的荷重均匀传布到地基中。基础有混凝土基础和钢筋混凝土基础。一般土质可采用混凝土基础，下列地区宜采用钢筋混凝土基础：

①基础在地下水位以下，冰冻层以内。

②土质很松软的回填土。

③淤泥流砂。

④Ⅱ级大孔性土壤。

8.0.3 铺设塑料管道时，塑料管孔组合排列方式和断面应与水泥管道的管孔排列断面相同。为保证管孔排列整齐，间隔均匀，塑料管应每隔一定距离(3m左右)采用框架或间隔架固定，两行管之间的竖缝应填充M7.5水泥砂浆，饱满程度应不低于90%。

塑料管道铺设后，其管顶覆土小于0.8m时，应采取保护措施。如用砖砌沟加钢筋混凝土盖板或作钢筋混凝土包封等。

为了通信管道的安全，在一般地带的管道上方300mm加警告标识。警告标识可为带状、砖块、盖板等。

塑料管非地下铺设，一般指在桥上或管架上铺设等。

9 人(手)孔设置

9.0.3 人孔的大小应根据终期管群容量大小选定。其人孔选择可参考《通信管道人孔和管块组群图集》YDJ 101、《通信电缆通道图集》YD 50063—1998和《通信电缆配线管道图集》YD 50062—1998。

9.0.6 人孔有砖砌人孔、钢筋混凝土人孔等。砖砌人孔施工简便，一般情况下均可采用。钢筋混凝土人孔需用钢筋和模板，施工期较长，但强度高于砖砌人孔。在地下水位高、土壤冻融严重的地区应采用钢筋混凝土人孔。

9.0.8 人(手)孔盖丢失和损坏是目前通信管道存在的普遍现象，各地为防止人(手)孔盖丢失和损坏，提出了很多改进和保护措施，如加锁、采用复合材料井盖等防盗措施。为便于逐步统一，本规范提出人(手)孔盖应有防盗、防滑、防跌落、防位移、防噪声设施，井盖上应有明显的用途及产权标志。

关于人(手)孔盖材料，过去一直是铸铁人(手)孔盖，随着技术的发展，出现了如球墨铸铁、复合材料(玻璃钢材料)等新型井盖，各地在使用中已有很好的评价。

10 光(电)缆通道

10.0.1 光(电)缆通道亦称光(电)缆隧道,虽然容量大,可铺设的光(电)缆条数多,有利于光(电)缆的施工维护,但其工程造价昂贵,占用街道断面大,与地下其他管线的矛盾较大等原因,使得光(电)缆通道不宜广泛采用。

光(电)缆通道可应用于管道容量大、日后不易进行扩建管道的地段,新建大容量通信局(站)的出局(站)段等宜建光(电)缆通道。

10.0.2 本规定是考虑到与现行人孔尺寸对应取定以及人在通道内操作的高度需要。

10.0.3 通道内光(电)缆,集中布放在两侧托架上,通道承受的荷载主要在通道两侧。此外由于光(电)缆通道较长,通道两侧需承受土壤的侧压力,因此通道的基础不但要求高,对两侧也有严格要求。

光(电)缆通道的基础、侧墙与上覆的选材配料和尺寸应根据通道所处位置的土质、承受荷载等具体情况进行计算后确定。

11 光(电)缆进线室设计

11.0.2 光(电)缆进线室设计考虑的因素。

1 关于机线比:确定进线室的大小与终局(站)入局外线容量相关,而终局(站)入局的外线电缆线对容量与终局(站)用户数或终局(站)机械设备容量有一定的关系,一般用“机线比”来表示。机线比机械设备终局(站)容量/外线终局(站)容量。考虑到终局(站)容量是按20年左右规划年限确定的,而管道的满足年限一般为30~40年,所以按机线比确定容量通常还要根据工程具体情况乘以远景系数(远景系数取值范围为1~1.5)。

入局(站)外线容量包括用户线、中继线、各种电话和非电话业务专线等,它与电缆芯线使用率、交换设备实装率、市话网的大小、局(站)数量和专线数量等有关。一般中小容量的市话网机线比可为1∶1.3至1∶1.5,局(站)多和专线多的可取较大数值。

2 关于光(电)缆进线室的大小。

光(电)缆进线室的长、宽、高应根据通信局(站)的终局(站)容量、终局(站)电缆布置、房屋结构和平面排列要求而定。

3 关于进局(站)管道或通道的大小。

光(电)缆引入进线室所需的进局(站)管道或通道的大小应按终局(站)容量设计。可按以下所述确定进局(站)光(电)缆条数和进局(站)管孔数。

1)电缆条数估算:

①终局(站)达40000门及以上的局(站),每一管孔的平均线对为1200~2400对。

②终局(站)为10000~40000门时,每一管孔的平均线对为800~1200对。

③终局(站)在10000门以下时,第一管孔的平均线对为400~600对。

④控制电缆,无线联络电缆,有线广播电缆,公安、国防和铁路等专用电缆需要的孔数,设计时应在充分调查研究后确定。

2)光缆条数估算,是以各种业务需要的光缆条数按实际计算。

3)备用管孔每个进局(站)管道方向可按2~3孔考虑,由于管群组合排列需要增加或减少的管孔数不在此限。

4)远期预留2~3孔。

4 电缆进线室与测量室的关系。

1)电缆引入电缆进线室后要做成端安排,并引向总配线架,为了节省成端电缆,便于成端电缆引上和维护方便,电缆进线室应邻近测量室。

2)电缆进线室与电缆充气设备室的关系。

本地通信网中所采用的地下电缆除充油者外,一般均需进行气压维护,设置电缆充气设备室,安装气压维护设备。所有充气管路都由电缆进线室内进局(站)电缆气塞堵头外线侧的气门嘴用胶管或金属管连至电缆充气设备室。为了节省材料,便于维护,电缆充气设备室应邻近电缆进线室,一般可设在电缆进线室旁边的房间,或与电缆进线室合设。对于容量大的局(站),气压维护设备较多,维护工作量大时,可将充气机安装在地下电缆充气设备室内,在一层(邻近电缆进线室)设置充气设备控制室,安装电缆自动充气控制测试设备。

中华人民共和国国家标准

通信管道工程施工及验收规范

Code of construction and acceptance
for communication conduit engineering

GB 50374—2006

主编部门：中华人民共和国信息产业部
批准部门：中 华 人 民 共 和 国 建 设 部
施行日期：2 0 0 7 年 5 月 1 日

中华人民共和国建设部
公　　告

第523号

建设部关于发布国家标准《通信管道工程施工及验收规范》的公告

现批准《通信管道工程施工及验收规范》为国家标准，编号为GB 50374—2006，自2007年5月1日起实施。其中，第4.1.1、4.1.2、4.1.3、4.1.5、4.1.8、4.1.9、4.1.10、4.1.11（1、2、4、5、6）、4.1.12、4.1.13条（款）为强制性条文，必须严格执行。

本规范由建设部标准定额研究所组织中国计划出版社出版发行。

中华人民共和国建设部

二〇〇六年十二月十一日

前　　言

本规范是根据建设部建标［2004］67号文件"关于印发《二〇〇四年工程建设国家标准制定、修订计划》的通知"要求，由信息产业部综合规划司负责组织成立了规范编制组，在参考目前国内有关标准和收集有关工程通信管道及材料的使用情况，并广泛征求各方意见后制定的。

本规范主要对通信系统工程的通信管道施工及验收作出规定和要求，共分8章及6个附录。主要技术内容包括：总则，器材检验，工程测量，土方工程，模板、钢筋及混凝土、砂浆，人（手）孔、通道建筑，铺设管道，工程验收。

本规范以黑体字标志的条文为强制性条文，必须严格执行。

本规范由建设部负责管理和对强制性条文的解释，由信息产业部负责日常管理，由中讯邮电咨询设计院（原信息产业部邮电设计院）负责具体技术内容的解释。

本规范在执行过程中，请各单位注意总结经验，积累资料，随时将有关意见和建议反馈给中讯邮电咨询设计院（地址：河南省郑州市互助路1号，邮编：450007），以供今后修订时参考。

本规范主编单位和主要起草人：

主 编 单 位：中讯邮电咨询设计院

主要起草人：陈万虎　尹卫兵　顾荣生

目　次

1 总　　则

1.0.1　为了适应现代化城市建设与信息发展的需要，保证信息通信管道与通道工程建设中的材料、施工和竣工验收指标达到设计要求，制定本规范。

1.0.2　本规范是通信管道工程施工、监理、随工验收、竣工验收（包括初步验收和最终验收）、编制竣工文件等工作的技术依据。

1.0.3　本规范适用于新建、扩建、改建通信管道工程的施工和验收。

1.0.4　通信管道工程建设中必须选用符合国家有关技术标准的定型产品。未经国家有关产品质量监督检验机构检验合格的器材，不得在工程中使用。

1.0.5　通信管道工程建设中应积极采用新工艺、新技术，以提高施工质量，降低工程造价。

1.0.6　通信管道工程的竣工验收工作，应按工程验收的法定程序进行；其竣工验收的内容和要求，应按本规范的规定执行。

随工检验和竣工验收中，发现不符合本规范或有关规定的工作内容，凡由施工单位造成的，应由施工单位负责返修至合格。

1.0.7　通信管道与通道的建设除执行本规范外，尚应符合国家现行有关标准、规范的规定。

2 器材检验

2.1 一般规定

2.1.1　通信管道工程所用的器材规格、程式及质量，应满足设计文件和技术规范的要求，并由施工单位会同建设单位或监理单位在使用之前组织进场检验，发现问题或不合格的器材应及时处理。

2.1.2　凡有出厂证明的器材，经检验发现问题时，应作质量技术鉴定后处理；凡无出厂合格证明的器材，禁止在工程中使用，严禁使用质量不合格的器材。

2.1.3　经过检验的器材，应作好检验记录。

2.1.4　通信塑料管道器材进场后，存放、保管、消防、安全等应满足相关标准要求。

2.2 水泥及水泥制品

2.2.1　通信管道工程中使用水泥的品种、标号应符合设计要求；使用前注意水泥的出厂日期或证明，无产品出厂证明或无标记的，严禁在工程中使用；不得使用过期的水泥，严禁使用受潮变质的水泥。

2.2.2　各种标号的水泥应符合国家规定的产品质量标准。水泥从出厂到使用的时间超过三个月或有变质迹象的，使用前均应进行试验鉴定，依据鉴定情况确定使用与否或另行更换。

2.2.3　通信管道工程，采用的水泥标号可为32.5号或42.5号。水泥品种可为普通硅酸盐水泥、矿渣硅酸盐水泥或火山灰质硅酸盐水泥。

2.2.4　水泥在储存过程中应防止受潮，并应分批购置，按进货日期分别堆放，做到先入库先使用，避免压垛。

2.2.5　水泥的性能应符合下列要求：

1　水泥的初凝时间不得早于45min，终凝时间不得晚于12h。

2　水泥容重可为1100～1300kg/m³。

2.2.6　水泥预制品生产前，必须按水泥类别、标号及混凝土标号，做至少一组（三块）混凝土试块，具体组数由生产单位根据需要确定，其混凝土试块的规格应符合表2.2.6的要求。

表2.2.6　混凝土试块规格(mm)

混凝土骨料最大料径	试块规格（长×宽×高）
30以下	100×100×100
30以上	150×150×150

2.2.7　水泥制品的规格应进行逐个检验。不同规格的水泥制品严禁混合堆放。

2.2.8　通信管道用水泥技术指标应符合国家标准《矿渣硅酸盐水泥、火山灰质硅酸盐水泥及粉煤灰硅酸盐水泥》GB 1344—1999和《硅酸盐水泥、普通硅酸盐水泥》GB 175—1999的要求。

2.3 砂

2.3.1　通信管道工程宜使用天然中砂，平均粒径为0.35～0.5mm。

2.3.2　通信管道工程用砂应符合下列规定：

1　砂中的轻物质，按重量计不得超过3%。

2　砂中的硫化物和硫酸盐，按重量计不得超过1%。

3　砂中含泥量，按重量计不得超过5%。

4　砂中不得含有树叶、草根、木屑等杂物。

2.3.3　砂的容重，在松散状态下宜为1300～1500kg/m³，在密实状态下宜为1600～1700kg/m³。

2.3.4　通信管道用砂技术指标应符合国家标准《建筑用砂》GB/T 14684—2001的要求。

2.4 石　　子

2.4.1　通信管道工程应采用人工碎石或天然砾石，不得使用风化石。

2.4.2　通信管道工程宜使用5～32mm粒径的连续粒级石子，大小粒径石子良好搭配。

2.4.3　通信管道工程用石料，应符合下列规定：

1　石料中含泥量，按重量计不得超过2%。

2　针状、片状石粒含量，按重量计不得超过20%。

3　硫化物和硫酸盐含量，按重量计不得超过1%。

4　石子中不得含有树叶、草根、木屑等杂物。

2.4.4　石子的容重，宜为1350～1600kg/m³。

2.4.5　通信管道用石料技术指标应符合国家标准《建筑用卵石、碎石》GB/T 14685—2001的要求。

2.5 砖

2.5.1　通信管道工程人（手）孔及通道，用一等机制普通烧结砖。

2.5.2　工程用砖应符合下列要求：

1　砖的外形应完整，耐水性好。严禁使用耐水性差，遇水后强度降低的炉渣砖或矽酸盐砖。

2　通信管道工程用砖强度等级见表2.5.2。

表2.5.2　普通烧结砖强度等级

强度等级	抗压强度平均值≥(MPa)	变异系数≤0.21	抗折强度>0.21(MPa)
		强度标准值≥(MPa)	单块最小抗压强度值≥(MPa)
20	20.0	14.0	16.0
15	15.0	10.0	12.0

2.5.3　通信管道用砖技术指标应符合国家标准《烧结普通砖》GB 5101—2003的要求。

2.6 砌　　块

2.6.1　通信管道工程用于砖砌的混凝土砌块品种、标号均应符合设计规范规定，其外形应完整，耐水性能好。

2.6.2 使用的混凝土砌块，其规格等应符合《通信管道人孔和管块组群图集》中各种砌块的要求。

2.6.3 通信管道使用的砌块技术指标应符合国家标准《砌体结构设计规范》GB 50003—2001 的要求。

2.7 水

2.7.1 通信管道工程宜使用自来水或洁净的天然水，并应符合下列要求：

1 不得使用工业废污水和含有硫化物的泉水。

2 水中不得含有油、酸、碱、糖类等物。

3 海水不得作为钢筋混凝土用水。

4 施工中如发现水质可疑，应取样送有关部门进行化验，鉴定后再确定可否使用。

2.7.2 水的比重为 1，容重为 1000kg/m³。

2.7.3 通信管道用水技术指标应符合国家现行标准《混凝土拌合用水标准》JGJ 63—1989 的要求。

2.8 水泥管块

2.8.1 水泥管块的质量应符合下列规定：

1 管块的标称孔径允许最大正偏差不应大于 0.5mm，负偏差不应大于 1mm，管孔无形变。

2 管块长度允许偏差不应大于±2mm，宽、高允许偏差不大于±5mm；三孔及以上的多孔管块，其各管孔中心相对位置，允许偏差不应大于 0.5mm。

3 干打水泥管块的实体重量不应低于表 2.8.1 的规定值。混凝土管块应大于表 2.8.1 的规定值 5%以上。

表 2.8.1 干打水泥管重量表

孔数(个)×孔径(mm)	标称	外形尺寸长×宽×高(mm)	重量(kg/根)
3×90	三孔管块	600×360×140	37
4×90	四孔管块	600×250×250	45
6×90	六孔管块	600×360×250	62

4 管块的成品表面单位强度不应小于 10.78MPa；如用管块整体试验，其破坏的单位强度不应低于表面单位强度的 8%。

5 水泥管块强度有问题应进行抽样试验。抽样的数量应以工程用管总量的 3‰(或大分屯点数量的 3‰)为基数，试验的管块有 90%达到标准即为合格；否则可再试 3‰，其 90%(数量)达到标准仍算合格；如试验数 10%以上达不到标准，则全部管块表面强度应按不合格处理。

2.8.2 水泥(含混凝土)管块表面强度可用回弹仪试验，试验方法见附录 D。

2.8.3 通信管道工程使用的水泥制品管块，必须脱出氢氧化钙物质(俗称"脱碱")，没有经过"脱碱"处理的管块，严禁在工程中使用。

2.8.4 水泥管块的管身应完整，不缺棱短角，管孔的喇叭口必须圆滑，管孔内壁应光滑无凹凸起伏等缺陷，其摩擦系数不应大于 0.8。管体表面的裂纹(指纵、横向)长度应小于 50mm，超过 50mm 的不宜整块使用。管块的管孔外缘缺边应小于 20mm，但外缘缺角的其边长小于 50mm 的，允许按要求修补后使用。

2.9 塑料管及配件

2.9.1 通信管道工程所用塑料管材有聚氯乙烯(PVC-U)管和高密度聚乙烯(HDPE)管。其塑料管的型号及尺寸应符合设计规范要求。

2.9.2 聚氯乙烯管的机械物理性能、环境性能、密封性能的要求。

1 聚氯乙烯(PVC-U)多孔管的机械物理性能、环境性能、密封性能应符合表 2.9.2-1 的技术要求。

表 2.9.2-1 聚氯乙烯(PVC-U)多孔管机械物理性能、环境性能、密封性能

类别	序号	项目名称		技术要求
机械物理性能	1	拉伸屈服强度		≥30MPa
	2	抗压性能	抗压强度(用于栅格式管)	$P=F/S$；$P\geq 600$kPa
			管材刚度(用于蜂窝式管)	$P_s=F/(\Delta Y\cdot L)$；$P_s\geq 2000$kPa
			扁平试验(用于栅格管、蜂窝管)	垂直方向加压至截面高度 75%卸荷，无破裂
	3	落锤冲击		取 10 根试样试验后至少应有 9 根不破裂
	4	坠落试验		试样试验后应无破损或裂纹
	5	静摩擦系数		≤0.35
环境性能	6	维卡软化温度		≥79℃
	7	纵向回缩率		≤5%
密封性能	8	连接密封性		在室温下加压至 50kPa、24h 试验后，无渗漏

注：P 为抗压强度(KPa)；P_s 为管材刚度(KPa)；F 为试样所受的负载(kN)；s 为试样受力接触面积(m²)；L 为试样长度(m)；ΔY 为试样载面高度竖直方向的 5%的变形量(m)。

2 聚氯乙烯(PVC-U)单孔管的物理及机械性能应符合表 2.9.2-2的技术要求。

表 2.9.2-2 聚氯乙烯(PVC-U)单孔管的物理及机械性能

序号	指标名称		单位	指标
1	比重		g/cm	1.4～1.6
2	腐蚀度	(在盐酸及硝酸中泡渍 5h)	g/cm	≤±2.0
		(在硫酸及氢氧化钠中泡渍 5h)	—	≤±1.5
3	60+2℃液压(允许应力 130kgf/cm²)		—	保持 1h，不破裂，不渗漏
4	20+2℃液压(允许应力 350kgf/cm²)		—	保持 1h，不破裂，不渗漏
5	140℃情况下尺寸变化率	沿长度方向	%	≤±4.0
		径向	%	≤±2.5
6	扁平实验(压至外径的 1/2) 外径≤200mm 按此标准		—	无裂缝和破裂现象
7	线膨胀系数		1/℃	6×10^{-5}～8×10^{-5}
8	抗拉强度(20℃时)		MPa	39.227～58.84
9	拉弯强度(20℃时)		MPa	78.453～117.68
10	抗压强度(20℃时)		MPa	68.647～156.906
11	抗剪强度(20℃时)		MPa	39.227 以上
12	冲击、韧性(无缺口)(20℃时)		MPa	11.768～17.652

3 高密度聚乙烯(HDPE)塑料管的物理力学性能应符合表 2.9.2-3 的技术要求。

表 2.9.2-3 高密度聚乙烯塑料管的物理力学性能

序号	项目	主要技术性能	测试方法
1	拉伸强度	≥18MPa	试样长度(200±5)mm，拉伸速度(50±5)mm/min
2	断裂延伸率	ϕ32/26mm：≥350% ϕ34/28mm：≥350% ϕ40/33mm：≥380% ϕ46/38mm：≥380% ϕ50/42mm：≥400% ϕ60/50mm：≥400%	试样长度(200±5)mm，标距 70～100mm，拉伸速长度(10±5)mm/min
3	纵向回缩率	长度变化：≤3%	塑料管从 110℃，冷却到 20℃
4	最大牵引负载	ϕ32/26mm 为 4500N ϕ34/28mm 为 5000N ϕ40/33mm 为 8000N ϕ46/38mm 为 10000N ϕ50/42mm 为 10000N ϕ60/50mm 为 10000N	试样长度(200±5)mm，拉伸速度(500±5)mm/min
5	最小弯曲半径	ϕ32/26mm 为 400mm ϕ34/28mm 为 400mm ϕ40/33mm 为 450mm ϕ46/38mm 为 500mm ϕ50/42mm 为 625mm ϕ60/50mm 为 750mm	选取三根长 1500mm 试样，置于－(18±2)℃温度下至少 2h
6	落锤冲击	选取 10 根长(50±2)mm 试样，置于－19℃温度下至少 2h，锤重 9kg，落锤高度 1.5m，每根试样冲击 1 次不破裂	

续表 2.9.2-3

序号	项目	主要技术性能	测试方法
7	抗侧压强度	试样长度(50±2)mm，在1500N/100mm压力下扁径不小于塑料管外径的70%，卸荷后检测能恢复到原外径的90%以上，塑料管无裂纹	
8	扁平试验	从三根管材上各取长为(50±2)mm的试样一个，将试样水平放置在试验机的上下平行压板间，以(10±5)mm/min的速度压缩试样，压至试样原外径的50%时立即卸荷，用肉眼检查三个试样均无破裂、无龟裂、无裂纹及应力发白现象为合格	
9	内壁摩擦系数	普通管：静摩擦≤0.25，动摩擦≤0.29	圆鼓和斜板试验法
10	工频击穿电压	大于30kV/mm(2min)	—
11	环刚度	≥30kN/m²	—

2.9.3 塑料管材的管身及管口不得变形，管孔内外壁均应光滑、色泽应均匀、不得有气泡、凹陷、凸起及杂塑质，两端切口应平整、无裂口毛刺，并与中心线垂直，管材弯曲度不应大于0.5%(多孔管)。多孔塑料管外径与接头套管内径、承插管的承口内径与插口外径应吻合。

2.9.4 通信塑料管道工程的接续配件应齐全有效，视不同的管型分别按下述内容进行检验：

1 承插式接头用胶圈是否完好，规格是否符合设计要求。

2 套管式接头套管是否完好，规格是否符合设计要求。

3 中性胶合粘剂规格、粘度及有效期是否合格。

4 塑料管组群用支架、勒带是否符合设计要求。

2.10 钢材、钢管与铁件

2.10.1 钢材的材质、规格、型号应符合设计文件的规定，不得有锈片剥落或严重锈蚀。

2.10.2 钢管的材质、规格、型号应符合设计文件的规定。管孔内壁应光滑、无节疤、无裂缝。

2.10.3 各种钢管的管身及管口不得变形，接续配件齐全有效，套管的承口内径应与插口外径吻合。

2.10.4 各种铁件的材质、规格及防锈处理等均应符合质量标准，不得有歪斜、扭曲、飞刺、断裂或破损。铁件的防锈处理和镀锌层应均匀完整、表面光洁、无脱落、无气泡等缺陷。

2.10.5 人(手)孔井盖应符合下列要求：

1 人(手)孔井盖装置(包括外盖、内盖、口圈等)的规格应符合标准图的规定。

2 人(手)孔井盖装置应用灰铁铸铁或球墨铸铁铸造，铸铁的抗拉强度不应小于117.68MPa。铸铁质地应坚实，铸件表面应完整，无飞刺、砂眼等缺陷。铸件的防锈处理应均匀完好。

3 井盖与口圈应吻合，盖合后应平稳、不翘动。

4 井盖的外缘与口圈的内缘间隙不应大于3mm；井盖与口圈盖合后，井盖边缘应高于口圈1～3mm。

5 盖体应密实厚度一致，不得有裂缝、颗粒隆起或不平。

6 人(手)孔井盖应有防盗、防滑、防跌落、防位移、防噪声设施，井盖上应有明显的用途及产权标志。

7 人孔井盖材料抗拉强度不应低于117.68MPa，表面应有防腐处理。

2.10.6 人(手)孔内装设的支架及电缆(光缆)托板，应用铸钢(玛钢或球墨铸铁)、型钢或其他工程材料制成，不得用铸铁制造。

2.10.7 人(手)孔内设置的拉力(拉缆)环和穿钉，应有ϕ16普通碳素钢(HPB235级)制造，全部做镀锌防锈处理。穿钉、拉力(拉缆)环不应有裂纹、节瘤、段接等缺陷。

2.10.8 积水罐用铸铁加工，要求热涂沥青防腐处理。

2.10.9 人(手)孔采用非标准图纸时，应符合本规范第2.10.5～2.10.8条的要求及设计文件规定。

3 工程测量

3.0.1 通信管道工程的测量，应按照设计文件及城市规划部门已批准的位置、坐标和高程进行。

3.0.2 施工前，必须依据设计图纸和现场交底的控制桩点，进行通信管道及人(手)孔位置的复测，并按施工需要钉设桩点，复测钉设的桩(板)应符合下列规定：

1 直线管道，自人(手)孔中心3～5m处开始，沿管线每隔20～25m宜设一桩(板)；设计为弯管道时，桩(板)应适当加密。

2 桩点设置应牢固，顶部宜与地面平齐。桩点附近有永久建(构)筑物时，可做定位检点，并做好标志和记录。

3 平面复测允许偏差应符合下列规定：

1)管道中心线不得大于±10mm。

2)直通型人(手)孔的中心位置不得大于100mm。

3)管道转角处的人(手)孔中心位置不得大于20mm。

3.0.3 施工现场必须设置临时水准点，并应标定管道及人(手)孔施工直测的水准桩点，临时水准点的设置应符合下列要求：

1 临时水准点应满足施工测量的精度，允许误差不大于±5mm。

2 临时水准点的设置必须牢固、可靠，两点的间距不应大于150m。

3 临时水准点、水平桩(或平尺板)的顶部必须平整、稳定，并有明显标记。

4 临时水准点、水平桩(或平尺板)应按顺序编号，测定相应高程，计算出各点相应沟(或坑)底的深度，标在平尺板上并做好记录。

3.0.4 施工时，必须按下列规定进行校测：

1 在完成沟(坑)挖方及地基处理后，应校测管道沟、人(手)孔坑底地基的高程是否符合设计规定。

2 施工过程中如发现水平桩(或平尺板)错位或丢失，应及时进行校测并补设桩点。

3.0.5 挖土方工作完成后，凡在沟(坑)中的其他管、线等(指不需移改的)地下设施及已移改完毕的地下设施，必须测量其顶部(底部)的高程、宽度等及与临近人(手)孔和通信管道(通道)的相对位置、垂直间距、水平间距，并做好记录，必须注明其类别、规格等。

3.0.6 通信管道的各种高程，以水准点为基准，允许误差不应大于±10mm。

4 土方工程

4.1 挖掘沟坑

4.1.1 通信管道施工中，遇到不稳定土壤或有腐蚀性的土壤时，施工单位应及时提出，待有关单位提出处理意见后方可施工。

4.1.2 管道施工开挖时，遇到地下已有其他管线平行或垂直距离接近时，应按设计规范的规定核对其相互间的最小净距是否符合标准。如发现不符合标准或危及其他设施安全时，应向建设单位反映，在未取得建设单位和产权单位同意时，不得继续施工。

4.1.3 挖掘沟(坑)如发现埋藏物，特别是文物、古墓等必须立即停止施工，并负责保护现场，与有关部门联系，在未得到妥善解决之前，施工单位等严禁在该地段内继续工作。

4.1.4 施工现场条件允许，土层坚实及地下水位低于沟(坑)底，且挖深超过 3m 时，可采用放坡法施工。放坡挖沟(坑)的坡与深度关系按表 4.1.4 的要求执行(图 4.1.4)。

表 4.1.4 放坡挖沟(坑)的坡度与深度关系

土壤类别	H∶D	
	$H<2m$	$2m<H<3m$
粘土	1∶0.10	1∶0.15
砂粘土	1∶0.15	1∶0.25
砂质土	1∶0.25	1∶0.50
瓦砾、卵石	1∶0.50	1∶0.75
炉渣、回填土	1∶0.75	1∶1.00

注：H 为深度；D 为放坡(一侧的)宽度。

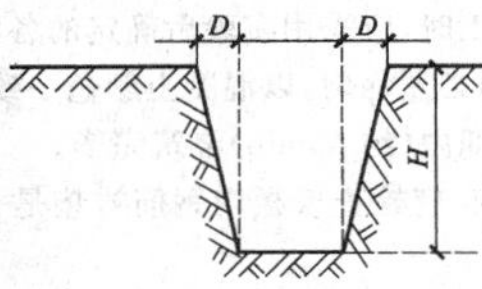

图 4.1.4 放坡挖沟(坑)

4.1.5 当管道沟及人(手)孔坑深度超过 3m 时，应适当增设倒土平台(宽 400mm)或加大放坡系数(图 4.1.5)。

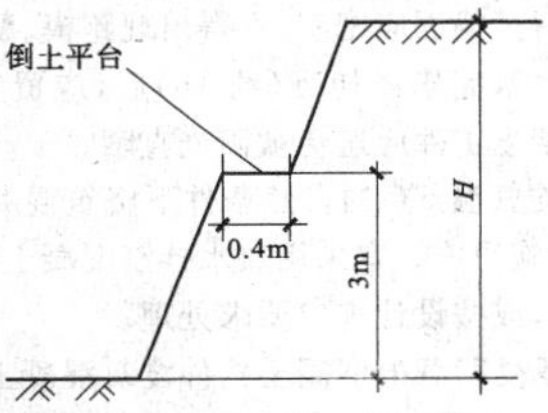

图 4.1.5 增设倒土平台

4.1.6 挖掘不需支撑护土板的人(手)孔坑，其坑的平面形状应与人(手)孔形状相同，坑的侧壁与人(手)孔外壁的外侧间距不应小于 0.4m，其放坡应按表 4.1.4 执行。

4.1.7 挖掘需支撑护土板的人(手)孔坑，宜挖矩形坑。人(手)孔坑的长边与人(手)孔壁长边的外侧(指最大宽处)间距不应小于 0.3m，宽不应小于 0.4m。

4.1.8 通信管道工程的沟(坑)挖成后，凡遇被水冲泡的，必须重新进行人工地基处理，否则，严禁进行下一道工序的施工。

4.1.9 凡设计图纸标明需支撑护土板的地段，均应按照设计文件规定进行施工；设计文件中没有具体规定的，遇下列地段应支撑护土板。

1 横穿车行道的管道沟。

2 沟(坑)的土壤是松软的回填土、瓦砾、砂土、级配砂石层等。

3 沟(坑)土质松软且其深度低于地下水位的。

4 施工现场条件所限无法采用放坡法施工而需要支撑护土板的地段，或与其他管线平行较长且相距较小的地段等。

4.1.10 挖沟(坑)接近设计的底部高程时，应避免挖掘过深破坏土壤结构，如挖深超过设计标高 100mm，应填铺灰土或级配砂石并应夯实。

4.1.11 通信管道工程施工现场堆土，应符合下列要求：

1 开凿的路面及挖出的石块等应与泥土分别堆置。

2 堆土不应紧靠碎砖或土坯墙，并应留有行人通道。

3 城镇内的堆土高度不宜超过 1.5m。

4 堆置土不应压埋消火栓、闸门、电缆(光缆)线路标石以及热力、煤气、雨(污)水等管线的检查井、雨水口及测量标志等设施。

5 堆土的坡脚边应距沟(坑)边 40cm 以上。

6 堆土的范围应符合市政、市容、公安等部门的要求。

4.1.12 挖掘通信管道沟(坑)时，严禁在有积水的情况下作业，必须将水排放后进行挖掘工作。

4.1.13 挖掘通信管道沟(坑)施工现场，应设置红白相间的临时护栏或醒目的标志。

4.1.14 室外最低气温在零下 5℃时，对所挖的沟(坑)底部，应采取有效的防冻措施。

4.2 回 填 土

4.2.1 通信管道工程的回填土，应在管道或人(手)孔按施工顺序完成施工内容，并经 24h 养护和隐蔽工程检验合格后进行。

4.2.2 回填土前，应先清除沟(坑)内的遗留木料、草帘、纸袋等杂物。沟(坑)内如有积水和淤泥，必须排除后方可进行回填土。

4.2.3 通信管道工程的回填土，除设计文件有特殊要求外，应符合下列规定：

1 在管道两侧和顶部 300mm 范围内，应采用细砂或过筛细土回填。

2 管道两侧应同时进行回填土，每回填土 150mm 厚，应夯实。

3 管道顶部 300mm 以上，每回填土 300mm 厚，应夯实。

4.2.4 通信管道工程挖明沟穿越道路的回填土，应符合下列要求：

1 在市内主干道路的回填土夯实，应与路面平齐。

2 市内一般道路的回填土夯实，应高出路面 50～100mm，在郊区土地上回填土，可高出地表 150～200mm。

4.2.5 人(手)孔坑的回填土，应符合下列要求：

1 在路上的人(手)孔坑两端管道回填土，应按照第 4.2.4 条的规定执行。

2 靠近人(手)孔壁四周的回填土内，不应有直径大于 100mm 的砾石，碎砖等坚硬物。

3 人(手)孔坑每回填土 300mm 时，应夯实。

4 人(手)孔坑的回填土，严禁高出人(手)孔口圈的高程。

4.2.6 管道及人(手)孔坑夯实密实度应符合当地市政部门施工的有关规定。

4.2.7 在修复通信管道施工挖掘的路面之前，如回填土出现明显的坑、洼，通信管道的施工单位应按照市政部门的要求及时处理。

4.2.8 通信管道工程回填土完毕，应及时清理现场的碎砖、破管等杂物。

5 模板、钢筋及混凝土、砂浆

5.1 装拆模板

5.1.1 通信管道工程中的混凝土基础、包封、上覆及人孔壁、盖板等，均应按设计图纸的规格要求支架模板。

5.1.2 浇筑混凝土的模板，应符合下列规定：

1 各类模板必须有足够的强度、刚度和稳定性，无缝隙和孔洞，浇筑混凝土后不得产生形变。

2 模板的形状、规格应保证设计图纸要求所浇筑混凝土构件的规格和形状。

3 模板与混凝土的接触面应平整，边缘整齐，拼缝紧密、牢固，预留孔洞位置准确，尺寸符合规定。

4 重复使用的模板，表面不得有粘结的混凝土、水泥砂浆及泥土等附着物。

5.1.3 模板拆除的期限，应符合下列要求：

1 各种非承重混凝土构件最早拆除模板的期限，应符合表

5.1.3-1 的规定。

表 5.1.3-1　非承重混凝土构件拆模时间表

水泥品种	水泥标号	混凝土标号	日平均温度(℃)					
			5	10	15	20	25	30
			混凝土达到 2.45MPa(25kgf/cm²)强度的拆模天数					
普通硅酸盐水泥	32.5	C10 以下	5.0	4.0	3.0	2.0	1.5	1.0
		C11～C20	4.5	3.0	2.5	2.0	1.5	1.0
		C20 以上	3.0	2.5	2.0	1.5	1.0	1.0
火山灰或矿渣水泥	32.5	C10 以下	8.0	6.0	4.5	3.5	2.5	2.0
		C10 以上	6.0	4.5·	3.5	2.5	2.0	1.5

注:每 24h 为一天。

2　各种承重混凝土构件的最早拆除模板期限,应符合表 5.1.3-2的规定。

表 5.1.3-2　承重混凝土构件拆模时间表

结构类别	水泥种类	水泥标号	拆模需要的强度(按设计强度 x%计)	日平均温度(℃)					
				5	10	15	20	25	30
				混凝土达到 x%强度的天数					
跨度2.5m 以下的板及装配钢筋混凝土构件	普通硅酸盐	32.5	50	12	8	7	6	5	4
	火山灰或矿渣	32.5 以上	50	22	14	10	8	7	6
跨度2.5～8m 的板梁的底模板	普通硅酸盐	32.5	70	24	16	12	10	9	8
	火山灰或矿渣	32.5 以上	70	36	22	16	14	11	9

5.1.4　浇灌混凝土的模板各部位的尺寸,预留孔洞及预埋件的位置应准确,并应无跑浆、漏浆等现象。

5.2　钢 筋 加 工

5.2.1　通信管道工程所用的钢筋品种、规格、型号均应符合设计的规定。

5.2.2　钢筋加工应符合下列规定:

1　钢筋表面应洁净,应清除钢筋的浮皮、锈蚀、油渍、漆污等。

2　钢筋应按设计图纸的规定尺寸下料,并按规定的形状进行加工。

3　圆钢(也叫Ⅰ级筋)如需进行端头弯钩处理的,其弯钩长度应不小于钢筋直径的 5.5 倍(图 5.2.2-1)。

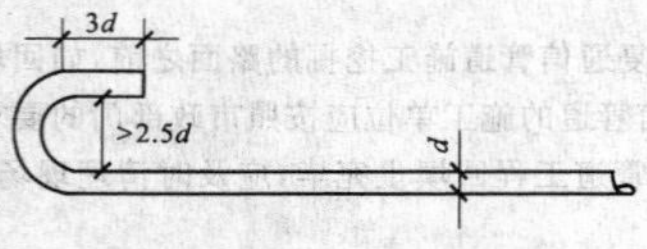

图 5.2.2-1　钢筋端头弯钩

4　盘条钢筋在加工前应进行拉伸处理。

5　加工钢筋时应检查其质量,凡有劈裂、缺损等伤痕的残段不得使用。

6　短段钢筋允许接长用作分布筋(构造钢筋),其接续如图 5.2.2-2 所示。上覆主筋(受力钢筋)严禁有接头。

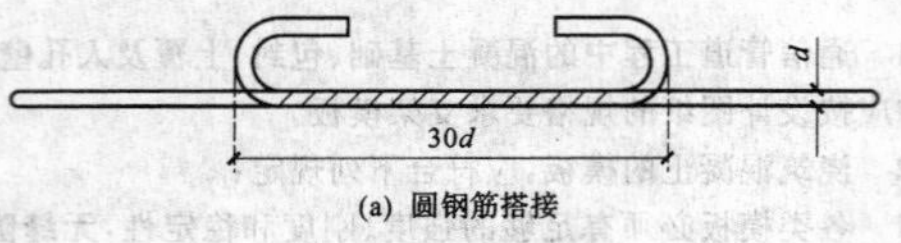

(a) 圆钢筋搭接

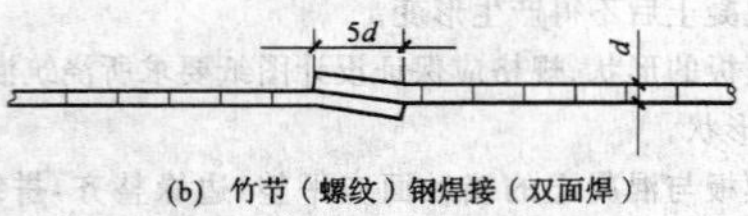

(b)　竹节(螺纹)钢焊接(双面焊)

图 5.2.2-2　短段钢筋搭接焊接图

5.2.3　钢筋排列的形状及各部位尺寸,主筋与分布筋的位置均应符合设计图纸的规定,严禁倒置;主筋间距误差应不大于 5mm,分布筋间距误差应不大于 10mm。

5.2.4　钢筋纵横交叉处应采用直径 1.0mm 或 1.2mm 的铁线(俗称火烧丝)绑扎牢固,不滑动、不遗漏。

5.2.5　使用接续的钢筋时,接续点应避开应力最大处,并应相互错开,不得集中在一条线上,同一钢筋不得有一个以上的接续点。

5.2.6　钢筋与模板的间距一般应为 20mm,为保持钢筋与模板的间距相等,可在钢筋下垫以自制的混凝土块或砂浆块等,严禁使用木块、塑料等有机材料衬垫。

5.3　混凝土浇筑

5.3.1　配制混凝土所用的水泥、砂、石和水应符合使用标准。不同种类、标号的水泥不得混合使用;砂和石料的含泥量如超过标准,必须用水洗干净后方能使用。

5.3.2　各种标号混凝土的配料比、水灰比应适量,以保证设计规定的混凝土标号。施工时,应采用实验后确定的各种配比。

5.3.3　混凝土的搅拌必须均匀,以混凝土颜色一致为度。搅拌均匀的混凝土应在初凝期内(约 45min)浇筑完毕。

5.3.4　浇筑混凝土前,应检查模板内钢筋衬垫是否稳妥,并清除模内杂物。

混凝土在初凝之前如发生离析现象,可重新搅拌后再浇筑。

混凝土浇筑倾落高度在 3m 以上时,应采用漏斗或斜槽的方法浇筑。

5.3.5　浇筑混凝土构件必须进行振捣,无论采用人工或机械振捣都应按层依次进行,捣固应密实,不得出现跑模、漏浆等现象。

5.3.6　混凝土浇筑完毕经初凝(约 1h)后,应覆盖草帘等物并进行洒水养护;混凝土工件应避免被阳光直晒。

5.3.7　在日平均气温 5℃的自然条件下浇筑混凝土,应采取保温为主的蓄热法措施防冻。宜采用热水拌制混凝土或构件外露部分加以覆盖等措施,或按设计规定要求处理。

5.3.8　非直接承受荷载的混凝土构件浇筑混凝土后,在日平均气温 15℃的情况下,必须养护 24h 以下,方能在其上面讲行下一道工序。

5.4　水 泥 砂 浆

5.4.1　水泥砂浆的配比,必须严格按规定进行配制。

5.4.2　凡抹缝、抹角、抹面及管块接缝等处的水泥砂浆,其砂料必须过筛后使用,不得有豆石等较大粒径碎石在内。

5.4.3　水泥砂浆的养护,可按照本规范第 5.3 节的规定执行。

6　人(手)孔、通道建筑

6.1　一 般 规 定

6.1.1　砖、混凝土砌块(以下简称砌块)砌筑前应充分浸湿,砌体面应平整、美观,不应出现竖向通缝。

6.1.2　砖砌体砂浆饱满程度应不低于 80%,砖缝宽度应为 8～12mm,同一砖缝的宽度应一致。

6.1.3　砌块砌体横缝应为 15～20mm,竖缝应为 10～15mm,横缝砂浆饱满程度应不低于 80%,竖缝灌浆必须饱满、严实,不得出现跑漏现象。

6.1.4　砌体必须垂直,砌体顶部四角应水平一致;砌体的形状,尺寸应符合设计图纸要求。

6.1.5　设计规定抹面的砌体,应将墙面清扫干净,抹面应平整、压光、不空鼓,墙角不得歪斜。抹面厚度、砂浆配比应符合设计规定。

勾缝的砌体,勾缝应整齐均匀,不得空鼓,不应脱落或遗漏。

6.1.6　通道的建筑规格、尺寸、结构形式,通道内设置的安装铁件等，均应符合设计图纸的规定。

一般局(站)内主机房引出建筑物的通道，不应越出局(站)院墙，局(站)以外的通信用浅埋通道，其内部净高宜为1.8m。

6.1.7 通信管道的弯管道，当水泥管道曲率半径小于36m时宜改为通道。

6.2 人(手)孔、通道的地基与基础

6.2.1 人(手)孔、通道的地基应按设计规定处理，如系天然地基必须按设计规定的高程进行夯实、抄平。

人(手)孔、通道采用人工地基，必须按设计规定处理。

6.2.2 人(手)孔、通道基础支模前，必须校核基础形状、方向、地基高程等。

6.2.3 人(手)孔、通道基础的外形、尺寸应符合设计图纸规定，其外形偏差应不大于±20mm，厚度偏差应不大于±10mm。

6.2.4 基础的混凝土标号、配筋等应符合设计规定。浇灌混凝土前，应清理模板内的杂草等物，并按设计规定的位置挖好积水罐安装坑，其大小应比积水罐外形四周大100mm，坑深比积水罐高度深100mm；基础表面应从四周向积水罐做20mm泛水(图6.2.4)。

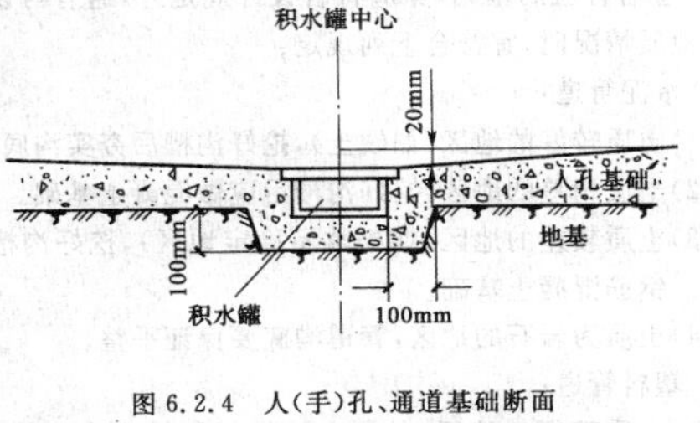

图6.2.4 人(手)孔、通道基础断面

6.2.5 设计文件对人(手)孔、通道地基、基础有特殊要求时，如提高混凝土标号、加配钢筋、防水处理及安装地线等，均应按设计规定办理。

6.3 墙　体

6.3.1 人(手)孔、通道内部净高应符合设计规定，墙体的垂直度(全部净高)允许偏差应不大于±10mm，墙体顶部高程允许偏差不应大于±20mm。

6.3.2 墙体与基础应结合严密、不漏水，结合部的内外侧应用1:2.5水泥砂浆抹八字，基础进行抹面处理的可不抹内侧八字角(图6.3.2)。抹墙体与基础的内、外八字角时，应严密、贴实、不空鼓、表面光滑、无欠茬、无飞刺、无断裂等。

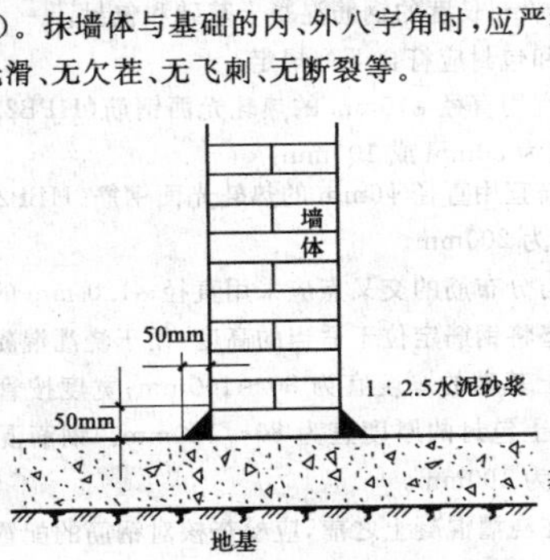

图6.3.2 基础与墙体抹八字

6.3.3 砌筑墙体的水泥砂浆标号应符合设计规定；设计无明确要求时，应使用不低于M7.5水泥砂浆。

通信管道工程的砌体，严禁使用掺有白灰的混合砂浆进行砌筑。

6.3.4 人(手)孔、通道墙体的预埋件应符合下列规定：

1 电缆支架穿钉的预埋。

1)穿钉的规格、位置应符合设计规定，穿钉与墙体应保持垂直。

2)上、下穿钉应在同一垂直线上，允许垂直偏差不应大于5mm，间距偏差应小于10mm。

3)相邻两组穿钉间距应符合设计规定，偏差应小于20mm。

4)穿钉露出墙面应适度，应为50～70mm；露出部分应无砂浆等附着物，穿钉螺母应齐全有效。

5)穿钉安装必须牢固。

2 拉力(拉缆)环的预埋。

1)拉力(拉缆)环的安装位置应符合设计规定，一般情况下应与对面管道底保持200mm以上的间距。

2)露出墙面部分应为80～100mm。

3)安装必须牢固。

6.3.5 管道进入人(手)孔、通道的窗口位置，应符合设计规定，允许偏差不应大于10mm；管道端边至墙体面应呈圆弧状的喇叭口；人(手)孔、通道内的窗口应堵抹严密，不得浮塞，外观整齐、表面平光。

管道窗口外侧应填充密实、不得浮塞、表面整齐。

6.3.6 管道窗口宽度大于700mm时，或使用承重易形变的管材(如塑料管等)的窗口外，应按设计规定加过梁或窗套。

6.4 人(手)孔上覆及通道沟盖板

6.4.1 人(手)孔上覆(简称上覆)及通道沟盖板(简称盖板)的钢筋型号，加工、绑扎，混凝土的标号应符合设计图纸的规定。

6.4.2 上覆、盖板外形尺寸、设置的高程应符合设计图纸的规定，外形尺寸偏差不应大于20mm，厚度允许最大负偏差不应大于5mm，预留孔洞的位置及形状，应符合设计图纸的规定。

6.4.3 预制的上覆、盖板两板之间缝隙应尽量缩小，其拼缝必须用1:2.5砂浆堵抹严密，不空鼓、不浮塞，外表平光，无欠茬、无飞刺、无断裂等。人(手)孔、通道内顶部不应有漏浆等现象，板间拼缝抹堵见图6.4.3。

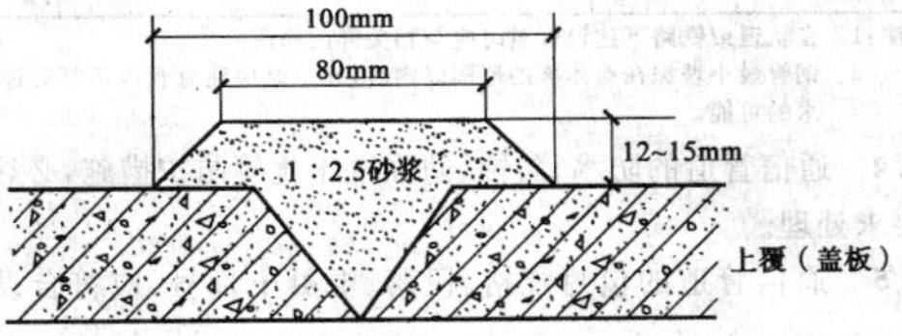

图6.4.3 板间拼缝断面

6.4.4 上覆、盖板混凝土必须达到设计规定的强度以后，方可承受荷载或吊装、运输。

6.4.5 上覆、盖板底面应平整、光滑、不露筋、无蜂窝等缺陷。

6.4.6 上覆、盖板与墙体搭接的内、外侧，应用1:2.5的水泥砂浆抹八字角。但上覆、盖板直接在墙体上浇灌的可不抹角。

八字抹角应严密，贴实、不空鼓、表面光滑、无欠茬、无飞刺、无断裂等。上覆、盖板与墙体抹角见图6.4.6。

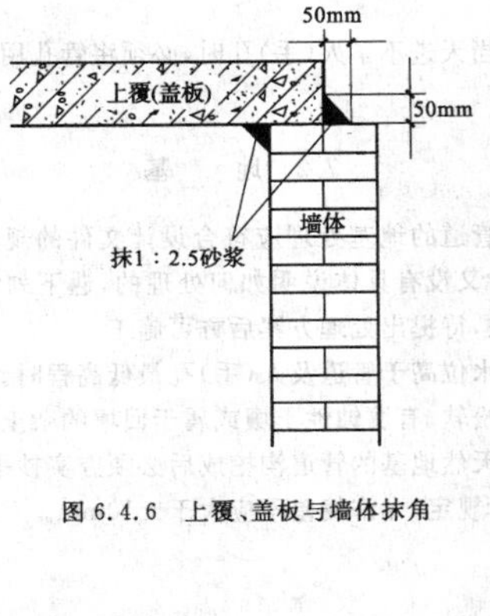

图6.4.6 上覆、盖板与墙体抹角

6.5 口圈和井盖

6.5.1 人(手)孔口圈顶部高程应符合设计规定,允许正偏差不应大于 20mm。

6.5.2 稳固口圈的混凝土(或缘石、沥青混凝土)应符合设计图纸的规定,自口圈外缘应向地表做相应的泛水。

6.5.3 人孔口圈与上覆之间宜砌不小于 200mm 的口腔(俗称井脖子);人孔口腔应与上覆预留洞口形成同心圆的圆筒状,口腔内、外应抹面。口腔与上覆搭接处应抹八字,八字抹角应严密、贴实、不空鼓、表面光滑、无欠茬、无飞刺、无断裂等。

6.5.4 人(手)孔口圈应完整无损,必须按车行道、人行道等不同场合安装相应的口圈,但允许人行道上采用车行道的口圈。

6.5.5 通信管道工程在正式验收之前,所有装置必须安装完毕,齐全有效。

7 铺设管道

7.1 一般要求

7.1.1 通信管道的规格、程式和管群断面组合,应符合设计规定要求。如更换或代用管材,必须征得建设单位或设计部门的同意,并办理相关手续。

7.1.2 改、扩建管道工程,不宜在原有管道两侧加扩管孔,特殊情况必须在原有管道一侧扩孔时,须将原有人(手)孔及光(电)缆做妥善处理。

7.1.3 各种材质的通信管道,管顶至路面的埋设深度不应低于表 7.1.3 的要求。当达不到要求的,应采用混凝土包封或钢管保护。

表 7.1.3 路面至管顶的最小深度表(m)

类别	人行道下	车行道下	与电车轨道交越(从轨道底部算起)	与铁道交越(从轨道底部算起)
水泥管、塑料管	0.7	0.8	1.0	1.5
钢管	0.5	0.6	0.8	1.2

注:1 在轨道或铁路下建设管道时应与相关部门协商。
2 钢管最小埋深在有冰冻的范围以内时,施工时应注意管内不能有进水或存水的可能。

7.1.4 通信管道的防水、防蚀、防强电干扰等防护措施,必须按设计要求处理。

7.1.5 通信管道的包封规格、段落、混凝土标号,应符合设计规定。

7.1.6 各种管道进入人(手)孔、通道的位置应符合下列规定:

1 管顶距人(手)孔、通道上覆及沟盖底面不应小于 300mm。管底距人(手)孔、通道基础面不应小于 400mm。

2 人(手)孔内不同方向管道相对位置(标高)尽可能接近,相对管孔高差不宜大于 500mm。

7.1.7 如地下水位高于基础,应在地势低的一端不停地抽水,使水流一直处在基础以下,待管道接续完成后,砂浆基本凝固,方可停止抽水。

7.1.8 炎热夏季和严寒冬季施工要盖草袋,注意混凝土的防晒和防冻。

7.1.9 铺管当天进不了人(手)孔时,必须将管孔用塑料布或麻袋片捆挡严实。

7.2 地 基

7.2.1 通信管道的地基处理应符合设计文件的规定。凡采用天然地基而设计又没有具体说明如何处理的,遇下列情况应及时向有关单位反映,待提出处理方案后方可施工。

1 地下水位高于管道及人(手)孔最低高程时。

2 土质松软、有腐蚀性土壤或属于回填的杂土层。

7.2.2 凡是天然地基的管道沟挖成后必须夯实抄平,地基表面高程应符合设计规定,允许偏差不应大于±10mm。

7.2.3 通信管道沟底地基的宽度应符合下列要求:

1 管道基础宽 630mm 以下时,其沟底宽度应为基础宽度加 300mm(即每侧各加 150mm)。

2 管道基础宽 630mm 以上时,其沟底宽度应为基础宽度加 600mm(即每侧各加 300mm)。

3 无基础管道(水泥管块的管道在非特殊情况不应采用此法)的沟底宽度,应为管群宽度加 400mm(即每侧各加 200mm)。

7.3 基 础

7.3.1 通信管道宜采用素混凝土基础,混凝土的标号、基础宽度、基础厚度应符合设计规定。

凡设计规定管道基础使用预制基础板或加钢筋的段落,应按设计处理。

7.3.2 通信管道基础的中心线应符合设计规定,左右偏差不应大于±10mm;高程误差不应大于±10mm。

7.3.3 管道基础宽度应比管道组群宽度加宽 100mm(即每侧各宽 50mm)。管道包封时,管道基础宽度应为管群宽度两侧各加包封厚度。基础包封宽度和厚度不应有负偏差。

7.3.4 通信管道的基础,除应符合设计规定外,遇有与设计文件不符的地质情况时,宜符合下列规定:

1 水泥管道:

1)土质较好的地区(如硬土),挖好沟槽后夯实沟底。

2)土质稍差的地区,挖好沟槽后应做混凝土基础。

3)土质较差的地区(如松软不稳定地区),挖好沟槽后应做钢筋混凝土基础。

4)土质为岩石的地区,管道沟底要保证平整。

2 塑料管道:

1)土质较好的地区(如硬土),挖好沟槽后夯实沟底,回填 50mm 细砂或细土。

2)土质稍差的地区,挖好沟槽后应做混凝土基础,基础上回填 50mm 细砂或细土。

3)土质较差的地区(如松软不稳定地区),挖好沟槽后应做钢筋混凝土基础,基础上回填 50mm 细砂或细土。必要时要对管道进行混凝土包封。

4)土质为岩石的地区,挖好沟槽后应回填 200mm 细砂或细土。

5)管道进入人孔或建筑物时,靠近人孔或建筑物侧应做不小于 2m 长度的钢筋混凝土基础和包封。

7.3.5 基础和包封应符合下列规定:

1 主筋宜用直径 ϕ10mm 的热轧光面钢筋(HPB235 级)、筋间中心间距宜为 80mm 或 100mm。

2 分布筋宜用直径 ϕ6mm 的热轧光面钢筋(HBP235 级)、筋间中心间距宜为 200mm。

3 主筋与分布筋的交叉点应采用直径 ϕ1.0 mm 的铁线绑扎牢固,采用衬垫将钢筋定位于适当的高度,便于浇灌混凝土。

4 混凝土基础的厚度宜为 80～100mm;宽度按管群组合计算确定。混凝土包封的厚度宜为 80～100mm。钢筋混凝土基础和包封厚度宜为 100mm。

5 基础在浇灌混凝土之前,应检查核对钢筋的配置、绑扎、衬垫等是否符合规定,并应清除基础模板内的各种杂物;浇灌的混凝土应捣固密实,初凝后应覆盖草帘等覆盖物洒水养护;养护期满拆除模板后,应检查基础有无蜂窝、掉边、断裂、波浪、起皮、粉化、欠茬等缺陷,如有缺陷应认真修补,严重时应返工。

6 在制作基础时,有关装拆模板、钢筋加工、混凝土浇筑、水泥砂浆等内容,应按相关标准执行。

7.3.6 通信管道基础进入建筑物或人(手)孔时,塑料管道靠近建筑物或人(手)孔处应做不小于 2m 长度的钢筋混凝土基础和混凝土包封。管道基础宽度可按照表 7.3.6 和图 7.3.6 加配钢筋。钢筋应搭在窗口墙上不小于100mm。

表 7.3.6 管道基础进入人(手)孔窗口处配筋表

管道基础宽度(mm)	钢筋直径(mm)	根数	长度(mm)	总长(m)
350	ϕ6	8	310	2.48
	ϕ10	4	1565	6.26
460	ϕ6	8	420	3.36
	ϕ10	5	1565	7.83
615	ϕ6	8	590	4.72
	ϕ10	7	1565	11.00
735	ϕ6	8	690	5.52
	ϕ10	8	1565	12.52
835	ϕ6	8	800	6.4
	ϕ10	9	1565	14.09
880	ϕ6	8	840	6.72
	ϕ10	9	1565	14.09
1140	ϕ6	8	990	7.92
	ϕ10	11	1565	17.16

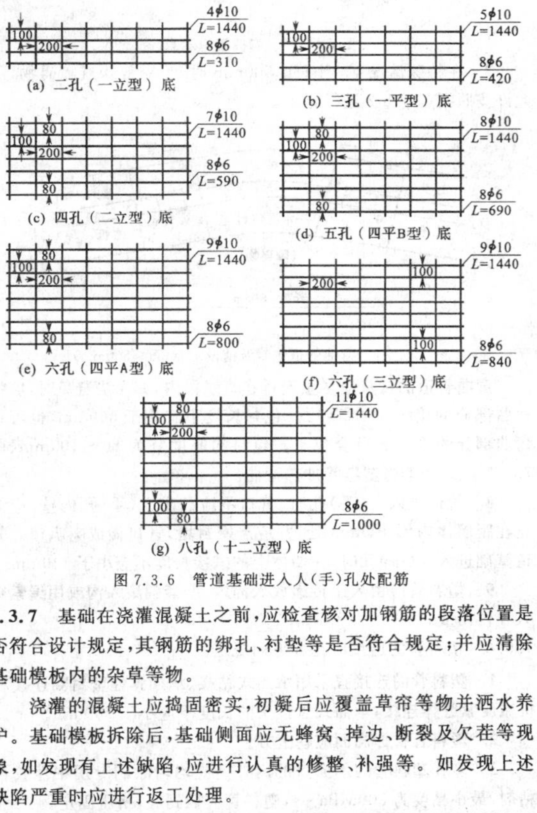

图 7.3.6 管道基础进入人(手)孔处配筋

7.3.7 基础在浇灌混凝土之前，应检查核对加钢筋的段落位置是否符合设计规定，其钢筋的绑扎、衬垫等是否符合规定；并应清除基础模板内的杂草等物。

浇灌的混凝土应捣固密实，初凝后应覆盖草帘等物并洒水养护。基础模板拆除后，基础侧面应无蜂窝、掉边、断裂及欠茬等现象，如发现有上述缺陷，应进行认真的修整、补强等。如发现上述缺陷严重时应进行返工处理。

7.3.8 通信管道基础的混凝土应振捣密实、表面平整、无断裂、无波浪、无明显接茬及欠茬，混凝土表面不起皮、不粉化。

7.4 水泥管道铺设

7.4.1 水泥管道铺设前应检查管材及配件的材质、规格、程式和断面的组合必须符合设计的规定。

7.4.2 改、扩建管道工程，不应在原有管道两侧加扩管孔；在特殊情况下非在原有管道的一侧扩孔时，必须对原有的人(手)孔及原有光(电)缆等做妥善的处理。

7.4.3 水泥管块的铺设应符合下列规定：

1 管群的组合断面必须符合设计规定。

2 水泥管块的顺向连接间隙不得大于5mm。上下两层管块间及管块与基础间应为15mm，允许偏差不大于5mm。

3 管群的两层管及两行管的接续缝应错开。水泥管块接缝无论行间、层间均宜错开1/2管长(图7.4.2-1 图7.4.2-2)。

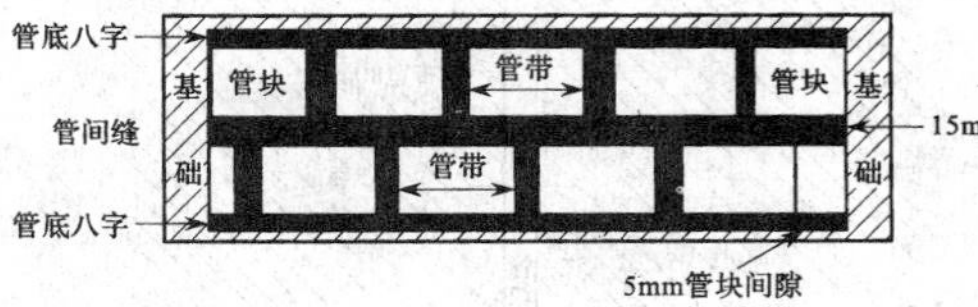

图 7.4.2-1 两行管块接缝错开

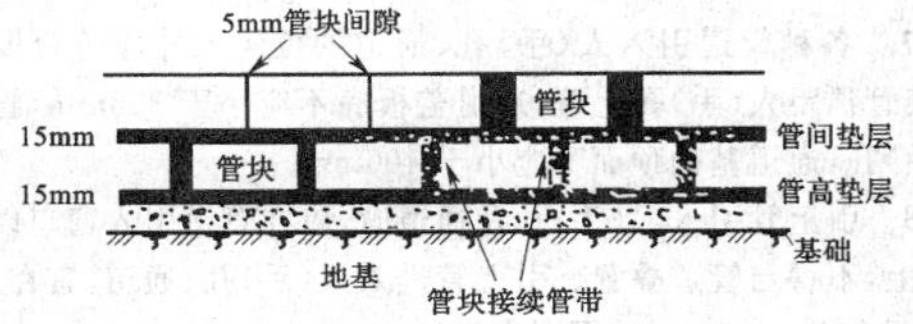

图 7.4.2-2 两层管块接缝错开

4 水泥管道进入人孔窗口处，应使用整根水泥管。

5 水泥管块的弯管道及设计上有特殊技术要求的管道，其接续缝及垫层应符合设计规定。

7.4.4 铺设水泥管道时，应在每个管块的对角管孔用两根拉棒试通管孔：其拉棒外径应小于管孔的标称孔径3～5mm；拉棒长度，铺直线管道宜为1200～1500mm；铺弯管道(其曲率半径大于36m)宜为900～1200mm。

7.4.5 铺设水泥管道的管底垫层砂浆标号，应符合设计要求，其砂浆的饱满程度不应低于95%，不得出现凹心，不得用石块等物垫管块的边、角。管块应平实铺卧在水泥砂浆垫层上。

两行管块间的竖缝充填的水泥砂浆，其标号应符合设计的规定，充填的饱满程度不应低于75%。

管顶缝、管边缝、管底八字应抹1：2.5水泥砂浆；严禁使用铺管或充填管间缝的水泥砂浆进行抹堵，应粘结牢固、平整光滑、不空鼓、无欠茬、不断裂。抹顶缝、边缝及管底八字(图7.4.5)。

7.4.6 水泥管块的接续方法宜采用抹浆法，采用抹浆法接续管块，其所衬垫的纱布不应露在砂浆以外，水泥砂浆与管身粘结牢固，质地坚实、表面光滑、不空鼓、无飞刺、无欠茬、不断裂，并应符合下列规定：

1 两管块接缝处应用纱布包80mm宽，允许±10mm的误差，长为管块周长加80～120mm，均匀地包在管块接缝上。

2 接缝纱布包好后，应先在纱布上刷清水，水要刷到管块饱和为度，再刷纯水泥浆。

3 接缝纱布刷完水泥浆后，应立即抹1：2.5的水泥砂浆。

4 纱布上抹的1：2.5水泥砂浆厚度应为12～15mm，其下宽应为100mm，上宽应为80mm，允许正偏差不大于5mm(图7.4.6)。

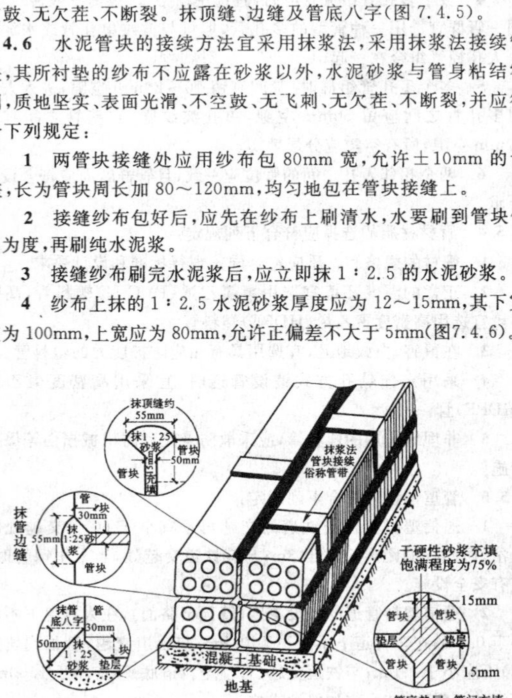

图 7.4.5 抹管顶缝、缝、八字

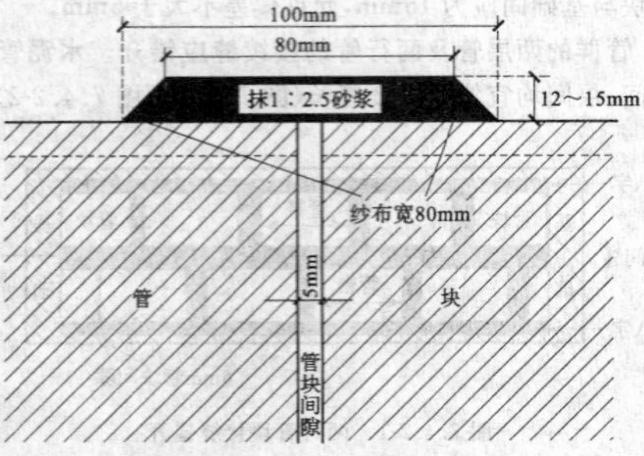

图 7.4.6　管块接续抹缝

7.4.7　各种管道引入人（手）孔、通道的位置尺寸应符合设计规定，其管顶距人（手）孔上覆，通道盖板底不应小于 300mm，管底距人（手）孔，通道基础顶面不应小于 400mm。

7.4.8　引上管引入人（手）孔及通道时，应在管道引入窗口以外的墙壁上，不得与管道叠置。引上管进入人（手）孔、通道，宜在上覆、盖板下 200～400mm 范围以内。

7.4.9　弯管道的曲率半径应符合设计要求，不宜小于 36m。其水平或纵向弯管道各折点坐标或标高，均应符合设计要求。弯管道应成圆弧状。

7.5　塑料管道铺设

7.5.1　塑料管道的铺设应满足设计规定的各项要求，设计文件中无明确规定的内容，应符合本节的相关规定。

7.5.2　塑料管铺管及接续时，施工环境温度不宜低于 −5℃。

7.5.3　塑料管道的组群应符合下列规定：

1　管群应组成矩形，横向排列的管孔数宜为偶数，且宜与人（手）孔托板容纳电缆数量相配合。

2　矩形高度不宜小于宽度，但不宜超过一倍。

3　管孔内径大的管材应放在管群的下边和外侧，管孔内径小的管材应放在管群的上边和内侧。

4　多个多孔管组成管群时，宜选用栅格管、蜂窝管或梅花管，同一管群宜选用一种管型的多孔管，但可与波纹单孔管或水泥管等大孔径管组合在一起。

5　多个多孔管组群时，管间宜留 10～20mm 空隙，进入人孔时多孔管之间应留 50mm 空隙，单孔波纹管、实壁管之间宜留 20mm 空隙，所有空隙应分层填实。

6　两个相邻人孔之间的管位应一致，且管群断面应符合设计要求。

7.5.4　管材材质的选择应符合下列规定：

1　管材的规格和材质应符合国家现行标准和设计要求。

2　正常的温度环境宜选用聚氯乙烯（PVC-U）塑料管，高寒环境宜选用高密度聚乙烯（HDPE）塑料管。

3　在鼠害、白蚁地区，宜选用具有相应防护能力的塑料管。

4　采用定向钻孔方式铺设管道时，宜采用高密度聚乙烯（HDPE）管。

5　非埋地应用的塑料管，应采取防老化和防机械损伤等保护措施。

7.5.5　管道铺设应符合下列规定：

1　通信塑料管道与铁道的交越角不宜小于 60°。交越处距道岔、回归线的距离应大于 3m；与有铁道交越处，当采用钢管时，应有安全设施。

2　通信塑料管道的埋设深度（管顶至路面），在人行道下不应小于 0.7m；在车行道下不应小于 0.8m；与轨道交越（管顶到轨道底）不应小于 1.0m；与铁道交越（管顶至轨道底）不应小于 1.50m。埋深达不到要求时，应加保护措施。

3　管道进入人孔处，管道顶部距人孔内上覆顶面的净距不得小于 300mm，管道底部距人孔底板的净距不得小于 400mm。引上管进入人孔处宜在上覆顶下面 200～400mm 范围内，并与管道进入的位置错开。

4　通信塑料管道宜设在冻土层下，在地基或基础上面均应设 50mm 垫层，垫层应用细砂或细土。在严寒且水位较低的地区铺设在冻土层内时，宜在塑料管群周围填充粗砂，且围护厚度不宜小于 200mm。

5　通信塑料管道的段长应按相邻两个人孔的中心点间距而定。直线管道的段长不应大于 200m，高等级公路上的直线管道段长不应大于 250m；弯曲管道的段长不应大于 150m。

6　弯曲管道的曲率半径不应小于 10m，弯管道的转向角 θ 应尽量小，同一段管道不应有反向弯曲（即“S”形弯）或弯曲部分的转向角 $\theta > 90°$ 的弯管道（即“U”形弯）。弯曲管道示意见图 7.5.5-1。

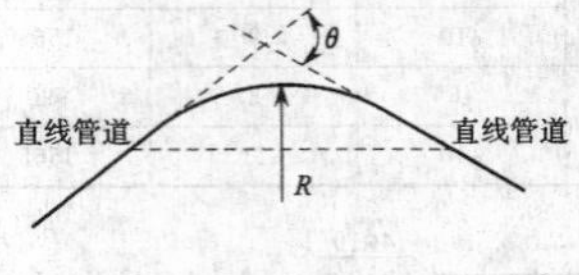

图 7.5.5-1　弯曲管道示意

7　在特殊情况下，当 $H \leqslant 500$mm 时，为局部躲避障碍物，可允许按照图 7.5.5-2 进行施工。

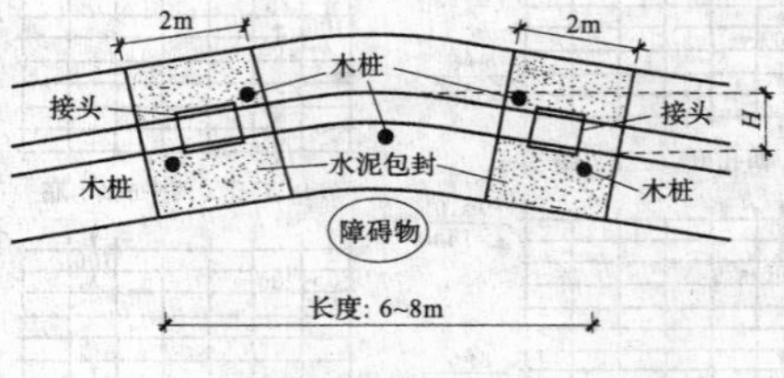

图 7.5.5-2　弯曲管道包封及铺设示意（$H \leqslant 500$mm）

弯曲管道的接头应尽量安排在直线段内，如无法避免时，应将弯曲部分的接头作局部包封，包封长度不宜小于 500mm，也可将弯曲部分的管道进行全包封。包封的厚度宜为 80～100mm（图 7.5.2-2）。严禁将塑料管加热弯曲。

8　管道进入人（手）孔时，管口不应凸出人（手）孔内壁，应终止在距墙体内侧 100mm 处，并应严密封堵，管口做成喇叭口。管道基础进入人（手）孔时，在墙体上的搭接长度不应小于 140mm。

9　塑料管应由人工传递放入沟内，严禁翻滚入沟或用绳索穿入孔内吊放。

7.5.6　塑料管的连接应符合下列规定：

1　塑料管的连接宜采用承插式粘接、承插弹性密封圈连接和机械压紧管体连接；承插式管接头的长度不应小于 200mm。

2　塑料管材标志面应朝上方。

3　多孔塑料管的承插口的内外壁应均匀涂刷专用中性胶合粘剂，最小粘度为 500MPa·s，塑料管应插到底，挤压固定。

4　各塑料管的接口宜错开排列，相邻两管的接头之间错开距离不宜小于 300mm；弯曲管道弯曲部分的管接头应采取加固措施。

5　栅格管、波纹管、硅芯管组成管群应间隔 3m 左右用勒带绑扎一次，蜂窝管或梅花管宜用支架分层排列整齐。

塑料管群小于两层时，整体绑扎；大于两层时，相邻两层为一组绑扎，然后整体绑扎。

6　塑料管的切割应根据管径大小选用不同规格的裁管刀，管口断面应垂直管中心，平直、无毛刺。

7　单孔波纹塑料管的接续宜选用承插弹性密封圈连接。

进行接续作业时，先检查密封圈是否完好，并将承插的内、外口清理干净，不得残留淤泥杂物，然后将密封圈放置在承插口的中间一个波纹槽内，方向不应放反，在承口内涂少量肥皂水，将插口端对准承口插入，直至牢固为止。将B管插口插入A管承口的示意见图7.5.6。

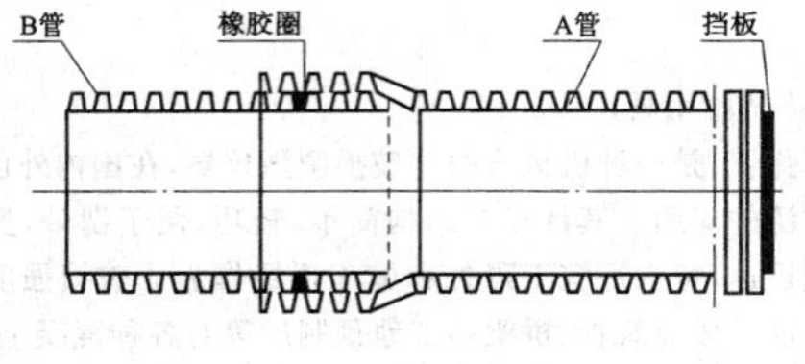

图7.5.6 B管插口插入A管承口的示意

7.6 钢管铺设

7.6.1 钢管通信管道的铺设方法、断面组合等均应符合设计规定；钢管接续宜采用套管焊接，并应符合下列规定：

1 两根钢管应分别旋入套管长度的1/3以上。两端管口应锉成坡边。

2 使用有缝管时，应将管缝置于上方。

3 钢管在接续前，应将管口磨圆或锉成坡边，保证光滑无棱、无飞刺。

7.6.2 各种引上钢管引入人(手)孔、通道时，管口不应凸出墙面，应终止在墙体内30～50mm处，并应封堵严密、抹出喇叭口。

8 工程验收

8.1 随工验收

8.1.1 管道器材随工检验应包括下列内容：

1 水泥管块、塑料管材及规格型号和其他材料等。

2 塑料管接头与管材应配合紧密。

3 塑料管接头胶水最小粘度应符合规定。

4 多孔塑料管捆绑扎带、管道支架应符合质量要求。

5 混凝土、砖、钢筋、人孔口圈和盖、支架和托板、拉力环等均应符合标准。

8.1.2 对管道地基的随工检验应包括下列内容：

1 沟底夯实、平整。

2 管道沟及人(手)孔中心线。

3 地基高程、坡度。

8.1.3 对管道基础的随工检验应包括下列内容：

1 基础位置、高程、规格。

2 基础混凝土标号及质量。

3 设计特殊规定的处理、进人孔段加筋处理。

4 障碍物处理情况。

8.1.4 铺设管道的随工检验应包括下列内容：

1 管道位置、断面组合、高程。

2 冰冻层处理，塑料管周围填充的粗砂。

3 浅埋塑料管应采取设计规定的保护措施。

4 回填土应保证质量和分层夯实，不得有杂物回填。

5 填管间缝及管底垫层质量。

6 埋设警告带、铺混凝土板、普通烧结砖、蒸压灰砂砖或蒸压粉煤灰砂砖。

7 抹顶缝、边缝、管底八字质量。

8 管道与相邻管线或障碍物的最小净距应符合设计规范的规定。

9 检查管道与铁道、有轨电车道的交越角，交越处距道岔、回归线的距离。

10 检查管道过桥、沟、渠、河、坎、路、轨等特殊地段。

8.1.5 对管道接续的随工检验应包括下列内容：

1 管口应平滑清洁。

2 胶水应涂刷均匀，管子与管接头应连接牢靠。

3 管道接续质量(应逐个检查)。

4 多层多孔管铺设其管子接口宜错开。

5 栅格管、波纹管或硅芯管组成管群应按规定间隔。采用勒带捆绑一次。蜂窝管或梅花管宜用支架排列整齐。

6 不同人孔之间的管位应一致且管群断面应符合设计要求。

8.1.6 人(手)孔通道掩埋部分的随工检验应包括下列内容：

1 砌体质量及墙面处理质量。

2 混凝土浇灌质量(含基础、上覆等)。

3 管道入口内外侧填充情况、质量。

4 人(手)孔建筑应符合设计规定要求。

5 应按人(手)孔周围的土质情况做相应的地基和基础。

6 塑料管材标志面应朝上。

8.1.7 对防水、防有害气体的随工检验应包括下列内容：

1 管道进入建筑物应采取防水、防可燃气体进入等措施。

2 管道进入建筑物或人(手)孔时，应做钢筋混凝土基础和混凝土包封。

3 管道进入建筑物或人(手)孔时，应加管堵头，防止杂物进入管内。

4 管道与燃气管交越处，如燃气管有接合装置和附属设备时，通信管道应作包封2m。

8.2 工程初验

8.2.1 工程初验应包括下列内容：

1 核对竣工图标注的管道走向、人(手)孔位置、标高(与路面标高的配合)、各段管道的断面和段长，以及弯管道的具体位置和弯曲半径要求。

2 检查已签证的隐蔽工程验收项目，如发现异常，应进行抽检复验。

3 管孔试通。

4 管孔封堵。

5 人(手)孔内的各种装置应齐全、合格。

8.2.2 管孔试通应符合下列要求：

1 直线管道管孔试通，应采用拉棒方式试通。拉棒的长度一般为900mm，拉棒的直径为管孔内径的95%。

2 弯管道管孔试通，弯管道的曲率半径水泥管道不应小于36m，塑料管道不应小于10m，管孔试通宜采用拉棒方式、也可采用塑料电缆方式。采用拉棒方式试通，拉棒的长度宜为900mm，拉棒的直径为管孔内径的60%～65%；采用塑料电缆试通时，其拉棒的长度宜为900mm，拉棒的直径应为管孔内径的95%。

3 抽查规则，每个多孔管试通对角线2孔，单孔管全部试通。

4 各段管道全部试通合格，管道工程才能称为合格。不合格的部分应在工程验收前找出原因，并得到妥善的解决。

8.2.3 管孔封堵应符合下列要求：

1 塑料管道进入建筑物的管孔应安装堵头。

2 塑料管道进入人(手)孔的管孔应安装管堵头。

3 管堵头的拉脱力不应小于8N。

8.2.4 人(手)孔的规格和装置应符合下列要求：

1 人(手)孔的口圈、盖子、积水罐支架和托板、拉力环等各种装置的位置、规格、数量和质量等应符合标准设计。

2 人(手)孔的规格、形状和尺寸应符合工程设计。

3 管道进入人(手)孔的断面布置应与托架和托板的规格、数量相配合，每层管孔数与托板容纳的电(光)缆数相一致。

8.3 工程终验

8.3.1 工程终验应按下列要求：

1 对竣工文件的验收：施工单位应在工程终验前，将工程竣工文件一式三份提交建设单位或监理单位。

2 对竣工管理文件的验收：竣工管理文件应包括工程实施过程中，建设、设计、施工、监理、材料供应、政府主管相关部门及合作单位之间的往来文件、备忘录等内容，以及施工图设计的审查纪要和批准文件。

3 竣工技术文件应包括下列内容：

1)建筑安装工程量列出明细表。

2)工程说明包括：工程性质和概述、设计阶段、施工日期、重大变更、新技术新工艺、土质状况、地下水位、冰冻层、环境温度等。

3)竣工图纸：施工中更改后的施工设计图，应标明管道的平面、剖面、断面以及与其他各种管线、建筑物的相对位置。

4)开工报告：开工和竣工日期、施工场地和环境、器材质量和供货等必备条件。

5)交(完)工报告：工程质量自检、管孔试通抽测记录，交(完)工日期等。工程完工后7d内报建设单位及时组织验收。

6)工程设计变更，质量检查记录及施工过程中发现的重大问题，洽商记录或决策文件。

7)工程质量事故报告：遇有重大的工程质量事故时报告，应阐明事故原因、责任人和采取的补救措施。

8)停(复)工通知：说明停工原因，批准才能复工。

9)随工验收记录：内容应符合第8.1节的要求。

10)工程初验记录：内容应符合第8.2节的要求。

11)工程决算报告：控制在工程预算值以内，超预算应有批准文件。

12)验收证书，并应有工程质量评语。

4 竣工文件应保证质量，做到外观整洁、内容齐全、数据准确、装订规范。

8.3.2 在验收中发现不合格的项目，应由验收小组按抽查规则进行复验、查明原因、分清责任提出整改和解决办法，并在工程终验结束前得到圆满解决。

8.3.3 在工程终验时，应将检验的主要项目列出工程终验评价表，作为验收文件的附件。工程终验评价表应符合表8.3.3的要求。

表8.3.3 工程终验评价表

序号	检验项目	检验要求	检验结果	
			优良	合格
1	管道器材	附录F序号1		
2	管道位置	附录F序号2		
3	管道沟槽	附录F序号3		
4	管道接续	附录F序号4		
5	防水、防有害气体	附录F序号5		
6	人(手)孔建筑	附录F序号6		
7	竣工验收内容	附录F序号7		
8	管孔试通	附录F序号8		
9	管孔封堵	附录F序号9		
10	人(手)孔规格	附录F序号10		
11	核对竣工图	附录F序号11		
12	检查隐蔽工程	附录F序号12		
13	特殊情况管材选择	附录F序号13		

附录A 回弹仪测量混凝土的强度

A.0.1 试验用具。

回弹仪：是一种机械式的非破损测强仪器，在国内外已经获得极其广泛的应用。其特点是结构简单，轻巧，便于携带，操作方便和测试迅速，特别适宜于野外和施工现场作为非破损强度检测手段。可供一般建筑物、桥梁和工地预制厂等对各种混凝土构件(比如板、梁、柱、桁架等)的强度控制之用。用回弹仪检测混凝土试强度示意见图A.0.1。

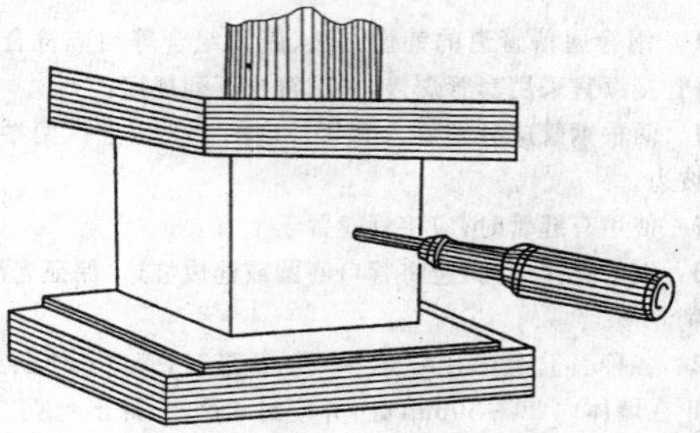

图A.0.1 回弹仪检测混凝土试强度示意

A.0.2 使用方法。

1 使用时，将回弹仪头对准被试物体，仪器与被测物体表面垂直，轻压后放松仪器，使按钮弹起，弹簧杆弹出，再将仪器均匀压向试块，至仪器内弹击锤飞速运动，指针被弹起，测量人员按动按钮将指针固定后，可以读出回弹值。

2 混凝土被测表面应具有代表性，选取多个测点测试(击点不得重合)，在测试多个点后除去最大值的一个点和最小值的一个点再求算术平均值。

3 查表A.0.3-1求出试块强度。具体方法可参考仪器说明书。

A.0.3 混凝土强度的检测。

1 在混凝土试件的边角部分(应尽量选择靠近试面)，用小锤击一缺口，立即在混凝土脱落面上滴入含量为1%～2%的酚酞试液，此时内部未碳化的混凝土立即变红，外部已碳化部分则不变色，不变色的深度即为混凝土的碳化深度。混凝土强度回弹值关系参照表A.0.3-1。

表A.0.3-1 混凝土强度与回弹值关系

回弹值 N	混凝土强度(kg/cm^2)					
	7d以内	7d以上	30d	60d	90d	120d
24.0	169	152				
24.5	176	159				
25.0	183	166				
25.5	189	173				
26.0	196	180				
26.5	203	187				
27.0	210	195				
27.5	217	202				
28.0	225	210	100			
28.5	232	218	106			
29.0	239	225	112			
29.5	246	233	120			
30.0	254	241	127	104		
30.5	261	249	134	110		

续表 A.0.3-1

回弹值 N	混凝土强度(kg/cm²)					
	7d以内	7d以上	30d	60d	90d	120d
31.0	269	257	144	116		
31.5	277	265	152	124	102	
32.0	285	274	160	130	110	
32.5	292	282	170	138	116	
33.0	300	291	178	146	122	102
33.5	307	299	189	154	130	108
34.0	315	307	198	164	136	114
34.5	323	315	206	172	145	121
35.0	331	324	217	182	153	128
35.5	342	333	230	192	162	136
36.0	348	342	240	202	170	144
36.5	356	350	252	210	180	152
37.0	365	360	264	221	188	160
37.5	373	368	276	232	198	170
38.0	381	377	290	244	207	179
38.5	389	386	302	254	216	186
39.0	398	395	316	267	226	196
39.5	407	404	329	278	238	204
40.0	416	413	336	290	250	216
40.5	425	422	351	294	260	226
41.0	434	432	361	318	272	236
41.5	442	441	371	332	284	246
42.0	451	450	380	346	296	258
42.5	460	459		360	310	270
43.0	470	469			322	282
43.5	478	478			336	294
44.0	488	488				308
44.5	497	497				320
45.0	507	507				
45.5	516	516				
46.0	526	526				
46.5	536	536				
47.0	546	546				
47.5	555	555				
48.0	565	565				
48.5	575	575				
49.0	584	584				
49.5	594	594				
50.0	604	604				
50.5	613	613				
51.0	623	623				
51.5	633	633				
52.0	643	643				
52.5	653	653				
53.0	663	663				
53.5	673	673				
54.0	683	683				
54.5	693	693				
55.0	707	703				

2 混凝土构件被测面应具有代表性，每一被测面必须选15～20个不同的测点做回弹检测，取回弹值的算术平均值 N。回弹平均值见表 A.0.3-2。

表 A.0.3-2 回弹平均值

平均回弹值(N)	$15\leqslant N<25$	$25\leqslant N<35$	$35\leqslant N<45$	$45\leqslant N<55$
允许误差	±2.5	±3.0	±3.5	±4.0

3 被测混凝土构件必须有足够的刚度，否则回弹仪弹击构件时将发生颠动，造成测试误差。混凝土构件厚度宜大于10cm。

A.0.4 注意事项。

1 仪器与被测物体表面必须垂直，否则将有误差。

2 被测表面应洁净，如有砂浆、油污、木屑等应清除干净，必要时可用砂轮磨平后再测试。

3 混凝土表面潮湿会影响测试结果，应在混凝土表面干燥时测试。

4 每一测点只能测一次，不许重复。测点间与试件边缘间至少相距30mm以上。

5 仪器要经常矫正，修正误差。

附录B 水泥管块规格和多孔塑料管端面

B.0.1 水泥管块规格及示意(图 B.0.1)。

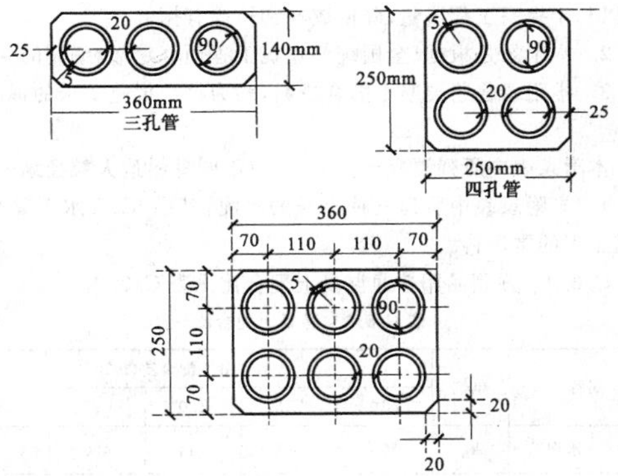

六孔水泥管块管孔位置 (单位:mm)

图 B.0.1 水泥管块规格示意

B.0.2 多孔塑料端面(图 B.0.2-1，图 B.0.2-2)。

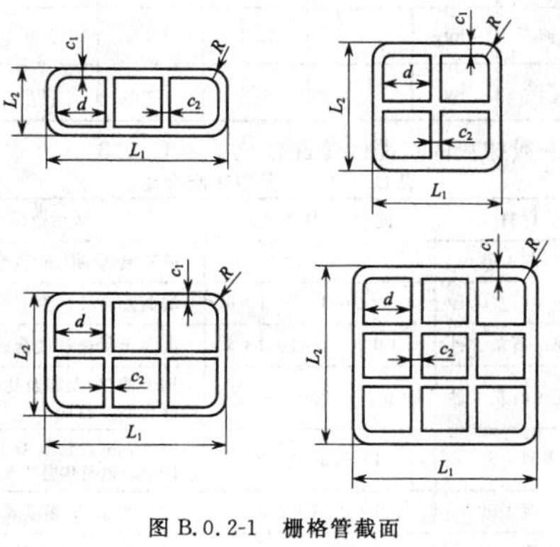

图 B.0.2-1 栅格管截面

L_1、L_2—外形尺寸；d—内孔尺寸；c_1—外壁厚；c_2—内壁厚

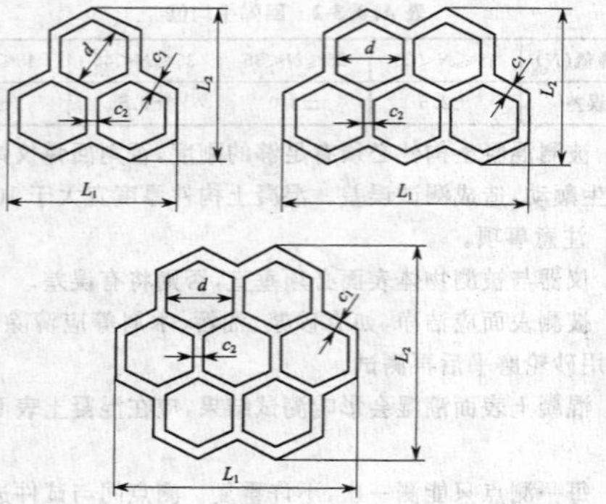

图 B.0.2-2　蜂窝管截面

L_1、L_2—外形尺寸；d—内孔尺寸；c_1—外壁厚；c_2—内壁厚

附录 C　常用各种标号普通混凝土参考配比及每立方米用料量

C.0.1　说明

1　本附录是各种强度等级的普通混凝土配比及每立方米用料的额定值，不是实际工程所用混凝土的配比及用料量实际值。鉴于全国各地的砂、石料质地各异，施工单位必须按本规范的要求，坚持"先试验、后定配比"的原则，确定工程用混凝土的合理配比，以利于提高工程质量、降低成本和检验有据。

2　本附录是根据《全国统一建筑工程预算定额》编制的。

3　本附录普通混凝土的合成料，均为符合规范要求的标准材料。

本附录表中所列混凝土标号，是以不同骨料最大粒径划分的。

4　本附录表中所列三种标号的水泥，其中 32.5 水泥是普通管道工程的常用料。

C.0.2　预制品用普通混凝土配合比见表 C.0.2。

表 C.0.2　混凝土配合比

名称	单位	普通混凝土配合比(m³)				
		C10	C15	C20	C25	C30
32.5 水泥	kg	266	333	383	450	
砂子	kg	693	642	606	531	
5～32mm 卵石	kg	1231	1245	1231	1239	
水	kg	170	180	180	180	
42.5 水泥	kg		281	321	375	419
砂子	kg		717	646	627	576
5～40mm 卵石	kg		1222	1253	1218	1225
水	kg		180	180	180	180

C.0.3　一般抹灰的水泥砂浆配合比见表 C.0.3。

表 C.0.3　水泥砂浆配合比

序号	材料	配合比(体积比)	适用范围
1	石灰∶砂	1∶2～1∶3	砖石墙(人井、通道墙体)面层
2	水泥∶石灰∶砂	1∶0.3∶3～1∶1∶6	墙面混合砂浆打底
3	水泥∶石灰∶砂	1∶0.5∶2～1∶1∶4	混凝土顶棚抹混合砂浆打底
4	水泥∶石灰∶砂	1∶0.3∶4.5～1∶1∶6	用于檐口、勒脚及比较潮湿处墙面混合砂浆打底
5	水泥∶砂	1∶2.5～1∶3	用于人井、通道、墙裙、勒脚等比较潮湿处地面基层抹水泥砂浆打底
6	水泥∶砂	1∶2～1∶2.5	用于地面、顶棚或墙面面层
7	水泥∶砂	1∶0.5～1∶1	用于混凝土地面随即压光

C.0.4　常用砌筑水泥砂浆配合比见表 C.0.4。

表 C.0.4　水泥砂浆配合比

序号	水泥标号	砂浆强度等级		
		M10	M7.5	M5
1	27.5		1∶5.2	1∶6.8
2	32.5	1∶4.8	1∶5.7	1∶7.1
3	42.5	1∶5.5	1∶6.7	1∶8.6

注：表中为水泥与砂比。

C.0.5　砌筑砂浆重量比及每立方米砌体用料量见表 C.0.5。

表 C.0.5　各种标号砂浆重量比及每立方米参考重量(kg)

32.5 水泥∶中砂∶水	每立方米参考重量
M5 水泥砂浆　1∶7.1∶1.60	1720
M7.5 水泥砂浆　1∶5.7∶1.21	1820
M10 水泥砂浆　1∶4.8∶0.98	1840

C.0.6　每立方米砌体用料量见表 C.0.6。

表 C.0.6　每立方米砌体用料量

砌体	砖(块)	砌块(块)	砂浆(m³)
240×115×53(mm)	520		0.25
300×250×150(mm)		119	0.20
300×150×150(mm)		72	0.20

C.0.7　常用水泥用量换算见表 C.0.7。

表 C.0.7　常用水泥用量换算表

水泥强度等级	32.5	42.5	52.5
32.5	1	0.86	0.76
42.5	1.16	1	0.89
52.5	1.31	1.13	1

附录 D　定型人孔及体积表

D.0.1　定型人孔体积见表 D.0.1。

表 D.0.1　定型人孔体积表

人孔程式	体积(m³)	人孔程式	体积(m³)
小号直通型	10.33	中号 45°斜通型	15.48
小号三通型	16.31	中号 60°斜通型	19.16
小号四通型	17.17	中号 75°斜通型	18.92
小号 15°斜通型	10.96	大号直通型	22.09
小号 30°斜通型	11.21	大号三通型	37.74
小号 45°斜通型	12.00	大号四通型	38.08
小号 60°斜通型	12.59	大号 15°斜通型	22.16
小号 75°斜通型	13.18	大号 30°斜通型	23.78
中号直通型	11.59	大号 45°斜通型	24.86
中号三通型	22.21	大号 60°斜通型	25.94
中号四通型	23.27	大号 75°斜通型	27.03
中号 15°斜通型	13.55	9×120 手孔	1.45
中号 30°斜通型	14.19	120×170 手孔	3.26

D.0.2　定型人孔土方量见表 D.0.2。

表 D.0.2 定型人孔土方量

人孔名称		混凝土基础无碎石地基			刨挖路面（m²）
		挖土（m³）	回土（m³）	运土（m³）	
小号	直通型	27.82	13.40	14.42	16.32
	三通型	41.00	18.53	22.47	20.84
	四通型	42.87	18.90	23.97	21.65
	30°斜通型	32.01	14.74	17.27	18.41
	45°斜通型	30.38	14.23	16.15	17.62
	60°斜通型	32.76	14.98	17.78	18.81
中号	直通型	32.27	14.88	17.39	17.63
	三通型	53.37	21.87	31.50	25.99
	四通型	55.57	22.26	33.31	26.91
	30°斜通型	38.78	17.13	21.65	20.99
	45°斜通型	36.77	16.29	20.48	20.53
	60°斜通型	43.40	17.92	25.48	23.72
大号	直通型	50.16	21.38	28.78	24.01
	三通型	70.51	28.54	41.97	30.05
	四通型	73.28	28.98	44.30	31.10
	30°斜通型	57.12	23.41	33.71	27.05
	45°斜通型	58.65	23.86	34.79	27.72
	60°斜通型	58.93	23.94	34.99	27.84

D.0.3 定型人孔各部位体积见表 D.0.3。

表 D.0.3 定型人孔各部位体积表（m³）

项目	口圈混凝土	上复	四壁	基础	抹面
小号直通型	0.05	0.624	3.471	0.732	0.505
小号三通型	0.05	1.121	5.00	1.058	0.726
小号四通型	0.05	1.110	4.572	0.950	0.68
小号15°斜通型	0.05	0.650	4.40	0.78	0.54
小号30°斜通型	0.05	0.66	4.11	0.75	0.58
小号45°斜通型	0.05	0.733	4.10	0.676	0.56
小号60°斜通型	0.05	0.812	4.209	0.899	0.691
小号75°斜通型	0.05	0.838	4.547	1.105	0.607
中号直通型	0.05	0.767	4.213	1.027	0.573
中号三通型	0.05	1.226	8.562	1.662	0.863
中号四通型	0.05	1.305	8.944	1.619	0.866
中号15°斜通型	0.05	1.122	4.458	1.026	0.607
中号30°斜通型	0.05	1.228	4.662	1.157	0.622
中号45°斜通型	0.05	1.070	4.834	1.237	0.654
中号60°斜通型	0.05	1.427	7.575	1.529	0.919
中号75°斜通型	0.05	1.368	7.900	1.383	0.708
大号直通型	0.05	1.503	8.393	1.584	0.865
大号三通型	0.10	1.760	11.697	1.990	1.065
大号四通型	0.10	1.916	11.624	2.185	1.010
大号15°斜通型	0.05	1.480	8.544	1.628	0.762
大号30°斜通型	0.10	1.496	9.480	1.733	0.830
大号45°斜通型	0.10	1.816	9.555	1.665	0.822
大号60°斜通型	0.10	1.932	9.797	1.886	0.856
大号75°斜通型	0.10	2.070	9.807	1.925	0.880

附录E 土、石质分类

E.0.1 土、石质分类，按照国家有关规定，划分为三类土，二类石：

普通土：主要以铁锹挖掘，并能自行脱铲的一般土壤。

硬土：部分用铁锹挖掘，部分需要铁镐挖掘的土壤，如坚土、粘土、市区瓦砾土及淤泥深度小于 0.5m 水稻田的土壤等（包括虽可不用铁镐挖掘，但不能自行脱锹的土壤）。

砂砾土：以镐锹为主，有时也需要撬棍挖掘，如风化石、僵石、卵石及淤泥深度 0.5～1m 的水稻田等。

软石：部分用镐挖掘，部分用爆破挖掘的石质土，如松沙石、粘性胶结特别密实的卵石、软化石、破裂的石灰岩、硬粘土质的片岩、页岩和硬石膏等。

坚石：全部用爆破或人工用大锤击打方法挖掘的石质，如硬岩、玄武岩、花岗岩和石灰质粘性的砾岩等。

附录F 工程验收项目和内容

F.0.1 工程验收项目和内容见表 F.0.1。

表 F.0.1 工程验收项目和内容

序号	项目	内容	验收方式
1	管道器材	(1)管块、管材规格、材质选择 (2)管接头 (3)胶水 (4)管支架或扎带 (5)混凝土、砖、钢筋以及各种人(手)孔器材	随工检验
2	管道位置	(1)管道设计坐标、路由 (2)管道高程坡度 (3)管道与相邻管线或障碍物的最小净距 (4)管道与铁道、有轨电车道的最小交越角	随工检验
3	管道沟槽	(1)沟槽的宽度和深度 (2)土质、地基和基础处理 (3)冰冻层处理 (4)浅埋保护 (5)回填土、夯实 (6)警告带、混凝土板、普通烧结砖、蒸压灰砂砖或蒸压粉煤灰砂砖	随工检验 隐蔽工程签证
4	管道接续	(1)管口平滑清洁 (2)胶水均匀、连接牢靠 (3)管材标志朝上 (4)接头错开 (5)管道接续质量(应逐个检查) (6)管群捆绑或支架 (7)管群断面和管位一致	随工检验 隐蔽工程签证
5	防水、防有害气体	(1)管道进入建筑物应防水和防可燃气体 (2)管道进入人孔做 2m 钢筋混凝土基础和包封 (3)管道进入建筑物或人孔应加管堵头 (4)管道与燃气管交越处理	随工检验
6	人(手)孔建筑	(1)符合本规范第 4 章规定 (2)土质、地基础处理 (3)管道断面与人孔托架和托板的规格、数量相配合 (4)方便布放电(光)缆	随工检验 隐蔽工程签证
7	竣工验收内容	(1)管孔试通 (2)管孔封堵 (3)人(手)孔装置齐全、合格 (4)核对竣工图 (5)检查已签证的隐蔽项目	竣工验收
8	管孔试通	(1)直线管道管孔试通 (2)弯管道管孔试通 (3)管孔试通抽查规则	竣工验收

续表 F.0.1

序号	项目	内容	验收方式
9	管孔封堵	(1)建筑物管孔封堵质量 (2)人(手)孔管孔封堵质量 (3)管堵头拉脱力	竣工验收
10	人(手)孔规格	(1)人(手)孔装置符合标准 (2)人(手)孔规格、形状和尺寸符合标准	竣工验收
11	核对竣工图	核对图纸与实际是否相符	竣工验收
12	检查隐蔽工程	检查隐蔽工程签证手续是否完善	竣工验收
13	特殊情况管材选择	(1)高寒环境下管材选择 (2)鼠害、白蚁等地区管材的特殊要求 (3)特殊施工地段管材的选择 (4)非埋地应用管材的选择	随工检验

本规范用词说明

1 为便于在执行本规范条文时区别对待，对要求严格程度不同的用词说明如下：

1)表示很严格，非这样做不可的用词：

正面词采用“必须”，反面词采用“严禁”。

2)表示严格，在正常情况下均应这样做的用词：

正面词采用“应”，反面词采用“不应”或“不得”。

3)表示允许稍有选择，在条件许可时首先应这样做的用词：

正面词采用“宜”，反面词采用“不宜”；

表示有选择，在一定条件下可以这样做的用词，采用“可”。

2 本规范中指明应按其他有关标准、规范执行的写法为“应符合……的规定”或“应按……执行”。

中华人民共和国国家标准

通信管道工程施工及验收规范

GB 50374—2006

条　文　说　明

目　次

2 器材检验

2.1 一般规定

2.1.4 PVC管在存放、保管时，应平放于温度不超过40℃的库房或棚里，不应露天存放，以免遭雨淋日晒。在室内存放时，距离热源不应小于1m。如管材存放在0℃以下的环境中，使用前应在室温下放置一昼夜。

2.5 砖

2.5.1 烧结普通砖，按材料分为粘土砖(N)、页岩砖(Y)、煤矸石(M)和粉煤灰砖(F)。为节省土地，工程避免使用粘土砖。

2.10 钢材、钢管与铁件

2.10.2 钢管易腐蚀，寿命短，一般用于跨路、桥梁和管道埋深达不到要求时选用。对于需要进行电磁防护地点，也可选用。

3 工程测量

3.0.2 管道施工前，根据设计图纸和现场交底，由施工单位对管道及人(手)孔的位置进行认真的复测，并按施工需要钉设基准桩点。复测包括基准点、中心线测量和设置高程基准点测量等。设置的基准桩点可采用木桩作为桩点。

4 土方工程

4.1 挖掘沟坑

4.1.7 开挖管道沟和人(手)孔坑时，根据土质情况、深度以及地下水位的高低，可采取不同的支撑护土板方法，以保证施工的安全顺利进行。支撑护土板的方法有以下4种：

1 疏撑，当土质比较坚实，挖沟深度不大时，可以采用横疏撑。每隔4m由沟边向下，在1/4沟深的地方横放一块2000mm×50mm×150mm的木板，用两根100mm圆木平行顶住；如果土质不够坚实，并且挖沟较深时，可以用竖疏撑。每隔2m沿沟槽上半部竖立一块1000mm×50mm×150mm的木板，用两根100mm圆木上下顶住。

2 井字撑，当土质比较坚实，但距车行道或铁路较近，受震动较大的沟槽地段，可以采用井字撑。每隔3～4m用四块1500mm×50mm×150mm的木板组成井字形护土板支撑，四周用四根100mm圆木顶住。

3 密撑，当土质松软或土质虽坚实但距车行道或铁路较近，受震动较大的地段，以及沟边距房屋建筑比较近时，可以采用密撑。将护土板横向密排，每隔1～2m用一块50mm×150mm的竖木板挡住密排横板，竖板上下两端各用一根100mm圆木顶住。

4 板桩支撑，在砂土或砂地带挖沟时，可以采用板桩支撑，板桩支撑有两种做法：

1)横向密排护土板，每隔0.5～1m用100mm圆木，下端削尖做成木桩打入沟底至少100mm，再用100mm圆木上下顶住圆木桩。

2)纵向密排水板桩，下端削尖打入沟底至少100mm，上端用50mm×150mm木板每隔一定距离用100mm圆木顶住。

5 几种建筑物支撑保护示例：

1)房屋：挖沟(坑)前，先调查、登记管道沿线影响施工的路面障碍(如砍树、电杆和房屋支撑保护等，如图1、图2)所示。并及时通知建设单位处理。

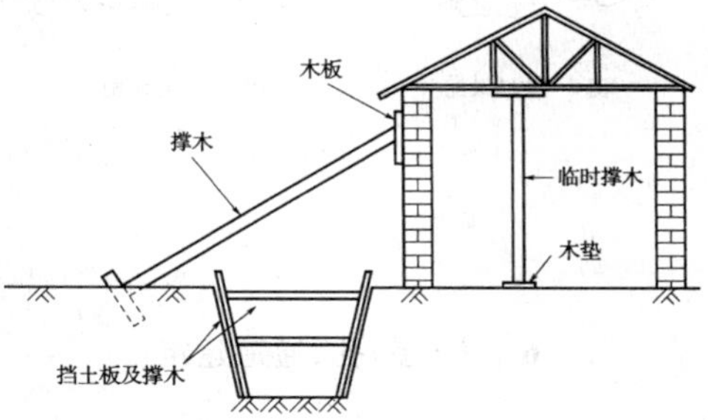

图1 房屋支撑

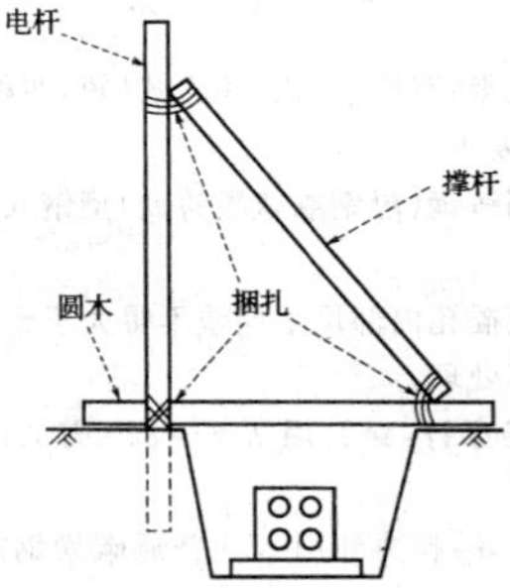

图2 电杆支撑

2)挖沟(坑)如有与其他地下管线交越或平行，并有一定危险性的，一定要及时保护(图3、图4)。

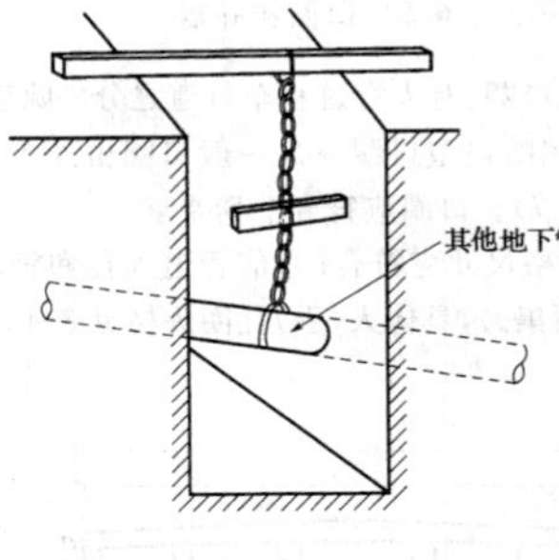

图3 其他管线与管沟交越保护

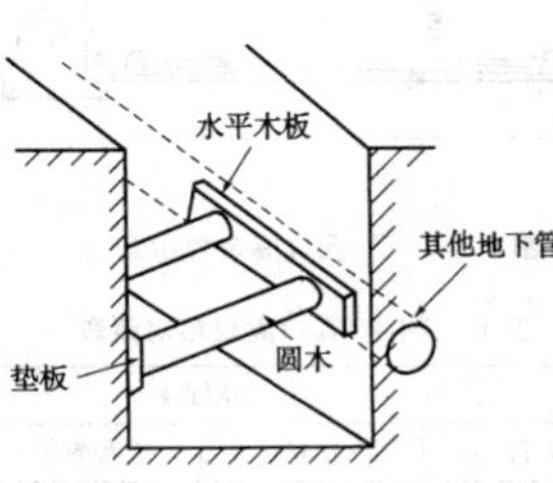

图4 其他管线与管沟并行保护

4.1.10 管道工程一般使用5～32mm粒径的级配石子。大小粒径石子的良好搭配，可有效的节省水泥和提高混凝土强度。

石子级配有连续级配和单粒级配(图5、图6)。通信管道工程宜采用连续级配。

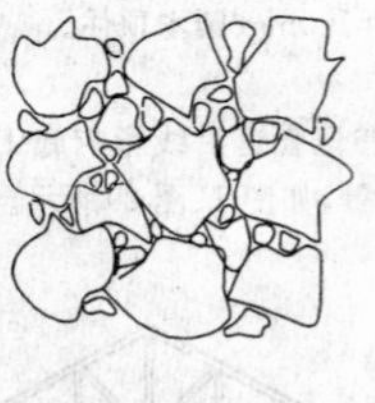

图 5　连续级配

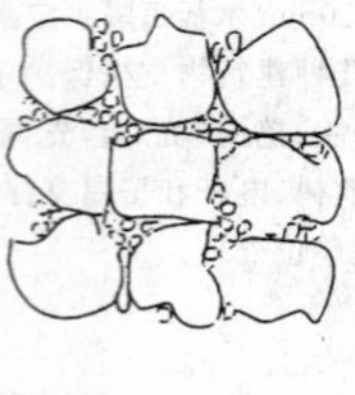

图 6　单粒级配

6　人(手)孔、通道建筑

6.3　墙　　体

6.3.4　电缆铁支架:有甲式(长)和乙式(短)两种。支架的规格尺寸应符合《图集》要求。

1　支架应用铸钢(玛钢或球墨铸铁)型钢或其他工程材料,不得用铸铁。

2　电缆托板插孔内部尺寸误差不得大于±1mm。

3　全部镀锌处理。

4　电缆支架穿钉:穿钉用 ϕ16～ϕ20 普通碳素钢加工,要求镀锌处理。

5　V 形拉力环:拉力环用 ϕ16 普通碳素钢加工,要求镀锌处理。

6　积水罐:积水罐用铸铁加工,要求热涂沥青防腐处理。

7　电缆托板:电缆托板根据电缆大小分为单式、双式和三式三种,用铸铁加工,要求镀锌处理。

6.5　口圈和井盖

6.5.4　人(手)孔口圈:有人行道和车行道之分。除建设单位有特殊要求外(如:特制防盗型口圈等),一般口圈由外盖、内盖和口圈座三部分组成(图 7)。口圈应符合下列要求:

1　口圈的规格尺寸应符合《通信管道人孔和管块组群图集》YDJ 101(下称《图集》),具体人(手)孔圈规格见表 1。

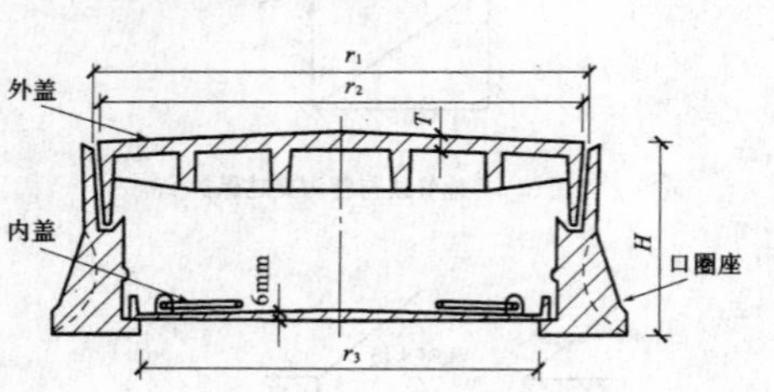

图 7　人(手)孔口圈装置示意图

表 1　人(手)孔口圈规格对照表

序号	《图集》			
	人行	车行	加重	特种
H(mm)	100	100	123	205
T(mm)	20	25	35	30
r_1(mm)	758	758	758	776
r_2(mm)	754	754	754	764
r_3(mm)	670	670	670	610
吨位(t)	10	10	20	20

7　铺设管道

7.1　一般要求

7.1.3　为了增强管道的强度和防水性能,在管道周围加包封。管道包封可采用现场浇灌混凝土的施工方法,要求在铺管完毕随即浇灌,使混凝土包封与管道基础密切结合。包封厚度为 80mm。

7.1.8　铺设管道、接续完成后到停止抽水的具体延长时间,根据水势而定:如水的流动很小,涨势很慢,抽 4h;如水的流动很明显,涨势较快,抽 8～12h;如水的流动很快,冲刷较大,抽 24h。

7.5　塑料管道铺设

7.5.2　根据 PVC 管胶粘剂的特性要求,在温度低于－5℃时胶粘剂会失去效力,使管子连接不够严密。因此,规范规定:施工环境温度不宜低于－5℃。

7.5.3　由于小孔径多孔管的管间间隔较小,管孔比较密集,虽然占用断面较小,但给穿放电缆带来麻烦,因此,将管块间留出一定的间隔,主要考虑便于穿放电缆。管块进入人孔之前采用专用支架固定,使管块稳定牢固。

7.5.5　由于聚氯乙烯(PVC-U)管重量较轻,一般情况可按以下原则铺设:

1　土质较好(如粘土、砂质粘土)、无地下水时,在夯实的素土上铺一层 50mm 厚的细土,即可在其上铺管。

2　土质较好,但有地下水时,可先铺一层 100mm 厚的砂土垫层,整平后即可铺管。

3　沟底为岩石时,应先铺 100mm 厚的砂土,然后铺管。

4　当沟底的土质比较差时,又有水,特别是流砂或淤泥地段,应先抛石夯实,先铺设 80mm 厚的混凝土基础,再在基础上加 50mm 厚的砂垫层,然后在其上铺管。

5　塑料管接续常用粘接剂有:

1)氯乙烯树脂粒与二氯乙烷溶剂配合比 1∶4。

2)过氯乙烯树脂粒与丙酮溶剂 1∶4。

3)过氯乙烯树脂(5g),邻苯二甲酸二丁酯(10mL),邻苯二甲酸二辛酯(10mL)。

7.5.6　塑料管的连接。

1　单孔波纹塑料管的接续有承插弹性密封圈连接和直接承插粘接或套管粘接,根据目前施工情况,单孔管本规范建议采用承插弹性密封圈连接。

2　多孔管采用固定支架接续方式,一般随管材配套提供。

3　塑料管接头件主要技术性能应符合以下要求:

1)接头连接力:≥4300N。

2)气密闭性能:≥1.6MPa。

3)橡胶密封圈应耐磨、耐老化、耐腐蚀、耐环境应力开裂。

4)塑料管接头件应能重复开启使用,便于拆装。

4　塑料管与接头件、塑料管与端头膨胀塞间的连接密封性能应符合以下要求:

1)塑料管与接头件间的连接密封性能,剪取两段长 300mm±5mm塑料管,按使用要求连接到相应的接头件上,在常温 20℃时充入 50kPa 水压,保持 24h,塑料管无渗漏为合格。

2)塑料管与端头膨胀塞间的连接密封性能,剪取长约 1m 塑料管并垂直放置,塑料管底端安装端头膨胀塞,由塑料管上面开口端加满自来水,静置保持 1h,端头膨胀塞在塑料管下端口处无渗漏为合格。

3)塑料管与端头护缆膨胀塞间的连接密封性能,剪取长约 1m 塑料管并垂直放置,塑料管底端安装端头护缆膨胀塞,由塑料管上面开口端加满自来水,静置保持 1h,护缆膨胀塞在塑料管下端口处无渗漏为合格。

中华人民共和国国家标准

城市轨道交通通信工程质量验收规范

Code for constructional quality acceptance of urban rail transit communication engineering

GB 50382—2006

主编部门：上海市建设和交通委员会
批准部门：中华人民共和国建设部
施行日期：2006 年 11 月 1 日

中华人民共和国建设部
公　告

第 437 号

建设部关于发布国家标准《城市轨道交通通信工程质量验收规范》的公告

现批准《城市轨道交通通信工程质量验收规范》为国家标准，编号为 GB 50382—2006，自 2006 年 11 月 1 日起实施。其中，第 3.3.8、4.2.4、5.2.5、5.3.4、5.4.4、6.3.6、6.3.7、7.2.3、9.2.5、9.2.6、11.2.3、14.3.1、14.3.4 条为强制性条文，必须严格执行。

本规范由建设部标准定额研究所组织中国计划出版社出版发行。

中华人民共和国建设部

二〇〇六年六月二十日

前　言

本规范是根据建设部建标［2004］67 号“关于印发《二〇〇四年工程建设国家标准制定、修订计划》的通知”的要求编制的。

本规范在编制过程中认真贯彻了“调整地位、验评分离、充实内容、严格程序、强化检测、明确职责”的指导思想，进行了深入的调查研究，总结了我国城市轨道交通通信工程质量控制的实践经验，并广泛征求了有关方面的意见。本规范提出城市轨道交通通信工程的质量保证措施、验收方法、验收程序和质量标准，明确了建设各方在工程质量控制中的职责，严格规定了材料进场和质量检测的程序及方法，体现了科学性和可操作性，突出规范对城市轨道交通通信工程质量的控制。

本规范共分 15 章，包括总则，术语，基本规定，通信管线安装，通信光、电缆线路及终端，传输系统，公务电话系统，专用电话系统，无线通信系统，闭路电视监视系统，广播系统，乘客信息显示系统，时钟系统，电源及接地系统，单位工程观感质量等。

本规范以黑体字标志的条文为强制性条文，必须严格执行。

本规范由建设部负责管理和对强制性条文的解释，由中国铁路通信信号上海工程公司负责具体内容的解释。

在执行本规范过程中，希望各单位结合工程实践，认真总结经验，积累资料。如发现需要修改和补充之处，请及时将意见及有关资料反馈给中国铁路通信信号上海工程公司（地址：上海市江场西路 248 号，邮编：200436，E-mail：fengyy@crscs.com.cn），供今后修订时参考。

本规范主编单位、参编单位和主要起草人：

主 编 单 位： 中国铁路通信信号上海工程公司

参 编 单 位： 中国铁路通信信号上海电信测试中心
上海申通地铁股份有限公司
上海地铁运营有限公司
北京市轨道交通建设管理有限公司
武汉市轨道交通有限公司
上海地铁咨询监理科技有限公司

主要起草人： 王志麟　李　春　陈忠尧　左德沅
冯燕媛　庄珍花　刘伟中　华桂东
赵　晖　李士寒
（以下按姓氏笔画排名）
王　虹　艾　博　仲学凯　朱　明
孙　静　向清河　乔　炜　李鸿春
张文　余妙根　肖　红　姚春桥
赵冬平　赵晓蓉　侯越红　徐天伟
钱伟勇　蒋　新　裘哲雷　谭周强
潘云洪

目　次

1 总 则

1.0.1 为了加强城市轨道交通通信工程质量管理，统一城市轨道交通通信工程质量的验收标准，保证工程质量，制定本规范。

1.0.2 本规范适用于城市轨道交通（包括城市地铁、轻轨、快轨和磁浮等）通信工程质量的验收。

1.0.3 城市轨道交通通信工程建设应贯彻国民经济可持续发展战略，做好环境保护、安全文明等工作，合理利用资源。

1.0.4 城市轨道交通通信工程质量的检验、检测所用方法和仪器设备应符合相关标准的规定。在系统开通前宜委托具有相应资质的检测单位进行系统测试。

1.0.5 城市轨道交通通信工程质量的验收除应符合本规范外，尚应符合国家现行有关标准的规定。

2 术 语

2.0.1 传输系统 transmission system

为满足城市轨道交通通信各子系统和信号、电力监控、防灾、环境与设备监控系统和自动售检票等系统各种信息传输的要求而建立的以光纤通信为主的系统网络。

2.0.2 公务电话系统 executive PBX system

用于城市轨道交通各部门间进行公务通话及业务联系的电话系统。

2.0.3 专用电话系统 dispatching system

为控制中心调度员、车站、车辆段、停车场的值班员组织指挥行车、运营管理及确保行车安全而设置的电话系统。

2.0.4 无线通信系统 wireless communication system

为控制中心调度员、车辆段调度员、车站值班员等固定用户与列车司机、防灾、维修、公安等移动用户之间提供通信的无线系统。

2.0.5 闭路电视监视系统 closed circuit monitoring TV system

为控制中心调度员、各车站值班员、列车司机等提供有关列车运行、防灾、救灾及乘客疏导等方面的视觉信息的系统。

2.0.6 广播系统 **public address system**; broadcasting system

为保证城市轨道交通控制中心调度员和车站值班员向乘客通告列车运行及安全、向导等服务信息，向工作人员发布作业命令和通知的系统。

2.0.7 时钟系统 clock system

为各线、各车站提供统一的标准时间信息，为其他各系统提供统一的定时信号的时间系统。

2.0.8 乘客信息显示系统 passenger information system(PIS)

通过在车站站厅和站台设置显示器、在车厢内设置车载显示器等，为旅客提供包括交通信息、新闻、天气预报等实时服务信息的系统。

2.0.9 同步数字体系 synchronous digital hierarchy(SDH)

是为了使正确适配的净负荷在物理传输网（主要是光缆）上传送而形成的一系列标准化的数字传送结构。

2.0.10 异步传送模式 asynchronous transfer mode(ATM)

以高速分组传送模式为主，综合电路传输模式优点的一种宽带传输模式。

2.0.11 开放传送网络 open transport networks(OTN)

一种多业务接入的同步光纤网络。

2.0.12 综合业务数字网 integrated services digital network (ISDN)

是以提供了端到端的数字连接的综合数字电话网（IDN）为基础发展起来的通信网，用以支持电话及非话的多种业务，用户通过一组有限的标准用户网络接口接入综合业务数字网（ISDN）内。

2.0.13 集群通信系统 trunking communication system

指由多个用户共用一组无线信道，并动态地使用这些信道的移动通信系统，主要用于调度通信。

3 基本规定

3.1 一般规定

3.1.1 城市轨道交通通信（以下简称“通信”）工程施工现场质量管理应有相应的施工技术标准、健全的质量管理体系、施工质量检验制度和施工质量水平评定考核制度。

通信工程施工现场质量管理应按本规范附录A的要求进行检查记录。

3.1.2 通信工程除应按国家标准《建筑工程施工质量验收统一标准》GB 50300—2001第3.0.2条的规定进行施工质量控制外，还应符合下列规定：

1 工程采用的主要材料、构配件和设备，施工单位应对其外观、规格、型号和质量证明文件等进行验收，并经监理工程师检查认可。

2 凡涉及结构安全和使用功能的，施工单位应进行检验，监理单位应按规定进行见证取样检测或平行检验。

3 新材料、新设备、新器材及进口设备和器材的进场验收，除应符合本规范规定外，尚需提供安装、使用、维修、试验及合同规定的有关文件、检测报告等。

3.1.3 通信工程质量应按国家标准《建筑工程施工质量验收统一标准》GB 50300—2001第3.0.3条的要求进行验收。

3.2 通信工程质量验收的划分

3.2.1 通信工程为一个独立的单位工程，该单位工程应划分为分部工程、分项工程和检验批。

3.2.2 分部工程应按一个完整部位或主要结构及施工阶段划分。

3.2.3 分项工程应按工序、工种、设备等划分。

3.2.4 检验批应根据施工及质量控制和验收需要划分。

3.2.5 通信工程的分部工程、分项工程、检验批划分和检验项目应符合表3.2.5的规定。

表3.2.5 分部工程、分项工程、检验批划分和检验项目

单位工程	分部工程	分项工程	检验批	检验批检验项目条文号	
				主控项目	一般项目
城市轨道交通通信工程	通信管线安装	支架、吊架安装	一个站	4.2.1～4.2.4	4.2.5～4.2.8
		线槽安装	一个站	4.3.1～4.3.7	4.3.8～4.3.13
		保护管安装	一个站	4.4.1～4.4.4	4.4.5～4.4.8
		通信管道安装	一个站	4.5.1、4.5.2	4.5.3、4.5.4
		缆线布放	一个站	4.6.1～4.6.7	4.6.8～4.6.11
	通信光、电缆线路及终端	光、电缆敷设	一个区间	5.2.1～5.2.8	5.2.9～5.2.11
		电缆接续及引入终端	一个站	5.3.1～5.3.9	5.3.10～5.3.12
		光缆接续及引入终端	一个站	5.4.1～5.4.6	5.4.7～5.4.9
		光、电缆线路特性检测	一个中继段、区间	5.5.1～5.5.5	

续表 3.2.5

单位工程	分部工程	分项工程	检验批	检验批检验项目条文号	
				主控项目	一般项目
城市轨道交通通信工程	传输系统	传输设备安装	一个站	6.2.1、6.2.2	6.2.3～6.2.6
		传输设备配线	一个站	6.3.1～6.3.7	6.3.8～6.3.14
		系统传输指标检测及功能检验	一个系统/站	6.4.1～6.4.8	
		SDH 传输系统指标检测及功能检验	一个系统/站	6.5.1～6.5.3	
		ATM 传输系统指标检测及功能检验	一个系统/站	6.6.1、6.6.2	
		OTN 传输系统指标检测及功能检验	一个系统/站	6.7.1～6.7.9	
		传输系统网管功能检验	一个系统	6.8.1～6.8.8	
	公务电话系统	公务电话设备安装	一个站	7.2.1～7.2.4	7.2.5、7.2.6
		公务电话设备配线	一个站	7.3.1～7.3.4	7.3.5、7.3.6
		公务电话系统指标检测及功能检验	一个系统	7.4.1～7.4.7	
		公务电话系统网管功能检验	一个系统	7.5.1～7.5.6	
	专用电话系统	专用电话设备安装	一个站	8.2.1、8.2.2	8.2.3、8.2.4
		专用电话设备配线	一个站	8.3.1～8.3.4	8.3.5
		专用电话系统指标检测及功能检验	一个系统	8.4.1～8.4.7	
		专用电话系统网管功能检验	一个系统	8.5.1	
	无线通信系统	铁塔安装	一座	9.2.1～9.2.6	9.2.7～9.2.10
		天馈线	一处	9.3.1～9.3.5	9.3.6～9.3.9
		漏泄同轴电缆	一个敷设段	9.4.1～9.4.6	9.4.7～9.4.10
		无线通信设备安装	一个站	9.5.1～9.5.4	9.5.5～9.5.8
		无线通信系统指标检测	一个系统	9.6.1～9.6.6	9.6.7
		无线通信系统功能检验	一个系统	9.7.1、9.7.2	
		无线通信系统网管功能检验	一个系统	9.8.1～9.8.5	
	闭路电视监视系统	闭路电视监视设备安装	一个站	10.2.1～10.2.3	10.2.4～10.2.8
		闭路电视监视设备配线	一个站	10.3.1～10.3.4	10.3.5～10.3.9
		闭路电视监视系统指标检测及功能检验	一个系统	10.4.1～10.4.9	
		闭路电视监视系统网管功能检验	一个系统	10.5.1～10.5.3	
	广播系统	广播设备安装	一个站	11.2.1～11.2.8	11.2.9～11.2.12
		广播设备配线	一个站	11.3.1～11.3.4	11.3.5
		广播系统指标检测及功能检验	一个系统	11.4.1～11.4.8	11.4.9
		广播系统网管功能检验	一个系统	11.5.1～11.5.6	
	乘客信息显示系统	乘客信息显示设备安装	一个站	12.2.1～12.2.5	12.2.6、12.2.7
		乘客信息显示设备配线	一个站	12.3.1～12.3.4	12.3.5、12.3.6
		乘客信息显示系统指标检测及功能检验	一个系统	12.4.1～12.4.12	
		乘客信息显示系统网管功能检验	一个系统	12.5.1～12.5.4	
	时钟系统	时钟设备安装	一个站	13.2.1～13.2.3	13.2.4～13.2.7
		时钟设备配线	一个站	13.3.1～13.3.4	13.3.5
		时钟系统指标检测及功能检验	一个系统	13.4.1～13.4.7	
		时钟系统网管功能检验	一个系统	13.5.1～13.5.3	
	电源及接地系统	电源系统设备安装	一个站	14.2.1～14.2.4	14.2.5～14.2.9
		电源系统设备配线	一个站	14.3.1～14.3.4	14.3.5～14.3.7
		电源系统指标检测及功能检验	一个系统	14.4.1～14.4.9	
		电源监控系统功能检验	一个系统	14.5.1～14.5.9	
		接地装置	一个站	14.6.1～14.6.6	14.6.7～14.6.10

3.3 通信工程质量验收

3.3.1 检验批的质量验收应包括如下内容：

1 实物检查，包括主要材料、构配件和设备等的检验，应按进场的批次和产品的抽样检验方案执行。

2 资料检查，包括主要材料、构配件和设备等的质量证明文件（质量合格证、型号、规格及性能检测报告等）和检验报告、施工过程中重要工序的自检和交接检验记录、平行检验报告、见证取样检测报告、隐蔽工程验收记录等。

3.3.2 检验批合格质量应符合国家标准《建筑工程施工质量验收统一标准》GB 50300—2001 第 5.0.1 条的规定。

3.3.3 分项工程质量验收合格应符合国家标准《建筑工程施工质量验收统一标准》GB 50300—2001 第 5.0.2 条的规定。

3.3.4 分部工程质量验收合格应符合国家标准《建筑工程施工质量验收统一标准》GB 50300—2001 第 5.0.3 条的规定。

3.3.5 单位工程质量验收合格应符合国家标准《建筑工程施工质量验收统一标准》GB 50300—2001 第 5.0.4 条的规定。

3.3.6 通信工程质量验收记录应符合下列规定：

1 检验批质量验收应按本规范附录 B 执行。

2 分项工程质量验收应按本规范附录 C 执行。

3 分部工程质量验收应按本规范附录 D 执行。

4 单位工程质量验收，质量控制资料核查，安全和功能检验资料核查及主要功能抽查记录，观感质量检查应按本规范附录 E 执行。

3.3.7 当通信工程质量不符合要求时，应按国家标准《建筑工程施工质量验收统一标准》GB 50300—2001 第 5.0.6 条的规定进行处理。

3.3.8 通过返修或加固处理仍不能满足安全使用要求的分部工程、单位工程，严禁验收。

3.3.9 通信工程质量验收程序和组织应符合国家标准《建筑工程施工质量验收统一标准》GB 50300—2001 第 6 章的规定。

4 通信管线安装

4.1 一 般 规 定

4.1.1 通信管线可包括通信专业的支架、吊架、线槽及保护管，由通信电源室向外布放的电源线，由通信机房向外布放的信号线。

4.1.2 通信管线的施工场所可包括控制中心、各车站、车场、区间等安装通信设备或终端的地方。

4.1.3 通信管线的规格、型号、数量及预埋、安装、敷设的位置与径路，应符合设计要求。

4.2 支架、吊架安装

（Ⅰ）主 控 项 目

4.2.1 支架、吊架到达现场应进行检查，其型号、规格、质量应符合设计要求及相关产品标准的规定。

检验数量：全部检查。

检验方法：对照设计文件检查出厂合格证等质量证明文件，并观察检查外观及形状。

4.2.2 支架、吊架安装在有坡度（弧度）的电缆沟内或建筑物构架上时，其安装坡度（弧度）应与电缆沟或建筑物构架的坡度（弧度）相同。

检验数量：全部检查。

检验方法：观察检查。

4.2.3 支架、吊架不应安装在具有较大振动、热源、腐蚀性液滴及排污沟道的位置，也不应安装在具有高温、高压、腐蚀性及易燃易爆等介质的工艺设备、管道以及能移动的构筑物上。

检验数量：全部检查。

检验方法：观察检查。

4.2.4 支架、吊架安装在区间时，严禁超出设备限界。

检验数量：全部检查。

检验方法：观察、尺量检查。

（Ⅱ）一 般 项 目

4.2.5 支架、吊架宜经过热镀锌处理，切口处不应有卷边，表面应光洁、无毛刺，尺寸应准确，并应符合设计要求。支架与吊架的各臂应连接牢固。

检验数量：全部检查。

检验方法：观察检查。

4.2.6 支架、吊架安装时应固定牢固、横平竖直、整齐美观。安装位置偏差不宜大于50mm。在同一直线段上的支架、吊架应间距均匀，同层托板应在同一水平面上。

检验数量：全部检查。

检验方法：观察检查。

4.2.7 安装金属线槽及保护管用的支架、吊架间距应符合设计图纸要求。

检验数量：全部检查。

检验方法：观察检查。

4.2.8 敷设电缆用的支架、吊架间距应符合设计要求，水平敷设时宜为0.8～1.5m；垂直敷设时宜为1.0m。

检验数量：全部检查。

检验方法：观察、尺量检查。

4.3 线 槽 安 装

（Ⅰ）主 控 项 目

4.3.1 线槽到达现场应进行检查，其型号、规格、质量应符合设计要求及相关产品标准的规定。

检验数量：全部检查。

检验方法：对照设计文件检查出厂合格证等质量证明文件，并观察检查外观及形状。

4.3.2 线槽终端应进行封堵。

检验数量：全部检查。

检验方法：观察检查。

4.3.3 金属线槽采用焊接连接时应牢固，内层平整，不应有明显的变形，埋设时焊接处应做防腐处理。采用螺栓连接或固定时应牢固。

检验数量：全部检查。

检验方法：观察检查。

4.3.4 槽与槽之间、槽与设备盘（箱）之间、槽与盖之间、盖与盖之间的连接处，应对合严密。

检验数量：全部检查。

检验方法：观察检查。

4.3.5 线槽与机架连接处应垂直，连接牢固。

检验数量：全部检查。

检验方法：观察、尺量检查。

4.3.6 金属线槽应接地，接缝处应有连接线或跨接线。预埋线槽时，线槽的连接处、出线口、分线盒，均应做防水处理。

检验数量：全部检查。

检验方法：观察检查。

4.3.7 当供电电缆与信号电缆在同一径路用线槽敷设时，宜分线槽敷设。若需要敷设在同一线槽内，应采用带金属隔板的金属线槽，分开敷设。

检验数量：全部检查。

检验方法：观察检查。

（Ⅱ）一 般 项 目

4.3.8 金属线槽宜经过热镀锌处理。在缆线转弯处，槽道开口的大小应与缆线相适应，切口处应光滑，不应有卷边，内、外壁及盖板表面应光洁、无毛刺，尺寸准确。槽底与盖板均应平整，侧壁应与槽底垂直。

检验数量：全部检查。

检验方法：观察检查。

4.3.9 预埋线槽的出线口位置应符合设计要求。线槽的出线口宜与地面、墙面平齐。

检验数量：全部检查。

检验方法：观察检查。

4.3.10 线槽的直线长度超过50m时，宜采取热膨胀补偿措施。

检验数量：全部检查。

检验方法：观察检查。

4.3.11 两列线槽拼接偏差不应大于2mm。

检验数量：全部检查。

检验方法：观察、尺量检查。

4.3.12 当直接由线槽内引出电缆时，应采用合适的护圈保护电缆。

检验数量：全部检查。

检验方法：观察检查。

4.3.13 线槽的安装应横平竖直，排列整齐。其上部与楼板之间应留有便于操作的空间。垂直排列的线槽拐弯时，其弯曲弧度应一致。线槽拐直角弯时，其弯头的弯曲半径不应小于槽内最粗电缆外径的10倍。

检验数量：全部检查。

检验方法：观察检查。

4.4 保护管安装

（Ⅰ）主 控 项 目

4.4.1 保护管到达现场应进行检查，其型号、规格、质量应符合设计要求及相关产品标准的规定。

检验数量：全部检查。

检验方法：对照设计文件检查出厂合格证等质量证明文件，并观察检查外观及形状。

4.4.2 保护管两端管口应密封。

检验数量：全部检查。

检验方法：观察检查。

4.4.3 金属保护管应接地，金属保护管连接后应保证整个系统的电气连通性。

检验数量：全部检查。

检验方法：施工单位用万用表检查电气连通性。监理单位见证试验。

4.4.4 预埋保护管宜采用整根材料，如必须连接时，在连接处应做防水处理。预埋保护管管口应做防护处理。

检验数量：全部检查。

检验方法：观察检查。

（Ⅱ）一 般 项 目

4.4.5 金属保护管宜经过镀锌处理，不应有变形及裂缝，管口应光滑、无锐边，内、外壁应光洁、无毛刺，尺寸准确。

检验数量：全部检查。

检验方法：观察检查。

4.4.6 保护管增设接线盒或拉线盒的位置应符合设计或相关标准，接线盒或拉线盒开口朝向应方便施工。预埋箱、盒位置应正确，并固定牢固。

检验数量：全部检查。

检验方法：观察检查。

4.4.7 预埋保护管应符合下列规定：

1 伸入箱、盒内的长度不小于5mm，并固定牢固，多根管伸入时应排列整齐。

2 预埋的保护管引出表面时，管口宜伸出表面200mm；当从地下引入落地式盘（箱）时，宜高出盘（箱）底内面50mm。

3 预埋的金属保护管，管外不应涂漆。

4 预埋保护管埋入墙或混凝土内时，离表面的净距离不应小于15mm。

检验数量:全部检查。

检验方法:观察、尺量检查。

4.4.8 保护管应排列整齐、固定牢固。用管卡固定时,管卡间距应符合设计要求。

检验数量:全部检查。

检验方法:观察检查。

4.5 通信管道安装

(Ⅰ)主 控 项 目

4.5.1 通信管道所用的器材在使用之前应进行检查,其型号、规格、质量应符合设计要求及相关产品标准的规定。

检验数量:全部检查。

检验方法:对照设计文件检查出厂合格证等质量证明文件,并观察检查外观及形状。

4.5.2 通信管道应进行试通,不能通过标准拉棒但能通过比标准拉棒直径小1mm的拉棒的孔段占试通总数(孔段)的比例不大于10%。

检验数量:按以下比例检查。

1 水泥管块管道:2孔及以下试全部管孔,2孔以上每块管块任意抽试2孔。

2 钢材、塑料等单孔组群的通信管道,2孔及以下试全部管孔,3孔至6孔抽试2孔,6孔以上每增加5孔多抽试1孔。

检验方法:施工单位在直线管道使用比管孔标称直径小5mm长900mm的拉棒试通,在弯曲半径大于36m的弯管道使用比管孔标称直径小6mm长900mm的拉棒试通。监理单位见证试通。

(Ⅱ)一 般 项 目

4.5.3 人(手)孔四壁及基础表面应平整,铁件安装牢固,管道窗口处理美观。

检验数量:全部检查。

检验方法:观察检查。

4.5.4 人(手)孔口圈安装质量、位置、高程应符合设计要求。

检验数量:全部检查。

检验方法:观察、尺量检查。

4.6 缆 线 布 放

(Ⅰ)主 控 项 目

4.6.1 电源线、信号线,到达现场应进行检查,其型号、规格、质量应符合设计要求及相关产品标准的规定。

检验数量:全部检查。

检验方法:对照设计文件检查出厂合格证等质量证明文件,并观察检查外观及形状。

4.6.2 电源线、信号线不应破损、受潮、扭曲、折皱,线径正确。每根电源线或信号线不应断线、错线,线间绝缘、组间绝缘应符合产品技术条件或设计要求。

检验数量:全部检查。

检验方法:施工单位观察检查,用万用表检查电缆断线和错线,用兆欧表测试绝缘电阻。监理单位见证试验。

4.6.3 数条水平线槽垂直排列时,布放应按弱电、强电的顺序从上至下排列。

检验数量:全部检查。

检验方法:观察检查。

4.6.4 线槽内的电缆、电线应排列整齐,不应扭绞、交叉及溢出线槽。

检验数量:全部检查。

检验方法:观察检查。

4.6.5 缆线在管内或线槽内不应有接头和扭结。缆线的接头应在接线盒内焊接或用端子连接。

检验数量:全部检查。

检验方法:观察检查。

4.6.6 当采用屏蔽电缆或穿金属保护管以及在线槽内敷设时,与具有强磁场和强电场的电气设备之间的净距离应大于0.8m。屏蔽线应单端接地。

检验数量:全部检查。

检验方法:观察、尺量检查。

4.6.7 电源线与信号线交叉敷设时,应成直角;当平行敷设时,相互间的距离应符合设计要求。

检验数量:全部检查。

检验方法:观察检查。

(Ⅱ)一 般 项 目

4.6.8 多芯电缆的弯曲半径,不应小于其外径的6倍。

检验数量:全部检查。

检验方法:观察检查。

4.6.9 过伸缩缝、转接盒及缆线终端处应做余留处理。

检验数量:全部检查。

检验方法:观察检查。

4.6.10 线槽敷设截面利用率不宜大于50%,保护管敷设截面利用率不宜大于40%。

检验数量:全部检查。

检验方法:观察检查。

4.6.11 室内光缆宜在金属线槽中敷设,在桥架敷设时应在绑扎固定段加装垫层;应有必要的防护措施;转弯处应保持足够的弯曲半径,其弯曲半径不应小于光缆外径的15倍。光缆连接线两端的余留、处理应符合工艺要求。

检验数量:全部检查。

检验方法:观察检查。

5 通信光、电缆线路及终端

5.1 一 般 规 定

5.1.1 通信光、电缆线路施工可包括区间光、电缆的敷设、接续、引入终端和测试等。

5.1.2 光、电缆线路施工前应按照施工图进行径路复测。

5.1.3 光、电缆和光、电缆配线架的规格、型号及数量应符合设计要求。光、电缆成品的低(无)烟、低(无)卤、阻燃特性,应具有相应资质的检测单位出具的测试报告。

5.1.4 光缆施工中应按设计要求整盘敷设,不得任意切断光缆增加接头。

5.1.5 光、电缆的接续、测试人员必须经过培训考核持证上岗。

5.2 光、电缆敷设

(Ⅰ)主 控 项 目

5.2.1 光、电缆到达现场应进行检查,其型号、规格、质量应符合设计要求及相关产品标准的规定。

检验数量:全部检查。

检验方法:对照设计文件检查出厂合格证等质量证明文件,并观察检查外观及形状。

5.2.2 光、电缆敷设前应进行单盘测试,测试指标应符合产品技术条件及设计要求。

检验数量:全部检查。

检验方法：施工单位用光时域反射仪（OTDR）测试光缆；用万用表、直流电桥、兆欧表等测试电缆。监理单位见证试验。

5.2.3 光、电缆线路的径路、敷设位置应符合设计要求。

检验数量：全部检查。

检验方法：对照施工设计图检查。

5.2.4 光、电缆线路的埋深应符合设计要求。

检验数量：全部检查。

检验方法：施工单位检查随工检验记录。监理单位旁站监理。

5.2.5 光、电缆线路的防雷设施的设置地点、区段、数量、方式和防护措施应符合设计要求。

检验数量：全部检查。

检验方法：观察检查。

5.2.6 光、电缆线路的防蚀和防电磁设施的设置地点、区段、数量、方式和防护措施应符合设计要求。

检验数量：全部检查。

检验方法：观察检查。

5.2.7 光、电缆外护层（套）不得有破损、变形或扭伤，接头处应密封良好。

检验数量：全部检查。

检验方法：观察检查。

5.2.8 光、电缆与其他管线的间隔距离应符合设计要求。

检验数量：全部检查。

检验方法：观察检查。

（Ⅱ）一 般 项 目

5.2.9 光、电缆线路标桩的埋设应符合设计要求。光电缆标桩应埋设在光电缆径路的正上方，接续标桩应埋设在接续点的正上方，标识清楚。

检验数量：全部检查。

检验方法：观察检查，对照设计文件检查。

5.2.10 光缆敷设、接续或固定安装时的弯曲半径不应小于光缆外径的15倍。电缆敷设和接续时，铅护套电缆的弯曲半径不应小于电缆外径的15倍，铅护套电缆的弯曲半径不应小于电缆外径的7.5倍。

检验数量：全部检查。

检验方法：检查随工检验记录。

5.2.11 光、电缆线路余留的设置位置和长度应符合设计要求。

检验数量：全部检查。

检验方法：对照设计文件检查。

5.3 电缆接续及引入终端

（Ⅰ）主 控 项 目

5.3.1 电缆芯线应按顺序一一对应接续，接续完成后应检查无错线、断线，绝缘良好。

检验数量：全部检查。

检验方法：施工单位用万用表检查错线和断线，用兆欧表测试绝缘电阻。监理单位见证试验。

5.3.2 直埋电缆接头套管应做绝缘防腐处理并将接头加以保护。人（手）孔内的电缆接头应放在托板架上，相邻接头放置位置应错开。

检验数量：全部检查。

检验方法：观察检查。监理单位旁站监理。

5.3.3 电缆接头的埋深、固定方式、位置应符合设计要求。

检验数量：全部检查。

检验方法：检查随工检验记录。监理单位旁站监理。

5.3.4 电缆引入室内时，其金属护套与相连接的室内金属构件间应绝缘。

检验数量：全部检查。

检验方法：施工单位观察检查，用万用表检查绝缘性能。监理单位见证试验。

5.3.5 分歧尾巴电缆接入干线的端别应与干线端别相对应。

检验数量：全部检查。

检验方法：观察检查。

5.3.6 接线盒、分线盒、交接箱的配线应卡接牢固，排列整齐、序号正确，并应有相应的标识。

检验数量：全部检查。

检验方法：观察检查。

5.3.7 数字电缆引入应终接在数字配线架（DDF）上，音频电缆引入应终接在总配线架（MDF）上。

检验数量：全部检查。

检验方法：观察检查。

5.3.8 数字配线架的安装应符合下列规定：

1 数字配线架的型号、规格和安装位置应符合设计要求，架体安装应牢固可靠，紧固件应齐全且安装牢固。

2 数字配线架上的标志应齐全、清晰、耐久可靠；连接器单元上应有标识。

3 同轴头焊接应牢固、可靠。

4 架内同轴缆应进行绑扎并有适当余留。

5 数字配线架接地应可靠。

检验数量：全部检查。

检验方法：施工单位观察检查，用同轴对号表检查同轴头连通性和同轴头内外导体间的绝缘性。监理单位见证试验。

5.3.9 总配线架的安装应符合下列规定：

1 总配线架的型号、规格和安装位置应符合设计要求，架体安装应牢固可靠，紧固件应齐全且安装牢固。

2 总配线架上的标志应齐全、清晰、耐久可靠；卡接（绕接）模块上应有标识。

3 接线端子应卡接（绕接）牢固，接触可靠。

4 接线排上任意互不相连的两接线端子之间以及任一接线端子和金属固定件之间，其绝缘电阻不应小于50MΩ。

5 总配线架的总地线和交换机的地线应实现等电位连接；引入总配线架的用户电缆其屏蔽层在电路两端应接地，局端应在入局界面处进线室内与地线总汇集排连接接地。接地应可靠。

6 总配线架告警系统应能发出可见可闻的告警信号。

检验数量：外观全部检查，绝缘电阻抽测10%。

检验方法：施工单位观察检查，用500V兆欧表测试绝缘电阻，进行告警试验。监理单位见证试验。

（Ⅱ）一 般 项 目

5.3.10 引入电缆应符合下列规定：

1 成端的弯曲半径应符合本规范第5.2.10条的规定。

2 室内电缆分线盒、交接箱安装在墙上时，其位置及高度应符合设计要求；从引入口到分线盒的电缆宜用线槽保护。

检验数量：全部检查。

检验方法：观察、尺量检查。

5.3.11 接头装置宜按设计要求进行编号。

检验数量：全部检查。

检验方法：观察检查。

5.3.12 电缆进入引入室后，上下行标识应清晰、准确。

检验数量：全部检查。

检验方法：观察检查。

5.4 光缆接续及引入终端

（Ⅰ）主 控 项 目

5.4.1 光纤接续时应按光纤色谱、排列顺序，一一对应接续；光纤接续部位应用热缩加强管保护，加强管收缩应均匀、无气泡；光纤收容时的弯曲半径不应小于40mm。

检验数量：全部检查。

检验方法：观察检查。监理单位旁站监理。

5.4.2 直埋光缆的金属外护套和加强芯应紧固在接头盒内。两侧的金属外护套、金属加强芯应绝缘。

检验数量：全部检查。

检验方法：观察检查。监理单位旁站监理。

5.4.3 光缆接头的埋深、固定方式、位置应符合设计要求，直埋光缆接头埋于地下时，应设防护。

检验数量：全部检查。

检验方法：检查随工检验记录。

5.4.4 **光缆引入室内时，应做绝缘接头，室内室外金属护层及金属加强芯应断开，并彼此绝缘。**

检验数量：全部检查。

检验方法：观察检查。

5.4.5 室内光缆应终端在光配线架或光终端盒上。光配线架或光终端盒的安装位置及面板排列应符合设计要求。

检验数量：全部检查。

检验方法：观察检查。

5.4.6 光配线架的安装应符合下列规定：

1 光配线架的型号、规格和安装位置应符合设计要求，架体安装应牢固可靠，紧固件应齐全且安装牢固。

2 光配线架上的标志应齐全、清晰、耐久可靠；光缆终端区光缆进、出应有标识。

3 光纤盘纤盘内，光纤的盘留弯曲半径应大于40mm。

4 裸光纤与尾纤的接续应符合本规范第5.4.1条的要求，其接头应加热熔保护管保护并按顺序加以排列固定。

5 余留尾纤应按单元进行盘留，盘留弯曲半径应大于50mm。

检验数量：全部检查。

检验方法：观察、尺量。监理单位见证试验。

（Ⅱ）一般项目

5.4.7 光缆接续后的光纤收容余长单端引入引出不应小于0.8m，两端引入引出不应小于1.2m。

检验数量：全部检查。

检验方法：观察检查。

5.4.8 光缆接续后应余留2～3m；光缆接头处的光缆弯曲半径不应小于护套外径的15倍。

检验数量：全部检查。

检验方法：观察检查。

5.4.9 光缆进入引入室后，上下行标识应清晰、准确。

检验数量：全部检查。

检验方法：观察检查。

5.5 光、电缆线路特性检测

主 控 项 目

5.5.1 光缆线路在一个区间(中继段)内，每根光纤的背向散射曲线应平滑，无阶跃反射峰，接续损耗平均值应符合下列指标：

单模光纤 $\bar{\alpha}\leqslant 0.08$dB(1310nm、1550nm)；

多模光纤 $\bar{\alpha}\leqslant 0.2$dB。

检验数量：全部检查。

检验方法：施工单位用光时域反射仪(OTDR)测试光纤接续损耗。监理单位见证试验。

5.5.2 光缆线路区间(中继段)光纤线路衰减测试值应小于设计计算值。

检验数量：全部检查。

检验方法：施工单位用光源、光功率计测试线路衰减。监理单位见证试验。

5.5.3 光缆线路区间(中继段)S点的最小回波损耗指标应符合下列规定：

STM－1　1550nm 波长不应小于 20dB；

STM－4　1310nm 波长不应小于 20dB；

STM－4　1550nm 波长不应小于 24dB；

STM－16　1310nm、1550nm 波长不应小于 24dB。

检验数量：全部检查。

检验方法：施工单位用回波损耗测试仪测试回波损耗。监理单位见证试验。

5.5.4 区间通信电缆低频四线组音频段电特性指标应符合表5.5.4的规定。

表 5.5.4 低频四线组音频段电特性标准

序号	项目	测量频率	单位	标准	换算
1	0.9mm 线径环阻(20℃)	直流	Ω/km	≤57	实测值/L
	0.7mm 线径环阻(20℃)	直流	Ω/km	≤96	
	0.6mm 线径环阻(20℃)	直流	Ω/km	≤132	
	0.5mm 线径环阻(20℃)	直流	Ω/km	≤190	
2	环阻不平衡(20℃)	直流	Ω	≤2	—
3	0.9mm、0.7mm 线径绝缘电阻	直流	MΩ·km	≥10000	实测值×($L+L'$)
	0.6mm、0.5mm 线径绝缘电阻	直流	MΩ·km	≥5000	
4	电气绝缘强度：所有芯线与金属外护套间	直流	V	≥1800 (2min)	—
	电气绝缘强度：芯线间	直流	V	≥1000 (2min)	
5	交流对地不平衡衰减	800Hz	dB	≥65	—
6	近端串音衰减	800Hz	dB	≥74	—
7	远端串音防卫度	800Hz	dB	≥61	—
8	轨道交通区段杂音计电压(峰值)：调度回线	800Hz	mV	≤1.25	用杂音测试器测量时，应用高阻挡，输入端并接阻抗值等于电缆输入阻抗Z，其实测值应乘以$\sqrt{600/Z}$
	轨道交通区段杂音计电压(峰值)：一般回线	800Hz	mV	≤2.5	

注：L为音频段电缆实际长度，单位为km。

L'为电缆线路各种附属设备的等效绝缘电阻的总长度，单位为km。

$$L'=L_{头}+L_{分歧}+L_{盒}+L_{区间}$$

式中 $L_{头}$——每个接头绝缘电阻为10^5MΩ，等效电缆100m；

$L_{分歧}$——按实际分歧电缆长度计算；

$L_{盒}$——电缆分线盒等效电缆2km；

$L_{区间}$——每个区间电话端子板等效电缆10km。

检验数量：全部检查。

检验方法：施工单位用直流电桥、500V兆欧表、耐压测试仪、电平表、杂音测试器、串音衰减测试器进行测试。监理单位见证试验。

5.5.5 市话电缆直流电特性指标应符合本规范表5.5.5的规定。

表 5.5.5 市话电缆直流电特性标准

序号	项目	单位	标准	换算
1	0.8mm 线径单线环阻(20℃)	Ω/km	≤74	实测值/L
	0.6mm 线径单线环阻(20℃)	Ω/km	≤132	
	0.5mm 线径单线环阻(20℃)	Ω/km	≤190	
	0.4mm 线径单线环阻(20℃)	Ω/km	≤296	
2	绝缘电阻	MΩ·km	≥3000(填充式电缆) ≥10000(非填充式电缆)	实测值×($L+L'$)

检验数量：全部检查。

检验方法：施工单位用直流电桥、250V兆欧表进行测试。监理单位见证试验。

6 传输系统

6.1 一般规定

6.1.1 传输系统可采用同步数字系列(SDH)、异步转移模式(ATM)以及开放传送网络(OTN)。

6.2 传输设备安装

(Ⅰ)主控项目

6.2.1 传输设备到达现场应进行检查,其型号、规格和质量应符合设计要求及相关产品标准的规定。

检验数量:全部检查。

检验方法:对照设计文件检查出厂合格证、试验报告等质量证明文件,并观察检查外观及形状。

6.2.2 机架(柜)电路插板的规格、数量和安装位置应符合设计要求。

检验数量:全部检查。

检验方法:对照设计文件观察检查。

(Ⅱ)一般项目

6.2.3 设备安装位置、机架及底座的加固方式应符合设计要求。

检验数量:全部检查。

检验方法:观察检查。

6.2.4 设备安装牢固,排列整齐,漆饰完好,铭牌、标记清楚正确,并符合设计要求。

检验数量:全部检查。

检验方法:观察检查。

6.2.5 机架(柜)安装的垂直倾斜度偏差应小于机架(柜)高度的1‰。

检验数量:全部检查。

检验方法:观察、尺量检查。

6.2.6 传输系统电源及接地装置的安装应符合本规范第14.2.5~14.2.9条及第14.6.7~14.6.10条的相关规定。

6.3 传输设备配线

(Ⅰ)主控项目

6.3.1 传输设备的配线光、电缆到达现场应进行检查,其型号、规格、质量应符合设计要求及相关产品标准的规定。配线标识齐全、清晰、不易脱落。

检验数量:全部检查。

检验方法:对照设计文件检查出厂合格证等质量证明文件,并观察检查外观及形状。

6.3.2 配线电缆和电线的芯线应无错线或断线、混线,中间不得有接头。配线电缆芯线间的绝缘电阻应符合下列规定:

1 音频配线电缆不应小于50MΩ。

2 高频配线电缆不应小于100MΩ。

3 同轴配线电缆不应小于1000MΩ。

检验数量:抽验10%。

检验方法:施工单位用万用表检查断线、混线,用500V兆欧表测量绝缘电阻。监理单位见证试验。

6.3.3 音频配线电缆近端串音衰减不应小于78dB。

检验数量:抽验10%。

检验方法:施工单位用串音衰减测试器或用振荡器、电平表测量。监理单位见证试验。

6.3.4 光缆尾纤应按标定的纤序连接设备。光缆尾纤应单独布放并用垫衬固定,不得挤压、扭曲、捆绑。弯曲半径不应小于50mm。

检验数量:全部检查。

检验方法:对照设计文件检查光缆尾纤纤序,并观察检查。监理单位见证试验。

6.3.5 电源端子配线应正确,配线两端的标志应齐全。

检验数量:全部检查。

检验方法:观察检查。监理单位见证试验。

6.3.6 设备地线必须连接良好。

检验数量:全部检查。

检验方法:施工单位用万用表检查。监理单位见证试验。

6.3.7 电缆、电线的屏蔽护套应接地可靠,并应与接地线就近连接。

检验数量:全部检查。

检验方法:观察检查。

(Ⅱ)一般项目

6.3.8 配线电缆、电线的走向、路由应符合设计文件要求。

检验数量:全部检查。

检验方法:观察检查。

6.3.9 配线电缆在电缆走道上应顺序平直排列。电缆槽道内配线应顺直。配线电缆弯曲半径不得小于其外径的5倍。

检验数量:全部检查。

检验方法:观察检查。

6.3.10 电缆芯线的编扎应按色谱顺序分线,余留的芯线长度应符合更换编扎线最长芯线的要求。

检验数量:全部检查。

检验方法:观察检查。

6.3.11 设备配线采用焊接时,焊接后芯线绝缘层应无烫伤、开裂及后缩现象,绝缘层离开端子边缘露铜不宜大于1mm。

检验数量:全部检查。

检验方法:观察、尺量检查,并用对号器检查端子。

6.3.12 设备配线采用绕接时,绕线应严密、紧贴,不应有叠绕。铜线除去绝缘外皮后,在绕线柱上的最少匝数:当芯线直径为0.4~0.5mm时应为6~8匝;0.6~1.0mm时应为4~6匝。不接触绕接柱的芯线部分不宜露铜。

检验数量:全部检查。

检验方法:观察、尺量检查,并用对号器检查端子。

6.3.13 设备配线采用卡接时,卡接电缆芯线的卡接端子应接触牢固。

检验数量:全部检查。

检验方法:观察、尺量检查,并用对号器检查卡接端子。

6.3.14 高频线、低频线、电源线应分开绑扎,交、直流配线应分开布放。

检验数量:全部检查。

检验方法:观察检查。

6.4 系统传输指标检测及功能检验

主控项目

6.4.1 传输系统光通道的接收光功率不应超过系统的过载光功率,并应符合下列要求:

$$P_1 \geqslant P_R + M_c + M_e \tag{6.4.1}$$

式中 P_1——接收端在R点实测系统接收光功率(dBm);

P_R——在R点测得的接收器的接收灵敏度(dBm);

M_c——光缆富裕度(dB);

M_e——设备富裕度(dB)。

检验数量:全部检查。

检验方法:施工单位用光功率计测接收光功率,用误码测试仪、光可变衰减器、光功率计测光接收灵敏度。监理单位见证试验。

6.4.2 传输设备光接口的以下性能指标测试应符合设计要求:

1 平均发送光功率。

2 接收机灵敏度。

3 接收机最小过载功率。

检验数量：全部检查。

检验方法：施工单位用码型发生器、光功率计测发送光功率、过载功率，用误码测试仪、光可变衰减器、光功率计测光接收灵敏度。监理单位见证试验。

6.4.3 传输设备电接口的输入允许比特率容差应符合设计要求或产品技术条件。

检验数量：全部检查。

检验方法：施工单位用传输综合分析仪测试。监理单位见证试验。

6.4.4 传输系统 2048kbit/s 数字接口应测试以下指标：

1 2048kbit/s 数字接口端到端误码性能测试应符合表 6.4.4-1的要求。

表 6.4.4-1 2048kbit/s 接口端到端误码

速率(kbit/s)	2048
比特/块	800～5000
误块秒比(ESR)	0.04
严重误块秒比(SESR)	0.002
背景误块比(BBER)	2×10^{-4}

2 2048kbit/s 数字接口输入抖动容限和最大输出抖动性能应符合表 6.4.4-2 和表 6.4.4-3 的要求。

表 6.4.4-2 2048kbit/s 接口输入抖动容限

频 率(Hz)	抖动容限(UIp—p)	频 率(Hz)	抖动容限(UIp—p)
1.2×10^{-5}	36.9	500	1.5
4.88×10^{-3}	36.9	1×10^{3}	1.5
0.01	18	2.4×10^{3}	1.5
1.667	18	10×10^{3}	0.36
20	1.5	18×10^{3}	0.2
100	1.5	100×10^{3}	0.2
200	1.5		

表 6.4.4-3 2048kbit/s 接口容许最大输出抖动

测试滤波器	最大输出抖动幅度(UIp—p)
$LP+HP_1$	1.5
$LP+HP_2$	0.2

注：对 2048kbit/s 接口：

LP——截止频率为 100kHz 的低通滤波器；

HP_1——截止频率为 20Hz 的高通滤波器；

HP_2——截止频率为 18kHz 的高通滤波器。

检验数量：全部检查。

检验方法：施工单位用传输综合分析仪测试。监理单位见证试验。

6.4.5 传输系统低速数据接口的端到端误码性能指标应满足以下要求：

1 速率为 $N\times64$kbit/s($N=1\sim31$)时，比特误码率(BER)不应大于 1×10^{-6}。

2 速率小于 64kbit/s 时，比特误码率(BER)不应大于 1×10^{-5}。

检验数量：全部检查。

检验方法：施工单位用误码测试仪测试。监理单位见证试验。

6.4.6 传输系统音频接口的音频特性应符合下列要求：

1 通路电平：用参考测试频率 1020Hz 的正弦波信号，以－10dBmO的电平加到发送侧的输入端，在接收侧测得电平偏差限值应为±0.6dB(四线—四线)、±0.8dB(二线—二线)或±0.3dB(四线—数字口)、±0.4dB(二线—数字口)。

2 净衰减频率特性应符合表 6.4.6-1 的规定。

表 6.4.6-1 净衰减频率特性

测试频率(Hz)		200	300	400	500	600	820
偏差限值(dB)	二线(A—A)	—	+2	+1.5	+1.5	+0.7	+0.7
		−0.6	−0.6	−0.6	−0.6	−0.6	−0.6
	四线(A—A)	—	+0.5	+0.5	+0.5	+0.5	+0.5
		−0.5	−0.5	−0.5	−0.5	−0.5	−0.5
	二线(A—D或D—A)	—	+1.0	+0.75	+0.75	+0.35	+0.35
		−0.3	−0.3	−0.3	−0.3	−0.3	−0.3
	四线(A—D或D—A)	—	+0.25	+0.25	+0.25	+0.25	+0.25
		−0.25	−0.25	−0.25	−0.25	−0.25	−0.25
测试频率(Hz)		1020	2400	2800	3000	3400	3600
偏差限值(dB)	二线(A—A)	0	+0.7	+1.1	+1.1	+3.0	—
		0	−0.6	−0.6	−0.6	−0.6	−0.6
	四线(A—A)	0	+0.5	+0.9	+0.9	+1.8	—
		0	−0.5	−0.5	−0.5	−0.5	−0.5
	二线(A—D或D—A)	0	+0.35	+0.55	+0.55	+1.5	—
		0	−0.3	−0.3	−0.3	−0.3	−0.3
	四线(A—D或D—A)	0	+0.25	+0.45	+0.45	+0.9	—
		0	−0.25	−0.25	−0.25	−0.25	−0.25

3 增益随输入电平的变化应符合表 6.4.6-2 的规定。

表 6.4.6-2 增益随输入电平变化限值(正弦法)

输入电平(dBmO)		−55	−50	−40	−30	−20	−10	0	+3
偏差限值(dB)	二线(四线)(A—A)	±3.0	±1.0	±0.5	±0.5	±0.5	0	±0.5	±0.5
	二线(四线)(A—D)	±1.6	±0.6	±0.3	±0.3	±0.3	0	±0.3	±0.3

4 空闲信道噪声(衡重噪声)：在音频通道输入、输出端都终接标称阻抗，空闲信道噪声(衡重噪声)不应大于－65dBmOp。

5 总失真(噪声法)应符合表 6.4.6-3 的规定。

表 6.4.6-3 总失真(噪声法)

输入电平(dBmO)		−55	−40	−34	−27	−20	−10	−6	−3
信号对总失真比的指标应大于(dB)	二线(A—A)	11.1	26.1	30.7	32.4	32.4	32.4	32.4	24.8
	四线(A—A)	12.6	27.6	32.2	33.9	33.9	33.9	33.9	26.3
	二线发(A—D)	12.4	27.4	32.0	33.7	33.7	33.7	33.7	26.1
	二线发(D—A)	13.4	28.4	33.0	34.7	34.7	34.7	34.7	27.1
	四线发(A—D)	13.1	28.1	32.7	34.4	34.4	34.4	34.4	26.8
	四线发(D—A)	14.1	29.1	33.7	35.4	35.4	35.4	35.4	27.8

6 路际串话电平应符合表 6.4.6-4 的规定。

表 6.4.6-4 路际串话电平

主串频率 1020Hz 主串电平 0dBmO	串话电平(dBmO)								
	二线—二线或四线—四线(A—A)	近端	≤−65	二线发或四线发—数字口出(A—D)	近端	≤−73	数字口入—二线收或四线收(D—A)	近端	≤−70
		远端	≤−65		远端	≤−70		远端	≤−73

检验数量：全部检查。

检验方法：施工单位用 PCM 通路分析仪测试。监理单位见证试验。

6.4.7 传输系统以太网端到端的丢包率(IPLR)、时延(IPTD)、吞吐量(IPPT)指标应符合设计要求。

检验数量：全部检查。

检验方法：施工单位用 IP 网络测试仪测试。监理单位见证试验。

6.4.8 传输系统自愈功能应正常，保护倒换时间应小于 50ms。

检验数量：全部检查。

检验方法：施工单位进行自愈功能检查，用传输综合测试仪进行保护倒换时间测试。监理单位见证试验。

6.5 SDH 传输系统指标检测及功能检验

主 控 项 目

6.5.1 SDH 传输系统端到端误码性能指标应满足表 6.5.1 的规定。

表 6.5.1 端到端误码性能指标

速率(kbit/s)	139264/155520	622080	2488320
比特/块	6000～20000	15000～30000	15000～30000
误块秒比(ESR)	0.16	未定	未定
严重误块秒比(SESR)	0.002	0.002	0.002
背景误块比(BBER)	2×10^{-4}	1×10^{-4}	1×10^{-4}

检验数量:全部检查。

检验方法:施工单位用传输综合测试仪测试。监理单位见证试验。

6.5.2 定时基准源应能正确倒换。

检验数量:全部检查。

检验方法:施工单位进行定时基准源倒换试验。监理单位见证试验。

6.5.3 SDH 传输系统抖动性能测试应包含以下项目:

1 输出抖动测试指标应符合表 6.5.3-1 的规定。

表 6.5.3-1 SDH 网络接口的输出抖动规范参数

等级	最大输出抖动峰-峰值(UI) UIp—p		测量滤波器参数		
	B_1	B_2	f_1 (Hz)	f_3 (kHz)	f_4 (MHz)
STM-1(电)	1.5	0.075	500	65	1.3
STM-1(光)	1.5	0.15	500	65	1.3
STM-4(光)	1.5	0.15	1000	250	5
STM-16(光)	1.5	0.15	5000	1000	20

2 输入抖动容限应符合表 6.5.3-2 的规定。

表 6.5.3-2 STM-N 输入抖动容限参数

STM 等级	幅度(UIp_p)					频 率									
	A_0 (18μs)	A_1 (2μs)	A_2 (0.25μs)	A_3	A_4	f_0 (Hz)	f_{12} (Hz)	f_{11} (Hz)	f_{10} (Hz)	f_9	f_8 (Hz)	f_1 (kHz)	f_2 (kHz)	f_3 (kHz)	f_4 (MHz)
STM-1(电)	2800	311	39	1.5	0.075	12×10^{-6}	178×10^{-6}	1.6×10^{-3}	15.6×10^{-3}	0.125	19.3	0.5	3.25	65	1.3
STM-1(光)	2800	311	39	1.5	0.15	12×10^{-6}	178×10^{-6}	1.6×10^{-3}	15.6×10^{-3}	0.125	19.3	0.5	6.5	65	1.3
STM-4(光)	11200	1244	156	1.5	0.15	12×10^{-6}	178×10^{-6}	1.6×10^{-3}	15.6×10^{-2}	0.125	9.65	1	25	250	5
STM-16(光)	44790	4977	622	1.5	0.15	12×10^{-6}	178×10^{-6}	1.6×10^{-3}	15.6×10^{-3}	0.125	12.1	5	100	1000	20

检验数量:全部检查。

检验方法:施工单位用传输综合测试仪测试抖动。监理单位见证试验。

6.6 ATM 传输系统指标检测及功能检验

主 控 项 目

6.6.1 ATM 传输系统物理层光接口应测试以下指标:

1 平均发送光功率、接收机灵敏度、接收机最小过载功率应符合本规范第 6.4.2 条的要求。

2 ATM 系统误码性能测试应符合本规范第 6.5.1 条的要求。

3 ATM 系统光接口抖动性能测试应符合本规范第 6.5.3 条的要求。

6.6.2 ATM 层网络性能应测试以下指标,其指标应符合表 6.6.1 的规定:

1 信元丢失率(CLR)。

2 信元差错率(CER)。

3 信元传送时延(CTD)。

4 信元时延变化(CDV)。

表 6.6.1 QoS 等级网络性能指标

	CTD	2-ptCDV	CLR_{0+1}	CLR_0	CER
网络性能指标的含义	平均 CTD 的上限值(ms)	CTD 差在 10^{-8} 分界点的上限值(ms)	信元丢失概率的上限值	信元丢失概率的上限值	信元差错率的上限值
QoS1	400	3	3×10^{-7}	无	4×10^{-6}
QoS2	未规定	未规定	10^{-5}	无	4×10^{-6}
QoS3	未规定	未规定	未规定	10^{-5}	4×10^{-6}
QoS4	未规定	未规定	未规定	未规定	未规定
QoS5	400	6	无	3×10^{-7}	4×10^{-6}

检验数量:全部检查。

检验方法:施工单位用 ATM 测试仪测试。监理单位见证试验。

6.7 OTN 传输系统指标检测及功能检验

主 控 项 目

6.7.1 OTN 系统光接口应测试以下指标:

1 平均发送光功率、接收机灵敏度、接收机最小过载功率应符合本规范第 6.4.2 条的要求。

2 OTN 系统误码性能测试应符合本规范第 6.5.1 条的要求。

3 OTN 系统光接口抖动性能测试应符合本规范第 6.5.3 条的要求。

6.7.2 OTN 系统 RS—232、RS—422、RS485 端口点到点或点到多点连接功能检查应正常,测试低速口误码率(BER)应符合本规范第 6.4.5 条的规定。

检验数量:全部检查。

检验方法:施工单位用数据误码测试仪检查验证。监理单位见证试验。

6.7.3 OTN 系统 X.21 接口点到点连接功能检查应正常,测试误码率(BER)应符合本规范第 6.4.5 条的规定。

检验数量:全部检查。

检验方法:施工单位用数据误码测试仪检查、验证。监理单位见证试验。

6.7.4 OTN 系统模拟电话、带信令语音通道的通话功能应正常。

检验数量:全部检查。

检验方法:施工单位进行电话呼叫功能验证。监理单位见证试验。

6.7.5 OTN 系统 E1 接口端到端误码性能应符合本规范第 6.4.4 条的规定。

检验数量:全部检查。

检验方法:施工单位用误码测试仪检查验证。监理单位见证试验。

6.7.6 OTN 系统 ISDN 接口误码测试,应符合本规范第 6.4.4 条和第 6.4.5 条的规定。

检验数量:全部检查。

检验方法:施工单位用误码测试仪检查验证。监理单位见证试验。

6.7.7 OTN 系统以太网接口连接功能检查应正常。

检验数量:全部检查。

检验方法:施工单位用网络检测器检查。监理单位见证试验。

6.7.8 OTN 系统高保真音频接口检测,试听双向语音质量应清晰可懂、流畅、无漏字、无杂音,其测试电平衰减应符合设计要求或产品技术要求。

检验数量:全部检查。

检验方法:施工单位用音频信号发生器、电平表检查,测试音频电平衰减。监理单位见证试验。

6.7.9 OTN系统视频接口,检查经系统传输的图像信号,应清晰无抖动、无雪花干扰、无马赛克现象等。

检验数量:全部检查。

检验方法:施工单位用视频信号发生器发送图像检查视频图像传输质量。监理单位见证试验。

6.8 传输系统网管功能检验

主 控 项 目

6.8.1 网管设备到达现场应进行检查,其型号、规格、质量应符合设计要求及相关产品标准的规定。

检验数量:全部检查。

检验方法:对照设计文件检查出厂合格证等质量证明文件,并观察检查外观及形状。

6.8.2 所有网元应能接入网管系统。网管系统显示的配置应符合网元的实际配置。网管设备应能正确显示整个网络的拓扑结构。

检验数量:全部检查。

检验方法:施工单位用网管软件进行功能试验。监理单位见证试验。

6.8.3 通过网管应能按预定路由表自动进行路由变更。

检验数量:全部检查。

检验方法:施工单位按预定路由表进行路由变更试验。监理单位见证试验。

6.8.4 故障管理应具有下列功能:

1 告警功能:

1)故障定位;

2)设置故障等级;

3)告警指示;

4)告警历史记录。

2 监视参数。

3 近端和远端环回测试。

检验数量:全部检查。

检验方法:施工单位进行功能试验。监理单位见证试验。

6.8.5 性能管理功能应具有采集和分析误码性能的功能。

检验数量:全部检查。

检验方法:施工单位进行性能管理功能试验。监理单位见证试验。

6.8.6 配置管理应具有下列功能:

1 各种业务时隙分配。

2 通信关系配置(点对点、点对多点、总线和以太网)。

3 通道的交叉连接和指配。

4 1+1或1:N保护倒换、低阶/高阶通道保护倒换以及自愈环配置。

检验数量:全部检查。

检验方法:施工单位进行功能试验。监理单位见证试验。

6.8.7 安全管理功能应具有下列功能:

1 未经授权的人不能进入管理系统。

2 具有有限授权的人只能进入相应授权部分。

3 在安全受到侵扰后,应能利用备份文件恢复业务。

检验数量:全部检查。

检验方法:施工单位进行功能试验。监理单位见证试验。

6.8.8 保护功能应具有下列功能:

1 业务的自动通道保护。

2 网元与相关的网元管理设备之间、网元管理设备相互之间的信息通信应有自动通道保护措施。当具有远端接入功能时,本端网管设备或终端应能远端接入对端的网管设备,以监视对端网管设备所管区域系统的运行情况。

3 当出现软件差错或电源失效恢复后,系统应返回初始工作状态。

检验数量:全部检查。

检验方法:施工单位进行功能试验。监理单位见证试验。

7 公务电话系统

7.1 一 般 规 定

7.1.1 公务电话系统的设备可包括程控交换设备、普通用户电话机、区间电话机、站间电话机、紧急电话、站内集中电话等。

7.1.2 公务电话系统的施工应包括控制中心、各车站、车场、区间等安装公务电话设备的场所。

7.2 公务电话设备安装

(Ⅰ)主 控 项 目

7.2.1 程控交换设备到达现场应进行检查,其型号、规格、质量应符合设计要求及相关产品标准的规定。

检验数量:全部检查。

检验方法:对照设计文件检查出厂合格证等质量证明文件,并观察检查外观及形状。

7.2.2 程控交换设备机架(柜)电路插板的规格、数量和安装位置应符合设计要求。

检验数量:全部检查。

检验方法:对照设计文件观察检查。

7.2.3 区间电话安装严禁超出设备限界。

检验数量:全部检查。

检验方法:观察检查。

7.2.4 区间电话安装位置和方向应符合设计要求。

检验数量:全部检查。

检验方法:观察检查。

(Ⅱ)一 般 项 目

7.2.5 程控交换设备的安装应符合本规范第6.2.3~6.2.5条的相关规定。

7.2.6 公务电话系统电源设备及接地装置的安装应符合本规范第14.2.5~14.2.9条及第14.6.7~14.6.10条的相关规定。

7.3 公务电话设备配线

(Ⅰ)主 控 项 目

7.3.1 程控交换设备的配线电缆到达现场应进行检查,其型号、规格、质量应符合设计要求及相关产品标准的规定。配线标识齐全、清晰、不易脱落。

检验数量:全部检查。

检验方法:对照设计文件检查出厂合格证等质量证明文件,并观察检查外观、形状及标识。

7.3.2 程控交换设备的配线应符合本规范第6.3.2~6.3.7条的相关规定。

7.3.3 公务电话系统电源配线应符合本规范第14.3.1~14.3.4条的相关规定。

7.3.4 公务电话系统地线的布放应符合本规范第14.6.2~14.6.6条的相关规定。

(Ⅱ)一 般 项 目

7.3.5 程控交换设备的配线应符合本规范第6.3.8~6.3.14条的相关规定。

7.3.6 紧急电话、区间电话进线孔应做防水处理。

检验数量:全部检查。

检验方法:观察检查。

7.4 公务电话系统指标检测及功能检验

主 控 项 目

7.4.1 公务电话系统的本局呼叫接续故障率性能指标不应大于 4×10^{-4}。

检验数量:全部检查。

检验方法:施工单位用模拟呼叫器测试,从总配线架上接不少于32对用户到模拟呼叫器,平均每小时每对用户产生不少于200次呼叫,测试呼叫次数不小于40000次。监理单位见证试验。

7.4.2 公务电话系统的局间呼叫接续故障率性能指标不应大于 4×10^{-4}。

检验数量:全部检查。

检验方法:施工单位用模拟呼叫器测试,接16对用户,并将16对来话和去话中继线自环,测试呼叫次数不小于40000次。监理单位见证试验。

7.4.3 公务电话系统的计费差错率性能指标不应大于 1×10^{-4}。

检验数量:全部检查。

检验方法:施工单位用模拟呼叫器测试呼叫40000次,检查实际计费次数与呼叫次数比较。监理单位见证试验。

7.4.4 忙时呼叫尝试次数(BHCA)性能指标应符合设计要求。

检验数量:全部检查。

检验方法:检查出厂测试记录或用延伸法测试。

7.4.5 公务电话系统的以下功能应符合设计要求:

1 系统建立功能。

2 基本业务功能。

3 新业务功能。

4 话务统计功能。

5 计费功能。

检验数量:全部检查。

检验方法:施工单位进行功能试验。监理单位见证试验。

7.4.6 公务电话系统的通话保持功能应符合设计要求。

检验数量:全部检查。

检验方法:施工单位进行通话保持试验,用12对用户保持通话状态48h,应有长时间通话信号输出,无断话、单向通话等现象。监理单位见证试验。

7.4.7 区间电话、紧急电话的通话及使用功能应符合设计要求。

检验数量:全部检查。

检验方法:施工单位进行通话和使用试验。监理单位见证试验。

7.5 公务电话系统网管功能检验

主 控 项 目

7.5.1 公务电话系统网管终端应具有图形实时显示功能。

检验数量:全部检查。

检验方法:施工单位进行网管终端功能试验,应能正确显示网络拓扑结构,实时反映其物理连接状态及各点设备运行条件和状态。监理单位见证试验。

7.5.2 公务电话系统的人机命令功能应符合设计要求。

检验数量:全部检查。

检验方法:施工单位进行人机命令功能试验,检测功能应完善,执行命令准确,所有人机命令输入后均应能在打印机和显示器输出显示;用人机命令对局数据和用户数据的增、删、改应准确;用人机命令执行用户线和用户电路、中继线和中继电路、公用设备、信号链路和交换网络的例行测试和指定测试时,输出应正确。监理单位见证试验。

7.5.3 公务电话系统的故障诊断、告警功能应符合设计要求。

检验数量:全部检查。

检验方法:施工单位进行故障诊断、告警功能试验,对用户和中继电路进行人工/自动故障诊断应能测至每一电路;对电源系统、处理机、交换单元、连接单元和外围设备的模拟故障试验,其故障告警,主、备用设备倒换、故障信息输出及排除故障应灵敏、准确;告警系统应动作可靠,可生成告、示警信息的统计分析报表等。监理单位见证试验。

7.5.4 公务电话系统的维护管理功能应符合设计要求。

检验数量:全部检查。

检验方法:施工单位进行维护管理功能试验。监理单位见证试验。

7.5.5 公务电话系统对远端模块的集中维护功能应符合设计要求。

检验数量:全部检查。

检验方法:施工单位进行远端交换用户模块或远端用户线单元的集中维护功能试验。监理单位见证试验。

7.5.6 公务电话系统的计费及话务统计功能应符合设计要求。

检验数量:全部检查。

检验方法:施工单位进行计费及话务统计功能试验。监理单位见证试验。

8 专用电话系统

8.1 一 般 规 定

8.1.1 专用电话系统设备可包括程控交换设备或调度交换设备、调度台、调度分机、值班台、各类专用电话机等。

8.1.2 专用电话系统的施工应包括控制中心、各车站、车场等安装专用电话系统设备的场所。

8.2 专用电话设备安装

(Ⅰ)主 控 项 目

8.2.1 专用电话设备到达现场应进行检查,其型号、规格、质量应符合设计要求及相关产品标准的规定。

检验数量:全部检查。

检验方法:对照设计文件检查出厂合格证等质量证明文件,并观察检查外观及形状。

8.2.2 专用电话设备机架(柜)电路插板的规格、数量和安装位置应符合设计要求。

检验数量:全部检查。

检验方法:对照设计文件观察检查。

(Ⅱ)一 般 项 目

8.2.3 专用电话设备的安装应符合本规范第6.2.3~6.2.5条的相关规定。

8.2.4 专用电话系统电源设备及接地装置的安装应符合本规范第14.2.5~14.2.9条及第14.6.7~14.6.10条的相关规定。

8.3 专用电话设备配线

(Ⅰ)主 控 项 目

8.3.1 专用电话设备的配线电缆到达现场应进行检查,其型号、规格、质量应符合设计要求及相关产品标准的规定。

检验数量:全部检查。

检验方法:对照设计文件检查出厂合格证等质量证明文件,并观察检查外观、形状及标识。

8.3.2 专用电话设备的配线应符合本规范第6.3.2～6.3.7条的相关规定。

8.3.3 专用电话系统电源配线应符合本规范第14.3.1～14.3.4条的相关规定。

8.3.4 专用电话系统地线的布放应符合本规范第14.6.2～14.6.6条的相关规定。

(Ⅱ)一般项目

8.3.5 专用电话设备的配线应符合本规范第6.3.8～6.3.14条的相关规定。

8.4 专用电话系统指标检测及功能检验

主控项目

8.4.1 调度台至值班台间的传输损耗不应大于7dB。模拟调度电话的端对端最大衰减应符合设计要求，且不宜大于30dB。

检验数量:全部检查。

检验方法:施工单位用振荡器、电平表测电路衰减。监理单位见证试验。

8.4.2 调度电话的功能应满足以下要求：

1 告警及信号显示应准确。

2 调度台以不同呼叫方式呼叫时，其调度分机接收应准确。

3 调度台对调度分机摘挂机显示功能应正常。

4 调度台与调度分机间的相互通话应清晰正常。

5 调度台对各调度分机具有选呼、组呼、群呼功能，并在任何情况下不应发生阻塞现象。

6 调度分机可对调度台进行一般呼叫和紧急呼叫。

7 备用通道倒换正常。

8 特服电话功能符合设计要求。

检验数量:全部检查。

检验方法:施工单位进行功能试验。监理单位见证试验。

8.4.3 站内集中电话的功能应满足以下要求：

1 值班台或分机的呼入、呼出及组呼时，应灯亮、铃响。

2 分机呼入或呼出时的锁闭性能应可靠。

3 回铃音及通话应清晰正常。

4 交直流电源转换电路动作应准确。

5 值班台对其各分机之间的通话可进行监听、插话、强拆。

6 分机宜具有延时热线功能，在规定时间内不拨号自动与值班台接通。

检验数量:全部检查。

检验方法:施工单位进行功能试验。监理单位见证试验。

8.4.4 站间电话功能应满足以下要求：

1 用户摘机即能迅速且无阻塞地沟通两车站值班员之间通话联络。

2 在车站值班台上应有相应的热键及相对应的独立显示灯区分上下行车站。

3 回铃音及通话应清晰正常。

检验数量:全部检查。

检验方法:施工单位进行功能试验。监理单位见证试验。

8.4.5 紧急电话功能应满足以下要求：

1 用户摘机即连接至车控室值班台上。

2 在车站值班台上应有相应的显示灯。

3 回铃音及通话应清晰正常。

检验数量:全部检查。

检验方法:施工单位进行功能试验。监理单位见证试验。

8.4.6 会议电话功能应满足以下要求：

1 告警设施应显示准确。

2 主席台与分机送话时，应受话清晰，无失真和振鸣。

3 主席台可随意增、减分机用户，且不应影响会议电话的进行。

4 接口电平应符合设计规定。

检验数量:全部检查。

检验方法:施工单位进行功能试验。监理单位见证试验。

8.4.7 录音设备功能应满足以下要求：

1 录音设备应对调度台与调度分机之间的通话内容及通话时间、分机号等信息进行记录。

2 对所有录音可分别按日期、时间、通道号进行搜索。

3 录音保存时间应符合设计要求。

检验数量:全部检查。

检验方法:施工单位进行功能试验。监理单位见证试验。

8.5 专用电话系统网管功能检验

主控项目

8.5.1 专用电话网管功能应符合本规范第7.5.1～7.5.6条的相关规定。

9 无线通信系统

9.1 一般规定

9.1.1 无线通信系统可包括专用无线通信系统、公安无线通信系统和消防无线通信系统。专用无线通信系统制式可采用专用频道方式，也可采用数字集群移动通信方式。

9.1.2 无线通信工程线路施工可包括：铁塔、各种天馈线及漏泄同轴电缆的安装等。无线通信工程设备可包括：集群交换设备、基站、直放站、各类终端及录音设备等。

9.1.3 无线通信系统施工前应根据设计图进行施工复测：检查铁塔、直放站、机房的位置的确认，漏缆架挂的位置以及长度的确认。

9.1.4 无线通信系统漏缆及射频电缆连接件制作安装人员应经过专业培训。

9.2 铁塔安装

(Ⅰ)主控项目

9.2.1 铁塔基础深度、标高及塔靴安装位置应符合设计要求。

检验数量:全部检查。

检验方法:观察检查，施工单位用经纬仪测量。监理单位见证试验。

9.2.2 铁塔基础用混凝土原材料及混凝土强度等级应符合设计要求。

检验数量:全部检查。

检验方法:施工单位做混凝土试块送检。监理单位见证试验。

9.2.3 铁塔的高度应符合设计要求，垂直度偏差不应大于1.5‰。

检验数量:全部检查。

检验方法:施工单位用经纬仪，在两个相互垂直的方向上测量。监理单位见证试验。

9.2.4 天线加挂支柱高度及方位、平台位置及尺寸、爬梯的设置方式应符合设计要求。

检验数量:全部检查。

检验方法:观察测量。

9.2.5 铁塔防雷装置、接地引下线和接地电阻应符合设计要求。

检验数量:全部检查。

检验方法:施工单位用接地电阻测试仪测接地电阻。监理单位见证试验。

9.2.6 铁塔塔体的接地电阻应符合设计要求，塔体金属构件间应保证电气连通。

检验数量:全部检查。

检验方法:施工单位用万用表检查电气连通性,用接地电阻测试仪测接地电阻。监理单位见证试验。

（Ⅱ）一 般 项 目

9.2.7 铁塔基础顶面应水平平整,塔靴及基础面应紧密贴合,允许水平误差为3mm。

检验数量:全部检查。

检验方法:观察、尺量检查。

9.2.8 铁塔构件的镀锌层应均匀光滑、不翘皮,不得出现返锈现象。

检验数量:全部检查。

检验方法:观察检查。

9.2.9 铁塔塔靴与基础预埋螺栓的连接必须用双螺母,塔身安装螺栓穿入方向应一致,螺母应拧紧,螺栓外露丝扣不应少于两扣。

检验方法:施工单位抽检10%。

检验数量:观察检查。用力矩扳手在塔身上、中、下三部分各抽检10个螺栓,其力矩值应符合设计要求。

9.2.10 铁塔接地装置应选择在土壤电阻率较低处埋设,间距应为5m,埋深为0.5～0.8m或冻土层以下,与其他接地体间距离不宜小于20m。

检验数量:全部检查。

检验方法:观察、尺量检查。

9.3 天 馈 线

（Ⅰ）主 控 项 目

9.3.1 天线、馈线、塔顶放大器型号规格应符合设计要求及相关产品标准的规定。

检验数量:全部检查。

检验方法:对照设计文件检查出厂合格证、试验报告等质量证明文件,并观察检查外观及形状。

9.3.2 杆塔和站厅天线的安装高度、方向和固定方式应符合设计要求。

检验数量:全部检查。

检验方法:观察检查。

9.3.3 天馈线防雷应符合下列要求:

1 天线杆(塔)应设有单独的避雷针,避雷针引下线应做固定并与接地体连接良好。

2 天线避雷地线的接地电阻应符合设计要求。

3 天线避雷针对天线的保护角度应小于45°。

4 基站同轴电缆馈线的金属外护层,应在上部、下部和经走线架进机房入口处就近接地,在机房入口处的接地应与就近的接地系统连通。

检验数量:全部检查。

检验方法:施工单位对照设计文件观察检查,用万用表检查电气连通性,用接地电阻测试仪测接地电阻。监理单位见证试验。

9.3.4 馈线不得有接头,天馈线连接处及馈线与室外防雷器的连接处应做防水处理。

检验数量:全部检查。

检验方法:观察检查。

9.3.5 天馈线的技术性能应满足下列规定:

1 天馈线驻波比在工作频段内不应大于1.5。

2 按馈线长度和部件计算的总衰减应符合技术指标要求。

检验数量:全部检查。

检验方法:施工单位用天馈线测试仪测天馈线驻波比;用电平表测衰减。监理单位见证试验。

（Ⅱ）一 般 项 目

9.3.6 馈线引入机房前,在墙洞入口处应做滴水弯。

检验数量:全部检查。

检验方法:观察检查。

9.3.7 天线避雷地线接地体与连接线(如扁钢)等焊接处应做防腐处理。

检验数量:全部检查。

检验方法:观察检查。

9.3.8 钢丝绳拉线固定处应装有绝缘子,并应在侧墙上用膨胀螺栓固定牢固,引入馈线的房檐易摩擦部位应采取防护措施。

检验数量:全部检查。

检验方法:观察检查。

9.3.9 站厅天线的安装位置应符合设计要求,并满足无线信号对站厅的覆盖要求。

检验数量:全部检查。

检验方法:观察检查。

9.4 漏泄同轴电缆

（Ⅰ）主 控 项 目

9.4.1 漏泄同轴电缆(以下简称漏缆)到达现场应进行检查,其型号、规格、质量应符合设计要求及相关产品标准的规定。

检验数量:全部检查。

检验方法:对照设计文件检查出厂合格证等质量证明文件,并观察检查外观及形状。

9.4.2 漏缆应在现场进行单盘测试。其直流电气特性应符合表9.4.2的规定。交流电气特性宜作为漏缆在批量出厂前在厂内进行抽测的检验项目,或采用工厂提供的出厂测试记录。交流电气特性主要检查特性阻抗、电压驻波比、标称耦合损耗、传输衰减等,应符合设计要求。

表9.4.2 漏缆单盘测试直流电气性能

序号	项目		单位	漏缆规格代号		
				42	32	22
1	内导体直流电阻20℃,max	光滑铜管	Ω/km	—	0.69	1.09
		螺旋皱纹铜管		0.88	—	—
2	外导体直流电阻20℃,max		Ω/km	0.42	0.57	1.20
3	绝缘介电强度,d.c.,1min		V	15000	10000	10000
4	绝缘电阻,min		MΩ·km	5000		

注:漏缆规格代号 42——绝缘层标称外径42mm,对应英寸$1\frac{5}{8}''$;

32——绝缘层标称外径32mm,对应英寸$1\frac{1}{4}''$;

22——绝缘层标称外径22mm,对应英寸$\frac{7}{8}''$。

检验数量:全部检查。

检验方法:施工单位进行直流电气特性现场检测;交流电气特性在厂内进行抽测或采用工厂提供的出厂测试记录。监理单位见证试验。

9.4.3 漏缆的安装应符合下列规定:

1 隧道内吊挂漏缆,其吊挂位置和距钢轨面的高度应符合设计要求,漏缆的开口方向应面向列车。

2 高架或地面区段漏缆托架的安装间隔应符合设计要求。

3 漏缆不应急剧弯曲,弯曲半径应符合表9.4.3的规定。

表9.4.3 漏缆最小弯曲半径

项目	单位	规格代号		
		42	32	22
最小弯曲半径(单次弯曲)	mm	600	400	240
最小弯曲半径(多次弯曲)	mm	1020	760	500

检验数量:全部检查。

检验方法:观察、尺量检查。

9.4.4 漏缆的连接必须保持原漏缆结构及开槽间距不变,固定接头应接续可靠、连接牢固,装配后接头外部应按设计要求进行防护。

检验数量:全部检查。

检验方法：观察检查，用万用表检查固定接头的接续。

9.4.5 漏缆装配后，应进行下列项目测试：

1 直流电气特性应测试内、外导体直流电阻、绝缘介电强度、绝缘电阻等，指标应满足本规范表9.4.2的要求。

2 交流电气特性应测试电压驻波比和传输衰减，其指标应符合设计要求。

检验数量：全部检查。

检验方法：施工单位用直流电桥测直流电阻、用1000V兆欧表测绝缘电阻、用耐压测试仪测绝缘介电强度，用驻波比测试仪测驻波比，用信号源、功率计测传输衰减。监理单位见证试验。

9.4.6 漏缆装配结束后，应进行中继段静态场强测试，其指标应符合设计要求。

检验数量：全部检查。

检验方法：施工单位用场强测试仪每50m测一次，每次测5个数据，取平均值，在接头、终端处必须进行测试。监理单位见证试验。

（Ⅱ）一 般 项 目

9.4.7 隧道内漏缆支架的安装应符合下列规定：

1 支架的位置、安装强度及距钢轨面的高度应符合设计要求。

2 洞内吊夹安装位置和间隔应符合设计要求。

检验数量：全部检查。

检验方法：观察、尺量检查。

9.4.8 隧道外区段漏缆吊挂后最大下垂幅度应在0.15～0.2m范围内（在20℃时）。

检验数量：全部检查。

检验方法：观察检查。

9.4.9 连接器装配后接头外部应进行防护，并固定可靠。

检验数量：全部检查。

检验方法：观察检查。

9.4.10 合路器与分路器的安装位置应符合设计要求，并不得修剪合路器原配电缆长度；系统改造时，两个分路器之间的连接电缆长度应符合系统改造设计要求；分路器空余端要求接上相应的终端负载。

检验数量：全部检查。

检验方法：观察检查。

9.5 无线通信设备安装

（Ⅰ）主 控 项 目

9.5.1 无线通信设备到达现场应进行检查，其型号、规格、质量应符合设计要求及相关产品标准的规定。

检验数量：全部检查。

检验方法：对照设计文件检查出厂合格证等质量证明文件，并观察检查外观及形状。

9.5.2 无线设备安装和配线应符合本规范第6.2.2条和第6.3.1～6.3.7条的相关规定。

检验数量：全部检查。

检验方法：观察检查。

9.5.3 基站和直放站的避雷器安装应串接于天线馈线和室内同轴馈线之间。避雷装置应安装在建筑物电缆入口处的墙壁上方，并应防雨。

检验数量：全部检查。

检验方法：观察检查。

9.5.4 高架及地面区间直放站应设置独立的防护地线。接地电阻不应大于10Ω。

检验数量：全部检查。

检验方法：施工单位用接地电阻测试仪测接地电阻。监理单位见证试验。

（Ⅱ）一 般 项 目

9.5.5 无线设备安装位置和安装方式应符合设计要求。

检验数量：全部检查。

检验方法：观察检查。

9.5.6 馈线在室内应路由合理，支撑牢固。

检验数量：全部检查。

检验方法：观察检查。

9.5.7 机车台应安装在便于维修的位置，控制盒应安装在便于司机操作的位置。在机车上敷设电缆应固定牢靠，并留一定余量。

检验数量：全部检查。

检验方法：观察检查。

9.5.8 直放站的安装位置除应有必要的供电和照明设备外，还应符合防水、防盗、防寒、散热等要求。

检验数量：全部检查。

检验方法：观察检查。

9.6 无线通信系统指标检测

（Ⅰ）主 控 项 目

9.6.1 站台、站厅、车场、室内及区间每条轨道中心两侧5m内线路的场强覆盖，在95%的地点、时间概率条件下，其功率电平值应达到设计要求。

检验数量：全部检查。

检验方法：施工单位用场强仪进行移动测试。监理单位见证试验。

9.6.2 无线通信系统语音部分的以下性能指标应符合设计要求：

1 语音质量。

2 接通率。

3 掉话率。

4 平均呼叫建立时延。

5 切换失败率。

检验数量：全部检查。

检验方法：施工单位用测试软件、自动测试仪进行测试。监理单位见证试验。

9.6.3 无线通信系统数据部分的以下性能指标应符合设计要求：

1 平均时延。

2 平均丢包率。

3 平均吞吐量。

检验数量：全部检查。

检验方法：施工单位用测试软件、自动测试仪进行测试。监理单位见证试验。

9.6.4 基站设备的以下性能指标应符合设计要求或设备技术条件规定：

1 信道机前向功率、反向功率、驻波比。

2 射频输出口功率、驻波比。

3 发射频率偏差。

4 基站发射调制精度均方根值（RMS）矢量误差、峰值（Peak）矢量误差。

检验数量：全部检查。

检验方法：施工单位用测试软件、无线综合测试仪、功率计进行测试。监理单位见证试验。

9.6.5 射频直放站的以下性能指标应符合设计要求或设备技术条件规定：

1 正、反向输入、输出电平。

2 静噪门限电平。

3 自动增益控制范围。

检验数量：全部检查。

检验方法：施工单位用无线综合测试仪进行测试。监理单位见证试验。

9.6.6 光纤直放站的以下性能指标应符合设计要求或设备技术条件规定：

1 输出光功率。

2 输入光功率。

3 光接收动态范围。

4 输出功率。

5 增益调节范围。

检验数量：全部检查。

检验方法：施工单位用光功率计、无线综合测试仪进行测试。监理单位见证试验。

（Ⅱ）一 般 项 目

9.6.7 车厢内的场强覆盖应符合设计要求。

检验数量：全部检查。

检验方法：施工单位用场强仪在车厢内测试。监理单位见证试验。

9.7 无线通信系统功能检验

主 控 项 目

9.7.1 无线交换机、基站设备、直放站及调度设备等的各项功能应符合设计要求。

检验数量：全部检查。

检验方法：施工单位进行单机检验或检查单机出厂检验记录。监理单位见证试验。

9.7.2 无线通信系统的以下功能应工作正常：

1 全呼、组呼、选呼、紧急呼叫。

2 直通模式呼叫(DMO)。

3 呼入呼出限制。

4 呼叫限时功能。

5 来话显示与缩位拨号功能。

6 迟后进入、超出服务区指示功能。

7 短数据服务。

8 分组数据服务。

9 强拆功能。

10 通话录音功能。

11 故障显示功能。

12 计费管理功能。

13 冗余功能。

14 单基站工作模式。

15 动态分组功能。

16 排队和遇忙回叫功能。

17 转接外线的功能。

18 调度台对列车的广播功能。

检验数量：对所有功能均抽 10%用户进行检验。

检验方法：施工单位进行通话和数传试验。监理单位见证试验。

9.8 无线通信系统网管功能检验

主 控 项 目

9.8.1 无线通信系统网管应能显示整个无线网络的拓扑结构。

检验数量：全部检查。

检验方法：观察检查。

9.8.2 无线通信系统网管的配置管理功能应符合设计要求。

检验数量：全部检查。

检验方法：施工单位进行无线通信系统网管平台管理与维护功能检验。监理单位见证试验。

9.8.3 无线通信系统网管的故障管理和事件管理功能应符合设计要求。

检验数量：全部检查。

检验方法：施工单位进行无线通信系统网管平台管理与维护功能检验。监理单位见证试验。

9.8.4 无线通信系统网管的性能管理、状态管理、软件管理和统计管理功能应符合设计要求。

检验数量：全部检查。

检验方法：施工单位进行无线通信系统网管平台管理与维护功能检验。监理单位见证试验。

9.8.5 无线通信系统网管的配置管理、安全管理、系统管理、用户管理功能应符合设计要求。

检验数量：全部检查。

检验方法：施工单位进行无线通信系统网管平台管理与维护功能检验。监理单位见证试验。

10 闭路电视监视系统

10.1 一 般 规 定

10.1.1 闭路电视监视系统应由中心控制设备、车站控制设备、图像摄取、图像显示、图像录制、图像存储及视频信号传输等构成。设备应包括摄像机、视频控制矩阵、录像设备、图像合成器、多画面处理器、字符发生器、视频服务器、监视控制设备等。

10.2 闭路电视监视设备安装

（Ⅰ）主 控 项 目

10.2.1 闭路电视监视设备到达现场应进行检查，其型号、规格、质量应符合设计要求及相关产品标准的规定。

检验数量：全部检查。

检验方法：对照设计文件检查出厂合格证等质量证明文件，并观察检查外观及形状。

10.2.2 闭路电视监视设备机架（柜）电路插板的规格、数量和安装位置应符合设计要求。

检验数量：全部检查。

检验方法：对照设计文件观察检查。

10.2.3 在室外露天处安装摄像机时，避雷针和摄像装置的安装应牢靠、稳固。

检验数量：全部检查。

检验方法：观察检查。

（Ⅱ）一 般 项 目

10.2.4 监视器的安装位置应使屏幕不受外来光直射，当有不可避免的光时，应加遮光罩遮挡。

检验数量：全部检查。

检验方法：观察检查。

10.2.5 监视器装设在固定的机架和柜内时，应采取通风散热措施。

检验数量：全部检查。

检验方法：观察检查。

10.2.6 监视器的外部可调节部分，应暴露在便于操作的位置，并可加保护盖。

检验数量：全部检查。

检验方法：观察检查。

10.2.7 闭路电视监视机架及机内设备的安装应符合本规范第

6.2.3～6.2.5 条的相关规定。

10.2.8 闭路电视监视系统电源设备及接地装置的安装应符合本规范第 14.2.5～14.2.9 条及第 14.6.7～14.6.10 条的相关规定。

10.3 闭路电视监视设备配线

(Ⅰ)主 控 项 目

10.3.1 闭路电视监视设备的配线电缆到达现场应进行检查，其型号、规格、质量应符合设计要求及相关产品标准的规定。

检验数量：全部检查。

检验方法：对照设计文件检查出厂合格证等质量证明文件，并观察检查外观、形状及标识。

10.3.2 闭路电视监视系统电缆的敷设应符合本规范第 4.6.1～4.6.7 条的相关规定。

10.3.3 闭路电视监视系统电源配线应符合本规范第 14.3.1～14.3.4 条的相关规定。

10.3.4 闭路电视监视系统地线的布放应符合本规范第 14.6.2～14.6.6 条的相关规定。

(Ⅱ)一 般 项 目

10.3.5 闭路电视监视系统电缆敷设还应符合本规范第 4.6.8～4.6.10 条的相关规定。

检验数量：全部检查。

检验方法：观察、尺量检查。

10.3.6 从摄像机引出的电缆宜留有 1m 的余量，并不得影响摄像机的转动。

检验数量：全部检查。

检验方法：观察、尺量检查。

10.3.7 摄像机的电缆和电源线均应固定，并不得用插头承受电缆的自重。

检验数量：全部检查。

检验方法：观察检查。

10.3.8 室外设备连接电缆时，宜从设备的下部进线。

检验数量：全部检查。

检验方法：观察检查。

10.3.9 闭路电视监视系统用同轴电缆敷设的弯曲半径应大于电缆直径的 15 倍。

检验数量：全部检查。

检验方法：尺量检查。

10.4 闭路电视监视系统指标检测及功能检验

主 控 项 目

10.4.1 闭路电视监视系统的质量主观评价应采用"五级损伤制"评定，随机信噪比、单频干扰、电源干扰、脉冲干扰四项主观评价项目的得分值均不应低于 4 分。

检验数量：抽验 10%。

检验方法：采用符合国家标准的监视器，观看距离为荧光屏面高度的 6 倍，光线柔和；评价人员不应少于 5 名，并应包括专业人员和非专业人员。评价人员独立打分，取算术平均值为评价结果。监理单位见证试验。

10.4.2 系统图像水平清晰度应符合设计要求；若无设计要求，黑白电视系统不应低于 400 线，彩色电视系统不应低于 270 线。

检验数量：抽验 10%。

检验方法：施工单位可用综合测试卡抽测系统清晰度。监理单位见证试验。

10.4.3 系统图像画面的灰度不应低于 8 级。

检验数量：抽验 10%。

检验方法：施工单位用综合测试卡抽测系统灰度。监理单位见证试验。

10.4.4 系统的各路视频信号送至监视器输入端时，其电平值应为 $1V_{p-p}\pm3dB/75\Omega$。

检验数量：抽验 10%。

检验方法：施工单位用视频信号发生器和示波器测试。监理单位见证试验。

10.4.5 系统的微分增益、微分相位指标，应符合设计要求及相关产品标准的规定。

检验数量：全部检查。

检验方法：施工单位用视频信号发生器和视频综合测试仪测试。监理单位见证试验。

10.4.6 系统的信噪比性能指标应符合设计要求；无设计要求时，随机信噪比不应小于 37dB；低照度使用时，监视画面达到可用图像，其系统信噪比不应小于 25dB。

检验数量：全部检查。

检验方法：施工单位用视频信号发生器和视频综合测试仪测试。监理单位见证试验。

10.4.7 闭路电视监视系统的以下功能指标应符合设计要求：

1 云台水平转动。

2 云台垂直转动。

3 自动光圈调节。

4 调焦功能。

5 变倍功能。

6 切换功能。

7 录像功能。

8 报警功能。

9 防护套功能。

10 字符叠加、时间同步功能。

11 电源开关控制功能。

检验数量：全部检查。

检验方法：施工单位进行闭路电视监视系统各项功能检验。监理单位见证试验。

10.4.8 闭路电视监视系统控制中心显示系统的显示功能应符合设计要求。

检验数量：全部检查。

检验方法：通过键盘发出控制信号，所需的图像应能在相应的监视器上显示，不同的监视器可以显示相同的画面，也可显示不同画面。监理单位见证试验。

10.4.9 控制中心画面选择的优先级功能应符合设计要求。

检验数量：全部检查。

检验方法：施工单位进行优先级设定检验。监理单位见证试验。

10.5 闭路电视监视系统网管功能检验

主控项目

10.5.1 闭路电视监视系统网管的以下功能应符合设计要求：

1 对车站摄像机的数量和种类、机号的设置。

2 对摄像机顺序切换、群切等功能的设置。

3 对监视器的数量的设置。

4 对摄像机和监视器代号字符的设置。

5 对各矩阵通信口的设置。

6 对用户密码和球形机使用优先级的设置。

7 对报警功能的设置。

8 控制中心和各车站电视相关设备(含切换矩阵等)的故障诊断。

9 调度员操作命令的记录。

检验数量：全部检查。

检验方法：施工单位通过网管终端进行功能试验。监理单位见证试验。

10.5.2 闭路电视监视系统各车站网管设备和控制中心网管设备的数据通信功能应符合设计要求。

检验数量：全部检查。

检验方法：施工单位模拟网管系统信息通过专用数据信道送至控制中心网管设备，进行功能试验。监理单位见证试验。

10.5.3 闭路电视监视系统网管的人机交互功能应符合设计要求。

检验数量：全部检查。

检验方法：调度员与系统之间应可做简单的人机交互，在屏幕上应显示相应操作的响应、操作错误的提示。在系统正常的情况下任何错误的操作不应导致图像监视器出现黑屏。施工单位进行调度员与系统之间的简单人机交互的功能试验。监理单位见证试验。

11 广播系统

11.1 一般规定

11.1.1 广播系统可包括广播控制设备、功率放大器、语音合成器、语音处理设备、噪声传感器、扬声器等。

11.1.2 广播系统的施工应包括控制中心、各车站、车场等安装广播系统设备或扬声器的场所。

11.2 广播设备安装

（Ⅰ）主控项目

11.2.1 广播系统控制设备、噪声传感器、扬声器及电缆到达现场应进行检查，其型号、规格、质量应符合设计要求。

检验数量：全部检查。

检验方法：对照设计文件检查出厂合格证等质量证明文件，并观察检查外观、形状及标志。

11.2.2 广播系统室内设备的机架（柜）电路插板的规格、数量和安装位置应符合设计要求。

检验数量：全部检查。

检验方法：对照设计文件观察检查。

11.2.3 安装扬声器严禁超出设备限界，不得影响与行车有关的信号和标志。

检验数量：全部检查。

检验方法：观察检查。

11.2.4 外场扬声器安装用电杆的规格应符合设计要求。

检验数量：全部检查。

检验方法：对照设计文件观察检查。

11.2.5 当扩音馈线为地下电缆时，所用电缆盒和线间变压器盒的端子绝缘电阻，应符合产品技术条件规定。

检验数量：全部检查。

检验方法：施工单位用兆欧表测试绝缘电阻。监理单位见证试验。

11.2.6 露天扬声器馈线引入室内时，应装设真空保安器。

检验数量：全部检查。

检验方法：观察检查。

11.2.7 控制中心和车站广播的负载区数量应符合设计要求。

检验数量：全部检查。

检验方法：对照设计文件检查控制中心和车站广播的负载区数量。

11.2.8 控制中心录音设备规格、型号应符合设计要求，录音功能应正常。

检验数量：全部检查。

检验方法：对照设计文件检查控制中心录音设备规格型号，进行录音功能试验。

（Ⅱ）一般项目

11.2.9 广播系统室内设备的安装应符合本规范第6.2.3～6.2.5条的相关规定。

11.2.10 广播系统控制设备、扬声器的安装位置与安装方式应符合设计要求。

检验数量：全部检查。

检验方法：观察检查。

11.2.11 扬声器支撑架安装应牢固，扬声器单元或零部件应安装紧密。

检验数量：全部检查。

检验方法：观察检查。

11.2.12 广播系统电源设备及接地装置的安装应符合本规范第14.2.5～14.2.9条及第14.6.7～14.6.10条的相关规定。

11.3 广播设备配线

（Ⅰ）主控项目

11.3.1 广播设备的配线电缆到达现场应进行检查，其型号、规格、质量应符合设计要求及相关产品标准的规定。

检验数量：全部检查。

检验方法：对照设计文件检查出厂合格证等质量证明文件，并观察检查外观、形状及标识。

11.3.2 广播系统室内设备的缆线布放应符合本规范第4.6.1～4.6.7条的相关规定。

11.3.3 广播系统电源配线应符合本规范第14.3.1～14.3.4条的相关规定。

11.3.4 广播系统地线的布放应符合本规范第14.6.2～14.6.6条的相关规定。

（Ⅱ）一般项目

11.3.5 广播系统室内设备的配线还应符合本规范第4.6.8～4.6.10条的相关规定。

11.4 广播系统指标检测及功能检验

（Ⅰ）主控项目

11.4.1 广播系统功率放大器的下列性能指标应符合设计要求或产品技术条件：

1 额定输出电压。
2 输出功率。
3 频率响应。
4 谐波失真。
5 信噪比。
6 输出电压调整率。
7 输入过激励。
8 输入灵敏度。

检验数量：全部检查。

检验方法：施工单位用毫伏表测额定输出电压、输出功率、频率响应、信噪比、输出电压调整率、输入过激励、输入灵敏度。用毫伏表和失真仪测谐波失真。监理单位见证试验。

11.4.2 语音合成器的下列性能指标应符合设计要求或产品技术条件：

1 频率响应。
2 谐波失真。
3 信噪比。
4 输出电平。

5 回放时间。

6 播放通道。

检验数量：全部检查。

检验方法：施工单位用毫伏表测频率响应、信噪比、输出电平。用毫伏表和失真仪测谐波失真，并进行回放时间和播放通道功能试验。监理单位见证试验。

11.4.3 广播系统的最大声压级指标应符合设计要求。

检验数量：全部检查。

检验方法：施工单位用声强计测试。监理单位见证试验。

11.4.4 广播系统的声场不均匀度指标应符合设计要求。

检验数量：全部检查。

检验方法：施工单位用声强计测试声场不均匀度。监理单位见证试验。

11.4.5 车站广播设备的以下功能应符合设计要求：

1 优先级功能。

2 分区、分路广播功能。

3 多路平行广播功能。

4 自动、手动、紧急三种不同播音方式。

5 车站接收列车运行信息并自动播音。

6 功放故障诊断与切换。

7 状态查询功能。

8 负载、功放主要技术指标测量的功能。

检验数量：全部检查。

检验方法：施工单位进行车站广播设备的各项功能检验。监理单位见证试验。

11.4.6 车站播音盒应具备播音功能、监听功能、故障显示、噪音探测及控制功能。

检验数量：全部检查。

检验方法：施工单位进行车站播音盒的各项功能检验。监理单位见证试验。

11.4.7 控制中心设备的以下功能应符合设计要求：

1 全选、单选、组选车站和各广播区的功能。

2 优先级功能。

3 与时钟子系统的时间同步功能。

4 多路平行广播功能。

5 监听功能。

检验数量：全部检查。

检验方法：施工单位进行控制中心设备各项功能试验。监理单位见证试验。

11.4.8 广播系统的以下功能应符合设计要求：

1 广播切换。

2 广播显示。

3 编程广播。

4 预录及语音合成广播。

5 噪声检测。

6 消防广播。

7 列车广播。

8 集中维护管理。

检验数量：全部检查。

检验方法：施工单位进行广播系统功能试验。监理单位见证试验。

(Ⅱ)一般项目

11.4.9 噪声传感器功能检查应符合设计要求。

检查数量：抽测10%。

检验方法：施工单位在广播分区人为制造噪音，观察噪声传感器工作状态，听广播音量变化。监理单位见证试验。

11.5 广播系统网管功能检验

主控项目

11.5.1 控制中心应能监测车站的播音控制盒、各功能模块以及各功放的状态。

检验数量：全部检查。

检验方法：施工单位进行控制中心监测功能试验。监理单位见证试验。

11.5.2 各车站自动播音的内容应能在控制中心集中修改。

检验数量：全部检查。

检验方法：施工单位进行车站自动播音内容在控制中心集中修改功能试验。监理单位见证试验。

11.5.3 控制中心应能自动记录中心调度员的广播时间、操作过程，并提供至少两路录音输出。

检验数量：全部检查。

检验方法：施工单位进行录音功能试验。监理单位见证试验。

11.5.4 控制中心应能测试任意车站的负载区（开路或短路）和功放技术指标（功率、频率响应等）。

检验数量：全部检查。

检验方法：施工单位进行控制中心测试功能试验。监理单位见证试验。

11.5.5 远程修改参数后观察车站被修改后的参数应有相应变化。

检验数量：全部检查。

检验方法：施工单位进行远程修改参数功能试验。监理单位见证试验。

11.5.6 便携式维护终端应能对各音量参数进行修改，应能测试设备模块。

检验数量：全部检查。

检验方法：施工单位进行便携式维护终端功能试验。监理单位见证试验。

12 乘客信息显示系统

12.1 一般规定

12.1.1 乘客信息显示系统应包括控制中心的导乘服务器、车站的导乘服务器和显示终端。

12.2 乘客信息显示设备安装

(Ⅰ)主控项目

12.2.1 乘客信息显示设备到达现场应进行检查，其型号、规格、质量应符合设计要求及相关产品标准的规定。

检验数量：全部检查。

检验方法：对照设计文件检查出厂合格证等质量证明文件，并观察检查外观及形状。

12.2.2 乘客信息显示设备机架（柜）电路插板的规格、数量和安装位置应符合设计要求。

检验数量：全部检查。

检验方法：对照设计文件观察检查。

12.2.3 电子显示设备屏幕的安装位置应不受外来光直射，周围没有遮挡物。

检验数量：全部检查。

检验方法：观察检查。

12.2.4 电子显示设备的保护接地端子应有明确标记并接地良

好。在熔断器和开关电源处应有警告标志。

检验数量:全部检查。

检验方法:观察检查。

12.2.5 电子显示设备的支撑架应安装牢固。

检验数量:全部检查。

检验方法:观察检查。

（Ⅱ）一 般 项 目

12.2.6 乘客信息显示设备的安装应符合本规范第6.2.3～6.2.5条的相关规定。

12.2.7 乘客信息显示系统电源设备及接地装置的安装应符合本规范第14.2.5～14.2.9条及第14.6.7～14.6.10条的相关规定。

12.3 乘客信息显示设备配线

（Ⅰ）主 控 项 目

12.3.1 乘客信息显示设备的配线电缆到达现场应进行检查,其型号、规格、质量应符合设计要求及相关产品标准的规定。

检验数量:全部检查。

检验方法:对照设计文件检查出厂合格证等质量证明文件,并观察检查外观、形状及标识。

12.3.2 乘客信息显示设备的配线应符合本规范第6.3.2～6.3.7条的相关规定。

12.3.3 乘客信息显示系统电源配线应符合本规范第14.3.1～14.3.4条的相关规定。

12.3.4 乘客信息显示系统地线的布放应符合本规范第14.6.2～14.6.6条的相关规定。

（Ⅱ）一 般 项 目

12.3.5 乘客信息显示设备的配线应符合本规范第6.3.8～6.3.14条的相关规定。

12.3.6 电子显示设备配线成端应有预留。

检验数量:全部检查。

检验方法:观察检查。

12.4 乘客信息显示系统指标检测及功能检验

主 控 项 目

12.4.1 文本LED显示屏和图文LED显示屏的移入移出方式及显示方式应符合设计要求。

检验数量:全部检查。

检验方法:施工单位进行LED显示屏系统功能试验。监理单位见证试验。

12.4.2 计算视频LED显示屏的动画、文字显示和灰度功能应符合设计要求。

检验数量:全部检查。

检验方法:施工单位进行LED显示屏系统功能试验。监理单位见证试验。

12.4.3 电视视频LED显示屏的动画、文字显示、灰度和电视录像功能应符合设计要求。

检验数量:全部检查。

检验方法:施工单位进行LED显示屏系统功能试验,用视频源检测电视录像功能。监理单位见证试验。

12.4.4 LED显示系统的分区、分路文字显示功能及显示规格应符合设计要求。

检验数量:全部检查。

检验方法:施工单位进行LED显示屏系统功能试验。监理单位见证试验。

12.4.5 显示设备的视频显示屏幕应能按照设计要求分区显示。

检验数量:全部检查。

检验方法:观察检查。

12.4.6 显示设备的视频显示图像分辨率不应小于704×576。

检验数量:全部检查。

检验方法:施工单位用综合测试卡检测图像分辨率。

12.4.7 显示设备的视频显示应可叠加彩色字幕,且色彩不小于1670万色,并具有256级半透明效果。

检验数量:全部检查。

检验方法:施工单位用综合测试卡检测。监理单位见证试验。

12.4.8 显示设备单位显示面积的最大功耗或显示设备的总功耗应符合设计要求。

检验数量:全部检查。

检验方法:施工单位用功率表检测。监理单位见证试验。

12.4.9 车站显示系统的以下功能应符合设计要求:

1 优先级显示功能。

2 分区、分路显示功能。

3 自动、手动、紧急三种显示方式。

4 自动生成或随时变更修改显示。

5 自动倒换至备用显示控制设备。

6 与车站控制设备的时间同步。

检验数量:全部检查。

检验方法:施工单位进行车站显示设备系统功能试验。监理单位见证试验。

12.4.10 控制中心系统应能全选、单选、组选车站和在各显示区进行显示,能根据实际需要设置显示优先级。

检验数量:全部检查。

检验方法:施工单位进行控制中心系统功能试验。监理单位见证试验。

12.4.11 控制中心系统应能向车站发送列车运行信息,并能按预设程序自动播放。

检验数量:全部检查。

检验方法:施工单位进行控制中心自动播放功能试验。监理单位见证试验。

12.4.12 控制中心系统应与时钟子系统的时间同步。

检验数量:全部检查。

检验方法:施工单位进行控制中心系统时间同步功能试验。监理单位见证试验。

12.5 乘客信息显示系统网管功能检验

主 控 项 目

12.5.1 乘客信息显示系统控制中心网管上应能监测车站显示设备的工作状态。

检验数量:全部检查。

检验方法:施工单位进行监测车站显示设备的试验。监理单位见证试验。

12.5.2 乘客信息显示系统各车站自动显示的内容应能在控制中心网管上集中修改。

检验数量:全部检查。

检验方法:施工单位进行控制中心集中修改车站自动显示内容的试验。监理单位见证试验。

12.5.3 在控制中心网管上应能检测任意车站显示设备的技术性能指标。

检验数量:全部检查。

检验方法:施工单位进行控制中心检测车站显示设备的试验。监理单位见证试验。

12.5.4 便携式维护终端应能对各参数进行修改和检测设备模块,远程修改参数后,各车站被修改的参数应能相应变化。

检验数量:全部检查。

检验方法:施工单位进行便携式维护终端功能试验。监理单位见证试验。

13 时钟系统

13.1 一般规定

13.1.1 时钟系统应包括标准时间管理中心(含标准信号接收单元和维护终端)、母钟和子钟设备。

13.2 时钟设备安装

(Ⅰ)主控项目

13.2.1 时钟设备到达现场应进行检查,其型号、规格、质量应符合设计要求及相关产品标准的规定。

检验数量:全部检查。

检验方法:对照设计文件检查出厂合格证等质量证明文件,并观察检查外观、形状及标志。

13.2.2 时钟设备机架(柜)电路插板的规格、数量和安装位置应符合设计要求。

检验数量:全部检查。

检验方法:对照设计文件观察检查。

13.2.3 标准信号接收单元的接收天线头应安装在室外,且周围无明显遮挡物;时间信号接收器应安装在室内,安装方式应符合设计要求。

检验数量:全部检查。

检验方法:观察检查。

(Ⅱ)一般项目

13.2.4 时钟设备的安装应符合本规范第6.2.3~6.2.5条的相关规定。

13.2.5 子钟安装位置和高度应符合设计要求。

检验数量:全部检查。

检验方法:观察检查。

13.2.6 子钟支架安装应牢固、稳定。

检验数量:全部检查。

检验方法:观察检查。

13.2.7 时钟系统电源设备及接地装置的安装应符合本规范第14.2.5~14.2.9条及第14.6.7~14.6.10条的相关规定。

13.3 时钟设备配线

(Ⅰ)主控项目

13.3.1 时钟设备的配线电缆到达现场应进行检查,其型号、规格、质量应符合设计要求及相关产品标准的规定。

检验数量:全部检查。

检验方法:对照设计文件检查出厂合格证等质量证明文件,并观察检查外观、形状及标识。

13.3.2 时钟设备的缆线布放应符合本规范第4.6.1~4.6.7条的相关规定。

13.3.3 时钟系统电源配线应符合本规范第14.3.1~14.3.4条的相关规定。

13.3.4 时钟系统地线的布放应符合本规范第14.6.2~14.6.6条的相关规定。

(Ⅱ)一般项目

13.3.5 时钟系统缆线的布放应符合本规范第4.6.8~4.6.10条的相关规定。

13.4 时钟系统指标检测及功能检验

主控项目

13.4.1 数字式子钟的时、分、秒或日期的显示应符合设计要求;指针式子钟的机芯应完好无损、运行自如、没有卡滞现象。

检验数量:全部检查。

检验方法:观察检查。

13.4.2 子钟和母钟的自身校时精度及带有全球定位系统(GPS)的中心母钟的校时精度应符合设计要求。

检验数量:全部检查。

检验方法:施工单位用校表仪测校时精度。监理单位见证试验。

13.4.3 GPS、母钟、子钟和电源的主备用自动切换功能应符合设计要求。

检验数量:全部检查。

检验方法:施工单位进行GPS、母钟、子钟和电源的主备用自动切换功能试验。监理单位见证试验。

13.4.4 时钟系统向其他系统提供的标准时间信号格式应符合设计要求。

检验数量:全部检查。

检验方法:施工单位进行提供标准时间信号格式的功能试验。监理单位见证试验。

13.4.5 系统故障时的声光报警功能应正常。

检验数量:全部检查。

检验方法:施工单位模拟制造故障,进行报警功能试验。监理单位见证试验。

13.4.6 母钟及子钟的自动校时功能应符合设计要求。

检验数量:全部检查。

检验方法:施工单位使母钟、子钟的时间产生误差,进行母钟及子钟的自动校时功能试验。监理单位见证试验。

13.4.7 中心母钟中断,子钟驱动器(二级母钟)应能正常工作;子钟驱动器(二级母钟)中断,子钟应能正常工作。

检验数量:全部检查。

检验方法:施工单位进行母钟及子钟中断试验。监理单位见证试验。

13.5 时钟系统网管功能检验

主控项目

13.5.1 时钟系统网管应能监控和显示时钟系统主要设备的运行状态。

检验数量:全部检查。

检验方法:施工单位进行时钟系统网管功能试验。监理单位见证试验。

13.5.2 时钟系统网管应能正确显示故障点及故障类型。

检验数量:全部检查。

检验方法:施工单位进行时钟系统网管功能试验。监理单位见证试验。

13.5.3 时钟系统网管应能记录故障发生时间及修复时间,并能显示和打印。

检验数量:全部检查。

检验方法:施工单位进行时钟系统网管功能试验。监理单位见证试验。

14 电源及接地系统

14.1 一般规定

14.1.1 电源及接地系统可包括电源设备、接地装置、电源监控系统。电源设备应包括高频开关电源、蓄电池组、交流不间断电源(UPS)、交流自切配电柜及配线;接地装置应包括室外接地体、接地母线、室内地线箱(盘)、接地引线;通信电源监控系统包括控制中心监控设备(监控工作站)、各车站(场)监控设备。

14.2 电源系统设备安装

(Ⅰ)主 控 项 目

14.2.1 电源设备到达现场应进行检查,其型号、规格、质量应符合设计要求及相关产品标准的规定。

检验数量:全部检查。

检验方法:对照设计文件检查出厂合格证等质量证明文件,并观察检查外观、形状及标识。

14.2.2 交、直流配电设备的进、出线配电开关及保护装置的数量、规格应符合设计要求。

检验数量:全部检查。

检验方法:对照设计文件观察检查。

14.2.3 蓄电池架(柜)的加工形式、规格尺寸和平面布置应符合设计要求。

检验数量:全部检查。

检验方法:对照设计文件观察检查。

14.2.4 电源设备的绝缘性能应满足以下规定:

1 电源设备的带电部分与金属外壳间的绝缘电阻,不应小于5MΩ。

2 电源配线的芯线间和芯线对地绝缘电阻不应小于1MΩ。

检验数量:全部检查。

检验方法:施工单位用兆欧表测试绝缘电阻。监理单位见证试验。

(Ⅱ)一 般 项 目

14.2.5 电源设备的基础型钢的规格、数量、安装位置应符合室内地面荷载要求。

检验数量:全部检查。

检验方法:观察、尺量检查。

14.2.6 电源设备的安装位置应符合设计要求。

检验数量:全部检查。

检验方法:观察、尺量检查。

14.2.7 电源设备应表面平整,标志齐全,漆色一致,安装整洁。

检验数量:全部检查。

检验方法:观察检查。

14.2.8 电源设备机柜安装的垂直度允许偏差为1.5‰。

检验数量:全部检查。

检验方法:尺量检查。

14.2.9 蓄电池安装应排列整齐,距离均匀一致,蓄电池连接接触应良好。

检验数量:全部检查。

检验方法:观察、尺量检查。

14.3 电源系统设备配线

(Ⅰ)主 控 项 目

14.3.1 电源设备配线用电源线应采用整段线料,中间禁止有接头。

检验数量:全部检查。

检验方法:观察检查。

14.3.2 连接柜(箱)面板上的电器及控制板等可动部位的电源线应采用多股铜芯软电源线,敷设长度应有适当余留。

检验数量:全部检查。

检验方法:观察检查。

14.3.3 引入或引出交流不间断电源装置的电源线、缆和控制线、缆应分开敷设,在电缆支架上平行敷设时应保持150mm的距离。

检验数量:全部检查。

检验方法:观察、尺量检查。

14.3.4 直流电源线必须以线色区别正、负极性,直流电源正负极严禁错接与短路,接触必须牢固;交流电源线必须以线色区别相线、零线、地线,严禁错接与短路,接触必须牢固。

检验数量:全部检查。

检验方法:观察检查。

(Ⅱ)一 般 项 目

14.3.5 电源设备的输出电源线、缆应成束绑扎,不同电压等级,交流、直流线路及计算机控制线路应分别绑扎并有标识。

检验数量:全部检查。

检验方法:观察检查。

14.3.6 所有电源设备线、缆绑扎固定后不应妨碍手动开关或抽出式部件的拉出或推入。

检验数量:全部检查。

检验方法:观察检查。

14.3.7 走线架上布放电源配线的绑扎线在横铁下不应有交叉,在地槽内布放电源配线应平直并拢,地槽应清洁,盖板应严密。

检验数量:全部检查。

检验方法:观察检查。

14.4 电源系统指标检测及功能检验

主 控 项 目

14.4.1 高频开关电源整流模块的控制调整和输出特性应符合产品技术条件规定。

检验数量:全部检查。

检验方法:施工单位进行通电试验,对照产品技术条件试验检查。监理单位见证试验。

14.4.2 高频开关电源整流模块的$n+1$热备份功能应符合设计要求。

检验数量:全部检查。

检验方法:施工单位进行通电试验。监理单位见证试验。

14.4.3 交流不间断电源设备的输出电压稳定性、波形畸变系数、频率、相位等各项技术性能指标必须符合产品技术条件规定。

检验数量:全部检查。

检验方法:施工单位用电力质量分析仪,对照产品技术条件测试检验。监理单位见证试验。

14.4.4 交流不间断电源设备的手动与自动转换功能,自动稳压及稳流功能等应符合设计要求。

检验数量:全部检查。

检验方法:施工单位模拟交流不间断电源设备的输入故障,进行各种功能检验。监理单位见证试验。

14.4.5 交流不间断电源设备的切换时间及切换电压值、输出电压、频率、负荷充放电时间等性能指标应符合设计要求。

检验数量:全部检查。

检验方法:施工单位用电力质量分析仪检验。监理单位见证试验。

14.4.6 电源设备的输出过电压、欠电压和过电流防护功能应符合设计要求。

检验数量:全部检查。

检验方法:施工单位进行过压、欠压、过电流保护试验。监理单位见证试验。

14.4.7 交流配电柜(箱)的机械电气双重连锁功能、手动切换功能、自动切换装置的延时性能等应符合设计要求。

检验数量:全部检查。

检验方法:施工单位进行功能检查,使用计时装置测试自动切换装置的延时性能。监理单位见证试验。

14.4.8　通信电源系统进行人工或自动转换时，对通信设备供电不得中断。

检验数量：全部检查。

检验方法：施工单位进行切换功能试验。监理单位见证试验。

14.4.9　蓄电池组的容量应能符合设计要求。

检验数量：全部检查。

检验方法：用假负载以 0.1C 的放电电流对蓄电池组进行放电，放至蓄电池的截止电压为止。

14.5　电源监控系统功能检验

主 控 项 目

14.5.1　电源监控系统应具有对全线各站、车辆段、停车场的通信电源设备进行遥控、遥信、遥测的功能。

检验数量：全部检查。

检验方法：施工单位在控制中心模拟各种遥控、遥信、遥测的功能，对高频开关电源、交流不间断电源、交直流配电柜、蓄电池组进行监控系统功能检验。监理单位见证试验。

14.5.2　电源监控系统应能保存各站电源设备故障告警的历史信息。

检验数量：全部检查。

检验方法：施工单位在控制中心监控系统中进行功能检验。监理单位见证试验。

14.5.3　电源监控系统的系统软件应具有设置权限等功能，并能记录相应的登入登出操作。

检验数量：全部检查。

检验方法：施工单位在控制中心进行监控系统的功能检验。监理单位见证试验。

14.5.4　控制中心监控系统应采用汉语语言，应具备图形显示、曲线显示、颜色显示等方式，应能打印各种状态、信息、参数数据表和动态图形。

检验数量：全部检查。

检验方法：施工单位进行控制中心监控系统功能检验。监理单位见证试验。

14.5.5　车站(场)电源监控设备数字量输入、输出点的动作应符合设计要求。

检验数量：全部检查。

检验方法：施工单位对车站(场)电源监控设备的全部数字量输入点进行动作检测，检查其发生脉冲数与接受脉冲数是否一致；对全部数字量输出点进行动作检测，检查受控设备的电气控制开关工作状态应正常，受控设备运行应正常。监理单位见证试验。

14.5.6　车站(场)电源监控设备的模拟量输入精度检测应符合下列要求：

1　在采用模拟显示表显示时，其测量值和显示值的相对误差不应大于2%。

2　在采用数字显示表显示时，其测量值和显示值的相对误差不应大于5‰。

检验数量：全部检查。

检验方法：施工单位进行检测。监理单位见证试验。

14.5.7　车站(场)电源监控设备模拟量输出控制效果应符合设计要求。

检验数量：全部检查。

检验方法：施工单位在电源监控设备模拟量输出量程范围内对每一检测点读取 5 个测点(0、25%、50%、75%、100%)进行检测。监理单位见证试验。

14.5.8　关闭控制中心网管的监控主机或断开传输通道，电源监控系统全部车站(场)监控设备及受控电源设备运行应正常。

检验数量：全部检查。

检验方法：施工单位进行电源监控系统功能检验。监理单位见证试验。

14.5.9　关闭车站(场)监控设备电源后，车站(场)电源设备应运行正常，重新受电后，车站(场)监控设备应能自动检测电源设备的运行、记录状态并予以恢复。

检验数量：全部检查。

检验方法：施工单位进行电源监控系统功能检验。监理单位见证试验。

14.6　接 地 装 置

(Ⅰ)主 控 项 目

14.6.1　接地装置的型号、规格、质量应符合设计要求。

检验数量：全部检查。

检验方法：对照设计文件检查出厂合格证等质量证明文件，并观察检查外观、形状及标识。

14.6.2　接地系统的接地类型、引入方式等均应符合设计要求。

检验数量：全部检查。

检验方法：观察检查。

14.6.3　通信系统的以下部分均应接地：

1　通信电源设备的基础型钢、金属框架、装有电器的可开启的柜门。

2　通信设备、监控设备的机架、机壳。

3　电缆线路的金属护套和屏蔽层，防护用金属管路、金属桥架。

4　电源接地。

5　防雷接地。

检验数量：全部检查。

检验方法：观察检查。

14.6.4　电源系统接地保护或接零保护应可靠，且有标识。

检验数量：全部检查。

检验方法：观察检查。

14.6.5　独立设置接地体的接地装置的接地电阻值应满足以下规定：

1　安全保护地接地电阻不大于 10Ω。

2　防雷接地电阻不大于 10Ω。

3　联合地接地电阻不大于 1～4Ω。

检验数量：全部检查。

检验方法：施工单位用接地电阻测试仪测试。监理单位见证试验。

14.6.6　利用建筑物基础钢筋接地方式的接地电阻不应大于 1Ω。

检验数量：全部检查。

检验方法：施工单位用接地电阻测试仪测试。监理单位见证试验。

(Ⅱ)一 般 项 目

14.6.7　接地装置的埋设位置应符合设计要求。

检验数量：全部检查。

检验方法：观察检查。

14.6.8　接地装置的焊接应采用搭接焊，搭接处应做防腐处理。

检验数量：全部检查。

检验方法：观察检查。

14.6.9　地线盘(箱)、接地铜排安装应符合下列规定：

1　接地铜排和螺栓结合紧密、导电性能良好。

2　接地铜排端子分配符合设计要求。

3　地线盘(箱)端子应连接紧密。

检验数量：全部检查。

检验方法：观察检查。

14.6.10　通信设备接地线与交流配电设备的接地线宜分开敷设。

检验数量：全部检查。

检验方法：观察检查。

15 单位工程观感质量

15.1 一般规定

15.1.1 观感质量应由建设单位组织监理单位、施工单位及有关单位共同进行现场验收。

15.1.2 观感质量评价为差的项目，应进行返修。

15.2 通信管线安装

15.2.1 支架、吊架观感质量应符合下列要求：

安装整齐、平直、美观、稳固。

15.2.2 线槽安装观感质量应符合下列要求：

1 线槽盖板平整，无凹凸不平。

2 电缆槽内的线缆布放整齐、顺直，无交叉。

15.2.3 保护管安装观感质量应符合下列要求：

排列整齐、稳定牢固。

15.3 通信光、电缆线路及终端

15.3.1 标桩观感质量应符合下列要求：

1 标桩埋设完整，埋设高度一致。

2 桩身混凝土表面平整，色泽均匀，线角顺直。

3 标识清晰。

15.3.2 人井内光电缆接头观感质量应符合下列要求：

1 接头盒完整无损，摆放平整，无漏胶、漏液现象。

2 电缆铅套管封焊美观，焊缝平滑。

3 光电缆余留整齐，绑扎均匀一致。

15.3.3 光电缆引入观感质量应符合下列要求：

1 光电缆引入排列整齐，绑扎均匀一致。

2 尾缆弯曲半径合理，成端整齐美观。

3 电缆芯线顺直，均匀美观。

4 光缆尾纤盘留整齐一致，绑扎松紧适度。

15.4 传输系统

15.4.1 机房观感质量应符合下列要求：

机房内设备排列整齐，设备间距符合设计要求。

15.4.2 机架、机柜、配线箱(架)安装观感质量应符合下列要求：

1 安装平直，稳固不晃动。

2 机架、机柜、配线箱(架)内设备布放整齐、美观；表面平整，柜内无杂物。

15.4.3 传输设备安装观感质量应符合下列要求：

1 设备安装稳固。

2 设备表面无明显损伤、印痕；漆饰完好。

3 端子编号、用途标牌及其他标志完整无缺，书写正确清晰。

15.4.4 传输设备配线观感质量应符合下列要求：

1 配线架内、机架内以及机架间的配线整齐美观，出线角度圆润。

2 配线端子上的配线紧固，无松动，接头点圆润、美观。

15.5 公务电话系统

15.5.1 公务电话设备安装观感质量应符合下列要求：

1 设备排列整齐，设备间距符合设计要求。

2 设备表面无明显损伤、印痕；漆饰完好。

3 端子编号、用途标牌及其他标志完整无缺，书写正确清晰。

15.5.2 公务电话设备配线观感质量应符合下列要求：

1 配线架内、机架内以及机架间的配线整齐美观，出线角度圆润。

2 配线端子上的配线紧固，无松动，接头点圆润、美观。

15.6 专用电话系统

15.6.1 专用电话设备安装观感质量应符合下列要求：

1 设备排列整齐，设备间距符合设计要求。

2 设备表面无明显损伤、印痕；漆饰完好。

3 端子编号、用途标牌及其他标志完整无缺，书写正确清楚。

15.6.2 专用电话设备配线观感质量应符合下列要求：

1 配线电缆和电线的放、绑、扎整齐美观。

2 配线端子上的配线紧固，无松动，接头点圆润、美观。

15.7 无线通信系统

15.7.1 铁塔基础观感质量应符合下列要求：

混凝土外表面光滑平整，无毛刺、无蜂窝状情况。

15.7.2 铁塔观感质量应符合下列要求：

整体美观，构件色泽一致，无锈蚀现象，连接件紧固情况良好。

15.7.3 天馈线观感质量应符合下列要求：

安装紧固，馈线安装方向顺直，拐弯流畅，固定线卡分布均匀。

15.7.4 漏泄同轴电缆观感质量应符合下列要求：

吊挂间距均匀，高度基本一致，漏泄同轴电缆下垂幅度一致。

15.7.5 无线设备观感质量应符合下列要求：

安装稳固无松动现象，配线方向顺直，绑扎均匀一致。

15.8 闭路电视监视系统

15.8.1 闭路电视监视设备安装观感质量应符合下列要求：

1 摄像装置安装牢靠、稳固。

2 监视设备显像清晰。主观评价等级≥4。

3 闭路电视监视设备表面无明显损伤、印痕；漆饰完好。

15.8.2 闭路电视监视设备配线观感质量应符合下列要求：

1 配线电缆和电线的放、绑、扎整齐美观。

2 配线端子上的配线紧固，无松动，接头点圆润、美观。

3 配线成端预留合理、统一。

15.9 广播系统

15.9.1 扬声器安装观感质量应符合下列要求：

1 扬声器标志清晰。

2 网罩与箱体配合紧密、不松动。

3 扬声器支架、电杆安装牢固、稳定。

15.9.2 广播控制中心设备观感质量应符合下列要求：

1 设备安装牢靠、稳固。

2 设备表面无明显损伤、印痕；漆饰完好。

15.9.3 广播设备配线观感质量应符合下列要求：

1 配线电缆和电线的放、绑、扎整齐美观。

2 配线端子上的配线紧固，无松动，接头点圆润、美观。

3 配线成端预留合理、统一。

15.10 乘客信息显示系统

15.10.1 电子显示设备观感质量应符合下列要求：

1 设备安装牢固、稳定、美观。

2 配线成端预留合理、统一。

15.10.2 乘客信息显示系统控制设备观感质量应符合下列要求：

1 设备安装牢靠、稳固。

2 设备表面无明显损伤、印痕；漆饰完好。

15.10.3 乘客信息显示系统配线观感质量应符合下列要求：

1 配线整齐美观，出线角度圆润，无交叉。

2 配线端子上的配线紧固，无松动，接头点圆润、美观。

15.11 时钟系统

15.11.1 子钟安装观感质量应符合下列要求：

1 子钟安装牢靠、稳固。

2 子钟表面无明显损伤、印痕；表面美观。

3 子钟安装位置和高度合理。

4 数字式子钟的时、分、秒或日期应清晰；指针式子钟的拨针应无卡针现象。

15.11.2 时钟设备安装观感质量应符合下列要求：

1 设备安装牢靠、稳固。

2 设备表面无明显损伤、印痕；漆饰完好。

15.11.3 时钟设备配线观感质量应符合下列要求：

1 配线电缆和电线的放、绑、扎整齐美观。

2 配线端子上的配线紧固，无松动，接头点圆润、美观。

3 配线成端预留合理、统一。

15.12 电源及接地系统

15.12.1 电源设备观感质量应符合下列要求：

配电柜、交流不间断电源UPS、电池柜、配电箱等电源设备表面无明显损伤，漆饰完好，安装垂直平整，布局合理。

15.12.2 电源线、接地配线观感质量应符合下列要求：

1 电源线、接地线布放顺直、无交叉。

2 线缆绑扎整理规范、简洁，标记完善。

3 线槽、保护管排列整齐、美观。

附录A 施工现场质量管理检查记录

A.0.1 施工现场质量管理检查记录应由施工单位按表A.0.1填写，总监理工程师（建设单位项目负责人）进行检查，并做出检查结论。

表A.0.1 施工现场质量管理检查记录　　开工日期：

单位工程名称			施工许可证（开工证）		
建设单位			项目负责人		
设计单位			项目负责人		
监理单位			总监理工程师		
施工单位		项目经理		项目技术负责人	
序号	项目			内容	
1	开工报告				
2	现场质量管理制度				
3	质量责任制				
4	工程质量检验制度				
5	分包方资质与对分包方单位管理制度				
6	施工图核对记录				
7	施工定测资料（施工复测记录）				
8	施工组织设计、施工方案、施工技术交底及审批				
9	施工技术标准				
10	主要专业工种操作上岗证				
11	施工机具及检测设备				
12	材料、设备存放与管理				
结论： 总监理工程师 （建设单位项目负责人）　　年　月　日					

附录B 检验批质量验收记录

B.0.1 检验批的质量验收记录由施工项目专业质量检查员填写，监理工程师（建设单位项目专业技术负责人）组织项目专业质量检查员等进行验收，并按表B.0.1记录。

表B.0.1 检验批质量验收记录

单位工程名称				
分部工程名称				
分项工程名称			验收部位	
施工单位			项目经理	
施工质量验收标准名称及编号				
施工质量验收规范的规定			施工单位检查评定记录	监理（建设）单位验收记录
主控项目	1			
	2			
	3			
	4			
	5			
	6			
一般项目	1			
	2			
	3			
	4			
	5			
施工单位检查评定结果	项目专业质量检查员　　年　月　日			
监理（建设）单位验收结论	监理工程师（建设单位项目专业技术负责人）　　年　月　日			

附录C 分项工程质量验收记录

C.0.1 分项工程质量应由监理工程师（建设单位项目专业技术负责人）组织项目专业技术负责人等进行验收，并按表C.0.1记录。

表C.0.1 分项工程质量验收记录

单位工程名称			
分部工程名称			检验批数
施工单位		项目经理	项目技术负责人
序号	检验批部位	施工单位检查评定结果	监理（建设）单位验收结论
1			
2			
3			
4			
5			
6			
7			
8			
9			
10			
11			
说明：			
施工单位检查结论	分项工程技术负责人　　年　月　日		
监理（建设）单位验收结论	监理工程师（建设单位项目技术负责人）　　年　月　日		

附录D　分部工程质量验收记录

D.0.1　分部工程质量应由总监理工程师(建设单位项目专业负责人)组织施工项目经理和设计单位项目负责人进行验收,并按表D.0.1记录。

表 D.0.1　______分部工程质量验收记录

单位工程名称					
施工单位					
项目经理		项目技术负责人		项目质量负责人	
序号	分项工程名称	检验批数	施工单位检查评定结果	监理(建设)单位验收意见	
1					
2					
3					
4					
5					
6					
7					
8					
9					
10					
质量控制资料					
安全和功能检验(检测)报告					
验收单位	施工单位	项目经理　　年　月　日			
	设计单位	项目负责人　　年　月　日			
	监理(建设)单位	总监理工程师 (建设单位项目专业负责人)　　年　月　日			

附录E　单位工程质量竣工验收记录

E.0.1　单位工程质量验收应按表E.0.1-1记录。表E.0.1-1为单位工程质量验收的汇总表,与附录D的表D.0.1和表E.0.1-2～表E.0.1-4配合使用。表E.0.1-2为单位工程质量控制资料核查记录,表E.0.1-3为单位工程安全和功能检验资料核查及主要功能抽查记录,表E.0.1-4为单位工程观感质量检查记录。

表E.0.1-1验收记录由施工单位填写,验收结论由监理(建设)单位填写。综合验收结论由参加验收各方共同商定,建设单位填写,应对工程质量是否符合设计和规范要求及总体质量水平做出评价。

表 E.0.1-1　单位工程质量验收记录

单位工程名称				
开工日期		竣工日期		
施工单位		技术负责人		
项目经理	项目技术负责人		项目质量负责人	
序号	项　目	验收记录		验收结论
1	分部工程	共　分部,经查符合标准规定及设计要求　分部		
2	质量控制资料核查	共　项,经审查符合要求　项,经核定符合规范要求　项		
3	安全和主要使用功能核查及抽查结果	共核查　项,符合要求　项,共抽查　项,符合要求　项,经返工处理符合要求　项		
4	观感质量验收	共检查　项,符合要求　项,不符合要求　项		
5	综合验收结论			
验收单位	建设单位	监理单位	施工单位	设计单位
	(公章) 单位(项目)负责人 年　月　日	(公章) 总监理工程师 年　月　日	(公章) 单位负责人 年　月　日	(公章) 单位(项目)负责人 年　月　日

表 E.0.1-2　单位工程质量控制资料核查记录

单位工程名称				
施工单位				
序号	资料名称	份数	核查意见	核查人
1	图纸会审、设计变更、洽商记录			
2	工程定位测量、放线记录			
3	原材料出厂合格证及进场检(试)验报告			
4	竣工测试报告			
5	成品及半成品出厂合格证或试验报告			
6	隐蔽工程验收记录			
7	施工记录			
8	工程质量事故及事故调查处理资料			
9	施工现场质量管理检查记录			
10	分项、分部工程质量验收记录			
11	新材料、新工艺施工记录			
12				
13				
14				
结论: 施工单位项目经理　　年　月　日 总监理工程师(建设单位项目负责人)　　年　月　日				

表 E.0.1-3　单位工程安全和功能检验资料核查及主要功能抽查记录

单位工程名称					
施工单位					
序号	安全和功能检查项目	份数	核查意见	抽查结果	核查(抽查)人
1	电缆区段性能测试记录				
2	光缆中继段性能测试记录				
3	传输系统通道性能测试记录				
4	专用电话功能检验测试记录				
5	无线通信功能检验测试记录				
6	闭路电视监视系统功能检验测试记录				
7	广播系统功能检验测试记录				
8	乘客信息显示系统功能检验测试记录				
9	时钟系统功能检验测试记录				
10	电源系统功能检验测试记录				
11	接地装置检验测试记录				
12					
结论: 施工单位项目经理　　年　月　日 总监理工程师(建设单位项目负责人)　　年　月　日					

注:其他检查项目由验收组协商确定。

表 E.0.1-4 单位工程观感质量检查记录

<table>
<tr><td colspan="2">单位工程名称</td><td colspan="4"></td></tr>
<tr><td colspan="2">施工单位</td><td colspan="4"></td></tr>
<tr><td rowspan="2">序号</td><td rowspan="2">项目名称</td><td rowspan="2">抽查质量状况</td><td colspan="3">质量评价</td></tr>
<tr><td>好</td><td>一般</td><td>差</td></tr>
<tr><td>1</td><td>通信管线安装</td><td></td><td></td><td></td><td></td></tr>
<tr><td>2</td><td>通信光、电缆线路</td><td></td><td></td><td></td><td></td></tr>
<tr><td>3</td><td>传输系统</td><td></td><td></td><td></td><td></td></tr>
<tr><td>4</td><td>公务电话系统</td><td></td><td></td><td></td><td></td></tr>
<tr><td>5</td><td>专用电话系统</td><td></td><td></td><td></td><td></td></tr>
<tr><td>6</td><td>无线通信系统</td><td></td><td></td><td></td><td></td></tr>
<tr><td>7</td><td>闭路电视监视系统</td><td></td><td></td><td></td><td></td></tr>
<tr><td>8</td><td>广播系统</td><td></td><td></td><td></td><td></td></tr>
<tr><td>9</td><td>乘客信息显示系统</td><td></td><td></td><td></td><td></td></tr>
<tr><td>10</td><td>时钟系统</td><td></td><td></td><td></td><td></td></tr>
<tr><td>11</td><td>电源系统</td><td></td><td></td><td></td><td></td></tr>
<tr><td>12</td><td>接地装置</td><td></td><td></td><td></td><td></td></tr>
<tr><td colspan="6">结论：</td></tr>
<tr><td colspan="3">施工单位项目经理

年　月　日</td><td colspan="3">总监理工程师
（建设单位项目负责人）
年　月　日</td></tr>
</table>

注：观感质量评定为“差”的项目应返修。

本规范用词说明

1 为便于在执行本规范条文时区别对待，对要求严格程度不同的用词说明如下：

1)表示很严格，非这样做不可的用词：

正面词采用“必须”，反面词采用“严禁”。

2)表示严格，在正常情况下均应这样做的用词：

正面词采用“应”，反面词采用“不应”或“不得”。

3)表示允许稍有选择，在条件许可时首先应这样做的用词：

正面词采用“宜”，反面词采用“不宜”；

表示有选择，在一定条件下可以这样做的用词，采用“可”。

2 本规范中指明应按其他有关标准、规范执行的写法为“应符合……的规定”或“应按……执行”。

中华人民共和国国家标准

城市轨道交通通信工程质量验收规范

GB 50382—2006

条 文 说 明

目　次

1 总　　则

1.0.1 本规范的编制目的是为了加强和统一城市轨道交通通信系统工程质量的验收。本规范不涉及工程决策阶段的质量、勘察设计阶段的质量和运营维修阶段的质量。

本规范是政府部门、专门质量机构、建设单位、监理单位、勘察设计单位和施工单位对工程施工阶段的质量进行监督、管理和控制的主要依据。

由于施工阶段的质量控制是工程整体质量控制的关键环节，工程整体质量在很大程度上取决于施工阶段的质量控制，所以本规范制定了工程质量特性，规定了建设活动各方对工程施工质量控制的方法、程序、职责以及质量指标，借以保证工程质量。

1.0.2 本规范适用于城市轨道交通(包括城市地铁、轻轨、快轨和磁浮等)通信系统工程质量的验收。在标准体系中，本规范是城市轨道通信系统工程质量验收的主体标准。本规范制定时没能纳入的新技术、新工艺、新设备、新材料等，应该在本规范的基础上制定补充规定。

1.0.3 城市轨道交通工程施工一般在城市中取弃土(碴)、污水(物)排放、噪声等，对城市环境的影响很大。施工单位应在施工前制订有效的环保方案，施工期内最大限度地减少对环境的影响，施工结束后给予必要的恢复，切实做好环境保护和水土保持工作，保证国民经济的可持续发展。设计有要求的更应该全面按设计文件办理。

1.0.4 城市轨道交通通信系统工程质量检验检测工作，是工程质量管理的重要组成部分，也是工程质量控制的重要手段。客观、准确地检验检测数据，是评价工程质量的科学依据。判定工程施工质量合格与否，要体现质量数据说话的原则。其基础是质量数据必须真实可靠，并且能够代表工程质量情况。这就要求检验检测所用的仪器方法和抽样方案必须符合相关标准或技术条件的规定，方法统一，数据才有可比性。仪器设备还应处于检定有效期内，且状态稳定。另外，随着工程检测技术的发展，一些成熟可靠的新方法、新仪器不断出现，尤其是对工程实体质量的检测，使用新技术后，能减少检测工作量，提高检测精度，应该积极采用。但采用这些新技术应经过必要的程序鉴定。

1.0.5 城市轨道交通通信系统工程施工过程中的环节多、影响工程质量的因素多，所以采用的标准规范就会很多。既有技术标准又有管理标准，既有国家标准又有行业标准，甚至还有国际标准和国外标准，本规范难以一一详列。一般情况下可根据工程实际情况，确定各种标准规范的采用与否，但是对于施工过程涉及到的、现行国家和铁道行业及信息产业部标准中有强制性执行要求的标准或标准条文则必须贯彻执行。

2 术　　语

本章中给出了13个专业术语，是本规范有关章节中所引用的。

在本章中未涉及的共用概念术语部分，可参照现行国家标准《建筑工程施工质量验收统一标准》GB 50300 中相关共用概念术语，或其他相关国家标准、规范中的术语。

本章同时还分别给出了相应术语的推荐性英文术语。

3 基 本 规 定

3.1 一 般 规 定

3.1.1 工程施工质量要体现过程控制的原则。施工现场应配齐相应的施工技术标准，包括国家标准、行业标准和企业标准；施工单位要有健全的质量管理体系，要建立必要的施工质量检验制度；施工准备工作要全面、到位。

施工前，监理单位(未委托监理的项目为建设单位，下同)要对施工单位所做的施工准备工作进行全面检查。这是对监理单位(建设单位)和施工单位两方提出的要求，是保证开工后顺利施工和保证工程质量的基础。一般情况下，每个单位工程应检查一次。施工现场质量管理检查记录由施工单位的现场负责人填写，由监理单位的总监理工程师(建设单位项目负责人)进行检查验收，做出合格或不合格及限期整改的结论。

现场质量管理制度应包括现场施工技术资料的管理制度在内。

3.1.2 工程施工质量控制的要点包括两个方面：一是对材料、构配件和设备质量的进场验收，二是对各工序操作质量的自检、交接检验。

第一，对材料、构配件和设备质量的进场验收应分两个层次进行。

现场验收：对材料、构配件和设备的外观、规格、型号和质量证明文件等进行验收。检验方法为观察检查并配以必要的尺量、检查合格证、厂家(产地)试验报告；检验数量多为全部检查。施工单位和监理单位的检验方法和数量多数情况下相同。未经检验或检验不合格的，不得运进施工现场。

试验检验：凡是涉及结构安全和使用功能的，要进行试验检验。试验检验项目的确定掌握两个原则：一是对工程的结构安全和使用功能确有重要影响；二是大多数单位具备相应的试验条件。施工单位试验检验的批量、抽样数量、质量指标应根据相关产品标准、设计要求或工程特点确定，检验方法符合相关标准或技术条件的规定。监理单位要按施工单位抽样数量的20%或10%以上的比例进行见证取样检测或平行检验。不合格的不得用于工程施工。

第二，对工序操作质量的自检、交接检验。

自检：施工过程中各工序应按施工技术标准进行操作，该工序完成后，对反映该工序质量的控制点进行自检。自检的结果要留有记录。这些结果可以作为施工记录的内容，有的也正好是检验批验收需要的检验数据，要填入检验批质量验收记录表中。

交接检验：一般情况下，一个工序完成后就形成了一个检验批，可以对这个检验批进行验收，而不需要另外进行交接检验。对于不能形成检验批的工序，在其完成后应由其完成方与承接方进行交接检验。特别是不同专业工序之间的交接检验，应经监理工程师检查认可，未经检查或经检查不合格的不得进行下道工序施工。其目的有三个：一是促进前道工序的质量控制；二是促进后道工序对前道工序质量的保护；三是分清质量职责，避免发生纠纷。

3.1.3 根据国家标准《建筑工程施工质量验收统一标准》GB 50300—2001 第3.0.3条的规定，作为城市轨道交通通信系统工程质量验收的强制性条文，必须严格遵守。工程施工质量验收包括检验批、分项工程、分部工程和单位工程施工质量的验收。

按图施工是施工单位的重要原则，设计文件是施工的依据，施工中不得随意改变设计文件。如必须改变时，应按程序由设计单位修改，施工质量也应符合修改后的设计文件要求。

参加施工质量验收的各方人员，是指参加检验批、分项工程、分部工程、单位工程施工质量验收的人员，这些人员应具有相应的资格。本规范给出了原则性的规定，还应结合工程情况、管理模式等，在保证工程质量、分清责任的前提下具体确定。

施工单位是施工质量控制的主体，应对工程施工质量负责，其工程施工质量必须达到本规范的规定。另外，其他各方的验收工作必须在施工单位自行检查合格的基础上进行，否则，也是违反规范的行为。

施工单位对隐蔽工程在施工完成后应先行检查，符合要求后通知监理单位验收。对于重要的地基基础，在开挖至设计高程后，还应通知勘察设计单位参加验收，实际上是要求勘察设计单位对现场地质情况进行确认。这一点对于保证工程质量及日后可能出现的质量事故的责任判定很重要，不能忽视。

为了保证对涉及结构安全的试块、试件的代表性和真实性负责，监理单位必须按本标准对各检查项目的规定，进行平行检验或见证取样检测、见证检测，且各检验项目中均有具体规定。涉及结构安全和使用功能的现场检测项目，监理单位应按规定进行见证或平行检验。见证或平行检验的数量各检验项目中也有具体规定。

检验批质量验收是对主控项目和一般项目的检查验收。只要这些项目的质量达到了本规范的规定，就可以判定该检验批合格。规范中的其他要求不在检验批质量验收中涉及。

对涉及结构安全和使用功能的重要分部工程的抽样检测，是这次规范修订增加的重要内容，以前的规范中没有这方面的要求。

为了保证见证取样检测及结构安全检测结果的可靠性、可比性和公正性，检测单位应具备有关管理部门核定的资质。对于特殊项目的检测，可由建设单位确定检测单位。

单位工程的观感质量相对涉及结构安全和使用功能的主体工程质量而言，应该是比较次要的。但是，对完工后的工程进行一次全面检查，对工程整体质量进行一次现场核实，是很有必要的。观感质量验收绝不是单纯的外观检查，也不是在单位工程完成后对涉及外观质量的项目进行重新检查，更不是引导施工单位在工程外观上做片面的投入。观感质量验收的目的在于直观地从宏观上对工程的安全可靠性能和使用功能进行验收。如局部缺损、污染等，特别是在检验批、分项工程、分部工程的检查验收时反映不出来，而后来又发生变化的情况，通过观感质量验收及时发现问题，提出整改，是一个不可缺少的质量控制环节。

3.2 通信工程质量验收的划分

3.2.1～3.2.5 城市轨道交通通信系统工程作为一项独立的单位工程，还应划分为：分部工程、分项工程、检验批。

分部工程：按一个完整的部位、主要结构或施工阶段划分，由若干个分项工程组成。

分项工程：主要是按工序、材料、工艺等划分。由若干个检验批组成，特殊情况下仅含一个检验批。

检验批：是分项工程的组成部分。根据施工质量控制和验收需要，将一个分项工程划分成若干个检验批。检验批是施工质量验收的基本单元。

3.3 通信工程质量验收

3.3.2 检验批质量合格的前提是主控项目和一般项目的质量经检验合格。

3.3.3 分项工程质量验收是对其所含检验批质量的统计汇总。主要是检查核对检验批是否覆盖分项工程范围，不能缺漏。当然，如果检验批质量不合格也就不能进行分项工程质量验收。

3.3.4 分部工程质量验收包括以下三个方面的内容：

1 分部工程所含分项工程的质量均应验收合格。这也是一项统计汇总工作。应注意核对有没有缺漏的分项工程，各分项工程验收是否正确等。

2 质量控制资料应完整。这也是一项统计汇总工作，主要是检查检验批的验收资料、施工操作依据、质量记录是否完整配套，是否全面反映了质量状况。

3 地基与基础和设备安装等分部工程有关安全及功能的检验和抽样检测结果应符合本规范的有关规定。主要检查项目是否有缺漏、检测记录是否符合要求，检测结果是否符合本规范的规定和设计要求。

3.3.5 单位工程质量的验收是建设活动各方对工程质量控制的最后一关。分部工程质量、质量控制资料、检测资料及抽查结果、观感质量均应符合本规范的规定。

3.3.7 工程质量不符合要求的情况，多在检验批质量验收阶段出现，否则会影响相关分项、分部工程质量的验收。

对于推倒重做、更换构配件或设备的检验批，应该重新进行验收。当重新抽样检查后，检验项目符合本规范规定的，应判定该检验批合格。

个别试块试件的强度不能满足要求的情况，包括试块试件失去代表性、试块试件缺少、试验报告有缺陷或对试验报告有怀疑等情况，应由有资质的检测单位进行检验测试，如果测试结果证明该检验批的质量能够达到原设计的要求，则该检验批予以合格验收。

对于其他不合格的现象，因情况复杂，本规范不能给出明确的处理方案。由各方根据具体情况按程序协商处理。

3.3.8 采取返修或加固处理措施后，仍然存在严重缺陷，不能满足安全和使用要求的分部、单位工程，是不合格工程，严禁验收。

3.3.9 通信工程施工质量验收的程序和组织应把握以下要点：

1 施工单位自检合格是验收工作的基础。

2 监理单位应对所有主控项目进行检查，对一般项目可根据施工单位质量控制情况确定检查项目。

3 参加验收的各方人员应具备相应的资格，主要是能够负质量责任，当发生质量问题时具有可追溯性。

4 通信管线安装

4.1 一般规定

4.1.1 信号线是指控制线、音频线、数据线、视频线、广播线等传送控制或信息的线缆。

4.1.2 车场一般指车辆段和(或)停车场。

4.6 缆线布放

（Ⅰ）主控项目

缆线指电源线、信号线等从机房布设至站厅、站台的缆线。

4.6.7 当设计对平行敷设的电源线与信号线之间的距离没有要求时，应由施工单位根据工程经验与实际情况自行提出间隔距离要求，报监理及设计单位共同确认。

（Ⅱ）一般项目

4.6.11 室内光缆的弯曲半径的要求，根据国家标准《建筑与建筑群综合布线系统工程验收规范》GB/T 50312—2000 第5.1.1条第5款的规定制定。

5 通信光、电缆线路及终端

5.2 光、电缆敷设

（Ⅰ）主控项目

5.2.7 光、电缆外护层(套)不得有破损、变形或扭伤，指的是光缆铝塑复合铝带（或复合钢带）外挤塑的聚乙烯（PE）外护套应完整无损伤。施工中，特别是敷设后应进行检查，发现有破损应进行修补，这样才能保证金属护套不致因被腐蚀进水或受潮而影响光缆使用寿命。

（Ⅱ）一 般 项 目

5.2.10 光、电缆的弯曲半径根据现行国家标准《地下铁道工程施工及验收规范》GB 50299 的相关规定制定。

5.3 电缆接续及引入终端

5.3.9 两接线端子间绝缘电阻是带接线的要求，参考行业标准《铁路运输通信工程施工质量验收标准》TB 10418—2003 第6.3.4条的要求制定。

5.4 光缆接续及引入终端

5.4.1 光纤收容时的弯曲半径考虑以下因素：

光缆接头时，要将光纤余长盘留在接头盒中，由于光纤弯曲时会引起 LP_{01} 模的漏泄，因此，光纤弯曲半径的大小，会引起光纤附加衰减的变化。通过对光纤不同弯曲半径产生附加损耗的实验结果表明，当光纤弯曲半径大于 35mm 时，光纤弯曲所产生的附加损耗已小于 0.001dB。这样小的附加损耗对中继段总衰减的影响是允许的。国际标准 ITU－T G.652 1.6 规定：为了保证使用 1310nm 最优化的光纤在 1550nm 波长区域内低损耗工作，以37.5mm 半径松绕的 100 圈光纤在 1550nm 上测得的附加损耗应小于 1.0dB。上述 100 圈的数值相当于在一个典型中继区间全部接头套管内所做的大致圈数。37.5mm 半径等效于在实际系统安装中，为了避免由于光纤长期配置，而引起静态疲劳故障所广泛接受的最小弯曲半径。《光缆接头盒》YD/T 814—1996 第 5.3.2 条规定：余留光纤盘放的曲率半径应不小于 37.5mm。本规范制定的光纤收容时的弯曲半径不应小于 40mm 是高于上述标准的。

5.4.6 光缆尾纤弯曲半径应大于等于 50mm 是根据国际电信联盟 ITU《光纤手册》中第 7.3.3 条第 1 款的规定制定的。因尾纤外有包层，所以其允许弯曲半径大于光纤的允许弯曲半径 40mm 的规定。

5.5 光、电缆线路特性检测

5.5.1 在一个区间（中继段内）接续损耗平均值 $\bar{\alpha}$ 可按下式计算：

$$\bar{\alpha}=\sum_{i=1}^{n}\bar{\alpha}_{ji}\Big/n$$

即同一根光纤各个接线点的接续损耗平均值相加（$\sum_{i=1}^{n}\bar{\alpha}_{ji}$）除以接续点总数 n。

光纤各个接续点的接续损耗 $\bar{\alpha}_{ji}$ 应按下式计算：

$$\bar{\alpha}_{ji}=|\alpha_a+\alpha_b|/2$$

式中 α_a——从光纤 A→B 方向用 OTDR 测得的接续损耗值（dB）；

α_b——从光纤 B→A 方向用 OTDR 测得的接续损耗值（dB）。

α_a 和 α_b 中可能有一个负值，这是由于两侧光纤的几何尺寸或模场直径偏差以及折射系数不同引起。因此，α_a 和 α_b 应取代数和，如出现负值，还应取绝对值。

5.5.2 光缆中继段线路衰减可按下式计算：

$$\alpha_1=\alpha_0 L+\bar{\alpha}n+\bar{\alpha}_c m$$

式中 α_1——光纤线路衰减计算值（dB）；

α_0——光纤衰减系数标称值；

$\bar{\alpha}$——光纤接头平均损耗（dB），

单模光纤 $\bar{\alpha}\leqslant0.08$dB(1310nm、1550nm)，

多模光纤 $\bar{\alpha}\leqslant0.2$dB；

$\bar{\alpha}_c$——光纤活动连接器平均损耗（dB），

单模光纤 $\bar{\alpha}_c\leqslant0.7$dB，

多模光纤 $\bar{\alpha}_c\leqslant1.0$dB；

L——光中继段长度（km）；

n——光中继段内光纤接头数；

m——光中继段内光纤活动连接器数。

5.5.3 S 点的最小回波损耗指标，分别根据国际标准 ITU－T G.957表 2、表 3、表 4 和国家标准《同步数字体系（SDH）光缆线路系统进网要求》GB/T 15941—1995 表 4、表 5、表 6 的相关规定制定。S 点是发送器光连接器之后的光纤上的参考点，R 点是接收器光连接器之前的光纤上的参考点。在光纤分配架（ODF）上的连接器被当作光纤链路的一部分，并位于 S 点和 R 点之间。

5.5.4 区间通信电缆低频四线组音频电特性指标参考现行行业标准《铁路运输通信工程施工质量验收标准》TB 10418—2003 第 4.5.1 条的要求制定。

5.5.5 市话电缆直流电特性指标根据国家标准《聚烯烃绝缘聚烯烃护套市内通信电缆 第 1 部分 一般规定》GB/T 13849.1—93 第15.1条的规定制定。

6 传输系统

6.2 传输设备安装

（Ⅱ）一 般 项 目

6.2.3～6.2.5 此部分所提出的设备安装要求亦适用于其他各类系统设备的安装。

6.3 传输设备配线

（Ⅰ）主 控 项 目

6.3.4 光缆尾纤弯曲半径不应小于 50mm 的规定，说明同 5.4.6。

（Ⅱ）一 般 项 目

6.3.9 配线电缆弯曲半径根据国家标准《地下铁道工程施工及验收规范》GB 50299—1999 第 15.4.1 条的规定制定。

6.4 系统传输指标检测及功能检验

6.4.1 光缆富余度 M_C 包括下列内容：

1 光缆线路运行中的变动，如维护时附加接头和光缆长度的增加，可取值 0.05～0.1dB/km；

2 因环境因素（如温度变化）、老化等影响的光缆性能的变化；

3 在 S 点与 R 点之间，其他光缆连接器的性能劣化，可取 0.51dB/个。根据国家标准《光缆数字线路系统技术规范》GB/T 13996—92 第 4.1 条的规定，多模光纤的光缆富余度为 0.3dB/km，一个中继段（区间）的 M_C 最大不超过 7dB；单模光纤的光缆富余度为 0.1～0.2dB/km，一个中继段（区间）M_C 最大不超过 5dB。

设备富余度 M_e，包括由于时间和环境变化而引起的发送光功率、接收机灵敏度下降，以及设备的光连接器性能劣化所需的富余度。

根据国家标准《光缆数字线路系统技术规范》GB/T 13996—92 第 4.2 条和国家标准《同步数字体系（SDH）光缆线路系统进网要求》GB/T 15941—1995 第 7.3.5 条第 4 款的规定，设备富余度 M_e 不小于 3dB。

6.4.4

1 2048kbit/s 数字接口端到端误码性能指标参照行业标准《光同步传送网技术体制》YDN 099—1998 表 18 的要求制定。

2 2048kbit/s 数字接口输入抖动容限和最大输出抖动性能指标参照行业标准《光同步传送网技术体制》YDN 099—1998 表

26 和表 27 的要求制定。

6.4.5 传输系统低速数据接口的端到端误码性能指标参照行业标准《中国公用分组交换网技术体制(修订)》YDN 112—1999 第 17 章的要求制定。

6.4.6 音频接口特性指标根据国际标准 ITU－T G.712 和 G.713中信道音频回线(四线/二线)接口间的性能指标制定。

6.4.8 系统保护倒换时间参照行业标准《光同步传送网技术体制》YDN 099—1998 第 11.2.3 条第 1 款的要求制定。

6.5 SDH 传输系统指标检测及功能检验

6.5.1 传输系统误码测试指标根据国际标准ITU－T G.826 表 1 的规定制定。

6.5.3 SDH 传输系统抖动性能:

1 输出抖动测试指标根据国际标准 ITU－T G.825 表 1 和国家标准《同步数字体系(SDH)光缆线路系统进网要求》GB/T 15941—1995 表 14 的规定制定。

2 输入抖动容限根据国际标准 ITU－T G.825 表 2 和国家标准《同步数字体系(SDH)光缆线路系统进网要求》GB/T 15941—1995 表 15 的相关规定制定。

6.6 ATM 传输系统指标检测及功能检验

6.6.2 ATM 层网络性能指标根据行业标准《基于 ATM 的多媒体宽带骨干网技术要求——网络性能部分》YD/T 1102—2001 的相关规定制定。

7 公务电话系统

本规范公务电话系统利用公网或与公网合建时,验收要求按设计规定。无设计要求时按本规范相关规定进行验收。

7.4 公务电话系统指标检测及功能检验

7.4.4 忙时呼叫尝试次数(BHCA)用延伸法测试时方法为:

1 按图 1 连接,将被测交换设备不同用户模块的用户接入用户模拟呼叫器。

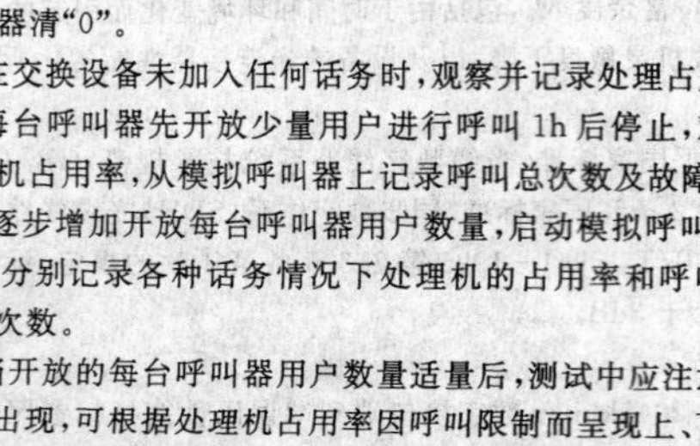

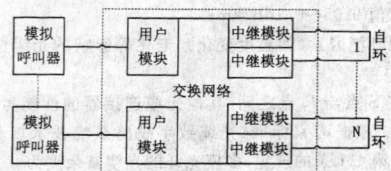

图 1 BHCA 测试连接示意图

2 对用户模拟呼叫器设置相关的呼叫参数,并将模拟呼叫器各计数器清"0"。

3 在交换设备未加入任何话务时,观察并记录处理占用率。

4 每台呼叫器先开放少量用户进行呼叫 1h 后停止,观察并记录处理机占用率,从模拟呼叫器上记录呼叫总次数及故障次数。

5 逐步增加开放每台呼叫器用户数量,启动模拟呼叫器,重复步骤 4,分别记录各种话务情况下处理机的占用率和呼叫总次数及故障次数。

6 当开放的每台呼叫器用户数量适量后,测试中应注意呼叫限制点的出现,可根据处理机占用率因呼叫限制而呈现上、下波动现象判断呼叫限制点,呼叫限制点应为波动出现前的位置点,交换设备最大负荷应低于限制点。

7 对于具有显示接续延时时间的被测交换设备,应在各测点测,同时观察记录各类处理的延迟时间,应符合要求。

8 根据实测各测试点记录的处理机占用率和呼叫总次数,绘出忙时呼叫尝试次数(BHCA)与处理机占用率曲线(见图 2),根据所绘曲线找出呼叫限制点,对应限制点的忙时呼叫尝试次数(BHCA)值即为实测值,应符合设计要求。

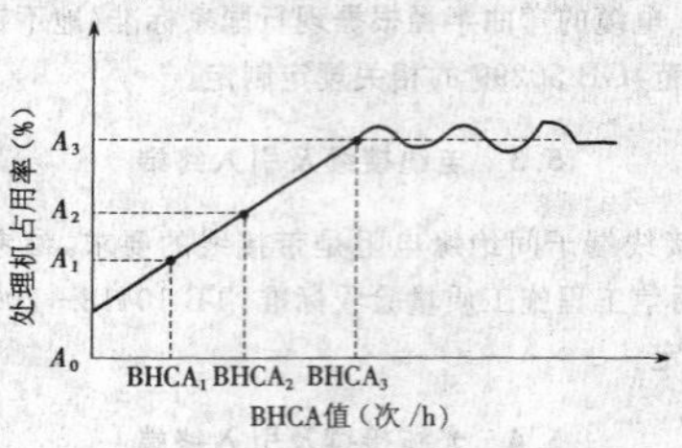

图 2 BHCA 与处理机占用率曲线

7.5 公务电话系统网管功能检验

本节提出的要求适用于包括 2 个及以上交换局时的系统网络管理及本地操作维护终端。如果只有一个交换局,则本节提出的要求是针对操作维护终端。

8 专用电话系统

8.4 专用电话系统指标检测及功能检验

8.4.4 站间电话又称共电电话。

9 无线通信系统

本规范无线通信系统利用公网或与公网合建时,验收要求按设计规定。无设计要求时按本规范相关规定进行验收。

9.4 漏泄同轴电缆

(Ⅰ)主 控 项 目

9.4.2 表 9.4.2 漏缆单盘测试直流电气性能要求参考行业标准《通信电缆——物理发泡聚乙烯绝缘漏泄同轴电缆》YD/T 1120—2001 第 5.6.2 条第 2 款的要求制定。

9.4.3 表 9.4.3 漏缆最小弯曲半径要求参考行业标准《通信电缆——物理发泡聚乙烯绝缘漏泄同轴电缆》YD/T 1120—2001 第 6.6.1 条的要求制定。

(Ⅱ)一 般 项 目

9.4.8 漏缆吊挂垂度参考行业标准《铁路运输通信工程施工质量验收标准》TB 10418—2003 第 7.5.11 条的要求制定。

9.6 无线通信系统指标检测

(Ⅰ)主 控 项 目

9.6.1 站台、站厅、车场、室内采用定点测试,区间线路采用移动测试。

9.6.2 语音测试呼叫类型为单呼、组呼及紧急呼叫。

语音质量＝[RxQual(0 级＋1 级＋2 级)]×1＋[RxQual(3 级＋4 级＋5 级)]×0.7,应统计不同语音业务的语音质量。

切换失败率仅进行区间线路测试。

9.6.4 基站测试信号应符合 EN 300 394-1-Terrestrial Trunked Radio

(TETRA);Conformance testing specification;Partl:Radio 的要求。

10 闭路电视监视系统

10.3 闭路电视监视设备配线

(Ⅱ)一 般 项 目

10.3.9 电缆弯曲半径根据国家标准《民用闭路监视电视系统工程技术规范》GB 50198—94 第 3.3.1 条第 1 款的规定制定。

10.4 闭路电视监视系统指标检测及功能检验

10.4.1 图像质量的主观评价五级损伤制评分分级应符合表 1 的规定。

表 1 五级损伤制评分分级

图像质量损伤的主观评价	评分分级
图像上不觉察有损伤或干扰存在	5
图像上稍有可觉察的损伤或干扰,但并不令人讨厌	4
图像上有明显的损伤或干扰,令人感到讨厌	3
图像上损伤或干扰较严重,令人相当讨厌	2
图像上损伤或干扰极严重,不能观看	1

图像质量的主观评价项目按表 2 的规定。

表 2 主观评价项目

项 目	损伤的主观评价现象
随机信噪比	噪波,即"雪花干扰"
单频干扰	图像中纵、斜、人字形或波浪状的条纹,即"网纹"
电源干扰	图像中上下移动的黑白间置的水平横条,即"黑白滚道"
脉冲干扰	图像中不规则的闪烁,黑白麻点或"跳动"

10.4.2、10.4.3 清晰度和灰度指标,在测试中可分别进行观察,不必兼顾,并且允许调节监视器的对比度和亮度。

10.4.4 测试电平值 1Vp—p±3dB,是指视频信号发生器发送用图像信号、消隐脉冲和同步脉冲组成的全电视信号时测得的。

10.4.6 根据国家标准《民用闭路监视电视系统工程技术规范》GB 50198—94 规定,低照度使用,是指监视低照度画面时,只要能辨认监视画面物体的轮廓,就认为是可用图像。25dB 是在监视画面主观评价为可用画像时的实测数据。

11 广 播 系 统

11.2 广播设备安装

(Ⅰ)主 控 项 目

11.2.7 控制中心和车站广播的负载区数量应符合设计要求。根据国家标准《火灾自动报警系统设计规范》GB 50116—98 第5.4.3 条第 4 款的要求:用于火灾应急广播的备用扩音机,其容量不应小于火灾时需同时广播的范围内火灾应急广播扬声器最大容量总和的 1.5 倍。

(Ⅱ)一 般 项 目

11.2.10 广播控制设备安装应满足通信设备安装要求,扬声器安装应满足国家标准《火灾自动报警系统设计规范》GB 50116—98 第 5.4.2 条第 1 款的要求:民用建筑内扬声器应设置在走道和大厅等公共场所。每个扬声器的额定功率不应小于 3W,其数量应能保证从一个防火分区内的任何部位到最近一个扬声器的距离不大于 25m。走道内最后一个扬声器至走道末端的距离不应大于 12.5m。

11.4 广播系统指标检测及功能检验

(Ⅰ)主 控 项 目

11.4.3 最大声压级是指扩声系统在声场中能达到的最大稳压声压级。

轨道交通广播系统作为防灾报警广播时,应满足国家标准《火灾自动报警系统设计规范》GB 50116—98 的要求:在环境噪声大于 60dB 的场所设置的扬声器,在其播放范围内最远点的播放声压级应高于背景噪声 15dB。

11.4.4 声场不均匀度是指扩声系统在声场中得到的稳态声压级的差值。

(Ⅱ)一 般 项 目

11.4.9 检查噪声传感器功能时,在广播分区人为制造噪音,观察噪声传感器工作状态,听广播音量变化,有显著变化则为合格。

12 乘客信息显示系统

12.4 乘客信息显示系统指标检测及功能检验

12.4.10～12.4.12 控制中心系统的功能除了条文中所列的内容,还应该符合设计的要求,条文中所列为基本要求。例如,有的设计要求系统应具备数据库功能,能够记录并分析所有信息的播出时间、地点,播出方式、播出次数以及数据反馈。在工程验收时可根据这些要求,采用合适的检验方法进行检验。

13 时 钟 系 统

13.2 时钟设备安装

(Ⅰ)主 控 项 目

13.2.3

1 GPS 接收天线头安装在室外,高于平面 1.5m 以上,且周围无明显遮挡物;要求垂直安装;在建筑物避雷范围内;抗风力 12 级,拉拔力 400kgf。由于 GPS 的天线具有防雷击性能,安装时只需将天线杆及底座与建筑物避雷系统相连,即可达到防雷击要求。

2 GPS 时间信号接收器安装在室内,一般装在中心母钟的标准 19″机柜里,占 3u 高度位置。

(Ⅱ)一 般 项 目

13.2.5 所有子钟安装位置应远离自动喷淋系统的喷头,且安装高度为下沿距地面不小于 2.2m。

13.2.6 子钟支架安装应牢固、稳定。安装好的子钟表面应美观、外观零部件不应该缺损。外表面涂层和镀层的耐腐蚀性能和结合强度试验按出厂技术条件之规定进行检查。

13.4 时钟系统指标检测及功能检验

13.4.6 人为使母钟、子钟的时间产生误差,进行母钟及子钟的自动校时功能试验。能够自动校时即为合格。

13.4.7　将中心母钟与二级母钟、二级母钟与子钟之间的通信接口连线曲调，观测检查二级母钟、子钟应能够独立正常工作。

14　电源及接地系统

14.2　电源系统设备安装

（Ⅰ）主控项目

14.2.2　交流配电柜内双电源切换应采用ATS自切模块设计，此类电源切换系统以塑壳空气断路器为切换部件，切换功能用ATS自动控制单元完成，有机械和电气连锁，功能完善，组成元器件较少，安装方便，无二次线路，一般置于配电柜中。

14.4　电源系统指标检测及功能检验

14.4.9　蓄电池组的容量测试，应先在20～25℃的温度条件下，以0.1C的充电电流、2.4V电压对蓄电池组进行均充电24h以上，转成浮充电48h；再用假负载以0.1C的放电电流对蓄电池组进行放电，放至蓄电池的截止电压为止。

14.6　接地装置

（Ⅰ）主控项目

14.6.5、14.6.6　接地电阻的要求，根据国家标准《地铁设计规范》GB 50157—2003表15.9.11的规定制定。

中华人民共和国国家标准

建筑与小区雨水利用工程技术规范

Engineering technical code for rain utilization in building and sub-district

GB 50400—2006

主编部门：中华人民共和国建设部
批准部门：中华人民共和国建设部
施行日期：2007年4月1日

中华人民共和国建设部
公　　告

第485号

建设部关于发布国家标准《建筑与小区雨水利用工程技术规范》的公告

现批准《建筑与小区雨水利用工程技术规范》为国家标准，编号为GB 50400－2006，自2007年4月1日起实施。其中，第1.0.6、7.3.1、7.3.3、7.3.9条为强制性条文，必须严格执行。

本规范由建设部标准定额研究所组织中国建筑工业出版社出版发行。

中华人民共和国建设部

2006年9月26日

前　　言

本规范是根据建设部建标函［2005］84号“关于印发《2005年度工程建设标准制订、修订计划（第一批）》的通知”要求，由中国建筑设计研究院主编，北京泰宁科创科技有限公司等单位参编。规范总结了近年来建筑与小区雨水利用工程的设计经验，并参考国内外相关应用研究，广泛征求意见，制定了本规范。

本规范共分12章，内容包括总则、术语、符号、水量与水质、雨水利用系统设置、雨水收集、雨水入渗、雨水储存与回用、水质处理、调蓄排放、施工安装、工程验收、运行管理。

本规范以黑体字标志的条文为强制性条文，必须严格执行。

本规范由建设部管理和对强制性条文的解释，由中国建筑设计研究院负责具体技术内容解释。在执行本规范过程中，请各单位结合工程实践，认真总结经验，并将意见和建议寄送中国建筑设计研究院（北京市西城区车公庄大街19号，邮编：100044）。

本规范主编单位：中国建筑设计研究院

本规范参编单位：北京泰宁科创科技有限公司
北京市水利科学研究所
中国中元兴华工程公司
解放军总后勤部建筑设计研究院
北京建筑工程学院
山东建筑大学
北京工业大学
中国工程建设标准化协会
中国建筑西北设计研究院
大连市建筑设计研究院
深圳华森建筑与工程设计顾问有限公司
积水化学工业株式会社北京代表处
北京恒动科技开发有限公司

本规范主要起草人：赵世明　赵　锂　王耀堂
杨　澎　刘　鹏　朱跃云
徐忠辉　孙　瑛　徐志通
陈建刚　黄晓家　王冠军
汪慧贞　孟德良　张永祥
李桂枝　周锡全　王　研
王可为　周克晶　陈玉芳
张书函　田　浩　陈　雷

目　　次

1 总　　则

1.0.1 为实现雨水资源化，节约用水，修复水环境与生态环境，减轻城市洪涝，使建筑与小区雨水利用工程做到技术先进、经济合理、安全可靠，制定本规范。

1.0.2 本规范适用于民用建筑、工业建筑与小区雨水利用工程的规划、设计、施工、验收、管理与维护。本规范不适用于雨水作为生活饮用水水源的雨水利用工程。

1.0.3 雨水资源应根据当地的水资源情况和经济发展水平合理利用。

1.0.4 有特殊污染源的建筑与小区，其雨水利用工程应经专题论证。

1.0.5 设置雨水利用系统的建筑物和小区，其规划和设计阶段应包括雨水利用的内容。雨水利用设施应与项目主体工程同时设计，同时施工，同时使用。

1.0.6 严禁回用雨水进入生活饮用水给水系统。

1.0.7 雨水利用工程应采取确保人身安全、使用及维修安全的措施。

1.0.8 雨水利用工程设计中，相关的室外总平面设计、园林景观设计、建筑设计、给水排水设计等专业应密切配合，相互协调。

1.0.9 建筑与小区雨水利用工程设计、施工、验收、管理与维护，除执行本规范外，尚应符合国家现行相关标准、规范的规定。

2 术语、符号

2.1 术　　语

2.1.1 雨水利用　rain utilization

雨水入渗、收集回用、调蓄排放等的总称。

2.1.2 下垫面　underlying surface

降雨受水面的总称。包括屋面、地面、水面等。

2.1.3 土壤渗透系数　permeability coefficient of soil

单位水力坡度下水的稳定渗透速度。

2.1.4 流量径流系数　discharge runoff coefficient

形成高峰流量的历时内产生的径流量与降雨量之比。

2.1.5 雨量径流系数　pluviometric runoff coefficient

设定时间内降雨产生的径流总量与总雨量之比。

2.1.6 硬化地面　impervious surface

通过人工行为使自然地面硬化形成的不透水或弱透水地面。

2.1.7 天沟　gutter

屋面上两侧收集雨水用于引导屋面雨水径流的集水沟。

2.1.8 边沟　brim gutter

屋面上单侧收集雨水用于引导屋面雨水径流的集水沟。

2.1.9 檐沟　eaves gutter

屋檐边沿沟长单边收集雨水且溢流雨水能沿沟边溢流到室外的集水沟。

2.1.10 长沟　long gutter

集水长度大于50倍设计水深的屋面集水沟。

2.1.11 短沟　short gutter

集水长度等于或小于50倍设计水深的屋面集水沟。

2.1.12 集水沟集水长度　gutter drainage length

从集水沟内分水点到雨水斗的沟长。

2.1.13 半有压式屋面雨水收集系统　gravity-pressure roof rainwater collect system

系统设计流态为无压流和有压流之间的过渡流态的屋面雨水收集系统。

2.1.14 虹吸式屋面雨水收集系统　siphonic roof rainwater collect system

系统设计流态为水一相有压流的屋面雨水收集系统。

2.1.15 初期径流　initial runoff

一场降雨初期产生一定厚度的降雨径流。

2.1.16 弃流设施　initial rainwater removal equipment

利用降雨厚度、雨水径流厚度控制初期径流排放量的设施。有自控弃流装置、渗透弃流装置、弃流池等。

2.1.17 渗透弃流井　infiltration-removal well

具有一定储存容积和过滤截污功能，将初期径流渗透至地下的成品装置。

2.1.18 雨停监测装置　monitor of rain-stop

利用雨量法或流量法来监测降雨停止的成品装置。

2.1.19 渗透设施　infiltration equipment

使雨水分散并被渗透到地下的人工设施。

2.1.20 储存-渗透设施　detention-infiltration equipment

储存雨水径流量并进行渗透的设施，包括渗透管沟、入渗池、入渗井等。

2.1.21 入渗池　infiltration pool

雨水通过侧壁和池底进行入渗的封闭水池。

2.1.22 入渗井　infiltration well

雨水通过侧壁和井底进行入渗的设施。

2.1.23 渗透管-排放系统　infiltration-drainage pipe system

采用渗透检查井、渗透管将雨水有组织地渗入地下，超过渗透设计标准的雨水由管沟排放的系统。

2.1.24 渗透雨水口　infiltration rainwater inlet

具有渗透、截污、集水功能的一体式成品集水口。

2.1.25 渗透检查井 infiltration manhole

具有渗透功能和一定沉砂容积的管道检查维护装置。

2.1.26 集水渗透检查井 collect-infiltration manhole

具有收集、渗透功能和一定沉砂容积的管道检查维护装置。

2.1.27 雨水储存设施 rainwater storage equipment

储存未经处理的雨水的设施。

2.1.28 调蓄排放设施 detention and controlled drainage equipment

储存一定时间的雨水，削减向下游排放的雨水洪峰径流量、延长排放时间的设施。

2.2 符号

2.2.1 流量、水量、流速

W——雨水设计径流总量；

Q——雨水设计流量；

q——设计暴雨强度；

q_{dg}——水平短沟的设计排水量；

q_{cg}——水平长沟的设计排水量；

v——管内流速；

g——重力加速度；

W_i——设计初期径流弃流量；

W_s——渗透量；

W_p——产流历时内的蓄积水量；

W_c——渗透设施进水量；

q_c——渗透设施产流历时对应的暴雨强度；

Q_y——设施处理能力；

W_y——经过水量平衡计算后的日用雨水量；

Q'——设计排水流量。

2.2.2 水头损失、几何特征

h_y——设计降雨厚度；

F——汇水面积；

P——设计重现期；

A_z——沟的有效断面面积；

h_f——管道沿程阻力损失；

l——管道长度；

d——管道内径；

δ——初期径流厚度；

A_s——有效渗透面积；

F_y——渗透设施受纳的集水面积；

F_0——渗透设施的直接受水面积；

V_s——渗透设施的储存容积；

n_k——填料的孔隙率；

V——调蓄池容积。

2.2.3 计算系数及其他

ψ_c——雨量径流系数；

ψ_m——流量径流系数；

A、b、c、n——当地降雨参数；

m——折减系数；

k_{dg}——安全系数；

k_{df}——断面系数；

S_x——深度系数；

X_x——形状系数；

L_x——长沟容量系数；

λ——管道沿程阻力损失系数；

Δ——管道当量粗糙高度；

Re——雷诺数；

α——综合安全系数；

K——土壤渗透系数；

J——水力坡降。

2.2.4 时间

t——降雨历时；

t_1——汇水面汇水时间；

t_2——管渠内雨水流行时间；

t_s——渗透时间；

t_c——渗透设施产流历时；

T——雨水处理设施的日运行时间；

t_m——调蓄池蓄水历时；

t'——排空时间。

3 水量与水质

3.1 降雨量和雨水水质

3.1.1 降雨量应根据当地近期10年以上降雨量资料确定。当资料缺乏时可参考附录A。

3.1.2 雨水水质应以实测资料为准。屋面雨水经初期径流弃流后的水质，无实测资料时可采用如下经验值：COD_{Cr} 70～100mg/L；SS 20～40mg/L；色度10～40度。

3.2 用水定额和水质

3.2.1 绿化、道路及广场浇洒、车库地面冲洗、车辆冲洗、循环冷却水补水等各项最高日用水量按照现行国家标准《建筑给水排水设计规范》GB 50015中的有关规定执行。

3.2.2 景观水体补水量根据当地水面蒸发量和水体渗透量综合确定。

3.2.3 最高日冲厕用水定额按照现行国家标准《建筑给水排水设计规范》GB 50015中的最高日用水定额及表3.2.3中规定的百分率计算确定。

表3.2.3 各类建筑物冲厕用水占日用水定额的百分率（单位：%）

项目	住宅	宾馆、饭店	办公楼、教学楼	公共浴室	餐饮业、营业餐厅
冲厕	21	10～14	60～66	2～5	5～6.7

3.2.4 器具给水额定流量按照现行国家标准《建筑给水排水设计规范》GB 50015 中的有关规定执行。

3.2.5 处理后的雨水水质根据用途确定，COD_{Cr}和SS指标应满足表3.2.5的规定，其余指标应符合国家现行相关标准的规定。

表3.2.5 雨水处理后COD_{Cr}和SS指标

项目指标	循环冷却系统补水	观赏性水景	娱乐性水景	绿化	车辆冲洗	道路浇洒	冲厕
COD_{cr} (mg/L)≤	30	30	20	30	30	30	30
SS (mg/L)≤	5	10	5	10	5	10	10

3.2.6 当处理后的雨水同时用于多种用途时，其水质应按最高水质标准确定。

4 雨水利用系统设置

4.1 一般规定

4.1.1 雨水利用应采用雨水入渗系统、收集回用系统、调蓄排放系统之一或其组合，并满足如下要求：

1 雨水入渗系统宜设雨水收集、入渗等设施；

2 收集回用系统应设雨水收集、储存、处理和回用水管网等设施；

3 调蓄排放系统应设雨水收集、储存设施和排放管道等设施。

4.1.2 雨水入渗场所应有详细的地质勘察资料，地质勘察资料应包括区域滞水层分布、土壤种类和相应的渗透系数、地下水动态等。

4.1.3 雨水入渗系统的土壤渗透系数宜为10^{-6}～10^{-3}m/s，且渗透面距地下水位大于1.0m；收集回用系统宜用于年均降雨量大于400mm的地区；调蓄排放系统宜用于有防洪排涝要求的场所。

4.1.4 下列场所不得采用雨水入渗系统：

1 防止陡坡坍塌、滑坡灾害的危险场所；

2 对居住环境以及自然环境造成危害的场所；

3 自重湿陷性黄土、膨胀土和高含盐土等特殊土壤地质场所。

4.1.5 雨水利用系统的规模应满足建设用地外排雨水设计流量不大于开发建设前的水平或规定的值，设计重现期不得小于1年，宜按2年确定。

4.1.6 设有雨水利用系统的建设用地，应设有雨水外排措施。

4.1.7 雨水利用系统不应对土壤环境、植物的生长、地下含水层的水质、室内环境卫生等造成危害。

4.1.8 回用供水管网中低水质标准水不得进入高水质标准水系统。

4.2 雨水径流计算

4.2.1 雨水设计径流总量和设计流量的计算应符合下列要求：

1 雨水设计径流总量应按下式计算：

$$W = 10\psi_c h_y F \tag{4.2.1-1}$$

式中 W——雨水设计径流总量（m^3）；

ψ_c——雨量径流系数；

h_y——设计降雨厚度（mm）；

F——汇水面积（hm^2）。

2 雨水设计流量应按下式计算：

$$Q = \psi_m qF \tag{4.2.1-2}$$

式中 Q——雨水设计流量（L/s）；

ψ_m——流量径流系数；

q——设计暴雨强度［L/（s·hm^2）］。

4.2.2 径流系数应按下列要求确定：

1 雨量径流系数和流量径流系数宜按表4.2.2采用，汇水面积的平均径流系数应按下垫面种类加权平均计算；

2 建设用地雨水外排管渠流量径流系数宜按扣损法经计算确定，资料不足时可采用0.25～0.4。

表4.2.2 径流系数

下垫面种类	雨量径流系数 ψ_c	流量径流系数 ψ_m
硬屋面、未铺石子的平屋面、沥青屋面	0.8～0.9	1
铺石子的平屋面	0.6～0.7	0.8
绿化屋面	0.3～0.4	0.4
混凝土和沥青路面	0.8～0.9	0.9
块石等铺砌路面	0.5～0.6	0.7
干砌砖、石及碎石路面	0.4	0.5
非铺砌的土路面	0.3	0.4
绿地	0.15	0.25
水面	1	1
地下建筑覆土绿地（覆土厚度≥500mm）	0.15	0.25
地下建筑覆土绿地（覆土厚度＜500mm）	0.3～0.4	0.4

4.2.3 设计降雨厚度应按本规范第3.1.1条的规定确定，设计重现期和降雨历时应根据本规范各雨水利用设施条款中具体规定的标准确定。

4.2.4 汇水面积应按汇水面水平投影面积计算。计算屋面雨水收集系统的流量时，还应满足下列要求：

1 高出汇水面积有侧墙时，应附加侧墙的汇水面积，计算方法按现行国家标准《建筑给水排水设计规范》GB 50015 的相关规定执行。

2 球形、抛物线形或斜坡较大的汇水面，其汇水面积应附加汇水面竖向投影面积的 50%。

4.2.5 设计暴雨强度应按下式计算：

$$q=\frac{167A(1+c\lg P)}{(t+b)^n} \tag{4.2.5}$$

式中 P——设计重现期（a）；

t——降雨历时（min）；

A、b、c、n——当地降雨参数。

注：当采用天沟集水且沟沿溢水会流入室内时，暴雨强度应乘以 1.5 的系数。

4.2.6 设计重现期的确定应符合下列规定：

1 向各类雨水利用设施输水或集水的管渠设计重现期，应不小于该类设施的雨水利用设计重现期。

2 屋面雨水收集系统设计重现期不宜小于表 4.2.6-1 中规定的数值。

表 4.2.6-1 屋面降雨设计重现期

建筑类型	设计重现期（a）
采用外檐沟排水的建筑	1～2
一般性建筑物	2～5
重要公共建筑	10

注：表中设计重现期，半有压流系统可取低限值，虹吸式系统宜取高限值。

3 建设用地雨水外排管渠的设计重现期，应大于雨水利用设施的雨量设计重现期，并不宜小于表 4.2.6-2 中规定的数值。

表 4.2.6-2 各类用地设计重现期

汇水区域名称	设计重现期（a）
车站、码头、机场等	2～5
民用公共建筑、居住区和工业区	1～3

4.2.7 设计降雨历时的计算，应符合下列规定：

1 室外雨水管渠的设计降雨历时应按下式计算：

$$t=t_1+mt_2 \tag{4.2.7}$$

式中 t_1——汇水面汇水时间（min），视距离长短、地形坡度和地面铺盖情况而定，一般采用5～10min；

m——折减系数，取 $m=1$，计算外排管渠时按现行国家标准《建筑给水排水设计规范》GB 50015 的规定取用；

t_2——管渠内雨水流行时间（min）。

2 屋面雨水收集系统的设计降雨历时按屋面汇水时间计算，一般取 5min。

4.3 系统选型

4.3.1 雨水利用系统的型式、各个系统负担的雨水量，应根据工程项目具体特点经技术经济比较后确定。

4.3.2 地面雨水宜采用雨水入渗。

4.3.3 降落在景观水体上的雨水应就地储存。

4.3.4 屋面雨水可采用雨水入渗、收集回用或二者相结合的方式，具体利用方式应根据下列因素综合确定：

1 当地缺水情况；

2 室外土壤的入渗能力；

3 雨水的需求量和水质要求；

4 杂用水量和降雨量季节变化的吻合程度；

5 经济合理性。

4.3.5 小区内设有景观水体时，屋面雨水宜优先考虑用于景观水体补水。室外土壤在承担了室外各种地面的雨水入渗后，其入渗能力仍有足够的余量时，屋面雨水可进行雨水入渗。

4.3.6 满足下列条件之一时，屋面雨水宜优先采用收集回用系统：

1 降雨量随季节分布较均匀的地区；

2 用水量与降雨量季节变化较吻合的建筑与小区。

4.3.7 收集回用系统的回用水量或储水能力小于屋面的收集雨量时，屋面雨水的利用可选用回用与入渗相结合的方式。

4.3.8 大型屋面的公共建筑或设有人工水体的项目，屋面雨水宜采用收集回用系统。

4.3.9 为削减城市洪峰或要求场地的雨水迅速排干时，宜采用调蓄排放系统。

4.3.10 雨水回用用途应根据收集量、回用量、随时间的变化规律以及卫生要求等因素综合考虑确定。雨水可用于下列用途：景观用水、绿化用水、循环冷却系统补水、汽车冲洗用水、路面、地面冲洗用水、冲厕用水、消防用水。

4.3.11 建筑或小区中同时设有雨水回用和中水的合用系统时，原水不宜混合，出水可在清水池混合。

5 雨水收集

5.1 一般规定

5.1.1 屋面表面应采用对雨水无污染或污染较小的材料，不宜采用沥青或沥青油毡。有条件时可采用种植屋面。

5.1.2 屋面雨水收集管道的进水口应设置符合国家或行业现行相关标准的雨水斗。

5.1.3 屋面雨水系统中设有弃流设施时，弃流设施服务的各雨水斗至该装置的管道长度宜相近。

5.1.4 屋面雨水收集系统的设计流量应按本规范第（4.2.1-2）式计算。

5.1.5 屋面雨水收集宜采用半有压屋面雨水收集系统；大型屋面宜采用虹吸式屋面雨水收集系统，并应有溢流措施。

5.1.6 屋面雨水收集也可采用重力流系统，其设计应满足现行国家标准《建筑给水排水设计规范》GB 50015的要求。

5.1.7 屋面雨水收集系统和雨水储存设施之间的室外输水管道可按雨水储存设施的降雨重现期计算，若设计重现期比上游管道的小，应在连接点设检查井或溢流设施。埋地输水管上应设检查口或检查井，间距宜为 25～40m。

5.1.8 屋面雨水收集系统应独立设置，严禁与建筑污、废水排水连接，严禁在室内设置敞开式检查口或检查井。

5.1.9 阳台雨水不应接入屋面雨水立管。

5.1.10 除种植屋面外，雨水收集回用系统均应设置弃流设施，雨水入渗收集系统宜设弃流设施。

5.2 屋面集水沟

5.2.1 屋面集水宜采用集水沟。集水沟断面尺寸和过水能力应经水力计算确定。

5.2.2 屋面集水沟的深度应包括设计水深和保护高度。

5.2.3 集水沟沟底可水平或可有坡度，坡度小于 0.003 时应具有自由出流的雨水出口。

5.2.4 集水沟的水力计算应按照现行国家标准《室外排水设计规范》GB 50014 执行，沟底平坡或坡度不大于 0.003 时，可采用本规范 5.2.5～5.2.10 条规定的经验方法计算。

5.2.5 水平短沟设计排水量可按下式计算：

$$q_{dg} = k_{dg} k_{df} A_z^{1.25} S_x X_x \tag{5.2.5}$$

式中 q_{dg}——水平短沟的设计排水量（L/s）；

k_{dg}——安全系数，取 0.9；

k_{df}——断面系数，取值见表 5.2.5；

A_z——沟的有效断面面积（mm^2），在屋面天沟或边沟中有阻挡物时，有效断面面积应按沟的断面面积减去阻挡物断面面积进行计算；

S_x——深度系数，见附录 B，半圆形或相似形状的短檐沟 $S_x=1.0$；

X_x——形状系数，见附录 B，半圆形或相似形状的短檐沟 $X_x=1.0$。

表 5.2.5 各种沟型的断面系数

沟型	半圆形或相似形状的檐沟	矩形、梯形或相似形状的檐沟	矩形、梯形或相似形状的天沟和边沟
k_{df}	2.78×10^{-5}	3.48×10^{-5}	3.89×10^{-5}

5.2.6 水平长沟的设计排水量可按下式计算：

$$q_{cg} = q_{dg} L_x \tag{5.2.6}$$

式中 q_{cg}——长沟的设计排水量（L/s）；

L_x——长沟容量系数，见表 5.2.6。

表 5.2.6 平底或有坡度坡向出水口的长沟容量系数

$\frac{L}{h_d}$	容量系数 L_x				
	平底 0～0.3%	坡度 0.4%	坡度 0.6%	坡度 0.8%	坡度 1%
50	1.00	1.00	1.00	1.00	1.00
75	0.97	1.02	1.04	1.07	1.09
100	0.93	1.03	1.08	1.13	1.18
125	0.90	1.05	1.12	1.20	1.27
150	0.86	1.07	1.17	1.27	1.37
175	0.83	1.08	1.21	1.33	1.46
200	0.80	1.10	1.25	1.40	1.55
225	0.78	1.10	1.25	1.40	1.55
250	0.77	1.10	1.25	1.40	1.55
275	0.75	1.10	1.25	1.40	1.55
300	0.73	1.10	1.25	1.40	1.55
325	0.72	1.10	1.25	1.40	1.55
350	0.70	1.10	1.25	1.40	1.55
375	0.68	1.10	1.25	1.40	1.55
400	0.67	1.10	1.25	1.40	1.55
425	0.65	1.10	1.25	1.40	1.55
450	0.63	1.10	1.25	1.40	1.55
475	0.62	1.10	1.25	1.40	1.55
500	0.60	1.10	1.25	1.40	1.55

注：L 排水长度（mm）；

h_d 设计水深（mm）。

5.2.7 当集水沟有大于 10°的转角时，计算的排水能力应乘以折减系数 0.85。

5.2.8 雨水斗应避免布置在集水沟的转折处。

5.2.9 天沟和边沟的坡度小于或等于 0.003 时，按平沟设计。

5.2.10 天沟和边沟的最小保护高度不得小于表 5.2.10 中的尺寸。

表 5.2.10 天沟和边沟的最小保护高度

含保护高度在内的沟深 h_z（mm）	最小保护高度（mm）
<85	25
85～250	$0.3h_z$
>250	75

5.2.11 天沟和边沟应设置溢流设施。

5.3 半有压屋面雨水收集系统

5.3.1 雨水斗应采用半有压式雨水斗，其设计流量不应超过表5.3.1规定的数值。与立管连接的单个雨水斗宜取高限；多斗悬吊管上距立管最近的斗宜取高限，并以其为基准，其他各斗的数值依次比上个斗递减10%。

表5.3.1 雨水斗的泄流量

口径（mm）	75	100	150	200
泄流量（L/s）	8	12～16	26～36	40～56

5.3.2 雨水斗应有格栅，格栅进水孔的有效面积应等于连接管横断面积的2～2.5倍。

5.3.3 多斗雨水系统的雨水斗宜对立管作对称布置，且不得在立管顶端设置雨水斗。

5.3.4 布置雨水斗时，应以伸缩缝或沉降缝作为天沟排水分水线，否则应在该缝两侧各设一个雨水斗。当该两个雨水斗连接在同一悬吊管上时，悬吊管应装伸缩接头，并保证密封。

5.3.5 同一悬吊管连接的雨水斗应在同一高度上，且不宜超过4个。

5.3.6 寒冷地区，雨水斗宜布置在受室内温度影响的屋面及雪水易融化范围的天沟内。雨水立管应布置在室内。

5.3.7 雨水悬吊管长度大于15m时应设检查口或带法兰盘的三通管，并便于维修操作，其间距不宜大于20m。

5.3.8 多斗悬吊管和横干管的敷设坡度不宜小于0.005，最大排水能力见表5.3.8-1和表5.3.8-2。

表5.3.8-1 多斗悬吊管（铸铁管、钢管）的最大排水能力（L/s）

水力坡度 I \ 公称直径 DN(mm)	75	100	150	200	250	300
0.02	3.1	6.6	19.6	42.1	76.3	124.1
0.03	3.8	8.1	23.9	51.6	93.5	152.0
0.04	4.4	9.4	27.7	59.5	108.0	175.5
0.05	4.9	10.5	30.9	66.6	120.2	196.3
0.06	5.3	11.5	33.9	72.9	132.2	215.0
0.07	5.7	12.4	36.6	78.8	142.8	215.0
0.08	6.1	13.3	39.1	84.2	142.8	215.0
0.09	6.5	14.1	41.5	84.2	142.8	215.0
≥0.10	6.9	14.8	41.5	84.2	142.8	215.0

注：表中水力坡度指雨水斗安装面与悬吊管末端之间的几何高差（m）加0.5m后与悬吊管长度之比。

表5.3.8-2 多斗悬吊管（塑料管）的最大排水能力（L/s）

水力坡度 I \ 管道外径×壁厚 D_e(mm)×T(mm)	90×3.2	110×3.2	125×3.7	160×4.7	200×5.9	250×7.3
0.02	5.8	10.2	14.3	27.7	50.1	91.0
0.03	7.1	12.5	17.5	33.9	61.4	111.5
0.04	8.1	14.4	20.2	39.1	70.9	128.7
0.05	9.1	16.1	22.6	43.7	79.2	143.9
0.06	10.0	17.7	24.8	47.9	86.8	157.7
0.07	10.8	19.1	26.8	51.8	93.8	170.3
0.08	11.5	20.4	28.6	55.3	100.2	170.3
0.09	12.2	21.6	30.3	58.7	100.2	170.3
≥0.10	12.9	22.8	32.0	58.7	100.2	170.3

注：表中水力坡度指雨水斗安装面与悬吊管末端之间的几何高差（m）加0.5m后与悬吊管长度之比。

5.3.9 雨水立管的最大排水能力见表5.3.9。建筑高度不大于12m时不应超过表中低限值，高层建筑不应超过表中上限值。

表5.3.9 立管的最大排水流量

公称直径（mm）	75	100	150	200	250	300
排水流量（L/s）	10～12	19～25	42～55	75～90	135～155	220～240

5.3.10 一个立管所承接的多个雨水斗，其安装高度宜在同一标高层。当雨水立管的设计流量小于最大排水能力时，可将不同高度的雨水斗接入同一立管，但最低雨水斗应在立管底端与最高斗高差的2/3以上；多个立管汇集到一个横管时，所有雨水斗中最低斗的高度应大于横管与最高斗高差的2/3以上。

5.3.11 屋面无溢流措施时，雨水立管不应少于两根。

5.3.12 雨水立管的底部应设检查口。

5.3.13 雨水管道应采用钢管、不锈钢管、承压塑料管等，其管材和接口的工作压力应大于建筑物高度产生的静水压，且应能承受 0.09MPa 负压。

5.4 虹吸式屋面雨水收集系统

5.4.1 屋面溢流设施的溢流量应为50年重现期的雨水设计流量减去设计重现期的雨水设计流量。

5.4.2 不同高度、不同结构形式的屋面宜设置独立的收集系统。

5.4.3 雨水斗的设计流量不得超过产品的最大泄流量，雨水斗应水平安装。

5.4.4 悬吊管可无坡度敷设，但不得倒坡。

5.4.5 收集系统应方便安装、维修，不宜将雨水管放置在结构柱内。

5.4.6 收集系统的管道水头损失计算宜采用达西 (Darcy) 公式 (5.4.6-1)，沿程阻力系数宜按柯列勃洛克 (Colebrook-Whites) 公式 (5.4.6-2) 计算：

$$h_f = \lambda \frac{l}{d} \frac{v^2}{2g} \tag{5.4.6-1}$$

式中 h_f——管道沿程阻力损失 (m)；

λ——管道沿程阻力损失系数；

l——管道长度 (m)；

d——管道内径 (m)；

v——管内流速 (m/s)；

g——重力加速度 (m/s^2)。

$$\frac{1}{\sqrt{\lambda}} = -2\lg\left(\frac{\Delta}{3.7d} + \frac{2.51}{Re\sqrt{\lambda}}\right) \tag{5.4.6-2}$$

式中 Δ——管道当量粗糙高度 (mm)；

Re——雷诺数。

5.4.7 最小管径不应小于 $DN40$。各种管道流速应满足下列规定：

1 悬吊管设计流速不宜小于 1m/s；

2 立管设计流速不宜小于 2.2m/s；

3 虹吸管道设计流速不宜大于 10m/s；

4 排出口管道的设计流速不宜大于 1.8m/s，否则应采取消能措施。

5.4.8 系统从始端雨水斗至排出口过渡段的总水头损失与流出水头之和，不得大于始端雨水斗至排出管终点处的室外地面的几何高差。

5.4.9 雨水斗顶面至排出管终点处的室外地面的几何高差，立管管径不大于 $DN75$ 时不宜小于 3m，立管管径大于 $DN75$ 时不宜小于 5m。

5.4.10 系统中节点处各汇合支管间的水压差值，不应大于 0.01MPa。

5.4.11 虹吸雨水管道应采用钢管、不锈钢管、承压塑料管等，其管材和接口的工作压力应大于建筑物高度产生的静水压，且应能承受 0.09MPa 负压。

5.4.12 系统内的最大负压计算值，应根据系统安装场所的气象资料、管道的材质、管道和管件的最大、最小工作压力等确定，但应限于负压 0.09MPa 之内。

5.5 硬化地面雨水收集

5.5.1 建设用地内平面及竖向设计应考虑地面雨水收集要求，硬化地面雨水应有组织排向收集设施。

5.5.2 硬化地面雨水收集系统的雨水流量应按本规范第 (4.2.1-2) 式计算，管道水力计算和设计应符合现行国家标准《室外排水设计规范》GB 50014 的相关规定。

5.5.3 雨水口宜设在汇水面的低洼处，顶面标高宜低于地面 10～20mm。

5.5.4 雨水口担负的汇水面积不应超过其集水能力，且最大间距不宜超过 40m。

5.5.5 雨水收集宜采用具有拦污截污功能的成品雨水口。

5.5.6 雨水收集系统中设有集中式雨水弃流装置时，各雨水口至弃流装置的管道长度宜相近。

5.6 雨 水 弃 流

5.6.1 屋面雨水收集系统的弃流装置宜设于室外，当设在室内时，应为密闭形式。雨水弃流池宜靠近雨水蓄水池，当雨水蓄水池设在室外时，弃流池不应设在室内。

5.6.2 地面雨水收集系统设置雨水弃流设施时，可集中设置，也可分散设置。

5.6.3 虹吸式屋面雨水收集系统宜采用自动控制弃流装置，其他屋面雨水收集系统宜采用渗透弃流装置，地面雨水收集系统宜采用渗透弃流井或弃流池。

5.6.4 初期径流弃流量应按照下垫面实测收集雨水的 COD_{Cr}、SS、色度等污染物浓度确定。当无资料时，屋面弃流可采用 2～3mm 径流厚度，地面弃流可采用 3～5mm 径流厚度。

5.6.5 初期径流弃流量按下式计算：

$$W_i = 10 \times \delta \times F \tag{5.6.5}$$

式中 W_i——设计初期径流弃流量 (m^3)；

δ——初期径流厚度 (mm)。

5.6.6 弃流装置及其设置应便于清洗和运行管理。

5.6.7 截流的初期径流可排入雨水排水管道或污水管道。当条件允许，也可就地排入绿地。雨水弃流排入污水管道时应确保污水不倒灌回弃流装置内。

5.6.8 初期径流弃流池应符合下列规定：

1 截流的初期径流雨水宜通过自流排除；

2 当弃流雨水采用水泵排水时，池内应设置将弃流雨水与后期雨水隔离开的分隔装置；

3 应具有不小于 0.10 的底坡；

4 雨水进水口应设置格栅，格栅的设置应便于清理并不得影响雨水进水口通水能力；

5 排除初期径流水泵的阀门应设置在弃流池外；

6 宜在入口处设置可调节监测连续两场降雨间隔时间的雨停监测装置，并与自动控制系统联动；

7 应设有水位监测的措施；

8 采用水泵排水的弃流池内应设置搅拌冲洗系统。

5.6.9 自动控制弃流装置应符合下列规定：

1 电动阀、计量装置宜设在室外，控制箱宜集中设置，并宜设在室内；

2 应具有自动切换雨水弃流管道和收集管道的功能，并具有控制和调节弃流间隔时间的功能；

3 流量控制式雨水弃流装置的流量计宜设在管径最小的管道上；

4 雨量控制式雨水弃流装置的雨量计应有可靠的保护措施。

5.6.10 渗透弃流井应符合下列规定：

1 井体和填料层有效容积之和不宜小于初期径流弃流量；

2 安装位置距建筑物基础不宜小于 3m；

3 渗透排空时间应按本规范第（6.3.1）式计算，且不宜超过 24h。

5.7 雨水排除

5.7.1 建设用地雨水外排设计流量应按本规范第 4.2 节计算。雨水管道的水力计算和设计应符合现行国家标准《室外排水设计规范》GB 50014 的规定。

5.7.2 当绿地标高低于道路标高时，雨水口宜设在道路两边的绿地内，其顶面标高应高于绿地 20～50mm。

5.7.3 雨水口宜采用平箅式，设置间距不宜大于 40m。

5.7.4 渗透管-排放系统替代排水管道系统时，应满足排除雨水流量的要求。

5.7.5 透水铺装地面的雨水排水设施宜采用明渠。

6 雨水入渗

6.1 一般规定

6.1.1 雨水入渗可采用绿地入渗、透水铺装地面入渗、浅沟与洼地入渗、浅沟渗渠组合入渗、渗透管沟、入渗井、入渗池、渗透管-排放系统等方式。

6.1.2 雨水渗透设施应保证其周围建筑物及构筑物的正常使用。

6.1.3 雨水渗透系统不应对居民的生活造成不便，不应对小区卫生环境产生危害。地面入渗场地上的植物配置应与入渗系统相协调。

非自重湿陷性黄土场地，渗透设施必须设置于建筑物防护距离以外，并不应影响小区道路路基。

6.1.4 渗透设施的日渗透能力不宜小于其汇水面上重现期 2 年的日雨水设计径流总量。其中入渗池、井的日入渗能力，不宜小于汇水面上的日雨水设计径流总量的 1/3。雨水设计径流总量按本规范第（4.2.1-1）式计算，渗透能力按本规范第（6.3.1）式计算。

6.1.5 入渗系统应设有储存容积，其有效容积宜能调蓄系统产流历时内的蓄积雨水量，并按本规范第（6.3.4～6.3.6）式计算；入渗池、井的有效容积宜能调蓄日雨水设计径流总量。雨水设计重现期应与渗透能力计算中的取值一致。

6.1.6 雨水渗透设施选择时宜优先采用绿地、透水铺装地面、渗透管沟、入渗井等入渗方式。

6.1.7 雨水入渗应符合下列规定：

1 绿地雨水应就地入渗；

2 人行、非机动车通行的硬质地面、广场等宜采用透水地面；

3 屋面雨水的入渗方式应根据现场条件，经技术经济和环境效益比较确定。

6.1.8 地下建筑顶面与覆土之间设有渗排设施时，地下建筑顶面覆土可作为渗透层。

6.1.9 除地面入渗外，雨水渗透设施距建筑物基础边缘不应小于 3m，并对其他构筑物、管道基础不产生影响。

6.1.10 雨水入渗系统宜设置溢流设施。

6.1.11 小区内路面宜高于路边绿地 50～100mm，并应确保雨水顺畅流入绿地。

6.2 渗透设施

6.2.1 绿地接纳客地雨水时，应满足下列要求：

1 绿地就近接纳雨水径流，也可通过管渠输送至绿地；

2 绿地应低于周边地面，并有保证雨水进入绿地的措施；

3 绿地植物宜选用耐淹品种。

6.2.2 透水铺装地面应符合下列要求：

1 透水铺装地面应设透水面层、找平层和透水垫层。透水面层可采用透水混凝土、透水面砖、草坪砖等；

2 透水地面面层的渗透系数均应大于 1×10^{-4}m/s，找平层和垫层的渗透系数必须大于面层。透水地面设施的蓄水能力不宜低于重现期为 2 年的 60min 降雨量；

3 面层厚度宜根据不同材料、使用场地确定，孔隙率不宜小于 20%；找平层厚度宜为 20～50mm；透水垫层厚度不宜小于 150mm，孔隙率不应小于 30%；

4 铺装地面应满足相应的承载力要求，北方寒冷地区还应满足抗冻要求。

6.2.3 浅沟与洼地入渗应符合以下要求：

1　地面绿化在满足地面景观要求的前提下，宜设置浅沟或洼地；

2　积水深度不宜超过300mm；

3　积水区的进水宜沿沟长多点分散布置，宜采用明沟布水；

4　浅沟宜采用平沟。

6.2.4　浅沟渗渠组合渗透设施应符合下列要求：

1　沟底表面的土壤厚度不应小于100mm，渗透系数不应小于1×10^{-5}m/s；

2　渗渠中的砂层厚度不应小于100mm，渗透系数不应小于1×10^{-4}m/s；

3　渗渠中的砾石层厚度不应小于100mm。

6.2.5　渗透管沟的设置应符合下列要求：

1　渗透管沟宜采用穿孔塑料管、无砂混凝土管或排疏管等透水材料。塑料管的开孔率不应小于15%，无砂混凝土管的孔隙率不应小于20%。渗透管的管径不应小于150mm，检查井之间的管道敷设坡度宜采用0.01～0.02；

2　渗透层宜采用砾石，砾石外层应采用土工布包覆；

3　渗透检查井的间距不应大于渗透管管径的150倍。渗透检查井的出水管标高宜高于入水管口标高，但不应高于上游相邻井的出水管口标高。渗透检查井应设0.3m沉砂室；

4　渗透管沟不宜设在行车路面下，设在行车路面下时覆土深度不应小于0.7m；

5　地面雨水进入渗透管前宜设渗透检查井或集水渗透检查井；

6　地面雨水集水宜采用渗透雨水口；

7　在适当的位置设置测试段，长度宜为2～3m，两端设置止水壁，测试段应设注水孔和水位观察孔。

6.2.6　渗透管-排放系统的设置应符合下列要求：

1　设施的末端必须设置检查井和排水管，排水管连接到雨水排水管网；

2　渗透管的管径和敷设坡度应满足地面雨水排放流量的要求，且管径不小于200mm；

3　检查井出水管口的标高应能确保上游管沟的有效蓄水，当设置有困难时，则无效管沟容积不计入储水容积；

4　其余要求应满足本规范第6.2.5条规定。

6.2.7　入渗池（塘）应符合下列要求：

1　边坡坡度不宜大于1∶3，表面宽度和深度的比例应大于6∶1；

2　植物应在接纳径流之前成型，并且所种植物应既能抗涝又能抗旱，适应洼地内水位变化；

3　应设有确保人身安全的措施。

6.2.8　入渗井应符合下列要求：

1　底部及周边的土壤渗透系数应大于5×10^{-6}m/s；

2　渗透面应设过滤层，井底滤层表面距地下水位的距离不应小于1.5m。

6.2.9　埋地入渗池应符合下列要求：

1　底部及周边的土壤渗透系数应大于5×10^{-6}m/s；

2　强度应满足相应地面承载力的要求；

3　外层应采用土工布或性能相同的材料包覆；

4　当设有人孔时，应采用双层井盖。

6.2.10　透水土工布宜选用无纺土工织物，单位面积质量宜为100～300g/m²，渗透性能应大于所包覆渗透设施的最大渗水要求，应满足保土性、透水性和防堵性的要求。

6.3　渗透设施计算

6.3.1　渗透设施的渗透量应按下式计算：

$$W_s = \alpha KJA_s t_s \quad (6.3.1)$$

式中　W_s——渗透量（m³）；

α——综合安全系数，一般可取0.5～0.8；

K——土壤渗透系数（m/s）；

J——水力坡降，一般可取$J=1.0$；

A_s——有效渗透面积（m²）；

t_s——渗透时间（s）。

6.3.2　土壤渗透系数应以实测资料为准，在无实测资料时，可参照表6.3.2选用。

表6.3.2　土壤渗透系数

地层	地层粒径		渗透系数K（m/s）
	粒径（mm）	所占重量（%）	
黏土			$<5.7\times10^{-8}$
粉质黏土			$5.7\times10^{-8}\sim1.16\times10^{-6}$
粉土			$1.16\times10^{-6}\sim5.79\times10^{-6}$
粉砂	>0.075	>50	$5.79\times10^{-6}\sim1.16\times10^{-5}$
细砂	>0.075	>85	$1.16\times10^{-5}\sim5.79\times10^{-5}$
中砂	>0.25	>50	$5.79\times10^{-5}\sim2.31\times10^{-4}$
均质中砂			$4.05\times10^{-4}\sim5.79\times10^{-4}$
粗砂	>0.50	>50	$2.31\times10^{-4}\sim5.79\times10^{-4}$
圆砾	>2.00	>50	$5.79\times10^{-4}\sim1.16\times10^{-3}$
卵石	>20.0	>50	$1.16\times10^{-3}\sim5.79\times10^{-3}$
稍有裂隙的岩石			$2.31\times10^{-4}\sim6.94\times10^{-4}$
裂隙多的岩石			$>6.94\times10^{-4}$

6.3.3　渗透设施的有效渗透面积应按下列要求确定：

1　水平渗透面按投影面积计算；

2　竖直渗透面按有效水位高度的1/2计算；

3 斜渗透面按有效水位高度的 1/2 所对应的斜面实际面积计算；

4 地下渗透设施的顶面积不计。

6.3.4 渗透设施产流历时内的蓄积雨水量应按下式计算：

$$W_p = \max(W_c - W_s) \quad (6.3.4)$$

式中 W_p——产流历时内的蓄积水量（m^3），产流历时经计算确定，并宜小于 120min；

W_c——渗透设施进水量（m^3）。

6.3.5 渗透设施进水量应按下式计算，并不宜大于按本规范（4.2.1-1）式计算的日雨水设计径流总量：

$$W_c = 1.25\left[60 \times \frac{q_c}{1000} \times (F_y \psi_m + F_0)\right] t_c \quad (6.3.5)$$

式中 F_y——渗透设施受纳的集水面积（hm^2）；

F_0——渗透设施的直接受水面积（hm^2），埋地渗透设施为 0；

t_c——渗透设施产流历时（min）；

q_c——渗透设施产流历时对应的暴雨强度［$L/(s \cdot hm^2)$］。

6.3.6 渗透设施的储存容积宜按下式计算：

$$V_s \geq \frac{W_p}{n_k} \quad (6.3.6)$$

式中 V_s——渗透设施的储存容积（m^3）；

n_k——填料的孔隙率，不应小于 30%，无填料者取 1。

6.3.7 下凹绿地受纳的雨水汇水面积不超过该绿地面积 2 倍时，可不进行入渗能力计算。

7 雨水储存与回用

7.1 一般规定

7.1.1 雨水收集回用系统应优先收集屋面雨水，不宜收集机动车道路等污染严重的下垫面上的雨水。

7.1.2 雨水收集回用系统设计应进行水量平衡计算，且满足如下要求：

1 雨水设计径流总量按本规范（4.2.1-1）式计算，降雨重现期宜取 1～2 年；

2 回用系统的最高日设计用水量不宜小于集水面日雨水设计径流总量的 40%；

3 雨水量足以满足需用量的地区或项目，集水面最高月雨水设计径流总量不宜小于回用管网该月用水量。

7.1.3 收集回用系统应设置雨水储存设施。雨水储存设施的有效储水容积不宜小于集水面重现期 1～2 年的日雨水设计径流总量扣除设计初期径流弃流量。当资料具备时，储存设施的有效容积也可根据逐日降雨量和逐日用水量经模拟计算确定。

7.1.4 水面景观水体宜作为雨水储存设施。

7.1.5 雨水可回用量宜按雨水设计径流总量的 90%计。

7.1.6 当雨水回用系统设有清水池时，其有效容积应根据产水曲线、供水曲线确定，并应满足消毒的接触时间要求。在缺乏上述资料的情况下，可按雨水回用系统最高日设计用水量的 25%～35%计算。

7.1.7 当采用中水清水池接纳处理后的雨水时，中水清水池应有容纳雨水的容积。

7.2 储存设施

7.2.1 雨水蓄水池、蓄水罐宜设置在室外地下。室外地下蓄水池（罐）的人孔或检查口应设置防止人员落入水中的双层井盖。

7.2.2 雨水储存设施应设有溢流排水措施，溢流排水措施宜采用重力溢流。

7.2.3 室内蓄水池的重力溢流管排水能力应大于进水设计流量。

7.2.4 当蓄水池和弃流池设在室内且溢流口低于室外地面时，应符合下列要求：

1 当设置自动提升设备排除溢流雨水时，溢流提升设备的排水标准应按 50 年降雨重现期 5min 降雨强度设计，并不得小于集雨屋面设计重现期降雨强度；

2 当不设溢流提升设备时，应采取防止雨水进入室内的措施；

3 雨水蓄水池应设溢流水位报警装置，报警信号引至物业管理中心；

4 雨水收集管道上应设置能以重力流排放到室外的超越管，超越转换阀门宜能实现自动控制。

7.2.5 蓄水池兼作沉淀池时，其进、出水管的设置应满足下列要求：

1 防止水流短路；

2 避免扰动沉积物；

3 进水端宜均匀布水。

7.2.6 蓄水池应设检查口或人孔，池底宜设集泥坑和吸水坑。当蓄水池分格时，每格都应设检查口和集泥坑。池底设不小于 5%的坡度坡向集泥坑。检查口附近宜设给水栓和排水泵的电源插座。

7.2.7 当采用型材拼装的蓄水池，且内部构造具有集泥功能时，池底可不做坡度。

7.2.8 当不具备设置排泥设施或排泥确有困难时，排水设施应配有搅拌冲洗系统，应设搅拌冲洗管道，搅拌冲洗水源宜采用池水，并与自动控制系统联动。

7.2.9 溢流管和通气管应设防虫措施。

7.2.10 蓄水池宜采用耐腐蚀、易清洁的环保材料。

7.3 雨水供水系统

7.3.1 雨水供水管道应与生活饮用水管道分开设置。

7.3.2 雨水供水系统应设自动补水，并应满足如下要求：

1 补水的水质应满足雨水供水系统的水质要求；

2 补水应在净化雨水供量不足时进行；

3 补水能力应满足雨水中断时系统的用水量要求。

7.3.3 当采用生活饮用水补水时，应采取防止生活饮用水被污染的措施，并符合下列规定：

1 清水池（箱）内的自来水补水管出水口应高于清水池（箱）内溢流水位，其间距不得小于2.5倍补水管管径，严禁采用淹没式浮球阀补水；

2 向蓄水池（箱）补水时，补水管口应设在池外。

7.3.4 供水管网的服务范围应覆盖水量平衡计算的用水部位。

7.3.5 供水系统供应不同水质要求的用水时，是否单独处理应经技术经济比较后确定。

7.3.6 供水方式及水泵的选择、管道的水力计算等应执行现行国家标准《建筑给水排水设计规范》GB 50015中的相关规定。

7.3.7 供水管道和补水管道上应设水表计量。

7.3.8 供水系统管材可采用塑料和金属复合管、塑料给水管或其他给水管材，但不得采用非镀锌钢管。

7.3.9 供水管道上不得装设取水龙头，并应采取下列防止误接、误用、误饮的措施：

1 供水管外壁应按设计规定涂色或标识；

2 当设有取水口时，应设锁具或专门开启工具；

3 水池（箱）、阀门、水表、给水栓、取水口均应有明显的“雨水”标识。

7.4 系统控制

7.4.1 雨水收集、处理设施和回用系统宜设置以下方式控制：

1 自动控制；

2 远程控制；

3 就地手动控制。

7.4.2 自控弃流装置的控制应符合本规范第5.6.9条的规定。

7.4.3 对雨水处理设施、回用系统内的设备运行状态宜进行监控。

7.4.4 雨水处理设施运行宜自动控制。

7.4.5 应对常用控制指标（水量、主要水位、pH值、浊度）实现现场监测，有条件的可实现在线监测。

7.4.6 补水应由水池水位自动控制。

8 水质处理

8.1 处理工艺

8.1.1 雨水处理工艺流程应根据收集雨水的水量、水质，以及雨水回用的水质要求等因素，经技术经济比较后确定。

8.1.2 收集回用系统处理工艺可采用物理法、化学法或多种工艺组合等。

8.1.3 屋面雨水水质处理根据原水水质可选择下列工艺流程：

1 屋面雨水→初期径流弃流→景观水体；

2 屋面雨水→初期径流弃流→雨水蓄水池沉淀→消毒→雨水清水池；

3 屋面雨水→初期径流弃流→雨水蓄水池沉淀→过滤→消毒→雨水清水池。

8.1.4 用户对水质有较高的要求时，应增加相应的深度处理措施。

8.1.5 回用雨水宜消毒。采用氯消毒时，宜满足下列要求：

1 雨水处理规模不大于100m³/d时，可采用氯片作为消毒剂；

2 雨水处理规模大于100m³/d时，可采用次氯酸钠或者其他氯消毒剂消毒。

8.1.6 雨水处理设施产生的污泥宜进行处理。

8.2 处理设施

8.2.1 雨水过滤及深度处理设施的处理能力应符合下列规定：

1 当设有雨水清水池时，按下式计算：

$$Q_y = \frac{W_y}{T} \tag{8.2.1}$$

式中 Q_y——设施处理能力（m³/h）；

W_y——经过水量平衡计算后的日用雨水量（m³），按本规范第7.1.2条确定；

T——雨水处理设施的日运行时间（h）。

2 当无雨水清水池和高位水箱时，按回用雨水的设计秒流量计算。

8.2.2 雨水蓄水池可兼作沉淀池，其设计应符合现行国家标准《室外排水设计规范》GB 50014的有关规定。

8.2.3 雨水过滤处理宜采用石英砂、无烟煤、重质矿石、硅藻土等滤料或其他新型滤料和新工艺。

8.3 雨水处理站

8.3.1 雨水处理站位置应根据建筑的总体规划，综合考虑与中水处理站的关系确定，并利于雨水的收集、储存和处理。

8.3.2 雨水处理构筑物及处理设备应布置合理、紧凑，满足构筑物的施工、设备安装、运行调试、管道敷设及维护管理的要求，并应留有发展及设备更换的余地，还应考虑最大设备的进出要求。

8.3.3 雨水处理站设计应满足主要处理环节运行观察、水量计量、水质取样化验监（检）测的条件。

8.3.4 雨水处理站内应设给水、排水等设施；通风良好，不得结冻；应有良好的采光及照明。

8.3.5 雨水处理站的设计中，对采用药剂所产生的污染危害应采取有效的防护措施。

8.3.6 对雨水处理站中机电设备所产生的噪声和振动应采用有效的降噪和减振措施，其运行噪声应符合现行国家标准《民用建筑隔声设计规范》GBJ 118 的规定。

9 调 蓄 排 放

9.0.1 在雨水管渠沿线附近有天然洼地、池塘、景观水体，可作为雨水径流高峰流量调蓄设施，当天然条件不满足，可建造室外调蓄池。

9.0.2 调蓄设施宜布置在汇水面下游。

9.0.3 调蓄池可采用溢流堰式和底部流槽式。

9.0.4 调蓄排放系统的降雨设计重现期宜取 2 年。

9.0.5 调蓄池容积宜根据设计降雨过程变化曲线和设计出水流量变化曲线经模拟计算确定，资料不足时可采用下式计算：

$$V = \max\left[\frac{60}{1000}(Q - Q')t_{\mathrm{m}}\right] \quad (9.0.5\text{-}1)$$

式中 V——调蓄池容积（m^3）；

t_{m}——调蓄池蓄水历时（min），不大于 120min；

Q'——设计排水流量（L/s），按下式计算：

$$Q' = \frac{1000W}{t'} \quad (9.0.5\text{-}2)$$

式中 t'——排空时间（s），宜按 6～12h 计。

9.0.6 调蓄池出水管管径应根据设计排水流量确定。也可根据调蓄池容积进行估算，见表 9.0.6。

表 9.0.6 调蓄池出水管管径估算表

调蓄池容积（m^3）	出水管管径（mm）
500～1000	200～250
1000～2000	200～300

10 施 工 安 装

10.1 一 般 规 定

10.1.1 雨水利用工程应按照批准的设计文件和施工技术标准进行施工。

10.1.2 雨水利用工程的施工应由具有相应施工资质的施工队伍承担。

10.1.3 施工人员应经过相应的技术培训或具有施工经验。

10.1.4 管道敷设应符合相应管材的管道工程技术规程的有关规定。

10.1.5 雨水入渗工程施工前应对入渗区域的表层土壤渗透能力进行评价。

10.1.6 雨水入渗工程采用的砂料应质地坚硬清洁，级配良好，含泥量不应大于 3%；粗骨料不得采用风化骨料，粒径应符合设计要求，含泥量不应大于 1%。

10.1.7 屋面雨水收集系统施工中更改设计应经过原设计单位核算并采取相应措施。

10.2 埋地渗透设施

10.2.1 在渗透设施的开挖、填埋、碾压施工时，应进行现场事前调查、选择施工方法、编制工程计划和安全规程，施工不应损伤自然土壤的渗透能力。

10.2.2 入渗井、渗透管沟、入渗池等渗透设施应按下列工序进行施工：

挖掘→铺砂→铺土工布→充填碎石→渗透设施安装→充填碎石→铺土工布→回填→残土处理→清扫整理→渗透能力的确认

10.2.3 土方开挖工作可采用人工或小型机械施工，沟槽底面不应夯实。应避免超挖，超挖时不得用超挖土回填，应用碎石填充。

10.2.4 沟槽开挖后，应根据设计要求立即铺砂，铺砂后不得采用机械碾压。

10.2.5 碎石应采用土工布与渗透土壤层隔离，挖掘面应便于土工布的施工和固定。

10.3 透 水 地 面

10.3.1 透水地面应按下列工序进行施工：

路基挖槽→路基基层→透水垫层→找平层→透水面层→清扫整理→渗透能力的确认

10.3.2 路基开挖应达到设计深度，并应将原土层夯实，壤土、黏土路基压实系数应大于 90%。路基基层应平整。基层纵坡、横坡及边线应符合设计要求。

10.3.3 透水垫层应采用连续级配砂砾料、单级配砾石等透水性材料，并应满足下列要求：

1 单级配砾石垫层的粒径应为 5～10mm，含泥量不应大于 2.0%，泥块不应大于 0.7%，针片状颗粒含量不应大于 2.0%。在垫层夯实后用灌砂法检测现场干密度，现场干密度应大于最大干密度的 90%；

2 连续级配砂砾料垫层的粒径应为 5～40mm，松铺厚度每层一般不应超过 300mm，厚度应均匀一致，无粗细颗粒分离现象，宜采用碾压方式压实；压实系数应大于 65%；

3 垫层厚度允许偏差不宜大于设计值的 10%，且不宜大于 20mm。

10.3.4 找平层宜采用粗砂、细石、细石透水混凝土等材料，并应符合下列要求：

1 粗砂细度模数宜大于 2.6；

2 细石粒径宜为 3～5mm，单级配，1mm 以下颗粒体积比含量不应大于35%；

3 细石透水混凝土宜采用3～5mm的石子或粗砂，其中含泥量不应大于1%，泥块含量不应大于0.5%，针片状颗粒含量不应大于10%；

4 找平层应拍打密实。砂层和垫层之间应铺设透水性土工布分隔。

10.3.5 透水面砖应符合下列要求：

1 抗压强度应大于35MPa，抗折强度应大于3.2MPa，渗透系数应大于0.1mm/s，磨坑长度不应大于35mm，用于北方有冰冻地区时，冻融循环试验应符合相关标准的规定；

2 铺砖时应用橡胶锤敲打稳定，但不得损伤砖的边角，铺设好的透水砖应检查是否稳固、平整，发现活动部位应立即修正；

3 透水砖铺设后的养护期不得少于3d；

4 平整度允许偏差不应大于5mm，相邻两块砖高差不应大于2mm，纵坡、横坡应符合设计要求，横坡允许偏差±0.3%。

10.3.6 透水面层混凝土应符合下列要求：

1 宜采用透水性水泥混凝土和透水性沥青混凝土；

2 水泥宜选用高强度等级的矿渣硅酸盐水泥，所用石子粒径宜为5～10mm。透水性混凝土的孔隙率不应小于20%；

3 浇筑透水性混凝土宜采用碾压或平板振捣器轻振铺平后的透水性混凝土混合料，不得使用高频振捣器；

4 透水性混凝土每30～40m²做一接缝，养护后灌注接缝材料；

5 养护时间宜大于7d，并宜采用塑料薄膜覆盖路面和路基。

10.3.7 工程竣工后，要进行表面的清扫和残材的清理。

10.4 管道敷设

10.4.1 室外雨水回用埋地管道的覆土深度，应根据各地区土壤冰冻深度、车辆荷载、管道材质及管道交叉等因素确定，管顶最小覆土深度不得小于土壤冰冻线以下0.15m，车行道下的管顶覆土深度不宜小于0.7m。

10.4.2 虹吸式屋面雨水收集系统管道、配件和连接方式应能承受灌水试验压力，并能承受0.09MPa负压。

10.4.3 室外埋地管道管沟的沟底应是原土层，或是夯实的回填土，沟底应平整，不得有突出的尖硬物体。管顶上部500mm以内不得回填直径大于100mm的块石和冻土块，500mm以上部分，不得集中回填块石或冻土。

10.5 设备安装

10.5.1 水处理设备的安装应按照工艺要求进行。在线仪表安装位置和方向应正确，不得少装、漏装。

10.5.2 设置在建筑物内的设备、水泵等应采取可靠的减振装置，其噪声应符合现行国家标准《民用建筑隔声设计规范》GBJ 118的规定。

10.5.3 设备中的阀门、取样口等应排列整齐，间隔均匀，不得渗漏。

11 工程验收

11.1 管道水压试验

11.1.1 雨水收集和排放管道在回填土前应进行无压力管道严密性试验，并应符合现行国家标准《给水排水管道工程施工及验收规范》GB 50268的规定。

11.1.2 雨水蓄水池（罐）应做满水试验。

11.2 验收

11.2.1 验收应包括下列内容：

1 工程布置；

2 雨水入渗工程；

3 雨水收集传输工程；

4 雨水储存与处理工程；

5 雨水回用工程；

6 雨水调蓄工程；

7 相关附属设施。

11.2.2 验收时应逐段检查雨水供水系统上的水池（箱）、水表、阀门、给水栓、取水口等，落实防止误接、误用、误饮的措施。

11.2.3 施工验收时，应具有下列文件：

1 施工图、竣工图和设计变更文件；

2 隐蔽工程验收记录和中间试验记录；

3 管道冲洗记录；

4 管道、容器的压力试验记录；

5 工程质量事故处理记录；

6 工程质量验收评定记录；

7 设备调试运行记录。

11.2.4 雨水利用工程的验收，应符合设计要求和国家现行标准的有关规定。

11.2.5 验收合格后应将有关设计、施工及验收的文件立卷归档。

12 运行管理

12.0.1 雨水利用设施维护管理应建立相应的管理制度。工程运行的管理人员应经过专门培训上岗。在雨季来临前对雨水利用设施进行清洁和保养，并在雨季定期对工程各部分的运行状态进行观测检查。

12.0.2 防误接、误用、误饮的措施应保持明显和完整。

12.0.3 雨水入渗、收集、输送、储存、处理与回用系统应及时清扫、清淤，确保工程安全运行。

12.0.4 严禁向雨水收集口倾倒垃圾和生活污废水。

12.0.5 渗透设施的维护管理，应包括渗透设施的检查、清扫、渗透机能的恢复、修补、机能恢复的确认等，并应作维护管理记录。

12.0.6 雨水收集回用系统的维护管理宜按表12.0.6进行检查。

表 12.0.6 雨水收集回用设施检查内容和周期

设施名称	检查时间间隔	检查/维护重点
集水设施	1个月或降雨间隔超过10日之单场降雨后	污/杂物清理排除
输水设施	1个月	污/杂物清理排除、渗漏检查
处理设施	3个月或降雨间隔超过10日之单场降雨后	污/杂物清理排除、设备功能检查
储水设施	6个月	污/杂物清理排除、渗漏检查
安全设施	1个月	设施功能检查

注：1 集水设施包括建筑物收集面相关设备，如雨水斗、雨水口和集水沟等。
2 输水设施包括排水管道、给水管道以及连接储水池与处理设施间的连通管道等。
3 处理设施包括初期径流弃流、沉淀或过滤设施以及消毒设施等。
4 储存设施指雨水储罐、雨水蓄水池以及清水池等。
5 安全设施指维护、防止漏电等设施。

12.0.7 蓄水池应定期清洗。蓄水池上游超越管上的自动转换阀门应在每年雨季来临前进行检修。

12.0.8 处理后的雨水水质应进行定期检测。

附录A 全国各大城市降雨量资料

A.0.1 各地多年平均最大24h点雨量见图A.0.1；

A.0.2 全国各大城市年均降雨量和多年平均最大月降雨量见表A.0.2。

表 A.0.2 全国各大城市降雨量资料

序号	城 市	年均降雨量（mm）	年均最大月降雨量（mm）
1	北京市	571.9	185.2（7月）
2	天津市	544.3	170.6（7月）
3	石家庄	517.0	148.3（8月）
4	承德	512.0	144.7（7月）
5	太原	431.2	107.0（8月）
6	大同	371.4	100.6（7月）
7	呼和浩特	397.9	109.1（8月）
8	博克图	489.4	153.4（7月）
9	朱日和	210.7	62.0（7月）
10	海拉尔	367.2	101.8（7月）
11	锡林浩特	286.6	89.0（7月）
12	通辽	373.6	103.9（7月）
13	赤峰	371.0	109.3（7月）
14	沈阳	690.3	165.5（7月）
15	大连	601.9	140.1（7月）
16	锦州	567.7	165.3（7月）
17	丹东	925.6	251.6（7月）
18	长春	570.4	161.1（7月）
19	四平	632.7	176.9（7月）
20	延吉	528.2	121.9（8月）
21	前郭尔罗斯	422.3	126.5（7月）
22	哈尔滨	524.3	142.7（7月）
23	齐齐哈尔	415.3	128.8（7月）
24	牡丹江	537.0	121.4（7月）
25	呼玛	471.2	114.0（7月）
26	嫩江	491.9	143.6（7月）
27	富锦	517.8	116.9（8月）
28	上海市	1164.5	169.6（6月）
29	南京	1062.4	193.4（6月）
30	徐州	831.7	241.0（7月）
31	杭州	1454.6	231.1（6月）
32	衢州	1705.0	316.3（6月）
33	温州	1742.4	250.1（8月）
34	定海	1442.5	197.2（8月）
35	合肥	995.3	161.8（7月）
36	安庆	1474.9	280.3（6月）
37	蚌埠	919.6	198.7（7月）
38	福州	1393.6	208.9（6月）
39	南平	1652.4	277.6（5月）
40	厦门	1349.0	209.0（8月）

续表 A.0.2

序号	城市	年均降雨量（mm）	年均最大月降雨量（mm）
41	南昌	1624.4	306.7（6月）
42	吉安	1518.8	234.0（6月）
43	赣州	1461.2	233.3（5月）
44	景德镇	1826.6	325.1（6月）
45	济南	672.7	201.3（7月）
46	成山头	664.4	147.3（8月）
47	潍坊	588.3	155.2（7月）
48	郑州	632.4	155.5（7月）
49	驻马店	979.2	194.4（7月）
50	武汉	1269.0	225.0（6月）
51	恩施	1470.2	257.5（7月）
52	宜昌	1138.0	216.3（7月）
53	长沙	1331.3	207.2（4月）
54	常德	1323.3	208.9（6月）
55	零陵	1425.7	229.2（5月）
56	芷江	1230.1	209.0（6月）
57	广州	1736.1	283.7（5月）
58	深圳	1966.5	—
59	汕头	1631.1	286.9（6月）
60	阳江	2442.7	464.3（5月）
61	韶关	1583.5	253.2（5月）
62	汕尾	1947.4	350.1（6月）
63	南宁	1309.7	218.8（7月）
64	桂林	1921.2	351.7（5月）
65	百色	1070.5	204.5（7月）
66	梧州	1450.9	279.5（5月）
67	海口	1651.9	244.1（9月）
68	东方	961.2	176.2（8月）
69	成都	870.1	224.5（7月）
70	马尔康	786.4	155.0（6月）
71	宜宾	1063.1	228.7（7月）
72	南充	987.2	188.3（7月）

续表 A.0.2

序号	城市	年均降雨量（mm）	年均最大月降雨量（mm）
73	西昌	1013.5	240.0（7月）
74	重庆市	1118.5	178.1（7月）
75	贵阳	1117.7	225.2（6月）
76	毕节	899.4	160.8（7月）
77	遵义	1074.2	199.4（6月）
78	昆明	1011.3	204.0（8月）
79	思茅	1497.1	324.3（7月）
80	临沧	1163.0	235.3（7月）
81	腾冲	1527.1	300.5（7月）
82	丽江	968.0	242.2（7月）
83	蒙自	857.7	175.0（7月）
84	拉萨	426.4	120.6（8月）
85	西安	553.3	98.6（7月）
86	榆林	365.6	91.2（8月）
87	延安	510.7	117.5（8月）
88	汉中	852.6	175.2（7月）
89	兰州	311.7	73.8（8月）
90	敦煌	42.2	15.2（7月）
91	酒泉	87.7	20.5（7月）
92	平凉	482.1	109.2（7月）
93	武都	471.9	86.7（7月）
94	天水	491.6	84.6（7月）
95	合作	531.6	104.7（8月）
96	西宁	373.6	88.2（7月）
97	大柴旦	82.7	21.8（7月）
98	格尔木	42.1	13.5（7月）
99	银川	186.3	51.5（8月）
100	乌鲁木齐	286.3	38.9（5月）
101	哈密	39.1	7.3（7月）
102	伊宁	268.9	28.5（6月）
103	库车	74.5	18.1（6月）
104	和田	36.4	8.2（6月）
105	喀什	64.0	9.1（7月）
106	阿勒泰	191.3	25.8（7月）

注：表中数值来源于1971～2000年地面气候资料。

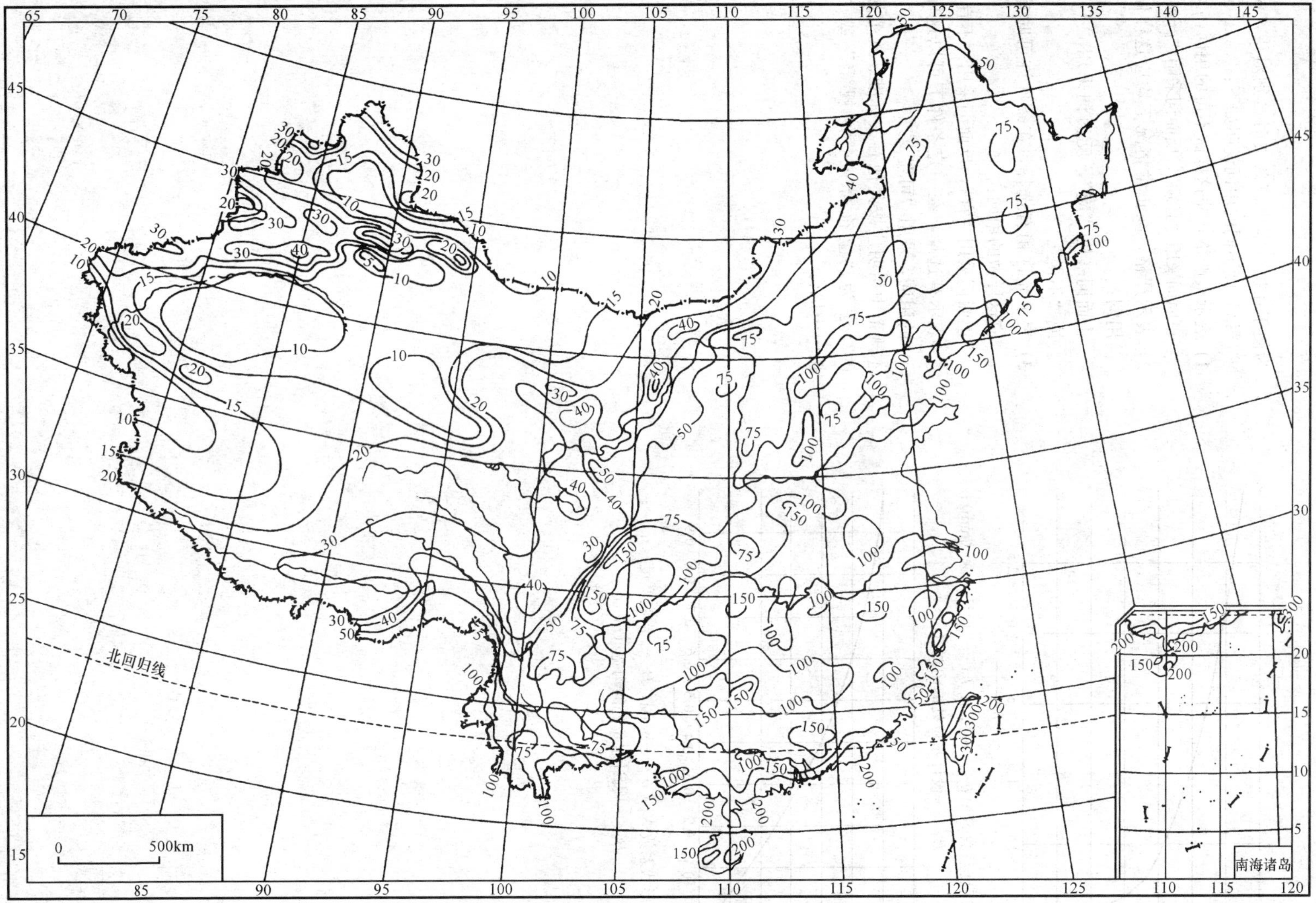

图 A.0.1　中国年最大 24h 点雨量均值等值线（单位：mm）

附录B 深度系数和形状系数

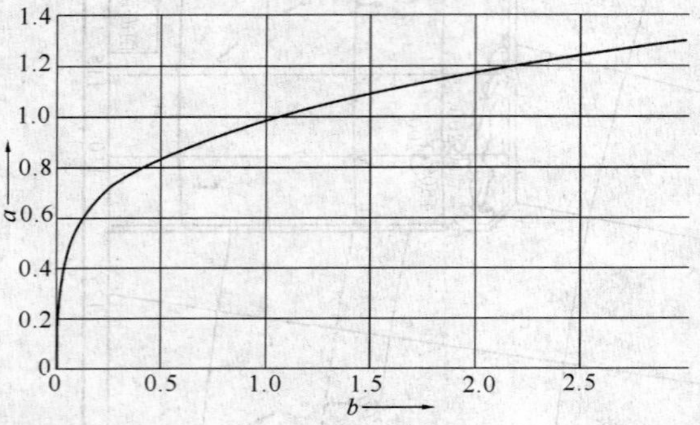

a——深度系数 S_x；b——h_d/B_d；h_d——设计水深（mm）；

B_d——设计水位处的沟宽（mm）

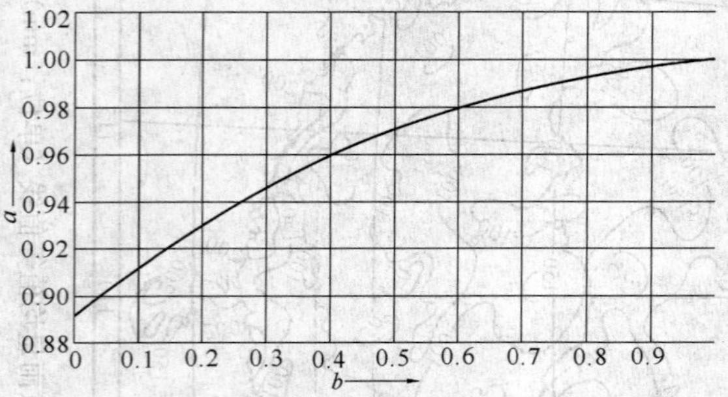

a——形状系数 X_x；b——B/B_d；B——沟底宽度（mm）；

B_d——设计水位处的沟宽（mm）

本规范用词说明

1 为便于在执行本规范条文时区别对待，对要求严格程度不同的用词说明如下：

1） 表示很严格，非这样做不可的用词：

正面词采用"必须"，反面词采用"严禁"。

2） 表示严格，在正常情况下均应这样做的用词：

正面词采用"应"，反面词采用"不应"或"不得"。

3） 表示允许稍有选择，在条件许可时首先应这样做的用词：

正面词采用"宜"，反面词采用"不宜"；

表示有选择，在一定条件下可以这样做的用词，采用"可"。

2 本规范中指明应按其他有关标准、规范执行的写法为"应符合……的规定"或"应按……执行"。

中华人民共和国国家标准

建筑与小区雨水利用工程技术规范

GB 50400—2006

条 文 说 明

前　　言

《建筑与小区雨水利用工程技术规范》GB 50400-2006，经建设部 2006 年 9 月 26 日以公告 485 号批准，业已发布。

为便于广大设计、施工、科研、学校等单位的有关人员在使用本规范时能正确理解和执行条文规定，《建筑与小区雨水利用工程技术规范》编写组按章、节、条顺序编写了本规范的条文说明，供使用者参考。在使用中如发现本条文说明有不妥之处，请将意见函寄中国建筑设计研究院机电院给水排水设计研究所（北京市西城区车公庄大街 19 号 2 号楼 6 层，邮编：100044）。

目　　次

1 总　　则

1.0.1 说明制定本规范的原则、目的和意义。

1 城市雨水利用的必要性

1） 维护自然界水循环环境的需要

城市化造成的地面硬化（如建筑屋面、路面、广场、停车场等）改变了原地面的水文特性。地面硬化之前正常降雨形成的地面径流量与雨水入渗量之比约为2∶8，地面硬化后二者比例变为8∶2。

地面硬化干扰了自然的水文循环，大量雨水流失，城市地下水从降水中获得的补给量逐年减少。以北京为例，20世纪80年代地下水年均补给量比60～70年代减少了约2.6亿m^3。使得地下水位下降现象加剧。

2） 节水的需要

我国城市缺水问题越来越严重，全国600多个城市中，有300多个缺水，严重缺水的城市有100多个，且均呈递增趋势，以致国家花费巨资搞城市调水工程。

3） 修复城市生态环境的需要

城市化造成的地面硬化还使土壤含水量减少，热岛效应加剧，水分蒸发量下降，空气干燥，这造成了城市生态环境的恶化。比如北京城区年平均气温比郊区偏高1.1～1.4℃，空气明显比郊区干燥。6～9月的降雨量城区比郊区偏大7%～13%。

4） 抑制城市洪涝的需要

城市化使原有植被和土壤为不透水地面替代，加速了雨水向城市各条河道的汇集，使洪峰流量迅速形成。呈现出城市越大、给排水设施越完备、水涝灾害越严重的怪象。

杭州市建国来最主要的12次洪涝灾害中，有4次发生在近10年内。

北京在降雨量和降雨类型相似的条件下，20世纪80年代北京城区的径流洪峰流量是50年代的2倍。70年代前，当降雨量大于60mm时，乐家园水文站测得的洪峰流量才100m^3/s，而近年来城区平均降雨量近30mm时，洪峰流量即高达100m^3/s以上。

雨洪径流量加大还使交通路面频繁积水，影响正常生活。

发达国家城市化导致的水文生态失衡、洪涝灾害频发问题在20世纪50年代就明显化。德国政府有意用各种就地处理雨水的措施取代传统排水系统概念。日本建设省倡议，要求开发区中引入就地雨水处理系统。通过滞留雨水，减少峰值流量与延缓汇流时间达到减少水涝灾害的目的，并利用该雨水作为中水水源。

2 雨水利用的作用

城市雨水利用，是通过雨水入渗调控和地表（包括屋面）径流调控，实现雨水的资源化，使水文循环向着有利于城市生活的方向发展。城市雨水利用有几个方面的功能：一为节水功能。用雨水冲洗厕所、浇洒路面、浇灌草坪、水景补水，甚至用于循环冷却水和消防水，可节省城市自来水。二为水及生态环境修复功能。强化雨水的入渗增加土壤的含水量，甚至利用雨水回灌提升地下水的水位，可改善水环境乃至生态环境。三为雨洪调节功能。土壤的雨水入渗量增加和雨水径流的存储，都会减少进入雨水排除系统的流量，从而提高城市排洪系统的可靠性，减少城市洪涝。

建筑区雨水利用是建筑水综合利用中的一种新的系统工程，具有良好的节水效能和环境生态效益。目前我国城市水荒日益严重，与此同时，健康住宅、生态住区正迅猛发展，建筑区雨水利用系统，以其良好的节水效益和环境生态效益适应了城市的现状与需求，具有广阔的应用前景。

城市雨水利用技术向全国推广后，将：第一，推动我国城市雨水利用技术及其产业的发展，使我国的雨水利用从农业生产供水步入生态供水的高级阶段；第二，为我国的城市节水行业开辟出一个新的领域；第三，实现我国给水排水领域的一个重要转变，把快速排除城市雨洪变为降雨地下渗透、储存调节，修复城市雨水循环途径；第四，促进健康住宅、生态住区的发展，促进我国城市向生态城市转化，增强我国建筑业在世界范围的竞争力。

3 雨水利用的可行性

建筑区占据着城区近70%的面积，并且是城市雨水排水系统的起端。建筑区雨水利用是城市雨洪利用工程的重要组成部分，对城市雨水利用的贡献效果明显，并且相对经济。城市雨洪利用需要首先解决好建筑区的雨水利用。对于一个多年平均降雨量600mm的城市来说，建筑区拥有约300mm的降水可以利用，而以往这部分资源被排走浪费掉了。

雨水利用首先是一项环境工程，城市开发建设的同时需要投资把受损的环境给予修复，这如同任何一个大型建设工程的上马需要同时投资治理环境一样，城市开发需要关注的环境包括水文循环环境。

雨水利用工程中的收集回用系统还能获取直接的经济效益。据测算，回用雨水的运行成本要低于再生污水——中水，总成本低于异地调水的成本。因此，雨水收集回用在经济上是可行的。特别是自来水价高的缺水城市，雨水回用的经济效益比较明显。

城市雨洪利用技术在一些发达国家已开展几十年，如日本、德国、美国等。日本建设省在1980年起就开始在城市中推行储留渗透计划，并于1992年颁布“第二代城市下水总体规划”，规定新建和改建的大型公共建筑群必须设置雨水就地下渗设施。美国的一些州在20世纪70年代就制订了雨水利用方面的条例，规定新开发区必须就地滞洪蓄水，外排的暴雨洪峰流量不能超过开发前的水平。德国1989年出台了雨水利用设施标准（DIN1989），规定新建或改建开发区必须考虑雨水利用系统。国外城市雨水利用的开展充分地证明了该技术的必要性和有效性。

1.0.2 规定本规范的适用范围。

建筑与小区是指根据用地性质和使用权属确定的建设工程项目使用场地和场地内的建筑，包括民用项目和工业厂区。新建、扩建和改建的工程，其下垫面都存在着不同程度的人为硬化，加重雨水流失，因此均要求按本规范的规定建设和管理雨水利用系统。

本规范中的雨水回用不包括生活饮用用途，因此不适用于把雨水用于生活饮用水的情况。

1.0.3 规定雨水资源根据当地条件合理利用。

任何一个城市，几乎都会造成不透水地面的增加和雨水的流失。从维护自然水文循环环境的角度出发，所有城市都有必要对因不透水面增加而产生的流失雨水拦蓄，加以间接或直接利用。然而，我国的城市雨水利用是在起步阶段，且经济水平尚处于“发展是硬道理”的时期，现实的方法应该是部分城市或区域首先开展雨水利用。这部分城市或区域应具备以下条件：水文循环环境受损较为突出或具有经济实力。其表现特征如下：

1 水资源缺乏城市。城市水资源缺乏特别是水量缺乏是水文循环环境受损的突出表现。这类城市雨水利用的需求强烈，且较高的自来水水价使雨水利用的经济性优势凸增。

2 地下水位呈现下降趋势的城市。城市地下水位下降表明水文循环环境已受到明显损害，且现有水源已经过度开采，尽管这类城市有时尚未表现出缺水。

3 城市洪涝和排洪负担加剧的城市。城市洪涝和排洪负担加剧，是由城区雨水的大量流失而致。在这里，水循环受到严重干扰的表现方式是城市人的正常生活带来不便甚至损害。

4 新建经济开发区或厂区。这类区域是以发展经济、追逐经济利润为目标而开发的。经济活动获取利润不应以牺牲环境包括雨水自然循环的环境为代价。因此，新建经济开发区，不论是处于缺水地区还是非缺水地区，其经济活动都有必要、有责任维护雨水自然循环的环境不被破坏、通过设置雨水利用工程把开发区内的雨水排放径流量维持在开发前的水平。新建经济开发区或厂区，建设项目是通过招商引资程序进入的，投资商完全有经济实力建设雨水利用工程。即使对投资商给予优惠，也不应优惠在免除雨水利用设施的建设上。

1.0.4 规定有特殊污染源的建筑与小区雨水利用工程应经专题论证。

某些化工厂、制药厂区的雨水容易受人工合成化合物的污染，一些金属冶炼和加工的厂区雨水易受重金属的污染，传染病医院建筑区的雨水易受病菌病毒等有害微生物的污染，等等，这些有特殊污染源的建筑与小区内若建设雨水利用包括渗透设施，都要进行特殊处置，仅按本规范的规定建设是不够的，因此需要专题论证。

1.0.5 对雨水利用工程的建设提出程序上的要求。

雨水利用设施与项目用地建设密不可分，甚至其本身就是场地建设的组成部分。比如景观水体的雨水储存、绿地洼地渗透设施、透水地面、渗透管沟、入渗井、入渗池（塘）以及地面雨水径流的竖向组织等，因此，建设用地内的雨水利用系统在项目建设的规划和设计阶段就需要考虑和包括进去，这样才能保证雨水利用系统的合理和经济，奠定雨水利用系统安全有效运行的基础。同时，该规划和设计也更接近实际，容易落实。

1.0.6 强制性条文，提出安全性要求。

雨水利用系统作为项目配套设施进入建筑区和室内，安全措施十分重要。回用雨水是非饮用水，必须严格限制其使用范围。根据不同的水质标准要求，用于不同的使用目标。必须保证使用安全，采取严格的安全防护措施，严禁雨水管道与生活饮用水管道任何方式的连接，避免发生误接、误用。

1.0.7 对雨水利用系统设计涉及的人身安全和设施维修、使用的安全提出了要求。

第一，人身安全。室外雨水池、入渗井、入渗池塘等雨水利用设施都是在建筑区内，经常有人员活动，必须有足够的安全措施，防止造成人身意外伤害。第二，设施维修、使用的安全，特别是埋地式或地下设施的使用和维护。

1.0.8 对雨水利用系统设计涉及的主要相关专业提出了要求。

雨水利用系统是一个新的建设内容，需要各专业分别设计和配合才能完成。比如雨水的水质处理和输配，需要给水排水专业配合；雨水的地面入渗等，需要总图和园林景观专业配合；集雨面的水质控制和收集效率，需要建筑专业配合等等。

1.0.9 规定雨水利用工程的建设还应符合国家现行的相关标准、规范。

雨水利用工程涉及的相关标准、规范范围较广，包括给水排水、绿化、材料、总图、建筑等。

2 术语、符号

2.1 术 语

本章英文部分参照了国外有关出版物的相关词条，由于国际标准中没有这方面的统一规定，各个国家的英文使用词汇也不尽相同，故英文部分仅作为推荐英文对应词。

2.1.1 雨水利用包括3个方面的内容：入渗利用，增加土壤含水量，有时又称间接利用；收集后净化回用，替代自来水，有时又称直接利用；先蓄存后排放，单纯削减雨水高峰流量。

2.1.3 稳定渗透速率可通俗地理解为土壤饱和状态下的渗透速率，此时土壤的分子力对入渗已不起作用，渗透完全是由于水的重力作用而进行。土壤渗透系数表征水通过土壤的难易程度。

2.1.4、**2.1.5** 雨量径流系数和流量径流系数是雨水利用工程中涉及的两个不同参数。雨量径流系数用于计算降雨径流总量，流量径流系数用于计算降雨径流高峰流量。目前二者的名称尚不统一，例如有：次暴雨径流系数和暴雨径流系数（清华大学惠士博教授）；洪量径流系数和洪峰径流系数（同济大学邓培德教授）；次洪径流系数和洪峰径流系数（岑国平教授）。本规范的称呼主要考虑通俗易懂。

2.1.13、**2.1.14** 在水力学中，管道内水的流动分为3种状态：无压流态、有压流态和处于二者之间的过渡流态，过渡流态在某些情况下可表现为半有压流态。无压流和有压流都是水的一相流。虹吸式屋面雨水收集系统的设计工况为有压流态，水流运动规律遵从伯努利方程，悬吊管内水流具有虹吸管特征。半有压式屋面雨水收集系统的设计工况为过渡流态（不限定为半有压流态）。半有压式屋面雨水收集系统预留一定过水余量排除超设计重现期雨水，设计参数以实尺模型试验为基础。

2.1.15 初期径流概念主要是因其水质的特殊而提出的。当降雨间隔时间较长时，初期径流污染严重。

3 水量与水质

3.1 降雨量和雨水水质

3.1.1 对降雨量资料的选取作出规定。

在本规范的计算中涉及的降雨资料主要有：当地多年平均（频率为50%）最大24h降雨，近似于2年一遇24h降雨量；当地1年一遇24h降雨量；当地暴雨强度公式。前者可在各省（区）《水文手册》中查到，或在附录A的雨量等值线图上查出，后者为目前各地正在使用着的雨水排除计算公式，1年一遇降雨量需要收集当地文献报道的数据加工整理得到。需要参考的降雨资料有：年均降雨量；年均最大3d、7d降雨量；年均最大月降雨量。图1给出全国年均降雨量等值线图，其余资料需在当地收集。

各雨量数据或公式参数通过近10年以上的降雨量资料整理才更具代表性，据此设计的雨水利用工程才更接近实际。附录A的降雨资料来源于：《中国主要城市降雨雨强分布和Ku波段的降雨衰减》（孙修贵主编，气象出版社出版）和《中国暴雨》（王家祁主编，中国水利水电出版社出版）。

表1为北京地区不同典型降雨量数据，资料来源于北京市水利科学研究所。

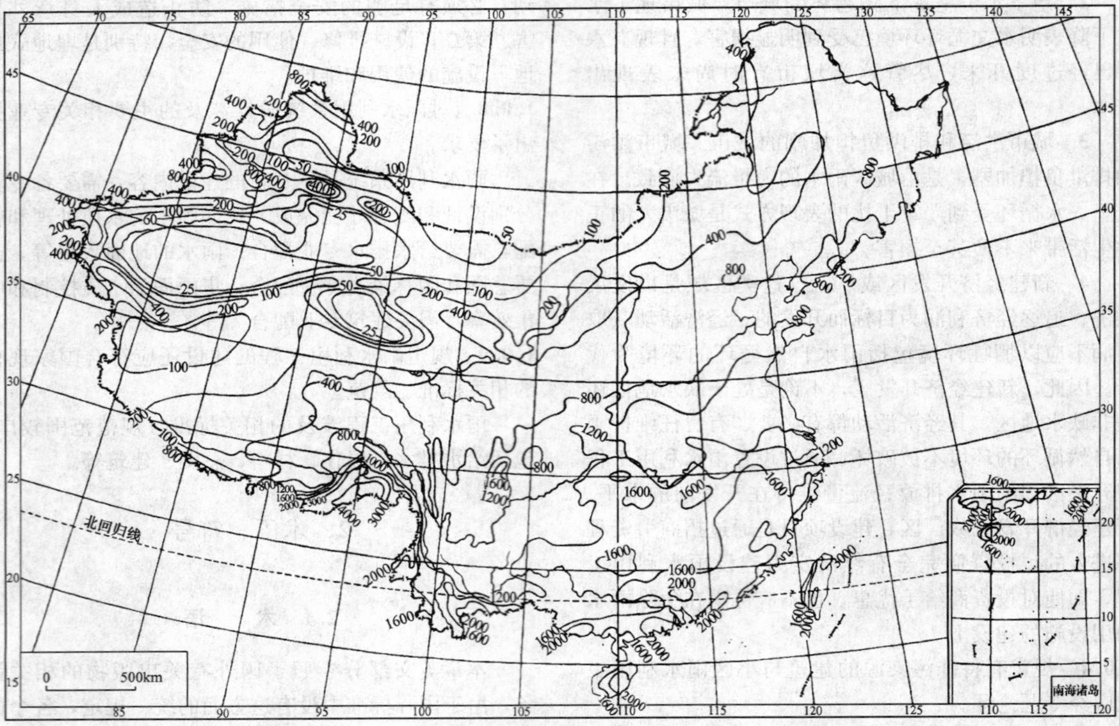

图1 全国年均降雨量等值线图

表 1　北京市不同典型降雨量资料（mm）

频率＼历时	最大 60min	最大 24h	最大 3d	最大 7d
2 年一遇	38	86	110	154
5 年一遇	60	144	190	258

3.1.2　提供雨水水质资料。

1　确定雨水径流的水质，需要考虑下列因素：

1） 天然雨水

在降落到下垫面前，天然雨水的水质良好，其 COD_{Cr} 平均为 20～60mg/L，SS 平均小于 20mg/L。但在酸雨地区雨水 pH 值常小于 5.6。

雨水在降落过程中被大气中的污染物污染。一般称 pH 值小于 5.60 的降水为酸雨；年平均降水 pH 值小于 5.60 的地区为酸雨地区。目前，我国年均降水 pH 值小于 5.60 的地区已达全国面积的 40%左右。长江以南大部分地区酸雨全年出现几率大于 50%。降水酸度有明显的季节性，一般冬季 pH 值低，夏季高。

2） 建筑与小区雨水径流

建筑与小区的雨水径流水质受城市地理位置、下垫面性质及所用建筑材料、下垫面的管理水平、降雨量、降雨强度、降雨时间间隔、气温、日照等诸多因素的综合影响，径流水质波动范围大。

我国地域广阔，不同地区的气候、降雨类型、降雨量和强度、降雨时间间隔等均有较大差异，因此不同地区的径流水质也不相同。如北京市平屋面（坡度＜2.5%）雨水径流的 COD_{Cr} 和 SS 变化范围分别为 20～2000mg/L 和 0～800mg/L；而上海市平屋面雨水径流的 COD_{Cr} 和 SS 仅为 4～90mg/L 和0～50mg/L。即便是同一地区，下垫面材料、形式、气温、日照等的差异也会影响径流水质。如上海市坡屋面雨水径流的 COD_{Cr} 和 SS 变化范围分别为 5～280mg/L 和 0～80mg/L，与平屋面有较大差别。

目前某些城市的平屋面使用沥青油毡类防水材料。受日照、气温及材料老化等因素的影响，表面离析分解释放出有机物，是径流中 COD_{Cr} 的主要来源。而瓦质屋面因所使用建筑材料稳定，其径流水质较好。据北京市实测资料，在降雨初期，瓦质屋面径流的 COD_{Cr} 仅为沥青平屋面的 30%～80%。

3） 径流水质的污染物

影响径流水质的污染源主要是表面沉积物及表面建筑材料的分解析出物，主要污染物指标为 COD_{Cr}、BOD_5、SS、NH_3-N、重金属、磷、石油类物质等。虽然某些城市已对雨水径流进行了一些测试分析并积累了一些数据，但一般历时较短且所研究的径流类型也有限。至今还未建成可供我国各地城市使用并包含各种类型径流的径流水质数据库。

4） 水质随降雨历时的变化

建筑物屋面、小区内道路径流的水质随着降雨过程的延续逐渐改善并趋向稳定。可靠的水质指标需作雨水径流的现场测试，并根据当地情况确定所需测定的指标及取样频率。在无测试资料时，可参照经验值选取污染物的浓度。

降雨初期，因径流对下垫面表面污染物的冲刷作用，初期径流水质较差。随着降雨过程延续，表面污染物逐渐减少，后期径流水质得以改善。北京统计资料表明，若降雨量小于 10mm，屋面径流污染物总量的 70%以上包含于初期降雨所形成的 2mm 径流中。北京和上海的统计资料均表明，降雨量达 2mm 径流后水质基本趋向稳定，故建议以初期 2～3mm 降雨径流为界，将径流区分为初期径流和持续期径流。

2　初期雨水径流弃流后的雨水水质

根据北京建筑工程学院针对北京市降雨的研究成果，屋面雨水水质经初期径流弃流后可达到：COD_{Cr} 100mg/L 左右；SS 20～40mg/L；色度 10～40 度；并且提出北京城区雨水水质分析结果具有一定的代表性。另外根据试验分析得到，雨水径流的可生化性差，BOD_5/COD_{Cr} 平均范围为 0.1～0.2。

3　不同城市雨水水质参考资料（见表 2～表 4）

表 2　北京城区不同汇水面雨水径流污染物平均浓度

污染物＼汇水面	天然雨水	屋面雨水			路面雨水	
	平均值	平均值		变化系数	平均值	变化系数
		沥青油毡屋面	瓦屋面			
COD(mg/L)	43	328	123	0.5～2	582	0.5～2
SS(mg/L)	＜8	136	136	0.5～2	734	0.5～2
NH_3-N(mg/L)	—	—	—	—	2.4	0.5～1.5
Pb(mg/L)	＜0.05	0.09	0.08	0.5～1	0.1	0.5～2
Zn(mg/L)		0.93	1.11	0.5～1	1.23	0.5～2
TP(mg/L)	—	0.94	—	0.8～1	1.74	0.5～2
TN(mg/L)	—	9.8	—	0.8～1.5	11.2	0.5～2

表 3　上海地区各种径流水质主要指标的参考值（mg/L）

指标＼下垫面	屋面	小区内道路	城市街道
COD_{Cr}	4～280	20～530	270～1420
SS	0～80	10～560	440～2340
NH_3-N	0～14	0～2	0～2
pH	6.1～6.6		

表 4　青岛地区径流水质主要指标的参考值（mg/L）

指标＼下垫面	屋面	小区内道路	城市街道
COD_{Cr}	5～94	6～520	95～988
SS	4～85	4～416	296～1136
NH_3-N		0～17	
pH		6.5～8.5	

南京某居住小区以瓦屋面为主，屋面径流和小区内道路COD_{Cr}分别为30～550mg/L和2200～900mg/L。而在夏初梅雨时，因连续降雨，径流水质较好。屋面径流COD_{Cr}仅为30～70mg/L。

3.2 用水定额和水质

3.2.1 规定绿化、浇洒、冲洗、循环冷却水补水等各项最高日用水定额。

本条的用水定额是按满足最高峰用水日的水量制定的，是对雨水供水设施规模提出的要求。需要注意的是：系统的平日用水量要比本条给出的最高日用水量小，不可用本条文的水量替代，应参考相关资料确定。下面给出草地用水的参考资料，资料来源于郑守林编著的《人工草地灌溉与排水》。

城市中，绿地上的年耗水量在1500L/m²左右。人居工程、道路两侧等的小面积环保区绿地，年需水量约在800～1200mm，如果天然降水量600mm，则补充灌水量400mm左右。冷温带人工绿地植物在春季的灌溉是十分必要的，植物需水主要是在夏季生长期，高耗水量时间大约是2800～3800h，这一阶段的耗水量是全年需水量的75%以上。需水量是一个正态分布曲线，夏季为高峰期，冬季为低谷期，高峰期的需水量为600mm，低谷期为150mm，春季和秋季共为200mm。

足球场全年需水约2400～3000mm，经常运行的场地每天地面耗水量约8～10mm，赛马场绿地耗水约3000mm/年。高尔夫球场绿地耗水约2000mm/年。

3.2.2 规定景观水体的补水量计算资料。

景观水体的水量损失主要有水面蒸发和水体底面及侧面的土壤渗透。

当雨水用于水体补水或水体作为蓄水设施时，水面蒸发量是计算水量平衡时的重要参数。水面蒸发量与降水、纬度等气象因素有关，应根据水文气象部门整理的资料选用。表5列出北京城近郊区1990～1992年陆面、水面的试验研究成果（见《北京水利》1995年第五期“北京市城近郊区蒸发研究分析”）。

表5 北京城近郊区1990～1992年陆面蒸发量、水面蒸发量

名 称	陆面蒸发量（mm）	水面蒸发量（mm）
1月	1.4	29.9
2月	5.5	32.1
3月	19.9	57.1
4月	27.4	125.0
5月	63.1	133.2
6月	67.8	132.7
7月	106.7	99.0
8月	95.4	98.4
9月	56.2	85.8
10月	15.7	78.2
11月	6.5	45.1
12月	1.4	29.3
合计	466.7	946.9

3.2.3 规定冲厕用水定额。

现行的《建筑给水排水设计规范》GB 50015没有规定冲厕用水定额，但利用该规范表3.1.10中的最高日生活用水定额与本条表格中的百分数相乘，即得每人最高日冲厕用水定额。

同3.2.1条一样，冲厕用水定额是对雨水供水设施提出的要求，不能逐日累计用作多日的用水量。

表6列出各类建筑的冲厕用水资料，资料主要来源于日本《雨水利用系统设计与实务》。

表6 各种建筑物冲厕用水量定额及小时变化系数

类别	建筑种类	冲厕用水量[L/(人·d)]	使用时间(h/d)	小时变化系数(K_h)	备 注
1	别墅住宅	40～50	24	2.3～1.8	
	单元住宅	20～40	24	2.5～2.0	
	单身公寓	30～50	16	3.0～2.5	
2	综合医院	20～40	24	2.0～1.5	有住宿
3	宾馆	20～40	24	2.5～2.0	客房部
4	办公	20～30	10	1.5～1.2	
5	营业性餐饮、酒吧场所	5～10	12	1.5～1.2	工作人员按办公楼计
6	百货商店、超市	1～3	12	1.5～1.2	工作人员按办公楼计
7	小学、中学	15～20	8	1.5～1.2	非住宿类学校
8	普通高校	30～40	16	1.5～1.2	住宿类学校，包括大中专及类似学校
9	剧院、电影院	3～5	3	1.5～1.2	工作人员按办公楼计
10	展览馆、博物馆类	1～2	2	1.5～1.2	工作人员按办公楼计
11	车站、码头、机场	1～2	4	1.5～1.2	工作人员按办公楼计
12	图书馆	2～3	6	1.5～1.2	工作人员按办公楼计
13	体育馆类	1～2	2	1.5～1.2	工作人员按办公楼计

注：表中未涉及的建筑物冲厕用水量按实测数值或相关资料确定。

3.2.4 规定用水器具的额定流量。

用水点都是通过各式各样的用水器具取得用水，额定流量是保证用水功能的最低流量，供配水系统必须满足。但考虑到经济因素，允许发生出水流量低于额定流量的情况，但发生概率应非常低，譬如小于1%。

器具用水由雨水替代自来水后，额定流量无特殊要求，故完全执行现有的规范数据。

3.2.5 规定雨水供水应达到的水质。

本条表3.2.5中的COD_{Cr}限定在30mg/L主要引用了《地表水环境质量标准》GB 3838－2002的Ⅳ类水质，其中娱乐水景引用了Ⅲ类水质；SS的限定值主要参考了《城市污水再生利用景观环境用水水质》水景类的指标（10mg/L），并对水质综合要求较高的车辆冲洗和娱乐水景的限额减小到5mg/L。表3.2.5中循环冷却水补水指民用建筑的冷却水。

民用建筑循环冷却水补水的水质标准我国尚未制定，表7给出日本的标准，供设计中参考。

工业循环冷却水补水的水质标准可参考表8，资料来源于《城市污水再生利用　工业用水水质》GB/T 19923－2005。

表7　日本冷却水、冷水、温水及补给水水质标准[5]（jRA-GL-02-1994）

	项　目[1][6]	冷却水系统[4]			冷水系统		温水系统[3]				倾向[2]	
		循　环　式		单线式			低中温温水系统		高温水系统			
		循环水	补给水	单线水	循环水（20℃以下）	补给水	循环水（20～60℃）	补给水	循环水（60～90℃）	补给水	腐蚀	生成结垢水锈
标准项目	pH(25℃)	6.5～8.2	6.0～8.0	6.8～8.0	6.8～8.0	6.8～8.0	7.0～8.0	7.0～8.0	7.0～8.0	7.0～8.0	○	○
	电导率(25℃)[mS/m]	80≥	30≥	40≥	40≥	30≥	30≥	30≥	30≥	30≥	○	○
	(25℃){μS/cm}[1]	{800≥}	{300≥}	{400≥}	{400≥}	{300≥}	{300≥}	{300≥}	{300≥}	{300≥}		
	氯化物[$mgCl^-/L$]	200≥	50≥	50≥	50≥	50≥	50≥	50≥	30≥	30≥	○	
	硫酸根离子[$mgSO_4^{2-}/L$]	200≥	50≥	50≥	50≥	50≥	50≥	50≥	30≥	30≥	○	
	酸消耗量(pH4.8)[$mgCaCO_3/L$]	100≥	50≥	50≥	50≥	50≥	50≥	50≥	50≥	50≥		○
	总硬度[$mgCaCO_3/L$]	200≥	70≥	70≥	70≥	70≥	70≥	70≥	70≥	70≥		○
	硬度[$mgCaCO_3/L$]	150≥	50≥	50≥	50≥	50≥	50≥	50≥	50≥	50≥		○
	离子状硅[$mgSiO_2/L$]	50≥	30≥	30≥	30≥	30≥	30≥	30≥	30≥	30≥		○
参考项目	铁[mgFe/L]	1.0≥	0.3≥	1.0≥	1.0≥	0.3≥	1.0≥	0.3≥	1.0≥	0.3≥	○	○
	铜[mgCu/L]	0.3≥	0.1≥	1.0≥	1.0≥	0.1≥	1.0≥	0.1≥	1.0≥	0.1≥	○	
	硫化物[mgS^{2-}/L]	不得检出	不得检出	不得检出	不得检出	不得检出	不得检出	不得检出	不得检出	不得检出	○	
	氨离子[$mgNH_4^+/L$]	1.0≥	0.1≥	1.0≥	1.0≥	0.1≥	0.3≥	0.1≥	0.1≥	0.1≥	○	
	余氯[mgCl/L]	0.3≥	0.3≥	0.3≥	0.3≥	0.3≥	0.25≥	0.3≥	0.1≥	0.3≥	○	
	游离碳酸[$mgCO_2/L$]	4.0≥	4.0≥	4.0≥	4.0≥	4.0≥	0.4≥	4.0≥	0.4≥	4.0≥	○	
	稳定度指数	6.0～7.0	—	—	—	—	—	—	—	—	○	○

注　[1]　项目的名称用语定义以及单位参照JISK0101。还有，{}内的单位和数值是参考了以前的单位一并罗列。

[2]　表中的"○"，是表示有腐蚀或者生成结垢水锈倾向的相关因子。

[3]　温度较高（40℃以上）时，一般来说腐蚀较为显著，特别是被任何保护膜保护的钢铁只要和水直接接触时，就希望进行添加防腐药剂、脱气处理等防腐措施。

[4]　密闭式冷却塔使用的冷却水系统中，封闭循环回水以及补给水是温水系统，布水以及补给水是循环式冷却水系统，应该采用各种不同的水质标准。

[5]　供水、补水所用的源水，可以采用自来水、工业用水以及地下水，但不包括纯水、中水、软化处理水等。

[6]　上述15个项目，可以用来表示腐蚀以及结垢水锈危害的影响因子。

表8　工业循环冷却水水质标准

控制项目	pH	SS (mg/L)	浊度 (NTU)	色度	COD_{Cr} (mg/L)	BOD_5 (mg/L)
循环冷却水补充水	6.5～8.5	—	≤5	≤30	≤60	≤10
直流冷却水	6.5～9.0	≤30	—	≤30	—	≤30

国家现行相关标准主要有：《地表水环境质量标准》GB 3838、《城市污水再生利用　城市杂用水水质》GB/T 18920、《城市污水再生利用　景观环境用水水质》GB/T 18921等。

雨水径流的污染物质及含量同城市污水有很大不同，借用再生污水的标准是不合适的。比如雨水的主要污染物是COD_{Cr}和SS，是雨水处理的主要控制指标，而再生污水水质标准中对COD_{Cr}均未作要求，杂用水质标准甚至对这两个指标都不控制。因此，再生污水的水质标准对雨水的意义不大，雨水利用需要配套相应的水质要求。但制定水质标准显然不是本规范力所能及的。

4 雨水利用系统设置

4.1 一 般 规 定

4.1.1 规定雨水利用系统的种类和构成。

雨水入渗系统或技术是把雨水转化为土壤水，其手段或设施主要有地面入渗、埋地管渠入渗、渗水池井入渗等。除地面雨水就地入渗不需要配置雨水收集设施外，其他渗透设施一般都需要通过雨水收集设施把雨水收集起来并引流到渗透设施中。

收集回用系统或技术是对雨水进行收集、储存、水质净化，把雨水转化为产品水，替代自来水使用或用于观赏水景等。

调蓄排放系统或技术是把雨水排放的流量峰值减缓、排放时间延长，其手段是储存调节。

一个建设项目中，雨水利用系统的可能形式可以是以上三种系统中的一种，也可以是两种系统的组合，组合形式为：雨水入渗；收集回用；调蓄排放；雨水入渗＋收集回用；雨水入渗＋调蓄排放。

4.1.2 规定雨水入渗场所地质勘察资料中应包括的内容。

场地土壤中存在不透水层时可产生上层滞水，详细的水文地质勘察可以判别不透水层是否存在。另外，地质勘察报告资料要求不允许人为增加土壤水的场所也不应进行雨水入渗。

4.1.3 规定各类雨水利用设施的技术应用要求。

雨水利用技术的应用首先需要考虑其条件适应性和对区域生态环境的影响。雨水利用作为一门科学技术，必然有其成立与应用的限定前提和条件。只有在能够获得较好效益的条件下，该技术的应用才是适宜的。城市化过程中自然地面被人为硬化，雨水的自然循环过程受到负面干扰。对这种干扰进行修复，是我们力争的效益和追求的目标，雨水利用技术是实现这一效益和目标的主要手段，因此，该技术对于各种城市的建筑小区都是适用的。

1 雨水渗透设施对涵养地下水、抑制暴雨径流的作用十分显著，日本十多年的运行经验已证明这点。同时，对地下水的连续监测未发现对地下水构成污染。可见，只要科学地运用，雨水入渗技术在我国是可以推广应用的。

雨水自然入渗时，地下水会受到土壤的保护，其水质不会受到影响。土壤的保护作用主要体现在多重的物理、化学、生物的截留与转化，以及输送过程与水文地质因素的影响。在地下水上方的土壤主要提供的作用有：过滤、吸附、离子交换、沉淀及生化作用，这些作用主要发生在表层土壤中。含水层中所发生的溶解、稀释作用也不能低估。这些反应过程会自动调节以适应自然的变化。但这种适应性是有限度的，它会由于水量负荷以及水质负荷长时间的超载而受到影响，表层土壤会由于截留大量固体物而降低其渗透性能，部分溶解物质会进入地下水。

建设雨水渗透设施需要考虑上述因素和经济效益，土壤渗透系数的限定是这种需要的重要体现。雨水入渗技术对土壤的依赖性大。渗透系数小，雨水入渗的效益低，并且当入渗太慢时，在渗透区内会出现厌氧，对于污染物的截留和转化是不利的。在渗透系数大于 10^{-3} m/s 时，入渗太快，雨水在到达地下水时没有足够的停留时间来净化水质。本条限定雨水入渗技术在渗透系数 10^{-6}～10^{-3} m/s 范围，主要是参考了德国的污水行业标准 ATV-DVWK-A138。

地下水位距渗透面大于 1.0m，是指最高地下水位以上的渗水区厚度应保持在 1m 以上，以保证有足够的净化效果。这是参考德国和日本的资料制定的。污染物生物净化的效果与入渗水在地下的停留时间有关，通过地下水位以上的渗透区时，停留时间长或入渗速度小，则净化效果好，因此渗透区的厚度应尽可能大。

水质良好的雨水含污染物较少，可采用渗透区厚度小于 1m 的表面入渗或洼地入渗措施，应该注意的是渗透区厚度小于 1m 时只能截留一些颗粒状物质，当渗透区厚度小于 0.5m 时雨水会直接进入地下水。

雨水入渗技术对土壤的影响性大。湿陷性黄土、膨胀土遇水会毁坏地面。由此，雨水入渗系统不适用于这些土壤。

2 雨水利用中的收集回用系统的应用，宜用于年均降雨量 400mm 以上的地区，主要原因如下：

就雨水收集回用技术本身而言，只要有天然降雨的城市，这种技术都可以应用。但需要权衡的是技术带来的效益与其所投的资金相比是否合理。如果投资很大，而单方水的造价很高，显然不合理；或者投资不大，而汇集的雨水水量很少，所产生的效益很低，这种技术也缺乏生命力。

对于年均降雨量小于 400mm 的城市，不提倡采用雨水收集回用系统，这主要参照了我国农业雨水利用的经验。在农业雨水利用中，对年均降雨量小于 300mm 的地区，不提倡发展人工汇集雨水灌溉农业，而注重发展强化降水就地入渗技术与配套农艺高效用水技术。在城市雨水利用中，雨水只是辅助性供水源，对它的依赖程度远不像农业领域那样强，故可对降雨量的要求提高一些，取为 400mm。

年均降雨量小于 400mm 的城市，雨水利用可采用雨水入渗。

城市中雨水资源的开发回用，会同时减少雨水入渗量和径流雨水量，这是否会减少江河或地下水的原有自然径流，是否会对下游区域的生态环境产生影响，也是一个令人关注的、存有争议的问题，有的地方已经对上游城市开展雨水回用表示出了担心。但雨水资源开发对区域生态环境的影响问题，属于雨水利用基础研究探索中的课题，目前尚无定论。另外，国外的城市雨水利用经验也没有暴露出这方面的环境问题。

3 洪峰调节系统需要先储存雨水，再缓慢排放，对于缺水城市，小区内储存起来的雨水与其白白排放掉，倒不如进行处理后回用以节省自来水来得经济，从这个意义上说，洪峰调节系统不适用于缺水城市。

4.1.4 规定不得采用雨水入渗系统的场所。

自重湿陷性黄土在受水浸湿并在一定压力下土体结构迅速破坏，产生显著附加下沉；高含盐量土壤当土壤水增多时会产生盐结晶；建设用地中发生上层滞水可使地下水位上升，造成管沟进水、墙体裂缝等危害。

4.1.5 规定雨水利用工程的设置规模或标准。

建设用地开发前是指城市化之前的自然状态，一般为自然地面，产生的地面径流很小，径流系数基本上不超过0.2～0.3。建设用地外排的雨水设计流量应维持在这一水平。对外排雨水设计流量提出控制要求的主要原因如下：

工程用地经建设后地面会硬化，被硬化的受水面不易透水，雨水绝大部分形成地面径流流失，致使雨水排放总量和高峰流量都大幅度增加。如果设置了雨水利用设施，则该设施的储存容积能够吸纳硬化地面上的大量雨水，使整个工程用地向外排放的雨水高峰流量得到削减。土地渗透设施和储存回用设施，还能够把储存的雨水入渗到土壤和回用到杂用和景观等供水系统中，从而又能削减雨水外排的总水量。削减雨水外排的高峰流量从而削减雨水外排的总水量，可保持建设用地内原有的自然雨水径流特征，避免雨水流失，节约自来水或改善水与生态环境，减轻城市排洪的压力和受水河道的洪峰负荷。

建设用地内雨水利用工程的规模或标准按降雨重现期1～2年设置的主要根据如下：

1 建设用地内雨水利用工程的规模应与雨水资源的潜力相协调，雨水资源潜力一般按多年平均降雨量计算。

2 建设用地内通过雨水入渗和回用能够把可资源化的雨水都耗用掉，因而用地内雨水消耗能力不对雨水利用规模产生制约作用。

3 城市雨水利用作为节水和环保工程，应尽量维持自然的水文循环环境。

4 规模标准定得过高，会浪费投资；定得过低，又会使雨水资源得不到充分利用。参照农业雨水收集利用工程，降雨重现期一般取1～2年。

5 德国和日本的雨水利用工程，收集回用系统基本按多年平均降雨计。

需要指出的是，雨水入渗系统和收集回用系统不仅削减外排雨水总流量，也削减外排雨水总量，而雨水蓄存排放系统并无削减外排雨水总量的功能，它的作用单一，只是快速排干场地地面的雨水，减少地面积水，并削减外排雨水的高峰流量。因此，这种系统一般仅用于一些特定场合。

4.1.6 规定建设用地须设置雨水排除。

项目建设用地内设置雨水利用设施后，遇到较大的降雨，超出其蓄水能力时，多余的雨水会形成径流或溢流，需要排放到用地之外。排放措施有管道排放和地面排放两种方式，方式选择与传统雨水排除时相同。

4.1.7 规定雨水利用系统不应伤害环境。

雨水利用应该是修复、改善环境，而不应恶化环境。然而，雨水利用系统不仔细处理，很容易对环境造成明显伤害。比如停车场的雨水径流往往含油，若进行雨水入渗会污染土壤；绿地蓄水入渗要与植物的品种进行协调，否则会伤害甚至毁坏植物；向渗透设施的集水口内倾倒生活污物会污染土壤；雨水直接向地下含水层回灌可能会污染地下水；冲厕水质标准远低于自来水，居民使用雨水冲厕不配套相应的使用措施，就会污染室内卫生环境，等等。雨水利用设施应避免带来这些损害环境的后果。

对于水质较差的雨水不能采用渗井直接入渗，这样会对地下水带来污染。

在设计、建造和运行雨水渗透设施时，应充分重视对土壤及水源的保护。通常采用的保护措施有：减少污染物质的产生；减少硬化面上的污染物量；入渗前对雨水进行处理；限制进入渗透设施的流量等。

填方区设雨水入渗应避免造成局部塌陷。

4.1.8 规定回用雨水不得产生交叉污染。

雨水的用途有多种：城市杂用水、环境用水、工业与民用冷却用水等。另外，城市雨水不排除用作生活饮用水，我国水利行业在农村的雨水利用工程已经积累了供应生活饮用水的经验。收集回用系统净化雨水目前没有专用的水质标准，借用的水质标准不止一种，互有差异，因此要求低水质系统中的雨水不得进入高水质的回用系统，此外，回用系统的雨水更不得进入生活自来水系统。

4.2 雨水径流计算

4.2.1 分别规定雨水设计总量和设计流量的基本计算公式。

雨水设计总量为汇水面上在设定的降雨时间段内收集的总径流量，雨水设计流量为汇水面上降雨高峰历时内汇集的径流流量。

本条所列公式为我国目前普遍采用的公式。公式（4.2.1-1）中的系数10为单位换算系数。

4.2.2 规定径流系数的选用范围。

1 给出雨水收集的径流系数。

根据流量径流系数和雨量径流系数的定义，两个径流系数之间存在差异，后者应比前者小，主要原因是降雨的初期损失对雨水量的折损相对较大。同济大学邓培德、西安空军工程学院岑国平都有论述。鉴于此，本规范采用两个径流系数。

径流系数同降雨强度或降雨重现期关系密切，随降雨重现期的增加（降雨频率的减小）而增大，见表9。表中$F_{汇}$是入渗绿地接纳的客地硬化面汇流面积，$F_{绿}$是入渗绿地面积。

表9　不同频率降雨条件下不同绿地径流系数

降雨频率	草地与地面等高 径流系数		草地比地面低50mm 径流系数		草地比地面低100mm 径流系数	
	$F_{汇}/F_{绿}=0$	$F_{汇}/F_{绿}=1$	$F_{汇}/F_{绿}=0$	$F_{汇}/F_{绿}=1$	$F_{汇}/F_{绿}=0$	$F_{汇}/F_{绿}=1$
$P=20\%$	0.23	0.40	0.00	0.22	0.00	0.03
$P=10\%$	0.27	0.47	0.02	0.33	0.00	0.20
$P=5\%$	0.34	0.55	0.15	0.45	0.00	0.35

本条文表中的径流系数对应的重现期为2年左右。表4.2.2中ψ_c的上限值为一次降雨系数（雨量30mm左右），下限值为年均值。

表4.2.2中雨量径流系数的来源主要来自于：现有相关规范、国内实测资料报道、德国雨水利用规范（DIN 1989.01：2002.04和ATV-DVWK-A138）。表中流量径流系数比给水排水专业目前使用的数值大，邓培德“论雨水道设计中的误点”一文中认为目前使用的数值是借用的雨量径流系数，偏小。

屋面雨量径流系数取0.8～0.9的根据：1）清华大学张思聪、惠士博等在“北京市雨水利用”中指出建筑物、道路等不透水面的次暴雨径流系数（即雨量径流系数）可达0.85～0.9；2）北京市水利科学研究所种玉麒等在“北京城区雨洪利用的研究报告”中指出：通过几个汛期的观测，取有代表性的降水与相应的屋顶径流进行相关分析，大于30mm的降水平均径流系数为0.94，10～30mm的降水平均径流系数为0.84；3）西安空军工程学院岑国平在“城市地面产流的试验研究”中表明径流系数特别是次暴雨径流系数是降雨强度的增函数，由此考虑到雨水利用工程的降雨只取1、2年一遇，故径流系数偏低取值；4）德国规范《雨水利用设施》（DIN 1989.01：2002.04）取值0.8。

屋面流量径流系数取1的根据：1）建筑给水排水规范一直取1，新规范改为0.9没提供出依据；2）“城市地面产流的试验研究”证明暴雨（流量）径流系数比次暴雨径流（雨量）系数大，另外根据暴雨径流系数和次暴雨径流系数的定义亦知，前者比后者要大；3）屋面排水的降雨强度取值大（因重现期很大），故流量径流系数应取高值。

其他种类屋面雨量径流系数均参考德国规范《雨水利用设施》（DIN 1989.01：2002.04）。

表10、表11列出德国相关规范中的径流系数，供参考。

表10　德国雨水利用规范（DIN 1989.01：2002.04）集雨量径流系数

汇水面性质	径流系数
硬屋面	0.8
未铺石子的平屋面	0.8
铺石子的平屋面	0.6
绿化屋面（紧凑型）	0.3
绿化屋面（粗放型）	0.5
铺石面	0.5
沥青面	0.8

表11　德国雨水入渗规范（ATV-DVWK-A138）雨水流量径流系数

表面类型	表面处理形式	径流系数
坡屋面	金属，玻璃，石板瓦，纤维	0.9～1.0
	混凝土砖，油毛毡	0.8～1.0
平屋面 坡度小于3°，或5%	金属，玻璃，纤维混凝土	0.9～1.0
	油毛毡	0.9
	石子	0.7
绿化屋面 坡度小于15°，或25%	种植层＜100mm	0.5
	种植层≥100mm	0.3
路面，广场	沥青，无缝混凝土	0.9
	紧密缝隙的铺石路面	0.75
	固定石子铺面	0.6
	有缝隙的沥青	0.5
	有缝隙的沥青铺面，碎石草地	0.3
	叠层砌石不勾缝，渗水石	0.25
	草坪方格石	0.15
斜坡，护坡，公墓（带有雨水排水系统）	陶土	0.5
	砂质黏土	0.4
	卵石及砂土	0.3
花园，草地及农田	平地	0.0～0.1
	坡地	0.1～0.3

2 各类汇水面的雨水进行利用之后，需要（溢流）外排的流量会减小，即相当于径流流量系数变小。本款的流量径流系数即指这个变小了的径流系数，它需要计算确定。扣损法是指扣除平均损失强度的方法，计算公式如下（引自西安冶金建筑学院等主编的《水文学》）：

$$\psi_m = 1 - \frac{\mu}{A}\tau^n$$

式中 μ——产流期间内平均损失强度（mm/h）；

A——暴雨雨力（mm/h）；

τ——场地汇流时间（h）；

n——暴雨强度衰减指数。

设有雨水利用设施的场地，雨水利用设施增加了损失强度，计算中应叠加进来。这样，平均损失强度μ应是产流期间内汇水面上的损失强度与雨水利用设施的雨水利用强度之和。而雨水利用设施对雨水的利用强度是可以根据设施的相关设计参数计算的。

ψ_m经验值0.25～0.4的选用：当溢流排水的设计重现期比雨水利用设施的降雨量设计重现期大1年以内时，取用下限值；当前者比后者大2年左右时，取高限值；当前者比后者大5年时，取0.5。径流系数ψ随降雨重现期增加而增大的规律见上面公式，重现期大，则雨力A大，从而ψ大。

经验值0.25～0.4主要是借鉴绿地的径流系数。绿地的流量径流系数一般为0.25，当绿地土壤饱和后，径流系数可达0.4（见姚春敏等“奥运期间北京内洪灾害防范问题探讨”一文）。雨水利用设施遇到超出其设计重现期的降雨，也要饱和，从而使溢流外排的径流系数增大，这类似于绿地的径流情况。

4.2.3 规定了设计降雨厚度的选用。

本规范中设计降雨厚度是设计重现期下的最大日、月或年降雨厚度等。在各雨水利用设施的条款中，对设计时间和重现期都作出了相应的规定，根据这些规定，在3.1.1条中可得到所需的设计降雨厚度。

4.2.4 规定汇水面积的确定方法。

屋面雨水流量计算时，汇水面积的计算原理和方法见图2。当斜坡屋面的竖向投影面积与水平投影面积之比超过10%时，可以认为斜坡较大，附加面积不可忽略。

高出汇水面的侧墙有多面时，应附加有效受水加面积的50%，有效受水面积的计算如图3所示，图中ac面为有效受水面。

雨水总量计算时则只需按水平投影面积计，不附加竖向投影面积和侧墙面积，因总雨量的大小不受这些因素的影响。

4.2.5 规定设计暴雨强度的计算公式。

本条所列的计算公式是国内已普遍采用的公式。在没有当地降雨参数的地区，可参照附近气象条件相

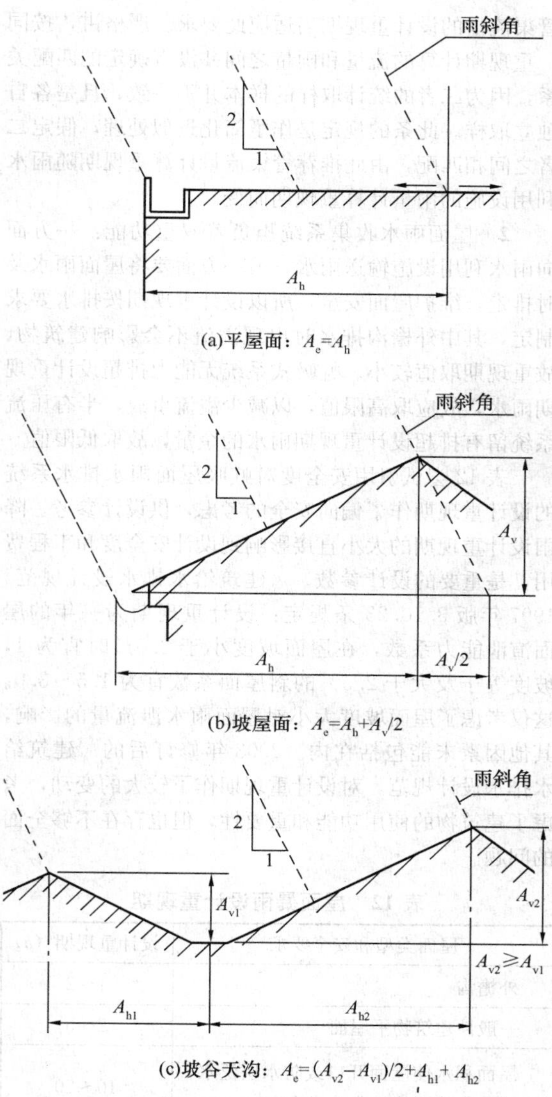

图2 屋面有效集水面积计算

似地区的暴雨强度公式采用。

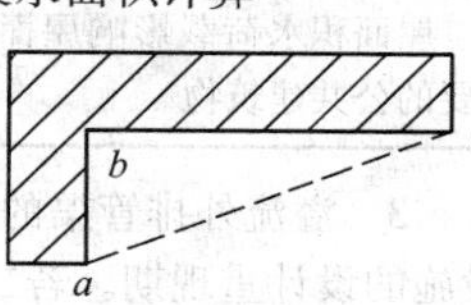

图3 双面侧墙有效受水面图示

条文中要求乘1.5的系数主要基于以下考虑：近几年发现有工程天沟向室内溢水，分析原因可能是由于实际的集水时间比5min小造成流入天沟的雨强比计算值大，而雨水系统的设计排水能力又未留余量，且天沟无调蓄雨量的能力，于是出现冒水。乘1.5的系数，可使计算的暴雨强度不再小于实际发生的暴雨强度。

4.2.6 规定雨水利用工程中三种不同性质的雨水管渠的设计重现期。

1 雨水储存、渗透、处理回用等设施的规模，都是按一定重现期的降雨量设计的。向这些设施输送雨水的管渠，应具备输送这些雨水量的能力，因此，

管渠流量的设计重现期当适应此要求。严格讲，按同一重现期计算的流量和雨量之间并没有确定的匹配关系，因为二者的统计取样的样本并不一致，且是各自独立取样。此条的规定是作了简化近似处理，假定二者之间相匹配，由此推荐管渠流量计算重现期随雨水利用设施的雨量计算重现期而变。

2 屋面雨水收集系统担负着双重功能：一方面向雨水利用设施输送雨水，另一方面要将屋面雨水及时排走，维护屋面安全，所以设计重现期按排水要求制定，其中外檐沟排水时出现溢流不会影响建筑物，故重现期取值较小。虹吸式系统无能力排超设计重现期雨水，故应取高限值，以减少溢流事故，半有压流系统留有排超设计重现期雨水的余量，故取低限值。

表12尝试引用安全度对虹吸屋面雨水排水系统的设计重现期作了偏向安全的考虑，供设计参考。降雨设计重现期的大小直接影响到设计安全度和工程费用，是重要的设计参数。《建筑给水排水设计规范》1997年版3.10.23条规定：设计重现期为一年的屋面渲泄能力系数，在屋面坡度小于2.5%时宜为1，坡度等于及大于2.5%的斜屋面系数宜为1.5～3.0。这仅考虑了屋面坡度大小对屋面雨水泄流量的影响，其他因素未能包括在内。2003年修订后的《建筑给水排水设计规范》对设计重现期作了较大的变动，考虑了建筑物的使用功能和重要性，但也存在不够全面的问题。

表12 屋面暴雨设计重现期

屋面类型和安全要求	设计重现期（a）
外檐沟	1～2
一般性建筑物平屋面	2～5
屋面积水使屋面开口或防水层泛水，影响室内使用功能或造成水害	10～20
屋面积水荷载影响屋面结构安全重要的公共建筑物	20～50

3 溢流外排管渠的设计重现期应高于雨水利用设施的设计重现期。若二者重现期相等，雨水几乎全部进入利用设施，则外排量很少，使外排管径过小，遇大雨时场地内的积水时间比无雨水利用时延长。条文中表4.2.6-2引自《建筑给水排水设计规范》GB 50015-2003。

4.2.7 规定雨水管渠设计降雨历时的计算公式。

设计降雨历时的概念是集流时间，集流时间是汇水面集流时间和管渠内雨水流行时间之和。增加折减系数 m 使设计降雨历时等于集流时间的概念发生了变化，由此算得的设计流量也不是集水面最大流量，而是已经被压缩后的流量。雨水利用工程与传统的小区雨水排除工程不同，雨水流量计算不仅是要确定管径，更用于确定水量和调节容积，因此，令 $m=1$，意欲取消其"压缩流量"的作用。

4.3 系统选型

4.3.1 规定雨水利用系统选型原则和多系统组合时各系统规模大小的确定原则。

要实现条款4.1.5所规定的雨水利用规模，可以通过4.1.1条中规定的一种或两种系统型式实现，并且雨水利用由两种系统组合而成时，各系统雨水利用量的比例分配，又有多种选择。不管各利用系统如何组合，其总体的雨水利用规模应达到4.1.5条的要求。

技术经济比较中各影响因素的定性描述如下：

雨量：雨量充沛而且降雨时间分布较均匀的城市，雨水收集回用的效益相对较好。雨量太少的城市，则雨水收集回用的效益差。

下垫面：下垫面的类型有绿地、水面、路面、屋面等，绿地及路面雨水入渗、水面雨水收集回用来得经济，屋面雨水在室外绿地很少、渗透能力不够的情况下，则需要回用，否则可能达不到雨水利用总量的控制目标。

供用水条件：城市供水紧张、水价高，则雨水收集回用的效益提升。用水系统中若杂用水用量小，则雨水回用的规模就受到限制。

4.3.2 推荐入渗为地面雨水的利用方案。

小区中的下垫面主要有：地面、屋面、水面等，地面包括绿地和路面等。地面雨水优先采用入渗的原因如下：绿地雨水入渗利用几乎不用附加额外投资，若收集回用则收集效率非常低，不经济；路面雨水污染程度高，若收集回用则水质处理工艺较复杂，不经济，进行入渗可充分利用土壤的净化能力；根据德国的雨水入渗规范，雨水入渗适用于居住区的屋面、道路和停车场等雨水；保持土壤湿度对改善环境有积极意义。

4.3.3 规定水面雨水的利用方式。

景观水体的水面较大，降落的雨水量大，应考虑利用。水面上的雨水受下垫面的污染最小，水质最好，并且收集容易，成本低，无需另建收集设施，一般只需在水面之上、溢流水位之下预留一定空间即可，因此，水面上的雨水应储存利用。雨水用途可作为水体补水，也可用于绿地浇洒等。

4.3.4 规定屋面雨水利用方式及考虑因素。

屋面雨水的利用方式有三种选择：雨水入渗、收集回用、入渗和收集回用的组合。入渗和收集回用相组合是指屋面雨水一部分雨水入渗，一部分处理回用。组合方式的雨水收集有以下两种形式，其中第一种形式对收集回用设施的利用率较高，有条件时宜优先采用。

形式一，屋面的雨水收集系统设置一套，收集雨量全部进入雨水储罐或雨水蓄水池，多出的雨水经重力溢流进入雨水渗透设施；

形式二，屋面雨水收集系统分开设置，分别与收集回用设施和雨水渗透设施相对应。

对于一个具体项目，屋面雨水是采用入渗，还是收集回用，或是入渗与收集回用相组合，以及组合双方相互间的规模比例，比较科学的决策方法是通过技术经济比较确定。

1 城市缺水，雨水收集回用的社会和经济效益增大。

2 渗水面积和渗透系数决定雨水入渗能力。雨水入渗能力大，则利于雨水入渗方式。屋面绿化是很好的渗透设施，有条件时应尽量采用。覆土层小于100mm的绿化屋面径流系数仍较大，收集的雨水需要回用或在室外空地入渗。

3 净化雨水的需求量大且水质要求不高时，则利于收集回用方式。净化雨水的需求按4.3.10条确定。

4 杂用水量和降雨量季节变化相吻合，是指杂用水在雨季用量大，非雨季用量小，比如空调冷却用水。二者相吻合时，雨水池等回用设施的周转率高，单方雨水的成本降低，有利于收集回用方式。

5 经济性涉及自来水价、当地政府的雨水利用优惠政策、项目建设条件等因素。

需要注意的是，有些项目不具备选择比较的条件。比如，绿地面积很小，屋面面积很大，土壤的入渗能力无法负担来自于屋面的雨水，这就只能进行收集回用。

屋面雨水收集回用的主要优势是雨水的水质较好和集水效率高，收集回用的总成本低于城市调水供水的成本。所以，屋面雨水收集回用有技术经济上的合理性。

4.3.5 推荐屋面雨水优先考虑用于景观水面补水。

景观水体具有较大的景观水面，该水体一般设有水循环等水质保护设施。屋面雨水进入水体蓄存用作补水，可不加设水质处理设施，这是屋面雨水回用中最经济的方式。室外土壤有充足的入渗能力接纳屋面雨水，则屋面雨水选择入渗利用往往来得经济。另外，景观水面本身所受纳的降雨应该蓄存起来利用。

4.3.6 推荐屋面雨水优先选择收集回用方式的条件。

1 当雨水充沛，且时间上分布均匀，则收集回用设施的利用率高，单方回用雨水的投资少，利于收集回用方式；

2 见4.3.4条第3款说明。

4.3.7 推荐屋面收集雨水量多、回用系统用水量少时的处置方法。

回用水量小指回用管网的用水量小。也有工程虽然雨水需用量大，但由于建筑物条件限制蓄水池建不大。在这些情况下，屋面收集来的雨水相对较多。这时可通过蓄水池溢流使多余雨水进入渗透设施。这种方式比把屋面雨水收集分设为两套系统分别服务于入渗和回用来得划算，平时较小些的降雨都优先进入了蓄水池，供雨水管网使用，这相对扩大了平时雨水的回用量，并增大蓄水池、处理设备的利用率，因此使回用水的单方综合造价降低。

收集雨水量多、回用系统用水量少的判别标准按7.1.2条进行。

4.3.8 推荐大型公共建筑和有水体项目的雨水利用方式。

大型屋面建筑收集雨水量大，雨水需求量比例相对高，因而回用雨水的单方造价低。同时，大型屋面公建的室外空地一般较少，可入渗的土壤面积少。故推荐采用收集回用方式。

设有人工水体的项目需要水景补水，用雨水做补水有如下原因：第一，国家《住宅建筑规范》GB 50368－2005不允许使用自来水；第二，水景中一般设有维持水质的处理设施，收集的雨水可直接进入水景，不另设处理设施。

4.3.9 规定雨水蓄存排放系统的选用条件。

蓄存排放系统的主要作用是削减洪峰流量，抑制洪涝，欧洲和日本有不少这类工程实例。此外，有的场地或小区要求不积水，雨水要迅速排干，而下游的雨水排除设施能力有限，这时也需要利用蓄存排放设施调节雨水量。

4.3.10 推荐回用雨水的用途。

循环冷却水系统包括工业和民用，工业用冷却补水的水质要求不高，水质处理简单，比较经济；民用空调冷却塔补水虽然水质要求高，但用水季节和雨季非常吻合且用量大，可提高蓄水池蓄水的周转率。

雨水用于绿化和路面冲洗从水质角度考虑较为理想，但应考虑降雨后绿地或路面的浇洒用水量会减少，使雨水蓄水池里的水积压在池中，设计重现期内的后续（3日内或7日内）雨水进不来，导致减少雨水的利用量。

4.3.11 推荐雨水不宜和中水原水混合。

雨水和中水原水分开处理不宜混合的主要原因如下：

第一，雨水的水量波动太大。降雨间隔的波动和降雨量的波动和中水原水的波动相比不是同一个数量级的。中水原水几乎是每天都有的，围绕着年均日用水量上下波动，高低峰水量的时间间隔为几小时。而雨水来水的时间间隔分布范围是几小时、几天、甚至几个月，雨量波动需要的调节容积比中水要大几倍甚至十多倍，且池内的雨水量时有时无。这对水处理设备的运行和水池的选址都带来了不可调和的矛盾。

第二，水质相差太大。中水原水的最重要污染指标是BOD_5，而雨水污染物中BOD_5几乎可以忽略不计，因此处理工艺的选择大不相同。

另外，日本的资料《雨水利用系统设计与实务》

中雨水储存和处理也是和中水分开，见图4。

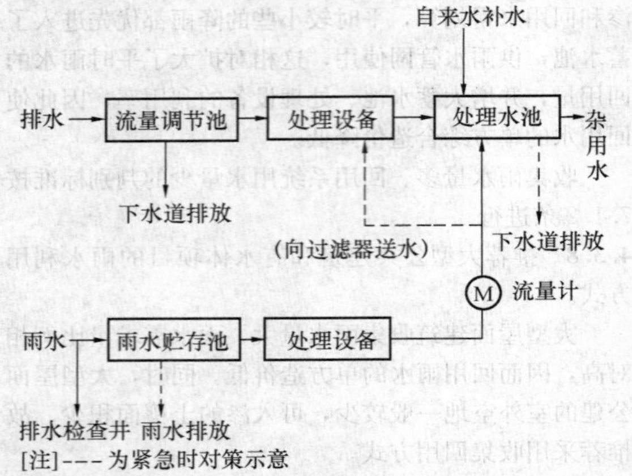

图4 雨水、中水结合的工艺流程图

5 雨水收集

5.1 一般规定

5.1.1 对屋面做法提出防雨水污染的要求。

屋面是雨水的集水面，其做法对雨水的水质有很大影响。雨水水质的恶化，会增加雨水入渗和净化处理的难度或造价。因此屋面的雨水污染需要控制。

屋面做法有普通屋面和倒置式屋面。普通屋面的面层以往多采用沥青或沥青油毡，这类防水材料暴露于最上层，风吹日晒加速其老化，污染雨水。北京建筑工程学院的监测表明，这类屋面初期径流雨水中的COD_{Cr}浓度可高达上千。

倒置式屋面（IRMAROOF）就是"将憎水性保温材料设置在防水层上的屋面"。倒置式屋面与普通保温屋面相比较，具有如下优点：防水层受到保护，避免热应力、紫外线以及其他因素对防水层的破坏，并减少了防水材料对雨水水质的影响。

新型防水材料对雨水的污染也有减少。新型防水材料主要有高聚物改性沥青卷材、合成高分子片材、防水涂料和密封材料以及刚性防水材料和堵漏止水材料等。新型防水材料具有强度高、延性大、高弹性、轻质、耐老化等良好性能，在建筑防水工程中的应用比重日益提高。根据工程实践，屋面防水重点推广中高档的SBS、APP高聚物改性沥青防水卷材、氯化聚乙烯-橡胶共混防水卷材、三元乙丙橡胶防水卷材。

种植屋面可减小雨水径流、提高城市的绿化覆盖率、改善生态环境、美化城市景观。由于各类建筑的屋面、墙体以及道路等均属于性能良好的"大型蓄热器"，它们白天吸收太阳光的辐射能量，夜晚放出热量，造成市区夜间的气温居高不下，导致市区气温比郊区气温升高2～3℃。如能将屋面建造成种植屋面，在屋面上广泛种植花、草、树木，通过屋顶绿化，实现"平改绿"，可以缓解城市的"热岛效应"。据报道，种植屋面顶层室内的气温将比非种植屋面顶层室内的气温要低3～5℃，优于目前国内的任何一种屋面的隔热措施，故应大力提倡和推广。

5.1.2 规定屋面雨水管道系统应设置雨水斗，且雨水斗应符合标准。

管道进水口设置雨水斗的作用主要是：第一，拦截固体杂物；第二，对雨水进入管道进行整流，避免水流在斗前形成过大旋涡而增加屋面水深；第三，满足一定水深条件下的排水流量。

为阻挡固体物进入系统，雨水斗应配有格栅（滤网）；为削弱进水旋涡，雨水斗入水口的上方应设置盲板；雨水斗应经过水力测试，包括流量与水位的关系曲线，最大设计流量和水位，局部阻力系数（虹吸式斗），并经主管检测单位认可。

雨水斗的这些性能通过国家、行业标准进行约束和保障。65型、87型系列雨水斗以国家标准图的形式在全国广泛应用，并经受了20余年的运行实践，成为性能有保障的雨水斗。

本条的规定不排斥建筑师设计外落雨水管时采用简易雨水斗。该雨水斗按建筑专业标准图设计，现场制作。

5.1.3 对雨水管道系统提出均匀布置的要求。

本条主要指在布置立管和雨水斗连向立管的管道时，尽量创造条件使连接管长接近，这是雨水收集的特殊要求。这样做可使各雨水斗来的雨水到达弃流装置的时间相近，提高弃流效率。

5.1.4 规定屋面雨水设计流量的计算公式。

屋面雨水设计流量按（4.2.1-2）式计算，式中的流量径流系数ψ_m按表4.2.2选取；设计暴雨强度q按（4.2.5）式计算，式中的设计重现期、降雨历时按4.2.6条、4.2.7条要求选取；汇水面积F按4.2.4条要求计算。

5.1.5、5.1.6 推荐雨水收集系统的选择。

半有压屋面雨水系统（65、87型雨水斗系列雨水系统属于此范畴）以实验室实尺模型实验和丰富的试验数据为基础，建立起一套系统的设计方法和设计参数，已经历了全国20余年的工程运行。该系统设计安装简单、性能可靠，是我国目前应用最广泛、实践证明安全的雨水系统，设计中宜优先采用。

虹吸式屋面雨水系统根据管网水力计算结果进行设计，系统的尺寸大为减小，各雨水斗的入流量也都能按设计值进行控制，并且横管坡度的有无对设计工况的水流不构成影响。这些优点在大型屋面建筑的应用中凸显出来。但该系统没有余量排除超设计重现期雨水，对屋面的溢流设施依赖性极强。

重力流屋面雨水系统是《建筑给水排水设计规范》GB 50015－2003推出的系统，并规定：不同设计排水流态、排水特征的屋面雨水排水系统应选用相应的雨水斗（4.9.14 条），因为“雨水斗是控制屋面排水状态的重要设备”。

本规范没有首推选用重力流系统主要基于以下原因：

1 目前实际工程中仍普遍采用 65、87 型雨水斗；

2 重力流系统的雨水斗要求自由堰流进水和超设计重现期雨水应由溢流设施排放，在实际工程中难以实现；

3 重力流的设计方法不适用于 65 型、87（79）型雨水斗。因为 65 型、87（79）型雨水斗雨水系统要求严格，比如：一个悬吊管上连接的雨斗数量不超过 4 个、多斗系统的立管顶端不得设置雨水斗、内排水采用密闭系统等。

5.1.7 规定屋面雨水收集的室外输水管的设计方法。

屋面雨水汇入雨水储存设施时，会出现设计降雨重现期的不一致。雨水储存设施的重现期按雨水利用的要求设计，一般 1～2 年，而屋面雨水的设计重现期按排水安全的要求设计。后者一般大于前者。当屋面雨水管道出户到室外后，室外输水管道的重现期可按雨水储存设施的值设计。由于其重现期比屋面雨水的小，所以屋面雨水管道出建筑外墙处应设雨水检查井或溢流井，并以该井为输水管道的起点。

允许用检查口代替检查井的主要原因是：第一，检查口不会使室外地面的脏雨水进入输水管道；第二，屋面雨水较为清洁，清掏维护简单。检查口、井的设置距离参考了室外雨水排水管道的检查井距离。

5.1.8 规定屋面雨水收集系统独立、密闭设置。

屋面雨水系统独立设置，不与建筑污废水排水连接的意义有：第一，避免雨水被污废水污染；第二，避免雨水通过污废水排水口向建筑内倒灌雨水。

屋面雨水系统属有压排水，在室内管道上设置敞开式开口会造成雨水外溢，淹损室内。

5.1.9 规定阳台雨水不与屋面雨水立管连接。

屋面雨水立管属有压排水管道，在阳台上开口会倒灌雨水。

5.1.10 规定收集系统设置弃流设施。

初期径流雨水污染物浓度高，通过设置雨水弃流设施可有效地降低收集雨水的污染物浓度。雨水收集回用系统包括收集屋面雨水的系统应设初期径流雨水弃流设施，减小净化工艺的负荷。根据北京建筑工程学院的研究结果，北京屋面的径流经初期 2mm 左右厚度的弃流后，收集的雨水 COD_{Cr} 浓度可基本控制在 100mg/L 以内（详见第 3.1.2 条说明）。植物和土壤对初期径流雨水中的污染物有一定的吸纳作用，在雨水入渗系统中设置初期径流雨水弃流设施可减少堵塞，延长渗透设施的使用寿命。

5.2 屋面集水沟

5.2.1 推荐屋面设集水沟并要求水力计算。

屋面雨水集水沟是屋面雨水系统实现有组织排水的重要组成部分，屋面雨水集水沟的设计应进行优化。在选择屋面雨水系统时，应优先考虑天沟集水。

屋面集水沟包括天沟、边沟和檐沟等，是屋面集水的一种形式。其优点是可减少甚至不设室内雨水悬吊管，是经济可靠的屋面集雨形式。屋面雨水集水沟的排泄量应与雨水斗的出流条件相适应。在集水沟内设置雨水斗时，雨水斗的设计泄流量应与集水沟的设计过水断面相匹配，否则雨水斗的设计泄流量将受到集水沟排水能力的制约和相互影响。因此，不应忽视集水沟排水能力的水力计算。

集水沟的水力计算主要解决如下问题：

1）计算集水沟的泄水能力；

2）确定集水沟的尺寸和坡度。

需要注意：屋面雨水集水沟要求的屋面荷载和最大设计水深应经结构和建筑师的认可。

5.2.3 推荐集水沟的坡度设置，并要求设雨水出口。

在北方寒冷地区，因冻胀问题容易破坏沟的防水层，所以天沟和边沟不宜做平坡。自由出流雨水出口指集水沟的排水量不因雨水出口（包括雨水斗）而受到限制。

5.2.4 规定集水沟的水力计算要求。

屋面集水沟往往采用平坡，即坡度为 0，按照现有的计算公式则无法计算。本条推荐的计算方法属经验性质，供计算时参考。

5.2.5～5.2.10 规定平底集水沟的经验计算方法。

屋面集水沟的水力计算采用了欧洲标准 EN12056-3（2000 年英文版）“室内重力流排水系统”中的有关公式和条文。要求雨水出口能不受限制地排除集水沟的水量。所列公式把长沟和短沟、半圆形沟和矩形沟、天沟和檐沟、平沟和有坡度的沟区分开来计算，应用方便。与其他公式比较，计算结果偏向安全。

当集水沟的坡度大于 0.003 时，应按现有的公式进行水力计算。

集水沟断面的计算方法：先假定沟断面尺寸、坡度并布置雨水排水口，然后用以上各节的方法计算沟的排水量与设计的雨水量比较，如果差别大则应修改沟的尺寸或增加雨水排水口数量，进行调整计算。

5.2.11 规定集水沟的溢流设置。

集水沟的溢水按薄壁堰计算，见下式：

$$q_e = \frac{L_e \cdot h_e^{\frac{3}{2}}}{2400}$$

式中 q_e——溢流堰流量（L/s）；

L_e——溢流堰锐缘堰宽度（m）；

h_e——溢流高度（m）。

当女儿墙上设溢流口时，溢水按宽顶堰计算，见下式：

$$B_e = \frac{g_e}{M \cdot \frac{2}{3} \cdot \sqrt{2g} \cdot h_e^{\frac{3}{2}} \cdot 1000}$$

式中 B_e——溢流堰宽度（m）；

g_e——溢流水量（L/s）；

g——重力加速度（m/s^2）；

M——收缩系数，取 0.6。

宽顶堰计算公式采用德国工程师协会准则 VD 13806-2000“屋面虹吸排水系统”中的公式。薄壁堰计算公式采用欧洲标准 EN12056-3“室内重力流排水系统”中的公式。

5.3 半有压屋面雨水收集系统

半有压屋面雨水收集系统是在 1997 年版的《建筑给水排水设计规范》GBJ 15-88 的雨水系统基础上改进来的。该系统中的雨水斗可采用 65 型、87 型斗，系统的设计原理及方法是依据 20 世纪 80 年代我国雨水道研究组水气两相混掺流体在重力-压力作用下的运动试验。本规范采用“半有压”称谓取自于《全国民用建筑工程设计技术措施——给水排水》和《建筑给水排水工程》(第五版)。

本规范对原有系统的改进主要是增大了雨水斗、悬吊管及横管、立管的泄水能力，主要依据有两点：

1 该系统已被 20 余年的运行实践证明是安全的，原来的服务屋面面积无理由减小。目前屋面降雨设计重现期从原规范的 1 年放大到了 2～5、10 年，使系统服务面积上的计算雨水流量增大，所以，系统的泄流量需相应调整增大，以保持原服务面积。比如，对坡度小于 2.5% 的屋面，北京和上海 5 年重现期的计算雨量是 1 年重现期的 1.57 倍，见表 13，所以系统允许的泄水能力应相应扩大到原来的 1.57 倍，才能使原有的服务面积不变。

表 13 北京和上海不同重现期下的降雨强度两重现期 q_5 之比

重现期 P(年)	$P=5$		$P=3$		$P=1$
北京 q_5 [L/(s·hm²)]	5.06	1.57 倍	4.48	1.39 倍	3.23	1
上海 q_5 [L/(s·hm²)]	5.29	1.57 倍	4.68	1.39 倍	3.36	1

2 原系统约 20 余年的实践运行经验表明，系统预留的排水余量可适量减小。

5.3.1 规定雨水斗的排水性能。

65 型、87 型属于半有压型雨水斗，该斗具有优良的排水性能，典型标志是排水时掺气量小。半有压屋面雨水系统的设置规则以这些雨水斗为基础建立。

根据表 13，设计重现期从原来的 1 年提高到目前的 3 年之后，为保持雨水斗原有的服务面积能力不变，雨水斗的排水流量应扩大到 1.39 倍（以北京、上海为例），如表 14。但出于保守考虑，本规范表 5.3.1 对多斗悬吊管上的大部分斗并未取如此高的值，这使得雨水斗的服务面积比原规范 GBJ 15-88 有所减少。

表 14 流量对照表

雨水斗口径 (mm)	原排水流量 (L/s)	1.39 倍流量 (L/s)	本规范排水流量 (L/s)
DN100	12	16.7	12～16
DN150	26	36.1	26～36

从我国雨水道研究组的试验数据分析，表 5.3.1 中雨水斗的排水能力也是可行的。图 5 是 DN100 雨水斗排水量试验曲线。在该试验条件下，雨水斗的进水流量随斗前水位的缓慢上升而迅速增大。当斗前水位从 0 上升到 100mm，则进水量从 0 增大到 35L/s。之后，水位迅速抬升，但进水量基本不再增加。表 5.3.1 中数据上限值取 16 L/s（斗前水深约 60mm）而未取35L/s（斗前水深约 100mm），预留了足够的安全余量排除超设计重现期雨水。其余口径的雨水斗试验曲线与此相似。

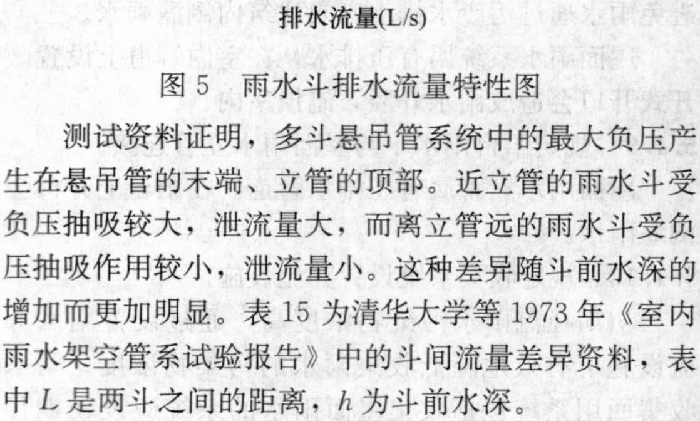

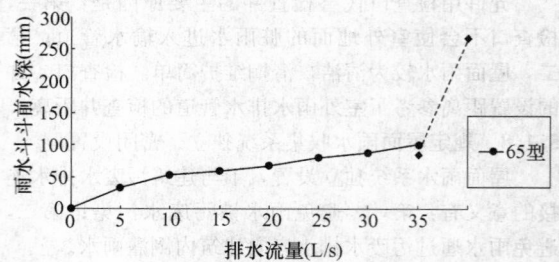

图 5 雨水斗排水流量特性图

测试资料证明，多斗悬吊管系统中的最大负压产生在悬吊管的末端、立管的顶部。近立管的雨水斗受负压抽吸较大，泄流量大，而离立管远的雨水斗受负压抽吸作用较小，泄流量小。这种差异随斗前水深的增加而更加明显。表 15 为清华大学等 1973 年《室内雨水架空管系试验报告》中的斗间流量差异资料，表中 L 是两斗之间的距离，h 为斗前水深。

表 15 双斗悬吊管远斗与近斗的流量比值

L (m) / h (mm)	8	16	24	32
60	0.90	0.90	0.90	0.90
70	0.72	0.70	0.62	0.60
100	0.55	0.45	0.40	0.35

5.3.2 规定雨水斗格栅。

格栅的作用是拦截屋面的固体杂物。格栅进水孔应具有一定面积，以保证雨水斗有足够的通水能力，并控制雨水斗进水孔被堵的几率。根据我国雨水道研究组总结国内外雨水斗的功能，推荐进水孔面积与雨水斗排出口面积之比为2左右。

条文规定格栅便于拆卸，目的是便于清理格栅上的污物等。

5.3.3 规定多斗系统雨水斗的布置方式。

雨水斗对立管作对称布置，包括了管道长度或者阻力的对称，即各斗接至立管的管道长度或阻力尽量相近。

在流体力学规律支配下，距立管近的雨水斗和距立管远的雨水斗至排放口的管道摩阻应保持相同，这就造成近斗与远斗泄流量差异很大。规定雨水斗宜与立管对称布置的目的是使各雨水斗的泄流量均衡，避免屋面积水。

悬吊管上的负压线坡向立管，立管顶端的负压对悬吊管起着抽吸作用。负压的大小将影响到连接管和雨水斗的泄流能力。若在立管顶端设雨水斗，则将大量进气而破坏负压，影响管系的排泄能力。

5.3.5 推荐一根悬吊管连接的雨水斗数量。

实际工程难于实现同程或同阻，故本条控制4个雨水斗。为减小雨水斗之间排水能力的差别，设计时应尽量创造条件使4个斗同程或同阻。

5.3.7 规定雨水悬吊管的清扫口和检修措施。

雨水悬吊管的清扫和检修措施是很重要的，悬吊管上设检查口或带法兰盘的三通管，其间距不大于20m，位置靠近柱、墙，目的是便于维修时清通。

5.3.8 规定悬吊管的敷设坡度和最大排水能力。

我国雨水道研究组的试验表明，悬吊管中的压（力）降比管道的坡降大得多，见图6。图中横坐标为悬吊管上测压点距排水雨水斗的长度，纵坐标为悬吊管内的压力（mm水柱）。悬吊管内的水流运动主要是受水力坡降的影响，而不是管道敷设坡度。条文中推荐0.005的敷设坡度主要是考虑排空要求。

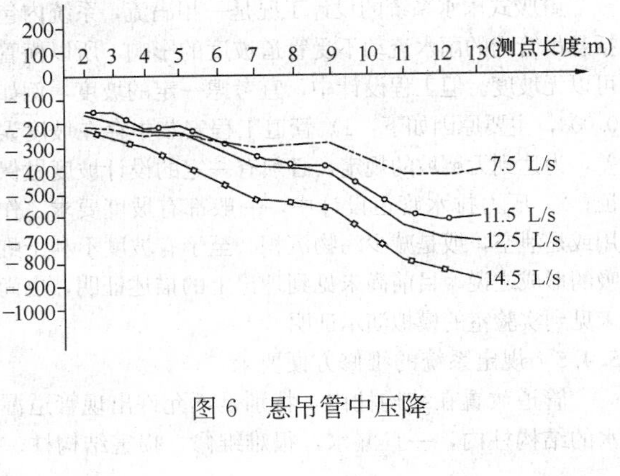

图6　悬吊管中压降

本条多斗悬吊管排水能力表格中的水力坡降指压力坡降，管道敷设坡降很小，可忽略不计。水流的主要作用水头为两部分之和：悬吊管到屋面的几何高差＋立管顶端的负压（速度头忽略）。立管顶端的负压见试验曲线（见图7）。最大负压值随流量的增加和立管高度的增加而变大。条文中偏保守取值－0.5m水柱（0.005MPa），以便流量计算安全。

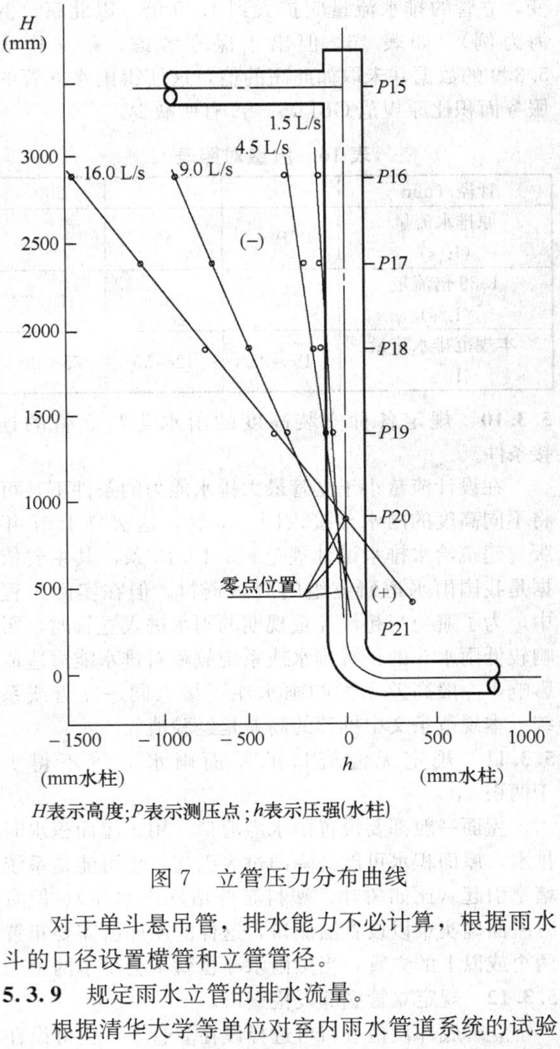

*H*表示高度；*P*表示测压点；*h*表示压强(水柱)

图7　立管压力分布曲线

对于单斗悬吊管，排水能力不必计算，根据雨水斗的口径设置横管和立管管径。

5.3.9 规定雨水立管的排水流量。

根据清华大学等单位对室内雨水管道系统的试验研究报告，雨水立管的泄流能力与立管的高度、管径和管道的粗糙系数有关。雨水在立管中的水流状态是：随着流量增加，流态逐渐从附壁流、掺气流、直至一相流，从无压流（重力流）逐渐过度到有压流。科研组还对工程实践中出现的天沟溢水和检查井冒水现象作了分析，其中有实例按有压流的计算方法设计管道，造成天沟冒水事故。科研组最后结合试验确定，管道的设计要考虑为承受可能出现的超设计重现期暴雨留有一定的余地，以策安全。立管的设计流态应取介于重力流（无压流）和有压流之间的重力-压力流。因此，本条文推荐的雨水立管排水流量约为试验排水流量的60％～70％。

例如，根据历次测试分析，在立管进水高度4.2～6.0m和12m的情况下，100mm管径立管的最大排泄能力Q_{max}为23～33L/s，规范条文中相应地取19～25 L/s。如果立管的高度增加，则排水能力相应增大。

另外根据表14，设计重现期从原来的1年提高到3年之后，为保持雨水立管原有的服务面积能力不变，立管的排水流量应扩大到1.39倍（以北京、上海为例），如表16。但出于保守考虑，条文中表5.3.9的数据并未取如此高的值，这使得雨水立管的服务面积比原规范GBJ 15-88有所减少。

表16 流量对照表

管径（mm）	100	150	200
原排水流量（L/s）	19	42	75
1.39倍流量（L/s）	26.4	58.4	104.3
本规范排水流量（L/s）	19～25	42～55	75～90

5.3.10 规定各种安装高度的雨水斗与立管的连接条件。

在设计流量小于立管最大排水能力的条件下，可将不同高度的雨水斗接入同一立管，这引自1997年版《建筑给水排水设计规范》3.10.13条，其主要依据是我国雨水道研究组的测试资料。但在实际工程中，为了避免当超设计重现期的雨水进入立管时，影响较低雨水斗的正常排水或系统故障对排水能力造成影响，一般高差太大的雨水斗不接入同一立管或系统。本规范条文中推荐的高差是经验值。

5.3.11 规定无溢流口的屋面雨水立管不得少于两根。

屋面一般都要设置雨水溢流口，用于屋面积水时排水，屋面积水可能是降雨过大引起，也可能是系统堵塞引起（比如树叶、塑料布等堵塞雨水斗）。但有时屋面确实难以设置溢流口，这样的屋面就需要布置两个或以上的立管，当然雨水斗也就不会少于两个。

5.3.12 规定立管底部设检查口。

立管底部设检查口可选择设在立管上，也可设在横管的端部。

5.3.13 规定管材和管件的选用要求。

雨水管道特别是立管要有承受正、负两种压力的能力。竣工验收时管道内灌满水形成正压，压力值（以水柱表示）与建筑高度一致；运行中出现大雨时特别是超设计重现期大雨时管道内会产生很大负压。金属管承受正、负压的能力都很大，没有被吸瘪的隐患，故宜优先选用。对非金属管道提出抗负压要求是工程中有的塑料管下雨时被吸瘪的经验总结。

5.4 虹吸式屋面雨水收集系统

在应用虹吸式屋面雨水收集系统时应注意如下事项：

1）水力计算在虹吸式屋面雨水系统的设计中非常重要，基础数据必须准确，要求具有长期降雨强度重现期的标准气象资料；

2）屋面雨水集水沟是屋面雨水系统实现有组织排水的重要组成部分，雨水系统专业承包商在系统的设计和计算中应包括屋面集水沟部分；

3）该系统应能使虹吸效应尽快形成，避免屋面或天沟的水位超过设计水深；

4）必须考虑雨水斗格栅对集水沟中或平屋面水位的影响。

5）天沟内不考虑存蓄雨水。

6）安装在平屋面上的雨水斗，宜采用出口直径不超过*DN*50、流量不超过6L/s的雨水斗。

5.4.1 规定设置溢流设施及其溢流能力。

虹吸式屋面雨水收集系统按水一相满流作为设计工况，无余量排超设计重现期雨水，降雨一旦超过设计重现期便屋面积水，溢流排水设施是该系统不可分割的组成部分，屋面必须设置溢流口。溢流能力和虹吸系统的排水能力之和不小于50年重现期的降雨径流量。

5.4.2 推荐不同高度的雨水分别设置独立的收集系统。

本条含两层意思：1）不同高度的雨水斗分别设置独立的收集系统；2）收集裙房以上侧墙面雨水的斗和收集裙房屋面的斗分别设置独立的收集系统。侧墙面上不是每次降雨都有雨水，其雨水斗若和裙房屋面雨水系统连接，会成为进气孔，破坏虹吸。

5.4.3 规定雨水斗设计流量与产品最大额定流量之间的关系。

雨水斗的最大泄流量由制造商提供，它是根据雨水斗产品标准规定的试验条件取得的数据，设计流量应控制在最大泄流量之内。

5.4.4 规定悬吊管的坡度要求。

虹吸式雨水系统的设计工况是一相满流，系统内包括悬吊管内的雨水流动不受管道坡度的影响，所以横管可以无坡度。但工程设计中，宜考虑一定的坡度，例如0.003，主要原因如下：1）管道工程安装中存在坡度误差，为达到无倒坡的规定，必须有一定的设计坡度做保证；2）压力排水管道设计中，一般都有坡度要求，作用或是泄空，或是减少污物沉积。至于有坡度不利于虹吸的形成之说，目前尚未见到理论上的描述证明，也尚未见到实验室的模拟演示证明。

5.4.5 规定系统的维修方便要求。

管道放置在结构柱内，特别是不允许出现管道漏水的结构柱内，一旦漏水，很难维修，损害结构柱。

5.4.6 规定系统的水力计算公式。

本条的阻力损失公式为国际上普遍采用的公式之一。当管道内的流速控制在 3m/s 以内时，也可采用 Hazen-Willams 公式。

5.4.7 规定管道中的设计流速和最小管径。

悬吊管中的设计流速不宜小于 1m/s，是为了保证悬吊管的自清作用。根据国外研究资料，当悬吊管内的流速大于 1m/s 时，可保证沉积在管道底部的固体颗粒被水流冲走（见《虹吸式屋面雨水排水系统技术规程》CECS 183：2005）。设计中需要注意的是，悬吊管内沉积物的清除是靠设计计算的自清流速保证的，不是靠定性描述的间断性虹吸保证的，没有证据证明设计计算流速小于 1m/s 的降雨，能够在实际工程中使悬吊管内产生 1m/s 的流速，从而完成自清功能（若此，则没有必要要求设计流速不宜小于 1m/s 了）。因此，当设计重现期取得很大，则设计计算流速很多年才发生一次，而平时降雨的计算流速都达不到 1m/s，悬吊管的自清功能将出现问题，特别是没有排空坡度时。若减小设计重现期，设计流速可出现频繁些了，但溢流口又会频繁溢水，这是建筑物的忌讳。设计中需要仔细把握这类两难问题。

规定最小管径是为防止堵塞。

5.4.8 规定流体计算遵守能量方程。

本条暗含的前提条件是系统的过渡段位置低于或接近于室外地面的高度，不包括系统出口位置比室外地面很高的情况（这类情况工程中也不多见）。以室外地面而不是以系统过渡段为高度计算基准点的原因是：虹吸系统一般是把雨水排入室外雨水检查井，室外雨水管道的设计重现期多是 1～2 年，检查井积满水是很常见的，由此过渡段被淹没，故排水几何高度应扣除积水水位，从地面算起。有的工程把过渡段降到地面标高以下很深，试图增加排水的计算几何高度，这是不正确的。

5.4.9 规定虹吸系统设置高度的低限值。

当系统的设置高度很低时，可利用的水位位能很小，满足不了低限设计流速的位能要求，此系统不再适用。此处注意：地面和雨水斗的几何高差才是雨水的位能，过渡段放置得再低，也不会增加雨水的位能。

5.4.11 规定管材和管件的选用要求。

雨水系统特别是立管中会产生很大负压，金属管没有被吸瘪的隐患，故宜优先选用金属管。管道系统的抗负压要求是根据水力计算中允许出现 0.09MPa 的负压制定的。

5.4.12 管内压力低于 0.09MPa 负压时，水会明显汽化，破坏一相流态。

5.5 硬化地面雨水收集

5.5.1 规定雨水收集地面的土建设置要求。

地面雨水收集主要是收集硬化地面上的雨水和屋面排到地面的雨水。排向下凹绿地、浅沟洼地等地面雨水渗透设施的雨水通过地面组织径流或明沟收集和输送；排向渗透管渠、浅沟渗渠组合入渗等地下渗透设施的雨水通过雨水口、埋地管道收集和输送。这些功能的顺利实现依赖地面平面设计和竖向设计的配合。

5.5.2 规定收集系统的设计流量计算和管道设计要求。

管道收集系统的集（雨）水口和输水管渠（向雨水利用设施输水）需要进行水力计算，其中设计流量计算公式和参数均按 4.2 节的规定执行，管渠的水力计算方法应按《室外排水设计规范》GB 50014 的规定执行。

5.5.3、5.5.4 规定雨水口的设置要求。

本条款的雨水口设置要求基本上沿用现行国家标准《室外排水设计规范》GB 50014。其中顶面标高与地面高差缩小到 10～20mm，主要是考虑人员活动方便，因小区中硬地面为人员活动场所。同时小区的地面施工一般比市政道路精细，较小的标高差能够实现。另外，有的小区广场设置的雨水口类似于无水封地漏，密集且精致，其间距仅十几米。成品雨水口的集水能力由生产商提供。

5.5.5 推荐采用成品雨水口，并具有拦污截污功能。

地面雨水一般污染较重，杂质多，为减少雨水渗透设施和蓄存排放设施的堵塞或杂质沉积，需要雨水口具有拦污截污功能。传统雨水口的雨箅可拦截一些较大的固体，但对于雨水利用设施不理想。雨水口的拦污截污功能主要指拦截雨水径流中的绝大部分固体物甚至部分污染物 SS，这类雨水口应是车间成型的制成品，井体可采用合成树脂等塑料，构造应使清掏、维护操作简便，并应有固体物、SS 等污染物去除率的试验参数。

5.5.6 本条的目的是使不同雨水口收集的初期径流雨水尽量能够同步到达弃流设施，使弃流的雨水浓度高，提高弃流效率。

5.6 雨水弃流

5.6.1 规定屋面雨水的弃流设施设置位置。

雨水收集系统的弃流装置目前可分为成品和非成品两类，成品装置按照安装方式分为管道安装式、屋顶安装式和埋地式。管道安装式弃流装置主要分为累计雨量控制式、流量控制式等；屋顶安装式弃流装置有雨量计式等；埋地式弃流装置有弃流井、渗透弃流装置等。按控制方式又分为自控弃流装置和非自控弃流装置。

小型弃流装置便于分散安装在立管或出户管上，并可实现弃流量集中控制。当相对集中设置在雨水蓄水池进水口前端时，虽然弃流装置安装量减少，但由于通常需要采用较大规格的产品，在一定程度上将提高事故风险。

弃流装置设于室外便于清理维护，当不具备条件必须设置在室内时，为防止弃流装置发生堵塞向室内灌水，应采用密闭装置。

当采用雨水弃流池时，其设置位置宜与雨水储水池靠近建设，便于操作维护。

5.6.3 规定弃流设施的选用。

虹吸式屋面雨水收集系统一般需要对管道流量进行准确的计算，便于弃流装置通过时间或流量进行自动控制。据有关资料，屋面雨水属于水质条件较好的收集雨水水源，因此被弃流的初期径流雨水可通过渗透方式处置，渗透弃流装置对排水管道内流量、流速的控制要求不高，适合于半有压流屋面雨水收集系统。降落到硬化地面的雨水通常受到下垫面不同污染物甚至不同材料的影响，水质条件稍差，通常需要去除的初期径流雨水量也较大，弃流池造价低廉，容易埋地设置，地面雨水收集系统管道汇合后干管管径通常较大，不利于采用成品装置，因此建议以渗透弃流井或弃流池作为地面雨水收集系统的弃流方式。

5.6.4 推荐初期径流雨水弃流量无资料时的建议值。

条文中地面弃流中的地面指硬化地面，径流厚度建议值主要根据北京市雨水径流的污染研究资料。我国北方初期径流雨水比南方污染重，故弃流厚度在南方应小些。

5.6.6 规定弃流装置应具备便于维护的性能。

在管道上安装的初期径流雨水弃流装置在截留雨水过程中，有可能因雨水中携带杂物而堵塞管道，从而影响雨水系统正常排水。这些情况涉及到排水系统安全问题，因此在设计中应特别注意系统维护清理的措施，在施工、管理维护中还应建立对系统及时维护清理的措施、规章制度。

5.6.7 推荐弃流雨水的处置方式。

从大量工程的市政条件来看，向项目用地范围以外排水有雨水、污水两套系统。截留的初期径流雨水是一场降雨中污染物浓度最高的部分，平均水质通常优于污水，劣于雨水。将截留的初期径流雨水排入雨水管道时，可能增加雨水管道的沉积物总量，增加雨水系统的维护成本，排入污水管道时，由于雨污分流的管网设计中污水系统不具备排除雨水的能力，可能导致污水系统跑水、冒水事故。初期弃流雨水排入何种系统应依据工程具体情况确定。

一般情况下，建议将弃流雨水排入市政雨水管道，当条件不具备时，也可排入化粪池以后的污水管道，但污水管道的排水能力应以合流制计算方法复核。

当弃流雨水污染物浓度不高，绿地土壤的渗透能力和植物品种在耐淹方面条件允许时，弃流雨水也可排入绿地。

收集雨水和弃流雨水在弃流装置处存在连通部分，为防止污水通过弃流装置倒灌进入雨水收集系统，要求采取防止污水倒灌的措施。同时应设置防止污水管道内的气体向雨水收集系统返溢的措施。

5.6.8 规定初期径流雨水弃流池做法的基本原则。

图 8 为初期径流雨水弃流池示意。

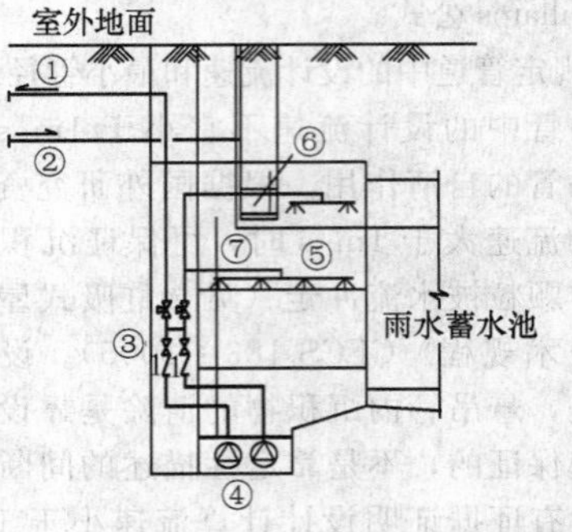

图 8　初期雨水弃流池

①弃流雨水排水管；②进水管；③控制阀门；④弃流雨水排水泵；⑤搅拌冲洗系统；⑥雨停监测装置；⑦液位控制器

1 在条件许可的情况下，弃流池内的弃流雨水宜通过重力排除。

2 当弃流雨水采用水泵排水时，通常采用延时启泵的方式对水泵加以控制，为避免后期雨水与初期雨水掺混，应设置将弃流雨水与后期雨水隔离开的分隔装置。

3 弃流雨水在弃流池内有一定的停留时间，产生沉淀，为使沉泥容易向排水口集中，池底应具有足够的底坡。考虑到建筑物与小区建设的具体情况和便于进人检修维护，底坡不宜过大。

4 弃流池排水泵应在降雨停止后启动排水，在自控系统中需要检测降雨停止、管道不再向蓄水池内进水的装置，即雨停监测装置。两场降雨时间间隔很小时，在水质条件方面可以视同为一场降雨，因此雨停监测装置应能调节两场降雨的间隔时间，以便控制排水泵启动。

5 埋地建设的初期径流雨水弃流池，不便于设置人工观测水位的装置，因此要求设置自动水位监测措施，并在自动监测系统中显示。

6 应在弃流雨水排放前自动冲洗水池池壁和将弃流池内的沉淀物与水搅匀后排放，以免过量沉淀。

5.6.9 规定自动控制弃流装置安装的基本原则。

1 自动控制弃流装置由电动阀、计量装置、控制箱等组成。主控电动阀决定弃流量，主控电动阀发出信号启动其他管道上的电动阀。计量装置一般分流量计量和雨量计量，流量计量是通过累积雨水量计量，雨量计量是通过降雨厚度计量。

电动阀、计量装置可能存在漏水现象，检修时也会造成漏水，因此要求设在室外（一般在检查井内）。控制箱内为电器元件，设在室外易受风吹日晒的影响，因此要求设在室内。控制箱集中设置可有效减少投资，降低造价，每个单体建筑宜集中设一个主控箱。

2 自动控制弃流装置能灵活及时地切换雨水弃流管道和收集管道，保证初期雨水弃流和雨水收集的有效性。由于各地空气污染、屋面设置情况不同和降雨的不均匀性，初期雨水的水质差异较大，因此强调具有控制和调节弃流间隔时间的功能，保证每年雨季初始期的降雨均能做到初期雨水的有效弃流，雨季期间降雨频繁，可延长初期雨水弃流间隔时间，一般宜保证间隔 3～7d 降雨初期雨水的有效弃流，可根据雨水水质和降雨特点确定。

3 流量控制式雨水弃流装置信号取自较小规格的主控电动阀，其造价较低，且能有效保证弃流信号的准确性。

4 雨量控制式雨水弃流装置的雨量计可设在距主控电动阀较近的屋面或室外地面，有可靠的保护措施防止污物进入或人为破坏，并定期检查，以保证其有效工作。

5.6.10 井体渗透层容积指级配石部分容积。

5.7 雨 水 排 除

5.7.1 规定建设用地外排雨水的设计流量计算和管道设计要求。

本规范第 4 章规定设有雨水利用设施的建设用地应有雨水外排措施。当采用管渠外排时，管渠设计流量按本规范 4.2 节中的（4.2.1-2）和（4.2.5）式计算，其中设计重现期应按 4.2.6 条第 3 款取值，流量径流系数 ψ_m 根据 4.2.2 条第 2 款确定。注意 ψ_m 不能取 0，因为外排雨水设计重现期大于雨水利用的设计重现期。

雨水管渠的设计包括确定汇水面积的划分、管径、坡度等，应按现行国家标准《室外排水设计规范》GB 50014 的规定执行。

5.7.2 推荐雨水口的设置位置和顶面设置高度。

绿地低于路面，故推荐雨水口设于路边的绿地内，而不设于路面。低于路面的绿地或下凹绿地一般担负对客地来的雨水进行入渗的功能，因此应有一定容积储存客地雨水。雨水排水口高于绿地面，可防止客地来的雨水流失，在绿地上储存。条文中的 20～50mm，是与 6.1.11 条要求的路面比绿地高 50～100mm 相对应的，这样，保证了雨水口的表面高度比路面低。

5.7.3 推荐雨水口形式和设置距离。

建设用地内的道路宽度一般远小于市政道路，道路做法也不同。设有雨水利用设施后雨水外排径流量较小，一般采用平箅式雨水口均可满足要求。雨水口间距随雨水口的大小变化很大，比如有的成品雨水口很小，间距可减小到 10 多米。

5.7.4 规定渗透管-排放系统替代排水管道系统时的流量要求。

根据日本资料《雨水渗透设施技术指针（草案）》（构造、施工、维护管理篇）介绍，在设有雨水利用的建设用地内，应设雨水排水干管，即传统的雨水排水管道，但设有雨水利用设施的局部场所不再重复设置雨水排水管道，见图 9。设有雨水利用设施的场所地面雨水排水可通过地面溢流或渗透管-排放一体系统排入建设用地内的雨水排水管道，这种做法是符合技术先进、经济合理的设计理念的。

渗透管-排放一体设施的排水能力宜按整体坡度及相应的管道直径以满流工况计算。渗透管-排放一体设施构造断面见图 10。图中（1）地面为平面，（2）地面坡度与排水方向一致，有利于系统排水，推荐采用这种布置形式，需要总图专业与水专业密切配合，有条件时尽量将地面坡度与排水方向一致。

5.7.5 推荐铺装地面采用明渠排水。

渗透地面雨水径流量较小，可尽量沿地面自然坡降在低洼处收集雨水，采用明渠方便管理、节约投资。

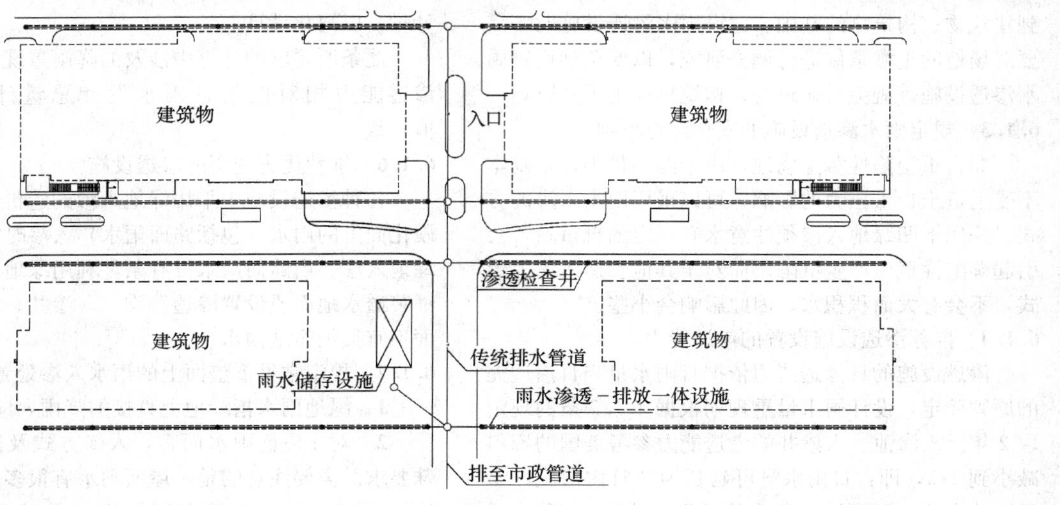

图 9 室外雨水排水管道平面图

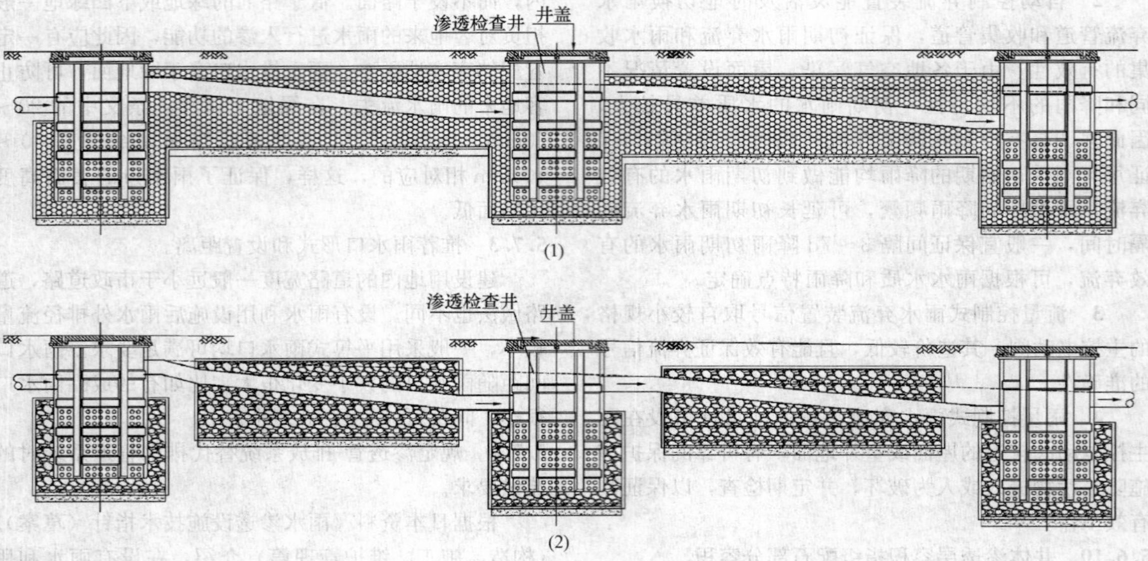

图10 渗透管-排放一体设施构造断面

6 雨水入渗

6.1 一般规定

6.1.1 规定雨水渗透设施的种类。

本条中各雨水渗透设施的技术特性详见6.2节。

绿地和铺砌的透水地面的适用范围广，宜优先采用；当地面入渗所需要的面积不足时采用浅沟入渗；浅沟渗渠组合入渗适用于土壤渗透系数不小于5×10^{-6}m/s的场所。

6.1.2 规定雨水渗透设施不应妨害建筑物及构筑物的正常使用。

雨水渗透设施特别是地面下的入渗使深层土壤的含水量人为增加，土壤的受力性能改变，甚至会影响到建筑物、构筑物的基础。建设雨水渗透设施时，需要对场地的土壤条件进行调查研究，以便正确设置雨水渗透设施，避免对建筑物、构筑物产生不利影响。

6.1.3 规定雨水渗透设施的安全注意事项。

非自重湿陷性黄土场地，由于湿陷量小，且基本不受上覆土自重压力的影响，可以采用雨水入渗的方式。采用下凹绿地入渗须注意水有一定的自重量，会引起湿陷性黄土产生沉陷。而对于其他管道入渗等形式，不会有大面积积水，因此影响会小些。

6.1.4 推荐渗透设施设置的渗透能力。

渗透设施的日渗透能力依据日雨水量当日渗透完的原则而定，设计雨水量重现期根据4.1.5条的规定取2年。入渗池、入渗井的渗透能力参考美国的资料减小到1/3，即：日雨水量可延长为3日内渗完（参见汪慧贞等“浅议城市雨水渗透”一文）。各种渗透设施所需要的渗透面积设计值根据本条的规定经计算确定。

6.1.5 规定渗透设施的储存容积。

进入渗透设施的雨水包括客地雨水和直接的降雨，埋地渗透设施接受不到直接降雨。当雨水流量小于渗透设施的入渗流量（能力）时，渗透设施内不产流、无积水。随着雨水入流量的增大，一旦超过入渗流量，便开始产流积水。之后又随着降雨的渐小，雨水入流量又会变为小于入渗流量，产流终止。产流期间（又称产流历时）累积的雨水量不应流失，需要储存起来延时渗透掉。所以，渗透设施需要储存容积，储存产流历时内累积的雨水量，该雨水量指设计标准内的降雨。

入渗池、入渗井的渗透能力低，只有日雨水设计量的1/3，在计算储存容积时，可忽略雨水入流期间的渗透量，用日雨水设计量近似替代设施内的产流累计量，以简化计算。

此条所要求的计算中涉及的降雨重现期取值均和渗透能力相对应的日雨水设计总量计算中的取值一致。

6.1.6 推荐优先选用的渗透设施。

各种渗透设施中采用绿地入渗的造价最低，各种硬化面上的雨水（包括路面雨水）入渗时宜优先考虑绿地入渗。当路面雨水没有条件利用绿地入渗时，宜铺装透水地面或设置渗透管沟、入渗井。透水铺装地面不宜接纳客地雨水。

6.1.7 规定常见下垫面上的雨水入渗处置要求。

1 绿地雨水指绿地上直接的降雨，应就地入渗。

2 对于屋面雨水而言，入渗方式及选用没有特殊要求。需要注意的是，屋面雨水有很多是由埋地管道引出室外的，这就限制了绿地等地面入渗方式的应用。

6.1.8 推荐地下建筑顶面覆土做渗透设施时的一种处置方法。

地下建筑顶上往往设有一定厚度的覆土做绿化，绿化植物的正常生长需要在建筑顶面设渗排管或渗排片材，把多余的水引流走。这类渗排设施同样也能把入渗下来的雨水引流走，使雨水能源源不断地入渗下来，从而不影响覆土层土壤的渗透能力。

根据中国科学院地理科学与资源研究所李裕元的实验研究报告，质地为粉质壤土的黄绵土试验土槽，初始含水量7%左右，在试验雨强（0.77～1.48mm/min）条件下，60min 历时降雨入渗深度一般在200mm 左右，90min 历时降雨入渗深度一般在 250～300mm 左右。这意味着，对于 300mm 厚的地下室覆土层，某时刻的降雨需要 90min 钟后才能进入土壤下面的渗排系统，明显会延迟雨水径流高峰的时间，同时，土壤层也会存留一部分的雨水，使渗排引流的雨水流量小于降雨流量，由此实现 4.1.5 条规定的原则要求。

6.1.9 规定雨水渗透设施距建筑物的间距。

间距 3m 是参照室外排水检查井的参数制定的。

作为参考资料，列出德国的相关规范要求：雨水渗透设施不应造成周围建筑物的损坏，距建筑物基础应根据情况设定最小间距。雨水渗透设施不应建在建筑物回填土区域内，比如分散雨水渗透设施要求距建筑物基础的最小距离不小于建筑物基础深度的 1.5 倍(非防水基础)，距建筑物基础回填区域的距离不小于 0.5m。

6.1.10 推荐雨水入渗系统设置溢流设施。

入渗系统的汇水面上当遇到超过入渗设计标准的降雨时会积水，设置溢流设施可把这些积水排走。当渗透设施为渗透管时宜在下游终端设排水管。

6.1.11 规定小区内路面宜高于绿地。

按传统总平面及竖向设计原则，一般绿地标高高于车行道路标高，道路设有立道牙。雨水利用的设计理念一般要求利用绿化地面入渗，因此道路标高要高于绿地标高。

小区内路面高于路边绿地 50～100mm 是北京雨水入渗的经验。低于路面的绿地又称下凹绿地，可形成储存容积，截留储存较多的雨水。特别是绿地周围或上游硬化面上的雨水需要进入绿地入渗时，绿地必须下凹才能把这些雨水截留并入渗。当路面和绿地之间有凸起的隔离物时，应留有水道使雨水排向绿地。

6.2 渗透设施

6.2.1 规定绿地渗透设施。

客地雨水指从渗透设施之外引来的雨水。绿地雨水渗透设施应与景观设计结合，边界应低于周围硬化面。在绿地植物品种选择上，根据有关试验，在淹没深度 150mm 的情况下，大羊胡子、早熟禾能够耐受长达 6d 的浸泡。

6.2.2 规定铺装地面渗透设施。

图 11 为透水铺装地面结构示意图。

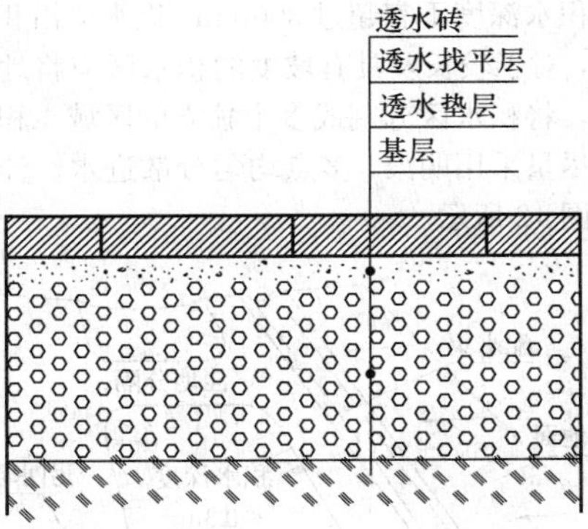

图 11 透水铺装地面结构示意图

根据垫层材料的不同，透水地面的结构分为 3 层（表 17），应根据地面的功能、地基基础、投资规模等因素综合考虑进行选择。

表 17 透水铺装地面的结构形式

编号	垫层结构	找平层	面 层	适用范围
1	100～300mm 透水混凝土	1）细石透水混凝土 2）干硬性砂浆 3）粗砂、细石厚度 20～50mm	透水性水泥混凝土 透水性沥青混凝土 透水性混凝土路面砖 透水性陶瓷路面砖	人行道、轻交通流量路面、停车场
2	150～300mm 砂砾料			
3	100～200mm 砂砾料 + 50～100mm 透水混凝土			

透水路面砖厚度为 60mm，孔隙率 20%，垫层厚度按 200mm，孔隙率按 30%计算，则垫层与透水砖可以容纳 72mm 的降雨量，即使垫层以下的基础为黏土，雨水渗入地下速度忽略不计，透水地面结构可以满足大雨的降雨量要求，而实际工程应用效果和现场试验也证明了这一点。

水质试验结果表明，污染雨水通过透水路面砖渗透后，主要检测指标如 NH_3-N、COD_{Cr}、SS 都有不同程度的降低，其中 NH_3-N 降低 4.3%～34.4%，COD_{Cr} 降低 35.4%～53.9%，SS 降低 44.9%～87.9%，使水质得到不同程度的改善。

另外，根据试验观测，透水路面砖的近地表温度比普通混凝土路面稍低，平均低 0.3℃左右，透水路面砖的近地表湿度比普通混凝土路面的近地表湿度稍高 1.12%。

6.2.3 规定浅沟与洼地渗透设施。

浅沟与洼地入渗系统是利用天然或人工洼地蓄水

入渗。通常在绿地入渗面积不足，或雨水入渗性太小时采用洼地入渗措施。洼地的积水时间应尽可能短，因为长时间的积水会增加土壤表面的阻塞与淤积。一般最大积水深度不宜超过 300mm。进水应沿积水区多点进入，对于较长及具有坡度的积水区应将地面做成梯田形，将积水区分割成多个独立的区域。积水区的进水应尽量采用明渠，多点均匀分散进水。洼地入渗系统如图 12 所示。

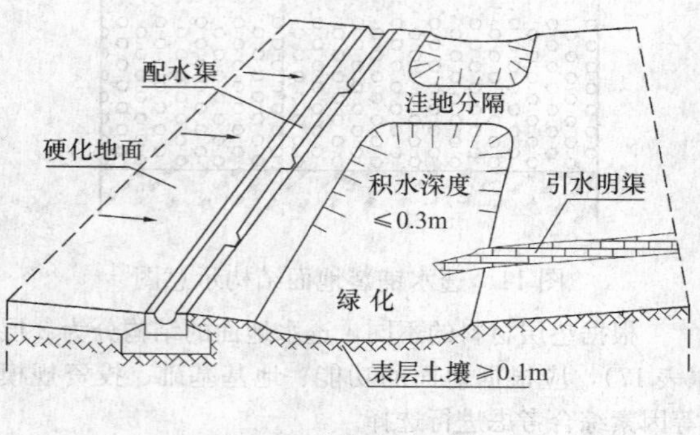

图 12 洼地入渗系统

6.2.4 规定浅沟渗渠组合渗透设施。

浅沟—渗渠组合的构造形式见图 13。

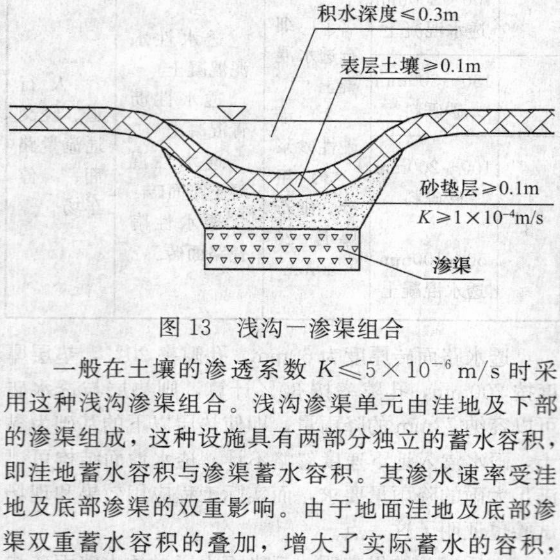

图 13 浅沟—渗渠组合

一般在土壤的渗透系数 $K \leqslant 5\times10^{-6}$ m/s 时采用这种浅沟渗渠组合。浅沟渗渠单元由洼地及下部的渗渠组成，这种设施具有两部分独立的蓄水容积，即洼地蓄水容积与渗渠蓄水容积。其渗水速率受洼地及底部渗渠的双重影响。由于地面洼地及底部渗渠双重蓄水容积的叠加，增大了实际蓄水的容积，因而这种设施也可用在土壤渗透系数 $K \geqslant 1\times10^{-6}$ m/s 的土壤。与其他渗透设施相比这种系统具有更长的雨水滞留及渗透排空时间。渗水洼地的进水应尽可能利用明渠与来水相连，应避免直接将水注入渗渠，以防止洼地中的植物受到伤害。洼地中的积水深度应小于 300mm。洼地表层至少 100mm 的土壤的透水性应保持在 $K \geqslant 1\times10^{-5}$ m/s，以便使雨水尽可能快地渗透到下部的渗渠中去。

当底部渗渠的渗透排空时间较长，不能满足浅沟积水渗透排空要求时，应在浅沟及渗渠之间增设泄流措施。

6.2.5 规定渗透管沟的设置要求。

建筑区中的绿地入渗面积不足以承担硬化面上的雨水时，可采用渗水管沟入渗或渗水井入渗。

图 14 为渗透管沟断面示意图。

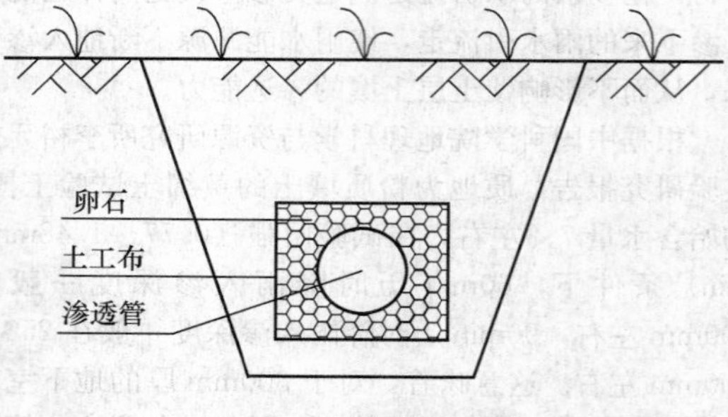

图 14 渗透管沟断面

汇集的雨水通过渗透管进入四周的砾石层，砾石层具有一定的储水调节作用，然后再进一步向四周土壤渗透。相对渗透池而言，渗透管沟占地较少，便于在城区及生活小区设置。它可以与雨水管道、入渗池、入渗井等综合使用，也可以单独使用。

渗透管外用砾石填充，具有较大的蓄水空间。在管沟内雨水被储存并向周围土壤渗透。这种系统的蓄水能力取决于渗沟及渗管的断面大小及长度，以及填充物孔隙的大小。对于进入渗沟及渗管的雨水宜在入口处的检查井内进行沉淀处理。渗透管沟的纵断面形状见图 10。

6.2.7 规定入渗池（塘）设施。

当不透水面的面积与有效渗水面积的比值大于 15 时可采用渗水池（塘）。这就要求池底部的渗透性能良好，一般要求其渗透系数 $K \geqslant 1\times10^{-5}$ m/s，当渗透系数太小时会延长其渗水时间与存水时间。应该估计到在使用过程中池（塘）的沉积问题，形成池（塘）沉积的主要原因为雨水中携带的可沉物质，这种沉积效应会影响到池子的渗透性。在池子首端产生的沉积尤其严重。因而在池的进水段设置沉淀区是很有必要的，同时还应通过设置挡板的方法拦截水中的漂浮物。对于不设沉淀区的池（塘）在设计时应考虑 1.2 的安全系数，以应对由于沉积造成的池底透水性的降低，但池壁不受影响。

保护人身安全的措施包括护拦、警示牌等。平时无水、降雨时才蓄水入渗的池（塘），尤其需要采取比常有水水体更为严格的安全防护措施，防止人员按平时活动习惯误入蓄水时的池（塘）。

6.2.8 规定入渗井。

入渗井一般用成品或混凝土建造，其直径小于 1m，井深由地质条件决定。井底距地下水位的距离不能小于 1.5m。渗井一般有两种形式。形式 A 如图 15 所示，渗井由砂过滤层包裹，井壁周边开孔。雨水经砂层过滤后渗入地下，雨水中的杂质大部分被砂滤层截留。

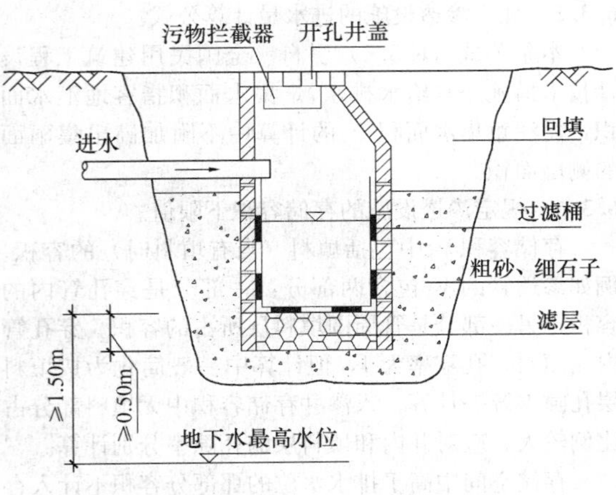

图15 渗井 A

渗井 B 如图 16 所示，这种渗井在井内设过滤层，在过滤层以下的井壁上开孔，雨水只能通过井内过滤层后才能渗入地下，雨水中的杂质大部被井内滤层截留。过滤层的滤料可采用 0.25～4mm 的石英砂，其透水性应满足 $K \leqslant 1\times10^{-3}$m/s。与渗井 A 相比渗井 B 中的滤料容易更换，更易长期保持良好的渗透性。

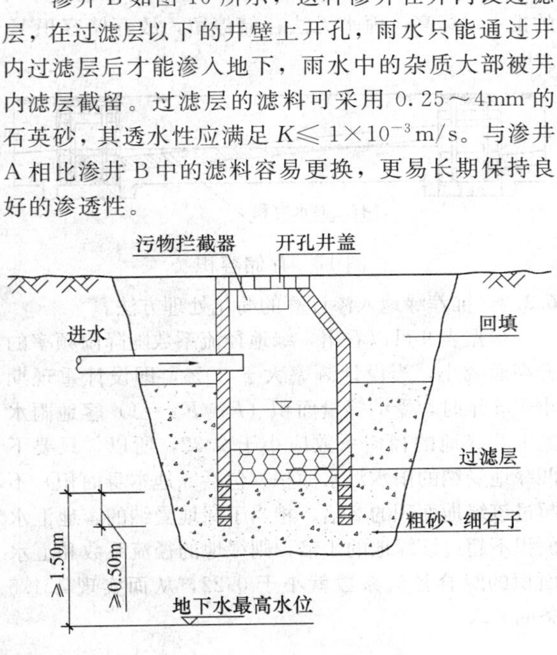

图 16 渗井 B

6.2.10 规定用于保护埋地渗透设施的土工布选用原则。

本条文主要参考了《土工合成材料应用技术规范》GB 50290；《公路土工合成材料应用技术规范》JTJ/T 019 等国家和相关行业标准制定的，详细的技术参数应根据雨水利用的技术特点进一步测试确定。

土工布的水力学性能同样是土壤和土工布互相作用的重要性能，主要为：土工布的有效孔径和渗透系数。土工布的有效孔径（EOS）或表观孔径（AOS）表示能有效通过的最大颗粒直径。目前具体试验方法有 2 种：干筛法（GB/ T 14799）和湿筛法（GB/ T 17634）。干筛法相对较简便但振筛时易产生静电，颗粒容易集结。湿筛法是根据 ISO 标准新制订的，在理论上可消除静电的影响，但因喷水后产生表面张力，集结现象并不能完全消除。两种标准的颗粒准备也不一样，干法标准制备是分档颗粒（从 0.05～0.07mm 至 0.35～0.4mm 分成 9 档），逐档放于振筛上（以土工布作为筛布）得出一系列不同粒径的筛余率，当某一粒径的筛余率等于总量的 90%或 95%时，该粒径即为该土工布的表观孔径或有效孔径，相应用 O90 或 O95 表示。至于湿法则采用混合颗粒（按一定的分布）经筛分后再测粒径，并求出有效孔径。目前国内应用的仍以干法为主。

短纤维针刺土工布是目前应用最广泛的非织造土工布之一。纤维经过开松混合、梳理（或气流）成网、铺网、牵伸及针刺固结最后形成成品，针刺形成的缠结强度足以满足铺放时的抗张应力，不会造成撕破、顶破。由于其厚度较大、结构蓬松，且纤维通道呈三维结构，过滤效率高，排水性能好。其渗透系数达 10^{-2}～10^{-1}，与砂粒滤料的渗透系数相当，但铺起来更方便，价格也不贵，因此用作反滤和排水最为合适。还具有一定的增强和隔离功能，也可以和其他土工合成材料复合，具有防护等多种功能。由于非织造土工布具有反滤和排水的特点，因此在水力学性能方面要特别予以重视，一是有效孔径；二是渗透系数。要利用非织造布多孔的性质，使孔隙分布有利于截留细小颗粒泥土又不至于淤堵，这必须结合工程的具体要求，予以满足。

机织布材料有长丝机织布和扁丝机织布两种，材料以聚丙烯为主。它应用于制作反滤布的土工模袋为多。机织土工布具有强度高、延伸率低的特点，广泛使用在水利工程中，用作防汛抢险、土坡地基加固、坝体加筋、各种防冲工程及堤坝的软基处理等。其缺点是过滤性和水平渗透性差，孔隙易变形，孔隙率低，最小孔径在 0.05～0.08mm，难以阻隔 0.05mm 以下的微细土壤颗粒；当机织布局部破损或纤维断裂时，易造成纱线绽开或脱落，出现的孔洞难以补救，因而应用受到一定限制。

6.3 渗透设施计算

6.3.1 规定渗透设施渗透量计算公式。

本条采用的公式为地下水层流运动的线性渗透定律，又称达西定律。

式中 α 为安全系数，主要考虑渗透设施会逐渐积淀尘土颗粒，使渗透效率降低。北方尘土多，应取低值，南方较洁净，可取高值。

水力坡降 J 是渗透途径长度上的水头损失与渗透途径长度之比，其计算式为：

$$J=\frac{J_s+Z}{J_s+\dfrac{Z}{2}}$$

式中 J_s——渗透面到地下水位的距离（m）；

Z——渗透面上的存水深度（m）。

当渗透面上的存水深 Z 与该面到地下水位的距离 J_s 相比很小时，则 $J\approx1$。为安全计，当存水深 Z 较大时，一般仍采用 $J=1$。

本条公式的用途有两个：

1 根据需要渗透的雨水设计量求所需要的有效渗透面积；

2 根据设计的有效渗透面积求各时间段对应的渗透雨量。

6.3.2 规定土壤渗透系数的获取。

土壤渗透系数 K 由土壤性质决定。在现场原位实测 K 值时可采用立管注水法、圆环注水法，也可采用简易的土槽注水法等。城区土壤多为受扰动后的回填土，均匀性差，需取大量样土测定才能得到代表性结果。实测中需要注意应取入渗稳定后的数据，开始时快速渗透的水量数据应剔除。

土壤渗透系数表格中的数据取自刘兆昌等主编的《供水水文地质》。

6.3.3 规定各种形式的渗透面有效渗透面积折算方法。

1 水平渗透面是笼统地指平缓面，投影面积指水平投影面积；

2 有效水位指设计水位；

3 实际面积指 1/2 高度下方的部分。

6.3.4 规定渗透设施内蓄积雨水量的确定方法。

渗透设施（或系统）的产流历时概念：一场降雨中，进入渗透设施的雨水径流流量从小变大再逐渐变小直至结束，过程中间存在一个时间段，在该时间段上进入设施的径流流量大于渗透设施的总入渗量。这个时间段即为产流历时。

本条公式中最大值 Max（W_c-W_s）可如下计算：

步骤 1：对 W_c-W_p 求时间（降雨历时）导数；

步骤 2：令导数等于 0，求解时间 t，t 若大于 120min 则取 120；

步骤 3：把 t 值代入 W_c-W_s 中计算即得最大值。

降雨历时 t 高限值取 120min 是因为降雨强度公式的推导资料采用 120min 以内的降雨。

如上计算出的最大值如果大于按条文中（4.2.1-1）式计算的日雨水设计总量，则取小者。根据降雨强度计算的降雨量与日降雨量数据并不完全吻合，所以需作比较。

用（4.2.1-1）式计算日雨水设计总量时注意：汇水面积 F 按（6.3.5）式中的 F_y+F_0 取值。

求解 Max（W_c-W_s）还可按如下列表法计算：

步骤 1：以 10min 为间隔，列表计算 30、40、…、120min 的 W_c-W_s 值；

步骤 2：判断最大值发生的时间区间；

步骤 3：在最大值发生区间细分时间间隔计算 W_c-W_s，即可求出 Max（W_c-W_s）。

6.3.5 规定渗透设施的进水量计算公式。

本条公式（6.3.5）引自《全国民用建筑工程设计技术措施——给水排水》。集水面积指客地汇水面积，需注意集水面积 F_y 的计算中不附加高出集雨面的侧墙面积。

6.3.6 规定渗透设施的存储容积下限值。

存储容积 V_s 中包括填料（当有填料时）的容积。例如渗透管的 V_s 包含两部分：一部分是穿孔管内的容积，另一部分是管周围填料层所占的容积。穿孔管内无填料，孔隙率为 1，但计算中一般简化为按填料层孔隙率统一计算。入渗井存储容积中无填料部分占比例较大，应对井内和填料层的孔隙率分别计算。

存储空间中高于排水水位的那部分容积不计入存储容积 V_s，见图 17。比如小区中传统的雨水管道排除系统，管道中任一点的空间都高于下游端检查井内的排水口标高，雨水无法存储停留，故存储容积 V_s $=0$。

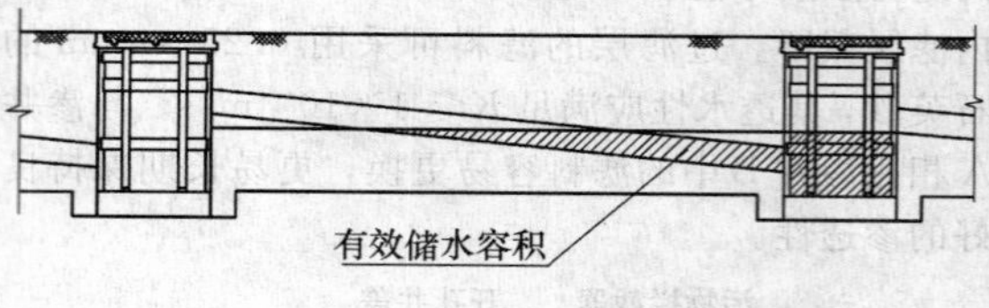

图 17 存储容积

6.3.7 推荐绿地入渗计算的简化处理方法。

根据表 9 可以看出，绿地径流系数随降雨频率的升高而减小，当设计频率大于 20%，即设计重现期小于 5 年时，受纳等量面积（$F_{汇}/F_{绿}=1$）客地雨水的下凹绿地的径流系数应小于 0.22，所以，只要下凹绿地受纳的雨水汇水面积（包括绿地本身面积）不超过该绿地面积的 2 倍，相当于绿地受纳的客地汇水面积不超过该绿地的 1 倍，则绿地的径流系数和汇水面积的综合径流系数就小于 0.22，从而实现 4.1.5 条的要求。

7 雨水储存与回用

7.1 一 般 规 定

7.1.1 规定雨水收集部位。

屋面雨水水质污染较少，并且集水效率高，是雨水收集的首选。广场、路面特别是机动车道雨水相对较脏，不宜收集。绿地上的雨水收集效率非常低，不经济。

图 18 表明了雨水集水面的污染程度与雨水收集回用系统的建设费及维护管理费之间的关系。要特别注意，雨水收集部位不同会给整个系统造成影响。也就是说，从污染较小的地方收集雨水，进行简单的沉淀和过滤就能利用；从高污染地点收集雨水，要设置深度处理系统，这是不经济的。

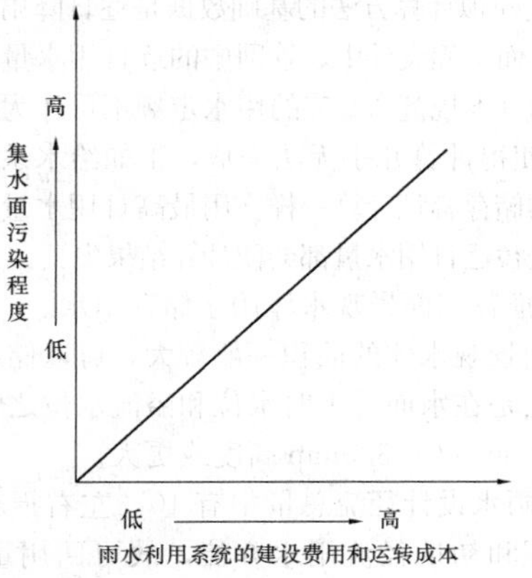

图 18　雨水收集回用系统的费用示意

7.1.2　规定雨水收集回用系统的水量平衡。

1　降雨重现期取 1～2 年是根据 4.1.5 条制定的。

2　回用系统的最高日用水量根据 3.2 节的用水定额计算，计算方法见现行国家标准《建筑给水排水设计规范》GB 50015。集水面日雨水设计总量根据（4.2.1-1）式计算。此款相当于管网系统有能力把日收集雨水量约 3 日内或更短时间用完。对回用管网耗用雨水的能力提出如此高的要求主要基于以下理由：

1) 条件具备。建设用地内雨水的需用量很大，比如公共建筑项目中的水体景观补水、空调冷却补水、绿地和地面浇洒、冲厕等用水，都可利用雨水，而汇集的雨水很有限，千平方米汇水面的日集雨量一般只几十立方米。只要尽量把可用雨水的部位都用雨水供应，则雨水回用管网的设计用水量很容易达到不小于日雨水设计总量 40%的要求。

2) 提高雨水的利用率。管网耗用雨水的能力越大，则蓄水池排空得越快，在不增加池容积的情况下，后续的降雨（比如连续 3d、7d 等）都可收集蓄存进来，提高了水池的周转利用率或雨水的收集效率，或者说所需的储存容积相对较小，使回用雨水相对经济。

雨水利用还有其他的水量平衡方法，比如月平衡法，年平衡法。

3) 雨水量非常充沛足以满足需用量的地区或项目，雨水需用量小于可收集量，这种条件下，回用管网的用水应尽量由雨水供应，不用或少用自来水补水。在降雨最多的一个月，集雨量宜足以满足月用水量，做到不补自来水，而在其他月份，降雨量小从而集雨量减少，再用自来水补充。

7.1.3　规定雨水储存设施的设置规模。

本条规定了两种方法确定雨水储存设施的有效容积。

第一种方法计算简单，需要的数据也少。要求雨水储存设施能够把设计日雨水收集量全部储存起来，进行回用。这里未考虑让部分雨水溢流流失，也未折算雨水池蓄水过程中会有一部分雨水进入处理设施，故池容积偏大偏保守些。

第二种方法需要计算机模拟计算，并需要一年中逐日的降雨量和逐日的管网用水量资料。此方法首先设定大小不同的几个雨水蓄水池容积 V，并分别计算每个容积的年雨水利用率和自来水替代率，然后根据费用数学模型进行经济分析比较，确定其中的一个容积。年雨水利用率和自来水替代率的计算流程见图 19。

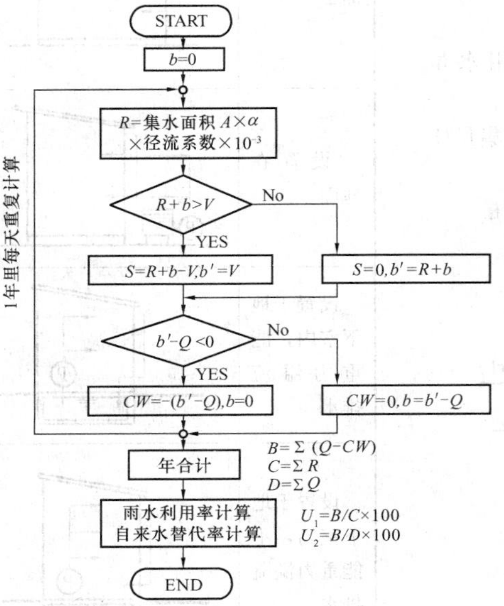

A：集水面积［m^2］
Q：雨水用量［m^3/d］
V：雨水储存池容积［m^3］
a：降水量［mm/d］
b：雨水储水量［m^3］
b'：溢流量计算后的 b［m^3］
CW：自来水补水量［m^3/d］
S：溢流水量［m^3/d］
B：年雨水利用量［m^3/a］
C：年雨水收集量［m^3/a］
D：年用水量［m^3/a］
U_1：雨水利用率［%］
U_2：自来水替代率［%］

图 19　年雨水利用率和自来水替代率计算流程图

计算机模拟计算中，各符号与本规范的符号对应关系为：R—W，A—F，a—h_y

流程图的计算步骤如下：

1) 已知某日降雨资料 a（mm/d），可以推求雨水设计量 R（m^3/d）：

R=汇水面积 A（m^2）$\times a\times$径流系数$\times10^{-3}$

2) 已知雨水设计量 R、雨水蓄水池 V（m^3）和雨水蓄水池储水量 b（m^3）=0，可以推求雨水蓄水池溢流量 S（m^3/d）：

当 $R+b>V$ 时，$S=R+b-V$

当 $R+b<V$ 时，$S=0$

3) 此时的雨水储存量 b'（m^3）求解为：

当 $R+b>V$ 时，$b'=V$

当 $R+b<V$ 时，$b'=R+b$

4) 根据蓄水池储水量 b' 和使用水量 Q，可以求出自来水补给量 CW（m^3）：

当 $b'-Q<0$ 时，$CW=-(b'-Q)$

当 $b'-Q>0$ 时，$CW=0$

5) 此时的雨水蓄水池储水量 b''（m^3）求解为：

当 $b'-Q<0$ 时，$b''=0$

当 $b'-Q>0$ 时，$b''=b'-Q$

6) 把 b'' 作为 b，可以进行第二天的计算。

7) 由一整年的降雨资料，进行 1）～6）重复计算。

8) 由以上计算结果，可以根据下式算出年雨水利用量 B（m^3/年），年雨水收集量 C（m^3/年）和年使用量 D（m^3/年）：

$$B=\sum(Q-CW),C=\sum R,D=\sum Q$$

下面求解雨水利用率（%）和自来水替代率（%），见下式：雨水利用率（%）=$B\div C\times100$=雨水利用量÷雨水收集量×100

自来水替代率（%）=$B\div D\times100$

=雨水利用量÷使用水量×100

=雨水利用率×雨水收集量÷使用水量

注：使用水量=雨水利用量+自来水补给量

模拟计算中水量均衡概念见图 20。

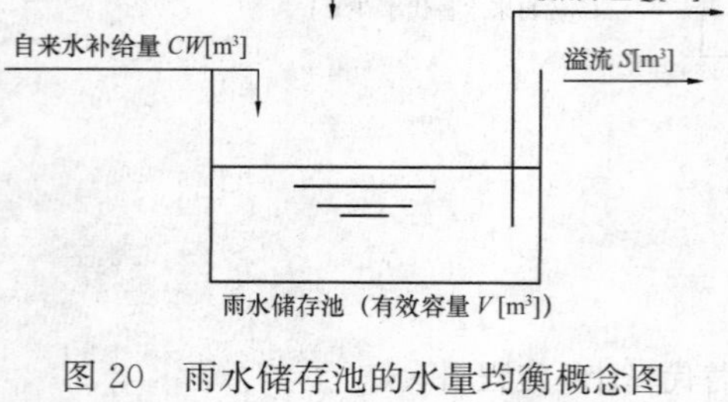

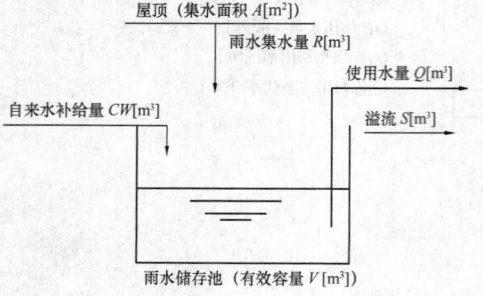

图 20 雨水储存池的水量均衡概念图

上述模拟计算方法的基础数据是逐日降雨量和逐日用水量，而工程设计中，管网中的逐日用水量如何变化是未知的（本规范 3.2 节的用水定额不可作为逐日用水量），这使得计算几乎无法完成，正如给水系统、热水系统中的储存容积计算一样。用最高日用水量或平均日用水量代替逐日用水量都会使计算结果失真。

7.1.4 推荐水面景观水体用于储存雨水。

水面景观水体的面积一般较大，可以储蓄大量雨水，做法是在水面的平时水位和溢流水位之间预留一定空间，如 100～300mm 高度或更大。

7.1.5 雨水设计径流总量中有 10%左右损耗于水质净化过程和初期径流雨水弃流，故可回用量为 90%左右。

7.1.6 规定雨水清水池的容积。

管网的供水曲线在设计阶段无法确定，水池容积一般按经验确定。条文中的数字 25%～35%，是借鉴现行国家标准《建筑中水设计规范》GB 50336。

7.2 储存设施

7.2.1 推荐雨水蓄水池（罐）设置位置。

雨水蓄水池（罐）设在室外地下的益处是排水安全和环境温度低、水质易保持。水池人孔或检查孔设双层井盖的目的是保护人身安全。

雨水蓄水池（罐）也可以设在其他位置，参见表 18。

表 18 雨水蓄水池设置位置

设置地点	图示	主要特点
设置在屋面上	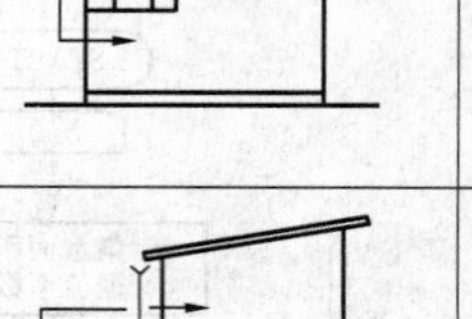	1）节省能量，不需要给水加压 2）维护管理较方便 3）多余雨水由排水系统排除
设置在地面	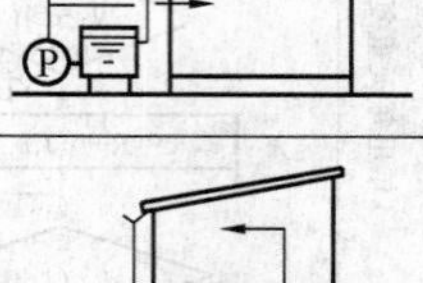	维护管理较方便
设置于地下室内，能重力溢流排水	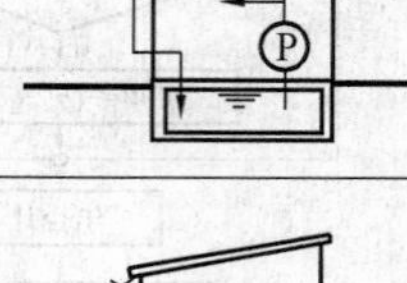	1）适合于大规模建筑 2）充分利用地下空间和基础
设置于地下室内，不能重力溢流排水	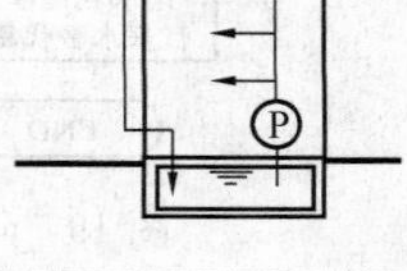	必须设置安全的溢流措施

7.2.2 规定储存设施应有溢流措施。

雨水收集系统的蓄水构筑物在发生超过设计能力降雨、连续降雨或在某种故障状态时，池内水位可能超过溢流水位发生溢流。重力溢流指靠重力作用能把溢流雨水排放到室外，且溢流口高于室外地面。

7.2.3 规定溢流能力要求。

溢流排水能力只有比进水能力大，才能保证系统安全性。通常，溢流管比进水管管径大一级是给水容器中的常规做法。

7.2.4 规定室内蓄水池不能重力溢流时的设置方法。

本条规定的目的是保证建筑物地下室不因降雨受淹。

1 室内蓄水池的溢流口低于室外路面时，可采用两种方式排除溢流雨水，自然溢流或设自动提升设备。当采用自动提升设备排溢流雨水时，可采用图21所示方式设置溢流排水泵。溢流提升设备的排水标准取50年重现期参照的是现行国家标准《建筑给水排水设计规范》GB 50015屋面溢流标准。德国雨水利用规范中取的是100年重现期。

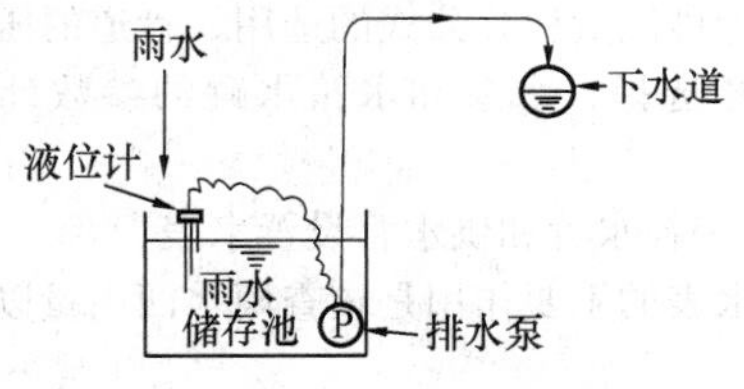

(a)

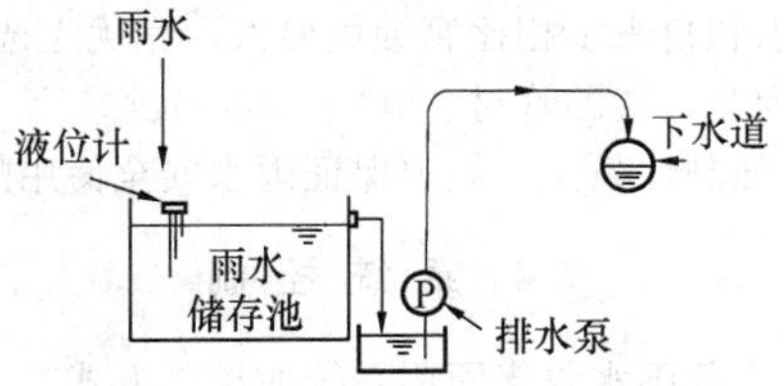

(b)

图21 溢流排水方式示意

(a) 排水泵设于雨水储存池内；

(b) 排水泵设于雨水储存池外

2 当不设溢流提升设备时，可采用雨水自然溢流。但由于溢流口低于室外路面，则路面发生积水时会使雨水溢流不出去，甚至室外雨水倒灌进室内蓄水池。所以采用这种方式处理溢流雨水时应采取防止雨水进入室内的措施。采取的措施有多种，最安全的措施是蓄水池、弃流池与室内地下室空间隔开，使雨水进不到地下室内。另一种措施是地下雨水蓄水池和弃流池密闭设置，当溢流发生时不使溢流雨水进入室内，检查口标高应高于室外自然地面。由于蓄水构筑物可能被全部充满，必须设置的开口、孔洞不可通往室内，这些开口包括人孔、液位控制器或供电电缆的开口等等，采用连通器原理观察液位的液位计亦不可设在建筑物室内。

3 地下室内雨水蓄水池发生的溢流水量有难以预测的特点，出现溢流时特别是需设备提升溢流雨水时应人员到位，应付不测情况，这是设置溢流报警信号的主要目的。

4 设置超越管的作用是蓄水池故障时屋面雨水仍能正常排到室外。

7.2.5 规定蓄水池进、出水的设置要求。

出水和进水都需要避免扰动沉积物。出水的做法有：设浮动式吸水口，保持在水面下几十厘米处吸水；或者在池底吸水，但吸水口端设矮堰与积泥区隔开等。进水的做法是淹没式进水且进水口向上、斜向上或水平。图22所示为浮动式吸水口和上向进水口。

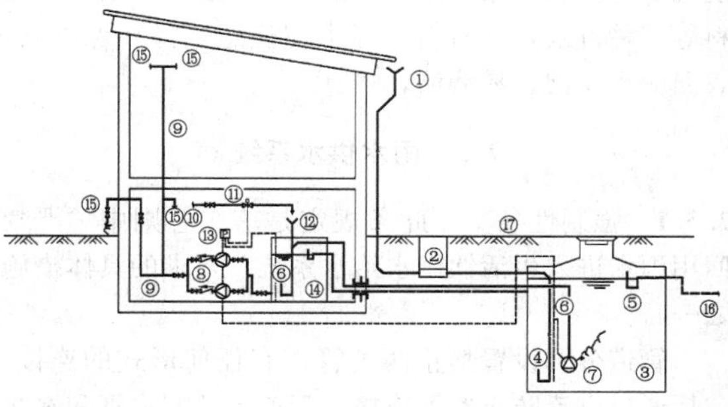

图22 雨水蓄存利用系统示意

①屋面集水与落水管；②滤网；③雨水蓄水池；④稳流进水管；⑤带水封的溢流管；⑥水位计；⑦吸水管与水泵；⑧泵组；⑨回用水供水管；⑩自来水管；⑪电磁阀；⑫自由出流补水口；⑬控制器；⑭补水混合水池；⑮用水点；⑯渗透设施或下水道；⑰室外地面

进水端均匀进水方式包括沿进水边设溢流堰进水或多点分散进水。

7.2.6、7.2.7 规定蓄水池构造方面的部分要求。

检查口或人孔一般设在集泥坑的上方，以便于用移动式水泵排泥。检查口附近的给水栓用于接管冲洗池底。

有的成品装置（型材拼装）把蓄水池和水质处理合并为一体，其中设置分层沉淀板，高效沉淀，自动集泥，故池底板无需集泥，可不再需要坡度。

7.2.8 规定蓄水池无排泥设施时的处置方法。

当不具备设置排泥设施或排泥确有困难时，应在雨水处理前自动冲洗水池池壁和将蓄水池内的沉淀物与水搅匀，随净化系统排水将沉淀物排至污水管道，以免在蓄水池内过量沉淀。可采用图23所示方式利用池水作为冲洗水源，由自动控制系统控制操作。

搅拌系统应确保在工作时间段内将池水与沉淀物充分有效均匀混合。

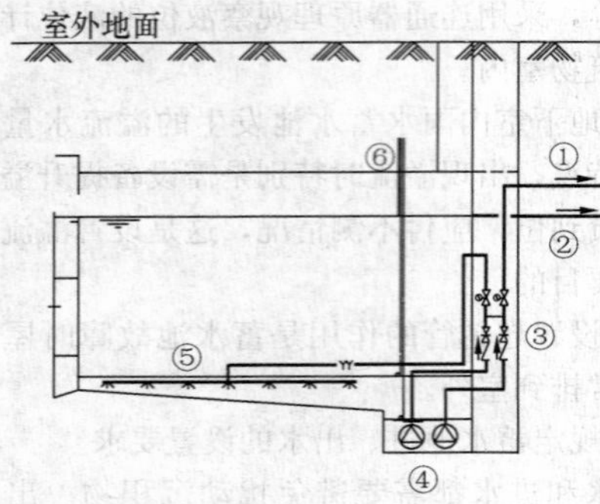

图 23　无排泥设施蓄水池做法示意

①至处理系统；②溢流管；③控制阀门；④雨水处理提升泵；⑤搅拌冲洗系统；⑥液位控制器

7.2.10　国内外资料显示，蓄水池材料可选用塑料、混凝土水池表面涂装涂料、钢板水箱表面涂装防腐涂料等多种方式，在材料选择中应注意选择环保材料，表面应耐腐蚀、易清洁。

7.3　雨水供水系统

7.3.1　强制性条文。此条规定是落实总则中"严禁回用雨水进入生活饮用水给水系统"要求的具体措施之一。

管道分开设置禁止两类管道有任何形式的连接，包括通过倒流防止器等连接。管道包括配水管和水泵吸水管等。

7.3.2　规定雨水回用系统设置自动补水及其要求。

雨水回用系统很难做到连续有雨水可用，因此须设置稳定可靠的补水水源，并应在雨水储罐、雨水清水池或雨水供水箱上设置自动补水装置，对于只设雨水蓄水池的情况，应在蓄水池上设置补水。在非雨季，可采用补水方式，也可关闭雨水设施，转换成其他系统供水。

1　补水可能是生活饮用水，也可能是再生水，要特别注意补充的再生水水质不可低于雨水的水质。

2　雨水供应不足应在如下情况下进行补水：

1）雨水蓄水池里没有了雨水；

2）雨水清水池里的雨水已经用完。

发生任何一种情况便应启动补水。

补水水位应满足如下要求：补水结束时的最高水位之上应留有容积，用于储存处理装置的出水，使雨水处理装置的运行不会因补水而被迫中断。

3　补水流量一般不应小于管网系统的最大时水量。

7.3.3　强制性条文。规定生活饮用水做补水的防污染要求。

生活饮用水补水管出口，最好不进入雨水池（箱）之内，即使设有空气隔断措施。补水可在池（箱）外间接进入，特别是向雨水蓄水池补水时。池外补水方式可参见图 22。

7.3.4　规定雨水供水管网的覆盖范围。

雨水供水管网的供应范围应该把水量平衡计算中耗用雨水的用水部位都覆盖进来，才能使收集的雨水及时供应出去，保证雨水利用设施发挥作用。工程中有条件时，雨水供水管网的供水范围应尽量比水量计算的部位扩大一些，以消除计算与实际用水的误差，确保雨水能及时耗用掉，使雨水蓄水池周转出空余容积收集可能的后续雨水。

7.3.5　推荐不同水质的用水分质供水。

这是一种比较特殊的情况。雨水一般可有多种用途，有不同的水质标准，大多采用同一个管网供水，同一套水质处理装置，水质取其中的最高要求标准。但是有这样一种情况：标准要求最高的那种用水的水量很小，这时再采用上述做法可能不经济，宜分开处理和分设管网。

7.3.6　规定雨水系统的供水方式和计算要求。

供水方式包括水泵水箱的设置、系统选择、管网压力分区等。

水泵选择和管道水力计算包括用水点的水量水压确定、设计秒流量计算公式的选用、管道的压力损失计算和管径选择、水泵和水箱水罐的参数计算与选择等。

7.3.7　规定补水管和供水管设置水表。

设置水表的主要作用是核查雨水回用量以及经济核算。

7.3.8　推荐雨水管道的管材选用。

雨水和自来水相比腐蚀性要大，宜优先选用管道内表面为非金属的管材。

7.3.9　强制性条文。规定保证雨水安全使用的措施。

7.4　系 统 控 制

7.4.1　推荐雨水收集回用系统的控制方式。

降雨属于自然现象，降雨的时间、雨量的大小都具有不确定性，雨水收集、处理设施和回用系统应考虑自动运行，采用先进的控制系统降低人工劳动强度、提高雨水利用率，控制回用水水质，保障人民健康。给出的三种控制方式是电气专业的常规做法。

7.4.3　推荐对设备运行状态监控。

对水处理设施的自动监控内容包括各个工艺段的出水水质、净化工艺的工作状态等。回用水系统内设备的运行状态包括蓄水池液位状态、回用水系统的供水状态、雨水系统的可供水状态、设备在非雨季时段内的可用状态等。并能通过液位信号对系统设备运行实施控制。

7.4.4　推荐净化设备自动控制运行。

降雨具有季节性，雨季内的降雨也并非连续均匀。由于雨水回用系统不具备稳定持续的水源，因此雨水净化设备不能连续运转。净化设备开、停等应由雨水蓄水池和清水池的水位进行自动控制。

7.4.5 规定常规监控内容。

水量计量可采用水表，水表应在两个部位设置，一个部位为补水管，另一个部位是净化设备的出水管或者是向回用管网供水的干管上。

7.4.6 规定补水自动进行。

雨水收集、处理系统作为回用水系统供水水源的一个组成部分，本身具有水量不稳定的缺点，回用水系统应具有如生活给水、中水给水等其他供水水源。当采用其他供水水源向雨水清水池补水的方式时，补水系统应由雨水清水池的水位自动控制。清水池在其他水源补水的满水位之上应预留雨水处理系统工作所需要的调节容积。

8 水质处理

8.1 处理工艺

8.1.1 规定确定雨水处理工艺的原则。

影响雨水回用处理工艺的主要因素有：雨水能回收的水量、雨水原水水质、雨水回用部位的水质要求，三者相互联系，影响雨水回用水处理成本和运行费用。在工艺流程选择中还应充分考虑其他因素，如降雨的随机性很大，雨水回收水源不稳定，雨水储蓄和设备时常闲置等，目前一般雨水利用尽可能简化处理工艺，以便满足雨水利用的季节性，节省投资和运行费用。

8.1.2 推荐雨水处理中所采用的常规技术。

雨水的可生化性很差（详见 3.1.2 条说明），因此推荐雨水处理采用物理、化学处理等便于适应季节间断运行的技术。

雨水处理是将雨水收集到蓄水池中，再集中进行物理、化学处理，去除雨水中的污染物。目前给水与污水处理中的许多工艺可以应用于雨水处理中。

8.1.3 推荐屋面雨水的常规处理工艺。

确定屋面雨水处理工艺的原则是力求简单，主要原因是：第一，屋面雨水经初期径流弃流后水质比较洁净；第二，降雨随机性较大，回收水源不稳定，处理设施经常闲置。

1 此工艺的出水当达不到景观水体的水质要求时，考虑利用景观水体的自然净化能力和水体的处理设施对混有雨水的水体进行净化。当所设的景观水体有确切的水质指标要求时，一般设有水体净化设施。

2 此处理工艺可用于原水较清洁的城市，比如环境质量较好或雨水频繁的城市。

3 根据北京水科所的实际工程运行经验，当原水 COD_{cr} 在 100mg/L 左右时，此工艺对于原水的 COD_{cr} 去除率一般可达到 50%左右。

8.1.4 规定较高水质要求时的处理措施。

用户对水质有较高的要求时，应增加相应的深度处理措施，这一条主要是针对用户对水质要求较高的场所，其用水水质应满足国家有关标准规定的水质，比如空调循环冷却水补水、生活用水和其他工业用水等，其水处理工艺应根据用水水质进行深度处理，如混凝、沉淀、过滤后加活性炭过滤或膜过滤等处理单元等。

8.1.5 推荐消毒方法。

本条是根据经验推荐雨水回用水的消毒方式，一般雨水回用水的加氯量可参考给水处理厂的加氯量。依据国外运行经验，加氯量在 2～4mg/L 左右，出水即可满足城市杂用水水质要求。

8.1.6 雨水处理过程中产生的沉淀污泥多是无机物，且污泥量较少，污泥脱水速度快，一般考虑简单的处置方式即可，可采用堆积脱水后外运等方法，一般不需要单独设置污泥处理构筑物。

8.2 处理设施

8.2.1 规定雨水处理设施的处理能力。

根据 7.1.2 条第 2 款，回用系统的日用雨水能力 W_y 应大于 0.4W，并且当大于 W 时，W_y 宜取 W。

雨水处理设备的运行时间建议取每日 12～16h。

8.2.2 规定雨水蓄水池的设计。

雨水在蓄水池中的停留时间较长，一般为 1～3d 或更长，具有较好的沉淀去除效率，蓄水池的设置应充分发挥其沉淀功能。另外雨水在进入蓄水池之前，应考虑拦截固体杂物。

8.2.3 推荐过滤处理的方式。

石英砂、无烟煤、重质矿石等滤料构成的快速过滤装置，都是建筑给水处理中一些较成熟的处理设备和技术，在雨水处理中可借鉴使用。雨水过滤设备采用新型滤料和新工艺时，设计参数应按实验数据确定。当雨水回用于循环冷却水时，应进行深度处理。深度处理设备可以采用膜过滤和反渗透装置等。

9 调蓄排放

9.0.1、9.0.2 规定调蓄池的设置位置和方式。

随着城市的发展，不透水面积逐渐增加，导致雨水流量不断增大。而利用管道本身的空隙容积来调节流量是有限的。如果在雨水管道设计中利用一些天然洼地、池塘、景观水体等作为调蓄池，把雨水径流的高峰流量暂存在内，待洪峰径流量下降后，再从调节池中将水慢慢排出，由于调蓄池调蓄了洪峰流量，削减了洪峰，这样就可以大大降低下游雨水干管的管径，对降低工程造价和提高系统排水的可靠性很有意义。

此外，当需要设置雨水泵站时，在泵站前如若设置调蓄池，则可降低装机容量，减少泵站的造价。

若没有可供利用的天然洼地、池塘或景观水体作调蓄池，亦可采用人工修建的调蓄池。人工调蓄池的布置，既要考虑充分发挥工程效益，又要考虑降低工程造价。

9.0.3 推荐调蓄池的设置类型。

1 溢流堰式调蓄池

调蓄池通常设置在干管一侧，有进水管和出水管。进水较高，其管顶一般与池内最高水位持平；出水管较低，其管底一般与池内最低水位持平。

2 底部流槽式调蓄池

雨水从池上游干管进入调蓄池，当进水量小于出水量时，雨水经设在池最低部的渐缩断面流槽全部流入下游干管而排走。池内流槽深度等于池下游干管的直径。当进水量大于出水量时，池内逐渐被高峰时的多余水量所充满，池内水位逐渐上升，直到进水量减少至小于池下游干管的通过能力时，池内水位才逐渐下降，至排空为止。

9.0.4 推荐调蓄设施的规模。

推荐调蓄排放系统的降雨设计重现期取2年是执行4.1.5条的规定。

9.0.5 推荐调蓄池容积和排水流量的计算方法。

公式（9.0.5）类似于渗透设施的蓄积雨水量计算式（6.3.4），两式的主要差别是本条公式中用排放水量$Q't_m$取代了渗透量W_s，另外进水量Qt_m（相当于W_c）不再乘系数1.25。

本条两个公式中的Q和W都按4.2.1条公式计算，计算中需注意汇水面积的计算中不附加高出集雨面的侧墙面积。排空时间取6～12h为经验数据。

9.0.6 推荐排空管道直径的确定方法。

向外排水的流量最高值发生在调蓄池中的最高水位之时，根据设计排水流量和调蓄池的设计水位，便可计算确定调蓄池出水管径和向市政排水的管径。

排水管道管径也可以根据排空时间方法确定。调蓄池放空时间按照水力学中变水头下的非稳定出流进行计算，按此原则确定池出水管管径。为方便计算，一般可按照调蓄池容积的大小，先估算出水管管径，然后按照调蓄池放空时间的要求校核选用的出水管管径是否满足。放空时间一般要求控制在12h以内。

10 施工安装

10.1 一般规定

10.1.1、10.1.2 规定施工的设计文件和队伍资质要求。

雨水利用工程包含了雨水收集、水质处理、室内外管道安装等内容，比常规的雨水管道系统涵盖的内容多，系统复杂，施工要求更加严格。施工过程是雨水利用系统的一个关键环节，施工时是否按照经所在地行政主管部门批准的图纸施工、是否采用正确的材料、处理设备安装调试是否达到要求，渗透设施的施工能否满足设计要求的雨水量等都可能对雨水利用系统产生重要影响。因此施工前，施工单位应熟悉设计文件和施工图，深入理解设计意图及要求，严格按照设计文件、相应的技术标准进行施工，不得无图纸擅自施工，施工队伍必须有国家统一颁发的相应资质证书。

10.1.3 规定施工人员的基本要求。

由于设计可能采用不同材质的管道，每种管道有其各自的材料特点，因此施工人员均必须经过相应管道的施工安装技术培训，以确保施工质量。

10.1.5 规定雨水入渗工程施工前的必要工作。

雨水渗透设施在施工前，应根据施工场地的地层构造、地下水、土壤、周边的土地利用以及现场渗透实验所得出的渗透量，校核采用的渗透设施是否满足设计要求。

10.1.6 规定渗透填料的技术要求。

雨水渗透设施采用的粗骨料一般为粒径20～30mm的卵石或碎石，骨料应冲洗干净。

10.1.7 对屋面雨水系统的施工更改提出程序要求。

屋面雨水特别是虹吸式屋面雨水收集系统是设计单位在对系统进行了详细的水力计算的基础上进行的设计，施工单位在施工过程中更改设计，如管材的变化、管径的调整、管道长度的更改等，都会破坏系统的水力平衡，破坏虹吸产生的条件。

10.2 埋地渗透设施

10.2.1 规定渗透设施施工的总体要求。

渗透设施的渗透能力依赖于设置场所土壤的渗透能力和地质条件。因此，在渗透设施施工安装时，不得损害自然土壤的渗透能力是十分重要的，必须予以充分的重视。注意事项如下：

1 事前调查包括设置场所地下埋设构筑物调查；周边地表状况和地形坡度调查；地下管线和排水系统调查，并确定渗透设施的溢流排水方案；分析雨水入渗造成地质危害的可能性；

2 选择施工方法要考虑其可操作性、经济性、安全性。根据用地场所的制约条件确定人力施工或机械施工的施工方案；

3 工程计划要制定出每一天适当的作业量，为了保护渗透面不受影响，应注意开挖面不可隔夜施工。施工应避开多雨季节，降雨时不应施工。

10.2.2～10.2.4 对渗透设施的施工过程提出技术要求。

入渗井、渗透雨水口、渗透管沟、入渗池等渗透设施应保证施工安装的精确度，对成套成品应有可靠的成品保护措施，施工现场应保证清洁，防止泥沙、石料等混入渗透设施内，影响渗透能力和设施的正常使用。

1 土方开挖工作可用人工或小型机械施工，在有滑坡危险的山地区域，应有护坡保土措施。在采用机械挖掘时，挖掘工作从地面向下进行，表面用铁锹等器具剥除。剥落的砂土要予以排除。在用铁锹等进行人工挖掘时，应对侧面做层状剥离，切成光滑面。为了保护挖掘底面的渗透能力，应避免用脚踏实。应尽力避免超挖，在不得已产生超挖时，不得用超挖土回填，应用碎石填充。在挖掘过程中，发现与当初设想的土壤不符时，应从速与设计者商议，采取切实可行的对策。

2 沟槽开挖后，为保护底面应立即铺砂，但是地基为砂砾时可以省略铺砂。铺砂用脚轻轻的踏实，不得用滚轮等机械碾压。砂用人工铺平。

3 为防止砂土进入碎石层影响储存和渗透能力、可能产生的地面沉陷，充填碎石应全面包裹土工布。透水土工布应选用其孔隙率相当的产品，防止砂土侵入。为便于透水土工布的作业，对挖掘面作串形固定。

4 为防止砂土混入碎石，应从底面向上敷设土工布；碎石投放可用人工或机械施工，注意不要造成土工布的陷落；充填碎石时为防止下沉和塌陷进行的碾压应以不影响碎石的透水能力和储留量为原则，碾压的次数和方法要予以充分考虑。

5 成品井体、管沟等应轻拿轻放，宜采用小型机械运输工具搬运，严禁抛落、踩压等野蛮施工。井体的安装应在井室挖掘后快速进行，施工中应协调砾石填充和土工布的敷设，避免造成土工布的陷落和破损。当采用砌筑的井体时，井底和井壁不应采用砂浆垫层或用灰浆勾缝防渗。施工期间井体应做盖板，埋设时防止砂土流入。井体接好后，再接连接管（集水管、排水管、透水管等），最后安装防护筛网。

6 渗透管沟的坡度和接管方向应满足设计要求，当使用底部不穿孔的穿孔管沟时，应注意管道的上下面朝向。

7 渗透管沟施工完毕后，对填埋的回填土宜采用滚轮充分碾压。由于碎石之间相互咬合，可能引起初期下沉，回填后1～2d应该注意观察并修补。回填土壤上部应使用优良土壤。

8 工程完工后，进行多余材料整理和清扫工作，泥沙等不可混入渗透设施内。

9 工程完工后应进行渗透能力的确认，在竣工时，选定几个渗透设施，根据注水试验确定其渗透能力。渗透管沟在其长度很长的情况下，注水试验要耗用大量的水，预先选2～3m试验区较好。此举便于长年测定渗透能力的变化。注水试验原则上采用定水位法，受条件限制也可以用变水位法。

10.3 透 水 地 面

10.3.2 规定透水地面基层的施工要求。

基层开挖不应扰乱路床，开挖时防止雨水流入路床，施工做好排水。采用人工或小型压路机平整路床，尽量不破坏路床，并保证路基的平整度，做好路面的纵向坡度。路基碾压一般使用小型压实器或者小型压路器，要充分掌握路床土壤的特性，不得推揉和过碾压。火山灰质黏土含水量多，易造成返浆现象，使强度下降，施工中要充分注意排水。

10.3.3 规定透水地面透水垫层的施工要求。

透水垫层除了采用砂石外，还可采用透水性混凝土。透水性混凝土垫层所用水泥宜选用P.O32.5、P.S32.5以上标号，不得使用快硬水泥、早强水泥及受潮变质过期的水泥；所用石子应符合《普通混凝土用碎石或卵石质量标准及检验方法》JGJ 53－92的有关规定，粒径应在5～10mm之间，单级配，5mm以下颗粒含量不应大于35％（体积比）。透水性混凝土垫层的配合比应根据设计要求，通过试验确定；透水性混凝土摊铺厚度应小于300mm，应机械或人工方法进行碾压或夯实，使之达到最大密实度的92％左右。

10.3.5 规定透水面砖及其敷设要求。

透水面砖可采用透水性混凝土路面砖、透水性陶瓷路面砖、透水性陶土路面砖等透水性好、环保美观的路面砖，并应满足设计要求。透水路面砖应按景观设计图案铺设，铺砖时应轻拿轻放，采用橡胶锤敲打稳定，不得损伤砖的边角；透水砖间应预留5mm的缝隙，采用细砂填缝，并用高频小振幅振平机夯平。铺设透水路面砖前应用水湿润透水路基，透水砖铺设后的养护期不得少于3d。

10.3.6 规定透水性混凝土面层及其施工要求。

为保证透水路面的整体透水效果和强度，混凝土垫层夏季施工要做好洒水养护工作；冬季（日最低气温低于2℃）应避免无砂混凝土垫层施工。

透水性沥青混凝土按下列要求施工：

1）应使用人力或沥青修整器保证敷设均匀，在混合物温度未冷却时迅速施工。为确保规定的密度，混合材料不能分离。使用沥青修整器敷均时，必须人工修正。在温度降低时，有团块或沥青分离物，在敷均时注意予以剔除。

2）步行道碾压使用夯或小型压路机；车行道使用碎石路面压路机和轮胎压路机，确保路面平坦，特别是接缝处应仔细施工。

透水性水泥混凝土按下列要求施工：

1）在路盘上安好模板后，对路盘面进行清扫；

2）人工操作时用耙子敷均，用压实器压实，用刮板找平。

10.4 管道敷设

10.4.1 规定回用雨水管道在室外埋地敷设时的技术要求。

南方地区与北方地区温度差别较大，冻土层深度不一。一般情况下室外埋地管道均需敷设在冻土层以下。当条件限制必须敷设在冻土层内时，需采取可靠的防冻措施。

10.4.2 规定屋面雨水管道系统的试压要求。

室内的虹吸式屋面雨水收集管道必须有一定的承压能力，灌水实验时，灌水高度必须达到每根立管上部雨水斗，持续时间1h。管道、管件和连接方式要求的负压值，是保证系统正常工作的要求，避免管道被吸瘪。

10.5 设备安装

10.5.1 水处理设备的安装应按照工艺流程要求进行，任何安装顺序、安装方向的错误均会导致出水不合格。检测仪表的安装位置也对检测精度产生影响，应严格按照说明书进行安装。

11 工程验收

雨水利用工程可参照给水排水工程验收等相关规范、规程、规定，按照设计要求，及时逐项验收每道工序，并取样试验。另外，还应结合外形量测和直观检查，并辅以调查了解，使验收的结论定性、定量准确。

11.1 管道水压试验

11.1.1 规定埋地管道的试压要求。

雨水回用管道在回填土前，在检查井间管道安装完毕后，即应做闭水试验。并应符合现行国家标准《给水排水管道工程施工及验收规范》GB 50268中的有关要求。

11.1.2 规定雨水储存设施的试压要求。

敞口雨水蓄水池（罐）应做满水试验：满水试验静置24h观察，应不渗不漏；密闭水箱（罐）应做水压试验：试验压力为系统的工作压力1.5倍，在试验压力下10min压力不降，不渗不漏。

11.2 验收

11.2.1 规定须验收的项目内容。

雨水利用工程的验收，应根据有关规范、规程及地方性规定按系统的组成逐项进行。

1 工程布置。

验收应检查各组成部分是否齐全、配套，布置是否合理。验收可采用综合评判法，以能否提高雨水利用效率为前提。

2 雨水入渗工程。

雨水入渗工程的面积可采用量测法，其质量可采用直观检查法。雨水入渗工程雨水入渗性能符合要求、引水沟（管）渠、沟坎及溢流设施布置合理、雨水入渗工程尺寸不得小于设计尺寸。

3 雨水收集传输工程。

雨水收集传输应采用量测法与直观检查法。收集传输管道坡度符合要求，雨水口、雨水管沟、渗透管沟、入渗井以及检查井布置合理，收集传输管道长度与大小不得小于设计值。

4 雨水储存与处理工程。

工程容积检查宜采用量测法，工程质量可采用直观检查和访问相结合的方法，要求工程牢固无损伤，防渗性能好为原则，初期径流池、蓄水池、沉淀池、过滤池及配套设施齐全，质量符合要求。

5 雨水回用工程。

雨水回用工程可采用试运行法，雨水回用符合设计要求。

6 雨水调蓄工程。

雨水调蓄工程宜采用量测法和直观检查法，调蓄工程设施开启正常，工程尺寸和质量符合设计要求。

11.2.3 规定验收的文件内容。

管网、设备安装完毕后，除了外观的验收外，功能性的验收必不可少。管道是否畅通、流量是否满足设计要求、水质是否满足标准等等均须进行验收。不满足要求的部分施工整改后须重新验收，直至验收合格。本条要求的文件可反映系统的功能状况。

11.2.5 竣工资料的收集对工程质量的验收以及日后系统的维护、维修有着重要的指导作用，这一程序必不可少。

12 运行管理

12.0.1 规定设施运行管理的组织和任务。

雨水利用工程的管理应按照“谁建设，谁管理”的原则进行。为争取小区居民对雨水利用的支持，小区应进行雨水宣传，并纳入相关规定，以保障雨水利用设施的运行，对渗透设施实施长期、正确的维护，必须建立相应的管理体制。

为了确保渗透设施的渗透能力，保证公共设施使用人员和通行车辆的安全，应对渗透设施实行正常的维护管理。单一的渗透设施规模很小，而设备的件数又非常多，往往设在居民区、公园及道路等场所。对这些各种各样的设施，保持一定的管理水平，确定适当的管理体制是重要的。渗透设施的维护管理主体是居民和物业管理公司，雨水利用的效果依赖于政府管理机构、技术人员和普通市民的密切联系。单栋住宅的雨水利用设施与渗透设施并用，居民同时也是雨水利用设施的维护管理者，渗透设施的维护管理的必要性从认识上容易被忽视。设置在公共设施中的渗透设施，建设单位有必要通过有效合作，明确各方费用的分担、各自责任及管理方法。

12.0.3 规定雨水利用系统的各组成部分需要清扫和清淤。

特别是在每年汛期前，对渗透雨水口、入渗井、渗透管沟、雨水储罐、蓄水池等雨水滞蓄、渗透设施进行清淤，保障汛期滞蓄设施有足够的滞蓄空间和下渗能力，并保障收集与排水设施通畅、运行安全。

12.0.4 规定不得向雨水收集口排放污染物。

居住小区中向雨水口倾倒生活污废水或污物的现象较普遍，特别是地下室或首层附属空间住有租户的小区。这会严重破坏雨水利用设施的功能，运行管理中必须杜绝这种现象。

12.0.5 规定渗透设施的技术管理内容。

渗透设施的维护管理，着眼于持续的渗透能力和稳定性。渗透设施因空隙堵塞而造成渗透能力下降。在渗透设施接有溢水管时，能直观大体的判断机能下降的情况。

维护管理着重以下几方面：

1） 维持渗透能力，防止空隙堵塞的对策，清扫的方法及频率，使用年限的延长。

2） 渗透设施的维修、检查频率，井盖移位的修正，破损的修补，地面沉陷的修补。

3） 降低维护管理成本，减少清扫次数，便于清扫等。

4） 对居民、管理技术人员等进行普及培训。

维护管理的详细内容如下：

1） 设施检查。

设施检查包括机能检查和安全检查。机能检查是以核定渗透设施的渗透机能为检查点，安全检查是以保证使用人员、通过人员及通行车辆安全以及排除对用地设施的影响所作的安全方面的检查。定期检查原则上每年一次。另外，在发布暴雨、洪水警报和用户投诉时要进行非常时期的特殊要求检查。年度检查应对渗透设施全部检查，受条件所限时，检查点可选择在砂土、水易于汇集处，减少检查频次和场所，减少人力和经济负担。渗透设施机能检查和安全检查内容见表19。

表19 渗透设施检查的内容

内容	机能检查	安全检查
检查项目	1. 垃圾的堆积状况。 2. 垃圾过滤器的堵塞状况。 3. 周边状况（裸地砂土流入的状况和现状），附近有无落叶树的状况。 4. 有无树根侵入状况	1. 井盖的错位。 2. 设施破损变形状况。 3. 地表下沉、沉陷情况
检查方法	1. 目视垃圾侵入状况。 2. 用量器测量垃圾的堆积量。 3. 确认雨天的渗透状况。 4. 用水桶向设施内注水，确认渗透情况	1. 设施外观目视检查。 2. 用器具敲打确定裂缝等情况
检查重点	1. 排水系统终点附近的设施。 2. 裸地和道路排水直接流入的设施。 3. 设在比周边地面低、雨水汇流区的设施。 4. 上部敞开的设施	1. 使用者和通行车辆多的地方。 2. 过去曾经产生过沉陷的场所
检查时间	1. 定期检查：原则上每年一次以上。 2. 不定期检查： 1）梅雨期和台风季节雨水量多的时期。 2）发布大雨、洪水警报时。 3）周边土方工程完成后。 4）用户投诉时	

2） 设施的清扫（机能恢复）。

依据检查结果，进行以恢复渗透设施机能为目的的清扫工作。清扫的内容有清扫砂土、垃圾、落叶，去除防止孔隙堵塞的物质、清扫树根等，同时渗透设施周围进行清扫也是必要的。另外，清扫时的清洗水不得进入设施内。

清扫方法，在场地狭小、个数较少时可用人工清扫；对数量多型号相同的设施宜使用清扫车和高压清洗。渗透设施在正常的维护管理条件下经过20年，其渗透能力应无明显的下降。

各种渗透设施的清扫内容见表20。

3） 设施的修补。

设施破损以及地表面沉陷时需要进行修补。不能修补时可以替换或重新设置。地表面发生沉陷和下沉时，必须调查产生的原因和影响范围，采取相应的对策。

表20 清扫内容和方法

设施种类	清扫内容和方法	注意事项
入渗井	1. 清扫方法有人工清扫和清扫车机械清扫。 2. 对呈板结状态的沉淀物，采用高压清扫方法。 3. 当渗透能力大幅度下降时，可采用下列方法恢复： a. 砾石表面负压清洗。 b. 砾石挖出清洗或更换	1. 采用高压清扫时，应注意在喷射压力作用下会使渗透能力下降。 2. 清扫排水，不得向渗透设施内回流

续表 20

设施种类	清扫内容和方法	注意事项
渗透管沟	管口滤网用人工清扫，渗透管用高压机械清扫	采用高压清扫时，应注意在喷射压力作用下会使渗透能力下降
透水铺装	去除透水铺装空隙中的土粒，可采用下列方法： 1. 使用高压清洗机械清洗 2. 洒水冲洗 3. 用压缩空气吹脱	应注意清洗排水中的泥沙含量较高，应采取妥善措施处置

4）设施机能恢复的确认。

设施机能恢复的确认方法，原则上有定水位法和变水位法，应通过试验来确定。各种设施的机能确认方法要点见表 21。

表 21　设施机能恢复确认方法要点

种　类	机能恢复确认方法	要　　点
入渗井 渗透雨水口	当入渗井接有渗透管时，应用气囊封闭渗透管，采用定水位法或变水位法进行测试	试验要大量的水，要做好确保用水的准备

续表 21

种　类	机能恢复确认方法	要　　点
渗透管沟	全部渗透管试验需要大量的水，应在选定的区间内（2～3m）进行试验，在充填砾石中预先设置止水壁，测试时可以减少注水量，详见图 24	确定渗透机能前，选定区间。应注意止水壁的止水效果
透水铺装	在现场用路面渗水仪，用变水位法进行测定	仅能确定表层材料的透水能力，不能确定透水性铺装的透水能力

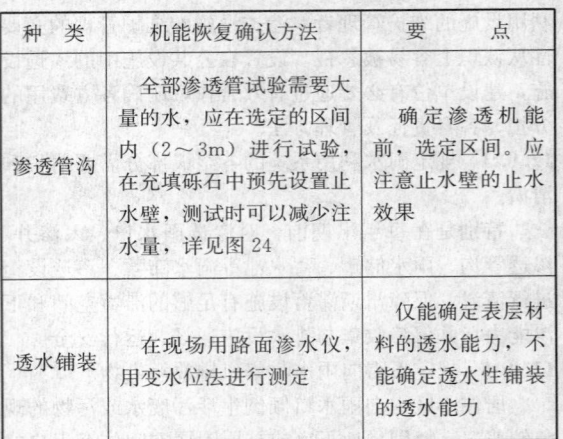

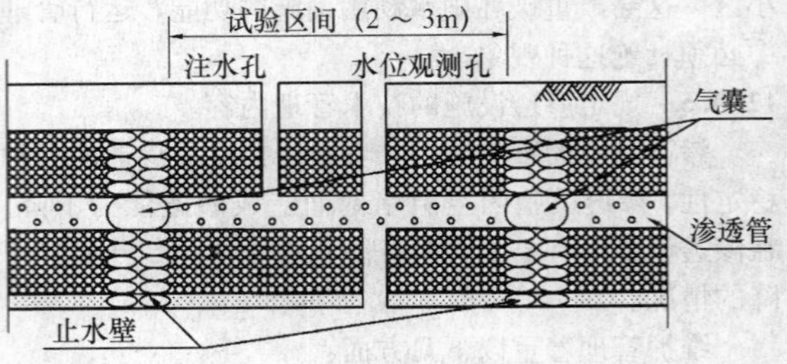

图 24　渗透管沟试验段设置示意

12.0.8　定期检测包括按照回用水水质要求，对处理储存的雨水进行化验，对首场降雨或降雨间隔期较长所发生的径流进行抽检等。

中华人民共和国国家标准

城镇燃气技术规范

Technical code for city gas

GB 50494－2009

主编部门：中华人民共和国住房和城乡建设部
批准部门：中华人民共和国住房和城乡建设部
施行日期：2 0 0 9 年 8 月 1 日

中华人民共和国住房和城乡建设部
公　　告

第291号

关于发布国家标准《城镇燃气技术规范》的公告

现批准《城镇燃气技术规范》为国家标准，编号为GB 50494－2009，自2009年8月1日起实施。本规范全部条文为强制性条文，必须严格执行。

本规范由我部标准定额研究所组织中国建筑工业出版社出版发行。

中华人民共和国住房和城乡建设部

2009年3月31日

前　　言

根据原建设部《关于印发〈2005年工程建设标准规范制订、修订计划（第一批）〉的通知》（建标函［2005］84号）的要求，本规范由住房和城乡建设部标准定额研究所、中国市政工程华北设计研究院会同有关单位共同编制而成的。

本规范在编制过程中进行了深入调查研究，认真总结国内外科研成果和大量实践经验，并在广泛征求意见的基础上，经审查定稿。

本规范的主要技术内容是：总则、术语、基本性能规定、燃气质量、燃气厂站、燃气管道和调压设施、燃气汽车运输、燃具和用气设备等。

本规范全部条文为强制性条文，必须严格执行。

本规范由住房和城乡建设部负责管理和解释，由住房和城乡建设部标准定额研究所负责具体技术内容的解释。请各单位在执行过程中，总结实践经验，积累资料，随时将有关意见和建议反馈给住房和城乡建设部标准定额研究所（地址：北京三里河路9号；邮政编码：100835）。

本规范主编单位：住房和城乡建设部标准定额研究所
中国市政工程华北设计研究院

本规范参编单位：北京燃气集团
上海燃气工程设计有限公司
深圳市燃气集团
港华投资有限公司
沈阳市煤气设计院
吉林省中吉大地燃气集团股份有限公司

本规范主要起草人员：李颜强　雷丽英　陈云玉　李　铮　金石坚　李建勋　王　启　李美竹　王　伟　宇永香　陈秋雄　陈　敏　应援农　蒋克武　郑克敏　刘建辉　高　鹏　韩　露

目　次

1 总　　则

1.0.1 为贯彻执行国家技术经济政策，保障人身和公共安全，节约资源，保护环境，规范城镇燃气设施的基本功能和性能要求，依据有关法律、法规，制定本规范。

1.0.2 本规范适用于城镇燃气设施的建设、运行维护和使用。

1.0.3 城镇燃气设施建设、运行维护和使用应遵循安全生产、保证供应、经济合理、节约资源和保护环境的原则。

1.0.4 本规范规定了城镇燃气设施的基本要求，当本规范与国家法律、行政法规的规定相抵触时，应按国家法律、行政法规的规定执行。

1.0.5 城镇燃气设施的建设、运行维护和使用，尚应符合经国家批准或备案的有关标准的规定。

2 术　　语

2.0.1 城镇燃气　city gas

由气源点，通过城镇或居住区的燃气输配和供应系统，供给城镇或居住区内，用于生产、生活等用途的，且符合本规范燃气质量要求的气体燃料。

2.0.2 城镇燃气设施　city gas facilities

用于城镇燃气生产、储存、输配和供应的各种设施（含其附属安全装置）和用户设施。

2.0.3 燃气类别　sort of gases

根据燃气的来源或燃气燃烧特性指标，将燃气分成的不同种类。

2.0.4 燃气互换性　interchangeability of gases

以 a 燃气（基准气）设计的燃具，改烧 s 燃气（置换气），如果燃烧器不作任何调整而能保证燃具正常工作，称 s 燃气对 a 燃气具有互换性。

2.0.5 设计使用年限　design working life

设计规定的管道、结构或构件等不需要大修即可按其预定目的使用的时间。

2.0.6 调压箱　regulator box

调压装置放置于专用箱体，承担用气压力调节的设施。包括调压装置和箱体。

2.0.7 调压站　regulator station

调压装置放置于建筑物内，承担用气压力调节的设施。包括调压装置和建（构）筑物。

2.0.8 调压装置　regulator device

将较高燃气压力降至所需的较低压力的设备单元总称。包括调压器及其附属设备。

2.0.9 燃气燃烧器具　gas burning appliance

以燃气作燃料的燃烧用具，简称燃具。包括燃气热水器、燃气热水炉、燃气灶具、燃气烘烤器具、燃气取暖器具等。

2.0.10 用气设备　gas burning equipment

以燃气作燃料进行加热或制冷的燃气工业炉、燃气锅炉、燃气直燃机等较大型设备。

2.0.11 附属安全装置　accessory safety device

当燃气供气系统发生异常或发生燃气泄漏时，具有切断燃气气源、泄放或发出报警信号等功能的紧急切断阀、安全放散装置和可燃气体报警器等装置的总称。

2.0.12 非居住房间　non-habitable room

住宅中除卧室、起居室（厅）外的其他房间。

2.0.13 用户管道　user piping

从用户室内总阀门到各用户燃具和用气设备之间的燃气管道。

3 基本性能规定

3.1 燃气设施基本性能要求

3.1.1 城镇燃气设施建设应符合城乡规划和燃气专业规划的要求。

3.1.2 城镇燃气设施选址选线时，应遵循节约用地、有效使用土地和空间的原则，根据工程地质、水文、气象和周边环境等条件确定。大型燃气设施应设置在城镇的边缘或相对独立的安全地带。

3.1.3 城镇燃气供应系统应具备稳定可靠的气源和保证对用户安全稳定供气的必要设施以及合理的供气参数。

3.1.4 重要的燃气设施及存在危险的操作场所应有规范的、明显的安全警示标志。

3.1.5 在设计使用年限内，城镇燃气设施应保证在正常使用条件下的可靠运行。当达到设计使用年限时或遭遇重大灾害后，应对其进行评估。

3.1.6 城镇燃气设施的建设、运行维护和使用，应采取有效保证人身和公共安全的措施。

3.1.7 城镇燃气设施的建设、运行维护和使用，应采取措施减少污染，并应按国家现行环境保护标准对产生的污染物进行处理。

3.1.8 城镇燃气设施的建设、运行维护和使用应能有效地利用能源和水资源。

3.1.9 对抗震设防烈度为 6 度及 6 度以上地区，燃气设施的建设必须采取抗震措施。

3.1.10 在燃气设施安全保护范围内，不得进行有可能损坏或危及燃气设施安全的活动。

3.1.11 城镇燃气设施的运行维护应有完善的安全生产、运行管理制度和相应的组织机构。

3.2 许 可 原 则

3.2.1 城镇燃气设施必须使用质量合格并符合要求

的材料与设备。

3.2.2 当城镇燃气设施建设采用不符合工程建设强制性标准的新技术、新工艺和新材料时，应经相关程序核准。

3.2.3 城镇燃气工程建设竣工后，应按规定程序进行验收，合格后方可使用。

4 燃 气 质 量

4.1 质 量 要 求

4.1.1 城镇燃气质量应符合现行国家标准的有关规定，热值和组分的变化应满足城镇燃气互换性的要求。

4.1.2 当使用液化石油气与空气的混合气作为城镇燃气气源时，混合气中液化石油气的体积分数应高于其爆炸上限的2倍，在工作压力下管道内混合气体的露点应始终低于管道温度。

4.1.3 当使用其他燃气与空气的混合气作为城镇燃气气源时，应采取可靠的防止混合气中可燃气体的体积分数达到爆炸极限的措施。

4.2 其 他 要 求

4.2.1 城镇燃气应具有当其泄漏到空气中并在发生危险之前，嗅觉正常的人可以感知的警示性臭味。

4.2.2 城镇燃气加臭剂的添加量应符合国家相关标准的要求，其燃烧产物不应对人体有害，并不应腐蚀或损害与此燃烧产物经常接触的材料。

5 燃 气 厂 站

5.1 一 般 规 定

5.1.1 本章适用于燃气生产、净化、接收、储配、灌装和加气等场所。

5.1.2 燃气厂站的设计使用年限应由设计单位和建设单位确定并应符合国家有关规定，但厂站内主要建（构）筑物的设计使用年限不应小于50年；建（构）筑物结构的安全等级应符合国家相关标准的要求。

5.1.3 厂站的工艺流程应符合安全稳定供气和系统调度的要求。

5.1.4 厂站内燃气储存的有效储气容积应根据供气、调峰、调度、气体混配和应急的要求确定。

5.2 站 区 布 置

5.2.1 厂站站址的选择应根据周边环境、地质、交通、供水、供电和通信等条件综合确定，并应满足系统设计的要求。

5.2.2 厂站内的建（构）筑物与厂站外的建（构）筑物之间应有符合国家现行标准要求的防火间距，厂站边界应设置围墙或护栏。

5.2.3 厂站内的生产区和生产辅助区应分开布置；出入口设置应符合便于通行和紧急事故时人员疏散的要求。

5.2.4 不同类型的燃气储罐应分组布置，组与组之间、储罐之间及储罐与建（构）筑物之间应有符合国家现行标准要求的防火间距。

5.2.5 厂站的生产区内应设置消防车通道。

5.2.6 液化石油气和液化天然气厂站的生产区应设置高度不小于2m的不燃烧体实体围墙。

5.2.7 液化石油气厂站的生产区内，除地下储罐、寒冷地区的地下式消火栓和储罐区的排水管、沟外，不应设置地下和半地下建（构）筑物。生产区的地下管沟内应填满干砂。

5.3 设备和管道

5.3.1 燃气设备、管道及附件的材质和连接形式应符合介质特性、压力、温度等条件及相关标准的要求，其压力级别不应小于系统设计压力。

5.3.2 燃气设备和管道的设置应满足操作、检查、维修和燃气置换的要求。

5.3.3 厂站内设备和管道应按工艺和安全的要求设置放散和切断装置。放散装置的设置应保证放散时的安全和卫生。

5.3.4 燃气进出厂站管道应设置切断阀门；当厂站外管道采用阴极保护腐蚀控制措施时，其与站内管道应采用绝缘连接。

5.3.5 燃气压缩、输送和调压的设备应符合节能、低噪声的要求。

5.3.6 燃气调压装置及出口管道应采取措施防止低温对装置和管道材料的不利影响。

5.3.7 燃气压送设备的设置应满足压力和流量的要求，应具备非正常工作状况的报警和自动停机功能；设备附近应设置手动紧急停车装置。

5.3.8 输送低温介质的管道和设备，在投入运行前，应采取预冷措施。

5.4 燃 气 储 罐

5.4.1 燃气储罐的进出口管道，应采取有效的防沉降和抗震措施，并应设置切断装置。

5.4.2 低压干式燃气储罐的密封系统应能可靠地运行。

5.4.3 寒冷地区低压湿式燃气储罐应有防止水封冻结的措施。

5.4.4 低压燃气储罐应设置具有显示储量、高低限位调节及报警功能的装置。

5.4.5 当燃气储罐高度超过当地有关限高规定时，应设飞行障碍灯和标志。

5.4.6 固定容积燃气储罐应设置压力、温度检测、安全泄放、切断等装置。

5.4.7 地上固定容积燃气储罐的金属支架应进行防火保护，其耐火极限不应小于2h。

5.4.8 液化天然气和容积大于 $100m^3$ 的液化石油气储罐应设置高低液位报警装置；液化天然气和容积大于或等于 $50m^3$ 的液化石油气储罐液相出口管应设置紧急切断阀。

5.4.9 地下或半地下固定容积燃气储罐的设置应符合下列要求：

1 地下储罐室应采取防渗透措施，室内应填满干砂；

2 储罐必须牢固固定在地基上，并应采取防浮措施；

3 罐的底部不应设置任何管道接口；

4 罐体应采取阴极保护和绝缘保护层等腐蚀控制措施。

5.4.10 容积大于 $0.15m^3$ 的液化天然气储罐（或钢瓶）不应设置在建筑物内。任何容积的液化天然气钢瓶不应固定安装或长期存放在建筑物内。

5.5 安全和消防

5.5.1 厂站应根据介质特性和工艺要求制定运行操作规程和事故应急预案。

5.5.2 厂站内应根据规模、燃气气质、运行条件和火灾危险性等因素设置消防系统。

5.5.3 厂站内燃气储罐、设备的设置和管道的敷设应满足防火的要求。

5.5.4 液化石油气和液化天然气储罐区应设置周边封闭的不燃烧体实体防护墙。防护墙内不应设置钢瓶灌装装置和其他可燃液体储罐。

5.5.5 厂站建（构）筑物的耐火等级和具有爆炸危险生产厂房的防爆要求应符合国家现行标准的规定。

5.5.6 厂站的供电电源应满足正常生产和消防的要求。

5.5.7 厂站内具有爆炸和火灾危险建（构）筑物的电气装置，应根据运行介质、工艺特征、运行和通风等条件确定的爆炸危险区域等级和范围采取相应的措施。

5.5.8 厂站内具有爆炸和火灾危险的建（构）筑物及露天钢质燃气储罐应采取防雷接地措施。

5.5.9 厂站内可能产生静电危害的储罐、设备和管道应采取静电接地措施。

5.5.10 厂站具有爆炸和火灾危险的建（构）筑物内不应有燃气聚积和滞留，严禁在厂房内直接放散燃气和其他有害气体。

5.5.11 厂站具有燃气泄漏和爆炸危险的场所应设置可燃气体泄漏检测报警装置。报警浓度不应高于可燃气体爆炸极限下限的20%。

5.5.12 低温燃气储罐区、气化区等可能发生低温燃气泄漏的区域应设置低温检测报警连锁装置。

5.5.13 对可能受到土壤冻结影响的低温燃气储罐基础和设备基础应设置温度检测装置，并应对储罐基础和设备基础采取有效保护措施。

6 燃气管道和调压设施

6.1 一般规定

6.1.1 城镇燃气输配系统压力级制和总体布置应根据城镇地理环境、燃气供应来源和供气压力、用户需求和用户分布、原有燃气设施状况等因素合理确定。

6.1.2 燃气管道的设计使用年限不应小于30年。

6.1.3 城镇燃气管道应按设计压力分级进行建设、运行维护和使用。管道的管径应本着合理利用压力降的原则，在水力计算的基础上确定。

6.1.4 不同压力级制的燃气管道之间应通过调压装置连接。

6.1.5 燃气管道与附件的材质应根据管道的使用条件确定，其性能应符合国家现行相关标准的规定。

6.1.6 钢质燃气管道和钢质附属设备应根据环境条件和管线的重要程度采取腐蚀控制措施。

6.1.7 当高层建筑内使用燃气作燃料时，应采用管道供气。

6.1.8 在管道安装结束后，应进行管道吹扫、强度试验和严密性试验，并应符合国家现行标准的规定。

6.2 燃气输配管道

6.2.1 燃气管道与建（构）筑物及其他管线之间应保持一定的距离，并应符合国家有关标准的规定。液态液化石油气管道不得穿越居住区。

6.2.2 地下燃气管道不得从建筑物和地上大型构筑物的下面穿越，但架空的建筑物和大型构筑物除外。

6.2.3 地下燃气管道应根据冻土层、路面荷载和道路结构层确定其埋设深度。当埋设深度不能满足技术要求时，应采取有效的安全防护措施。

6.2.4 当燃气管道架空敷设时，应采取防止车辆冲撞等外力损害的有效防护措施。

6.2.5 当地下燃气管道穿过排水管沟、热力管沟、电缆沟、联合地沟、隧道及其他沟槽时，应采取防止燃气泄漏到沟槽中的措施。

6.2.6 当燃气管道穿越铁路、公路、河流和城镇主要干道时，应采取不影响交通、水利设施和保证燃气管道安全的防护措施。

6.2.7 在设计压力大于或等于0.01MPa的燃气管道上，应根据检修和事故处置的要求设置分段阀门。

6.2.8 在燃气管道的建设和维护过程中，应保证施工人员及其周边环境的安全。

6.2.9 对停用或废弃的燃气管道应采取有效措施，保障其安全性。

6.2.10 新建的下列燃气管道必须采用外防腐层辅以阴极保护系统的腐蚀控制措施：

1 设计压力大于0.4MPa的燃气管道；

2 公称直径大于或等于100mm，且设计压力大于或等于0.01MPa的燃气管道。

6.2.11 燃气管道外防腐层应保持完好；采用阴极保护时，阴极保护不应间断。

6.3 调压设施

6.3.1 城镇燃气调压站站址的选择应符合城乡规划和系统设置的要求，站内设置调压装置的建筑物或露天设置的调压装置与周围建（构）筑物之间的距离应符合国家现行标准的规定。

6.3.2 对调节燃气相对密度大于0.75的调压装置，不得设于地下室、半地下室内和地下单独的箱内。

6.3.3 调压箱的安装位置应根据周边环境条件综合确定。设置在建筑物外墙上的地上单独的调压箱，其燃气进口压力应符合国家现行标准的有关要求。

6.3.4 设置调压装置的建筑物和体积大于1.5m^3的调压箱应符合国家现行标准有关防爆的要求。

6.3.5 设置调压装置的场所，其环境温度应能保证调压装置的正常工作。

6.3.6 调压装置应具有防止出口压力过高的安全措施。

6.3.7 下列调压站或调压箱的连接管道上应设置切断阀门：

1 进口压力大于或等于0.01MPa的调压站或调压箱的燃气进口管道；

2 进口压力大于0.4MPa的调压站或调压箱的燃气出口管道。

6.3.8 调压站或调压箱的燃气进出口管道上的切断阀门与调压站或调压箱应保持一定的距离。

6.4 用户管道

6.4.1 用户燃气管道的运行压力应符合下列规定：

1 住宅内，不应大于0.2MPa；

2 商业用户建筑内，不应大于0.4MPa；

3 工业用户的独立、单层建筑物内，不应大于0.8MPa；其他建筑物内，不应大于0.4MPa。

6.4.2 暗埋的用户燃气管道的设计使用年限不应小于50年，管道的最高运行压力不应大于0.01MPa。

6.4.3 燃气管道不得穿过卧室、易燃易爆物品仓库、配电间、变电室、电梯井、电缆（井）沟、烟道、进风道和垃圾道等场所。

6.4.4 燃气管道敷设在地下室、半地下室及通风不良的场所时，应设置通风、燃气泄漏报警等安全设施。

6.4.5 穿越建筑物外墙或基础的燃气管道应适应建筑物的沉降；高层建筑的燃气立管应有承重的支撑和必要的补偿措施。

6.4.6 敷设在室外的用户燃气管道应有可靠的防雷接地装置。采用阴极保护腐蚀控制系统的室外埋地钢质燃气管道进入建筑物前应设置绝缘连接。

6.4.7 用户燃气管道的连接必须牢固、严密，不得断裂、脱落和漏气。

6.4.8 用户燃气立管、调压器和燃气表前、燃具前、测压点前、放散管起点等部位应设置手动快速式切断阀。

6.4.9 用户燃气管道与电器设备、相邻管道应保持一定的距离，并应符合国家现行标准的要求。

6.4.10 用户燃气管道应设在便于安装、检修和不受外力冲击的位置。

6.4.11 暗设的燃气管道除与设备、阀门的连接外，不应有机械接头。

6.4.12 燃气管道的安装不得损坏房屋的承重结构及房屋任何部分的耐火性。

7 燃气汽车运输

7.0.1 城镇燃气汽车运输应采用专用车辆运输，专用车辆上储存燃气的容器及附件应满足燃气特性和运输危险货物的要求。

7.0.2 燃气运输车辆应根据燃气种类的需要配备泄压阀、防波板、遮阳物、压力表、液位计、导除静电等相应的安全装置；罐（槽）外部的附件应有可靠的防护设施。

7.0.3 运送液化天然气、液化石油气等液体燃气的运输车辆的气、液相管道应设有紧急切断装置。

7.0.4 燃气运输车辆应按规定配备灭火器材；每具灭火器均应设置在方便取用的位置；灭火器应保持良好的性能。

7.0.5 燃气运输车辆车厢或罐体两侧和尾部的显著位置应有符合相关规定的安全标志，在驾驶室的两侧门上应标注遇有紧急情况时的联络电话。

7.0.6 燃气车辆运输，储气容器严禁过量充装。

7.0.7 燃气运输车辆的使用和装卸应有相应的安全操作规程和管理制度。

8 燃具和用气设备

8.1 一般规定

8.1.1 居民、商业和工业用户使用的燃具和用气设备应根据燃气特性和安装条件等因素选择符合国家现行标准的合格产品，并应与当地使用的燃气类别相匹配。

8.1.2 当燃具和用气设备安装在地下室、半地下室及通风不良的场所时，应设置通风、燃气泄漏报警等安全设施。

8.1.3 燃具与管道的连接软管应使用燃气专用软管，安装应牢固，软管长度不应超长，并应定期更换。

8.2 居民用燃具

8.2.1 居民住宅应使用低压燃具，其燃气压力应小于0.01MPa。

8.2.2 居民住宅用燃具不应设置在卧室内。燃具应安装在通风良好，有给排气条件的厨房或非居住房间内。

8.2.3 燃具、用气设备与可燃或难燃的墙壁、地板、家具之间应采取有效的防火隔热措施。

8.2.4 安装直接排气式燃具的场所，应设置机械排烟设施。

8.2.5 使用烟道排气的燃具，其烟道的结构与状况应符合国家相关标准的要求。

8.3 工业和商业用气设备

8.3.1 用气设备应有熄火保护装置；大中型用气设备应有防爆装置、热工检测仪表和自动控制系统。

8.3.2 用气设备的安装场所应能满足其正常使用和检修的要求。

8.3.3 当工业和商业用气设备设置在地下室、半地下室时，应有机械通风、燃气泄漏报警器、自动切断等连锁控制装置和泄爆装置。

8.3.4 当使用鼓风机向燃烧器供给空气进行预混燃烧时，应在计量装置后的燃气管道上加装止回阀或安全泄压装置。

8.3.5 经过改造的用气设备应进行检测，合格后方可使用。

8.4 用户计量

8.4.1 使用管道燃气的用户应设置燃气计量装置。

8.4.2 燃气计量装置应根据各类燃气计量特点、使用工况条件等因素选用。

8.4.3 选用的燃气计量装置产品应符合国家有关计量法规的要求。

8.4.4 燃气计量装置的安装应满足抄表、检修、保养和安全使用的要求。燃气计量装置严禁安装在卧室、卫生间以及危险品和易燃品堆放处。

中华人民共和国国家标准

城镇燃气技术规范

GB 50494 — 2009

条 文 说 明

目　次

1 总 则

1.0.1 本条阐述了制定本规范的目的。条文以城镇燃气设施的基本功能和性能要求为目标，规定了直接涉及安全、人身健康、节约资源、保护环境和公众利益等国家需要控制的重要技术要求。

1.0.2 本条规定了本规范的适用范围。城镇燃气设施的建设包括新建、改建、扩建和技术改造工程，其过程含规划、设计、施工等。

1.0.3 本条规定了城镇燃气设施建设、使用和维护应遵循的基本原则，“安全生产、保证供应、经济合理、节约资源和保护环境”的原则也是本规范的核心，本规范的基本性能规定均以本原则为主而编制。

1.0.4 本条阐述了本规范与国家法律、行政法规之间的关系。

1.0.5 本条规定了本规范与现行标准之间的关系。本规范主要是在现行强制性条文的基础上重新编写而成的。本规范的重点是对城镇燃气设施建设、使用和维护提出性能目标要求，具体技术要求还应执行现行国家有关标准规范。

3 基本性能规定

3.1 燃气设施基本性能要求

3.1.1 本条根据《中华人民共和国城乡规划法》第三条“城市和镇应当依照本法制定城市规划和镇规划。城市、镇规划区内的建设活动应当符合规划要求”制定。

3.1.2 燃气设施选址选线应考虑自然条件和周边环境等因素的规定，是防止发生自然灾害时造成重大损失，避免或减少对保护对象的危害。

土地是国民经济和社会发展稀缺的资源和生产要素，节地和有效地使用土地及空间，使土地资源的合理配置对经济发展起着重要作用，并体现建设资源节约型和环境友好型社会的政策。

大型厂站的选址应远离城镇居住区、村镇、学校、影剧院、体育馆等人员集聚的场所，其目的是防止恶性事故造成生命和财产损失。大型燃气设施是指城镇燃气系统中的气源厂、门站、储配站（天然气、液化石油气、压缩天然气和液化天然气站）。

3.1.3 本条强调对用户的安全稳定供气是城镇燃气供应的基本功能和性能要求。因此城镇燃气供应除具备稳定可靠的气源外，还应具备安全稳定供气的必要条件。如燃气质量、储气调峰设施、调峰气源和应急供气措施等；为保证燃具和用气设备的正常工作，供应的燃气组分、热值和压力等供气和用气参数相对稳定，也是保障用户安全稳定用气的必要条件。

3.1.4 本条是根据燃气特性提出的。由于燃气具有易燃易爆的特性，所以应有对厂站外人员警示的措施；同时也时刻提醒从业人员的安全意识，切实减少各类违章行为，避免事故的发生。

重要的燃气设施是指燃气的厂站、输配系统的调压站、燃气管道等。

3.1.5 本条规定“达到设计使用年限或遭遇重大灾害后，应对其进行评估”，其目的主要是保障供气系统的安全性，评估后再确定继续使用、进行改造或更换，继续使用应制定相应的安全保证措施。

条文中重大灾害指自然灾害（地震、水灾等）和人为灾害（施工外力、火灾等）。评估的目的主要是保障供气系统的安全性，评估后再确定继续使用、进行改造或更换，继续使用应制定相应的安全保证措施。

3.1.6 城镇燃气设施的建设、运行维护和使用应强调以人为本，尊重生命，保障大多数人的利益。防止单纯追求经济效益，在施工和运行过程中减少安全的投入，从而对人身和公共安全构成严重的威胁。

3.1.7 城镇燃气设施的建设、运行维护和使用管理应按《中华人民共和国环境保护法》的相关规定，防止在生产建设或者其他活动中产生的废气、废水、废渣、粉尘、恶臭气体、放射性物质以及噪声、振动、电磁波辐射等对环境的污染和危害。应按国家或地方标准对产生的污染物进行处理。

3.1.8 能源、水资源问题已经成为制约我国经济和社会发展的重要因素，要从战略和全局的高度，充分认识做好能源和水资源工作的重要性，高度重视能源和水资源安全，实现能源的可持续发展。节能节水，利国利己，同时也体现建设资源节约型和环境友好型社会，防止气候变暖的政策要求。

3.1.9 地震是对建（构）筑物破坏较严重的自然灾害，而燃气设施是重要的基础设施工程，在国务院颁布的《破坏性地震应急条例》中被定为“生命线工程”，故根据国家现行的有关规范制定本条。

3.1.10 本条规定在燃气设施的地面和地下的安全保护范围内，禁止修建建（构）筑物，禁止堆放物品和挖坑取土等危害供气设施安全的活动。

3.1.11 根据《城市燃气安全管理规定》（中华人民共和国建设部、劳动部、公安部第10号令）、《城市燃气管理办法》（中华人民共和国建设部第62号令）的规定和燃气供应企业的管理经验制定本条款。具体安全生产、运行、维护管理制度的制定应符合国家现行标准《城镇燃气设施运行、维护和抢修安全技术规程》CJJ 51的规定。

城镇燃气供应企业制定的安全生产、运行管理制度应包括事故应急救援预案和进入存在危险的燃气设施作业及进行带气作业的工作许可制度等；并应根据供应规模设立专职的抢修机构，配备必要的抢修车辆、抢修设备、抢修器材、通信设备、防护用具、消防器材、检测仪器等装备，并保证设备处于良好状态。

3.2 许可原则

3.2.1 根据《建设工程勘察设计管理条例》（中华人民共和国国务院第 293 号令）“设计文件中选用的材料、构配件、设备，应当注明其规格、型号、性能等技术指标，其质量要求必须符合国家规定的标准”的规定制定本条款。条文中的要求包括国家标准、设计文件及产品技术规格书等。

3.2.2 在《建设工程勘察设计管理条例》（中华人民共和国国务院第 293 号令）、《实施工程建设强制性标准监督规定》（中华人民共和国建设部第 81 号令）中均规定：工程建设中拟采用的新技术、新工艺、新材料，不符合现行强制性标准规定的，应当由拟采用单位提请建设单位组织专题技术论证，报批准标准的建设行政主管部门或者国务院有关主管部门审定。其相关核准程序按《“采用不符合工程建设强制性标准的新技术、新工艺、新材料核准”行政许可实施细则》的通知执行。

4 燃气质量

4.1 质量要求

4.1.1 本条根据《城市燃气安全管理规定》（中华人民共和国建设部、劳动部、公安部第 10 号令）中：“城市燃气生产单位向城市供气的压力和质量应当符合国家规定的标准”制定的。城镇燃气质量应达到一定的质量指标，并保持其质量的相对稳定是正常供气非常重要的基础条件。《城镇燃气设计规范》GB 50028 的相关要求是：

1 天然气热值、总硫和硫化氢含量、水露点指标应符合现行国家标准《天然气》GB 17820 的一类气或二类气的规定；在天然气交接点的压力和温度条件下，天然气的烃露点应比最低环境温度低 5℃；天然气中不应有固态、液态或胶状物质。

2 液化天然气的质量应符合现行国家标准《液化天然气的一般特性》GB/T 19204 的规定。

3 压缩天然气的质量应符合现行国家标准《车用压缩天然气》GB 18047 的规定。

4 液化石油气的质量应符合现行国家标准《油气田液化石油气》GB 9052.1 或《液化石油气》GB 11174 的规定。

5 以煤或油或天然气等为原料经转化制得的人工煤气质量指标应符合现行国家标准《人工煤气》GB 13612 的规定。

6 除上述燃气以外用作城镇燃气的其他燃气的质量应符合下列要求：

1）燃气低热值不应小于 10MJ/m³；

2）在燃气输送的压力和温度条件下，露点应比最低环境温度低 5℃；

3）适宜管道输送和设备储运。燃气（气态）中不应有固态、液态或胶状物质；

4）燃气中一氧化碳含量不得超过 20%，硫化氢含量不得超过 20mg/m³；其他有毒气体的含量应控制在当燃气泄漏到空气中，不应对人体构成伤害；

5）在燃气输送、储存和使用过程中不得对所接触的材料有腐蚀和溶解作用；

6）燃气的燃烧产物不应对人体有害，并不应腐蚀与其常接触的材料。

4.1.2 当采用液化石油气与空气的混合气作城镇燃气气源时，液化石油气的体积分数应高于其爆炸上限的 2 倍（例如液化石油气爆炸上限如按 10%计，则液化石油气与空气的混合气作主气源时，液化石油气的体积分数应高于 20%），以保证安全，这是根据原苏联建筑法规的规定制定的。“在工作压力下管道内混合气体的露点应始终低于管道温度”的规定，是防止混合气中气态燃气重新液化。

4.2 其他要求

4.2.1 根据《城市燃气安全管理规定》（中华人民共和国建设部、劳动部、公安部第 10 号令）中“城市燃气生产单位向城市供气，无臭燃气应当按照规定进行加臭处理”的规定制定。由于无味的燃气泄漏时无法察觉，所以要求燃气供应企业必须对燃气加臭。“可以感知”与空气中的臭味强度和人的嗅觉能力有关。臭味的强度等级国际上燃气行业一般采用 Sales 等级，是按嗅觉的下列浓度分级的：

0 级——没有臭味；

0.5 级——极微小的臭味（可感点的开端）；

1 级——弱臭味；

2 级——臭味一般，可由一个身体健康状况正常且嗅觉能力一般的人识别，相当于报警或安全浓度；

3 级——臭味强；

4 级——臭味非常强；

5 级——最强烈的臭味，是感觉的最高极限。超过这一级，嗅觉上臭味不再有增强的感觉。

“可以感知”的含义是指嗅觉能力一般的正常人，在空气—燃气混合物臭味强度达到 2 级时，应能察觉空气中存在燃气。

“警示性”的含义是所添加的臭剂必须具有刺鼻的臭味与家庭气味不混淆，以增加用气的安全性。

4.2.2 本条规定了燃气中加臭剂添加量的相关要求，燃气中加臭剂的添加量应符合国家标准《城镇燃气设计规范》GB 50028 的相关规定。

对加臭剂要求是参考美国联邦法规第 49 号 192 部分和美国联邦标准 ANSI/ASME B31.8 的有关规定：

1 加臭剂和燃气混合在一起后应具有特殊的臭味；

2 加臭剂不应对人体、管道或与其接触的材料有害；

3 加臭剂的燃烧产物不应对人体呼吸有害，并不应腐蚀或伤害与此燃烧产物经常接触的材料；

4 加臭剂溶解于水的程度不应大于 2.5%（质量分数）。

5 燃 气 厂 站

5.1 一 般 规 定

5.1.1 本条中燃气生产、净化、接收、储配、罐装和加气等场所包括人工制气厂、气体净化厂、输配系统的门站和储配站、液化石油气压缩天然气和液化天然气的储配站、灌瓶站、气化站、混气站以及汽车加气站等，不包括瓶组气化站、调压站和计量站。

5.1.2 本条中厂站主要建（构）筑物是指站内大型工艺基础设施、厂房（包括调压计量间、压缩机间、灌瓶间等）和办公用房。

根据现行国家标准《建筑结构可靠度设计统一标准》GB 50068－2001 中 1.0.5 和 1.0.8 条规定：结构的设计使用年限应按表 1 采用。

表 1 设计使用年限分类

类别	设计使用年限(年)	示　例
1	5	临时性结构
2	25	易于替换的结构构件
3	50	普通房屋和构筑物
4	100	纪念性建筑和特别重要的建筑结构

建筑结构设计时，应根据结构破坏可能产生的后果（危及人的生命、造成经济损失、产生社会影响等）的严重性，采用不同的安全等级。建筑结构安全等级的划分应符合表 2 的要求。

表 2 建筑结构的安全等级

安全等级	破坏后果	建筑物类型
一级	很严重	重要的房屋
二级	严重	一般的房屋
三级	不严重	次要的房屋

考虑到厂站主要建（构）筑物的安全性和可靠性，本条规定厂站主要建（构）筑物的设计使用年限不应少于 50 年，也就是其建筑结构的安全等级不低于二级。

5.1.4 燃气厂站的燃气储存设施，主要是保证输配系统中混配缓冲、部分调峰、临时调度、事故应急等。

本条中的有效储气容积是指将上、中、下游（生产和输配）作为一个系统工程对待来解决调峰问题，以整个系统达到经济合理为目标，分配在下游城镇燃气厂站应承担的储气量，不包括城镇输配系统中的管道储气量。

5.2 站 区 布 置

5.2.1 站址的选择应综合考虑周边条件。交通、供电、给水排水、通信及工程地质等条件不仅影响建设投资，而且对运行管理和供气成本也有较大影响，是选择站址应考虑的条件，与用户间的交通条件尤为重要。例如：各城镇的压缩天然气储配站和液化石油气灌瓶站等交通条件是必须具备的。

5.2.2 主要考虑厂站发生事故后大量的可燃气（液）体泄漏到大气中，遇到点火源发生爆炸并引起火灾时，火焰热辐射对居民区等建筑物的影响。具体防火间距应按《城镇燃气设计规范》GB 50028 和《建筑设计防火规范》GB 50016 等规范的规定执行。

5.2.3 本条规定了厂站总平面布置的基本原则。

将其分为生产区和辅助区，主要考虑：有利于按规范规定的防火间距大小顺序进行总图布置，节约用地；便于安全、生产管理和燃气泄漏发生事故时减少对辅助区的威胁和殃及，一般情况下生产区宜布置在站区全年最小频率风向上风侧或上侧风侧。

出入口设置的规定，除生产需要外还考虑发生火灾时保证人员疏散和救援车辆、消防车通行顺畅。

5.2.4 本条中的“不同类型”是指气质、状态、储气压力、储罐形状、规模等不同的总称。储罐之间的平面布置和储罐与站内建（构）筑物的防火间距应符合现行国家标准《城镇燃气设计规范》GB 50028 的有关规定；气体储罐和液化石油气储罐之间的防火间距应符合现行国家标准《建筑设计防火规范》GB 50016 的规定。

5.2.5 根据《建筑设计防火规范》GB 50016 中第 6.0.7 条规定：可燃材料露天堆场区，液化石油气储罐区，甲、乙、丙类液体储罐区和可燃气体储罐区，应设置消防车道制定。

5.2.6 液化石油气、液化天然气厂站生产区设置高度不小于 2.0m 的不燃烧体实体围墙，主要是考虑安全防范的需要。

5.2.7 根据《城镇燃气设计规范》GB 50028－2006 第 8.3.15 条制定。因为气态液化石油气密度约为空气的 2 倍，以防积存液化石油气酿成事故隐患；如果液化石油气在液态下大量泄漏，会在低洼处积存，不利于事故抢险和消除事故隐患。地下管沟包括：地下排水管沟、电缆沟等。

5.3 设备和管道

5.3.1 设备、管道及附件的材质选择及连接形式应根据介质的工作压力、温度等使用条件来确定。其压力级别不应小于系统设计压力是根据《压力容器安全技术监察规程》、《工业金属管道设计规范》GB 50316 和《城镇燃气设计规范》GB 50028 的有关规定及燃气行业多年的工程实践经验确定的。燃气的特性、压力和温度不同对设备、管道及附件所选择的材料不同，例如《城镇燃气设计规范》GB 50028－2006 中规定：液态液化石油气管道和设计压力大于 0.4MPa 的气态液化石油气管道应采用钢号 10、20 的无缝钢管，并应符合现行国家标准《输送流体用无缝钢管》GB/T 8163 的规定，或符合不低于上述标准相应技术要求的其他钢管国家现行标准的规定。对于使用温度低于－20℃的管道应采用奥氏体不锈钢无缝钢管，其技术性能应符合现行的国家标准《流体输送用不锈钢无缝钢管》GB/T 14976 的规定。

5.3.2 燃气设备和管道在验收合格和投产检修时，燃气的置换是一项必需的内容，所以设计工艺设备和管道附件时应满足置换的要求。

5.3.3 规定本条的目的是当某种原因使控制点的压力超过设定值时，自动将燃气气源切断或将超压燃气排放至大气，以保护设备、管线和用户的安全。《城镇燃气设计规范》GB 50028－2006 中对放散管的高度和至建筑物之间的距离作了相应的规定。

5.3.4 燃气进出站管道应设置阀门是对发生事故时，防止事故扩大的一种安全措施。燃气进出站管道应设置绝缘连接主要是考虑站内管道与站外采用阴极保护防腐的输配管道相互绝缘隔离，延长输配管道的使用寿命。

5.3.5 本条的目的是防止燃气压缩、输送和调压设备产生的噪声对人和环境的影响，体现以人为本和节约资源的原则。

5.3.6 调压装置流量和压差较大时，由于节流吸热效应，导致气体温度降低较多，常常引起管壁外结冰，严重时冻坏装置，应采取有效措施避免事故发生。

5.3.7 本条中"设备附近应设置手动紧急停车装置"的规定，主要是安全生产的需要，手动紧急停车装置用于燃气压送机异常时，就地停止运行，以避免可能造成财产损失和人员伤亡事故。

5.3.8 此条主要针对液化天然气和低温液化石油气工程。对于液化天然气的储罐、管道和设备，一般采用液氮等低温介质进行预冷置换，此时储罐、管道和设备的设计温度应按置换用低温介质的温度计算。

5.4 燃气储罐

5.4.1 本条主要强调燃气储罐进、出气管道受到温度、储罐沉降和地震影响时，避免进出口管受到损坏。

5.4.2 密封装置是低压干式燃气储罐安全运行的关键设备，应具有较高的可靠性。

5.4.3 主要是防止湿式储罐的水槽内水结冻，引起钟罩升降不畅，以至卡死，造成储罐损坏。

5.4.4 本条规定的目的是防止罐内储量过高或过低，出现低压储罐漏气或顶部塌陷等事故。

5.4.5 为保证航空飞机的安全，我国民用航空法规定：可能影响飞行安全的高大建筑物或设施，应设置飞行障碍灯和标志。

5.4.6 本条规定主要是防止压力过高使罐体产生变形和破裂。

5.4.7 本条规定主要是防止储罐直接受火过早失去支撑能力而倒塌。耐火极限不小于 2h 是参照美国规范 NFPA58-98 的规定确定的。

5.4.8 本条规定主要是保证储罐液位在正常的情况下运行，防止和减少由于储罐泄漏造成的人身伤害及财产损失。

5.4.9 本条的规定主要是考虑地下水对地下储罐的上浮、腐蚀等因素而制定的。

5.4.10 遇有紧急情况时，储罐或容积太大的液化天然气钢瓶固定安装在建筑内不便于搬运。而长期放置在建筑物内的液化天然气钢瓶，将使钢瓶压力不断上升，容易发生事故。

5.5 安全和消防

5.5.1 强调安全运行管理制度化，明确责任和义务，从而减少事故的发生。

5.5.2 燃气气质不同，所需要消防系统的工艺不同；燃气气质相同但规模和运行条件不同，消防设施的配置也不同。厂站内消防系统和灭火器材的确定应符合现行国家标准《城镇燃气设计规范》GB 50028 和《建筑设计防火规范》GB 50016 的规定。

5.5.3 厂站内燃气储罐、设备的设置和管道的敷设不但要考虑工艺要求，还应符合现行国家标准《城镇燃气设计规范》GB 50028 和《建筑设计防火规范》GB 50016 中有关防火方面的规定。

5.5.4 储罐周边设置不燃烧体实体防护墙是防止储罐或管道发生破坏时，液态燃气外溢而造成更大的事故。不应设置其他可燃液体储罐是防止其中一种形式储罐发生事故时殃及另一种形式储罐。防护墙的高度按现行国家标准《城镇燃气设计规范》GB 50028 的规定执行。

5.5.5 根据现行国家标准《城镇燃气设计规范》GB 50028 各章节中规定：厂站内建（构）筑物的耐火等

级不应低于现行国家标准《建筑设计防火规范》GB 50016“二级”的规定。为了保证建筑物的安全，必须采取必要的防火措施，使之具有一定的耐火性，即使发生了火灾也不至于造成太大的损失。

具有爆炸危险生产厂房的防爆要求是指：厂站具有爆炸危险的生产厂房应设置泄压设施，散发相对密度大于0.75燃气的生产厂房应采用不发火花的地面等，防爆要求应按《建筑设计防火规范》GB 50016的有关规定执行。

5.5.6 厂站内正常生产的供电要求是指满足生产所需的用电量和是否需要不间断供电的要求。厂站供电负荷等级和设施应符合现行国家标准《供配电系统设计规范》GB 50052的规定。

5.5.7 厂站内具有爆炸和火灾危险的建（构）筑物的电气装置应根据现行国家标准《爆炸和火灾环境电力装置设计规范》GB 50058的有关规定执行。

5.5.8 本条根据《建筑物防雷设计规范》GB 50057中建筑物的防雷分类将工业企业内有爆炸危险的露天钢质封闭气罐和具有爆炸和火灾危险的建（构）筑物划为第二类防雷建筑物，厂站内具有爆炸和火灾危险的建（构）筑物及露天钢质燃气储罐的防雷装置应符合现行国家标准《建筑物防雷设计规范》GB 50057“第二类防雷建筑物”的要求。

5.5.9 厂站内可能产生静电危害的储罐、设备和管道的静电接地措施应按国家现行标准《化工企业静电接地设计规程》HGJ28的有关规定执行。

5.5.10 本条的规定主要是预防燃气泄漏的聚积而引起爆炸事故以及燃气和其他有害气体对人身的伤害。

5.5.11 本条规定的目的是预报可燃气体泄漏，可有效避免中毒及爆炸事故的发生。

5.5.12 如果低温燃气泄漏可能对储罐和设备造成损坏，还可能发生对操作人员的冻伤，所以监测储罐生产情况，发生事故时及时发现，及时解决，保证安全生产是十分必要的。

5.5.13 本条规定主要是防止液化天然气或低温液化石油气发生泄漏时，破坏整个低温储罐的基础结构。

6 燃气管道和调压设施

6.1 一般规定

6.1.1 本条主要规定城镇燃气系统的设计应经过多方案比较，择优选取技术经济合理、工艺安全可靠的方案。

充分利用天然气门站后的压力，也是节约能源；但要考虑高压输气的安全性和管理成本。

6.1.2 本条提出了对燃气输配管道设计年限不应小于30年的基本要求。钢质管道在腐蚀控制良好的条件下寿命可超过30年；聚乙烯管和铸铁管的使用寿命一般可达40～50年。为了节约资源，故作本条规定。

6.1.3 本条根据《城镇燃气设计规范》GB 50028的相关要求编制的，城镇燃气管道按设计压力分级，见表3。

表3 城镇燃气管道设计压力（表压）分级

名称		压力（MPa）
高压燃气管道	A	$2.5<P\leqslant4.0$
	B	$1.6<P\leqslant2.5$
次高压燃气管道	A	$0.8<P\leqslant1.6$
	B	$0.4<P\leqslant0.8$
中压燃气管道	A	$0.2<P\leqslant0.4$
	B	$0.01\leqslant P\leqslant0.2$
低压燃气管道		$P<0.01$

将燃气管道压力分为四级，是适应燃气供应的需求便于设计选用。各种不同的级别系统有其各自的适用对象，选用哪种系统更好，应根据具体情况作技术经济比较后确定。

6.1.5 不同压力级制的燃气管道使用的管材及性能应根据设计压力、温度、燃气特性和敷设条件等选用，并应符合《城镇燃气设计规范》GB 50028的有关规定。

6.1.6 本条中的“环境条件和管线的重要程度”主要是指：大气、土壤条件及敷设管线区域的安全设防要求等。

对于钢质管道和钢质附属设备必须采用防腐层进行外保护，防止钢质燃气管道和钢质附属设备腐蚀，如发生漏气，给城镇的公共安全、居民生活和工业生产等带来重大损失。

6.1.7 本条规定了高层建筑用气的规定。高层建筑如果使用瓶装燃气供气，往往使用电梯运输，一旦发生事故，钢瓶的撤离和救援工作难以开展，故本条规定高层建筑应采用管道供气。

6.1.8 本条规定“在管道安装结束后，应进行管道吹扫”，其目的是除去管道中的灰尘、焊渣及施工时进入的杂质和水等，以保证管道的通畅性及对管道进行干燥等。

强度试验和严密性试验应符合现行国家标准《城镇燃气输配工程施工及验收规范》CJJ 33的有关规定。

6.2 燃气输配管道

6.2.1 本条规定燃气管道与建（构）筑物及其他管线之间的距离，应符合现行国家标准《城镇燃气设计规范》GB 50028的有关规定。

液态液化石油气输送管道不得穿越居住区，主要考虑公共安全问题。因为液态液化石油气输送管道工作压力较高，一旦发生断裂引起大量液化石油气泄漏，其危险性较一般燃气管道危险性和破坏性大。国外也有类似规定。

居住区系指1000人或300户以上居住区域。

6.2.2 本条的架空的大型构筑物是指如：立交桥、城市架空的轨道交通等。定向钻穿越等问题可根据具体情况协商确定。

6.2.3 本条对埋深的规定是为了避免因埋设过浅使管道受到过大的集中轮压作用而损坏。

《城镇燃气设计规范》GB 50028－2006第6.3.4条规定：地下燃气管道埋设的最小覆土厚度（路面至管顶）应符合下列要求：

1 埋设在机动车道下时，不得小于0.9m；

2 埋设在非机动车车道（含人行道）下时，不得小于0.6m；

3 埋设在机动车不可能到达的地方时，不得小于0.3m；

4 埋设在水田下时，不得小于0.8m。

管道敷设在冻土层时，无论是对湿气还是干气，都应考虑湿冻土可能产生的热胀冷缩，对埋在冻土层中管道有破坏可能而导致管道漏气。

6.2.4 本条规定对室外架空燃气管道和燃气引入管等有可能被车辆等外力损害的部位应加护栏或车挡等对管道进行保护。

6.2.5 地下燃气管道不宜穿过地下构筑物，以免相互产生不利影响。当需要穿过时，对穿过构筑物内的地下燃气管应采取防护措施，以免燃气泄漏到排水管沟、热力管沟、电缆沟、联合地沟等中对其他公共设施和公共安全造成危害。

6.2.6 燃气管道穿越铁路、高速公路、电车轨道或城镇主要干道和河流时应符合国家标准《城镇燃气设计规范》GB 50028－2006第6.3.9～6.3.11条的有关规定：

1 穿越铁路或高速公路的燃气管道，应加套管；当燃气管道采用定向钻穿越并取得铁路或高速公路部门同意时，可不加套管；

2 随桥梁跨越河流的燃气管道，其管道的输送压力不应大于0.4MPa；

3 当燃气管道随桥梁敷设或采用管桥跨越河流时，必须采取安全防护措施；

4 跨越通航河流的燃气管道管底标高，应符合通航净空的要求，管架外侧应设置护桩；

5 跨越管道应设置必要的补偿和减震措施；

6 燃气管道穿越河底时燃气管道至河床的覆土厚度，应根据水流冲刷条件及规划河床确定。对不通航河流不应小于0.5m；对通航的河流不应小于1.0m，还应考虑疏浚和投锚深度等。

6.2.7 本条规定了在中压燃气管道上应设置分段阀门，主要是为了便于在维修或接新管操作或事故时切断气源，其位置应根据具体情况而定。一般要掌握当两个相邻阀门关闭后受它影响而停气的用户数不应太多。

将阀门设置在支管上的起点处，当切断该支管供应气时，不致影响干管停气；当新支管与干管连接时，在新支管上的起点处所设置的阀门，也可起到减少干管停气时间的作用。

6.2.8 本条规定包括两方面：一方面指施工安装过程，对土质疏松地段应采取支撑的措施加固沟壁；钢质管道的焊接和管道试压等过程应采取防护措施，以保证施工人员的安全。另一方面指周边环境的安全，燃气管道施工过程中，应保证施工现场周围的行人安全，以及离电杆、树木等较近时采取加强支撑措施，并有防止燃气管道施工过程中对相邻管道和设施损害的保护措施。

6.2.9 本条主要是明确停用或废弃燃气管道的产权或使用单位应对停用或废弃的燃气管道尽管理义务和责任。对不能立即拆除的停用和废弃燃气管道，应采取保压、惰性气体置换等有效措施密封；未经许可，不得对废弃的燃气管道动火。

6.2.10 新建的埋地钢质管道应采用防腐蚀层辅以阴极保护的联合防护方式，是保证管道设计使用寿命的最好方法，也是发达国家普遍做法，在许多国家已列入相关法规。美国腐蚀工程师协会标准NACE RP0169在1969年发布时就率先规定，英国国家标准BS7361等随后也作出规定。

在此强调管道的阴极保护，主要是由于以往城镇燃气钢质管道的腐蚀控制措施仅考虑采用管道的外防腐层防腐。

6.2.11 应对在役燃气管道的防腐层和阴极保护系统进行定期检测，检测周期和检测方法应符合国家现行标准《城镇燃气埋地钢质管道腐蚀控制技术规程》CJJ 95的有关规定。

6.3 调 压 设 施

6.3.1 调压站站址的选择应符合城乡总体规划并根据压力级制、用户用气量分布等确定；调压站与周围建（构）筑物之间的水平净距应符合现行国家标准《城镇燃气设计规范》GB 50028的有关规定。

6.3.2 由于地下室、半地下室和地下箱内属通风不良场所，燃气相对密度大于0.75时，泄漏的燃气不易散去，故不得设于地下室、半地下室内和地下单独的箱内。

6.3.3 设置在建筑物外墙上的地上单独的调压箱，燃气进口压力应符合现行国家标准《城镇燃气设计规范》GB 50028的规定：居民和商业用户燃气进口压力不应大于0.4MPa；工业用户（包括锅炉房）燃气进口压力不应大于0.8MPa。

6.3.4 本条规定调压站内建筑物和调压箱的设计应

符合《城镇燃气设计规范》GB 50028－2006 第 6.6 节的有关的规定。

6.3.5 环境温度对调压装置的影响是不可低估的。对于输送干燃气应主要考虑环境温度，介质温度对调压器皮膜及活动部件的影响；而对于输送湿燃气，应防止冷凝水的结冻；对于输送气态液化石油气，应防止液化石油气的冷凝。

6.3.6 本条规定主要是防止压力过高对下游的燃气管道、设施和用户造成损害。

6.4 用户管道

6.4.1 本条根据《城镇燃气设计规范》GB 50028－2006 中第 10.2.1 条规定编写。户内供气压力越高风险越大，对用户燃气管压力大于 0.8MPa 的特殊用户的建设应按国家有关规范执行。

6.4.2 暗埋的用户燃气管道的设计使用年限不应小于 50 年的规定，主要参考建筑物的设计使用年限确定的。本条规定的燃气管道不包括燃气管道和燃具之间的连接软管。

6.4.3 本条根据《城镇燃气设计规范》GB 50028－2006 第 10.2.14 条第 1 款制定，其目的是为了保证用气的安全和便于维修管理。

6.4.4 地下室和半地下室一般通风较差，燃气泄漏后容易集聚和滞留，故作上述规定。

6.4.5 高层建筑的燃气立管较长，自重大，作用在底部的力较大和环境温度变化管道产生热胀冷缩产生的推力，管道补偿等设计和安装上是必须要考虑的，否则燃气管道可能出现变形、折断等安全问题。

6.4.6 本条中规定埋地钢质燃气管道进入建筑物前应设置绝缘连接主要是考虑室外采用电防腐埋地管道与室内地上管道有电位差，使其相互绝缘隔离，延长室外燃气管道的寿命。

6.4.7 用户燃气引入管、穿墙管、穿楼板管等漏气发生爆炸是室内燃气多发事故之一，严重影响人身和公共安全，故作此规定。

6.4.8 本条规定的目的是发生事故时能快速切断气源。手动快速式切断阀指四分之一回转、带限位装置的阀门。

6.4.10 本条主要强调明设的用户燃气管道应方便安装和检修。暗设的用户燃气管道应安装在不受外力冲击的位置。

6.4.12 本条根据《住宅建筑规范》GB 50368－2005 第 11.0.4 条的规定制定，主要考虑建筑物本身的安全。

7 燃气汽车运输

7.0.1 本条根据《道路危险货物运输管理规定》（交通部 2005 年第 9 号令）的有关规定制定。

液化石油气、液化天然气和压缩天然气具有爆炸、易燃等特性，在运输、装卸和储存过程中，可能造成人身伤亡、财产毁损和环境污染而需要特别防护，所以要用专用汽车运输。

7.0.2 燃气运输车辆配备泄压阀、防波板、遮阳物、压力表、液位计、导除静电等相应的安全装置，主要根据燃气的特性制定。例如：液态 LPG 体积膨胀受温度影响很大，运输过程中液化石油气与罐壁摩擦产生静电等。

7.0.3 本条根据《汽车危险货物运输规则》JT 617－2004 和《液化石油气汽车槽车安全管理规定》中的有关规定制定。

7.0.4 灭火器是扑救运输车辆小型火灾和初起火灾的主要设备。小型火灾和初起火灾范围小，火势弱，是火灾扑灭的最佳时期。按照有关规范和标准配备数量足、质量好的灭火器是防火和灭火的重要措施，灭火器维护保养不到位，技术状况不良等现象，会影响防火和灭火工作的落实。

7.0.5 根据《液化石油气汽车槽车安全管理规定》中第 39 条规定槽车的涂色与标志为：

1 槽车罐体外表面应涂银灰色。沿罐体水平中心线四周涂刷一道宽度不小于 150mm 的红色色带。

2 罐体两侧中央部位（此处色带留空不涂色）应用红色喷写“严禁烟火”字样，字高不小于 200mm。

3 槽车的其余裸露部分涂色规定如下：

安全阀——红色；气相管——红色；液相管——银灰色；阀门——银灰色；其他——不限。

4 在罐体一侧后端部色带下方的适当部位，喷写“罐体下次检验日期：×年×月”字样，字高 100mm 左右。

在驾驶室的两侧门上应标注遇有紧急情况时的联络电话主要是方便救援。

7.0.6 本条规定燃气运输车辆必须按规定的充装系数充装。

7.0.7 本条规定了燃气运输车辆的使用和装卸应按《危险化学品安全管理条例》和《道路危险货物运输管理规定》中危险化学品运输企业应遵守的制度执行。

8 燃具和用气设备

8.1 一般规定

8.1.1 本条根据《城镇燃气设计规范》GB 50028－2006 第 10.1.2 条制定。燃气用户应根据用途、安装条件、使用的燃气种类等因素综合考虑后选择燃具。燃具上标明使用的燃气种类必须与实际使用的气质相同。

8.1.2 本条根据《城镇燃气设计规范》GB 50028－2006编写。地下室和半地下室一般通风较差，由于燃烧需要氧气和燃烧的废气不容易排除及燃气泄漏后容易积聚和滞留。

8.1.3 本条根据《城镇燃气设计规范》GB 50028－2006第10.2.8条制定。根据国内燃气用户情况，燃具和管道之间的软管经常因连接处松动和胶管老化产生漏气引发燃气中毒和火灾事故。在今后的使用中可考虑采用防脱落接头或快速切断接头的方式。

燃气软管的长度和使用期限应符合《城镇燃气设计规范》GB 50028－2006第10章的有关规定。

8.2 居民用燃具

8.2.1 本条根据《城镇燃气设计规范》GB 50028－2006第10.4.1条制定。目前国内的居民生活用燃具，如燃气灶、热水器、采暖器等都使用5kPa以下的低压燃气，主要是为了安全，即使中压进户（中压燃气进入厨房）也是通过调压器降至低压后再进入计量装置和燃具的。

8.2.2 本条根据《城镇燃气设计规范》GB 50028－2006第10.4.4条和第10.4.5条编写。"通风良好，有给排气条件"主要是考虑燃具燃烧需要氧气，而通风条件差燃烧产生的烟气不能及时排至室外，使环境缺氧就会加剧不完全燃烧，产生大量的一氧化碳，会对燃具的使用者构成致命伤害。不应安装在卧室内和应安装在非居住房间是防止漏气或缺氧对人身的伤害。

8.2.3 本条根据《城镇燃气设计规范》GB 50028－2006第10.4.4条第4款制定。燃气灶与墙面的净距不得小于10cm；当墙面为可燃或难燃材料时，应加防火隔热板；燃气灶的灶面边缘和烤箱的侧壁距木质家具的净距不得小于20cm，当达不到时，应加防火隔热板。

放置燃气灶的灶台应采用不燃烧材料，当采用难燃材料时，应加防火隔热板。主要是防止火灾的发生。

8.2.4 本条主要是考虑直排式燃具是将燃烧的废气直接排在屋内，如果不能及时排至室外，室内缺氧使燃烧恶化和废气中的有害气体剧增对人体有致命的伤害等因素制定。机械排烟设施包括住宅厨房中的抽油烟机。

8.2.5 使用烟道排气的燃具，如果烟道排烟不畅同样会造成室内缺氧使燃烧恶化和废气中的有害气体剧增对人体有致命的伤害。所以烟道的结构与要求应符合《城镇燃气设计规范》GB 50028－2006第10.7节的有关规定。燃具安装前应确认烟道状况，经验证状况良好，方可使用。

8.3 工业和商业用气设备

8.3.1 由于用气设备用气量大、燃烧器的数量多，且因受安装条件的限制，使人工点火和观火比较困难；通过调查不少用气设备由于在点火阶段的误操作而发生爆炸事故。当用气设备装有熄火保护装置后，对设备的熄火起到安全监测作用，从而保证了设备的安全、正常运转。

不论是手动控制的还是自动控制的用气设备都应有热工检测仪表，主要是检测燃气、空气的压力和炉膛（燃烧室）温度、排烟温度等；燃烧过程的自动调节主要是指对燃烧温度和燃烧气氛的调节。当加热工艺要求要有稳定的加热温度和燃烧气氛，只允许有很小的波动范围，而靠手动控制不能满足要求时，应设燃烧过程的自动调节。当加热工艺对燃烧后的炉气压力有要求时，还可设置炉气压力的自动调节装置。

8.3.2 用气设备的燃烧条件包括燃烧的给排气条件。

8.3.3 根据《城镇燃气设计规范》GB 50028－2006第10.5.3条和第10.5.7条的规定制定。

8.3.4 使用机械鼓风助燃的用气设备，当燃气或空气因故突然降低压力和或者误操作时，均会出现燃气、空气窜混现象，导致燃烧器回火产生爆炸事故，将煤气表、调压器、鼓风机等设备损坏。设置止回阀或泄压装置是为了防止一旦发生爆炸时，不至于损坏设备。

8.4 用户计量

8.4.4 本条燃气计量装置安装在卫生间内，外壳容易受环境腐蚀影响；在危险品和易燃物品堆存处安装燃气计量装置，一旦出现漏气时更增加了易燃、易爆品的危险性，万一发生事故时必然加剧事故的灾情，故规定为"严禁安装"。

中华人民共和国国家标准

埋地钢质管道防腐保温层技术标准

Technical standard for anti-corrosion and insulation coatings of buried steel pipeline

GB/T 50538—2010

主编部门：中 国 石 油 天 然 气 集 团 公 司

批准部门：中华人民共和国住房和城乡建设部

施行日期：2 0 1 1 年 1 2 月 1 日

中华人民共和国住房和城乡建设部
公　告

第 817 号

关于发布国家标准《埋地钢质管道防腐保温层技术标准》的公告

现批准《埋地钢质管道防腐保温层技术标准》为国家标准，编号为 GB/T 50538—2010，自 2011 年 12 月 1 日起实施。

本标准由我部标准定额研究所组织中国计划出版社出版发行。

中华人民共和国住房和城乡建设部

二〇一〇年十一月三日

前　言

本标准是根据原建设部《关于印发〈2007 年工程建设标准规范制订、修订计划（第二批）〉的通知》（建标〔2007〕126 号）的要求，由大庆油田工程有限公司会同有关单位共同编制完成的。

本标准在编制过程中，编制组经广泛调查研究，认真总结实践经验，参考有关国际标准和国外先进标准，在广泛征求意见的基础上，最后经审查定稿。

本标准共分 9 章和 7 个附录，主要技术内容包括：总则，术语，防腐保温层结构，材料，防腐保温管道预制，质量检验，标识、储存与运输，补口及补伤，安全、卫生及环境保护，竣工文件等。

本标准由住房和城乡建设部负责管理，由石油工程建设专业标准化委员会负责日常管理，大庆油田工程有限公司负责具体技术内容的解释。在执行过程中，请各单位结合工程实践，认真总结经验，注意积累资料，如发现需要修改和补充之处，请将意见和建议寄至大庆油田工程有限公司（地址：黑龙江省大庆市让胡路区西康路 6 号，邮政编码：163712），以供今后修订时参考。

本标准主编单位、参编单位、主要起草人和主要审查人：

主 编 单 位： 大庆油田工程有限公司

参 编 单 位： 大庆油田建设集团建材公司防腐管道厂
中国石油集团工程技术研究院

主要起草人： 曲良山　郜玉新　曹靖斌　张其滨　卢绮敏　杜树彬　黄桂柏

主要审查人： 李　勃　周抗冰　廖宇平　贾丽华　陈守平　黄春蓉　李建忠　孙芳萍　窦宏强　王健健　薛致远

目　次

Contents

1 总 则

1.0.1 为保证埋地钢质管道防腐保温层的质量，延长使用寿命，提高经济效益，制定本标准。

1.0.2 本标准适用于输送介质温度不超过120℃的埋地钢质管道外壁防腐层与保温层的设计、预制及施工验收。

1.0.3 埋地钢质管道防腐保温层在设计、预制、施工及验收中除应符合本标准外，尚应符合国家现行有关标准的规定。

2 术 语

2.0.1 防腐层 anti-corrosive coating

指环氧类涂料、聚乙烯胶粘带、聚乙烯防腐层或环氧粉末防腐层。

2.0.2 保温层 insulation layer

指各种聚氨酯泡沫塑料层。

2.0.3 防护层 protective layer

指采用聚乙烯专用料形成的聚乙烯层或玻璃钢层。

2.0.4 防水帽 water proof cap

指辐射交联热收缩防水帽。

3 防腐保温层结构

3.0.1 输送介质温度不超过100℃的埋地钢质管道泡沫塑料防腐保温层应由防腐层—保温层—防护层—端面防水帽组成，其结构如图3.0.1-1所示；输送介质温度不超过120℃的埋地钢质管道泡沫塑料防腐保温层宜采用图3.0.1-1所示的结构，经设计选定也可采用图3.0.1-2所示的结构，但宜增加报警预警系统。

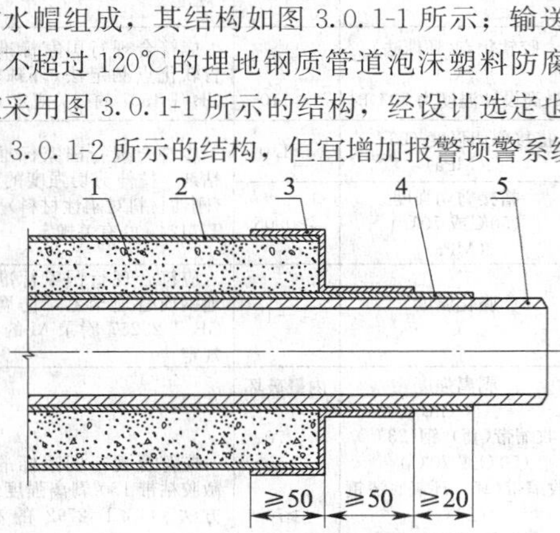

图3.0.1-1 输送介质温度不超过100℃的保温管道结构图

1—保温层；2—防护层；3—防水帽；4—防腐层；5—管道

3.0.2 防腐层可选用液体环氧类涂料、聚乙烯胶粘带、聚乙烯防腐层或环氧粉末防腐层，由设计选定。当采用液体环氧、聚乙烯胶粘带、聚乙烯防腐层或环氧粉末防腐层时，其结构及厚度应符合国家现行有关技术标准、规范的规定。

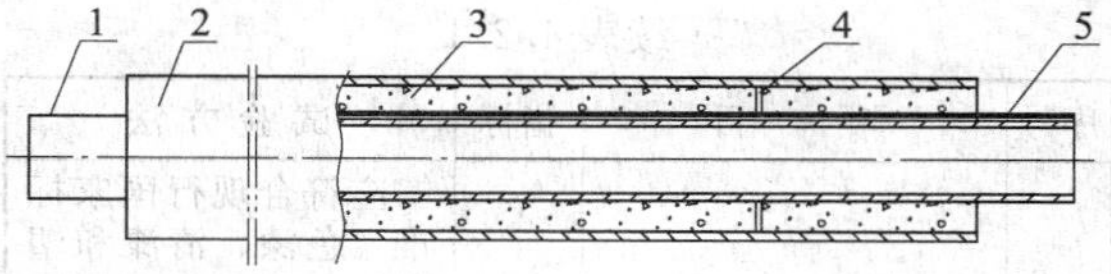

图3.0.1-2 输送介质温度不超过120℃的保温管道结构图

1—钢管；2—防护层；3—耐高温聚氨酯泡沫塑料层；4—支架；5—报警线

3.0.3 保温层应选用聚氨酯泡沫塑料，其厚度应按本标准附录A的规定进行计算，并结合输送工艺要求确定，其厚度不应小于25mm。

3.0.4 防护层可选用聚乙烯专用料或玻璃钢层，防护层厚度应根据管径及施工工艺确定，其厚度应大于或等于1.4mm，并应符合本标准相关条款的规定。

3.0.5 防腐保温层端面应采用辐射交联热收缩防水帽。防水帽与防护层、防水帽与防腐层的搭接长度不应小于50mm。

3.0.6 管件的防腐保温结构宜与主管道一致，其防腐保温层质量不应低于主管道的要求。

4 材 料

4.1 一 般 规 定

4.1.1 钢管的性能、尺寸及偏差应符合相应标准和订货条件的规定，并有出厂合格证和材质化验单。

4.1.2 防腐材料、保温层原料和防护层材料应有产品质量证明书、检验报告、使用说明书、出厂合格证、生产日期及有效期。

4.1.3 防腐材料、桶装保温原料和防护层材料包装均应完好，并按供货厂家说明书的要求存放。

4.1.4 防腐材料、桶装保温原料和防护层材料在使用前，均应由通过国家计量认证的质量检验机构，按本标准的相关规定进行复检，合格后方可使用。

4.2 防腐层材料

4.2.1 防腐层采用环氧类涂料时，应由设计根据输送介质温度及生产工艺确定其技术要求。当采用快干型环氧涂料时，快干型环氧涂料防腐层性能应符合表4.2.1的规定。

表4.2.1 快干型环氧涂料防腐层性能指标

序号	项目		指标	试验方法
1	干燥时间(25℃)	表干(min)	≤20	应符合现行国家标准《漆膜，腻子膜干燥时间测定法》GB/T 1728的有关规定
		实干(min)	≤120	

续表 4.2.1

序号	项目	指标	试验方法
2	固含量（%）	≥65	应符合现行国家标准《色漆、清漆和塑料　不挥发物含量的测定》GB/T 1725 的有关规定
3	附着力（级）	1～2	应符合现行国家标准《漆膜附着力测定法》GB/T 1720 的有关规定
4	柔韧性（mm）	1	应符合现行国家标准《漆膜柔韧性测定法》GB/T 1731 的有关规定
5	耐 10%HCl 溶液（80℃）（漆膜厚 200μm）	300h 无变化	应符合现行国家标准《色漆和清漆　耐液体介质的测定》GB 9274 的有关规定
6	耐 10%NaOH 溶液（80℃）（漆膜厚 200μm）		
7	耐 3%NaCl 溶液（80℃）（漆膜厚 200μm）		

4.2.2 防腐材料采用聚乙烯胶粘带时，应符合现行行业标准《钢质管道聚乙烯胶粘带防腐层技术标准》SY/T 0414 的有关规定。

4.2.3 防腐层采用聚乙烯防腐层时，应符合现行国家标准《埋地钢质管道聚乙烯防腐层》GB/T 23257 的有关规定。

4.2.4 防腐材料采用环氧粉末时，应符合现行行业标准《钢质管道单层熔结环氧粉末外涂层技术标准》SY/T 0315 的有关规定。

4.2.5 环氧类液体涂料应按照表 4.2.5 规定的比例进行抽查，并按照设计确定的技术要求进行复检。

表 4.2.5　环氧类液体涂料抽查比例

总桶数	1	2～10	11～30	31～60	61～130	131～300	301～600
抽查桶数	1	2	3	4	5	6	10

4.2.6 每一批聚乙烯专用料、胶粘剂应按现行国家标准《埋地钢质管道聚乙烯防腐层》GB/T 23257 的有关规定进行复检。

4.2.7 每一批环氧粉末原料，应按照现行行业标准《钢质管道单层熔结环氧粉末外涂层技术标准》SY/T 0315 的有关规定进行复检。

4.2.8 每一批聚乙烯胶粘带材料，应按照现行行业标准《钢质管道聚乙烯胶粘带防腐层技术标准》SY/T 0414 的有关规定进行复检。

4.3　辐射交联热缩材料

4.3.1 辐射交联热缩材料由基材和底胶两部分组成。基材为辐射交联聚乙烯材料，底胶为热熔胶。辐射交联热缩材料的热缩比（收缩后：收缩前）应小于 0.45。

4.3.2 辐射交联热缩材料应按管径选用配套的规格。辐射交联热缩材料的性能指标应符合表 4.3.2-1 的规定；配套底漆的性能指标应符合表 4.3.2-2 的规定。

表 4.3.2-1　辐射交联热缩材料的性能指标

序号	项目	性能指标	试验方法
基材①	拉伸强度（MPa）	≥17	应符合现行国家标准《塑料　拉伸性能的测定　第 2 部分：模塑和挤塑塑料的试验条件》GB/T 1040.2 的有关规定
	断裂伸长率（%）	≥400	
	维卡软化点（℃）	≥90	应符合现行国家标准《热塑性塑料维卡软化温度（VST）的测定》GB/T 1633 的有关规定
	脆化温度（℃）	≤−65	应符合现行国家标准《塑料　冲击法脆化温度的测定》GB/T 5470 的有关规定
	电气强度（MV/m）	≥25	应符合现行国家标准《绝缘材料电气强度试验方法　第 1 部分：工频下试验》GB/T 1408.1 的有关规定
	体积电阻率（Ω·m）	$\geq 1\times 10^{13}$	应符合现行国家标准《固体绝缘材料体积电阻率和表面电阻率试验方法》GB/T 1410 的有关规定
	耐环境应力开裂（F50）（h）	≥1000	应符合现行国家标准《塑料　聚乙烯环境应力开裂试验方法》GB/T 1842 的有关规定
	耐化学介质腐蚀（浸泡 7d）② 2% 10%HCl 10%NaOH 10%NaCl	 ≥85 ≥85 ≥85	应符合现行国家标准《埋地钢质管道聚乙烯防腐层》GB/T 23257 附录 H 的有关规定
	耐热老化（150℃，21d） 拉伸强度（MPa） 断裂伸长率（%）	 ≥14 ≥300	应符合现行国家标准《塑料　拉伸性能的测定　第 2 部分：模塑和挤塑塑料的试验条件》GB/T 1040.2 的有关规定
	耐热冲击（225℃，4h）	无裂纹、无流淌、无垂滴	应符合现行国家标准《埋地钢质管道聚乙烯防腐层》GB/T 23257 附录 L 的有关规定
胶	胶软化点（环球法）（℃） 最高设计温度为 70℃时	≥110	应符合现行国家标准《沥青软化点测定法（环球法）》GB/T 4507 的有关规定
	搭接剪切强度（23℃）（MPa）	≥1.0	应符合现行国家标准《胶粘剂　拉伸剪切强度的测定（刚性材料对刚性材料）》GB/T 7124③ 的有关规定
	搭接剪切强度（50℃或 70℃）（MPa）	≥0.05	
	脆化温度（℃）	≤−15	应符合现行国家标准《埋地钢质管道聚乙烯防腐层》GB/T 23257 附录 M 的有关规定
	剥离强度（N/cm） 收缩带（套）/钢（23℃） （50℃或 70℃）④ 收缩带（套）/环氧底漆钢 （23℃） （50℃或 70℃）④ 收缩带（套）/聚乙烯层 （23℃） （50℃或 70℃）④	内聚破坏 ≥70 ≥10 ≥70 ≥10 ≥70 ≥10	应符合现行国家标准《压敏胶粘带 180°剥离强度试验方法》GB/T 2792 的有关规定⑤

注：①除热冲击外，基材性能需经过 200℃±5℃，5min 自由收缩后进行测定。
②耐化学介质腐蚀指标为试验后的拉伸强度和断裂伸长率的保持率。
③拉伸速度为 10mm/min。
④最高设计使用温度为 50℃时，实验条件为 50℃；最高设计使用温度为 70℃时，实验条件为 70℃。
⑤剥离强度测试的试件应按照检验产品的施工特性进行制备。

表 4.3.2-2　配套底漆的性能指标

序号	项　　目	性能指标	试 验 方 法
1	剪切强度(MPa)	≥5.0	应符合现行国家标准《胶粘剂　拉伸剪切强度的测定(刚性材料对刚性材料)》GB/T 7124 的有关规定
2	阴极剥离(65℃,48h)(mm)	≤10	应符合现行国家标准《埋地钢质管道聚乙烯防腐层》GB/T 23257 附录 D 的有关规定

注:拉伸速度为 2mm/min。

4.3.3　辐射交联聚乙烯材料厚度应符合表 4.3.3 的规定。

表 4.3.3　辐射交联聚乙烯材料厚度(mm)

序号	适用管径(DN)	基材厚度	底胶厚度
1	≤400	≥1.2	≥1.0
2	>400	≥1.5	

4.3.4　辐射交联热缩材料每批每种规格至少抽查一组试样,测试拉伸强度、断裂伸长率、维卡软化点、剥离强度四项指标,辐射交联热缩材料的性能指标应符合表 4.3.2-1 的要求。

4.4　保 温 材 料

4.4.1　用于输送介质温度不超过 100℃的埋地钢质管道的泡沫塑料由多异氰酸酯、组合聚醚组成,其中发泡剂应为无氟发泡剂。

4.4.2　多异氰酸酯的性能应符合表 4.4.2-1 的规定,组合聚醚的性能应符合表 4.4.2-2 的规定,聚氨酯泡沫塑料的性能应符合表 4.4.2-3 的规定。

表 4.4.2-1　多异氰酸酯性能指标

序号	检验项目	性能指标	试 验 方 法
1	异氰酸根(NCO^-)(%)	29～32	应符合现行国家标准《多亚甲基多苯基异氰酸酯中异氰酸根含量测定方法》GB/T 12009.4 的有关规定
2	酸值(mgKOH/g)	<0.3	应符合现行国家标准《异氰酸酯酸度的测定》GB/T 12009.5 的有关规定
3	水解氯含量(%)	<0.5	应符合现行国家标准《异氰酸酯中水解氯含量测定方法》GB/T 12009.2 的有关规定
4	黏度(Pa·s)(25℃)	<0.25	应符合现行国家标准《塑料　多亚甲基多苯基异氰酸酯　第 3 部分:黏度的测定》GB/T 12009.3 的有关规定

表 4.4.2-2　组合聚醚性能指标

序号	检验项目	性能指标	试 验 方 法
1	羟值(mgKOH/g)	400～510	应符合现行国家标准《塑料　聚醚多元醇　第 3 部分:羟值的测定》GB/T 12008.3 的有关规定
2	酸值(mgKOH/g)	<0.1	应符合现行国家标准《塑料　聚醚多元醇　第 5 部分:酸值的测定》GB/T 12008.5 的有关规定
3	水含量(%)	<1	应符合现行国家标准《塑料　用于聚氨酯生产的多元醇　水含量的测定》GB/T 22313 的有关规定
4	黏度(Pa·s)	<5.0	应符合现行国家标准《聚醚多元醇的黏度测定》GB/T 12008.8 的有关规定

表 4.4.2-3　聚氨酯泡沫塑料性能指标

项　　目		指　标	试 验 方 法
表观密度(kg/m^3)		40～70	应符合现行国家标准《泡沫塑料和橡胶　表观密度的测定》GB/T 6343 的有关规定
抗压强度(MPa)		≥0.2	应符合现行国家标准《硬质泡沫塑料压缩性能的测定》GB/T 8813 的有关规定
吸水率(g/cm^3)		≤0.03	应符合本标准附录 B 的有关规定
导热系数(W/m·K)		≤0.03	应符合本标准附录 C 的有关规定
耐热性	尺寸变化率(%)	≤3	应符合本标准附录 D 的有关规定
	重量变化率(%)	≤2	
	强度变化率(%)	≥5	

注:1　耐热性试验条件为 100℃,96h。
　　2　泡沫塑料试件制作见附录 E。

4.4.3　用于输送介质温度在 100℃～120℃之间的埋地管道保温层的泡沫塑料由多异氰酸酯、耐高温组合聚醚组成,其中的发泡剂应采用无氟发泡剂。

4.4.4　耐高温组合聚醚性能指标应满足表 4.4.4-1 的规定,多异氰酸酯的性能检验应符合 4.4.2-1 的规定,耐高温聚氨酯泡沫塑料性能指标应符合表 4.4.4-2 的规定。

表 4.4.4-1　耐高温组合聚醚性能指标

序号	项　　目	指标	试 验 方 法
1	黏度(Pa·s)	<5.0	应符合现行国家标准《聚醚多元醇的黏度测定》GB/T 12008.8 的有关规定

续表 4.4.4-1

序号	项　目	指标	试验方法
2	羟值(mg,KOH/g)	430～700	应符合现行国家标准《塑料　聚醚多元醇　第3部分：羟值的测定》GB/T 12008.3的有关规定
3	酸值(mg,KOH/g)	<0.1	应符合现行国家标准《塑料　聚醚多元醇　第5部分：酸值的测定》GB/T 12008.5的有关规定
4	水含量(%)	<1	应符合现行国家标准《塑料　用于聚氨酯生产的多元醇　水含量的测定》GB/T 22313的有关规定

表 4.4.4-2　耐高温聚氨酯泡沫塑料性能指标

序号	项　目		指标	试验方法
1	表观密度(kg/m^3)		60～120	应符合现行国家标准《泡沫塑料和橡胶表观密度的测定》GB/T 6343的有关规定
2	抗压强度(MPa)		≥0.3	应符合现行国家标准《硬质泡沫塑料压缩性能的测定》GB/T 8813的有关规定
3	吸水率(常压沸水中浸泡,90min)(%)		≤10	应符合现行行业标准《高密度聚乙烯外护管聚氨酯泡沫塑料预制直埋保温管》CJ/T 114的有关规定
4	导热系数(50℃)(W/m·K)		≤0.033	应符合本标准附录C的有关规定
5	泡沫闭孔率(%)		≥88	应符合现行国家标准《硬质泡沫塑料　开孔与闭孔体积百分率的测定》GB/T 10799的有关规定
6	耐热性	尺寸变化率(%)	≤3	应符合本标准附录D的有关规定
		重量变化率(%)	≤2	
		强度变化率(%)	≤5	

注：1　耐热性试验条件为120℃,96h。
　　2　泡沫塑料试件制作见附录E。

4.4.5　桶装聚氨酯泡沫原料应按表4.2.5的规定比例抽检。组合聚醚进厂时每批应至少抽检1桶,测试反应的乳白时间、拔丝时间和固化时间,并满足工艺要求。

4.5　防护层材料

4.5.1　用于"一步法"工艺的聚乙烯专用料是以聚乙烯为主料,加入一定量的染料、抗氧剂、紫外线稳定剂等加工而成的。聚乙烯原料及压制片的性能指标应符合表4.5.1-1的规定。"一步法"工艺的聚乙烯防护层性能指标应符合表4.5.1-2的规定。

表 4.5.1-1　聚乙烯原料及压制片的性能指标

序号	项　目		指标	试验方法
1	密度(g/cm^3)		≥0.930	应符合现行国家标准《化工产品密度、相对密度测定通则》GB/T 4472的有关规定
2	熔体流动速率(负荷5kg)(g/10min)		≥0.7	应符合现行国家标准《热塑性塑料熔体质量流动速率和熔体体积流动速率的测定》GB/T 3682的有关规定
3	拉伸强度(MPa)		≥20	应符合现行国家标准《塑料　拉伸性能的测定　第2部分:模塑和挤塑塑料的试验条件》GB/T 1040.2的有关规定
4	断裂伸长率(%)		≥600	
5	维卡软化点(℃)		≥90	应符合现行国家标准《热塑性塑料维卡软化温度(VST)的测定》GB/T 1633的有关规定
6	脆化温度(℃)		<－65	应符合现行国家标准《塑料　冲击脆化温度的测定》GB/T 5470的有关规定
7	耐环境开裂时间(F50)(h)		>1000	应符合现行国家标准《塑料　聚乙烯环境应力开裂试验方法》GB/T 1842的有关规定
8	耐击穿电压强度(MV/m)		>25	应符合现行国家标准《绝缘材料电气强度试验方法　第1部分:工频下试验》GB/T 1408.1的有关规定
9	体积电阻率(Ω·m)		$>1\times10^{14}$	应符合现行国家标准《固体绝缘材料体积电阻率和表面电阻率试验方法》GB/T 1410的有关规定
10	耐化学介质腐蚀(浸泡7d)(%)	10%HCl溶液	≥85	应符合现行国家标准《埋地钢质管道聚乙烯防腐层》GB/T 23257附录H的有关规定
		10%NaOH溶液	≥85	
		10%NaCl溶液	≥85	
11	耐热老化(100℃,2400h)(%)		≤35	应符合现行国家标准《热塑性塑料熔体质量流动速率和熔体体积流动速率的测定》GB/T 3682的有关规定

续表 4.5.1-1

序号	项目	指标	试验方法
12	耐紫外光老化(336h)(%)	≥80	应符合现行国家标准《埋地钢质管道聚乙烯防腐层技术标准》GB/T 23257 附录 I 的有关规定

注:1 耐化学介质腐蚀及耐紫外光老化指标为试验后的拉伸强度和断裂伸长率的保持率。
2 耐热老化指标为试验前后的熔融流动速率偏差。
3 表中第11、12项性能不适用于白色聚乙烯原料,仅适用于聚乙烯专用料。

表 4.5.1-2 "一步法"工艺的聚乙烯防护层性能指标

序号	项目		指标	试验方法
1	拉伸强度	轴向强度(MPa)	≥20	应符合现行国家标准《塑料 拉伸性能的测定 第2部分:模塑和挤塑塑料的试验条件》GB/T 1040.2 的有关规定
		径向强度(MPa)	≥20	
		偏差(%)	<15	
2	断裂伸长率(%)		≥600	应符合现行国家标准《塑料 拉伸性能的测定 第2部分:模塑和挤塑塑料的试验条件》GB/T 1040.2 的有关规定
3	耐环境应力开裂(F50)(h)		≥1000	应符合现行国家标准《塑料 聚乙烯环境应力开裂试验方法》GB/T 1842 的有关规定
4	压痕硬度(mm) 23℃±2℃ 50℃±2℃		 ≤0.2 ≤0.3	应符合现行国家标准《埋地钢质管道聚乙烯防腐层》GB/T 23257 附录 G 的有关规定

注:拉伸强度偏差为轴向与径向拉伸强度的差值与两者中较低者之比。

4.5.2 用于"管中管"工艺的聚乙烯专用料应为PE80及以上级,是以聚乙烯为主料,加入一定量的抗氧剂、紫外线稳定剂、炭黑(黑色母料)等助剂加工而成的。"管中管"工艺的聚乙烯原料性能指标应符合表4.5.2的规定。

表 4.5.2 "管中管"工艺的聚乙烯原料性能指标

序号	项目	指标	试验方法
1	密度(g/cm^3)	≥0.935	应符合现行国家标准《塑料 非泡沫塑料密度的测定 第1部分:浸渍法、液体比重瓶法和滴定法》GB/T 1033.1 的有关规定
2	炭黑含量(质量百分比)(%)	2.5±0.5	应符合现行国家标准《聚乙烯管材和管件炭黑含量的测定(热失重法)》GB/T 13021 的有关规定
3	热稳定性氧化诱导期(min)	≥20	应符合现行国家标准《聚乙烯管材与管件热稳定性试验方法》GB/T 17391 的有关规定
4	拉伸强度(MPa)	≥19	应符合现行国家标准《热塑性塑料管材 拉伸性能测定 第3部分:聚烯烃管材》GB/T 8804.3 的有关规定
5	断裂伸长率(%)	≥350	

4.5.3 "管中管"工艺的聚乙烯防护层性能指标应符合表4.5.3的规定。

表 4.5.3 "管中管"工艺的聚乙烯防护层性能指标

序号	项目	指标	试验方法
1	外观	黑色,无气泡、裂纹、凹陷、杂质、颜色不均	目视
2	拉伸强度(MPa)	≥19	应符合现行国家标准《热塑性能塑料管材 拉伸性能测定 第3部分:聚烯烃管材》GB/T 8804.3 的有关规定
3	断裂伸长率(%)	≥350	
4	纵向回缩率(%)	≤3	应符合现行国家标准《热塑性塑料管材纵向回缩率的测定》GB/T 6671 的有关规定
5	长期机械性能(4MPa,80℃)(h)	≥1500	应符合现行国家标准《流体输送用热塑性塑料管材耐内压试验方法》GB/T 6111 的有关规定
6	耐环境应力开裂(F50)(h)	≥1000	应符合现行国家标准《塑料 聚乙烯环境应力开裂试验方法》GB/T 1842 的有关规定

4.5.4 采用玻璃钢作防护层时,玻璃钢防护层性能应符合表4.5.4的规定。

表 4.5.4 玻璃钢防护层性能指标

序号	项目	指标	试验方法
1	外观	光滑、平整、色泽一致	目视

续表 4.5.4

序号	项　目	指标	试验方法
2	拉伸强度（MPa）	≥150	应符合现行国家标准《纤维增强塑料拉伸性能试验方法》GB/T 1447 的有关规定
3	弯曲强度（MPa）	≥50	应符合现行国家标准《纤维增强塑料弯曲性能试验方法》GB/T 1449 的有关规定
4	冲击韧性（kJ/m^2）	≥130	应符合现行国家标准《纤维增强塑料简支梁式冲击韧性试验方法》GB/T 1451 的有关规定
5	渗水率（0.05MPa，水中 1h）	无渗透	应符合现行国家标准《纤维增强热固性塑料管短时水压失效压力试验方法》GB/T 5351 的有关规定
6	表面硬度（巴氏）	≥40	应符合现行国家标准《增强塑料巴柯尔硬度试验方法》GB/T 3854 的有关规定

5　防腐保温管道预制

5.1　生 产 准 备

5.1.1　防腐保温管道材料应符合下列规定：

1　钢管弯曲度不应大于钢管长度的 0.2%，最大不应超过 20mm，椭圆度不应大于外径的 0.2%，长度不宜小于 6.5m。

2　保温材料在生产使用前，应进行发泡试验确定材料的工艺参数，验证材料的适应性。

3　聚乙烯专用料必须烘干后方可使用。

4　采用“管中管”成型工艺生产保温管前，应预先生产聚乙烯防护管或玻璃钢防护管。

5.1.2　成型设备应符合下列规定：

1　应根据管径大小和成型工艺调整乳白时间、拔丝时间和固化时间等工艺参数，选用不同规格的发泡工装。

2　采用“一步法”生产工艺时，应调整钢管、机头、送进机等生产线设备同轴度和高度，检验挤出机、纠偏机和高（低）压发泡机等关键设备是否处于稳定运行状态。

5.1.3　露天作业时，钢管表面温度应高于露点温度 3℃以上，施工环境相对湿度应低于 80%，雨、雪、雾、风沙等气候条件下应停止施工。

5.2　钢管表面预处理

5.2.1　钢管表面预处理前，应采用机械或化学方法清除钢管表面的灰尘、油脂和污垢等附着物。

5.2.2　预处理方法应采用喷（抛）射除锈，质量应达到现行国家标准《涂装前钢材表面锈蚀等级和除锈等级》GB 8923 规定的 Sa2.5 级，或达到相应防腐层标准中规定的除锈等级和锚纹深度要求。钢管表面的焊渣、毛刺等应清除干净。

5.2.3　钢管表面预处理后，应清除附着的灰尘，防止表面受潮、生锈或二次污染，并应在 4h 内进行表面涂敷或包覆。

5.3　防腐层涂覆

5.3.1　防腐层采用环氧类液体涂料时，可采用喷涂、刷涂或其他适当方法施工。防腐层应均匀，不得漏涂，不得小于设计厚度。防腐层实干后进行保温层包覆。

5.3.2　防腐层采用聚乙烯胶粘带、聚乙烯防腐层、环氧粉末防腐层时，应按照相应防腐层技术标准规范的要求进行涂敷施工。

5.4　“一步法”成型工艺

5.4.1　成型时控制挤出机各段加热温度，从加料段到挤出段保持温度呈梯度上升，挤出温度宜为 205℃±10℃。

5.4.2　钢管中心、挤出机机头中心及纠偏环中心应根据钢管直径控制作业线，保持在同一条水平线上。

5.4.3　测定比例泵输送的多异氰酸酯与组合聚醚比例时，多异氰酸酯和组合聚醚的配合比应符合所用材料的工艺要求。

5.4.4　泡沫塑料发泡前，应采用适当方法将钢管外表面加热到 30℃±5℃，并应把组合聚醚和多异氰酸酯预热到规定温度，组合聚醚应连续搅拌。

5.4.5　泡沫塑料原料可用喷枪连续混合，喷枪空气压力应不低于 0.5MPa。

5.4.6　钢管的送进速度及泡沫料流量应根据聚乙烯层厚度确定；发泡液面距定径套宜为 0.5m～1.0m，并应保持稳定；纠偏环应处于泡沫开始固化位置，并应位于泡沫液面后 100mm～150mm。

5.5　“管中管”成型工艺

5.5.1　根据用户要求或设计选定的泡沫保温层时，其成型工艺可采用常压发泡或高压发泡。当输送介质温度不超过 100℃的埋地钢质管道生产时，可以采用“管中管”常压发泡工艺，当输送介质温度在 100℃～120℃之间时，其发泡方式应采用高压发泡工艺。

5.5.2　经预处理后的钢管，应在外表面等距离放置定位架、报警线（由用户或设计选用），并应用专用设备将钢管穿入外护管中，外护管宜比钢管短 300mm～440mm。

5.5.3　固定外护管，封闭环形端面，钢管两端宜留出150mm～220mm。

5.5.4 启动发泡机，按照预先设定时间，在环形空间内注入泡沫料。多异氰酸酯与耐高温组合聚醚比例应符合所用材料的工艺要求。

5.5.5 高压发泡时，可采用中央开孔注料或端面倾斜注料两种方式，应待泡沫完全固化后，再打开卡具和法兰，清理端面。

5.5.6 若设有报警线，应进行报警线电连接性能检测，报警线与报警线、警报线与钢管之间应无短路及断路现象，其电阻率应满足设计要求。

5.6 端面处理工艺

5.6.1 "一次成型"工艺生产的保温管端部可采取二次切头，最终留头长度宜为150mm±10mm；输送介质温度在100℃～120℃之间的防腐保温结构，其最终留头长度宜为150mm～220mm。

5.6.2 采用辐射交联热收缩材料做端面防水层时，切头后应切齐并清理端面，并应打毛防水帽搭接部位，用火焰加热器对防水帽加热，按照先加热钢管外表面，再加热防水帽端面，最后加热保温管外表面的顺序，使热熔胶均匀溢出，应确保防水帽与防护层及防腐层粘接牢固，再自然冷却到常温。加装防水帽时应采用适当措施保护底层防腐层和保温管的防护层。

5.6.3 采用玻璃钢作防护层时，端面可采用手工粘糊玻璃钢层工艺作防水层。

6 质量检验

6.1 成品管性能检验

6.1.1 输送介质温度不超过100℃保温管，成品管应测试轴向偏心量、保温层的导热系数和抗压强度，聚乙烯防护层的耐环境应力开裂指标，其性能应符合表6.1.1的规定。

表6.1.1 普通聚氨酯泡沫保温管性能指标

序号	检验项目	指标	试验方法
1	轴向偏心量	见表6.2.5-1	游标卡尺测量
2	导热系数（W/m·K）	≤0.03	应符合本标准附录C的有关规定
3	抗压强度（MPa）	≥0.2	应符合现行国家标准《硬质泡沫塑料压缩性能的测定》GB/T 8813的有关规定
4	耐环境应力开裂（F50）（h）	≥1000	应符合现行国家标准《塑料 聚乙烯环境应力开裂试验方法》GB/T 1842的有关规定

6.1.2 输送介质温度在100℃～120℃之间的保温管，成品保温管应测试其轴向偏心量、外径增大率、轴向剪切强度、抗冲击性能、抗蠕变性能、预期寿命指标，其性能应符合表6.1.2的规定。

表6.1.2 耐温聚氨酯泡沫保温管性能指标

序号	检验项目		指标	试验方法
1	轴向偏心量（mm）	≤160	3.0	游标卡尺测量
		180～400	4.5	游标卡尺测量
		450～630	6.0	游标卡尺测量
		≥710	8.0	游标卡尺测量
2	外径增大率（%）		≤2	应符合本标准附录F的有关规定
3	轴向剪切强度（MPa）	23℃±2℃	0.12	
		140℃±2℃	0.08	
4	抗冲击性能		无可见裂纹	
5	抗蠕变性能		2.5	应符合本标准附录G的有关规定
5	预期寿命（120℃下连续工作）		30	应符合现行行业标准《高密度聚乙烯外护管聚氨酯泡沫塑料预制直埋保温管》CJ/T 114中附录A的有关规定

6.1.3 输送介质温度在100℃～120℃之间的保温管，耐温聚氨酯泡沫塑料老化性能检测指标应符合表6.1.3的要求。

表6.1.3 耐温聚氨酯泡沫塑料的老化性能检测指标

测试温度（℃）	最小轴向剪切强度（MPa）	试验方法
23±2	0.12	应符合本标准附录F的有关规定
140±2	0.08	

6.2 生产过程质量检验

6.2.1 表面预处理质量检验：钢管应逐根检查，与现行国家标准《涂装前钢材表面锈蚀等级和除锈等级》GB 8923中相应的标准照片进行目视比对，除锈等级达到相关标准及规定的要求，每班次测量两根钢管锚纹深度，采用粗糙度仪或锚纹深度测定仪测定，应达到相应防腐层的规定要求。

6.2.2 防腐层涂覆过程的质量检验应按国家现行有关防腐层的标准执行。

6.2.3 防腐层外观应采用目测法逐根检查。防腐层外观质量和厚度应达到相应标准技术要求，并满足设计要求。

6.2.4 保温层外观采用目测逐根检查，保温层应无收缩、发酥、开裂、烧芯等缺陷，不应有明显的空洞。

6.2.5 输送介质温度在100℃以下保温层偏心距及防护层最小厚度应符合表6.2.5-1的规定；输送介质温度在100℃～120℃之间的保温管防护管的外径和最小壁厚应符合表6.2.5-2的规定。

表6.2.5-1 输送介质温度在100℃以下的保温层及防护层最小量度（mm）

成型工艺	钢管直径	轴向偏心量	防护层最小厚度
“一步法”	φ48～φ114	±3	≥1.4
	φ159～φ377	±5	≥1.6
	>φ377		≥1.8
“管中管”	≤φ159	±3	≥2.0
	φ168～φ245	±4	≥3.0
	φ273～φ377		≥4.0
	≥φ426	±5	≥4.5

表6.2.5-2 介质温度在100℃～120℃之间的保温管防护管外径和最小壁厚（mm）

外径	110	125	140	160	200	225	250	280	315	355	365
最小壁厚	2.5		3.0		3.2	3.5	3.9	4.4	4.9	5.6	
外径	400	420	450	500	550	560	630	655	710	760	850
最小壁厚	6.3	7.0		7.8	8.8		9.8		11.1		12
外径	950	955	995	1045	1155	1200	—				
最小壁厚	12	13	12	13	14	14	—				

注：可以按用户要求，使用其他规格外护管，其最小壁厚应按本表由内插法确定。

6.2.6 逐根检查防水帽的施工质量，外观应无烤焦、鼓包、皱折、翘边，两端搭接处应有少量胶均匀溢出。

6.2.7 介质温度在100℃以下的保温层内有空洞缺陷时，允许在防护层上打孔，采用二次灌注发泡方式填充，聚乙烯防护层上的工艺开孔可采用电熔焊接法封闭。

6.2.8 介质温度在100℃～120℃之间的保温层有空洞缺陷时，不允许在防护层上打孔，保温管应重新制作。

6.3 产品出厂检验

6.3.1 采用“一步法”时，每连续生产5km产品应抽查一根，不足5km时也应抽查一根；采用“管中管”工艺时，同一原料、同一配方、同一工艺生产的同一规格保温管为一批，每5km应至少抽检一根，不足5km时也至少抽查一根。检查防护层和保温层性能，若抽查不合格，应加倍检查，仍不合格，则全批为不合格。

6.3.2 采用“一步法”工艺时，保温管防护层应测试其密度、拉伸强度、断裂伸长率及维卡软化点四项指标，其性能应符合表4.5.1-1的规定；保温层应测试其表观密度、吸水率、抗压强度和导热系数四项指标，应符合表4.4.2-3的规定。

6.3.3 采用“管中管”工艺时，聚乙烯防护层性能应检测表4.5.3的1项～4项指标，其性能应符合表4.5.3的规定。保温层性能应符合表4.4.2-3或表4.4.4-2的规定。

6.3.4 当有下列情况之一时，应进行成品管性能的型式检验：

1 新产品的试制、定型、鉴定或老产品转厂生产时；

2 正式生产后，如结构、材料、工艺等有较大改变，可能影响产品性能时；

3 产品停产一年，恢复生产时；

4 出厂检验结果与上次型式检验有较大差异时；

5 国家质量监督机构提出进行型式检验要求时；

6 正常生产时，每两年应进行周期性型式检验。

7 标识、储存与运输

7.0.1 检验合格的防腐保温管成品应在距管端350mm处喷涂产品标识，标识内容包括生产厂名称、钢管规格、长度、执行标准。随产品提供的合格证内容应包括产品名称、生产厂名称、生产日期、班次和质检员代号。

7.0.2 防腐保温管吊装时应采用宽度为150mm～200mm的尼龙带或胶皮带，严禁用钢丝绳吊装。

7.0.3 防腐保温管的堆放场地应坚固、平整、无杂物、无积水，并应设置高度为150mm的管托，严禁混放，堆放高度不得大于2m。堆放处应远离火源和热源。

7.0.4 堆放场地应悬挂铭牌，铭牌上写明管径、壁厚、保温层厚度。

7.0.5 防腐保温管不宜长期受阳光照射及雨淋，露天存放不应超过六个月。若超过六个月以上宜用篷布盖住，钢管两端应加封堵。

7.0.6 防腐保温管成品在运输过程中，应采取有效的固定措施，不得损伤防护层、保温层及防腐层结构。装卸过程中，轻拿轻放，严禁摔打拖拉。

8 补口及补伤

8.1 技术要求

8.1.1 补口及补伤处的防腐保温层等级及质量应不低于成品防腐保温管的防腐保温等级及质量。防腐保温层补口结构宜采用图8.1.1的结构形式。当采用其他结构形式补口时，防腐保温等级及质量不应低于成品防腐保温管的防腐保温层指标要求。

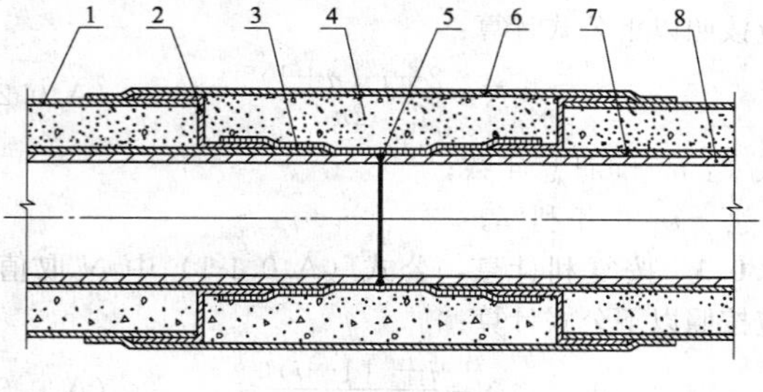

图 8.1.1　防腐保温层补口结构图

1—防护层；2—防水帽；3—补口带；4—补口保温层；5—管道焊缝；6—补口防护层；7—防腐层；8—钢管

8.1.2　补口前，必须对补口部位的钢管表面进行处理，表面处理质量应达到现行国家标准《涂装前钢材表面锈蚀等级和除锈等级》GB 8923 中规定的 Sa2 级以上或 St3 级，并应符合国家现行有关标准中的补口材料要求。

8.1.3　防腐保温层补口应采用防腐层补口—保温层补口—防护层补口的程序。

8.1.4　防腐层补口应符合下列规定：

1　当介质温度低于 70℃时，补口防腐层宜采用辐射交联聚乙烯热收缩带或聚乙烯胶粘带。

1）补口带的规格必须与管径相配套。

2）钢管与防水帽必须干燥，无油污、泥土、铁锈等杂物。

3）除去防水帽的飞边，用木锉将防水帽打毛。

4）补口带与防水帽搭接长度应不小于 40mm。

5）补口带周向搭接必须在管道顶部。

2　当介质温度高于 70℃时，补口防腐层宜采用防腐涂料。补口防腐层应覆盖管道原预留的防腐层。

8.1.5　保温层补口可采用模具现场发泡或预制保温瓦块捆扎方式。当采用模具现场发泡方式时应符合下列规定：

1　补口模具的内径应与防水帽外径尺寸相同。

2　模具必须固紧在端部防水帽处，其搭接长度不应小于 100mm，浇口应向上，并应保证搭接处严密。

3　环境温度低于 5℃时，模具、管道和泡沫塑料原料应预热后再进行发泡。

8.1.6　聚乙烯防护层补口应采用辐射交联热收缩补口套（或补口带），补口套（或补口带）的规格应与防护层外径相配套，补口套（或补口带）与防护层搭接长度应不小于 100mm。采用“管中管”工艺生产的保温管补口宜采用电热熔套袖，并应用电熔焊技术加热安装。

8.1.7　当聚乙烯防护层有损伤，且损伤深度大于 1/10但小于1/3壁厚时，应采用热熔修补棒修补。防护层有破口、漏点或深度大于防护层厚度 1/3 的划伤等缺陷时，应按下列要求补伤：

1　除去补伤处的泥土、水分、油污等杂物，用木挫将伤处的防护层修平，打毛。

2　补口带剪成需要长度，并大于补口或划伤处 100mm。

3　补伤后，接口周围应用少量胶均匀溢出。

8.1.8　保温层损伤深度大于 10mm 时，应将损伤处修整平齐，并应按本标准第 8.1.7 条要求修补好保温层。

8.2　现场质量检验

8.2.1　补口补伤处的外观质量应逐个检查。补口补伤处外观应无烤焦、空鼓、皱纹、咬边缺陷，接口处应有少量胶均匀溢出，检验合格后应在补口补伤处作出标记。如检验不合格，必须返工处理直至合格。

8.2.2　对补口处进行破坏性检验时，抽查率应大于 0.2%，且不少于 1 个口，当抽查不合格时，应加倍抽查，仍不合格，则全批为不合格。抽查项目及内容应符合下列规定：

1　当用磁性测厚仪测量补口防腐层厚度时，其厚度不应小于设计厚度。

2　用钢直尺测量补口套（带）与防护层的搭接长度应不小于 100mm。

3　按现行国家标准《埋地钢质管道聚乙烯防腐层》GB/T 23257 中附录 J 的规定进行剥离强度检测，常温剥离强度不应小于 50N/cm，并应呈现内聚破坏性能。

4　观察泡沫发泡的状况，补口处泡沫塑料应无空洞、发酥、软缩、泡孔不均、烧芯等缺陷。

5　用钢直尺检查补口套（或带）与防水帽搭接长度及补口带封口处的搭接长度，其搭接长度均不应小于 40mm。

8.2.3　电熔焊完成后，宜对补口进行气密性试验，补口内部压力应高于外部环境压力 0.02MPa，稳压 30s 后，焊接处涂肥皂水，通过目测观察，焊接部位无气泡出现为合格。

9　安全、卫生及环境保护

9.0.1　涂敷生产过程中的安全、环保要求应符合现行国家标准《涂装作业安全规程　涂漆前处理工艺安全及其通风净化》GB 7692 的有关规定。

9.0.2　钢质管道除锈、涂敷生产过程中，各种设备产生的噪声，应符合现行国家标准《工业企业噪声控制设计规范》GBJ 87 的有关规定。

9.0.3　钢质管道除锈、涂敷生产过程中，空气中粉尘含量不得超过现行国家标准《工业企业设计卫生标准》GBZ 1 的有关规定。

9.0.4　钢质管道除锈、涂敷生产过程中，空气中有害物质浓度不得超过现行国家标准《涂装作业安全规

程　涂漆工艺安全及其通风净化》GB 6514 的有关规定。

9.0.5　涂敷区电气设备应符合国家有关爆炸危险场所电气设备的安全规定，电气设施应整体防爆，操作部分应设触电保护器。

9.0.6　钢质管道除锈、涂敷生产过程中，所有机械设施的转动和运动部位应设置保护。

9.0.7　防腐管的运输和施工过程中的安全、卫生和环境保护应符合现行国家标准《油气长输管道工程施工及验收规范》GB 50369 等有关标准的规定。

9.0.8　"一步法"原料配置及输送均应采用密闭装置，生产中应采取有效措施防止液体原料飞溅或喷射伤人事件。

10　竣　工　文　件

10.0.1　竣工验收时防腐保温管预制厂应提交下列文件：

1　防腐保温管出厂合格证和质量检验报告。

2　防腐保温层性能测试报告。

10.0.2　竣工验收时现场施工单位应提交下列文件：

1　补口补伤记录及质量检验报告。

2　返工记录及质检检验报告。

附录A　保温层经济厚度计算公式

A.0.1　埋地钢质管道硬质聚氨酯泡沫塑料防腐保温层中的保温层，其经济厚度应按下列公式计算：

$$\frac{D_1}{2}\ln\frac{D_1}{D}=10^{-3}\sqrt{\frac{BH\lambda\ (t_1-t_2)}{AN}}-\frac{\lambda}{\alpha} \qquad (A.0.1\text{-}1)$$

$$\alpha=\frac{2\lambda_\tau}{D_1\ln\frac{4h}{D_1}} \qquad (A.0.1\text{-}2)$$

$$\delta=\frac{D_1-D}{2} \qquad (A.0.1\text{-}3)$$

式中：δ——保温层厚度（m）；

D，D_1——分别为保温层内径、外径（m）；

h——管道中心距地面深度（m）；

t_1——介质温度（℃）；

t_2——距地面 h 处的土壤温度（℃）；

λ——保温材料导热系数［W/（m·℃）］；

λ_τ——土壤导热系数［W/（m·℃）］；

α——保温层外表面向土壤的放热系数［W/（m·℃）］；

B——热能价格（元/MW·h）；

H——年运行时间（h）；

A——防腐保温层单位造价（元/m^3）；

N——保温工程投资年分摊率（%）。

A.0.2　按单利计息，公式（A.0.1-1）中 N 取值，应按照以下公式计算：

$$N=\frac{2+i\ (n+1)}{2n} \qquad (A.0.2)$$

式中：n——计息年数；

i——年利率。

A.0.3　按复利计息，公式（A.0.1-1）中 N 取值，应按照以下公式计算：

$$N=\frac{i+\ (1+i)^n}{(1+i)^{n-1}} \qquad (A.0.3)$$

式中：n——计息年数；

i——年利率。

A.0.4　公式（A.0.1-1）中 A 代表保温层＋防护层所组成的复合结构，其单位造价应按以下公式计算：

$$A=A_1+2A_2/D_1+2A_3/D_0 \qquad (A.0.4)$$

式中：A_1——保温层单位造价（元/m^3）；

A_2——防护层单位造价（元/m^2）；

D_1——保温层外径（m）；

A_3——防腐层单位造价（元/m^2）；

D_0——钢管外径（m）。

A.0.5　公式（A.0.1-1）适用于 $h/D_1>3$ 的条件，如果 $h/D_1<3$ 则另行计算。

附录B　泡沫塑料吸水率试验方法

B.1　仪　　器

B.1.1　测试泡沫塑料吸水率时，常用的试验仪器应包括分析天平、游标卡尺、干燥箱、干燥器、浸泡桶以及敞口容器或水池。

B.1.2　所用试验仪器中，游标卡尺的精度宜为 0.02mm，分析天平的精度宜为 0.01g。

B.2　试　　件

B.2.1　在泡沫塑料保温管上，任取三个试件，试件尺寸宜为：长 100mm、宽 50mm、高 25mm。

B.2.2　用细砂纸将所取试件表面磨光，然后检查外表面，应完整且无缺损，三个试件为一组。

B.3　试件处理

B.3.1　分别把每组试件放入 50℃±3℃的干燥箱中，干燥 24h。

B.3.2　取出试件放入干燥器中冷却到室温，称重，数值精确到0.01g。

B.3.3　把试件重新放入干燥箱中 4h，取出放入干燥器中冷却到室温，称重，数值精确到 0.01g。

B.3.4　将本附录 B.3.3 条称重的结果与本附录 B.3.2 条称重的结果相对比，两次称重值之差小于

0.02g时，则可认为试件达到恒重，取后者的称重值作为试件重量；两次称重值之差大于0.02g时，应按本附录B.3.3条重复进行，直至达到恒重要求。

B.4 测试步骤

B.4.1 应按下列步骤进行测试：

1 用游标卡尺测量试件三面尺寸，测量时，卡尺面应与试件表面接触，但不得压缩试件，每面测量三点，取平均值，数值精确到0.02mm。

2 把试件放入浸泡桶内用网压住试件。

3 把新鲜蒸馏水倒进浸泡桶内，水位应高出试件上表面50mm。

4 使试件与水充分接触，两试件之间应保持一定距离，不得互相接触。

5 用短毛刷除去试件上的气泡。

6 用低渗透性塑料薄膜盖住水面。

7 控制水温应在23℃±2℃，浸泡时间应为96h。

8 96h后，取出试件，用滤纸轻轻吸去表面水，立即称重，精确到0.01g。

B.5 计算

B.5.1 吸水率应按下式计算：

$$\eta=\frac{W_1-W_2}{V_0} \tag{B.5.1}$$

式中：η——试件吸水率（g/cm³）；

W_1——试件吸水后重量（g）；

W_2——试件吸水前重量（g）；

V_0——试件体积（cm³）。

B.5.2 计算结果数值约简到三位有效位数。

B.6 试验报告

B.6.1 试验结果应取每一组数据的算术平均值。

B.6.2 测定报告应包括如下内容：

1 试样来源（委托单位，生产厂等）。

2 试样概况（名称、种类、规格、密度等）。

3 试样尺寸。

4 测定地点和日期。

附录C 导热系数测定方法

C.1 QTM-D2快速导热系数测定仪法

C.1.1 测试前准备应符合下列规定：

1 准备好试件，试件尺寸：长×宽×高不应小于100mm×50mm×6mm。

2 接通快速导热系数测定仪的电源。

3 将HEATER/A2旋钮，旋至0.5处，预热45min以上。

4 将MODE旋钮，旋至CAL位置，动圈式指示器调至0。按复位按钮，再按起动按钮，如导热系数显示器的值在0.98～1.02之间，则仪器功能正常。

5 测试前应除去试件表面上的水与灰尘。

6 保持探头干燥及探头平面的清洁。

C.1.2 测试应按下列方法进行：

1 打开仪器盖板，用标准板调好K，H系数。

2 将HEATER/A2旋钮，扭至0.5处，将MODE旋钮，扭至低端（LOW）处。

3 将探头放在被测试件的表面，探头平面必须与试件全部接触。

4 2min后，用调零旋钮将动圈式指示器调至0，并观察2min左右，直到稳定。然后，按复位按钮并按起动按钮。在指示灯B发亮后将探头从试件上拿开，放在冷板上。

5 记下导热系数显示器和动圈式指示器中的数，此二数分别为被测试件的导热系数和测试温度。

6 按复位按钮，进行下步测试。

7 连续测试时，每测完一个试件，探头应在冷板上冷却2min左右，再进行下一个试件测试。

C.2 非金属固体材料导热系数的测定 热线法

C.2.1 测试装置应符合下列规定：

1 常用的热线法测定装置如图C.2.1-1和图C.2.1-2所示。A、B点距试样边缘的距离不应小于5mm。距测温热电偶的距离不应小于60mm。

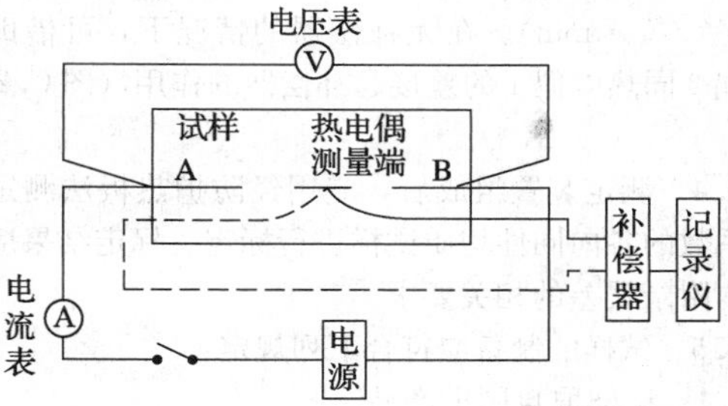

图C.2.1-1 带补偿器的测定电路示意图

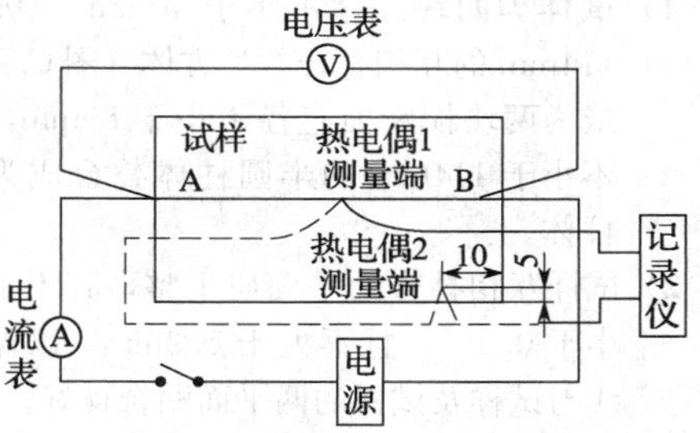

图C.2.1-2 带差接热电偶的测定电路示意图

2 电源应为稳定的直流（或交流）稳流（或稳压）电源，其输出值的变化应小于0.5%。

3 功率测量仪表所测量加热功率的准确度应优于±0.5000。

4 测量热线温升仪表的分辨力不应低于0.02℃（对于K型热电偶相当于1μV），其时间常数应小于2s。

C.2.2 测量探头应符合下列规定：

1 测量探头由热线和焊在其上的热电偶组成（图C.2.2)。为消除加热电流对热电偶输出的干扰，热电偶用单根“+”（或“一”）极线与热线焊接，热电偶接点与热线之间的距离为0.3mm～0.5mm。

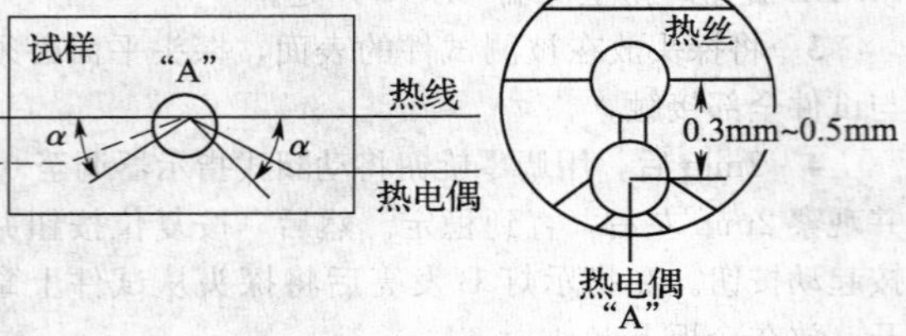

图C.2.2 测量探头及其布置示意图

2 热线由低电阻温度系数的合金材料（如NiCr丝）制成，其直径不得大于0.35mm。热线在测量过程中，其电阻值随温度的变化不应大于0.5%。

3 热电偶丝的直径尽可能小，不得大于热线直径。热电偶丝与热线之间的夹角α不大于45°，引出线走向与热线保持平行。热电偶制成后，需经退火处理，否则需重新标定其热电势与温度的关系。

4 电压引出线应采用与热线相同的材料，其直径应尽可能小。

C.2.3 热电偶冷端温度补偿器的漂移不得大于1μV/（℃·min)。在无补偿器的情况下，可借助热电偶2同热电偶1的差接起补偿器的作用（图C.2.1-2）。

C.2.4 测定装置组成后，应用经防护热板法测定导热系数的各向同性均质试样进行标定。标定结果应满足本附录误差的相关要求。

C.2.5 试样的制备应符合下列规定：

1 试样取自同批产品。

2 块状材料应符合下列要求：

1）试样为两块尺寸不小于40mm×80mm×114mm的互相叠合的长方体（图C.2.5-1）或为两块横断面直径不小于80mm，长度不小于114mm的半圆柱体叠合成为的圆柱体。

2）试样互相叠合的平面应平整，其不平度应小于0.2%，且不大于0.3mm，以保证热线与试样及试样的两平面贴合良好。

3）对于致密、坚硬的试样，需在其叠合面上铣出沟槽，用来安放测量探头。沟槽的宽度与深度必须与测量探头的热线和热电偶丝直径相适应。用从被测量试样上取下的细粉末加少量的水调成粘结剂，将测量探头嵌粘在沟槽内，以保证良好的热接触。粘好测量探头的试样，需经干燥。

4）有面层或表皮层的材料，应取芯料进行测量。

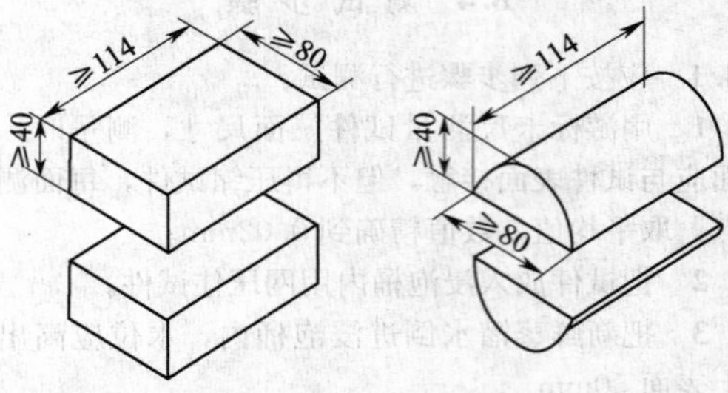

图C.2.5-1 试样尺寸示意图

3 粉末状和颗粒材料应符合下列要求：

1）对粉末状和颗粒材料的测定，使用两个内部尺寸不小于80mm×114mm×40mm的盒子（图C.2.5-2)。其下层是一个带底的盒子，将待测材料装填到盒中，并与其上边沿平齐，然后将测量探头放在试样上。上层的盒子与下层的内部尺寸相同，但无底。将上层盒子安放在下层盒子上，将待测材料装填至与其上边沿平齐。用与盒子相同材料的盖板盖上盒子，但不允许盖板对试样施加压力。

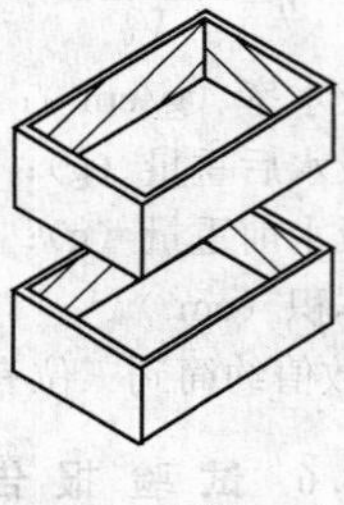

图C.2.5-2 试样盒示意图

2）通常粉末状或颗粒状材料要松散充填。需要在不同密度下测量时，允许以一定的加压或振动的方式使粉末或颗粒状材料达到要求的密度。上、下两个盒子中的试样装填密度应各处均匀一致。测定和记录试样的装填密度和松散密度。

C.2.6 欲测定干燥状态的导热系数，应将试件在烘箱中烘至恒重，然后用塑料袋密封放入干燥器内降至室温（一般需8h）。待试件中内外温度均匀一致后，迅速取出，安装测定探头，在2h内完成测定工作。

C.2.7 由平均粒径不小于3mm颗粒组成的颗粒材料（或块状材料）和纤维材料（或制品）需经与防护热板法进行成功对比后，才能确定本方法的适用性。

C.2.8 在室温下测定时，用隔热罩将试样与周围空间隔离，减少周围空气温度变化对试件的影响。在高于或低于室温条件下测定时，试样与测量探头的组合体应放在加热炉或低温箱中。

1 加热炉（或低温箱）应进行恒温控制。恒温控制的感温元件应安放在发热元件的近旁。

2 试样应放置在加热炉（或低温箱）中的均温带内。

3 应防止加热炉发热元件对试样的直接热辐射。

4 置于低温箱内的试样及测量探头的表面不得有结霜现象。

C.2.9 测量应符合下列要求：

1 将试样与测量探头的组合体置于加热炉（低温箱）内，把加热炉（低温箱）内温度调至测定温度，当焊在热线中部的热电偶输出随时间的变化小于每5min变化0.1℃，且试样表面的温度与焊在热丝上的热电偶的指示温度的差值在热线最大温升的1%以内，即认为试样达到了测定温度。

2 接通热线加热电源，同时开始记录热线温升。测定过程中，热线的总温升宜控制在20℃左右，最高不应超过50℃。如热线的总温升超过50℃，则必须考虑热线电阻变化对测定的影响。测定含湿材料时，热线的总温升不得大于15℃。

3 测量热线的加热功率（电流 I 和电压 V）。

4 加热时间达预定测量时间（一般为5min左右）时，切断加热电源。

5 每一测量温度下，应重装测定探头测定三次。

C.2.10 结果计算应符合下列规定：

1 从测得的热线温升曲线上，按一定时间间隔（如30s）依次读取热线的温升 θ_i。按式（C.2.10-1）计算修正热线与试料热容量差异后的热线温升 θ'_i。

$$\theta'_i=\frac{\theta_i}{I-\frac{\pi D^2 L\ (\rho_h\times c_{ph}-\rho_s\times c_{ps})}{4\times P}\times\frac{\theta_i}{t_i}}\tag{C.2.10-1}$$

式中：θ_i、θ'_i——热线的测量温升和修正后温升（℃）；

t_i——测 θ_i 时的加热时间（s）；

D——热线的直径（m）；

L——热线A、B间的长度（m）；

P——热线A、B段的加热功率（W）；

ρ_h，ρ_s——热线和试样的密度（kg/m³）；

c_{ph}，c_{ps}——热线和试样的比热容[J/(kg·K)]。

注：1 ρ_h、c_{ph}、c_{ps}可采用材料手册中的常用值。

2 导热系数大于1W/（m·K）的材料可不进行修正。

2 热线A、B段的加热功率应按下式进行计算：

$$P=I\cdot V\tag{C.2.10-2}$$

式中：P——热线A、B段的加热功率（W）；

I——热线加热电流（A）；

V——热线A、B段的加热电压（V）。

3 以时间的对数 $\ln t$ 为横坐标，以温升 θ 为纵坐标，绘出 $\ln t_1$ 和 θ'_1 的曲线，确定其线性区域。

4 推荐在 $\ln t\sim\theta$ 曲线的线性区域内，等距选取4个～5个测点数据拟合直线方程，求出其斜率 A。亦可取直线区域两端测点的数据计算 A，但 t_1 应等于60s～90s。

$$A=\frac{\Delta Q'}{\Delta\ln t}=\frac{\theta'_2-\theta'_1}{\ln\left(\frac{t_2}{t_1}\right)}\tag{C.2.10-3}$$

式中：A——$\ln t\sim\theta$ 曲线线性区域的斜率（K）；

θ'_1、θ'_2——热线修正后的温升（℃）；

t_1、t_2——测 θ_1、θ_2 时的加热时间（s）。

5 按式（C.2.10-4）计算试件导热系数：

$$\lambda=\frac{P}{4\pi L}\times\frac{1}{A}\tag{C.2.10-4}$$

式中：λ——导热系数［W/（m·K）］；

A——$\ln t\sim\theta$ 曲线线性区域的斜率（K）；

P——热线A、B段的加热功率（W）；

L——热线A、B间的长度（m）。

6 测定结果为三次重新安装测定探头测量的算术平均值。单一测量值与平均值的偏差不得大于5%，否则应重新进行测定。

C.2.11 遵守本规范规定，测量值的置信度为95%时的重复性（同一测定人员，同一仪器），约±5%，重现性（不同的测定人员，不同仪器），约±10%。

C.2.12 测定报告应包括如下内容：

1 试样来源（委托单位，生产厂等）。

2 试样概况（名称、种类、规格、密度、含湿率等）。

3 试样尺寸。

4 测定温度及在此温度下的导热系数。

5 测定地点和日期。

附录D 泡沫塑料耐热性试验方法

D.1 仪 器

D.1.1 测定泡沫塑料耐热性能时，主要仪器和设备包括：烘箱、带恒速运动卡头的拉（压）力试验机、游标卡尺和分析天平。

D.1.2 在所用仪器设备中，烘箱量程为0℃～200℃，精度±2℃，游标卡尺精度为0.02mm，分析天平精度为0.1g。

D.2 试 件

D.2.1 测试泡沫塑料耐热性能时，在保温层上任取试件的尺寸长150mm、宽150mm、高50mm。

D.2.2 做尺寸变化率和重量变化率的试件，每组为

3个。

D.2.3 做抗压强度试件，每组为6个；3个经过耐热试验，3个作对比件。

D.3 测试步骤

D.3.1 当测量尺寸和重量的变化时：

1 用游标卡尺测量试件尺寸，数值精确到0.02mm。

2 把试件放在天平上称重，数值精确到0.1g。

3 把试件放入烘箱中加热升温。当加热温度小于100℃时，升温速度为25℃/h；当加热温度大于100℃时，升温速度为50℃/h。

4 温度上升到所要求温度时，恒温96h，然后冷却24h，测量试件的尺寸和重量。

5 如试件尺寸有不均匀变化，应在最大形变点上进行测量，记下外表变化。

6 计算试件尺寸和重量的变化率。

D.3.2 当测量抗压强度的变化时：

1 将经过96h耐热试验后的3个试件和3个对比原样，按现行国家标准《硬质泡沫塑料压缩性能的测定》GB/T 8813进行测试。

2 计算试件抗压强度增长率。

D.4 试验报告

D.4.1 试验结果取每一组数据的算术平均值。

D.4.2 测定报告应包括如下内容：

1 试样来源（委托单位，生产厂等）。

2 试样概况（名称、种类、规格、密度、试样尺寸等）。

3 测定地点和日期。

附录E 泡沫塑料性能试验试件制作

E.1 取样

E.1.1 取样应分两种，发小泡取样和成品管取样。

E.1.2 小泡取样时应选取有代表性的样品。

E.1.3 成品管取样应在距离管子泡沫端头50mm以远截取。

E.2 样品处理

E.2.1 潮湿样品，应在70℃干燥箱内，干燥至恒重。

E.2.2 三天内生产的样品，应在70℃干燥箱内，熟化24h。

E.3 试件制作

E.3.1 样品应按需要加工成各试验项目所要求的试件。

E.3.2 做抗压强度和导热系数的试样，应标明泡沫上涨方向。

E.3.3 成品管取样加工成的试件，如厚度达不到要求，则按实际厚度计。但所做成的试件体积，应等于各试验项目规定的试件体积。

附录F 老化试验

F.1 保温管老化试验

F.1.1 对于输送介质温度（连续工作温度）高于110℃的保温管系统，在测量保温管轴向剪切强度前，应对保温管试样进行如下老化处理：

1 钢管公称直径*DN*＞500时，保温管老化试样长度应为3m。

2 钢管公称直径*DN*≤500时，保温管老化试样长度应为2m。

3 老化前，泡沫保温层端面应密封。

F.1.2 老化过程：外护管应暴露在室温23℃±2℃状态中，钢管应保持在高温状态下。老化条件见表F.1.2。

表F.1.2 老化条件

钢管温度（℃）	老化时间（h）
160	3600
170	1450

F.1.3 当钢管温度小于100℃时，升温速度为25℃/h；当钢管温度大于100℃时，升温速度为50℃/h。

F.1.4 钢管温度在老化过程中应连续记录，温度偏差±0.5℃。

F.1.5 老化后，试样应自然降温至室温23℃±2℃状态。

F.2 老化后的保温管剪切强度

F.2.1 取样：

在符合本附录F.1节规定的保温管上截取试样。试样应在距离管端至少1000mm处取得，其长度为保温层厚度的2.5倍，但不得小于200mm。所取试样端面应垂直于保温管轴线。

F.2.2 试验过程：

在试验机上进行试验时，试样按图F.2.1放置。向钢管端施加轴向力，试验机速度宜取5mm/min，直至试样破坏。记录最大轴向力并计算出轴向剪切强度。试验可以在试样轴线置于水平方向或竖直方向两种情况下进行。当试样轴线置于竖直方向时，钢管的质量应予以考虑。

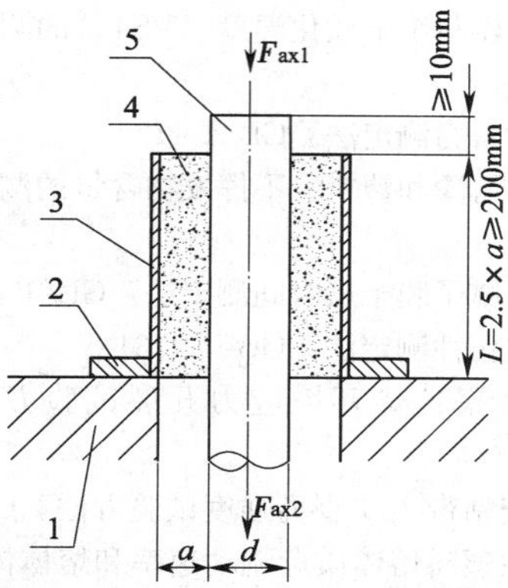

图 F.2.1 老化后的保温管剪切强度试验

1—试验机台板；2—定位环；3—聚乙烯外护管；4—聚氨酯硬质泡沫保温层；5—钢管；a—保温层厚度；d—钢管外径；F_{ax1}—轴向力；F_{ax2}—另一种施加轴向力方式

F.2.3 三个试样测试结果的平均值作为测试结果，剪切强度按下式计算：

$$\tau_{ax}=F_{ax}/L\times d\times \pi \qquad (F.2.3)$$

式中：τ_{ax}——轴向剪切强度（MPa）；

d——钢管外径（mm）；

F_{ax}——轴向力（竖放时包括钢管质量）（N）；

L——试样长度（mm）。

F.2.4 在室温条件下，轴向剪切强度按本附录第 F.2.1 条测试。试样全部保持在室温 23℃±2℃状态下。

F.2.5 在高温条件下，轴向剪切强度按本附录第 F.2.1 条进行测试。测试过程中，外护管应暴露在室温 23℃±2℃状态中，钢管温度应控制在 140℃±2℃。当钢管温度小于 100℃时，升温速度应为 25℃/h；当钢管温度大于 100℃时，应为 50℃/h。恒温 30min 后应施加轴向力进行试验。

F.3 抗冲击性

F.3.1 试样在保温管上截取，试样长度应为外护管外径的 5 倍，但不应大于 1.5m。试验应按现行国家标准《热塑性塑料管材耐外冲击性能试验方法 时针旋转法》GB/T 14152 执行。试验温度取－20℃，落锤质量取 3.0kg，落高 2000mm。

F.3.2 在保温管试样上划等距离标线，应按现行国家标准《热塑性塑料管材耐外冲击性能试验方法 时针旋转法》GB/T 14152 中表 1 确定等距离标线个数。

F.3.3 试验前应将试样置于－20℃±1℃环境中 3h，从保温设施中取出试样 10s 以内开始试验，试验应尽可能快速完成。

F.4 外护管外径增大率

F.4.1 通过测量外护管同一位置在发泡前后的周长，计算出直径增大量占原直径的百分比。

$$外径增大率=\frac{D_1-D_0}{D_0}\times 100\%$$

式中：D_1——发泡后的外径；

D_0——发泡前的外径。

附录 G 蠕变性能试验

G.1 取 样

G.1.1 取样应从正常成品管上取样。

G.1.2 取样应在距离管子泡沫端头 500mm 以远的中间部分截取。

G.1.3 分别截取长度为 125mm 试样一个；截取长度为 63mm 试样两个。

G.1.4 试验样品由一段测试部分 A 和两段保温部分 B，测试部分长 100mm，每段保温部分由 50mm 长的保温材料和 PE 外保护管组成。

G.1.5 保温部分与测试部分 A 必须通过切口分开，切口与管线的轴线垂直，如图 G.1.5 所示。

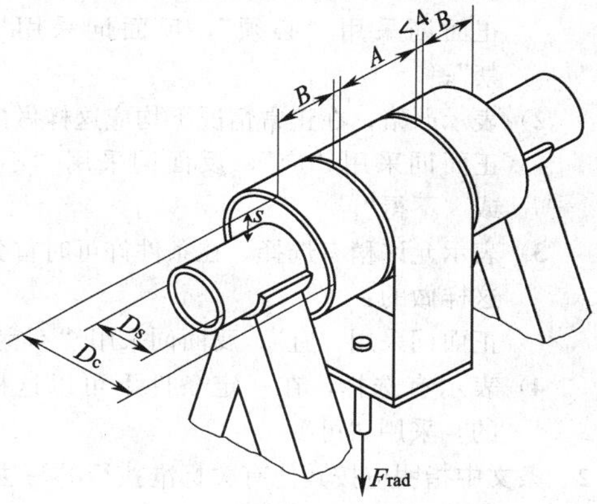

图 G.1.5 样品加载试验

G.2 样 品 处 理

G.2.1 试验样品应在保温部分外两端支撑。

G.2.2 管线的温度保持在 140℃±2℃，在加载之前应保温一周。

G.3 试 件 步 骤

G.3.1 持续无冲击加载，载荷 F_{rad}＝1.50kN±0.01kN。

G.3.2 检测设备放在样品中间的 PE 管上面，所测保温材料的径向位移 ΔS 应沿着载荷的方向，如图 G.3.2 所示。

G.3.3 将加热试件一周，在加载 F_{rad} 之前测量检测设备的径向位移 S。

G.3.4 从同样的管线取三个样品，测量 3 次，然后取平均值作为最终的测量结果。

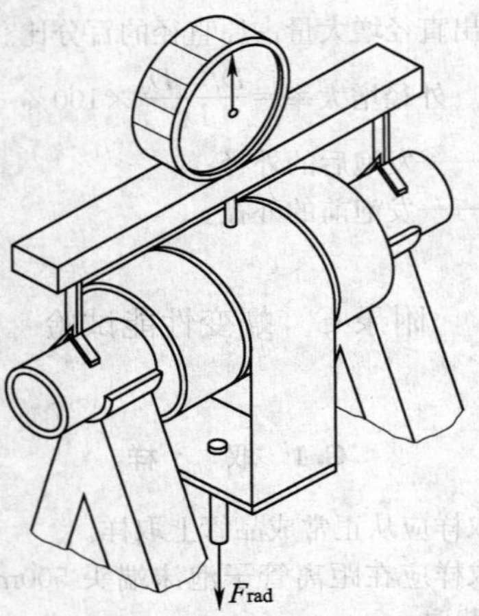

图 G. 3. 2　样品加载试验

本标准用词说明

1　为便于在执行本标准条文时区别对待，对要求严格程度不同的用词说明如下：

1）表示很严格，非这样做不可的：
正面词采用“必须”，反面词采用“严禁”；

2）表示严格，在正常情况下均应这样做的：
正面词采用“应”，反面词采用“不应”或“不得”；

3）表示允许稍有选择，在条件许可时首先应这样做的：
正面词采用“宜”，反面词采用“不宜”；

4）表示有选择，在一定条件下可以这样做的，采用“可”。

2　条文中指明应按其他有关标准执行的写法为：“应符合……的规定”或“应按……执行”。

引用标准名录

《工业企业噪声控制设计规范》GBJ 87

《塑料　非泡沫塑料密度的测定　第 1 部分：浸渍法、液体比重瓶法和滴定法》GB/T 1033. 1

《绝缘材料电气强度试验方法　第 1 部分：工频下试验》GB/T 1408. 1

《固体绝缘材料体积电阻率和表面电阻率试验方法》GB/T 1410

《塑料　拉伸性能的测定　第 2 部分：模塑和挤塑塑料的试验条件》GB/T 1040. 2

《纤维增强塑料拉伸性能试验方法》GB/T 1447

《纤维增强塑料弯曲性能试验方法》GB/T 1449

《纤维增强塑料简支梁式冲击韧性试验方法》GB/T 1451

《热塑性塑料维卡软化温度（VST）的测定》GB/T 1633

《漆膜附着力测定法》GB/T 1720

《色漆、清漆和塑料　不挥发物含量的测定》GB/T 1725

《漆膜，腻子膜干燥时间测定法》GB/T 1728

《漆膜柔韧性测定法》GB/T 1731

《塑料　聚乙烯环境应力开裂试验方法》GB/T 1842

《压敏胶粘带 180°剥离强度试验方法》GB/T 2792

《热塑性塑料熔体质量流动速率和熔体体积流动速率的测定》GB/T 3682

《增强塑料巴柯尔硬度试验方法》GB/T 3854

《化工产品密度、相对密度测定通则》GB/T 4472

《沥青软化点测定法（环球法）》GB/T 4507

《纤维增强热固性塑料管短时水压失效压力试验方法》GB/T 5351

《塑料　冲击脆化温度的测定》GB/T 5470

《流体输送用热塑性塑料管材耐内压试验方法》GB/T 6111

《泡沫塑料和橡胶 表观密度的测定》GB/T 6343

《涂装作业安全规程　涂漆工艺安全及其通风净化》GB 6514

《热塑性塑料管材纵向回缩率的测定》GB/T 6671

《胶粘剂　拉伸剪切强度的测定（刚性材料对刚性材料）》GB/T 7124

《涂装作业安全规程　涂漆前处理工艺安全及其通风净化》GB 7692

《热塑性塑料管材　拉伸性能测定　第 3 部分：聚烯烃管材》GB/T 8804. 3

《硬质泡沫塑料压缩性能的测定》GB/T 8813

《涂装前钢材表面锈蚀等级和除锈等级》GB 8923

《色漆和清漆　耐液体介质的测定》GB 9274

《硬质泡沫塑料　开孔与闭孔体积百分率的测定》GB/T 10799

《塑料　聚醚多元醇　第 3 部分：羟值的测定》GB/T 12008. 3

《聚醚多元醇的黏度测定》GB/T 12008. 8

《塑料　聚醚多元醇　第 5 部分：酸值的测定》GB/T 12008. 5

《塑料　聚醚多元醇　第 6 部分：不饱和度的测定》GB/T 12008. 6

《塑料　用于聚氨酯生产的多元醇　水含量的测定》GB/T 22313

《异氰酸酯中水解氯含量测定方法》GB/T 12009. 2

《塑料　多亚甲基多苯基异氰酸酯　第 3 部分：黏度的测定》GB/T 12009. 3

《多亚甲基多苯基异氰酸酯中异氰酸根含量测定方

法》GB/T 12009.4

《异氰酸酯中酸度的测定》GB/T 12009.5

《聚乙烯管材和管件炭黑含量的测定（热失重法）》GB/T 13021

《热塑性塑料管材耐外冲击性能　试验方法　时针旋转法》GB/T 14152

《聚乙烯管材与管件热稳定性试验方法》GB/T 17391

《油气长输管道工程施工及验收规范》GB 50369

《埋地钢质管道聚乙烯防腐层》GB/T 23257

《钢质管道聚乙烯胶粘带防腐层技术标准》SY/T 0414

《钢质管道单层熔结环氧粉末外涂层技术规范》SY/T 0315

《高密度聚乙烯外护管聚氨酯泡沫塑料预制直埋保温管》CJ/T 114

《工业企业设计卫生标准》GBZ 1

中华人民共和国国家标准

埋地钢质管道防腐保温层技术标准

GB/T 50538—2010

条 文 说 明

制 定 说 明

《埋地钢质管道防腐保温层技术标准》GB/T 50538—2010经住房和城乡建设部2010年11月3日以第817号公告批准发布。

本标准制定过程中，编写组进行了埋地钢质管道防腐保温层技术方面的调查研究，总结了我国近几十年来埋地钢质管道防腐保温层工作的实践经验，同时参考了国外先进技术法规、技术标准，通过专题研究和讨论确定了埋地钢质管道防腐保温层技术方面重要技术参数。

为便于广大设计、施工、科研、学校等有关人员在使用本规范时能正确理解和执行条文规定，《埋地钢质管道防腐保温层技术标准》编写组按章、节、条顺序编制了条文说明，对条文规定的目的依据以及执行中需注意的有关事项进行了说明。但是，本条文说明不具备与标准正文同等的法律效力，仅供使用者作为理解和把握标准规定的参考。

目　次

1 总　　则

1.0.1 埋地保温管道按照敷设场所、敷设条件和不同输送介质，产品技术要求也不同，因此，制定本标准是依据国内外防腐保温技术的最新发展，采用技术经济最优化的结构和材料，以保证埋地钢质管道防腐保温层的质量，延长使用寿命，以最小投入，获取最佳经济效益。

1.0.2 本标准的适用范围包括两个方面：一是输送介质温度不超过100℃的防腐保温管道。经调查国外的先进标准和研究成果，总结多年来油田集、输油管道的设计经验和工程实践，选择在油田及城市建设行业使用多年，取得较好效果的硬质聚氨酯泡沫塑料保温层，其材料结构和性能都能满足使用温度条件。二是输送介质温度在100℃～120℃之间的保温管道，主要适用于供热管道设计，普通的硬质聚氨酯泡沫塑料无法在这样的温度条件下长期使用，随着材料技术的快速发展，改性聚氨酯材料可以长期在此温度条件下稳定工作，长期使用温度可达到120℃。本标准适用于输送介质温度不超过120℃的管道防腐保温层设计、生产及施工验收。

1.0.3 埋地钢质管道防腐保温层在设计、施工及验收中除执行本标准外，也应符合现行国家有关强制性标准或条款的规定。

2 术　　语

为规范本标准中的专业用词，并便于标准使用者清晰地理解相关条款中的专业术语，特别制定本章。

3 防腐保温层结构

3.0.1 据国外保温材料研究文献介绍，实现保温结构的严密无缝是保温结构设计的基础。目前，国内完整的埋地管道防腐保温层结构是单管＋端面防水＋密封补口所组成的完整体系。通过近20年的工程应用实践表明，防水帽对于保持管道端面防水密封起到了重要作用，作为完整的保温管道结构之一，有必要加以明确。因此，本标准规定在输送介质温度不超过100℃的管道上应采用端面防水帽结构。通常，防腐层可使用环氧涂料、聚乙烯冷缠胶带、二层结构聚乙烯或环氧粉末防腐层；保温层可采用各种聚氨酯泡沫塑料层；防护层可采用聚乙烯、耐老化改性聚乙烯层，因玻璃钢无法应用“一步法”生产，不宜采用；防水帽为普通改性聚乙烯防水帽。

输送介质温度不超过120℃的管道防腐保温结构，没有硬性规定必须采用防水帽结构，但需要对管道保温结构的防水性能从严要求，如在保温层内敷设报警线。欧洲标准《District heating pipes—Preinsulated bonded pipe systems for directly buried hot water networks—Pipe assembly of steel service pipe, polyurethane thermal insulation and outer casing of polyethylene》BS EN 253：2009和现行行业标准《高密度聚乙烯外护管聚氨酯泡沫塑料预制直埋保温管》CJ/T 114也是这样要求的。

3.0.2 保温管防腐层是保证管道外壁不被腐蚀的最后屏障，应引起各方的足够重视。以往国内一些管道防腐厂的管道外防腐层采用刮涂、刷涂工艺，再加上保温管防腐涂料使用的不规范，导致防腐层存在漏涂、厚度不均、未干上线等缺陷。随着防腐技术提高，现普遍采用了喷涂工艺，防腐层厚度均匀、外观平整光滑，也确保了底层质量。近几年，新的防腐保温材料不断涌现，使得防腐层、保温层和防护层的材料新品种不断增加，本标准综合国内管道的应用情况，并结合国外的工程经验，底层防腐增加了聚乙烯冷缠胶带、二层结构聚乙烯或环氧粉末防腐层结构方式。环氧类防腐层厚度确定为不小于80μm，一是考虑预制企业成本因素，二是依据钢管外表面处理锚纹深度50μm～75μm，80μm厚度防腐层可覆盖锚纹且无漏点，设计也可根据实际情况，如对于重要管道、用户特殊要求以及强腐蚀地区可适当加厚防腐层厚度。

3.0.3 经过多年实践经验证明，埋地钢质管道保温层使用最成熟可靠的仍然是聚氨酯泡沫塑料。其预制、材料检验方法、施工工艺都是非常成熟的，目前国内外大量使用的保温材料仍然以聚氨酯泡沫塑料为主。

管道热力计算是保温管道设计的重要内容，直接涉及工程投资和运行的经济性。研究表明，管道的热损失与保温层厚度不是简单的线性关系，当保温层厚度增加到一定程度时，热损失的下降速率越来越小，保温层太厚无明显的节能效果。为了减少保温层的散热损失和提高保温层的经济性，在保温工程中，一般都采用经济厚度来计算保温层的厚度。所谓经济厚度，即为隔热保温设施的费用和散热量价值之和，在考虑年折旧率的情况下为最小时的厚度。本标准规定保温层厚度应根据经济厚度进行计算，此厚度最节省投资成本，其前提条件是要满足工艺要求，适应不同地域环境温度变化、运行工艺条件等，设计还应根据实际情况应用热损失计算法进行校核。当输送介质温度较低，外径小于或等于57mm的小管道以及安全阀、排气阀后的对空排放管等，不必进行保温层厚度计算，可直接根据经验选取。其厚度不应小于25mm，是考虑保温管的成型工艺原因，厚度太薄影响质量，对上限不做限制。

3.0.4 目前用于管道防护层的材料有高密度聚乙烯塑料外套管（PE）、聚氯乙烯管（PVC）、聚丙烯管

(PP)、钢管、树脂玻璃钢、无机玻璃钢、钢丝网增强水泥等，但使用较广且性能较好的防护层材料是高密度聚乙烯，它具有较好的机械强度、防水性能及耐热性能。玻璃钢作保护层，在工程中也有较多的应用。玻璃钢外表面光滑、抗冲击，与泡沫层粘接牢固，不易脱离，但玻璃钢保护层很薄，保护层的纵向和环向接缝透水性难以保证，不宜长期浸泡在水中。因此，目前它还只能在地下水位低的土层中使用。以往规定聚乙烯防护层厚度大于或等于1.2mm，为防止保温管在运输和安装中不被划伤，本标准修改为防护层厚度大于或等于1.4mm。

3.0.5 对防水帽的保护端结构尺寸确定为不应小于50mm，目的是增加接触面积，确保粘接质量。

3.0.6 管件防腐保温结构历来是预制的难点，其结构性能不易达到主管道防腐保温性能，为了鼓励设计采用新材料新结构，提高管件的防腐保温结构质量，对其防腐保温结构原则上提出与主管道结构一致。

4 材 料

4.1 一 般 规 定

4.1.1 钢管的性能、尺寸及偏差应符合相应标准和订货条件的规定，并有出厂合格证和材质化验单，有利于严把钢管进厂关，满足工艺性，可保证为用户提供合格的防腐保温管。

4.1.2 本条规定了材料采购条件，要求防腐材料、保温原料和防护层材料应有产品质量证明书、检验报告、使用说明书、出厂合格证、生产日期及有效期。按照质量体系要求，进厂材料必须"三证"（产品质量证明书、检验报告、使用说明书）齐全。注明生产日期和有效期，可保证预制厂按照"先进先出"原则使用材料，防止过期失效。

4.1.3 本条规定了材料储存条件，要求防腐材料、桶装保温原料和防护层材料均应有独立包装，且包装均应完好，按供货厂家说明书的要求存放。

4.1.4 本条规定了材料使用条件，要求防腐材料、桶装保温原料和防护层材料在使用前复检，均合格后方可使用，只有合格材料才能生产合格产品，并规定了材料复检机构资质。

4.2 防腐层材料

4.2.1 环氧涂料适用于输送介质温度较低的管道保温，可在线涂刷。本标准相对于原行业标准《埋地钢质管道硬质聚氨酯泡沫塑料保温层技术标准》SY/T 0415，增加了涂料的干燥时间、固含量指标。当采用环氧涂料时，其性能应符合表4.2.1的规定。环氧涂料可为快干型和普通型两种，作为底层防腐，可选择快干环氧涂料，在20℃常温条件下，20min达到表干，与"一步法"保温工序相匹配，干燥时间反映了涂料的适用性。若采用防腐涂料作面层时，通常要选择重防腐涂料，漆膜厚度200μm以上，表干时间2h，无法满足"一步法"工艺。固含量则反映了涂料品质，高固体含量防腐层覆盖好，防腐层附着力强。本标准取消了对底层酸碱盐指标要求，一是因为国家尚无防腐层耐酸碱盐指标的测试新标准，旧检测标准《漆膜耐化学试剂性测定法》GB/T 1763已作废；二是国内外厂家有关快干型环氧涂料指标，也无相应性能指标；三是即便使用作废的测试方法，要求测试的试件漆膜厚度200μm，与实际底层厚度不符，无可比性。因此本标准对酸碱盐指标不作具体要求。

4.2.2 聚乙烯胶粘带适用于输送温度70℃以下的管道保温结构，当采用聚乙烯胶粘带作防腐层时，应按照现行行业标准《钢质管道聚乙烯胶粘带防腐层技术标准》SY/T 0414条款规定复检。

4.2.3 二层结构、三层结构聚乙烯适用于输送温度100℃以下的管道保温结构，当采用二层结构、三层结构聚乙烯作防腐层时，应按照现行国家标准《埋地钢质管道聚乙烯防腐层》GB/T 23257条款规定复检。

4.2.4 环氧粉末适用于输送温度120℃以下的管道保温结构，当采用环氧粉末时，应按照现行行业标准《钢质单层管道熔结环氧粉末外涂层技术标准》SY/T 0315的规定复检。温度较高也可采用耐温涂料防腐，因耐温涂料使用不普遍，故本标准未推荐。

4.3 辐射交联热缩材料

4.3.1 热缩防水帽（以下简称防水帽）、热缩带和热缩补口套（以下简称补口套）统称为辐射交联热缩材料。本标准中没有采用聚丙烯作为热缩材料的主要原因是，聚丙烯材料属于不收缩材料，如果使其有收缩性能需要改性，且需要实验验证，从以往应用情况来看，应用技术还在不断探讨阶段，目前国内这方面技术还没有达到成熟可靠阶段。

4.3.2 随着化学粘接技术发展，粘接剂性能有很大提高。以往热熔胶最高使用温度不超过70℃，适用温度不超过50℃。环氧树脂胶，耐温高达110℃以上，适用温度达到70℃。粘接强度也由过去35N/cm提高到70N/cm，提高了粘接防水效果和补口质量。相对于原行业标准《埋地钢质管道硬质聚氨酯泡沫塑料保温层技术标准》SY/T 0415，本标准分别对基材、底胶和底漆性能指标提出了指标具体要求，便于使用者正确选择材料。

4.4 保 温 材 料

4.4.1 聚氨酯泡沫塑料由聚醚多元醇、异氰酸酯和助剂等组成。目前，行业通用的做法是利用组合聚醚直接发泡，严格讲，组合聚醚是由各种不同官能度聚醚多元醇和助剂所组成的混合物。助剂作用主要是保持泡沫塑料稳定性和工艺性，通常由表活剂、催化剂和发泡剂组成，其中发泡剂具有常温挥发性，必须随用随配。传统的发泡剂为 CFC-11，破坏大气臭氧层，联合国环境署已经禁用。目前国内外已应用了141B、环戊烷或水作为发泡剂，即为无氟发泡剂。国内正逐步采用 141B 作为过渡发泡剂，部分采用环戊烷发泡剂，由于工程实践中全水发泡体系对泡沫成型后长期使用尺寸稳定性有一定影响，因此本标准不推荐使用。

4.4.2 组合聚醚作为有机混合物，最佳存放期为 6 个月左右，超过存放期，组合聚醚中的助剂分层，极易影响发泡质量。为确保材料工艺适用性，参考《聚氨酯材料手册》、《异氰酸酯》等，本标准新增了组合聚醚黏度检验项目，取消了酸度指标，改变了水含量控制指标。

（1）黏度：组合聚醚是由聚醚多元醇和聚酯多元醇组成的混合物。聚醚多元醇通常包括乙二胺聚醚、403 聚醚等。黏度指标表明了该混合物中各组分的基本比例范围，对确保采购原料的基本物理性能和工艺性很必要。

（2）根据国内 141B 发泡体系所采用的组合聚醚测试，为保证硬质泡沫长期稳定，不收缩，原料中水分含量指标控制在小于 1%范围内。

在产品指标中未列出聚氨酯泡沫塑料的酸碱度指标，一是因为聚氨酯作为硬质材料，酸碱度测定只能靠水解或萃取方法，目前国内尚无此检验标准；二是聚氨酯材料只有在吸水以后，才能呈酸性，反应彻底的聚氨酯通常呈中性。

4.4.4 表 4.4.4-1 中羟值规定为 430～470，其原因是耐高温聚醚通常由聚酯多元醇和聚醚多元醇组成。聚酯多元醇羟值为 750，聚醚多元醇的羟值为 470～510，两者混合后所形成的耐高温多元醇其羟值范围在 430～470 之间。

表 4.4.4-1 中黏度指标应控制在 5Pa·s 以内，主要考虑各厂家提供耐高温原料的黏度范围较大。耐高温组合聚醚在生产中，厂家加入添加剂已使原材料呈偏碱性，也不需要酸值指标。

4.5 防护层材料

4.5.1 聚乙烯专用料是制造黄色聚乙烯防护层和黑色聚乙烯防护层的主要原材料。由于本标准仅限于埋地管道保温结构，未包括架空结构，外护层可使用黄色聚乙烯，便于“一步法”工艺操作要求。事实上，黄色聚乙烯层只有长期暴露在紫外线下照射，才产生开裂。国内架空管道防护层通常采用黑夹克，国外架空集输管道采用喷涂聚脲等，可耐老化。

4.5.2 耐温在 100℃～120℃之内保温管道，个别地段需要架空，采用“管中管”生产工艺，通常使用黑色聚乙烯。

4.5.4 与聚乙烯防护层比，国内埋地供热管道在 100℃～120℃之内，外防护层也采用过玻璃钢防护层，但玻璃钢防护层只能用于埋地，架空易粉化失效。二者各有特点，可由用户和设计者选择应用。

5 防腐保温管道预制

5.1 生 产 准 备

生产准备工作十分重要，工序准备是准生产状态，即生产的开始阶段。本标准则将生产准备过程归纳为生产条件的准备过程，包括：材料、设备、环境及工艺条件。

5.1.1 明确了防腐钢管厂应加强钢管质量检查。对防腐钢管厂而言，不合格主要指由于钢管的缺陷而影响保温层整体质量的缺陷，如：钢管的弯曲度、椭圆度等。防腐钢管厂应加强钢管质量缺陷的检查，并剔除缺陷钢管，以保证管道保温层整体工程质量。

5.1.3 作为化学反应，工艺条件是保证产品质量的关键，不论哪种工艺，都需要反应温度、乳化时间和固化时间。由于各防腐厂采用的原料厂家不同，对乳化时间和固化时间不做统一规定，但发泡前需要验证材料适应性。所以本条在普通环境条件基础上，又同时增加了工艺条件。

5.2 钢管表面预处理

钢管表面处理是否合格，直接影响防腐层粘接力，质量过硬的防腐厂，40%的成本放在钢管表面处理上。本标准将钢管表面处理单独作为一节内容，强调了其重要性，也可作为产品工序质量的停检点加以控制。由于防腐层选择材料不同，决定了底层预处理质量的不同，因此规定采用与防腐层相适应的除锈级别和锚纹深度。

5.4 “一步法”成型工艺

“一步法”成型工艺，输送介质温度不超过 100℃保温管道预制，通常采用一次包覆成型工艺，“一步法”工艺关键是挤出机加热、材料预热和甲乙组分配比等，多异氰酸酯与组合聚醚配比为 1.1∶1。

5.5 “管中管”成型工艺

实际应用的“管中管”成型有两种发泡工艺，即常压发泡和高压发泡。常压发泡适用于预制输送介质不超过 100℃埋地保温管道。高压发泡适用于预制输送介质温度在 100℃～120℃内的埋地保温管道。对于输送介质温度为 100℃～120℃的埋地管道保温层，多异氰酸酯与组合聚醚配比为（1.3～1.4）∶1，管道内部预埋报警线，管端接头采用专用接线盒安装，按设计要求选择电阻率。

5.6 端面处理工艺

本节规定了不同工艺方法，不同防护层，应采用不同的端面处理工艺。特别是环境温度低时，“一步法”由于聚乙烯层和聚氨酯保温层收缩率不同，需要“二次切头”。玻璃钢作防护层，端面可采用手工粘糊玻璃钢层工艺作防水层。

6 质量检验

6.1 成品管性能检验

一个产品从原料到成品每个过程都要经过严格检验，但生产过程检验指标不能完全代表最终产品的检验指标要求，因此一个成品是否能满足工程建设需求，必须对其最终的产品性能进行检验。

6.2 生产过程质量检验

表6.2.5-1规定了输送介质温度不超过100℃的“一步法”和“管中管”防护层厚度和偏差，防护层规定了最小厚度指标。其中“一步法”工艺增加了ϕ159～ϕ377和ϕ377以上规格管道的厚度要求。表6.2.5-2规定了输送介质温度在100℃～120℃外护管外径和壁厚值，增加了最大外护管规格到ϕ1200。

6.3 产品出厂检验

产品出厂质量检验，规定了产品检验批次、项目和型式检验条件。不仅要求每连续生产5km（或不足5km）抽检一根，对防护层、保温层、防护管也分别规定了相应检测项目。

7 标识、储存与运输

7.0.1 增加标识便于产品跟踪和售后服务，采取喷标形式，提高了预制水平。

7.0.2 用钢丝绳吊装易损坏泡沫夹克层，所以严禁使用。

7.0.3 防腐保温管场地不平整会使防护层、保温层及防腐层遭到破坏。当防腐保温管直接堆放在地上时，地上的铁块、碎石均易扎破防护层、保温层及防腐层，存放场地周围有积水，容易把场地泡软、造成堆放的防腐保温管倒塌、使防腐保温层遭到破坏。

8 补口及补伤

8.1 技术要求

8.1.1 根据多次现场防腐保温管道的腐蚀失效分析发现，凡是出现质量问题的防腐保温管道，其中70%～85%是因补口处密封不良造成的。某油田生产系统腐蚀监测公报显示，其地下水中含有Cl^-、SO_4^{2-}、HCO_3^-、Ca^{2+}、Mg^{2+}等，多种腐蚀离子的共同作用，导致地下水的pH为6.0～7.0，偏酸性，一旦进入泡夹管内，将加速腐蚀。补口接头处进水后，水自泡沫向内浸透，浸透的深度由地下水位的变化情况及泡沫的闭孔率决定。进入保温层的水很难自行排除掉，随着季节及雨量变化，泡沫内含水量也在不断变化。由于输油管道温度较高，因此在水饱和的状态下，管道经常处于半干半湿状态，使管道发生短距离的氧浓差电池腐蚀的危险增加。这种腐蚀主要发生在管道的中下部，一般为局部坑蚀，对管道的威胁较大。因此，严密的保温层补口结构十分重要。

原行业标准《埋地钢质管道硬质聚氨酯泡沫塑料保温层技术标准》SY/T 0415中规定防护层补口必须用补口套，其主要原因是当时的补口带材料还有待提高，随着材料技术的不断进步，近些年对补口带的应用也越来越多，其产品技术水平也得到了较大提高。另外，在某些工程采用补口套也受到施工环境等条件的限制。在本标准中鼓励采用新型材料作为可靠的防护层补口材料。

8.1.2 利用喷（抛）除锈可以提高防腐层与钢管表面的粘接力，规定补口表面处理达到Sa2级以上或St3级，现场喷射除锈设备还没有在所有工程中采用，且喷射除锈设备操作较复杂，故在现场还允许采用机械除锈方式。如果能在工厂预制时就对管端进行高质量喷（抛）除锈，并且采用好的保护措施，那么管道到达现场时，只需要实施简单处理就可达到高质量除锈等级。现在已在一些重要工程中采用。

8.1.4 目前多数补口带使用最高使用温度70℃，耐温越高，其成本也越高，但大多数集输管道工作温度不超过70℃，因而规定了介质温度低于70℃时，直接使用辐射交联聚乙烯热收缩带或聚乙烯胶粘带，自带的底胶与钢管粘接。当介质温度高于70℃时，底层宜采用环氧底漆防腐。

补口带的规格必须与管径相配套，配套的补口带施工后，存在于补口带中的残余应力较小，其密封性能能够得到保障。

规定钢管与防水帽必须干燥，无油污、泥土、铁锈等杂物，是为了保证防水帽与钢管粘接的必要条件；除去防水帽的飞边，用木锉将防水帽打毛以及保证补口带与防水帽的搭接长度，是为了增加防水帽的粘接面积，提高粘接力。

补口带周向搭接必须在管道顶部，目的是方便对补口带进行接缝处理。

8.1.5 在温度条件合适的情况下，优先采用现场发泡方式。当外部温度较低，发泡困难或发泡质量受环境影响较大时，可采用保温瓦块式结构。保温材料采用硬质保温瓦时，保温瓦的接缝应互相错缝，所有缝隙间应密实嵌缝。保温管模具发泡两端搭接长度大于100mm，保证了严密性。补口套与防护层搭接长度大于100mm，保证了环缝粘接强度。

8.1.6 非“管中管”补口防护层推荐采用辐射交联热收缩套（带），“管中管”工艺生产的保温管补口防护层可以使用电热熔技术的补口，实际采用过程中应充分考虑保温管防护层厚度，保温管防护层厚度只有足够厚时，该补口技术才有效，这一点应特别注意。

8.1.8 损伤深度大于10mm时，其防护层已经失去其作用，应按补口方式进行修补。

8.2 现场质量检验

主要规定了现场补口质量检验项目、方法和步骤，重点检查发泡质量。热缩套与防护层粘接强度不小于50N/cm，特别对电热熔焊接补口要求进行气密性检验。

要求现场对防腐层采取严格措施进行检测，因为管道最薄弱的地方就是补口处，并且补口都是现场施工安装，施工条件远无法与工厂预制相比，从调查研究中发现，管道防腐失效主要是补口部位腐蚀失效，补口防腐层是补口最后的安全屏障，严格按照设计厚度施工是管道保证长期安全稳定运行的关键防腐蚀措施，应引起各方的注意。

9 安全、卫生及环境保护

本节是新增加内容，由于人们环保意识增强和业主对环境条件要求提高，本标准对此作了相应规定。

10 竣 工 文 件

用户要求的资料包括产品过程控制质量检验资料、产品原材料检验报告等，通常由预制厂作为产品档案保存。当用户需要时，可以提供复印件。

中华人民共和国国家标准

雨水集蓄利用工程技术规范

Technical code for rainwater
collection, storage and utilization

GB/T 50596—2010

主编部门：中 华 人 民 共 和 国 水 利 部
批准部门：中华人民共和国住房和城乡建设部
施行日期：2 0 1 1 年 2 月 1 日

中华人民共和国住房和城乡建设部
公　　告

第682号

关于发布国家标准《雨水集蓄利用工程技术规范》的公告

现批准《雨水集蓄利用工程技术规范》为国家标准，编号为GB/T 50596—2010，自2011年2月1日起实施。

本规范由我部标准定额研究所组织中国计划出版社出版发行。

中华人民共和国住房和城乡建设部

二〇一〇年七月十五日

前　　言

本规范是根据原建设部《关于印发〈2007年工程建设标准规范制定、修订计划（第一批）〉的通知》（建标〔2007〕125号）的要求，由中国灌溉排水发展中心、甘肃省水利科学研究院会同有关单位共同编制完成的。

本规范在编制过程中，吸取了国内外最新科研成果，针对存在的问题以及生产中提出的新要求，重点开展了雨水集蓄利用工程农村供水定额、雨水集蓄系统规模的确定和集蓄雨水的水质管理等专题研究。同时广泛征求了全国有关设计、科研、生产厂家、管理等部门及专家和技术人员的意见，最后经审查定稿。

本规范共分9章和2个附录，主要内容有：总则、术语、基本规定、规划、工程规模和工程布置、设计、施工与设备安装、工程验收、工程管理等。

本规范由住房和城乡建设部负责管理，水利部负责日常管理工作，中国灌溉排水发展中心负责具体技术内容的解释。本规范在执行过程中，请各单位注意总结经验，积累资料，随时将有关意见和建议反馈给中国灌溉排水发展中心（地址：北京市宣武区广安门南街60号荣宁园3号楼，邮政编码：100054；电子信箱：jskfpxc@163.com），以便今后修订时参考。

本规范主编单位、参编单位、主要审查人和主要起草人：

主编单位：中国灌溉排水发展中心

参编单位：甘肃省水利科学研究院
内蒙古自治区水利科学研究院
西北农林科技大学
四川省水利厅
贵州省水利科学研究院
扬州大学
山西省晋中市水利局
内蒙古自治区水利厅

主要起草人：李　琪　李元红　程满金　金彦兆
高建恩　李端明　许建中　王　群
庄耘天　沙鲁生　唐小娟　张　洁
郎旭东　康　跃

主要审查人：黄冠华　惠士博　王文元　李小雁
张书函　蔡守华　刘文朝

目　次

Contents

1 总　　则

1.0.1 为提高雨水集蓄利用工程的建设质量和管理水平，保障农村饮水安全，促进节水灌溉和社会经济发展，制定本规范。

1.0.2 本规范适用于地表水和地下水缺乏或开发利用困难，且多年平均降水量大于250mm的半干旱地区和经常发生季节性缺水的湿润、半湿润山丘地区，以及海岛和沿海地区雨水集蓄利用工程的规划、设计、施工、验收和管理。本规范不适用于城市雨水集蓄利用工程。

1.0.3 雨水集蓄利用工程应按单户、联户或自然村进行建设和管理。建设与管理必须贯彻科学规划、因地制宜的原则，在政府的引导和支持下，按照农户自愿的原则进行。

1.0.4 雨水集蓄利用工程应按全面建设小康社会和新农村建设的要求，并结合当地具体情况实施。

1.0.5 雨水集蓄利用工程的规划、设计、施工、验收和管理，除应符合本规范外，尚应符合国家现行有关标准的规定。

2 术　　语

2.0.1 雨水集蓄利用工程　rainwater collection, storage and utilization

指采取工程措施，对雨水进行收集、存贮和综合利用的微型水利工程。

2.0.2 集流效率　rainwater collection efficiency

集流面收集到的降水量与同一时期降水量的比值。

2.0.3 水窖　water cellar

地埋式有盖的雨水存贮工程。

2.0.4 水窑　water cave

在窑内垂直下挖形成水池，用于贮存雨水的窑窖工程。

2.0.5 水池　water tank

用于存贮雨水径流的地表式蓄水工程。

2.0.6 作物需水关键期　critical period of crop water requirement

缺水对作物生长和产量影响最大的作物生育阶段。

2.0.7 集雨灌溉　irrigation with stored rainwater

利用集蓄的雨水对作物进行的补充灌溉。

2.0.8 点灌　bunch irrigation

用人工对单株作物进行直接灌溉的方式。

2.0.9 坐水种　irrigation during seeding

在播种时，利用专门设备或人工将一定量的水注入种子坑中，改善土壤墒情，满足种子发芽和苗期生长的一种局部灌水方法。

2.0.10 覆膜灌溉　irrigation with plastic sheeting

在膜上、膜下、膜侧进行灌水的灌溉方式。

3 基 本 规 定

3.0.1 建设雨水集蓄利用工程应收集工程所在地区年降水量资料和多年平均年蒸发量资料，并分析计算得出多年平均以及频率为50%、75%及90%的年降水量。无实测资料地区，可查本省（自治区、直辖市）多年平均降水量、蒸发量及Cv等值线图获得。

3.0.2 建设雨水集蓄利用工程时，可不测绘地形图，但应有集流面、蓄水设施及灌溉土地之间的相对位置和高差资料，以及拟建工程地点的土质或岩性资料。

3.0.3 对拟作为集流面的屋顶、庭院、公路、乡村道路、天然坡面、打碾场等的平面投影面积应进行量算。

3.0.4 建设雨水集蓄利用工程应对下列情况进行调查：

1 对工程实施范围内已建集流面的材料和集流效率、蓄水设施的种类、结构和容积、提水设备、节水灌溉设施，以及节水灌溉制度和工程运行管理情况进行调查。

2 对工程实施范围内的人口与牲畜数量、计划利用雨水进行灌溉的作物种类、面积与需水、单产和灌溉情况以及土壤质地进行调查。

3 对工程实施范围内集蓄雨水的水质进行调查。

4 对工程当地水泥、钢筋、白灰、塑料薄膜，以及砂、石、砖、土料等建筑材料的储（产）量、质量、单价、运距等进行调查。

4 规　　划

4.0.1 县及县以上雨水集蓄利用工程的建设应编制地区性规划。

4.0.2 地区性规划应根据当地的雨水资源条件以及经济、社会发展和生态环境保护对水资源的需求，提出开发利用规模。

4.0.3 地区性规划应与农村经济、社会发展和扶贫规划相协调，并应与水土保持及节水灌溉等规划紧密结合，同时应注重农村产业结构调整和先进适用技术的推广应用。

4.0.4 地区性规划应注重资源的节约利用。

4.0.5 地区性规划应包括下列内容：

1 应分析论证本地区缺水状况、发展雨水集蓄利用工程的必要性和可行性，并应与其他供水工程措施进行技术经济的对比分析。

2 应分析确定规划期内雨水集蓄利用工程解决本地区用水困难的人畜数量、生活供水定额、发展集雨节灌的面积、作物类型和灌水定额、发展养殖业和农村加工业的规模和供水量等主要指标，以及雨水集蓄利用工程的规模，并应根据近、远期解决缺水问题的迫切性和经费、劳力投入的可能性合理确定其发展速度。

3 应根据本地区气候、地形、地质等自然条件和经济社会特点进行分区，并确定不同类型区域的雨水集蓄利用方式和工程布局。

4 应根据本地区雨水集蓄利用工程的用途，分别提出不同类型区域的典型设计。

5 应按国家现行有关标准估算本地区雨水集蓄利用工程建设的工程量和投资。

6 应分析评价雨水集蓄利用工程对本地区生态系统、水环境及人畜健康影响。分析宜采用定性分析与定量分析相结合的方法进行，并应以定性分析为主。

7 应编制本地区性建设雨水集蓄利用工程的分期实施计划，并提出组织管理、技术支持、资金筹措、劳力安排等措施。

5 工程规模和工程布置

5.1 供水定额确定

5.1.1 雨水集蓄工程农村居民生活供水定额按表5.1.1的规定取值。

表5.1.1 雨水集蓄利用工程居民生活供水定额

分 区	供水定额［L/(d·人)］
多年平均降水量250mm～500mm地区	20～40
多年平均降水量>500mm地区	40～60

5.1.2 雨水集蓄工程生产供水定额的确定应符合下列要求：

1 生产供水应包括农作物、蔬菜、果树和林草的补充灌溉供水以及畜禽养殖业和小型加工业的供水。

2 灌溉供水定额应根据本地区农作物、果树、林草的需水特性，采用节水灌溉和非充分灌溉原理确定。缺乏资料时，灌水次数和灌水定额可按表5.1.2-1的规定取值。

表5.1.2-1 不同年降水量地区作物集雨灌溉次数和灌水定额

作 物	灌水方式	不同降水量地区灌水次数		灌水定额 (m^3/hm^2)
		多年平均降水量250mm～500mm地区	多年平均降水量>500mm地区	
玉米等旱田作物	坐水种	1	1	45～75
	点灌	2～3	2～3	45～90
	膜上穴灌	1～2	1～3	45～100
	注水灌	2～3	2～3	45～75
	滴灌 地膜沟灌	1～2	2～3	150～225
一季蔬菜	滴灌	5～8	6～10	150～180
	微喷灌	5～8	6～10	150～180
	点灌	5～8	6～10	90～150
果树	滴灌	2～5	3～6	120～150
	小管出流灌	2～5	3～6	150～240
	微喷灌	2～5	3～8	150～180
	点灌（穴灌）	2～5	3～6	150～180
一季水稻	"薄、浅、湿、晒"和控制灌溉	—	6～10	300～450

3 畜禽养殖供水定额可按表5.1.2-2的规定取值。小型加工业供水应按照节约用水、提高回收利用率的原则确定。

表5.1.2-2 雨水集蓄利用工程畜禽养殖供水定额

畜禽种类	大牲畜	猪	羊	禽
定额［L/(d·头、只)］	30～50	20～30	5～10	0.5～1.0

5.2 需水量确定

5.2.1 农村居民生活、畜禽养殖供水需水量可按下式计算：

$$W=0.365\sum_{i=1}^{n}A_i\cdot Q_i \tag{5.2.1}$$

式中：W——设计供水保证率条件下，雨水利用生活用水工程的年需水量（m^3）；

A_i——第 i 类规划需水对象的数量（人、头或只）；

Q_i——第 i 类规划用水对象的供水定额［L/(人、头或只)·d］，按表5.1.1、表5.1.2-2的规定取值；

n——规划生活水需对象的种类数。

5.2.2 灌溉工程需水量可按下式计算：

$$W=\sum_{i=1}^{n}S_i\cdot M_i \tag{5.2.2}$$

式中：W——设计保证率条件下，雨水利用灌溉工程的年需水量（m^3）；

S_i——第 i 次灌溉面积（hm^2）；

M_i——第 i 次灌水定额（m^3/hm^2），按表5.1.2-1的规定取值；

n——灌水次数。

5.3 集流面面积确定

5.3.1 集流面面积应符合下列要求：

1 供水保证率应按表5.3.1-1的规定取值。

表 5.3.1-1 供水保证率

供水项目	生活供水	集雨灌溉	畜禽养殖	小型加工业
保证率（%）	90	50～75	75	75～90

2 单用途雨水集蓄利用工程的集流面面积可按下式计算：

$$\sum_{i=1}^{n} S_i \cdot k_i \geqslant \frac{1000W}{P_p} \quad (5.3.1\text{-}1)$$

式中：W——设计保证率条件下，单用途雨水集蓄利用工程的年供水量（m^3）；

S_i——第 i 种材料的集流面面积（m^2）；

k_i——第 i 种材料的年集流效率；

P_p——频率等于设计保证率的年降水量（mm）；

n——集流面材料种类数。

3 多用途雨水集蓄利用工程的集流面总面积可按下公计算：

$$S_i = \sum_{j=1}^{m} S_{ij} \quad (5.3.1\text{-}2)$$

式中：S_i——第 i 种材料的集流面面积（m^2）；

S_{ij}——第 j 种用途第 i 种材料的集流面面积（m^2）；

m——雨水集蓄利用工程用途的数量。

4 年集流效率应根据各种材料在不同降水特性下的试验观测资料分析确定。缺乏资料时，可按表 5.3.1-2 的规定取值。

表 5.3.1-2 不同降水量地区不同材料集流面年集流效率

集流面材料	年集流效率（%）		
	多年平均降水量 250mm～500mm 地区	多年平均降水量 500mm～1000mm 地区	多年平均降水量 1000mm～1500mm 地区
混凝土	73～80	75～85	80～90
水泥瓦	65～75	70～80	75～85
机瓦	40～55	45～60	50～65
手工制瓦	30～40	40～50	45～60
浆砌石	70～80	70～85	75～85
良好的沥青路面	65～75	70～80	70～85
乡村常用土路，土场和庭院地面	15～30	20～40	25～50
水泥土	40～55	45～60	50～65
固化土	60～75	75～80	80～90
完整裸露膜料	85～90	85～92	90～95
塑料膜覆中粗砂或草泥	28～46	30～50	40～60
自然土坡（植被稀少）	8～15	15～30	25～50
自然土坡（林草地）	6～15	15～25	20～45

5.3.2 集流面面积也可按本规范附录 A 的规定确定。

5.4 蓄水工程容积确定

5.4.1 蓄水工程容积可按下式计算：

$$V = \frac{KW}{1-\alpha} \quad (5.4.1)$$

式中：V——蓄水容积（m^3）；

W——设计保证率条件下年供水量（m^3）；

α——蓄水工程蒸发、渗漏损失系数，可取 0.05～0.1；

K——容积系数，可按表 5.4.1 的规定取值。

表 5.4.1 容积系数

供水用途	多年平均降水量（mm）		
	250mm～500mm 地区	500mm～800mm 地区	＞800mm 地区
居民生活	0.55～0.6	0.5～0.55	0.45～0.55
旱作大田灌溉	0.83～0.86	0.75～0.85	0.75～0.8
水稻灌溉	—	0.7～0.8	0.65～0.75
温室、大棚灌溉	0.55～0.6	0.4～0.5	0.35～0.45

5.4.2 当实际集流面面积大于本规范第 5.3 节的计算结果 50%以上时，蓄水容积系数可按表 5.4.2 的规定取值。

表 5.4.2 实际集流面面积较大条件下蓄水容积系数

供水用途	多年平均降水量（mm）		
	250mm～500mm 地区	500mm～800mm 地区	＞800mm 地区
居民生活	0.51～0.55	0.4～0.5	0.3～0.4
旱作大田灌溉	0.71～0.75	0.6～0.65	0.53～0.6
水稻灌溉	—	0.55～0.6	0.5～0.56
温室、大棚灌溉	0.5～0.55	0.32～0.4	0.26～0.35

5.4.3 当具有长系列降水资料时，可按本规范附录 B 确定集流面面积和蓄水工程容积，但集流面面积和蓄水工程容积的结果不应小于本规范第 5.3 节和第 5.4.1 条计算结果的 0.9 倍。

5.4.4 蓄水工程超高应符合下列要求：

1 顶拱采用混凝土浇筑的水窖蓄水位距地面的高度应大于 0.5m，并应符合防冻要求；顶拱采用薄壁水泥砂浆或黏土防渗的水窖蓄水位应至少低于起拱线 0.2m。

2 水池超高应按表 5.4.4 的规定取值。

表 5.4.4 水池超高值

蓄水容积（m^3）	＜100	100～200	200～500	500～10000
超高（cm）	30	40	50	60～70

5.5 工程布置

5.5.1 雨水集蓄利用工程的集流工程、蓄水工程以及供水和节水灌溉设施应统一布置，用于农业生产的雨水集蓄利用工程还应与农业措施相结合。

5.5.2 集流工程的集流能力应与蓄水工程容积相对应，不得布置集流量不足或没有水源的蓄水工程。

5.5.3 用于家庭生活供水的雨水集蓄利用工程，可与家庭内的畜禽养殖供水工程相结合，与其他生产用水的工程宜分开布置。

5.5.4 蓄水工程的布置宜利用其他水源作为补充水源。

5.5.5 用于解决生活用水的雨水集蓄利用工程，宜选用混凝土、瓦屋面和庭院作为集流面，不应采用草泥屋面、沥青路面和农村土路、土场地等作为集流面，并宜采用不同的蓄水设施分别储存屋面和庭院的集流。

5.5.6 用于农业灌溉的雨水集蓄利用工程宜利用有利地形。

6 设　　计

6.1 集 流 工 程

6.1.1 集流工程宜由集流面、汇流沟和输水渠组成。当集流面较宽时，应修建截流沟拦截降雨径流并引入汇流沟。

6.1.2 集流面选址时，应避开厕所、畜禽圈舍和垃圾堆积场等污染源，宜利用透水性较低的现有人工设施或自然坡面作为集流面。灌溉用集流面宜布置在高于灌溉地块的位置。

6.1.3 新建专用集流面宜采用现浇混凝土、塑料薄膜、固化土等人工材料对地面进行防渗。集流面材料的选用应根据当地实际情况进行技术、经济比较后确定。

6.1.4 新建专用集流面设计应符合下列要求：

1 集流面应具有一定的纵向坡度，土质集流面坡度宜为1/20～1/30。硬化集流面坡度不宜小于1/10。横向坡度可按地形条件确定。

2 混凝土集流面宜采用厚度不小于3cm的C15现浇混凝土，并应设置伸缩缝。

3 石板集流面应铺砌在水泥砂浆层上，并应进行填缝和勾缝处理。

4 裸露式塑膜集流面可采用厚度0.08mm以上的塑料薄膜。埋藏式塑膜集流面宜采用厚度0.1mm～0.2mm的塑料薄膜，覆盖材料可采用厚度5cm的草泥或中、粗砂。

5 固化土集流面宜采用预制砌块或干硬性固化土砌筑，厚度不宜小于5cm，固化剂含量宜为7%～12%。干硬性固化土施工夯实干密度不应小于1.8t/m³。

6 原土翻夯集流面翻夯深度不应小于30cm，干密度不应小于1.5t/m³；水泥土集流面可采用塑性水泥土现场夯实或预制干硬性水泥土砌筑，厚度不宜小于10cm。塑性水泥土水泥含量宜为8%～12%，夯实干密度不应小于1.55t/m³；干硬性水泥土干密度不应小于1.8t/m³。

6.1.5 屋面集流面宜采用接水槽和落水管。利用道路、自然坡面作为集流面或新建专用集流面集流时，均应修建汇流沟。屋面雨水与地面径流宜分开储存。

6.1.6 汇流沟可采用现浇混凝土、预制混凝土、块（片）石衬砌结构或土渠，断面形式可采用矩形、U形或宽浅式。汇流沟的纵向坡度应根据地形确定，衬砌渠（沟）不宜小于1/100，土渠（沟）不宜小于1/300，断面尺寸应按汇流量计算确定。

6.2 蓄 水 工 程

6.2.1 蓄水工程形式的选择应根据当地土质、工程用途、建筑材料、施工条件等因素确定。用于生活供水的蓄水工程应采用水窖、水窑、有顶盖的水池或在房屋内修建的水池。

6.2.2 蓄水工程设计应符合下列要求：

1 建设地点应避开填方或易滑坡地段，地下式蓄水工程外壁与崖坎和根系较发育的树木之间的距离不应小于5m。多个水窖或水窑衬砌外壁之间的距离不宜小于4m。

2 利用公路路面集流时，蓄水工程的布设位置应符合公路部门的有关规定。

3 蓄水工程宜进行防渗处理。

4 半干旱地区的蓄水工程不宜采用开敞式。

5 蓄水工程的进水口应设置堵水设施，并应设置泄水道。在蓄水工程正常蓄水位处应设置溢流管（口）。生活供水蓄水工程的进水管宜延伸到底部，离底板高度宜为50cm。进水管的出口宜设置缓流设施。

6 蓄水工程的出水管应高于底板30cm。

7 寒冷地区的蓄水工程应采取防冻措施。

6.2.3 土质地基上修建的水窖设计应符合下列要求：

1 顶盖可采用素混凝土或水泥砂浆砌砖半球拱结构，也可采用钢筋混凝土平板结构。混凝土或砖砌半球拱厚度不应小于10cm。钢筋混凝土平板结构应根据填土厚度和上部荷载设计。当土质坚固时，顶盖也可采用在土半球拱表面抹水泥砂浆的结构，砂浆厚度不应小于3cm。

2 当土质较好时，窖壁可采用水泥砂浆或黏土防渗。砂浆厚度不应小于3cm。窖壁表面宜采用纯水泥浆刷涂2遍～3遍。黏土厚度可采用3cm～6cm。土质较松散时，窖壁应采用混凝土圈支护结构，厚度不应小于10cm。

3 底部基土应先进行翻夯，翻夯厚度不应小于30cm，底部基土上宜填筑厚度20cm～30cm的三七灰土。灰土上应浇筑混凝土平板或反拱形底板，厚度不应小于10cm，并应保证与窖壁的砂浆或混凝土圈良好连接。土质良好时，也可采用在灰土面上抹水泥砂浆的结构，厚度不应小于3cm。

4 水泥砂浆强度不应低于M10。混凝土强度不应低于C15。

5 黄土地区水窖的总深度不宜大于8m，最大直径不宜大于4.5m。窖盖采用混凝土或砖砌拱结构时，拱的矢跨比不宜小于0.3，窖顶部采用砂浆抹面结构时，顶拱的矢跨比不宜小于0.5。

6 水窖窖台高出地面的高度不宜小于30cm，取水口直径宜为60cm～100cm。

6.2.4 土质基础上修建的水窖设计应符合下列要求：

1 水窖宽度不宜大于4.5m，顶拱的矢跨比不宜小于0.5，顶拱以上的土体厚度不应小于3.0m，蓄水深度不宜大于3.0m。

2 当土质较好时，顶拱可采用厚度3cm～4cm的水泥砂浆抹面结构；当土质较差时，应采用混凝土、浆砌石或砖砌拱支护，矢跨比不宜小于0.3。

3 水泥砂浆和混凝土的厚度及强度可按本规范第6.2.3条的规定执行。

6.2.5 岩石基础上修建的水窖宜采用宽浅式结构。岩石开挖面比较完整坚固时，可在岩面上直接抹水泥砂浆防渗；岩石破碎或结构不稳定时，应采用浆砌石或混凝土支护。

6.2.6 修建在岩石崖面隧洞式水窖，顶部岩石破碎或结构不稳定时，应采用浆砌石或现浇混凝土支护。岩石较完整时，应采用水泥砂浆在岩石表面上抹面防渗。

6.2.7 水池设计应符合下列要求：

1 水池宜采用标准设计，也可按五级建筑物根据国家现行有关标准进行设计。水池防渗衬砌可采用浆砌石、素混凝土块、砌砖或钢筋混凝土结构。浆砌石、素混凝土块砌筑或砌砖结构的表面宜采用水泥砂浆抹面。

2 采用浆砌石衬砌时，应采用强度不宜低于M10的水泥砂浆座浆砌筑，浆砌石底板厚度不宜小于25cm；采用混凝土现浇结构时，素混凝土强度不宜低于C15；钢筋混凝土结构混凝土强度不宜低于C20，底板厚度不宜小于8cm。

3 湿陷性黄土上修建的水池宜采用整体式钢筋混凝土或素混凝土结构。地基土为弱湿陷性黄土时，池底应填筑厚30cm～50cm的灰土层，并应进行翻夯处理，翻夯深度不应小于50cm；基础为中、强湿陷性黄土时，应加大翻夯深度，并应采取浸水预沉等措施。

4 修建在寒冷地区的水池，地面以上部分应覆土或采取其他防冻措施。

5 封闭式水池应设置清淤检修孔，开敞式水池应设置护栏，高度不应小于1.1m。

6.3 净水设施

6.3.1 雨水集蓄利用工程净水系统设置应符合下列要求：

1 蓄水工程进水口前应设置拦污栅。利用天然土坡、土路、土场院集流时，应在进水口前设置沉沙池。沉沙池尺寸应根据集流面大小和来沙情况确定。

2 生活用水的蓄水工程进水口前应设置过滤设施。

3 微喷灌、滴灌、渗灌等灌溉系统首部应设置筛网式过滤器。

6.3.2 生活供水工程宜设置初期径流排除设施。

6.4 生活供水设施

6.4.1 生活供水系统宜采用固定式手压泵或微型取水设备取水。

6.4.2 生活供水系统供水管道应采用符合生活供水卫生要求的管材。

6.5 节水灌溉系统

6.5.1 利用集蓄雨水对作物进行灌溉时，应采用高效适用的灌水方法。旱作农田可采用坐水种、点灌、注水灌、覆膜灌溉等简易节水灌溉方法和滴灌、微喷灌、小管出流灌、小型移动式喷灌等，不应采用漫灌方法。水稻田应采用节水灌溉技术。

6.5.2 集雨灌溉宜同时采取地膜覆盖、合理耕作、培肥改土、选用抗旱作物品种、化学制剂保墒等农艺技术措施。

6.5.3 坐水种宜采用能一次完成开沟、播种、灌水、施肥、覆膜等作业的坐水播种机。生长期灌溉采用滴灌方法时，滴灌管的铺设宜与坐水种作业同时完成。

6.5.4 集雨微灌工程设计应符合现行国家标准《微灌工程技术规范》GB/T 50485的有关规定。

6.5.5 小型集雨喷灌工程的设计应符合现行国家标准《喷灌工程技术规范》GB 50085的有关规定。

6.5.6 平坦地区微灌和小型喷灌工程的干、支管埋深不宜小于50cm，寒冷地区管道应埋设在冻结线以下。

6.6 集雨补充灌溉制度

6.6.1 对作物进行集雨补充灌溉时，应在收集当地降雨和作物需水资料和对农业实践经验进行调查的基础上，分析确定影响作物的需水关键期及需要补充的灌溉水量，并应根据集雨工程蓄水容量和灌溉面积确定作物灌水次数、灌水定额和灌溉定额。

6.6.2 有条件的地方，集雨灌溉制度应根据集雨灌溉试验资料确定。

7 施工与设备安装

7.0.1 建筑材料应符合下列要求：

1 水泥应符合现行国家标准《混凝土结构工程

施工质量验收规范》GB 50204 的有关规定。水泥强度应符合设计要求。

2 土壤固化剂的技术性能指标应符合现行行业标准《土壤固化剂》CJ/T 3073 的有关规定。

3 砂料应符合现行国家标准《建筑用砂》GB/T 14684 的有关规定。

4 粗骨料应质地坚硬，不得采用软弱、风化骨料，骨料粒径应小于混凝土集流面厚度的 1/2 和蓄水建筑物混凝土结构最小尺寸的 1/2。

5 砌筑使用的料石应坚硬完整，不得使用风化石或软弱岩石；砌筑时应将石料上的泥土、杂物洗刷干净。

6 拌和用水的总含盐量、硫酸根离子和氯离子含量分别不应大于 5000mg/L、2700mg/L 和 300mg/L。

7.0.2 土石方施工应符合下列要求：

1 基础应置于完整、均匀的地基上。水窖（水窖、水池）开挖时如发现基土裂缝宽度大于 0.5cm 且为通缝，应另选工程地址。蓄水工程不宜建在地基条件不均匀或地下水位高的地方，以及破碎基岩上。

2 水窖（窖、池）开挖中应随时注意土基或岩石有无变形，并应及时支护。雨天施工时，应搭建遮雨篷，基坑周围应设置排水沟。

3 基土干密度低于 $1.5t/m^3$ 时，水窖（窖、池）的开挖直径应小于设计直径 6cm～8cm，预留部分土应击压至设计直径。

4 岩基开挖后如发现有裂缝时，应采用混凝土或水泥砂浆灌填。采用爆破作业开挖时，应采取打浅孔、弱爆破的方法。

7.0.3 混凝土及砂浆施工应符合下列要求：

1 混凝土配合比的拟定应符合现行国家标准《混凝土结构工程施工质量验收规范》GB 50204 的有关规定；砂浆配合比应符合现行行业标准《砌筑砂浆配合比设计规程》JGJ/T 98 的有关规定。

2 模板与支撑应保证足够的刚度和稳定性。模板和支护应在混凝土达到一定强度后再拆除。

3 混凝土及砂浆应按规定配合比进行拌和。采用人工拌和时，应干、湿料各拌 3 次。混凝土拌和后至使用完毕的时间，常温下不应超过 3h，气温超过 30℃时不应超过 2h。

4 混凝土浇筑应连续进行，每次浇筑高度不应超过 20cm。混凝土因故中途停止浇筑，当浇筑时气温为 20℃～30℃时，间歇时间不得超过 90 分钟；当浇筑时气温为 10℃～20℃时，间歇时间不得超过 135 分钟。混凝土浇筑中途间歇时间超过标准规定时，应在浇筑停止 24h 后，将混凝土表面凿毛，清洗表面和排除积水，再用 1：1 水泥砂浆铺层 2cm～3cm 后再浇筑新的混凝土。

5 混凝土浇筑时应进行振捣密实，宜采用机械震捣。抹面应平整光滑。

6 混凝土及砂浆应在终凝后进行洒水养护，时间不应小于 7d。夏天天气炎热时洒水不应少于 4 次/d，地下部位可适当减少养护次数。

7.0.4 固化土施工应符合下列要求：

1 固化土的配合比及最优含水率、最大干密度应通过试验确定。所用土料应过 5mm 筛。土料备料宜按最优含水率±（1%～2%）控制。

2 干性固化土采用强制性搅拌机搅拌时，搅拌时间宜控制为 1min。人工搅拌时，应保证混合料拌和均匀。

3 混合料应在最优含水率下夯实。夯实可采用人工或机械方式进行，每次夯实厚度不应超过 20cm。夯压应有重叠。夯压不应小于 3 遍，宜测定压实度。

4 固化土夯实整平 24h 后，应洒水养护 7d。

5 采用固化土砌块铺砌集流面时，砌块接缝应采用固化土浆液或纯固化剂浆液灌缝，并应抹光。勾缝应饱满、平整。砌块施工 12h～18h 后养护不应小于 7d。

7.0.5 伸缩缝的形式、位置、尺寸及填缝材料应符合设计要求。施工缝内杂物应清除干净，填充应饱满、密实。

7.0.6 浆砌块（片）石应采用座浆砌筑，不得先干砌再灌缝。砌筑应做到石料安砌平整、稳当，上下层砌石应错缝，砌缝应采用砂浆填充密实。石料砌筑前应先湿润表面。

7.0.7 塑膜铺设应符合下列要求：

1 塑膜铺设接缝可采用焊接和搭接，焊接时两幅膜重叠宽度不宜小于 10cm。搭接可采取折叠方式，重叠宽度不得小于 30cm。

2 埋藏式塑膜的覆盖层应厚度均匀、密实平整。塑膜铺设宜避开高温及寒冷天气。

7.0.8 原土翻夯应分层夯实，每层铺松土厚度不应大于 20cm。夯实深度和密实度应达到设计要求。夯实后表面应整平。回填土含水率宜按表 7.0.8 的规定取值。

表 7.0.8 回填土含水率（%）

土料种类	砂壤土	壤土	重壤土
含水率范围	9～15	12～15	16～20

7.0.9 硬化土集流面的土基应进行翻夯处理，深度应符合设计要求或不少于 30cm，翻夯应符合本规范第 6.1.4 条第 6 款的规定。塑膜集流面的土基应铲除杂草，并应清除杂物、整平表面，同时应拍实或夯实。

7.0.10 节水灌溉工程施工与设备安装应符合现行国家标准《喷灌工程技术规范》GB 50085 和《微灌工程技术规范》GB/T 50485 的有关规定。

8 工程验收

8.0.1 雨水集蓄利用工程的验收应根据国家现行有关标准、规划设计文件及地方性规定进行。验收应包括工程布置、集流工程、蓄水工程、供水设施和集雨节水灌溉设施。

8.0.2 工程布置验收应检查各组成部分是否齐全、配套，布置是否合理。验收可采用综合评判法，雨水集蓄利用工程各组成部分均满足设计要求时应评定为合格，其中某一项不满足设计要求时评定为不合格。

8.0.3 集流工程验收应符合下列要求：

1 集流面面积和质量的检查符合设计要求时，应评定为合格；不符合设计要求时应评定为不合格。

2 集流面面积验收应采用量测法，不小于设计面积时应评定为合格。

3 集流面质量验收可采用直观检查法。集流面应符合设计要求，汇流沟、截水沟、边垅设置应合理，硬化集流面应无裂缝，塑膜集流面无破损时应评定为合格。新建混凝土集流面应进行厚度测定、伸缩缝及表面质量检查。厚度不得小于设计尺寸，伸缩缝应符合设计要求，表面应光滑密实。

8.0.4 蓄水工程验收应符合下列要求：

1 容积、质量和配套设施符合设计要求时应评定为合格，不符合设计要求时应评定为不合格。

2 容积检查宜采用量测法，不小于设计值时应评定为合格。

3 蓄水工程防渗措施的防渗效果好时应评定为合格。

4 沉沙、泄水等配套设施齐全且质量符合设计要求时应评定为合格。

8.0.5 灌溉设施验收应符合下列要求：

1 灌溉面积和灌溉系统同时符合设计要求时应评定为合格，不符合设计要求时应评定为不合格。

2 灌溉面积验收采用量测法，不少于设计面积的95%时应评定为合格。

3 灌溉系统验收采用试运行法，运行正常、满足设计要求时应评定为合格。

8.0.6 供水设施的验收应采用试运行法，供水正常时应评定为合格。

8.0.7 验收文档应符合相关规定并存档。

9 工程管理

9.0.1 雨水集蓄利用工程应按有关规定划定管护范围，并应设置标示。严禁在管护范围内从事破坏工程结构、影响工程安全、污染水源的一切活动。

9.0.2 雨水集蓄利用工程应经常检查集流面是否完好和清除杂物。发现集流面有损坏时，应及时修复。

9.0.3 雨水集蓄利用工程应定期检查蓄水工程内水位变化。当蓄水工程内水位发生异常下降时，应查明原因，并应及时处理。

9.0.4 雨水集蓄利用工程应经常疏通引水渠、沉沙池及进出水管（沟），并应清除拦污栅杂物。雨季应经常观测工程蓄水位，蓄水达到设计水位后，应及时关闭进水口。蓄水工程应及时清淤。

9.0.5 水窖（窑、池）宜保留深度不少于20cm的底水。寒冷地区的水窖（窑）冬季最高水位应低于冰冻线，开敞式水池应采取防冻措施。

9.0.6 水窖（窑）进人孔、水池取水梯入口处应加盖（门）锁牢，并应随时检查其是否完好。

9.0.7 各类灌溉设施应按操作规程使用和管护，喷灌机组、微灌设备应有专人管理。

附录A 雨水集流面面积

A.0.1 当已知雨水集蓄利用工程的全年供水量后，可根据不同的保证率选用表A.0.1-1～表A.0.1-3计算所需的集流面面积。计算时，应根据当地的多年平均降水量和降水年际变差系数，查得每立方米集流量所需某种集流面的面积，再乘以总供水量，即可得到该类集流面的面积。当工程所在地的降水量及降水年际变差系数不在表A.0.1-1～表A.0.1-3所列时，可采用线性内插方法通过计算查取。

表A.0.1-1 保证率50%收集每立方米集流量所需集流面面积（m^2）

变差系数	降水量（mm）	混凝土	水泥瓦	机瓦	手工瓦	土场院	良好沥青路面	裸露塑料薄膜	自然土坡
0.2	250	5.4	5.8	10.2	11.7	27.2	5.8	4.9	68.0
	300	4.5	4.8	8.1	9.2	20.0	4.8	4.0	42.5
	350	3.8	4.0	6.6	7.5	15.3	4.0	3.4	29.2
	400	3.3	3.5	5.5	6.2	12.1	3.5	2.9	21.3
	450	2.9	3.1	4.7	5.3	9.9	3.1	2.6	16.2
	500	2.6	2.7	4.1	4.5	8.2	2.7	2.3	12.8
	600	2.1	2.2	3.3	3.6	6.3	2.2	1.9	9.4
	700	1.8	1.9	2.7	3.0	5.0	1.9	1.6	7.3
	800	1.5	1.6	2.3	2.5	4.1	1.6	1.4	5.8
0.25	250	5.5	5.9	10.3	11.8	27.5	5.9	4.9	68.7
	300	4.5	4.8	8.2	9.3	20.2	4.8	4.0	43.0
	350	3.8	4.1	6.7	7.6	15.5	4.1	3.4	29.5
	400	3.3	3.5	5.6	6.3	12.3	3.5	3.0	21.5
	450	2.9	3.1	4.8	5.3	10.0	3.1	2.6	16.4

续表 A. 0. 1-1

变差系数	降水量(mm)	混凝土	水泥瓦	机瓦	手工瓦	土场院	良好沥青路面	裸露塑料薄膜	自然土坡
0.25	500	2.6	2.7	4.1	4.6	8.2	2.7	2.3	12.9
	600	2.1	2.3	3.3	3.7	6.4	2.3	1.9	9.5
	700	1.8	1.9	2.7	3.0	5.1	1.9	1.6	7.4
	800	1.6	1.7	2.3	2.5	4.2	1.7	1.4	5.9
0.3	250	5.6	6.0	10.4	11.9	27.8	6.0	5.0	69.4
	300	4.6	4.9	8.3	9.4	20.4	4.9	4.1	43.4
	350	3.9	4.1	6.8	7.6	15.7	4.1	3.5	29.8
	400	3.3	3.6	5.7	6.4	12.4	3.6	3.0	21.7
	450	2.9	3.1	4.8	5.4	10.1	3.1	2.6	16.5
	500	2.6	2.8	4.2	4.6	8.3	2.8	2.3	13.0
	600	2.1	2.3	3.3	3.7	6.4	2.3	1.9	9.6
	700	1.8	1.9	2.8	3.0	5.1	1.9	1.6	7.4
	800	1.6	1.7	2.3	2.6	4.2	1.7	1.4	5.9
0.35	250	5.6	6.0	10.5	12.0	28.1	6.0	5.0	70.2
	300	4.6	4.9	8.4	9.5	20.6	4.9	4.1	43.9
	350	3.9	4.2	6.8	7.7	15.8	4.2	3.5	30.1
	400	3.4	3.6	5.7	6.4	12.5	3.6	3.0	21.9
	450	3.0	3.2	4.9	5.4	10.2	3.2	2.7	16.7
	500	2.6	2.8	4.2	4.7	8.4	2.8	2.4	13.2
	600	2.2	2.3	3.4	3.7	6.5	2.3	1.9	9.7
	700	1.8	2.0	2.8	3.1	5.2	2.0	1.7	7.5
	800	1.6	1.7	2.3	2.6	4.2	1.7	1.4	6.0
0.4	250	5.7	6.1	10.6	12.2	28.4	6.1	5.1	70.9
	300	4.7	5.0	8.4	9.6	20.9	5.0	4.2	44.3
	350	3.9	4.2	6.9	7.8	16.0	4.2	3.5	30.4
	400	3.4	3.6	5.8	6.5	12.7	3.6	3.1	22.2
	450	3.0	3.2	4.9	5.5	10.3	3.2	2.7	16.9
	500	2.7	2.8	4.3	4.7	8.5	2.8	2.4	13.3
	600	2.2	2.3	3.4	3.8	6.6	2.3	2.0	9.9
	700	1.9	2.0	2.8	3.1	5.2	2.0	1.7	7.6
	800	1.6	1.7	2.4	2.6	4.3	1.7	1.4	6.0

表 A. 0. 1-2 保证率 75%收集每立方米集流量所需集流面面积（m^2）

变差系数	降水量(mm)	混凝土	水泥瓦	机瓦	手工瓦	土场院	良好沥青路面	裸露塑料薄膜	自然土坡
0.2	250	6.2	6.6	11.6	13.3	31.0	6.6	5.5	77.5
	300	5.1	5.5	9.2	10.5	22.8	5.5	4.6	48.4
	350	4.3	4.6	7.6	8.5	17.5	4.6	3.9	33.2
	400	3.7	4.0	6.3	7.1	13.8	4.0	3.3	24.2
	450	3.3	3.5	5.4	6.0	11.2	3.5	2.9	18.5
	500	2.9	3.1	4.7	5.2	9.3	3.1	2.6	14.5
	600	2.4	2.5	3.7	4.1	7.2	2.5	2.2	10.8
	700	2.0	2.2	3.1	3.4	5.7	2.2	1.8	8.3
	800	1.8	1.9	2.6	2.8	4.7	1.9	1.6	6.6
0.25	250	6.5	7.0	12.2	13.9	32.5	7.0	5.8	81.3
	300	5.3	5.7	9.7	11.0	23.9	5.7	4.8	50.8
	350	4.5	4.8	7.9	8.9	18.3	4.8	4.1	34.8
	400	3.9	4.2	6.6	7.4	14.5	4.2	3.5	25.4
	450	3.4	3.7	5.6	6.3	11.8	3.7	3.1	19.4
	500	3.0	3.3	4.9	5.4	9.8	3.3	2.7	15.2
	600	2.5	2.7	3.9	4.3	7.5	2.7	2.3	11.3
	700	2.1	2.3	3.2	3.6	6.0	2.3	1.9	8.7
	800	1.8	2.0	2.7	3.0	4.9	2.0	1.7	6.9
0.3	250	6.8	7.3	12.8	14.7	34.2	7.3	6.1	85.5
	300	5.6	6.0	10.2	11.6	25.1	6.0	5.0	53.4
	350	4.8	5.1	8.3	9.4	19.3	5.1	4.3	36.6
	400	4.1	4.4	7.0	7.8	15.3	4.4	3.7	26.7
	450	3.6	3.9	5.9	6.6	12.4	3.9	3.2	20.4
	500	3.2	3.4	5.1	5.7	10.3	3.4	2.9	16.0
	600	2.6	2.8	4.1	4.5	7.9	2.8	2.4	11.9
	700	2.2	2.4	3.4	3.7	6.3	2.4	2.0	9.2
	800	1.9	2.1	2.9	3.1	5.2	2.1	1.7	7.3

续表 A.0.1-2

变差系数	降水量(mm)	混凝土	水泥瓦	机瓦	手工瓦	土场院	良好沥青路面	裸露塑料薄膜	自然土坡
0.35	250	7.1	7.6	13.3	15.2	35.6	7.6	6.3	88.9
	300	5.8	6.3	10.6	12.0	26.1	6.3	5.2	55.6
	350	4.9	5.3	8.7	9.8	20.1	5.3	4.4	38.1
	400	4.3	4.6	7.2	8.1	15.9	4.6	3.8	27.8
	450	3.8	4.0	6.2	6.9	12.9	4.0	3.4	21.2
	500	3.3	3.6	5.3	5.9	10.7	3.6	3.0	16.7
	600	2.7	2.9	4.3	4.7	8.2	2.9	2.5	12.3
	700	2.3	2.5	3.5	3.9	6.6	2.5	2.1	9.5
	800	2.0	2.1	3.0	3.3	5.4	2.1	1.8	7.6
0.4	250	7.5	8.0	14.1	16.1	37.6	8.0	6.7	93.9
	300	6.2	6.6	11.2	12.7	27.6	6.6	5.5	58.7
	350	5.2	5.6	9.1	10.3	21.2	5.6	4.7	40.2
	400	4.5	4.8	7.7	8.6	16.8	4.8	4.0	29.3
	450	4.0	4.2	6.5	7.3	13.6	4.2	3.6	22.4
	500	3.5	3.8	5.6	6.3	11.3	3.8	3.2	17.6
	600	2.9	3.1	4.5	5.0	8.7	3.1	2.6	13.0
	700	2.5	2.6	3.7	4.1	6.9	2.6	2.2	10.1
	800	2.1	2.3	3.1	3.5	5.7	2.3	1.9	8.0

表 A.0.1-3 保证率 90%收集每立方米集流量所需集流面面积（m²）

变差系数	降水量(mm)	混凝土	水泥瓦	机瓦	手工瓦	土场院
0.2	250	7.0	7.5	13.2	15.0	35.1
	300	5.8	6.2	10.4	11.9	25.8
	350	4.9	5.2	8.5	9.6	19.8
	400	4.2	4.5	7.2	8.0	15.7
	450	3.7	4.0	6.1	6.8	12.7
	500	3.3	3.5	5.3	5.8	10.5

续表 A.0.1-3

变差系数	降水量(mm)	混凝土	水泥瓦	机瓦	手工瓦	土场院
0.2	600	2.7	2.9	4.2	4.7	8.1
	700	2.3	2.4	3.5	3.8	6.5
	800	2.0	2.1	2.9	3.2	5.3
0.25	250	7.6	8.2	14.3	16.3	38.1
	300	6.3	6.7	11.3	12.9	28.0
	350	5.3	5.7	9.3	10.5	21.5
	400	4.6	4.9	7.8	8.7	17.0
	450	4.0	4.3	6.6	7.4	13.8
	500	3.6	3.8	5.7	6.3	11.4
	600	2.9	3.1	4.6	5.1	8.8
	700	2.5	2.7	3.8	4.2	7.0
	800	2.2	2.3	3.2	3.5	5.8
0.3	250	8.2	8.8	15.4	17.6	41.0
	300	6.7	7.2	12.2	13.9	30.2
	350	5.7	6.1	10.0	11.3	23.1
	400	4.9	5.3	8.4	9.4	18.3
	450	4.3	4.6	7.1	8.0	14.9
	500	3.8	4.1	6.2	6.8	12.3
	600	3.2	3.4	4.9	5.5	9.5
	700	2.7	2.9	4.1	4.5	7.6
	800	2.3	2.5	3.4	3.8	6.2
0.35	250	8.9	9.5	16.7	19.0	44.4
	300	7.3	7.8	13.2	15.0	32.7
	350	6.2	6.6	10.8	12.2	25.1
	400	5.3	5.7	9.1	10.2	19.8
	450	4.7	5.0	7.7	8.6	16.1

续表 A.0.1-3

变差系数	降水量(mm)	混凝土	水泥瓦	机瓦	手工瓦	土场院
0.35	500	4.2	4.4	6.7	7.4	13.3
	600	3.4	3.7	5.3	5.9	10.3
	700	2.9	3.1	4.4	4.9	8.2
	800	2.5	2.7	3.7	4.1	6.7
0.4	250	9.7	10.4	18.2	20.8	48.5
	300	8.0	8.5	14.4	16.4	35.7
	350	6.7	7.2	11.8	13.3	27.3
	400	5.8	6.2	9.9	11.1	21.6
	450	5.1	5.5	8.4	9.4	17.6
	500	4.5	4.8	7.3	8.1	14.5
	600	3.7	4.0	5.8	6.4	11.2
	700	3.2	3.4	4.8	5.3	9.0
	800	2.7	2.9	4.1	4.5	7.3

附录B 雨水集蓄利用工程蓄水容积典型年和长系列资料计算方法

B.1 一 般 规 定

B.1.1 计算资料应符合下列要求：

1 应有不短于30年的逐年各月或逐旬降水量资料。

2 应有根据场次、旬或月降水量计算各种集流面的旬或月平均集流效率的近似公式。近似公式可根据当地试验的降雨—径流资料分析得到，或按临近相似地区的公式。

B.1.2 计算生活供水或其他全年用水量分配比较均匀的蓄水工程，计算时段可采用月。对作物灌溉等集中用水的蓄水工程，计算时段宜采用旬。

B.1.3 蓄水工程的渗漏蒸发损失可按全年供水量的10%计算。

B.2 雨水集蓄利用工程蓄水容积计算的典型年法

B.2.1 典型年计算宜采用真实年法，应进行年降水量频率分析，应选择年降水量和设计频率降水量接近的1个～2个年降雨过程计算蓄水容积，并应取其中大值作为设计蓄水容积。频率分析可采用经验频率法。

B.2.2 典型年的选择也可按需水临界时段降水量的频率分析，应选择临界时段降水量和设计频率降水量接近的1个～2个年降雨过程计算蓄水容积，并应取其中大值作为设计蓄水容积。

B.3 雨水集蓄利用工程蓄水容积计算的长系列法

B.3.1 长系列法确定蓄水容积时，应同时进行集流面面积计算。集流面面积和蓄水容积计算可按下列步骤进行：

1 根据系列中各年各旬（或月）降水量和旬（月）集流效率公式计算各年单位集流面面积上的可集流量。

2 对各年可集流量进行频率分析，求得设计频率下单位集流面面积上的可集流量。

3 根据设计频率下单位集流面面积上的可集流量，计算正常集流面面积。

4 按照正常集流面面积计算各年、旬（月）雨水集蓄系统的入流量。

5 假设几个蓄水容积，分别进行水量平衡长系列计算。

6 计算在各假设的蓄水容积下发生缺水的年数。凡年内有一个计算时段发生缺水的，即应认为该年发生了缺水。

7 各蓄水容积下的供水保证率可按下式计算：

$$R=\frac{n-m}{n+1}\times 100\% \quad (B.3.1)$$

式中：R——供水保证率（%）；

n——系列长度（年数）；

m——计算得到的在某个蓄水容积下的缺水年数。

8 与设计保证率相应的蓄水容积为所求的蓄水容积。

B.3.2 集流面面积和蓄水容积的各组合可按下列步骤进行经济比较：

1 假设大于和小于正常集流面面积的几个集流面面积，按本规范第B.3.1条的规定，计算各集流面面积对应的设计频率下的蓄水容积。

2 对不同集流面面积和蓄水容积组合进行经济比较，求得造价最小的集流面面积和蓄水容积组合。

本规范用词说明

1 为便于在执行本规范条文时区别对待，对要求严格程度不同的用词说明如下：

1）表示很严格，非这样做不可的：

正面词采用“必须”，反面词采用“严禁”；

2）表示严格，在正常情况下均应这样做的：
正面词采用“应”，反面词采用“不应”或“不得”；

3）表示允许稍有选择，在条件许可时首先应这样做的：
正面词采用“宜”，反面词采用“不宜”；

4）表示有选择，在一定条件下可以这样做的，采用“可”。

2　条文中指明应按其他有关标准执行的写法为：“应符合……的规定”或“应按……执行”。

引用标准名录

《喷灌工程技术规范》GB 50085
《混凝土结构工程施工质量验收规范》GB 50204
《建筑用砂》GB/T 14684
《微灌工程技术规范》GB/T 50485
《砌筑砂浆配合比设计规程》JGJ/T 98
《土壤固化剂》CJ/T 3073

中华人民共和国国家标准

雨水集蓄利用工程技术规范

GB/T 50596—2010

条　文　说　明

目　次

1 总　　则

1.0.2　在我国，建设雨水集蓄利用工程的重点地区是西北、华北的半干旱缺水山区、西南石灰岩溶地区和石山区以及海岛和沿海地区。这些地区的共同特点是：严重缺水或季节性缺乏地表水和地下水资源；多为山区、沟壑纵横，引水、输水条件十分困难；居住分散，适宜就地利用雨水资源。例如，西北、华北许多山区地表水、地下水十分缺乏，不仅农业生产靠天吃饭，人畜用水也严重不足。西南山区虽然全年降雨比较充沛，但分布不均；区内河谷深切，水资源难以开采；石灰岩裸露、岩溶发育、保水性很差；因而经常性发生季节性干旱。我国沿海的石质丘陵山区及海岛由于缺乏淡水资源，引水工程的修建比较困难，也迫切需要建设雨水集蓄利用工程。

关于规定雨水集蓄利用工程多年平均降水量适用下限的依据，主要考虑如果降水量太小，所需要的集流场工程规模较大，工程费用也随着增加，将会造成技术不可行和工程不经济。根据调查，我国开展雨水集蓄利用的地区中，以甘肃的靖远县和会宁县、内蒙古自治区的伊克昭盟和宁夏回族自治区的宁南山区的降水量最小。甘肃靖远多年平均降水量为 200mm～250mm，雨水集蓄利用主要用于解决人畜用水困难，用于灌溉的很少。会宁北部降水量为 250mm～300mm，除了解决人畜用水外，也进行集雨灌溉。内蒙古自治区伊克昭盟降水量多数大于 300mm，最少的地方降水量也在 250mm 以上。宁夏的雨水集蓄利用工程分布在宁南山区，那里的降水量多数在 300mm 以上。因此本条规定了雨水集蓄利用工程的适宜降水量下限为 250mm 以上，是符合我国雨水集蓄利用工程的实际的。

1.0.5　我国全面建设小康社会和新农村建设的新形势要求，是这次规范修改的主要指导思想之一。体现在对生活供水的定额和水质以及工程标准方面都应尽可能符合上述形势要求。

2 术　　语

2.0.1　雨水集蓄利用是雨水利用的一种特殊形式。雨水利用是指对原始状态下的雨水利用或对雨水在最初转化阶段时的利用。按照这个理解，属于雨水利用范畴的有雨养农业以及水土保持为提高对雨水资源的利用率所采取的措施，而雨水集蓄利用工程则是雨水利用的一种特殊形式。根据各地的调查，雨水集蓄利用工程是一种微型水利工程，包括了对雨水收集、存储等工程措施以及对雨水的调节和高效利用。其特点是：多为分散式，可以就地开发利用；主要靠农民的投入修建，产权明晰，有利于农民和社区的参与；与大型水利工程相比，不存在生态环境问题，是“对生态环境友好”的工程。在水源匮乏、居住分散的地区，雨水集蓄供水工程是解决农村饮水安全的主要形式。由于雨水集蓄利用能在空间和时间两个方面实现雨水的富集，它能更有效地解决旱作农业区普遍存在的天然降水和作物需水严重错位导致受旱减产的问题，在一些半干旱的山丘地区，甚至是一种不可替代的水资源利用形式。我国的雨水集蓄利用工程最初主要用于解决人畜用水问题，近十年来已更多地用于集水农业，并已成为促进半干旱和存在季节性缺水的湿润、亚湿润山丘地区农业综合发展的有效措施。在实践中，旱地低水量补灌、塑料大棚雨水高效利用、雨水就地叠加利用、旱地果树灌溉技术等方面已取得较大的进步和突破，为实现集水农业的规模化、集约化、产业化发展提供了有利条件。随着农业结构的调整，在庭院经济、畜禽养殖中也将越来越多地利用雨水。

为了区别于塘坝等小型蓄水工程，本规范以 500m³ 为雨水集蓄系统蓄水容积上限。

2.0.3　水窖是雨水集蓄利用工程中普遍采用的蓄水工程形式之一。在土质地区和岩石地区都有应用。土质地区的水窖，形状一般为口小内腔大，多为圆形和瓶形，深度与最大直径之比一般为 1.4～2，多采用混凝土或薄壁砂浆抹面结构。但在土方深挖有困难的地方和岩石地区，一般采用矩形宽浅式，周边墙及窖底均采用浆砌石或混凝土结构，顶盖则采用钢筋混凝土盖板或浆砌石或砖砌拱。岩石地区水窖多见于西南及北方地区，一般为矩形宽浅式，多用浆砌石砌筑。贵州等地的水窖窖身大部分在地下开挖，少部分窖身则在地上砌筑而成，但地上部分也用土或石料埋藏。根据上述水窖共同的特点，水窖是一种地下埋藏式蓄水工程。与有顶盖的水池比较，后者顶盖一般不埋藏。由于埋藏的特点，因此能较好地保持水质，多用于生活用水。

2.0.7　集雨灌溉采用了非充分灌溉的原理和方法，但它有别于一般情况下的非充分灌溉。主要表现在灌水次数更少，灌水量更低。根据我国北方地区的实践，集雨灌溉所用的水量仅为常规灌溉定额的1/10～1/8，但效果十分明显。因此，有必要作为一种特殊的灌溉方法来界定。其特点是：只在十分关键的作物生长时期进行有限人工补水；只浇灌作物或树木的根系，土壤的湿润限制在很小的范围，棵间耗水极少；灌溉效益和水分利用率（作物单位耗水量的产量）都远高于一般情况下的非充分灌溉。

2.0.10　覆膜灌溉主要包括：膜上穴灌、膜下滴灌及地膜沟灌。

4 规　　划

4.0.1　为保证雨水集蓄利用工程的科学决策，使这项工作能够得到健康发展，切实发挥效益，搞好县（含县）以上雨水集蓄利用工程的发展规划、合理制定各项规划指标、做好区域性的工程布局是十分必要的。本节的规定适用于县及县以上各级主持的工程，乡村一般不进行雨水集蓄利用工程规划。

4.0.2 对雨水的利用既要有效，又应有一定的限度。只有这样，才能保证雨水资源的合理开发利用。根据估算，我国近年来已建成的雨水集蓄工程利用的雨水占这些地区雨水总资源量的比例还不到1%。按照有关省区的发展规划，在今后10年内，雨水资源的利用率也不会超过总量的2%～3%。

5 工程规模和工程布置

5.1 供水定额确定

5.1.1 各地对供水定额提出的修改意见汇总如下表（表1）：

表1 供水定额修改意见汇总表

提供意见单位	对供水定额修改意见（L/人·d）	
	半干旱地区	湿润、半湿润区
某自治区水利厅农水处	35～45	45～60
某省水利厅	10～30	40～60
浙江省某市水利局	20～40	50～80
江苏某大学教授	10～30	40～70
西北某大学教授	20～30	30～50

从上表看，多数对生活供水定额的修改值有所提高。考虑到随着我国新农村建设发展，农户的用水需求会不断提高。依据有关规范，对生活供水定额规定了一个范围。各地可根据降雨、集流和财力等具体条件，尽可能提高供水定额，以满足农户对生活用水日益增长的要求。

5.1.2 在这次规范制订过程中，根据各地发现的问题和提出的意见，对不同作物的集雨灌溉次数和定额作了局部调整。主要是：适当增加了湿润地区蔬菜、果树和水稻的灌水次数和定额，使之更好地符合作物生长需水的要求。此外，根据有关专家的意见，适当增加了大牲畜和猪的饮用水定额。半干旱地区集雨水量十分有限，在牲畜用水下限值中，没有考虑牲畜圈的清洗用水。

5.2 需水量确定

5.2.1 给出了规划用水人口、大小牲畜在年内保持不变时的生活需水量计算公式。当规划需水对象在年内发生变化时，可据此划分计算时段，根据各时段实际用水天数分段计算生活水需量，再根据分段水需量累加计算全年生活需水量。

5.2.2 给出了单一规划灌溉作物需水量计算公式。当规划灌溉工程规模较大且有多种灌溉作物时，可分别计算各种作物的灌溉水需量，再累加计算所有灌溉作需物水量。

5.3 集流面面积确定

5.3.1 本条第4款根据调研和反馈意见，对各类集流面在不同降水量地区的年集流效率作了调整。主要是：根据试验资料，适当降低了半干旱地区的混凝土和水泥瓦的集流效率。根据化学固结土试验单位的意见，降低了年降水量1000mm以下地区化学固结土的集流效率。对其他降雨地区的各类集流面集流效率也相应作了局部的调整。

5.4 蓄水工程容积确定

5.4.1 这次规范制订中，利用了半干旱地区和湿润地区4个雨量站不短于30年的旬降水量资料，对不同供水目的的雨水集蓄系统蓄水容积进行了长系列操作计算，据此计算了容积系数。规范表5.4.1中的容积系数就是根据该计算并适当考虑安全因素后得出的。从表中可以看到，旱作大田灌溉和水稻灌溉的蓄水容积系数都比较大，这是因为这两类灌溉在雨水集蓄灌溉的条件下，用水时间非常集中，用水过程和雨水集蓄系统的入流过程相差较大。而家庭生活供水则为全年均匀分布，年收获3次的温室大棚在全年各旬中的用水分布也比较均匀，因而其容积系数较低。

5.4.2 按照本规范第5.3节确定的集流面面积，是不考虑系统多年调节作用的最小集流面面积。如果增大集流面面积，则为满足供水要求的蓄水容积可以减少。而如果考虑了系统的多年调节作用，集流面面积可以采用的比第5.3节计算的稍小，但相应的蓄水容积就要增加。因此满足系统在一定保证率下的供水量，可以有不同的集流面面积和蓄水容积的组合。从经济或其他角度出发，可以选择某个最优的集流面面积和蓄水容积组合。事实上，我国雨水集蓄系统往往采用公路面作集流面，南方湿润地区还常采用天然坡面集流，这两类集流面投资很低，其集流面积完全有条件采用比第5.3节方法计算的结果大，从而减少所需要的蓄水容积，以减少系统总造价。本条是根据前述半干旱和湿润地区的4个雨量站的长系列资料计算得到的结果。

5.4.3 在有条件（具体条件应满足附录B的要求）的地区，当需要有比较准确的蓄水容积计算时，可以按照附录B采用典型年法或长系列法计算蓄水容积。由于计算中有些参数难以准确确定（主要是集流效率），为使最后采用的规模更安全可靠，本条规定，可按照本规范附录B的方法计算集流面面积和蓄水容积。但最后采用的结果，不应小于按照5.3节和第5.4.1条及第5.4.2条计算的集流面面积和蓄水容积数的0.9倍。

5.4.4 为保证土基地区水窖和水窖的运行安全，对顶盖只用黏土或水泥砂浆防渗的水窖，应限制其蓄水水位不得超过拱顶的起拱线。采用水泥混凝土顶盖的水窖，可以允许在拱顶部分蓄水，但应有一定的安全超高，寒冷地区还应考虑防冻要求。

5.5 工程布置

5.5.3 由于生活用水水质要求较高，一般应当用集流水质较好的硬化集流面（包括屋面）。但硬化集流面面积通常比较有限，应首先满足生活用水系统。同时，生产供水系统一般布置在田间地头，为减少担水劳力，也不宜与生活用水系统放在一起。但在庭院旁饲养的牲畜用水，为方便起见，可以与家庭生活用水系统一起布置。

5.5.5 本条是为了保证生活用水水质而设立的条文。当集蓄雨水用于家庭生活目的时，一般应当用集流水质较好的瓦屋面和用混凝土硬化的庭院面作为集流面。用沥青路面集流易在水中产生石油类污染；农村土路和土场地表面污染物多，且大雨易造成冲刷使集流水浑浊，因此均不能作为生活供水的集流面使用。同时，屋面水比庭院硬化集流面集流的水质更好，更适宜作为饮水和烹饪用，因此有条件时，应尽量分别集流和储存。

6 设计

6.1 集流工程

6.1.2 本条所说的应尽量利用的人工设施指表面渗透性较低并可以用作雨水集流的各类工程或设施，如瓦屋面、公路路面、乡村道路、学校操场、场院等。湿润地区的自然坡面集流效率比较高，是当地主要的集流面。半干旱区自然坡面虽然集流效率很低，但由于地广人稀，可以用来集雨的荒山坡较多，因此也可加以利用。

6.1.4 根据甘肃、宁夏等地实践，混凝土集流面分块尺寸宜采用1.5m×1.5m～2.0m×2.0m，缝宽1.0cm～1.5cm，缝内可采用黏土、油毡、沥青砂浆等材料填实，如工程用于解决生活用水，则应采用环保材料勾缝；石板集流面缝间应灌入水泥砂浆并勾缝，勾缝形式应采用平缝，座浆水泥砂浆强度等级不宜低于M7.5，勾缝砂浆不宜低于M10；塑料薄膜在裸露条件下，一般使用2个～3个月或一茬作物生长期后就要更换。为降低成本，大多数采用农用地膜或棚膜，而埋藏式塑料薄膜使用期较长，一般宜采用厚度较大的聚乙烯薄膜。

6.1.5 为了保证家庭饮用水的质量，参考国内外的经验，本条规定在屋顶集流系统中，应尽量采用接水槽和落水管，并规定，屋面雨水宜和地面径流分开储存。

6.2 蓄水工程

6.2.2 为了减少因进水自由落入蓄水工程而引起的水流扰动，使水质变浑，德国规定进水管的出水口离开池底，不能大于某个距离，同时规定了出水要设置缓流箱。本条第5款对此作了相应规定。考虑到资金承受能力和我国尚缺乏这方面的经验，采用的规范语言要求有条件时应尽量这样做。

6.2.3 本条主要规定了蓄水工程的防渗和结构形式以及从安全出发对不同窖型的尺寸限制。蓄水工程应满足渗漏小、安全蓄水和具有一定使用年限的要求。我国西北和华北地区群众有着丰富的打窖经验。传统水窖采用的黏土（胶泥）防渗在长期运行中证明是十分有效的。但黏土防渗施工比较复杂，各个环节要求十分严格，费工而且费时。20世纪80年代以来，我国发展了水泥砂浆薄壁水窖，施工大大简化，质量比较容易保证，经过实践检验，防渗效果也比较理想。因此，本条规定的几种防渗方式完全可以满足水窖防渗的要求。关于结构安全，一般讲，作为微型蓄水工程的水窖，当采用混凝土做其顶部、窖壁和底的支护时，结构应是安全的。问题是采用薄壁水泥砂浆或黏土水窖和顶部及底采用混凝土、窖壁采用砂浆或黏土层时，水窖的结构是否有保障。我国旱区群众使用黏土窖已有几百年的历史。这主要是由于黄土具有在干燥条件下开挖成垂直凌空面而不坍塌的自稳特性。只要做好防渗，同时土质又比较密实，则黏土窖可以长期安全运行。为了使水窖结构安全性有充分的保证，本条规定了顶部宜用混凝土或砌砖拱，以承受上部填土和活荷载。窖壁则采用薄壁水泥砂浆防渗。只要保证砂浆施工质量，并对窖壁表土进行夯击密实，薄壁水泥砂浆窖壁是完全可以保持稳定的。对窖底则采取了翻夯、设灰土层和浇注混凝土等加强防渗的措施，以防止窖底沉陷。图1是这种水窖的剖面图。这种水窖在甘肃省等地用得比较普遍。从20世纪80年代后期至今，已有10多年的使用历史，运行基本正常。因此这种窖型安全是有保证的。图2是根据传统黏土窖的经验，在窖壁上设砂浆铆钉以加强砂浆与基土层的结合。但在实践中采用很少，同时施工比较复杂。因此在本规范制订中，去掉了对这种窖型的规定。

土质比较密实坚固时，也可以全断面都采用水泥砂浆护壁，见图3。但水窖的蓄水深度应有一定限制。单纯从结构安全出发，采用全断面为混凝土的水窖肯定会更安全。但这种形式的造价要比薄壁窖高得多。图4是根据在甘肃省的调查而绘制的全断面采用混凝土水窖和混凝土顶拱及底、砂浆薄壁水窖每立方米蓄水容积的平均造价比较。

从图4可以看出，两种窖每立方米蓄水容积的平

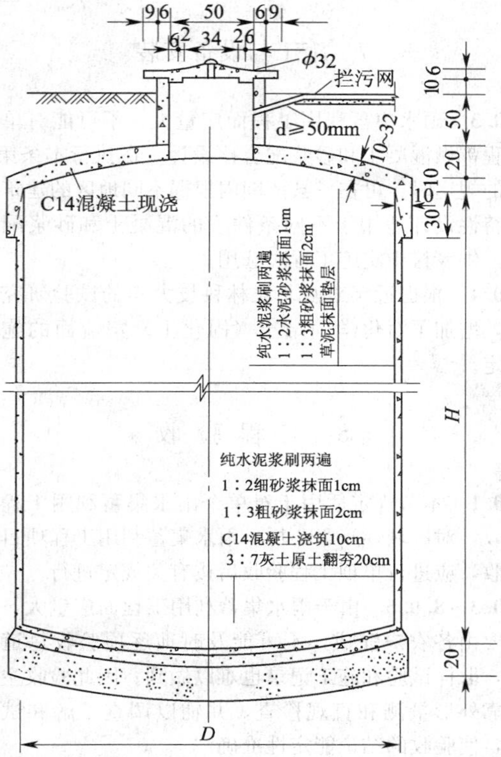

图 1　混凝土顶拱水泥砂浆薄壁水窖剖面（单位：cm）

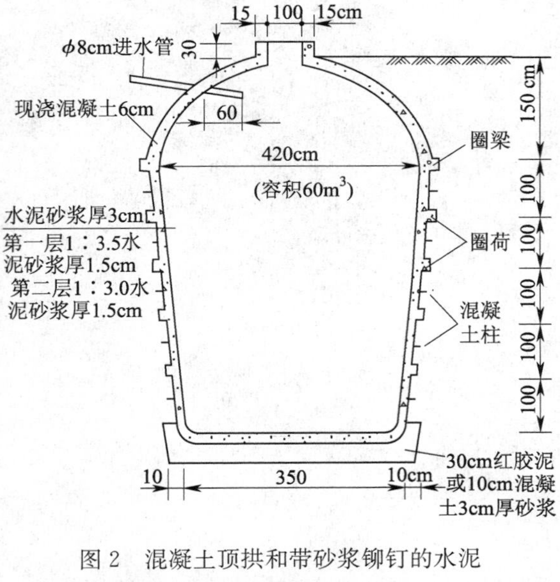

图 2　混凝土顶拱和带砂浆铆钉的水泥砂浆薄壁水窖剖面（单位：cm）

均造价相差 70 元～100 元。因此在安全性有保障的条件下，应尽量采用水泥砂浆薄壁式水窖。如果由于土质原因，薄壁水窖不能满足安全时，本条规定应采用混凝土支护方式。本条第 5 款对各类水窖窖深、直径及拱顶矢跨比等参数的规定主要是根据在宁夏、陕西等省（区）的调查得出的。各类水窖的尺寸调查资料见表 2。

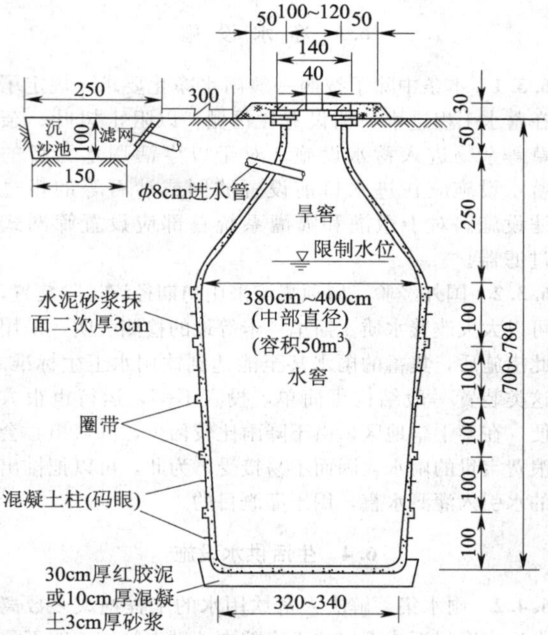

图 3　全断面水泥砂浆薄壁水窖剖面（单位：cm）

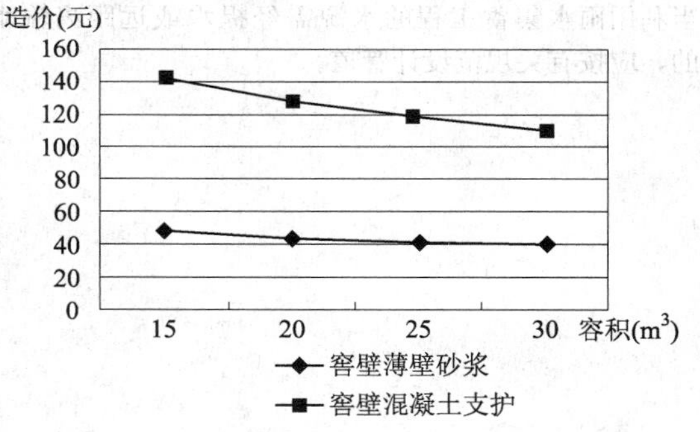

图 4　两种水窖每立方米蓄水容积平均造价比较

表 2　各类水窖尺寸调查资料

水窖形式	适用条件	总深度（m）	旱窖深度（m）	最大直径（m）	底部直径（m）	最大容积（m³）
黏土水窖	土质较好	8.0	4.0	4.0	3～3.2	40
薄壁水泥砂浆水窖	土质较好	7～7.8	2.5～3.0	4.5～4.8	3～3.4	55
混凝土或砌砖拱顶薄壁水泥砂浆水窖（盖碗窖）1	土质稍差	6.5	1～1.5	4.2	3.2～3.4	63
混凝土或砌砖拱顶薄壁水泥砂浆水窖（盖碗窖）2	土质稍差	6.7	1.5	4.2	3.4	60

6.2.7　湿陷性黄土地区修建水池时，为防止因地基沉陷造成结构物破坏，应尽量采用整体性好的混凝土或钢筋混凝土结构，不宜采用分离式和砌石砌砖结构。第 3 款提出的防湿陷措施是黄土地区修建水池和其他结构物时的常用措施，实践证明是有效的。

6.3 净水设施

6.3.1 本条中除了按照一般雨水净化要求，规定了在蓄水工程进水口前设置拦污栅，以阻止树叶、杂草等杂物进入蓄水设施。对于以生活用水为目的蓄水设施应在进水口前设置滤网或沙石等的粗过滤设施。对于微灌和喷灌系统首部应设置筛网式过滤器。

6.3.2 国外经验，屋顶集流采用初期径流排除装置，可以大大改善水质。斯里兰卡等地的检测表明，采用此措施后，集蓄的雨水甚至能达到饮用水卫生标准。这类装置一般结构很简单，投入不多，运行也很方便。在半干旱地区，由于降雨比较稀少，群众担心会浪费宝贵的雨水，因而不易接受。为此，可以把排出的水引入灌溉水窖，用于灌溉目的。

6.4 生活供水设施

6.4.2 雨水集蓄解决人畜饮用水的工程绝大多数离农户家庭很近或直接位于庭院内，供水管道一般不需要进行水力计算，可直接用耐压 0.25MPa 的低压管。当利用雨水集蓄工程的水源需经提水或远距离输水的，应按有关规范设计管道。

7 施工与设备安装

7.0.3 雨水集蓄利用工程面广量大，不可能对单个工程都做混凝土和砂浆配合比设计，在执行本条第 1 款的规定时，可在一县范围内根据不同地区的建筑材料特性设计适用于不同条件下的混凝土和砂浆配合比，供乡村中实施工程时选用。

7.0.4 根据近年来西北农林科技大学的试验研究成果，增加了对化学固结土（固化土）集流面的施工规定。

8 工程验收

8.0.1 本节规定适用于对单个雨水集蓄利用工程的验收，对区域性（组、村）雨水集蓄利用工程项目的验收，应进行单项工程验收后按有关规定进行。

8.0.3～8.0.5 由于雨水集蓄利用工程面广量大，且主要由各农户完成，不可能及时地逐项验收每道工序，取样试验和施工记录也难以做到。因此验收主要依靠外形量测和直观检查，并辅以调查了解和试运行，使验收的结论能定性准确。

中华人民共和国国家标准

城市配电网规划设计规范

Code for planning and design of urban distribution network

GB 50613—2010

主编部门：中 国 电 力 企 业 联 合 会
批准部门：中华人民共和国住房和城乡建设部
实施日期：2 0 1 1 年 2 月 1 日

中华人民共和国住房和城乡建设部
公　告

第669号
关于发布国家标准
《城市配电网规划设计规范》的公告

现批准《城市配电网规划设计规范》为国家标准，编号为GB 50613—2010，自2011年2月1日起实施。其中，第6.1.2、6.1.5条为强制性条文，必须严格执行。

本规范由我部标准定额研究所组织中国计划出版社出版发行。

中华人民共和国住房和城乡建设部

二〇一〇年七月十五日

前　言

本规范是根据原建设部《关于印发〈2007年工程建设标准规范制定、修订计划（第二批）〉的通知》（建标〔2007〕126号）的要求，由中国南方电网有限责任公司和国家电网公司会同有关单位共同编制完成的。

本规范总结并吸收了我国城市配电网多年积累的经验和科技成果，经广泛征求意见，多次讨论修改，最后经审查定稿。

本规范共分11章和5个附录，主要技术内容包括：总则、术语、城市配电网规划、城市配电网供电电源、城市配电网络、高压配电网、中压配电网、低压配电网、配电网二次部分、用户供电、节能与环保。

本规范中以黑体字标志的条文为强制性条文，必须严格执行。

本规范由住房和城乡建设部负责管理和对强制性条文的解释，中国电力企业联合会标准化中心负责日常管理、中国南方电网有限责任公司负责具体技术内容的解释。在执行过程中，请各单位结合工程或工作实践，认真总结经验，注意积累资料，随时将意见和建议寄交中国南方电网有限责任公司（地址：广东省广州市天河区珠江新城华穗路6号，邮政编码：510623），以便今后修订时参考。

本规范主编单位、参编单位、主要起草人和主要审查人：

主编单位： 中国南方电网有限责任公司
中国国家电网公司

参编单位： 佛山南海电力设计院工程有限公司
北京电力设计院
上海电力设计院
天津电力设计院
沈阳电力设计院

主要起草人： 余建国　刘映尚　邱　野　李韶涛
罗崇熙　白忠敏　夏　泉　宇文争营
吕伟强　阎沐建　李朝顺　黄志伟
罗俊平　李　伟　孟祥光　魏　奕
李　成　汪　筝　宗志刚　王桂哲
陈文升

主要审查人： 余贻鑫　郭亚莉　葛少云　曾　嵘
曾　涛　吴夕科　唐茂林　韩晓春
吴　卫　蔡冠中　李字明　刘　磊
刘培国　万国成　李海量　胡传禄
项　维　丁学真　蒋　浩

目　次

Contents

1 总 则

1.0.1 为使城市配电网的规划、设计工作更好地贯彻国家电力建设方针政策，提高城市供电的可靠性、经济性，保证电能质量，制定本规范。

1.0.2 本规范适用于110kV及以下电压等级的地级及以上城市配电网的规划、设计。

1.0.3 城市配电网的规划、设计应符合以下规定：

1 贯彻国家法律、法规，符合城市国民经济和社会发展规划和地区电网规划的要求；

2 满足城市经济增长和社会发展用电的需求；

3 合理配置电源，提高配电网的适应性和抵御事故及自然灾害的能力；

4 积极采用成熟可靠的新技术、新设备、新材料，促进配电技术创新，服务电力市场，取得社会效益；

5 促进城市配电网的技术进步，做到供电可靠、运行灵活、节能环保、远近结合、适度超前、标准统一。

1.0.4 城市配电网的规划、设计除应符合本规范的规定外，尚应符合国家现行有关标准的规定。

2 术 语

2.0.1 城市配电网 urban distribution network

从输电网接受电能，再分配给城市电力用户的电力网。城市配电网分为高压配电网、中压配电网和低压配电网。城市配电网通常是指110kV及以下的电网。其中35kV、66kV、110kV电压为高压配电网，10kV、20kV电压为中压配电网，0.38kV电压为低压配电网。

2.0.2 饱和负荷 saturation load

指在城市电网或地区电网规划年限中可能达到的、且在一定年限范围内基本处于稳定的最大负荷。饱和负荷应根据城市或地区的长远发展规划和各类电力需求标准制订。

2.0.3 分布式电源 distributed generation

布置在电力负荷附近，能源利用效率高并与环境兼容，可提供电源或热（冷）源的发电装置。

2.0.4 经济评价 economic evaluation

经济评价包括财务评价和国民经济评价。配电网规划经济评价主要是指根据国民经济与社会发展以及地区电网发展规划的要求，采用科学的分析方法，对配电网规划方案的财务可行性和经济合理性进行分析论证和综合评价，确定最佳规划方案。经济评价是配电网规划的重要组成部分，是确定规划方案的重要依据。

2.0.5 财务评价 financial evaluation

在国家现行财税制度和价格体系的前提下，从规划方案的角度出发，计算规划方案范围内的财务效益和费用，分析规划方案的盈利能力和清偿能力，评价方案在财务上的可行性。

2.0.6 国民经济评价 national economy evaluation

国民经济评价是在合理配置社会资源的前提下，从国家经济整体利益的角度出发，计算规划方案对国民经济的贡献，分析规划方案的经济效率、效果和对社会的影响，评价规划方案在宏观经济上的合理性。

2.0.7 N-1安全准则 N-1security criterion

正常运行方式下，电力系统中任一元件无故障或因故障断开，电力系统能保持稳定运行和正常供电，其他元件不过负荷，且系统电压和频率在允许的范围之内。这种保持系统稳定和持续供电的能力和程度，称为“N-1”准则。其中N指系统中相关的线路或元件数量。

2.0.8 容载比 capacity-load ratio

容载比是配电网某一供电区域中变电设备额定总容量与所供负荷的平均最高有功功率之比值。容载比反映变电设备的运行裕度，是城市电网规划中宏观控制变电总容量的重要指标。

2.0.9 地下变电站 underground substation

变电站主建筑为独立建设、或与其他建（构）筑物结合建设的建于地下的变电站称为地下变电站，地下变电站分为全地下变电站和半地下变电站。

2.0.10 全地下变电站 fully underground substation

变电站主建筑物建于地下，主变压器及其他主要电气设备均装设于地下建筑内，地上只建有变电站通风口和设备、人员出入口等建筑以及可能布置在地上的大型主变压器的冷却设备和主控制室等。

2.0.11 半地下变电站 partially underground substation

变电站以地下建筑为主，主变压器或部分其他主要电气设备装设于地面建筑内。

2.0.12 特殊电力用户 special consumer

对电力系统和电力设备产生有害影响、对电力用户造成严重危害的负荷用户称为特殊电力用户。畸变负荷用户、冲击负荷用户、波动负荷用户、不对称负荷用户、电压敏感负荷用户以及对电能质量有特殊要求的负荷用户都属于特殊电力用户。

3 城市配电网规划

3.1 规划依据、年限和内容、深度要求

3.1.1 城市配电网规划应根据城市国民经济和社会发展规划、地区电网规划和相关的国家、行业标准编制。

3.1.2 配电网规划的年限应与城市国民经济和社会

发展规划的年限选择一致，近期宜为5a，中期宜为10a，远期宜为15a及以上。

3.1.3 配电网规划宜按高压配电网和中低压配电网分别进行，两者之间应相互衔接。高压配电网应编制近期和中期规划，必要时应编制远期规划。中低压配电网可只编制近期规划。

3.1.4 配电网规划应在对规划区域进行电力负荷预测和区域电网供电能力评估的基础上开展。配电网各阶段规划宜符合下列规定：

1 近期规划宜解决配电网当前存在的主要问题，通过网络建设、改造和调整，提高配电网供电的能力、质量和可靠性。近期规划应提出逐年新建、改造和调整的项目及投资估算，为配电网年度建设计划提供依据和技术支持；

2 中期规划宜与地区输电网规划相统一，并与近期规划相衔接。重点选择适宜的网络接线，使现有网络逐步向目标网络过渡，为配电网安排前期工作计划提供依据和技术支持；

3 远期规划宜与城市国民经济和社会发展规划和地区输电网规划相结合，重点研究城市电源结构和网络布局，规划落实变电站站址和线路走廊、通道，为城市发展预留电力设施用地和线路走廊提供技术支持。

3.1.5 配电网规划应吸收国内外先进经验，规划内容和深度应满足现行国家标准《城市电力规划规范》GB 50293的有关规定，并应包含节能、环境影响评价和经济评价的内容。

3.2 规划的编制、审批与实施

3.2.1 配电网规划编制工作宜由供电企业负责完成，并报有关主管部门审批后实施。

3.2.2 审批通过的配电网规划应纳入城市控制性详细规划，由政府规划部门在市政建设中预留线路走廊及变、配电站等设施用地。

3.2.3 配电网规划应根据负荷与网络的实际变化情况定期开展滚动修编工作。对于中低压配电网部分，宜每隔1a进行一次滚动修编；对于高压配电网部分，宜每隔1a～3a进行一次滚动修编。

3.2.4 有下列情况之一时，配电网规划应进行全面修改或重新编制：

1 城市国民经济和社会发展规划或地区输电网规划有重大调整或修改时；

2 规划预测的用电负荷有较大变动时；

3 配电网应用技术有重大发展、变化时。

3.3 经济评价要求

3.3.1 经济评价应严格执行国家有关经济评价工作的法规政策，应以国民经济中长期规划、行业规划、城市规划为指导。配电网规划的经济评价主要进行财务评价，必要时可进行国民经济评价。

3.3.2 为保证配电网规划方案的合理性，经济评价应符合下列原则：

1 效益与费用计算范围相一致；

2 效益和费用计算口径对应一致；

3 定性分析和定量分析相结合，动态分析和静态分析相结合。

3.3.3 财务评价指标主要有财务内部收益率、财务净现值、投资回收期、资产负债率、投资利润率、投资利税率、资本金利润率。财务评价以定量分析、动态分析为主。动态分析方法主要有财务内部收益率法、财务净现值法、年费用法、动态投资回收期法等。

3.3.4 财务评价应遵循"有无对比"原则，即通过有规划和无规划两种情况下效益和费用的比较，求得增量的效益和费用数据，并计算效益指标，通过增量分析论证规划的盈利能力。

1 对无规划情况下基础数据的采集，应预测在计算期内由于设备老化、退役、技术进步及其他因素影响而导致的企业存量资产、电量、经营成本等指标的变化。

2 对有规划情况下增量的主要财务指标首先应满足国家、行业、企业的相关基准指标要求，其次应不低于无规划情况下存量的主要财务指标。

3.3.5 经济评价中，根据国家有关经济评价内容的规定或委托方的要求可进行电价测算分析和规划方案的敏感性分析。电价测算分析宜执行"合理成本、合理盈利、依法计税、公平负担"的原则；敏感性分析宜包含投资、负荷增长、电量增长、电价等因素变化产生的影响。

4 城市配电网供电电源

4.1 一般规定

4.1.1 城市供电电源应包括高压输电网中的220kV（或330kV）变电站和接入城市配电网中的各类电厂及分布式电源。

4.1.2 城市供电电源的选择应贯彻国家能源政策，坚持节能、环保、节约用地的原则，积极发展水电、风电、太阳能等清洁能源。

4.2 城市发电厂

4.2.1 电厂接入配电网方式应遵循分层、分区、分散接入的原则。

4.2.2 接入配电网的电厂应根据电厂的送出容量、送电距离、电网安全以及电网条件等因素论证后确定。电厂接入电网的电压等级、电厂规模、单机容量和接入方式应符合所在城市配电网的要求。

4.2.3 接入配电网的电厂应简化主接线，减少出线回路数，避免二次升压。

4.2.4 并网运行的发电机组应配置专用的并、解列装置。

4.3 分布式电源

4.3.1 分布式电源应以就近消纳为主。当需要并网运行时，应进行接入系统研究，接入方案应报有关主管部门审批后实施。

4.3.2 配电网规划宜根据分布式电源的容量、特性和负荷要求，规划分布式电源的网点位置、电压等级、短路容量限值和接入系统要求。

4.3.3 配电网和分布式电源的保护、自动装置应满足孤岛运行的要求，其配置和功能应符合下列规定：

1 应能迅速检测出孤岛；

2 能对解列的配电网和孤岛采取有效的调控，当故障消除后能迅速恢复并网运行；

3 孤岛运行期间，应能保证重要负荷持续、安全用电。

4.4 电源变电站

4.4.1 电源变电站的位置应根据城市规划布局、负荷分布及变电站的建设条件合理确定。

4.4.2 在负荷密集的中心城区，电源变电站应尽量深入负荷中心。

4.4.3 城市电源变电站应至少有两路电源接入。

5 城市配电网络

5.1 一般规定

5.1.1 城市配电网应优化网络结构，合理配置电压等级序列，优化中性点接地方式、短路电流控制水平等技术环节，不断提高装备水平，建设节约型、环保型、智能型配电网。

5.1.2 各级配电网络的供电能力应适度超前，供电主干线路和关键配电设施宜按配电网规划一次建成。

5.1.3 配电网络建设宜规范统一。供电区内的导线、电缆规格、变配电站的规模、型式、主变压器的容量及各种配电设施的类型宜合理配置，可根据需要每个电压等级规定2种～3种。

5.1.4 根据高一级电压网络的发展，城市配电网应有计划地进行简化和改造，避免高低压电磁环网。

5.2 供电分区

5.2.1 高压和中压配电网应合理分区。

5.2.2 高压配电网应根据城市规模、规划布局、人口密度、负荷密度及负荷性质等因素进行分区。一般城市宜按中心城区、一般城区和工业园区分类，特大和大城市可按中心城区、一般城区、郊区和工业园区分类。网络接线与设备标准宜根据分区类别区别选择。

5.2.3 中压配电网宜按电源布点进行分区，分区应便于供、配电管理，各分区之间应避免交叉。当有新的电源接入时，应对原有供电分区进行必要调整，相邻分区之间应具有满足适度转移负荷的联络通道。

5.3 电压等级

5.3.1 城市配电网电压等级的设置应符合现行国家标准《标准电压》GB/T 156的有关规定。高压配电网可选用110kV、66kV和35kV的电压等级；中压配电网可选用10kV和20kV的电压等级；低压配电网可选用220V/380V的电压等级。根据城市负荷增长，中压配电网可扩展至35kV，高压配电网可扩展至220kV或330kV。

5.3.2 城市配电网的变压层次不宜超过3级。

5.4 供电可靠性

5.4.1 城市高压配电网的设计应满足N-1安全准则的要求。高压配电网中任一元件（母线除外）故障或检修停运时应不影响电网的正常供电。

5.4.2 城市中压电缆网的设计应满足N-1安全准则的要求；中压架空网的设计宜符合N-1安全准则的要求。

5.4.3 城市低压配电网的设计，可允许低压线路故障时损失负荷。

5.4.4 城市中压用户供电可靠率指标不宜低于表5.4.4的规定。

表5.4.4 供电可靠率指标

供电区类别	供电可靠率（RS-3）(%)	累计平均停电次数（次/年·户）	累计平均停电时间（小时/年·户）
中心城区	99.90	3	9
一般城区	99.85	5	13
郊区	99.80	8	18

注：1 RS-3是指按不计系统电源不足限电引起停电的供电可靠率。

2 工业园区形成初期可按郊区对待，成熟以后可按一般城区对待。

5.4.5 对于不同用电容量和可靠性需求的中压用户应采用不同的供电方式。电网故障造成用户停电时，允许停电的容量和恢复供电的目标应符合下列规定：

1 双回路供电的用户，失去一回路后应不损失负荷；

2 三回路供电的用户，失去一回路后应不损失负荷，失去两回路时应至少满足50%负荷的供电；

3 多回路供电的用户，当所有线路全停时，恢复供电的时间为一回路故障处理的时间；

4 开环网络中的用户，环网故障时，非故障段用户恢复供电的时间为网络倒闸操作时间。

5.5 容 载 比

5.5.1 容载比是评价城市供电区电力供需平衡和安排变电站布点的重要依据。实际应用中容载比可按下式计算：

$$R_{SP}=S_{\Sigma i}/P_{max} \qquad (5.5.1)$$

式中：R_{SP}——某电压等级的容载比（MVA/kW）；

$S_{\Sigma i}$——该电压等级变电站的主变容量和（MVA）；

P_{max}——该电压等级年最高预测（或现状）负荷（MW）。

注：1 计算 $S_{\Sigma i}$ 时，应扣除连接在该电压网络中电厂升压站主变压器的容量和用户专用变压器的容量。

2 计算 P_{max} 时，应扣除连接在该电压网络中电厂的直供负荷、用户专用变压器的负荷以及上一级电源变电站的直供负荷。

5.5.2 规划编制中，高压配电网的容载比，可按照规划的负荷增长率在 1.8～2.2 范围内选择。当负荷增长较缓慢时，容载比取低值，反之取高值。

5.6 中性点接地方式

5.6.1 电网中性点接地方式应综合考虑配电网的网架类型、设备绝缘水平、继电保护和通信线路的抗干扰要求等因素确定。中性点接地方式分为有效接地和非有效接地两类。

5.6.2 中性点接地方式选择应符合下列规定：

1 110kV 高压配电网应采用有效接地方式，主变压器中性点应经隔离开关接地；

2 66kV 高压配电网，当单相接地故障电容电流不超过 10A 时，应采用不接地方式；当超过 10A 时，宜采用经消弧线圈接地方式；

3 35kV 高压配电网，当单相接地电容电流不超过 10A 时，应采用不接地方式；当单相接地电容电流超过 10A、小于 100A 时，宜采用经消弧线圈接地方式，接地电流宜控制在 10A 以内；接地电容电流超过 100A，或为全电缆网时，宜采用低电阻接地方式，其接地电阻宜按单相接地电流 1000A～2000A、接地故障瞬时跳闸方式选择；

4 10kV 和 20kV 中压配电网，当单相接地电容电流不超过 10A 时，应采用不接地方式；当单相接地电容电流超过 10A、小于 100A～150A 时，宜采用经消弧线圈接地方式，接地电流宜控制在 10A 以内；当单相接地电流超过 100A～150A，或为全电缆网时，宜采用低电阻接地方式，其接地电阻宜按单相接地电流 200A～1000A、接地故障瞬时跳闸方式选择；

5 220V/380V 低压配电网应采用中性点有效接地方式。

5.7 短路电流控制

5.7.1 短路电流控制应符合下列规定：

1 短路电流控制水平应与电源容量、电网规划、开关设备开断能力相适应；

2 各电压等级的短路电流控制水平应相互配合；

3 当系统短路电流过大时，应采取必要的限制措施。

5.7.2 城市高、中压配电网的短路电流水平不宜超过表 5.7.2 的规定。

表 5.7.2 城市高、中压配电网的短路电流水平

电压等级（kV）	110	66	35	20	10
短路电流控制水平（kA）	31.5，40	31.5	25	16，20	16，20

注：110kV 及以上电压等级变电站，低压母线短路电流限值宜取表中高值。

5.7.3 当配电网的短路电流达到或接近控制水平时应通过技术经济比较选择合理的限流措施，宜采用下列限流措施：

1 合理选择网络接线，增大系统阻抗；

2 采用高阻抗变压器；

3 在变电站主变压器的低压侧加装限流电抗器。

5.8 网 络 接 线

5.8.1 网络接线应符合下列规定：

1 应满足供电可靠性和运行灵活性的要求；

2 应根据负荷密度与负荷重要程度确定；

3 应与上一级电网和地区电源的布点相协调；

4 应能满足长远发展和近期过渡的需要；

5 应尽量减少网络接线模式；

6 下级网络应能支持上级网络。

5.8.2 高压配电网常见的接线方式有链式、支接型、辐射式等，接线方式选择应符合下列规定：

1 在中心城区或高负荷密度的工业园区，宜采用链式、3 支接接线；

2 在一般城区或城市郊区，宜采用 2 支接、3 支接接线或辐射式接线；

3 高压配电网接线方式应符合本规范附录 A 的规定。

5.8.3 中压配电网接线方式应符合下列规定：

1 应根据城市的规模和发展远景优化、规范各供电区的电缆和架空网架，并根据供电区的负荷性质和负荷密度规划接线方式；

2 架空配电网宜采用开环运行的环网接线。在负荷密度较大的供电区宜采用“多分段多联络”的接线方式；负荷密度较小的供电区可采用单电源辐射式接线，辐射式接线应随负荷增长逐步向开环运行的环网接线过渡；

3 电缆配电网接线方式应符合下列规定：

1）电缆配电网宜采用互为备用的N-1单环网接线或固定备用的N供1备接线方式（元件数N不宜大于3）。中压电缆配电网各种接线的电缆导体负载率和备用裕度应符合表5.8.3的规定；

2）在负荷密度较高且供电可靠性要求较高的供电区，可采用双环网接线方式；

3）对分期建设、负荷集中的住宅小区用户可采用开关站辐射接线方式，两个开关站之间可相互联络；

4 中压配电网各种接线的接线方式应符合本规范附录B的规定。

表5.8.3 中压电缆配电网各种接线的电缆导体负载率和备用裕度

接线方式	选择电缆截面的负荷电流	馈线正常运行负载率 k_r（%）和备用富裕度 k_s（%）	事故方式馈线负载率 k_r（%）
2-1	馈线均按最大馈线负荷电流选择	$k_r \leqslant 50$，$k_s \geqslant 50$	$k_r \leqslant 100$
3-1	馈线均按最大馈线负荷电流选择	$k_r \leqslant 67$，$k_s \geqslant 33$	$k_r \leqslant 100$
N供1备	工作馈线按各自的负荷电流选择，备用馈线按最大负荷馈线电流选择	工作馈线：正常运行负载率 $k_r \leqslant 100$	备用馈线负载率 $k_r \leqslant 100$

注：1 组成环网的电源应分别来自不同的变电站或同一变电站的不同段母线。

2 每一环网的节点数量应与负荷密度、可靠性要求相匹配，由环网节点引出的辐射支线不宜超过2级。

3 电缆环网的节点上不宜再派生出孤立小环网的结构型式。

5.8.4 低压配电网宜采用以配电变压器为中心的辐射式接线，相邻配电变压器的低压母线之间可装设联络开关。

5.8.5 中、低压配电网的供电半径应满足末端电压质量的要求，中压配电线路电压损失不宜超过4%，低压配电线路电压损失不宜超过6%。根据供电负荷和允许电压损失确定的中、低压配电网供电半径不宜超过表5.8.5所规定的数值。

表5.8.5 中、低压配电网的供电半径（km）

供电区类别	20kV配电网	10kV配电网	0.4kV配电网
中心城区	4	3	0.15
一般城区	8	5	0.25
郊区	10	8	0.4

5.9 无功补偿

5.9.1 无功补偿设备配置应符合下列规定：

1 无功补偿应按照分层分区和就地平衡的原则，采用分散和集中相结合的方式，并能随负荷或电压进行调整，保证配电网枢纽点电压符合现行国家标准《电能质量 供电电压偏差》GB/T 12325和《并联电容器装置设计规范》GB 50227的有关规定；

2 配电网中无功补偿应以容性补偿为主，在变、配电站装设集中补偿电容器；在用电端装设分散补偿电容器；在接地电容电流较大的电缆网中，经计算可装设并联电抗器；

3 并联电容补偿应优化配置、宜自动投切。变电站内电容器的投切应与变压器分接头调整协调配合，使母线电压水平控制在规定范围之内。高压变电站和中压配电站内电容器应保证高峰负荷时变压器高压侧功率因数达到0.95及以上；

4 在配置电容补偿装置时，应采取措施合理配置串联电抗器的容量。由电容器投切引起的过电压和谐波电流不应超过规定限值。

5.9.2 无功补偿容量配置应符合下列规定：

1 35kV～110kV变电站无功补偿容量应以补偿变电站内主变压器的无功损耗为主，并根据负荷馈线长度和负荷端的补偿要求确定主变负荷侧无功补偿容量，电容器容量应通过计算确定，宜按主变压器容量的10%～30%配置。无功补偿装置按主变压器最终规模预留安装位置，并根据建设阶段分期安装；

2 35kV～110kV变电站补偿装置的单组容量不宜过大，当110kV变电站的单台主变压器容量为31.5MVA及以上时，每台主变压器宜配置两组电容补偿装置；

3 10kV或20kV配电站补偿电容器容量应根据配变容量、负荷性质和容量，通过计算确定，宜按配电变压器容量的10%～30%配置。

5.9.3 10kV～110kV变、配电站无功补偿装置一般安装在低压侧母线上。当电容器分散安装在低压用电设备处且高压侧功率因数满足要求时，则不需再在10kV配电站或配电变压器台区处安装电容器。

5.10 电能质量要求

5.10.1 城市配电网规划设计时应核算潮流和电压水

平，电压允许偏差应符合国家现行标准《电能质量 供电电压偏差》GB/T 12325 和《电力系统电压和无功电力技术导则》SD 325 的有关规定。正常运行时，系统 220kV、330kV 变电站的 35kV～110kV 母线电压偏差不应超出表 5.10.1 的规定范围。

表 5.10.1 系统 220kV、330kV 变电站的 35kV～110kV 母线电压允许偏差

变电站的母线电压（kV）	电压允许偏差（%）	备 注
110、35	−3～+7	—
10、20	0～+7	也可使所带线路的全部高压用户和经配电变压器供电的低压用户的电压均符合表 5.10.2 的规定值

5.10.2 用户受端电压的偏差不应超出表 5.10.2 的规定范围。

表 5.10.2 用户受端电压的允许偏差

用户受端电压	35kV 及以上	10V、20V	380V	220V
电压允许偏差（%）	±10	±7	±7	+5～−10

5.10.3 城市配电网公共连接点的三相电压不平衡度应符合现行国家标准《电能质量 三相电压不平衡》GB/T 15543 的有关规定。

5.10.4 城市配电网公共连接点的电压变动和闪变应符合现行国家标准《电能质量 电压波动和闪变》GB 12326 的有关规定。

5.10.5 在电网公共连接点的变电站母线处，应配置谐波电压、电流检测仪表。公用电网谐波电压应符合现行国家标准《电能质量 公用电网谐波》GB/T 14549 的有关规定。

6 高压配电网

6.1 高压配电线路

6.1.1 包括架空线路和电缆线路的高压配电线路应符合下列规定：

1 为充分利用线路通道，市区高压架空线路宜采用同塔双回或多回架设；

2 为优化配电网络结构，变电站宜按双侧电源进线方式布置，或采用低一级电压电源作为应急备用电源；

3 市区内架空线路杆塔应适当增加高度，增加导线对地距离。杆塔结构的造型、色调应与环境相协调；

4 市区 35kV～110kV 架空线路与其他设施有交叉跨越或接近时，应按照现行国家标准《66kV 及以下架空电力线路设计规范》GB 50061 和《110kV～750kV 架空输电线路设计规范》GB 50545 的有关规定进行设计。距易燃易爆场所的安全距离应符合现行国家标准《爆破安全规程》GB 6722 的有关规定。

6.1.2 **架空配电线路跨越铁路、道路、河流等设施及各种架空线路交叉或接近的允许距离应符合表 6.1.2 的规定。**

6.1.3 高压架空线路的设计应符合下列规定：

1 气象条件应符合现行国家标准《66kV 及以下架空电力线路设计规范》GB 50061 和《110kV～750kV 架空输电线路设计规范》GB 50545 的有关规定；

2 高压架空线路的路径选择应符合下列规定：

1）应根据城市总体规划和城市道路网规划，与市政设施协调，与市区环境相适应；应避免拆迁，严格控制树木砍伐，路径力求短捷、顺直，减少与公路、铁路、河流、河渠的交叉跨越，避免跨越建筑物；

2）应综合考虑电网的近、远期发展，应方便变电站的进出线减少与其他架空线路的交叉跨越；

3）应尽量避开重冰区、不良地质地带和采动影响区，当无法避让时，应采取必要的措施；宜避开军事设施、自然保护区、风景名胜区、易燃、易爆和严重污染的场所，其防火间距应符合现行国家标准《建筑设计防火规范》GB 50016 的有关规定；

4）应满足对邻近通信设施的干扰和影响防护的要求，符合现行行业标准《输电线路对电信线路危险和干扰影响防护设计规范》DL/T 5033 的有关规定；架空配电线路与通信线路的交叉角应大于或等于：一级 40°，二级 25°。

3 高压架空线路导线选择应符合下列规定：

1）高压架空配电线路导线宜采用钢芯铝绞线、钢芯铝合金绞线；沿海及有腐性地区可选用耐腐蚀型导线；在负荷较大的区域宜采用大截面或增容导线；

2）导线截面应按经济电流密度选择，可根据规划区域内饱和负荷值一次选定，并按长期允许发热和机械强度条件进行校验；

3）在同一城市配电网内导线截面应力求一致，每个电压等级可选用 2 种～3 种规格，35kV～110kV 架空线路宜根据表 6.1.3 的规定选择导线截面；

表 6.1.2　架空配电线路跨越铁路、道路、河流等设施及各种架空线路交叉或接近的允许距离（m）

项目	铁路 标准轨距	铁路 电气化线路	公路 高速，一、二级	公路 三、四级	电车道 有轨及无轨	通航河流	不通航河流	弱电线路 一、二级	弱电线路 三级	电力线路(kV) 3~10	20	35~110	154~220	330	500	特殊管道	一般管道、索道	人行天桥
导线在跨越档内的接头要求	不得接头	—	不得接头	—	不得接头	不得接头	—	不得接头	—	—	不得接头					不得接头		—
导线固定方式	双固定	—	双固定	—	双固定	双固定	—	—	—	双固定		—	—	—	—	双固定		—

最小垂直距离

线路电压(kV)	至轨顶	接触线或承力索	至路面	至承力索或接触线/至路面	至常年高水位	至最高航行水位的最高船桅顶	至最高洪水位	冬季至冰面	至被跨越线	至导线 3~10	20	35~110	154~220	330	500	至管道任何部分	至管、索道任何部分	至天桥上的栏杆顶
110	7.5	3.0	7.0	3.0/10.0	6.0	2.0	3.0	6.0	3.0	3.0	3.0	3.0	4.0	5.0	6.0	4.0	3.0	6.0
35~66	7.5	3.0	7.0	3.0/10.0	6.0	2.0	3.0	5.0	3.0	3.0	3.0	3.0	4.0	5.0	6.0	4.0	3.0	6.0
20	7.5	3.0	7.0	3.0/10.0	6.0	2.0	3.0	5.0	2.5	3.0	3.0	3.0	4.0	5.0	8.5	4.0	3.0	6.0
3~10	7.5	3.0	7.0	3.0/9.0	6.0	1.5	3.0	5.0	2.0	2.0	3.0	3.0	4.0	5.0	8.5	3.0	2.0	5.0

最小水平距离

线路电压(kV)	电杆外缘至轨道中心 交叉	电杆外缘至轨道中心 平行	电杆外缘至路基边缘 开阔地区	电杆外缘至路基边缘 路径受限地区	电杆外缘至路基边缘 市区内	线路与拉纤小路平行时，边导线至斜坡上缘	在路径受限制地区，两线路边导线间	在路径受限制地区，两线路边导线间 3~10	20	35~110	154~220	330	500	至管道任何部分 开阔部分	至管道任何部分 路径受限地区	导线边缘至人行天桥边缘
110	塔高加3.1m。对交叉，无法满足时，应适当减小，但不得小于30m		交叉：8.0m；平行：最高杆塔高	5.0	0.5	最高杆(塔)高	4.0	5.0	5.0	5.0	7.0	9.0	13.0	最高杆(塔)高	4.0	5.0
35~66	30	最高杆塔高加3.1m		5.0	0.5		4.0	5.0	5.0	5.0	7.0	9.0	13.0		4.0	5.0
20	10		1.0	1.0	0.5		3.5	3.5	3.5	5.0	7.0	9.0	13.0		3.0	5.0
3~10	5		0.5	0.5	0.5		2.0	2.5	2.5	5.0	7.0	9.0	13.0		2.0	4.0
其他要求	1. 110kV 交叉： 2. 35kV~110kV线路不宜在铁路出站信号机以内跨越		1. 1kV以下配电线路和二、三级弱电线路，与公路交叉时，导线固定方式不限制； 2. 在不受环境和规划限制的地区，架空线路与国道、省道、县道、乡道的距离分别不应小于20m、15m、10m和5m			1. 最高洪水位时，有抗洪船只航行的河流，垂直距离应协商确定； 2. 不通航河流指不能通航和浮运的河流； 3. 常年高水位指5年一遇洪水位； 4. 最高水位对小于或等于20kV线路，为50年一遇洪水位；对大于或等于35kV线路，为百年一遇洪水位	1. 两平行线路在开阔地区的水平距离不应小于电杆高度； 2. 弱电线路等级见附录C	1. 两平行线路开阔地区的水平距离不应小于电杆高度； 2. 线路跨越时，电压高的线路应架设在上方，电压相同时，公用线应在专用线上方； 3. 电力线路与弱电线路交叉时，交叉档弱电线路的木质电杆应有防雷措施； 4. 对路径受限制地区的最小水平距离的要求，应计及架空电力线路导线的最大风偏						1. 特殊管道指架设在地面上的输送易燃、易爆物的管道； 2. 交叉点不应选在管道检查井（孔）处，与管道、索道平行、交叉时，管道、索道应接地		实际安装时，根据天桥规模协商确定

表 6.1.3 35kV～110kV 架空线路导体截面选择

电压（kV）	钢芯铝绞线导体截面（mm^2）						
110	630	500	400	300	240	185	—
66	—	500	400	300	240	185	150
35	—	—	—	300	240	185	150

注：截面较大时，可采用双分裂导线，如 2×185mm^2、2×240mm^2、2×300mm^2 等。

4）通过市区的架空线路应采用成熟可靠的新技术及节能型材料。导线的安全系数在线间距离及对地高度允许的条件下，可适当增加；

5）110kV 和负荷重要且经过地区雷电活动强烈的 66kV 架空线路宜沿全线架设地线，35kV 架空线路宜在进出线段架设 1km～2km 地线。架空地线宜采用铝包钢绞线或镀锌钢绞线。架空地线应满足电气和机械使用条件的要求，设计安全系数宜大于导线设计安全系数；

6）确定设计基本冰厚时，宜将城市供电线路和电气化铁路供电线路提高一个冰厚等级，宜增加 5mm。地线设计冰厚应较导线冰厚增加 5mm。

4 绝缘子、金具、杆塔和基础应符合下列规定：

1）绝缘子应根据线路通过地区的污秽等级和杆塔型式选择。线路金具表面应热镀锌防腐。架空线路绝缘子的有效泄漏比距（cm/kV）应满足线路防污等级要求。绝缘子和金具的机械强度安全系数应满足现行国家标准《66kV 及以下架空电力线路设计规范》GB 50061 的规定；

2）城网通过市区的架空线路的杆塔选型应合理减少线路走廊占地面积。通过市区的高压配电线路宜采用自立式铁塔、钢管塔、钢管杆或紧凑型铁塔，并根据系统规划采用同塔双回或多回架设，在人口密集地区，可采用加高塔型。当采用多回塔或加高塔时，应考虑线路分别检修时的安全距离和同时检修对电网的影响以及结构的安全性；杆架结构、造型、色调应与环境相协调。

3）杆塔基础应根据线路沿线地质、施工条件和杆塔型式等综合因素选择，宜采用占地少的基础型式。电杆及拉线宜采用预制装配式基础；一般情况铁塔可选用现浇钢筋混凝土基础或混凝土基础；软土地基可采用桩基础等；有条件时应优先采用原状土基础、高低柱基础等有利于环境保护的基础型式。

6.1.4 高压电缆线路的使用条件、路径选择、电缆型式、截面选择和敷设方式应符合下列规定：

1 使用环境条件应符合下列规定：

1）高负荷密度的市中心区、大面积建筑的新建居民住宅区及高层建筑区，重点风景旅游区，对市容环境有特殊要求的地区，以及依据城市发展总体规划，明确要求采用电缆线路的地区；

2）走廊狭窄、严重污秽，架空线路难以通过或不宜采用架空线路的地区；

3）电网结构要求或供电可靠性、运行安全性要求高的重要用户的供电地区；

4）易受热带风暴侵袭的沿海地区主要城市的重要供电区。

2 路径选择应符合下列规定：

1）应根据城市道路网规划，与道路走向相结合，电缆通道的宽度、深度应充分考虑城市建设远期发展的要求，并保证地下电缆线路与城市其他市政公用工程管线间的安全距离。应综合比较路径的可行性、安全性、维护便利及节省投资等因素；

2）电缆构筑物的容量、规模应满足远期规划要求，地面设施应与环境相协调。有条件的城市宜协调建设综合管道；

3）应避开易遭受机械性外力、过热和化学腐蚀等危害的场所；

4）应避开地下岩洞、水涌和规划挖掘施工的地方。

3 电缆型式和截面选择宜符合下列规定：

1）宜选用交联聚乙烯绝缘铜芯电缆；

2）电缆截面应根据输送容量、经济电流密度选择，并按长期发热、电压损失和热稳定进行校验。同一城市配电网的电缆截面应力求一致，每个电压等级可选用 2 种～3 种规格，35kV～110kV 电缆可依据表 6.1.4 的规定选择导体截面。

表 6.1.4 35kV～110kV 电缆截面选择

电压（kV）	电缆截面（mm^2）								
110	1200	1000	800	630	500	400	300	240	—
66	—	—	800	—	500	400	300	240	185
35	—	—	—	630	500	400	300	240	185

4 电缆外护层和终端选择应符合下列规定：

1）电缆外护层应根据正常运行时导体最高工作温度条件选择，宜选用阻燃、防白蚁、鼠啮和真菌侵蚀的外护层；敷设于水下时电缆外护层还应采用防水层结构；

2）电缆终端选择宜采用瓷套式或复合绝缘电

缆终端，电缆终端的额定参数和绝缘水平应与电缆相同。

5 电缆敷设方式应根据电压等级、最终敷设电缆的数量、施工条件及初期投资等因素确定，可按不同情况采取以下方式：

1）直埋敷设适用于市区人行道、公园绿地及公共建筑间的边缘地带；

2）沟槽敷设适用于不能直接埋入地下且无机动车负载的通道。电缆沟槽内应设支架支撑、分隔，沟盖板宜分段设置；

3）排管敷设适用于电缆条数较多，且有机动车等重载的地段；

4）隧道敷设适用于变电站出线及重要街道电缆条数多或多种电压等级电缆线路平行的地段。隧道应在变电站选址及建设时统一规划、同步建设，并考虑与城市其他公用事业部门共同建设使用；

5）架空敷设适用于地下水位较高、化学腐蚀液体溢流、地面设施拥挤的场所和跨河桥梁处。架空敷设一般采用定型规格尺寸的桥架安装。架设于桥梁上的电缆，应利用桥梁结构，并防止由于桥架结构胀缩而使电缆损坏；

6）水下敷设应根据具体工程特殊设计；

7）根据城市规划，有条件时，经技术经济比较可采用与其他地下设施共用通道敷设。

6.1.5 直埋敷设的电缆，严禁敷设在地下管道的正上方或正下方，电缆与电缆或电缆与管道、道路、构筑物等相互间的允许最小距离应符合表 6.1.5 的规定。

表 6.1.5 电缆与电缆或电缆与管道、道路、构筑物等相互间的允许最小距离（m）

电缆直埋敷设时的周围设施状况		允许最小间距			
		平行	特殊条件	交叉	特殊条件
控制电缆之间		—	—	0.50	
电力电缆之间或与控制电缆之间	10kV及以下电力电缆	0.10	—	0.50	
	10kV以上电力电缆	0.25	隔板分隔或穿管时，应大于或等于0.10m	0.50	
不同部门使用的电缆		0.50		0.50	当采用隔板分隔或电缆穿管时，间距应大于或等于0.25m
电缆与地下管沟	热力管沟	2.00	特殊情况，可适当减小，但减小值不得大于50%	0.50	
	油管或易（可）燃气管道	1.00	—	0.50	
	其他管道	0.50	—	0.50	

续表 6.1.5

电缆直埋敷设时的周围设施状况		允许最小间距			
		平行	特殊条件	交叉	特殊条件
电缆与铁路	非直流电气化铁路路轨	3.00	—	1.00	交叉时电缆应穿于保护管，保护范围超出路基0.50m以上
	直流电气化铁路路轨	10.00	—	1.00	
电缆与树木的主干		0.70	—	—	—
电缆与建筑物基础		0.60	特殊情况，可适当减小，但减小值不得大于50%	—	—
电缆与公路边		1.50		1.00	交叉时电缆应穿于保护管，保护范围超出路、沟边0.50m以上
电缆与排水沟边		1.00		0.50	
电缆与1kV以下架空线杆		1.00		—	—
电缆与1kV以上架空线杆塔基础		4.00		—	—
与弱电通信或信号电缆		按电力系统单相接地短路电流和平行长度计算决定		0.25	—

6.1.6 电缆防火应执行现行国家标准《火力发电厂与变电站设计防火规范》GB 50229 和《电力工程电缆设计规范》GB 50217 的有关规定，阻燃电缆和耐火电缆的应用应符合下列规定：

1 敷设在电缆防火重要部位的电力电缆，应选用阻燃电缆；

2 自变、配电站终端引出的电缆通道或电缆夹层内的出口段电缆，应选用阻燃电缆或耐火电缆；

3 重要的工业与公共设施的供配电电缆宜采用阻燃电缆；

4 经过易燃、易爆场所、高温场所的电缆和用于消防、应急照明、重要操作直流电源回路的电缆应选用耐火电缆；

5 对电缆可能着火导致严重事故的回路、易受外部影响波及火灾的电缆密集场所，应采用阻火分隔、封堵等防火措施。

6.2 高压变电站

6.2.1 变电站布点应符合下列规定：

1 变电站应根据电源布局、负荷分布、网络结构、分层分区的原则统筹考虑、统一规划；

2 变电站应满足负荷发展的需求，当已建变电站主变台数达到2台时，应考虑新增变电站布点的方案；

3 变电站应根据节约土地、降低工程造价的原则征用土地。

6.2.2 变电站站址选择应符合下列规定：

1 符合城市总体规划用地布局和城市电网发展规划要求；

2　站址占地面积应满足最终规模要求，靠近负荷中心，便于进出线的布置，交通方便；

3　站址的地质、地形、地貌和环境条件适宜，能有效避开易燃、易爆、污染严重的地区，利于抗震和非危险的地区，满足防洪和排涝要求的地区；

4　站内电气设备对周围环境和邻近设施的干扰和影响符合现行国家标准有关规定的地区。

6.2.3　变电站主接线方式应满足可靠性、灵活性和经济性的基本原则，根据变电站性质、建设规模和站址周围环境确定。主接线应力求简单、清晰，便于操作维护。各类变电站的电气主接线方式应符合本规范附录A的规定。

6.2.4　变电站的布置应因地制宜、紧凑合理，尽可能节约用地。变电站宜采用占空间较小的全户内型或紧凑型变电站，有条件时可与其他建筑物混合建设，必要时可建设半地下或全地下的地下变电站。变电站配电装置的设计应符合现行行业标准《高压配电装置设计技术规程》DL/T 5352的规定。

6.2.5　变电站的主变压器台数最终规模不宜少于2台，但不宜多于4台，主变压器单台容量宜符合表6.2.5容量范围的规定。同一城网相同电压等级的主变压器宜统一规格，单台容量规格不宜超过3种。

表6.2.5　变电站主变压器单台容量范围

<table>
<tr><th>变电站最高电压等级(kV)</th><th>主变压器电压比(kV)</th><th>单台主变压器容量(MVA)</th></tr>
<tr><td rowspan="3">110</td><td>110/35/10</td><td>31.5、50、63</td></tr>
<tr><td>110/20</td><td>40、50、63、80</td></tr>
<tr><td>110/10</td><td>31.5、40、50、63</td></tr>
<tr><td rowspan="2">66</td><td>66/20</td><td>40、50、63、80</td></tr>
<tr><td>66/10</td><td>31.5、40、50</td></tr>
<tr><td>35</td><td>35/10</td><td>5、6.3、10、20、31.5</td></tr>
</table>

6.2.6　变电站最终出线规模应符合下列规定：

1　110kV变电站110kV出线宜为2回～4回，有电厂接入的变电站可根据需要增加至6回；每台变压器的35kV出线宜为4回～6回，20kV出线宜为8回～10回，10kV出线宜为10回～16回；

2　66kV变电站66kV出线宜为2回～4回；每台变压器的10kV出线宜为10回～14回；

3　35kV变电站35kV出线宜为2回～4回；每台变压器的10kV出线宜为4回～8回。

6.2.7　主要设备选择应符合下列规定：

1　设备选择应坚持安全可靠、技术先进、经济合理和节能的原则，宜采用紧凑型，小型化、无油化、免维护或少维护、环保节能、并具有必要的自动功能的设备；智能变电站采用智能设备；

2　主变压器应选用低损耗型，其外形结构、冷却方式及安装位置应根据当地自然条件和通风散热措施确定；

3　位于繁华市区、狭窄场地、重污秽区、有重要景观等场所的变电站宜优先采用GIS设备。根据站址位置和环境条件，有条件时也可采用敞开式SF6断路器或其他型式不完全封闭组合电器等；

4　10kV、20kV开关柜宜采用封闭式开关柜，配真空断路器、弹簧操作机构；

5　设备的短路容量应满足远期电网发展的需要；

6　变电站站用电源宜采用两台变压器供电，站用变压器应接于不同的母线段。户内宜选用干式变压器，户外应选全密封油浸式变压器。

6.2.8　过电压保护及接地应符合下列规定：

1　配电线路和城市变电站的过电压保护应符合现行行业标准《交流电气装置的过电压保护和绝缘配合》DL/T 620的规定，配电设备的耐受电压水平应符合表6.2.8的规定。

表6.2.8　高、中压配电设备的耐受电压水平

<table>
<tr><th rowspan="3">标称电压(kV)</th><th rowspan="3">设备最高电压(kV)</th><th rowspan="3">设备种类</th><th colspan="4">雷电冲击耐受电压峰值(kV)</th><th colspan="4">短时工频耐受电压有效值(kV)</th></tr>
<tr><th rowspan="2">相对地</th><th rowspan="2">相间</th><th colspan="2">断口</th><th rowspan="2">相对地</th><th rowspan="2">相间</th><th colspan="2">断口</th></tr>
<tr><th>断路器</th><th>隔离开关</th><th>断路器</th><th>隔离开关</th></tr>
<tr><td rowspan="2">110</td><td rowspan="2">126</td><td>变压器</td><td colspan="2">450/480</td><td>—</td><td>—</td><td colspan="2">185/200</td><td>—</td><td>—</td></tr>
<tr><td>开关</td><td colspan="2">450、550</td><td>450、550</td><td>520、630</td><td colspan="2">200、230</td><td>200、230</td><td>225、265</td></tr>
<tr><td rowspan="2">66</td><td rowspan="2">72.5</td><td>变压器</td><td colspan="2">350</td><td>—</td><td>—</td><td colspan="2">150</td><td>—</td><td>—</td></tr>
<tr><td>开关</td><td>325</td><td>325</td><td>325</td><td>375</td><td>155</td><td>155</td><td>155</td><td>197</td></tr>
<tr><td rowspan="2">35</td><td rowspan="2">40.5</td><td>变压器</td><td colspan="2">185/200</td><td>—</td><td>—</td><td colspan="2">80/85</td><td>—</td><td>—</td></tr>
<tr><td>开关</td><td>185</td><td>185</td><td>185</td><td>215</td><td>95</td><td>95</td><td>95</td><td>118</td></tr>
<tr><td rowspan="2">20</td><td rowspan="2">24</td><td>变压器</td><td colspan="2">125 (95)</td><td>—</td><td>—</td><td colspan="2">55 (50)</td><td>—</td><td>—</td></tr>
<tr><td>开关</td><td>125</td><td>125</td><td>125</td><td>145</td><td>65</td><td>65</td><td>65</td><td>79</td></tr>
<tr><td rowspan="2">10</td><td rowspan="2">12</td><td>变压器</td><td colspan="2">75 (60)</td><td>—</td><td>—</td><td colspan="2">35 (28)</td><td>—</td><td>—</td></tr>
<tr><td>开关</td><td colspan="2">75 (60)</td><td>75 (60)</td><td>85 (70)</td><td colspan="2">42 (28)</td><td>42 (28)</td><td>49 (35)</td></tr>
<tr><td>0.4</td><td>—</td><td>开关</td><td colspan="4">4～12</td><td colspan="4">2.5</td></tr>
</table>

注：1　分子、分母数据分别对应外绝缘和内绝缘。

2　括号内、外数据分别对应是、非低电阻接地系统。

3　低压开关设备的工频耐受电压和冲击耐受电压取决于设备的额定电压、额定电流和安装类别。

2　变电站的接地应符合现行行业标准《交流电气装置的接地》DL/T 621的有关规定。变电站接地网中易腐蚀且难以修复的场所的人工接地极宜采用铜导体，室内接地母线及设备接地线可采用钢导体。

6.2.9 变电站建筑结构应符合下列规定：

1 变电站建筑物宜造型简单、色调清晰，建筑风格与周围环境、景观、市容风貌相协调。建筑物应满足生产功能和工业建筑的要求，土建设施宜按规划规模一次建成，辅助设施、内外装修应满足需要、从简设置、经济、适用；

2 变电站的建筑物及高压电气设备应根据重要性按国家公布的所在区地震烈度等级设防；

3 变电站应采取有效的消防措施，并应符合现行国家标准《火力发电厂与变电站设计防火规范》GB 50229 的有关规定。

7 中压配电网

7.1 中压配电线路

7.1.1 中压配电线路的规划设计应符合下列规定：

1 中心城区宜采用电缆线路，郊区、一般城区和其他无条件采用电缆的地段可采用架空线路；

2 架空线路路径的选择应符合本规范第6.1.2条和第6.1.3条的规定；

3 电缆的应用条件、路径选择、敷设方式和防火措施应符合本规范第6.1.4条、第6.1.5条和第6.1.6条的有关规定；

4 配电线路的分段点和分支点应装设故障指示器。

7.1.2 中压架空线路的设计应符合下列规定：

1 在下列不具备采用电缆型式供电区域，应采用架空绝缘导线线路：

1） 线路走廊狭窄，裸导线架空线路与建筑物净距不能满足安全要求时；

2） 高层建筑群地区；

3） 人口密集，繁华街道区；

4） 风景旅游区及林带区；

5） 重污秽区；

6） 建筑施工现场。

2 导线和截面选择应符合下列规定：

1） 架空导线宜选择钢芯铝绞线及交联聚乙烯绝缘线；

2） 导线截面应按温升选择，并按允许电压损失、短路热稳定和机械强度条件校验，有转供需要的干线还应按转供负荷时的导线安全电流验算；

3） 为方便维护管理，同一供电区，相同接线和用途的导线截面宜规格统一，不同用途的导线截面宜按表7.1.2的规定选择。

表 7.1.2 中压配电线路导线截面选择

<table>
<tr><th>线路型式</th><th colspan="4">主干线（mm^2）</th><th colspan="4">分支线（mm^2）</th></tr>
<tr><td>架空线路</td><td>—</td><td>240</td><td>185</td><td>150</td><td>120</td><td>95</td><td colspan="2">70</td></tr>
<tr><td>电缆线路</td><td>500</td><td>400</td><td>300</td><td>240</td><td>185</td><td>150</td><td>120</td><td>70</td></tr>
</table>

注：1 主干线主要指从变电站馈出的中压线路、开关站的进线和中压环网线路。

2 分支线是指引至配电设施的线路。

3 中压架空线路杆塔应符合下列规定：

1） 同一变电站引出的架空线路宜多回同杆（塔）架设，但同杆（塔）架设不宜超过四回；

2） 架空配电线路直线杆宜采用水泥杆，承力杆（耐张杆、转角杆、终端杆）宜采用钢管杆或窄基铁塔；

3） 架空配电线路宜采用12m或15m高的水泥杆，必要时可采用18m高的水泥杆；

4） 各类杆塔的设计、计算应符合现行国家标准《66kV及以下架空电力线路设计规范》GB 50061 的有关规定。

4 中压架空线路的金具、绝缘子应符合下列规定：

1） 中压架空配电线路的绝缘子宜根据线路杆塔型式选用针式绝缘子、瓷横担绝缘子或蝶式绝缘子；

2） 城区架空配电线路宜选用防污型绝缘子。黑色金属制造的金具及配件应采用热镀锌防腐；

3） 重污秽及沿海地区，按架空线路通过地区的污秽等级采用相应外绝缘爬电比距的绝缘子；

4） 架空配电线路宜采用节能金具，绝缘导线金具宜采用专用金具；

5） 绝缘子和金具的安装设计宜采用安全系数法，绝缘子和金具机械强度的验算及安全系数应符合现行国家标准《66kV及以下架空电力线路设计规范》GB 50061 的有关规定。

7.1.3 中压电缆线路的设计和电缆选择应符合下列规定：

1 电缆截面应按线路敷设条件校正后的允许载流量选择，并按允许电压损失、短路热稳定等条件校验，有转供需要的主干线应验算转供方式下的安全载流量，电缆截面应留有适当裕度；电缆缆芯截面宜按表7.1.2的规定选择；

2 中压电缆的缆芯对地额定电压应满足所在电力系统中性点接地方式和运行要求。中压电缆的绝缘水平应符合表7.1.3的规定；

3 中压电缆宜选用交联聚乙烯绝缘电缆；

4 电缆敷设在有火灾危险场所或室内变电站时，应采用难燃或阻燃型外护套；

5 电缆线路的设计应符合现行国家标准《电力工程电缆设计规范》GB 50217 的有关规定；

表 7.1.3 中压电缆绝缘水平选择（kV）

系统标称电压，U_n		10		20	
电缆额定电压 U_0/U	U_0 第一类*	6/10	—	12/20	—
	U_0 第二类**	—	8.7/10	—	18/20
缆芯之间的工频最高电压 U_{max}		12		24	
缆芯对地雷电冲击耐受电压峰值 U_{Pl}		75	95	125	170

注：1 * 指中性点有效接地系统；

2 ** 指中性点非有效接地系统。

7.2 中压配电设施

7.2.1 中压开关站应符合下列规定：

1 当变电站的 10（20）kV 出线走廊受到限制、10（20）kV 配电装置馈线间隔不足且无扩建余地时，宜建设开关站。开关站应配合城市规划和市政建设同步进行，可单独建设，也可与配电站配套建设；

2 开关站宜根据负荷分布均匀布置，其位置应交通运输方便，具有充足的进出线通道，满足消防、通风、防潮、防尘等技术要求；

3 中压开关站转供容量可控制在 10MVA～30MVA，电源进线宜为 2 回或 2 进 1 备，出线宜为 6 回～12 回。开关站接线应简单可靠，宜采用单母线分段接线。

7.2.2 中压室内配电站、预装箱式变电站、台架式变压器的设计应符合下列规定：

1 配电站站址设置应符合下列规定：

1）配电站位置应接近负荷中心，并按照配电网规划要求确定配电站的布点和规模。站址选择应符合现行国家标准《10kV 及以下变电所设计规范》GB 50053 的有关规定；

2）位于居住区的配电站宜按“小容量、多布点”的原则设置。

2 室内配电站应符合下列规定：

1）室内站可独立设置，也可与其他建筑物合建；

2）室内站宜按两台变压器设计，通常采用两路进线，变压器容量应根据负荷确定，宜为 315kVA～1000kVA；

3）变压器低压侧应按单母线分段接线方式，装设分段断路器；低压进线柜宜装设配电综合监测仪；

4）配电站的型式、布置、设备选型和建筑结构等应符合现行国家标准《10kV 及以下变电所设计规范》GB 50053 的有关规定。

3 预装箱式变电站应符合下列规定：

1）受场地限制无法建设室内配电站的场所可安装预装箱式变电站；施工用电、临时用电可采用预装箱式变电站。预装箱式变电站只设 1 台变压器；

2）中压预装箱式变电站可采用环网接线单元，单台变压器容量宜为 315kVA～630kVA，低压出线宜为 4 回～6 回；

3）预装箱式变电站宜采用高燃点油浸变压器，需要时可采用干式变压器；

4）受场地限制无法建设地上配电站的地方可采用地下预装箱式配电站。地下预装箱式配电站应有可靠的防水防潮措施。

4 台架式变压器应符合下列规定：

1）台架变应靠近负荷中心。变压器台架宜按最终容量一次建成。变压器容量宜为 500kVA 及以下，低压出线宜为 4 回及以下；

2）变压器台架对地距离不应低于 2.5m，高压跌落式熔断器对地距离不应低于 4.5m；

3）高压引线宜采用多股绝缘线，其截面按变压器额定电流选择，但不应小于 $25mm^2$；

4）台架变的安装位置应避开易受车辆碰撞及严重污染的场所，台架下面不应设置可攀爬物体；

5）下列类型的电杆不宜装设变压器台架：转角、分支电杆；设有低压接户线或电缆头的电杆；设有线路开关设备的电杆；交叉路口的电杆；人员易于触及和人口密集地段的电杆；有严重污秽地段的电杆。

7.3 中压配电设备选择

7.3.1 配电变压器选型应符合下列规定：

1 配电变压器应选用符合国家标准要求的环保节能型变压器。

2 配电变压器的耐受电压水平应满足本规范表 6.2.8 的规定。

3 配电变压器的容量宜按下列范围选择：

1）台架式三相配电变压器宜为 50kVA～500kVA；

2）台架式单相配电变压器不宜大于 50kVA；

3）配电站内油浸变压器不宜大于 630kVA，干式变压器不宜大于 1000kVA。

4 配电变压器运行负载率宜按 60%～80% 设计。

7.3.2 配电开关设备应符合下列规定：

1 中压开关设备应满足环境使用条件、正常工作条件的要求，其短路耐受电流和短路分断能力应满足系统短路热稳定电流和动稳定电流的要求；

2 设备参数应满足负荷发展的要求，并应符合网络的接线方式和接地方式的要求；

3 断路器柜应选用真空或六氟化硫断路器柜系列；负荷开关环网柜宜选用六氟化硫或真空环网柜系列。在有配网自动化规划的区域，设备选型应满足配电网自动化的遥测、遥信和遥控的要求，断路器应具备电动操作功能；智能配电站应采用智能设备；

4 安装于户外、地下室等易受潮或潮湿环境的设备，应采用全封闭的电气设备。

7.3.3 电缆分接箱应符合下列规定：

1 电缆分接箱宜采用屏蔽型全固体绝缘，外壳应满足使用场所的要求，应具有防水、耐雨淋及耐腐蚀性能；

2 电缆分接箱内宜预留备用电缆接头。主干线上不宜使用电缆分接箱。

7.3.4 柱上开关及跌落式熔断器应符合下列规定：

1 架空线路分段、联络开关应采用体积小、少维护的柱上无油化开关设备，当开关设备需要频繁操作和放射型较大分支线的分支点宜采用断路器；

2 户外跌落式熔断器应满足系统短路容量要求，宜选用可靠性高、体积小和少维护的新型熔断器。

7.4 配电设施过电压保护和接地

7.4.1 中低压配电线路和配电设施的过电压保护和接地设计应符合现行行业标准《交流电气装置的过电压保护和绝缘配合》DL/T 620 和《交流电气装置的接地》DL/T 621 的有关规定。

7.4.2 中低压配电线路和配电设施的过电压保护宜采用复合型绝缘护套氧化锌避雷器。

7.4.3 采用绝缘导线的中、低压配电线路和与架空线路相连接的电缆线路，应根据当地雷电活动情况和实际运行经验采取防雷措施。

8 低压配电网

8.1 低压配电线路

8.1.1 低压配电线路的选型应符合下列规定：

1 低压配电线路应根据负荷性质、容量、规模和路径环境条件选择电缆或架空型式，架空线路的导体根据路径环境条件可采用普通绞线或架空绝缘导线。

2 低压配电导体系统宜采用单相二线制、两相三线制、三相三线制和三相四线制。

8.1.2 低压架空线路应符合下列规定：

1 架空线路宜采用架空绝缘线，架设方式可采用分相式或集束式。当采用集束式时，同一台变压器供电的多回低压线路可同杆架设；

2 架空线路宜采用不低于 10m 高的混凝土电杆，也可采用窄基铁塔或钢管杆；

3 导线采用垂直排列时，同一供电台区导线的排列和相序应统一，中性线、保护线或保护中性线（PEN 线）不应高于相线。采用水平排列时，中性线、保护线或保护中性线（PEN 线）应排列在靠建筑物一侧；

4 导线宜采用铜芯或铝芯绝缘线，导体截面按 3a 规划负荷确定，线路末端电压应符合现行国家标准《电能质量　供电电压偏差》GB/T 12325 的有关规定。导线截面宜按表 8.1.2 的规定选择。

表 8.1.2 低压配电线路导线截面选择

导线型式	主干线（mm^2）				分支线（mm^2）			
架空绝缘线	240	185	—	120	—	95	70	50
电缆线路	240	185	150	—	120	95	70	—
中性线	低压三相四线制中的 N 线截面，宜与相线截面相同							
保护线	当相线截面≤$16mm^2$，宜和相线截面相同；相线截面＞$16mm^2$，宜取 $16mm^2$；相线截面＞$35mm^2$，宜取相线截面的 50％							

8.1.3 低压电缆线路应符合下列规定：

1 低压电缆的芯数应根据低压配电系统的接地型式确定，TT 系统、TN-C 或中性线和保护线部分共用系统（TN-C-S）应采用四芯电缆，TN-S 系统应采用五芯电缆；

2 沿同一路径敷设电缆的回路数为 4 回及以上时，宜采用电缆沟敷设；4 回以下时，宜采用槽盒式直埋敷设。在道路交叉较多、路径拥挤地段而不宜采用电缆沟和直埋敷设时，可采用电缆排管敷设。在北方地区，当采用排管敷设方式时，电缆排管应敷设在冻土层以下；

3 低压电缆的额定电压（U_o/U）宜选用 0.6kV/1kV；

4 电缆截面规格宜取 2 种～3 种，宜按表 8.1.2 的规定选择。

8.2 接　地

8.2.1 低压配电系统的接地型式和接地电阻应符合现行行业标准《交流电气装置的接地》DL/T 621 的有关规定，接地型式应按下列规定选择：

1 低压配电系统可采用 TN 和 TT 接地型式，一个系统只应采用一种接地型式；

2 设有变电所的公共建筑和场所的电气装置和施工现场专用的中性点直接接地电力设施应采用 TN-S 接地型式；

3 有专业人员维护管理的一般性厂房和场所的电气装置应采用 TN-C 接地型式；

4 无附设变电所的公共建筑和场所的电气装置应采用 TN-C-S 接地型式，其保护中性导体应在建筑物的入口处作等电位联结并重复接地；

5 在无等电位联结的户外场所的电气装置和无附设变电所的公共建筑和场所的电气装置可采用 TT 接地型式。当采用 TT 接地型式时，除变压器低压侧中性点直接接地外，中性线不得再接地，且保持与相线同等的绝缘水平。

8.2.2 建筑物内的低压电气装置应采用等电位联接。

8.2.3 低压漏电保护的配置和选型应符合下列规定：

1 采用 TT 或 TN-S 接地型式的配电系统，漏电保护器应装设在电源端和负荷端，根据需要也可再在分支线端装设漏电保护器；

2 采用 TN-C-S 接地型式的配电系统，应在负荷端装设漏电保护器，采用 TN-C 接地型式的配电系统，需对用电设备采用单独接地、形成局部 TT 系统后采用末级漏电保护器。TN-C-S 和 TN-C 接地系统不应装设漏电总保护和漏电中级保护；

3 低压配电系统采用两级及以上的漏电保护时，各级漏电保护器的动作电流和动作时间应满足选择性配合要求；

4 主干线和分支线上的漏电保护器应采用三相（三线或四线）式，末级漏电保护器根据负荷特性采用单相式或三相式。

8.3 低压配电设备选择

8.3.1 低压开关设备的配置和选型应符合下列规定：

1 配电变压器低压侧的总电源开关和低压母线分段开关，当需要自动操作时，应采用低压断路器。断路器应具有必要的功能及可靠的性能，并能实现连锁和闭锁；

2 开关设备的额定电压、额定绝缘电压、额定冲击耐受电压应满足环境条件、系统条件、安装条件和设备结构特性的要求；

3 设备应满足正常环境使用条件和正常工作条件下接通、断开和持续额定工况的要求，应满足短路条件下耐受短路电流和分断能力的要求；

4 具有保护功能的低压断路器应满足可靠性、选择性和灵敏性的规定。

8.3.2 隔离电器的配置和选型应符合下列规定：

1 自建筑外引入的配电线路，应在室内靠近进线点便于操作维护的地方装设隔离电器；

2 低压电器的冲击耐压及断开触头之间的泄漏电流应符合现行国家标准的规定；

3 低压电器触头之间的隔离距离应是可见的或明显的，并有“合”（I）或“断”（O）的标记；

4 隔离电器的结构和安装，应能可靠地防止意外闭合；

5 隔离电器可采用单极或多极隔离开关、隔离插头、插头或插座等型式，半导体电器不应用作隔离电器。

8.3.3 导体材料选型应符合下列规定：

1 导体材料及电缆电线可选用铜线或铝线。民用建筑宜采用铜芯电缆或电线，下列场所应选用铜芯电缆或电线：

1）易燃易爆场所；

2）特别潮湿场所和对铝有腐蚀场所；

3）人员聚集的场所，如影剧院、商场、医院、娱乐场所等；

4）重要的资料室、计算机房、重要的库房；

5）移动设备或剧烈震动场所；

6）有特殊规定的其他场所。

2 导体的类型应根据敷设方式及环境条件选择。

9 配电网二次部分

9.1 继电保护和自动装置

9.1.1 继电保护和自动装置配置应满足可靠性、选择性、灵敏性、速动性的要求，继电保护装置宜采用成熟可靠的微机保护装置。继电保护和自动装置配置应符合现行国家标准《继电保护和安全自动装置技术规程》GB/T 14285 的有关规定。

9.1.2 高压配电设施继电保护及自动装置的配置应符合下列规定：

1 35kV～110kV 配电设施继电保护及自动装置配置宜根据表 9.1.2 的规定经计算后配置：

表 9.1.2 35kV～110kV 配电设施继电保护及自动装置配置

被保护设备名称	保护类别		
	主保护	后备保护	自动装置
110kV 主变压器	带制动的差动、重瓦斯	高压复合电压过流，零序电流，间隙电流，过压，低压复合电压过流，过负荷，轻瓦斯，温度	—
35kV、66kV 主变压器	带制动的差动、重瓦斯	高压复合电压过流，低压复合电压过流，过负荷，轻瓦斯，温度	—
110kV 线路	纵联电流差动，距离Ⅰ（t/0）	相间-距离Ⅱ（t）Ⅲ（t）接地-零序Ⅰ（t/0）Ⅱ（t）Ⅲ（t）	备自投/三相一次重合闸*
35kV、66kV 线路	速断 t/0、	过流 t，单相接地 t	低周减载，三相一次重合闸
	纵联电流差动	过流 t，单相接地 t	电缆和架空短线路，电流电压保护不能满足要求时装设

续表 9.1.2

被保护设备名称	保护类别		
	主保护	后备保护	自动装置
10kV、20kV线路	速断 t/0	过流 t，单相接地 t	低周减载，三相一次重合闸
	纵联电流差动	过流 t，单相接地 t	电缆、架空短线路和要求装设的线路
10kV、20kV电容器	短延时速断 t/0	内部故障：熔断器-低电压，单、双星-不平衡电压保护过电压、过电流、单相接地保护	电容自动投切
10kV、20kV接地变压器	速断 t/0	过流 t，零序Ⅰ(t) Ⅱ(t)，瓦斯	保护出口三时段：分段，本体，主变低压
10kV、20kV站用变压器	速断 t/0	过流 t，零序Ⅰ(t) Ⅱ(t)，瓦斯	380V分段开关应设备自投装置，空气开关应设操作单元
10kV、20kV分段母线	宜采用不完全差动	过流 t	备自投，PT并列装置

注：*架空线路或电缆、架空混合线路，如用电设备允许且无备用电源自动投入时，应装设重合闸。

2 保护通道应符合下列规定：

1）为满足纵联保护通道可靠性的要求，应采用光缆传输通道，纤芯数量应满足保护通道的需要；

2）每回线路保护应有 4 芯纤芯，线路两端的变电站，应为每回线路保护提供两个复用通道接口。

9.1.3 中、低压配电设施继电保护及自动装置宜按表 9.1.3 的规定配置。

表 9.1.3 中、低压配电设施继电保护和自动装置配置

被保护设备名称		保护配置
10/0.4kV配电变压器	油式<800kVA	高压侧采用熔断器式负荷开关环网柜，用限流熔断器作为速断和过流、过负荷保护
	干式<1000kVA	
	油式≥800kVA	高压侧采用断路器柜、配置速断、过流、过负荷、温度、瓦斯（油浸式）保护，对重要变压器，当电流速断保护灵敏度不符合要求时也可采用纵差保护
	干式≥1000kVA	

续表 9.1.3

被保护设备名称	保护配置
10kV、20kV配电线路	1. 宜采用三相、两段式电流保护，视线路长度、重要性及选择性要求设置瞬时或延时速断，保护装在电源侧，远后备方式，配用自动重合闸装置； 2. 电缆和架空短线路采用纵联电流差动，配电流后备； 3. 环网线路宜开环运行，平行线路不宜并列运行，合环运行的配电网应配置纵差保护； 4. 对于低电阻接地系统应配置两段式零序电流保护； 5. 零序电流构成方式：电缆线路或经电缆引出的架空线路，宜采用零序电流互感器；对单相接地电流较大的架空线路，可采用三相电流互感器组成零序电流滤过器
0.4kV配电线路	配置短路过负荷、接地保护，各级保护应具有选择性。空气断路器或熔断器的长延动作电流应大于线路的计算负荷电流，小于工作环境下配电线路的长期允许载流量
配电设施自动装置	1. 具有双电源的配电装置，在按原定计划进线侧应设备用电源自投装置；在工作电源断开后，备用电源动作投入，且只能动作一次，但在后一级设备发生短路、过负荷、接地等保护动作、电压互感器的熔断器熔断时应闭锁不动作； 2. 对多路电源供电的中、低压配电装置，电源进线侧应设置闭锁装置，防止不同电源并列

注：1 保护信息的传输宜采用光纤通道。对于线路电流差动保护的传输通道，往返均应采用同一信号通道传输。

2 非有效接地系统，保护装置宜采用三相配置。

9.2 变电站自动化

9.2.1 35kV～110kV 变电站应按无人值班模式设计，根据规划可建设智能变电站。

9.2.2 应采用分层、分布、开放式网络结构的计算机监控系统。系统可由站控层、间隔层和网络设备等构成，站控层和间隔层设备宜分别按远景规模和实际建设规模配置。

9.2.3 通信介质，二次设备室内宜采用屏蔽双绞线，通向户外的应采用光缆。

9.3 配电自动化

9.3.1 配电自动化的规划和实施应符合下列规定：

1 配电自动化规划应根据城市电网发展及运行管理需要，按照因地制宜、分层分区管理的原则制定；

2 配电自动化的建设应遵循统筹兼顾、统一规划、优化设计、局部试点、远近结合、分步进行的原则实施；配电自动化应建设智能配电网创造条件；

3 配电自动化的功能应与城市电网一次系统相协调，方案和设备选择应遵循经济、实用的原则，注重其性能价格比，并在配电网架结构相对稳定、设备可靠、一次系统具有一定的支持能力的基础上实施；

4 配电自动化的实施方案应根据应用需求、发展水平和可靠性要求的不同分别采用集中、分层、就地自动控制的方式。

9.3.2 配电自动化结构宜符合下列规定：

1 配电自动化系统应包括配电主站、配电子站和配电远方终端。配电远方终端包括配电网馈线回路的柱上和开关柜馈线远方终端（FTU）、配电变压器远方监控终端（TTU）、开关站和配电站远方监控终端（DTU）、故障监测终端等。

2 系统信息流程为：配电远方终端实施数据采集、处理并上传至配电子站或配电主站，配电主站或子站通过信息查询、处理、分析、判断、计算与决策，实时对远方终端实施控制、调度命令并存储、显示、打印配电网信息，完成整个系统的测量、控制和调度管理。

9.3.3 配电自动化宜具备下列功能：

1 配电主站应包括实时数据采集与监控功能：

1）数据采集和监控包括数据采集、处理、传输，实时报警、状态监视、事件记录、遥控、定值远方切换、统计计算、事故追忆、历史数据存储、信息集成、趋势曲线和制表打印等功能；

2）馈电线路自动化正常运行状态下，能实现运行电量参数遥测、设备状态遥信、开关设备的遥控、保护、自动装置定值的远方整定以及电容器的远方投切。事故状态下，实现故障区段的自动定位、自动隔离、供电电源的转移及供电恢复。

2 配电子站应具有数据采集、汇集处理与转发、传输、控制、故障处理和通信监视等功能；

3 配电远方终端应具有数据采集、传输、控制等功能。也可具备远程维护和后备电池高级管理等功能。

9.4 配电网通信

9.4.1 配电网通信应满足配电网规模、传输容量、传输速率的要求，遵循可靠、实用、扩容方便和经济的原则。

9.4.2 通信介质可采用光纤、电力载波、无线、通信电缆等种类。优先使用电力专网通信，使用公网通信时，必须考虑二次安全防护措施。

9.4.3 配电远方终端至子站或主站的通信宜选用通信链路，采用链型或自愈环网等拓扑结构；当采用其他通信方式时，同一链路和环网中不宜混用多种通信方式。

9.4.4 通信系统应采用符合国家现行有关标准并适合本系统要求的通信规约。

9.5 电 能 计 量

9.5.1 电能计量装置应符合下列规定：

1 电能计量装置分类及准确度选择应符合表9.5.1的规定：

表 9.5.1 电能计量装置分类及准确度选择

电能计量装置类别	月平均用电量（kW·h）*	准确度等级			
		有功电能表	无功电能表	电压互感器	电流互感器
Ⅰ	≥500万	0.2S或0.5S	2.0	0.2	0.2S或0.2**
Ⅱ	≥100万	0.5S或0.5	2.0	0.2	0.2S或0.2**
Ⅲ	≥10万	1.0	2.0	0.5	0.5S
Ⅳ	<315kVA	2.0	3.0	0.5	0.5S
Ⅴ	低压单相供电	2.0	—	—	0.5S

注：1 *计量装置类别划分除用月平均用电量外，还有用计费用户的变压器容量、发电机的单机容量以及其他特有的划分规定应符合现行行业标准《电能计量装置技术管理规程》DL/T 448的有关规定。

2 **0.2级电流互感器仅用于发电机出口计量装置。

2 计量互感器选型及接线应符合下列规定：

1）Ⅰ、Ⅱ、Ⅲ类计量装置应配置计量专用电压、电流互感器或者专用二次绕组；专用电压、电流互感器或专用二次回路不得接入与电能计量无关的设备；

2）Ⅰ、Ⅱ类计量装置中电压互感器二次回路电压降不应大于其额定二次电压的0.2%；其他计量装置中电压互感器二次回路电压降不应大于其额定二次电压的0.5%；

3）计量用电流互感器的一次正常通过电流宜达到额定值的60%左右，至少不应小于其额定电流的30%，否则应减小变比并选用满足动热稳定要求的电流互感器；

4）互感器二次回路的连接导线应采用铜质单芯绝缘线，电流二次回路连接导线截面按互感器额定二次负荷计算确定，不应小于4mm^2。电压二次回路连接导线截面按允许电压降计算确定，不应小于2.5mm²；

5）互感器实际二次负载应在其25%～100%额定二次负荷范围内；

6）35kV以上关口电能计量装置中电压互感器二次回路，不应经过隔离开关辅助接点，但可装设专用低阻空气开关或熔断器。35kV及以下关口电能计量装置中电压互感器二次回路，不应经过隔离开关辅助接点和熔断器等保护电器。

3 电能表应符合下列规定：

1）110kV及以上中性点有效接地系统和10kV、20kV、35kV中性点非绝缘系统应采用三相四线制电能表；10kV、20kV、35kV中性点绝缘系统应采用三相三线制电能表；

2）全电子式多功能电能表应为有功多费率、双向计量、8个时段以上，配有RS485或232数据通信口，具有数据采集、远传功能、失压计时和四象限无功电能；

3）关口电能表标定电流不应超过电流互感器额定电流的30%，其最大电流应为电流互感器额定电流的120%左右。

9.5.2 计量点的设置应符合下列规定：

1 高、中压关口计量点应设置在供用电设施的产权分界处或合同协议中规定的贸易结算点。产权分界处不具备装表条件时，关口电能计量装置可安装在变压器高压侧或联络线的另一端，变压器、母线或线路等的损耗和无功电量应协商确定，由产权所有者负担。对110kV及以下的配电网，关口计量点设置及计量装置配置应符合下列规定：

1）35kV～110kV终端变电站主变压器中低压侧按关口计量点配置Ⅰ或Ⅱ类计量装置；

2）各供电企业之间的110kV及以下电压等级的联络线及馈线关口计量点设在主送电端；

3）对10kV专用线路供电的用户，应采用高压计量方式，对非专线供电的专变用户宜根据配电变压器的容量采用高压或低压计量方式，并相应配置Ⅲ类或Ⅳ类关口计量箱。

2 低压电能计量点设置应符合下列规定：

1）用户专用变压器低压侧应配置Ⅳ类关口计量装置，采用标准的低压电能计量柜或电能计量箱；

2）居民住宅、别墅小区等非专用变供电的用户应按政府有关规定实施“一户一表，按户装表”，消防、水泵、电梯、过道灯、楼梯灯等公用设施应单独装表；

3）多层或高层建筑内的电能计量箱应集中安装在便于抄表和维护的地方；在居民集中的小区，应装设满足计费系统要求的低压集中（自动）抄表装置；

4）电能计量箱宜采用非金属复合材料壳体，当采用金属材料计量箱时，壳体应可靠接地。

9.5.3 变电站和大容量用户的电量自动采集系统应符合下列规定：

1 110kV、35kV和10kV变配电站及装见容量为315kVA及以上的大容量用户宜设置电量自动采集系统；

2 电量自动采集系统应具有下列功能：

1）数据自动采集；

2）电力负荷控制；

3）供电质量监测；

4）计量装置监测；

5）电力电量数据统计分析等。

3 电量自动采集系统的性能和通信接口应符合下列规定：

1）性能可靠、功能完善、数据精确，具有开放性、可扩展性、良好的兼容性和易维护性；

2）通信接口方便、灵活，通信规约应符合国家标准。

3）通信信道应安全、成熟、可靠，能支持多种通信方式；

4）通信终端应具有远程在线升级终端应用程序功能。

10 用户供电

10.1 用电负荷分级

10.1.1 用电负荷应根据供电可靠性要求、中断供电对人身安全、经济损失及其造成影响的程度进行分级。

1 符合下列情况之一时，应视为一级负荷：

1）中断供电将造成人身伤害时；

2）中断供电将在经济上造成重大损失时；

3）中断供电将影响重要用电单位的正常工作。

2 在一级负荷中，当中断供电将造成人员伤亡或重大设备损坏或发生中毒、爆炸和火灾等情况的负荷，以及特别重要场所的不允许中断供电的负荷，应视为一级负荷中特别重要的负荷。

3 符合下列情况之一时，应视为二级负荷：

1）中断供电将在经济上造成较大损失时；

2）中断供电将影响较重要用电单位的正常工作。

4 不属于一级负荷和二级负荷的用电负荷应为三级负荷。

10.2 用户供电电压选择

10.2.1 用户的供电电压等级应根据用电计算负荷、供电距离、当地公共配电网现状及规划确定。用户供电电压等级应符合现行国家标准《标准电压》GB/T 156的有关规定。

10.2.2 10kV及以上电压等级供电的用户，当单回路电源线路容量不满足负荷需求且附近无上一级电压等级供电时，可增加供电回路数，采用多回路供电。

10.3 供电方式选择

10.3.1 供电方式应根据用户的负荷等级、用电性质、用电容量、当地供电条件等因素进行技术经济比较后确定。

10.3.2 对用户的一级负荷的用户应采用双电源或多电源供电。对该类用户负荷中特别重要的负荷，用户应自备应急保安电源，并严禁将其他负荷接入应急供电系统。

10.3.3 对具有二级负荷的用户宜采用双电源供电。

10.3.4 对三级负荷的用户可采用单电源供电。

10.3.5 双电源、多电源供电时，宜采用同一电压等级电源供电。

10.3.6 供电线路型式应根据用户的负荷性质、用电可靠性要求和地区发展规划选择。

10.4 居民供电负荷计算

10.4.1 居民住宅以及公共服务设施用电负荷应综合考虑所在城市的性质、社会经济、气候、民族、习俗及家庭能源使用的种类等因素确定。各类建筑在进行节能改造和实施新节能标准后，其用电负荷指标应低于原指标。城市住宅、商业和办公用电负荷指标可按表10.4.1的规定计算。

表10.4.1 住宅、商业和办公用电负荷指标

类　型		用电指标（kW/户）或负荷密度（W/m²）
普通住宅套型	一类	2.5
	二类	2.5
	三类	4
	四类	4
康居住宅套型	基本型	4
	提高型	6
	先进型	8
商业		60W/m²～150W/m²
办公		50W/m²～120W/m²

注：1 普通住宅按居住空间个数（个）/使用面积（m²）划分：一类2/34、二类3/45、三类3/56、四类4/68。

2 康居住宅按适用性能、安全性能、耐久性能、环境性能和经济性能划分为先进型3A（AAA）、提高型2A（AA）和基本型1A（A）三类。

10.4.2 配电变压器的容量应根据用户负荷指标和负荷需要系数计算确定。

10.5 对特殊电力用户供电的技术要求

10.5.1 特殊电力用户的供电电源应根据电网供电条件、用户负荷性质和要求，通过技术经济比较确定。

10.5.2 特殊电力用户应分别采取下列不同措施，限制和消除对电力系统和电力设备的危害影响。

1 具有产生谐波源设备的用户应采用无源滤波器、有源滤波器等措施对谐波污染进行治理，使其注入电网的谐波电流和引起的电压畸变率应符合现行国家标准《电能质量　公用电网谐波》GB/T 14549和《电磁兼容限值　谐波电流发射限值》GB 17625.1的有关规定；

2 具有产生冲击负荷及波动负荷的用户应采取措施，使其冲击、波动负荷在公共连接点引起的电网电压波动、闪变应符合现行国家标准《电能质量　电压波动和闪变》GB 12326的有关规定；

3 下列不同电压等级的不对称负荷所引起的三相电压不平衡度应符合现行国家标准《电能质量　三相电压不平衡》GB/T 15543的有关规定：

1）对60A以下的220/380V单相负荷用户，提供单相供电，超过60A的宜采用三相供电；

2）中压用户若采用单相供电时，应将多台的单相负荷设备平衡分布在三相线路上；

3）10kV及以上的单相负荷或虽是三相负荷而有可能不对称运行的大型设备，若三相用电不平衡电流超过供电设备额定电流的10%时，应核算电压不平衡度。

4 对于电压暂降、波动和谐波等可能造成连续生产中断和严重损失或显著影响产品质量的用户，可根据负荷性质自行装设电能质量补偿装置。

11 节能与环保

11.1 一 般 规 定

11.1.1 在配电网规划、设计、建设和改造中应贯彻国家节能政策，选择节能设备、采取降损措施，合理利用能源。

11.1.2 在配电网设计中应优化配电电压、合理选择降压层次，优化网络结构、减少迂回供电，合理选择线路导线截面，合理配置无功补偿设备，有效降低电网损耗。

11.1.3 在配电网规划、设计、建设和改造中，应对噪声、电磁环境、废水等污染因素采取必要的防治措施，使其满足国家环境保护要求。

11.2 建筑节能

11.2.1 变配电站宜采用节能环保型建筑材料，不宜采用黏土实心砖。建筑物外墙宜保温和隔热；设备间应能自然通风、自然采光。

11.2.2 变配电站内设置采暖、空调设备的房间宜采用节能措施。

11.3 设备及材料节能

11.3.1 变配电站内应采用新型节能变压器和配电变压器；环网柜及电缆分接箱可选用新型节能、环保型复合材料外壳。

11.3.2 变配电站内宜采用节能型照明灯具，在有人职守的变配电站内宜采用发光二极管等节能照明灯具。

11.3.3 开关柜内宜采用温湿度控制器，能根据环境条件的变化自动投切柜内加热器。

11.3.4 变配电站内的风机、空调等辅助设备应选用节能型。

11.4 电磁环境影响

11.4.1 变、配电网的电磁环境影响应符合现行国家标准《电磁辐射防护规定》GB 8702、《环境电磁波卫生标准》GB 9175 和《高压交流架空送电线无线电干扰限值》GB 15707 的有关规定。

11.4.2 在变配电站设计中宜选用电磁场水平低的电气设备和采用带金属罩壳等屏蔽措施的电气设备。

11.5 噪声控制

11.5.1 变配电站噪声对周围环境的影响必须符合现行国家标准《工业企业厂界环境噪声排放标准》GB 12348 和《噪声环境质量标准》GB 3096 的有关规定。各类区域噪声标准值不应高于表 11.5.1 规定的数值。

表 11.5.1 各类区域噪声标准值［Leq〔dB（A）〕］

类 别	昼间（6：00—22：00）	夜间（22：00—6：00）
0	50	40
Ⅰ	55	45
Ⅱ	60	50
Ⅲ	65	55
Ⅳ	70	55

注：1 各类标准适用范围由地方政府划定。
2 0类标准适用于疗养区、高级别墅区、高级宾馆区等特别需要安静的区域。
3 Ⅰ类标准适用于居住、文教机关为主的区域。
4 Ⅱ类标准适用于居住、商业、工业混杂区及商业中心。
5 Ⅲ类标准适用于工业区。
6 Ⅳ类标准适用于交通干线道路两侧区域。

11.5.2 变、配电站的噪声应从声源上控制，宜选用低噪声设备。本体与散热器分开布置的主变压器，其本体的噪声水平，35kV～110kV 主变本体宜控制在 65dB（A）以下，散热器宜控制 55dB（A）以下，整个变配电站的噪声水平应符合本规范第 11.5.1 条的规定。

11.5.3 变配电站在总平面布置中应合理规划，充分利用建（构）筑物、绿化等减弱噪声的影响，也可采取消声、隔声、吸声等噪声控制措施。

11.5.4 对变配电站运行时产生振动的电气设备、大型通风设备等，宜采取减振措施。

11.5.5 户内变配电站主变压器的外形结构和冷却方式，应充分考虑自然通风散热措施，根据需要确定散热器的安装位置。

11.6 污水排放

11.6.1 变配电站的废水、污水对外排放应符合现行国家标准《污水综合排放标准》GB 8978 的有关规定。生活污水应排入城市污水系统，其水质应符合现行行业标准《污水排入城市下水道水质标准》CJ 3082 的有关规定。

11.6.2 变配电站内可设置事故油坑。油污水应经油水分离装置处理达标后排放，其排放水质应符合现行行业标准《污水排入城市下水道水质标准》CJ 3082 的有关规定，经油水分离装置分离出的油应集中储存、定期处理。

11.7 废气排放

11.7.1 装有六氟化硫气体设备的配电装置室应设置机械通风装置。检修时应采用六氟化硫气体回收装置进行六氟化硫气体回收。

附录 A 高压配电网接线方式

A.1 网络接线

A.1.1 高压配电线路采用架空线路时，可采用同杆双回供电方式，有条件时，宜在两侧配备电源。沿线 T 接 2 个～3 个变电站（图 A.1.1-1、图 A.1.1-2）。当 T 接 3 个变电站时，宜采用双侧电源三回路供电（图 A.1.1-3）。当电源变电站引出两回及以上线路时，应引自不同的母线或母线分段。

A.1.2 高压配电线路采用电缆时，可采用单侧双路电源，T 接 2 个变电站（图 A.1.2-1）。当 T 接 3 个变电站时，宜在两侧配电电源和线路分段（图 A.1.2-2、图 A.1.2-3）。在大城市负荷密度大的中心区和工业园区，可采用链式接线（图 A.1.2-4）。电源较多时，也可采用三侧电源“3T”接线（图 A.1.2-5）。

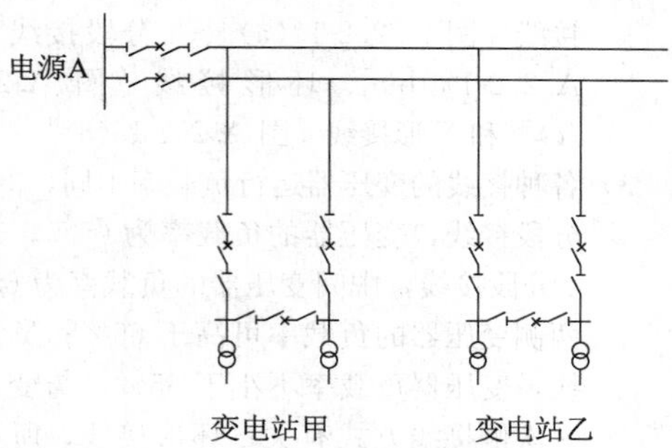

图 A. 1. 1-1　单侧电源双回供电高压架空配电网

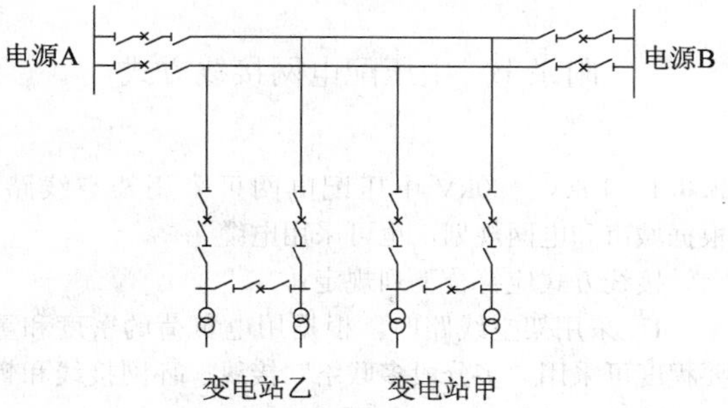

图 A. 1. 1-2　两侧电源高压架空配电网

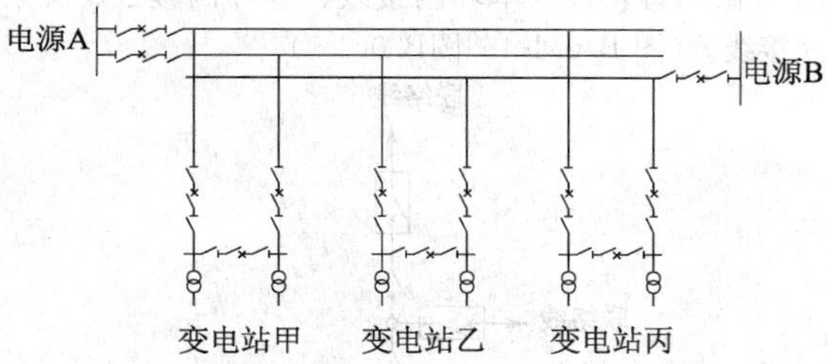

图 A. 1. 1-3　双侧电源三回供电高压架空配电网

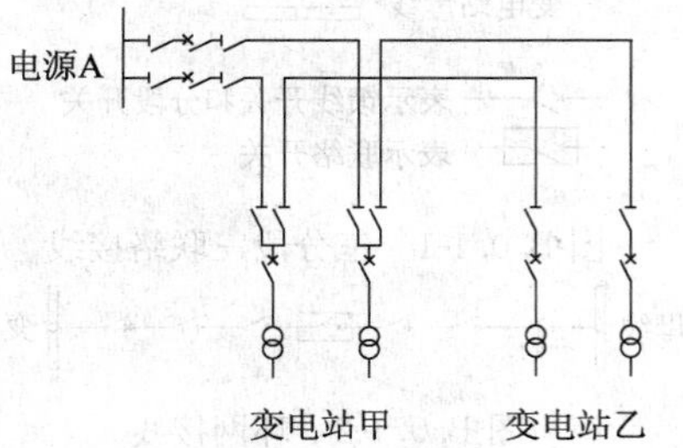

图 A. 1. 2-1　电缆线路 T 接两个变电站

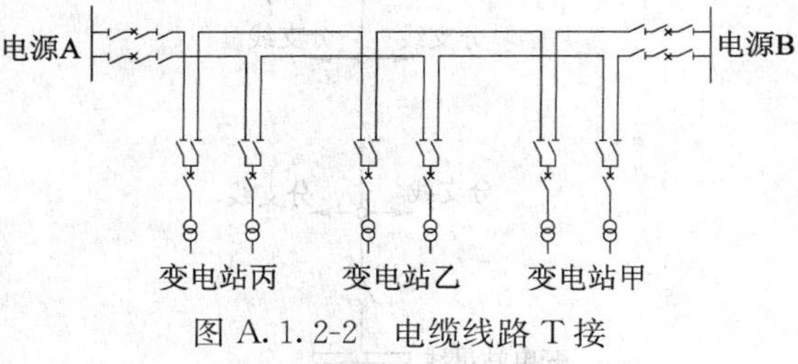

图 A. 1. 2-2　电缆线路 T 接三个变电站（两侧电源）

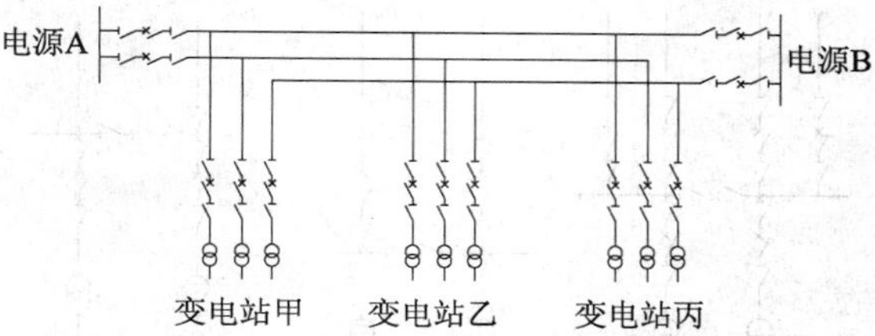

图 A. 1. 2-3　两侧电源电缆线路 T 接三个变电站

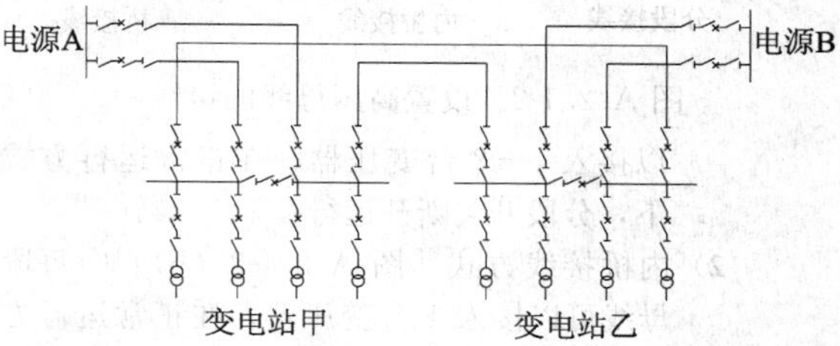

图 A. 1. 2-4　电缆线路链式接线

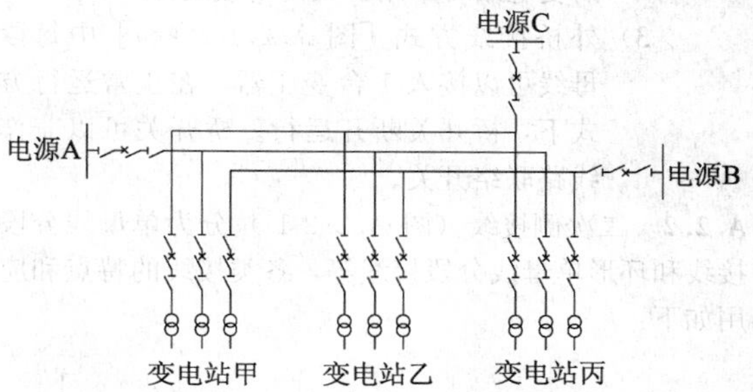

图 A. 1. 2-5　三侧电源电缆线路 T 接三个变电站

A. 2　变电站接线

A. 2. 1　一次侧接线分为线路变压器组接线和高压母线型接线：

1　线路变压器组接线（图 A. 2. 1-1）适用于终端变电站，这种接线应配置远方跳闸装置，包括传送信号的通道。

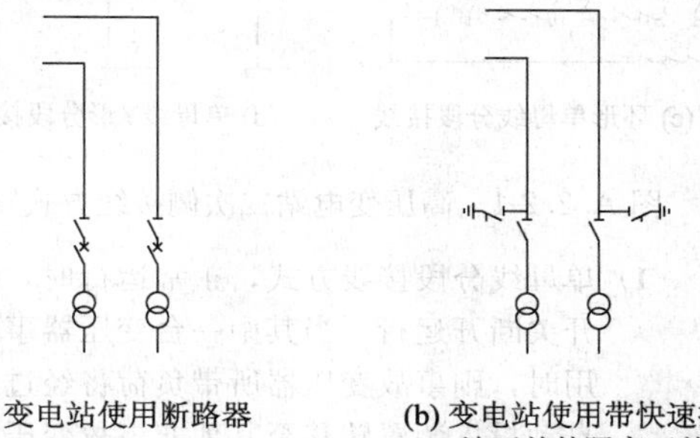

(a) 变电站使用断路器　　(b) 变电站使用带快速接地开关的隔离开关

图 A. 2. 1-1　线路变压器组接线

2　高压母线型接线（图 A. 2. 1-2）分为单母线分段接线、内桥接线和外桥接线，这类接线宜符合下列规定：

1）单母线分段接线方式［图 A. 2. 1-2（a）］可以通过母线向外转供负荷，每段母线可

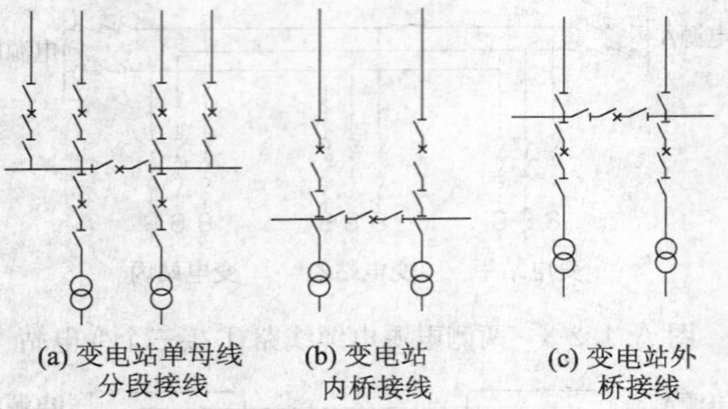

图 A. 2. 1-2　设置高压母线的接线

以接入 1－2 台变压器，在正常运行方式下，分段开关断开运行；

2）内桥接线方式［图 A. 2. 1-2（b）］中每段母线可以接入 1 台变压器，在正常运行方式下，桥开关断开运行。三进线三变压器的变电站可采用扩大内桥接线方式；

3）外桥接线方式［图 A. 2. 1-2（c）］中每段母线可以接入 1 台变压器，在正常运行方式下，桥开关断开运行。桥开关可以兼作线路联络开关。

A. 2. 2　二次侧接线（图 A. 2. 2-1 ）分为单母线分段接线和环形单母线分段接线等，各类接线的特点和应用如下：

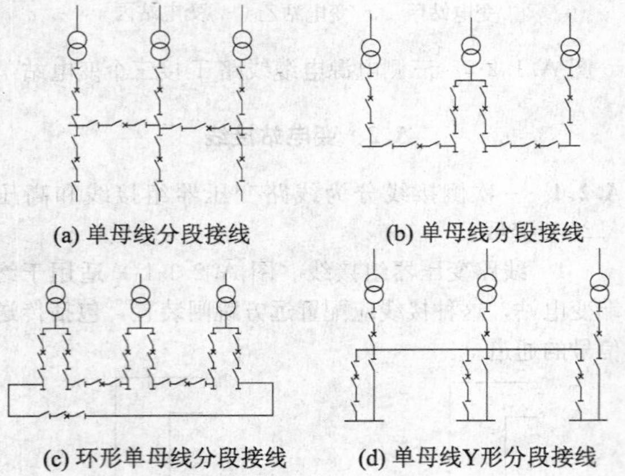

图 A. 2. 2-1　高压变电站二次侧接线方式

1）单母线分段接线方式，正常运行时，分段开关断开运行，当其中一台变压器事故停用时，则事故变压器所带负荷将经过母联自动投入装置转移至其他非事故变压器；

2）二次母线可采用变压器单段连接和两段连接方式，单段接线时，接线简单，操作、维护方便，但变压器运行负载率低，适用于负荷较小和重要性不高的变电站。两段接线复杂，但变压器运行负载率高，适用于负荷密度大和重要性较高的变电站。目前常用的多为 3 台变压器，接线分 3 分段接线［图 A. 2. 2-1（a）］、4 分段接线［图 A. 2. 2-1（b）］、环形接线［图 A. 2. 2-1（c）］和 Y 形接线［图 A. 2. 2-1（d）］；

3）各种接线的变压器运行负载率不同，3 变-3 分段接线，变压器的负载率为 65%；3 变-4 分段接线，中间变压器的负载率为 65%，两侧变压器的负载率可高于 65%；Y 形接线，变压器负载率不小于 65%，与变压器一次侧接线方式有关；环形接线，所有各台变压器的负载率均可高于 65%。

附录 B　中压配电网接线方式

B. 0. 1　10kV、20kV 中压配电网可采用架空线路，根据城市和电网规划，也可采用电缆。

接线方式应符合下列规定：

1　采用架空线路时，根据用电负荷的密度和重要程度可采用“多分段多联络”接线、环网接线和辐射式接线。（图 B. 0. 1-1～图 B. 0. 1-3）。

2　采用电缆时，根据负荷密度和重要程度可采用 N 供一备接线、单环网接线、双环网接线、辐射式接线。（图 B. 0. 1-4～图B. 0. 1-9）。

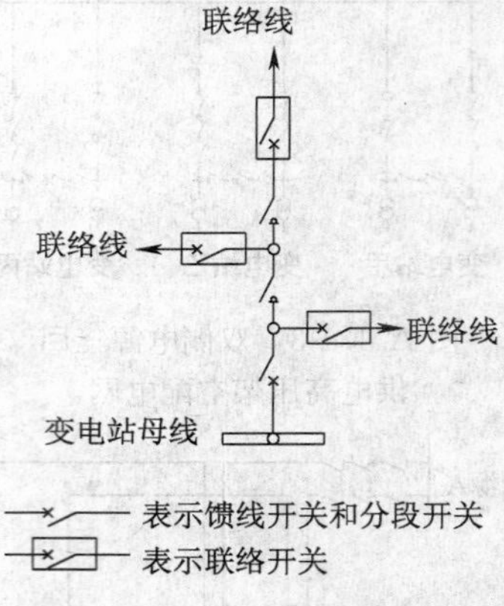

图 B. 0. 1-1　三分段三联络接线

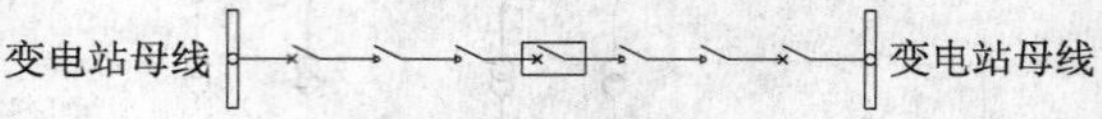

图 B. 0. 1-2　环网接线

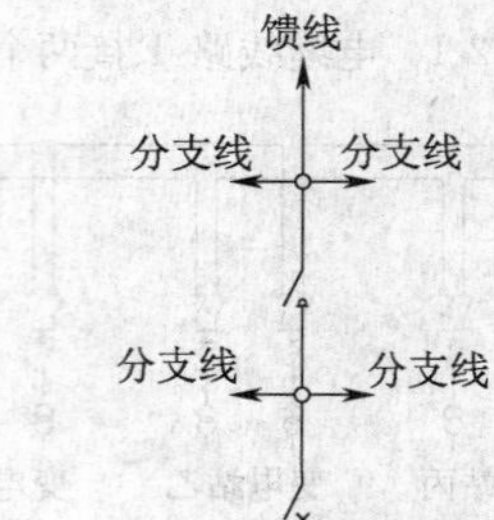

图 B. 0. 1-3　辐射式接线

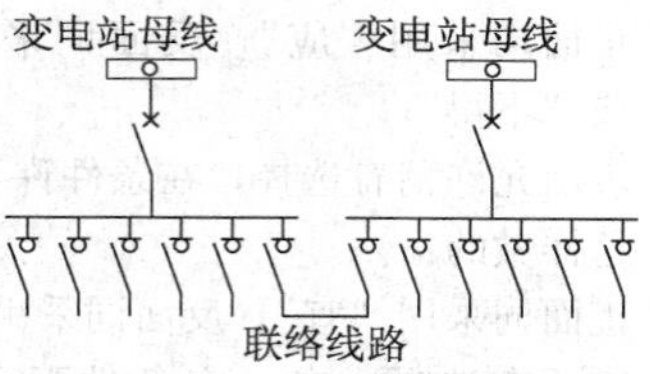

图 B. 0. 1-4　开闭所辐射式接线

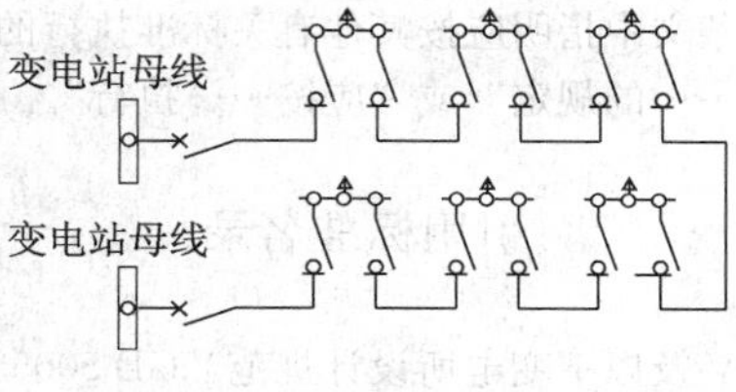

图 B. 0. 1-5　单环网

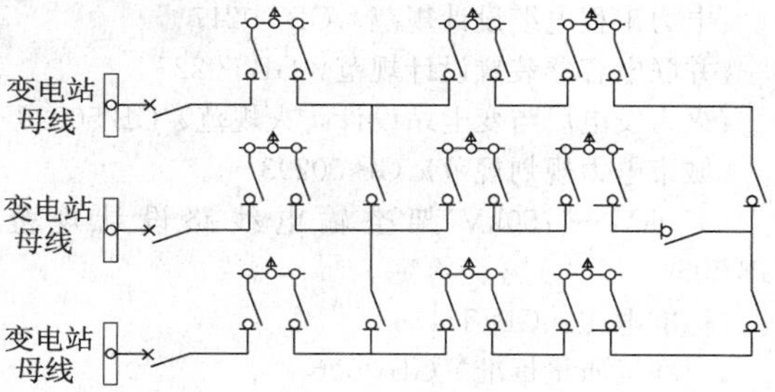

图 B. 0. 1-6　“3-1”单环网

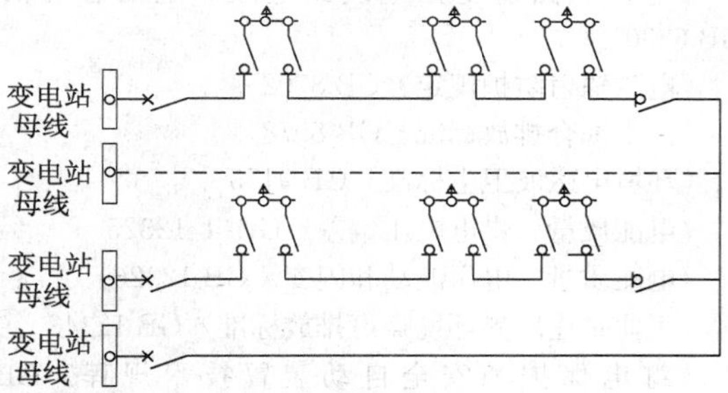

图 B. 0. 1-7　N 供 1 备（N≤4）

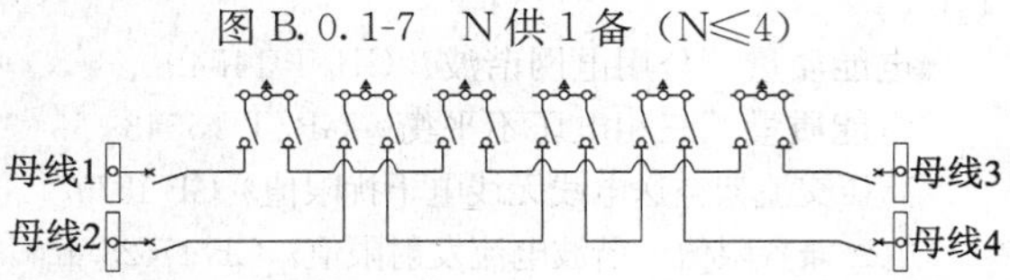

图 B. 0. 1-8　双环网（配电站不设分段开关）

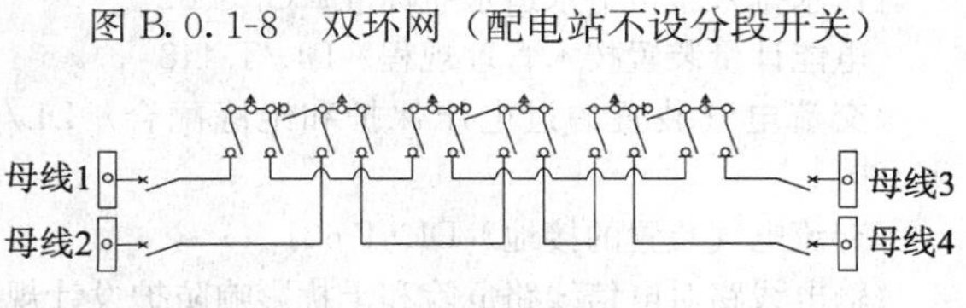

图 B. 0. 1-9　双环网（配电站设分段开关）

注：图中可根据需要采用断路器或负荷开关。

3　双辐射接线方式用于负荷密度高，需双电源供电的重要用户。双辐射接线的电源可来自不同变电站，也可来自同一变电站的不同母线。

4　开环运行的单环网用于单电源供电的用户。单环网只提供单个运行电源，在故障时可以在较短时间内倒入备用电源，恢复非故障线路的供电。单环网电源来自不同变电站，也可来自同一变电站的不同母线，单环网由环网单元（负荷开关）组成。

5　城市中心、繁华地区和负荷密度高的工业园区可采用双环网。

附录 C　弱电线路等级

C. 0. 1　弱电线路等级的划分应符合下列规定：

1　一级弱电线路：首都与各省（市）、自治区所在地及其相互间联系的主要线路；首都至各重要工矿城市、海港的线路以及由首都通达国外的国际线路；由工业和信息化部指定的其他国际线路；铁道部与各铁路局及各铁路局之间联系用的线路，以及铁路信号自动闭塞装置专用线路。

2　二级弱电线路：各省（市）、自治区所在地与各地（市）、县及其相互间的通信线路；相邻两省（自治区）各地（市）、县相互间的通信线路；一般市内电话线路；铁路局与各站、段及站段相互间的线路，以及铁路信号闭塞装置的线路。

3　三级弱电线路：县至区、乡的县内线路和两对以下的城郊线路；铁路的地区线路及有线广播线路。

附录 D　公 路 等 级

D. 0. 1　公路等级应根据公路的功能和能够适应的交通量确定，确定公路等级的各种汽车的交通量均以小客车作为标准车型进行换算，各种汽车的代表车型和车辆折算系数应符合国家现行标准《公路工程技术标准》JTG B01 的规定。

D. 0. 2　公路根据功能和适应的年平均日交通量分为以下等级：

1　高速公路：专供汽车分向、分车道行驶并全部控制出入的干线公路。按车道数量，高速公路一般分为：

1）四车道高速公路：应能适应年平均日交通量 25000 辆～55000 辆；

2）六车道高速公路：应能适应年平均日交通量 45000 辆～85000 辆；

3）八车道高速公路：应能适应年平均日交通量 60000 辆～100000 辆。

2　一级公路：供汽车分向、分车道行驶，并可根据需要控制出入的多车道公路。按车道数量，一级公路一般分为：

1）四车道一级公路：应能适应平年均日交通

量 15000 辆～30000 辆；

2）六车道一级公路：应通适应年平均日交通量 25000 辆～55000 辆。

3　二级公路：供汽车行驶的双车道公路。二级公路应能适应年平均日交通量 5000 辆～15000 辆。

4　三级公路：主要供汽车行驶的双车道公路。三级公路应能适应年平均日交通量为 2000 辆～6000 辆。

5　四级公路：主要供汽车行驶的双车道或单车道公路。

1）双车道四级公路：应能适应年平均日交通量 2000 辆以下；

2）单车道四级公路：应能适应年平均日交通量 400 辆以下。

附录 E　城市住宅用电负荷需要系数

表 E　城市住宅用电负荷需要系数

按单相配电计算时所连接的基本户数	按三相配电计算时所连接的基本户数	需要系数	
		通用值	推荐值
3	9	1	1
4	12	0.95	0.95
6	18	0.75	0.80
8	24	0.66	0.70
10	30	0.58	0.65
12	36	0.50	0.60
14	42	0.48	0.55
16	48	0.47	0.55
18	54	0.45	0.50
21	63	0.43	0.50
24	72	0.41	0.45
25～100	75～300	0.40	0.45
125～200	375～600	0.33	0.35
260～300	780～900	0.26	0.30

本规范用词说明

1　为便于在执行本规范条文时区别对待，对要求严格程度不同的用词说明如下：

1）表示很严格，非这样做不可的：
正面词采用“必须”，反面词采用“严禁”；

2）表示严格，在正常情况下均应这样做的：
正面词采用“应”，反面词采用“不应”或“不得”；

3）表示允许稍有选择，在条件许可时首先应这样做的：
正面词采用“宜”，反面词采用“不宜”；

4）表示有选择，在一定条件下可以这样做的，采用“可”。

2　条文中指明应按其他有关标准执行的写法为：“应符合……的规定”或“应按……执行”。

引用标准名录

《10kV 及以下变电所设计规范》GB 50053

《66kV 及以下架空电力线路设计规范》GB 50061

《电力工程电缆设计规范》GB 50217

《并联电容器装置设计规范》GB 50227

《火力发电厂与变电站设计防火规范》GB 50229

《城市电力规划规范》GB 50293

《110kV ～ 750kV 架空输电线路设计规范》GB 50545

《标准电压》GB/T 156

《声环境质量标准》GB 3096

《爆破安全规程》GB 6722

《电信线路遭受强电线路危险影响的容许值》GB 6830

《电磁辐射防护规定》GB 8702

《污水综合排放标准》GB 8978

《环境电磁波卫生标准》GB 9175

《电能质量　供电电压偏差》GB/T 12325

《电能质量　电压波动和闪变》GB 12326

《工业企业厂界环境噪声排放标准》GB 12348

《继电保护和安全自动装置技术规程》GB/T 12348

《电能质量　公用电网谐波》GB/T 14549

《电能质量　三相电压不平衡》GB/T 15543

《高压交流架空送电线无线电干扰限值》GB 15707

《电磁兼容限值　谐波电流发射限值》GB 17625.1

《污水排入城市下水道水质标准》CJ 3082

《电能计量装置技术管理规程》DL/T 448

《交流电气装置的过电压保护和绝缘配合》DL/T 620

《交流电气装置的接地》DL/T 621

《输电线路对电信线路危险和干扰影响防护设计规范》DL/T 5033

《高压配电装置设计技术规程》DL/T 5352

《电力系统电压和无功电力技术导则》SD 325

中华人民共和国国家标准

城市配电网规划设计规范

GB 50613—2010

条 文 说 明

制 定 说 明

《城市配电网规划设计规范》GB 50613—2010 经住房和城乡建设部 2010 年 7 月 15 日以第 669 号公告批准发布。

城市配电网规划设计的目的是在科学发展观的指导下，遵循国家建设方针政策，坚持技术创新，适应城市的发展，满足国民经济增长和城市社会发展的需求。

本规范总结历年来城市配电网建设的经验，贯彻国家城市配电网建设的基本方针，落实安全可靠、经济合理、技术先进、环境友好的技术原则，为创建国际先进的城市配电网创造条件。

本规范制定过程中，编制组进行了广泛深入的调查，广泛咨询了国内、国际多个城市的配电网建设情况，充分收集了电力行业、电力用户对供配电规划、设计要求以及有关供配电技术标准化、信息化的研究应用成果。为本规范的制定提供了充分、可靠的依据。

为便于广大设计、施工、科研等有关人员在使用本规范时能正确理解和执行，编制组根据住房和城乡建设部关于编制标准、规范条文说明的统一要求，按本规范的章、节和条文顺序，编制了条文说明，供国内有关部门和单位参考。但是，本条文说明不具备与标准正文同等的法律效力，仅供使用者作为理解和把握本规范规定的参考。

目　次

1 总 则

1.0.3 本条说明配电网规划、设计应遵循的基本原则。

配电网是电力系统服务社会用电和沟通电力用户的重要层面，配电网的安全、质量直接关系到国计民生和电力用户的社会效益和经济效益。本规范的制定，将促进电力生产与用电之间沟通与协调。本规范将同其他相关的配电技术标准一起相互协调，有效促进城市配电网的技术发展和科学进步。

2 术 语

2.0.1 城市配电网

本术语明确城市配电网的功能和电压范围。配电网与输电网的分界是电压等级，而输电网和配电网的划分应根据电网的功能确定。对此，目前国内的主要争议是220kV电网，目前我国220kV电压系统主要功能是输电，即将220kV电压转换为110kV或35kV电压，再变换为用户电压。220kV直接变换为用户电压的情况很少，即使部分220kV电网的末端变电站，由于其地处负荷中心，兼有配电的功能，但其主要功能仍是输电，而且这种状态可能持续相当长时间，因此本规范限定110kV及以下电网为城市配电网。随着城市电源点的增多、城市输配网电压层次将进一步简化，当220kV电网主要功能由输电转变为配电时，220kV将成为高压配电电压。

2.0.2 饱和负荷

饱和负荷系指在城市电网或地区规划时在使用的规划年限内可能达到的、且在给定时间范围内基本稳定的最大负荷，饱和负荷通过负荷预测取得。负荷预测是配电网规划的基础，在论证和确定高压配电网的重大关键设备时，如供电区主干线导线或电缆截面选择，要使用规划区的饱和负荷。

2.0.5 财务评价

财务评价以及本规范中的经济评价和国民经济评价的解释均参考《建设项目经济评价方法与参数》(第三版) 相关定义条款整理而成。财务评价主要包括以下三个步骤：

1 进行评价前准备，内容包括熟悉拟建项目基本情况，收集整理数据资料，收集整理基础数据，编制辅助报表（建设投资估算表，流动资金估算表，建设进度计划表，固定资产折旧费估算表，无形资产及递延资产摊销费估算表，资金使用计划与资金筹措表，销售收入、销售税金及附加和增值税估算表，总成本费用估算表）；

2 进行财务分析，通过基本财务报表（财务现金流量表、损益和利润分配表、资金来源与运用表和借款偿还计划表）计算各项评价指标及财务比率，进行各项财务分析；

3 进行不确定性分析，主要是敏感性分析。

2.0.7 N-1安全准则

N-1安全准则是保持电网安全、稳定的标准。是指当城市配电网失去一条线路或一台降压变压器时，能够对用户连续供电的能力和程度。其中N为可对用户供电的线路条数或变压器台数。N-1准则与网络接线和变压器台数有关，N-1准则可以通过网络接线和变压器接线方式的改变进行调整。

2.0.11 半地下变电站

城市变电站的一种布置型式，其方式有多种。一般情况下是指主变压器位于地面，其他主要电气设备位于地下的建筑。

3 城市配电网规划

3.1 规划依据、年限和内容、深度要求

3.1.1 城市配电网规划的依据是城市国民经济和社会发展规划，地区电网规划，相关国家法规、标准和城市近期、远景发展的负荷资料。

3.1.2 配电网规划年限应与国民经济和社会发展规划年限一致。由于长期以来，各地对配电网的重视程度不同，对配电网规划的深度、年限选择和实施内容有较大差异。本规范在编制过程中，经过调研，考虑到配电网与城市发展规划、电力输电网规划的一致性、协调性和实施的可操作性，并结合中低压配电网“建设范围和规模小、变化快、实施容易”等特点，规定高压配电网远期、中期和近期三个规划都要做，规划年限与城市发展规划和电力输电网规划年限相一致，以保证城市的配电设施布点和配电线路走廊、通道要求纳入城市建设的总体规划中，并与城市具体建设、改造协调一致，与城市输电网建设布局协调、接口一致。中低压配电网只作近期和中期规划，在执行中，要结合配电网的特点，注意不断滚动修改。

3.1.3、3.1.4 这两条规定了高压、中低压配电网对规划阶段的要求和各阶段规划主要任务。

1 近期规划主要解决配电网的当前问题，是供电企业安排年度计划提供依据。

2 中期规划主要根据城市发展规划，落实规划期内网络接线、变电站站址及线路走向方案，是安排配网前期工作计划的依据。

3 远期规划重点研究城市配电网发展的电源结构和网络布局、土地资源和环境条件，是城市发展、能源需求的依据。

3.1.5 规划的深度和内容要求，包括以下几个方面。

1 规划内容应满足现行国家标准《城市电力规划规范》GB 50293的规定要求，主要包括：

1）现状调查与分析；

2）负荷预测；

3）指定技术原则；

4）电力（电量）平衡；

5）拟定配电网布局，确定规划发展目标；

6）分析计算，编制分年度、分期规划；

7）编排年度项目建设安排；

8）编制投资估算与经济评价；

9）编写规划报告。

2 规划内容深度：

1）满足现行国家标准《城市电力规划规范》GB 50293 的要求；

2）符合政府规划部门对变、配电站站址和输电线路走廊、通道的要求；

3）能够为配电网经济评价、土地使用评价、节能和环评提供技术支持；

4）能为编制城市电网规划提供支持。

3 配电网规划应充分吸收、利用国内外先进技术和经验，全面考虑远近结合、协调发展，逐步应用计算机辅助决策系统，增进规范的科学性、前瞻性和可操作性。

3.2 规划的编制、审批与实施

3.2.1 配电网规划编制和审批工作分别由供电企业和有关主管部门完成。

3.2.2 配电网规划的实施应注意将审批后的规划纳入城市控制性详细规划，同时要将落实包含有配电网规划的城市控制性详细规划，即在市政建设中预留线路走廊及变、配电站等设施用地。

3.2.3 在配电网规划实施过程中应认真做好规划的滚动修编工作，中低压配电网宜每隔 1a 进行一次；高压配电网，宜每隔 1a～3a 进行一次。必要时进行全面修改或重新编制。

3.3 经济评价要求

本节提出配电网经济评价的依据、原则、内容和基本方法，主要依据《建设项目经济评价方法与参数》（第三版）中关于经济评价的内容，同时将配电网规划视为大的项目考虑。

由于列入规划内容的配电网项目具有明显的投资收益和社会价值，通过对配网规划进行经济性评价，能够引导配网规划编制主体优化配电网项目，使电网建设发挥更大的效益。所以在宏观评价配电网建设项目时，应考虑配电网投资的经济性。

经济评价报告由具备法人资格的电网企业负责，应根据配电网规划的规模、深度和委托方要求进行。近期配电网规划应进行经济评价，中长期配电网规划经济评价可以简化。

3.3.2 为保证配电网规划方案的技术经济合理性，经济评价应遵守：

1 效益与费用计算范围相一致的原则，既要防止疏漏，又要防止重复和扩大计算范围；

2 可比原则，使效益和费用计算口径对应一致；

3 定性分析和定量分析相结合、动态分析和静态分析相结合的原则。

3.3.3 财务评价指标，应依据下列有关政策、文件、评价指标、参数进行分析、评价：

1 国家、各省政府、地方政府及物价部门有关财税、信贷、经济评价政策、文件等；

2 《建设项目经济评价方法与参数》；

3 电网公司财务（报告）指标；

4 地区、行业经济评价基准参数；

5 其他相关依据。

3.3.4 财务评价是在国家、地区现行财税制度和价格体系的前提下，从项目的角度出发，分析规划项目范围内的盈利能力和清偿能力，评价规划项目在财务上的可行性。“有规划”即在规划年限内，实施规划后的情况；“无规划”即在规划年限内不实施规划的情况。财务评价范围为规划期内规划项目的增量，即规划期内新增加的投资、资产、电量、经营成本等。

4 城市配电网供电电源

4.1 一 般 规 定

4.1.1 城市配电网的供电电源有两类，一类是电网电源，由城市输电网 220kV 或 330kV 变电站提供；另一类是接入配电网的发电电源和位于负荷附近的分布式电源。正常情况下，电网变电站和正常运转的发电厂承担主要作用，分布式电源由于容量小、受环境影响大，在相当长时间内只能作为主力电源的补充。但从长远看，分布式电源利于环保、可综合利用、清洁、节能、可再生，是人类从大自然取得能源的良好途径。

4.2 城市发电厂

4.2.1 电厂接入配电网要求中分层是指不同容量的电厂接入不同电压等级的配电网；分区是指电厂应尽量接入能形成供需平衡的供电区；分散是指电厂接入不应过度集中，应避免送端直接联络的接入方式。

4.2.2 电厂接入配电网，应根据电厂的特性和电网的要求条件提出论证报告。各城市应对电厂接入配电网的电压等级、电厂规模、单机容量和接入方式等作出相应的规定。

4.3 分布式电源

4.3.1、4.3.2 分布式电源建设应符合国家能源政策，接入配电网的分布式电源，应符合城市配电网电源接入的要求，应向有关主管部门申报批准。

4.3.3 本条是对孤岛运行（islanding operation）的要求。

所谓孤岛运行是指配电网故障时，与配电网并列运行的分布式电源自配电网断开并继续向本地负荷供电、独立运行的情况。配电网的电源引接、备用联络、网络结构和保护、自动装置的配置应避免出现孤岛运行。一旦出现孤岛运行时，配电网和解列的分布式电源的保护、自动装置应能快速检出孤岛，迅速消除故障，并使孤岛恢复并网运行；同时，在孤岛运行期间，保证重要负荷持续、安全用电。

4.4 电源变电站

4.4.1～4.4.3 由输电网提供电源并向配电网供电的变电站，即是配电网的电源变电站，电源变电站通常是城市电网中的220kV或330kV变电站。电源变电站应布局合理、应尽量深入负荷中心，应至少有两路电源接入。

5 城市配电网络

5.1 一般规定

5.1.1～5.1.4 分区供电、选择配电电压、控制短路电流、优化网络构架、选择中性点接地方式、优化电网无功配置等是建设城市配电网的几项主要工作。做好这些工作是保证配电网可靠、经济运行，符合质量要求的重要前提。

5.2 供电分区

5.2.1 供电分区的必要性：城市电网分层分区供电是限制系统短路电流、避免不同电压等级之间的电磁环网、便于事故处理和潮流控制、方便运行管理的主要措施。目前，国外、国内的城市电网都实施分层分区供电。各个城市应该根据自身的规模、特点制订分区原则。

5.2.2、5.2.3 供电分区的原则和要求：分区配电网的结构和容量应满足负荷发展并适度超前的需求，当不能满足负荷发展要求时，可增加新的配电线路或变配电设施，必要时，应及时调整供电分区，应不断优化分区原则。

分区配电网应确定短路电流控制水平、系统接地方式、各级配电网络接线、各级电压配电设施选型、容量和配电线路截面等。

城市可按中心城区、一般城区、郊区和工业园区分类。中心城区是指城市经济、政治、文化、社会等活动的中心，是城市结构的核心地区和城市功能的主要组成部分，是城市中人口密度和用电负荷密度较大的地区。一般城区是指位于中心城区和城市郊区之间的中间地区，是城市中人口密度和用电负荷密度均小于中心城区的地区。郊区是指城市的边缘地区，位于城市市区和农村之间，是城市与农村的结合地带。郊区同时具有城市社区和农村社区的共同特点，是城市中人口密度和用电负荷密度较小的地区。工业园区是指在城市规划范围内，用于布局工业企业的区域。工业园区一般远离中心城区，用电负荷密度较大。

对于一般城市，供电分区宜按中心城区、一般城区和工业园区分类。对于特大城市和大城市（主要指国家直辖市、省会城市以及计划单列的城市），可按中心城区、一般城区、郊区和工业园区分类。各地根据其管理经验，也可采用其他的分区办法。

5.3 电压等级

5.3.1 电压等级：电压等级配置关系到远期电网结构。我国各城市的配电网电压等级和变压层次已经明确，但这些电压的配置是否合理，能否满足长期负荷发展的要求，应根据负荷需求、网络优化、节能降耗等原则从长计议。

当前引以关注的、可能影响配电网发展的主要有20kV、35kV和220（330）kV三种电压，这与长远的负荷发展有关。下面两种情况都可能引起电压结构的变化：

1 当用电负荷增长较快，10kV配电电压难以满足负荷要求，技术经济状况明显不合理时，需要逐步以20kV替代10kV电压，形成大面积、大范围的20kV配电电压，或者进一步强化35kV供电电压，使其转化为配电电压；

2 在20kV或35kV作为配电电压广泛应用的条件下，为避免资源浪费、降低供电损耗和进一步满足负荷增长的需要，优化、简化网络结构、减少变压层次和电源变电站深入负荷中心必然成为城市电网持续发展趋向，其结果更高一级电压220kV或330kV将成为高压配电电压。

基于上述情况，对配电网中的电压等级，增加“中压配电网可扩展至35kV，高压配电网可扩展至220kV或330kV”的规定。

5.4 供电可靠性

本节的核心是N-1安全准则。要落实N-1准则，应从网络结构、设备水平、管理水平、自动化水平以及运行维护水平全面综合考虑。

5.4.4 我国的供电可靠性指标采用供电可靠率（RS-3），国际上多数采用累计停电时间（小时/年·户）和累计停电次数（次/年·户）。供电可靠率和累计停电时间（小时/年·户），在给定条件下可相互换算。累计停电次数（次/年·户），可根据负荷重要程度、配电网设备情况、维护管理水平以及运行实践经验等确定。

一般的低压配电线路，不要求满足N-1准则。

表5.4.4供电可靠率指标参考国内各主要城市1991年至2006年的可靠率指标统计资料，基本符合国情，和发达国家当前水平相比有一定差距。

5.5 容 载 比

5.5.1、5.5.2 容载比是用于输变电基建工程的建设指标。根据负荷容量和给定容载比可粗略估计变电容量的不足情况，但它不能反映在线运行变电设备对实际负荷的适应能力。影响容载比的因素很多，而且这些因素很难量化，因此，容载比目前只是一个估计数值。本规范采用容载比和负荷增长率的关系选择容载比。高压配电网在编制规划中容载比一般控制在1.8～2.2范围内。

当前国际上一些发达国家，在逐步淡化或降低系统的固化备用要求，以取得较大的经济效益。代之以加强、准确进行负荷预测，提高电力调度水平，保证用户可靠供电。

5.6 中性点接地方式

5.6.1、5.6.2 城市配电网中有两类基本接地方式：有效接地方式和非有效接地方式。

1 110kV为有效接地系统，即主变压器中性点直接接地方式。中性点经隔离开关接地。正常运行时，部分变压器中性点直接接地，部分变压器中性点不接地。

2 66kV配电网为中性点非有效接地系统，当单相接地电流不超过10A时，应采用不接地方式；超过时宜采用经消弧线圈接地方式。

3 35kV配电网可以有两类接地方式，当单相接地电流不超过100A时，为中性点非有效接地系统。小于10A，应采用不接地方式；超过10A、小于100A，宜采用经消弧线圈接地方式，接地电流宜控制在10A以内。当接地电容电流超过100A，或为全电缆网时，采用低电阻接地方式，为中性点有效接地系统。低电阻接地方式的接地电阻宜按单相接地电流1000A～2000A、接地故障瞬时跳闸方式选择。

4 10kV和20kV目前也存在两类接地方式。

一类采用中性点非有效接地系统。当单相接地电流不超过10A时，应采用不接地方式；单相接地电流超过10A，小于100A～150A时，宜采用经消弧线圈接地方式，接地电流宜控制在10A以内。

另一类有效接地系统。当10kV和20kV配电网单相接地电流超过100A时，或对于全电缆网，宜采用低电阻接地系统（低电阻接地属于有效接地系统）。低电阻接地系统的接地电阻宜按接地电流200A～1000A、接地故障瞬时跳闸方式选择。

5 低压配电网的接地有TN、TT和IT三种型式，这是低压网络保护接地的分类。按工作接地分类，TN、TT为一类，是中性点直接接地系统，IT是中性点非直接接地、经阻抗接地系统。我国电力系统采用TN、TT接地方式。

5.7 短路电流控制

本节规定了配电网短路电流的控制原则、短路电流控制水平和短路电流控制的主要措施。

1 电力系统的短路电流水平取决于系统内电源的容量和网络联系的紧密程度，而电力系统短路电流的控制水平则不仅取决于电力系统的短路电流水平，还与当前开关行业的制造水平、开关设备短路开断水平选择以及系统短路电流限制措施密切相关。短路电流控制水平的选择应综合考虑电力系统发展远景和综合经济效益。

2 目前国内110kV系统在采取必要的限流措施（如开环运行，变压器中性点部分接地等）条件下，短路电流大多数在15kA～25kA范围内，个别接近30kA；35kV系统在主变压器分裂运行的条件下为20kA以下；10kV系统当主变压器并列运行时，短路电流一般都超过20kA，对较大容量的变电站，甚至接近30kA，采取分裂运行措施后，短路电流可降至20kA以下。因此，在综合考虑系统发展和综合经济效益，经采取适当的限流措施后，提出配电网短路电流控制水平，见表1。

表1 各电压等级短路电流控制水平和限流措施

电压等级（kV）	短路电流控制水平（kA）	限流措施
110	31.5，40	110kV网络开环运行，220kV、110kV主变中性点部分接地
66	31.5	66kV网络开环运行，220kV主变中性点部分接地
35	25	110kV、66kV网络开环运行，35kV母线分列运行
20	16，20	110kV、66kV网络开环运行，10kV、20kV母线分列运行，需要时，采用高阻抗主变压器
10	16，20	

注：上述限流措施投资不大，运行、操作和管理相对简单，是目前多数系统采取的措施。

3 110kV以上电压等级变电站，如深入负荷中心的220kV变电站，低压母线短路电流一般高于20kA，此时可采取25kA的限值。

4 为了增长配电设备的有效使用期限，考虑系统的发展，在不影响投资额度的前提下，可适当提高设备的短路电流耐受数值。

5 中压配电网中，经过配电线路短路电流减小，所以在中压配电网末端，经过计算可适当降低配电设施的短路电流水平。

6 随着系统容量不断增大、网络结构不断强化和开关设备的不断优化，短路电流控制水平将逐步调整。

7 合理采用限制短路电流措施，取得最大经济效益：网络分片，开环运行，母线分段运行；采用高阻抗变压器；加装限流电抗器等。

5.8 网络接线

本节说明配电网接线的一般原则，推荐各级电压的基本接线。

5.8.1 配电网接线应满足可靠、灵活和负荷需要，应满足规划发展和近期过渡方便的要求，应简化接线模式，做到规范化和标准化。

5.8.2 高压配电网接线，从网架结构上分类有环网和辐射式，可以细分为单环网、双环网、不完全双环网、单辐射和双辐射。从变电站与线路的连接方式上又分为链式、支接（T接）。

长期以来，我国多数城市没有认真进行配电网规划，配电网接线比较混乱，一个城市，甚至一个供电区内就有多种接线方式，这给运行、管理和发展造成不利的影响。各城市应加强配电网规划工作，根据城市或供电区的配电网规模、特点拟定最终合理的接线方式，在近期的建设和改造中，逐步实施、完善，达到最终的目标。本规范中附录A推荐几种标准接线，供参照选择。

5.8.3 中压配电网分为架空线路网和电缆线路网，电缆网一般采用互为备用的N-1（N不宜大于3）单环网接线，根据需要，最终可过渡到“N供1备”接线方式（N不宜大于3）。中压架空配电网宜采用开环运行的环网接线，负荷密度较大的供电区可采用“多分段多联络”的接线方式。负荷密度较小的供电区可采用单电源树干式接线，树干式接线应随着负荷增长逐步向开环运行的环网接线方式过渡。

5.8.4 低压配电网宜采用以配电变压器为中心的辐射式接线；必要时，相邻变压器的低压干线之间可装设联络开关，以作为事故情况下的互备电源。

低压配电网的接线较为简单，一、二级负荷可设双路电源。

5.8.5 中、低压配电网的供电半径应满足配电线路末端电压质量的要求，根据配电负荷和配电线路电压损失限值计算，不宜超过表5.8.5所示范围。

5.9 无功补偿

本节规定了无功补偿的原则、无功补偿容量的配置以及无功补偿设备的安装位置。本节内容与国家现行有关标准一致，和各城市的具体做法也基本一致。但各地变电站无功补偿容量不尽相同，需要进一步优化配置和规范管理。

5.10 电能质量要求

本节规定了电能质量的要求。配电网应执行国家标准，贯彻有关保证电压质量和谐波治理的要求。本节规定与本规范10.5节内容针对不同的对象。

本节是配电网电能质量监测点的设置及监测点的电能质量指标。在配电网公共连接点的变电站的母线处，应配置符合国家标准要求的电压偏移、频率偏差和谐波量限值。

10.5节是配电网按照国家标准对特殊用户提出的技术要求，即对产生谐波、电压冲击，引起三相不平衡、电压暂降或持续电压中断的特殊用户的供电技术要求。

6 高压配电网

6.1 高压配电线路

6.1.1 本条为高压配电线路的一般规定。

1 本款有关线路通道的规定是总结了多数城市的实践经验。通道的容量、建设要利于电力线路的布局和发展。同塔多回线路可以充分利用线路通道、有效减少占地。

2 优化配电网络的目的在于合理布局配电线路、方便变电站进出线、增加线路的供配电容量、提高供电可靠性和电能质量、线路的布局要满足供电可靠性的要求，要考虑同路径线路故障的应急措施，应急电源既可以是不同路径线路的第二方向电源，也可以是低一级电压等级的应急备用电源。

3 本款规定市区内架空线路杆塔应适当增加高度、缩小档距，以提高导线对地距离。在一些大城市，如北京、上海的电力部门都有提高架空线路导线对地距离的具体规定，这有利于提高供电安全性和减轻运行维护工作量。

城市架空线路杆塔结构的造型、色调应满足城市建设的要求，与周围环境相协调。

6.1.2 本条为强制性条文。综合了国家现行标准《110kV～750kV架空输电线路设计规范》GB 50545、《66kV及以下架空电力线路设计规范》GB 50061和《10kV及以下架空配电线路设计技术规程》DL/T 5220有关架空线路与其他设施及架空线路之间交叉、跨越或接近的安全距离要求，并根据国家现行标准《交流电气装置的过电压保护和绝缘配合》DL/T 620和《高压配电装置设计技术规程》DL/T 5352对安全净距的基本规定，结合实践经验补充20kV架空线路的相关安全距离要求。

相关的弱电线路等级和公路等级标准见附录C和

附录D。

6.1.3 本条为高压架空配电线路气象条件、路径、导线型式、截面的选择、绝缘子、金具的选择以及杆塔、基础的设计要求。

1 本款说明了高压线路气象条件选择的依据。

2 本款提出了高压架空线路的路径选择的原则规定。

3 高压架空配电线路导线在负荷较大的区域推荐采用大截面或增容导线，有利于提高线路走廊的传输容量和节约土地资源。

在一些大城市和历史、文化名城，由于建筑设施、文物古籍保护的要求，或输电线路改造困难，也需要采用耐热导线，以满足用电负荷日益增长的需求。北京、沈阳等地区积累了丰富经验。

导线截面选择，应贯彻节能的原则，采用经济电流密度法选择，同时还应按导体温升、短路稳定以及机械强度等条件校验。考虑到经济电流密度确定较困难，计算中涉及较多的价格和经济计算参数，且配电线路长度较短，因此在实际工程中，导线截面往往是由导体允许温升条件决定。

导线截面的规格在同一个城市电网内应力求一致，每个电压等级可选用2种～3种规格，导线截面一次到位，主要为便于运行管理。根据城市电网的接线综合选择导线截面，考虑普遍情况推荐表6.1.3的导线规格。目前有些城市，经过技术经济论证，110kV线路导线截面已用到630mm^2。

线路地线应按相关国家标准和电力行业标准架设，在雷电活动较弱的地区，考虑技术经济条件，可不设或少设架空地线。通过城区的架空线路宜采用全线架空地线，架空地线宜采用铝包钢绞线或镀锌钢绞线。

根据2008年初我国南方地区覆冰灾害情况，对重要线路提高设防标准。有关高压配电线路应执行《110kV～750kV架空输电线路设计规范》GB 50545的有关规定。

4 架空线路所用的各种设施及组件的安全系数应根据现场条件适当提高。绝缘子、金具、杆塔结构及基础的安全系数一般可比通常设计所用的安全系数增大0.5～1.0。

架空线路绝缘子的有效泄漏比距（cm/kV）应满足线路防污等级要求，并充分评估线路对环境的影响。线路通过市区时，应适当提高其电瓷瓶外绝缘的泄漏比距。

由于城市架空线路走廊资源日趋紧张，因此，架空线路的杆塔选型力求减少走廊占地面积。通过市区的高压配电线路宜采用自立式铁塔、钢管组合塔、钢管窄基塔和紧凑型铁塔，并根据系统规划采用同塔双回或多回架设，以满足在城市规划部门指定的路径走廊宽度内立塔架线。

杆塔基础推荐采用占地少的钢筋混凝土基础或桩式基础。

6.1.4 本条为高压电缆线路使用条件、路径选择、电缆截面和敷设方式选择的要求。

1 本款规定了城市采用电缆线路的地段。由于电力电缆造价昂贵，敷设和维护困难，在线路选型规划时，应结合城市规划和系统接线要求，通过技术经济比较确定。

2 本款规定了高压电缆线路的路径选择原则。

城市电缆网规划应与城市发展和建设规划相协调，以城市道路网为依托；并与城市电网规划建设同步进行，形成合理的电网结构。

城市电缆网一般分为地下浅层、深层布置，在规划条件允许的前提下，优先开发浅层通道，其次为深层通道。

3 本款中电缆选型规定与现行国家标准《电力工程电缆设计规范》GB 50217的有关规定基本一致。高压配电网电缆选型推荐选用交联聚乙烯绝缘铜芯电缆。为运行维护方便，推荐同一个供电区电缆规格统一。根据城市电网的接线综合选择电缆截面，并推荐表6.1.4的电缆规格。目前有些城市，经过技术经济论证，110kV电缆截面已用到1200mm^2。

4 本款与现行国家标准《城市电力规划规范》GB 50293的有关规定基本一致。采用地下共用通道集中布置各类管线，比分别配置方式占用地下空间少，尤其能避免道路重复开挖，也便于巡视检查与维护，具有显著的社会、经济、环境综合效益。

5 电缆敷设方式应根据电压等级、最终敷设电缆的数量、施工条件及初期投资等因素确定，本款推荐的几种敷设方式在实际工程中都有运用，比较成熟。本款与现行国家标准《电力工程电缆设计规范》GB 50217的规定基本一致。

6.1.5 本条为强制性条文。综合了国家现行标准《电力工程电缆设计规范》GB 50217和《城市电力电缆线路设计技术规定》DL/T 5221有关电缆与电缆、管道、道路、建筑设施等之间的安全距离要求，在工程设计中必须严格执行。

6.1.6 本条为电缆防火要求，提出阻燃电缆和耐火电缆的使用条件及防止电缆延燃的基本措施。电缆防火应执行现行国家标准《电力工程电缆设计规范》GB 50217和《火力发电厂与变电站设计防火规范》GB 50229。

6.2 高压变电站

6.2.1 本条为变电站布点的原则规定。

满足负荷要求、节约土地、降低工程造价是基本原则；网络优化、分层分区、多布点是布点实施中的基本要求。

6.2.2 本条与现行国家标准《35～110kV变电所设

计规范》GB 50059的有关规定基本一致。

6.2.3 由于各城市供电部门对变电站运行可靠性、建设投资标准掌控不一、习惯采用的主接线型式也不同，本条仅提出一般的接线方式。

变电站主接线应满足可靠性、灵活性和经济性的基本原则，根据变电站性质、建设规模和站址周围环境确定。在满足电网规划和可靠性要求的条件下，主接线力求简单、清晰，以便于操作维护。

6.2.4 本条规定了变电站型式的原则要求。由于我国城市用电量不断增加，越来越多的高压变电站已深入市区负荷中心。市区用地日趋紧张，变电站选址困难，考虑环境要求，变电站通过简化接线、优选设备和优化布置等措施，实现变电站户内化、小型化，以达到节约用地、改善环境质量的目的。近年来，一些城市已在建设室内变电站、和其他建筑物混合建设的变电站，不仅有效地减少了占地，而且还能满足城市建筑的多功能要求。

节约用地是工程建设的基本原则。在城市电力负荷集中且建设地面变电站受到限制的地区，建设地下变电站、和其他建筑设施合建变电站是节约用地的重要途径。以北京地区为例，2002 年底前已投入运行的 15 座地下变电站中，独立建设的全地下或半地下变电站有 4 座，其他均为与大型商场、办公楼等综合建（构）筑物联合建设的全地下或半地下变电站，从而有效缓解了电力建设用地的压力。但考虑到地下变电站工程投资高，设计及施工难度大、建设周期长、运行、维护、检修条件差，故在目前国情条件下不宜大量建设，仅适于负荷高度集中、地面户内站选址困难的大中城市中心区。

地下变电站分全地下和半地下两种布置型式，设计确定变电站总体布置方案时，应根据变电站所处地理位置和建设条件，在规划许可时优先选择半地下布置型式，考虑将变压器置于地面，这样既可以节省建设投资，又便于变压器吊运安装，同时也改善变压器运行环境。

6.2.5 变电站的主变压器台数和变电站布点数量密切相关，变电站中安装变压器台数少，则变电站布点就多，但变电站台数过多，则导致接线复杂，发生故障时，转移负荷和变换运行方式就相应复杂。单台变压器容量过大，会造成短路容量大和变电站出线过多。因此，本条款规定安装变压器最终规模不宜少于 2 台、多于 4 台。同一级电压的主变压器单台容量不宜超过 3 种，同一变电站相同电压等级的主变压器宜统一规格。

主变压器的通风散热措施对城市变电站的建设至关重要，一方面是变压器的外形结构和冷却方式，另一方面是变压器的安装位置。随着技术的不断进步，为节约能源及减少散热困难，宜选用自冷式、低损耗和低噪声变压器。对特殊要求地区，宜采用对通风散热、降低噪声较为有效的变压器本体和散热器分离的布置方式。目前，在北京、上海、大连等城市已普遍采用这种分离式布置方式。

6.2.6 本条提出了变电站最终出线规模的推荐意见，以利于变电站负荷馈线方便引出。在具体工程中应根据实际负荷情况参照各地典型或通用设计方案进行设计。

6.2.7 本条提出变电站设备的选型原则。设备选型应贯彻安全可靠、技术先进、造价合理和环保节能的原则。设备的短路容量应满足较长期电网发展的需要；要注重紧凑和小型化以节省空间；无油化以保证防火安全；自动化、免维护或少维护并具有必要的自动功能或智能接口以利于运行管理。应选择优质量、可靠的定型产品。

智能配电网是我国电力发展的方向，智能变电站是智能配电网的基本支撑。智能变电站宜采用智能设备，智能设备应符合相关标准的规定。

6.2.8 本条为高压变电站的过电压保护和接地要求。本规范仅对变配电设备的耐受电压水平和变电站中铜接地体的使用范围作出规定。

6.2.9 本条提出变电站建筑结构的基本要求。变电站建筑物宜造型简单，辅助设施、内外装修应从简设置、经济、适用。近年来，城市变电站的建设做到了与周围环境、景观、市容风貌的协调，有的变电站还与其他建筑物混合建设，从而实现了减少占地，满足城市建筑多功能的要求，变电站建筑结构能与城市环境相协调，在建筑造型风格和使用功能上，体现了城市未来发展，适应城市建设和发展的需要。

城市变电站应满足消防标准的有关规定要求，应采取有效的消防措施，配置有效的安全消防装置和报警装置，妥善地解决防火、防毒气及环保等，并取得消防部门同意。

7 中压配电网

7.1 中压配电线路

7.1.1 中压配电线路的电压等级包括 6kV、10kV 和 20kV。在我国除部分大型工矿企业高电压负荷采用 6kV 电压和极少数地区采用 20kV 配电电压外，绝大多数城市采用 10kV 电压。近年来，由于电力负荷增长迅速，考虑到未来负荷的发展空间，个别城市开始研究试用 20kV 电压。

20kV 电压的应用，关键取决于用电负荷和供电距离。在配电网规划中对于一定规模的高负荷密度新区，应落实负荷现状和发展规模、电源布局和网络接线。在含有网络和设备改造的供电区，一定要做好方案和技术经济比较，要注重安全可靠、投资效益和持续发展。

1 本款规定是目前城市建设的要求，也是城市发展的必然趋势。我国各城市在发展的过程中，电力线路电缆化的要求渐趋迫切，各城市的电缆化率也在逐年提高。对于一些文化名城、文物古迹和景观名城，地质条件不允许电缆穿越的地区，可采用架空绝缘线路。

2、3 中压架空配电线路的路径应与城市总体规划相结合；电缆线路路径应与各种管线相协调，要注意与地下危险管线的接近，如煤气管道、天然气管道、热力管线等，还要与城市现状及规划的地下铁道、地下通道、人防工程等隐蔽性工程相协调。架空线路走廊，应与各种管线和市政其他设施统一安排。

配电线路应避开储存易燃、易爆物的仓库区域。配电线路与有火灾危险性的生产厂房和库房、易燃易爆材料场以及可燃或易燃、易爆液（气）体储罐的防火间距应符合国家标准安全距离的规定。

中压配电线路和配电设施与建（构）筑物、交通设施以及其他电力线路交叉、接近的安全距离应执行本规范表 6.1.2 和表6.1.5的规定。

4 为了有效减少线路故障查找时间，本条规定了在中压线路的分段点和分支点应装设故障指示器。有条件的地区，也可全线路装设故障指示器，并实现故障信息远传。

7.1.2 本条阐明绝缘导线的应用条件。

1 城市中压配电线路的选型基本原则：首先考虑架空线路；在人口稠密、建筑设施拥挤的中心城区，架空线路架设困难时，根据城市发展规划可采用电缆线路；当地下设施复杂、无法建造合理的电缆通道，应通过技术经济比较选择合理的线路型式。

采用绝缘导线的架空线路，可有效提高线路的绝缘强度。在繁华街道和人员密集地段、严重污秽地区、高层建筑周围以及供休闲、娱乐的广场、绿地都应采用架空绝缘线路。

目前，架空绝缘导线最高电压为 35kV，国内普遍应用的是 10kV 和 20kV。

2 由于中压配电线路距离短，其导线截面宜按温升选择。对一个供电区域同一电压等级的配电线路导线规格，应控制在2 种～3 种。

1) 在计算线路的最大持续工作电流时，还应包括事故转移的负荷电流；同时应计及环温、海拔高度和日照的影响。

2) 按允许电压降校验导线时，自供电的变电站二次侧出口至线路末端变压器入口的允许电压降为供电变电站二次侧额定电压（20kV、10kV）的 3%～4%。线路允许电压降与用户供电电压允许偏差有关，各级配网电压的损失分配可参考表 2 数值。

表 2　各级配网电压损失分配参考表

<table>
<tr><th rowspan="2">配电电压等级（kV）</th><th colspan="2">各级配网电压损失分配（%）</th><th rowspan="2">供电电压允许偏差（%）</th></tr>
<tr><th>变压器</th><th>线路</th></tr>
<tr><td>110、66</td><td>2～5</td><td>4.5～7.5</td><td rowspan="2">35kV 及以上供电电压允许偏差的绝对值之和小于或等于 10</td></tr>
<tr><td>35</td><td>2～4.5</td><td>2.5～5</td></tr>
<tr><td>20、10 及以下</td><td>2～4</td><td>8～10</td><td rowspan="4">20kV 或 10kV 及以下三相供电电压允许偏差小于或等于±7
220V 单相供电电压允许偏差小于或等于＋7.5 与－10</td></tr>
<tr><td>其中：20、10 线路</td><td>—</td><td>2～4</td></tr>
<tr><td>配电变压器</td><td>2～4</td><td>—</td></tr>
<tr><td>低压线路（包括接户线）</td><td>—</td><td>4～6</td></tr>
</table>

3) 导体短路热效应的计算时间，宜采用切除短路的保护动作时间和断路器的开断时间，并采用相应的短路电流值。

各类导体的长期工作允许温度和短路耐受温度如表 3 所示。

表 3　各类导体的长期工作允许温度和短路耐受温度

电缆绝缘种类	交联聚乙烯	聚氯乙烯	橡皮绝缘	乙丙橡胶	裸铝、铜母线、绞线
电压等级（kV）	1～110	1～6	0.5	—	—
长期工作允许温度（℃）	90	70	60	90	70～80
短路耐受温度（℃）	250	140～160	200	250	200～300

注：表中长期工作允许温度和短路耐受温度均指各种一般的常规绝缘材料。对阻燃或耐火电缆，其特性为在供火时间 20min～90min 内，供火温度达800℃～1000℃。

20kV 配电线路，其导线截面选择与 10kV 线路共用表7.1.2。

3 配电线路杆塔应按照现行国家标准《66kV 及以下架空电力线路设计规范》GB 50061 的规定设计。线路电杆应选用符合国家标准技术性能和指标要求的定型产品。现行国家标准《环形钢筋混凝土电杆》GB 396 规定了各类梢径电杆的技术数据和技术性能。近年来电杆本体事故时有发生，主要是制造质量问题（结构、材料、水泥标号、养护期等）和运行环境如盐雾对水泥电杆的腐蚀问题，在选用中应予重视。

4 配电线路绝缘子种类较多，有机复合绝缘子（指硅橡胶合成绝缘子）具有较好的抗污闪性能，但价格较高，可酌情选用。参照国家现行标准《10kV

及以下架空配电线路设计技术规程》DL/T 5220—2005的规定，绝缘子的机械强度验算采用安全系数设计法，绝缘子和金具的选型设计采用安全系数法，其荷载应采用原安全系数法中的“荷载标准值”。

7.1.3 电缆截面的选择，应校验敷设条件对电缆载流量的影响，应考虑系统中性点接地方式对电缆绝缘水平的影响。

按照电缆制造标准的规定，根据电缆绝缘水平及其应用条件分为3类：A类：一相导体与地或接地导体接触时，应在1min内与系统分离。采用100%使用回路工作相电压，适用于中性点直接接地或低电阻接地、任何情况故障切除时间不超过1min的系统。B类：可在单相接地故障时作短时运行，接地故障时间不宜超过1h，任何情况下不得超过8h，每年接地故障总持续时间不宜超过125h。适用于中性点经消弧线圈或高电阻接地的系统。C类：不属于A类、B类的系统。通常采用150%～173%使用回路工作相电压，适用于中性点不接地、带故障运行时间超过8h的系统，或电缆绝缘有特殊要求的场合。

目前对10kV低电阻接地系统，可选择额定电压为6/10kV的电缆，对10kV经消弧线圈接地的系统宜选择额定电压为8.7/10kV的电缆。一些城市考虑电缆敷设环境恶劣，经技术经济比较选用额定电压为8.7/15kV的电力电缆，以提高其绝缘强度。

对20kV电压，可根据上述类似条件选用12/20kV电缆和18/20kV电缆。

新建的20kV供电区，应根据建设规模、发展规划以及当地经济发展水平，合理确定20kV配电网的绝缘水平。

7.2 中压配电设施

7.2.1 开关站内可装设断路器、负荷开关或混合装设。站用变压器应根据开关站的规模和重要程度装设。当配电网公用的开关站随用户专用配电站一并建设时，不应设在建筑物地下的最底层，要保证防潮、防内涝以及消防的需要，同时需设有独立出入口以便于电力部门管理。

开关站转供容量不是一个严格要求的量化指标，但其数值应满足供电负荷和供电可靠性的要求，转供容量与配电站的数量、配电变压器的容量及其运行负载率等因素有关，并取决于电源进线的允许载流量，而允许载流量与敷设方式和敷设环境有关，通常考虑双回电源供电。目前10kV开关站转供容量一般在10MVA～20MVA，20kV开关站可达到20MVA～40MVA。所以，本规范考虑10kV和20kV两种电压，取10MVA～30MVA。

7.2.2 说明配电站设施的设计要求。

1 配电站布点要结合实际可能，坚持“小容量、多布点”的原则，使布点尽量接近负荷中心，缩短低压供电距离，减少低压供电损耗并有利于保证电压质量。

2 有条件时，配电站可与其他建筑物合并建设以减少占地，但应满足现行国家标准《10kV及以下变电所设计规范》GB 50053的要求，要注意防止内涝对配电站运行的影响。

3 应注意预装箱式配电站的适用范围。对于只能装设油浸变压器的箱变，要求使用高燃点油浸变压器，并应满足环网接线的要求。规划时应充分考虑箱变存在运行环境差，使用寿命短，紧急操作（尤其是在雨天）和维护不方便等缺点。在新建住宅区的规划中，应结合运行管理要求建设足够数量的室内配电站。

4 现行行业标准《10kV及以下架空配电线路设计技术规程》DL/T 5220—2005规定，台架式变压器最大容量为400kVA，根据南方电网一些地区的应用实践，本规范将台架式变压器上限容量提高到500kVA，设计时应对电杆强度和柱上变压器的抗倾覆能力进行校核。

对于不宜装设变压器台架的电杆的规定，是采用了现行行业标准《10kV及以下架空配电线路设计技术规程》DL/T 5220—2005的有关条文。

本规范用术语“台架式变压器（简称台架变）”取代术语“柱上变压器”。

7.3 中压配电设备选择

7.3.1 本条规定了配电变压器选择的原则要求。对于设在居民区的配电站应采用低噪音的环保型变压器；在有较大谐波源的场合，应选用能消除或降低3次谐波的D，yn11型接线的配电变压器。

配电变压器运行负载率主要用于调度管理中，掌控运行负荷情况，防止严重或长期过载。根据配电站的不同接线方式的运行负载率，合理选择变压器容量。配电站一般设2台变压器，按“N-1”准则要求，平均最高负载率宜取50%，最高负载率取65%。根据我国实际情况，负荷增长迅速，往往超过65%，甚至达到90%以上。所以在选择配电变压器容量时，应考虑当地负荷情况和特点以及负荷的变化范围和持续时间等。本规范中所述的60%～80%是各地出现的实际负载率。

中压单相配电技术可显著降低线损，节约能耗；可提高电压合格率和供电可靠率。单相变压器在国外一些国家普遍使用，在我国使用经验很少。据有关资料，在我国南京、无锡、昆山、南通等地曾有工程实践。因此，在有条件的地区，可以试行中压单相配电的供电模式。

7.3.2 本条规定了配电开关选择的原则要求。对于已有配网自动化规划且准备实施的地区，应在选用配电开关时，为配网自动化的实施预留必要的条件，即采用具有电动操作机构的断路器。对于户外、潮湿地点安装的开关设备，应采用全密闭设备，主要是指SF_6气体绝缘的全封闭电气设备。

7.4 配电设施过电压保护和接地

7.4.1 本规范符合现行行业标准《交流电气装置的过电压保护和绝缘配合》DL/T 620 和《交流电气装置的接地》DL/T 621 有关中压配电线路和配电设施的过电压和接地规定。

7.4.2 本规范根据各地的应用实践明确复合型绝缘护套氧化锌避雷器的应用。

7.4.3 本规范对中压架空绝缘配电线路的过电压保护作了原则规定。对于防止 10kV 绝缘配电线雷击断线问题，其断线机理经有关高校、供电部门实验、研究结论："普通型绝缘导线配电线路发生断线事故的原因是由于雷电引起绝缘子闪络，激发工频续流、烧断导线"。据资料介绍，日本、澳大利亚等采用每杆上装设避雷装置；我国苏州地区采用增加避雷器泄漏雷电流幅值、减少工频续流，减少导线烧断等方法，对中压绝缘配电线路雷击断线事故起到了一定的遏制作用。各城市可结合本地区雷电活动情况和运行经验采取可行的措施。

8 低压配电网

8.1 低压配电线路

8.1.1 本条规定了低压配电线路的基本要求。

1 本款规定低压配电线路选型的基本原则。

2 本款规定低压配电带电导体系统型式选择，型式分类见表 4。我国一般采用单相两线制和三相四线制。

表 4 低压配电导体系统分类

电源种类	交流							直流	
相数	单相		二相		三相			—	
导体类型	二线	三线	三线	四线	三线	四线	五线	二线	三线
常用方式	二线	—	三线	—	—	四线	—	二线	—

8.1.2 本条规定了低压架空线路的导线选型、电杆选择、导线架设和导体截面选择。

导线和电缆截面宜参考表 8.1.2 选择。三相四线制系统的 N 相可根据现行行业标准《10kV 及以下架空配电线路设计技术规程》DL/T 5220 的规定计算选择，PE 线可根据现行国家标准《系统接地的型式及安全技术要求》GB 14050 的规定计算选择。

8.1.3 本条规定了低压电缆线路的芯数要求、敷设方法、额定电压和导体截面选择。

8.2 接　地

本节规定了低压配电系统接地型式选择、系统接地电阻要求和漏电保护的配置和选型。

8.2.1 低压配电系统的接地方式直接关系人身安全和系统安全运行。低压接地有三种型式：

1 TN 系统：系统的电源端有一点直接接地，电气装置的外露可导电部分通过保护中性导体或保护导电体接到此接地点。TN 系统根据中性导体和保护导体的连接组合情况，又可分为三种：

1） TN-S 系统：整个系统的中性导体和保护导体是分开的。

2） TN-C 系统：整个系统的中性导体和保护导体是合一的。

3） TN-C-S 系统：系统中一部分线路的中性导体和保护导体是合一的。

当图例标志时，N 线表示中性线，PE 线表示保护线，PEN 线表示保护中性线。

2 TT 系统：系统的电源端有一点直接接地，电气装置的外露可导电部分直接接地，此接地点与电源端接地点在电气上彼此独立。

3 IT 系统：电源端的带点部分不接地或一点通过阻抗接地，电气装置的外露可导电部分直接接地。

8.3 低压配电设备选择

本节说明低压配电设备的选择，重点说明低压开关设备、隔离电器和导体材料的选择应用。在实际工程中，应正确、合理选择设备和材料，提高工程建设质量和水平。

9 配电网二次部分

本章包括配电网继电保护和自动装置、变电站自动化、配电自动化、配电网通信和电能计量。配电网二次部分存在的主要问题是设备质量和规范化程度低，技术和管理水平低。这些是影响电网安全和供电质量提高的重要环节，因此，在配电网一次设备完善、规范的基础上，提高配电网保护和自动化技术是未来配电网的重点工作之一。

9.1 继电保护和自动装置

本节内容为配电网继电保护和自动装置的配置要求。各地应根据规范规定和行之有效的实践经验进一步统一技术标准、合理设备配置、规范接线和布置型式。

9.2 变电站自动化

本节提出配电网变电站自动化的原则配置。目前，配电网变电站一般采用无人值班型式。自动化配置与现行电力行业标准规定要求基本一致，各地差异在设备档次。

数字化、智能化变电站，目前尚处于试点过程中，其设备参数、功能配置、信息、通信要求以及设备配套等方面尚需进一步规范。

9.3 配电自动化

我国配电自动化工作，大多数城市还没有开展，也没有规划目标。本节参考个别地区的实际经验，仅提出配电自动化的建设原则、功能配置原则和系统组成结构原则。

配电自动化系统组成结构见图1所示。

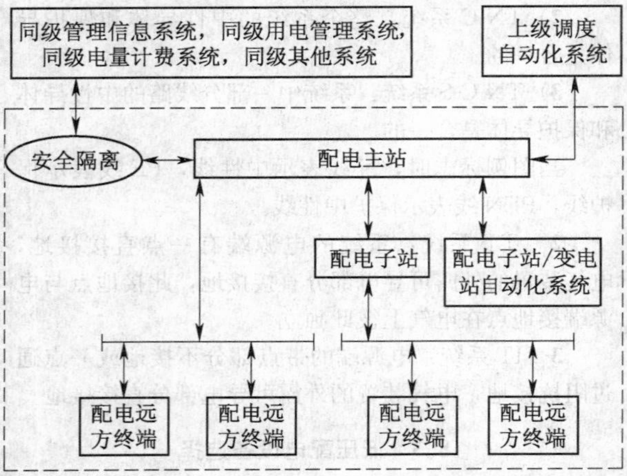

图1 配电自动化系统组成结构

9.4 配电网通信

本节对配电网通信建设原则、通信介质和通信方式选择等提出基本要求。

9.5 电能计量

本节符合现行行业标准《电能计量装置技术管理规程》DL/T 448—2000，主要是计量方式、仪表准确度的选择和关口计量点的确定。电能计量自动化方面，其功能、通信等已积累了有效的经验，需进一步提高和规范。

10 用户供电

10.1 用电负荷分级

本节说明客户负荷分级的原则和分级情况，内容与国家现行标准《供配电系统设计规范》GB 50052和住房和城乡建设部《民用建筑电气设计规范》JGJ 16—2008的有关规定一致。

10.2 用户供电电压选择

10.2.1、10.2.2 这两条说明了用户供电电压等级和选择的原则，供电电压选择没有严格的、确切的界限，用户和用电管理部门应根据国家政策、电力行业有关标准和当地具体情况选择合理的供电电压。

10.3 供电方式选择

10.3.2 对具有一级负荷的用户应采用双电源或多电源供电，其应急电源应符合独立电源的条件。条件允许时，建议配备非电性质的应急措施。自备应急电源的容量、启动时间等要求应根据用户生产技术的情况确定。

10.3.3 对具有二级负荷的用户宜采用双电源供电，应根据当地的公共电网条件、用户对供电可靠性的要求等确定；是否配备应急电源应根据用户对可靠性的要求确定。

对于具有一级和二级负荷的用户是否采用两路或以上外电源供电，还需要考虑一级和二级负荷在用户总用电负荷中的比重、用户对于可靠性的要求等因素。

10.3.4 对三级负荷的用户可采用单电源供电，对供电没有特殊要求。在电网条件具备、且用户经济上允许的情况下可采用双电源供电方式。

10.3.5 双电源、多电源供电时，宜采用同一电压等级电源供电。采用不同电压等级供电可能会造成投资的浪费和运行的不便，而且可能对电网的安全可靠运行带来一定的风险。

10.3.6 供电线路的型式应根据当地的电网条件和用户的要求确定。当用户对可靠性要求较高时可以考虑采用电缆线路供电的方式，当用户对供电可靠性相对较低而地区发展规划要求穿越的部分区域必须采用电缆时，可以采用架空＋电缆混合线路的供电方式。

10.4 居民供电负荷计算

用电负荷计算是确定配电设施容量的基础，居住区住宅的用电负荷依赖于居民供电负荷指标。居民供电负荷指标应综合考虑所在城市的性质、社会经济、气候、民族、习俗及家庭能源使用种类等因素确定。由于我国各地区社会经济、气候、民族民俗差异很大，各地区家庭能源的使用种类差异较大，各地区的负荷指标千差万别，很难确定一个通用的指标，本规范根据国家现行标准《住宅设计规范》GB 50096和《民用建筑电气设计规范》JGJ 16—2008的规定及节能原则，给出了住宅、商业和办公用电负荷指标，各地区也可制订适应于当地条件的用电负荷指标。在计算工商企业用户或居民住宅用电负荷时应考虑设备的需要系数和各车间、各住户间的用电同时系数，一般居民住宅可取0.2～0.4，商业可取0.5～1，办公可取0.6～1。

居民住宅用电负荷需要系数见附录E。

10.5 对特殊电力用户供电的技术要求

10.5.1 本条说明了特殊用户的种类和对特殊用户供电的基本原则。为了防止对电力设备产生有害影响和对用户造成危害，对特殊用户的供电方式应综合考虑供用电的安全、经济、用户用电性质、容量、电网供电条件等因素，经技术经济比较确定。

10.5.2 本条对一些特殊用户提出供电的技术要求：

1 对谐波源用户的要求。各类工矿企业、运输等非线性负荷，引起电网电压及电流的畸变，称为谐波源。谐波对电网设备和用户用电设备造成很大危害。所以，要求用户注入电网的谐波电流及电网的电压畸变率必须符合现行国家标准《电能质量——公用电网谐波》GB/T 14549、《电磁兼容限值　谐波电流发射限值》GB 17625.1 等的规定要求，否则应采取措施，如加装无源或有源滤波器、静止无功补偿装置、电力电容器加装串联电抗器等，以保证电网和设备的安全、经济运行。用户所造成的谐波污染，按照谁污染谁治理的原则进行治理。

2 对冲击负荷、波动负荷用户的用电要求。冲击负荷及波动负荷引起电网电压波动、闪变，使电能质量严重恶化，危及电机等电力设备正常运行，引起灯光闪烁，影响生产和生活质量。这类负荷应经过治理并符合现行国家标准《电能质量——电压波动和闪变》GB 12326 的规定要求后，方可接入电网。为限制冲击、波动等负荷对电网产生电压波动和闪变，除要求用户采取就地装设静止无功补偿设备和改善其运行工况等措施外，供电企业可根据项目接入系统研究报告和电网实际情况制定可行的供电方案，必要时可采用提高接入系统电压等级、增加供电电源的短路容量以及减少线路阻抗等措施。

3 对不对称负荷用户的用电要求。不对称负荷会引起负序电流（零序电流），从而导致三相电压不平衡，会造成电机发热、振动等许多危害。所以要求电网中电压不平衡度必须符合现行国家标准《电能质量——三相电压不平衡》GB/T 15543 的要求，否则应采取平衡化的技术措施。本规范列举了三项防止和消除电网不平衡的措施，在实际供电方案中可根据当地电网实际条件进行验算，以确定合理的供电方案。

4 对电压敏感负荷用户的用电要求。一些特殊用户所产生的电压暂降、波动和谐波等将造成连续生产中断或显著影响产品质量。一般应根据负荷性质，由用户自行装设电能质量补偿装置，如动态电压恢复器（DVR）、快速固态切换开关（SSTS）以及有源滤波器（APF）等。

11 节能与环保

本章规定了有关节能和环境保护的要求；建筑节能、设备及材料节能的具体做法；电磁场环境影响治理和噪声污染的控制；污水排放和废气排放的措施。本章内容较少，但反映了配电系统对节能和环保的重视，是贯彻节能和环保政策的实践总结，今后在执行中将进一步强化和完善。

11.1 一 般 规 定

本节提出城市配电网节能、环保的原则要求。

11.2 建 筑 节 能

11.2.1、11.2.2 为贯彻国家有关节约能源、环境保护的法规和政策，落实科学发展观，对建（构）筑物采取合适的节能措施是必要的。这两条参照国家有关节能标准编写。目前，国家尚未颁布工业建筑的节能标准，配电网中建（构）筑物的节能措施除本规定外，可参照国家现行标准《民用建筑节能设计标准》JGJ 26—95、《严寒和寒冷地区居住建筑节能设计标准》JGJ 26—2010、《公共建筑节能设计标准》GB 50189，采取适宜的节能方案和措施。

11.3 设备及材料节能

本节提出变配电站内设备和材料节能、环保的基本要求和主要措施。

11.4 电磁环境影响

11.4.1 本规范引用了涉及电磁环境的三项现行国家标准：《电磁辐射防护规定》GB 8702、《环境电磁波卫生标准》GB 9175 和《高压交流架空送电线无线电干扰限值》GB 15707。

1 现行国家标准《电磁辐射防护规定》GB 8702 规定，凡伴有辐射照射的一切实践和设施的选址、设计、运行和退役，都必须符合表 5 的限值要求。

表 5　不同频率范围内的照射限值

频率范围（MHz）	职业照射限值（V/m）	公众照射限值（V/m）
0.1MHz～3MHz	87	40
3MHz～30MHz	27.4	12.2
30MHz～3000MHz	28	12

注：1 职业照射限值为每天 8h 工作期间内，电磁辐射场的场量参数在任意连续 6min 内的平均值应满足的限值。

2 公众照射限值为一天 24h 工作期间内，电磁辐射场的场量参数在任意连续 6min 内的平均值应满足的限值。

2 现行国家标准《环境电磁波卫生标准》GB 9175 规定，一切人群经常居住和活动场所的环境电磁辐射不得超过表 6 的允许场强。

表6 不同频率波段范围内的电磁辐射允许场强

波段	频率	场强单位	允许场强一级（安全区）	允许场强二级（中间区）
长、中、短	0.1MHz～30MHz	V/m	＜10	＜25
超短	30MHz～300MHz	V/m	＜5	＜12

注：1 一级（安全区），指在该环境电磁波强度下，长期居住、工作、生活的一切人群，包括婴儿、孕妇和老弱病残者，均不会受到任何有影响的区域。

2 二级（中间区），指在该环境电磁波强度下，长期居住、工作、生活的一切人群，可能引起潜在性不良反应的区域。在此中间区域内可建工厂和机关，但不许建造居民住宅、学校、医院和疗养院等。

3 现行国家标准《高压交流架空送电线无线电干扰限值》GB 15707 规定，最高电压等级配电装置区外侧，避开进出线，距最近带电构架投影 20m 处，晴天（无雨、无雪、无雾）的条件下：110kV 变电所的无线电干扰允许值不大于 46dB（μV/m）。

11.5 噪声控制

11.5.1 有关噪声控制的现行国家标准主要有《工业企业厂界环境噪声排放标准》GB 12348、《声环境质量标准》GB 3096 等。

1 现行国家标准《工业企业厂界环境噪声排放标准》GB 12348主要规定了适用于工厂及可能造成噪声污染的企事业单位边界的噪声限值。

2 现行国家标准《声环境质量标准》GB 3096 贯彻《中华人民共和国环境保护法》及《中华人民共和国环境噪声污染防治条例》，为保障城市居民的生活声环境质量而制订，该标准规定了城市五类区域的环境噪声最高限值，适用于城市区域，乡村生活区域可参照执行。

11.5.2 本条提出的主变压器噪声水平为经验数据，一般可使变电站满足第 11.5.1 条的要求，并可控制设备的制造成本。

11.6 污水排放

11.6.1 本规范引用了有关污水排放的国家现行标准《污水综合排放标准》GB 8978 和《污水排入城市下水道水质标准》CJ 3082。

1 现行国家标准《污水综合排放标准》GB 8978 按照污水排放去向，分年限规定了 69 种水污染物最高允许排放浓度及部分行业最高允许排水量。

2 现行行业标准《污水排入城市下水道水质标准》CJ 3082 规定了排入城市下水道污水中 35 种有害物质的最高允许浓度。适用于向城市下水道排放污水的排水户。

11.7 废气排放

电气设备中，广泛采用 SF_6 气体，应采取安全可靠的密封措施，严防运行中和储存期间 SF_6 气体泄漏。

纯净的 SF_6 气体无色、无味、不燃，在常温下化学性能特别稳定，是空气比重的 5 倍多，是不易与空气混合的惰性气体，对人体没有毒性。但在电弧及局部放电、高温等因素影响下，SF_6 气体会进行分解，而其分解产物遇到水分后会产生一些剧毒物质，如氟化亚硫酰（SOF_2）、四氟化硫（SF_4）、二氟化硫（SF_2）等。所以，装有 SF_6 设备的配电装置室应设有机械通风装置，宜在低位区安装 SF_6 气体泄漏报警仪，在工作人员入口处装置显示器。设备内的 SF_6 气体不得向大气排放，泄漏应采取净化回收。

正常运行时，设备内 SF_6 气体的年泄漏率不得大于国家标准规定限值。

附录A 高压配电网接线方式

本附录规范了城市高压配电网的基本接线型式及其适用范围，各城市在规划设计时，应结合城市特点、远景规划、输电网规划以及现有中、低压配电网情况选择线路型式和接线型式。

规划选定的接线型式不得轻易变更，只能在实施中不断改进和完善。中间过渡方案也应是规划选定的接线型式。

附录B 中压配电网接线方式

本附录规范了城市中压配电网的基本接线型式及其适用范围，各城市应结合城市特点、高压配电网接线、电源布点和城市供电分区情况选择线路型式和接线型式。

网络应合理简化、接线型式应尽量减少。

接线型式应满足负荷要求、方便过渡和规范管理。

附录C 弱电线路等级

本附录引自现行国家标准《110kV～750kV 架空输电线路设计规范》GB 50545，与本规范第 6.1.2 条中架空线路与各级弱电线路的交叉、跨越和接近的安全距离有要求有关。

附录D 公 路 等 级

本附录引自现行行业标准《公路工程技术标准》JTG B01—2003，与本规范第6.1.2条中架空线路与各级公路的交叉、跨越和接近的安全距离有要求有关。

附录E 城市住宅用电负荷需要系数

本附录引自现行行业标准《民用建筑电气设计规范》JGJ 16—2008，供城市配电站主变压器容量选择时，住宅用电负荷统计计算参照使用。

中华人民共和国国家标准

城镇供热系统评价标准

Evaluation standard for district heating system

GB/T 50627—2010

主编部门：中华人民共和国住房和城乡建设部
批准部门：中华人民共和国住房和城乡建设部
施行日期：2 0 1 1 年 1 0 月 1 日

中华人民共和国住房和城乡建设部
公　　告

第822号

关于发布国家标准
《城镇供热系统评价标准》的公告

现批准《城镇供热系统评价标准》为国家标准，编号为GB/T 50627－2010，自2011年10月1日起实施。

本标准由我部标准定额研究所组织中国建筑工业出版社出版发行。

中华人民共和国住房和城乡建设部

2010年11月3日

前　　言

本标准是根据原建设部《关于印发〈2005年工程建设标准规范制订、修订计划（第一批）〉的通知》（建标函［2005］84号）的要求，由中国建筑科学研究院和河南省第五建筑安装工程（集团）有限公司会同有关单位共同编制完成的。

本标准在编制过程中，编制组经广泛调查研究，认真总结实践经验，参考有关国际标准和国外先进标准，并在广泛征求意见的基础上，制定了本标准。

本标准主要技术内容包括：总则、术语、基本规定、设施评价、管理评价、能效评价、环保安全消防以及相关附录。

本标准由住房和城乡建设部负责管理，由中国建筑科学研究院负责具体技术内容的解释。执行过程中如有意见或建议请寄送中国建筑科学研究院（地址：北京市北三环东路30号，邮政编码：100013，E-mail:grpj163@163.com）。

本标准主编单位：中国建筑科学研究院
河南省第五建筑安装工程（集团）有限公司

本标准参编单位：清华大学
哈尔滨工业大学
辽宁省建筑设计研究院
沈阳惠天热电股份有限公司
北京市煤气热力工程设计院有限公司
北京市市政市容管理委员会供热管理办公室
哈尔滨市建设工程质量监督总站
北京市热力集团有限责任公司
山东省建筑设计研究院
牡丹江热电有限公司
建设部供热质量监督检验中心
沈阳浑南热力有限责任公司
辽宁省建设科学研究院
北京金房暖通节能技术有限公司
山东建筑大学
中国建筑金属结构协会采暖散热器委员会
北京华艾鑫节能设备有限公司
泛华建设集团有限公司沈阳设计分公司
辽宁省省直房地产开发总公司
北京首都机场动力能源有限公司
河南省建筑科学研究院
中国人民解放军工程与环境质量监督总站

本标准主要起草人：宋　波　季三荣　狄洪发
董重成　崔　巍　张书忱
段洁仪　赫迎秋　赵欣虹
马景涛　于晓明　孙玉庆
柳　松　陈　宁　冯继蓓

王庆辉　杨建勋　张金和
宋为民　杨新敬　张献瑞
廖嘉瑜　佟力宇　方登林
王润光　栾景阳　刘　荣
杨南方

本标准主要审查人：许文发　闻作祥　郭维圻
李建兴　金丽娜　万水娥
史新华　张　录

目　次

Contents

1 总 则

1.0.1 为了加强城镇集中供热系统运行管理，统一城镇集中供热系统的评价方法，提高城镇集中供热系统的能源利用率，减少污染物排放，促进供热与用热质量的提高和系统安全运行，满足人们的生活和工作需求，依据国家有关法律、法规、管理要求和相关技术标准，制定本标准。

1.0.2 本标准适用于供热介质为热水的城镇集中供热系统的设施、管理、能效及环保安全消防四个单元的技术评价。

1.0.3 蒸汽锅炉房或热电厂的供热系统应从第一级热力站开始进行评价。

1.0.4 城镇集中供热系统评价中使用的检测和评价方法除应符合本标准的规定外，尚应符合国家现行有关标准的规定。

2 术 语

2.0.1 综合性评价 comprehensive evaluation

对城镇集中供热系统评价体系中的设施、管理、能效及环保安全消防四个单元全部进行评价。

2.0.2 选择性评价 selective evaluation

对城镇集中供热系统评价体系中的一个或几个单元的评价，或对单元中的一个或几个项目的评价。

3 基 本 规 定

3.1 评 价 条 件

3.1.1 城镇集中供热系统评价应在系统通过竣工验收并正常运行一年后进行。

3.1.2 申请评价的城镇集中供热系统应具备相关的技术档案等资料和文件。

3.1.3 有下列情况之一时不参加评价：

1 城镇集中供热系统未安装热计量装置；

2 环境安全和消防未达到相关部门标准要求。

3.2 评价体系与评价方法

3.2.1 城镇集中供热系统评价体系（图 3.2.1）由单元、项目、内容三个层次组成，单元为设施、管理、能效和环保安全消防，每个单元由若干评价项目组成，每个评价项目包括若干评价内容。

3.2.2 综合性评价应对评价体系中的设施、管理、能效及环保安全消防四个单元全部进行评价；选择性评价应对评价体系中的一个或几个单元进行评价，或对单元中的一个或几个项目进行评价。选择性评价可以是单元选择性评价，也可以是项目选择性评价。

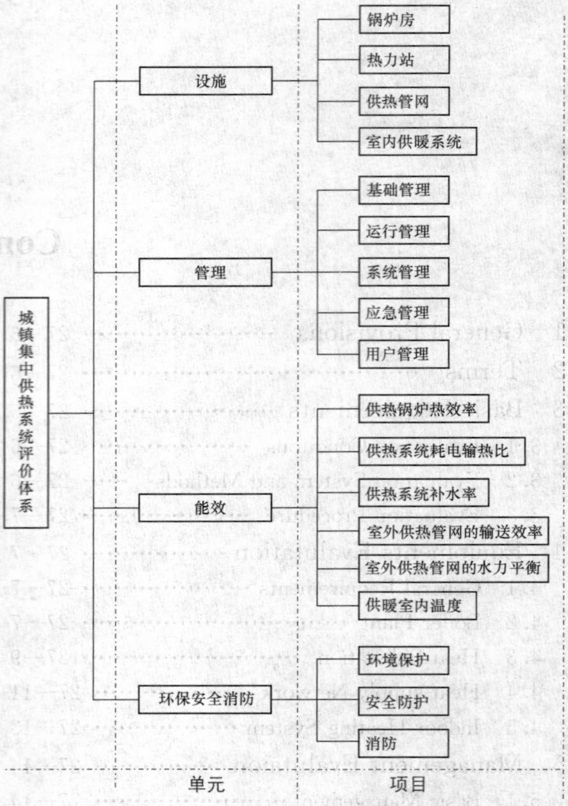

图 3.2.1 城镇集中供热系统评价体系框架示意

3.2.3 综合评价应包括所有单元的所有项目和项目中的所有内容，单元评价应包括单元中的所有项目，项目评价应包括项目中的所有内容。

3.2.4 城镇集中供热系统综合性评价和选择性评价总分的计算方法应符合下列规定：

1 每个评价内容得分应按评分标准直接赋值，对于需要进行抽样的评价内容，其得分应为每个抽样样本得分的算术平均值。

2 每个评价项目得分应按项目中每个评价内容的得分累加计算。

3 每个评价单元得分应按单元中每个评价项目的得分和权重值加权计算。

4 城镇集中供热系统综合评价总分应按每个评价单元的得分和权重值加权计算。

3.2.5 城镇集中供热系统综合性评价结论应为综合三星、综合二星、综合一星共三级，各星级赋星应符合下列规定：

1 当总分大于或等于 90 分，且每一项目得分不小于 70 分时，应评为综合三星。

2 当总分大于或等于 75 分，且每一项目得分不小于 65 分时，应评为综合二星。

3 当每一项目得分不小于 60 分时，应评为综合一星。

4 当不符合上述要求时，不应赋星。

3.2.6 城镇集中供热系统单元选择性评价结论应为单元三星、单元二星、单元一星共三级，各星级赋星应符合下列规定：

1 当被评价单元总分大于或等于 90 分，且每一项目得分不小于 70 分时，应评为单元三星。

2 当被评价单元总分大于或等于 75 分，且每一项目得分不小于 65 分时，应评为单元二星。

3 当被评价单元中每一项目得分不小于 60 分时，应评为单元一星。

4 当不符合上述要求时，不应赋星。

3.2.7 城镇集中供热系统项目选择性评价结论应为项目三星、项目二星、项目一星共三级，各星级赋星应符合下列规定：

1 当被评价项目总分大于或等于 90 分时，应评为项目三星。

2 当被评价项目总分大于或等于 75 分时，应评为项目二星。

3 当被评价项目总分大于或等于 60 分时，应评为项目一星。

4 当不符合上述要求时，不应赋星。

3.2.8 在进行城镇集中供热系统综合评价、单元选择性评价或项目选择性评价时，当被评价项目中的任一评价内容得 0 分时，评价结论应降一级。选择性评价赋星，应注明单元或项目的具体名称。

3.2.9 城镇集中供热系统评价体系中各单元、项目相应的权重赋值应符合表 3.2.9 的规定。

3.2.10 城镇集中供热系统评价的抽样规则应符合本标准附录 A 的规定。

表 3.2.9 各单元、项目权重赋值表

序号	单 元	权重值	序号	项 目	权重值
1	设施	40	1	锅炉房	40(60)
			2	热力站	20(60)
			3	室外供热管网	20
			4	室内供暖系统	20
2	管理	25	1	基础管理	25
			2	运行管理	30
			3	系统管理	20
			4	应急管理	15
			5	用户管理	10
3	能效	25	1	供热锅炉热效率	30
			2	供热系统耗电输热比	15
			3	供热系统补水率	15
			4	室外供热管网的输送效率	15
			5	室外供热管网的水力平衡	10
			6	供暖室内温度	15

续表 3.2.9

序号	单 元	权重值	序号	项 目	权重值
4	环保安全消防	10	1	环境保护	30
			2	安全防护	30
			3	消防	40

注：在进行综合性评价或设施单元选择性评价时，如只对锅炉房或热力站之一进行评价时，该被评价项的权重值取括号中的赋值。

3.3 评价程序

3.3.1 城镇集中供热系统评价程序应符合下列规定：

1 申请评价方应提出评价申请，并应提供有关的技术资料。

2 申请评价方与评价机构应签订委托合同。

3 评价机构应组成评价小组、制定评价方案，并应按评价方案实施评价、出具评价报告。

4 评价机构应将评价结果报当地供热管理部门备案，评价结果备案表应符合本标准附录 B 的规定。

3.3.2 评价报告应包括下列主要信息：

1 评价报告标题。

2 评价机构的名称、地址。

3 评价项目地点。

4 评价报告编号、页码和总页码。

5 申请评价方的名称和地址。

6 项目的名称及基本概况。

7 评价人员的签名。

8 检查结果和评价结论。

3.3.3 城镇集中供热系统评价应由具备相应资质的第三方承担。

4 设施评价

4.1 一般规定

4.1.1 城镇集中供热系统的设施应完备、良好，并能正常运行。

4.1.2 节能设备、供热系统热量计量装置及监测与控制系统应运行稳定，记录齐全、准确、可靠。

4.1.3 城镇集中供热系统的设施应与竣工图等技术档案资料相符合，设备的使用说明书、合格证应齐全，大中修记录完整，并应有相应的运行管理资料。

4.2 锅炉房

4.2.1 锅炉房评价包括下列内容：

1 锅炉及其附属设备。

2 循环水泵。

3 定压补水装置。

4 水处理装置。

5 保温。

6 计量与检测装置。

7 自动调节控制装置。

8 环保设施。

9 节能、节水装置。

4.2.2 锅炉房评价应符合下列规定：

1 锅炉额定出水温度不应低于热网设计运行温度要求；锅炉台数及供热能力应与供热系统热负荷调节特性相匹配；除常压锅炉外，锅炉承压能力应高于供热系统工作压力；燃煤锅炉输煤系统、鼓引风机应设调速装置；燃油、燃气锅炉宜采用比例调节燃烧器。

2 循环水泵的总流量应与系统总设计流量相匹配，热网流量应与运行工况计算流量相近；各级循环水泵的总扬程应与设计流量下热源、最不利环路的总压力损失相匹配；循环水泵的工作压力、温度应与热力网设计参数相匹配。变流量调节的供热系统，热力网循环水泵应采用调速水泵，调速泵转速宜自动控制。

3 定压补水装置应保证供热系统在运行和静态工况下，任何一点不汽化、不超压、不倒空，并应有30kPa～50kPa的富余压力。补水泵流量应满足正常补水和事故补水的流量要求，不应小于系统循环流量的4%。

4 系统水质应符合现行国家标准《工业锅炉水质》GB/T 1576和《工业锅炉水处理设施运行效果与监测》GB/T 16811的有关规定。水处理能力不应小于系统正常补水量，且不小于循环流量的2%。

5 所有供热设备、储水设备、热水管道及管路附件应采用相应的保温措施，保温层外应敷设保护层。

6 计量与检测装置应正常工作并记录每台锅炉进出口温度、压力、锅炉循环水量、燃料消耗量、锅炉房供热量及耗电量；热力网供回水温度、供回水压力、定压点压力、热力网循环流量、供热量、补水量。

7 锅炉宜设有燃烧过程自动调节装置并与锅炉供热参数控制装置联动。

8 烟囱高度、烟气和污水处理装置应符合国家现行有关污染物排放标准。烟气、灰渣、污水处理应符合国家现行有关污染物排放标准和环评要求。

9 内部生产用水宜循环利用。除尘过程、烟气装置、除渣、除尘的凝结水应循环利用，燃煤锅炉除灰渣、除尘等用水应循环利用。燃油、燃气锅炉宜设烟气热回收装置。

4.2.3 锅炉房评分规则应符合表4.2.3的规定。

表4.2.3 锅炉房评分表

项目名称				供热面积	
委托单位				开竣工日期	
序号	评价内容	评价标准	评分规则	标准分值	实得分值
1	锅炉及其附属设备	锅炉额定出水温度不应低于热网设计运行温度要求；锅炉台数及供热能力应与供热系统热负荷调节特性相匹配；除常压锅炉外，锅炉承压能力应高于供热系统工作压力；燃煤锅炉输煤系统、鼓引风机应设调速装置；燃油、燃气锅炉宜采用比例调节燃烧器	额定出水温度低于热网设计要求扣5分；单台锅炉总供热能力小于设计热负荷扣5分，运行负荷率过低扣2分～3分；承压能力不足扣5分。无调速装置扣5分；锅炉燃烧调节装置不满足要求扣3分	25	
2	循环水泵	循环水泵的总流量应与系统总设计流量相匹配，热网流量应与运行工况计算流量相近；各级循环水泵的总扬程应与设计流量下热源、最不利环路的总压力损失相匹配；循环水泵的工作压力、温度应与热力网设计参数相匹配。变流量调节的供热系统，热力网循环泵应采用调速泵，调速泵转速宜自动控制	实际流量大于计算流量，每超过10%扣2分。总流量小于总设计流量或大于1.2倍总设计流量扣6分，大于1.1倍总设计流量扣3分；铭牌扬程小于设计压力损失或大于1.2倍设计压力损失扣6分，大于1.1倍设计压力损失扣3分。 变流量调节未采用调速泵扣1分，采用调速泵无自动控制扣2分	15	
3	定压补水装置	定压补水装置应保证供热系统在运行和静态工况中下，任何一点不汽化、不超压、不倒空，并应有30kPa～50kPa的富余压力。补水泵流量应满足正常补水和事故补水的要求总流量，不应小于系统循环流量的4%	定压系统不满足运行压力要求扣4分，不满足静压要求扣4分。补水能力不满足要求扣4分	9	

续表 4.2.3

序号	评价内容	评价标准	评分规则	标准分值	实得分值
4	水处理装置	系统水质应符合现行国家标准《工业锅炉水质》GB/T 1576 和《工业锅炉水处理设施运行效果与监测》GB/T 16811 的有关要求。水处理能力不应小于系统正常补水量，且不小于循环流量的2%	水质指标不满足标准要求每 1 项扣 2 分。 水处理能力小于系统循环流量的 2%扣 2 分	6	
5	保温	所有供热设备锅炉、换热器、储水设备、热水管道及管路附件应采用相应的保温措施，保温层外应有保护层	设备无保温扣 2 分；管道无保温扣 3 分；管路附件无保温扣 1 分；以上保温不全或保温外表面温度高于 50℃酌情扣 1 分～5 分	6	
6	计量与检测装置	计量与检测装置应正常工作并记录每台锅炉进出口温度、压力、锅炉循环水量、燃料消耗量；锅炉房供热量及耗电量；热力网供回水温度、供回水压力、定压点压力、热力网循环流量、供热量、补水量	锅炉参数不全扣 1 分～2.5 分；耗电量无计量扣 1 分；供热量无计量扣 3 分；热网参数不全扣 1 分～2.5 分	9	
7	自动调节控制装置	锅炉宜设燃烧过程自动调节装置。 锅炉房应设供热参数控制装置并联动	锅炉燃烧无自动控制扣 3 分～8 分。 供水温度、压力无自动控制联动扣 2 分～4 分	12	
8	环保设施	烟囱高度、烟气和污水处理装置应符合国家及地方有关污染物排放标准。烟气、灰渣、污水处理应符合国家及地方有关污染物排放标准和环评要求	烟囱高度不满足扣 2.5 分；无烟气处理装置扣 5.5 分。 灰渣不满足烟尘排放超标扣 2.5 分；SO_2 排放超标扣 1 分；NO_x 排放超标扣 1 分；污排水排放超标扣 1.5 分	12	

续表 4.2.3

序号	评价内容	评价标准	评分规则	标准分值	实得分值
9	节能节水装置	内部生产用水宜循环利用。除尘过程、烟气装置、除渣、除尘的凝结水循环利用，燃煤锅炉除灰渣、除尘等用水应循环利用。燃油、燃气锅炉宜设烟气热回收装置，回收利用烟气热量	燃煤锅炉用水未循环利用的扣 6 分；燃油、燃气锅炉无烟气热回收装置扣 1 分	6	
检查评分结果	应得分数	100		实得分数	
	检查结果				
	审核：	检查评价人：		检查日期：	

注：每个评价内容的标准分值为该评价内容的最高得分，对各评价内容的最多扣分值为该评价内容的标准分值，即最多扣至 0 分为止。

4.3 热 力 站

4.3.1 热力站评价包括下列内容：

1 热交换器。

2 循环水泵。

3 定压补水装置。

4 水处理装置。

5 保温。

6 计量与检测装置。

7 自动调节控制装置。

4.3.2 热力站评价应符合下列规定：

1 热力站的换热器、混水泵（混水控制阀）选型应合理，设计参数应与用户系统匹配；对于不降温直接连接热力站，必须设有分配阀门。

2 循环水泵的总流量应与系统总设计流量相匹配，热网流量应与运行工况计算流量相近；各级循环水泵的总扬程应与设计流量下热源、最不利环路的总压力损失相匹配；循环水泵的工作压力、温度应与热力网设计参数相匹配。变流量调节的供热系统，热力网循环泵应采用调速泵，调速泵转速宜自动控制。

3 定压补水装置应保证供热系统在运行和静态工况下，任何一点不汽化、不超压、不倒空，并应有 30kPa～50kPa 的富余压力。补水泵流量应满足正常补水和事故补水的要求总流量，不应小于系统循环流量的 4%。

4 补水水质应符合现行国家标准《工业锅炉水

质》GB/T 1576 对热水锅炉相关标准的要求。

5 所有换热器、储水设备、热水管道及管路附件应保温，保温层外应有保护层。

6 热力站应具备下列参数的本地检测，同时根据运行控制模式需要，采集并实现所需参数的远传集中监控：一次网供、回水温度，二次网供、回水温度；一次网供、回水压力，二次网供、回水压力；一次网流量及累计流量，一次网热量，二次网各系统热量或流量，补水流量及累计流量；热力站耗电量。

7 热力站应设置供热量自动控制装置。

4.3.3 热力站评分规则应符合表 4.3.3 的规定。

表 4.3.3 热力站评分表

项目名称				供热面积	
委托单位				开竣工日期	
序号	评价内容	评价标准	系统评分	标准分值	实得分值
1	热交换器	热力站的换热器、混水泵（混水控制阀）选型应合理，设计参数应与用户系统匹配；对于不降温直接连接热力站，必须设有分配阀门	供热温度不匹配扣 10 分；供热能力小于设计热负荷扣 10 分，未设分配阀门扣 10 分	30	
2	循环水泵	循环水泵的总流量应与系统总设计流量相匹配，热网流量应与运行工况计算流量相近；各级循环水泵的总扬程应与设计流量下热源、最不利环路的总压力损失相匹配；循环水泵的工作压力、温度应与热力网设计参数相匹配。变流量调节的供热系统，热力网循环泵应采用调速泵，调速泵转速宜自动控制	实际流量大于计算流量，每超过 10% 扣 2 分。 总流量小于总设计流量或大于 1.2 倍总设计流量扣 8 分，大于 1.1 倍总设计流量扣 4 分；扬程小于设计压力损失或大于 1.2 倍设计压力损失扣 8 分，大于 1.1 倍设计压力损失扣 4 分；承压能力低于设计参数扣 2 分；耐温能力低于设计参数扣 2 分。未采用调速泵扣 5 分，采用调速泵无自动控制扣 2 分	20	

续表 4.3.3

序号	评价内容	评价标准	系统评分	标准分值	实得分值
3	定压补水装置	定压补水装置应保证供热系统在运行和静态工况下，任何一点不汽化、不超压、不倒空，并应有 30kPa～50kPa 的富余压力。补水泵流量应满足正常补水和事故补水的要求总流量，不应小于系统循环流量的 4%	定压系统不满足运行压力要求扣 4 分，不满足静压要求扣 4 分。补水能力不满足要求扣 4 分	10	
4	水处理装置	补水水质应符合现行国家标准《工业锅炉水质》GB/T 1576 对热水锅炉相关标准的要求	水质指标不满足标准要求每 1 项扣 4 分	10	
5	保温	所有换热器、储水设备、热水管道及管路附件应保温，保温层外应有保护层保温外表面温度不应高于 50℃	设备无保温扣 2 分；管道无保温扣 4 分；附件无保温扣 2 分；以上保温不全酌情扣分；保温外表面温度高于 50℃ 扣 2 分	8	
6	计量与检测装置	热力站应具备下列参数的本地检测，同时根据运行控制模式需要，采集并实现所需参数的远传集中监控：一次网供、回水温度，二次网供、回水温度；一次网供、回水压力，二次网供、回水压力；一次网流量及累计流量，一次网热量，二次网各系统热量或流量，补水流量及累计流量；热力站耗电量	耗电量无计量扣 3 分；供热量无计量扣 7 分。本地检测装置不全扣 1～7 分；无本地计算机监控扣 2 分；无远传扣 1 分	10	

续表 4.3.3

序号	评价内容	评价标准	系统评分	标准分值	实得分值
7	自动调节控制装置	热力站应设置供热量自动控制装置。	供水温度无控制扣 6 分；有手动、无自动控制扣 6 分	12	
检查评分结果	应得分数	100		实得分数	
	检查结果				
	审核：　　检查评价人：　　检查日期：				

注：每个评价内容的标准分值为该评价内容的最高得分，对各评价内容的最多扣分值为该评价内容的标准分值，即最多扣至 0 分为止。

4.4 供热管网

4.4.1 供热管网评价包括下列内容：

1 补偿器。

2 阀门。

3 管道支架。

4 管道防腐及保温。

5 检查室和检查平台。

6 监控系统和仪器仪表。

7 放气和泄水装置。

4.4.2 供热管网评价应符合下列规定：

1 补偿器的规格、安装长度、补偿量和安装位置应符合设计要求。

2 供热管网的阀门必须有质量证明文件，一级管网主干线所用阀门及与一级管网主干线直接相连通的阀门，支干线首端和热力站入口处起关闭、保护作用的阀门及其他重要阀门应由有资质的检测机构进行强度和严密性试验，检验合格，定位使用。阀门的规格、型号必须符合设计要求；启闭灵活；位置、方向正确并便于操作。

3 支架位置应符合设计要求，固定支架埋设应牢固，固定支架和固定支架卡板安装、焊接及防腐合格；滑动支架，滑动面应洁净平整，支架安装的偏移方向及偏移量应符合设计要求，安装、焊接及防腐合格；导向支架，支架的导向性能、安装的偏移方向及偏移量应符合设计要求，无歪斜和卡涩现象，安装、焊接及防腐合格。固定支架、导向支架等型钢支架的根部，应做防水护墩。

4 金属管道必须进行防腐，供热介质温度超过 50℃的管道及附件都应采用相应的保温措施，保温层外应有保护层，保温结构表面温度不得超过 60℃。保温材料的材质及厚度应符合设计要求，且保温层及保护层应完好、无破损脱落现象；保温工程在第一个采暖季结束后，应有保温测定与评价报告。

5 检查室砌体室壁砂浆应饱满，灰缝平整，抹面压光，不得有空鼓、裂缝等现象；室内底面应平顺，坡向集水坑，爬梯应安装牢固，位置准确，不得有建筑垃圾等杂物；井圈、井盖型号准确，安装平稳。检查室内爬梯高度大于 4m 时应设防护栏或在爬梯中间设平台。位置较高且需经常操作的设备应设置操作平台、扶梯和防护栏杆等设施。

6 热网应具备重要部位温度、压力的现场检测条件，同时根据运行控制模式的需要，采集并实现所需参数的远传集中监控。

7 每个管段的高点应设放气装置，低点应设泄水装置。

4.4.3 供热管网评分规则应符合表 4.4.3 的规定。

表 4.4.3 供热管网评价表

项目名称				供热面积	
委托单位				开竣工日期	
序号	评价内容	评价标准	系统评分	标准分值	实得分值
1	补偿器	补偿器的规格、安装长度、补偿量和安装位置应符合设计要求	补偿器的规格、安装长度、补偿量和安装位置不符合设计要求的每项扣 4 分	20	
2	阀门	供热管网工程所用的阀门，必须有制造厂的产品合格证。一级管网主干线所用阀门及与一级管网主干线直接相连通的阀门，支干线首端和热力站入口处起关闭、保护作用的阀门及其他重要阀门应由有资质的检测机构进行强度和严密性试验，检验合格，定位使用。阀门的规格、型号符合设计要求；开闭灵活；安装位置、方向应正确并便于操作	无产品合格证扣 5 分。所用的阀门不是有资质的检测部门进行的强度和严密性试验扣 2 分，未进行强度和严密性试验的各扣 2 分，检验不合格扣 1 分，非定位使用扣 1 分。阀门型号不符合设计要求扣 2 分，开闭不灵活扣 1 分，安装位置不正确扣 2 分，安装方向不正确，影响操作各扣 1 分	20	

续表 4.4.3

序号	评价内容	评价标准	系统评分	标准分值	实得分值
3	管道支架	支架位置应符合设计要求，固定支架埋设应牢固，固定支架和固定支架卡板安装、焊接及防腐合格；滑动支架，滑动面应洁净平整，支架安装的偏移方向及偏移量应符合设计要求，安装、焊接及防腐合格；导向支架，支架的导向性能、安装的偏移方向及偏移量应符合设计要求，无歪斜和卡涩现象，安装、焊接及防腐合格。固定支架、导向支架等型钢支架的根部，应做防水护墩	固定支架安装位置不正确扣1分，埋设不牢固扣1分，固定支架和固定支架卡板安装、焊接及防腐不合格，分别扣0.5分。滑动支架滑动面不洁净平整扣1.5分，支架安装的偏移方向及偏移量不符合设计要求各扣1分，安装、焊接及防腐不合格，各扣0.5分。导向支架导向性能、偏移方向及偏移量不符合设计要求，各扣0.5分。有歪斜和卡涩现象，各扣0.5分；安装、焊接及防腐不合格，各扣0.5分。 固定支架、导向支架等型钢支架的根部未做防水护墩各扣0.5分	15	
4	管道防腐及保温	金属管道须进行防腐，供热介质温度超过50℃的管道及附件都应采用相应的保温措施，保温层外应有保护层，保温结构表面温度不得超过60℃。保温材料的材质及厚度应符合设计要求，且保温层及保护层应完好、无破损脱落现象；保温工程在第一个采暖季结束后，应有保温测定与评价报告	金属管道未进行防腐扣1分，供热介质温度超过50℃的管道及附件未采用相应的保温措施各扣2分。保温层外没有保护层扣2分，保温结构表面温度超过60℃扣3分。保温材料的材质及厚度不符合设计要求各扣2分，保温层及保护层有破损脱落各扣1.5分。保温工程在第一个采暖季结束后未进行保温测定扣2.5分，没有评价报告扣2.5分	20	

续表 4.4.3

序号	评价内容	评价标准	系统评分	标准分值	实得分值
5	检查室和检查平台	检查室砌体室壁砂浆应饱满，灰缝平整，抹面压光，不得有空鼓、裂缝等现象；室内底面应平顺，坡向集水坑，爬梯应安装牢固，位置准确，不得有建筑垃圾等杂物；井圈、井盖型号准确，安装平稳。检查室内爬梯高度大于4m时应设防护栏或在爬梯中间设平台。位置较高且需经常操作的设备应设置操作平台、扶梯和防护栏杆等设施	检查室砌体室壁砂浆不饱满，灰缝不平整，抹面没有压光各扣1分。室内底部平顺，没有坡向集水坑各扣0.5分，爬梯安装不牢固，位置不准确各扣0.5分，有建筑垃圾等杂物扣1分。井圈、井盖型号不准确各扣1分，安装不平稳扣1分。检查室内爬梯高度大于4m时未设防护栏扣1.5分，爬梯中间未设平台扣1.5分。位置较高且需经常操作的设备未设操作平台、扶梯和防护栏杆等设施各扣1分	10	
6	监控系统和仪器仪表	热网应具备重要部位温度、压力的现场检测条件，同时根据运行控制模式的需要，采集并实现所需参数的远传集中监控	热网没有本地检测装置扣5分，根据运行控制模式的需要，未实现远传集中监控扣5分	10	
7	放气和泄水装置	每个管段的高点应设放气装置，低点应设泄水装置	每个管段的高点未设放气装置各扣1分；每个管段的低点未设放水装置各扣1分	5	
	应得分数	100		实得分数	
检查评分结果	检查结果				
	审核：	检查评价人：	检查日期：		

注：每个评价内容的标准分值为该评价内容的最高得分，对各评价内容的最多扣分值为该评价内容的标准分值，即最多扣至0分为止。

4.5 室内供暖系统

4.5.1 室内供暖系统评价包括下列内容：

1 热力入口装置。

2 管道及配件。

3 散热器及地面辐射供暖加热管。

4 温度调控装置。

5 热计量装置。

6 防腐及保温。

7 系统试验和调试。

4.5.2 室内供暖系统评价应符合下列规定：

1 热力入口的水力平衡阀、过滤器、旁通管、阀门等的规格及安装位置应符合设计要求；各种阀门应启闭灵活、关闭严密、无渗漏现象；供回水管道上应安装温度计、压力表，其量程应满足测量需要，安装位置应便于观察。

2 管道坡度应符合设计要求，管道连接应严密、无渗漏；补偿器的规格、工作压力、安装位置及预拉伸和固定支架的构造及安装位置应符合设计要求；各种阀门应调节（启闭）灵活、关闭严密、无渗漏，安装位置应正确并便于操作；供暖系统的最高点应设置排气阀，且应工作正常，并不得有滴漏现象。

3 散热器应具备产品质量合格证明，并应满足使用要求，且与管道的连接方式应正确；散热器安装应牢固；地面辐射供暖系统的加热管应具备质量合格证明，且管道材质、规格、工作温度、工作压力等应符合设计要求。

4 散热器恒温阀与地面辐射供暖系统室温自动调控装置的规格应符合设计要求，并应具备产品质量合格证明；各种温控阀的安装应正确，且工作正常，不应有渗漏；散热器恒温阀应有防冻功能。

5 热量结算点的热量表及户间热量分摊装置应具备产品质量合格证明，其规格应符合设计要求，且在同一块热量表计量范围内的户间热量分摊装置的种类和型号应一致；各种热计量装置的安装应符合相关产品标准的要求，位置应便于观察，并能正常工作。

6 管道、金属支架的防腐应良好，无脱皮、起泡、流淌和漏涂缺陷；散热器外表面应刷非金属性涂料；供暖地沟、地下室及共用管道井内等有冻结危险部位的供暖管道与配件，其保温材料的材质及厚度应符合设计要求，且保温层及保护层应完好、无破损脱落现象；管道阀门、过滤器及法兰部位的保温结构应便于拆卸，并不得影响其操作功能。

7 供暖系统安装完毕后的冲洗、试压及调试的过程和结果应记录完整。

4.5.3 室内供暖系统（散热器供暖或地面辐射供暖）评分规则应符合表4.5.3的规定。

表 4.5.3 室内供暖系统评价表

项目名称				供热面积	
委托单位				开竣工日期	
序号	评价内容	评价标准	系统评分	标准分值	实得分值
1	热力入口装置	水力平衡阀、过滤器、旁通管、关断阀等的规格及安装位置应符合设计要求；各种阀门应开关灵活、关闭严密、无滴漏现象；供回水管道上的温度计、压力表，其量程应满足测量需要，安装位置应便于观察	未根据设计要求安装水力平衡阀扣3分，未安装过滤器、旁通管、关断阀、型号与规格不符合设计要求、无产品质量合格证明、安装位置不正确，各扣1.5分；各种阀门调节或开关不灵活、关闭不严密、有滴漏现象、过滤器清理困难或不畅通，各扣1分；供、回水总管上未安装泄水阀、温度计、压力表，或量程不够、安装位置不便于观察，各扣1分	20	
2	管道及配件	管道坡度应符合设计要求，管道连接应严密、无渗漏；穿过隔墙及楼板处的管道与套管之间，应用阻燃密实材料填实并密封封堵；补偿器的规格、型号、工作压力、安装位置及预拉伸和固定支架的构造及安装位置应符合设计要求；各种阀门应调节（开关）灵活、关闭严密、无滴漏，安装位置应正确并便于操作；供暖系统的最高点应设置排气阀，且应工作正常，并不得有滴漏现象	管道坡度不符合设计要求、管道连接有渗漏，各扣2分；管道过墙或穿越楼板处未设置套管，或虽设套管但未进行密封封堵，各扣2分；补偿器的型号、规格、安装位置、预拉伸及固定支架的构造、安装位置不符合设计要求，各扣2分；供回水分支干管、散热器的供回水立、支管未安装调节（关断）阀门扣2分，调节（开关）不灵活、关闭不严密、有滴漏现象各扣1分；供暖系统的最高点或有空气集聚的部位未安装自动或手动排气阀扣2分，工作不正常、有滴漏现象各扣1分	15	

续表 4.5.3

序号	评价内容	评价标准	系统评分	标准分值	实得分值
3	散热器（地面辐射供暖系统加热管）	散热器应具备产品质量合格证明，并满足使用要求，且与管道的连接方式应正确；散热器安装应牢固； （地面辐射供暖系统的加热管应具备质量合格证明，且管道材质、规格、工作温度、工作压力等应符合设计要求）	散热器无产品质量合格证明、不能满足使用要求各扣3分，与管道的连接方式有误扣2分；散热器支、托架埋设不牢固扣2分； （加热管无产品质量合格证明，管道的材质、规格、工作温度、工作压力不符合设计要求，各扣4分）	10 (10)	
4	室温调控装置	室温调控装置的规格应符合设计要求，并应具备产品质量合格证明；恒温阀应有防冻功能，安装应正确，工作应正常，且不得有渗漏； （地面辐射供暖系统室温调控装置的型号、规格应符合设计要求，并应具备产品质量合格证明；室温自动调控装置的安装应正确，工作应正常，且不得有渗漏）	未安装室温调控装置，扣15分；型号或规格与设计不符、无产品质量合格证明各扣4分；恒温阀无防冻功能、恒温阀的阀头和温度传感器安装方向与位置不正确、不能正常工作、有渗漏现象，各扣2分； （未安装室温调控装置扣15分；型号、规格与设计不符、无产品质量合格证明、不能正常工作、有渗漏现象各扣2分；室温自动调控装置的温度传感器安装位置、高度不正确各扣1分）	15 (15)	
5	热计量装置	热量结算点的热量表及户间热量分摊装置应具备产品质量合格证明，其规格应符合设计要求，且在同一块热量表计量范围内的户间热量分摊装置的种类和型号应一致；各种热计量装置的安装应符合相关产品标准的要求，位置应便于观察，并能正常工作	未安装热量结算表和热量分摊仪表，分别扣8分和7分；无产品质量合格证明，型号或规格与设计不符，在同一块热量表计量范围内的户间热量分摊装置的种类和型号不一致，各扣3分；安装位置不正确、不便于观察、工作不正常，各扣2分	15	

续表 4.5.3

序号	评价内容	评价标准	系统评分	标准分值	实得分值
6	防腐及保温	管道、金属支架的防腐油漆应附着良好，无脱皮、起泡、流淌和漏涂缺陷；散热器外表面应刷非金属性涂料；暖气沟、地下室及共用管道井内等有冻结危险部位的供暖管道与配件应进行保温，其保温材料的材质及厚度应符合设计要求，且保温层及保护层应完好、无破损脱落现象；管道阀门、过滤器及法兰部位的保温结构应便于拆卸，并不得影响其操作功能	管道、金属支架未进行防腐处理各扣1.5分，有防腐处理但油漆有脱皮、起泡、流淌、漏涂缺陷各扣1分；散热器外表面刷金属性涂料扣2分；未做保温扣2分，保温材料的材质及厚度不符合设计要求，保温层及保护层有破损脱落现象，各扣1分；管道阀门、过滤器及法兰部位的保温结构不便于拆卸或影响其操作功能，各扣1分	10	
7	系统试验及调试	应保留供暖系统安装完毕后，对其冲洗、试压及调试过程和结果的记录	无对供暖系统安装完毕后冲洗、试压及调试过程和结果的记录，各扣5分	15	
	应得分数	100		实得分数	
检查评分结果	检查结果 审核：　　检查评价人：　　检查日期：				

注：每个评价内容的标准分值为该评价内容的最高得分，对各评价内容的最多扣分值为该评价内容的标准分值，即最多扣至0分为止。

5 管理评价

5.1 基础管理

5.1.1 基础管理评价包括下列内容：

1 机构设置。

2 制度建设。

3　信息化管理。

4　环境建设。

5.1.2　基础管理评价应符合下列规定：

1　应有完备的组织管理体系和绩效考核体系，合理的管理人员和生产人员结构。

2　应有科学完备的系统管理制度和经营机制，并能有效运行。各类管理标准、工作标准和技术标准应齐全，并严格执行。

3　应设标准化的档案室，有专人负责并建立完善的资料收、发管理制度。应有完备的系统及设备安装竣工报告、质量评定报告、系统竣工图、系统和设备运行、维修、改造、管理等相关资料和图纸。应建立以微机管理为手段的自动化监控系统和网络办公管理的信息管理系统，并达到信息管理系统功能完善、运行正常。

4　工作环境应清洁、整齐，责任明示，系统设备和设施标志齐全、清楚、准确，介质流向指示清楚。

5.1.3　基础管理评分规则应符合表5.1.3的规定。

表5.1.3　基础管理评价表

项目名称				供热面积	
委托单位				开竣工日期	
序号	评价内容	评价标准	评分方法	标准分值	实得分值
1	机构设置	有完备组织管理体系和绩效考核体系； 合理的管理人员和生产人员结构	没有完备的人员组织管理体系扣12分；职责不明确扣6分； 没建立员工绩效考核体系扣6分；专业技术人员和技术工人岗位配备不全每缺一种扣3分	30	
2	制度建设	有科学完备的系统管理制度和经营机制，并有效运行； 各类管理标准、工作标准和技术标准齐全，并严格执行	未建立供热系统管理制度的扣12分；未有效实施扣4分；各类标准不齐全，每缺一项扣4分；未严格按标准执行的扣4分	25	
3	信息化管理	应设标准化的档案室； 应有专人负责并建立完善的资料收、发的管理制度；应有完备系统及设备安装的竣工报告、质量评定报告、系统竣工图及系统和设备运行的相关资料和图纸； 应建立以微机管理为手段的网络办公管理和系统的自动化监控系统，并能达到监控系统运行正常，功能完善	未建立标准档案室扣14分；未设专人负责扣7分；系统竣工资料完整齐全，每缺一项扣3.5分；系统的建筑物、构筑物和设备、设施的资料和图纸完整齐全，每缺一项扣3.5分； 没有完整的供热系统管理解决方案，没实现办公信息化管理，系统运行管理、自动化监控扣14分；功能不完善的每缺少一项扣3.5分	35	
4	环境建设	工作环境应清洁、整齐，责任明确，系统的设备和设施标志齐全、清楚、准确，介质流向指示清楚	环境不整洁扣5分；责任不明确扣2.5分；标志不齐、不清、不准确的每项扣1.25分	10	
应得分数		100		实得分数	
检查评分结果	检查结果 审核：　检查评价人：　检查日期：				

注：每个评价内容的标准分值为该评价内容的最高得分，对各评价内容的最多扣分值为该评价内容的标准分值，即最多扣至0分为止。

5.2　运行管理

5.2.1　运行管理评价包括下列内容：

1　安全运行。

2　经济运行。

3　节能管理。

4　环境保护。

5.2.2　运行管理评价应符合下列规定：

1　必须杜绝供热运行人身伤亡事故，必须杜绝重大责任设备损坏事故，应严格控制一般设备事故；

应建立健全具有系统性、分层次的安全运行保证体系和安全运行监督体系，并发挥作用；应建立安全培训和检查制度，并实施；应坚持安全例会制，同时作好记录；应严格执行现行行业标准《城镇供热系统安全运行技术规程》CJJ/T 88 的有关规定，要求持证上岗的专业岗位必须持证上岗；应制定工作单、操作单和交接班制、设备巡回检查制、设备定期试验维护轮换制的安全管理制度。

2 应建立供热运行调度指挥系统和供热运行联系制度；供热调度应准确，运行调节应及时；运行记录应健全、详细；应建立系统经济运行的各项考核制度；应制定经济运行的年度目标；应编制经济运行的年、季、月计划。

3 应建立能耗管理制度，并严格执行；能源计量器具配备率和检测合格率应达100%；各类能耗台账、原始资料应齐全；应建立节能领导机构，配备专（兼）职节能管理人员，职责明确，并正常开展工作；应制定节能规划和节能实施细则；各项能耗应有定额，并严格考核。

4 应建立环保监督管理制度，设专（兼）职环保管理人员，职责明确；基础数据应完整、准确；必须严格执行国家现行有关环境保护及达标排放的规定。

5.2.3 运行管理评分规则应符合表 5.2.3 的规定。

表 5.2.3 运行管理评价表

项目名称				供热面积	
委托单位				开竣工日期	
序号	评价内容	评价标准	评分方法	标准分值	实得分值
1	安全运行	建立健全有系统、分层次的安全运行保证体系和安全运行监督体系，并发挥作用	各级各类人员安全责任制不健全扣 8 分，未落实责任制或未按规定到位的扣 4 分；各级组织未配备专（兼）职安全专责人员扣 10 分	10	
		树立安全第一的思想，建立安全培训和检查制度，并实施；坚持安全例会制，并作好记录	未建立安全培训和检查制度扣 8 分，未实施扣 8 分。未坚持安全例会或达不到要求的扣 4 分；会议记录应完好，少记、漏记一次扣 2 分	10	

续表 5.2.3

序号	评价内容	评价标准	评分方法	标准分值	实得分值
1	安全运行	严格执行现行行业标准《城镇供热系统安全运行技术规程》CJJ/T 88 的有关规定；要求持证上岗的专业岗位必须持证上岗	未按现行行业标准《城镇供热系统安全运行技术规程》CJJ/T 88 执行的一次扣 10 分；未按要求持证上岗的，发现一位扣 2.5 分	10	
		应制定“两票三制”，即工作票、操作票和交接班制，以及设备巡回检查制、设备定期试验维护轮换制的安全管理制度，内容完善，执行认真	制度不完善或执行不认真扣 10 分，有一项执行不好的扣 2.5 分	10	
2	经济运行	建立供热运行调度指挥系统和供热运行联系制度；供热调度应准确，运行调节应及时；运行记录应健全、详细	未建立调度指挥系统扣 6 分，未建立联系制度扣 3 分，违反调度指令一次扣 1.5 分，运行调节不及时一次扣 3 分，调度指挥失误扣 3 分； 无运行记录扣 3 分，记录不详不全每少一项扣 1.5 分	12	
		建立系统经济运行的各项考核制度；制定经济运行的年度目标；编制经济运行的年、季、月计划	未建立考核制度扣 6 分； 未制定目标扣 3 分； 未完成年度经济运行目标扣 10 分； 未编制年、季、月计划扣 4.5 分，每少一项扣 1.5 分	12	

续表 5.2.3

序号	评价内容	评价标准	评分方法	标准分值	实得分值
3	节能管理	建立能耗管理制度，并严格执行； 能源计量器具配备率和检测合格率应达100%； 各类能耗台账、原始资料应齐全； 建立节能领导机构，配备专（兼）职节能管理人员，职责明确，并正常开展工作； 应制定节能规划和节能实施细则； 各项能耗应有定额并严格考核	制度不健全扣8分，执行不严格扣4分； 每降低1%扣2分； 台账、原始资料不全每缺一项扣2分； 未建领导机构扣4分，未配专（兼）职管理人员扣2分，职责不清扣2分，未正常开展活动扣4分； 未制定规划和实施细则扣2分； 没有定额扣4分，未严格考核扣4分	20	
4	环境保护	建立环保监督管理制度； 设专（兼）职环保管理人员，职责明确； 基础数据应完整、准确； 严格执行国家和地方政府的环保法律法规，达标排放	未建立监督管理制度扣6分； 未设专（兼）职环保管理人员扣1.5分，职责不明确扣3分； 基础数据不完整、不准确扣3分； 未严格执行的扣3分，废水、废气、废渣、烟尘、噪声等有一项超标扣15分	16	
	应得分数	100		实得分数	
检查评分结果	检查结果 审核：　　检查评价人：　　检查日期：				

注：每个评价内容的标准分值为该评价内容的最高得分，对各评价内容的最多扣分值为该评价内容的标准分值，即最多扣至0分为止。

5.3 设备管理

5.3.1 设备管理评价包括下列内容：

1 设备基础管理。

2 运行维护。

3 检修管理。

4 事故管理。

5.3.2 系统管理评价应符合下列规定：

1 各系统设备的使用、维护、检修管理及备品、备件管理应建立健全的管理制度，并有效实施；应建立完善的系统设备运行规程、检修规程，应保证各项规程完整、准确、符合实际，并每年审核一次；各岗位应配备相应的规程和制度，岗位人员应掌握和遵守规程与制度，并定期考核；应建立完善的系统设备台账，并完整、清晰、准确地记录系统设备的运行维护、检修状况。

2 应严格执行系统设备的设备巡回检查制度和设备定期试验维护轮换制度，并有详细、齐全的记录；应有系统设备维护保养计划，并按计划实施；系统设备应定机定人管理，有定机定人任务表并与现场相符；系统设备完好应有定期评定，完好率应在98%以上；系统应进行可靠性分析，区域锅炉房供热可靠度应在85%以上，热电厂供热可靠度应在90%以上。

3 企业应编制检修规程或方案，认真按已编制的检修规程执行，应有大、小修总结资料，技术资料应齐全；应建立和完善检修质量保证监督体系，实施检修全过程（计划、实施、验收）管理，应对检修质量进行严格评价，按程序验收；外包大修工程应执行招标制、工程监理制、合同制管理。

4 必须严格执行事故调查与处理程序，坚持“三不放过”的原则，对发生的事故应及时上报并有记录；应加强事故的预防管理，减少各类事故的发生，系统设备事故率应控制在2‰以下。

5.3.3 设备管理评分规则应符合表5.3.3的规定。

表 5.3.3 设备管理评价表

项目名称				供热面积	
委托单位				开竣工日期	
序号	评价内容	评价标准	评分方法	标准分值	实得分值
1	设备基础管理	建立健全各系统设备的使用、维护、检修管理及备品、备件管理制度，并有效实施；	没建立扣16分；不健全每缺一项扣8分； 没有效实施扣8分；		

续表 5.3.3

序号	评价内容	评价标准	评分方法	标准分值	实得分值
1	设备基础管理	建立完善系统设备的运行规程、检修规程，应保证各规程完整、准确、符合实际，并每年审核一次； 各岗位应配备相应的规程和制度，岗位人员须掌握和遵守规程与制度，并定期考核； 建立完善系统设备的台账，并完整、清晰、准确地记录系统设备的运行维护、检修状况	没建立扣16分；不完善每缺一项扣4分，年度没审核的扣8分； 现场没配备相应规程和制度每缺一处扣8分；有一人没掌握或遵守扣4分，没有定期考核的扣8分； 没建立扣16分，不完整、不清楚、不准确的每次扣4分	35	
2	运行维护	严格执行系统设备的设备巡回检查制度和设备定期试验维护轮换制度，并有详细、齐全的记录； 应有系统设备维护保养计划，并按计划实施； 系统设备应定机定人管理，有定机定人任务表并与现场相符； 系统设备完好应有定期评定，完好率应在98%以上； 区域锅炉房供热可靠度应在85%以上，热电厂供热可靠度应在90%以上	没严格执行扣12分，记录不齐全、不详细每发现一处扣2分； 没计划扣8分，没按计划实施扣4分； 没定机定人管理和没定机定人任务表扣8分，与现场不符的每出现一次扣2分； 没进行评定扣8分，完好率每降低1%扣2分； 没进行可靠度分析扣2分，可靠度每降低1%扣2分	25	
3	检修管理	认真按已编制的检修规程执行，应有大小修总结资料及技术资料应齐全；	无大修总结扣3分，无小修总结扣1.5分，技术资料不全扣3分；		

续表 5.3.3

序号	评价内容	评价标准	评分方法	标准分值	实得分值
3	检修管理	建立和完善检修质量保证监督体系，实施检修全过程（计划、实施、验收）管理，对检修质量进行严格评价，按程序验收； 外包大修工程应执行招标制、工程监理制、合同制管理	质量体系不健全扣9分；没进行质量评价扣3分；验收程序不健全扣3分 工程未招标扣3分，没有监理扣3，没按合同执行扣3分	20	
4	事故管理	严格执行事故调查与处理程序，坚持“三不放过”的原则，对发生的事故应及时上报并有记录； 加强事故的预防管理，减少各类事故的发生，系统设备事故率应控制在2%以下	不严格执行调查与处理程序，没坚持“三不放过”原则扣10分； 发生事故没上报每发生一次扣5分，没记录扣5分 事故率每增0.2%扣2.5分； 发生一般事故（修复费3万元以下，停运时间4小时）一次扣5分； 发生重大事故（修复费3万元～50万元，停运时间24小时）一次扣10分； 发生特大事故（修复费50万元以上，停运时间36小时以上）一次扣20分	20	
检查评分结果	应得分数	100		实得分数	
	检查结果 审核：　检查评价人：　检查日期：				

注：每个评价内容的标准分值为该评价内容的最高得分，对各评价内容的最多扣分值为该评价内容的标准分值，即最多扣至0分为止。

5.4 应急管理

5.4.1 应急管理评价包括下列内容：

1 组织机构。

2 应急预案。

3 应急保障。

4 监督管理。

5.4.2 应急管理评价应符合下列规定：

1 应设立供热系统应急管理领导小组，各类人员应齐全，责任应明确。

2 应编制供热系统各类事故的应急预案；内容齐全，措施得当。

3 各专业抢修队伍必须组织齐全，职责明确；抢修机械和工器具应齐备，保证及时、好用；抢修备品、备件和材料应齐全、充足；各项抢修技术方案应完整、齐全，技术图纸、资料应完备。

4 应根据编制的供热系统事故应急预案编制反事故演练培训计划，并按计划实施，有记录；应定期检查、考核，建立奖惩和监督管理机制。

5.4.3 应急管理评分规则应符合表 5.4.3 的规定。

表 5.4.3 应急管理评价表

项目名称				供热面积	
委托单位				开竣工日期	
序号	评价内容	评价标准	评分方法	标准分值	实得分值
1	组织机构	设立供热系统应急管理领导小组，各类人员须齐全，责任明确	没设立扣30分，各类人员不齐全扣5分，责任不明确扣5分	30	
2	应急预案	应编制供热系统各类事故的应急预案； 内容齐全，措施得当，并能有效实施	未编制扣30分； 内容不全缺一项扣3.5分，措施不得当扣15分	30	
3	应急保障	各专业抢修队伍组织齐全，职责明确； 抢修机械和工器具应齐备，保证及时、好用； 抢修备品、备件和材料应齐全、充足； 各项抢修技术方案应完整、齐全，技术图纸、资料应完备	抢修人员不齐全扣12分，职责不明确扣6分； 机械器具不齐备扣6分，没保障扣6分； 不齐备、不充足扣6分； 没有技术方案扣12分，不完整、不齐全扣6分，图纸资料不完备扣6分	25	
4	监督管理	应根据编制的供热系统事故应急预案编制反事故演练培训计划，并按计划实施，有记录； 应定期检查、考核，建立奖惩机制	没培训计划扣15分，没按计划实施扣3分，没记录扣1.5分； 没定期检查、考核扣3分，没建立奖惩机制扣3分	15	
检查评分结果	应得分数	100		应得分数	
	检查结果				
	审核：	检查评价人：	检查日期：		

注：每个评价内容的标准分值为该评价内容的最高得分，对各评价内容的最多扣分值为该评价内容的标准分值，即最多扣至0分为止。

5.5 服务管理

5.5.1 服务管理评价包括下列内容：

1 组织机构。

2 服务制度。

3 供热质量。

4 服务质量。

5.5.2 用户管理评价应符合下列规定：

1 应建立以用户为中心的服务管理体系和服务考核体系，应建立专门的用户服务管理机构，设专人负责，职责明确并有效运行。

2 应建立和健全用户服务制度、用户联系制度、用户服务奖惩制度和用户服务工作及质量标准。

3 用户室温应达到供、用热双方合同确定的室温标准或当地政府供热主管部门规定的室温标准，用户室温合格率应在97%以上，用户报修应及时处理，处理及时率应达100%。

4 用户服务人员应全员挂牌服务，服务用语应文明、规范；服务组织机构、服务监督电话应公开，监督电话应保证24小时畅通；减少投诉发生，用户投诉办复率应达100%；服务及接访应有记录，记录应翔实、准确；应定期进行服务考评，并有记录。

5.5.3 服务管理评分规则应符合表 5.5.3 的规定。

表 5.5.3 服务管理评价表

项目名称				供热面积	
委托单位				开竣工日期	
序号	评价内容	评价标准	评分方法	标准分值	实得分值
1	组织机构	应建立以用户为中心的服务管理体系和服务考核体系，建立专门的用户服务的管理机构，设专人负责，职责明确并有效运行	没建立管理体系和考核体系的扣15分，没建立专门服务机构扣25分； 没设专人负责扣15分，责任不明确扣8分	35	
2	服务制度	应建立和健全用户服务制度、用户联系制度、用户服务奖惩制度和用户服务工作及质量标准	没建立各项制度扣25分，不完整扣3分；每缺一项扣6分	25	
3	供热质量	用户室温应达到供、用热双方合同确定室温标准或当地政府供热主管部门规定的室温标准，用户室温合格率应在97%以上； 用户报修应及时处理，处理及时率应达100%以上	室温合格率低于97%扣25分； 报修处理及时率低于100%扣4分	25	
4	服务质量	用户服务人员应全员挂牌服务，服务用语应文明、规范； 服务组织机构、服务监督电话应公开，监督电话应保证24小时畅通； 减少投诉发生，用户投诉办复率应达100%； 服务及接访应有记录，记录应翔实、准确； 应定期进行服务考评，有记录	未挂牌服务，每发现一人扣2分，服务用语不文明、不规范扣4分； 服务组织机构和监督电话未公开或不明显的扣4分； 用户投诉办复率低于100%扣4分； 各项记录每缺一项扣2分； 没定期进行服务考评扣4分	15	
检查评分结果	应得分数	100		应得分数	
	检查结果				
	审核：	检查评价人：	检查日期：		

注：每个评价内容的标准分值为该评价内容的最高得分，对各评价内容的最多扣分值为该评价内容的标准分值，即最多扣至0分为止。

6 能效评价

6.0.1 能效评价包括下列内容：

1 供热锅炉运行热效率。

2 循环水泵运行效率。

3 供热系统补水率。

4 室外供热管网输送效率。

5 室外供热管网水力平衡度。

6 供暖室内温度。

6.0.2 能效评价应符合下列规定：

1 供热锅炉运行热效率应符合表6.0.2的规定。

表 6.0.2 供热锅炉的运行热效率（%）

锅炉类型、燃料种类		锅炉容量（MW）						
		0.7	1.4	2.8	4.2	7.0	14.0	>28.0
燃煤	Ⅱ烟煤	—	—	68	68	69	70	71
	Ⅲ烟煤	—	—	69	69	70	72	73
燃油、燃气		85	85	86	86	87	87	88

2 循环水泵运行效率不应低于其额定效率的80%。

3 供热系统一次网补水率不应大于0.5%；供热系统二次网补水率不应大于1.0%。

4 室外供热管网输送效率不应小于0.9。

5 室外供热管网水力平衡度应在0.9～1.2范围内。

6 供暖室内温度不应低于设计计算温度2℃，且不应高于1℃。

6.0.3 能效评价评分规则应符合表6.0.3的规定。

表 6.0.3 能效评价评分表

项目名称				供热面积	
委托单位				开竣工日期	
序号	评价内容	评价标准	评分方法	标准分值	实得分值
1	锅炉运行热效率	表6.0.2的规定（表中规定的锅炉效率为 η_{ge}，锅炉运行热效率为 η_{gc}）	当 $\eta_{ge} \leqslant \eta_{gc}$ 时不扣分，当 $\eta_{ge}-2\% \leqslant \eta_{gc} < \eta_{ge}$ 时扣7分，当 $\eta_{ge}-4\% \leqslant \eta_{gc} < \eta_{ge}-2\%$ 时扣14分，当 $\eta_{ge}-6\% \leqslant \eta_{gc} < \eta_{ge}-4\%$ 时扣22分，$\eta_{gc} < \eta_{ge}-6\%$ 时扣30分	30	

续表 6.0.3

序号	评价内容	评价标准	评分方法	标准分值	实得分值
2	水泵运行效率	不应低于其额定效率的90%（水泵额定效率为η_{se}，水泵运行效率为η_{sc}）	当$0.9\eta_{se}\leqslant\eta_{sc}$时不扣分，当$0.8\eta_{se}\leqslant\eta_{sc}<0.9\eta_{se}$时扣3分，当$0.7\eta_{se}\leqslant\eta_{sc}<0.8\eta_{se}$时扣6分，当$0.6\eta_{se}\leqslant\eta_{sc}<0.7\eta_{se}$时扣12分，当$\eta_{sc}<0.6\eta_{se}$时扣15分	15	
3	补水率	供热系统一次网补水率不应大于0.5%；二次网补水率不应大于1.0%。（补水率测试值为g_c）	对于一次管网，当$g_c\leqslant0.5\%$时不扣分，当$0.5\%<g_c\leqslant0.8\%$时扣5分，当$0.8\%<g_c\leqslant1.0\%$时扣10分，当$1.0\%<g_c$时扣15分；对于二次管网，当$g_c\leqslant1.0\%$时不扣分，当$1.0\%<g_c\leqslant1.5\%$时扣5分，当$1.5\%<g_c\leqslant2.0\%$时扣10分，当$2.0\%<g_c$时扣15分	15	
4	输送效率	室外供热管网输送效率不应小于0.9（室外供热管网输送效率测试值为η_{sc}）	当$90\%\leqslant\eta_{sc}$时不扣分，当$85\%\leqslant\eta_{sc}<90\%$时扣3分，当$80\%\leqslant\eta_{sc}<85\%$时扣6分，当$75\%\leqslant\eta_{sc}<80\%$时扣9分，当$70\%\leqslant\eta_{sc}<75\%$时扣12分，当$\eta_{sc}<70\%$时扣15分	15	
5	水力平衡度	室外供热管网水力平衡度应在0.9～1.2范围（室外供热管网水力平衡度测试值为HB_c）	当$0.9\leqslant HB_c\leqslant1.2$时不扣分，当$0.85\leqslant HB_c<0.9$或$1.2<HB_c\leqslant1.25$时扣5分，当$HB_c<0.85$或$HB_c>1.25$时扣10分	10	

续表 6.0.3

序号	评价内容	评价标准	评分方法	标准分值	实得分值
6	室内温度	室内温度（T_{nc}）不应低于设计计算温度（T_s）2℃，且不应高于1℃	当$T_s-2\leqslant T_{nc}\leqslant T_s+1$时不扣分；当$T_s-3\leqslant T_{nc}<T_s-2$或$T_s+1<T_{nc}\leqslant T_s+2$时扣5分；当$T_s-4\leqslant T_{nc}<T_s-3$或$T_s+2<T_{nc}\leqslant T_s+3$时扣10分；当$T_{nc}<T_s-4$或$T_s+3<T_{nc}$时扣15分	15	
检查评分结果	应得分数	100		应得分数	
	检查结果				
	审核： 检查评价人： 检查日期：				

注：每个评价内容的标准分值为该评价内容的最高得分，对各评价内容的最多扣分值为该评价内容的标准分值，即最多扣至0分为止。

7 环保安全消防

7.1 环 境 保 护

7.1.1 环境保护的评价应包括下列内容：

1 环保取证。

2 噪声控制。

3 污染物排放。

7.1.2 环境保护的评价应符合下列规定：

1 锅炉房必须取得环保部门的合格证，并在有效期内。

2 供热区域内的居住区，锅炉、热力站运行产生的噪声应符合现行国家标准《声环境质量标准》GB 3096 的有关规定；供热设备操作间和水处理间操作地点的噪声不应大于 85dB（A）；仪表控制室和化验室的噪声，不应大于 70dB（A）；供热用设备（风机、水泵和煤的破碎、筛选装置等）应选用低噪声产品，产生噪声的设备室宜设置隔（减）振装置。

3 锅炉房排放的大气污染物，必须符合现行国家标准《锅炉大气污染物排放标准》GB 13271 的有关规定；供暖系统排放的各类废水，必须符合现行国家标准《污水综合排放标准》GB 8978的有关规定，并应符合受纳水系的接纳要求。锅炉水处理装置及辅助设施等排出的各种废渣（液），必须收集并进行处理，不应采取任何方式排入自然水体或任意抛弃；煤场、灰渣场的位置应符合设计要求，并应采取防止扬尘的措施；燃煤锅炉房的灰渣应综合利用，烟气脱硫装置的脱硫副产品应综合利用。

7.1.3 环境保护评分规则应符合表 7.1.3 的规定。

表 7.1.3 环境保护评价表

项目名称				供热面积	
委托单位				开竣工日期	
序号	评价内容	评价标准	评分方法	标准分值	实得分值
1	环保取证	锅炉房必须取得环保部门的合格证，并在有效期内	满足要求的不扣分，不满足要求的，扣 20 分	20	
2	噪声控制	供热区域内的居住区，锅炉、热力站运行产生的噪声应符合现行国家标准《声环境质量标准》GB 3096的规定	满足相应标准的不扣分，不满足相应标准的，每项扣 10 分	10	
		供热设备间的噪声控制应满足：设备操作间和水处理间操作地点的噪声，不应大于 85dB（A）；仪表控制室和化验室的噪声，不应大于 70dB（A）	满足相应标准的不扣分，不满足相应标准的，每项扣 4 分	8	
		供热用设备（风机、水泵和煤的破碎、筛选装置等）应选用低噪声产品，产生噪声的设备宜设置（隔）减振装置	满足相应标准的不扣分，不满足相应标准的，每项扣 4 分	8	
3	污染物排放	锅炉房排放的大气污染物，应符合现行国家标准《锅炉大气污染物排放标准》GB 13271 的有关规定	满足相应标准的不扣分，不满足相应标准的，扣 15 分	15	

续表 7.1.3

序号	评价内容	评价标准	评分方法	标准分值	实得分值
3	污染物排放	供暖系统排放的各类废水，应符合现行国家标准《污水综合排放标准》GB 8978 的规定，并应符合受纳水系的接纳要求。锅炉水处理装置及辅助设施等排出的各种废渣（液），必须收集并进行处理，不得采取任何方式排入自然水体或任意抛弃	满足相应标准的不扣分，不满足相应标准的，每项扣 8 分	15	
		煤场、灰渣场的位置应符合设计要求，并应采取防止扬尘措施	满足相应标准的不扣分，不满足相应标准的，每项扣 8 分	15	
		燃煤锅炉房的灰渣应综合利用，烟气脱硫装置的脱硫副产品应综合利用	燃煤锅炉房的灰渣及烟气脱硫装置的脱硫副产品进行综合利用的不扣分，其中一项不进行综合利用的扣 4 分	9	
检查评分结果	应得分数	100		应得分数	
	检查结果审核：		检查评价人：	检查日期：	

注：每个评价内容的标准分值为该评价内容的最高得分，对各评价内容的最多扣分值为该评价内容的标准分值，即最多扣至 0 分为止。

7.2 安全防护

7.2.1 安全防护评价包括下列内容：

1 压力容器、阀门。

2 电力及其他特种设备。

3 人员安全防护。

7.2.2 安全防护评价应符合下列规定：

1 供热系统所采用的压力容器及阀门，必须按照国家质量技术监督管理部门的相关要求进行定期和周期检查，并取得安全检定的合格报告（证）。

2 供热系统所用的电力设施及其他特种设备，必须满足供电部门及相应特种设备使用的要求，定期检查维护，并取得供电部门及其他相应管理部门的检定合格报告（证）。

3 从事高空作业、强电作业、电焊、煤破碎筛选、灰渣处理等有危害、危险的工作人员应按安全生产监督管理部门要求，做好相应安全防护，并须取得相应检查验收合格报告；特种设备作业人员必须取得有效的国家特种作业人员证书后，方可从事相应的作业，并须做好日常安全维护和问题整改记录。

7.2.3 安全防护评分规则应符合表7.2.3的规定。

表7.2.3 安全防护评价表

项目名称				供热面积	
委托单位				开竣工日期	
序号	评价内容	评价标准	评分方法	标准分值	实得分值
1	压力容器及阀门	供热系统所采用的压力容器及阀门，必须按照国家质量技术监督管理部门的相关要求进行定期和周期检查，并取得安全检定的合格报告（证）	满足相应标准的不扣分，不满足相应标准的，每项扣20分	40	
2	电力及其他特种设备	供热系统所用的电力设施及其他特种设备，必须满足供电部门及相应特种设备使用的要求，定期检查维护，并需取得供电部门及其他相应管理部门的检定合格报告（证）	满足相应标准的不扣分，其中任何一项不满足相应标准的，扣15分	30	
3	人员安全防护	对于从事高空作业、强电作业、电焊、煤破碎筛选、灰渣处理等有危害、危险的工作人员应按安全生产监督管理部门要求，做好相应安全防护，取得相应检查验收合格报告。特种设备作业人员必须取得国家特种作业人员证书方可从事相应的作业，并做好日常安全维护和问题整改记录	满足相应标准的不扣分，其中任何一项不满足相应标准的，扣7.5分	30	
检查评分结果	应得分数	100		应得分数	
	检查结果				
	审核：	检查评价人：	检查日期：		

注：每个评价内容的标准分值为该评价内容的最高得分，对各评价内容的最多扣分值为该评价内容的标准分值，即最多扣至0分为止。

7.3 消　　防

7.3.1 消防评价包括下列内容：

1 消防验收。

2 消防日常管理。

7.3.2 消防评价应符合下列规定：

1 锅炉房及热力站在投入使用前必须取得消防部门的消防工程竣工验收合格报告。

2 供热企业应对工作人员进行消防知识培训、消防演练，按要求定期检查更换消防设施，形成日常检查记录和问题整改记录，并应符合国家现行有关机关、团体、企业、事业单位消防安全管理的规定。

7.3.3 消防评价评分规则应符合表7.3.3的规定。

表7.3.3 消防评价表

项目名称				供热面积	
委托单位				开竣工日期	
序号	评价内容	评价标准	评分方法	标准分值	实得分值
1	消防验收	锅炉房及换热站在投入使用前必须取得消防部门的消防工程竣工验收合格报告	满足要求的不扣分，不满足要求的，扣50分	50	
2	消防日常管理	供热企业应对工作人员进行消防知识培训，进行消防演练，按要求定期检查更换消防设施，形成日常检查记录和问题整改记录，符合中华人民共和国公安部令（第61号）《机关、团体、企业、事业单位消防安全管理规定》	满足相应标准的不扣分，其中任何一项不满足相应标准的，扣20分	50	
检查评分结果	应得分数	100		应得分数	
	检查结果				
	审核：	检查评价人：	检查日期：		

注：每个评价内容的标准分值为该评价内容的最高得分，对各评价内容的最多扣分值为该评价内容的标准分值，即最多扣至0分为止。

附录A 抽 样 规 则

A. 0. 1 热源、热力站样本总量和抽样样本量的确定应符合下列规定：

1 热源、热力站样本总量 N 和抽样样本量 n 的确定应符合表 A. 0. 1 的规定。

2 应按热源、热力站的总数确定样本总量 N，若在两个取值之间，应取其中较大值作为样本总量 N。

3 应根据样本总量 N 确定抽样样本量 n。

表 A. 0. 1 热源、热力站抽样规则

序号	样本总量（N）	抽样样本量（n）	序号	样本总量（N）	抽样样本量（n）
1	小于或等于 10	2	13	90	13
2	15	2	14	100	14
3	20	3	15	110	15
4	25	4	16	120	16
5	30	4	17	130	18
6	35	5	18	140	19
7	40	6	19	150	21
8	45	6	20	170	23
9	50	7	21	190	25
10	60	9	22	210	30
11	70	10	23	230	30
12	80	11	24	250	35

A. 0. 2 供热系统管道样本总量和抽样样本量的确定应符合下列规定：

1 供热系统管道的样本总量 N 和抽样样本量 n 的确定应符合表 A. 0. 2 的规定。

2 应将所评价供热系统的管道按每公里划分为一个样本，确定所评价供热系统管道的样本总量。

3 应根据样本总量 N 所在区间确定抽样的样本量 n。

表 A. 0. 2 管道抽样规则

序号	样本总量（N）	抽样样本量（n）	序号	样本总量（N）	抽样样本量（n）
1	1～8	2	5	51～90	13
2	9～15	3	6	91～150	20
3	16～25	5	7	151～280	32
4	26～50	8	8	281～500	50

A. 0. 3 供热系统室内温度样本总量和抽样样本量的确定应符合下列规定：

1 抽样时，选择房间总数或用户总数之一作为样本总量 N。

2 根据样本总量 N 所在区间，按照附表 A. 0. 3 的规定确定抽样的样本量 n。

附表 A. 0. 3 室内温度检测抽样规则

序号	用户总数（户）/房间总数（间）/（N）	抽样数量（n）	序号	用户总数（户）/房间总数（间）/（N）	抽样数量（n）
1	1～8	2	8	501～1200	80
2	9～15	3	9	1201～3200	125
3	26～50	8	10	3201～10000	200
4	51～90	13	11	10001～35000	315
5	91～150	20	12	35001～150000	500
6	151～280	32	13	150001～500000	800
7	281～500	50	14	≥500001	1250

附录B 城镇供热系统评价备案表

B. 0. 1 城镇供热系统综合性评价备案表应符合表 B. 0. 1 的规定。

表 B. 0. 1 城镇供热系统综合性评价备案表

年　　月　　日　　　　备案号：综合一

<table>
<tr><td>委托单位</td><td colspan="4"></td></tr>
<tr><td>项目名称</td><td colspan="4"></td></tr>
<tr><td rowspan="3">项目概况
（可附表）</td><td>锅炉房</td><td></td><td>热力站</td><td></td></tr>
<tr><td>室外供热管网</td><td></td><td>室内供暖系统</td><td></td></tr>
<tr><td>监测与控制</td><td></td><td>节能措施</td><td></td></tr>
<tr><td>评价赋星</td><td colspan="4">设施□　管理□　能效□　环保安全消防□
总分：
情况说明：
综合性评价结论：　综合三星□　综合二星□　综合一星□
评价单位填写人：</td></tr>
<tr><td>提交报告</td><td colspan="4">报告份数：　份　时间：　年　月　日</td></tr>
<tr><td>备注</td><td colspan="4"></td></tr>
<tr><td colspan="2">委托单位章
负责人：
经办人：
电话：
传真：
地址：
邮政编码：</td><td colspan="2">项目单位章
负责人：
经办人：
电话：
传真：
地址：
邮政编码：</td><td>评价单位章
负责人：
经办人：
电话：
传真：
地址：
邮政编码：</td></tr>
<tr><td colspan="5">备案单位接收日期：　年　月　日
接收人：
负责人：
备案单位章</td></tr>
</table>

B.0.2 城镇供热系统单元选择性评价备案表应符合表 B.0.2 的规定。

表 B.0.2 城镇供热系统单元选择性评价备案表

年　　月　　日　备案号：单元选择—

委托单位				
项目名称				
项目概况（可附表）	热源		热力站	
	室外供热管网		室内供暖系统	
	监测与控制		节能措施	

单元选择性评价赋分

序号	单元	权重值	评价分值	序号	项　目	权重值	评价分值
1	设施	40		1	锅炉房	40（60）	
				2	热力站	20	
				3	室外供热管网	20	
				4	室内供暖系统	20	
2	管理	25		1	基础管理	25	
				2	运行管理	30	
				3	设备管理	20	
				4	应急管理	15	
				5	服务管理	10	
3	能效	25		1	供热锅炉热效率	30	
				2	循环水泵运行效率	15	
				3	供热系统补水率	15	
				4	室外供热管网的输送效率	15	
				5	室外供热管网的水力平衡度	10	
				6	供暖室内温度	15	
4	环保安全消防	10		1	环境保护	30	
				2	安全防护	30	
				3	消防	40	

单元选择性评价结论：____三星　____二星　____一星

____三星　____二星　____一星

____三星　____二星　____一星

____三星　____二星　____一星

注：____填写选择单元名称：设施、管理、能效、环保安全消防。

评价单位填写人：

提交报告	报告份数：　份　时间：　年　月　日
备注	

委托单位章 负责人： 经办人： 电话： 传真： 地址： 邮政编码：	评价单位章 负责人： 经办人： 电话： 传真： 地址： 邮政编码：

备案单位接收日期：　年　月　日

接收人：

负责人：

备案单位章

B.0.3 城镇供热系统项目选择性评价备案表应符合表 B.0.3 的规定。

表 B.0.3 城镇供热系统项目选择性评价备案表

年　　月　　日　备案号：项目选择—

委托单位				
项目名称				
项目概况（可附表）	热源		热力站	
	室外供热管网		室内供暖系统	
	监测与控制		节能措施	

项目评价赋分

序号	单元	序号	项　目	权重值	评价分值
1	设施	1	锅炉房	40（60）	
		2	热力站	20	
		3	室外供热管网	20	
		4	室内供暖系统	20	
2	管理	1	基础管理	25	
		2	运行管理	30	
		3	设备管理	20	
		4	应急管理	15	
		5	服务管理	10	
3	能效	1	供热锅炉热效率	30	
		2	循环水泵运行效率	15	
		3	供热系统补水率	15	
		4	室外供热管网的输送效率	15	
		5	室外供热管网的水力平衡度	10	
		6	供暖室内温度	15	
4	环保安全消防	1	环境保护	30	
		2	安全防护	30	
		3	消防	40	

项目选择性评价结论：____三星　____二星　____一星

注：____填写选择项目名称并赋星　评价单位填写人：

提交报告	报告份数：　份　时间：　年　月　日
备注	

委托单位章 负责人： 经办人： 电话： 传真： 地址： 邮政编码：	评价单位章 负责人： 经办人： 电话： 传真： 地址： 邮政编码：

备案单位接收日期：　年　月　日

接收人：

负责人：

备案单位章

本标准用词说明

1 为便于在执行本标准条文时区别对待，对要求严格程度不同的用词说明如下：

1）表示很严格，非这样做不可的：
正面词采用“必须”，反面词采用“严禁”；

2）表示严格，在正常情况下均应这样做的：
正面词采用“应”，反面词采用“不应”或“不得”；

3）表示允许稍有选择，在条件许可时首先应这样做的：
正面词采用“宜”，反面词采用“不宜”；

4）表示有选择，在一定条件下可以这样做的，采用“可”。

2 条文中指明应按其他有关标准执行的写法为：“应符合……的规定”或“应按……执行”。

引用标准名录

1 《工业锅炉水质》GB/T 1576
2 《声环境质量标准》GB 3096
3 《污水综合排放标准》GB 8978
4 《锅炉大气污染物排放标准》GB 13271
5 《工业锅炉水处理设施运行效果与监测》GB/T 16811
6 《严寒和寒冷地区居住建筑节能设计标准》JGJ 26
7 《城镇供热系统安全运行技术规程》CJJ/T 88

中华人民共和国国家标准

城镇供热系统评价标准

GB/T 50627—2010

条 文 说 明

制 定 说 明

《城镇供热系统评价标准》GB/T 50627－2010，经住房和城乡建设部2010年11月3日以第822号公告批准、发布。

本标准制定过程中，编制组进行了广泛调查研究，认真总结实践，参考有关国际标准和国外先进标准，并在广泛征求意见的基础上，制定了本标准。

为便于广大设计、施工、科研、学校等单位有关人员在使用本标准时能正确理解和执行条文规定，《城镇供热系统评价标准》编制组按章、节、条顺序编制了本标准的条文说明，对条文规定的目的、依据以及执行中需注意的有关事项进行了说明。但是，本条文说明不具备与标准正文同等的法律效力，仅供使用者作为理解和把握标准规定的参考。

目　次

1 总 则

1.0.3 本标准不适用于供热介质为蒸汽的城镇集中供热系统，但对于一次侧为蒸汽、二次侧为热水的城镇集中供热系统，以热力站作为热源对二次系统进行评价。建议正常连续运行的供热系统每三个采暖季评价一次。

3 基本规定

3.1 评价条件

3.1.1 投入运行一年是指供热采暖系统已正常运行一个连续完整的采暖期。

3.1.2 技术档案主要包括：竣工图纸等竣工资料，维修改造档案，运行记录及用户反馈意见等。

3.2 评价体系与评价方法

3.2.4 前三款为选择性评价总分计算方法。

3.2.5 对于综合性评价：如设施、管理、能效、环保安全消防得分分别为88、92、87、85分时，经计算其总得分为88.45分，当四个评价单元中每一项目得分不小于65分时，其星级判为综合二星，当四个评价单元中某一项目得分为64分时，其星级评价判为综合一星，当四个评价单元中某一项目得分为59分时，将不对其进行星级评判和赋星。

3.2.6 对于单元选择性评价，如设施单元中的锅炉房、热力站、室外供热管网、室内供暖系统的得分分别为88、87、90、85分时，经计算其总得分为87.6分，由于总分大于75分且每一个项目得分均高于65分，所以其星级评价结论为设施单元二星；如设施单元中的锅炉房、热力站、室外供热管网、室内供暖系统的得分分别为88、87、90、59分时，经计算其总得分为82.4分，虽然其总分大于75分，但由于其室内供暖系统得分低于60分，所以不对其进行星级评判和赋星。

4 设施评价

4.2 锅 炉 房

4.2.1 本标准热源应专指热水锅炉房，对热源的评价包括热水锅炉及其附属设施。

4.2.2 供暖锅炉及热网的运行参数随室外气象条件变化，应根据热用户热负荷、供热介质设计参数、运行调节方式等计算供热调节曲线，评价或测试时应根据调节曲线确定运行工况供热系统的水温、水量等参数。

1 锅炉台数及单台容量应合理匹配，适应不同时期的负荷变化，负荷率过低影响锅炉运行热效率。调速装置保证锅炉的最佳燃烧状态。

2 循环水泵的流量和扬程应与设计参数接近，过大或过小均影响系统运行效率。如果水泵选型合理，热网供回水温差应与运行工况计算供回水温差相近。热网循环泵转速采用热网末端供回水压差控制节能效果最理想，采用锅炉房出口供回水压差控制水泵节电量较少。

3 补水泵的流量应满足正常补水和事故补水要求，应根据系统规模和供水温度等条件确定，按循环水量估算比较简便。根据《锅炉房设计规范》GB 50041的规定，系统泄漏量宜为循环水量的1%，补水泵的流量宜为正常补水量的4～5倍；《城市热力网设计规范》CJJ 34规定，补水装置的流量不应小于循环流量的2%；事故补水量不应小于循环流量的4%。水处理装置的处理能力应满足正常补水要求，事故补水时软化水不足部分可补充工业水。因此本款规定补水泵的总流量不应小于循环流量的4%。

4 集中供热锅炉补水应进行化学水处理，其水质指标应符合《工业锅炉水质》GB/T 1576的要求。

5 我国多项有关保温的标准均规定，外表面温度高于50℃的设备、管道、附件应保温。

6 本条规定的各项计量要求均是节能和经济运行需要监测的参数。

7 为节能和保证供热质量，锅炉燃烧应自动控制。

8 锅炉房各项污染物排放应符合国家及地方现行有关标准和环评的要求。

9 燃煤锅炉除灰渣、除尘用水量较大，应循环利用。燃气锅炉排烟温度较高，有条件时可设烟气冷凝器回收部分热量。

4.3 热 力 站

4.3.1 按本标准评价的热力站应包括间接连接热力站和直接连接热力站。不同形式的热力站评价内容不同，主要有下面几种形式：间接连接热力站设有换热器和定压补水装置；混水降温直接连接热力站设有一次网为高温热水，供热装置为混水泵或混水控制阀；不降温直接连接热力站一次网与二次网供热温度相同，仅设有分配阀门与计量装置。

4.3.2 采暖用户的运行参数随室外气象条件变化，应根据用户热负荷、供热介质设计参数、运行调节方式等计算供热调节曲线，评价或测试时应根据调节曲线确定运行工况供热系统的水温、水量等参数。热力站一次侧指热源侧供热系统，二次侧指热用户侧供热系统。

1 不同形式的热力站评价内容不同：间接连接热力站为换热器；混水降温直接连接热力站一次侧为

高温热水，此项评价内容为混水泵或混水控制阀；不降温直接连接热力站一次网与二次网供热温度相同，仅设有分配与计量装置。由于用户各系统供热要求不同，每个系统设备均应满足要求。对于间接连接热力站，各系统换热器形式应选择合理，设计参数必须与用户系统匹配；对于混水降温直接连接热力站，混水泵或混水控制阀应选型合理，混合比必须保证设计参数与用户系统匹配；对于不降温直接连接热力站，设计参数应与用户系统匹配，必须设有分配阀门。

2　循环水泵的流量和扬程应与设计参数接近，过大或过小均影响系统运行效率。循环水泵应根据系统设计压力、温度参数要求选择水泵。

3　间接连接热力站设有水处理和补水泵的流量应满足事故补水要求定压装置。水处理装置的处理能力应满足事故补水要求。直接连接热力站二次网系统由一次系统网定压补水，一次网定压补水装置应保证二次热网系统动态和静态的压力工况，保证系统中用户系统任何工况下一点不汽化、不超压、不倒空。

5　我国多项有关保温的标准均规定，外表面温度高于50℃的设备、管道、附件应保温。

6　热力站一次侧应计量总供热量，需要时也可在二次侧计量每个系统的热量或流量。

7　热力站一次网调节装置有多种形式：常规间接连接热力站一次网入口应设自力式流量或压差控制阀，各系统一次侧设电动调节阀；分布式加压泵系统一次侧设变频调速装置；混水降温直接连接热力站，混合比应能调节。

4.4　供热管网

4.4.2　对本条各款作如下说明：

1　需要进行预变形的补偿器，预变形量应符合设计要求；补偿器安装完毕后，按要求拆除运输、固定装置，并按要求调整限位装置；补偿器采用的防腐和保温材料不得影响补偿器的使用寿命；补偿器安装应符合现行行业标准《城镇供热管网工程施工及验收规范》CJJ 28的规定。

3　固定支架位置应符合设计要求，埋设应牢固，固定支架和固定支架卡板安装、焊接及防腐合格；滑动支架，滑动面应洁净平整，支架安装的偏移方向及偏移量应符合设计要求，安装、焊接及防腐合格；导向支架，支架的导向性能、安装的偏移方向及偏移量应符合设计要求，无歪斜和卡涩现象；安装、焊接及防腐合格。固定支架、导向支架等型钢支架的根部，应做防水护墩。

5　检查室砌体室壁砂浆应饱满，灰缝平整，抹面压光，不得有空鼓、裂缝等现象。

6　温度：热力入口温度测点分支处供、回水温度，管网最不利点供、回水温度，中继泵站的供、回水温度，重要干线关键点的检查室供、回水温度。压力：热力入口压力测点分支处供、回水压力，管网最不利点供、回水压力，中继泵站的进出口供、回水压力，重要干线关键点的检查室供、回水压力。

4.5　室内供暖系统

4.5.1　本条文规定了对室内供暖系统进行评价的主要内容。评价内容包括：掌管引入室内供暖热媒和控制系统水力平衡等功能的热力入口装置；分管输送和分配热媒流量的室内管道及阀门等配件；负责将热量提供给热用户的散热器及地暖加热管；能够实现分室温控、利用“自由热”和通过消除垂直失调而节能并能提高热用户主动节能意识的温度调控装置；能够推进城镇供热体制改革，变“暗补”为“明补”，实现集中供热系统按需供热计量的要求，促进供用热双方采取节能措施，达到在保证供热质量的同时实现节能降耗目的的热计量装置；另外，还包括了对延长管道及设备等的寿命，降低管道及配件热量损失，对管道及配件等的防冻保护起到重要作用的防腐及保温措施；以及能够确保室内供暖系统按照设计参数和要求运行的系统冲洗及试压与调试过程。通过对本条文规定的七个方面内容的评价，能够较全面地反映某建筑物室内供暖系统的完善可靠程度及其主要供暖设施的配备、安装与运行情况。

4.5.2　本条文对第4.5.1条七个方面的评价内容逐条规定了详细的评价标准，以指导检查人员在检查和评价过程中，做到有章可循，既能抓住重点，又不漏项。同时，也为第4.5.3条的评价方法提供了依据。需要说明的是，供暖系统热量结算点的热量表通常被安装在热力入口处，是热力入口装置中的重要仪表，由该热量表负责计量整栋建筑物（楼）的耗热量，户间热量分摊装置则分别把建筑物的总耗热量分摊到各热用户，二者配合使用，才能够更合理地完成供暖系统的热计量及收费任务，进而达到节能降耗的目的，这是近年来国内试点研究的重要成果和结论。因此，本条文未将热量结算点的热量表放在热力入口装置中，而是把它和户间热量分摊装置放在了一起，共同构成了室内供暖系统的热计量装置。

4.5.3　本条文通过文字和表格的形式，对第4.5.1条七个方面的评价内容逐条逐项地规定了详细的评价打分方法，其依据是第4.5.2条的评价标准，检查人员在检查和评价过程中应严格执行。另外，本条文所规定的评价方法只是针对单一的散热器供暖系统或地面辐射供暖系统，对于既有散热器供暖又有地面辐射供暖的系统，则只需按照其中的主要供暖系统进行检查和评价打分。如在住宅建筑中，仅在卫生间采用散热器供暖，而在其他房间均采用地面辐射供暖的供暖系统，则只需按照表4.5.3对地面辐射供暖系统相关的七项内容进行检查和评价打分。

5 管理评价

5.1 基础管理

5.1.1 通过对供热系统管理的机构设置、制度建设、信息化管理和环境建设等四个方面进行考核，评价供热系统管理的基础管理。

5.1.2 对本条各款作如下说明：

1 考评机构设置是否健全、完善，人力资源配备是否齐全、合理。

2 考评各项管理制度和各类标准是否建立、齐全（包括纸质、电子、影像、光盘等资料），并有效运行。

3 考评档案管理制度是否建立，并有效运行；基础资料是否齐全、完整；考评现代化的办公设备及管理手段是否得到应用。

4 考评工作环境是否得到有效管理。

5.2 运行管理

5.2.1 通过对供热系统管理的安全运行、经济运行、节能管理、环境保护等四个方面进行考核，评价供热系统管理的运行管理。

5.2.2 对本条各款作如下说明：

1 应树立安全第一的思想，考评安全运行管理是否建立、健全了具有系统、分层次的安全运行保证体系和安全运行监督体系，并发挥作用；是否建立安全培训和检查制度，并实施；坚持安全例会制，同时作好记录。

"两票三制"考评安全运行管理是否建立供热运行调度指挥系统和供热运行联系制度。

2 是否建立系统经济运行的各项考核制度、年度目标和计划。

3 考评节能管理是否建立能耗管理制度；是否配备专（兼）职节能管理人员，职责明确，并正常开展工作；是否制定了节能规划和节能实施细则；各项能耗应有定额，并严格考核。

4 考评环境保护管理是否建立环保监督管理制度，设专（兼）职环保管理人员，职责明确；基础数据应完整、准确；严格执行国家和地方政府的环保法律法规，达标排放。

5.3 设备管理

5.3.1 通过对供热系统设备管理的设备基础管理、运行维护、检修管理、事故管理等四个方面进行考核，评价供热系统管理的设备管理。

5.3.2 对本条各款作如下说明：

1 考评设备基础管理是否建立、健全，应以考核各系统设备的使用、维护、检修管理及备品、备件管理的管理制度是否完备，并得到有效实施；是否有完善的系统设备运行规程、检修规程；是否建立完善的系统设备台账，并完整、清晰、准确地记录系统设备的运行维护、检修状况。

2 考评运行维护管理是否严格执行，应以系统设备的设备巡回检查制度和设备定期试验维护轮换制度是否完备；是否有系统设备维护保养计划，并按计划实施；系统设备应定机定人管理，有定机定人任务表并与现场相符；系统设备完好，应有定期评定，完好率应在98%以上。系统应进行可靠性分析。设备完好率=（完好设备台数/设备总台数）×100%，可靠度=（故障状态下系统的实际供热量/完好状态下系统能提供的供热量）×100%。

3 考评检修管理是否按已编制的检修规程执行，应有大小修总结资料，技术资料应齐全；是否建立和完善检修质量保证监督体系，实施检修全过程（计划、实施、验收）管理，对检修质量进行严格评价，按程序验收。

4 考评事故管理是否严格执行事故调查与处理程序，应坚持"三不放过"的原则，"三不放过"为：(1) 事故原因分析不清、责任未落实到人（单位）不放过；(2) 事故责任者（单位）和全员没有受到教育不放过；(3) 没有防范措施不放过。对发生的事故应及时上报并有记录；加强事故的预防管理，减少各类事故的发生，系统设备事故率应控制在2‰以下。系统设备事故率=（$\sum$事故延时小时数×事故造成中断供热的面积）/（供热小时数×总供热面积）×100%。

5.4 应急管理

5.4.1 通过对供热系统管理的组织机构、应急预案、应急保障、监督管理等四个方面进行考核，评价供热系统管理的应急管理。

5.4.2 对本条各款作如下说明：

1 考评组织机构是否设立供热系统应急管理领导小组，各类人员须齐全，责任明确。

2 考评是否编制了供热系统各类事故的应急预案；应急预案应内容齐全，措施得当，并能有效实施。

3 考评是否有齐全的专业抢修组织和人力保障；是否有齐全、充足抢修设备和材料的保障；是否有完备的技术保障。

4 考评是否有根据供热系统事故应急预案编制的反事故演练培训计划，并按计划实施；是否建立奖惩机制，并定期检查、考核。

5.5 服务管理

5.5.1 通过对供热系统管理的组织机构、服务制度、供热质量、服务质量等四个方面进行考核，评价供热系统管理的用户服务管理。

5.5.2 对本条各款作如下说明：

1 考评是否建立用户服务管理体系和考核体系，是否建立专门的用户服务管理机构，设专人负责，职责明确并有效运行。

2 考评是否建立和健全用户服务制度、用户联系制度、用户服务奖惩制度和用户服务工作及质量标准。

3 考评用户室温是否达到了供、用热双方合同确定的室温标准或当地政府供热主管部门规定的室温标准，用户室温合格率应在97%以上，用户报修处理及时率应达100%。用户室温合格率=（用户室温抽检合格户数/用户室温抽检总户数）×100%，用户报修处理及时率=（用热户服务报修处理次数/用户服务报修总次数）×100%。

4 考评用户服务人员是否全员挂牌服务，服务用语应文明、规范；是否有服务监督的公开电话，并保证24小时畅通；用户投诉办复率应达100%；对服务是否定期进行服务检查、考评，并有记录。用户投诉办复率=（用户投诉办复件数/用户投诉总件数）×100%。

6 能效评价

6.0.1 供热系统涉及节能的内容在有关标准中较多，但是有关能效的内容基本是本条所列几项，而且这几项都有相关标准规定了具体指标和检验方法。供热系统中的供热锅炉热效率、循环水泵运行效率、补水率，包括了对热力站的要求。有关室外供热管网的输送效率、水力平衡度、循环水泵运行效率、补水率等评价内容，在相关标准中都作了具体规定。有关供热热源使用直燃机、热泵机组等设备的热效率，目前没有标准规定具体指标，因此没列入该标准的评价内容。供暖室内温度是供热效果的具体体现，在《建筑节能工程施工质量验收规范》GB 50411中作为强制性条文执行，因此，在本标准中作为评价内容。

6.0.2 该节条文是针对能效评价的内容，规定了执行的评价标准。在各自条文涉及的标准中，对各项检验指标、方法、仪表、数量都作了规定，在评价中应按相应标准执行。

1 供热锅炉的额定热效率在《严寒和寒冷地区居住建筑节能设计标准》JGJ 26-2010第5.2.4条、《公共建筑节能设计标准》GB 50189-2005第5.4.3条都作了相应的规定。但是规定仅是针对设计时确定的额定效率，本标准根据《工业锅炉经济运行》GB/T 17954-2007规定的指标，并根据供热锅炉的运行特点，在考虑《严寒和寒冷地区居住建筑节能设计标准》JGJ 26-2010第5.2.6条中对锅炉运行热效率的要求后确定了表6.0.2的规定。锅炉运行效率可按有关规定测试方法或统计方法获得供暖季的运行热效率，如《北京市供热系统节能技术改造项目2008～2009采暖季节能量测试办法》中规定：对于不具备全采暖季测试条件的锅炉房，采暖季锅炉燃料实物消耗量可用测试期锅炉燃料实物消耗量折算，折算时要考虑室外温度参数、室内温度参数的变化：

$$B = B_c \times \frac{t_n - t_w}{t_{n,c} - t_{w,c}} \times \frac{D}{d}$$

式中：B——采暖季锅炉燃料实物消耗量；

B_c——测试期锅炉燃料实物消耗量；

t_n——采暖季室内平均温度；

$t_{n,c}$——测试期室内平均温度；

t_w——采暖季室外平均温度；

$t_{w,c}$——测试期室外平均温度；

d——测试期时间长度；

D——采暖季时间长度。

根据采暖季锅炉燃料实物消耗量及其获得热量计算锅炉运行热效率。

3 供热系统补水率在《居住建筑节能检测标准》JGJ/T 132-2009第12.2.1条的规定："采暖系统补水率不应大于0.5%"。目前管理好的热力部门基本都小于该值，因此，本标准依然按该值控制。但是二次网由于直接进入建筑物的热用户，其漏水明显大于一次网，因此分别作出了规定。

4、5 室外供热管网中的输送效率、水力平衡度，在《严寒和寒冷地区居住建筑节能设计标准》JGJ 26-2010、《居住建筑节能检测标准》JGJ/T 132-2009中都提出了具体要求。

6 供暖室内温度应达到《建筑节能工程施工质量验收规范》GB 50411的要求，并按该条要求进行全部采暖房间室内温度的检验。

6.0.3 针对供热系统能效评价内容和标准，确定了相应的评分方法，并且明确了各项指标的具体的赋值方法，根据各项指标的重要程度规定了各项应得的分值。原则上各项指标处于优秀的得满分，达到标准中规定的指标得合格以上的分数，而低于标准中规定的指标时得低分甚至不得分。

供热锅炉运行热效率指标对节能影响明显，因此在各项指标中分配最高分值。本标准根据《工业锅炉经济运行》GB/T 17954-2007规定的指标，并根据供热锅炉的运行特点，给出了锅炉额定运行热效率的评分方法。

室外供热管网的输送效率，近些年通过管网改造等措施不难达标，对于小于60%的输送效率实际上完全是管理上的问题，故小于60%的输送效率时不得分。室外供热管网各个热力入口处的水力平衡度，近些年通过严格水力计算和采取平衡措施基本都能达标，因此，在该项超标时扣分较多。

对于供热系统补水率，虽然管理好的热力部门基本都小于该值，但有的系统管理仍因不善等原因超标。鉴于目前的实际情况，将供热系统耗补水率按一次网和二次网分别评价。

供暖房间温度应尽量不低于设计计算温度，可是，考虑该项具体测试时供热系统达到指标难度比较大，所以，评分时考虑了《建筑节能工程施工质量验收规范》GB 50411 的要求和各地政府发布有关条例的规定。

评分中应对各项指标采取实测，或以供热系统管理部门提供的有相应检测资质单位出具的检测报告为依据。

附录A 抽 样 规 则

A.0.1 依据《产品质量监督小总体数一次抽样检验程序及抽样表》GB/T 15482-1995，监督总体数目应满足 $10 \leqslant N \leqslant 250$ 的要求，一般系统的热源、热力站数量应在此范围内，虽然可能小于 10，但仍须引用该抽样方法。

A.0.2 依据《计数抽样检验程序 第1部分：按接收质量限（AQL）检索的逐批检验抽样计划》GB/T 2828.1-2003，采用正常检验一次抽样方案。

A.0.3 依据《计数抽样检验程序 第1部分：按接收质量限（AQL）检索的逐批检验抽样计划》GB/T 2828.1-2003，采用正常检验一次抽样方案。

中华人民共和国国家标准

工业设备及管道防腐蚀工程施工规范

Code for anticorrosive engineering construction of industrial equipment and pipeline

GB 50726—2011

主编部门：中国工程建设标准化协会化工分会
批准部门：中华人民共和国住房和城乡建设部
施行日期：2 0 1 2 年 6 月 1 日

中华人民共和国住房和城乡建设部
公　　告

第1142号
关于发布国家标准
《工业设备及管道防腐蚀工程施工规范》的公告

现批准《工业设备及管道防腐蚀工程施工规范》为国家标准，编号为GB 50726－2011，自2012年6月1日起实施。其中，第3.1.5、3.1.7、15.0.5、15.0.9（3、4、6）、15.0.10（4、5、6）、15.0.11（2、3、4、5、6、7）、15.0.12（3、6）、15.0.14、16.0.1（4）、16.0.2（6）、16.0.3（4）条（款）为强制性条文，必须严格执行。

本规范由我部标准定额研究所组织中国计划出版社出版发行。

中华人民共和国住房和城乡建设部

二〇一一年八月二十六日

前　　言

本规范是根据原建设部《关于印发〈2006年工程建设国家标准制订、修订计划（第二批）〉的通知》（建标〔2006〕136号）的要求，由中国石油和化工勘察设计协会和全国化工施工标准化管理中心站会同有关单位共同编制完成的。

本规范在编制过程中，编制组经广泛调查研究，认真总结实践经验，参考有关国际标准和国外先进标准，并在广泛征求意见的基础上，最后经审查定稿。

本规范共分17章和4个附录，主要内容是总则、术语、基本规定、基体表面处理、块材衬里、纤维增强塑料衬里、橡胶衬里、塑料衬里、玻璃鳞片衬里、铅衬里、喷涂聚脲衬里、氯丁胶乳水泥砂浆衬里、涂料涂层、金属热喷涂层、安全技术、环境保护技术措施、工程交接等。

本规范中以黑体字标志的条文为强制性条文，必须严格执行。

本规范由住房和城乡建设部负责管理和对强制性条文的解释，由中国工程建设标准化协会化工分会负责日常管理，由全国化工施工标准化管理中心站负责具体技术内容的解释。本规范执行过程中如有意见或建议，请寄送全国化工施工标准化管理中心站（地址：河北省石家庄市桥东区槐安东路28号仁和商务1－1－1107室；邮政编码：050020），以便今后修订时参考。

本规范主编单位、参编单位、参加单位、主要起草人和主要审查人：

主 编 单 位： 中国石油和化工勘察设计协会
全国化工施工标准化管理中心站

参 编 单 位： 中国化学工程第三建设有限公司
上海富晨化工有限公司
华东理工大学
中国二十冶集团有限公司
山西省防腐蚀学会
中油吉林化建工程有限公司
沁阳华美有限公司
温州赵氟隆有限公司
上海瑞鹏化工材料科技有限公司
大连化工研究设计院
中冶建筑研究总院有限公司
凯迪西北橡胶有限公司
兰州瑞麟防腐有限责任公司
杭州顺豪橡胶工程有限公司
湖北华宁防腐技术股份有限公司
上海沪能防腐隔热工程技术有限公司

参 加 单 位： 中化二建集团有限公司
上海市闵行区科协腐蚀专业委员会
沁阳平原胶泥厂
上海化坚隔热防腐工程有限公司
上海顺缔聚氨酯有限公司

主要起草人： 芦　天　李相仁　陆士平　黄金亮
杨友军　侯锐钢　陈鸿章　陈国龙
柴华敏　王永飞　王东林　李彦海
姜景波　谢　刚　李　烨　张庆虎
石文明　余　健　崔维汉

主要审查人： 何进源　唐向明　沈悦峰　沈志聪
张诗光　余　波　王　娟　潘施宏
刘全好　于汉生　庄继勇　王　逊
王瑞军　王丽霞　李靖波　陈庆林

目　次

Contents

1 总 则

1.0.1 为提高工业设备及管道防腐蚀工程的施工水平，加强防腐蚀工程施工过程的质量控制，保证工业设备及管道防腐蚀工程施工质量，制定本规范。

1.0.2 本规范适用于新建、改建和扩建的，以钢、铸铁为基体的工业设备及管道防腐蚀衬里和涂层的施工。

1.0.3 用于工业设备及管道防腐蚀工程施工的材料，应具有产品质量证明文件，其质量不得低于国家现行有关标准的规定。

1.0.4 产品质量证明文件应包括下列内容：

1 产品质量合格证。

2 质量技术指标及检测方法。

3 材料检测报告或技术鉴定文件。

1.0.5 需要现场配制使用的材料，应经试验确定。经试验确定的配合比不得任意改变。

1.0.6 工业设备及管道防腐蚀工程的施工，应按设计文件及本规范的规定执行。当需要修改设计、材料代用或采用新材料时，应经原设计单位同意。

1.0.7 工业设备及管道防腐蚀工程的施工除应符合本规范外，尚应符合国家现行有关标准的规定。

2 术 语

2.0.1 加热硫化橡胶衬里 lining of heat sulphurized rubber

将未经硫化的胶板用胶粘剂贴在受衬设备上，经加热（高压蒸汽、常压蒸汽、热水、热空气）硫化形成的衬里。

2.0.2 自然硫化橡胶衬里 lining of natural sulphurized rubber

将未经硫化的胶板用胶粘剂贴在受衬设备上，在常温条件下完成硫化过程形成的衬里。

2.0.3 预硫化橡胶衬里 lining of presulphurized rubber

将预先硫化好的胶板用胶粘剂贴在受衬设备上形成的衬里。

2.0.4 喷涂聚脲涂层 spray polyurea coating layer

由异氰酸酯预聚体组成的组分（A组分）和端氨基聚醚和胺扩链剂等化合物组成的组分（B组分）通过专用喷涂设备快速混合反应形成的聚脲涂层（含弹性体涂层和钢性体涂层）。

2.0.5 聚脲层间粘合剂 interlayer sdhesive

涂覆在聚脲涂层表面，用于提高与复喷聚脲涂层层间粘结强度的溶剂型涂料。

2.0.6 聚脲修补料 repairing materials of polyurea

用于修补聚脲涂层质量缺陷的双组分无溶剂聚脲手工涂料。

3 基本规定

3.1 一般规定

3.1.1 防腐蚀工程的施工应具备下列条件：

1 设计及其相关技术文件齐全，施工图纸已经会审。

2 施工组织设计或施工方案已批准，技术和安全交底已完成。

3 施工人员已进行安全教育和技术培训，且经考核合格。

4 材料、机具、检测仪器、施工设施及场地已齐备。

5 防护设施安全可靠，施工用水、电、气、汽能满足连续施工的需要。

6 已制定相应的安全应急预案。

3.1.2 设备及管道的加工制作，应符合施工图及设计文件的要求。在防腐蚀工程施工前，应进行全面检查验收，并办理交接手续。

3.1.3 在防腐蚀工程施工过程中应进行中间检查。

3.1.4 设备及管道外壁附件的焊接，应在防腐蚀工程施工前完成。

3.1.5 在防腐蚀工程施工过程中，不得同时进行焊接、气割、直接敲击等作业。

3.1.6 转动设备在防腐蚀工程施工前，应具有静平衡或动平衡的试验报告。防腐蚀工程施工后，应做静平衡或动平衡复核检查。

3.1.7 对不可拆卸的密闭设备必须设置人孔。人孔的大小及数量应根据设备容积、公称尺寸的大小确定，且人孔数量不应少于2个。

3.1.8 防腐蚀工程结束后，吊装和运输设备及管道时，不得碰撞和损伤。

3.2 基体要求

3.2.1 钢制设备及管道的表面不得有伤痕、气孔、夹渣、重叠皮、严重腐蚀斑点等；加工表面应平整，不应有空洞、多孔穴等现象，表面局部凹凸不得超过 2mm。

3.2.2 设备及管道表面的锐角、棱角、毛边、铸造残留物等应进行打磨，表面应光滑平整，并应圆弧过渡。

3.2.3 铆接设备的铆接缝应为平缝，铆钉应采用埋头铆钉，设备内部应无铆钉头突出。

3.2.4 在防腐蚀衬里的设备及管道上，必要时应设置检漏孔，并应在适当位置设置排气孔。

3.2.5 基体表面处理完毕应进行检查，合格后办理工序交接手续，方可进行防腐蚀工程的施工。

3.3 焊缝的要求和处理

3.3.1 对接焊缝表面应平整，并应无气孔、焊瘤和夹渣。焊缝高度应小于或等于 2mm。焊缝宜平滑过渡（图 3.3.1）。

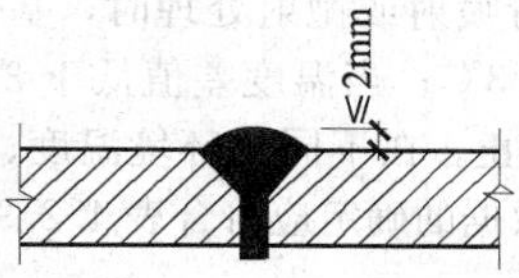

图 3.3.1 对接焊缝

3.3.2 设备转角和接管部位的焊缝应饱满，不得有毛刺和棱角，应打磨成钝角，并应形成圆弧过渡。

3.3.3 角焊缝的圆角部位，焊角高应大于或等于 5mm；凸出角的焊接圆弧半径应大于或等于 3mm；内角的焊接圆弧半径应大于或等于 10mm，见图 3.3.3。

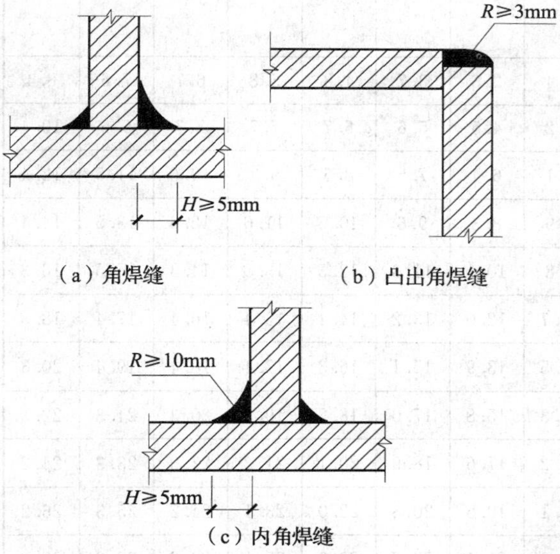

图 3.3.3 焊缝要求

3.3.4 当清理组对卡具时，不得损伤基体母材。在施焊过程中，不得在基体母材上引弧。

4 基体表面处理

4.1 一 般 规 定

4.1.1 基体表面处理的质量等级划分应符合下列规定：

1 喷射或抛射除锈基体表面处理质量等级分为 Sa1、Sa2、Sa2$\frac{1}{2}$、Sa3 四级。

2 手工或动力工具除锈基体表面处理质量等级分为 St2、St3 两级。

4.1.2 喷射或抛射除锈和手工或动力工具除锈的基体表面处理质量等级标准应符合现行国家标准《涂覆涂料前钢材表面处理 表面清洁度的目视评定 第 1 部分：未涂覆过的钢材表面和全面清除原有涂层后的钢材表面的锈蚀等级和处理等级》GB/T 8923.1 的有关规定。

4.1.3 喷射或抛射除锈处理后的基体表面应呈均匀的粗糙面，除基体原始锈蚀或机械损伤造成的凹坑外，不应产生肉眼明显可见的凹坑和飞刺。

4.1.4 喷射处理后的基体表面粗糙度等级划分应符合表 4.1.4 的规定。

表 4.1.4 基体表面粗糙度等级划分

级别	粗糙度参考值 R_y（μm）	
	丸粒状磨料	棱角状磨料
细级	25～40	25～60
中级	40～70	60～100
粗级	70～100	100～150

注：R_y 系指轮廓峰顶线和轮廓谷底线之间的距离。

4.1.5 基体表面粗糙度比较样块的制作应符合本规范附录 A 的规定。

4.1.6 当设计对防腐蚀层的基体表面处理无要求时，其基体表面处理的质量要求应符合表 4.1.6 的规定。

表 4.1.6 基体表面处理的质量要求

防腐层类别	表面处理质量等级
金属热喷涂层	Sa3 级
橡胶衬里、搪铅、纤维增强塑料衬里、树脂胶泥衬砌砖板衬里、涂料涂层、塑料板粘结衬里、玻璃鳞片衬里、喷涂聚脲衬里	Sa2$\frac{1}{2}$级
水玻璃胶泥衬砌砖板衬里、涂料涂层、氯丁胶乳水泥砂浆衬里	Sa2 级或 St3 级
衬铅、塑料板非粘结衬里	Sa1 级或 St2 级

4.1.7 处理后的基体表面不宜含有氯离子等附着物。

4.1.8 处理合格的工件，在运输和保管期间应保持干燥和洁净。

4.1.9 基体表面处理后，应及时涂刷底层涂料，间隔时间不宜超过 5h。

4.1.10 当相对湿度大于 85%时，应停止基体表面处理作业。

4.1.11 在保管或运输中发生再度污染或锈蚀时，基体表面应重新进行处理。

4.2 喷射或抛射处理

4.2.1 采用喷射或抛射处理时，应采取防止粉尘扩散的措施。

4.2.2 使用的压缩空气应干燥洁净，不得含有水分和油污。

4.2.3 磨料应具有一定的硬度和冲击韧性，磨料应净化，使用前应经筛选，不得含有油污。天然砂应选用质坚有棱的金刚砂、石英砂或硅质河砂等，其含水量不应大于1%。

4.2.4 喷射处理薄钢板时，应对磨料粒度、空气压力、喷射距离和角度进行调整。

4.2.5 Sa3级和Sa2$\frac{1}{2}$级不得使用河砂作为磨料。

4.2.6 磨料需重复使用时，应符合本规范第4.2.3条的规定。

4.2.7 磨料的堆放场地及施工现场应平整、坚实，并不得受潮、雨淋或混入杂质。

4.2.8 对螺纹、密封面及光洁面应妥善保护，不得误喷。

4.2.9 当进行喷射或抛射处理时，基体表面温度应高于露点温度3℃；当温度差值低于3℃时，喷射或抛射作业应停止。在不同的环境温度、相对湿度下，露点（*TP*）数据的确定应符合表4.2.9的规定。

表4.2.9 露点（*TP*）数据确定表

环境温度 *UT*（℃） ＼ 露点 *TP*（℃） ＼ 相对湿度 *LF*（℃）	30	35	40	45	50	55	60	65	70	75	80	85	90
10	−6.7	−4.7	−2.9	−1.4	0.1	1.4	2.6	3.7	4.8	5.8	6.7	7.6	8.4
12	−5.0	−2.9	−1.1	0.5	1.9	3.2	4.5	5.6	6.7	7.7	8.7	9.6	10.4
14	−3.3	−1.2	0.6	2.3	3.8	5.1	6.4	7.5	8.6	9.7	10.6	11.5	12.4
16	−1.5	0.6	2.4	4.1	5.6	6.9	8.3	9.6	10.5	11.6	12.6	13.5	14.4
18	0.2	2.3	4.2	5.9	7.4	8.8	10.1	11.3	12.5	13.5	14.5	15.5	16.3
20	1.9	4.1	6.0	7.7	9.3	10.7	12.0	13.2	14.4	15.4	16.4	17.4	18.3
22	3.7	5.9	7.8	9.5	11.1	12.5	13.9	15.1	16.3	17.4	18.4	19.4	20.3
24	5.4	7.6	9.6	11.3	12.9	14.3	15.8	17.0	18.2	19.3	20.3	21.3	22.3
26	7.1	9.3	11.4	13.1	14.8	16.2	17.6	18.9	20.1	21.2	22.3	23.3	24.2
28	8.8	11.1	13.1	14.9	16.6	18.1	19.5	20.8	22.0	23.1	24.2	25.3	26.2
30	10.5	12.8	14.9	16.7	18.4	19.9	21.4	22.7	23.9	25.1	26.2	27.2	28.2
32	12.3	14.6	16.7	18.5	20.3	21.7	23.2	24.6	25.8	27.0	28.1	29.2	30.1
34	14.0	18.4	18.5	20.3	22.1	23.3	25.1	26.5	27.7	28.9	30.0	31.2	32.1
36	15.7	18.1	20.3	22.1	23.9	25.5	27.0	28.4	29.6	30.9	32.0	33.1	34.1
38	17.4	19.8	22.0	23.9	25.7	27.3	28.9	30.1	31.6	32.8	33.9	35.1	36.1
40	19.1	21.5	23.9	25.7	27.6	29.1	30.7	32.2	33.5	34.7	35.9	37.0	38.0
42	20.8	23.2	25.6	27.6	29.4	31.0	32.6	34.1	35.4	36.7	37.8	39.0	40.0
44	22.5	24.9	27.3	29.5	31.2	32.9	34.5	35.9	37.3	38.6	39.7	41.0	42.0
46	24.2	26.7	29.1	31.3	33.0	34.7	36.3	37.8	39.2	40.5	41.7	42.9	43.9
48	25.9	28.5	30.9	33.0	34.8	36.5	38.2	39.7	41.1	42.4	43.8	44.9	45.9
50	27.6	30.2	32.6	34.7	36.7	38.4	40.0	41.6	43.0	43.3	45.8	46.8	47.9

注：环境温度与相对湿度横向与纵向交叉点即为该温度和相对湿度下的露点值。

4.2.10 喷射或抛射后的基体表面不得受潮。

4.3 手工或动力工具处理

4.3.1 动力工具可采用电动钢刷、电动砂轮或除锈机。

4.3.2 手工处理时可采用钢丝刷、铲刀、刮刀等工具。

4.3.3 采用手工或动力工具处理时，不得采用使基体表面受损或使之变形的工具和手段。

5 块材衬里

5.1 一般规定

5.1.1 块材衬里工程应包括下列内容：

1 水玻璃胶泥衬砌块材的设备、管道及管件的衬里层。

2 树脂胶泥衬砌块材的设备、管道及管件的衬里层。

5.1.2 施工环境温度宜为15℃～30℃，相对湿度不宜大于80%。当施工环境温度低于10℃（当采用苯磺酰氯作固化剂时，温度低于17℃；当采用钾水玻璃材料时，温度低于15℃）时，应采取加热保温措施，但不得采用明火或蒸汽直接加热。

5.1.3 水玻璃不得受冻。受冻的水玻璃应加热，并应搅拌均匀后方可使用。

5.1.4 水玻璃胶泥和树脂胶泥在施工或固化期间，不得与水或水蒸气接触，并不得暴晒。施工场所应通风良好。

5.1.5 衬砌前，块材应挑选、洗净和干燥。块材及被衬表面应无灰尘、水分、油污、锈蚀和潮湿等现象。

5.1.6 设备接管部位衬管的施工，应在设备本体衬砌前进行。设备接管内径应比衬管外径大6mm～10mm，衬管材质应与衬砌块材材质相同。衬管不得突出法兰表面，应与法兰面处在同一平面。当采用翻边瓷管作衬管时，应在设备衬完第一层或第二层块材后再进行。衬后应对衬管进行固定，直至胶泥固化，衬管不得出现偏心或位移。

5.1.7 块材衬砌应错缝排列，同层纵缝或横缝应错开块材宽度的1/2，最小不得小于1/3；两层以上块材衬砌不得出现重叠缝。层与层间纵缝或横缝，应错开块材宽度的1/2，最小不得小于1/3。

5.1.8 当衬砌设备的顶盖时，宜将顶盖倒置在地面上衬砌块材，固化后再安装到设备上。当采用胶泥抹面时，应将直径为3mm～4mm的铁丝网点焊在顶盖上，点焊间距应为50mm～100mm，胶泥厚度应为10mm～20mm。

5.2 原材料和制成品的质量要求

5.2.1 块材的品种、规格和等级应符合设计要求，当设计无要求时，应符合下列规定：

1 耐酸砖的质量指标应符合现行国家标准《耐酸砖》GB/T 8488的有关规定。

2 耐酸耐温砖的质量指标应符合现行行业标准《耐酸耐温砖》JC/T 424的有关的规定。

3 铸石板的质量指标应符合现行行业标准《铸石制品 铸石板》JC/T 514.1的有关规定。

4 防腐蚀炭砖的质量指标应符合本规范附录B表B.0.1的规定。

5.2.2 水玻璃的质量应符合下列规定：

1 钠水玻璃的质量应符合现行国家标准《工业硅酸钠》GB/T 4209的有关规定。

2 钾水玻璃的质量应符合本规范附录B表B.0.2的规定。

3 钠水玻璃固化剂应为氟硅酸钠。

4 钾水玻璃的固化剂应为缩合磷酸铝，宜掺入钾水玻璃胶泥粉料内。

5 水玻璃胶泥固化后的质量应符合本规范表5.2.7的规定。

5.2.3 树脂的质量应符合下列规定：

1 环氧树脂的质量应符合现行国家标准《双酚-A型环氧树脂》GB/T 13657的有关规定。

2 乙烯基酯树脂的质量应符合现行国家标准《乙烯基酯树脂防腐蚀工程技术规范》GB/T 50590的有关规定。

3 不饱和聚酯树脂的质量应符合现行国家标准《纤维增强塑料用液体不饱和聚酯树脂》GB/T 8237的有关规定。

4 呋喃树脂的质量应符合本规范附录B表B.0.3的规定。

5 酚醛树脂的质量应符合本规范附录B表B.0.4的规定。

5.2.4 树脂胶泥常用的固化剂应符合下列规定：

1 环氧树脂的固化剂应优先选用低毒固化剂，也可采用乙二胺等各种胺类固化剂。

2 乙烯基酯树脂和不饱和聚酯树脂常温固化使用的固化剂应包括引发剂和促进剂。

3 呋喃树脂的固化剂应为酸性固化剂。

4 酚醛树脂的固化剂应优先选用低毒的萘磺酸类固化剂，也可选用苯磺酰氯等固化剂。

5 环氧树脂、乙烯基酯树脂、不饱和聚酯树脂、呋喃树脂、酚醛树脂胶泥固化后的质量应符合本规范表5.2.8的规定。

5.2.5 树脂类材料的稀释剂应符合下列规定：

1 环氧树脂的稀释剂宜采用正丁基缩水甘油醚、苯基缩水甘油醚等活性稀释剂，也可采用丙酮、无水乙醇、二甲苯等非活性稀释剂。

2　乙烯基酯树脂和不饱和聚酯树脂的稀释剂应采用苯乙烯。

3　呋喃树脂和酚醛树脂的稀释剂应采用无水乙醇。

5.2.6　填料可包括单一填料和复合填料。常用的单一填料应为石英粉、瓷粉、铸石粉、硫酸钡粉、石墨粉等；常用的复合填料应为耐酸灰、钾水玻璃胶泥粉、糠醇糠醛树脂胶泥粉等。其质量应符合下列规定：

1　填料应洁净干燥，其质量应符合本规范附录B表B.0.5的规定。

2　树脂胶泥采用酸性固化剂时，其耐酸度不应小于98%，并不得含有铁质、碳酸盐等杂质；当用于含氢氟酸类介质的防腐蚀工程时，应选用硫酸钡粉或石墨粉；当用于含碱类介质的防腐蚀工程时，不宜选用石英粉。

3　水玻璃胶泥不宜单独使用石英粉。

5.2.7　水玻璃胶泥的质量应符合表5.2.7的规定。

表5.2.7　水玻璃胶泥的质量

项　目		钠水玻璃胶泥	钾水玻璃胶泥	
			密实型	普通型
初凝时间（min）		≥45	≥45	≥45
终凝时间（h）		≤12	≤15	≤15
抗拉强度（MPa）		≥2.5	≥3.0	≥2.5
与耐酸砖粘结强度（MPa）		≥1.0	≥1.2	≥1.2
抗渗等级（MPa）		—	≥1.2	—
吸水率（煤油吸收法，%）		≤15	—	≤10
浸酸安定性		合格	合格	合格
耐热极限温度（℃）	100～300	—	—	合格
	300～900	—	—	合格

注：表中耐热极限温度仅用于有耐热要求的防腐蚀工程。

5.2.8　树脂胶泥的质量应符合表5.2.8的规定。

表5.2.8　树脂胶泥的质量

项　目		环氧树脂	乙烯基酯树脂	不饱和聚酯树脂				呋喃树脂	酚醛树脂
				双酚A型	二甲苯型	间苯型	邻苯型		
抗压强度（MPa）		≥80	≥80	≥70	≥80	≥80	≥80	≥70	≥70
抗拉强度（MPa）		≥9	≥9	≥9	≥9	≥9	≥9	≥6	≥6
粘结强度（MPa）	与耐酸砖	≥3	≥2.5	≥2.5	≥3	≥1.5	≥1.5	≥1.5	≥1.0
	与铸石板	≥4	—	—	—	—	—	≥1.5	≥0.8
	防腐蚀炭砖	≥6	—	—	—	—	—	≥2.5	≥2.5

5.2.9　原材料和制成品的质量指标试验方法应符合本规范附录C的有关规定。

5.3　胶泥的配制

5.3.1　钠水玻璃胶泥的施工配合比可按本规范附录D表D.0.1选用，并应符合下列规定：

1　钠水玻璃胶泥的稠度为30mm～36mm，施工时应有一定的流动性和稠度。

2　氟硅酸钠的用量应按下式计算：

$$G = 1.5 \times \frac{N_1}{N_2} \times 100 \tag{5.3.1}$$

式中：G——氟硅酸钠用量占钠水玻璃用量的百分率（%）；

N_1——钠水玻璃中含氧化钠的百分率（%）；

N_2——氟硅酸钠的纯度（%）。

5.3.2　钠水玻璃胶泥的配制应符合下列规定：

1　机械搅拌时，应将填料和固化剂加入搅拌机内，干拌均匀，再加入钠水玻璃湿拌，湿拌时间不应少于2min。

2　人工搅拌时，应将填料和固化剂混合，过筛两遍后，干拌均匀，再逐渐加入钠水玻璃湿拌，直至均匀。

3　当配制密实型钠水玻璃胶泥时，可将钠水玻璃与外加剂糠醇单体一起加入，湿拌直至均匀。

5.3.3　钾水玻璃胶泥的施工配合比可按本规范附录D表D.0.2选用。钾水玻璃胶泥的稠度宜为30mm～35mm，施工时应有一定的流动性和稠度。

5.3.4　配制钾水玻璃胶泥时，应将钾水玻璃胶泥粉干拌均匀，再加入钾水玻璃湿拌，直至均匀。

5.3.5　环氧树脂材料的施工配合比可按本规范附录D表D.0.3选用。配制应符合下列规定：

1　各种材料应准确称量。当环氧树脂粘度较大时，可用非明火预热至40℃左右。与稀释剂按比例加入容器中，搅拌均匀并冷却至室温，配制成环氧树脂液备用。

2　使用时，取定量的树脂液，按比例依次加入增塑剂、固化剂和填料，并应逐次搅拌均匀，制成胶泥料。

5.3.6　乙烯基酯树脂和不饱和聚酯树脂材料的施工配合比可按本规范附录D表D.0.4选用。配制应符合下列规定：

1　按施工配合比先将乙烯基酯树脂或不饱和聚酯树脂与促进剂混匀，再加入引发剂混匀，制成树脂胶料。

2　在配制成的树脂胶料中加入填料，搅拌均匀，制成胶泥料。

5.3.7　呋喃树脂胶泥的施工配合比可按本规范附录D表D.0.5选用。配制应符合下列规定：

1　将糠醇糠醛树脂按比例与糠醇糠醛树脂胶泥粉混合，搅拌均匀，制成胶泥料。

2　将糠酮糠醛树脂与增塑剂、固化剂混合，搅拌均匀，制成树脂胶料。在配制成的糠酮糠醛树脂胶料中加入粉料，搅拌均匀，制成胶泥料。

5.3.8　酚醛树脂材料的施工配合比可按本规范附录D表D.0.6选用。配制应符合下列规定：

1　称取定量的酚醛树脂，加入稀释剂搅拌均匀，再加入固化剂搅拌均匀，制成树脂胶料。

2　在配制成的树脂胶料中，加入填料搅拌均匀，制成胶泥料。

3　配制胶泥时，不宜再加入稀释剂。

5.3.9　配料用的工器具应耐腐蚀、清洁和干燥，并应无油污或固化残渣等。

5.3.10　各种胶泥在施工过程中，当出现凝固结块等现象时，不得继续使用。

5.4　胶泥衬砌块材

5.4.1　当采用树脂胶泥衬砌块材时，应先在设备、管道表面均匀涂刷树脂封底料一遍。

5.4.2　块材的结合层厚度和灰缝宽度，应符合表5.4.2的规定。

表5.4.2　块材结合层厚度和灰缝宽度（mm）

材料名称		水玻璃胶泥衬砌		树脂胶泥衬砌	
		结合层厚度	灰缝宽度	结合层厚度	灰缝宽度
耐酸砖、耐温耐酸砖	厚度≤30mm	3～5	2～3	4～6	2～3
	厚度＞30mm	4～7	2～4	4～6	2～4
防腐蚀炭砖		4～5	2～3	4～5	2～3
铸石板		4～5	2～3	4～5	2～3

5.4.3　块材衬砌应符合下列规定：

1　块材衬砌时，宜采用揉挤法。结合层和灰缝的胶泥应饱满密实，块材不得滑移。在胶泥初凝前，应将缝填满压实，灰缝的表面应平整光滑。

2　块材衬砌前，宜先试排；衬砌时，顺序应由低往高。阴角处立面块材应压住平面块材，阳角处平面块材应压住立面块材。

3　当在立面衬砌块材时，一次衬砌的高度应以不变形为限，待凝固后再继续施工。当在平面衬砌块材时，应采取防止滑动的措施。

4　管道衬砌块材时，管道公称尺寸应大于200mm，长度不得大于1.5m。

5.4.4　胶泥常温养护时间应符合表5.4.4的规定。

表5.4.4　胶泥常温养护时间（d）

胶泥名称		养护时间
钠水玻璃胶泥		＞10
钾水玻璃胶泥	普通型	＞14
	密实型	＞28
环氧树脂胶泥		7～10
乙烯基酯树脂胶泥		7～10
不饱和树脂胶泥		7～10
呋喃树脂胶泥		7～15
酚醛树脂胶泥		20～25

5.4.5　胶泥块材衬砌完毕后，当需进行热处理时，温度应均匀。热处理温度应大于介质的使用温度。

5.4.6　水玻璃胶泥衬砌的块材衬里工程养护后，应采用浓度为30%～40%的硫酸进行表面酸化处理，酸化处理至无白色结晶盐析出时为止。酸化处理次数不宜少于4次。每次间隔时间，钠水玻璃胶泥不应少于8h，钾水玻璃胶泥不应少于4h。每次处理前应清除表面的白色析出物。

6　纤维增强塑料衬里

6.1　一般规定

6.1.1　纤维增强塑料衬里工程应包括以树脂为粘结剂，纤维及其织物为增强材料铺贴或喷射的设备、管道衬里层和隔离层。

6.1.2　施工环境温度宜为15℃～30℃，相对湿度不宜大于80%。当施工环境温度低于10℃时，应采取加热保温措施，不得用明火或蒸汽直接加热；施工时，原材料的使用温度，被铺贴的设备、管道及管件的表面温度，不应低于允许的施工环境温度。

6.1.3　露天施工现场应设置施工棚。施工及养护期间，应采取防水、防火、防结露和防暴晒等措施。

6.1.4　纤维及其织物的贴衬顺序，应符合下列规定：

1　当矩形设备、通风管、立式设备等贴衬时，应先顶面，后垂直面，再水平面。

2　当圆筒形卧式设备等贴衬时，可先将设备放置在滚轮上，先两端封头内表面，后中部筒体，再人孔；先贴衬下半部，待树脂凝胶后，转动一定角度，再贴衬另外半部。

3　内表面贴衬完毕后，再按照上述顺序，进行外表面贴衬。

6.1.5　当采用呋喃树脂或酚醛树脂等进行防腐蚀施工时，基层表面应采用环氧树脂、乙烯基酯树脂、不饱和聚酯树脂等胶料或其纤维增强塑料做隔离层。

6.1.6　树脂材料施工前，应根据施工环境温度、湿度、原材料性能及施工工艺特点，通过试验选定适宜的施工配合比和施工操作方法后，方可进行大面积施工。施工过程不得与其他工种进行交叉作业。

6.1.7 树脂、固化剂、引发剂、促进剂、稀释剂等材料，应密闭贮存在阴凉、干燥的通风处，并应采取防火措施。纤维布、毡等增强材料、粉料等填充材料均应包装完整，并应保存在阴凉、通风、干燥处。

6.2 原材料和制成品的质量要求

6.2.1 树脂类材料的质量要求应符合下列规定：

1 环氧树脂、乙烯基酯树脂和不饱和聚酯树脂的质量应符合本规范第5.2.3条的有关规定。

2 呋喃树脂的质量应符合本规范附录B表B.0.3的规定。

3 酚醛树脂的质量应符合本规范附录B表B.0.4的规定。

6.2.2 树脂类常温下使用的固化剂应符合下列规定：

1 环氧树脂、乙烯基酯树脂、不饱和聚酯树脂、呋喃树脂和酚醛树脂的固化剂应符合本规范第5.2.4条的有关规定。

2 环氧树脂、乙烯基酯树脂、不饱和聚酯树脂、呋喃树脂、酚醛树脂固化后的材料制成品的质量应符合本规范表6.2.6的规定。

6.2.3 树脂类材料的稀释剂应符合本规范第5.2.5条的规定。

6.2.4 纤维增强塑料使用的纤维增强材料应符合下列规定：

1 应采用无碱或中碱玻璃纤维增强材料，其化学成分应符合现行行业标准《玻璃纤维工业用玻璃球》JC 935的有关规定。不得使用陶土坩埚生产的玻璃纤维布。

2 采用非石蜡乳液型的无捻粗纱玻璃纤维方格平纹布，厚度宜为0.2mm～0.4mm，经纬密度应为（4×4～8×8）纱根数/cm^2。

3 当采用玻璃纤维短切毡时，玻璃纤维短切毡的单位质量宜为300g/m^2～450g/m^2。

4 当采用玻璃纤维表面毡时，玻璃纤维表面毡的单位质量宜为30g/m^2～50g/m^2。

5 当用于含氢氟酸类介质的防腐蚀工程时，应采用涤纶晶格布或涤纶毡。涤纶晶格布的经纬密度，应为（8×8）纱根数/cm^2；涤纶毡单位质量宜为30g/m^2。

6.2.5 粉料应洁净干燥，其耐酸度不应小于95%。当使用酸性固化剂时，粉料的耐酸度不应小于98%，并不得含有铁质、碳酸盐等杂质。其体积安定性应合格，含水率不应大于0.5%，细度要求0.15mm筛孔筛余量不应大于5%，0.088mm筛孔筛余量为10%～30%。当用于含氢氟酸类介质的防腐蚀工程时，应选用硫酸钡粉或石墨粉。当用于含碱类介质的防腐蚀工程时，不宜选用石英粉。

6.2.6 纤维增强塑料类材料制成品的质量应符合表6.2.6的规定。

表6.2.6 纤维增强塑料类材料制成品的质量

项目	环氧树脂	乙烯基酯树脂	不饱和聚酯树脂				呋喃树脂	酚醛树脂
			双酚A型	二甲苯型	间苯型	邻苯型		
抗拉强度（MPa）≥	100	100	100	100	90	90	80	60
弯曲强度（MPa）≥	250	250	250	250	250	230	—	—

6.2.7 原材料和制成品的质量指标试验方法应符合本规范附录C的有关规定。

6.3 胶料的配制

6.3.1 树脂材料的施工配合比应符合下列规定：

1 环氧树脂的施工配合比可按本规范附录D表D.0.3选用。

2 乙烯基酯树脂、不饱和聚酯树脂的施工配合比可按本规范附录D表D.0.4选用。

3 呋喃树脂的施工配合比可按本规范附录D表D.0.5选用。

4 酚醛树脂的施工配合比可按本规范附录D表D.0.6选用。

6.3.2 配料的工器具应清洁、干燥，并应无油污、固化残渣等。

6.3.3 纤维增强塑料胶料的配制应符合下列规定：

1 环氧树脂胶料的配制应符合本规范第5.3.5条的规定。

2 乙烯基酯树脂、不饱和聚酯树脂胶料的配制应符合本规范第5.3.6条的规定，当采用已含预促进剂的乙烯基酯树脂或不饱和聚酯树脂时，应加入配套的引发剂，并采用真空搅拌机在真空度不低于0.08MPa条件下搅拌均匀。

3 呋喃树脂胶料的配制应符合本规范第5.3.7条的规定。

4 酚醛树脂胶料配制应符合本规范第5.3.8条的规定。

6.3.4 配制好的各种树脂胶料应在初凝前用完。在使用过程中树脂胶料有凝固、结块等现象时，不得使用。

6.4 施　工

6.4.1 手工糊制工艺贴衬纤维增强塑料，可采用间断法或连续法。纤维增强酚醛树脂应采用间断法。

6.4.2 纤维增强塑料手工糊制工艺铺衬前的施工应符合下列规定：

1 封底层：在基层表面，应均匀地涂刷封底料，不得有漏涂、流挂等缺陷，自然固化不宜少于24h。

2 修补层：在基层的凹陷不平处，应采用树脂胶泥料修补填平，凹凸不平的焊缝及转角处应用胶泥抹成圆弧过渡，自然固化不宜少于24h。

3 纤维增强酚醛树脂或纤维增强呋喃树脂可用环氧树脂或乙烯基酯树脂、不饱和聚酯树脂的胶泥料修补刮平基层。

6.4.3 纤维增强塑料间断法施工应符合下列规定：

1 玻璃纤维布应剪边。涤纶布应进行防收缩的前处理。

2 在基层表面应先均匀涂刷一层铺衬胶料，随即衬上一层纤维增强材料，并应贴实，赶净气泡，再涂一层胶料。胶料应饱满。

3 固化24h后，应修整表面，再按上述程序铺衬以下各层，直至达到设计要求的层数或厚度。

4 每铺衬一层，均应检查前一铺衬层的质量，当有毛刺、脱层和气泡等缺陷时，应进行修补。

5 铺衬时，上下两层的接缝应错开，错开距离不得小于50mm。阴阳角处应增加1层～2层纤维增强材料。搭接应顺物料流动方向；贴衬接管的纤维增强材料与贴衬内壁的纤维增强材料应层层错开，搭接宽度不应小于50mm；设备转角、接管处、法兰平面、人孔及其他受力，并受介质冲刷的部位，均应增加1层～2层纤维增强材料，翻边处应剪开贴紧。

6.4.4 纤维增强塑料连续法施工应符合下列规定：

1 连续法施工的封底、刮胶泥、刷面层，贴衬纤维增强材料的施工和纤维增强材料的搭接要求应符合本规范第6.4.3条的规定。在衬完最后一层纤维增强材料后，应自然固化24h后，方可进行面层施工。

2 平面和立面一次连续铺衬的层数或厚度，层数不宜超过3层；厚度应以不产生滑移，固化后不起壳或脱层进行确定。

3 铺衬时，上下两层纤维增强材料的接缝应错开，错开距离不得小于50mm。阴阳角处应增加1层～2层纤维增强材料。

4 应在前一次连续铺衬层固化后，再进行下一次连续铺衬层的施工。

5 连续铺衬至设计要求的层数或厚度后，应自然固化24h，再进行封面层施工。

6 平盖可采用宽幅纤维增强材料，一次连续成型；弧形面（圆形或椭圆形封头）可将纤维增强材料剪成瓜皮形，再贴衬。

7 面层胶料应涂刷均匀，并应自然固化24h后，再涂刷第二层面层胶料。

6.4.5 纤维增强材料的涂胶除刷涂外，也可采用浸揉法处理。将纤维增强材料放在配好的胶料里浸泡揉挤，使纤维增强材料完全浸透后，挤出多余的胶料，将纤维增强材料拉平进行贴衬。

6.4.6 用纤维增强塑料做设备、管道及管件衬里隔离层时，可不涂刷面层胶料。

6.4.7 纤维增强塑料手持喷枪喷射成型工艺的施工应符合下列规定：

1 喷射成型工艺应采用乙烯基酯树脂或不饱和聚酯树脂。玻璃纤维无捻粗纱长度应为25mm～30mm。

2 在处理的基体表面应均匀喷涂封底胶料，不得有漏涂、流挂等缺陷，自然固化时间不宜少于24h。

3 将玻璃纤维无捻粗纱切成25mm～30mm长度，与树脂一起喷到被施工设备表面。

4 喷射厚度应为1mm～2mm，纤维含量不应小于30%，喷射后应采用辊子将沉积物压实，表面应平整、无气泡，并应在室温条件下固化。

6.4.8 纤维增强塑料衬里常温养护时间应符合表6.4.8的规定。

表6.4.8 纤维增强塑料衬里常温养护时间（d）

纤维增强塑料树脂名称	养护时间
环氧树脂纤维增强塑料	≥15
乙烯基酯树脂纤维增强塑料	≥15
不饱和聚酯纤维增强塑料	≥15
呋喃树脂纤维增强塑料	≥20
酚醛树脂纤维增强塑料	≥25

6.4.9 纤维增强塑料衬里热处理时，应按程序升温，并应严格控制升降温度的速度。热处理温度应大于介质的使用温度。

7 橡胶衬里

7.1 一般规定

7.1.1 橡胶衬里工程应包括加热硫化橡胶衬里施工、自然硫化橡胶衬里施工和预硫化橡胶衬里施工。

7.1.2 施工环境温度宜为15℃～30℃，相对湿度不宜大于80%，或基体温度应高于空气露点温度3℃以上。当环境温度低于15℃时，应设置安全热源提高环境温度，不得使用明火进行加热升温。当温度超过35℃时，不宜进行施工。

7.1.3 衬胶场所应干燥、无尘，并应通风良好。

7.1.4 从事胶板下料、胶板衬贴和胶粘剂涂刷作业的人员的服装、手套及衬胶用具应清洁，并应防静电。进入设备时，应穿软底鞋。

7.1.5 胶板的储存除应符合现行国家标准《橡胶衬里 第1部分 设备防腐衬里》GB 18241.1的有关规定外，尚应符合下列规定：

1 胶板应悬置，不得挤压或粘连。胶板应按种类、规格、出厂日期分类存放，在保质期内应按出厂日期的先后取用。

2 产品说明书中规定需要低温冷藏的胶板、胶粘剂，在长途运输和施工现场应设置冷藏集装箱。冷藏温度应符合规定。

7.1.6 设备、管道及管件除应符合本规范第3章的规定外，尚应符合下列规定：

1 公称尺寸不大于700mm的衬胶设备，其高度不宜大于700mm；公称尺寸为800mm～1200mm的衬胶设备，其高度不宜大于1500mm。当设备高度大于以上要求时，应分段采用法兰连接。

2 本体硫化的衬胶设备，在衬里施工前，应出具压力试验合格证。衬胶前应选定进汽（气）管、温度计、压力表及排空管接口。底部应设置冷凝水排放口。

3 需衬里的设备内部构件应符合衬胶工艺的要求，焊缝应满焊。

4 管件的制作除应符合现行国家标准《工业金属管道工程施工规范》GB 50235的有关规定外，尚应符合下列规定：

1）衬里管道宜采用无缝管。当采用铸铁管时，内壁应平整光滑，并应无砂眼、气孔、沟槽或重皮等缺陷；

2）当设计无特殊要求时，直管、三通、四通（图7.1.6）的最大允许长度应符合表7.1.6的规定；

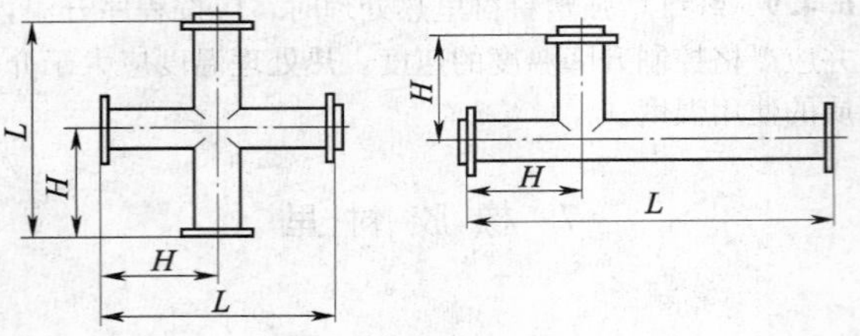

图7.1.6 三通、四通

表7.1.6 直管、三通、四通的最大允许长度（mm）

序号	公称尺寸	直管长	三通、四通	
			L	*H*
1	25	≤500	≤500	80
2	40	≤1000	≤1000	100
3	50	≤2000	≤2000	110
4	65	≤3000	≤3000	120
5	80	≤3000	≤3000	130
6	100	≤3000	≤3000	140
7	125	≤3000	≤3000	155
8	150	≤3000	≤3000	175
9	200	≤5000	≤5000	200
10	250	≤5000	≤5000	230
11	300	≤5000	≤5000	260

3）弯头、弯管的弯曲角度不应小于90°，并应在一个平面上弯曲；

4）超长弯头、液封管、并联管等复杂管段的管件制作，应分段用法兰连接。三通、四通、弯头、弯管及异径管等管件，宜设置活套法兰。

5 衬里管道不得使用褶皱弯管；法兰密封面不得车制密封沟槽。

7.1.7 胶板供应方应提供与其配套的胶粘剂等。

7.1.8 槽罐类设备衬里的施工宜按先衬罐壁，再衬罐顶，后衬罐底的顺序进行。

7.1.9 设备内脚手架的搭设应牢固、稳定，并应便于衬胶操作。当拆除脚手架时，不得损坏衬里层。

7.2 原材料的质量要求

7.2.1 胶板和胶粘剂的质量应符合下列规定：

1 胶板的质量和胶粘剂的粘合强度指标应符合现行国家标准《橡胶衬里 第1部分 设备防腐衬里》GB 18241.1的有关规定。

2 胶板出现早期硫化变质等现象，不得用于衬里施工。

3 胶粘剂在储存期间不得发生早期交联等现象。

7.2.2 加热硫化橡胶板、自硫化橡胶板和预硫化橡胶板的物理性能指标应符合本规范附录B表B.0.6～表B.0.8的规定。

7.2.3 硫化橡胶制成品质量的试验方法应符合本规范附录C的有关规定。

7.3 加热硫化橡胶衬里

7.3.1 胶板展开后应进行外观检查和针孔检查。对不在允许范围内的缺陷，应做出记号，下料时应剔除；对允许范围内的气泡或针孔等缺陷，应进行修补。

7.3.2 胶板下料应准确，并应减少接缝。形状复杂的零件，应制作样板，并应按样板下料。

7.3.3 胶板衬里层的接缝应采用搭接。搭接尺寸应准确，方向应与介质流动方向一致。胶板厚度为2mm时，搭接宽度应为20mm～25mm；胶板厚度为3mm时，搭接宽度应为25mm～30mm；胶板厚度大于或等于4mm时，搭接宽度应为35mm。设备转角处接缝的搭接宽度应为50mm。多层胶板衬里时，相邻胶层的接缝应错开，错开距离不得小于100mm。

7.3.4 胶板的削边应平直，宽窄应一致，其削边宽度应为10mm～15mm。其斜面与底平面夹角不应大于30°。

7.3.5 裁胶或胶板削边的工具宜采用冷裁刀或电烙铁。当采用电烙铁裁胶时，温度应为170℃～210℃。

7.3.6 胶粘剂的涂刷应符合下列规定：

1 涂刷胶粘剂前，基体表面上不得有灰尘、油污和潮湿等现象，并应采用稀释剂擦洗干净。

2 胶粘剂在使用前应搅拌均匀。胶粘剂的涂刷应薄而均匀，不得漏涂、堆积、流淌或起泡。上下两层胶粘剂的涂刷方向应纵横交错。

7.3.7 两层胶粘剂之间的涂刷间隔时间宜为 0.5h～2h，或每层胶膜干至不粘手指。当涂刷最后一层胶粘剂时，间隔时间宜为 10min～15min，或胶膜干至微粘手指但不起丝。

7.3.8 当涂刷第二层胶粘剂前，应清除第一层底涂面上的砂尘，并应将第一层胶粘剂表面的气孔清理或修补后，方可涂刷第二层胶粘剂。

7.3.9 贴衬胶板时，胶板铺放位置应正确，不得起皱或拉扯变薄。贴衬时胶膜应完整，发现脱落应及时补涂。

7.3.10 胶板贴衬后，应采用专用压滚或刮板依次滚压或刮压，不得漏压或漏刮，并应排净粘合面间的空气。胶板搭接缝应压合严实，边沿应圆滑过渡，不得翘起、脱层。胶板搭接缝的搭接方向应与设备内介质流向一致。

7.3.11 衬至法兰密封面上的胶板应平整，不得有径向沟槽或超过 1mm 的凸起。

7.3.12 当衬胶后的胶板需要加工时，胶层厚度应留出加工余量。

7.3.13 本体硫化设备的法兰衬胶应符合下列规定：

1 应按法兰外径尺寸下料，内径尺寸应比法兰孔大 30mm～60mm，并应切成 30°坡口。

2 施工时应按本规范第 7.3.10 条～第 7.3.12 条的规定，贴衬已硫化的法兰胶板。当全部压合密实后，再衬法兰管内未硫化胶板，并应翻至法兰面上已硫化胶板的坡口上边（图 7.3.13），并应压合密实。搭接处应与底层胶板粘牢，并应圆滑，不得有翘边和毛刺。

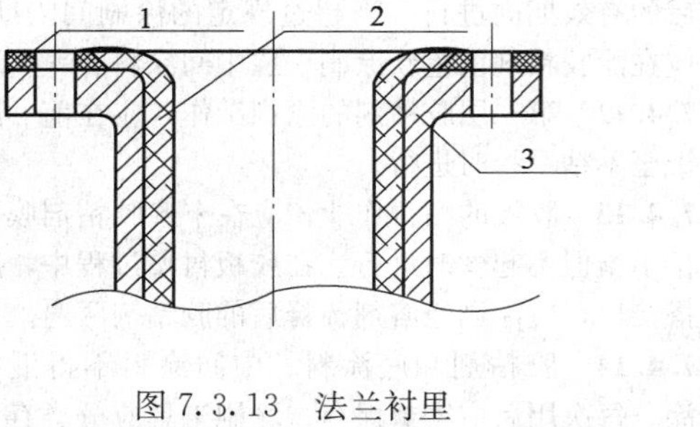

图 7.3.13 法兰衬里

1—已硫化的胶板；2—未硫化胶板；3—设备的法兰

7.3.14 小口径管道衬胶可采用预制胶筒法，并应符合下列规定：

1 管道公称尺寸大于 200mm 的管道，可采用滚压法。

2 管道公称尺寸小于或等于 200mm 的管道，可采用牵引气囊、牵引光滑塑料塞、牵引砂袋或气顶等方法。

7.3.15 贴衬工序完成后，应按下列项目进行中间检查：

1 采用卡尺、直尺或卷尺复核衬胶各部位尺寸，应符合设计文件的规定。

2 检查胶层不得有气泡、空鼓或离层。当胶层出现允许范围内的气泡或离层时，应按本规范第 7.3.16 条的规定进行修补。

3 对衬里层应进行电火花针孔检查，不得出现漏电现象。

4 采用测厚仪检测胶层厚度。

5 检查合格后方可进行硫化。

7.3.16 胶层气泡的修补应符合下列规定：

1 切除气泡的面积应比气泡周边大 10mm～15mm，并应切成 30°坡口。同时剪切一片尺寸相同的胶片，进行衬贴并压合严实，修补块不得翘边和离层。

2 底层修补平整后，间隔时间应为 4h～6h，再衬贴面层修补块。面层修补块尺寸，应比底层修补块外径大 50mm～60mm（图 7.3.16）。

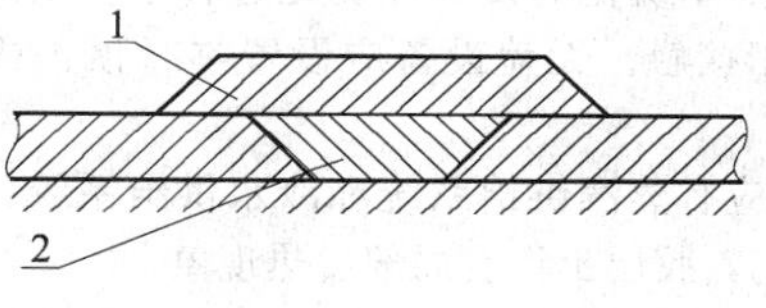

图 7.3.16 橡胶衬里修补示意图

1—上层修补块；2—底层修补块

7.3.17 胶板的硫化可按下列方式之一进行：

1 采用硫化罐直接硫化法。

2 能承受蒸汽压力且可封闭的设备，可采用本体硫化法。

3 大型衬胶设备可采用热水或常压蒸汽硫化法。

7.3.18 硫化罐的硫化应符合下列规定：

1 胶板的硫化条件应由生产厂提供，但最终硫化条件尚应根据衬里胶板种类、胶层厚度、设备或工件厚度、贴衬方法、硫化方式和现场条件等因素确定。

2 在硫化过程中，气源应充足，压力不得波动，并不得产生负压。

7.3.19 本体硫化应符合下列规定：

1 当环境温度低于 15℃时，设备壳体、人孔或接管等突出部位的外部，应采取保温措施。

2 在硫化过程中，设备内不得有积水。应随时排放蒸汽冷凝水。排水管应设置在设备最低处。

3 法兰或盲板密封垫的厚度应大于衬里层的厚度（图 7.3.19）。在最低处的盲板上应设置阀门，应随时排放接管处积水。

7.3.20 热水硫化或常压蒸汽硫化适用于常压或微负压大型设备衬里。热水硫化或常压蒸汽硫化应符合下

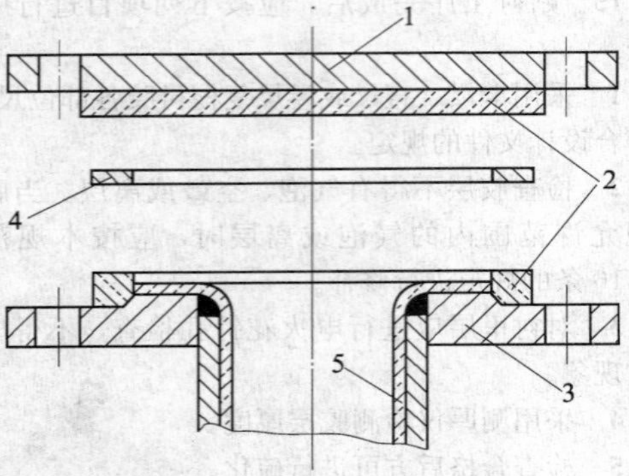

图 7.3.19　法兰硫化密封结构示意图

1—盲板；2—橡胶密封垫；3—接管或人孔；
4—橡胶石棉垫；5—衬胶层

列规定：

1　设备外壳应保温。

2　常压蒸汽硫化设备的顶部或侧部应设置放空管。

3　热水硫化的设备在硫化过程中，全部胶层应与水浴相接触。无盖设备应设置临时顶盖或临时过渡段。

4　应有蒸汽供给系统和冷水供给系统。水浴温度应均匀，胶层不得有局部过热现象。

5　硫化终止时，不应立即排水。应通过上部注入冷水，下部排放热水的方法，进行降温处理，并不得形成负压。当水温冷却至 40℃以下时，方可进行排放。

6　热水硫化温度应为 95℃～100℃，硫化时间应为 16h～32h。

7　常压蒸汽硫化过程中，设备内的温度宜为 100℃±5℃。蒸汽不得直接喷到设备的胶面上，蒸汽硫化时间应为 16h～32h。

8　蒸汽硫化或热水硫化的终止时间，应根据测定其相同条件下，试件硫化的硬度来确定。当硬度不足时，应继续进行硫化，任何部位不得产生过硫化现象。

7.4　自然硫化橡胶衬里

7.4.1　自然硫化橡胶衬里适用于常温自硫化的设备或管道衬里。

7.4.2　施工前胶板和胶粘剂，除应按本规范第 7.3.1 条的规定进行外观检查外，并应按本规范附录 C 的有关规定做粘合强度试验。

7.4.3　经冷藏的胶板，应解冻和预热后方可下料。预热温度宜为 50℃～60℃，预热时间不宜超过 30min。

7.4.4　下料应准确，并应减少接缝。形状复杂的零件，应制作样板，并应按样板下料。

7.4.5　胶板的切割或削边，可采用冷切法或电热切法。电热切温度宜为 170℃～210℃。削边应平直，宽窄应一致，边角不应大于 30°（图 7.4.5）。

图 7.4.5　胶板削边

7.4.6　接缝应采用搭接。设备转角处接缝的搭接宽度应为 30mm～50mm，其余搭接宽度应符合本规范第 7.3.3 条的规定。

7.4.7　接头应采用丁字缝，不得有通缝。贴衬丁字缝时，应先将下层搭接缝处的突出部位削成斜面，再贴衬上层胶板，丁字缝错缝距离应大于 200mm。

7.4.8　底涂料和胶粘剂在使用前，应逐桶进行检查。当发现有凝胶等现象时，不得使用。检查合格后的胶粘剂应做粘合强度测定。当粘稠度过高时，应进行稀释。

7.4.9　底涂料和胶粘剂的使用应符合表 7.4.9 的规定。

表 7.4.9　底涂料和胶粘剂的使用规定

材　料	涂刷部位	涂刷次数
底料	金属侧	2
中间涂料	金属侧	1
胶粘剂	金属侧	2
	胶板	2
经稀释的胶粘剂	胶板搭接坡口	2

注：稀释比例为胶粘剂与溶剂的重量比为 1：（1～1.5）。

7.4.10　底涂料和胶粘剂的涂刷应符合本规范第 7.3.7 条的规定。

7.4.11　胶粘剂的涂刷，应在底涂料、中间涂料涂刷后的有效期内进行。当超过规定的涂刷间隔期限时，应在涂胶粘剂前重新涂刷一层中间涂料。

7.4.12　第二层胶粘剂的涂刷工作，应在前一遍胶膜干至不粘手指时进行。

7.4.13　胶板的贴衬作业，应在末遍胶粘剂膜干至微粘手指但不起丝时进行。在胶板衬贴过程中，胶板的搭接口，应涂刷经溶剂稀释后的胶粘剂两遍。

7.4.14　胶粘剂和底涂料、中间涂料不得混桶、错涂。每次用后应密封保存。涂刷工具应分类存放，不得混用。

7.4.15　胶膜不得受潮，不得受阳光直射或灰尘、油类污染。

7.4.16　胶板衬贴时应用专用压滚或刮板，依次压合，排净粘结面间的空气，不得漏压。胶板的搭缝应压合严密，边缘呈圆滑过渡。胶板接缝的搭接方向应与设备内介质流动方向一致。

7.4.17　压滚或刮板用力程度应以胶板压合面见到压

（刮）痕为限。前后两次滚压（刮压）应重叠1/3～1/2。

7.4.18 滚压（刮压）出现的气泡，应随时切口放气，并按本规范第7.3.16条进行修补。

7.4.19 衬胶作业每个阶段结束后，应对胶层进行中间检查，检查方法应符合本规范第7.3.15条的规定。

7.4.20 胶板的自然硫化时间应由胶板生产厂提供。

7.4.21 在与贴衬作业同步、条件相同的情况下，制作的试块应符合下列规定：

1 罐顶：施工开始时和施工结束时，应各制作2件。

2 罐壁：上、中、下应各制作2件。

3 罐底：应制作2件。

4 试块应为300mm×300mm的钢板，基体表面处理质量和贴衬工艺应与现场施工相同。制作完毕后，应置于罐内自然硫化，并应作为产品最终检查的依据。

7.5 预硫化橡胶衬里

7.5.1 在衬里施工前，胶板和胶粘剂应按本规范附录C的有关规定做粘合强度试验，试验合格后方可进行衬里施工，并应符合下列规定：

1 贴合工艺试验，应选择贴衬应力最大的部位，应以贴衬后胶板不起鼓、不离层、不翘边为合格。

2 每批胶粘剂应制备试样2件，当其中一件试样不合格时，则认为贴合工艺试验不合格。

7.5.2 底涂料的涂刷作业，应在基体表面处理合格后立即进行；当环境相对湿度超过80%时，应采取加温除湿措施。

7.5.3 胶板下料尺寸应合理、准确，应减少贴衬应力。形状复杂的工件应制作样板，并应按样板下料。接缝应采取搭接，搭接宽度宜为25mm～30mm，不得出现欠搭，搭接方向应与设备内介质流动方向一致。坡口宽度不应小于胶板厚度的3倍～3.5倍。削边应平直，且宽窄一致。

7.5.4 基体表面胶粘剂的涂刷应按本规范第7.3.6条～第7.3.8条的规定进行。在涂刷上层胶粘剂时，下层胶粘剂不得被咬起。第二层胶粘剂的涂刷应在第一层胶粘剂干至不粘手指时进行。

7.5.5 衬胶作业应在第二层胶粘剂干至微粘手指时进行。

7.5.6 底涂料和胶粘剂的刷涂、配制、搅拌等程序，应按胶板生产厂家使用说明书进行。各组分应搅拌均匀，并应在2h内用完。当出现结块现象时，不得使用。

7.5.7 胶板的衬贴操作应符合本规范第7.4.16条～第7.4.18条的规定。

7.5.8 底层胶板衬贴完毕后，应按本规范第7.3.15条的规定进行中间检查。

8 塑料衬里

8.1 一般规定

8.1.1 塑料衬里工程应包括软聚氯乙烯板衬里设备、氟塑料衬里设备和塑料衬里管道。

8.1.2 塑料衬里应符合下列规定：

1 软聚氯乙烯板衬里制压力容器的耐压试验应按现行行业标准《塑料衬里设备　水压试验方法》HG/T 4089的规定执行。

2 氟塑料衬里制压力容器的耐压试验应按现行国家标准《氟塑料衬里压力容器　压力试验方法》GB/T 23711.6的规定执行。

3 工作压力大于或等于0.1MPa，公称尺寸大于或等于32mm的塑料衬里压力管道元件的施工，应按国家现行有关压力管道元件制造许可规定执行。

8.1.3 施工现场应干净，环境温度宜为15℃～30℃。施工宜在室内进行。

8.1.4 设备及管道内基体表面处理的质量要求，应符合本规范表4.1.6的规定。对于公称尺寸较小的管道，可采用手工方法除锈。

8.1.5 塑料材料应贮存在干燥、洁净的仓库内。

8.1.6 从事塑料衬里焊接作业的焊工，应进行塑料焊接培训，并应经考试合格持证上岗。焊工培训应由具有相应专业技术能力和资质的单位进行。

8.2 原材料的质量要求

8.2.1 软聚氯乙烯板的表面应光洁、色泽均匀、厚薄一致，无裂纹、无气泡或杂物。其质量应符合本规范附录B表B.0.9的规定。

8.2.2 软聚氯乙烯板采用的胶粘剂为氯丁胶粘剂与聚异氰酸酯，其比为100∶(7～10)。

8.2.3 软聚氯乙烯焊条应与焊件材质相同，焊条表面应无节瘤、折痕和杂质，颜色均匀一致。

8.2.4 氟塑料板表面应光洁、色泽均匀、厚薄一致，无裂纹、黑点等缺陷，并应符合下列规定：

1 聚四氟乙烯板的质量应符合本规范附录B表B.0.10的规定。

2 乙烯-四氟乙烯共聚物板的质量应符合本规范附录B表B.0.11的规定。

3 聚偏氟乙烯板的质量应符合本规范附录B表B.0.12的规定。

8.2.5 氟塑料板过渡层应采用纤维层。

8.2.6 聚四氟乙烯、乙烯-四氟乙烯共聚物和聚偏氟乙烯的焊条应与焊件材质相同，并应具有相熔性，圆柱形焊条的直径宜为2mm～5mm。

8.2.7 聚四氟乙烯管材的质量和热胀冷缩量应符合现行行业标准《金属网聚四氟乙烯复合管和管件》

HG/T 3705的有关规定。聚丙烯、聚乙烯和聚氯乙烯管材质量应符合现行行业标准《衬塑（PP、PE、PVC）钢管和管件》HG/T 20538的有关规定。

8.2.8 塑料衬里原材料质量的试验方法应符合本规范附录C的有关规定。

8.3 软聚氯乙烯板衬里

8.3.1 软聚氯乙烯塑料板施工放线、下料应准确；在焊接或粘贴前宜进行预拼。

8.3.2 软聚氯乙烯塑料板空铺法和压条螺钉固定法的施工应符合下列规定：

1 外壳的内表面应光滑平整，无凸瘤凹坑等现象。

2 施工时应先铺衬立面，后铺衬底部；先衬筒体，后装支管。

3 支撑扁钢或压条下料应准确。棱角和焊接接头应磨平，支撑扁钢与设备内壁应撑紧，压条应用螺钉拧紧并固定牢固。支撑扁钢或压条外应覆盖软板并焊牢。

4 当采用压条螺钉固定时，螺钉应成三角形布置，立面行距宜为400mm～500mm。

5 软聚氯乙烯板接缝应采用搭接，搭接宽度宜为20mm～25mm。采用热风焊枪熔融本体并加压焊接。焊接时，在上、下两板搭接内缝处，每间隔200mm点焊固定，搭接外缝处应采用焊条满焊封缝。焊接工艺参数宜符合表8.3.2的规定。

表 8.3.2 软聚氯乙烯板焊接工艺参数

项　目	指　标
焊枪出口热风温度（℃）	165～170
焊接速度（mm/min）	400～500
焊枪与软板平面夹角（°）	20～30

8.3.3 软聚氯乙烯板粘贴法的施工应符合下列规定：

1 软聚氯乙烯板的粘贴可采用满涂胶粘剂法或局部涂胶粘剂法，胶粘剂的配比应符合本规范第8.2.2条的规定。

2 板材接缝可采用胶粘剂进行对接或搭接。

3 软聚氯乙烯板粘贴前可采用酒精或丙酮进行处理，粘贴面应打毛至无反光。

4 当采用局部涂胶粘剂法时，应在接头两侧涂刷胶粘剂，软板中间胶粘剂带的间距宜为500mm，其宽度宜为100mm～200mm。

5 粘贴时应在软板和基体内壁上各涂刷胶粘剂两遍，并应纵横交错进行。涂刷应均匀，不得漏涂。第二遍涂刷应在第一遍胶粘剂干至不粘手时进行。待第二遍胶粘剂干至微粘手时，再进行软聚氯乙烯板的粘贴。

6 粘贴时，应顺次将粘贴面间的气体排净，并应用辊子进行压合，接缝处应压合紧密，不得出现剥离或翘角等缺陷。

7 当胶粘剂不能满足耐腐蚀和强度要求时，应在接缝处采用焊条封焊。或应按本规范第8.3.2条第5款的规定执行。

8 粘贴完成后应进行养护。养护时间应按胶粘剂的固化时间确定。固化前不得振动或使用。

8.4 氟塑料板衬里设备

8.4.1 进行松衬法施工时，可先将氟塑料板焊成筒体，再进行衬装，并应翻边。松衬法宜衬装小公称尺寸的设备。

8.4.2 氟塑料板粘贴法的施工应符合下列规定：

1 粘贴时应在氟塑料板的过渡层和基体内壁上各涂刷胶粘剂两遍，并应纵横交错进行。涂刷应均匀，不得漏涂。

2 粘贴时，应顺次将粘贴面间的气体排净，并应用辊子进行压合，接缝处应压合紧密，不得出现剥离或翘角等缺陷。

3 在接缝处应采用焊条封焊或板材搭接焊。

8.4.3 氟塑料板焊接成型可采用热风焊、挤出焊或热压焊。乙烯-四氟乙烯共聚物和聚偏氟乙烯可采用热风焊、挤出焊，聚四氟乙烯可采用热压焊。

8.4.4 乙烯-四氟乙烯共聚物和聚偏氟乙烯板的焊接应符合下列规定：

1 焊接部位应切成60°～80°的坡口，并应用溶剂清洗焊口。焊条在焊接处宜呈90°，焊枪宜呈45°（图8.4.4-1）。

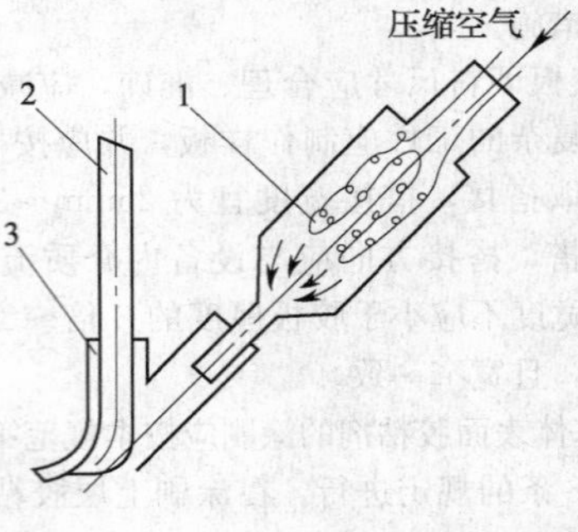

图8.4.4-1 热风焊和挤出焊

1—焊枪；2—焊条；3—焊头

2 焊接速度每分钟宜为50mm～100mm。

3 板与板焊接宜采用V形坡口〔图8.4.4-2(a)、(b)〕，高强度要求的板与板焊接的V形坡口上宜采用板增强焊形式〔图8.4.4-2(c)〕。圆筒与支管焊接宜采用V形坡口（图8.4.4-3）。

8.4.5 聚四氟乙烯板的热压焊接应符合下列规定：

1 焊刀材料应采用导热性能好和具有一定刚性的金属材料。

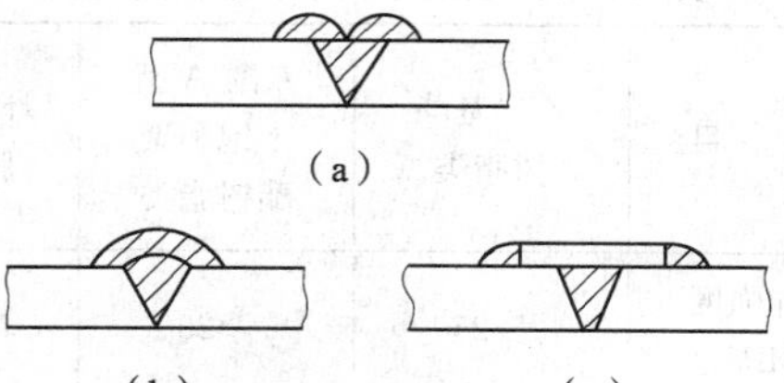

图 8.4.4-2 板与板焊接形式

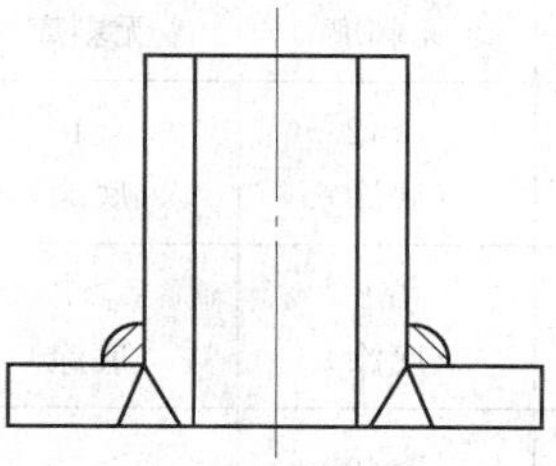

图 8.4.4-3 圆筒与支管焊接形式

2 焊刀几何结构（图 8.4.5-1）宜采用板与板焊接用长条焊刀和板与管焊接用圆筒形焊刀。

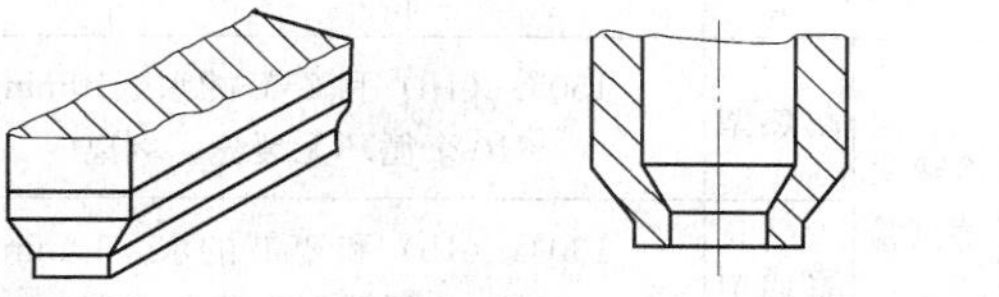

(a) 板与板焊接用长条焊刀　(b) 板与管焊接用圆筒形焊刀

图 8.4.5-1 焊刀几何结构

3 热压焊焊接宜采用搭接形式（图 8.4.5-2）。

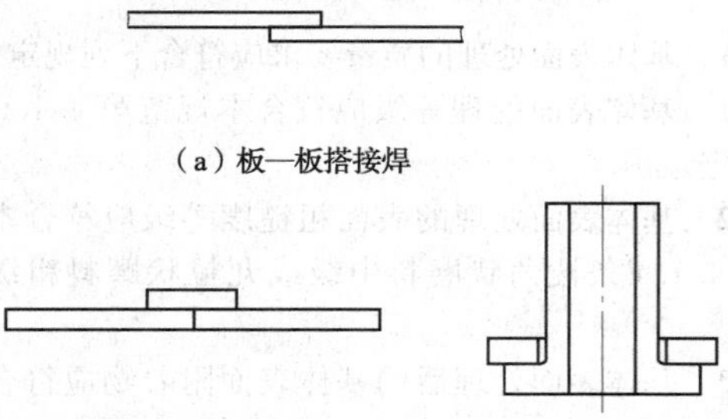

图 8.4.5-2 热压焊焊接形式

4 聚四氟乙烯焊接温度宜为 380℃±5℃，焊接压力宜为 1MPa～2MPa，焊接时间宜为 4h～8h。

8.5 塑料衬里管道

8.5.1 塑料衬里管道的施工宜采用松衬法。

8.5.2 塑料衬里管的外径应与无缝钢管的内径相匹配。

8.5.3 无缝钢管两端的法兰宜采用板式平焊法兰、带颈平焊法兰或平焊环松套法兰焊接。

8.5.4 法兰与钢管连接处的转角应圆弧过渡。

8.5.5 当设计压力为 1MPa 和公称尺寸小于或等于 200mm 时，其圆弧、角焊焊缝高度及钢管和法兰的间隙（图 8.5.5）应符合表 8.5.5 的规定。

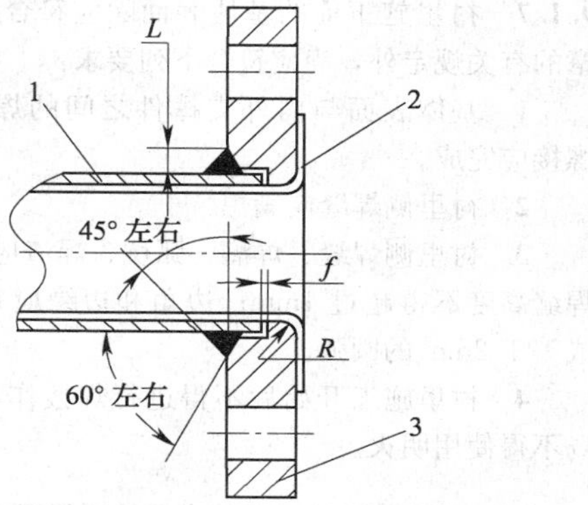

图 8.5.5 圆弧、角焊焊缝高度及钢管和法兰的间隙
1—金属管子；2—塑料衬里；3—金属法兰

表 8.5.5 圆弧、角焊焊缝高度及钢管和法兰的间隙值（mm）

项目 / 指标 / 管子公称尺寸 DN	圆弧 R	角焊焊缝高度 L	钢管和法兰的间隙 f
25～40	1≤R≤2	4≤L≤9	≤1
50～80	1≤R≤3	5≤L≤10	≤1
100～150	2≤R≤4	5≤L≤11	≤2
200～300	2≤R≤5	6≤L≤12	≤2

8.5.6 塑料衬里管道的翻边处应进行加热，并应压平。

9 玻璃鳞片衬里

9.1 一般规定

9.1.1 玻璃鳞片衬里工程应包括下列内容：

1 胶泥衬里：底涂层、玻璃鳞片胶泥、封面层。

2 涂料衬里：底涂层、玻璃鳞片面涂料层。

9.1.2 当采用乙烯基酯树脂类或双酚 A 型不饱和聚酯树脂类时，施工环境温度宜为 5℃～30℃；当采用环氧树脂类时，宜为 10℃～30℃；施工环境相对湿度不宜大于 80%；当低于此温度时，应采取加热保温措施，但不得采用明火直接加热。

9.1.3 施工现场应采取通风措施。

9.1.4 在施工和养护期间，应采取防水、防火、防暴晒等措施。

9.1.5 衬里材料应密闭贮存在阴凉、干燥的通风处，并应防火。增强纤维材料应防潮贮存。

9.1.6 衬里施工前，应根据施工环境温度、湿度、原材料特性，通过试验选定适宜的施工配合比，方可进行大面积施工。

9.1.7 衬里施工前的基体表面除应符合本规范第4章的有关规定外，尚应符合下列要求：

1 基体表面与内外支撑件之间的焊接、铆接、螺接应完成。

2 衬里侧焊缝应满焊。

3 衬里侧焊缝、焊瘤、弧坑、焊渣应打磨平整。焊缝高度不得超过1mm；边角和边缘应打磨至大于或等于2mm的圆弧。

4 衬里施工开始后不得进行焊接作业，施工现场不得使用明火。

9.2 原材料和制成品的质量要求

9.2.1 乙烯基酯树脂、双酚A型不饱和聚酯树脂和环氧树脂的质量应符合本规范第5.2.3条的有关规定。

9.2.2 玻璃鳞片的质量应符合现行行业标准《中碱玻璃鳞片》HG/T 2641的有关规定。

9.2.3 采用的固化体系应与选用的树脂相配套，其质量应符合本规范第5.2.4条的规定。

9.2.4 乙烯基酯树脂、双酚A型不饱和聚酯树脂类玻璃鳞片衬里混合料可预先加入促进剂。

9.2.5 乙烯基酯树脂、双酚A型不饱和聚酯树脂类玻璃鳞片衬里施工的滚压作业工序采用的配套稀释剂应为苯乙烯；环氧树脂类玻璃鳞片衬里施工的滚压作业工序采用的配套稀释剂应为无水乙醇或丙酮。

9.2.6 当玻璃鳞片衬里与同类树脂的玻璃纤维增强塑料复合使用时，玻璃纤维的质量应符合本规范第6.2.4条的规定。

9.2.7 玻璃鳞片混合料的质量应符合表9.2.7的规定。

表9.2.7 玻璃鳞片混合料的质量

项目	鳞片胶泥料	鳞片涂料
在容器中状态	在搅拌混合物时，应无结块、无杂质	
施工工艺性	刮抹无障碍、不流挂	喷、滚、刷涂无障碍、不流挂
胶凝时间（25℃，min）	45±15	60±15

9.2.8 玻璃鳞片制成品的质量应符合表9.2.8的规定。

表9.2.8 玻璃鳞片制成品的质量

项目		乙烯基酯树脂类	双酚A型不饱和聚酯树脂类	环氧树脂类
拉伸强度（MPa）		≥25	≥23	≥25
弯曲强度（MPa）		≥35	≥32	≥30
冲击强度（500g×25cm）		无裂缝，无剥离	无裂缝，无剥离	无裂缝，无剥离
粘接强度（MPa）	拉剪法	≥12（底涂）	≥10（底涂）	≥14（底涂）
	拉开法	≥8（底涂）	≥7（底涂）	≥10（底涂）
巴氏硬度		≥40	≥40	≥42
耐磨性（1000g，500r；g）		≤0.05	≤0.05	≤0.05
线膨胀系数（$K\times10^{-5}$）		≤1.04	≤1.02	≤1.06
冷热交替试验	耐热型	150℃（1h）和25℃的水（10min）10个循环无裂缝、剥离		
	普通型	130℃（1h）和25℃的水（10min）10个循环无裂缝、剥离		

9.2.9 玻璃鳞片衬里原材料和制成品质量的试验方法应符合本规范附录C的有关规定。

9.3 施 工

9.3.1 基体表面处理的质量要求应符合下列规定：

1 基体表面处理等级应符合本规范第4.1.6条的规定。

2 基体表面处理的表面粗糙度等级应符合本规范第4.1.4条棱角状磨料中级或丸粒状磨料粗级的规定。

3 基体表面处理后的基体表面附着物应符合本规范第4.1.7条的规定。

9.3.2 基体表面处理完成后，涂刷底涂料的间隔时间应符合本规范第4.1.9条的规定。

9.3.3 底涂层的施工应符合下列规定：

1 在底涂料中按比例加入固化剂后，应搅拌均匀，并应在初凝前用完。

2 底涂料的施工宜采用刷涂或滚涂，不得漏涂。

3 当采用二层底涂料施工时，底涂料的涂装间隔时间应符合表9.3.3的规定。

表 9.3.3　底涂料的涂装间隔时间

底材温度（℃）	10	20	30
最短涂装间隔（h）	10	5	3
最长涂装间隔（h）	48	36	24

9.3.4　玻璃鳞片胶泥的施工应符合下列规定：

1　在玻璃鳞片胶泥料中按比例加入固化剂，宜在真空度不低于 0.08MPa 搅拌机中搅拌均匀。配制好的玻璃鳞片胶泥料应在初凝前用完。

2　第一层玻璃鳞片胶泥的施工应在底涂层施工完成 12h 后进行。

3　玻璃鳞片胶泥宜采用人工涂抹（刮抹）的方法进行施工。应将玻璃鳞片胶泥摊铺在底涂层表面，用抹刀（或刮板）单向有序、均匀地涂抹。

4　单道玻璃鳞片胶泥衬里的施工厚度，在初凝后不宜大于 1mm。

5　滚压作业应与涂抹施工同步进行。在初凝前，应用沾有适量配套稀释剂的羊毛辊往复滚压至胶泥层光滑均匀。

6　同层涂抹的端部界面连接，应采用斜槎搭接方式。

7　当采用两层涂抹施工时，玻璃鳞片胶泥的涂装间隔时间应符合表 9.3.3 的规定。两层胶泥料涂抹方向应相互垂直。

8　玻璃鳞片胶泥涂抹达到设计要求的厚度后，应涂刷封面料。

9.3.5　局部纤维增强塑料的施工应符合下列规定：

1　纤维增强塑料用树脂应采用与玻璃鳞片胶泥相同的树脂配制。

2　应将局部纤维增强区的玻璃鳞片衬里表面打磨平整，并应采用稀释剂清洗干净，再按涂刷胶料、贴衬纤维布（毡）的顺序进行施工。

3　纤维增强塑料材料施工 12h 后，应将纤维增强塑料材料的毛边、气泡或脱层等清除干净，并应采用玻璃鳞片胶泥填平补齐。

9.3.6　玻璃鳞片面涂层的施工应符合下列规定：

1　在面涂料中按比例加入固化剂搅拌均匀。配制好的面涂料应在初凝前用完。

2　面涂料的施工应采用高压无气喷涂，也可采用刷涂和滚涂，应均匀涂覆到底涂层表面。高压无气喷涂一次厚度不宜超过 0.6mm。

3　当采用乙烯基酯树脂或双酚 A 型不饱和聚酯树脂类玻璃鳞片涂料时，最后一层面涂料中，应含有苯乙烯石蜡液。

4　当采用多层玻璃鳞片面涂料施工时，涂装的间隔时间应符合表 9.3.3 的规定。

9.3.7　玻璃鳞片衬里层或涂层的养护时间应符合表 9.3.7 的规定。养护期内不得在衬里层表面进行施工作业或踩踏。

表 9.3.7　衬里层或涂层的养护时间

环境温度（℃）	10	20	30
养护时间（d）	≥14	≥7	≥4

10　铅　衬　里

10.1　一 般 规 定

10.1.1　铅衬里应包括钢制工业设备及管道的衬铅和搪铅。

10.1.2　铅板焊接和搪铅可采用氢氧焰或乙炔氧焰焊接。施焊时应采用中性焰，不应采用仰焊。

10.1.3　焊工考试应符合本规范第 8.1.6 条的规定。

10.2　原材料的质量要求

10.2.1　铅板应无砂眼、裂缝或厚薄不均匀等缺陷。铅板表面应光滑清洁，不得有污物、泥砂和油脂。其化学成分及规格应符合现行国家标准《铅及铅锑合金板》GB/T 1470 的有关规定。

10.2.2　焊条材质应与焊件材质相同。焊条表面应干净，应无氧化膜及污物。也可采用母材制作的焊条。焊条的规格应符合表 10.2.2 的规定。

表 10.2.2　焊条的规格（mm）

焊条号	特	1	2	3	4	5
焊条规格（直径×长度）	2～3×220	5×230	8×250	11×280	14×300	18×320

10.2.3　搪铅母材应符合本规范第 10.2.1 条的规定。

10.2.4　搪铅采用的焊剂配比应符合表 10.2.4 的规定。

表 10.2.4　搪铅采用的焊剂配比

成分			
氯化锌	氯化锡	氯化亚锡	水
65	—	35	300
25	—	5～7	75
45	25	—	30
2	1	—	6

10.3　焊　　接

10.3.1　焊接的施工准备应符合下列规定：

1　施焊前，应清除焊缝中的油脂、泥砂、水或酸碱等杂质。

2　焊缝处不应有熔点较高的氧化铅层。在施焊前应采用刮刀刮净，使焊缝区域露出金属光泽。应随焊随刮，刮净的焊口应在 3h 内焊完。多层焊时，每焊完一层，应刮净后再焊下一层。

3　对接焊缝应根据焊件的厚度，留出不同的间隙，并应切出适当的坡口。

4 厚度在 7mm 以下的焊件，应采用搭接焊，搭接尺寸应为 25mm～40mm。

5 铅板焊接时，焊缝应错开，不得十字交叉。错开距离不应小于 100mm。

6 焊接前，焊缝应平整，不得有凸凹不平的现象。

7 焊接前应将焊缝相互对正，可采用点焊固定，点焊间距应为 200mm～300mm。

10.3.2 铅板的焊接应符合下列规定：

1 铅板焊接应采用氢氧焰进行，铅板的气焊焊接工艺应符合表 10.3.2-1 的规定。

表 10.3.2-1 铅板的气焊焊接工艺

板厚（mm）	焊接位置							
	平焊		立焊		横焊		仰焊	
	焊嘴号	焰心长度（mm）	焊嘴号	焰心长度（mm）	焊嘴号	焰心长度（mm）	焊嘴号	焰心长度（mm）
1～3	1～2	8	0～1	4	0～2	6	0～1	4
4～7	3～4	8	0～2	6	1～2	8	0～2	6
8～10	4～5	12	2～3	8	3～4	10	2～3	8
12～15	6	15	2～3	8	3～4	10	2～3	8

注：立焊、横焊应为搭接。

2 焊条的选用应符合表 10.3.2-2 的规定。

表 10.3.2-2 焊条的选用

板厚（mm）	焊接位置			
	平焊	立焊	横焊	仰焊
1～2	1	特	特	特
3～4	2	特	特	特
5～7	3	1	1	特
8～10	4	4#	2	—
12～15	5	5#	3	—

注：1 注有“#”符号为挡模焊。
2 立焊应为对接焊。

3 平焊对接焊缝，当板厚为 1.5mm～3mm 时，焊接不应少于 2 层，也可采用卷边对接（卷边高度等于板厚），施焊时可不加焊条；当板厚为 3mm～6mm 时，焊接不应少于 3 层；当板厚为6mm～10mm 时，不应少于 4 层；当板厚为 10mm 以上时，不应少于 5 层。平焊接头形式应符合表 10.3.2-3 的规定。

表 10.3.2-3 平焊接头形式（mm）

焊缝形式	板厚 s	间隙 a	钝边 b	焊缝宽 a_1	焊缝高 a_2
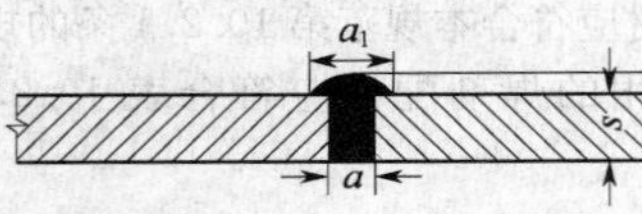	3～5	1～3	—	$2s$	1～2
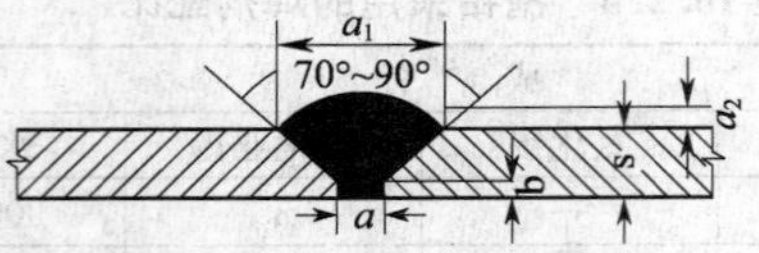	>5	<2	2～3	$2s$	2～3
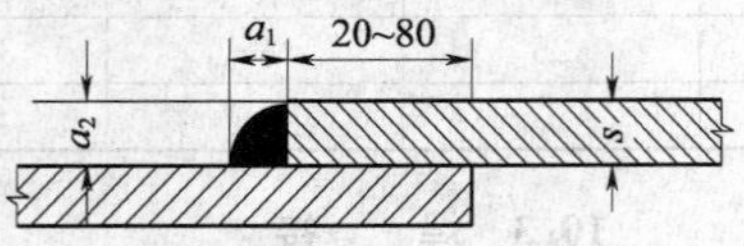	1.5～6	—	—	$1.5s$	$s+1$～1.5

4 铅板厚度在 7mm 以下时应采用搭接立焊。

5 横焊应采用搭接。当板厚为 1mm～2mm 时，可不加焊条；当板厚为 3mm～4mm 时，焊接不应少于 2 层；当板厚为 5mm～7mm 时，不应少于 3 层。焊缝尺寸应符合本规范表 10.3.2-3 的规定。

6 仰焊应采用搭接，焊接厚度不得大于 6mm。

10.4 衬 铅 施 工

10.4.1 衬铅的施工准备应符合下列规定：

1 铅板下料的场地应平整清洁，应设置木制平台，下料者应穿软底鞋。

2 敲打铅板时应使用木制工具，不得使用金属工具。

3 已下好料的铅板，应注明尺寸、编号，妥善存放。

4 衬里前，应对受压容器进行压力试验，合格后方可衬里。

5 衬里设备基体的内表面，应符合本规范第

3.3 节的规定。

6 整体设备在衬里前，应在壳体最底部钻直径为 5mm～10mm 的衬铅检漏孔 2 个～4 个。

7 吊装铅板前，应轻起轻放，不得使用钢丝绳直接绑扎起吊。

10.4.2 衬铅的施工应符合下列规定：

1 衬铅可采用搪钉固定法、悬挂固定法、压板固定法和焊接铆钉固定法（图 10.4.2-1～图 10.4.2-4）。

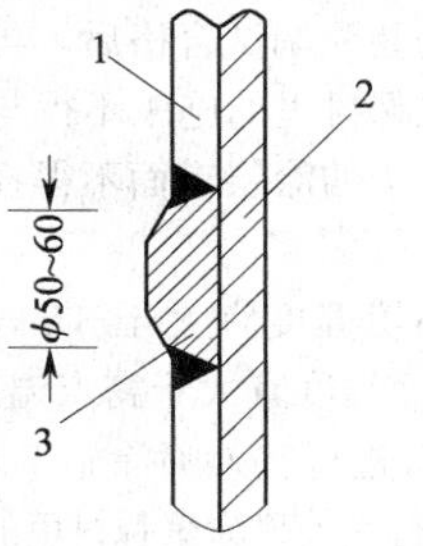

图 10.4.2-1 搪钉固定法

1—衬铅板；2—设备本体；3—搪钉

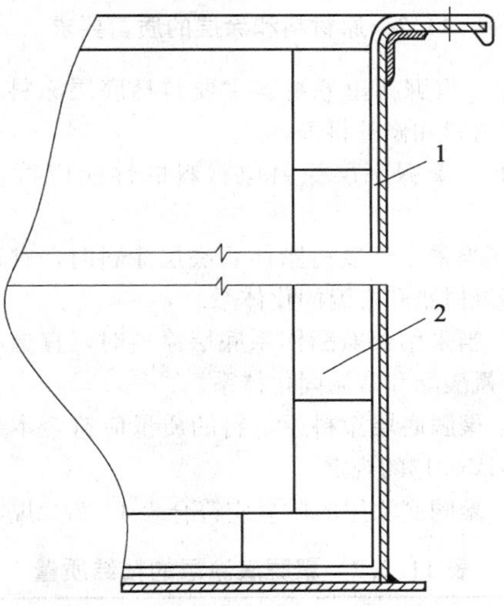

图 10.4.2-2 悬挂固定法

1—衬铅层；2—块材衬里层

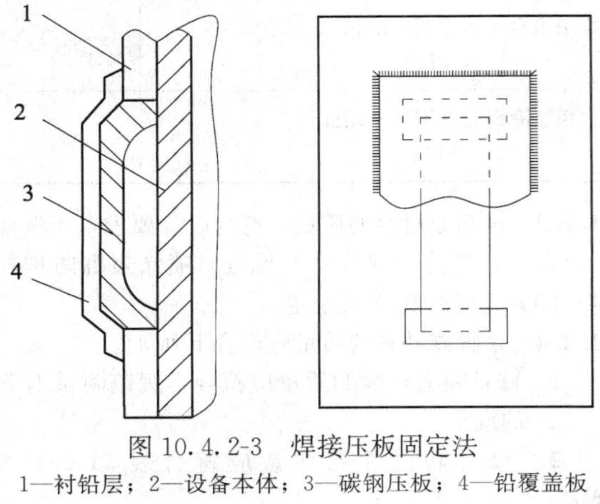

图 10.4.2-3 焊接压板固定法

1—衬铅层；2—设备本体；3—碳钢压板；4—铅覆盖板

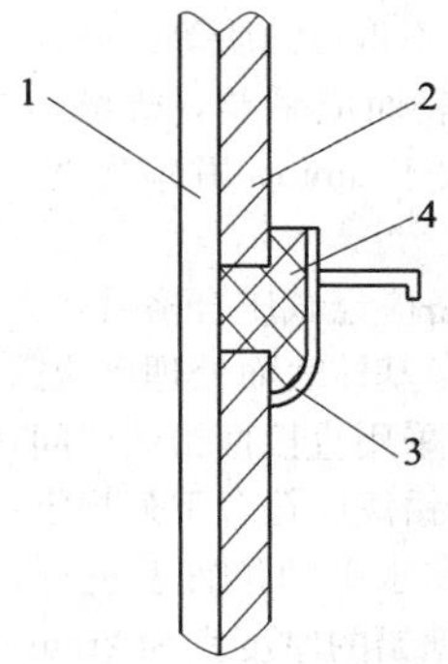

图 10.4.2-4 焊接铆钉固定法

1—衬铅板；2—设备本体；3—挡模；4—铆钉

2 各固定点间的距离宜为 250mm～900mm，成等边三角形排列。设备顶部可适当增加固定点，平底设备的底部可不设固定点。

3 方槽设备拐角处应采用立焊，搭接宽度应为 30mm～40mm。

4 塔、罐、槽等设备的人孔、进出料口的焊接、铅板搭接方向应与介质流向一致（图 10.4.2-5、图 10.4.2-6）。

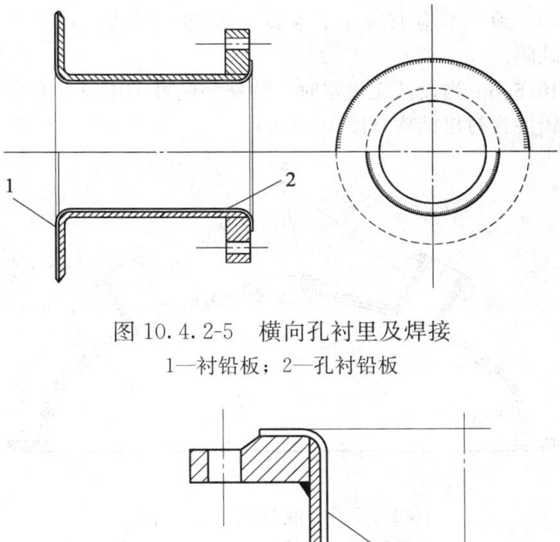

图 10.4.2-5 横向孔衬里及焊接

1—衬铅板；2—孔衬铅板

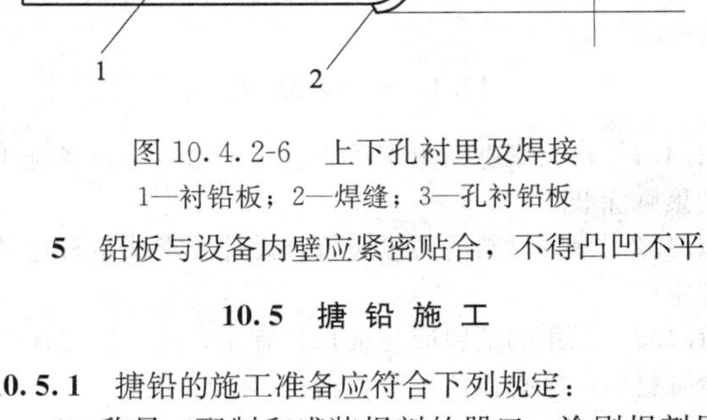

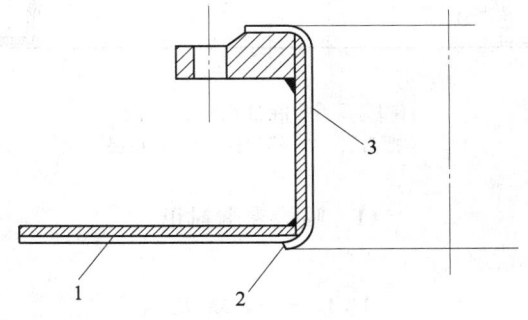

图 10.4.2-6 上下孔衬里及焊接

1—衬铅板；2—焊缝；3—孔衬铅板

5 铅板与设备内壁应紧密贴合，不得凸凹不平。

10.5 搪 铅 施 工

10.5.1 搪铅的施工准备应符合下列规定：

1 称量、配制和盛装焊剂的器皿、涂刷焊剂用的毛刷应清洁，不得被油脂等污染。

2 设备的表面应平整，焊缝应采取对接形式，焊缝高度不应大于 3mm，并应磨光，不应有焊渣或毛刺等缺陷。

3 受压设备应经试压合格后，方可进行搪铅。

4 搪铅设备基体表面处理后应露出金属光泽。

10.5.2 搪铅可采用直接搪铅法或间接搪铅法。

10.5.3 直接搪铅法应符合下列规定：

1 搪铅应在水平的位置上进行，当基体倾斜超过 30°时，每次搪铅的厚度宜为 2mm～4mm，搪道宽度宜为 15mm～25mm。

2 搪铅不应少于 2 层。当搪完第一层铅后，应用清水将附着在表面上的焊剂洗净，并应采用刮刀将表面刮光，再进行第二层搪铅，直至所需厚度。最后一层应用火焰重熔一次。

10.5.4 间接搪铅法应符合下列规定：

1 应先在被搪表面采用加热涂锡法进行挂锡，挂锡层应薄而均匀，挂锡厚度应为 15μm～20μm，再进行搪铅。

2 搪铅温度应为 190℃～230℃。

10.5.5 搪铅时，每层应进行中间检查。厚度应均匀一致，不应有夹渣、裂纹、鼓泡、气孔、焊瘤等缺陷。

10.5.6 当设计无规定时，特殊部位可采用衬铅和搪铅混合衬里结构（图 10.5.6）。

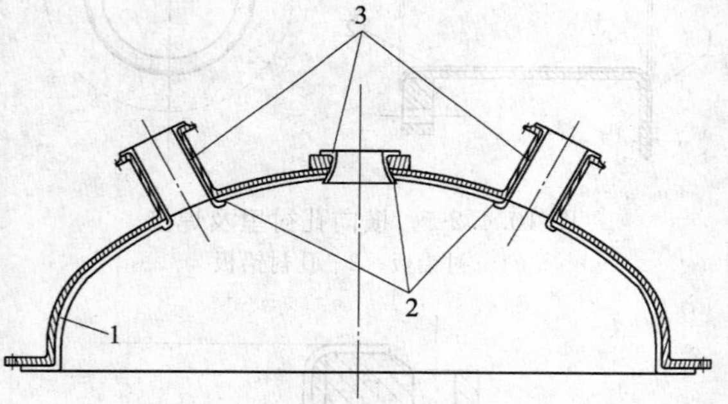

图 10.5.6 混合铅衬里结构

1—搪铅层；2—铅焊接；3—衬铅层

11 喷涂聚脲衬里

11.1 一 般 规 定

11.1.1 喷涂聚脲衬里工程应包括采用专用设备施工的聚脲涂装工程。

11.1.2 聚脲材料的质量应符合设计要求或本规范的规定。

11.1.3 采用的辅料应与聚脲具有相容性，宜使用由聚脲材料厂家提供的配套材料。

11.1.4 施工时应经现场试喷后，方可进行喷涂。

11.1.5 工业设备及管道内外壁表面的处理等级，应符合本规范第 4.1.6 条的有关规定。对焊缝要求及处理应符合本规范第 3.3 节的规定。

11.1.6 管道（支管）、设备基座、管架、预埋件或预支撑件，应在喷涂施工前安装完毕，并应按要求做好局部处理。

11.1.7 对工厂化预制的防腐管道和拼装式设备喷涂聚脲衬里时，应在焊缝一侧预留宽度为 200mm 的拼装位置，待现场装配调试合格后，再进行补喷。

11.1.8 喷涂聚脲衬里的施工不得与其他工种进行交叉作业。施工完毕的涂层表面不得损坏，并应采取保护措施。

11.1.9 施工环境温度宜大于 3℃，相对湿度宜小于 85%，且工件表面温度宜大于露点温度 3℃。当风速大于 5m/s 时，不宜进行室外喷涂施工。在雨、雪、雾天气环境下不得进行室外喷涂聚脲衬里的施工。

11.1.10 施工人员应经过专业施工技术培训，合格后上岗。

11.2 原材料和涂层的质量要求

11.2.1 聚脲衬里原材料主要包括底层涂料、喷涂聚脲原材料和修补料等。

11.2.2 聚脲底层涂料原材料的性能应符合下列规定：

1 当采用环氧树脂体系底层涂料时，宜选用低粘度环氧树脂和常温固化体系。

2 当采用聚氨酯体系底层涂料时，宜选用低挥发性异氰酸酯和常温固化体系。

3 聚脲底层涂料原材料的质量应符合本规范附录 B 表B.0.13的规定。

4 聚脲底涂层的质量应符合表 11.2.2 规定。

表 11.2.2 聚脲底涂层的粘结质量

项 目	指 标	
	环氧底涂	聚氨酯底涂
底层涂料与钢板基体的粘结强度 (MPa)	≥4.5	≥3.5
底层涂料与聚脲的粘结强度 (MPa)	≥4.5	≥3.5

11.2.3 聚脲原材料的质量应符合设计要求，当设计无规定时，应符合现行行业标准《喷涂聚脲防护材料》HG/T 3831 的有关规定。

11.2.4 聚脲修补料的质量应符合下列规定：

1 修补料原材料的质量应符合本规范附录 B 表 B.0.14 的规定。

2 修补料的涂层质量应符合表 11.2.4 的规定。

表 11.2.4 修补料的涂层质量

项目	硬度	拉伸强度	断裂伸长率	附着力
指标	≤92 邵 A	≥4.0MPa	≥150%	≥3.5MPa

3 修补料可用于涂层表面针孔和小面积的缺陷修补。

11.2.5 聚脲衬里原材料和涂层的质量试验方法应符合本规范附录 C 的有关规定。

11.3 施 工

11.3.1 喷涂聚脲的设备应符合下列规定：

1 主机工作压力应大于 7.0MPa。

2 A 组分和 B 组分的进料比例泵的体积比为1：1。

3 喷枪应采用撞击式混合高压喷射型式，并应均匀雾化。

4 空气压缩机的压力应大于 0.7MPa，其容量应大于 0.85m³/min。

5 A、B 料设备加热装置的加热温度应大于 65℃，管道加热温度应大于 45℃。

11.3.2 基体表面底层涂料的施工应符合下列规定：

1 底层涂料应选用环氧或聚氨酯类溶剂型涂料。当环境温度小于 10℃时，应采用低温固化体系。

2 底层涂料的干膜厚度应为 15μm～150μm。可采用喷涂或滚涂。

3 底层涂料的养护时间应符合表 11.3.2 的规定。

表 11.3.2 底层涂料的养护时间

底涂种类	养护温度（℃）	养护时间（h）
溶剂型聚氨酯底涂	≥15	1～6
	≥30	1～3
环氧底涂	≥15	4～6
	≤15	6～10
	≤8	24～48

4 相邻的非喷涂基体表面和已喷涂的聚脲表面应采取措施进行遮盖保护。

11.3.3 施工时应根据材料的特性、施工现场环境条件等，对每一批次的材料核定施工工艺和设备参数后，应进行试喷。试喷合格后的工艺应确定为现场施工工艺。

11.3.4 底层涂料的养护和聚脲衬里喷涂间隔时间应符合本规范表 11.3.2 的规定。当超过间隔时间时，应重新进行底层涂料的施工。

11.3.5 喷涂聚脲衬里的作业应符合下列规定：

1 喷枪与待喷基面的角度应小于或等于±20°，喷枪与基面的距离应为 300mm～700mm。

2 喷涂移动速度应均匀、一致，并应采用交叉喷涂。

3 喷涂作业应采用先上后下再底的顺序，宜连续喷涂作业。

4 当接缝不连续喷涂时，表面应进行处理后再喷涂。接缝喷涂宽度应大于 120mm。

5 当喷涂作业出现异常时，应立即停止喷涂。应先检查设备，当发现故障时应进行排除。再检查聚脲层表面，当表面出现单组分层、鼓泡或脱层等缺陷时，应按工艺要求处理后，再继续喷涂。

11.3.6 聚脲衬里涂层的修补应符合下列规定：

1 聚脲衬里涂层厚度应在涂层喷涂完毕后立即进行检测，当厚度不符合设计要求时，应及时进行补喷。补喷间隔时间和补喷要求应符合表 11.3.6 的规定。

表 11.3.6 补喷间隔时间和补喷要求

环境温度（℃）	间隔时间（h）	补喷要求
>15	>2	应采用界面处理剂处理后再喷涂
	≤2	可直接补喷
10～15	>3	应采用界面处理剂处理后再喷涂
	≤3	可直接补喷
≤10	≥4	应采用界面处理剂处理后再喷涂

2 对聚脲涂层出现的大面积鼓泡或脱层等缺陷，可采用机械喷涂方法进行修补。小面积鼓泡、脱层或针孔可采用手工方法进行修补。

3 修补时应将聚脲衬里涂层鼓泡或脱层缺陷周围 5mm～20mm 范围内的衬里涂层及基体表面清理干净，并应涂刷层间粘合剂或底层涂料后，再机械喷涂或手工修补。

11.3.7 聚脲衬里涂层的养护时间应符合表 11.3.7 的规定。

表 11.3.7 聚脲衬里涂层的养护时间

环境温度（℃）	>23	10～23	<10
养护时间（h）	≥8	≥24	≥48

11.3.8 喷涂作业完成后，应及时清洗喷涂设备，并应进行养护。

12 氯丁胶乳水泥砂浆衬里

12.1 一 般 规 定

12.1.1 氯丁胶乳水泥砂浆衬里工程应包括改性阳离子型氯丁胶乳水泥砂浆衬里整体面层。

12.1.2 施工环境温度宜为10℃～35℃，当施工环境温度低于5℃时，应采取加热保温措施。施工中应防风、雨和阳光直射。

12.1.3 氯丁胶乳的存放，夏季应防止高温、阳光直射，冬季不得受冻。破乳和冻结的氯丁胶乳不得使用。

12.1.4 氯丁胶乳水泥砂浆整体面层衬里施工时，基体表面的处理等级应符合本规范第4.1.6条的规定。焊缝和搭接的部位，应采用氯丁胶乳胶泥找平。

12.1.5 施工前，应根据现场施工环境温度、施工条件等，确定适宜的施工配合比和施工操作方法。

12.1.6 施工用的工具和机械应及时清洗。

12.2 原材料和制成品的质量要求

12.2.1 氯丁胶乳原材料的质量应符合本规范附录B表B.0.15的规定。

12.2.2 氯丁胶乳水泥砂浆采用的硅酸盐水泥或普通硅酸盐水泥的强度不应小于32.5MPa。

12.2.3 氯丁胶乳水泥砂浆的细骨料应采用石英砂或河砂。砂子应符合现行行业标准《普通混凝土用砂、石质量及检验方法标准》JGJ 52的有关规定，细骨料的质量应符合本规范附录B表B.0.16的规定。颗粒级配应符合表12.2.3的规定。

表12.2.3 细骨料的颗粒级配

方筛孔的公称直径	5.0mm	2.5mm	1.25mm	630μm	315μm	160μm
累计筛余（%）	0	0～25	10～50	41～70	70～92	90～100

注：细骨料的最大粒径不应超过涂层厚度或灰缝宽度的1/3。

12.2.4 氯丁胶乳水泥砂浆制成品的质量应符合表12.2.4的规定。

表12.2.4 氯丁胶乳水泥砂浆制成品的质量

项　目	氯丁胶乳水泥砂浆
抗压强度（MPa）	≥30.0
抗折强度（MPa）	≥3.0
与碳钢粘结强度（MPa）	≥1.8
抗渗等级（MPa）	≥1.6
吸水率（%）	≤4.0
初凝时间（min）	>45
终凝时间（h）	<12

12.2.5 氯丁胶乳水泥砂浆原材料和制成品质量的试验方法应符合本规范附录C的有关规定。

12.3 砂浆的配制

12.3.1 氯丁胶乳水泥砂浆的配合比宜按本规范附录D表D.0.7选用。

12.3.2 氯丁胶乳水泥砂浆配制时，应先将水泥与砂子拌和均匀，再倒入氯丁胶乳搅拌均匀。氯丁胶乳水泥砂浆应采用人工拌和，当采用机械拌和时，宜采用立式复式搅拌机。

12.3.3 拌制好的氯丁胶乳砂浆应在初凝前用完，当有凝胶、结块现象时，不得使用。拌制好的水泥砂浆应有良好的和易性。

12.4 施　工

12.4.1 铺抹氯丁胶乳水泥砂浆前，应先涂刷氯丁胶乳水泥素浆一遍，涂刷应均匀，干至不粘手时，再铺抹氯丁胶乳水泥砂浆。

12.4.2 氯丁胶乳水泥砂浆一次施工面积不宜过大，应分条或分块错开施工，每块面积不宜大于12m²，条宽不宜大于1.5m，补缝及分段错开的施工间隔时间不应小于24h。坡面的接缝木条或聚氯乙烯条应预先固定在基体上，待砂浆抹面后可抽出留缝条，24h后在预留缝处涂刷氯丁胶乳素浆，再采用氯丁胶乳水泥砂浆进行补缝。分层施工时，留缝位置应相互错开。

12.4.3 氯丁胶乳水泥砂浆边摊铺边压抹，宜一次抹平，不宜反复抹压。当有气泡时应刺破压紧，表面应密实。

12.4.4 在立面或仰面施工时，当压抹面层厚度大于10mm时，应分层施工，分层抹面厚度宜为5mm～10mm。待前一层干至不粘手时，再进行下一层施工。

12.4.5 氯丁胶乳水泥砂浆施工12h～24h后，宜在面层上再涂刷一层氯丁胶乳水泥素浆。

12.4.6 氯丁胶乳水泥砂浆抹面后，表面干至不粘手时，即可进行喷雾或覆盖塑料薄膜等进行养护。塑料薄膜四周应封严，并应潮湿养护7d，再自然养护21d后方可使用。

13 涂料涂层

13.1 一般规定

13.1.1 涂料涂层应包括环氧树脂类涂料、聚氨酯涂料、氯化橡胶涂料、高氯化聚乙烯涂料、氯磺化聚乙烯涂料、丙烯酸树脂改性涂料、有机硅耐温涂料、氟涂料、富锌涂料（有机、无机）和车间底层涂料的涂层。

13.1.2 涂料进场时，供料方提供的产品质量证明文件除应符合本规范第1.0.4条的规定外，尚应提供涂装的基体表面处理和施工工艺等要求。

13.1.3 腻子、底层涂料、中间层涂料和面层涂料应符合设计文件规定。

13.1.4 施工环境温度宜为10℃～30℃，相对湿度不宜大于 85%，或被涂覆的基体表面温度应比露点温度高 3℃。

13.1.5 防腐蚀涂料品种的选用、涂层的层数和厚度应符合设计规定。

13.1.6 防腐蚀涂层全部涂装结束后，应养护 7d 方可交付使用。

13.1.7 基体表面的凹凸不平、焊接波纹和非圆弧拐角处，应采用耐腐蚀树脂配制的腻子进行修补。腻子干透后，应打磨平整，并应擦拭干净，再进行底涂层施工。

13.1.8 涂料的施工可采用刷涂、滚涂、空气喷涂或高压无气喷涂。涂层厚度应均匀，不得漏涂或误涂。

13.1.9 涂料质量的试验方法应符合本规范附录 C 的有关规定。

13.2 涂料的配制及施工

13.2.1 环氧树脂类涂料应包括环氧型、环氧沥青型、环氧氨基树脂型和环氧聚氨酯型涂料。其配制及施工应符合下列规定：

1 环氧树脂类涂料包括单组分环氧酯底层涂料和双组分环氧树脂涂料，并应符合下列规定：

1）双组分应按质量比配制，并应搅拌均匀。配制好的涂料宜熟化后使用；

2）基体表面处理等级不得低于 St2 级；

3）每层涂料的涂装应在前一层涂膜实干后，方可进行下一层涂装施工。

2 环氧聚氨酯涂料应符合下列规定：

1）双组分涂料应按规定的质量比配制，并应搅拌均匀；

2）每次涂装应在前一层涂膜实干后进行，施工间隔时间宜大于 8h；

3）涂料的贮存期在 25℃以下不宜超过 10 个月。

3 环氧沥青涂料应符合下列规定：

1）双组分涂料应按规定的质量比配制，并应搅拌均匀；

2）每次涂装应在前一层涂膜实干后进行，施工间隔时间宜大于 8h；

3）涂料的贮存期在 25℃以下不宜超过 10 个月。

13.2.2 聚氨酯涂料的配制及施工应符合下列规定：

1 涂料可分为单组分和双组分，采用双组分时应按质量比配制，并应搅拌均匀。

2 基体表面处理等级不得低于 St2 级。

3 每次涂装应在前一层涂膜实干后进行，施工间隔时间不宜超过 48h。

4 涂料的施工环境温度不应低于 5℃。

5 涂料的贮存期在 25℃以下不宜超过 6 个月。

13.2.3 氯化橡胶涂料的配制及施工应符合下列规定：

1 涂料为单组分，可分普通型和厚膜型。厚膜型涂层干膜厚度每层不应小于 70μm。

2 基体表面处理等级不得低于 St3 级、Sa2 级。

3 每次涂装应在前一层涂膜实干后进行，涂覆的间隔时间应符合表 13.2.3 的规定。

表 13.2.3 涂覆间隔时间

温度（℃）	－20～0	0～15	15 以上
间隔时间（h）	24	12	8

4 涂料施工环境温度宜为－20℃～50℃。

5 涂料的贮存期在 25℃以下不宜超过 12 个月。

13.2.4 高氯化聚乙烯涂料的配制及施工应符合下列规定：

1 涂料应为单组分。

2 基体表面处理等级不得低于 St3 级、Sa2 级。

3 每次涂装应在前一层涂膜实干后进行，涂覆间隔时间应符合表 13.2.4 的规定。

表 13.2.4 涂覆间隔时间

温度（℃）	0～14	15～30	30 以上
间隔时间（h）	≥24	≥10	≥6

4 涂料的施工环境温度宜大于 0℃。

5 涂料的贮存期在 25℃以下不宜超过 10 个月。

13.2.5 氯磺化聚乙烯涂料的配制及施工应符合下列规定：

1 涂料可分为单组分和双组分，采用双组分时应按质量比配制，并应搅拌均匀。

2 基体表面处理等级不得低于 St3 级。

3 每次涂覆间隔时间宜为 40min。涂覆完毕在常温下养护 7d 后方可使用。

4 涂料的贮存期在 25℃以下不宜超过 10 个月。

13.2.6 丙烯酸树脂改性涂料的配制及施工应符合下列规定：

1 涂料包括单组分丙烯酸树脂涂料、丙烯酸树脂改性氯化橡胶涂料和丙烯酸树脂改性聚氨酯双组分涂料。

2 基体表面处理等级不得低于 St2 级。

3 涂刷丙烯酸树脂改性涂料时，宜采用环氧树脂类涂料做底层涂料。

4 丙烯酸树脂改性聚氨酯双组分涂料应按规定的质量比配制，并应搅拌均匀。

5 每次涂装应在前一层涂膜实干后进行，施工间隔时间应大于 3h，且不宜超过 48h。

6 涂料的施工环境温度应大于 5℃。

7 涂料的贮存期在 25℃以下时，单组分不宜超过 10 个月，双组分不宜超过 3 个月。

13.2.7 有机硅耐温涂料的配制及施工应符合下列

规定：

1 涂料为双组分，应按质量比配制，并应搅拌均匀。

2 基体表面处理等级不得低于 Sa2 $\frac{1}{2}$ 级。

3 底涂层应选用配套底涂料，不得采用磷化底涂料打底。

4 底层涂料养护 24h 后，再进行面层涂料施工。面层涂料涂覆间隔时间宜为 1h。

5 施工环境温度不宜低于 5℃，相对湿度不应大于 70%。

6 涂料的贮存期在 25℃以下不宜超过 6 个月。

13.2.8 氟涂料的配制及施工应符合下列规定：

1 涂料为双组分，应按质量比配制，并应搅拌均匀。

2 基体表面处理等级不得低于 Sa2 $\frac{1}{2}$ 级。

3 涂料包括氟树脂涂料和氟橡胶涂料。

4 涂料应为底层涂料、中层涂料和面层涂料配套使用。

5 涂料宜采用喷涂法施工。

6 施工环境温度宜为 5℃～30℃，相对湿度不宜大于 80%。

7 涂料的贮存期在 25℃以下不宜超过 6 个月。

13.2.9 富锌涂料应包括有机富锌涂料和无机富锌涂料，其配制及施工应符合下列规定：

1 基体表面处理等级不得低于 Sa2 $\frac{1}{2}$ 级。

2 涂料宜采用喷涂法施工。

3 涂料施工后应采用配套涂层封闭。

4 涂层不得长期暴露在空气中。

5 涂层表面出现白色析出物时，应打磨去除析出物后再重新涂覆。

6 涂料的贮存期在 25℃以下不宜超过 10 个月。

13.2.10 车间底层涂料应包括环氧铁红、有机富锌和无机富锌的底层涂料。其涂料的配制及施工应符合下列规定：

1 基体表面处理等级不得低于 Sa2 $\frac{1}{2}$ 级。

2 涂料宜采用喷涂法施工。

3 涂料的贮存期在 25℃以下不宜超过 6 个月。

14 金属热喷涂层

14.1 一 般 规 定

14.1.1 金属热喷涂层工程应包括火焰或电弧喷涂锌和锌铝合金涂层、铝和铝镁合金涂层。

14.1.2 施工环境温度不宜低于 5℃，相对湿度不宜大于 80%，基体表面温度应比露点温度高 3℃以上。在雨、雪和大雾天气，不得进行室外喷涂施工。

14.1.3 热喷涂施工人员应按现行国家标准《热喷涂 热喷涂操作人员考核要求》GB/T 19824 的有关规定，通过专业考核和资格认定，并应持证上岗。

14.1.4 施工前，应对热喷涂设备进行检查和试验。设备的技术参数和喷涂性能，应符合现行国家标准《热喷涂 热喷涂设备的验收检查》GB/T 20019 的有关规定。

14.1.5 基体表面处理的质量等级应符合本规范表 4.1.6 的规定。处理后的表面清洁度，应采用 Sa3 图片对照检查。

14.1.6 基体表面处理后的粗糙度，宜采用粗糙度参比样板对照检查。不同涂层的喷射或抛射处理表面的粗糙度，应符合表14.1.6的规定。

表 14.1.6 不同涂层的喷射或抛射处理表面的粗糙度（R_z）

热喷涂涂层	涂层设计厚度（mm）	处理表面粗糙度 最小值/最大值（μm）
Zn、ZnAl15 Al、AlMg5	0.10～0.15	40/63
	0.20	63/80
	0.30	80/100

14.1.7 线材火焰喷涂和电弧喷涂的工艺参数，应经喷涂试验和涂层检验优化确定。

14.2 原材料的质量要求

14.2.1 热喷涂线材的质量应符合现行国家标准《热喷涂 火焰和电弧喷涂用线材、棒材和芯材分类和供货技术条件》GB/T 12608的有关规定。

14.2.2 线材在使用前，应进行抽样检查，检查合格的线材应进行清洗、干燥，并应包装贮存。

14.2.3 热喷涂线材质量的试验方法应符合本规范附录 C 的有关规定。

14.3 施 工

14.3.1 金属热喷涂层的施工，应在基体表面处理合格后及时进行。当工件表面无凝露时，喷涂间隔时间不宜大于 4h。

14.3.2 线材火焰喷涂工艺参数应符合表 14.3.2 的规定。

表 14.3.2 线材火焰喷涂工艺参数

项 目		工艺参数	
		Zn、ZnAl15（线径 3mm 时）	Al、AlMg5（线径 3mm 时）
气体压力（MPa）	氧气	0.40～0.55	0.40～0.55
	乙炔	0.07～0.10	0.07～0.10
	空气	0.50～0.55	0.50～0.55

续表 14.3.2

项　目		工艺参数	
		Zn、ZnAl15（线径 3mm 时）	Al、AlMg5（线径 3mm 时）
火焰焰性		中性焰	中性焰
线材输送速度（m/min）		1.80～2.60	1.60～2.30
喷涂距离（mm）	底层	100～120	100～120
	次层	120～150	120～150
喷涂角度（°）		75～90	75～90
喷枪或工件移动速度（mm/s）		300～400	300～400
喷涂基体表面温度（℃）		＜100	＜100

注：本工艺适用于射吸式气体喷涂枪。当使用不同参数的喷枪，采用不同直径的线材时，工艺参数应进行调整。

14.3.3 电弧喷涂工艺参数应符合表 14.3.3 的规定。

表 14.3.3 电弧喷涂工艺参数

项　目		工艺参数	
		Zn、ZnAl15（线径 2mm 时）	Al、AlMg5（线径 2mm 时）
空载电压（V）		24～28	30～34
喷涂工作电流（A）		150～180	160～200
空气压力（MPa）		0.55～0.60	0.55～0.60
线材输送速度（m/min）		5.5～7.0	4.2～5.5
喷涂距离（mm）	底层	120～150	120～150
	次层	150～200	150～200
喷涂角度（°）		75～90	75～90
喷枪或工件移动速度（mm/s）		400～550	400～550
喷涂基体表面温度（℃）		＜100	＜100

注：本工艺适用于封闭雾化式电弧喷涂枪。当使用不同参数的喷枪，采用不同直径的线材时，工艺参数应进行调整。

14.3.4 喷枪点火、引弧及试喷的调整，应按喷枪的使用说明书进行操作。喷枪试喷调整时，应避开待喷涂表面。

14.3.5 当对薄壁工件和构造复杂的表面喷涂时，喷枪的移动速度可进行调整，喷涂角度不得小于 45°，喷涂距离应符合本规范第 14.3.2 条、第 14.3.3 条的有关规定。

14.3.6 设计厚度等于或大于 0.10mm 的涂层，应分层喷涂。分层喷涂时，喷涂的每一涂层均应平行搭接，搭接尺寸宜为喷幅宽度的 1/4～1/3；同层涂层的喷涂方向宜一致；上下两层的喷涂方向应纵横交叉。

14.3.7 喷涂过程中，工件表面温度不得大于 100℃。当表面温度大于 70℃时，应采取间歇喷涂或冷却措施。

14.3.8 难以施工的部位应先喷涂。喷涂操作时，宜降低热源功率，提高喷枪的移动速度，并应预留涂层的阶梯形接头。

14.3.9 当对大型设备或大面积进行施工时，应划区作业，分段、分片喷涂。各分段、分片的接头应错开，错开距离应大于 100mm。

14.3.10 施工过程中应进行涂层外观、厚度和结合性的中间质量检查。

14.3.11 金属热喷涂层的涂料封闭，应在喷涂层检查合格后及时进行。当喷涂层受潮时，不得进行封闭。不做涂料封闭的喷涂层，应采用细铜丝刷进行刷光处理。

15 安全技术

15.0.1 工程施工前应进行危险源辨识和评价，并应针对重大危险源制定应急预案和监控措施。

15.0.2 施工组织设计（方案）应包括安全技术措施。

15.0.3 施工危险性较大的防腐蚀工程，应制定专项安全技术方案和安全技术操作规程；施工前，应对作业班组进行安全技术交底。

15.0.4 施工管理人员、施工操作人员，应具备相应的安全知识和安全技能，并应经安全技术培训和安全技术考核合格，持证上岗。

15.0.5 压力容器设备必须通过法定检测机构定期检验，未经检验或定期检验不合格的压力容器，不得继续使用。

15.0.6 施工机具设备及设施应具备基本的安全功能，并应符合国家现行有关产品标准的规定。安全保护部件应完整配套，安全保险装置应灵敏可靠。

15.0.7 化学危险品的贮存和辨识应符合现行国家标准《常用化学危险品贮存通则》GB 15603 和《危险化学品重大危险源辨识》GB 18218 的有关规定。

15.0.8 施工用电安全应符合现行国家标准《用电安全导则》GB/T 13869和《国家电气设备安全技术规范》GB 19517 的有关规定。

15.0.9 设备、管道内部涂装和衬里作业安全应采取下列措施：

1 办理作业批准手续；划出禁火区；设置警戒线和安全警示标志。

2 分离或隔绝非作业系统，清除内部和周围易燃物。

3 设置机械通风，通风量和风速应符合现行国家标准《涂装作业安全规程　涂漆前处理工艺安全及其通风净化》GB 7692 的有关规定。

4 采用防爆型电气设备和照明器具；采取防静电保护措施。

5 配置相应的消防灭火器具，应由专人负责管理。

6 可燃性气体、蒸汽和粉尘浓度应控制在可燃烧极限和爆炸下限的10%以下。

7 选用快速测定方法，现场跟踪监测。

8 作业期间和涂层、衬里层固化期间应设专人监护。

15.0.10 高处作业安全应采取下列措施：

1 高处作业安全设施应符合施工组织设计，并应在现场检查及验收合格。

2 作业现场应设置安全警示标志，并应设专人监护。

3 施工机具应低处设置，材料应放置在平台上，工具应设置安全绳。

4 作业顺序应合理，不得在同一方向多层垂直作业。

5 作业人员应穿戴防滑鞋、安全帽、安全带；安全带应高挂低用。

6 遇雷雨和五级以上大风，应停止作业。

15.0.11 施工现场动火作业安全应采取下列措施：

1 热喷涂作业、搪铅衬铅作业应办理动火批准手续。

2 动火区内的易燃物应清除。

3 动火作业区应设置安全警示标志，并设专人负责火灾监控。

4 动火区应配备消防水源和灭火器具，消防道路应畅通。

5 动火作业时不得与使用危险化学品的有关作业同时进行。

6 设备管道内部动火应采取通风换气措施；空气中氧含量不得低于18%。

7 动火作业结束，应检查并消除火灾隐患后再离开现场。

15.0.12 施工现场基体表面处理作业安全应采取下列措施：

1 现场临时作业应办理作业批准手续。

2 作业区域应设置安全围挡和安全标志，并应设专人监护。

3 喷射胶管的非移动部分应加设防爆护管，并应避开道路和防火防爆区域。

4 作业人员应规定统一的操作联络方式。

5 喷射作业应执行安全操作规程。

6 设备管道内部通风应符合本规范第15.0.9条第3款的规定。

7 现场临时喷射作业应采取防止粉尘扩散的措施。

15.0.13 防腐蚀工程质量检验的检测设备和仪器的使用安全，应符合有关产品的安全使用规定。

15.0.14 防腐蚀施工作业场所有害气体、蒸汽和粉尘的浓度应符合国家现行有关工作场所有害因素职业接触限值的规定。

15.0.15 防腐蚀施工作业人员应按国家现行职业健康的规定进行定期体检；劳动保护个人装备品的选用应符合现行国家标准《个体防护装备选用规范》GB/T 11651的有关规定。

16 环境保护技术措施

16.0.1 施工中产生的固体废物的处理应符合下列规定：

1 收集、贮存、运输、利用和处置固体废物时，应采取防扬散、防流失或其他防止污染环境的措施。

2 应采用易回收利用、易处置或在环境中易消纳的包装物。

3 工业固体废物应堆放到现场指定的场所，并应及时清运出场。

4 施工现场严禁焚烧各类废弃物。

16.0.2 施工中产生的危险废物的管理和贮存应符合下列规定：

1 施工单位对所产生的危险废物应采取综合利用或无害化处理措施，建立危险废物污染防治的管理制度。

2 施工单位贮存、利用、处理危险废物的设施和场所，应设置统一的识别标志，并应制定事故的防范措施和应急预案。

3 装载液体或半固体危险废物的容器顶部与液体表面之间应留出100mm以上的空间。

4 盛装在容器内的同类危险废物可堆叠存放。不得将不相容的废物混合或合并存放。

5 贮存危险废物的施工单位应做好危险废物情况的记录，记录上应注明危险废物的名称、来源、数量、特性和包装容器的类别、入库日期、存放库位、废物出库日期及接收单位名称，并应定期对所贮存的危险废物包装容器及贮存设施进行检查，发现破损，应及时采取措施清理更换。

6 严禁向未经许可的任何区域内倾倒、堆放、填埋或排放危险废物。

7 运输危险废物时，应按国家和地方有关危险货物和化学危险品运输管理的规定执行。

16.0.3 施工中产生的灰尘、粉尘等污染的防治应符合下列规定：

1 施工现场的主要道路应进行硬化处理，砂石应集中堆放。

2 进行拆除作业时，应采取隔离措施，并应在规定期限内将废弃物清理完毕。

3 不得使用污染大气环境的生产工艺和设备。

4 收集、贮存、运输或装卸有毒有害气体或粉尘材料时，必须采取密闭措施或其他防护措施。

5 施工现场胶泥搅拌场所应采取封闭、降尘措施。当进行基体表面处理、机械切割或气喷涂等作业时，应采取防扬尘措施。

6 施工现场应设置密闭式垃圾站。施工垃圾、生活垃圾应分类存放，及时清运出场。

16.0.4 施工中对施工噪声污染的防治应符合下列规定：

1 施工现场应按现行国家标准《建筑施工场界环境噪声排放标准》GB 12523 和《建筑施工场界噪声测量方法》GB 12524 的有关规定制定降噪措施。

2 不得使用对环境有噪声污染的设备。

3 运输材料的车辆进入施工现场不得鸣笛。装卸材料应轻拿轻放。

16.0.5 施工中对水土污染的防治应符合下列规定：

1 施工现场应设置排水沟及沉淀池。施工污水经沉淀后方可排放。

2 施工现场的油料、化学溶剂、酸液、碱液等物品应存放在专用库房内。地面应进行防渗漏处理。废弃的油料、化学溶剂、酸液、碱液等应集中处理，不得随意倾倒。

17 工程交接

17.0.1 施工单位按合同规定的范围，完成全部防腐蚀工程项目后，应及时办理交接手续。

17.0.2 防腐蚀工程交接前，建设单位或监理单位应对其进行检查和验收，并确认下列内容：

1 施工范围和内容符合合同规定。

2 工程质量符合设计文件及本规范的规定。

17.0.3 防腐蚀工程交接时，施工单位应向建设单位或总承包单位提交下列文件：

1 防腐蚀材料的出厂合格证明、进场检（试）验报告或现场抽样的复验报告。

2 设计变更通知单、材料代用的技术文件及施工过程中重大技术问题的处理记录。

3 隐蔽工程检查记录的格式宜符合表 17.0.3-1 的规定。

4 基层表面处理检查记录的格式宜符合表 17.0.3-2 的规定。

5 防腐蚀衬里施工记录的格式宜符合表 17.0.3-3 的规定。

6 设备、管道防腐蚀工程交工汇总表的格式宜符合表17.0.3-4 的规定。

7 防腐蚀工程交接报告的格式宜符合表 17.0.3-5 的规定。

17.0.4 施工质量不符合设计和本规范的要求时，应经返修合格后方可办理交工。

表 17.0.3-1 隐蔽工程检查记录

<table>
<tr><td>工程名称</td><td></td><td>分部分项名称</td><td></td></tr>
<tr><td>图号</td><td></td><td>隐蔽日期</td><td></td></tr>
<tr><td>隐蔽内容</td><td colspan="3"></td></tr>
<tr><td>简图或说明</td><td colspan="3"></td></tr>
<tr><td>检查意见</td><td colspan="3"></td></tr>
<tr><td>总承包单位：

现场代表：

年 月 日</td><td>建设单位（监理单位）：

建设单位项目专业技术负责人（监理工程师）：

年 月 日</td><td colspan="2">施工单位：
项目技术负责人：
项目专业质量检查员：
施工班组长：

年 月 日</td></tr>
</table>

表 17.0.3-2 基层表面处理检查记录

<table>
<tr><td colspan="12">项目：</td></tr>
<tr><td colspan="12">装置：</td></tr>
<tr><td colspan="12">工号：</td></tr>
<tr><td>部位名称</td><td colspan="2"></td><td colspan="4">施工图号</td><td colspan="5"></td></tr>
<tr><td>相对湿度</td><td colspan="2"></td><td colspan="4">环境温度（℃）</td><td colspan="5"></td></tr>
<tr><td>除锈等级</td><td colspan="2"></td><td colspan="4">表面处理方式</td><td colspan="5"></td></tr>
<tr><td rowspan="6">实测项目</td><td>质量标准</td><td colspan="9">实测数据（表面粗糙度）</td><td>平均值</td></tr>
<tr><td></td><td></td><td></td><td></td><td></td><td></td><td></td><td></td><td></td><td></td><td></td></tr>
<tr><td></td><td></td><td></td><td></td><td></td><td></td><td></td><td></td><td></td><td></td><td></td></tr>
<tr><td></td><td></td><td></td><td></td><td></td><td></td><td></td><td></td><td></td><td></td><td></td></tr>
<tr><td></td><td></td><td></td><td></td><td></td><td></td><td></td><td></td><td></td><td></td><td></td></tr>
<tr><td></td><td></td><td></td><td></td><td></td><td></td><td></td><td></td><td></td><td></td><td></td></tr>
<tr><td colspan="4">总承包单位：

现场代表：

年 月 日</td><td colspan="4">建设单位（监理单位）：

建设单位项目专业技术负责人（监理工程师）：

年 月 日</td><td colspan="4">施工单位：

项目技术负责人：

项目专业质量检查员：

施工班组长：

年 月 日</td></tr>
</table>

表 17.0.3-3 防腐蚀衬里施工记录

<table>
<tr><td colspan="10">项目：</td></tr>
<tr><td colspan="10">装置：</td></tr>
<tr><td colspan="10">工号：</td></tr>
<tr><td>分项名称</td><td colspan="3"></td><td colspan="3">施工图号</td><td colspan="3"></td></tr>
<tr><td>检查部位</td><td colspan="3"></td><td colspan="3">施工阶段</td><td colspan="3"></td></tr>
<tr><td>衬里种类</td><td colspan="3"></td><td colspan="3">环境温度（℃）</td><td colspan="3"></td></tr>
<tr><td>检查内容</td><td>目测</td><td colspan="2">衬里层数</td><td colspan="6">电火花检查</td></tr>
<tr><td rowspan="2">检查结果</td><td rowspan="2"></td><td colspan="2" rowspan="2"></td><td colspan="2">测试电压</td><td colspan="2">行走速度</td><td>衬里厚度</td><td>结论</td></tr>
<tr><td colspan="2"></td><td colspan="2"></td><td></td><td></td></tr>
<tr><td rowspan="4">实测项目</td><td colspan="8">实　测　值</td><td>平均值</td></tr>
<tr><td>厚度（mm）</td><td></td><td></td><td></td><td></td><td></td><td></td><td></td><td></td></tr>
<tr><td>硬度检查</td><td></td><td></td><td></td><td></td><td></td><td></td><td></td><td></td></tr>
<tr><td></td><td></td><td></td><td></td><td></td><td></td><td></td><td></td><td></td></tr>
</table>

<table>
<tr><td>总承包单位：

现场代表：

年　月　日</td><td>建设单位（监理单位）：

建设单位项目专业技术负责人（监理工程师）：

年　月　日</td><td>施工单位：

项目技术负责人：

项目专业质量检查员：

施工班组长：

年　月　日</td></tr>
</table>

表 17.0.3-4　设备、管道防腐蚀工程交工汇总表

工程名称						工程编号			
设备号或管线号	介质名称	规格型号	数量（m或台）	检查结果					
				基层表面处理		底层		面层	
				方法	等级	材料名称	厚度（μm）	材料名称	厚度（μm）

项目负责人：　　　　年　月　日

项目技术负责人：　　　　年　月　日

项目专业质量检查员：　　　　年　月　日

表 17.0.3-5 防腐蚀工程交接报告

<table>
<tr><td>工程名称</td><td colspan="3"></td></tr>
<tr><td>开工日期</td><td>年 月 日</td><td>移交日期</td><td>年 月 日</td></tr>
<tr><td colspan="4">工程简要内容：</td></tr>
<tr><td colspan="4">交工情况（符合设计的程度，主要缺陷及处理意见）：</td></tr>
<tr><td colspan="4">工程质量：</td></tr>
<tr><td colspan="4">工程接收意见：</td></tr>
</table>

总承包单位：	建设单位（监理单位）：	施工单位：
现场代表： 年 月 日	建设单位项目专业技术负责人（监理工程师）： 年 月 日	项目技术负责人： 项目负责人： 年 月 日

附录A 基体表面粗糙度比较样块的制作

A.0.1 选取外形尺寸为150mm×100mm×6mm的钢板制作比较样块，材质和表面状态应与被表面处理的工件相同。

A.0.2 比较样块钢板应采用施工所用的磨料进行喷射处理，并应按设计文件、现行国家标准《产品几何技术规范（GPS）表面结构 轮廓法 表面粗糙度参数及其数值》GB/T 1031和表A.0.2的规定进行测量。

表A.0.2 表面粗糙度

评定参数	粗糙度范围（μm）	测量仪器
轮廓算术平均偏差 R_a	0.8～63.0	光切显微镜或电动轮廓仪
微观不平度十点高度 R_z	0.05～25.0	电动轮廓仪或光切显微镜

注：当测得被加工表面的表面粗糙度符合设计规定时，该钢板即为某一数值范围的表面粗糙程度比较样块。

附录B 原材料的质量指标

B.0.1 防腐蚀炭砖的质量应符合表B.0.1的规定。

表B.0.1 防腐蚀炭砖的质量

项 目	指 标
耐酸度（%）	≥95
显气孔率（%）	≤12
体积密度（g/cm³）	≥1.6
常温耐压强度（MPa）	≥60
常温抗折强度（MPa）	≥15

B.0.2 钾水玻璃的质量应符合表B.0.2的规定。

表B.0.2 钾水玻璃的质量

项 目	指 标
密度（g/cm³）	1.40～1.46
模数	2.60～2.90
二氧化硅（%）	25.00～29.00
氧化钾（%）	15～16

注：采用密实型钾水玻璃材料时，其质量应采用中上限。

B.0.3 呋喃树脂的质量应符合表B.0.3的规定。

表B.0.3 呋喃树脂的质量

项 目	指 标	
	糠醇糠醛型	糠酮糠醛型
固体含量（%）	—	≥42
粘度（涂-4粘度计，25℃，s）	20～30	50～80
贮存期	常温下1年	

B.0.4 酚醛树脂的质量应符合表B.0.4的规定。

表B.0.4 酚醛树脂的质量

项 目	指 标
游离酚含量（%）	<10
游离醛含量（%）	<2
含水率（%）	<12
粘度（落球粘度计，25℃，s）	45～65
贮存期	常温下不超过1个月；当采用冷藏法或加入10%的苯甲醇时，不宜超过3个月

B.0.5 填料的质量应符合表B.0.5的规定。

表B.0.5 填料的质量

项 目	指 标
耐酸度（%）	≥95
含水率（%）	≤0.5
细度	0.15mm筛孔筛余量不应大于5%；0.088mm筛孔筛余量应为15%～30%

注：钾水玻璃胶泥粉的细度要求0.45mm筛孔筛余量不应大于5%，0.16mm筛孔筛余量应为30%～50%。

B.0.6 加热硫化橡胶板物理性能的质量应符合表B.0.6的规定。

表B.0.6 加热硫化橡胶板物理性能的质量

胶种 / 指标 / 项目	硬胶	半硬胶	软胶
拉伸强度（MPa）	≥10	≥10	≥9
扯断伸长率（%）	—	≥30	≥350
粘合强度（MPa）二板法	≥6	≥6	—
硬度（邵氏A）	—	—	40～80
硬度（邵氏D）	70～85	40～70	—

B.0.7 自然硫化橡胶板物理性能的质量应符合表B.0.7的规定。

表 B.0.7 自然硫化橡胶板物理性能的质量

项目 \ 指标 \ 胶种	溴化丁基	氯丁胶
拉伸强度（MPa）	≥5	≥8
扯断伸长率（%）	≥350	
粘合强度（kN/m）90°剥离法	≥6	
硬度（邵氏 A）	55～70	

B.0.8 预硫化橡胶板物理性能的质量应符合表 B.0.8 的规定。

表 B.0.8 预硫化橡胶板物理性能的质量

项目 \ 指标 \ 胶种	丁基胶	氯化丁基	氯丁胶
拉伸强度（MPa）	≥6	≥4	≥8
扯断伸长率（%）	≥350		
粘合强度（kN/m）90°剥离法	≥4		
硬度（邵氏 A）	50～65		

B.0.9 软聚氯乙烯板的质量应符合表 B.0.9 的规定。

表 B.0.9 软聚氯乙烯板的质量

项 目	指 标
相对密度（g/cm³）	1.38～1.60
拉伸强度（纵、横向，MPa）	≥14

B.0.10 聚四氟乙烯板的质量应符合表 B.0.10 的规定。

表 B.0.10 聚四氟乙烯板的质量

项 目	指 标
外观	表面洁白，质地均匀，不允许夹带任何杂质
拉伸强度（MPa）	20～45
使用温度（℃）	≤200

B.0.11 乙烯-四氟乙烯共聚物板的质量应符合表 B.0.11 的规定。

表 B.0.11 乙烯-四氟乙烯共聚物板的质量

项 目	指 标
外观	表面自然色，质地均匀，不允许夹带任何杂质
拉伸强度（MPa）	40～50
使用温度（℃）	≤140

B.0.12 聚偏氟乙烯板的质量应符合表 B.0.12 的规定。

表 B.0.12 聚偏氟乙烯板的质量

项 目	指 标
外观	表面自然色，质地均匀，不允许夹带任何杂质
拉伸强度（MPa）	39～59
使用温度（℃）	≤120

B.0.13 聚脲底层涂料原材料的质量应符合表 B.0.13 的规定。

表 B.0.13 聚脲底层涂料原材料的质量

项 目	环氧树脂体系	聚氨酯体系
外观	均匀黏稠体，无凝胶、结块	
表干时间（h）（25℃）	≤6	≤6
粘度 cps	A 组分≤500	A 组分≤3000
	B 组分≤3000	B 组分≤400
固化温度（℃）	>5	>5

B.0.14 聚脲修补料原材料的质量应符合表 B.0.14 的规定。

表 B.0.14 聚脲修补料原材料的质量

项 目	A 组分	B 组分
组成	异氰酸酯预聚体	聚（胺）醚、胺扩链剂、助剂
外观	浅色液体，无凝胶	有色液体，无凝胶
固体含量（%）	≥98	
粘度 cps	≤3000	≤1200
凝胶时间（min）	≤12	
表干时间（min）	≤40	

B.0.15 氯丁胶乳的质量应符合表 B.0.15 的规定。

表 B.0.15 氯丁胶乳的质量

项目	外观	密度（g/cm³）	pH 值	贮存稳定性
指标	白色乳状液	≥1.05	≥9.0	5℃～40℃，3 个月无明显变化

注：用上述质量指标的氯丁胶乳配制的砂浆不需另加助剂。

B.0.16 细骨料的质量应符合表 B.0.16 的规定。

表 B.0.16 细骨料的质量

项目	含泥量（%）	云母含量（%）	硫化物含量（%）	有机物含量
指标	≤3.0	≤1.0	≤1.0	浅于标准色（如深于标准色，应配成砂浆进行强度对比试验，抗压强度比不应低于0.95）

附录C 原材料和制成品的试验方法

C.1 主要原材料取样法

C.1.1 耐酸砖、耐酸耐温砖和铸石板的取样应按国家现行标准《耐酸砖》GB/T 8488、《耐酸耐温砖》JC/T 424和《铸石制品 铸石板》JC/T 514.1的有关规定执行。

C.1.2 粉料应从每批号中随机抽样3袋，每袋不少于1000g，可混合后检测；当该批号小于或等于3袋时，可随机抽样1袋，样品量不少于3000g。

C.1.3 水玻璃类和树脂类原材料的取样数量是从每批号桶装水玻璃或树脂中随机抽样各3桶，每桶取样不少于1000g，可混合后检测；当该批号小于或等于3桶时，可随机抽样1桶，样品量不少于3000g。

C.2 原材料的试验方法

C.2.1 块材质量的测定应符合下列规定：

1 耐酸砖、耐酸耐温砖、粉料耐酸率的测定应按现行国家标准《耐酸砖》GB/T 8488的规定执行；铸石板耐酸率的测定应按现行行业标准《铸石制品性能试验方法 耐酸、碱性能试验》JC/T 258的有关规定执行。

2 耐酸砖、耐酸耐温砖吸水率的测定应按现行国家标准《耐酸砖》GB/T 8488的规定执行。

3 耐酸砖和耐酸耐温砖热稳定性的测定应按现行国家标准《耐酸砖》GB/T 8488的有关规定执行。铸石板热稳定性的测定应按现行行业标准《铸石制品性能试验方法 耐急冷急热性能试验》JC/T 261的有关规定执行。

4 防腐蚀炭砖的耐酸度、体积密度、显气孔率、耐压强度、抗折强度的测定应按现行国家标准《耐酸砖》GB/T 8488、《致密定型耐火制品体积密度、显气孔率和真气孔率试验方法》GB/T 2997、《耐火材料 常温耐压强度试验方法》GB/T 5072和《耐火材料 常温抗折强度试验方法》GB/T 3001的有关规定执行。

C.2.2 粉料的含水率、细度和耐酸粉料体积安定性、亲水系数的测定应按现行国家标准《建筑防腐蚀工程施工及验收规范》GB 50212的有关规定执行。

C.2.3 水玻璃类材料质量的测定应符合下列规定：

1 钠水玻璃的模数、氧化钠和二氧化硅的含量的测定，模数的计算均应按现行国家标准《工业硅酸钠》GB/T 4209的有关规定执行。钠水玻璃密度的测定应按现行国家标准《建筑防腐蚀工程施工及验收规范》GB 50212的有关规定执行。

2 钾水玻璃模数、二氧化硅含量、密度、混合料的含水率和细度的测定应按现行国家标准《建筑防腐蚀工程施工及验收规范》GB 50212的有关规定执行。氧化钾含量的测定应按现行国家标准《水泥化学分析方法》GB/T 176的有关规定执行。

C.2.4 树脂类材料质量的测定应符合下列规定：

1 双酚-A型环氧树脂环氧当量和软化点的测定应按现行国家标准《双酚-A型环氧树脂》GB/T 13657的有关规定执行。

2 不饱和聚酯树脂和乙烯基酯树脂的酸值、粘度、固体含量和25℃凝胶时间的测定，应符合下列规定：

1）酸值的测定应按现行国家标准《塑料 聚酯树脂 部分酸值和总酸值的测定》GB/T 2895的有关规定执行；

2）粘度、固体含量和25℃凝胶时间的测定应按现行国家标准《不饱和聚酯树脂试验方法》GB/T 7193的有关规定执行。

3 呋喃树脂的固体含量和粘度的测定应按现行国家标准《建筑防腐蚀工程施工及验收规范》GB 50212的有关规定执行。

4 酚醛树脂的游离酚含量、游离醛含量、含水率和粘度的测定应按现行国家标准《建筑防腐蚀工程施工及验收规范》GB 50212的有关规定执行。

C.2.5 硫化橡胶板物理性能的测定应符合下列规定：

1 粘合强度的测定，硬胶应按现行国家标准《硫化橡胶或热塑性橡胶 与金属粘合强度的测定 二板法》GB/T 11211的有关规定执行；软胶应按现行国家标准《硫化橡胶或热塑性橡胶 与硬质板材粘合强度的测定 90°剥离法》GB/T 7760的有关规定执行。

2 拉伸强度的测定应按现行国家标准《硫化橡胶或热塑性橡胶 拉伸应力应变性能的测定》GB/T 528的有关规定执行；硬质胶应按现行行业标准《硬质橡胶 拉伸强度和拉断伸长率的测定》HG/T 3849的有关规定执行。

3 硬度的测定应按现行国家标准《硫化橡胶或热塑性橡胶 压入硬度试验方法 第1部分：邵氏硬度计法（邵尔硬度）》GB/T 531.1的有关规定执行。

C.2.6 压力容器和压力管道塑料衬里的聚四氟乙烯、四氟乙烯乙烯共聚物、聚偏氟乙烯、聚丙烯、聚乙烯和软聚氯乙烯拉伸强度的测定，管材应按现行国家标准《热塑性塑料管材　拉伸性能测定　第1部分：试验方法总则》GB/T 8804.1的有关规定执行；板材应按现行国家标准《塑料　拉伸性能的测定　第1部分：总则》GB/T 1040.1的有关规定执行。

C.2.7　玻璃鳞片的中碱玻璃原料的成分和玻璃鳞片的外观、厚度、片径、含水率、耐酸度的测定应按现行国家标准《建筑防腐蚀工程施工及验收规范》GB 50212的有关规定执行。

C.2.8　聚脲衬里原材料的质量测定应按现行行业标准《喷涂聚脲防护材料》HG/T 3831的有关规定执行。

C.2.9　聚合物胶乳的质量测定应按现行国家标准《建筑防腐蚀工程施工及验收规范》GB 50212的有关规定执行。

C.2.10　热喷涂线材质量的测定应按现行国家标准《热喷涂　火焰和电弧喷涂用线材、棒材和芯材分类和供货技术条件》GB/T 12608的有关规定执行。

C.3　制成品的试验方法

C.3.1　水玻璃胶泥的性能测定应按现行国家标准《建筑防腐蚀工程施工及验收规范》GB 50212的有关规定执行。

C.3.2　树脂胶泥的性能测定应符合下列规定：

1　树脂胶泥抗拉强度的测定应符合下列规定：

1）试验应采用"8"字形金属试模（图C.3.2-1），先将"8"字形试模擦拭干净，薄涂一层脱模剂，并将树脂胶泥或树脂砂浆装入模内，在跳桌上振动25次，刮去多余的胶泥或砂浆，整平表面，在温度23℃±2℃、湿度50%±5%的条件下养护14d后，测定抗拉强度。将"8"字形试样放入夹具内（图C.3.2-2），开动拉力机，速度为10mm/min，至试样断裂，记录拉力机读数。

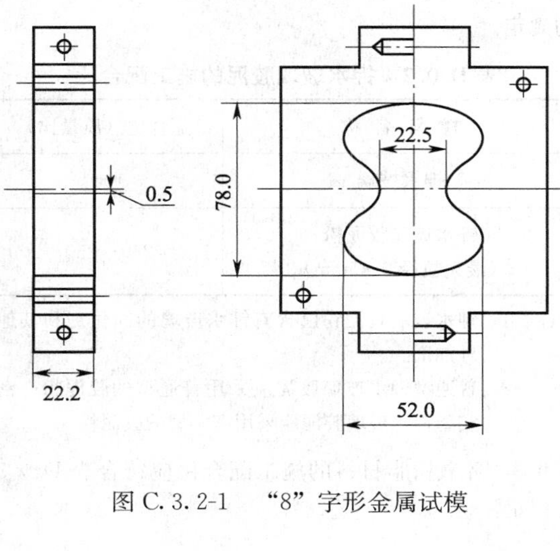

图C.3.2-1　"8"字形金属试模

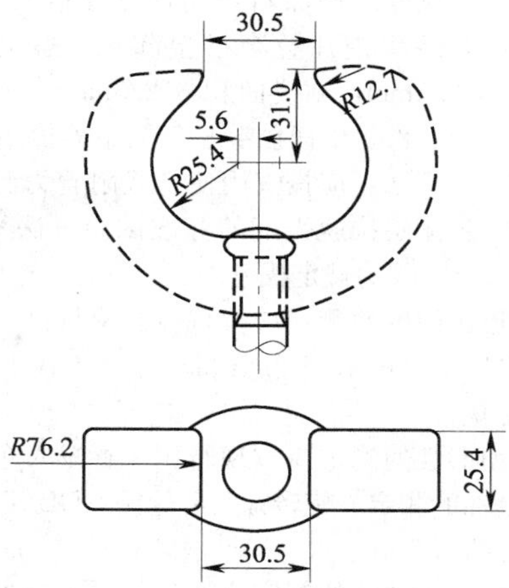

图C.3.2-2　"8"字形试样抗拉强度的夹具

2）抗拉强度应按下式计算：

$$R_{拉} = P/F \qquad (C.3.2)$$

式中：$R_{拉}$——抗拉强度（MPa）；

P——破坏荷载（N）；

F——窄腰处截面积（mm^2）。

3）试验应取3块试块的平均值为抗拉强度，当其中1件试验结果超出或低于平均值的15%时，应取其余2块平均值作为最后结果。

2　树脂胶泥抗压强度、粘结强度的测定应按现行国家标准《建筑防腐蚀工程施工及验收规范》GB 50212的有关规定执行。

C.3.3　纤维增强塑料衬里性能的测定应符合下列规定：

1　拉伸强度应按现行国家标准《纤维增强塑料拉伸性能试验方法》GB/T 1447的有关规定执行。

2　弯曲强度应按现行国家标准《纤维增强塑料弯曲性能试验方法》GB/T 1449的有关规定执行。

C.3.4　树脂玻璃鳞片胶泥的测定应符合下列规定：

1　拉伸强度的测定应按现行国家标准《纤维增强塑料拉伸性能试验方法》GB/T 1447的有关规定执行。

2　弯曲强度的测定应按现行国家标准《纤维增强塑料弯曲性能试验方法》GB/T 1449的规定执行。

3　冲击强度的测定应按现行国家标准《玻璃纤维增强塑料简支梁式冲击韧性试验方法》GB/T 1451的有关规定执行。

4　粘接强度的测定应符合下列规定：

1）拉剪法（拉伸剪切法）：应按现行国家标准《胶粘剂　拉伸剪切强度的测定（刚性材料对刚性材料）》GB/T 7124制做钢-钢剪切试件，先对钢片进行机械打磨处理，再将配制好的底涂料均匀地涂在待粘表面上，最后将钢片叠合搭接起来。搭接长度为12.5mm，粘接面积 312.5mm²。每组为 5 个试件。试样在室温 25℃下养护 3d；

2）拉开法：应按《用便携式附着力测试仪测定涂层拉脱强度的标准试验方法》ASTM D4541 的规定执行。

5 巴氏硬度的测定应按现行国家标准《纤维增强塑料巴氏（巴柯尔）硬度试验方法》GB/T 3854 的有关规定执行。

6 耐磨性的测定应按现行国家标准《色漆和清漆 耐磨性的测定 旋转橡胶砂轮法》GB/T 1768 的有关规定执行。

7 线膨胀系数的测定应按现行国家标准《纤维增强塑料平均线膨胀系数试验方法》GB/T 2572 的有关规定执行。

8 冷热交替试验：取 3 块碳钢板 150mm×75mm×5mm，经表面处理后，按涂覆工艺做好试板（单面），在室温 25℃下养护 3d。将试板放在 150℃（VEGF-2 型是 130℃）的恒温箱内 1h 后取出，立即再放入 25℃自来水中冷却 10min，取出后用干布擦干，再放入恒温箱内循环试验，需进行 10 次。

C.3.5 塑料衬里制成品的性能测定应符合下列规定：

1 软聚氯乙烯板衬里制压力容器的耐压试验应按现行行业标准《塑料衬里设备 水压试验方法》HG/T 4089 的有关规定执行。

2 氟塑料衬里制压力容器的耐压试验应按现行行业标准《氟塑料衬里压力容器 压力试验方法》GB/T 23711.6 的有关规定执行。

C.3.6 喷涂聚脲衬里的物理性能的测定应符合下列规定：

1 聚脲衬里涂层的质量测定应按现行行业标准《喷涂聚脲防护材料》HG/T 3831 的有关规定执行。

2 聚脲衬里涂层的附着力测定应按现行行业标准《建筑工程饰面砖粘接强度检验标准》JGJ 110 的有关规定执行。

C.3.7 氯丁胶乳水泥砂浆性能的测定应按现行国家标准《建筑防腐蚀工程施工及验收规范》GB 50212 的有关规定执行。

C.3.8 涂料的漆膜颜色、外观、粘度、干燥时间和附着力测定法应符合下列规定：

1 漆膜颜色的测定应按现行国家标准《清漆、清油及稀释剂颜色测定法》GB/T 1722 的有关规定执行。

2 漆膜外观的测定应按现行国家标准《清漆、清油及稀释剂外观和透明度测定法》GB/T 1721 的有关规定执行。

3 粘度的测定应按现行国家标准《涂料粘度测定法》GB/T 1723 的有关规定执行。

4 干燥时间的测定应按现行国家标准《漆膜、腻子膜干燥时间测定法》GB/T 1728 的有关规定执行。

5 附着力的测定应按现行国家标准《漆膜附着力测定法》GB 1720 的有关规定执行。

附录 D 施工配合比

D.0.1 钠水玻璃胶泥的施工配合比应符合表 D.0.1 的规定。

表 D.0.1 钠水玻璃胶泥的施工配合比

<table>
<tr><th colspan="2" rowspan="3">材料名称</th><th colspan="3">配合比（质量比）</th></tr>
<tr><th colspan="2">普通型</th><th rowspan="2">密实型</th></tr>
<tr><th>1</th><th>2</th></tr>
<tr><td colspan="2">钠水玻璃</td><td>100</td><td>100</td><td>100</td></tr>
<tr><td colspan="2">氟硅酸钠</td><td>15～18</td><td>—</td><td>15～18</td></tr>
<tr><td rowspan="5">填料</td><td>铸石粉</td><td>250～270</td><td>—</td><td>250～270</td></tr>
<tr><td>瓷粉</td><td>（200～250）</td><td>—</td><td>—</td></tr>
<tr><td>石英粉：铸石粉＝7：3</td><td>（200～250）</td><td>—</td><td>—</td></tr>
<tr><td>石墨粉</td><td>（100～150）</td><td>—</td><td>—</td></tr>
<tr><td>IGI 耐酸灰</td><td>—</td><td>240～250</td><td>—</td></tr>
<tr><td colspan="2">糠醇单体</td><td>—</td><td>—</td><td>3～5</td></tr>
</table>

注：1 表中氟硅酸钠用量是按水玻璃中氧化钠含量的变动而调整的，氟硅酸钠纯度按 100%计。

2 配比 1 的填料可选一种使用。

D.0.2 钾水玻璃胶泥的施工配合比应符合表 D.0.2 的规定。

表 D.0.2 钾水玻璃胶泥的施工配合比

材料名称	配合比（质量比）
钾水玻璃	100
钾水玻璃胶泥粉（最大粒径 0.45mm）	240～250

注：1 钾水玻璃胶泥粉已含有钾水玻璃的固化剂和其他外加剂。

2 普通型钾水玻璃胶泥应采用普通型的胶泥粉；密实型钾水玻璃胶泥应采用密实型的胶泥粉。

D.0.3 环氧树脂材料的施工配合比应符合表 D.0.3 的规定。

表 D.0.3　环氧树脂材料的施工配合比

材料名称		配合比（质量比）	
		封底料	胶泥
环氧树脂		100	100
稀释剂		40～60	10～20
固化剂	低毒固化剂	15～20	15～20
	乙二胺	(6～8)	(6～8)
增塑剂	邻苯二甲酸二丁酯	—	10
填料	石英粉（或瓷粉）	—	150～250
	铸石粉	—	(180～250)
	硫酸钡粉	—	(180～250)
	石墨粉	—	(100～160)

注：1　除低毒固化剂和乙二胺外，还可用其他胺类固化剂，应优先选用低毒固化剂，用量应按供货商提供的比例或经试验确定。

2　当采用乙二胺时，为降低毒性可将配合比所用乙二胺预先配制成乙二胺丙酮溶液（1：1）。

3　当使用活性稀释剂时，固化剂的用量应适当增加，其配合比应按供货商提供的比例或经试验确定。

4　固化剂和填料可任选一种使用。

5　本表以环氧树脂 EP 01451-310（E-44）举例。

D.0.4　乙烯基酯树脂和不饱和聚酯树脂材料的施工配合比应符合表 D.0.4 的规定。

表 D.0.4　乙烯基酯树脂和不饱和聚酯树脂材料的施工配合比

材料名称		配合比（质量比）	
		封底料	胶泥
乙烯基酯树脂或不饱和聚酯树脂		100	100
稀释剂	苯乙烯	0～15	—
固化剂	引发剂	2～4	2～4
	促进剂	0.5～4	0.5～4
填料	石英粉	—	200～250
	铸石粉	—	(250～300)
	硫酸钡粉	—	(250～350)

注：1　表中括号内的数据用于耐含氟类介质工程。

2　过氧化二苯甲酰二丁酯糊引发剂与 N，N-二甲基苯胺苯乙烯液促进剂配套；过氧化甲乙酮二甲酯溶液、过氧化环己酮二丁酯糊引发剂与钴盐（含钴 0.6%）的苯乙烯液促进剂配套。

3　填料可任选一种使用。

D.0.5　呋喃树脂材料的施工配合比应符合表 D.0.5 的规定。

表 D.0.5　呋喃树脂材料的施工配合比

材料名称		配合比（质量比）		
		封底料	胶泥	
糠醇糠醛树脂		同环氧树脂、乙烯基酯树脂或不饱和聚酯树脂封底料	100	—
糠酮糠醛树脂			—	100
固化剂	苯磺酸型		—	12～18
增塑剂	亚磷酸三苯酯（液体）		—	10
填料	石英粉（或瓷粉）		—	130～200
	石英粉：铸石粉＝9：1或8：2		—	(130～180)
	硫酸钡粉		—	(180～220)
	糠醇糠醛树脂胶泥粉		350～400	—

注：1　糠醇糠醛树脂胶泥粉内已含有酸性固化剂。

2　糠酮糠醛树脂胶泥填料可任选一种。

D.0.6　酚醛树脂材料的施工配合比应符合表 D.0.6 的规定。

表 D.0.6　酚醛树脂材料的施工配合比

材料名称		配合比（质量比）		
		封底料	胶泥	
			1	2
酚醛树脂		同环氧树脂、乙烯基酯树脂或不饱和聚酯树脂封底料	100	100
稀释剂	无水乙醇		—	0～5
固化剂	低毒酸性固化剂		6～10	6～10
	苯磺酰氯		(8～10)	(8～10)
填料	石英粉		150～200	150～200
	瓷粉		(150～200)	(150～200)
	铸石粉		(180～230)	(180～230)
	石英粉：铸石粉＝8：2		(150～200)	—
	硫酸钡粉		(180～220)	—
	石墨粉		(180～230)	(90～120)

注：表中固化剂和填料可任选一种。

D.0.7　氯丁胶乳水泥砂浆的施工配合比应符合表 D.0.7 的规定。

表 D.0.7　氯丁胶乳水泥砂浆的施工配合比

项目	氯丁胶乳	硅酸盐水泥或普通硅酸盐水泥	砂
指标	45～60	100	150～250

注：应根据施工现场条件配制氯丁胶乳砂浆，水灰比宜经试验后确定。

本规范用词说明

1 为便于在执行本规范条文时区别对待，对要求严格程度不同的用词说明如下：

1）表示很严格，非这样做不可的：
正面词采用“必须”，反面词采用“严禁”；

2）表示严格，在正常情况下均应这样做的：
正面词采用“应”，反面词采用“不应”或“不得”；

3）表示允许稍有选择，在条件许可时首先应这样做的：
正面词采用“宜”，反面词采用“不宜”；

4）表示有选择，在一定条件下可以这样做的，采用“可”。

2 条文中指明应按其他有关标准执行的写法为：“应符合……的规定”或“应按……执行”。

引用标准名录

《建筑防腐蚀工程施工及验收规范》GB 50212
《工业金属管道工程施工规范》GB 50235
《乙烯基酯树脂防腐蚀工程技术规范》GB/T 50590
《水泥化学分析方法》GB/T 176
《硫化橡胶或热塑性橡胶　拉伸应力应变性能的测定》GB/T 528
《硫化橡胶或热塑性橡胶　压入硬度试验方法　第1部分：邵氏硬度计法（邵尔硬度）》GB/T 531.1
《产品几何技术规范（GPS）表面结构　轮廓法　表面粗糙度参数及其数值》GB/T 1031
《塑料　拉伸性能的测定　第1部分：总则》GB/T 1040.1
《纤维增强塑料拉伸性能试验方法》GB/T 1447
《纤维增强塑料弯曲性能试验方法》GB/T 1449
《纤维增强塑料简支梁式冲击韧性试验方法》GB/T 1451
《铅及铅锑合金板》GB/T 1470
《漆膜附着力测定法》GB 1720
《清漆、清油及稀释剂外观和透明度测定法》GB/T 1721
《清漆、清油及稀释剂颜色测定法》GB/T 1722
《涂料粘度测定法》GB/T 1723
《漆膜、腻子膜干燥时间测定法》GB/T 1728
《色漆和清漆　耐磨性的测定　旋转橡胶砂轮法》GB/T 1768
《纤维增强塑料平均线膨胀系数试验方法》GB/T 2572
《塑料　聚酯树脂　部分酸值和总酸值的测定》GB/T 2895
《致密定型耐火制品体积密度、显气孔率和真气孔率试验方法》GB/T 2997
《耐火材料常温抗折强度试验方法》GB/T 3001
《纤维增强塑料巴氏（巴柯尔）硬度试验方法》GB/T 3854
《工业硅酸钠》GB/T 4209
《耐火材料常温耐压强度试验方法》GB/T 5072
《胶粘剂　拉伸剪切强度的测定（刚性材料对刚性材料）》GB/T 7124
《不饱和聚酯树脂试验方法》GB/T 7193
《涂装作业安全规程　涂漆前处理工艺安全及其通风净化》GB 7692
《硫化橡胶或热塑性橡胶与硬质板材粘合强度的测定 90°剥离法》GB/T 7760
《纤维增强塑料用液体不饱和聚酯树脂》GB/T 8237
《耐酸砖》GB/T 8488
《热塑性塑料管材　拉伸性能测定　第1部分：试验方法总则》GB/T 8804.1
《涂覆涂料前钢材表面处理　表面清洁度的目视评定　第1部分：未涂覆过的钢材表面和全面清除原有涂层后的钢材表面的锈蚀等级和处理等级》GB/T 8923.1
《硫化橡胶或热塑性橡胶　与金属粘合强度的测定二板法》GB/T 11211
《个体防护装备选用规范》GB/T 11651
《建筑施工场界环境噪声排放标准》GB 12523
《建筑施工场界噪声测量方法》GB 12524
《热喷涂　火焰和电弧喷涂用线材、棒材和芯材分类和供货技术条件》GB/T 12608
《双酚-A型环氧树脂》GB/T 13657
《用电安全导则》GB/T 13869
《常用化学危险品贮存通则》GB 15603
《危险化学品重大危险源辨识》GB 18218
《橡胶衬里　第1部分　设备防腐衬里》GB 18241.1
《国家电气设备安全技术规范》GB 19517
《热喷涂　热喷涂操作人员考核要求》GB/T 19824
《热喷涂　热喷涂设备的验收检查》GB/T 20019
《氟塑料衬里压力容器　压力试验方法》GB/T 23711.6
《普通混凝土用砂、石质量及检验方法标准》JGJ 52
《建筑工程饰面砖粘结强度检验标准》JGJ 110
《铸石制品性能试验方法　耐酸、碱性能试验》JC/T 258
《铸石制品性能试验方法　耐急冷急热性能试验》

JC/T 261

《耐酸耐温砖》JC/T 424

《铸石制品　铸石板》JC/T 514.1

《玻璃纤维工业用玻璃球》JC 935

《中碱玻璃鳞片》HG/T 2641

《金属网聚四氟乙烯复合管和管件》HG/T 3705

《喷涂聚脲防护材料》HG/T 3831

《硬质橡胶　拉伸强度和拉断伸长率的测定》HG/T 3849

《塑料衬里设备　水压试验方法》HG/T 4089

《衬塑（PP、PE、PVC）钢管和管件》HG/T 20538

《用便携式附着力测试仪测定涂层拉脱强度的标准试验方法》ASTM D4541

中华人民共和国国家标准

工业设备及管道防腐蚀工程施工规范

GB 50726—2011

条 文 说 明

制 定 说 明

《工业设备及管道防腐蚀工程施工规范》GB 50726—2011，经住房和城乡建设部2011年8月26日以第1142号公告批准发布。

本规范制定过程中，编制组进行了广泛的调查研究，总结了我国工程建设的实践经验，同时参考了国外先进技术法规、技术标准。

为了广大设计、施工、科研、学校等单位有关人员在使用本规范时能理解和执行条文规定，本规范编制组按章、节、条顺序编制了本标准的条文说明，对条文规定的目的、依据以及执行中需注意的有关事项进行了说明，还着重对强制性条文的强制性理由做了解释。但是，本条文说明不具备与标准正文同等的法律效力，仅供使用者作为理解和把握标准规定的参考。

目　次

1 总 则

1.0.1 在腐蚀性介质作用下，工业设备和管道虽然已采取了防腐蚀措施，但达不到应有的使用年限，其中大部分是由于防腐蚀方法及材料选择不当或施工质量低劣造成的。因此，只有正确选材、精心设计、规范施工、科学管理才能确保防腐蚀工程的质量，使工业设备和管道达到应有的使用年限。

制定本规范的目的是从施工的角度，按设计要求，对工业设备和管道从表面处理到防腐层的施工进行控制，保证施工质量。本规范的制定不仅为防腐蚀质量事故判定、工程质量验收确定依据，更重要的是对施工过程的控制提出了具体要求。对整个防腐蚀工程的安全性、耐久性提供了可靠保障。

1.0.2 强调了本规范的适用范围。按工程建设项目划分，一般新建、改建、扩建工程其设计审查、施工组织、项目管理较为严格。而维修工程绝大多数由企业审查确定，应急因素较多，系统管理较欠缺，因此本规范不适用于维修工程。

本规范是工业设备和管道防腐蚀工程专业规范，由于许多耐腐蚀材料都具有一定毒性，故在食品、医药及其他有特殊要求的部门如环保、核工业等使用时，除应遵守本规范的规定外，还应符合有关卫生、环保等要求。

1.0.3、1.0.4 防腐蚀工程采用的原材料优劣是工程质量好坏的决定因素之一。防腐蚀工程所用的材料种类很多，同一种类的产品各生产企业又有众多的商品牌号，其性能也各有差异，且由于新产品、新材料不断出现，有些品种目前尚无国家标准。为防止不合格材料或不符合设计要求的材料用于工程施工，本条规定了防腐蚀工程所用的材料应具有“产品质量证明文件”。“产品质量证明文件”的提出，主要参照了国际通用的《质量管理和质量保证标准》ISO 9000 的相关内容。其遵循的基本原则是，对于产品质量的控制及检验通常采用自查自检、互查互检和他方质检。在实施过程中应注意：

1 有国家现行标准规定的，执行现行的国家标准和行业标准。材料供应者应提供材料质量检验报告单和产品合格证，作为自查自检资料，同时对施工现场提供技术保障。

2 当没有国家现行标准规定时，材料供应商必须提供材料的质量技术指标与相应的检测方法。对进入施工现场的材料每一批均提供质量检验报告单和产品合格证，材料应用方以此作为互查互检的根据。

3 对进入施工现场的材料均应有复验合格的报告或提供省部级以上技术鉴定报告，以此作为第三方质检的依据。

1.0.5 防腐蚀工程使用的材料，不少是化学反应型的，各反应组分加入量不同，对材料的耐腐蚀效果有明显的影响；有些耐蚀材料，其制成品是多种材料混配的，当级配不恰当时，不仅影响耐蚀效果，也影响施工工艺性及物理力学性能。因此，所有材料在进入现场施工时，首先必须计量准确，有配制要求的应进行试配，确定的配合比应符合本规范附录B规定的范围。

配制施工材料时，应注意以下几点：

1 出厂时生产企业已明确施工配合比的，如双组分涂料，现场施工时只需按要求将双组分直接混合均匀即可，不需调整配合比。

2 虽然施工配合比有一定的范围，但由于加入量相对较大，对整个系统影响不显著的材料，如环氧树脂、树脂胶泥等施工时固化剂的加入，按本规范附录B确定至一个相对稳定的配合比，不宜经常调整。

3 不饱和聚酯树脂、乙烯基酯树脂等，其固化体系中加入的品种较多，且每一个品种加入量随施工环境条件的影响变化较大，因此施工时，其配合比除应符合本规范附录B规定的范围外，还应通过试验确定一个固定值；当环境条件发生较大变化时，必须重新确定。

1.0.6 随着科学技术的发展，新材料应用日益增多，由于规范的制定往往滞后于材料与产品技术，尤其是我国目前一些材料的生产尚不能满足建设项目需要，还需从国外引进技术、设备和材料。为保证新材料得到应用，确实反映当今科技成果，在通过试验获得可靠数据或有实践证明的前提下，应征得设计部门同意，方可采用。

1.0.7 工业设备和管道防腐蚀工程的施工，应遵守本规范的规定。当与现行的国家有关施工安全、卫生、环保、质量、公共利益等标准规范配套使用时，防腐蚀工程除符合本规范的规定外，尚应符合国家现行有关规范及相应标准的规定。

2 术 语

2.0.1～2.0.6 随着科学技术的进步，很多新用语、名词和概念不断出现，并反映在施工过程中。如不进行统一而明确的定义，规范其正确应用，势必对施工及管理产生不良影响。特别是耐蚀涂料新品种的大量出现，不少具有特定涵义的用语急需定义；而一些陈旧、过时的用语，甚至模糊或错误的概念又急需修正、重新定义，使其符合工程实际。新标准也需与国际相关标准逐步接轨。

这几条术语是根据《工程建设标准编写规定》（建标〔2008〕182号）的要求，针对设备及管道防腐蚀工程施工过程的实际情况列入的。

3 基本规定

3.1 一般规定

3.1.1 是指防腐蚀施工前应具备的条件。条文中分别对设计施工等部门提出要求，同时也对施工现场提出要求。只有具备了这些条件，方可开工，这样才能保证防腐蚀工程施工的质量。

3.1.2 设备及管道的加工制作是防腐蚀施工的基础，在此工序交接时应进行检查，办理交接手续，达到合格标准后，方可进行下道工序的防腐蚀施工。

3.1.3 为保证防腐蚀工程施工质量，在施工过程中应进行中间检查，每日均应进行。不符合标准的，应立即返修，不留隐患。

3.1.5 因防腐蚀工程绝大部分材料是易燃的，故防腐蚀施工开始后如进行动火、气割、敲打等均会对防腐蚀施工质量造成重大影响，或发生火灾造成重大损失。故将其列为强制性条文，必须严格执行。

3.1.6 是指转动设备的转动部位。防腐施工前要检查静平衡和动平衡试验报告，防腐施工后要做静平衡检查，高转速的还应做动平衡检查，无条件者可向外委托检查。

3.1.7 此条为强制性条文，必须严格执行。由于防腐蚀材料大部分有毒、易燃，所以必须设置人孔。人孔直径应为ϕ500～600，数量不应少于2个，作为人员出入、进料和送排风之用。

3.2 基体要求

3.2.2 应保证产品表面的平整和圆弧过渡，对棱角、毛边和铸造残留物应全部彻底打磨、清理干净。

3.2.5 经处理后的基体均应进行中间检查，并检查其粗糙度情况，合格后办理工序交接手续，经签证后方可施工。

3.3 焊缝的要求和处理

3.3.2 接管和焊接转角部位的焊接，一要求焊缝饱满，二要求圆弧过渡。主要是为了保证防腐蚀工程质量。

3.3.3 提出了角焊缝的焊接圆弧半径的具体数据要求，主要是为了贴衬平整，保证防腐蚀施工质量。

3.3.4 因清理卡具时易造成母材产生凹坑，施焊时如在母材上引弧易损伤母材，故在清理卡具和施焊时应严格执行本条规定。

4 基体表面处理

4.1 一般规定

4.1.3～4.1.5 经喷射或抛射处理后的基体表面，由于磨料的磨削和撞击作用在基体表面出现的凹凸不平，用手触摸时有毛糙的感觉，这种表面粗糙不平的程度就叫表面粗糙度。粗糙度的大小应根据衬里层或涂料的种类、性质和涂层的厚度而定。粗糙度太小，影响与基体的结合；粗糙度太大，则涂层需相应增加厚度，使成本提高，否则就会产生“顶峰锈蚀”，留下质量隐患，影响涂料的使用寿命。为了达到理想的粗糙度，本规范规定了磨料种类及其粒度组合。

专门制备一套基准样板，可以定量估计粗糙度。在国际上，如德国、美国、澳大利亚等国已有使用，并已编入标准。在我国，多采用触针式轮廓仪、标准样板等方法进行测量或比较。粗糙度标准样板每2块为一套，用于评定丸状磨料清理后的表面用“S”样板，评定棱角状磨料清理后的表面用“G”样板。

4.1.6 根据各类防腐蚀衬里或涂层的性能、种类及使用条件，对基体表面处理的质量要求分别列在表4.1.6中。在表中，若有两种以上处理方法时，应优先考虑第一种。

4.2 喷射或抛射处理

4.2.2 压缩空气中含有的凝结水和油污，在喷射或抛射时随磨料一起喷出，污染被处理的表面，影响表面处理质量，故在使用前应除油除水。

4.2.3 本条主要是对磨料质地和纯度的要求。理想的磨料应具备下列条件：动态硬度大、韧性好、比重大、不碎裂、不会嵌入表面、操作过程中粉尘少、磨料不会污染被喷射表面等。磨料在使用前，应净化和筛选，如含有油污，会污染被处理表面，且不筛去大颗粒，喷嘴容易堵塞。天然砂应选择质坚有棱的砂子，不应含有盐分、泥土、生物等混杂物。当含水量大于1%时，应进行烘干或炒干。

国内常用的磨料主要有石英砂、硅质河砂、金刚砂、铁丸或钢丸、激冷铁砂或激冷铁丸和钢线粒等。

非金属磨料主要有石英砂、河砂和金刚砂等。石英砂质坚有棱，喷射效率高，被喷射表面有粗糙度，且可多次使用，但价格较贵；河砂与石英砂相比，强度低，易破碎，只能使用一次，但价格低廉，可就地取材。两种材料都含有SiO_2，其粉尘对人体危害很大，应严格控制使用。金刚砂分天然和人造两种，尽管使用时粉尘较大，但不含硅，所以目前使用较为广泛。

金属磨料中，喷射效果以钢线粒为最好，铁砂次之，丸料最差。以上材料尽管一次性投资较大，但能反复多次使用，且喷射条件好，喷射效率高，故应用越来越广泛。金属磨料应防止受潮生锈，硬度是保证喷射效率和质量的关键，一般要求在RC50以上，由含碳量大于0.37%～0.44%的碳钢或合金钢淬火而得。

对于磨料，首先应确定“最大粒度”，若最大粒度太大，打在金属表面上会产生凹坑和飞刺，被喷射表面粗糙度就不会均匀；若颗粒太小，粗糙度就达不到规定的要求。其次是磨料的组成，这关系到喷射效率。磨料群体中大小不同的颗粒，所起作用有别：大颗粒动量大，对于附着于金属表面的铁锈、旧漆等主要起撞碎分割松动作用；而较小的颗粒总量多，承担着清除表面附着物的主要作用。一个合适的磨料组成，大、小颗粒搭配合理，喷射作业就又好又快。

4.2.4 为防止钢板变形，对厚度小于 3mm 的钢板的喷射作业，磨料粒径应小于 1.5mm，空气压力应小于 0.15MPa。

4.2.5 由于河砂颗粒呈圆形无棱角、质地较脆，被处理表面的粗糙度达不到防腐蚀衬里及涂层的要求，故作本条规定。

4.2.6 磨料允许重复使用，但在重复使用前进行检查、筛选，符合本规范第 4.2.3 条的规定，方可使用。

4.2.7 为了防止磨料受潮、雨淋或混入杂质，影响喷射效率和质量，磨料堆放场地应搭设防雨棚，场地应坚实、平整，以便收集和利用磨料。

4.2.9 潮湿天气喷射后基体表面会重新生锈，故当基体表面温度低于露点以上 3℃时，应停止喷射作业。露点数据表引自德国科朗化工有限公司（SGL ACOTEC）技术资料。

5 块材衬里

5.1 一般规定

5.1.1 水玻璃胶泥主要包括钠水玻璃胶泥和钾水玻璃胶泥。钠水玻璃胶泥的缺点是抗渗性能差，由于本身属于一种多孔性材料，这就限制了它的使用范围。钾水玻璃材料是 20 世纪 80 年代研制成功的，由于具有良好的耐酸、耐热、抗渗透性和粘结强度高等性能，经过十几年的施工应用，现已广泛用于防腐蚀工程，并取得了良好的效果。

树脂胶泥主要包括乙烯基酯树脂胶泥、不饱和聚酯树脂胶泥、环氧树脂胶泥、酚醛树脂胶泥、呋喃树脂胶泥。各种树脂胶泥的耐腐蚀性能随着树脂材料的不同而异，可分别用于耐酸碱、盐及有机溶剂等介质的腐蚀，但目前这几种树脂胶泥均不耐强氧化性酸的腐蚀。

乙烯基酯树脂又叫环氧（甲基）丙烯酸树脂，由一种环氧树脂和一种含烯键的不饱和一元羧酸加成反应而得的产物，是一类综合性能优良的高度耐蚀树脂。国外已普遍应用于防腐蚀工程，国内也已规模生产和应用，工程应用情况良好。

不饱和聚酯树脂品种非常多，基本可分为：双酚 A 型、二甲苯型、间苯型和邻苯型四种类型。在国外间苯型树脂因其耐热、耐腐蚀性和力学性能优于邻苯型树脂，且价格相差不大，因此，普遍应用间苯型树脂；而国内由于间苯二甲酸原料的生产规模、价格等因素，使间苯型树脂的价格明显高于邻苯型树脂的价格，但采用间苯型树脂取代邻苯型树脂是一个发展趋势。目前，双酚 A 型、二甲苯型树脂工程应用较多，积累的经验也多。

环氧树脂胶泥耐酸、耐碱，粘结强度较高，但成本也高；酚醛树脂胶泥耐酸性好，但不耐碱，较脆，粘结强度低；呋喃树脂胶泥耐酸、碱和有机溶剂较好，但与块材的粘结力低；乙烯基酯树脂胶泥和不饱和聚酯树脂胶泥耐腐蚀性能较好，与块材的粘结强度低于环氧树脂胶泥，高于酚醛树脂胶泥和呋喃树脂胶泥。

5.1.2 施工环境温度、相对湿度对胶泥的施工质量有较大影响。施工环境温度宜为 15℃～30℃，相对湿度不宜大于 80%。

如施工环境温度大于 30℃时，水玻璃胶泥的粘稠度显著增加，不易于施工。配制时，水玻璃和氟硅酸钠水解过快，胶泥易过早脱水硬化反应不完全，凝结时间太快，造成施工困难，质量指标降低。当钠水玻璃材料施工的环境温度低于 10℃，钾水玻璃材料施工的环境温度低于 15℃时，水玻璃的粘度增大不利于施工，也易造成质量指标降低。虽然固化期达到 28d 或更长时间，但通过浸水 28d 或更长时间实验，均会有溶解溃裂。湿度小，水玻璃和氟硅酸钠未能充分水解，凝结时间长，早期强度低；湿度大，水玻璃与氟硅酸钠反应产物的水分不易蒸发，其表面有泌水现象，并伴有大量盐类析出，水分蒸发后形成许多小孔，降低了抗渗性能。

如施工环境温度大于 30℃时，树脂胶泥初凝时间短，不易施工，但低于 10℃时树脂胶泥初凝时间长，在衬砌后 1h～2h 仍不初凝，易使块材移动，胶泥流坠，使灰缝不饱满，影响施工进度及质量。湿度大，影响稀释剂的挥发速度，从而减缓树脂胶泥的固化速度。施工经验证明，相对湿度大于 80%时，胶泥固化时间长，影响施工质量。

调查我国重点城市和地区的相对湿度，多数冬季在 70%左右，夏季在 75%左右，超过 80%的地区为数不多，故定为相对湿度不宜大于 80%。

当施工环境温度低于 10℃时，乙二胺在 8.5℃时会结晶，苯磺酰氯的熔点为 14.5℃，如用乙醇作稀释剂，温度低时则胶泥不固化。环氧树脂的软化点在 12℃～20℃，造成树脂粘度增大，因此要加过量的稀释剂，树脂的固化收缩力增大。为了保证质量，应严格控制施工环境温度及固化温度。

加热必须采用间接法，否则会使胶泥局部过热或过冷而造成水玻璃胶泥水解反应不充分，树脂胶泥的蒸发物易蒸发不均匀，出现孔隙和起鼓现象。

原材料的使用温度不应低于15℃。考虑到冬季气温低，如没有保温措施，材料处于低温或结冻状态，必然要影响胶泥的使用性能和工程质量，为此要求原材料不能低于15℃，但经预热或烘干的材料应冷却到40℃以下方可使用。

随着树脂材料品质的不断提高，新型功能性固化剂的不断开发应用，出现了许多适合低温环境施工的材料，如使用环氧低毒固化剂即可在相对湿度大于80%或0℃以上的低温环境下施工；高反应活性的乙烯基酯树脂，采用低温固化剂，即可在5℃以上施工等。与此相反，对反应活性低的树脂，如二甲苯型不饱和聚酯树脂、呋喃树脂等，若无加热保温措施，在低温下施工，制成品的质量很难保证。

由于树脂及配套的固化剂品种多，只能确定一个能保证质量的施工环境温度和相对湿度的指标范围。特殊情况下施工（如低温、高湿、高温等）应及时同材料供应方联系，并应经试验确定。

5.1.3 水玻璃受冻后，冻结部分无法与混合料混合，在使用前应将冻结的水玻璃加热搅拌溶化后再使用。

5.1.4 水玻璃胶泥在施工及固化期间，水玻璃与氟硅酸钠发生水解化合反应，尚未形成稳定的Si—O键时，如遇水或水蒸气，则尚未反应部分或反应不完全的部分，表面被溶解而破坏。在固化期间，特别是在早期，水玻璃和氟硅酸钠先进行水解，才相互反应。如暴晒脱水过快，所以应防止暴晒。

树脂胶泥在施工及固化期间，水的存在会影响未固化完全的树脂及制成品的质量；树脂胶泥在初凝阶段，如阳光暴晒，硬化速度过快，造成胶泥裂纹、起鼓，故应防止暴晒。

5.1.7 块材衬砌时，块材排列应按图纸施工。如自选排列方案，首先要考虑如何避免胶泥收缩可能产生的裂缝和砌体的受力方向。特别是应力集中的部位，应有足够的强度。

双层衬里的里外层块材，应交错排列，否则会影响衬里的使用寿命。

5.2 原材料和制成品的质量要求

5.2.1 防腐蚀炭砖的质量是根据现场实际使用情况确定的。现行国家标准《耐酸砖》GB/T 8488规定，根据耐酸砖的尺寸公差和外观质量分为优等品和合格品。在块材衬里防腐蚀工程中，优等品和合格品都可使用，只是在使用前应按尺寸误差的大小进行挑选分类，以便分别使用。所以施工单位在进行材料验收时，可按该标准的级别规定进行。

5.2.2 水玻璃是水玻璃胶泥的胶结料。

2 密实型钾水玻璃比普通型钾水玻璃质量要求高，普通型钾水玻璃材料抗渗等级要求亦低，密实型钾水玻璃材料对其质量指标要求严格，因而对钾水玻璃的质量要求也应严格，所以配制密实型钾水玻璃胶泥时，钾水玻璃的质量应采用表B.0.2的中上限。

3、4 钠水玻璃的固化剂为氟硅酸钠。目前我国生产的氟硅酸钠质量比较稳定，现行国家标准《工业氟硅酸钠》GB 23936中主要是控制外观、氟硅酸钠含量、游离酸、水不溶物含量、水分含量、铅含量、细度等指标。施工单位主要控制其纯度、含水率和细度。为了使氟硅酸钠与水玻璃能充分反应，氟硅酸钠要求纯度不小于98%，氟化钠含量要低，要求细度越细越好，细度要求全部通过0.15mm筛孔。此外，氟硅酸钠应防止受潮，一旦受潮应进行烘干。烘干温度可控制在100℃以下，烘干后研细过筛。

钾水玻璃固化剂为磷酸盐，主要是缩合磷酸铝[$Al_m(PO_3)_{3m}$]。

施工现场主要控制水玻璃的模数和密度。模数愈高，粘度愈大；密度愈高，粘度也愈大。在水玻璃密度较高的情况下，采用高模数，水玻璃用量则增加。密度过高的水玻璃（高于1.45）会造成操作困难，收缩增大，凝结时间延长。模数过低的水玻璃（低于2.4），由于其中氧化钠的相对含量高，有害化学成分增加，酸稳定性降低。根据上述关系，对于水玻璃必须考虑模数和密度的综合影响。在考虑两者关系时，首先考虑密度，应适当考虑选用密度较高的水玻璃（不能超过1.45）。选用高模数的水玻璃没有必要，但也不能低于2.4。目前根据资料及施工实践经验，水玻璃最佳使用模数为2.6～2.9。在气温较低或加速凝结时间，用于胶泥的水玻璃模数可提高到2.9～3.0，但比重可适当降低。模数确定在上述范围内时，密度以选择1.38g/cm^3～1.42g/cm^{3}为宜。如购买的水玻璃不符合上述模数和密度的要求时，可予以调整。最简便的方法是：①水玻璃模数过高或过低，均可用一种低模数或一种高模数的水玻璃混合配制；②水玻璃密度高于要求时，加水调至要求范围；低于要求时，用加热法或用不同密度水玻璃调整。

5.2.3 树脂是树脂胶泥的胶结料。

1 双酚-A型环氧树脂：EP 01441—310（E—51）、EP 01451—310（E—44）是目前国内防腐蚀工程常用的品种。

环氧当量是含有1g当量环氧基的环氧树脂的质量克数；环氧值是100g环氧树脂中环氧基的克数。二者关系为：环氧当量＝100/环氧值。

环氧树脂是热塑性树脂，不会受热固化，只能是粘度增加，保存好可存放一年以上，不变质。

2 乙烯基酯树脂是一种甲基丙烯酸或丙烯酸和环氧树脂加成反应的产物，易溶于苯乙烯（交链剂）中。一元不饱和羧酸形成了树脂分子末端的不饱和键和酯基，这类树脂由于分子结构中易被水解破坏的酯基含量比双酚A型和通用型不饱和聚酯树脂少，而且都处于邻近交联双键的空间位阻保护之下，因此它具有更好的耐水和耐酸、碱性能。

乙烯基酯树脂品种很多，国内外供应商在国内均有销售和工程应用，应用于工程的主要是环氧甲基丙烯酸型、异氰酸酯改性环氧丙烯酸型和酚醛环氧甲基丙烯酸型。该质量指标在现行国家标准《乙烯基酯树脂防腐蚀工程技术规范》GB/T 50590 中已有规定。

3 不饱和聚酯树脂品种非常多，目前市场上用于树脂类防腐蚀工程的耐腐蚀不饱和聚酯树脂主要是双酚 A 型、间苯型、二甲苯型和邻苯型等品种。

双酚 A 型树脂品种较多，一般以环氧封端嵌段共聚物和丙烯基双酚 A 富马酸型树脂的耐蚀性能为佳。

用于防腐蚀工程的二甲苯型不饱和聚酯树脂以二甲苯甲醛树脂为原料，部分取代常用的二元醇，经与不饱和二元酸缩聚反应而得。采用一步法生产的树脂活性比较低，表面固化性能及耐热、耐腐蚀性能有局限性。采用二步法合成的产品，树脂活性比较高，且耐热、耐腐蚀性能均有提高，工程应用性能良好。

间苯型、邻苯型树脂不宜用于较强腐蚀环境。

由于国内外生产厂家众多，液体树脂质量指标应符合现行国家标准《纤维增强塑料用液体不饱和聚酯树脂》GB/T 8237 的规定。

4 目前市场上应用较多的是糠醇糠醛型等树脂。对其他类型的呋喃树脂只要经过工程应用证明是成熟可靠的，并符合本规范规定的质量指标，经设计认可，即可使用。

5 在防腐蚀工程中，主要采用热固性酚醛树脂，常温施工中通过加入酸性固化剂，使其产生交联反应而成为热固性材料。酚醛树脂固化物的分子结构中，由于含有大量的苯环结构，因此它具有较好的耐热性和耐腐蚀性（耐酸性更突出）；又由于分子中含有一定量的酸性酚羟基，能与碱发生反应生成可溶性的酚钠，因此，酚醛树脂不宜用于碱性介质中。

酚醛树脂到目前为止全国无统一标准。由于各厂所用的催化剂不同（一般系以碳酸钠、氨水或氢氧化钠为催化剂制成），树脂品种也不同，所以在粘度、性能上也有差异。

本规范给出了酚醛树脂的质量指标。树脂的质量如何，主要看树脂中游离酚、游离醛含量和含水率以及粘度等。为了保证胶泥质量，要求酚醛树脂的粘度以 45～65（落球粘度计，25℃，s）为宜。若含水率过高，固化物气孔率增多，抗渗性就差，胶泥强度也低。一般含水率不超过 12%。含游离酚量过高，树脂与固化剂反应快，也不利于施工。在常温下酚醛树脂不能久存，一般低于 20℃时，储存期为一个月。苯甲醇可作为酚醛树脂的缓聚剂，但加量不能太大，因苯甲醇直接影响树脂硬化过程。加量大，固化太慢或完全不固化，树脂粘度大，粘结力差，施工不方便。

5.2.4 本条是树脂胶泥常用固化剂的规定。

1 环氧树脂固化剂品种非常多，过去主要采用乙二胺，其特点是防腐蚀性能好、取材容易，但毒性大（LD_{50}＝620mg/kg）。目前工程上普遍应用的是以 T_{31}（LD_{50}＝7850±1122mg/kg）等为代表的低毒固化剂。本规范中不可能列出所有的固化剂及施工配合比，但这并不影响其他环氧树脂固化剂的推广使用，其使用方法、配合比等应参照供应方提供的产品技术文件要求，在使用前，应经过检测和验证。

在低温下使用 T_{31} 固化剂时，为使环氧树脂在低温下能固化，会加大 T_{31} 使用量，由于过量的胺未同环氧作用，可能浮在固化物表面（有一层棕色粘稠液），如果在其上面采用乙烯基酯、不饱和聚酯树脂等材料，则两种材料的界面粘结力差。因此我们应控制 T_{31} 的加入量。

2 乙烯基酯树脂和不饱和聚酯树脂的固化是通过聚酯分子链中的不饱和双键与活性单体（如苯乙烯）的双键进行共聚反应发生交联而得以实现的。在常温下，引发剂依靠促进剂的作用发生分解产生自由基，引起上述交联共聚反应，变成不溶的体型结构的固化物。纯粹的过氧化物引发剂极不稳定，易分解、爆炸，因此一般选用过氧化二苯甲酰与邻苯二甲酸二丁酯糊（简称过氧化二苯甲酰二丁酯糊）、过氧化环己酮与邻苯二甲酸二丁酯糊（简称过氧化环已酮二丁酯糊）、过氧化甲乙酮与邻苯二甲酸二甲酯溶液（简称过氧化甲乙酮二甲酯溶液）作为引发剂；与过氧化二苯甲酰二丁酯糊配套的促进剂是 N，N-二甲基苯胺苯乙烯液（简称二甲基苯胺液），与过氧化环已酮二丁酯糊或过氧化甲乙酮二甲酯溶液配套的促进剂是钴盐（环烷酸钴、异辛酸钴、萘酸钴）的苯乙烯液（简称钴液）。

引发剂用量对树脂固化速度影响很大。用量过多，固化速度太快，不易控制，并且会影响分子链的长度，使树脂固化物的平均分子量降低，力学性能变坏；用量过少，则不能使固化反应充分进行，树脂的固化度下降，力学性能和耐腐蚀性能达不到要求。实践证明，常温下，通常按纯引发剂计，过氧化甲乙酮二甲酯溶液加入量为树脂重量的 1%左右为宜，若用 50%的过氧化甲乙酮二甲酯溶液，则引发剂用量为树脂重量的 2%；过氧化二苯甲酰二丁酯糊或过氧化环己酮二丁酯糊引发剂的分解只有其中一半形成了自由基，而另一半则被还原剂还原成负离子，故引发剂的用量为树脂重量的 2%，若用 50%的过氧化二苯甲酰二丁酯糊或 50%的过氧化环已酮二丁酯糊，则引发剂用量为树脂重量的 4%。在工程施工中，一般当引发剂用量一定时，通过加入促进剂的量来控制树脂凝胶时间。施工时，应通过试验确定引发剂、促进剂的用量。

过氧化环已酮二丁酯糊引发剂或过氧化甲乙酮二甲酯溶液引发剂与钴盐的苯乙烯液促进剂配套的室温

固化体系，应注意少量水分、醇类或其他金属盐类可与钴盐形成铬合物，降低钴的作用，严重的甚至会使树脂不固化。如树脂已配成含钴的预促进体系，则使用时只需加入引发剂即可。

过氧化二苯甲酰二丁酯糊引发剂与N，N-二甲基苯胺苯乙烯液促进剂配套的室温固化体系，在有少量水分存在时，并不影响树脂的固化性能；低温时，亦能引起固化，缺点是固化后的树脂表面发粘、耐光性差、变色泛黄。

3 呋喃树脂和酚醛树脂使用酸性固化剂，所以树脂胶泥不能直接接触基体，酸性强的树脂胶泥会与基体发生化学反应，造成粘结不牢、甚至脱层等现象。

4 目前酚醛树脂固化剂采用的是以萘磺酸型为代表的低毒酸性固化剂，固化物有良好的物理力学性能和耐腐蚀性能；当施工环境温度大于30℃时，加入量较难掌握。使用苯磺酰氯的固化反应稳定，固化物的性能较好，但苯磺酰氯在空气中会冒烟、有刺激性、毒性较大。

5.2.5 稀释剂的主要作用是降低树脂的粘度，获得胶泥适宜的施工稠度，以便操作。稀释剂原则上是少加或不加，视其树脂稠度而定。

丙酮等非活性稀释剂加入到环氧树脂中，只起降低粘度作用，并不参加环氧树脂的固化反应，因此非活性稀释剂在环氧树脂固化过程中大部分被挥发，残留一小部分在树脂中使树脂固化物强度、抗渗性等下降。活性稀释剂主要是指含有环氧基团的低分子环氧化合物，它们可参加环氧树脂的固化反应，成为树脂固化物交联网络的一部分，树脂性能稳定。正丁基缩水甘油醚、苯基缩水甘油醚等单环氧基活性稀释剂，对于胺类固化剂反应活性较大，但是价格比非活性稀释剂高。目前主要还用丙酮等非活性稀释剂，但今后活性稀释剂用量会不断增加，故将其列入规范。

5.2.6 填料的品种和质量直接影响胶泥质量。粉料含水率过大，会使水玻璃比重降低，树脂胶泥强度、粘结力等性能均受影响，严重的会造成树脂不固化。在生产、包装、运输、储存过程中应控制在小于或等于0.5%。

关于粉料的细度问题，粒度过细的粉料，其表面积增加，水玻璃用量也相应增加，并增加了胶泥硬化后的空隙，易产生裂纹。

石英粉和瓷粉耐一般酸性介质，硫酸钡粉和石墨粉耐氢氟酸介质。石英粉的耐碱性差，因此在含碱类介质工程中，一般采用铸石粉和石墨粉作填料，而不采用石英粉作填料。

水玻璃胶泥选用的粉料，其中石英粉因细度过细，收缩率大，容易产生裂纹，因此化学稳定性较差，不宜单独使用；铸石粉结构密实，吸水性小，粘度好，强度高，耐磨和抗渗性能好，可与石英粉混合使用。

由于呋喃树脂、酚醛树脂的固化剂酸性较强，如果粉料中含有铁质、碳酸盐等杂质，它们将会同酸性固化剂发生化学反应，使胶泥产生气泡，强度和抗渗性能降低。辉绿岩粉含铁质较多，不宜配制呋喃树脂胶泥和酚醛树脂胶泥。

硫酸钡粉应呈中性，但在生产过程中，当采用过量的碱中和未反应的硫酸而又未水洗干净，则工程施工中采用了偏碱性的硫酸钡粉后，会使弱酸性钴盐的苯乙烯液促进剂失去作用，会影响乙烯基酯树脂和不饱和聚酯树脂的固化。石墨粉对采用钴盐的苯乙烯液促进剂的乙烯基酯树脂和不饱和聚酯树脂有阻聚现象，使材料长期不固化。

关于IGI耐酸灰、钾水玻璃胶泥粉、糠醇糠醛树脂胶泥粉等复合填料，因已是级配好的粉料，购来即可使用。设计单位和用户可根据工程的特点，按供应商提供的复合填料的技术指标使用。

5.2.7、5.2.8 胶泥的初凝时间对施工操作和质量都至关重要。胶泥初凝时间早，未等施工完就不能使用；胶泥初凝时间长，则在衬后1d～2d仍不初凝，易使块材移动且灰缝不饱满，影响施工进度和质量。特别是胶泥终凝完全与否，对胶泥性能影响很大。胶泥的耐腐蚀性能是对胶泥完全固化后而言，因此要求胶泥固化完全，而终凝时间还不能过长。

表中数据是根据现行国家标准《建筑防腐蚀工程施工及验收规范》GB 50212—2002的有关数据和现场实际使用情况列入的。

5.3 胶泥的配制

5.3.1～5.3.3 水玻璃胶泥的配合比要求比较严格，稍有变动，则直接影响胶泥的物理化学性能，因此配料时应严格控制。一般施工单位都希望有一个现成的配合比，直接用于施工，但一个配合比能适合各种情况是不可能的。因为在配制胶泥时，既要考虑到原材料的具体情况，也要考虑到施工环境条件，所以配合比应根据当地原材料情况和施工环境条件，通过试验确定。本规范提供了水玻璃胶泥参考配合比。

5.3.5～5.3.8 本规范中树脂胶泥的施工配合比，是总结了工程实际应用经验而确定的。因材料质量差异、施工环境条件等因素时有变化，施工单位在选用时，应通过现场试验来确定合适的施工配合比。

5.4 胶泥衬砌块材

5.4.2 胶泥衬砌块材，灰缝太大和太小都不合适。太大则胶泥用量多，造价高，灰缝中胶泥收缩亦大，易出现裂纹，立面施工时胶泥易流动，造成胶缝中胶泥不饱满，抗渗性能差；太小则不易施工，灰缝密实度不易保证，影响使用年限。

5.4.3 胶泥粘度比较大，为了衬砌密实，采用揉挤法较好。

立面衬砌块材衬里时，为了防止受力变形，所以在砌完一定高度时应停止衬砌，待胶泥硬化后受力不致变形时，再继续衬砌。

5.4.4 根据调查研究和试验资料证实，固化温度对水玻璃胶泥的各项性能指标有较大影响，特别是耐水、耐稀酸性能。在工程实践中，产生不耐水、不耐稀酸的情况有两种，一是原材料的质量，配合比选择不合适，施工后不管是在早期或后期遇水或稀酸都遭到破坏；二是水玻璃与固化剂正在水解反应期间，尚未充分反应形成稳定的Si—O键时，正在反应和硬化的水玻璃类材料中尚未反应的部分，遇水被溶解析出而遭到破坏。因此，合理的配合比和适当提高养护温度，特别是早期养护阶段，能为水玻璃和固化剂充分反应创造有利条件，这样可以大大提高其机械强度和抗水、抗稀酸破坏的能力。

由于树脂品种、施工环境条件等存在不同，因此所需养护时间亦不同，同时养护温度的高低，对胶泥最终性能均有影响。一般以常温（15℃～30℃）养护为宜，环境温度低于15℃时，应采取措施，提高温度，延长养护时间。根据施工实际经验和树脂在常温下最完善的固化度情况提出了现在的养护时间。

5.4.5 用胶泥衬砌好的块材衬里，为了保证质量，可进行热处理，以加速胶泥固化。一般热处理最高温度以80℃为宜。要求热处理面受热应均匀，并应防止局部过热，影响质量。

5.4.6 凡水玻璃胶泥衬砌的块材衬里，都应进行酸化处理。酸化处理的实质是用酸溶液将水玻璃工程中未参加反应的水玻璃分解成耐酸、耐水的硅酸凝胶[$Si(OH)_4$]，从而提高耐腐蚀性、抗水性能。处理方式可采用浸泡或涂刷。

大多数施工单位采用硫酸进行酸化处理，原因是硫酸比硝酸、盐酸气味小，工人操作时毒性小，施工较方便。

6 纤维增强塑料衬里

6.1 一 般 规 定

6.1.1 纤维增强塑料衬里是指以树脂为粘结剂，纤维及其织物为增强材料铺贴或喷射的设备、管道衬里层及隔离层。其中的树脂主要包括：环氧树脂、乙烯基酯树脂、不饱和聚酯树脂、呋喃树脂和酚醛树脂等热固性树脂；纤维主要包括玻璃纤维布、毡、有机纤维及其织物等。

6.1.2、6.1.3 以各种树脂为粘结剂，其粘度受施工环境温度的影响比较大，为了满足性能要求和施工质量，故对施工的环境温度作了规定。为了保证施工安全，各种树脂不得用明火或蒸汽直接加热。在施工现场要根据各种树脂材料的特性，采取相应的保护措施，在施工与养护期间，确保工程正常进行。

6.1.5 呋喃树脂或酚醛树脂采用的是酸性固化剂，故在施工前，应采用不使用酸性固化剂的树脂材料做隔离层，再进行施工。

6.1.6 树脂材料的固化速度与环境温度、湿度及固化剂用量有关。当环境温度较高而湿度较低时，可适当降低固化剂的用量，反之则应加大固化剂的用量。因此，施工前应视现场实际情况试配。

6.2 原材料和制成品的质量要求

6.2.1～6.2.6 这几条规定了纤维增强塑料树脂类原材料和制成品的技术要求，是保证纤维增强塑料衬里质量的重要依据。表6.2.6的数据是根据多年现场经验确定的。

6.3 胶料的配制

6.3.3、6.3.4 不同的树脂材料在配制过程中，具有不同的配制要求，故应按要求进行配制。

6.4 施 工

6.4.1 采用手工糊制工艺施工，可分为间断法和连续法两种。一般情况下采用连续法施工。酚醛树脂采用间断法是因为其粘度大，粘结性较差，在固化过程中，会产生小分子和溶剂要挥发，因此酚醛树脂采用间断法施工。

7 橡 胶 衬 里

7.1 一 般 规 定

7.1.1 随着合成橡胶材料的发展，除了传统的天然橡胶、丁苯橡胶、氯丁橡胶外，丁基橡胶及氯化丁基、溴化丁基橡胶、氯磺化聚乙烯橡胶、乙丙橡胶等橡胶材料在防腐橡胶衬里方面也得到了不同程度的应用。随着橡胶助剂技术的日益发展，一种橡胶材料可以生产出适用于不同施工方法的衬里橡胶材料。如丁基类橡胶不但可以制成预硫化衬里胶板，也可以制成自然硫化衬里胶板。为了适应橡胶衬里材料技术的发展，促进新技术、新工艺、新材料、新产品的应用，本规范没有按橡胶材料种类划分，而是以施工工艺方法进行了分类，为今后橡胶衬里材料的发展提供了更加广泛的空间。

7.1.2 当施工环境温度低于15℃时，胶板开始发硬影响衬里操作和贴合质量；胶粘剂涂刷后溶剂不易挥发，影响粘结力。当温度高于35℃时，胶粘剂涂刷后，表面的溶剂蒸发过快，形成干膜，内部溶剂不易挥发，留在胶膜内易出现起泡等质量问题。

相对湿度太高，金属表面易生锈，胶浆干燥时间太长等，均会影响粘结力。

当环境温度较低、湿度较高时，采用除湿和送热风的办法，可获得较好的效果。但因衬胶场所内多为易燃易爆物，为确保安全，不得使用明火进行加温。

7.1.5 未硫化胶板在常温下有自硫化现象，会失去塑性、影响粘结力。胶板的储存应符合现行国家标准《橡胶衬里　第1部分　设备防腐衬里》GB 18241.1的规定，并在规定的使用期限内用完。胶板到达现场后，应分类分批存放，不应乱堆，防止胶板受压粘连变形、碰撞刮破或超过使用期限。

对产品使用说明书中规定需要进行低温冷藏的胶板和胶粘剂，如自硫化胶板等，在运输中或现场存放时，应放入冷藏箱内保持低温，防止胶板出现早期硫化。冷藏温度应符合规定，并做好温度记录。

7.1.6 对本体硫化的设备，在衬胶前应审查设备的强度和刚度是否能承受硫化时的蒸汽压力，应检查有否试压合格证。

本体硫化的设备，在衬里前选定的进汽（气）、排空、排水、温度传感表、压力表、温度自动记录仪等管件、仪表的安装位置，是为保证硫化过程中设备内的温度均匀，冷凝水能随时排放。

表7.1.6中 H 值是根据最短接管考虑的。三通接管越短，对三通内焊缝的磨修及衬里越有利。

三通、四通、弯头等管件宜设松套法兰，主要是为了便于制作和拆装。

7.2　原材料的质量要求

7.2.1 胶板的分类、产品的标记、技术要求、检验方法、检验规则及包装、运输和贮存等均应符合现行国家标准《橡胶衬里　第1部分　设备防腐衬里》GB 18241.1的有关规定。

7.2.2 表B.0.6～表B.0.8硫化橡胶板的物理性能技术指标大部分直接引用了现行国家标准《橡胶衬里　第1部分　设备防腐衬里》GB 18241.1—2001第6.2节表4的规定。

7.3　加热硫化橡胶衬里

7.3.1 胶板、胶粘剂在使用前进行外观质量、牌号、规格和出厂日期的检查，胶板展开后的目测外观检查和必要时的电火花针孔检查，是把好衬胶层质量的第一关。用电火花针孔检测仪进行检查时应按现行国家标准《橡胶衬里　第1部分　设备防腐衬里》GB 18241.1—2001附录B的规定执行。

7.3.3 搭接缝的宽度以确保接缝质量为前提，若搭接太宽，不仅浪费材料，而且给接缝处的电火花针孔检查造成困难。在调研了国内衬胶施工和使用情况的基础上，对不足1.6mm的衬里层来说，接触表面不应超过20mm（图1）。本条对接缝宽度作以下规定："胶板厚度为2mm时，搭接宽度应为20mm～25mm；胶板厚度为3mm时，搭接宽度应为25mm～30mm；胶板厚度大于或等于4mm时，搭接宽度应为35mm。"从全国大多数单位的使用情况来看，胶层的损坏很少发生在接缝处，因此上述规定的接缝宽度已足够。

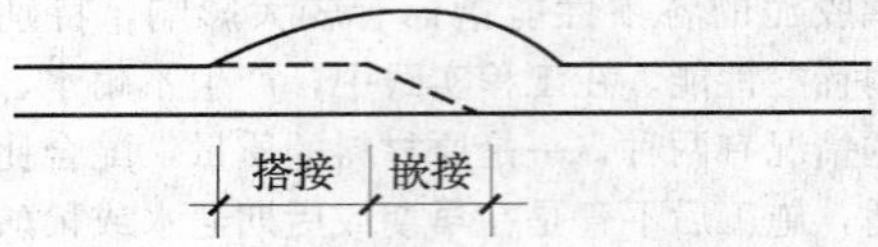

图1　胶板搭接形式

注　上图中胶板厚度为3mm，嵌接长为9.5mm，搭接长为19.5mm。

多层胶板衬里的相邻胶层，其接缝应错开的原因，一是为了方便操作，二是为防止接缝泄漏时形成贯穿缝；其错开净距100mm，为最小间隔距离。

7.3.4 削边是为了保证胶板搭接缝的光滑、平整；当削边宽10mm～15mm时，搭接缝的厚度会相应减薄，有利于粘结强度的提高。

7.3.5 用冷刀裁胶时，刀刃上沾水，能减少胶板对刀的阻力，有利于提高裁胶效率。但裁胶后应用干布擦净斜坡和胶面上的水。

用烙铁热裁胶板时，烙铁温度：达到230℃时，胶板起皮；达到280℃时，胶板会冒白烟；100℃以下时会影响裁胶效率。故在规范中规定烙铁温度控制在170℃～210℃。

7.3.6 涂刷第一遍胶粘剂前，金属表面应用稀释剂先擦干净。

7.3.7 两层胶浆涂刷间隔时间以胶膜干燥程度为准。涂刷间隔时间仅供参考。

7.3.8 衬胶设备内悬浮的灰尘往往因缺少电子，很容易吸附在设备顶部或侧上部的阴角处，在涂刷第二遍胶粘剂前，应进行清除。

7.3.9、7.3.10 胶板衬贴和压实过程中，由中间向两侧推展和滚压（或刮压）是为了将粘合面间的空气顺利排除。

近年来，刮板压实法在加热硫化橡胶衬里、自硫化橡胶衬里、预硫化橡胶衬里中已得到广泛的应用。刮板衬胶一般使用5mm厚、30mm宽的电木板（或同等硬度、强度的塑料板），一端磨成圆弧，另一端磨成30°的斜角，操作时用手握住刮板，用斜角端的平刃与胶面成60°左右夹角均匀用力刮压，每次重合1/3～1/2。其优点是胶面受力均匀，刮出的胶面平展，能较好地排除粘合面间的空气。尤其适于槽罐类或直径 ϕ800以上的管道衬胶（图2）。

在常压或正压条件下，过去衬胶采用的挂线排气法，虽便于施工，但线绳里总有微隙，这对衬胶设备带来隐患。近年来，随着衬胶技术的普遍提高和对衬胶质量要求的不断提高，挂线排气法已被淘汰。

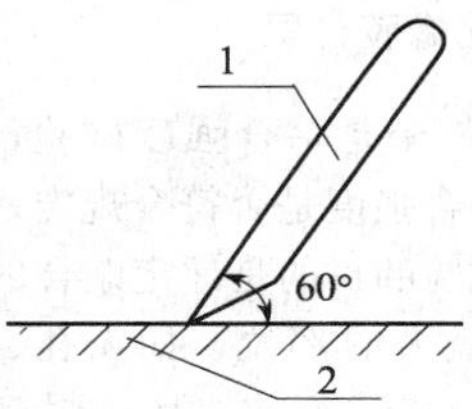

图 2　刮板示意图

1—刮板；2—胶板

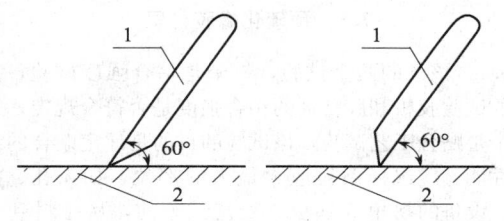

7.3.13　本体硫化设备的法兰衬胶，先采用与设备衬里相同且硫化过的胶板，按要求下料，涂好凉好胶粘剂后，衬贴在对应的法兰上，再将法兰管内翻出来的未硫化胶板贴衬在法兰面上已硫化胶板的坡口上，并压实、平展圆滑。这样做能保证硫化时密封垫与胶面压合严密、硫化后光滑平整，搭接处结合严密。多年实践证明，这种翻边搭接质量是可靠的（图 3）。

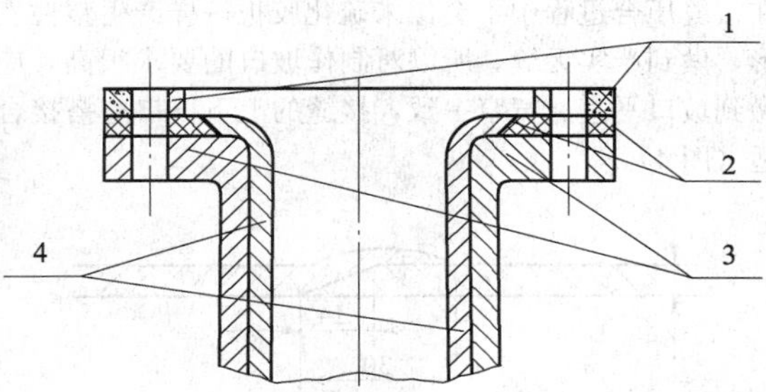

图 3　本体硫化法兰衬胶

1—橡胶石棉垫；2—已硫化胶板；3—法兰盘；4—未硫化胶板衬里

7.3.14　小口径管道衬胶可采用预制胶筒法。胶筒的直径宜为：当管道公称尺寸小于 100mm 时，胶筒外径宜小于钢管内径 2mm～4mm；当管道公称尺寸为 125mm～150mm 时，胶筒外径宜小于钢管内径 4mm～6mm；当管道公称尺寸为 160mm～200mm 时，胶筒外径宜小于钢管内径 6mm～8mm。若胶筒直径偏大，送入钢管后，易起褶；若胶筒直径偏小，衬贴时易将胶板拉薄。

7.3.15、7.3.16　中间检查是衬胶过程中极其重要的一道工序，应把好质量关，认真进行三检。“三检”即：检查贴合面是否有空气；检查搭接缝是否有翘边、离层、毛刺，搭接宽度是否不足；检查胶面是否有深度大于 0.5mm 的气泡、伤痕和嵌杂物。在中间检查中发现的质量问题，应按要求进行处理，以保证产品质量。

7.3.18　硫化罐硫化应严格按照胶板生产厂家提供的硫化条件进行。设备、管道、管件未进硫化罐前，应对硫化罐的仪表、阀门、密封件做仔细检查，失灵失效的要立即更换，并经试验，认定无误方可使用。

设备、管道、管件进入硫化罐后，要先关闭排气阀，用冷空气加压到 2.5kg/cm^2～3kg/cm^2 之后，按生产厂家提供的硫化条件逐步打开压力蒸汽阀门，逐步升温，逐步加压至恒温。同时要注意及时排水排汽，直至硫化全过程完成。

待硫化罐内的温度压力降至常温常压后，方可打开罐门、检查衬里硬度是否合格。认定已达到硫化要求后，方可小心出罐。不能碰坏法兰胶面或任何一处衬里。

7.3.19　本体硫化。本体硫化前应检查蒸汽管道是否工作正常，气源是否充足；气压是否符合要求，能否连续稳定供气。应防止压力的波动，避免产生负压，导致胶层脱落或鼓泡。本体硫化的法兰盲板应有足够的强度。

环境温度小于 15℃时，本体蒸汽硫化设备要做外保温。特别是在人孔或外接管等突出部位的外保温更要做好，否则，会发生严重欠硫。

本体加压蒸汽硫化和硫化罐硫化基本相同。但仪器仪表应齐全，除各种阀门外，根据设备衬里面积大小应备齐下列仪器仪表：

表 1　本体硫化仪器配备（个）

仪器、仪表名称	衬里面积小于 60m^2	衬里面积大于或等于 60m^2
蒸汽压力表	2	3
传感温度表	1	2
温度自动记录仪	1	1

衬里 60m^2 以上的设备，为确保设备内温度均匀、监控准确，高压蒸汽进口和压力表、传感温度表应分布在设备顶部和侧下部。但蒸汽管口不得直对设备内的某个部位，以防过硫。排汽出水口应装在设备最低的法兰盲板上，以避免设备内积水，造成欠硫。硫化时，应严格按胶板生产厂家提供的硫化曲线准确控制硫化条件。

7.3.20　热水硫化或常压蒸汽硫化时应注意下列事项：

1　热水硫化：

1）要有足够的冷水和高压蒸汽供给系统，进排水和供汽阀门要事先经过检查，认定合格。

2）硫化时至少要有两个温度计，一可相互校对，二可防备其中一个工作期间损坏使温度失去监控。热水硫化温度应控制在95℃～100℃。

3）硫化结束，当温度降至 40℃以下时，关闭进水阀门，只开排水阀门，使水位逐步下降。降至一定高度，便于检测衬里硬度时，应停止放水，进行硬度检测。

4）如果检查认定硬度不够时，应立即注水升温，并计算出尚需恒温硫化时间。到时再降温、排水、复查，直至认定合格为止。

2 常压蒸汽硫化：

1）硫化前要检查，确认有足够的蒸汽供应气源，且阀门调控性能可靠；蒸汽供给方法和供汽管件结构合理；监测用传感温度表数量及安放位置合理；设备外保温层性能可靠；与设备同时硫化的同胶种的试件数量及放置部位合理、安全，方可通汽硫化。

2）预定硫化时间达到后，应先提出同时放进设备内的试件，并经冷却，检测认定合格后，方可停止硫化。

3）拆除硫化管道管件时，要拿稳轻放，不得碰坏硫化设备衬里的任何一个部位。

4）硫化终止时除硫化罐硫化以直接测定衬里层硬度来确认外，其余的硫化方式均可以测定其与设备一起硫化的试件（挂片）的硬度来确定。考虑到挂片两面受热，而设备壳体衬里一面受热，根据经验当挂片的硬度值比规定值高出邵尔 D3 度时设备衬里胶层正好达到正硫化点。

7.4 自然硫化橡胶衬里

7.4.1 自然硫化橡胶衬里，因其具有在常温常压下进行自然硫化的特点，所以适合于大型设备的大面积衬里施工。

7.4.3 冷藏胶板在解冻和预热后，会产生收缩，故下料应在胶板解冻和预热后进行。

7.4.5 胶板的电热切割法操作方便，效率高，已广泛采用。但为避免胶板分解或硫化，电热温度应控制在 170℃～210℃之间。

7.4.10 当罐内相对湿度大于 80%时，应采用热风机和除湿机升温除湿，以防止金属表面返锈或因潮湿而影响胶粘剂的粘结力。

7.4.11、7.4.12 涂刷间隔时间以触指不粘为限。干燥速度与环境温度和相对湿度有关。当环境温度在 10℃～15℃时，1.5h 可干；20℃以上时，0.5h～1h 可干。末遍胶粘剂的胶膜干至微粘手指但不起丝时，进行胶板贴合。

7.4.16、7.4.17 压滚分大、中、小三种规格。大、中型压滚适用板面的压合，小压滚适用于拐角、接缝的压合。使用刮板压合时，刮板有坡口的直边用来压板面，有圆弧的一端用来压合拐角和接缝。

胶板贴合的搭接方向，一定要和槽内的液流方向一致，即逆液流方向衬胶。

7.4.19 衬胶作业每个阶段结束后对胶层的检查（即中间检查），是消除隐患、确保衬胶质量的重要环节。也是培养施工人员的责任感，加强施工人员质量观念的有力措施。

7.4.21 在衬贴作业同步、条件相同情况下制作的试块，应妥善放在罐内，不得放在阳光下暴晒。拆除罐内架杆、架板时，应事先移走，不得碰撞胶面。

7.5 预硫化橡胶衬里

7.5.1 该条的两个试验，一个是粘合强度试验，其目的试验胶板和胶粘剂的粘合强度是否符合规定；第二个是贴合工艺试验，该试验的目的是评定贴合的综合性能。应选择贴衬应力最大的部位，如人孔、接管、设备的拐角等部位。工艺试验前，从排料到下料，贴衬的程序应编制一个合理的方案，然后进行工艺试验。贴衬工作正常，未出现鼓起、离层等异常现象，即认为试验合格。

7.5.3 由于预硫化胶板本身的特点，在排料时应充分考虑到减少贴衬应力。下料应准确，稍有差错，则由于胶板弹性大，不能依靠拉长胶板或塑性变形来弥补，势必造成接缝欠搭或过搭。为保证质量，对球形或椭圆形、锥形等部位，胶板在涂刷胶粘剂前，可进行试排，然后做出修整，直到合适为止。特别是异形部位，应先放样后下料。由于预硫化胶板没有塑性，在接缝压合过程中不会像未硫化胶板一样产生塑性变形，做到严实无缝，所以对制作坡口的要求很高。应做到坡口平直、宽窄一致，接缝的上下坡口应搭接合适（图 4）。

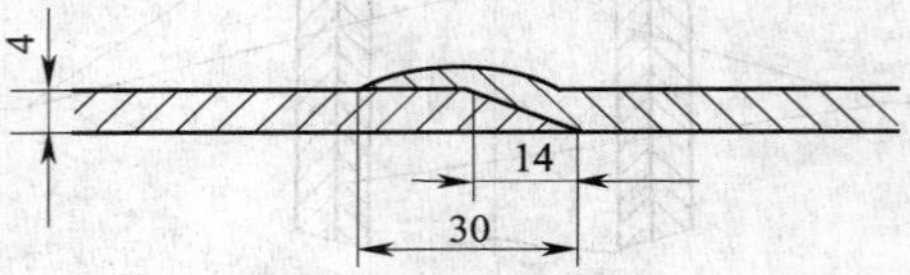

图 4 预硫化胶板削边及搭接缝

7.5.4 预硫化胶板粘结性能较差，在刷胶粘剂前，要求用稀释剂清洗表面，使其微溶解后，再刷第一遍胶粘剂，这样会增强粘结力。

根据经验在基体表面或胶板面上涂刷胶粘剂后，一般情况下 1h～2h 才能达到触指干。在基体表面上涂刷第二遍胶粘剂时，个别情况下发现有将下层胶膜咬起的情况，为此应控制操作方法和晾干时间，具体可由现场试验确定。

7.5.5 第二遍胶粘剂涂刷后，晾胶时间不宜过长。干燥程度至微粘手指为宜，干燥时间宜为 10min～20min（根据环境温度、湿度情况）。干燥时间过长，粘结强度明显下降。涂刷第二遍胶粘剂后的晾胶场所应干净，并应防止太阳直射。

8 塑料衬里

8.1 一般规定

8.1.1 塑料衬里已经广泛应用于工业防腐蚀工程，除了聚氯乙烯、聚乙烯、聚丙烯等常见工程塑料外，近几年氟塑料的使用也十分广泛。常用氟塑料的种类有聚四氟乙烯（PTFE）、乙烯-四氟乙烯共聚物（ETFE）、聚偏氟乙烯（PVDF）。塑料的种类和用途见表2。

表2 塑料的种类和用途

中文名称	聚四氟乙烯	乙烯-四氟乙烯共聚物	聚偏氟乙烯	聚丙烯	聚乙烯	聚氯乙烯
英文缩写	PTFE	ETFE	PVDF	PP	PE	PVC
设备上用	•	•	•			•
管道上用	•		•	•	•	•
推荐耐温值（℃）	−20～200	−20～140	−18～120	−14～100	−20～85	−20～65

氟塑料的制造成本比聚氯乙烯、聚乙烯、聚丙烯等常见工程塑料高，但其耐温更高，耐腐蚀性更强。

8.1.2 塑料衬里压力容器和压力管道均属于特种设备，要符合国家法规并取得国家行政主管部门的制造许可。

8.1.3 塑料衬里的施工环境：当环境温度低于15℃时，软PVC板开始发硬，不利于铺贴，胶粘剂也不易涂刷均匀。当环境温度较低时，可采用加热设备，用热气流局部预热软板的方法提高操作温度，但加热温度不宜太高，防止软板焦化变质。

8.1.6 焊接质量是板材衬里设备的关键，如焊缝有漏点，腐蚀介质会通过该漏点渗到衬里与设备壁之间的夹缝中，导致整个设备损坏及衬里脱落。为了保证焊接质量，应通过具有专业技术能力和资格的机构部门进行塑料焊接培训，经考试合格持证上岗。塑料压力容器的焊接，国家已明确规定，应根据《特种设备焊接操作人员考核细则》中“非金属材料焊工考试范围、内容、方法和评定”的要求进行取证。

8.2 原材料的质量要求

8.2.4 氟塑料中聚四氟乙烯板、乙烯-四氟乙烯共聚物板和聚偏氟乙烯板表B.0.10表～表B.0.12的质量指标是根据现场实践经验和现行行业标准《氟塑料衬里反应釜》HG/T 3915—2006、《聚四氟乙烯衬里设备》HG 20536—1993的有关规定确定的。

8.2.6 聚四氟乙烯、乙烯-四氟乙烯共聚物和聚偏氟乙烯的焊条目前还没有相应的国家和行业标准。

8.3 软聚氯乙烯板衬里

8.3.2 软聚氯乙烯塑料板，根据成型工艺及无数工程质量检测证明，搭接宽度20mm～25mm焊接质量最好、使用最可靠。

为了方便操作和提高焊接质量，空铺法和压条螺钉固定法衬里宜先在设备外面进行预拼装和焊接。软板下料时，应绘制衬里排料图，以避免下错。

衬里工序：对被衬设备的校核和检查→排板、软板下料→设备外预拼装和焊接→设备内铺衬、焊接→衬里层检查。

本体熔融加压焊接法所需机具如下：

1 热风焊枪：电压220V，功率大于500W。

2 气源：出口压力0.1MPa，气量3m³/min。

3 调压变压器最大功率2kW。

操作条件如下：

1 焊嘴运动角度：焊嘴与焊道成30°～35°夹角。

2 焊嘴静态出口温度：165℃～170℃。

3 焊接速度：400mm/min～500mm/min。

4 焊嘴与软板距离约2mm～3mm。

5 焊枪焊接时，应边向前移动，边左右摆动。

8.3.3 软聚氯乙烯板衬里的粘贴法，是通过胶粘剂与设备壁固定。粘贴法衬里虽然对基体表面处理的要求较高，操作条件较差，但其优点是下料较简单，软板与设备贴合紧密，可承受一般的机械振动和搅动。根据现场的需要，有时可将压条螺钉固定法与粘贴法结合起来。如粘贴法衬里，为了使接缝严密可靠，接缝和盖缝板可采用焊接。对于振动强烈或温差变化剧烈的场合，可采用粘贴法结合螺钉固定等。

8.4 氟塑料板衬里设备

8.4.2 氟塑料衬里设备均在耐高温和强腐蚀性介质的场合使用，在接缝处应采用焊条封焊或板材搭接焊的规定，主要是为了避免胶粘剂与介质直接接触。

8.4.3 因乙烯-四氟乙烯共聚物和聚偏氟乙烯流动性比聚四氟乙烯好，所以采用热风焊和挤出焊。

8.4.5 用于化工防腐制品的焊接优先采用热压焊。热压焊是将两块塑料板在一定温度与一定压力下，热压熔结在一起。技术关键是如何使焊接面迅速而准确地达到所需的温度与压力。

板与板焊接：由于对接焊焊缝在焊接时很难夹住，即使夹住也不牢固，所以一般采用搭接焊。但搭接焊的聚四氟乙烯板不宜太厚，因为焊缝处是两块板叠在一起，这对衬里翻边处的密封性能有一定影响。

焊接工艺主要是控制好温度、压力与时间三个条件。用电热元件直接加热焊具，再由焊具把热传给基材。直接测量焊接面的温度是困难的，但可用温度计插到靠近焊接件处的焊具上，测量近似的温度，这个温度要经过多次试验得出。

焊接压力的大小对焊接质量有很大关系，一般控制在1MPa～2MPa为宜。但起始压力（加热前的压力）不宜过高，以能保持焊具与基材之间全部达到良好接触为度。

8.5 塑料衬里管道

8.5.4 法兰与壳体或法兰与钢管连接处转角应圆弧过渡的规定是为了不损坏衬里材料，防止产生应力。

9 玻璃鳞片衬里

9.1 一 般 规 定

9.1.1 乙烯基酯树脂类、双酚 A 型不饱和聚酯树脂类和环氧树脂类鳞片衬里是国内从 1990 年以来相继开发成功的产品，具有优异的抗渗透性能和防腐蚀性能，在防腐蚀工程中得到了广泛应用。

本章以乙烯基酯树脂、双酚 A 型不饱和聚酯树脂和环氧树脂为成膜物，以 C 型玻璃鳞片为主要骨料，配以其他功能性助剂和固化剂等而形成的防腐蚀衬里层。

树脂玻璃鳞片衬里适用于下列碳钢设备和管道的防腐蚀工程：

1 烟气脱硫系统：烟道、吸收塔、烟囱。

2 化工贮槽、贮罐、塔器及管道。

3 废气、废水处理设备、风机叶片。

4 石油、海水输送管道。

5 与同类树脂的玻璃纤维增强塑料复合使用。

底涂料既要同基体表面附着力良好，又要与覆盖在上的玻璃鳞片胶泥或涂料的层间附着力良好。底涂料可采用同类树脂加入玻璃鳞片，也可不加玻璃鳞片。

胶泥衬里：通常是采用镘刀抹的鳞片胶泥，其鳞片的片径比较大，一般在 0.6mm～2mm，一次施工厚度可在 1mm 以上；封面料则采用不含玻璃鳞片的同类树脂料制造。

涂料衬里：通常采用涂、滚刷或喷涂的小鳞片涂料，鳞片的片径为 0.2mm～0.6mm；一次施工厚度：涂、滚刷在 100μm～200μm，喷涂可达 500μm～700μm。为防止漏涂和便于各层的质量检查，各层调配成不同的颜色。

9.1.2～9.1.6 三类树脂玻璃鳞片材料的固化反应条件与三类树脂基本相同，同样也应满足其在碳钢表面的施工环境条件。三类树脂玻璃鳞片材料的存储、施工、养护等基本要求与其树脂玻璃钢、胶泥、砂浆等材料相同，这些条文均引自现行国家标准《建筑防腐蚀工程施工及验收规范》GB 50212—2002 的有关内容。

9.1.7 本条文对衬里施工前的基体表面提出了要求。表面油污、油脂及其他非锈污染物的存在会影响衬里与基体的附着力。一旦衬里施工完毕，任何碳钢面与内外支撑件之间的焊接、铆接、螺接都将破坏衬里层的完整。衬里侧焊缝、焊瘤、弧坑、焊渣等瑕疵都将影响衬里的施工质量。

9.2 原材料和制成品的质量要求

9.2.1～9.2.3 目前在防腐蚀工程上大量应用鳞片衬里技术，所以在本规范中对树脂、固化体系等规格、性能和质量直接引用了本规范第 5.2.3 条和第 5.2.4 条的规定。玻璃鳞片的规格、性能和质量应符合现行行业标准《中碱玻璃鳞片》HG/T 2641 的有关规定。

9.2.4 乙烯基酯树脂、双酚 A 型不饱和聚酯树脂玻璃鳞片衬里的混合料，一般在工厂制造过程就加入了促进剂，做成了预促进的混合料。其好处是：只要加入适量的固化剂搅拌均匀后即可使用，便于施工操作。减少施工现场因再加入促进剂而搅拌的次数，并可以减少气泡的混入。

9.2.7、9.2.8 三类树脂玻璃鳞片混合料（指未固化的）和制成品（指固化物）的质量指标，主要依据为化工行业标准《玻璃鳞片衬里胶泥》HG/T 3797—2005、日本《乙烯基酯树脂玻璃鳞片衬里》JIS K6940 标准和近十多年来国内研究试验和工程应用经验的总结。

9.3 施 工

9.3.1 鳞片衬里施工前，基体表面处理要求达标。一是表面除锈程度，二是表面粗糙度。这是确保设备衬里质量的先决条件。

9.3.2 由于目前施工条件、水平存在着较大差别，因此在本条执行过程中，涂刷的具体时间由业主（或设计方）同施工方商定。处理好的基体表面，应在返锈前进行底涂料施工，最多不宜超过 5h。

9.3.3 底涂料的涂装时间间隔是根据树脂的固化特点确定的，这是确保层与层之间具有优良附着力的重要措施。

9.3.4 由于玻璃鳞片胶泥是膏状的，如果不采用真空搅拌，则加入固化剂后的搅拌，很容易将空气带入胶泥中而难以排出，使得衬里层的致密性受到影响，留下隐患。

玻璃鳞片胶泥的单向刮抹施工，易使衬里表面不平整，通过滚压作业可使胶泥层光滑、平整、均匀。

9.3.5 纤维增强塑料所用树脂与玻璃鳞片胶泥用树脂相同，以避免不同树脂之间的层间附着力受影响。

9.3.6 本条规定只在最后一层面涂料中应加入苯乙烯石蜡液，当有两层以上面涂层施工时，由于涂层固化后石蜡迁移在被涂表面，会影响后一道涂料对前道涂料的层间附着力。

9.3.7 本条规定了不同养护温度下的涂层养护时间。涂层固化是个化学反应过程，为使涂层能固化完全，就需要一定的养护时间。这是涂层能发挥防腐蚀作用的重要保证。

10 铅 衬 里

10.1 一 般 规 定

10.1.1 铅衬里包括衬铅和搪铅，适用于以碳素钢、低合金钢制造的工业设备以及砖板衬里结构中以铅为底层的铅衬里，同时也适用于管道的铅衬里。衬铅主要用于稀硫酸和硫酸盐介质，适用于正压、静负荷、工作温度小于 90℃的工艺条件。搪铅的耐腐蚀性能同衬铅，适用于真空、振动、较高温度和传热等工艺条件。搪铅在施工时有大量的有毒铅蒸汽放出，一般很少采用。

10.1.2 铅板焊接的热源一般采用氢氧焰，且焊接时采用中性焰。在焊接厚度大于 8mm 的平缝时，采用乙炔氧焰可以提高焊接速度。搪铅常用的热源是乙炔氧焰。

10.1.3 从事铅板焊接作业的焊工，应进行焊接培训，考试合格，持证上岗。焊工培训由具有相应专业技术能力和资质的单位负责进行。

10.2 原材料的质量要求

10.2.1 铅板、搪铅母材的表面质量、化学成分及铅板的外形尺寸和允许偏差均应符合现行国家标准《铅及铅锑合金板》GB 1470—2005 中的规定。铅板应妥善放置，防止损伤或变形。

10.2.2 铅焊施工中，焊条的质量直接影响焊接质量。铅焊时，熔铅的流动性大，加入焊条速度必须准确迅速。焊条材质应与焊件材质相同；焊条表面应干净；焊条最好是圆形或近似圆形，直径均匀。

一般铅焊的焊条多数是铅焊工自制。制作方法通常采用钢模浇铸法或将铅板剪成正方条形。使用前应将焊条表面氧化铅膜刮净。

10.2.4 搪铅用的典型焊剂有氯化锌（$ZnCl_2$）和氯化亚锡（$SnCl_2$）两种水溶液。4 种配方中以第 1、2 种最为常用。第 1 种搪铅效果好，但搪铅时有刺激性较大的烟雾发生，其焊剂也容易成粘液状附在搪道上不易清除；第 2 种结合情况较好，烟雾较小，对搪铅的劳动条件有很大的改善。

配制时应注意以下几点：焊剂所用的氯化锌（$ZnCl_2$）、氯化锡（$SnCl_4$）和氯化亚锡（$SnCl_2$）的纯度应在 98%以上；所用的水应该是纯净的，最好是蒸馏水。配制时，加热到 50℃～80℃，以利于焊药的溶解。盛装和配制的器具要清洁，可用搪瓷、玻璃、塑料和铅材质的器具。称量要准确。

10.3 焊 接

10.3.1 焊缝的刮净宽度，可以由焊件的厚度或施焊的范围而定。一般焊件的厚度在 5mm 以下时，刮净宽度应为 20mm～25mm；厚度为 5mm～8mm 时，刮净宽度为 30mm～35mm；厚度为 9mm～12mm 时，刮净宽度为 35mm～40mm。每次刮净长度不宜过长，一般为 1.5m～2.0m，待焊完再刮。

点焊分为长线点焊和短线点焊；单层点焊和多层点焊。长线点焊适用于大型管件及受力较大的焊缝；短线点焊适用于小型管件及一般焊缝；不加焊条的单层点焊用于较薄铅件或协助组对。

10.3.2 焊接时，焊炬与焊缝保持约 50°～70°角，焊条与焊缝约成 40°～50°角。火焰正对焊缝。

焊炬摆动的频率、幅度、角度决定焊道的质量、外观和焊接速度。常用的摆动方法有直线形、锯齿形、尖圆形、折线形、月牙形。由于火焰的摆动，熔池的形成是连续的，冷凝也是连续的，从而使焊道上形成各种花纹。常见的花纹如图 5 所示。

平焊时，经常采用的焊炬摆动方法有直线形、折线形和尖圆形，形成的花纹应是“鱼鳞花”或“箭尖花”。

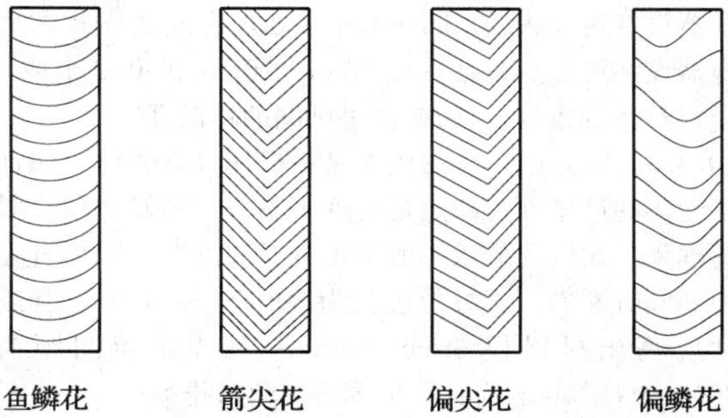

图 5 焊道所形成的几种花纹

对接焊缝厚度在 1.5mm 以下的一层焊完；3mm～6mm 的分三层焊完；6mm～10mm 的分四层焊完；10mm 以上的分五层焊完。分层焊时，第一层应少加焊条，火焰主要对准母材的焊口处，使之焊透；第二层施焊时，火焰针对第一层焊道，左右摆动，使加入焊条与底层的焊道、两侧的母材牢固结合；最后一层施焊时，应根据焊道的高低、宽窄熔化适量的焊条，使其形成的花纹为“鱼鳞花”或“箭尖花”。

搭接平焊的施工方法基本上和对接平焊相同。但第一层施焊时，火焰主要对准下部铅板并稍微摆动，焊炬与搭接边缘略倾斜 20°角，加入的焊条可同时熔接在下部铅板与搭接的焊口上。最后一层施焊时，焊道应高出上部搭接铅板，焊炬的角度、摆动方式和幅度可相应调整。焊缝与水平面相垂直的焊接称为立焊。一般铅材厚度在 7mm 以下常用搭接立焊，焊接时不用加焊条，而是将搭接在上部的母材焊口边缘熔化流入熔池代替焊条，焊接速度较快。

焊接前把搭接部分的焊板采用木制工具相互敲打平整后，再将上部的母材焊口边缘撬起约 20mm 宽，使两块铅板间约有 1.5mm 的间隙。焊接时，由下向上焊，火焰要准确稳定，焊炬可做锯齿形摆动。焊炬除了应与焊缝保持80°角左右外，还应与板面成15°角左右。

在垂直面内对水平焊缝施焊的方法称为横焊。横焊一般采用搭接，施焊前应把搭接部分打靠，再把搭接在上部焊口边缘撬起宽约15mm，使之和下部母材有1.5mm～2mm的间隙。此种焊缝施焊的层数，根据铅板的厚度而定。铅板厚度为1mm～2mm的可不加焊条，一次焊成；3mm～4mm厚的可焊两层；5mm～7mm厚的可焊三层。

焊缝与水平方向平行，焊缝的位置在焊工头部上方，需要仰面操作，这种焊接称为仰焊。仰焊是铅焊接施工中最难掌握的方法，应尽量避免采用。仰焊的接头一律采用搭接，并且只能焊接6mm以下厚度的铅板。

10.4 衬铅施工

10.4.1 壳体检验合格后，应在壳体根部（立式平底容器设在距底板10mm～30mm处，卧式或立式球底容器设在最低点）钻直径5mm～10mm的孔2个或4个（对称分布），作为铅衬里试漏的检漏孔。

10.4.2 搪钉固定法的优点是不损坏设备壳体，保证了壳体的严密性；缺点是若施工不好，会发生搪钉脱落现象。搪钉的形状一般为正方形或圆形，圆形直径为80mm左右，正方形边长为80mm～100mm；其高度应高出衬铅板3mm～5mm；各固定点间距为250mm～900mm为宜，呈等边三角形排列。

悬挂固定法适用于砖板衬里中以衬铅层为底层的铅衬里结构，设备上部结构为敞口式或分段组装的可拆卸式，并设有法兰。衬铅板在法兰表面翻边固定，而后使衬铅板悬挂于壳体内壁并紧贴壳体，并对所有焊缝进行焊接，使铅板形成一个整体的铅衬里层。

压板固定法具有不损坏设备本体、施工较方便、施工质量容易保证等特点。铅衬里上方孔之间的距离根据实际情况而定，一般为300mm～500mm。压板是由碳钢制作的，规格一般为长300mm～500mm、宽度为50mm、厚度为3mm左右。压板的数量和分布位置按设备大小、衬里面积、铅板厚薄及使用条件而定。铅覆盖板的材质及厚度应与衬铅板的材质及厚度相同。一般情况下，铅覆盖板的形状与钢制压板的形状类似，铅覆盖板的边缘蒙盖伸出量不小于20mm。

焊接铆钉固定法需在壳体上钻孔，损伤了设备，不能保证壳体的严密性，不宜采用。

铅衬里的质量优劣，关键在于铅板质量和焊接质量，而焊接质量取决于铅板的组对是否妥善，焊缝的多少及位置是否合理。因此在下料和组对时，应该注意以下几点：

1 可在设备外面组焊的应预先焊好，以使铅板面积尽量增大，从而减少焊缝的数量，也考虑挂铅板时的困难。

2 挂铅板时应将焊缝组对到有利于施焊的位置上，以免施焊者看不到或焊炬施展不开。

3 除较厚铅板外，一般衬里均应采用搭接形式，尽量避免对接形式。

4 搭接焊缝也应尽量组对成易施焊的形式。

5 各种衬铅结构应尽量避免仰焊。

10.5 搪铅施工

10.5.2 搪铅施工方法有直接搪铅和间接搪铅。常用的是直接搪铅法，间接搪铅法多一道挂锡工序，成本较高。从寿命来看，直接搪铅比间接搪铅耐用，间接搪铅易脱层，尤其温度在80℃以上使用时，更为严重。另外，若挂锡层较厚，容易使锡混入铅层，从而减弱铅层的耐腐蚀性能。

1 搪铅操作过程中应注意以下几点：

1） 所用的焊嘴大小原则上根据设备外壳的厚度确定，要求能使焊接处温度迅速达到320℃～350℃即可。通常在3mm～5mm厚的钢板上搪铅，选用75号～100号焊嘴；在5mm～10mm厚的钢板上搪铅，选用100号～500号焊嘴。在搪制较薄的设备或零件时，采用氢氧焰比较合适，尤其5mm以下钢板的双面搪铅最合适。焊嘴可选用6号～7号。

2） 火焰不得直接对着未搪铅的设备表面，而应对着已搪铅的表面。若火焰直接对着未搪表面，则易破坏焊剂层。火焰向前移动时，熔池温度降低，会使熔铅速度减慢，甚至产生粘结不全的现象。

3） 搪铅时需要在水平面的位置上进行，倾斜会显著降低搪铅速度。一般不宜超过30°角，否则搪铅温度太高，熔池尚未冷凝就会沿着坡度迅速流走，而温度过低又粘结不好。

4） 为使铅与被搪表面粘结，火焰摆动的方法与铅焊方法相同，只是搪铅摆动的频率比铅焊要慢得多、幅度也小。焊嘴与被搪表面成70°～80°角，内焰离熔池5mm～7mm，焊条与搪道约成60°～70°角。

5） 搪铅层每次可搪2mm～4mm厚，焊道的宽度约为15mm～25mm，长度一般在500mm左右，不宜过长。每次搪道平行排列，后一搪道叠压在前一搪道的1/4宽度上。

6） 搪完第一层铅后，用清水刷净附在表面上的焊剂，并用刮刀将表面刮光，然后与第一层一样，一层层地搪至所需要的厚度。特别注意不得再涂焊剂，以免焊剂中的锌和锡混入搪铅层中，影响其耐腐蚀性能。

7） 搪完最后一层铅，应再用火焰跑一遍，使其平整并消除缺陷。

2 间接搪铅挂锡常用的方法有锅内挂锡和加热涂锡两种。

锅内挂锡具有省锡、速度快的特点，但只适于较小的工件。

熔锡（锡焊条）可采用铅锡合金，其配比（锡：铅）可为60：40、50：50、40：60。三种配比的合金挂锡都很好，但锡的含量越高，其耐热性越低。

间接搪铅要点是：工件施搪温度控制在190℃～230℃，温度不能再高；火焰不能对着工件表面，而是用余火对工件加温。火焰要先烧熔焊条，使之滴落在被搪表面，靠火焰吹动，使熔铅淌开与锡层结合。

搪铅施工工艺较复杂，速度慢，且搪铅过程中又会产生大量的铅蒸汽等有害气体，对人体十分有害。

11 喷涂聚脲衬里

11.1 一般规定

11.1.1 喷涂聚脲衬里技术是在RIM反应成型技术基础上研发的喷涂快速成膜涂装技术。其主要特征是：

1 涂料快速固化，可在任意形状基面表面成型，无流挂。一次性施工厚度可达5mm，符合重防腐厚浆防腐型涂料衬里的要求，涂层与基面的附着性能优异。

2 施工采用专用设备和专业人员操作，施工快速效率高，材料养护周期短。

3 涂料中无有机溶剂挥发，是环境友好型绿色环保产品。

4 衬里涂层具有拉伸强度大、断裂伸长率高等优异的力学性能和优异的耐大气和介质腐蚀性能。

11.1.3 喷涂聚脲与底层涂料、修补料应具有良好的相容性和粘接性能。因不同生产企业的产品有差异性和适应性，为保证施工质量，配套材料宜使用聚脲生产企业推荐且有应用实例的产品，并在技术方案中列出施工方法和验收方法。

11.1.4 喷涂聚脲衬里施工试喷的要求是基于专业施工的特殊性，设备操作技能、材料、操作工艺影响因素较多，应在衬里施工前确定。

11.1.5 对焊缝要求中的无焊缝空隙是指不应有穿透性焊缝空隙，若有会使涂层有针眼孔洞，影响电火花检测，喷涂衬里前应先用树脂填充。

11.1.10 喷涂聚脲衬里应由培训合格的专业操作人员进行施工，还应具备相应的施工经验和至少两名熟练工人配合，方能上岗。

11.2 原材料和涂层的质量要求

11.2.1 聚脲衬里原材料还应包括层间粘合剂和保护面层等，有需要使用时，应在施工方案中列出。

11.2.3 喷涂聚脲防腐涂层若有耐特殊介质腐蚀要求时，应由设计方提供具体设计指标，检测方法应符合现行行业标准《喷涂聚脲防护材料》HG/T 3831的规定。

11.3 施工

11.3.1 使用聚脲喷涂设备还应注意以下几点：

1 A、B料比例泵压力差应小于或等于5MPa，如因气候、温度等原因造成原料粘度差异大，或喷枪混合室口径大小有磨损不一致，应及时调整A、B料的加热温度或更换混合室后重新喷涂。A、B料比例泵压力差大于5MPa时，施工中应慎用；如施工中必须使用时，应控制压差在5MPa～10MPa内，且应在现场技术掌控条件下施工；压差大于10MPa，不宜施工。

2 环境温度低于15℃，原料应加热至20℃～40℃。

3 施工工件温度低于5℃时，应预热后喷涂聚脲。

11.3.2 钢板基体表面底层涂料施工除应符合本条要求外，还应注意以下几点：

1 底层涂料所采用的溶剂宜采用工业级丙酮、丁酮或二甲苯。

2 底层涂料的养护时间是喷涂聚脲提高附着力的一个关键控制指标，本条规定的养护温度和养护时间是一个参考值。由于涉及现场的通风、温度以及涂料的自身干燥时间等因素，其最佳养护时间的确认应以涂层表干为宜。

3 底涂一次涂膜，厚度不宜过厚；底层涂料已过有效养护期后，应刷第二道底涂后再喷聚脲。

11.3.3 喷涂聚脲衬里的施工要求专业性强，属现场一次成型不宜修补施工衬里。因此正式喷涂前，应由现场技术主管对设备控制工艺参数进行试喷确定，涂膜性能和施工状态达到要求后，才能固定设备参数，进行正式喷涂。在喷涂过程中如温湿度、风力、基面环境等发生较大变化时，应适时调整设备控制参数，以确保涂膜层质量，并尽量减少人为质量因素。

11.3.5 聚脲喷涂的施工还应注意以下几点：

1 施工方法应符合小面积移动交叉施工的方法。操作移动速度应满足单层施工0.35mm～0.45mm厚度，设计厚度小于或等于2mm应连续横竖交叉施工5次～6次，设计厚度大于2mm应将总厚度分为两次施工，喷涂衬里间隔时间宜小于60min。

2 转角和焊缝线应比设计厚度多喷厚0.5mm～1.0mm，且喷涂时先喷转角和焊缝，再大面积连续喷涂。设备内表面喷涂时，应先喷接管入孔，后喷内腔，且接管、入孔与设备内腔焊接处应加厚0.5mm～1.5mm。

3 一次施工宽度应小于1200mm，相邻施工的搭接缝应大于120mm。

4 喷涂时喷枪与基面的距离应以聚脲喷涂至基面，无严重凝胶粒子反弹和涂层面表面平整性良好为基准。

11.3.6 衬里涂层的修补还应注意以下几点：

1 层间粘合剂的表干和聚脲补喷时间，应根据材料供应商提供的技术参数，并结合施工现场的温度和湿度进行表干和复喷间隔时间的喷涂试验，主要观察附着力和鼓泡现象，确定现场条件下的最佳表干时间。

2 修补料的配制应多次少配。每次配料量不宜超过 300g，且应搅拌均匀，但每次快速搅拌时间不应超过 30s，随配随用。当出现凝胶状态时，不得使用。

3 修补的聚脲衬里缺陷，第二天应再进行检查，如仍存在缺陷，应再次修补。

12 氯丁胶乳水泥砂浆衬里

12.1 一 般 规 定

12.1.1 本章氯丁胶乳水泥砂浆衬里是指设备、管道采用改性阳离子氯丁胶乳砂浆衬里工程。

氯丁胶乳是由阳离子氯丁胶乳和助剂混合乳化而成。氯丁胶乳是美国杜邦公司于 20 世纪 30 年代初开发并实现工业化生产的，随后即有氯丁胶乳水泥砂浆专利申请。我国氯丁胶乳是四川长寿某化工厂于 1975 年研制成功并于 1983 年通过国家鉴定。氯丁胶乳水泥砂浆的研制开始于 20 世纪 80 年代初期，最早由上海某大学研制，随后大连某研究设计院也进行了开发性研究并应用于实践。前期主要是用于纯碱、化肥、氯碱、印染、制药等许多部门的建筑防腐。在纯碱厂的建筑防腐有 15 年以上的成功应用，尿素造粒塔及建筑厂房应用效果较为理想。上海某穿越黄浦江隧道工程采用氯丁胶乳防水，也取得了很好的效果。在污水池、地下水的防水工程都获得了满意效果。做船甲板的敷料早已有应用，现在许多船舶甲板和压水仓都采用氯丁胶乳水泥砂浆做防滑、防腐蚀面层。20 世纪 90 年代中后期在设备防腐的应用也取得了一定成效。在化工企业的纯碱母液桶、澄清桶、结晶器及化盐槽内壁有 10 年以上的成功应用，在化工行业的设备防腐上的应用逐渐扩大。

考虑到设备、管道内部空间狭窄，不适合做混凝土防腐，所以本章的工程只包括氯丁胶乳水泥砂浆整体面层衬里。考虑到氯丁胶乳砂浆整体面层施工的特点，只适用于内部结构简单的设备、管道，设备、管道内部结构复杂的，施工困难，质量难以保证的，不宜选用氯丁胶乳水泥砂浆衬里。

12.1.2 虽然氯丁胶乳有较好的耐酸、碱、盐性，但由于砂浆中含有水泥，从而使其耐酸性不佳，所以氯丁胶乳应用于耐碱、盐介质环境中。氯丁胶乳使用温度低于 5℃时，凝固缓慢不利于施工。考虑到南方夏季气温常超过 30℃，所以环境温度定为 35℃。温度过高影响工程质量，因此应采取防热防蒸发措施，如喷雾、覆盖、遮挡等。另外，潮湿的环境对氯丁胶乳施工有利。

12.1.3 氯丁胶乳反复高温或低温变化，可引起破乳而失效。

12.2 原材料和制成品的质量要求

12.2.1 阳离子氯丁胶乳存放过程中会产生一定的变化，不加入适当的助剂，在混合料搅拌时，产生破乳现象，失去了防腐作用，而施工现场加入各种助剂，往往受各种因素影响，很难准确掌握加入量，从而使工程质量受到影响。而本章氯丁胶乳是指经过加入助剂改性的阳离子氯丁胶乳，一般应在工厂按标准化生产，那么在现场无论从搅拌砂浆的稳定性，还是到易于施工性都有极大的保证，工程质量会随之提高。

12.2.4 在有的规范中，最初把氯丁胶乳砂浆强度定为 20MPa，而大连某研究设计院在先湿后干的养护条件下后可达 39MPa。当时考虑到不少单位达不到此要求而采用 20MPa，经过 15 年的发展，综合考虑，本规定将此定为 30MPa。

12.3 砂浆的配制

12.3.1 氯丁胶乳砂浆的配合比应参考本规范附录 D 表 D.0.7，并根据现场天气、细骨料的含水率等因素，先试配试用，再确定实际应用的配合比。

12.3.2 氯丁胶乳砂浆具有良好的粘结性能，很容易粘贴在机具上，需随时清理，人工拌和的机具易于清理；采用机械搅拌的机械内部不易清理，时间长了会损坏机具，且机械搅拌易于产生大量气泡而影响施工质量。

12.3.3 配比合适的氯丁胶乳砂浆应有良好的和易性及粘结性，较普通砂浆易于施工，一般在 2h 内都有较好的施工性能。

12.4 施 工

12.4.1 在基层上先涂一遍氯丁胶乳素浆。第一可起到封闭孔隙作用，第二可增加砂浆与基层的粘结力。

12.4.2 氯丁胶乳砂浆在终凝前收缩性较大，一次施工面积过大，内部会产生较大应力，长时间施工及温度变化，易产生裂缝，因此一次施工面积不宜过大，一般应控制在 $12m^2$ 以内。为使施工方便，条宽宜控制在 1.5m 以内。最好采用分条施工，中间留缝宽约 15mm，用木条或聚氯乙烯等塑料条分开，木条应先固定在基体上再施工。木条两面应杜绝使用脱模剂，在砂浆稍变硬后用抹刀尖端沿板条边缘切开再抽出板条。

补缝应在 24h 后进行，但最多不超过 48h，应清理缝内杂物后用聚合物水泥砂浆补齐，并应仔细抹平接缝表面。补缝时应在砂浆表面铺上木板，以免直接踩在砂浆表面上。

12.4.3 氯丁胶乳砂浆抹面后，在气温较高时，约25min表面即生成一层薄膜，此时反复抹压就会使薄膜破裂而难以修复，影响表面的完整性，因此不宜反复抹压。

氯丁胶乳砂浆平面抹压与普通水泥砂浆相同，氯丁胶乳砂浆用木板刮平再用抹刀抹平即可。

12.4.4 立面或仰面施工，一次抹压厚度不应超过10mm，否则很易脱落。由于加入稳定剂，氯丁胶乳砂浆看似粘稠，实际内聚力较小，厚度过大脱落下来后修复困难，只有等表面干燥后才可抹上。

12.4.5 在氯丁胶乳砂浆表面涂刷氯丁胶乳水泥素浆，可部分修复表面缺陷，同时可在表面形成一层富含氯丁胶乳的薄膜，提高防腐、防水性能。涂刷素浆尽可能一次完成，避免多次涂刷颜色不均匀。

12.4.6 氯丁胶乳砂浆的养护，先湿养护24h，再干养护72h，可以低负荷运行使用。防腐蚀及一些重要工程，应湿养护7d，再干养护21d后方可正式使用。氯丁胶乳砂浆的湿养护很重要，一般在施工后1h，高温大风天气时施工后0.5h内即应养护，方法是喷雾、用遮盖物覆盖等。遮盖物可用塑料薄膜、麻袋及草袋等，遮盖物四周应压实。多孔性覆盖物在8h内淋水，水量不宜过大，保持氯丁胶乳砂浆表面潮湿。

氯丁胶乳砂浆应经过干养护。作用是使氯丁胶乳砂浆内水分充分水化，使氯丁胶乳析出并在内部形成网状结构，不经干养护的氯丁胶乳水泥砂浆不能使用。

13 涂 料 涂 层

13.1 一 般 规 定

13.1.1 随着科技产品开发，施工技术及应用方法的迅速发展，防腐蚀涂料与涂装过程本身已经成为门类繁多、品种齐全、装备复杂的专门技术，有力地推动着涂料工业的进步。这次列入规范的主要防腐品种有：环氧树脂类涂料、聚氨酯涂料、氯化橡胶涂料、高氯化聚乙烯涂料、氯磺化聚乙烯涂料、丙烯酸树脂改性涂料、有机硅耐温涂料、氟涂料、富锌涂料（有机、无机）和车间底层涂料。

13.1.2 本条规定主要是针对涂料供应商的。即供应商应针对自己的产品提供符合国家现行标准的涂料施工使用指南。其主要目的是对涂料的涂装过程、质量检验过程提供指导与帮助。这些内容既是设计选材的主要参考依据，同时也是正确施工的有效保证。为了确保工程质量，应严格涂层配套，按施工工艺进行。

13.1.4 环境温度、相对湿度或露点温度的控制，是施工过程应遵守的一般规定。在施工现场应首先保证基体表面温度高于露点3℃。露点温度的测定方法，现在有测试仪器可以直接测出。

13.1.8 涂料施工可采用的工具很多，施工时应注意两点：涂层厚度应均匀，尤其采用机械喷涂时更应注意涂层厚度。

涂装过程中不得漏涂，也不得误涂。漏涂一般可以随时检查、发现，而误涂则一般不易被人们察觉。为此在涂装检查时，除检查有否漏涂外，还应检查有否误涂。

13.2 涂料的配制及施工

13.2.1 环氧树脂涂料的基本特点是与基层粘结良好，具有较广泛的适用性。但在施工时应注意以下几点：

1 涂料配置以后，大多数需经过一段熟化期方可涂装。

2 因为涂膜固化过程需发生化学反应，因此施工间隔与温度等关系密切，应注意涂膜干燥充分再进行下一层涂装，不可连续作业，以防涂层出现开裂等问题。

13.2.2 聚氨酯树脂涂料是一类应用前景良好的涂料品种。目前产品品种较多，功能差异较大，因此使用时应注意以下几点：

1 单组分聚氨酯涂料固化过程是吸附空气或表面的水分后成膜，因此特别干燥的表面或环境不宜施工。

2 聚氨酯涂料涂装的时间间隔一般以前层涂料实干为依据，未干透时，使用效果不良。

3 涂料不得擅自用烯料稀释。

13.2.3 氯化橡胶涂料用于耐腐蚀领域的历史较长，由于工艺较成熟，因此涂膜性能良好，尤其在抗紫外线、耐候性方面更加突出。在使用氯化橡胶涂料时应注意：优先选用固体含量较高、干膜厚度大、溶剂含量较低的产品。也就是通常所说的厚膜型涂料，俗称“厚浆型涂料”。这类产品较之传统涂料具有固体含量高、使用溶剂少、一次成膜较厚、耐蚀效果好、在垂直面施工不流挂、不易出现针孔缺陷等特点，对节省工程综合费用大有好处。尤其是降低有机溶剂使用量后，挥发性有机化合物（VOC）量也大大减少。对施工安全及环境保护带来诸多好处，不仅降低了污染，而且节约了能源，减少了资源浪费，是目前耐蚀涂料的一个新方向。根据目前国内防腐蚀涂料研究、生产的现状，以及各种不同类型成膜物的性质，溶剂挥发类涂料通常每道干膜厚度为20μm～30μm，而树脂交联型涂料通常每道干膜厚度大于或等于60μm。因此将固体含量高，一层干膜厚度大于通常涂料1倍以上的涂料确定为厚膜型涂料。使用这类涂料时，应特别注意不得任意加入稀释剂。与钢铁基层配套时，应慎重选用配套良好的底层涂料或专用涂料。

13.2.4 高氯化聚乙烯涂料是近几年开发的涂料新品种，其涂膜性能略优于氯化橡胶及氯磺化聚乙烯。其特点是施工工艺较简单，同时涂膜厚度较厚，质感好，因此在工程上得到了广泛的应用。

13.2.6 丙烯酸及其改性涂料主要用于防腐蚀面层涂装。其突出特点是耐酸性好、耐候性好。由于丙烯酸突出的性能，在涂料工业开发出的品种比较多。使用过程中应注意：

1 用于防腐蚀涂装的丙烯酸涂料应是溶剂型的，非溶剂型或水性的品种暂不推荐。

2 丙烯酸改性涂料品种目前使用较广泛，并且工程应用较成功的是：丙烯酸改性聚氨酯涂料及丙烯酸改性氯化橡胶涂料两个品种，其他种类的改性品种暂不推荐。丙烯酸酯树脂包含甲基丙烯酸酯树脂。

13.2.7 有机硅耐温涂料在除尘、烟道脱硫等高温条件下使用较多，通常施工过程应注意：

1 涂层宜薄不宜厚，太厚会产生开裂、起皮等现象。

2 当使用无机硅酸锌底层涂料时，涂层应薄而均匀，并采用有机硅面层涂料封闭。

3 有机硅面层涂料也可以直接作为底层涂料，用于封底再涂装面层涂料。

13.2.9 富锌涂料多用作底层涂料，无机富锌涂料也可用作中间层涂料。施工过程中应注意：

1 有机富锌与无机富锌性能上有较大差异。

2 有机富锌表面应及时用环氧云铁等中间层涂料封闭，以作为过渡层。

3 富锌涂料多用于较重要的、难维修的构配件表面防腐蚀。因此对施工工艺要求较高。

14 金属热喷涂层

14.1 一 般 规 定

14.1.1 本章金属热喷涂工程，规定了线材火焰喷涂和电弧喷涂两种工艺和在设备、管道或金属结构表面制备锌、铝、锌铝合金和铝镁合金四种防腐蚀涂层。

14.1.4 施工前应对在用的或新购置的热喷涂设备进行全面检查和试验，检查试验的系统应包括：氧-乙炔热源和电弧电源供给系统、雾化气输入系统、线材输送系统、喷嘴系统、仪表监视和操作调控系统以及与设备连接的气路、电路系统。试验状态下，各系统的技术参数、性能、喷涂工作的稳定性应符合现行国家标准《热喷涂　热喷涂设备的验收检查》GB/T 20019 的有关规定。

14.1.5、14.1.6 表面清洁度、表面粗糙度的检查是按现行国家标准《热喷涂金属件表面预处理通则》GB 11373 制定的。现场对照检查时应注意以下几点：

1 清洁度的检查应针对钢材表面 A、B、C、D 四个不同的锈蚀等级，正确选用 Sa3 级图片；采用的图片应清晰；检查时应有充足的光线；目视预处理表面应符合 Sa3 级图片的外观标准为合格。

2 表面粗糙度参比样板应经相同工艺处理，并应通过专用仪器检测；样板件数应为 4 件，其 R_z 值分别为 40、63、80、100（μm）。

表面粗糙度的检查应有良好的光线；目视检查宜与触觉检查结合进行（用手触摸、用细铁丝划）；参比样板应按涂层的设计厚度选取；被检查表面的粗糙度以符合表 14.1.6 的最小/最大范围值为合格。

14.3 施　　工

14.3.2、14.3.3 这两条规定是线材火焰喷涂和电弧喷涂在工程施工应用中的两个常规喷涂工艺参数。

线材火焰喷涂工艺大多采用氧-乙炔热源，使用射吸式气体喷枪和直径为 2.0mm～3.0mm 线材。

电弧喷涂工艺使用封闭雾化式电弧喷枪及其配套电弧电源，常用线材规格为直径 1.6mm～2.0mm。

当采用不同热源、不同设备，使用不同直径的线材时，其工艺参数应做调整。

14.3.8 构造复杂的局部表面、喷涂空间受限的部位、厚壁与薄壁材料的结合处等，这些部位或局部表面难以采用正常的喷涂参数进行施工，常易出现涂层严重缺陷引起返工，而一旦返工，将会影响更大的范围。因此，难喷涂部位应先喷涂，完工后，再进行大面积的施工。

14.3.11 对裸涂层进行刷光处理，可封闭涂层的部分孔隙。进行刷光处理时，应做纵横两次刷光，且应轻刷，不得造成涂层损伤。

15 安 全 技 术

15.0.1 本条文依据《中华人民共和国安全生产法》、《建设工程安全管理条例》（国务院令第 393 号）和现行行业标准《施工企业安全生产评价标准》JGJ/T 77。

本条文危险源辨识是指对可能导致死亡、伤害、职业病、财产损失、工作环境破坏或上述情况的组合所形成的根源或状态进行辨认和识别。重大危险源是指导致事故发生的可能性较大，并且事故发生会造成严重后果的危险源。应急预案是指针对可能的重大事故，为保证迅速、有序、有效地开展应急与救援行动，降低事故损失而预先制定的有关计划或方案。它是对应急组织的职责、人员、技术、装备、设施、物资、救援行动及其指挥与协调等方面预先作出的具体安排。

企业和工程项目均应编制应急预案。企业应根据承包工程的类型、特征和规模，规定企业内部具有通用性、指导性的应急预案管理标准；工程项目应按企业内部应急预案的要求，编制符合工程项目个性特点的、具体细化的应急预案，指导和规范施工现场的具体操作。工程项目的应急预案应上报企业审批。应急预案应随工程性质的改变、重大危险源的数量和内容的变化以及管理水平的改进及时更新。

15.0.3 本条文依据《建设工程安全生产管理条例》（国务院令第393号）和现行行业标准《建筑工程施工安全检查标准》JGJ 59《施工企业安全生产评价标准》JGJ/T 77的规定，针对专业性强、危险性较大的防腐蚀分项工程施工和关键工序作业而制定。

本条文根据防腐蚀工程安全施工事故案例和史料，结合防腐蚀工程项目现场施工环境，与多个专业安装项目、多个工种、工序穿插交错的特点，部分施工原材料和有关化学品的危险特性，以及高空、地沟、设备、管道的作业条件，将本章第15.0.9条～第15.0.12条具有火灾、爆炸和中毒危险，高处坠落、物体打击危险和喷射伤害危险的几类典型作业项目，作为制订专项安全技术方案的针对性依据。

专项安全技术方案即专项安全施工作业的方法计划或方案。其计划或方案的对象是针对施工作业专项，其目标是为实现专项工程的施工作业安全。

安全技术交底，即对参加项目施工的各类管理人员、作业班组、作业班组的操作人员交待施工过程的危险、有害因素和危害后果，说明应对上述危害应采取的针对性安全措施，提出执行和落实专项安全技术方案的职责和要求准则。

15.0.4 《建设工程安全生产管理条例》（国务院令第393号）第三十六条规定：施工单位应对管理人员和作业人员至少每年进行一次安全生产教育培训，教育培训考核不合格的人员不得上岗。第三十七条规定：作业人员进入新的岗位或者进入新的施工现场前，以及施工单位在采用新技术、新工艺、新设备、新材料时，均应对作业人员进行相应的安全教育培训。

15.0.5 本强制性条文是依据《特种设备安全监察条例》（国务院令第549号）制定的，必须严格执行。

《特种设备安全监察条例》第二条规定的"特种设备"是指：涉及生命安全、危险性较大的锅炉、压力容器（含气瓶）、压力管道、电梯、起重机械、客运索道、大型游乐设施和场（厂）内专用机动车辆。

防腐蚀工程施工中使用的空气贮存、过滤、干燥净化装置及其管道，蒸汽热硫化设备，压力式干喷射和高压水喷射除锈设备，高压无气喷涂设备，以及氧气、乙炔气瓶等，应属于特种设备安全监察的范围。

15.0.7 本条文是依据《危险化学品安全管理条例》（国务院令第344号）和国家现行标准《常用化学危险品贮存通则》GB 15603及《危险化学品重大危险源辨识》GB 18218的规定制定。

危险化学品是指具有易燃、易爆、有毒、有害等特性，会对人员、设施、环境造成伤害或损害的化学品。防腐蚀工程施工期间，应在车间、库房和作业现场设置相应的监测、通风、防火灭火、防爆、防毒、防雷、防静电或者隔离操作等安全设施和设备，并应设置明显的警示标志和配置相应的报警装置。

15.0.9 本条第3款、第4款、第6款为强制性条文，必须严格执行。防腐蚀工程中使用的大多数材料，都要使用有机溶剂进行稀释，如汽油、丙酮、乙醇、二甲苯、苯乙烯等。这些有机溶剂都具有挥发性，当其达到一定浓度时，即对操作人员的身体产生危害，如遇明火，还会引起火灾和爆炸。为使这类可燃性气体、蒸汽和粉尘浓度在设备和管道内不易达到易燃易爆的浓度极限，故必须保证施工现场按要求设置通风。必须采用防爆型电气设备和照明器具，以防止火灾发生。

15.0.10 如在同一方向进行多层垂直作业；安全带如高挂低用；遇雷雨和五级以上大风还在作业易发生人身伤亡事故，故将第4款～第6款列为强制性条文，必须严格执行。

15.0.11 参加施工操作的人员应熟悉、了解动火区作业的规定，掌握动火区消防设备等的使用。进入动火区必须办理动火证后方可动火。同时必须严格遵守安全规程和规定，以防止事故发生。故将第2款～第7款列为强制性条文，必须严格执行。

15.0.12 喷射胶管的非移动部分如不加设防爆护管，易发生胶管爆裂，喷射材料伤人等事故。在设备和管道内进行基体表面处理时，必须按要求设置通风，以保证操作人员的安全。故将第3款、第6款列为强制性条文，必须严格执行。

15.0.13 测量设备和仪器应通过国家法定计量监督主管部门定期检测，不符合国家标准、规范的检验、检测设备和仪器产品（包括国外进口产品）以及未经法定计量主管部门定期检测或检测不合格的设备、仪器不得继续使用。

15.0.14 防腐蚀施工作业场所有害气体、蒸汽和粉尘的浓度超过现行国家标准《工作场所有害因素职业接触限值　第1部分：化学有害因素》GBZ 2.1的规定时，将对人体造成危害，故本条为强制性条文，必须严格执行。

16 环境保护技术措施

16.0.1 本条是施工中产生的固体废物的处理规定：

1 收集、贮存、运输、利用、处置固体废物时，应采取覆盖、密闭措施，以防止固体废物的扩散。此款与《中华人民共和国固体废物污染环境防治法》第十七条的规定相一致。

2 产品的包装物应采用易回收利用、易处置或者在环境中可降解的薄膜覆盖物和商品包装物，并对其进行回收，加以利用。此款与《中华人民共和国固体废物污染环境防治法》第十九条的规定相一致。

3 施工单位应当及时清运工程施工过程中产生的固体废物，固体废物的贮存、利用、处理和处置，应按照所在地县级以上人民政府环境保护行政主管部门的要求执行。此款和《中华人民共和国固体废物污染环境防治法》第四十六条的规定相一致。

4 本款为强制性条文，必须严格执行。严禁焚烧各类废弃物，主要为防止废弃物焚烧后产生的有害气体对大气造成污染。

16.0.2 本条是施工现场危险废物的贮存和管理规定：

1 施工单位应建立危险废物污染防治的管理制度，并向所在地县级以上地方人民政府环境保护行政主管部门备案。本款与《中华人民共和国固体废物污染环境防治法》第六十二条的规定相一致。

2 对危险废物的贮存设施和场所，应设置统一的识别标志。此规定与《中华人民共和国固体废物污染环境防治法》第五十二条的规定相一致。

3～5 危险废物的贮存应当根据危险废物的特性及贮存要求，将危险废物贮存在容器内，分类存放，并采取必要的安全措施。本款与现行国家标准《危险废物贮存污染控制标准》GB 18597 的有关规定相一致。

6 此款为强制性条文，必须严格按照国家有关规定处置危险废物，不得擅自倾倒、堆放。此款与《中华人民共和国固体废物污染环境防治法》第五十五条的规定相一致。

7 运输危险废物，应采取防止污染环境的措施，并遵守国家有关危险货物运输管理的规定。本款与《中华人民共和国固体废物污染环境防治法》第六十条的规定相一致。

16.0.3 本条是施工中产生的灰尘、粉尘等污染的防治规定：

1 硬化处理指可采取铺设混凝土、礁渣、碎石等方法，防止施工车辆在施工现场行驶中产生扬尘污染环境。

2 隔离措施指施工现场应设封闭围挡，防止与施工作业无关的人员进入，防止施工作业影响周围环境。

3 企业应当优先采用能源利用效率高、污染物排放量少的清洁生产工艺，减少大气污染物的产生。本款与《中华人民共和国大气污染防治法》第十九条的规定相一致。

4 本款为强制性条文，必须严格执行。对有毒有害气体或粉尘材料的收集、贮存、运输等，必须采取密闭措施等规定，主要是为防止对人员造成伤害和对环境造成污染。

5 向大气排放粉尘的排污单位应采取除尘措施，搅拌场所一般安装喷水雾装置进行降尘。在大风天气时不得进行对环境产生扬尘污染的施工作业。本款与《中华人民共和国大气污染防治法》第三十六条的规定相一致。

16.0.4 本条是对施工噪声污染的防治规定：

1 在城市市区范围内向周围生活环境排放建筑施工噪声的，应符合现行国家标准《建筑施工场界环境噪声排放标准》GB 12523 和《建筑施工场界噪声测量方法》GB 12524 的规定。本款与《中华人民共和国环境噪声污染防治法》第二十八条的规定相一致。

2 国家对环境噪声污染严重的落后设备实行淘汰制度。本款与《中华人民共和国环境噪声污染防治法》第十八条的规定相一致。

16.0.5 本条是施工中对水土污染的防治规定：

2 存放危险废物的场所，应采取防水、防渗漏、防流失的措施，以防止对地表水和地下水造成污染。本款与《中华人民共和国水污染防治法》第四章和第五章的有关规定相一致。

17 工 程 交 接

17.0.1 防腐蚀工程交接验收应在分部工程全部完成后进行，交工验收后，方可交付使用，这样既能保证工程质量（尤其衬里工程），也容易分清责任界线。

17.0.2 工程交接验收应由建设单位或监理单位组织相关单位，对施工单位所承包的工程全部完成后进行的验收。

17.0.3 本条列出了施工单位向建设单位或总承包单位提交的资料名称。交工文件是防腐蚀工程竣工后施工单位向建设单位或总承包单位交接的资料，它是生产运行、设备及管道等检修的原始依据，也是保证工程质量的关键，不能忽视。

防腐蚀材料的合格证和理化性能检验报告，以及多组分的配比及其指定质量指标的试验报告和现场抽样的复验报告，相关检验（试验）都委托具有相应资质的专业部门做，报告的格式不在本规范范围内。

中华人民共和国国家标准

工业设备及管道防腐蚀工程施工质量验收规范

Code for acceptance of construction quality of anticorrosive engineering of industrial equipment and pipeline

GB 50727—2011

主编部门：中国工程建设标准化协会化工分会
批准部门：中华人民共和国住房和城乡建设部
施行日期：2 0 1 2 年 6 月 1 日

中华人民共和国住房和城乡建设部
公　告

第1143号

关于发布国家标准《工业设备及管道防腐蚀工程施工质量验收规范》的公告

现批准《工业设备及管道防腐蚀工程施工质量验收规范》为国家标准，编号为GB 50727—2011，自2012年6月1日起实施。其中，第3.2.6、8.2.3条为强制性条文，必须严格执行。

本规范由我部标准定额研究所组织中国计划出版社出版发行。

中华人民共和国住房和城乡建设部

二〇一一年八月二十六日

前　言

本规范是根据住房和城乡建设部《关于印发〈2008年工程建设国家标准制订、修订计划（第二批）〉的通知》（建标〔2008〕105号）的要求，由中国石油和化工勘察设计协会和全国化工施工标准化管理中心站会同有关单位编制完成的。

本规范在编制过程中，编制组经广泛调查研究，认真总结实践经验，参考有关国际标准和国外先进标准，并在广泛征求意见的基础上，最后经审查定稿。

本规范共分15章和4个附录，主要内容包括：总则、术语、基本规定、基体表面处理、块材衬里、纤维增强塑料衬里、橡胶衬里、塑料衬里、玻璃鳞片衬里、铅衬里、喷涂聚脲衬里、氯丁胶乳水泥砂浆衬里、涂料涂层、金属热喷涂层、分部（子分部）工程验收等。

本规范中以黑体字标志的条文为强制性条文，必须严格执行。

本规范由住房和城乡建设部负责管理和对强制性条文的解释，由中国工程建设标准化协会化工分会负责日常管理，由全国化工施工标准化管理中心站负责具体技术内容的解释。本规范执行过程中如有意见或建议，请寄送全国化工施工标准化管理中心站（地址：河北省石家庄市桥东区槐安东路28号仁和商务1—1—1107室；邮政编码：050020）。

本规范主编单位、参编单位、参加单位、主要起草人和主要审查人：

主 编 单 位： 中国石油和化工勘察设计协会
全国化工施工标准化管理中心站

参 编 单 位： 中国化学工程第三建设有限公司
上海富晨化工有限公司
华东理工大学
中国二十冶集团有限公司
中油吉林化建工程有限公司
沁阳华美有限公司
温州赵氟隆有限公司
上海瑞鹏化工材料科技有限公司
大连化工研究设计院
中冶建筑研究总院有限公司
陕西化建工程有限责任公司
凯迪西北橡胶有限公司
杭州顺豪橡胶工程有限公司
湖北华宁防腐技术股份有限公司

参 加 单 位： 上海化坚隔热防腐工程有限公司
上海顺缔聚氨酯有限公司

主要起草人： 芦　天　李相仁　陆士平　侯锐钢　杨友军　孙世波　陈鸿章　陈国龙　柴华敏　王永飞　王东林　黄金亮　李靖波　姜景波　张庆虎　余　健　李秋丽

主要审查人： 何进源　唐向明　庄继勇　余　波　沈悦峰　王　娟　潘施宏　张诗光　刘全好　于汉生　沈志聪　王　逊　王瑞军　王丽霞　陈庆林

目　次

Contents

1 总 则

1.0.1 为统一工业设备及管道防腐蚀工程施工质量的验收方法，加强技术管理和施工过程控制，强化验收，确保工程质量，制定本规范。

1.0.2 本规范适用于新建、改建和扩建的钢、铸铁制造的工业设备及管道防腐蚀工程施工质量的验收。

1.0.3 本规范应与现行国家标准《工业安装工程施工质量验收统一标准》GB 50252及《工业设备及管道防腐蚀工程施工规范》GB 50726配套使用。

1.0.4 工业设备及管道防腐蚀工程施工质量的验收除应符合本规范外，尚应符合国家现行有关标准的规定。

2 术 语

2.0.1 检验批 inspection lot

按同一生产条件或规定的方式汇总，并由一定数量样本组成的检验体。

2.0.2 允许偏差 allowable deviation

检测过程中，在可满足工程安全和使用功能的前提下，允许检测点在本规范规定的检测比例范围内的偏差。

2.0.3 观察检查 visual inspection

以目测判断被检查物体是否符合规范规定的技术参数的过程。

2.0.4 抽样检验 random examination

在指定的一个检验批中，对某一具体项目按一定比例随机抽取的检查，称作抽样检查。

3 基本规定

3.1 施工质量验收的划分

3.1.1 工业设备及管道防腐蚀工程质量验收，可按检验批、分项工程、分部（子分部）工程进行划分。

3.1.2 检验批的划分，设备应以单台划分为一个检验批；管道可按系统或相同介质、相同压力等级、同一批次检验的，划分为一个检验批。

3.1.3 分项工程可由一个或若干个检验批组成。设备应按台（套）或主要防腐蚀材料的种类进行划分，基体表面处理可单独构成分项工程。

3.1.4 同一单位工程中的工业设备及管道防腐蚀工程可划分为一个分部工程或若干个子分部工程。

3.2 施工质量验收

3.2.1 检验批质量验收合格应符合下列规定：

1 主控项目应符合本规范的规定；

2 一般项目每项抽检的处（点）均应符合本规范的规定；有允许偏差要求的项目，每项抽检的点数中，不低于80%的实测值应在本规范规定的允许偏差范围内；

3 检验批质量保证资料应齐全。

3.2.2 分项工程质量验收合格应符合下列规定：

1 分项工程所含检验批均应符合质量合格的规定；

2 分项工程所含的检验批质量保证资料应齐全。

3.2.3 分部（子分部）工程质量验收合格应符合下列规定：

1 分部（子分部）工程所含分项工程的质量均应符合验收合格的规定；

2 分部（子分部）工程所含分项工程的质量保证资料应齐全。

3.2.4 防腐蚀工程质量验收记录应符合下列规定：

1 检验批质量验收记录应采用本规范附录A的格式；

2 分项工程质量验收记录应采用本规范附录B的格式；

3 分部（子分部）工程质量验收记录应采用本规范附录C的格式；

4 质量保证资料核查记录应采用本规范附录D的格式。

3.2.5 当检验批的防腐蚀工程质量不符合本规范时，应按下列规定进行处理：

1 经返工或返修的检验批，应重新进行验收；

2 经有资质的检测单位检测鉴定能够达到设计要求的检验批，应予以验收；

3 经有资质的检测单位检测鉴定达不到设计要求，但经原设计单位核算认可，能够满足结构安全和使用功能的检验批，可予以验收；

4 经返修处理的分项、分部工程，能满足安全使用要求，可按技术处理方案和协商文件进行验收。

3.2.6 通过返修处理仍不能满足安全使用要求的工程，严禁验收。

3.2.7 凡现场抽样的性能检验及复验报告，应由具有资质的质量检测部门出具。

3.3 施工质量验收的程序及组织

3.3.1 工业设备及管道防腐蚀工程的质量验收程序，应按检验批、分项工程、分部（子分部）工程依次进行。

3.3.2 检验批质量验收应符合下列规定：

1 检验批的质量验收应由施工单位分项工程技术负责人组织作业班组自检，施工单位专业质量检验员填写检验批质量验收记录；

2 建设单位专业技术负责人（监理工程师）组织施工单位专业质量检验员等进行验收。

3.3.3 分项工程质量验收应符合下列规定：

1 分项工程质量验收应由施工单位分部工程技术负责人组织检验，专业质量检验员填写分项工程质量验收记录；

2 建设单位专业技术负责人（监理工程师）组织施工单位专业技术负责人等进行验收。

3.3.4 分部（子分部）工程质量验收应符合下列规定：

1 分部（子分部）工程质量验收应由施工单位项目负责人自行组织有关人员进行检验，在自检合格的基础上，由施工单位项目技术负责人填写分部（子分部）工程质量验收记录；

2 建设单位项目负责人（总监理工程师）组织施工单位项目经理和技术、质量负责人等进行验收。

3.3.5 当防腐蚀工程有分包单位施工时，其总包单位应对质量全面负责。分包单位对所承包工程应按本规范规定的程序检查验收。分包工程完成后，应将工程有关资料交付总包单位。

4 基体表面处理

4.1 一般规定

4.1.1 本章适用于基体表面处理的施工质量验收。

4.1.2 基体表面处理工程的检查数量应符合下列规定：

1 基体表面处理面积小于或等于 $10m^2$，应抽查3处；当基体表面处理面积大于 $10m^2$ 时，每增加 $10m^2$，应多抽查1处，不足 $10m^2$ 时，按 $10m^2$ 计，每处测点不得少于3个；

2 当在基体表面进行金属热喷涂时，应进行全部检查。

4.2 喷射或抛射处理

（Ⅰ）主控项目

4.2.1 基体表面采用喷射或抛射处理后的质量应符合下列规定：

1 基体表面处理的质量等级应符合现行国家标准《涂覆涂料前钢材表面处理　表面清洁度的目视评定　第1部分：未涂覆过的钢材表面和全面清除原有涂层后的钢材表面的锈蚀等级和处理等级》GB/T 8923.1 中 Sa1级、Sa2级、Sa2$\frac{1}{2}$级或 Sa3级的规定；

2 基体表面处理的质量应符合设计要求，当设计无要求时应符合表 4.2.1 的规定。

表 4.2.1　基体表面处理的质量

防腐层类别	表面处理质量等级
金属热喷涂层	Sa3 级
橡胶衬里、搪铅、纤维增强塑料衬里、树脂胶泥衬砌砖板衬里、涂料涂层、塑料板粘结衬里、玻璃鳞片衬里、喷涂聚脲衬里	Sa2$\frac{1}{2}$级
水玻璃胶泥衬砌砖板衬里、涂料涂层、氯丁胶乳水泥砂浆衬里	Sa2 级或 St3 级
衬铅、塑料板非粘结衬里	Sa1 级或 St2 级

检验方法：观察比对各等级标准照片。

4.2.2 磨料应符合设计规定，并应具有一定的硬度和冲击韧性；磨料应净化，不得含有油污，其含水量不应大于1%。

检验方法：检查产品出厂合格证、材料检测报告或现场抽样的复验报告。

4.2.3 对螺纹、密封面及光洁面应采取措施进行保护，不得误喷。

检验方法：观察检查。

（Ⅱ）一般项目

4.2.4 喷射处理后的基体表面粗糙度等级应符合表 4.2.4 的规定。

表 4.2.4　基体表面粗糙度等级

级别	粗糙度参考值 R_y（μm）	
	丸状磨料	棱角状磨料
细	25～40	25～60
中	40～70	60～100
粗	70～100	100～150

注：R_y 系指轮廓峰顶线和轮廓谷底线之间的距离。

检验方法：采用标准样板观察检查。

4.2.5 当露点温度与基体表面温度差值小于或等于3℃时，应停止喷射或抛射作业。

检验方法：观察检查和核对露点温度。

4.2.6 喷射或抛射后的基体表面不得受潮。

检验方法：观察检查。

4.3 手工或动力工具处理

主控项目

4.3.1 手工或动力工具处理后的基体表面质量等级应符合现行国家标准《涂覆涂料前钢材表面处理　表

面清洁度的目视评定 第1部分：未涂覆过的钢材表面和全面清除原有涂层后的钢材表面的锈蚀等级和处理等级》GB/T 8923.1中St2级、St3级的规定；

检验方法：观察比对各等级标准照片。

5 块材衬里

5.1 一般规定

5.1.1 本章适用于水玻璃胶泥和树脂胶泥衬砌块材的设备、管道及管件衬里的施工质量验收。

5.1.2 块材衬里工程质量的检查数量应符合本规范第4.1.2条的规定。

5.1.3 块材的材质、规格和性能的检查数量应符合下列规定：

1 应从每次批量到货的材料中，根据设计要求按不同材质进行随机抽样检验；

2 耐酸砖和耐酸耐温砖的取样，应按国家现行标准《耐酸砖》GB/T 8488和《耐酸耐温砖》JC/T 424及《铸石制品 铸石板》JC 514.1的有关规定执行；

3 防腐蚀炭砖的耐酸度、体积密度、显气孔率、耐压强度、抗折强度的取样，应按现行国家标准《耐酸砖》GB/T 8488、《致密定形耐火制品 体积密度、显气孔率和真气孔率试验方法》GB/T 2997、《耐火材料 常温耐压强度试验方法》GB/T 5072和《耐火材料 常温抗折强度试验方法》GB/T 3001的有关规定执行；

4 当抽样检测结果有一项为不合格时，应再进行一次抽样复检。当仍有一项指标不合格时，应判定该产品质量为不合格。

5.1.4 水玻璃类、树脂类主要原材料的取样数量应符合下列规定：

1 从每批号桶装水玻璃或树脂中，随机抽样3桶，每桶取样不少于1000g，可混合后检测；当该批号小于或等于3桶时，可随机抽样1桶，样品量不少于3000g；

2 粉料应从不同粒径规格的每批号中，随机抽样3袋，每袋不少于1000g，可混合后检测；当该批号小于或等于3袋时，可随机抽样1袋，样品量不少于3000g；

3 当抽样检测结果有一项为不合格时，应再进行一次抽样复检。当仍有一项指标不合格时，应判定该产品质量为不合格。

5.1.5 水玻璃类、树脂类材料制成品的取样数量应符合下列规定：

1 当施工前需要检测时，水玻璃、树脂、粉料的取样数量按本规范第5.1.4条规定执行，并按确定的施工配合比制样，经养护后检测；

2 当需要对已配制材料进行检测时，应随机抽样3个配料批次，每个批次的同种样块不应少于3个。水玻璃应在初凝前制样完毕。材料经养护后检测；

3 当检测结果有一项为不合格时，应再进行一次抽样复检。当仍有一项指标不合格时，应判定该产品质量为不合格。

5.2 原材料和制成品的质量要求

（Ⅰ）主 控 项 目

5.2.1 耐酸砖、耐酸耐温砖、铸石板、防腐蚀炭砖等块材的品种、规格和等级应符合设计要求。

检验方法：检查产品出厂合格证、材料检测报告或复验报告。

5.2.2 钠水玻璃、钾水玻璃等水玻璃类原材料、环氧树脂、乙烯基酯树脂、不饱和聚酯树脂、呋喃树脂、酚醛树脂等树脂类原材料的质量应符合设计要求。

检验方法：检查产品出厂合格证、材料检测报告或现场抽样的复验报告。

5.2.3 填料应洁净、干燥，其质量指标应符合设计要求。

检验方法：检查产品出厂合格证、材料检测报告或现场抽样的复验报告。

5.2.4 水玻璃胶泥的质量应符合设计要求，当设计无要求时应符合表5.2.4的规定。

表5.2.4 水玻璃胶泥的质量

项目		钠水玻璃胶泥	钾水玻璃胶泥	
			密实型	普通型
初凝时间（min）		≥45	≥45	≥45
终凝时间（h）		≤12	≤15	≤15
抗拉强度（MPa）		≥2.5	≥3	≥2.5
与耐酸砖粘结强度（MPa）		≥1.0	≥1.2	≥1.2
抗渗等级（MPa）		—	≥1.2	—
吸水率（煤油吸收法，%）		≤15	—	≤10
浸酸安定性		合格	合格	合格
耐热极限温度（℃）	100～300	—	—	合格
	300～900	—	—	合格

注：表中耐热极限温度，仅用于有耐热要求的防腐蚀工程。

检验方法：检查材料检测报告或现场抽样的复验报告。

5.2.5 树脂胶泥的质量应符合表 5.2.5 的规定。

表 5.2.5 树脂胶泥的质量

项目		环氧树脂	乙烯基酯树脂	不饱和聚酯树脂				呋喃树脂	酚醛树脂
				双酚A型	二甲苯型	间苯型	邻苯型		
抗压强度（MPa）		≥80	≥80	≥70	≥80	≥80	≥80	≥70	≥70
抗拉强度（MPa）		≥9	≥9	≥9	≥9	≥9	≥9	≥6	≥6
粘结强度（MPa）	与耐酸砖	≥3	≥2.5	≥2.5	≥3	≥1.5	≥1.5	≥1.5	≥1.0
	与铸石板	≥4	—	—	—	—	—	≥1.5	≥0.8
	与防腐蚀炭砖	≥6	—	—	—	—	—	≥2.5	≥2.5

检验方法：检查材料检测报告或现场抽样的复验报告。

（Ⅱ）一般项目

5.2.6 水玻璃类材料和树脂类材料的施工配合比应经现场试验后确定。

检验方法：检查试验报告。

5.3 胶泥衬砌块材

（Ⅰ）主控项目

5.3.1 胶泥衬砌的块材结合层应饱满密实、粘结牢固、固化完全。平面块材砌体无滑移，立面块材砌体无变形。灰缝应挤严、饱满，表面应平滑，应无裂缝、气孔。结合层厚度和灰缝宽度应符合表 5.3.1 的规定。

表 5.3.1 块材结合层厚度和灰缝宽度（mm）

材料名称		水玻璃胶泥衬砌		树脂胶泥衬砌	
		结合层厚度	灰缝宽度	结合层厚度	灰缝宽度
耐酸砖、耐温耐酸砖	厚度≤30	3～5	2～3	4～6	2～3
	厚度＞30	4～7	2～4	4～6	2～4
防腐蚀炭砖		4～5	2～3	4～5	2～3
铸石板		4～5	2～3	4～5	2～3

检验方法：面层检查采用敲击法检查；灰缝检查采用尺量检查和检查施工记录；裂缝检查采用 5 倍～10 倍的放大镜检查；树脂固化度采用白棉花球蘸丙酮擦拭方法检查。

（Ⅱ）一般项目

5.3.2 胶泥常温养护时间应符合表 5.3.2 的规定。

表 5.3.2 胶泥常温养护时间（d）

胶泥名称		养护时间
钠水玻璃胶泥		＞10
钾水玻璃胶泥	普通型	＞14
	密实型	＞28
环氧树脂胶泥		7～10
乙烯基酯树脂胶泥		7～10
不饱和树脂胶泥		7～10
呋喃树脂胶泥		7～15
酚醛树脂胶泥		20～25

检验方法：检查施工记录。

5.3.3 胶泥块材衬里衬砌完毕后，当进行热处理时，温度应均匀，局部不得受热。热处理温度应大于介质的使用温度。

检验方法：检查热处理记录。

5.3.4 水玻璃胶泥衬砌的块材衬里工程养护后，应采用浓度为 30%～40%的硫酸进行表面酸化处理，酸化处理至无白色结晶盐析出时为止。酸化处理次数不宜少于 4 次。每次的间隔时间，钠水玻璃胶泥不应少于 8h；钾水玻璃胶泥不应少于 4h。每次处理前应清除表面的白色析出物。

检验方法：检查施工记录。

5.3.5 块材衬里面层相邻块材高差和表面平整度应符合下列规定：

1 相邻砖板之间的高差不得大于 1mm；

2 块材衬里表面平整度的允许空隙不得大于 4mm。

检验方法：高差采用尺量检查，表面平整度采用 2m 直尺和楔形尺检查。

5.3.6 块材衬里面层坡度的允许偏差为坡长的 ±0.2%。

检验方法：观察检查、仪器检查或做泼水试验检查。

6 纤维增强塑料衬里

6.1 一般规定

6.1.1 本章适用于纤维增强塑料衬里的施工质量验收。

6.1.2 纤维增强塑料衬里的检查数量应符合本规范第 4.1.2 条的规定。

6.1.3 树脂类原材料和制成品的取样数量应符合下

列规定：

1 树脂类原材料和制成品的取样应符合本规范第5.1.4条和第5.1.5条的有关规定；

2 纤维增强材料应从每批号中，随机抽样3卷，每卷不少于1.0m²；当该批号小于或等于3卷时，可随机抽样1卷，样品量不少于3.0m²。

6.2 原材料和制成品的质量要求

（Ⅰ）主 控 项 目

6.2.1 树脂类原材料、填料的质量应符合本规范第5.2.2条和第5.2.3条的有关规定。

检验方法：检查产品出厂合格证、材料检测报告或现场抽样的复验报告。

6.2.2 纤维增强材料的质量应符合设计要求。

检验方法：检查产品出厂合格证、材料检测报告或现场抽样的复验报告。

6.2.3 纤维增强塑料类材料制成品的质量应符合表6.2.3的规定。

表6.2.3 纤维增强塑料类材料制成品的质量

项目	环氧树脂	乙烯基酯树脂	不饱和聚酯树脂				呋喃树脂	酚醛树脂
			双酚A型	二甲苯型	间苯型	邻苯型		
抗拉强度（MPa）≥	100	100	100	100	90	90	80	60
弯曲强度（MPa）≥	250	250	250	250	250	230	—	—

检验方法：检查材料检测报告或现场抽样的复验报告。

（Ⅱ）一 般 项 目

6.2.4 纤维增强塑料材料的施工配合比应经现场试验后确定。

检验方法：检查试验报告。

6.3 衬 里

（Ⅰ）主 控 项 目

6.3.1 纤维增强塑料衬里的玻璃纤维布的含胶量不应小于45%，玻璃纤维短切毡的含胶量不应小于70%，玻璃纤维表面毡的含胶量不应小于85%。

检验方法：按现行国家标准《玻璃纤维增强塑料树脂含量试验方法》GB/T 2577的有关规定进行检查。

6.3.2 衬里层的外观检查应符合下列规定：

1 衬里表面允许最大气泡直径应为3mm；每平方米直径不大于3mm的气泡应少于3个。衬里表面应平整光滑，并不得出现发白处；

2 衬里层与基体的粘结应牢固，并应无分层、脱层、纤维裸露、色泽明显不匀等现象。

检验方法：观察检查和尺量检查。

6.3.3 衬里层的厚度应符合设计规定，允许偏差应为−0.2mm。

检验方法：检查施工记录和采用磁性测厚仪检查。

6.3.4 衬里层应进行针孔检测。检测时，衬里层应无击穿现象。测试电压和探头行走速度应根据不同膜厚经试验确定。

检验方法：采用电火花针孔检测仪检查。

6.3.5 固化度的检查应符合下列规定：

1 树脂应固化完全，表面应无粘丝或流淌等现象。

检验方法：采用白棉花球蘸丙酮擦拭方法检查。

2 树脂固化度不应小于85%或应符合设计规定。

检验方法：按现行国家标准《增强塑料巴柯尔硬度试验方法》GB/T 3854的有关规定进行检查。

（Ⅱ）一 般 项 目

6.3.6 纤维增强塑料衬里常温养护时间应符合表6.3.6的规定。

表6.3.6 纤维增强塑料衬里常温养护时间（d）

纤维增强塑料树脂名称	养护时间
环氧树脂纤维增强塑料	≥15
乙烯基酯树脂纤维增强塑料	≥15
不饱和聚酯树脂纤维增强塑料	≥15
呋喃树脂纤维增强塑料	≥20
酚醛树脂纤维增强塑料	≥25

检验方法：检查施工记录。

6.3.7 纤维增强塑料衬里热处理时，应按程序升温，并应严格控制升降温度的速度。热处理温度应大于介质的使用温度。

检验方法：检查热处理记录。

7 橡 胶 衬 里

7.1 一 般 规 定

7.1.1 本章适用于橡胶衬里的施工质量验收。

7.1.2 橡胶衬里工程质量的检查数量应符合本规范第4.1.2条的规定。

（Ⅰ）主 控 项 目

7.1.3 衬胶的设备、管道及管件应符合下列规定：

1 本体硫化的衬胶设备，强度和刚度应符合设计规定。在衬里施工前应出具压力试验合格证。衬胶前应选定进汽（气）管、温度计、压力表及排空管接口。底部应设置冷凝水排放口；

2 需衬里的设备内部构件，应符合衬胶工艺的要求。焊缝应满焊，不得有气孔、砂眼、夹渣和大于1mm的咬边；

3 管件的制作除应符合现行国家标准《工业金属管道工程施工规范》GB 50235的有关规定外，尚应符合下列规定：

1）衬里管道宜采用无缝管。当采用铸铁管时，内壁应平整光滑，并应无砂眼、气孔、沟槽或重皮等缺陷；

2）衬里管道不得使用褶皱弯管；法兰密封面不得车制密封沟槽。

检验方法：检查压力试验合格证、观察检查、尺量检查、放大镜检查、检查衬胶设备和构件的交接记录。

7.1.4 下列衬胶制品的胶层和金属表面不得有脱层现象：

1 真空和受压设备、管道及管件；

2 设计温度高于60℃的设备、管道及管件；

3 需切削加工的衬胶制品；

4 运转设备的转动部件；

5 气流、液流直接冲击的部位和阴角部位；

6 法兰的边缘。

检验方法：检查设备衬胶中间检查记录和检查施工记录。

（Ⅱ）一 般 项 目

7.1.5 施工环境温度宜为15℃～30℃，环境相对湿度不宜大于80%。当施工环境温度较低、湿度较高时，应采取加热和除湿措施。

检验方法：检查温度计和湿度计，检查施工记录。

7.1.6 槽罐类设备衬里的施工，宜按先罐壁、再罐顶、后罐底的顺序进行。

检验方法：观察检查和检查施工记录。

7.2 原材料的质量要求

主 控 项 目

7.2.1 胶板和胶粘剂的质量应符合设计要求或现行国家标准《橡胶衬里 第1部分 设备防腐衬里》GB 18241.1的有关规定。

检验方法：观察检查、检查产品出厂合格证、材料检测报告或现场抽样的复验报告。

7.2.2 胶板出现早期硫化变质等现象，不得使用。

检验方法：观察检查。

7.2.3 超过保质期的胶板应进行复验，复验不合格的胶板不得使用。

检验方法：检查复验报告。

7.2.4 胶粘剂不得发生早期交联等现象。

检验方法：观察检查。

7.3 衬 里

（Ⅰ）主 控 项 目

7.3.1 橡胶衬里的接缝，应采用搭接。搭接方向应与介质流动方向一致。胶板厚度为2mm时，搭接宽度应为20mm～25mm；胶板厚度为3mm时，搭接宽度应为25mm～30mm；胶板厚度大于或等于4mm时，搭接宽度应为35mm。设备转角处的搭接宽度应为50mm。多层胶板衬里时，上下层的接缝应错开，错开距离不得小于100mm。

检验方法：观察检查、尺量检查和检查施工记录。

7.3.2 接头应采用丁字缝。丁字缝错缝距离应大于200mm，不得有通缝。

检验方法：观察检查、尺量检查和检查施工记录。

7.3.3 胶板贴衬后，不得漏压或漏刮，并应排净粘合面间的空气。胶板搭接缝应压合严实，边沿应圆滑过渡，不得有翘起、脱层、空鼓等现象。

检验方法：观察检查、尺量检查和采用检验锤轻击检查。

7.3.4 衬至法兰密封面上的胶板应平整，并不得有径向沟槽或大于1mm的凸起。

检验方法：观察检查和尺量检查。

7.3.5 本体硫化设备的法兰衬胶应符合下列规定：

1 应按法兰外径尺寸下料，其内径尺寸应比法兰孔大30mm～60mm，并应切成30°坡口；

2 法兰面衬贴的已硫化胶板应全部压合密实。法兰管内衬的未硫化胶板，应翻至法兰面上已硫化胶板的坡口上边（图7.3.5），并应压合密实。搭接处应与底层胶板粘结牢固，并应圆滑，不得有翘边、毛刺、空鼓或离层等现象。

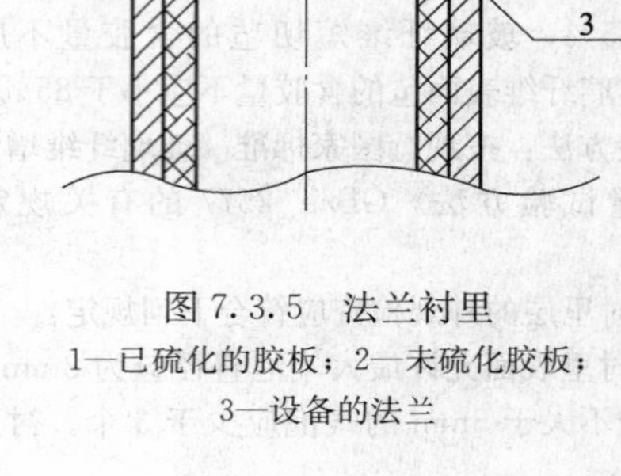

图7.3.5 法兰衬里

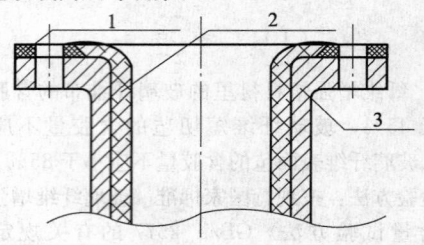

1—已硫化的胶板；2—未硫化胶板；
3—设备的法兰

检验方法：观察检查、尺量检查和采用检验锤轻击检查。

7.3.6 贴衬工序完成后，应按下列项目进行中间检查：

1 衬胶各部位尺寸应符合设计文件的规定；

2 检查胶层不得有气泡、空鼓等现象；

3 衬里层应按本规范第7.3.7条的规定进行针孔检查；

4 总体检查前应出示施工单位中间检查合格记录；

5 总体检查合格后，方可进行胶板的硫化。

检验方法：观察检查，采用卡尺、直尺或卷尺检查，采用检验锤轻击检查和检查中间检查记录。

7.3.7 橡胶衬里层应进行针孔检测，检测时，衬里层应无击穿现象。

检验方法：采用电火花检测仪检查，检测时，按现行国家标准《橡胶衬里 第1部分 设备防腐衬里》GB 18241.1的有关规定进行检查。

7.3.8 橡胶衬里层厚度的允许偏差应为＋15%～－10%。

检验方法：采用磁性测厚仪检查和检查施工记录。

7.3.9 硫化胶板的硬度除应符合现行国家标准《橡胶衬里 第1部分 设备防腐衬里》GB 18241.1的有关规定外，尚应符合下列规定：

1 硬度测点数：硫化罐硫化，每罐不得少于5点，应取算术平均值；本体硫化的设备，每个衬胶面不得少于2处，每处测点应为3个，应取算术平均值。热水硫化和自然硫化的设备，可在与设备一起硫化的试板上进行，每个衬胶面试板不得少于2块，每块试板的测点不得少于3个，应取算术平均值。上述测点的算术平均值，均应在胶板制造厂提供的硬度值范围内；

2 测点处表面应光滑、平整，不应有机械损伤及杂质等现象；

3 测定点的环境应符合现行国家标准《橡胶物理试验方法试样制备和调节通用程序》GB/T 2941的有关规定。胶板制造厂应提供不同温度下和标准温度下该种胶板硬度换算表。

检验方法：应按现行国家标准《硫化橡胶或热塑性橡胶 压入硬度试验方法 第1部分：邵氏硬度计法（邵尔硬度）》GB/T 531.1的规定进行检查和检查施工记录。

（Ⅱ）一 般 项 目

7.3.10 胶板的削边应平直，宽窄应一致，其削边宽度应为10mm～15mm，其斜面与底平面夹角不应大于30°。

检验方法：观察检查和尺量检查。

8 塑 料 衬 里

8.1 一 般 规 定

8.1.1 塑料衬里工程的质量验收应包括软聚氯乙烯板衬里设备、氟塑料衬里设备和塑料衬里管道。

8.1.2 软聚氯乙烯板衬里设备的检查数量，每5m^2衬里面积应抽查1处，每处测点不得少于3个；当不足5m^2时，按5m^2计。

8.1.3 氟塑料衬里设备，每台设备衬里应全部检查。

8.1.4 塑料衬里管道的检查数量，应按管道衬里的数量抽查10%。抽查的管道应有直管、管件、最大公称尺寸或最大长度尺寸的管道。

（Ⅰ）主 控 项 目

8.1.5 进行压力试验的衬里设备及管道应符合下列规定：

1 对压力容器的塑料衬里，液压试验压力取设计压力的1.25倍，保压时间30min，不得产生泄漏及破裂现象；

2 对压力管道的塑料衬里，液压试验压力取设计压力的1.5倍，保压时间10min，不得产生泄漏及破裂现象；

3 所有压力试验的压力表应在检定有效期内。

检验方法：检查压力试验报告和注水试验报告。

8.1.6 软聚氯乙烯衬里设备衬里前，应在设备底部和其他位置设置检漏孔。进行24h的注水试验，检漏孔内应无水渗出。

检验方法：检查压力试验报告和注水试验报告。

8.1.7 衬里应完好无针孔。进行针孔检测时，检测电压和探头行走速度应符合表8.1.7的规定。衬里层应无击穿现象。

检验方法：采用电火花针孔检测仪检查。

表8.1.7 检测电压和探头行走速度

材料		聚四氟乙烯	乙烯-四氟乙烯共聚物、聚偏氟乙烯	聚乙烯、聚丙烯、聚氯乙烯
电压（kV）	衬里厚度1.5mm	8		
	衬里厚度2mm	9		
	衬里厚度2.5mm～4mm	12	10	10
	衬里厚度＞4.5mm	13	12	10
电火花探头的行走速度（m/s）		0.3～0.6		

（Ⅱ）一 般 项 目

8.1.8 衬里的外观质量应光滑平整，并应无可见的油污或碳化黑点。

检验方法：观察检查和采用5倍放大镜检查。

8.1.9 塑料衬里与外壳贴合应紧密，不得有明显的夹层或空隙。

检验方法：采用橡胶锤轻击检查。

8.2 原材料的质量要求

主 控 项 目

8.2.1 软聚氯乙烯板和焊条、氟塑料板（聚四氟乙烯板、乙烯-四氟乙烯共聚物板、聚偏氟乙烯板）和焊条的质量应符合设计要求。

检验方法：观察检查、游标卡尺测量和检查产品出厂合格证、材料检测报告或现场抽样的复验报告。

8.2.2 氯丁胶粘剂、聚异氰酸酯材料的质量应符合设计要求。

检验方法：检查产品出厂合格证、材料检测报告或现场抽样的复验报告。

8.2.3 用于压力容器的衬里板材应进行针孔检测和拉伸强度复验。

检验方法：电火花针孔检测应按本规范第8.1.7条的规定进行和检查拉伸强度复验报告。

8.2.4 聚四氟乙烯、聚丙烯、聚乙烯和聚氯乙烯管材的质量应符合设计要求或国家现行有关标准的规定。

检验方法：观察检查、游标卡尺测量、检查产品出厂合格证和材料检测报告。

8.3 软聚氯乙烯板衬里

（Ⅰ）主 控 项 目

8.3.1 软聚氯乙烯板粘贴前，应用酒精或丙酮进行去污脱脂处理，粘贴面应打毛至无反光。采用满涂胶粘剂法时，3mm厚板材脱落处不得大于200mm²，0.5mm～1mm厚板材脱落处不得大于100mm²，各脱胶处间距不得小于500mm。衬里与外壳贴合应紧密，不得有脱开、空层等现象。

检验方法：观察检查、尺量检查、检查胶粘剂刷涂施工记录或采用橡胶锤轻击检查。

（Ⅱ）一 般 项 目

8.3.2 软聚氯乙烯塑料板施工放线和下料应准确；在焊接或粘贴前应进行预拼。

检验方法：观察检查和尺量检查。

8.3.3 软聚氯乙烯板搭接缝处应采用热熔法焊接。焊接时，在上、下两板搭接内缝处每200mm处先点焊固定，再采用热风枪熔融本体加压焊接，搭接缝处应用焊条满焊封缝。

检验方法：观察检查和尺量检查。

8.3.4 软聚氯乙烯塑料板采用空铺法和压条螺钉固定法施工，设备内表面应光滑平整，并应无凸瘤凹坑等现象。施工尺寸应符合设计规定。

检验方法：观察检查、尺量检查和检查施工记录。

8.4 氟塑料板衬里设备

（Ⅰ）主 控 项 目

8.4.1 乙烯-四氟乙烯共聚物和聚偏氟乙烯板热风焊和聚四氟乙烯板材热压焊的焊缝强度应符合设计规定，表面应无针孔。

检验方法：观察检查和焊缝处进行100%的电火花针孔检查。

（Ⅱ）一 般 项 目

8.4.2 乙烯-四氟乙烯共聚物和聚偏氟乙烯板的焊接坡口应符合设计规定，焊接速度和焊接工艺参数应符合焊接工艺评定的要求。

检验方法：观察检查，检查热风焊、挤出焊的焊接工艺规程及焊接工艺评定和检查施工记录。

8.4.3 聚四氟乙烯板材热压焊的焊刀材料几何结构和焊接工艺参数应符合焊接工艺评定的要求。

检验方法：观察检查、检查热压焊的焊接工艺规程及焊接工艺评定和检查施工记录。

8.5 塑料衬里管道

（Ⅰ）主 控 项 目

8.5.1 塑料衬里管道圆弧、角焊焊缝、钢管和法兰的间隙应符合设计规定。

检验方法：观察检查和尺量检查。

8.5.2 翻边应平整，不宜有波浪面，翻边外圆最大直径应符合设计规定。

检验方法：观察检查和尺量检查。

（Ⅱ）一 般 项 目

8.5.3 管道基体表面处理的质量应符合设计规定或本规范第4.2.1条的有关规定。

检验方法：观察检查和检查施工记录。

9 玻璃鳞片衬里

9.1 一 般 规 定

9.1.1 本章适用于乙烯基酯树脂类、双酚A型不饱和聚酯树脂类和环氧树脂类玻璃鳞片衬里的施工质量验收。

9.1.2 玻璃鳞片衬里的检查数量应符合本规范第4.1.2条的规定。

9.1.3 树脂类主要原材料和制成品的取样数量应符合本规范第5.1.4条和第5.1.5条的有关规定。

（Ⅰ）主 控 项 目

9.1.4 衬里施工前的基体表面外观除应符合本规范第4章的有关规定外，尚应符合下列规定：

1 表面与内外支撑件之间的焊接、铆接、螺接应完成；

2 衬里侧的焊缝应满焊；

3 衬里侧焊缝、焊瘤、弧坑、焊渣应打磨平整，表面应光滑。焊缝高度不得超过1mm；边角和边缘应打磨至大于或等于2mm的圆角。

检验方法：观察检查、尺量检查和检查待衬件的施工交接记录。

（Ⅱ）一 般 项 目

9.1.5 当采用乙烯基酯树脂类、双酚A型不饱和聚酯树脂类时，施工环境温度宜为5℃～30℃；当采用环氧树脂类时，宜为10℃～30℃。施工环境相对湿度应小于80%。基体表面温度应高于环境露点温度3℃。当低于施工环境温度时，应采取加热保温措施，但不得用明火直接加热。

检验方法：采用温度计、湿度计检查和检查施工记录。

9.2 原材料和制成品的质量要求

（Ⅰ）主 控 项 目

9.2.1 乙烯基酯树脂、双酚A型不饱和聚酯树脂和环氧树脂材料的质量应符合本规范第5.2.2条的有关规定。

9.2.2 玻璃鳞片制成品的质量要求应符合表9.2.2的规定。

表9.2.2 玻璃鳞片制成品的质量

项 目		乙烯基酯树脂类	双酚A型不饱和聚酯树脂类	环氧树脂类
拉伸强度（MPa）		≥25	≥23	≥25
弯曲强度（MPa）		≥35	≥32	≥30
冲击强度（500g×25cm）		无裂缝，无剥离	无裂缝，无剥离	无裂缝，无剥离
粘接强度（MPa）	拉剪法	≥12（底涂）	≥10（底涂）	≥14（底涂）
	拉开法	≥8（底涂）	≥7（底涂）	≥10（底涂）
巴氏硬度		≥40	≥40	≥42
耐磨性（1000g，500r）/g		≤0.05	≤0.05	≤0.05
线膨胀系数（$K\times10^{-5}$）		≤1.04	≤1.02	≤1.06
冷热交替试验	耐热型	150℃（1h）和25℃的水（10min）10个循环无裂缝、剥离		
	普通型	130℃（1h）和25℃的水（10min）10个循环无裂缝、剥离		

检验方法：检查材料检测报告或现场抽样的复验报告。

（Ⅱ）一 般 项 目

9.2.3 玻璃鳞片混合料的质量要求应符合表9.2.3的规定。

表9.2.3 玻璃鳞片混合料的质量

项 目	鳞片胶泥料	鳞片涂料
在容器中状态	在搅拌混合物时，应无结块、无杂质	
施工工艺性	刮抹无障碍、不流挂	喷、滚、刷涂无障碍、不流挂
胶凝时间（25℃，min）	45±15	60±15

检验方法：观察检查和检查材料检测报告。

9.3 衬 里

（Ⅰ）主 控 项 目

9.3.1 玻璃鳞片衬里层的表面应平整，颜色应均匀，并应无明显凹凸、漏涂、流淌、气泡或裂纹。面层与基层粘结应牢固，并应无起壳或脱层等现象。

检验方法：观察检查和采用木锤轻击检查。

9.3.2 玻璃鳞片衬里层表面应固化完全，应无发粘现象。硬度值应符合设计规定或大于供货厂家提供指标的90%。

检验方法：表面固化度采用浸湿稀释剂的布擦拭方法检查。硬度按现行国家标准《增强塑料巴柯尔硬度试验方法》GB/T 3854的规定进行检查。

9.3.3 玻璃鳞片衬里层的厚度应符合设计规定，其允许偏差为-0.2mm。

检验方法：采用磁性测厚仪检查。

9.3.4 玻璃鳞片衬里层应进行针孔检测，检测电压不宜小于3000V/mm，探头移动速度不大于0.3m/s，衬里层应无击穿现象。

检验方法：采用电火花针孔检测仪检查。

（Ⅱ）一 般 项 目

9.3.5 玻璃鳞片衬里不同温度下的涂装间隔时间应符合表9.3.5的规定。

表9.3.5 不同温度下的涂装间隔时间

底材温度（℃）	10	20	30
最短涂装间隔（h）	10	5	3
最长涂装间隔（h）	48	36	24

检验方法：检查施工记录。

9.3.6 玻璃鳞片衬里层不同温度下衬里层或涂层的养护时间应符合表9.3.6的规定。

表9.3.6 不同温度下衬里层或涂层的养护时间

环境温度（℃）	10	20	30
养护时间（d）	≥14	≥7	≥4

检验方法：检查施工记录。

10 铅 衬 里

10.1 一 般 规 定

10.1.1 本章适用于铅衬里的施工质量验收。

10.1.2 铅衬里的检查数量应符合本规范第4.1.2条的规定。

10.2 原材料的质量要求

（Ⅰ）主 控 项 目

10.2.1 铅板的化学成分及规格应符合设计要求或现行国家标准《铅及铅锑合金板》GB/T 1470的有关规定。

检验方法：检查产品出厂合格证、材料检测报告和现场抽样的复验报告。

10.2.2 焊条材质应与焊件材质相同，也可采用母材制作的焊条。

检验方法：检查产品出厂合格证、材料检测报告和现场抽样的复验报告。

10.2.3 铅板及搪铅母材表面应光滑清洁，不得有污物、泥砂和油脂，且无砂眼、裂缝或厚薄不均匀等缺陷。

检验方法：观察检查。

（Ⅱ）一 般 项 目

10.2.4 焊条表面应干净、无氧化膜和其他污物。

检验方法：观察检查。

10.3 衬 铅

（Ⅰ）主 控 项 目

10.3.1 衬铅应按设计要求的结构和厚度进行施工。

检验方法：观察检查。

10.3.2 铅板焊接前，应用刮刀将焊缝区域刮净，使其露出金属光泽。应随焊随刮，刮净的焊口应在3h内焊完。多层焊时，每焊完一层，应刮净后再焊下一层。

检验方法：观察检查。

（Ⅱ）一 般 项 目

10.3.3 衬铅的施工质量应符合下列规定：

1 厚度在7mm以下的焊件，应采用搭接焊，搭接尺寸宜为25mm～40mm。焊缝应错开，不得十字交叉，错开距离不应小于100mm。

检验方法：观察检查和尺量检查。

2 各固定法的固定点间距宜为250mm～900mm，应呈等边三角形排列。设备顶部可适当增加固定点，平底设备的底部可不设固定点。

检验方法：观察检查和尺量检查。

3 铅板与设备内壁应紧密贴合，不得凸凹不平。

检验方法：观察检查和锤击检查。

4 衬铅板表面不得有机械损伤、凹陷或减薄。焊缝应平整均匀，并应无漏焊、虚焊、缩孔、错口或咬肉等现象；焊缝内部不得有夹层、气孔或未焊透等现象。

检验方法：观察检查、剖割检查和试压检查。

10.4 搪 铅

（Ⅰ）主 控 项 目

10.4.1 搪铅应按设计要求的结构和厚度进行施工。

检验方法：观察检查。

（Ⅱ）一 般 项 目

10.4.2 搪铅的施工质量应符合下列规定：

1 被搪基体表面处理的等级应符合本规范表4.2.1的有关规定；

检验方法：观察检查。

2 直接搪铅法施工，每次搪铅的厚度宜为2mm～4mm，搪道宽度宜为15mm～25mm；

检验方法：观察检查和尺量检查。

3 间接搪铅法施工，挂锡层应薄而均匀，挂锡厚度应为15μm～20μm；

检验方法：观察检查和磁性测厚仪检查。

4 搪铅层与基体表面应结合紧密，并应无脱层或起壳等现象；

检验方法：锤击检查和超声波探伤器检查。

5 搪铅层应厚薄一致，厚度应符合设计要求。当设计对厚度偏差无规定时，厚度允许偏差为0～25%；

检验方法：观察检查和磁性测厚仪检查。

6 搪铅层的表面应平整均匀，并应无微孔、裂纹、缩孔、夹渣、鼓包、气孔、焊瘤等缺陷。搪铅层中应无夹层、夹渣和氧化物等杂质。

检验方法：观察检查、剖视检查和点蚀检查。

11 喷涂聚脲衬里

11.0.1 本章适用于喷涂型聚脲衬里工程的施工质量验收。

11.0.2 喷涂聚脲衬里涂层的检查数量应符合下列规定：

1 当衬里涂层面积小于或等于50m²时，应抽查3处；当涂层面积大于50m²时，每增加20m²，应多抽查1处；

2 重要部位、难维修部位应按面积抽查30%，每处测点不得少于5个；

3 对质量有严重影响的部位，有异议时可进行破坏性检查。

11.0.3 喷涂聚脲衬里材料品种、规格和性能的检查数量应符合下列规定：

1 应从每次批量到货的材料中，根据设计要求按不同品种进行随机抽样检查。样品大小可由施工单位与供货厂家双方协商确定；

2 测试方法应符合设计规定或现行行业标准《喷涂聚脲防护材料》HG/T 3831的有关规定；

3 当抽样检测结果有一项主要指标为不合格时，应再进行一次抽样复检。当仍有一项主要指标不合格时，应加倍进行抽检，若仍不合格，应判定该产品质量为不合格。

（Ⅰ）主 控 项 目

11.0.4 喷涂聚脲衬里原材料和涂层的质量应符合设计要求。

检验方法：检查产品出厂合格证、材料检测报告或现场抽样的复验报告。

11.0.5 聚脲衬里涂层的厚度应均匀一致，涂层的厚度应符合设计规定。

检验方法：采用超声测厚仪检查。

11.0.6 喷涂聚脲衬里表面应进行针孔检测。涂层厚度为1.0mm时，检测电压应大于或等于3000V；涂层厚度为1.5mm时，检测电压应大于或等于4500V；涂层厚度为2.0mm时，检测电压应大于或等于6000V。探头行走速度应小于或等于0.3m/s，衬里层应无击穿现象。

检验方法：采用电火花针孔检测仪检查。

11.0.7 衬里的附着力应符合设计规定，与基体的附着力（拉开法）不应小于3.5MPa。

检验方法：采用涂层附着力（拉开法）仪器检查。

（Ⅱ）一 般 项 目

11.0.8 衬里涂层表面应平整、色泽应一致，并应无明显尖锐凸出物、龟裂和尖口划伤等缺陷。允许衬里层表面有少量涂料凝胶粒子、少量局部过喷现象或每平方米面积内长度小于200mm的壳层或鼓泡数量不得大于2个。

检验方法：观察检查。

11.0.9 喷涂聚脲衬里的涂装施工条件、涂装配套系统、施工工艺和涂装间隔时间应符合设计要求。

检验方法：检查施工记录和隐蔽工程记录。

12 氯丁胶乳水泥砂浆衬里

12.1 一 般 规 定

12.1.1 本章适用于氯丁胶乳水泥砂浆整体面层衬里的施工质量验收。

12.1.2 氯丁胶乳水泥砂浆防腐蚀工程检查数量应符合下列规定：

1 当设备面积每50m²或不足50m²；管道长度每50m或不足50m时，均应抽查3处；设备每处检查面积应为0.5m²，设备及管道每处检查布点不应少于3个。当设备的面积超过500m²或管道的长度超过500m时，取样检查处的间距可适当增大。每检查处以检查布点的平均值代表其施工质量；

2 当质量检查中有1处不合格时，应在不合格处附近加倍取点复查，仍有1处不合格时，应认定该处为不合格。

12.1.3 氯丁胶乳水泥砂浆主要原材料和制成品的取样数量应符合本规范第5.1.4条和第5.1.5条的有关规定。

12.2 原材料和制成品的质量要求

（Ⅰ）主 控 项 目

12.2.1 氯丁胶乳水泥砂浆防腐工程所用的阳离子氯丁胶乳、硅酸盐水泥和细骨料等原材料质量应符合设计要求。

检验方法：检查产品出厂合格证、材料检测报告和现场抽样的复验报告。

12.2.2 氯丁胶乳水泥砂浆制成品经过养护后的质量应符合表12.2.2的规定。

表12.2.2 氯丁胶乳水泥砂浆制成品的质量

项目	抗压强度（MPa）	抗折强度（MPa）	与碳钢粘结强度（MPa）	抗渗等级（MPa）	吸水率（%）	初凝时间（min）	终凝时间（h）
指标	≥30.0	≥3.0	≥1.8	≥1.6	≤4.0	>45.0	<12.0

检验方法：检查产品出厂合格证、材料检测报告或现场抽检的复验报告。

（Ⅱ）一般项目

12.2.3 氯丁胶乳水泥砂浆配合比应经试验确定。

检验方法：检查试验报告。

12.3 衬里

（Ⅰ）主控项目

12.3.1 氯丁胶乳水泥砂浆整体面层与基层应粘结牢固，并应无脱层和起壳等现象。

检验方法：观察检查和敲击检查。

12.3.2 氯丁胶乳水泥砂浆整体面层的表面应平整，并应无明显裂缝、脱皮、起砂和麻面等现象。

检验方法：观察检查和用5倍～10倍放大镜检查。

12.3.3 氯丁胶乳水泥砂浆铺抹的整体衬里面层与转角处、结构件、预留孔、管道出入口应结合严密、粘结牢固、接缝平整，应无渗漏和空鼓。

检验方法：观察检查、敲击法检查和检查隐蔽工程记录。

（Ⅱ）一般项目

12.3.4 氯丁胶乳水泥砂浆面层的厚度应符合设计规定。

检验方法：测厚仪检查或采用150mm钢板尺检查。

12.3.5 整体面层表面平整度的允许偏差不应大于5mm。

检验方法：采用2m直尺和楔形塞尺检查。

12.3.6 氯丁胶乳水泥砂浆铺砌整体面层坡度检验应符合本规范第5.3.6条的规定。

12.3.7 氯丁胶乳水泥砂浆抹面后，表面干至不粘手时应潮湿养护7d，再自然养护21d后，方可使用。

检验方法：检查施工记录和检查隐蔽工程记录。

13 涂料涂层

13.0.1 本章适用于涂料涂层的施工质量验收。

13.0.2 涂料涂层的检查数量应符合本规范第4.1.2条的规定。

13.0.3 涂料类品种、规格和性能的检查数量应符合下列规定：

1 应从每次批量到货的材料中，根据设计要求按不同品种进行随机抽样检查。样品大小可由施工单位与供货厂家双方协商确定；

2 当抽样检测结果有一项为不合格时，应再进行一次抽样复检。当仍有一项指标不合格时，应判定该产品质量为不合格。

（Ⅰ）主控项目

13.0.4 涂料类的品种、型号、规格和性能质量应符合设计要求。

检验方法：检查产品出厂合格证、材料检测报告和现场抽样的复验报告。

13.0.5 涂料类的涂装施工条件、涂装配套系统、施工工艺和涂装间隔时间应符合设计要求。

检验方法：检查施工记录和检查隐蔽工程记录。

13.0.6 涂层的厚度应均匀一致，涂层的层数和厚度应符合设计规定。涂层厚度小于设计规定厚度的测点数，不应大于10%，且测点处实测厚度不应小于设计规定厚度的90%。

检验方法：检查施工记录和采用磁性测厚仪检查。

（Ⅱ）一般项目

13.0.7 涂层表面应平整、色泽应一致，并应无流挂、起皱、脱皮、返锈、漏涂等缺陷。

检验方法：观察检查或采用5倍～10倍放大镜检查。

13.0.8 涂层的附着力应符合设计规定，涂层与钢铁基体的附着力（划格法）不应大于2级。涂层与钢铁基体的附着力（拉开法）不应小于5MPa。

检验方法：采用涂层附着力（划格法）或附着力（拉开法）仪器检查。

检查数量：设备每10m²检测3处，每处测点不得少于3个。管道每隔50m检测一处，每处测点不得少于3个。

13.0.9 当进行涂料涂层针孔检测时，设备涂料涂层的针孔漏点每平方米不得多于2个，管道每5m涂层针孔漏点不得多于1个。检测电压应根据涂料产品技术要求确定。

检验方法：采用涂层高电压火花检测仪或低电压漏涂检测仪检查。

14　金属热喷涂层

14.0.1　本章适用于锌和锌铝合金热喷涂层、铝和铝镁合金热喷涂层的施工质量验收。

（Ⅰ）主 控 项 目

14.0.2　热喷涂用锌和锌合金线材、铝和铝合金线材的化学成分应符合设计要求或现行国家标准《热喷涂　火焰和电弧喷涂用线材、棒材和芯材　分类和供货技术条件》GB/T 12608 的有关规定。

检验方法：检查产品出厂合格证和产品化学成分分析报告。

14.0.3　喷涂层厚度应符合设计要求，涂层最小局部厚度不应小于设计规定值。

检验方法：应按现行国家标准《磁性基体上非磁性覆盖层　覆盖层厚度测量　磁性法》GB/T 4956 的规定进行检查。

检查数量：每 $10m^2$ 检查 3 处，在每处的 $0.01m^2$ 基准面内测点不得少于 10 个。

14.0.4　喷涂层外观应致密、平整、色泽一致，表面应无裂纹、翘皮、起泡、底材裸露的斑点和粗大未熔或附着不牢的金属颗粒。

检验方法：观察检查和指划检查。

检查数量：涂层面积的 15％～30％。

（Ⅱ）一 般 项 目

14.0.5　基体表面处理后的粗糙度，宜采用粗糙度参比样板对照检查。不同涂层的喷射或抛射处理表面的粗糙度应符合表 14.0.5 的规定。

表 14.0.5　不同涂层的喷射或抛射处理表面的粗糙度（R_z）

热喷涂涂层	涂层设计厚度（mm）	处理表面粗糙度最小值/最大值（μm）
Zn、ZnAl15 Al、AlMg5	0.10～0.15	40/63
	0.20	63/80
	0.30	80/100

检验方法：观察检查。

检查数量：每 $10m^2$ 检查 3 处，不足 $10m^2$ 按 $10m^2$ 计。

14.0.6　工件待喷涂时间不应超过 4h，待喷涂和喷涂过程中工件表面应干燥、洁净，并应无可见的氧化变色或任何污染。

检验方法：观察检查。

检查数量：全部检查。

14.0.7　设计厚度大于或等于 0.10mm 的涂层，应分层交叉喷涂；分段或分片喷涂的层数应一致，各层的厚度应均匀。

检验方法：检查分层喷涂施工记录。

14.0.8　喷涂层逐道平行搭接宽度应符合下列规定：

1　普通喷枪喷涂搭接宽度应为喷幅幅宽的 1/3；

2　二次雾化喷枪喷涂搭接宽度应为喷幅幅宽的 1/4。

检验方法：尺量检查。

检查数量：不小于涂层面积的 5％。

14.0.9　喷涂层与基体的结合强度应符合下列规定：

1　当采用定性试验方法时，涂层不应从基体上产生剥离。

检验方法：栅格试验按现行国家标准《金属和其他无机覆盖层　热喷涂锌、铝及其合金》GB/T 9793 的规定进行检查。

2　当采用定量测定方法时，抗拉结合强度应符合设计要求。

检验方法：抗拉结合强度按现行国家标准《热喷涂　抗拉结合强度的测定》GB/T 8642 的规定进行检查。

检查数量：每 $150m^2$ 测试试样 3 件，不足 $150m^2$ 按 $150m^2$ 计。

15　分部（子分部）工程验收

15.0.1　工业设备及管道防腐蚀工程检验批、分项工程、分部（子分部）工程的施工质量验收应在施工单位自检合格的基础上进行，构成分项工程的各检验批的质量应符合本规范相应质量标准的规定。

15.0.2　检验批、分项工程施工质量验收全部合格，进行分部（子分部）工程验收。

15.0.3　工程验收时，应提交下列资料：

1　各种防腐蚀材料、成品、半成品的出厂合格证、材料检测报告或现场抽样的复验报告；

2　耐腐蚀胶泥、砂浆、玻璃钢胶料和涂料的配合比和主要技术性能的试验报告；

3　多组分的配比及其指定质量指标的试验报告或现场抽样的复验报告；

4　设计变更通知单、材料代用的技术文件以及施工过程中对重大技术问题的处理记录；

5　隐蔽工程施工记录；

6　修补或返工记录；

7　工业设备及管道防腐蚀工程交工汇总表。

15.0.4　对有特殊要求的防腐蚀工程验收时，应按合同提供加测相关技术指标的检测报告。

附录A　检验批质量验收记录

表A　检验批质量验收记录

单位工程名称						
分项工程名称					验收部位	
施工单位			分项技术负责人		项目经理	
分包单位			分包技术负责人		分包项目负责人	
施工执行标准名称及编号						
施工质量验收规范规定			施工单位检查记录			建设（监理）单位验收记录
主控项目	1					
	2					
	3					
	4					
一般项目	项目					
	1					
	2					
	3					
	4					
	5					
	6					
	7					
	8					
检查结果	主控项目					
	一般项目 检查项目		检查　项，其中合格　项，合格率　%			
	一般项目 其他					
施工单位检查结果			项目专业质量检查员： 年　月　日			
建设（监理）单位验收结论			建设单位项目专业技术负责人（监理工程师）： 年　月　日			

附录B　分项工程质量验收记录

表B　分项工程质量验收记录

单位工程名称					
分部工程名称				检验批数	
施工单位		项目技术负责人		项目经理	
分包单位		分包单位技术负责人		分包单位负责人	

序号	检验批部位、区段	施工单位检验结果	建设（监理）单位验收结论

检查结论	项目专业质量检查员： 项目技术负责人： 年　月　日	验收结论	建设单位项目专业技术负责人 （监理工程师）： 年　月　日

附录C 分部（子分部）工程质量验收记录

表C 分部（子分部）工程质量验收记录

<table>
<tr><td colspan="2">单位工程名称</td><td colspan="6"></td></tr>
<tr><td colspan="2">施工单位</td><td></td><td colspan="2">项目技术负责人</td><td></td><td>项目经理</td><td></td></tr>
<tr><td colspan="2">分包单位</td><td></td><td colspan="2">分包技术负责人</td><td></td><td>分包项目负责人</td><td></td></tr>
<tr><td>序号</td><td colspan="2">分项工程名称</td><td colspan="2">检验批数</td><td>施工单位
检查意见</td><td colspan="2">建设（监理）单位验收结论</td></tr>
<tr><td></td><td colspan="2"></td><td colspan="2"></td><td></td><td colspan="2" rowspan="10"></td></tr>
<tr><td></td><td colspan="2"></td><td colspan="2"></td><td></td></tr>
<tr><td></td><td colspan="2"></td><td colspan="2"></td><td></td></tr>
<tr><td></td><td colspan="2"></td><td colspan="2"></td><td></td></tr>
<tr><td></td><td colspan="2"></td><td colspan="2"></td><td></td></tr>
<tr><td></td><td colspan="2"></td><td colspan="2"></td><td></td></tr>
<tr><td></td><td colspan="2"></td><td colspan="2"></td><td></td></tr>
<tr><td></td><td colspan="2"></td><td colspan="2"></td><td></td></tr>
<tr><td></td><td colspan="2"></td><td colspan="2"></td><td></td></tr>
<tr><td></td><td colspan="2"></td><td colspan="2"></td><td></td></tr>
<tr><td rowspan="2">参加验收单位</td><td colspan="2">建设单位</td><td colspan="2">监理单位</td><td colspan="2">施工单位</td><td>设计单位</td></tr>
<tr><td colspan="2">项目负责人：

项目技术负责人：

年 月 日</td><td colspan="2">总监理工程师：

年 月 日</td><td colspan="2">项目负责人：

项目技术负责人：

年 月 日</td><td>项目负责人：

年 月 日</td></tr>
</table>

附录D 质量保证资料核查记录

表D 质量保证资料核查记录

<table>
<tr><td colspan="2">单位工程名称</td><td colspan="2"></td><td>施工单位</td><td colspan="2"></td></tr>
<tr><td>序号</td><td colspan="2">资料名称</td><td>份数</td><td>核查意见</td><td colspan="2">核查人</td></tr>
<tr><td>1</td><td colspan="2">各种原材料的出厂合格证、质量证明书或复验报告</td><td></td><td></td><td colspan="2"></td></tr>
<tr><td>2</td><td colspan="2">材料配合比和主要性能的检测报告</td><td></td><td></td><td colspan="2"></td></tr>
<tr><td>3</td><td colspan="2">设计变更单、材料代用单</td><td></td><td></td><td colspan="2"></td></tr>
<tr><td>4</td><td colspan="2">基体检查交接记录</td><td></td><td></td><td colspan="2"></td></tr>
<tr><td>5</td><td colspan="2">中间交接记录</td><td></td><td></td><td colspan="2"></td></tr>
<tr><td>6</td><td colspan="2">隐蔽工程施工记录</td><td></td><td></td><td colspan="2"></td></tr>
<tr><td>7</td><td colspan="2">修补或返工记录</td><td></td><td></td><td colspan="2"></td></tr>
<tr><td>8</td><td colspan="2">交工验收记录</td><td></td><td></td><td colspan="2"></td></tr>
<tr><td></td><td colspan="2"></td><td></td><td></td><td colspan="2"></td></tr>
<tr><td></td><td colspan="2"></td><td></td><td></td><td colspan="2"></td></tr>
<tr><td></td><td colspan="2"></td><td></td><td></td><td colspan="2"></td></tr>
<tr><td></td><td colspan="2"></td><td></td><td></td><td colspan="2"></td></tr>
<tr><td></td><td colspan="2"></td><td></td><td></td><td colspan="2"></td></tr>
<tr><td colspan="7">结论：

施工单位项目负责人：　　　　建设单位项目负责人：
（总监理工程师）

年　月　日　　　　年　月　日</td></tr>
</table>

注：1 有特殊要求的可据实增加核查项目。

2 质量证明书、合格证、试（检）验单或记录内容应齐全、准确、真实；复印件应注明原件存放单位，并有复印件单位的签字和盖章。

本规范用词说明

1 为便于在执行本规范条文时区别对待，对要求严格程度不同的用词说明如下：

1） 表示很严格，非这样做不可的：

正面词采用“必须”，反面词采用“严禁”；

2） 表示严格，在正常情况下均应这样做的：

正面词采用“应”，反面词采用“不应”或“不得”；

3） 表示允许稍有选择，在条件许可时首先应这样做的：

正面词采用“宜”，反面词采用“不宜”；

4） 表示有选择，在一定条件下可以这样做的，采用“可”。

2 条文中指明应按其他有关标准执行的写法为：“应符合……的规定”或“应按……执行”。

引用标准名录

《工业金属管道工程施工规范》GB 50235

《工业安装工程施工质量验收统一标准》GB 50252

《工业设备及管道防腐蚀工程施工规范》GB 50726

《硫化橡胶或热塑性橡胶　压入硬度试验方法　第1部分：邵氏硬度计法（邵尔硬度）》GB/T 531.1

《铅及铅锑合金板》GB/T 1470

《玻璃纤维增强塑料树脂含量试验方法》GB/T 2577

《橡胶物理试验方法试样制备和调节通用程序》GB/T 2941

《致密定型耐火制品　体积密度、显气孔率和真气孔率试验方法》GB/T 2997

《耐火材料　常温抗折强度试验方法》GB/T 3001

《增强塑料巴柯尔硬度试验方法》GB/T 3854

《磁性基体上非磁性覆盖层　覆盖层厚度测量　磁性法》GB/T 4956

《耐火材料　常温耐压强度试验方法》GB/T 5072

《耐酸砖》GB/T 8488

《热喷涂　抗拉结合强度的测定》GB/T 8642

《涂覆涂料前钢材表面处理　表面清洁度的目视评定　第1部分：未涂覆过的钢材表面和全面清除原有涂层后的钢材表面的锈蚀等级和处理等级》GB/T 8923.1

《金属和其他无机覆盖层　热喷涂锌、铝及其合金》GB/T 9793

《热喷涂　火焰和电弧喷涂用线材、棒材和芯材分类和供货技术条件》GB/T 12608

《橡胶衬里　第1部分　设备防腐衬里》GB 18241.1

《喷涂聚脲防护材料》HG/T 3831

《耐酸耐温砖》JC/T 424

《铸石制品　铸石板》JC 514.1

中华人民共和国国家标准

工业设备及管道防腐蚀工程施工质量验收规范

GB 50727—2011

条文说明

制 定 说 明

《工业设备及管道防腐蚀工程施工质量验收规范》GB 50727—2011，经住房和城乡建设部 2011 年 8 月 26 日以第 1143 号公告批准发布。

本规范制定过程中，编制组进行了广泛的调查研究，总结了我国工程建设的实践经验，同时参考了国外先进技术法规、技术标准。

为了便于广大设计、施工、科研、学校等单位有关人员在使用本规范时能正确理解和执行条文规定，本规范编制组按章、节、条顺序编制了本规范的条文说明，对条文规定的目的、依据以及执行中需注意的有关事项进行了说明，还着重对强制性条文的强制性理由做了解释。但是，本条文说明不具备与规范正文同等的法律效力，仅供使用者作为理解和把握规范规定的参考。

目　次

1 总 则

1.0.1 本条是编制本规范的宗旨。为了适应工业设备及管道防腐蚀工程的发展，制定质量标准，统一验收方法，达到控制质量的目的，使所验收的工程质量结果具有一致性和可比性，有利于促进企业加强管理，确保工程质量。

本规范制订中坚持了“验评分离、强化验收、完善手段、过程控制”的指导思想。对工程质量只需判断合格与否即可。

1.0.2 本条指出了本规范的适用范围。

1.0.3 本条阐明编制本规范的编制依据。工业设备及管道防腐蚀工程的施工是按施工规范执行的，工业设备及管道防腐蚀施工的工程质量是否符合规定是按质量验收规范执行的，两者的技术规定应是一致的。因此，本规范的主要指标和要求是根据现行国家标准《工业设备及管道防腐蚀工程施工规范》GB 50726（以下简称《施工规范》）的规定提出的，而且是把主要控制工程质量的技术规定作为验收工程质量的准绳，并与现行国家标准《工业安装工程施工质量验收统一标准》GB 50252 配合使用。

3 基 本 规 定

3.1 施工质量验收的划分

3.1.1 设备及管道防腐蚀工程质量验收进行检验批划分有利于施工班组及时纠正施工中出现的质量问题，确保工程质量。由于防腐蚀工程不能构成单位工程，因此按上述规定划分检验批，进行验收。

3.1.2 设备及管道防腐蚀工程质量验收中，划分检验批进行验收，增加了施工质量控制的内容，符合施工质量验收的需要。

3.1.3 设备及管道防腐蚀工程中，分项工程的划分主要根据防腐蚀材料的类别进行的，如块材衬里、橡胶衬里、纤维增强塑料衬里、塑料衬里、玻璃鳞片衬里、金属热喷涂层、铅衬里等分别构成一个分项工程，并且本规范与《施工规范》划分相统一，便于对照使用。同时，基体表面处理作业是一个重要的施工程序，单独划分为一个分项工程并与《施工规范》相配套，便于工程项目的验收和管理。

3.2 施工质量验收

3.2.1 检验批是工程验收的最小单位，也是整个设备及管道防腐蚀工程质量验收的基础，本条规定了检验批质量验收合格的标准，并将检验批验收项目分为“主控项目、一般项目和质量保证资料”三个部分。检验批质量验收合格标准主要取决于对主控项目和一般项目的检验结果。

1 主控项目指对检验批的基本质量起决定性影响的检验项目，应全部符合工业设备及管道防腐蚀工程施工质量验收规范的规定。主控项目不允许有不符合要求的检验结果，即这种项目的检查具有否决权，鉴于主控项目对基本质量的决定性影响，应从严要求。

2 一般项目是指检验批工程在实测检验中规定有允许偏差范围的项目，检验后允许有20%的抽检点的实测结果略超过允许偏差的范围，但这些点不能无限止的超差，即对超差有一个最高限值，用以限制超差的范围。

3 质量保证资料反映了检验批从原材料到工程验收的各施工过程的操作依据、检查情况和质量保证所应具备的管理制度等，对其完整性的检查，实际是对施工过程控制的确认，是检验批合格的保证。

3.2.2 本条规定了分项工程质量验收的标准，分项工程的验收在检验批的基础上进行，一般情况下两者具有相同或相近的性质，只是批量大小不同而已。因此，将有关检验批汇集构成分项工程，将构成分项工程的各检验批的验收资料文件完整，并且均已验收合格，则分项工程验收合格。

3.2.3 本条规定了分部（子分部）工程质量验收的标准，分部工程质量验收是防腐蚀专业质量竣工验收，是防腐蚀工程投入使用前的最后一次验收。分部工程的验收应在其所含各分项工程验收合格，且相应的质量保证资料完整的基础上进行。由于各分项工程的性质不尽相同，因此对涉及安全和使用功能的主要分项工程应进行有关见证、取样、送样、试验或抽样检测。分部工程质量验收还包括检查反映工程结构及性能质量的质量保证资料，此外还应对主要使用功能进行抽查，使用功能的检查是对设备及管道防腐蚀工程最终质量的综合检查，也是用户最关心的内容。因此，在检验批、分项工程验收合格的基础上，分部工程竣工验收再做全面检查。

3.2.4 本条统一和规范了防腐蚀工程检验批、分项工程、分部工程（子分部工程）验收记录表和质量保证资料核查记录表表格的基本格式和内容。

3.2.5 本条给出了质量不符合要求时的处理办法。一般情况下，不合格质量出现在最基层的验收单位，检验批时就应发现并及时处理。否则将影响后续检验批和相关分项工程、分部工程的验收。因此所有质量隐患应尽快消灭在萌芽状态，这也是本规范“强化验收促进过程控制”原则的体现。非正常情况的处理分以下四种情况：

1 检验批验收时，其主控项目不能满足验收规定或一般项目超过偏差限值的子项不符合验收规定要求时，允许返工，其中严重的缺陷应推倒重来；一般的缺陷通过适当的方法予以解决，应允许施工单位在采取相应措施后重新验收。如符合防腐蚀工程施工质量验收规范要求，则应认为该检验批合格。

2 个别检验批发现试块强度等不满足要求，难以确定是否验收时，应请具有资质的法定检测单位（经政府有关部门批准并取得相应检测项目资质证明的单位）检测，当鉴定结果能够达到设计要求时，该检验批仍应认为通过验收。

3 如经检测鉴定达不到设计要求，但经原设计单位核算，仍能满足安全和使用功能的，该检验批可予以验收。因为在一般情况下，相关规范标准给出了满足安全和功能的最低限度要求，而设计往往在此基础上留有一些余量，不满足设计要求但符合相应规范标准的要求，两者并不矛盾。

4 更为严重的缺陷和分项、分部工程的缺陷，可能影响结构的安全和使用功能。若经法定检测单位检测鉴定认为达不到规范标准的相应要求，则应按一定的技术方案进行加固处理，使之能保证其安全使用的基本要求。这样会造成一些永久性的缺陷，如改变结构外形尺寸，影响一些次要的使用功能等，为避免社会财产更大的损失，在不影响安全和主要使用功能条件下，可按处理技术方案和协商文件进行验收。责任方除承担经济责任，还应深刻吸取教训，这是应该特别注意的。

3.2.6 存在严重缺陷的工程，经返修或加固处理仍不能满足安全使用要求的，严禁验收。本条为强制性条文，必须严格执行。

3.3 施工质量验收的程序及组织

3.3.2、3.3.3 检验批和分项工程是防腐蚀工程的基础，验收前施工单位应在自检合格的基础上填写"检验批和分项工程质量验收记录"，并由施工单位项目专业质量检查员和施工单位项目技术负责人分别在检验批和分项工程质量验收记录中相关栏目上签字，然后由建设单位项目专业技术负责人（监理工程师）组织，严格按规定程序进行验收。

3.3.4 本条规定了分部（子分部）工程完成后，施工单位依据质量标准、设计图纸等组织有关人员进行自检，并将检查结果进行评定，符合要求后，向建设单位提交验收报告和质量资料，建设单位项目负责人（总监理工程师）组织施工单位项目负责人和项目技术、质量负责人及有关人员进行验收。对于涉及安全的主要结构防腐蚀，由于技术性能要求严格，关系到整个防腐蚀工程的安全，因此规定这些分部工程的设计单位工程项目负责人也参加相关分部的工程质量验收。

3.3.5 本条规定了总承包单位和分包单位的质量责任和验收程序。分包单位对总承包单位负责，也应对建设单位负责。分包单位按程序对承建的项目进行验收时，总承包单位应参加，验收合格后，分包单位应将工程的有关资料移交总承包单位，待建设单位组织单位工程质量验收时，分包单位负责人应参加验收。

4 基体表面处理

4.1 一般规定

4.1.2 根据现场的实际情况确定了设备及管道基体表面处理工程的检查数量。由于在基体表面进行金属热喷涂时，处理等级要求为Sa3级，故规定应进行全部检查。

4.2 喷射或抛射处理

（Ⅰ）主控项目

4.2.1 本条明确了经喷射或抛射除锈基体表面处理后的质量等级应符合现行国家标准《涂覆涂料前钢材表面处理　表面清洁度的目视评定　第1部分：未涂覆过的钢材表面和全面清除原有涂层后的钢材表面的锈蚀等级和处理等级》GB/T 8923.1中Sa1级、Sa2级、Sa2$\frac{1}{2}$级、Sa3级的规定。Sa1级为非彻底清理级，Sa2级为较彻底清理级，Sa2$\frac{1}{2}$级为彻底清理级，Sa3级为最彻底清理级。在施工中，使用较多的为Sa2$\frac{1}{2}$级，也就是彻底清除基体表面的油污、软锈和其他附属物；较彻底的清除硬锈、密实氧化皮；彻底清除旧漆膜和粘结物。使基体表面呈现银灰色光色，表面干燥、清洁，有比较均匀的粗糙度，允许有微量的硬锈、氧化皮、旧漆膜和粘结物或基体表面有一定的轻微阴影和色差存在。而Sa2级、Sa3级在处理上分别较其差一点和彻底些。在识别时可对照样板进行比照，故将其列为主控项目。

4.2.2 由于压缩空气中含有的凝结水和油污，在喷射或抛射时随磨料一起喷出，污染被处理的表面，影响表面处理质量，故在使用前应除油除水。故将其列为主控项目。

4.2.3 主要是明确设备或部件的某些部位是绝不允许处理的或者误喷，故将其列为主控项目。

（Ⅱ）一般项目

4.2.5 由于潮湿天气喷射后基体表面会重新生锈，故当基体表面温度低于露点3℃以上时，喷射作业应停止。

4.3 手工或动力工具处理

主控项目

4.3.1 规定手工或动力除锈后基体表面的质量等级

应符合现行国家标准《涂覆涂料前钢材表面处理 表面清洁度的目视评定 第1部分：未涂覆过的钢材表面和全面清除原有涂层后的钢材表面的锈蚀等级和处理等级》GB/T 8923.1 中 St2 级、St3 级的规定。St2 级为非彻底清理级，只是清除基体表面疏松的氧化皮、铁锈、灰尘和附着物，基本清除旧的漆膜、粘结物，基体表面应干净、干燥，有暗淡的金属光色，表面可以有清理工具刮痕。St3 级为比较彻底清理级，是彻底清除基体表面疏松的氧化皮、铁锈、灰尘和附着物，彻底清除旧的漆膜、粘结物，基体表面应干净、干燥，有明显的金属光色，可以有轻微的清理工具刮痕。凡需手工或动力除锈后的基体表面，均应达到此等级要求，故将其列为主控项目。

5 块材衬里

5.1 一般规定

5.1.1 本条规定了本章的适用范围，防腐蚀工程所用的衬砌块材一般包括：耐酸砖、耐酸耐温砖、铸石板、防腐炭砖等。

5.1.3～5.1.5 根据现场情况规定了块材的材质、规格和性能的检查数量及水玻璃类、树脂类原材料和制成品的取样数量。

5.2 原材料和制成品的质量要求

（Ⅰ）主控项目

5.2.1～5.2.5 块材防腐蚀工程质量好坏的关键在于块材本身的质量、衬砌块材胶泥的质量和块材的施工质量。

防腐蚀块材中常用的有耐酸砖、耐酸耐温砖、铸石制品、防腐蚀炭砖等，这些材料的质量应符合国家现行标准《耐酸砖》GB/T 8488、《耐酸耐温砖》JC/T 424 和《铸石制品 铸石板》JC 514.1 的有关规定。粘结块材胶泥有水玻璃胶泥（钠水玻璃、钾水玻璃）、树脂胶泥（环氧树脂、乙烯基酯树脂、不饱和聚酯树脂、呋喃树脂、酚醛树脂）等，这些材料的质量应符合现行国家标准《工业设备及管道防腐蚀工程施工规范》GB 50726 的有关规定。目前由于生产防腐蚀材料的厂家较多，各厂的生产及管理水平不一，即使部分材料已有国家标准或行业标准，但不同地方、不同厂家生产的材料质量也有很大差异，故对到达现场的材料，应具有出厂合格证、材料检测报告等质量证明文件。当施工方、监理或业主认为需要抽检时，现场有检测条件的，可以在现场复验，或送样请第三方复验。

（Ⅱ）一般项目

5.2.6 胶泥的配合比要求比较严格，稍有变动，则直接影响胶泥的物理化学性能，因此配料时应严格控制。一般施工单位希望材料供应商提供一个现成的配合比，直接用于施工，但一个配合比不可能适合各种情况。因此配制胶泥时，要考虑原材料的具体情况和施工环境条件，配合比应根据当地原材料的具体情况和施工环境条件，通过试验确定。

5.3 胶泥衬砌块材

（Ⅱ）一般项目

5.3.5 根据实际施工中的实际情况及其对工程质量的影响程度，规定了相邻块材的高差和表面平整度的允许空隙值，以此限制超差的范围。

6 纤维增强塑料衬里

6.1 一般规定

6.1.1 本条规定了本章的适用范围。

6.2 原材料和制成品的质量要求

（Ⅰ）主控项目

6.2.2 对树脂类原材料等的质量要求的说明见本规范第5.2.1条～第5.2.5条的条文说明。

6.2.3 纤维增强塑料材料的抗拉强度和弯曲强度是保证树脂类防腐蚀工程质量的两个重要指标。如抗拉强度和弯曲强度达不到设计要求时，会出现开裂、起壳、脱层等现象，甚至会使整个防腐蚀结构遭到破坏。因此，当施工方、监理或业主认为需要抽检时，现场有检测条件的，可以在现场复验，或送样请第三方复验。

（Ⅱ）一般项目

6.2.4 纤维增强塑料材料的施工配合比的说明见本规范第5.2.6条的条文说明。

6.3 衬 里

（Ⅰ）主控项目

6.3.1 纤维增强塑料衬里树脂含量的测定应按现行国家标准《玻璃纤维增强塑料树脂含量试验方法》GB/T 2577 的规定进行。

6.3.4 原材料制造和施工工艺水平在近年都取得了很大的进展，与原来相比有了很大的提高，所以根据目前的施工水平制定本条文。针孔检查中电火花针孔检测仪检测电压宜为3000V/mm～5000V/mm。

（Ⅱ）一般项目

6.3.6 纤维增强塑料材料施工完毕后应经过一定时

期的养护，才能达到本规范表 6.2.3 的物理性能指标，故养护时间应符合本规范表 6.3.6 的规定。

7 橡胶衬里

7.1 一般规定

7.1.1 本条规定了本章的适用范围。

（Ⅰ）主控项目

7.1.3 对本体硫化的设备，在衬胶前应审查设备的强度和刚度是否能承受硫化时的蒸汽压力，应检查有否试压合格证。

本体硫化的设备，在衬里前还应考虑好进气、排空、排水、温度传感表、压力表、温度自动记录仪等管件、仪表的安装位置。如需另外开设，应征得设计单位同意。蒸汽冷凝水排放口应设在设备硫化位置时的最低法兰盲板上，以便及时排净冷凝水，防止局部欠硫。

需衬里的设备内部构件应适合衬胶工艺要求。焊缝不饱满、气孔、砂眼、夹渣和超过 1mm 深的咬边，都会给衬里埋下隐患。衬胶前对衬里表面应认真检查，达不到要求，不得施工。

（Ⅱ）一般项目

7.1.5 施工环境温度：当低于 15℃时，胶板开始发硬影响衬里操作和贴合质量；胶粘剂涂刷后溶剂不易挥发，影响粘结力。当温度高于 30℃时，胶粘剂涂刷后，表面的溶剂蒸发过快，形成干膜，内部溶剂不易挥发，留在胶膜内易出现起泡等质量问题。

相对湿度以不大于 80％为宜。相对湿度太高，基体表面易生锈，胶粘剂干燥时间太长等，均会影响粘结力。

当环境温度较低、湿度较高时，可采用除湿和送热风的办法，可获得较好的效果。但因衬胶场所内多为易燃易爆物，为确保安全，罐内不得设置红外线加热器、插销、插座、铡刀等易产生电火花的电器构件。

7.3 衬 里

（Ⅰ）主控项目

7.3.1 搭接缝的宽度（此处指接缝处上下胶板粘结面的宽度）以确保接缝质量为前提，但若搭接太宽，不仅浪费材料，而且给接缝处的电火花针孔检查造成困难。对于大型设备封头与筒体，顶、底与筒体搭接宽度的规定，主要是为了便于衬里操作。

多层胶板衬里的相邻胶层，其接缝应错开的原因，一是为了方便操作，二是为防止表面层接缝暴露时形成贯穿缝。其错开净距 100mm，为最小间隔距离。

7.3.2 接头应采用丁字缝不得有通缝，一是为了尽量使接头的横向接缝较平滑过渡，不会因上下缝重叠而在衬里层形成高低差过大的鼓包；二是减少因胶层过多可能造成压合不实，粘结不牢的隐患；三是缓解胶层受力不均、应力集中的弊端。

7.3.3 胶板贴衬后，不得漏压或漏刮，这是排除粘合面空气，确保贴衬质量的基本条件。对发现的翘边、离层、起泡，应进行修复并复检合格。

7.3.4 贴衬密封法兰的胶板应是整块，不得对接、不得有沟槽，应贴衬平整、粘接牢固，才能起到密封、耐用的作用。

7.3.5 先衬贴与设备衬里相同的已硫化的，其内径尺寸较法兰孔大 30mm～60mm 并切成 30°坡口的胶板，全部压合密实后，再衬贴法兰孔内的未硫化胶板，并翻至法兰面上已硫化胶板的坡口上，再压合密实。这是近年来在我国已普遍采用的衬胶新工艺。它较好地解决了长久以来本体硫化法兰面衬胶普遍欠硫的问题。

检查验收的关键：一是已硫化胶板和法兰面粘结应密实、牢固；二是已硫化胶板内孔和法兰孔内径比例要合适，不至于造成法兰孔内衬未硫化胶板变形过大而明显变薄；三是未硫化胶板和已硫化胶板搭边处应粘结牢固，不得翘边；四是未硫化胶板自身接缝处应粘结牢固，不得翘边。

7.3.6 中间检查应注意以下几点：

1 对电火花针孔检测仪和磁性测厚仪应事先用合格胶板进行校对，以免检测有误。

2 不得漏检。

3 电火花检测仪的检测，应按本规范第 7.3.7 条的规定执行。

7.3.7 衬里层的针孔检查，目前国内和国外通常使用电火花检测仪检查。检测时，应符合现行国家标准《橡胶衬里　第 1 部分　设备防腐衬里》GB 18241.1—2001 附录 B 的规定。

7.3.9 硫化胶板的硬度检测应按现行国家标准《硫化橡胶或热塑性橡胶　压入硬度试验方法　第 1 部分：邵氏硬度计法（邵尔硬度）》GB/T 531.1—2008 的规定进行。硬度分为邵尔 A 或邵尔 D，邵尔 A 适用于软胶，邵尔 D 适用于硬胶或半硬胶。

衬胶制品硬度检测点数，验收规范的规定是从国内实际情况出发，又参考了一些国外标准规定的。对于硫化罐硫化的衬胶制品，由于硫化条件好，同一罐硬度比较一致，所以每罐取 5 点后，取其算术平均值即代表该罐硫化后胶层的硬度；对于本体硫化设备或热水硫化设备，由于硫化时各部分温度不一致，硫化程度也不尽相同，应选择衬胶面几处有代表性的地方进行硬度测量，每处测量点为 3 个，其算术平均值应符合胶板制造厂提供的硬度值范围。

环境温度对硬度值的影响较大，按要求应在标准温度下（23℃±2℃）测量，但现场条件满足不了，所以胶板制造厂应提供在不同温度下与在标准温度下硬度值的对照表，以便在环境温度下测得硬度后进行换算。

8 塑料衬里

8.1 一般规定

8.1.2～8.1.4 检验数量的确定，是根据国情和现场的实际情况确定的。

（Ⅰ）主控项目

8.1.5 衬里压力试验的目的是检测强度和密封情况。压力试验的技术参数是根据国家现行标准《塑料衬里设备 水压试验方法》HG/T 4089 和《氟塑料衬里压力容器 压力试验方法》GB/T 23711.6 等有关标准规定的。

8.1.7 电火花检测的主要目的是检验衬里层的耐腐蚀性能、抗渗透性能。塑料衬里大多使用在腐蚀性介质中，如水压检验已通过，表明强度和密封已经合格，但抗渗透性不一定合格，故应进行电火花检测。电火花检测的技术参数是直接引用了现行国家标准《氟塑料衬里压力容器 电火花试验方法》GB/T 23711.1—2009 的规定。

（Ⅱ）一般项目

8.1.8 衬里的外观质量，采用观察检查时，特别要检查翻边支管等关键部位，这些部位往往出问题。碳化黑点主要是在加工成型时，部分灰尘等进入塑料里面形成的，其会影响产品的使用寿命，观测时可用5倍放大镜进行观察。

8.1.9 塑料衬里与外壳贴合应紧密，检验方法是用橡胶榔头轻轻拍打是否有明显空隙的回音。

8.2 原材料的质量要求

主控项目

8.2.2 氯丁胶粘剂、聚异氰酸酯材料的质量应注意符合环保的规定。

8.2.3 用于压力容器衬里的塑料板，必须采用电火花针孔检测仪检测材料的针孔，以保证该材料的耐腐蚀性能和抗渗透性能。复验测试拉伸强度，是为了保证材料的强度，以避免不合格材料用到衬里设备上。拉伸强度的测定应按现行国家标准《塑料拉伸性能的测定 第1部分：总则》GB/T 1040.1 和《塑料拉伸性能的测定 第3部分：薄膜和薄片的试验条件》GB/T 1040.3 的规定执行。本条为强制性条文，必须严格执行。

8.4 氟塑料板衬里设备

（Ⅰ）主控项目

8.4.1 对乙烯-四氟乙烯共聚物和聚偏氟乙烯板热风焊或聚四氟乙烯板材热压焊进行检查时，人体不得踩踏衬里，当必须踩踏时，应穿带套的软鞋。

（Ⅱ）一般项目

8.4.2 焊接工艺评定是为使焊接接头符合标准要求，并对所拟定的焊接工艺规程进行验证性试验及结果评价。焊接工艺因数分重要因数和次要因数，具体评定的要求见塑料焊接工艺评定的系列化工行业标准。

8.5 塑料衬里管道

（Ⅰ）主控项目

8.5.2 由于塑料本身是塑性的，衬里翻边面在装配前如有少许的波浪面，装配压紧后就应密封可靠。

（Ⅱ）一般项目

8.5.3 基体处理表面质量应达到 Sa2 $\frac{1}{2}$ 级，可以采用对比样板进行比较。

9 玻璃鳞片衬里

9.1 一般规定

9.1.1～9.1.3 在乙烯基酯树脂类、双酚A型不饱和聚酯树脂类和环氧树脂类玻璃鳞片衬里施工过程中及结束后，对涂层质量需要进行检查的数量，原材料和制成品的取样作出了规定。

（Ⅰ）主控项目

9.1.4 衬里施工前的基体表面处理达标要求：一是表面除锈程度，二是表面粗糙度。这是确保设备衬里质量的先决条件。表面油污、油脂及其他非锈污染物的存在会影响衬里与基体表面的附着力。一旦衬里施工完毕，任何基体表面与内外支撑件之间的焊接、铆接、螺接都将破坏衬里层的完整。衬里侧焊缝、焊瘤、弧坑、焊渣等瑕疵都将影响衬里的施工质量。

（Ⅱ）一般项目

9.1.5 从国内燃煤电厂 FGD 系统鳞片衬里失效的案例分析中可以看出，绝大多数衬里层在投入使用不久发生了脱层、起壳等现象，都是因为赶工期而未采取任何措施，在低温环境和湿度超标的情况下强行施工造成的。主要原因是涂料与基体表面的附着力出现了问题。因此，需要对施工环境温度和相对湿度进行控制，当超过控制指标时，应采用加温或除湿措施。

9.2 原材料和制成品的质量要求

一 般 项 目

9.2.3 树脂玻璃鳞片混合料（指未固化的）和制成品（指固化物）的质量指标，主要来源有：国家现行标准《玻璃鳞片衬里胶泥》HG/T 3797、日本标准《玻璃干胚料乙烯基脂树脂衬里膜》JISK6940 及近十年来国内研究和工程应用经验的总结。

9.3 衬 里

（Ⅰ）主 控 项 目

9.3.1～9.3.4 这几条规定了衬里层质量检查的具体方法，从附着牢固、表面固化程度、厚度和针孔检查等几方面把关。

（Ⅱ）一 般 项 目

9.3.5 在规定的涂装间隔时间内施工，才能确保涂层间具有优良的附着力。

9.3.6 合理的养护期使衬里层固化完全后，确保其性能发挥作用。

10 铅 衬 里

10.1 一 般 规 定

10.1.1 本条规定了本章的适用范围。

10.2 原材料的质量要求

（Ⅰ）主 控 项 目

10.2.1 铅中含有的杂质对铅的性能有很大的影响。铅的杂质是在其制造过程中，铅矿石中含有的其他元素在冶炼时没有被除去，并混入了铅材之中，这些杂质的存在导致铅的某些性能有所改变。根据铅中含有杂质的种类和数量的不同，铅的牌号也有所不同。故根据现行国家标准《铅及铅锑合金板》GB 1470 对其化学成分及规格作出规定，并将其列为主控项目。

10.2.2 铅焊施工中，焊条的质量直接影响焊接质量，故将其列为主控项目。

10.2.3 铅衬里用于强腐蚀性环境中，如果铅板及搪铅母材存在砂眼、裂缝等缺陷，强腐蚀性介质会从这些缺陷部位腐蚀渗透，从而损坏整个铅衬里层，严重影响其安全使用功能，故列为主控项目。

（Ⅱ）一 般 项 目

10.2.4 为了保证焊接质量，焊条表面应干净、无氧化膜和其他污物。此外铅焊时，熔铅的流动性大，加入焊条速度应准确迅速，因此选择焊条直径的大小也十分重要。

10.3 衬 铅

（Ⅰ）主 控 项 目

10.3.1 衬铅应按设计要求的结构和厚度进行施工，否则会影响其安全使用功能。故将其列为主控项目。

10.3.2 铅表面容易氧化，生成氧化铅膜，随着温度的升高，氧化膜生成的速度加快，氧化铅的熔点比铅高，相对密度较铅小。为了保证焊接质量，在施焊前要用刮刀刮去母材焊口的氧化膜。多层焊接时，施焊到下层前也要刮去焊缝表面的氧化膜，以防施焊时形成夹渣或隔离层，从而影响焊缝的结合。故将其列为主控项目。

（Ⅱ）一 般 项 目

10.3.3 衬铅的施工质量：

1 铅焊时，熔铅的流动性大，故厚度在 7mm 以下的焊件，常采用搭接焊。

2 铅的机械强度低，即使很小的应力，也会产生蠕变现象。因此铅板的固定，是衬铅工作的重要环节。

3 铅板与设备壳壁贴合不良，有凸凹不平现象，常发生在设备拐角部分。这种缺陷，只要仔细拍打即可消除。贴合不紧密，则会加速衬铅板的脱落。

4 衬铅施工时，铅板应妥善保护，避免受到碰伤、刺孔、践踏；不得有铁渣、砂子嵌入铅板中；击打铅板过重或者击打过于集中，这些均能危害衬铅板的质量。焊条混入了杂质，焊接质量不高，焊缝部分不严密，会降低焊缝的耐腐蚀性能和强度，也会加速衬铅板的破坏。

若对焊缝质量有明显怀疑时，可对焊缝做剖割检查。由于铅很软，机械剖割容易将缺陷混淆，难以辨别，所以常用火焰烧削法进行检查。剖割检查属破坏检查，检查后，再将被破坏处重新衬好。

试压检查有水压试验、气压检查、氨气气密性试验三种，可选用其中的一种方法进行检查。

1）水压试验。常压容器的衬铅，多采用盛水试漏。一般衬里前，在设备外壳最低处钻 2 个～4 个直径 5mm～10mm 的小孔。试漏时，分段盛水，每一段停留 2h～4h，若小孔漏水，说明该段有缺陷，应对该段进行检查修补，直至不漏。再全部装满水，保持 24h 以上，无渗漏为止；受压设备，可采用水压试验。将水装满设备密封，用水泵加压，从钻孔处检查有无水漏出。当压力达到工作压力的1.5倍时，保持时间为3min～5min，即降至工作压力进行全面检查，若压力不下降，小孔无漏水即为合格。

2）气压检查。对不适合水压检查的设备，可采用气压检查。设备密闭后，向设备内通入压缩空气，使压力达到0.2MPa～0.3MPa，在设备下部小孔或法兰铅翻边处涂上肥皂水进行检查。若有气泡产生说明有渗漏，需对铅板、焊缝重新检查并对缺陷处重新施焊，直至无渗漏为止。

3）氨气气密性试验。一般采用氨气做气密性试验，将氨气通入设备内或设备与衬里的夹层中，但严格控制氨气的流速和压力，不得将铅板吹凸。在衬里的焊道上涂抹酚酞酒精溶液，溶液不变红色，即说明焊道无漏处。

10.4 搪 铅

（Ⅰ）主 控 项 目

10.4.1 搪铅应按设计要求的结构和厚度进行施工，否则会影响其安全使用功能。故将其列为主控项目。

（Ⅱ）一 般 项 目

10.4.2 搪铅的施工质量：

1 表面处理是搪铅施工中必要且重要的一道工序，增强搪铅层附着力。

2 由于熔铅的流动性大，所以搪铅应在水平的位置上进行。搪铅层每次宜搪2mm～4mm厚，搪道的宽度宜为15mm～25mm，长度一般在500mm左右，不宜过长。

3 间接搪铅法施工，若挂锡层较厚，容易使锡混入铅层，从而减弱铅层的耐腐蚀性能。

4～6 搪铅过程中，由于技术不熟练和设备表面处理不好等原因，容易产生一些缺陷，会造成不良后果，应消除。常发生的缺陷有：搪铅层不平整，表面有凸凹不平、裂纹、焊瘤等现象；搪铅层薄厚不均；搪铅层与被搪表面没有粘结牢，仅仅是覆盖在上面，局部有鼓包现象；搪铅层中有夹层、夹渣和氧化物等杂质；搪铅层中有气孔或熔池缩孔；搪铅层中铅的纯度低，含锡、锑等杂质过多。

用超声波探伤器检查，探头在搪铅层背面移动。若粘结良好，其示波器中显示波形是均匀的；若粘结不好，则波形是杂乱的。

若对搪铅层质量有明显怀疑时，可对搪铅层做剖视检查。在搪铅表面选定2处～3处，用扁铲将搪铅层铲掉一部分，检查粘结情况，同时还可以检查搪铅层厚度。也可采用钻孔的方法检查粘结和厚度情况。剖视检查属破坏检查，检查后，再将被破坏处重新搪好。

点蚀检查有抹酸检查法和蒸汽检查法，应根据现场条件和设备容积，选用其中一种方法进行检查。抹酸检查法，在搪铅表面用20%的硫酸均匀涂抹，放置48h后，检查无腐蚀点为合格；蒸汽检查法，在设备内通入蒸汽，保持设备内特别潮湿，停放40h后，检查无锈斑出现为合格。

上述缺陷中，最常见的是搪铅层不平整。消除的方法是将缺陷处的位置垫平，再用火焰跑一遍，此时火焰走动应略慢。

11 喷涂聚脲衬里

11.0.1 本章喷涂聚脲衬里的质量验收仅适用于防腐工程，不适用于防水工程的验收，因有些检测项目和检测方法存在差异。

11.0.2 对质量有严重影响的部分，可进行破坏性检查，主要是指防腐涂层在液态介质流量冲击变化较大的部位或现场目测有异议的部位。

11.0.3 主要指标是指衬里质量严重影响防腐效果的项目。

（Ⅰ）主 控 项 目

11.0.6 电火花仪测试是检查喷涂型聚脲涂层致密性能的手段。当厚度增加时，其耐电压指标相应增大。当电火花的移动速度小于或等于0.3m/s时，也不能长时间在一点停留。

11.0.7 附着力的测试应按国家现行标准《建筑工程饰面砖粘接强度检验标准》JGJ 110的规定进行检测，一般情况为涂膜后25℃条件下，养护3d～5d后测试。

（Ⅱ）一 般 项 目

11.0.8 影响喷涂型聚脲涂层面层质量的因素包括：基层处理、配合比、施工环境温度、施工方法等。如果表面处理未达标等情况，则可能引起面层局部起壳或鼓泡，从而会蔓延到整个面层；在施工过程中，如施工操作方法不当，也会引起面层的起壳或脱层。故允许少量局部过喷现象或每平方米面积小于200mm的壳层或鼓泡数量不得大于2个。

12 氯丁胶乳水泥砂浆衬里

12.1 一 般 规 定

12.1.1 本条规定了本章的适用范围。氯丁胶乳水泥砂浆防腐蚀工程应包括工业设备、管道内表面铺抹的氯丁胶乳水泥砂浆整体衬里面层。

12.1.2 氯丁胶乳水泥砂浆衬里工程的检验数量是根据现场实际情况确定的。

12.2 原材料和制成品的质量要求

（Ⅰ）主 控 项 目

12.2.1 氯丁胶乳水泥砂浆防腐蚀工程质量，首先取决于所用原材料的质量，所以应严格控制氯丁胶乳水泥砂浆防腐蚀工程所用各种原材料的质量，对于产品质量检验数据不全或对现场产品质量产生怀疑时，应按要求对材料规定的性能指标进行现场抽样复验。

12.3 衬 里

（Ⅰ）主 控 项 目

12.3.2 整体面层出现裂缝、脱皮、起砂和麻面，说明存在材料或施工的质量问题，会造成保护层部分或全部失去保护作用，故列为主控项目。

12.3.3 氯丁胶乳水泥砂浆防腐蚀工程中的转角处、结构件、预留孔、管道出入口的质量难控制，容易在这些地方产生腐蚀，故列为主控项目。

（Ⅱ）一 般 项 目

12.3.7 氯丁胶乳水泥砂浆的强度是随着时间的推移逐渐增加的。另外，氯丁胶乳水泥砂浆面层如果失水过快，会导致开裂，强度降低，失去保护作用，所以要适当洒水养护。

13 涂 料 涂 层

（Ⅰ）主 控 项 目

13.0.4 涂料的品种和质量是涂料类防腐蚀工程质量好坏的重要因素之一。不同品种的涂料性能差别很大，即使用同一品种不同厂家的涂料，其性能也不完全一致。采用不合格的涂料会导致质量事故，为此将涂料的品种和质量列为主控项目。

13.0.5 涂装配套系统、施工工艺及涂刷间隔时间等都是涂料性能要求的，在现场施工时应按涂料性能要求进行。否则会发生涂层咬底、中间层结合不牢等缺陷，故列为主控项目。

13.0.6 涂层的层数和厚度直接影响到涂层的使用寿命，故应满足设计的规定。考虑到因施工的不均匀性，涂层难免出现达不到设计要求的厚度，这虽然不会立即造成质量事故，但会影响使用寿命。为避免不必要的返工，根据现场实际情况作此条规定。

（Ⅱ）一 般 项 目

13.0.7 涂层外观质量的检查是衡量涂料产品质量和施工质量的重要指标。涂层表面的平整和色泽直接影响到涂层的装饰效果。流挂、起皱、无脱皮、返锈、漏涂等缺陷表明产品质量和施工质量有问题，直接影响防腐蚀工程质量和使用寿命。

13.0.8 涂层附着力的检查是控制涂料类防腐蚀工程质量的重要指标，涂层附着力主要使用的标准方法是依据现行国家标准《色漆和清漆　漆膜的划格试验》GB/T 9286、《硫化橡胶或热塑性橡胶撕裂强度的测定（裤形、直角形和新月形试样）》GB/T 529 和《工业建筑防腐蚀设计规范》GB 50046 的规定。

这些方法适用于单层或复合涂层和基层表面附着力的检查，也适用于涂层层间附着力的检查。涂层附着力检验是破坏性的，检查之后要求及时进行修补。

涂层和基层的附着力是涂层质量好坏的关键。涂层的附着力是指涂层牢固地附着在被涂物上而不剥落的能力。涂层间化学键力，涂层和被涂物间分子作用力，涂层和被涂物之间的静电引力等都是决定涂层附着力的关键。为了提高涂层的附着力，常需提高成膜树脂的极性，并控制碳键聚合物的分子量。一般情况使它在成膜前分子量不太大，而在形成固化涂层时转化为高分子量的体型结构，这样可以提高涂层的附着力。涂层的附着力除由树脂结构起决定作用外，还与被涂物的材质和基体表面处理有密切关系。例如：铁红底涂料对铝表面附着力很差，而对除锈良好的钢铁表面有很好的附着力。一旦涂层附着力不好，会出现裂纹、起皱、脱皮等现象，工程投入使用后，腐蚀介质渗入，导致整个涂层的损坏，丧失防腐蚀能力。

13.0.9 涂层针孔质量在检查时宜选用涂层高电压火花仪或低电压漏涂检查仪检查方法。两种方法的区别在涂层上使用高压火花仪法，会导致涂层受损；使用低压漏涂法不会导致涂层受损，但检查针孔误差大。在选用高压火花仪使用前要对涂层的总厚度和涂层的绝缘性进行考虑，选择合适的测量电压。对于检查出的针孔及缺陷应按要求及时进行修补。

14 金属热喷涂层

（Ⅰ）主 控 项 目

14.0.2～14.0.4 金属热喷涂层材料、涂层厚度和涂层外观决定涂层的使用功能和寿命，因此将这三条列为主控项目。

“局部厚度”即在基准面上进行规定次数厚度测量所得涂层厚度的平均值。“最小局部厚度”即各局部厚度中的最小值。现行国家标准《金属和其他无机覆盖层　热喷涂　锌、铝及其合金》GB/T 9793—1997、《热喷涂涂层厚度的无损测量方法》GB/T 11374—1989 和 ISO 2063：2005 规定：“金属喷涂层厚度由其最小局部厚度确定”，故最小局部厚度不应小于设计规定值。

（Ⅱ）一 般 项 目

14.0.9 当设计没有要求抗拉结合强度测定时，应采用定性试验方法检验涂层结合强度。其定性试验方法应符合现行国家标准《金属和其他无机覆盖层 热喷涂 锌、铝及其合金》GB/T 9793的相关规定。当采用定量测定方法时，抗拉结合强度的测定应按现行国家标准《热喷涂 抗拉结合强度的测定》GB/T 8642进行。

15 分部（子分部）工程验收

15.0.1、15.0.2 工程验收在施工单位自检合格的基础上进行，有利于加强自控主体的责任心。不符合质量标准要求时，及时进行处理。分项工程按检验批进行，有助于及时纠正施工中出现的质量问题，检验批、分项工程验收合格后再进行分部工程质量验收，确保工程质量，也符合施工实际的需要。

15.0.3 本条规定了工程验收应提交的质量控制文件和保证资料，体现了施工全过程控制，应做到真实、准确，不得有涂改和伪造。

15.0.4 有特殊要求的防腐蚀工程，还会根据设备或管道的使用功能提出一些特殊防腐蚀要求，此类工程验收时，除执行本规范外，还应按设计或材料产品说明对特殊要求进行检测和验收。

中华人民共和国国家标准

城镇给水排水技术规范

Technical code for water supply and sewerage of urban

GB 50788—2012

主编部门：中华人民共和国住房和城乡建设部
批准部门：中华人民共和国住房和城乡建设部
施行日期：2 0 1 2 年 1 0 月 1 日

中华人民共和国住房和城乡建设部
公　告

第1413号

关于发布国家标准《城镇给水排水技术规范》的公告

现批准《城镇给水排水技术规范》为国家标准，编号为GB 50788－2012，自2012年10月1日起实施。本规范全部条文为强制性条文，必须严格执行。

本规范由我部标准定额研究所组织中国建筑工业出版社出版发行。

中华人民共和国住房和城乡建设部

2012年5月28日

前　言

根据原建设部《关于印发〈2007年工程建设标准规范制订、修订计划（第一批）〉的通知》（建标［2007］125号文）的要求，规范编制组经广泛调查研究，认真总结实践经验，参考有关国际标准和国外先进标准，并在广泛征求意见的基础上，编制了本规范。

本规范是以城镇给水排水系统和设施的功能和性能要求为主要技术内容，包括：城镇给水排水工程的规划、设计、施工和运行管理中涉及安全、卫生、环境保护、资源节约及其他社会公共利益方面的相关技术要求。规范共分7章：1. 总则；2. 基本规定；3. 城镇给水；4. 城镇排水；5. 污水再生利用与雨水利用；6. 结构；7. 机械、电气与自动化。

本规范全部条文为强制性条文，必须严格执行。

本规范由住房和城乡建设部负责管理和解释，由住房和城乡建设部标准定额研究所负责具体技术内容的解释。执行过程中如有意见或建议，请寄送住房和城乡建设部标准定额研究所（地址：北京市海淀区三里河路9号，邮编：100835）。

本规范主编单位：住房和城乡建设部标准定额研究所
城市建设研究院

本规范参编单位：中国市政工程华北设计研究总院
上海市政工程设计研究总院（集团）有限公司
北京市市政工程设计研究总院
中国建筑设计研究院机电专业设计研究院
上海市城市建设设计研究总院
北京首创股份有限公司
深圳市水务（集团）有限公司
北京市节约用水管理中心
德安集团

本规范主要起草人员：宋序彤　高　鹏　陈国义　李　铮　吕士健　陈　冰　陈湧城　牛树勤　徐扬纲　李　晶　朱广汉　李春光　赵　锂　刘振印　沈世杰　刘雨生　戴孙放　王家华　张金松　韩　伟　汪宏玲　饶文华

本规范主要审查人员：杨　榕　罗万申　章林伟　刘志琪　厉彦松　王洪臣　朱雁伯　左亚洲　刘建华　郑克白　葛春辉　王长祥　石　泉　刘百德　焦永达

目次

Contents

1 总 则

1.0.1 为保障城镇用水安全和城镇水环境质量，维护水的健康循环，规范城镇给水排水系统和设施的基本功能和技术性能，制定本规范。

1.0.2 本规范适用于城镇给水、城镇排水、污水再生利用和雨水利用相关系统和设施的规划、勘察、设计、施工、验收、运行、维护和管理等。

城镇给水包括取水、输水、净水、配水和建筑给水等系统和设施；城镇排水包括建筑排水，雨水和污水的收集、输送、处理和处置等系统和设施；污水再生利用和雨水利用包括城镇污水再生利用和雨水利用系统及局部区域、住区、建筑中水和雨水利用等设施。

1.0.3 城镇给水排水系统和设施的规划、勘察、设计、施工、运行、维护和管理应遵循安全供水、保障服务功能、节约资源、保护环境、同水的自然循环协调发展的原则。

1.0.4 城镇给水排水系统和设施的规划、勘察、设计、施工、运行、维护和管理除应符合本规范的规定外，尚应符合国家现行有关标准的规定；当有关现行标准与本规范的规定不一致时，应按本规范的规定执行。

2 基本规定

2.0.1 城镇必须建设与其发展需求相适应的给水排水系统，维护水环境生态安全。

2.0.2 城镇给水、排水规划，应以区域总体规划、城市总体规划和镇总体规划为依据，应与水资源规划、水污染防治规划、生态环境保护规划和防灾规划等相协调。城镇排水规划与城镇给水规划应相互协调。

2.0.3 城镇给水排水设施应具备应对自然灾害、事故灾难、公共卫生事件和社会安全事件等突发事件的能力。

2.0.4 城镇给水排水设施的防洪标准不得低于所服务城镇设防的相应要求，并应留有适当的安全裕度。

2.0.5 城镇给水排水设施必须采用质量合格的材料与设备。城镇给水设施的材料与设备还必须满足卫生安全要求。

2.0.6 城镇给水排水系统应采用节水和节能型工艺、设备、器具和产品。

2.0.7 城镇给水排水系统中有关生产安全、环境保护和节水设施的建设，应与主体工程同时设计、同时施工、同时投产使用。

2.0.8 城镇给水排水系统和设施的运行、维护、管理应制定相应的操作标准，并严格执行。

2.0.9 城镇给水排水工程建设和运行过程中必须做好相关设施的建设和管理，满足生产安全、职业卫生安全、消防安全和安全保卫的要求。

2.0.10 城镇给水排水工程建设和运行过程产生的噪声、废水、废气和固体废弃物不应对周边环境和人身健康造成危害，并应采取措施减少温室气体的排放。

2.0.11 城镇给水排水设施运行过程中使用和产生的易燃、易爆及有毒化学危险品应实施严格管理，防止人身伤害和灾害性事故发生。

2.0.12 设置于公共场所的城镇给水排水相关设施应采取安全防护措施，便于维护，且不应影响公众安全。

2.0.13 城镇给水排水设施应根据其储存或传输介质的腐蚀性质及环境条件，确定构筑物、设备和管道应采取的相应防腐蚀措施。

2.0.14 当采用的新技术、新工艺和新材料无现行标准予以规范或不符合工程建设强制性标准时，应按相关程序和规定予以核准。

3 城镇给水

3.1 一般规定

3.1.1 城镇给水系统应具有保障连续不间断地向城镇供水的能力，满足城镇用水对水质、水量和水压的用水需求。

3.1.2 城镇给水中生活饮用水的水质必须符合国家现行生活饮用水卫生标准的要求。

3.1.3 给水工程规模应保障供水范围规定年限内的最高日用水量。

3.1.4 城镇用水量应与城镇水资源相协调。

3.1.5 城镇给水规划应在科学预测城镇用水量的基础上，合理开发利用水资源、协调给水设施的布局、正确指导给水工程建设。

3.1.6 城镇给水系统应具有完善的水质监测制度，配备合格的检测人员和仪器设备，对水质实施严格有效的监管。

3.1.7 城镇给水系统应建立完整、准确的水质监测档案。

3.1.8 供水、用水必须计量。

3.1.9 城镇给水系统需要停水时，应提前或及时通告。

3.1.10 城镇给水系统进行改、扩建工程时，应保障城镇供水安全，并应对相邻设施实施保护。

3.2 水源和取水

3.2.1 城镇给水水源的选择应以水资源勘察评价报告为依据，应确保取水量和水质可靠，严禁盲目开发。

3.2.2　城镇给水水源地应划定保护区，并应采取相应的水质安全保障措施。

3.2.3　大中城市应规划建设城市备用水源。

3.2.4　当水源为地下水时，取水量必须小于允许开采量。当水源为地表水时，设计枯水流量保证率和设计枯水位保证率不应低于90%。

3.2.5　地表水取水构筑物的建设应根据水文、地形、地质、施工、通航等条件，选择技术可行、经济合理、安全可靠的方案。

3.2.6　在高浊度江河、入海感潮江河、湖泊和水库取水时，取水设施位置的选择及采取的避沙、防冰、避咸、除藻措施应保证取水水质安全可靠。

3.3　给水泵站

3.3.1　给水泵站的规模应满足用户对水量和水压的要求。

3.3.2　给水泵站应设置备用水泵。

3.3.3　给水泵站的布置应满足设备的安装、运行、维护和检修的要求。

3.3.4　给水泵站应具备可靠的排水设施。

3.3.5　对可能发生水锤的给水泵站应采取消除水锤危害的措施。

3.4　输配管网

3.4.1　输水管道的布置应符合城镇总体规划，应以管线短、占地少、不破坏环境、施工和维护方便、运行安全为准则。

3.4.2　输配水管道的设计水量和设计压力应满足使用要求。

3.4.3　事故用水量应为设计水量的70%。当城镇输水采用2条以上管道时，应按满足事故用水量设置连通管；在多水源或设置了调蓄设施并能保证事故用水量的条件下，可采用单管。

3.4.4　长距离管道输水系统的选择应在输水线路、输水方式、管材、管径等方面进行技术、经济比较和安全论证，并应对管道系统进行水力过渡过程分析，采取水锤综合防护措施。

3.4.5　城镇配水管网干管应成环状布置。

3.4.6　应减少供水管网漏损率，并应控制在允许范围内。

3.4.7　供水管网严禁与非生活饮用水管道连通，严禁擅自与自建供水设施连接，严禁穿过毒物污染区；通过腐蚀地段的管道应采取安全保护措施。

3.4.8　供水管网应进行优化设计、优化调度管理，降低能耗。

3.4.9　输配水管道与建（构）筑物及其他管线的距离、位置应保证供水安全。

3.4.10　当输配水管道穿越铁路、公路和城市道路时，应保证设施安全；当埋设在河底时，管内水流速度应大于不淤流速，并应防止管道被洪水冲刷破坏和影响航运。

3.4.11　敷设在有冰冻危险地区的管道应采取防冻措施。

3.4.12　压力管道竣工验收前应进行水压试验。生活饮用水管道运行前应冲洗、消毒。

3.5　给水处理

3.5.1　城镇水厂对原水进行处理，出厂水水质不得低于现行国家生活饮用水卫生标准的要求，并应留有必要的裕度。

3.5.2　城镇水厂平面布置和竖向设计应满足各建（构）筑物的功能、运行和维护的要求，主要建（构）筑物之间应通行方便、保障安全。

3.5.3　生活饮用水必须消毒。

3.5.4　城镇水厂中储存生活饮用水的调蓄构筑物应采取卫生防护措施，确保水质安全。

3.5.5　城镇水厂的工艺排水应回收利用。

3.5.6　城镇水厂产生的泥浆应进行处理并合理处置。

3.5.7　城镇水厂处理工艺中所涉及的化学药剂，在生产、运输、存储、运行的过程中应采取有效防腐、防泄漏、防毒、防爆措施。

3.6　建筑给水

3.6.1　民用建筑与小区应根据节约用水的原则，结合当地气候和水资源条件、建筑标准、卫生器具完善程度等因素合理确定生活用水定额。

3.6.2　设置的生活饮用水管道不得受到污染，应方便安装与维修，并不得影响结构的安全和建筑物的使用。

3.6.3　生活饮用水不得因管道、设施产生回流而受污染，应根据回流性质、回流污染危害程度，采取可靠的防回流措施。

3.6.4　生活饮用水水池、水箱、水塔的设置应防止污水、废水等非饮用水的渗入和污染，并应采取保证储水不变质、不冻结的措施。

3.6.5　建筑给水系统应充分利用室外给水管网压力直接供水，竖向分区应根据使用要求、材料设备性能、节能、节水和维护管理等因素确定。

3.6.6　给水加压、循环冷却等设备不得设置在居住用房的上层、下层和毗邻的房间内，不得污染居住环境。

3.6.7　生活饮用水的水池（箱）应配置消毒设施，供水设施在交付使用前必须清洗和消毒。

3.6.8　消防给水系统和灭火设施应根据建筑用途、功能、规模、重要性及火灾特性、火灾危险性等因素合理配置。

3.6.9　消防给水水源必须安全可靠。

3.6.10　消防给水系统的水量、水压应满足使用要求。

3.6.11 消防给水系统的构筑物、站室、设备、管网等均应采取安全防护措施，其供电应安全可靠。

3.7 建筑热水和直饮水

3.7.1 建筑热水定额的确定应与建筑给水定额匹配，建筑热水热源应根据当地可再生能源、热资源条件并结合用户使用要求确定。

3.7.2 建筑热水供应应保证用水终端的水质符合现行国家生活饮用水水质标准的要求。

3.7.3 建筑热水水温应满足使用要求，特殊建筑内的热水供应应采取防烫伤措施。

3.7.4 水加热、储热设备及热水供应系统应保证安全、可靠地供水。

3.7.5 热水供水管道系统应设置必要的安全设施。

3.7.6 管道直饮水系统用户端的水质应符合现行行业标准《饮用净水水质标准》CJ 94 的规定，且应采取严格的保障措施。

4 城镇排水

4.1 一般规定

4.1.1 城镇排水系统应具有有效收集、输送、处理、处置和利用城镇雨水和污水，减少水污染物排放，并防止城镇被雨水、污水淹渍的功能。

4.1.2 城镇排水规划应合理确定排水系统的工程规模、总体布局和综合径流系数等，正确指导排水工程建设。城镇排水系统应与社会经济发展和相关基础设施建设相协调。

4.1.3 城镇排水体制的确定必须遵循因地制宜的原则，应综合考虑原有排水管网情况、地区降水特征、受纳水体环境容量等条件。

4.1.4 合流制排水系统应设置污水截流设施，合理确定截流倍数。

4.1.5 城镇采用分流制排水系统时，严禁雨、污水管渠混接。

4.1.6 城镇雨水系统的建设应利于雨水就近入渗、调蓄或收集利用，降低雨水径流总量和峰值流量，减少对水生态环境的影响。

4.1.7 城镇所有用水过程产生的污染水必须进行处理，不得随意排放。

4.1.8 排入城镇污水管渠的污水水质必须符合国家现行标准的规定。

4.1.9 城镇排水设施的选址和建设应符合防灾专项规划。

4.1.10 对于产生有毒有害气体或可燃气体的泵站、管道、检查井、构筑物或设备进行放空清理或维修时，必须采取确保安全的措施。

4.2 建筑排水

4.2.1 建筑排水设备、管道的布置与敷设不得对生活饮用水、食品造成污染，不得危害建筑结构和设备的安全，不得影响居住环境。

4.2.2 当不自带水封的卫生器具与污水管道或其他可能产生有害气体的排水管道连接时，应采取有效措施防止有害气体的泄漏。

4.2.3 地下室、半地下室中的卫生器具和地漏不得与上部排水管道连接，应采用压力排水系统，并应保证污水、废水安全可靠的排出。

4.2.4 下沉式广场、地下车库出入口等不能采用重力流排出雨水的场所，应设置压力流雨水排水系统，保证雨水及时安全排出。

4.2.5 化粪池的设置不得污染地下取水构筑物及生活储水池。

4.2.6 医疗机构的污水应根据污水性质、排放条件采取相应的处理工艺，并必须进行消毒处理。

4.2.7 建筑屋面雨水排除、溢流设施的设置和排水能力不得影响屋面结构、墙体及人员安全，并应保证及时排除设计重现期的雨水量。

4.3 排水管渠

4.3.1 排水管渠应经济合理地输送雨水、污水，并应具备下列性能：

1 排水应通畅，不应堵塞；

2 不应危害公众卫生和公众健康；

3 不应危害附近建筑物和市政公用设施；

4 重力流污水管道最大设计充满度应保障安全。

4.3.2 立体交叉地道应设置独立的排水系统。

4.3.3 操作人员下井作业前，必须采取自然通风或人工强制通风使易爆或有毒气体浓度降至安全范围；下井作业时，操作人员应穿戴供压缩空气的隔离式防护服；井下作业期间，必须采用连续的人工通风。

4.3.4 应建立定期巡视、检查、维护和更新排水管渠的制度，并应严格执行。

4.4 排水泵站

4.4.1 排水泵站应安全、可靠、高效地提升、排除雨水和污水。

4.4.2 排水泵站的水泵应满足在最高使用频率时处于高效区运行，在最高工作扬程和最低工作扬程的整个工作范围内应安全稳定运行。

4.4.3 抽送产生易燃易爆和有毒有害气体的室外污水泵站，必须独立设置，并采取相应的安全防护措施。

4.4.4 排水泵站的布置应满足安全防护、机电设备安装、运行和检修的要求。

4.4.5 与立体交叉地道合建的雨水泵站的电气设备

应有不被淹渍的措施。

4.4.6 污水泵站和合流污水泵站应设置备用泵。道路立体交叉地道雨水泵站和为大型公共地下设施设置的雨水泵站应设置备用泵。

4.4.7 排水泵站出水口的设置不得影响受纳水体的使用功能，并应按当地航运、水利、港务和市政等有关部门要求设置消能设施和警示标志。

4.4.8 排水泵站集水池应有清除沉积泥砂的措施。

4.5 污水处理

4.5.1 污水处理厂应具有有效减少城镇水污染物的功能，排放的水、泥和气应符合国家现行相关标准的规定。

4.5.2 污水处理厂应根据国家排放标准、污水水质特征、处理后出水用途等科学确定污水处理程度，合理选择处理工艺。

4.5.3 污水处理厂的总体设计应有利于降低运行能耗，减少臭气和噪声对操作管理人员的影响。

4.5.4 合流制污水处理厂应具有处理截流初期雨水的能力。

4.5.5 污水采用自然处理时不得降低周围环境的质量，不得污染地下水。

4.5.6 城镇污水处理厂出水应消毒后排放，污水消毒场所应有安全防护措施。

4.5.7 污水处理厂应设置水量计量和水质监测设施。

4.6 污泥处理

4.6.1 污泥应进行减量化、稳定化和无害化处理并安全、有效处置。

4.6.2 在污泥消化池、污泥气管道、储气罐、污泥气燃烧装置等具火灾或爆炸危险的场所，应采取安全防范措施。

4.6.3 污泥气应综合利用，不得擅自向大气排放。

4.6.4 污泥浓缩脱水机房应通风良好，溶药场所应采取防滑措施。

4.6.5 污泥堆肥场地应采取防渗和收集处理渗沥液等措施，防止水体污染。

4.6.6 污泥热干化车间和污泥料仓应采取通风防爆的安全措施。

4.6.7 污泥热干化、污泥焚烧车间必须具有烟气净化处理设施。经净化处理后，排放的烟气应符合国家现行相关标准的规定。

5 污水再生利用与雨水利用

5.1 一般规定

5.1.1 城镇应根据总体规划和水资源状况编制城镇再生水与雨水利用规划。

5.1.2 城镇再生水与雨水利用工程应满足用户对水质、水量、水压的要求。

5.1.3 城镇再生水与雨水利用工程应保障用水安全。

5.2 再生水水源和水质

5.2.1 城镇再生水水源应保障水源水质和水量的稳定、可靠、安全。

5.2.2 重金属、有毒有害物质超标的污水、医疗机构污水和放射性废水严禁作为再生水水源。

5.2.3 再生水水质应符合国家现行相关标准的规定。对水质要求不同时，应首先满足用水量大、水质标准低的用户。

5.3 再生水利用安全保障

5.3.1 城镇再生水工程应设置溢流和事故排放管道。当溢流排入管道或水体时应符合国家排放标准的规定；当事故排放时应采取相关应急措施。

5.3.2 城镇再生水利用工程应设置再生水储存设施，并应做好卫生防护工作，保障再生水水质安全。

5.3.3 城镇再生水利用工程应设置消毒设施。

5.3.4 城镇再生水利用工程应设置水量计量和水质监测设施。

5.3.5 当将生活饮用水作为再生水的补水时，应采取可靠有效的防回流污染措施。

5.3.6 再生水用水点和管道应有防止误接或误用的明显标志。

5.4 雨水利用

5.4.1 雨水利用工程建设应以拟建区域近期历年的降雨量资料及其他相关资料作为依据。

5.4.2 雨水利用规划应以雨水收集回用、雨水入渗、调蓄排放等为重点。

5.4.3 雨水利用设施的建设应充分利用城镇及周边区域的天然湖塘洼地、沼泽地、湿地等自然水体。

5.4.4 雨水收集、调蓄、处理和利用工程不应对周边土壤环境、植物的生长、地下含水层的水质和环境景观等造成危害和隐患。

5.4.5 根据雨水收集回用的用途，当有细菌学指标要求时，必须消毒后再利用。

6 结构

6.1 一般规定

6.1.1 城镇给水排水工程中各厂站的地面建筑物，其结构设计、施工及质量验收应符合国家现行工业与民用建筑标准的相应规定。

6.1.2 城镇给水排水设施中主要构筑物的主体结构和地下干管，其结构设计使用年限不应低于50年；

安全等级不应低于二级。

6.1.3 城镇给水排水工程中构筑物和管道的结构设计，必须依据岩土工程勘察报告，确定结构类型、构造、基础形式及地基处理方式。

6.1.4 构筑物和管道结构的设计、施工及管理应符合下列要求：

1 结构设计应计入在正常建造、正常运行过程中可能发生的各种工况的组合荷载、地震作用（位于地震区）和环境影响（温、湿度变化，周围介质影响等）；并正确建立计算模型，进行相应的承载力和变形、开裂控制等计算。

2 结构施工应按照相应的国家现行施工及质量验收标准执行。

3 应制定并执行相应的养护操作规程。

6.1.5 构筑物和管道结构在各项组合作用下的内力分析，应按弹性体计算，不得考虑非弹性变形引起的内力重分布。

6.1.6 对位于地表水或地下水以下的构筑物和管道，应核算施工及使用期间的抗浮稳定性；相应核算水位应依据勘察文件提供的可能发生的最高水位。

6.1.7 构筑物和管道的结构材料，其强度标准值不应低于95%的保证率；当位于抗震设防地区时，结构所用的钢材应符合抗震性能要求。

6.1.8 应控制混凝土中的氯离子含量；当使用碱活性骨料时，尚应限制混凝土中的碱含量。

6.1.9 城镇给水排水工程中的构筑物和地下管道，不应采用遇水浸蚀材料制成的砌块和空芯砌块。

6.1.10 对钢筋混凝土构筑物和管道进行结构设计时，当构件截面处于中心受拉或小偏心受拉时，应按控制不出现裂缝设计；当构件截面处于受弯或大偏心受拉（压）时，应按控制裂缝宽度设计，允许的裂缝宽度应满足正常使用和耐久性要求。

6.1.11 对平面尺寸超长的钢筋混凝土构筑物和管道，应计入混凝土成型过程中水化热及运行期间季节温差的作用，在设计和施工过程中均应制定合理、可靠的应对措施。

6.1.12 进行基坑开挖、支护和降水时，应确保结构自身及其周边环境的安全。

6.1.13 城镇给水排水工程结构的施工及质量验收应符合下列要求：

1 工程采用的成品、半成品和原材料等应符合国家现行相关标准和设计要求，进入施工现场时应进行进场验收，并按国家有关标准规定进行复验。

2 对非开挖施工管道、跨越或穿越江河管道等特殊作业，应制定专项施工方案。

3 对工程施工的全过程应按国家现行相应施工技术标准进行质量控制；每项工程完成后，必须进行检验；相关各分项工程间，必须进行交接验收。

4 所有隐蔽分项工程，必须进行隐蔽验收；未经检验或验收不合格时，不得进行下道分项工程。

5 对不合格分项、分部工程通过返修或加固仍不能满足结构安全或正常使用功能要求时，严禁验收。

6.2 构筑物

6.2.1 盛水构筑物的结构设计，应计入施工期间的水密性试验和运行期间（分区运行、养护维修等）可能发生的各种工况组合作用，包括温度、湿度作用等环境影响。

6.2.2 对预应力混凝土构筑物进行结构设计时，在正常运行时各种组合作用下，应控制构件截面处于受压状态。

6.2.3 盛水构筑物的混凝土材料应符合下列要求：

1 应选用合适的水泥品种和水泥用量。

2 混凝土的水胶比应控制在不大于0.5。

3 应根据运行条件确定混凝土的抗渗等级。

4 应根据环境条件（寒冷或严寒地区）确定混凝土的抗冻等级。

5 应根据环境条件（大气、土壤、地表水或地下水）和运行介质的侵蚀性，有针对性地选用水泥品种和水泥用量，满足抗侵蚀要求。

6.3 管道

6.3.1 城镇给水排水工程中，管道的管材及其接口连接构造等的选用，应根据管道的运行功能、施工敷设条件、环境条件，经技术经济比较确定。

6.3.2 埋地管道的结构设计，应鉴别设计采用管材的刚、柔性。在组合荷载的作用下，对刚性管道应进行强度和裂缝控制核算；对柔性管道，应按管土共同工作的模式进行结构内力分析，核算截面强度、截面环向稳定及变形量。

6.3.3 对开槽敷设的管道，应对管道周围不同部位回填土的压实度分别提出设计要求。

6.3.4 对非开挖顶进施工的管道，管顶承受的竖向土压力应计入上部土体极限平衡裂面上的剪应力对土压力的影响。

6.3.5 对跨越江湖架空敷设的拱形或折线形钢管道，应核算其在侧向荷载作用下，出平面变位引起的 $P-\Delta$ 效应。

6.3.6 对塑料管进行结构核算时，其物理力学性能指标的标准值，应针对材料的长期效应，按设计使用年限内的后期数值采用。

6.4 结构抗震

6.4.1 抗震设防烈度为6度及高于6度地区的城镇给水排水工程，其构筑物和管道的结构必须进行抗震设计。相应的抗震设防类别及设防标准，应按现行国家标准《建筑工程抗震设防分类标准》GB 50223确定。

6.4.2 抗震设防烈度必须按国家规定的权限审批及

颁发的文件（图件）确定。

6.4.3 城镇给水排水工程中构筑物和管道的结构，当遭遇本地区抗震设防烈度的地震影响时，应符合下列要求：

1 构筑物不需修理或经一般修理后应仍能继续使用；

2 管道震害在管网中应控制在局部范围内，不得造成较严重次生灾害。

6.4.4 抗震设计中，采用的抗震设防烈度和设计基本地震加速度取值的对应关系，应为6度：0.05g；7度：0.1g(0.15g)；8度：0.2g(0.3g)；9度：0.4g。g为重力加速度。

6.4.5 构筑物的结构抗震验算，应对结构的两个主轴方向分别计算水平地震作用（结构自重惯性力、动水压力、动土压力等），并由该方向的抗侧力构件全部承担。当设防烈度为9度时，对盛水构筑物尚应计算竖向地震作用效应，并与水平地震作用效应组合。

6.4.6 当需要对埋地管道结构进行抗震验算时，应计算在地震作用下，剪切波行进时管道结构的位移或应变。

6.4.7 结构抗震体系应符合下列要求：

1 应具有明确的结构计算简图和合理的地震作用传递路线；

2 应避免部分结构或构件破坏而导致整个体系丧失承载力；

3 同一结构单元应具有良好的整体性；对局部薄弱部位应采取加强措施；

4 对埋地管道除采用延性良好的管材外，沿线应设置柔性连接措施。

6.4.8 位于地震液化地基上的构筑物和管道，应根据地基土液化的严重程度，采取适当的消除或减轻液化作用的措施。

6.4.9 埋地管道傍山区边坡和江、湖、河道岸边敷设时，应对该处边坡的稳定性进行验算并采取抗震措施。

7 机械、电气与自动化

7.1 一般规定

7.1.1 机电设备及其系统应能安全、高效、稳定地运行，且应便于使用和维护。

7.1.2 机电设备及其系统的效能应满足生产工艺和生产能力要求，并且应满足维护或故障情况下的生产能力要求。

7.1.3 机电设备的易损件、消耗材料配备，应保障正常生产和维护保养的需要。

7.1.4 机电设备在安装、运行和维护过程中均不得对工作人员的健康或周边环境造成危害。

7.1.5 机电设备及其系统应能为突发事件情况下所采取的各项应对措施提供保障。

7.1.6 在爆炸性危险气体或爆炸性危险粉尘环境中，机电设备的配置和使用应符合国家现行相关标准的规定。

7.1.7 机电设备及其系统应定期进行专业的维护保养。

7.2 机械设备

7.2.1 机械设备各组成部件的材质，应满足卫生、环保和耐久性的要求。

7.2.2 机械设备的操作和控制方式应满足工艺和自动化控制系统的要求。

7.2.3 起重设备、锅炉、压力容器、安全阀等特种设备必须检验合格，取得安全认证。运行期间应按国家相关规定进行定期检验。

7.2.4 机械设备基础的抗震设防烈度不应低于主体构筑物的抗震设防烈度。

7.2.5 机械设备有外露运动部件或走行装置时，应采取安全防护措施，并应对危险区域进行警示。

7.2.6 机械设备的临空作业场所应具有安全保障措施。

7.3 电气系统

7.3.1 电源和供电系统应满足城镇给水排水设施连续、安全运行的要求。

7.3.2 城镇给水排水设施的工作场所和主要道路应设置照明，需要继续工作或安全撤离人员的场所应设置应急照明。

7.3.3 城镇给水排水构筑物和机电设备应按国家现行相关标准的规定采取防雷保护措施。

7.3.4 盛水构筑物上所有可触及的导电部件和构筑物内部钢筋等都应作等电位连接，并应可靠接地。

7.3.5 城镇给水排水设施应具有安全的电气和电磁环境，所采用的机电设备不应对周边电气和电磁环境的安全和稳定构成损害。

7.3.6 机电设备的电气控制装置应能够提供基本的、独立的运行保护和操作保护功能。

7.3.7 电气设备的工作环境应满足其长期安全稳定运行和进行常规维护的要求。

7.4 信息与自动化控制系统

7.4.1 存在或可能积聚毒性、爆炸性、腐蚀性气体的场所，应设置连续的监测和报警装置，该场所的通风、防护、照明设备应能在安全位置进行控制。

7.4.2 爆炸性危险气体、有毒气体的检测仪表必须定期进行检验和标定。

7.4.3 城镇给水厂站和管网应设置保障供水安全和满足工艺要求的在线式监测仪表和自动化控制系统。

7.4.4 城镇污水处理厂应设置在线监测污染物排放的水质、水量检测仪表。

7.4.5 城镇给水排水设施的仪表和自动化控制系统应能够监视与控制工艺过程参数和工艺设备的运行，应能够监视供电系统设备的运行。

7.4.6 应采取自动监视和报警的技术防范措施，保障城镇给水设施的安全。

7.4.7 城镇给水排水系统的水质化验检测设备的配置应满足正常生产条件下质量控制的需要。

7.4.8 城镇给水排水设施的通信系统设备应满足日常生产管理和应急通信的需要。

7.4.9 城镇给水排水系统的生产调度中心应能够实时监控下属设施，实现生产调度，优化系统运行。

7.4.10 给水排水设施的自动化控制系统和调度中心应安全可靠，连续运行。

7.4.11 城镇给水排水信息系统应具有数据采集与处理、事故预警、应急处置等功能，应作为数字化城市信息系统的组成部分。

本规范用词说明

1 为便于在执行本规范条文时区别对待，对要求严格程度不同的用词说明如下：

1） 表示很严格，非这样做不可的：
正面词采用“必须”，反面词采用“严禁”；

2） 表示严格，在正常情况下均应这样做的：
正面词采用“应”，反面词采用“不应”或“不得”；

3） 表示允许稍有选择，在条件许可时首先应这样做的：
正面词采用“宜”，反面词采用“不宜”；

4） 表示有选择，在一定条件下可以这样做的，采用“可”。

2 条文中指明应按其他有关标准执行的写法为：“应符合……的规定 ”或“应按……执行”。

引用标准名录

1 《建筑工程抗震设防分类标准》GB 50223

2 《饮用净水水质标准》CJ 94

中华人民共和国国家标准

城镇给水排水技术规范

GB 50788 — 2012

条 文 说 明

制 订 说 明

《城镇给水排水技术规范》GB 50788－2012经住房和城乡建设部2012年5月28日以第1413号公告批准、发布。

本规范定位为一本全文强制性国家标准，以现行强制性条文为基础，以功能性能为目标，是参与工程建设活动的各方主体必须遵守的准则，是管理者对工程建设、使用及维护依法履行监督和管理职能的基本技术依据。城镇给水排水系统和设施是保障城镇居民生活和社会经济发展的生命线，是保障公众身体健康、水环境质量的重要基础设施，本规范旨在全面、系统地提出城镇给水排水系统和设施的基本功能和技术性能要求。

为便于广大设计、施工、科研、学校等单位有关人员在使用本标准时能正确理解和执行条文规定，《城镇给水排水技术规范》编制组按章、节、条顺序编制了本标准的条文说明，对条文规定的目的、依据以及执行中需注意的有关事项进行了说明。但是本条文说明不具备与标准正文同等的法律效力，仅供使用者作为理解和把握标准规定的参考。

目　次

1 总　　则

1.0.1　本条阐述了制定本规范的目的。城镇给水排水系统和设施是保障城镇居民生活和社会经济发展的生命线，是保障公众身体健康、水环境质量的重要基础设施；同时，城镇给水排水系统形成水的社会循环还往往对水自然循环造成干扰和破坏，因此，维护水的健康循环也是制定本规范的重要目的。本规范按照“综合化、性能化、全覆盖、可操作”的原则，制定了城镇给水排水系统和设施基本功能和技术性能的相关要求。

《中华人民共和国水法》、《中华人民共和国水污染防治法》、《中华人民共和国城乡规划法》和《中华人民共和国建筑法》等国家相关法律、部门规章和技术经济政策等对城镇给水排水有关设施提出了诸多严格规定和要求，是编制本规范的基本依据。

1.0.2　规定了本规范的适用范围，明确了“城镇给水”、“城镇排水”以及“城镇污水再生利用和雨水利用”包含的内容。城镇给水排水的规划、勘察、设计、施工、运行、维护和管理的全过程都直接影响着城镇的用水安全、城镇水环境质量以及水的健康循环，因此，必须从全过程规范其基本功能和技术性能，才能保障城镇给水排水系统安全，满足城镇的服务需求。

1.0.3　本条规定了城镇给水排水设施规划、勘察、设计、施工、运行、维护和管理应遵循的基本原则。“保障服务功能”是指作为市政公用基础设施的城镇给水排水设施要保障对公众服务的基本功能，提供高质量和高效率的服务；“节约资源”是指节约水资源、能源、土地资源、人力资源和其他资源；“保护环境”是指减少污染物排放，保障城镇水环境质量；“同水的自然循环协调发展”是指城镇给水排水系统作为城镇水的社会循环的基础设施，要减少对水自然循环的影响和冲击，并使其保持在水自然循环可承受的范围内。

1.0.4　规定了本规范与其他相关标准的关系。说明本规范作为全文强制标准，执行效力高于国家现行有关城镇给水排水相关标准；当现行标准与本规范的规定不一致时，应按本规范的规定执行。

2 基 本 规 定

2.0.1　本条规定了城镇必须建设给水排水系统的要求。城镇给水排水系统是保障城镇居民健康、社会经济发展和城镇安全的不可或缺的重要基础设施；由于城镇水资源条件、用水需求和用水结构差异较大，因此，要求城镇建设“与其发展需求相适应”的给水排水系统。“维护水环境生态安全”是指城镇给水排水系统运行形成水的社会循环对水环境的水质以及地表、地下径流和储存产生的影响不应该危及和损害水环境生态安全。

2.0.2　本条规定了城镇给水排水发展规划编制的基本要求。《中华人民共和国城乡规划法》规定，城镇给水排水系统作为城镇重要基础设施应编制专项发展规划；《中华人民共和国水法》规定，应制定流域和区域水的供水专项规划，并与城镇总体规划和环境保护规划相协调；《中华人民共和国水污染防治法》也规定，县级以上地方人民政府组织建设、经济综合宏观调控、环境保护、水行政等部门编制本行政区域的城镇污水处理设施建设规划。县级以上地方人民政府建设主管部门应当按照城镇污水处理设施建设规划，组织建设城镇污水集中处理设施及配套管网，并加强对城镇污水集中处理设施运营的监督管理；在国务院颁发的《全国生态环境保护纲要》中规定，要制定地区或部门生态环境保护规划，并提出要重视城镇和水资源开发利用的生态环境保护，建设生态城镇示范区等要求。

城镇排水规划与城镇给水规划密切相关。相互协调的内容主要包括城镇用水量和城镇排水量；水源地和城镇排水受纳水体；给水厂和污水处理厂厂址选择；给水管道和排水管道的布置；再生水系统和大用水户的相互关联等诸多方面。

2.0.3　本条规定了城镇给水排水设施必须具备应对突发事件的安全保障能力。《中华人民共和国突发事件应对法》、《国家突发公共事件总体应急预案》、《国家突发环境事件应急预案》、住房和城乡建设部《市政公用设施抗灾设防管理规定》和《城镇供水系统重大事故应急预案》等相关法律、法规和文件，都对城镇给水排水公共基础设施在突发事件中的功能保障提出了相关要求。城镇给水排水设施要具有预防多种突发事件影响的能力；在得到相关突发事件将影响设施功能信息时，要能够采取应急准备措施，最大限度地避免或减轻对设施功能带来的损害；要设置相应监测和预警系统，能够及时、准确识别突发事件对城镇给水排水设施带来的影响，并有效采取措施抵御突发事件带来的灾害，采取相关补救、替代措施保障设施基本功能。

2.0.4　本条规定了城镇给水排水设施防洪的要求。现行国家标准《防洪标准》GB 50201－94 中第 1.0.6 条作出了如下规定：“遭受洪灾或失事后损失巨大、影响十分严重的防护对象，可采用高于本标准规定的防洪标准”。城镇给水排水设施属于“影响十分严重的防护对象”，因此，要求城镇给水排水设施要在满足所服务城镇防洪设防相应要求的同时，还要根据城镇给水排水重要设施和构筑物具体情况，适度加强设置必要的防止洪灾的设施。

2.0.5　本条规定了城镇给水排水设施选用的材料和

设备执行的质量和卫生许可的原则。城镇给水排水设施选用材料和设备的质量状况直接影响设施的运行安全、基本功能和技术性能，要予以许可控制。城镇给水排水相关材料和设备选用要执行国务院颁发的《建设工程勘察设计管理条例》中“设计文件中选用的材料、构配件、设备，应当注明其规格、型号、性能等技术指标，其质量要求必须符合国家规定的标准”的规定。处理生活饮用水采用的混凝、絮凝、助凝、消毒、氧化、pH调节、软化、灭藻、除垢、除氟、除砷、氟化、矿化等化学处理剂也要符合国家相关标准的规定。

2.0.6 本条规定了城镇给水排水系统建设时就要选取节水和节能型工艺、设备、器具和产品的要求。即规定了城镇给水、排水、再生水和雨水系统和设施的运行过程以及相关生活用水、生产用水、公共服务用水和其他用水的用水过程，所采用的工艺、设备、器具和产品都应该具有节水和节能的功能，以保证系统运行过程中发挥节水和节能的效益。《中华人民共和国水法》和《中华人民共和国节约能源法》分别对相关节能和节水要求作出了原则的规定；国家发改委等五部委颁发的《中国节水技术政策大纲》中对各类用水推广采用具有节水功能的工艺技术、节水重大装备、设施和器具等都提出了明确要求。

2.0.7 本条规定了城镇给水排水系统建设的有关“三同时”的建设原则。《中华人民共和国安全生产法》第二十四条，《中华人民共和国环境保护法》第二十六条和《中华人民共和国水法》第五十三条都分别规定了有关安全生产、环保和节水设施建设应“与主体工程同时设计、同时施工、同时投产使用”的要求。城镇给水排水系统建设要认真贯彻执行这些规定。

2.0.8 本条规定了城镇给水排水系统和设施日常运行和维护必须遵照技术标准进行的基本原则。为保障城镇给水排水系统的运行安全和服务质量，要对相关系统和设施制定科学合理的日常运行和维护技术规程，并按规程进行经常性维护、保养，定期检测、更新，做好记录，并由有关人员签字，以保证系统和设施正常运转安全和服务质量。

2.0.9 本条规定了城镇给水排水设施建设和运行过程中必须保障相关安全的问题。施工和生产安全、职业卫生安全、消防安全和安全保卫工作都需要必要的相关设施保障和管理制度保障。要根据具体情况建设必要设施，配备必要设备和器具，储备必要的物资，并建立相应管理制度。国家在工程建设安全和生产安全方面已发布了多项法规和文件，《中华人民共和国安全生产法》、国务院2003年颁发的《建设工程安全生产管理条例》、2004年颁发的《安全生产许可证条例》、2007年颁发的《生产安全事故报告和调查处理条例》和《安全生产事故隐患排查治理暂行规定》等，都对工程施工和安全生产做出了详细规定；建设主管部门对建筑工程的施工还制定了一系列法规、文件和标准规范，《建筑工程安全生产监督管理工作导则》、《建筑施工现场环境与卫生标准》JGJ 146、《施工现场临时用电安全技术规范》JGJ 46和《建筑拆除工程安全技术规范》JGJ 147等对工程施工过程做了更详细的规定；另外，国家在有关职业病防治、火灾预防和灭火以及安全保卫等方面制定了一系列法规和文件，城镇给水排水设施建设和运行中都必须认真执行。

2.0.10 本条对城镇给水排水设施工程建设和生产运行时防止对周边环境和人身健康产生危害做出了规定。城镇给水排水设施建设和运行除产生一般大型土木工程施工的噪声、废水、废气和固体废弃物外，特别是污水的处理和输送过程还产生有毒有害气体和大量污泥，要进行有效的处理和处置，避免对环境和人身健康造成危害。1996年颁发的《中华人民共和国环境噪声污染防治法》，2008年发布的《社会生活环境噪声排放标准》GB 22337，对社会生活中的环境噪声作出了更高要求的新规定。2002年国家还特别对城镇污水处理厂排放的水和污泥制定了《城镇污水处理厂污染物排放标准》GB 18918。国家还对固体废弃物、水污染物、有害气体和温室气体的排放制定了相关标准或要求，城镇给水排水设施建设和运行过程中都要采取严格措施执行这些标准。

城镇给水排水设施建设和运行过程温室气体的排放主要是能源消耗间接产生的CO_2和污水储存、输送、处理和排放过程产生的CH_4和N_2O。CH_4和N_2O的温室效应分别为CO_2的23～62倍和280～310倍。政府间气候变化专门委员会（IPCC）在《气候变化2007第四次评估报告（AR4）》和2008年《气候变化与水》的专项技术报告中都对污水处理过程中产生的CH_4和N_2O进行了评估，并提出了减排意见。因此，城镇给水排水设施建设和运行过程要采取综合措施减排温室气体，为适应和减缓气候变化承担相应的责任。

2.0.11 本条规定了易燃、易爆及有毒化学危险品等的防护要求。城镇给水排水设施运行过程中使用的各种消毒剂、氧化剂，污水和污泥处理过程产生的有毒有害气体都必须予以严格管理，特别是有关污泥消化设施运行，污水管网和泵站的维护管理以及加氯消毒设施的运行和管理等都是城镇给水排水设施运行中经常发生人身伤害和事故灾害的主要部位，要重点完善相关防护设施的建设和监督管理。国家和相关部门颁布的《易燃易爆化学物品消防安全监督管理办法》和《危险化学品安全管理条例》等相关法规，对化学危险品的分类、生产、储存、运输和使用都做出了详细规定。城镇给水排水设施建设和运行过程中要对其涉及的多种危险化学品和易燃易爆化学物品予以严格管理。

2.0.12 城镇给水排水系统在公共场所建有的相关设施，如某些加压、蓄水、消防设施和检查井、闸门井、化粪池等，其设置要在方便其日常维护和设施安全运行的同时，还要避免对车辆和行人正常活动的安全构成威胁。

2.0.13 城镇给水排水系统中接触腐蚀性药剂的构筑物、设备和管道要采取防腐蚀措施，如加氯管道、化验室下水道等接触强腐蚀性药剂的设施要选用工程塑料等；密闭的、产生臭气较多的车间设备要选用抗腐蚀能力较强的材质。管道都与水、土壤接触，金属管道及非金属管道接口，当采用钢制连接构造时均要有防腐措施，具体措施应根据传输介质和设施运行的环境条件，通过技术经济比选，合理采用。

2.0.14 本条规定了城镇给水排水采用新技术、新工艺和新材料的许可原则。城镇给水排水设施在规划建设中要积极采用高效的新技术、新工艺和新材料，以保障设施功效，提高设施安全可靠性和服务质量。当采用无现行相关标准予以规范的新技术、新工艺和新材料时，要根据国务院《建设工程勘察设计管理条例》和原建设部《实施工程建设强制性标准监督规定》的要求，由拟采用单位提请建设单位组织专题技术论证，报建设行政主管部门或者国务院有关主管部门审定。其相关核准程序已在《采用不符合工程建设强制性标准的新技术、新工艺、新材料核准行政许可实施细则》的通知中做出了详细规定。

3 城镇给水

3.1 一般规定

3.1.1 本条规定了城镇给水设施的基本功能和性能要求。城镇给水是保障公众健康和社会经济发展的生命线，不能中断。按照国家相关规定，在特殊情况下也要保证供给不低于城镇事故用水量（即正常水量的70%）。

城镇用水是指居民生活、生产运行、公共服务、消防和其他用水。满足城镇用水需求，主要是指提供供水服务时应该保障用户对水量、水质和水压的需求。对水质或水压有特殊要求的用户应该单独解决。

3.1.2 城镇给水所提供的生活饮用水水质要符合现行国家标准《生活饮用水卫生标准》GB 5749 的要求。世界卫生组织认为，提供安全的饮用水对身体健康是必不可少的。

3.1.3 给水工程最高日用水量包括综合生活用水、生产运营用水、公共服务用水、消防用水、管网漏损水和未预见用水，不包括因原水输水损失、厂内自用水而增加的取水量。

3.1.4 《城市供水条例》（中华人民共和国国务院令第158号）第十条规定："编制城市供水水源开发利用规划，应当从城市发展的需要出发，并与水资源统筹规划和水长期供求规划相协调"。应该提出保持协调的对策，包括积极开发并保护水资源；对城镇的合理规模和产业结构提出建议；积极推广节约用水，污水资源化等举措。

3.1.5 给水工程关系着城镇的可持续发展，关系着城镇的文明、安全和公众的生活质量，因此要认真编制城镇给水规划，科学预测城镇用水量，避免不断建设，重复建设；合理开发水资源，对城镇远期水资源进行控制和保护；协调城镇给水设施的布局，适应城镇的发展，正确指导给水工程建设。

3.1.6 国务院办公厅《关于加强饮用水安全保障工作的通知》（国办发［2005］45号）要求："各供水单位要建立以水质为核心的质量管理体系，建立严格的取样、检测和化验制度，按国家有关标准和操作规程检测供水水质，并完善检测数据的统计分析和报表制度"。要予严格执行，严格检验原水、净化工序出水、出厂水、管网水、二次供水和用户端（"龙头水"）的水质，保障饮用水水质安全。

3.1.7 饮用水水质安全问题直接关系到广大人民群众的生活和健康，城镇供水系统应该建立完整、准确的水质监测档案，除了出于供水系统管理的需要外，更重要的是对实施供水水质社会公示制度和水质任意查询举措的支持。

3.1.8 供水、用水计量是促进节约用水的有效途径，也是供水部门及用户改善管理的重要依据之一，出厂水及输配水管网供给的各类用水用户都必须安装计量仪表，推进节约用水。

3.1.9 供水部门主动停水时要根据相关规定提前通告，以避免造成用户损失和不便。《城市供水条例》（中华人民共和国国务院令第158号）第二十二条要求："城市自来水供水企业和自建设施对外供水的企业应当保持不间断供水。由于施工、设备维修等原因需要停止供水的，应当经城市供水行政主管部门批准并提前24小时通知用水单位和个人；因发生灾害或者紧急事故，不能提前通知的，应当在抢修的同时通知用水单位和个人，尽快恢复正常供水，并报告城市供水行政主管部门。"居民区停水，也要按上述规定报请相关部门批准并及时通知用户。

3.1.10 强调了城镇给水系统进行改、扩建工程时，要对已建供水设施实施保护，不能影响其正常运行和结构稳定。对已建供水设施实施保护主要有两方面：一是不能对已建供水设施的正常运行产生干扰和影响，并要对飘尘、噪声、排水等进行控制或处置；二是针对邻近构筑物的基础、结构状况，采取合理的施工方法和有效的加固措施，避免邻近构筑物发生位移、沉降、开裂和倒塌。

3.2 水源和取水

3.2.1 进行城镇水资源勘察与评价是选择城镇给水水源和确定城镇水源地的基础，也是保障城镇给水安全的前提条件。要选择有资质的单位根据流域的综合规划进行城镇水资源勘查和评价，确定水质、水量安全可靠的水源。水资源属于国家所有，国家对水资源依法实行取水许可证制度和有偿使用制度。不能脱离评价报告和在未得到取水许可时盲目开发水源。

3.2.2 《中华人民共和国水法》、《中华人民共和国水污染防治法》都规定了"国家建立饮用水水源保护区制度。饮用水水源保护区分别为一级保护区和二级保护区；必要时可在饮用水水源保护区外围划定一定的区域作为准保护区。"生活饮用水地表水一级保护区内的水质适用国家《地面水环境质量标准》GB 3838中的Ⅱ类标准；二级保护区内的水质适用Ⅲ类标准。在饮用水水源保护区内要禁止设置排污口、禁止一切污染水质的活动。取自地表水和地下水的水源保护区要对水质进行定期或在线监测和评价，并要实施适用于当地具体情况的供水水源水质防护、预警和应急措施，应对水源污染突发事件或其他灾害、安全事故的发生。

3.2.3 本条规定大中城市为保障在特殊情况下生活饮用水的安全，应规划建设城市备用水源。国务院办公厅《关于加强饮用水安全保障工作的通知》（国办发［2005］45号文）要求："各省、自治区、直辖市要建立健全水资源战略储备体系，各大中城市要建立特枯年或连续干旱年的供水安全储备，规划建设城市备用水源，制订特殊情况下的区域水资源配置和供水联合调度方案。"对于单一水源的城市，建设备用水源的作用更显著。

3.2.4 规定了有关水源取水水量安全性的要求。水源选择地下水时，取水水量要小于允许开采量。首先要经过详细的水文地质勘察，并进行地下水资源评价，科学地确定地下水源的允许开采量，不能盲目开采。并要做到地下水开采后不会引起地下水位持续下降、水质恶化及地面沉降。水源选择地表水时，取水保证率要根据供水工程规模、性质及水源条件确定，即重要的工程且水资源较丰富地区取高保证率，干旱地区及山区枯水季节径流量很小的地区可采用低保证率，但不得低于90%。

3.2.5 地表水取水构筑物的建设受水文、地形、地质、施工技术、通航要求等多种因素的影响，并关系取水构筑物正常运行及安全可靠，要充分调查研究水位、流量、泥沙运动、河床演变、河岸的稳定性、地质构造、冰冻和流冰运动规律。另外，地表水取水构筑物有些部位在水下，水下施工难度大、风险高，因此尚应研究施工技术、方法、施工周期。建设在通航河道上的取水构筑物，其位置、形式、航行安全标志要符合航运部门的要求。地表水取水构筑物需要进行技术、经济、安全多方案的比选优化确定。

3.2.6 本条文规定了有关高浊度江河、入海感潮江河、藻类易高发的湖泊和水库水源取水安全的要求。水源地为高浊度江河时，取水要选在水浊度较低的河段或有条件设置避开沙峰的河段。水源为感潮江河时，要尽量减少海潮的影响，取水应选在氯离子含量达标的河段，或者有条件设置避开咸潮、可建立淡水调蓄水库的河段。水源为湖泊或水库时，取水应选在藻类含量较低、水深较大，水域开阔，能避开高藻季节主风向向风面的凹岸处，或在湖泊、水库中实施相关除藻措施。

3.3 给水泵站

3.3.1 明确给水泵站的基本功能。泵站的基本功能是将一定量的流体提升到一定的高度（或压力）满足用户的要求。泵站在给水工程中起着不可替代的重要作用，泵站的正常运行是供水系统正常运行的先决条件。给水工程中，取水泵站的规模要满足水厂对水量和水压的要求；送水泵站的规模要满足配水管网对水量和水压的要求；中途加压泵站要满足目的地对水量和水压的要求；二次供水泵站的规模要满足用户对水量和水压的要求。

3.3.2 给水泵站设置备用水泵是保障泵站安全运行的必要条件，泵站内一旦某台水泵发生故障，备用水泵要立即投入运行，避免造成供水安全事故。

备用水泵设置的数量要根据泵房的重要性、对供水安全的要求、工作水泵的台数、水泵检修的频率和检修难易程度等因素确定。例如在提升含磨损杂质较高的水时，要适当增加备用能力；供水厂中的送水泵房，处于重要地位，要采用较高的备用率。

3.3.3 本条规定提出了对泵站布置的要求。这些要求对于保证水泵的有效运行、延长设备的寿命以及维护运行人员的安全都是必不可少的。吸水井的布置要满足井内水流顺畅、不产生涡流的吸水条件，否则会直接影响水泵的运行效率和使用寿命；水泵的安装，吸水管及吸水口的布置要满足流速分布均匀，避免汽蚀和机组振动的要求，否则会导致水泵使用寿命的缩短并影响到运行的稳定性；机组及泵房空间的布置要以不影响安装、运行、维护和检修为原则。例如：泵房的主要通道应该方便通行；泵房内的架空管道不得阻碍通道和跨越电气设备；泵房至少要设置一个可以搬运最大尺寸设备的门等。

3.3.4 给水泵站的设备间往往有生产杂水或事故漏水需及时排除，地上式泵房可采取通畅的排水通道，地下或半地下式泵站要设置排水泵，避免积水淹及泵房造成重大损失。

3.3.5 鉴于停泵或快速关闭阀门时可能形成水锤，引发水泵阀门受损、管道破裂、泵房淹没等重大事故，必要时应进行水锤计算，对有可能产生水锤危害的泵站要采取防护措施。目前常用的消除水锤危害的措施有：在水泵压水管上装设缓闭止回阀、水锤消除器以及在输水管道适当位置设置调压井、进排气阀等。

3.4 输配管网

3.4.1 本条规定了输水管道在选线和管道布置时应遵循的准则。输水管道的建设应符合城镇总体规划，选择的管线在满足使用功能要求的前提下要尽量的短，这样可少占地且节省能耗和投资；其次管线可沿现有和规划道路布置，这样施工和维护方便。管线还要尽可能避开不良地质构造区域，尽可能减少穿越山川、水域、公路、铁路等，为所建管道安全运行创造条件。

3.4.2 原水输水管的设计流量要按水厂最高日平均时需水量加上输水管的漏损水量和净水厂自用水量确定。净水输水管道的设计流量要按最高日最高时用水条件下，由净水厂负担的供水量计算确定。

配水管网要按最高日最高时供水量及设计水压进行管网水力平差计算，并且还要按消防、最大转输和最不利管段发生故障时 3 种工况进行水量和水压校核，直接供水管网用户最小服务水头按建筑物层数确定。

3.4.3 本条强调了城镇输水的安全性。必须保证输水管道出现事故时输水量不小于设计水量的 70%。为保证输水安全，输水管道系统可以采取下列安全措施：首先输水干管根数采用不少于 2 条的方案，并在两条输水干管之间设连通管，保证管道的任何一段断管时，管道输水能力不小于事故水量；在多水源或设有水量调蓄设施且能保证事故状态供水能力等于或大于事故水量时，才可采用单管输水。

3.4.4 长距离管道输水工程选择输水线路时，要使管线尽可能短，管线水平和竖向布置要尽量顺直，尽量避开不良地质构造区，减少穿越山川和水域。管材选择要依据水量、压力、地形、地质、施工条件、管材生产能力和质量保证等进行技术经济比较。管径选择时要进行不同管径建设投资和运行费用的优化分析。输水工程应该能保证事故状态下的输水量不小于设计水量的 70%。长距离管道输水工程要根据上述条件进行全面的技术、经济的综合比较和安全论证，选择可靠的管道运行系统。

长距离管道输水工程要对管路系统进行水力过渡过程分析，研究输水管道系统在非稳定流状态下运行时发生的各种水锤现象。其中停泵（关阀）水锤，以及伴有的管道系统中水柱拉断而发生的断流弥合水锤，是造成诸多长距离管道输水工程事故的主要原因。因此，在管路运行系统中要采取水锤的综合防护措施，如控制阀门的关闭时间，管路中设调压塔注水，或在管路的一些特征点安装具备削减水锤危害的复合式高速进排气阀、三级空气阀等综合保护措施，保证长距离管道输水工程安全。

3.4.5 安全供水是城镇配水管网最重要的原则，配水管网干管成环布置是保障管网配水安全诸多措施中最重要的原则之一。

3.4.6 管网的漏损率控制要考虑技术和经济两个方面，应该进行“投入—产出”效益分析，即要将漏损率控制在当地经济漏损率范围内。控制漏损所需的投入与效益进行比较，投入等于或小于漏损控制所造成效益时的漏损量是经济合理的漏损率。供水管网漏损率应控制在国家行业标准规定的范围内，并根据居民的抄表状况、单位供水量管长、年平均出厂压力的大小进行修正，确定供水企业的实际漏损率。降低管网的漏损率对于节约用水、优化企业供水成本，建设节约型的城市具有重大意义。

降低管网的漏损率需要采取综合防护措施。应该从管网规划、管材选择、施工质量控制、运行压力控制、日常维护和更新、漏损探测和漏损及时修复等多方面控制管网漏损。

3.4.7 城镇供水管网是向城镇供给生活饮用水的基本渠道。为保障供水水质卫生安全，不能与其他非饮用水管道系统连通。在使用城镇供水作为其他用水补充用水时，一定要采取有效措施防止其他用水流入城镇供水系统。

《城市供水条例》中明确：“禁止擅自将自建设施供水管网系统与城市公共供水管网系统连接；因特殊情况需要连接的，必须经城市自来水供水企业同意，报城市供水行政管理部门和卫生行政主管部门批准，并在管道连接处采取必要的防护措施。”为保证城镇供水的卫生安全，供水管网要避开毒物污染区；在通过腐蚀性地域时，要采取安全可靠的技术措施，保证管道在使用期不出事故，水质不会受污染。

3.4.8 管网优化设计一定要考虑水压、水量的保证性，水质的安全性，管网系统的可靠性和经济性。在保证供水安全可靠，满足用户的水质、水量、水压需求的条件下，对管网进行优化设计，保障管道施工质量，达到节省建设费用、节省能耗和供水安全可靠的目的。

管网优化调度是在保证用户所需水质、水量、水压安全可靠的条件下，根据管网监测系统反馈的运行状态数据或者科学的预测手段确定用水量分布，运用数学优化技术，在各种可能的调度方案中，合理确定多水源各自供水水量和水压，筛选出使管网系统最经济、最节能的调度操作方案，努力做到供水曲线与用水曲线相吻合。

3.4.9 本条规定了输配水管道与建（构）筑物及其他工程管线之间要保留有一定的安全距离。现行国家标准《城市地下管道综合规划规范》GB 50289 规定了给水管与其他管线及建（构）筑物之间的最小水平净距和最小垂直净距。

输水干管的供水安全性十分重要，两条或两条以上的埋地输水干管，需要防止其中一条断管，由于水流的冲刷危及另一条管道的正常输水，所以两条埋地管道一定要保持安全距离。输水量大、运行压力高，敷设在松散土质中的管道，需加大安全距离。若两条干管的间距受占地、建（构）筑物等因素控制，不能满足防冲距离时，需考虑采取有效的工程措施，保证输水干管的安全运行。

3.4.10 本条规定了输配水管道穿过铁路、公路、城市道路、河流时的安全要求。当穿过河流采用倒虹方式时，管内水流速度要大于不淤流速，防止泥沙淤积管道；管道埋设河底的深度要防止被洪水冲坏和满足航运的相关规定。

3.4.11 在有冰冻危险的地区，埋地管道要埋设在冰冻土层以下；架空管道要采取保温防冻措施，保证管道在正常输水和事故停水时管内水不冻结。

3.4.12 管道工作压力大于或等于 0.1MPa 时称为压力管道，在竣工验收前要做水压试验。水压试验是对管道系统质量检验的重要手段，是管道安全运行的保障。生活饮用水管道投入运行前要进行冲洗消毒。建设部第 158 号文《城镇供水水质管理规定》明确："用于城镇供水的新设备、新管网或者经改造的原有设备、管网，应当严格进行冲洗、消毒，经质量技术监督部门资质认定的水质检测机构检验合格后，方可投入使用"。

3.5 给 水 处 理

3.5.1 本条明确了城镇水厂处理的基本功能及城镇水厂出水水质标准的要求。强调城镇水厂的处理工艺一定要保证出水水质不低于现行国家标准《生活饮用水卫生标准》GB 5749 的要求，并留有必要的裕度。这里"必要的裕度"主要是考虑管道输送过程中水质还将有不同程度降低的影响。

3.5.2 水厂平面布置应根据各构（建）筑物的功能和流程综合确定。竖向设计应满足水力流程要求并兼顾生产排水及厂区土方平衡需求，同时还应考虑运行和维护的需要。为保证生产人员安全，构筑物及其通道应根据需要设置适用的栏杆、防滑梯等安全保护设施。

3.5.3 为确保生活饮用水的卫生安全，维护公众的健康，无论原水来自地表水还是地下水，城镇给水处理厂都一定要设有消毒处理工艺。通过消毒处理后的水质，不仅要满足生活饮用水水质卫生标准中与消毒相关的细菌学指标，同时，由于各种消毒剂消毒时会产生相应的副产物，因此，还要求满足相关的感官性状和毒理学指标，确保公众饮水安全。

3.5.4 储存生活饮用水的调蓄构筑物的卫生防护工作尤为重要，一定要采取防止污染的措施。其中清水池是水厂工艺流程中最后一道关口，净化后的清水由此经由送水泵房、管网向用户直接供水。生活饮用水的清水池或调节水池要有保证水的流动、避免死角、空气流通、便于清洗、防止污染等措施，且清水池周围不能有任何形式的污染源等，确保水质安全。

3.5.5 城镇给水厂的工艺排水一般主要有滤池反冲洗排水和泥浆处理系统排水。滤池反冲洗排水量很大，要均匀回流到处理工艺的前点，但要注意其对水质的冲击。泥浆处理系统排水，由于前处理投加的药物不同，而使得各工序排水的水质差别很大，有的尚需再处理才能使用。

3.5.6 水厂的排泥水量约占水厂制水量的 3%～5%，若水厂排泥水直接排入河中会造成河道淤堵，而且由于泥中有机成分的腐烂，会直接影响河流水质的安全。水厂所排泥浆要认真处理，并合理处置。

水厂泥浆通常的处理工艺为：调解—浓缩—脱水。脱水后的泥饼要达到相应的环保要求并合理处置，杜绝二次污染。泥饼的处置有多种途径：综合利用、填埋、土地施泥等。

3.5.7 本条规定了城镇水厂处理工艺中所涉及的化学药剂应采取严格的安全防护措施。水厂中涉及化学药剂工艺有加药、消毒、预处理、深度处理等。这些工艺中除了加药中所采用的混凝剂、助凝剂仅具有腐蚀性外；其他工艺采用的如：氯、二氧化氯、氯胺、臭氧等均为强氧化剂，有很强的毒性，对人身及动植物均有伤害，处置不当有的还会发生爆炸，故在生产、运输、存储、运行的过程中要根据介质的特性采取严密安全防护措施，杜绝人身或环境事故发生。

3.6 建 筑 给 水

3.6.1 本条提出了合理确定各类建筑用水定额应该综合考虑的因素。民用建筑与小区包括居住建筑、公共建筑、居住小区、公共建筑区。我国是一个缺水的国家，尤其是北方地区严重缺水，因此，我们在确定生活用水定额时，既要考虑当地气候条件、建筑标准、卫生器具的完善程度等使用要求，更要考虑当地水资源条件和节水的原则。一般缺水地区要选择生活用水定额的低值。

3.6.2 生活给水管道容易受到污染的场所有：建筑内烟道、风道、排水沟、大便槽、小便槽等。露明敷设的生活给水管道不要布置在阳光直接照射处，以防止水温的升高引起细菌的繁殖。生活给水管敷设的位置要方便安装和维修，不影响结构安全和建筑物的使用，暗装时不能埋设在结构墙板内，暗设在找平层内时要采用抗耐蚀管材，且不能有机械连接件。

3.6.3 本条规定了有回流污染生活饮用水质的地方，要采取杜绝回流污染的有效措施。生活饮用水管道的供、配水终端产生回流的原因：一是配水管出水口被淹没或没有足够的空气间隙；二是配水终端为升压、升温的管网或容器，前者引起虹吸回流，后者引起背压回流。为防止建筑给水系统产生回流污染生活饮用水水质一定要采取可靠的、有效的防回流措施。其主要措施有：禁止城镇给水管与自备水源供水管直接连接；禁止中水、回用雨水等非生活饮用水管道与生活饮用水管连接；卫生器具、用水设备、水箱、水池等设施的生活饮用水管配水件出水口或补水管出口应保持与其溢流边缘的防回流空气间隙；从室外给水管直接抽水的水泵吸水管，连接锅炉、热水机组、水加热器、气压水罐等有压或密闭容器的进水管，小区或单体建筑的环状室外给水管与不同室外给水干管管段连接的两路及两路以上的引入管上均要设倒流防止器；从小区或单体建筑的给水管连接消防用水管的起端及从生活饮用水池（箱）抽水的消防泵吸水管上也要设置倒流防止器；生活饮用水管要避开毒物污染区，禁止生活饮用水管与大便器（槽）、小便斗（槽）采用非专用冲洗阀直接连接等。

3.6.4 本条文规定了储存、调节和直接供水的水池、水箱、水塔保证安全供水的要求。储存、调节生活饮用水的水箱、水池、水塔是民用建筑与小区二次供水的主要措施，一定要保证其水不冰冻，水质不受污染，以满足安全供水的要求。一般防止水质变质的措施有：单体建筑的生活饮用水池（箱）单独设置，不与消防水池合建；埋地式生活饮用水池周围10m以内无化粪池、污水处理构筑物、渗水井、垃圾堆放点等污染源，周围2m以内无污水管和污染物；构筑物内生活饮用水池（箱）体，采用独立结构形式，不利用建筑物的本体结构作为水池（箱）的壁板、底板和顶盖；生活饮用水池（箱）的进、出水管，溢、泄流管，通气管的设置均不能污染水质或在池（箱）内形成滞水区。一般防冻的做法有：生活饮用水水池（箱）间采暖；水池（箱）、水塔做防冻保温层。

3.6.5 本条规定了建筑给水系统的分区供水原则：一是要充分利用室外给水管网的压力满足低层的供水要求，二是高层部分的供水分区要兼顾节能、节水和方便维护管理等因素确定。

3.6.6 水泵、冷却塔等给水加压、循环冷却设备运行中都会产生噪声、振动及水雾，因此，除工程应用中要选用性能好、噪声低、振动小、水雾少的设备及采取必要的措施外，还不得将这些设备设置在要求安静的卧室、客房、病房等房间的上、下层及毗邻位置。

3.6.7 生活饮用水池（箱）中的储水直接与空气接触，在使用中储水在水池（箱）中将停留一定的时间而受到污染，为确保供水的水质满足国家生活饮用水卫生标准的要求，水池（箱）要配置消毒设施。可采用紫外线消毒器、臭氧发生器和水箱自洁消毒器等安全可靠的消毒设备，其设计和安装使用要符合相应技术标准的要求。生活饮用的供水设施包括水池（箱）、水泵、阀门、压力水容器、供水管道等。供水设施在交付使用前要进行清洗和消毒，经有关资质认证机构取样化验，水质符合《生活饮用水卫生标准》GB 5749的要求后方可使用。

3.6.8 建筑物内设置消防给水系统和灭火设施是扑灭火灾的关键。本条规定了各类建筑根据其用途、功能、重要性、火灾特性、火灾危险性等因素合理设置不同消防给水系统和灭火设施的原则。

3.6.9 本条规定了消防水源一定要安全可靠，如室外给水水源要为两路供水，当不能满足时，室内消防水池要储存室内外消防部分的全部用水量等。

3.6.10 消防给水系统包括建筑物室外消防给水系统、建筑物室内的消防给水系统如消火栓、自动喷水、水喷雾和水炮等多种系统，这些系统都由储水池、管网、加压设备、末端灭火设施及附配件组成。本条规定了系统的组成部分均应该按相关消防规定要求合理配置，满足灭火所需的水量、水压要求，以达到迅速扑灭火灾的目的。

3.6.11 本条规定了消防给水系统的各组成部分均要具备防护功能，以满足其灭火要求；安全的消防供电、合理的系统控制亦是及时有效扑灭火灾的重要保证。

3.7 建筑热水和直饮水

3.7.1 生活热水用水定额同生活给水用水定额的确定原则相同，同样要根据当地气候、水资源条件、建筑标准、卫生器具完善程度并结合节约用水的原则来确定。因此它应该与生活给水用水定额相匹配。

生活热水热源的选择，要贯彻节能减排政策，要根据当地可再生能源（如太阳能、地表水、地下水、土壤等地热热源及空气热源）的条件，热资源（如工业余热、废热、城市热网等）的供应条件，用水使用要求（如用户对热水用水量，水温的要求，集中、分散用水的要求）等综合因素确定。一般集中热水系统选择热源的顺序为：工业余热、废热、地热或太阳能、城市热力管网、区域性锅炉房、燃油燃气热水机组等。局部热水系统的热源可选太阳能、空气源热泵及电、燃气、蒸汽等。

3.7.2 本条规定了生活热水的水质标准。生活热水通过沐浴、洗漱等直接与人体接触，因此其水质要符合现行国家标准《生活饮用水卫生标准》GB 5749的要求。

当生活热水源为生活给水时，虽然生活给水水质符合标准要求，但它经水加热设备加热、热水管道输送和用水器具使用的过程中，有可能产生军团菌等致病细菌及其他微生物污染，因此，本条规定要保证用水终端的热水出水水质符合标准要求。一般做法有：选用无滞水区的水加热设备，控制热水出水温度为55℃～60℃，选用内表光滑不生锈、不结垢的管道及阀件，保证集中热水系统循环管道的循环效果；设置消毒设施。当采用地热水作为生活热水时，要通过水质处理，使其水质符合现行国家标准《生活饮用水卫生标准》GB 5749 的要求。

3.7.3 本条对生活热水的水温做出了规定，并对一些特殊建筑提出了防烫伤的要求。生活热水的水温要满足使用要求，主要是指集中生活热水系统的供水温度要控制在 55℃～60℃，并保证终端出水水温不低于 45℃。当水温低于 55℃时，不易杀死滋生在温水中的各种细菌，尤其是军团菌之类致病菌；当水温高于 60℃时，一是系统热损耗大、耗能，二是将加速设备与管道的结垢与腐蚀，三是供水安全性降低，易产生烫伤人的事故。

幼儿园、养老院、精神病医院、监狱等弱势群体集聚场所及特殊建筑的热水供应要采取防烫伤措施，一般做法有：控制好水加热设备的供水温度，保证用水点处冷热水压力的稳定与平衡，用水终端采用安全可靠的调控阀件等。

3.7.4 热水系统的安全主要是指供水压力和温度要稳定，供水压力包括配水点处冷热水压力的稳定与平衡两个要素；温度稳定是指水加热设备出水温度与配水点放水温度既不能太高也不能太低，以保证使用者的安全；集中热水供应系统的另一要素是热水循环系统的合理设置，它是节水、节能、方便使用的保证。水加热设备是热水系统的核心部分，它来保证出水压力、温度稳定，不滋生细菌、供水安全且换热效果好、方便维修。

3.7.5 生活热水在加热过程中会产生体积膨胀，如这部分膨胀量不及时吸纳消除，系统内压力将升高，将影响水加热设备、热水供水管道的安全正常工作，损坏设备和管道，同时引起配水点处冷热水压力的不平衡和不稳定，影响用水安全，并且耗水耗电，因此，热水供水管道系统上要设置膨胀罐、膨胀管或膨胀水箱，设置安全阀、管道伸缩节等设施以及时消除热水升温膨胀时给系统带来的危害。

3.7.6 管道直饮水是指原水（一般为室外给水）经过深度净化处理达到《饮用净水水质标准》CJ 94 后，通过管道供给人们直接饮用的水，为保证管道直饮水系统用户端的水质达标，采取的主要措施有：①设置供、回水管网为同程式的循环管道；②从立管接出至用户用水点的不循环支管长度不大于 3m；③循环回水管道的回流水经再净化或消毒；④系统必须进行日常的供水水质检验；⑤净水站制定规章和管理制度，并严格执行等。

4 城 镇 排 水

4.1 一 般 规 定

4.1.1 本条规定了城镇排水系统的基本功能和技术性能。城镇排水系统包括雨水系统和污水系统。城镇雨水系统要能有效收集并及时排除雨水，防止城镇被雨水淹渍；并根据自然水体的水质要求，对污染较严重的初期雨水采取截流处理措施，减少雨水径流污染对自然水体的影响。为满足某些使用低于生活饮用水水质的需求，降低用水成本，提高用水效率，还要设置雨水储存和利用设施。

城镇污水系统要能有效收集和输送污水，因地制宜处理、处置污水和污泥，减少向自然水体排放水污染物，保障城镇水环境质量和水生态安全；水资源短缺的城镇还要建设污水净化再生处理设施，使再生水达到一定的水质标准，满足水再利用或循环利用的要求。

4.1.2 排水设施是城镇基础设施的重要组成部分，是保障城镇正常活动、改善水环境和生态环境质量，促进社会、经济可持续发展的必备条件。确定排水系统的工程规模时，既要考虑当前，又要考虑远期发展需要；更应该全面、综合进行总体布局；合理确定综合径流系数，不能被动适应城市高强度开发。建立完善的城镇排水系统，提高排水设施普及率和污水处理达标率，贯彻"低影响开发"原则，建设雨水系统等都需要较长时间，这些都应在城镇排水系统规划总体部署的指导下，与城镇社会经济发展和相关基础设施建设相协调，逐步实施。低影响开发是指强调城镇开发要减少对环境的冲击，其核心是基于源头控制和延缓冲击负荷的理念，构建与自然相适应的城镇排水系统，合理利用景观空间和采取相应措施对暴雨径流进行控制，减少城镇面源污染。

4.1.3 排水体制有雨水污水分流制与合流制两种基本形式。分流制是用不同管渠系统分别收集、输送污水和雨水。污水经污水系统收集并输送到污水处理厂处理，达到排放标准后排放；雨水经雨水系统收集，根据需要，经处理或不经处理后，就近排入水体。合流制则是以同一管渠系统收集、输送雨水和污水，旱季污水经处理后排放，雨季污水处理厂需加大雨污水处理量，并在水环境容量许可情况下，排放部分雨污水。分流制可缩小污水处理设施规模、节约投资，具有较高的环境效益。与分流制系统相比，合流制管渠投资较小，同时施工较方便。在年降雨量较小的地区，雨水管渠使用时间极少，单独建设雨水系统使用效率很低；新疆、黑龙江等地的一些城镇区域已采用的合流制排水体制，取得良好效果。城镇排水体制要因地制宜，从节约资源、保护水环境、节省投资和减少运行费用等方面综合考虑确定。

4.1.4 因大气污染、路面污染和管渠中的沉积污染，初期雨水污染程度相当严重，设置污水截流设施可削减初期雨水和污水对水体的污染。因此，规定合流制排水系统应设置污水截流设施，并根据受纳水体环境容量、工程投资额和合流污水管渠排水能力，合理确定截流倍数。

4.1.5 在分流制排水系统中，由于擅自改变建筑物内的局部功能、室外的排水管渠人为疏忽或故意错接会造成雨污水管渠混接。如果雨、污水管渠混接，污水会通过雨水管渠排入水体，造成水体污染；雨水也会通过污水管渠进入污水处理厂，增加了处理费用。为发挥分流制排水的优点，故作此规定。

4.1.6 城镇的发展不断加大建筑物和不透水地面的建设，使得城镇建成区域降雨形成的径流不断加大，不仅增加了雨水系统建设和维护投资，加大了暴雨期间的灾害风险，还严重影响了地下水的渗透补给。如从源头着手，加大雨水就近入渗、调蓄或收集利用，可减少雨水径流总量和峰值流量；同时如充分利用绿地和土壤对雨水径流的生态净化作用，不仅节省雨水系统设施建设和维护资金，减少暴雨灾害风险，还能有效降低城镇建设对水环境的冲击，有利于水生态系统的健康，推进城镇水社会循环和自然循环的和谐发展。这是一种基于源头控制的低影响开发的雨水管理方法，城镇雨水系统的建设要积极贯彻实施。

4.1.7 随意排放污水会破坏环境，如富营养化的水臭味大、颜色深、细菌多，水质差，不能直接利用，水中鱼类大量死亡。水污染物还会通过饮水或食物链进入人体，使人急性或慢性中毒。砷、铬、铵类、笨并（a）芘和稠环芳烃等，可诱发癌症。被寄生虫、病毒或其他致病菌污染的水，会引起多种传染病和寄生虫病。重金属污染的水，对人的健康均有危害，如铅造成的中毒，会引起贫血和神经错乱。有机磷农药会造成神经中毒；有机氯农药会在脂肪中蓄积，对人和动物的内分泌、免疫功能、生殖机能均造成危害。世界上 80％的疾病与水污染有关。伤寒、霍乱、胃肠炎、痢疾、传染性肝病是人类五大疾病，均由水污染引起。水质污染后，城镇用水必须投入更多的处理费用，造成资源、能源的浪费。

城镇所有用水过程产生的污染水，包括居民生活、公共服务和生产过程等产生的污水和废水，一定要进行处理，处理方式包括排入城市污水处理厂集中处理或分散处理两种。

4.1.8 为了保护环境，保障城镇污水管渠和污水处理厂等的正常运行、维护管理人员身体健康，处理后出水的再生利用和安全排放、污泥的处理和处置，污水接入城镇排污水管渠的水质一定要符合《污水排入城镇下水道水质标准》CJ 3082 等有关标准的规定，有的地方对水质有更高要求时，要符合地方标准，并根据《中华人民共和国水污染防治法》，加强对排入城镇污水管渠的污水水质的监督管理。

4.1.9 城镇排水设施是重要的市政公用设施，当发生地震、台风、雨雪冰冻、暴雨、地质灾害等自然灾害时，如果雨水管渠或雨水泵站损坏，会造成城镇被淹；若污水管渠、污水泵站或污水处理厂损坏，会造成城镇被污水淹没和受到严重污染等次生灾害，直接危害公众利益和健康，2008 年住房和城乡建设部发布的《市政设施抗灾设防管理规定》对市政公用设施的防灾专项规划内容提出了具体的要求，因此，城镇排水设施的选址和建设除应该符合本规范第 2.0.2 条的规定外，还要符合防灾专项规划的要求。

4.1.10 为保障操作人员安全，对产生有毒有害气体或可燃气体的泵站、管道、检查井、构筑物或设备进行放空清理或维修时，一定要采取防硫化氢等有毒有害气体或可燃气体的安全措施。安全措施主要有：隔绝断流，封堵管道，关闭闸门，水冲洗，排尽设备设施内剩余污水，通风等。不能隔绝断流时，要根据实际情况，操作人员穿戴供压缩空气的隔离式安全防护服和系安全带作业，并加强监测，或采用专业潜水员作业。

4.2 建筑排水

4.2.1 建筑排水设备和管道担负输送污水的功能，有可能产生漏水污染环境，产生噪声，甚至危害建筑结构和设备安全等，要采取措施合理布置与敷设，避免可能产生的危害。

4.2.2 存水弯、水封盒等水封能有效地隔断排水管道内的有害有毒气体窜入室内，从而保证室内环境卫生，保障人民身心健康，防止事故发生。

存水弯水封需要保证一定深度，考虑到水封蒸发损失、自虹吸损失以及管道内气压变化等因素，卫生器具的排水口与污水排水管的连接处，要设置相关设施阻止有害气体泄漏，例如设置有水封深度不小于 50mm 的存水弯，是国际上为保证重力流排水管道系统中室内压不破坏存水弯水封的要求。当卫生器具构造内自带水封设施时，可不另设存水弯。

4.2.3 本条规定了建筑物地下室、半地下室的污、废排水要单独设置压力排水系统排除，不应该与上部排水管道连接，目的是防止室外管道满流或堵塞时，污、废水倒灌进室内。对于山区的建筑物，若地下室、半地下室的地面标高高于室外排水管道处的地面标高，可以采用重力排水系统。建筑物内采用排水泵压力排出污、废水时，一定要采取相应的安全保证措施，不应该因此造成污、废水淹没地下室、半地下室的事故。

4.2.4 本条规定了下沉式广场、地下车库出入口处等及时排除雨水积水的要求。下沉式广场、地下车库出入口处等不能采用重力流排除雨水的场所，要设集水沟、集水池和雨水排水泵等设施及时排除雨水，保证这些场所不被雨水淹渍。一般做法有：下沉式广场地面排水集水池的有效容积不小于最大一台排水泵 30s 的出水量，地下车库出入口明沟集水池的有效容积不小于最大一台排水泵 5min 的出水量，排水泵要有不间断的动力供应；且定期检修，保证其正常使用。

4.2.5 化粪池一般采用砖砌水泥砂浆抹面，防渗性差，对于地下水取水构筑物和生活饮用水池而言属于污染源，因此要防止化粪池渗出污水污染地下水源，可以采取化粪池与地下取水构筑物或生活储水池保持一定的距离等措施。

4.2.6 本条规定医疗机构污水要根据其污水性质、排放条件（即排入市政下水管或地表水体）等进行污水处理和确定处理流程及工艺，处理后的水质要符合现行国家标准《医疗机构水污染物排放标准》GB 18466的有关要求。

4.2.7 建筑屋面雨水的排除涉及屋面结构、墙体及人员的安全，屋面雨水的排水设施由雨水斗、屋面溢流口（溢流管）、雨水管道组成，它们总的排水能力要保证设计重现期内的雨水的排除，保证屋面不积水。

4.3 排水管渠

4.3.1 本条规定了排水管渠的基本功能和性能。经济合理地输送雨水、污水指利用地形合理布置管渠，降低排水管渠埋设深度，减少压力输送，花费较少投资和运行费用，达到同样输送雨水和污水的目的。为了保障公众和周边设施安全、通畅地输送雨水和污水，排水管渠要满足条文中提出的各项性能要求。

4.3.2 立体交叉地道排水的可靠程度取决于排水系统出水口的畅通无阻。当立体交叉地道出水管与城镇雨水管直接连通，如果城镇雨水管排水不畅，会导致雨水不能及时排除，形成地道积水。独立排水系统指单独收集立体交叉地道雨水并排除的系统。因此，规定立体交叉地道排水要设置独立系统，保证系统出水不受城镇雨水管影响。

4.3.3 检查井是含有硫化氢等有毒有害气体和缺氧的场所，我国曾多次发生操作人员下井作业时中毒身亡的悲剧。为保障操作人员安全，作此规定。

强制通风后在通风最不利点检测易爆和有毒气体浓度，检测符合安全标准后才可进行后续作业。

4.3.4 为保障排水管渠正常工作，要建立定期巡视、检查、维护和更新的制度。巡视内容一般包括污水冒溢、晴天雨水口积水、井盖和雨水箅缺损、管道塌陷、违章占压、违章排放、私自接管和影响排水的工程施工等。

4.4 排水泵站

4.4.1 本条规定了排水泵站的基本功能。为安全、可靠和高效地提升雨水和污水，泵站进出水管水流要顺畅，防止进水滞流、偏流和泥砂杂物沉积在进水渠底，防止出水壅流。如进水出现滞流、偏流现象会影响水泵正常运行，降低水泵效率，易形成气蚀，缩短水泵寿命。如泥砂杂物沉积在进水渠底，会减小过水断面。如出水壅流，会增大阻力损失，增加电耗。水泵及配套设施应选用高效节能产品，并有防止水泵堵塞措施。出水排入水体的泵站要采取措施，防止水流倒灌影响正常运行。

4.4.2 水泵最高扬程和最低扬程发生的频率较低，选择时要使大部分工作时间均处在高效区运行，以符合节能要求。同时为保证排水畅通，一定要保证在最高工作扬程和最低工作扬程范围内水泵均能正常运行。

4.4.3 为保障周围建筑物和操作人员的安全，抽送产生易燃易爆或有毒有害气体的污水时，室外污水泵站必须为独立的建筑物。相应的安全防护措施有：具有良好的通风设备，采用防火防爆的照明和电气设备，安装有毒有害气体检测和报警设施等。

4.4.4 排水泵站布置主要是水泵机组的布置。为保障操作人员安全和保证水泵主要部件在检修时能够拆卸，主要机组的间距和通道、泵房出入口、层高、操作平台设置要满足安全防护的需要并便于操作和检修。

4.4.5 立体交叉地道受淹后，如果与地道合建的雨水泵站的电气设备也被淹，会导致水泵无法启动，延长了地道交通瘫痪的时间。为保障雨水泵站正常工作，作此规定。

4.4.6 在部分水泵损坏或检修时，为使污水泵站和合流污水泵站还能正常运行，规定此类泵站应设置备用泵。由于道路立体交叉地道在交通运输中的重要性，一旦立体交叉地道被淹，会造成整条交通线路瘫痪的严重后果；为大型公共地下设施设置的雨水泵站，如果水泵发生故障，会造成地下设施被淹，进而影响使用功能，所以，作出道路立体交叉地道和大型公共地下设施雨水泵站应设备用泵的规定。

4.4.7 雨水及合流泵站出水口流量较大，要控制出水口的位置、高程和流速，不能对原有河道驳岸、其他水中构筑物产生冲刷；不能影响受纳水体景观、航运等使用功能。同时为保证航运和景观安全，要根据需要设置有关设施和标志。

4.4.8 雨污水进入集水池后速度变慢，一些泥砂会沉积在集水池中，使有效池容减少，故作此规定。

4.5 污水处理

4.5.1 本条规定了污水处理厂的基本功能。污水处理厂是集中处理城镇污水，以达到减少污水中污染物，保护受纳水体功能的设施。建设污水处理厂需要大量投资，目前有些地方盲目建设污水处理厂，造成污水处理厂建成后无法正常投入运行，不仅浪费了国家和地方政府的资金，而且污水未经有效处理排放造成水体及环境污染，影响人民健康。国家有关部门对污水处理厂的实际处理负荷作了明确的规定，以保证污水处理厂有效减少城镇水污染物。排放的水应符合

《城镇污水处理厂污染物排放标准》GB 18918、《地表水环境质量标准》GB 3838 和各地方的水污染物排放标准的要求；脱水后的污泥应该符合《城镇污水处理厂污染物排放标准》GB 18918 和《城镇污水处理厂污泥泥质》GB 24188 要求。当污泥进行最终处置和综合利用时，还要分别符合相关的污泥泥质标准。排放的废气要符合《城镇污水处理厂污染物排放标准》GB 18918 中规定的厂界废气排放标准；当污水处理厂采用污泥热干化或污泥焚烧时，污泥热干化的尾气或焚烧的烟气中含有危害人民身体健康的污染物质，除了要符合上述标准外，其颗粒物、二氧化硫、氮氧化物的排放指标还要符合国家现行标准《恶臭污染物排放标准》GB 14554 及《生活垃圾焚烧污染控制标准》GB 18485 的要求。

4.5.2 本条规定了污水处理厂的技术要求。对不同的地表水域环境功能和保护目标，在现行国家标准《城镇污水处理厂污染物排放标准》GB 18918 中，有不同等级的排放要求；有些地方政府也根据实际情况制定了更为严格的地方排放标准。因此，要遵从国家和地方现行的排放标准，结合污水水质特征、处理后出水用途等确定污水处理程度。进而，根据处理程度综合考虑污水水质特征、地质条件、气候条件、当地经济条件、处理设施运行管理水平，还要统筹兼顾污泥处理处置，减少污泥产生量，节约污泥处理处置费用等，选择污水处理工艺，做到稳定达标又节约运行维护费用。

4.5.3 污水处理厂的总体设计包括平面布置和竖向设计。合理的处理构筑物平面布置和竖向设计以满足水力流程要求，减少水流在处理厂内不必要的折返以及各类跌水造成的水头浪费，降低污水、污泥提升以及供气的运行能耗。

同时，污水处理过程中往往会散发臭味和对人体健康有害的气体，在生物处理构筑物附近的空气中，细菌芽孢数量也较多，鼓风机（尤其是罗茨鼓风机）会产生较大噪声，为此，污水处理厂在平面布置时，应该采取措施。如将生产管理建筑物和生活设施与处理构筑物保持一定距离，并尽可能集中布置；采用绿化隔离，考虑夏季主导风向影响等措施，减少臭气和噪声的影响，保持管理人员有良好的工作环境，避免影响正常工作。

4.5.4 初期雨水污染十分严重，为保护环境，要进行截流并处理，因此在确定合流制污水处理厂的处理规模时，要考虑这部分容量。

4.5.5 污水自然处理是利用自然生物作用进行污水处理的方法，包括土地处理和稳定塘处理。通常污水自然处理需要占用较大面积的土地或人工水体，或者与景观结合，当处理负荷等因素考虑不当或气候条件不利时，会造成臭气散发、水体视觉效果差甚至有蚊蝇飞虫等影响，因此，在自然处理选址以及设计中要采取措施减少对周围环境质量的影响。

另外，污水自然处理常利用荒地、废地、坑塘、洼地等建设，如果不采取防渗措施（包括自然防渗和人工防渗），必定会造成污水下渗影响地下水水质，因此，要采取措施避免对地下水产生污染。

4.5.6 污水处理厂出水中含有大量微生物，其中有些是致病的，对人类健康有危害，尤其是传染性疾病传播时，其危害更大，如 SAS 的传播。为保障公共卫生安全规定污水处理厂出水应该消毒后排放。

污水消毒场所包括放置消毒设备、二氧化氯制备器和原料的地方。污水消毒主要采用紫外线、二氧化氯和液氯。采用紫外线消毒时，要采取措施防止紫外光对人体伤害。二氧化氯和液氯是强氧化剂，可以和多种化学物质和有机物发生反应使得它的毒性很强，其泄漏可损害全身器官。若处理不当会发生爆炸，如液氯容器遭碰撞或冲击受损爆炸，同时，也会因氯气泄漏造成次生危害；又如氯酸钠与磷、硫及有机物混合或受撞击爆炸。为保障操作人员安全规定消毒场所要有安全防护措施。

4.5.7 《中华人民共和国水污染防治法》要求，城镇污水集中处理设施的运营单位，应当对城镇污水集中处理设施的出水水质负责；同时，污水处理厂为防止进水水量、水质发生重大变化影响污水处理效果，以及运行节能要求，一定要及时掌握水质水量情况，因此作此规定。

4.6 污泥处理

4.6.1 随着城镇污水处理的迅速发展，产生了大量的污泥，污泥中含有的病原体、重金属和持久性有机污染物等有毒有害物质，若未经有效处理处置，极易对地下水、土壤等造成二次污染，直接威胁环境安全和公众健康，使污水处理设施的环境效益大大降低。我国幅员辽阔，地区经济条件、环境条件差异很大，因此采用的污泥处理和处置技术也存在很大的差异，但是污泥处理和处置的基本原则和目的是一致的，即进行减量化、稳定化和无害化处理。

污泥的减量化处理包括使污泥的体积减小和污泥的质量减少，如前者采用污泥浓缩、脱水、干化等技术，后者采用污泥消化、污泥焚烧等技术。污泥的减量化也可以减少后续的处理处置的能源消耗。

污泥的稳定化处理是指使污泥得到稳定（不易腐败），以利于对污泥作进一步处理和利用。可以达到或部分达到减轻污泥重量，减少污泥体积，产生沼气、回收资源，改善污泥脱水性能，减少致病菌数量，降低污泥臭味等目的。实现污泥稳定可采用厌氧消化、好氧消化、污泥堆肥、加碱稳定、加热干化、焚烧等技术。

污泥的无害化处理是指减少污泥中的致病菌数量和寄生虫卵数量，降低污泥臭味。

污泥安全处置有两层意思，一是保障操作人员安全，需要采取防火、防爆及除臭等措施；二是保障环境不遭受二次污染。

污泥处置要有效提高污泥的资源化程度，变废为宝，例如用作制造肥料、燃料和建材原料等，做到污泥处理和处置的可持续发展。

4.6.2 消化池、污泥气管道、储气罐、污泥气燃烧装置等处如发生污泥气泄漏会引起爆炸和火灾，为有效阻止和减轻火灾灾害，要根据现行国家标准《建筑设计防火规范》GB 50016 和《城镇燃气设计规范》GB 50028 的规定采取安全防范措施，包括对污泥气含量和温度等进行自动监测和报警，采用防爆照明和电气设备，厌氧消化池和污泥气储罐要密封，出气管一定要设置防回火装置，厌氧消化池溢流口和表面排渣管出口不得置于室内，并一定要有水封装置等。

4.6.3 污泥气约含 60%的甲烷，其热值一般可达到 $21000kJ/m^3 \sim 25000kJ/m^3$，是一种可利用的生物质能。污水处理厂产生的污泥气可用于消化池加温、发电等，若加以利用，能节约污水处理厂的能耗。在世界能源紧缺的今天，综合利用污泥气显得越发重要。污泥气中的甲烷是一种温室气体，根据联合国政府间气候变化专门委员会（IPCC）2006 年出版的《国家温室气体调查指南》，其温室效应是 CO_2 的 21 倍，为防止大气污染和火灾，污泥气不得擅自向大气排放。

4.6.4 污泥进行机械浓缩脱水时释放的气体对人体、仪器和设备有不同程度的影响和损害；药剂撒落在地上，十分黏滑，为保障安全，作出上述规定。

4.6.5 污泥堆肥过程中会产生大量的渗沥液，其COD、BOD 和氨氮等污染物浓度较高，如果直接进入水体，会造成地下水和地表水的污染。一般采取对污泥堆肥场地进行防渗处理，并设置渗沥液收集处理设施等。

4.6.6 污泥热干化时产生的粉尘是 St1 级爆炸粉尘，具有潜在的爆炸危险，干化设施和污泥料仓内的干污泥也可能会自燃。在欧美已发生多起干化器爆炸、着火和附属设施着火的事件。安全措施包括设置降尘除尘设施、对粉尘含量和温度等进行自动监测和报警、采用防爆照明和电气设备等。为保障安全，作此规定。

4.6.7 污泥干化和焚烧过程中产生的烟尘中含有大量的臭气、杂质和氮氧化物等，直接排放会对周围环境造成严重污染，一定要进行处理，并符合现行国家标准《恶臭污染物排放标准》GB 14554 及《生活垃圾焚烧污染控制标准》GB 18485 的要求后排放。

5 污水再生利用与雨水利用

5.1 一般规定

5.1.1 资源型缺水城镇要积极组织编制以增加水源为主要目标的城镇再生水和雨水利用专项规划；水质型缺水城镇要积极组织编制以削减水污染负荷、提高城镇水体水质功能为主要目标的城镇再生水专项规划。在编制规划时，要以相关区域城镇体系规划和城镇（总体）规划为依据，并与相关水资源规划、水污染防治规划相协调。

城镇总体规划在确定供水、排水、生态环境保护与建设发展目标及市政基础设施总体布局时，要包含城镇再生水利用的发展目标及布局；市政工程管线规划设计和管线综合中，要包含再生水管线。

城镇再生水规划要根据再生水水源、潜在用户地理分布、水质水量要求和输配水方式，经综合技术经济比较，合理确定城镇再生水的系统规模、用水途径、布局及建设方式。城镇再生水利用系统包括市政再生水系统和建筑中水设施。

城镇雨水利用规划要与拟建区域总体规划为主要依据，并与排水、防洪、绿化及生态环境建设等专项规划相协调。

5.1.2 本条规定了城镇再生水和雨水利用工程的基本功能和性能。城镇再生水和雨水利用的总体目标是充分利用城镇污水和雨水资源、削减水污染负荷、节约用水、促进水资源可持续利用与保护、提高水的利用效率。

城镇再生水和雨水利用设施包括水源、输（排）水、净化和配水系统，要按照相关规定满足不同再生水用户或用水途径对水质、水量、水压的要求。

5.1.3 城镇再生水与雨水的利用，在工程上要确保安全可靠。其中保证水质达标、避免误接误用、保证水量安全等三方面是保障再生水和雨水使用安全减少风险的必要条件。具体措施有：①城镇再生水与雨水利用工程要根据用户的要求选择合适的再生水和雨水利用处理工艺，做到稳定达标又节约运行费用。②城镇再生水与雨水利用输配水系统要独立设置，禁止与生活饮用水管道连接；用水点和管道上一定要设有防止误饮、误用的警示标识。③城镇再生水与雨水利用工程要有可靠的供水水源，重要用水用户要备有其他补水系统。

5.2 再生水水源和水质

5.2.1 本条规定了城镇再生水水源利用的基本要求。城镇再生水水源包括建筑中水水源。再生水水源工程包括收集、输送再生水水源水的管道系统及其辅助设施，在设计时要保证水源的水质水量满足再生水生产与供给的可靠性、稳定性和安全性要求。

有了充足可靠的再生水水源可以保障再生水处理设施的正常运转，而这需要进行水量平衡计算。再生水工程的水量平衡是指再生水原水水量、再生水处理水量、再生水回用水量和生活补给水量之间通过计算调整达到供需平衡，以合理确定再生水处理系统的规模和处理方法，使原水收集、再生水处理和再生水供应等协调运行，保证用户需求。

5.2.2 重金属、有毒有害物质超标的污水不允许排入或作为再生水水源。排入城镇污水收集系统与再生处理系统的工业废水要严格按照国家及行业规定的排放标准，制定和实施相应的预处理、水质控制和保障计划。并在再生水水源收集系统中的工业废水接入口设置水质监测点和控制闸门。

医疗机构的污水中含有多种传染病菌、病毒，虽然医疗机构中有消毒设备，但不可能保证任何时候的绝对安全性，稍有疏忽便会造成严重危害，而放射性废水对人体造成伤害的危害程度更大。考虑到安全因素，因此规定这几种污水和废水不得作为再水水源。

5.2.3 再生水利用分类要符合现行国家标准《城市污水再生利用分类》GB/T 18919 的规定。再生水用于城市杂用水时，其水质要符合国家现行的《城市污水再生利用城市杂用水水质》GB/T 18920 的规定。再生水用于景观环境用水时，其水质要符合现行国家标准《城市污水再生利用景观环境用水水质》GB/T 18921 的规定。再生水用于农田灌溉时，其水质要符合现行国家标准《城市污水再生利用农田灌溉用水水质》GB 20922 的规定。再生水用于工业用水时，其水质要符合现行国家标准《工业用水水质标准》GB/T 19923 的规定。再生水用于绿地灌溉时，其水质要符合现行国家标准《城市污水再生利用绿地灌溉水质》GB/T 25499 的规定。

当再生水用于多种用途时，应该按照优先考虑用水量大、对水质要求不高的用户，对水质要求不同用户可根据自身需要进行再处理。

5.3 再生水利用安全保障

5.3.1 再生水工程为保障处理系统的安全，要设有溢流和采取事故水排放措施，并进行妥善处理与处置，排入相关水体时要符合先行国家标准《城镇污水处理厂污染物排放标准》GB 18918 的规定。

5.3.2 城镇再生水的供水管理和分配与传统水源的管理有明显不同。城镇再生水利用工程要根据设计再生水水量和回用类型的不同确定再生水储存方式和容量，其中部分地区还要考虑再生水的季节性储存。同时，强调再生水储存设施应严格做好卫生防护工作，切断污染途径，保障再生水水质安全。

5.3.3 消毒是保障再生水卫生指标的重要环节，它直接影响再生水的使用安全。根据再生水水质标准，对不同目标的再生水均有余氯和卫生指标的规定，因此再生水必须进行消毒。

5.3.4 城镇再生水利用工程为便于安全运行、管理和确保再生水水质合格，要设置水量计量和水质监测设施。

5.3.5 建筑小区和工业用户采用再生水系统时，要备有补水系统，这样可保证污水再生利用系统出事故时不中断供水。而饮用水的补给只能是应急的，有计量的，并要有防止再生水污染饮用水系统的措施和手段。其中当补水管接到再生水储存池时要设有空气隔断，即保证补水管出口距再生水储存池最高液面不小于 2.5 倍补水管径的净距。

5.3.6 本条主要指再生水生产设施、管道及使用区域都要设置明显标志防止误接、误用，确保公众和操作人员的卫生健康，杜绝病原体污染和传播的可能性。

5.4 雨 水 利 用

5.4.1 拟建区域与雨水利用工程建设相关基础资料的收集是雨水利用工程技术评价的基础。降雨量资料主要有：年均降雨量；年均最大月降雨量；年均最大日降雨量；当地暴雨强度计算公式等。最近实施的北京市地方标准《城市雨水利用工程技术规程》DB11/T685 中，要求收集工程所在地近 10 年以上的气象资料作为雨水利用工程的参考资料。有专家认为，通过近 10 年以上的降雨量资料计算设计的雨水利用工程更接近实际。

其他相关基础资料主要包括：地形与地质资料（含水文地质资料），地下设施资料，区域总体规划及城镇建设专项规划。

5.4.2 现行国家标准《给水排水工程基本术语标准》GB/T 50125 中对“雨水利用”的定义为：“采用各种措施对雨水资源进行保护和利用的全过程”。目前较为广泛的雨水利用措施有收集回用、雨水入渗、调蓄排放等。

“雨水收集回用”即要求同期配套建设雨水收集利用设施，作为雨水利用、减少地表径流量等的重要措施之一。由于城市化的建设，城市降雨径流量已经由城市开发前的 10%增加到开发后的 50%以上，同时降雨带来的径流污染也越来越严重。因此，雨水收集回用不仅节约了水资源，同时还减少了雨水地表径流和暴雨带给城市的淹涝灾害风险。

“雨水入渗”即包括雨水通过透水地面入渗地下，补充涵养地下水资源，缓解或遏制地面沉降，减少因降雨所增加的地表径流量，是改善生态环境，合理利用雨水资源的最理想的间接雨水利用技术。

“雨水调蓄排放”主要是通过利用城镇内和周边的天然湖塘洼地、沼泽地、湿地等自然水体，以及雨水利用工程设计中为满足雨水利用的要求而设置的调蓄池，在雨水径流的高峰流量时进行暂存，待径流量下降后再排放或利用，此措施也减少了洪涝灾害。

5.4.3 利用城镇及周边区域的湖塘洼地、坝塘、沼泽地等自然水体对雨水进行处理、净化、滞留和调蓄是最理想的水生态循环系统。

5.4.4 在设计、建造和运行雨水设施时要与周边环境相适宜，充分考虑减少硬化面上的污染物量；对雨水中的固体污物进行截流和处理；采用生物滞蓄生态净化处理技术，不破坏周边景观。

5.4.5 雨水经过一般沉淀或过滤处理后，细菌的绝对值仍可能很高，并有病原菌的可能，因此，根据雨水回用的用途，特别是与人体接触的雨水利用项目应在利用前进行消毒处理。消毒处理方法的选择，应按相关国家现行的标准执行。

6 结 构

6.1 一般规定

6.1.1 城镇给水排水工程系指涵盖室外和居民小区内建筑物外部的给水排水设施。其中，厂站内通常设有办公楼、化验室、调度室、仓库等，这些建筑物的结构设计、施工，要按照工业与民用建筑的结构设计、施工标准的相应规定执行。

6.1.2 城镇给水排水设施属生命线工程的重要组成部分，为居民生活、生产服务，不可或缺，为此这些设施的结构设计安全等级，通常应为二级。同时作为生命线网络的各种管道及其结点构筑物（水处理厂站中各种功能构筑物），多为地下或半地下结构，运行后维修难度大，据此其结构的设计使用年限，国外有逾百年考虑；本条根据我国国情，按国家标准《工程结构可靠性设计统一标准》GB 50153 的规定，对厂站主要构筑物的主体结构和地下干管道结构的设计使用年限定为不低于 50 年。这里不包括类似阀门井、铁爬梯等附属构筑物和可以替换的非主体结构以及居民小区内的小型地下管道。

6.1.3 城镇给水排水工程中的各种构筑物和管道与地基土质密切相关，因此在结构设计和施工前，一定要按基本建设程序进行岩土工程勘察。根据国家标准《岩土工程勘察规范》GB 50021 的规定，按工程建设相应各阶段的要求，提供工程地质及水文地质条件，查明不良地质作用和地质灾害，根据工程项目的结构特征，提供资料完整，有针对性评价的勘察报告，以便结构设计据此正确、合理地确定结构类型、构造及地基基础设计。

6.1.4 本条主要是依据国家标准《工程结构可靠性设计统一标准》GB 50153 的规定，要确保结构在设计使用年限内安全可靠（保持其失效概率）和正常运行，一定要符合"正常设计"、"正常施工"和"正常管理、维护"的原则。

6.1.5 盛水构筑物和管道均与水和土壤接触，运行条件差，为此在进行结构内力分析时，应该视结构为弹性体，不要考虑非弹性变形引起的内力重分布，避免出现过大裂缝（混凝土结构）或变形（金属、塑料材质结构），以确保正常使用及可靠的耐久性。

6.1.6 本条规定对位于地表水或地下水水位以下的构筑物和管道，应该进行抗浮稳定性核算，此时采用核算水位应为勘察文件提供在使用年限内可能出现的最高水位，以确保结构安全。相应施工期间的核算水位，应该由勘察文件提供不同季节可能出现的最高水位。

6.1.7 结构材料的性能对结构的安全可靠至关重要。根据国家标准《工程结构可靠性设计统一标准》GB 50153 的规定，结构设计采用以概率理论为基础的极限状态设计方法，要求结构材料强度标准值的保证率不应低于 95%。同时依据抗震要求，结构采用的钢材应具有一定的延性性能，以使结构和构件具有足够的塑性变形能力和耗能功能。

6.1.8 条文主要依据国家标准《混凝土结构设计规范》GB 50010 的规定，确保混凝土的耐久性。对与水接触、埋设于地下的结构，其混凝土中配制的骨料，最好采用非碱活性骨料，如由于条件限制采用碱活性骨料时，则应该控制混凝土中的碱含量，否则发生碱骨料反应将导致膨胀开裂，加速钢筋锈蚀，缩短结构、构件的使用年限。

6.1.9 遇水浸蚀材料砌块和空芯砌块都不能满足水密性要求，也严重影响结构的耐久性要求。

6.1.10 本条规定主要在于保证钢筋混凝土构件正常工作时的耐久性。当构件截面受力处于中心受拉或小偏心受拉时，全截面受拉一旦开裂将贯通截面，因此应该按控制裂缝出现设计。当构件截面处于受弯或大偏心受拉、压状态时，并非全截面受拉，应按控制裂缝宽度设计。

6.1.11 条文对平面尺寸超长（例如超过 25m～30m）的钢筋混凝土构筑物的设计和施工，提出了警示。在工程实践中不乏由于温度作用（混凝土成型过程中的水化热或运行时的季节温差）导致墙体开裂。对此，设计和施工需要采取合理、可靠的应对措施，例如采取设置变形缝加以分割、施加部分预应力、设置后浇带分期浇筑混凝土、采用合适的混凝土添加剂、降低水胶比等。

6.1.12 给水排水工程中的构筑物和管道，经常会敷设很深，条文要求在深基坑开挖、支护和降水时，不仅要保证结构本身安全，还要考虑对周边环境的影响，避免由于开挖或降水影响邻近已建建（构）筑物的安全（滑坡、沉陷而开裂等）。

6.1.13 条文针对构筑物和管道结构的施工验收明确了要求。从原材料控制到竣工验收，提出了系统要求，达到保证工程施工质量的目标。

6.2 构 筑 物

6.2.1 条文对盛水构筑物即各种功能的水池结构设计，规定了应该予以考虑的工况及其相应的各种作用。通常除了池内水压力和池外土压力（地下式或半地下式水池）外，尚需考虑结构承受的温差（池壁内外温差及季节温差）和湿差（池壁内外）作用。这些作用会对池体结构的内力有显著影响。

环境影响除与温差作用有关外，还要考虑地下水位情况。如地下水位高于池底时，则不能忽视对构筑物的浮力和作用在侧壁上的地下水压力。

6.2.2 本条针对预应力混凝土结构设计作出规定，对盛水构筑物的构件，在正常运行时各种工况的组合作用下，结构截面上应该保持具有一定的预压应力，以确保不致出现开裂，影响预应力钢丝的可靠耐久性。

6.2.3 条文针对混凝土结构盛水构筑物的结构设计，为确保其使用功能及耐久性，对水泥品种的选用、最少水泥用量及混凝土水胶比的控制（保证其密实性）、抗渗和抗冻等级、防侵蚀保护措施等方面，提出了综合要求。

6.3 管　道

6.3.1 城镇室外给水排水工程中应用的管材，首先要依据其运行功能选用，由工厂预制的普通钢筋混凝土管和砌体混合结构管道，通常不能用于压力运行管道；结构壁塑料管是采用薄壁加肋方式，提高管刚度，藉以节约原材料，其中不加其他辅助材料（如钢材）由单一纯塑料制造的结构壁塑料管不能承受内压，同样不能用于压力运行管道。

施工敷设也是选择要考虑的因素，开槽埋管还是不开挖顶进施工，后者需要考虑纵向刚度较好的管材，同时还需要加强管材接口的连接构造；对过江、湖的架空管通常采用焊接钢管。

对存在污染的环境，要选择耐腐蚀的管材，此时塑料管材具有优越性。

当有多种管材适用时，则需通过技术经济对比分析，做出合理选择。

6.3.2 本条要求在进行管道结构设计时，应该判别所采用管道结构的刚、柔性。刚柔性管的鉴别，要根据管道结构刚度与管周土体刚度的比值确定。通常矩形管道、混凝土圆管属刚性管道；钢管、铸铁（灰口铸铁除外，现已很少采用）管和各种塑料管均属柔性管；仅当预应力钢筒混凝土管壁厚较小时，可能成为柔性管。

刚、柔两种管道在受力、承载和破坏形态等方面均不相同，刚性管承受的土压力要大些，但其变形很小；柔性管的变形大，尤其在外压作用下，要过多依靠两侧土体的弹抗支承，为此对其进行承载力的核算时，尚需作环向稳定计算，同时进行正常使用验算时，还需作允许变形量计算。据此条文规定对柔性管进行结构设计时，应按管结构与土体共同工作的结构模式计算。

6.3.3 埋设在地下的管道，必然要承受土压力，对刚性管道可靠的侧向土压力可抵消竖向土压力产生的部分内力；对柔性管道则更需侧土压力提供弹抗作用；因此，需要对管周土的压实密度提出要求，作为埋地管道结构的一项重要的设计内容。通常应该对管两侧回填土的密实度严格要求，尤其对柔性圆管需控制不低于95%最大密实度；对刚性圆管和矩形管道可适当降低。管底回填土的密实度，对圆管不要过高，可控制在85%～95%，以免管底受力过于集中而导致管体应力剧增。管顶回填土的密实度不需过高，要视地面条件确定，如修道路，则按路基要求的密实度控制。但在有条件时，管顶最好留出一定厚度的缓冲层，控制密实度不高于85%。

6.3.4 对非开挖顶进施工的管道，管体承受的竖向土压力要比管顶以上土柱的压力小，主要由于土柱两侧滑裂面上的剪应力抵消了部分土柱压力，消减的多少取决于管顶覆土厚度和该处土体的物理力学性能。

6.3.5 钢管常用于跨越河湖的自承式结构，当跨度较大时多采用拱形或折线形结构，此时应该核算在侧向荷载（风、地震作用）作用下，出平面变位引起的P-Δ效应，其影响随跨越结构的矢高比有关，但通常均会达到不可忽视的量级，要给予以重视。

6.3.6 塑料与混凝土、钢铁不同，老化问题比较突出，其物理力学性能随时间而变化，因此对塑料管进行结构设计时，其力学性能指标的采用，要考虑材料的长期效应，即在按设计使用年限内的后期数值采用，以确保使用期内的安全可靠。

6.4 结构抗震

6.4.1 本条是对给水排水工程中构筑物和管道结构的抗震设计，规定了设防标准，给水排水工程是城镇生命线工程的重要内容之一，密切关联着广大居民生活、生产活动，也是震后震灾抢救、恢复秩序所必要的设施。因此，条文依据国家标准《建筑工程抗震设防分类标准》GB 50223（这里“建筑”是广义的，包涵构筑物）的规定，对给水排水工程中的若干重要构筑物和管道，明确了需要提高设防标准，以使避免在遭遇地震时发生严重次生灾害。

这里还需要对排水工程给予重视。在国内几次强烈地震中，由于排水工程的震害加重了次生灾害。例如唐山地震时，唐山市内永红立交处，因排水泵房毁坏无法抽水降低地面积水，造成震后救援车辆无法通行；天津市常德道卵形排水管破裂，大量基土流失，而排水管一般埋地较深，影响到旁侧房屋开裂、倒塌。同时，排水管道系统震坏后，还将造成污水横溢，严重污染整个生态环境，这种次生灾害不可能在短期内获得改善。

6.4.2 本条规定了在工程中采用抗震设防烈度的依据，明确要以现行中国地震动参数区划图规定的基本烈度或地震管理部门批准的地震安全性评价报告所确定的基本烈度作为设防烈度。

6.4.3 本条规定抗震设防应达到的目标，着眼于避免形成次生灾害，这对城镇生命线工程十分重要。

6.4.4 本条对抗震设防烈度和相应地震加速度取值的关系，是依据原建设部1992年7月3日颁发的建标［1992］419号《关于统一抗震设计规范地面运动加速度设计取值的通知》而采用的，该取值为50年设计基准期超越概率10%的地震加速度取值。其中0.15g和0.3g分别为0.1g与0.2g、0.2g与0.4g地区间的过渡地区取值。

6.4.5 条文对构筑物的抗震验算，规定了可以简化分析的原则，同时对设防烈度为9度时，明确了应该计算竖向地震效应，主要考虑到9度区一般位于震中或邻近震中，竖向地震效应显著，尤其对动水压力的影响不可忽视。

6.4.6 本条对埋地管道结构的抗震验算作了规定，明确了应该计算在地震作用下，剪切波行进时对管道结构形成的变位或应变量。埋地管道在地震作用下的反应，与地面结构不同，由于结构的自振频率远高于土体，结构受到的阻尼很大，因此自重惯性力可以忽略不计，而这种线状结构必然要随行进的地震波协同变位，应该认为变位既是沿管道纵向的，也有弯曲形的。对于体形不大的管道，显然弯曲变位易于适应被接受，主要着重核算管道结构的纵向变位（瞬时拉或压）；但对体形较大的管道，弯曲变位的影响会是不可忽视的。

上述原则的计算模式，目前国际较为实用的方法是将管道视作埋设于土中的弹性地基梁，亦即考虑了管道结构和土体的相对刚度影响。管道在地震波的作用下，其变位不完全与土体一致，会有一定程度的折减，减幅大小与管道外表构造和管道四周土体的物理力学性能（密实度、抗剪强度等）有关。由于涉及因素较多，通常很难精确掌控，因此有些重要的管道工程，其抗震验算就不考虑这项折减因素。

6.4.7 对构筑物结构主要吸取国家标准《建筑抗震设计规范》GB 50011的要求做出规定。旨在当遭遇强烈地震时，不致结构严重损坏甚至毁坏。

对埋地管道，在地震作用下引起的位移，除了采用延性良好的管材（例如钢管、PE管等）能够适应外，其他管材的管道很难以结构受力去抵御。需要在管道沿线配置适量的柔性连接去适应地震动位移，这是国内外历次强震反应中的有效措施。

6.4.8 当构筑物或管道位于地震液化地基土上时，很可能受到严重损坏，取决于地基土的液化严重程度，应据此采取适当的措施消除或减轻液化作用。

6.4.9 当埋地管道傍山区边坡和江、河、湖的岸边敷设时，多见地震时由于边坡滑移而导致管道严重损坏，这在四川汶川地震、唐山地震中均有多发震害实例。为此条文提出针对这种情况，应对该处岸坡的抗震稳定性进行验算，以确保管道安全可靠。

7 机械、电气与自动化

7.1 一般规定

7.1.1 机电设备及其系统是指相关机械、电气、自动化仪表和控制设备及其形成的系统，是城镇给水排水设施的重要组成部分。城镇给水排水设施能否正常运行，实际上取决于机电设备及其系统能否正常运行。城镇给水排水设施的运行效率以及安全、环保方面的性能，也在很大程度上取决于机电设备及其系统的配置和运行情况。

7.1.2 机电设备及其系统是实现城镇给水排水设施的工艺目标和生产能力的基本保障。部分机电设备因故退出运行时，仍应该满足相应运行条件下的基本生产能力要求。

7.1.3 必要的备品备件能加快城镇给水排水机电设备的维护保养和故障修复过程，保障机电设备长期安全地运行。易损件、消耗材料一定要品种齐全，数量充足，满足经常更换和补充的需要。

7.1.4 城镇给水排水设施要积极采用环保型机电设备，创造宁静、祥和的工作环境，与周边的生产、生活设施和谐相处。所产生的噪声、振动、电磁辐射、污染排放等均要符合国家相关标准。即使在安装和维护的过程中，也要采取有效的防范措施，保障工作人员的健康和周边环境免遭损害。

7.1.5 城镇给水排水设施一定要具有应对自然灾害、事故灾难、公共卫生事件和社会安全事件等突发事件的能力，防止和减轻次生灾害发生，其中许多内容是由机电设备及其系统实现或配合实现的。一旦发生突发事件，为配合应急预案的实施，相关的机电设备一定要能够继续运行，帮助抢险救灾，防止事态扩大，实现城镇给水排水设施的自救或快速恢复。为此，在机电设备系统的设计和运行过程中，应该提供必要的技术准备，保障上述功能的实现。

7.1.6 在水处理设施中，许多场所如氨库、污泥消化设施及沼气存储、输送、处理设备房、甲醇储罐及投加设备房、粉末活性炭堆场等可能因泄漏而成为爆炸性危险气体或爆炸性危险粉尘环境，在这些场所布置和使用电气设备要遵循以下原则：

1 尽量避免在爆炸危险性环境内布置电气设备；

2 设计要符合《爆炸和火灾危险环境电力装置设计规范》GB 50058的规定；

3 防爆电气设备的安装和使用一定要符合国家相关标准的规定。

7.1.7 城镇给水排水机电设备及其构成的系统能否正常运行，或能否发挥应有的效能，除去设备及其系统本身的性能因素外，很大程度上取决于对其的正确使用和良好的维护保养。机电设备及其系统的维护保养周期和深度应根据其特性和使用情况制定，由专业人员进行，以保障其具有良好的运行性能。

7.2 机械设备

7.2.1 本条规定了城镇给水排水机械设备各组成部件材质的基本要求。给水设施要求，凡与水直接接触的设备包括附件所采用的材料，都必须是稳定的，符合卫生标准，不产生二次污染。污水处理厂和再生水厂要求与待处理水直接接触的设备或安装在污水池附近的设备采用耐腐蚀材料，以保证设备的使用寿命。

7.2.2 机械设备是城镇给水排水设施的重要工艺装备，其操作和控制方式应满足工艺要求。同时，机械设备的操作和控制往往和自动化控制系统有关，或本身就是自动化控制的一个对象，需要设置符合自动化控制系统的要求的控制接口。

7.2.3 凡与生产、维护和劳动安全有关的设备，一定要按国家相关规定进行定期的专业检验。

7.2.4 发生地震时，机械设备基础不能先于主体工程损毁。

7.2.5 城镇给水排水机械设备运行过程中，外露的运动部件或者走行装置容易引发安全事故，需要进行有效的防护，如设置防护罩、隔离栏等。除此之外，还需要对危险区域进行警示，如设置警示标识、警示灯和警示声响等。

7.2.6 临空作业场所包括临空走道、操作和检修平台等，要具有保障安全的各项防护措施，如空间的高度、安全距离、防护栏杆、爬梯以及抓手等。

7.3 电气系统

7.3.1 城镇给水排水设施的正常、安全运行直接关系城镇社会经济发展和安全。原建设部《城市给水工程项目建设标准》要求：一、二类城市的主要净（配）水厂、泵站应采用一级负荷。一、二类城市的非主要净（配）水厂、泵站可采用二级负荷。随着我国城市化进程的发展，城市供水系统的安全性越来越受到关注。同时，得益于我国电力系统建设的发展，城市水厂和给水泵站引接两路独立外部电源的条件也越来越成熟了。因此，新建的给水设施应尽量采用两路独立外部电源供电，以提高供电的可靠性。

原建设部《城市污水处理工程项目建设标准》规定，污水处理厂、污水泵站的供电负荷等级应采用二级。

对于重要的地区排水泵站和城镇排水干管提升泵站，一旦停运将导致严重积水或整个干管系统无法发挥效用，带来重大经济损失甚至灾难性后果，其供电负荷等级也适用一级。

在供电条件较差的地区，当外部电源无法保障重要的给水排水设施连续运行或达到所需要的能力，一定要设置备用的动力装备。室外给水排水设施采用的备用动力装备包括柴油发电机或柴油机直接拖动等形式。

7.3.2 城镇给水排水设施连续运行，其工作场所具有一定的危险性，必要的照明是保障安全的基本措施。正常照明失效时，对于需要继续工作的场所要有备用照明；对于存在危险的工作场所要有安全照明；对于需要确保人员安全疏散的通道和出口要有疏散照明。

7.3.3 城镇给水排水设施的各类构筑物和机电设备要根据其使用性质和当地的预计雷击次数采取有效的防雷保护措施。同时尚应该采取防雷电感应的措施，保护电子和电气设备。

城镇给水排水设施各类建筑物及其电子信息系统的设计要满足现行国家标准《建筑物防雷设计规范》GB 50057 和《建筑物电子信息系统防雷技术规范》GB 50343 的相关规定。

7.3.4 给水排水设施中各类盛水构筑物是容易产生电气安全问题的场所，等电位连接是安全保障的根本措施。本条规定要求盛水构筑物上各种可触及的外露导电部件和构筑物本体始终处于等电位接地状态，保障人员安全。

7.3.5 安全的电气和电磁环境能够保障给水排水机电设备及其系统的稳定运行。同时，给水排水设施采用的机电设备及其系统一定要具有良好的电磁兼容性，能适应周围电磁环境，抵御干扰，稳定运行。其运行时产生的电磁污染也应符合国家相关标准的规定，不对周围其他机电设备的正常运行产生不利影响。

7.3.6 机电设备的电气控制装置能够对一台（组）机电设备或一个工艺单元进行有效的控制和保护，包括非正常运行的保护和针对错误操作的保护。上述控制和保护功能应该是独立的，不依赖于自动化控制系统或其他联动系统。自动化控制系统需要操作这些设备时，也需要该电气控制装置提供基本层面的保护。

7.3.7 城镇给水排水设施的电气设备应具有良好的工作和维护环境。在城镇给水排水工艺处理现场，尤其是污水处理现场，环境条件往往比较恶劣。安装在这些场所的电气设备应具有足够的防护能力，才能保证其性能的稳定可靠。在总体布局设计时，也应该将电气设备布置在环境条件相对较好的区域。例如在污水处理厂，电气和仪表设备在潮湿和含有硫化氢气体的环境中受腐蚀失效的情况比较严重，要采用气密性好，耐腐蚀能力强的产品，并且布置在腐蚀性气体源的上风向。

城镇给水排水设施可能会因停电、管道爆裂或水池冒溢等意外事故而导致内部水位异常升高。可能导致电气设备遭受水淹而失效。尤其是地下排水设施，电气设备浸水失效后，将完全丧失自救能力。所以，城镇给水排水设施的电气设备要与水管、水池等工艺设施之间有可靠的防水隔离，或采取有效的防水措施。地下给水排水设施的电气设备机房有条件时要设置于地面，设置在地下时，要能够有效防止地面积水倒灌，并采取必要的防范措施，如采用防水隔断、密闭门等。

7.4 信息与自动化控制系统

7.4.1 对于各种有害气体，要采取积极防护，加强监测的原则。在可能泄漏、产生、积聚危及健康或安全的各种有害气体的场所，应该在设计上采取有效的防范措施。对于室外场所，一些相对密度较空气大的有害气体可能会积聚在低洼区域或沟槽底部，构成安全隐患，应该采取有效的防范措施。

7.4.2 各种与生产和劳动安全有关的仪表，一定要定期由专业机构进行检验和标定，取得检验合格证书，以保证其有效。

7.4.3 为了保障城镇供水水质和供水安全，一定要加强在线的监测和自动化控制，有条件的城镇供水设施要实现从取水到配水的全过程运行监视和控制。城镇给水厂站的生产管理与自动化控制系统配置，应该根据建设规模、工艺流程特点、经济条件等因素合理确定。随着城镇经济条件的改善和管理水平的提高，在线的水质、水量、水压监测仪表和自动化控制系统在给水系统中的应用越来越广泛，有助于提高供水质量、提高效率、减少能耗、改善工作条件、促进科学管理。

7.4.4 根据《中华人民共和国水污染防治法》，应该加强对城镇污水集中处理设施运营的监督管理，进行排水水质和水量的检测和记录，实现水污染物排放总量控制。城镇污水处理厂的排水水质、水量检测仪表应根据排放标准和当地水环境质量监测管理部门的规定进行配置。

7.4.5 本条规定了给水排水设施仪表和自动化控制系统的基本功能要求。

给水排水设施仪表和自动化控制系统的设置目标，首先要满足水质达标和运行安全，能够提高运行效率，降低能耗，改善劳动条件，促进科学管理。给水排水设施仪表和自动化控制系统应能实现工艺流程中水质水量参数和设备运行状态的可监、可控、可调。除此之外，自动化控制系统的监控范围还应包括供配电系统，提供能耗监视和供配电系统设备的故障报警，将能耗控制纳入到控制系统中。

7.4.6 为了确保给水设施的安全，要实现人防、物防、技防的多重防范。其中技防措施能够实现自动的监视和报警，是给水排水设施安全防范的重要组成部分。

7.4.7 城镇给水排水系统的水质化验检测分为厂站、行业、城市（或地区）多个级别。各级别化验中心的设备配置一定要能够进行正常生产过程中各项规定水质检查项目的分析和检测，满足质量控制的需要。一座城市或一个地区有几座水厂（或污水处理厂、再生水厂）时，可以在行业、城市（或地区）的范围内设一个中心化验室，以达到专业化协作，设备资源共享的目的。

7.4.8 城镇给水排水设施的通信系统设备，除用于日常的生产管理和业务联络外，还具有防灾通信的功能，需要在紧急情况下提供有效的通信保障。重要的供水设施或排水防汛设施，除常规通信设备外，还要配置备用通信设备。

7.4.9 城镇给水排水调度中心的基本功能是执行管网系统的平衡调度，处理管网系统的局部故障，维持管网系统的安全运行，提高管网系统的整体运行效率。为此，调度中心要能够实时了解各远程设施的运行情况，对其实施监视和控制。

7.4.10 随着电子技术、计算机技术和网络通信技术的发展，现代城镇给水排水设施对仪表和自动化控制系统的依赖程度越来越高。实际上，现代城镇给水排水设施离开了仪表和自动化控制系统，水质水量等生产指标都难以保证。

7.4.11 现代计算机网络技术加快了信息化系统的建设步伐，全国各地大中城市都制定了数字化城市和信息系统的建设发展计划，不少城市也建立了区域性的给水排水设施信息化管理系统。给水排水设施信息化管理系统以数据采集和设施监控为基本任务，建立信息中心，对采集的数据进行处理，为系统的优化运行提供依据，为事故预警和突发事件情况下的应急处置提供平台。在数字化城市信息系统的建设进程中，给水排水信息系统要作为其中一个重要的组成部分。

中华人民共和国国家标准

燃气系统运行安全评价标准

Standard for the operation safety assessment of gas system

GB/T 50811—2012

主编部门：中华人民共和国住房和城乡建设部
批准部门：中华人民共和国住房和城乡建设部
施行日期：2 0 1 2 年 1 2 月 1 日

中华人民共和国住房和城乡建设部
公　　告

第 1384 号

住房城乡建设部关于发布国家标准《燃气系统运行安全评价标准》的公告

现批准《燃气系统运行安全评价标准》为国家标准，编号为 GB/T 50811－2012，自 2012 年 12 月 1 日起实施。

本标准由我部标准定额研究所组织中国建筑工业出版社出版发行。

中华人民共和国住房和城乡建设部

2012 年 10 月 11 日

前　　言

根据住房和城乡建设部《关于印发〈2008 年工程建设标准规范制订、修订计划（第一批）〉的通知》（建标［2008］102 号）的要求，标准编制组经广泛调查研究，认真总结实践经验，参考有关国际标准和国外先进标准，并在广泛征求意见的基础上，编制本标准。

本标准主要技术内容是：1 总则；2 术语；3 基本规定；4 燃气输配场站；5 燃气管道；6 压缩天然气场站；7 液化石油气场站；8 液化天然气场站；9 数据采集与监控系统；10 用户管理；11 安全管理及八个附录。

本标准由住房和城乡建设部负责管理，由中国城市燃气协会负责具体技术内容的解释。执行过程中，如有意见或建议，请寄送中国城市燃气协会（地址：北京市西城区西直门南小街 22 号，邮政编码：100035）。

本标准主编单位：中国城市燃气协会

本标准参编单位：江苏省天达泰华安全评价咨询有限责任公司
新奥能源控股有限公司
重庆燃气集团股份有限公司
上海燃气（集团）有限公司
天津市燃气集团有限公司
郑州华润燃气有限公司
北京市燃气集团有限责任公司
深圳市燃气集团股份有限公司
上海航天能源股份有限公司
武汉安耐捷科技工程有限公司
北京埃德尔公司
上海飞奥燃气设备有限公司
北京大方安科技术咨询有限公司

本标准主要起草人员：马长城　吴　靖　迟国敬　李树旺　徐激文　王继武　崔剑刚　付永年　耿同敏　李春青　陈秋雄　叶庆红　李英杰　杨　帆　潘　良　卓同森　皇甫金良　李长缨　赵　梅

本标准主要审查人员：周昌熙　孙祖亮　张宏元　殷健康　汪国华　冯志斌　高继轩　许　红　王　启　张颖芝　姜　亢　殷宇新　李宜民　黄均义

目　次

Contents

1 总 则

1.0.1 为加强对燃气系统运行安全的监督管理，促进燃气系统运行安全管理水平的提高，制定本标准。

1.0.2 本标准适用于已正式投产运行的面向居民、商业、工业企业、汽车等领域燃气系统的现状安全评价。

本标准不适用于燃气的生产、城市门站以前的天然气管道输送，以及沼气、秸秆气的生产和使用。

1.0.3 对燃气系统进行安全评价时，除应符合本标准外，尚应符合国家现行有关标准的规定。

2 术 语

2.0.1 燃气 gas

供给居民、商业、工业企业、汽车等各类用户公用性质的，且符合质量要求的可燃气体。燃气一般包括天然气、液化石油气和人工煤气。

2.0.2 燃气系统 gas system

用于燃气储存、输配和应用的场站、管道、用户设施以及人工煤气的生产等组成的系统。

2.0.3 子系统 subsystem

燃气系统中功能相对独立的部分。

2.0.4 评价单元 assessment unit

在危险、有害因素分析的基础上，根据评价目标和评价方法的需要，将系统分成有限、确定范围的单元。

2.0.5 定性安全评价 qualitative safety assessment

借助于对事物的经验、知识、观察及对发展变化规律的了解，科学地进行分析、判断的一类方法。运用这类方法可以找出系统中存在的危险、有害因素，进一步根据这些因素从技术、管理、教育培训等方面提出对策措施，加以控制，达到系统安全的目的。

2.0.6 定量安全评价 quantitative safety assessment

根据统计数据、检测数据、同类和类似系统的数据资料，按有关标准，应用科学的方法构造数学模型进行定量化评价的一类方法。

2.0.7 设施与操作评价 site assessment

对评价对象的周边环境、现场设施状态、运行、维护及现场操作等的安全评价。

2.0.8 管理评价 management assessment

对评价对象所属企业的安全管理体系、人员、制度、规程、教育培训等方面进行的安全评价。

2.0.9 安全检查表分析法 safety review table analysis

将一系列有关安全方面的检查项目以表格方式列出，然后对照评价对象的实际情况进行检查、分析。通过安全检查表可以发现存在的安全隐患，并根据隐患的严重程度，给出评价对象的安全状况等级。

2.0.10 压缩天然气供应站 compressed natural gas (CNG) supply station

将压缩天然气进行卸气、加热、调压、储存、计量、加臭，并送入城镇燃气输配管道的站场。包含压缩天然气储配站和压缩天然气瓶组供应站。

2.0.11 液化石油气供应站 liquefied petroleum gases (LPG) supply station

城镇液化石油气储配站、储存站、灌装站、气化站、混气站的统称，不包括瓶组气化站和瓶装供应站。

3 基本规定

3.1 一般规定

3.1.1 燃气经营企业在生产经营活动期间，应定期开展安全评价工作。对在评价过程中发现的事故隐患应立即整改或制定治理方案限期整改。当燃气系统发生较大及以上事故时，必须立即对发生事故的燃气系统进行安全评价。

3.1.2 燃气经营企业对本单位燃气系统的自我安全评价，可由熟悉本企业生产技术和安全管理的人员组成评价组，也可委托第三方安全生产专业服务机构，依据本标准对本企业燃气系统安全生产状况进行安全评价。

3.1.3 法定或涉及行政许可的安全评价工作必须由具备国家规定资质条件，且无利害关系的第三方安全生产专业服务机构承担。

3.1.4 评价中检查点的数量应根据评价对象的实际情况合理确定。

3.1.5 在评价过程中，本标准检查表中所有8分以上项（含8分）和带下划线的项为重点项，当其不符合要求时必须采取相应的对策措施并加以说明。

3.2 评价对象

3.2.1 评价对象的确定应遵循相对独立、相对完整的原则，以整个燃气系统或其中的若干子系统为对象进行安全评价。

3.2.2 对范围较大的系统进行安全评价时，若其中的子系统已单独进行安全评价，且安全评价结论处于有效期内时，子系统的安全评价得分可直接引用，并作为整个系统安全评价结论的依据。

3.3 评价程序与评价报告

3.3.1 燃气系统安全评价的程序应包括：前期准备、现场检查、整改复查、编制安全评价报告。

3.3.2 燃气系统安全评价报告的内容应包括：基本情况、危险有害因素的辨识与分析、评价单元的划分、定性和定量评价、安全对策措施和建议、安全评价结论等。

3.3.3 安全评价报告格式应符合现行行业标准《安全评价通则》AQ 8001的规定。

3.4 安全评价方法

3.4.1 燃气系统安全评价宜采用定量安全评价方法。当采用定性安全评价方法时，应以安全检查表法为主，其他安全评价方法为辅。

3.4.2 安全检查表每一项的最低得分可为0分。

3.4.3 评价对象设施与操作检查表得分和安全管理检查表得分均应换算成以100分为满分时的实际得分。

3.4.4 采用安全检查表评价时，应分别采用评价对象设施与操作检查表和安全管理检查表进行评价打分，评价对象的总得分应按下式计算：

$$Q = 0.6Q_1 + 0.4Q_2 \quad (3.4.4)$$

式中：Q——评价对象总得分；

Q_1——评价对象设施与操作检查表得分；

Q_2——安全管理检查表得分。

3.4.5 当评价对象拥有多个子系统时，子系统的总得分仍按式（3.4.4）计算。评价对象的总得分应按下式计算：

$$S = \sum_{i=1}^{n} S_i \times P_i \quad (3.4.5)$$

式中：S——评价对象设施与操作评价总得分；

S_i——评价对象的子系统总得分；

P_i——评价对象的子系统所占的权重，评价对象的子系统所占权重根据评价对象特点综合确定，有管网数据采集与监控系统的权重不应低于0.05；

n——评价对象的所有子系统数。

3.4.6 评价对象在检查表中有缺项或特有项目时，应根据实际情况对检查表进行删减或增项，并按本标准第3.4.3条的要求进行换算。

3.4.7 应根据评价对象总得分按表3.4.7对评价对象做出评价结论。

表3.4.7 评价得分与评价结论对照表

评价总得分	评价结论
≥90	安全条件较好，符合运行要求
≥80，且<90	安全条件符合运行要求，需加强日常管理和维护，逐步完善安全条件
≥70，且<80	安全条件基本符合运行要求，但需限期整改隐患
<70	安全条件不符合运行要求，应立即停止运行，进行隐患整改，完善安全条件后重新评价，达到安全条件后方可继续运行

4 燃气输配场站

4.1 一般规定

4.1.1 燃气输配场站的安全评价应包括门站与储配站、调压站与调压装置的设施与操作评价和管理评价。当上述场站与其他燃气场站混合设置时，尚应符合本标准相关规定。

4.1.2 燃气输配场站的评价单元宜划分为：周边环境、总平面布置、站内道路交通、燃气质量、储气设施、调压器、安全阀与阀门、过滤器、工艺管道、仪表与自控系统、消防与安全设施、公用辅助设施等。在评价工作中，可根据评价对象的实际情况划分评价单元。

4.1.3 燃气输配场站设施与操作安全评价应符合本标准第4.2、4.3节和附录A的规定。管理评价应符合本标准第11章的规定。

4.2 门站与储配站

4.2.1 周边环境应评价下列内容：

1 所处位置与规划的符合性；

2 周边道路条件；

3 站内燃气设施与站外建（构）筑物的防火间距；

4 消防和救护条件；

5 噪声。

4.2.2 总平面布置应评价下列内容：

1 总平面功能分区；

2 安全隔离条件；

3 站内建（构）筑物之间的防火间距；

4 储配站储罐区的布置。

4.2.3 站内道路交通应评价下列内容：

1 场站出入口设置；

2 消防车道；

3 进入场站生产区的车辆管理。

4.2.4 燃气质量应评价下列内容：

1 气质；

2 加臭。

4.2.5 储气设施应评价下列内容：

1 罐体；

2 地基基础；

3 低压湿式储气罐；

4 低压干式储气罐；

5 高压储气罐。

4.2.6 调压器应按本标准第4.3.3条评价。

4.2.7 安全阀与阀门应评价下列内容：

1 安全阀的外观和定期校验；

2 安全阀的工作状态；

3 阀门的外观；

4 阀门的操作环境；

5 阀门的开关标志；

6 阀门的密封性；

7 阀门的维护。

4.2.8 过滤器应评价下列内容：

1 过滤器的外观；

2 过滤器的维护；

3 排污和清洗物的处理。

4.2.9 工艺管道应评价下列内容：

1 管道外观和标志；

2 管道的密封性；

3 与站外管道的绝缘性能。

4.2.10 仪表与自控系统应评价下列内容：

1 压力表；

2 燃气浓度检测报警装置；

3 现场计量测试仪表的完整性和可靠性；

4 远传显示功能的完整性和可靠性；

5 超限报警及连锁功能的完整性和可靠性；

6 运行管理的自动化程度。

4.2.11 消防与安全设施应评价下列内容：

1 工艺装置区的通风条件；

2 安全警示标志的设置；

3 消防供水系统的可靠性；

4 灭火器材的配备；

5 电气设备的防爆；

6 防雷装置的有效性；

7 应急救援器材的配备。

4.2.12 公用辅助设施应评价下列内容：

1 供电负荷；

2 配电房的防涝；

3 配电房的防侵入；

4 配电房的应急照明；

5 电缆沟的防护；

6 给水排水系统的防冻保温措施。

4.3 调压站与调压装置

4.3.1 周边环境应评价下列内容：

1 安装位置；

2 重质燃气调压装置的安装位置；

3 与其他建（构）筑物的水平净距；

4 安装高度；

5 地下调压箱的安装位置；

6 悬挂式调压箱的安装位置；

7 设有调压装置的公共建筑顶层房间的位置；

8 间距与通道；

9 环境温度；

10 消防车道。

4.3.2 设有调压装置的建筑应评价下列内容：

1 与相邻建筑的隔离；

2 耐火等级；

3 门、窗的开启方向；

4 设有调压装置的平屋顶的楼梯；

5 室内地坪。

4.3.3 调压器应评价下列内容：

1 调压装置的稳固性；

2 调压器的外观；

3 调压器的运行状态；

4 进口压力；

5 出口压力及安全保护装置；

6 进出口管径和阀门；

7 运行噪声；

8 放散管管口高度。

4.3.4 安全阀与阀门除应按本标准第4.2.7条评价外，还应评价下列内容：

1 高压和次高压调压站的阀门设置；

2 中压调压站的阀门设置。

4.3.5 过滤器应按本标准第4.2.8条评价。

4.3.6 工艺管道应按本标准第4.2.9条评价。

4.3.7 仪表与自控系统应按本标准第4.2.10条第1、3、4、5、6款评价。

4.3.8 消防与安全设施应评价下列内容：

1 通风条件；

2 安全警示标志的设置；

3 灭火器材的配备；

4 设有调压装置的专用建筑内电气设备的防爆；

5 防雷装置的有效性；

6 调压装置的防护；

7 爆炸泄压措施；

8 地下调压箱的防腐；

9 调压装置设在公共建筑顶层房间内的监控与报警；

10 放散管；

11 地下调压站的防水；

12 防静电接地。

4.3.9 调压站的采暖应评价下列内容：

1 明火管理；

2 锅炉室门、窗设置；

3 烟囱排烟温度；

4 烟囱与放散管的间距；

5 熄火保护；

6 外壳温度与电绝缘。

5 燃 气 管 道

5.1 一 般 规 定

5.1.1 设计压力不大于4.0MPa（表压）钢质燃气管

道和最大工作压力不大于0.7MPa（表压）聚乙烯燃气管道的安全评价应包括设施与操作评价和管理评价。

5.1.2 不同地区等级及环境、不同运行压力、不同介质、不同运行年限的管段应分别进行评价，并应根据实际情况分配各管段权重后得出综合评价结论。

5.1.3 燃气管道的评价单元宜划分为：管道敷设、管道附件、日常运行维护、管道泄漏检查、管道防腐蚀等。在评价工作中，可根据评价对象的实际情况划分评价单元。

5.1.4 燃气管道设施与操作安全评价应符合本标准第5.2、5.3节和附录B的规定。管理评价应符合本标准第11章的规定。

5.2 钢质燃气管道

5.2.1 管道敷设应评价下列内容：

1 管道与周边建（构）筑物和其他管线的间距；

2 埋地燃气管道的埋深；

3 管道穿、跨越；

4 管道的有效隔断；

5 埋地管道的地基土层条件和稳定性。

5.2.2 管道附件应评价下列内容：

1 阀门和阀门井；

2 凝水缸；

3 调长器。

5.2.3 日常运行维护应评价下列内容：

1 定期巡线；

2 安全教育与宣传；

3 地面标志；

4 危害管道的活动；

5 建（构）筑物占压；

6 施工监护。

5.2.4 管道泄漏检查应评价下列内容：

1 泄漏检查制度；

2 检测仪器和人员；

3 检查周期。

5.2.5 管道防腐蚀应评价下列内容：

1 气质；

2 地上管道外防腐措施；

3 土壤腐蚀性；

4 埋地钢质管道防腐层；

5 埋地钢质管道阴极保护措施；

6 埋地钢质管道杂散电流防护。

5.3 聚乙烯燃气管道

5.3.1 管道敷设除应按本标准第5.2.1条评价外，还应评价下列内容：

1 与热力管道的间距；

2 引入管的保护；

3 管位示踪。

5.3.2 管道附件应按本标准第5.2.2条评价。

5.3.3 日常运行维护应按本标准第5.2.3条评价。

5.3.4 管道泄漏检查应按本标准第5.2.4条评价。

6 压缩天然气场站

6.1 一 般 规 定

6.1.1 工作压力不大于25.0MPa（表压）压缩天然气场站的安全评价应包括压缩天然气加气站、压缩天然气供应站的设施与操作评价和管理评价。当压缩天然气场站与其他燃气场站混合设置时，尚应符合本标准有关规定。压缩天然气气瓶车和加气车辆的安全评价不适用本标准。

6.1.2 压缩天然气场站的评价单元宜划分为：周边环境、总平面布置、站内道路交通、气体净化装置、加压装置、加（卸）气、储气装置、调压器、安全阀与阀门、过滤器、工艺管道、供热（热水）装置、加臭装置、仪表与自控系统、消防与安全设施、公用辅助设施等。在评价工作中，可根据评价对象的实际情况划分评价单元。

6.1.3 压缩天然气场站设施与操作安全评价应符合本标准第6.2、6.3节和附录C的规定。管理评价应符合本标准第11章的规定。

6.2 压缩天然气加气站

6.2.1 周边环境应评价下列内容：

1 所处位置与规划的符合性；

2 周边道路条件；

3 场站规模与所处的环境的适应性；

4 站内燃气设施与站外建(构)筑物的防火间距；

5 消防和救护条件；

6 噪声。

6.2.2 总平面布置应评价下列内容：

1 总平面功能分区；

2 安全隔离条件；

3 站内燃气设施与站内建(构)筑物之间的防火间距。

6.2.3 站内道路交通应评价下列内容：

1 场站出入口设置；

2 场地大小和道路宽度；

3 路面平整度和路面材质；

4 路面标线；

5 道路上空障碍物；

6 防撞措施；

7 进入场站生产区的车辆管理。

6.2.4 气体净化装置应评价下列内容：

1 净化后的气质；

2 净化装置的运行状态；

3 排污和废弃物处理；

4 净化装置的检测。

6.2.5 加压装置应评价下列内容：

1 运行状态；

2 可靠性；

3 排气压力与排气温度；

4 润滑系统；

5 冷却系统；

6 阀门的设置；

7 所处环境；

8 排污和废弃物处理；

9 防振动措施；

10 压缩机缓冲罐、气液分离器的检测。

6.2.6 加(卸)气应评价下列内容：

1 加(卸)气车辆的停靠；

2 加(卸)气车辆和气瓶的资质查验；

3 加(卸)气操作；

4 防静电措施；

5 充装压力；

6 卸气剩余压力；

7 加(卸)气软管；

8 加(卸)气机或柱的运行状态。

6.2.7 储气装置应评价下列内容：

1 储气井、储气瓶安全装置；

2 储气井、储气瓶的运行状态；

3 储气井、储气瓶的检测；

4 小容积储气瓶的数量、体积和摆放。

6.2.8 调压器应按本标准第4.3.3条评价。

6.2.9 安全阀与阀门应按本标准第4.2.7条评价。

6.2.10 过滤器应按本标准第4.2.8条评价。

6.2.11 工艺管道应按本标准第4.2.9条评价。

6.2.12 仪表与自控系统应按本标准第4.2.10条评价。

6.2.13 消防与安全设施应按本标准第4.2.11条评价。

6.2.14 公用辅助设施应按本标准第4.2.12条评价。

6.3 压缩天然气供应站

6.3.1 周边环境应评价下列内容：

1 周边道路条件；

2 站内燃气设施与站外建(构)筑物的防火间距；

3 消防和救护条件。

6.3.2 总平面布置应评价下列内容：

1 总平面功能分区；

2 安全隔离条件；

3 站内燃气设施与站内建(构)筑物之间的防火间距。

6.3.3 站内道路交通应按本标准第6.2.3条评价。

6.3.4 气瓶车卸气应按本标准第6.2.6条第1、2、3、4、6、7、8款评价。

6.3.5 储气瓶组应评价下列内容：

1 总储气量；

2 储气瓶的外观；

3 定期检验；

4 运输；

5 存放。

6.3.6 储气罐应按本标准第4.2.5条第1、2、6款评价。

6.3.7 供热(热水)装置应评价下列内容：

1 防超压措施；

2 隔热保温措施；

3 热水炉、热水泵的安全保护装置和工作状况；

4 热水泵转动部件的保护措施；

5 热水水质。

6.3.8 加臭装置应按本标准第4.2.4条第2款评价。

6.3.9 调压器应按本标准第4.3.3条评价。

6.3.10 安全阀与阀门应按本标准第4.2.7条评价。

6.3.11 过滤器应按本标准第4.2.8条评价。

6.3.12 工艺管道应按本标准第4.2.9条评价。

6.3.13 仪表与自控系统应按本标准第4.2.10条评价。

6.3.14 消防与安全设施应按本标准第4.2.11条评价。

6.3.15 公用辅助设施应按本标准第4.2.12条评价。

7 液化石油气场站

7.1 一般规定

7.1.1 液化石油气场站的安全评价应包括液化石油气供应站、液化石油气瓶组气化站、瓶装液化石油气供应站和液化石油气汽车加气站的设施与操作评价和管理评价。当液化石油气场站与其他燃气场站混合设置时，尚应符合本标准相关规定。液化石油气火车槽车以及专用铁路线、汽车槽车和运瓶车辆的安全评价不适用本标准。

7.1.2 液化石油气场站的评价单元宜划分为：周边环境、总平面布置、站内道路交通、液化石油气装卸、压缩机和烃泵、气瓶灌装作业、气化和混气装置、储罐、瓶组间（或瓶库）、调压器、安全阀与阀门、过滤器、工艺管道、仪表与自控系统、消防与安全设施、公用辅助设施等。在评价工作中，可根据评价对象的实际情况划分评价单元。

7.1.3 液化石油气场站设施与操作安全评价应符合本标准第7.2、7.3、7.4、7.5节和附录D的规定。管理评价应符合本标准第11章的规定。

7.2 液化石油气供应站

7.2.1 周边环境应评价下列内容：

1 所处位置与规划的符合性；

2 周边道路条件；

3 地势；

4 站内燃气设施与站外建（构）筑物的防火间距；

5 消防和救护条件。

7.2.2 总平面布置应评价下列内容：

1 总平面功能分区；

2 安全隔离条件；

3 站内燃气设施与站内建（构）筑物之间的防火间距；

4 储罐区的布置；

5 液化石油气积聚的可能性；

6 场站内的绿化。

7.2.3 站内道路交通应评价下列内容：

1 场站出入口设置；

2 消防车道；

3 路面平整度和路面材质；

4 路面标线；

5 道路上空障碍物；

6 防撞措施；

7 进入场站生产区的车辆管理。

7.2.4 液化石油气装卸应评价下列内容：

1 气质；

2 槽车的停靠；

3 槽车安全管理；

4 装卸前、后的安全检查和记录；

5 防静电措施；

6 灌装量；

7 装卸软管；

8 铁路装卸栈桥上的装卸设施。

7.2.5 压缩机和烃泵应评价下列内容：

1 压缩机的选择；

2 可靠性；

3 运行状态；

4 出口压力与温度；

5 润滑系统；

6 烃泵的过滤装置；

7 所处环境；

8 防振动措施；

9 转动部件的防护装置；

10 压缩机缓冲罐、气液分离器的检测。

7.2.6 气瓶灌装作业应评价下列内容：

1 灌装秤；

2 气瓶的检查；

3 残液处理；

4 灌装量；

5 泄漏检查；

6 气瓶传送装置；

7 气瓶的摆放；

8 实瓶的存量。

7.2.7 气化和混气装置应评价下列内容：

1 供气的可靠性；

2 运行状态；

3 设备仪表；

4 工作压力和温度；

5 过滤装置；

6 气化器残液的处理；

7 混气热值检测；

8 水浴气化器的水质；

9 所处环境；

10 气化装置的检测。

7.2.8 储罐应评价下列内容：

1 罐体；

2 运行压力和温度；

3 紧急切断装置；

4 排污；

5 注水或注胶装置；

6 埋地储罐的防腐；

7 地基基础；

8 储罐组的钢梯平台；

9 防液堤；

10 接管法兰；

11 喷淋系统；

12 储罐的检测。

7.2.9 调压器应按本标准第 4.3.3 条评价。

7.2.10 安全阀与阀门应按本标准第 4.2.7 条评价。

7.2.11 过滤器应按本标准第 4.2.8 条评价。

7.2.12 工艺管道应按本标准第 4.2.9 条评价。

7.2.13 仪表与自控系统应按本标准第 4.2.10 条评价。

7.2.14 消防与安全设施应按本标准第 4.2.11 条评价。

7.2.15 公用辅助设施应按本标准第 4.2.12 条评价。

7.3 液化石油气瓶组气化站

7.3.1 总图布置应评价下列内容：

1 地势；

2 瓶组间和气化间与建（构）筑物的防火间距；

3 安全隔离条件；

4 消防和救护条件。

7.3.2 瓶组间与气化间应评价下列内容：

1 瓶组间的气瓶存放量；

2 建筑结构；

3 室内温度。

7.3.3 气化装置应按本标准第7.2.7条第1、2、3、4、5、6、8、9、10款评价。

7.3.4 调压器应按本标准第4.3.3条评价。

7.3.5 安全阀与阀门应按本标准第4.2.7条评价。

7.3.6 过滤器应按本标准第4.2.8条评价。

7.3.7 工艺管道应按本标准第4.2.9条评价。

7.3.8 仪表与自控系统应按本标准第4.2.10条第1、2、3款评价。

7.3.9 消防与安全设施应按本标准第4.2.11条第1、2、4、5、6、7款评价。

7.4 瓶装液化石油气供应站

7.4.1 总图布置应评价下列内容：

1 瓶库与其他建（构）筑物的防火间距；

2 安全隔离条件；

3 消防和救护条件。

7.4.2 瓶库应评价下列内容：

1 瓶库的气瓶存放量；

2 建筑结构；

3 室内温度；

4 气瓶的摆放。

7.4.3 消防与安全设施应按本标准第4.2.11条第1、2、4、5、6、7款评价。

7.5 液化石油气汽车加气站

7.5.1 周边环境应评价下列内容：

1 所处位置与规划的符合性；

2 周边道路条件；

3 场站规模与所处的环境的适应性；

4 地势；

5 站内燃气设施与站外建（构）筑物的防火间距；

6 消防和救护条件；

7 噪声。

7.5.2 总平面布置应评价下列内容：

1 总平面功能分区；

2 安全隔离条件；

3 站内设施之间的防火间距；

4 储罐区的布置；

5 液化石油气积聚的可能性；

6 站内排水；

7 场站内的绿化。

7.5.3 站内道路交通应评价下列内容：

1 场站出入口设置；

2 场地大小和道路宽度；

3 路面平整度和路面材质；

4 路面标线；

5 道路上空障碍物；

6 防撞措施；

7 进入场站生产区的车辆管理。

7.5.4 液化石油气装卸应评价下列内容：

1 气质；

2 槽车的停靠；

3 槽车安全管理；

4 装卸前、后的安全检查；

5 防静电措施；

6 灌装量；

7 装卸软管。

7.5.5 压缩机和烃泵应按本标准第7.2.5条评价。

7.5.6 加气应评价下列内容：

1 加气车辆的停靠；

2 气瓶的检查；

3 加气操作；

4 加气软管；

5 加气机的运行状态。

7.5.7 储罐应评价下列内容：

1 罐体；

2 储罐的运行压力和温度；

3 紧急切断系统；

4 储罐的排污；

5 埋地储罐的防腐；

6 地基基础；

7 储罐的形式；

8 储罐组的防液堤；

9 喷淋系统；

10 储罐的检测。

7.5.8 安全阀与阀门应按本标准第4.2.7条评价。

7.5.9 过滤器应按本标准第4.2.8条评价。

7.5.10 工艺管道应按本标准第4.2.9条评价。

7.5.11 仪表与自控系统应按本标准第4.2.10条评价。

7.5.12 消防与安全设施应评价下列内容：

1 工艺装置区的通风条件；

2 安全警示标志的设置；

3 消防供水系统的可靠性；

4 灭火器材的配备；

5 电气设备的防爆；

6 防雷装置的有效性；

7 应急救援器材的配备。

7.5.13 公用辅助设施应按本标准第4.2.12条评价。

8 液化天然气场站

8.1 一般规定

8.1.1 液化天然气场站的安全评价应包括液化天然气气化站和调峰液化站、液化天然气瓶组气化站的设施与操作评价和管理评价。当液化天然气场站与其他燃气场站混合设置时，尚应符合本标准相关规定。液化天然气汽车槽车、罐式集装箱和液化天然气槽船的安全评价不适用本标准。

8.1.2 液化天然气场站的评价单元宜划分为：周边环境、总平面布置、站内道路交通、气体净化装置、压缩机和膨胀机、制冷装置、液化天然气装卸、气化装置、储罐、加臭装置、调压器、安全阀与阀门、过滤器、工艺管道、仪表与自控系统、消防与安全设施、公用辅助设施、供热（热水）装置、瓶组等。在评价工作中，可根据评价对象的实际情况划分评价单元。

8.1.3 液化天然气场站设施与操作安全评价应符合本标准第8.2、8.3节和附录E的规定。管理评价应符合本标准第11章的规定。

8.2 液化天然气气化站和调峰液化站

8.2.1 周边环境应评价下列内容：

1 所处位置与规划的符合性；

2 周边道路条件；

3 站内燃气设施与站外建（构）筑物的防火间距；

4 消防和救护条件。

8.2.2 总平面布置应评价下列内容：

1 总平面功能分区；

2 安全隔离条件；

3 站内燃气设施与站内建（构）筑物的防火间距；

4 储罐区的布置；

5 场站内的绿化。

8.2.3 站内道路交通应评价下列内容：

1 场站出入口设置；

2 场地大小和道路宽度；

3 路面平整度和路面材质；

4 路面标线；

5 道路上空障碍物；

6 防撞措施；

7 进入场站生产区的车辆管理。

8.2.4 气体净化装置应评价下列内容：

1 净化后的气质；

2 净化装置的运行状态；

3 排污和废弃物处理；

4 净化装置的检测。

8.2.5 压缩机和膨胀机应评价下列内容：

1 运行状态；

2 可靠性；

3 压缩机的排气压力与排气温度；

4 润滑系统；

5 压缩机的冷却系统；

6 所处环境；

7 防振动措施；

8 压缩机缓冲罐、气液分离器的检测。

8.2.6 制冷装置应评价下列内容：

1 制冷剂的储存；

2 冷箱的隔热保温效果。

8.2.7 液化天然气装卸应评价下列内容：

1 气质；

2 槽车的停靠；

3 槽车安全管理；

4 装卸前、后的安全检查；

5 防静电措施；

6 灌装量；

7 装卸软管。

8.2.8 气化装置应评价下列内容：

1 供气的可靠性；

2 运行状态；

3 工作压力和温度；

4 过滤装置；

5 气化器的检测。

8.2.9 储罐应评价下列内容：

1 罐体；

2 储罐的绝热；

3 运行压力和温度；

4 紧急切断系统；

5 防止翻滚现象的控制措施；

6 地基基础和储罐垂直度；

7 防液堤；

8 喷淋系统；

9 储罐的检测。

8.2.10 加臭装置应按本标准第4.2.4条第2款评价。

8.2.11 调压器应按本标准第4.3.3条评价。

8.2.12 安全阀与阀门应按本标准第4.2.7条评价。

8.2.13 过滤器应按本标准第4.2.8条评价。

8.2.14 工艺管道除应按本标准第4.2.9条评价外，还应评价下列内容：

1 管道法兰密封垫片；

2 管道的隔热层。

8.2.15 仪表与自控系统应按本标准第4.2.10条评价。

8.2.16 消防与安全设施除应按本标准第4.2.11条评价外，还应评价下列内容：

1 泡沫灭火系统；

2 低温检测报警装置的可靠性。

8.2.17 公用辅助设施应按本标准第4.2.12条评价。

8.2.18 供热（热水）装置应按本标准第6.3.7条第2、3、4、5款评价。

8.3 液化天然气瓶组气化站

8.3.1 总图布置应评价下列内容：

1 站内燃气设施与建（构）筑物的防火间距；

2 安全隔离条件；

3 消防和救护条件。

8.3.2 气瓶组应评价下列内容：

1 气瓶存放量；

2 气瓶存放地点。

8.3.3 气化装置应按本标准第 8.2.8 条评价。

8.3.4 加臭装置应按本标准第 4.2.4 条第 2 款评价。

8.3.5 调压器应按本标准第 4.3.3 条评价。

8.3.6 安全阀与阀门应按本标准第 4.2.7 条评价。

8.3.7 过滤器应按本标准第 4.2.8 条评价。

8.3.8 工艺管道应按本标准第 8.2.14 条评价。

8.3.9 仪表与自控系统应按本标准第 4.2.10 条第 1、2、3 款评价。

8.3.10 消防与安全设施应按本标准第 4.2.11 条第 1、2、4、5、6、7 款评价。

9 数据采集与监控系统

9.1 一 般 规 定

9.1.1 燃气管网数据采集与监控系统的安全评价应包括调度中心监控系统和通信系统。

9.1.2 数据采集与监控系统的评价单元宜划分为：服务器、监控软件功能、系统运行指标、系统运行环境、网络防护、通信网络架构与通道、通信运行指标、运行与维护管理等。在评价工作中，可根据评价对象的实际情况划分评价单元。

9.1.3 数据采集与监控系统设施与操作安全评价应符合本标准第 9.2、9.3 节和附录 F 的规定。

9.2 调度中心监控系统

9.2.1 服务器应评价下列内容：

1 冗余配置；

2 CPU 负载；

3 磁盘阵列；

4 内存占用。

9.2.2 监控软件功能应评价下列内容：

1 图示功能；

2 数据采集；

3 事件记录和报警功能；

4 数据曲线功能；

5 通信状态显示功能；

6 远程控制操作；

7 人机界面。

9.2.3 系统运行指标应评价下列内容：

1 服务器宕机可能性；

2 记录输出；

3 监控软件系统响应速度；

4 SCADA 数据响应时间。

9.2.4 系统运行环境应评价下列内容：

1 不间断电源（UPS）；

2 机房接地电阻；

3 防静电措施；

4 空气的温度、湿度和清洁度；

5 噪声。

9.2.5 网络防护应评价下列内容：

1 防病毒措施；

2 硬件防火墙。

9.2.6 运行与维护管理应评价下列内容：

1 规章制度；

2 操作员工作站的事件记录；

3 定期巡检；

4 设备维护记录或软件维护记录。

9.3 通 信 系 统

9.3.1 通信网络架构与通道应评价下列内容：

1 调度中心监控系统与远端站点通信方式；

2 视频信号通信方式；

3 无线通信的逢变上报功能。

9.3.2 通信运行指标应评价下列内容：

1 主通信电路运行率；

2 通信设备月运行率；

3 自动上线功能。

9.3.3 运行与维护管理应评价下列内容：

1 通信运行维护管理体制及机构；

2 通信运行监管系统；

3 设备维护记录；

4 通信设备故障。

10 用 户 管 理

10.1 一 般 规 定

10.1.1 燃气用户管理的安全评价应包括管道燃气用户和瓶装液化石油气用户。

10.1.2 管道燃气用户的评价单元宜划分为：室内燃气管道、管道附件、用气环境、计量仪表、用气设备、安全设施、维修管理、安全宣传、入户检查；瓶装液化石油气用户管理的安全评价单元宜划分为气瓶、管道和附件、用气环境、用气设备、安全设施、维修管理、安全宣传。

燃气用户管理的安全评价应符合本标准第 10.2、10.3 节和附录 G 的规定。

10.1.3 对于某一拥有居民用户、商业用户和工业用户中的一种或多种用户类型燃气企业的评价，总评价得分宜按所包含的每一类用户单独评价换算成100分为满分的得分，乘以该类用户用气量占整个系统用气量的百分数之和来确定。

10.1.4 商业和工业用户采用调压装置时，应符合本标准第4.3节相关要求；采用瓶组供气时，应符合本标准第7.3节和第8.3节相关要求。

10.2 管道燃气用户

10.2.1 室内燃气管道应评价下列内容：

1 管道的外观；
2 连接部位密封性；
3 软管；
4 管道的敷设；
5 与电气设备、相邻管道之间的净距；
6 管道穿越墙壁、楼板等障碍物的保护措施；
7 危及管道安全的不当行为；
8 运行压力。

10.2.2 管道附件应评价下列内容：

1 阀门；
2 管道的固定；
3 放散管。

10.2.3 用气环境应评价下列内容：

1 现场环境；
2 环境温度；
3 通风条件。

10.2.4 计量仪表应评价下列内容：

1 安装位置；
2 仪表的外观。

10.2.5 用气设备应评价下列内容：

1 型式和质量；
2 安装位置；
3 熄火保护功能；
4 运行状态；
5 火焰监测和自动点火装置；
6 泄爆装置。

10.2.6 安全设施应评价下列内容：

1 燃气和有毒气体浓度检测报警装置；
2 火灾自动报警和灭火系统；
3 防雷和防静电措施；
4 排烟设施；
5 电气设备的防爆；
6 防火隔热措施；
7 超压切断和放散装置。

10.2.7 维修管理应评价下列内容：

1 维修制度；
2 故障报修；
3 维修记录；
4 维修人员的培训与考核；
5 维修工具；
6 配件供应。

10.2.8 安全宣传应评价下列内容：

1 安全宣传制度或计划；
2 宣传的形式；
3 宣传的内容；

10.2.9 入户检查应评价下列内容：

1 检查制度；
2 检查频次；
3 检查记录；
4 检查人员的培训与考核；
5 检查设备；
6 隐患告知；
7 隐患整改及监控档案。

10.3 瓶装液化石油气用户

10.3.1 气瓶应评价下列内容：

1 气瓶的放置位置；
2 气瓶的存放量；
3 气瓶的检测；
4 气瓶的外观；
5 商业用户气瓶组的放置位置。

10.3.2 管道和附件应评价下列内容：

1 软管的外观；
2 软管连接部位的密封性；
3 软管长度和接口数；
4 阀门的设置。

10.3.3 瓶组间应按本标准第7.3.2条评价。

10.3.4 用气环境应按本标准第10.2.3条评价。

10.3.5 用气设备应按本标准第10.2.5条评价。

10.3.6 安全设施应按本标准第10.2.6条评价。

10.3.7 维修管理应按本标准第10.2.7条评价。

10.3.8 安全宣传应按本标准第10.2.8条评价。

11 安 全 管 理

11.1 一 般 规 定

11.1.1 安全管理评价单元宜划分为：安全生产管理机构与人员、安全生产规章制度、安全操作规程、安全教育培训、安全生产投入、工伤保险、安全检查、隐患整改、劳动保护、重大危险源管理、事故应急救援、事故管理、生产运行管理等。在评价工作中，可根据评价对象的实际情况划分评价单元。

11.1.2 燃气企业安全管理的安全评价应符合本标准第11.2节和附录H的规定。

11.2 安 全 管 理

11.2.1 安全生产管理机构与人员的设置应评价下列

内容：

1 安全生产委员会；

2 日常安全生产管理机构；

3 安全生产管理机构体系；

4 安全生产管理人员。

11.2.2 安全生产规章制度应评价下列内容：

1 安全生产责任制；

2 安全生产规章制度；

3 安全生产责任制的落实和考核；

4 安全生产规章制度的落实与考核。

11.2.3 安全操作规程应评价下列内容：

1 岗位安全操作规程；

2 生产作业安全操作规程；

3 安全操作规程的落实与考核。

11.2.4 安全教育培训应评价下列内容：

1 安全管理人员的安全管理资格；

2 特种作业人员的上岗资格；

3 新员工的三级安全教育培训；

4 从业人员的安全再教育；

5 特种作业人员的复审。

11.2.5 安全生产投入应评价下列内容：

1 安全生产费用的提取和使用范围；

2 安全生产费用的核算；

3 安全生产费用提取和使用的监管体系。

11.2.6 工伤保险应评价下列内容：

1 工伤保险的覆盖；

2 保险费的缴纳；

3 从事高危作业人员的意外伤害保险。

11.2.7 安全检查应评价下列内容：

1 安全检查工作的实施；

2 安全检查的内容。

11.2.8 隐患整改应评价下列内容：

1 隐患整改和复查；

2 事故隐患整改监督和奖惩机制；

3 向主管部门报送事故隐患排查治理统计。

11.2.9 劳动保护应评价下列内容：

1 职业危害告知；

2 劳动防护用品发放标准；

3 劳动防护用品的采购；

4 劳动防护用品的发放和记录；

5 现场劳动防护用品的使用。

11.2.10 重大危险源管理应评价下列内容：

1 重大危险源的辨识；

2 重大危险源的备案；

3 重大危险源的监控和预警措施；

4 重大危险源的管理制度和应急救援预案；

5 重大危险源的检测与评估。

11.2.11 事故应急救援应评价下列内容：

1 应急救援预案的制定；

2 应急救援指挥机构与应急救援组织的建立；

3 应急救援预案的评审；

4 应急救援预案的备案；

5 应急救援器材和物资的配备；

6 应急救援培训和演练。

11.2.12 事故管理应评价下列内容：

1 事故管理制度；

2 事故台账；

3 事故统计分析。

11.2.13 设备管理应评价下列内容：

1 设备维护保养制度；

2 设备安全技术档案。

附录 A 燃气输配场站设施与操作检查表

表 A.1 门站与储配站设施与操作检查表

评价单元	评价内容	评价方法	评分标准	分值
4.2.1 周边环境	1. 场站所处的位置应符合规划要求	查阅当地最新规划文件	不符合不得分	1
	2. 周边防火间距道路条件应能满足运输、消防、救护、疏散等要求	现场检查	大型消防车辆无法到达不得分；道路狭窄或路面质量较差但大型消防车辆勉强可以通过扣1分	2
	3. 站内燃气设施与站外建（构）筑物的防火间距应符合下列要求：	—	—	—
	(1) 储气罐与站外建(构)筑物的防火间距应符合现行国家标准《建筑设计防火规范》GB 50016 的相关要求	现场测量	一处不符合不得分	8
	(2) 露天或室内天然气工艺装置与站外建（构）筑物的防火间距应符合现行国家标准《建筑设计防火规范》GB 50016 中甲类厂房的相关要求	现场测量	一处不符合不得分	4
	(3) 储配站高压储气罐的集中放散装置与站外建（构）筑物的防火间距应符合现行国家标准《城镇燃气设计规范》GB 50028 的相关要求	现场测量	一处不符合不得分	4
	4. 周边应有良好的消防和医疗救护条件	实地测量或图上测量	10km 路程内无消防队扣 0.5 分；10km 路程内无医院扣 0.5 分	1
	5. 环境噪声应符合现行国家标准《工业企业厂界环境噪声排放标准》GB 12348 的相关要求	现场测量或查阅环境检测报告	超标不得分	1

续表 A.1

评价单元	评价内容	评价方法	评分标准	分值
4.2.2 总平面布置	1. 储配站总平面应分区布置，即分为生产区和辅助区	现场检查	无明显分区不得分	1
	2. 周边应设有非燃烧体围墙，围墙应完整，无破损	现场检查	无围墙不得分；围墙破损扣0.5分	1
	3. 站内建（构）筑物之间的防火间距应符合下列要求：	—	—	—
	（1）储气罐与站内建(构)筑物的防火间距应符合现行国家标准《城镇燃气设计规范》GB 50028的相关要求	现场测量	一处不符合不得分	8
	（2）站内露天工艺装置区边缘距明火或散发火花地点不应小于20m，距办公、生活建筑不应小于18m，距围墙不应小于10m	现场测量	一处不符合不得分	4
	（3）高压储气罐设置的集中放散管与站内建（构）筑物的防火间距应符合现行国家标准《城镇燃气设计规范》GB 50028的相关要求	现场测量	一处不符合不得分	4
	4. 储配站数个固定容积储气罐的总容积大于200000m³时，应分组布置，组与组和罐与罐之间的防火间距应符合现行国家标准《城镇燃气设计规范》GB 50028的相关要求	现场测量	一处不符合不得分	4
4.2.3 站内道路交通	1. 储配站生产区宜设有2个对外出入口，并宜位于场站的不同方位，以方便消防救援和应急疏散	现场检查	只有一个出入口的不得分；有两个出入口但位于同一侧不利于消防救援和应急疏散的扣1分	2
	2. 储配站生产区应设置环形消防车道，消防车道宽度不应小于3.5m，消防车道应保持畅通，无阻碍消防救援的障碍物	现场检查	储配站未设置环形消防车道不得分；消防车道宽度不足扣2分；消防车道或回车场上有障碍物扣2分	4
	3. 应制定严格的车辆管理制度，无关车辆禁止进入场站生产区，如确需进入，必须佩带阻火器	现场检查并查阅车辆管理制度文件	无车辆管理制度不得分；生产区内发现无关车辆且未装阻火器不得分；门卫未配备阻火器但生产区内无无关车辆扣0.5分	1

续表 A.1

评价单元	评价内容	评价方法	评分标准	分值
4.2.4 燃气质量	1. 应当建立健全燃气质量检测制度。天然气的气质应符合现行国家标准《天然气》GB 17820的第一类或第二类气质指标；人工煤气的气质应符合现行国家标准《人工煤气》GB/T 13612的相关要求	查阅气质检测制度和气质检测报告	无气质检测制度不得分；不能提供气质检测报告或检测结果不合格不得分	2
	2. 当燃气无臭味或臭味不足时，门站或储配站内应设有加臭装置，并应符合下列要求：	—	—	—
	（1）加臭剂的质量合格	查阅质量合格证明文件	不能提供质量合格证明文件不得分	1
	（2）加臭量应符合现行行业标准《城镇燃气加臭技术规程》CJJ/T 148的相关要求，实际加注量与气体流量相匹配，并定期检测	查阅加臭量检查记录并在靠近用户端的管网取样抽测	现场抽测不合格不得分；无加臭量检查记录扣2分	4
	（3）加臭装置运行稳定可靠	现场检查并查阅运行记录	运行不稳定不得分	1
	（4）无加臭剂泄漏现象	现场检查	存在泄漏现象不得分	2
	（5）存放加臭剂的场所应确保阴凉通风，远离明火和热源，远离人员密集的办公场所	现场检查	加臭剂露天存放，放置在人员密集的办公或生活用房，放置在靠近厨房、变配电间、发电机间均不得分	2
4.2.5 储气设施	1. 储气罐罐体应完好无损，无变形裂缝现象，无严重锈蚀现象，无漏气现象	现场检查	有漏气现象不得分；严重锈蚀扣6分；锈蚀较重扣4分；轻微锈蚀扣2分	8
	2. 储气罐基础应稳固，每年应检测储气罐基础沉降情况，沉降值应符合安全要求，不得有异常沉降或由于沉降造成管线受损的现象	现场检查并查阅沉降监测报告	未定期检测沉降不得分；有异常沉降但未进行处理不得分	1
	3. 低压湿式储气罐的运行应符合下列要求：	—	—	—
	（1）寒冷地区应有保温措施，能有效防止水结冰	现场检查	有冰冻现象不得分；一处保温措施有缺陷扣0.5分	2

续表 A.1

评价单元	评价内容	评价方法	评分标准	分值
4.2.5 储气设施	(2) 气柜导轮和导轨的运动应正常，导轮与轴瓦无明显磨损现象，导轮润滑油杯油位符合要求	现场检查	发现异常现象不得分	2
	(3) 水槽壁板与环形基础连接处不应漏水	现场检查	有一处漏水现象扣0.5分	1
	(4) 环形水封水位应正常	现场检查	水位不符合要求不得分	4
	(5) 储气罐升降应平稳	现场检查	不平稳不得分	1
	4. 低压稀油密封干式储气罐的运行应符合下列要求：	—	—	—
	(1) 活塞油槽油位和柜底油槽水位、油位应正常	现场检查	油位或水位超出允许范围不得分	1
	(2) 横向分割板和密封装置应正常	现场检查	循环油量超标不得分	1
	(3) 储气罐安全水封的水位不得超出规定的限值	现场检查	安全水封水位不符合要求不得分	4
	(4) 定期测量油位与活塞高度比和活塞水平倾斜度并做好测量记录，其数值应保持在允许范围内	查阅测量记录	一项参数不符合要求扣0.5分	1
	(5) 定期化验分析密封油黏度和闪点，并做好分析记录，其数值应保持在允许范围内	查阅测量记录	超期未化验分析的或指标不符合要求仍未更换的，不得分	0.5
	(6) 油泵入口过滤网应定期清洗，有清洗记录	查阅清洗记录	超期未清洗的不得分	0.5
	(7) 储气罐升降应平稳	现场检查	不平稳不得分	1
	(8) 储气罐的附属升降机、电梯等特种设备应定期检测，检测合格后方可继续使用	查阅检测报告	一台未检测或检测过期扣0.5分	1
	5. 高压储气罐应符合下列要求：	—	—	—
	(1) 应定期检验，检验合格后方可继续使用	查阅检验报告	未检不得分	4
	(2) 应严格控制运行压力，严禁超压运行	现场检查	压力保护措施缺失一项扣2分	4
	(3) 放散管管口高度应高出距其25m内的建(构)筑物2m以上，且不得小于10m	现场检查	不符合不得分	4

续表 A.1

评价单元	评价内容	评价方法	评分标准	分值
4.2.7 安全阀与阀门	1. 安全阀外观应完好，在校验有效周期内；阀体上应悬挂校验铭牌，并注明下次校验时间，校验铅封应完好	现场检查并查阅校验报告	一只安全阀未检或铅封破损扣2分；一只安全阀外观严重锈蚀扣1分	4
	2. 安全阀与被保护设施之间的阀门应全开	现场检查	有一处关闭不得分；有一处未全开扣1分	2
	3. 阀门外观无损坏和严重锈蚀现象	现场检查	有一处损坏或严重锈蚀扣0.5分	2
	4. 不得有妨碍阀门操作的堆积物	现场检查	有一处堆积物扣0.5分	1
	5. 阀门应悬挂开关标志牌	现场检查	一只未挂标志牌扣0.5分	1
	6. 阀门不应有燃气泄漏现象	现场检查	存在泄漏现象不得分	4
	7. 阀门应定期检查维护，启闭应灵活	现场检查并查阅检查维护记录	不能提供检查维护记录不得分；一只阀门存在启闭不灵活扣1分	2
4.2.8 过滤器	1. 过滤器外观无损坏和严重锈蚀现象	现场检查	有一处过滤器损坏或严重锈蚀扣1分	2
	2. 应定期检查过滤器前后压差，并及时排污和清洗	现场检查并查阅维护记录	无过滤器维护记录或现场检查出一台过滤器失效扣1分	2
	3. 过滤器排污和清洗废弃物应妥善处理	现场检查并查阅操作规程	无收集装置或无处理记录不得分	1
4.2.9 工艺管道	1. 管道外表应完好无损，无腐蚀迹象，外表防腐涂层应完好，管道应有色标和流向标志	现场检查	一处严重锈蚀扣1分；管道无标志扣0.5分	2
	2. 管道和管道连接部位应密封完好，无燃气泄漏现象	现场检查	存在泄漏现象不得分	2
	3. 进出站管线与站外设有阴极保护装置的埋地管道相连时，应设有绝缘装置，绝缘装置的绝缘电阻应每年进行一次测试，绝缘电阻不应低于1MΩ	查阅绝缘电阻检测报告	无绝缘装置，超过1年未检测绝缘电阻或检测电阻值不合格均不得分	1
4.2.10 仪表与自控系统	1. 压力表应符合下列要求：	—	—	—
	(1) 压力表外观应完好	现场检查	一只表损坏扣0.5分	2

续表 A.1

评价单元	评价内容	评价方法	评分标准	分值
4.2.10 仪表与自控系统	(2) 压力表应在检定周期内，检定标签应贴在表壳上，并注明下次检定时间，检定铅封应完好无损	现场检查并查阅压力表检定证书	一只表未检或铅封破损扣2分；一只表标贴脱落或看不清扣0.5分	4
	(3) 压力表与被测量设备之间的阀门应全开	现场检查	一只阀门未全开扣0.5分	1
	2. 站内爆炸危险厂房和装置区内应设置燃气浓度检测报警装置	现场检查并查阅维护记录	一处未安装燃气浓度检测报警装置或未维护扣1分	2
	3. 现场计量测试仪表的设置应符合现行国家标准《城镇燃气设计规范》GB 50028的相关要求，仪表的读数应在工艺操作要求范围内	现场检查并查阅工艺操作手册	缺少一处计量测试仪表或读数不在工艺操作要求范围内扣0.5分	2
	4. 控制室的二次检测仪表的显示和累加等功能应符合现行国家标准《城镇燃气设计规范》GB 50028的相关要求，其数值应在工艺操作要求范围内	现场检查并查阅工艺操作手册	缺少一处检测仪表或读数不在工艺操作要求范围内扣0.5分	2
	5. 报警连锁功能的设置应符合现行国家标准《城镇燃气设计规范》GB 50028的相关要求，各种报警连锁系统应完好有效	现场检查	缺少一种报警连锁功能或报警连锁失灵扣1分	4
	6. 运行管理宜采用计算机集中控制系统	现场检查	未采用计算机集中控制的系统不得分	1
4.2.11 消防与安全设施	1. 工艺装置区应通风良好	现场检查	达不到标准不得分	2
	2. 应按现行行业标准《城镇燃气标志标准》CJJ/T 153的相关要求设置完善的安全警示标志	现场检查	一处未设置安全警示标志扣0.5分	2
	3. 消防供水设施应符合下列要求：	—	—	—
	(1) 应根据储罐容积和补水能力按照现行国家标准《城镇燃气设计规范》GB 50028的相关要求核算消防用水量，当补水能力不能满足消防用水量时，应设置适当容量的消防水池和消防泵房	现场检查并核算	补水能力不足且未设消防水池不得分；设有消防水池但储水量不足扣2分	4

续表 A.1

评价单元	评价内容	评价方法	评分标准	分值
4.2.11 消防与安全设施	(2) 消防水池的水质应良好，无腐蚀性，无漂浮物和油污	现场检查	有油污不得分；有漂浮物扣0.5分	1
	(3) 消防泵房内应清洁干净，无杂物和易燃物品堆放	现场检查	不清洁或有杂物堆放不得分	1
	(4) 消防泵应运行良好，无异常振动和异响，无漏水现象	现场检查	一台消防泵存在故障扣0.5分	2
	(5) 消防供水装置无遮蔽或阻塞现象，站内消火栓水阀应能正常开启，消防水管、水枪和扳手等器材应齐全完好，无挪用现象	现场检查	一台消火栓水阀不能正常开启扣1分；缺少或遗失一件消防供水器材扣0.5分	2
	4. 工艺装置区、储罐区等应按现行国家标准《城镇燃气设计规范》GB 50028的相关要求设置灭火器，灭火器不得埋压、圈占和挪用，灭火器应按现行国家标准《建筑灭火器配置验收及检查规范》GB 50444的相关要求定期进行检查、维修，并按规定年限报废	现场检查，查阅灭火器的检查和维修记录	一处灭火器材设置不符合要求扣1分；一只灭火器缺少检查和维修记录扣0.5分	4
	5. 站内爆炸危险场所的电力装置应符合现行国家标准《爆炸和火灾危险环境电力装置设计规范》GB 50058的相关要求	现场检查	一处不合格不得分	4
	6. 建（构）筑物应按现行国家标准《建筑物防雷设计规范》GB 50057的相关要求设置防雷装置并采取防雷措施，爆炸危险环境场所的防雷装置应当每半年由具有资质的单位检测一次，保证完好有效	现场检查并查阅防雷装置检测报告	未设置防雷装置不得分；防雷装置未检测不得分；一处防雷检测不符合要求扣2分	4
	7. 应配备必要的应急救援器材，值班室应设有直通外线的应急救援电话，各种应急救援器材应定期检查，保证完好有效	现场检查	缺少一样应急救援器材或一处不合格扣0.5分	2
4.2.12 公用辅助设施	1. 供电系统应符合现行国家标准《供配电系统设计规范》GB 50052“二级负荷”的要求	现场检查	达不到二级负荷不得分	4

续表 A.1

评价单元	评价内容	评价方法	评分标准	分值
4.2.12 公用辅助设施	2. 变配电室的地坪宜比周围地坪相对提高，应能有效防止雨水的侵入	现场检查	低于周围地坪或与周围地坪几乎平齐均不得分	1
	3. 变配电室应设有专人看管；若规模较小，无人值守时，应有防止无关人员进入的措施；变配电室的门、窗关闭应密合；电缆孔洞必须用绝缘油泥封闭，与室外相通的窗、洞、通风孔应设防止鼠、蛇类等小动物进入的网罩	现场检查	无关人员可自由出入不得分；有一处未密封或有孔洞扣0.5分	1
	4. 变配电室内应设有应急照明设备，且应完好有效	现场检查	无应急照明设备不得分；一盏应急照明灯不亮扣0.5分	1
	5. 电缆沟上应盖有完好的盖板	现场检查	一处无盖板或盖板损坏扣0.5分	1
	6. 当气温低于0℃时，设备排污管、冷却水管、室外供水管和消火栓等暴露在室外的供水管和排水管应有保温措施	现场检查	一处未进行保温扣0.5分	1

表 A.2 调压站与调压装置设施与操作检查表

评价单元	评价内容	评价方法	评分标准	分值
4.3.1 周边环境	1. 调压装置不应安装在易被碰撞或影响交通的位置	现场检查	一处安装位置不当扣1分	2
	<u>2. 液化石油气和相对密度大于0.75燃气的调压装置不得设于地下室、半地下室内和地下单独的箱体内</u>	现场检查	不符合不得分	4
	3. 调压站和调压装置与其他建（构）筑物的水平净距应符合现行国家标准《城镇燃气设计规范》GB 50028的相关要求	现场测量	一处不符合不得分	8
	4. 调压装置的安装高度应符合现行国家标准《城镇燃气设计规范》GB 50028的相关要求	现场检查	一处高度不符合要求扣0.5分	1
	5. 地下调压箱不宜设置在城镇道路下	现场检查	一处处于道路下扣0.5分	1

续表 A.2

评价单元	评价内容	评价方法	评分标准	分值
4.3.1 周边环境	6. 设有悬挂式调压箱的墙体应为永久性实体墙，墙面上应无室内通风机的进风口，调压箱上方不应有窗和阳台	现场检查	一处安装位置不当扣1分	2
	7. 设有调压装置的公共建筑顶层的房间应靠建筑外墙，贴邻或楼下应无人员密集房间	现场检查	一处不符合要求扣0.5分	1
	8. 相邻调压装置外缘净距、调压装置与墙面之间的净距和室内主要通道的宽度均宜大于0.8m，通道上应无杂物堆积	现场检查	一处间距不足扣1分	2
	9. 调压器的环境温度应能保证调压器的活动部件正常工作	现场检查	当调压器出现异常结霜或冰堵现象时不得分	1
	10. 调压站或区域性调压柜（箱）周边应保持消防车道畅通，无阻碍消防救援的障碍物	现场检查	消防车无法进入或有障碍物的不得分	1
4.3.2 设有调压装置的建筑	1. 设有调压装置的专用建筑与相邻建筑之间应为无门、窗、洞口的非燃烧体实体墙	现场检查	与相邻建筑物之间存在一处门、窗、洞口扣0.5分	1
	2. 耐火等级不应低于二级	现场检查	一处建筑达不到二级扣0.5分	1
	3. 门、窗应向外开启	现场检查	一处门、窗开启方向有误扣0.5分	1
	4. 平屋顶上设有调压装置的建筑应有通向屋顶的楼梯	现场检查	一处无楼梯扣0.5分	1
	5. 设有调压装置的专用建筑室内地坪应为撞击时不会产生火花的材料	现场检查	一处不符合要求扣0.5分	1
4.3.3 调压器	1. 调压箱、调压柜、调压器的设置应稳固	现场检查	一处不稳固扣1分	2
	2. 调压器外表应完好无损，无油污、无腐蚀锈迹等现象	现场检查	外表有一处损伤、油污、锈蚀现象扣0.5分	2
	3. 调压器应运行正常，无喘息、压力跳动等现象，无燃气泄漏情况	现场检查	有燃气泄漏现象不得分；调压器有非正常现象一处扣2分	8

续表 A.2

评价单元	评价内容	评价方法	评分标准	分值
4.3.3 调压器	4. 调压器的进口压力应符合现行国家标准《城镇燃气设计规范》GB 50028的相关要求	现场检查	一台调压器超压运行扣4分	8
	5. 调压器的出口压力严禁超过下游燃气设施的设计压力，并应具有防止燃气出口压力过高的安全保护装置，安全保护装置的启动压力应符合设定值，切断压力不得高于放散系统设定的压力值	现场检查	一处未设置扣4分；一处启动压力不符合设定值扣2分；一处切断压力高于放散压力扣2分	8
	6. 调压器的进出口管径和阀门的设置应符合现行国家标准《城镇燃气设计规范》GB 50028的相关要求	现场检查	一处不符合扣0.5分	1
	7. 调压站或区域性调压柜（箱）的环境噪声应符合现行国家标准《声环境质量标准》GB 3096的相关要求	现场测量或查阅环境检测报告	超标不得分	1
	8. 调压装置的放散管管口高度应符合下列要求：	—	—	—
	（1）调压站放散管管口应高出其屋檐1.0m以上	现场测量	不符合不得分	4
	（2）调压柜的安全放散管管口距地面的高度不应小于4m	现场测量	不符合不得分	4
	（3）设置在建筑物墙上的调压箱的安全放散管管口应高出该建筑物屋檐1.0m	现场测量	不符合不得分	4
4.3.4 安全阀与阀门	1. 高压和次高压燃气调压站室外进、出口管道上必须设置阀门	现场检查	缺一个阀门不得分	4
	2. 中压燃气调压站室外进口管道上，应设置阀门	现场检查	无阀门不得分	4

续表 A.2

评价单元	评价内容	评价方法	评分标准	分值
4.3.8 消防与安全设施	1. 设有调压器的箱、柜或房间应有良好的通风措施，通风面积和换气次数应符合现行国家标准《城镇燃气设计规范》GB 50028的相关要求，受限空间内应无燃气积聚	现场测量	一处燃气浓度超标扣2分；一处通风措施不符合要求扣1分	8
	2. 应按现行行业标准《城镇燃气标志标准》CJJ/T 153的相关要求设置完善的安全警示标志	现场检查	一处未设置安全警示标志扣0.5分	2
	3. 调压装置区应按现行国家标准《城镇燃气设计规范》GB 50028的相关要求设置灭火器，灭火器不得埋压、圈占和挪用，灭火器应按现行国家标准《建筑灭火器配置验收及检查规范》GB 50444的相关要求定期进行检查、维修，并按规定年限报废	现场检查，查阅灭火器的检查和维修记录	一处缺少灭火器材扣1分；一只灭火器缺少检查和维修记录扣0.5分	4
	4. 设有调压装置的专用建筑室内电气、照明装置的设计应符合现行国家标准《爆炸和火灾危险环境电力装置设计规范》GB 50058的1区设计的规定	现场检查	一处不合格不得分	2
	5. 设于空旷地带的调压站或采用高架遥测天线的调压站应单独设置避雷装置，保证接地电阻值小于10Ω	现场检查并查阅防雷装置检测报告	无独立避雷装置的不得分；防雷装置未检测不得分；一处防雷检测不符合要求扣2分	4
	6. 调压装置周边应根据实际情况设置围墙、护栏、护罩或车挡，以防外界对调压装置的破坏	现场检查	一处未设置防护设施扣1分	4
	7. 设有调压器的柜或房间应有爆炸泄压措施，泄压面积应符合现行国家标准《城镇燃气设计规范》GB 50028的相关要求	现场测量并计算	一处无泄压措施扣1分；一处泄压面积不足扣0.5分	2
	8. 地下调压箱应有防腐保护措施，且应完好有效	现场检查	发现一处箱体腐蚀迹象扣0.5分	1

续表 A.2

评价单元	评价内容	评价方法	评分标准	分值
4.3.8 消防与安全设施	9. 公共建筑顶层房间设有调压装置时，房间内应设置燃气浓度监测监控仪表及声、光报警装置。该装置应与通风设施和紧急切断阀连锁，并将信号引入该建筑物监控室	现场检查	一处设置不符合要求扣1分	2
	10. 调压装置应设有放散管，放散管的高度应符合现行国家标准《城镇燃气设计规范》GB 50028的相关要求	现场检查	一处未设放散管扣1分；一处放散管高度不足扣0.5分	2
	11. 地下式调压站应有防水措施，内部不应有水渍和积水现象	现场检查	发现一处积水扣1分；一处水渍扣0.5分	2
	12. 当调压站内、外燃气管道为绝缘连接时，调压器及其附属设备必须接地，接地电阻应小于100Ω	现场检查	一处未接地或接地电阻不符合要求扣1分	2
4.3.9 调压站的采暖	1. 调压室内严禁用明火采暖	现场检查	现场有明火采暖设备不得分	2
	2. 调压器室的门、窗与锅炉室的门、窗不应设置在建筑的同一侧	现场检查	设置在同一侧不得分	1
	3. 采暖锅炉烟囱排烟温度严禁大于300℃	现场测量	超过不得分	2
	4. 烟囱出口与燃气安全放散管出口的水平距离应大于5m	现场测量	距离不足不得分	2
	5. 燃气采暖锅炉应有熄火保护装置或设专人值班管理	现场检查	无熄火保护装置不得分；有熄火保护但无专人值班扣1分	2
	6. 电采暖设备的外壳温度不得大于115℃，电采暖设备应与调压设备绝缘	现场测量	外壳温度超标扣1分；未绝缘扣1分	2

附录B 燃气管道设施与操作检查表

表 B.1 钢质燃气管道设施与操作检查表

评价单元	评价内容	评价方法	评分标准	分值
5.2.1 管道敷设	1. 地下燃气管道与建（构）筑物或相邻管道之间的间距应符合现行国家标准《城镇燃气设计规范》GB 50028的相关要求	查阅竣工资料并结合现场检查	一处不符合不得分	4

续表 B.1

评价单元	评价内容	评价方法	评分标准	分值
5.2.1 管道敷设	2. 地下燃气管道埋设的最小覆土厚度（地面至管顶）应符合现行国家标准《城镇燃气设计规范》GB 50028的相关要求	查阅竣工资料并结合现场检查	一处埋深不符合要求扣1分	4
	3. 穿、跨越工程应符合现行国家标准《油气输送管道穿越工程设计规范》GB 50423和《油气输送管道跨越工程设计规范》GB 50459的相关要求，安全防护措施应齐全、可靠	查阅竣工资料并结合现场检查	一处不符合要求扣1分	4
	4. 同一管网中输送不同种类、不同压力燃气的相连管段之间应进行有效隔断	现场检查	存在一处未进行有效隔断不得分	4
	5. 埋地管道的地基土层条件和稳定性	调查管道沿线土层状况	液化土、沙化土或已发生土壤明显移动的，或经常发生山体滑坡、泥石流的不得分；沼泽、沉降区或有山体滑坡、泥石流可能的扣1分；土层比较松软，含水率较高，有沉降可能的扣0.5分	2
5.2.2 管道附件	1. 管道上的阀门和阀门井应符合下列要求：	—	—	—
	（1）在次高压、中压燃气干管上，应设置分段阀门，并应在阀门两侧设置放散管。在燃气支管的起点处，应设置阀门	现场检查	少一处阀门扣2分	4
	（2）阀门本体评价内容见本标准第4.2.7条检查表第3～7条	—	—	4
	（3）阀门井不应塌陷，井内不得有积水	现场检查	一处塌陷扣1分，一处有积水扣0.5分	2
	（4）直埋阀应设有护罩或护井	现场检查	一处阀门无护罩或护井扣1分；一处护罩或护井损坏扣1分	2
	2. 凝水缸应设有护罩或护井，应定期排放积水，不得有燃气泄漏、腐蚀和堵塞的现象及妨碍排水作业的堆积物，凝水缸排出的污水不得随意排放	查阅巡检记录并现场检查测试	有燃气泄漏现象不得分；一处凝水缸无护罩或护井扣0.5分；一处护罩或护井损坏，有腐蚀、堵塞、堆积物现象扣0.5分	2
	3. 调长器应无变形，调长器接口应定期检查，保证严密性，且拉杆应处于受力状态	查阅巡检记录并现场检查测试	有燃气泄漏现象不得分；一处调长器变形、拉杆位置不适宜扣0.5分	1

续表 B.1

评价单元	评价内容	评价方法	评分标准	分值
5.2.3 日常运行维护	1. 燃气企业应对管道定期进行巡查，巡查工作内容应符合现行行业标准《城镇燃气设施运行、维护和抢修安全技术规程》CJJ 51 的相关要求	查阅巡线制度和巡线记录	无巡线制度不得分；巡线制度不完善扣 4 分；无完整巡线记录扣 4 分	8
	2. 对管道沿线居民和单位进行燃气设施保护宣传与教育	查阅相关资料并沿线走访调查	未印刷并发放安全宣传单扣 0.5 分；未举办广场或进社区安全宣传活动扣 0.5 分；未与政府和沿线单位举办燃气设施安全保护研讨会扣 0.5 分；未在报刊、杂志、电视、广播等媒体上登载安全宣传广告扣 0.5 分	2
	3. 埋地燃气管道弯头、三通、四通、管道末端以及穿越河流等处应有路面标志，路面标志的间隔不宜大于 200m，路面标志不得缺损，字迹应清晰可见	查阅竣工资料并沿线检查	一处缺少标志、字迹不清或毁损扣 1 分	4
	4. 在燃气管道保护范围内，应无爆破、取土、动火、倾倒或排放腐蚀性物质、放置易燃易爆物品、种植深根植物等危害管道运行的活动	查阅竣工资料并沿线检查	存在上述可能危害管道的情况不得分	8
	5. 埋地燃气管道上不得有建筑物和构筑物占压	沿线检查	一处不符合不得分	8
	6. 地下燃气管道保护范围内有建设工程施工时，应有建设单位、施工单位和燃气企业共同制定的燃气设施保护方案，燃气企业应当派专业人员进行现场指导和全程监护	查阅燃气设施保护方案，巡线记录和施工监护记录	无燃气设施保护方案不得分；燃气设施保护方案不全面扣 4 分；保护方案缺少一方参与的扣 2 分；未派专业人员现场指导和监护的不得分；有一次未全程监护扣 4 分	8
5.2.4 管道泄漏检查	1. 应制定完善的泄漏检查制度	查阅泄漏检查制度	无制度不得分，不完善扣 0.5 分	1
	2. 应配备专业泄漏检测仪器和人员	现场检查	未配备不得分	2
	3. 泄漏检查周期应符合现行行业标准《城镇燃气设施运行、维护和抢修安全技术规程》CJJ 51 的相关要求	查阅泄漏检查记录	缺少一次检查记录扣 2 分	8
5.2.5 管道防腐蚀	1. 燃气气质指标应符合相关标准要求	查阅气质检测报告	水含量不合格扣 1 分；硫化氢含量不合格扣 1 分	2
	2. 暴露在空气中的管道外表应涂覆防腐涂层，防腐涂层应完整无脱落	现场检查	无防腐涂层不得分；有防腐涂层但严重脱落扣 1.5 分；有防腐涂层但有部分脱落扣 1 分	2

续表 B.1

评价单元	评价内容	评价方法	评分标准	分值
5.2.5 管道防腐蚀	3. 应对埋地钢质管道周围的土壤进行土壤电阻率分析，采用现行行业标准《城镇燃气埋地钢质管道腐蚀控制技术规程》CJJ 95 的相关评价指标对土壤腐蚀性进行分级	对土壤腐蚀性进行检测	土壤腐蚀性分级为强不得分；中扣 1 分；土壤细菌腐蚀性评价强不得分；较强扣 1.5 分；中扣 1 分	2
	4. 埋地钢质管道外表面应有完好的防腐层，防腐层的检测应符合现行行业标准《城镇燃气埋地钢质管道腐蚀控制技术规程》CJJ 95 的相关要求	查阅防腐层检测报告	从未检测不得分；未按规定要求定期检测扣 4 分	8
	5. 埋地钢质管道应按现行国家标准《城镇燃气技术规范》GB 50494 的相关要求辅以阴极保护系统，阴极保护系统的检测应符合现行行业标准《城镇燃气埋地钢质管道腐蚀控制技术规程》CJJ 95 的相关要求	查阅阴极保护系统检测报告	没有阴极保护系统或从未检测不得分；未按规定要求定期检测扣 4 分	8
	6. 应定期检测埋地钢质管道附近的管地电位，确定杂散电流对管道的影响，并按现行行业标准《城镇燃气埋地钢质管道腐蚀控制技术规程》CJJ 95 的相关要求采取保护措施，并达到保护效果	现场检查并查阅检测记录和排流保护效果评价	无相应措施不得分；有措施但达不到要求扣 2 分	4

表 B.2 聚乙烯燃气管道设施与操作检查表

评价单元	评价内容	评价方法	评分标准	分值
5.3.1 管道敷设	1. 埋地聚乙烯燃气管道与热力管道之间的间距应符合现行行业标准《聚乙烯燃气管道工程技术规程》CJJ 63 的相关要求	查阅竣工资料并结合现场检查	一处不符合不得分	4
	2. 聚乙烯管道作引入管，与建筑物外墙或内墙上安装的调压箱相连在地面转换时，对裸露聚乙烯管道有硬质保护及隔热措施，保护层应完好无损	现场检查	一处硬质保护层缺失或损坏扣 2 分	4
	3. 聚乙烯管道应敷设示踪装置，并每年进行一次检测，保证完好	查阅示踪装置检查记录	示踪装置未检测不得分	2

附录C 压缩天然气场站设施与操作检查表

表C.1 压缩天然气加气站设施与操作检查表

评价单元	评价内容	评价方法	评分标准	分值
6.2.1 周边环境	1. 场站所处的位置应符合规划要求	查阅当地最新规划文件	不符合不得分	1
	2. 周边道路条件应能满足运输、消防、救护、疏散等要求	现场检查	大型消防车辆无法到达不得分；道路狭窄或路面质量较差但大型消防车辆勉强可以通过扣1分	2
	3. 场站规模与所处环境应符合下列要求：	—	—	—
	(1) 在城市建成区内的压缩天然气加气站，标准站固定储气瓶（井）不应超过18m³，子站固定储气瓶（井）不应超过8m³，且车载储气瓶组的总容积不应超过18m³	现场检查并查阅当地规划	超过不得分	4
	(2) 当压缩天然气加气站与加油站合建时，加气标准站固定储气瓶（井）不应超过12m³，加气子站固定储气瓶（井）不应超过8m³，且车载储气瓶组的总容积不应超过18m³	现场检查	超过不得分	4
	4. 站内燃气设施与站外建（构）筑物的防火间距应符合下列要求：	—	—	—
	(1) 气瓶车在固定车位总几何容积大于18m³，或最大储气总容积大于4500m³且小于等于30000m³时，气瓶车固定车位与站外建（构）筑物的防火间距应符合现行国家标准《城镇燃气设计规范》GB 50028的相关要求	现场测量	一处不符合不得分	8
	(2) 气瓶车在固定车位总几何容积不大于18m³，且最大储气总容积不大于4500m³时，气瓶车固定车位与站外建（构）筑物的防火间距应符合现行国家标准《汽车加油加气站设计与施工规范》GB 50156的相关要求	现场测量	一处不符合不得分	8

续表C.1

评价单元	评价内容	评价方法	评分标准	分值
6.2.1 周边环境	(3) 脱硫脱水装置、放散管管口、储气井组、加气机、压缩机与站外建（构）筑物的防火间距应符合现行国家标准《汽车加油加气站设计与施工规范》GB 50156的相关要求	现场测量	一处不符合不得分	4
	(4) 压缩天然气加气站站房内不得设有住宿、餐饮和娱乐等经营性场所	现场检查	发现设有上述场所不得分	2
	5. 周边应有良好的消防和医疗救护条件	实地测量或图上测量	10km路程内无消防队扣0.5分；10km路程内无医院扣0.5分	1
	6. 环境噪声应符合现行国家标准《工业企业厂界环境噪声排放标准》GB 12348的相关要求	现场测量或查阅环境检测报告	超标不得分	1
6.2.2 总平面布置	1. 总平面应分区布置，即分为生产区和辅助区	现场检查	无明显分区不得分	1
	2. 周边应设置围墙，围墙的设置应符合现行国家标准《汽车加油加气站设计与施工规范》GB 50156的相关要求，围墙应完整，无破损	现场检查	无围墙不得分；围墙高度不足或破损扣2分	4
	3. 站内燃气设施与站内建（构）筑物之间的防火间距应符合下列要求：	—	—	—
	(1) 气瓶车在固定车位总几何容积大于18m³，或最大储气总容积大于4500m³且小于等于30000m³时，气瓶车固定车位与站内建（构）筑物的防火间距应符合现行国家标准《城镇燃气设计规范》GB 50028的相关要求	现场测量	一处不符合不得分	8
	(2) 气瓶车在固定车位总几何容积不大于18m³，且最大储气总容积不大于4500m³时，气瓶车固定车位与站内建（构）筑物的防火间距应符合现行国家标准《汽车加油加气站设计与施工规范》GB 50156的相关要求	现场测量	一处不符合不得分	8
	(3) 加气柱宜设在固定车位附近，距固定车位2m～3m，距站内天然气储罐不应小于12m，距围墙不应小于6m，距压缩机室、调压室、计量室不应小于6m，距燃气热水室不应小于12m	现场测量	一处不符合不得分	4

续表 C.1

评价单元	评价内容	评价方法	评分标准	分值
6.2.2 总平面布置	(4) 站内其他设施之间的防火间距应符合现行国家标准《汽车加油加气站设计与施工规范》GB 50156 的相关要求	现场测量	一处不符合不得分	4
6.2.3 站内道路交通	1. 场站入口和出口应分开设置，入口和出口应设置明显的标志	现场检查	入口和出口共用一个敞开空间，但之间无隔离或无标志不得分；入口和出口共用一个敞开空间，但之间有隔离栏杆且有标志扣 3 分；入口和出口分开设置但无标志扣 2 分	4
	2. 供加气车辆进出的道路最小宽度不应小于 3.5m，需要双车会车的车道，最小宽度不应小于 6m，场站内回车场最小尺寸不应小于 12m×12m，车道和回车场应保持畅通，无阻碍消防救援的障碍物	现场检查	道路宽度不足或回车场地尺寸不足扣 1 分；车道或回车场上有障碍物扣 1 分	2
	3. 场站内的停车场地和道路应平整，路面不应采用沥青材质	现场检查	有明显坡度扣 0.5 分；有沥青材质扣 0.5 分	1
	4. 路面上应有清楚的路面标线，如道路边线、中心线、行车方向线等	现场检查	路面无标线或标线不清扣 0.5 分	1
	5. 架空管道或架空建（构）筑物高度宜不低于 5m，最低不得低于 4.5m，架空管道或建（构）筑物上应设有醒目的限高标志	现场检查	架空建（构）筑物高度低于 4.5m 时不得分；在 4.5m～5m 之间时扣 2 分；无限高标志扣 2 分	4
	6. 场站内脱水装置、压缩机、加气机等重要设施和天然气管道应处于不可能有车辆经过的位置，当这些设施 5m 范围内有车辆可能经过时，应设置固定防撞装置	现场检查	一处防撞设施不全不得分	4
	7. 应制定严格的车辆管理制度，除压缩天然气气瓶车外，其他车辆禁止进入场站生产区，如确需进入，必须佩带阻火器	现场检查并查阅车辆管理制度文件	无车辆管理制度不得分；生产区内发现无关车辆且未装阻火器不得分；门卫未配备阻火器，但生产区内无无关车辆扣 1 分	2
6.2.4 气体净化装置	1. 应有脱硫脱水措施，脱硫后的天然气总硫（以硫计）应≤200mg/m³，硫化氢含量应≤15mg/m³，脱水后的天然气二氧化碳含量应≤3%，在 25MPa 下水露点不应高于－13℃，当最低气温低于－8℃时，水露点应比最低气温低 5℃	查阅气质检测制度和气质检测报告	无气质检测制度不得分；不能提供气质检测报告或检测结果不合格不得分	4
	2. 脱硫、脱水装置应运行平稳，无异常声响，无燃气泄漏现象	现场检查	有燃气泄漏现象不得分；一处存在异常情况扣 1 分	4
	3. 脱水、脱硫装置应定期排污，废脱硫剂、硫等危险废物应可靠收集，并应委托专业危险废物处理机构定期收集处理，严禁随意丢弃	现场检查并检查处理台账和排污记录	不能提供排污记录的扣 1 分；不能提供处理台账的扣 1 分	2
	4. 脱硫、脱水装置应定期检验，检验合格后方可继续使用	查阅检验报告	未检不得分	4
6.2.5 加压装置	1. 压缩机前应设有缓冲罐或稳压装置。压缩机的运行应平稳，无异常响声、部件过热、燃气泄漏及异常振动等现象	现场检查	存在燃气泄漏现象不得分；一处不符合要求扣 1 分	4
	2. 压缩天然气加气站应设有备用压缩机组，保证供气的可靠性，备用压缩机组应能良好运行	现场检查	无备用机组或备用机组运转不正常不得分	2
	3. 压缩机排气压力不应大于 25.0 MPa（表压），各级冷却后的排气温度不应超过 40℃	现场检查	排气压力超标不得分；排气温度超标扣 2 分	4
	4. 压缩机的润滑油箱油位应处于正常范围内，供油压力、供油温度和回油温度应符合工艺要求	现场检查	油位不符合扣 0.5 分；供油压力不符合扣 0.5 分；供油温度不符合扣 0.5 分；回油温度不符合扣 0.5 分	2
	5. 压缩机的冷却系统应符合下列要求：	—	—	—
	(1) 采用水冷式压缩机的冷却水应循环使用，冷却水供水压力不应小于 0.15 MPa，供水温度应小于 35℃，水质应定期检测，防止腐蚀引起内漏	现场检查并查阅水质监测报告或循环水更换记录	供水压力不足扣 1 分；供水温度超高扣 1 分；水质未定期检测扣 0.5 分	2

续表 C.1

评价单元	评价内容	评价方法	评分标准	分值
6.2.5 加压装置	(2) 采用风冷式压缩机的进风口应选择空气新鲜处，鼓风机运转正常，风量符合工艺要求	现场检查	进风口选择不当扣1分；风扇运转不正常扣1分；风量不符合扣1分	2
	6. 压缩机进口管道上应设置手动和电动（或气动）控制阀门；出口管道上应设置安全阀、止回阀和手动切断阀；安全阀放散管管口应高出建筑物2m以上，且距地面不应小于5m	现场检查	缺一阀门扣2分；放散管高度不足扣1分	4
	7. 压缩机室（撬箱）内应整洁卫生，无潮湿或腐蚀性环境，无无关杂物堆放	现场检查	所处环境不佳或有无关杂物堆放不得分	1
	8. 应有专门的收集装置收集压缩机冷凝液和废油水，严禁直接排入下水道，收集的压缩机冷凝液和废油水应委托专业危险废物处理机构定期收集处理	现场检查并检查处理台账	无专门收集装置直接排放的不得分；有专门的收集装置但不能提供处理台账的扣0.5分	1
	9. 压缩机设置于室内时，与压缩机连接的管道应采取防振措施，防止对建筑物造成破坏，例如压缩机进出口采用柔性连接、管道穿墙处设置柔性套管等	现场检查	无有效防振措施不得分；振动已造成建筑物损坏不得分	2
	10. 压缩机的缓冲罐、气液分离器等承压容器应定期检验，检验合格后方可继续使用	查阅检验报告	未检不得分	4
6.2.6 加（卸）气	1. 气瓶车和加气车辆应在加气站内指定地点停靠，停靠点应有明显的边界线，车辆停靠后应手闸制动，如有滑动可能时，应采用固定块固定，在加（卸）气作业中严禁移动，加满气的车辆应及时离开，不得在站内长时间逗留	现场检查	无车位标识扣1分；无固定设施扣1分；一处车辆不按规定停靠或停车后有滑动可能性而未采取措施时扣0.5分；一辆加满气的车辆停留时间超过1小时扣1分	2
	2. 应建立气瓶车安全管理档案，严禁给不能提供有效资质和检测报告的气瓶车加（卸）气，汽车加气前应对车辆气瓶质量的有效证明进行检查，发现气瓶为非指定有资质单位安装，或气瓶未定期检验，或检验过期的，一律不允许进行加气作业	检查气瓶车安全管理档案	未建立气瓶车安全管理档案的不得分；检查出一台加气车辆未登记建档的扣1分；检查出一辆汽车加气前未核对气瓶资质和检验信息的扣1分	4

续表 C.1

评价单元	评价内容	评价方法	评分标准	分值
6.2.6 加（卸）气	3. 加（卸）气操作应符合下列要求：	—	—	—
	（1）应建立加（卸）气操作规程，气瓶车加（卸）气前应对气瓶组、加（卸）气机和管道等相关设备、仪表、安全装置和连锁报警进行检查，确认无误后方可进行加（卸）气作业；加（卸）气过程中应密切注意相关仪表参数，发现异常应立即停止加（卸）气；加（卸）气后应检查气瓶、阀门及连接管道，确认无泄漏和异常情况，并完全断开连接后方可允许加（卸）气车辆离开	现场检查操作过程并查阅操作记录	无操作规程，不能提供操作记录或检查出一次违章操作均不得分	2
	（2）应建立加气操作规程，压缩天然气汽车加气过程中应密切注意相关仪表参数，发现异常应立即停止加气；加气后应检查气瓶、阀门及连接管道，确认无泄漏和异常情况，并完全断开连接后方可允许加气车辆离开	现场检查并查阅操作规程	无操作规程或检查出一次违章操作均不得分	2
	4. 加（卸）气柱应设有静电接地栓卡，接地栓上的金属接触部位应无腐蚀现象，接触良好，接地电阻值不得超过100Ω，加（卸）气前气瓶车必须使用静电接地栓良好接地	现场检查，并采用测试仪器测试电阻值	一处无静电接地栓卡扣1分；测试不符合要求扣1分；气瓶车未静电接地扣1分	2
	5. 气瓶车和气瓶组的充装压力，按20℃折算时，不得超过20.0 MPa（表压）	现场检查并计算	超过10%不得分；超过5%不足10%时扣6分；超过5%以内扣3分	8
	6. 不应将瓶内气体全部卸完，卸气后应至少保留有0.05 MPa（表压）的余压，并有相应的记录，防止空气进入	现场检查瓶组压力或检查卸车记录和安全操作规程	不能提供相关记录的扣1分；操作规程中未规定的扣1分；检查出一次现场或记录中气瓶压力不足的扣2分	4
	7. 加（卸）气软管应符合下列要求：	—	—	—
	（1）加（卸）气软管外表应完好无损，有效作用半径不应小于2.5m，气瓶车加（卸）气软管长度不应大于6.0m，软管应定期检查维护，有检查维护记录，达到使用寿命后应及时更换	现场检查，检查维护记录	一处软管不符合要求扣2分；无检查维护记录扣2分	4

续表 C.1

评价单元	评价内容	评价方法	评分标准	分值
6.2.6 加(卸)气	(2) 加气软管上应设有拉断阀	现场检查	一处无拉断阀或拉断阀存在故障不得分	4
	8. 加（卸）气机或柱应符合下列要求：	—	—	—
	(1) 加（卸）气枪应外表完好，扳机操作灵活，加（卸）气嘴应配置自密封阀，卸开连接后应立即自行关闭，由此引发的天然气泄漏量不得大于 $0.01m^3$（标准状态），每台加（卸）气机还应配备有加（卸）气枪和汽车受气口的密封帽	现场检查	存在天然气异常泄漏现象不得分；一只加气枪存在故障扣1分	2
	(2) 加（卸）气机或柱应运行平稳，无异常声响，安全保护装置应经常检查，保证完好有效，并保存检查记录	现场检查并查阅维护保养记录	运行中有异常声响不得分；缺少一种安全保护装置或安全保护装置工作不正常的扣1分，不能提供检查维护记录扣1分	2
6.2.7 储气装置	1. 储气井、储气瓶进出口应设有截止阀、压力表、安全阀、排液装置和紧急放散管等安全装置，安全装置应定期维护保养，保证完好有效	现场检查	少一个安全装置或安全装置存在故障不得分	4
	2. 储气井、储气瓶工作状态良好，无损坏、鼓泡和严重锈蚀迹象，无燃气泄漏	现场检查	有燃气泄漏不得分；一处损坏、鼓泡或严重锈蚀扣2分	4
	3. 储气井、储气瓶应定期检验，检验合格后方可继续使用	查阅检验报告	未检不得分	4
	4. 当选用小容积储气瓶时，应符合下列要求：	—	—	—
	(1) 每组储气瓶总容积不宜大于 $4m^3$，且数量不宜超过60个	现场检查	容积或数量超过均不得分	1
	(2) 小容积储气瓶应固定在独立支架上，且宜卧式存放，并固定牢靠，卧式瓶组限宽为1个储气瓶长度，限高1.6m，限长5.5m，同组储气瓶之间的净距不应小于0.03m，储气瓶组间距不应小于1.5m	现场检查	一处不符合要求扣0.5分	1

表 C.2 压缩天然气供应站设施与操作检查表

评价单元	评价内容	评价方法	评分标准	分值
6.3.1 周边环境	1. 周边道路条件应能满足运输、消防、救护、疏散等要求	现场检查	大型消防车辆无法到达不得分；道路狭窄或路面质量较差但大型消防车辆勉强可以通过扣1分	2
	2. 站内燃气设施与站外建（构）筑物的防火间距应符合下列要求：	—	—	—
	(1) 气瓶车在固定车位总几何容积大于 $18m^3$，或最大储气总容积大于 $4500m^3$ 且小于等于 $30000m^3$ 时，气瓶车固定车位与站外建（构）筑物的防火间距应符合现行国家标准《城镇燃气设计规范》GB 50028的相关要求	现场测量	一处不符合不得分	8
	(2) 气瓶车在固定车位总几何容积不大于 $18m^3$，且最大储气总容积不大于 $4500m^3$ 时，气瓶车固定车位与站外建（构）筑物的防火间距应符合现行国家标准《汽车加油加气站设计与施工规范》GB 50156的相关要求	现场测量	一处不符合不得分	8
	(3) 天然气工艺装置与站外建（构）筑物的防火间距应符合现行国家标准《建筑设计防火规范》GB 50016中甲类厂房的相关要求	现场测量	一处不符合不得分	4
	(4) 采用气瓶组供气的压缩天然气供应站其气瓶组、天然气放散管管口、调压装置与站外建（构）筑物的防火间距应符合现行国家标准《城镇燃气设计规范》GB 50028的相关要求	现场测量	一处不符合不得分	4
	3. 周边应有良好的消防和医疗救护条件	实地测量或图上测量	10km路程内无消防队扣0.5分；10km路程内无医院扣0.5分	1

续表 C.2

评价单元	评价内容	评价方法	评分标准	分值
6.3.2 总平面布置	1. 总平面应分区布置，即分为生产区和辅助区	现场检查	无明显分区不得分	1
	2. 周边应设有非燃烧体围墙，围墙应完整，无破损	现场检查	无围墙不得分；围墙破损扣0.5分	1
	3. 站内燃气设施与站内建（构）筑物之间的防火间距应符合下列要求：	—	—	—
	（1）气瓶车在固定车位总几何容积大于18m³，或最大储气总容积大于4500m³且小于等于30000m³时，气瓶车固定车位与站内建（构）筑物的防火间距应符合现行国家标准《城镇燃气设计规范》GB 50028的相关要求	现场测量	一处不符合不得分	8
	（2）气瓶车在固定车位总几何容积不大于18m³，且最大储气总容积不大于4500m³时，气瓶车固定车位与站内建（构）筑物的防火间距应符合现行国家标准《汽车加油加气站设计与施工规范》GB 50156的相关要求	现场测量	一处不符合不得分	8
	（3）卸气柱宜设在固定车位附近，距固定车位2m～3m，距站内天然气储罐不应小于12m，距围墙不应小于6m，距调压室、计量室不应小于6m，距燃气热水室不应小于12m	现场测量	一处不符合不得分	4
6.3.5 储气瓶组	1. 在保证正常运转的前提下应尽可能减少压缩天然气气瓶的存量，气瓶组最大储气总容积不应大于1000m³，气瓶组总几何容积不应大于4m³	现场检查	气瓶组最大储气总容积超标不得分	4
	2. 气瓶上的漆色、字样应当清晰可见，提手和底座应当牢固、不松动，瓶体应无鼓泡、烧痕或裂纹；气瓶角阀应当密封良好，无漏气现象	现场检查并查阅气瓶检查记录	不能提供气瓶检查记录的扣2分；一只气瓶存在上述情况扣1分	4

续表 C.2

评价单元	评价内容	评价方法	评分标准	分值
6.3.5 储气瓶组	3. 气瓶应按国家有关规定，由具有资质的单位定期进行检验，检验合格后方可继续使用	查阅检验报告，非自有气瓶查验供货方质量证明	一只气瓶未检不得分	8
	4. 气瓶应委托具有危险品运输资质的单位进行运输，运输和搬运时气瓶的瓶帽和防振圈等安全设施应齐全	现场检查并查阅运输协议和运输方资质	运输过程发现无安全设施的不得分；不能提供运输单位资质的扣0.5分；运输协议中无安全责任条款的扣0.5分	1
	5. 站内应设有备用气瓶组，气瓶应固定牢靠，不得在阳光直射的露天存放	现场检查	无备用气瓶组不得分；一处不符合安全使用要求的扣1分	2
6.3.7 供热（热水）装置	1. 热水管道上应设有安全阀	现场检查	未设置安全阀不得分	1
	2. 热水管道和回水管道应设有隔热保温层，保温层应完好无破损，能有效防止热量损失、高温灼烫	现场检查	一处破损或未设置保温层扣0.5分	2
	3. 热水炉的运行应平稳，安全保护功能完好有效，工作参数正常，无异常声响，无热水和燃气泄漏现象	现场检查	有燃气泄漏现象不得分；存在一处故障扣1分	4
	4. 热水泵的转轴外侧应有金属防护罩遮蔽并固定，能有效防止机械伤害事故的发生	现场检查	一处无网罩或网罩破损、未固定扣0.5分	1
	5. 热水系统的补水应采用经离子交换树脂软化后的水，有水质检测设备，并定期进行水质检测，定期更换热水，保证水质干净，防止腐蚀	现场检查并查阅水质检测报告和换水记录	无水处理设备或无水质检测设备扣0.5分；不能提供换水记录的扣0.5分	1

附录D 液化石油气场站设施与操作检查表

表 D.1 液化石油气供应站设施与操作检查表

评价单元	评价内容	评价方法	评分标准	分值
7.2.1 周边环境	1. 场站所处的位置应符合规划要求	查阅当地最新规划文件	不符合不得分	1
	2. 周边道路条件应能满足运输、消防、救护、疏散等要求	现场检查	大型消防车辆无法到达不得分；道路狭窄或路面质量较差但大型消防车辆勉强可以通过扣1分	2

续表 D.1

评价单元	评价内容	评价方法	评分标准	分值
7.2.1 周边环境	3. 周边应地势平坦、开阔、不易积存液化石油气	现场检查	超过 270°方向地势高于场站不得分；180°～270°方向地势高于场站扣 1 分；地势不开阔扣 1 分	2
	4. 站内燃气设施与站外建（构）筑物的防火间距应符合下列要求：	—	—	—
	（1）液化石油气储罐与站外建（构）筑物的防火间距应符合现行国家标准《城镇燃气设计规范》GB 50028 的相关要求	现场测量	一处不符合不得分	8
	（2）露天工艺装置、压缩机间、烃泵房、混气间、气化间等与站外建（构）筑物的防火间距应符合现行国家标准《建筑设计防火规范》GB 50016 中甲类厂房的相关要求	现场测量	一处不符合不得分	4
	（3）灌瓶间和瓶库与站外建（构）筑物的防火间距应符合现行国家标准《建筑设计防火规范》GB 50016 中甲类储存物品仓库的相关要求	现场测量	一处不符合不得分	4
	5. 周边应有良好的消防和医疗救护条件	实地测量或图上测量	10km 路程内无消防队扣 0.5 分；10km 路程内无医院扣 0.5 分	1
7.2.2 总平面布置	1. 总平面应分区布置，即分为生产区和辅助区，铁路槽车装卸区应独立设置，小型液化石油气气化站和混气站（总容积不大于 $50m^3$）生产区和辅助区之间可不设置分区隔墙	现场检查	无分区隔墙不得分； 小型站无明显分区不得分	1
	2. 生产区应设置高度不低于 2m 的非燃烧实体围墙，围墙应完整，无破损	现场检查	无围墙或生产区采用非实体围墙不得分；围墙高度不足或有破损扣 1 分	4
	3. 站内燃气设施与站内建（构）筑物之间的防火间距应符合下列要求：	—	—	—

续表 D.1

评价单元	评价内容	评价方法	评分标准	分值
7.2.2 总平面布置	（1）液化石油气储罐与站内建（构）筑物的防火间距应符合现行国家标准《城镇燃气设计规范》GB 50028 的相关要求	现场测量	一处不符合不得分	8
	（2）灌瓶间和瓶库、气化间和混气间与站内建（构）筑物的防火间距应符合现行国家标准《城镇燃气设计规范》GB 50028 的相关要求	现场测量	一处不符合不得分	8
	（3）液化石油气汽车槽车库与汽车槽车装卸台柱之间的距离不应小于 6m，当邻向装卸台柱一侧的汽车槽车库山墙采用无门、窗洞口的防火墙时，其间距不限	现场测量	不符合不得分	1
	4. 全压力式储罐区的布置应符合下列要求：	—	—	—
	（1）全压力式液化石油气储罐不应少于 2 台（不含残液罐），储罐区管道设计应能满足方便倒罐的操作；地上储罐之间的净距不应小于相邻较大罐的直径；一组储罐的总容积不应超过 $3000m^3$，分组布置时，组与组之间相邻储罐的净距不应小于 20m	现场检查	少于 2 台或不能实现倒罐操作不得分；一处净距不足不得分；总容积超过 $3000m^3$ 时未分组布置扣 2 分	4
	（2）储罐组内储罐宜采用单排布置	现场检查	不符合不得分	1
	（3）球形储罐与防护墙的净距不宜小于其半径，卧式储罐不宜小于其直径，操作侧不宜小于 3.0m	现场测量	不符合不得分	1
	5. 生产区内严禁有地下和半地下建（构）筑物（寒冷地区的地下式消火栓和储罐区的排水管、沟除外）	现场检查	存在地下和半地下建（构）筑物不得分	4

续表 D.1

评价单元	评价内容	评价方法	评分标准	分值
7.2.2 总平面布置	6. 站内严禁种植油性植物，储罐区内严禁绿化，绿化不得侵入铁路线路和道路，绿化不得阻碍消防救援，不得阻碍液化石油气的扩散而造成积聚	现场检查	不符合不得分	2
7.2.3 站内道路交通	1. 生产区和辅助区至少应各设有1个对外出入口，当液化石油气储罐总容积超过1000m³时，生产区应设有2个对外出入口，其间距不应小于50m，对外出入口宽度不应小于4m	现场检查	生产区无对外出入口不得分；辅助区无对外出入口扣2分；当生产区应设两个出入口时，少一个出入口扣2分；两个出入口间距不足扣1分	4
	2. 生产区应设有环形消防车道，消防车道宽度不应小于4m，当储罐总容积小于500m³时，应至少设有尽头式消防车道和面积不应小于12m×12m的回车场，消防车道和回车场应保持畅通，无阻碍消防救援的障碍物	现场检查	应设环形消防车道未设的不得分；设尽头式消防车道的，无回车场或回车场尺寸不足不得分；消防车道宽度不足扣2分；消防车道或回车场上有障碍物扣2分	4
	3. 场站内的停车场地和道路应平整，路面不应采用沥青材质	现场检查	有明显坡度扣0.5分；有沥青材质扣0.5分	1
	4. 路面上应有清楚的路面标线，如道路边线、中心线、行车方向线等	现场检查	路面无标线或标线不清扣0.5分	1
	5. 架空管道或架空建（构）筑物高度宜不低于5m，最低不得低于4.5m，架空管道或建（构）筑物上应设有醒目的限高标志	现场检查	架空建（构）筑物高度低于4.5m时不得分；在4.5m～5m之间时扣2分；无限高标志扣2分	4
	6. 场站内露天设置的压缩机、烃泵、气化器、混合器等重要设施和管道应处于不可能有车辆经过的位置，当这些设施5m范围内有车辆可能经过时，应设置固定防撞装置	现场检查	一处防撞设施不全不得分	4
	7. 应制定严格的车辆管理制度，除液化石油气火车槽车、汽车槽车和专用气瓶运输车辆外，其他车辆禁止进入场站生产区，如确需进入，必须佩带阻火器	现场检查并查阅车辆管理制度文件	无车辆管理制度不得分；生产区内发现无关车辆且未装阻火器不得分；门卫未配备阻火器，但生产区内无无关车辆扣1分	2

续表 D.1

评价单元	评价内容	评价方法	评分标准	分值
7.2.4 液化石油气装卸	1. 进站装卸的液化石油气气质应符合现行国家标准《液化石油气》GB 11174的相关要求	查阅气质检测报告	不能提供气质检测报告或检测结果不合格不得分	2
	2. 槽车应在站内指定地点停靠，停靠点应有明显的边界线，车辆停靠后应手闸制动（汽车槽车）或气闸制动（火车槽车），如有滑动可能时，应采用固定块（汽车槽车）或车挡（火车槽车）固定，在装卸作业中严禁移动，槽车装卸完毕后应及时离开，不得在站内长时间逗留	现场检查	无车位标识扣1分；无固定设施扣1分；一处车辆不按规定停靠或停车后有滑动可能性而未采取措施时扣0.5分；一辆装卸后的槽车停留时间超过1小时扣1分	2
	3. 应建立在本站定点装卸的槽车安全管理档案，具有有效危险物品运输资质且槽罐在检测有效期内的车辆方可允许装卸，严禁给不能提供有效资质和检测报告的槽车装卸	检查槽车安全管理档案	未建立槽车安全管理档案的不得分；检查出一台槽车未登记建档的扣1分	4
	4. 装卸前应对槽罐、装卸软管、阀门、仪表、安全装置和连锁报警等进行检查，确认无误后方可进行装卸作业；装卸过程中应密切注意相关仪表参数，发现异常应立即停止装卸；装卸后应检查槽罐、阀门及连接管道，确认无泄漏和异常情况，并完全断开连接后方可允许槽车离开	现场检查操作过程并查阅操作记录	不能提供操作记录不得分；发现一次违章操作现象扣1分	2
	5. 装卸台应设有静电接地栓卡，接地栓上的金属接触部位应无腐蚀现象，接触良好，接地电阻值不得超过100Ω，装卸前槽罐必须使用静电接地栓良好接地	现场检查，并采用测试仪器测试电阻值	一处无静电接地栓卡或测试不符合要求或槽车未连接扣2分	4
	6. 液化石油气的灌装量必须严格控制，最大允许灌装量应符合现行国家标准《城镇燃气设计规范》GB 50028的相关要求	现场检查、查阅灌装记录	检查出一次超量灌装不得分	8

续表 D.1

评价单元	评价内容	评价方法	评分标准	分值
7.2.4 液化石油气装卸	7. 装卸软管应符合下列要求：	—	—	—
	(1) 装卸软管外表应完好无损，软管应定期检查维护，有检查维护记录，达到使用寿命后应及时更换	现场检查，检查维护记录	一处软管存在破损现象扣2分；无检查维护记录扣2分	4
	(2) 装卸软管上的快装接头与软管之间应设有阀门，阀门的启闭应灵活，无泄漏现象	现场检查	无阀门，有阀门但锈塞或泄漏均不得分	1
	(3) 装卸软管上宜设有拉断阀，保证在软管被外力拉断后两端自行封闭	现场检查	一处无拉断阀或拉断阀存在故障不得分	1
	8. 铁路装卸栈桥上的装卸设施应符合下列要求：	—	—	—
	(1) 铁路装卸栈桥上的平台、楼梯应设有完整的栏杆，栏杆应完好坚固，无严重锈蚀现象	现场检查	一处栏杆缺损或严重锈蚀扣0.5分	2
	(2) 铁路装卸栈桥上的液化石油气装卸鹤管应设有机械吊装设施	现场检查	无机械吊装设施不得分	1
7.2.5 压缩机和烃泵	1. 液化石油气压缩机应采用安全性能较高的无油往复式压缩机，淘汰结构复杂、运行稳定性差的老式压缩机	现场检查	仍在使用老式压缩机不得分	1
	2. 液化石油气供应站应至少设有2台压缩机和2台烃泵，保证生产的可靠性，备用机组应能良好运行	现场检查	无备用设备或备用设备运转不正常不得分	1
	3. 压缩机和烃泵的运行应平稳，无异常响声、部件过热、液化石油气泄漏及异常振动等现象，在用烃泵盘车应灵活	现场检查	存在燃气泄漏现象不得分；一处存在异常情况扣1分	8
	4. 压缩机排气出口管上应设有压力表和安全阀，出口压力和温度符合工艺操作要求，烃泵出口管上应设有压力表和安全回流阀，安全回流阀工作正常	现场检查	一台压缩机出口压力超标扣2分；一台压缩机出口温度超标扣1分；一台烃泵安全回流阀工作不正常扣2分	8

续表 D.1

评价单元	评价内容	评价方法	评分标准	分值
7.2.5 压缩机和烃泵	5. 压缩机和烃泵的润滑油箱油位应处于正常范围内	现场检查	一台设备缺润滑油扣0.5分	1
	6. 烃泵进口管道应设有过滤器，定期检查过滤器前后压差，并及时排污和清洗	现场检查并查阅维护记录	无过滤器或现场压差超标不得分；有过滤器且现场压差符合要求，但无维护记录扣0.5分	1
	7. 压缩机室和烃泵房内应整洁卫生，无潮湿或腐蚀性环境，无无关杂物堆放	现场检查	所处环境不佳或有无关杂物堆放不得分	1
	8. 压缩机和烃泵基座应稳固，无剧烈振动现象，连接管线穿墙处应采用套管，套管内应填充柔性材料，减小对房屋建筑的振动影响	现场检查	无有效防振措施不得分；振动已造成建筑物损坏不得分	2
	9. 压缩机和烃泵的转轴外侧应有金属防护罩遮蔽并固定，能有效防止机械伤害事故的发生，金属防护罩应与接地线连接	现场检查	一处无网罩或网罩破损、未固定扣0.5分；一处未接地扣0.5分	1
	<u>10. 压缩机缓冲罐、气液分离器等应定期检验，检验合格后方可继续使用</u>	查阅检验报告	未检不得分	4
7.2.6 气瓶灌装作业	1. 液化石油气灌装站应至少设有两台灌装秤，并采用自动灌装秤，灌装秤应运行平稳，无异常响声、液化石油气泄漏及异常振动等现象，灌装秤应检定合格并在有效期内	现场检查	存在液化石油气泄漏不得分；一台自动灌装秤存在故障或未定期检测或检测不合格不得分；使用一台手动灌装秤扣1分	4
	<u>2. 灌装前应对液化石油气气瓶进行检查，对非法制造、外表损伤、腐蚀、变形、报废、超过检测周期、新投用而未置换或未抽真空的气瓶应不予灌装</u>	现场检查并查阅操作规程	发现给存在缺陷的气瓶灌装的不得分；未采取信息化技术完全依靠人工检查的扣1分	4
	3. 灌装间应设有残液倒空和回收装置，在气温较低或气质较差时应在灌装前进行倒残作业，保证气瓶内残液量不超标，残液应回收，严禁随意排放	现场检查并查阅操作规程	无倒残装置，无回收装置，无操作规程均不得分	1

续表 D.1

评价单元	评价内容	评价方法	评分标准	分值
7.2.6 气瓶灌装作业	4. 严禁超量灌装，灌装误差应符合现行国家标准《液化石油气瓶充装站安全技术条件》GB 17267 的相关要求，自动化、半自动化灌装和机械化运瓶的灌装作业线上应设有灌装复检装置，采用手动灌装作业的，应设有检斤秤	现场检查并查阅操作规程，同时对已灌装的气瓶进行抽查	无灌装量复检装置或无操作规程的不得分；发现操作人员不进行复检或复检装置存在故障不能正常工作的不得分；检查出一只气瓶超装不得分	8
	5. 灌装作业线上应设置检漏装置或采取检漏措施	现场检查并查阅操作规程，同时对已灌装的气瓶进行抽查	未进行检漏或无操作规程的不得分；检查出一只泄漏气瓶不得分	8
	6. 气瓶传送装置应润滑完好，无卡阻和非正常摩擦现象	现场检查	一处不正常运转扣1分	2
	7. 气瓶的摆放应符合下列要求：	—		—
	（1）灌装间和瓶库内的气瓶应按实瓶区、空瓶区分组布置	现场检查	无实瓶和空瓶区标志或存在混放现象不得分	1
	（2）气瓶摆放时，15kg 和 15kg 以下气瓶不得超过两层，50kg 气瓶应单层摆放	现场检查	摆放不符合要求一处扣1分	2
	（3）实瓶摆放不宜超过6排，并留有不小于800mm 的通道	现场检查	超过 6 排扣 0.5 分；通道宽度不足时扣 0.5 分	1
	8. 灌装间内液化石油气实瓶的量不得超过2天的计算月平均日供应量	现场检查	超过不得分	2
7.2.7 气化和混气装置	1. 液化石油气气化站和混气站应至少设有2套气化器和混合器，备用设备应能良好运行	现场检查	无备用设备或备用设备运转不正常不得分	2
	2. 气化器和混合器的运行应平稳，无异常响声、部件过热、液化石油气泄漏及异常振动等现象	现场检查	存在燃气泄漏现象不得分；一处存在其他异常情况扣1分	4
	3. 气化器和混合器应设有压力表和安全阀；容积式气化器和气液分离器应设有液位计；强制气化气化器应设有温度计	现场检查	缺少一处仪表扣2分	4
	4. 气化器和混合器的工作压力和工作温度应符合设备和工艺操作要求	现场检查	一台设备压力超标扣2分；一台设备温度超标扣1分	4

续表 D.1

评价单元	评价内容	评价方法	评分标准	分值
7.2.7 气化和混气装置	5. 气化器进口管道应设有过滤器，定期检查过滤器前后压差，并及时排污和清洗	现场检查并查阅维护记录	无过滤器或现场压差超标不得分；有过滤器且现场压差符合要求，但无维护记录扣0.5分	1
	6. 应有专门的收集装置收集气化器残液，严禁直接排入下水道，收集的残液应委托专业危险废物处理机构定期收集处理	现场检查并检查处理台账	无专门收集装置直接排放的不得分；有专门的收集装置但不能提供处理台账的扣0.5分	1
	7. 混气装置的出口总管上应设有检测混合气热值的取样管，其热值仪宜与混气装置连锁，并能实时调节其混气比例，液化石油气与空气的混合气体中，液化石油气的体积百分含量必须高于其爆炸上限的2倍	现场检查并查阅分析记录	未设取样管或热值仪均不得分；热值仪未与混气比例调节连锁扣2分；检查出一次热值不符合要求扣2分	4
	8. 使用水作为热媒时，补水应采用经离子交换树脂软化后的水或添加防锈剂，定期进行水质检测，定期更换，保证水质干净，防止腐蚀	现场检查并查阅水质检测报告和换水记录	无水处理设备或无水质检测设备扣0.5分；不能提供换水记录或防锈剂添加记录的扣0.5分	1
	9. 气化间和混气间室内应整洁卫生，无潮湿或腐蚀性环境，无无关杂物堆放	现场检查	所处环境不佳或有无关杂物堆放不得分	1
	10. 容积式气化器应定期检验，检验合格后方可继续使用	查阅检验报告	未检不得分	4
7.2.8 储罐	1. 储罐罐体应完好无损，无变形裂缝现象，无严重锈蚀现象，无漏气现象	现场检查	有漏气现象不得分；严重锈蚀扣6分；锈蚀较重扣4分；轻微锈蚀扣2分	8
	2. 储罐应设有压力表和温度计，最高工作压力不应超过1.6 MPa，最高工作温度不应超过40℃	现场检查	一台储罐压力超标不得分；一台储罐温度超标扣4分	8
	3. 储罐容积大于或等于 $50m^3$ 时，液相出口管和气相管必须设有紧急切断阀，紧急切断阀应操作方便，动作迅速，关闭紧密	现场检查	缺少一只紧急切断阀不得分；一只紧急切断阀存在关闭故障扣2分	4
	4. 储罐排污管应设有两道阀门，两道阀门间应有短管连接；寒冷地区应采用防冻阀门或采取防冻措施；排污管应有管线固定装置，排污时不会产生剧烈晃动	现场检查	缺少一道阀门不得分；寒冷地区无防冻措施不得分；排污管无固定装置扣1分	2

续表 D.1

评价单元	评价内容	评价方法	评分标准	分值
7.2.8 储罐	5. 储罐底部宜加装注胶卡具或加装高压注水连接装置，注胶或注水系统启动迅速，密封效果良好，寒冷地区的注水系统应采取防冻措施	现场检查	无注胶或注水装置不得分；一只储罐注胶或注水装置存在故障扣1分	2
	6. 埋地储罐外表面应有完好的防腐层，应定期检测防腐层和阴极保护装置，未采用阴极保护的储罐每年至少检测两次防腐层	查阅防腐层和阴极保护检测报告	未检测或检测过期不得分；存在一处防腐层破损点或阴极保护失效区扣1分	2
	7. 地上储罐基础应稳固，每年应检测储罐基础沉降情况，沉降值应符合安全要求，不得有异常沉降或由于沉降造成管线受损的现象	现场检查并查阅沉降监测报告	未定期检测沉降不得分；有异常沉降但未进行处理不得分	1
	8. 地上储罐宜设有联合钢梯平台，钢梯平台应能方便到达每一个储罐，平台和斜梯应稳固，栏杆应完好无损，无严重锈蚀现象	现场检查	一只储罐未设钢梯平台扣0.5分；一处平台或斜梯不稳固扣0.5分；一处无栏杆或严重锈蚀扣0.5分	1
	9. 储罐组四周应设有不燃烧体实体防液堤（全压力式高度为1m），防液堤应完好无损，堤内无积水和杂物，防液堤内的水封井应保持正常的水位	现场检查	无防液堤不得分；防液堤高度不足扣2分；一处破损扣1分；有积水或杂物扣1分；水封井水位不正常扣1分	4
	10. 储罐第一道管法兰密封面，应采用高颈对焊法兰、带加强环的金属缠绕垫片和专用级高强度螺栓组合，管道的焊接、法兰等连接部位应密封完好，无液化石油气泄漏现象	现场检查	存在泄漏现象不得分；一处储罐第一道管法兰的法兰、垫片和紧固件选用不当扣2分	4
	11. 地上式储罐应设有完好的水喷淋系统，喷淋水应能基本覆盖所有储罐外表面	现场检查	无水喷淋系统不得分；一只储罐不能被水喷淋覆盖扣1分	2
	12. 储罐应定期检验，检验合格后方可继续使用	查阅检验报告	未检不得分	4

表 D.2 液化石油气瓶组气化站设施与操作检查表

评价单元	评价内容	评价方法	评分标准	分值
7.3.1 总图布置	1. 应设置于用气区域的边缘，周边应地势平坦、开阔、不易积存液化石油气	现场检查	超过270°方向地势高于场站不得分；180°～270°方向地势高于场站扣1分；地势不开阔扣1分	2
	2. 当气瓶的总容积超过1m³时，液化石油气瓶组气化站瓶组间和气化间（或露天气化器）与建（构）筑物的防火间距应符合现行国家标准《城镇燃气设计规范》GB 50028 的相关要求	现场测量	一处不符合不得分	8
	3. 四周宜设有围墙，其底部应有不低于0.6m的实体部分，围墙应完好，无破损	现场检查	无围墙不得分；全部为非实体围墙或实体高度不足、有破损扣1分	2
	4. 周边的道路条件应能满足气瓶运输、消防等要求，消防车道应保持畅通，无阻碍消防救援的障碍物	现场检查	消防车无法进入或有障碍物的不得分；仅能容一辆车进入时扣1分	2
7.3.2 瓶组间与气化间	1. 瓶组间的气瓶存放量应符合下列要求：			
	（1）气瓶组气瓶的配置数量应符合设计要求，不得超量存放气瓶	现场检查	超量存放不得分	1
	（2）气瓶组总容积不应大于4m³；当瓶组间与其他建筑物毗连时，气瓶的总容积应小于1m³	现场检查	超过不得分	4
	2. 建筑结构应符合下列防火要求：	—	—	—
	（1）不得设置在地下和半地下室内	现场检查	设置在地下或半地下建筑内不得分	4
	（2）房间内应整洁，无潮湿或腐蚀性环境，不得有无关物品堆放	现场检查	所处环境不佳或有无关杂物堆放不得分	1
	（3）与其他房间毗邻时，应为单层专用房间，相邻墙壁应为无门、窗洞口的防火墙；应设有直通室外的出口	现场检查	不符合不得分	4
	（4）独立瓶组间高度不应低于2.2m	现场测量	不符合不得分	4
	3. 瓶组间和气化间内温度不应高于45℃，气化间内温度不应低于0℃	现场测量并查阅巡检记录	超过温度不得分；无巡检温度记录扣2分	4

表 D.3 瓶装液化石油气供应站设施与操作检查表

评价单元	评价内容	评价方法	评分标准	分值
7.4.1 总图布置	1. 瓶库与其他建（构）筑物的防火间距应符合下列要求：	—	—	—
	（1）Ⅰ、Ⅱ级瓶装供应站的瓶库与站外建（构）筑物的防火间距应符合现行国家标准《城镇燃气设计规范》GB 50028 的相关要求	现场测量	一处不符合不得分	8
	（2）Ⅰ级瓶装供应站的瓶库与修理间或生活、办公用房的防火间距不应小于 10m	现场测量	一处不符合不得分	4
	（3）管理室不得与瓶库实瓶区毗连	现场检查	不符合不得分	1
	（4）Ⅲ级供应站相邻房间应无明火或火花散发	现场检查	不符合不得分	4
	（5）Ⅲ级供应站与道路的防火间距应符合Ⅱ级供应站与道路的防火间距要求	现场测量	不符合不得分	1
	2. 围墙设置应符合下列要求：	—	—	—
	（1）Ⅰ级瓶装供应站出入口一侧应设有高度不低于 2m 的不燃烧体围墙，其底部实体部分高度不低于 0.6m，其余各侧应设置高度不低于 2m 的不燃烧实体围墙	现场检查	无围墙不得分；全部为非实体围墙或实体高度不足、有破损扣 1 分	2
	（2）Ⅱ级瓶装供应站的四周宜设有不燃烧体围墙，其底部实体部分高度不低于 0.6m	现场检查	无围墙不得分；全部为非实体围墙或实体高度不足、有破损扣 1 分	2
	3. 周边的道路条件应能满足气瓶运输、消防等要求，消防车道应保持畅通，无阻碍消防救援的障碍物	现场检查	消防车无法进入或有障碍物的不得分；仅能容一辆车进入时扣 1 分	2
7.4.2 瓶库	1. 瓶库的气瓶存放量应符合下列要求：	—	—	—
	（1）实瓶数量不得超过瓶库的设计等级	现场检查	超过不得分	1
	（2）当瓶库实瓶区与营业室毗连时，气瓶的总容积不应超过 $6m^3$	现场检查	超过不得分	1
	（3）当瓶库与其他建筑物毗连时，气瓶的总容积不应超过 $1m^3$	现场检查	超过不得分	1

续表 D.3

评价单元	评价内容	评价方法	评分标准	分值
7.4.2 瓶库	2. 建筑结构应符合下列防火要求：	—	—	—
	<u>（1）不得设置在地下和半地下室内</u>	现场检查	设置在地下或半地下建筑内不得分	4
	（2）房间内应整洁，无潮湿或腐蚀性环境，不得有无关物品堆放	现场检查	所处环境不佳或有无关杂物堆放不得分	1
	（3）瓶库与其他房间毗邻时，应为单层专用房间，相邻墙壁应为无门、窗洞口的防火墙	现场检查	不符合不得分	1
	（4）应设有直通室外的出口	现场检查	无直通室外的出口不得分	1
	3. 瓶库内温度不应高于 45℃	现场测量并查阅巡检记录	超过温度不得分；无巡检温度记录扣 0.5 分	1
	4. 气瓶的摆放应符合下列要求：	—	—	—
	（1）瓶库内的气瓶应按实瓶区、空瓶区分组布置	现场检查	无实瓶和空瓶区标志或存在混放现象不得分	1
	（2）气瓶摆放时，15kg 和 15kg 以下气瓶不得超过两层，50kg 气瓶应单层摆放	现场检查	摆放不符合要求一处扣 1 分	2
	（3）实瓶摆放不宜超过 6 排，并留有不小于 800mm 的通道	现场检查	超过 6 排扣 0.5 分；通道宽度不足时扣 0.5 分	1

表 D.4 液化石油气汽车加气站设施与操作检查表

评价单元	评价内容	评价方法	评分标准	分值
7.5.1 周边环境	1. 场站所处的位置应符合规划要求	查阅当地最新规划文件	不符合不得分	1
	2. 周边道路条件应能满足运输、消防、救护、疏散等要求	现场检查	大型消防车辆无法到达不得分；道路狭窄或路面质量较差但大型消防车辆勉强可以通过扣 1 分	2
	3. 场站规模与所处环境应符合下列要求：	—	—	—
	<u>（1）非城市建成区内的液化石油气加气站，液化石油气储罐总容积不应大于 $60m^3$，单罐容积不应大于 $30m^3$</u>	现场检查并查阅当地规划	超过不得分	4
	<u>（2）城市建成区内的液化石油气加气站，液化石油气储罐总容积不应大于 $45m^3$，单罐容积不应大于 $30m^3$</u>	现场检查并查阅当地规划	超过不得分	4

续表 D.4

评价单元	评价内容	评价方法	评分标准	分值
7.5.1 周边环境	(3) 城市建成区内的加油和液化石油气加气合建站，液化石油气储罐总容积不应大于 $30m^3$	现场检查并查阅当地规划	超过不得分	4
	4. 周边应地势平坦、开阔、不易积存液化石油气	现场检查	超过 270°方向地势高于场站不得分；180°~270°方向地势高于场站扣 1 分；地势不开阔扣 1 分	2
	5. 站内燃气设施与站外建（构）筑物的防火间距应符合下列要求：	—	—	—
	(1) 液化石油气储罐与站外建（构）筑物的防火间距应符合现行国家标准《汽车加油加气站设计与施工规范》GB 50156 的相关要求	现场测量	一处不符合不得分	8
	(2) 液化石油气卸车点、放散管管口、加气机与站外建（构）筑物的防火间距应符合现行国家标准《汽车加油加气站设计与施工规范》GB 50156 的相关要求	现场测量	一处不符合不得分	4
	(3) 液化石油气汽车加气站站房内不得设有住宿、餐饮和娱乐等经营性场所	现场检查	发现设有上述经营性场所不得分	2
	6. 周边应有良好的消防和医疗救护条件	实地测量或图上测量	10km 路程内无消防队扣 0.5 分；10km 路程内无医院扣 0.5 分	1
	7. 环境噪声应符合现行国家标准《工业企业厂界环境噪声排放标准》GB 12348 的相关要求	现场测量或查阅环境检测报告	超标不得分	1
7.5.2 总平面布置	1. 总平面应分区布置，即分为工艺装置区和加气区	现场检查	无明显分区不得分	1
	2. 周边应设置围墙，围墙的设置应符合现行国家标准《汽车加油加气站设计与施工规范》GB 50156 的相关要求，围墙应完整，无破损	现场检查	无围墙不得分；围墙高度不足或破损扣 2 分	4

续表 D.4

评价单元	评价内容	评价方法	评分标准	分值
7.5.2 总平面布置	3. 站内设施之间的防火间距应符合现行国家标准《汽车加油加气站设计与施工规范》GB 50156 的相关要求	现场测量	一处不符合不得分	8
	4. 储罐的布置应符合下列要求：	—	—	—
	(1) 地上储罐之间的净距不应小于相邻较大罐的直径，埋地储罐之间的净距不应小于 2m	现场测量或查阅设计资料	不符合不得分	1
	(2) 储罐应单排布置，埋地储罐之间应采用防渗混凝土墙隔开	现场检查或查阅设计资料	不符合不得分	0.5
	(3) 地上储罐与防液堤的净距不应小于 2m，埋地储罐与罐池内壁的净距不应小于 1m	现场测量或查阅设计资料	不符合不得分	0.5
	5. 站内不得有地下和半地下室	现场检查	站内有地下或半地下室不得分	4
	6. 站内不应采用暗沟排水	现场检查	不符合不得分	2
	7. 站内严禁种植油性植物，储罐区内严禁绿化，绿化不得侵入道路，绿化不得阻碍消防救援，不得阻碍液化石油气的扩散而造成积聚	现场检查	不符合不得分	4
7.5.3 站内道路交通	1. 场站入口和出口应分开设置，入口和出口应设置明显的标志	现场检查	入口和出口共用一个敞开空间，但之间无隔离或无标志不得分；入口和出口共用一个敞开空间，但之间有隔离栏杆且有标志扣 3 分；入口和出口分开设置但无标志扣 2 分	4
	2. 供加气车辆进出的道路最小宽度不应小于 3.5m，需要双车会车的车道，最小宽度不应小于 6m，场站内回车场最小尺寸不应小于 12m×12m，车道和回车场应保持畅通，无阻碍消防救援的障碍物	现场检查	道路宽度不足或回车场地尺寸不足扣 1 分；车道或回车场上有障碍物扣 1 分	2
	3. 场站内的停车场地和道路应平整，路面不应采用沥青材质	现场检查	有明显坡度扣 0.5 分；有沥青材质扣 0.5 分	1

续表 D.4

评价单元	评价内容	评价方法	评分标准	分值
7.5.3 站内道路交通	4. 路面上应有清楚的路面标线，如道路边线、中心线、行车方向线等	现场检查	路面无标线或标线不清扣0.5分	1
	5. 架空管道或架空建（构）筑物高度宜不低于5m，最低不得低于4.5m，架空管道或建（构）筑物上应设有醒目的限高标志	现场检查	架空建（构）筑物高度低于4.5m时不得分；在4.5m～5m之间时扣2分；无限高标志扣2分	4
	6. 场站内露天设置的压缩机、烃泵、加气机等重要设施和液化石油气管道应处于不可能有车辆经过的位置，当这些设施5m范围内有车辆可能经过时，应设置固定防撞装置	现场检查	一处防撞设施不全不得分	4
	7. 应制定严格的车辆管理制度，除液化石油气槽车，其他车辆禁止进入场站生产区，如确需进入，必须佩带阻火器	现场检查并查阅车辆管理制度文件	无车辆管理制度不得分；生产区内发现无关车辆且未装阻火器不得分；门卫未配备阻火器，但生产区内无无关车辆扣1分	2
7.5.4 液化石油气装卸	1. 进站装卸的液化石油气气质应符合现行国家标准《车用液化石油气》GB 19159的相关要求	查阅气质检测报告	不能提供气质检测报告或检测结果不合格不得分	2
	2. 槽车应在站内指定地点停靠，停靠点应有明显的边界线，车辆停靠后应手闸制动，如有滑动可能时，应采用固定块固定，在装卸作业中严禁移动，槽车装卸完毕后应及时离开，不得在站内长时间逗留	现场检查	无车位标识扣1分；无固定设施扣1分；一处车辆不按规定停靠或停车后有滑动可能性而未采取措施时扣0.5分；一辆装卸后的槽车停留时间超过1小时扣1分	2
	3. 应建立在本站定点装卸的槽车安全管理档案，具有有效危险物品运输资质且槽罐在检测有效期内的车辆方可允许装卸，严禁给不能提供有效资质和检测报告的槽车装卸	检查槽车安全管理档案	未建立槽车安全管理档案的不得分；检查出一台槽车未登记建档的扣1分	4
	4. 装卸前应对槽罐、装卸软管、阀门、仪表、安全装置和连锁报警等进行检查，确认无误后方可进行装卸作业；装卸过程中应密切注意相关仪表参数，发现异常应立即停止装卸；装卸后应检查槽罐、阀门及连接管道，确认无泄漏和异常情况，并完全断开连接后方可允许槽车离开	现场检查操作过程并查阅操作记录	不能提供操作记录不得分；发现一次违章操作现象扣1分	2

续表 D.4

评价单元	评价内容	评价方法	评分标准	分值
7.5.4 液化石油气装卸	5. 装卸台应设有静电接地栓卡，接地栓上的金属接触部位应无腐蚀现象，接触良好，接地电阻值不得超过100Ω，装卸前槽罐必须使用静电接地栓良好接地	现场检查，并采用测试仪器测试电阻值	一处无静电接地栓卡扣2分；槽车未连接扣2分；测试的电阻值不合格扣2分	4
	6. 储罐的灌装量必须严格控制，最大允许灌装量应符合现行国家标准《城镇燃气设计规范》GB 50028的相关要求	现场检查或检查灌装记录	检查出一次超量灌装不得分	8
	7. 装卸软管应符合下列要求：	—	—	—
	（1）装卸软管外表应完好无损，软管应定期检查维护，有检查维护记录，达到使用寿命后应及时更换	现场检查，检查维护记录	一处软管存在破损现象扣2分；无检查维护记录扣2分	4
	（2）装卸软管上的快装接头与软管之间应设有阀门，阀门的启闭应灵活，无泄漏现象	现场检查	无阀门不得分；有阀门但锈塞或泄漏扣0.5分	1
	（3）装卸软管上应设有拉断阀，保证在软管被外力拉断后两端自行封闭	现场检查	一处无拉断阀或拉断阀存在故障不得分	4
7.5.6 加气	1. 加气车辆应在加气站内指定地点停靠，停靠点应有明显的边界线，车辆停靠后应手闸制动，如有滑动可能时，应采用固定块固定，在加气作业中严禁移动，加满气的车辆应及时离开，不得在站内长时间逗留	现场检查	无车位标识扣1分；无固定设施扣1分；一处车辆不按规定停靠或停车后有滑动可能性而未采取措施时扣0.5分；一辆加满气的车辆停留时间超过1小时扣1分	2
	2. 加气前应对液化石油气气瓶进行检查，对非法制造、外表损伤、腐蚀、变形、报废、超过检测周期、新投用而未置换或未抽真空的气瓶应不予灌装	现场检查并查阅操作规程	发现给存在缺陷的气瓶灌装的不得分；未采取信息化技术完全依靠人工检查的扣1分	4
	3. 应建立加气操作规程，加气过程中应密切注意相关仪表参数，发现异常应立即停止加气；加气后应检查气瓶、阀门及连接管道，确认无泄漏和异常情况，并完全断开连接后方可允许加气车辆离开	现场检查并查阅操作规程	无操作规程或检查出一次违章操作均不得分	2

续表 D.4

评价单元	评价内容	评价方法	评分标准	分值
7.5.6 加气	4. 加气软管应符合下列要求：	—	—	—
	(1) 加气软管外表应完好无损，软管应定期检查维护，有检查维护记录，达到使用寿命后应及时更换	现场检查，检查维护记录	一处软管存在破损现象扣2分；无检查维护记录扣2分	4
	(2) 加气软管上应设有拉断阀，保证在软管被外力拉断后两端自行封闭，拉断阀的分离拉力范围宜为400N～600N	现场检查	一处无拉断阀或拉断阀存在故障不得分	4
	5. 加气机应符合下列要求：	—	—	—
	(1) 加气枪应外表完好，扳机操作灵活，加气嘴应配置自密封阀，卸开连接后应立即自行关闭，由此引发的液化石油气泄漏量不应大于5mL，每台加气机还应配备有加气枪和汽车受气口的密封帽	现场检查	存在液化石油气异常泄漏现象不得分；一只加气枪存在故障扣1分	2
	(2) 加气机应运行平稳，无异常声响，安全保护装置应经常检查，保证完好有效，并保存检查记录	现场检查并查阅维护保养记录	缺少一种安全保护装置或安全保护装置工作不正常的扣1分；不能提供安全保护装置的检查维护记录扣1分	2
7.5.7 储罐	1. 储罐罐体应完好无损，无变形裂缝现象，无严重锈蚀现象，无漏气现象	现场检查	有漏气现象不得分；严重锈蚀扣6分；锈蚀较重扣4分；轻微锈蚀扣2分	8
	2. 储罐最高工作压力不应超过1.6MPa，最高工作温度不应超过40℃	现场检查	一台储罐压力超标不得分；一台储罐温度超标扣4分	8
	3. 储罐的出液管道和连接槽车的液相管道应设有紧急切断阀，紧急切断阀应操作方便，动作迅速，关闭紧密	现场检查	缺少一只紧急切断阀扣2分；一只紧急切断阀存在关闭故障扣1分	4
	4. 储罐排污管上应设两道切断阀，阀间宜设排污箱；寒冷地区应采用防冻阀门或采取防冻措施；排污管应有管线固定装置，排污时不会产生剧烈晃动	现场检查	缺少一道切断阀不得分；寒冷地区无防冻措施不得分；未设排污箱扣2分；排污管无固定装置扣2分	4
	5. 埋地储罐外表面应采用最高级别防腐绝缘保护层，并采取阴极保护措施，防腐层和阴极保护装置应定期检测，保持完好	查阅防腐层和阴极保护检测报告	未检测或检测过期不得分；存在一处防腐层破损点或阴极保护失效区扣2分	4

续表 D.4

评价单元	评价内容	评价方法	评分标准	分值
7.5.7 储罐	6. 地上储罐基础应稳固，每年应检测储罐基础沉降情况，沉降值应符合安全要求，不得有异常沉降或由于沉降造成管线受损的现象	现场检查并查阅沉降监测报告	未定期检测沉降不得分；有异常沉降但未进行处理不得分	1
	7. 加油加气合建站和城市建成区内的加气站，液化石油气储罐应埋地设置，且不宜布置在车行道下	现场检查	未埋地设置不得分；布置在车行道下扣2分	4
	8. 储罐组四周应设有高度为1m的不燃烧体实体防液堤，防液堤应完好无损，堤内无积水和杂物，防液堤内的水封井应保持正常的水位	现场检查	无防液堤不得分；防液堤高度不足扣1分；一处破损扣0.5分；有积水或杂物扣1分；水封井水位不正常扣0.5分	4
	9. 地上式储罐应设有完好的水喷淋系统，喷淋水应能基本覆盖所有储罐外表面	现场检查	无水喷淋系统不得分；一只储罐不能被水喷淋覆盖扣1分	2
	10. 储罐应定期检验，检验合格后方可继续使用	查阅检验报告	未检不得分	4
7.5.12 消防与安全设施	1. 工艺装置区应通风良好	现场检查	达不到标准不得分	2
	2. 应设置完善的安全警示标志	现场检查	一处未设置安全警示标志扣0.5分	2
	3. 消防供水设施应符合下列要求：	—	—	—
	(1) 应根据储罐容积、表面积和补水能力按照现行国家标准《汽车加油加气站设计与施工规范》GB 50156的相关要求核算消防用水量，当补水能力不能满足消防用水量时，应设置适当容量的消防水池和消防泵房	现场检查并核算	补水能力不足且未设消防水池不得分；设有消防水池但储水量不足扣2分	4
	(2) 消防水池的水质应良好，无腐蚀性，无漂浮物和油污	现场检查	有油污不得分；有漂浮物扣0.5分	1
	(3) 消防泵房内应清洁干净，无杂物和易燃物品堆放	现场检查	不清洁或有杂物堆放不得分	1
	(4) 消防泵和喷淋泵应运行良好，无异常振动和异响，无漏水现象	现场检查	一台泵存在故障扣0.5分	2
	(5) 消防供水装置无遮蔽或阻塞现象，站内消火栓水阀应能正常开启，消防水管、水枪和扳手等器材应齐全完好，无挪用现象	现场检查	一台消火栓水阀不能正常开启扣1分；缺少或遗失一件消防供水器材扣0.5分	2

续表 D.4

评价单元	评价内容	评价方法	评分标准	分值
7.5.12 消防与安全设施	4. 工艺装置区、储罐区等应按现行国家标准《汽车加油加气站设计与施工规范》GB 50156 的相关要求设置灭火器，灭火器不得埋压、圈占和挪用，灭火器应按现行国家标准《建筑灭火器配置验收及检查规范》GB 50444 的相关要求定期进行检查、维修，并按规定年限报废	现场检查，查阅灭火器的检查和维修记录	一处灭火器材设置不符合要求扣 1 分；一只灭火器缺少检查和维修记录扣 0.5 分	4
	5. 爆炸危险区域的电力装置应符合现行国家标准《爆炸和火灾危险环境电力装置设计规范》GB 50058 的相关要求	现场检查	只要有一处不合格不得分	4
	6. 建（构）筑物应按现行国家标准《建筑物防雷设计规范》GB 50057 的相关要求设置防雷装置并采取防雷措施，防雷装置应当每半年由具有资质的单位检测一次，保证完好有效	现场检查并查阅防雷装置检测报告	未设置防雷装置不得分；防雷装置未检测不得分；一处防雷检测不符合要求扣 2 分	4
	7. 应配备必要的应急救援器材，各种应急救援器材应定期检查，保证完好有效	现场检查	缺少一样应急救援器材扣 0.5 分	2

附录 E 液化天然气场站设施与操作检查表

表 E.1 液化天然气气化站和调峰液化站设施与操作检查表

评价单元	评价内容	评价方法	评分标准	分值
8.2.1 周边环境	1. 场站所处的位置应符合规划要求	查阅当地最新规划文件	不符合不得分	1
	2. 周边道路条件应能满足运输、消防、救护、疏散等要求	现场检查	大型消防车辆无法到达不得分；道路狭窄或路面质量较差但大型消防车辆勉强可以通过扣 1 分	2
	3. 站内燃气设施与站外建（构）筑物的防火间距应符合下列要求：	—	—	—

续表 E.1

评价单元	评价内容	评价方法	评分标准	分值
8.2.1 周边环境	（1）液化天然气储罐总容积不大于 2000m³ 时，储罐和集中放散装置的天然气放散总管与站外建（构）筑物的防火间距应符合现行国家标准《城镇燃气设计规范》GB 50028 的相关要求；露天或室内天然气工艺装置与站外建（构）筑物的防火间距应符合现行国家标准《建筑设计防火规范》GB 50016 中甲类厂房的相关要求	现场测量	一处不符合不得分	8
	（2）液化天然气储罐总容积大于 2000m³ 时，储罐和其他建（构）筑物与站外建（构）筑物的防火间距应符合现行国家标准《石油天然气工程设计防火规范》GB 50183 的相关要求	现场测量	一处不符合不得分	8
	4. 周边应有良好的消防和医疗救护条件	实地测量或图上测量	10km 路程内无消防队扣 0.5 分；10km 路程内无医院扣 0.5 分	1
8.2.2 总平面布置	1. 总平面应分区布置，即分为生产区和辅助区	现场检查	无明显分区不得分	1
	2. 生产区周边应设置高度不低于 2m 的非燃烧实体围墙，围墙应完好，无破损	现场检查	无围墙或生产区采用非实体围墙不得分；围墙高度不足或有破损扣 1 分	2
	3. 站内燃气设施与站内建（构）筑物的防火间距应符合下列要求：	—	—	—
	（1）液化天然气储罐总容积不大于 2000m³ 时，储罐和集中放散装置的天然气放散总管与站内建（构）筑物的防火间距应符合现行国家标准《城镇燃气设计规范》GB 50028 的相关要求；露天或室内天然气工艺装置与站内建（构）筑物的防火间距应符合现行国家标准《建筑设计防火规范》GB 50016 中甲类厂房的相关要求	现场测量	一处不符合不得分	8

续表 E.1

评价单元	评价内容	评价方法	评分标准	分值
8.2.2 总平面布置	（2）液化天然气储罐总容积大于 $2000m^3$ 时，储罐和其他建（构）筑物之间的防火间距应符合相关设计文件要求	现场测量或查阅设计文件	一处不符合不得分	8
	4. 储罐之间的净距不应小于相邻储罐直径之和的 1/4，且不小于 1.5m；一组储罐的总容积不应超过 $3000m^3$；储罐区内不得布置其他可燃液体储罐和液化天然气气瓶灌装口；储罐组内储罐不应超过两排	现场检查并测量	不符合不得分	4
	5. 站内严禁种植油性植物，储罐区内严禁绿化，绿化不得侵入道路，绿化不得阻碍消防救援	现场检查	不符合不得分	2
8.2.3 站内道路交通	1. 生产区和辅助区应至少设有 1 个对外出入口，当液化天然气储罐总容积超过 $1000m^3$ 时，生产区应设有 2 个对外出入口，其间距不应小于 30m	现场检查	生产区无对外出入口不得分；辅助区无对外出入口扣 2 分；当生产区应设两个出入口时，少一个出入口扣 2 分；两个出入口间距不足扣 1 分	4
	2. 生产区应设有环形消防车道，消防车道宽度不应小于 3.5m，当储罐总容积小于 $500m^3$ 时，应至少设有尽头式消防车道和面积不小于 12m × 12m 的回车场，消防车道和回车场应保持畅通，无阻碍消防救援的障碍物	现场检查	应设环形消防车道未设的不得分；设尽头式消防车道的，无回车场或回车场尺寸不足不得分；消防车道宽度不足扣 2 分；消防车道或回车场上有障碍物扣 2 分	4
	3. 场站内的停车场地和道路应平整，路面不应采用沥青材质	现场检查	有明显坡度扣 0.5 分；有沥青材质扣 0.5 分	1
	4. 路面上应有清楚的路面标线，如道路边线、中心线、行车方向线等	现场检查	路面无标线或标线不清扣 0.5 分	1
	5. 架空管道或架空建（构）筑物高度宜不低于 5m，最低不得低于 4.5m，架空管道或建（构）筑物上应设有醒目的限高标志	现场检查	架空建（构）筑物高度低于 4.5m 时不得分；在 4.5m～5m 之间时扣 2 分；无限高标志扣 2 分	4

续表 E.1

评价单元	评价内容	评价方法	评分标准	分值
8.2.3 站内道路交通	6. 场站内露天设置的气化器、低温泵、调压器等重要设施和管道应处于不可能有车辆经过的位置，当这些设施 5m 范围内有车辆可能经过时，应设置固定防撞装置	现场检查	一处防撞设施不全不得分	4
	7. 应制定严格的车辆管理制度，除液化天然气槽车和专用气瓶运输车辆外，其他车辆禁止进入场站生产区，如确需进入，必须佩带阻火器	现场检查并查阅车辆管理制度文件	无车辆管理制度不得分；生产区内发现无关车辆且未装阻火器不得分；门卫未配备阻火器，但生产区内无无关车辆扣 1 分	2
8.2.4 气体净化装置	1. 应有能保证净化后天然气气质的措施，净化后的天然气总硫（以硫计）应≤$30mg/m^3$，硫化氢含量应≤$5mg/m^3$，二氧化碳含量应≤0.1%，氧含量应≤0.01%，氮含量应≤1%，C5＋烷烃含量应≤0.5%，C4 烷烃含量应≤2.0%，无游离水	查阅气质检测报告	不能提供气质检测报告或检测结果不合格不得分	2
	2. 气体净化装置应运行平稳，无异常声响，无燃气泄漏现象	现场检查	有燃气泄漏现象不得分；一处存在异常情况扣 1 分	4
	3. 气体净化装置应定期排污，产生的冷凝水、硫、废脱硫剂、废脱水剂等危险废物应可靠收集，并应委托专业危险废物处理机构定期收集处理，严禁随意丢弃	现场检查并检查处理台账和排污记录	不能提供排污记录的扣 0.5 分；不能提供处理台账的扣 0.5 分	1
	4. 气体净化装置应定期检验，检验合格后方可继续使用	查阅检验报告	未检不得分	4
8.2.5 压缩机和膨胀机	1. 压缩机和膨胀机的运行应平稳，无异常响声、部件过热、制冷剂和燃气泄漏及异常振动等现象	现场检查	存在制冷剂和燃气泄漏现象不得分；一处存在异常情况扣 1 分	8
	2. 调峰液化站应设有备用压缩机组和膨胀机，备用压缩机组和膨胀机应能良好运行	现场检查	无备用机组或备用机组运转不正常不得分	1
	3. 压缩机排气压力和排气温度应符合设备和工艺操作要求	现场检查	排气压力超标扣 6 分；排气温度超标扣 2 分	8

续表 E.1

评价单元	评价内容	评价方法	评分标准	分值
8.2.5 压缩机和膨胀机	4. 压缩机和膨胀机的润滑油箱油位应处于正常范围内，供油压力、供油温度和回油温度应符合工艺要求	现场检查	油位不符合扣0.5分；供油压力不符合扣0.5分；供油温度不符合扣0.5分；回油温度不符合扣0.5分	2
	5. 压缩机的冷却系统应符合下列要求：	—	—	—
	(1) 采用水冷式压缩机的冷却水应循环使用，冷却水供水压力不应小于0.15MPa，供水温度应小于于35℃，水质应定期检测并更换，防止腐蚀引起内漏	检查现场仪表显示读数并检查水质监测报告或循环水更换记录	供水压力不足扣1分；供水温度超高扣1分；水质未定期更换扣0.5分	2
	(2) 采用风冷式压缩机的进风口应选择空气新鲜处，鼓风机运转正常，风量符合工艺要求	现场检查	进风口选择不当扣1分；风扇运转不正常或风量不正常扣1分	2
	6. 压缩机和膨胀机室（撬箱）内应整洁卫生，无潮湿或腐蚀性环境，无无关杂物堆放	现场检查	所处环境不佳或有无关杂物堆放不得分	1
	7. 压缩机和膨胀机设置于室内时，与压缩机和膨胀机连接的管道应采取防振措施，防止对建筑物造成破坏，例如压缩机和膨胀机进出口采用柔性连接、管道穿墙处设置柔性套管等	现场检查	无有效防振措施不得分；振动已造成建筑物损坏不得分	2
	<u>8. 压缩机的缓冲罐、气液分离器等承压容器应定期检验，检验合格后方可继续使用</u>	查阅检验报告	未检不得分	4
8.2.6 制冷装置	1. 制冷剂的储存应符合下列要求：	—	—	—
	(1) 制冷剂气瓶应有专用库房存储，远离热源和明火，无其他杂物堆放	现场检查	距制冷剂储存地点10m范围内有热源和明火不得分；有其他杂物堆放扣1分	2
	(2) 机房中的制冷剂除制冷系统中的充注量外，不得超过150kg，严禁易燃、易爆的制冷剂储存在机房中	现场检查	机房中的制冷剂超量存放或有易燃、易爆的制冷剂储存在机房中不得分	1
	(3) 制冷剂气瓶应在检测有效期内，外观应良好，钢印、颜色标记清晰，附件齐全	现场检查	一只气瓶存在缺陷扣0.5分	1

续表 E.1

评价单元	评价内容	评价方法	评分标准	分值
8.2.6 制冷装置	2. 冷箱外隔热保温层应完好无损，夹层内氮气压力正常，表面无异常结冻现象	现场检查	存在异常结冻现象不得分；氮气压力不正常扣0.5分；保温层有损坏扣0.5分	1
8.2.7 液化天然气装卸	1. 进站装卸的液化天然气气质应符合相关规范要求	查阅气质检测报告	不能提供气质检测报告或检测结果不合格不得分	2
	2. 槽车应在站内指定地点停靠，停靠点应有明显的边界线，车辆停靠后应手闸制动，如有滑动可能时，应采用固定块固定，在装卸作业中严禁移动，槽车装卸完毕后应及时离开，不得在站内长时间逗留	现场检查	无车位标识扣1分；无固定设施扣1分；一处车辆不按规定停靠或停车后有滑动可能性而未采取措施时扣0.5分；一辆装卸后的槽车停留时间超过1h扣1分	2
	3. 应建立在本站定点装卸的槽车安全管理档案，具有有效危险物品运输资质且槽罐在检测有效期内的车辆方可允许装卸，严禁给不能提供有效资质和检测报告的槽车装卸	检查槽车安全管理档案	未建立槽车安全管理档案的不得分；检查出一台槽车未登记建档的扣1分	4
	4. 装卸前应对槽罐、装卸软管、阀门、仪表、安全装置和连锁报警等进行检查，确认无误后方可进行装卸作业；装卸过程中应密切注意相关仪表参数，发现异常应立即停止装卸；装卸后应检查槽罐、阀门及连接管道，确认无泄漏和异常情况，并完全断开连接后方可允许槽车离开	现场检查操作过程并查阅操作记录	不能提供操作记录不得分；发现一次违章操作现象扣1分	2
	5. 装卸台应设有静电接地栓卡，接地栓上的金属接触部位应无腐蚀现象，接触良好，接地电阻值不得超过100Ω，装卸前槽罐必须使用静电接地栓良好接地	现场检查，并采用测试仪器测试电阻值	一处无静电接地栓卡扣2分；接地电阻值测试不合格扣2分；槽车未连接静电接地栓扣2分	4
	6. 液化天然气的灌装量必须严格控制，最大允许灌装量应符合设备要求	现场检查或检查灌装记录	检查出一次超量灌装不得分	8
	7. 装卸软管应符合下列要求：	—	—	—

续表 E.1

评价单元	评价内容	评价方法	评分标准	分值
8.2.7 液化天然气装卸	（1）装卸软管外表应完好无损，软管应定期检查维护，有检查维护记录，达到使用寿命后应及时更换	现场检查，检查维护记录	一处软管存在破损现象扣 2 分；无检查维护记录扣 2 分	4
	（2）装卸软管应处于自然伸缩状态，严禁强力弯曲，恢复常温的软管其接口应采取封堵措施	现场检查	一只装卸软管处于强力弯曲状态扣 0.5 分；一只装卸软管无封堵措施扣 0.5 分	1
	（3）装卸软管上宜设有拉断阀，保证在软管被外力拉断后两端自行封闭	现场检查	一处无拉断阀或拉断阀存在故障不得分	1
8.2.8 气化装置	1. 站内应至少设置两套气化装置，且应有一套备用，备用设备应能良好运行	现场检查	无备用设备或备用设备运转不正常不得分	2
	2. 气化装置的运行应平稳，无异常响声、天然气泄漏、异常结霜及异常振动等现象	现场检查	存在天然气泄漏现象不得分；一处存在异常情况扣 1 分	4
	3. 气化器应设有压力表和安全阀，容积式气化器还应设有液位计，强制气化气化器应设有温度计，气化器的工作压力和工作温度应符合设备和工艺操作要求	现场检查	一台设备压力或温度超标扣 2 分	4
	4. 气化装置进口管道应设有过滤器，定期检查过滤器前后压差，并及时排污和清洗	现场检查并查阅维护记录	无过滤器或现场压差超标不得分；有过滤器且现场压差符合要求，但无维护记录扣 0.5 分	1
	5. 容积式气化器应定期检验，检验合格后方可继续使用	查阅检验报告	未检不得分	4
8.2.9 储罐	1. 储罐罐体应完好无损，外壁漆膜应无脱落现象，罐体应无变形、凹陷、裂缝现象，无严重锈蚀现象，无燃气泄漏现象	现场检查	一处有燃气泄漏现象不得分；一处罐体存在缺陷扣 1 分	4
	2. 储罐的绝热应符合下列要求：	—	—	—
	（1）应每年检查一次自然蒸发率，不得超过设备最大允许自然蒸发率	查阅检查记录	未定期检查或检查结果不符合不得分	2
	（2）真空绝热粉末罐上应设有绝热层真空压力表，应每月检查一次真空度，保证真空度在设备允许范围内	查阅检查记录并现场检查	未定期检查或现场检查不符合要求不得分	2

续表 E.1

评价单元	评价内容	评价方法	评分标准	分值
8.2.9 储罐	（3）子母罐或混凝土预应力罐上应设有绝热层压力表，应每月检查一次氮气压力，保证压力在设备允许范围内	查阅检查记录并现场检查	未定期检查或现场检查不符合要求不得分	2
	（4）液化天然气储罐无珠光砂泄漏现象，无异常结霜和冒汗现象	现场检查	有异常结霜现象扣 4 分；有冒汗现象扣 2 分；有珠光砂泄漏现象扣 1 分	4
	3. 液化天然气储罐应设有压力表和温度计，最高工作压力和最高工作温度应符合设备工艺操作要求	现场检查	一台储罐压力或温度超标扣 2 分	4
	4. 液化天然气储罐的进、出液管必须设有紧急切断阀，并与储罐液位控制连锁，紧急切断阀应操作方便，动作迅速，关闭紧密	现场检查	缺少一只紧急切断阀不得分；一只紧急切断阀未连锁扣 2 分；一只紧急切断阀存在关闭故障扣 1 分	4
	5. 液化天然气储罐应有下列防止翻滚现象的控制措施：	—	—	—
	（1）确保进站装卸的液化天然气含氮量小于 1%	查阅气质检测报告	一年内出现一次含氮量超标扣 1 分	2
	（2）液化天然气供应商应相对稳定，防止由于组分差异而产生的分层	查阅液化天然气供应商及气质检测报告	一年内出现一次采购气质有明显差异且充注于同一储罐的扣 1 分	2
	（3）单罐容积大于 $265m^3$ 的大型液化天然气储罐内部宜设有密度检测仪和搅拌器或循环泵，能够根据储罐内液体密度分布确定从顶部注入还是从底部注入，并且在发生异常分层时能够启动搅拌器或循环泵破坏分层	现场检查	未设置密度检测仪和搅拌器或循环泵等设备不得分；设备工作不正常扣 1 分	2
	（4）未安装密度监测设备的液化天然气储罐不宜长时间储存，运行周期超过一个月的，应进行倒罐处理	查阅储罐充注和运行记录	超过两个月不处理的不得分；一年内运行周期一次超过一个月未处理的扣 1 分	2
	6. 储罐基础应稳固，每年应检测储罐基础沉降情况，沉降值应符合安全要求，不得有异常沉降或由于沉降造成管线受损的现象；立式储罐还应定期监测垂直度，防止储罐倾斜	现场检查并查阅沉降监测报告和垂直度监测报告	未定期检测沉降和垂直度不得分；有异常沉降、倾斜但未进行处理不得分	1

续表 E.1

评价单元	评价内容	评价方法	评分标准	分值
8.2.9 储罐	7. 储罐组的防液堤应符合下列要求：	—	—	—
	(1) 储罐组四周应设有不燃烧体实体防液堤，防液堤内的有效容积应符合现行国家标准《城镇燃气设计规范》GB 50028 的要求，防液堤应完好无损，堤内无积水和杂物	现场检查	无防液堤不得分；防液堤高度不足或破损扣2分；有积水或杂物扣1分	4
	(2) 储罐组防液堤内应设有集液池，集液池内应设有潜水泵，潜水泵的运行应良好无故障，集液池内应无积水	现场检查并开机测试	无集液池不得分；未设潜水泵或潜水泵工作不正常扣1分；集液池内有积水扣0.5分	2
	8. 总容积超过 $50m^3$ 或单罐容积超过 $20m^3$ 的液化天然气储罐应设有固定喷淋装置，喷淋水应能覆盖全部储罐外表面	现场检查	一只储罐不能被水喷淋覆盖扣0.5分	1
	9. 储罐应定期检验，检验合格后方可继续使用	查阅检验报告	未检不得分	4
8.2.14 工艺管道	1. 液化天然气管道法兰密封面，应采用金属缠绕垫片	现场检查	一处未采用金属缠绕垫片扣0.5分	2
	2. 液化天然气管道应设有不燃烧材料制作的保温层，保温层应完好无损，且具有良好的防潮性和耐候性，管道表面无异常结霜现象	现场检查	管道出现异常结冻现象不得分；一处保温层破损或进水扣1分	2
8.2.16 消防及安全设施	1. 泡沫灭火系统应符合下列要求：	—	—	—
	(1) 应配有移动式高倍数泡沫灭火系统	现场检查	未配备不得分	2
	(2) 储罐总容量大于或等于 $3000m^3$ 的液化天然气气化站和调峰液化站，集液池应配有固定式全淹没高倍数泡沫灭火系统，并应与低温探测报警装置连锁，连锁装置应运行正常	现场检查	未配备不得分；配备但未与低温探测报警器连锁或连锁装置运行不正常扣0.5分	1

续表 E.1

评价单元	评价内容	评价方法	评分标准	分值
8.2.16 消防及安全设施	2. 储罐容积超过 $2000m^3$ 的液化天然气气化站和调峰液化站装卸区、储罐区、低温泵房、液化装置区、气化装置区、灌装间、瓶库等液化天然气可能泄漏的部位应设有低温检测装置，报警器应设在经常有人的值班室或控制室内，低温检测报警装置应经常检查和维护，并且每年应进行一次检定，保证完好有效	现场检查，查阅维护记录和检定报告	一处未安装低温检测装置扣1分；一台低温检测装置未检测维护扣0.5分	2

表 E.2 液化天然气瓶组气化站设施与操作检查表

评价单元	评价内容	评价方法	评分标准	分值
8.3.1 总图布置	1. 站内燃气设施与建（构）筑物的防火间距应符合下列要求：	—	—	—
	(1) 气瓶组与建（构）筑物的防火间距应符合现行国家标准《城镇燃气设计规范》GB 50028 的相关要求	现场测量	一处不符合不得分	8
	(2) 空温式气化器与建（构）筑物的防火间距应符合现行国家标准《城镇燃气设计规范》GB 50028 的相关要求	现场测量	一处不符合不得分	2
	2. 周边宜设有高度不低于2m的非燃烧体实体围墙，围墙应完好，无破损	现场检查	无围墙或采用非实体围墙不得分；围墙高度不足或有破损扣0.5分	1
	3. 周边的道路条件应能满足气瓶运输、消防等要求，消防车道应保持畅通，无阻碍消防救援的障碍物	现场检查	消防车无法进入或有障碍物的不得分；仅能容一辆车进入时扣1分	2
8.3.2 气瓶组	1. 气瓶的存放量应符合下列要求：	—	—	—
	(1) 气瓶组气瓶的配置数量应符合设计要求，不得超量存放气瓶	现场检查	超量存放不得分	1
	(2) 气瓶组总容积不得大于 $4m^3$	现场检查	超过不得分	1

表 E.2

评价单元	评价内容	评价方法	评分标准	分值
9.3.2 气瓶组	(3) 单个气瓶最大容积不应大于 410L，灌装量不应大于其容积的 90%	现场检查	超过不得分	1
	2. 气瓶组应在站内固定地点露天（可设置罩棚）设置	现场检查	设在室内不得分	4

附录 F 数据采集与监控系统设施与操作检查表

表 F.1 调度中心监控系统设施与操作检查表

评价单元	评价内容	评价方法	评分标准	分值
9.2.1 服务器	1. 服务器应有冗余配置，能实现冗余切换功能	现场检查	无冗余配置不得分；不能实现自动冗余切换功能扣 1 分	2
	2. CPU 负载符合要求，在任意 30min 内小于 40%	现场检查	任意 30min 内有超过 40% 的现象不得分	2
	3. 磁盘应采用 RAID5 阵列，可用空间大于 40%	现场检查	未采用 RAID5 阵列扣 1 分；可用空间小于 40%扣 1 分	2
	4. 服务器在系统正常运行情况下任意 30min 内占用内存小于 60%	现场检查	任意 30min 内有超过 60% 的现象不得分	2
9.2.2 监控软件功能	1. 应有管网分布示意图和场站工艺流程图	现场检查	缺一样流程图或流程图与实际不符合扣 0.5 分	2
	2. 应动态显示采集工艺参数和设备状态，软件中应以颜色或文字注释反映设备状态变化	现场检查	无数据采集功能不得分；数据采集不全每发现一个扣 0.5 分；无设备动态显示或显示不正确扣 0.5 分	2
	3. 应有事件记录功能和事件报警功能，事件记录和事件报警必须可以检索或查询	现场检查	无事件记录或报警功能不得分；事件记录或报警不全每发现一个扣 1 分；不具备查询和检索功能扣 1 分	2
	4. 应有数据曲线功能，显示数据的实时和历史趋势图	现场检查	无实时趋势图扣 1 分；无历史趋势图扣 1 分	2
	5. 应有通信状态显示功能，用颜色或注释显示通信状态	现场检查	无通信状态显示功能不得分；有状态显示功能但显示状态不正确每发现一个扣 0.5 分	2

续表 F.1

评价单元	评价内容	评价方法	评分标准	分值
9.2.2 监控软件功能	6. 应有远程控制操作控件，操作员可以通过控件远程控制场站上电动阀、紧急切断阀等设备或远程设定报警参数、控制参数等	现场检查	不能实现远程控制功能和远程参数设定功能不得分；有远程控制功能和远程参数设定功能但偶尔有命令发不出情况扣 1 分；频繁出现命令发不出情况扣 2 分	4
	7. 操作键应接触良好，屏幕显示清晰、亮度适中，系统状态指示灯指示正常，状态画面显示系统运行正常	现场检查	一项不正常扣 1 分	2
9.2.3 系统运行指标	1. 服务器不能发生双机同时宕机	查阅运行记录	服务器发生双机同时宕机超过 5min 不得分；不超过 5min 扣 2 分	4
	2. 监控软件实时曲线和历史曲线不应有掉零、突变和中断等现象，打印机打字应清楚、字符完整	现场检查	每发现一处不正常现象扣 0.5 分	2
	3. 监控软件系统 85%的画面调阅响应时间应小于 3s	现场检查	任一个画面响应时间超标扣 0.5 分	1
	4. SCADA 数据响应时间应符合下列要求：	—	—	—
	(1) 采用光纤通信，中心发出控制指令到现场设备动作时间<8s；现场采集数据和设备状态至画面显示时间为 5s～8s	现场检查	任一项响应时间超标扣 0.5 分	2
	(2) 采用无线通信，中心发出控制指令到现场设备动作时间<通信时间间隔+8s；现场采集数据和设备状态至画面显示时间为通信时间间隔+5s～8s	现场检查	任一项响应时间超标扣 0.5 分	2
9.2.4 系统运行环境	1. SCADA 系统必须配置在线式不间断电源（UPS），UPS 在满负荷时应留有 40%容量，市电中断后能维持系统正常运行不小于 4h	现场检查	未配置在线式 UPS 不得分；配置非在线式 UPS 扣 2 分；UPS 负荷大于 60%时扣 2 分；UPS 电源供电时间小于 4h 扣 2 分	4
	2. 机房接地电阻应小于 1Ω，并应定期检测	查阅机房接地电阻检测记录	接地电阻不符合要求不得分；未定期检查扣 2 分	4

续表 F.1

评价单元	评价内容	评价方法	评分标准	分值
9.2.4 系统运行环境	3. 计算机房地面及设备应有稳定可靠的导静电措施	现场检查	一处不符合扣1分	2
	4. 计算机房应安装空调系统，保证空气的温度、湿度和清洁度符合设备运行的要求	现场检查	无空调系统不得分；有一项不符合扣1分	2
	5. 计算机房内的噪声应符合现行国家标准《电子信息系统机房设计规范》GB 50174的相关要求	现场检查	噪声超标不得分	1
9.2.5 网络防护	1. 局域网应安装网络版防病毒软件，并每周至少升级一次	现场检查	未安装防毒软件不得分；未按时升级扣1分	2
	2. 局域网和公网接口处应安装硬件防火墙	现场检查	未安装不得分	2
9.2.6 运行维护管理	1. 调度中心应制定健全、可靠的规章制度	查阅规章制度	无管理制度不得分；缺少一种规章制度扣1分	2
	2. 任一台操作员工作站上都能正确显示并有事件记录，对应紧急切断阀动作或泄漏报警等严重故障有抢修记录	现场检查，查阅相关记录	有频繁误报警或漏报现象不得分；存在个别误报或漏报现象扣2分；有严重事故报警记录，但没有抢修记录扣2分	4
	3. 应定期对系统及设备进行巡检，发现现场仪表与远传仪表的显示值、同管段上下游仪表的显示值以及远传仪表和控制中心的显示值不一致时，应及时处理	现场检查，查阅相关记录	显示值不一致不得分；无巡检记录不得分；巡检记录不全扣1分	2
	4. 有完善的设备硬件和软件维护记录	查阅维护记录	没有维护记录不得分；维护记录不全扣1分	2

表 F.2　通信系统设施与操作检查表

评价单元	评价内容	评价方法	评分标准	分值
9.3.1 通信网络架构与通道	1. 调度中心SCADA系统与远端站点通信系统应采用主备通信方式，其中主通信信道采用光纤通信，备通信信道采用无线通信	现场检查	只有无线通信方式扣3分；只有光纤通信扣1分	4
	2. 需要向中心传送视频信号的站点通信方式应采用光纤通信	现场检查	未采用光纤通信不得分	1

表 F.2

评价单元	评价内容	评价方法	评分标准	分值
9.3.1 通信网络架构与通道	3. 采用无线通信站点应有逢变上报功能	现场检查	中心数据在无线采集周期内没有发生变化不得分；中心数据在无线数据采集周期内发生变化，但时间大于8 s扣2分	4
9.3.2 通信运行指标	1. 主通信电路运行率应达到考核要求，光纤大于99.98%	查阅相关记录	不符合不得分	1
	2. 调度中心通信设备月运行率应达到：光纤大于99.99%；无线通信大于99.99%；路由设备大于99.99%；交换设备大于99.85%	查阅相关记录	不符合不得分	1
	3. 无线通信应具有自动上线功能	现场检查	掉线后不能自动上线不得分	2
9.3.3 运行与维护管理	1. 通信运行维护管理体制及机构应健全、完善	查阅相关文件	一项不完善扣0.5分	2
	2. 应建立完善的通信运行监管系统	现场检查	无运行监管系统不得分；一项不健全扣1分	2
	3. 有完善的设备维护记录	查阅维护记录	无设备维护记录不得分；缺少一台设备维护记录扣0.5分	2
	4. 不能出现由于通信设备故障影响SCADA系统正常运行或影响远程控制功能	现场检查并查阅相关记录	一年内发生一起重大通信故障造成SCADA数据丢失超过2 h不得分；发生一起通信事故造成SCADA数据丢失小于2 h扣2分	4

附录G　用户管理检查表

附表 G.1　管道燃气用户管理检查表

评价单元	评价内容	评价方法	评分标准	分值
10.2.1 室内燃气管道	1. 管道外表应完好无损，无腐蚀现象	现场检查	得分＝合格户数/检查总户数×4	4
	2. 管道的焊接、法兰、卡套、丝扣等连接部位应密封完好，无燃气泄漏现象，无异常气体释放声响	现场检查	得分＝合格户数/检查总户数×8	8
	3. 软管应符合下列要求：	—	—	—

续表 G.1

评价单元	评价内容	评价方法	评分标准	分值
10.2.1 室内燃气管道	(1) 软管与管道、燃具的连接处应有压紧螺帽（锁母）或管卡（喉箍）牢靠固定	现场检查	得分=合格户数/检查总户数×4	4
	(2) 软管与家用燃具连接时，其长度不应超过2m，并不得有接口	现场检查	得分=合格户数/检查总户数×2	2
	(3) 软管与移动式的工业燃具连接时，其长度不应超过30m，接口不应超过2个	现场检查	得分=合格户数/检查总户数×2	2
	4. 管道的敷设应符合下列要求：	—	—	—
	(1) 燃气引入管不得敷设在卧室、卫生间、易燃或易爆品的仓库、有腐蚀性介质的房间、发电间、配电间、变电室、不使用燃气的空调机房、通风机房、计算机房、电缆沟、暖气沟、烟道和进风道、垃圾道、电梯井等地方	现场检查	得分=合格户数/检查总户数×8	8
	(2) 非金属软管不得穿墙、顶棚、地面、窗和门	现场检查	得分=合格户数/检查总户数×2	2
	(3) 液化石油气管道和烹调用液化石油气燃烧设备不应设置在地下室、半地下室内	现场检查	得分=合格户数/检查总户数×4	4
	(4) 燃气管道宜明设	现场检查	得分=合格户数/检查总户数×2	2
	(5) 当管道暗设时，不宜有接头，且不得有机械接头，覆盖层应设有活门以便于检查修复	现场检查	得分=合格户数/检查总户数×2	2
	(6) 燃气管道及附件不应被擅自改动，现状应与竣工资料一致	现场检查，并查阅竣工资料	得分=合格户数/检查总户数×4	4
	5. 燃气管道与电气设备、相邻管道之间的净距应符合现行国家标准《城镇燃气设计规范》GB 50028的相关要求	现场检查	得分=合格户数/检查总户数×2	2
	6. 管道穿过建筑承重墙和楼板时，必须设有钢质套管，套管内管道不得有接头，套管与承重墙、地板或楼板之间的间隙应填实，套管与燃气管道之间的间隙应采用柔性防腐、防水材料密封	现场检查	得分=合格户数/检查总户数×2	2
	7. 管道不得作为其他电器设备的接地线使用，不得用于承重、作为支撑以及悬挂重物等其他用途	现场检查	得分=合格户数/检查总户数×2	2
	8. 管道、计量器具和用气设备的运行压力应符合设计要求，不得超压运行	现场检查	得分=合格户数/检查总户数×4	4

续表 G.1

评价单元	评价内容	评价方法	评分标准	分值
10.2.2 管道附件	1. 阀门应符合下列要求：	—	—	—
	(1) 软管上游与硬管的连接处应设有阀门	现场检查	得分=合格户数/检查总户数	1
	(2) 室内燃气管道调压器前、燃气表前、燃气用具前和放散管起点应设有阀门	现场检查	得分=合格户数/检查总户数×2	2
	(3) 地下室、半地下室和地上密闭的用气房间，一类高层民用建筑，燃气用量大、人员密集、流动人口多的商业建筑，重要的公共建筑，有燃气管道的管道层以及用气量较大的工业用户引入管应设有紧急自动切断阀	现场检查	得分=合格户数/检查总户数×4	4
	(4) 室内燃气管道阀门应采用球阀，不应使用旋塞阀	现场检查	得分=合格户数/检查总户数×2	2
	(5) 阀门应无损坏和燃气泄漏现象，阀门的启闭应灵活，无关闭不严现象	现场检查	得分=合格户数/检查总户数×4	4
	2. 管道应固定牢靠，沿墙、柱、楼板和加热设备构件上明设的燃气管道应采用管支架、管卡或吊卡固定	现场检查	管道摇晃可认为不符合要求，得分=合格户数/检查总户数×2	2
	3. 工业企业用气车间、锅炉房、大中型用气设备及地下室内燃气管道上应设有放散管，放散管管口应高出屋脊（或平屋顶）1m以上或设置在地面上安全处，并应采取防止雨雪进入管道和放散物进入房间的措施	现场检查	得分=合格户数/检查总户数×2	2
10.2.3 用气环境	1. 用气现场应干燥整洁，无水、汽、油烟及其他腐蚀性物质	现场检查	得分=合格户数/检查总户数×4	4
	2. 用气现场温度不应高于60℃	现场测量	得分=合格户数/检查总户数	1
	3. 用气现场通风条件应符合下列要求：	—	—	—
	(1) 封闭式建筑内用气现场应通风良好	现场检查	得分=合格户数/检查总户数×4	4
	(2) 商业用户和工业用户应有机械排风设施，机械排风设施应工作良好	现场检查	得分=合格户数/检查总户数×2	2

续表 G.1

评价单元	评价内容	评价方法	评分标准	分值
10.2.4 计量仪表	1. 计量仪表严禁安装在卧室、卫生间、更衣室内；有电源、电器开关及其他电器设备的管道井内；有可能滞留泄漏燃气的隐蔽场所；堆放易燃易爆、易腐蚀或有放射性物质等危险的地方；有变、配电等电器设备的地方；有明显振动影响的地方；高层建筑中的避难层及安全疏散楼梯间内；经常潮湿的地方	现场检查	得分＝合格户数/检查总户数×4	4
	2. 计量仪表应外观良好，无锈蚀和损坏，无私拆或移位现象，无损伤现象，无漏气现象	现场检查	得分＝合格户数/检查总户数×4	4
10.2.5 用气设备	1. 用气设备型式和质量应符合下列要求：	—	—	—
	（1）用气设备的生产厂家应为具有资质的企业，用气设备应具有质量合格证明和使用说明书	现场检查并查阅用气设备质量证明文件	得分＝合格户数/检查总户数	1
	（2）使用的燃气具应与燃气种类相匹配	现场检查	得分＝合格户数/检查总户数×4	4
	（3）用气设备应在规定的年限内使用，不得超期服役	现场检查并查阅相关资料	得分＝合格户数/检查总户数	1
	（4）室内安装的热水器和壁挂炉，严禁使用直排式，安装应符合规范	现场检查	得分＝合格户数/检查总户数×2	2
	2. 用气设备的安装位置应符合下列要求：	—	—	—
	（1）居民生活用气设备严禁设置在卧室内	现场检查	得分＝合格户数/检查总户数×4	4
	（2）除密闭式热水器外，其他类型燃气热水器不得安装在浴室内	现场检查	得分＝合格户数/检查总户数×4	4
	（3）燃气灶的灶面边缘和烤箱的侧壁距木质家具的净距不得小于20cm，当达不到时，应加防火隔热板	现场检查	得分＝合格户数/检查总户数×2	2
	（4）商业用户中燃气锅炉和燃气直燃型吸收式冷（温）水机组宜设置在独立的专用房间内；设置在其他建筑物内时，燃气锅炉房宜布置在建筑物的首层，不应布置在地下二层及二层以下	现场检查	得分＝合格户数/检查总户数×2	2
	（5）商业用户燃气锅炉和燃气直燃机不应设置在人员密集场所的上一层、下一层或贴邻的房间内及主要疏散口的两旁；不应与锅炉和燃气直燃机无关的甲、乙类及使用可燃液体的丙类危险建筑贴邻	现场检查	得分＝合格户数/检查总户数×2	2

续表 G.1

评价单元	评价内容	评价方法	评分标准	分值
10.2.5 用气设备	（6）燃气相对密度大于或等于0.75的燃气锅炉和燃气直燃机，不得设置在建筑物地下室和半地下室	现场检查	得分＝合格户数/检查总户数×4	4
	3. 用气设备应具有自动熄火保护功能	现场检查	得分＝合格户数/检查总户数×4	4
	4. 用气设备的运行状态应良好，安全保护设施应完好有效，无火焰跳动或不稳定情形	现场检查	得分＝合格户数/检查总户数×4	4
	5. 大型商业和工业用气设备应设有观察孔或火焰监测装置，并宜设有自动点火装置，装置应运行良好	现场检查	得分＝合格户数/检查总户数×2	2
	6. 大型商业和工业用气设备的烟道和封闭式炉膛，均应设置泄爆装置，泄爆装置的泄压口应设在安全处	现场检查	得分＝合格户数/检查总户数×2	2
10.2.6 安全设施	1. 燃气和有毒气体浓度检测报警装置应符合下列要求：	—	—	—
	（1）封闭式用气设备和有燃气管道经过的室内宜设置燃气浓度检测报警装置，报警装置应工作正常	现场检查	得分＝合格户数/检查总户数×2	2
	（2）大型商业和工业用气场所内的燃气浓度检测报警器应与通排风设备连锁	现场检查	得分＝合格户数/检查总户数×2	2
	（3）地下和半地下的商业和工业用气场所内应设有一氧化碳浓度检测报警装置，报警装置应工作正常	现场检查	得分＝合格户数/检查总户数×2	2
	2. 工业和大型商业用气场所内应设有火灾自动报警和自动灭火系统，系统应完好有效	现场检查	得分＝合格户数/检查总户数×2	2
	3. 商业和工业用气场所应设有防雷和防静电措施，防雷和防静电接地电阻应定期检测，保证符合安全要求	查阅防雷防静电检测报告	得分＝合格户数/检查总户数×2	2
	4. 用气设备应有良好的排烟设施	现场检查	得分＝合格户数/检查总户数×2	2
	5. 地下室、半地下室、设备层和地上密闭房间敷设燃气管道或在上述位置设置用气设施时，室内电气设施应采用防爆型	现场检查	得分＝合格户数/检查总户数×4	4
	6. 用气设备附近的支撑物应采用不燃烧材料，当采用难燃材料时，应加防火隔热板	现场检查	得分＝合格户数/检查总户数×4	4

续表 G.1

评价单元	评价内容	评价方法	评分标准	分值
10.2.6 安全设施	7. 用气量较大的商业和工业用气设备应具有超压安全切断和安全放散装置，安全阀应定期校验，保证完好有效	现场检查	得分＝合格户数/检查总户数×2	2
10.2.7 维修管理	1. 维修制度应符合下列要求：	—	—	—
	(1) 燃气企业应制定燃气设施的维修制度，并切实落实	查阅维修制度	未制定不得分	8
	(2) 大型商业、工业用户应制定燃气设施的维修制度，并切实落实	现场检查	得分＝合格户数/检查总户数×2	2
	2. 燃气设施故障报修应符合下列要求：			
	(1) 燃气企业应制定职责范围内燃气设施故障报修程序	查阅相关制度文件	未制定不得分	4
	(2) 燃气企业应对外公布报修电话，保证电话的畅通，报修通话和处理结果应有记录	现场检查并查阅电话报修记录	未设报修电话不得分；非24h值班扣4分；电话接通不及时扣4分；无电话报修记录扣4分	8
	3. 燃气企业应保留燃气设施维修记录	查阅维修记录	无记录不得分；记录不完善一处扣1分	4
	4. 应定期对维修人员进行培训和考核，考核合格具备相应的工作能力后方可持证上岗	现场检查并查阅人员培训和考核记录	一人次不符合扣1分	4
	5. 应为维修人员配备适用的维修工具	现场检查	不符合不得分	1
	6. 配件供应应符合下列要求：	—	—	—
	(1) 应选择有资质的配件供货商	查阅相关资格文件	不符合不得分	1
	(2) 维修所使用的配件应符合国家现行的产品质量标准要求	查阅相关资格文件，现场检查	不符合不得分	
10.2.8 安全宣传	1. 应制定安全宣传制度和宣传计划，并切实落实	查阅制度文件	不符合不得分	2
	2. 宣传的形式应能满足覆盖所有用户	查阅相关资格文件	不符合不得分	2
	3. 宣传的内容应符合现行行业标准《城镇燃气设施运行、维护和抢修安全技术规程》CJJ 51的相关要求	现场检查	缺一项内容扣1分	2
10.2.9 入户检查	1. 应建立完善的检查制度，制度所规定的内容应全面	查阅检查制度文件	不符合不得分	1
	2. 入户检查的频次应符合现行行业标准《城镇燃气设施运行、维护和抢修安全技术规程》CJJ 51的相关要求	查阅检查记录台账及档案	不符合不得分	4

续表 G.1

评价单元	评价内容	评价方法	评分标准	分值
10.2.9 入户检查	3. 对用户设施的入户检查应有记录，记录保存周期应能满足日常查阅的需要。入户检查的内容应符合现行行业标准《城镇燃气设施运行、维护和抢修安全技术规程》CJJ 51 的相关要求	查阅检查记录台账及档案	得分＝合格户数/检查总户数×4	4
	4. 应定期对检查人员进行培训和考核，考核合格具备相应的工作能力后方可持证上岗	现场检查并查阅人员培训和考核记录	一人次不符合扣0.5分	2
	5. 应配备适用的入户检查设备，检查设备应处于良好的状态	现场检查	一台设备不符合要求扣0.5分	1
	6. 检查出的隐患应及时以书面形式告知用户，燃气企业应留存告知文件副本	查阅隐患告知文件	一户不符合扣0.5分	2
	7. 应建立用户隐患监控档案，定期对尚未排除的隐患进行跟踪复查，积极督促用户整改	查阅用户隐患监控档案	未建立用户隐患监控档案不得分；发现一起隐患超过3个月未跟踪复查扣1分	8

附表 G.2 瓶装液化石油气用户管理安全检查表

评价单元	评价内容	评价方法	评分标准	分值
10.3.1 气瓶	1. 气瓶不得设置在地下室、半地下室或通风不良的场所及居住房间内	现场检查	得分＝合格户数/检查总户数×8	8
	2. 气瓶的存放量应符合下列要求：	—	—	—
	(1) 居民用户气瓶最大存放量不应超过2瓶	现场检查	得分＝合格户数/检查总户数×4	4
	(2) 商业和工业用户气瓶的配置数量应按1～2天的计算月最大日用气量确定，不得超量存放气瓶	现场检查	得分＝合格户数/检查总户数×4	4
	3. 使用的气瓶应在检测有效期内	现场检查	得分＝合格户数/检查总户数×8	8
	4. 气瓶的外观应符合下列要求：	—	—	—
	(1) 气瓶上的漆色、字样应当清晰可见	现场检查	得分＝合格户数/检查总户数	1
	(2) 气瓶上的提手和底座应当牢固，不松动	现场检查	得分＝合格户数/检查总户数	1
	(3) 气瓶应无鼓泡、烧痕或裂纹	现场检查	得分＝合格户数/检查总户数	1
	(4) 气瓶角阀应当密封良好，无漏气现象	现场检查	得分＝合格户数/检查总户数	1
	5. 商业用户使用的气瓶组严禁与燃气燃烧器具布置在同一房间内	现场检查	得分＝合格户数/检查总户数×4	4

续表 G.2

评价单元	评价内容	评价方法	评分标准	分值
10.3.2 管道和附件	1. 软管的外观应完好无损	现场检查	得分＝合格户数/检查总户数×4	4
	2. 软管与管道、燃具的连接处应有压紧螺帽（锁母）或管卡（喉箍）牢靠固定，密封应良好，无液化石油气泄漏现象，无异常气体释放声响	现场检查	得分＝合格户数/检查总户数×8	8
	3. 软管与家用燃具连接时，其长度不应超过2m，并不得有接口	现场检查	得分＝合格户数/检查总户数×2	2
	4. 阀门的设置应符合下列要求：	—	—	—
	（1）软管上游与硬管的连接处应设有阀门	现场检查	得分＝合格户数/检查总户数	1
	（2）阀门应采用球阀，不应使用旋塞阀	现场检查	得分＝合格户数/检查总户数×2	2
	（3）阀门应无损坏和液化石油气泄漏现象，阀门的启闭应灵活，无关闭不严现象	现场检查	得分＝合格户数/检查总户数×4	4

附录 H　安全管理检查表

表 H　安全管理检查表

评价单元	评价内容	评价方法	评分标准	分值
11.2.1 安全生产管理机构与人员的设置	1. 应设有由主要负责人领导的安全生产委员会	查阅组织机构文件和安全例会记录	无组织机构文件或主要负责人未参与均不得分	4
	2. 应设有日常安全生产管理机构	查阅组织机构文件	无组织机构文件不得分	4
	3. 应建立从安全生产委员会到基层班组的安全生产管理机构体系	查阅安全管理组织网络图和安全生产责任制及现场询问	基层部门未明确安全生产管理职责不得分	1
	4. 应配备专职安全生产管理人员	查阅安全管理人员的任命文件	未配备或无任命文件不得分	4
11.2.2 安全生产规章制度	1. 应建立健全从上到下所有岗位人员和各职能部门的安全生产职责	查阅安全生产责任制文件	缺少一项扣1分	4
	2. 应建立健全各项安全生产规章制度	查阅安全管理制度	缺少一项扣1分	4
	3. 应与各部门或相关人员签订安全生产责任书，并定期对安全生产责任制落实情况进行考核	查阅安全生产责任书并考核落实情况	从评价之日起向前一年内，有一项安全职责未落实的扣1分	4

续表 H

评价单元	评价内容	评价方法	评分标准	分值
11.2.2 安全生产规章制度	4. 应定期对从业人员执行安全生产规章制度的情况进行检查，并定期对安全生产规章制度落实情况进行考核	查阅安全生产规章制度考核落实情况	未考核不得分	4
11.2.3 安全操作规程	1. 应制定完善的安全操作规程	查阅安全操作规程	少一个岗位扣1分	2
	2. 应制定完善的生产作业安全操作规程	查阅安全操作规程	少一项作业扣1分	2
	3. 从业人员应熟悉本职工作岗位的安全操作规程，能严格、熟练地按照操作规程的要求进行操作，无违章作业现象，应定期对从业人员执行安全操作规程的情况进行检查，并定期对安全操作规程落实情况进行考核	检查安全操作规程考核落实情况并现场检查询问	无考核记录不得分；考核不全面扣2分；现场询问一人不熟悉安全操作规程扣1分	4
11.2.4 安全教育培训	1. 主要负责人和安全生产管理人员应经培训考核合格，并取得安全管理资格证书	查阅主要负责人和安全管理人员的安全管理资格证书	主要负责人或安全管理人员未取得安全管理资格证书扣2分	4
	2. 特种作业人员必须由具有资质的培训机构进行专门的安全技术和操作技能的培训和考核，取得特种作业人员操作证	查阅特种作业人员操作证	发现一人未取得特种作业人员操作证上岗作业的扣1分	4
	3. 新员工（包括临时用工）在上岗前应进行厂、车间（工段、区、队）、班组三级安全生产教育培训	查阅三级安全教育培训记录	发现一人未进行三级安全教育培训扣1分	4
	4. 从业人员应进行经常性的安全生产再教育培训	查阅安全教育培训记录	发现一人未再教育扣1分	2
	5. 特种作业人员每两年应进行一次复审，连续从事本工种10年以上的，经用人单位进行知识更新教育后，可每4年复审一次，复审合格后方可继续上岗作业	查阅特种作业人员操作证的复审记录	发现一人未经复审上岗作业的扣1分	2
11.2.5 安全生产投入	1. 安全生产费用应按一定比例足额提取，其使用范围应符合相关要求	查阅安全生产费用台账	安全生产费用不足不得分	8
	2. 提取安全生产费用应专户核算，专款专用，不得挪作他用	查阅安全生产费用银行账户	未单独设立账户的不得分	1
	3. 应当建立健全内部安全生产费用管理制度，明确安全生产费用使用、管理的程序、职责及权限，并接受安全生产监督管理部门和财政部门的监督	查阅安全生产费用管理制度	无安全生产费用管理制度不得分；监管存在漏洞时根据实际情况扣分	2

续表 H

评价单元	评价内容	评价方法	评分标准	分值
11.2.6 工伤保险	1. 应为全体员工办理工伤社会保险	查阅企业花名册和工伤保险缴费清单	少一人扣1分	2
	2. 应按时、足额缴纳工伤社会保险费，不得漏缴或不缴	查阅工伤保险缴费清单并根据工资与缴费率测算	缴费金额不足不得分	2
	3. 应为从事高空、高压、易燃、易爆、高速运输、野外等高危作业的人员办理团体人身意外伤害保险或个人意外伤害保险	查阅意外伤害保险证明	未办理不得分	1
11.2.7 安全检查	1. 安全检查应符合下列要求：	—	—	—
	(1) 建立并实施交接班安全检查工作	查阅交接班记录	交接班记录中无安全检查记录不得分	1
	(2) 建立并实施班组安全员日常检查工作	查阅班组工作日志	班组工作日志中无安全检查记录不得分	1
	(3) 建立并实施安全管理人员日常检查工作	查阅从评价之日起前1年内的安全管理人员检查记录	无检查记录不得分；缺少1日扣0.5分	1
	(4) 建立并实施季节性及节假日前后安全检查工作	查阅从评价之日起前1年内的安全检查记录	无检查记录不得分；缺少一个季节或节假日扣0.5分	1
	(5) 建立并实施通气前、检修后、危险作业前等专项安全检查工作	查阅从评价之日起前1年内的安全检查记录	无检查记录不得分	1
	(6) 建立并实施主要负责人综合性安全检查工作	查阅从评价之日起前1年内的安全检查记录	无检查记录不得分	1
	(7) 建立并实施工会和职工代表不定期安全检查工作	查阅从评价之日起前1年内的安全检查记录	无检查记录不得分	1
	2. 安全检查的内容应包括软件系统和硬件系统，并应对危险性大、易发生事故、事故危害大的系统、部位、装置、设备等进行重点检查	查阅安全检查计划、安全检查表或检查提纲	缺一项内容扣1分	4
11.2.8 隐患整改	1. 对各项安全检查发现的事故隐患应及时制定整改措施，落实整改责任人和整改期限，整改完成后应进行复查，达到预期效果	查阅安全检查记录、事故隐患整改联络单和复查意见书	一个重大事故隐患未整改的扣2分；一个一般事故隐患未整改的扣1分	4

续表 H

评价单元	评价内容	评价方法	评分标准	分值
11.2.8 隐患整改	2. 应建立事故隐患整改监督和奖励机制，将事故隐患的整改纳入工作考核的范畴中，对无正当原因未按期完成事故隐患整改的部门和个人应给予相应的处罚	查阅相关制度和奖惩记录	无相关制度不得分；发现一次未按期完成事故隐患整改而无处罚的扣1分	2
	3. 应当每季、每年对本单位事故隐患排查治理情况进行统计分析，并形成书面资料	查阅从评价之日起前1年内的事故隐患排查治理情况统计表	未统计或未报送的不得分；一年内漏报一次扣0.5分	1
11.2.9 劳动保护	1. 应加强从业人员职业危害防护的宣传教育	查阅安全教育培训记录	未对从业人员进行职业危害防护教育与培训的不得分	1
	2. 应按现行国家标准《个体防护装备选用规范》GB/T 11651的相关要求，并结合本企业实际情况制定职工劳动防护用品发放标准	查阅劳动防护用品发放标准	未制定书面标准不得分；缺少一项必备物品时扣1分	2
	3. 选购的劳动防护用品应为具有资质的企业生产的合格产品，采购特种劳动防护用品时应选购具有安全标志证书及安全标志标识的产品，严禁采购无证或假冒伪劣劳动防护用品	查阅劳动防护用品采购清单及供货企业资质，并结合现场检查库存劳动防护用品	未保留采购的劳动防护用品的质量证明文件不得分；发现一例不符合要求的劳动防护用品扣1分	2
	4. 应按时、足额向从业人员发放劳动防护用品，并建立劳动防护用品发放记录，保存至少3年	对照劳动防护用品发放标准查阅从评价之日前1年起劳动防护用品发放记录	发现一例不按时或未足量发放的扣1分；只有1年完整发放记录的扣1分；只有2年完整发放记录的扣0.5分	2
	5. 应制定现场劳动防护用品的使用规定，应能正确执行	查阅现场劳动防护用品使用规定并现场检查	未制定现场劳动防护用品的使用规定不得分；发现一例未按规定穿戴劳动防护用品的扣0.5分	1
11.2.10 重大危险源管理	1. 应按现行国家标准《危险化学品重大危险源》GB 18218的相关要求进行重大危险源识别	现场检查并测算	未辨识不得分	1
	2. 重大危险源应当将有关安全措施、应急措施报有关主管部门备案	查阅重大危险源备案回执	未备案不得分	2
	3. 重大危险源应有与安全相关的主要工作参数和主要危险区域视频进行实时监控和预警措施	检查控制机构	无参数监控和预警扣1.5分；无视频监控和预警扣0.5分	2

续表 H

评价单元	评价内容	评价方法	评分标准	分值
11.2.10 重大危险源管理	4. 应针对重大危险源制定有针对性的管理制度和应急救援预案	查阅重大危险源管理制度和应急救援预案	无重大危险源管理制度扣 0.5 分；无重大危险源应急救援预案扣 0.5 分	1
	5. 应定期对重大危险源进行技术检测，每两年对重大危险源进行一次安全评估	查阅重大危险源安全评估报告	根据重大危险源评估报告的结论确定得分	2
11.2.11 事故应急救援预案	1. 应依据现行行业标准《生产经营单位安全生产事故应急预案编制导则》AQ/T 9002 的相关要求建立企业应急救援预案体系，包括综合应急预案、专项应急预案和现场处置方案	查阅应急救援预案	根据应急救援预案编写的符合程度确定得分	4
	2. 应明确应急救援指挥机构总指挥、副总指挥、各部门及其相应职责；应明确应急救援人员并组成应急救援小组，确定各小组的工作任务及职责	查阅应急救援预案和相关公司行政文件	无公司行政文件不得分	1
	3. 应组织专家对本单位编制的应急预案进行评审或论证	查阅评审纪要和专家名单	无评审纪要或专家名单不得分	1
	4. 应急救援预案应报有关主管部门备案	查阅应急救援预案备案回执	未备案不得分	1
	5. 应配备应急救援装备、器材，并定期检查，保证完好可用	现场检查	缺少一样必备设备扣 1 分	2
	6. 应定期对从业人员进行应急救援的教育培训，并进行考核；根据应急响应的级别，定期组织从业人员进行应急救援演练，总结并提出需要解决的问题	查阅记录	未进行演练或演练无记录不得分；一人次未进行培训扣 1 分；一人次未进行考核扣 1 分	4
11.2.12 事故管理	1. 应建立完善的事故管理制度	查阅事故管理制度	无事故管理制度不得分；事故管理制度不全面扣 1 分	2
	2. 建立健全事故台账	查阅事故台账	无台账不得分；台账不健全扣 2 分	4
	3. 应定期对事故情况进行统计分析	查阅事故统计分析资料	自评价日前一年内无统计分析资料不得分	2
11.2.13 设备管理	1. 应有完善的设备维护保养制度，并切实落实，有完整记录	查阅设备维护保养制度和记录	无制度不得分；一项记录不完整扣 1 分	2
	2. 每台设备应具备完善的安全技术档案	检查安全技术档案	一台设备档案不完整扣 0.5 分	2

本标准用词说明

1 为便于在执行本标准条文时区别对待，对要求严格程度不同的用词说明如下：

1）表示很严格，非这样做不可的：
正面词采用"必须"，反面词采用"严禁"；

2）表示严格，在正常情况下均应这样做的：
正面词采用"应"，反面词采用"不应"或"不得"；

3）表示允许稍有选择，在条件许可时首先应这样做的：
正面词采用"宜"，反面词采用"不宜"；

4）表示有选择，在一定条件下可以这样做的，采用"可"。

2 条文中指明应按其他有关标准执行的写法为："应符合……的规定"或"应按……执行"。

引用标准名录

1 《建筑设计防火规范》GB 50016
2 《城镇燃气设计规范》GB 50028
3 《供配电系统设计规范》GB 50052
4 《建筑物防雷设计规范》GB 50057
5 《爆炸和火灾危险环境电力装置设计规范》GB 50058
6 《汽车加油加气站设计与施工规范》GB 50156
7 《电子信息系统机房设计规范》GB 50174
8 《石油天然气工程设计防火规范》GB 50183
9 《油气输送管道穿越工程设计规范》GB 50423
10 《建筑灭火器配置验收及检查规范》GB 50444
11 《油气输送管道跨越工程设计规范》GB 50459
12 《城镇燃气技术规范》GB 50494
13 《声环境质量标准》GB 3096
14 《液化石油气》GB 11174
15 《个体防护装备选用规范》GB/T 11651
16 《工业企业厂界环境噪声排放标准》GB 12348
17 《人工煤气》GB/T 13612
18 《液化石油气瓶充装站安全技术条件》GB 17267
19 《天然气》GB 17820
20 《危险化学品重大危险源》GB 18218
21 《车用液化石油气》GB 19159
22 《城镇燃气设施运行、维护和抢修安全技术

规程》CJJ 51

23 《聚乙烯燃气管道工程技术规程》CJJ 63

24 《城镇燃气埋地钢质管道腐蚀控制技术规程》CJJ 95

25 《城镇燃气加臭技术规程》CJJ/T 148

26 《城镇燃气标志标准》CJJ/T 153

27 《安全评价通则》AQ 8001

28 《生产经营单位安全生产事故应急预案编制导则》AQ/T 9002

中华人民共和国国家标准

燃气系统运行安全评价标准

GB/T 50811－2012

条 文 说 明

制 订 说 明

《燃气系统运行安全评价标准》GB/T 50811-2012经住房和城乡建设部2012年10月11日第1384号公告批准、发布。

为便于广大设计、施工、科研、学校等单位有关人员在使用本标准时能正确理解和执行条文规定，《燃气系统运行安全评价标准》编制组按章、节、条顺序编制了本标准的条文说明，对条文规定的目的、依据以及执行中需注意的有关事项进行了说明。但是，本条文说明不具备与标准正文同等的法律效力，仅供使用者作为理解和把握标准规定的参考。

目　次

1 总 则

1.0.1 阐述本标准编写目的和意义。本标准应用安全系统工程原理和方法，对燃气系统中存在的危险有害因素进行辨识与分析，判断燃气系统发生事故和职业危害的可能性及其严重程度，从而为制定防范措施和管理决策提供科学依据。

1.0.2 阐述本标准适用范围。

3 基 本 规 定

3.1 一 般 规 定

3.1.1 企业自我进行的安全评价是企业安全管理的重要内容之一，各企业自身情况和条件差异较大，不宜规定统一的安全评价周期，宜由企业自行确定。而法定或涉及行政许可的安全评价是一种行政强制行为，其周期应由相关的行政法规来规定。

发生事故的系统，说明存在较为严重的事故隐患，而且事故发生后也会给系统带来损害，因此其安全性能应当重新进行系统的评价。燃气系统较大及以上安全事故的确定应遵照《生产安全事故报告和调查处理条例》（国务院令［2007］第493号）的规定，同时还应包括造成重大社会影响、停气范围较大及其他严重后果的事故。

3.1.2 规定了燃气经营企业进行自我安全评价的方式。

3.1.3 规定了法定或涉及行政许可的安全评价方式。

3.1.4 当同一检查项目存在于多个部位的情况时，每个部位称之为一个检查点，例如管道上有多处阀门，每一个阀门就是一个阀门检查点。当检查点较多时，无法对全部检查点进行检查，这就必须采取抽查的方法。当检查项目存在较多隐患时，检查点的数量应增加，这样才能真正查出危险源。

3.1.5 本标准检查表中所有8分以上项（含8分）和带下划线的项大部分为规范强制性条文或对安全至关重要的条款。

3.2 评 价 对 象

3.2.1 在进行安全评价时可以对整个燃气系统进行评价，也可仅对其中的部分场站或管道进行评价。

3.2.2 评价对象的评价结论是按照本标准第3.2.2条的方法由各子系统得分计算得出的。安全评价的有效期根据评价的性质，分别参照企业自我评价周期和法定周期而定。

3.3 评价程序与评价报告

3.3.1 前期准备阶段应明确评价对象，备齐有关安全评价所需的设备、工具，收集国内外相关法律法规、标准、规章、规范等资料。现场检查阶段是到评价对象现场进行设施与操作评价和管理评价，查找不安全因素，与被评价单位交换意见，落实整改方案。整改复查是在被评价单位完成整改后，到现场进行核实，对于整改比较复杂，不可能在短时间内完成的不安全因素，可以在整改完成前编制安全评价报告，但报告中应如实反映相关的情况。

3.3.2 与《安全评价通则》AQ 8001－2007第6章的要求基本一致，根据安全现状评价的特点，增加了附件。附件中可将检测报告、资质证书等证明性的文件材料放入。基本情况中应包括评价目的、范围、依据、程序及评价对象的概况等。

3.3.3 《安全评价通则》AQ 8001－2007附录D中有对安全评价报告格式的要求。

3.4 安全评价方法

3.4.1 定性安全评价方法目前应用较多的有“安全检查表（SCL）”、“事故树分析（FTA）”、“事件树分析（ETA）”、“危险度评价法”、“预先危险性分析（PHA）”、“故障类型和影响分析（FMEA）”、“危险性可操作研究（HAZOP）”、“如果……怎么办（What……if）”等。定量安全评价方法目前应用较多的有“事故树分析（FTA）”、“格雷厄姆—金尼法”、“火灾、爆炸危险指数评价法”、“ICI/Mond火灾、爆炸、毒性指标法”以及“火灾、爆炸、毒物模拟计算”等。针对我国目前经济和技术条件，安全检查表法相对成熟，因此本标准推荐采用安全检查表法。但有条件的企业或评价单位鼓励采用定量安全评价方法。

3.4.5 例如一个燃气公司有一个门站、一个调压站、一个加气站和若干高、中、低压管道，在进行安全评价时，应将门站、调压站、加气站、高压管道、中压管道、低压管道分别作为评价对象采用相应的检查表进行评价，得出每个评价对象现场评价的得分A（门站）、B（调压站）、C（加气站）、D（高压管道）、E（中压管道）、F（低压管道），然后根据每个评价对象在系统中的重要性确定每个评价对象占系统的权重a（门站）、b（调压站）、c（加气站）、d（高压管道）、e（中压管道）、f（低压管道），其中$a+b+c+d+e+f=1.0$。系统现场评价总得分$S=Aa+Bb+Cc+Dd+Ee+Ff$。然后采用检查表法对该公司安全管理进行评价，得出管理评价安全检查表得分G。评价对象总得分为$T=0.6S+0.4G$。

本标准未规定各子系统所占的权重，这是考虑到各燃气公司拥有的燃气系统形态不一，规模不等，不可能用一个统一的标准去规定，因此各子系统所占的权重由评价人员根据评价对象的实际情况予以确定。

3.4.6 燃气系统在不同企业、不同地区可能有不同的构成，特别是设备有可能增减。例如在压缩天然气场站中，压缩机的冷却方式有多种，有风冷式的、也有水冷式的，如果某一压缩天然气场站采用风冷式的压缩机，那么检查表中的有关水冷的要求就属于缺项，在进行检查时，这些项目都可以取消。需要指出的是，检查表中与评价对象有关的内容不得做缺陷处理。例如一个压缩天然气场站没有设置备用压缩机，检查表中有设置备用压缩机的要求，这一条就不能作为缺项。

4 燃气输配场站

4.1 一 般 规 定

4.1.2 划分评价单元是为方便进行评价活动而进行的工作，合理的划分评价单元有助于更好地进行评价，避免漏项。根据不同场站的实际情况，评价单元可以有所删减或增补。

4.2 门站与储配站

4.2.1 周边环境评价

1 虽然规划问题是建站时需要考虑的，但每隔一定时间会进行一次修编，因此在现状评价时应根据最新规划来评价站址的符合性。

3 由于我国正处于经济快速发展的时期，各地城乡建设日新月异，场站建成后周边环境变化较大，因此防火间距问题是评价的重点内容。

4 消防和救护条件是燃气场站事故应急救援的重要依托。10km是指公路里程，除去报警和准备时间，消防车和救护车正常情况下可以在（20～30）min内赶到，符合救援要求。消防队至少应为国家正规编制的消防中队级别（消防站）或具有同等级别的企业消防队，医院至少应为一级丙等医院。

4.2.2 总平面布置评价

1 是按照《城镇燃气设计规范》GB 50028－2006第6.5.5条第1款的要求编写的。

3 检查表（2）是按照《城镇燃气设计规范》GB 50028－2006第6.5.5条第3款的要求编写的。

4.2.3 站内道路交通评价

1 储配站有大量燃气储存，需有利于消防救援。门站和储配站在正常运行时无运输需求，只有工艺装置区的门站一般占地比较小，所以不要求设有2个出入口，储配站生产区为了满足消防救援的要求，宜在两个不同方向设2个出入口。

2 是按照《城镇燃气设计规范》GB 50028－2006第6.5.5条第4款的要求编写的。

3 门站和储配站在正常运行时无运输需求，所以在正常情况下应禁止车辆进入，包括本单位的客运车辆。

4.2.4 燃气质量评价

1 是按照《城镇燃气管理条例》（中华人民共和国国务院令第583号）第22条的要求编写的。

4.2.5 储气设施评价

3 是按照《城镇燃气设施运行、维护和抢修安全技术规程》CJJ 51－2006第3.3.5的要求编写的。

4 低压干式储气罐根据密封方法不同有多种形式，这里提出的是使用较多的稀油密封式，其他形式的低压干式储气应另行编制检查表。

5 检查表（3）是按照《城镇燃气设计规范》GB 50028－2006第6.5.12条第6款的要求编写的。

4.2.7 安全阀与阀门评价

1、2 是按照现行行业标准《压力容器定期检验规则》TSG R7001的相关要求编写的。

4、6 是按照《城镇燃气设施运行、维护和抢修安全技术规程》CJJ 51－2006第3.2.8条第1款的要求编写的。

7 是按照《城镇燃气设施运行、维护和抢修安全技术规程》CJJ 51－2006第3.2.8条第2款的要求编写的。

4.2.8 过滤器评价

2 是按照《城镇燃气设施运行、维护和抢修安全技术规程》CJJ 51－2006第3.3.1条第3款第5项的要求编写的。

3 过滤器排出的污物中存在可燃或有毒的危险废物，随意排放会引起火灾、中毒或环境污染事故。妥善处理是指有收集装置，并能按照危险废物处理程序处理。

4.2.9 工艺管道评价

1 管道标志应符合现行行业标准《城镇燃气标志标准》CJJ/T 153的相关要求。

3 是按照《城镇燃气设施运行、维护和抢修安全技术规程》CJJ 51－2006第3.2.5条第2款第2项和《城镇燃气输配工程施工及验收规范》CJJ 33－2005第8.5.1条的要求编写的。

4.2.10 仪表与自控系统评价

1 燃气设施上的压力表与安全防护相关，属于强制检定的范畴，其检定应符合现行行业标准《压力容器定期检验规则》TSG R7001。

2 是按照《城镇燃气设计规范》GB 50028－2006第6.5.21条第3款的要求编写的。

3 是指直接安装在工艺管道或设备上，或者安装在测量点附近与被测介质有接触，测量并显示工艺参数的一次仪表。

4 是指接受由变送器、转换器、传感器等送来的电或气信号，在控制室通过二次仪表或计算机显示屏显示所检测的工艺参数量值。

5 报警功能是指能够让操作人员易于感知的声、光报警措施。

6 计算机集中控制系统是指设有独立的控制室，配备相应的控制柜或计算机，具有远程数据传输、远程操控、声光报警等功能。

4.2.11 消防与安全设施评价

1 设在露天、敞开或半敞开式建筑内的工艺装置通风条件为良好。设在封闭建筑内时，应核算通风量是否满足小时换气次数，不满足视为通风不良。换气次数应符合现行国家标准《城镇燃气设计规范》GB 50028的相关要求。

3 设有消防水池时应注意消防水池的水位是否在正常范围内，若水位不足，应按储水量不足对待。

消防水的水质对灭火会产生一定的影响，固体漂浮物会对消防水泵产生损坏，油污会加剧火势。露天消防水池容易受外界污染，对水质应予以特别关注。

消防泵房内杂物堆放过多会影响消防泵的开启和运行，消防泵房是非防爆区域，易燃易爆物品泄漏有可能被电火花或其他点火源点燃，引起火灾或爆炸，使消防救援无法进行。

场站内每个消火栓附近应设有消防器材箱，器材箱内应配备与消火栓配套的水管、水枪和扳手。

4 目前燃气场站使用的灭火器大多数为干粉灭火器，按照《建筑灭火器配置验收及检查规范》GB 50444-2008的要求，每一个月应进行一次检查，出厂5年应进行第一次维修，以后每满两年维修一次。

5 对门站和储配站电气设备防爆应按照《城镇燃气设计规范》GB 50028-2006附录D对用电场所的爆炸危险区域等级和范围划分，以及现行国家标准《爆炸和火灾危险环境电力装置设计规范》GB 50058的要求进行评价。着重点是检查现场有无非防爆电气设备和电缆连接，以及防爆电气设备在使用过程中是否出现防爆密封破损的现象。

6 对防雷装置的有效性主要通过专业防雷检测报告来评价，根据《防雷减灾管理办法》（中国气象局令［2004］第8号）第十九条，“投入使用后的防雷装置实行定期检测制度。防雷装置检测应当每年一次，对爆炸危险环境场所的防雷装置应当每半年检测一次。”燃气系统是爆炸危险环境场所，因此必须每半年检测一次。检测时间也是有要求的，应当在雷雨季节来临前检测一次，雷雨季节过后检测一次，所以通常应在3月份和9月份检测。

防静电系统通常与防雷系统共同接地，所以可以通过防雷检测来判断防静电接地的有效性，防雷系统要求的接地电阻比防静电接地电阻值低，因此防雷系统检测合格，防静电接地电阻肯定也合格，因此本标准只提出防雷检测要求，不再列防静电接地电阻要求。

7 目前燃气企业应配备的应急救援器材种类尚无任何国家标准和行业标准要求，企业可根据自身特点和经济条件选择必要的应急救援器材。企业应急救援预案中应有已配备的各种应急救援器材的使用要求。

4.2.12 公用辅助设施评价

1 是根据《城镇燃气设计规范》GB 50028-2006第6.5.20条的要求编写的。“二级负荷”的供电系统，宜由来源于不同变电站的两回线路供电。在负荷较小或地区供电条件困难时，“二级负荷”可由一回6kV及以上专用的架空线路或电缆供电。当达不到“二级负荷”要求时，也可配备发电机组为消防泵等大功率用电设备提供备用电源，当场站无消防泵等大功率用电设备时，可采用EPS（Emergency Power Supply，紧急电力供应）系统作为控制系统或应急照明备用电源。

2 变配电间应有良好的防潮、防雨能力，因此地坪应相对提高，防止雨水进入。

3 是根据《10kV及以下变电所设计规范》GB 50053-94第6.2.4条的要求编写的。变配电室是场站内的重要场所，无关人员进入容易导致触电或误操作，引起事故。小动物进入后容易引起短路。

4 变配电室设置应急照明的目的是方便夜间检修的。应急照明是指固定式应急照明灯具，不包括便携式应急照明灯具。

5 是根据《低压配电设计规范》GB 50054-95第5.6.24条的要求编写的。盖板一是为了保护电缆，二是为了防止人员坠跌。电缆沟一般采用钢筋混凝土盖板，盖板的重量不宜超过50kg。

4.3 调压站与调压装置

4.3.1 周边环境评价

1 是按照《城镇燃气设计规范》GB 50028-2006第6.6.4条第4款的要求编写的。

2 是按照《城镇燃气设计规范》GB 50028-2006第6.6.2条第6款的要求编写的。

3 当调压装置设置于建筑物内时，间距应从建筑边缘算起；当调压装置露天时，间距应从装置边缘算起；当调压装置设置于调压柜（或箱）内时，间距应从柜（或箱）的边缘算起。

5 是按照《城镇燃气设计规范》GB 50028-2006第6.6.5条第1款的要求编写的。

6 是按照《城镇燃气设计规范》GB 50028-2006第6.6.4条第1款第2和第3项的要求编写的。

7 是按照《城镇燃气设计规范》GB 50028-2006第6.6.6条第2款第1项的要求编写的。

8 是按照《城镇燃气设计规范》GB 50028-2006第6.6.11条第2款的要求编写的。

9 是按照《城镇燃气设计规范》GB 50028-2006第6.6.8条的要求编写的。

10 楼栋式调压箱处于复杂的居民区内，消防车道的要求实现比较困难，所以本条只要求调压站和区域性调压柜（箱）应处于消防车道的附近。

4.3.2 设有调压装置的建筑评价

1 是按照《城镇燃气设计规范》GB 50028-2006第6.6.6条第1款第1项和第6.6.12条第2款的要求编写的。

2 是按照《城镇燃气设计规范》GB 50028-2006第6.6.4条第1款第3项、第6.6.6条第1款第2项、第6.6.6条第3款第1项和第6.6.12条第1款的要求编写的。

3 是按照《城镇燃气设计规范》GB 50028-2006第6.6.6条第1款第2项和第6.6.12条第7款的要求编写的。

4 是按照《城镇燃气设计规范》GB 50028-2006第6.6.6条第3款第2项的要求编写的。

5 是按照《城镇燃气设计规范》GB 50028-2006第6.6.6条第1款第3项、第6.6.12条第5款和第6.6.14条第5款的要求编写的。

4.3.3 调压器评价

2 是按照《城镇燃气设施运行、维护和抢修安全技术规程》CJJ 51-2006第3.3.1条第3款第2项的要求编写的。

3 是按照《城镇燃气设施运行、维护和抢修安全技术规程》CJJ 51-2006第3.3.1条第3款第1项的要求编写的。

5 是按照《城镇燃气设计规范》GB 50028-2006第6.6.10条第5款的要求编写的，调压器的超压切断功能应优先于放散功能。

7 是按照《城镇燃气设计规范》GB 50028-2006第6.6.7条的要求编写的。

8 是按照《城镇燃气设计规范》GB 50028-2006第6.6.10条第7款的要求编写的。

4.3.4 安全阀与阀门评价

1、2 是按照《城镇燃气设计规范》GB 50028-2006第6.6.10条第2款的要求编写的。

4.3.8 消防与安全设施评价

4 是按照《城镇燃气设计规范》GB 50028-2006第6.6.6条第1款第5项和第6.6.12条第4款的要求编写的。

5 是按照《城镇燃气设计规范》GB 50028-2006第6.6.12条第9款的要求编写的。

6 是按照《城镇燃气设计规范》GB 50028-2006第6.6.2条第1款的要求编写的。

8 是按照《城镇燃气设计规范》GB 50028-2006第6.6.5条第5款的要求编写的。

9 是按照《城镇燃气设计规范》GB 50028-2006第6.6.6条第2款第3项的要求编写的。

11 是按照《城镇燃气设计规范》GB 50028-2006第6.6.14条第3款的要求编写的。

12 是按照《城镇燃气设计规范》GB 50028-2006第6.6.15条的要求编写的。

4.3.9 调压站的采暖评价

1 是按照《城镇燃气设计规范》GB 50028-2006第6.6.13条的要求编写的。

2 是按照《城镇燃气设计规范》GB 50028-2006第6.6.13条第1款的要求编写的。

3、4 是按照《城镇燃气设计规范》GB 50028-2006第6.6.13条第2款的要求编写的。

5 是按照《城镇燃气设计规范》GB 50028-2006第6.6.13条第3款的要求编写的。

6 是按照《城镇燃气设计规范》GB 50028-2006第6.6.13条第4款的要求编写的。

5 燃 气 管 道

5.1 一 般 规 定

5.1.1 压力范围是根据《城镇燃气设计规范》GB 50028-2006第6.1.1条和《聚乙烯燃气管道工程技术规程》CJJ 63-2008第1.0.2条确定的。

我国城镇燃气所采用的压力基本在上述范围之内，但也有少数城市存在特殊压力的输配管道，例如上海市目前有6.3MPa的城镇燃气高压管道。虽然这类燃气管道在设计上与城镇燃气管道有所不同，但在安全评价内容方面是基本相同的，所以这类管道的安全评价可以参照本标准的相关条款执行，在一些具体数值和要求上有所区别，评价人员在评价过程中应注意调整。

5.1.2 城镇燃气输配管道较长，管网和沿线环境情况差异较大，将整个输配管网作为一个评价对象进行评价，难以把握重点，难以确定隐患所处的位置，所以应合理划分评价单元。

环境包括地面环境和地下环境，同一管段当地面环境和地下环境存在较大差异时，也可根据实际情况划分管段分别进行评价。

5.2 钢质燃气管道

5.2.1 管道敷设评价

1 埋地燃气管道是隐蔽工程，难以表面观察，因此在进行间距评价时，除可借助竣工图外，还应辅以有效的定位设备进行检测，燃气经营企业在进行检查时，应全面无遗漏，第三方评价机构在进行评价时，可基于燃气经营企业的自查记录，并按照一定比例抽查。在进行埋深和穿、跨越评价时也应遵循上述要求。

4 是按照《城镇燃气设施运行、维护和抢修安全技术规程》CJJ 51-2006第3.2.1条的要求编写的。此类情况中还包括废弃管道和不带气管线的隔断。

5 是按照《城镇燃气设计规范》GB 50028－2006第6.3.6条的要求编写的。

5.2.2 管道附件评价

1 检查表（1）是按照《城镇燃气设计规范》GB 50028－2006第6.3.13条的要求编写的。

检查表（2）的总分值为4分，而本标准第4.2.7条检查表第3～7条总分值为10分，在按本标准第4.2.7条检查表第3～7条评价后，应将分值折算为以4分为总分的分值。

检查表（3）、（4）是按照《城镇燃气设施运行、维护和抢修安全技术规程》CJJ 51－2006第3.2.8条的要求编写的。燃气经营企业在进行检查时，应全面无遗漏，第三方评价机构在进行评价时，可基于燃气经营企业的自查记录，并可按照一定比例抽查。在进行凝水缸、调长器的评价时也应遵循上述要求。

2 是按照《城镇燃气设施运行、维护和抢修安全技术规程》CJJ 51－2006第3.2.9条的要求编写的。

3 是按照《城镇燃气设施运行、维护和抢修安全技术规程》CJJ 51－2006第3.2.10条的要求编写的。

5.2.3 日常运行维护评价

1 巡线制度完善是指根据管段不同风险制定巡线周期和巡线内容。巡线保障措施包括巡线人员和巡线工具等的配备。

2 评分标准中所列的举办广场或进社区安全宣传活动、与相关政府和单位举办燃气设施安全保护研讨会、在报刊、杂志、电视、广播等媒体上登载安全宣传广告，均应在评价前一年内举行方可有效得分，否则不得分。

3 是按照《城镇燃气输配工程施工及验收规范》CJJ 33－2005第2.6.2条的要求编写的。

4 是按照《城镇燃气管理条例》（中华人民共和国国务院令第583号）第33条的要求编写的。

5 是按照《城镇燃气设计规范》GB 50028－2006第6.3.3条的要求编写的。

6 是按照《城镇燃气管理条例》（中华人民共和国国务院令第583号）第37条的要求编写的。

5.2.4 管道泄漏检查评价

2 燃气经营企业也可以将泄漏检查工作委托给专业机构进行，在这种情况下就应检查委托协议和委托单位的资质。

5.2.5 管道防腐蚀评价

1 气质检测报告可以是企业自己检测的，也可以是上游供气单位提供的。

2 防腐漆严重脱落指防腐漆脱落面积超过50%，部分脱落指防腐漆脱落面积不超过50%，防腐漆脱落面积不超过5%可认为完好无损。

3 应取与管道处于同一水平面且靠近管道的土壤，土壤分析样本应不少于5个取平均值。

5.3 聚乙烯燃气管道

5.3.1 管道敷设评价

2 是按照《聚乙烯燃气管道工程技术规范》CJJ 63－2008第4.3.11条的要求编写的。

3 目前的技术手段难以探测到埋地聚乙烯管道，因此聚乙烯管道的示踪相对于钢质管道的示踪更具有现实意义，所以增加了这项评价内容。

6 压缩天然气场站

6.1 一 般 规 定

6.1.1 适用范围与《城镇燃气设计规范》GB 50028－2006第7.1.1条的规定一致。压缩天然气气瓶车属于危险品车辆，需要在交通管理部门办理相关的危险品运输资质，其安全审查权限归属于交通管理部门，目前国内交通管理部门已经开展了对危险品运输车辆的安全评价工作，形成了一系列评价要求和规范，因此即使危险品运输车辆的产权属于燃气公司，也不在本标准适用的范围内，相关评价执行交通管理部门发布的有关评价标准。类似的也包括液化天然气运输槽车、液化石油气运输槽车、压缩天然气气瓶运输车、液化天然气气瓶运输车、液化石油气气瓶运输车等。需要指出的是，虽然这类车辆的安全评价不适用本标准，但这类车辆在站内的作业是属于本标准规定的范围内，例如对气瓶资质和检测有效性的检查，加气、卸气的操作要求等等。

6.2 压缩天然气加气站

6.2.1 周边环境评价

3 是按照《汽车加油加气站设计与施工规范》GB 50156－2002（2006年版）第3.0.5条和第3.0.7条的要求编写的。

4 《城镇燃气设计规范》GB 50028－2006与《汽车加油加气站设计与施工规范》GB 50156－2002（2006年版）对压缩天然气汽车加气站的气瓶车固定车位防火间距都有规定，采用哪个规范取决于气瓶车在固定车位总几何容积。通常汽车加气子站规模较小，多数都是一个车位，可以采用《汽车加油加气站设计与施工规范》GB 50156－2002（2006年版），而加气母站通常具有多个加气车位，应采用《城镇燃气设计规范》GB 50028－2006。除了气瓶车固定车位外，《城镇燃气设计规范》GB 50028－2006未规定其他设施的防火间距，因此其他设施的防火间距均应按照《汽车加油加气站设计与施工规范》GB 50156－2002（2006年版）执行。

"压缩天然气加气站站房内不得设有住宿、餐饮和娱乐等经营性场所”的要求是按照《汽车加油加气站设计与施工规范》GB 50156－2002（2006年版）第11.2.10条的要求编写的。

6 是按照《城镇燃气设计规范》GB 50028－2006第7.6.9条的要求编写的。压缩天然气加气站内通常设有压缩机，会产生较大的噪声，因此对压缩天然气加气站应评价噪声危害。

6.2.2 总平面布置评价

1 是按照《城镇燃气设计规范》GB 50028－2006第7.2.14条的要求编写的。对于加气子站和标准站生产区指工艺装置区，辅助区指加气区。

3 检查表（3）是按照《城镇燃气设计规范》GB 50028－2006第7.2.9条的要求编写的。

6.2.3 站内道路交通评价

1 是按照《汽车加油加气站设计与施工规范》GB 50156－2002（2006年版）第5.0.2条的要求编写的。

2 是按照《汽车加油加气站设计与施工规范》GB 50156－2002（2006年版）第5.0.3条第1款的要求编写的。压缩天然气加气站一般较小，设施设备相对简单，不必要设环形消防车道，但对于加气母站和加气子站，由于使用到气瓶车，回车场地是必须要有的。

3 是按照《汽车加油加气站设计与施工规范》GB 50156－2002（2006年版）第5.0.3条第2款和第3款的要求编写的。实际评价时可采用车辆停车后不拉手闸，观察是否有溜动迹象的方法来判断平整度。站内道路如果采用沥青路面，则在发生火灾时沥青将发生熔融而影响车辆撤离和消防工作正常进行。

4 对于只有一块场坪的场站来说，不存在道路概念，可以不设检查表中所列的路面标线。

5 根据《工业企业厂内铁路、道路运输安全规程》GB 4387－2008第6.1.2条的规定，“跨越道路上空架设管线距路面的最小净高不得小于5m，……如有足够依据确保安全通行时，净空高度可小于5m，但不得小于4.5m，跨越道路上空的建（构）筑物（含桥梁、隧道等）以及管线，应增设限高标志和限高设施”。因此场站内架空管道和建（构）筑物要求为5m，但由于普通压缩天然气气瓶车高度通常为2.95m左右，即使3排10个管束的超大气瓶车高度也仅为3.4m左右，因此最低要求可以降到4.5m。

6 防撞装置可以是防撞柱，也可以是坚固的固定式围栏，但可移动式的围栏不能作为防撞柱。

6.2.4 气体净化装置评价

1 是按照《车用压缩天然气》GB 18047－2000第4.1条的要求编写的。

3 目前大多数城市使用的天然气已经经过层层净化，质量比较好，脱水装置脱出的水往往很少，少量的水排出后可以自然挥发掉，对于这种情况可不设专门的收集装置。

6.2.5 加压装置评价

1 目前压缩机的集成化技术越来越高，比较先进的压缩机已经自带缓冲装置，采用这类压缩机可以不必在压缩机前设置缓冲罐。压缩机异常声响包括喘振、邻机干扰等现象。

2 是按照《城镇燃气设计规范》GB 50028－2006第7.2.17条的要求编写的。压缩天然气加气站压缩机至少应配备2台，一用一备。

3 压力指标是按照《城镇燃气设计规范》GB 50028－2006第7.2.17条的要求编写的。

5 冷却水循环使用是节能环保的要求。为了保证循环水的水质，减少结垢和腐蚀，补充新的循环水应首先软化除氧，有条件的企业可以在循环水管路上装设在线水质分析仪，也可定期取样检测，发现水质不符合使用标准时，应及时更换。

6 是按照《城镇燃气设计规范》GB 50028－2006第7.2.21条的要求编写的。

8 是按照《城镇燃气设计规范》GB 50028－2006第7.2.26条的要求编写的。

9 在进行评价时，应结合压缩机振动对建筑造成的损伤程度来进行评价，如果发现已经对建筑产生损伤，如开裂、崩块等，即使有防护措施也不得分。

6.2.6 加（卸）气评价

1 根据《城镇燃气设计规范》GB 50028－2006第7.2.6条的要求，每台气瓶车的固定车位宽度不应小于4.5m，长度宜为气瓶车长度。固定块应由场站准备，当场站设有轮卡装置时，可不配备固定块。气瓶车加满气后使得站内危险物品的量增加，如不及时离开，发生事故后将产生较大的危害。

2 由于涉及利益问题，很多燃气企业往往容易向买方妥协，即使有这样的要求，但执行起来可能由于买方的拖延或承诺而往往不了了之。本条的要求是极其重要的，事故的发生不外乎两方面原因，人的不安全行为（违章操作）和物的不安全状态，在压缩天然气加气站运行过程中，人的操作，站内设施的维护都是加气站方面可控的，唯一不可控的就是气瓶车，因此必须严格要求。

4 为了保障防静电接地的效果，接地装置应定期检测接地电阻值。有条件的燃气企业应配备静电接地检测报警仪，不具备条件的可委托防雷防静电检测机构定期进行检测。静电接地电阻值是按照《防止静电事故通用导则》GB 12158－2006第6.1.2条的要求编写的。

5 是按照《城镇燃气设计规范》GB 50028－2006第7.2.16条的要求编写的。压缩天然气系统的设计压力为最高工作压力的1.1倍，因此检查表中压力超过10%时不得分。

6 是按照《气瓶安全监察规程》（质技监局锅发

［2000］250号）第79条的要求编写的。

7 检查表（1）是按照《城镇燃气设计规范》GB 50028－2006第7.5.4条的要求编写的。由于目前我国尚未制订高压加气软管的国家标准，各家厂商生产的高压加气软管质量参差不齐，因此本标准未对使用年限进行统一规定。燃气企业应根据产品的使用维护说明进行定期检查和维护，必要时可采取静压试验等方法进行检测。

检查表（2）是按照《汽车加油加气站设计与施工规范》GB 50156－2002（2006年版）第8.4.5条的要求编写的。拉断阀通常在加气软管上使用，卸气软管使用较少，因此对于卸气软管本项可做缺项处理。

8 检查表（1）重点是检查扳机的灵活性和加气嘴的密封性。

检查表（2）中的安全保护装置主要有紧急截断阀、加气截断阀、安全限压装置、流量控制装置、流量计，以及在进气管道上设置的防撞事故自动切断阀等。

6.2.7 储气装置评价

1 是按照《汽车加油加气站设计与施工规范》GB 50156－2002（2006年版）第8.5.2条的要求编写的。

4 是按照《汽车加油加气站设计与施工规范》GB 50156－2002（2006年版）第8.3.4条和第8.3.6条的要求编写的。储气瓶数量越多，接头就越多，可能造成泄漏的危险源点就越多。

6.3 压缩天然气供应站

6.3.2 总平面布置评价

1 是按照《城镇燃气设计规范》GB 50028－2006第7.3.11条的要求编写的。

3 检查表（3）是按照《城镇燃气设计规范》GB 50028－2006第7.3.10条的要求编写的。

6.3.5 储气瓶组评价

1 是按照《城镇燃气设计规范》GB 50028－2006第7.4.1条第1款的要求编写的。

2 根据《气瓶颜色标志》GB 7144－1999表2的规定，天然气气瓶瓶色应为棕色，字色应为白色，检验色标应符合该规范表4的要求。

3 根据《气瓶安全监察规定》（国家质量监督检验检疫总局令第46号）第36条，气瓶定期检验证书有效期为4年。当气瓶产权不属于燃气公司时，燃气公司有义务检查使用气瓶是否在检验周期内，若不符合要求应拒绝使用。

4 是按照《气瓶安全监察规定》（国家质量监督检验检疫总局令第46号）第44条的要求编写的。

6.3.7 供热（热水）装置评价

压缩天然气调压过程中的供热形式有多种，这里提出的是使用较多的热水供热方式，其他形式的供热方式应另行编制检查表。

1 是按照《城镇燃气设计规范》GB 50028－2006第7.3.14条第3款的要求编写的。

3 热水炉的安全保护功能主要有停电停泵安全保护、熄火保护、超温保护等。

7 液化石油气场站

7.2 液化石油气供应站

7.2.1 周边环境评价

1 专为住宅小区或商业设施等配套的小型液化石油气气化站和混气站（总容积不大于50m^3且单罐容积不大于20m^3）可不受本条限制。

3 是按照《城镇燃气设计规范》GB 50028－2006第8.3.6条的要求编写的。当液化石油气供应站周边存在茂密的树林时，也应看做易于造成液化石油气积聚。

7.2.2 总平面布置评价

1 是按照《城镇燃气设计规范》GB 50028－2006第8.3.11条的要求编写的。

2 是按照《城镇燃气设计规范》GB 50028－2006第8.3.12条的要求编写的。由于液化石油气比空气重，泄漏后会沿地面向四周扩散，因此生产区的实体围墙非常重要，不仅仅是起到安全隔离的作用，还能在泄漏时阻止液化石油气向站外扩散。

3 由于《城镇燃气设计规范》GB 50028－2006中未对全冷冻式液化石油气储罐与站内建（构）筑物的防火间距做出规定，因此本标准在液化石油气储罐与站内建（构）筑物的防火间距要求中也不区分储存方式，全冷冻式液化石油气储罐与站内建（构）筑物的防火间距可以参考执行。

检查表第（3）项是按照《城镇燃气设计规范》GB 50028－2006第8.3.33条的要求编写的。

4 是按照《城镇燃气设计规范》GB 50028－2006第8.3.19条的要求编写的。储罐在发生泄漏等事故时，将事故罐内的液化石油气转移到非事故罐内，是常见的非常有效地防止事故扩大的措施，因此设置两台储罐和相应的管道系统十分必要。

5 是按照《城镇燃气设计规范》GB 50028－2006第8.3.15条的要求编写的。

6 是按照《城镇燃气设计规范》GB 50028－2006第8.12.3条的要求编写的。

7.2.3 站内道路交通评价

1 是按照《城镇燃气设计规范》GB 50028－2006第8.3.14条的要求编写的。

2 是按照《城镇燃气设计规范》GB 50028－2006第8.3.13条的要求编写的。

7.2.4 液化石油气装卸评价

2 对于铁路槽车也需要指定地点停靠，但不存在边界线的要求，当液化石油气供应站内设有槽车库时，空槽车可长时间停放在槽车库内。

5 液态物料在装卸过程中产生静电的能力比气态物料强得多，所以静电接地的要求对液态物料而言更为重要，因此相对于气态天然气装卸的分值高。

6 灌装既包括向槽罐车灌装，也包括槽罐车向站内固定储罐灌装。

7 检查表（2）、（3）是按照《城镇燃气设计规范》GB 50028-2006 第 8.3.34 条的要求编写的。

8 检查表（1）是防止人员高处坠落的措施，铁路装卸栈桥通常都在二层平台上。

检查表（2）是按照《城镇燃气设计规范》GB 50028-2006 第 8.3.18 条的要求编写的。

7.2.5 压缩机和烃泵评价

1 目前使用老式压缩机的情况很多，但使用新式无油压缩机比使用老式压缩机在安全性能上有了很大的提高，因此鼓励液化石油气企业淘汰老式压缩机，由于规范目前尚未不允许使用老式压缩机，因此分值不高。

2 是按照《液化石油气瓶充装站安全技术条件》GB 17267-1998 第 7.2.2 条的要求编写的。

4 不同压缩机的排气压力和排气温度不同，因此未规定确切数值，目前大量使用的新式无油润滑压缩机排气压力通常在 1.5MPa，排气温度不超过 100℃。烃泵目前多采用容积式泵，当出口阀门关闭后，很容易产生超压，因此安全回流阀的正常工作十分重要。

5 液化石油气压缩机和烃泵的润滑系统只是保障机械的正常运转，不像天然气压缩机的润滑油还有密封、冷却作用，因此分值较天然气压缩机低。

6 是按照《城镇燃气设计规范》GB 50028-2006 第 8.3.24 条第 2 款的要求编写的。

8 是按照《城镇燃气设计规范》GB 50028-2006 第 8.3.23 条的要求编写的。压缩机同理。

9 转动时由于电磁感应会在金属罩上产生一定的电压，此外电气设备的漏电也会使金属罩产生电压，如不接地有可能发生放电现象引发火灾甚至爆炸事故。

7.2.6 气瓶灌装作业评价

1 是按照《液化石油气瓶充装站安全技术条件》GB 17267-1998 第 7.5.1 条和第 7.5.2 条的要求编写的。自动灌装秤灌装精度较高，相对于手动灌装秤能大大减少人为失误造成的超装。灌装秤属于计量设备，按照计量法规的规定，灌装秤需要强制定期检验，周期为半年。

2 是按照《城镇燃气设施运行、维护和抢修安全技术规程》CJJ 51-2006 第 6.2.4 条编写的。为了方便气瓶的检查可以要求灌装站只灌装自有气瓶，但完全做到这一点十分困难，因此不做这一要求。目前一些地区的质量技术监督管理部门在液化石油气气瓶上设置条形码，就是一种信息化管理技术。

3 是按照《城镇燃气设计规范》GB 50028-2006 第 8.3.29 条的要求编写的。

4、5 是按照《城镇燃气设计规范》GB 50028-2006 第 8.3.28 条的要求编写的。

6 非自动化灌装线，本条可做缺项处理。

7 是按照《城镇燃气设施运行、维护和抢修安全技术规程》CJJ 51-2006 第 6.4.1 条第 1、2 款的要求编写的。

8 是按照《城镇燃气设计规范》GB 50028-2006 第 8.3.27 条的要求编写的。

7.2.7 气化和混气装置评价

1 是按照《城镇燃气设计规范》GB 50028-2006 第 8.4.17 条的要求编写的。

4 是按照《城镇燃气设施运行、维护和抢修安全技术规程》CJJ 51-2006 第 6.2.6 条第 1、2、3 款的要求编写的。由于各种气化器和混合器工作压力和工作温度不同，因此本标准不具体规定相关数值。

5、6 是按照《城镇燃气设施运行、维护和抢修安全技术规程》CJJ 51-2006 第 6.2.6 条第 4 款的要求编写的。

7 是按照《城镇燃气设计规范》GB 50028-2006 第 8.4.19 条的要求编写的。

8 是按照《城镇燃气设施运行、维护和抢修安全技术规程》CJJ 51-2006 第 6.2.6 条第 6 款的要求编写的。

7.2.8 储罐评价

2 液化石油气储罐设计压力为 1.77MPa 时，最高工作压力应设定为 1.6MPa，当温度超过 40℃时，应开启喷淋降温。

3 是按照《城镇燃气设计规范》GB 50028-2006 第 8.8.11 条第 3 款的要求编写的。目前紧急切断阀主要有 3 种动作形式，常见的是手摇油泵，自动化程度较高的采用电磁阀或气动阀门。不管哪种方式都要求操作方便，动作迅速，关闭紧密。

4 是按照《城镇燃气设计规范》GB 50028-2006 第 8.8.11 条第 4 款的要求编写的。

5 是按照《城镇燃气设施运行、维护和抢修安全技术规程》CJJ 51-2006 第 6.2.1 条第 6 款的要求编写的。目前注水和注胶装置尚未普及，因此分值不高。

6 是按照《城镇燃气设计规范》GB 50028-2006 第 8.8.19 条的要求编写的。目前相关规范标准对埋地储罐防腐层和阴极保护的检测周期并未规定，因此可参考埋地钢质管道的要求执行。

8 是按照《城镇燃气设计规范》GB 50028-

2006第8.3.20条的要求编写的。

9 是按照《城镇燃气设计规范》GB 50028-2006第8.3.19条第4款和《城镇燃气设施运行、维护和抢修安全技术规程》CJJ 51-2006第6.2.1条第10款的要求编写的。

10 是参照《城镇燃气设计规范》GB 50028-2006第8.8.10条和《固定式压力容器安全技术监察规程》TSG R0004-2009第3.17条第2款的要求编写的。

11 当喷淋水覆盖储罐外表面积超过80%，可认为基本覆盖。

7.3 液化石油气瓶组气化站

7.3.1 总图布置评价

2 当采用自然气化方式供气，且配置气瓶的总容积小于1m^3时本条可做缺项处理。

3 是按照《城镇燃气设计规范》GB 50028-2006第8.5.7条的要求编写的。

7.3.2 瓶组间与气化间评价

1 检查表（1）是按照《城镇燃气设施运行、维护和抢修安全技术规程》CJJ 51-2006第6.4.2条第1款的要求编写的。表（2）是按照《城镇燃气设计规范》GB 50028-2006第8.5.2条和第8.5.3条的要求编写的。

2 检查表（1）是按照《城镇燃气设计规范》GB 50028-2006第8.5.4条的要求编写的。表（3）是按照《城镇燃气设计规范》GB 50028-2006第8.5.2条的要求编写的。表（4）是按照《城镇燃气设计规范》GB 50028-2006第8.5.3条的要求编写的。

3 是按照《城镇燃气设计规范》GB 50028-2006第8.5.2条第5款的要求编写的。温度超高会导致液化石油气气瓶和管道超压，气化器有可能使用水为加热介质，温度低会导致水结冰或液化石油气难以气化。

7.4 瓶装液化石油气供应站

7.4.1 总图布置评价

1 检查表(2)、(3)是按照《城镇燃气设计规范》GB 50028-2006第8.6.5条的要求编写的。检查表（4）是按照《城镇燃气设计规范》GB 50028-2006第8.6.7条第3款的要求编写的。检查表（5）是按照《城镇燃气设计规范》GB 50028-2006第8.6.7条第7款的要求编写的。

2 是按照《城镇燃气设计规范》GB 50028-2006第8.6.3条的要求编写的。Ⅲ级瓶装供应站可做缺项处理。

7.4.2 瓶库评价

1 检查表（1）的设计等级即《城镇燃气设计规范》GB 50028-2006第8.6.1条的要求。检查表（2）、（3）分别是按照《城镇燃气设计规范》GB 50028-2006第8.6.6条和第8.6.7条的要求编写的。

2 是按照《城镇燃气设计规范》GB 50028-2006第8.6.7条的要求编写的。

4 是按照《城镇燃气设施运行、维护和抢修安全技术规程》CJJ 51-2006第6.4.1条的要求编写的。

7.5 液化石油气汽车加气站

7.5.2 总平面布置评价

4 是按照《汽车加油加气站设计与施工规范》GB.50156-2002（2006年版）第5.0.6条的要求编写的。

5 是按照《汽车加油加气站设计与施工规范》GB 50156-2002（2006年版）第11.2.12条的要求编写的。

6 是按照《汽车加油加气站设计与施工规范》GB 50156-2002（2006年版）第9.0.12条第5款的要求编写的。

7.5.4 液化石油气装卸评价

1 根据《汽车加油加气站设计与施工规范》GB 50156-2002（2006年版）第7.1.1条，“汽车用液化石油气质量应符合国家现行标准《汽车用液化石油气》SY 7548的有关规定”。目前《汽车用液化石油气》SY 7548已被《车用液化石油气》GB 19159代替。

7.5.6 加气评价

5 检查表（1）是按照《汽车加油加气站设计与施工规范》GB 50156-2002（2006年版）第7.3.3条第5款的要求编写的。

7.5.7 储罐评价

3 是按照《汽车加油加气站设计与施工规范》GB 50156-2002（2006年版）第7.5.2条的要求编写的。需要注意《汽车加油加气站设计与施工规范》与《城镇燃气设计规范》对紧急切断阀设置的要求是不同的。

8 液化天然气场站

8.2 液化天然气气化站和调峰液化站

8.2.1 周边环境评价

3 目前我国很多城市的液化天然气场站的规模都向大型化发展，上万立方米的液化天然气储罐也已在不少大城市出现，而我国在液化天然气设计方面尚未有完善的标准，因此本标准需要引用多个规范，在现行国家标准《石油天然气工程设计防火规范》GB 50183中，既规定了防火间距，同时又引入热辐射校核的概念，这是按照现行美国防火协会标准《液化天然气（LNG）生产、储存和装运标准》NFPA59A的要求编写的。在进行现状安全评价时，若不具备热辐射校核条件时，也可依据相关设计文件来进行评价。

8.2.2 总平面布置评价

1、2 是按照《城镇燃气设计规范》GB 50028-2006第9.2.7条的要求编写的。

3 当液化天然气气化站和调峰液化站容积大于2000m³时，《石油天然气工程设计防火规范》GB 50183-2004第10.3节中对液化天然气场站内部防火间距没有十分明确的规定，相关条款有第10.3.4条、第10.3.5条、第10.3.7条和第5.2.1条，需要进行热辐射校核和蒸气云扩散模型计算，十分复杂，我国目前其他标准规范中也无相关规定。在现状安全评价过程中无需再进行复杂的设计计算，因此可以直接参考相关设计文件要求。

4 是按照《城镇燃气设计规范》GB 50028-2006第9.2.10条的要求编写的。由于《城镇燃气设计规范》GB 50028与《石油天然气工程设计防火规范》GB 50183的要求一致性较高，因此不再区分容积不大于2000m³和容积大于2000m³的情况。

5 由于《城镇燃气设计规范》GB 50028与《石油天然气工程设计防火规范》GB 50183中均未对液化天然气场站的绿化提出要求，因此参照液化石油气场站的要求编写。

8.2.3 站内道路交通评价

1 是按照《城镇燃气设计规范》GB 50028-2006第9.2.9条的要求编写的。

2 是按照《城镇燃气设计规范》GB 50028-2006第9.2.8条的要求编写的。

8.2.6 制冷装置评价

1 检查表(1)是按照《制冷空调作业安全技术规范》AQ 7004-2007第4.8.5.2条的要求编写的。

检查表（2）是按照《制冷空调作业安全技术规范》AQ 7004-2007第4.1.3条的要求编写的。

检查表（3）是按照《制冷空调作业安全技术规范》AQ 7004-2007第4.8.3条和第4.8.4条的要求编写的。

2 表面有异常结冻现象说明冷箱保温效果不佳。

8.2.7 液化天然气装卸评价

6 目前国内尚无标准对液化天然气的灌装量有规定，液化天然气槽罐或储罐制造厂家在设备出厂时会提供使用说明书，其中对液化天然气的灌装量会有规定，因此规定应符合设备要求。

7 检查表（2）是按照《城镇燃气设施运行、维护和抢修安全技术规程》CJJ 51-2006第3.3.17条第5款的要求编写的。

8.2.8 气化装置评价

2 是按照《城镇燃气设施运行、维护和抢修安全技术规程》CJJ 51-2006第3.3.15条第2款的要求编写的，液化天然气气化器存在异常结霜说明气化效果不理想，有可能造成气化后的天然气温度过低，对后续设备和管道产生不良影响。

8.2.9 储罐评价

1 是按照《城镇燃气设施运行、维护和抢修安全技术规程》CJJ 51-2006第3.3.15条第4款的要求编写的。

2 是按照《城镇燃气设施运行、维护和抢修安全技术规程》CJJ 51-2006第3.3.15条第2款和第3款的要求编写的。目前液化天然气储罐上设有绝热层的压力表，检查很方便，所以未采纳原标准2年检查一次的要求。真空绝热粉末罐绝热层是抽真空的，而子母罐和混凝土预应力罐体积较大，无法抽真空，通常充填氮气。有异常结霜现象说明储罐绝热层破损较严重，冒汗程度较轻，有珠光砂泄漏说明有导致储罐绝热层失效的可能性，因此三种现象的扣分是不同的。

3 是按照《城镇燃气设施运行、维护和抢修安全技术规程》CJJ 51-2006第3.3.15条第1款的要求编写的。

4 是按照《城镇燃气设计规范》GB 50028-2006第9.4.13条的要求编写的。

5 翻滚的危害可参见《液化天然气的一般特性》GB/T 19204-2003第5.7.1条。其控制措施是按照《城镇燃气设施运行、维护和抢修安全技术规程》CJJ 51-2006第3.3.16条第3款和第4款以及《石油天然气工程设计防火规范》GB 50183-2004第10.4.2条的要求编写的。

6 垂直度的检测要求是按照《城镇燃气设施运行、维护和抢修安全技术规程》CJJ 51-2006第3.3.15条第4款的要求编写的。

7 检查表（1）是按照《城镇燃气设计规范》GB 50028-2006第9.2.10条第3款的要求编写的。（2）是按照《石油天然气工程设计防火规范》GB 50183-2004第10.3.3条第4款的要求编写的。

8.2.14 工艺管道评价

2 是按照《城镇燃气设施运行、维护和抢修安全技术规程》CJJ 51-2006第3.3.15条第5款的要求编写的。

8.2.16 消防及安全设施评价

1 是按照《石油天然气工程设计防火规范》GB 50183-2004第10.4.6条的要求编写的。

2 是按照《石油天然气工程设计防火规范》GB 50183-2004第10.4.3条第3款的要求编写的。

8.3 液化天然气瓶组气化站

8.3.1 总图布置评价

2 是按照《城镇燃气设计规范》GB 50028-

2006第9.3.5条的要求编写的。

8.3.2 气瓶组评价

1 是按照《城镇燃气设计规范》GB 50028-2006第9.3.1条第1款和第2款的要求编写的。

2 是按照《城镇燃气设计规范》GB 50028-2006第9.3.2条的要求编写的。

9 数据采集与监控系统

9.1 一般规定

9.1.1 场站内的站控系统和仪表系统虽然也是数据采集与监控系统的组成部分，但同时也是场站或管道的组成部分，其评价内容在相应的章节中已做评价，因此本章仅对调度中心监控系统和通信系统进行评价。

9.2 调度中心监控系统

9.2.1 服务器评价

1 采用冗余配置，服务器能实现自动冗余切换功能；实时服务器要求365天×24小时不间断运行，采用冗余配置能大幅度提高系统无故障时间。

2 CPU负载率是衡量服务一个重要指标，负荷率大于40%时，系统运行可靠性和效率就明显降低。

3 实时服务器不断采集数据，实时数据库中数据会越来越大，本条是为保证实时数据的安全性。

4 在系统正常运行情况下任意30min内占用内存小于60%，系统内存是衡量服务器一个重要指标，内存占用超过60%时，系统运行可靠性和效率就明显降低。

9.2.2 监控软件评价

7 是按照《城镇燃气设施运行、维护和抢修安全技术规程》CJJ 51-2006第3.4.2条第2款的要求编写的。

9.2.4 系统运行环境评价

1 本条是为保证系统供电安全和系统扩展的需要。

2 关于电子信息设备信号接地的电阻值，IEC有关标准及等同或等效采用IEC标准的国家标准均未规定接地电阻值的要求，根据行业内通用要求，一般计算机房直流工作接地电阻小于1Ω。

3 是按照《电子信息系统机房设计规范》GB 50174-2008第8.3节的要求编写的。

9.3 通信系统

9.3.1 通信网络架构与通道评价

2 视频信号需要占用大量带宽，只有采用光纤通信方式才能实时传输视频信号。

3 无线通信由于数据采集间隔时间长，无法实时采集报警信号，为了保证中心能及时采集到场站报警信号，需要采用逢变上报功能及时捕捉到场站报警信号。

10 用户管理

10.1 一般规定

10.1.1 明确了燃气用户管理现状安全评价的范围。由于管道燃气用户与瓶装液化石油气用户在用气系统的组成存在很大的差异，应分别评价。

10.1.2 管道燃气用户是以用户引入管为起点，对室内燃气管道及相关设施进行划分的，室外燃气管道及配套设施未包括在内；如果需要对管道燃气用户的室外燃气管道及其他部分进行评价，应按照其他章节相关要求进行。

10.1.3 由于每家燃气企业所管理不同类型的用户规模不尽相同，为了全面体现用户的现状水平，给出了总评价得分的一种计算方法，企业也可采用其他更科学的计算方法。

10.2 管道燃气用户

10.2.1 室内燃气管道评价

1 管道外观检查主要检查管道是否有锈蚀以及锈蚀的程度等，评价时可以通过轻轻敲击管道听声音、观察管道表面的损伤、测量管道外径等方式来判断。

2 燃气管道连接部位的密封性可用气密性试验或使用检漏仪器来测定。

3 软管与管道阀门、燃具的连接不牢固，导致软管脱落，燃气泄漏引发爆燃的事故在全国各地均有发生，而且十分频繁。因此，软管与管道阀门、燃具的连接处应采用压紧螺帽（锁母）或管卡（喉箍）固定牢固，不得有漏气现象。选用金属软管是用螺帽（锁母）固定，选用橡胶软管时用管卡（喉箍）固定。

10.2.5 用气设备评价

1 用气设备的生产资质是指国家燃气器具产品生产许可证和安全质量认证。直排式热水器因使用过程中事故不断，安全隐患严重，为了保证人民群众的生命安全，我国已从2000年5月1日起，禁止销售浴用直排式燃气热水器。

3 是按照《家用燃气灶具》GB 16410第5.3.1.12条的要求编写的。

10.2.7 维修管理评价

2 报修程序和报修电话，是保证燃气管道安全运行，保障用户生命财产安全的重要手段，体现了燃气企业作为公用事业行业应承担的社会责任。

10.3 瓶装液化石油气用户

10.3.1 气瓶评价

1 是按照《城镇燃气设计规范》GB 50028－2006第8.7.1条和第8.7.2条的要求编写的。

5 是按照《城镇燃气设计规范》GB 50028－2006第8.7.4条的要求编写的。

11 安全管理

11.2 安全管理

11.2.2 安全生产规章制度评价

2 健全的安全生产规章制度应包括安全例会制度、定期安全学习和活动制度、定期安全检查制度、承包与发包工程安全管理制度、安全措施和费用管理制度、重大危险源管理制度、危险物品使用管理制度、隐患排查和治理制度、事故管理制度、消防安全管理制度、安全奖惩制度、安全教育培训制度、劳动防护用品发放使用和管理制度、安全工器具的使用管理制度、特种作业及特殊作业管理制度、职业健康检查制度、现场作业安全管理制度、三同时制度、定期巡视检查制度、定期维护检修制度、定期检测检验制度、安全标志管理制度、作业环境管理制度、工业卫生管理制度等。

11.2.3 安全操作规程评价

2 生产作业包括带气动火作业、吊装作业、限制性空间内作业、盲板抽堵作业、高处作业、动土作业、设备检修作业、停气与降压作业、带压开孔封堵作业、临时放散火炬作业、通气作业等。

11.2.4 安全教育培训评价

1 是按照《中华人民共和国安全生产法》（中华人民共和国主席令［2002］第70号）第20条的要求编写的。

2 是按照《中华人民共和国安全生产法》（中华人民共和国主席令［2002］第70号）第23条的要求编写的。

3 是按照《中华人民共和国安全生产法》（中华人民共和国主席令［2002］第70号）第21条的要求编写的。

11.2.6 工伤保险评价

1 是按照《工伤保险条例》（国务院令第586号）第2条的要求编写的。

2 是按照《工伤保险条例》（国务院令第586号）第10条的要求编写的。

11.2.10 重大危险源管理评价

2～4 是按照《中华人民共和国安全生产法》（中华人民共和国主席令［2002］第70号）第33条的要求编写的。

11.2.13 设备管理评价

1 设备的日常维护是保证设备正常运行的关键，对防止事故发生具有重要意义。

2 设备的安全技术档案主要包括设计校核文件、竣工图、制造和安装单位相关资质证明、产品质量合格证和说明书、产品质量监督检验证明、铭牌拓印件、注册登记使用证明、定期检验报告、检修维修记录、事故记录等。

中华人民共和国国家标准

城市综合管廊工程技术规范

Technical code for urban utility tunnel engineering

GB 50838—2015

主编部门：中华人民共和国住房和城乡建设部
批准部门：中华人民共和国住房和城乡建设部
施行日期：2　0　1　5　年　6　月　1　日

中华人民共和国住房和城乡建设部
公　　告

第825号

住房城乡建设部关于发布国家标准《城市综合管廊工程技术规范》的公告

现批准《城市综合管廊工程技术规范》为国家标准，编号为GB 50838－2015，自2015年6月1日起实施。其中，第3.0.2、3.0.6、3.0.9、4.1.4、4.2.2、4.3.4、4.3.5、4.3.6、5.1.7、5.4.1、5.4.7、6.1.1、6.4.2、6.4.6、6.5.5、6.6.1、7.1.1、8.1.3条为强制性条文，必须严格执行。原《城市综合管廊工程技术规范》GB 50838－2012同时废止。

本规范由我部标准定额研究所组织中国计划出版社出版发行。

中华人民共和国住房和城乡建设部

2015年5月22日

前　　言

本规范是根据住房城乡建设部《关于请参加〈城市综合管廊工程技术规范〉GB 50838－2012修订工作的通知》（建标标函〔2015〕36号）的要求，由上海市政工程设计研究总院（集团）有限公司和同济大学会同有关单位共同编制。在编制过程中，本规范编制组经广泛调查研究，认真总结实践经验，参考有关国际标准和国外先进标准，并在广泛征求意见的基础上，完成了报批稿，最后经审查定稿。

本规范共分10章，主要技术内容有：总则、术语和符号、基本规定、规划、总体设计、管线设计、附属设施设计、结构设计、施工及验收和维护管理。

本规范修订的主要技术内容是：

1. 增加对综合管廊工程的基本规定；

2. 明确了给水、雨水、污水、再生水、开然气、热力、电力、通信等城市工程管线采用综合管廊方式敷设的规划规定；

3. 增加雨水管道采用综合管廊方式敷设时的技术规定；

4. 增加污水管道采用综合管廊方式敷设时的技术规定；

5. 增加天然气管道采用综合管廊方式敷设时的技术规定；

6. 增加热力管道采用综合管廊方式敷设时的技术规定；

7. 增加综合管廊配备检修车的技术规定；

8. 增加管线设计的技术规定；

9. 修订预制拼装综合管廊结构的技术规定；

本规范中以黑体字标志的条文为强制性条文，必须严格执行。

本规范由住房城乡建设部负责管理和对强制性条文的解释，由上海市政工程设计研究总院（集团）有限公司负责具体技术内容的解释。执行过程中如有意见或建议，请寄送上海市政工程设计研究总院（集团）有限公司（地址：上海市中山北二路901号，邮政编码：200092），以供今后修订时参考。

本规范主编单位、参编单位、主要起草人和主要审查人：

主编单位：上海市政工程设计研究总院（集团）有限公司同济大学

参编单位：中国城市规划设计研究院
北京城建设计发展集团股份有限公司
北京市市政工程设计研究总院有限公司
中冶京城工程技术有限公司
上海防灾救灾研究所
上海建工集团股份有限公司
上海市城市建设设计研究总院
河南省信阳市水利勘测设计院
上海交通大学
中泰国际控股集团有限公司

主要起草人：王桓栋　薛伟辰（以下按姓氏笔画排列）
丁向京　王　建　王家华　王　梅
尹力文　朱雪明　乔信起　刘广奇
刘澄波　祁德庆　李冬梅　李跃飞

杨幸运　杨京生　杨　剑　肖传德
肖　然　余卫华　汪　胜　宋文波
陈玉山　郄燕秋　胡　翔　高振峰
席　红　陶子明　康明睿　韩　新
曾　磊　谢映霞　魏乃永　魏保军

主要审查人： 束　昱　陈云玉　王如华　阎海鹏
王树林　王蔚蔚　朱国庆　刘雨生
杨　健　张振鹏　郑　琴　屈　凯
胡维杰　段洁仪　倪照鹏　黄继军
曾　滨　靳俊伟　檀　星

目　次

Conrents

1 总　　则

1.0.1 为集约利用城市建设用地，提高城市工程管线建设安全与标准，统筹安排城市工程管线在综合管廊内的敷设，保证城市综合管廊工程建设做到安全适用、经济合理、技术先进、便于施工和维护，制定本规范。

1.0.2 本规范适用于新建、扩建、改建城市综合管廊工程的规划、设计、施工及验收、维护管理。

1.0.3 综合管廊工程建设应遵循"规划先行、适度超前、因地制宜、统筹兼顾"的原则，充分发挥综合管廊的综合效益。

1.0.4 综合管廊工程的规划、设计、施工及验收、维护管理，除应符合本规范外，尚应符合国家现行有关标准的规定。

2 术语和符号

2.1 术　　语

2.1.1 综合管廊　utility tunnel

建于城市地下用于容纳两类及以上城市工程管线的构筑物及附属设施。

2.1.2 干线综合管廊　trunk utility tunnel

用于容纳城市主干工程管线，采用独立分舱方式建设的综合管廊。

2.1.3 支线综合管廊　branch utility tunnel

用于容纳城市配给工程管线，采用单舱或双舱方式建设的综合管廊。

2.1.4 缆线管廊　cable trench

采用浅埋沟道方式建设，设有可开启盖板但其内部空间不能满足人员正常通行要求，用于容纳电力电缆和通信线缆的管廊。

2.1.5 城市工程管线　urban engineering pipeline

城市范围内为满足生活、生产需要的给水、雨水、污水、再生水、天然气、热力、电力、通信等市政公用管线，不包含工业管线。

2.1.6 通信线缆　communication cable

用于传输信息数据电信号或光信号的各种导线的总称，包括通信光缆、通信电缆以及智能弱电系统的信号传输线缆。

2.1.7 现浇混凝土综合管廊结构　cast-in-site utility tunnel

采用现场整体浇筑混凝土的综合管廊。

2.1.8 预制拼装综合管廊结构　precast utility tunnel

在工厂内分节段浇筑成型，现场采用拼装工艺施工成为整体的综合管廊。

2.1.9 管线分支口　junction for pipe or cable

综合管廊内部管线和外部直埋管线相衔接的部位。

2.1.10 集水坑　sump pit

用来收集综合管廊内部渗漏水或管道排空水等的构筑物。

2.1.11 安全标识　safety mark

为便于综合管廊内部管线分类管理、安全引导、警告警示等而设置的铭牌或颜色标识。

2.1.12 舱室　compartment

由结构本体或防火墙分割的用于敷设管线的封闭空间。

2.2 符　　号

2.2.1 材料性能

f_{py}——预应力筋或螺栓的抗拉强度设计值。

2.2.2 作用和作用效应

M——弯矩设计值；

M_j——预制拼装综合管廊节段横向拼缝接头处弯矩设计值；

M_k——预制拼装综合管廊节段横向拼缝接头处弯矩标准值；

M_z——预制拼装综合管廊节段整浇部位弯矩设计值；

N——轴向力设计值；

N_j——预制拼装综合管廊节段横向拼缝接头处轴力设计值；

N_z——预制拼装综合管廊节段整浇部位轴力设计值。

2.2.3 几何参数

A——密封垫沟槽截面面积；

A_0——密封垫截面面积；

A_p——预应力筋或螺栓的截面面积；

h——截面高度；

x——混凝土受压区高度；

θ——预制拼装综合管廊拼缝相对转角。

2.2.4 计算系数及其他

K——旋转弹簧常数；

α_1——系数；

ζ——拼缝接头弯矩影响系数。

3 基 本 规 定

3.0.1 给水、雨水、污水、再生水、天然气、热力、电力、通信等城市工程管线可纳入综合管廊。

3.0.2 综合管廊工程建设应以综合管廊工程规划为依据。

3.0.3 综合管廊工程应结合新区建设、旧城改造、道路新（扩、改）建，在城市重要地段和管线密集区规划建设。

3.0.4 城市新区主干路下的管线宜纳入综合管廊，综合管廊应与主干路同步建设。城市老（旧）城区综合管廊建设宜结合地下空间开发、旧城改造、道路改造、地下主要管线改造等项目同步进行。

3.0.5 综合管廊工程规划与建设应与地下空间、环境景观等相关城市基础设施衔接、协调。

3.0.6 综合管廊应统一规划、设计、施工和维护，并应满足管线的使用和运营维护要求。

3.0.7 综合管廊应同步建设消防、供电、照明、监控与报警、通风、排水、标识等设施。

3.0.8 综合管廊工程规划、设计、施工和维护应与各类工程管线统筹协调。

3.0.9 综合管廊工程设计应包含总体设计、结构设计、附属设施设计等，纳入综合管廊的管线应进行专项管线设计。

3.0.10 纳入综合管廊的工程管线设计应符合综合管廊总体设计的规定及国家现行相应管线设计标准的规定。

4 规　　划

4.1 一 般 规 定

4.1.1 综合管廊工程规划应符合城市总体规划要求，规划年限应与城市总体规划一致，并应预留远景发展空间。

4.1.2 综合管廊工程规划应与城市地下空间规划、工程管线专项规划及管线综合规划相衔接。

4.1.3 综合管廊工程规划应坚持因地制宜、远近结合、统一规划、统筹建设的原则。

4.1.4 综合管廊工程规划应集约利用地下空间，统筹规划综合管廊内部空间，协调综合管廊与其他地上、地下工程的关系。

4.1.5 综合管廊工程规划应包含平面布局、断面、位置、近期建设计划等内容。

4.2 平面布局

4.2.1 综合管廊布局应与城市功能分区、建设用地布局和道路网规划相适应。

4.2.2 综合管廊工程规划应结合城市地下管线现状，在城市道路、轨道交通、给水、雨水、污水、再生水、天然气、热力、电力、通信等专项规划以及地下管线综合规划的基础上，确定综合管廊的布局。

4.2.3 综合管廊应与地下交通、地下商业开发、地下人防设施及其他相关建设项目协调。

4.2.4 综合管廊宜分为干线综合管廊、支线综合管廊及缆线管廊。

4.2.5 当遇到下列情况之一时，宜采用综合管廊：

1 交通运输繁忙或地下管线较多的城市主干道以及配合轨道交通、地下道路、城市地下综合体等建设工程地段；

2 城市核心区、中央商务区、地下空间高强度成片集中开发区、重要广场、主要道路的交叉口、道路与铁路或河流的交叉处、过江隧道等；

3 道路宽度难以满足直埋敷设多种管线的路段；

4 重要的公共空间；

5 不宜开挖路面的路段。

4.2.6 综合管廊应设置监控中心，监控中心宜与临近公共建筑合建，建筑面积应满足使用要求。

4.3 断面

4.3.1 综合管廊断面形式应根据纳入管线的种类及规模、建设方式、预留空间等确定。

4.3.2 综合管廊断面应满足管线安装、检修、维护作业所需要的空间要求。

4.3.3 综合管廊内的管线布置应根据纳入管线的种类、规模及周边用地功能确定。

4.3.4 天然气管道应在独立舱室内敷设。

4.3.5 热力管道采用蒸汽介质时应在独立舱室内敷设。

4.3.6 热力管道不应与电力电缆同舱敷设。

4.3.7 110kV及以上电力电缆，不应与通信电缆同侧布置。

4.3.8 给水管道与热力管道同侧布置时，给水管道宜布置在热力管道下方。

4.3.9 进入综合管廊的排水管道应采用分流制，雨水纳入综合管廊可利用结构本体或采用管道方式。

4.3.10 污水纳入综合管廊应采用管道排水方式，污水管道宜设置在综合管廊的底部。

4.4 位置

4.4.1 综合管廊位置应根据道路横断面、地下管线和地下空间利用情况等确定。

4.4.2 干线综合管廊宜设置在机动车道、道路绿化带下。

4.4.3 支线综合管廊宜设置在道路绿化带、人行道或非机动车道下。

4.4.4 缆线管廊宜设置在人行道下。

4.4.5 综合管廊的覆土深度应根据地下设施竖向规划、行车荷载、绿化种植及设计冻深等因素综合确定。

5 总体设计

5.1 一般规定

5.1.1 综合管廊平面中心线宜与道路、铁路、轨道交通、公路中心线平行。

5.1.2 综合管廊穿越城市快速路、主干路、铁路、轨道交通、公路时，宜垂直穿越；受条件限制时可斜向穿越，最小交叉角不宜小于60°。

5.1.3 综合管廊的断面形式及尺寸应根据施工方法及容纳的管线种类、数量、分支等综合确定。

5.1.4 综合管廊管线分支口应满足预留数量、管线进出、安装敷设作业的要求。相应的分支配套设施应同步设计。

5.1.5 含天然气管道舱室的综合管廊不应与其他建(构)筑物合建。

5.1.6 天然气管道舱室与周边建(构)筑物间距应符合现行国家标准《城镇燃气设计规范》GB 50028的有关规定。

5.1.7 压力管道进出综合管廊时，应在综合管廊外部设置阀门。

5.1.8 综合管廊设计时，应预留管道排气阀、补偿器、阀门等附件安装、运行、维护作业所需要的空间。

5.1.9 管道的三通、弯头等部位应设置支撑或预埋件。

5.1.10 综合管廊顶板处，应设置供管道及附件安装用的吊钩、拉环或导轨。吊钩、拉环相邻间距不宜大于10m。

5.1.11 天然气管道舱室地面应采用撞击时不产生火花的材料。

5.2 空间设计

5.2.1 综合管廊穿越河道时应选择在河床稳定的河段，最小覆土深度应满足河道整治和综合管廊安全运行的要求，并应符合下列规定：

1 在Ⅰ～Ⅴ级航道下面敷设时，顶部高程应在远期规划航道底高程2.0m以下；

2 在Ⅵ、Ⅶ级航道下面敷设时，顶部高程应在远期规划航道底高程1.0m以下；

3 在其他河道下面敷设时，顶部高程应在河道底设计高程1.0m以下。

5.2.2 综合管廊与相邻地下管线及地下构筑物的最小净距应根据地质条件和相邻构筑物性质确定，且不得小于表5.2.2的规定。

表5.2.2 综合管廊与相邻地下构筑物的最小净距

相邻情况 \ 施工方法	明挖施工	顶管、盾构施工
综合管廊与地下构筑物水平净距	1.0m	综合管廊外径
综合管廊与地下管线水平净距	1.0m	综合管廊外径
综合管廊与地下管线交叉垂直净距	0.5m	1.0m

5.2.3 综合管廊最小转弯半径，应满足综合管廊内各种管线的转弯半径要求。

5.2.4 综合管廊的监控中心与综合管廊之间宜设置专用连接通道，通道的净尺寸应满足日常检修通行的要求。

5.2.5 综合管廊与其他方式敷设的管线连接处，应采取密封和防止差异沉降的措施。

5.2.6 综合管廊内纵向坡度超过10%时，应在人员通道部位设置防滑地坪或台阶。

5.2.7 综合管廊内电力电缆弯曲半径和分层布置，应符合现行国家标准《电力工程电缆设计规范》GB 50217的有关规定。

5.2.8 综合管廊内通信线缆弯曲半径应大于线缆直径的15倍，

且应符合现行行业标准《通信线路工程设计规范》YD 5102 的有关规定。

5.3 断 面 设 计

5.3.1 综合管廊标准断面内部净高应根据容纳管线的种类、规格、数量、安装要求等综合确定，不宜小于 2.4m。

5.3.2 综合管廊标准断面内部净宽应根据容纳的管线种类、数量、运输、安装、运行、维护等要求综合确定。

5.3.3 综合管廊通道净宽，应满足管道、配件及设备运输的要求，并应符合下列规定：

1 综合管廊内两侧设置支架或管道时，检修通道净宽不宜小于 1.0m；单侧设置支架或管道时，检修通道净宽不宜小于 0.9m。

2 配备检修车的综合管廊检修通道宽度不宜小于 2.2m。

5.3.4 电力电缆的支架间距应符合现行国家标准《电力工程电缆设计规范》GB 50217 的有关规定。

5.3.5 通信线缆的桥架间距应符合现行行业标准《光缆进线室设计规定》YD/T 5151 的有关规定。

5.3.6 综合管廊的管道安装净距（图 5.3.6）不宜小于表 5.3.6 的规定。

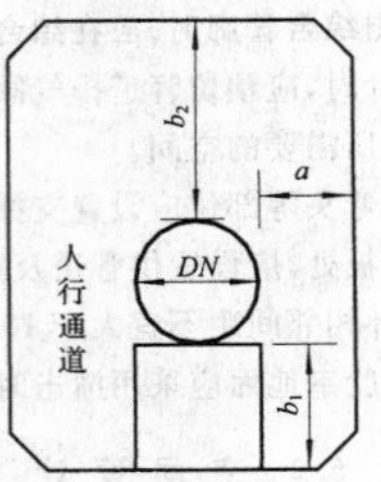

图 5.3.6 管道安装净距

表 5.3.6 综合管廊的管道安装净距

<table>
<tr><th rowspan="3">DN</th><th colspan="6">综合管廊的管道安装净距(mm)</th></tr>
<tr><th colspan="3">铸铁管、螺栓连接钢管</th><th colspan="3">焊接钢管、塑料管</th></tr>
<tr><th>a</th><th>b1</th><th>b2</th><th>a</th><th>b1</th><th>b2</th></tr>
<tr><td>DN<400</td><td>400</td><td>400</td><td rowspan="5">800</td><td rowspan="3">500</td><td rowspan="3">500</td><td rowspan="5">800</td></tr>
<tr><td>400≤DN<800</td><td rowspan="2">500</td><td rowspan="2">500</td></tr>
<tr><td>800≤DN<1000</td></tr>
<tr><td>1000≤DN<1500</td><td>600</td><td>600</td><td>600</td><td>600</td></tr>
<tr><td>≥DN1500</td><td>700</td><td>700</td><td>700</td><td>700</td></tr>
</table>

5.4 节 点 设 计

5.4.1 综合管廊的每个舱室应设置人员出入口、逃生口、吊装口、进风口、排风口、管线分支口等。

5.4.2 综合管廊的人员出入口、逃生口、吊装口、进风口、排风口等露出地面的构筑物应满足城市防洪要求，并应采取防止地面水倒灌及小动物进入的措施。

5.4.3 综合管廊人员出入口宜与逃生口、吊装口、进风口结合设置，且不应少于 2 个。

5.4.4 综合管廊逃生口的设置应符合下列规定：

1 敷设电力电缆的舱室，逃生口间距不宜大于 200m。

2 敷设天然气管道的舱室，逃生口间距不宜大于 200m。

3 敷设热力管道的舱室，逃生口间距不应大于 400m。当热力管道采用蒸汽介质时，逃生口间距不应大于 100m。

4 敷设其他管道的舱室，逃生口间距不宜大于 400m。

5 逃生口尺寸不应小于 1m×1m，当为圆形时，内径不应小于 1m。

5.4.5 综合管廊吊装口的最大间距不宜超过 400m。吊装口净尺寸应满足管线、设备、人员进出的最小允许限界要求。

5.4.6 综合管廊进、排风口的净尺寸应满足通风设备进出的最小尺寸要求。

5.4.7 天然气管道舱室的排风口与其他舱室排风口、进风口、人员出入口以及周边建(构)筑物口部距离不应小于 10m。天然气管道舱室的各类孔口不得与其他舱室连通，并应设置明显的安全警示标识。

5.4.8 露出地面的各类孔口盖板应设置在内部使用时易于人力开启，且在外部使用时非专业人员难以开启的安全装置。

6 管 线 设 计

6.1 一 般 规 定

6.1.1 管线设计应以综合管廊总体设计为依据。

6.1.2 纳入综合管廊的金属管道应进行防腐设计。

6.1.3 管线配套检测设备、控制执行机构或监控系统应设置与综合管廊监控与报警系统联通的信号传输接口。

6.2 给水、再生水管道

6.2.1 给水、再生水管道设计应符合现行国家标准《室外给水设计规范》GB 50013 和《污水再生利用工程设计规范》GB 50335 的有关规定。

6.2.2 给水、再生水管道可选用钢管、球墨铸铁管、塑料管等。接口宜采用刚性连接，钢管可采用沟槽式连接。

6.2.3 管道支撑的形式、间距、固定方式应通过计算确定，并应符合现行国家标准《给水排水工程管道结构设计规范》GB 50332 的有关规定。

6.3 排 水 管 渠

6.3.1 雨水管渠、污水管道设计应符合现行国家标准《室外排水设计规范》GB 50014 的有关规定。

6.3.2 雨水管渠、污水管道应按规划最高日最高时设计流量确定其断面尺寸，并应按近期流量校核流速。

6.3.3 排水管渠进入综合管廊前，应设置检修闸门或闸槽。

6.3.4 雨水、污水管道可选用钢管、球墨铸铁管、塑料管等。压力管道宜采用刚性接口，钢管可采用沟槽式连接。

6.3.5 雨水、污水管道支撑的形式、间距、固定方式应通过计算确定，并应符合现行国家标准《给水排水工程管道结构设计规范》GB 50332 的有关规定。

6.3.6 雨水、污水管道系统应严格密闭。管道应进行功能性试验。

6.3.7 雨水、污水管道的通气装置应直接引至综合管廊外部安全空间，并应与周边环境相协调。

6.3.8 雨水、污水管道的检查及清通设施应满足管道安装、检修、运行和维护的要求。重力流管道并应考虑外部排水系统水位变化、冲击负荷等情况对综合管廊内管道运行安全的影响。

6.3.9 利用综合管廊结构本体排除雨水时，雨水舱结构空间应完全独立和严密，并应采取防止雨水倒灌或渗漏至其他舱室的措施。

6.4 天然气管道

6.4.1 天然气管道设计应符合现行国家标准《城镇燃气设计规范》GB 50028 的有关规定。

6.4.2 天然气管道应采用无缝钢管。

6.4.3 天然气管道的连接应采用焊接，焊缝检测要求应符合表

6.4.3 的规定。

表 6.4.3 焊缝检测要求

压力级别(MPa)	环焊缝无损检测比例	
0.8<P≤1.6	100%射线检验	100%超声波检验
0.4<P≤0.8	100%射线检验	100%超声波检验
0.01<P≤0.4	100%射线检验或100%超声波检验	—
P≤0.01	100%射线检验或100%超声波检验	—

注:1 射线检验符合现行行业标准《承压设备无损检测 第2部分:射线检测》JB/T 4730.2 规定的Ⅱ级(AB级)为合格。
2 超声波检验符合现行行业标准《承压设备无损检测 第3部分:超声检测》JB/T 4730.3 规定的Ⅰ级为合格。

6.4.4 天然气管道支撑的形式、间距、固定方式应通过计算确定，并应符合现行国家标准《城镇燃气设计规范》GB 50028 的有关规定。

6.4.5 天然气管道的阀门、阀件系统设计压力应按提高一个压力等级设计。

6.4.6 天然气调压装置不应设置在综合管廊内。

6.4.7 天然气管道分段阀宜设置在综合管廊外部。当分段阀设置在综合管廊内部时，应具有远程关闭功能。

6.4.8 天然气管道进出综合管廊时应设置具有远程关闭功能的紧急切断阀。

6.4.9 天然气管道进出综合管廊附近的埋地管线、放散管、天然气设备等均应满足防雷、防静电接地的要求。

6.5 热力管道

6.5.1 热力管道应采用钢管、保温层及外护管紧密结合成一体的预制管，并应符合国家现行标准《高密度聚乙烯外护管硬质聚氨酯泡沫塑料预制直埋保温管及管件》GB/T 29047 和《玻璃纤维增强塑料外护层聚氨酯泡沫塑料预制直埋保温管》CJ/T 129 的有关规定。

6.5.2 管道附件必须进行保温。

6.5.3 管道及附件保温结构的表面温度不得超过50℃。保温设计应符合现行国家标准《设备及管道绝热技术通则》GB/T 4272、《设备及管道绝热设计导则》GB/T 8175 和《工业设备及管道绝热工程设计规范》GB 50264 的有关规定。

6.5.4 当同舱敷设的其他管线有正常运行所需环境温度限制要求时，应按舱内温度限定条件校核保温层厚度。

6.5.5 当热力管道采用蒸汽介质时，排气管应引至综合管廊外部安全空间，并应与周边环境相协调。

6.5.6 热力管道设计应符合现行行业标准《城镇供热管网设计规范》CJJ 34 和《城镇供热管网结构设计规范》CJJ 105 的有关规定。

6.5.7 热力管道及配件保温材料应采用难燃材料或不燃材料。

6.6 电力电缆

6.6.1 电力电缆应采用阻燃电缆或不燃电缆。

6.6.2 应对综合管廊内的电力电缆设置电气火灾监控系统。在电缆接头处应设置自动灭火装置。

6.6.3 电力电缆敷设安装应按支架形式设计，并应符合现行国家标准《电力工程电缆设计规范》GB 50217 和《交流电气装置的接地设计规范》GB/T 50065 的有关规定。

6.7 通信线缆

6.7.1 通信线缆应采用阻燃线缆。

6.7.2 通信线缆敷设安装应按桥架形式设计，并应符合国家现行标准《综合布线系统工程设计规范》GB 50311 和《光缆进线室设计规定》YD/T 5151 的有关规定。

7 附属设施设计

7.1 消防系统

7.1.1 含有下列管线的综合管廊舱室火灾危险性分类应符合表 7.1.1 的规定：

表 7.1.1 综合管廊舱室火灾危险性分类

舱室内容纳管线种类		舱室火灾危险性类别
天然气管道		甲
阻燃电力电缆		丙
通信线缆		丙
热力管道		丙
污水管道		丁
雨水管道、给水管道、再生水管道	塑料管等难燃管材	丁
	钢管、球墨铸铁管等不燃管材	戊

7.1.2 当舱室内含有两类及以上管线时，舱室火灾危险性类别应按火灾危险性较大的管线确定。

7.1.3 综合管廊主结构体应为耐火极限不低于3.0h的不燃性结构。

7.1.4 综合管廊内不同舱室之间应采用耐火极限不低于3.0h的不燃性结构进行分隔。

7.1.5 除嵌缝材料外，综合管廊内装修材料应采用不燃材料。

7.1.6 天然气管道舱及容纳电力电缆的舱室应每隔200m采用耐火极限不低于3.0h的不燃性墙体进行防火分隔。防火分隔处的门应采用甲级防火门，管线穿越防火隔断部位应采用阻火包等防火封堵措施进行严密封堵。

7.1.7 综合管廊交叉口及各舱室交叉部位应采用耐火极限不低于3.0h的不燃性墙体进行防火分隔，当有人员通行需求时，防火分隔处的门应采用甲级防火门，管线穿越防火隔断部位应采用阻火包等防火封堵措施进行严密封堵。

7.1.8 综合管廊内应在沿线、人员出入口、逃生口等处设置灭火器材，灭火器材的设置间距不应大于50m，灭火器的配置应符合现行国家标准《建筑灭火器配置设计规范》GB 50140 的有关规定。

7.1.9 干线综合管廊中容纳电力电缆的舱室，支线综合管廊中容纳6根及以上电力电缆的舱室应设置自动灭火系统；其他容纳电力电缆的舱室宜设置自动灭火系统。

7.1.10 综合管廊内的电缆防火与阻燃应符合国家现行标准《电力工程电缆设计规范》GB 50217 和《电力电缆隧道设计规程》DL/T 5484 及《阻燃及耐火电缆 塑料绝缘阻燃及耐火电缆分级和要求 第1部分：阻燃电缆》GA 306.1 和《阻燃及耐火电缆 塑料绝缘阻燃及耐火电缆分级和要求 第2部分：耐火电缆》GA 306.2 的有关规定。

7.2 通风系统

7.2.1 综合管廊宜采用自然进风和机械排风相结合的通风方式。天然气管道舱和含有污水管道的舱室应采用机械进、排风的通风方式。

7.2.2 综合管廊的通风量应根据通风区间、截面尺寸并经计算确定，且应符合下列规定：

1 正常通风换气次数不应小于2次/h，事故通风换气次数不应小于6次/h。

2 天然气管道舱正常通风换气次数不应小于6次/h，事故通风换气次数不应小于12次/h。

3 舱室内天然气浓度大于其爆炸下限浓度值(体积分数)20%时，应启动事故段分区及其相邻分区的事故通风设备。

7.2.3 综合管廊的通风口处出风风速不宜大于5m/s。

7.2.4 综合管廊的通风口应加设防止小动物进入的金属网格，网孔净尺寸不应大于10mm×10mm。

7.2.5 综合管廊的通风设备应符合节能环保要求。天然气管道舱风机应采用防爆风机。

7.2.6 当综合管廊内空气温度高于40℃或需进行线路检修时，应开启排风机，并应满足综合管廊内环境控制的要求。

7.2.7 综合管廊舱室内发生火灾时，发生火灾的防火分区及相邻分区的通风设备应能够自动关闭。

7.2.8 综合管廊内应设置事故后机械排烟设施。

7.3 供电系统

7.3.1 综合管廊供配电系统接线方案、电源供电电压、供电点、供电回路数、容量等应依据综合管廊建设规模、周边电源情况、综合管廊运行管理模式，并经技术经济比较后确定。

7.3.2 综合管廊的消防设备、监控与报警设备、应急照明设备应按现行国家标准《供配电系统设计规范》GB 50052规定的二级负荷供电。天然气管道舱的监控与报警设备、管道紧急切断阀、事故风机应按二级负荷供电，且宜采用两回线路供电；当采用两回线路供电有困难时，应另设置备用电源。其余用电设备可按三级负荷供电。

7.3.3 综合管廊附属设备配电系统应符合下列规定：

1 综合管廊内的低压配电应采用交流220V/380V系统，系统接地型式应为TN－S制，并宜使三相负荷平衡；

2 综合管廊应以防火分区作为配电单元，各配电单元电源进线截面应满足该配电单元内设备同时投入使用时的用电需要；

3 设备受电端的电压偏差：动力设备不宜超过供电标称电压的±5%，照明设备不宜超过＋5%、－10%；

4 应采取无功功率补偿措施；

5 应在各供电单元总进线处设置电能计量测量装置。

7.3.4 综合管廊内电气设备应符合下列规定：

1 电气设备防护等级应适应地下环境的使用要求，应采取防水防潮措施，防护等级不应低于IP54；

2 电气设备应安装在便于维护和操作的地方，不应安装在低洼、可能受积水浸入的地方；

3 电源总配电箱宜安装在管廊进出口处；

4 天然气管道舱内的电气设备应符合现行国家标准《爆炸危险环境电力装置设计规范》GB 50058有关爆炸性气体环境2区的防爆规定。

7.3.5 综合管廊内应设置交流220V/380V带剩余电流动作保护装置的检修插座，插座沿线间距不宜大于60m。检修插座容量不宜小于15kW，安装高度不宜小于0.5m。天然气管道舱内的检修插座应满足防爆要求，且应在检修环境安全的状态下送电。

7.3.6 非消防设备的供电电缆、控制电缆应采用阻燃电缆，火灾时需继续工作的消防设备应采用耐火电缆或不燃电缆。天然气管道舱内的电气线路不应有中间接头，线路敷设应符合现行国家标准《爆炸危险环境电力装置设计规范》GB 50058的有关规定。

7.3.7 综合管廊每个分区的人员进出口处宜设置本分区通风、照明的控制开关。

7.3.8 综合管廊接地应符合下列规定：

1 综合管廊内的接地系统应形成环形接地网，接地电阻不应大于1Ω。

2 综合管廊的接地网宜采用热镀锌扁钢，且截面面积不应小于40mm×5mm。接地网应采用焊接搭接，不得采用螺栓搭接。

3 综合管廊内的金属构件、电缆金属套、金属管道以及电气设备金属外壳均应与接地网连通。

4 含天然气管道舱室的接地系统尚应符合现行国家标准《爆炸危险环境电力装置设计规范》GB 50058的有关规定。

7.3.9 综合管廊地上建(构)筑物部分的防雷应符合现行国家标准《建筑物防雷设计规范》GB 50057的有关规定；地下部分可不设置直击雷防护措施，但应在配电系统中设置防雷电感应过电压的保护装置，并应在综合管廊内设置等电位联结系统。

7.4 照明系统

7.4.1 综合管廊内应设正常照明和应急照明，并应符合下列规定：

1 综合管廊内人行道上的一般照明的平均照度不应小于15 lx，最低照度不应小于5 lx；出入口和设备操作处的局部照度可为100 lx。监控室一般照明照度不宜小于300 lx。

2 管廊内疏散应急照明照度不应低于5 lx，应急电源持续供电时间不应小于60min。

3 监控室备用应急照明照度应达到正常照明照度的要求。

4 出入口和各防火分区防火门上方应设置安全出口标志灯，灯光疏散指示标志应设置在距地坪高度1.0m以下，间距不应大于20m。

7.4.2 综合管廊照明灯具应符合下列规定：

1 灯具应为防触电保护等级Ⅰ类设备，能触及的可导电部分应与固定线路中的保护(PE)线可靠连接。

2 灯具应采取防水防潮措施，防护等级不宜低于IP54，并应具有防外力冲撞的防护措施。

3 灯具应采用节能型光源，并应能快速启动点亮。

4 安装高度低于2.2m的照明灯具应采用24V及以下安全电压供电。当采用220V电压供电时，应采取防止触电的安全措施，并应敷设灯具外壳专用接地线。

5 安装在天然气管道舱内的灯具应符合现行国家标准《爆炸危险环境电力装置设计规范》GB 50058的有关规定。

7.4.3 照明回路导线应采用硬铜导线，截面面积不应小于2.5mm²。线路明敷设时宜采用保护管或线槽穿线方式布线。天然气管线舱内的照明线路应采用低压流体输送用镀锌焊接钢管配线，并应进行隔离密封防爆处理。

7.5 监控与报警系统

7.5.1 综合管廊监控与报警系统宜分为环境与设备监控系统、安全防范系统、通信系统、预警与报警系统、地理信息系统和统一管理信息平台等。

7.5.2 监控与报警系统的组成及其系统架构、系统配置应根据综合管廊建设规模、纳入管线的种类、综合管廊运营维护管理模式等确定。

7.5.3 监控、报警和联动反馈信号应送至监控中心。

7.5.4 综合管廊应设置环境与设备监控系统，并应符合下列规定：

1 应能对综合管廊内环境参数进行监测与报警。环境参数检测内容应符合表7.5.4的规定，含有两类及以上管线的舱室，应按较高要求的管线设置。气体报警设定值应符合国家现行标准《密闭空间作业职业危害防护规范》GBZ/T 205的有关规定。

表7.5.4 环境参数检测内容

舱室容纳管线类别	给水管道、再生水管道、雨水管道	污水管道	天然气管道	热力管道	电力电缆、通信线缆
温度	●	●	●	●	●
湿度	●	●	●	●	●
水位	●	●	●	●	●
O_2	●	●	●	●	●
H_2S气体	▲	●	▲	▲	▲
CH_4气体	▲	●	●	▲	▲

注：●应监测；▲宜监测。

2 应对通风设备、排水泵、电气设备等进行状态监测和控制；设备控制方式宜采用就地手动、就地自动和远程控制。

3 应设置与管廊内各类管线配套检测设备、控制执行机构联通的信号传输接口；当管线采用自成体系的专业监控系统时，应通过标准通信接口接入综合管廊监控与报警系统统一管理平台。

4 环境与设备监控系统设备宜采用工业级产品。

5 H_2S、CH_4 气体探测器应设置在管廊内人员出入口和通风口处。

7.5.5 综合管廊应设置安全防范系统，并应符合下列规定：

1 综合管廊内设备集中安装地点、人员出入口、变配电间和监控中心等场所应设置摄像机；综合管廊内沿线每个防火分区内应至少设置一台摄像机，不分防火分区的舱室，摄像机设置间距不应大于100m。

2 综合管廊人员出入口、通风口应设置入侵报警探测装置和声光报警器。

3 综合管廊人员出入口应设置出入口控制装置。

4 综合管廊应设置电子巡查管理系统，并宜采用离线式。

5 综合管廊的安全防范系统应符合现行国家标准《安全防范工程技术规范》GB 50348、《入侵报警系统工程设计规范》GB 50394、《视频安防监控系统工程设计规范》GB 50395和《出入口控制系统工程设计规范》GB 50396的有关规定。

7.5.6 综合管廊应设置通信系统，并应符合下列规定：

1 应设置固定式通信系统，电话应与监控中心接通，信号应与通信网络联通。综合管廊人员出入口或每一防火分区内应设置通信点；不分防火分区的舱室，通信点设置间距不应大于100m。

2 固定式电话与消防专用电话合用时，应采用独立通信系统。

3 宜设置用于对讲通话的无线信号覆盖系统。

7.5.7 干线、支线综合管廊含电力电缆的舱室应设置火灾自动报警系统，并应符合下列规定：

1 应在电力电缆表层设置线型感温火灾探测器，并应在舱室顶部设置线型光纤感温火灾探测器或感烟火灾探测器；

2 应设置防火门监控系统；

3 设置火灾探测器的场所应设置手动火灾报警按钮和火灾警报器，手动火灾报警按钮处宜设置电话插孔；

4 确认火灾后，防火门监控器应联动关闭常开防火门，消防联动控制器应能联动关闭着火分区及相邻分区通风设备、启动自动灭火系统；

5 应符合现行国家标准《火灾自动报警系统设计规范》GB 50116的有关规定。

7.5.8 天然气管道舱应设置可燃气体探测报警系统，并应符合下列规定：

1 天然气报警浓度设定值(上限值)不应大于其爆炸下限值(体积分数)的20%；

2 天然气探测器应接入可燃气体报警控制器；

3 当天然气管道舱天然气浓度超过报警浓度设定值(上限值)时，应由可燃气体报警控制器或消防联动控制器联动启动天然气舱事故段分区及其相邻分区的事故通风设备；

4 紧急切断浓度设定值(上限值)不应大于其爆炸下限值(体积分数)的25%；

5 应符合国家现行标准《石油化工可燃气体和有毒气体检测报警设计规范》GB 50493、《城镇燃气设计规范》GB 50028和《火灾自动报警系统设计规范》GB 50116的有关规定。

7.5.9 综合管廊宜设置地理信息系统，并应符合下列规定：

1 应具有综合管廊和内部各专业管线基础数据管理、图档管理、管线拓扑维护、数据离线维护、维修与改造管理、基础数据共享等功能；

2 应能为综合管廊报警与监控系统统一管理信息平台提供人机交互界面。

7.5.10 综合管廊应设置统一管理平台，并应符合下列规定：

1 应对监控与报警系统各组成系统进行系统集成，并应具有数据通信、信息采集和综合处理功能；

2 应与各专业管线配套监控系统联通；

3 应与各专业管线单位相关监控平台联通；

4 宜与城市基础设施地理信息系统联通或预留通信接口；

5 应具有可靠性、容错性、易维护性和可扩展性。

7.5.11 天然气管道舱内设置的监控与报警系统设备、安装与接线技术要求应符合现行国家标准《爆炸危险环境电力装置设计规范》GB 50058的有关规定。

7.5.12 监控与报警系统中的非消防设备的仪表控制电缆、通信线缆应采用阻燃线缆。消防设备的联动控制线缆应采用耐火线缆。

7.5.13 火灾自动报警系统布线应符合现行国家标准《火灾自动报警系统设计规范》GB 50116的有关规定。

7.5.14 监控与报警系统主干信息传输网络介质宜采用光缆。

7.5.15 综合管廊内监控与报警设备防护等级不宜低于IP65。

7.5.16 监控与报警设备应由在线式不间断电源供电。

7.5.17 监控与报警系统的防雷、接地应符合现行国家标准《火灾自动报警系统设计规范》GB 50116、《电子信息系统机房设计规范》GB 50174和《建筑物电子信息系统防雷技术规范》GB 50343的有关规定。

7.6 排 水 系 统

7.6.1 综合管廊内应设置自动排水系统。

7.6.2 综合管廊的排水区间长度不宜大于200m。

7.6.3 综合管廊的低点应设置集水坑及自动水位排水泵。

7.6.4 综合管廊的底板宜设置排水明沟，并应通过排水明沟将综合管廊内积水汇入集水坑，排水明沟的坡度不应小于0.2%。

7.6.5 综合管廊的排水应就近接入城市排水系统，并应设置逆止阀。

7.6.6 天然气管道舱应设置独立集水坑。

7.6.7 综合管廊排出的废水温度不应高于40℃。

7.7 标 识 系 统

7.7.1 综合管廊的主出入口内应设置综合管廊介绍牌，并应标明综合管廊建设时间、规模、容纳管线。

7.7.2 纳入综合管廊的管线，应采用符合管线管理单位要求的标识进行区分，并应标明管线属性、规格、产权单位名称、紧急联系电话。标识应设置在醒目位置，间隔距离不应大于100m。

7.7.3 综合管廊的设备旁边应设置设备铭牌，并应标明设备的名称、基本数据、使用方式及紧急联系电话。

7.7.4 综合管廊内应设置“禁烟”、“注意碰头”、“注意脚下”、“禁止触摸”、“防坠落”等警示、警告标识。

7.7.5 综合管廊内部应设置里程标识，交叉口处应设置方向标识。

7.7.6 人员出入口、逃生口、管线分支口、灭火器材设置处等部位，应设置带编号的标识。

7.7.7 综合管廊穿越河道时，应在河道两侧醒目位置设置明确的标识。

8 结构设计

8.1 一般规定

8.1.1 综合管廊土建工程设计应采用以概率理论为基础的极限状态设计方法，应以可靠指标度量结构构件的可靠度。除验算整体稳定外，均应采用含分项系数的设计表达式进行设计。

8.1.2 综合管廊结构设计应对承载能力极限状态和正常使用极限状态进行计算。

8.1.3 综合管廊工程的结构设计使用年限应为100年。

8.1.4 综合管廊结构应根据设计使用年限和环境类别进行耐久性设计，并应符合现行国家标准《混凝土结构耐久性设计规范》GB/T 50476的有关规定。

8.1.5 综合管廊工程应按乙类建筑物进行抗震设计，并应满足国家现行标准的有关规定。

8.1.6 综合管廊的结构安全等级应为一级，结构中各类构件的安全等级宜与整个结构的安全等级相同。

8.1.7 综合管廊结构构件的裂缝控制等级应为三级，结构构件的最大裂缝宽度限值应小于或等于0.2mm，且不得贯通。

8.1.8 综合管廊应根据气候条件、水文地质状况、结构特点、施工方法和使用条件等因素进行防水设计，防水等级标准应为二级，并应满足结构的安全、耐久性和使用要求。综合管廊的变形缝、施工缝和预制构件接缝等部位应加强防水和防火措施。

8.1.9 对埋设在历史最高水位以下的综合管廊，应根据设计条件计算结构的抗浮稳定。计算时不应计入综合管廊内管线和设备的自重，其他各项作用应取标准值，并应满足抗浮稳定性抗力系数不低于1.05。

8.1.10 预制综合管廊纵向节段的长度应根据节段吊装、运输等施工过程的限制条件综合确定。

8.2 材料

8.2.1 综合管廊工程中所使用的材料应根据结构类型、受力条件、使用要求和所处环境等选用，并应考虑耐久性、可靠性和经济性。主要材料宜采用高性能混凝土、高强钢筋。当地基承载力良好、地下水位在综合管廊底板以下时，可采用砌体材料。

8.2.2 钢筋混凝土结构的混凝土强度等级不应低于C30。预应力混凝土结构的混凝土强度等级不应低于C40。

8.2.3 地下工程部分宜采用自防水混凝土，设计抗渗等级应符合表8.2.3的规定。

表8.2.3 防水混凝土设计抗渗等级

管廊埋置深度 H (m)	设计抗渗等级
$H<10$	P6
$10\leqslant H<20$	P8
$20\leqslant H<30$	P10
$H\geqslant30$	P12

8.2.4 用于防水混凝土的水泥应符合下列规定：

1 水泥品种宜选用硅酸盐水泥、普通硅酸盐水泥；

2 在受侵蚀性介质作用下，应按侵蚀性介质的性质选用相应的水泥品种。

8.2.5 用于防水混凝土的砂、石应符合现行国家标准《普通混凝土用砂、石质量及检验方法标准》JGJ 52的有关规定。

8.2.6 防水混凝土中各类材料的氯离子含量和含碱量（Na_2O当量）应符合下列规定：

1 氯离子含量不应超过凝胶材料总量的0.1%。

2 采用无活性骨料时，含碱量不应超过3kg/m³；采用有活性骨料时，应严格控制混凝土含碱量并掺加矿物掺合料。

8.2.7 混凝土可根据工程需要掺入减水剂、膨胀剂、防水剂、密实剂、引气剂、复合型外加剂及水泥基渗透结晶型材料等，其品种和用量应经试验确定，所用外加剂的技术性能应符合国家现行标准的有关质量要求。

8.2.8 用于拌制混凝土的水，应符合现行国家标准《混凝土用水标准》JGJ 63的有关规定。

8.2.9 混凝土可根据工程抗裂需要掺入合成纤维或钢纤维，纤维的品种及掺量应符合国家现行标准的有关规定，无相关规定时应通过试验确定。

8.2.10 钢筋应符合现行国家标准《钢筋混凝土用钢 第1部分：热轧光圆钢筋》GB 1499.1、《钢筋混凝土用钢 第2部分：热轧带肋钢筋》GB 1499.2和《钢筋混凝土用余热处理钢筋》GB 13014的有关规定。

8.2.11 预应力筋宜采用预应力钢绞线和预应力螺纹钢筋，并应符合现行国家标准《预应力混凝土用钢绞线》GB/T 5224和《预应力混凝土用螺纹钢筋》GB/T 20065的有关规定。

8.2.12 用于连接预制节段的螺栓应符合现行国家标准《钢结构设计规范》GB 50017的有关规定。

8.2.13 纤维增强塑料筋应符合现行国家标准《结构工程用纤维增强复合材料筋》GB/T 26743的有关规定。

8.2.14 预埋钢板宜采用Q235钢、Q345钢，其质量应符合现行国家标准《碳素结构钢》GB/T 700的有关规定。

8.2.15 砌体结构所用材料的最低强度等级应符合表8.2.15的规定。

表8.2.15 砌体结构所用材料的最低强度等级

基土的潮湿程度	混凝土砌块	石材	水泥砂浆
稍潮湿的	MU10	MU40	M7.5
很潮湿的	MU15	MU40	M10

8.2.16 弹性橡胶密封垫的主要物理性能应符合表8.2.16的规定。

表8.2.16 弹性橡胶密封垫的主要物理性能

序号	项目			指标	
				氯丁橡胶	三元乙丙橡胶
1	硬度(邵氏)(度)			(45±5)～(65±5)	(55±5)～(70±5)
2	伸长率(%)			≥350	≥330
3	拉伸强度(MPa)			≥10.5	≥9.5
4	热空气老化	70℃×96h	硬度变化值(邵氏)	≥+8	≥+6
			扯伸强度变化率(%)	≥−20	≥−15
			扯断伸长率变化率(%)	≥−30	≥−30
5	压缩永久变形(70℃×24h)(%)			≤35	≤28
6	防霉等级			达到或优于2级	

注：以上指标均为成品切片测试的数据，若只能以胶料制成试样测试，则其伸长率、拉伸强度的性能数据应达到本规定的120%。

8.2.17 遇水膨胀橡胶密封垫的主要物理性能应符合表8.2.17的规定。

表8.2.17 遇水膨胀橡胶密封垫的主要物理性能

序号	项目	指标			
		PZ-150	PZ-250	PZ-450	PZ-600
1	硬度(邵氏A)(度*)	42±7	42±7	45±7	48±7
2	拉伸强度(MPa)	≥3.5	≥3.5	≥3.5	≥3
3	扯断伸长率(%)	≥450	≥450	≥350	≥350
4	体积膨胀倍率(%)	≥150	≥250	≥400	≥600

续表 8.2.17

序号	项目		指标			
			PZ-150	PZ-250	PZ-450	PZ-600
5	反复浸水试验	拉伸强度(MPa)	≥3	≥3	≥2	≥2
		扯断伸长率(%)	≥350	≥350	≥250	≥250
		体积膨胀倍率(%)	≥150	≥250	≥500	≥500
6	低温弯折-20℃×2h		无裂纹	无裂纹	无裂纹	无裂纹
7	防霉等级		达到或优于2级			

注:1 *硬度为推荐项目。

2 成品切片测试应达到标准的80%。

3 接头部位的拉伸强度不低于上表标准性能的50%。

8.3 结构上的作用

8.3.1 综合管廊结构上的作用,按性质可分为永久作用和可变作用。

8.3.2 结构设计时,对不同的作用应采用不同的代表值。永久作用应采用标准值作为代表值;可变作用应根据设计要求采用标准值、组合值或准永久值作为代表值。作用的标准值应为设计采用的基本代表值。

8.3.3 当结构承受两种或两种以上可变作用时,在承载力极限状态设计或正常使用极限状态按短期效应标准值设计时,对可变作用应取标准值和组合值作为代表值。

8.3.4 当正常使用极限状态按长期效应准永久组合设计时,对可变作用应采用准永久值作为代表值。

8.3.5 结构主体及收容管线自重可按结构构件及管线设计尺寸计算确定。常用材料及其制作件的自重可按现行国家标准《建筑结构荷载规范》GB 50009 的规定采用。

8.3.6 预应力综合管廊结构上的预应力标准值,应为预应力钢筋的张拉控制应力值扣除各项预应力损失后的有效预应力值。张拉控制应力值应按现行国家标准《混凝土结构设计规范》GB 50010 的有关规定确定。

8.3.7 建设场地地基土有显著变化段的综合管廊结构,应计算地基不均匀沉降的影响,其标准值应按现行国家标准《建筑地基基础设计规范》GB 50007 的有关规定计算确定。

8.3.8 制作、运输和堆放、安装等短暂设计状况下的预制构件验算,应符合现行国家标准《混凝土结构工程施工规范》GB 50666 的有关规定。

8.4 现浇混凝土综合管廊结构

8.4.1 现浇混凝土综合管廊结构的截面内力计算模型宜采用闭合框架模型。作用于结构底板的基底反力分布应根据地基条件确定,并应符合下列规定:

1 地层较为坚硬或经加固处理的地基,基底反力可视为直线分布;

2 未经处理的软弱地基,基底反力应按弹性地基上的平面变形截条计算确定。

8.4.2 现浇混凝土综合管廊结构设计应符合现行国家标准《混凝土结构设计规范》GB 50010、《纤维增强复合材料建设工程应用技术规范》GB 50608 的有关规定。

8.5 预制拼装综合管廊结构

8.5.1 预制拼装综合管廊结构宜采用预应力筋连接接头、螺栓连接接头或承插式接头。当场地条件较差,或易发生不均匀沉降时,宜采用承插式接头。当有可靠依据时,也可采用其他能够保证预制拼装综合管廊结构安全性、适用性和耐久性的接头构造。

8.5.2 仅带纵向拼缝接头的预制拼装综合管廊结构的截面内力计算模型宜采用与现浇混凝土综合管廊结构相同的闭合框架模型。

8.5.3 带纵、横向拼缝接头的预制拼装综合管廊的截面内力计算模型应考虑拼缝接头的影响,拼缝接头影响宜采用 $K-\zeta$ 法(旋转弹簧-ζ 法)计算,构件的截面内力分配应按下列公式计算:

$$M=K\theta \tag{8.5.3-1}$$

$$M_j=(1-\zeta)M,N_j=N \tag{8.5.3-2}$$

$$M_z=(1+\zeta)M,N_z=N \tag{8.5.3-3}$$

式中:K——旋转弹簧常数,25000kN·m/rad≤K≤50000kN·m/rad;

M——按照旋转弹簧模型计算得到的带纵、横向拼缝接头的预制拼装综合管廊截面内各构件的弯矩设计值(kN·m);

M_j——预制拼装综合管廊节段横向拼缝接头处弯矩设计值(kN·m);

M_z——预制拼装综合管廊节段整浇部位弯矩设计值(kN·m);

N——按照旋转弹簧模型计算得到的带纵、横向拼缝接头的预制拼装综合管廊截面内各构件的轴力设计值(kN);

N_j——预制拼装综合管廊节段横向拼缝接头处轴力设计值(kN);

N_z——预制拼装综合管廊节段整浇部位轴力设计值(kN·m);

θ——预制拼装综合管廊拼缝相对转角(rad);

ζ——拼缝接头弯矩影响系数。当采用拼装时取 $\zeta=0$,当采用横向错缝拼装时取 $0.3<\zeta<0.6$。

K、ζ 的取值受拼缝构造、拼装方式和拼装预应力大小等多方面因素影响,一般情况下应通过试验确定。

8.5.4 预制拼装综合管廊结构中,现浇混凝土截面的受弯承载力、受剪承载力和最大裂缝宽度宜符合现行国家标准《混凝土结构设计规范》GB 50010 的有关规定。

8.5.5 预制拼装综合管廊结构采用预应力筋连接接头或螺栓连接接头时,其拼缝接头的受弯承载力(图 8.5.5)应符合下列公式要求:

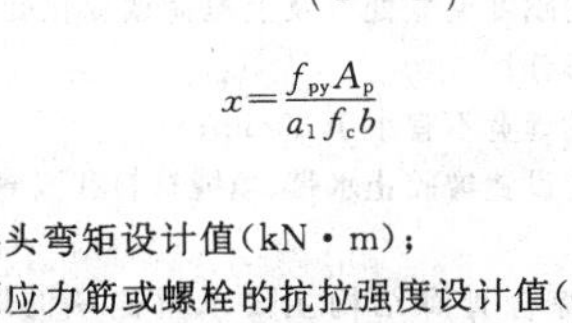

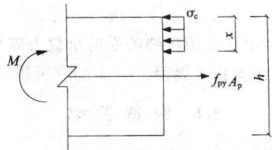

图 8.5.5 接头受弯承载力计算简图

$$M\leqslant f_{py}A_p\left(\frac{h}{2}-\frac{x}{2}\right) \tag{8.5.5-1}$$

$$x=\frac{f_{py}A_p}{a_1 f_c b} \tag{8.5.5-2}$$

式中:M——接头弯矩设计值(kN·m);

f_{py}——预应力筋或螺栓的抗拉强度设计值(N/mm²);

A_p——预应力筋或螺栓的截面面积(mm²);

h——构件截面高度(mm);

x——构件混凝土受压区截面高度(mm);

a_1——系数,当混凝土强度等级不超过 C50 时,a_1 取 1.0,当混凝土强度等级为 C80 时,a_1 取 0.94,期间按线性内插法确定。

8.5.6 带纵、横向拼缝接头的预制拼装综合管廊结构应按荷载效应的标准组合,并应考虑长期作用影响对拼缝接头的外缘张开量进行验算，且应符合下式要求：

$$\Delta=\frac{M_k}{K}h\leqslant\Delta_{max} \quad (8.5.6)$$

式中：Δ——预制拼装综合管廊拼缝外缘张开量(mm)；

Δ_{max}——拼缝外缘最大张开量限值，一般取2mm；

h——拼缝截面高度(mm)；

K——旋转弹簧常数；

M_k——预制拼装综合管廊拼缝截面弯矩标准值(kN·m)。

8.5.7 预制拼装综合管廊拼缝防水应采用预制成型弹性密封垫为主要防水措施，弹性密封垫的界面应力不应低于1.5MPa。

8.5.8 拼缝弹性密封垫应沿环、纵面兜绕成框型。沟槽形式、截面尺寸应与弹性密封垫的形式和尺寸相匹配(图8.5.8)。

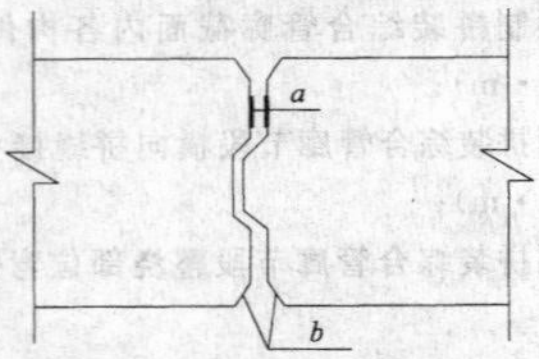

图 8.5.8 拼缝接头防水构造

a—弹性密封垫材；b—嵌缝槽

8.5.9 拼缝处应至少设置一道密封垫沟槽，密封垫及沟槽的截面尺寸应符合下式要求：

$$A=1.0A_0\sim1.5A_0 \quad (8.5.9)$$

式中：A——密封垫沟槽截面积；

A_0——密封垫截面积。

8.5.10 拼缝处应选用弹性橡胶与遇水膨胀橡胶制成的复合密封垫。弹性橡胶密封垫宜采用三元乙丙(EPDM)橡胶或氯丁(CR)橡胶。

8.5.11 复合密封垫宜采用中间开孔、下部开槽等特殊截面的构造形式，并应制成闭合框型。

8.5.12 采用高强钢筋或钢绞线作为预应力筋的预制综合管廊结构的抗弯承载能力应按现行国家标准《混凝土结构设计规范》GB 50010有关规定进行计算。

8.5.13 采用纤维增强塑料筋作为预应力筋的综合管廊结构抗弯承载力能力计算应按现行国家标准《纤维增强复合材料建设工程应用技术规范》GB 50608有关规定进行设计。

8.5.14 预制拼装综合管廊拼缝的受剪承载力应符合现行行业标准《装配式混凝土结构技术规程》JGJ 1的有关规定。

8.6 构造要求

8.6.1 综合管廊结构应在纵向设置变形缝，变形缝的设置应符合下列规定：

1 现浇混凝土综合管廊结构变形缝的最大间距应为30m；

2 结构纵向刚度突变处以及上覆荷载变化处或下卧土层突变处，应设置变形缝；

3 变形缝的缝宽不宜小于30mm；

4 变形缝应设置橡胶止水带、填缝材料和嵌缝材料等止水构造。

8.6.2 混凝土综合管廊结构主要承重侧壁的厚度不宜小于250mm，非承重侧壁和隔墙等构件的厚度不宜小于200mm。

8.6.3 混凝土综合管廊结构中钢筋的混凝土保护层厚度，结构迎水面不应小于50mm，结构其他部位应根据环境条件和耐久性要求并按现行国家标准《混凝土结构设计规范》GB 50010的有关规定确定。

8.6.4 综合管廊各部位金属预埋件的锚筋面积和构造要求应按现行国家标准《混凝土结构设计规范》GB 50010的有关规定确定。预埋件的外露部分，应采取防腐保护措施。

9 施工及验收

9.1 一般规定

9.1.1 施工单位应建立安全管理体系和安全生产责任制，确保施工安全。

9.1.2 施工项目质量控制应符合国家现行有关施工标准的规定，并应建立质量管理体系、检验制度，满足质量控制要求。

9.1.3 施工前应熟悉和审查施工图纸，并应掌握设计意图与要求。应实行自审、会审(交底)和签证制度；对施工图有疑问或发现差错时，应及时提出意见和建议。当需变更设计时，应按相应程序报审，并应经相关单位签证认定后实施。

9.1.4 施工前应根据工程需要进行下列调查：

1 现场地形、地貌、地下管线、地下构筑物、其他设施和障碍物情况；

2 工程用地、交通运输、施工便道及其他环境条件；

3 施工给水、雨水、污水、动力及其他条件；

4 工程材料、施工机械、主要设备和特种物资情况；

5 地表水水文资料，在寒冷地区施工时尚应掌握地表水的冻结资料和土层冰冻资料；

6 与施工有关的其他情况和资料。

9.1.5 综合管廊防水工程的施工及验收应按现行国家标准《地下防水工程质量验收规范》GB 50208的相关规定执行。

9.1.6 综合管廊工程应经过竣工验收合格后，方可投入使用。

9.2 基础工程

9.2.1 综合管廊工程基坑(槽)开挖前，应根据围护结构的类型、工程水文地质条件、施工工艺和地面荷载等因素制定施工方案。

9.2.2 土石方爆破必须按照国家有关部门规定，由专业单位进行施工。

9.2.3 基坑回填应在综合管廊结构及防水工程验收合格后进行。回填材料应符合设计要求及国家现行标准的有关规定。

9.2.4 综合管廊两侧回填应对称、分层、均匀。管廊顶板上部1000mm范围内回填材料应采用人工分层夯实，大型碾压机不得直接在管廊顶板上部施工。

9.2.5 综合管廊回填土压实度应符合设计要求。当设计无要求时，应符合表9.2.5的规定。

表 9.2.5 综合管廊回填土压实度

检查项目		压实度(%)	检查频率		检查方法
			范围	组数	
1	绿化带下	≥90	管廊两侧回填土按50延米/层	1(三点)	环刀法
2	人行道、机动车道下	≥95		1(三点)	环刀法

9.2.6 综合管廊基础施工及质量验收除符合本节规定外，尚应符合现行国家标准《建筑地基基础工程施工质量验收规范》GB 50202的有关规定。

9.3 现浇钢筋混凝土结构

9.3.1 综合管廊模板施工前，应根据结构形式、施工工艺、设备和材料供应条件进行模板及支架设计。模板及支撑的强度、刚度及稳定性应满足受力要求。

9.3.2 混凝土的浇筑应在模板和支架检验合格后进行。入模时应防止离析。连续浇筑时，每层浇筑高度应满足振捣密实的要求。预留孔、预埋管、预埋件及止水带等周边混凝土浇筑时，应辅助人工插捣。

9.3.3 混凝土底板和顶板，应连续浇筑不得留置施工缝。设计有变形缝时，应按变形缝分仓浇筑。

9.3.4 混凝土施工质量验收应符合现行国家标准《混凝土结构工程施工质量验收规范》GB 50204 的有关规定。

9.4 预制拼装钢筋混凝土结构

9.4.1 预制拼装钢筋混凝土构件的模板，应采用精加工的钢模板。

9.4.2 构件堆放的场地应平整夯实，并应具有良好的排水措施。

9.4.3 构件的标识应朝向外侧。

9.4.4 构件运输及吊装时，混凝土强度应符合设计要求。当设计无要求时，不应低于设计强度的75%。

9.4.5 预制构件安装前，应复验合格。当构件上有裂缝且宽度超过0.2mm时，应进行鉴定。

9.4.6 预制构件和现浇结构之间、预制构件之间的连接应按设计要求进行施工。

9.4.7 预制构件制作单位应具备相应的生产工艺设施，并应有完善的质量管理体系和必要的试验检测手段。

9.4.8 预制构件安装前应对其外观、裂缝等情况进行检验，并应按设计要求及现行国家标准《混凝土结构工程施工质量验收规范》GB 50204 的有关规定进行结构性能检验。

9.4.9 预制构件采用螺栓连接时，螺栓的材质、规格、拧紧力矩应符合设计要求及现行国家标准《钢结构设计规范》GB 50017 和《钢结构工程施工质量验收规范》GB 50205 的有关规定。

9.5 预应力工程

9.5.1 预应力筋张拉或放张时，混凝土强度应符合设计要求。当设计无要求时，不应低于设计的混凝土立方体抗压强度标准值的75%。

9.5.2 预应力筋张拉锚固后，实际建立的预应力值与工程设计规定检验值的相对允许偏差应为±5%。

9.5.3 后张法有粘结预应力筋张拉后应尽早进行孔道灌浆，孔道内水泥浆应饱满、密实。

9.5.4 锚具的封闭保护应符合设计要求。当设计无要求时，应符合现行国家标准《混凝土结构工程施工质量验收规范》GB 50204 的有关规定。

9.6 砌体结构

9.6.1 砌体结构所用的材料应符合下列规定：

1 石材强度等级不应低于 MU40，并应质地坚实，无风化削层和裂纹。

2 砌筑砂浆应采用水泥砂浆，强度等级应符合设计要求，且不应低于 M10。

9.6.2 砌体结构中的预埋管、预留洞口结构应采取加强措施，并应采取防渗措施。

9.6.3 砌体结构的砌筑施工除符合本节规定外，尚应符合现行国家标准《砌体结构工程施工质量验收规范》GB 50203 的相关规定和设计要求。

9.7 附属工程

9.7.1 综合管廊预埋过路排管的管口应无毛刺和尖锐棱角。排管弯制后不应有裂缝和显著的凹瘪现象，弯扁程度不宜大于排管外径的10%。

9.7.2 电缆排管的连接应符合下列规定：

1 金属电缆排管不得直接对焊，应采用套管焊接的方式。连接时管口应对准，连接应牢固，密封应良好。套接的短套管或带螺纹的管接头的长度，不应小于排管外径的2.2倍。

2 硬质塑料管在套接或插接时，插入深度宜为排管内径的1.1倍～1.8倍。插接面上应涂胶合剂粘牢密封。

3 水泥管宜采用管箍或套接方式连接，管孔应对准，接缝应严密，管箍应设置防水垫密封。

9.7.3 支架及桥架宜优先选用耐腐蚀的复合材料。

9.7.4 电缆支架的加工、安装及验收应符合现行国家标准《电气装置安装工程电缆线路施工及验收规范》GB 50168 的有关规定。

9.7.5 仪表工程的安装及验收应符合现行国家标准《自动化仪表工程施工及质量验收规范》GB 50093 的有关规定。

9.7.6 电气设备、照明、接地施工安装及验收应符合现行国家标准《电气装置安装工程电缆线路施工及验收规范》GB 50168、《建筑电气工程施工质量验收规范》GB 50303 、《建筑电气照明装置施工与验收规范》GB 50617 和《电气装置安装工程接地装置施工及验收规范》GB 50169 的有关规定。

9.7.7 火灾自动报警系统施工及验收应符合现行国家标准《火灾自动报警系统施工及验收规范》GB 50166 的有关规定。

9.7.8 通风系统施工及验收应符合现行国家标准《风机、压缩机、泵安装工程施工及验收规范》GB 50275 和《通风与空调工程施工质量验收规范》GB 50243 的有关规定。

9.8 管　线

9.8.1 管线施工及验收应符合本规范第6章的有关规定。

9.8.2 电力电缆施工及验收应符合现行国家标准《电气装置安装工程电缆线路施工及验收规范》GB 50168 和《电气装置安装工程接地装置施工及验收规范》GB 50169 的有关规定。

9.8.3 通信管线施工及验收应符合国家现行标准《综合布线系统工程验收规范》GB 50312、《通信线路工程验收规范》YD 5121 和《光缆进线室验收规定》YD/T 5152 的有关规定。

9.8.4 给水、排水管道施工及验收应符合现行国家标准《给水排水管道工程施工及验收规范》GB 50268 的有关规定。

9.8.5 热力管道施工及验收应符合国家现行标准《通风与空调工程施工质量验收规范》GB 50243 和《城镇供热管网工程施工及验收规范》CJJ 28 的有关规定。

9.8.6 天然气管道施工及验收应符合现行国家标准《城镇燃气输配工程施工及验收规范》CJJ 33 的有关规定，焊缝的射线探伤验收应符合现行行业标准《承压设备无损检测　第2部分：射线检测》JB/T 4730.2 的有关规定。

10 维护管理

10.1 维　护

10.1.1 综合管廊建成后，应由专业单位进行日常管理。

10.1.2 综合管廊的日常管理单位应建立健全维护管理制度和工程维护档案，并应会同各专业管线单位编制管线维护管理办法、实施细则及应急预案。

10.1.3 综合管廊内的各专业管线单位应配合综合管廊日常管理单位工作，确保综合管廊及管线的安全运营。

10.1.4 各专业管线单位应编制所属管线的年度维护维修计划，并应报送综合管廊日常管理单位，经协调后统一安排管线的维修时间。

10.1.5 城市其他建设工程施工需要搬迁、改建综合管廊设施时，应报经城市建设主管部门批准后方可实施。

10.1.6 城市其他建设工程毗邻综合管廊设施，应按有关规定预留安全间距，并应采取施工安全保护措施。

10.1.7 综合管廊内实行动火作业时，应采取防火措施。

10.1.8 综合管廊内给水管道的维护管理应符合现行行业标准《城镇供水管网运行、维护及安全技术规程》CJJ 207 的有关规定。

10.1.9 综合管廊内排水管渠的维护管理应符合现行行业标准《城镇排水管道维护安全技术规程》CJJ 6 和《城镇排水管渠与泵站维护技术规程》CJJ 68 的有关规定。

10.1.10 利用综合管廊结构本体的雨水渠，每年非雨季清理疏通不应少于2次。

10.1.11 综合管廊的巡视维护人员应采取防护措施，并应配备防护装备。

10.1.12 综合管廊投入运营后应定期检测评定，对综合管廊本体、附属设施、内部管线设施的运行状况应进行安全评估，并应及时处理安全隐患。

10.2 资 料

10.2.1 综合管廊建设、运营维护过程中，档案资料的存放、保管应符合国家现行标准的有关规定。

10.2.2 综合管廊建设期间的档案资料应由建设单位负责收集、整理、归档。建设单位应及时移交相关资料。维护期间，应由综合管廊日常管理单位负责收集、整理、归档。

10.2.3 综合管廊相关设施进行维修及改造后，应将维修和改造的技术资料整理、存档。

本规范用词说明

1 为便于在执行本规范条文时区别对待，对要求严格程度不同的用词说明如下：

1）表示很严格，非这样做不可的：

正面词采用"必须"，反面词采用"严禁"；

2）表示严格，在正常情况下均应这样做的：

正面词采用"应"，反面词采用"不应"或"不得"；

3）表示允许稍有选择，在条件许可时首先应这样做的：

正面词采用"宜"，反面词采用"不宜"；

4）表示有选择，在一定条件下可以这样做的，采用"可"。

2 条文中指明应按其他有关标准执行的写法为："应符合……的规定"或"应按……执行"。

引用标准名录

《建筑地基基础设计规范》GB 50007
《建筑结构荷载规范》GB 50009
《混凝土结构设计规范》GB 50010
《室外给水设计规范》GB 50013
《室外排水设计规范》GB 50014
《钢结构设计规范》GB 50017
《城镇燃气设计规范》GB 50028
《供配电系统设计规范》GB 50052
《建筑物防雷设计规范》GB 50057
《爆炸危险环境电力装置设计规范》GB 50058
《交流电气装置的接地设计规范》GB/T 50065
《自动化仪表工程施工及质量验收规范》GB 50093
《火灾自动报警系统设计规范》GB 50116
《建筑灭火器配置设计规范》GB 50140
《火灾自动报警系统施工及验收规范》GB 50166
《电气装置安装工程电缆线路施工及验收规范》GB 50168
《电气装置安装工程接地装置施工及验收规范》GB 50169
《电子信息系统机房设计规范》GB 50174
《建筑地基基础工程施工质量验收规范》GB 50202
《砌体结构工程施工质量验收规范》GB 50203
《混凝土结构工程施工质量验收规范》GB 50204
《钢结构工程施工质量验收规范》GB 50205
《地下防水工程质量验收规范》GB 50208
《电力工程电缆设计规范》GB 50217
《通风与空调工程施工质量验收规范》GB 50243
《工业设备及管道绝热工程设计规范》GB 50264
《给水排水管道工程施工及验收规范》GB 50268
《风机、压缩机、泵安装工程施工及验收规范》GB 50275
《建筑电气工程施工质量验收规范》GB 50303
《综合布线系统工程设计规范》GB 50311
《综合布线系统工程验收规范》GB 50312
《给水排水工程管道结构设计规范》GB 50332
《污水再生利用工程设计规范》GB 50335
《建筑物电子信息系统防雷技术规范》GB 50343
《安全防范工程技术规范》GB 50348
《入侵报警系统工程设计规范》GB 50394
《视频安防监控系统工程设计规范》GB 50395
《出入口控制系统工程设计规范》GB 50396
《混凝土结构耐久性设计规范》GB/T 50476
《石油化工可燃气体和有毒气体检测报警设计规范》GB 50493
《纤维增强复合材料建设工程应用技术规范》GB 50608
《建筑电气照明装置施工与验收规范》GB 50617
《混凝土结构工程施工规范》GB 50666
《碳素结构钢》GB/T 700
《钢筋混凝土用钢 第1部分：热轧光圆钢筋》GB 1499.1
《钢筋混凝土用钢 第2部分：热轧带肋钢筋》GB 1499.2
《设备及管道绝热技术通则》GB/T 4272
《预应力混凝土用钢绞线》GB/T 5224
《设备及管道绝热设计导则》GB/T 8175
《钢筋混凝土用余热处理钢筋》GB 13014
《预应力混凝土用螺纹钢筋》GB/T 20065
《结构工程用纤维增强复合材料筋》GB/T 26743
《高密度聚乙烯外护管硬质聚氨酯泡沫塑料预制直埋保温管及管件》GB/T 29047
《密闭空间作业职业危害防护规范》GBZ/T 205
《城镇排水管道维护安全技术规程》CJJ 6
《城镇供热管网工程施工及验收规范》CJJ 28
《城镇燃气输配工程施工及验收规范》CJJ 33
《城镇供热管网设计规范》CJJ 34
《城镇排水管渠与泵站维护技术规程》CJJ 68
《城镇供热管网结构设计规范》CJJ 105
《城镇供水管网运行、维护及安全技术规程》CJJ 207
《玻璃纤维增强塑料外护层聚氨酯泡沫塑料预制直埋保温管》CJ/T 129
《电力电缆隧道设计规程》DL/T 5484
《阻燃及耐火电缆 塑料绝缘阻燃及耐火电缆分级和要求 第1部分：阻燃电缆》GA 306.1
《阻燃及耐火电缆 塑料绝缘阻燃及耐火电缆分级和要求 第2部分：耐火电缆》GA 306.2
《装配式混凝土结构技术规程》JGJ 1
《普通混凝土用砂、石质量及检验方法标准》JGJ 52
《混凝土用水标准》JGJ 63
《通信线路工程设计规范》YD 5102
《通信线路工程验收规范》YD 5121
《光缆进线室设计规定》YD/T 5151
《光缆进线室验收规定》YD/T 5152

中华人民共和国国家标准

城市综合管廊工程技术规范

GB 50838—2015

条 文 说 明

修 订 说 明

《城市综合管廊工程技术规范》GB 50838－2015，经住房城乡建设部2015年5月22日以第825号公告批准发布。

本规范是在《城市综合管廊工程技术规范》GB 50838－2012的基础上修订而成，上一版的主编单位是上海市政工程设计研究总院（集团）有限公司和同济大学，参编单位是中国城市规划设计研究院、上海建工集团股份有限公司、北京城建设计研究总院有限责任公司、上海防灾救灾研究所、北京市市政工程设计研究总院、上海市城市建设设计研究总院、河南省信阳市水利勘测设计院和上海交通大学，主要起草人员是王恒栋、薛伟辰、王建、王家华、王梅、朱雪明、乔信起、刘雨生、刘澄波、汤伟、祁峰、祁德庆、孙磊、杨行运、肖传德、肖燃、汪胜、张辰、郗燕秋、胡翔、高振峰、董更然、席红、韩新、谢映霞、谭园、魏保军。本次修订的主要技术内容是：强调了规划对综合管廊建设的指导作用，增加了管线进入综合管廊的条件，完善了预制拼装结构设计内容，增加了管廊内管线的设计技术规定。

本规范修订过程中，编制组进行了大量的调查研究，总结了我国城市综合管廊的实践经验，同时参考了国外先进技术法规、技术标准，取得了重要技术参数。

为便于广大设计、施工、科研、学校等单位有关人员在使用本规范时能正确理解和执行条文规定，《城市综合管廊工程技术规范》编制组按章、节、条顺序编制了条文说明，对条文规定的目的、依据以及执行中需注意的有关事项进行了说明，并着重对强制性条文的强制性理由作了解释。但是，本条文说明不具备与标准正文同等的法律效力，仅供使用者作为理解和把握标准规定的参考。

目　次

1 总　　则

1.0.1 由于传统直埋管线占用道路下方地下空间较多，管线的敷设往往不能和道路的建设同步，造成道路频繁开挖，不但影响了道路的正常通行，同时也带来了噪声和扬尘等环境污染，一些城市的直埋管线频繁出现安全事故。因而在我国一些经济发达的城市，借鉴国外先进的市政管线建设和维护方法，兴建综合管廊工程。

综合管廊在我国有"共同沟、综合管沟、共同管道"等多种称谓，在日本称为"共同沟"，在我国台湾省称为"共同管道"，在欧美等国家多称为"Urban Municipal Tunnel"。

综合管廊实质是指按照统一规划、设计、施工和维护原则，建于城市地下用于敷设城市工程管线的市政公用设施。

1.0.2 综合管廊工程建设在我国正处于起步阶段，一般情况下多为新建的工程。也有一些建于20世纪90年代的综合管廊，以及一些地下人防工程根据功能的改变，需要改建和扩建为综合管廊。

2 术语和符号

2.1 术　　语

2.1.2 干线综合管廊一般设置于机动车道或道路中央下方，主要连接原站（如自来水厂、发电厂、热力厂等）与支线综合管廊。其一般不直接服务于沿线地区。干线综合管廊内主要容纳的管线为高压电力电缆、信息主干电缆或光缆、给水主干管道、热力主干管道等，有时结合地形也将排水管道容纳在内。在干线综合管廊内，电力电缆主要从超高压变电站输送至一、二次变电站，信息电缆或光缆主要为转接局之间的信息传输，热力管道主要为热力厂至调压站之间的输送。干线综合管廊的断面通常为圆形或多格箱形，如图1所示。综合管廊内一般要求设置工作通道及照明、通风等设备。干线综合管廊的特点主要为：

（1）稳定、大流量的运输；

（2）高度的安全性；

（3）紧凑的内部结构；

（4）可直接供给到稳定使用的大型用户；

（5）一般需要专用的设备；

（6）管理及运营比较简单。

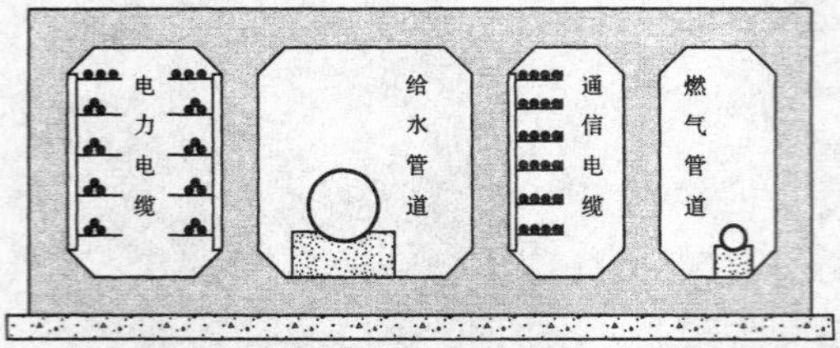

图1　干线综合管廊示意图

2.1.3 支线综合管廊主要用于将各种管线从干线综合管廊分配、输送至各直接用户。其一般设置在道路的两旁，容纳直接服务于沿线地区的各种管线。支线综合管廊的截面以矩形较为常见，一般为单舱或双舱箱形结构，如图2所示。综合管廊内一般要求设置工作通道及照明、通风等设备。支线综合管廊的特点主要为：

（1）有效（内部空间）截面较小；

（2）结构简单，施工方便；

（3）设备多为常用定型设备；

（4）一般不直接服务于大型用户。

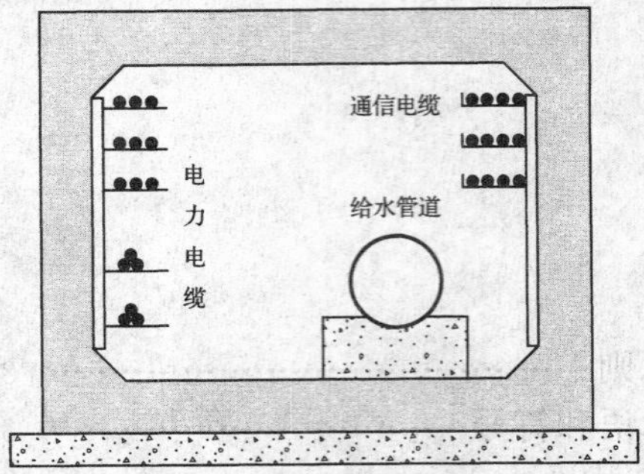

图2　支线综合管廊示意图

2.1.4 缆线管廊一般设置在道路的人行道下面，其埋深较浅。截面以矩形较为常见，如图3所示。一般工作通道不要求通行，管廊内不要求设置照明、通风等设备，仅设置供维护时可开启的盖板或工作手孔即可。

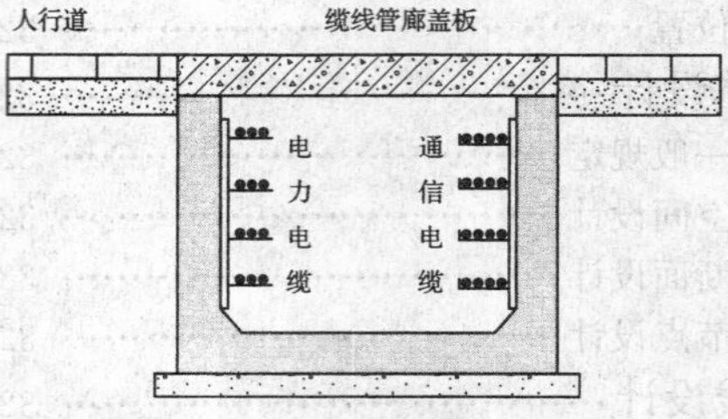

图3　缆线综合管廊示意图

3 基 本 规 定

3.0.1 城市工程管线是指用于服务人民生产生活的市政常规管线，包括给水、雨水、污水、再生水、燃气、热力、电力、通信、广播电视等，这些市政管线应因地制宜纳入综合管廊，各类工业管线不属于本规范规定的范围。

根据国内外工程实践，各种城市工程管线均可以敷设在综合管廊内，通过安全保护措施可以确保这些管线在综合管廊内安全运行。本规范明确了各类管线进入综合管廊的条件。一般情况下，信息电（光）缆、电力电缆、给水管道进入综合管廊技术难度较小，这些管线可以同舱敷设，天然气、雨水、污水、热力管道进入综合管廊需满足相关安全规定，天然气管道及热力管道不得与电力管线同舱敷设，且天然气管道应单舱敷设。压力流排水管道与给水管道相似，可优先安排进入综合管廊内。由于我国幅员辽阔，建设场地地势条件差异较大，可通过详细的技术经济比较，确定采用重力流排水管渠进入综合管廊的方案。目前，重庆市、厦门市有充分利用地势条件将重力流污水管道纳入综合管廊的工程实例。考虑到重力流雨水、污水管渠对综合管廊竖向布置的影响，综合管廊内的雨水、污水主干线不宜过长，宜分段排入综合管廊外的下游干线。

根据现行国家标准《城镇燃气设计规范》GB 50028，城镇燃气包括人工煤气、液化石油气以及天然气。液化石油气密度大于空气，一旦泄露不易排出；人工煤气中含有CO不宜纳入地下综合管廊。且随着经济的发展，天然气逐渐成为城镇燃气的主流，因此本规范仅考虑天然气管线纳入综合管廊。

3.0.2 本条为强制性条文。综合管廊建设实施应以综合管廊工程规划为指导，保证综合管廊的系统性，提高综合管廊效益，应根据规划确定的综合管廊断面和位置，综合考虑施工方式和与周边构筑物的安全距离，预留相应的地下空间，保证后续建设项目实施。

3.0.3 根据《国务院关于加强城市基础设施建设的意见》(国发〔2013〕36号)和《关于加强城市地下管线建设管理的指导意见》(国办发〔2014〕27号)，稳步推进城市地下综合管廊建设，开展地下综合管廊试点工程，探索投融资、建设维护、定价收费、运营管理等模式，提高综合管廊建设管理水平。通过试点示范效应，带动具备条件的城市结合新区建设、旧城改造、道路新(改、扩)建，在重要地段和管线密集区建设综合管廊。

综合管廊的建设既要体现针对性，又要体现协同性。综合管廊建设要针对需求强烈的城市重要地段和管线密集区，提高综合管廊实施效果；综合管廊建设也要与新区建设、旧城改造、道路建设等相关项目协同推进，提高可实施性。

3.0.4 城市新区应高标准规划建设地下管线设施，新区主干路往往也是地下管线设施的重要通道，宜采用综合管廊的方式。综合管廊与新区主干道路同步建设可大大减少建设难度和投资。

城市老(旧)城区综合管廊建设应以规划为指导，结合地下空间开发利用、旧城改造、道路建设、地下主要管线改造等项目同步进行，避免单纯某一项目建设对地面交通、管线设施运行的影响，并减少项目投资。

3.0.5 综合管廊属于城市基础设施的一种类型，是一种高效集约的城市地下管线布置形式，综合管廊工程规划应与城市给水、雨水、污水、供电、通信、燃气、供热、再生水等地下管线设施规划相协调；城市综合管廊主体采用地下布置，属于城市地下空间利用的形式之一，因此综合管廊工程规划建设应统筹考虑与城市地下空间尤其是轨道交通的关系；综合管廊的出入口、吊装口、进风口及排风口等均有露出地面的部分，其形式与位置等应与城市环境景观相一致。

3.0.6、3.0.7 城市地下综合管廊与道路、管线等工程密切相关，为更好地发挥综合管廊的效益，并且节省投资，应统一规划，同步建设。综合管廊建设应同步配套消防、供电、照明、监控与报警、通风、排水、标识等设施，以满足管线单位的使用和运行维护要求。其中3.0.6条为强制性条文。

3.0.8 综合管廊主要为各类城市工程管线服务，规划设计阶段应以管线规划及其工艺需求为主要依据，建设过程中应与直埋管线在平面和竖向布置相协调，建成后的运营维护应确保纳入管线的安全运行。

3.0.9、3.0.10 综合管廊工程设计内容应包含平面布置、竖向设计、断面布置、节点设计等总体设计，结构设计，以及电气、监控和报警、通风、排水、消防等附属设施的工程设计。

为确保综合管廊内各类管线安全运行，纳入综合管廊内的管线均应根据管线运行特点和进入综合管廊后的特殊要求进行管线专项设计，管线专项设计应符合本规范和相关专业规范的技术规定。其中3.0.9条为强制性条文。

4 规 划

4.1 一 般 规 定

4.1.1 城市总体规划是对一定时期内城市性质、发展目标、发展规模、土地利用、空间布局以及各项建设的综合部署和实施措施，综合管廊工程规划应以城市总体规划为上位依据并符合城市总体规划的发展要求，也是城市总体规划对市政基础设施建设要求的进一步落实，其规划年限应与城市总体规划年限相一致。由于综合管廊生命周期原则上不少于100年，因此综合管廊工程规划应适当考虑城市总体规划法定期限以外(即远景规划部分)的城市发展需求。

4.1.2 城市新区的综合管廊工程规划中，若综合管廊工程规划建设在先，各工程管线规划和管线综合规划应与综合管廊工程规划相适应；老城区的综合管廊工程规划中，综合管廊应满足现有管线和规划管线的需求，并可依据综合管廊工程规划对各工程管线规划进行反馈优化。

4.1.3 有条件建设综合管廊的城市应编制综合管廊工程规划，且该规划要适应当地的实际发展情况，预留远期发展空间并落实近期可实施项目，体现规划的系统性。

4.1.4 本条为强制性条文。综合管廊相比较于传统管道直埋方式的优点之一是节省地下空间，综合管廊工程规划中应按照综合管廊内管线设施优化布置的原则预留地下空间，同时与地下和地上设施相协调，避免发生冲突。

4.2 平 面 布 局

4.2.1 综合管廊的布置应以城市总体规划的用地布置为依据，以城市道路为载体，既要满足现状需求，又能适应城市远期发展。

4.2.2 本条为强制性条文。按照我国目前的规划编制情况，城市给水、雨水、污水、供电、通信、燃气、供热、再生水等专项规划基本由专业部门编制完成，综合管廊工程规划原则上以上述专项规划为依据确定综合管廊的布置及入廊管线种类，并且在综合管廊工程规划编制过程中对上述专项规划提出调整意见和建议；对于上述专项规划编制不完善的城市，综合管廊工程规划应考虑各专业管线现状情况和远期发展需求综合确定，并建议同步编制相关专项规划。

4.2.3 综合管廊与地下交通、地下商业、地下人防设施等地下开发利用项目在空间上有交叉或者重叠时，应在规划、选线、设计、施工等阶段与上述项目在空间上统筹考虑，在设计施工阶段宜同步开展，并预先协调可能遇到的矛盾。

4.2.5 城市综合管廊工程建设可以做到"统一规划、统一建设、统一管理"，减少道路重复开挖的频率，集约利用地下空间。但是由于综合管廊主体工程和配套工程建设的初期一次性投资较大，不可能在所有道路下均采用综合管廊方式进行管线敷设。结合现行国家标准《城市工程管线综合规划规范》GB 50289相关规定，在传统直埋管线因为反复开挖路面对道路交通影响较大、地下空间存在多种利用形式、道路下方空间紧张、地上地下高强度开发、地下管线敷设标准要求较高的地段，以及对地下基础设施的高负荷利用的区域，适宜建设综合管廊。

4.2.6 综合管廊由于配套建有完善的监控预警系统等附属设施，需要通过监控中心对综合管廊及内部设施运行情况实时监控，保证设施运行安全和智能化管理。监控中心宜设置控制设备中心、大屏幕显示装置、会商决策室等。监控中心的选址应以满足其功能为首要原则，鼓励与城市气象、给水、排水、交通等监控管理中心或周边公共建筑合建，便于智慧型城市建设和城市基础设施统一管理。

4.3 断 面

4.3.1 综合管廊的断面形式应根据管线种类和数量、管线尺寸、管线的相互关系以及施工方式等综合确定。

4.3.2 综合管廊断面尺寸的确定，应根据综合管廊内各管道(线缆)的数量和布置要求确定，管道(线缆)的间距应满足各专业管道(线缆)的相关设计和施工技术要求。

4.3.4 本条为强制性条文。根据日本《共同沟设计指针》第3.2条中："燃气隧道：考虑到对发生灾害时的影响等因素原则上采用单独隧洞。"国家标准《城镇燃气设计规范》GB 50028—2006中第6.3.7条"地下燃气管道……并不宜与其他管道或电缆同沟敷设。

当需要同沟敷设时，必须采取有效的安全防护措施”。

4.3.5 本条为强制性条文。依据行业标准《城镇供热管网设计规范》CJJ 34—2010中第8.2.4条的要求，“热水或蒸汽管道采用管沟敷设时，宜采用不通行管沟敷设，……”由于蒸汽管道事故时对管廊设施的影响大，应采用独立舱室敷设。

4.3.6 本条为强制性条文。根据国家标准《电力工程电缆设计规范》GB 50217—2007中第5.1.9条规定“在隧道、沟、浅槽、竖井、夹层等封闭式电缆通道中，不得布置热力管道，严禁有易燃气体或易燃液体的管道穿越”，由此作出相关规定。综合管廊自用电缆除外。

4.3.7 通信线缆采用电缆的，考虑到高压电力电缆可能对通信电缆的信号产生干扰，故110kV及以上电力电缆不应与通信电缆同侧布置。

4.3.8 本条依据行业标准《城镇供热管网设计规范》CJJ 34—2010中第8.1.4条的要求，“在综合管沟内，热力网管道应高于自来水管道和重油管道，并且自来水管道应做绝热层和防水层”。

4.3.10 由于污水中可能产生的有害气体具有一定的腐蚀性，同时考虑综合管廊的结构设计使用年限等因素，因此污水进入综合管廊，无论压力流还是重力流，均应采用管道方式，不应利用综合管廊结构本体。

4.4 位 置

4.4.1 综合管廊在道路下面的位置，应结合道路横断面布置、地下管线及其他地下设施等综合确定。此外，在城市建成区尚应考虑与地下已有设施的位置关系。

5 总 体 设 计

5.1 一 般 规 定

5.1.1 综合管廊一般在道路的规划红线范围内建设，综合管廊的平面线形应符合道路的平面线形。当综合管廊从道路的一侧折转到另一侧时，往往会对其他的地下管线和构筑物建设造成影响，因而尽可能避免从道路的一侧转到另一侧。

5.1.2 本条参照国家标准《城市工程管线综合规划规范》GB 50289—2015第4.1.7条规定。综合管廊一般宜与城市快速路、主干路、铁路、轨道交通、公路等平行布置，如需要穿越时，宜尽量垂直穿越，条件受限时，为减少交叉距离，规定交叉角不宜小于60°，如图4所示。

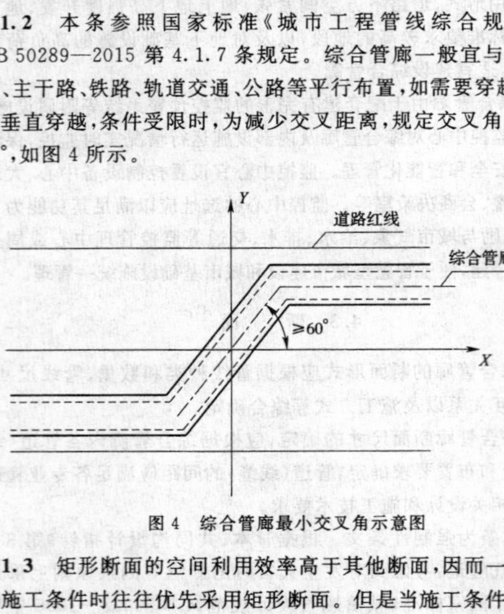

图4 综合管廊最小交叉角示意图

5.1.3 矩形断面的空间利用效率高于其他断面，因而一般具备明挖施工条件时往往优先采用矩形断面。但是当施工条件受到制约必须采用非开挖技术如顶管法、盾构法施工综合管廊时，一般需要采用圆形断面。当采用明挖预制拼装法施工时，综合考虑断面利用、构件加工、现场拼装等因素，可采用矩形、圆形、马蹄形断面。

5.1.4 综合管廊内的管线为沿线地块服务，应根据规划要求预留管线引出节点。综合管廊建设的目的之一就是避免道路的开挖，在有些工程建设当中，虽然建设了综合管廊，但由于未能考虑到其他配套的设施同步建设，在道路路面施工完工后再建设，往往又会产生多次开挖路面或人行道的不良影响，因而要求在综合管廊分支口预埋管线，实施管线工井的土建工程。

5.1.5 其他建(构)筑物主要指地下商业、地下停车场、地下道路、地铁车站以及地面建筑物的地下部分等。不同地下建(构)筑物工后沉降控制指标不一致，为了避免因地下建(构)筑物沉降差异导致天然气管线破损而泄漏，参照日本《共同沟设计指针》第2章基本规划中提到：“6)在地铁车站房舍建筑部或者一般部位的建筑物上建设综合管沟时，采用相互分离的构造为佳。如果采用一体式构造时，应该与有关人员协商后制定综合管沟的位置和结构规划。”故不建议与其他建(构)筑物合建。如确需与其他地下建(构)筑物合建，必须充分考虑相互影响因素。

5.1.6 本条参照现行国家标准《城镇燃气设计规范》GB 50028中燃气管线与其他建(构)筑物间距的规定。

5.1.7 本条为强制性条文。压力管道运行出现意外情况时，应能够快速可靠地通过阀门进行控制，为便于管线维护人员操作，一般应在综合管廊外部设置阀门井，将控制阀门布置在管廊外部的阀门井内。

5.1.8 管道内输送的介质一般为液体或气体，为了便于管理，往往需要在管道的交叉处设置阀门进行控制。阀门的控制可分为电动阀门或手动阀门两种。由于阀门占用空间较大，应予以考虑。

5.1.9 综合管廊空间设计应考虑管道三通、弯头等部位的支撑布置，管线设计时应对这些支撑或预埋件进行设计并与综合管廊设计协调。

5.1.11 本条参照国家标准《城镇燃气设计规范》GB 50028—2006中第6.6.14条第5款要求。

5.2 空 间 设 计

5.2.1 本条参照国家标准《城市工程管线综合规划规范》GB 50289第4.1.8条规定。航道等级按照现行国家标准《内河通航标准》GB 50139规定划分。

5.2.2 本条参照国家标准《城市电力电缆线路设计技术规定》DL/T 5221—2005第12.1.8条规定。

5.2.4 监控中心宜靠近综合管廊主线，为便于维护管理人员自监控中心进出管廊，之间宜设置专用维护通道，并根据通行要求确定通道尺寸。

5.2.5 当管线进入综合管廊或从综合管廊引出时，由于敷设方式不同以及综合管廊与道路结构不同，容易产生不均匀沉降，进而对管线运行安全产生影响。设计时应采取措施避免差异沉降对管线的影响。在管线进出综合管廊部位，尚应做好防水措施，避免地下水渗入综合管廊。

5.3 断 面 设 计

5.3.1 综合管廊断面净高应考虑头戴安全帽的工作人员在综合管廊内作业或巡视工作所需要的高度，并应考虑通风、照明、监控因素。

行业标准《城市电力电缆线路设计技术规定》DL/T 5221—2005第6.4.1条规定：“电缆隧道的净高不宜小于1900mm，与其他沟道交叉的局部段净高，不得小于1400mm或改为排管连接。”行业标准《电力工程电缆设计规范》GB 50217—2007第5.5.1条规定：“(1)隧道、工作井的净高，不宜小于1900mm，与其他沟道交叉的局部段净高，不得小于1400mm；(2)电缆夹层的净高，不得小于2000mm。”

考虑到综合管廊内容纳的管线种类数量较多及各类管线的安

装运行需求，同时为长远发展预留空间，结合国内工程实践经验，本次规范修订将综合管廊内部净高最小尺寸要求提高至2.4m。

5.3.3 综合管廊通道净宽首先应满足管道安装及维护的要求，同时综合行业标准《城市电力电缆线路设计技术规定》DL/T 5221—2005第6.1.4条、国家标准《电力工程电缆设计规范》GB 50217—2007第5.5.1条的规定，确定检修通道的最小净宽。

对于容纳输送性管道的综合管廊，宜在输送性管道舱设置主检修通道，用于管道的运输安装和检修维护，为便于管道运输和检修，并尽量避免综合管廊内空气污染，主检修通道宜配置电动牵引车，参考国内小型牵引车规格型号，综合管廊内适用的电动牵引车尺寸按照车宽1.4m定制，两侧各预留0.4m安全距离，确定主检修通道最小宽度为2.2m。

根据国内综合管廊的实践经验，图5～图8为综合管廊标准断面示意。

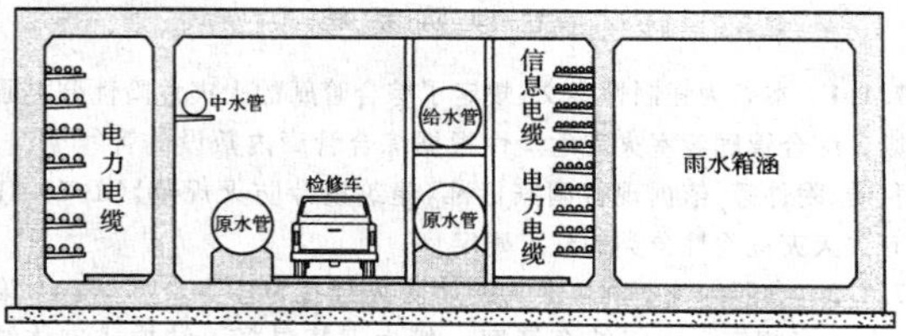

图5 断面示意图一

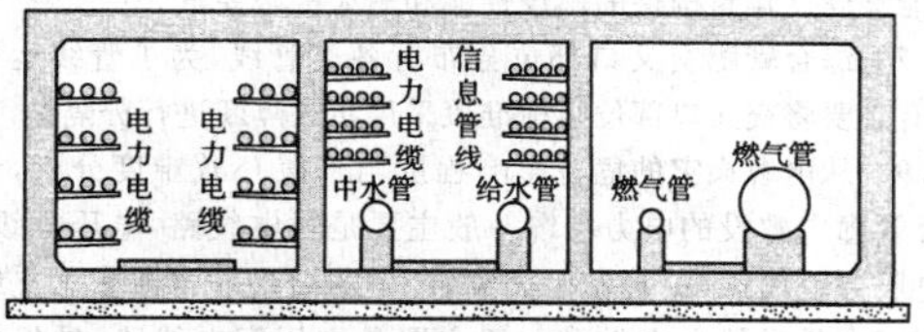

图6 断面示意图二

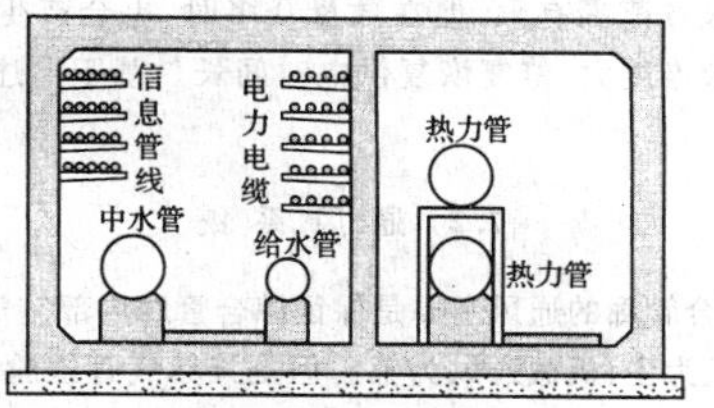

图7 断面示意图三

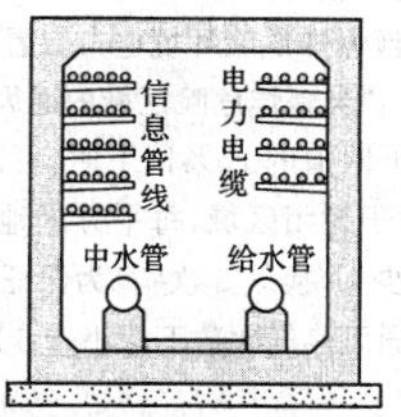

图8 断面示意图四

5.3.6 管道的连接一般为焊接、法兰连接、承插连接。根据日本《共同沟设计指针》的规定，管道周围操作空间根据管道连接形式和管径而定。

5.4 节点设计

5.4.1、5.4.2 综合管廊的吊装口、进排风口、人员出入口等节点设置是综合管廊必需的功能性要求。这些口部由于需要露出地面，往往会形成地面水倒灌的通道，为了保证综合管廊的安全运行，应当采取技术措施确保在道路积水期间地面水不会倒灌进管廊。其中5.4.1条为强制性条文。

5.4.3 综合管廊人员出入口宜与吊装口功能整合，设置爬梯，便于维护人员进出。

5.4.4

3 设置逃生口是保证进入人员的安全，蒸汽管道发生事故时对人的危险性较大，因此规定综合管廊敷设有输送介质为蒸汽的管道的舱室逃生口间距比较小。

5 逃生口尺寸是考虑消防人员救援进出的需要。

5.4.5 由于综合管廊内空间较小，管道运输距离不宜过大，根据各类管线安装敷设运输要求，综合确定吊装口间距不宜大于400m。吊装口的尺寸应根据各类管道(管节)及设备尺寸确定，一般刚性管道按照6m长度考虑，电力电缆需考虑其入廊时的转弯半径要求，有检修车进出的吊装口尺寸应结合检修车的尺寸确定。

5.4.7 本条为强制性条文。参照日本《共同沟设计指针》第5.9.1条自然通风口中："燃气隧洞的通风口应该是与其他隧洞的通风口分离的结构。"第5.9.2条强制通风口中："燃气隧洞的通风口应该与其他隧洞的通风口分开设置。"为了避免天然气管道舱内正常排风和事故排风中的天然气气体进入其他舱室，并可能聚集引起的危险，作出水平间距10m规定。

为避免天然气泄漏后，进入其他舱室，天然气舱的各口部及集水坑等应与其他舱室的口部及集水坑分隔设置，并在适当位置设置明显的标示提醒相关人员注意。

5.4.8 对盖板作出技术规定，主要是为了实现防盗安保功能要求。同时满足紧急情况下人员可由内部开启方便逃生的需要。

6 管线设计

6.1 一般规定

6.1.1 本条为强制性条文。综合管廊内的管线应进行专项设计，并应满足本规范第5章相关规定。

6.1.3 本条规定目的是综合管廊管理单位能够对综合管廊和管廊内管线全面管理。当出现紧急情况时，经专业管线单位确认，综合管廊管理单位可对管线配套设备进行必要的应急控制。

6.2 给水、再生水管道

6.2.2 本条是关于管材和接口的规定。为保证管道运行安全，减少支墩所占空间，规定一般采用刚性接口。管道沟槽式连接又称为卡箍连接，具有柔性特点，使管路具有抗震动、抗收缩和膨胀的能力，便于安装拆卸。

6.3 排水管渠

6.3.2 进入综合管廊的排水管渠断面尺寸一般较大，增容安装施工难度高，应按规划最高日最高时设计流量确定其断面尺寸，与综合管廊同步实施。同时需按近期流量校核流速，防止管道流速过缓造成淤积。

6.3.3 雨水管渠、污水管道进入综合管廊前设置检修闸门、闸槽或沉泥井等设施，有利于管渠的事故处置及维修。有条件时，雨水管渠进入综合管廊前宜截流初期雨水。

6.3.4 关于管材和接口的规定：为保证综合管廊的运行安全，应适当提高进入综合管廊的雨水、污水管道管材选用标准，防止意外情况发生损坏雨水、污水管道。为保证管道运行安全，减少支墩所占空间，规定一般采用刚性接口。管道沟槽式连接又称为卡箍连接，具有柔性特点，使管路具有抗震动、抗收缩和膨胀的能力，便于安装拆卸。

6.3.6 由于雨水、污水管道在运行过程中不可避免的会产生H_2S、沼气等有毒有害及可燃气体，如果这些气体泄漏至管廊舱室内，存在安全隐患；同时雨水、污水泄漏也会对管廊的安全运营和维护产生不利影响，因此要求进入综合管廊的雨水、污水管道必须保证其系统的严密性。管道、附件及检查设施等应采用严密性可靠的材料，其连接处密封做法应可靠。

排水管渠严密性试验参考现行国家标准《给水排水管道工程施工及验收规范》GB 50268 相关条文，压力管道参照给水管道部分，雨水管渠参照污水管道部分。

6.3.7 压力流管道高点处设置的排气阀及重力流管道设置的排气井（检查井）等通气装置排出的气体，应直接排至综合管廊以外的大气中，其引出位置应协调考虑周边环境，避开人流密集或可能对环境造成影响的区域。

6.3.8 压力流排水管道的检查口和清扫口等应根据需要设置，具体做法可参考现行国家标准《建筑给水排水设计规范》GB 50015 相关条文。

管廊内重力流排水管道的运行有可能受到管廊外上、下游排水系统水位波动变化、突发冲击负荷等情况的影响，因此应适当提高进入综合管廊的雨水、污水管道强度标准，保证管道运行安全。条件许可时，可考虑在管廊外上、下游雨水系统设置溢流或调蓄设施以避免对管廊的运行造成危害。

6.4 天然气管道

6.4.2 本条为强制性条文。参照国家标准《城镇燃气设计规范》GB 50028—2006 中第 6.3.1、6.3.2、10.2.23 条规定，为确保天然气管道及综合管廊的安全，作出此规定。无缝钢管标准根据《城镇燃气设计规范》GB 50028 选择，可选择 GB/T 9711、GB 8163，或不低于这两个标准的无缝钢管。

6.4.3 天然气管道泄漏是造成燃烧及爆炸事故的根源，为保证纳入综合管廊后的安全，对天然气管道的探伤提出严格要求。

6.4.6 本条为强制性条文。根据国家标准《城镇燃气设计规范》GB 50028—2006 中第 6.6.2 条第 5 款对天然气调压站的规定："当受到地上条件限制，且调压装置进口压力不大于 0.4MPa 时，可设置在地下单独的建筑物内或地下单独的箱体内，并应符合第 6.6.14 条和第 6.6.5 条的要求；"入廊天然气压力范围为 4.0MPa 以下，即有可能出现天然气次高压调压至中压的情况出现，不符合《城镇燃气设计规范》GB 50028 第 6.6.2 条的规定。考虑到天然气调压装置危险性高，规定各种压力的调压装置均不应设置在综合管廊内。

6.4.7 为减少释放源，应尽可能不在天然气管道舱内设置阀门。远程关闭阀门由天然气管线主管部门负责。其监测控制信号应上传天然气管线主管部门，同时传一路监视信号至管廊控制中心便于协同。

6.4.8 紧急切断阀远程关闭阀门由天然气管线主管部门负责。其监视控制信号应上传天然气管线主管部门，同时传一路监视信号至管廊控制中心便于协同。

6.5 热力管道

6.5.1 作为市政基础设施的供热管网，对管道的可靠性的要求比较高，因此对进入综合管廊的热力管道提出了较高的要求。

6.5.2 本条规定主要降低管道附件的散热，控制舱室的环境温度。

6.5.3 本条规定系参照现行国家标准《设备及管道绝热技术通则》GB/T 4272 的规定，同时为了更好地控制管廊内的环境要求以便于日常维护管理，本规范规定管道及附件保温结构的表面温度不得超过 50℃。

6.5.4 本条规定主要是考虑确保同舱敷设的其他管线的安全可靠运行。

6.5.5 本条为强制性条文。本条规定主要是控制舱内环境温度及确保安全，要求蒸汽管道排气管将蒸汽引至综合管廊外部。

6.6 电力电缆

6.6.1 本条为强制性条文。综合管廊电力电缆一般成束敷设，为了减少电缆可能着火蔓延导致严重事故后果，要求综合管廊内的电力电缆具备阻燃特性或不燃特性。

6.6.2 电力电缆发生火灾主要是由于电力线路过载引起电缆温升超限，尤其在电缆接头处影响最为明显，最易发生火灾事故。为确保综合管廊安全运行，故对进入综合管廊的电力电缆提出电气火灾监控与自动灭火的规定。

7 附属设施设计

7.1 消防系统

7.1.1 本条为强制性条文，规定了综合管廊的火灾危险性分类原则。综合管廊舱室火灾危险性根据综合管廊内敷设的管线类型、材质、附件等，依据现行国家标准《建筑设计防火规范》GB 50016 有关火灾危险性分类的规定确定。

7.1.3 参照国家标准《建筑设计防火规范》GB 50016—2014 第 3.2.1 条规定。由于综合管廊一般为钢筋混凝土结构或砌体结构，能够满足建筑构件的燃烧性能和耐火极限要求。

7.1.7 综合管廊交叉口部位分布有各类管线，为了管线运行安全，有必要将交叉口部位与标准段采用防火隔断进行分隔。

7.1.9 从电缆火灾的危害影响程度与外援扑救难度分析，干线综合管廊中敷设的电力电缆一般主要是输电线路，电压等级高，送电服务范围广，一旦发生火灾，产生的后果非常严重。支线综合管廊中敷设的电力电缆一般主要是中压配电线路，虽然每根电缆送电服务范围有限，但在数量众多时，也会产生严重后果，且外援扑救难度大，修复恢复供电时间长。基于上述分析，作出本条规定。

7.2 通风系统

7.2.1 综合管廊的通风主要是保证综合管廊内部空气的质量，应以自然通风为主，机械通风为辅。但是天然气管道舱和含有污水管道的舱室，由于存在可燃气体泄漏的可能，需及时快速将泄漏气体排出，因此采用强制通风方式。

7.2.2 根据国家标准《爆炸危险环境电力装置设计规范》GB 50058—2014 中第 3.2.4 条规定"当爆炸危险区域内通风的空气流量能使可燃物质很快稀释到爆炸下限值的 25%以下时，可定为通风良好，并应符合下列规定：……4）对于封闭区域，每平方米地板面积每分钟至少提供 $0.3m^3$ 的空气或至少 1h 换气 6 次"。为保证管廊内的通风良好，确定天然气管道舱正常通风换气次数不应小于 6 次/h，事故通风换气次数不应小于 12 次/h。

设置机械通风装置是防止爆炸性气体混合物形成或缩短爆炸性气体混合物滞留时间的有效措施之一。通风设备应在天然气浓度检测报警系统发出报警或起动指令时及时可靠地联动，排除爆炸性气体混合物，降低其浓度至安全水平。同时注意进风口不要设置在有可燃及腐蚀介质排放处附近或下风口，排风口排出的空气附近应无可燃物质及腐蚀介质，避免引起次生事故。

7.2.8 综合管廊一般为密闭的地下构筑物，不同于一般民用建筑。综合管廊内一旦发生火灾应及时可靠地关闭通风设施。火灾扑灭后由于残余的有毒烟气难以排除，对人员灾后进入清理十分不利，为此应设置事故后机械排烟设施。

7.3 供电系统

7.3.1 综合管廊系统一般呈现网络化布置，涉及的区域比较广。

其附属用电设备具有负荷容量相对较小而数量众多、在管廊沿线呈带状分散布置的特点。按不同电压等级电源所适用的合理供电容量和供电距离，一座管廊可采用由沿线城市公网分别直接引入多路0.4kV电源进行供电的方案，也可以采用集中一处由城市公网提供中压电源，如10kV电源供电的方案。管廊内再划分若干供电分区，由内部自建的10kV配变电所供配电。不同电源方案的选取与当地供电部门的公网供电营销原则和综合管廊产权单位性质有关，方案的不同直接影响到建设投资和运行成本，故需做充分调研工作，根据具体条件经综合比较后确定经济合理的供电方案。

7.3.2 天然气泄漏将会给综合管廊带来严重的安全隐患，所以管廊中含天然气管道舱室的监控与报警系统应能持续地进行环境检测、数据处理与控制工作。当监测到泄露浓度超限时，事故风机应能可靠起动、天然气管道紧急切断阀应能可靠关闭。参照现行国家标准《供配电系统设计规范》GB 50052有关负荷分级规定，故将含天然气管道舱室的监控与报警设备、管道紧急切断阀、事故风机定为二级负荷。

7.3.3 根据综合管廊系统特点制定附属设施配电要求：

1 由于管廊空间相对狭小，附属设备的配电采用PE与N分隔的TN-S系统，有利减少对人员的间接电击危害，减少对电子设备的干扰，便于进行总等电位联结。

2 综合管廊每个防火分区一般均配有各自的进出口、通风、照明、消防设施，将防火分区划作供电单元可便于供电管理和消防时的联动控制。由于综合管廊存在后续各专业管线、电缆等工艺设备的安装敷设，故有必要考虑作业人员同时开启通风、照明等附属设施的可能。

3 受电设备端电压的电压偏差直接影响到设备功能的正常发挥和使用寿命，本条款选用通用设备技术数据。以长距离带状为特点的管廊供电系统中，应校验线路末端的电压损失不超过规定要求。

4 应采取无功功率补偿措施；使电源总进线处功率因数满足当地供电部门要求。

7.3.4 本条根据综合管廊布置情况对电气设备提出要求。

2 管廊敷设有大量管线、电缆，空间一般紧凑狭小，附属设备及其配电屏、控制箱的安装布置位置应满足设备进行维护、操作对空间的要求，并尽可能不妨碍管廊管线、电缆的敷设。管廊内含有水管时，存在爆管水淹的事故可能，电气设备的安装应考虑这一因素，在处理事故用电完成之前应不受浸水影响。

4 敷设在管廊中的天然气管道管法兰、阀门等属于现行国家标准《爆炸危险环境电力装置设计规范》GB 50058规定的二级释放源，在通风条件符合规范规定的情况下该区域可划为爆炸性气体环境2区，在该区域安装的电气设备应符合《爆炸危险环境电力装置设计规范》GB 50058的相关规定。

7.3.5 设置检修插座的目的主要考虑到综合管廊管道及其设备安装时的动力要求。根据电焊机的使用情况，其一二次电缆长度一般不超过30m，以此确定临时接电用插座的设置间距。

为了减少爆炸性气体环境中爆炸危险的诱发可能性，在含天然气管线舱室内一般不宜设置插座类电器。当必须设置检修插座时，插座必须采用防爆型，在检修工况且舱内泄漏气体浓度低于爆炸下限值的20%时，才允许向插座回路供电。

7.3.6 同本规范第7.3.4条第4款，在含天然气管线舱室敷设的电气线路应符合现行国家标准《爆炸危险环境电力装置设计规范》GB 50058的相关规定。

7.3.7 人员在进人某段管廊时，一般需先行进行换气通风、开启照明，故需在人口设置开关。每区段的各出入口均安装开关，可以方便巡检人员在任意一出入口离开时均能及时关闭本段通风或照明，以利节能。

7.3.8 综合管廊的接地应满足各类管线的接地需求：

1 综合管廊接地装置接地电阻值应符合现行国家标准《交流电气装置的接地设计规范》GB/T 50065的有关规定。当接地电阻值不满足要求时，可通过经济技术比较增大接地电阻，并校验接触电位差和跨步电位差，且综合接地电阻应不大于1Ω。

4 同本规范第7.3.4条第4款，含天然气管线舱室的接地系统设置应符合现行国家标准《爆炸危险环境电力装置设计规范》GB 50058的相关规定。

7.4 照明系统

7.4.2 综合管廊通道空间一般紧凑狭小、环境潮湿，且其中需要进行管线的安装施工作业，施工人员或工具较易触碰到照明灯具。所以对管廊中灯具的防潮、防外力、防触电等要求提出具体规定。本条同本规范第7.3.4条第4款，在含天然气管线舱室安装的照明灯具应符合现行国家标准《爆炸危险环境电力装置设计规范》GB 50058的相关规定。

7.4.3 本条同本规范第7.3.4条第4款，在含天然气管线舱室敷设的照明电气线路应符合现行国家标准《爆炸危险环境电力装置设计规范》GB 50058的相关规定。

7.5 监控与报警系统

7.5.4 本条规定了环境与设备监控系统设置应符合的要求。

1 雨水利用管廊本体独立的结构空间输送，可不对该空间环境参数进行监测。

3 本款说明同第6.1.3条条文说明。

7.5.7 根据以往电力隧道工程、综合管廊工程的运营经验，地下舱室火灾危险主要来自敷设的大量电力电缆，所以提出对敷设有电力电缆的管廊舱室进行火灾自动报警的规定，以及时发现处置火灾的发生。本处所指电力电缆不包括为综合管廊配套设施供电的少量电力电缆。

3 综合管廊内非公共场所，平时只有少量工作人员进行巡检工作，当有紧急情况时火灾警报器可以满足需要，所以可不设消防应急广播。

7.5.10 本条规定了统一管理平台设置应符合的要求。

2 综合管廊及管廊内各专业管线单位建设前应根据实际情况确定并统一在线监控接人技术要求。

3 通过与各专业管线单位数据通信接口，各专业管线单位应将本专业管线运行信息、会影响到管廊本体安全或其他专业管线安全运行的信息，送至统一管理平台；统一管理平台应将监测到的与各专业管线运行安全有关信息，送至各专业管线公司。

7.6 排水系统

7.6.1 综合管廊内的排水系统主要满足排出综合管廊的结构渗漏水、管道检修放空水的要求，未考虑管道爆管或消防情况下的排水要求。

7.6.4 为了将水流尽快汇集至集水坑，综合管廊内采用有组织的排水系统。一般在综合管廊的单侧或双侧设置排水明沟，综合考虑道路的纵坡设计和综合管廊埋深，排水明沟的纵向坡度不小于0.2%。

7.7 标识系统

7.7.1 综合管廊的人员主出入口一般情况下指控制中心与综合管廊直接连接的出入口，在靠近控制中心侧，应当根据控制中心的空间布置，布置合适的介绍牌，对综合管廊的建设情况进行简要的介绍，以利于综合管廊的管理。

7.7.2 综合管廊内部容纳的管线较多，管道一般按照颜色区分或每隔一定距离在管道上标识。电(光)缆一般每隔一定间距设置铭牌进行标识。同时针对不同的设备应有醒目的标识。

8 结构设计

8.1 一般规定

8.1.2 综合管廊结构设计应对承载能力极限状态和正常使用极限状态进行计算。

1 承载能力极限状态：对应于管廊结构达到最大承载能力，管廊主体结构或连接构件因材料强度被超过而破坏；管廊结构因过量变形而不能继续承载或丧失稳定；管廊结构作为刚体失去平衡（横向滑移、上浮）。

2 正常使用极限状态：对应于管廊结构符合正常使用或耐久性能的某项规定限值；影响正常使用的变形量限值；影响耐久性能的控制开裂或局部裂缝宽度限值等。

8.1.3 本条为强制性条文。根据国家标准《建筑结构可靠度设计统一标准》GB 50068—2001 第 1.0.4、1.0.5 条规定，普通房屋和构筑物的结构设计使用年限按照 50 年设计，纪念性建筑和特别重要的建筑结构，设计年限按照 100 年考虑。近年来以城市道路、桥梁为代表的城市生命线工程，结构设计使用年限均提高到 100 年或更高年限的标准。综合管廊作为城市生命线工程，同样需要把结构设计年限提高到 100 年。

8.1.6 根据国家标准《建筑结构可靠度设计统一标准》GB 50068—2001 第 1.0.8 条规定，建筑结构设计时，应根据结构破坏可能产生的后果（危及人的性命、造成经济损失、产生社会影响等）的严重性，采用不同的安全等级。综合管廊内容纳的管线为电力、给水等城市生命线，破坏后产生的经济损失和社会影响都比较严重，故确定综合管廊的安全等级为一级。

8.1.7 国家标准《混凝土结构设计规范》GB 50010—2010 第 3.3.3、3.3.4 条将裂缝控制等级分为三级。根据国家标准《地下工程防水技术规范》GB 50108—2008 第 4.1.6 条明确规定，裂缝宽度不得大于 0.2mm，并不得贯通。

8.1.8 根据国家标准《地下工程防水技术规范》GB 50108—2008 第 3.2.1 条规定，综合管廊防水等级标准应为二级。综合管廊的地下工程不应漏水，结构表面可有少量湿渍。总湿渍面积不应大于总防水面积的 1/1000；任意 $100m^2$ 防水面积上的湿渍不超过 1 处，单个湿渍的最大面积不得大于 $0.1m^2$。综合管廊的变形缝、施工缝和预制接缝等部位是管廊结构的薄弱部位，应对其防水和防火措施进行适当加强。

8.1.10 预制综合管廊纵向节段的尺寸及重量不应过大。在构件设计阶段应考虑到节段在吊装、运输过程中受到的车辆、设备、安全、交通等因素的制约，并根据限制条件综合确定。

8.2 材料

8.2.6 综合管廊结构长期受地下水、地表水的作用，为改善结构的耐久性、避免碱骨料反应，应严格控制混凝土中氯离子含量和含碱量，在国家标准《混凝土结构设计规范》GB 50010—2010 第 3.5 节中，有关于混凝土中总碱含量的限制。国家标准《地下工程防水技术规范》GB 50108—2008 第 4.1.14 条中，对防水混凝土总碱含量予以限制。主要是由于地下混凝土工程长期受地下水、地表水的作用，如果混凝土中水泥和外加剂中含碱量高，遇到混凝土中的集料具有碱活性时，即有引起碱骨料反应的危险，因此在地下工程中应对所用的水泥和外加剂的含碱量有所控制。控制的标准同国家标准《地下工程防水技术规范》GB 50108—2008 第 4.1.14 条和《混凝土结构耐久性设计规范》GB/T 50476 附录 B.2 的有关规定。

8.3 结构上的作用

8.3.1 综合管廊结构上的作用，按性质可分为永久作用和可变作用。

1 永久作用包括结构自重、土压力、预加应力、重力流管道内的水重、混凝土收缩和徐变产生的荷载、地基的不均匀沉降等。

2 可变作用包括人群荷载、车辆荷载、管线及附件荷载、压力管道内的静水压力（运行工作压力或设计内水压力）及真空压力、地表水或地下水压力及浮力、温度作用、冻胀力、施工荷载等。

作用在综合管廊结构上的荷载须考虑施工阶段以及使用过程中荷载的变化，选择使整体结构或预制构件应力最大、工作状态最为不利的荷载组合进行设计。地面的车辆荷载一般简化为与结构埋深有关的均布荷载，但覆土较浅时应按实际情况计算。

8.3.4 可变作用准永久值为可变作用的标准值乘以作用的准永久值系数。

8.3.7 综合管廊属于狭长形结构，当地质条件复杂时，往往会产生不均匀沉降，对综合管廊结构产生内力。当能够设置变形缝时，尽量采取设置变形缝的方式来消除由于不均匀沉降产生的内力。当由于外界条件约束不能够设置变形缝时，应考虑地基不均匀沉降的影响。

8.4 现浇混凝土综合管廊结构

8.4.1 现浇混凝土综合管廊结构一般为矩形箱涵结构。结构的受力模型为闭合框架。现浇综合管廊闭合框架计算模型见图 9。

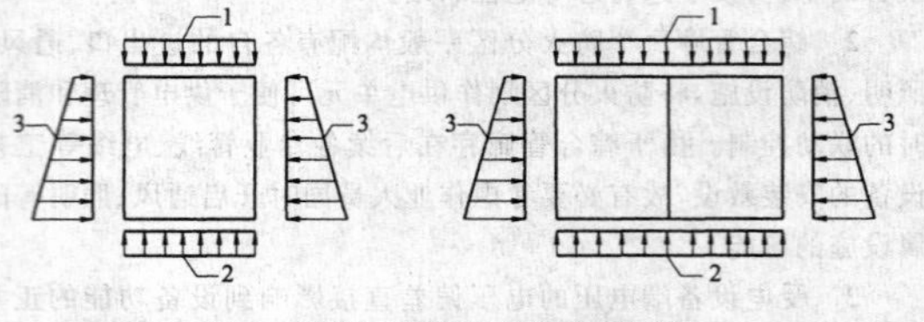

图 9 现浇综合管廊闭合框架计算模型

1—综合管廊顶板荷载；2—综合管廊地基反力；3—综合管廊侧向水土压力

8.5 预制拼装综合管廊结构

8.5.2 预制拼装综合管廊结构计算模型为封闭框架，但是由于拼缝刚度的影响，在计算时应考虑到拼缝刚度对内力折减的影响。预制拼装综合管廊闭合框架计算模型见图 10。

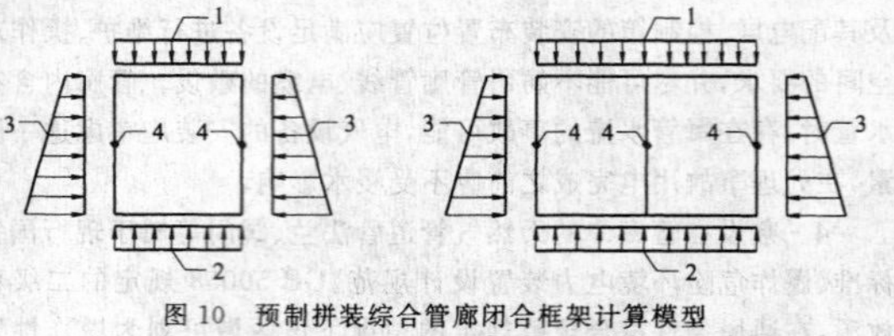

图 10 预制拼装综合管廊闭合框架计算模型

1—综合管廊顶板荷载；2—综合管廊地基反力；
3—综合管廊侧向水土压力；4—拼缝接头旋转弹簧

8.5.3 估算拼缝接头影响的 $K-\zeta$ 法（旋转弹簧-ζ 法）是根据本规范主编单位完成的上海世博会园区预制拼装综合管廊相关研究成果，并参考国际隧道协会（ITA）公布的《盾构隧道衬砌设计指南》(Proposed recommendation for design of lining of shield tunnel)中关于结构构件内力计算的相关建议确定的。

该方法用一个旋转弹簧模拟预制拼装综合管廊的横向拼缝接头，即在拼缝接头截面上设置一旋转弹簧，并假定旋转弹簧的弯矩-转角关系满足公式(8.5.3-1)，由此计算出结构的截面内力。根据结构横向拼缝拼装方式的不同，再按公式(8.5.3-2、8.5.3-3)对计算得到的弯矩进行调整。

参数 K 和 ζ 的取值范围是根据本规范主编单位的相关试验结果和国际隧道协会（ITA）的建议取值确定的。由于 K、ζ 的取值受拼缝构造、拼装方式和拼装预应力大小等多方面因素影响，其取值应通过试验确定。

8.5.6 带纵、横向拼缝接头的预制拼装综合管廊截面内拼缝接头外缘张开量计算公式以及最大张开量限值均根据本规范主编单位完成的相关研究成果(上海市政工程设计研究总院(集团)有限公司.上海世博园区预制预应力综合管廊接头防水性能试验研究[R].特种结构,2009,26(1):109－113.)确定。限于篇幅,本规范未列出公式(8.5.6)的推导过程。

根据上海市工程建设规范《城市轨道交通设计规范》DGJ 08—109—2004 第 14.4.3 条,拼缝张开值为 2mm～3mm,错位量不应大于 10mm。本规范结合试验结果取 2mm。

8.5.7 预制拼装综合管廊弹性密封垫的界面应力限值根据本规范主编单位完成的相关研究成果〔上海市政工程设计研究总院(集团)有限公司.上海世博园区预制预应力综合管廊接头防水性能试验研究[R].特种结构,2009,26(1):109—113.〕确定,主要为了保证弹性密封垫的紧密接触,达到防水防渗的目的。

8.6 构 造 要 求

8.6.1 本条规定参照了国家标准《混凝土结构设计规范》GB 50010—2010 第 8.1.1 条。由于地下结构的伸(膨胀)缝、缩(收缩)缝、沉降缝等结构缝是防水防渗的薄弱部位,应尽可能少设,故将前述三种结构缝功能整合设置为变形缝。

变形缝间距综合考虑了混凝土结构温度收缩、基坑施工等因素确定的,在采取以下措施的情况下,变形缝间距可适当加大,但不宜大于 40m:

1 采取减小混凝土收缩或温度变化的措施;

2 采用专门的预加应力或增配构造钢筋的措施;

3 采用低收缩混凝土材料,采取跳仓浇筑、后浇带、控制缝等施工方法,并加强施工养护。

8.6.3 综合管廊迎水面混凝土保护层厚度参照国家标准《地下工程防水技术规范》GB 50108 第 4.1.6 条和行业标准《电力电缆隧道设计规程》DL/T 5484—2013 第 4.3.2 条的规定确定。

9 施工及验收

9.1 一 般 规 定

9.1.4 综合管廊一般建设在城市的中心地区,同时涉及的线长面广,施工组织和管理的难度大。为了保证施工的顺利,应当对施工现场、地下管线和构筑物等进行详尽的调查,并了解施工临时用水、用电的供给情况。

9.2 基 础 工 程

9.2.3 综合管廊基坑的回填应尽快进行,以免长期暴露导致地下水和地表水侵入基坑。根据地下工程的验收要求,应当首先通过结构和防水工程验收合格后,方能够进行下道工序的施工。

9.3 现浇钢筋混凝土结构

9.3.1 综合管廊工程施工的模板工程量较大,因而施工时应确定合理的模板工程方案,确保工程质量,提高施工效率。

9.3.3 综合管廊为地下工程,在施工过程中施工缝是防水的薄弱部位,本条强调施工缝施工的重点事项。

9.4 预制拼装钢筋混凝土结构

9.4.1 预制装配式综合管廊采用工厂化制作的预制构件,采用精加工的钢模板可以确保构件的混凝土质量、尺寸精度。

9.4.3 构件的标识朝外主要便于施工人员对构件的辨识。

9.4.5 有裂缝的构件应进行技术鉴定,判定其是否属于严重质量缺陷,经过有关处理后能否合理使用。

9.4.7 综合管廊预制构件的质量涉及工程质量和结构安全,制作单位应满足国家及地方有关部门对硬件设施、人员配置、质量管理体系和质量检测手段等方面的规定和要求。预制构件制作前,建设单位应组织设计、生产、施工单位进行技术交底。如预制构件制作详图无法满足制作要求,应进行深化设计和施工验算,完善预制构件制作详图和施工装配详图,避免在构件加工和施工过程中,出现错、漏、碰、缺等问题。对应预留的孔洞及预埋部件,应在构件加工前进行认真核对,以免现场剔凿,造成损失。构件制作单位应制定生产方案,生产方案应包括生产工艺、模具方案、生产计划、技术质量控制措施、成品保护、堆放及运输方案等内容。

9.5 预应力工程

9.5.1 过早地对混凝土施加预应力,会引起较大的回缩和徐变预应力损失,同时可能因局部承压过大而引起混凝土损伤。本条规定的预应力张拉及放张时混凝土强度,是根据现行国家标准《混凝土结构设计规范》GB 50010 的规定确定的。若设计对此有明确要求,则应按设计要求执行。

9.5.2 预应力筋张拉锚固后,实际建立的预应力值与量测时间有关。相隔时间越长,预应力损失值越大,故检测值应由设计通过计算确定。预应力筋张拉后实际建立的预应力值对结构受力性能影响很大,必须予以保证。

9.5.3 预应力筋张拉后处于高应力状态,对腐蚀非常敏感,所以应尽早进行孔道灌浆。灌浆是对预应力筋的永久保护措施,故要求水泥浆饱满、密实,完全裹住预应力筋。

9.5.4 封闭保护应遵照设计要求执行,并在施工技术方案中作出具体规定。后张预应力筋的锚具多配置在结构的端面,所以常处于易受外力冲击和雨水浸入的状态;此外,预应力筋张拉锚固后,锚具及预应力筋处于高应力状态,为确保暴露于结构外的锚具能够永久性地正常工作,不致受外力冲击和雨水浸入而造成破损或腐蚀,应采取防止锚具锈蚀和遭受机械损伤的有效措施。

9.6 砌 体 结 构

9.6.1 综合管廊采用砌体结构形式较少,但在有些地区仍有采用砌体的传统和条件,本条参考现行国家标准《砌体工程施工质量验收规范》GB 50203 的规定。

9.7 附 属 工 程

9.7.1 综合管廊预埋过路排管主要为了满足今后电缆的穿越敷设,管口出现毛刺或尖锐棱角会对电缆表皮造成破坏,因而应重点检查。

10 维 护 管 理

10.1 维　　护

10.1.1 综合管廊容纳的城市工程管线为城市的生命线,管理的专业性强,应有专业物业管理单位管理和维护。

10.1.10 为保障综合管廊的正常、安全运营,延长综合管廊的使用寿命,明确了利用综合管廊结构本体的雨水渠最低养护周期。

10.1.12 综合管廊作为城市的重要基础设施,应进行定期检测评定,建立相关指标,确保综合管廊本体、入廊管线以及监控、通风、照明等系统运行安全,并为管线单位的维护管理提供参考。

10.2 资　　料

10.2.2 综合管廊建设模式多样,无论是由政府直接负责建设或由其他机构代为建设,在建设过程中形成的档案资料应完整移交给管理单位。

中华人民共和国国家标准

城市通信工程规划规范

Code of urban communication engineering planning

GB/T 50853—2013

主编部门：中华人民共和国住房和城乡建设部
批准部门：中华人民共和国住房和城乡建设部
施行日期：2 0 1 3 年 9 月 1 日

中华人民共和国住房和城乡建设部
公　　告

第 1628 号

住房城乡建设部关于发布国家标准《城市通信工程规划规范》的公告

现批准《城市通信工程规划规范》为国家标准，编号为 GB/T 50853－2013，自 2013 年 9 月 1 日起实施。

本规范由我部标准定额研究所组织中国建筑工业出版社出版发行。

中华人民共和国住房和城乡建设部
2013 年 1 月 28 日

前　言

本规范是根据原建设部《关于印发〈二〇〇四年工程建设国家标准制订、修订计划〉（第一批）的通知》（建标［2004］67 号）的要求，由中国城市规划设计研究院和深圳市城市规划设计研究院有限公司会同有关单位共同编制完成的。

本规范在编制过程中，编制组经广泛调查研究，认真总结实践经验，参考有关国际标准和国内先进标准，并在广泛征求相关部门意见，以及与工业和信息化部、国家广播电影电视总局、国家邮政总局等部门和单位多次协调的基础上，经反复论证，多次修改，最后经审查定稿。

本规范共分 8 章和 1 个附录，主要技术内容包括：总则、术语、电信用户预测、电信局站、无线通信与无线广播传输设施、有线电视用户与网络前端、通信管道、邮政通信设施等。

本规范由住房和城乡建设部负责管理，由中国城市规划设计研究院负责具体技术性内容的解释。在本规范执行过程中，请各单位注意总结经验，并将意见、建议寄送中国城市规划设计研究院（地址：北京市车公庄西路 5 号，邮政邮码：100044），以供修订时参考。

本规范主编单位：中国城市规划设计研究院
深圳市城市规划设计研究院有限公司

本规范参编单位：上海市城市规划设计研究院
北京电信规划设计院有限公司
中广电广播电影电视设计研究院
国家无线电监测中心
沈阳市城市规划设计研究院

本规范主要起草人员：汤铭潭　洪昌富　陈永海　崔金明　檀　星　沈　阳　黄秋芳　黄　标　谢映霞　王燕敏　何红宇　刘海龙　樊　超　景洪兰　孙志超　杜　兵

本规范主要审查人员：陈　懿　王静霞　刘占霞　张端权　王承东　林长海　于纪凯　杨明松　钟　雷

目　次

Contents

1 总　则

1.0.1 为了在城市规划中贯彻执行国家通信发展的有关法规和方针政策，规范城市通信工程规划编制，提高规划编制质量，制定本规范。

1.0.2 本规范适用于城市规划中的电信、广播电视、邮政工程设施规划编制。

1.0.3 城市通信工程规划应遵循统筹规划、合理布局、远近结合、适度超前、共建共享、优化配置的原则。

1.0.4 城市通信工程规划应依据城市用地布局规划，并与城市用地规划和供电、给水、排水、燃气、供热及综合防灾等相关工程规划相协调。

1.0.5 城市电信和广电设施规划布局应满足城市防灾中生命线工程的安全保障要求。

1.0.6 城市通信工程规划除应符合本规范外，尚应符合国家现行有关标准的规定。

2 术　语

2.0.1 固定电话主线普及率 chief wire popularize rate of fixed phone

指每百人拥有的固定电话主线数。

2.0.2 移动电话普及率 popularize rate of mobile phone

指每百人拥有的移动电话数。

2.0.3 宽带普及率 popularize rate of broadband

指每百人拥有的互联网宽带接入用户数。

2.0.4 电信局站 telecommunications central office and station

指专门为安装通信设备及为通信生产提供支撑服务的通信建筑或机房。

2.0.5 电信枢纽楼 building for telecommunications center

指以安装长途通信设备为主，处于省、市级以上中心枢纽节点的生产楼。

2.0.6 电信生产楼 building for telecommunications equipments

指安装通信设备，未处于省、市级以上中心枢纽节点的生产楼。

2.0.7 移动通信基站 mobile communication base station

指移动通信系统中，连接固定部分与无线部分，并通过空中的无线传输与移动电话终端之间进行信息传递的无线电收发信电台（站）。

2.0.8 接入机房 remote service unit access equipment room

指用于安装为用户提供接入服务的多种类型通信设备的通信设备房。

2.0.9 发信区 transmitting area of radio signal

指为满足特定需求和一定技术条件，中短波大功率发射台的无线通信信号和无线广播电视信号的发射区域。

2.0.10 收信区 recevision area of radio signal

指为满足特定需求和一定技术条件的无线通信和无线广播电视信号的接收区域。

2.0.11 微波站 microwave relay station

指安装微波通信中继设备的通信站。

2.0.12 有线广播电视网络总前端 cable broadcasting television network general headend

指具备接收、处理、传输广播电视信号与数据信号，具有业务运营和综合管理功能的广播电视设施。

2.0.13 有线广播电视网络分前端 cable broadcasting television network secondary headend

指能与总前端、一级机房互联互通和数据交换以及向覆盖区域插入其广播电视节目与数据信号，并具有相关资源管理功能的广播电视设施。

2.0.14 有线广播电视网络一级机房 first room of cable broadcasting television network

指接收分前端的广播电视信号与数据信号，与分前端及二级机房互联互通；实现智能业务末端分配的广播电视设施。

2.0.15 有线广播电视网络二级机房 secondary room of cable broadcasting television network

指直接为用户提供宽带接入，实现有线广播电视网络光电信号转换与传输的广播电视设施。

2.0.16 邮件处理中心 mail processing center

指位于邮路的汇接处的邮政网节点和邮件的集散、经传枢纽。

2.0.17 邮政支局 post office

指主要提供邮件收寄和投递服务的邮政分支服务网点。

2.0.18 邮政所 post shop

指只办理邮件收寄和报刊零售等窗口业务的邮政支局下属营业机构。

2.0.19 城域网 metropolitan area network

指覆盖城市及其郊区范围可提供宽带综合业务服务，支持多种通信协议的公用通信网络。

2.0.20 下一代网络 next generation network

指能提供包括语音、数据和多媒体等各种业务、综合开放、统一的电信网络。

2.0.21 软交换 soft switch

指通过网关呼叫控制和媒体交换功能相分离，为下一代网络提供实时性要求的业务呼叫控制与连接控制功能的交换技术及功能实体。

3 电信用户预测

3.1 一 般 规 定

3.1.1 城市电信用户预测应包括固定电话用户、移动电话用户和宽带用户预测等内容。

3.1.2 城市总体规划阶段电信用户预测应以宏观预测方法为主，可采用普及率法、分类用地综合指标法等多种方法预测；城市详细规划阶段应以微观分布预测为主，可按不同用户业务特点，采用单位建筑面积测算等不同方法预测。

3.2 预 测 指 标

3.2.1 固定电话用户采用普及率法和分类用地综合指标法预测时，预测指标宜符合表 3.2.1-1 和表 3.2.1-2 的规定。

表 3.2.1-1 固定电话主线普及率预测指标（线/百人）

特大城市、大城市	中等城市	小城市
58～68	47～60	40～54

表 3.2.1-2 固定电话分类用地用户主线预测指标（线/hm²）

城市用地性质	特大城市、大城市	中等城市	小城市
居住用地（R）	110～180	90～160	70～140
商业服务业设施用地（B）	150～250	120～210	100～190
公共管理与公共服务设施用地（A）	70～200	55～150	40～100
工业用地（M）	50～120	45～100	36～80
物流仓储用地（W）	15～20	10～15	8～12
道路与交通设施用地（S）	20～60	15～50	10～40
公用设施用地（U）	25～140	20～120	15～100

3.2.2 移动电话用户预测采用普及率法时，预测指标宜符合表 3.2.2 的规定。

表 3.2.2 移动电话普及率预测指标（卡号/百人）

特大城市、大城市	中等城市	小城市
125～145	105～135	95～115

3.2.3 按城市用地分类的单位建筑面积电话用户预测指标宜符合表 3.2.3 的规定。

表 3.2.3 按城市用地分类的单位建筑面积电话用户预测指标

大类	中类用地	主要建筑的单位建筑面积用户综合指标（线/百 m²）
R	一类居住（R1）	0.75～1.25
	二类居住（R2）	0.85～1.50
	三类居住（R3）	1.25～1.70
A	行政办公用地（A1）	2.00～4.00
	文化设施用地（A2）	0.40～0.85
	教育科研用地（A3）	1.35～2.00
	体育用地（A4）	0.30～0.40
	医疗卫生用地（A5）	0.60～1.10
	社会福利（A6）	0.85～2.50
	文物古迹（A7）	0.30～0.85
	外事用地（A8）	2.00～4.00
	宗教设施用地（A9）	0.40～0.60
B	商业用地（B1）	0.65～3.30
	商务用地（B2）	1.40～4.00
	娱乐康体用地（B3）	0.75～1.25
	公用设施营业网点用地（B4）	0.85～2.00
	其他服务设施用地（B9）	0.60～1.35
M	一、二、三类工业（M1）	0.40～1.25
W	一、二、三类物流仓储（W1）	0.15～0.50
S	交通枢纽、场站用地（S3、4、9）	0.40～1.50
U	供应设施用地（U1）	0.50～1.70
	环境设施用地（U2）	0.50～0.65
	安全设施用地（U3）	1.00～1.25
	其他公用设施用地（U9）	0.40～0.85

注：表中所列指标主要针对不同分类用地有代表性建筑的测算指标，应用中允许结合不同分类用地的实际不同建筑组成适当调整。

3.2.4 宽带用户预测采用普及率法进行预测时，预测指标宜符合表 3.2.4 的规定。

表 3.2.4 宽带用户普及率预测参考指标（户/百人）

城市规模分级	特大城市、大城市	中等城市	小城市
—	40～52	35～45	30～37

4 电信局站

4.1 一般规定

4.1.1 电信局站应根据城市发展目标和社会需求，按全业务要求统筹规划，并应满足多家运营企业共建共享的要求。

4.1.2 电信局站可分一类局站和二类局站，并宜按以下划分：

1 位于城域网接入层的小型电信机房为一类局站。包括小区电信接入机房以及移动通信基站等。

2 位于城域网汇聚层及以上的大中型电信机房为二类局站。包括电信枢纽楼、电信生产楼等。

4.2 电信局站设置

4.2.1 城市电信二类局站规划选址除符合技术经济要求外，还应符合下列要求：

1 选择地形平坦、地质良好的适宜建设用地地段，避开因地质、防灾、环保及地下矿藏或古迹遗址保护等不可建设的用地地段；

2 距离通信干扰源的安全距离应符合国家相关规范要求。

4.2.2 城市的二类电信局站应综合覆盖面积、用户密度、共建共享等因素进行设置，并应符合表 4.2.2 的规定。

表 4.2.2 城市主要二类电信局站设置

城市电信用户规模（万户）	单局覆盖用户数（万户）	最大单局用户占比不超过规划总用户数的比例（%）
＜100	8	20
100～200	8	20
200～400	12	15
400～600	12	15
600～1000	15	10
1000 以上	15	10

注：城市电信用户包括固定宽带用户、移动电话用户、固定电话用户。

4.2.3 城市电信用户密集区的二类局站覆盖半径不宜超过 3km，非密集区二类局站覆盖半径不宜超过 5km。

4.2.4 城市主要二类局站规划用地应符合表 4.2.4 规定。

表 4.2.4 城市主要二类局站规划用地

电信用户规模（万户）	1.0～2.0	2.0～4.0	4.0～6.0	6.0～10.0	10.0～30.0
预留用地面积（m^2）	2000～3500	3000～5500	5000～6500	6000～8500	8000～12000

注：1 表中局所用地面积包括同时设置其兼营业点的用地；

2 表中电信用户规模为固定宽带用户、移动电话用户、固定电话用户之和。

4.2.5 小区通信综合接入设施用房建筑面积应按城市不同小区的特点及用户微观分布，确定含广电在内的不同小区通信综合接入设施用房，并应符合表 4.2.5 的规定。

表 4.2.5 小区通信综合接入设施用房建筑面积

小区户数规模（户）	小区通信接入机房建筑面积（m^2）
100～500	100
500～1000	160
1000～2000	200
2000～4000	260

注：当小区户数规模大于 4000 户时应增加小区机房分片覆盖。

4.2.6 城市移动通信基站规划布局应符合电磁辐射防护相关标准的规定，避开幼儿园、医院等敏感场所，并应符合与城市历史街区保护、城市景观的有关要求。

5 无线通信与无线广播传输设施

5.1 一般规定

5.1.1 城市无线通信设施应包括无线广播电视设施在内的以发射信号为主的发射塔（台、站）、以接收信号为主的监测站（场、台）、发射或（和）接收信号的卫星地球站、以传输信号为主的微波站等。

5.1.2 城市收信区、发信区及无线台站的布局、微波通道保护等应纳入城市总体规划，并与城市总体布局相协调。

5.1.3 城市各类无线发射台、站的设置应符合现行国家标准《电磁辐射防护规定》GB 8702 和《环境电磁波卫生标准》GB 9175 电磁环境的有关规定。

5.2 收信区与发信区

5.2.1 收信区和发信区的调整应符合下列要求：

1 城市总体规划和发展方向；

2 既设无线电台站的状况和发展规划；

3　相关无线电台站的环境技术要求和相关地形、地质条件；

4　人防通信建设规划；

5　无线通信主向避开市区。

5.2.2　城市收信区、发信区宜划分在城市郊区的两个不同方向的地方，同时在居民集中区、收信区与发信区之间应规划出缓冲区。

5.2.3　发信区与收信区之间的设置与调整应符合现行国家标准《短波无线电测向台（站）电磁环境要求》GB 13614 的有关规定。

5.3　微波空中通道

5.3.1　城市微波通道应根据其重要性、网路级别、传输容量等实施分级保护，并应符合本规范附录 A 的规定。

5.3.2　城市微波通道应符合下列要求：

1　通道设置应结合城市发展需求；

2　应严格控制进入大城市、特大城市中心城区的微波通道数量；

3　公用网和专用网微波宜纳入公用通道，并应共用天线塔。

5.4　无线广播设施

5.4.1　规划新建、改建或迁建无线广播电视设施应满足全国总体的广播电视覆盖规划的要求，并应符合国家相关标准的规定。

5.4.2　规划新建、改建或迁建的中波、短波广播发射台、电视调频广播发射台、广播电视监测站（场、台）应符合现行行业标准《中波、短波广播发射台场地选择标准》GY 5069 和《调频广播、电视发射台场地选择标准》GY 5068 等广播电视工程有关标准的规定。

5.4.3　接收卫星广播电视节目的无线设施，应满足卫星接收天线场地和电磁环境的要求。

5.5　其他无线通信设施

5.5.1　城市机场导航、天文探测、卫星地球站与无线电监测站（场、台）等其他重要无线通信工程设施应在环境技术条件上给予重点保护。

5.5.2　城市机场导航应在相应城市总体规划中划定机场净空保护区。

6　有线电视用户与网络前端

6.1　一 般 规 定

6.1.1　城市有线广播电视规划应包括信号源接收、处理、播发设施和网络传输、分配设施规划。

6.1.2　城市有线广播电视网络总前端、分前端、一级机房、二级机房及线路设施应符合安全播出的相关规定。

6.2　有线电视用户

6.2.1　城市总体规划阶段有线电视网络用户预测采用综合指标法预测，预测指标可按 2.8 人～3.5 人一个用户，平均每用户两个端口测算。

6.2.2　城市详细规划阶段城市有线电视网络用户宜采用单位建筑面积密度法预测，预测指标可按表 6.2.2 并结合实际比较分析确定。

表 6.2.2　建筑面积测算信号端口指标

用地性质	标准信号端口预测指标（端/m^2）
居住用地	1/40～1/60
公共管理与公共服务设施用地	1/40～1/200

6.3　有线电视网络前端

6.3.1　城市有线广播电视网络主要设施可分为总前端、分前端、一级机房和二级机房 4 个级别。

6.3.2　城市有线广播电视网络总前端规划建设用地可按表 6.3.2 规定，结合当地实际情况比较分析确定。

表 6.3.2　城市有线广播电视网络总前端规划建设用地

用户（万户）	总前端数（个）	总前端建筑面积（m^2/个）	总前端建设用地（m^2/个）
8～10	1	14000～16000	6000～8000
10～100	2	16000～30000	8000～11000
⩾100	2～3	30000～40000	11000～12500 （12000～13500）

注：1　表中规划用地不包括卫星接收天线场地；

2　表中括号规划用地含呼叫中心、数据中心用地。

6.3.3　城市有线广播电视网络分前端机房规划用地可按表 6.3.3 规定，结合当地实际情况比较分析确定。

表 6.3.3　城市有线广播电视网络分前端规划建设用地

用户（万户）	分前端数（个）	分前端建筑面积（m^2/个）	分前端建设用地（m^2/个）
＜8	1～2	5000～10000	2500～4500
⩾8	2～3	10000～15000	4500～6000

注：表中规划用地不包括卫星接收天线场地用地。

6.3.4 城市有线广播电视网络一级机房宜设于公共建筑底层，建筑面积宜为 $300m^2$～$800m^2$。

7 通 信 管 道

7.1 一 般 规 定

7.1.1 通信管道应满足全社会通信城域网传输线路的敷设要求，通信城域网应包括固定电话、移动电话、有线电视、数据等公共网络和交通监控、信息化、党政军等通信专网。

7.1.2 通信管道应统一规划，统筹多方共享使用需求，并应留有余量。

7.2 主 干 管 道

7.2.1 电信局局前管道应依据局站覆盖用户规模、用户分布及路网结构，电信局出局管道方向与路由数选择应按表 7.2.1 规定确定。

表 7.2.1 电信局出局管道方向与路由数选择

电信局站覆盖用户规模（万户）	局前管道
1～3	两方向单路由
3～8	两方向双路由
≥8	3 个以上方向、多路由

注：覆盖用户规模较大的局站宜采用隧道出局。

7.2.2 有线广播电视网络前端出站管道可依据前端站的级别，有线电视前端出站管道方向与路由数选择应按表 7.2.2 规定确定。

表 7.2.2 有线电视前端出站管道方向与路由数选择

前端站级别	出站管道
总前端	3 个方向、多路由
分前端	2 个方向、双路由

7.2.3 有线广播电视网络前端进出站管道远期规划管孔数应依据前端站的级别、出站分支数量、出站方向用户密度，并可按表 7.2.3 的规定，结合当地实际情况分析计算确定。

表 7.2.3 有线广播电视网络前端进出站管道远期规划管孔数

前端站分级	距站 500m 分支路由出管孔数	距站 500m～1200m 的分支路由管孔数
总前端	12～18	8～12
分前端	8～12	6～8

7.2.4 城市通信综合管道规划管孔数应按规划局站远期覆盖用户规模、出局分支数量、出局方向用户密度、传输介质、管材及管径等要素确定，并应符合表 7.2.4 的规定。

表 7.2.4 城市通信综合管道规划管孔数

城市道路类别	管孔数（孔）
主干路	18～36
次干路	14～26
支路	6～10
跨江大桥及隧道	8～10

注：两人（手）孔间的距离不宜超过 150m。

7.2.5 城市通信管道与其他市政管线及建筑物的最小净距应符合现行国家标准《城市工程管线综合规划规范》GB 50289 的有关规定。

7.3 小区配线管道

7.3.1 小区通信配线管道应与城市主干道及小区各建筑物引入管道相衔接。

7.3.2 小区通信配线管道管孔数应按终期电缆、光缆条数及备用孔数确定，规划阶段其配线管道可按 4 孔～6 孔计算，建筑物引入管道可按 2 孔～3 孔计算；特殊地段小区管道和有接入节点的建筑引入管道应按实际需求计算管孔数。

8 邮政通信设施

8.1 一 般 规 定

8.1.1 邮政设施主要可分为邮件处理中心和提供邮政普遍服务的邮政营业场所。

8.1.2 提供邮政普遍服务的营业场所可分为邮政支局和邮政所等。

8.2 邮件处理中心

8.2.1 城市邮件处理中心选址应与城市用地规划相协调，且应满足下列要求：

1 便于交通运输方式组织，靠近邮件的主要交通运输中心；

2 有方便大吨位汽车进出接收、发运邮件的邮运通道。

8.2.2 城市邮件处理中心用地应按现行行业标准《邮件处理中心工程设计规范》YD 5013 的有关要求执行。

8.3 邮 政 局 所

8.3.1 城市邮政局所设置应符合现行行业标准《邮政普遍服务标准》YZ/T 0129 的有关规定，其服务半径或服务人口宜符合表 8.3.1 的规定，学校、厂矿、住宅小区等人口密集的地方，可增加邮政局所的设置数量。

表 8.3.1 邮政局所服务半径和服务人口

类别	每邮政局所服务半径（km）	每邮政局所服务人口（万人）
直辖市、省会城市	1～1.5	3～5
一般城市	1.5～2	1.5～3
县级城市	2～5	2

8.3.2 城市邮政支局用地面积、建筑面积应按业务量大小结合当地实际情况，并宜符合表 8.3.2 的规定。

表 8.3.2 邮政支局规划用地面积、建筑面积

支局类别	用地面积（m^2）	建筑面积（m^2）
邮政支局	1000～2000	800～2000
合建邮政支局	—	300～1200

8.3.3 城市邮政所应在城市详细规划中作为小区公共服务配套设施配置，并应设于建筑首层，建筑面积可按 $100m^2$～$300m^2$ 预留。

附录 A 城市微波通道分级保护

A.0.1 我国城市微波通道宜按以下三个等级分级保护：

1 一级微波通道及保护应包括下列内容：

1） 根据城市现状条件，并结合城市总体规划用地和空间布局的可能，经城市规划行政主管部门批准以后，其保护范围内通道宽度及建筑限高的保护要求，作为城市规划行政主管部门批准城市详细规划和建筑高度控制的依据；

2） 由城市规划行政主管部门和通道建设部门共同切实做好保护微波通道。

2 二级微波通道及保护应包括下列内容：

1） 其通道保护应满足城市空间规划优化的相关要求；

2） 通道保护要求经城市规划行政主管部门批准以后，作为城市规划行政主管部门批准城市详细规划和城市建设涉及的建筑高度等微波通道保护要求相关技术指标给予控制的依据；

3） 在城市建设不能满足微波通道保护要求的情况下，城市规划行政主管部门应根据实际情况和保护办法及实施细则，负责协调解决阻断通道、恢复视通的必要技术条件的微波通道。

3 三级微波通道及保护应包括下列内容：

1） 不限制城市规划建设建筑限高；

2） 原则上由通道建设部门自我保护；

3） 由城市规划行政主管部门帮助协调阻断通道尚需恢复视通技术条件的微波通道。

A.0.2 对于特大城市微波通道保护，可采取本规范第 A.0.1 条三级保护中的一级和二级微波通道保护。

本规范用词说明

1 为了便于在执行本标准条文时区别对待，对要求严格程度不同的用词说明如下：

1） 表示很严格，非这样做不可的用词：
正面词采用“必须”，反面词采用“严禁”；

2） 表示严格，在正常情况下均应这样做的用词：
正面词采用“应”，反面词采用“不应”或“不得”；

3） 表示允许稍有选择，在条件许可时首先这样做的用词：
正面词采用“宜”，反面词采用“不宜”；

4） 表示有选择，在一定条件下可以这样做的用词采用“可”。

2 标准中指定应按其他有关标准、规范执行时的写法为：“应符合……的规定”或“应按……执行”。

引用标准名录

1 《城市工程管线综合规划规范》GB 50289

2 《电磁辐射防护规定》GB 8702

3 《环境电磁波卫生标准》GB 9175

4 《短波无线电测向台（站）电磁环境要求》GB 13614

5 《邮政普遍服务标准》YZ/T 0129

6 《邮件处理中心工程设计规范》YD 5013

7 《调频广播、电视发射台场地选择标准》GY 5068

8 《中波、短波广播发射台场地选择标准》GY 5069

中华人民共和国国家标准

城市通信工程规划规范

GB/T 50853 - 2013

条 文 说 明

制 订 说 明

《城市通信工程规划规范》GB/T 50853－2013，经住房和城乡建设部2013年1月28日以第1628号公告批准、发布。

通信技术发展很快，城市通信工程规划涉及专业面广，规范编制技术难度大。本规范编制适应城市社会经济发展，突出与城市空间布局、用地规划、通信与城市安全相关的内容。根据专家提议和第一次规范编制工作会议纪要，规范编制主要工作还包括基于网络演进三网融合的城市综合通信规划理论方法研究、移动通信基站微波站电磁环境影响等若干专题研究，作为规范编制的技术支撑。

为了便于广大规划设计、建设、管理、科研、学校等单位有关人员在使用本规范时能正确理解和执行条文规定，《城市通信工程规划规范》编制组按章、节、条顺序编制本规范的条文说明，对条文规定的目的、依据以及执行中需要注意的有关事项进行了说明。但是，本条文说明不具备与规范正文同等的法律效力，仅供使用者作为理解和把握规范规定的参考。

目　次

1 总 则

1.0.1、1.0.2 阐明本规范编制的宗旨和适用范围。

城市通信工程规划是城市规划的重要组成部分，具有综合性、政策性和通信工程内容繁杂、技术性强的特点，贯彻执行国家城乡规划、电信、广电、邮政的有关法规和方针政策，可为城市通信工程规划的编制工作提供可靠的基础和法律保证，以确保规划的质量。

本规范适用范围包括有两层含意：一是本规范适用于《城乡规划法》所称的城市中的设市城市；二是本规范的适用范围覆盖了《城乡规划法》所规定的城乡规划体系的各规划阶段的通信工程规划编制工作。

城市通信工程规划由电信通信、广播电视、邮政通信等三项规划组成，主要依据《城市规划编制办法实施细则》有关要求。

1.0.3 提出城市通信工程规划编制的基本原则与要求。

城市通信工程规划编制的基本原则强调统筹规划、资源共享等主要编制原则。通信设施作为国家基础设施，为国家社会、政治、经济各方面提供公共通信服务，也涉及国家安全和社会公众的利益。我国通信事业迅猛发展，固定通信和移动通信方式给人民群众生活、工作带来很多方便。同时，大规模的建设带来了电信设施重复建设的问题。2008 年 9 月，工业和信息化部联合国资委发布了《关于推进电信基础设施共建共享的紧急通知》（工信部联通［2008］235 号），明确了土地、能源和原材料的消耗，保护自然环境，减少电信重复建设，提高电信基础设施利用率，大力推荐电信基础设施共建共享的要求。各地电信运营企业积极响应，在移动通信基站、传输资源、室内分布系统等方面的共建共享取得较为显著的成效。在通信局站方面，主要集中在基站铁塔、基站机房、基站电源等领域的共建共享，对通信生产楼的共建共享也进行了尝试。

远近结合的原则主要考虑：

1）避免不必要的工程拆建和重复建设；

2）便于近期规划建设与远期发展相协调；

3）有利网络拓展与管线延伸。

1.0.5 规定通信设施规划布局应满足城市生命线工程、通信设施建筑场地与结构防灾等方面的安全保障要求，主要考虑以下方面：

1 随着中国通信和信息化的发展，政治、经济、文化和社会生活对通信网络的依赖度越来越高，通信网络已成为国家关键基础设施，城市通信设施是城市重要的生命线工程之一；

2 通信设施建筑场地与结构防灾直接关系到避免通信中断，减少通信中断造成的重大损失；

3 汶川地震中，因设施建设不符合规范，造成通信中断等足以引以为戒的深刻教训。

1.0.6 本规范是城市通信工程规划综合性规范。

城市通信工程规划涉及专业面广，对于规划还涉及电信、广电、邮政各组成部分相关的其他专业标准、规范，遵循规范统一性原则，强调规划除应符合本规范的规定外，尚应符合国家现行有关标准、规范的规定。

2 术 语

本章术语是对本规范条文、条文说明所涉及的城市通信工程规划基本技术用语给予统一定义和词解。

编制中多次征求工业和信息化部、国家广播电影电视总局、国家邮政总局、国家无线电管理委员会等行业主管部门及其指定单位的意见，以尽量与行业未定相关专用名词的使用意向一致，以便对相关行业的规范可能出现和使用类同术语的理解保持一致性，并有利于对本规范内容的正确理解和使用。

3 电信用户预测

3.1 一 般 规 定

3.1.1 提出城市电信规划用户预测内容的组成，强调固定电话用户预测在城市电信规划用户预测中的基础作用。

城市宽带通信和移动通信是电信规划用户预测的重要组成，上述预测应考虑与固定电话用户基础预测之间的关联与影响。

3.1.2 规定总体规划与详细规划二个阶段的城市电信规划用户预测的方法与要求。

总体规划为宏观规划，对应宏观预测方法-普及率法和分类用地用户密度法；详细规划为中观和微观规划，对应微观预测-单位建筑面积用户密度法。

详细规划阶段主要针对小区用户，城市小区用户一般可分为政企用户和家庭住宅用户两大类。

1 电信大用户主要分布在行政、公建、科教等小区，包括政府机关、金融机构、大型商贸集团、商业大厦、高科技园区、工厂企业、高等院校、较大规模的医院、高星级宾馆、智能写字楼。其中，行政类用户对 Internet、多媒体会议等需求有较大增长；金融类大用户，具有以高速数据传输为主，实时性和可靠性要求高，传输突发性大等特点；规模较大的较高等级以上的医院大用户对远程医疗有较大潜在需求；规模较大高等院校大用户对于多媒体业务需求呈现多样化，如情报检索、局域网互联、电子邮件等并对远程教育有较大潜在需求；星级宾馆、智能写字楼、商贸团体等电信大用户在解决电话业务需求之后，对于多媒体业务的需求主要侧重于局域网互联、多媒体信息点播、事务处理、电子邮件等方面。

2 家庭住宅用户越来越多通过因特网获取信息；信息化小区需要的信息服务越来越综合。主要包括普通电信业务普通电话、ISDN 等业务需求，信息业务高速上网、远程教育、远程医疗、会议视频、视频点播、网上资讯、购物、娱乐业务需求；另外，包括住宅自动化管理、小区的安全管理、小区内部信息建设和小区物业管理等。

3.2 预 测 指 标

3.2.1、3.2.2 按不同等级城市的通信需求分析，分别提出城市固定电话和移动电话远期普及率预测指标的幅值范围。主要依据以下方面：

1 在对不同城市电话普及率相关因素和远期饱和趋势分析基础上，区分住宅电话和公务电话及公用电话的远期电话普及率进行分析计算，得出的幅值范围；

2 在对有代表性的不同等级城市现状固定电话、移动电话普及率以及相关规划资料综合调研和分析的基础上，得出的取值范围；

3 国外一些国家固定电话和移动电话普及率的相关比较；

4 CCITT 及 ITU 的相关研究资料分析；

5 指标幅值范围按覆盖大多数情况考虑，以增加选用指标的可操作性；少数情况应结合当地实际情况，类比分析确定。

城市分类用地用户密度预测指标主要用于分区规划以上层次规划的用户预测。表 3.2.1-2 为在若干不同城市预测水平的分析统计基础上，考虑各类用地的平均容积率范围、研究分析不同分类用地用户的特性、分类用地预测指标与按建筑面积分类用户指标的共同性、不同分类用地面积与建筑面积的关系、同一类用地不同项目（比如同一类市政用地的污水处理厂与电信局所不同项目）的差别等的预测指标取值。此种预测方法比较简便，但准确度相对较低，在指标选取时，应结合当地实际情况、综合考虑用地所处区位、开发强度、建设标准等因素，类比选择合适预测指标，并应同时作不同方法的预测及其取值的比较修正。

3.2.3 提出按照不同用地分类的建筑面积分类用户指标预测的方法及其指标。按建筑面积分类用户指标预测方法基于不同用地分类的不同分类用户需求（包括不同公务电话用户和住宅电话用户）与不同类用户对应的建筑面积等的相关性。

表 3.2.3 依据多个城市不同分类用户的需求调查与相应建筑面积的分析与计算，以及在专业设计部门实际应用的取值修正，并针对不同分类用地相应有代表性建筑提出测算指标。

3.2.4 提出不同城市等级区分的宽带通信普及率预测参考指标（其中企业单位数含个体），主要依据以下方面：

1 结合近年宽带发展实际，与工业和信息化部电信研究院共同对我国不同城市宽带发展及普及率预测水平的综合分析，包括宽带发展趋势预测曲线及工业和信息化部相关统计数据的综合分析；

2 参考北京、上海等城市按日本宽带预测方法的宽带发展预测曲线与日本宽带发展预测曲线比较，及其近年宽带发展水平分析（详附）。

借鉴日本预测宽带发展的方法，宽带普及率计算方法可为：

$$宽带普及率\% = \frac{家庭宽带用户数+行政企事业单位宽带用户数}{家庭总数+行政企事业单位总数} \times 100\%$$

其中，行政企事业单位数及其宽带用户数可按独立办公的小单位及宽带用户小单位数统计。

图 1 为依据相关资料编制的日本宽带发展的预测曲线。

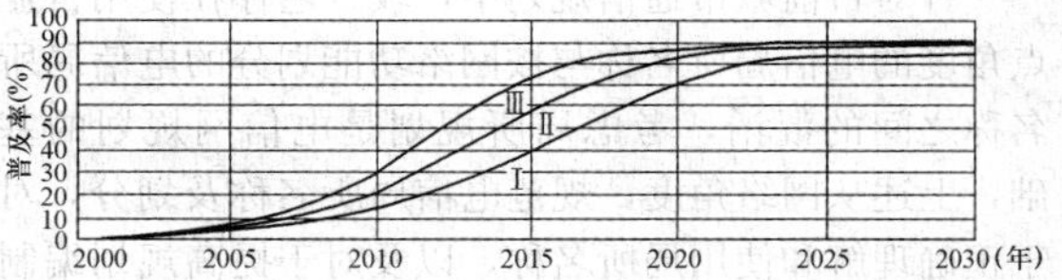

图 1 日本宽带发展的预测曲线

图 1 中，曲线Ⅰ为中等发展速度预测；曲线Ⅱ为经济较好条件下快速发展预测，曲线Ⅲ为终端设备价格大幅下跌最快发展速度预测。

依据与原网通北京规划研究院合作对日本宽带发展的预测曲线与我国经济发达的北京、上海等城市宽带发展预测比较，得出北京，上海等城市宽带发展趋势预测与图 1 中Ⅰ、Ⅱ曲线接近。

4 电 信 局 站

4.1 一 般 规 定

4.1.1 规定电信局站规划应从全社会需求考虑统筹规划，并在满足多家运营企业经营要求的同时，实现资源共享。

我国通信行业实行体制改革以来，多家运营企业竞争经营，有力促进了通信事业的发展，但在局所规划建设上也存在诸多问题，主要是普遍存在运营商短期规划、各自为政，局所设点多、规模小、用地和网络资源及建设资金浪费，不仅不符合局所大容量、少局数的发展趋势，而且也给城市规划及管理造成许多困难。因此，只有在政府引导下，依据城市发展目标、社会需求，以及电信网和电信技术的发展进行统筹规划，才有可能扭转上述局所规划建设的被动局面。

4.1.2 电信局站分类主要依据局站在电信网的电信网络层次、节点属性划分，按功能和设备划分应包括长途电信局和本地电信局，长途电信局包括国际长途电信枢纽局和省、地长途电信枢纽局，本地电信局主要包括电信枢纽局、汇接局和电信端局及模块局，此外还包括综合电信局、移动通信局；按电信网络层次和节点属性划分可包括广域网骨干层局、城域网核心层局、汇聚层局所或核心/汇聚层局，并可延伸到接入层宽带接入用房。

本条根据电信部门相关规定，考虑简化电信局分类将电信局站分为两类，一类局站为接入网的较小规模的接入机房、移动通信基站，这一类局站点多面广，没有独立建设用地考虑；二类局站为处于城域网汇聚层及以上的具有汇聚功能、枢纽特征的主要局站，是数量较少、规模较大、功能综合，对选址、用地有一定要求的单独建筑。这一类局站与城市布局有较大关系。

针对目前城市通信规划中，较普遍存在使用营业点角度的电信局所名称与按网络功能划分的电信局所名称之间的混淆，考虑局所规划是电信网规划的基础，上述从网络角度，规范电信局所名称及划分，对于正确理解和使用局所名称，以及对于提高规划编制质量是十分必要的。

4.2 电信局站设置

4.2.1 规定电信局所选址要求，主要考虑以下方面要求：

1 局所设置和选址的环境服务，以及技术经济；

2 地质防灾安全和避开不可建设用地；

3 电磁干扰（包括高压电站、高压输电线铁塔、电气化铁道、广播电视雷达、无线电发射台及磁悬浮列车输变电系统等）安全距离直接涉及通信安全性和可靠性及通信中断可能造成的严重后果。

4.2.2、4.2.3 提出城市的电信二类局站规划基本要求。

全业务运营是我国电信运营企业发展的方向，二类局站中的电信生产机楼是一定范围内接入汇聚各类电信业务、为区域内电信用户提供电信业务的场所，地位类似于早期电话端局。部分生产机楼会增加办公、销售等功能升级为电信综合楼或者枢纽楼。按照我国目前的电信运营格局，长途枢纽楼基本完成部署，在省会等大中城市主导运营企业有2个甚至多个长途枢纽楼，非主导运营企业会有1个～2个长途枢纽，规模较小的地级城市每个运营企业多为1个长途枢纽楼。数据中心、呼叫中心可以作为生产机楼一部分功能区，也可以集中设置，独立建设的大型数据中心和呼叫中心，一般设置在省会等中心城市。

城市规划中电信局所的布局以电信生产机楼布局为基础，在此基础上规划其他二类局站和一类局站。不同规模城市设置生产机楼数按照城市总用户数与相应单局覆盖用户数确定，同时考虑生产机楼覆盖范围。

城市生产机楼作为电信业务覆盖局站，接入用户包括固定宽带用户、移动电话用户与固定电话用户，生产机楼容纳用户规模为三者之和。按照我国目前城市家庭每户3人计算，对应电信用户可按1部固定宽带、1部固定电话、2部移动电话估算，根据调研统计中等城市单局平均覆盖固定电话用户为3万左右，对应覆盖区内总用户约12万，考虑大中小城市人口密度差异，故将大、中、小城市单局覆盖用户数设定为15万、12万、8万户。从整体网络安全性来说，单局覆盖用户规模不能太大，建议大、中、小城市的单局用户占比分别不超过10%、15%、20%。

城市生产机楼覆盖半径跟人口密度和采用的接入技术有关。目前光纤接入逐步推广普及，新建区域要求光纤到户，对于光纤接入网来说，考虑光通道损耗核算、接入网络分层结构、资源配置优化等因素，生产机楼覆盖范围在5km之内较合适。在城市用户密集区域，为提高整体资源配置效益、避免接入光缆和管道等基础资源过度消耗，单局规模不宜过大，覆盖半径应以小于3km为宜。

4.2.4 规定城市主要电信二类局站预留用地。

表4.2.4城市二类电信局站规模、用地综合考虑各相关因素，并依据有关规定和在按局设施各功能组成的建筑面积需求计算基础上的局所平面布置，以及其他相关研究和结合有代表性城市多个实例分析研究，同时在上述分析研究的基础上，考虑通信技术发展和综合业务设备相关因素修改完善。

局所设施各功能组成的建筑面积需求计算见表1、表2。

相关局建筑布局案例见调研案例例1、例2。

例1：××电信端局（规划2万门）

主要技术经济指标：总建筑占地面积1406m^2，总建筑面积3205m^2。其中机房占地面积1126m^2，建筑面积2645m^2，变电所占地面积280m^2，建筑面积560m^2。

例2：××电信端局（规划4万门）

主要技术经济指标：总占地面积6586m^2，总建筑占地面积1715m^2，总建筑面积3675m^2。其中机房占地面积1500m^2，建筑面积3247m^2，变电所占地面积215m^2，建筑面积428m^2。

表 1　电信局各种生产机房面积需求表

局所规模（门） 建筑面积（m^2）	≤2000	3000～5000	5000～10000	20000	30000	50000	60000	100000	150000	200000
市话程控交换机房	20～30	50	60～100	150	200	300	350	550	800	1000
* 长话程控交换机房	（500 路 50m^2，1000 路 60m^2～80m^2，>1000 路时每增加 1000 路机房面积增加 20m^2）									
文件室、值控室	20	20	40	80	120	135	140	160	180	200
空调机房		柜式空调	柜式空调	70	100	135	150	230	320	400
* 汇接局			(300)	(400)	(450)	(550)	(600)	(700)	(800)	(900)
* 有移动通信时		基站 (30)	基站 (40)	基站与交换 (55)	基站与交换 (60)	基站与交换 (85)	基站与交换 (100)	基站与交换 (150)	基站与交换 (200)	基站与交换 (250)
计算机房	20	40	40	80	200	270	300	400	500	600
备用机房				170	420	570	640	940	1260	1600
话务员坐席室监控室		40	60	坐席数量多时，话务员坐席室按 4m^2/席～5m^2/席计算						
电池房	20	20	30	35	40	75	80	135	150	170
电力室	20	20	30	30	32	50	60	95	140	160
变配电房			100	180	230	385	415	500	600	700
柴油机房			50	60	70	80	85	100	100	140
电源值班室				25	30	40	40	50	60	70
测量室（MDF）	30	40	40	50	60	100	120	192	288	270
PCM 传输设备室			20	35	49	68	78	117	130	160
小计	130～140	≥230	≥（470～510）	≥965	≥1551	≥2208	≥2458	≥3469	≥4600	≥5370
备注	①＊表示局所有长话、汇接、移动、交换时应各增加的面积；②考虑全业务、软交换，机房宜增 1 倍以上面积，其他的酌情增加									

表 2　电信局辅助生产建筑面积需求

局所规模（门） 建筑面积（m^2）	≤2000	3000～5000	5000～10000	20000	30000	50000	60000	100000	150000	200000
职能办公室	30	40	60	105	150	180	210	260	310	350
会议室、值班室			100	150	200	265	300	400	450	490
* 线路维护班			(150)	(220)	(300～400)	(470)	(550)	(800)	(1100)	(1400)
维护办公室		35	50	50	50	60	60	60	70	70
生活用房、车库		40	100	400	700	800	960	1200	1400	1700
小计	30	115	≥310	≥705	≥1100	≥1315	≥1530	≥1920	≥2230	≥3240
备注	＊表示区间大局、中心局时应加线路维护班用房面积									

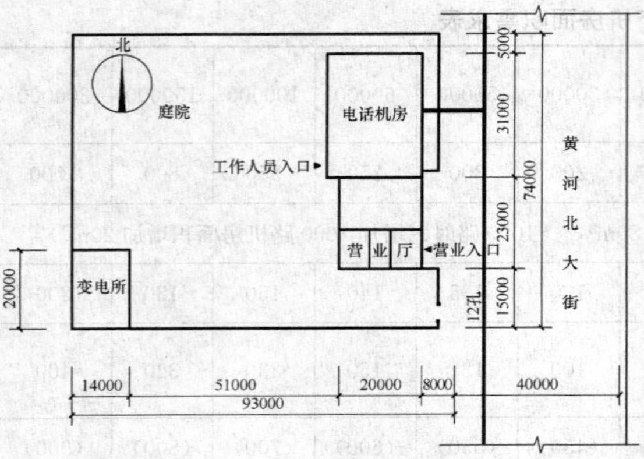

图 2 ××电信端局（规划 2 万门）

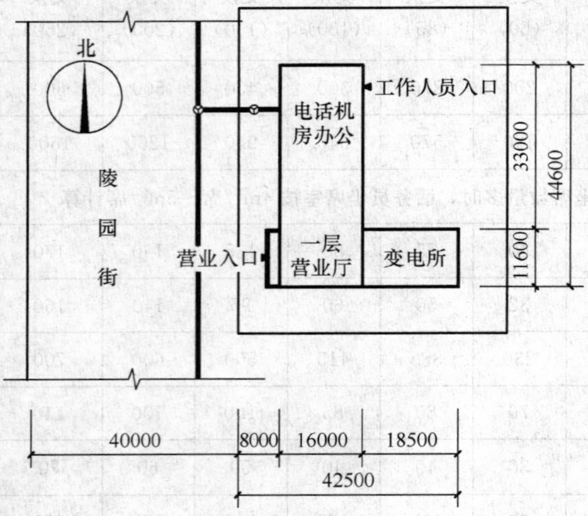

图 3 ××电信端局（规划 4 万门）

注：4 万门以上局所分两处不同方向出局，图中，仅表示一个出局方向。

此外，尚需指出目前我国电信多家运营商局所现状设点多、建设重复。多数城市局所的此类问题与统筹规划的要求有很大差距，而缩小差距需要有一个过渡期，对于不同运营商的过渡期非统筹规划局所，明确不单独预留用地而在公共建筑中考虑，既可按照统筹规划避免用地浪费，又能照顾多家运营商经营需考虑的一些实际情况。

4.2.5 根据小区通信发展，提出小区含广电在内的通信综合接入设施用房的依据和基本要求。

小区接入机房是指设置于建筑内部，为区域、小区和单体建筑提供通信业务服务用房的建筑空间，用于设置固定通信、移动通信、有线电视等接入网设备。

1 光纤接入网是接入网的重要发展方向，是通信机房覆盖业务的主要手段，光纤接入网由主干层、接入层、引入层三个层面构成，分别对应片区汇聚机房、小区总机房和单体建筑机房。光纤接入网的广泛使用，使用户侧设备所占建筑面积减小，接入设备可直接进入建筑单体。

2 为提高机房利用率，宜在同一机房内为多个通信运营商提供设备安装所需的建筑面积。

3 片区汇聚机房包括固定通信网汇聚节点、移动通信网汇聚节点以及有线电视网的分中心等多种类别，用于汇聚各类从单体建筑机房或小区总机房传输来的通信信号至通信机楼。片区汇聚机房应布置在新建或改造的地块（建筑单体）内，尽量靠近通信业务中心以及城市道路上的通信管道，并应保持两个方向与道路上的通信管道连通。

4 小区总机房用于连接小区各单体建筑机房，主要起小区内部通信信号分散与汇聚的作用，有利于合理、高效利用小区内的通信接入管道。小区总机房在接收上层片区汇聚机房下行传输信号后再分散发送至各单体建筑机房；同时也可汇聚从各单体建筑机房上行传输信号后集中传送至上层片区汇聚机房。

5 单体建筑机房设在建筑单体内，用于布置各通信运营商的光节点，固定通信主线数不宜大于2000线。

4.2.6 对城市移动通信基站选址和建设的电磁辐射安全防护和符合与城市历史街区保护和城市景观、市容、市貌及周边环境相协调的有关要求作出规定。

城市移动通信基站分布面广、点多，对城市用地布局和节约用地等影响大，必须符合集约共建的原则；同时，除涉及电磁辐射安全防护外，还影响城市景观及市容市貌，作为有较大影响的建设项目必须符合城市规划及管理的相关要求。

城市移动通信基站选址和建设除应符合相关现行国家标准规范要求外，还应强调应尽可能避开居住小区、学校等人员集中场所，特别是避开较弱人群聚集场所，以及选址中可能的多个辐射源叠加辐射强度的综合测评要求，以免造成健康危害。根据相关调查，随着人们电磁辐射环保意识的不断提高，城市移动通信基站选址和建设的电磁辐射安全防护问题引起社会高度关注，此类问题多发生在未落户的新建小区。本条依据由中国城市规划设计研究院和国家无线电监测中心完成的相关专题研究分析，提出小区规划相关控制的规定，以有利城市规划及管理能在源头上杜绝问题发生，促进社会和谐。

5 无线通信与无线广播传输设施

5.1 一 般 规 定

5.1.1、5.1.2 规定和提出城市无线通信站场设施的组成和城市无线台站统一布局规划应纳入城市总体规划等的基本要求。

城市收信区和发信区及无线台站的统一布局、重要微波通道保护、移动通信基站整体布局，以及机场导航、天文探测、卫星地球站与无线电监测站等重要无线通信工程设施保护区的划定直接关系到城市和通信安全，与城市规划关系密切，必须纳入城市总体规划，并与城市总体规划相协调。

《中华人民共和国无线电管理条例》对城市无线电台（站）设置、管理也作出了相关规定：“第十六条，位于城市规划区内的固定无线电台（站）的建设布局和选址，必须符合城市规划，服从规划管理。城市规划行政主管部门应当统一安排，保证无线电台（站）必要的工作环境。”

5.1.3 城市各类无线发射台、站的设置应符合国家电磁辐射标准《电磁辐射防护规定》GB 8702－1988、《环境电磁波卫生标准》GB 9175－88 电磁环境的相关规定，避免电磁辐射造成对周围人居环境的污染和危害，这直接关系到公众利益及社会和谐。

5.2 收信区与发信区

5.2.1～5.2.3 对涉及收信区与发信区划分或调整作出规定，提出划分与调整城市收发信区的基本要求。

我国城市收信区划分没有国家标准，只有相关技术规定，而相关技术规定主要参照前苏联的标准。20世纪 90 年代前，相关规定要求 20 万以上城市划分收信区与发信区。以 20 世纪成都市总体规划的收信区与发信区划分为例，20 世纪 50 年代末及后编制的二次规划都存在收信区与发信区划分面积过大的问题，后一次虽减少很多，但与节约用地要求还是有很大差距的。

随着光纤通信等技术发展，收信发信无线通信作用相对弱化，有必要对原先的收信发信一些技术规定作适当调整。

第 5.2.1 条规定主要基于上述考虑和相关调整的研究分析。第 5.2.1～5.2.3 条主要基于现行相关技术规定，突出与强调主要相关要求。

城市收发信区划分、调整与城市总体规划的城市发展方向和用地布局关系紧密，并直接关系到无线通信秩序和通信安全性、可靠性。

5.3 微波空中通道

5.3.1、5.3.2 对城市微波通道结合城市规划分级保护以及城市微波通道入城控制等要求作出规定。

附录 A《城市微波通道分级保护》相关部际课题由中国城市规划设计研究院和国家无线电监测中心共同负责完成，并通过国家相关部委专家鉴定和验收。

微波通道入城优化与控制是落实微波通道保护的重要前提与方法。大城市、特大城市入城的重要微波通道一般宜控制在 3 条以内。微波通道入城优化基于综合传输网规划优化，微波传输作为通信主要辅助传输方式，是整个综合传输网的组成部分，通过包括光缆网、微波网规划在内的综合传输网规划优化，避免重复建设，淘汰经济技术方案论证应淘汰或宜及早淘汰的微波电路，优化入城微波通道，确保重要及公用的微波通道保护。重要微波通道阻断造成的经济损失与政治影响都十分严重。

微波通道保护要求也即保护范围，主要是指微波通道上一定间距点或有代表性点通道畅通的保护宽度和通道上通道保护宽度对应的通道畅通的建筑物控制高度，也即限制建筑高度。微波通道保护直接与城市空间资源利用及协调相关，必须结合城市总体规划考虑。

城市的微波通信与高层建筑的矛盾日益突出，如何使微波通信与高层建筑协调发展，国际上一些大城市的做法如日本，划出微波通道无障碍区，在无障碍区范围内，高层建筑与重要微波通道发生矛盾时要让微波，属于国家重点建设的高层建筑，则由邮电部门与建设部门协商解决。泰国、新加坡结合城市规划保护重要微波通信，对高楼有一定限制。英国、法国等国家确定高层建筑制高点共享，可用作微波转接来保护城市中心的微波通信。

我国的上海市在对微波通道的保护作了深入的研究，对入城的微波通信按网络级别、重要性、通信容量、微波通道高度、微波作主用还是备用五个方面来评定等级，如涉及海岛通信、影响全市生活、微波通道是否跨越城市规划的高层区等，保护等级分为一、二、三级，与新建高层建筑发生矛盾时，从城市整体利益出发，来进行综合平衡，对重要微波通信通道能切实地保护，同时协调好高层建筑的建设和作用，避免带来过大的损失。

5.4 无线广播设施

5.4.1、5.4.2 提出城市无线广播设施规划和建设，以及城市广播电视无线电台站选址、用地、防护的基本要求。

城市无线广播设施规划的发射台，监测台、地球站规划主要由广播电视的专业规划部门依据全国、省总体广播电视覆盖规划，结合城市总体规划考虑，城市规划部门将相应规划内容纳入城市总体规划时，应侧重于上述规划内容与城市总体规划之间的协调与一致。

5.4.3 城市有线广播电视网络总前端为有接收卫星广播电视节目的广电设施，应满足卫星接收天线场地和电磁环境的要求。

5.5 其他无线通信设施

5.5.1、5.5.2 机场导航、天文探测、卫星地球站与无线电监测站保护区对相关的导航、探测、通信安全事关重大，并与城市规划关系十分密切，对其无线通信设施给予重点保护及保护区的划定十分重要。

6 有线电视用户与网络前端

6.1 一般规定

6.1.1 提出城市有线广播电视规划的主要内容与基本要求。

6.1.2 根据广播电视的重要性，列明了我国目前的有线广播电视网络架构，强调符合安全播出的要求。

6.2 有线电视用户

6.2.1、6.2.2 提出有线广播电视用户预测的两种方法。

有线电视用户分住区用户与公共建筑用户两类，后者主要是服务行业的公共建筑用户。第 6.2.1 条与第 6.2.2 条指标为宏观预测参考值，预测选用时，应结合相关因素分析与当地实际情况确定并作必要的适当调整。

6.3 有线电视网络前端

6.3.1 提出城市有线广播电视网络前端层级的划分。

我国有线电视网以省级行政区划为主要管理架构，形成省-市层级结构，城市有线电视网传输网层级划分一般分为四级：一般情况下总前端设置在省会市、直辖市和计划单列市的主城区，分前端应设置在地级市的主城区，一级机房宜设置在城域网的核心节点上，二级机房宜设置在用户密集度较高的小区内。有线广播电视总前端至有线广播电视分前端的线路为省级传输网，有线广播电视分前端至一级机房的线路为一级传输网，一级机房至二级机房的线路为二级传输网，二级机房至用户的线路为用户接入网。

6.3.2、6.3.3 提出有线广播电视网络总前端、分前端用户规模与规划用地控制。

总前端一般应包括监控中心、实验室、网管中心、数据中心、呼叫中心、营业厅、卫星接收天线场地等功能区；分前端一般应包括监控中心、营业厅，并结合其他分前端分布情况设置呼叫中心、卫星接收天线场地等功能区。表中所建议的各前端建设用地控制规划用地要求依据和结合了广电部门现行相关使用面积要求，并分别考虑总前端、分前端相应的用地性质、所在区位以及建筑面积、容积率的要求等综合因素。

6.3.4 提出有线广播电视网络一级机房的设置要求，考虑到机房的进出线方便，宜在公共建筑的底层安排。

7 通信管道

7.1 一般规定

7.1.1、7.1.2 通信业直接与城市规划相关联，除局址的布局和建设之外，还包括通信管道建设。由于信息业的飞速发展，且各种信息业自成系统，都对通信管道提出使用要求，通信管道容量需满足各电信运营商的城域网、有线电视网、各类通信专网（党政军专网、公安专网、供水调度、交通监控、应急通信、视频监控等）的需求，多种城域网并存和城市管线综合决定各类通信线路须统一敷设在通信管道内，因此在进行通信管道规划时，应充分考虑各种不同信息业务的传输要求。管孔计算必须考虑电缆平均线对数不断增加的因素，特别是光纤的采用，应避免不必要的浪费。

7.2 主干管道

7.2.1～7.2.3 提出通信综合管道规划中电信、有线电视单独考虑的电信局前管道和有线电视前端出站管道规划依据，及其出局出站管道方向、路由选择与近局管道出站管道规划管孔数的基本要求。

1 条文中表 7.2.1 出局管道方向与路由数选择主要依据相关因素分析与北京市及海南、辽宁、广东、浙江、河南等省城市电信相关规划建设调查。

2 条文中表 7.2.3 是在全部采用电缆近局管道规划管孔数的计算理论值的基础上，考虑采用光缆 1/3 左右综合比例等因素并结合北京等地调查分析的推荐值。

3 表 7.2.2、表 7.2.4 主要依据广电部门现行要求与若干城市相关调查综合分析。

7.2.4 提出城市通信主干管道网规划的依据。

城市通信主干管道功能是提供通信综合主干线路敷设的载体，以电信网、广播电视网、互联网三网融合的本地通信综合网线路是城市主要综合通信线路，通信管道的体系应结合通信局站、城市道路、土地利用规划，同时兼顾管道的重要性和管道容量来综合确定。

主干道路管道是指连接城市重要通信局站或服务信息高密区的通信管道，管道内敷设城域网局间中继线路，或者作为备用通道敷设长途线路。主干管道一般布置于重要通信局站出局方向的道路和信息高密区的主、次干道上。

次干道路管道是指连接城市一类通信局站或服务信息密集区的通信管道，管道内敷设局间中继线路或接入线路。次干管道一般布置于一般通信局站出局方向的道路和其他主要道路上。

支路道路管道是指用于敷设一般通信线路的通信管道，泛指普通的无特殊需求的通信管道，一般布置于城市支路和部分次干道上。

对管道容量有影响的参数有土地利用规划、计算年限、传输介质、管材及管径等。

管容的计算年限：早期邮、电一体时，管道容量按中远期确定，规划年限一般为 15 年～20 年，国际上规划年限也一般为15年～25年。我国《城市道路管理条例》规定新建道路5年内不允许开挖道路，鉴于新建道路与周边土地使用（即开始使用管道）存在3年～5年时间差，且我国正处于快速城市化过程，不确定因素也比早期大很多。因此，管道容量的计算年限以10年比较合适（加上新建管道的建设和使用之间的3年～5年时间差，10年计算年限可满足15年左右使用需求）。

传输介质：自20世纪90年代中期光缆大规模商用以来，“光进铜退”已成为各运营商采用传输介质的指导原则。经过十多年的发展，光缆已成为主导传输介质，广泛应用于各等级城市道路的通信管道内；铜缆已基本被边缘化，主要应用于小区和建筑单体内。本次研究计算管道容量时均以光缆为主。

管材及管径：随着光缆逐步成为主导传输介质，管材与管径也日趋多元化，管材以塑料管为主，如双壁波纹管、硬质塑料管、蜂窝管、栅格管，管径既有光缆专用管，如蜂窝管、栅格管，也有大管内再穿子管的。本次研究中1孔均指1根大管（含多个子管的复合管），按穿4根光缆（即每根光缆占0.25孔）考虑。

7.2.5 提出城市通信管道与其他市政管线及建筑物的最小净距应符合工程管线综合规范的基本要求。

城市通信管道与其他市政管线及建筑物的最小净距直接关系到城市通信线路和其他市政管线的正常运行与维护，也是通信管道规划设计的主要标准依据之一，必须符合工程管线综合规范的基本要求。

7.3 小区配线管道

7.3.1 提出小区通信配线综合管道敷设的基本要求。

7.3.2 依据通信发展要求和北京等地相关调查分析，提出小区通信配线综合管道管孔数的基本要求。

8 邮政通信设施

8.1 一 般 规 定

8.1.1、8.1.2 提出城市邮政主要设施的功能及其类别划分。

邮政普遍服务是指按照政府规定的资费和服务规范，为中华人民共和国境内的所有用户提供的可持续的基本邮政服务。邮政普遍服务的业务范围应主要包括：信件（信函、明信片）业务、单件重量不超过10kg的包裹业务、单件重量不超过5kg的印刷品业务、其他法律法规规定的邮政普遍服务业务。

城市总体规划邮政通信规划主要涉及邮件处理中心和邮政支局二类邮政主要设施，城市详细规划邮政通信规划还会涉及邮政所邮政设施。

8.2 邮件处理中心

8.2.1 提出邮件处理中心规划选址的基本要求。

8.2.2 提出邮件处理中心规划用地面积要求。

依据《邮件处理中心工程设计规范》YD 5013－95按邮件处理中心建筑用房组成，确定不同邮件处理中心的建筑规模，再考虑不同城市不同邮件处理中心的特点及其容积率要求，可确定不同城市不同邮件处理中心的用地面积。

8.3 邮 政 局 所

8.3.1 提出邮政局所设置的基本要求。

表8.3.1依据我国邮政普遍服务相关标准提出邮政局所设置规定。邮政局所设置除按表8.3.1不同城市不同服务半径或服务人口要求设置外，8.3.1条款同时规定对在学校、厂矿、住宅小区等人口密集的地方，酌情增加邮政局所的设置数量。以完整考虑规划城市的人口密度、经济发展水平和人们的出行方式，以及服务区域的用地性质等邮政局所设置的各相关因素，从而使邮政局所设置符合邮政普遍服务的相关要求。

8.3.2 提出城市邮政支局规划用地面积建筑面积的基本要求。

表8.3.2主要依据并综合邮政相关规范的要求。

8.3.3 提出城市邮政所规划配置的基本要求。

城市建设标准专题汇编系列

城市地下综合管廊标准汇编

（下册）

本社　编

中国建筑工业出版社

出 版 说 明

工程建设标准是建设领域实行科学管理，强化政府宏观调控的基础和手段。它对规范建设市场各方主体行为，确保建设工程质量和安全，促进建设工程技术进步，提高经济效益和社会效益具有重要的作用。

时隔37年，党中央于2015年底召开了“中央城市工作会议”。会议明确了新时期做好城市工作的指导思想、总体思路、重点任务，提出了做好城市工作的具体部署，为今后一段时期的城市工作指明了方向、绘制了蓝图、提供了依据。为深入贯彻中央城市工作会议精神，做好城市建设工作，我们根据中央城市工作会议的精神和住房城乡建设部近年来的重点工作，推出了《城市建设标准专题汇编系列》，为广大管理和工程技术人员提供技术支持。《城市建设标准专题汇编系列》共13分册，分别为：

1.《城市地下综合管廊标准汇编》

2.《海绵城市标准汇编》

3.《智慧城市标准汇编》

4.《装配式建筑标准汇编》

5.《城市垃圾标准汇编》

6.《养老及无障碍标准汇编》

7.《绿色建筑标准汇编》

8.《建筑节能标准汇编》

9.《高性能混凝土标准汇编》

10.《建筑结构检测维修加固标准汇编》

11.《建筑施工与质量验收标准汇编》

12.《建筑施工现场管理标准汇编》

13.《建筑施工安全标准汇编》

本次汇编根据“科学合理，内容准确，突出专题”的原则，参考住房和城乡建设部发布的“工程建设标准体系”，对工程建设中影响面大、使用面广的标准规范进行筛选整合，汇编成上述《城市建设标准专题汇编系列》。各分册中的标准规范均以“条文+说明”的形式提供，便于读者对照查阅。

需要指出的是，标准规范处于一个不断更新的动态过程，为使广大读者放心地使用以上规范汇编本，我们将在中国建筑工业出版社网站上及时提供标准规范的制订、修订等信息。详情请点击 www.cabp.com.cn 的“规范大全园地”。我们诚恳地希望广大读者对标准规范的出版发行提供宝贵意见，以便于改进我们的工作。

目　录

（上册）

（下册）

中华人民共和国国家标准

城市供热规划规范

Code for urban heating supply planning

GB/T 51074 - 2015

主编部门：中华人民共和国住房和城乡建设部
批准部门：中华人民共和国住房和城乡建设部
施行日期：2 0 1 5 年 9 月 1 日

中华人民共和国住房和城乡建设部
公　　告

第726号

住房城乡建设部关于发布国家标准《城市供热规划规范》的公告

现批准《城市供热规划规范》为国家标准，编号为GB/T 51074－2015，自2015年9月1日起实施。

本规范由我部标准定额研究所组织中国建筑工业出版社出版发行。

中华人民共和国住房和城乡建设部

2015年1月21日

前　言

根据原建设部《关于印发〈2005年工程建设标准规范制订、修订计划（第一批）〉的通知》（建标［2005］84号）的要求，规范编制组经广泛调查研究，认真总结实践经验，参考有关国际标准和国外先进标准，并在广泛征求意见的基础上，编制了本规范。

本规范的主要技术内容是：1. 总则；2. 术语；3. 基本规定；4. 热负荷；5. 供热方式；6. 供热热源；7. 热网及其附属设施。

本规范由住房和城乡建设部负责管理，由北京市城市规划设计研究院负责具体技术内容的解释。执行过程中如有意见或建议，请寄送北京市城市规划设计研究院（地址：北京市西城区南礼士路60号，邮政编码：100045）。

本标准主编单位：北京市城市规划设计研究院

本规范参编单位：北京清华城市规划设计研究院
杭州市城市规划设计研究院
阳市规划设计研究院
北京市煤气热力工程设计院有限公司

本规范主要起草人员：仝德良　钟　雷　高建珂
付　林　李永红　徐承华
冯一军　刘芷英　周易冰
段洁仪　李　林

本规范主要审查人员：王静霞　赵以忻　洪昌富
秦大庸　宋　波　章增明
李建军　孙　刚　和坤玲
董乐意

目　次

Contents

1 总　　则

1.0.1 为贯彻执行国家城市规划、能源、环境保护、土地等相关法规和政策，提高城市供热规划和管理的科学性，制定本规范。

1.0.2 本规范适用于城市规划中的供热规划。

1.0.3 城市供热规划应结合国民经济、城市发展规模、地区资源分布和能源结构等条件，并应遵循因地制宜、统筹规划、节能环保的基本原则。

1.0.4 城市供热规划应近、远期相结合，并应正确处理近期建设和远期发展的关系。

1.0.5 城市供热规划的主要内容应包括：预测城市热负荷，确定供热能源种类、供热方式、供热分区、热源规模，合理布局热源、热网系统及配套设施。

1.0.6 城市供热规划除应执行本规范外，尚应符合国家现行有关标准的规定。

2 术　语

2.0.1 城市热负荷　urban heating load

城市供热系统的热用户在计算条件下，单位时间内所需的最大供热量。

2.0.2 热负荷指标　heating load index

在计算条件下，单位建筑面积、单位产品、单位工业用地在单位时间内消耗的需由供热设施供给的热量或单位产品的耗热定额。

2.0.3 采暖综合热指标　integrated heating load index

不同节能状况的各类建筑单位建筑面积平均热指标。

2.0.4 供热方式　heating mode

以不同能源和不同热源规模为用户供热的类型总称，包括不同能源的选择，集中或分散供热形式的选择。

2.0.5 集中供热热源　centralized heating source

热源规模较大，通过供热管网为城市较大区域内的热用户供热的热源。

2.0.6 分散供热热源　decentralized heating source

热源和供热管网规模较小，仅为较小区域热用户供热的热源。

2.0.7 热化系数　share of cogenerated heat in maximum heating load

热电联产中汽轮机组的最大供热能力占供热区域最大热负荷的份额。

3 基 本 规 定

3.0.1 城市供热规划应符合城市发展的要求，并应符合所在地城市能源发展规划和环境保护的总体要求。

3.0.2 城市供热规划应与城市规划阶段、期限相衔接，应与城市总体规划和详细规划一致。

3.0.3 总体规划阶段的供热规划应依据城市发展规模预测供热设施的规模；详细规划阶段的供热规划应依据详细规划的主要技术经济指标预测供热设施的规模。供热规划的编制内容宜符合本规范附录A的规定。

3.0.4 城市供热规划应重视城市供热系统的安全可靠性。

3.0.5 城市供热规划应与道路交通规划、地下空间利用规划、河道规划、绿化系统规划以及城市供水、排水、供电、燃气、通信等市政公用工程规划相协调。在现状道路下安排规划供热管线时，应考虑管线位置的可行性。

3.0.6 城市供热规划应充分考虑节能要求。

4 热　负　荷

4.1 城市热负荷分类

4.1.1 城市热负荷宜分为建筑采暖（制冷）热负荷、生活热水热负荷和工业热负荷三类。

4.2 城市热负荷预测

4.2.1 城市热负荷预测内容宜包括规划区内的规划热负荷以及建筑采暖（制冷）、生活热水、工业等分项的规划热负荷。

4.2.2 采暖热负荷预测宜采用指标法，采暖热负荷可按下式计算：

$$Q_h = \sum_{i=1}^{n} q_{hi} \cdot A_i \times 10^{-3} \tag{4.2.2}$$

式中：Q_h——采暖热负荷（kW）；

q_{hi}——建筑采暖热指标或综合热指标（W/m^2）；

A_i——各类型建筑物的建筑面积（m^2）；

i——建筑类型。

4.2.3 生活热水热负荷预测宜采用指标法，生活热水热负荷可按下式计算：

$$Q_s = \sum_{i=1}^{n} q_{si} \cdot A_i \times 10^{-3} \tag{4.2.3}$$

式中：Q_s——生活热水热负荷（kW）；

q_{si}——生活热水热指标（W/m^2）；

A_i——供应生活热水的各类建筑物的建筑面积（m^2）；

i——建筑类型。

4.2.4 工业热负荷宜采用相关分析法和指标法。采用指标法预测工业热负荷时，可按下式计算：

$$Q_g = \sum_{i=1}^{n} q_{gi} \cdot A_i \times 10^{-3} \quad (4.2.4)$$

式中：Q_g——工业热负荷（t/h）；

q_{gi}——工业热负荷指标［$t/(h \cdot km^2)$］；

A_i——不同类型工业的用地面积（km^2）；

i——工业类型。

4.2.5 热负荷延续时间曲线应根据城市的历年气象资料及有关热负荷数据绘制。

4.3 规划热指标

4.3.1 规划热指标应包括建筑采暖综合热指标、建筑采暖热指标、生活热水热指标、工业热负荷指标、制冷用热负荷指标。

4.3.2 建筑采暖综合热指标可按下式计算：

$$q = \sum_{i=1}^{n} [q_i(1-\alpha_i) + q'_i\alpha_i]\beta_i \quad (4.3.2)$$

式中：q——建筑采暖综合热指标（W/m^2）；

q_i——未采取节能措施建筑采暖热指标（W/m^2）；

q'_i——采取节能措施建筑采暖热指标（W/m^2）；

α_i——采取节能措施的建筑面积比例（%）；

β_i——为各建筑类型的建筑面积比例（%）；

i——不同的建筑类型。

4.3.3 建筑采暖热指标、生活热水热指标、工业热负荷指标宜按表4.3.3-1～表4.3.3-3选取。

表4.3.3-1 建筑采暖热指标（W/m^2）

建筑物类型	低层住宅	多高层住宅	办公	医院托幼	旅馆	商场	学校	影剧院展览馆	大礼堂体育馆
未采取节能措施	63～75	58～64	60～80	65～80	60～70	65～80	60～80	95～115	115～165
采取节能措施	40～55	35～45	40～70	55～70	50～60	55～70	50～70	80～105	100～150

注：1. 表中数值适用于我国东北、华北、西北地区；
2. 热指标中已包括5%管网热损失。

表4.3.3-2 生活热水热指标（W/m^2）

用水设备情况	热指标
住宅无生活热水，只对公共建筑供热水	2～3
住宅及公共建筑均供热水	5～15

注：1 冷水温度较高时采用较小值，冷水温度较低时采用较大值；
2 热指标已包括约10%的管网热损失。

表4.3.3-3 工业热负荷指标［$t/(h \cdot km^2)$］

工业类型	单位用地面积规划蒸汽用量
生物医药产业	55
轻工	125
化工	65
精密机械及装备制造产业	25
电子信息产业	25
现代纺织及新材料产业	35

4.3.4 制冷用热负荷指标的选取，宜符合下列规定：

1 制冷用热负荷指标可按下式计算：

$$q = q_c / COP \quad (4.3.4)$$

式中：q——制冷用热负荷指标（W/m^2）；

q_c——空调冷负荷指标（W/m^2）；

COP——制冷机的制冷系数，取0.7～1.3。

注：单效吸收式制冷机取下限值。

2 空调冷负荷指标宜按表4.3.4选取。

表4.3.4 空调冷负荷指标（W/m^2）

建筑物类型	办公	医院	宾馆、饭店	商场、展览馆	影剧院	体育馆
冷负荷指标	80～110	70～110	70～120	125～180	150～200	120～200

注：体型系数大，使用过程中换气次数多的建筑取上限。

5 供热方式

5.1 供热方式分类

5.1.1 城市供热能源可分为煤炭、燃气、电力、油品、地热、太阳能、核能、生物质能等。

5.1.2 集中供热方式可分为燃煤热电厂供热、燃气热电厂供热、燃煤集中锅炉房供热、燃气集中锅炉房供热、工业余热供热、低温核供热设施供热、垃圾焚烧供热等。

5.1.3 分散供热方式可分为分散燃煤锅炉房供热、分散燃气锅炉房供热、户内燃气采暖系统供热、热泵系统供热、直燃机系统供热、分布式能源系统供热、地热和太阳能等可再生能源系统供热等。

5.2 供热方式选择

5.2.1 以煤炭为主要供热能源的城市，应采取集中供热方式，并应符合下列规定：

1 具备电厂建设条件且有电力需求时，应选择以燃煤热电厂系统为主的集中供热。

2 不具备电厂建设条件时，宜选择以燃煤集中锅炉房为主的集中供热。

3 有条件的地区，燃煤集中锅炉房供热应逐步向燃煤热电厂系统供热或清洁能源供热过渡。

5.2.2 大气环境质量要求严格并且天然气供应有保证的地区和城市，宜采取分散供热方式。

5.2.3 对大型天然气热电厂供热系统应进行总量控制。

5.2.4 对于新规划建设区，不宜选择独立的天然气集中锅炉房供热。

5.2.5 在水电和风电资源丰富的地区和城市，可发展以电为能源的供热方式。

5.2.6 能源供应紧张和环境保护要求严格的地区，可发展固有安全的低温核供热系统。

5.2.7 城市供热应充分利用资源，鼓励利用新技术、工业余热、新能源和可再生能源，发展新型供热方式。

5.2.8 太阳能条件较好地区，应选择太阳能热水器解决生活热水需求，并应增加太阳能供暖系统的规模。

5.2.9 历史文化街区或历史地段，宜采用电、天然气、油品、液化石油气和太阳能等为能源的供热系统；设施建设应符合遗产保护和景观风貌的要求。

5.3 供热分区划分

5.3.1 总体规划阶段的供热规划应依据所确定的供热方式和热负荷分布划分供热分区。

5.3.2 详细规划阶段的供热规划应依据热源规模、供热方式，对供热分区进行细化，确定每种热源的供热范围。

6 供热热源

6.1 一般规定

6.1.1 总体规划阶段的供热规划应结合供热方式、供热分区及热负荷分布，综合考虑能源供给、存储条件及供热系统安全性等因素，合理确定城市集中供热热源的规模、数量、布局及其供热范围，并应提出供热设施用地的控制要求。

6.1.2 详细规划阶段的供热规划应依据总体规划落实热源位置、用地或经过技术经济论证分析，选择供热方式，确定供热热源的规模、数量、位置及其供热范围，并应提出设施用地的控制要求。

6.2 热电厂

6.2.1 燃煤或燃气热电厂的建设应“以热定电”，合理选取热化系数，并应符合以下规定：

1 以工业热负荷为主的系统，季节热负荷的峰谷差别及日热负荷峰谷差别不大的，热化系数宜取0.8～0.9；

2 以供暖热负荷为主的系统，热化系数宜取0.5～0.7；

3 既有工业热负荷又有采暖热负荷的系统，热化系数宜取0.6～0.8。

6.2.2 燃煤热电厂与单台机组发电容量400MW及以上规模的燃气热电厂规划应符合下列规定：

1 燃煤热电厂应有良好的交通运输条件；

2 单台机组发电容量400MW及以上规模的燃气热电厂应具有接入高压天然气管道的条件；

3 热电厂厂址应便于热网出线和电力上网；

4 热电厂宜位于居住区和主要环境保护区的全年最小频率风向的上风侧；

5 热电厂厂址应满足工程建设的工程地质条件和水文地质条件，应避开机场、断裂带、潮水或内涝区及环境敏感区，厂址标高应满足防洪要求；

6 热电厂应有供水水源及污水排放条件。

6.2.3 热电厂用地指标宜符合表6.2.3的规定。

表6.2.3 热电厂用地指标

机组总容量（MW）	机组构成（MW）（台数×机组容量）	厂区占地（hm^2）
燃煤热电厂	50（2×25）	5
	100（2×50）	8
	200（4×50）	17
	300（2×50+2×100）	19
	400（4×100）	25
	600（2×100+2×200）	30
	800（4×200）	34
	1200（4×300）	47
	2400（4×600）	66
燃气热电厂	≥400MW	$360m^2$/MW

6.3 集中锅炉房

6.3.1 燃煤集中锅炉房规划设计应符合下列规定：

1 应有良好的道路交通条件，便于热网出线；

2 宜位于居住区和环境敏感区的采暖季最大频率风向的下风侧；

3 应设置在地质条件良好，满足防洪要求的地区。

6.3.2 燃气集中锅炉房规划设计应符合下列规定：

1 应便于热网出线；

2 应便于天然气管道接入；

3 应靠近负荷中心；

4 地质条件良好，厂址标高应满足防洪要求，并应有可靠的防洪排涝措施。

6.3.3 燃煤集中锅炉房、燃气集中锅炉房用地宜符合表6.3.3的规定。

表6.3.3 锅炉房用地指标（m^2/MW）

设施	用地指标
集中燃煤锅炉房	145
集中燃气锅炉房	100

6.4 其他热源

6.4.1 低温核供热厂厂址的选择应符合国家相关规定，并应远离易燃易爆物品的生产与存储设施，及居住、学校、医院、疗养院、机场等人口稠密区。

6.4.2 清洁能源分散供热设施应结合用地规划、建筑布局、规划建设实施时序等因素确定位置，不宜设置在居住建筑的内部。

7 热网及其附属设施

7.1 热网介质和参数选取

7.1.1 当热源供热范围内只有民用建筑采暖热负荷时，应采用热水作为供热介质。

7.1.2 当热源供热范围内工业热负荷为主要负荷时，应采用蒸汽作为供热介质。

7.1.3 当热源供热范围内既有民用建筑采暖热负荷，也存在工业热负荷时，可采用蒸汽和热水作为供热介质。

7.1.4 热源为热电厂或集中锅炉房时，一级热网供水温度可取110℃～150℃，回水温度不应高于70℃。

7.1.5 蒸汽管网的热源供汽温度和压力应按沿途用户的生产工艺用汽要求确定。

7.1.6 多热源联网运行的城市热网的热源供回水温度应一致。

7.2 热网布置

7.2.1 热网布局应结合城市近、远期建设的需要，综合热负荷分布、热源位置、道路条件等多种因素，经技术经济比较后确定。

7.2.2 热网的布置形式包括枝状和环状两种方式，并应符合下列规定：

1 蒸汽管网应采用枝状管网布置方式；

2 供热面积大于1000万m^2的热水供热系统采用多热源供热时，各热源热网干线应连通，在技术经济合理时，热网干线宜连接成环状管网。

7.2.3 热网应采用地下敷设方式，工业园区的蒸汽管网在环境景观、安全条件允许时可采用地上架空敷设方式。

7.2.4 一级热网与热用户宜采用间接连接方式。

7.3 热网计算

7.3.1 热水管网管径应根据介质、参数和经济比摩阻通过水力计算确定。

7.3.2 经济比摩阻应综合考虑热网的运行管理、城市建设发展、经济等因素确定。

7.3.3 当管网供汽压力与用户用汽压力相比有余额时，蒸汽管网管径应根据控制最大允许流速计算确定；余额不足时，应根据供汽压力和用户用汽压力确定允许的压力降，根据允许的压力降选择管道直径。

7.3.4 水压图宜根据热网计算结果绘制。

7.4 中继泵站及热力站

7.4.1 中继泵站的位置、数量、水泵扬程应在管网水力计算和绘制水压图的基础上，经技术经济比较后确定。

7.4.2 热网与用户采取间接连接方式时，宜设置热力站。

7.4.3 热力站合理供热规模应通过技术经济比较确定，供热面积不宜大于30万m^2。

7.4.4 居住区热力站应在供热范围中心区域独立设置，公共建筑热力站可与建筑结合设置。

附录A 供热规划的编制内容

A.0.1 总体规划阶段的供热规划主要内容应包括：

1 分析供热系统现状、特点和存在问题；

2 依据城市总体规划确定的城市发展规模，预测城市热负荷和年供热量；

3 依据所在地城市总体规划、环境保护规划、能源规划，确定城市供热能源种类，热源发展原则、供热方式和供热分区；

4 依据城市用地功能布局、热负荷分布，确定供热方式、供热分区、供热热源规模和布局，包括热源种类、个数、容量和布局；

5 依据供热热源规模、布局以及供热负荷分布，确定城市热网主干线布局；

6 依据城市近期发展要求、环境治理要求以及供热系统改造要求，确定近期建设重点项目。

A.0.2 详细规划阶段的供热规划主要内容应包括：

1 分析供热设施现状、特点以及存在问题；

2 依据详细规划提出的技术经济指标，计算热负荷和年供热量；

3 依据城市总体规划确定供热方式；

4 依据详细规划的用地布局，落实供热热源规模、位置及用地；

5 依据供热负荷分布，确定热网布局、管径，热力站规模、位置及用地；

6 供热设施的投资估算。

本规范用词说明

1 为便于在执行本规范条文时区别对待，对要求严格程度不同的用词说明如下：

1）表示很严格，非这样做不可的：

正面词采用"必须"，反面词采用"严禁"；

2）表示严格，在正常情况下均应这样做的：
正面词采用“应”，反面词采用“不应”或“不得”；

3）表示允许稍有选择，在条件许可时首先这样做的：
正面词采用“宜”，反面词采用“不宜”；

4）表示有选择，在一定条件下可以这样做的，可采用“可”。

2 条文中指明应按其他有关标准执行的写法为：“应符合……的规定”或“应按……执行”。

中华人民共和国国家标准

城市供热规划规范

GB/T 51074－2015

条　文　说　明

制　订　说　明

《城市供热规划规范》GB/T 51074－2015，经住房和城乡建设部2015年1月21日以第726号公告批准、发布。

本规范编制过程中，编制组进行了广泛的调查研究，对不同地区进行了热负荷指标、供热方式的调查研究，总结了我国供热行业建设发展的实践经验，强调供热规划要与城市社会经济发展相适应，供热设施与城市空间布局、用地规划相协调，供热系统安全与城市安全相统一。

为了便于广大规划设计、建设、管理、科研、学校等单位有关人员在使用本规范时能正确理解和执行条文规定，《城市供热规划规范》编制组按章、节、条顺序编制本规范的条文说明，对条文规定的目的、依据以及执行中需要注意的有关事项进行了说明。但是，本条文说明不具备与规范正文同等的法律效力，仅供使用者作为理解和把握规范的参考。

目　次

1 总 则

1.0.1 条文明确规定了本规范编制的目的和依据。城市供热规划是城市规划的重要组成部分，具有政策性、综合性、供热专业技术性强的特点。目前尚无城市供热规划国家规范，全国各地城市规划中的供热规划内容深度不统一，缺乏对环境保护、能源供应以及土地利用效益等因素的综合考虑。这种状况不利于城市供热规划编制水平的提高，也不利于城市规划的审批与管理。

城市供热规划既是技术文件，也是公共政策，在规划编制过程中，主要依据的法律、法规包括《中华人民共和国城乡规划法》、《中华人民共和国物权法》、《中华人民共和国土地法管理法》、《中华人民共和国环境保护法》、《中华人民共和国能源法》、《中华人民共和国节约能源法》、《中华人民共和国可再生能源法》、《中华人民共和国行政许可法》、《国务院关于促进节约集约用地的通知》、《民用建筑节能条例》等。

1.0.2 本条明确了本规范的适用范围，即《中华人民共和国城乡规划法》所规定的城市规划各规划阶段中的供热规划编制。

1.0.3 本条明确了城市供热规划应遵守的基本原则。城市性质和规模决定了环境保护目标；环境保护目标决定了城市供热污染物排放控制要求；能源结构和供应条件决定了供热系统的用能选择要求；国民经济和社会发展制约着供热系统的经济性及承受能力。城市供热规划需要与国民经济和社会发展规划、环境保护规划、能源发展战略等综合性规划相互衔接、相互协调，才能充分发挥其功能和作用。因此，城市供热规划不能单纯考虑供热系统自身的经济性，还要考虑社会综合效益，包括环境效益、土地利用效益、节能效益等。同时，城市供热规划还要体现节能要求，从供热方案的制定和供热系统的建设（如热计量设施的建设），再到新技术的应用都要体现节能效益。

总之，城市供热规划是一项全局性、综合性、战略性很强的工作，在规划编制过程中应加强各相关部门之间的协作，广泛征求意见，科学决策。

1.0.4 城市供热规划近远期结合应遵循近期建设的可操作性与供热系统合理布局相结合的原则。在近期建设项目的可操作性与总体最优方案（包括布局、供热方式和分区）的衔接上，应以总体方案为基本依据，近期建设项目对总体方案有重大调整的需要重新论证或修改。

在近远期结合的问题上，规划方案要有前瞻性，能适应未来城市建设发展情况的变化（包括技术进步对方案的影响），并具有一定的弹性。

1.0.5 本条规定了城市供热规划的主要任务和规划内容。在考虑城市供热设施布局和安排用地时，应按照节约土地和高效使用城市空间资源的原则进行确定，在满足功能要求的最小用地条件下，考虑到发展应适当留有余地。特别在《中华人民共和国城乡规划法》、《中华人民共和国物权法》、《中华人民共和国土地法管理法》、《中华人民共和国行政许可法》颁布实施后，还应协调各相关方的利益，并避免与人居环境发生矛盾。

3 基 本 规 定

3.0.1 城市供热规划是城市规划的组成部分，城市发展的要求是城市供热规划的基本依据，城市发展总体要求是宏观目标，供热规划及其方案是具体目标，应体现宏观目标的要求，并对宏观目标的要求提出修正意见，达到宏观和微观统一、环境保护和经济发展统一、资源供应和消费统一等。环境保护规划中城市环境发展目标、污染物排放总量控制与减排的要求，城市供热污染物排放分摊份额等，是确定城市供热发展方向、供热用能、供热方式、供热分区的重要依据，是刚性要求。地区能源条件是供热规划的前提条件之一，能源规划中的能源结构与发展方向，是供热能源发展方向和能源结构的引导。供热系统自身的发展要求也对能源发展和结构提出了协调要求。

3.0.2 城市供热规划是城市规划的专项规划，应与《中华人民共和国城乡规划法》要求的城市规划阶段相衔接，总体规划是详细规划的依据，同时已确定的详细规划项目应纳入总体规划；城市供热规划的期限划分应与城市规划相一致，与总体规划和详细规划的编制同步进行，互相协调。只有这样才能使规划的内容、深度和实施进度做到与城市整体发展同步，使城市土地利用、环境保护及城市供热协调发展，有效解决供热设施与其他工程设施之间的矛盾，取得最佳的社会、经济、环境综合效益。

3.0.3 在城市总体规划中，城市规模体现为人口规模、城镇建设用地规模、人均建设用地指标等数据。依据这些数据可以初步分析出城市建设总量，通过综合分析现状不同性质建筑比例、耗热指标以及建筑节能改造等多种因素，可以计算出采暖综合热指标，并据此预测出城市供热负荷及供热设施规模。在详细规划阶段有明确的技术经济指标表，包括用地性质、用地大小、容积率等指标，可以通过建筑面积、建筑性质、建筑采暖热指标等来预测供热负荷及供热设施规模。

3.0.4 城市供热系统的安全可靠性主要从如下几个方面考虑。第一，考虑供热能源的资源可靠性，宜采用多种供热能源。第二，考虑供热能源供应的可靠性，包括能源运输通道、运输能力、存储能力等方面，保证城市供热系统具有抵御突发事件、极端天气造成的能源供应紧张的能力。第三，热源应考虑在事故条件下，仍能够保证一定比例的供热能力，有条件的可考虑不同热源之间的互联互通。第四，重要的供热区域宜考虑集中供热，重要的用户宜考虑多热源供热或双燃料热源。第五，有条件的情况下，宜实现热网的互联互通，以便多热源联网运行，提高可靠性。第六，设施布局应避开地震、防洪等不利气象、地质条件的影响。

3.0.5 城市供热、供水、排水、电力、燃气、通信管网等均属城市市政管线设施，一般沿城市道路下敷设。由于城市道路地下空间资源有限，在城市供热规划编制过程中，应与其他市政设施规划之间很好的协调配合，避免造成供热管线与其他管线的矛盾，特别是在现状道路下安排供热管线时，应考虑管线位置的可行性，以保证供热规划得以顺利实施。

4 热负荷

4.1 城市热负荷分类

城市热负荷的分类方法很多，从不同角度出发可以有不同的分类。本节中热负荷分类主要从城市供热规划中的热负荷预测工作需要出发，总结了国内不同城市热负荷预测工作的经验，研究、分析了不同规划阶段的热负荷预测内容及其特征、用热性质的区别，在此基础上加以分别归类。

热负荷的性质、参数及其大小是编制供热规划和设计的重要依据。按照用热性质分类，可分为建筑采暖（制冷）、生活热水、工业。这种分类方法与供热行业部门的统计口径相一致，有利于调研、收集城市热负荷历史统计数据及现状资料。在需要空调冷负荷的城市如考虑夏季用热介质制冷，还需要考虑制冷用热负荷。

4.2 城市热负荷预测

4.2.1 热负荷预测是编制城市供热规划的基础和重要内容，是合理确定城市热源、热网规模和设施布局的基本依据。热负荷预测要有科学性、准确性，其关键是应能收集、积累负荷预测所需要的基础资料和开展扎实的调研工作，掌握反映客观规律性的基础资料和数据，选用符合实际的负荷预测参数。根据基础资料，科学预测目标年的供热负荷水平，使之适应国民经济发展和城市现代化建设的需要。

具体的预测工作应建立在经常性收集、积累负荷预测所需资料的基础上，应了解所在城市的人口及国民经济、社会发展规划，分析研究影响城市供热负荷增长的各种因素；了解城市现状和规划有关资料，包括各类建筑的面积及分布，工业类别、规模、发展状况及其分布等。对现有的工业与民用（采暖、空调、生活热水）热负荷进行详细调查，对各热负荷的性质、用热参数、用热工作班制等加以分析。

4.2.2～4.2.4 热负荷预测宜根据不同的规划阶段采用不同的方法预测。总体规划阶段宜采用采暖综合热指标预测采暖热负荷。由于此阶段只是提出了各种类别规划用地的分布及规模，因此还应根据城市发展规模、现状各类用地建筑容积率、分析将来城市建设对各类建筑容积率的要求；同时根据建筑节能规划及阶段要求，分析分阶段实施建筑节能标准的新建建筑和实施节能改造的既有建筑的比例；在上述研究分析以及现状热指标调查的基础上，确定采暖综合热指标，进行热负荷预测。详细规划阶段宜采用分类建筑采暖热指标预测建筑采暖热负荷。即根据详细规划阶段技术经济指标确定的各类建筑面积及相应的建筑采暖热指标，并考虑现状建筑的节能状况进行计算。

在供热系统中，生活热水热负荷在我国目前阶段和未来的很长时期内，与采暖热负荷及工业热负荷相比，比重很小，因此，在总体规划阶段不单独进行分类计算。详细规划阶段宜采用分类建筑生活热水热指标预测建筑生活热水热负荷。即根据详细规划阶段技术经济指标确定的各类建筑面积及相应的生活热水热指标进行计算。

总体规划阶段工业热负荷预测采用相关分析法，主要依据城市社会经济发展目标、国民经济规划、工业规划、工业园区规划等，分析其历史数据与工业热负荷历史数据的相关关系，拟合相关性曲线；并参照同类城市地区的发展经验，预测未来工艺蒸汽需求，包括总量、分布、强度等。详细规划阶段应对现有的工业热负荷进行详细准确地调查，并逐项列出现有热负荷、已批准项目的热负荷及规划期发展的热负荷。但是，由于规划编制时，规划项目不确定，上述数据难以获得，故可采用按不同行业项目估算指标中典型生产规模进行计算或采用相似企业的设计耗热定额估算热负荷的方法。对并入同一热网的最大生产工艺热负荷应在各热用户最大热负荷之和的基础上乘以同时使用系数，同时使用系数可取0.6～0.9。

4.2.5 当热网由多个热源供热，对各热源的负荷分配进行技术经济分析时，宜绘制热负荷延续时间曲线，以计算各热源的全年供热量及用于基本热源和尖峰热源承担供热负荷的配置容量分析，这是合理选择热电厂供热机组供热能力的重要工具。按照所规划城市的历年气象资料及有关数据绘制规划集中供热区域的热负荷延续曲线，采暖热负荷持续曲线与所在城市的气候、地理以及采暖方式等因素有关，同一城市的采暖热负荷延续曲线基本一致，最大负荷利用小时数基本一致。工业热负荷持续曲线与工业类别、生产方式、工艺要求等因素有关，受社会经济发展的影响，最大负荷利用小时数可能变化很大。在城市供热规划中根据城市用地布局、功能分区、热负荷分布及地形地貌条件，往往要将城市分成几个独立的集中供热区域，因此还有必要分区绘制规划区域的年热负荷延续时间曲线，用于指导分区调峰热源容量的配置。对以供蒸汽为主的工业区，在规划阶段没有落实实际项目的，可适当简化，不做强制要求绘制年热负荷延续时间曲线。

在采暖热负荷延续时间曲线图中，横坐标的左方为室外温度 t_w，纵坐标为采暖热负荷 Q_n，横坐标的右方表示小时数，如横坐标 n_1 代表供暖期中室外温度 $t_w \leqslant t_{w1}$ 出现的总小时数。

在图 1 中由曲线与坐标轴围成的面积（斜线部分）代表相应的年供热量。随着室外温度变化，采暖热负荷在数值上变化很大，数值越大，持续时间越短。这部分持续时间短的热负荷应当配备尖峰热源来承担，持续时间长的基本热负荷应当由热电厂供热机组承担，这样可以充分发挥热电厂的作用，获得最大的节能效果。

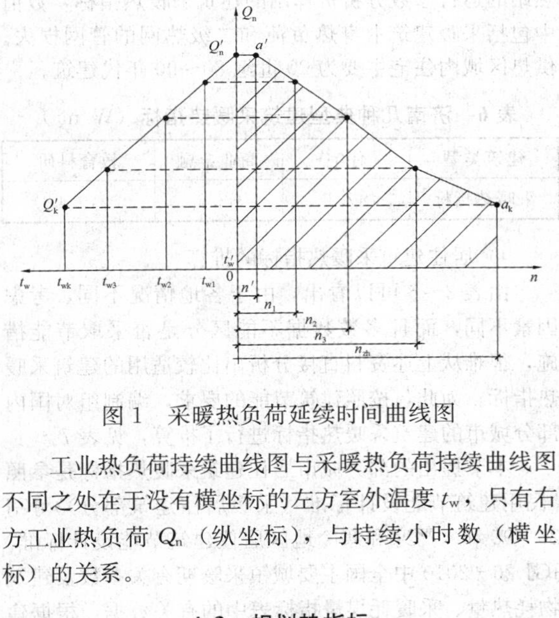

图 1　采暖热负荷延续时间曲线图

工业热负荷持续曲线图与采暖热负荷持续曲线图不同之处在于没有横坐标的左方室外温度 t_w，只有右方工业热负荷 Q_n（纵坐标），与持续小时数（横坐标）的关系。

4.3　规划热指标

4.3.1　热指标的分类很多，本节中的分类是我国目前及未来一段时期内的供热规划中经常使用的主要分类方式。

4.3.2　建筑采暖综合热指标的确定应综合城市总体规划中的人均建设用地指标、建设用地分类、估算容积率、现状供热设施供应水平和现状建筑节能改造程度等因素，在调查的基础上，确定采暖综合热指标。

4.3.3　建筑采暖热指标是针对不同建筑类型，综合不同时期节能状况的单位建筑面积平均热指标。不同地区、不同年代的建筑采暖热指标均有一些差异。

1. 建筑采暖热指标

1）行业规范使用的建筑采暖热指标

建筑采暖热指标与室外温度、建筑维护结构、保温材料的传热系数、窗体的传热系数、建筑物体型系数、新风量大小、热损失等都有关系，致使同类建筑的热指标有所差异，各地的热指标更有所差异。下表给出了《城镇供热管网设计规范》CJJ 34－2010 中的推荐值。

表 1　建筑采暖热指标推荐值（W/m²）

建筑物类型	住宅	居住区综合	学校办公	医院托幼	旅馆	商店	食堂餐厅	影剧院展览馆	大礼堂体育馆
未采取节能措施	58～64	60～67	60～80	65～80	60～70	65～80	115～140	95～115	115～165
采取节能措施	40～45	45～55	50～70	55～70	50～60	55～70	100～130	80～105	100～150

注：1. 表中数值适用于我国东北、华北、西北地区；
2. 热指标中已包括约 5%的管网热损失。

2）部分城市建筑设计采用的采暖热指标

部分城市建筑设计院目前做建筑单体设计采用的热指标如下：

表 2　北京采用的建筑采暖热指标（W/m²）

建筑物类型	热指标	建筑物类型	热指标
住宅	45～70	图书馆	45～75
单层住宅	80～105	商店	65～75
办公楼	60～80	食堂、餐厅	115～140
医院、幼儿园	65～80	影剧院	90～115
旅馆	60～70	大礼堂、体育馆	115～160

注：外围护结构热工性能好、窗墙面积比小、总建筑面积大、体型系数小的建筑取下限值，反之取上限值。

表 3　沈阳采用的建筑采暖热指标（W/m²）

建筑物类型		住宅建筑			公共建筑					
		多层	小高层	高层	商场	办公	学校	旅馆	医院幼儿园托儿所	体育馆
热指标	采取节能措施	35	33	32	65	60	60	65	70	85
	未采取节能措施	60	60	58	90	80	80	90	90	115

3）规范编制调研中收集的资料

有关单位在2005～2006年采暖季对北京一些建筑采暖系统进行了测试诊断工作，根据各单位建筑内的室内温度逐时记录、管网供回水温度逐时记录、室外温度逐时记录，以及各建筑的供水量，计算得到建筑实测耗热量，这里根据测试的采暖能耗数据经过整理折算成北京计算室外温度下的采暖热指标，详见表4、表5。

表4 部分居住、办公小区采暖热指标

建筑功能	测试数量（个）	建造年代（年）	围护结构	折算采暖热指标（W/m^2）
多层住宅	11	2003	外墙 K 小于1.16外保温，塑钢窗双玻	30～36
多层住宅	12	1990	370mm砖墙、无外保温，塑钢窗、铝合金窗、普通钢窗	30～35
多层住宅	4	1990	240mm砖墙、无保温，单层钢窗、塑钢窗	40～48
多层住宅	4	1980	370mm砖墙、无保温，塑钢窗、部分单层木窗	31～34
多层住宅	5	1970	370mm砖墙、无保温，塑钢窗、部分单层木窗	36～40
高层住宅	3	1980	180mm现浇混凝土外墙，单层钢窗、塑钢窗	39～46
普通办公楼	3	1950	370mm砖墙、无保温，塑钢窗、部分单层木窗	38～45
普通办公楼	1	1950	500mm外墙，单层铝合金窗	30
宾馆	3	1950	370mm砖墙、无保温，单层铝合金窗	31～40
宾馆	4	1950	500mm外墙，单层铝合金窗	39～45
商场	1	2003	外墙 K 小于1.16外保温，塑钢窗双玻	56

注：住宅类建筑采暖设计热负荷指标折算成室外供暖计算温度−9℃、室内温度18℃的耗热指标。宾馆、办公类建筑采暖设计热负荷指标折算成室外供暖计算温度−9℃、室内温度20℃的耗热指标。

表5是通过测量500多个不同换热站单位采暖面积耗热量，分析折算的建筑采暖热指标。

表5 通过换热站折算的建筑采暖热指标

建筑类型	热力站数量（个）	热指标（W/m^2）
普通住宅	140	52.8
高档住宅	120	44.6
高档办公楼	35	45.2
普通办公楼	70	59.1
学校	81	58.4
宾馆饭店	65	53.7
博物馆展览馆体育馆影剧院	30	65.7
医院	22	66.4
商场	19	38.2

注：除住宅、学校按室温18℃折算外，其他按20℃折算。室外温度已经折算至标准气象年，指标中包含管网损失。

表6是通过对济南9个换热站进行调研，根据换热站的运行参数分析折算出的建筑采暖热指标，数值中包括采暖建筑本身热负荷和二级热网的管网损失。供热区域内住宅主要为20世纪80～90年代建筑。

表6 济南几种典型建筑采暖热指标（W/m^2）

建筑类型	住宅	商业金融	教育科研
采暖热指标	47.1	52.6	49.4

4）居住建筑采暖热指标的推算

由表2～6可以看出，由于各地情况不同，考虑因素不同，而且多数数据不能区分是否采取节能措施，很难从上述资料直接分析出比较适用的建筑采暖热指标。为此，按照建筑节能的要求，编制组对国内部分城市的建筑采暖热指标进行了推算，见表7。

本节提出的部分城市居住建筑采暖热指标是参照《民用建筑节能设计标准（采暖居住建筑部分）》JGJ 26－95和《严寒和寒冷地区居住建筑节能设计标准》JGJ 26－2010中全国主要城镇采暖期有关参数及建筑物耗热量、采暖耗煤量指标表中的有关数据，根据建筑物耗热量指标与采暖设计热负荷指标的关系式折算得到。《民用建筑节能设计标准（采暖居住建筑部分）》JGJ 26－95和《严寒和寒冷地区居住建筑节能设计标准》JGJ 26－2010主要针对居住建筑采暖能耗分别降低50%和65%左右作为节能目标。

建筑物耗热量指标与采暖设计热负荷指标（不含管网及失调热损失）的关系式如下：

$$q = q_h \frac{t_n - t_w}{t_{ne} - t_{we} - t_d} \quad (1)$$

式中：q——采暖设计热负荷指标（W/m^2）；

q_h——建筑物耗热量指标（W/m^2）；

t_n——室内采暖设计温度（18℃）；

t_w——采暖期的室外计算温度（℃）；

t_{we}——采暖期室外日平均温度（℃）；

t_{ne}——采暖期室内平均温度（16℃）；

t_d——太阳辐射及室内自由热引起的室内空气自然温升（℃），一般为（3～5)℃，居住建筑取 3.8℃。

表 7 推算的全国部分城市居住建筑采暖热指标

地名	供暖室外计算温度 t_w（℃）	供暖期日平均温度 t_{we}（℃）	供暖期日（d）	耗热量指标 q_h（W/m²）	未采取节能措施建筑采暖热指标 q（W/m²）	采暖能耗降低 50% 建筑采暖热指标 q（W/m²）	采暖能耗降低 65% 建筑采暖热指标 q（W/m²）
北京	−9	−1.6	125	20.6	61.8	40.3	28.7
天津	−9	−1.2	119	20.5	63.4	41.3	29.4
石家庄	−8	−0.6	112	20.3	63.3	41.2	29.3
承德	−14	−4.5	144	21	61.7	40.2	28.6
唐山	−11	−2.9	127	20.8	61.3	39.9	28.4
保定	−9	−1.2	119	20.5	63.4	41.3	29.4
大连	−12	−1.6	131	20.6	68.7	44.8	31.8
丹东	−15	−3.5	144	20.9	67.4	43.9	31.2
锦州	−15	−4.1	144	21	65.2	42.5	30.2
沈阳	−19	−5.7	152	21.2	69.0	45.0	32.0
本溪	−20	−5.7	151	21.2	69.0	45.0	32.0
赤峰	−18	−6	160	21.3	64.6	42.1	30.0
长春	−23	−8.3	170	21.7	66.6	43.4	30.9
通化	−24	−7.7	168	21.6	69.9	45.6	32.4
四平	−23	−7.4	163	21.5	69.0	45.0	32.0
延吉	−20	−7.1	170	21.5	64.9	42.3	30.1
牡丹江	−24	−9.4	178	21.8	65.0	42.4	30.1
齐齐哈尔	−25	−10.2	182	21.9	64.5	42.0	29.9
哈尔滨	−26	−10	176	21.9	66.6	43.4	30.9
嫩江	−33	−13.5	197	22.5	68.5	44.6	31.8
海拉尔	−35	−14.3	209	22.6	69.3	45.2	32.1
呼和浩特	−20	−6.2	166	21.3	67.5	44.0	31.3
银川	−15	−3.8	145	21	66.4	43.3	30.8
西宁	−13	−3.3	162	20.9	64.1	41.8	29.7
酒泉	−17	−4.4	155	21	67.9	44.3	31.5
兰州	−11	−2.8	132	20.8	61.7	40.2	28.6
乌鲁木齐	−23	−8.5	162	21.8	66.2	43.2	30.7
太原	−12	−2.7	135	20.8	64.2	41.9	29.8
榆林	−16	−4.4	148	21	66.0	43.0	30.6
延安	−12	−2.6	130	20.7	64.4	42.0	29.8
西安	−5	0.9	100	20.2	63.1	41.1	29.2
济南	−7	0.6	101	20.2	66.8	43.5	31.0

续表 7

地名	供暖室外计算温度 t_w（℃）	供暖期日平均温度 t_{we}（℃）	供暖期日（d）	耗热量指标 q_h（W/m²）	未采取节能措施建筑采暖热指标 q（W/m²）	采暖能耗降低50%建筑采暖热指标 q（W/m²）	采暖能耗降低65%建筑采暖热指标 q（W/m²）
青岛	−7	0.9	110	20.2	68.6	44.7	31.8
徐州	−6	1.4	94	20	68.2	44.4	31.6
郑州	−5	1.4	98	20	65.3	42.6	30.3
甘孜	−9	−0.9	165	20.5	64.8	42.3	30.0
拉萨	−6	0.5	142	20.2	63.6	41.4	29.5
日喀则	−8	−0.5	158	20.4	64.1	41.8	29.7

5)）不均匀热损失与管网热损失

不均匀热损失是由供热管网难以调节或没有进行有效的初调节，导致存在各种失调现象而产生的。主要包括高温热力管网调节不均匀，热力站之间失调；小区室外管网调节不均，建筑物之间的失调；室内管网无法调节，房间之间失调。出现失调现象后，为满足末端用户的供热要求，系统加大供热量，同时末端无有效的调节手段和激励调节的机制，部分用户为防止室内过热，只能开窗调节，使得建筑物的实际散热量显著增加。对北京几个小区多个建筑单元的测试结果表明，室外管网调节不均匀是导致不均匀热损失的主要原因，这部分损失甚至比管网的直接热损失还要大。大多数集中供热系统现有的调节手段和调节水平很难减少这部分损失，在目前的调节水平下，集中供热的不均匀热损失为（4～8）W/m²。

管网热损失包括保温热损失和漏水热损失，根据实测和调研，管网漏水热损失占管网热损失的比例很小。表 8 为实测的北京几个小区从锅炉房或换热站至建筑物热入口之间的热损失。可以看出，保温热损失是管网热损失的主要部分。同时，不同的管网热损失差别很大，这与管网敷设方式、建造年代、保温水平、管网规模、供回水温度和维护水平等都有关。一般室外管网热损失为（2～5）W/m²。

表 8　集中供热系统管网损失测试结果（W/m²）

不同小区	A	B	C	D	E	F	G	H	I
保温热损失	2.6	3	4.9	4.2	4.5	4.1	3	2	1.8
漏水热损失	0.03	0.1	0.2	0.4	0.4	0.5	0.3	0.1	0.2
管网热损失合计	2.63	3.1	5.1	4.6	4.9	4.6	3.3	2.1	2

城市一级管网与居住区二级管网相比，保温水平和管理水平远高于二级管网，因此热损失较小。以北京为例，目前北京城市热网热源供水温度与大多数热力站处测出的供水温度之差均小于 2℃，则总损失温差在 3℃左右。目前供热高峰期供回水温差约为 65℃，因此，城市高温热力管网热损失不超过输送热量的 5%，约为 2W/m²。

随着分户计量手段的完善，采暖收费制度的改革，用热激励调节机制的健全，使采暖用户有效的调节手段增加。不均匀热损失会大幅度降低。考虑到现有建筑存在一定的改造难度，不均匀热损失不能完全消除，初步按 2W/m² 考虑。综上，不均匀热损失与管网热损失约为（4～7）W/m²。

6）采暖热指标推荐值

本规范推荐的建筑采暖热指标是以《城镇供热管网设计规范》CJJ 34－2010 中的数据为基础，在建筑分类和采暖热指标数值上进行部分调整得出的。

在建筑分类方面：推荐的指标为了适应规划的使用习惯，在类别中将学校与办公分开。学校指中小学，高等学校可以参照办公指标。近几年，城市周边和郊区，兴建了一些低层别墅；中小城市的居住建筑，则仍以多层和低层为主；小城镇居住建筑则主要是平房和低层建筑。低层建筑由于体型系数较大，外围护结构传热损失较大，热指标相比多高层住宅高。因此，将《城镇供热管网设计规范》CJJ 34－2010 表中的住宅分为低层住宅和多高层住宅。原表中的居住区综合类，在规划中多为采暖综合热指标，其数值的确定应综合当地不同时期建筑建设标准、建筑节能标准、现状建筑情况、节能改造情况及居民的生活水平等因素进行理论分析，并结合实测数据进行研究，故本次规范制定将该类别去除。

在采暖热指标数据方面：本次仅对住宅类建筑的采暖热指标进行调整。对于其他类别建筑，因规范编制过程中未能收集到足够的数据进行分析，因此没有对相关内容进行修正。国家颁布的节能标准有一步节能标准和二步节能标准，根据表 7 可知，采取二步节能措施的多高层住宅建筑采暖热指标在 30W/m² 左右，采取一步节能措施的多高层住宅建筑采暖热指标在 43W/m²左右。考虑到全国范围内供热设施建设水平的差异，不均匀热损失、管网损失等存在较大差异，多高层住宅建筑采暖热指标推荐值取（35～45）W/m^2。二步节能标准的多高层住宅建筑取下限，一步节能标准的多高层住宅建筑取上限。根据表4的实测数据分析，低层住宅采暖热指标比多高层住宅采暖热指标高（5～10）W/m^2，推荐值取（40～55）W/m^2。

2. 生活热水热指标

生活热水热指标是对有生活热水需求，且采用供热系统供应的建筑，单位面积平均热指标。生活热水可以由热网供应，也可以由太阳能热水器、燃气热水器、电热水器等设施供应。若采用热网供应方式，应将生活热水负荷指标纳入热指标中。

本节计算生活热水热负荷的方法采用指标法，生活热水热指标参照《城镇供热管网设计规范》CJJ 34-2010给出的居住区生活热水日平均热指标。具体在选择指标时可根据各地的人均热水用水定额、人均建筑面积及计算冷水温度综合考虑。

3. 工业热负荷指标

工业热负荷指标是对不同工业的单位用地平均热指标。本规范采用的热负荷指标值是通过对天津、上海已建工业园区热负荷调研及资料整理，同时结合设计规范和相应的设计技术措施，得出不同类型产业、单位用地面积的平均热负荷。由于不同工业类型、不同工艺的蒸汽需求差异较大，用工业区单位占地面积热负荷指标估算规划热负荷的方法还不太成熟，需要进一步总结和积累经验。为了提高工业热负荷预测的科学性和可靠性，还应该进行大量的实地调查研究，对大量的已建成区域的不同类型的工业区域进行总结、分析。

4.3.4 制冷用热负荷指标

制冷用热负荷指标是针对不同建筑制冷的单位建筑面积平均热指标。空调夏季冷负荷主要包括围护结构传热、太阳辐射、人体及照明散热等形成的冷负荷和新风冷负荷。设计时需根据空调建筑物的不同用途、人员的群集情况、照明等设备的使用情况确定空调冷指标。其中空调冷指标对应的是单位空调面积的冷负荷指标，空调面积一般占总建筑面积的百分比为70%～90%。然后根据所选热制冷设备的*COP*折算成热负荷指标。

5 供热方式

5.1 供热方式分类

5.1.1 本条列出了主要的供热能源种类。从目前我国能源资源和使用情况看，煤炭是最主要的供热能源，其次是天然气。低温核供热虽已经有了成熟的技术并具有商业化利用的经济效益，但其使用受到诸多敏感因素的影响，目前还不具备大规模推广利用的条件。油品分为轻油和重油，受国家资源条件制约，一般不鼓励发展油品供热。太阳能作为未来能源利用的研究重点，目前在供热领域是一种辅助形式。生物质能蕴藏在植物、动物和微生物等可以生长的有机物中，它是由太阳能转化而来的。有机物中除矿物燃料以外的所有来源于动植物的能源物质均属于生物质能，通常包括木材及森林废弃物、农业废弃物、水生植物、油料植物、城市和工业有机废弃物、动物粪便等。其中垃圾焚烧的热能可用于城市供热。

5.1.2、5.1.3 供热方式分类很多，本节中的分类，结合了能源种类与热源规模。过去对于集中供热没有明确的定义，只是简单定义为“规模较大的为集中供热，规模较小或分散的为分散供热”。参考原建设部规定的集中锅炉房规模定义和北京等城市集中供热发展的实践，本规范所指的集中供热是指热源规模为3台及以上14MW或20t/h锅炉，或供热面积50万m^2以上的供热系统。本规范所指的分散供热是指供热面积在50万m^2以下，且锅炉房单台锅炉容量在14MW或20t/h以下。

需要注意的是，对于清洁能源供热方式，由于污染较小，有利于分散建设，所以不鼓励清洁能源集中供热方式，但是不包括特定情况下的大型热源（低温核供热、燃气热电厂等）以及大型调峰热源等。

5.2 供热方式选择

从供热用能的特点看，供热能源品种具有可替代性，即使用不同的能源均可实现供热的目的。而从我国目前乃至未来一段时间内，能源消费仍然是城市大气环境重要污染源之一，更是人类活动造成的温室气体排放的主要来源，其中供热能源占据重要份额。所以城市的能源消费结构以及供热用能取决于城市的环境目标和能源利用技术。从实现人与自然和谐的目标出发，在我国目前城市大气环境污染均较为严重的情况下，把实现大气环境目标和污染物减排目标作为供热用能的刚性要求，有利于实现可持续发展。

一个地区及其周边可调配的能源资源以及能源品种，是总体规划阶段选择供热用能源，确定供热方式的重要制约因素，为保证供热用能的充足与稳定，宜选择资源丰富、供应可靠的能源品种，同时应结合能源规划中有关的能源品种结构要求，适当选择其他能源品种作为供热能源的补充。各种供热方式的技术经济性（其中供热设施的占地大小也影响供热方式的技术经济性）、综合能源利用效率是选择城市供热方式以及供热发展方向的基础依据。从目前和未来我国以及国际上的能源价格趋势看，煤炭价格依然相对较低，接下来依次是天然气、油品、电力。能源价格和能源利用技术是影响供热方式经济性的重要因素。如采用电力驱动的热泵技术冷热兼供的系统，比采用天然气直燃机冷热兼供的系统，经济性和节能效益均优越一些（北京地区实例分析的结果）；采用高效脱硫除尘和脱氮技术的燃煤供热设施，可以大幅度降低污染物排放量，同时增加了运行成本，其与天然气供热方式的经济性需要进一步详细分析和比较。在成本最小化和能效最大化的多方案优化选择过程中，还要考虑城市安全、城市景观、土地综合利用效益以及公众的意见等因素，以体现社会效益最大化。优化过程可采用方案对比、情景分析、线性规划和多目标优化等方法。因此，总体规划阶段的供热规划应符合当地环境保护目标，以地区能源资源条件、能源结构要求以及投资等为约束条件，以各种供热方式的技术经济性和节能效益为基本依据，并统筹供热系统的安全性和社会效益，按照成本最小化、效益最大化的原则进行优化选择，最终确定供热能源结构和不同的供热方式。

详细规划阶段的供热规划应根据总体规划，经过方案比较，确定详细规划区内的供热方式。详细规划阶段以总体规划阶段的供热规划为指导，落实总体规划阶段确定的供热方式。如果详细规划区内有多种供热方式可以选择，则需要根据详细规划区内的具体条件进行多方案比较选择供热方式。例如，某一公建区，在总体规划阶段的供热规划中确定为清洁能源供热方式，可以选择直燃机冷热兼供系统、热泵冷热兼供系统、分布式能源系统等，这些方式需要根据详细规划区内地下水、中水、河湖水资源以及天然气管网供应条件等进行综合分析论证后确定。又例如某一小区，总体规划阶段的供热规划中确定为煤和天然气混合供热方式，则在详细规划阶段需要依据总体规划阶段确定的原则，并结合小区的区位特点、建筑性质、用户特点和意愿、现状供热情况以及供热体制等，经分析后明确主要的供热方式，对于现状燃煤分散锅炉房供热的，可采取“以大代小”或“煤改气”的方式，对于规模小的居住区或别墅区，可考虑街区式燃气锅炉房，对于公建区可以考虑直燃机冷热兼供系统、热泵冷热兼供系统、分布式能源系统等。

5.2.1 以煤炭为主要供热能源的城市，必须采用集中供热方式，目的是为了集中和有效地解决燃煤污染问题。

目前我国及世界上先进的燃煤热电厂，可切实实现高效脱硫、除尘和脱氮，如果配备低硫低灰优质煤炭作为电厂燃料，则电厂烟囱出口处的烟气中，尘的浓度可低于 $10mg/Nm^3$，二氧化硫的浓度可低于 $15mg/Nm^3$，氮氧化物的浓度可低于 $100mg/Nm^3$，完全可以达到国家或地方排放标准的要求。燃煤集中锅炉房虽然可配置脱硫设备及布袋除尘器，但由于运行管理及设计上的原因，在实际运行中一般烟囱出口处烟气中，各种污染物的浓度往往达不到排放标准要求，甚至还有旁路烟道直接排入大气的现象。因此，从实际的污染效果出发，应首先研究选用燃煤热电厂的可行性。但是，如果规划热负荷全部由热电联产供应，就有可能出现发电能力远大于本地电力需求的情况，因此，在选择热电厂供热方式时，还需结合本地区能源资源供应、环境容量条件以及电力需求或对外送电的可能性等因素，统筹研究后确定合适的规模。

燃煤热电厂作为城市的重要热源，其建设周期长、投资大，在时间与空间上不一定都能满足城市建设发展的需求，因此，建设燃煤集中锅炉房进行补充是较好的选择。但从长远上看，为了城市的整体环境效益，燃煤集中锅炉房宜作为补充或过渡的供热方式。

目前乃至未来较长时间内，我国能源资源仍将以煤炭为主，煤炭仍将是我国城市供热中的主力能源。为此，必须切实控制并降低燃煤所造成的大气环境污染，如采用严格的洁净煤技术（提倡煤炭消费的全程清洁管理），同时在某些有条件的特大城市，还需要考虑燃煤造成的温室气体排放问题，控制燃煤量或减少燃煤量而发展清洁能源供热方式，为我国今后应对全球气候变化打下基础。

5.2.2 发展清洁能源供热的前提是城市的大气环境质量要求严格和充足的清洁能源供应。清洁能源供热应采用分散供热方式，主要原因是为了节约管网投资和减少输配损失，同时也能达到理想的环境效果。中型天然气热电冷联产系统（指 B 级与 E 级燃气联合循环热电厂，其单台机组发电容量为 200MW 及以下规模）、分布式能源系统是清洁能源高效的利用方式，也是国内外清洁能源供热的发展趋势，但是其应用条件需要有常年稳定的热负荷，且需要进行合理的热电容量配置，才能保证既有节能效益又有经济效益。对于户内式分散供热方式（不含家用空调），由于运行维护、设备寿命、安全隐患、污染物低空排放等原因，不宜在居住区中使用，但可应用于别墅区等建筑相对分散的地区。

5.2.3 对于大型天然气热电厂（指 F 级及以上燃气联合循环热电厂，其单台机组发电容量为 400MW 及以上规模）虽然节能效益显著，但由于约 85％的天然气全部用于发电，只有少部分天然气用于能取得较大环境效益的供热领域，不仅对区域电价造成很大压力，还需要较大的热网投资，因此需要进行总量控制，以合适的发电能力和适度的电价水平为边界条件，适度发展大型天然气热电厂系统供热。

5.2.4 大型天然气集中锅炉房供热系统，不仅需要较大的热网投资，还降低了供热系统能效，因此，除了现状大型燃煤集中锅炉房利用原厂址进行天然气替煤改造可选择该供热方式以外，对于新规划建设区通常不宜发展独立的大型天然气集中锅炉房供热系统。

5.2.5 在以电为能源的供热方式中，如果发电能源是煤炭、天然气或油品，供热系统的一次能源综合利用效率将很低，因此不鼓励直接电采暖方式，但如采用热泵供热方式，则可以大幅提高能源综合利用效率，因此在有条件的情况下，可以依据热泵供热系统的能效和经济性进行决策。如果发电能源是水能、风能、核能或太阳能等，则在技术经济条件许可的情况下，不仅可以鼓励发展电动热泵供热方式，也可以鼓励直接电采暖方式。

5.2.6 从目前的技术经济条件看，城市主要的供热方式有两种，一是燃煤热电厂系统，另一个是天然气分散供热系统。这两种途径均不能从根本上解决能源资源与环境污染的双重压力，而在新能源和可再生能源的供热方式中，地热和热泵受地热资源和地温能资源的制约发展规模有限，所以需要找出新的措施，从根本上解决能源资源和环境保护的双重压力，并实现供热能源多元化，保证供热能源安全。低温核供热系统是可行的措施，其不仅具有固有安全性，而且经济性也可与天然气供热方式相比较，正常及事故运行方式下污染物排放低于天然气供热等常规供热方式，在极端情况下也不会危及公共安全。因此，有条件的地区可进行试点，并逐步在我国城市供热领域内推广。

5.2.7 能源利用新型式以及新能源和可再生能源为燃料的新型供热方式是未来的发展趋势，包括地热、热泵系统，太阳能采暖系统，分布式热电冷三联供系统，燃料电池系统等。这些方式是治理大气污染和减排温室气体的重要手段，也是国家政策支持的发展方向，各地应鼓励发展。从目前技术水平和经济效益条件看，地热与热泵系统具有很好的商业化利用价值，分布式能源系统、太阳能系统、燃料电池系统等商业利用效益不大，有待于在技术进步和用户扩展方面逐步推广。各地可以结合当地的资源、经济、技术条件适当采用。

5.2.8 太阳能热利用已经完全商业化，并且具有很好的经济效益、节能效益和环境效益，所以首选太阳能解决部分生活热水问题是十分必要的。太阳能采暖系统受到太阳能资源以及系统投资的制约，可在平房区、别墅区、农村地区适度发展，太阳能资源较好地区，应视本地区资金和政府财政状况，适当加大发展力度。

5.2.9 历史文化街区或历史地段通常位于城市重要地区，一般要求保持历史格局（如保持原有道路格局、建筑型式和布局等），宜采用清洁能源供热方式。经研究，宽度 6m 的道路，只有在统一建设的情况下，才能安排建设多种市政管道，特别是燃气管道，而历史文化街区或历史地段的道路大都十分狭窄，一般不超过 6m，因此一般来说历史文化街区或历史地段内宜采用电采暖为主的供热方式。如果地区太阳能资源丰富，且有大量投资进行建筑改造，也可采用太阳能采暖为主的供热方式。

5.3 供热分区划分

5.3.1、5.3.2 总体规划阶段的供热规划，需要结合确定的供热方式，现状和规划的集中热源规模，城市组团和功能布局，河湖、铁路、公路等重要干线的分割，划分集中供热分区和分散供热分区。

在集中供热分区和分散供热分区中又包括各类集中和分散热源的供热范围或供热分区，可在详细规划阶段，依据合理的热源规模进一步详细确定。

6 供热热源

6.1 一般规定

6.1.1 在总体规划阶段的供热规划编制过程中，各种集中供热热源规模的确定，受其自身合理规模的影响，同时还要结合河湖、铁路、公路等干线的分割，与其供热范围内的热负荷相匹配，又要考虑城市近期建设进度（主要影响单台设备容量）、能源供给、存储等因素。

燃煤热电厂的合理规模受当地热力需求、电力需求、铁路运输、热网规模等因素的影响，原则上机组规模越大，参数越高，节能效果越好，单位投资相对越小，环境保护治理措施越有保证，但同时供热范围也越大，将导致热网投资增加。各城市可根据本地具体情况分析论证。

燃煤集中锅炉房的合理规模受热负荷、汽车运输、热网规模、现状及近期增加的热负荷等因素的影响。目前，我国常用的热水锅炉单台容量有 14MW、29MW、45MW、58MW、64MW、70MW 和 116MW，这些不同容量锅炉的热效率差别不大，在环境保护治理措施上 45MW 以上的锅炉相对经济、可靠。因此，对于近期热负荷较大的集中锅炉房，宜选择较大容量的锅炉。根据锅炉房设计规范，新建锅炉房不宜超过 5 台，扩建锅炉房不宜超过 7 台，规划中考虑到汽车运输的运力以及运输过程对锅炉房周边局部地区环境的影响，规模过大也会造成热网投资的增加。因此，集中锅炉房总规模不宜超出 6×64MW。

低温核供热设施是新型的供热方式，目前国内还没有应用实例。由于低温核供热设施的建设在选址要求上非常严格，所以其合理规模与燃煤集中锅炉房有所区别。需要注意的是由于低温核供热设施投资大而运行费低，因此宜考虑配置一定容量的调峰热源。

分散热源中的分布式能源系统是小型热电冷联供系统，目前受国内上网电价的影响，发电自用有一定的经济性，但上网售电则受到多种制约。因此，分布式能源系统的规模受用户的热负荷和电力负荷需求的双重制约。当热负荷较大时，按照以热定电的原则配置机组和尖峰容量，一般会造成发电容量大于用户自身电力负荷需求，此时需要考虑按照电力负荷需求的基本负荷配置机组容量，同时增大相应的供热调峰热源。

对于工业余热利用，除少部分高温热水（如钢厂的冲渣水）可以直接用于供热，其他大多数余热利用（例如电厂冷却水或工业过程冷却水）主要采用热泵技术供热。考虑到利用热泵技术单独供热投资较大，成本较高，一般宜采用低温热泵以降低投资，用户以采用地板辐射采暖方式为宜，所以供热规模或供热范围不宜过大。如果把工业生产过程中的低温热水用管道送到用户端，而同时在用户端建设分散热泵系统，来实现工业余热利用，则受到低温热水输送管网的制约，规模或供热范围也不宜过大。

6.1.2 在详细规划阶段的供热规划编制过程中，需要依据总体规划的要求，落实在规划区内的城市级的集中热源位置和用地边界。核实为局部地区服务的集中热源规模、位置和用地边界，并且在必要情况下(如总体规划预留的热源能力不足时)，需要适当调整热源规模和用地，或增加热源数量。同时，依据用地的建设规模和建设进度确定相关分散热源规模、位置和用地边界。

6.2 热 电 厂

6.2.1 燃煤热电厂和单台机组发电容量400MW及以上规模的燃气蒸汽联合循环热电厂以及低温核供热厂等大型热源一般应该供应基本热负荷，以便更好地体现节能效益和集中供热系统的经济性。热化系数的选取应根据各地区的投资和能源价格水平、节能要求、各供热系统的负荷特性，综合分析后确定。基荷热源承担供应基本热负荷的功能，尖峰热源承担供应尖峰热负荷的功能，基荷热源和尖峰热源供应能力应大于等于热负荷。通常情况下，以工业热负荷为主的系统，如果季节热负荷的峰谷差别以及日热负荷峰谷差别不大热化系数宜取0.8～0.9；以供暖热负荷为主的系统热化系数宜取0.5～0.7；既有工业热负荷又有采暖热负荷的系统热化系数宜取0.6～0.8。

6.2.2 热源布局除了考虑合理的供热半径、靠近负荷中心（以降低热网投资和运行费）外，还需要考虑规划建设用地的土地利用效率，城市景观等对供热设施的制约因素。例如，热源位于负荷中心是供热专业的经济技术要求，但是供热设施安排在建设用地边缘，更有利于土地的开发和综合利用，这样做虽然会增加供热系统的成本，但取得的综合效益可能更大，还有利于人居环境的和谐，避免可能发生的各类矛盾。

6.3 集中锅炉房

6.3.1 通常情况不鼓励发展天然气集中锅炉房，但作为热电厂供热系统中的调峰热源是必要和可行的措施之一。为减少热网整体投资水平，与燃煤热电厂和燃气热电厂不同，调峰热源应建在负荷端或负荷中心，此外，调峰热源与热电厂分开建设有利于提高热网系统的安全可靠性。

6.4 其 他 热 源

6.4.1 对于低温核供热设施的厂址选择，应考虑两个方面的问题：一方面是核设施的运行（包括事故）对周围环境的影响；另一方面是外部环境对核设施安全运行的影响。目前，在厂址选择工作中，主要参照国家核安全局发布的核电厂厂址选择的有关规定和导则，同时还应符合核设施安全管理、环境保护、辐射防护和其他方面有关规定。

由于核供热堆具有很好的安全特性，无论是正常运行还是事故工况下对环境和公众的影响皆很小。一体化壳式核供热堆经过国家核安全局的审查，即使在重大事故的情况下，也不需要厂外居民采取隐蔽和撤离措施，这一点和核电站不一样。因此，核供热堆可建造在大城市附近为用户提供热源。但考虑到核供热堆的建设、安全、经济和社会诸因素，核供热堆还需建造在离开人口稠密区有一定距离的地方，目前参照核安全法规技术文件《低温核供热堆厂址选择安全准则》HAF J0059的推荐意见，核供热堆周围设置250m的非居住区和2km的规划限制区。250m非居住区内严禁有常住居民，由核供热工程营运单位对该区域内的土地拥有产权和全部管辖权。在2km规划限制区内不应有大型易燃、易爆、有害物品的生产和储存设施、其他大型工业设施，不得建设大的企业事业单位和居民点、大的医院、学校、疗养院、机场和监狱等设施。因此，供热堆选址时必须调查厂址周围的人口分布情况，包括城市、乡镇的距离，居民点的分布等等。出于谨慎考虑，第一座核供热堆需要设置2km的规划限制区。核供热示范工程首堆建成后，核供热技术的成熟性和先进性以及技术安全可靠性会得到验证。随着建设、运营经验的积累，以及核供热堆安全性的进一步提高，对于后续建设的核供热堆，对半径区域为2km区域内的限制发展要求可能会降低，届时对城市建设用地的影响将更小。

7 热网及其附属设施

7.1 热网介质和参数选取

7.1.1 热水管网具有热能利用率高，便于调节，供热半径大且输送距离远的优点。

7.1.3 既有采暖又有工艺蒸汽负荷，可设置热水和蒸汽两套管网。当蒸汽负荷量小且分散而又没有其他必须设置集中供应的理由时，可只设置热水管网，蒸汽负荷由各企业自行解决，但热源宜采用清洁能源或满足地区环境排放总量控制要求。

7.1.4 当热源提供的热量仅来自于热电厂汽轮机抽汽时，热水管网供水温度可取低值；当热源提供的热量来自于热电厂汽轮机抽汽且采用调峰热源加热时，热水管网供水温度可取高值；当以集中锅炉房为热源时，供热规模较大时宜采用高值；供热规模较小时宜采用低值。

7.1.6 多热源联网运行的供热系统，为保证热网运行参数的稳定，各热源供热介质温度应一致。当锅炉房与热电厂联网运行时，从供热系统运行最佳经济性考虑，应以热电厂最佳供回水温度作为多热源联网运行的供热介质温度。

7.2 热网布置

7.2.1 热网干线沿城市道路布置，并位于热负荷比较集中的区域，可以减少投资，便于运行和维护管理。在考虑干线是沿现状道路还是沿规划道路布置时，在管网总体布局基本合理、现状道路下有路由条件且拆迁量不大时，宜首先考虑沿现状道路布置，然后沿近期建设道路布置，最后考虑沿远期规划道路布置，以保证基础设施的先行建设。

7.2.2 随着社会经济的快速发展，城市建设用地不断扩大，供热范围和供热规模迅速增大，因此安全供热和事故状态时能否快速处理关系到政府的信誉、社会的稳定。采用环状管网布置形式和多热源联网供热时各热源主干线之间设置连通线，可提高供热系统的安全性和可靠性，为供热安全运行以及事故状态下的应急保障措施创造了条件。

7.2.3 为满足城市景观环境的要求，热网敷设应采用地下敷设方式。地下敷设分为有地沟敷设和直埋敷设两种方式。直埋敷设因其具有技术成熟、占地小、施工进度快、保温性能好、使用年限长、工程造价低、节省人力的诸多优点，为城市热网敷设的首选方式。地上架空敷设方式具有施工周期短、工程量小、工程造价相对地下敷设方式低的优点，但对环境景观影响较大，且安全性低，只有在上述条件允许时，工业园区的蒸汽管网方可采用。

7.2.4 间接连接的优点是提高城市热网的供水温度，降低热网的循环水流量和热源补水量，从而减少了热网建设投资，便于大型城市热网管理。

7.3 热网计算

7.3.1、7.3.2 经济比摩阻是综合考虑管网及泵站投资与运行电耗及热损失费用得出的最佳管道设计比摩阻值。经济比摩阻应根据工程具体条件计算确定。当具体计算有困难时，可参考采用推荐比摩阻数据。热水管网主干线经济比摩阻推荐值可采用30Pa/m～70Pa/m。

7.3.3 确定蒸汽热网管径时，最大允许流速推荐采用下列数值：

1 过热蒸汽管道

$DN>200$mm 的管道　　80m/s；

$DN\leqslant200$mm 的管道　　50m/s。

2 饱和蒸汽管道

$DN>200$mm 的管道　　60m/s；

$DN\leqslant200$mm 的管道　　35m/s。

7.3.4 水压图对于分析热网参数和经济性十分重要。但考虑到总体规划阶段尚有部分不确定因素，因此总规阶段宜绘制水压图，而详细规划阶段则应绘制水压图。

7.4 中继泵站及热力站

7.4.1 大型城市热水供热管网设置中继泵站，是为了不用加大管径就可以增大供热距离，节省管网建设投资，但相应增加了泵站投资，因此是否设置中继泵站，应根据具体情况经技术经济比较后确定。

7.4.3 热水管网热力站最佳供热规模应按各地具体条件经技术经济比较确定。一般每座热力站的合理供热规模为10万m^2～30万m^2。新建热力站供热范围以不超过所在地块范围为最大规模。

7.4.4 居住区热力站应在供热范围中心区域独立设置，其目的是提高居住环境质量，减少热力站运行时产生的噪声对周边居住的影响。

中华人民共和国国家标准

城镇燃气规划规范

Code for planning of city gas

GB/T 51098-2015

主编部门：中华人民共和国住房和城乡建设部
批准部门：中华人民共和国住房和城乡建设部
施行日期：2 0 1 5 年 1 1 月 1 日

中华人民共和国住房和城乡建设部
公　　告

第 774 号

住房城乡建设部关于发布国家标准《城镇燃气规划规范》的公告

现批准《城镇燃气规划规范》为国家标准，编号为 GB/T 51098－2015，自 2015 年 11 月 1 日起实施。

本规范由我部标准定额研究所组织中国建筑工业出版社出版发行。

中华人民共和国住房和城乡建设部

2015 年 3 月 8 日

前　　言

根据原建设部《2007 年工程建设标准规范制订、修订计划（第一批）》（建标［2007］125 号）的要求。编制组经广泛调查研究，认真总结实践经验，参考有关国内、外标准，并在广泛征求意见的基础上，编制本规范。

本规范主要技术内容是：总则、术语、基本规定、用气负荷、燃气气源、燃气管网、调峰及应急储备、燃气厂站、运行调度系统等。

本规范由住房和城乡建设部负责管理，由北京市煤气热力工程设计院有限公司负责具体技术内容的解释。执行过程中如有意见或建议，请寄送北京市煤气热力工程设计院有限公司（地址：北京市西城区西单北大街小酱坊胡同甲 40 号，邮政编码：100032）。

本规范主编单位：北京市煤气热力工程设计院有限公司

本规范参编单位：北京市城市规划设计研究院
中国市政工程华北设计研究总院
港华投资有限公司
上海燃气工程设计研究院有限公司
中交煤气热力研究设计院有限公司
中国市政工程西南设计研究总院

本规范主要起草人员：段洁仪　陈　敏　福　鹏　杨永慧　胡周海　张秀梅　刘建伟　孙明烨　冯　涛　周天洪　徐彦峰　李颜强　范学军　应援农　林向荣　刘　军　金　芳　姜林庆　李连星　鞠　红　宋玉银

本规范主要审查人员：潘一玲　迟国敬　汪隆毓　刘志生　郑向阳　田贯三　刘　燕　李青平　杨　健　唐伟强　李雅琳　杨建红

目　次

Contents

1 总　　则

1.0.1 为提高城镇燃气规划的科学性、合理性，贯彻节能减排政策，保障供气安全，促进燃气行业技术进步，指导城镇燃气工程建设，制定本规范。

1.0.2 本规范适用于城市规划或镇规划中的燃气规划的编制。

1.0.3 城镇燃气规划应结合社会、经济发展情况，坚持安全稳定、节能环保、节约用地的原则，以城市、镇的总体规划和能源规划为依据，因地制宜进行编制。

1.0.4 城镇燃气规划除应符合本规范外，尚应符合国家现行有关标准的规定。

2 术　　语

2.0.1 集中负荷　concentrated load

大型工业用户、燃气电厂、大型燃气锅炉房等对管网布局和稳定运行构成较大影响的负荷。

2.0.2 可中断用户　interruptible customer

在系统事故、气源不足或供气高峰等特定时段内，可中断供气的用户。

2.0.3 不可中断用户　uninterruptible customer

停止供气将严重影响生活秩序或威胁设备及人身安全的用户。

2.0.4 非高峰期用户　off-peak customer

在低于城镇燃气管网年平均日供气量时才用气的用户。

2.0.5 负荷曲线　load curve

在一定时间内，一类或多类用户负荷叠加后的用气量变化曲线，包括：年负荷曲线、周负荷曲线、日负荷曲线。年负荷曲线反映月负荷波动，周负荷曲线反映日负荷波动，日负荷曲线反映小时负荷波动。

2.0.6 小时负荷系数　hourly load coefficient

年平均小时用气量与高峰小时用气量的比值。

2.0.7 日负荷系数　daily load coefficient

年均日负荷与高峰日负荷的比值，表示负荷变化的程度。数值越接近于1，表明用气越均衡。

2.0.8 最大负荷利用小时数　the maximum load utilization hours

年总用气量与高峰小时用气量的比值。

2.0.9 最大负荷利用日数　the maximum load utilization days

年总用气量与高峰日用气量的比值。

2.0.10 用气结构　structure of gas consumption

不同种类燃气用户年用气量占年总用气量的百分比。

2.0.11 年负荷增长率　yearly load growth rate

当年用气增长量与上年用气量的比值。

2.0.12 负荷密度　load density

供气区域的高峰小时用气量除以供气区域占地面积所得的数值，表示负荷分布密集程度的量化指标。

2.0.13 燃气气化率　gasification rate

某类燃气用户占规划区域内此类用户总量的比例，包括：居民气化率、采暖气化率、制冷气化率、汽车气化率等。

2.0.14 气源点　gas source point

城镇管道燃气的供气起点，包括：门站、液化天然气（LNG）供气站、压缩天然气（CNG）供气站、人工煤气制气厂或储配站、液化石油气（LPG）气化站或混气站等。

2.0.15 专供调压站（箱）　special regulator station

仅为某个特定用户供气的调压站（箱）。

2.0.16 区域调压站（箱）　regional regulator station

为某个区域供气的调压站（箱）。

2.0.17 厂站负荷率　station load factor

厂站的最大小时流量与厂站设计流量的比值，表示厂站的利用率。

3 基 本 规 定

3.0.1 城镇燃气规划应结合当地资源状况及发展需求，统筹并科学合理选择各类气源，满足市场需求、保障供需平衡。

3.0.2 城镇燃气规划的编制应与城市或镇的总体规划、详细规划相衔接，规划范围及期限的划分应与城市或镇规划相一致。

3.0.3 城镇燃气规划应与城镇道路交通、水系、给水、排水、电力、电信、热力及其他专业规划相协调。

3.0.4 城镇燃气规划应近、远期相结合，统筹近期建设和远期发展的关系，且应适应城市远景发展的需要。

3.0.5 城镇燃气规划应从城市或镇全局出发，充分体现社会、经济、环境、节能等综合效益。

3.0.6 城镇燃气规划的主要内容应包括：负荷预测、气源选择、管网布置、厂站布局、储气调峰、应急储备等；成果文件应包括规划文本、说明书及图纸。

3.0.7 城镇燃气规划编制过程中需调研收集的资料及规划编制内容应符合本规范附录A的规定。

4 用 气 负 荷

4.1 负 荷 分 类

4.1.1 城镇燃气用气负荷按用户类型，可分为居民生活用气负荷、商业用气负荷、工业生产用气负荷、采暖通风及空调用气负荷、燃气汽车及船舶用气负荷、燃气冷热电联供系统用气负荷、燃气发电用气负荷、其他用气负荷及不可预见用气负荷等。

4.1.2 城镇燃气用气负荷按负荷分布特点，可分为集中负荷和分散负荷。

4.1.3 城镇燃气用气负荷按用户用气特点，可分为可中断用户和不可中断用户。

4.2 负荷预测

4.2.1 负荷预测应结合气源状况、能源政策、环保政策、社会经济发展状况及城市或镇发展规划等确定。

4.2.2 负荷预测前，应根据下列要求合理选择用气负荷：

1 应优先保证居民生活用气，同时兼顾其他用气；

2 应根据气源条件及调峰能力，合理确定高峰用气负荷，包括采暖用气、电厂用气等；

3 应鼓励发展非高峰期用户，减小季节负荷差，优化年负荷曲线；

4 宜选择一定数量的可中断用户，合理确定小时负荷系数、日负荷系数；

5 不宜发展非节能建筑采暖用气。

4.2.3 燃气负荷预测应包括下列内容：

1 燃气气化率，包括：居民气化率、采暖气化率、制冷气化率、汽车气化率等；

2 年用气量及用气结构；

3 可中断用户用气量和非高峰期用户用气量；

4 年、周、日负荷曲线；

5 计算月平均日用气量，计算月高峰日用气量，高峰小时用气量；

6 负荷年增长率，负荷密度；

7 小时负荷系数和日负荷系数；

8 最大负荷利用小时数和最大负荷利用日数；

9 时调峰量，季（月、日）调峰量，应急储备量。

4.2.4 总负荷的年、周、日负荷曲线应根据各类用户的年、周、日负荷曲线分别进行叠加后确定。

4.2.5 各类负荷量、调峰量及负荷系数均应根据负荷曲线确定。

4.2.6 燃气负荷预测可采用人均用气指标法、分类指标预测法、横向比较法、弹性系数法、回归分析法、增长率法等。

4.3 规划指标

4.3.1 城镇总体规划阶段，当采用人均用气指标法或横向比较法预测总用气量时，规划人均综合用气量指标应符合表4.3.1的规定，并应根据下列因素确定：

表4.3.1 规划人均综合用气量指标

指标分级	城镇用气水平	人均综合用气量（MJ/人·a）	
		现状	规划
一	较高	≥10501	35001～52500
二	中上	7001～10500	21001～35000
三	中等	3501～7000	10501～21000
四	较低	≤3500	5250～10500

1 城镇性质、人口规模、地理位置，经济社会发展水平、国内生产总值；

2 产业结构、能源结构、当地资源条件和气源供应条件；

3 居民生活习惯、现状用气水平；

4 节能措施等。

4.3.2 城镇燃气规划用气指标应按节能减排要求，在调查各类用户用能水平、分析用气发展趋势的基础上综合确定，并应符合下列规定：

1 居民生活用气指标，应根据气候条件、居民生活水平及生活习惯、燃气用途等综合分析比较后确定。

2 商业用气指标，应根据不同类型用户的实际燃料消耗量折算；也可根据当地经济发展情况、居民消费水平和生活习惯、公共服务设施完善程度，按其占城镇居民生活用气的适当比例确定。

3 工业用气负荷分为落实的和远期规划的负荷，其预测应符合下列规定：

1）落实的负荷预测应按企业可被燃气替代的现用燃料量经过转换计算，或按生产规模及用气指标进行预测；

2）远期规划负荷预测，可按同行业单位产能（或产量）或单位建筑面积（或用地面积）用气指标估算。

4 采暖通风及空调用气量预测，应符合下列规定：

1）应根据不同类型建筑的建筑面积、建筑能耗指标分别测算用气量；

2）用气指标应按国家现行标准《采暖通风与空气调节设计规范》GB 50019和《城镇供热管网设计规范》CJJ 34确定；

3）无法获得分类建筑指标时，宜按当地建筑物耗热（冷）综合指标确定。

5 燃气汽车、船舶用气量，应符合下列规定：

1）应根据各类汽车、船舶的用气指标、车辆数量和行驶里程确定用气量；

2）用气指标应根据车辆、船舶的燃料能耗水平、行驶规律综合分析确定。

6 燃气冷热电联供系统及燃气电厂用气量应根

据装机容量、运行规律、余热利用状况及相关政策等因素预测。

7 不可预见用气及其他用气量可按总用气量的3%～5%估算。

5 燃气气源

5.0.1 燃气气源应符合现行国家标准《城镇燃气分类及基本特性》GB/T 13611的规定，主要包括天然气、液化石油气和人工煤气。

5.0.2 燃气气源选择应遵循国家能源政策，坚持降低能耗、高效利用的原则；应与本地区的能源、资源条件相适应，满足资源节约、环境友好、安全可靠的要求。

5.0.3 燃气气源宜优先选择天然气、液化石油气和其他清洁燃料。当选择人工煤气作为气源时，应综合考虑原料运输、水资源因素及环境保护、节能减排要求。

5.0.4 燃气气源供气压力和高峰日供气量，应能满足燃气管网的输配要求。

5.0.5 气源点的布局、规模、数量等应根据上游来气方向、交接点位置、交接压力、高峰日供气量、季节调峰措施等因素，经技术经济比较确定。门站负荷率宜取50%～80%。

5.0.6 中心城区规划人口大于100万人的城镇输配管网，宜选择2个及以上的气源点。气源选择时应考虑不同种类气源的互换性。

6 燃气管网

6.1 压力级制

6.1.1 燃气管道的设计压力分级应符合现行国家标准《城镇燃气设计规范》GB 50028的规定。

6.1.2 燃气管网系统的压力级制选择应符合下列规定：

1 应简化压力级制，减少调压层级，优化网络结构；

2 输配系统的压力级制应通过技术经济比较确定；

3 最高压力级制的设计压力，应充分利用门站前输气系统压能，并结合用户用气压力、负荷量和调峰量等综合确定；其他压力级制的设计压力应根据城市或镇规划布局、负荷分布、用户用气压力等因素确定。

6.1.3 燃气管网系统宜结合城镇远期规划，优先选择较高压力级制管网，提高供气压力。

6.2 管网布置

6.2.1 城镇燃气管网敷设应符合下列规定：

1 燃气主干管网应沿城镇规划道路敷设，减少穿跨越河流、铁路及其他不宜穿越的地区；

2 应减少对城镇用地的分割和限制，同时方便管道的巡视、抢修和管理；

3 应避免与高压电缆、电气化铁路、城市轨道等设施平行敷设；

4 与建（构）筑物的水平净距应符合现行国家标准《城镇燃气设计规范》GB 50028和《城市工程管线综合规划规范》GB 50289的规定。

6.2.2 中心城区规划人口大于100万人的城市，燃气主干管应选择环状管网。

6.2.3 长输管道应布置在规划城镇区域外围；当必须在城镇内布置时，应按现行国家标准《输气管道工程设计规范》GB 50251和《城镇燃气设计规范》GB 50028的规定执行。

6.2.4 长输管道和城镇高压燃气管道的走廊，应在城市、镇总体规划编制时进行预留，并与公路、城镇道路、铁路、河流、绿化带及其他管廊等的布局相结合。

6.2.5 城镇高压燃气管道布线，应符合下列规定：

1 高压燃气管道不应通过军事设施、易燃易爆仓库、历史文物保护区、飞机场、火车站、港口码头等地区。当受条件限制，确需在本款所列区域内通过时，应采取有效的安全防护措施。

2 高压管道走廊应避开居民区和商业密集区。

3 多级高压燃气管网系统间应均衡布置联通管线，并设调压设施。

4 大型集中负荷应采用较高压力燃气管道直接供给。

5 高压燃气管道进入城镇四级地区时，应符合现行国家标准《城镇燃气设计规范》GB 50028的有关规定。

6.2.6 城镇中压燃气管道布线，宜符合下列规定：

1 宜沿道路布置，一般敷设在道路绿化带、非机动车道或人行步道下；

2 宜靠近用气负荷，提高供气可靠性；

3 当为单一气源供气时，连接气源与城镇环网的主干管线宜采用双线布置。

6.2.7 城镇低压燃气管道不应在市政道路上敷设。

6.3 水力计算

6.3.1 城镇燃气管网应根据规划分期进行各规划阶段的静态水力计算，并应进行相应的事故工况校核；遇下列情况宜进行管网动态模拟计算：

1 利用燃气管网储气，进行时调峰时；

2 集中负荷接入管网时；

3 需要设置增压装置的用户接入管网时。

6.3.2 燃气管网及厂站的布局应根据水力计算进行优化。

6.3.3 水力计算时，管网的计算流量应根据规划高峰小时用气量确定。

6.3.4 燃气管网的管径应根据气源点的供气压力、管网的计算流量以及最低允许压力等条件，通过管网水力计算确定，并适当留有余量。

7 调峰及应急储备

7.1 调 峰

7.1.1 燃气调峰量应根据城镇用气负荷曲线和上游供气曲线确定。

7.1.2 城镇燃气输配系统应与上游统筹解决用气不均衡的问题。

7.1.3 城镇燃气调峰方式选择应根据当地地质条件和资源状况，经技术经济分析等综合比较确定，并宜符合下列规定：

1 城镇附近有建设地下储气库条件时，宜选择地下储气库调节季峰、日峰；

2 城镇天然气输气压力较高时，宜选用高压管道储气调节时峰；

3 当具备液化天然气或压缩天然气气源时，宜利用液化天然气或压缩天然气调日峰、时峰。

7.1.4 调峰设施应根据季节、日、时调峰量合理选择，并按实际调峰需求，统一规划，分期建设。

7.2 应急储备

7.2.1 城镇燃气应急气源应与主供气源具有互换性。

7.2.2 城镇燃气应急储备设施的储备量应按3d～10d城镇不可中断用户的年均日用气量计算。

7.2.3 应急储备设施布局应结合城镇燃气负荷分布、输配管网结构，经技术经济比较确定。

8 燃气厂站

8.1 一般规定

8.1.1 燃气厂站的布局和选址，应符合下列规定：

1 应符合城市、镇总体规划的要求；

2 应具有适宜的交通、供电、给排水、通信及工程地质条件，并应满足耕地保护、环境保护、防洪、防台风和抗震等方面的要求；

3 应根据负荷分布、站内工艺、管网布置、气源条件，合理配置厂站数量和用地规模；

4 应避开地震断裂带、地基沉陷、滑坡等不良地质构造地段；

5 应节约、集约用地，且结合城镇燃气远景发展规划适当留有发展空间；

6 燃气厂站与建（构）筑物的间距，应符合现行国家标准《建筑设计防火规范》GB 50016、《城镇燃气设计规范》GB 50028及《石油天然气工程设计防火规范》GB 50183的规定。

8.1.2 燃气指挥调度中心、维修抢修站、客户服务网点等燃气系统配套设施的规划应符合下列规定：

1 应与城镇燃气设施规模相匹配；

2 应与城镇燃气设施同步规划。

8.2 天然气厂站

8.2.1 门站站址应根据长输管道走向、负荷分布、城镇布局等因素确定，宜设在规划城市或镇建设用地边缘。规划有2个及以上门站时，宜均衡布置。

8.2.2 储配站站址应根据负荷分布、管网布局、调峰需求等因素确定，宜设在城镇主干管网附近。

8.2.3 门站和储配站用地，应符合现行国家标准《城镇燃气设计规范》GB 50028的要求。

8.2.4 当城镇有2个及以上门站时，储配站宜与门站合建；但当城镇只有1个门站时，储配站宜根据输配系统具体情况与门站均衡布置。

8.2.5 调压站（箱）设置，应符合下列规定：

1 按供应方式与用户类型，调压站（箱）可分为区域调压站（箱）与专供调压站（箱）。

2 调压站（箱）的规模应根据负荷分布、压力级制、环境影响、水文地质等因素，经技术经济比较后确定。调压站（箱）的负荷率宜控制在50%～75%。

3 调压站（箱）的布局，应根据管网布置、进出站压力、设计流量、负荷率等因素，经技术经济比较确定。

4 调压站（箱）的设置应与环境协调，运行噪声应符合现行国家标准《声环境质量标准》GB 3096的有关规定。

5 集中负荷应设专供调压站（箱）。

8.2.6 高中压调压站不宜设置在居住区和商业区内；居住区及商业区内的中低压调压设施，宜采用调压箱。

8.2.7 液化天然气、压缩天然气厂站设置，应符合下列规定：

1 站址选择应考虑交通便利及与规划城镇燃气管网衔接等因素。

2 供应和储存规模应根据用户类别、用气负荷、调峰需求、运输方式、运输距离等因素，经技术经济比较确定。

3 液化天然气或压缩天然气作为临时或过渡气源时，厂站出线应与管网远期规划相衔接。

8.2.8 天然气门站、高压调压站、次高压调压站、液化天然气气化站、压缩天然气储配站用地面积指标可分别按本规范表B.0.1-1～表B.0.1-5的规定执行。

8.3 液化石油气厂站

8.3.1 液化石油气厂站的供应和储存规模，应根据气源情况、用户类型、用气负荷、运输方式和运输距离，经技术经济比较确定。

8.3.2 液化石油气供应站的站址选择应符合下列规定：

1 应选择在全年最小频率风向的上风侧；

2 应选择在地势平坦、开阔，不易积存液化石油气的地段。

8.3.3 液化石油气供应站内铁路引入线和铁路槽车装卸线的布置，应符合现行国家标准《Ⅲ、Ⅳ级铁路设计规范》GB 50012 的规定。

8.3.4 液化石油气气化、混气、瓶装站的选址，应结合供应方式和供应半径确定，且宜靠近负荷中心。

8.3.5 瓶装液化石油气供应站和液化石油气灌装站用地面积指标可分别按本规范附录 B 表 B.0.2-1 和表 B.0.2-2 的规定执行。

8.4 汽车加气站

8.4.1 汽车加气站气源及数量，应根据城市、镇总体规划、资源条件、汽车数量、运营规律，以及经济发展、环保要求等因素，经技术经济比较后确定。

8.4.2 汽车加气站站址宜靠近气源或输气管线，方便进气、加气，且便于交通组织。

8.4.3 汽车加气站规模、选址应符合国家现行标准《汽车加油加气站设计与施工规范》GB 50156、《液化天然气（LNG）汽车加气站技术规范》NB/T 1001 等的规定。

8.4.4 汽车加气站建设应避免影响城镇燃气的正常供应，并宜符合下列规定：

1 常规加气站宜建在中压燃气管道附近；

2 加气母站宜建在高压燃气厂站或靠近高压燃气管道的地方。

8.4.5 压缩天然气常规加气站和加气子站、液化天然气加气站、液化石油气加气站可与加油站或其他燃气厂站合建，各类天然气加气站也可联合建站。

8.4.6 压缩天然气加气母站、压缩天然气常规加气站、液化天然气加气站的用地指标可分别按本规范表 B.0.3-1～表 B.0.3-3 的规定执行。

8.5 人工煤气厂站

8.5.1 人工煤气厂站的设计规模和工艺，应根据制气原料来源、原料种类、用气负荷、供气需求等，经技术经济比较确定。

8.5.2 人工煤气厂站应布置在该地区全年最小频率风向的上风侧。

8.5.3 人工煤气厂站的粉尘、废水、废气、灰渣、噪声等污染物排放浓度，应符合国家现行环保标准的规定。

8.5.4 人工煤气储配站站址应根据负荷分布、管网布局、调峰需求等因素确定，宜设在城镇主干管网附近。人工煤气储配站宜与人工煤气厂对置布置。

8.5.5 人工煤气储配站用地面积指标可按本规范表 B.0.4 的规定执行。

9 运行调度系统

9.0.1 应根据城镇燃气供气规模、运营模式，按照安全可靠、技术先进、合理适用、有利发展的原则，规划燃气指挥调度中心、维修抢修站、客户服务网点等燃气系统配套设施。

9.0.2 100 万人口以上的城镇燃气输配系统宜设置包括监控和数据采集系统、地理信息系统、生产调度系统、应急保障系统等的运行调度系统。

9.0.3 城镇燃气运行调度系统宜设主控中心及本地站。

9.0.4 燃气系统配套设施的用地面积指标可按本规范表 B.0.5 的规定执行。

附录 A 城镇燃气规划编制需调研收集的资料及规划编制内容

A.0.1 城镇燃气规划编制过程中需调研收集的资料应至少包括表 A.0.1 的内容。

表 A.0.1 城镇燃气规划编制需调研收集的资料

序号	资料名称
1	城市或镇总体规划、详细规划、能源规划，其他与能源发展相关的规划等
2	社会经济发展状况
3	水文、地质、气象、自然地理资料及城镇地形图
4	现状及潜在气源的基本状况和发展资料，城镇燃气用气现状及历史负荷、压力级制、用气指标、不均匀系数等
5	现状燃气设施，包括各类燃气厂站、管线、储气调峰设施等
6	各类用户的负荷曲线；集中负荷的运行变化规律
7	大用户及可中断用户的用气规模及规律等

A.0.2 城镇燃气规划的编制内容应至少包括表 A.0.2 的内容。

表 A.0.2 城镇燃气规划编制内容

序号	编制内容
1	规划分期、规划范围、规划原则、规划目标。规划目标包括：用气规模、用气结构、燃气气化率、门站数量及规模、调压站数量及规模、燃气主干管网长度等

续表 A.0.2

序号	编制内容
2	燃气负荷预测与计算，包括规划指标的确定、年总用气量、高峰日用气量，高峰小时用气量
3	气源规划，包括气源种类、供应方式、供应量、位置与规模
4	燃气供需平衡分析及调峰需求，储气调峰方案
5	燃气用户用气规律或负荷曲线
6	管网水力计算分析结果
7	输配管网系统压力级制、主干管网布局及管径
8	燃气厂站布局、设计规模及用地规模、主要厂站选址
9	对原有供气设施的利用、改造方案
10	监控及数据管理系统方案
11	燃气工程配套设施方案项目建设进度计划及近期建设内容
12	节能篇
13	消防篇
14	健康、安全和环境（HSE）管理体系
15	燃气供应保障措施和安全保障措施
16	规划工程量及投资估算
17	现状负荷分布图、现状燃气设施分布示意图等
18	用地规划图、管网规划示意图、燃气厂站布局示意图等

附录B　燃气设施用地指标

B.0.1　门站用地面积指标、高压调压站用地面积指标、次高压调压站用地面积指标、液化天然气气化站用地面积指标、压缩天然气储配站用地面积指标应分别按表 B.0.1-1～表 B.0.1-5 的规定执行。

表 B.0.1-1　门站用地面积指标

设计接收能力（$10^4m^3/h$）	≤5	10	50	100	150	200
用地面积（m^2）	5000	6000～8000	8000～10000	10000～12000	11000～13000	12000～15000

注：1　表中用地面积为门站用地面积，不含上游分输站或末站用地面积；
2　上游分输站和末站用地面积参照门站用地面积指标；
3　设计接收能力按标准状态（20℃、101.325kPa）下的天然气当量体积计；
4　当门站设计接收能力与表中数不同时，可采用直线方程内插法确定用地面积指标。

表 B.0.1-2　高压调压站用地面积指标

供气规模（$10^4m^3/h$）		≤5	5～10	10～20	20～30	30～50
用地面积（m^2）	高压A	2500	2500～3000	3000～3500	3500～4000	4000～6000
	高压B	2000	2000～2500	2500～3000	3000～3500	3500～5000

注：1　供气规模按标准状态（20℃、101.325kPa）下的天然气当量体积计；
2　当高压调压站的供气规模与表中数不同时，可采用直线方程内插法确定用地面积指标。

表 B.0.1-3　次高压调压站用地面积指标

供气规模（$10^4m^3/h$）	≤2	2～5	5～8	8～10
用地面积（m^2）	700	700～1000	1000～1500	1500～2000

注：1　供气规模按标准状态（20℃、101.325kPa）下的天然气当量体积计；
2　当次高压调压站供气规模与表中数不同时，可采用直线方程内插法确定用地面积指标。

表 B.0.1-4　液化天然气气化站用地面积指标

储罐水容积（m^3）	≤200	400	800	1000	1500	2000
用地面积（m^2）	12000	14000～16000	16000～20000	20000～25000	25000～30000	30000～35000

注：当储罐水容积与表中数不同时，可采用直线方程内插法确定用地面积指标。

表 B.0.1-5　压缩天然气储配站用地面积指标

储罐储气容积（m^3）	≤4500	4500～10000	10000～50000
用地面积（m^2）	2000	2000～3000	3000～8000

注：1　储罐储气容积按储罐几何容积计算；
2　当储罐储气容积与表中数不同时，可采用直线方程内插法确定用地面积指标。

B.0.2　瓶装液化石油气供应站用地指标、液化石油气灌装站用地面积指标应分别符合表 B.0.2-1 和表 B.0.2-2 的规定。

表 B.0.2-1　瓶装液化石油气供应站用地指标

名称	气瓶总容积（m^3）	用地面积（m^2）
Ⅰ级站	$6<V\leqslant20$	400～650
Ⅱ级站	$1<V\leqslant6$	300～400
Ⅲ级站	$V\leqslant1$	<300

注：气瓶容积按气瓶几何容积计算。

表 B.0.2-2　液化石油气灌装站用地面积指标

灌装规模（$10^4t/a$）	≤0.5	0.5～1	1～2	2～3
用地面积（m^2）	13000～16000	16000～20000	20000～28000	28000～32000

B.0.3　压缩天然气加气母站用地面积指标、压缩天然气常规加气站用地面积指标、液化天然气加气站用地面积指标应分别符合表 B.0.3-1～表 B.0.3-3 的规定。

表 B.0.3-1 压缩天然气加气母站用地面积指标

供气规模（$10^4m^3/d$）	≤5	5～10	10～30
用地面积（m^2）	4000	4000～6000	6000～10000

注：供气规模按标准状态（20℃、101.325kPa）下的天然气当量体积计。

表 B.0.3-2 压缩天然气常规加气站用地面积指标

供气规模（$10^4m^3/d$）	≤1	1～3	3～5
用地面积（m^2）	2500	2500～3000	3000～4000

注：供气规模按标准状态（20℃、101.325kPa）下的天然气当量体积计。

表 B.0.3-3 液化天然气加气站用地面积指标

储罐储气总容积（m^3）	60	120	180
用地面积（m^2）	3000～4000	4000～6000	6000～8000

注：1 储罐储气容积按储罐几何容积计算；
2 当储罐总储气容积与表中数不同时，可采用直线方程内插法确定液化天然气加气站用地面积指标。

B.0.4 人工煤气储配站用地面积指标应符合表B.0.4的规定。

表 B.0.4 人工煤气储配站用地面积指标

储气罐气总容积（10^4m^3）	≤1	2	5	10	15	20	30
用地面积（m^2）	8000	10000～12000	15000～18000	20000～26000	28000～35000	30000～40000	45000～50000

注：1 储罐储气容积按储罐几何容积计算；
2 当储罐总储气容积与表中数不同时，可采用直线方程内插法确定人工煤气储配站用地面积指标。

B.0.5 燃气系统配套设施用地面积指标应符合表B.0.5的规定。

表 B.0.5 燃气系统配套设施用地面积指标

供气规模（万户）	5	10	20	50	100
人员编制（人）	160	250	360	850	1520
建筑面积（m^2）	3200（4000）	5000（6250）	7200（9000）	17000（21250）	30400（38000）
用地面积（m^2）	2909（3636）	4545（5682）	6545（8182）	15455（29318）	27636（34545）

注：1 对应供气规模下的人员编制以国内城市现状情况为样本分析整理得出；
2 人均建筑面积按20（25）m^2考虑，容积率按1.1计算。

本规范用词说明

1 为便于在执行本规范条文时区别对待，对要求严格程度不同的用词说明如下：

1) 表示很严格，非这样做不可的用词：
正面词采用"必须"，反面词采用"严禁"；

2) 表示严格，在正常情况下均这样做的用词：
正面词采用"应"，反面词采用"不应"或"不得"；

3) 表示允许稍有选择，在条件许可时首先应这样做的用词：
正面词采用"宜"或"可"，反面词采用"不宜"；

4) 表示有选择，在一定条件下可以这样做的用词，采用"可"。

2 条文中指明应按其他有关标准执行的，写法为："应符合……的规定"或"应按……执行"。

引用标准名录

1 《Ⅲ、Ⅳ级铁路设计规范》 GB 50012
2 《建筑设计防火规范》 GB 50016
3 《采暖通风与空气调节设计规范》 GB 50019
4 《城镇燃气设计规范》 GB 50028
5 《汽车加油加气站设计与施工规范》 GB 50156
6 《石油天然气工程设计防火规范》 GB 50183
7 《输气管道工程设计规范》 GB 50251
8 《城市工程管线综合规划规范》 GB 50289
9 《声环境质量标准》 GB 3096
10 《城镇燃气分类及基本特性》 GB/T 13611
11 《城镇供热管网设计规范》 CJJ 34
12 《液化天然气(LNG)汽车加气站技术规范》 NB/T 1001

中华人民共和国国家标准

城镇燃气规划规范

GB/T 51098-2015

条 文 说 明

制 订 说 明

《城镇燃气规划规范》GB/T 51098－2015，经住房和城乡建设部2015年3月8日以第774号公告批准、发布。

本规范制订过程中，编制组进行了燃气用户用气指标和燃气设施用地指标的调查研究，总结了我国燃气工程规划和建设的实践经验，同时参考了国外先进技术法规、技术标准。

为了便于广大规划设计、建设、管理、科研、学校等单位有关人员在使用本规范时能正确理解和执行条文规定，《城镇燃气规划规范》编制组按章、节、条顺序编制本规范的条文说明，对条文规定的目的，依据以及执行中需要注意的有关事项进行了说明供使用者参考。但是，条文说明不具备与标准正文同等的法律效力，仅供使用者作为理解和把握标准规定的参考。

目　次

1 总 则

1.0.1 条文明确了本标准编制的目的。城镇燃气规划是重要的基础设施专项规划，具有政策性、综合性和专业性强特点。目前全国各地城镇燃气专项规划编制内容深度不统一，且尚没有相关的国家规范可依据，因此提高燃气规划的科学性、合理性是本规范制定的首要目的。

根据国家能源、城镇化发展方面的政策，发展城镇燃气是贯彻节能减排政策的重要利器，是提高人民生活质量的重要手段，是促进燃气行业技术进步的重要前提。此外，燃气设施建成后，不应轻易变动，因此城镇燃气工程建设应有一个深思熟虑的、统筹考虑其他市政基础设施的城镇燃气规划做指导。

因此，为了更好地贯彻节能减排政策，提高人民生活质量，促进燃气行业技术进步，指导城镇燃气工程建设，特制订本规范。

1.0.2 条文旨在说明本规范的适用范围。根据《中华人民共和国城乡规划法》，城乡规划包括城镇体系规划、城市规划、镇规划、乡规划和村庄规划。本规范的适用范围应为与城市和镇总体规划或详细规划阶段相对应的燃气专项规划的独立编制，城市和镇总体规划或详细规划中燃气专业规划可参照编制。

1.0.3 燃气为易燃易爆气体，安全供应、使用是首要原则，城镇燃气规划编制也应遵循该原则。此外，燃气一旦供应，大多数情况下便不能出现较大波动，更不能中断，所以城镇燃气规划编制还应坚持稳定供气的原则。

根据《中华人民共和国节约能源法》，国家实行固定资产投资项目节能评估和审查制度。不符合强制性节能标准的项目，依法负责项目审批或者核准的机关不得批准或者核准建设。燃气在生产、输送、分配、使用等环节涉及到能源（包括水、电、气等）的消耗，燃气工程项目的建设也应遵循固定资产投资项目节能评估和审查制度，城镇燃气规划的编制也应坚持节约能源的原则。

燃气虽是清洁能源，但在燃气工程建设、运行、维护等过程中不可避免地会对环境造成或多或少的困扰。城镇燃气规划应坚持环境保护的原则，在前期阶段认真分析对项目实施可能遇到的环境问题，采取积极有效的措施进行应对，不能把解决民生问题的好事办成了坏事。

燃气厂站设施建设需占用大量永久土地，鉴于国家的用地政策和目前城镇建设用地紧张的局面，城镇燃气规划理应坚持节约用地的原则，前提条件是：①保证必要的技术工艺和功能要求；②保证燃气设施的安全经济运行；③方便维护管理。基本方法是：依靠科学进步，采用新技术、新设备、新材料、新工艺，或者通过技术革新，改造原有设备的布置方式等。

城镇燃气规划是一个系统工程，应结合社会、经济发展等诸多因素，并考虑城市、镇的自身的能源条件、资源条件，因地制宜地进行编制。

3 基 本 规 定

3.0.1 城镇燃气供需平衡方式一般有两种：①根据气源能力寻找市场；②根据市场需求寻找气源。鉴于我国燃气资源分布不均的现状，在城镇燃气发展的实际过程中遇到的更多的是第二种情况。在有迫切的、大量的燃气需求的情况下，城镇燃气规划编制应综合分析气源条件，结合当地及周边燃气资源状况，统筹考虑其他各类气源，科学合理选择。在优先考虑采用天然气的同时，还应以液化石油气、煤层气、沼气等气源弥补管道天然气的不足或者作为其备用气源。

3.0.2 城镇燃气规划的编制应与城乡规划法定义的城市、镇规划阶段相衔接，总体规划是详细规划的依据，同时已确定的详细规划项目应纳入总体规划；城镇燃气规划的期限划分应与城市、镇规划一致，与总体规划和详细规划的编制同步进行，互相协调，确保规划的内容、深度与实施进度与城市、镇发展建设同步，解决燃气设施与其他工程设施之间的矛盾，取得最佳的社会、经济、环境综合效益。

3.0.3 城镇燃气、电力、电信、供水、排水、供热等工程管线均属市政工程管线，一般沿城镇道路地下敷设。由于城镇道路地下空间资源有限，在城镇燃气规划编制过程中，燃气管线布置应与其他管线工程位置很好地协调配合，统筹规划，减少相互间的影响和矛盾，保证燃气规划的顺利实施。

3.0.4 在近远期结合的问题上，城镇燃气规划方案要有前瞻性，既要适应未来城镇建设发展情况的变化（包括技术进步对方案的影响），具有一定的弹性，又要遵循近期建设的可操作性与燃气管网系统合理布局的原则。

3.0.5 城镇燃气规划不应仅考虑供气系统自身的经济性，还要考虑综合效益，包括社会效益、环境效益、节能效益等。然而供气系统的社会效益、环境效益、节能效益、经济效益中，有些是相辅相成的，有些则是互相矛盾的。当发生矛盾时，应以社会效益、环境效益、节能效益为先，以供气系统的经济性为辅。

3.0.6 本条规定了城镇燃气规划的主要内容。为保证内容清晰，并突出重点，当规划文本内容较多时，建议采用规划文本和说明书分开编制的形式。

规划图纸包括燃气设施现状图、气源规划与城镇区域位置图、天然气高压干管布置图、中压主干管网布置图、压缩天然气加气站及供气站布局规划图、液化石油气厂站布局规划图、汽车加气站布局规划图等，实际工程中应根据规划范围和内容确定。

4 用气负荷

4.1 负荷分类

4.1.1 根据近年来我国城镇燃气发展经验，本条从用户类型角度对城镇燃气用气负荷分类进行了规定。与《城镇燃气设计规范》GB 50028相比，本条增加了燃气冷热电联供系统用气、燃气发电用气和船舶用气等类型，将其他用气合并到不可预见用气类型。

4.1.2、4.1.3 从负荷分布特点和用户用气特点角度对用气负荷进行分类。城镇燃气规划阶段对集中负荷和分散负荷进行划分界定，作为管网水力分析的重要参数，更作为是否进行管网动态水力模拟分析的条件之一。对可中断用户和不可中断用户进行划分界定，为应急储备量计算和应急储备方案的制定提供依据。

4.2 负荷预测

4.2.1 燃气负荷预测是编制城镇燃气规划的基础工作和重要内容，是合理确定气源、管网压力级制、系统布局的基本依据。影响燃气规划负荷的因素很多，如气源状况、能源政策、环保政策、社会经济发展状况等，负荷预测工作不能与之脱离开来。

4.2.2 本条对城镇燃气规划阶段用气负荷确定的基本原则作了规定：

3 鼓励发展非高峰期用户可以优化年负荷曲线，提高燃气设施利用效率；

4 选择一定数量的可中断用户，可以调节小时负荷系数、日负荷系数，减小应急储备设施规模；

5 作为高品位能源，天然气价格昂贵。当条件具备时，鼓励对节能建筑发展天然气采暖，不适用于非节能建筑范畴。

4.2.4 本条对总负荷的年、周、日负荷曲线的绘制方式作了规定。年、周、日负荷曲线是以时间为横轴，用气量为纵轴，描述用户在一定时间内用气量变化的曲线。负荷曲线能够客观地反映各类用户总体对合理确定管道管径、优化输配系统布局方案具有重要意义。

4.2.5 本条对负荷量、调峰量及负荷系数的计算方式作了规定。负荷量指计算月平均日用气量、计算月高峰日用气量、高峰小时用气量等，调峰量指时调峰量、季（月、日）调峰量等，负荷系数指小时负荷系数和日负荷系数。

4.2.6 本条介绍了几种常用的燃气负荷预测方法。人均用气指标法在第4.3.1条详细阐述。

分类指标预测法是根据用气指标及其他基础数据对第4.1.1条各类用户的燃气负荷分别预测再汇总的方法。

横向比较法是借鉴或参考同等规模城市或地区、某发达城市或地区的某一阶段燃气负荷发展情况来预测目标市场燃气负荷的方法。

弹性系数法是对燃气负荷在非突变的变化趋势条件下进行预测的方法。弹性系数的定义是B、A两类量的增长率的比值，即：

$$e=(\Delta y/y)/(\Delta x/x)=r_B/r_A$$

式中：e——弹性系数；

y，Δy——B类量在某年的总量及随后的增长量；

x，Δx——A类量在某年的总量及随后的增长量；

r_B，r_A——B类量和A类量的年增长量。

r_B，r_A来源于历史数据，从而给出B、A两类量增长的一般性规律及弹性系数e。用弹性系数法预测：

(1) 由已知r_A和e可给出对r_B的预测：$r_B=er_A$；

(2) 由已知y当前值，得到对B类量的预测值$(y+\Delta y)$，其中$\Delta y=r_By$。

可以看到，为对B类量做出预测，需给出A类量的未来变化Δx，即对A类量已有预测。它可采用各种分析或预测方法进行。可见弹性系数法是一种类推的、间接的预测方法。例如按燃气负荷对能源需求量的弹性系数，由给出的能源需求量的年增长率，即可预测燃气负荷的年增长量。

回归分析法是对影响燃气负荷的各因素应用回归分析方法判别主要因素，建立燃气负荷与主要因素之间的数学表达式，并利用该表达式来进行燃气负荷预测的方法，称为回归分析法。对于实际燃气负荷问题，一般可以采用多元线性回归模型解决。例如燃气负荷（q）与人口数量（x_1），GDP总量（x_2），……，能源消费量（x_m）等主要因素有关，可以建立回归模型表达式：$q_i=\beta_0+\beta_1x_1+\beta_2x_2+\cdots+\beta_jx_j+\cdots+\beta_mx_m+\varepsilon$，$\varepsilon$为服从正态分布$N(0,\sigma)$的随机变量。

增长率法是通过预测燃气负荷增长率来预测燃气负荷的方法。根据地区历年的燃气负荷数据计算出年增长率。以历年燃气负荷增长率为基础，结合城镇总体规划、产业、结构布局规划、经济发展水平，合理预测未来燃气负荷年增长率，从而进一步预测燃气负荷。

弹性系数法、回归分析法和增长率法这3种方法一般需要规划城市或者区域至少5年以上的燃气负荷历史数据，因此不适用于燃气事业刚起步的城市或地区，横向比较法则不受此限制。

4.3 规划指标

4.3.1 人均综合用气量为某城市或镇年用气量与其总人口的比值，该指标主要用于在仅获悉某城市或镇人口规模和现状用气水平等基本情况时，对未来燃气发展规模的初判。具体选用人均综合用气量指标时，首先应对现状用气水平进行评价分级，再结合城镇性质、地理位置、经济社会发展水平、国内生产总值、产业结构等条件选取。

4.3.2

1 影响居民生活用气指标的因素很多，一般都以每户每年耗热量表示，再按当地燃气热值折算。据统计，全国各地居民生活用气指标差别较大。表1列出了全国部分省会城市中心城区2010年居民生活用气指标可供参考。

表1 全国部分省会城市中心城区2010年居民生活及商业用气指标

序号	城市名称	居民生活用气指标	商业用气指标
		户均指标（MJ/户·a）	占居民生活用气比例（%）
1	北京	7525	58
2	天津	4655	101
3	石家庄	3780	40
4	太原	4270	171
5	沈阳	3834	38
6	长春	5075	47
7	哈尔滨	2944	37
8	上海	7500	73
9	南京	5215	97
10	合肥	3675	41
11	济南	5040	63
12	郑州	6300	100
13	武汉	3500	89
14	长沙	7750	43
15	广州	4410	19
16	南宁	4480	86
17	重庆	9422	60
18	成都	11865	41
19	西安	6020	100
20	银川	7735	26
21	乌鲁木齐	7665	24

2 影响商业用气指标的因素很多，城镇燃气规划阶段商业用气量多采用按占居民生活用气量的比例计算，一般在40%～70%范围内选取。

3 在远期规划工业用气负荷预测时，除应考虑规划的工业企业类型、能耗水平等因素外，还应考虑其他竞争能源的价格和供应量。

7 不可预见用气量，是指在规划编制阶段，不可或难以预估算的用气量，不同于购入量与销售量之差。

5 燃气气源

5.0.1 本条文对城镇燃气气源的条件作了规定。致密气（致密砂岩气、火山岩气、碳酸盐岩气）、煤层气（瓦斯）、页（泥）岩气、天然气水合物（可燃冰）、水溶气、无机气以及盆地中心气、浅层生物气等非常规天然气都属于天然气范畴。

各类气源可有多种供气方式，如天然气包括管道供应、LNG供应、CNG供应等方式，液化石油气包括管道供应、瓶装供应等方式，人工煤气主要为管道供应方式。

5.0.2 我国能源政策的基本内容是：坚持“节约优先、立足国内、多元发展、保护环境、科技创新、深化改革、国际合作、改善民生”的能源发展方针，推进能源生产和利用方式变革，构建安全、稳定、经济、清洁的现代能源产业体系，努力以能源的可持续发展支撑经济社会的可持续发展。

燃气气源选择必须在国家现行能源政策指导下，对本地区能源条件、燃气资源种类、数量及外部可供应本地区的能源条件、燃气资源种类、数量进行调查研究的基础上进行，满足资源节约、环境友好、安全可靠、可持续发展、技术经济合理的要求。

5.0.3 相比人工煤气，天然气和液化石油气具有清洁高效、使用方便等优点；采用人工煤气作为气源受制于许多因素，只是在少数城镇采用，且供气规模不宜过大；天然气资源的勘探开发量日益增加，西气东输、川气东送、陕京线、忠武线等长输管道工程的实施与投运为天然气的输送与推广奠定了坚实的基础，人工煤气正逐步退出历史舞台。因此，天然气、液化石油气和其他清洁燃料宜优先作为城镇燃气气源。

人工煤气的生产需要消耗大量的煤、焦炭或重油及水等原料，其作为气源时应考虑原料运输条件。此外，人工煤气的制气流程会消耗大量的水资源及其他能源，并产生一定的水源及空气污染。因此，选择人工煤气作为气源，还应综合考虑水资源、环境保护、节能减排等因素。

5.0.5 当城镇采用天然气作为气源时，气源点的布局、规模、数量与上游来气方向、交接点位置、交接压力、高峰日供气量、季节调峰措施等因素密切相关。因此，城镇燃气规划阶段应该就上述因素与上游供气方充分沟通，以减少城镇内燃气工程量，降低工程建设投资。

门站负荷率指门站最大小时流量与设计流量的比值，该比值越高，说明门站的利用率越高；该比值越低，说明门站的利用率越低。根据实际工程经验，本条对门站负荷率给出推荐值为50%～80%。

5.0.6 本条对大城市的供气安全和多气源系统的供气安全作了规定。《国务院关于调整城市规模划分标准的通知》（国发〔2014〕51号）以城区常住人口为统计口径，将城市划分为五类七档，其中城区常住人口100万以上500万以下的城市为大城市，城区常住人口500万以上1000万以下的城市为特大城市，城区常住人口1000万以上的城市为超大城市。

为确保燃气供应安全，许多城镇现在或者规划采用多种气源供气。目前，我国各气源产地燃气资源分布不均、成分不一，进口气源成分、物性参数也各不相同。各种不同气源接入同一管道系统时，应考虑各气源间的兼容性和互换性。

6 燃 气 管 网

6.1 压 力 级 制

6.1.1 根据《城镇燃气设计规范》GB 50028，城镇燃气管道的设计压力（P）分为7级，并应符合表2的规定。

表2 城镇燃气管道设计压力（表压）分级

名称		设计压力（表压）P（MPa）
高压燃气管道	高压A	$2.5<P\leqslant4.0$
	高压B	$1.6<P\leqslant2.5$
次高压燃气管道	次高压A	$0.8<P\leqslant1.6$
	次高压B	$0.4<P\leqslant0.8$
中压燃气管道	中压A	$0.2<P\leqslant0.4$
	中压B	$0.01\leqslant P\leqslant0.2$
低压燃气管道		$P<0.01$

6.1.2 本条规定主要基于以下考虑：

1 为便于燃气设施的调度运行和管理，应尽量简化压力级制。

2 城镇燃气管网系统的压力级制，指从门站后管网系统到用户燃气用器具前的管网压力分级。在选择压力级制时，应根据气源压力、城镇规划布局、用户用气压力、负荷需求、调峰需求等因素，经技术经济比较后确定。

3 我国天然气长输工程的建设，为城镇提供了高压力的气源。城镇输配管网接受燃气压力的提高具有诸多优势，如可以增加输送能力，节约管材，减少能量损失，满足用气压力较高用户要求，承担部分调峰任务等；但从分配和使用角度讲，降低管网压力有利于供气安全，特别是对于人口密集区域过多提高压力也存在一定的隐患。因此，一方面提高压力适应燃气输配的要求，另一方面要保证供气安全，是选择各压力级制的设计压力的主要考虑因素。

6.2 管 网 布 置

6.2.2 为提高城镇燃气供应的安全可靠性，燃气主干管应按照环网布局。同时由于城镇燃气用户发展是一个逐步的过程，所以燃气主干管成环也是一个逐步的过程。本条对燃气主干管选择环状管网的城镇规模作了规定。

6.2.3 长输管道安排在规划城镇区域外围布置，主要是考虑能够为远期城镇发展留有足够的燃气管网布局空间。

为保证城镇用气安全，长输管道需在城镇区域穿过时，除执行《输气管道工程设计规范》GB 50251的规定外，在地区等级划分、安全间距等方面还应符合《城镇燃气设计规范》GB 50028的相关规定。当《输气管道工程设计规范》GB 50251和《城镇燃气设计规范》GB 50028对某项参数选取或技术指标要求不一致时，应从严执行。

6.2.4 本条是针对许多城镇燃气设施建设滞后于城镇建设的现状制定的。随着城镇规模的扩大，中心城区用气需求不断提高，市政用地日益紧张，必要的供气干线往往由于安全距离的限制难以引至中心负荷区域。因此，在城市或镇总体规划编制时，应根据供气干线的压力级制和其对安全净距的要求，安排燃气管线走廊。燃气管线走廊确定后，在其范围内不得安排任何与之相冲突的建设项目。

6.2.7 低压管道不应在市政道路上敷设，应布置在规划用地红线内。

6.3 水 力 计 算

6.3.1 本条文对燃气管网水力计算作了相关规定。静态水力计算可以为管网输配系统布局及管道管径选择提供依据。进行管网动态模拟，可以计算拟接入用户的开关启停或者用气剧烈波动时对其他用户的影响程度。当计算结果为全时段均能满足管网系统中各类用户的压力需求时，表明接气方案可行，这是大型集中负荷用户接入管网所必要的前期研究工作。

6.3.2 燃气管网及厂站的布局在符合城市、镇总体规划的前提下，还应根据水力计算不断优化。

6.3.3 计算流量指在设计工况下用来选择燃气管网管径及计算管段阻力的流量。

6.3.4 燃气管网的管径选择除应满足规划燃气负荷的要求外，还应为城镇远景发展规划适当留有余量。

7 调峰及应急储备

7.1 调 峰

城镇燃气的储备分为三个层次：调峰储备、应急储备和战略储备。调峰储备是在正常运行工况下，为平衡调节月、日和时用气不均匀的储气措施；应急储备是应对事故工况时的储气措施；战略储备是从能源安全角度制定的储气措施，在本规范中不做要求。城镇燃气规划中的调峰、应急储备方案内容应包括储备量和储备设施。

7.1.1 本条文说明了燃气调峰量的计算方法。调峰量需在规划阶段对各类用户（包括非高峰期用户及可中断用户）用气规律进行调查研究，并绘制用气负荷曲线，同时结合拟供气气源的供气曲线综合分析后确定。

7.1.2 在城镇供气系统中，城镇各类用户用气每月、每日、每时都在变化，而气源供气不可能完全按照城镇用气量的变化而随时改变。为了保证按用户需求不间断的供气，应解决气源供气与城镇用气平衡问题，必须考虑建设调峰储气设施。

根据目前国内城镇燃气发展的现状及行业惯例，为保证安全稳定供用气，应将上游气源供气、长输管道输气、城镇输配管网视为系统工程，调峰问题作为整个系统中的问题，需从全局来解决，即共同承担城镇燃气调峰的责任。

7.1.3 本条文对城镇燃气调峰方式选择需考虑的因素进行了说明。调峰储气方式多种多样，应因地制宜，经方案比较确定。

7.1.4 目前我国经济发展水平不高，城镇燃气调峰设施建设水平相对落后，而调峰设施建设成本一般较高，燃气峰、谷价格机制尚未建立，上游气源供应方和下游城镇燃气企业对建设城镇燃气调峰设施没有积极性，所以建议对燃气调峰设施一次规划，分期建设，达到安全适用、经济合理、持续发展目的。

7.2 应急储备

7.2.1 城镇燃气应急气源指在事故或紧急状态恢复之前的短时间内，满足城镇各类用户不改变用气设备情况下的安全使用的燃气气源，所以城镇燃气气源规划应考虑应急气源与城镇主供气源的互换性，以保证各类用气设备的安全使用。

7.2.2 应急储备量应根据各地区气源条件、对外依存度、供气安全保障度、经济发展水平要求等因素综合确定。表3为部分国家或组织燃气储备情况。

表3　部分国家或组织燃气储备情况

国家	美国	英国	法国	俄罗斯	意大利	EU (27)	日本	中国
LNG比例	1%	—	25.6%	—	2%	13%	100%	8.24%
储备比例	16%	4.8%	27.7%	11.1%	18.5%	15%	14.7%	2.7%

续表3

国家	美国	英国	法国	俄罗斯	意大利	EU (27)	日本	中国
储备方式	储气库为主+LNG	储气库+LNG	储气库为主+LNG	储气库	储气库为主+LNG	储气库为主+LNG	LNG	储气库+LNG
对外依存度	16%	21%	98%	0%	99%	64%	98%	8%
储备目的	应急调峰交易	应急调峰	战略调峰	调峰保障出口供应	战略调峰	战略调峰	战略调峰照付不议	应急调峰
储备天数(天)	58.4	17.5	101.1	40.5	67.5	54.8	53.7	9.9

注：本表数据来源于国家能源局网站，研究单位为中海石油气电集团有限责任公司。

由上表可知，国外十分重视燃气储备问题。根据我国各地区经济发展水平、气源条件、供气规模、供气安全保障度要求存在较大差异，本规范推荐城镇燃气应急储备设施的储备量宜按3d～10d城镇不可中断用户的年均日用气量考虑。

7.2.3 城镇燃气应急储备设施的布局选址，应根据用气负荷分布、输配管网压力、布置等因素，以紧急情况下应急气源最快启动并接入管网，最大化保证用户安全稳定用气，符合城镇总体规划发展，近远期结合为原则，经多方案技术经济比较确定。

8 燃气厂站

8.1 一般规定

8.1.1 燃气厂站站址的选择应征得规划、土地等相关部门的同意和批准。选址时，除满足输配系统工艺要求，还须关注工程地质条件及站址与邻近地区的景观协调等问题，以节约工程投资、节约土地和保护城镇景观。

我国城镇化进程的加快实施，使城镇数量、规模、人口等迅速扩张，燃气厂站设施建设应为后期发展留有余地。

8.1.2 除管网、厂站等燃气生产设施之外，围绕燃气安全生产、运行调度、维护抢修、客户服务等功能，需配套建设燃气指挥调度中心、维修抢修站、客户服务网点等功能场所，以保障城镇燃气设施的安全运行和城镇燃气的可持续发展。配套设施建设不要贪大求全，要与燃气设施规模相匹配并同步规划，近远期结合，做到经济实用，适度超前。

8.2 天然气厂站

8.2.1 门站站址结合城镇发展方向和负荷分布选择，

可以缩减燃气管网里程，降低工程投资，提高经济性。门站选址布置在城镇外围可以兼顾城镇远期发展。从提高供气安全可靠性角度而言，一个城市、镇宜设置均衡布置的两个以上气源，一方面气源之间可以互为备用，另一方面可以大大改善管网水力工况。

8.2.2 储配站具有储存燃气、控制供气压力、调峰功能，在设计上与门站有许多共同的相似之处，结合城镇发展方向和负荷分布，将布置在城镇主干管网附近对优化管网结构、改善管网水力工况有利。

8.2.3 一般来讲，门站和储配站的体量较大，设计压力较高，对周边环境有一定的要求，故站址选择应遵循城镇土地利用和建设用地规划的要求。

8.2.4 因储配站的功能与门站具有相似性，当城镇有2个以上门站时，二者合并在一个选址进行建设，可以节约土地、方便生产运行管理。但当城镇只有1个门站时，从改善水力工况、增强供气安全可靠性角度而言，储配站宜根据管网结构、负荷分布等因素与门站均衡布局。

8.2.5 调压装置的设置形式多种多样，应根据各城镇具体情况、输配管网结构，因地制宜选择采用，本条对调压站（箱）分类、设置形式及其条件作了一般规定。

1 根据调压站（箱）功能进行分类的意义在于：便于燃气输配系统的规划管理、日常运行维护，便于制定事故应急处理预案、便于用气低峰时合理安排调压站运行。

对于重要的专供调压站（箱），应规划建设事故备用气源管线并提出相应事故应急保障方案。

2 调压站（箱）负荷率越高，燃气工程经济性越好，但调压站（箱）负荷率过高，将使管网在高峰用气时段供气安全稳定性大大降低，并且使得管网难以调节，因此，应该根据规划管网的气源保障、负荷曲线情况等选择合适的调压站（箱）负荷率，使管网既有较高的工程经济性，又有一定备份配气能力和调度余量。

3 调压站（箱）的布局与选址，以保障各类用户安全稳定用气为原则设置。

4 城镇建设要社会和谐、环境友好，调压站（箱）的设置也要考虑与周边环境协调问题，不破坏城镇景观。

5 调压站（箱）一般为区域调压站（箱），其下游所带用户较多，燃气管网的压力波动较大，一方面，对于用气压力有较高要求的用户，管网的压力波动范围有可能超出其允许的入口压力范围，另一方面，因其用气量大在开机启动时，对管网有抽吸作用，从而引起管网的压力波动范围更大，影响管网其他用户的正常用气。因此，对用气压力较高且用气量大的集中负荷用户，如大型工业用户、锅炉房、电厂等，一般设专供调压站（箱）为其供气。

8.2.6 高中压调压站（箱）压力较高，要求的安全距离较大，且一旦发生事故，危险性较大，不宜设置在城镇居住区和商业区及人员密集区域。中低压调压装置设在箱子内是一种较经济适用的形式，其设备工艺非常成熟，在保证功能前提下，可以节约用地。

8.2.7 液化天然气、压缩天然气厂站包括液化天然气工厂、中转站、供气站（气化站、瓶组气化站）；压缩天然气储配站、供气站等。

1 液化天然气和压缩天然气较多采用车船运输，站址宜选择在交通便利、与规划城镇燃气管网易与衔接之处，便于生产运行管理。

2 城镇采用液化天然气、压缩天然气供气时，要结合城镇发展近、远期具体情况，充分考虑用气结构、调峰量大小、气源与城镇的距离、运输方式、用户对气价的承受能力、未来是否有管道气源等因素，多方案进行技术经济比较确定供应和储存规模，做到近期具有可操作性，远期满足需求。

3 以液化天然气和压缩天然气作为临时和过渡气源时，其厂站后的城镇输配管网布局，需结合城镇远景规划、用户发展、永久气源情况综合考虑燃气管网的设置。

8.2.8 本条关于天然气厂站用地面积指标的规定，是调研参考目前我国城镇天然气厂站的实际建设情况，按常规工艺装置和必需的生产用房布置并考虑工艺装置与建筑物的防火间距后确定。各地应因地制宜选用，并依据天然气新技术、新工艺、新设备的不断发展，对指标进行修改完善。

8.3 液化石油气厂站

8.3.1 液化石油气厂站包括液化石油气供应基地、液化石油气气化站和混气站、液化石油气瓶组气化站、瓶装液化石油气供应站。液化石油气供应基地按其功能可分为储存站、储配站和灌装站。

本条是对液化石油气厂站规模确定的原则规定。

8.3.2 因气态液化石油气（LPG）比重大于空气，站址不应选在地势低洼，地形复杂，易积存LPG的地带，防止一旦LPG泄漏，因积存而造成事故隐患，同时也可减少土石方工程量，节省投资。

8.3.3 液化石油气厂站规划除应遵守燃气相关规范、规定外，尚应遵守与其相关的其他专业现行国家标准。

8.3.4 当城镇采用液化石油气供应时，液化石油气气化、混气、瓶装站是直接为用户服务的设施，其规模应根据用户用气需求合理确定，保证安全可靠。

8.3.5 本条关于液化石油气厂站用地面积指标的规定，是调研参考目前我国城镇液化石油气厂站的实际建设情况，按常规工艺装置和必需的生产用房布置并考虑工艺装置与建筑物的防火间距后确定。各地应因地制宜选用。

8.4 汽车加气站

8.4.1 燃气汽车加气站分为液化石油气汽车加气站、压缩天然气汽车加气站和液化天然气汽车加气站。压缩天然气汽车加气站分为常规加气站、加气母站和加气子站。

天然气以其良好的燃料特性和减少二氧化碳等有毒废气排放的环保优势，成为现阶段最有潜力的汽车替代燃料。各地燃气汽车发展规划及加气站布局应根据城市、镇总体规划、当地资源条件、经济发展水平及环保要求等因素确定。

8.4.2 燃气汽车加气站站址宜靠近气源或输气管线，以降低运输或输送成本，提高工程经济性。此外，站址选择还应重点考虑交通条件，一方面为方便槽车进出，另一方面为方便汽车加气。

8.4.3 汽车加气站的规模及选址，与当地城镇规划、交通规划、汽车种类和数量、气源条件、环保状况和政策等诸多因素相关，需遵循相关现行国家标准、规范。

8.4.4 各类型压缩天然气加气站的建设条件是根据各自特点提出的。

常规加气站气源取自于燃气管道，经站内压缩机加压等一系列流程后，给汽车加气，选址条件在于：燃气管道附近可以降低输送成本；进站管道压力较高可以降低增压成本；气量充足可避免压缩机从燃气管道抽吸时对燃气管道所供其他用户的影响。

与常规加气站相同，母站气源取自于燃气管道，在站内也要经过压缩机加压等一系列流程，不同的是母站可以给CNG槽车、子站拖车、汽车等加气，站址选择在高压燃气管道和气量充足的地方的原因与常规加气站相同。母站结合高压燃气厂站建设是为节约城市、镇用地。

8.4.5 我国燃气汽车发展近几年才起步，无法与汽油车和柴油车的发展历史相比。由于各城市、镇建设用地紧张，燃气汽车加气站选址困难，将各类加气站统筹协调规划建设，可以节约用地、集约用地。特别是汽车加油站几乎遍布各大、中、小城市、镇，且地理位置优越，毗邻加油站建设加气站是比较理想的选择。

8.4.6 本条关于汽车加气站用地面积指标的规定，是调研参考目前我国汽车加气站的实际建设情况，按常规工艺装置和必需的生产用房布置并考虑工艺装置与建筑物的防火间距后确定。各地应因地制宜选用。

8.5 人工煤气厂站

本节提出了人工煤气厂站布置的一般原则。

根据我国能源发展政策，各地应在充分考虑资源条件、环境承载能力、城镇发展远景规划基础上，慎重选择发展人工煤气。

9 运行调度系统

9.0.1 作为城镇的重要生命线之一，燃气管网关系到社会稳定和公共安全。如何有效地对城镇燃气管网运行工况监测、控制、管理，并进行合理调度，保证燃气管网自身安全显得尤为重要。城镇燃气输配系统的自动化控制水平，是城镇燃气现代化的主要标志。作为城镇燃气输配系统的自动化控制系统，应与同期电子技术水平同步。

为实现城镇安全供气，除建设燃气管道、厂站等设施外，还应有必要的配套设施，如燃气指挥调度中心、维修抢修站、客户服务网点等。

9.0.2 100万人口以上城市的燃气厂站设施、燃气管网压力级制及布局已具有一定规模，对安全稳定供气提出了较高要求，宜设置包括监控和数据采集系统、地理信息系统、生产调度系统、应急保障系统等的运行调度系统。

9.0.3 主控中心的主要功能是监测整个管网的运行参数、控制管网压力及流量平衡、优化系统调度运行、抢险调度管理、负荷预测等。本地站的主要功能是数据采集、通信、控制、调节等。

9.0.4 燃气系统配套设施的用地面积，应与城镇燃气输配系统规模相匹配，综合考虑城镇燃气输配系统的近远期发展情况，合理选择相应指标。

中华人民共和国行业标准

城镇排水管道维护安全技术规程

Technical specification for safety of urban sewer maintenance

CJJ 6—2009

批准部门：中华人民共和国住房和城乡建设部
施行日期：2 0 1 0 年 7 月 1 日

中华人民共和国住房和城乡建设部
公　　告

第 408 号

关于发布行业标准《城镇排水管道维护安全技术规程》的公告

现批准《城镇排水管道维护安全技术规程》为行业标准，编号为 CJJ 6－2009，自 2010 年 7 月 1 日起实施。其中，第 3.0.6、3.0.10、3.0.11、3.0.12、4.2.3、5.1.2、5.1.6、5.1.8、5.1.10、5.3.6、6.0.1、6.0.3、6.0.5、7.0.1、7.0.4 条为强制性条文，必须严格执行。原《排水管道维护安全技术规程》CJJ 6－85 同时废止。

本规程由我部标准定额研究所组织中国建筑工业出版社出版发行。

中华人民共和国住房和城乡建设部

2009 年 10 月 20 日

前　　言

根据原建设部《关于印发〈2007 年工程建设标准规范制定、修订计划（第一批）〉的通知》（建标［2007］125 号）的要求，规程编制组经广泛调查研究，认真总结实践经验，参考有关国际标准和国外先进标准，并在广泛征求意见的基础上修订了本规程。

本规程主要技术内容：1. 总则；2. 术语；3. 基本规定；4. 维护作业；5. 井下作业；6. 防护设备与用品；7. 事故应急救援。

本次修订的主要技术内容：1. 增加了涉及安全方面的共性要求；2. "维护作业"中增加了"开启与关闭井盖"、"清掏作业"等内容；3. 增加了"事故应急救援"等内容。

本规程中以黑体字标志的条文为强制性条文，必须严格执行。

本规程由住房和城乡建设部负责管理和对强制性条文的解释。由天津市排水管理处负责具体技术内容解释。在执行过程中如有意见或建议，请寄送天津市排水管理处（地址：天津市河西区南京路 1 号，邮政编码：300202）。

本规程主编单位：天津市排水管理处

本规程参编单位：天津市市政公路管理局
北京市市政工程管理处
上海市排水管理处
重庆市市政设施管理局
杭州市排水有限公司
哈尔滨排水有限责任公司
石家庄市排水管理处

本规程主要起草人：孙连起　张俊生　王宝森
王令凡　穆浩学　盛　阳
杜树发　迟　莹　王　雨
范崇清　苏银锁　孙和平
吕　坤　陈其楠　杨　宏
王　虹　谷为民　陈　萍

本规程主要审查人：王　岚　李　军　宋序彤
马卫国　李胜海　王春顺
王少林　李耀杰　王国庆

目 次

Contents

1 总 则

1.0.1 为加强城镇排水管道维护的管理，规范排水管道维护作业的安全管理和技术操作，提高安全技术水平，保障排水管道维护作业人员的安全和健康，制定本规程。

1.0.2 本规程适用于城镇排水管道及其附属构筑物的维护安全作业。

1.0.3 本规程规定了城镇排水管道及附属构筑物维护安全作业的基本技术要求。当本规程与国家法律、行政法规的规定相抵触时，应按国家法律、行政法规的规定执行。

1.0.4 城镇排水管道维护作业除应符合本规程外，尚应符合国家现行有关标准的规定。

2 术 语

2.0.1 排水管道 drainage pipeline

汇集和排放污水、废水和雨水的管渠及其附属设施所组成的系统。

2.0.2 维护作业 maintenance

城镇排水管道及附属构筑物的检查、养护和维修的作业，简称作业。

2.0.3 检查井 manhole

排水管道中连接上下游管道并供养护人员检查、维护或进入管内的构筑物。

2.0.4 雨水口 catch basin

用于收集地面雨水的构筑物。

2.0.5 集水池 sump

泵站水泵进口和出口集水的构筑物。

2.0.6 闸井 gate well

在管道与管道、泵站、河岸之间设置的闸门井，用于控制管道排水的构筑物。

2.0.7 推杆疏通 push rod cleaning

用人力将竹片、钢条、沟棍等工具推入管道内清除堵塞的疏通方法，按推杆的不同，又分为竹片疏通、钢条疏通或沟棍疏通等。

2.0.8 绞车疏通 winch bucket sewer cleaning

采用绞车牵引通沟牛清除管道内积泥的疏通方法。

2.0.9 通沟牛 cleaning bucket

在绞车疏通中使用的桶形、铲形等式样的铲泥工具。

2.0.10 电视检查 CCTV inspection

采用闭路电视进行管道检测的方法。

2.0.11 井下作业 inside manhole works

在排水管道、检查井、闸井、泵站集水池等市政排水设施内进行的维护作业。

2.0.12 隔离式潜水防护服 submersible guard suit

井下作业人员所穿戴的、全身封闭的潜水防护服。

2.0.13 隔离式防毒面具 oxygen mask

供压缩空气的全封闭防毒面具。

2.0.14 悬挂双背带式安全带 suspensible safety belt with safety harness

在作业人员腿部、腰部和肩部都佩有绑带，并能将其在悬空中拖起的防护用品。

2.0.15 便携式空气呼吸器 portable inspirator

可随身佩戴压缩空气瓶和隔离式面具的防护装置。

2.0.16 便携式防爆灯 hand explosion proof lamp

可随身携带的符合国家防爆标准的照明工具。

2.0.17 路锥 traffic cone mark

路面作业使用的一种带有反光标志的交通警示、隔离防护装置。

3 基 本 规 定

3.0.1 维护作业单位应不少于每年一次对作业人员进行安全生产和专业技术培训，并应建立培训档案。

3.0.2 维护作业单位应不少于每两年一次对作业人员进行健康体检，并应建立健康档案。

3.0.3 维护作业单位应配备与维护作业相应的安全防护设备和用品。

3.0.4 维护作业前，应对作业人员进行安全交底，告知作业内容、安全注意事项及应采取的安全措施，并应履行签认手续。

3.0.5 维护作业前，作业人员应对作业设备、工具进行安全检查，当发现有安全问题时应立即更换，严禁使用不合格的设备、工具。

3.0.6 在进行路面作业时，维护作业人员应穿戴配有反光标志的安全警示服并正确佩戴和使用劳动防护用品；未按规定穿戴安全警示服及佩戴和使用劳动防护用品的人员，不得上岗作业。

3.0.7 维护作业人员在作业中有权拒绝违章指挥，当发现安全隐患时应立即停止作业并向上级报告。

3.0.8 维护作业中所使用的设备和用品必须符合国家现行有关标准，并应具有相应的质量合格证书。

3.0.9 维护作业中所使用的设备、安全防护用品必须按有关规定定期进行检验和检测，并应建档管理。

3.0.10 维护作业区域应采取设置安全警示标志等防护措施；夜间作业时，应在作业区域周边明显处设置警示灯；作业完毕，应及时清除障碍物。

3.0.11 维护作业现场严禁吸烟，未经许可严禁动用明火。

3.0.12 当维护作业人员进入排水管道内部检查、维护作业时，必须同时符合下列各项要求：

1 管径不得小于0.8m；

2 管内流速不得大于0.5m/s；

3 水深不得大于0.5m；

4 充满度不得大于50%。

3.0.13 管道维护作业宜采用机动绞车、高压射水车、真空吸泥车、淤泥抓斗车、联合疏通车等设备。

4 维护作业

4.1 作业场地安全防护

4.1.1 当在交通流量大的地区进行维护作业时，应有专人维护现场交通秩序，协调车辆安全通行。

4.1.2 当临时占路维护作业时，应在维护作业区域迎车方向前放置防护栏。一般道路，防护栏距维护作业区域应大于5m，且两侧应设置路锥，路锥之间用连接链或警示带连接，间距不应大于5m。

4.1.3 在快速路上，宜采用机械维护作业方法；作业时，除应按本规程第4.1.2条规定设置防护栏外，还应在作业现场迎车方向不小于100m处设置安全警示标志。

4.1.4 当维护作业现场井盖开启后，必须有人在现场监护或在井盖周围设置明显的防护栏及警示标志。

4.1.5 污泥盛器和运输车辆在道路停放时，应设置安全标志，夜间应设置警示灯，疏通作业完毕清理现场后，应及时撤离现场。

4.1.6 除工作车辆与人员外，应采取措施防止其他车辆、行人进入作业区域。

4.2 开启与关闭井盖

4.2.1 开启与关闭井盖应使用专用工具，严禁直接用手操作。

4.2.2 井盖开启后应在迎车方向顺行放置稳固，井盖上严禁站人。

4.2.3 开启压力井盖时，应采取相应的防爆措施。

4.3 管道检查

4.3.1 检查管道内部情况时，宜采用电视检查、声纳检查和便携式快速检查等方式。

4.3.2 采用潜水检查的管道，其管径不得小于1.2m，管内流速不得大于0.5m/s。

4.3.3 从事潜水作业的单位和潜水员必须具备相应的特种作业资质。

4.3.4 当人员进入管道、检查井、闸井、集水池内检查时，必须按本规程第5章的相关规定执行。

4.4 管道疏通

4.4.1 当采用穿竹片牵引钢丝绳疏通时，不宜下井操作。

4.4.2 疏通排水管道所使用的钢丝绳除应符合现行国家标准《起重机用钢丝绳检验和报废实用规范》GB/T 5972的相关规定外，还应符合表4.4.2的规定。

表4.4.2 疏通排水管道用钢丝绳规格

疏通方法	管径（mm）	钢丝绳		
		直径（mm）	允许拉力 kN(kbf)	100m重量（kg）
人力疏通（手摇绞车）	150～300 550～800	9.3	44.23～63.13 (4510～6444)	30.5
	850～1000	11.0	60.20～86.00 (6139～8770)	41.4
	1050～1200	12.5	78.62～112.33 (8017～11454)	54.1
机械疏通（机动绞车）	150～300 550～800	11.0	60.20～86.00 (6139～8770)	41.4
	850～1000	12.5	78.62～112.33 (8017～11454)	54.1
	1050～1200	14.0	99.52～142.08 (10148～14498)	68.5
	1250～1500	15.5	122.86～175.52 (12528～17898)	84.6

注：1 当管内积泥深度超过管半径时，应使用大一级的钢丝绳；

2 对方砖沟、矩形砖石沟、拱砖石沟等异形沟道，可按断面积折算成圆管后选用适合的钢丝绳。

4.4.3 当采用推杆疏通时，应符合下列规定：

1 操作人员应戴好防护手套；

2 竹片和沟棍应连接牢固，操作时不得脱节；

3 打竹片与拔竹片时，竹片尾部应由专人负责看护，并应注意来往行人和车辆；

4 竹片必须选用刨平竹心的青竹，截面尺寸不应小于4cm×1cm，长度不应小于3m。

4.4.4 当采用绞车疏通时，应符合下列规定：

1 绞车移动时应注意来往行人和作业人员安全，机动绞车应低速行驶，并应严格遵守交通法规，严禁载人；

2 绞车停放稳妥后应设专人看守；

3 使用绞车前，首先应检查钢丝绳是否合格，绞动时应慢速转动，当遇阻力时应立即停止，并及时查找原因，不得因绞断钢丝发生飞车事故；

4 绞车摇把摇好后应及时取下，不得在倒回时脱落；

5 机动绞车应由专人操作，且操作人员应接受专业培训，持证上岗；

6 作业中应设专人指挥，互相呼应，遇有故障应立即停车；

7 作业完成后绞车应加锁，并应停放在不影响交通的地方；

8 绞车转动时严禁用手触摸齿轮、轴头、钢丝绳，作业人员身体不得倚靠绞车。

4.4.5 当采用高压射水车疏通时，应符合下列规定：

1 当作业气温在0℃以下时，不宜使用高压射水车冲洗；

2 作业机械应由专人操作，操作人员应接受专业培训，持证上岗；

3 射水车停放应平稳，位置应适当；

4 冲洗现场必须设置防护栏；

5 作业前应检查高压泵的开关是否灵敏，高压喷管、高压喷头是否完好；

6 高压喷头严禁对人和在平地加压喷射，移位时必须停止工作，不得伤人；

7 将喷管放入井内时，喷头应对准管底的中心线方向；将喷头送进管内后，操作人员方可开启高压开关；从井内取出喷头时应先关闭加压开关，待压力消失后方可取出喷头，启闭高压开关时，应缓开缓闭；

8 当高压水管穿越中间检查井时，必须将井盖盖好，不得伤人；

9 高压射水车工作期间，操作人员不得离开现场，射水车严禁超负荷运转；

10 在两个检查井之间操作时，应规定准确的联络信号；

11 当水位指示器降至危险水位时，应立即停止作业，不得损坏机件；

12 高压管收放时应安放卡管器；

13 夜间冲洗作业时，应有足够的照明并配备警示灯。

4.5 清 掏 作 业

4.5.1 当使用清疏设备进行清掏作业时，应符合下列规定：

1 清疏设备应由专人操作，操作人员应接受专业培训，并持证上岗；

2 清疏设备使用前，应对设备进行检查，并确保设备状态正常；

3 带有水箱的清疏设备，使用前应使用车上附带的加水专用软管为水箱注满水；

4 车载清疏设备路面作业时，车辆应顺行车方向停泊，打开警示灯、双跳灯，并做好路面围护警示工作；

5 当清疏设备运行中出现异常情况时，应立即停机检查，排除故障。当无法查明原因或无法排除故障时，应立即停止工作，严禁设备带故障运行；

6 车载清疏设备在移动前，工况必须复原，再至第二处地点进行使用；

7 清疏设备重载行驶时，速度应缓慢、防止急刹车；转弯时应减速，防止惯性和离心力作用造成事故；

8 清疏设备严禁超载；

9 清疏设备不得作为运输车辆使用。

4.5.2 当采用真空吸泥车进行清掏作业时，除应符合本规程第4.5.1条规定外，还应符合下列规定：

1 严禁吸入油料等危险品；

2 卸泥操作时，必须选择地面坚实且有足够高度空间的倾卸点，操作人员应站在泥缸两侧；

3 当需要翻缸进入缸底进行检修时，必须用支撑柱或挡扳垫实缸体；

4 污泥胶管销挂应牢固。

4.5.3 当采用淤泥抓斗车清掏时，除应符合本规程4.5.1条的规定外，还应符合下列规定：

1 泥斗上升时速度应缓慢，应防止泥斗勾住检查井或集水池边缘，不得因斗抓崩出伤人；

2 抓泥斗吊臂回转半径内禁止任何人停留或穿行；

3 指挥、联络信号（旗语、口笛或手势）应准确。

4.5.4 当采用人工清掏时，应符合下列规定：

1 清掏工具应按车辆顺行方向摆放和操作；

2 清掏作业前应打开井盖进行通风；

3 作业人员应站在上风口作业，严禁将头探入井内；当需下井清掏时，应按本规程第5章的相关规定执行。

4.6 管道及附属构筑物维修

4.6.1 管道维修应符合现行国家标准《给水排水管道工程施工及验收规范》GB 50268的相关规定。

4.6.2 当管道及附属构筑物维修需掘路开挖时，应提前掌握作业面地下管线分布情况；当采用风镐掘路作业时，操作人员应注意保持安全距离，并戴好防护眼镜。

4.6.3 当需要封堵管道进行维护作业时，宜采用充气管塞等工具并应采取支撑等防护措施。

4.6.4 当加砌检查井或新老管道封堵、拆堵、连接施工时，作业人员应按本规程第5章的相关规定执行。

4.6.5 排水管道出水口维修应符合下列规定：

1 维护作业人员上下河坡时应走梯道；

2 维修前应关闭闸门或封堵，将水截流或导流；

3 带水作业时，应侧身站稳，不得迎水站立；

4 运料采用的工具必须牢固结实，维护作业人员应精力集中，严禁向下抛料。

4.6.6 检查井、雨水口维修应符合下列规定：

1 当搬运、安装井盖、井箅、井框时，应注意安全，防止受伤；

2 当维修井口作业时，应采取防坠落措施；

3 当进入井内维修时，应按本规程第5章的相关规定执行。

4.6.7 抢修作业时，应组织制定专项作业方案，并有效实施。

5 井下作业

5.1 一般规定

5.1.1 井下清淤作业宜采用机械作业方法，并应严格控制人员进入管道内作业。

5.1.2 下井作业人员必须经过专业安全技术培训、考核，具备下井作业资格，并应掌握人工急救技能和防护用具、照明、通信设备的使用方法。作业单位应为下井作业人员建立个人培训档案。

5.1.3 维护作业单位应不少于每年一次对下井作业人员进行职业健康体检，并应建立健康档案。

5.1.4 维护作业单位必须制定井下作业安全生产责任制，并在作业中落实。

5.1.5 井下作业时，必须配备气体检测仪器和井下作业专用工具，并培训作业人员掌握正确的使用方法。

5.1.6 井下作业必须履行审批手续，执行当地的下井许可制度。

5.1.7 井下作业的《下井作业申请表》及下井许可的《下井安全作业票》宜符合本规程附录A的规定。

5.1.8 井下作业前，维护作业单位必须检测管道内有害气体。井下有害气体浓度必须符合本规程第5.3节的有关规定。

5.1.9 下井作业前，维护作业单位应做好下列工作：

1 应查清管径、水深、潮汐、积泥厚度等；

2 应查清附近工厂污水排放情况，并做好截流工作；

3 应制定井下作业方案，并应避免潜水作业；

4 应对作业人员进行安全交底，告知作业内容和安全防护措施及自救互救的方法；

5 应做好管道的降水、通风以及照明、通信等工作；

6 应检查下井专用设备是否配备齐全、安全有效。

5.1.10 井下作业时，必须进行连续气体检测，且井上监护人员不得少于两人；进入管道内作业时，井室内应设置专人呼应和监护，监护人员严禁擅离职守。

5.1.11 井下作业除必须符合本规程第5.1.10条的规定外，还应符合下列规定：

1 井内水泵运行时严禁人员下井；

2 作业人员应佩戴供压缩空气的隔离式防护装具、安全带、安全绳、安全帽等防护用品；

3 作业人员上、下井应使用安全可靠的专用爬梯；

4 监护人员应密切观察作业人员情况，随时检查空压机、供气管、通信设施、安全绳等下井设备的安全运行情况，发现问题应及时采取措施；

5 下井人员连续作业时间不得超过1h；

6 传递作业工具和提升杂物时，应用绳索系牢，井底作业人员应躲避；

7 潜水作业应符合现行行业标准《公路工程施工安全技术规程》JTJ 076的相关规定；

8 当发现有中毒危险时，必须立即停止作业，并组织作业人员迅速撤离现场；

9 作业现场应配备应急装备、器具。

5.1.12 下列人员不得从事井下作业：

1 年龄在18岁以下和55岁以上者；

2 在经期、孕期、哺乳期的女性；

3 有聋、哑、呆、傻等严重生理缺陷者；

4 患有深度近视、癫痫、高血压，过敏性气管炎、哮喘、心脏病等严重慢性病者；

5 有外伤、疮口尚未愈合者。

5.2 通风

5.2.1 通风措施可采用自然通风和机械通风。

5.2.2 井下作业前，应开启作业井盖和其上下游井盖进行自然通风，且通风时间不应小于30min。

5.2.3 当排水管道经过自然通风后，井下气体浓度仍不符合本规程第5.3.2、5.3.3条的规定时，应进行机械通风。

5.2.4 管道内机械通风的平均风速不应小于0.8m/s。

5.2.5 有毒有害、易燃易爆气体浓度变化较大的作业场所应连续进行机械通风。

5.2.6 通风后，井下的含氧量及有毒有害、易燃易爆气体浓度必须符合本规程第5.3节的有关规定。

5.3 气体检测

5.3.1 气体检测应测定井下的空气含氧量和常见有毒有害、易燃易爆气体的浓度和爆炸范围。

5.3.2 井下的空气含氧量不得低于19.5%。

5.3.3 井下有毒有害气体的浓度除应符合国家现行有关标准的规定外，常见有毒有害、易燃易爆气体的浓度和爆炸范围还应符合表 5.3.3 的规定。

表 5.3.3 常见有毒有害、易燃易爆气体的浓度和爆炸范围

气体名称	相对密度(取空气相对密度为1)	最高容许浓度(mg/m^3)	时间加权平均容许浓度(mg/m^3)	短时间接触容许浓度(mg/m^3)	爆炸范围(容积百分比%)	说明
硫化氢	1.19	10	—	—	4.3~45.5	—
一氧化碳	0.97	—	20	30	12.5~74.2	非高原
		20	—	—		海拔 2000m~3000m
		15	—	—		海拔高于3000m
氰化氢	0.94	1	—	—	5.6~12.8	—
溶剂汽油	3.00~4.00	—	300	—	1.4~7.6	—
一氧化氮	1.03	—	15	—	不燃	—
甲烷	0.55	—	—	—	5.0~15.0	—
苯	2.71	—	6	10	1.45~8.0	—

注：最高容许浓度指工作地点、在一个工作日内、任何时间有毒化学物质均不应超过的浓度。时间加权平均容许浓度指以时间为权数规定的 8h 工作日、40h 工作周的平均容许接触浓度。短时间接触容许浓度指在遵守时间加权平均容许浓度前提下容许短时间(15min)接触的浓度。

5.3.4 气体检测人员必须经专项技术培训，具备检测设备操作能力。

5.3.5 应采用专用气体检测设备检测井下气体。

5.3.6 气体检测设备必须按相关规定定期进行检定，检定合格后方可使用。

5.3.7 气体检测时，应先搅动作业井内泥水，使气体充分释放，保证测定井内气体实际浓度。

5.3.8 检测记录应包括下列内容：

1 检测时间；

2 检测地点；

3 检测方法和仪器；

4 现场条件（温度、气压）；

5 检测次数；

6 检测结果；

7 检测人员。

5.3.9 检测结论应告知现场作业人员，并应履行签字手续。

5.4 照明和通信

5.4.1 作业现场照明应使用便携式防爆灯，照明设备应符合现行国家标准《爆炸性气体环境用电气设备 第 14 部分：危险场所分类》GB 3836.14 的相关规定。

5.4.2 井下作业面上的照度不宜小于 50lx。

5.4.3 作业现场宜采用专用通信设备。

5.4.4 井上和井下作业人员应事先规定明确的联系方式。

6 防护设备与用品

6.0.1 井下作业时，应使用隔离式防毒面具，不应使用过滤式防毒面具和半隔离式防毒面具以及氧气呼吸设备。

6.0.2 潜水作业时应穿戴隔离式潜水防护服。

6.0.3 防护设备必须按相关规定定期进行维护检查。严禁使用质量不合格的防毒和防护设备。

6.0.4 安全带、安全帽应符合现行国家标准《安全带》GB 6095 和《安全帽》GB 2811 的规定，应具备国家安全和质检部门颁发的安鉴证和合格证，并应定期进行检验。

6.0.5 安全带应采用悬挂双背带式安全带。使用频繁的安全带、安全绳应经常进行外观检查，发现异常应立即更换。

6.0.6 夏季作业现场应配置防晒及防暑降温药品和物品。

6.0.7 维护作业时配备的皮叉、防护服、防护鞋、手套等防护用品应及时检查、定期更换。

7 事故应急救援

7.0.1 维护作业单位必须制定中毒、窒息等事故应急救援预案，并应按相关规定定期进行演练。

7.0.2 作业人员发生异常时，监护人员应立即用作业人员自身佩戴的安全带、安全绳将其迅速救出。

7.0.3 发生中毒、窒息事故，监护人员应立即启动应急救援预案。

7.0.4 当需下井抢救时，抢救人员必须在做好个人安全防护并有专人监护下进行下井抢救，必须佩戴好便携式空气呼吸器、悬挂双背带式安全带，并系好安全绳，严禁盲目施救。

7.0.5 中毒、窒息者被救出后应及时送往医院抢救；在等待救援时，监护人员应立即施救或采取现场急救措施。

附录 A 下井作业申请表和作业票

表 A-1 下井作业申请表

单位：

作业项目			
作业单位			
作业地点		作业任务	
作业单位负责人		安全负责人	
作业人员		项目负责人	
作业日期		主管领导签字	
安全防护措施			
作业现场情况说明	作业管径：____m 井深：____m 性质：____ 下井座次：____座 是否潜水作业：____		
上级主管部门意见			

申报日期：　　年　月　日

表 A-2　下井安全作业票

单位：________________

<table>
<tr><td>作业单位</td><td></td><td>作业票填报人</td><td></td><td>填报日期</td><td></td></tr>
<tr><td>作业人员</td><td colspan="3"></td><td>监护人</td><td></td></tr>
<tr><td>作业地点</td><td colspan="3">区　　路道街</td><td>井号</td><td></td></tr>
<tr><td colspan="2">作业时间</td><td colspan="2"></td><td>作业任务</td><td></td></tr>
<tr><td>管径</td><td></td><td>水深</td><td></td><td>潮汐影响</td><td></td></tr>
<tr><td colspan="2">工厂污水排放情况</td><td colspan="4"></td></tr>
<tr><td>防
护
措
施</td><td colspan="5">1 提前开启井盖自然通风情况（井数和时间）
2 井下降水和照明情况
3 井下气体检测结果
4 拟采取的防毒、防爆手段（穿戴防护装具、人工通风情况）</td></tr>
<tr><td colspan="3">项目负责人意见

（签字）</td><td colspan="3">安全员意见

（签字）</td></tr>
<tr><td>作业人员身体状况</td><td colspan="5"></td></tr>
<tr><td>附　注</td><td colspan="5"></td></tr>
</table>

本规程用词说明

1 为便于在执行本规程条文时区别对待，对于要求严格程度不同的用词说明如下：

1）表示很严格，非这样做不可的用词：
正面词采用“必须”，反面词采用“严禁”；

2）表示严格，在正常情况下均应这样做的用词：
正面词采用“应”，反面词采用“不应”或“不得”；

3）表示允许稍有选择，在条件许可时首先应这样做的用词：
正面词采用“宜”或“可”，反面词采用“不宜”；

4）表示有选择，在一定条件下可以这样做的用词，采用“可”。

2 条文中指明应按其他有关标准执行的写法为“应按……执行”或“应符合……的规定”。

引用标准名录

1 《给水排水管道工程施工及验收规范》GB 50268

2 《安全帽》GB 2811

3 《爆炸性气体环境用电气设备 第14部分：危险场所分类》GB 3836.14

4 《起重机用钢丝绳检验和报废实用规范》GB/T 5972

5 《安全带》GB 6095

6 《公路工程施工安全技术规程》JTJ 076

中华人民共和国行业标准

城镇排水管道维护安全技术规程

CJJ 6—2009

条 文 说 明

修订说明

《城镇排水管道维护安全技术规程》CJJ 6－2009经住房和城乡建设部2009年10月20日以第408号公告批准发布。

本规程是在《排水管道维护安全技术规程》CJJ 6－85的基础上修订而成，上一版的主编单位是天津市市政工程局，主要起草人是龚绍基、王家瑞。本次修订的主要内容是：

1 原规程第一章1.0.3条、1.0.6条的相关内容调整至新增加的第三章“基本规定”中，在第三章中增加了涉及安全方面的共性要求。

2 增加了第二章“术语”。

3 删除原规程第二章“地面作业”，相关内容调整为第四章“维护作业”中，并增加了“开启与关闭井盖”、“清掏作业”等内容。

4 原规程第三章“井下作业”调整为第五章，将原“降水和通风”内容中的“降水”部分调整至第一节，将“通风”内容单独调整为一节。

5 删除原规程第四章“防毒用具和防护用品”，相关内容调整至第六章“防护设备与用品”中。

6 删除原规程第五章“附则”，相关内容调整至第七章，并增加了“事故应急救援”等内容。

本规程修订过程中，编制组对我国城镇排水管道维护作业的现状进行了调查研究，总结了20多年来我国排水管道维护安全技术和检测方法的实践经验。

为便于广大设计、施工、科研、学校等单位有关人员在使用本规程时能正确理解和执行条文规定，《城镇排水管道维护安全技术规程》编制组按章、节、条顺序编制了本规程的条文说明，对条文规定的目的、依据以及执行中需注意的有关事项进行了说明，还着重对强制性条文的强制性理由作了解释。但是，本条文说明不具备与规程正文同等的法律效力，仅供使用者作为理解和把握标准规定的参考。在使用中如果发现本条文说明有不妥之处，请将意见函寄天津市排水管理处。

目　次

1 总　　则

1.0.1 改革开放以来，我国城镇建设发展迅猛，市政排水管道、设施成倍增长，但由于技术、经济、设备、人员等原因，各城镇对排水管道、设施的维护安全技术标准不统一，特别是近年来在排水管道维护作业中连续发生硫化氢中毒事故以及道路交通事故，造成作业人员重大伤亡，因此迫切需要制定适用于全国的、具有可操作性的排水管道维护安全技术规程，以保证维护作业人员的安全和健康。我国地域辽阔，气象、地理环境差异很大，经济发展水平也不平衡，因此建议各地还应在本规程的基础上结合当地实际，制定相应的地方标准。

1.0.2 本规程所指排水管道包括雨水管道、污水管道、合流管道以及暗渠等。本规程所指的附属构筑物包括检查井、闸井、雨水口、管道出水口、泵站集水池等。

2 术　　语

2.0.1 排水管道是指汇集和排放城镇污水、废水和雨水的管道及暗渠。

2.0.2 维护作业是指维护人员在地面和地面以下对排水管道及附属构筑物进行检查、养护和维修的作业。

2.0.3 检查井又称窨井、马葫芦，是连接上下游排水管道，供维护作业人员检查、清掏或出入管道的构筑物。

2.0.5 集水池主要指泵站进水池和出水池，供水泵吸水和出水管排水以及人员进入检查和维修的构筑物，一般分为敞开式和封闭式两种。

2.0.6 闸井是指为安装、维修、维护闸门所建的构筑物，按照结构分为敞开式和封闭式两种。通过启闭闸门可以控制泵站进出水量以及管道直接排入河道的水量，一般按照管道性质分为雨水闸门、污水闸门。

2.0.7 推杆疏通又分为竹片疏通、钢条疏通和沟棍疏通，主要采用疏通杆直推前进来打通管道堵塞，推杆的另一个作用是在绞车疏通前将竹片或钢索从一个检查井引到下一个检查井，简称“引钢索”。

2.0.8 绞车疏通是目前我国许多城市的主要疏通方法。绞车主要分为人力绞车和机动绞车，疏通方法是将通沟牛在两端钢索的牵引下，在管道内用人手推或机械牵引来回拖动，从而将污泥推拉至检查井内，然后再进行清掏。

2.0.9 通沟牛又称铁牛、橡皮牛、刮泥器，是在绞车疏通中使用的桶形、铲形等式样的铲泥工具。通常为钢板制成的圆筒，中间隔断，还有用铁板夹橡胶板制成的圆板橡皮牛、钢丝刷牛、链条牛等。通沟牛直径一般小于管道内径 5cm。

2.0.10 电视检查是目前国内外普遍采用的管道检查方法，具有图像清晰、操作安全、资料便于计算机管理等优点，避免和减少了人员进入雨污水管道内检查的频率和发生中毒、窒息的潜在危险。电视检查目前分为车载式、便携式和杆式三种。

2.0.11 井下作业是维护作业人员在维护作业中需要进入排水管道、检查井、闸井、泵站集水池等市政排水设施内进行检查、维修、清掏等采用的一种作业方式，该井下作业可分为潜水作业、非潜水作业两种，作业方法可分为人工下井作业和机械掏挖作业。由于作业环境比较恶劣，劳动强度大，具有一定的危险性，容易发生作业人员中毒事故，因此井下作业尽量采用机械作业的方法，避免人员下井作业。

2.0.12 隔离式潜水防护服指轻潜水防护服，井下作业有时需带水作业，一般检查井内水深在 3m 以内潜水作业时，作业人员需穿戴的全身封闭潜水防护服。

2.0.13 隔离式防毒面具，非潜水井下作业的人员需佩戴长管式供压缩空气的全隔离防毒面具。该面具分两种，一种带通信，一种不带通信，井下作业尽量采用带通信的防毒面具，以便随时掌握井下人员工作情况。

2.0.15 便携式空气呼吸器是一种供作业人员随身佩戴正压式压缩空气瓶和隔离式面具的防护装置，由于供气量最多只能维持 50min，故一般在短时间内井下作业和突发事故应急抢险中使用。

2.0.16 便携式防爆灯是一种体积小、重量轻、便于携带且具有防爆功能的照明灯具，适合于井下作业使用。由于井下作业较深、光线昏暗、作业环境潮湿，有时含有易燃易爆气体，为此，采用的井下照明必须为在潮湿环境下具有防爆功能，以保证井下人员作业安全。

2.0.17 路锥一般采用锥形和塔形两种，并且带有反光标志，两锥之间可用连接链或警示带连接，在道路排水维护作业时用以把作业区域和车辆、行人隔离开来，以保证作业安全。

3 基 本 规 定

3.0.1 定期对维护作业人员进行安全教育、培训的目的是使其能够熟练掌握排水管道维护安全操作技能，提高作业中安全意识和自我保护能力，确保作业安全，作业前未进行安全教育培训的人员不可以上岗作业。

3.0.2 排水管道维护作业属于高危劳动作业，按照国家有关卫生标准，必须定期对作业人员进行职业健康体检，目的是及时发现和保障作业人员的身体健康情况，有效地进行职业病防治。

3.0.5 维护作业前和作业中对人员和设备、工具的安全要求是为加强和提高安全预防、预知、预控能力，有效地消除设备不安全状态，确保人员在安全环境中作业。

3.0.6 管道维护作业大多在道路机动车道和慢车道上进行，作业人员穿戴配有反光标志的警示服在路面上作业能起到明显警示作用，并能与一般行人区别开来，可有效地防止交通事故的发生。

3.0.10 在道路上进行维护作业易发生交通事故，因此维护作业区域应设置安全警示标志和警示灯等防护措施，保护作业人员以及道路上行驶的车辆和行人的安全。路面作业安全防护的标志属于临时性安全设施，维护作业中使用的安全设施有锥形交通路标、警示带、防护栏、挡板、移动式标志车、警示灯和夜间照明等，安全设施和规格、颜色、品种、性能要符合《道路交通标志和标线》GB 5768 和《公路养护安全作业规程》JTG H30 的相关要求。

3.0.11 维护作业现场的作业人员与所维护的设施比较接近或身处其中，如：排水管道、检查井、闸井、泵站集水池等，这些设施大多为长期封闭或半封闭式，通气性较差，气体成分较为复杂，其中有的含有大量有毒、易燃、易爆气体，当浓度较高时，如作业中对该作业现场安全环境缺乏确认或不了解，贸然动用明火容易造成爆炸伤人事故，所以，维护作业现场严禁吸烟。如需动用明火必须严格执行当地动火审批制度，未经当地有关部门许可严禁动用明火。

3.0.12 该条规定中的 4 个条件为并列关系，只要其中有一个条件不具备，作业人员就不得进入管道内作业。

由于维护作业人员躬身高度一般在 1m 左右，如在管径小于 0.8m 管道中，作业人员必然长期躬身、行动不便，呼吸不畅，无法进行操作；当管道内水深大于 0.5m 和充满度大于 50%且管径越小、进深越长时，管道内氧气含量越低；流速大于 0.5m/s 时，作业人员无法站稳，作业难度和危险性随之增加，作业人员人身安全没有保证。

3.0.13 机械化作业是提高管道维护作业效率、改善劳动条件、降低作业人员劳动强度、减少生产安全事故的有效手段，也是排水管道维护作业发展方向，各地排水管理部门应加大这方面的投入。

4 维护作业

4.1 作业场地安全防护

4.1.2 疏通作业时应在作业区域来车方向前放置防护栏，一般道路应在 5m 以外，是指在机动车道和非机动车道，不断交通情况下的作业，由于受作业区域的限制，防护栏和路锥设置不要过多、过远。

4.1.3 近年来全国各省市快速路建设发展较快，由于快速路来往车辆速度较快，在其路面人工维护作业具有发生交通事故的潜在危险，因此在快速路上作业要优先采用机械维护作业方法，尽量减少和避免人工作业和夜间作业，确需人工作业时应按该条规定执行，以保障作业人员人身安全。

4.2 开启与关闭井盖

4.2.1 开闭井盖要采用具有一定刚性的专用工具，由于井盖型号、材料、重量不一，如需两人启闭时，要用力一致，轻开轻放，防止受伤。

4.2.3 主要指管道压力井盖、带锁井盖和排水泵站出水压力池盖板等，由于压力井盖长年暴露在外或长期封闭地下，风吹日晒、潮湿，容易锈蚀，正常开启比较困难，又因井内气体情况不便检测、无法确认其是否有易燃易爆气体存在，因而无法保证安全作业环境，如贸然动用电气焊等明火作业容易发生爆炸事故，造成人员伤害，因此，开启压力井盖时应采取防爆措施。

4.3 管道检查

4.3.1 近年来我国许多城市已采用了排水管道电视检查、声纳检查和便携式快速检查的方法，并取得良好的效果，减少了人员进入管道检查的频率。

由于电视检查多用于已建成的排水管道或经过清理后的旧有管道，其旧有管道内气体比较复杂，人员进入检查有一定的难度和危险性，因此宜采用电视检查方法，人员尽量不进入管道检查。管道检查可分为新管道交接验收检查、运行管道状况检查和应急事故检查等，其中管道状况检查和应急事故检查，由于受管道现状影响较大，检查有一定难度，并存在一定的危险性。

4.3.3 潜水作业一般包括潜水检查和潜水清掏作业。对管道内的潜水作业，因作业面比较狭窄，管内情况比较复杂，一旦作业出现问题，潜水员很难及时撤离，存在一定安全隐患，所以作业单位尽量不安排潜水员进入管道内作业。同时，凡从事潜水作业的单位和潜水员必须具备特种作业资质。

4.3.4 人员进入管道、检查井、闸井、集水池内检查属于进入密闭空间作业。近年来也曾发生过检查人员中毒、缺氧窒息伤亡事故，要尽量减少人员进入管道内检查，如确需人员进入管道内检查，应按本规程第 5 章的相关规定执行。

4.4 管道疏通

4.4.2 钢丝绳使用的安全程度引用现行国家标准《起重机用钢丝绳检验和报废实用规范》GB/T 5972 的相关规定进行判断：

1 断丝的性质和数量；

2 绳端断丝；

3 断丝的局部聚集；

4 断丝的增加率；

断丝数超过表1（选自《起重机用钢丝绳检验和报废实用规范》GB/T 5972－2006）的规定时要予以报废；

5 绳股断裂；

如果出现整根绳股的断裂，钢丝绳应予以报废。断丝数超过表2（选自《起重机用钢丝绳检验和报废实用规范》GB/T 5972－2006）的规定时要予以报废。

表1 钢制滑轮上工作的圆股钢丝绳中断丝根数的控制标准

外层绳股承载钢丝数[a] n	钢丝绳典型结构示例[b]（GB 8918－2006 GB/T 20118－2006）[e]	起重机用钢丝绳必须报废时与疲劳有关的可见断丝数[c]							
		机构工作级别							
		M1、M2、M3、M4				M5、M6、M7、M8			
		交互捻		同向捻		交互捻		同向捻	
		长度范围[d]				长度范围[d]			
		≤6d	≤30d	≤6d	≤30d	≤6d	≤30d	≤6d	≤30d
≤50	6×7	2	4	1	2	4	8	2	4
51≤n≤75	6×19S*	3	6	2	3	6	12	3	6
101≤n≤120	8×19S* 6×25Fi*	5	10	2	5	10	19	5	10
221≤n≤240	6×37	10	19	5	10	19	38	10	19

a 填充钢丝不是承载钢丝，因此检验中要予以扣除，多层绳股钢丝绳仅考虑可见的外层，带钢芯的钢丝绳，其绳芯作为内部绳股对待，不予考虑。

b 统计绳中的可见断丝数时，圆整至整数值。对外层绳股的钢丝直径大于标准直径的特定结构的钢丝绳，在表中做降低等级处理，并以＊号表示。

c 一根断丝可能有两处可见端。

d d为钢丝绳公称直径。

e 钢丝绳典型结构与国际标准的钢丝绳典型结构是一致的。

表2 钢制滑轮上工作的抗扭钢丝绳中断丝根数的控制标准

起重机用钢丝绳必须报废时与疲劳有关的可见断丝数[a]			
机构工作级别 M1、M2、M3、M4		机构工作级别 M5、M6、M7、M8	
长度范围[b]		长度范围[b]	
≤6d	≤30d	≤6d	≤30d
2	4	4	8

a 一根断丝可能有两处可见端。

b d为钢丝绳公称直径。

6 绳径减少，包括绳芯损坏所致的情况；

7 弹性降低；

8 外部磨损；

9 外部及内部腐蚀；

10 变形；

11 由于热或电弧造成的损坏；

12 永久伸长的增加率。

4.4.3 推杆疏通又分为竹片疏通、钢条疏通和沟棍疏通，是目前较为普通的排水管道人工疏通作业的方法，具有设备简单、成本低、能耗省、操作方便、适用范围广的优点，因此在全国各省市排水行业仍被普遍使用。但随着城市建设高速发展，排水机械化在维护作业中使用率不断提高，竹片、沟棍疏通作业将逐步由机械化作业所替代。

4.4.4 制定本规定主要考虑绞车疏通过程中常见的事故，包括道路交通事故、钢丝绳断飞车事故、齿轮和钢丝绳夹手事故以及坠物砸脚事故等。由于该作业工具属非定型产品，各城市使用的不一样，因此作业时，建议在本条规定执行基础上制定相应的安全操作规程。

4.4.5 目前，高压射水车在国内排水维护作业中的应用正在不断增多，射水车利用高达15MPa左右的高压水来将管道污泥冲到井内，然后再用吸泥车等方法取出，是养护机械化作业的发展方向，但因其操作技术要求高，作业程序较为复杂，必须由专人操作和管理。

4.5 清掏作业

4.5.1 目前国内市政排水设施清掏作业中各省市使用的设备各不相同。一般包括真空吸泥车、抓泥车、联合疏通车等设备。

1 排水管道疏通、清掏作业的机械设备和车辆属于市政行业特种作业车辆，其操作人员除要具备交通管理部门发放的车辆驾驶人员有效证件外，还应经特种车辆上级主管部门进行的专项技术培训并取得有效操作证，作业时持证上岗。

4.6 管道及附属构筑物维修

4.6.2 管道及附属构筑物维修掘路前，要了解清楚作业面的地下管线（电缆、自来水、燃气、热力等）情况，不能盲目掘路施工，同时要加强作业人员自身安全防护和路面交通安全防护。

4.6.3 管道维修，检查需要用橡胶充气管塞进行封堵作业时，要采取以下措施：

1 放置气堵时，井下作业人员要穿戴好防护装具，佩戴安全带，系好安全绳，井上要设置2～3名监护人员。

2 堵水作业前，要对管道进行清理清洗，要求管道内部无砖块、石屑、钢筋、钢丝、玻璃屑等尖锐杂物，保证管壁光洁；需清理的管道长度要为橡胶管塞长度的1.5倍。

3 橡胶充气管塞使用前要按相应尺寸规定的工作压力进行充气试压试验，要求充气后其直径不得超过管塞规格的最大直径，且48h不漏气；确保橡胶充气管塞表面伸缩均匀，无明显伤损痕迹。

4 橡胶管塞距管口一端的位置，一般距管口边缘20cm～30cm；使用钢丝绳或足够拉力的绳索栓系橡胶管塞作牵引，绳索的另一端与地面上的物体连接固定或采取支撑措施。

5 橡胶充气管塞充气时，必须注意观察压力读数，要使其压力保持在相应工作压力范围内；密切注意固定绳索变化以及水位状况，固定绳索不得移滑，上下游水位差不要超过4.5m。

6 橡胶充气管塞堵塞完毕后，置塞井井上必须设专人值班，密切注意橡胶充气管塞受压压力变化以及水位变化，压力低于限值时，必须及时充气至规定范围；水位高于限值时，则应及时排水或采取其他措施降低水位。

7 取出橡胶充气管塞前，应加装阻挡装置，以防管塞冲没。同时必须保证井管内确无滞留人员，方可对橡胶充气管塞进行放气，此过程中，仍需注意固定绳索的变化，条件允许时，要采取橡胶充气管塞下游增高水位法，降低其前后水位落差，减轻压力。

8 橡胶充气管塞不耐酸、碱、油，其保管和使用均要减少或避免与上述物质接触；橡胶充气管塞使用完毕，要晾干后使用滑石粉涂抹管体，并置于干燥处保存。

9 使用橡胶充气管塞时，必须指定专人负责安全工作。

4.6.4 近年来，在排水管道维修施工中加砌检查井或新老管道连接时，频繁发生硫化氢中毒事故，因在做工程管道最后连接工序时，一般需人员下井操作。在打破老管前，老管道处于长期封闭状态，一旦破口打开，管道内污水和气体一起释放出来，随着水体流动，这时瞬间产生的有毒气体浓度极高，有时硫化氢气体可达到（700～1000）ppm，一旦作业人员没有防护，极易造成中毒事故，因此，该作业项目不能盲目施行，必须严格按照井下作业安全规定执行。

4.6.7 抢修作业一般指市政排水设施突发事故，造成路面塌陷，影响管道正常排水和道路交通安全，要求短时间内必须修复的施工作业项目。相对日常设施的维修，抢修作业具有一定的时限性、危险性，容易发生坍塌、中毒等事故，因此抢修作业前，作业单位应制定详细的抢修作业方案，按照《给水排水管道工程施工及验收规范》GB 50268和本规程第5章的相关规定执行。

5 井下作业

5.1 一般规定

5.1.2 井下作业是市政排水管道维护作业中经常遇到的一种特殊作业项目，其作业的特殊环境，作业中的危险性较大，作业人员容易出现硫化氢中毒和窒息事故。本条井下作业要求主要是针对作业单位和作业人员，是对进行井下作业安全最基本的要求。由于井下作业环境比较恶劣，劳动强度大，操作困难并且作业时间较长，因此对作业人员的技术素质、安全素质和身体素质以及自我保护和自救能力要求比较高，对作业单位的现场安全监督管理，作业组织能力，设备配备和使用以及应急救援措施等要求比较严格。对此应保证每年不少于一次进行井下作业安全专项技术培训，对井下作业的操作、监护人员实行操作证制度。

5.1.6 根据近年在全国排水行业管道维护作业中发生的硫化氢中毒事故分析，大多数为作业单位和相关人员盲目和随意安排该作业项目，没有任何报告和审批手续，更没有采取任何安全防护措施，对井下作业现场的危险性缺乏辨识和认知，更没有当作危险作业项目来抓，麻痹大意、缺乏警惕，因此，为避免井下作业中发生安全事故，作业前必须履行审批手续，执行下井许可制度，有效预防井下作业项目安排的随意性和盲目性，杜绝私自下井作业。

审批主要内容包括：作业时间、作业地点、作业单位、作业项目、作业人员、安全防护措施、管径、水深、潮汐、作业人员身体状况、作业负责人、主管部门意见等。

5.1.7 各省市排水维护单位可根据《下井作业申请表》和《下井安全作业票》（附录A）在作业中参考

使用。

5.1.8 下井作业前作业单位必须先检测管道内气体情况，必须坚持先检测后作业的程序，该规定是作业中预防硫化氢中毒的有效手段，通过气体检测可以使现场作业人员对该作业环境有一个正确的辨识和认知，以便及时采取安全预防措施，杜绝盲目下井作业。

5.1.9 本条6项规定，是在作业前作业单位必须了解、掌握和完成的各项准备工作，是作业安全的保证。

5.1.10 由于排水管道内水体流动没有规律且气体比较复杂，当井下作业人员工作时造成井内泥水搅动，有毒气体可随时发生变化并释放，因此进行全过程气体检测可保证作业单位及时掌握井内气体情况，一旦发生变化可及时采取防护措施，保证作业人员安全。

井下作业必须设有监护人员，并且不得少于两人，是因为监护人员在地面既要随时观察井内作业人员情况，又要随时观察地面设备运转情况，还要掌握好供气管、安全绳，潜水作业时还要掌握好通信线缆等，特别是一旦井下作业出现异常，监护人员可立即帮助井下人员迅速撤离。监护人员的工作直接关系到井下作业人员安全，责任重大，所以要求监护人员必须经过专业培训，并具备一定的安全素质、操作技能、管理能力、抢救方法，工作中必须严肃、认真、负责。

进入管道内的作业，监护人员要下到井室内的管道口处进行监护，应以随时能观察管内人员工作情况并能保证通话正常，一般不能超过监护人员视线，一旦出现异常情况以能够保证迅速将管内作业人员救出为准，井下作业未结束时监护人员不得撤离。

5.1.11 本条9项规定，是为保证作业人员在安全的环境中作业所采取的有效预防、预控措施。

2 为预防井下作业人员发生中毒和窒息事故，最安全有效的方法就是为作业人员佩戴好供压缩空气的隔离式防护面具，系好安全带、安全绳，使其作业人员呼吸的气体完全与井内各种气体隔离，所呼吸的气体完全是地面上空气压缩机、送风机以及压缩空气瓶供给的新鲜空气。

5.2 通　　风

5.2.3 通风是井下作业采取安全措施的必要手段，由于作业前的检查井、闸井、集水池等设施长期处于封闭状态，其内部聚集大量的污泥、污水，并伴有一定浓度的有毒气体或缺少氧气，作业前如不采取通风措施，盲目下井作业，容易造成作业人员中毒窒息事故，因此凡是确定的井下作业项目，作业前应采取自然通风或必要的机械强制通风，有效降低作业井内的有毒气体浓度和提高氧气含量，以达到井下作业气体安全规定的标准，从而为作业人员创造一个安全、良好的作业环境。

5.3 气 体 检 测

5.3.1 气体检测是井下作业重要的安全措施，是对作业现场进行危险情况及程度确定的最有效的方法，作业前通过气体检测，可随时了解和掌握井内气体情况及时采取有效的防护措施，杜绝操作人员盲目下井作业而造成中毒事故的发生。因此，正确地配备和使用气体检测设备，正确掌握气体检测的方法，落实检测人员的责任尤为重要。

气体检测主要是对管道内硫化氢、一氧化碳、可燃性气体和氧气含量等气体的测试。

5.3.3 依据现行国家标准《工作场所有害因素职业接触限值　第1部分：化学有害因素》GBZ 2.1的有关规定，对本条说明如下：

最高容许浓度的应用：最高容许浓度主要是针对具有明显刺激、窒息或中枢神经系统抑制作用，可导致严重急性损害的化学物质而制定的不应超过的最高容许接触限值，即任何情况都不容许超过的限值。最高浓度的检测应在了解生产工艺过程的基础上，根据不同工种和操作地点采集能够代表最高瞬间浓度的空气样品再进行检测。

时间加权平均容许浓度的应用：时间加权平均容许浓度是评价工作场所环境卫生状况和劳动者接触水平的主要指标。职业病危害控制效果评价，如建设项目竣工验收、定期危害评价、系统接触评估、因生产工艺、原材料、设备等发生改变需要对工作环境影响重新进行评价时，尤应着重进行时间加权平均容许浓度的检测、评价。个体检测是测定时间加权平均容许浓度比较理想的方法，尤其适用于评价劳动者实际接触状况，是工作场所化学有害因素职业接触限值的主体性限值。定点检测也是测定时间加权平均容许浓度的一种方法，要求采集一个工作日内某一工作地点，各时段的样品，按各时段的持续接触时间与其相应浓度乘积之和除以8，得出8h工作日的时间加权平均容许浓度。定点检测除了反映个体接触水平，也适于评价工作场所环境的卫生状况。

短时间接触容许浓度的应用：短时间接触容许浓度是与时间加权平均容许浓度相配套的短时间接触限值，可视为对时间加权平均容许浓度的补充。只用于短时间接触较高浓度可导致刺激、窒息、中枢神经抑制等急性作用，及其慢性不可逆性组织损伤的化学物质。在遵守时间加权平均容许浓度的前提下，短时间接触容许浓度水平的短时间接触不引起：①刺激作用；②慢性或不可逆性损伤；③存在剂量-接触次数依赖关系的毒性效应；④麻醉程度足以导致事故率升高、影响逃生和降低工作效率。即使当日的时间加权平均容许浓度符合要求时，短时间接触浓度也不应超过短时间接触容许浓度。当接触浓度超过时间加权平均容许浓度，达到短时间接触容许浓度水平时，一次持续接触时间不应超过 15min，每个工作日接触次数不应超过 4 次，相继接触的间隔时间不应短于 60min。

5.3.6 目前，市政行业井下作业采用的气体检测仪一般有复合式（四合一）的，即：硫化氢、一氧化碳、氧气、可燃性气体和单一式的，即：硫化氢、氧气、一氧化碳、可燃性气体等，保证该仪器正确操作和正常使用，检测数据的及时和准确性，使作业单位根据检测数据采取相应防护措施，对井下作业人员安全起着至关重要作用，因此根据有关规定和该仪器应达到的相关技术参数要求，必须对气体检测仪器定期进行检定和校准。

5.3.7 作业井内气体检测在泥水静止和经搅动后检测的结果截然不同，有时差别很大，因作业人员下到井内工作时，势必造成井内泥水不断搅动，有毒气体很容易挥发出来，可视为工作人员实际所处的工作环境，因而，作业前所采用的该检测方法是为了使作业井内有毒气体通过人员用木棍不断地搅动使气体充分释放出来，以测定井内实际浓度，从而使作业人员采取有效防护措施。

5.4 照明和通信

5.4.2 井下作业照明，一般白天自然光线可满足，如作业井较深、光线较暗，作业需照明时，作业人员可采用随身佩带便携式防爆灯或由井上照明即可，但照明灯具必须符合该规定要求。

5.4.3 由于路面作业现场的车辆和空压机供气系统噪声较大，人员通过喊话保持联系的方式会受到一定的影响，因此宜采用专用通信设备保持地面与井下通信联络，该联络方式是地面监护人员对井下作业人员工作状况随时掌握的最好方法。

6 防护设备与用品

6.0.1 目前排水维护作业中井下作业供气方式主要有两种，一种为供压缩空气的专用空压机和便携式压缩空气瓶，一种为直接供气的供气泵，二者提供的气源均为空气，但专用的空压机具有空气过滤和油水分离器，能够保持为下井作业人员供气的纯度，更为重要的是，空压机气缸容量具备贮气功能，一旦设备出现问题，机器停止工作，空压机汽缸容量内存贮的气量能够维持（3～5）min 的正常供气，仍能保证井下人员正常呼吸需要，从而使井下作业人员能够及时撤离，而供气泵则无此项功能。因此，井下作业供气尽量采用安全可靠的专用空气压缩机或便携式压缩空气瓶供气方式。

空气压缩机选择要符合下列要求：

1 采用移动式具有空气净化和过滤功能的，供给的空气纯度不低于 98%，氧气含量在 20%～22% 之间；

2 气缸容积一般在 20L 以上，工作压力在 0.4MPa～0.8MPa，按常压计算，每分钟供气量不少于 8L；

3 空压机故障停机时，气缸压力和气量应满足井下作业人员 3min～5min 的供气，以保证井下作业人员及时升井；

4 供气管应为抗压、抗折、防腐，长度不大于 40m 的橡胶管。

通过多年对排水管道内进行气体监测，分析结果显示排水管道内中普遍存在硫化氢气体，有的监测点硫化氢气体浓度甚至达到 150ppm 以上（现行国家标准《工作场所有害因素职业接触限值》GBZ 2－2007 规定作业场所硫化氢最高允许浓度为 $10mg/m^3$，即相当于 6.6ppm）。近年来各地连续发生硫化氢中毒也进一步说明井下作业属于 IDLH（高危）环境下作业。根据标准必须使用隔绝式全面罩正压供气（携气）防护用品。同时依据现行国家标准《缺氧危险作业安全规程》GB 8958－2006 中“缺氧作业必须选用隔绝式呼吸防护用品”的规定，在井下作业中严禁使用“气幕式”面罩作为呼吸防护用品。

过滤式呼吸防护用品具有单一性，即每一种过滤式呼吸器只能过滤一种有毒有害气体，由于排水管道中水质复杂，容易产生多种有毒有害气体，如硫化氢、一氧化碳、氰化氢、有机气体等，很难保证井下作业人员的安全，所以根据标准规定在 IDLH（高危）环境中作业不应使用过滤式呼吸防护用品。

此外，由于使用氧气呼吸装具时呼出的气体中氧气含量较高，造成排水管道内的氧含量增加，当管道内存在易燃易爆气体时，氧含量的增加导致发生燃烧和爆炸的可能性加大。基于以上因素，下井作业应使用供压缩空气的全隔离式防护装具作为防毒用具，不应使用过滤式防毒面具和半隔离式防护面具以及氧气呼气设备。

6.0.3 根据实践经验，防护设备长期在恶劣的环境中使用，容易出现老化、损坏，降低防护功能，所以要定期进行维护检查，确保设备的安全有效使用。

6.0.4 安全带中包括安全绳，并应同时使用，安全带和安全绳材料、技术要求及使用引自现行国家标准《安全带》GB 6095 的相关规定：

1 安全带和绳必须用锦纶、维纶、蚕丝材料；

2 安全绳直径不小于 13mm，捻度为（8.5～9.0）花/100mm；

3 安全带使用时应高挂低用，注意防止摆动碰撞；

4 安全带上的各种部件不得任意拆掉，更换新绳时要注意加绳套。

6.0.5 井下作业一般都在距地面 2m 以下，属于高空作业范畴，安全带应选择悬挂式安全带；同时由于井下作业空间有限，作业人员进出需要伸直躯体，双背带式安全带受力点在背后，使用时可以将人伸直拉出；另外悬挂双背带式安全带配有背带、胸带、腿带，可以将拉力分解至肩、腰和双腿，避免将作业人员拉伤。基于以上原因安全带应采用悬挂双背带式安全带。安全带使用期为（3～5）年，发现异常应提前报废。

6.0.6 夏季天气闷热，气压低，井下有毒气体挥发性高，井下作业现场一般在路面上，四周无任何遮阳设施，长时间作业人员容易出现中暑现象，因此要尽量避免暑期井下作业项目，如必须作业，要合理安排好作业时间，作业现场要配置防晒伞，既保证作业人员的防晒、防止中暑，又起到路面作业明显的警示作用。

7 事故应急救援

7.0.1 近年来，全国排水行业在市政排水管道维护作业中，发生多起硫化氢中毒事故，特别是发生一人中毒，现场多人盲目施救造成群死群伤事故，从而，暴露出有关省市排水行业用人单位和作业单位在预防中毒和窒息等事故上相关知识匮乏、制度不健全、责任不清、重视不够、措施不力、培训教育不及时，在应急救援方面存在问题，特别是缺少专项预防中毒和窒息事故应急救援预案，在排水管道维护作业中，不能很好和有效地遏制中毒、窒息事故的发生。因此，按照《安全生产法》规定，维护作业单位必须制定相应的中毒、窒息等事故应急救援预案。

作业单位要保持每年进行一次中毒、窒息事故救援现场演练，演练要包括如下内容：

1 参加演练人员必须熟知演练内容；

2 参加演练人员应熟练掌握应急救援设备的配备和使用方法；

3 作业现场一旦出现中毒、窒息应采取的救援措施、方法和程序；

4 演练人员应掌握自救、互救的方法；

5 演练中发现问题应及时调整预案内容，做到持续改进。

7.0.4 该项规定是井下作业现场发生中毒或窒息事故后确需人员下井抢救所采取的必要应急措施，是保证施救人员在井内不再发生二次中毒事故、避免因一时冲动不采取任何防护措施盲目施救而造成人员伤亡事故扩大的重要保证。

中华人民共和国行业标准

城镇供热管网工程施工及验收规范

Code for construction and acceptance of city heating pipelines

CJJ 28－2014

批准部门：中华人民共和国住房和城乡建设部

施行日期：2 0 1 4 年 1 0 月 1 日

中华人民共和国住房和城乡建设部
公　　告

第 354 号

住房城乡建设部关于发布行业标准《城镇供热管网工程施工及验收规范》的公告

现批准《城镇供热管网工程施工及验收规范》为行业标准，编号为 CJJ 28－2014，自 2014 年 10 月 1 日起实施。其中，第 2.4.3、5.1.9、5.4.11、5.4.15、8.2.7 条为强制性条文，必须严格执行。原行业标准《城镇供热管网工程施工及验收规范》CJJ 28－2004 同时废止。

本规范由我部标准定额研究所组织中国建筑工业出版社出版发行。

中华人民共和国住房和城乡建设部

2014 年 4 月 2 日

前　　言

根据住房和城乡建设部《关于印发〈2008 年工程建设标准规范制订、修订计划(第一批)〉的通知》(建标[2008] 102 号）的要求，规范编制组经广泛调查研究，在认真总结实践经验，参考有关国际标准和国外先进标准，并在广泛征求意见的基础上，编制本规范。

本规范的主要技术内容是：1. 总则；2. 施工准备；3. 工程测量；4. 土建工程；5. 管道安装；6. 热力站和中继泵站；7. 防腐和保温；8. 压力试验、清洗、试运行；9. 工程竣工验收。

本次修订的主要内容是：

1　增加了对工程施工准备的要求；

2　将原有土建结构工程进行了重新划分，并增加了地上敷设管道工程、防水工程的施工及验收规定；

3　增加了直埋蒸汽管道施工及验收规定，并对原有热水管道的安装及验收标准进行了补充；

4　将管道的焊接及检验归并到第 5 章，并补充了管道安装及检验的部分内容；

5　增加了能源计量的施工及验收规定；

6　增加了单位工程验收规定；

7　对近年来出现的新技术、新工艺纳入了本规范，同时修改了条文中不相适应的内容，补充了新内容。

本规范中以黑体字标志的条文为强制性条文，必须严格执行。

本规范由住房和城乡建设部负责管理和对强制性条文的解释，由北京市热力集团有限责任公司负责具体技术内容的解释。执行过程中如有意见或建议，请寄送北京市热力集团有限责任公司（地址：北京市朝阳区西大望路 1 号温特莱中心 A 座；邮编：100026)。

本规范主编单位：北京市热力集团有限责任公司

本规范参编单位：北京市热力工程设计公司
北京特泽热力工程设计有限责任公司
北京城建道桥建设集团有限公司
唐山市热力总公司
牡丹江热电有限公司
北京豪特耐管道设备有限公司
北京伟业供热设备有限公司
北京弗莱希波·泰格金属波纹管有限公司
天津天材塑料防水材料有限公司

本规范主要起草人员：刘　荣　王　水　牛小化　王水彬　张玉成　贾丽华　刘鸿晔　于黎明　李孝萍　董乐意　徐金锋　王孝国　李　萍　任　彬　唐　卫　梁　静　简　进　马　健　周万斌　王　莹

本规范主要审查人员：王　淮　张国京　崔志杰　冯继蓓　李春林　刘树茂　张建伟　安　雷　黄晓飞　綦升辉　何宏声

目次

Contents

1 总 则

1.0.1 为规范城镇供热管网工程的施工及验收，保证工程质量，制定本规范。

1.0.2 本规范适用于采用明挖、暗挖、顶管、定向钻等施工工艺，并符合下列参数的城镇供热管网工程的施工及验收：

1 工作压力小于或等于 1.6MPa，介质温度小于或等于 350℃的蒸汽管网；

2 工作压力小于或等于 2.5MPa，介质温度小于或等于 200℃的热水管网。

1.0.3 工程施工过程中应采用无污染或减少污染的技术和施工工艺，并应制定相应的环境保护措施。

1.0.4 在湿陷性黄土区、流砂层、腐蚀性土、冻土等地区和地震、巷道区建设城镇供热管网工程，应符合国家现行相关标准的规定。

1.0.5 城镇供热管网工程施工及验收除应符合本规范外，尚应符合国家现行有关标准的规定。

2 施工准备

2.1 一般规定

2.1.1 工程开工前应根据工程规模、特点和施工环境条件，确定项目组织机构及管理体系。

2.1.2 工程开工前应编制施工组织设计，并应经有关单位审批后方可组织施工。

2.1.3 对危险性较大的分部分项工程应编制专项方案，并应经专家论证。

2.1.4 工程开工前，应根据国家环境保护法律法规和工程项目情况，制定保护环境、减少污染和其他环境公害的措施。

2.1.5 施工安全管理措施应符合国家法律法规及国家现行有关标准的规定。

2.2 技术准备

2.2.1 工程开工前应进行设计交底。

2.2.2 工程开工前应取得设计文件、工程地质和水文地质等资料，并应进行图纸会审和设计交底会。

2.2.3 工程开工前应组织施工管理人员踏勘现场，了解工程用地、现场地形、道路交通以及邻近的地上、地下建（构）筑物和各类管线等情况。

2.2.4 工程开工前应结合工程情况对施工人员进行技术培训。

2.3 物资准备

2.3.1 工程施工所需的材料及设备应符合设计要求，且应有产品合格证明文件。

2.3.2 物资准备应编制材料、设备采购供应计划，并应组织进场检验，办理验收手续。

2.4 安全措施

2.4.1 施工前应编制安全技术措施方案和应急预案，并应经有关单位审批通过后方可进行施工。

2.4.2 施工现场应根据作业对象及其特点和环境状况，设置安全防护设施。安全防护设施应可靠、完整，警示标志应醒目。

2.4.3 施工现场夜间必须设置照明、警示灯和具有反光功能的警示标志。

2.4.4 施工现场宜采用封闭施工，并应符合下列规定：

1 围挡高度不得小于 1.8m；

2 护栏高度不得小于 1.2m。

2.4.5 高空作业应有可靠的防护设施，作业人员应佩戴安全带（绳）。

2.4.6 施工中设置的临时攀登设施应符合下列规定：

1 直梯高度不宜大于 5m，直梯踏步高度宜为 300mm，梯子净宽不宜小于 400mm。当直梯高度大于 2m 时应加设护笼；当直梯高度大于 5m 时应加设休息平台，休息平台面积不宜小于 1.5m²。

2 斜梯的垂直高度不宜大于 5m，宽度不宜小于 700mm，坡度不宜大于 60°。踏步高度不宜大于 250mm，宽度不宜小于 250mm。梯道临边一侧应设护栏，高度应为 1.2m，立柱水平距离不宜大于 2m，横杆间距应为 500mm～600mm，并应设置护网。

3 梯子上端及梯脚应安置牢固，梯子上端应设置高度为 1.0m～1.2m 的扶手。

2.4.7 开挖土方前应根据需要设置临时道路和便桥，沟槽周围和临时便桥应设置护栏。在重要路口应分别设置车行便桥和人行便桥，在沟槽两端和交通道口应设置明显的安全标志。土方开挖前应设置供施工人员上下沟槽的安全梯。

3 工程测量

3.1 一般规定

3.1.1 工程测量应根据城镇平面控制网点和城市水准网点的位置、编号、精度等级及其坐标和高程资料，确定管网施工线位和高程。

3.1.2 工程测量所用控制点的精度等级不应小于图根级。

3.1.3 当设计测量所用控制点的精度等级符合工程测量要求时，工程测量宜与设计测量使用同一测量系统。

3.1.4 供热管线的中线桩和控制点宜采用极坐标放样、平移、距离交会、方向交会等方法定位，不宜采用后方交会法定位。

3.1.5 控制点应设置在便于观测的稳固部位。

3.1.6 当新建管线与既有管线相接时，应先测量既有管线接口处的管线走向、管中坐标、管顶高程，新建管线应与既有管线顺接。

3.2 定线测量

3.2.1 管线工程施工定线测量应符合下列规定：

1 测量应按主线、支线的次序进行；

2 管线的起点、终点、各转角点及其他特征点应在地面上定位；

3 地上建筑、检查室、支架、补偿器、阀门等的定位可在管线定位后实施。

3.2.2 管线定位应按设计给定的坐标数据测定，并应经复核无误后，再测定管线点位。

3.2.3 直线段上中线桩位的间距不宜大于 50m。

3.2.4 管线中线定位宜采用 GPS 接收设备、全站仪、电磁波测距仪、钢尺等器具进行测量。当采用钢尺在坡地上测量时，应进行倾斜修正。量距的相对误差不应大于 1/1000。

3.2.5 管线定线完成后，应对点位进行顺序编号，起点、终点和中间各转角点的中线桩应进行加固或埋设标石，并应绘点标记。

3.2.6 管线转角点应在附近永久性建（构）筑物上标志点位，控制点坐标应做记录。当附近没有永久性工程时，应埋设标石。当采用图解法确定管线转角点点位时，应绘制图解关系图。

3.2.7 管线中线定位完成后，应对施工范围的地上障碍物进行核查。对施工图中标出的地下障碍物的位置，应在地面上做标识。

3.2.8 当暗挖施工时，应进行平面联系测量。

3.2.9 导线方位角闭合差应符合下式的要求：

$$R \leqslant \pm 40'' \sqrt{n} \qquad (3.2.9)$$

式中：R——导线方位角闭合差（″）；

n——测站数（个）。

3.3 水准测量

3.3.1 水准观测前应对水准仪和水准尺进行标定，标定的项目、方法和要求应符合现行国家标准《国家三、四等水准测量规范》GB/T 12898 的相关规定。在作业过程中，应定期对水准仪视准轴和水准管轴之间的夹角 i 的误差进行校验。

3.3.2 水准测量精度应符合下列规定：

1 附合水准路线闭合差应符合下式的要求：

$$R_1 \leqslant \pm 30\sqrt{L} \qquad (3.3.2\text{-}1)$$

式中：R_1——附合水准路线闭合差（mm）；

L——附合路线长度（km）。

2 当水准测量跨越河流、深沟，且视距大于 200m 时，应采用跨河水准测量方法。跨河水准测量应观测两个单测回，半测回中应观测两组，两测回间较差应符合下式的要求：

$$R_2 \leqslant \pm 40\sqrt{L} \qquad (3.3.2\text{-}2)$$

式中：R_2——两测回间较差（mm）；

L——视距（km）。

3.3.3 在管线起点、终点、固定支架及地下穿越部位的附近应设置临时水准点。临时水准点设置应明显、稳固，间距不宜大于 300m。

3.3.4 固定支架之间的管道支架、管道等高程，可采用固定支架高程进行控制。直埋管道的高程可采用变坡点、转折点的高程进行控制。

3.3.5 在竖井处应进行高程联系测量。

3.4 竣工测量

3.4.1 供热管线竣工测量应符合现行行业标准《城市地下管线探测技术规程》CJJ 61 的相关规定。

3.4.2 供热管线工程应全部进行平面位置和高程测量，竣工测量宜选用施工测量控制网。

3.4.3 竣工测量的允许误差应符合下列规定：

1 测点相对于邻近控制点的平面位置测量的允许误差应控制在±50mm 的范围内；

2 测点相对于邻近控制点的高程测量的允许误差应控制在±30mm 的范围内；

3 竣工图上管线与邻近的地上建筑物、相邻的其他管线、规划道路或现状道路中心线的间距的允许误差应控制在±0.5 mm 的范围内。

3.4.4 土建工程竣工测量应对起终点、变坡点、转折点、交叉点、结构材料分界点、埋深、轮廓特征点等进行实测。

3.4.5 供热管线竣工应测量、记录下列数据：

1 管道材质和管径；

2 管线起点、终点、平面转角点、变坡点、分支点的中心坐标和高程；

3 管线高程的垂直变动点中心坐标和垂直变动点上下两个部位的钢管上表面高程；

4 管沟敷设的管线固定支架处、平面转角处、横断面变化点的中心坐标和管沟内底、管沟盖板上表面中心的高程；

5 检查室、人孔中心坐标，检查室内底、顶板上表面中心的高程，管道中心和检查室人孔中心的距离；

6 管路附件及各类设备的平面位置，异径管处两个不同直径的钢管上表面高程；

7 管沟穿越道路或地下构筑物两侧的管沟中心坐标和管沟内底、管沟盖板的上表面中心高程；

8 地上敷设管线的支架中心坐标和支承上表面高程；

9 直埋管线的管路附件、设备、管线交叉处的中心坐标或与永久性建筑物的相对位置；

10　直埋管线的变坡点、变径点、转角点、分支点、高程垂直变化点、交叉点和直管段每隔 50m 处的外护管上表面高程；

11　直埋管线穿越道路处的道路两侧管道中心坐标和保温外护层上表面高程。

3.4.6　对管网施工中已露出的其他与热力管线相关的地下管线和构筑物，应测其中心坐标、上表面高程、与供热管线的交叉角。

3.4.7　竣工图绘制应符合下列规定：

1　竣工测量选用的测量标志应标注在管网总平面图上；

2　各测点的坐标数据应分别标注在平面和纵断面图上；

3　与热力管线相关的其他地下管线和构筑物的名称、直径或外轮廓尺寸、高程等相关数据应进行标注。

3.4.8　竣工测量应编写说明，并应包括下列内容：

1　管线种类、起止地点、实测长度等工程概况；

2　平面坐标和高程的起算数据、施工改线、拆除或连接等实测情况，及其他需要说明的事项。

3.5　测量允许误差

3.5.1　直接丈量测距的允许误差应符合表 3.5.1 的规定。

表 3.5.1　直接丈量测距的允许误差

固定测量桩间距离 L（m）	作业尺数	丈量总次数	同尺各次或同段各尺的较差（mm）	允许误差（mm）
$L<200$	2	4	≤2	$\pm L/5000$
$200\leqslant L\leqslant 500$	1～2	2	≤2	$\pm L/10000$
$L>500$	1～2	2	≤3	$\pm L/20000$

4　土建工程

4.1　一般规定

4.1.1　施工前应对工程影响范围内的障碍物进行现场核查，并应逐项查清障碍物构造情况及与拟建工程的相对位置。

4.1.2　对工程施工影响范围内的各种既有设施应采取保护措施，不得影响地下管线及建（构）筑物的正常使用功能和结构安全。

4.1.3　在地下水位高于基底的地段应采取降水措施或地下水控制措施。降水措施应符合现行行业标准《建筑与市政降水工程技术规范》JGJ/T 111 的相关规定，并应将施工部位的地下水位降至基底以下 0.5m 后方可开挖。

4.1.4　当穿越既有设施或建（构）筑物时，其施工方案应取得相关产权或管理单位的同意。

4.1.5　供热管道施工，在结构断面中的位置均应符合设计纵横断面要求。

4.1.6　受施工影响范围内的建（构）筑物，应对建（构）筑物的状态进行第三方监控量测。

4.1.7　冬期、雨期施工应采取季节性施工技术措施。

4.2　明　挖

4.2.1　土方工程的施工及验收应符合现行国家标准《建筑地基基础工程施工质量验收规范》GB 50202 的相关规定。

4.2.2　土方开挖前应根据施工现场条件、结构埋深、土质和有无地下水等因素选用不同的开槽断面，并应确定各施工段的槽底宽度、边坡、留台位置、上口宽度及堆土和外运土量。

4.2.3　当施工中采用边坡支护时，应符合现行行业标准《建筑基坑支护技术规程》JGJ 120 的相关规定。

4.2.4　当土方开挖中发现事先未探明的地下障碍物时，应与产权或主管单位协商，采取措施后，再进行施工。

4.2.5　开挖过程中应对开槽断面的中线、横断面、高程进行校核。当采用机械开挖时，应预留不少于 150mm 厚的原状土，人工清底至设计标高，不得超挖。

4.2.6　土方开挖应保证施工范围内的排水畅通，并应采取防止地面水、雨水流入沟槽的措施。

4.2.7　土方开挖完成后，应对槽底高程、坡度、平面拐点、坡度折点等进行测量检查，并应合格。

4.2.8　土方开挖至槽底后，应对地基进行验收。

4.2.9　当槽底土质不符合设计要求时，应制定处理方案。在地基处理完成后应对地基处理进行记录，并可按本规范表 A.0.1 的规定填写。

4.2.10　当槽底局部土质不合格时，应按下列方法进行处理：

1　当土质处理厚度小于或等于 150mm 时，宜采用原土回填夯实，其压实度不应小于 95%；当土质处理厚度大于 150mm 时，宜采用砂砾、石灰土等压实，压实度不应小于 95%；

2　当槽底有地下水或含水量较大时，应采用级配砂石或砂回填至设计标高。

4.2.11　直埋保温管接头处应设置工作坑，工作坑的尺寸应满足接口安装操作的要求。

4.2.12　沟槽开挖与地基处理后的质量应符合下列规定：

1　沟槽开挖不应扰动原状地基；

2　槽底不得受水浸泡或受冻；

3　地基处理应符合设计要求；

4　槽壁应平整，边坡坡度应符合现行国家标准

《建筑地基基础工程施工质量验收规范》GB 50202 的相关规定；

5 沟槽中心线每侧的最小净宽不应小于管道沟槽设计底部开挖宽度的 1/2；

6 槽底高程的允许偏差：

1）开挖土方应为±20mm；

2）开挖石方应为－200 mm～＋20mm。

4.2.13 沟槽验收合格后，应对隐蔽工程检查进行记录，并可按本规范表 A.0.2 的规定填写。

4.3 暗 挖

4.3.1 暗挖工程施工应符合现行行业标准《城市供热管网暗挖工程技术规程》CJJ 200 的相关规定。隧道开挖面应在无水条件下施工，开挖过程中应对地面、建（构）筑物和支护结构进行动态监测。

4.3.2 竖井施工应符合下列规定：

1 竖井提升运输设备不得超负荷作业，运输速度应符合设备技术要求；

2 竖井上下应设联络信号；

3 龙门架和竖井提升运输设备架设前应编制专项方案，并应附负荷验算。龙门架和提升机应在安装完毕并经验收合格后方可投入使用；

4 竖井应设防雨篷，井口应设防汛墙和栏杆；

5 井壁施工中，竖向应遵循分步开挖的原则，每榀应采用对角开挖；

6 施工过程中应及时安装竖井支撑；

7 竖井与隧道连接处应采取加固措施。

4.3.3 隧道的施工应符合下列规定：

1 隧道开挖前应备好抢险物资，并应在现场堆码整齐。

2 进入隧道前应先对隧道洞口进行地层超前支护及加固。

3 隧道开挖应控制循环进尺、留设核心土。核心土面积不得小于断面的 1/2，核心土应设 1∶0.3～1∶0.5 的安全边坡。

4 隧道台阶法施工应在拱部初期支护结构基本稳定，且在喷射混凝土达到设计强度 70％以上时，方可进行下部台阶开挖，并应符合下列规定：

1）边墙应采用单侧或双侧交错开挖；

2）边墙挖至设计高程后，应及时支立钢筋格栅并喷射混凝土；

3）仰拱应根据监控量测结果及时施工，并应封闭成环。

5 隧道相对开挖中，当两个工作面相距 15m～20m 时应一端停挖，另一端继续开挖，并应做好测量工作，及时纠偏。中线贯通平面位置允许偏差应为±30mm，高程允许偏差应为±20mm。

6 隧道开挖过程中应进行地质描述并应进行记录，必要时应进行超前地质勘探。

7 隧道开挖过程中，当采用超前小导管支护施工时，应对小导管施工部位、规格尺寸、布设角度、间距及根数、注浆类型、数量等应进行记录，并可按本规范表 A.0.3 的规定填写。当采用大管棚超前支护时，可按本规范表 A.0.4 的规定填写施工记录。

4.3.4 隧道初期支护结构完工后，应对完工的隧道初期支护结构进行分段验收。

4.3.5 隧道二衬完工后，应对暗挖法施工检查进行记录，并可按本规范表 A.0.5 的规定填写。对完工的隧道应进行分段验收，对基础/主体结构工程验收应进行记录，并可按本规范表 A.0.6 的规定填写。

4.4 顶 管

4.4.1 顶管施工应符合现行国家标准《给水排水管道工程施工及验收规范》GB 50268 的相关规定。方涵顶进施工应符合现行行业标准《城镇地道桥顶进施工及验收规程》CJJ 74 的相关规定。

4.4.2 顶管机型应根据工程地质、水文情况、施工条件、施工安全、经济性等因素选用。

4.4.3 顶管施工的管材不得作为供热管道的工作管。

4.4.4 钢制顶管应采用对口双面焊接。

4.4.5 顶管工作坑施工应符合下列规定：

1 顶管工作坑应设置在便于排水、出土和运输，且易于对地上与地下建（构）筑物采取保护和安全生产措施处；

2 工作坑的支撑应形成封闭式框架，矩形工作坑的四角应加设斜支撑；

3 装配式后背墙可由方木、型钢或钢板等组装。

4.4.6 顶管顶进应符合下列规定：

1 在饱和含水层等复杂地层或临近水体施工前，应调查水文地质资料，并应对开挖面涌水或塌方采取防范和应急措施；

2 当采用人工顶管时，应将地下水位降至管底 0.5m 以下，并应采取防止其他水源进入顶管管道的措施。

4.4.7 顶管施工中，应对管线位置、顶管类型、设备规格、顶进推力、顶进措施、接管形式、土质状况、水文状况进行检查，检查完成后应对顶管施工进行记录，并可按本规范表 A.0.7 的规定填写。

4.4.8 顶管施工的允许偏差及检验方法应符合表 4.4.8 的规定。

表 4.4.8 顶管施工的允许偏差及检验方法

项 目	管径（mm）	允许偏差（mm）	检验频率		检验仪器
			范 围	点 数	
中线位移	$D<1500$	±30	每节管	1	经纬仪
	$D\geqslant1500$	±50	每节管		

续表 4.4.8

项　目	管径（mm）	允许偏差（mm）	检验频率		检验仪器
			范　围	点　数	
管内底高程	D<1500	－20～＋10	每节管	1	水准仪
	D≥1500	－30～＋20	每节管	1	水准仪
相邻管间错口	D<1500	±10	每个接口	1	尺量
	D≥1500	±20			
对顶时管道错口		±20	≤20	1	尺量

4.4.9 采用人工顶进施工应符合下列规定：

1 钢管接触或切入土层后，应自上而下分层开挖；

2 顶进过程中应测量中心和高程偏差。钢管进入土层5m以内，每顶进0.3m，测量不得少于1次；进入土层5m以后，每顶进1m应测量1次；当纠偏时应增加测量次数。

4.4.10 当钢管顶进过程中产生偏差时应进行纠偏。纠偏应在顶进过程中采用小角度逐渐纠偏。

4.4.11 钢管在顶进前应进行外防腐，顶管完成后应对管材进行内防腐及牺牲阳极防腐保护。

4.5 定 向 钻

4.5.1 定向钻施工及验收应符合现行国家标准《油气长输管道工程施工及验收规范》GB 50369的相关规定。

4.5.2 定向钻施工不宜用于直接拉进直埋管的施工。

4.5.3 定向钻顶管施工应根据土质情况、地下水位、顶进长度和管道直径等因素，在保证工程质量和施工安全的前提下选用设备机型。

4.5.4 施工前应采用地质勘探钻取样或局部开挖的方法，取得定向钻施工路由位置的地下土层分布、地下水位、土壤和水分的酸碱度等资料。

4.6 土 建 结 构

4.6.1 土建工序的安排和衔接应符合工程构造原理，施工缝设置应符合供热管网工程施工的需要。

4.6.2 深度不同的相邻基础，应按先深后浅的顺序进行施工。

4.6.3 管沟及检查室砌体结构施工应符合现行国家标准《砌体结构工程施工质量验收规范》GB 50203的相关规定。砌体结构质量应符合下列规定：

1 砌筑方法应正确，不得有通缝；

2 砌体室壁砂浆应饱满，灰缝应平整，抹面应压光，不得有空鼓、裂缝等现象；

3 清水墙面应保持清洁，勾缝应密实、深浅一致，横竖缝交接处应平整；

4 砌体砂浆抗压强度应为主控项目，砌体砂浆抗压强度及检验应符合下列规定：

1）每个构筑物或每50m³砌体制作一组试块（6块），当砂浆配合比变更时，应分别制作一组试块；

2）同强度等级砂浆的各组试块的平均强度不得小于设计规定，任意一组试块的强度最低值不得小于设计规定的85%；

5 砂浆饱满度应为主控项目，砌体砂浆饱满度及检验应符合下列规定：

1）每20m（不足20m按20m计）选两点，每点掀3块砌块，用百格网检查砌块底面砂浆的接触面取其平均值；

2）砂浆饱满度应大于或等于90%；

6 砌体安装的允许偏差及检验方法应符合表4.6.3的规定。

表 4.6.3 砌体安装的允许偏差及检验方法

项　目		允许偏差（mm）	检验频率		量　具
			范围（m）	点数	
轴线位移		0～10	20	2	经纬仪和量尺
墙高		±10	20	2	水准仪和量尺
墙面垂直度	墙高≤3m	0～5	20	2	经纬仪、吊线量尺
	墙高>3m	0～10			
墙面平整度		0～8	20	2	2m靠尺和楔形塞尺

4.6.4 钢筋混凝土的钢筋、模板、混凝土等工序的施工，应符合现行国家标准《混凝土结构工程施工质量验收规范》GB 50204的相关规定。

4.6.5 钢筋成型应符合下列规定：

1 绑扎成型应采用钢丝扎紧，不得有松动、折断、移位等现象；

2 绑扎或焊接成型的网片或骨架应稳定牢固，在安装及浇注混凝土时不得松动或变形；

3 钢筋安装的允许偏差及检验方法应符合表4.6.5的规定。

表 4.6.5 钢筋安装的允许偏差及检验方法

项　目		允许偏差（mm）	检验频率		量　具
			范围	点数	
主筋及分布筋间距	梁、柱、板	±10	每件	1	钢尺
	基础	±20	20m	1	钢尺
多层筋间距		±5	每件	1	钢尺

续表 4.6.5

项目		允许偏差（mm）	检验频率		量具
			范围	点数	
保护层厚度	基础	±10	20m	2 每10m计1点	钢尺
	梁、柱	±5	每件	1	钢尺
	板、墙	±3	每件	1	钢尺
预埋件	中心线位置	0～5	每件	1	钢尺
	水平高差	0～3	每件	1	钢尺和塞尺

4.6.6 模板安装应符合下列规定：

1 模板安装应牢固，模内尺寸应准确，模内木屑等杂物应清除干净；

2 模板拼缝应严密，在灌注混凝土时不得漏浆；

3 现浇结构模板安装的允许偏差及检验方法应符合表 4.6.6-1 的规定；

4 预制构件模板安装的允许偏差及检验方法应符合表 4.6.6-2 的规定。

表 4.6.6-1 现浇结构模板安装的允许偏差及检验方法

项目		允许偏差（mm）	检验频率		量具
			范围(m)	点数	
相邻两板表面高低差		0～2	20	2 每10m计1点	钢尺
表面平整度		0～5	20	2 每10m计1点	2m靠尺和塞尺
截面内部尺寸	基础	−20～+10	20	4	钢尺
	柱、墙、梁	−5～+4	20	4	钢尺
轴线位置		0～5	20	1	钢尺
墙面垂直度		0～8	20	1	经纬仪或吊线、钢尺

表 4.6.6-2 预制构件模板安装的允许偏差及检验方法

项目	允许偏差（mm）	检验频率		量具
		范围	点数	
相邻两板表面高低差	0～1	每件	1	钢尺
表面平整度	0～3	每件	1	2m靠尺和塞尺
长度	−5～0	每件	1	钢尺
盖板对角线差	0～7	每件	1	钢尺

续 表 4.6.6-2

项目	允许偏差（mm）	检验频率		量具
		范围	点数	
断面尺寸	−10～0	每件	1	调平尺
侧向弯曲	$L/1500$ 且≤15	每件构件全长最大弯曲处	1	量尺

注：表中 L 为构件长度（mm）。

4.6.7 混凝土浇筑应在排水良好的情况下进行施工。

4.6.8 混凝土施工应符合下列规定：

1 混凝土配合比应符合设计规定。

2 混凝土垫层、基础应符合下列规定：

1）表面应平整，不得有石子外露。构筑物不得有蜂窝、露筋等现象。

2）混凝抗压强度应为主控项目，并应符合设计的规定。检验频率应按 $100m^3$ 检验1组，检验方法应按现行国家标准《混凝土强度检验评定标准》GB/T 50107 的规定执行。

3）混凝土垫层、基础的允许偏差及检验方法应符合表 4.6.8-1 的规定。

表 4.6.8-1 混凝土垫层、基础允许偏差及检验方法

项目		允许偏差（mm）	检验频率		量具
			范围	点数	
垫层	中心线每侧宽度	不小于设计规定	20m	2 每侧计1点	挂中心线、量尺
	高程△	−15～0	20m	2	挂高程线、量尺或水平仪
基础	中心线每侧宽度	±10	20m	2 每侧计1点	挂中心线、量尺
	高程	±10	20m	2	挂高程线、量尺或水平仪
	蜂窝面积	＜1%	50m之间两侧面蜂窝总面积	1	量尺

注：表中带"△"为主控项目，其余为一般项目。

3 混凝土构筑物应符合下列规定：

1）混凝土抗压强度应为主控项目，平均值不得小于设计规定。检验频率应按每台班检验1组，检验方法应按现行国家标准《混凝土强度检验评定标准》GB/T 50107 的规定执行。

2）混凝土抗渗应为主控项目，不得小于设计规定。检验频率应按每个构筑物1组（6

块），检验方法按现行国家标准《混凝土强度检验评定标准》GB/T 50107 的规定执行。

3）混凝土构筑物的允许偏差及检验方法应符合表 4.6.8-2 的规定。

表 4.6.8-2 混凝土构筑物允许偏差及检验方法

项目		允许偏差（mm）	检验频率		量具
			范围	点数	
轴线位置		0～10	每个构筑物	2 纵横向各计1点	经纬仪
各部位高程		±20		2	水准仪
构筑物长度或直径		±20		2	量尺
构筑物厚度（mm）	<200	±5		4	量尺
	200～600	±10		4	量尺
	>600	±15		4	量尺
墙面垂直度		0～15	每面	4	垂线、量尺
麻面		每侧不得大于该侧面积的1%	每面麻面总面积	1	量尺
预埋件、预留孔位置		0～10	每件（孔）	1	量尺

4.6.9 预制构件的外形尺寸和混凝土强度等级应符合设计要求，构件应有安装方向的标识。预制构件运输、安装时的强度不应小于设计强度的 75%。

4.6.10 梁、板、支架等预制构件应符合下列规定：

1 混凝土配合比、强度应符合设计规定。

2 成型的模板、钢筋经检验合格后方可浇筑混凝土。

3 构件尺寸应准确，不得有蜂窝、麻面、露筋等缺陷。

4 混凝土抗压强度应为主控项目，平均值不得小于设计规定。检验频率应按每台班检验 1 组，检验方法应按现行国家标准《混凝土强度检验评定标准》GB/T 50107 的规定执行。

5 梁、板、支架等预制构件的允许偏差及检验方法应符合表 4.6.10 的规定。

表 4.6.10 预制构件（梁、板、支架）的允许偏差及检验方法

项目		允许偏差（mm）	检验频率		量具
			范围	点数	
长度		±10	每件	1	钢尺
宽度、高（厚）度		±5	每件	1	钢尺
侧面弯曲		$L/1000$ 且≤20	每件 构件全长最大弯曲处	1	拉线和钢尺
板两对角线差		0～10	每 10 件	1	钢尺
预埋件	中心线位置	0～5	每件	1	钢尺
	有滑板的混凝土表面平整	0～3			
	滑板面露出混凝土表面	−2～0			
预留孔中心线位置		0～5	每件	1	钢尺

注：表中 L 为构件长度（mm）。

4.6.11 梁、板、支架等构件的安装应符合下列规定：

1 安装后的梁、板、支架应平稳，支点处应严密、稳固；

2 盖板支承面处的坐浆应密实，两侧端头抹灰应严实、整洁；

3 相邻板之间的缝隙应用水泥砂浆填实；

4 构件安装的允许偏差及检验方法应符合表 4.6.11 的规定。

表 4.6.11 构件安装的允许偏差及检验方法

项目	允许偏差（mm）	检验频率		量具
		范围	点数	
平面位置	符合设计要求	每件	—	量尺
轴线位移	0～10	每 10 件	1	量尺
相邻两盖板支点处顶面高差	0～10	每 10 件	1	量尺
支架顶面高程△	−5～0	每件	1	水准仪
支架垂直度	0.5%H，且不大于 10	每件	—	垂线、量尺

注：1 H 为构件长度（mm）；

2 带“△”为主控项目，其余为一般项目。

4.6.12 检查室施工应符合下列规定：

1 室内底应平顺，并应坡向集水坑；

2 爬梯位置应符合设计的要求，安装应牢固；

3 井圈、井盖型号应符合设计要求，安装应平稳；

4 检查室允许偏差及检验方法应符合表 4.6.12 的规定。

表 4.6.12 检查室允许偏差及检验方法

项目		允许偏差（mm）	检验频率		量具
			范围	点数	
检查室尺寸	长、宽	±20	每座	2	量尺
	高	0～20	每座	2	量尺
井盖顶高程	道路路面	±5	每座	1	水准仪
	非道路路面	0～20	每座	1	水准仪

4.6.13 采用水泥砂浆五层做法的防水抹面应符合下

列规定：

1 水泥、防水剂的质量和砂浆的配合比应符合设计要求；

2 五层水泥砂浆应整段整片分层操作抹成；

3 防水层的接茬、内角、外角、伸缩缝、预埋件、管道穿过处等应符合设计要求；

4 防水层与基层应结合紧密，面层应压实抹光，接缝应严密，不得有空鼓、裂缝、脱层和滑坠等现象；

5 防水层的允许偏差及检验方法应符合表4.6.13的规定。

表 4.6.13 防水层的允许偏差及检验方法

项目	允许偏差（mm）	检验频率		检验方法
		范围	点数	
表面平整度	0～5	20m	2	2m靠尺和楔形塞尺
厚度	±5	20m	2	钢针插入和量尺

4.6.14 柔性防水施工应符合现行国家标准《地下工程防水技术规范》GB 50108 的相关要求，并应符合下列规定：

1 卷材质量、品种规格应有出厂合格证明和复检证明；

2 卷材及其胶粘剂应具有良好的耐水性、耐久性、耐刺穿性、耐腐蚀性及耐菌性；

3 卷材防水层应在基层验收合格后铺贴；

4 铺贴卷材应贴紧、压实，不得有空鼓、翘边、撕裂、褶皱等现象；

5 变形缝应使用经检测合格的橡胶止水带，不得使用再生橡胶止水带；

6 卷材铺贴搭接宽度，长边不得小于 100 mm，短边不得小于 150 mm。检验应按 20 m 检验 1 点；

7 变形缝防水缝应符合设计规定，检验应按变形缝防水缝检验1点。

4.6.15 固定支架与土建结构应结合牢固。固定支架的混凝土强度没有达到设计要求时不得与管道固定，并应防止其他外力破坏。

4.6.16 管道滑动支架应按设计间距安装。支架顶钢板面的高程应按管道坡度逐个测量，高程允许偏差应为0～10mm。支座底部找平层应满铺密实。

4.6.17 管道导向支架应按设计间距安装，导向翼板与支架的间隙应符合设计要求。

4.6.18 弹簧支架安装前，其底面基层混凝土强度应已达到设计要求。

4.6.19 管沟、检查室封顶前，应将里面的渣土、杂物清扫干净。预制盖板安装过程中找平层应饱满，安装后盖板接缝及盖板与墙体结合缝隙应先勾严底缝，再将外层压实抹平。

4.6.20 穿墙套管安装应符合设计要求。

4.7 回 填

4.7.1 沟槽、检查室的主体结构经隐蔽工程验收合格及测量后应及时进行回填，在固定支架、导向支架承受管道作用力之前，应回填到设计高度。

4.7.2 回填前应先将槽底杂物、积水清除干净。

4.7.3 回填过程中不得影响构筑物的安全，并应检查墙体结构强度、外墙防水抹面层硬结程度、盖板或其他构件安装强度，当能承受施工操作动荷载时，方可进行回填。

4.7.4 回填土中不得含有碎砖、石块、大于100mm的冻土块及其他杂物。

4.7.5 直埋保温管道沟槽回填还应符合下列规定：

1 回填前，直埋管外护层及接头应验收合格，不得有破损；

2 管道接头工作坑回填可采用水撼砂的方法分层撼实；

3 管顶应铺设警示带，警示带距离管顶不得小于300mm，且不得敷设在道路基础中；

4 弯头、三通等管路附件处的回填应按设计要求进行；

5 设计要求进行预热伸长的直埋管道，回填方法和时间应按设计要求进行。

4.7.6 回填土厚度应根据夯实或压实机具的性能及压实度确定，并应分层夯实，虚铺厚度可按表4.7.6的规定执行。

表 4.7.6 回填土虚铺厚度

夯实或压实机具	虚铺厚度（mm）
振动压路机	≤400
压路机	≤300
动力夯实机	≤250
木夯	<200

4.7.7 回填压实应不得影响管道或结构的安全。管顶或结构顶以上500mm范围内应采用人工夯实，不得采用动力夯实机或压路机压实。

4.7.8 沟槽回填土种类、密实度应符合下列规定：

1 回填土种类、密实度应符合设计要求。

2 回填土的密实度应逐层进行测定。当设计对回填土的密实度无规定时，应按下列规定执行（图4.7.8）：

1）胸腔部位：Ⅰ区不应小于95%；

2）结构顶上 500mm 范围内：Ⅱ区不应小

(a) 明挖沟槽 (b) 直埋沟槽

图 4.7.8 回填土部位划分示意图

于87%；

3）Ⅲ区不应小于87%，或符合道路、绿地等对回填的要求。

4.7.9 检查室部位的回填应符合下列规定：

1 主要道路范围内的井室周围应采用石灰土、砂、砂砾等材料回填；

2 检查室周围的回填应与管道沟槽的回填同时进行，当不能同时进行时应留回填台阶；

3 检查室周围回填压实应沿检查室中心对称进行，且不得漏夯；

4 密实度应按明挖沟槽回填要求执行。

4.7.10 暗挖竖井的回填应根据现场情况选择回填材料，并应符合设计要求。

5 管道安装

5.1 一般规定

5.1.1 三通、弯头、变径管等管路附件应采用机制管件，当需要现场制作时，应符合现行国家标准《钢制对焊无缝管件》GB/T 12459、《工业金属管道工程施工规范》GB 50235及《工业金属管道工程施工质量验收规范》GB 50184的相关规定。

5.1.2 管道及管路附件安装前应按设计要求核对型号，并应检验合格。

5.1.3 运输、安装施工过程中不得损坏管道及管路附件。

5.1.4 可预组装的管路附件宜在管道安装前完成，并应检验合格。

5.1.5 雨期施工应采取防止浮管或泥浆进入管道及管路附件的措施。

5.1.6 管道安装前应将内部清理干净，安装完成应及时封闭管口。

5.1.7 当施工间断时，管口应用堵板临时封闭。

5.1.8 检查室和热力站内的管道及附件的安装位置应留有检修空间。

5.1.9 在有限空间内作业应制定作业方案，作业前必须进行气体检测，合格后方可进行现场作业。作业时的人数不得少于2人。

5.2 管道支架、吊架

5.2.1 管道支架、吊架的安装应在管道安装、检验前完成。支架、吊架的位置应正确、平整、牢固，标高和坡度应满足设计要求，安装完成后应对安装调整进行记录，并可本规范表A.0.8的规定填写。

5.2.2 管道支架支承面的标高可采用加设金属垫板的方式进行调整，垫板不得大于2层，垫板应与预埋铁件或钢结构进行焊接。

5.2.3 管道支架、吊架制作应符合下列规定：

1 支架和吊架的形式、材质、外形尺寸、制作精度及焊接质量应符合设计要求。

2 滑动支架、导向支架的工作面应平整、光滑，不得有毛刺及焊渣等异物。

3 组合式弹簧支架应具有合格证书，安装前应进行检查，并应符合下列规定：

1）弹簧不得有裂纹、皱褶、分层、锈蚀等缺陷。

2）弹簧两端支撑面应与弹簧轴线垂直，其允许偏差不得大于自由高度的2%。

4 已预制完成并经检查合格的管道支架等应按设计要求进行防腐处理，并应妥善保管。

5 焊制在钢管外表面的弧形板应采用模具压制成型，当采用同径钢管切割制作时，应采用模具进行整形，不得有焊缝。

5.2.4 管道支架、吊架的安装应符合下列规定：

1 支架、吊架安装位置应正确，标高和坡度应符合设计要求，安装应平整，埋设应牢固；

2 支架结构接触面应洁净、平整；

3 固定支架卡板和支架结构接触面应贴实；

4 活动支架的偏移方向、偏移量及导向性能应符合设计要求；

5 弹簧支架、吊架安装高度应按设计要求进行调整。弹簧的临时固定件应在管道安装、试压、保温完毕后拆除；

6 管道支架、吊架处不应有管道焊缝，导向支架、滑动支架和吊架不得有歪斜和卡涩现象；

7 支架、吊架应按设计要求焊接，焊缝不得有漏焊、缺焊、咬边或裂纹等缺陷。当管道与固定支架卡板等焊接时，不得损伤管道母材；

8 当管道支架采用螺栓紧固在型钢的斜面上时，应配置与翼板斜度相同的钢制斜垫片，找平并焊接牢固；

9 当使用临时性的支架、吊架时，应避开正式支架、吊架的位置，且不得影响正式支架、吊架的安装。临时性的支架、吊架应做出明显标识，并应在管道安装完毕后拆除；

10 有轴向补偿器的管段，补偿器安装前，管道和固定支架之间不得进行固定；

11 有角向型、横向型补偿器的管段应与管道同时进行安装及固定；

12 管道支架、吊架安装的允许偏差及检验方法应符合表5.2.4的规定。

表5.2.4 管道支架、吊架安装的允许偏差及检验方法

项　目	允许偏差（mm）	量　具
支架、吊架中心点平面位置	0～25	钢尺

续表 5.2.4

项　目		允许偏差（mm）	量　具
支架标高△		－10～0	水准仪
两个固定支架间的其他支架中心线	距固定支架每 10m 处	0～5	钢尺
	中心处	0～25	钢尺

注：表中带“△”为主控项目，其余为一般项目。

5.2.5 固定支架的制作应进行记录，并可按本规范表 A.0.9 的规定填写。

5.3 管沟及地上管道

5.3.1 管道安装前的准备工作应符合下列规定：

1 管径、壁厚和材质应符合设计要求并检验合格；

2 安装前应对钢管及管件进行除污，对有防腐要求的宜在安装前进行防腐处理；

3 安装前应对中心线和支架高程进行复核。

5.3.2 管道安装应符合下列规定：

1 管道安装坡向、坡度应符合设计要求；

2 安装前应清除封闭物及其他杂物；

3 管道应使用专用吊具进行吊装，运输吊装应平稳，不得损坏管道、管件；

4 管道在安装过程中不得碰撞沟壁、沟底、支架等；

5 地上敷设的管道应采取固定措施，管组长度应按空中就位和焊接的需要确定，宜大于或等于 2 倍支架间距；

6 管件上不得安装、焊接任何附件。

5.3.3 管口对接应符合下列规定：

1 当每个管组或每根钢管安装时应按管道的中心线和管道坡度对接管口；

2 对接管口应在距接口两端各 200mm 处检查管道平直度，允许偏差应为 0～1mm，在所对接管道的全长范围内，允许偏差应为 0～10mm；

3 管道对口处应垫置牢固，在焊接过程中不得产生错位和变形；

4 管道焊口距支架的距离应满足焊接操作的需要；

5 焊口及保温接口不得置于建（构）筑物等的墙壁中，且距墙壁的距离应满足施工的需要。

5.3.4 管道穿越建（构）筑物的墙板处应安装套管，并应符合下列规定：

1 当穿墙时，套管的两侧与墙面的距离应大 20mm；当穿楼板时，套管高出楼板面的距离应大于 50mm；

2 套管中心的允许偏差应为 0～10mm；

3 套管与管道之间的空隙应用柔性材料填充；

4 防水套管应按设计要求制作，并应在建（构）筑物砌筑或浇灌混凝土之前安装就位。套管缝隙应按设计要求进行填充。

5.3.5 当管道开孔焊接分支管道时，管内不得有残留物，且分支管伸进主管内壁长度不得大于 2mm。

5.3.6 管道安装的允许偏差及检验方法应符合表 5.3.6-1，管件安装对口间隙允许偏差及检验方法应符合表 5.3.6-2 的规定。

表 5.3.6-1 管道安装允许偏差及检验方法

项　目		允许偏差	检验频率		量具
			范围	点数	
高程△		±10mm	50m	—	水准仪
中心线位移		每 10m≤5mm	50m	—	挂边线、量尺
		全长≤30mm			
立管垂直度		每米≤2mm	每根	—	垂线、量尺
		全高≤10mm			
对口间隙△（mm）	管道壁厚 4～9 间隙 1.5～2.0	±1.0mm	每 10 个口	1	焊口检测器
	管道壁厚≥10 间隙 2.0～3.0	－2.0mm +1.0mm			

注：表中“△”为主控项目，其余为一般项目。

表 5.3.6-2 管件安装对口间隙允许偏差及检验方法

项　目		允许偏差（mm）	检验频率		量具
			范围	点数	
对口间隙（mm）	管件壁厚 4～9 间隙 1.0～1.5	±1.0	每个口	2	焊口检测器
	管件壁厚≥10 间隙 1.5～2.0	－1.5 +1.0			

注：表中为主控项目。

5.3.7 管沟及地上敷设的管道应做标识，并应符合下列规定：

1 管道和设备应标明名称、规格型号，并应标明介质、流向等信息；

2 管沟应在检查室内标明下一个出口的方向、距离；

3 检查室应在井盖下方的人孔壁上安装安全标识。

5.4 预制直埋管道

5.4.1 预制直埋热水管道安装应符合现行行业标准《城镇供热直埋热水管道技术规程》CJJ/T 81 的相关规定，预制直埋蒸汽管道的安装应符合现行行业标准《城镇供热直埋蒸汽管道技术规程》CJJ 104 的相关规定。

5.4.2 预制直埋管道和管件应采用工厂预制的产品，质量应符合相关标准的规定。

5.4.3 预制直埋管道及管件在运输、现场存放及施工过程中的安全保护应符合下列规定：

1 不得直接拖拽，不得损坏外护层、端口和端口的封闭端帽；

2 保温层不得进水，进水后的直埋管和管件应修复后方可使用；

3 当堆放时不得大于3层，且高度不得大于2m。

5.4.4 预制直埋管道及管件外护管的划痕深度应符合下列规定，不合格应进行修补：

1 高密度聚乙烯外护管划痕深度不应大于外护管壁厚的10%，且不应大于1mm；

2 钢制外护管防腐层的划痕深度不应大于防腐层厚度的20%。

5.4.5 预制直埋管道在施工过程中应采取防火措施。

5.4.6 预制直埋管道安装坡度应与设计一致。当管道安装过程中出现折角或管道折角大于设计值时，应与设计单位确认后再进行安装。

5.4.7 当管道中需加装圆筒形收缩端帽或穿墙套袖时，应在管道焊接前将收缩端帽或穿墙套袖套装在管道上。

5.4.8 预制直埋管道现场切割后的焊接预留段长度应与原成品管道一致，且应清除表面无污物。

5.4.9 接头保温施工应符合下列规定：

1 现场保温接头使用的原材料在存放过程中应根据材料特性采取保护措施；

2 接头保温的结构、保温材料的材质及厚度应与直埋管相同；

3 接头保温施工应在工作管强度试验合格，且在沟内无积水、非雨天的条件下进行，当雨、雪天施工时应采取防护措施；

4 接头的保温层应与相接的直埋管保温层衔接紧密，不得有缝隙。

5.4.10 当管段被水浸泡时，应清除被浸湿的保温材料后方可进行接头保温。

5.4.11 预制直埋管道现场安装完成后，必须对保温材料裸露处进行密封处理。

5.4.12 预制直埋管道在固定墩结构承载力未达到设计要求之前，不得进行预热伸长或试运行。

5.4.13 预制直埋蒸汽管道的安装还应符合下列规定：

1 在现场切割时应避开保温管内部支架，且应防止防腐层被损坏；

2 在管道焊接前应检查管道、管路附件的排序以及管道支座种类和排列，并应与设计图纸相符合；

3 应按产品的方向标识进行排管后方可进行焊接；

4 在焊接管道接头处的钢外护管时，应在钢外护管焊缝处保温材料层的外表面衬垫耐烧穿的保护材料；

5 焊接完成后应拆除管端的保护支架。

5.4.14 预制直埋热水管的安装还应符合下列规定：

1 当采用预应力安装时，应以一个预热段作为一个施工分段。预应力安装应符合现行行业标准《城镇供热直埋热水管道技术规程》CJJ/T 81 的相关规定。

2 管道在穿套管前应完成接头保温施工，在穿越套管时不得损坏直埋热水管的保温层及外护管。

3 现场切割配管的长度不宜小于2m，切割时应采取防止外护管开裂的措施。

4 在现场进行保温修补前，应对与其相连管道的管端泡沫进行密封隔离处理。

5 接头保温应符合下列规定：

1）接头保温的工艺应有合格的检验报告；

2）接头处的钢管表面应干净、干燥；

3）应采用发泡机发泡，发泡后应及时密封发泡孔。

6 接头外观不应出现过烧、鼓包、翘边、褶皱或层间脱离等缺陷。

5.4.15 接头外护层安装完成后，必须全部进行气密性检验并应合格。

5.4.16 气密性检验应在接头外护管冷却到40℃以下进行。气密性检验的压力应为0.02MPa，保压时间不应小于2min，压力稳定后应采用涂上肥皂水的方法检查，无气泡为合格。

5.4.17 监测系统的安装应符合现行行业标准《城镇供热直埋热水管道技术规程》CJJ/T 81 的相关要求，并应符合下列规定：

1 监测系统应与管道安装同时进行；

2 在安装接头处的信号线前，应清除直埋管两端潮湿的保温材料；

3 接头处的信号线应在连接完毕并检测合格后进行接头保温。

5.5 补 偿 器

5.5.1 安装前应按设计图纸核对每个补偿器的型号和安装位置，并应对补偿器外观进行检查、核对产品合格证。

5.5.2 补偿器应与管道保持同轴。安装操作时不得损伤补偿器，不得采用使补偿器变形的方法来调整管道的安装偏差。

5.5.3 补偿器应按设计要求进行预变位，预变位完成后应对预变位量进行记录，并可按本规范表A.0.10的规定填写。

5.5.4 补偿器安装完毕后应拆除固定装置，并应调整限位装置。

5.5.5 补偿器应进行防腐和保温，采用的防腐和保温材料不得腐蚀补偿器。

5.5.6 补偿器安装完成后应进行记录，并可按本规范表 A.0.11 的规定填写。

5.5.7 波纹管补偿器的安装应符合下列规定：

1 轴向波纹管补偿器的流向标记应与管道介质流向一致；

2 角向型波纹管补偿器的销轴轴线应垂直于管道安装后形成的平面。

5.5.8 套筒补偿器安装应符合下列规定：

1 采用成型填料圈密封的套筒补偿器，填料应符合产品要求；

2 采用非成型填料的补偿器，填注密封填料应按产品要求依次均匀注压。

5.5.9 球形补偿器的安装应符合设计要求，外伸部分应与管道坡度保持一致。

5.5.10 方形补偿器的安装应符合下列规定：

1 当水平安装时，垂直臂应水平放置，平行臂应与管道坡度相同；

2 预变形应在补偿器两端均匀、对称地进行。

5.5.11 直埋补偿器安装过程中，补偿器固定端应锚固，活动端应能自由活动。

5.5.12 一次性补偿器的安装应符合下列规定：

1 一次性补偿器与管道连接前，应按预热位移量确定限位板位置并进行固定；

2 预热前，应将预热段内所有一次性补偿器上的固定装置拆除；

3 管道预热温度和变形量达到设计要求后方可进行一次性补偿器的焊接。

5.5.13 自然补偿管段的预变位应符合下列规定：

1 预变位焊口位置应留在利于操作的地方，预变位长度应符合设计规定；

2 完成下列工作后方可进行预变位：

1）预变位段两端的固定支架已安装完毕，并应达到设计强度；

2）管段上的支架、吊架已安装完毕，管道与固定支架已固定连接；

3）预变位焊口附近吊架的吊杆应预留位移余量；

4）管段上的其他焊口已全部焊完并经检验合格；

5）管段的倾斜方向及坡度符合设计规定；

6）法兰、仪表、阀门等的螺栓均已拧紧；

3 预变位焊口焊接完毕并经检验合格后，方可拆除预变位卡具；

4 管道预变位施工应进行记录，并可按本规范表 A.0.12 的规定填写。

5.6 法兰和阀门

5.6.1 法兰应符合现行国家标准《钢制管法兰技术条件》GB/T 9124 的相关规定，安装前应对密封面及密封垫片进行外观检查。

5.6.2 法兰安装应符合下列规定：

1 两个法兰连接端面应保持平行，偏差不应大于法兰外径的 1.5%，且不得大于 2mm。不得采用加偏垫、多层垫或采用强力拧紧法兰一侧螺栓的方法消除法兰接口端面的偏差。

2 法兰与法兰、法兰与管道应保持同轴，螺栓孔中心偏差不得大于孔径的 5%，垂直偏差应为 0～2mm。

3 软垫片的周边应整齐，垫片尺寸应与法兰密封面相符，其允许偏差应符合现行国家标准《工业金属管道工程施工规范》GB 50235 的相关规定。

4 垫片应采用高压垫片，其材质和涂料应符合设计要求。垫片尺寸应与法兰密封面相同，当垫片需要拼接时，应采用斜口拼接或迷宫形式的对接，不得采用直缝对接。

5 不得采用先加垫片并拧紧法兰螺栓，再焊接法兰焊口的方法进行法兰安装。

6 法兰内侧应进行封底焊。

7 法兰螺栓应涂二硫化钼油脂或石墨机油等防锈油脂进行保护。

8 法兰连接应使用同一规格的螺栓，安装方向应一致。紧固螺栓应对称、均匀地进行，松紧应适度。紧固后丝扣外露长度应为 2 倍～3 倍螺距，当需用垫圈调整时，每个螺栓应只能使用一个垫圈。

9 法兰距支架或墙面的净距不应小于 200mm。

5.6.3 泄水阀和放气阀与管道连接的插入式支管台应采用厚壁管，厚壁管厚度不得小于母管厚度的 60%，且不得大于 8mm。插入式支管台的连接（图 5.6.3）应符合表 5.6.3 的规定。

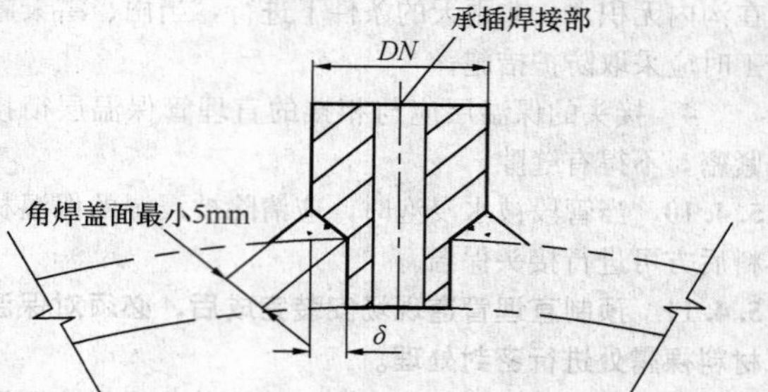

图 5.6.3 插入式支管台示意图

表 5.6.3 插入式支管台的尺寸

公称直径（DN）	插入式支管台的尺寸 δ（mm）
25	2
50	4

5.6.4 阀门进场前应进行强度和严密性试验，试验完成后应进行记录，并可按本规范表 A.0.13 的规定填写。

5.6.5 阀门安装应符合下列规定：

1 阀门吊装应平稳，不得用阀门手轮作为吊装的承重点，不得损坏阀门，已安装就位的阀门应防止重物撞击；

2 安装前应清除阀口的封闭物及其他杂物；

3 阀门的开关手轮应安装于便于操作的位置；

4 阀门应按标注方向进行安装；

5 当闸阀、截止阀水平安装时，阀杆应处于上半周范围内；

6 阀门的焊接应符合本规范第5.7节的规定；

7 当焊接安装时，焊机地线应搭在同侧焊口的钢管上，不得搭在阀体上；

8 阀门焊接完成降至环境温度后方可操作；

9 焊接蝶阀的安装应符合下列规定：

1）阀板的轴应安装在水平方向上，轴与水平面的最大夹角不应大于60°，不得垂直安装；

2）安装焊接前应关闭阀板，并应采取保护措施；

10 当焊接球阀水平安装时应将阀门完全开启；当垂直管道安装，且焊接阀体下方焊缝时应将阀门关闭。焊接过程中应对阀体进行降温。

5.6.6 阀门安装完毕后应正常开启2次～3次。

5.6.7 阀门不得作为管道末端的堵板使用，应在阀门后加堵板，热水管道应在阀门和堵板之间充满水。

5.6.8 电动调节阀的安装应符合下列规定：

1 电动调节阀安装之前应将管道内的污物和焊渣清除干净；

2 当电动调节阀安装在露天或高温场合时，应采取防水、降温措施；

3 当电动调节阀安装在有震源的地方时，应采取防震措施；

4 电动调节阀应按介质流向安装；

5 电动调节阀宜水平或垂直安装，当倾斜安装时，应对阀体采取支承措施；

6 电动调节阀安装好后应对阀门进行清洗。

5.7 焊接及检验

5.7.1 焊接工艺应符合现行国家标准《现场设备、工业管道焊接工程施工规范》GB 50236的相关规定。

5.7.2 管材或板材应有制造厂的质量合格证及材料质量复验报告，复验报告内容可按本规范表A.0.14的规定执行。

5.7.3 焊接材料应按设计规定选用，当设计无规定时应选用焊缝金属性能、化学成分与母材相应且工艺性能良好的焊接材料。

5.7.4 焊接施工单位应符合下列规定：

1 应有负责焊接工艺的焊接技术人员、检查人员和检验人员；

2 应有符合焊接工艺要求的焊接设备且性能应稳定可靠；

3 应有保证焊接工程质量达到标准的措施。

5.7.5 焊工应持有效合格证，并应在合格证准予的范围内焊接。对焊工应进行资格审查，并应按本规范表A.0.15的规定填写焊工资格备案表。

5.7.6 当首次使用钢材品种、焊接材料、焊接方法和焊接工艺时，在实施焊接施前应进行焊接工艺评定。

5.7.7 实施焊接前应编写焊接工艺方案，并应包括下列内容：

1 管材、板材性能和焊接材料；

2 焊接方法；

3 坡口形式及制作方法；

4 焊接结构形式及外形尺寸；

5 焊接接头的组对要求及允许偏差；

6 焊接电流的选择；

7 焊接质量保证措施；

8 检验方法及合格标准。

5.7.8 钢管和现场制作的管件，焊缝根部应进行封底焊接。封底焊接应采用气体保护焊。

5.7.9 焊缝位置应符合下列规定：

1 钢管、容器上焊缝的位置应合理选择，焊缝应处于便于焊接、检验、维修的位置，并应避开应力集中的区域；

2 管道任何位置不得有十字形焊缝；

3 管道在支架处不得有环形焊缝；

4 当有缝管道对口及容器、钢板卷管相邻筒节组对时，纵向焊缝之间相互错开的距离不应小于100mm；

5 容器、钢板卷管同一筒节上两相邻纵缝之间的距离不应小于300mm；

6 管道两相邻环形焊缝中心之间的距离应大于钢管外径，且不得小于150mm；

7 在有缝钢管上焊接分支管时，分支管外壁与其他焊缝中心的距离应大于分支管外径，且不得小于70mm。

5.7.10 管口质量检验应符合下列规定：

1 钢管切口端面应平整，不得有裂纹、重皮等缺陷，并应将毛刺、熔渣清理干净；

2 管口加工的允许偏差应符合表5.7.10规定。

表5.7.10 管口加工的允许偏差

项目			允许偏差（mm）
弯头	周长	$DN \leqslant 1000$	±4
		$DN > 1000$	±6
	切口端面倾斜偏差		≤外径的1%，且≤3

续表 5.7.10

项　目		允许偏差（mm）
异径管	椭圆度	≤外径的 1%，且≤5
三通	支管垂直度	≤高度的 1%，且≤3
钢管	切口端面垂直度	≤外径的 1%，且≤3

5.7.11 焊接坡口应按设计规定进行加工。当设计无规定时，坡口形式和尺寸应符合现行国家标准《现场设备、工业管道焊接工程施工规范》GB 50236 和表 5.7.11 的规定。

表 5.7.11　坡口形式与尺寸

序号	厚度 T（mm）	坡口名称	坡口形式	坡口尺寸 间隙 c（mm）	备注
1	≤14	平焊法兰与管子接头	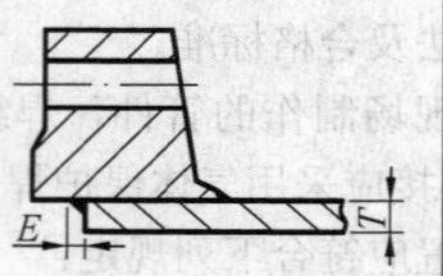	—	$E=T$ E 表示焊口宽度
2	≤14	承插焊法兰与管子接头	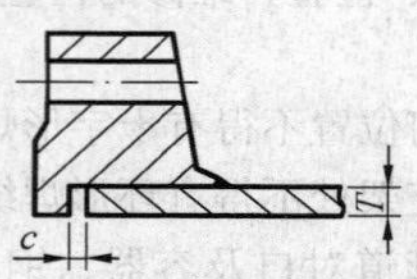	1.5	—
3	≤14	承插焊管件与管子接头	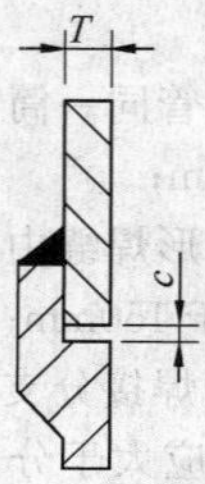	1.5	—

5.7.12 当外径和壁厚相同的钢管或管件对口时，对口错边量允许偏差应符合表 5.7.12 的规定。

表 5.7.12　钢管对口错边量允许偏差

管道壁厚（mm）	2.5～5.0	6～10	12～14	≥15
错边允许偏差（mm）	0.5	1.0	1.5	2.0

5.7.13 壁厚不等的管口对接，当薄件厚度小于或等于 4mm，且厚度差大于 3mm，薄件厚度大于 4mm，且厚度差大于薄件厚度的 30%或大于 5mm 时，应将厚件削薄（图 5.7.13）。

5.7.14 当使用钢板制造可双面焊接的容器时，对口错边量应符合下列规定：

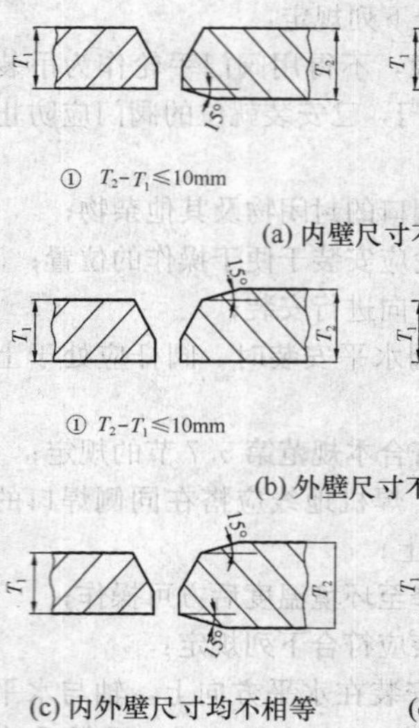

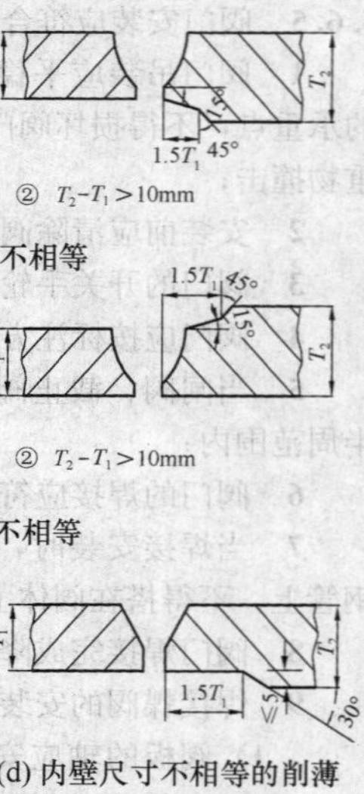

图 5.7.13　不等壁厚对接焊件坡口加工示意图

1　纵向焊缝的错边量不得大于壁厚的 10%，且不得大于 3mm；

2　环焊缝应符合下列规定：

1）当壁厚小于或等于 6mm 时，错边量不得大于壁厚的 25%；

2）当壁厚大于 6mm 且小于或等于 10mm 时，错边量不得大于壁厚的 20%；

3）当壁厚大于 10mm 时，错边量不得大于壁厚的 10%加 1mm，且不得大于 4mm。

5.7.15 不得采用在焊缝两侧加热延伸管道长度、螺栓强力拉紧、夹焊金属填充物和使补偿器变形等法强行对口焊接。

5.7.16 对口前应检查坡口的外形尺寸和坡口质量。坡口表面应整齐、光洁，不得有裂纹、锈皮、熔渣和其他影响焊接质量的杂物，不合格的管口应进行修整。

5.7.17 潮湿或粘有冰雪的焊接件应进行清理烘干后方可进行焊接。

5.7.18 焊件组对的定位焊应符合下列规定：

1　在焊接前应对定位焊缝进行检查，当发现缺陷时应在处理后焊接；

2　应采用与根部焊道相同的焊接材料和焊接工艺；

3　在螺旋管、直缝管焊接的纵向焊缝处不得进行点焊；

4　定位焊应均匀分布，点焊长度及点焊数应符合表 5.7.18 的规定。

表 5.7.18　点焊长度和点数

公称管径（mm）	点焊长度（mm）	点焊数
50～150	5～10	2～3
200～300	10～20	4
350～500	15～30	5
600～700	40～60	6
800～1000	50～70	7

续表 5.7.18

公称管径（mm）	点焊长度（mm）	点焊数
＞1000	80～100	点间距宜为 300mm

5.7.19 气焊应先按焊件周长等距离适当点焊，点焊部位应焊透，厚度不应大于壁厚的 2/3，每道焊缝应一次焊完。

5.7.20 当采用电焊焊接有坡口的管道及管路附件时，焊接层数不得少于 2 层。管道接口的焊接顺序和方法，不应产生附加应力。

5.7.21 多层焊接应符合下列规定：

1 第一层焊缝根部应均匀焊透，且不得烧穿。各层焊缝的接头应错开，每层焊缝的厚度应为焊条直径的 0.8 倍～1.2 倍。不得在焊件的非焊接表面引弧；

2 每层焊接完成后应清除熔渣、飞溅物等杂物，并应进行外观检查。发现缺陷时应铲除重焊。

5.7.22 在焊缝未冷却至环境温度前，不得在焊缝部位进行敲打。

5.7.23 在 0℃以下环境中焊接应符合下列规定：

1 现场应有防风、防雪措施；

2 焊接前应清除管道上的冰、霜或雪；

3 预热温度应根据焊接工艺确定，预热范围应在焊口两侧 50mm；

4 焊接应使焊缝自由收缩，不得使焊口加速冷却。

5.7.24 在焊缝附近明显处应有焊工代号标识。

5.7.25 焊接质量检验应按下列次序进行：

1 对口质量检验；

2 外观质量检验；

3 无损探伤检验；

4 强度和严密性试验。

5.7.26 焊缝应进行 100%外观质量检验，并应符合下列规定：

1 焊缝表面应清理干净，焊缝应完整并圆滑过渡，不得有裂纹、气孔、夹渣及熔合性飞溅物等缺陷；

2 焊缝高度不应小于母材表面，并应与母材圆滑过渡；

3 加强高度不得大于被焊件壁厚的 30%，且应小于或等于 5mm。焊缝宽度应焊出坡口边缘 1.5 mm～2.0mm；

4 咬边深度应小于 0.5mm，且每道焊缝的咬边长度不得大于该焊缝总长的 10%；

5 表面凹陷深度不得大于 0.5mm，且每道焊缝表面凹陷长度不得大于该焊缝总长的 10%；

6 焊缝表面检查完毕后应填写检验报告，并可按本规范表 A.0.16 的规定填写。

5.7.27 焊缝应进行无损检测，并应符合下列规定：

1 应由有资质的单位进行检测。

2 宜采用射线探伤。当采用超声波探伤时，应采用射线探伤复检，复检数量应为超声波探伤数量的 20%。角焊缝处的无损检测可采用磁粉或渗透探伤。

3 无损检测数量应符合设计的要求，当设计未规定时应符合下列规定：

1）干线管道与设备、管件连接处和折点处的焊缝应进行 100%无损探伤检测；

2）穿越铁路、高速公路的管道在铁路路基两侧各 10m 范围内，穿越城市主要道路的不通行管沟在道路两侧各 5m 范围内，穿越江、河或湖等的管道在岸边各 10m 范围内的焊缝应进行 100%无损探伤；

3）不具备强度试验条件的管道焊缝，应进行 100%无损探伤检测；

4）现场制作的各种承压设备和管件，应进行 100%无损探伤检测；

5）其他无损探伤检测数量应按表 5.7.27 的规定执行，且每个焊工不应少于一个焊缝。

表 5.7.27 无损探伤检测数量

序号	热介质名称	管道设计参数		焊缝无损探伤检验数量（%）														
				地上敷设				通行及半通行管沟敷设				不通行管沟敷设（含套管敷设）				直埋敷设		
		温度（℃）	压力（MPa）	DN＜500mm		DN≥500mm		DN＜500mm		DN≥500mm		DN＜500mm		DN≥500mm				
				固定焊口	转动焊口	固定焊口	转动焊口	固定焊口	转动焊口	固定焊口	转动焊口	固定焊口	转动焊口	固定焊口	转动焊口	主要道路	一般道路	其他
1	过热蒸汽	200＜T≤350	1.6＜P≤2.5	30	20	36	18	40	22	46	18	50	30	60	40	—	—	—
2	过热或饱和蒸汽	200＜T≤350	1.0＜P≤1.6	30	20	36	18	40	22	746	18	50	30	60	40	100	100	100
3	过热或饱和蒸汽	T≤200	P≤1.0	30	20	36	18	40	22	46	18	50	30	60	40	100	100	100
4	高温热水	150＜T≤200	1.6＜P≤2.5	30	20	36	18	40	22	46	18	50	30	60	40	100	100	100
5	高温热水	120＜T≤150	1.0＜P≤1.6	20	20	36	18	40	22	46	18	50	30	60	40	100	100	100
6	热水	T≤120	P≤1.6	18	12	22	16	26	20	30	16	40	28	50	40	100	100	100
7	热水	T≤100	P≤1.0	12				20				30	20	50	30	60	40	30
8	凝结水	T≤100	P≤0.6	10				16				20				60	40	30

4 无损检测合格标准应符合设计的要求。当设计未规定时，应符合下列规定：

1）要求进行 100% 无损探伤的焊缝，射线探伤不得小于现行国家标准《无损检测 金属管道熔化焊环向对接接头射线照相检测方法》GB/T 12605 的Ⅱ级质量要求，超声波探伤不得小于现行国家标准《焊缝无损检测超声检测技术、检测等级和评定》GB /T 11345 的Ⅰ级质量要求。

2）要求进行无损检测抽检的焊缝，射线探伤不得小于现行国家标准《无损检测 金属管道熔化焊环向对接接头射线照相检测方法》GB/T 12605 的Ⅲ级质量要求，超声波探伤不得小于现行国家标准《焊缝无损检测 超声检测 技术、检测等级和评定》GB/T 11345 的Ⅱ级质量要求。

5 当无损探伤抽样检出现不合格焊缝时，对不合格焊缝返修后，并应按下列规定扩大检验：

1）每出现一道不合格焊缝，应再抽检两道该焊工所焊的同一批焊缝，按原探伤方法进行检验。

2）第二次抽检仍出现不合格焊缝，应对该焊工所焊全部同批的焊缝按原探伤方法进行检验。

3）同一焊缝的返修次数不应大于 2 次。

6 对焊缝无损探伤记录应进行整理，并应纳入竣工资料中。磁粉探伤或渗透探伤应按本规范表 A.0.17 和 A.0.18 填写检测报告；射线探伤应按本检测报告应符合本规范 A.0.19 和 A.0.20 规定；超声波探伤检测报告应符合本规范 A.0.21 和 A.0.22 规定。

5.7.28 焊接质量应根据每道焊缝外观质量和无损探伤记录结果进行综合评价，并应按本规范表 A.0.23 的规定填写焊缝综合质量记录表。

5.7.29 焊接工作完成后应按本规范表 A.0.24 的规定编制焊缝排位记录及示意图。

5.7.30 支架、吊架的焊缝均应进行检查，固定支架的焊接安装应按本规范表 A.0.25 的规定进行检查和记录。

5.7.31 管道焊接完成并检验合格后应进行强度和严密性试验，并应符合本规范第 8 章的规定。

6 热力站和中继泵站

6.1 一 般 规 定

6.1.1 站内采暖、给水、排水、卫生设备的施工及验收，应按现行国家标准《建筑给水排水及采暖工程施工质量验收规范》GB 50242 的相关规定执行。

6.1.2 动力配电、等电位联结及照明等电气设备的施工及验收，应按现行国家标准《电气装置安装工程低压电器施工及验收规范》GB 50254 和《建筑电气工程施工质量验收规范》GB 50303 的相关规定执行。

6.1.3 自动化仪表的施工及验收应按现行国家标准《自动化仪表工程施工及验收规范》GB 50093 的相关规定执行。

6.1.4 站内制冷管道和风道的施工及验收应按现行国家标准《通风与空调工程施工质量及验收规范》GB 50243 的相关规定执行。

6.1.5 站内制冷设备的施工及验收应按现行国家标准《制冷设备、空气分离设备安装工程施工及验收规范》GB 50274 的相关规定执行。

6.1.6 中继泵站、热力站施工完成后，与外部管线连接前，管沟或套管应采取临时封闭措施。

6.1.7 站内设备基础施工前应根据设备图纸进行核实。

6.1.8 站内管道、设备及管路附件安装前应对规格、型号和质量等进行检验和记录，并应符合设计要求。检验应包括下列项目：

1 说明书和产品合格证；

2 箱号和箱数以及包装情况；

3 名称、型号和规格；

4 装箱清单、测试单、材质单、出厂检验报告、技术文件、资料及专用工具；

5 有无缺损件，表面有无损坏和锈蚀等；

6 其他需要记录的情况。

6.2 站 内 管 道

6.2.1 管道安装过程中，当临时中断安装时应对管口进行封闭。

6.2.2 管道穿越基础、墙壁和楼板，应配合土建施工预埋套管或预留孔洞，并应符合下列规定：

1 管道环形焊缝不应置于套管和孔洞内；

2 当穿墙时，套管两侧应伸出墙面 20mm～25mm；当穿楼板时，套管应高出楼板面 50mm；

3 套管与管道之间的空隙应填塞柔性材料；

4 预埋套管中心的允许偏差不应大于 0～10mm，预留孔洞中心的允许偏差不应大于0～25mm；

5 当设计无要求时，套管直径应比保温管道外径大 50mm；

6 位于套管内的管道保温层外壳应做保护层。

6.2.3 当设计对站内管道水平安装的支架、吊架间距无要求时，其间距不得大于表 6.2.3 的规定。

表 6.2.3 站内管道支架、吊架的间距

管道公称直径（mm）	25	32	40	50	65	80	100	125	150	200	250
间距（m）	2.0	2.5	3.0	3.0	4.0	4.0	4.5	5.0	6.0	7.0	8.0

续表 6.2.3

管道公称直径（mm）	300	350	400	450	500	600	700	800	900	1000	1200
间距（m）	8.5	9.0	9.5	10.0	12.0	13.0	15.0	15.0	16.0	16.0	18.0

6.2.4 在水平管道上安装法兰连接的阀门，当管道的公称直径大于或等于 125mm 时，两侧应分别设支架或吊架；当管道的公称直径小于 125mm 时，一侧应设支架或吊架。

6.2.5 在垂直管道上安装阀门应符合设计要求，当设计无要求时，阀门上部的管道应设吊架或托架。

6.2.6 管道支架、吊架的安装应符合下列规定：

1 安装位置准确，埋设应平整牢固；

2 固定支架卡板与管道接触应紧密，固定应牢固；

3 滑动支架的滑动面应灵活，滑板与滑槽两侧间应留有 3mm～5mm 的空隙，偏移量应符合设计要求；

4 无热位移管道的支架、吊杆应垂直安装。有热位移管道的吊架、吊杆应向热膨胀的反方向偏移。

6.2.7 当管道与设备连接时，设备不应承受附加外力，不得使异物进入设备内。

6.2.8 管道与泵或阀门连接后，不应再对该管道进行焊接或气割。

6.2.9 站内管道及管路附件的安装应符合下列规定：

1 管道安装的允许偏差及检验方法应符合表 6.2.9 的规定；

表 6.2.9 管道安装的允许偏差及检验方法

项目		允许偏差		检验方法
		钢制管	塑料管和复合管	
水平安装	DN≤100mm	每米≤1.0mm	每米≤1.5mm	用水平尺、直尺、拉线和尺量检查
		全长≤13mm	全长≤25mm	
	DN>100mm	每米≤1.5mm	每米≤1.5mm	用水平尺、直尺、拉线和尺量检查
		全长≤25mm	全长≤25mm	
垂直安装		每米≤2.0mm	每米≤2.0mm	吊线和尺量检查
		全高≤10mm	全高≤25mm	

2 当管道并排安装时应相互平行，在同一平面上的允许偏差为±3mm；

3 法兰和阀门的安装应按本规范第 5.6 节的相关规定执行，阀门的阀杆宜平行放置。

6.2.10 施工完成后，应对站内的管道及管路附件按设计要求设置标识。

6.3 热计量设备

6.3.1 热计量设备安装前应校验和检定，安装应符合现行国家标准《建筑节能工程施工质量验收规范》GB 50411 的相关规定。

6.3.2 热计量设备应在管道安装完成，且清洗完成后进行安装。

6.3.3 热计量设备在现场搬运和安装过程中不得提拽，不得挤压表头和传感器线，不得靠近高温热源。

6.3.4 热计量设备应按产品说明书和设计要求进行安装，热计量设备标注的水流方向应与管道内热媒流动的方向一致。

6.3.5 现场安装的环境温度、湿度不应大于热计量设备的极限工作条件。

6.3.6 热计量设备显示屏及附件的安装位置应便于观察、操作和维修。

6.3.7 数据传输线安装应符合热计量设备的安装要求。

1 两只铂电阻特性应一致，且应配对使用，并应按标识分别安装在相对应的供、回水管道上；

2 两只铂电阻的导线应按产品技术要求，使用同一厂家的配套产品；

3 应与管道轴向相交，插入深度不得小于管径的 1/3。

6.3.8 温度传感器的安装方式和位置应符合产品使用说明书的要求，并宜采用测温球阀或套管等安装方式。

6.4 站内设备

6.4.1 设备的混凝土基础位置、几何尺寸应符合现行国家标准《混凝土结构工程施工质量验收规范》GB 50204 的相关规定，设备基础尺寸和位置的允许偏差及检验方法应符合表 6.4.1 的规定。

表 6.4.1 设备基础尺寸和位置的允许偏差及检验方法

项目		允许偏差（mm）	检验方法
坐标位置（纵、横轴线）		0～20	钢尺检查
不同平面的标高		−20～0	水准仪、拉线、钢尺检查
平面外形尺寸		±20	钢尺检查
凸台上平面外形尺寸		−20～0	钢尺检查
凹穴尺寸		0～20	钢尺检查
水平度	每米	0～5	水平仪（水平尺）和楔形塞尺检查
	全长	0～10	水平仪（水平尺）和楔形塞尺检查

续表 6.4.1

项目		允许偏差(mm)	检验方法
垂直度	每米	0～5	经纬仪或吊线和钢尺检查
	全长	0～10	经纬仪或吊线和钢尺检查
预留地脚螺栓	顶部标高	0～20	水准仪或拉线、钢尺检查
	中心距	±2	钢尺检查
预留地脚螺栓孔	中心线位置	0～10	钢尺检查
	深度	0～20	钢尺检查
	垂直度	0～10	吊线、钢尺检查

6.4.2 地脚螺栓埋设应符合下列规定：

1 地脚螺栓底部锚固环钩的外缘与预留孔壁和孔底的距离不得小于15mm；

2 地脚螺栓上的油污和氧化皮等应清理干净，螺纹部分应涂抹油脂；

3 螺母与垫圈，垫圈与设备底座间的接触均应紧密；

4 拧紧螺母后，螺栓外露长度应为2倍～5倍螺距；

5 灌筑地脚螺栓使用的细石混凝土强度等级应比基础混凝土的高一等级，灌浆处应清理干净并捣固密实；

6 灌筑的混凝土应达到设计强度的75%以上后，方可拧紧地脚螺栓；

7 设备底座套入地脚螺栓应有调整余量，不得有卡涩现象。

6.4.3 安装胀锚螺栓应符合下列规定：

1 胀锚螺栓的安装应符合现行国家标准《机械设备安装工程施工及验收通用规范》GB 50231 的相关规定；

2 胀锚螺栓的中心线应按设计图纸放线。胀锚螺栓的中心至基础或构件边缘的距离不得小于7倍胀锚螺栓的直径；胀锚螺栓的底端至基础底面的距离不得小于3倍胀锚螺栓的直径，且不得小于30mm；相邻两根胀锚螺栓的中心距离不得小于10倍胀锚螺栓的直径；

3 装设胀锚螺栓的钻孔不得与基础或构件中的钢筋、预埋管和电缆等埋设物相碰，不得采用预留孔；

4 应对钻孔的孔径和深度进行检查。

6.4.4 设备支架安装应平直牢固，位置应正确。支架安装的允许偏差应符合表6.4.4的规定。

表 6.4.4 设备支架安装允许偏差

项目		允许偏差（mm）	检验方法
支架立柱	位置	0～5	钢尺检查
	垂直度	≤H/1000	钢尺检查
支架横梁	上表面标高	±5	钢尺检查
	水平弯曲	≤L/1000	钢尺检查

注：H 为支架高度；L 为横梁长度。

6.4.5 设备找正调平用的垫铁应符合现行国家标准《机械设备安装工程施工及验收通用规范》GB 50231 的相关规定。

6.4.6 设备调平后，垫铁端面应露出设备底面边缘10mm～30mm。

6.4.7 设备采用减振垫铁调平应符合下列规定：

1 基础和地坪应符合设备技术要求。设备占地范围内基础的高差不得超出减振垫铁调整量的30%～50%，放置减振垫铁的部位应平整。

2 减振垫铁应采用无地脚螺栓或胀锚地脚螺栓固定。

3 设备调平减振垫铁受力应均匀，调整范围内应留有余量，调平后应将螺母锁紧。

4 当采用橡胶型减振垫铁时，设备调平后经过1周～2周后应再进行1次调平。

6.4.8 水泵安装应符合下列规定：

1 水泵安装前应做下列检查：

1）基础的尺寸、位置、标高应符合设计要求和本规范第6.4.1条的规定；

2）设备应完好，盘车应灵活，不得有阻滞、卡涩和异常声响现象；

3）出厂前已配装、调试完善的部位应无拆卸现象。

2 水泵安装应在泵的进出口法兰面或其他水平面上进行找平，纵向安装水平允许偏差为0～0.1‰，横向安装水平偏差为0～0.2‰。

3 当水泵主、从动轴用联轴器连接时，两轴的同轴度、两半联轴节端面的间隙应符合设备技术文件的规定。主、从动轴找正及连接后应进行盘车检查。

4 当同型号水泵并列安装时，水泵轴线标高的允许偏差为±5mm。

6.4.9 喷射泵安装的水平度和垂直度应符合设计和设备技术文件的要求。当泵前、泵后直管段长度设计无要求时，泵前直管段长度不得小于公称管径的5倍，泵后直管段长度不得小于公称管径的10倍。

6.4.10 换热设备应有货物清单和技术文件，安装前应对下列进行项目验收：

1 规格、型号、设计压力、设计温度、换热面积、重量等参数；

2 产品标识牌、产品合格证和说明书；

3 换热设备不得有缺损件，表面应无损坏和锈蚀，不应有变形、机械损伤，紧固件不应松动。

6.4.11 换热设备安装应符合下列规定：

1 换热设备本体不得进行局部切、割、焊等操作；

2 安装前应对管道进行冲洗；

3 换热设备安装的坡度、坡向应符合设计或产品说明书的规定，安装的允许偏差及检验方法应符合表6.4.11的规定。

表 6.4.11 换热设备安装的允许偏差及检验方法

项　目	允许偏差（mm）	检验方法
标高	±10	拉线和钢尺测量
水平度	≤5L/1000	经纬仪或吊线、水平仪（水平尺）、钢尺测量
垂直度	≤5H/1000	经纬仪或吊线、水平仪（水平尺）、钢尺测量
中心线位置	±20	拉线和钢尺测量

注：L—设备长度；H—设备高度。

6.4.12 换热机组安装前除应对本规范第 6.4.10 条规定的项目进行验收外，还应包括换热机组的操作说明书、系统图、电气原理图、端子接线图、主要配件清单和合格证明。

6.4.13 换热机组安装应符合下列规定：

1 换热机组应进行接地保护。控制柜应配有保护接地排，机柜外壳及电缆槽、穿线钢管、设备基础槽钢、水管、设备支架及其外露金属导体等应接地。水表、橡胶软接头、金属管道的阀门等装置应加跨接线连成电气通路。

2 换热机组不应有变形或机械损伤，紧固件不应松动。

3 换热机组应按产品说明书的要求安装，安装的允许偏差及检验方法应符合表 6.4.13 的规定。

表 6.4.13 换热机组安装允许偏差及检验方法

项　目	允许偏差（mm）	检验方法
底座外形尺寸	±5‰L	拉线和钢尺测量
设备定位中心距	±2‰L	拉线和钢尺测量
管道的水平度或垂直度	0～10	经纬仪或吊线、水平仪（水平尺）、钢尺测量

注：L 为机组长度。

6.4.14 水箱的安装应符合下列规定：

1 坡度、坡向应符合设计和产品说明书的规定；

2 水箱底面安装前应检查防腐质量，对缺陷应进行处理；

3 允许偏差及检验方法应符合本规范表 6.4.13 的规定。

6.4.15 水处理装置的安装应符合下列规定：

1 设备的产品质量证明书、水处理设备图、设备安装使用说明书等资料应齐全。

2 水处理专用材料应符合设计要求，并应抽样检验。材料应分类存放，并应妥善保管。

3 所有进出口管路应有独立支撑，不得使用阀体做支撑。

4 每个树脂罐应设单独的排污管。

5 水处理系统中的设备、再生装置等在系统安装完毕后应单体进行工作压力水压试验。

6 水处理系统的严密性试验合格后应进行试运行，并应进行水质化验，水质应符合现行行业标准《城镇供热管网设计规范》CJJ 34 的相关规定。

6.4.16 除污器应按热介质流动方向安装，除污口应朝向便于检修的位置。

6.4.17 站内监控和数据传输系统安装应符合设计要求，安装完成后应进行调试。

6.5 通用组装件

6.5.1 分汽缸、分水器、集水器的安装应符合设计要求，同类型的温度表和压力表应一致。

6.5.2 减压器安装应符合下列规定：

1 应按设计或标准图组装；

2 应安装在便于观察和检修的托架（或支座）上，安装应平整牢固；

3 安装完成后，应根据使用压力进行调试，并应填写调试记录。

6.5.3 疏水器应按设计或标准图组装，安装位置应便于操作和检修。安装应平整，支架应牢固。连接管路应有坡度，当出口的排水管与凝结水干管相接时，应连接在凝结水干管的上方。

6.5.4 水位计安装应符合下列规定：

1 水位计应有指示最高、最低水位的明显标志。玻璃管水位计的最低水位可见边缘应比最低安全水位低 25mm，最高可见边缘应比最高安全水位高 25mm。

2 玻璃管水位计应设置保护装置。

3 放水管应引至安全处。

6.5.5 安全阀安装应符合下列规定：

1 安全阀在安装前，应送有检测资质的单位按设计要求进行调校；

2 安全阀应垂直安装，并应在两个方向检查其垂直度，发现倾斜应予以校正；

3 安全阀的开启压力和回座压力应符合设计规定值，安全阀最终调校后，在工作压力下不得泄漏；

4 安全阀调校合格后应对安全阀调整试验进行记录，并可按本规范表 A.0.26 的规定填写。

6.5.6 压力表安装应符合下列规定：

1 压力表应安装在便于观察的位置，不得受高温、振动的影响；

2 压力表宜安装缓冲管，缓冲管的内径不应小于 10mm；

3 压力表和缓冲管之间应安装阀门，当蒸汽管道安装压力表时不得使用旋塞阀；

4 当设计对压力表的量程无要求时，压力表量程应为工作压力的 1.5 倍～2 倍。

6.5.7 温度计的安装应符合下列规定：

1 温度计应安装在便于观察的位置，不得影响设备和阀门的安装、检修和运行操作；

2 温度计不得安装在引出的管段上；

3 温度计不宜安装在介质流动死角处以及振动

较大的位置；

4 温度计安装位置不应影响设备和阀门的安装、检修、运行操作。

6.5.8 温度传感器测温元件的安装应符合下列规定：

1 温度传感器测温元件应按设计要求的位置安装；

2 当与管道垂直安装时，取源部件轴线应与工艺管道轴线垂直相交；

3 在管道的拐弯处安装时，宜逆介质流向，取源部件轴线应与管道轴线相重合；

4 当与管道倾斜安装时，宜逆介质流向，取源部件轴线应与管道轴线相交。

6.5.9 当测压元件与测温元件在同一管段上时，测压元件应安装在测温元件的上游侧。

6.5.10 当管道和设备上的放气阀操作不便时，应设置操作平台。当放气阀的放气点高于地面 2m 时，放气阀门应设在距地面 1.5m 处，且便于安全操作的位置。排气管道应进行固定。

6.5.11 流量测量装置应在管道冲洗合格后，按产品说明书及设计要求进行安装。

6.5.12 调节与控制阀门应按设计及要求安装在便于观察、操作和调试的位置。

6.5.13 补水定压设备的安装应符合下列规定：

1 当采用膨胀水箱定压时，应将水箱膨胀管和循环管引至站前回水总管上，水箱信号应引至站内控制柜，水箱液位和补水泵启停应连锁控制运行；

2 当采用定压罐或补水泵变频定压时，应在完成冲洗、水压试验后进行设备调试，并应按设计要求设定定压值和定压范围。

6.6 噪声与振动控制

6.6.1 噪声与振动控制使用的主要材料应具有检测机构的检测报告。

6.6.2 隔振系统的安装应符合下列规定：

1 隔振系统应水平安装，允许偏差应为0～3‰；

2 当隔振器底部安装两层以上条形隔振垫时，中间应用钢板隔开；

3 设备安装在隔振系统上后，应逐个测量隔振器的压缩量。

6.6.3 软接头与法兰安装应符合下列规定：

1 当安装金属或橡胶软接头时，不得扭曲、压缩、拉伸，螺栓应由内向外安装；

2 法兰凹槽应与软连接卡槽锁紧，不得将法兰凹槽扣在软连接的卡槽边上，不得损坏软连接；

3 法兰内外径尺寸应与软接头法兰一致。

6.6.4 弹簧吊架、弹性托架安装应符合下列规定：

1 应按设计要求安装；

2 弹簧吊架螺纹表面及转动零件的连接面应涂油防腐；

3 应满足维修的空间要求；

4 弹簧吊架安装完成后应逐个检查，应能正常工作；

5 弹簧吊架压缩量应在 10mm～20mm 之间，弹性托架压缩量应在 2mm～3mm 之间；

6 弹簧吊架的焊接应符合现行行业标准《钢筋焊接及验收规程》JGJ 18 的相关规定。

6.6.5 吸音吊顶、吸音墙体安装应符合下列规定：

1 吸音吊顶、吸音墙体的材料穿孔率不应小于 25%，孔径宜为 0.4mm，厚度宜为 0.8mm；

2 玻璃棉密度不应小于 $32kg/m^3$；

3 面板的棱边应平直；

4 吊顶与墙体交接处应密实，不得有缝隙；

5 当吸音吊顶与弹簧吊架、管道、丝杆、穿线桥架等障碍物交叉时，开口处应平齐；

6 吸音板不得使用吊架等代替龙骨托。

7 防腐和保温

7.1 防 腐

7.1.1 防腐材料及涂料的品种、规格、性能应符合设计和环保要求，产品应具有质量合格证明文件。

7.1.2 防腐材料在运输、储存和施工过程中应采取防止变质和污染环境的措施。涂料应密封保存，不得遇明火或曝晒。所用材料应在有效期内使用。

7.1.3 涂料的涂刷层数、涂层厚度及表面标记等应按设计规定执行，当设计无规定时，应符合下列规定：

1 涂刷层数、厚度应符合产品质量要求；

2 涂料的耐温性能、抗腐蚀性能应按供热介质温度及环境条件进行选择。

7.1.4 当采用多种涂料配合使用时，应按产品说明书对涂料进行选择。各涂料性能应相互匹配，配比应合适。调制成的涂料内不得有漆皮等影响涂刷的杂物。涂料应按涂刷工艺要求稀释，搅拌应均匀，色调应一致，并应密封保存。

7.1.5 涂料涂刷前应对钢材表面进行处理，并应符合设计要求和现行国家标准《涂覆涂料前钢材表面处理 表面清洁度的目视评定》GB/T 8923 的相关规定。

7.1.6 涂料涂刷时的环境温度和相对湿度应符合涂料产品说明书的要求。当产品说明书无要求时，环境温度宜为 5℃～40℃，相对湿度不应大于 75%。涂刷时金属表面应干燥，不得有结露。在雨雪和大风天气中进行涂刷时，应进行遮挡。涂料未干燥前应免受雨淋。在环境温度在 5℃以下施工时应有防冻措施，在相对湿度大于 75%时应采取防结露措施。

7.1.7 现场涂刷过程中应防止漆膜被污染和受损坏。当多层涂刷时，第一遍漆膜未干前不得涂刷第二遍漆。全部涂层完成后，漆膜未干燥固化前，不得进行下道工序施工。

7.1.8 对已完成防腐的管道、管路附件、设备和支架等，在漆膜干燥过程中应防止冻结、撞击、振动和湿度剧烈变化，且不得进行施焊、气割等作业。

7.1.9 对已完成防腐的成品应做保护，不得踩踏或当作支架使用。

7.1.10 对管道、管路附件、设备和支架安装后无法涂刷或不易涂刷涂料的部位，安装前应预先涂刷。

7.1.11 预留的未涂刷涂料部位，在其他工序完成后，应按要求进行涂刷。

7.1.12 涂层上的缺陷、不合格处以及损坏的部位应及时修补，并应验收合格。

7.1.13 聚乙烯防腐层的制作及其性能应符合现行国家标准《埋地钢质管道聚乙烯防腐层》GB/T 23257的相关规定。

7.1.14 当采用涂料和玻璃纤维做加强防腐层时，应符合下列规定：

1 底漆应涂刷均匀完整，不得有空白、凝块和流痕；

2 玻璃纤维的厚度、密度、层数应符合设计要求，缠绕重叠部分宽度应大于布宽的1/2，压边量应为10 mm～15mm。当采用机械缠绕时，缠布机应稳定匀速，并应与钢管旋转转速相配合；

3 玻璃纤维两面沾油应均匀，经刮板或挤压滚轮后，布面应无空白，且不得淌油和滴油；

4 防腐层的厚度不得小于设计厚度。玻璃纤维与管壁粘结牢固应无空隙，缠绕应紧密且无皱褶。防腐层表面应光滑，不得有气孔、针孔和裂纹。钢管两端应留200mm～250mm空白段。

7.1.15 涂料的涂刷应符合下列规定：

1 涂层应与基面粘结牢固、均匀，厚度应符合产品说明书的要求，面层颜色应一致；

2 漆膜应光滑平整，不得有皱纹、起泡、针孔、流挂等现象，并应均匀完整，不得漏涂、损坏；

3 色环宽度应一致，间距应均匀，且应与管道轴线垂直；

4 当设计有要求时应进行涂层附着力测试；

5 钢材除锈、涂刷质量检验应符合表7.1.15的规定。

表7.1.15 钢材除锈、涂料质量检验

项目	检查频率		检验方法
	范围（m）	点数	
除锈△	50	5	外观检查每10m计点
涂料	50	5	外观检查每10m计点

注：表中“△”为主控项目，其余为一般项目。

7.1.16 工程竣工验收前，管道、设备外露金属部分所刷涂料的品种、性能、颜色等应与原管道和设备所刷涂料一致。

7.1.17 埋地钢管牺牲阳极防腐应符合下列规定：

1 安装的牺牲阳极规格、数量及埋设深度应符合设计要求，当设计无规定时，应按现行行业标准《埋地钢质管道牺牲阳极阴极保护设计规范》SY/T 0019的相关规定执行；

2 牺牲阳极填包料应注水浸润；

3 牺牲阳极电缆焊接应牢固，焊点应进行防腐处理；

4 对钢管的保护电位值应进行检查，且不应小于－0.85Vcse。

7.1.18 当保温外保护层采用金属板时，表面应清理干净，缝隙应填实、打磨光滑，并应按设计要求进行防腐。

7.1.19 钢外护直埋管道的接头防腐应在气密性试验合格后进行，防腐层应采用电火花检漏仪检测。

7.2 保 温

7.2.1 保温材料的品种、规格、性能等应符合设计和环保的要求，产品应具有质量合格证明文件。

7.2.2 保温材料检验应符合下列规定：

1 保温材料进场前应对品种、规格、外观等进行检查验收，并应从进场的每批材料中，任选1组～2组试样进行导热系数、保温层密度、厚度和吸水（质量含水、憎水）率等测定；

2 应对预制直埋保温管、保温层和保护层进行复检，并应提供复检合格证明；预制直埋保温管的复检项目应包括保温管的抗剪切强度、保温层的厚度、密度、压缩强度、吸水率、闭孔率、导热系数及外护管的密度、壁厚、断裂伸长率、拉伸强度、热稳定性；

3 按工程要求可进行现场抽检。

7.2.3 施工现场应对保温管和保温材料进行妥善保管，不得雨淋、受潮。受潮的材料经过干燥处理后应进行检测，不合格时不得使用。

7.2.4 管道、管路附件、设备的保温应在压力试验、防腐验收合格后进行。当钢管需预先做保温时，应将环形焊缝等需检查处留出，待各项检验合格后，方可对留出部位进行防腐、保温。

7.2.5 在雨、雪天进行室外保温施工时应采取防水措施。

7.2.6 当采用湿法保温时，施工环境温度不得低于5℃，否则应采取防冻措施。

7.2.7 保温层施作应符合下列规定：

1 当保温层厚度大于100mm时，应分为两层或多层逐层施工；

2 保温棉毡、垫的密实度应均匀，外形应规整，保温厚度和容重应符合设计要求；

3 瓦块式保温制品的拼缝宽度不得大于5mm。当保温层为聚氨酯瓦块时，应用同类材料将缝隙填满。其他类硬质保温瓦内应抹3mm～5mm厚的石棉灰胶泥层，并应砌严密。保温层应错缝铺设，缝隙处应采用石棉灰胶泥填实。当使用两层以上的保温制品时，同层应错缝，里外层应压缝，其搭接长度不应小于50mm。每块瓦应使用两道镀锌钢丝或箍带扎紧，不得采用螺旋形捆扎方法，镀锌钢丝的直径不得小于设计要求；

4 支架及管道设备等部位的保温，应预留出一定间隙，保温结构不得妨碍支架的滑动及设备的正常运行；

5 管道端部或有盲板的部位应做保温。

7.2.8 立式设备和垂直管道应设置保温固定件或支撑件，每隔3m～5m应设保温层承重环或抱箍，承重环或抱箍的宽度应为保温层厚度的2/3，并应对承重环或抱箍进行防腐。

7.2.9 硬质保温施工应按设计要求预留伸缩缝，当设计无要求时应符合下列规定：

1 两固定支架间的水平管道至少应预留1道伸缩缝；

2 立式设备及垂直管道，应在支承环下面预留伸缩缝；

3 弯头两端的直管段上，宜各预留1道伸缩缝；

4 当两弯头之间的距离小于1m时，可仅预留1道伸缩缝；

5 管径大于*DN*300、介质温度大于120℃的管道应在弯头中部预留1道伸缩缝；

6 伸缩缝的宽度：管道宜为20mm，设备宜为25mm；

7 伸缩缝材料应采用导热系数与保温材料相接近的软质保温材料，并应充填严实、捆扎牢固。

7.2.10 设备应按设计要求进行保温。当保温层遮盖设备铭牌时，应将铭牌复制到保温层外。

7.2.11 保温层端部应做封端处理。设备人孔、手孔等需要拆装的部位，保温层应做成45°坡面。

7.2.12 保温结构不应影响阀门、法兰的更换及维修。靠近法兰处，应在法兰的一侧留出螺栓长度加25mm的空隙。有冷紧或热紧要求的法兰，应在完成冷紧或热紧后再进行保温。

7.2.13 纤维制品保温层应与被保温表面贴实，纵向接缝应位于下方45°位置，接头处不得有间隙。双层保温结构的层间应盖缝，表面应保持平整，厚度应均匀，捆扎间距不应大于200mm，并应适当紧固。

7.2.14 软质复合硅酸盐保温材料应按设计要求施工。当设计无要求时，每层可抹10mm并应压实，待第一层有一定强度后，再抹第二层并应压光。

7.2.15 预制保温管道保温质量检验应按本规范第5.4节的相关执行。

7.2.16 现场保温层施工质量检验应符合下列规定：

1 保温固定件、支承件的安装应正确、牢固，支承件不得外露，其安装间距应符合设计要求。

2 保温层厚度应符合设计要求。

3 保温层密度应现场取试样检查。对棉毡类保温层，密度允许偏差为0～10%，保温板、壳类密度允许偏差为0～5%；聚氨酯类保温的密度不得小于设计要求。

4 保温层施工允许偏差及检验方法应符合表7.2.16的规定。

表7.2.16 保温层施工允许偏差及检验方法

项目		允许偏差	检验频率	检验方法
厚度△	硬制保温材料	0～5%	每隔20m测1点	用钢针刺入保温层测厚
	柔性保温材料	0～8%		
伸缩缝宽度		±5mm	抽查10%	用尺检查

注：表中"△"为主控项目，其余为一般项目。

7.3 保护层

7.3.1 保护层施工前，保温层应已干燥并经检查合格，保护层应牢固、严密。

7.3.2 复合材料保护层施工应符合下列规定：

1 玻璃纤维布应以螺纹状紧缠在保温层外，前后均搭接不应小于50mm。布带两端及每隔300mm应采用镀锌钢丝或钢带捆扎，镀锌钢丝的直径不得小于设计要求，搭接处应进行防水处理。

2 复合铝箔接缝处应采用压敏胶带粘贴、铆钉固定。

3 玻璃钢保护壳连接处应采用铆钉固定，沿轴向搭接宽度应为50mm～60mm，环向搭接宽度应为40mm～50mm。

4 用于软质保温材料保护层的铝塑复合板正面应朝外，不得损伤其表面。轴向接缝应用保温钉固定，且间距应为60mm～80mm。环向搭接宽度应为30mm～40mm，纵向搭接宽度不得小于10mm。

5 当垂直管道及设备的保护层采用复合铝箔、玻璃钢保护壳和铝塑复合板等时，应由下向上，成顺水接缝。

7.3.3 石棉水泥保护层施工应符合下列规定：

1 石棉水泥不得采用闪石棉等国家禁止使用的石棉制品；

2 涂抹石棉水泥保护层应检查钢丝网有无松动，并应对有缺陷的部位进行修整，保温层的空隙应采用胶泥填充。保护层应分2层，首层应找平、挤压严实，第2层应在首层稍干后加灰泥压实、压光。保护层厚度不应小于15mm；

3 抹面保护层的灰浆干燥后不得产生裂缝、脱壳等现象，金属网不得外露；

4 抹面保护层未硬化前应防雨雪。当环境温度小于5℃，应采取防冻措施。

7.3.4 金属保护层施工应符合下列规定：

1 金属保护层材料应符合设计要求，当设计无要求时，宜选用镀锌薄钢板或铝合金板。

2 安装前，金属板两边应先压出两道半圆凸缘。设备的保温，可在每张金属板对角线上压两条交叉筋线。

3 水平管道的施工可直接将金属板卷合在保温层外，并应按管道坡向自下而上顺序安装。两板环向半圆凸缘应重叠，金属板接口应在管道下方。

4 搭接处应采用铆钉固定，其间距不应大于200mm。

5 金属保护层应留出设备及管道运行受热膨胀量。

6 当在结露或潮湿环境安装时，金属保护层应嵌填密封剂或在接缝处包缠密封带。

7 金属保护层上不得踩踏或堆放物品。

7.3.5 保护层质量检验应符合下列规定：

1 缠绕式保护层应裹紧，搭接部分应为100mm～150mm，不得有松脱、翻边、皱褶和鼓包等缺陷，缠绕的起点和终点应采用镀锌钢丝或箍带捆扎结实，接缝处应进行防水处理。

2 保护层表面应平整光洁、轮廓整齐，镀锌钢丝头不得外露，抹面层不得有酥松和裂缝。

3 金属保护层不得有松脱、翻边、豁口、翘缝和明显的凹坑。保护层的环向接缝应与管道轴线保持垂直。纵向接缝应与管道轴线保持平行。保护层的接缝方向应与设备、管道的坡度方向一致。保护层的不圆度不得大于10mm。

4 保护层表面不平度允许偏差及检验方法应符合表7.3.5的规定。

表7.3.5 保护层表面不平度允许偏差及检验方法

项目	允许偏差（mm）	检验频率	检验方法
涂抹保护层	0～10	每隔20m取一点	用靠尺和1m钢尺
缠绕式保护层	0～10	每隔20m取一点	用靠尺和1m钢尺
金属保护层	0～5	每隔20m取一点	用塞尺和2m钢尺
复合材料保护层	0～5	每隔20m取一点	用靠尺和1m钢尺

7.3.6 保护层施工结束后应对防腐、保温层、保护层施工进行记录，并可按本规范表A.0.27的规定填写。

8 压力试验、清洗、试运行

8.1 压力试验

8.1.1 供热管网工程施工完成后应按设计要求进行强度试验和严密性试验，当设计无要求时应符合下列规定：

1 强度试验压力应为1.5倍设计压力，且不得小于0.6MPa；严密性试验压力应为1.25倍设计压力，且不得小于0.6MPa；

2 当设备有特殊要求时，试验压力应按产品说明书或根据设备性质确定；

3 开式设备应进行满水试验，以无渗漏为合格。

8.1.2 压力试验应按强度试验、严密性试验的顺序进行，试验介质宜采用清洁水。

8.1.3 压力试验前，焊接质量外观和无损检验应合格。

8.1.4 安全阀的爆破片与仪表组件等应拆除或已加盲板隔离。加盲板处应有明显的标记，并应做记录。安全阀应处于全开，填料应密实。

8.1.5 压力试验应编制试验方案，并应报有关单位审批。试验前应进行技术、安全交底。

8.1.6 压力试验前应划定试验区、设置安全标志。在整个试验过程应有专人值守，无关人员不得进入试验区。

8.1.7 站内、检查室和沟槽中应有可靠的排水系统。试验现场应进行清理，具备检查的条件。

8.1.8 强度试验前应完成下列工作：

1 强度试验应在试验段内的管道接口防腐、保温及设备安装前进行。

2 管道安装使用的材料、设备资料应齐全。

3 管道自由端的临时加固装置应安装完成，并应经设计核算与检查确认安全可靠。试验管道与其他管线应用盲板或采取其他措施隔开，不得影响其他系统的安全。

4 试验用的压力表应经校验，其精度不得小于1.0级，量程应为试验压力的1.5倍～2倍，数量不得少于2块，并应分别安装在试验泵出口和试验系统末端。

8.1.9 严密性试验前应完成下列工作：

1 严密性试验应在试验范围内的管道工程全部安装完成后进行。压力试验长度宜为一个完整的设计施工段。

2 试验用的压力表应经校验，其精度不得小于1.5级，量程应为试验压力的1.5倍～2倍，数量不得少于2块，并应分别安装在试验泵出口和试验系统末端。

3 横向型、铰接型补偿器在严密性试验前不宜进行预变位。

4 管道各种支架已安装调整完毕，固定支架的混凝土已达到设计强度，回填土及填充物已满足设计要求。

5 管道自由端的临时加固装置已安装完成，并经设计核算与检查确认安全可靠。试验管道与无关系统应采用盲板或采取其他措施隔开，不得影响其他系统的安全。

8.1.10 压力试验应符合下列规定：

1 当管道充水时应将管道及设备中的空气排尽。

2 试验时环境温度不宜低于5℃。当环境温度低于5℃时，应有防冻措施。

3 当运行管道与压力试验管道之间的温度差大于100℃时，应根据传热量对压力试验的影响采取运行管道和试验管道安全的措施。

4 地面高差较大的管道，试验介质的静压应计入试验压力中。热水管道的试验压力应以最高点的压力为准，最低点的压力不得大于管道及设备能承受的额定压力。

5 压力试验方法和合格判定应符合表8.1.10的规定。

表8.1.10 压力试验方法和合格判定

项 目	试验方法和合格判定		检验范围
强度试验△	升压到试验压力，稳压10min无渗漏、无压降后降至设计压力，稳压30min无渗漏、无压降为合格		每个试验段
严密性试验△	升压至试验压力，当压力趋于稳定后，检查管道、焊缝、管路附件及设备等无渗漏，固定支架无明显的变形等		全段
	一级管网及站内	稳压在1h，前后压降不大于0.05MPa，为合格	
	二级管网	稳压在30min，前后压降不大于0.05MPa，为合格	

注：表中“△”为主控项目，其余为一般项目。

8.1.11 试验过程中发现渗漏时，不得带压处理。消除缺陷后，应重新进行试验。

8.1.12 试验结束后应及时排尽管内积水、拆除试验用临时加固装置。排水时不得形成负压，试验用水应排到指定地点，不得随意排放，不得污染环境。

8.1.13 压力试验合格后应填写供热管道水压试验记录、设备强度和严密性试验记录，并应按本规范附录A表A.0.28和表A.0.29的规定进行记录。

8.2 清 洗

8.2.1 供热管网的清洗应在试运行前进行，并应符合现行国家标准《工业金属管道工程施工规范》GB 50235的相关规定。

8.2.2 清洗方法应根据设计及供热管网的运行要求、介质类别确定。可采用人工清洗、水力冲洗和气体吹洗。当采用人工清洗时，管道的公称直径应大于或等于*DN*800；蒸汽管道应采用蒸汽吹洗。

8.2.3 清洗前应编制清洗方案，并应报有关单位审批。方案中应包括清洗方法、技术要求、操作及安全措施等内容。清洗前应进行技术、安全交底。

8.2.4 清洗前应完成下列工作：

1 减压器、疏水器、流量计和流量孔板（或喷嘴）、滤网、调节阀芯、止回阀芯及温度计的插入管等应已拆下并妥善存放，待清洗结束后方可复装。

2 不与管道同时清洗的设备、容器及仪表管等应隔开或拆除。

3 支架的承载力应能承受清洗时的冲击力，必要时应经设计核算。

4 水力冲洗进水管的截面积不得小于被冲洗管截面积的50%，排水管截面积不得小于进水管截面积。

5 蒸汽吹洗排汽管的管径应按设计计算确定。吹洗口及冲洗箱应已按设计要求加固。

6 设备和容器应有单独的排水口。

7 清洗使用的其他装置已安装完成，并应经检查合格。

8.2.5 人工清洗应符合下列规定：

1 钢管安装前应进行人工清洗，管内不得有浮锈等杂物；

2 钢管安装完成后、设备安装前应进行人工清洗，管内不得有焊渣等杂物，并应验收合格；

3 人工清洗过程应有保证安全的措施。

8.2.6 水力冲洗应符合下列规定：

1 冲洗应按主干线、支干线、支线分别进行。二级管网应单独进行冲洗。冲洗前先应充满水并浸泡管道。冲洗水流方向应与设计的介质流向一致。

2 清洗过程中管道中的脏物不得进入设备；已冲洗合格的管道不得被污染。

3 冲洗应连续进行，冲洗时的管内平均流速不应小于1m/s；排水时，管内不得形成负压。

4 冲洗水量不能满足要求时，宜采用密闭循环的水力冲洗方式。循环水冲洗时管道内流速应达到或接近管道正常运行时的流速。在循环冲洗后的水质不合格时，应更换循环水继续进行冲洗，并达到合格。

5 水力冲洗应以排水水样中固形物的含量接近或等于冲洗用水中固形物的含量为合格。

6 水力清洗结束后应打开排水阀门排污，合格后应对排污管、除污器等装置进行人工清洗。

7 排放的污水不得随意排放，不得污染环境。

8.2.7 蒸汽吹洗时必须划定安全区，并设置标志。在整个吹洗作业过程中，应有专人值守。

8.2.8 蒸汽吹洗应符合下列规定：

1 吹洗前应缓慢升温进行暖管，暖管速度不宜过快，并应及时疏水。检查管道热伸长、补偿器、管路附件及设备等工作情况，恒温1h后再进行吹洗。

2 吹洗使用的蒸汽压力和流量应按设计计算确定。吹洗压力不应大于管道工作压力的75%。

3 吹洗次数应为2次～3次，每次的间隔时间宜为20min～30min。

4 蒸汽吹洗应以出口蒸汽无污物为合格。

8.2.9 空气吹洗适用于管径小于 *DN*300 的热水管道。

8.2.10 供热管网清洗合格后应填写清洗检验记录，并应符合本规范表 A.0.30 的规定。

8.3 单位工程验收

8.3.1 供热管网工程的单位工程验收，应在分项工程、分部工程验收合格后进行。

8.3.2 单位工程完工后，施工单位应自行组织有关人员进行检查评定，并应提交工程验收报告。

8.3.3 单位工程质量验收合格应符合下列规定：

1 单位工程所含各分部工程的质量应验收合格；

2 质量控制资料应完整；

3 单位工程所含各分部工程有关安全和功能的检测资料应完整；

4 主要项目的抽查合格；

5 工程外观应符合观感质量验收要求。

8.3.4 单位工程验收包括下列主要项目：

1 承重和受力结构；

2 结构防水效果；

3 管道、补偿器和其他管路附件；

4 支架；

5 焊接；

6 防腐和保温；

7 爬梯、平台；

8 热机设备、电气和自控设备；

9 隔振和降噪设施；

10 标准和非标准设备。

8.3.5 单位工程验收合格后应签署验收文件，并可按本规范表 A.0.31 的规定执行。

8.4 试 运 行

8.4.1 试运行应在单位工程验收合格、热源具备供热条件后进行。

8.4.2 试运行前应编制试运行方案。在环境温度低于5℃时，应制定防冻措施。试运行方案应线管部门审查同意，并应进行技术交底。

8.4.3 试运行应符合下列规定：

1 供热管线工程应与热力站工程联合进行试运行。

2 试运行应有完善可靠的通信系统及安全保障措施。

3 试运行应在设计的参数下运行。试运行的时间应在达到试运行的参数条件下连续运行72h。试运行应缓慢升温，升温速度不得大于10℃/h，在低温试运行期间，应对管道、设备进行全面检查，支架的工作状况应作重点检查。在低温试运行正常以后，方可缓慢升温至试运行温度下运行。

4 在试运行期间管道法兰、阀门、补偿器及仪表等处的螺栓应进行热拧紧。热拧紧时的运行压力应降低至0.3MPa以下。

5 试运行期间应观察管道、设备的工作状态，并应运行正常。试运行应完成各项检查，并应做好试运行记录。

6 试运行期间出现不影响整体试运行安全的问题，可待试运行结束后处理；当出现需要立即解决的问题时，应先停止试运行，然后进行处理。问题处理完后，应重新进行72h试运行。

7 试运行完成后应对运行资料、记录等进行整理，并应存档。

8.4.4 蒸汽管网工程的试运行应带热负荷进行，试运行合格后可直接转入正常的供热运行。蒸汽管网试运行应符合下列规定：

1 试运行前应进行暖管，暖管合格后方可略开启阀门，缓慢提高蒸汽管的压力。待管道内蒸汽压力和温度达到设计规定的参数后，保持恒温时间不宜少于1h。试运行期间应对管道、设备、支架及凝结水疏水系统进行全面检查。

2 确认管网各部位符合要求后，应对用户用汽系统进行暖管和各部位的检查，确认合格后，再缓慢提高供汽压力，供汽参数达到运行参数，即可转入正常运行。

8.4.5 热力站试运行前应符合下列规定：

1 供热管网与热用户系统应已具备试运行条件；

2 热力站内所有系统和设备应已验收合格；

3 热力站内的管道和设备的水压试验及冲洗应已合格；

4 软化水系统经调试应已合格后，并向补给水箱中注入软化水；

5 水泵试运转应已合格，并应符合下列规定：

1）各紧固连接部位不应松动；

2）润滑油的质量、数量应符合设备技术文件的规定；

3）安全、保护装置应灵敏、可靠；

4）盘车应灵活、正常；

5）起动前，泵的进口阀门应完全开启，出口阀门应完全关闭；

6）水泵在启动前应与管网连通，水泵应充满水并排净空气；

7）水泵应在水泵出口阀门关闭的状态下起动，

水泵出口阀门前压力表显示的压力应符合水泵的最高扬程，水泵和电机应无异常情况；

8）逐渐开启水泵出口阀门，流入水泵的扬程与设计选定的扬程应接近或相同，水泵和电机应无异常情况；

9）水泵振动应符合设备技术文件的规定，设备文件未规定时，可采用手提式振动仪测量泵的径向振幅（双向），其值不应大于表8.4.5的规定。

表8.4.5 泵的径向振幅（双向）

转速（r/min）	600～750	750～1000	1000～1500	1500～3000
振幅（mm）	0.12	0.10	0.08	0.06

6 应组织做好用户试运行准备工作；

7 当换热器为板式换热器时，两侧应同步逐渐升压直至工作压力。

8.4.6 热水管网和热力站试运行应符合下列规定：

1 试运行前应确认关闭全部泄水阀门；

2 排气充水，水满后应关闭放气阀门；

3 全线水满后应再次逐个进行放气并确认管内无气体后，关闭放气阀；

4 试运行开始后，每隔1h应对补偿器及其他设备和管路附件等进行检查，并应按本规范表A.0.32的规定进行记录。

8.4.7 试运行合格后应填写试运行记录，并应符合本规范表A.0.33的规定。

8.4.8 试运行完成后应进行工程移交，并应签署工程移交文件。

9 工程竣工验收

9.1 一般规定

9.1.1 供热管网工程的竣工验收应在单位工程验收和试运行合格后进行。

9.1.2 竣工验收应包括下列主要项目：

1 承重和受力结构；

2 结构防水效果；

3 补偿器、防腐和保温；

4 热机设备、电气和自控设备；

5 其他标准设备安装和非标准设备的制造安装；

6 竣工资料。

9.1.3 供热管网工程竣工验收合格后应签署验收文件，移交工程应填写竣工交接书，并可按本规范附录A表A.0.34的规定执行。

9.1.4 在试运行结束后3个月内应向城建档案馆、管道管理单位提供纸质版竣工资料和电子版形式竣工资料，所有隐蔽工程应提供影像资料。

9.1.5 工程验收后，保修期不应少于2个采暖期。

9.2 验收资料

9.2.1 竣工验收时应提供下列资料：

1 施工技术资料应包括施工组织设计及审批文件、图纸会审（审查）记录、技术交底记录、工程洽商（变更）记录等；

2 施工管理资料应包括工程概况、施工日志、施工过程中的质量事故相关资料；

3 工程物资资料应包括工程用原材料、构配件等质量证明文件及进场检验或复试报告、主要设备合格证书及进场验收文件、质监部门核发的特种设备质量证明文件和设备竣工图、安装说明书、技术性能说明书、专用工具和备件的移交证明；

4 施工测量监测资料应包括工程定位及复核记录、施工沉降和位移等观（量）测记录；

5 施工记录应包括下列资料：

1）检查及情况处理记录应包括隐蔽工程检查记录、地基处理记录、钎探记录、验槽记录、管道变形记录、钢管焊接检查和管道排位记录（图）、混凝土浇筑等；

2）施工方法及相关内容记录应包括小导管注浆记录、浅埋暗挖法施工检查记录、定向钻施工等相关记录、防腐施工记录、防水施工记录等；

3）设备安装记录应包括支架、补偿器及各种设备安装记录等；

6 施工试验及检测报告应包括回填压实检测记录、混凝土抗压（渗）报告及统计评定记录、砂浆强度报告及统计评定记录、管道无损检测报告和相关记录、喷射混凝土配比、管道的冲洗记录、管道强度和严密性试验记录、管网试运行记录等；

7 施工质量验收资料应包括检验批、分项、分部工程质量验收记录、单位工程质量评定记录；

8 工程竣工验收资料应包括竣工报告、竣工测量报告、工程安全和功能、工程观感及内业资料核查等相关记录。

9.2.2 竣工验收应对下列事项进行鉴定：

1 供热管网输热能力及热力站各类设备应达到设计参数，输热损耗应符合国家标准规定，管网末端的水力工况、热力工况应满足末端用户的需求；

2 管网及站内系统、设备在工作状态下应严密，管道支架和热补偿装置及热力站热机、电气及控制等设备应正常、可靠；

3 计量应准确，安全装置应灵敏、可靠；

4 各种设备的性能及工作状况应正常，运转设备产生的噪声应符合国家标准规定；

5 供热管网及热力站防腐工程施工质量应合格；

6 工程档案资料应齐全。

9.2.3 保温工程在第一个采暖季结束后，应对设备及管道保温效果行测定与评价，且应符合现行国家标准《设备及管道绝热效果的测试与评价》GB/T 8174的相关规定，并应提出测定与评价报告。

9.3 验收合格判定

9.3.1 工程质量验收分为合格和不合格。不合格项目应进行返修、返工至合格。

9.3.2 工程质量验收可划分为分项、分部、单位工程，并应符合下列规定：

1 分部工程可按长度划分为若干个部位，当工程规模较小时，可不划分；

2 分项工程可按下列规定划分：

1）沟槽、模板、钢筋、混凝土（垫层、基础、构筑物）、砌体结构、防水、止水带、预制构件安装、检查室、回填土等工序；

2）管道安装、焊接、无损检验、支架安装、设备及管路附件安装、除锈及防腐、水压试验、管道保温等工序；

3）热力站、中继泵站的建筑和结构部分等的质量验收应符合国家现行有关标准的规定；

3 单位工程为具备试运行条件的工程，可以是一个或几个设计阶段的工程。

9.3.3 工程质量的验收应按分项、分部及单位工程三级进行，当工程不划分分部工程时，可按分项、单位工程两级进行验收，其质量合格率 ψ 应按下式计算：

$$\psi=\frac{n}{N}\times 100\% \qquad (9.3.3)$$

式中：ψ——质量合格率；

n——同一检查项目中的合格点（组）数；

N——同一检查项目中的应检点（组）数。

9.3.4 竣工验收合格判定应符合下列要求：

1 分项工程符合下列条件为合格：

1）主控项目的合格率应达到100%；

2）一般项目的合格率达到80%，且最大偏差小于允许偏差的1.5倍，可判定为合格；

2 分部工程应所有分项为合格，则该分部工程为合格；

3 单位工程应所有分部为合格，则该单位工程为合格。

9.3.5 工程竣工质量验收还应符合下列规定：

1 工序（分项）交接检验应在施工班组自检、互检的基础上由检验人员进行工序交接检验，检验完成后应填写质量验收报告，并可按本规范附录B表B.0.1规定填写执行；

2 分部检验应在工序交接检验的基础上进行，检验完成后应填写质量验收报告，并可按本规范附录B表B.0.2的规定执行；

3 单位工程检验应在分部检验或工序交接检验的基础上进行，检验完成后应填写质量验收报告，并可按本规范附录B表B.0.3的规定执行。

附录A 检测报告及记录

A.0.1 地基处理记录内容应符合表A.0.1的规定。

表A.0.1 地基处理记录

<table>
<tr><td colspan="2" rowspan="2">地基处理记录</td><td rowspan="2">编号</td><td></td></tr>
<tr><td></td></tr>
<tr><td>工程名称</td><td colspan="3"></td></tr>
<tr><td>施工单位</td><td colspan="3"></td></tr>
<tr><td>处理依据</td><td colspan="3"></td></tr>
<tr><td colspan="4">处理部位（或简图）：</td></tr>
<tr><td colspan="4">处理过程简述：</td></tr>
<tr><td colspan="4">检查意见：
年　月　日</td></tr>
<tr><td>监理（建设）单位</td><td>勘察单位</td><td>设计单位</td><td>施工单位</td></tr>
<tr><td></td><td></td><td></td><td></td></tr>
<tr><td colspan="4">注：地基处理记录应由施工单位填写，城建档案馆、建设单位、施工单位保存。</td></tr>
</table>

A.0.2 隐蔽工程检查记录内容应符合表 A.0.2 的规定。

表 A.0.2 隐蔽工程检查记录

隐蔽工程检查记录		编号			
工程名称					
施工单位					
隐检部位		隐检项目			
隐检内容	填表人：				
检查结果及处理意见	检查日期： 年 月 日				
复查结果	复查人： 复查日期： 年 月 日				
监理（建设）单位	设计单位	施工单位			
		技术负责人	施工员	质检员	
注：该表由施工单位填写，城建档案馆、建设单位、施工单位保存。					

A.0.3 小导管施工记录内容应符合表 A.0.3 的规定。

表 A.0.3 小导管施工记录

小导管施工记录							编号			
工程名称										
施工单位							工程部位			
钢管规格							施工日期		年 月 日	
序号	桩号	位置	长度（m）	直径（mm）	角度（°）	间距（m）	根数	压力（MPa）	注浆量（L）	施工班次
草图：										
技术负责人		质检员		记录人						
注：该表由施工单位填写并保存。										

A.0.4 大管棚施工记录内容应符合表 A.0.4 的规定。

表 A.0.4 大管棚施工记录

大管棚施工记录						编号		
工程名称								
施工单位						工程部位		
钢管规格			起止桩号			工程部位		
钻孔数	钻孔角度	钻孔深度	钻孔间距	总进尺	开钻时间	结束时间	钻孔口径	钻机型号
编号	长度（m）		情 况					
草图：								
监理（建设）单位		施工单位						
		技术负责人		施工员		质检员		
注：该表由施工单位填写并保存。								

A.0.5 暗挖法施工检查记录内容应符合表 A.0.5 的规定。

表 A.0.5 暗挖法施工检查记录

暗挖法施工检查记录		编号	
工程名称			
施工单位			
施工部位（桩 号）		检查日期	年　月　日
防水层做法		二衬做法	
检查项目	检查内容及要求	允许偏差	检查结果
结构尺寸	宽度		
	拱度		
	高度		
	接茬平整度		
	垂直度		
	内壁平整度		
中线左右偏差			
高程偏差			
混凝土强度	是否符合设计要求(抗压、抗折、抗渗)		
外观质量	内表面光滑、密实、止水带位置准确、防水层不渗不漏		
意见及结论：			

建设（监理）单位	管理单位	施 工 单 位		
		技术负责人	施 工 员	质 检 员
注：该表应由施工单位填写并保存。				

A.0.6 基础/主体结构工程验收记录内容应符合表 A.0.6 的规定。

表 A.0.6 基础/主体结构工程验收记录

基础/主体结构工程验收记录				编 号		
工程名称						
施工单位						
结构名称				结构类型		
构筑物断面尺寸				验收日期	年 月 日	
管沟长度/层数				建筑面积	m^2	
施工日期	年 月 日至 年 月 日					
检查内容						
验收意见	工程实体质量				技术资料	
监理（建设）单位	设计单位	施工单位				
		项目经理	技术部门		质量部门	
注：该表由施工单位填写，城建档案馆，建设单位、监理单位、施工单位保存。						

A.0.7 顶管施工记录内容应符合表 A.0.7 的规定。

表 A.0.7 顶管施工记录

顶管施工记录								编号			
工程名称											
施工单位											
位置（桩号）				管材				管径		mm	
顶进设备规格				顶进推力		kN		顶进措施			
接管形式				土质				水文状况			
日期（月/日）	班次	进尺（m）	累计进尺（m）	中线位移偏差(mm)		管底高程偏差(mm)		相邻管间错口（mm）	对顶管间错口（mm）	发生意外情况及采取的措施	
				偏左	偏右	（+）	（－）				
技术负责人				质检员				测量人			
注：该表由施工单位填写并保存。											

A. 0. 8 支架、吊架安装调整记录内容应符合表 A. 0. 8 的规定。

表 A. 0. 8 支架、吊架安装调整记录

支架、吊架安装调整记录			编号		
工程名称					
施工单位					
工程部位			调整日期	年 月 日	
管架编号	形式	安装位置	固定状况	调整值	备注
监理（建设）单位	施工单位				
	技术负责人		施工员		质检员
注：本表由施工单位填写，建设单位、施工单位保存。					

A. 0. 9 固定支架制作检查记录内容应符合表 A. 0. 9 的规定。

表 A. 0. 9 固定支架制作检查记录

工程名称		设计图号		
施工单位		监理单位		
固定支架位置：				
固定支架结构检查情况（钢材型号、材质、外形尺寸等）：				
固定支架制作检查情况（钢材、钢筋型号、焊接质量等）：				
固定支架卡板、卡环制作检查情况（卡板、卡环尺寸、焊接质量等）：				
参加单位及人员签字	建设单位	监理单位	设计单位	施工单位

A. 0. 10 管道补偿器预变位记录内容应符合表 A. 0. 10 的规定。

表 A. 0. 10 管道补偿器预变位记录

工程名称		施工单位		
单项工程名称				
补偿器编号		补偿器所在图号		
管段长度（m）		直径（mm）		
补偿量（mm）		预变位量（mm）		
预变位时间		预变位时气温（℃）		
预变位示意图：				
备注				
参加单位及人员签字	建设单位	设计单位	施工单位	监理单位
注：本表由施工单位填写，参试单位各保存一份。				

A. 0. 11 补偿器安装记录内容应符合表式 A. 0. 11 的规定。

表 A. 0. 11 补偿器安装记录

补偿器安装记录								编号			
工程名称											
施工单位											
工程部位						记录日期			年 月 日		
安装部位	补偿器序号	形式	规格	材质	固定支架间距（m）	设计参数		安装时环境温度（℃）	安装预拉量（mm）		备注
						压力（MPa）	温度（℃）		设计	实测	
补偿器安装记录（示意图）及说明：											
建设（监理）单位	施 工 单 位										
	技术负责人			施工员			质检员				
注：本表由施工单位填写，建设单位、施工单位保存。											

A. 0. 12 自然补偿管段预变位记录内容应符合表 A. 0. 12 的规定。

表 A. 0. 12 自然补偿管段预变位记录

自然补偿管段预变位记录		编号	
工程名称			
部位工程			
施工单位			
施工图号			
两固定支架间管段长度	m	直径	mm
设计预变位值	mm	实际预变位值	mm
预变位时间	年 月 日	预变位时气温	℃
预变位示意图：			
说明及结论：			
监理（建设）单位	设计单位	施工单位	
		技术负责人	质检员
注：本表由施工单位填写，建设单位、施工单位保存。			

A. 0. 13 阀门试验记录内容应符合表 A. 0. 13 的规定。

表 A. 0. 13 阀门试验记录

阀门试验记录								编号			
工程名称											
施工单位											
试验采用标准名称											
试验日期	位置编号	类型	规格型号		强度试验			严密性试验			外观检查及试验结果
			公称直径	公称压力	试验介质	压力（MPa）	时间（min）	试验介质	压力（MPa）	时间（min）	
监理（建设）单位			施工单位								
			项目负责人			质检员			试验员		
注：本表由施工单位填写，建设单位、施工单位保存。											

A. 0. 14 材料化学成分和机械性能复验报告内容应符合表 A. 0. 14 的规定。

表 A. 0. 14 材料牌号、化学成分和机械性能复验报告

产品编号：					
材料名称					
生产厂			批号		
材料代号			规格		
数据来源			供应值	复验值	标准值
化学成分（%）	碳				
	硅				
	锰				
	磷				
	硫				
机械性能	屈服点（MPa）				
	抗拉强度（MPa）				
	伸长率（%）				
	冲击试验	温度（℃）			
		冲击值（kgf·m/cm²）			
备注					
检验员：			检验单位：		日期：

A. 0. 15 焊工资格备案表内容应符合表 A. 0. 15 的规定。

表 A. 0. 15 焊工资格备案

焊工资格备案表			编号			
工程名称						
施工单位						
致＿＿＿＿监理（建设）单位：						
我单位经审查，下列焊工符合本工程的焊接资格条件，请查收备案。						
序号	焊工姓名	焊工证书编号	焊工代号（钢印）	考试合格项目代号	考试日期	备注
施工单位部门负责人	项目经理		填表人		填表日期 年 月 日	
注：1 本表由施工单位填写，监理（建设）单位、施工单位保存。 2 本表应附焊工证书复印件。						

A.0.16 焊缝表面检测报告内容应符合表 A.0.16 的规定。

表 A.0.16 焊缝表面检测报告

报告编号：				第 页 共 页		
工程名称				委托单位		
工件	表面状态		检测区域		材料牌号	
	板厚规格		焊接方法		坡口形式	
器材及参数	仪器型号		探头型号		检测方法	
	扫描调节		试块型号		扫描方式	
	评定灵敏度		表面补偿		检测面	
技术要求	检测标准			检测比例		
	合格级别			检测工艺编号		
检测结果	最终结果			焊缝部位长度		
	扩检长度			最终检测长度		
检测位置示意图						
缺陷及翻修情况说明				检测结果		
本台产品返修部位共计 处，最高返修次数 次； 超标缺陷部位返修复检结果： 返修部位原缺陷见焊缝超声波探伤报告。				本台产品焊缝质量符合标准级的要求，结果： 检测部位详见超声波位置示意图，各检测部位情况详见焊缝超声波探伤报告		
结论统计	实际焊缝	一次合格	返修	共检焊缝	一次合格率	最终合格率
报告人： 年 月 日		审核人： 年 月 日		质量专用章： 年 月 日		备注：

A.0.17 磁粉检测报告内容应符合表 A.0.17 规定。

表 A.0.17 磁粉检测报告

磁粉检测报告				编号		
委托编号		报告编号		共 页 第 页		
基本情况	工程名称					
	施工单位					
	委托单位					
	检测委托人		联系电话			
	委托检测比例	%	焊接方法		构件材质	
	构件名称		构件规格		表面状态	
	所属设备		检测部位		管道系统编号	
检测条件	仪器型号		磁化方法		磁粉种类	
	灵敏度试片型号		磁悬液浓度	g/L	磁化方向	
	磁化电流	A	提升力	N	磁化时间	s
	磁轭间距	mm				
检测标准			合格级别	级		

检测部位及缺陷情况

检测部位编号	缺陷编号	缺陷类型	缺陷磁痕尺寸（mm）	打磨/补焊后复检缺陷		最终评级	备注
				性质	磁痕尺寸（mm）		

检测结论（检验部位及缺陷位置详见示意图）：

检测人（签字）： （证号： ） 年 月 日	检测单位资格证号______
报告人（签字）： （证号： ） 年 月 日	检测单位名称： （盖章）
审核人（签字）： （证号： ） 年 月 日	

注：本表由检测单位填写，城建档案馆、建设单位、施工单位保存。

A. 0. 18 渗透检测报告内容应符合表 A. 0. 18 的规定。

表 A. 0. 18 渗透检测报告

渗透检测报告				编号		
委托编号		报告编号		共 页 第 页		
基本情况	工程名称					
	施工单位					
	委托单位					
	检测委托人		联系电话			
	委托检测比例	%	焊接方法		构件材质	
	构件名称		构件规格		表面状态	
	所属设备		检测部位		管道系统编号	
检测条件	渗透剂种类		对比试块类型		检测方法	
	清洗剂		渗透剂		显像剂	
	清洗方法		渗透剂施加方式		显像剂施加方式	
	工件温度	℃	渗透时间	min	显像时间	min
检测标准			合格级别			级

检测部位及缺陷情况

检测部位编号	缺陷编号	缺陷类型	缺陷磁痕尺寸（mm）	打磨/补焊后复检缺陷		最终评级	备注
				性质	磁痕尺寸（mm）		

检测结论（检验部位及缺陷位置详见示意图）：

检测人（签字）：

（证号： ） 年 月 日

报告人（签字）：

（证号： ） 年 月 日

审核人（签字）：

（证号： ） 年 月 日

检测单位资格证号____

检测单位名称：

（盖章）

注：本表由检测单位填写，城建档案馆、建设单位、施工单位保存。

A. 0. 19 射线检测报告内容应符合表 A. 0. 19 的规定。

表 A. 0. 19 射线检测报告

射线检测报告			编号	
委托编号		报告编号		共 页 第 页

基本情况						
基本情况	工程名称					
基本情况	施工单位					
基本情况	委托单位					
基本情况	检测委托人		联系电话		坡口形式	
基本情况	委托检测比例	%	焊接方法		构件材质	
基本情况	构件名称		构件规格		母材厚度	mm

检测条件	设备型号	透照方式	射线能量 源强度（Ci）	射线能量 电压（kV）	管电流（mA）	焦距（mm）	曝光时间（min）	要求像质指数
检测条件								
检测条件								
检测条件								

检测条件						
检测条件	胶片牌号		增感方式		照相质量等级	
检测条件	一次透照长度	mm	焦点尺寸	mm	像质计型号	
检测条件	冲洗形式		显影条件	℃ min	底片黑度	

检测标准	合格级别	代号说明	Rx	
			返修次数	

检测结果	实际检测总数		评定结果（张）					
检测结果	焊口（道）	焊缝（m）	Ⅰ级	Ⅱ级	Ⅲ级	Ⅳ级	总计	其中：返修片
检测结果								
检测结果	钢熔化焊对接接头底片评定详见：《射线检测报告（底片评定记录表）》（共 页）							

检测结论及说明（可加附页）：	
拍片人（签字）： （证号： ） 年 月 日	检测单位资格证号：________
评片（报告）人（签字）： （证号： ） 年 月 日	（检测单位章）
审核人（签字）： （证号： ） 年 月 日	检测单位名称：
注：本表由检测单位填写，城建档案馆、建设单位、施工单位保存。	

A. 0. 20 射线检测报告（底片评定记录）内容应符合表 A. 0. 20 的规定。

表 A. 0. 20 射线检测报告（底片评定记录）

射线检测报告（底片评定记录）												编号					
工程名称：																	
委托编号					报告编号							共 页 第 页					
序号	底片编号		像质指数	缺陷性质							缺陷尺寸（mm）	评定级别				返修次数Rx	备注
	焊缝代号	底片号		气孔	夹渣	未焊透	内凹	未熔	裂纹			Ⅰ	Ⅱ	Ⅲ	Ⅳ		
评片人（签字）：																	
注：本表由检测单位填写，建设单位、施工单位保存。																	

A. 0. 21 超声波检测报告内容应符合表 A. 0. 21 的规定。

表 A. 0. 21 超声波检测报告

超声波检测报告					编号	
委托编号		报告编号		共 页 第 页		
基本情况	工程名称					
	施工单位					
	委托单位					
	检测委托人			联系电话		
	委托检测比例		焊接方法		构件材质	
	构件名称		构件规格		母材厚度	mm
	检测部位		坡口形式		表面状态	
检测条件	仪器型号		试块型号		检测方法	
	探头型号		评定灵敏度	dB	扫查方式	
	耦合剂		表面补偿	dB	检测面	
	扫描调节					
检测标准				合格级别		
检测结论及说明（可加附页）：						
拍片人（签字）： （证号： ） 年 月 日			检测单位资格证号：________ （检测单位章） 检测单位名称：			
评片（报告）人（签字）： （证号： ） 年 月 日						
审核人（签字）： （证号： ） 年 月 日						
注：本表由检测单位出具，城建档案馆、建设单位、施工单位保存。						

A. 0. 22 超声波检测报告（缺陷记录）内容应符合表 A. 0. 22 的规定。

表 A. 0. 22 超声波检测报告（缺陷记录）

超声波检报告（缺陷记录）								编号			
工程名称：											
委托编号				报告编号				共　　页　第　　页			
序号	焊缝代号	区段编号	缺陷编号	缺陷状况				评定级别			备注
				长度	高度	埋藏深度	缺陷波反射区域	Ⅰ	Ⅱ	Ⅲ	
检测人（签字）：								日期：　　年　　月　　日			
注：本表由检测单位出具，建设单位、施工单位保存。											

A. 0. 23 焊缝综合质量记录内容应符合表 A. 0. 23 的规定。

表 A. 0. 23 焊缝综合质量记录表

焊缝综合质量记录				编号				
施工单位								
工程名称								
工程部位或起止桩号					要求焊缝等级			
序号	焊缝编号	焊工代号	焊接日期	外观质量	内部质量等级		焊缝质量综合评价	备注
					射线	超声		
综合说明：								

负责人	施工员	质检员	填表日期
			年 月 日

注：本表由施工单位填写，城建档案馆、建设单位、施工单位保存。

A. 0. 24 焊缝排位记录及示意图内容应符合表 A. 0. 24 的规定。

表 A. 0. 24 焊缝排位记录及示意图

焊缝排位记录及示意图		编号			
工程名称					
施工单位					
施工桩号			绘图日期	年　月　日	

示意图：应表示出桩号（部位）、焊缝相对位置及焊缝编号

焊缝编号	桩号（部位）	焊工代号	备注	焊缝编号	桩号（部位）	焊工代号	备注

负责人		施工员		绘图人	

注：本表由施工单位填写，城建档案馆、建设单位、施工单位保存。

A. 0. 25 固定支架安装检查记录内容应符合表 A. 0. 25 的规定。

表 A. 0. 25 固定支架安装检查记录

<table>
<tr><td>工程名称</td><td colspan="2"></td><td>设计图号</td><td colspan="2"></td></tr>
<tr><td>施工单位</td><td colspan="2"></td><td>监理单位</td><td colspan="2"></td></tr>
<tr><td colspan="6">固定支架位置：</td></tr>
<tr><td colspan="6">固定支架结构检查情况（钢材型号、材质、外形尺寸、焊接质量等）：</td></tr>
<tr><td colspan="6">固定支架混凝土浇筑前检查情况（支架安装相对位置，上、下生根情况，垂直度等）：</td></tr>
<tr><td colspan="6">固定支架混凝土浇筑后检查情况（支架相对位置、垂直度、防腐情况等）：</td></tr>
<tr><td rowspan="2">参加单位及人员签字</td><td>建设单位</td><td>监理单位</td><td>设计单位</td><td colspan="2">施工单位</td></tr>
<tr><td></td><td></td><td></td><td colspan="2"></td></tr>
<tr><td colspan="6">日期：　　年　　月　　日</td></tr>
</table>

A.0.26 安全阀调试记录内容应符合表 A.0.26 的规定。

表 A.0.26 安全阀调试记录

<table>
<tr><td colspan="2" rowspan="2">安全阀调试记录</td><td rowspan="2">编号</td><td></td></tr>
<tr><td></td></tr>
<tr><td>工程名称</td><td colspan="3"></td></tr>
<tr><td>施工单位</td><td colspan="3"></td></tr>
<tr><td>安全阀安装地点</td><td colspan="3"></td></tr>
<tr><td>安全阀规格型号</td><td colspan="3"></td></tr>
<tr><td>工作介质</td><td></td><td>设计开启压力</td><td>MPa</td></tr>
<tr><td>试验介质</td><td></td><td>试验开启压力</td><td>MPa</td></tr>
<tr><td>试验次数</td><td>次</td><td>试验回座压力</td><td>MPa</td></tr>
<tr><td colspan="4">调试情况及结论：</td></tr>
<tr><td>监理（建设）单位</td><td>审核人</td><td>试验员</td><td>调试单位（章）</td></tr>
<tr><td></td><td></td><td></td><td></td></tr>
<tr><td>调试日期</td><td colspan="3">年　月　日</td></tr>
<tr><td colspan="4">注：本表由施工单位填写，建设单位、施工单位保存。</td></tr>
</table>

A. 0. 27 管道/设备保温施工检查记录内容应符合表 A. 0. 27 的规定。

表 A. 0. 27 管道/设备保温施工检查记录

管道/设备保温施工检查记录		编号		
工程名称				
部位工程				
施工单位				
安装单位				
设备名称		管线编号/桩号		
保温材料品种		保温材料厚度	mm	
生产厂家		检查日期	年 月 日	
基层处理与涂漆情况：				
保温层施工情况：				
保护层施工情况：				
直埋热力管道接口保温（套袖连接）气密性试验结果：				
综合结论：				
监理（建设）单位	施 工 单 位			
	技术负责人	施工员	质检员	
注：本表由施工单位填写，建设单位、施工单位保存。				

A.0.28 供热管道水压试验记录内容应符合表 A.0.28 的规定。

表 A.0.28 供热管道水压试验记录

供热管道水压试验记录			编号	
工程名称				
施工单位				
试压范围（起止桩号）			公称直径	mm
试压总长度（m）				
设计压力（MPa）			试验压力（MPa）	
允许压力降（MPa）			实际压力降（MPa）	
稳压时间（min）	试验压力下		试验日期	年 月 日
	设计压力下			
试验中情况：				
试验结论：				
监理（建设）单位	设计单位	施工单位		
		技术负责人	试验人员	质检员
注：本表由施工单位填写，城建档案馆、建设单位、施工单位保存。				

A.0.29 设备强度/严密性试验记录内容应符合表 A.0.29 的规定。

表 A.0.29 设备强度/严密性试验记录

设备强度/严密性试验记录					编号		
工程名称							
施工单位							
设备名称					设备位号		
试验性质	□强度试验 □严密性试验				试验日期	年 月 日	
环境温度	℃	试验介质温度	℃		压力表精度	级	
试验部位	设计压力（MPa）	设计温度（℃）	最大工作压力（MPa）	工作介质	试验压力（MPa）	试验介质	
壳程							
管程							
试验要求：							
试验情况记录：							
试验意见及结论：							
监理（建设）单位	施工单位						
注：本表由施工单位填写，城建档案馆、建设单位、施工单位保存。							

A.0.30 供热管网工程清洗检验记录内容应符合表 A.0.30 的规定。

表 A.0.30 供热管网工程清洗检验记录

供热管网冲洗记录		编号	
工程名称			
施工单位			
冲洗范围（桩号）			
冲洗长度（m）			
冲洗介质			
冲洗方法			
冲洗日期	年　月　日		
冲洗情况及结果：			
备注：			
监理（建设）单位	施工单位		
	技术负责人	质检员	
注：本表由施工单位填写，建设单位、施工单位保存。			

A.0.31 工程竣工验收鉴定书内容应符合表 A.0.31 的规定。

表 A.0.31 工程竣工验收鉴定书

<table>
<tr><td colspan="2">工程竣工验收鉴定书</td><td>编号</td><td></td></tr>
<tr><td>工程名称</td><td colspan="3"></td></tr>
<tr><td>开工日期</td><td>年 月 日</td><td>完工日期</td><td>年 月 日</td></tr>
<tr><td>设计概算</td><td></td><td>施工决算</td><td></td></tr>
<tr><td colspan="4">验收范围及数量（附页共 页）：</td></tr>
<tr><td colspan="4">验收意见：

本工程竣工质量评为： 级</td></tr>
<tr><td colspan="4">验收组组长（签字）：

建设单位（签字、公章）： 监理单位（签字、公章）：

设计单位（签字、公章）： 施工单位（签字、公章）：

单位（签字、公章）： 单位（签字、公章）：

竣工验收日期： 年 月 日</td></tr>
<tr><td colspan="4">其他说明：</td></tr>
<tr><td colspan="4">注：本表由建设单位填写，城建档案馆、建设单位、监理单位、施工单位保存。</td></tr>
</table>

A. 0. 32 补偿器热伸长记录内容应符合表 A. 0. 32 的规定。

表 A. 0. 32 补偿器热伸长记录

工程名称						
设计图号		检查号		日期		
检查简图						
	1 号(mm)	2 号(mm)	3 号(mm)	4 号(mm)	记录时间	记录人
原始状态						
参加单位及人员签字	建设单位	监理单位	设计单位	施工单位		
注：本表由施工单位填写，参施单位各保存一份。						

A.0.33 供热管网（场站）试运行记录内容应符合表 A.0.33 的规定：

表 A.0.33 供热管网（场站）试运行记录

<table>
<tr><td colspan="2" rowspan="2">供热管网（场站）试运行记录</td><td rowspan="2">编号</td><td></td></tr>
<tr><td></td></tr>
<tr><td>工程名称</td><td colspan="3"></td></tr>
<tr><td>施工单位</td><td colspan="3"></td></tr>
<tr><td>热运行范围</td><td colspan="3"></td></tr>
<tr><td>热运行时间</td><td colspan="3">从 月 日 时分 至 月 日 时分止</td></tr>
<tr><td>热运行温度</td><td>℃</td><td>热运行压力</td><td>MPa</td></tr>
<tr><td>是否连续运行</td><td></td><td>热运行累计时间</td><td>h</td></tr>
<tr><td colspan="4">热运行情况：</td></tr>
<tr><td colspan="4">处理意见：</td></tr>
<tr><td colspan="4">热运行结论：</td></tr>
</table>

<table>
<tr><td rowspan="2">监理（建设）单位</td><td rowspan="2">设计单位</td><td colspan="2">施工单位</td><td></td></tr>
<tr><td>技术负责人</td><td>施工员</td><td>质检员</td></tr>
<tr><td></td><td></td><td></td><td></td><td></td></tr>
<tr><td colspan="5">注：本表由施工单位填写，城建档案馆、建设单位、施工单位保存。</td></tr>
</table>

A. 0. 34 供热管网工程竣工交接书内容应符合表 A. 0. 34 的规定。

表 A. 0. 34 供热管网工程竣工交接书

<table>
<tr><td colspan="2">项目：</td><td colspan="2">装置：</td><td>工号：</td></tr>
<tr><td colspan="2">单位工程名称</td><td colspan="2"></td><td>交接日期： 年 月 日</td></tr>
<tr><td colspan="5">工程内容：</td></tr>
<tr><td colspan="5">交接事项说明：</td></tr>
<tr><td colspan="5">工程质量鉴定意见：</td></tr>
<tr><td rowspan="2">参加单位及人员签字</td><td>建设单位</td><td>设计单位</td><td>施工单位</td><td>监理单位</td></tr>
<tr><td></td><td></td><td></td><td></td></tr>
<tr><td colspan="5">注：本表由施工单位填写，参试单位各保存一份。</td></tr>
</table>

附录B 质量验收报告

B.0.1 工序（分项）质量验收报告应符合表B.0.1的规定。

表B.0.1 工序（分项）质量验收报告

<table>
<tr><td colspan="12" rowspan="2">工序（分项）质量评定表</td><td colspan="5" rowspan="2">编号</td><td colspan="4"></td></tr>
<tr><td colspan="4"></td></tr>
<tr><td colspan="2">工程名称</td><td colspan="2"></td><td colspan="4">部位(分部)名称</td><td colspan="4"></td><td colspan="5">工序(分项)名称</td><td colspan="4"></td></tr>
<tr><td colspan="2">施工单位</td><td colspan="2"></td><td colspan="4">桩号</td><td colspan="4"></td><td colspan="5">主要工程数量</td><td colspan="4"></td></tr>
<tr><td>序号</td><td>外观检查项目</td><td colspan="16">质量情况</td><td colspan="3">评定意见</td></tr>
<tr><td>1</td><td></td><td colspan="16"></td><td colspan="3" rowspan="5"></td></tr>
<tr><td>2</td><td></td><td colspan="16"></td></tr>
<tr><td>3</td><td></td><td colspan="16"></td></tr>
<tr><td>4</td><td></td><td colspan="16"></td></tr>
<tr><td>5</td><td></td><td colspan="16"></td></tr>
<tr><td rowspan="2">序号</td><td rowspan="2">量测项目</td><td rowspan="2">允许偏差</td><td colspan="15">实测点偏差值</td><td rowspan="2">应量测点数</td><td rowspan="2">合格点数</td><td rowspan="2">合格率（%）</td></tr>
<tr><td>1</td><td>2</td><td>3</td><td>4</td><td>5</td><td>6</td><td>7</td><td>8</td><td>9</td><td>10</td><td>11</td><td>12</td><td>13</td><td>14</td><td>15</td></tr>
<tr><td></td><td></td><td></td><td></td><td></td><td></td><td></td><td></td><td></td><td></td><td></td><td></td><td></td><td></td><td></td><td></td><td></td><td></td><td></td><td></td><td></td></tr>
<tr><td></td><td></td><td></td><td></td><td></td><td></td><td></td><td></td><td></td><td></td><td></td><td></td><td></td><td></td><td></td><td></td><td></td><td></td><td></td><td></td><td></td></tr>
<tr><td></td><td></td><td></td><td></td><td></td><td></td><td></td><td></td><td></td><td></td><td></td><td></td><td></td><td></td><td></td><td></td><td></td><td></td><td></td><td></td><td></td></tr>
<tr><td></td><td></td><td></td><td></td><td></td><td></td><td></td><td></td><td></td><td></td><td></td><td></td><td></td><td></td><td></td><td></td><td></td><td></td><td></td><td></td><td></td></tr>
<tr><td></td><td></td><td></td><td></td><td></td><td></td><td></td><td></td><td></td><td></td><td></td><td></td><td></td><td></td><td></td><td></td><td></td><td></td><td></td><td></td><td></td></tr>
<tr><td></td><td></td><td></td><td></td><td></td><td></td><td></td><td></td><td></td><td></td><td></td><td></td><td></td><td></td><td></td><td></td><td></td><td></td><td></td><td></td><td></td></tr>
<tr><td></td><td></td><td></td><td></td><td></td><td></td><td></td><td></td><td></td><td></td><td></td><td></td><td></td><td></td><td></td><td></td><td></td><td></td><td></td><td></td><td></td></tr>
<tr><td colspan="2" rowspan="2">交方班组</td><td colspan="2" rowspan="2"></td><td colspan="6" rowspan="2">接方班组</td><td colspan="5" rowspan="2"></td><td colspan="4">平均合格率（%）</td><td colspan="2"></td></tr>
<tr><td colspan="4">评定等级</td><td colspan="2"></td></tr>
<tr><td colspan="2">施工负责人</td><td colspan="2"></td><td colspan="6">质检员</td><td colspan="5"></td><td colspan="4">评定日期</td><td colspan="2">年 月 日</td></tr>
<tr><td colspan="21">注：本表由施工单位填写，建设单位、施工单位保存。</td></tr>
</table>

B.0.2 工程部位（分部）质量验收报告应符合表 B.0.2 的规定。

表 B.0.2 工程部位（分部）质量验收报告

<table>
<tr><td colspan="3">工程部位（分部）质量验收报告</td><td>编号</td><td colspan="2"></td></tr>
<tr><td colspan="2">单位工程名称</td><td></td><td>部位名称</td><td colspan="2"></td></tr>
<tr><td colspan="2">施工单位</td><td></td><td></td><td colspan="2"></td></tr>
<tr><td>序号</td><td colspan="2">外观检查</td><td colspan="3">质量情况</td></tr>
<tr><td>1</td><td colspan="2"></td><td colspan="3"></td></tr>
<tr><td>2</td><td colspan="2"></td><td colspan="3"></td></tr>
<tr><td>3</td><td colspan="2"></td><td colspan="3"></td></tr>
<tr><td>4</td><td colspan="2"></td><td colspan="3"></td></tr>
<tr><td>序号</td><td colspan="2">工序（分项）工程名称</td><td>合格率（%）</td><td>质量等级</td><td>备注</td></tr>
<tr><td>1</td><td colspan="2"></td><td></td><td></td><td></td></tr>
<tr><td>2</td><td colspan="2"></td><td></td><td></td><td></td></tr>
<tr><td>3</td><td colspan="2"></td><td></td><td></td><td></td></tr>
<tr><td>4</td><td colspan="2"></td><td></td><td></td><td></td></tr>
<tr><td>5</td><td colspan="2"></td><td></td><td></td><td></td></tr>
<tr><td>6</td><td colspan="2"></td><td></td><td></td><td></td></tr>
<tr><td>7</td><td colspan="2"></td><td></td><td></td><td></td></tr>
<tr><td>8</td><td colspan="2"></td><td></td><td></td><td></td></tr>
<tr><td>9</td><td colspan="2"></td><td></td><td></td><td></td></tr>
<tr><td>10</td><td colspan="2"></td><td></td><td></td><td></td></tr>
<tr><td>评定意见</td><td colspan="2"></td><td>评定等级</td><td colspan="2"></td></tr>
<tr><td colspan="2">技术负责人</td><td colspan="2">施工员</td><td colspan="2">质检员</td></tr>
<tr><td colspan="2"></td><td colspan="2"></td><td colspan="2"></td></tr>
<tr><td colspan="2">日　期</td><td colspan="4">年　月　日</td></tr>
<tr><td colspan="6">注：本表施工单位填写，建设单位、施工单位保存。</td></tr>
</table>

B.0.3 单位工程质量验收报告应符合表 B.0.3 的规定。

表 B.0.3 单位工程质量验收报告

单位工程质量验收报告		编号		
单位工程名称				
施工单位				
序号	外观检查	质量情况		
1				
2				
3				
4				
5				
序号	部位（分部）工程名称	合格率（%）	质量等级	备注
1				
2				
3				
4				
5				
6				
7				
8				
9				
10				
平均合格率（%）				
评定意见		评定等级		
施工单位	项目经理	技术负责人		
建设单位	监理单位	设计单位		
日 期		年 月 日		

注：本表施工单位填写，城建档案馆、建设单位、施工单位保存。

本规范用词说明

1 为便于在执行本规范条文时区别对待，对要求严格程度不同的用词说明如下：

1）表示很严格，非这样做不可的用词：
正面词采用“必须”，反面词采用“严禁”；

2）表示严格，在正常情况下均应这样做的用词：
正面词采用“应”，反面词采用“不应”或“不得”；

3）表示允许稍有选择，在条件许可时首先应这样做的用词：
正面词采用“宜”，反面词采用“不宜”；

4）表示有选择，在一定条件下可以这样做的用词，采用“可”。

2 条文中指明应按其他有关标准执行的写法为：“应符合……的规定”或“应按……执行”。

引用标准名录

1 《自动化仪表工程施工及验收规范》GB 50093

2 《混凝土强度检验评定标准》GB/T 50107

3 《地下工程防水技术规范》GB 50108

4 《工业金属管道工程施工质量验收规范》GB 50184

5 《建筑地基基础工程施工质量验收规范》GB 50202

6 《砌体结构工程施工质量验收规范》GB 50203

7 《混凝土结构工程施工质量验收规范》GB 50204

8 《机械设备安装工程施工及验收通用规范》GB 50231

9 《工业金属管道工程施工规范》GB 50235

10 《现场设备、工业管道焊接工程施工规范》GB 50236

11 《建筑给水排水及采暖工程施工质量验收规范》GB 50242

12 《通风与空调工程施工质量及验收规范》GB 50243

13 《电气装置安装工程　低压电器施工及验收规范》GB 50254

14 《给水排水管道工程施工及验收规范》GB 50268

15 《制冷设备、空气分离设备安装工程施工及验收规范》GB 50274

16 《建筑电气工程施工质量验收规范》GB 50303

17 《油气长输管道工程施工及验收规范》GB 50369

18 《建筑节能工程施工质量验收标准》GB 50411

19 《设备及管道绝热效果的测试与评价》GB/T 8174

20 《涂覆涂料前钢材表面处理　表面清洁度的目视评定》GB/T 8923

21 《钢制管法兰技术条件》GB/T 9124

22 《焊缝无损检测超声检测技术、检测等级和评定》GB/T 11345

23 《钢制对焊无缝管件》GB/T 12459

24 《无损检测　金属管道熔化焊环向对接接头射线照相检测方法》GB/T 12605

25 《国家三、四等水准测量规范》GB/T 12898

26 《埋地钢质管道聚乙烯防腐层》GB/T 23257

27 《城镇供热管网设计规范》CJJ 34

28 《城市地下管线探测技术规程》CJJ 61

29 《城镇地道桥顶进施工及验收规程》CJJ 74

30 《城镇供热直埋热水管道技术规程》CJJ/T 81

31 《城镇供热直埋蒸汽管道技术规程》CJJ 104

32 《城市供热管网暗挖工程技术规程》CJJ 200

33 《钢筋焊接及验收规程》JGJ 18

34 《建筑与市政降水工程技术规范》JGJ/T 111

35 《建筑基坑支护技术规程》JGJ 120

36 《埋地钢质管道牺牲阳极阴极保护设计规范》SY/T 0019

中华人民共和国行业标准

城镇供热管网工程施工及验收规范

CJJ 28－2014

条 文 说 明

修 订 说 明

《城镇供热管网工程施工及验收规范》CJJ 28-2014经住房和城乡建设部2014年4月2日以第354号公告批准、发布。

本规范上一版的主编单位是北京市热力集团有限责任公司，参加单位有北京市热力工程设计公司、北京市城建集团有限责任公司、唐山市热力总公司、长春市热力集团、北京豪特耐管道设备有限公司、北京伟业供热设备有限公司、北京佛莱希波·泰格金属波纹管有限公司。上一版主要起草人员是：闻作祥、催耀全、王水、刘春生、饶大文、吴德君、胡宝娣、马景涛、宋海江、高成富、李晓萍、周抗冰、刘荣、王岩、袁凤涛、劳德恩、敖学明、李继辉、高艳。

在本规范编制过程中，编制组对我国城镇供热管网工程施工及验收的实践经验进行了总结，对工程测量、土建施工、管道和设备安装、管道防腐保温、试验、清洗、试运行及工程验收等要求作出了规定。

为便于广大设计、施工、科研、院校等单位有关人员在使用本规范时能正确理解和执行条文规定，《城镇供热管网工程施工及验收规范》编制组按章、节、条顺序编制了本规范的条文说明，对条文规定的目的、依据以及执行中需注意的有关事项进行了说明，还着重对强制性条文的强制性理由作了解释。但是，本条文说明不具备与标准正文同等的法律效力，仅供使用者作为理解和把握标准规定的参考。

目　次

1 总　　则

1.0.1　2004年颁布的《城镇供热管网工程施工及验收规范》已经实施近十年，对于规范行业标准、保障工程质量和安全供热起了关键作用。近年来工程中不断出现如暗挖法、顶管、定向钻施工等新工艺、新技术、新材料，故本规范需进行相应的修改，以提高施工水平，促进新工艺、新技术的应用。为确保安全供热，也需要解决供热管网长期存在的渗漏、腐蚀等问题。本次修订从材料质量、焊接检验、设备检测等工序的要求上把质量控制前移，以提高施工水平，保障工程质量和安全供热，为此修订本规范。

1.0.2　本规范中的压力均指表压力。

"供热管网工程"一词等同于《供热术语标准》CJJ/T 55中"热网"。即：由热源向热用户输送和分配供热介质的管线系统。具体来说应包括一级管网、热力站和二级管网的整个系统。

本条所列适用范围的参数与《城镇供热管网设计规范》CJJ 34的适用范围一致，需要解释时可查阅该规范的条文说明。

1.0.3　根据生产工艺和施工工艺的要求，对工艺应进行研究，废除有污染的材料，选用新工艺，保证施工不破坏环境。

1.0.4　如遇到本条所列土质施工时，除执行本规范外，尚应符合国家现行标准的规定。《城镇供热管网设计规范》CJJ 34也有明确规定，故在施工中按设计要求即可。

2 施 工 准 备

2.1 一 般 规 定

2.1.1　项目组织机构一般设置项目经理、项目副经理、项目总工、合约工程师、财务部、技术部、质量部、工程部、材料部、试验室、测量室、专职安全员等。工程项目组织机构设置要根据工程量大小、工程总造价、施工工艺、城市或乡镇、工程地质、水文地质、施工的难易程度等情况并结合施工单位自身实际情况确定。管理体系包括质量管理体系、职业健康安全管理体系和环境管理体系。

2.1.2　施工单位开工前要根据工程规模、地理位置、工程水文地质、工期、质量和安全等要求，结合工程特点、主要设计指标、地方有关安全、质量和环保等政策性文件编制施工组织设计或施工方案，须经建设单位、监理单位审批后方可组织施工。

2.1.3　根据中华人民共和国住房和城乡建设部颁发的《危险性较大的分部分项工程安全管理办法》（建质〔2009〕87号），凡是城镇供热管网施工中涉及开挖深度大于5m（含5m）的基坑（槽）的土方开挖、支护、降水工程、地下暗挖工程、顶管工程、水下工程、起重吊装及安装拆卸工程等，均属于大于一定规模的危险性较大的分部分项工程，施工单位须编制安全技术专项方案，经专家论证通过，并经建设单位和监理单位审批后方可组织施工。

2.1.4　项目开工前，建设单位应根据《中华人民共和国环境保护法》、《中华人民共和国水污染防治法》、《中华人民共和国大气污染防治法》、《中华人民共和国节约能源法》等，完成建设项目的环评报告和能评报告，经当地行政主管部门批准后建设项目方可开工。开工前，施工单位根据已批复的环境影响评价报告和节能评估报告，制定本项目的保护环境、减少污染和其他环境公害的管理措施：防治大气污染措施、防治水体污染措施、防治噪声污染措施、防固体废物污染措施等。

2.2 技 术 准 备

2.2.1　热力工程施工除建设单位、设计单位、监理单位、勘察单位、施工单位配合外，还需与公安、交通、路政、绿化、管线产权等单位配合。开工前，建设单位应组织相关单位和部门召开工程协调会，明确工程性质、开竣工日期及施工中需要配合的事项，各配合单位明确工程施工要求、注意事项等，便于施工过程中各方协作。

2.2.2　设计文件、工程地质、水文地质等资料由建设单位提供，施工单位进行图纸会审，参加设计交底会。

2.2.3　施工前应探明拟建热力管道相对其他地下管线的相对关系，查明相邻或交叉管线的性质、高程、走向等，对热力管道施工有影响的管线，须与管线产权单位协商加固或拆改移方案；调查建筑物、线杆、树木等地上物相对热力管道关系，提前作出拆迁、移栽、加固保护等措施；调查拟建热力管道相对道路交通关系，热力管道施工对现状交通有影响时，及时与交通管理部门沟通，编制交通组织方案，经交通管理部门审批后方可组织施工。地下管线及构筑物调查方法主要有以下几种：根据建设单位提供的现状管线物探图，施工单位组织人员现场核实，对现状管线进行现场标识；建设单位未提供物探图的，施工单位可以根据设计图纸和设计单位交桩情况，沿拟建热力管道施工区域进行物探和坑探，绘制物探图，并将与拟施工的热力管道有关系的现状管线进行现场标识；施工单位根据现场调查的现状管线，联系现状管线产权单位，与产权单位管理人员共同确定现状管线位置、性质等。

2.3 物 资 准 备

2.3.2　施工单位需根据图纸，编制《材料设备计划备料单》。施工单位要检查进场材料设备的质量、材质证明、合格证及有关技术资料等。

2.4 安全措施

2.4.1 施工前，施工单位应根据工程特点编制专项安全方案和应急预案，报建设单位、监理单位审批，并向施工人员进行安全交底，组织施工人员进行应急演练。

2.4.3 夜间在城镇居民区或现有道路施工时，极易造成车辆或行人掉入管沟、碰撞施工围挡等事故，直接关系交通参与者和施工人员的安全。设置照明灯、警示灯和反光警示标志，能大大提高其安全性。

由于夜间施工现场光线差，看不清楚各种围挡、沟槽、基坑、设备等，要求施工单位设置照明点、导行标志和围挡反光标志等是为保障行人、车辆安全。警示灯一般设置在道路无法前行点上，提醒行人和车辆此处有危险，注意绕行。

2.4.4 在繁华市区和主要城市道路上，需采用围挡封闭施工；在城镇居民区和野外施工区，视现场情况和当地主管部门要求确定搭设围挡方案。围挡高度应符合各地区要求，城区内施工围挡高度不得小于1.8m。

2.4.5 凡在坠落高度基准面2m以上（含2m），无法采取可靠防护措施的高空作业人员应正确使用安全带（绳），定期作外观检查，发现异常时，应立即更换。

2.4.6 基坑深度大于1.5m时设置爬梯或直梯，斜梯两侧应设置防护栏，并用密目网封闭，直梯大于2m应设置护笼，基坑深度大于5m应设置马道和休息平台。

2.4.7 土方开挖前，采用钢管、方木及木板搭设安全梯，安全梯外侧设置护栏及扶手，确保施工人员上下沟槽安全和方便；沟槽周围搭设安全护栏，护栏高度不小于1.2m；在重要路口要分别设置车行便桥和人行便桥，便桥均应有专项设计方案，符合安全设计要求；凡有各种机动车辆通过的便桥均应悬挂“限速、限吨位”及“行人车辆注意安全”的明显标志，夜间应悬挂红灯警示，沟槽两端和交通道口应设置明显的安全标志，危险作业区应悬挂“危险”或“禁止通行”的明显标志，如沟槽的两端、易塌方地段等。

3 工程测量

3.1 一般规定

3.1.1 要求建设单位或设计单位，向施工单位提供供热管网工程设计测量所用的原始测量资料，施工单位以此进行工程线位和高程测量，便于施工测量和设计测量的统一，并应符合现行行业标准《城市测量规范》CJJ/T 8的相关规定。

3.1.2 在工程测量中，所依据的控制点以就近、使用方便为原则，所以对控制点的精度级别没做具体规定，仅明确不小于图根级。

3.1.3 设计测量所用控制点的精度等级不符合工程测量要求时，施工单位应会同设计、测量及监理单位共同复核，并确定满足要求的测量系统。

3.1.6 新建管线与现状管线顺接含义是：先测量现状管线接口点的管线走向、管中坐标、管顶高程、管径等，并与设计图纸标定的设计管线走向、管中坐标、管顶高程和管径对比，若现状与设计管线走向、管中坐标、管顶高程等一致，可直接平顺连接，若新建管线与现况管线出现偏差，则应及时与设计单位沟通，在设计给定的距离内，采用调整管道中线、水平和纵向角度、高程、增（减）管线长度等方法，确保新建管线与现状管线相接平顺，满足设计技术规范要求。

3.2 定线测量

3.2.5 供热管网的主要中线桩位，是管网起点、中间各转折点、终点、固定支架位置及地面建筑位置，这些点位由于使用时间长，对工程有重要的作用和影响，所以要求进行必要的加固、埋设标石，并在图上绘点，以作为记录。

3.2.8 平面联系测量是指通过竖井将地面控制网和井下控制网联系在同一个平面坐标系统的测量工作。主要方法有一井定向、两井定向或陀螺定向，通常用全站仪、经纬仪或陀螺经纬仪进行。

3.3 水准测量

3.3.1 水准仪的 i 角（水准仪视准轴和水准管轴之间的夹角）变化原因是一起由其本身的结构与外业工作条件的变化而致的，水准仪在运输、长期作业、操作环境变化等情况下均可能使水准仪的 i 角发生变化，所以经常性地、自觉地、定期地检查和调节水准仪的 i 角，确保水准仪测量精度。

3.3.4 固定支架高程要精确控制，个别部位的高程，为方便施工用固定支架高程进行相对控制，即可满足精度要求。

3.3.5 高程联系测量是指通过竖井将地面控制网和井下控制网联系在同一个高程系统中的测量工作。通常采用水准测量或三角高程的方法。

3.4 竣工测量

3.4.2 竣工测量是城市规划、建设管理的重要基础数据，因此要求供热管网工程竣工后应全面进行平面位置和高程测量，测量范围和深度，应满足当地城镇主管部门的要求。

3.4.4、3.4.5 在目前竣工测量及城市测量规范中，并未按施工形式对测量作特别要求，土建工程测量方法与精度要求与一般管线测量相同，只是对测量的部位作了说明。

3.5 测量允许误差

3.5.1 本条参照现行国家标准《工程测量规范》GB 50026 的规定。

4 土建工程

4.1 一般规定

4.1.2 工程影响范围内的设施包括沟槽边线杆、树木、相邻建筑物及地下管线等，在沟槽开挖前须对工程影响范围内的线杆、树木等进行加固，加固后的线杆、树木等应稳固，避免沟槽开挖造成倾倒；对临近沟槽的建筑物全过程监控量测，设定警戒值，采取边坡支护等措施。

4.1.4 给水、排水、燃气、电信等管道以及城市地铁、供电电缆、通信或其他光缆等地下设施，其专业性较强，分属不同的专业单位管理和使用，所以强调热力管道施工开挖前，保护方案应征得设施产权单位的同意，确保其正常使用。

4.1.6 为确保施工时现有建（构）筑物及地下管线的安全，应进行监控量测。监控量测应由建设单位委托的第三方检测单位进行，第三方监测是独立的监控体系，其监测体系、监测数据与施工单位自身的监控量测是平行的、相互独立的关系，第三方对监控量测的准确性、真实性、独立性负责。建设单位通过第三方监控，当发现施工单位的行为存在安全风险，则要求施工单位停止相关行为，或采取相应措施。

4.2 明挖

4.2.3 强调了在工程现场条件不能满足规定放坡开槽上口宽度的情况下，应选择采取其他基坑支护形式。常用的支护方法有锚喷护坡、土钉墙、排桩墙、地下连续墙等。具体采用哪种支护方法、支护的设计与施工要求应符合现行行业标准《建筑基坑支护技术规程》JGJ 120 的要求。

4.2.4 施工中会出现前期调查未发现地下障碍物(其他市政管线、文物等）的情况，施工单位应停止施工，查清障碍物性质，与产权单位或主管部门协商障碍物的拆改移或保护方案，确保施工安全及障碍物安全后再行施工。在城市道路及支护线、生活居住区域内明挖，地面以下 1m～2m 深度范围内不宜机械开挖，采取人工开挖的方式。

4.2.11 工作坑应比正常沟槽断面加深、加宽，工作坑的最小长度应满足现场焊接和接头保温的要求，工作坑的尺寸应符合下表要求：

表 1 工作坑尺寸（mm）

工作管公称直径	工作坑加宽宽度	工作坑加深深度	工作坑最小长度	
			单层密封接头	双层密封接头
≤DN500	300～350	400	950	1100
>DN500	400～500	400	950	1100

4.2.12 沟槽开挖与地基处理质量要求。

1 沟槽开挖受水浸泡会产生地基承载力下降、基地松软、边坡失稳塌方、上部建（构）筑物坍塌等风险。在地下水较高和雨期施工期间，沟槽开挖应采取降排水预防措施，避免槽底受浸泡。受水浸泡的沟槽，要及时检查排降水设备，疏通排水沟，将水引走、排净，并进行基底处理，确保满足管道安装和结构施工要求。

4 相应技术要求参见现行行业标准《建筑基坑支护技术规程》JGJ 120 的规定。

4.3 暗挖

4.3.1 暗挖施工时，如果有地下水存在，特别是在土层和不稳定岩体中，容易造成失稳，影响工程安全，因此遇到地下水时，应采取止水处理措施，确保在无水条件下施工。通过监控量测对围岩动态和支护结构状态作出正确评价，并及时反馈信息，为给热力暗挖隧道设计和施工安全提供可靠的依据。

4.3.2 竖井的施工要求。

1～3 施工竖井提升设备是材料及土石方运输的主要垂直运输系统，根据当地要求，经有关部门验收合格后方可投入使用，不得违章作业，防止发生事故；

4 为了确保施工安全，防止下雨时，雨水直接落入竖井，避免隧道被淹；

5、6 是为了竖井结构的稳定，以确保施工安全；

7 竖井与隧道相连处是结构受力薄弱点，由于断面变化，施工比较困难，应采取措施，保证工程质量，防止出现安全事故。

4.3.3 隧道的施工要求。

1 为了施工安全，防止开挖工作面坍塌，故制定本条规定；

2 由于交通、建（构）筑物等因素，一旦隧道发生塌方，直接危及安全，为能及时抢修，施工前应根据具体情况制定应急预案，备好抢险物资，确保施工安全；

5 隧道相对开挖贯通时，现场应在统一组织指挥下，加强隧道两侧的联系；

6 暗挖隧道施工时，应该掌握详细的地质勘察资料，但由于地质勘察的钻孔间隔有一定的距离，不可能全面反映地质情况，因此在隧道开挖过程中，应随时探明开挖工作面前方的情况，对发现的问题及时采取应对措施，确保施工安全。

4.3.4 隧道初期支护结构完工以后，建设单位应组织监理、设计、施工单位对初期支护结构进行验收，是保证设计要求和防水基面质量方法。

4.4 顶 管

4.4.2 顶管机型的选用应遵循以下四个基本原则：

第一、与土质相适应的原则。如果选用的顶管机不能与土质相适应，那么，所导致的后果将是不堪设想的：轻者将影响施工的进度，重者将使顶管施工无法进行。例如，在固结性的黏土地层中，一般地说，选取有破碎功能和同时具有添加高压水功能的泥水平衡顶管机或加泥式大刀盘土压平衡顶管机就比较适合，选用面板式普通的泥水平衡顶管机则不适用。

第二、与施工条件相适应的原则。这里的施工条件是指土质条件以外的所有条件，包括地面上的和地下的两个方面。其中，地面上的包括既有建筑物、街道、公路、铁路、交通、河流、湖泊、大堤、驳岸等。地下的包括覆土深度和地下水的压力、各种构筑物、各种公用管线、桥桩、可能遇到的障碍物、顶进管的口径、顶进管的材质、顶进的长度和直线、曲线、工作坑和接收坑的构筑形式等等，所选用的顶管机都应和他们一一相适应。

第三、确保施工安全的原则。例如，在穿越河流时就应首选遥控的泥水平衡顶管机，一般情况下，不需要人待在管道内，比机内控制的土压平衡顶管机要安全。

第四、施工经济性好的原则。在众多的机型和工法中，从顶管机的售价、顶管机在施工中的售后服务和可靠性、顶进速度的快慢、施工质量的高低、弃土的处理方式、工法的适应性等一系列指标中进行筛选、优化，选出施工经济性好的顶管机。

4.4.8 顶管施工的允许偏差参考北京市地方标准《地下管线非开挖铺设工程施工及验收技术规程 第3部分：夯管施工》DB11/T 594.3 而制定。

4.5 定 向 钻

4.5.2 定向钻直接拉进预制保温管，易造成保温管外壳损坏，且直埋管与土的摩擦力计算模型不明确，这种施工方法给今后的检查、维修造成困难。

4.6 土 建 结 构

4.6.1 以现浇钢筋混凝土通行地沟为例，热力工程土建工序应分为垫层混凝土、基础钢筋绑扎、导向和固定支架安装、基础混凝土浇筑、墙体和顶板钢筋绑扎、墙体和顶板混凝土浇筑等。所谓工程构造可理解为施工工艺流程，按工艺流程安排工序施工。施工缝留置部位，如现浇钢筋混凝土通行地沟浇筑基础混凝土时施工缝宜留置在墙体距底板内底以上 200mm 部位，可防止施工缝渗漏水。

4.6.2 如先施工浅基础，那么在施工深基础时基槽开挖如不采取保护措施会扰动浅基础部分地基，如此安排施工既不安全又不经济，因此，按先深后浅的顺序进行施工是为了保证质量和减少投资。

4.6.7 如排水不良，基底有积水，混凝土浇筑后难以成型且混凝土强度会因水灰比增大而降低。

4.6.9 预制构件为土建结构的重要承载构件，所以其强度应符合设计要求。实际施工中因种种原因有时会发生预制构件的外形尺寸与设计有较大偏差，这一问题如不能及早发现将直接导致预制构件不能按计划安装就位，严重影响工程总工期。构件在运输和安装过程中已开始承载，如强度过低构件易破损甚至破坏而报废。有些构件有左右方向性，标识安装方向既易于施工又能确保正确安装。

4.6.14 柔性防水施工要求。

5 橡胶止水带进场时除检查型号、尺寸、数量、产品合格证及性能检测报告外，还进行抽样复验并观察验收。止水带表面不得有开裂、缺胶、分层、凹陷等缺陷，止水带的尺寸偏差、中心孔偏差应在允许偏差内。地下水较大的工程结构变形缝，应同时使用经检测合格的中埋式和背贴式橡胶止水带。

1）频率：

片材：同品种、同规格的 $5000m^2$ 片材（如日产量大于 $8000m^2$ 则以 $8000m^2$）为一批；

止水带：以每月同标记的止水带产量为一批；

遇水膨胀橡胶：以每月同标记的膨胀橡胶产量为一批。

2）取样方法：

片材：将取样卷材在距外层端部 0.3m 处沿裁取长度为 1m 的全幅卷材；

止水带：在尺寸和外观质量检验合格的样品中随机抽取足够的试样，进行物理性能检验；

遇水膨胀橡胶：在尺寸和外观质量合格的样品中随机抽取足够试样，进行物理性能检验。

4.6.15 热网的固定支架要承受管道运行时温度变化而产生的应力，所以强调固定支架处混凝土应达到设计强度时才能与管道连接，否则结构破坏可能引发整个管网系统的破坏，从而引发重大安全事故。

4.6.16 活动支座安装精度直接影响管道安装质量，所以应逐个测量每个支座面的标高，以保证管道安装符合质量要求。

4.7 回 填

4.7.3 回填时使用的压实机具，一般在沟槽两侧采用振动夯实机分层夯实。当外墙防水抹面层未达到一定强度时进行回填作业，夯实机具作业时会碰撞防水抹面层导致其破损或局部脱落，严重时会损坏内置防水层，直接影响结构防水质量。

4.7.4 碎砖、石块填筑时紧贴结构墙体会破坏防水层，影响防水质量。大于 100mm 的冻土块及其他杂物将影响回填质量。对直埋保温管道而言，会直接损坏保护层、保温层，影响管道的安全和使用寿命。

4.7.5 直埋保温管道工程属隐蔽工程，沟槽回填前应确保保温管外护层的完好；直埋管道与地沟管道相比，管道没有地沟壁的保护，铺设警示带以避免在其他施工或维修挖掘时损坏直埋保温管道；对设计有预应力要求的直埋管道，预应力靠回填土的约束产生，因此回填的方法和时间非常关键，应严格按设计要求进行。

4.7.6 为确保回填土的密实度，要求应分层回填。具体虚铺土的厚度因使用压实机具的不同而异。本条只列出了几种压实机具情况下的虚铺厚度，供施工参考。施工单位亦可根据试验选择适宜的虚铺厚度，确保成型后的密实度满足设计要求。

4.7.7 强调了管顶或管沟顶以上 500mm 内，应采用人工夯实，不得采用动力夯实机或压路机压实，以保证结构及管道的安全；对直埋保温管道，由于外护管及保温层的抗压强度比较低应进行强度核算加大人工夯实高度。

4.7.8 沟槽回填土种类、密实度要求。

2 回填土的密实度应逐层进行测定，设计无规定时，回填土的密实度应符合下列规定：

2) 回填密度是参照现行国家标准《给水排水管道工程施工及验收规范》GB 50268 修订；

3) 其余部位Ⅲ区符合相应规定是指热力管道上方位于不同位置（或城市主干道、次干道、绿化带、农田等)，应采用相应专业回填密实度标准：若处于道路路基范围，Ⅲ区回填密实度应符合表 2 的规定；若处于绿地或农田范围内的沟槽回填土，表层 500mm 范围内不宜压实，但可将表面整平，并宜预留沉降量。

表 2 沟槽回填土作为路基的最小压实度

由路槽底算起的深度范围（mm）	道路类别	最低压实度（%）	
		重型击实标准	轻型击实标准
≤800	快速路及主干路	95	98
	次干路	93	95
	支路	90	92
>800～1500	快速路及主干路	93	95
	次干路	90	92
	支路	87	90
>1500	快速路及主干路	87	90
	次干路	87	90
	支路	87	90

注：表中重型击实标准的压实度和轻型击实标准的压实度，分别以相应的标准击实试验法求得的最大干密度为100%。

4.7.9 检查室周围路面沉陷主要原因是检查室周围回填不密实、不规范，直接影响行车舒适性和安全。检查室周围回填应严格控制路面结构层下部回填材料、分层厚度、密实度、分层台阶，路面结构层范围应按路面结构设计施工。

4.7.10 竖井的回填应根据不同的地理位置，按设计要求回填；当设计无要求时，按照明挖沟槽的要求回填。

5 管 道 安 装

5.1 一 般 规 定

5.1.2 为避免施工中出现错误安装或使用不合格、有缺陷的钢管、管路附件及阀门等，本条强调在安装前应按设计图纸要求，核对其规格、型号并按相应规定进行检验，并填写验收表格。

5.1.3 在吊装、运输已完成防腐层和保温层的管道时，如不采取有效措施，防腐层、保温层和钢管端口将受到损坏。钢管吊装可采用专用尼龙吊带，运输时可采取在垫木上加橡胶垫板、在紧固带的钢丝绳上加橡胶防护套管等保护措施。吊装长度较长的钢管时，还应核算吊点位置，确保吊运平稳，杜绝野蛮装卸。

5.1.4 此条的主要目的是为了缩短管道安装时间，加快施工进度，提高工程质量。

5.1.5 如遇大雨，没有良好的防、排水措施，开挖的管沟就会变成泄洪沟槽，管沟中正在安装的管道或直埋保温管道将被浸泡、漂管，造成管道和保温损坏。因此在雨期建立完善的防、排水措施是非常必要的。

5.1.6 管道安装前和管道安装过程，都应将管道内清理干净。

5.1.9 有限空间是指封闭或部分封闭，进出口较为狭窄有限，未被设计为固定工作的场所，如热力隧道、检查室、管道、地下排水管道、化粪池、废井等均为有限空间。有限空间内通风不良，作业条件和作业环境差，因此应事先制定实施方案，在确保安全的前提下，方可进入有限空间进行作业。

由于有限空间易造成有毒有害、易燃易爆物质积聚或氧含量不足，因此进入有限空间前应先进行气体检测。未经检测，作业人员进入有限空间后吸入有毒有害气体可能会造成中毒、窒息等后果；易燃易爆物质在有限空间动火作业时可能会引起爆炸，造成安全事故和财产损失。规定作业时的人数不得少于2人，主要目的是为了发生安全事故时便于救援。由于有限空间内自然通风不良，易造成有毒有害、易燃易爆物质积聚或氧含量不足。热力隧道、检查室、地沟、地下室热力站等都是有限空间，而且有限空间作业是作业人员进入有限空间实施作业活动，作业前采用气体检测器可测出有限空间内的各种气体。

5.2 管道支架、吊架

5.2.3 管道支架、吊架制作要求。

3 组合式弹簧支架、吊架是工厂加工的标准产品，所以应提供产品合格证。要求对组合式弹簧支架、吊架在安装前进行检查，是为了防止将有缺陷或制造不合格的组合件安装在管道上，影响使用。本款中，弹簧两端支承面，系指弹簧两个端部的平面，自由高度是指弹簧在不受外力作用时的高度。

5 施工中常用同径钢管的切条（块）作弧形板，如果不加以整形，会使弧形板与管壁之间缝隙过大，影响工程质量。

5.2.4 管道支架、吊架的安装要求。

6 为了满足和保证补偿器前管道位移灵活，方向正确，以保证补偿器正常工作。

7 为了保证支架本身牢固、稳定，防止处在斜面上的螺栓受力不均、松动。

10 在补偿器未安装前，若将固定支架两侧管道与固定支架进行固定连接，当环境温度变化时，支架就会承受较大的推力，甚至导致支架的损坏。

11 角向型和横向型补偿器可以与管道同时安装。

5.3 管沟及地上管道

5.3.1 检验时应校正管材的平直度，整修管口及加工焊接用的坡口。

5.3.7 管沟及地上敷设的管道应作标识要求。

3 在井盖下方0.4m处安装标识有当心坠落、防毒气（通风）、当心烫伤等标志。

5.4 预制直埋管道

5.4.2 直埋管道相关产品标准，直埋蒸汽管道包括《城镇供热预制直埋蒸汽保温管技术条件》CJ/T 200-2004和《城镇供热预制直埋蒸汽保温管管路附件技术条件》CJ/T 246-2007；直埋热水管道有《高密度聚乙烯外护管硬质聚氨酯泡沫塑料预制直埋保温管及管件》GB/T 29047的相关规定和《玻璃纤维增强塑料外护层聚氨酯泡沫塑料预制直埋保温管》CJ/T 129-2000。

5.4.4 与现行国家标准《高密度聚乙烯外护管硬质聚氨酯泡沫塑料预制直埋保温管及管件》GB/T 29047-2012及现行行业标准《城镇供热预制直埋蒸汽保温管技术条件》CJ/T 200-2004一致。

5.4.5 预制直埋保温管的部分材料需要采取必要的防火措施。

预制直埋保温水管在断管前应先清除钢管切割口周边的外护管和泡沫，以保证切割口两边150mm～250mm范围内是裸钢管，不能有未清除干净的泡沫和外护管。焊接或动火前，确保在操作工作面周围1m内的地面等周边环境内无碎泡沫及杂物，避免火焰飞溅引燃泡沫和其他杂物。预制直埋保温水管在焊接或断管等动火前，操作人员应使用耐火材料保护管端泡沫和外护管。对于防腐层为易燃材料的预制直埋保温蒸汽管，在施工过程中应采取措施，避免引燃防腐层。

5.4.6 直埋管道中的折角对管道安全有很大影响。在管道安装过程中，如果临时出现折角，折角位置的管道应力将发生变化，需要设计单位对应力进行重新计算和确认，并采取相应措施后才能继续施工。

5.4.7 穿墙套袖指保温管穿过构筑物或建筑物结构时，设置于保温管外、埋设于结构内起防水密封作用的部件。

5.4.9 接头保温施工要求。

3 雨、雪天进行室外保温工程施工应采取搭建防护棚等措施。

5.4.11 近几年，很多埋设于地下的预制直埋保温管的安全事故都是由于施工时对保温材料裸露处没有进行密封处理引发的。由于没有密封，水进入到保温层中会破坏保温结构，引起保温外壳脱落、工作钢管腐蚀等因素，最终导致管线发生泄露引发安全事故。

通常可选用末端套筒、收缩端帽等专用附件对直埋保温管道系统的盲端、穿墙等保温材料裸露位置，进行密封和防水处理。

直埋保温管焊接完毕，管网正式运行前，整个管道系统上所有裸露的保温层必须进行密封处理，防止水和空气进入保温层破坏保温结构。尤其在管道的盲端处，应加装末端套筒等附件，使之与管网的外护管密封成为一个整体，防止保温管直埋后外界水由盲端进入到保温层中。保温管进入检查室后，由于检查室中可能会存有积水或潮湿气体，为防止这些积水或潮湿气体进入裸露的保温层中，应在保温管管端加装收缩端帽等附件进行密封处理。

5.4.13 预制直埋蒸汽管道安装要求。

1 预制直埋保温蒸汽管的保温层进水后，管网运行过程中会导致管道保温性能下降、外防腐层性能受影响或破坏。所以在运输与储存过程中管端应带防雨帽，以免保温层进水，并应在沟内无积水、非雨天的条件下施工。在雨、雪天进行焊接和保温施工时应采取搭建防护棚和排水等有效措施。

2　为保证钢外护管焊接时不损伤防腐层，钢外护管应留有至少100mm的非防腐段。钢外护管焊接完毕后，再对此处进行防腐处理。

5　为避免在钢外护管焊接时焊渣烧毁保温材料。

5.4.14　预制直埋热水管安装要求。

3　可先在断管位置的两侧将高密度聚乙烯外护管环向锯开，然后在两个环向切口间斜切，斜切不要超出环形切口以外，以免造成外护管开裂。在寒冷季节，切管前宜将外护管缓慢加热到20℃～30℃后锯切。

4　在对现场预制保温管修复或对现场非标部件进行保温时，由于没有工厂标准化制作的条件，外护管的密封性难以保证，为保护与其相连的预制保温管不受影响，应在与其相连的预制保温管的管端加装收缩端帽进行密封隔离保护。

5　接头保温要求。

3）现场工位条件无法采用发泡机发泡时，可以采用手工发泡。

5.4.15　接头质量对管网的整体质量及寿命有至关重要的影响。如果接头处密封不能保证，水进入接头后，高温运行时会导致聚氨酯保温材料碳化失效，破坏预制直埋保温管系统的整体式结构，导致整个管网系统失效。所以，接头处必须进行100%的气密性检验。

接头外护层应保证密封，防止外界水进入保温层中破坏预制直埋保温管系统的整体式结构，导致整个管网系统失效。在接头外护层安装完成后，发泡施工前，按本规范第5.4.14条的要求，对接头逐个进行气密性检验。

5.4.16　若压力不稳定，可用肥皂水找漏点，最多允许有4个漏点，单个漏点的长度不大于20mm，此种情况可以进行修补。超出以上要求范围为不合格，应报废返工。修补后应再次做气密性检验，如仍不合格，则应报废返工。

5.4.17　监测系统的安装要求。

1）监测系统应与保温管道同时设计、施工及验收，当管网设计发生变更时，监测系统的设计需同时进行相应的变更，以保证监测系统的完整有效性。

5.5　补　偿　器

5.5.1　补偿器生产厂家会根据本企业生产产品的特点提出一些具体的安装要求，并在随产品出厂的《安装说明书》中体现出来，所以要认真阅读《安装说明书》，避免安装失误。

5.5.2　安装操作时，不得损伤补偿器，例如：机械损伤、焊接操作时的飞溅、搭接地线及不当位置引弧造成的灼伤等。在实际工程中，出现过用补偿器变形的办法来调整管道安装偏差的情况，其结果导致管网运行时套筒补偿器被卡住不能正常吸收位移；或者轴向波纹管补偿器波纹压缩不均不能正常工作，严重时会导致管网泄露发生重大安全事故。

5.5.3　根据设计要求需作预变位的产品，施工单位应按照设计要求的预变形量进行施工，预变位操作应留有相应的记录。

5.5.4　补偿器的各种装置有不同的用途，在安装完毕后依据《安装说明书》的要求拆除或调整，否则将影响补偿器的正常工作。

5.5.5　不锈钢波纹管补偿器进行保温的材料不能含有氯离子；防腐和保温形式要设计合理，不能妨碍补偿器的正常运行。

5.5.12　一次性补偿器安装要求。

3　管道安装完成后，把管道加热到预热温度，一次性直埋补偿器被压缩，达到计算的预热伸长量后将补偿器外套筒锯形搭接焊缝焊死，使补偿器成为刚性整体，不再有补偿能力。实际运行中则由管道的拉伸一压缩弹性变形进行补偿。

5.5.13　用于自然补偿管段在冷态下，进行冷紧的要求。要求在支架、吊架、固定支架（混凝土座及填充砂浆均已达到设计强度）安装完毕、法兰、阀门的螺栓已拧紧、其他焊口已全部焊完等所有工序都完成以后进行。冷紧是降低管道温度应力的有效措施，施工中应认真做好冷紧工作。

5.6　法兰和阀门

5.6.1　现行国家标准《钢制管法兰技术条件》GB/T 9124对法兰面、法兰垫片、螺栓的紧固工作都做了明确的规定。

5.6.2　法兰安装要求。

1　多层是指两层以上（含两层）。

2　本款是为了提高法兰连接的配合精度，提高法兰连接的严密性，防止泄漏事故的发生。

3　垫片材料应有良好的压缩回弹率和可塑性，能与法兰密封面紧密贴合并能适应温度及压力的波动。常用的高压垫片石墨铅垫应具有良好的热稳定性、耐化学腐蚀性、压缩和回弹性。

9　为便于对法兰连接的工作状态进行必要的检查和拆装法兰、紧固螺栓等维护检修工作。

5.6.3　连接放气阀的管段采用厚壁管是为了防止放气阀处的管段腐蚀造成供热管道的泄漏。

5.6.4　由于供热管网在发生泄漏时要靠阀门进行关断，因此阀门的严密性对供热管网尤为重要，应保证安装在供热管网上的阀门的严密性，为此要对所有安装的阀门进行严密性试验，满足要求的阀门方可安装。

5.6.5　阀门安装要求。

1　防止吊装和安装后对阀门造成损坏；

7　防止电流穿过阀体，灼伤密封面；

9 安装焊接前都应关闭阀门，是为了保护密封面不被电焊飞溅物等损坏。

5.6.7 水压试验压力是设计压力的 1.5 倍，阀门做末端堵板长期处在试验压力下，易造成密封性能下降。热水管道阀门与堵板间充满水是为了阀门两侧压力平衡，对阀门起保护作用。

5.7 焊接及检验

5.7.2 为保证工程质量，供热管道使用的钢管和板材，应由制造厂家提供如下证明材料：

板材：质量合格证书、材质证明；

管材：质量合格证书、材质的质量复验报告。

为保证工程质量，在焊接前发现问题，经建设单位同意可对钢材进行抽检。

5.7.7 编制工艺方案是指导施工的有效手段，在焊接施工前，应根据现场情况制定出有效的施工方案或技术措施，完善组织体制，确保焊接质量、安全。方案经建设单位或监理单位审批后，方可实施。

5.7.9 焊缝位置要求。

6 管道两相邻环形焊缝之间的短管，在工厂加工的短管，能保证焊接质量时可根据实际情况确定。

5.7.11 焊接坡口加工是指所有焊件，包括钢管、管件、设备及各种支架、卡板、滑板等承压件和非承压件的制作加工。设计无规定时，坡口形式和尺寸应符合现行国家标准《现场设备、工业管道焊接工程施工规范》GB 50236－2011 中附录 C 表 C.0.1-1 中第 1～11 项的相关规定，如表 3 所示。此外，由于现行国家标准《现场设备、工业管道焊接工程施工规范》GB 50236—2011 中附录 C 表 C.0.1-1 中第 12～14 项并不完全适用于本规范，因此对其进行了局部修改，形成了本规范表 5.7.11。本次修编较本规范 2004 年版增加了插入式焊接与管坡口的加工形式，这种形式在热力工程施工中经常出现。

表 3 坡口形式和尺寸

项次	厚度 T (mm)	坡口名称	坡口形式	坡口尺寸			备注
				间隙 c (mm)	钝边 p (mm)	坡口角度 α (β) (°)	
1	1～3	I形坡口	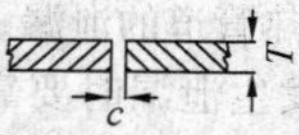	0～1.5	—	—	单面焊
	3～6			0～2.5			双面焊
2	3～9	V形坡口	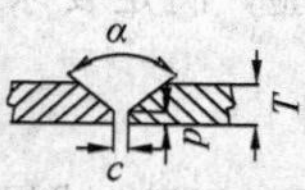	0～2	0～2	60～65	—
	9～26			0～3	0～3	55～60	—

续表 3

项次	厚度 T (mm)	坡口名称	坡口形式	坡口尺寸			备注
				间隙 c (mm)	钝边 p (mm)	坡口角度 α (β) (°)	
3	6～9	带垫板V形坡口	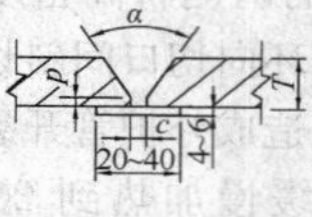	3～5	0～2	40～50	—
	9～26			4～6	0～2		
4	12～60	X形坡口	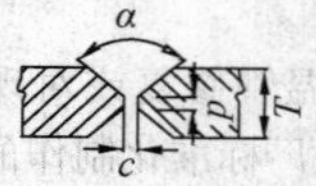	0～3	0～2	55～65	—
5	20～60	双V形坡口	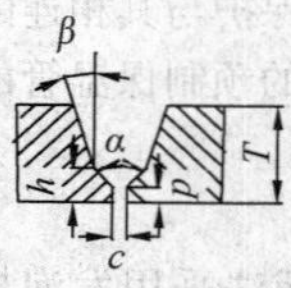	0～3	1～3	65～75 (10～15)	h=8～12
6	20～60	U形坡口	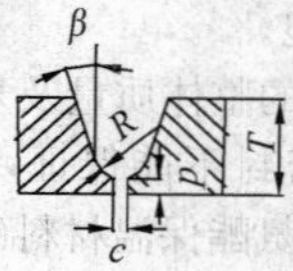	0～3	1～3	(8～12)	R=5～6
7	2～30	T形接头I形坡口	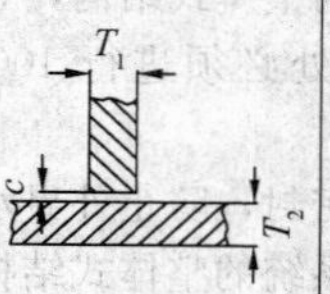	0～2	—	—	—
8	6～10	T形接头单边V形坡口	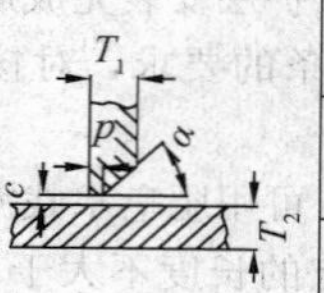	0～2	0～2	40～50	—
	10～17			0～3	0～3		
	17～30			0～4	0～4		
9	20～40	T形接头K形坡口	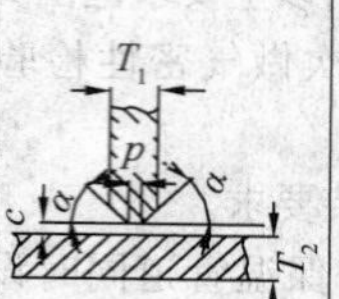	0～3	2～3	40～50	—
10		安放式焊接支管坡口	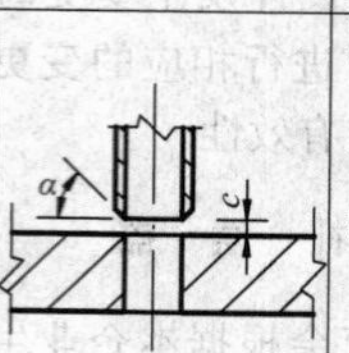	2～3	0～2	45～60	—
11	3～26	插入式焊接支管坡口	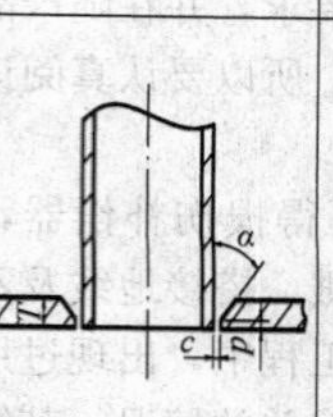	1～3	0～2	45～60	—

5.7.12～5.7.14 出现错边过大或壁厚不同时，不易焊接，且不能保证焊接质量，降低焊缝强度，另外易在错边处形成应力集中产生腐蚀，因此，对错边及不同管壁厚度焊接提出要求。

5.7.15 如果采用这些方法对口焊接将造成焊缝强度降低、应力集中，降低补偿器寿命，因此在对口焊接过程中不得使用这些方法。

5.7.16 对口焊接时如间隙过小，将造成无法焊透和焊缝达不到宽度；间隙过大时，则焊接困难，焊缝强度不够。

5.7.17 如果不采取措施，将造成焊缝缺陷（如气泡等）影响焊缝质量。

5.7.18 定位焊应考虑焊接应力引起的变形，因此定位焊点的选定应合理，不能影响焊接的质量，并保证在焊接过程中，焊缝不致开裂。

5.7.19 焊缝根部应焊透，中断焊接时，火焰应缓慢离去。重新焊接前，应检查已焊部位是否有缺陷，发现缺陷应铲除重焊。

5.7.20 在壁厚为3mm～6mm时，若无法进行双面焊接时，应加工坡口后进行焊接。

5.7.21 多层焊接是指两层以上（含两层）的焊接。如果在非焊接表面引弧将造成非焊接表面烧损等缺陷影响表面质量。

5.7.25 在焊接过程中，对焊缝的质量检验，应按相应的次序进行，不能漏检。

5.7.27 热力站和中继泵站内的管道检测应按本规范表5.7.27的规定执行。

1 无损检验单位应具有资质证明，并在检验后出具报告。

2 同时使用射线探伤和超声波时，两者按各自合格等级检验，其中一种不合格时不能验收。超声波探伤的结果因探伤人员的专业技术水平不同而存在差异，对缺陷的定量、定位、定性分析不够准确，所以采用超声波探伤，规定合格标准为Ⅱ级，并用射线探伤复检20%。

3 表中规定了一般情况下不同介质、不同管径、不同敷设方式的管道焊缝无损检验数量，其中抽检是检验不大于1%的检验。套管敷设等同于不通行管沟敷设，故其管道焊缝无损检验数量按不通行管沟敷设执行。二级管网管道焊缝无损检验数量按其温度、压力应按设计或表中相对应规定执行。蒸汽直埋及高温热水直埋的管道焊缝无损检验数量应按设计或有关现行标准的规定执行。

5 由于返修次数增多，造成材质中化学成分发生变化及机械性能下降，影响焊缝强度，不能满足设计要求。

5.7.30 供热管网工程的各种支架在运行中受力较大，非常重要，尤其是固定支架，从制作到安装都应进行检查并记录。

6 热力站和中继泵站

6.1 一 般 规 定

6.1.5 有些用户的热力站部分设备与制冷设备共用，为便于部分用户安装制冷设备的需要，故增加本条。

6.2 站 内 管 道

6.2.3 本条提供的数据是根据管道的强度条件计算确定。

6.2.4、6.2.5 这两条保证安装和检修工作方便，防止拆卸阀门时，管道因重力作用向下移位，影响阀门的复位安装。

6.2.7 为了保护设备安全，避免野蛮施工，制定本条规定。

6.2.8 保证泵和阀门安装后的安全。当需进行焊接或气割时，应拆下泵或阀门或采取必要的措施，并应防止焊渣进入泵内或阀门内。

6.3 热计量设备

6.3.2 在严密性试验及冲洗过程中，可采取先安装一段与热量表长度相同的短管代替热量表等措施保护热量表。

6.3.3 如果搬运过程中对热量表造成损坏，会造成计量的不准确。

6.3.4 热量表的安装状况直接影响到其使用寿命和读数的精确性。因此，应按热量表产品使用说明书正确安装。

6.4 站 内 设 备

6.4.2、6.4.3 根据现行国家标准《机械设备安装工程施工及验收通用规范》GB 50231制定。

6.4.5～6.4.7 根据现行国家标准《机械设备安装工程施工及验收通用规范》GB 50231制定这三条。

6.4.8 水泵安装要求。

2 水泵安装找平水平偏差要求是根据国家现行标准《风机、压缩机、泵安装工程施工及验收规范》GB 50275制定。

6.4.9 为保证喷射泵的正常工作和安全运行、减少噪声而制定本条。

6.4.12 换热机组的配备设备包括换热设备、水泵、电气设备、控制设备等。

6.4.15 水处理装置安装要求。

4 两个罐的排污管不应连接在一起。

5 水压试验是为了确保与水处理系统中的设备、再生装置连接的各阀门的严密。

6.5 通用组装件

6.5.8、6.5.9 根据现行国家标准《工业自动化仪表工程施工及验收规范》的有关规定制定这两条。

6.6 噪声与振动控制

6.6.2 隔振系统安装要求。

2 隔振垫中间一般采用2mm～3mm钢板隔开。

3 隔振器的压缩量不一致的采用相应的钢板找平，确保每个隔振器受力均匀，卧式泵和机组等设备重心不一致时应调整中间隔振器的位置，确保每个隔振器均匀受力，压缩量一致。

6.6.4 弹簧吊架、弹性托架安装要求。

2 涂油防腐是对螺纹部分进行的一种保护措施；

6.6.5 吸音吊顶、吸音墙体安装要求。

1、2 通过计算及实验室试验，选用穿孔率不小于25%，孔径0.4mm，厚为0.8mm的铝扣板作为面板，内部填充密度为32kg/m^{3}的玻璃棉时的吸音效果较好，且适用于热力站的环境；

6 用吊架代替龙骨托会使吊顶板脱落造成二次返修。

7 防腐和保温

7.1 防　腐

7.1.1 现在市场上的防腐材料种类繁多、良莠不齐，为保证材料质量强调要有产品质量合格证明文件：出厂合格证、有资质的检测机构的检测报告等。

7.1.3 参照现行国家《建筑给水排水及采暖工程施工质量验收规范》GB 50242编制，目的是统一防腐工程的标准和做法。

7.1.4 规定了多种涂料配合使用时应做的事项，目的是保证涂料的化学性能符合设计和使用要求。

7.1.5 规定了钢材表面防腐前的除锈质量，目的是防止因基面有锈污影响漆膜的附着能力，使漆膜脱落，造成管道腐蚀。

7.1.6 气温低于5℃时，油漆黏度增大，喷涂时会产生厚薄不均、不易干燥等缺陷，影响防腐质量。本条规定了涂料的适宜条件，对在不利环境条件下施工提出技术措施，以保证涂料和涂刷质量。对于特种涂料，应按该产品的说明书进行。

7.1.7 漆膜固化前如进行下道工序施工，往往会造成漆膜损坏，影响漆膜的完整。要求损坏的漆膜应进行修补，并验收合格。

7.1.10 支架的生根部分不做涂料防腐。

7.1.11 直埋预制保温管道接口处钢管一般不做涂料防腐。

7.1.12 修补后达到质量标准的要求应进行验收合格。

7.1.14 涂料和玻璃纤维做加强防腐层的要求。

4 两端留出200mm～250mm空白段是防止焊接时，将防腐层烧坏。

7.1.16 保证管理人员在运行管理时便于识别其规格、类别。

7.1.17 明确牺牲阳极防腐的技术要求和检验标准，牺牲阳极防腐应在专业施工人员指导下完成。

7.1.19 钢外护直埋保温管道的防腐检验，应根据防腐材料选择对应的检验方法。

7.2 保　温

7.2.1 现在市场上的保温材料种类繁多，良莠不齐，为保证保温质量强调要有质量合格证明文件：出厂合格证、有资质的检测机构的检测报告等。

7.2.2 如建设单位要求对预制直埋保温管道进行现场抽检，应在现场断管时取样，若施工过程中没有断管时可直接切取检验所需材料，取样处可按现场接头处理。抽样检验可参照下表的规定。

表3 预制直埋保温管道现场抽样方案

工作钢管规格（mm）	抽样方式	抽样频次
$DN\leqslant 250$	只选取其中的一种规格进行抽样检验	各种规格管道的累积数量每大于3km时，增加一次抽样检验
$250<DN\leqslant 800$	应对所有规格（数量大于100m）的管道进行抽样检验	每种规格管道的累积数量每大于3km时，增加一次抽样检验
$DN\geqslant 900$	应对所有规格（数量大于100m）的管道进行抽样检验	每种规格管道的累积数量每大于2km时，增加一次抽样检验

注：1 高密度聚乙烯外护管需检测项目：密度、壁厚、断裂伸长率、拉伸强度、热稳定性。聚氨酯保温层需检测项目：保温层厚度、密度、压缩强度、吸水率、闭孔率、导热系数。

2 现场应针对每一个项目、每一个直埋保温管供应商的产品进行独立抽样检验，如该供应商提供的产品为大于连续6个月时间内生产的，每超出6个月生产期的产品，应按照表内要求增加一次抽样检验。

7.2.4 规定保温应在管道试压、防腐后进行，主要目的是便于试压中检查渗漏情况。对合格的钢管在出厂前已进行过水压试验，根据实际需要可先做保温，但应将环形焊缝留出，以便水压试验时检查。

7.2.5 防止保温材料遇水受潮，从而失去或降低保温效果。如果在雨雪中施工应采取搭建防护棚等措施。

7.2.6 在环境温度低于5℃时，湿法施工的保温，有冻结的可能，应采取防冻措施。

7.2.7 对保温层施工规定了具体要求，以保证施工质量，达到设计要求。

1 保温层厚度大于100mm时，要分层施工，便于施工，减少热损失。

3 保温接缝应严密，不应有缝隙。如果保温瓦内不抹石棉灰胶泥，瓦的缝隙不用胶泥填满，造成空气对流，对保温效果影响很大。如果保温瓦采用螺旋形捆法将会导致瓦块易松或脱落。

4 各种支架及设备的保温应按热伸长方向留出伸缩缝，以防热胀冷缩时破坏保温。

7.2.8 主要目的是防止保温层因自身重力作用而脱落。

7.2.9 硬质保温施工预留伸缩缝要求。

4 两弯头之间的距离小于1m时，留两道伸缩缝没有必要，因此可仅留一道伸缩缝。

7.2.10 本条是为了减少热损失，降低环境温度，便于管理。

7.2.11 规定了这些部位需要做成的角度，主要目的是为检修时易于拆装。

7.2.12 规定了阀门、法兰处的保温方法，主要是便于拆装检修，防止检修时破坏保温。

7.2.13 本条主要目的是使其形成一个整体，保证其保温效果。当采用纤维制品保温时，纵向接缝如放在管子上方45°位置，将不易贴紧管道，易产生空隙，造成热损失过大。

7.2.14 复合硅酸盐类保温不适合用在管径大于*DN*500的供热管道施工中，但适合用在复杂设备的保温，其易于成型，减少保温难度。

7.2.16 现场保温层施工质量检验要求。

4 主要说明保温层施工厚度允许偏差及检验方法。

7.3 保护层

7.3.1 保护层是指保温层的外保护。如果保护层做在潮湿的保温层上，会影响保护层和保温层质量，因此保护层应做在经验收合格的干燥保温层上。保护层的严密性要求是保证湿气和水不进入保温层。牢固性要求是保证在使用年限内保温层不损坏。严密性和牢固性是保温层正常工作的必要条件。

7.3.2 规定了各种复合材料保护层的施工方法和验收标准。目的是统一其做法，保证保护层的严密性。

7.3.3 规定了石棉水泥保护层的施工方法和质量要求，目的是使该保护层整齐，防潮绝热性能好。闪石棉是国家禁止使用的石棉制品。

7.3.4 规定了金属保护层的做法和质量标准。增加其严密性，防止接口处渗水，并提出保护层成品不得踩踏或堆放物品。

7.3.5 保护层表面不平度允许偏差检验工具用1m钢尺和靠尺、塞尺检查。

8 压力试验、清洗、试运行

8.1 压力试验

8.1.1 供热管网工程包括热力站、中继泵站和一、二级管网等。

1 强度试验是对管道的强度性试验，强度试验段长度可根据实际施工分段而定。严密性试验是在管道的焊接安装工程全部完成后进行的总体试验，试验段长度可根据实际施工情况和设计图进行分段，试验段始末两端的固定支架应由设计进行核算。未经强度试验的焊口不得进行防腐和保温，并应进行严密性试验。

8.1.2 本规范中的清洁水为没有被污染不含杂质的水。

8.1.7 设置排水系统是为了确保试验管道及设备不被水淹。

8.1.9 明确了严密性试验前管道、设备和结构应具备的条件，并提出与试压有关技术和设备要求，目的是确保试验的安全。试验方案应包括：编制依据、工程概况、试验范围、技术质量标准、试验工作部署、安全措施、平面图及纵断图等内容。

8.1.10 压力试验比较稳定安全，但在冬季试验应考虑防冻措施。

4 对高差较大的管道工程，为防止低端超压，试验时应校核低端压力。

5 强度试验时不得用铁锤击打焊缝等部位，当管道承受内压时，任何击打都将给管道造成损害。严密性试验时如有在压降小于0.05MPa时找出的漏点，可在试验后处理。

8.1.11 试验时带压处理管道和设备的缺陷是非常危险的，容易造成事故。

8.1.12 排水负压对管道和设备可能造成破坏，因为有些设备只是受内压，因此排水时一定要打开放气阀门，排尽积水，并及时清理管道及除污器内杂物。

8.2 清洗

8.2.1 为保证运行安全应在试运行前进行清洗。如不清洗或清洗不彻底，管道内的杂物将影响设备的正常工作，损坏设备造成事故。

8.2.2 清洗方法中的人工清洗，用于管径大于等于*DN*800而且水源不足的条件下。水力冲洗可用于任何管径。气体吹洗一般用于蒸汽管道的清洗。清洗方法和装置应请设计复核。

8.2.3 为保证清洗工作的正常进行，要求清洗前制定切实可行的冲洗方案，以保证清洗的质量、安全。清洗方案的编制一般包括以下内容：编制依据、工程概况、冲洗范围、技术质量标准、清洗工作部署、安全措施、进出水口示意图、平面图、纵断图等内容。

8.2.4 为保证管网及设备不因清洗而受破坏，本条明确了清洗前应完成的各项工作。并制定了水力冲洗的进水口管径和出水口管径，保证冲洗过程中的水流量和流速，以排出管道内异物。设计无要求时，蒸汽吹洗进汽管的截面积不小于被吹洗管截面积的60%，排汽管截面积不小于进汽管截面积。

3 当设计核算固定支架承受推力不足时，应按设计出具的加固方案进行加固。

8.2.6 水力冲洗要求。

3 冲洗时管道内的流速不应小于1m/s，是为了保证异物能够被冲出。

4 管道正常运行时的流速一般为2m/s～3m/s。

8.2.7 蒸汽吹洗温度高、速度快，需根据出口蒸汽扩散区划定警戒区，避免人员烫伤。由于蒸汽管道、设备进行吹洗时是一项危险性较大的工作，在设计阶段要对吹洗出口、吹洗箱和吹洗装置进行明确要求，施工单位要根据设计要求编制吹洗方案，方案中要有吹洗工作操作区、安全区等。

在吹洗前要审批编制吹洗方案，要对操作区、安全区按吹洗方案进行现场划分，设置警示带、警示牌等。开始吹洗前安排保安人员现场值班，并告知行人和附近单位注意安全。

8.2.8 蒸汽吹洗要求。

1 暖管前吹洗口的阀门应打开1/3，进行少量排汽，以保证吹洗时能顺利打开阀门。

8.3 单位工程验收

8.3.1 单位工程一般是指一个合同段的工程，当工程项目较大时可分成若干个单位工程进行验收。

8.3.3 工程验收应对验收项目做出结论性意见，如有缺陷应在处理合格后重新验收。

5 观感质量验收应为有验收经验的人员按照结构、支架、热机、爬梯等规定进行的验收。

8.3.4 在各种检验及自检的基础上进行的验收，主要目的是检查工程各部位是否达到设计要求及使用标准，检查各种记录是否完整、合格。

8.4 试 运 行

8.4.1 本条的热源是指可提供热能的厂、站或管网。

8.4.2 试运行工作是一项系统工程，试运行过程中可能出现意想不到的情况，因此，要做充分的准备工作，制定试运行方案，进行技术交底，对试运行各个阶段的任务、方法、步骤、各方面的协调配合以及应急措施等均应作细致安排。

试运行方案的编制应包括以下内容：编制依据、工程概况、试运行范围、技术质量要求、试运行工作部署、指挥部及职能、安全措施、平面图、纵断图等内容。

8.4.3 试运行操作要求。

1 供热管道工程宜与热力站工程联合试运行，是为保证管道带热负荷运行。

4 在试运行期间应对螺栓进行热拧紧，并要在0.3MPa压力以下进行，如压力过高进行热拧紧是非常危险的，而温度过低进行热拧紧将达不到目的。强调进行热拧紧一定要注意人员和设备的安全。

6 在正常情况下，试运行应按设计参数进行，但因多种原因试运行时达不到设计参数，可按建设单位、设计单位认可的参数试运行。试运行参数应该是今后的正常运行参数。试运行的时间应为达到该参数条件下连续运行72h。

8.4.4 蒸汽管网如果不带热负荷将很难进行试运行，不需要继续运行的，应采取停运措施进行保护。

8.4.5 热力站试运行要求。

5 水泵应检查正转、反转，记录空载电流，运行正常后记录运行电流，检查运行电流是否正常。

8.4.6 试运行开始前是指管网注水前，试运行开始是指管网注满水开始升温时，试运行记录应从管网注水至试运行结束的整个过程都进行记录。试运行72h时应从整体管网达到运行温度后开始。

9 工程竣工验收

9.1 一般规定

9.1.1 竣工验收指试运行合格后，竣工资料已整理完毕，而且宜在正常运行一段时间后，由建设单位组织设计单位、施工单位、监理单位、管理单位等对资料和工程进行验收。工程验收和竣工验收应对验收项目做出结论性意见。如有缺陷应在处理合格后重新验收。

9.1.2 在各种检验及自检的基础上进行的验收，主要目的是检查工程各部位是否达到设计要求及使用标准，检查各种记录是否完整、合格。

9.1.4 为确保工程质量的可追溯性，便于运营管理，结合各地情况，工程试运行3个月后，施工单位除提供纸质的竣工资料外，还应提供电子版形式的竣工资料。竣工验收电子文档主要包括以下内容：

1 土方开挖记录（须附典型照片电子版）

2 焊口对接记录（须附典型照片电子版）

3 焊口（编号）排版图（电子版）

4 管道轴线定位记录（电子版）

5 焊缝表面检查记录（须附典型照片电子版）

6 焊口保温记录（须附典型照片电子版）

7 工艺回填砂记录（附典型照片电子版）

8 管线回填（铺设警示布）记录（须附典型照

片电子版）

9 土建阀室井尺寸图（须附典型照片电子版）

10 固定支墩配筋图、尺寸图（须附典型照片电子版）

11 换热站房内的吊装设施（须附典型照片电子版）

12 建筑物节能墙体厚度、砌块形式、苯板保温（须附典型照片电子版）

13 实际管道井尺寸（须附典型照片电子版）

14 地热苯板、地热管敷设密度及反辐射膜（须附典型照片电子版）

15 南向窗户为两玻，其他朝向为三玻（含阳台）（须附典型照片电子版）

16 单元关断阀、自立式压差控制器（须附典型照片电子版）

17 管道井内分户锁闭阀（须附典型照片电子版）

18 管道井内热计量表安装（须附典型照片电子版）

19 各进户分支管公共埋地部分保温措施（须附典型照片电子版）

20 室内安装关断阀、温控阀（须附典型照片电子版）

21 单元出户直埋管道安装、保温、定位（须附典型照片电子版）

22 一网、二网、换热站竣工图、室内采暖图（电子版）

9.1.5 保修期为两个采暖期是为了充分考查工程总体质量，使工程运行后经历完整的春夏秋冬四季考验。

9.2 验收资料

9.2.1 根据工程规模大小，施工单位可提报施工组织设计或施工方案和施工技术措施。

9.2.2 本条第1款对大型工程应进行鉴定，其他工程可由建设单位自行决定；其他条款均应作鉴定。

9.3 验收合格判定

9.3.3 工序验收分为主要检查项目（即标有△者）和非主要检查项目。在验收中凡达不到合格标准的工序，应返修、返工直到合格。未达到合格时不允许进行下道工序的施工。抽检项目有不合格时应加倍抽检，再有不合格时应100%检查。

9.3.4 制定工序（分项）、部位、单位工程检验质量验收表，要根据验收情况认真填写、签认。

中华人民共和国行业标准

城镇燃气输配工程施工及验收规范

Code for construction and acceptance
of city and town gas distribution works

CJJ 33—2005
J 404—2005

批准部门：中华人民共和国建设部
施行日期：2005 年 5 月 1 日

中华人民共和国建设部
公　　告

第 312 号

建设部关于发布行业标准《城镇燃气输配工程施工及验收规范》的公告

现批准《城镇燃气输配工程施工及验收规范》为行业标准，编号为 CJJ 33—2005，自 2005 年 5 月 1 日起实施。其中，第 1.0.3、1.0.4、2.2.1、5.4.10、7.2.2、9.1.2（2）、12.1.1 条（款）为强制性条文，必须严格执行。原行业标准《城镇燃气输配工程施工及验收规范》CJJ 33—89 同时废止。

本标准由建设部标准定额研究所组织中国建筑工业出版社出版发行。

中华人民共和国建设部
2005 年 2 月 5 日

前　　言

根据建设部建标［2000］284 号文的要求，标准编制组在深入调查研究，认真总结国内外科研成果和大量实践经验，并在广泛征求意见的基础上，全面修订了本规范。

本规范的主要技术内容：1. 总则；2. 土方工程；3. 管道、设备的装卸、运输和存放；4. 钢质管道及管件的防腐；5. 埋地钢管敷设；6. 球墨铸铁管敷设；7. 聚乙烯和钢骨架聚乙烯管敷设；8. 管道附件与设备安装；9. 管道穿（跨）越；10. 室外架空燃气管道的施工；11. 燃气场站；12. 试验与验收。

本规范修订的主要技术内容是：1. 全面修订原规范；2. 钢质管道的压力由 0.8MPa 提高到了 4.0MPa；3. 新增球墨铸铁管道、聚乙烯管道和钢骨架聚乙烯复合管道的施工及验收规定；4. 新增钢质管道聚乙烯胶粘带、煤焦油瓷漆、熔结环氧粉末及聚乙烯防腐的施工及验收规定；5. 增加燃气管道穿（跨）越工程的施工及验收规定；6. 新增室外架空燃气管的施工及验收规定；7. 新增燃气管道附件及设备安装的施工及验收规定；8. 新增液化石油气气化站、混气站的施工及验收规定。

本规范由建设部负责管理和对强制性条文的解释，由主编单位负责具体技术内容的解释。

本规范主编单位：城市建设研究院（地址：北京市朝阳区惠新南里 2 号院；邮政编码：100029）

本规范参加单位：深圳市燃气集团有限公司
广州市煤气公司
北京市煤气设计公司
上海市燃气设计院
重庆燃气设计研究院有限责任公司
成都城市燃气有限责任公司
南宁管道燃气有限责任公司
大连煤气公司
香港中华煤气有限公司
云南省燃气工程质量监督检验站
北京松晖管道有限公司
新兴铸管股份有限公司
山东胜利股份有限公司
华创天元实业发展有限责任公司
长春市煤气安装有限责任公司
广西佳迅管道工程有限公司

本规范主要起草人员：杨　健　陈秋雄　赵仲和　刘松林　徐伟亮　谢育铮　陈　源　何远禄　严茂森　卢贵元　张　晶　任增卫　杨树生　刘威垣　周延华　张　巍　何健文　李同光

目　次

1 总　　则

1.0.1 为规范城镇燃气输配工程施工及验收工作，提高技术水平，确保工程质量、安全施工、安全供气，制定本规范。

1.0.2 本规范适用于城镇燃气设计压力不大于4.0MPa的新建、改建和扩建输配工程的施工及验收。

1.0.3 进行城镇燃气输配工程施工的单位，必须具有与工程规模相适应的施工资质；进行城镇燃气输配工程监理的单位，必须具有相应的监理资质。工程项目必须取得建设行政主管部门批准的施工许可文件后方可开工。

1.0.4 承担燃气钢质管道、设备焊接的人员，必须具有锅炉压力容器压力管道特种设备操作人员资格证（焊接）焊工合格证书，且在证书的有效期及合格范围内从事焊接工作。间断焊接时间超过6个月，再次上岗前应重新考试；承担其他材质燃气管道安装的人员，必须经过专门培训，并经考试合格，间断安装时间超过6个月，再次上岗前应重新考试和技术评定。当使用的安装设备发生变化时，应针对该设备操作要求进行专门培训。

1.0.5 工程施工必须按设计文件进行，如发现施工图有误或燃气设施的设置不能满足现行国家标准《城镇燃气设计规范》GB 50028时，不得自行更改，应及时向建设单位和设计单位提出变更设计要求。修改设计或材料代用应经原设计部门同意。

1.0.6 工程施工所用设备、管道组成件等，应符合国家现行有关产品标准的规定，且必须具有生产厂质量检验部门的产品合格文件。

1.0.7 在入库和进入施工现场安装前，应对管道组成件进行检查，其材质、规格、型号应符合设计文件和合同的规定，并应按现行的国家产品标准进行外观检查；对外观质量有异议、设计文件或本规范有要求时应进行有关质量检验，不合格者不得使用。

1.0.8 参与工程项目的各方在施工过程中，应遵守国家和地方有关安全、文明施工、劳动保护、防火、防爆、环境保护和文物保护等有关方面的规定。

1.0.9 城镇燃气输配工程施工及验收除应遵守本规范外，尚应遵守国家现行有关强制性标准的规定。

2 土 方 工 程

2.1 一 般 规 定

2.1.1 土方施工前，建设单位应组织有关单位向施工单位进行现场交桩。临时水准点、管道轴线控制桩、高程桩，应经过复核后方可使用，并应定期校核。

2.1.2 施工单位应会同建设等有关单位，核对管道路由、相关地下管道以及构筑物的资料，必要时局部开挖核实。

2.1.3 施工前，建设单位应对施工区域内已有地上、地下障碍物，与有关单位协商处理完毕。

2.1.4 在施工中，燃气管道穿越其他市政设施时，应对市政设施采取保护措施，必要时应征得产权单位的同意。

2.1.5 在地下水位较高的地区或雨期施工时，应采取降低水位或排水措施，及时清除沟内积水。

2.2 施工现场安全防护

2.2.1 在沿车行道、人行道施工时，应在管沟沿线设置安全护栏，并应设置明显的警示标志。在施工路段沿线，应设置夜间警示灯。

2.2.2 在繁华路段和城市主要道路施工时，宜采用封闭式施工方式。

2.2.3 在交通不可中断的道路上施工，应有保证车辆、行人安全通行的措施，并应设有负责安全的人员。

2.3 开　　槽

2.3.1 混凝土路面和沥青路面的开挖应使用切割机切割。

2.3.2 管道沟槽应按设计规定的平面位置和标高开挖。当采用人工开挖且无地下水时，槽底预留值宜为0.05～0.10m；当采用机械开挖或有地下水时，槽底预留值不应小于0.15m；管道安装前应人工清底至设计标高。

2.3.3 管沟沟底宽度和工作坑尺寸，应根据现场实际情况和管道敷设方法确定，也可按下列要求确定：

1 单管沟底组装按表2.3.3确定。

表2.3.3 沟底宽度尺寸

管道公称直径（mm）	50～80	100～200	250～350	400～450	500～600	700～800	900～1000	1100～1200	1300～1400
沟底宽度（m）	0.6	0.7	0.8	1.0	1.3	1.6	1.8	2.0	2.2

2 单管沟边组装和双管同沟敷设可按下式计算：

$$a = D_1 + D_2 + s + c \tag{2.3.3}$$

式中 a——沟槽底宽度（m）；

D_1——第一条管道外径（m）；

D_2——第二条管道外径（m）；

s——两管道之间的设计净距（m）；

c——工作宽度，在沟底组装：$c=0.6$（m）；

在沟边组装：$c=0.3$（m）。

2.3.4 梯形槽（如图 2.3.4）上口宽度可按下式计算：

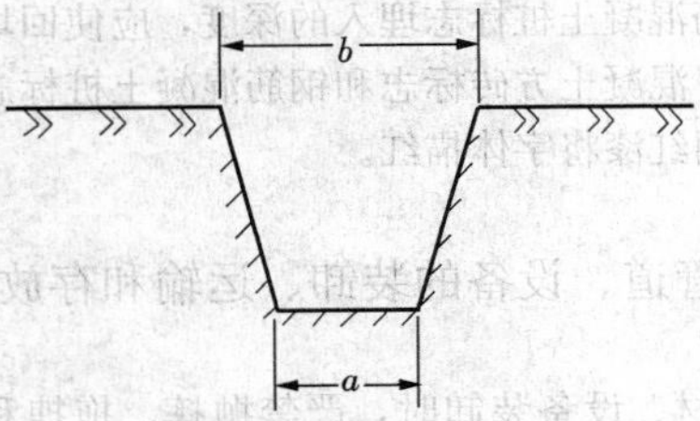

图 2.3.4 梯形槽横断面

$$b = a + 2nh \tag{2.3.4}$$

式中 b——沟槽上口宽度（m）；

a——沟槽底宽度（m）；

n——沟槽边坡率（边坡的水平投影与垂直投影的比值）；

h——沟槽深度（m）。

2.3.5 在无地下水的天然湿度土壤中开挖沟槽时，如沟槽深度不超过表 2.3.5 的规定，沟壁可不设边坡。

表 2.3.5 不设边坡沟槽深度

土壤名称	沟槽深度（m）
填实的砂土或砾石土	≤1.00
亚砂土或亚黏土	≤1.25
黏　土	≤1.50
坚　土	≤2.00

2.3.6 当土壤具有天然湿度、构造均匀、无地下水、水文地质条件良好，且挖深小于 5m，不加支撑时，沟槽的最大边坡率可按表 2.3.6 确定。

表 2.3.6 深度在 5m 以内的沟槽最大边坡率（不加支撑）

土壤名称	边坡率		
	人工开挖并将土抛于沟边上	机械开挖	
		在沟底挖土	在沟边上挖土
砂　土	1∶1.00	1∶0.75	1∶1.00
亚砂土	1∶0.67	1∶0.50	1∶0.75
亚黏土	1∶0.50	1∶0.33	1∶0.75
黏　土	1∶0.33	1∶0.25	1∶0.67
含砾土卵石土	1∶0.67	1∶0.50	1∶0.75
泥炭岩白垩土	1∶0.33	1∶0.25	1∶0.67
干黄土	1∶0.25	1∶0.10	1∶0.33

注：1 如人工挖土抛于沟槽上即时运走，可采用机械在沟底挖土的坡度值。

2 临时堆土高度不宜超过 1.5m，靠墙堆土时，其高度不得超过墙高的 1/3。

2.3.7 在无法达到本规范第 2.3.6 条的要求时，应采用支撑加固沟壁。对不坚实的土壤应及时做连续支撑，支撑物应有足够的强度。

2.3.8 沟槽一侧或两侧临时堆土位置和高度不得影响边坡的稳定性和管道安装。堆土前应对消火栓、雨水口等设施进行保护。

2.3.9 局部超挖部分应回填压实。当沟底无地下水时，超挖在 0.15m 以内，可采用原土回填；超挖在 0.15m 及以上，可采用石灰土处理。当沟底有地下水或含水量较大时，应采用级配砂石或天然砂回填至设计标高。超挖部分回填后应压实，其密实度应接近原地基天然土的密实度。

2.3.10 在湿陷性黄土地区，不宜在雨期施工，或在施工时切实排除沟内积水，开挖时应在槽底预留 0.03～0.06m 厚的土层进行压实处理。

2.3.11 沟底遇有废弃构筑物、硬石、木头、垃圾等杂物时必须清除，并应铺一层厚度不小于 0.15m 的砂土或素土，整平压实至设计标高。

2.3.12 对软土基及特殊性腐蚀土壤，应按设计要求处理。

2.3.13 当开挖难度较大时，应编制安全施工的技术措施，并向现场施工人员进行安全技术交底。

2.4 回填与路面恢复

2.4.1 管道主体安装检验合格后，沟槽应及时回填，但需留出未检验的安装接口。回填前，必须将槽底施工遗留的杂物清除干净。

对特殊地段，应经监理（建设）单位认可，并采取有效的技术措施，方可在管道焊接、防腐检验合格后全部回填。

2.4.2 不得采用冻土、垃圾、木材及软性物质回填。管道两侧及管顶以上 0.5m 内的回填土，不得含有碎石、砖块等杂物，且不得采用灰土回填。距管顶 0.5m 以上的回填土中的石块不得多于 10%、直径不得大于 0.1m，且均匀分布。

2.4.3 沟槽的支撑应在管道两侧及管顶以上 0.5m 回填完毕并压实后，在保证安全的情况下进行拆除，并应采用细砂填实缝隙。

2.4.4 沟槽回填时，应先回填管底局部悬空部位，再回填管道两侧。

2.4.5 回填土应分层压实，每层虚铺厚度宜为 0.2～0.3m，管道两侧及管顶以上 0.5m 内的回填土必须采用人工压实，管顶 0.5m 以上的回填土可采用小型机械压实，每层虚铺厚度宜为 0.25～0.4m。

2.4.6 回填土压实后，应分层检查密实度，并做好回填记录。沟槽各部位的密实度应符合下列要求（图 2.4.6）：

1 对（Ⅰ）、（Ⅱ）区部位，密实度不应小于 90%；

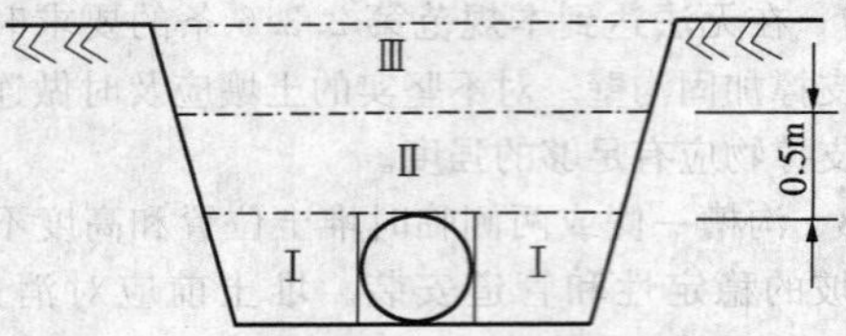

图 2.4.6　回填土断面图

2　对（Ⅲ）区部位，密实度应符合相应地面对密实度的要求。

2.4.7　沥青路面和混凝土路面的恢复，应由具备专业施工资质的单位施工。

2.4.8　回填路面的基础和修复路面材料的性能不应低于原基础和路面材料。

2.4.9　当地市政管理部门对路面恢复有其他要求时，应按当地市政管理部门的要求执行。

2.5　警示带敷设

2.5.1　埋设燃气管道的沿线应连续敷设警示带。警示带敷设前应将敷设面压实，并平整地敷设在管道的正上方，距管顶的距离宜为 0.3～0.5m，但不得敷设于路基和路面里。

2.5.2　警示带平面布置可按表 2.5.2 规定执行。

表 2.5.2　警示带平面布置

管道公称直径（mm）	≤400	＞400
警示带数量（条）	1	2
警示带间距（mm）	—	150

2.5.3　警示带宜采用黄色聚乙烯等不易分解的材料，并印有明显、牢固的警示语，字体不宜小于 100mm×100mm。

2.6　管道路面标志设置

2.6.1　当燃气管道设计压力大于或等于 0.8MPa 时，管道沿线宜设置路面标志。

对混凝土和沥青路面，宜使用铸铁标志；对人行道和土路，宜使用混凝土方砖标志；对绿化带、荒地和耕地，宜使用钢筋混凝土桩标志。

2.6.2　路面标志应设置在燃气管道的正上方，并能正确、明显地指示管道的走向和地下设施。设置位置应为管道转弯处、三通、四通处、管道末端等，直线管段路面标志的设置间隔不宜大于 200m。

2.6.3　路面上已有能标明燃气管线位置的阀门井、凝水缸部件时，可将该部件视为路面标志。

2.6.4　路面标志上应标注“燃气”字样，可选择标注“管道标志”、“三通”及其他说明燃气设施的字样或符号和“不得移动、覆盖”等警示语。

2.6.5　铸铁标志和混凝土方砖标志的强度和结构应考虑汽车的荷载，使用后不松动或脱落；钢筋混凝土桩标志的强度和结构应满足不被人力折断或拔出。标志上的字体应端正、清晰，并凹进表面。

2.6.6　铸铁标志和混凝土方砖标志埋入后应与路面平齐；钢筋混凝土桩标志埋入的深度，应使回填后不遮挡字体。混凝土方砖标志和钢筋混凝土桩标志埋入后，应采用红漆将字体描红。

3　管道、设备的装卸、运输和存放

3.0.1　管材、设备装卸时，严禁抛摔、拖拽和剧烈撞击。

3.0.2　管材、设备运输、存放时的堆放高度、环境条件（湿度、温度、光照等）必须符合产品的要求，应避免暴晒和雨淋。

3.0.3　运输时应逐层堆放，捆扎、固定牢靠，避免相互碰撞。

3.0.4　运输、堆放处不应有可能损伤材料、设备的尖凸物，并应避免接触可能损伤管道、设备的油、酸、碱、盐等类物质。

3.0.5　聚乙烯管道、钢骨架聚乙烯复合管道和已做好防腐的管道，捆扎和吊装时应使用具有足够强度，且不致损伤管道防腐层的绳索（带）。

3.0.6　管道、设备入库前必须查验产品质量合格文件或质量保证文件等，并应妥善保管。

3.0.7　管道、设备宜存放在通风良好、防雨、防晒的库房或简易棚内。

3.0.8　应按产品储存要求分类储存，堆放整齐、稳固，便于管理。

3.0.9　管道、设备应平放在地面上，并应采用软质材料支撑，离地面的距离不应小于 30mm，支撑物必须牢固，直管道等长物件应做连续支撑。

3.0.10　对易滚动的物件应做侧支撑，不得以墙、其他材料和设备做侧支撑体。

4　钢质管道及管件的防腐

4.0.1　管道防腐层的预制、施工过程中所涉及到的有关工业卫生和环境保护，应符合现行国家标准《涂装作业安全规程　涂装前处理工艺安全》GB 7692 和《涂装作业安全规程　涂装前处理工艺通风净化》GB 7693 的规定。

4.0.2　管材防腐宜统一在防腐车间（场、站）进行。

4.0.3　管材及管件防腐前应逐根进行外观检查和测量，并应符合下列规定：

1　钢管弯曲度应小于钢管长度的 0.2%，椭圆度应小于或等于钢管外径的 0.2%。

2　焊缝表面应无裂纹、夹渣、重皮、表面气孔等缺陷。

3 管材表面局部凹凸应小于2mm。

4 管材表面应无斑疤、重皮和严重锈蚀等缺陷。

4.0.4 防腐前应对防腐原材料进行检查，有下列情况之一者，不得使用：

1 无出厂质量证明文件或检验证明；

2 出厂质量证明书的数据不全或对数据有怀疑，且未经复验或复验后不合格；

3 无说明书、生产日期和储存有效期。

4.0.5 防腐前钢管表面的预处理应符合国家现行标准《涂装前钢材表面预处理规范》SY/T 0407 和所使用的防腐材料对钢管除锈的要求。

4.0.6 管道宜采用喷（抛）射除锈。除锈后的钢管应及时进行防腐，如防腐前钢管出现二次锈蚀，必须重新除锈。

4.0.7 各种防腐材料的防腐施工及验收要求，应符合下列国家现行标准的规定：

1《城镇燃气埋地钢质管道腐蚀控制技术规程》CJJ 95；

2《埋地钢质管道石油沥青防腐层技术标准》SY/T 0420；

3《埋地钢质管道环氧煤沥青防腐层技术标准》SY/T 0447；

4《埋地钢质管道聚乙烯胶粘带防腐层技术标准》SY/T 0414；

5《埋地钢质管道煤焦油瓷漆外防腐层技术标准》SY/T 0379；

6《钢质管道熔结环氧粉末外涂层技术标准》SY/T 0315；

7《钢质管道聚乙烯防腐层技术标准》SY/T 0413；

8《埋地钢质管道牺牲阳极阴极保护设计规范》SY/T 0019；

9《埋地钢质管道强制电流阴极保护设计规范》SY/T 0036。

4.0.8 经检查合格的防腐管道，应在防腐层上标明管道的规格、防腐等级、执行标准、生产日期和厂名等。

4.0.9 防腐管道应按防腐类型、等级和管道规格分类堆放，需固化的防腐涂层必须待防腐涂层固化后堆放。防腐层未实干的管道，不得回填。

4.0.10 做好防腐绝缘涂层的管道，在堆放、运输、安装时，必须采取有效措施，保证防腐涂层不受损伤。

4.0.11 补口、补伤、设备、管件及管道套管的防腐等级不得低于管体的防腐层等级。当相邻两管道为不同防腐等级时，应以最高防腐等级为补口标准。当相邻两管道为不同防腐材料时，补口材料的选择应考虑材料的相容性。

5 埋地钢管敷设

5.1 一 般 规 定

5.1.1 管道应在沟底标高和管基质量检查合格后，方可安装。

5.1.2 设计文件要求进行低温冲击韧性试验的材料，供货方应提供低温冲击韧性试验结果的文件，否则应按现行国家标准《金属低温冲击试验法》GB/T 229 的要求进行试验，其指标不得低于规定值的下限。

5.1.3 燃气钢管的弯头、三通、异径接头，宜采用机制管件，其质量应符合现行国家标准《钢制对焊无缝管件》GB 12459 的规定。

5.1.4 穿越铁路、公路、河流及城市道路时，应减少管道环向焊缝的数量。

5.2 管 道 焊 接

5.2.1 管道焊接应按现行国家标准《工业金属管道工程施工及验收规范》GB 50235 和《现场设备、工业管道焊接工程施工及验收规范》GB 50236 的有关规定执行。

5.2.2 管道的切割及坡口加工宜采用机械方法，当采用气割等热加工方法时，必须除去坡口表面的氧化皮，并进行打磨。

5.2.3 施焊环境应符合现行国家标准《现场设备、工业管道焊接工程施工及验收规范》GB 50236 的有关规定。

5.2.4 氩弧焊时，焊口组对间隙宜为 2～4mm。其他坡口尺寸应符合现行国家标准《现场设备、工业管道焊接工程施工及验收规范》GB 50236 的规定。

5.2.5 不应在管道焊缝上开孔。管道开孔边缘与管道焊缝的间距不应小于 100mm。当无法避开时，应对以开孔中心为圆心，1.5 倍开孔直径为半径的圆中所包容的全部焊缝进行 100%射线照相检测。

5.2.6 管道焊接完成后，强度试验及严密性试验之前，必须对所有焊缝进行外观检查和对焊缝内部质量进行检验，外观检查应在内部质量检验前进行。

5.2.7 设计文件规定焊缝系数为 1 的焊缝或设计要求进行 100%内部质量检验的焊缝，其外观质量不得低于现行国家标准《现场设备、工业管道焊接工程施工及验收规范》GB 50236 要求的Ⅱ级质量要求；对内部质量进行抽检的焊缝，其外观质量不得低于现行国家标准《现场设备、工业管道焊接工程施工及验收规范》GB 50236 要求的Ⅲ级质量要求。

5.2.8 焊缝内部质量应符合下列要求：

1 设计文件规定焊缝系数为 1 的焊缝或设计要求进行 100%内部质量检验的焊缝，焊缝内部质量射线照相检验不得低于现行国家标准《钢管环缝熔化焊对接接头射线透照工艺和质量分级》GB/T 12605 中的Ⅱ级质量要求；超声波检验不得低于现行国家标准《钢焊缝手工超声波探伤方法和探伤结果分级》GB 11345 中的Ⅰ级质量要求。当采用 100%射线照相或超声波检测方法时，还应按设计的要求进行超声波或射线照相复查。

2 对内部质量进行抽检的焊缝，焊缝内部质量射线照相检验不得低于现行国家标准《钢管环缝熔化焊对接接头射线透照工艺和质量分级》GB/T 12605 中的Ⅲ级质量要求；超声波检验不得低于现行国家标准《钢焊缝手工超声波探伤方法和探伤结果分级》GB 11345 中的Ⅱ级质量要求。

5.2.9 焊缝内部质量的抽样检验应符合下列要求：

1 管道内部质量的无损探伤数量，应按设计规定执行。当设计无规定时，抽查数量不应少于焊缝总数的 15%，且每个焊工不应少于一个焊缝。抽查时，应侧重抽查固定焊口。

2 对穿越或跨越铁路、公路、河流、桥梁、有轨电车及敷设在套管内的管道环向焊缝，必须进行 100%的射线照相检验。

3 当抽样检验的焊缝全部合格时，则此次抽样所代表的该批焊缝应为全部合格；当抽样检验出现不合格焊缝时，对不合格焊缝返修后，应按下列规定扩大检验：

1）每出现一道不合格焊缝，应再抽检两道该焊工所焊的同一批焊缝，按原探伤方法进行检验。

2）如第二次抽检仍出现不合格焊缝，则应对该焊工所焊全部同批的焊缝按原探伤方法进行检验。对出现的不合格焊缝必须进行返修，并应对返修的焊缝按原探伤方法进行检验。

3）同一焊缝的返修次数不应超过 2 次。

5.3 法兰连接

5.3.1 法兰在安装前应进行外观检查，并应符合下列要求：

1 法兰的公称压力应符合设计要求。

2 法兰密封面应平整光洁，不得有毛刺及径向沟槽。法兰螺纹部分应完整，无损伤。凹凸面法兰应能自然嵌合，凸面的高度不得低于凹槽的深度。

3 螺栓及螺母的螺纹应完整，不得有伤痕、毛刺等缺陷；螺栓与螺母应配合良好，不得有松动或卡涩现象。

5.3.2 设计压力大于或等于 1.6MPa 的管道使用的高强度螺栓、螺母应按以下规定进行检查：

1 螺栓、螺母应每批各取 2 个进行硬度检查，若有不合格，需加倍检查，如仍有不合格则应逐个检查，不合格者不得使用。

2 硬度不合格的螺栓应取该批中硬度值最高、最低的螺栓各 1 只，校验其机械性能，若不合格，再取其硬度最接近的螺栓加倍校验，如仍不合格，则该批螺栓不得使用。

5.3.3 法兰垫片应符合下列要求：

1 石棉橡胶垫、橡胶垫及软塑料等非金属垫片应质地柔韧，不得有老化变质或分层现象，表面不应有折损、皱纹等缺陷。

2 金属垫片的加工尺寸、精度、光洁度及硬度应符合要求，表面不得有裂纹、毛刺、凹槽、径向划痕及锈斑等缺陷。

3 包金属及缠绕式垫片不应有径向划痕、松散、翘曲等缺陷。

5.3.4 法兰与管道组对应符合下列要求：

1 法兰端面应与管道中心线相垂直，其偏差值可采用角尺和钢尺检查，当管道公称直径小于或等于 300mm 时，允许偏差值为 1mm；当管道公称直径大于 300mm 时，允许偏差值为 2mm。

2 管道与法兰的焊接结构应符合国家现行标准《管路法兰及垫片》JB/T 74 中附录 C 的要求。

5.3.5 法兰应在自由状态下安装连接，并应符合下列要求：

1 法兰连接时应保持平行，其偏差不得大于法兰外径的 1.5‰，且不得大于 2mm，不得采用紧螺栓的方法消除偏斜。

2 法兰连接应保持同一轴线，其螺孔中心偏差不宜超过孔径的 5%，并应保证螺栓自由穿入。

3 法兰垫片应符合标准，不得使用斜垫片或双层垫片。采用软垫片时，周边应整齐，垫片尺寸应与法兰密封面相符。

4 螺栓与螺孔的直径应配套，并使用同一规格螺栓，安装方向一致，紧固螺栓应对称均匀，紧固适度，紧固后螺栓外露长度不应大于 1 倍螺距，且不得低于螺母。

5 螺栓紧固后应与法兰紧贴，不得有楔缝。需要加垫片时，每个螺栓所加垫片每侧不应超过 1 个。

5.3.6 法兰与支架边缘或墙面距离不宜小于 200mm。

5.3.7 法兰直埋时，必须对法兰和紧固件按管道相同的防腐等级进行防腐。

5.4 钢管敷设

5.4.1 燃气管道应按照设计图纸的要求控制管道的平面位置、高程、坡度，与其他管道或设施的间距应符合现行国家标准《城镇燃气设计规范》GB 50028 的相关规定。

管道在保证与设计坡度一致且满足设计安全距离和埋深要求的前提下，管线高程和中心线允许偏差应控制在当地规划部门允许的范围内。

5.4.2 管道在套管内敷设时，套管内的燃气管道不宜有环向焊缝。

5.4.3 管道下沟前，应清除沟内的所有杂物，管沟内积水应抽净。

5.4.4 管道下沟宜使用吊装机具，严禁采用抛、滚、撬等破坏防腐层的做法。吊装时应保护管口不受损伤。

5.4.5 管道吊装时，吊装点间距不应大于8m。吊装管道的最大长度不宜大于36m。

5.4.6 管道在敷设时应在自由状态下安装连接，严禁强力组对。

5.4.7 管道环焊缝间距不应小于管道的公称直径，且不得小于150mm。

5.4.8 管道对口前应将管道、管件内部清理干净，不得存有杂物。每次收工时，敞口管端应临时封堵。

5.4.9 当管道的纵断、水平位置折角大于22.5°时，必须采用弯头。

5.4.10 管道下沟前必须对防腐层进行100%的外观检查，回填前应进行100%电火花检漏，回填后必须对防腐层完整性进行全线检查，不合格必须返工处理直至合格。

6 球墨铸铁管敷设

6.1 一 般 规 定

6.1.1 球墨铸铁管的安装应配备合适的工具、器械和设备。

6.1.2 应使用起重机或其他合适的工具和设备将管道放入沟渠中，不得损坏管材和保护性涂层。当起吊或放下管道的时候，应使用钢丝绳或尼龙吊具。当使用钢丝绳的时候，必须使用衬垫或橡胶套。

6.1.3 安装前应对球墨铸铁管及管件进行检查，并应符合下列要求：

1 管材及管件表面不得有裂纹及影响使用的凹凸不平等缺陷。

2 使用橡胶密封圈密封时，其性能必须符合燃气输送介质的使用要求。橡胶圈应光滑、轮廓清晰，不得有影响接口密封的缺陷。

3 管材及管件的尺寸公差应符合现行国家标准《离心铸造球墨铸铁管》GB13295和《球墨铸铁管件》GB 13294的规定。

6.2 管 道 连 接

6.2.1 管材连接前，应将管材中的异物清理干净。

6.2.2 应清除管道承口和插口端工作面的团块状物、铸瘤和多余的涂料，并整修光滑，擦干净。

6.2.3 在承口密封面、插口端和密封圈上应涂一层润滑剂，将压兰套在管道的插口端，使其延长部分唇缘面向插口端方向，然后将密封圈套在管道的插口端，使胶圈的密封斜面也面向管道的插口方向。

6.2.4 将管道的插口端插入到承口内，并紧密、均匀地将密封胶圈按进填密槽内，橡胶圈安装就位后不得扭曲。在连接过程中，承插接口环形间隙应均匀，其值及允许偏差应符合表6.2.4的规定。

表 6.2.4 承插接口环形间隙及允许偏差

管道公称直径（mm）	环形间隙（mm）	允许偏差（mm）
80～200	10	+3 −2
250～450	11	+4 −2
500～900	12	
1000～1200	13	

6.2.5 将压兰推向承口端，压兰的唇缘应靠在密封胶圈上，插入螺栓。

6.2.6 应使用扭力扳手拧紧螺栓。拧紧螺栓顺序：底部的螺栓⟶顶部的螺栓⟶两边的螺栓⟶其他对角线的螺栓。拧紧螺栓时应重复上述步骤分几次逐渐拧紧至其规定的扭矩。

6.2.7 螺栓宜采用可锻铸铁；当采用钢质螺栓时，必须采取防腐措施。

6.2.8 应使用扭力扳手来检查螺栓和螺母的紧固力矩。螺栓和螺母的紧固扭矩应符合表6.2.8的规定。

表 6.2.8 螺栓和螺母的紧固扭矩

管道公称直径（mm）	螺栓规格	扭矩（kgf·m）
80	M16	6
100～600	M20	10

6.3 球墨铸铁管敷设

6.3.1 管道安装就位前，应采用测量工具检查管段的坡度，并应符合设计要求。

6.3.2 管道或管件安装就位时，生产厂的标记宜朝上。

6.3.3 已安装的管道暂停施工时应临时封口。

6.3.4 管道最大允许借转角度及距离不应大于表6.3.4的规定。

表 6.3.4 管道最大允许借转角度及距离

管道公称直径(mm)	80～100	150～200	250～300	350～600
平面借转角度(°)	3	2.5	2	1.5
竖直借转角度(°)	1.5	1.25	1	0.75
平面借转距离(mm)	310	260	210	160
竖向借转距离(mm)	150	130	100	80

注：上表适用于6m长规格的球墨铸铁管，采用其他规格的球墨铸铁管时，可按产品说明书的要求执行。

6.3.5 采用2根相同角度的弯管相接时，借转距离应符合表6.3.5的规定。

表6.3.5 弯管借转距离

管道公称直径(mm)	借转距离(mm)				
	90°	45°	22°30′	11°15′	1根乙字管
80	592	405	195	124	200
100	592	405	195	124	200
150	742	465	226	124	250
200	943	524	258	162	250
250	995	525	259	162	300
300	1297	585	311	162	300
400	1400	704	343	202	400
500	1604	822	418	242	400
600	1855	941	478	242	—
700	2057	1060	539	243	—

6.3.6 管道敷设时，弯头、三通和固定盲板处均应砌筑永久性支墩。

6.3.7 临时盲板应采用足够的支撑，除设置端墙外，应采用两倍于盲板承压的千斤顶支撑。

7 聚乙烯和钢骨架聚乙烯复合管敷设

7.1 一般规定

7.1.1 聚乙烯和钢骨架聚乙烯复合管敷设应符合国家现行标准《聚乙烯燃气管道工程技术规程》CJJ 63的规定。管道施工前应制定施工方案，确定连接方法、连接条件、焊接设备及工具、操作规范、焊接参数、操作者的技术水平要求和质量控制方法。

7.1.2 管道连接前应对连接设备按说明书进行检查，在使用过程中应定期校核。

7.1.3 管道连接前，应核对欲连接的管材、管件规格、压力等级；检查管材表面，不宜有磕、碰、划伤，伤痕深度不应超过管材壁厚的10%。

7.1.4 管道连接应在环境温度－5～45℃范围内进行。当环境温度低于－5℃或在风力大于5级天气条件下施工时，应采取防风、保温措施等，并调整连接工艺。管道连接过程中，应避免强烈阳光直射而影响焊接温度。

7.1.5 当管材、管件存放处与施工现场温差较大时，连接前应将管材、管件在施工现场搁置一定时间，使其温度和施工现场温度接近。

7.1.6 连接完成后的接头应自然冷却，冷却过程中不得移动接头、拆卸加紧工具或对接头施加外力。

7.1.7 管道连接完成后，应进行序号标记，并做好记录。

7.1.8 管道应在沟底标高和管基质量检查合格后，方可下沟。

7.1.9 管道安装时，管沟内积水应抽净，每次收工时，敞口管端应临时封堵。

7.1.10 不得使用金属材料直接捆扎和吊运管道。管道下沟时应防止划伤、扭曲和强力拉伸。

7.1.11 对穿越铁路、公路、河流、城市主要道路的管道，应减少接口，且穿越前应对连接好的管段进行强度和严密性试验。

7.1.12 管材、管件从生产到使用之间的存放时间，黄色管道不宜超过1年，黑色管道不宜超过2年。超过上述期限时必须重新抽样检验，合格后方可使用。

7.2 聚乙烯管道敷设

7.2.1 直径在90mm以上的聚乙烯燃气管材、管件连接可采用热熔对接连接或电熔连接；直径小于90mm的管材及管件宜使用电熔连接。聚乙烯燃气管道和其他材质的管道、阀门、管路附件等连接应采用法兰或钢塑过渡接头连接。

7.2.2 对不同级别、不同熔体流动速率的聚乙烯原料制造的管材或管件，不同标准尺寸比（SDR值）的聚乙烯燃气管道连接时，必须采用电熔连接。施工前应进行试验，判定试验连接质量合格后，方可进行电熔连接。

7.2.3 热熔连接的焊接接头连接完成后，应进行100%外观检验及10%翻边切除检验，并应符合国家现行标准《聚乙烯燃气管道工程技术规程》CJJ 63的要求。

7.2.4 电熔连接的焊接接头连接完成后，应进行外观检查，并应符合国家现行标准《聚乙烯燃气管道工程技术规程》CJJ 63的要求。

7.2.5 电熔鞍形连接完成后，应进行外观检查，并应符合国家现行标准《聚乙烯燃气管道工程技术规程》CJJ 63的要求。

7.2.6 钢塑过渡接头金属端与钢管焊接时，过渡接头金属端应采取降温措施，但不得影响焊接接头的力学性能。

7.2.7 法兰或钢塑过渡连接完成后，其金属部分应按设计要求的防腐等级进行防腐，并检验合格。

7.2.8 聚乙烯燃气管道利用柔性自然弯曲改变走向时，其弯曲半径不应小于25倍的管材外径。

7.2.9 聚乙烯燃气管道敷设时，应在管顶同时随管道走向敷设示踪线，示踪线的接头应有良好的导电性。

7.2.10 聚乙烯燃气管道敷设完毕后，应对外壁进行外观检查，不得有影响产品质量的划痕、磕碰等缺陷；检查合格后，方可对管沟进行回填，并做好记录。

7.2.11 在旧管道内插入敷设聚乙烯管的施工，应符合国家现行标准《聚乙烯燃气管道工程技术规程》CJJ 63 的要求。

7.3 钢骨架聚乙烯复合管道敷设

7.3.1 钢骨架聚乙烯复合管道（以下简称复合管）连接应采用电熔连接或法兰连接。当采用法兰连接时，宜设置检查井。

7.3.2 电熔连接所选焊机类型应与安装管道规格相适应。

7.3.3 施工现场断管时，其截面应与管道轴线垂直，截口应进行塑料（与母材相同材料）热封焊。严禁使用未封口的管材。

7.3.4 电熔连接后应进行外观检查，溢出电熔管件边缘的溢料量（轴向尺寸）不得超过表 7.3.4 规定值。

表 7.3.4 电熔连接熔焊溢边量（轴向尺寸）

管道公称直径（mm）	50～300	350～500
溢出电熔管件边缘量（mm）	10	15

7.3.5 电熔连接内部质量应符合国家现行标准《燃气用钢骨架聚乙烯塑料复合管件》CJ/T 126 的规定，可采用在现场抽检试验件的方式检查。试验件的接头应采用与实际施工相同的条件焊接制备。

7.3.6 法兰连接应符合下列要求：

1 法兰密封面、密封件（垫圈、垫片）不得有影响密封性能的划痕、凹坑等缺陷。

2 管材应在自然状态下连接，严禁强行扭曲组装。

7.3.7 钢质套管内径应大于穿越管段上直径最大部位的外径加 50mm；混凝土套管内径应大于穿越管段上直径最大部位的外径加 100mm。套管内严禁法兰接口，并尽量减少电熔接口数量。

7.3.8 在复合管上安装口径大于 100mm 的阀门、凝水缸等管路附件时，应设置支撑。

7.3.9 复合管可随地形弯曲敷设，其允许弯曲半径应符合表 7.3.9 的规定。

表 7.3.9 复合管道允许弯曲半径（mm）

管道公称直径 DN（mm）	允许弯曲半径
50～150	≥80DN
200～300	≥100DN
350～500	≥110DN

8 管道附件与设备安装

8.1 一 般 规 定

8.1.1 安装前应将管道附件及设备的内部清理干净，不得存有杂物。

8.1.2 阀门、凝水缸及补偿器等在正式安装前，应按其产品标准要求单独进行强度和严密性试验，经试验合格的设备、附件应做好标记，并应填写试验纪录。

8.1.3 试验使用的压力表必须经校验合格，且在有效期内，量程宜为试验压力的 1.5～2.0 倍，阀门试验用压力表的精度等级不得低于 1.5 级。

8.1.4 每处安装宜一次完成，安装时不得有再次污染已吹扫完毕管道的操作。

8.1.5 管道附件、设备应抬入或吊入安装处，不得采用抛、扔、滚的方式。

8.1.6 管道附件、设备安装完毕后，应及时对连接部位进行防腐。

8.1.7 阀门、补偿器及调压器等设施严禁参与管道的清扫。

8.1.8 凝水缸盖和阀门井盖面与路面的高度差应控制在0～+5mm 范围内。

8.1.9 管道附件、设备安装完成后，应与管线一起进行严密性试验。

8.2 阀门的安装

8.2.1 安装前应检查阀芯的开启度和灵活度，并根据需要对阀体进行清洗、上油。

8.2.2 安装有方向性要求的阀门时，阀体上的箭头方向应与燃气流向一致。

8.2.3 法兰或螺纹连接的阀门应在关闭状态下安装，焊接阀门应在打开状态下安装。焊接阀门与管道连接焊缝宜采用氩弧焊打底。

8.2.4 安装时，吊装绳索应拴在阀体上，严禁拴在手轮、阀杆或转动机构上。

8.2.5 阀门安装时，与阀门连接的法兰应保持平行，其偏差不应大于法兰外径的 1.5‰，且不得大于 2mm。严禁强力组装，安装过程中应保证受力均匀，阀门下部应根据设计要求设置承重支撑。

8.2.6 法兰连接时，应使用同一规格的螺栓，并符合设计要求。紧固螺栓时应对称均匀用力，松紧适度，螺栓紧固后螺栓与螺母宜齐平，但不得低于螺母。

8.2.7 在阀门井内安装阀门和补偿器时，阀门应与补偿器先组对好，然后与管道上的法兰组对，将螺栓与组对法兰紧固好后，方可进行管道与法兰的焊接。

8.2.8 对直埋的阀门，应按设计要求做好阀体、法兰、紧固件及焊口的防腐。

8.2.9 安全阀应垂直安装，在安装前必须经法定检验部门检验并铅封。

8.3 凝水缸的安装

8.3.1 钢制凝水缸在安装前，应按设计要求对外表面进行防腐。

8.3.2 安装完毕后，凝水缸的抽液管应按同管道的防腐等级进行防腐。

8.3.3 凝水缸必须按现场实际情况，安装在所在管段的最低处。

8.3.4 凝水缸盖应安装在凝水缸井的中央位置，出水口阀门的安装位置应合理，并应有足够的操作和检修空间。

8.4 补偿器的安装

8.4.1 波纹补偿器的安装应符合下列要求：

1 安装前应按设计规定的补偿量进行预拉伸（压缩），受力应均匀。

2 补偿器应与管道保持同轴，不得偏斜。安装时不得用补偿器的变形（轴向、径向、扭转等）来调整管位的安装误差。

3 安装时应设临时约束装置，待管道安装固定后再拆除临时约束装置，并解除限位装置。

8.4.2 填料式补偿器的安装应符合下列要求：

1 应按设计规定的安装长度及温度变化，留有剩余的收缩量，允许偏差应满足产品的安装说明书的要求。

2 应与管道保持同心，不得歪斜。

3 导向支座应保证运行时自由伸缩，不得偏离中心。

4 插管应安装在燃气流入端。

5 填料石棉绳应涂石墨粉并应逐圈装入，逐圈压紧，各圈接口应相互错开。

8.5 绝缘法兰的安装

8.5.1 安装前，应对绝缘法兰进行绝缘试验检查，其绝缘电阻不应小于1MΩ；当相对湿度大于60%时，其绝缘电阻不应小于500kΩ。

8.5.2 两对绝缘法兰的电缆线连接应符合按设计要求，并应做好电缆线及接头的防腐，金属部分不得裸露于土中。

8.5.3 绝缘法兰外露时，应有保护措施。

9 管道穿（跨）越

9.1 顶管施工

9.1.1 顶管施工宜按现行国家标准《给水排水管道工程施工及验收规范》GB 50268 中的顶管施工的有关规定执行。

9.1.2 燃气管道的安装应符合下列要求：

1 采用钢管时，燃气钢管的焊缝应进行100%的射线照相检验。

3 接口宜采用电熔连接；当采用热熔对接时，应切除所有焊口的翻边，并应进行检查。

4 燃气管道穿入套管前，管道的防腐已验收合格。

5 在燃气管道穿入过程中，应采取措施防止管体或防腐层损伤。

9.2 水下敷设

9.2.1 施工前应做好下列工作：

1 在江（河、湖）水下敷设管道，施工方案及设计文件应报河道管理或水利管理部门审查批准，施工组织设计应征得上述部门同意。

2 主管部门批准的对江（河、湖）的断流、断航、航管等措施，应预先公告。

3 工程开工时，应在敷设管道位置的两侧水体各50m距离处设警戒标志。

4 施工时应严格遵守国家及行业现行的水上水下作业安全操作规程。

9.2.2 测量放线应符合下列要求：

1 管槽开挖前，应测出管道轴线，并在两岸管道轴线上设置固定醒目的岸标。施工时岸上设专人用测量仪器观测，校正管道施工位置，检测沟槽超挖、欠挖情况。

2 水面管道轴线上宜每隔50m抛设一个浮标标示位置。

3 两岸应各设置水尺一把，水尺零点标高应经常检测。

9.2.3 沟槽开挖应符合下列要求：

1 沟槽宽度及边坡坡度应按设计规定执行；当设计无规定时，由施工单位根据水底泥土流动性和挖沟方法在施工组织设计中确定，但最小沟底宽度应大于管道外径1m。

2 当两岸没有泥土堆放场地时，应使用驳船装载泥土运走。在水流较大的江中施工，且没有特别环保要求时，开挖泥土可排至河道中，任水流冲走。

3 水下沟槽挖好后，应做沟底标高测量。宜按3m间距测量，当标高符合设计要求后即可下管。若挖深不够应补挖；若超挖应采用砂或小块卵石补到设计标高。

9.2.4 管道组装应符合下列要求：

1 在岸上将管道组装成管段，管段长度宜控制在50～80m。

2 组装完成后，焊缝质量应符合本规范第5.2节的要求，并应按本规范第12章进行试验，合格后按设计要求加焊加强钢箍套。

3 焊口应进行防腐补口，并应进行质量检查。

9.2.5 组装后的管段应采用下水滑道牵引下水，置于浮箱平台，并调整至管道设计轴线水面上，将管段组装成整管。焊口应进行射线照相探伤和防腐补口，并应在管道下沟前对整条管道的防腐层做电火花绝缘检查。

9.2.6 沉管与稳管应符合下列要求：

1 沉管时，应谨慎操作牵引起重设备，松缆与起吊均应逐点分步分别进行；各定位船舶必须执行统一指令。应在管道各吊点的位置与管槽设计轴线一致时，管道方可下沉入沟槽内。

2 管道入槽后，应由潜水员下水检查、调平。

3 稳管措施应按设计要求执行。当使用平衡重块时，重块与钢管之间应加橡胶隔垫；当采用复壁管时，应在管线过江（河、湖）后，再向复壁管环形空间灌水泥浆。

9.2.7 应对管道进行整体吹扫和试验，并应符合本规范第12章的要求。

9.2.8 管道试验合格后即采用砂卵石回填。回填时先填管道拐弯处使之固定，然后再均匀回填沟槽。

9.3 定向钻施工

9.3.1 应收集施工现场资料，制订施工方案，并应符合下列要求：

1 现场交通、水源、电源、施工运输道路、施工场地等资料的收集。

2 各类地上设施（铁路、房屋等）的位置、用途、产权单位等的查询。

3 与其他部门（通信、电力电缆、供水、排水等）核对地下管线，并用探测仪或局部开挖的方法确定定向钻施工路由位置的其他管线的种类、结构、位置走向和埋深。

4 用地质勘探钻取样或局部开挖的方法，取得定向钻施工路由位置的地下土层分布、地下水位及土壤、水分的酸碱度等资料。

9.3.2 定向钻施工穿越铁路等重要设施处，必须征求相关主管部门的意见。当与其他地下设施的净距不能满足设计规范要求时，应报设计单位，采取防护措施，并应取得相关单位的同意。

9.3.3 定向钻施工宜按国家现行标准《石油天然气管道穿越工程施工及验收规范》SY/T 4079执行。

9.3.4 燃气管道安装应符合下列要求：

1 燃气钢管的焊缝应进行100%的射线照相检查。

2 在目标井工作坑应按要求放置燃气钢管，用导向钻回拖敷设，回拖过程中应根据需要不停注入配制的泥浆。

3 燃气钢管的防腐应为特加强级。

4 燃气钢管敷设的曲率半径应满足管道强度要求，且不得小于钢管外径的1500倍。

9.4 跨越施工

9.4.1 管道的跨越施工宜按国家现行标准《石油天然气管道跨越工程施工及验收规范》SY 0470执行。

10 室外架空燃气管道的施工

10.1 管道支、吊架的安装

10.1.1 管道支、吊架安装前应进行标高和坡降测量并放线，固定后的支、吊架位置应正确，安装应平整、牢固，与管道接触良好。

10.1.2 固定支架应按设计规定安装，安装补偿器时，应在补偿器预拉伸（压缩）之后固定。

10.1.3 导向支架或滑动支架的滑动面应洁净平整，不得有歪斜和卡涩现象。其安装位置应从支承面中心向位移反方向偏移，偏移量应为设计计算位移值的1/2或按设计规定。

10.1.4 焊接应由有上岗证的焊工施焊，并不得有漏焊、欠焊或焊接裂纹等缺陷。管道与支架焊接时，焊工资格应符合本规范第1.0.4条的规定，且管道表面不得有咬边、气孔等缺陷。

10.2 管道的防腐

10.2.1 涂料应有制造厂的质量合格文件。涂漆前应清除被涂表面的铁锈、焊渣、毛刺、油、水等污物。

10.2.2 涂料的种类、涂敷次序、层数、各层的表干要求及施工的环境温度应按设计和所选涂料的产品规定进行。

10.2.3 在涂敷施工时，应有相应的防火、防雨（雪）及防尘措施。

10.2.4 涂层质量应符合下列要求：

1 涂层应均匀，颜色应一致。

2 漆膜应附着牢固，不得有剥落、皱纹、针孔等缺陷。

3 涂层应完整，不得有损坏、流淌。

10.3 管道安装

10.3.1 管道安装前应已除锈并涂完底漆。

10.3.2 管道的焊接应按本规范第5.2节的要求执行。

10.3.3 焊缝距支、吊架净距不应小于50mm。

10.3.4 管件、设备的安装应按本规范第8章执行。

10.3.5 吹扫与压力试验应按本规范12章的要求执行。

10.3.6 吹扫、压力试验完成后，应补刷底漆并完成管道设备的防腐。

11 燃气场站

11.1 一般规定

11.1.1 燃气场站施工前必须做出详尽的施工方案，

并经有关部门审查通过后方可进行施工。

11.1.2 燃气场站的消防、电气、采暖与卫生、通风与空气调节等配套工程的施工与验收应符合国家有关标准的要求。

11.1.3 燃气场站使用的压力容器必须符合国家有关规定，产品应有齐全的质量证明文件和产品监督检验证书（或安全性能检验证书）方可进行安装。

11.1.4 压力容器的安装应符合国家有关规定。安全阀、检测仪表应按有关规定单独进行检定。阀门等设备、附件压力级别应符合设计要求。

11.1.5 站内各种设备、仪器、仪表的安装及验收应按产品说明书和有关规定进行。

11.1.6 站内工艺管道的施工及验收应按国家现行标准《石油天然气站内工艺管道工程施工及验收规范》SY 0402 执行，并应符合本规范第 10 章的规定。

11.1.7 设备基础的施工及验收应符合现行国家标准《混凝土工程施工质量验收规范》GB 50204 规定。

11.1.8 储气设备的安装应按国家现行标准《球形储罐施工及验收规范》GB 50094、《金属焊接结构湿气式气柜施工及验收规范》HGJ 212 执行。

11.1.9 机械设备的安装及验收应按现行国家标准《机械设备安装工程施工及验收通用规范》GB 50231 执行。

11.1.10 压缩机、风机、泵及起重设备的安装应按现行国家标准《压缩机、风机、泵安装工程施工及验收规范》GB 50275 及《起重设备安装工程施工及验收规范》GB 50278 执行。

11.1.11 场站内的燃气管道安装完毕后必须进行吹扫和压力试验，并应符合下列规定：

1 场站内管道的吹扫和强度试验应符合本规范第 12 章的规定；

2 埋地管道的严密性试验应符合本规范第 12 章的规定；

3 地上管道进行严密性试验时，试验压力应为设计压力，且不得小于 0.3MPa；试验时压力应缓慢上升到规定值，采用发泡剂进行检查，无渗漏为合格。其他要求应符合本规范第 12.4 节的规定。

11.2 储 配 站

11.2.1 储配站内的各种运转设备在安装前应进行润滑保养及检验。

11.2.2 储配站各种设备及仪器仪表，应经单独检验合格后再安装。

11.3 调 压 站

11.3.1 调压器、安全阀、过滤器、计量、检测仪表及其他设备，安装前应进行检查。

11.3.2 调压站内所有非标准设备应按设计要求制造和检验，除设计另有规定外，应按制造厂说明书进行安装与调试。

11.3.3 调压站内管道安装应符合下列要求：

1 焊缝、法兰和螺纹等接口，均不得嵌入墙壁和基础中。管道穿墙或穿基础时，应设置在套管内。焊缝与套管一端的间距不应小于 100mm。

2 干燃气的站内管道应横平竖直；湿燃气的进出口管道应分别坡向室外，仪器仪表接管应坡向干管。

3 调压器的进出口箭头指示方向应与燃气流动方向一致。

4 调压器前后的直管段长度应按设计或制造厂技术要求施工。

11.3.4 调压器、安全阀、过滤器、仪表等设备的安装应在进出口管道吹扫、试压合格后进行，并应牢固平正，严禁强力连接。

11.4 液化石油气气化站、混气站

11.4.1 设备及管道安装应符合下列要求：

1 储罐和气化器等大型设备安装前，应对其混凝土基础的质量进行验收，合格后方可进行。

2 室内管道安装应在室内墙面喷浆和打混凝土地面以前进行。

3 与储罐连接的第一对法兰、垫片和紧固件应符合有关规定。其余法兰垫片可采用高压耐油橡胶石棉垫密封。

4 管道及管道与设备之间的连接应采用焊接或法兰连接。焊接宜采用氩弧焊打底，分层施焊；焊接、法兰连接应符合本规范第 5.2 节和第 5.3 节的规定。

5 管道安装时，坡度及方向应符合设计要求。

6 管道及设备的焊接质量应符合下列要求：

1）所有焊缝应进行外观检查；管道对接焊缝内部质量应采用射线照相探伤，抽检个数为对接焊缝总数的 25%，并应符合国家现行标准《压力容器无损检测》JB 4730 中的Ⅱ级质量要求；

2）管道与设备、阀门、仪表等连接的角焊缝应进行磁粉或液体渗透检验，抽检个数应为角焊缝总数的 50%，并应符合国家现行标准《压力容器无损检测》JB 4730 中的Ⅱ级质量要求。

11.4.2 试验及验收应符合下列要求：

1 储罐的水压试验压力应为设计压力的 1.25 倍，安全阀、液位计不应参与试验。试验时压力缓慢上升，达到规定压力后保持半小时，无泄漏、无可见变形、无异常声响为合格。

2 储罐水压试验合格后，装上安全阀、液位计进行严密性试验。

12 试验与验收

12.1 一 般 规 定

12.1.1 管道安装完毕后应依次进行管道吹扫、强度试验和严密性试验。

12.1.2 燃气管道穿（跨）越大中型河流、铁路、二级以上公路、高速公路时，应单独进行试压。

12.1.3 管道吹扫、强度试验及中高压管道严密性试验前应编制施工方案，制定安全措施，确保施工人员及附近民众与设施的安全。

12.1.4 试验时应设巡视人员，无关人员不得进入。在试验的连续升压过程中和强度试验的稳压结束前，所有人员不得靠近试验区。人员离试验管道的安全间距可按表12.1.4确定。

表 12.1.4 安全间距

管道设计压力（MPa）	安全间距（m）
>0.4	6
0.4～1.6	10
2.5～4.0	20

12.1.5 管道上的所有堵头必须加固牢靠，试验时堵头端严禁人员靠近。

12.1.6 吹扫和待试验管道应与无关系统采取隔离措施，与已运行的燃气系统之间必须加装盲板且有明显标志。

12.1.7 试验前应按设计图检查管道的所有阀门，试验段必须全部开启。

12.1.8 在对聚乙烯管道或钢骨架聚乙烯复合管道吹扫及试验时，进气口应采取油水分离及冷却等措施，确保管道进气口气体干燥，且其温度不得高于40℃；排气口应采取防静电措施。

12.1.9 试验时所发现的缺陷，必须待试验压力降至大气压后进行处理，处理合格后应重新试验。

12.2 管 道 吹 扫

12.2.1 管道吹扫应按下列要求选择气体吹扫或清管球清扫：

1 球墨铸铁管道、聚乙烯管道、钢骨架聚乙烯复合管道和公称直径小于100mm或长度小于100m的钢质管道，可采用气体吹扫。

2 公称直径大于或等于100mm的钢质管道，宜采用清管球进行清扫。

12.2.2 管道吹扫应符合下列要求：

1 吹扫范围内的管道安装工程除补口、涂漆外，已按设计图纸全部完成。

2 管道安装检验合格后，应由施工单位负责组织吹扫工作，并应在吹扫前编制吹扫方案。

3 应按主管、支管、庭院管的顺序进行吹扫，吹扫出的脏物不得进入已合格的管道。

4 吹扫管段内的调压器、阀门、孔板、过滤网、燃气表等设备不应参与吹扫，待吹扫合格后再安装复位。

5 吹扫口应设在开阔地段并加固，吹扫时应设安全区域，吹扫出口前严禁站人。

6 吹扫压力不得大于管道的设计压力，且不应大于0.3MPa。

7 吹扫介质宜采用压缩空气，严禁采用氧气和可燃性气体。

8 吹扫合格设备复位后，不得再进行影响管内清洁的其他作业。

12.2.3 气体吹扫应符合下列要求：

1 吹扫气体流速不宜小于20m/s。

2 吹扫口与地面的夹角应在30°～45°之间，吹扫口管段与被吹扫管段必须采取平缓过渡对焊，吹扫口直径应符合表12.2.3的规定。

表 12.2.3 吹扫口直径（mm）

末端管道公称直径 DN	DN<150	150≤DN≤300	DN≥350
吹扫口公称直径	与管道同径	150	250

3 每次吹扫管道的长度不宜超过500m；当管道长度超过500m时，宜分段吹扫。

4 当管道长度在200m以上，且无其他管段或储气容器可利用时，应在适当部位安装吹扫阀，采取分段储气，轮换吹扫；当管道长度不足200m，可采用管道自身储气放散的方式吹扫，打压点与放散点应分别设在管道的两端。

5 当目测排气无烟尘时，应在排气口设置白布或涂白漆木靶板检验，5min内靶上无铁锈、尘土等其他杂物为合格。

12.2.4 清管球清扫应符合下列要求：

1 管道直径必须是同一规格，不同管径的管道应断开分别进行清扫。

2 对影响清管球通过的管件、设施，在清管前应采取必要措施。

3 清管球清扫完成后，应按本规范第12.2.3条第5款进行检验，如不合格可采用气体再清扫至合格。

12.3 强 度 试 验

12.3.1 强度试验前应具备下列条件：

1 试验用的压力计及温度记录仪应在校验有效期内。

2 试验方案已经批准，有可靠的通信系统和安全保障措施，已进行了技术交底。

3　管道焊接检验、清扫合格。

4　埋地管道回填土宜回填至管上方0.5m以上，并留出焊接口。

12.3.2　管道应分段进行压力试验，试验管道分段最大长度宜按表12.3.2执行。

表12.3.2　管道试压分段最大长度

设计压力 PN（MPa）	试验管段最大长度（m）
$PN\leqslant0.4$	1000
$0.4<PN\leqslant1.6$	5000
$1.6<PN\leqslant4.0$	10000

12.3.3　管道试验用压力计及温度记录仪表均不应少于两块，并应分别安装在试验管道的两端。

12.3.4　试验用压力计的量程应为试验压力的1.5～2倍，其精度不得低于1.5级。

12.3.5　强度试验压力和介质应符合表12.3.5的规定。

表12.3.5　强度试验压力和介质

管道类型	设计压力 PN（MPa）	试验介质	试验压力（MPa）
钢　管	$PN>0.8$	清洁水	$1.5PN$
	$PN\leqslant0.8$	压缩空气	$1.5PN$ 且 $\nless0.4$
球墨铸铁管	PN		$1.5PN$ 且 $\nless0.4$
钢骨架聚乙烯复合管	PN		$1.5PN$ 且 $\nless0.4$
聚乙烯管	PN（SDR11）		$1.5PN$ 且 $\nless0.4$
	PN（SDR17.6）		$1.5PN$ 且 $\nless0.2$

12.3.6　水压试验时，试验管段任何位置的管道环向应力不得大于管材标准屈服强度的90%。架空管道采用水压试验前，应核算管道及其支撑结构的强度，必要时应临时加固。试压宜在环境温度5℃以上进行，否则应采取防冻措施。

12.3.7　水压试验应符合现行国家标准《液体石油管道压力试验》GB/T 16805的有关规定。

12.3.8　进行强度试验时，压力应逐步缓升，首先升至试验压力的50%，应进行初检，如无泄漏、异常，继续升压至试验压力，然后宜稳压1h后，观察压力计不应少于30min，无压力降为合格。

12.3.9　水压试验合格后，应及时将管道中的水放（抽）净，并按本规范第12.2节的要求进行吹扫。

12.3.10　经分段试压合格的管段相互连接的焊缝，经射线照相检验合格后，可不再进行强度试验。

12.4　严密性试验

12.4.1　严密性试验应在强度试验合格、管线全线回填后进行。

12.4.2　试验用的压力计应在校验有效期内，其量程应为试验压力的1.5～2倍，其精度等级、最小分格值及表盘直径应满足表12.4.2的要求。

表12.4.2　试压用压力表选择要求

量程（MPa）	精度等级	最小表盘直径（mm）	最小分格值（MPa）
0～0.1	0.4	150	0.0005
0～1.0	0.4	150	0.005
0～1.6	0.4	150	0.01
0～2.5	0.25	200	0.01
0～4.0	0.25	200	0.01
0～6.0	0.16	250	0.01
0～10	0.16	250	0.02

12.4.3　严密性试验介质宜采用空气，试验压力应满足下列要求：

1　设计压力小于5kPa时，试验压力应为20kPa。

2　设计压力大于或等于5kPa时，试验压力应为设计压力的1.15倍，且不得小于0.1MPa。

12.4.4　试压时的升压速度不宜过快。对设计压力大于0.8MPa的管道试压，压力缓慢上升至30%和60%试验压力时，应分别停止升压，稳压30min，并检查系统有无异常情况，如无异常情况继续升压。管内压力升至严密性试验压力后，待温度、压力稳定后开始记录。

12.4.5　严密性试验稳压的持续时间应为24h，每小时记录不应少于1次，当修正压力降小于133Pa为合格。修正压力降应按下式确定：

$$\Delta P'=(H_1+B_1)-(H_2+B_2)\frac{273+t_1}{273+t_2} \tag{12.4.5}$$

式中　$\Delta P'$——修正压力降（Pa）；

H_1、H_2——试验开始和结束时的压力计读数（Pa）；

B_1、B_2——试验开始和结束时的气压计读数（Pa）；

t_1、t_2——试验开始和结束时的管内介质温度（℃）。

12.4.6　所有未参加严密性试验的设备、仪表、管件，应在严密性试验合格后进行复位，然后按设计压力对系统升压，应采用发泡剂检查设备、仪表、管件及其与管道的连接处，不漏为合格。

12.5　工程竣工验收

12.5.1　工程竣工验收应以批准的设计文件、国家现行有关标准、施工承包合同、工程施工许可文件和本规范为依据。

12.5.2 工程竣工验收的基本条件应符合下列要求：

1 完成工程设计和合同约定的各项内容。

2 施工单位在工程完工后对工程质量自检合格，并提出《工程竣工报告》。

3 工程资料齐全。

4 有施工单位签署的工程质量保修书。

5 监理单位对施工单位的工程质量自检结果予以确认并提出《工程质量评估报告》。

6 工程施工中，工程质量检验合格，检验记录完整。

12.5.3 竣工资料的收集、整理工作应与工程建设过程同步，工程完工后应及时做好整理和移交工作。整体工程竣工资料宜包括下列内容：

1 工程依据文件：

1）工程项目建议书、申请报告及审批文件、批准的设计任务书、初步设计、技术设计文件、施工图和其他建设文件；

2）工程项目建设合同文件、招投标文件、设计变更通知单、工程量清单等；

3）建设工程规划许可证、施工许可证、质量监督注册文件、报建审核书、报建图、竣工测量验收合格证、工程质量评估报告。

2 交工技术文件：

1）施工资质证书；

2）图纸会审记录、技术交底记录、工程变更单（图）、施工组织设计等；

3）开工报告、工程竣工报告、工程保修书等；

4）重大质量事故分析、处理报告；

5）材料、设备、仪表等的出厂的合格证明，材质书或检验报告；

6）施工记录：隐蔽工程记录、焊接记录、管道吹扫记录、强度和严密性试验记录、阀门试验记录、电气仪表工程的安装调试记录等；

7）竣工图纸：竣工图应反映隐蔽工程、实际安装定位、设计中未包含的项目、燃气管道与其他市政设施特殊处理的位置等。

3 检验合格记录：

1）测量记录；

2）隐蔽工程验收记录；

3）沟槽及回填合格记录；

4）防腐绝缘合格记录；

5）焊接外观检查记录和无损探伤检查记录；

6）管道吹扫合格记录；

7）强度和严密性试验合格记录；

8）设备安装合格记录；

9）储配与调压各项工程的程序验收及整体验收合格记录；

10）电气、仪表安装测试合格记录；

11）在施工中受检的其他合格记录。

12.5.4 工程竣工验收应由建设单位主持，可按下列程序进行：

1 工程完工后，施工单位按本规范第12.5.2的要求完成验收准备工作后，向监理部门提出验收申请。

2 监理部门对施工单位提交的《工程竣工报告》、竣工资料及其他材料进行初审，合格后提出《工程质量评估报告》，并向建设单位提出验收申请。

3 建设单位组织勘察、设计、监理、及施工单位对工程进行验收。

4 验收合格后，各部门签署验收纪要。建设单位及时将竣工资料、文件归档，然后办理工程移交手续。

5 验收不合格应提出书面意见和整改内容，签发整改通知，限期完成。整改完成后重新验收。整改书面意见、整改内容和整改通知编入竣工资料文件中。

12.5.5 工程验收应符合下列要求：

1 审阅验收材料内容，应完整、准确、有效。

2 按照设计、竣工图纸对工程进行现场检查。竣工图应真实、准确，路面标志符合要求。

3 工程量符合合同的规定。

4 设施和设备的安装符合设计的要求，无明显的外观质量缺陷，操作可靠，保养完善。

5 对工程质量有争议、投诉和检验多次才合格的项目，应重点验收，必要时可开挖检验、复查。

本规范用词说明

1 为便于在执行本规范条文时区别对待，对要求严格程度不同的用词说明如下：

1）表示很严格，非这样做不可的：

正面词采用“必须”，反面词采用“严禁”；

2）表示严格，在正常情况下均应这样做的：

正面词采用“应”，反面词采用“不应”或“不得”；

3）表示允许稍有选择，在条件许可时首先应这样做的：

正面词采用“宜”，反面词采用“不宜”；

表示有选择，在一定条件下可以这样做的，采用“可”。

2 条文中指明应按其他有关标准执行的写法为“应符合……的规定”或“应按……执行”。

中华人民共和国行业标准

城镇燃气输配工程施工及验收规范

CJJ 33—2005

条 文 说 明

前　言

《城镇燃气输配工程施工及验收规范》CJJ 33—2005经建设部2005年2月5日以建设部第312号公告批准、发布。

本规范第一版的主编单位是城市建设研究院，参加单位是北京煤气公司、天津煤气公司、上海煤气公司、沈阳煤气总公司、成都煤气公司、大连煤气公司、重庆天然气公司、昆明市煤气建设指挥部。

为便于广大设计、施工、科研、学校等单位有关人员在使用本规范时能正确理解和执行条文规定，《城镇燃气输配工程施工及验收规范》编制组按章、节、条顺序编制了本规范的条文说明，供使用者参考。在使用中如发现本条文说明中有不妥之处，请将意见函寄城市建设研究院（地址：北京市朝阳区惠新南里2号院　邮政编码：100029）。

目　次

1 总 则

1.0.1 城镇燃气具有易燃、易爆和有毒等特点，确保燃气工程施工质量是燃气管理部门、燃气企业和施工单位的重要职责。随着城镇燃气供气压力的提高和新材料、新工艺的广泛应用，必须加强对施工的管理，提高工程质量，杜绝因工程质量造成的灾害。

1.0.2 本规范的适用范围明确为"城镇燃气输配工程"，不应超出《城镇燃气设计规范》GB 50028 中所涉及的范围，并且不包括户内燃气工程的施工及验收。

1.0.3 施工单位、监理单位必须在其许可的资质范围内承揽工程项目，强调从事燃气工程活动的各方的从业资格必须合法；工程项目在开工前应获得建设行政主管部门批准或认可的施工许可证，并且遵守当地政府对燃气工程管理的其他规定，强调燃气工程项目本身必须合法。

1.0.4 本条是对从事燃气钢质管道、设备焊接的焊工的基本要求，其考试方法可参照现行国家标准《现场设备、工业管道焊接工程施工及验收规范》GB 50236 第 5 章执行；其他材质燃气管道包括聚乙烯管、钢骨架聚乙烯复合管、球墨铸铁管，目前国家尚无统一的对安装人员的证书要求，一般由生产厂家培训，待国家有统一要求时，应按其要求执行。不同厂家生产的热熔焊机其性能和操作方法不尽相同，聚乙烯管材和电熔管件的性能也可能存在差异。所以，持有上岗证的操作人员应根据各方面情况的变化，进行其针对性培训，以确保焊接质量。

1.0.5 施工单位在施工前首先应熟悉设计文件和施工图，了解设计意图及要求，按图施工。施工单位对设计错误、材料代用、合理化建议及在施工中在条件限制不能达到设计要求时，按程序办理设计变更。习惯上，局部变更，不影响工程预算的，一般可由施工单位与设计单位进行协商，并做出变更记录；对重大变更，还需经建设单位同意，并由设计单位提出正式变更设计文件。

1.0.6 对工程施工所用管材、管道附件、设备的出厂合格证有异议或外观存在明显缺陷，应按国家现行的有关产品标准进行检验，合格后方可使用。

1.0.7 施工单位和监理单位在工程的各个阶段，应对材料的质量认真把关，防止不合格品进入安装阶段。

1.0.8 国家对工程施工已发布的相关的法律法规、标准，各个地方政府往往又根据当地的特点，制定了相应的规章，工程项目各方应制定有效措施，并遵守这些规定。

1.0.9 工程施工及验收可能涉及其他国家现行有关强制性标准，应遵守。

2 土 方 工 程

2.1 一 般 规 定

2.1.1 施工放线工作完成后，应由建设单位或建设单位委托的监理单位认可，施工测量应准确。

2.1.2 核实开挖沿线的其他地下设施，向规划部门或其他市政单位咨询有关设施情况。对有可能受施工影响的设施，应弄清其位置坐标，情况不明时，可局部开挖核实。

2.1.3 对施工区域内有碍施工地上、地下障碍物，与有关单位协商处理。一般情况下，不能自行改变其他市政设施的位置，包括施工时移走，施工后恢复，也应得到有关单位的同意。施工中对其他市政设施的保护方案应与有关单位协商，特别是通信电缆、各类市政干管等。

2.1.4 在城市敷设燃气管道，时常会穿越给水、排水、电缆、热力等其他市政设施，应注意对其保护，在沟槽开挖的过程中及时支撑。

2.1.5 在管道安装及回填前应及时清除沟内积水，以防管道飘浮。沟内积水，还会影响验收工作。

2.2 施工现场安全防护

2.2.1 在沟边无堆土时，设置安全护栏更为重要。安全护栏如采用绳索等不明显的材料时，应加设安全警示标志。施工单位可根据施工现场情况设置警示灯、照明灯，但应起到警示车辆和行人的作用。

2.2.2 在城市，特别是大城市采用封闭式施工是值得推荐的方法，对安全、市容环境及施工管理等都有利。

2.2.3 安全措施包括为车辆、行人通行敷设的临时设施，应有足够的强度，且应平整、牢固，并时常检查设施的使用情况等。

2.3 开 槽

2.3.1 采用切割机切割路面可大大降低对沟槽两边混凝土或沥青路面的损坏，并且有利于路面恢复的质量和外观。

2.3.2 本条要求是为防止管沟超挖，管沟底部不平整。

2.3.3 各施工单位的技术水平、施工机具和施工方法不同，施工环境和安装管道的材质不同等，沟底宽度可根据具体情况确定，本条提出了可参照执行的要求。沟底宽度及工作坑尺寸除满足安装要求外，还应保证管道和管道防腐层不受破坏，不影响安装工程的试验和验收工作。在实际开挖中，沟底宽度应符合工程预算的要求。

2.3.4 本条和 2.3.5、2.3.6 的内容主要参照《土方与爆破工程施工及验收规范》GBJ 201—83确定。

2.3.7 需要强调的是，当挖深达到或超过2.3.6条的要求时，并不一定出现槽壁失稳造成塌方，在施工中很容易忽视及时支撑的重要性。沟槽挖深达到应该支撑的深度时随即支撑，不应等沟槽完全挖好后再统一做支撑。

2.3.8 沟槽两侧的堆土高度和堆土距沟边的距离没有量化，因其与管沟深度、土质条件有关，施工中可参照其他有关标准。堆土不应妨碍消火栓、雨水口等设施的正常使用。

2.3.9 局部超挖部分应回填后压实很重要，管道的不均匀沉降不但可能引起管道变形，且可能因管道变形而破坏防腐层，特别是如煤焦油瓷漆防腐层。用石灰土、级配砂石、天然砂回填就是为了确保密实度。

2.3.11 如沟底遇有大面积废旧构筑物、硬石、木头、垃圾等杂物或沟底以下影响管沟基础的废弃物较深时，可提请设计要求处理。

2.3.13 开挖难度应考虑土壤条件、管沟深度、地上和地下设施、交通等，可能给施工方或第三方带来的不安全因素。

2.4 回填与路面恢复

2.4.1 及时回填沟槽可防止已验收合格的防腐层被损伤、管道暴晒和降雨引起管沟积水，可及时地恢复交通，减少不安全因素等。需马上回填的特殊地段，应确保施工质量，防止验收不合格返工；提前做好验收和回填土的准备，不可降低回填土的要求。

2.4.2 不得用冻土、垃圾、木材及软性物质回填不仅是为了保护管道和防腐层，而且是为了保证回填的密实度。碎石、砖块等坚硬物对管材或防腐层的破坏不可小视，实际施工中，回填后用电火花检漏仪检查回填前已验收合格的防腐层出现不合格，基本都是因回填土不合格所致。

2.4.3 保证安全是指拆除支撑前应对沟槽两侧的建筑物、构筑物、沟槽壁进行安全检查。例如检查槽壁及沟槽两侧地面有无裂缝，支撑有无位移、松动等情况，判断拆除支撑可能产生的后果。

2.4.4 回填的顺序和分层压实不仅能保证回填的密实度，而且能减小管道的竖向变形。回填后管道受的竖向土压力大于侧向土压力，不按回填的顺序和分层压实，极可能使管道竖向变形过大。

2.4.5 压实管道两侧的回填土时，注意保证管道及管道防腐层不受损伤。回填土的含水量对压实后的土壤密实度的影响较大，如果增加压实遍数不能达到密实度要求时，就应调整回填土的含水量或调整虚铺土厚度。

燃气管道的管径与给排水管道相比一般较小，管道的埋深较浅，一般不采用重型压实机具。特殊情况需采用重型压实机具时，管顶以上0.5m必须有一定厚度的已压实的回填土，以减小荷载损伤管道，其厚度应根据重型压实机具的种类、规格和管道的承载能力确定。

2.4.6 Ⅰ区的密实度由原规范的95%降为90%，主要考虑人工压实其密实度很难达到95%，Ⅱ区的密实度由原规范的85%提高为90%，主要考虑85%的密实度不符合路基压实度标准，参照其他规范的规定，Ⅰ、Ⅱ区的密实度定为90%较为合理，实际施工中也能做到。原规范Ⅲ区压实度为“在城区范围内的沟槽95%；耕地90%”不尽合理，地面的使用情况是多种多样的，城区不能都按道路要求的95%确定，而耕地一次压实到90%也没有必要。本次修改为“Ⅲ区部位密实度应符合相应地面对密实度的要求”，不给出具体值，根据地面的使用情况遵循相应的标准。

2.4.7 本条和2.4.8、2.4.9的规定是为了保证路面恢复的质量。从国内各城市的路面恢复情况看，其质量都难以保证，造成道路损坏，目前许多城市已由具备专业施工能力的单位负责路面恢复。

2.5 警示带敷设

2.5.1 敷设警示带对保护燃气管道被意外破坏是十分重要的，随着广泛的应用，将提高施工单位在开挖土方时重视警示带的警示作用。警示带敷设应尽量靠近路面，防止机械开挖时警示带离燃气管道过近而起不到警示作用。不得埋入路基石和路面里，是防止警示带被损坏而造成提示语不清楚。

2.5.2、2.5.3 推荐了警示带的制作和敷设要求，各燃气企业可根据实际情况执行，但应起到保护燃气管道的警示作用。国外有的燃气企业是沿管线敷设塑料警示板，但成本较高。

2.6 管道路面标志设置

2.6.1 长输管线一般设置路面标志，目前有的城市燃气管道沿线也设置路面标志，效果较好。从安全角度讲，路面标志是防止其他施工对燃气管道造成破坏的第一道屏障；城市地下管道错综复杂，地形、物貌变化较快，有时燃气管道安装后几年就找不到确切的位置，从燃气设施管理、抢险角度讲，路面标志能方便管理，提高抢险速度。但考虑到目前大多燃气管道没有设置专门的路面标志，标志的设置方法有待进一步完善，所以本规范用词采用“宜”。

路面标志的制作方法很多。如在车行道上采用人行道标志的做法也可行，而且费用较低，但需要时常维护。

2.6.2 直线管段路面标志的设置间隔不宜大于200m，可根据路面标志的清晰程度，道路的情况确定间隔距离。

2.6.4、2.6.5 对路面标志的制作和安装提出了要求，其目的是使得标志明显，且本身不易被损坏，也不应因路面标志安装后损坏路面和影响路面的正常使用。

3 管道、设备的装卸、运输和存放

本章主要对管道、设备的装卸、运输和存放作了规定，其目的是：

1 把好设备、材料质量关，防止不合格品入库或进入工地。

2 在装卸、运输和存放中保证安全，避免意外事故的发生造成人员伤害。

3 按产品的要求装卸、运输和存放，防止管道、设备运输时被损伤或损坏。有的损伤因难以被发现而进入安装工程，增大工程验收和运行调试的难度，影响工程整体质量。

按照说明书的要求装卸、运输和存放产品十分重要，所以当不清楚或产品使用说明书中未提及时，应向厂方咨询。

产品合格证、使用说明书、质量保证书和各项性能检验报告等资料应妥善保管，因为有些资料有可能作为工程验收报告的一部分，且有可能作为证明材料。

钢质管道的防腐层、塑料管道等易被划伤，塑料管道损坏后很难修复，而防腐层的补伤也是费力、费时的事，特别是当管道已安装完毕后。所以在管道的装卸、运输和存放时要按要求进行，尽量避免损伤。

一般讲管道、设备都应存放在库房或简易棚内，施工现场不能满足条件时，材料出库的数量应与施工进度配合好，既不影响施工又不使材料在露天长期放置，这不仅可防止材料损伤、损坏，而且有利于施工现场的管理和安全。

4 钢质管道及管件的防腐

4.0.1 在埋地钢质管道防腐层的预制、施工过程中所涉及到的有关工业卫生和环境保护应按国家现行的强制性标准执行。

4.0.2 管道防腐宜统一在防腐车间进行，主要是为了保证防腐质量。在现场施工很难做到机械加工，特别是机械除锈。另外，在城镇道路上进行防腐施工可能影响交通和对环境造成污染。

4.0.3 一般来讲，钢管弯曲度和椭圆度的检查在前进行，裂纹、缩孔、夹渣、折叠、皱皮及锈蚀等外观检查在除锈后进行。不能忽视外观检查，因管材本身的质量造成安装完成后压力试验不合格，很难查找漏点。局部凹凸不大于 2mm，与《工业设备、管道防腐蚀工程施工及验收规范》的要求一致。

锈蚀深度大于 1mm、小于 2mm 为严重锈蚀。“斑疤”指深度大于管壁厚度负偏差的创伤、划伤。壁厚 8～25mm 的允许负偏差为 0.8mm。

4.0.4 本条是为防止不合格或不符合设计要求的防腐所用原材料用于防腐工程。

4.0.5 根据不同防腐材料对钢管的除锈等级的要求，按SY/T 0407规范的要求对钢管表面进行预处理。

4.0.6 管道采用喷（抛）射除锈不但可减轻施工强度，提高效率，而且可大大提高除锈的质量。

4.0.7 各种防腐材料的施工及验收按国家现行标准执行，以利在相关标准被修订后，可及时地按新修订的标准执行。

4.0.8 本条是为防止不同等级的防腐管道在安装时用错，也使防腐管道起到可追溯的作用。

4.0.9 已检验合格的防腐管道按防腐类型、等级和管道规格分类堆放，不但可防止用错，而且可减少防腐管道的搬动次数。没有固化的防腐涂层堆放将严重损坏防腐层。对防腐层未实干的管道回填，将损坏防腐层。

5 埋地钢管敷设

5.1 一 般 规 定

5.1.3 采用机制管件较能保证其质量，也减少了安装的工作量，而且利于防腐的施工。

5.1.4 减少接口意味着减小因焊接造成的安装不合格的可能性，尽量避免管道安装在穿越铁路、公路、河流及城市主要道路处返工。

5.2 管 道 焊 接

5.2.1 本规范对钢管的焊接直接引用国家现行标准，以利在国家标准修订后，可及时地采用新修订的版本。

5.2.2 管道的切割及坡口加工采用机械方法能保证其质量。但目前已普遍采用了半自动、自动火焰切割机，也能够满足切割坡口的质量要求。

5.2.5 本条是参考 GB 150—1998 第 10.8.2.2 条的规定制订，主要目的是避免焊接应力的叠加，防止缺陷重叠造成应力集中。

5.2.7 设计文件规定焊缝系数为 1 的焊缝或设计要求进行 100％内部质量检验的焊缝，其外观质量不得低于Ⅱ级焊缝标准，是按焊缝系数及检测方法判定焊缝重要性而规定的表面外观检查的最低质量要求；对内部质量进行抽检的焊缝，其外观质量不得低于Ⅲ级焊缝标准，是根据选定无损检测方法和数量及焊缝在工程结构中的位置判定焊缝重要性而提出的最低质量要求。

5.2.8 设计文件规定焊缝系数为 1 的焊缝或设计要求进行 100％内部质量检验的焊缝，焊缝内部质量射线照相检验不得低于Ⅱ级焊缝要求；超声波检验不得低于Ⅰ级焊缝要求，是根据设计因素判定焊缝重要性而对其内部质量检测方法及合格标准做出的最低要求。"当采用100％射线或超声波检测方法时，还应按设计的要求进行超声波或射线复查"，是为保证焊缝质量，按国家现行标准 GB 150 中10.8.2条第1款制订的。

5.2.9 抽样检验过程控制的对象是焊工，在抽检出现不合格焊缝时，应立即对该焊工负责的焊缝一查到底，直至停止其工作。规范中未指明由谁指定被抽查焊缝的位置，一般情况下应由监理单位和建设单位的质检人员共同确定。

5.3 法兰连接

5.3.1 此条是要求技术人员和质检人员对法兰的规格和外观进行检查，防止用错和使用不合格的产品。

5.3.2 为保证高强度螺栓的质量，要求对其进行硬度检查，确保安全。

5.3.4 本条是为保障法兰连接时，两法兰面保持平行，连接轴线能够同心。

5.3.5 法兰连接时保持平行，可防止法兰结合面的泄漏，用紧螺栓的方法消除偏斜，是强力安装的情形之一，短时间可能不会产生泄漏，但会降低垫片的使用寿命，给将来运行埋下隐患。

法兰连接不同轴，螺孔中心偏差超出要求，将给安装和将来的维护管理带来麻烦。

在两法兰的位置达不到要求时，有的安装人员采用斜垫片或双层垫片来达到密封的目的，这是应禁止的。

紧固后螺栓外露长度过长，锈蚀后使螺母难以卸下，给将来维修带来不便；紧固后螺栓低于螺母不但会影响螺母的受力，还会使螺母的螺纹锈蚀。

5.3.7 为减少到路上阀门井数量，许多地方将法兰直埋，但必须对法兰和紧固件进行防腐处理。

5.4 钢管敷设

5.4.1 管道的平面位置与其他设施的安全距离有关，不得随意改动。管道的设计高程不只是考虑了管道的埋深、坡度及其他管线的位置，还可能考虑了规划路面的高程，不按设计高程敷设管道，只求埋深达到规范要求，将来道路施工时一旦路面降低，将危及燃气管道的安全。

在城市施工，管道的高程和中心线与其他地下设施发生冲突的情况较普遍，需随时进行调整，但应遵守本规范的要求。征求设计部门的更改意见是最好的做法。各城市的规划部门对管道高程和中心线允许偏差允许的范围不一样，在施工中应对此有所了解。

5.4.2 管道严密性试验不合格时，套管内的焊口不易查找。

5.4.6 管道在沟槽内的固定接口，应在自由状态下安装连接，不应强力组装。

5.4.8 保证安装完成后管道内部干净、无杂物，减少管道吹扫时的工作量。

5.4.9 地下燃气钢管的纵断位置折角大于22.5°时不采用弯头，将难以保证焊接质量，而且会给管道的吹扫带来问题。

5.4.10 管道下沟后一旦防腐层不合格，其补伤难度较大，质量难以保证，所以下沟前应全面检查防腐层的完整性。管道下沟，安装就位的过程中和管沟回填时，很难保证管道防腐层不会损坏，所以管道回填前应对防腐层进行100％的电火花检漏，回填后应对防腐层进行100％的覆土后防腐层检漏是非常必要的。

6 球墨铸铁管敷设

6.1 一般规定

6.1.1 球墨铸铁管有其配套的安装机具，是保证安装质量、提高工作效率的保证之一。

6.1.2 球墨铸铁管外表面有保护性涂层，一旦破坏会影响其使用寿命，在搬运过程中应按本规范或生产厂商的要求操作。

6.1.3 球墨铸铁管施工，其关键就是接口的密封质量，安装前应对管道及管件的尺寸公差、密封面的外观质量和橡胶圈的外观质量进行外观检查。

橡胶密封圈的性能必须符合燃气输送管的使用要求，在设计上和厂家供货时都有要求，不得随意用输送其他介质的橡胶圈代替，否则将留下极大的隐患。

6.2 管道连接

6.2.2 球墨铸铁管的使用寿命关键在密封面，此条是为了保证密封面的密封质量和橡胶密封圈不被损坏，在施工时是极为关键的一环。

6.2.3 本条叙述承口和插口就位的方法，具体的安装方法可按生产厂的要求。

6.2.4 外观检查橡胶圈安装就位后扭曲，承插接口环形间隙和偏差不符合允许值，其密封面的质量肯定不能保证。球墨铸铁管接口的内部质量目前还无检查手段，所以本条的要求是重要和关键的。

6.2.6 扭力扳手是球墨铸铁管安装必备的专用工具之一，确保各螺栓受力均匀。靠人为感觉是有差异的，难以保证质量一致。拧紧螺栓顺序不是绝对的，但从长期的安装经验及其他类似的安装方法应遵守该顺序。

6.2.7 为避免钢制螺栓防腐的繁琐，采用可锻铸铁螺栓是较好的。本条是为提醒，如使用了钢制螺栓时，必须采取防腐措施，在施工中可能有意无意地使用了部分钢制螺栓。

6.2.8 使用扭力扳手来检查螺栓和螺母的紧固力矩是检查接口安装质量的方法之一，当紧固力矩达到要求而密封达不到要求时，应考虑到接口内部可能有质量问题。

6.3 球墨铸铁管敷设

6.3.2 本条主要意义是，在管道被挖出时有明显的标记。

6.3.3 本条是为防止杂物进入管内，也防止小孩进入管内玩耍发生危险。

6.3.4 球墨铸铁管的接口允许一定量的借转角度，但应严格按本规范的要求，超出允许值将使接头的密封质量得不到保证，甚至破坏橡胶密封圈。

6.3.5 在施工中为躲避障碍物，使用2根相同角度的弯管时，应严格按本规范的要求，其目的与6.3.4条基本一样。在以前的标准中适用的是“借高距离”，本次修改为“借转距离”，以避免“借高距离”是专指垂直方向。

7 聚乙烯和钢骨架聚乙烯复合管敷设

7.1 一般规定

7.1.1 压力容器的焊接必须由持上岗证的人员操作，以保证其质量和安全。不同厂家生产的热熔焊机其性能和操作方法不尽相同，聚乙烯管材和电熔管件的性能也可能存在差异。所以，持有上岗证的操作人员应根据各方面情况的变化，进行其针对性培训，以确保焊接质量。钢骨架塑料复合管是一种新型管材，其安装工艺与钢管、塑料管等传统管材有所不同，在使用前应进行针对性的专门培训，以确保管道安装质量。

为确保制作连续一致的高质量接头，其遵循的工艺、参数、检验要求及相应的监督检查依据以书面的形式体现，以便规范施工管理。

7.1.2 维护良好、性能稳定的连接设备对保证焊接质量十分重要。

焊接温度是热熔对接焊机最重要的参数，温度过高会降解材料，温度不足会导致材料软化不够，直接影响焊接质量。定期检测板面实际温度是为防止显示温度与实际温度发生偏差。

活动夹具的移动速度是否均匀、平稳，会对翻边的形成和翻边形状有影响。速度过快会使熔融物料挤出过多，并形成中空翻边；如活动夹具脉动行走，会使熔接压力不稳定。

7.1.4 施工环境对管道连接的质量有较大影响，环境温度过低或大风条件下进行管道连接，熔体的温度下降较快，热损失较大，不易控制熔焊面塑料熔化温度和融合时间，会出现局部过热或未完全融合等现象，焊接质量不易保证。为保证管道的连接质量，应尽量避免在恶劣环境下施工。保温措施包括对非焊端封堵或延长加热时间等。

7.1.5 管道的焊接参数须根据现场温度进行调整，管材、管件的温度高于或低于现场温度，可能会使设定的加热时间过长或过短，影响焊接质量。

7.1.6 管道连接后不能进行强制冷却，否则会因冷却不均匀产生内应力。接头只有在冷却到环境温度时才能达到最大强度，在完全冷却前拆除固定夹具、移动接头都可能降低焊接质量，而且这种连接强度的降低，外观检查很难发现。

7.1.7 标记已焊接电熔管件序号，记录电熔焊接数据，可实现施工质量的可追溯性，便于落实责任、进行施工质量跟踪。

7.1.9 在整个管道安装过程中应尽量保证管内清洁，减少清管时的工作量。另外，防止坚硬物留在管中，清管过程中坚硬物极可能损伤管道内壁。

7.1.10 野蛮施工极易损伤聚乙烯管道，而且损伤处容易被忽略。所以在施工中应禁止可能损伤聚乙烯管道的操作。

7.1.11 管道穿越铁路、公路、河流及城市主要道路的施工环境较复杂、难度较大，所以应尽量减少接口。接口少，也可减少因焊接不合格在以上路段返工的几率。

7.2 聚乙烯管道敷设

7.2.1 本条不再规定热熔承插连接和热熔鞍形连接，因为这两种连接方法的质量不易控制，且接头处的残余应力较大，在燃气工程中很少使用。直径小于90mm的聚乙烯燃气管材、管件连接宜使用电熔连接，主要考虑实际施工中，小管径的壁厚较薄，热熔对接的质量不易保证。

外径小于或等于63mm的聚乙烯燃气管道与其他材质的管道、阀门和管路附件连接一般可采用钢塑过渡接头连接；外径大于63mm时，宜采用法兰连接。

7.2.2 对于不同级别、不同牌号的聚乙烯原料制造的管材或管件，可能其原料的熔体流动速率不同，密度不同，采用热熔对接连接，在接头处会产生残余应力。外径相同，但壁厚不同（SDR值不同）的管材或管件采用热熔对接连接，接头处因壁厚不同，冷却时收缩不一致而会产生较大的内应力，易导致断裂，因此必须采用电熔连接。

7.2.3 目前，聚乙烯塑料管的焊接不像钢质管道的焊接，有多种方法可进行无损探伤检查其焊接质量，所以外观检查显得十分重要。

外观检验时，如发现空心翻边或翻边根部太窄，可能是熔接压力过大或加热时间不足造成的；翻边下侧有杂质、小孔，翻边弯曲有细小裂纹，可能是铣削后管端或加热板被污染造成的；翻边中心低于管材表面，可能是活动夹具行程不到位造成的。沿整个圆周均匀对称的翻边接头是外观检验合格的重要条件之一，不沿整个圆周均匀对称的翻边造成的情况较多，如对接错位量或间隙过大，加热板温度不均匀或加热板被污染，活动夹具行程有问题等。

焊口做翻边切除可更直观地检查焊接质量，使用专用工具切除翻边，不会对接头的强度造成损伤。切除翻边检查应在外观检查合格之后进行，因有些焊接质量问题切除翻边后不易检查判断。在规范编制过程中，对全部焊口进行切除翻边检查还是进行抽查在编制组进行了讨论，在外观检查合格的基础上再进行最低10%的切边检查具有一定的代表性，在实际工程中，也可根据具体情况增加抽检的比例。在抽检中应重点抽查头几道焊口、外观检查不十分满意的焊口等。

7.2.4 电熔连接的焊接接头检查不符合要求应截去后重新连接，不能进行修补。熔融材料从管件内流出不符合要求被视为过熔；观察孔达不到要求可能是材料熔融不足造成；电熔管件中的电阻丝裸露可能是过熔或电熔管件有质量问题。出现不合格品应及时查找原因，调整焊接工艺。

7.2.5 造成管壁塌陷可能是夹具加力过大。

7.2.6 钢塑过渡接头金属端与钢管采用焊接时，为防止因热传导而损坏钢塑过渡接头，过渡接头金属端应采取降温措施。

7.2.8 确定聚乙烯燃气管道最小弯曲半径，主要考虑管材表面产生的拉应力对管道的影响和管道失圆，ISO/TS 10839：2000 中规定：当弯曲半径大于或等于 25 倍的管材外径时，可利用其自然柔性弯曲。

7.2.9 埋设示踪线是为了在地面探测聚乙烯燃气管道的准确位置和走向。其工作原理是通过电流脉冲感应进行探测。

7.3 钢骨架聚乙烯复合管道敷设

7.3.1 电熔套筒连接整体性好，安全、可靠，连接部位可实现与管材同寿命。法兰连接施工简单，便于与其他管材、管路附件连接，但由于法兰组件比复合管寿命短，密封面存在泄漏可能，所以在埋地管道法兰连接处最好设置检查井，便于检查、维护、更换。

7.3.2 焊机是根据管材规格不同，所需熔焊功率而设计的，有多种类型，每种类型的焊机都有一定的使用范围及配套焊接工艺，选用时应与管材规格相对应。

7.3.3 施工过程中经常需在现场截断管材，截断面与管子轴线垂直是保证对口严密性和焊接质量的必要条件。截口进行塑料（与母材相同材料）热封焊，可有效保护管材钢骨架免受输送介质腐蚀。经常采用的管端热封焊形式有两种：手工封焊适用于断口数量少、小规格管材截面封焊，机械封焊适用于断口数量多、大规格管材截面封焊。

7.3.4 在管材、管件熔焊区表面处理不好、电熔管件温度高于环境温度、焊接电源电压不稳等情况下进行焊接时，均有可能在电熔管件边缘部位产生局部溢料。虽然溢料可造成熔接面局部质地疏松，但在熔焊溢边量（沿轴向尺寸）不超过本规范规定数值时，可保证满足 CJ/T 126 的规定（电熔连接熔焊面塑性撕裂长度≥75%），且试验表明连接强度不会降低。

7.3.5 对焊接的外观质量有异议时，可以采取通过对同工艺焊接的实验件解剖、撕裂，来验证已安装管道的焊接质量。

7.3.6 应对角拧紧法兰紧固螺栓，使法兰盘基本保持平行，螺栓拧紧力应适中，若过大，将造成管材或管件法兰接头发生局部变形。

8 管道附件与设备安装

8.1 一般规定

8.1.1 保持管道附件的内部清洁，主要是保证其能正常运转。有的管道附件及设备是不允许参加管道吹扫和试验的，在管道吹扫之后再行安装于系统中，如管道附件及设备的内部不干净，有可能导致管道附件及设备的不正常运转，杂物、脏物容易导致阀门关闭不严而内漏，也可能导致调压器的阀口关闭不严而使用户压力升高等。

8.1.2 由于阀门、凝水缸等从厂家运至施工现场往往经过了多次装卸、运输，有可能使得这些设备的强度、严密性受到影响，因此在正式安装前，必须按要求单独进行强度和严密性的试验，确保安装时合格。试验用介质参照《阀门的检查与安装规范》SY/T 4102第 4.1.4 条，“阀门试验介质应用空气、惰性气体、煤油、水或黏度不大于水的非腐蚀性液体”和 4.1.4.1 条“阀门的试验应使用洁净的水进行，试验的水可以含有水溶性油或防锈剂。当需方有规定时，可含有润滑剂”。

8.1.3 压力表的选用参考了《阀门的检查与安装规范》SY/T 4102—95 的第4.1.5 的要求。

8.1.4 每处安装宜一次完成，防止安装过程中污染已清扫合格的管道。另外，过重的设备不一次安装到位，有可能损坏管道或设备本身。

8.1.6 管道附件、设备安装的连接部位容易积水、藏脏物，如不及时对该部位进行防腐，这些地方往往易形成腐蚀点。

8.1.7 阀门、补偿器及调压器等设施参加管道清扫，一方面会影响清扫工作的进行，在设备处滞留较大的物体或积存大量的污物；另一方面，极可能损坏设备或设备不能正常运行。

8.2 阀门的安装

8.2.1 阀门从出厂至安装往往经过了一定时间，并经运输及多次搬运，可能影响阀门的灵活性。安装前检查开启度和灵活度，对阀门进行清洗、上油，也是对阀门的一次检验。

8.2.2 有些阀门的安装有方向要求，在安装时有可能被忽略。

8.2.3 对焊阀门在焊接时不关闭，目的是利于散热；对焊阀门与管道连接焊缝宜采用氩弧焊打底，防止焊接时焊渣等杂物掉入阀体内破坏损伤阀门的密封件(如橡胶密封圈)，同时也是为了保证管道内部的清洁，这样做更利于保证焊接质量。

8.2.4 手轮、阀杆或转动机构相对阀体而言，其强度比较低，在施工当中，这些位置损坏的也比较常见，此条的目的是强调对阀门的保护。

8.2.5 确保法兰对接面的平行，能够减少或防止对接面的泄漏，本条参照《阀门的检查与安装规范》SY/T 4102—95第 6.2.7 条编写。

8.2.6 目的是为了保证螺栓的受力均匀，螺栓外露长度的控制主要是防止螺栓裸露生锈，不利于螺栓的拆卸。

8.2.7 阀门与补偿器先组对，后与管道上的法兰组对，是为了确保各个法兰面能平行，减少各个法兰密封面之间的泄漏。

8.2.8 直埋阀门是指将阀门直接埋在地下并回填。

8.3 凝水缸的安装

8.3.3 城市管网比较复杂，往往管道的最低位置在设计中很难确定，在管道的施工中，随时有可能出现埋深变化的情况。实际安装中管道的最低位置有可能与设计有差异。

8.3.4 凝水缸盖内的空间有限，凝水缸盖与出水口阀门的安装位置配合不合理，将给出水口阀门的操作和维修带来不便，还可能损伤出水口阀门或抽液管。

8.4 补偿器的安装

8.4.1 波纹补偿器的安装参照了《工业金属管道工程施工及验收规范》GB 50235 的第 6.10 节相关条款，同时参考了生产厂家的安装说明书要求。条文中的波纹管安装仅指在管道跨越情形时的安装要求。

8.4.2 填料式补偿器参照了《工业金属管道工程施工及验收规范》GB 50235 的第 6.10 节的相关条款，强调安装时必须按照产品说明书的要求操作。

8.5 绝缘法兰的安装

本节主要参照《绝缘法兰设计技术规定》SY/T 0516 的有关条款编写。

9 管道穿（跨）越

9.1 顶 管 施 工

9.1.1 顶管的施工方法 GB 50268—97 第 6 章讲得较为详尽。

9.1.2 本条是指在顶管完成后，穿越燃气管道施工中应符合的要求。为确保穿套管部分燃气管道的焊接质量，对焊口的质量检验提出了要求。钢管焊缝应进行 100％的射线探伤，不采用其他的焊缝的内部质量检验方法。

塑料管的试验焊口由正式施工时的焊工焊接，相同工况是指焊接机具、管材、电熔管件、气候条件等。电熔连接的质量较热熔对接有保证，应尽可能采用。焊口切除翻边检查是热熔对接质量外观检查的最好方法，并且切边不会降低焊口的强度。

9.2 水 下 敷 设

9.2.1 本条主要针对在一般河流施工时，应采取的安全预防措施，主要是避免施工给航运带来危险，也减小因施工给航运带来的影响。做好施工组织，并与相关管理部门沟通、合作是非常必要的，也是航道管理所要求的。

9.2.2 水下开挖管槽的难度较大，测量放线要选择好基准点，并经常检测，以防施工中出现偏差。设置浮标标示是为确定具体的开挖位置，浮标的位置由岸上的基准点校定。水尺零点标高应经常检测，作为开挖标高的测量依据。

9.2.3 设计虽对沟槽宽度及边坡坡度有要求，但在水下施工可能会出现各种不确定的因素，根据水流、土质等具体情况随时调整沟槽宽度及边坡坡度，确保沟槽稳定。

9.2.4 管段长度根据水面情况、施工队伍技术水平、施工机具、管道大小等确定，过短将增加水面施工的工作量，太长不便于水面管道组装。

9.2.5 组装后的管段应尽快下沟，在下沟前不易对整管做强度和严密性试验，所以应配备技术好的焊工进行焊接，并对焊口进行 10％的射线探伤，确保质量。管道防腐层在搬运过程中有可能被损坏，下沟后难以检查和补伤，所以要求在管道下沟前应对整条管道的防腐层做电火花查漏检查。

9.2.6 各定位船舶必须执行统一指令，避免管线下沉速度不均导致倾斜。

9.3 定向钻施工

9.3.1 定向钻施工主要是用在不允许开挖的地方(如穿越铁路、穿越繁忙的交通要道、穿越高速公路等)。为避免施工时有可能损坏其他地下设施，要求施工单位在正式施工前，必须详细了解穿越燃气管位置的其他管线的地下情况（管径、埋深等）。由于有些地下管线因年代久远，政府规划部门没有其资料或政府规划部门提供的资料可能不准确等原因，所以本条第3款要求施工单位必须现场核对其他地下设施情况，目的是要在施工前进一步取得准确的地下设施资料，以便制定施工方案，确定起始和目标工作坑的具体位置，以及避免在施工时破坏其他设施。本条的第4款要求了地质钻探取样，目的是要了解施工位置的土壤的情况，以此来确定施工方法（确定钻头、确定扩孔次数、配备合适泥浆等）。

9.3.2 管线穿越铁路、高速路、快速路、河流等，其主管部门（或业主）均不同，施工时必须征求他们的意见，因为施工时要考虑对铁路（高速路、快速路、河流航道等）的运行是否有影响，征求其意见主要是要得到他们的配合，避免突发事件的发生和制订处理紧急情况的预案。与其他地下管线的净距要求，主要是从安全和检修的角度考虑，当现场不能满足设计要求的净距时，必须征得相关部门的同意，并采取有效可靠的防护措施，这主要是从双方的角度出发考虑问题。

9.3.4 定向钻施工，其管道基本上不可能进行维修，当管道为钢管时，增加了焊缝探伤要求，必须进行100%的X射线探伤，以提高焊缝的可靠性。由于定向钻是不用开挖路面，而是先成孔再将管道回拖入孔内来完成施工的，因此，要求对管道外壁要有很好的保护，防腐管材要求采用特加强级防腐，要靠配制的泥浆来确保孔壁的润滑，进而确保管道的外壁不受到破坏。本条参照了《原油和天然气输送管道穿跨越工程设计规范——穿越工程》SY/T 0015.1—1998的第4.2.11条规定，穿越管段敷设的最小曲率半径应大于1500*DN*。定向钻施工时，管道存在一定的挠度，而允许挠度的基本条件是在管道的强度范围内，即在满足管子强度所允许的曲率半径下，导致的挠度为最大允许挠度。

10 室外架空燃气管道的施工

10.1 管道支、吊架的安装

10.1.1 管道支、吊架的平面位置和标高应按设计进行。外观要平整，固定要牢固，与管子接触良好是指每个管道支、吊架要起到受力的作用。

10.1.2 补偿器预拉伸之后固定支架，才能使补偿器起作用。

10.1.3 本条是为保证导向支架或滑动支架起到作用。

10.1.4 管道支、吊架的焊接质量直接关系到管道的安全，应由有上岗证的焊工施焊。

10.2 管道的防腐

10.2.2 涂料的种类较多，其涂敷次序、层数、各层的表干要求及施工的环境温度应按设计和所选涂料的产品规定进行。

10.2.3 湿度、灰尘等对涂料的施工质量影响较大，应按涂料的使用说明做好施工的防护措施。

11 燃气场站

11.1 一般规定

11.1.1 燃气场站与当地的燃气发展规划及总体规划有着密切的关系，必须并经有关部门审查通过后方可进行施工。

11.1.2 燃气场站涉及的相关配套专业的施工与验收应符合国家有关标准的要求。

11.1.3 贮罐是燃气场站与安全紧密相关的重要设施，安装前对其设备的验收要极为认真。设备附有齐全的技术资料等是为了便于安装和建立设备档案。各项资料要及时存档，以备将来追溯。对压力容器目前采用的是国家质量监督检验检疫总局的《压力容器安全技术监察规程》。

11.1.4 设备、材料安装前应进行检查，贮罐、安全阀、检测仪表应按规定进行检定，并应标明有效日期或下次校验日期。

11.2 储配站

11.2.1 储配站内的运转设备主要指压缩机、鼓风机及起重设备等。

11.3 调压站

11.3.3 调压柜、调压箱的施工及验收可参照本节执行。

调压站内的燃气管道的法兰和螺纹接口不应直埋，所有管道接口均不得嵌入墙壁与基础中。管道穿墙或基础时，避免在套管内出现接口。

调压器前后的直管段长度是为了保证调节压力稳定，应符合设计要求。调压器的取压点设计有要求时按设计施工，设计无要求时按调压器产品技术要求施工。

11.4 液化石油气气化站、混气站

11.4.1 在实际运行中，与贮罐连接的第一对法兰易发生泄漏而引发事故，国家质量监督检验检疫总局的《压力容器安全技术监察规程》对此有严格的要求。

螺栓的紧固应采用恒力矩扳手，要严格控制紧固量。尤其是金属缠绕垫片，由于压缩量大，要特别小心。

焊缝抽检比例全国各地要求不尽一致，最高要求对接焊缝和角焊缝进行100%探伤。本规范对管道对接焊缝采用射线探伤的抽检比例为总数的25%，角焊缝抽检比例为总数的50%，高于埋地管道的探伤抽检比例。

11.4.2 贮罐水压试验与严密性试验参照国家质量监督检验检疫总局的《压力容器安全技术监察规程》的有关规定编写，为避免损坏仪器仪表，安全阀、液位计应不参与水压试验。严密性试验时，一般应将安全附件装配齐全。

气化站内管道施工完毕后要分段进行吹扫，避免杂物堆积在压缩机或调压器等设备前，造成设备损坏或管道堵塞。

根据《工业金属管道工程施工及验收规范》，液体强度试验时，应缓慢升压，待达到试验压力（设计压力1.5倍）后稳压10min，再将试验压力降至设计压力稳压30min后检查，以压力不降、无渗漏为合格。

气体强度试验时，应逐步缓慢增加压力，当压力升至试验压力的50%时，如未发现异常或泄漏，继续按试验压力的10%逐级升压，每级稳压3min。达到试验压力后稳压10min，再将压力降至设计压力，停压时间应根据查漏工作需要而定。以发泡剂检验不泄漏为合格。

12 试验与验收

12.1 一般规定

12.1.1 管道的吹扫、强度试验、和严密性试验要求的介质压力和升压方法不同，强度试验和严密性试验使用的介质可能不同，不依次进行吹扫、强度试验和严密性试验可能损伤管道。

12.1.3 燃气管道进行吹扫、强度试验和严密性试验时，最容易出现安全事故，做好安全防范工作十分重要。

12.1.4 安全距离是参照城镇燃气设计规范所制订。

12.1.5 管道的堵头在试验时是最容易被忽视安全的地方。

12.1.6 吹扫和待试管道与无关系统隔离十分重要，否则验收很难完成。与现已运行的燃气管道必须完全断开，采用阀门隔离可能因阀门内漏无法完成验收，还可能因空气进入已运行的燃气管道或已运行的燃气管道内的燃气进入待试管道而发生事故。

12.1.7 试验段必须全部开启，防止应参加试验与验收管段未检查，也杜绝人为作弊。

12.1.8 此条是参照《聚乙烯燃气管道工程技术规程》CJJ 63—95制订的。

12.1.9 试验时所发现的缺陷，必须待试验压力降至大气压后进行修补是为了保证施工安全。管道内带压时进行焊接、切割，拆卸法兰及丝扣等都是极其危险的，以往的施工中已有很多的教训。

12.2 管道吹扫

12.2.1 本条根据多年的燃气管道施工经验，提出适合气体吹扫或清管球清扫的管段情况。一般来讲，清管球清扫的效果较气体吹扫好，但施工较复杂。聚乙烯管道、钢骨架塑料管道、球墨铸铁管道因管道内壁较干净、光滑，采用气体吹扫效果也较好。钢质管道因存在锈蚀的情况，采用清管球进行清扫效果较好，所以钢质管道推荐采用清管球进行清扫。

12.2.2 吹扫方案包括：吹扫的起点和终点；吹扫压力及压力表的安装位置；吹扫介质及吹扫设备；吹扫顺序及调度方法；调压器、凝水缸、阀门、孔板、过滤网、燃气表的保护措施；吹扫应采取的安全措施及安全培训等。

吹扫压力不得大于管道的设计压力，且不得大于0.3MPa是为了保证吹扫安全和管道不被损伤。

吹扫口不加固可能在吹扫过程中被损坏而脱落造成事故，在以往的施工中有过教训。吹扫出口是整个吹扫段最应注意安全的地方，设安全区域并由专人负责安全是十分必要的。

12.2.3 吹扫气体的流速不小于20m/s是保证管道能吹扫干净的条件之一。

吹扫口与地面的夹角过大或吹扫管段与被吹扫管段不采取平缓过渡对焊，吹扫时会增大吹扫管段的受力，影响吹扫口的稳定，甚至损坏吹扫口。吹扫口直径应符合的规定，吹扫口过小管道内的气体流速可能达不到吹扫要求或管道内过大的物体不能通过吹扫口，而且造成吹扫口的气体流速过大，影响吹扫口的稳定和造成较大的噪声。

每次吹扫管道的长度不宜超过500m，过长的管线采用气体吹扫的方法很难吹扫干净，在施工中应根据具体情况合理安排，分段吹扫。

验收吹扫是否合格时，其气体的流速也应在20m/s左右，流速过低不能证明检验结果是合格的。

12.2.4 清管球清扫后宜用气体再吹扫一遍，将管内细小的脏物清理干净。

12.3 强度试验

12.3.1 强度及严密性试验有一定的危险性，要有可靠的安全保障，包括检查焊口是否全部检验合格；检查设备、管道附件的安装是否牢固；预防意外事件的发生；对参与试验的人员进行技术交底等。

管道试验时，为了减少环境温度的变化对试验的影响，要求埋地管道应回填至管道上方0.5m以上后进行试验。通常试验时泄漏的部位为管道连接处，所以要求留出焊接口，以便查找漏点。

12.3.2 分段进行压力试验是为控制在城市施工占道时间过长，而且试验管道过长，一旦试验不合格将给查找漏点带来难度。一般来讲，城市管理部门也不允许施工占道过长。

12.3.3 此条参照《油田集输管道施工及验收规范》SY 0422—97 所制订。试压时气体压力易受环境温度的影响，为准确测量压力和温度的变化，要求在管道两端分别安装两套仪表，并取其平均值进行计算。

12.3.4 随着长输高压天然气的到来，城市高压管道的最高设计压力允许为 4.0MPa，为保证压力试验的准确性，根据国家有关机械式压力表标准，这里对各量程的精度等级，表盘直径以及最小分格值做了具体要求。通常来说泄漏量在最小分格值以内表示无泄漏。虽然精度提高，表盘直径增大，经了解，国产机械式压力计价格增幅不大，是可承担得起的。

12.3.5 根据《工业金属管道工程施工及验收规范》GB 50235—97 7.5.1.1 条“压力试验应以液体为试验介质，当管道的设计压力小于或等于 0.6MPa 时，也可采用气体为试验介质，但应采取有效的安全措施”，但原 CJJ 33—89 所制订的管道设计压力不大于 0.8MPa 时，强度试验的介质可采用空气，经实际应用是可行的。

12.3.8 升至试验压力的 50%后进行初检以防止意外的发生，初检可观察压力表有无持续下降；焊口、管道设备和管件有无泄漏、异常等。

12.4 严密性试验

12.4.1 设计压力大于 0.6MPa 的管道在没有做强度试验的情况下，直接用气体做严密性试验并代替强度试验是危险的，严密性试验应在强度试验合格之后。管线回填后进行严密性试验，以减少管内温度变化对试验的影响。

12.4.2 本条规定了严密性试验所用压力表的要求，主要是为保证试验数据的可靠性。试验所用压力计的量程、精度等级、最小刻度值及表盘直径选择不合理，在燃气管道小流量泄漏时可能不被读出，另外一种情况是可能损坏压力计。

12.4.3 本条按原规范编写，与《工业金属管道工程施工及验收规范》GB 50235—97 及其他相关规范基本一致。

12.4.4 本条推荐了不同管径严密性试验稳压时间，稳压时间的长短与环境温度、土壤条件等因素有关，施工中可根据具体情况确定。

12.4.5 严密性试验合格的判定与原规范相比有较大的改变。

原规范对严密性试验允许有泄漏，并且允许泄漏的量较大，管径越小允许压力降越大，某些条件下的允许压力降超过了国家现行有关标准中的要求。原油天然气有关标准允许严密性试验有 1%～1.5%的压力降，而城镇燃气管道的试验要求应该高于原油天然的野外管线。在实际工程中，也存在明知被试验的管道有漏点，也能符合原规范对严密性试验的要求的情况。

目前城市道路下敷设有各种市政管道，并且各管道、管沟的安全距离较小，燃气管道只要有泄漏就有可能进入排污管线、电力电缆沟、供热管沟内聚集而引发事故。从施工角度讲，只要有泄漏就说明工程质量存在问题，小的漏点也有可能在长时间的运行后扩大。所以，燃气管道的严密性试验不允许有泄漏是正确的。《工业金属管道工程施工及验收规范》GB 50235—97 对严密性试验的要求也是不允许有泄漏，但没有提出试验合格判定的具体标准。

严密性试验的合格判定条件为 $\Delta P' < 133$Pa，其含义是不能有压力降，133Pa 是考虑在读取压力计时可能产生的视觉误差。$\Delta P' < 133$Pa 的合格判定条件与原规范相比较为严格，在本标准修订过程中，绝大多数燃气公司认为该合格判定条件能够做到，而且有的燃气公司在企业标准中，已实行严密性试验的合格判定条件为无压力降。

12.5 工程竣工验收

12.5.1 工程竣工验收中所依据的相关标准可以是地方或企业标准，但其标准中的要求不得低于国家现行相关标准。

12.5.2 本条提出了工程竣工验收应具备的基本条件。工程验收可分为中间验收和竣工验收，中间验收主要是验收隐藏工程，凡是在竣工验收前被隐藏的工程项目，都必须进行中间验收。

12.5.3 竣工资料的收集、整理工作应与工程建设过程同步，并妥善保管。有些竣工资料不及时收集或被丢失难以弥补，更不得事后不负责任地随意补交竣工资料。工程竣工后，按本条规定的文件和资料立卷、归档，这对工程投入使用后的运行管理、维修、扩建、改建以及对标准规范的修编工作等都有重要的作用。

12.5.4 工程验收是检验工程质量必不可少的一道程序，也是保证工程质量的一项重要措施。如质量不合格时，可在验收中发现和处理，以免影响使用和增加维修费用。规范的验收程序，严格的验收要求，不但能及时发现工程中存在的质量隐患，而且能促使施工单位管理和质量意识的提高。

中华人民共和国行业标准

城镇供热管网设计规范

Design code for city heating network

CJJ 34—2010

批准部门：中华人民共和国住房和城乡建设部
施行日期：2 0 1 1 年 1 月 1 日

中华人民共和国住房和城乡建设部
公　　告

第703号

关于发布行业标准《城镇供热管网设计规范》的公告

现批准《城镇供热管网设计规范》为行业标准，编号为CJJ 34－2010，自2011年1月1日起实施。其中，第4.3.1、7.4.1、7.4.2、7.4.3、7.4.4、7.5.4、8.2.8、8.2.9、8.2.20、8.2.21、8.2.22、8.2.23、10.4.1、12.3.3、12.3.4、14.3.11条为强制性条文，必须严格执行。原《城市热力网设计规范》CJJ 34－2002同时废止。

本规范由我部标准定额研究所组织中国建筑工业出版社出版发行。

中华人民共和国住房和城乡建设部

2010年7月23日

前　　言

根据原建设部《关于印发〈二〇〇四年度工程建设城建、建工行业标准制订、修订计划〉的通知》（建标［2004］第66号）的要求，规范编制组经广泛调查研究，认真总结实践经验，参考有关国际标准和国外先进标准，并在广泛征求意见的基础上，修订了本规范。

本规范的主要技术内容是：1. 总则；2. 术语和符号；3. 耗热量；4. 供热介质；5. 供热管网形式；6. 供热调节；7. 水力计算；8. 管网布置与敷设；9. 管道应力计算和作用力计算；10. 中继泵站与热力站；11. 保温与防腐涂层；12. 供配电与照明；13. 热工检测与控制；14. 街区热水供热管网。

本次修订的主要内容为增加街区热水供热管网内容，列为本规范第14章。

本规范中以黑体字标志的条文为强制性条文，必须严格执行。

本规范由住房和城乡建设部负责管理和对强制性条文的解释，由北京市煤气热力工程设计院有限公司负责具体技术内容的解释。执行过程中如有意见或建议，请寄送北京市煤气热力工程设计院有限公司（地址：北京市西单北大街小酱坊胡同甲40号，邮政编码：100032）。

本规范主编单位：北京市煤气热力工程设计院有限公司

本规范参编单位：天津市热电设计院
中国船舶重工集团公司第七二五研究所
北京豪特耐管道设备有限公司
北京翠坤沃商贸有限公司
沈阳太宇机电设备有限公司

本规范主要起草人员：段洁仪　冯继蓓　贾　震　孙　蕾　刘　芃　郭幼农　高少东　韩铁宝

本规范主要审查人员：狄洪发　蔡启林　姚约翰　吴玉环　曹　越　王　淮　董益波　李庆平　杨　健　董乐意　李国祥

目 次

Contents

1 总 则

1.0.1 为节约能源，保护环境，促进生产，改善人民生活，发展我国城镇集中供热事业，提高集中供热工程设计水平，做到技术先进、经济合理、安全适用，制定本规范。

1.0.2 本规范适用于供热热水介质设计压力小于或等于2.5MPa，设计温度小于或等于200℃；供热蒸汽介质设计压力小于或等于1.6MPa，设计温度小于或等于350℃的下列城镇供热管网的设计：

1 以热电厂或锅炉房为热源，自热源至建筑物热力入口的供热管网；

2 供热管网新建、扩建或改建的管线、中继泵站和热力站等工艺系统。

1.0.3 城镇供热管网设计应符合城镇规划要求，并宜注意美观。

1.0.4 在地震、湿陷性黄土、膨胀土等地区进行城镇供热管网设计时，除应符合本规范外，尚应符合现行国家标准《室外给水排水和燃气热力工程抗震设计规范》GB 50032、《湿陷性黄土地区建筑规范》GB 50025、《膨胀土地区建筑技术规范》GBJ 112 的规定。

1.0.5 城镇供热管网的设计除应符合本规范外，尚应符合国家现行相关标准的规定。

2 术语和符号

2.1 术 语

2.1.1 输送干线 transmission mains

自热源至主要负荷区且长度超过2km无分支管的干线。

2.1.2 输配干线 distribution pipelines

有分支管接出的干线。

2.1.3 动态水力分析 dynamical hydraulic analysis

运用水力瞬变原理，分析由于供热管网运行状态突变引起的瞬态压力变化。

2.1.4 多热源供热系统 heating system with multi-heat sources

具有多个热源的供热系统。多热源供热系统有三种运行方式，即：多热源分别运行、多热源解列运行、多热源联网运行。

2.1.5 多热源分别运行 independently operation of multi-heat sources

在采暖期或供冷期用阀门将供热系统分隔成多个单热源供热系统，由各个热源分别供热的运行方式。

2.1.6 多热源解列运行 separately operation of multi-heat sources

采暖期或供冷期基本热源首先投入运行，随气温变化基本热源满负荷后，分隔出部分管网划归尖峰热源供热，并随气温变化，逐步扩大或缩小分隔出的管网范围，使基本热源在运行期间接近满负荷的运行方式。

2.1.7 多热源联网运行 pooled operation of multi-heat sources

采暖期或供冷期基本热源首先投入运行，随气温变化基本热源满负荷后，尖峰热源投入与基本热源共同在供热管网中供热的运行方式。基本热源在运行期间保持满负荷，尖峰热源承担随气温变化而增减的负荷。

2.1.8 最低供热量保证率 minimum heating rate

保证事故工况下用户采暖设备不冻坏的最低供热量与设计供热量的比率。

2.1.9 热力网 district heating network

以热电厂或区域锅炉房为热源，自热源经市政道路至热力站的供热管网。

2.1.10 街区热水供热管网 block hot-water heating network

自热力站或用户锅炉房、热泵机房、直燃机房等小型热源至建筑物热力入口，设计压力小于或等于1.6MPa，设计温度小于或等于95℃，与热用户室内系统连接的室外热水供热管网。

2.1.11 无补偿敷设 installation no compensator

直管段不采取人为的热补偿措施的直埋敷设方式。

2.2 符 号

A——建筑面积；
B——燃料耗量；
b——单位产品耗标煤量；
c——水的比热容；
D——生产平均耗汽量；
G——供热介质流量；
h——焓；
N——采暖期天数；
Q——热（冷）负荷；
Q^a——全年耗热量；
q——热（冷）指标；
T——小时数；
t_1——供热管网供水温度；
t_2——供热管网回水温度；
t_a——采暖期室外平均温度；
t_i——室内计算温度；
t_o——室外计算温度；
t_w——生活热水设计温度；
t_{w0}——冷水计算温度；
W——产品年产量；

η——效率；

θ_1——用户采暖系统设计供水温度；

ψ——回水率。

3 耗 热 量

3.1 热 负 荷

3.1.1 热力网支线及用户热力站设计时，采暖、通风、空调及生活热水热负荷，宜采用经核实的建筑物设计热负荷。

3.1.2 当无建筑物设计热负荷资料时，民用建筑的采暖、通风、空调及生活热水热负荷，可按下列公式计算：

1 采暖热负荷

$$Q_h = q_h A_c \cdot 10^{-3} \quad (3.1.2\text{-}1)$$

式中：Q_h——采暖设计热负荷（kW）；

q_h——采暖热指标（W/m²），可按表 3.1.2-1 取用；

A_c——采暖建筑物的建筑面积（m²）。

表 3.1.2-1 采暖热指标推荐值（W/m²）

建筑物类型	采暖热指标 q_h	
	未采取节能措施	采取节能措施
住宅	58～64	40～45
居住区综合	60～67	45～55
学校、办公	60～80	50～70
医院、托幼	65～80	55～70
旅馆	60～70	50～60
商店	65～80	55～70
食堂、餐厅	115～140	100～130
影剧院、展览馆	95～115	80～105
大礼堂、体育馆	115～165	100～150

注：1 表中数值适用于我国东北、华北、西北地区；
2 热指标中已包括约 5%的管网热损失。

2 通风热负荷

$$Q_v = K_v \cdot Q_h \quad (3.1.2\text{-}2)$$

式中：Q_v——通风设计热负荷（kW）；

Q_h——采暖设计热负荷（kW）；

K_v——建筑物通风热负荷系数，可取 0.3～0.5。

3 空调热负荷

1）空调冬季热负荷

$$Q_a = q_a A_k \cdot 10^{-3} \quad (3.1.2\text{-}3)$$

式中：Q_a——空调冬季设计热负荷（kW）；

q_a——空调热指标（W / m²），可按表 3.1.2-2 取用；

A_k——空调建筑物的建筑面积（m²）。

2）空调夏季热负荷

$$Q_c = \frac{q_c A_k \cdot 10^{-3}}{COP} \quad (3.1.2\text{-}4)$$

式中：Q_c——空调夏季设计热负荷（kW）；

q_c——空调冷指标（W/m²），可按表 3.1.2-2 取用；

A_k——空调建筑物的建筑面积（m²）；

COP——吸收式制冷机的制冷系数，可取0.7～1.2。

表 3.1.2-2 空调热指标、冷指标推荐值（W/m²）

建筑物类型	热指标 q_a	冷指标 q_c
办公	80～100	80～110
医院	90～120	70～100
旅馆、宾馆	90～120	80～110
商店、展览馆	100～120	125～180
影剧院	115～140	150～200
体育馆	130～190	140～200

注：1 表中数值适用于我国东北、华北、西北地区；
2 寒冷地区热指标取较小值，冷指标取较大值；严寒地区热指标取较大值，冷指标取较小值。

4 生活热水热负荷

1）生活热水平均热负荷

$$Q_{w.a} = q_w A \cdot 10^{-3} \quad (3.1.2\text{-}5)$$

式中：$Q_{w.a}$——生活热水平均热负荷（kW）；

q_w——生活热水热指标（W/m²），应根据建筑物类型，采用实际统计资料，居住区生活热水日平均热指标可按表 3.1.2-3 取用；

A——总建筑面积（m²）。

表 3.1.2-3 居住区采暖期生活热水日平均热指标推荐值（W/m²）

用水设备情况	热指标 q_w
住宅无生活热水设备，只对公共建筑供热水时	2～3
全部住宅有沐浴设备，并供给生活热水时	5～15

注：1 冷水温度较高时采用较小值，冷水温度较低时采用较大值；
2 热指标中已包括约 10%的管网热损失。

2）生活热水最大热负荷

$$Q_{w.max} = K_h Q_{w.a} \quad (3.1.2\text{-}6)$$

式中：$Q_{w.max}$——生活热水最大热负荷（kW）；

$Q_{w.a}$——生活热水平均热负荷（kW）；

K_h——小时变化系数，根据用热水计算单位数按现行国家标准《建筑给水排水设计规范》GB 50015 规定取用。

3.1.3 工业热负荷应包括生产工艺热负荷、生活热负荷和工业建筑的采暖、通风、空调热负荷。生产工艺热负荷的最大、最小、平均热负荷和凝结水回收率应采用生产工艺系统的实际数据，并应收集生产工艺系统不同季节的典型日（周）负荷曲线图。对各热用户提供的热负荷资料进行整理汇总时，应按下列公式对由各热用户提供的热负荷数据分别进行平均热负荷的验算：

1 按年燃料耗量验算

1）全年采暖、通风、空调及生活燃料耗量

$$B_2 = \frac{Q^a}{Q_L \eta_b \eta_s} \tag{3.1.3-1}$$

式中：B_2——全年采暖、通风、空调及生活燃料耗量（kg）；

Q^a——全年采暖、通风、空调及生活耗热量（kJ）；

Q_L——燃料平均低位发热量（kJ/kg）；

η_b——用户原有锅炉年平均运行效率；

η_s——用户原有供热系统的热效率，可取0.9～0.97。

2）全年生产燃料耗量

$$B_1 = B - B_2 \tag{3.1.3-2}$$

式中：B——全年总燃料耗量（kg）；

B_1——全年生产燃料耗量（kg）；

B_2——全年采暖、通风、空调及生活燃料耗量（kg）。

3）生产平均耗汽量

$$D = \frac{B_1 Q_L \eta_b \eta_s}{[h_b - h_{ma} - \psi(h_{rt} - h_{ma})]T_a} \tag{3.1.3-3}$$

式中：D——生产平均耗汽量（kg/h）；

B_1——全年生产燃料耗量（kg）；

Q_L——燃料平均低位发热量（kJ/kg）；

η_b——用户原有锅炉年平均运行效率；

η_s——用户原有供热系统的热效率，可取0.90～0.97；

h_b——锅炉供汽焓（kJ/kg）；

h_{ma}——锅炉补水焓（kJ/kg）；

h_{rt}——用户回水焓（kJ/kg）；

ψ——回水率；

T_a——年平均负荷利用小时数（h）。

2 按产品单耗验算

$$D = \frac{WbQ_n \eta_b \eta_s}{[h_b - h_{ma} - \psi(h_{rt} - h_{ma})]T_a} \tag{3.1.3-4}$$

式中：D——生产平均耗汽量（kg/h）；

W——产品年产量（t或件）；

b——单位产品耗标煤量（kg/t或kg/件）；

Q_n——标准煤发热量（kJ/kg），取29308kJ/kg；

η_b——锅炉年平均运行效率；

η_s——供热系统的热效率，可取0.90～0.97；

h_b——锅炉供汽焓（kJ/kg）；

h_{ma}——锅炉补水焓（kJ/kg）；

h_{rt}——用户回水焓（kJ/kg）；

ψ——回水率；

T_a——年平均负荷利用小时数（h）。

3.1.4 当无工业建筑采暖、通风、空调、生活及生产工艺热负荷的设计资料时，对现有企业，应采用生产建筑和生产工艺的实际耗热数据，并考虑今后可能的变化；对规划建设的工业企业，可按不同行业项目估算指标中典型生产规模进行估算，也可按同类型、同地区企业的设计资料或实际耗热定额计算。

3.1.5 热力网最大生产工艺热负荷应取经核实后的各热用户最大热负荷之和乘以同时使用系数。同时使用系数可按0.6～0.9取值。

3.1.6 计算热力网设计热负荷时，生活热水设计热负荷应按下列规定取用：

1 对热力网干线应采用生活热水平均热负荷；

2 对热力网支线，当用户有足够容积的储水箱时，应采用生活热水平均热负荷；当用户无足够容积的储水箱时，应采用生活热水最大热负荷，最大热负荷叠加时应考虑同时使用系数。

3.1.7 以热电厂为热源的城镇供热管网，应发展非采暖期热负荷，包括制冷热负荷和季节性生产热负荷。

3.2 年耗热量

3.2.1 民用建筑的全年耗热量应按下列公式计算：

1 采暖全年耗热量

$$Q_h^a = 0.0864 N Q_h \frac{t_i - t_a}{t_i - t_{o.h}} \tag{3.2.1-1}$$

式中：Q_h^a——采暖全年耗热量（GJ）；

N——采暖期天数（d）；

Q_h——采暖设计热负荷（kW）；

t_i——室内计算温度（℃）；

t_a——采暖期室外平均温度（℃）；

$t_{o.h}$——采暖室外计算温度（℃）。

2 采暖期通风耗热量

$$Q_v^a = 0.0036 T_v N Q_v \frac{t_i - t_a}{t_i - t_{o.v}} \tag{3.2.1-2}$$

式中：Q_v^a——采暖期通风耗热量（GJ）；

T_v——采暖期内通风装置每日平均运行小时数（h）；

N——采暖期天数（d）；

Q_v——通风设计热负荷（kW）；

t_i——室内计算温度（℃）；

t_a——采暖期室外平均温度（℃）；

$t_{o.v}$——冬季通风室外计算温度（℃）。

3 空调采暖耗热量

$$Q_a^a = 0.0036 T_a N Q_a \frac{t_i - t_a}{t_i - t_{o.a}} \quad (3.2.1\text{-}3)$$

式中：Q_a^a——空调采暖耗热量（GJ）；

T_a——采暖期内空调装置每日平均运行小时数（h）；

N——采暖期天数（d）；

Q_a——空调冬季设计热负荷（kW）；

t_i——室内计算温度（℃）；

t_a——采暖期室外平均温度（℃）；

$t_{o.a}$——冬季空调室外计算温度（℃）。

4 供冷期制冷耗热量

$$Q_c^a = 0.0036 Q_c T_{c.max} \quad (3.2.1\text{-}4)$$

式中：Q_c^a——供冷期制冷耗热量（GJ）；

Q_c——空调夏季设计热负荷（kW）；

$T_{c.max}$——空调夏季最大负荷利用小时数（h）。

5 生活热水全年耗热量

$$Q_w^a = 30.24 Q_{w.a} \quad (3.2.1\text{-}5)$$

式中：Q_w^a——生活热水全年耗热量（GJ）；

$Q_{w.a}$——生活热水平均热负荷（kW）。

3.2.2 生产工艺热负荷的全年耗热量应根据年负荷曲线图计算。工业建筑的采暖、通风、空调及生活热水的全年耗热量可按本规范第3.2.1条的规定计算。

3.2.3 蒸汽供热系统的用户热负荷与热源供热量平衡计算时，应计入管网热损失后再进行焓值折算。

3.2.4 当热力网由多个热源供热，对各热源的负荷分配进行技术经济分析时，应绘制热负荷延续时间图。各个热源的年供热量可由热负荷延续时间图确定。

4 供热介质

4.1 供热介质选择

4.1.1 承担民用建筑物采暖、通风、空调及生活热水热负荷的城镇供热管网应采用水作供热介质。

4.1.2 同时承担生产工艺热负荷和采暖、通风、空调、生活热水热负荷的城镇供热管网，供热介质应按下列原则确定：

1 当生产工艺热负荷为主要负荷，且必须采用蒸汽供热时，应采用蒸汽作供热介质；

2 当以水为供热介质能够满足生产工艺需要（包括在用户处转换为蒸汽），且技术经济合理时，应采用水作供热介质；

3 当采暖、通风、空调热负荷为主要负荷，生产工艺又必须采用蒸汽供热，经技术经济比较认为合理时，可采用水和蒸汽两种供热介质。

4.2 供热介质参数

4.2.1 热水供热管网最佳设计供、回水温度，应结合具体工程条件，考虑热源、供热管线、热用户系统等方面的因素，进行技术经济比较确定。

4.2.2 当不具备条件进行最佳供、回水温度的技术经济比较时，热水热力网供、回水温度可按下列原则确定：

1 以热电厂或大型区域锅炉房为热源时，设计供水温度可取110℃～150℃，回水温度不应高于70℃。热电厂采用一级加热时，供水温度取较小值；采用二级加热（包括串联尖峰锅炉）时，供水温度取较大值。

2 以小型区域锅炉房为热源时，设计供回水温度可采用户内采暖系统的设计温度。

3 多热源联网运行的供热系统中，各热源的设计供回水温度应一致。当区域锅炉房与热电厂联网运行时，应采用以热电厂为热源的供热系统的最佳供、回水温度。

4.3 水质标准

4.3.1 以热电厂和区域锅炉房为热源的热水热力网，补给水水质应符合表4.3.1的规定。

表4.3.1 热力网补给水水质要求

项目	要求
浊度（FTU）	**≤5.0**
硬度（mmol/L）	**≤0.60**
溶解氧（mg/L）	**≤0.10**
油（mg/L）	**≤2.0**
pH（25℃）	**7.0～11.0**

4.3.2 开式热水热力网补给水水质除应符合本规范第4.3.1条的规定外，还应符合现行国家标准《生活饮用水卫生标准》GB 5749的规定。

4.3.3 对蒸汽热力网，由用户热力站返回热源的凝结水水质应符合表4.3.3的规定。

表4.3.3 蒸汽热力网凝结水水质要求

项目	要求
总硬度（mmol/L）	≤0.05
铁（mg/L）	≤0.5
油（mg/L）	≤10

4.3.4 蒸汽管网的凝结水排放时，水质应符合现行行业标准《污水排入城市下水道水质标准》CJ 3082。

4.3.5 当供热系统有不锈钢设备时，供热介质中氯离子含量不宜高于25mg/L，否则应对不锈钢设备采取防腐措施。

5 供热管网形式

5.0.1 热水供热管网宜采用闭式双管制。

5.0.2 以热电厂为热源的热水热力网，同时有生产工艺、采暖、通风、空调、生活热水多种热负荷，在生产工艺热负荷与采暖热负荷所需供热介质参数相差较大，或季节性热负荷占总热负荷比例较大，且技术经济合理时，可采用闭式多管制。

5.0.3 当热水热力网满足下列条件，且技术经济合理时，可采用开式热力网：

1 具有水处理费用较低的丰富的补给水资源；

2 具有与生活热水热负荷相适应的廉价低位能热源。

5.0.4 开式热水热力网在生活热水热负荷足够大且技术经济合理时，可不设回水管。

5.0.5 蒸汽供热管网的蒸汽管道，宜采用单管制。当符合下列情况时，可采用双管或多管制：

1 各用户间所需蒸汽参数相差较大或季节性热负荷占总热负荷比例较大且技术经济合理；

2 热负荷分期增长。

5.0.6 蒸汽供热系统应采用间接换热系统。当被加热介质泄漏不会产生危害时，其凝结水应全部回收并设置凝结水管道。当蒸汽供热系统的凝结水回收率较低时，是否设置凝结水管道，应根据用户凝结水量、凝结水管网投资等因素进行技术经济比较后确定。对不能回收的凝结水，应充分利用其热能和水资源。

5.0.7 当凝结水回收时，用户热力站应设闭式凝结水箱并应将凝结水送回热源。当热力网凝结水管采用无内防腐的钢管时，应采取措施保证凝结水管充满水。

5.0.8 供热建筑面积大于 $1000\times10^4\ m^2$ 的供热系统应采用多热源供热，且各热源热力干线应连通。在技术经济合理时，热力网干线宜连接成环状管网。

5.0.9 供热系统的主环线或多热源供热系统中热源间的连通干线设计时，各种事故工况下的最低供热量保证率应符合表 5.0.9 的规定。并应考虑不同事故工况下的切换手段。

表 5.0.9 事故工况下的最低供热量保证率

采暖室外计算温度 t（℃）	最低供热量保证率（%）
$t>-10$	40
$-10\leqslant t\leqslant-20$	55
$t<-20$	65

5.0.10 自热源向同一方向引出的干线之间宜设连通管线。连通管线应结合分段阀门设置。连通管线可作为输配干线使用。

连通管线设计时，应使故障段切除后其余热用户的最低供热量保证率符合本规范表 5.0.9 的规定。

5.0.11 对供热可靠性有特殊要求的用户，有条件时应由两个热源供热，或者设置自备热源。

6 供热调节

6.0.1 热水供热系统应采用热源处集中调节、热力站及建筑引入口处的局部调节和用热设备单独调节三者相结合的联合调节方式，并宜采用自动化调节。

6.0.2 对于只有单一采暖热负荷且只有单一热源（包括串联尖峰锅炉的热源），或尖峰热源与基本热源分别运行、解列运行的热水供热系统，在热源处应根据室外温度的变化进行集中质调节或集中“质—量”调节。

6.0.3 对于只有单一采暖热负荷，且尖峰热源与基本热源联网运行的热水供热系统，在基本热源未满负荷阶段应采用集中质调节或“质—量”调节；在基本热源满负荷以后与尖峰热源联网运行阶段，所有热源应采用量调节或“质—量”调节。

6.0.4 当热水供热系统有采暖、通风、空调、生活热水等多种热负荷时，应按采暖热负荷采用本规范第 6.0.2 条和第 6.0.3 条的规定在热源处进行集中调节，并保证运行水温能满足不同热负荷的需要，同时应根据各种热负荷的用热要求在用户处进行辅助的局部调节。

6.0.5 对于有生活热水热负荷的热水供热系统，当按采暖热负荷进行集中调节时，除另有规定生活热水温度可低于 60℃外，应符合下列规定：

1 闭式供热系统的供水温度不得低于 70℃；

2 开式供热系统的供水温度不得低于 60℃。

6.0.6 对于有生产工艺热负荷的供热系统，应采用局部调节。

6.0.7 多热源联网运行的热水供热系统，各热源应采用统一的集中调节方式，并应执行统一的温度调节曲线。调节方式的确定应以基本热源为准。

6.0.8 对于非采暖期有生活热水负荷、空调制冷负荷的热水供热系统，在非采暖期应恒定供水温度运行，并应在热力站进行局部调节。

7 水力计算

7.1 设计流量

7.1.1 采暖、通风、空调热负荷热水供热管网设计流量及生活热水热负荷闭式热水热力网设计流量，应按下式计算：

$$G=3.6\frac{Q}{c(t_1-t_2)} \tag{7.1.1}$$

式中：G——供热管网设计流量（t/h）；

Q——设计热负荷（kW）；

c——水的比热容［kJ/（kg·℃）］；

t_1——供热管网供水温度（℃）；

t_2——各种热负荷相应的供热管网回水温度（℃）。

7.1.2 生活热水热负荷开式热水热力网设计流量，应按下式计算：

$$G = 3.6\frac{Q}{c(t_1 - t_{w0})} \quad (7.1.2)$$

式中：G——生活热水热负荷热力网设计流量（t/h）；

Q——生活热水设计热负荷（kW）；

c——水的比热容［kJ/（kg·℃）］；

t_1——热力网供水温度（℃）；

t_{w0}——冷水计算温度（℃）。

7.1.3 当热水供热管网有夏季制冷热负荷时，应分别计算采暖期和供冷期供热管网流量，并取较大值作为供热管网设计流量。

7.1.4 当计算采暖期热水热力网设计流量时，各种热负荷的热力网设计流量应按下列规定计算：

1 当热力网采用集中质调节时，承担采暖、通风、空调热负荷的热力网供热介质温度应取相应的冬季室外计算温度下的热力网供、回水温度；承担生活热水热负荷的热力网供热介质温度应取采暖期开始(结束）时的热力网供水温度。

2 当热力网采用集中量调节时，承担采暖、通风、空调热负荷的热力网供热介质温度应取相应的冬季室外计算温度下的热力网供、回水温度；承担生活热水热负荷的热力网供热介质温度应取采暖室外计算温度下的热力网供水温度。

3 当热力网采用集中“质—量”调节时，应采用各种热负荷在不同室外温度下的热力网流量曲线叠加得出的最大流量值作为设计流量。

7.1.5 计算承担生活热水热负荷热水热力网设计流量时，当生活热水换热器与其他系统换热器并联或两级混合连接时，仅应计算并联换热器的热力网流量；当生活热水换热器与其他系统换热器两级串联连接时，热力网设计流量取值应与两级混合连接时相同。

7.1.6 计算热水热力网干线设计流量时，生活热水设计热负荷应取生活热水平均热负荷；计算热水热力网支线设计流量时，生活热水设计热负荷应根据生活热水用户有无储水箱按本规范第3.1.6条规定取生活热水平均热负荷或生活热水最大热负荷。

7.1.7 蒸汽热力网的设计流量，应按各用户的最大蒸汽流量之和乘以同时使用系数确定。当供热介质为饱和蒸汽时，设计流量应考虑补偿管道热损失产生的凝结水的蒸汽量。

7.1.8 凝结水管道的设计流量应按蒸汽管道的设计流量乘以用户的凝结水回收率确定。

7.2 水力计算

7.2.1 水力计算应包括下列内容：

1 确定供热系统的管径及热源循环水泵、中继泵的流量和扬程；

2 分析供热系统正常运行的压力工况，确保热用户有足够的资用压头且系统不超压、不汽化、不倒空；

3 进行事故工况分析；

4 必要时进行动态水力分析。

7.2.2 水力计算应满足连续性方程和压力降方程。环网水力计算应保证所有环线压力降的代数和为零。

7.2.3 当热水供热系统多热源联网运行时，应按热源投产顺序对每个热源满负荷运行的工况进行水力计算并绘制水压图。

7.2.4 热水热力网应进行各种事故工况的水力计算，当供热量保证率不满足本规范第5.0.9条的规定时，应加大不利段干线的直径。

7.2.5 对于常年运行的热水供热管网应进行非采暖期水力工况分析。当有夏季制冷负荷时，还应分别进行供冷期和过渡期水力工况分析。

7.2.6 蒸汽管网水力计算时，应按设计流量进行设计计算，再按最小流量进行校核计算，保证在任何可能的工况下满足最不利用户的压力和温度要求。

7.2.7 蒸汽供热管网应根据管线起点压力和用户需要压力确定的允许压力降选择管道直径。

7.2.8 具有下列情况之一的供热系统除进行静态水力分析外，还宜进行动态水力分析：

1 具有长距离输送干线；

2 供热范围内地形高差大；

3 系统工作压力高；

4 系统工作温度高；

5 系统可靠性要求高。

7.2.9 动态水力分析应对循环泵或中继泵跳闸、输送干线主阀门非正常关闭、热源换热器停止加热等非正常操作发生时的压力瞬变进行分析。

7.2.10 动态水力分析后，应根据分析结果采取下列相应的主要安全保护措施：

1 设置氮气定压罐；

2 设置静压分区阀；

3 设置紧急泄水阀；

4 延长主阀关闭时间；

5 循环泵、中继泵与输送干线的分段阀连锁控制；

6 提高管道和设备的承压等级；

7 适当提高定压或静压水平；

8 增加事故补水能力。

7.3 水力计算参数

7.3.1 供热管道内壁当量粗糙度应按表7.3.1选取。

对现有供热管道进行水力计算，当管道内壁存在腐蚀现象时，宜采取经过测定的当量粗糙度值。

表 7.3.1 供热管道内壁当量粗糙度

供热介质	管道材质	当量粗糙度（m）
蒸汽	钢管	0.0002
热水	钢管	0.0005
凝结水、生活热水	钢管	0.001
各种介质	非金属管	按相关资料取用

7.3.2 确定热水热力网主干线管径时，宜采用经济比摩阻。经济比摩阻数值宜根据工程具体条件计算确定，主干线比摩阻可采用30Pa/m～70Pa/m。

7.3.3 热水热力网支干线、支线应按允许压力降确定管径，但供热介质流速不应大于3.5m/s。支干线比摩阻不应大于300Pa/m，连接一个热力站的支线比摩阻可大于300Pa/m。

7.3.4 蒸汽供热管道供热介质的最大允许设计流速应符合表7.3.4的规定。

表 7.3.4 蒸汽供热管道供热介质最大允许设计流速

供热介质	管径（mm）	最大允许设计流速（m/s）
过热蒸汽	≤200	50
	>200	80
饱和蒸汽	≤200	35
	>200	60

7.3.5 以热电厂为热源的蒸汽热力网，管网起点压力应采用供热系统技术经济计算确定的汽轮机最佳抽（排）汽压力。

7.3.6 以区域锅炉房为热源的蒸汽热力网，在技术条件允许的情况下，热力网主干线起点压力宜采用较高值。

7.3.7 蒸汽热力网凝结水管道设计比摩阻可取100Pa/m。

7.3.8 热力网管道局部阻力与沿程阻力的比值，可按表7.3.8取值。

表 7.3.8 管道局部阻力与沿程阻力比值

管线类型	补偿器类型	管道公称直径（mm）	局部阻力与沿程阻力的比值	
			蒸汽管道	热水及凝结水管道
输送干线	套筒或波纹管补偿器（带内衬筒）	≤1200	0.2	0.2
	方形补偿器	200～350	0.7	0.5
		400～500	0.9	0.7
		600～1200	1.2	1.0
输配管线	套筒或波纹管补偿器（带内衬筒）	≤400	0.4	0.3
	套筒或波纹管补偿器（带内衬筒）	450～1200	0.5	0.4
	方形补偿器	150～250	0.8	0.6
		300～350	1.0	0.8
		400～500	1.0	0.9
		600～1200	1.2	1.0

7.4 压力工况

7.4.1 热水热力网供水管道任何一点的压力不应低于供热介质的汽化压力，并应留有30kPa～50kPa的富裕压力。

7.4.2 热水热力网的回水压力应符合下列规定：

1 不应超过直接连接用户系统的允许压力；

2 任何一点的压力不应低于50kPa。

7.4.3 热水热力网循环水泵停止运行时，应保持必要的静态压力，静态压力应符合下列规定：

1 不应使热力网任何一点的水汽化，并应有30kPa～50kPa的富裕压力；

2 与热力网直接连接的用户系统应充满水；

3 不应超过系统中任何一点的允许压力。

7.4.4 开式热水热力网非采暖期运行时，回水压力不应低于直接配水用户热水供应系统静水压力再加上50kPa。

7.4.5 热水热力网最不利点的资用压头，应满足该点用户系统所需作用压头的要求。

7.4.6 热水热力网的定压方式，应根据技术经济比较确定。定压点应设在便于管理并有利于管网压力稳定的位置，宜设在热源处。当供热系统多热源联网运行时，全系统应仅有一个定压点起作用，但可多点补水。

7.4.7 热水热力网设计时，应在水力计算的基础上绘制各种主要运行方案的主干线水压图。对于地形复杂的地区，还应绘制必要的支干线水压图。

7.4.8 对于多热源的热水热力网，应按热源投产顺序绘制每个热源满负荷运行时的主干线水压图及事故工况水压图。

7.4.9 中继泵站的位置及参数应根据热力网的水压图确定。

7.4.10 蒸汽热力网，宜按设计凝结水量绘制凝结水管网的水压图。

7.4.11 供热管网的设计压力，不应低于下列各项之和：

1 各种运行工况的最高工作压力；

2 地形高差形成的静水压力；

3 事故工况分析和动态水力分析要求的安全裕量。

7.5 水泵选择

7.5.1 供热管网循环水泵的选择应符合下列规定：

1 循环水泵的总流量不应小于管网总设计流量，当热水锅炉出口至循环水泵的吸入口装有旁通管时，应计入流经旁通管的流量；

2 循环水泵的扬程不应小于设计流量条件下热源、供热管线、最不利用户环路压力损失之和；

3 循环水泵应具有工作点附近较平缓的“流量—扬程”特性曲线，并联运行水泵的特性曲线宜相同；

4 循环水泵的承压、耐温能力应与供热管网设计参数相适应；

5 应减少并联循环水泵的台数；设置3台或3台以下循环水泵并联运行时，应设备用泵；当4台或4台以上泵并联运行时，可不设备用泵；

6 多热源联网运行或采用集中“质—量”调节的单热源供热系统，热源的循环水泵应采用调速泵。

7.5.2 热力网循环水泵可采用两级串联设置，第一级水泵应安装在热网加热器前，第二级水泵应安装在热网加热器后。水泵扬程的确定应符合下列规定：

1 第一级水泵的出口压力应保证在各种运行工况下不超过热网加热器的承压能力；

2 当补水定压点设置于两级水泵中间时，第一级水泵出口压力应为供热系统的静压力值；

3 第二级水泵的扬程不应小于按本规范第7.5.1条第2款计算值扣除第一级泵的扬程值。

7.5.3 热水热力网补水装置的选择应符合下列规定：

1 闭式热力网补水装置的流量，不应小于供热系统循环流量的2%；事故补水量不应小于供热系统循环流量的4%；

2 开式热力网补水泵的流量，不应小于生活热水最大设计流量和供热系统泄漏量之和；

3 补水装置的压力不应小于补水点管道压力加30kPa～50kPa，当补水装置同时用于维持管网静态压力时，其压力应满足静态压力的要求；

4 闭式热力网补水泵不应少于2台，可不设备用泵；

5 开式热力网补水泵不宜少于3台，其中1台备用；

6 当动态水力分析考虑热源停止加热的事故时，事故补水能力不应小于供热系统最大循环流量条件下，被加热水自设计供水温度降至设计回水温度的体积收缩量及供热系统正常泄漏量之和；

7 事故补水时，软化除氧水量不足，可补充工业水。

7.5.4 热力网循环泵与中继泵吸入侧的压力，不应低于吸入口可能达到的最高水温下的饱和蒸汽压力加50kPa。

8 管网布置与敷设

8.1 管网布置

8.1.1 城镇供热管网的布置应在城镇规划的指导下，根据热负荷分布、热源位置、其他管线及构筑物、园林绿地、水文、地质条件等因素，经技术经济比较确定。

8.1.2 城镇供热管网管道的位置应符合下列规定：

1 城镇道路上的供热管道应平行于道路中心线，并宜敷设在车行道以外，同一条管道应只沿街道的一侧敷设；

2 穿过厂区的供热管道应敷设在易于检修和维护的位置；

3 通过非建筑区的供热管道应沿公路敷设；

4 供热管网选线时宜避开土质松软地区、地震断裂带、滑坡危险地带以及高地下水位区等不利地段。

8.1.3 管径小于或等于300mm的供热管道，可穿越建筑物的地下室或用开槽施工法自建筑物下专门敷设的通行管沟内穿过。用暗挖法施工穿过建筑物时可不受管径限制。

8.1.4 热力网管道可与自来水管道、电压10kV以下的电力电缆、通信线路、压缩空气管道、压力排水管道和重油管道一起敷设在综合管沟内。在综合管沟内，热力网管道应高于自来水管道和重油管道，并且自来水管道应做绝热层和防水层。

8.1.5 地上敷设的供热管道可与其他管道敷设在同一管架上，但应便于检修，且不得架设在腐蚀性介质管道的下方。

8.2 管道敷设

8.2.1 城镇街道上和居住区内的供热管道宜采用地下敷设。当地下敷设困难时，可采用地上敷设，但设计时应注意美观。

8.2.2 工厂区的供热管道，宜采用地上敷设。

8.2.3 热水供热管道地下敷设时，宜采用直埋敷设。

8.2.4 热水或蒸汽管道采用管沟敷设时，宜采用不通行管沟敷设，穿越不允许开挖检修的地段时，应采用通行管沟敷设。当采用通行管沟困难时，可采用半通行管沟敷设。

8.2.5 当蒸汽管道采用直埋敷设时，应采用保温性能良好、防水性能可靠、保护管耐腐蚀的预制保温管直埋敷设，其设计寿命不应低于25年。

8.2.6 直埋敷设热水管道应采用钢管、保温层、保护外壳结合成一体的预制保温管道，其性能应符合本规范第11章的有关规定。

8.2.7 管沟敷设相关尺寸应符合表8.2.7的规定。

表8.2.7 管沟敷设相关尺寸（m）

管沟类型	相关尺寸					
	管沟净高	人行通道宽	管道保温表面与沟墙净距	管道保温表面与沟顶净距	管道保温表面与沟底净距	管道保温表面间的净距
通行管沟	≥1.8	≥0.6*	≥0.2	≥0.2	≥0.2	≥0.2
半通行管沟	≥1.2	≥0.5	≥0.2	≥0.2	≥0.2	≥0.2
不通行管沟	—	—	≥0.1	≥0.05	≥0.15	≥0.2

注：*指当必须在沟内更换钢管时，人行通道宽度还不应小于管子外径加0.1m。

8.2.8 工作人员经常进入的通行管沟应有照明设备和良好的通风。人员在管沟内工作时，管沟内空气温度不得超过40℃。

8.2.9 通行管沟应设事故人孔。设有蒸汽管道的通行管沟，事故人孔间距不应大于100m；热水管道的通行管沟，事故人孔间距不应大于400m。

8.2.10 整体混凝土结构的通行管沟，每隔200m宜设一个安装孔。安装孔宽度不应小于0.6m且应大于管沟内最大管道的外径加0.1m，其长度应满足6m长的管子进入管沟。当需要考虑设备进出时，安装孔宽度还应满足设备进出的需要。

8.2.11 热力网管沟的外表面、直埋敷设热水管道或地上敷设管道的保温结构表面与建筑物、构筑物、道路、铁路、电缆、架空电线和其他管线的最小水平净距、垂直净距应符合表8.2.11-1和表8.2.11-2的规定。

表8.2.11-1 地下敷设热力网管道与建筑物（构筑物）或其他管线的最小距离（m）

建筑物、构筑物或管线名称			最小水平净距	最小垂直净距
建筑物基础	管沟敷设热力网管道		0.5	—
	直埋闭式热水热力网管道	$DN\leqslant250$	2.5	—
		$DN\geqslant300$	3.0	—
	直埋开式热水热力网管道		5.0	—
铁路钢轨			钢轨外侧3.0	轨底1.2
电车钢轨			钢轨外侧2.0	轨底1.0
铁路、公路路基边坡底脚或边沟的边缘			1.0	—
通信、照明或10kV以下电力线路的电杆			1.0	—
桥墩（高架桥、栈桥）边缘			2.0	—
架空管道支架基础边缘			1.5	—
高压输电线铁塔基础边缘35kV～220kV			3.0	—
通信电缆管块			1.0	0.15

续表8.2.11-1

建筑物、构筑物或管线名称			最小水平净距	最小垂直净距
直埋通信电缆（光缆）			1.0	0.15
电力电缆和控制电缆	35kV以下		2.0	0.5
	110kV		2.0	1.0
燃气管道	管沟敷设热力网管道	燃气压力＜0.01MPa	1.0	钢管0.15 聚乙烯管在上0.2 聚乙烯管在下0.3
		燃气压力≤0.4MPa	1.5	
		燃气压力≤0.8MPa	2.0	
		燃气压力＞0.8MPa	4.0	
	直埋敷设热水热力网管道	燃气压力≤0.4MPa	1.0	钢管0.15 聚乙烯管在上0.5 聚乙烯管在下1.0
		燃气压力≤0.8MPa	1.5	
		燃气压力＞0.8MPa	2.0	
给水管道			1.5	0.15
排水管道			1.5	0.15
地铁			5.0	0.8
电气铁路接触网电杆基础			3.0	—
乔木（中心）			1.5	—
灌木（中心）			1.5	—
车行道路面			—	0.7

注：1 表中不包括直埋敷设蒸汽管道与建（构）筑物或其他管线的最小距离的规定；

2 当热力网管道的埋设深度大于建（构）筑物基础深度时，最小水平净距应按土壤内摩擦角计算确定；

3 热力网管道与电力电缆平行敷设时，电缆处的土壤温度与月平均土壤自然温度比较，全年任何时候对于电压10kV的电缆不高出10℃，对于电压35kV～110kV的电缆不高出5℃时，可减小表中所列距离；

4 在不同深度并列敷设各种管道时，各种管道间的水平净距不应小于其深度差；

5 热力网管道检查室、方形补偿器壁龛与燃气管道最小水平净距亦应符合表中规定；

6 在条件不允许时，可采取有效技术措施并经有关单位同意后，可以减小表中规定的距离，或采用埋深较大的暗挖法、盾构法施工。

表8.2.11-2 地上敷设热力网管道与建筑物（构筑物）或其他管线的最小距离（m）

建筑物、构筑物或管线名称		最小水平净距	最小垂直净距
铁路钢轨		轨外侧3.0	轨顶一般5.5 电气铁路6.55
电车钢轨		轨外侧2.0	—
公路边缘		1.5	—
公路路面		—	4.5
架空输电线（水平净距：导线最大风偏时；垂直净距：热力网管道在下面交叉通过导线最大垂度时）	＜1kV	1.5	1.0
	1kV～10kV	2.0	2.0
	35kV～110kV	4.0	4.0
	220kV	5.0	5.0
	330kV	6.0	6.0
	500kV	6.5	6.5
树冠		0.5（到树中不小于2.0）	—

8.2.12 地上敷设的供热管道穿越行人过往频繁地区时，管道保温结构下表面距地面的净距不应小于2.0m；在不影响交通的地区，应采用低支架，管道保温结构下表面距地面的净距不应小于0.3m。

8.2.13 供热管道跨越水面、峡谷地段时应符合下列规定：

1 在桥梁主管部门同意的条件下，可在永久性的公路桥上架设。

2 供热管道架空跨越通航河流时，航道的净宽与净高应符合现行国家标准《内河通航标准》GB 50139的规定。

3 供热管道架空跨越不通航河流时，管道保温结构表面与50年一遇的最高水位的垂直净距不应小于0.5m。跨越重要河流时，还应符合河道管理部门的有关规定。

4 河底敷设供热管道必须远离浅滩、锚地，并应选择在较深的稳定河段，埋设深度应按不妨碍河道整治和保证管道安全的原则确定。对于1～5级航道河流，管道（管沟）的覆土深度应在航道底设计标高2m以下；对于其他河流，管道（管沟）的覆土深度应在稳定河底1m以下。对于灌溉渠道，管道（管沟）的覆土深度应在渠底设计标高0.5m以下。

5 管道河底直埋敷设或管沟敷设时，应进行抗浮计算。

8.2.14 供热管道同河流、铁路、公路等交叉时应垂直相交。特殊情况下，管道与铁路或地下铁路交叉角度不得小于60°；管道与河流或公路交叉角度不得小于45°。

8.2.15 地下敷设供热管道与铁路或不允许开挖的公路交叉，交叉段的一侧留有足够的抽管检修地段时，可采用套管敷设。

8.2.16 供热管道套管敷设时，套管内不应采用填充式保温，管道保温层与套管间应留有不小于50mm的空隙。套管内的管道及其他钢部件应采取加强防腐措施。采用钢套管时，套管内、外表面均应作防腐处理。

8.2.17 地下敷设供热管道和管沟坡度不应小于0.002。进入建筑物的管道宜坡向干管。地上敷设的管道可不设坡度。

8.2.18 地下敷设供热管线的覆土深度应符合下列规定：

1 管沟盖板或检查室盖板覆土深度不应小于0.2m。

2 直埋敷设管道的最小覆土深度应考虑土壤和地面活荷载对管道强度的影响，且管道不得发生纵向失稳，应按现行行业标准《城镇直埋供热管道工程技术规程》CJJ/T 81的规定执行。

8.2.19 当给水、排水管道或电缆交叉穿入热力网管沟时，必须加套管或采用厚度不小于100mm的混凝土防护层与管沟隔开，同时不得妨碍供热管道的检修和管沟的排水，套管伸出管沟外的长度不应小于1m。

8.2.20 热力网管沟内不得穿过燃气管道。

8.2.21 当热力网管沟与燃气管道交叉的垂直净距小于300mm时，必须采取可靠措施防止燃气泄漏进管沟。

8.2.22 管沟敷设的热力网管道进入建筑物或穿过构筑物时，管道穿墙处应封堵严密。

8.2.23 地上敷设的供热管道同架空输电线或电气化铁路交叉时，管道的金属部分（包括交叉点两侧5m范围内钢筋混凝土结构的钢筋）应接地。接地电阻不应大于10Ω。

8.3 管道材料及连接

8.3.1 城镇供热管网管道应采用无缝钢管、电弧焊或高频焊焊接钢管。管道及钢制管件的钢材钢号不应低于表8.3.1的规定。管道和钢材的规格及质量应符合国家现行相关标准的规定。

表8.3.1 供热管道钢材钢号及适用范围

钢号	设计参数	钢板厚度
Q235AF	$P \leqslant 1.0$MPa $t \leqslant 95$℃	≤8mm
Q235A	$P \leqslant 1.6$MPa $t \leqslant 150$℃	≤16mm
Q235B	$P \leqslant 2.5$MPa $t \leqslant 300$℃	≤20mm
10、20、低合金钢	可用于本规范适用范围的全部参数	不限

8.3.2 凝结水管道宜采用具有防腐内衬、内防腐涂层的钢管或非金属管道。非金属管道的承压能力和耐温性能应满足设计要求。

8.3.3 热力网管道的连接应采用焊接，管道与设备、阀门等连接宜采用焊接；当设备、阀门等需要拆卸时，应采用法兰连接；公称直径小于或等于25mm的放气阀，可采用螺纹连接，但连接放气阀的管道应采用厚壁管。

8.3.4 室外采暖计算温度低于-5℃地区露天敷设的不连续运行的凝结水管道放水阀门，室外采暖计算温度低于-10℃地区露天敷设的热水管道设备附件均不得采用灰铸铁制品；室外采暖计算温度低于-30℃地区露天敷设的热水管道，应采用钢制阀门及附件；蒸汽管道在任何条件下均应采用钢制阀门及附件。

8.3.5 弯头的壁厚不应小于直管壁厚。焊接弯头应采用双面焊接。

8.3.6 钢管焊制三通应对支管开孔进行补强；承受干管轴向荷载较大的直埋敷设管道，应对三通干管进行轴向补强，其技术要求应按现行行业标准《城镇直埋供热管道工程技术规程》CJJ/T 81的规定执行。

8.3.7 变径管的制作应采用压制或钢板卷制，壁厚不应小于管道壁厚。

8.4 热 补 偿

8.4.1 供热管道的温度变形应充分利用管道的转角管段进行自然补偿。直埋敷设热水管道自然补偿转角管段应布置成60°~90°角，当角度很小时应按直线管段考虑，小角度数值应按现行行业标准《城镇直埋供热管道工程技术规程》CJJ/T 81的规定执行。

8.4.2 选用管道补偿器时，应根据敷设条件采用维修工作量小、工作可靠和价格较低的补偿器。

8.4.3 采用弯管补偿器或波纹管补偿器时，设计应考虑安装时的冷紧。冷紧系数可取0.5。

8.4.4 采用套筒补偿器时，应计算各种安装温度下的补偿器安装长度，并应保证在管道可能出现的最高、最低温度下，补偿器留有不小于20mm的补偿余量。

8.4.5 采用波纹管轴向补偿器时，管道上应安装防止波纹管失稳的导向支座。采用其他形式补偿器，补偿管段过长时，亦应设导向支座。

8.4.6 采用球形补偿器、铰链型波纹管补偿器，且补偿管段较长时，宜采取减小管道摩擦力的措施。

8.4.7 当两条管道垂直布置，且上面管道的托架固定在下面管道上时，应考虑两管道在最不利运行状态下的不同热位移，上面的管道支座不得自托架上滑落。

8.4.8 直埋敷设热水管道宜采用无补偿敷设方式，并应按现行行业标准《城镇直埋供热管道工程技术规程》CJJ/T 81的规定执行。

8.5 附件与设施

8.5.1 热力网管道干线、支干线、支线的起点应安装关断阀门。

8.5.2 热水热力网干线应装设分段阀门。输送干线分段阀门的间距宜为2000m~3000m；输配干线分段阀门的间距宜为1000m~1500m。蒸汽热力网可不安装分段阀门。

8.5.3 热力网的关断阀和分段阀均应采用双向密封阀门。

8.5.4 热水、凝结水管道的高点（包括分段阀门划分的每个管段的高点）应安装放气装置。

8.5.5 热水、凝结水管道的低点（包括分段阀门划分的每个管段的低点）应安装放水装置。热水管道的放水装置应满足一个放水段的排放时间不超过表8.5.5的规定。

表8.5.5 热水管道放水时间

管道公称直径（mm）	放水时间（h）
DN≤300	2~3
DN350~500	4~6
DN≥600	5~7

注：严寒地区采用表中规定的放水时间较小值。停热期间供热装置无冻结危险的地区，表中的规定可放宽。

8.5.6 蒸汽管道的低点和垂直升高的管段前应设启动疏水和经常疏水装置。同一坡向的管段，顺坡情况下每隔400m~500m，逆坡时每隔200m~300m应设启动疏水和经常疏水装置。

8.5.7 经常疏水装置与管道连接处应设聚集凝结水的短管，短管直径应为管道直径的1/2~1/3。经常疏水管应连接在短管侧面。

8.5.8 经常疏水装置排出的凝结水，宜排入凝结水管道。当不能排入凝结水管时，应按本规范第4.3.4条的规定降温后排放。

8.5.9 工作压力大于或等于1.6MPa，且公称直径大于或等于500mm的管道上的闸阀应安装旁通阀。旁通阀的直径可按阀门直径的1/10选用。

8.5.10 当供热系统补水能力有限，需控制管道充水流量或蒸汽管道启动暖管需控制汽量时，管道阀门应装设口径较小的旁通阀作为控制阀门。

8.5.11 当动态水力分析需延长输送干线分段阀门关闭时间以降低压力瞬变值时，宜采用主阀并联旁通阀的方法解决。旁通阀直径可取主阀直径的1/4。主阀和旁通阀应连锁控制，旁通阀必须在开启状态主阀方可进行关闭操作，主阀关闭后旁通阀才可关闭。

8.5.12 公称直径大于或等于500mm的阀门，宜采用电动驱动装置。由监控系统远程操作的阀门，其旁通阀亦应采用电动驱动装置。

8.5.13 公称直径大于或等于500mm的热水热力网干管在低点、垂直升高管段前、分段阀门前宜设阻力小的永久性除污装置。

8.5.14 地下敷设管道安装套筒补偿器、波纹管补偿器、阀门、放水和除污装置等设备附件时，应设检查室。检查室应符合下列规定：

1 净空高度不应小于1.8m；

2 人行通道宽度不应小于0.6m；

3 干管保温结构表面与检查室地面距离不应小于0.6m；

4 检查室的人孔直径不应小于0.7m，人孔数量不应少于2个，并应对角布置，人孔应避开检查室内的设备，当检查室净空面积小于4m²时，可只设1个人孔；

5 检查室内至少应设1个集水坑，并应置于人孔下方；

6 检查室地面应低于管沟内底不小于0.3m；

7 检查室内爬梯高度大于4m时应设护栏或在爬梯中间设平台。

8.5.15 当检查室内需更换的设备、附件不能从人孔进出时，应在检查室顶板上设安装孔。安装孔的尺寸和位置应保证需更换设备的出入和便于安装。

8.5.16 当检查室内装有电动阀门时，应采取措施保证安装地点的空气温度、湿度满足电气装置的技术要求。

8.5.17 当地下敷设管道只需安装放气阀门且埋深很小时，可不设检查室，只在地面设检查井口，放气阀门的安装位置应便于工作人员在地面进行操作；当埋深较大时，在保证安全的条件下，也可只设检查人孔。

8.5.18 中高支架敷设的管道，安装阀门、放水、放气、除污装置的地方应设操作平台。在跨越河流、峡谷等地段，必要时应沿架空管道设检修便桥。

8.5.19 中高支架操作平台的尺寸应保证维修人员操作方便。检修便桥宽度不应小于 0.6m。平台或便桥周围应设防护栏杆。

8.5.20 架空敷设管道上，露天安装的电动阀门，其驱动装置和电气部分的防护等级应满足露天安装的环境条件，为防止无关人员操作应有防护措施。

8.5.21 地上敷设管道与地下敷设管道连接处，地面不得积水，连接处的地下构筑物应高出地面 0.3m 以上，管道穿入构筑物的孔洞应采取防止雨水进入的措施。

8.5.22 地下敷设管道固定支座的承力结构宜采用耐腐蚀材料，或采取可靠的防腐措施。

8.5.23 管道活动支座应采用滑动支座或刚性吊架。当管道敷设于高支架、悬臂支架或通行管沟内时，宜采用滚动支座或使用减摩材料的滑动支座。

当管道运行时有垂直位移且对邻近支座的荷载影响较大时，应采用弹簧支座或弹簧吊架。

9 管道应力计算和作用力计算

9.0.1 管道应力计算应采用应力分类法。管道由内压、持续外载引起的一次应力验算应采用弹性分析和极限分析；管道由热胀冷缩及其他位移受约束产生的二次应力和管件上的峰值应力应采用满足必要疲劳次数的许用应力范围进行验算。

9.0.2 进行管道应力计算时，供热介质计算参数应按下列规定取用：

1 蒸汽管道应取用锅炉、汽轮机抽（排）汽口的最大工作压力和温度作为管道计算压力和工作循环最高温度；

2 热水供热管网供、回水管道的计算压力均应取用循环水泵最高出口压力加上循环水泵与管道最低点地形高差产生的静水压力，工作循环最高温度应取用供热管网设计供水温度；

3 凝结水管道计算压力应取用户凝结水泵最高出水压力加上地形高差产生的静水压力，工作循环最高温度应取用户凝结水箱的最高水温；

4 管道工作循环最低温度，对于全年运行的管道，地下敷设时应取 30℃，地上敷设时应取 15℃；对于只在采暖期运行的管道，地下敷设时应取 10℃，地上敷设时应取 5℃。

9.0.3 地上敷设和管沟敷设供热管道的许用应力取值、管壁厚度计算、补偿值计算及应力验算应按现行行业标准《火力发电厂汽水管道应力计算技术规程》DL/T 5366 的规定执行。

9.0.4 直埋敷设热水管道的许用应力取值、管壁厚度计算、热伸长量计算及应力验算应按现行行业标准《城镇直埋供热管道工程技术规程》CJJ/T 81 的规定执行。

9.0.5 计算供热管道对固定点的作用力时，应考虑升温或降温，选择最不利的工况和最大温差进行计算。当管道安装温度低于工作循环最低温度时应采用安装温度计算。

9.0.6 管道对固定点的作用力计算时应包括下列三部分：

1 管道热胀冷缩受约束产生的作用力；

2 内压产生的不平衡力；

3 活动端位移产生的作用力。

9.0.7 固定点两侧管段作用力合成时应按下列原则进行：

1 地上敷设和管沟敷设管道

1）固定点两侧管段由热胀冷缩受约束引起的作用力和活动端位移产生的作用力的合力相互抵消时，较小方向作用力应乘以 0.7 的抵消系数；

2）固定点两侧管段内压不平衡力的抵消系数应取 1；

3）当固定点承受几个支管的作用力时，应考虑几个支管不同时升温或降温产生作用力的最不利组合。

2 直埋敷设热水管道

直埋敷设热水管道应按现行行业标准《城镇直埋供热管道工程技术规程》CJJ/T 81 的规定执行。

10 中继泵站与热力站

10.1 一般规定

10.1.1 中继泵站、热力站应降低噪声，不应对环境产生干扰。当中继泵站、热力站设备的噪声较高时，应加大与周围建筑物的距离，或采取降低噪声的措施，使受影响建筑物处的噪声符合现行国家标准《声环境质量标准》GB 3096 的规定。当中继泵站、热力站所在场所有隔振要求时，水泵基础和连接水泵的管道应采取隔振措施。

10.1.2 中继泵站、热力站的站房应有良好的照明和通风。

10.1.3 站房设备间的门应向外开。热水热力站当热力网设计水温大于或等于 100℃、站房长度大于 12m 时，应设 2 个出口。蒸汽热力站均应设置 2 个出口。安装孔或门的大小应保证站内需检修更换的最大设备出入。多层站房应考虑用于设备垂直搬运的安装孔。

10.1.4 站内地面宜有坡度或采取措施保证管道和设备排出的水引向排水系统。当站内排水不能直接排入室外管道时，应设集水坑和排水泵。

10.1.5 站内应有必要的起重设施，并应符合下列规定：

1 当需起重的设备数量较少且起重重量小于2t时，应采用固定吊钩或移动吊架；

2 当需起重的设备数量较多或需要移动且起重重量小于2t时，应采用手动单轨或单梁吊车；

3 当起重重量大于2t时，宜采用电动起重设备。

10.1.6 站内地坪到屋面梁底（屋架下弦）的净高，除应考虑通风、采光等因素外，尚应考虑起重设备的需要，且应符合下列规定：

1 当采用固定吊钩或移动吊架时，不应小于3m；

2 当采用单轨、单梁、桥式吊车时，应保持吊起物底部与吊运所越过的物体顶部之间有0.5m以上的净距；

3 当采用桥式吊车时，除符合本条第2款规定外，还应考虑吊车安装和检修的需要。

10.1.7 站内宜设集中检修场地，其面积应根据需检修设备的要求确定，并在周围留有宽度不小于0.7m的通道。当考虑设备就地检修时，可不设集中检修场地。

10.1.8 站内管道及管件材质应符合本规范第8.3.1条的规定，选用的压力容器应符合国家现行相关标准的规定。

10.1.9 站内各种设备和阀门的布置应便于操作和检修。站内各种水管道及设备的高点应设放气阀，低点应设放水阀。

10.1.10 站内架设的管道不得阻挡通道，不得跨越配电盘、仪表柜等设备。

10.1.11 管道与设备连接时，管道上宜设支、吊架，应减小加在设备上的管道荷载。

10.1.12 位置较高而且需经常操作的设备处应设操作平台、扶梯和防护栏杆等设施。

10.2 中继泵站

10.2.1 中继泵站的位置、泵站数量及中继水泵的扬程，应在管网水力计算和管网水压图详细分析的基础上，通过技术经济比较确定。中继泵站不应建在环状管网的环线上。中继泵站应优先考虑采用回水加压方式。

10.2.2 中继泵应采用调速泵且应减少中继泵的台数。设置3台或3台以下中继泵并联运行时应设备用泵，设置4台或4台以上中继泵并联运行时可不设备用泵。

10.2.3 水泵机组的布置应符合下列规定：

1 相邻两个机组基础间的净距应符合下列要求：

1）当电动机容量小于或等于55kW时，不应小于0.8m；

2）当电动机容量大于55kW时，不应小于1.2m。

2 当考虑就地检修时，至少在每个机组一侧应留有大于水泵机组宽度加0.5m的通道。

3 相邻两个机组突出部分的净距以及突出部分与墙壁间的净距，应保证泵轴和电动机转子在检修时能拆卸，并不应小于0.7m；当电动机容量大于55kW时，不应小于1.0m。

4 中继泵站的主要通道宽度不应小于1.2m。

5 水泵基础应高出站内地坪0.15m以上。

10.2.4 中继泵吸入母管和压出母管之间应设装有止回阀的旁通管。

10.2.5 中继泵吸入母管和压出母管之间的旁通管，宜与母管等径。

10.2.6 中继泵站水泵入口处应设除污装置。

10.3 热水热力网热力站

10.3.1 热水热力网民用热力站最佳供热规模，应通过技术经济比较确定。当不具备技术经济比较条件时，热力站的规模宜按下列原则确定：

1 对于新建的居住区，热力站最大规模以供热范围不超过本街区为限。

2 对已有采暖系统的街区，在减少原有采暖系统改造工程量的前提下，宜减少热力站的个数。

10.3.2 用户采暖系统与热力网连接的方式应按下列原则确定：

1 有下列情况之一时，用户采暖系统应采用间接连接：

1）大型集中供热热力网；

2）建筑物采暖系统高度高于热力网水压图供水压力线或静水压线；

3）采暖系统承压能力低于热力网回水压力或静水压力；

4）热力网资用压头低于用户采暖系统阻力，且不宜采用加压泵；

5）由于直接连接，而使管网运行调节不便、管网失水率过大及安全可靠性不能有效保证。

2 当热力网水力工况能保证用户内部系统不汽化、不超过用户内部系统的允许压力、热力网资用压头大于用户系统阻力时，用户系统可采用直接连接。采用直接连接，且用户采暖系统设计供水温度等于热力网设计供水温度时，应采用不降温的直接连接；当用户采暖系统设计供水温度低于热力网设计供水温度时，应采用有混水降温装置的直接连接。

10.3.3 在有条件的情况下，热力站应采用全自动组合换热机组。

10.3.4 当生活热水热负荷较小时，生活热水换热器与采暖系统可采用并联连接；当生活热水热负荷较大时，生活热水换热器与采暖系统宜采用两级串联或两级混合连接。

10.3.5 间接连接采暖系统循环泵的选择应符合下列规定：

1 水泵流量不应小于所有用户的设计流量之和；

2 水泵扬程不应小于换热器、站内管道设备、主干线和最不利用户内部系统阻力之和；

3 水泵台数不应少于2台，其中1台备用；

4 当采用"质—量"调节或考虑用户自主调节时，应选用调速泵。

10.3.6 采暖系统混水装置的选择应符合下列规定：

1 混水装置的设计流量应按下列公式计算：

$$G'_h = uG_h \qquad (10.3.6\text{-}1)$$

$$u = \frac{t_1 - \theta_1}{\theta_1 - t_2} \qquad (10.3.6\text{-}2)$$

式中：G'_h——混水装置设计流量（t/h）；

G_h——采暖热负荷热力网设计流量（t/h）；

u——混水装置设计混合比；

t_1——热力网设计供水温度（℃）；

θ_1——用户采暖系统设计供水温度（℃）；

t_2——采暖系统设计回水温度（℃）。

2 混水装置的扬程不应小于混水点以后用户系统的总阻力；

3 采用混合水泵时，台数不应少于2台，其中1台备用。

10.3.7 当热力站入口处热力网资用压头不满足用户需要时，可设加压泵；加压泵宜布置在热力站回水管道上。

当热力网末端需设加压泵的热力站较多，且热力站自动化水平较低时，应设热力网中继泵站，取代分散的加压泵；当热力站自动化水平较高能保证用户不发生水力失调时，可采用分散的加压泵且应采用调速泵。

10.3.8 间接连接采暖系统补水装置的选择应符合下列规定：

1 补水能力应根据系统水容量和供水温度等条件确定，可按下列规定取用：

1）当设计供水温度高于65℃时，可取系统循环流量的4%～5%；

2）当设计供水温度等于或低于65℃时，可取系统循环流量的1%～2%。

2 补水泵的扬程不应小于补水点压力加30kPa～50kPa。

3 补水泵台数不宜少于2台，可不设备用泵。

4 补给水箱的有效容积可按15min～30min的补水能力考虑。

10.3.9 间接连接采暖系统定压点宜设在循环水泵吸入口侧。定压值应保证管网中任何一点采暖系统不倒空、不超压。定压装置宜采用高位膨胀水箱或氮气、蒸汽、空气定压装置等。空气定压宜采用空气与水用隔膜隔离的装置。成套氮气、空气定压装置中的补水泵性能应符合本规范第10.3.8条的规定。定压系统应设超压自动排水装置。

10.3.10 热力站换热器的选择应符合下列规定：

1 间接连接系统应选用工作可靠、传热性能良好的换热器，生活热水系统还应根据水质情况选用易于清除水垢的换热设备。

2 列管式、板式换热器计算时应考虑换热表面污垢的影响，传热系数计算时应考虑污垢修正系数。

3 计算容积式换热器传热系数时应按考虑水垢热阻的方法进行。

4 换热器可不设备用。换热器台数的选择和单台能力的确定应能适应热负荷的分期增长，并考虑供热可靠性的需要。

5 热水供应系统换热器换热面积的选择应符合下列规定：

1）当用户有足够容积的储水箱时，应按生活热水日平均热负荷选择；

2）当用户没有储水箱或储水容积不足，但有串联缓冲水箱（沉淀箱，储水容积不足的容积式换热器）时，可按最大小时热负荷选择；

3）当用户无储水箱，且无串联缓冲水箱（水垢沉淀箱）时，应按最大秒流量选择。

10.3.11 热力站换热设备的布置应符合下列规定：

1 换热器布置时，应考虑清除水垢、抽管检修的场地。

2 并联工作的换热器宜按同程连接设计。

3 换热器组一、二次侧进、出口应设总阀门，并联工作的换热器，每台换热器一、二次侧进、出口宜设阀门。

4 当热水供应系统换热器热水出口装有阀门时，应在每台换热器上设安全阀；当每台换热器出口不设阀门时，应在生活热水总管阀门前设安全阀。

10.3.12 间接连接采暖系统的补水质量应保证换热器不结垢，当不能满足要求时应对补给水进行软化处理或加药处理。当采用化学软化处理时，水质标准应符合本规范第4.3.1条的规定，当采暖系统中没有钢板制散热器时可不除氧；当采用加药处理时，水质标准应符合表10.3.12的规定。

表 10.3.12 间接连接采暖系统加药处理水质要求

项目	要求
浊度（FTU）	≤20.0
硬度（mmol/L）	≤6.0
油（mg/L）	≤2.0
pH（25℃）	7.0～11.0

10.3.13 热力网供、回水总管上应设阀门。当供热系统采用质调节时宜在热力网供水或回水总管上装设自动流量调节阀；当供热系统采用变流量调节时宜装设自力式压差调节阀。

热力站内各分支管路的供、回水管道上应设阀门。在各分支管路没有自动调节装置时宜装设手动调节阀。

10.3.14 热力网供水总管上及用户系统回水总管上应设除污器。

10.3.15 水泵基础高出地面不应小于0.15m；水泵基础之间、水泵基础与墙的距离不应小于0.7m；当地方狭窄，且电动机功率不大于20kW或进水管管径不大于100mm时，两台水泵可做联合基础，机组之间突出部分的净距不应小于0.3m，但两台以上水泵不得做联合基础。

10.3.16 热力站内软化水、采暖、通风、空调、生活热水系统的设计，应按现行国家标准《锅炉房设计规范》GB 50041、《采暖通风与空气调节设计规范》GB 50019、《建筑给水排水设计规范》GB 50015的规定执行。

10.4 蒸汽热力网热力站

10.4.1 蒸汽热力站应根据生产工艺、采暖、通风、空调及生活热负荷的需要设置分汽缸，蒸汽主管和分支管上应装设阀门。当各种负荷需要不同的参数时，应分别设置分支管、减压减温装置和独立安全阀。

10.4.2 热力站的汽水换热器宜采用带有凝结水过冷段的换热设备，并应设凝结水水位调节装置。

10.4.3 蒸汽系统应按下列规定设疏水装置：

1 蒸汽管路的最低点、流量测量孔板前和分汽缸底部应设启动疏水装置；

2 分汽缸底部和饱和蒸汽管路安装启动疏水装置处应安装经常疏水装置；

3 无凝结水水位控制的换热设备应安装经常疏水装置。

10.4.4 蒸汽热力网用户宜采用闭式凝结水回收系统，热力站中应采用闭式凝结水箱。当凝结水量小于10t/h或热力站距热源小于500m时，可采用开式凝结水回收系统，此时凝结水温度不应低于95℃。

10.4.5 凝结水箱的总储水量宜按10min～20min最大凝结水量计算。

10.4.6 全年工作的凝结水箱宜设置2个，每个水箱容积应为总储水量的50%；当凝结水箱季节工作且凝结水量在5t/h以下时，可只设1个凝结水箱。

10.4.7 凝结水泵不应少于2台，其中1台备用，并应符合下列规定：

1 凝结水泵的适用温度应满足介质温度的要求；

2 凝结水泵的流量应按进入凝结水箱的最大凝结水流量计算，扬程应按凝结水管网水压图的要求确定，并应留有30kPa～50kPa的富裕压力；

3 凝结水泵吸入口的压力应符合本规范第7.5.4条的规定；

4 凝结水泵的布置应符合本规范第10.3.15条规定。

10.4.8 热力站内应设凝结水取样点。取样管宜设在凝结水箱最低水位以上、中轴线以下。

10.4.9 热力站内其他设备的选择、布置应符合本规范第10.3节的有关规定。

11 保温与防腐涂层

11.1 一般规定

11.1.1 供热管道及设备的保温结构设计，除应符合本规范的规定外，还应符合现行国家标准《设备及管道绝热技术通则》GB/T 4272、《设备及管道绝热设计导则》GB/T 8175和《工业设备及管道绝热工程设计规范》GB 50264的有关规定。

11.1.2 供热介质设计温度高于50℃的管道、设备、阀门应进行保温。在不通行管沟敷设或直埋敷设条件下，热水回水管道、与蒸汽管道并行的凝结水管道以及其他温度较低的热水管道，在技术经济合理的情况下可不保温。

11.1.3 对操作人员需要接近维修的地方，当维修时，设备及管道保温结构的表面温度不得超过60℃。

11.1.4 保温材料及其制品的主要技术性能应符合下列规定：

1 平均温度为25℃时，导热系数值不应大于0.08W/(m·℃)，并应有明确的随温度变化的导热系数方程式或图表；松散或可压缩的保温材料及其制品，应具有在使用密度下的导热系数方程式或图表。

2 密度不应大于300kg/m³。

3 硬质预制成型制品的抗压强度不应小于0.3MPa，半硬质的保温材料压缩10%时的抗压强度不应小于0.2MPa。

11.1.5 保温层设计时宜采用经济保温厚度。当经济保温厚度不能满足技术要求时，应按技术条件确定保温层厚度。

11.2 保温计算

11.2.1 保温厚度计算应按现行国家标准《设备及管

道绝热设计导则》GB/T 8175的规定执行。

11.2.2 按规定的散热损失、环境温度等技术条件计算双管或多管地下敷设管道的保温层厚度时，应选取满足技术条件的最经济的保温层厚度组合。

11.2.3 计算地下敷设管道的散热损失时，当管道中心埋深大于2倍管道保温外径（或管沟当量外径）时，环境温度应取管道（或管沟）中心埋深处的土壤自然温度；当管道中心埋深小于2倍管道保温外径（或管沟当量外径）时，环境温度可取地表面的土壤自然温度。

11.2.4 计算年散热损失时，供热介质温度和环境温度应按下列规定取值：

1 供热介质温度

1）热水供热管网应取运行期间运行温度的平均值；

2）蒸汽供热管网应取逐管段年平均蒸汽温度；

3）凝结水管道应取设计温度。

2 环境温度

1）地上敷设的管道，应取供热管网运行期间室外平均温度；

2）不通行管沟、半通行管沟和直埋敷设的管道，应取供热管网运行期间平均土壤（或地表）自然温度；

3）经常有人工作，有机械通风的通行管沟敷设的管道应取40℃；无人工作的通行管沟敷设的管道，应取供热管网运行期间平均土壤（或地表）自然温度。

11.2.5 蒸汽管道按规定的供热介质温度降条件计算保温层厚度时，应选择最不利工况进行计算。供热介质温度应取计算管段在计算工况下的平均温度，环境温度应按下列规定取值：

1 地上敷设时，应取计算工况下相应的室外空气温度；

2 通行管沟敷设时，应取40℃；

3 其他类型的地下敷设时，应取计算工况下相应的月平均土壤（或地表）自然温度。

11.2.6 按规定的土壤（或管沟）温度条件计算保温层厚度时，供热介质温度和环境温度应按下列规定取值：

1 蒸汽供热管网应按下列两种工况计算，并取保温层厚度较大值。

1）供热介质温度取计算管段的最高温度，环境温度取同时期的月平均土壤（或地表）自然温度；

2）环境温度取最热月平均土壤（或地表）自然温度，供热介质温度取同时期的最高运行温度。

2 热水供热管网应按下列两种供热介质温度和环境温度计算，并取保温层厚度较大值。

1）冬季供热介质温度取设计温度，环境温度取最冷月平均土壤（或地表）自然温度；

2）夏季环境温度取最热月平均土壤（或地表）自然温度，供热介质温度取同时期的运行温度。

11.2.7 当按规定的保温层外表面温度条件计算保温层厚度时，蒸汽供热管网的供热介质温度和环境温度应按下列规定取值：

1 供热介质温度应取可能出现的最高运行温度；

2 环境温度取值应符合下列规定：

1）地上敷设时，应取夏季空调室外计算日平均温度；

2）室内敷设时，应取室内可能出现的最高温度；

3）不通行管沟、半通行管沟和直埋敷设时，应取最热月平均土壤（或地表）自然温度；

4）检查室和通行管沟内，当人员进入维修时，可取40℃。

11.2.8 当按规定的保温层外表面温度条件计算保温层厚度时，热水供热管网应分别按下列两种供热介质温度和环境温度计算，并取保温层厚度较大值。

1 冬季时，供热介质温度应取设计温度；环境温度取值应符合下列规定：

1）地上敷设时，应取供热介质按设计温度运行时的最高室外日平均温度；

2）室内敷设时，应取室内设计温度；

3）不通行管沟、半通行管沟和直埋敷设时，应取最冷月平均土壤（或地表）自然温度；

4）检查室和通行管沟内，当人员进入维修时，可取40℃。

2 夏季时，供热介质温度应取同时期的运行温度；环境温度取值应符合下列规定：

1）地上敷设时，应取夏季空调室外计算日平均温度；

2）室内敷设时，应取室内可能出现的最高温度；

3）不通行管沟、半通行管沟和直埋敷设时，应取最热月平均土壤（或地表）自然温度；

4）检查室和通行管沟内，当人员进入维修时，可取40℃。

11.2.9 当采用复合保温层时，耐温高的材料应作内层保温，内层保温材料的外表面温度应等于或小于外层保温材料的允许最高使用温度的0.9倍。

11.2.10 采用软质保温材料计算保温层厚度时，应按施工压缩后的密度选取导热系数，保温层的设计厚度应为施工压缩后的保温层厚度。

11.2.11 计算管道总散热损失时，由支座、补偿器和其他附件产生的附加热损失可按表11.2.11给出的热损失附加系数计算。

表 11.2.11 管道散热损失附加系数

管道敷设方式	散热损失附加系数
地上敷设	0.15～0.20
管沟敷设	0.15～0.20
直埋敷设	0.10～0.15

注：当附件保温较好、管径较大时，取较小值；当附件保温较差、管径较小时，取较大值。

11.3 保温结构

11.3.1 保温层外应有性能良好的保护层，保护层的机械强度和防水性能应满足施工、运行的要求，预制保温结构还应满足运输的要求。

11.3.2 直埋敷设热水管道应采用钢管、保温层、外护管紧密结合成一体的预制管。其技术要求应符合现行行业标准《高密度聚乙烯外护管聚氨酯泡沫塑料预制直埋保温管》CJ/T 114 和《玻璃纤维增强塑料外护层聚氨酯泡沫塑料预制直埋保温管》CJ/T 129 的规定。

11.3.3 管道采用硬质保温材料保温时，直管段每隔 10m～20m 及弯头处应预留伸缩缝，缝内应填充柔性保温材料，伸缩缝的外防水层应采用搭接。

11.3.4 地下敷设管道严禁在沟槽或管沟内用吸水性保温材料进行填充式保温。

11.3.5 阀门、法兰等部位宜采用可拆卸式保温结构。

11.4 防腐涂层

11.4.1 地上敷设和管沟敷设的热水（或凝结水）管道、季节运行的蒸汽管道及附件，应涂刷耐热、耐湿、防腐性能良好的涂料。

11.4.2 常年运行的蒸汽管道及附件，可不涂刷防腐涂料。常年运行的室外蒸汽管道及附件，可涂刷耐常温的防腐涂料。

11.4.3 架空敷设的管道宜采用镀锌钢板、铝合金板、塑料外护等做保护层，当采用普通薄钢板作保护层时，钢板内外表面均应涂刷防腐涂料，施工后外表面应涂敷面漆。

12 供配电与照明

12.1 一般规定

12.1.1 供热管网供配电与照明系统的设计，应与工艺设计相互配合，选择合理的供配电系统及电机控制方式。应采用效率高的光源和灯具。应做到供电可靠，节约能源，布置合理，便于运行维护。

12.1.2 供热管网的供配电和照明系统设计，除应遵守本章规定外，尚应符合电气设计有关标准的规定。

12.2 供配电

12.2.1 中继泵站及热力站的负荷分级及供电要求，应根据各站在供热管网中的重要程度，按现行国家标准《供配电系统设计规范》GB 50052 的规定确定。

12.2.2 供热管网中按一级负荷要求供电的中继泵站及热力站，当主电源电压下降或消失时应投入备用电源，并应采用有延时的自动切换装置。

12.2.3 中继泵站的高低压配电设备应布置在专用的配电室内。热力站的低压配电设备容量较小时，可不设专用的低压配电室，但配电设备应设置在便于观察和操作且上方无管道的位置。

12.2.4 中继泵站及热力站的配电线路宜采用放射式布置。

12.2.5 低压配线应符合现行国家标准《低压配电设计规范》GB 50054 对电源与供热管道净距的规定，并宜采用桥架或钢管敷设。在进入电机接线盒处应设置防水弯头或金属软管。

12.2.6 中继泵站及热力站的水泵宜设置就地控制按钮。

12.2.7 中继泵站及热力站的水泵采用变频调速时，应符合现行国家标准《电能质量　公用电网谐波》GB/T 14549 对谐波的规定。

12.2.8 用于供热管网的电气设备和控制设备的防护等级应适应所在场所的环境条件。

12.3 照明

12.3.1 照明设计应符合现行国家标准《建筑照明设计标准》GB 50034 的规定。

12.3.2 除中继泵站、热力站以外的下列地方应采用电气照明：

1 有人工作的通行管沟内；

2 有电气驱动装置等电气设备的检查室；

3 地上敷设管道装有电气驱动装置等电气设备的地方。

12.3.3 在通行管沟和地下、半地下检查室内的照明灯具应采用防潮的密封型灯具。

12.3.4 在管沟、检查室等湿度较高的场所，灯具安装高度低于 2.2m 时，应采用 24V 以下的安全电压。

13 热工检测与控制

13.1 一般规定

13.1.1 城镇供热管网应具备必要的热工参数检测与控制装置。规模较大的城镇供热管网应建立完备的计算机监控系统。

13.1.2 多热源大型供热系统应按热源的运行经济性实现优化调度。

13.1.3 城镇供热管网检测与控制系统硬件选型和软件设计应满足运行控制调节及生产调度要求，并应安全可靠、操作简便和便于维护管理。

13.1.4 检测、控制系统中的仪表、设备、元件，设计时应选用先进的标准系列产品。安装在管道上的检测与控制部件，宜采用不停热检修的产品。

13.1.5 供热管网自动调节装置应具备信号中断或供电中断时维持当前值的功能。

13.1.6 供热管网的热工检测和控制系统设计，除应遵守本章规定外尚应符合热工检测与控制设计有关标准的规定。

13.2 热源及供热管线参数检测与控制

13.2.1 热水供热管网在热源与供热管网的分界处应检测、记录下列参数：

1 供水压力、回水压力、供水温度、回水温度、供水流量、回水流量、热功率和累计热量以及热源处供热管网补水的瞬时流量、累计流量、温度和压力。

2 供回水压力、温度和流量应采用记录仪表连续记录瞬时值，其他参数应定时记录。

13.2.2 蒸汽供热管网在热源与供热管网的分界处应检测、记录下列参数：

1 供汽压力、供汽温度、供汽瞬时流量和累计流量（热量）、返回热源的凝结水温度、压力、瞬时流量和累计流量。

2 供汽压力和温度、供汽瞬时流量应采用记录仪表连续记录瞬时值，其他参数应定时记录。

13.2.3 供热介质流量的检测应考虑压力、温度补偿。流量检测仪表应适应不同季节流量的变化，必要时应安装适应不同季节负荷的两套仪表。

13.2.4 用于供热企业与热源企业进行贸易结算的流量仪表的系统精度，热水流量仪表不应低于1%；蒸汽流量仪表不应低于2%。

13.2.5 热源的调速循环水泵宜采用维持供热管网最不利资用压头为给定值的自动或手动控制泵转速的方式运行。多热源联网运行的基本热源满负荷后，其调速循环水泵应采用保持满负荷的调节方式，此时调峰热源的循环水泵应按供热管网最不利资用压头控制泵转速的方式运行。

循环水泵的入口和出口应具有超压保护装置。

13.2.6 热力网干线的分段阀门处、除污器的前后以及重要分支节点处，应设压力检测点。对于具有计算机监控系统的热力网应实时监测热力网干线运行的压力工况。

13.3 中继泵站参数检测与控制

13.3.1 中继泵站的参数检测应符合下列规定：

1 应检测、记录泵站进、出口母管的压力；

2 应检测除污器前后的压力；

3 应检测每台水泵吸入口及出口的压力；

4 应检测泵站进口或出口母管的水温；

5 在条件许可时，宜检测水泵轴承温度和水泵电机的定子温度，并应设报警装置。

13.3.2 大型供热系统输送干线的中继泵宜采用工作泵与备用泵自动切换的控制方式，工作泵一旦发生故障，连锁装置应保证启动备用泵。上述控制与连锁动作应有相应的声光信号传至泵站值班室。

13.3.3 中继泵宜采用维持其供热范围内热力网最不利资用压头为给定值的自动或手动控制泵转速的方式运行。

中继泵的入口和出口应设有超压保护装置。

13.4 热力站参数检测与控制

13.4.1 热力站参数检测应符合下列规定：

1 热水热力网热力站应检测、记录热力网和用户系统总管和各分支系统供水压力、回水压力、供水温度、回水温度，热力网侧总流量和热量，用户系统补水量，生活热水耗水量。有条件时宜检测热力网侧各分支系统流量和热量。

2 蒸汽热力网热力站应检测、记录总供汽瞬时和累计流量、压力、温度和各分支系统压力、温度，需要时应检测各分支系统流量。凝结水系统应检测凝结水温度、凝结水回收量。有二次蒸发器、汽水换热器时，还应检测其二次侧的压力、温度。

13.4.2 热水热力网热力站宜根据不同类型的热负荷按下列方案进行自动控制：

1 对于直接连接混合水泵采暖系统，应根据室外温度和温度调节曲线，调节热力网流量使采暖系统水温维持室外温度下的给定值。

2 对于间接连接采暖系统宜采用质调节。调节装置应根据室外温度和质调节温度曲线，调节换热器（换热器组）热力网侧流量使采暖系统水温维持室外温度下的给定值。

3 对于生活热水热负荷应采用定值调节，并应符合下列规定：

1）应调节热力网流量使生活热水供水温度控制在设计温度±5℃以内；

2）应控制热力网流量使热力网回水温度不超标，并以此为优先控制。

4 对于通风、空调热负荷，其调节方案应根据工艺要求确定。

5 热力站内的排水泵、生活热水循环泵、补水泵等应根据工艺要求自动启停。

13.4.3 蒸汽热力网热力站自动控制应符合下列规定：

1 对于蒸汽负荷应根据用热设备需要设置减压、减温装置并进行自动控制；

2 汽水换热系统的控制方式应符合本规范第

13.4.2 条的规定；

3 凝结水泵应自动启停。

13.4.4 当热力站采用流量（热量）进行贸易结算时，其流量仪表的系统精度，热水流量仪表不应低于1%；蒸汽流量仪表不应低于2%。

13.5 供热管网调度自动化

13.5.1 城镇供热管网宜建立包括监控中心和本地监控站的计算机监控系统。

13.5.2 本地监控装置应具备检测参数的显示、存储、打印功能，参数超限、设备事故的报警功能，并应将以上信息向上级监控中心传送。本地监控装置还应具备供热参数的调节控制功能和执行上级控制指令的功能。

监控中心应具备显示、存储及打印热源、供热管线、热力站等站、点的参数检测信息和显示各本地监控站的运行状态图形、报警信息等功能，并应具备向下级监控装置发送控制指令的能力。监控中心还应具备分析计算和优化调度的功能。

13.5.3 供热管网计算机监控系统的通信网络，宜利用公共通信网络。

14 街区热水供热管网

14.1 一般规定

14.1.1 街区热水供热管网设计时，应计算建筑物的设计热负荷。对既有建筑应调查历年实际热负荷、耗热量及建筑节能改造情况，按实际耗热量确定设计热负荷。

14.1.2 采暖、通风、空调系统供热管网水质应符合下列规定：

1 热力站间接连接系统街区热水供热管网水质，应满足本规范第10.3.12条的要求；

2 连接锅炉房等热源的街区热水供热管网水质，应满足现行国家标准《工业锅炉水质》GB/T 1576对热水锅炉水质的要求；

3 应满足室内系统散热设备、管道及附件的要求。

14.1.3 用于生活热水系统的管网水质的卫生指标，应符合现行国家标准《生活饮用水卫生标准》GB 5749的规定。

14.2 水力计算

14.2.1 管网管径和循环泵的设计参数应根据水力计算结果确定。当热用户分期建设时，应分期进行管网水力计算，应按规划期设计流量选择管径，分期确定循环泵运行参数。

14.2.2 对全年运行的空调系统管道，应分别计算采暖期和供冷期设计流量和管网压力损失，分别确定循环泵运行参数。

14.2.3 用于采暖、通风、空调系统的管网，设计流量应按本规范第7.1.1条计算。用于生活热水系统的管网，设计流量应按现行国家标准《建筑给水排水设计规范》GB 50015确定。

14.2.4 用于采暖、通风、空调系统的管网，确定主干线管径时，宜采用经济比摩阻。经济比摩阻数值宜根据工程具体条件计算确定。主干线比摩阻可采用60Pa/m～100Pa/m。

14.2.5 用于采暖、通风、空调系统的管网，支线管径应按允许压力降确定，比摩阻不宜大于400Pa/m。

14.2.6 用于采暖、通风、空调系统的管网设计，应保证循环水泵运行时管网压力符合下列规定：

1 系统中任何一点的压力不应超过设备、管道及管件的允许压力；

2 系统中任何一点的压力不应低于10kPa；

3 循环水泵吸入口压力不应低于50kPa。

14.2.7 用于采暖、通风、空调系统的管网设计，应保证循环水泵停止运行时管网静态压力符合下列规定：

1 系统中任何一点的压力不应超过设备、管道及管件的允许压力；

2 系统中任何一点的压力，当设计供水温度高于65℃时，不应低于10kPa；当设计供水温度等于或低于65℃时，不应低于5kPa。

14.2.8 用于采暖、通风、空调系统的管网最不利用户的资用压头，应考虑用户系统安装过滤装置、计量装置、调节装置的压力损失。

14.3 管网布置与敷设

14.3.1 居住建筑管网的水力平衡调节装置和热量计量装置应设置在建筑物热力入口处。

14.3.2 当建筑物热力入口不具备安装调节和计量装置的条件时，可根据建筑物使用特点、热负荷变化规律、室内系统形式、供热介质温度及压力、调节控制方式等，分系统设置管网。

14.3.3 当系统较大、阻力较高、各环路负荷特性或阻力相差悬殊、供水温度不同时，宜在建筑物热力入口设二次循环泵或混水泵。

14.3.4 生活热水系统应设循环水管道。

14.3.5 街区热水供热管网宜采用枝状布置。

14.3.6 在满足室内各环路水力平衡和供热计量的前提下，宜减少建筑物热力入口的数量。

14.3.7 民用建筑区的管道宜采用地下敷设。

14.3.8 当采用直埋敷设时，应采用无补偿敷设方式，设计计算应按现行行业标准《城镇直埋供热管道工程技术规程》CJJ/T 81的规定执行。

14.3.9 当采用管沟敷设时，宜采用通行管沟或半通行管沟。管沟尺寸及设施应符合本规范第8.2.5～8.2.7条的规定。安装阀门、补偿器处应设人孔。

14.3.10 街区热水供热管网管道可与空调冷水、冷却水、生活给水、消防给水、电力、通信管道敷设在综合管沟内。当运行期间管沟内的温度超过其他管线运行要求时，应采取隔热措施或设置自然通风设施。

14.3.11 街区热水供热管网管沟与燃气管道交叉敷设时，必须采取可靠措施防止燃气泄漏进管沟。

14.3.12 当室外管沟敷设管道进入建筑物地下室或室内管沟时，宜在进入建筑物前设置长度为1m～2m的直埋管段。当没有条件设置直埋管段时，应在管道穿墙处封堵严密。

14.3.13 管沟应采取可靠的防水措施，并应在低点设排水设施。

14.3.14 建筑物热力入口装置宜设在建筑物地下室、楼梯间，当设在室外检查室内时，检查室的防水及排水设施应能满足设备、控制阀和计量仪表对使用环境的要求。

14.4 管道材料

14.4.1 街区热水供热管网管道材料应符合本规范第8章的规定。用于生活热水供应的管道材料，应符合现行国家标准《建筑给水排水设计规范》GB 50015的规定。

14.4.2 直埋保温管的技术要求应符合现行行业标准《高密度聚乙烯外护管聚氨酯泡沫塑料预制直埋保温管》CJ/T 114或《玻璃纤维增强塑料外护层聚氨酯泡沫塑料预制直埋保温管》CJ/T 129的规定。直埋保温管件的技术要求应符合现行行业标准《高密度聚乙烯外护管聚氨酯硬质泡沫塑料预制直埋保温管件》CJ/T 155的规定。

14.4.3 供热管道及管路附件均应保温。在综合管沟内敷设的管道，当同沟敷设的其他管道要求控制沟内温度时，应按管沟温度条件校核保温层厚度。

14.4.4 直埋敷设管道及管路附件等连接应采用焊接，管路附件应能够承受管道的轴向作用力。

14.4.5 管沟敷设管道连接应采用焊接，阀门等可采用焊接或法兰连接。

14.5 调节与控制

14.5.1 在建筑物热力入口处，供、回水管上应设阀门、温度计、压力表，供、回水管之间宜设连通管，在供水入口和调节阀、流量计、热量表前的管道上应设过滤器。

14.5.2 在建筑物热力入口处，采暖、通风、空调系统应分系统设水力平衡调节装置，生活热水系统循环管上宜设水力平衡调节装置。水力平衡调节装置的安装应符合产品的要求。

14.5.3 当公共建筑室内系统间歇运行时，在建筑物热力入口宜设自动启停控制装置，并应按预定时间分区分时控制。

14.5.4 当在建筑物热力入口设二次循环泵或混水泵时，循环泵和混水泵应采用调速泵。

14.5.5 热量表应符合现行行业标准《热量表》CJ 128的规定。热量表的安装位置、过滤器的规格应符合热量表产品要求。

14.5.6 管网上的各种设备、阀门、热量表及热力入口装置的使用要求和防水等级，应满足安装环境条件。

14.5.7 有条件时，建筑物热力入口处的温度、压力、流量、热量信号宜传至集中控制室。

本规范用词说明

1 为便于在执行本规范条文时区别对待，对要求严格程度不同的用词说明如下：

1）表示很严格，非这样做不可的：
正面词采用“必须”，反面词采用“严禁”；

2）表示严格，在正常情况下均应这样做的：
正面词采用“应”，反面词采用“不应”或“不得”；

3）表示允许稍有选择，在条件许可时首先应这样做的：
正面词采用“宜”，反面词采用“不宜”；

4）表示有选择，在一定条件下可以这样做的，采用“可”。

2 条文中指定应按其他有关标准执行的写法为“应按……执行”或“应符合……的规定（或要求）”。

引用标准名录

1 《建筑给水排水设计规范》GB 50015
2 《采暖通风与空气调节设计规范》GB 50019
3 《湿陷性黄土地区建筑规范》GB 50025
4 《室外给水排水和煤气热力工程抗震设计规范》GB 50032
5 《建筑照明设计标准》GB 50034
6 《锅炉房设计规范》GB 50041
7 《供配电系统设计规范》GB 50052
8 《低压配电设计规范》GB 50054
9 《膨胀土地区建筑技术规范》GBJ 112
10 《内河通航标准》GB 50139
11 《工业设备及管道绝热工程设计规范》GB 50264
12 《工业锅炉水质》GB/T 1576
13 《声环境质量标准》GB 3096
14 《设备及管道绝热技术通则》GB/T 4272
15 《生活饮用水卫生标准》GB 5749

16 《设备及管道绝热设计导则》GB/T 8175

17 《电能质量　公用电网谐波》GB/T 14549

18 《城镇直埋供热管道工程技术规程》CJJ/T 81

19 《高密度聚乙烯外护管聚氨酯泡沫塑料预制直埋保温管》CJ/T 114

20 《热量表》CJ 128

21 《玻璃纤维增强塑料外护层聚氨酯泡沫塑料预制直埋保温管》CJ/T 129

22 《高密度聚乙烯外护管聚氨酯硬质泡沫塑料预制直埋保温管件》CJ/T 155

23 《污水排入城市下水道水质标准》CJ 3082

24 《火力发电厂汽水管道应力计算技术规程》DL/T 5366

中华人民共和国行业标准

城镇供热管网设计规范

CJJ 34—2010

条 文 说 明

修 订 说 明

《城镇供热管网设计规范》CJJ 34-2010 经住房和城乡建设部 2010 年 7 月 23 日以第 703 号公告批准、发布。

本规范是在《城市热力网设计规范》CJJ 34-2002 的基础上修订而成，上一版的主编单位是北京市煤气热力工程设计院，参编单位是天津市热电设计院、中国建筑科学研究院空调所、中国船舶重工集团公司第七研究院第七二五研究所、北京豪特耐集中供热设备有限公司、兰州石油化工机器总厂板式换热器厂、沈阳市热力工程设计研究院，主要起草人员是：尹光宇、段洁仪、冯继蓓、何方渝、赵海涌、郭幼农、徐邦煦、韩铁宝。本次修订的主要内容是增加了街区热水供热管网内容，提出街区热水管网与热力网不同的技术要求，针对街区热水管网运行调节的特点提出了现实可行的技术要求，并提出水力平衡、变流量等节能运行要求。

为便于广大设计、施工、科研、学校等单位的有关人员在使用本规范时能正确理解和执行条文规定，《城镇供热管网设计规范》编制组按章、节、条顺序编制了本标准的条文说明，对条文规定的目的、依据以及执行中需注意的有关事项进行了说明，还着重对强制条文的强制性理由作了解释。但是，本条文说明不具备与标准正文同等的法律效力，仅供使用者作为理解和把握标准规定的参考。在使用中如果出现本条文说明有不妥之处，请将意见函寄北京市煤气热力工程设计院有限公司。

目　次

1 总　　则

1.0.2 原规范本条第1款将城市热力网定义为由供热企业经营，对多个用户供热，自热源至热力站的热力网。本次修订增加了第14章，对用户街区热水供热管网设计给予相应的规定，主要用于自用户热力站或直接供热的小型热源至用热建筑物的低温热水管网，适用于一般采暖、空调及生活热水系统，温度不高于95℃，压力不高于1.6MPa。因此，修订后的规范适用范围包括自热源至建筑热力入口的城镇供热管网系统，即包括自热源至热力站的热力网、热力站和自热力站至建筑物的街区供热管网。原规范第1款还规定了适用于以热电厂和锅炉房为热源的城镇供热管网，因为这样的城镇供热管网已有多年的设计、运行经验。热泵机房、直燃机房等常规热源的供热管网可执行本规范。对于以地热或工业余热为热源的供热管网，其设计的特殊要求，尚需总结设计、运行经验才能得出，故本规范的适用范围中暂未包括此类供热管网。

本条第2款规定了本规范适用的设计范围。

本条规定了本规范适用的供热介质参数。目前我国已进行过约200℃高温水热力网的试验工作，技术上是可行的。故本规范热水热力网供热介质参数适用范围定为温度不高于200℃。200℃热水对应的饱和蒸汽压力约为1.56MPa，故将其工作压力定为不高于2.5MPa。同时近些年出现了一些大高差、长距离的热网，也需要将热网的设计压力提高到2.5MPa的水平。城镇蒸汽热力网的供热介质参数，目前我国一般为压力不高于1.3MPa，温度不高于300℃，可以满足一般工业用户的要求。本规范为了设计参数留有适当余地，并从不考虑钢材蠕变，简化设计出发，将蒸汽热力网供热介质的参数定为：压力不高于1.6MPa，温度不高于350℃。

1.0.3 本条规定了城镇供热管网设计的基本原则。其中“注意美观”的规定，体现了城镇供热管网的特殊性，也是一条重要的设计原则。

1.0.4 本规范的内容只包括一般地区城镇供热管网的设计规定。对于地震、湿陷性黄土、膨胀土等特殊地区进行城镇供热管网工程设计时，还应注意遵守针对这些地区专门的设计规范的规定。

2 术语和符号

2.1 术　　语

2.1.9 本规范规定的热力网是城镇供热管网的一部分，指以热电厂或区域锅炉房为热源，自热源至热力站的区域供热管网，包括蒸汽及热水管线、中继泵站和热力站。

2.1.10 本规范规定的街区热水供热管网指用户供热系统的室外低温热水管网，包括热水管线和建筑物热力入口。街区热水管网的供热半径较小，热水来自热力站、用户锅炉房、热泵机房、直燃机房等小型热源。街区热水管网的主要热负荷类型为采暖、通风、空调、生活热水，一般散热器采暖系统设计供水温度为80℃～95℃，空调系统采暖设计供水温度为60℃～65℃，生活热水设计供水温度为50℃～65℃。

2.1.11 供热管道设计时将管道分为三类管段：三通、弯管和直管。三通处因支线开孔管道强度削弱，不论采用何种敷设方式，设计时均需要采取保护措施。弯管段本身为补偿装置，设计时需要将补偿量控制在补偿能力之内。在以上三类管段中，只有直管段设计时需要考虑热补偿问题。因此，供热管道设计采用的热补偿方式，指直管段的热补偿方式。无补偿敷设方式主要用于直埋敷设供热管道设计，定义为直管段不采取任何人为的热补偿措施的直埋敷设方式。其中，人为的热补偿措施包括设置补偿器、预热、一次性补偿器覆土后预热等措施。

3 耗 热 量

3.1 热 负 荷

3.1.1 进行热力网支线及用户热力站设计时，考虑到各建筑物用热的特殊性，采用建筑物的设计热负荷比采用热指标计算更符合实际。

目前建筑物的设计采暖热负荷，在城镇供热管网连续供热情况下，往往数值偏大。全国各热力公司实际供热统计资料的一致结论是：在城镇供热管网连续供热条件下，实际热负荷仅为建筑物设计热负荷的0.7倍～0.8倍，这里面有建筑物设计时考虑间歇供暖的因素，也有设计计算考虑最不利因素同时出现等原因。但作为供热管网设计规范，规定采用建筑物的设计热负荷是合理的。针对上述采暖设计热负荷偏大的问题，条文中以“宜采用经核实的建筑物设计热负荷”的措辞来解决。“经核实”的含义是：①建筑物的设计部门提供城镇供热管网连续供热条件下，符合实际的设计热负荷；②若采用以前偏大的设计数据时，应加以修正。

3.1.2 没有建筑物设计热负荷资料时，各种热负荷可采用概略计算方法。对于热负荷的估算，本规范采用单位建筑面积热指标法，这种方法计算简便，是国内经常采用的方法。本节提供的热指标和冷指标的依据为我国“三北”地区的实测资料，南方地区应根据当地的气象条件及相同类型建筑物的热（冷）指标资料确定。

1 采暖热负荷

采暖热负荷主要包括围护结构的耗热量和门窗缝隙渗透冷空气耗热量。设计选用热指标时，总建筑面积大，围护结构热工性能好，窗户面积小，采用较小值；反之采用较大值。

表 3.1.2-1 所列热指标中包括了大约 5%的管网热损失在内。因热损失的补偿为流量补偿，热指标中包括热损失，计算出的热网总流量即包括热损失补偿流量，对设计计算工作是十分简便的。

近年来国家制定了一批法律法规和标准规范，通过在建筑设计和采暖供热系统设计中采取有效的技术措施，降低采暖能耗。本条采暖热指标的推荐值提供两组数值，按表中给出的热指标计算热负荷时，应根据建筑物及其采暖系统是否采取节能措施分别计算。

未采取节能措施的建筑物采暖热指标与原规范相同。住宅采暖热指标采用中国建筑科学研究院空调所《城市集中供热采暖热指标推荐值初步研究》的结论，即我国“三北”地区目前城市住宅的采暖热指标（包括 5%的管网热损失在内）可采用 $58W/m^2$～$64W/m^2$。为便于使用，还给出了居住区综合热指标，这个热指标包含居住区级、街区级公共建筑采暖耗热量在内，该热指标是根据住宅、公共建筑热指标及人均建筑面积计算得出的。公共建筑采暖热指标参考《全国民用建筑工程设计技术措施》的估算指标。

表 3.1.2-1 中采取节能措施后的建筑物是指按照《民用建筑节能设计标准（采暖居住建筑部分）》JGJ 26－95 规定设计的建筑物及其采暖系统。对于按照《严寒和寒冷地区居住建筑节能设计标准》JGJ 26－2010 规定设计的建筑物，热指标应更低，由于该标准实施时间较短，实测统计数据较少，本规范未提供热指标推荐值，设计时可根据建筑物实际情况确定。考虑到在建筑设计中采取墙体保温和提高门窗气密性等措施，减少围护结构耗热量；在供热系统设计中采用流量控制阀、平衡阀、温控阀等自动化调节设备，使水力失调大大改善；加之使用预制直埋保温管，减少管网热损失，整个供热系统的耗热量有了明显下降。尤其是住宅设计采取以上节能措施后，采暖热指标下降较大；公共建筑围护结构设计虽也采取了节能措施，但因体形系数增大，其本身的耗热量下降不多，主要考虑供热系统的节能效果，其采暖热指标也略有下降。

下表是根据北京市城镇供热管网 1992 年至 1998 年 6 个采暖季的实测资料统计分析，将连续最冷日（即室外日平均气温小于－4℃天气）的耗热量，折算为采暖室外设计温度为－9℃且采暖室内设计温度为 18℃时的综合热指标。由下表可见热指标及其变化趋势，连续最冷日的折算热指标平均每年降低$2.4W/m^2$。

采暖季	92～93	93～94	94～95	95～96	96～97	97～98
折算热指标（W/m^2）	75.4	72.7	65.4	64.1	60.8	60.7

2 通风热负荷

通风热负荷为加热从机械通风系统进入建筑物的室外空气的耗热量。

3 空调热负荷

空调冬季热负荷主要包括围护结构的耗热量和加热新风耗热量。因北方地区冬季室内外温差较大，加热新风耗热量也较大，设计选用时严寒地区空调热指标应取较高值。

空调夏季冷负荷主要包括围护结构传热、太阳辐射、人体及照明散热等形成的冷负荷和新风冷负荷。设计时需根据空调建筑物的不同用途、人员的群集情况、照明等设备的使用情况确定空调冷指标。表 3.1.2-2 所列面积冷指标应按总建筑面积估算，表中数值参考了建筑设计单位常用的空调房间冷指标，考虑空调面积占总建筑面积的百分比为 70%～90%及室内空调设备的同时使用系数 0.8～0.9 计算，当空调面积占总建筑面积的比例过低时，应适当折算。

吸收式制冷机的制冷系数应根据制冷机的性能、热源参数、冷却水温度、冷水温度等条件确定。一般双效溴化锂吸收式制冷机组 *COP* 可达 1.0～1.2，单效溴化锂吸收式制冷机组 *COP* 可达 0.7～0.8。

4 生活热水热负荷

生活热水热负荷可按两种方法进行计算，一种是按用水单位数计算，适用于已知规模的建筑区或建筑物，具体方法见现行国家标准《建筑给水排水设计规范》GB 50015。

另一种计算生活热水热负荷的方法是热指标法，可用于居住区生活热水热负荷的估算，表 3.1.2-3 给出了居住区生活热水日平均热指标。住宅无生活热水设备，只对居住区公共建筑供热水时，按居住区公共建筑千人指标，参考现行国家标准《建筑给水排水设计规范》GB 50015 热水用水定额估算耗水量，并按居住区人均建筑面积折算为面积热指标，取 $2W/m^2$～$3W/m^2$；有生活热水供应的住宅建筑标准较高，故按人均建筑面积 $30m^2$、60℃热水用水定额为每人每日 85L～130L 计算并考虑居住区公共建筑耗热水量，因住宅生活热水热指标的实际统计资料不多，为增加选用时的灵活性，面积热指标取$5W/m^2$～$15W/m^2$。以上计算中冷水温度取 5℃～15℃。

3.1.3 我国建设的城市蒸汽供热系统大多达不到设计负荷。这里面有两个因素，一个是同时系数取用过高，另一个是用户申报用汽量偏大。热负荷的准确统计，是整个供热管网设计的基础，因此应收集生产工艺系统不同季节的典型日（周）负荷曲线，日（周）负荷曲线应能反映热用户的生产性质、运行天数、昼夜生产班数和各季节耗热量不同等因素。为了使统计的生产工艺热负荷能够相对准确、落实，特推荐本条款中对平均热负荷核实验算的两种方法，把这两种验算方法的结果与用户提供的平均耗汽量相比较，如果误差较大，应找出原因反复校验、分析，调整负荷曲线，直到最后得出较符合实际的热负荷量。最大、最小负荷及负荷曲线应按核实后的平均负荷进行调整。

式中生活耗热量包括生活热水、饮用水、蒸饭等的耗热量。

3.1.4 本条为没有工业建筑采暖、通风、空调、生活及生产工艺热负荷设计资料时，概略计算热负荷的方法。由于工业建筑和生产工艺的千差万别，难于给出类似民用建筑热指标性质的统计数据，故可采用按不同行业项目估算指标中典型生产规模进行估算（对于纺织业和轻工业可参考表1、表2）或采用相似企业的设计（实际）耗热定额估算热负荷的方法。

表1 纺织业用汽量估算指标

序号	名 称	规 模		建筑面积（万 m^2）	用地面积（万 m^2）	用汽量（t /h）	单位用汽量（t/h 用地万 m^2）	备注
1	棉纺厂	30000 锭		8	15	5.5	0.37	
		50000 锭		12	23	8.8	0.38	
2	棉纺织厂	30000 锭	44 寸	11	21	10.5	0.5	
			75 寸	12	24	10.7	0.45	
		50000 锭	56 寸	18	35	17.8	0.5	
			75 寸	20	37	17.8	0.48	
3	毛条厂	年产 1800t		4	11	15.7	1.43	
		年产 3000 t		6	16	21.4	1.34	
4	粗梳毛纺织厂	1000 锭 40 台		5	11	16	1.45	
		2000 锭 80 台		7	17	21	1.24	
5	精梳毛纺织厂	5000 锭 90 台		6	13	14.2	1.1	
		10000 锭 192 台		10	21	21	1	
6	漂染厂	年产 1500 万 m		2.67	6.26	19.5	3.12	
7	印染厂	年产 2500 万 m		3.89	8.9	32.4	3.64	
8	丝织厂	200 台织机		3.15	5.47	1.4	0.26	
		400 台织机		5.61	7.37	3.36	0.46	
9	丝绸印染厂	印染年产 1000 万 m		3.97	7.6	11.78	1.55	
		练染年产 2000 万 m		3.09	7.1	16.47	2.32	
10	缫丝厂	2400 绪		1.8	4	5.4	1.35	
		4800 绪		3.27	6.8	9.3	1.37	
11	苎麻纺织厂	2500 锭		6.05	12.93	12	0.93	
		纺 5000 锭织 230 台		7.93	18.53	18.7	1	
		纺 10000 锭织 476 台		13.43	27	28	1.04	
12	亚麻厂	纺 5000 锭织 140 台		7.2	15.85	18.61	1.17	
		纺 10000 锭织 280 台		13.35	29.02	26.9	0.93	
		年产 500t		1.97	42.23	3.59	0.09	
		年产 1000t		2.97	69.21	6.5	0.094	
13	麻袋厂	年产 400 万条		3.03	6.73	3.85	0.57	
		年产 800 万条		5.07	11.2	7	0.625	

续表 1

序号	名 称	规 模		建筑面积（万 m^2）	用地面积（万 m^2）	用汽量（t /h）	单位用汽量（t/h 用地万 m^2）	备注
14	棉针织厂	纬编厂	500 万件	3.75	5.71	10.36	1.8	
			800 万件	5.33	8.13	13	1.6	
		经编厂	30 台	1.78	2.95	6.5	2.2	
			50 台	2.73	4.42	9.73	2.2	
15	毛针织厂	50 万件		3.51	5.65	0.83	0.15	
		80 万件		4.86	8.22	1.65	0.2	
16	真丝针织厂	年产 320t		4.19	8.03	6.07	0.76	
17	西服厂	6 万套		1.44	2	2	1	
		15 万套		2.05	2.7	3	1.1	
18	衬衫厂	60 万件		1.34	2	2	1	
		150 万件		1.95	2.7	3	1.1	
19	粘胶长丝厂	年产 3000t		12.76	27.1	73	2.7	
20	粘胶短纤维厂	年产 10000t		8.57	19.13	71	3.7	
21	锦纶长丝厂	年产 8000t		17.88	40.4	46	1.14	
22	锦纶帘子布厂	年产 13000t		12.84	36.6	58	1.6	
23	涤纶长丝厂	年产 5000t		5.14	10.57	8	0.8	
		年产 7500t		6.91	13.54	11	0.8	
		年产 10000t		8.35	16.2	16	1	
24	涤纶短纤维厂	年产 7500t		3.22	7.9	15	2	
		年产 15000t		4.93	10.66	25	2.35	

上表引自原纺织工业部 1990 年版《纺织工业工程建设投资估算指标》。

表 2 轻工业用汽量估算指标

序号	名 称	规 模		建筑面积（万 m^2）	用地面积（万 m^2）	用汽量 t(汽)/t(品)	备注
1	新闻纸	年产 6.8 万 t	漂白化机浆	6.46	30	0.7	制浆造纸
			新闻纸			2.6	
		年产 10 万 t	漂白化机浆	9.5	33	0.7	
			新闻纸			2.6	
2	胶印书刊纸	年产 3.4 万 t	漂白苇浆	5.65	48	3.5	制浆造纸
			漂白竹浆			3.7	
			胶印书刊纸			3.5	
		年产 5.1 万 t	漂白苇浆	7.4	55	3.5	
			漂白竹浆			3.7	
			胶印书刊纸			3.5	

续表2

序号	名称	规模	建筑面积（万m^2）	用地面积（万m^2）	用汽量 t(汽)/t(品)	备注
3	牛皮箱纸板	年产5.1万t	3.6	10	3.2	制浆造纸
		年产6.8万t	4.3	12	3.2	
4	涂料白纸板	年产5.1万t	4	10	3.4	制浆造纸
		年产10万t	5.2	12	3.4	
5	漂白硫酸盐木浆板	年产5.1万t 硫酸盐木浆	7.5	55	3.5	制浆造纸
		年产5.1万t 硫酸盐木浆板			2.5	
		年产10万t 硫酸盐木浆	10.2	75	3.5	
		年产10万t 硫酸盐木浆板			2.5	
6	洗衣粉	年产5万t	2.44	8	0.11	合成洗涤剂
		年产3～4万t	2.2	4.5		
7	三聚磷酸钠	年产7万t 年产3万t黄磷	11	36.5	1.4	三聚磷酸钠
		年产7万t 年产7万t五钠			0.72	
8	咸牛肉罐头	1000t/a	0.079	0.3	1.2	肉类罐头
9	午餐肉罐头	3000t/a	0.48	1	2.5	
10	糖水苹果罐头	1000t/a	0.096	0.32	1.2	水果类罐头
11	菠萝罐头	5000t/a	1.4	4	0.2	
		10000t/a	2.18	6.25		
12	青刀豆罐头	5000t/a	2.45	7	0.27	蔬菜类罐头
		10000t/a	3.52	9.4		
13	芦笋罐头	5000t/a	2.45	7	0.35	
		10000t/a	3.52	9.4		
14	蘑菇罐头	3000t/a	0.25	1	1.5	
15	酒精	年产1万t	0.84	4.3	7.34	酒精
		年产3万t	1.77	7.1		
16	酒糟饲料	年产2万t	0.17	0.126	3.25	酒糟饲料
17	易拉罐装饮料	300罐/min	0.24	0.3	0.21	易拉罐装饮料
18	淀粉	160t/a加工玉米	1.8	4.5	2.4	淀粉
		250t/a加工玉米	2.75	8.58		
19	消毒乳	40t/d	0.5	1.4	0.17	乳制品
20	全脂加糖乳粉	年产约0.2万t	0.5～0.8	1.8～2.3	9.5	
21	全脂淡乳粉				8.5	
22	脱脂乳粉				9	
23	电冰箱	年产30万台	3	5	0.02～0.03/台	电冰箱
24	空调器	年产60万台	5	7	0.02～0.03/台	空调器
25	制革	年产30万张	1.2	2.13	20～36/km^2	制革
		年产60～100万张	3.31	5.6		

续表 2

序号	名 称	规 模		建筑面积（万 m^2）	用地面积（万 m^2）	用汽量 t(汽)/t(品)	备注
26	果汁饮料	年产2万 t	橙加工浓缩汁	0.86	4.3	1.2	果汁饮料
			1500ml 聚酯瓶饮料			0.21	
			250ml 玻璃瓶饮料			0.21	

上表引自中国轻工总会规划发展部、中国轻工业勘察设计协会 1996 年 7 月版《轻工业建设项目技术与经济》。

3.1.5 对于同时系数的选取，考虑到在目前市场经济的条件下，用户多以销定产，因此本条将同时系数下限范围较原《城市热力网设计规范》CJJ 34－90 扩大，以便根据不同的情况，在同时系数选取时有较大的余地。根据蒸汽管网上各用户的不同情况，当各用户生产性质相同、生产负荷平稳且连续生产时间较长，同时系数取较高值，反之取较低值。

3.1.6 计算热力网干线生活热水热负荷时，无论用户有无储水箱，均按平均热负荷计算。其理由是：

1 生活热水用户数量多，最大负荷同时出现的可能性小，即小时变化系数小；

2 目前生活热水热负荷占总热负荷的比例较小，同时生活热水高峰出现时间也较短，故生活热水负荷波动对其他负荷的影响较小。

而支线则不一定具备上述条件，对个别用户，生活热水热负荷占的比例可能较大。故在支线设计时应根据生活热水用户有无储水箱，按实际可能出现的最大负荷进行计算。

3.1.7 供热式汽轮机组，在非采暖期热负荷较小，热电联产的经济效益较低。在非采暖期发展制冷（吸收式或蒸汽喷射式）热负荷可提高热电联产供热系统的经济效益。

对于蒸汽热力网发展制冷负荷和季节性夏季生产负荷，不但可以提高供热机组的经济效益，还可减少管网沿途热损失和凝结水量，提高管网的运行效益。

热水热力网为了提高制冷机组的制冷系数，需要提高热力网非采暖期的运行参数，这又会降低供热发电的经济性，所以只有制冷负荷足够大时，才是经济合理的。

3.2 年 耗 热 量

3.2.1 全年耗热量计算公式推导如下：

1 采暖期采暖平均热负荷本应由下式精确计算：

$$Q_{h.a}=Q_h\left[\frac{t_i-t'_a}{t_i-t_{o.h}}\times\frac{N-5}{N}+\frac{5}{N}\right] \tag{1}$$

式中：$Q_{h.a}$——采暖期采暖平均热负荷；

Q_h——采暖设计热负荷；

t_i——室内计算温度；

$t_{o.h}$——采暖室外计算温度；

t'_a——采暖期除去最冷五天（采暖历年平均不保证天数）后的平均室外温度；

N——采暖期天数。

因 t'_a 需根据历年气象资料统计计算，比较繁琐，故在年耗热量概略计算时本条推荐采用近似公式

$$Q_{h.a}=Q_h\frac{t_i-t_a}{t_i-t_{o.h}} \tag{2}$$

此式中 t_a 为采暖期室外平均温度，在《暖通空调气象资料集》中可以方便地查到此项数据。近似计算公式的误差不大，根据北京市气象资料计算，误差不超过1％，对于一般工程计算这样的误差是完全允许的。

同样道理，通风、空调的平均热负荷计算公式也是近似公式，经试算其误差不大于1％。故本规范推荐近似公式。

2 采暖全年耗热量

$$\begin{aligned}Q^a_h&=Q_{h.a}\times N\times 24\times 3600\times 10^{-6}\quad(GJ)\\&=0.0864NQ_h\frac{t_i-t_a}{t_i-t_{o.h}}\quad(GJ)\end{aligned} \tag{3}$$

当用户采暖系统采用分室控制、分户计量后，全年耗热量比集中连续供热时减少，设计计算时应适当考虑，但由于实测资料较少，规范中暂不规定具体数值。

3 采暖期通风耗热量

$$\begin{aligned}Q^a_v&=Q_{v.a}\times T_v\times N\times 3600\times 10^{-6}\quad(GJ)\\&=0.0036T_vNQ_v\frac{t_i-t_a}{t_i-t_{o.v}}\quad(GJ)\end{aligned} \tag{4}$$

式中：$Q_{v.a}$——采暖期通风平均热负荷；

T_v——通风装置每日平均运行小时数；

Q_v——通风设计热负荷；

$t_{o.v}$——冬季通风室外计算温度，当采暖建筑物设置机械通风系统时，为保持冬季采暖室内温度，选择机械送风系统的空气加热器时，室外计算参数宜采用采暖室外计算温度。

4 空调采暖耗热量

$$\begin{aligned}Q^a_a&=Q_{a.a}\times T_a\times N\times 3600\times 10^{-6}\quad(GJ)\\&=0.0036T_aNQ_a\frac{t_i-t_a}{t_i-t_{o.a}}\quad(GJ)\end{aligned} \tag{5}$$

式中：$Q_{a.a}$——采暖期空调平均热负荷；

T_a——空调装置每日平均运行小时数；

$t_{o.a}$——冬季空调室外计算温度；

Q_a——空调冬季设计热负荷。

5 供冷期空调制冷耗热量

$$\begin{aligned} Q_c^a &= Q_c \times T_{c.max} \times 3600 \times 10^{-6} \quad (GJ) \\ &= 0.0036 Q_c T_{c.max} \quad (GJ) \end{aligned} \tag{6}$$

式中：Q_c——空调夏季设计热负荷；

$T_{c.max}$——为空调最大负荷利用小时数，取决于制冷季室外气温、建筑物使用性质、室内得热情况、建筑物内人员的生活习惯等。

6 生活热水全年耗热量

$$\begin{aligned} Q_w^a &= Q_{w.a} \times 350 \times 24 \times 3600 \times 10^{-6} \quad (GJ) \\ &= 30.24 Q_{w.a} \quad (GJ) \end{aligned} \tag{7}$$

式中 350 为全年（除去 15 天检修期）工作天数。生活热水热负荷的全年耗热量应按不同季节的统计资料计算，如生活热水热负荷占总热负荷的比例不大，可不考虑随季节的变化按平均值计算。

3.2.2 生产工艺热负荷，由于其变化规律差别很大，难于给出年耗热量计算的统一公式。故本条只提出年耗热量的计算原则。生产工艺的年负荷曲线应根据不同季节的典型日（周）负荷曲线绘制；当不能获得典型日（周）负荷曲线时，全年耗热量可根据采暖期和非采暖期各自的最大、最小热负荷及用汽小时数，按线性关系近似计算。

采暖期热负荷线性方程如下：

$$Q = \frac{Q_{max.w}(T^w - T) + Q_{min.w} T}{T^w} \tag{8}$$

非采暖期热负荷线性方程如下：

$$Q = \frac{Q_{max.s}(T^a - T) + Q_{min.s}(T - T^w)}{T^a - T^w} \tag{9}$$

式中：Q——热负荷（kW）；

$Q_{max.w}$、$Q_{min.w}$——采暖期最大、最小热负荷（kW）；

$Q_{max.s}$、$Q_{min.s}$——非采暖期最大、最小热负荷（kW）；

T——延续小时数（h）；

T^w——采暖期小时数（h）；

T^a——全年用汽小时数（h）。

3.2.3 一般在设计时蒸汽热力网的负荷按用户需要的蒸汽量计算，当需要按焓值折算时，应计入管网热损失。

3.2.4 热负荷延续时间图，可以直观方便地分析各种热负荷的年耗热量。特别是在制定经济合理的供热方案时，它是简便、科学的分析计算手段。

4 供热介质

4.1 供热介质选择

4.1.1 本条为民用热力网供热介质的选择原则。优先采用水作供热介质的理由是：

1 热能利用率高，避免了蒸汽系统因疏水器性能不好或管理不善造成的漏汽损失和凝结水回收损失等热能浪费；

2 便于按主要热负荷进行集中调节；

3 由于水的热容量大，在短时水力工况失调时，不会引起显著的供热状况的改变；

4 输送的距离远，供热半径比蒸汽系统大；

5 在热电厂供热的情况下，可以充分利用汽轮机的低压抽汽，得到较高的经济效益。

4.1.2 生产工艺热负荷与其他热负荷共存时，供热介质的选择是尽量只采用一种供热介质，这样可以节约投资、便于管理。

1 当生产工艺为主要热负荷，并且必须采用蒸汽时，应采用蒸汽作为统一的供热介质。当用户采暖系统以水为供热介质时，可在用户热力站处用蒸汽换热方式解决。

2 参数较高的高温水不仅能供给采暖、通风、空调和生活热水用热，在很多情况下也可满足生产工艺要求。即使生产工艺必须以蒸汽为供热介质，也可由高温水利用蒸汽发生器转换为蒸汽，满足生产需要，这种情况下宜统一用高温水作为供热介质。输送高温水在节能和远距离输送方面具有很多优越性。但要将水转换为蒸汽时会增加用户设备投资，且高温水必须恒温运行，所以，是否采用高温水，必须经技术经济比较确定。

3 当采暖、通风、空调等热负荷为主要负荷，生产工艺又必须以蒸汽供热时，应从能源利用、管网投资和设备投资等方面进行技术经济比较，确定认为合理时才可采用蒸汽和热水两种供热介质。

4.2 供热介质参数

4.2.1 本条是热水供热管网最佳供热介质温度的确定原则。

当热水热力网以热电厂为热源时，热量由汽轮机组抽（排）汽供给，因而最佳供、回水温度的确定，涉及热电联产的经济性问题。提高供水温度，就要相应提高汽轮机抽汽压力，蒸汽在汽轮发电机内变为电能的焓降就要减少，使供热发电量降低，对节约燃料不利，但提高供水温度，却减小了热力网设计流量和相应的管径，降低了热力网的投资、电耗以及用户设备费用。因此，存在一个最佳供、回水温度的选择问题。

对于以区域锅炉房为热源的供热管网，提高供水温度，加大供水温差，可以减小供热管网流量，降低管网投资和运行费用，而对锅炉运行的煤耗影响不大，从这方面看，应提高区域锅炉房供热的介质温度。但当介质温度高于热用户系统的设计温度时，用户入口要增加换热或降温装置，故提高供热介质温度也存在技术经济合理的问题。

通过对以上两种热源的分析，本条提出应结合具体的工程条件，综合热源、供热管线、热用户系统几方面的因素进行技术经济比较来确定热水供热管网供热介质的最佳温度。

4.2.2 当不具备确定最佳供、回水温度的技术经济比较条件时，本条推荐的热水热力网供、回水温度的依据是：

1 以热电厂（不包括凝汽式汽轮机组低真空运行）为热源时，热力网供、回水温度推荐值，主要根据清华大学热能工程系1987年完成的《城市热电厂热水供热系统最佳供回水温度的研究》，该研究报告认为：采用单级抽汽汽轮机组供热时，热化系数0.9以上（即基本上不设串联尖峰锅炉的条件下）供热系统供水温度110℃～120℃，回水温度60℃～70℃较合理；随着热化系数的降低（即随着串联尖峰锅炉二级加热量的增加）合理的供水温度相应增加，当热化系数由0.9降低至0.5时，最佳供水温度由120℃增加至150℃；采用高、低压抽汽机组对热力网水两级加热时，在没有尖峰锅炉的条件下，热力网供水温度150℃最佳。而串联尖峰锅炉也是两级加热，因而统一规定：一级加热取较小值；两级加热取较大值。

2 以区域锅炉房为热源时，供水温度的高低对锅炉运行的经济性影响不大。当供热规模较小时，与户内采暖系统设计参数一致，可减少用户入口设备投资。当供热规模较大时，为降低管网投资，宜扩大供回水温差，采用较高的供水温度。

3 多个热源联网运行的供热系统，为了保证水力汇合点处用户供热参数的稳定，热源的供热介质温度应一致；当区域锅炉房与热电厂联网运行时，由于热电厂的经济性与供热介质温度关系密切，而锅炉的运行温度与运行的经济性关系不大，所以这种联网运行的设计供、回水温度应以热电厂的最佳供、回水温度为准。

4.3 水质标准

4.3.1 为防止热水供热系统热网加热器和管道产生腐蚀、沉积水垢，对供热管网水质应进行控制。我国一些城市的供热管网，由于补水率高，有的甚至直接补充工业水、江水，结果使热网加热设备、管道以致用户散热器结垢、腐蚀，甚至造成堵塞，严重影响供热效果，并降低了供热管网寿命。因此在控制供热管网补水率的同时还必须对供热管网补给水的水质严格要求。

本条热力网补给水水质标准采用《工业锅炉水质》GB/T 1576对热水锅炉水质标准的规定，理由是：①热水热力网往往设尖峰锅炉（热水锅炉）或与区域锅炉房联网运行，水质应符合锅炉水质的国家标准要求；②由于锅炉水质标准的要求比热力网严格，满足热水锅炉要求的水质，必然满足热力网管道的要求。《工业锅炉水质》GB/T 1576－2008规定热水锅炉给水pH值7.0～11.0，《火力发电机组及蒸汽动力设备水汽质量》GB/T 12145－2008规定锅炉炉水pH值9.0～11.0，规定热力网补给水pH值为7～11，即可利用热电厂锅炉排污水作热力网补给水。

4.3.2 本条规定考虑开式热水热力网直接取用热力网中的供热介质作为生活热水使用。《建筑给水排水设计规范》GB 50015中明确规定，“生活用热水的水质应符合现行的《生活饮用水卫生标准》GB 5749的要求。”

4.3.3 本条采用原苏联《热力网规范》的规定。该水质标准低于我国低压锅炉给水水质的要求，当然更不能满足热电厂高压锅炉的给水标准。所以用户返回的凝结水尚需进行处理才能作为锅炉给水使用。要求用户返回凝结水的质量过高是不现实的，不进行处理直接使用也是不可能的。应根据《火力发电机组及蒸汽动力设备水汽质量》GB/T 12145的要求，并进行技术经济比较，且与热源单位协议确定凝结水回收的可行的、经济的指标。

4.3.4 蒸汽供热系统的凝结水应尽量回收，当在生产工艺过程中被有害物质污染或因其他原因不适宜回收时，对于必须排放的蒸汽凝结水应符合污水排放标准，特别应注意防止凝结水温度对排放点的热污染。《污水排入城市下水道水质标准》CJ 3082对各种污染物排放的规定较多，条文中不宜一一列出，其中规定温度应小于等于35℃。

4.3.5 供热管网管线中不锈钢设备逐年增多，Cl^-引起的应力腐蚀事故已发生多起。介质中Cl^-含量不大于25mg/L是一般不锈钢产品的要求，除控制供热介质中的Cl^-含量外，还可采用在不锈钢设备内衬防止Cl^-腐蚀的材料等措施解决。

5 供热管网形式

5.0.1 本条为热水供热管网的一般形式的规定，闭式管网只供应用户所需热量，水作为供热介质不被取出。采用闭式管网，管网补水量很小，可以减少水处理费用和水处理设备投资；供热系统的严密性也便于检测。但用户引入口需要设置生活热水的加热设备，使用户引入口装置复杂，投资较大，维修费用较高。由于国内城镇供热管网目前生活热水负荷的比例尚不高，用户投资大的缺点不十分突出，又加上城市水源、水质方面因素的限制，所以目前采用闭式双管制管网是合适的。

5.0.2 本条为闭式热水热力网采用多管制的原则。当需要高位能供热介质供给生产工艺热负荷时，若采用一根管道供热，则必须提高采暖、通风、空调等热负荷的供热介质参数，这对热电联产的经济性不利。

同时在非采暖期管网热损失也加大。采用分管供热，针对不同负荷，采用不同的介质参数，可提高热电厂的经济性，非采暖季将一根管停用也减少了热损失，若提高热电厂经济性和非采暖季减少的热损失的费用，可以补偿增加的管道投资时，采用多管制是合理的。

5.0.3 城镇开式热水热力网，目前在我国使用不多。本条只确定了选择原则。开式热水热力网主要特点是直接取用热力网的供热介质作为生活热水使用，不需在热力站设生活热水换热器等设备，用户热力站投资减小。当城镇具有足够大廉价的低位能热源时（例如大量的低温工业余热），应采用开式热水热力网，大力发展生活热水负荷，这样做可以节约大量燃料，降低能源消耗，提高生活水平（如不供生活热水，居民和某些生产部门要用大量燃料来加热热水）。由于直接取用热力网供热介质，所以热力网补水量很大，而且水质要求高，这就要求具有充足而且质量良好的水源，以降低水处理成本。这是采用开式热水热力网的基础条件。

是否采用开式热水热力网，应从燃料节约、管网投资等方面进行技术经济比较确定。在做技术经济比较时，应考虑这时给水管网投资可以减少这一因素。开式热力网不仅节约燃料还可以降低环境污染，具有很大的社会效益。

5.0.4 本条为采用开式单管制热力网的原则。前提是热水负荷必须足够大，且有廉价的低温热源。采用开式单管热力网实质上就是敷设了供热水的给水管网，冬季首先用热水采暖，然后作为生活热水使用。由于其替代了部分自来水管网，所以是很经济的。如果热水负荷不够大，为了保证采暖要大量放掉热水，就不一定经济了。

5.0.5 本条为蒸汽供热管网形式的确定原则。

当各用户之间所需蒸汽参数相差不大，或季节性负荷占总负荷比例不大时，一般都采用一根蒸汽管道供汽，这样最经济，也比较可靠，采用的比较普遍。

当用户间所需蒸汽参数相差较大，或季节性负荷较大时，与本规范第5.0.2条同样的道理。可以采用双管或多管。

当用户分期建设，热负荷增长缓慢时，若供热管道按最终负荷一次建成，不仅造成投资积压，而且有时运行工况也难以满足设计要求，这是很不合理的。在这种情况下，应采用双管或多管分期建设。

5.0.6 本条为不设凝结水管的条件。由于生产工艺过程的特殊情况，有时很难保证凝结水回收质量和数量，此时建造凝结水管投资很大，凝结水处理费用也很高，在这种情况下，坚持凝结水回收是不经济的。但为节约能源和水资源应在用户处，对凝结水本身及其热量加以充分利用。

5.0.7 本条为凝结水回收系统的设计要求，主要考虑热力网凝结水管道采用钢管时，防止管道的腐蚀。用户凝结水箱采用闭式水箱主要考虑防止凝结水溶氧，同时凝结水管采用满流压力回水，这时就不会形成严重的腐蚀条件。强调管中要充满水，其含义是即使用户不开泵时，管中亦应充满水。现在有些新型管材或钢管内衬耐腐蚀材料，当选用这些耐腐蚀管材时，可采用非充满水的形式。

5.0.8 供热建筑面积大于 $1000\times10^4\ m^2$ 的大型供热系统，一旦发生事故，影响面大，因此对可靠性要求较高。多热源供热，热源之间可互为备用，不仅提高了供热可靠性，热源间还可进行经济调度，提高了运行经济性。各热源干线间连通，或热力网干线连成环状管网，可提高管网可靠性，同时也使热源间的备用更加有效。环状管网投资较大，但降低了各热源备用设备的投资，故是否采用应根据技术经济比较确定。

5.0.9 供热干线或环状管网设计时留有余量并具备切换手段才能使事故状态下热量可以自由调配。

由于供热是北方地区的生存条件之一，供热系统的可靠性是衡量保证安全供热能力的重要指标，应尽可能提高供热可靠性，事故时至少应保证最低的供热保证率，以使事故状态下供热管线、设备及室内采暖系统不冻坏。在经济条件允许的情况下，可提高表5.0.9规定的供热保证率。

5.0.10 本条建议同一热源向同一方向引出的干线间宜设连通线，可在投资增加不多的情况下增加热力网的后备能力，提高供热的可靠性。

连通管线同时作为输配干线使用，比建设专用连通线节约投资。结合分段阀门的设置来设置连通管线的目的是在事故状态下，利用分段阀门切除故障段，保证其他用户限量供热。

5.0.11 本条主要考虑特殊条件下的重要用户设计原则，并不适用于一般用户。例如北京人民大会堂、国宾馆等重要政治、外事活动场所，在任何情况下，不允许中断供热。

6 供热调节

6.0.1 国内外的经验证明，热水供热系统实现高质量供热，必须采用在热源处进行集中调节、在热力站或热力入口处进行局部调节和在用热设备处进行单独调节相结合的联合调节方式。在热源处进行的集中调节是满足供热质量要求、保证热源设备经济合理运行的必要手段。集中调节是粗略的调节，只能解决各种热负荷的共同需求。即使只有单一采暖负荷，各建筑物、各采暖系统对供热的需求也不是完全一致的。集中调节只能满足热负荷的共性要求。在热力站特别是在单栋建筑入口的局部调节可根据单一负荷的需求进行较为精确的供热调节。在用热设备处的单独调节是满足用户要求的供热品质的最终调节。上述几种调节方式是相互依存、相互补充的，联合采用才能实现高质量供热。以上所述的各种调节只有借助自动化装置才能达到理想的效果。特别是实行分户计量后，用户有了自主调节的手段，使在用户设备处进行的单独调节变得十分活跃。用户自主调节的实质是热负荷值根据用户的自主需要而改变，供热系统要适应这种热负荷随机变动的情况，而保持供热系统供热质量的稳定就更加需要提高调节的自动化水平。

6.0.2 本条为单一采暖负荷、单一热源在热源处进行的集中调节的规定。单一采暖负荷采用集中质调节对于热电厂抽汽机组供热较为合理。这种调节方式的优点是采暖期大部分时间运行水温较低，可以充分利用汽轮机的低压抽汽，提高热电联产的经济性。同时集中质调节在局部调节自动化水平不高的条件下可使采暖供热效果基本满意。质调节基于用供热介质温度的调节适应气温变化保持用户室内温度不变的原理，而不改变循环流量，故其缺点是采暖期水泵耗电量较大。"质—量"综合调节供水温度和管网流量随天气变冷逐渐加大，可较单纯质调节降低循环水泵耗电量。"质—量"调节相对于单纯质调节供水温度的调节幅度较小，整个采暖期供水平均温度较高，所以相对于单纯质调节热电联产的节煤效果稍差。若选择恰当的温度、流量调节范围，"质—量"调节可以得到很好的节能效果。因为锅炉运行的经济性与供水温度的高低关系不大，所以"质—量"调节对锅炉房供热是较好的供热调节方式。

用户自主调节和供热系统进行的供热调节是性质完全不同的调节。存在用户自主调节不会改变供热调节方式的性质。用户自主调节导致热需求的改变，当然引起热负荷的改变，但这不是室外气温改变导致的负荷改变。用户热需求增大即相当用户增多，用户热需求减小即相当用户减少，这会使供热系统的循环流量改变，并不意味着实施了量调节，集中质调节（或质—量调节）方式并未改变。但用户自主调节造成的负荷波动却会对供热调节质量产生影响。若供热系统的集中调节采用质调节，在热负荷稳定的情况下，管网循环流量不变，只要及时根据室外气温按给定的温度调节曲线准确调整供水温度即可得到较高的调节质量。当用户自主调节活跃时，虽然还是质调节，但热网流量会产生波动，如果供热调节未实现自动化，那么在室外气温不变的情况下，热网供水温度将受影响而波动，降低了调节质量；同时，流量的波动也带来全网分布压头不稳定，在局部调节自动化程度低时，将进一步降低用户的供热质量。分户计量实施后，对供热调节（包括在热源处进行的集中调节和在热力站、用户入口处进行的局部调节）的自动化水平提出了较高的要求，以适应用户自主调节带来的流量波动，保证较高的供热调节的质量。

6.0.3 本条为单一采暖负荷在热源处进行集中调节的规定。基本热源与尖峰热源联网运行的热水供热系统，在基本热源未满负荷前尖峰热源不投入运行，基本热源单独供热，负担全网负荷。这个阶段，为单热源供热，可按本规范第6.0.2条规定进行集中供热调节，当基本热源为热电厂时，一般采用集中质调节方式运行，但基本热源满负荷时其运行供水温度应达到或接近该热源的设计最高值，否则可能造成满负荷时循环流量超过设计能力，这就要求该运行阶段的质调节在基本热源满负荷时运行水温接近最高值。随着热负荷的增长尖峰热源投入与基本热源联网运行。联网运行时，从便于调节出发应采用改变热源循环水泵扬程的方法进行热源间的热网流量（即热负荷）调配。基本热源单独运行采用集中质调节，当其满负荷时供水温度已达到或接近最高值，故联网运行阶段不可能继续实施质调节，只能进行量调节。这时，供热系统供水温度基本不变而流量随热负荷的增加而加大，增大的负荷（增加的流量）由尖峰热源承担，基本热源维持满负荷运行。量调节阶段，热力站的热力网（一次水）流量随室外气温变化而改变，但一次水供水温度基本不变，而用户内部采暖系统（二次水）一般仍按质调节（或质—量调节）运行，这就要求局部调节的自动化水平较高，这在已实现联网运行的现代化供热系统应是不成问题的。

基本热源单独运行阶段和尖峰热源投入联网运行阶段也可采用统一的"质—量"调节曲线，但"质—量"调节的温度变化范围应较小，而流量变化范围应较大，以保证基本热源单独运行负担全网用户供热而满负荷时，热力网循环流量不致超过其循环水泵设备的能力。

6.0.4 一般采暖负荷在热水供热系统中是主要负荷，因此应按采暖负荷的用热规律进行供热的集中调节。为了多种负荷的需要，水温调节还要满足其他负荷的要求。

6.0.5 为满足生活热水60℃的供水温度标准，考虑10℃的换热器端差，闭式热力网供水温度最低不得低于70℃（开式热力网供水温度不得低于60℃）。当生活热水供水温度标准可以低于60℃时，热力网最低供水温度可相应降低。

6.0.6 生产工艺热负荷是多种多样的，甚至每一台设备的用热规律都不同，因此不便于集中调节，应采用局部调节。

6.0.7 多热源联网运行的热力网，各热源供热范围的汇合点随热负荷的变化而变动，若各热源的调节方式不同，水温差异过大，则在各汇合点附近的用户处水温波动很大，无法保证用户正常用热。即使安装了自动调节装置，由于扰动过大自动调节装置也无法正常工作。所以各热源应该采用统一的调节方式，执行同一温度调节曲线。因为担负基本负荷的热源在供热期内始终投入运行，供热量大，从它的运行经济性考虑，应以它为准来确定调节方式。确定调节方式的原则应按本章第6.0.2～第6.0.5条的条文执行。

6.0.8 热水供热系统非采暖季对生活热水负荷、空调制冷负荷供热时，因生活热水负荷随机波动很大，空调制冷机组运行需要较高水温，所以热源不进行集中调节而采用供水温度定温运行，为适应负荷的变化，应在热力站进行局部调节。

7 水力计算

7.1 设计流量

7.1.4 热力网设计流量应取各种热负荷的热力网流量叠加得出的最大流量，其计算方法与供热调节方式有关。

1 采用集中质调节时，采暖热负荷热力网流量在采暖期中保持不变；通风、空调热负荷与采暖热负荷的调节规律相似，热力网流量在采暖期中变化不大；因采暖期开始（结束）时热力网供水温度最低，这时生活热水热负荷的热力网流量最大。

2 采用集中量调节时，生活热水热负荷热力网流量在采暖期中保持不变；采暖、通风、空调热负荷的热力网流量，随室外温度下降而提高，达到室外计算温度时，热力网流量最大。

3 采用集中"质—量"调节时，各种热负荷的热力网流量随室外温度的变化都在改变，由于调节规律和各种热负荷的比例难于事先确定，故无法预先给出计算方法。

4 开式热水热力网，直接取用热力网的供热介质作为生活热水使用，双管开式热力网由于有一部分水在用户处被用掉，热力网供水管和回水管的流量不同。在原《城市热力网设计规范》CJJ 34－90中考虑到两管分别进行水力计算不方便，采用一个生活热水等效流量系数0.6，取供、回水管的平均压力降统一进行水力计算。因目前计算机已普及，供、回水管分别进行水力计算已无困难，所以条文中不再规定等效流量系数。

7.1.5 生活热水换热器与采暖、通风、空调或吸收式制冷机系统的连接方式，分为并联和两级串联或两级混合连接等方式。当生活热水热负荷较小时，一般采用并联方式。当生活热水热负荷较大时，为减少热力网的设计流量，可采用两级串联或两级混合连接方式。两级串联或两级混合连接方式，其第一级换热器与其他系统串联，用其他系统的回水做第一级加热，而不额外增加热力网的流量，第二级换热器或串联在其他系统以前供水管上或与其他系统并联，这一级换热器需要增加热力网的流量。计算热力网设计流量时，只计算因生活热水热负荷增加的热力网流量。

7.1.6 生活热水热负荷的热力网支线与干线设计流量计算方法相同，在计算支线设计流量时，应按本规范第3.1.6条规定取用平均热负荷或最大热负荷，作为设计热负荷。

7.1.7 蒸汽热力网生产工艺负荷较大，其负荷波动亦大，故应用同时系数的方法计算热力网最大流量。同时系数推荐值的说明详见本规范第3.1.5条。

对于饱和蒸汽管道，由于管道热损失，沿途生成凝结水，应考虑补偿这部分凝结水的蒸汽量，对于过热蒸汽，管道的热损失由蒸汽过热度的热焓补偿。

7.1.8 本条为凝结水管道设计流量的确定方法，因蒸汽管道的设计流量为管道可能出现的最大流量，故以此计算出的凝结水流量，也是凝结水管的最大流量。

7.2 水力计算

7.2.1 水力计算分设计计算、校核计算和事故分析计算等三类。它是供热管网设计和已运行管网压力工况分析的重要手段。进行事故工况分析十分重要，无论在设计阶段还是已运行管网都是提高供热可靠性的必要步骤。为保证管道安全、提高供热可靠性对一些管网还应进行动态水力分析。

7.2.3 多热源联网运行时，各热源同时在共同的管网上对用户供热，这时管网、各热源的循环泵必须能够协调一致地工作，这就要进行详细的水力工况分析。特别是当一个热源满负荷，下一个热源即将投入运行时的水压图是确定热源循环泵参数的重要依据。

7.2.4 事故情况下应满足必要的供热保证率。为了热源之间进行供热量的调配，管线留有适当的余量是必要的前提。

7.2.5 采暖期、供冷期、过渡期供热管网水力工况分析的目的是确定或核算循环泵在上述运行期的流量、扬程参数。

7.2.8 对于本条提出的特殊情况，例如，长距离输送干线由于沿途没有用户，一旦干线上的阀门误关闭，则运行会突然完全中断；地形高差大的管网，低处管网承压较大；系统工作压力高时往往管道强度储备小；系统工作温度高时易汽化等等。在这些情况下供热系统极易发生动态水力冲击（或称水锤、水击）事故。水击发生时压力瞬变会造成巨大破坏，而且是突发事故，应引起高度重视。因此有条件时应进行动态水力分析，根据计算结果采取相应措施，有利于提高供热系统的可靠性。

7.2.10 本条列出一些防止压力瞬变破坏的安全保护措施，供设计参考，哪种措施是有效的，应由动态水力分析的结果确定。这些措施的作用是防止系统超压和汽化。

7.3 水力计算参数

7.3.1 关于管壁当量粗糙度，还比较缺乏这方面的试验、统计资料，本条规定采用一般沿用的数值。北京市城市热水管网曾根据实测压力降推算出管壁当量粗糙度约为0.0004m（管网运行约20余年，管道内表面无腐蚀现象），与本条规定值接近。

7.3.2 经济比摩阻是综合考虑管网及泵站投资与运行电耗及热损失费用得出的最佳管道设计比摩阻值。它是热力网主干线（包括环状管网的环线）设计的合理依据。经济比摩阻应根据工程具体条件计算确定。为了便于应用，本条给出推荐比摩阻数据。推荐比摩阻为采用我国采暖地区平均的价格因素粗略计算的经济比摩阻并适当考虑供热系统水力稳定性给出的数据。

7.3.3 由于主干线已按经济比摩阻设计，支干线及支线设计比摩阻的确定不再是技术经济合理的问题，而是充分利用主干线提供的作用压头，满足用户用热需要的问题，因此应按允许压力降的原则确定支干线、支线管径。

当管网提供的作用压头很大用户需要的压头又很小时，允许比压降很大，管径可选得很小，出现管内流速过高问题。过去设计中管内允许流速低，支管直径偏大，用户往往需用节流手段消除很大的剩余压头。由于用户节流手段不佳，往往造成循环流量过大，用户过热。因此提高管内流速不仅可节约管道投资，还可减少用户过热现象。

3.5m/s的流速限制主要是限制*DN*400以上的大管，由于3.5m/s流速的约束，*DN*400以上管道的允许比摩阻由300Pa/m逐步下降。还可以看到由于300Pa/m的允许比压降的限制，实质上是限制了*DN*400以下管道的允许流速，即*DN*400以下小管由允许流速3.5m/s，下降到*DN*50的管道只允许0.90m/s。规定两个设计指标，实质上等于提出一系列设计指标，即对*DN*400以上大管规定了一系列的允许比摩阻值；对*DN*400以下小管规定了一系列允许流速数值。*DN*400以上大管允许比摩阻较低是出于水力稳定性的考虑。随管径加大，连接的用户越多，管道水力稳定的要求较高，故设计比摩阻不宜过高。限制小管流速，根据同济大学《城市热力网介质极限流速研究》一文，不是振动、噪声和冲刷等问题，可能是考虑引射作用影响三通分支管流量分配的原因。

本规范只对连接两个以上热力站的支干线，提出比摩阻不应大于300Pa/m的规定，对只连接一个热力站的支线，可以放宽限制，只受3.5m/s的约束。也就是说对于*DN*50的小管从0.90m/s提高到3.5m/s，相当允许比摩阻约400Pa/m。这对消除管网首端用户处的剩余压头，防止"过热"有利，同时还可节约管线投资。提高小直径管道（≥50mm）流速到3.5m/s在噪声、振动等方面不存在问题，同济大学的实验工作完全证实了这点。由于是无分支管道，不存在三通处流量分配的问题，进入用户后内部设计的管径放大，也不会对用热造成影响。这样做实质上是用一段小管，取代用户入口的节流装置，起到消除剩余压头的作用，技术上不会发生不良影响，只能带来节约投资的良好效果。

7.3.4 本条推荐的蒸汽管道设计最大流速沿用过去的规定。

7.3.5 本条是以热电厂为热源的蒸汽管网的设计原则。蒸汽热力网管道选择按照允许压力降的原则，所以确定管道起始点压力是管网设计是否合理的前提。蒸汽管网起始点压力就是汽轮机抽（排）汽压力，这个压力的高低，对热电联产的经济效益影响很大。网内用户所需蒸汽参数确定后，若将汽轮机抽（排）汽压力定得过高，则使发电煤耗提高，降低热电联产的节煤量，但另一方面可以增加管道的允许压力降，减小管径，降低热力网投资和热损失。因此这是一个抽（排）汽参数的优化问题。正确的设计应选择最佳汽轮机抽（排）汽压力，作为热力网的起始点压力。

7.3.6 本条是以区域锅炉房为热源的蒸汽热力网设计原则。锅炉运行压力的高低，对热源的经济效益影响不大，但对热力网造价的影响很大，起始压力高则可减少管径、降低管道投资。所以在技术条件允许的情况下，宜采用较高的锅炉出口压力。

7.3.7 凝结水管网的动力消耗、投资之间的关系与热水热力网基本相近，因不需考虑水力稳定性问题，推荐比摩阻值可比热水管略大，故取100Pa/m。

7.3.8 城镇供热管网设计，尤其是在初步设计中，由于管道设备附件的布置没有确定，局部阻力估算是经常采用的，即用以往工程统计出的局部阻力与沿程阻力的比值进行计算。关于局部阻力数据，我国目前尚无自己的实验数值。有关部门曾计划测定，但因耗费的人力、财力巨大，且时间很长而未能进行。城镇供热管网设计采用的局部阻力数据多来自原苏联资料。本条推荐的数据参考原苏联《热力网设计手册》，根据多年的设计经验和工程统计，我们认为这个数据是比较准确的。对于新型管网设备的局部阻力，建议生产厂家在型式检验时测定，并在产品说明中提供。

7.4 压力工况

7.4.1 本条规定的原则是为了确保供水管在水温最高时，任何一点都不发生汽化。

7.4.2 本条考虑直接连接用户的使用安全，也考虑到压力波动时不致产生负压造成回水管路中的水汽化，确保热力网的正常运行。规定中未提到"回水压力应保证直接连接用户不倒空"，因这不是确定回水压力的必要条件。若出现倒空问题，许多情况下，可以用壅流调节（即在用户回水总管节流，工程实施时应采用自动调节阀）的方法解决，是选择用户连接方式时的一种技术措施。

7.4.3 当热力网水泵因故停止运转时，应保持必要的静压力，以保证管网和管网直接连接的用户系统不汽化、不倒空、且不超过用户允许压力，以使管网随时可以恢复正常运行。

7.4.4 开式热力网在采暖期的运行压力工况，必须满足采暖系统的要求，同时也就满足了生活热水系统的要求。而在非采暖期生活热水为主要热负荷时，热源的循环水泵通常扬程很低，压力工况发生变化，此时开式热力网回水压力如低于直接配水用户生活热水系统静水压力，就不能保证正常供水。加50kPa是考虑最高配水点有2m的压头和考虑管网压力波动留有不小于3m的富裕压头。

7.4.6 目前城镇热水热力网采用补给水泵定压，定压点设在热源处的比较多。但是，由于各地具体条件不同，定压方式及定压点位置有不同要求，故只提出基本原则。

多热源联网运行时，全网水力连通是一个整体，它可以有多个补水点，但只能有一个定压点。

7.4.7 水压图能够形象直观地反映热力网的压力工况。城镇热水热力网供热半径一般较大，用户众多，如果只进行水力计算而不利用水压图进行各点压力工况的分析，在地形复杂地区往往会导致采取不合理的用户连接方式、中继泵站设置不当等设计失误。

7.4.10 城镇蒸汽热力网一般是多个热力站凝结水泵并网工作，向热源送还凝结水，所以必须合理地选择各热力站的凝结水泵扬程，绘制凝结水管网的水压图，有助于正确选择热力站的凝结水泵，保证所有凝结水泵协调一致地工作。

7.5 水泵选择

7.5.1 本条第1款考虑：城镇供热管网的热损失采用流量补偿。在热负荷和流量计算中已经包括了热损失的补偿流量。热网循环水泵一般较大，考虑水泵一般有一定的超载能力，故在水泵选择时不再进行流量附加。有的热水锅炉为了提高锅炉入口水温，在锅炉出口至循环水泵入口装有混水用的旁路管，循环水泵的选择应计入这部分流量。

第5款规定循环水泵3台或3台以下时应设备用泵，目的是保证任何情况下正常供热。在设有4台以上循环水泵时，如有1台水泵因故障停止运行，其余水泵的工作点会自动发生变化，出力提高，尽管水泵效率可能降低，但总的出力下降不大，在短时期内不致影响正常供热，故可不设备用泵。

第6款多热源联网运行时，调节热源循环泵扬程是热源间负荷调配的手段，采用调速泵是最佳选择。

7.5.2 热力网采用两级循环水泵串联设置目的是将热网加热器设置于两级泵中间，以降低热网加热器承压。所以第一级泵的出口压力不应高于加热器的承压能力。第2款规定是考虑高温热水供热系统建立可靠的静压系统。将热网循环泵分为两级串联，定压补水点放在两级循环泵中间，设定压值与静压值一致，这时如果定压系统设备可靠，则供热系统同时也有了可靠的静压系统。一旦循环泵突然停泵，系统可以维持静压，保证管中热水不汽化，故障排除后可迅速恢复运行。若没有可靠的静压系统，例如循环泵跳闸，供热系统不能维持静压，管中热水汽化，如若迅速启动循环泵恢复运行，管中汽穴弥合会产生巨大的压力瞬变，有可能导致管网破坏事故。两级循环泵设置，第一级泵的出口压力应等于静压力，一般宜选用定速泵，第二级泵应采用调速泵。

基于上述优点，国外采用两级循环泵的较多。其缺点是投资较大，且定压补水耗能较大。

7.5.3 本条第1款的规定主要是参考国家行业标准《火力发电厂设计技术规程》DL 5000－2000而制定的。该规程规定，补给水设备的容量，应保证供给热网循环水量的4%，其中2%的水量（但不少于20t/h）应采用除过氧的化学软化水以及锅炉排污水，而其余2%的水量，则采用工业用水（或生活水）。

第4款考虑事故补水不是经常发生的，设置2台水泵即可保证正常补水不致停止，但应及时排除水泵故障，以备事故状态2台水泵同时工作。

第5款开式热力网补水量大，且生活热水波动较大，设置多台水泵，易于调整，节约电能。为了保证供应生活热水，应设备用泵。

第6款规定是防止补水能力不足导致压力降低，造成管中存在的高温水汽化，很难恢复正常运行。

7.5.4 本条考虑主要是减少热力网循环水泵的汽蚀。

8 管网布置与敷设

8.1 管网布置

8.1.1 影响城镇供热管网布置的因素是多种多样的。过去提出供热管网管线应通过负荷重心等，有时很难实现，故本条不再提出具体规定，而只提出考虑多种因素，通过技术经济比较确定管网合理布置方案的原则性规定。有条件时应对管网布置进行优化。

8.1.2 本条提出了供热管网选线的具体原则。提出这些原则的出发点是：节约用地；降低造价；运行安全可靠；便于维修。

8.1.3 本条规定的目的是增加管道选线的灵活性，并考虑300mm以下管线穿越建筑物时，相互影响较小。如地下室净高2.7m时，管道敷设于顶部，管下尚有约2m的高度，一般不致影响地下室的使用功能。同时300mm以下管道的通行管沟也便于从建筑物3m以上开间承重墙间的地下通过。300mm以下较小直径的管道，万一发生泄漏等事故，对建筑物的影响较小，并便于抢修。本条规定同原苏联《热力网规范》，有一些工程实例安全运行在20年以上。近些年暗挖法施工普遍采用，它是穿越不允许拆迁建筑物的较好的施工方法，也不受管径的限制。

8.1.4 综合管沟是解决现代化城市地下管线占地多的一种有效办法。本条将重力排水管和燃气管道排除在外，是从重力排水管道对坡度要求严格，不宜与其他管道一起敷设和保证安全等方面考虑的。

8.1.5 本条为城镇供热管网管道地上敷设节约占地的措施。

8.2 管道敷设

8.2.1 从市容美观要求，居住区和城镇街道上供热管道宜采用地下敷设。鉴于我国城镇的实际状况，有时难于找到地下敷设的位置，或者地下敷设条件十分恶劣，此时可以采用地上敷设。但应在设计时采取措施，使管道较为美观。城镇供热管网管道地上敷设在国内、国外都有先例。

8.2.2 对于工厂区，供热管道地上敷设优点很多，投资低、便于维修、不影响美观，且可使工厂区的景观增色。

8.2.3 为了节约投资和节省占地，强调地下敷设优先采用直埋敷设。因为《城镇直埋供热管道工程技术规程》CJJ/T 81已颁布执行，同时国内许多厂家可以提供高质量的符合行业标准的产品，再加上直埋敷设的优越性，理应大力推广。

8.2.4 不通行管沟敷设，在施工质量良好和运行管理正常的条件下，可以保证运行安全可靠，同时投资也较小，是地下管沟敷设的推荐形式。通行管沟可在沟内进行管道的检修，是穿越不允许开挖地段的必要的敷设形式。因条件所限采用通行管沟有困难时，可代之以半通行管沟，但沟中只能进行小型的维修工作，例如更换钢管等大型检修工作，只能打开沟盖进行。半通行管沟可以准确判定故障地点、故障性质、可起到缩小开挖范围的作用。

8.2.5 蒸汽管道管沟敷设有时存在困难，例如地下水位高等，因此最好也采用直埋敷设。近些年不少单位做了很多蒸汽管道直埋敷设的试验工作，但也存在一些尚待解决的问题。因此，本规范很难提出蒸汽管道直埋敷设的具体规定，只能提出原则要求，希望大家继续探索。提出蒸汽管道直埋敷设预制保温管道的寿命25年是根据供热企业提取管道折旧费率（管道建设费用4%）的规定得出的，否则会造成供热企业的亏损，这比热水直埋预制保温管保证寿命30年以上的规定放宽了要求。

8.2.6 经验证明保护层、保温层、钢管相互脱开的直埋敷设热水管道缺点很多。最主要的问题是一旦保温结构在一个点有缺陷，水分就会沿着钢管扩散，造成大面积腐蚀，因此早已被保护层、保温层、钢管结合成一体的整体式预制保温管所代替。整体式预制保温管可以利用土壤与保温管间的摩擦力约束管道的热伸长，从而实现无补偿敷设，但同时也对预制保温管三层材料间的粘合力提出很高的要求。直埋预制保温管转角管段热变形时，弯头及其附近管道对保温层的挤压力量很大，要求保温层有足够的强度。作为市政基础设施的城镇供热管网，对管道的可靠性要求较高，因此对热水直埋敷设预制保温管质量提出了较高的要求。

8.2.7 本条规定的尺寸是保证施工和检修操作的最小尺寸，根据需要可加大尺寸。例如，自然补偿管段，管道横向位移大，可以加大管道与沟墙的净距。

8.2.8 经常有人进入的通行管沟，为便于进行工作应采用永久性的照明设备。为保证必要的工作环境，可采用自然通风或机械通风措施，使沟内温度不超过40℃。当没有人员在沟内工作时，允许停止通风，温度允许超过40℃以减少热损失。

8.2.9 通行管沟设置事故人孔是为了保证进入人员的安全，蒸汽管道发生事故时对人的危险性较大，因此规定沟内敷设有蒸汽管道的管沟事故人孔间距较小，沟内全部为热水管道的管沟事故人孔间距适当放大。

8.2.10 在通行管沟内进行的检修工作包括更换管道，因此安装孔的尺寸应保证所有检修器材的进出。当考虑设备的进出时，安装孔的宽度还应稍大于设备的法兰及补偿器的外径。

8.2.11 表8.2.11的规定与国内有关规范和原苏联规范基本相同。几点说明如下：

1 本条规定对于管沟敷设与建筑物基础水平净距为0.5m，我们考虑管沟敷设有沟墙和底板的隔离，一旦管道大量漏水，不会直接冲刷建筑物基础及其以下的土壤，一般不会威胁建筑物的安全。净距0.5m仅考虑施工操作的需要。当然与建筑物基础靠近，使管沟落入建筑物施工后的回填土区内，需要设计时采取地基处理措施，在城镇用地紧张的条件下，减少水平净距的规定是必要的，可给设计带来较大的灵活性。管沟敷设与建筑物距离很近的设计实例是不少的，至今尚未发现不良影响。

2 对于直埋敷设供热管道，因其漏水时对土壤的冲刷力大，威胁建筑物的安全，故与建筑物基础水平净距应较大。尤其是开式热水供热系统，补水能力很大，漏水时管网压力下降较小，对土壤的冲刷严重。

8.2.12 本条为地上敷设管道的敷设要求。低支架敷设时，管道保温结构距地面0.3m的要求是考虑安装放水装置及防止地面水溅湿保温结构。管道距公路及铁路的距离已在表8.2.11中列入。

8.2.13 本条未规定在铁路桥梁上架设供热管道的理由是：

1 铁路桥梁没有检修管道的足够位置；

2 当管道发生较大故障时，铁路很难停止运行配合管道的抢修工作；

3 列车运行和管道事故对双方的安全运行影响较大。某些支线铁路桥有时也有条件敷设较小的供热管道，但规范不宜推荐，设计时可与铁道部门协商确定。

管道跨越不通航河道时，因管道寿命不超过50年，按50年一遇的最高洪水位设计较为合理。

本条有关通航河道的规定参照现行国家标准《内河通航标准》GB 50139制订。

8.2.14 本条规定是为了减少交叉管段的长度，以减少施工和日常维护的困难。本条主要参考原苏联《热力网规范》制订。当交叉角度为60°时，交叉段长约为垂直交叉长度的1.15倍；当交叉角度为45°时，交叉段长约为垂直交叉长度的1.41倍。

8.2.15 采用套管敷设可以降低成本，并有利于穿越尺寸有限的交差地段，但必须留有事故抽管检修的余地。抽管和更换新管可采用分段切割或分段连接的方式施工，但分段不宜过短，本条不便于作硬性规定，由设计人考虑决定。

8.2.16 由于套管腐蚀漏水，或水分自套管端部侵入，极易使保温层潮湿，造成管道腐蚀。本条规定在于保证套管敷设段的管道具有较长的寿命。

8.2.17 地下敷设因考虑管沟排水以及在设计时确定放气、排水点，故宜设坡度。

地上敷设时，采用无坡度敷设，易于设计、施工，国内有不少设计实例，运行中未发现不良影响。

8.2.18 本条第1款盖板最小覆土深度0.2m，仅考虑满足城镇道路人行步道的地面铺装和检查室井盖高度的要求。当盖板以上地面需要种植草坪、花木时应加大覆土深度。本条第2款直埋敷设管道最小覆土深度规定应按《城镇直埋供热管道工程技术规程》CJJ/T 81的规定执行。

8.2.19 允许给排水管道及电缆交叉穿入热力网管沟，但应采取保护措施。

8.2.20、8.2.21 这几条规定是关于热力网管道与燃气管道交叉处理的技术要求，规定比较严格。因为热力网管沟通向各处，一旦燃气进入管沟，很容易渗入与之连接的建筑物，造成燃烧、爆炸、中毒等重大事故。这类事故国内外都曾发生过。因此规定不允许燃气管道进入热力网管沟，且当燃气管道在热力网管沟外的交叉距离较近时也必须采取可靠措施，保证燃气管道泄漏时，燃气不会通过沟墙缝隙渗漏进管沟。

8.2.22 室外管沟不得直接与室内管沟或地下室连通，以避免室外管沟内可能聚集的有害气体进入室内。此外管道穿过构筑物时也应封堵严密，例如穿过挡土墙时不封堵严密，管道与挡土墙间的缝隙会成为排水孔，日久会有泥浆排出。

8.2.23 关于地上供热管道与电气架空线路交叉的规定，主要是考虑安全问题，参考原苏联《热力网规范》制订。

8.3 管道材料及连接

8.3.1 相关标准对材料选用的规定如下：《钢制压力容器》GB 150-1998在2002年第1号修改单中取消了Q235AF和Q235A两种钢板，规定Q235B钢板的适用范围为设计压力≤1.6MPa，使用温度0℃～350℃，厚度≤20mm。《工业金属管道设计规范》GB 50316-2000在2008年局部修订条文中规定，Q235A及Q235B材料宜用于设计压力≤1.6MPa、温度0℃～350℃管道；Q235AF材料宜用于设计压力≤1.0MPa、温度0℃～186℃管道。《压力管道规范工业管道　第2部分：材料》GB/T 20801.2-2006中规定，选用Q235A时，设计压力≤1.6MPa，设计温度≤350℃，厚度≤16mm；选用Q235B时，设计压力≤3.0MPa，设计温度≤350℃，厚度≤20mm；选用沸腾钢和半镇静钢时，厚度≤12mm。《火力发电厂汽水管道设计技术规定》DL/T 5054-1996中推荐使用温度Q235AF为0℃～200℃，Q235A及Q235B为0℃～300℃，10及20为－20℃～425℃，16Mng为－40℃～400℃。

供热管道在使用安全上的要求不同于压力容器。压力容器容积较大，且一般置于厂、站中，容器破坏时直接危及生产设备和操作人员的安全。而城镇供热管网管道一般敷设于室外地下，其破坏时的危害远小于压力容器。基于以上考虑，供热管道材料的选择不应与压力容器采用同一标准，而应将标准适当降低，但亦应保证必要的使用安全。本条主要参考工业管道和电厂汽水管道标准的要求，并结合供热管网参数范围，保留碳钢Q235A沸腾钢和镇静钢。本次修订将沸腾钢Q235AF使用范围定为压力≤1.0MPa，温度≤95℃，厚度≤8mm，基本满足低温热水管网需要；镇静钢Q235A使用范围定为压力≤1.6MPa，温度≤150℃，厚度≤16mm，适用于一般高温热水管网和蒸汽管网；Q235B使用范围定为压力≤2.5MPa，温度≤300℃，厚度≤20mm，适用于较高参数的热水管网和蒸汽管网；优质碳素钢和低合金钢使用范围定为压力≤2.5MPa，温度≤350℃。

8.3.2 本条为针对凝结水一般情况下溶解氧较高，易造成钢管腐蚀而采取的措施。

8.3.3 供热管网管道工作时管道受力较大，采用焊接是经济、可靠的连接方法。有条件时，不易损坏的设备、质量良好的阀门都可以采用焊接。对于口径不大于25mm的放气阀门，考虑阀门产品的实际情况，一般为螺纹接头，故允许采用螺纹连接。为了防止放气管根部潮湿易腐蚀而折断，规定采用厚壁管。

8.3.4 本条规定主要是根据冻害调查结果制订的。大连、抚顺、吉林等地区（室外采暖计算温度均为

－10℃以下）架空敷设的灰铸铁放水阀门，均发生过冻裂事故。而北京地区（采暖室外计算温度－9℃），一般热水架空管道未发生过铸铁放水阀门冻裂事故。故以采暖室外计算温度－10℃作为分界温度是可行的，但北京地区发生过不连续运行的凝结水管道放水阀冻结问题，故对间断运行的露天敷设管道灰铸铁放水阀的禁用界限，划在采暖室外计算温度－5℃以下地区，本规定与原苏联规范的规定基本相同。采暖室外计算温度－30℃以下地区，在我国仅为个别地区，未对其进行过冻害调查。为了规范的完整性，这部分规定参照原苏联《热力网规范》制订。

热水管道地下敷设时，因检查室内温度较高，事故停热时也不会迅速冷却至0℃以下，故对地下敷设管道附件材质不作规定。

蒸汽管道发生泄漏时危险性高，从安全考虑，不论任何敷设形式，任何气候条件，都应采用钢制阀门和附件。这方面是有教训的，北京地区1960年曾因铸铁阀门框架断裂发生过重大人身事故。

8.3.5 弯头工作时内压应力大于直管，同时弯头部分往往补偿应力很大，所以对弯头质量有较高要求。为了便于加工和备料可以使用与管道相同的材料和壁厚。对于焊接弯头，由于受力较大的原因，应双面焊接，以保证焊透。实际上焊接弯头由于扇形节的长度较小，无论大管、小管都可以进行双面焊。

8.3.6 三通开孔处强度削弱很大，工作时出现较大应力集中现象，故设计时应按有关规定予以补强。直埋敷设时，由于管道轴向力很大，补强方式与受内压为主的三通有别，设计时应按相关规范执行。

8.3.7 本条规定主要是不允许采用钢管抽条法制作大小头。因其焊缝太密集，无法满足焊接技术要求，不能保证质量。

8.4 热 补 偿

8.4.1 本条为热补偿设计的基本原则。直埋敷设热水管道的规定理由详见直埋管道规范。

8.4.2 采用维修工作量小和价格较低的补偿器是管道建设的合理要求，应力求做到。各种补偿器的尺寸和流体阻力差别很大，选型时应根据敷设条件权衡利弊，尽可能兼顾。

8.4.3 采用弹塑性理论进行补偿器设计时，从疲劳强度方面虽可不考虑冷紧的作用，为了降低管道初次启动运行时固定支座的推力和避免波纹管补偿器波纹失稳，应在安装时对补偿器进行冷紧。

8.4.4 套筒补偿器是城镇供热管网常用的补偿器。它的优点是占地小，补偿能力大，价格较低，但维修工作量大，工作压力高时这种补偿器易泄漏，目前适用于工作压力1.6MPa以下。套筒补偿器安装时应随管子温度的变化，调整套筒补偿器的安装长度，以保证在热状态和冷状态下补偿器安全工作，设计时宜以5℃的间隔给出不同温度下的安装长度。

8.4.5 波纹管轴向补偿器导向支座的设置，一般按厂家规定。球形补偿器、铰接波纹补偿器以及套筒补偿器的补偿能力很大，当其补偿段过长时（超过正常的固定支座间距时），应在补偿器处和管段中间设导向支座，防止管道纵向失稳。

8.4.6 球型补偿器、铰接波纹补偿器补偿能力很大，有时补偿管段达300m～500m，为了降低管道对固定支座的推力，宜采取降低管道与支架摩擦力的措施。例如采用滚动支座、降低管道自重等。

8.4.7 两条管道上下布置，上面管道支撑在下面管道上，这种敷设方式节省支架投资和占地，但上、下管道运行时热位移可能不同步，设计管道支座时应按最不利条件计算上、下管道相对位移，避免发生上面管道支座滑落事故。

8.4.8 直埋敷设管道上安装许多补偿器不仅管理工作量大，而且也降低了直埋敷设的经济性，另外，无论是管沟敷设型补偿器还是直埋敷设型补偿器都是管道的薄弱环节，降低了管道的安全性，因此有条件时宜采用无补偿敷设方式。

8.5 附件与设施

8.5.1 管线起点装设阀门，主要是考虑检修和切断故障段的需要。

8.5.2 热水管道分段阀门的作用是：①减少检修时的放水量（软化、除氧水），降低运行成本；②事故状态时缩短放水、充水时间，加快抢修进度；③事故时切断故障段，保证尽可能多的用户正常运行，即增加供热的可靠性。根据第三项理由，输配干线的分段阀门间距要小一些。

8.5.3 供热管网上的关断阀和分段阀在管网检修关断时，压力方向与正常运行时的水流方向可能不同，因此应采用双向密封阀门。

8.5.4 放气装置除排放管中空气外，也是保证管道充水、放水的必要装置。只有放气点的数量和管径足够时，才能保证充水、放水在规定的时间内完成。

8.5.5 放水装置的放水时间主要考虑冬季事故状态下能迅速放水，缩短抢修时间，以免采暖系统发生冻害。本条考虑较大管径的管道抢修恢复供热能在24h以内完成，较小管径能在12h内完成。本条规定较原苏联《热力网规范》有所放宽，因我国气候除东北、西北部分地区与前苏联相似外，大部分地区气温较高，放水时间可以延长。所以本条放水时间均给出一定的幅度，严寒地区可以采用较小值。为了解决供热管网干管供水管高温热水放水困难的问题，可以采取暂停热源的加热、循环泵继续运转的办法，直至回水充满放水管段再行放水，一般只需推迟放水1h～2h。

放水管管径与放水量、管道坡度、放水点数目、放气管设置情况、允许放水时间等因素有关，故本条只规定放水时间，不宜规定放水管管径。

8.5.6 本条规定与原苏联《热力网规范》相同。

8.5.7 本条规定考虑便于凝结水的聚集，可防止污物堵塞经常疏水装置。

8.5.8 本条规定考虑尽可能减少凝结水损失。但疏水器凝结水的排放压力高于凝结水管压力才有可能实现。

8.5.9 为降低闸阀开启力矩，应按规定设旁通阀。

8.5.10 旁通阀可作蒸汽管启动暖管用，气候较暖地区，为缩短暖管时间，适当加大旁通阀直径。

热水供热系统用软化除氧水补水，一般受制水能力的限制，补水量不能太大。特别是管道检修后充水时，控制充水流量是必要的。这时可以采用在管道阀门处设较小口径旁通阀的办法，充水时使用小阀，以便于调节流量。

8.5.11 当动态水力分析结果表明阀门关闭过快时引起的压力瞬变值过高，可采用并联较小口径旁通阀的办法，以确保阀门不至关闭过快。

8.5.12 大口径阀门开启力矩大，手动阀要采用传动比很大的齿轮传动装置，人工开启时间很长，劳动强度大，这就需要采用电动驱动装置。原苏联规定直径500mm及500mm以上阀门用电动驱动装置。考虑我国国情，*DN*500管道很多，都采用电动阀门投资较高，故只作推荐性的规定。较小阀门是否采用电动装置，可根据情况设计人员自定。

8.5.13 考虑运行过程中，新的支管不断建设，施工时的焊渣等杂物不可避免地会部分残留于管道中，故建议干管设阻力小的永久性除污装置。例如在管道底部设一定深度的除污短管。

8.5.14 检查室的尺寸和技术要求是从便于操作、存储部分管沟漏水和保证人员安全考虑的。一般情况下，设两个人孔是为了采光、通风和人员安全。干管距离检查室地面0.6m以上是考虑事故情况下，一侧人孔已无法使用，人员可从管下通过，迅速自另一人孔撤离。检查室内爬梯高度大于4m时，使用爬梯的人员脱手可能跌伤，故建议安装护栏或加平台。

8.5.15 本条主要考虑检查室设备更换问题。当检查室采用预制装配盖板时，可用活动盖板作为安装孔用。

8.5.16 阀门电动驱动装置的防护能力一般能满足地下检查室的环境条件，但供电装置的防护能力可能较低，设计时应加以注意。

9 管道应力计算和作用力计算

管道应力计算的任务是验算管道由于内压、持续外载作用和热胀冷缩及其他位移受约束产生的应力，以判明所计算的管道是否安全、经济、合理；计算管道在上述荷载作用下对固定点产生的作用力，以提供管道承力结构的设计数据。

9.0.1 本条规定了管道应力计算的原则，明确提出采用应力分类法。《城市热力网设计规范》CJJ 34－90也是采用这一方法，但未明确提出。应力分类法是目前国内外供热管道应力验算的先进方法。

管道中由不同荷载作用产生的应力对管道安全的影响是不同的。采用应力分类法以前，笼统的将不同性态的应力组合在一起，以管道不发生屈服为限定条件进行应力验算，这显然是保守的。随着近代应力分析理论和实验技术的发展，出现了应力分类法。应力分类法对不同性态的应力分别给以不同的限定值，用这种方法进行管道应力验算，能够充分发挥管道的承载能力。

应力分类法的主要特点在于将管道中的应力分为一次应力、二次应力和峰值应力三类，分别采用相应的应力验算条件。

管道由内压和持续外载引起的应力属于一次应力。它是结构满足静力平衡条件而产生的，当应力达到或超过屈服极限时，由于材料进入屈服，静力平衡条件得不到满足，管道将产生过大的变形甚至破坏。一次应力的特点是变形是非自限性的，对管道有很大的危险性，应力验算应采用弹性分析或极限分析。

管道由热胀冷缩等变形受约束而产生的应力属于二次应力。这是结构各部分之间的变形协调而引起的应力。当材料超过屈服极限时，产生少量的塑性变形，变形协调得到满足，变形就不再继续发展。二次应力的特点是变形具有自限性。对于采用塑性良好材料的供热管道，小量塑性变形对其正常使用没有很大影响，因此二次应力对管道的危险性较小。二次应力的验算采用安定性分析。所谓安定性是指结构不发生塑性变形的连续循环，结构在有限塑性变形之后留有残余应力的状态下，仍能安定在弹性状态。安定性分析允许的最大的应力变化范围是屈服极限的2倍。直埋供热管道锚固段的热应力就是典型的二次应力。

峰值应力是指管道或附件（如三通等）由于局部结构不连续或局部热应力等产生的应力增量。它的特点是不引起显著的变形，是一种导致疲劳裂纹或脆性破坏的可能原因，应力验算应采用疲劳分析。但目前尚不具备进行详细疲劳分析的条件，实际计算时对出现峰值应力的三通、弯头等应力集中处采用简化公式计入应力加强系数，用满足疲劳次数的许用应力范围进行验算。

应力分类法早已在美国机械工程师协会（ASME）1971年的《锅炉及受压容器规范》中应用。我国《火力发电厂汽水管道应力计算技术规定》1978年版亦参考国外相关规范改为采用应力分类法。1990年版《城市热力网设计规范》已经规定管道应力计算采用应力分类法，2002年版用条文将此法正式明文规定下来。

9.0.2 将原规范中“计算温度”改为“工作循环最高温度”。这样“工作循环最高温度”与“工作循环最低温度”的用词一致，形成一个计算温度循环范围。

计算压力和工作循环最高温度取用热源设备可能出现的压力和温度。这样的考虑是必要的，因为设备可能因某种原因出现最高压力和温度，同时也为管道提升起点压力或温度留有必要的余地。工作循环最低温度取用正常工作循环的最低温度，即停热时经常出现的温度，而不采用可能出现的最低温度，例如较低的安装温度。因为供热管道一次应力加二次应力加峰值应力验算时，应力的限定并不取决于一时的应力水平，而是取决于交变的应力范围和交变的循环次数。安装时的低温只影响最初达到工作循环最高温度时材料塑性变形量，对管道寿命几乎没有影响。

管道工作循环最低温度取决于停热时出现的温度。全年运行的管道停热检修一般在采暖期以后，此时气温、地温已较高，可达10℃以上。对于地下敷设由于保温效果好，北京地区实际测定停热一个月后，管壁温度仍达30℃；地上敷设由于管道也是保温的，停热一个月后气温上升管壁温度亦不会低于15℃。对于只在采暖期运行的管道，停热时日平均气温不会低于5℃，同样道理，地下敷设管壁温度不会低于10℃；地上敷设不会低于5℃。

9.0.3 本条为地上敷设和地下管沟敷设管道应力计算依据方法的具体规定。采用《火力发电厂汽水管道应力计算技术规程》DL/T 5366（以下简称《规程》）的理由是：

1 该《规程》是我国第一个采用应力分类法进行管道应力计算的技术标准；

2 该《规程》是国内管道行业的权威性标准，广泛为其他部门所采用；

3 地上敷设和管沟敷设的供热管网管道应力计算目前尚无具体的技术标准，而《规程》中的管道工作条件、敷设条件与之基本一致。

根据以上理由，故暂时采用《火力发电厂汽水管道应力计算技术规程》DL/T 5366。

9.0.4 直埋敷设热水管道的应力分析与计算不同于地上敷设和管沟敷设，有其特殊的规律。《城镇直埋供热管道工程技术规程》CJJ/T 81，根据直埋热水管道的特点，采用应力分类法对管道应力分析与计算作了详细的规定。故直埋敷设热水管道的应力计算应按上述标准执行。

9.0.5 供热管道对固定点的作用力是承力结构的设计依据，故应按可能出现的最大数值计算，否则将影响安全运行。

9.0.6 本条为供热管道对固定点作用力的计算规定，管道对固定点的3种作用力解释如下：

1 管道热胀冷缩受约束产生的作用力包括：地上敷设、管沟敷设活动支座摩擦力在管道中产生的轴向力；直埋敷设过渡段土壤摩擦力在管道中产生的轴向力、锚固段的轴向力等。

2 内压产生的不平衡力指固定点两侧管道横截面不对称在内压作用下产生的不平衡力，内压不平衡力按设计压力值计算。

3 活动端位移产生的作用力包括：弯管补偿器、波纹管补偿器、自然补偿管段的弹性力、套筒补偿器的摩擦力和直埋敷设转角管段升温变形的轴向力等。

9.0.7 本条规定了固定点两侧管段作用力合成的原则。

第1款第1）项是规定地上敷设和管沟敷设管道固定点两侧方向相反的作用力不能简单地抵消，因为管道活动支座的摩擦表面状况并不完全一样，存在计算误差，同时管道启动时两侧管道不会同时升温，因此热胀受约束引起的作用力和活动端作用力的合力不能完全抵消。计算时应在作用力较小一侧乘以小于1的抵消系数再进行抵消计算。根据大多数设计单位的经验，目前抵消系数取0.7较妥。

第1款第2）项规定内压不平衡力的抵消系数为1，即完全抵消。因为计算管道横截面和内压值较准确，同时压力在管道中的传递速度非常快，固定点两侧内压作用力同时发生，可以考虑完全抵消。

第1款第3）项计算几个支管对固定点的作用力时，支管作用力应按其最不利组合计算。

10 中继泵站与热力站

10.1 一 般 规 定

10.1.1 中继泵站、热力站设备、水泵噪声较高时，对周围居民及机关、学校等有较大干扰。当噪声较高时，应加大与周围建筑的距离。当条件不允许时，可采取选用低噪声设备、建筑进行隔声处理等办法解决。当中继泵站、热力站所在场所有隔振要求时，水泵机组等有振动的设备应采用减振基础、与振动设备连接的管道设隔振接头并且附近的管道支吊点应选用弹簧支吊架。为避免管道穿墙处管道的振动传给建筑结构，应采取隔振措施。例如，管道与墙体间留有空隙、管道与墙体间填充柔性材料。当管道与墙体必须刚性接触时，振源侧的管道应加装隔振接头。

10.1.2 中继泵站、热力站内管道、设备、附件等较多，散热量大，应有良好的通风。为保证管理人员的安全和检修工作的需要应有良好的照明设备。

10.1.3 站房设备间门向外开主要考虑事故时便于人员迅速撤离现场，当热力站站房长度大于12m时为便于人员迅速撤离应设2个出口。水温100℃以下的热水热力站由于水温较低，没有二次蒸发问题，危险性较低可只设1个出口。蒸汽热力站事故时危险性较大，任何情况都应设2个出口。以上规定与现行国家标准《锅炉房设计规范》GB 50041和原苏联《热力网规范》相同。

10.1.4 站内地面坡度是为了将设备运行或检修泄漏的水引向排水沟，保持地面干燥。也可在设备、管道的排水点设地漏而地面不作坡度。

10.1.11 站内设备强度储备有限，不能承受过大的外加荷载，管道布置时应加以注意。

10.2 中 继 泵 站

10.2.1 一般来说，对于大型的热水供热管网是需要设置中继泵站的，有时甚至设置多个中继泵站。中继泵站设置的依据是管网水力计算和水压图。设置中继泵站能够增大供热距离，而不用加大管径，从而节省管网建设投资，在一定条件下可以降低系统能耗，对整个供热系统的工况和管网的水力平衡也有一定的好处。但是，设置中继泵站需要相应地增加泵站投资。因此是否设置中继泵站，应根据具体情况经过技术经济比较后确定。

另外，就国内和国外的一些大型热水供热管网来看，其管网系统的设计压力一般均在1.6MPa等级范围内，这对于城镇供热管网的安全性和节省建设投资是大有好处的。如不设中继泵站将使管网管径增大或管网设计压力等级提高，这些对管网建设都是不利的。

再有，当管网上游端有较多用户时，设中继泵站有利于降低供热系统水泵（循环水泵、中继泵）总能耗。

中继泵不能设在环状运行的管段上，否则，只能造成管网的环流，不能提升管网的资用压头。中继泵站建在回水管上由于水温较低（一般不超过80℃）可不选用耐高温的水泵，降低建设投资。

10.2.2 中继泵为适应不同时期负荷增长的需要并便于调节应采用调速泵。

10.2.3 本条主要参考现行国家标准《室外给水设计规范》GB 50013泵房设计部分制定。

10.2.4 本条主要考虑减缓停泵时引起的压力冲击，防止水击破坏事故。

10.2.5 当旁通管口径与水泵母管口径相同时，可以最大限度地起到防止水击破坏事故的作用。

10.3 热水热力网热力站

10.3.1 热水热力网民用热力站的最佳供热规模应按各地具体条件经技术经济比较确定。对于热力站的最佳规模，由于各地的城镇建设及经济发展水平不一，难以统一。因此只有根据本地条件，经技术经济比较确定适合于本地实际情况的热力站最佳规模。但是从工程建设投资，运行调节手段，供热实际效果，安全可靠度等方面看，一般来说，热力站规模不宜过大。

本条对新建的居住区，以不超过本街区供热范围为最大规模，一是考虑街区供热管网不宜跨出本街区的市政道路；二是考虑热力站的供热半径不超过500m，便于管网的调节和管理。

10.3.2 对于大型城镇供热系统，从便于管理、易于调节等方面考虑，应采取间接连接方式。对于小型的供热系统，当满足本条第2款规定时可采用直接连接方式。

10.3.3 全自动组合换热机组具有传热效率高、占地小、现场安装简便、能够实现自动调节、节约能源等特点。有条件时应采用具备无人值守功能的设备。无人值守热力站一般具备以下基本功能：

系统水流量的调节及限制；系统温度、压力的监测与控制；热量的计算及累计；系统的安全保护；系统自动启、停功能等。另外还应具备各运行参数的远程监测、主要动力设备的运行状态及事故诊断、报警等远传通信功能。

10.3.4 本条规定考虑到生活热水热负荷较大时，热力网设计流量要增加很多，使热力网投资加大。例如150/70℃闭式热水热力网，当生活热水热负荷为采暖热负荷的20%，采用质调节时，其热力网流量已达采暖热负荷热力网流量的50%；若生活热水热负荷为采暖热负荷的40%（例如所有用户都有浴盆时），两种负荷的热力网流量基本相等。为减少热力网流量，降低热力网造价，本条规定当生活热水热负荷较大时，应采用两级加热系统，即第一级首先用采暖回水加热。采取这一措施可减少生活热水热负荷的热力网流量约50%，但这要增加热力站设备的投资。

10.3.5 采暖系统循环泵的选择在流量和扬程上均不考虑额外的余量，以防止选泵过大。目前大多数采暖系统循环泵都偏大，往往是大流量小温差运行，很难降低热网回水温度，这对供热管网运行是十分不利的。随着技术进步调速泵在我国应用已很普遍，本规范规定采暖系统采用“质—量”调节时应选用调速泵。当考虑采暖用户分户计量，用户频繁进行自主调节时，也应采用调速泵，以最不利用户处保持给定的资用压头来控制其转速，可以最大限度地节能。

10.3.7 用户分别设加压泵，没有自动调节装置时，各加压泵不能协调工作，易造成水力工况紊乱。集中设置中继泵站对于热力网水力工况的稳定和节能都是较合理的措施。当用户自动化水平较高，开动加压泵能自动维持设计流量时，采用分散加压泵可以节能。

10.3.8 采暖系统补水泵的流量应满足正常补水和事故补水（或系统充水）的需要。本条规定与现行国家标准《锅炉房设计规范》GB 50041协调一致。正常补水量按系统水容量计算较合理，但热力站设计时统计系统水容量有时有一定难度。本次修订给出按循环水量和水温估算的参考值。

10.3.9 采暖系统定压点设在循环泵入口侧的理由是：水泵入口侧是循环系统中压力最低点，定压点设在此处可保证系统中任何一点压力都高于定压值。定压值的大小主要是保证系统充满水（即不倒空）和不超过散热器的允许压力。高位膨胀水箱是简单可靠的定压装置，但有时不易实现，此时可采用蒸汽、氮气或空气定压装置。空气定压应选用空气与水之间用隔膜隔离的定压装置，以避免补水中溶氧高而腐蚀系统中的管道及设备。现在许多系统采用调速泵进行补水定压，这种方式的优点是设备简单，缺点是一旦停电，很难长时间维持定压，使系统倒空，恢复运行困难。只能用于一般情况下不会停电的系统。

10.3.10 本条为换热器的选择原则。列管式、板式换热器传热系数高，属于快速换热器，其换热表面的污垢对传热系数值影响很大，设计时不宜按污垢厚度计算传热热阻，否则就不成其为快速换热器了。因此宜按污垢修正系数的办法考虑传热系数的降低。容积式换热器用于生活热水加热，由于其传热系数低，按水垢厚度计算热阻的方法进行传热计算较为合理。

热交换器的故障率很低，同时采暖系统为季节负荷，有足够的检修时间，生活热水系统又非停热造成重大影响的负荷，为了降低造价所以一般可以不考虑备用设备。为了提高供热可靠性，可采取几台并联的办法，这样即使一台发生故障，可不致完全中断供热，亦可适应负荷分期增长，进行分期建设。

10.3.11 本条考虑换热器并联连接时，采用同程连接可以较好的保证各台换热器的负荷均衡。在不可能每台换热器安装完备的检测仪表进行仔细调节的条件下，这种措施是简单易行的。

并联工作的换热器，每台换热器一、二次侧进出口都安装阀门的优点是当一台换热器检修时不影响其他换热器的工作，故推荐采用这种设计方案。

热水供应系统换热器安装安全阀，主要是考虑阀门关闭或用户完全停止用水的情况下，继续加热将造成容器超压，发生爆破事故。本规定为压力容器安全监察的要求。

10.3.12 为保证间接连接采暖系统的换热器不结垢，对采暖系统的水质提出要求，本条采用现行国家标准《工业锅炉水质》GB/T 1576 的标准。当采暖系统中有钢板制散热器时，因其板厚较薄，极易腐蚀穿孔，故要求补水应除氧，没有上述情况时可不除氧。

10.3.13 热力网中很多热力站进口处热力网供回水压差过大，如果不具备必要的调节手段，很可能超出设计流量，造成用户过热以至使整个管网发生水力失调现象。对于采用质调节的供热系统最好在热力站入口的供水或回水管上安装自动流量控制阀，以自动维持热力站的设计流量，防止失调。对于变流量调节的供热系统，热力站入口最好安装自力式压差控制阀，以维持合理的压差保证自动控制系统调节阀的正常工作，同时在因停电而自控系统不工作时，也可自动维持一定压差，使该热力站不致严重失调。

热力站各分支管路应装设关断阀门以便于分别关断进行检修。各分支管路在没有单独自动调节系统时，最好安装手动调节阀以便于初调节，达到各分支管路系统的水力平衡。

10.3.14 本条考虑防止供热管网由于冲洗不净而残留的污物进入热力站系统，损坏流量计量仪表，堵塞换热器的通道。同时也防止用户采暖系统的污物进入热力站设备。

10.3.15 本条规定主要考虑保证必要的维护检修条件。

10.4 蒸汽热力网热力站

10.4.1 蒸汽热力站是蒸汽分配站，通过分汽缸对各分支进行控制、分配，并提供了分支计量的条件。分支管上安装阀门，可使各分支管路分别切断进行检修，而不影响其他管路正常工作，提高供热的可靠性。蒸汽热力站也是转换站，根据热负荷的不同需要，通过减温减压可满足不同参数的需要，通过换热系统可满足不同介质的需要。

10.4.2 采用带有凝结水过冷段的换热设备较串联水—水换热器方案可以节约占地，简化系统，节省投资。

10.4.3 蒸汽热力网凝结水管网投资较大，应设法延长其使用寿命。本条规定的目的在于减少凝结水溶氧，提高凝结水管寿命。

10.4.5、10.4.6 这两条规定参考原苏联《热力网规范》制订。凝结水箱容量过大会增加建设投资，过小会使凝结水泵开停过于频繁。

10.4.7 因凝结水箱较小，凝结水泵应时刻处于良好的状态，故应设备用泵。

10.4.8 凝结水箱设取样点是检查凝结水质量的必要设施。设于水箱中部以下位置，可保证经常能取出水样。

10.4.9 蒸汽热力站内有时装有汽水换热器、水泵等设备，其选择和布置要求基本与热水热力站相同。

11 保温与防腐涂层

11.1 一般规定

11.1.2 从节能角度看，供热介质温度大于 40℃ 即有设保温层的价值。实际上，大于 50℃ 的供热介质是大量的，所以本条规定大于 50℃ 的管道及设备都应保温。

对于不通行管沟或直埋敷设条件下的回水管道、与蒸汽管并行敷设的凝结水管道，因土壤有良好的保温作用，在多管共同敷设的条件下，这些温度低的管道热损失很小，有时不保温是经济的。在这种情况下，经技术经济比较认为合理时，可不保温。

11.1.3 本条规定系参照现行国家标准《设备及管道绝热技术通则》GB/T 4272 的规定制订。

经卫生部门验证，接触温度高于 70℃的物体易发生烫伤。60℃～70℃的物体也能造成轻度烫伤。因此以 60℃作为防止烫伤的界限。

据文献资料介绍，烫伤温度与接触烫伤表面的时间有关，详见下表：

接触烫伤表面的时间（s）	温度（℃）	接触烫伤表面的时间（s）	温度（℃）
60	53	5	60
15	56	2	65
10	58	1	70

参考上表，防烫伤温度取 60℃比较合适。

对于管沟敷设的供热管道，可采取机械通风等措施，保证当操作人员进入管沟维修时，设备及管道保温结构表面温度不超过 60℃。

11.1.4 本条规定采用现行国家标准《设备及管道绝热技术通则》GB/T 4272－2008 的规定。

20 世纪 60 年代一般把导热系数小于0.23W/(m·℃)的材料定为保温材料。但我国近年来保温材料生产技术发展较快，能生产性能良好的保温材料，因此把导热系数规定得低一些，可以用较少的保温材料，达到较好的保温效果，不应采用保温性能低劣的产品。

对于松散或可压缩的保温材料，只有具备压缩状态下的导热系数方程式或图表，才能满足设计需要。

第 2 款规定的密度值，符合国内生产的保温材料实际情况，是适应对导热系数的控制而制订的，密度大于 300kg/m^{3}的材料不应列入保温材料范围。保温材料密度过大，导致支架荷载增加，据统计资料，支架荷重增加一吨，支架投资增加近千元，因此应优先选用密度小的保温材料和保温制品。

第 3 款规定的硬质保温材料抗压强度值是考虑低于此值会造成运输或施工过程中破损率过高，不仅经济损失大，也影响施工进度和施工质量。半硬质保温材料亦应具有一定强度，否则变形会过大，影响使用。

对保温材料的其他要求，如吸水率低、对环境和人体危害小、对管道及其附件无腐蚀等，也应在设计中综合考虑，但不宜作为主要技术性能指标在条文中规定。

11.1.5 经济保温厚度是指保温管道年热损失费用与保温投资分摊费用之和为最小值时相应的保温层厚度值。保温层厚度增加，热阻增加，散热量减少。但其热阻增加率随厚度加大而逐渐变小，即保温效果随厚度加大而增加得越来越慢。因保温投资和保温材料的体积大致是成正比的，随着管道保温厚度的增大所增加的保温层圆筒形体积增加得越来越快。从以上直观的分析看，盲目增加保温厚度是不经济的。经济保温厚度是综合了热损失费用和投资费用两方面因素的最合理的保温层厚度值，应优先选用。

11.2 保 温 计 算

11.2.1 现行国家标准《设备和管道绝热设计导则》GB/T 8175 中经济保温厚度的计算方法，不但考虑了传热基本原理，而且也考虑了气象、材料价格、热价、贷款利率及偿还年限等因素，是比较好的计算方法。但《设备和管道绝热设计导则》GB/T 8175 中没有给出管沟多管敷设和直埋敷设的设计公式，执行时可参考其基本方法，加以运用。

11.2.2 地下多管敷设的管道，满足给定的技术条件，可以有多种管道保温厚度的组合方案，设计时应选择最经济的各管道保温厚度组合，也就是保温设计按有约束条件（技术要求）的经济厚度优化设计。

11.2.4 经济保温厚度计算及年散热损失计算都是采用全年热损失。故计算时无论介质温度，还是环境温度都应采用运行期间平均值。

11.2.5 按规定的供热介质温度降计算保温厚度时，应按最不利条件计算。蒸汽管道的最不利工况应根据用汽性质分析确定，通常最小负荷为最不利工况。

热水管道运行温度较低热损失小，且水的热容量比较大，因此热水温度降较小，一般不按允许温度降条件计算。

11.2.6 按规定的土壤（或管沟）温度条件计算保温层厚度时，应选取使土壤（或管沟）温度达到最高值的供热介质温度和土壤自然温度。冬季供热介质温度高但土壤自然温度低，而夏季土壤自然温度高但介质温度低，故应进行两种计算，取其保温厚度较大者。计算结果与供热介质运行温度、各地区土壤自然温度的变化规律有关，本规范难于给出确定的规律。

11.2.7、11.2.8 按规定的保温层外表面温度条件计算保温层厚度时，应选取使保温层外表面温度达到最高值的供热介质温度和环境温度。理由同第 11.2.6 条。

11.2.9 为保证外层保温材料在运行时不超温，设计时界面温度取值应略低于保温材料的最高允许温度。

11.2.10 软质或半硬质保温材料在施工捆扎时，必然会压缩，厚度减少、密度增加，相应也就改变了材料的导热系数。设计时应考虑这些因素，使设计计算条件符合实际。

11.2.11 因国内目前尚无完整的统计、测试资料，本条规定系参照原苏联《热力网规范》制订。

11.3 保温结构

11.3.1 本条主要强调对保护层的要求，保温结构的使用效果和使用寿命在很大程度上取决于保护层。提高保护层的质量是十分重要的。

11.3.2 直埋敷设供热管道可以节约投资，是近代各国迅速发展的敷设方式。但直埋敷设管道设计必须认真处理好其保温结构，否则将适得其反。本条规定直埋敷设热水管道的技术要求应符合《高密度聚乙烯外护管聚氨酯泡沫塑料预制直埋保温管》CJ/T 114 和《玻璃纤维增强塑料外护层聚氨酯泡沫塑料预制直埋保温管》CJ/T 129 的规定，此标准符合国内预制直埋保温管生产的较高水平。

11.3.3 本条考虑由于钢管的线膨胀系数比保温材料的线膨胀系数大，在热状态下，由于管道升温膨胀时会破坏保温层的完整性，产生环状裂缝。不仅裂缝处增加了热损失，而且水汽易于侵入加速保温层的破坏。因此要求设置伸缩缝，并要求做好伸缩缝处的防水处理。

11.3.4 地下敷设采用填充式保温时，使用吸水性保温材料，是有过惨痛教训的。即使保温结构外设有柔性防水层也无济于事。对于供热管道，防水层由于温度变化很难保持完整，一旦一处漏水，则大面积保温材料潮湿，使管道腐蚀穿孔。故本条规定十分严格，使用"严禁"的措辞。

11.3.5 本条规定考虑到便于阀门、设备的检修，可节约重新做保温结构的费用。

11.4 防腐涂层

11.4.1、11.4.2 蒸汽管道表面温度高，运行期间即使管子表面无防腐涂料，管子也不会腐蚀。室外蒸汽管道如果常年运行，为解决施工期间的锈蚀问题可涂刷一般常温防腐涂料。对于室外季节运行的蒸汽管道，为避免停热时期管子表面的腐蚀，应涂刷满足运行温度要求的防腐涂料。

11.4.3 架空敷设管道采用铝合金薄板、镀锌薄钢板和塑料外护是较为理想的保护层材料，其防水性能好，机械强度高，重量轻，易于施工。当采用普通铁皮替代时，应加强对其防腐处理。

12 供配电与照明

12.2 供配电

12.2.1 中继泵站及热力站的负荷分级及供电要求，视其在热力网中的重要程度而定，如热力站供热对象是重要政治活动场所，一旦停止供热会造成不良政治影响，其供电要求应是一级；大型中继泵站担负着很大的供热负荷，中断供电会造成重大影响以致发生安全事故时，其供电要求也应是一级。一般中继泵站及热力站则不一定是一级。在设计过程中可以根据实际情况确定负荷分级及供电要求。

12.2.2 电网中的事故有时是瞬时的，故障消除后又恢复正常。这种情况下，中继泵站及热力站的备用电源不一定马上投入。自动切换装置设延时的目的，就是确认主电源为长时间的故障时，再投入备用电源。

12.2.3 设专用配电室是为了便于维护，保证运行安全、供电可靠。

12.2.4 本条规定主要是为了保证供电可靠并使保护简单。

12.2.5 本条规定主要考虑塑料管易老化，且易受外力破坏，不能保证供电可靠。

泵和管道在运行或检修过程中难免漏水，为防止水溅落到配电管线中，应采用防水弯头，以保证供电的安全可靠。

12.2.6 本条规定考虑便于运行人员紧急处理事故，同时检修试泵时启停泵方便，并可保证人员的安全。

12.2.7 在设计中采用大功率变频器应充分考虑谐波造成的危害，并采取相应措施满足国家标准《电能质量　公用电网谐波》GB/T 14549 的规定。

12.2.8 本条规定主要是为了保证设备安全可靠运行。

12.3 照明

12.3.2 为保证供热管网安全运行、维护检修方便，照度应视场所需要由设计人员按有关规范确定。

12.3.3 管沟、地下、半地下阀室、检查室等处环境湿热、采用防潮型灯具以保证照明系统的安全可靠。

12.3.4 地下构筑物内照明灯具安装较低处，人员和工具易触及玻璃灯具，造成损坏触电，故应采用安全电压。

13 热工检测与控制

13.1 一般规定

13.1.1 我国城镇集中供热事业发展很快，供热规模不断扩大，但随之而来的供热失调造成用户冷热不均，缺少系统运行数据资料无法进行分析判断等等问题普遍存在。因此供热管网建立计算机监控系统已成为迫切需要。当前建立计算机监控系统的经济、技术条件已基本成熟，但因供热系统规模大小不一，不能强求一致，故本条只对规模较大的城镇供热管网应建立完备的计算机监控系统作了较严格的规定。

13.1.2 本条为城镇供热管网监控系统基本任务的规定。

13.1.6 本章内容主要是供热管网工艺系统对"热工检测与控制"的设计要求，而自控专业本身的设计仍执行自控专业设计标准和规范。

13.2 热源及供热管线参数检测与控制

13.2.1～13.2.4 规定了热源出口处供热参数的检测

内容和检测要求。热源温度、压力参数是供热管网运行温度、压力工况的基本数据。流量、热量不仅是重要的运行参数，还是供热管网与热源间热能贸易结算的依据，应尽可能提高检测的精确度。上述参数不仅要在仪表盘上显示而且应连续记录以备核查、分析使用。

13.2.5 热源调速循环水泵根据供热管网最不利资用压头自动或手动控制泵转速的方式运行，使最不利的资用压头满足用户正常运行需要。这种控制方式在满足用户正常运行的条件下可最大限度地节约水泵能耗，同时，热源联网运行时，调峰热源循环泵按此方式控制可自动调整负荷。

循环水泵入口和出口的超压保护装置是降低非正常操作产生压力瞬变的有效保护措施之一。

13.2.6 供热管网干线的压力检测数据是绘制管网实际运行水压图的基础资料，是分析管网水力工况十分重要的数据。计算机监控系统实时监测管网压力，甚至自动显示水压图是理想的监测方式。

13.3 中继泵站参数检测与控制

13.3.1 本条第1款检测的是中继泵站最基本、最重要的运行数据，应显示并记录。第2款检测的压力值为判断除污器是否堵塞的分析用数据，可只安装就地检测仪表。第3款规定是在单台水泵试验检测水泵空负荷扬程时使用，其检测点应设在水泵进、出口阀门间靠近水泵侧，并可只安装就地检测仪表。

13.3.2 本条为可使泵站基本不间断运行的自动控制方式，但设计时应有保证水泵自动启动时不会伤及泵旁工作人员的措施。

13.3.3 本条规定是以中继泵承担管网资用压头调节任务的控制方式。理由同第13.2.5条。

13.4 热力站参数检测与控制

13.4.1 热力站的参数检测是运行、调节和计量收费必要的依据。

13.4.2 热力站和热力入口的供热调节（局部调节）是热源处集中调节的补充，对保证供热质量有重要作用。从保证高质量供热出发采用自动调节是最佳方式。

本条第1款规定了直接连接水泵混水降温采暖系统的调节方式。这种系统一般采用集中质调节，由于集中调节兼顾了其他负荷（如生活热水负荷）不可能使热力网的温度调节完全满足采暖负荷的需要，再加上集中调节有可能不够精确，所以在热力站进行局部调节可以解决上述问题，提高供热质量。间接连接采暖系统每栋建筑热力入口也可以采用这种方式进行补充的局部调节。

本条第2款规定了间接连接采暖系统的调节方式。当采用质调节时，应按质调节水温曲线根据室外温度调节水温。第3款为对生活热水负荷采用定值调节的规定。即调节热力网流量使生活热水的温度维持在给定值，因热水供应流量波动很大，维持调节精度±5℃已属不低的要求。在对生活热水温度进行调节的同时，还应对换热器热力网侧的回水温度加以限定，以防止热水负荷为零时，换热器中的水温过高。因为此时换热器中的被加热水为死水，出口水温不能反映出换热器内的温度，用换热器热力网侧回水温度进行控制，可以很好地解决这个问题。

13.5 供热管网调度自动化

13.5.1 本条为建立供热管网监控系统的原则性建议。

13.5.2 本条为对各级监控系统的功能要求。

13.5.3 计算机监控系统的通信网络可以采用有线和无线两种方式。专用通信网由供热企业专门敷设和维修管理，要消耗大量的人力物力。近年来，随着我国通信系统的不断发展，GPRS、CDMA、ADSL、电话拨号等通信方式已经被应用到供热管网监控系统中，因此利用公共通信网络是合理的方案。

14 街区热水供热管网

14.1 一般规定

本章的内容主要针对用户热水供热管网，热水来自城镇供热管网系统的热力站、小型锅炉房、热泵机房、直燃机房等，主要热负荷类型为采暖、通风、空调、生活热水。适用参数范围为设计压力小于或等于1.6MPa，设计温度小于或等于95℃，对设计参数较高的热水管网及蒸汽管网，应遵守其他章节的规定。

本章仅对用户街区热水供热管网与大型供热管网设计的不同之处作出规定，与本规范其他章节相同之处不再重复规定。

14.1.1 本规范第3章热负荷计算方法，主要用于热源和大型供热管网干线设计，推荐热指标是平均数据。街区热水供热管网直接与室内系统连接，由于建筑物具体情况的差异较大，设计热负荷应根据建筑物散热量和得热量逐项计算确定，不宜采用单位建筑面积热指标法估算。对既有建筑进行管网或热源改造时，应分析实际运行资料确定设计热负荷。

14.1.2 热力站间接连接采暖系统没有燃烧设备，对水质要求可以低于锅炉房，因此分别提出水质要求。锅炉房直接连接的采暖系统水质应满足热水锅炉的水质要求。室内系统采用的散热器、调节控制阀、计量表等设备、管道及附件的形式和材质，可能对水质指标有特殊的要求，对新型材料应了解其性能，正确选择水处理方法。

14.1.3 与现行国家标准《建筑给水排水设计规范》GB 50015的规定一致。

14.2 水力计算

14.2.1 水力计算的目的是合理确定管网管径和循环泵扬程，保证最不利用户的流量、压力和整个管网的水力平衡。采暖系统管网、生活热水系统供水管网和循环水管网均应进行水力计算，并采取水力平衡措施。

当热用户建筑分期建设时，供热管网一般按最终设计规模建设，随着负荷逐步发展，水力工况变化较大。管网设计时，需要根据分期水力计算结果，确定循环泵的配置和运行调节方案。

14.2.2 现行国家标准《采暖通风与空气调节设计规范》GB 50019 规定，两管制空调水系统宜分别设置冷水和热水循环泵。由于空调水系统冬、夏季流量及系统阻力相差很大，如不单独进行采暖期水力计算，直接按供冷期管网设计压差确定热水循环泵扬程，必然造成电能浪费。

14.2.3 管网的设计流量按设计热负荷计算，不必计算同时使用系数和管网热损失。现行国家标准《建筑给水排水设计规范》GB 50015 规定，生活热水系统供水干管管径按设计小时流量确定，建筑物引入管管径需保证户内系统的设计秒流量；定时供应生活热水系统的循环流量，可按循环管网中的水每小时循环2次～4次计算；全日供应生活热水系统的循环流量，应按配水管道热损失和配水点允许最低水温计算。

14.2.4 按经济比摩阻确定热网主干线管径，在管网设计时比较容易实施。街区热水供热管网供热范围较小，经济比摩阻数值高于大型热水管网，本条建议取60Pa/m～100Pa/m，当主干线长度较长时取较小值。我国现行的建筑节能设计标准对循环水泵的耗电输热比进行控制，其控制指标折算为比摩阻与本条规定值接近。

14.2.5 支线设计应充分利用主干线提供的作用压头，提高管内流速，不仅可节约管道投资，还可减少用户水力不平衡现象。最高比摩阻取400Pa/m符合一般暖通设计对最高流速的控制要求。管道流速与比摩阻对照见下表：

14.2.6 室外管网定压系统设计应结合建筑内部采暖系统和热源系统的情况统筹考虑，保证系统中任何一点不超压、不汽化、不倒空，还应保证循环水泵吸入口不发生汽蚀。

管 径	DN25	DN32	DN50	DN100	DN150	DN200	DN300
比摩阻 400Pa/m 时的流速 (m/s)	0.7	0.8	1.1	1.6	2.2	2.6	3.4
热水管道常用流速 (m/s)	0.5～1.0		1.0～2.0		2.0～3.0		

14.2.7 当系统循环水泵停止运行时，应有维持系统静压的措施。管网的静态压力应保证系统中任何一点不超压、不倒空。现行国家标准《采暖通风与空气调节设计规范》GB 50019－2003 第6.4.13条规定，空气调节水系统定压点最低压力应使系统最高点压力高于大气压力5kPa以上，空调系统推荐水温40℃～65℃。《锅炉房设计规范》GB 50041－2008 第10.1.12条规定，高位膨胀水箱的最低水位，应高于系统最高点1m以上。

14.2.8 按照现行国家标准《采暖通风与空气调节设计规范》GB 50019－2003 的规定，"新建住宅集中采暖系统，应设置分户热计量和室温控制装置"，"应在建筑物热力入口处设置热量表、差压或流量调节装置、除污器或过滤器等"。对于尚未安装的系统，在室外管网及热源设计时也应预留今后改造的可能性。因此室外管网计算时，应考虑用户楼口和户内系统安装过滤装置、计量装置、调节装置的压力损失，留有足够的资用压头。

14.3 管网布置与敷设

14.3.1、14.3.2 为便于运行调节和控制，应根据热用户的系统形式和使用规律划分供热系统，并分系统控制，如散热器采暖系统，地板辐射采暖系统，风机盘管系统，分时段采暖系统，有、无室内温度控制的采暖系统，高、低压采暖系统等，可以达到节能和提高供热质量的目的。但分系统设置管网会增加建设投资并占用地下空间，建议在热力入口划分系统并分系统安装调节控制装置和计量装置，避免同一路由敷设多条供热管线。只有热力入口不具备上述条件时，才在热力站分设系统。具体工程方案应通过技术经济比较确定。

14.3.3 在建筑物热力入口设二次循环泵或混水泵，适用于分系统敷设管网有困难的多种热负荷性质系统，以及采用地板辐射采暖、风机盘管等温差小、流量大的系统。可以降低管网循环泵的流量和扬程，减少管网水力失调现象，保证室内系统供热参数，提高用户的舒适度，节省管网运行电耗。对于生活热水系统，在用户入口设循环泵可分别控制循环量，保证用水点水温。

14.3.4 提高用户供热质量和节约用水的要求，与现行国家标准《建筑给水排水设计规范》GB 50015 的规定一致。

14.3.5 街区热水供热管网规模较小，采用枝状布置能满足一般用户要求，管网投资较少，设计计算较简单。当用户对供热可靠性有特殊要求时，可采用环状布置。

14.3.6 管网分支数量过多，会增加管路附件及检查室的数量，因此建议尽量减少分支数量。

14.3.7 街区热水供热管网敷设在街区庭院内部，为了美观宜敷设在地下。但街区地下管网及构筑物较多，当地下敷设有困难时，可采用地上架空敷设或敷设在地下室内。

14.3.8 目前无补偿直埋敷设的设计方法已很成熟，现行行业标准《城镇直埋供热管道工程技术规程》CJJ/T 81 对管道计算作了详细的规定。设计时应进行详细的分析，尽量减少补偿器和固定墩数量，提高供热管网运行的可靠性。

14.3.9 街区热水供热管网一般分为多个系统，同沟敷设的管道数量较多，管道走向复杂。采用通行管沟敷设便于人员进入检查维修，保障运行安全。管沟内管道与管道、管道与沟墙之间的尺寸，应满足管道及附件安装、检修的需要。通行管沟内安装阀门、补偿器处可不设检查室，但应设检查人孔。

14.3.10 因用户庭院管线种类数量多，建议采用综合管沟，节省用地。

14.3.11 街区地下管线种类多、空间有限、间距较近，在管线布置时应特别注意供热管沟与燃气管道交叉敷设距离较近时，必须采取隔绝措施，避免燃气泄漏进供热管沟。

14.3.12 街区内地下管线数量较多、距离较近，燃气及污水等管线内的有害气体一旦渗入供热管沟，就有可能从沟口进入室内管沟或地下室，威胁室内人身安全，必须采取隔绝措施。比较可靠的隔绝手段是设置一段直埋管段，根据具体条件，直埋段可以设在热力入口检查室与管沟之间或检查室与建筑物之间。无条件布置直埋管段时，至少应设隔墙封堵。

14.3.13 管沟进水会浸泡保温材料，造成热损失及管道腐蚀，管沟结构应做好防水处理，管沟应设坡度，并应在低点设集水井或集中坑，避免沟内积水。

14.3.14 热力入口需设置控制阀门、计量仪表、控制器等装置，还可能设有电动调节阀和水泵。热力入口装置设在建筑物地下室或楼梯间内，可有效地防止地下水和潮气。当室内无条件布置热力入口装置时，一般在室外地下设检查室，地下设检查室应具有防水及排水设施，保证检查室内温、湿度满足控制设备和仪表的要求。当地下设检查室不能保证上述要求时，也可在地面设检查室。

14.4 管道材料

14.4.1 本次修订对本规范第 8.3.1 条钢材的使用条件作了部分调整，按供热管网设计参数分别规定了材质要求。用于生活热水供应的管道，应根据当地的水质条件选择材料，应符合有关标准的规定。

14.4.2 目前国内预制整体直埋保温管的材料和生产能力均能满足本条规定的标准要求，直埋管道设计标准中推荐数据均来源于合格的保温管。街区热水管道使用的直埋保温管质量也应符合国家行业标准。

14.4.3 保温计算应符合本规范第 11 章的规定。地下敷设管道保温计算时，由于土壤热阻较大，综合管沟内的温度可能超过其他管线对环境温度的要求，因此在计算保温层厚度时，应控制管沟温度。

14.4.4 直埋敷设管道由于土壤作用，管道、管件、阀门等承受作用力较高，为避免附件损坏或漏水，建议补偿器、阀门、管件等均采用焊接连接。

14.4.5 管沟敷设管道及设备、阀门等环境条件较差，不宜采用螺纹连接，没有条件全部焊接连接时，可采用法兰连接。

14.5 调节与控制

14.5.1 现行国家标准《采暖通风与空气调节设计规范》GB 50019－2003 第 4.8.3 条规定，热水采暖系统，应在热力入口处的供水、回水总管上设置温度计、压力表及过滤器。设置过滤器是为了保护控制装置及仪表，过滤网的规格应符合控制装置及仪表的要求。

14.5.2 根据建筑物使用特点、热负荷变化规律、室内系统形式、供热介质温度及压力、调节控制方式等，在热力入口分系统设置管网时，应分系统设调控和计量装置。生活热水系统循环管网也宜设调节装置，平衡各支路循环水量，以保证用水点的供水温度。调节装置时安装位置应根据产品要求保证前后直管段长度和检修空间。

14.5.3 很多公共建筑可以采用分时段供热，可在热力入口安装控制装置。控制装置应具备按预定时间进行自动启停的功能，根据建筑使用规律设置供热时间和供热温度。

14.5.4 当在热力入口设二次循环泵或混水泵时，应设变频器调节水泵转速，自动控制系统运行参数。

14.5.5 本条没有限制热量表的流量传感器安装在供水或回水管上，但安装位置应保证前后直管段和检修空间的要求。

14.5.6 管网上的各种设备、阀门、热量表及热力入口装置，可能安装在地下室或室外地下检查室内，热网运行期间温度较高，非运行期间湿度较高，环境条件恶劣，因此耐温和防水等级应提高要求。

14.5.7 有条件时，集中控制室可根据调节方案监视或控制各系统的供热参数。

中华人民共和国行业标准

城镇燃气设施运行、维护和抢修安全技术规程

Technical specification for safety of operation, maintenance and rush-repair of city gas facilities

CJJ 51—2016

批准部门：中华人民共和国住房和城乡建设部
施行日期：２０１６年１２月１日

中华人民共和国住房和城乡建设部
公　告

第1132号

住房城乡建设部关于发布行业标准《城镇燃气设施运行、维护和抢修安全技术规程》的公告

现批准《城镇燃气设施运行、维护和抢修安全技术规程》为行业标准，编号为CJJ 51-2016，自2016年12月1日起实施。其中，第3.0.2、3.0.9、3.0.11、5.2.5、5.3.10、6.1.4、7.2.5条为强制性条文，必须严格执行。原《城镇燃气设施运行、维护和抢修安全技术规程》CJJ 51-2006同时废止。

本规程由我部标准定额研究所组织中国建筑工业出版社出版发行。

中华人民共和国住房和城乡建设部

2016年6月6日

前　言

根据住房和城乡建设部《关于印发〈2012年工程建设标准规范制订修订计划〉的通知》（建标[2012] 5号）的要求，规程编制组经广泛调查研究，认真总结实践经验，参考有关国际标准和国外先进标准，并在广泛征求意见的基础上，修订本规程。

本规程的主要技术内容是：1. 总则；2. 术语；3. 基本规定；4. 运行与维护；5. 抢修；6. 生产作业；7. 液化石油气设施的运行、维护和抢修；8. 图档资料。

本规程修订的主要技术内容是：1. 增加第3章基本规定，对运行维护及抢修人员和机构配备、建立健全安全管理制度、燃气设施定期进行安全评价等提出了原则性要求；2. 新增对调压装置定期进行分级维护保养、周期及内容的要求；3. 补充完善了压缩天然气设施和液化天然气设施运行维护的要求，并各自独立为一节；4. 新增对发电厂、供热厂等大型用户燃气设施运行、维护的要求，并明确供气单位与用户双方的职责。

本规程中以黑体字标志的条文为强制性条文，必须严格执行。

本规程由住房和城乡建设部负责管理和对强制性条文的解释，由主编单位负责具体技术内容的解释。在执行过程中如有意见或建议，请寄送中国城市燃气协会（地址：北京市西城区西直门内南小街22号；邮政编码：100035）。

本规程主编单位：中国城市燃气协会

本规程参编单位：北京市燃气集团有限责任公司
成都城市燃气有限责任公司
港华投资有限公司
上海燃气（集团）有限公司
深圳市燃气集团股份有限公司
山东淄博绿博燃气有限公司
杭州市燃气（集团）有限公司
新奥能源控股有限公司
天津市燃气集团有限公司
广州燃气集团有限公司
南京港华燃气有限公司
哈尔滨中庆燃气有限责任公司
贵州燃气（集团）有限责任公司
西安秦华天然气有限公司
武汉市燃气热力集团有限公司

中交煤气热力研究设计院有限公司
北京市公用工程设计监理公司
中石油昆仑燃气有限公司
中国燃气控股有限公司
中石油昆仑燃气有限公司燃气技术研究院
北京市燃气集团研究院
上海飞奥燃气设备有限公司
江西泰达长林特种设备有限责任公司
武汉安耐杰科技工程有限公司
北京天环燃气有限公司
亚大塑料制品有限公司
北京大方安科技术咨询有限公司

本规程主要起草人员：李长缨　迟国敬　马长城
李美竹　颜丹平　万　云
江　民　应援农　陈　江
李业强　陈秋雄　陈运文
刘新领　王忠平　杨俊杰
孟　红　孙永明　李自强
贾兆公　广　宏　杨开武
肖成相　于京春　张　雷
张宏伟　李秉君　王智学
雷素敏　潘　良　宋新文
李英杰　曹国权　王志伟
李宝才

本规程主要审查人员：杨　健　汪隆毓　高立新
李树旺　车立新　林雅蓉
曾　胜　詹淑慧　李念文
李长江　钟　军

目　次

Contents

1 总 则

1.0.1 为使城镇燃气设施运行、维护和抢修符合安全生产、保证正常供气、保障公共安全和保护环境的要求，制定本规程。

1.0.2 本规程适用于城镇燃气厂站、管网、用户燃气设施、监控及数据采集系统等城镇燃气设施的运行、维护和抢修。本规程不适用于汽车加气站的运行、维护和抢修。

1.0.3 城镇燃气设施的运行、维护和抢修除应执行本规程外，尚应符合国家现行有关标准的规定。

2 术 语

2.0.1 城镇燃气供应单位 city gas supply firms

城镇燃气供应企业和城镇燃气自管单位的统称。

城镇燃气供应企业是指从事城镇燃气储存、输配、经营、管理、运行、维护的企业。

城镇燃气自管单位是指自行给所属用户供应燃气，并对燃气设施进行管理、运行、维护的单位。

2.0.2 燃气设施 city gas facility

用于燃气储存、输配和应用的设备、装置、系统，包括厂站、管网、用户燃气设施、监控及数据采集系统等。

2.0.3 用户燃气设施 customer's gas installation

用户燃气管道、阀门、计量器具、调压设备、气瓶等。

2.0.4 燃气燃烧器具 gas burning equipment

以燃气作燃料的燃烧用具的总称，简称燃具。包括燃气热水器、燃气热水炉、燃气灶具、燃气烘烤器具、燃气取暖器等。

2.0.5 用气设备 gas appliance

以燃气作燃料进行加热或驱动的较大型燃气设备，如工业炉、燃气锅炉、燃气直燃机、燃气热泵、燃气内燃机、燃气轮机等。

2.0.6 运行 operation

从事燃气供应的专业人员，按照工艺要求和操作规程对燃气设施进行巡检、操作、记录等常规工作。

2.0.7 维护 maintenance

为保障燃气设施的正常运行，预防故障、事故发生所进行的检查、维修、保养等工作。

2.0.8 抢修 rush-repair

燃气设施发生危及安全的泄漏以及引起停气、中毒、火灾、爆炸等事故时，采取紧急措施的作业。

2.0.9 降压 pressure relief

燃气设施进行维护和抢修时，为了操作安全和维持部分供气，将燃气压力调节至低于正常工作压力的作业。

2.0.10 停气 interruption

在燃气供应系统中，采用关闭阀门等方法切断气源，使燃气流量为零的作业。

2.0.11 明火 flame

外露火焰或赤热表面。

2.0.12 动火 flame operation

在燃气设施或其他禁火区内进行焊接、切割等产生明火的作业。

2.0.13 作业区 operation area

燃气设施在运行、维修或抢修作业时，为保证操作人员正常作业所确定的区域。

2.0.14 警戒区 outpost area

燃气设施发生事故后，已经或有可能受到影响需进行隔离控制的区域。

2.0.15 直接置换 direct purging

采用燃气置换燃气设施中的空气或采用空气置换燃气设施中的燃气的过程。

2.0.16 间接置换 indirect purging

采用惰性气体或水置换燃气设施中的空气后，再用燃气置换燃气设施中的惰性气体或水的过程；或采用惰性气体或水置换燃气设施中的燃气后，再用空气置换燃气设施中的惰性气体或水的过程。

2.0.17 吹扫 purging

燃气设施在投产或维修前清除其内部剩余气体和污垢物的作业。

2.0.18 放散 relief

利用放散设备排空燃气设施内的空气、燃气或混合气体的过程。

2.0.19 防护用具 protection equipment

用以保障作业人员安全和隔离燃气的用具，一般有工作服、工作鞋、手套、安全帽、耳塞、隔离式呼吸设备等。

2.0.20 监护 supervision and protection

在燃气设施运行、维护、抢修作业时，对作业人员进行的监视、保护；或对其他工程施工等可能引起危及燃气设施安全而采取的监督、保护。

2.0.21 带压开孔 hot-tapping

利用专用机具在有压力的燃气管道上加工出孔洞，操作过程中无燃气外泄的作业。

2.0.22 封堵 plugging

从开孔处将封堵头送入并密封管道，从而阻止管道内介质流动的作业。

2.0.23 波纹管调长器 bellows unit

由波纹管及构件组成，用于调节燃气设备拆装引起的管道与设备轴向位置变化的装置。

3 基本规定

3.0.1 城镇燃气供应单位应建立、健全安全生产管理制度及运行、维护、抢修操作规程。

3.0.2 城镇燃气供应单位应配备专职安全管理人员，抢修人员应24h值班；应设置并向社会公布24h报修电话。

3.0.3 在城镇燃气设施运行、维护和抢修中，应利用监控及数据采集系统，逐步实现故障判断、作业指挥及事故统计分析的智能化。

3.0.4 城镇燃气设施或重要部位应设置标志，并应定期进行检查和维护。燃气设施运行、维护和抢修过程中，应设置安全标志。标志的设置和制作应符合现行行业标准《城镇燃气标志标准》CJJ/T 153的有关规定。

3.0.5 城镇燃气供应单位应建立燃气安全事故报告和统计分析制度，并应制定事故等级标准。燃气安全事故报告和统计分析的内容可按本规程附录A的格式确定。

3.0.6 城镇燃气供应单位应制定燃气安全生产事故应急预案，应急预案的编制程序、内容和要素等应符合现行国家标准《生产经营单位生产安全事故应急预案编制导则》GB/T 29639的有关规定。针对具体的装置、场所或设施、岗位应编制现场处置方案。应急预案应按有关规定进行备案，组织实施演习每年不得少于1次，并应对预案及演习结果进行评定。

3.0.7 对于停止运行、报废的管道，管道所属企业应及时进行处置；暂时没有处置的应采取安全措施，继续对其进行管理，并应与运行中的室外管道及室内管道进行有效隔断。报废的室外及室内管道在具备条件时应予以拆除。

3.0.8 当城镇燃气设施运行、维护和抢修需要切断电源时，应在安全的地方进行操作。

3.0.9 人员进入燃气调压室、压缩机房、计量室、瓶组气化间、阀室、阀门井和检查井等场所前，应先检查所进场所是否有燃气泄漏；人员在进入地下调压室、阀门井、检查井内作业前，还应检查其他有害气体及氧气的浓度，确认安全后方可进入。作业过程中应有专人监护，并应轮换操作。

3.0.10 进入燃气调压室、压缩机房、计量室、瓶组气化间、阀室、阀门井和检查井等场所作业时，应符合下列规定：

1 应穿戴防护用具，进入地下场所作业应系好安全带；

2 维修电气设备时，应切断电源；

3 带气检修维护作业过程中，应采取防爆和防中毒措施，不得产生火花；

4 应连续监测可燃气体、其他有害气体及氧气的浓度，如不符合要求，应立即停止作业，撤离人员。

3.0.11 液化石油气、压缩天然气、液化天然气的在用气瓶内应保持正压，不得给无合格证或有故障的气瓶充装。

3.0.12 进入厂站生产区的机动车辆应在排气管出口加装消火装置，并应限速行驶。

3.0.13 消防设施和器材的管理、检查、维修和保养等应设专人负责，并应定期对其进行检查和补充，消防设施周围不得堆放杂物。消防通道的地面上应有明显的安全标志，应保持畅通无阻。

3.0.14 站内防雷、防静电装置应完好并处于正常运行状态。防雷装置应按国家有关规定定期进行检测，检测宜在雷雨季节前进行，检测结果应符合设计要求；防静电装置检测每半年不得少于1次。

3.0.15 压力容器、安全装置及仪器仪表等应按国家有关规定进行运行维护、定期校验和更换。

3.0.16 燃气供应单位应定期对燃气设施进行安全评价，并应符合现行国家标准《燃气系统运行安全评价标准》GB/T 50811的有关规定。

4 运行与维护

4.1 一般规定

4.1.1 城镇燃气供应单位制定的安全生产管理制度和操作规程应包括下列内容：

1 事故统计分析制度；

2 隐患排查和分级治理整改制度；

3 城镇燃气管道及其附属系统、厂站内工艺管道的运行、维护制度和操作规程；

4 供气设备的运行、维护制度和操作规程；

5 用户燃气设施的报修制度及检查、维护的操作规程；

6 日常运行中发现问题及事故处理的报告程序。

4.1.2 进入厂站内生产区不得携带火种、非防爆型无线通信设备，未经批准不得在厂站内生产区从事可能产生火花性质的操作。

4.1.3 站内装卸软管及防拉断阀应定期进行检查、检验和维护保养，软管有老化或损伤时应及时更换。

4.1.4 液化石油气、压缩天然气、液化天然气的运输车辆应符合国家有关危险化学品运输的规定。

4.1.5 装卸液化石油气、压缩天然气、液化天然气的运输车应按要求停车入位，并应采取静电接地措施。连接软管前，运输车应处于制动状态。装卸作业过程中，应采取设置防移动块等措施防止运输车移动。装卸完成后，应关闭阀门，在卸除连接软管后，运输车方可启动。

4.1.6 高压或次高压设备进行维护时，应有人监护。

4.1.7 施工完毕未投入运行的燃气管道应采取安全措施，并应符合下列规定：

1 宜采用惰性气体或空气保压，压力不宜超过运行压力，并应按本规程第4.2节的有关规定进行检查和维护；

2 未投入运行的管道与运行管道应采取有效隔断，不得单独使用阀门做隔断；

3 未进行保压的管道，应在通气前重新进行压力试验，试验合格后方可通气运行。

4.1.8 大型燃气设备基础的沉降情况应定期进行观测，其沉降值不得大于设计允许值。

4.1.9 压缩天然气、液化天然气厂站的全站紧急切断装置应定期进行检查和维护。

4.1.10 安装在用户室内外的公用阀门应设置永久性警示标志。

4.2 管道及管道附件

4.2.1 同一管网中输送不同种类、不同压力燃气的相连管段之间应进行有效隔断。

4.2.2 运行、维护制度应明确燃气管道运行、维护的周期，并应做好相关记录。运行、维护中发现问题应及时上报，并应采取有效的处理措施。

4.2.3 燃气管道巡检应包括下列内容：

1 在燃气管道设施保护范围内不应有土体塌陷、滑坡、下沉等现象，管道不应裸露；

2 未经批准不得进行爆破和取土等作业；

3 管道上方不应堆积、焚烧垃圾或放置易燃易爆危险物品、种植深根植物及搭建建（构）筑物等；

4 管道沿线不应有燃气异味、水面冒泡、树草枯萎和积雪表面有黄斑等异常现象或燃气泄出声响等；

5 穿跨越管道、斜坡及其他特殊地段的管道，在暴雨、大风或其他恶劣天气过后应及时巡检；

6 架空管道及附件防腐涂层应完好，支架固定应牢靠；

7 燃气管道附件及标志不得丢失或损坏。

4.2.4 在燃气管道保护范围内施工时，施工单位应在开工前向城镇燃气供应单位申请现场安全监护，并应符合下列规定：

1 对有可能影响燃气管道安全运行的施工现场，应加强燃气管道的巡查与现场监护，并应设立临时警示标志；

2 施工过程中如有可能造成燃气管道的损坏或使管道悬空等，应及时采取有效的保护措施；

3 临时暴露的聚乙烯管道，应采取防阳光直晒及防外界高温和火源的措施。

4.2.5 燃气管道及设施的安全控制范围内进行爆破作业时，应采取可靠的安全保护措施。

4.2.6 地下燃气管道的检查应符合下列规定：

1 地下燃气管道应定期进行泄漏检查；泄漏检查应采用仪器检测，检查内容、检查方法和检查周期等应符合现行行业标准《城镇燃气管网泄漏检测技术规程》CJJ/T 215 的有关规定。

2 对燃气管道的阴极保护系统和在役管道的防腐层应定期进行检查；检查周期和内容应符合现行行业标准《城镇燃气埋地钢质管道腐蚀控制技术规程》CJJ 95 的有关规定；在土体情况复杂、杂散电流强、腐蚀严重或人工检查困难的地方，对阴极保护系统的检测可采用自动远传检测的方式。

3 运行中的钢质管道第一次发现腐蚀漏气点后，应查明腐蚀原因并对该管道的防腐涂层及腐蚀情况进行选点检查，并应根据实际情况制定运行、维护方案。

4 当钢质管道服役年限达到管道的设计使用年限时，应对其进行专项安全评价。

5 应对聚乙烯燃气管道的示踪装置进行检查。

4.2.7 架空敷设的燃气管道应设置安全标志，在可能被车辆碰撞的位置，应设置防碰撞保护设施，并应定期对管道的外防腐层进行检查和维护。

4.2.8 在非开挖修复后的燃气管道上接支管时，应符合下列规定：

1 采用聚乙烯材料做内插或内衬修复的燃气管道上接支管时，宜选在设计预留的位置。当预留位置不能满足要求时，应在采用机械断管方式割除连接位置原有修复管道外的旧管后再进行接管操作，不得使用气割或加热方法割除旧管。

2 采用复合筒状材料做翻转内衬修复的燃气管道上接支管时，应选择在连接钢管处开孔，不得在其他有内衬修复层的部位开孔接支管。

4.2.9 阀门的运行、维护应符合下列规定：

1 应定期检查阀门，不得有燃气泄漏、损坏等现象；

2 阀门井内不得积水、塌陷，不得有妨碍阀门操作的堆积物；

3 应根据管网运行情况对阀门定期进行启闭操作和维护保养；

4 无法启闭或关闭不严的阀门，应及时维修或更换；

5 带电动、气动、电液联动、气液联动执行机构的阀门，应定期检查执行机构的运行状态。

4.2.10 凝水缸的运行、维护应符合下列规定：

1 护罩（或护井）、排水装置应定期进行检查，不得有泄漏、腐蚀和堵塞的现象及妨碍排水作业的堆积物；

2 应定期排放积水，排放时不得空放燃气；

3 排出的污水应收集处理，不得随地排放。

4.2.11 波纹管调长器应定期进行严密性及工作状态检查。与调长器连接的燃气设备拆装完成后，应将调长器拉杆螺母拧紧。

4.3 设　　备

4.3.1 调压装置的运行应符合下列规定：

1 调压装置应定期进行检查，内容应包括调压器、过滤器、阀门、安全设施、仪器、仪表、换热器等设备及工艺管路的运行工况及运行参数，不得有泄漏等异常情况。

2 严寒和寒冷地区应在采暖期前检查调压室的采暖状况或调压器的保温情况。

3 过滤器前后压差应定期进行检查，并应及时排污和清洗。

4 应定期对切断阀、安全放散阀、水封等安全装置进行可靠性检查。

5 地下调压装置的运行检查尚应符合下列规定：

1）地下调压箱或地下式调压站内应无积水；

2）地下调压箱或地下式调压站的通风或排风系统应有效，上盖不得受重压或冲撞；

3）地下调压箱的防腐保护措施应完好，地下式调压站室内燃气泄漏报警装置应有效。

4.3.2 调压装置的维护应符合下列规定：

1 当发现调压器及各连接点有燃气泄漏、调压器有异常喘振或压力异常波动等现象时，应及时处理；

2 应及时清除各部位油污、锈斑，不得有腐蚀和损伤；

3 新投入使用和保养修理后重新启用的调压器，应在经过调试达到技术要求后，方可投入运行；

4 停气后重新启用的调压器，应检查进出口压力及有关参数。

4.3.3 调压装置除应按本规程第4.3.1条、第4.3.2条的规定进行运行、维护外，尚应定期进行分级维护保养，并应符合本规程附录B的规定。

4.3.4 加臭装置的运行、维护除应符合现行行业标准《城镇燃气加臭技术规程》CJJ/T 148的规定外，尚应符合下列规定：

1 加臭装置初次投入使用前或加臭泵检修后，应对加臭剂输出量进行标定；

2 带有备用泵的加臭装置应定期进行切换运行，每3个月不得少于1次；

3 向现场储罐补充加臭剂的过程中，应保持加臭剂原料罐与现场储罐之间密闭连接，现场储罐内排出的气体应进行吸附处理，加臭剂气味不得外泄；

4 加臭剂原料罐宜采用可循环使用的储罐，一次性原料罐的处理应符合国家有关规定；

5 加臭剂浓度检测点宜选取在管网末端，且应具有覆盖性。

4.3.5 高压或次高压设备进行拆装维护保养时，宜采用惰性气体进行间接置换。置换作业应符合本规程第6.2.2条的规定。

4.3.6 低压湿式储气柜的运行、维护应符合下列规定：

1 储气柜运行压力不得超出所规定的压力，储气柜升降幅度和升降速度应在规定范围内，当大风天气对气柜安全运行有影响时，应适当降低气柜运行高度。

2 对储气柜的运行状况应定期进行检查，并应符合下列规定：

1）塔顶、塔壁不得有裂缝损伤和漏气，水槽壁板与环形基础连接处不应漏水；

2）导轮与导轨的运动应正常；

3）放散阀门应启闭灵活；

4）寒冷地区在采暖期前应检查保温系统；

5）应定期、定点测量各塔节环形水封的水位。

3 当导轮与轴瓦之间发生磨损时，应及时修复。

4 导轮润滑油应定期加注，发现损坏应立即维修。

5 气柜外壁防腐情况应定期进行检查，出现防腐涂层破损时，应及时进行修补。

6 维修储气柜时，操作人员应佩戴安全帽、安全带等防护用具，所携带的工具应严加保管，严禁以抛接方式传递工具。

4.3.7 低压干式储气柜的运行、维护除应符合本规程第4.3.6条的有关规定外，尚应符合下列规定：

1 进入气柜作业前，应确认电梯、吊笼动作正常，限位开关工作应准确有效，柜内可燃或有毒气体浓度应在安全范围内。

2 应定期对储气柜的运行状况进行检查，并应符合下列规定：

1）气柜柜体应完好，不得有燃气泄漏、渗油、腐蚀、变形和裂缝损伤；

2）气柜活塞油槽油位、横向分隔板及密封装置应正常，气柜活塞水平倾斜度、升降幅度和升降速度应在规定范围内，并应做好测量记录；

3）气柜柜底油槽水位、油位应保持在规定值范围内；

4）气柜可燃气体报警器、外部电梯及内部升降机（吊笼）的各种安全保护装置应可靠有效，电器控制部分应动作灵敏，运行平稳。

3 密封油黏度和闪点应定期进行化验分析，当超过规定值时，应及时进行更换。

4 气柜油泵启动频繁或两台泵经常同时启动时，应分析原因并及时排除故障。

5 油泵入口过滤网应定期进行清洗。

4.3.8 低压湿式储气柜、低压干式储气柜除应按本规程第4.3.6条和第4.3.7条规定进行运行、维护外，尚宜定期对气柜进行全面检修。

4.3.9 高压储罐的运行、维护除应符合国家现行标准的规定外，尚应符合下列规定：

1 应控制运行压力，不得超压运行，并应对温度、压力等各项参数定时观察。

2 应定期对阀门做启闭性能测试，当阀门无法正常启闭或关闭不严时，应及时维修或更换。

3 应填写运行、维修记录。

4.3.10 储配站内压缩机、烃泵的运行、维护应符合下列规定：

1 压力、温度、流量、密封、润滑、冷却和通风系统应定期进行检查。

2 阀门开关应灵活，连接部件应紧固。

3 指示仪表应正常，各运行参数应在规定范围内。

4 应定期对各项自动、连锁保护装置进行测试、维护。

5 当有下列异常情况时应及时停车处理：

1）自动、连锁保护装置失灵；

2）润滑、冷却、通风系统出现异常；

3）压缩机运行压力高于规定压力；

4）压缩机、烃泵、电动机、发动机等有异声、异常振动、过热、泄漏等现象。

6 压缩机检修完毕重新启动前应进行置换，置换合格后方可开机。

4.3.11 储配站内压缩机的大、中、小修理，应按设备的保养、维护要求执行。

4.4 压缩天然气设施

4.4.1 压缩天然气加气站进站气源组分应定期进行抽查复验。

4.4.2 压缩天然气加气站、压缩天然气储配站、压缩天然气瓶组供气站站内管道、阀门应定期进行巡查和维护，并应符合下列规定：

1 管道、阀门不得锈蚀；

2 站内管道不应泄漏；

3 阀门和接头不得有泄漏、损坏现象；

4 阀门应定期进行启闭操作和维护保养，启闭不灵活或关闭不严的阀门，应及时维修或更换。

4.4.3 压缩天然气加气站、压缩天然气储配站、压缩天然气瓶组供气站站内过滤器进出口压差应定期进行检查，并应对过滤器进行清洗。

4.4.4 调压装置的运行、维护应符合本规程第4.3.1条和第4.3.2条的有关规定。配有伴热系统的调压装置，应定期对伴热系统的进、出口温度进行检查，不得超出正常范围。

4.4.5 压缩机的运行、维护除应符合本规程第4.3.10条、第4.3.11条的有关规定外，尚应符合下列规定：

1 对压缩机的压力、温度、流量等参数应进行动态监测管理；

2 压缩机的连锁装置应定期进行测试、维护；

3 压缩机的振动情况应定期进行检查；

4 压缩机及其附属、配套设施应定期进行排污，污物应集中处理，不得随意排放；

5 压缩机橇箱内不得堆放任何杂物。

4.4.6 干燥器、脱硫装置的运行、维护除应按设备的保养维护标准执行外，尚应符合下列规定：

1 系统内各部件的运行应按设定程序进行；

2 指示仪表应正常，运行参数应在规定范围内；

3 阀门切换、开关应灵活，运动部件应平稳，无异响、泄漏等；

4 脱硫剂的处理应符合环境保护要求；

5 应根据运行情况对干燥器定期进行排污；

6 露点仪应进行动态监测和定期维护，并应根据露点情况及时更换干燥剂。

4.4.7 箱式变压器、控制柜、电机等电气设施应进行日常巡检维护，每半年应至少进行1次清洁和检查。

4.4.8 压缩天然气加气、卸气操作应符合下列规定：

1 加气、卸气前应检查连接部位，密封应良好，自动、连锁保护装置应正常，接地应良好。

2 在接好软管准备打开瓶组阀门时，操作人员不得面对阀门；加气时不得正对加气枪口；与作业无关人员不得在附近停留。

3 充装压力不得超过气瓶的公称工作压力。

4 遇有下列情况之一时，不得进行加气、卸气作业：

1）雷电天气；

2）附近发生火灾；

3）检查出有燃气泄漏；

4）压力异常；

5）其他不安全因素。

4.4.9 压缩天然气汽车运输应符合下列规定：

1 运输时应符合国家有关危险化学品运输的规定；

2 运输车辆严禁携带其他易燃、易爆物品或搭乘无关人员；

3 应按指定路线和规定时间行车，途中不得随意停车；

4 运输途中因故障临时停车时，应避开其他危险品、火源和热源，宜停靠在阴凉通风的地方，并应设置醒目的停车标志；

5 运输车辆加气、卸气或回厂后应在指定地点停放；

6 气瓶组满载时不得长时间停放在露天暴晒，当可能出现高温情况时，应进行泄压或降温处理；

7 运输车辆应配置有效的通信工具和安装静电接地带，随车应携带排气管阻火器和配备干粉灭火器。

4.5 液化天然气设施

4.5.1 液化天然气储罐及管道检修前后应采用干燥

氮气进行置换，不得采用充水置换的方式。在检修后投入使用前应进行预冷试验，预冷试验时储罐及管道中不应含有水分及杂质。

4.5.2 液化天然气储罐的运行、维护应符合下列规定：

1 储罐内液化天然气的液位、压力和温度应定期进行现场检查和实时监控；储存液位宜控制在20%～90%范围内，储存压力不得高于最大工作压力。

2 不同来源、不同组分的液化天然气宜存放在不同的储罐中。当不具备条件只能储存在同一储罐内时，应采用正确的进液方法，并应根据储罐类型监测其气化速率与温度变化。

3 储罐内较长时间静态储存的液化天然气，宜定期进行倒罐。

4 储罐基础应牢固，立式储罐的垂直度应定期进行检查。

5 应对储罐外壁定期进行检查，表面应无凹陷，漆膜应无脱落，且应无结露、结霜现象。

6 储罐的静态蒸发率应定期进行监测。

7 真空绝热储罐的真空度检测每年不应少于1次。

8 隔热型储罐的绝热材料、夹层内可燃气体浓度和夹层补气系统的状况应定期进行检查。

4.5.3 储罐外置低温潜液泵的运行、维护应符合下列规定：

1 低温潜液泵开机运行前应进行预冷。

2 潜液泵的运行状况应定期进行检查，进、出口压力应符合设定值。当发现泵体有异常噪声或振动时，应及时停机处理。

3 泵罐（泵池）的密封及保冷状况应定期进行检查。

4 潜液泵应定期检修，检修完毕重新投用前，应采用干燥氮气对潜液泵进行置换，置换合格且经预冷后方可开机运行。

4.5.4 气化器的运行、维护应符合下列规定：

1 应定期检查空温式气化器的结霜情况。

2 应定期检查水浴式气化器的储水量和水温状况。

3 气化器的基础应完好、无破损。

4 应定期检查液化天然气经气化器气化后的温度，并应符合设计文件的要求。当设计文件没有明确要求时，温度不应低于5℃。

4.5.5 液化天然气厂站内的低温工艺管道应定期进行检查，并应符合下列规定：

1 管道焊缝及连接管件应无泄漏，发现有漏点时应及时进行处理；

2 管道外保冷材料应完好无损，当材料的绝热保冷性能下降时应及时更换；

3 管道管托应完好。

4.5.6 液化天然气卸（装）车操作应符合下列规定：

1 卸（装）车的周围应设警示标志。

2 卸（装）车时，操作人员不得离开现场，并应按规定穿戴防护用具，人体未受保护部分不得接触未经隔离装有液化天然气的管道和容器。

3 卸（装）车前，应采用干燥氮气或液化天然气气体对卸（装）车软管进行吹扫。

4 卸（装）车作业与气化作业同时进行时，不应使用同一个储罐。

5 卸（装）车过程中，应按操作规程开关阀门。

6 卸（装）车后，应将卸（装）车软管内的剩余液体回收；拆卸下的低温软管应处于自然伸缩状态，严禁强力弯曲，并应对其接口进行封堵。

7 出现储罐液位异常和阀门或接头有泄漏、损坏现象时，不得卸（装）车。

4.5.7 卸（装）车作业结束后，应及时对滞留在密闭管段内的液化天然气液体进行回收或放散。

4.5.8 液化天然气气瓶充装应符合下列规定：

1 充装前应对液化天然气气瓶逐只进行检查，不符合要求的气瓶不得充装；

2 气瓶的充装量不得超过其铭牌规定的最大充装量；

3 充装完毕后应对瓶阀等进行检查，不得泄漏；

4 新气瓶首次充装时，应控制速度缓慢充装；

5 灌装秤应在检定有效期内使用，充装前应进行校准；

6 不得使用槽车充装液化天然气气瓶。

4.5.9 液化天然气厂站内消防设施的运行、维护除应符合本规范第3.0.13条的规定外，尚应符合下列规定：

1 消防水池内应保持设计规定的储水量。

2 储罐喷淋装置（含消防水炮）应每年至少开启喷淋1次。喷淋设施应完好，喷淋头应无堵塞。消防水炮应转动灵活，喷射距离应符合消防要求。

3 高倍泡沫灭火系统应每月进行检查，高倍泡沫发生器、泡沫比例混合器、泡沫液储罐应完好，压力表、过滤器、管道及管件等不应有损伤。

4 高倍泡沫灭火系统应每年进行1次喷泡沫试验，同时应对系统所有组件、设施进行全面检查。系统试验和检查完毕后，应对高倍泡沫发生器、泡沫比例混合器、过滤器等用清水冲洗干净后放空，复原系统。

5 除高倍泡沫发生器进口端控制阀后管道外，其余管道应每半年冲洗1次。

4.5.10 液化天然气储罐围堰（围堤）的集液池或集液井内应保持清洁无水状态，不得存有积水、杂物。

4.5.11 液化天然气汽车运输应符合本规程4.4.9条的规定。

4.5.12 液化天然气瓶组气化站运行、维护应符合下列规定：

1 瓶组站的气瓶总容量不得超出设计的数量，不得随意更改气瓶存放数量及气瓶接口数量；

2 瓶组站宜设专人值守，无人值守的瓶组站应每日进行巡检；

3 站内密封点应无泄漏，管道及设备应运行正常，瓶组站周边环境应良好；

4 站内的工艺管道应有明确的工艺流向标志，阀门开、关状态应明晰，安全附件应齐全完好；

5 备用的气化器应定期启动，且每月不得少于1次；

6 换瓶后应对接口的密封性进行检查，不得泄漏。

4.6 监控及数据采集

4.6.1 监控及数据采集系统设备外观应保持完好。在爆炸危险区域内的仪器仪表应有良好的防爆性能，不得有漏电、漏气和堵塞状况。机箱、机柜和仪器仪表应有良好的接地。

4.6.2 监控及数据采集系统的监控中心应符合下列规定：

1 系统的各类设备应运行正常；

2 操作键接触应良好，显示屏幕显示应清晰、亮度适中，系统状态指示灯指示应正常，状态画面显示系统应运行正常；

3 记录曲线应清晰、无断线，打印机打字应清楚、字符完整；

4 机房环境应符合现行国家标准《电子信息系统机房设计规范》GB 50174的有关规定。

4.6.3 采集点和传输系统的仪器仪表应按国家有关规定定期进行检定和校准。

4.6.4 监控及数据采集系统运行维护人员应掌握安全防爆知识，且应按有关安全操作规程进行操作。

4.6.5 运行维护人员应定期对系统及设备进行巡检，并应对现场仪表与远传仪表的显示值、同管段上下游仪表的显示值以及远传仪表和监控中心的数据进行对比检查。

4.6.6 对无人值守站，应定期到现场对仪器、仪表及设备进行检查。

4.6.7 仪表维修人员拆装带压管线和爆炸危险区域内的仪器仪表设备时，应在取得管理部门同意和现场配合后方可进行。

4.6.8 运行维护人员应定期对系统数据进行备份。

4.7 用户燃气设施

4.7.1 用户燃气设施应定期进行入户检查，并应符合下列规定：

1 商业用户、工业用户、采暖及制冷用户每年检查不得少于1次；

2 居民用户每两年检查不得少于1次。

4.7.2 发电厂、供热厂等大型用户可结合用户用气特点定期进行检查。

4.7.3 定期入户检查应包括下列内容，并应做好检查记录：

1 应确认用户燃气设施完好，安装应符合规范要求；

2 管道不应被擅自改动或作为其他电气设备的接地线使用，应无锈蚀、重物搭挂，连接软管应安装牢固且不应超长及老化，阀门应完好有效；

3 不得有燃气泄漏；

4 用气设备、燃气燃烧器具前燃气压力应正常。

4.7.4 进入室内作业应首先检查有无燃气泄漏。当发现有燃气泄漏时，应采取措施降低室内燃气浓度。当确认可燃气体浓度低于爆炸下限的20%时，方可进行检修作业。

4.7.5 用户燃气设施进行维护和检修作业时，可采用检查液检漏或仪器检测，发现问题应及时处理。维护和检修应在确认无燃气泄漏并正常点燃灶具后，方可结束作业。

4.7.6 用户燃气设施的维护和检修应由具备燃气维检修专业技能的单位及专业人员进行。

4.7.7 发电厂、供热厂等大型用户设施进行维护和检修作业应符合下列规定：

1 在用和备用燃气设备应定期进行轮换使用，过滤器应及时进行清理及排污；

2 燃气设施出现损坏或漏气等异常情况需要停气时，燃气用户应及时与城镇燃气供应单位沟通协调，共同配合进行维护和检修工作；

3 对于供热厂等周期性用气的用户，停止用气时，宜对停气的用户设施进行保压，并应符合下列规定：

1）采用燃气保压时，应定期监测压力，不得有燃气泄漏；

2）采用空气或惰性气体保压及不采用保压方式时，应将停气用户的燃气设施与供气管道进行有效隔断。恢复供气前应对用户设施进行置换，置换作业应符合本规程第6.2节的有关规定。

4.7.8 燃气用户使用燃气设施和燃气用具时，应符合下列规定：

1 正确使用燃气设施和燃气用具；严禁使用不合格的或已达到判废年限的燃气设施和燃气用具；

2 不得擅自改动燃气管道，不得擅自拆除、改装、迁移、安装燃气设施和燃气用具；

3 安装燃气计量仪表、阀门及气化器等设施的专用房间内不得有人居住和堆放杂物；

4 不得加热、摔砸、倒置液化石油气钢瓶，不得倾倒瓶内残液和拆卸瓶阀等附件；

5 严禁使用明火检查泄漏；

6 连接燃气用具的软管应定期更换，不得使用不合格和出现老化龟裂的软管，软管应安装牢固，不得超长；

7 正常情况下，严禁用户开启或关闭公用燃气管道上的阀门；

8 当发现室内燃气设施或燃气用具异常、燃气泄漏、意外停气时，应在安全的地方切断电源、关闭阀门、开窗通风，严禁动用明火、启闭电器开关等，并应及时向城镇燃气供应单位报修，严禁在漏气现场打电话报警；

9 应协助城镇燃气供应单位对燃气设施进行检查、维护和抢修。

5 抢 修

5.1 一 般 规 定

5.1.1 城镇燃气供应单位应制定事故抢修制度和事故上报程序。

5.1.2 城镇燃气供应单位应根据供应规模设立抢修机构和配备必要的抢修车辆、抢修设备、抢修器材、通信设备、防护用具、消防器材、检测仪器等装备，并应保证设备处于良好状态。

5.1.3 接到抢修报警后应迅速出动，并应根据事故情况联系有关部门协作抢修。抢修作业应统一指挥，服从命令，并应采取安全措施。

5.1.4 当发生中毒、火灾、爆炸事故，危及燃气设施和周围人身财产安全时，应协助公安、消防及其他有关部门进行抢救、保护现场和疏散人员。

5.1.5 当燃气厂站或管线发生较大事故处理完成后，应对燃气厂站或管线及存在类似风险的燃气设施进行全面安全评价。评价内容及方法应符合现行国家标准《燃气系统运行安全评价标准》GB/T 50811 的有关规定。

5.2 抢 修 现 场

5.2.1 抢修人员到达现场后，应根据燃气泄漏程度和气象条件等确定警戒区、设立警示标志。在警戒区内应管制交通，严禁烟火，无关人员不得留在现场，并应随时监测周围环境的燃气浓度。

5.2.2 抢修人员应佩戴职责标志。进入作业区前应按规定穿戴防静电服、鞋及防护用具，并严禁在作业区内穿脱和摘戴。作业现场应有专人监护，严禁单独操作。

5.2.3 当燃气设施发生火灾时，应采取切断气源或降低压力等方法控制火势，并应防止产生负压。

5.2.4 当燃气泄漏发生爆炸后，应迅速控制气源和火种，防止发生次生灾害。

5.2.5 管道和设备修复后，应对周边夹层、窨井、烟道、地下管线和建（构）筑物等场所的残存燃气进行全面检查。

5.2.6 当事故隐患未查清或隐患未消除时，抢修人员不得撤离现场，并应采取安全措施，直至隐患消除。

5.3 抢 修 作 业

5.3.1 燃气设施泄漏的抢修宜在降压或停气后进行。

5.3.2 当燃气浓度未降至爆炸下限的 20%以下时，作业现场不得进行动火作业，警戒区内不得使用非防爆型的机电设备及仪器、仪表等。

5.3.3 抢修时，与作业相关的控制阀门应有专人值守，并应监视管道内的压力。

5.3.4 当抢修中暂时无法消除漏气现象或不能切断气源时，应及时通知有关部门，并应做好现场的安全防护工作。

5.3.5 处理地下泄漏点开挖作业时，应符合下列规定：

1 抢修人员应根据管道敷设资料确定开挖点，并应对周围建（构）筑物的燃气浓度进行检测和监测；当发现漏出的燃气已渗入周围建（构）筑物时，应根据事故情况及时疏散建（构）筑物内人员并驱散聚积的燃气。

2 应对作业现场的燃气或一氧化碳的浓度进行连续监测。当环境中燃气浓度超过爆炸下限的 20%或一氧化碳浓度超过规定值时，应进行强制通风，在浓度降低至允许值以下后方可作业。

3 应根据地质情况和开挖深度确定作业坑的坡度和支撑方式，并应设专人监护。

5.3.6 钢质管道、铸铁管道的泄漏抢修，除应符合本规程第 5.3.1～5.3.5 条规定外，尚应符合下列规定：

1 钢质管道泄漏点进行焊接处理后，应对焊缝进行内部质量和外观检查。

2 钢质管道抢修作业后，应对防腐层进行修复，并应达到原管道防腐层等级。

3 当采用阻气袋阻断气源时，应将管道内的燃气压力降至阻气袋有效阻断工作压力以下；阻气袋应采用专用气源工具或设施进行充压，充气压力应在阻气袋允许充压范围内。

5.3.7 当聚乙烯管道发生断管、开裂等意外损坏时，抢修作业应符合下列规定：

1 抢修作业中应采取措施防止静电的产生和聚积；

2 应在采取有效措施阻断气源后进行抢修；

3 进行聚乙烯管道焊接抢修作业时，当环境温度低于－5℃或风力大于 5 级时，应采取防风保温措施；

4 使用夹管器夹扁后的管道应复原并标注位置，同一个位置不得夹2次。

5.3.8 动火作业应符合本规程第6.4节的有关规定。

5.3.9 厂站泄漏抢修作业应符合下列规定：

1 低压储气柜泄漏抢修应符合下列规定：

1）宜使用燃气浓度检测仪或采用检漏液、嗅觉、听觉查找泄漏点；

2）应根据泄漏部位及泄漏量采用相应的方法堵漏；

3）当发生大量泄漏造成储气柜快速下降时，应立即打开进口阀门、关闭出口阀门，用补充气量的方法减缓下降速度。

2 压缩机房、烃泵房发生燃气泄漏时，应立即切断气源和动力电源，并应开启室内防爆风机。故障排除后方可恢复供气。

3 调压站、调压箱发生燃气泄漏时，应立即关闭泄漏点前后阀门，打开门窗或开启防爆风机，故障排除后方可恢复供气。

5.3.10 当调压站、调压箱因调压设备、安全切断设施失灵等造成出口超压时，应立即关闭调压器进出口阀门，并应对超压管道放散降压，排除故障。当压力超过下游燃气设施的设计压力时，还应对超压影响区内的燃气设施进行全面检查，排除所有隐患后方可恢复供气。

5.3.11 当压缩天然气站出现大量泄漏时，应立即启动全站紧急切断装置，并应停止站区全部作业、设置安全警戒线、采取有效措施控制和消除泄漏点。

5.3.12 当压缩天然气站因泄漏造成火灾时，除控制火势进行抢修作业外，尚应对未着火的其他设备和容器进行隔热、降温处理。

5.3.13 汽车载运气瓶组或拖挂气瓶车出现泄漏或着火事故时，应按本规程第5.3.11条和第5.3.12条的有关规定采取措施控制泄漏或火势。

5.3.14 液化天然气储罐进、出液管道发生少量泄漏时，可根据现场情况采取措施消除泄漏。当泄漏不能消除时，应关闭相关阀门，并应将管道内液化天然气放散（或通过火炬燃烧掉），待管道恢复至常温后，再进行维修。维修后可利用干燥氮气进行检查，无泄漏方可投入运行。

5.3.15 当液化天然气大量泄漏时，应立即启动全站紧急切断装置，并应停止站区全部作业。可使用泡沫发生设备对泄漏出的液化天然气进行表面泡沫覆盖，并应设置警戒范围，快速撤离疏散人员，待液化天然气全部气化扩散后，再进行检修。

5.3.16 液化天然气泄漏着火后，不得用水灭火。当液化天然气泄漏着火区域周边设施受到火焰灼热威胁时，应对未着火的储罐、设备和管道进行隔热、降温处理。

5.3.17 用户室内燃气泄漏抢修作业应符合下列规定：

1 接到用户泄漏报告后，应立即派人到现场进行抢修。

2 在抢修作业现场，不得接听和拨打电话，移动电话应处于关闭状态。

3 抢修人员进入事故现场，应立即控制气源、消除火种、切断电源、通风并驱散积聚室内的燃气。

4 应准确判断泄漏点，彻底消除隐患。严禁用明火查漏，当未查清泄漏点时，应按本规程第5.2.6条执行。

5 作业时，应避免由于抢修造成其他部位泄漏，并应采取防爆措施，严禁产生火花。

5.3.18 修复供气后，应进行复查，确认安全后，抢修人员方可撤离。

6 生产作业

6.1 一般规定

6.1.1 燃气设施的停气、降压、动火及通气等生产作业应建立分级审批制度。作业单位应制定作业方案和填写动火作业审批报告，并应逐级申报；经审批后应严格按批准方案实施。紧急事故应在抢修完毕后补办手续。

6.1.2 燃气设施停气、降压、动火及通气等生产作业应配置相应的作业机具、通信设备、防护用具、消防器材、检测仪器等。

6.1.3 燃气设施停气、降压、动火及通气等生产作业，应设专人负责现场指挥，并应设安全员。参加作业的操作人员应按规定穿戴防护用具。在作业中应对放散点进行监护，并应采取相应的安全防护措施。

6.1.4 城镇燃气设施动火作业现场，应划出作业区，并应设置护栏和警示标志。

6.1.5 作业坑处应采取方便操作人员上下及避险的措施。

6.1.6 停气、降压与置换作业时，宜避开用气高峰和不利气象条件。

6.2 置换与放散

6.2.1 燃气设施停气动火作业前应对作业管段或设备进行置换。

6.2.2 燃气设施宜采用间接置换法进行置换，当置换作业条件受限时也可采用直接置换法进行置换。置换过程中每一个阶段应连续3次检测氧或燃气的浓度，每次间隔不应少于5min，并应符合下列规定：

1 当采用间接置换法时，测定值应符合下列规定：

1）采用惰性气体置换空气时，氧浓度的测定值应小于2%；采用燃气置换惰性气体时，燃气浓度测定值应大于85%。

2）采用惰性气体置换燃气时，燃气浓度测定值不应大于爆炸下限的20%；采用空气置换惰性气体时，氧浓度测定值应大于19.5%。

3）采用液氮气化气体进行置换时，氮气温度不得低于5℃。

2 当采用直接置换法时，测定值应符合下列要求：

1）采用燃气置换空气时，燃气浓度测定值应大于90%；

2）采用空气置换燃气时，燃气浓度测定值不应大于爆炸下限的20%。

6.2.3 置换放散时，作业现场应有专人负责监控压力及进行浓度检测。

6.2.4 置换作业时，应根据管道情况和现场条件确定放散点数量与位置，管道末端应设置临时放散管，在放散管上应设置控制阀门和检测取样阀门。

6.2.5 临时放散管的安装应符合下列规定：

1 放散管应远离居民住宅、明火、高压架空电线等场所。当无法远离居民住宅等场所时，应采取有效的防护措施。

2 放散管应高出地面2m以上。

3 放散管应采用金属管道，并应可靠接地。

4 放散管应安装牢固。

6.2.6 临时放散火炬的设置应符合下列规定：

1 放散火炬应设置在带气作业点的下风向，并应避开居民住宅、明火、高压架空电线等场所；

2 放散火炬的管道上应设置控制阀门、防风和防回火装置、压力测试接口；

3 放散火炬应高出地面2m以上；

4 放散燃烧时应有专人现场监护，控制火势，监护人员与放散火炬的水平距离宜大于25m；

5 放散火炬现场应备有有效的消防器材。

6.3 停气与降压

6.3.1 停气与降压作业应符合下列规定：

1 停气作业时应可靠地切断气源，并应将作业管段或设备内的燃气安全地排放或进行置换；

2 降压作业应有专人监控管道内的燃气压力，降压作业时应控制降压速度，管道内不得产生负压；

3 密度大于空气的燃气输送管道进行停气或降压作业时，应采用防爆风机驱散在作业坑积聚的燃气。

6.4 动 火

6.4.1 运行中的燃气设施需动火作业时，应有城镇燃气供应企业的技术、生产、安全等部门进行配合和监护。

6.4.2 城镇燃气设施动火作业区内应保持空气流通，动火作业区内可燃气体浓度应小于其爆炸下限的20%。在通风不良的空间内作业时，应采用防爆风机进行强制通风。

6.4.3 城镇燃气设施动火作业过程中，操作人员不得正对管道开口处。

6.4.4 旧管道接驳新管道动火作业时，应采取措施使管道电位达到平衡。

6.4.5 城镇燃气设施停气动火作业应监测管段或设备内可燃气体浓度的变化，并应符合下列规定：

1 当有燃气泄漏等异常情况时，应立即停止作业，待消除异常情况并再次置换合格后方可继续进行；

2 当作业中断或连续作业时间较长时，应再次取样检测并确认合格后，方可继续作业；

3 燃气管道内积有燃气杂质时，应采取有效措施进行处置。

6.4.6 城镇燃气设施带气动火作业应符合下列规定：

1 带气动火作业时，燃气设施内应保持正压，且压力不宜高于800Pa，并应设专人监控压力；

2 动火作业引燃的火焰，应采取可靠、有效的方法进行扑灭。

6.5 带压开孔、封堵作业

6.5.1 使用带压开孔、封堵设备在燃气管道上接支管或对燃气管道进行维修更换等作业时，应根据管道材质、管径、输送介质、敷设工艺状况、运行参数等选择合适的开孔、封堵设备及不停输开孔、封堵施工工艺，并应制定作业方案。

6.5.2 作业前应对施工用管材、管件、密封材料等进行复核检查，并应对施工用机械设备进行调试。

6.5.3 不同管材、不同管径、不同运行压力的燃气管道上首次进行开孔、封堵作业的施工单位和人员应进行模拟试验。

6.5.4 带压开孔、封堵作业时作业区内不得有火种。

6.5.5 钢管管件的安装与焊接应符合下列规定：

1 钢制管道内带有输送介质情况下进行封堵管件组对与焊接，应符合现行国家标准《钢制管道带压封堵技术规范》GB/T 28055的有关规定。

2 封堵管件焊接时应控制管道内气体或液体的流速，焊接时，管道内介质压力不宜超过1.0MPa。

3 开孔部位应选择在直管段上，并应避开管道焊缝；当无法避开时，应采取有效措施。

4 用于管道开孔、封堵作业的特制管件宜采用机制管件。

5 大管径和较高压力的管道上开孔作业时，应对管道开孔进行补强，可采用等面积补强法；开孔直径大于管道半径、等面积补强受限或设计压力大于

1.6MPa 时，宜采用整体式补强。

6.5.6 带压开孔、封堵作业应按操作规程进行，并应符合下列规定：

1 开孔前应对焊接到管线上的管件和组装到管线上的阀门、开孔机等进行整体严密性试验；

2 拆卸夹板阀上部设备前，应关闭夹板阀卸放压力；

3 夹板阀开启前，阀门闸板两侧压力应平衡；

4 撤除封堵头前，封堵头两侧压力应平衡；

5 带压开孔、封堵作业完成并确认各部位无渗漏后，应对管件和管道做绝缘防腐，其防腐层等级不应低于原管道防腐层等级。

6.5.7 聚乙烯管道进行开孔、封堵作业时，应符合下列规定：

1 每台封堵机操作人员不得少于 2 人；

2 开孔机与机架连接后应进行严密性试验，并应将待作业管段有效接地；

3 安装机架、开孔机、下堵塞等过程中，不得使用油类润滑剂；

4 安装管件防护套时，操作者的头部不得正对管件的上方。

6.6 通　　气

6.6.1 燃气设施置换合格恢复通气前，应进行全面检查，符合运行要求后，方可恢复通气。

6.6.2 通气作业应按作业方案执行。用户停气后的通气，应在有效地通知用户后进行。

7 液化石油气设施的运行、维护和抢修

7.1 一 般 规 定

7.1.1 液化石油气厂站内工艺设备、管道的密封点应无泄漏。对密封点的泄漏检查每月不得少于 1 次。

7.1.2 在生产区内因检修而必须排放液化石油气时，应通过火炬放散；放散燃烧时，现场操作应符合本规程第 6.2.6 条第 4 款和第 5 款的有关规定。

7.1.3 液化石油气灌装、倒残等生产车间应通风良好。厂站内设置的燃气报警控制系统应工作正常，报警浓度应小于液化石油气爆炸下限的 20%，并应按现行行业标准《城镇燃气报警控制系统技术规程》CJJ/T 146 的有关规定进行定期检查。

7.1.4 液化石油气灌装单位应对气瓶建立档案，档案的管理应按国家有关规定执行。

7.2 站内设施的运行、维护

7.2.1 储罐及附件的运行、维护应符合下列规定：

1 应定时、定线进行巡检，并应记录储罐液位、压力和温度等参数。当储罐进、出液时，应观察液位和压力变化情况。

2 液化石油气储罐的充装质量应符合设计储存量的要求，装量系数不得大于 0.95。

3 应根据在用储罐的设计压力、储罐检修结果及储存介质等采取相应的降温喷淋措施。

4 严寒和寒冷地区冬季应对采取保温防冻措施的储罐附件定期进行检查，每月检查次数不得少于 1 次，保温防冻措施应完好无损，并应定期对储罐进行排水、排污。

5 罐区配备高压注水设施的，注水管道应与独立的消防水泵相连接。消防水泵的出口压力应大于储罐的最高工作压力。正常情况下，注水口的控制阀门保持关闭状态。

6 储罐设有两道以上阀门时，靠近储罐的第一道阀门应为常开状态。阀门应定期维护，保持启闭灵活。

7 储罐检修前后的置换可采用抽真空、充惰性气体、充水等方法。当采用充水置换方法时，环境温度不得低于 5℃。

8 应定期对地下储罐的防腐涂层及腐蚀情况进行检查，设有阴极保护装置的应定期进行检测，每年不应少于 2 次。

9 储罐区内的水封井应保持正常的水位。

7.2.2 压缩机、烃泵的运行、维护应按本规程第 4.3.10 条的有关规定执行。

7.2.3 灌装前应对液化石油气气瓶灌装设备进行检查，并应符合下列规定：

1 灌装系统各连接部位应紧固，运动部位应平稳，无异响、过热、异常振动；

2 自动、连锁保护装置应正常；

3 气路、油路系统的压力、密封、润滑应正常；

4 使用的灌装秤应在检定的有效期内，灌装前应校准。

7.2.4 灌装前应对在用液化石油气气瓶进行检查，检查内容及要求应符合现行行业标准《液化石油气安全规程》SY5985 的有关规定，发现有不符合要求的不得灌装。

7.2.5 液化石油气气瓶充装后，应对充装重量和气密性进行逐瓶复检，合格的气瓶应贴合格标志。

7.2.6 气化、混气装置的运行、维护应符合下列规定：

1 气化、混气装置开机运行前，应检查工艺系统及设备的压力、温度、热媒等参数，确认各参数、工艺管道、阀门等处于正常状态后，方可开机。

2 运行中应填写压力、温度、热媒运行数据。当发现泄漏或异常时，应立即进行处理。

3 应保持气化、混气装置监控系统的正常工作，严禁超温、超压运行。

4 电磁阀、过滤器等辅助设施应定期清洗维护，

排残液、排水装置应定期排放，排放的残液应统一收集处理。

5 气化器、混合器发生故障时，应立即停止使用，同时应开启备用设备。备用设备应定期启动运转。

6 以水为加热介质的气化装置应定期按设备要求加水和添加防锈剂。严寒和寒冷地区应采取有效措施防止冻胀。

7.2.7 消防水池的储水量应保持在规定的水位范围内，并应保持池水清洁。消防水泵的吸水口应保持畅通；消防水泵、消火栓及喷淋装置应定期检查并启动。严寒和寒冷地区消防水泵在冬季运转后，应及时将水排净。

7.3 气瓶运输

7.3.1 运输液化石油气气瓶的车辆应符合下列规定：

1 应符合国家有关运输危险化学品机动车辆的规定；

2 应办理危险化学品运输准运证；

3 车厢应固定并通风良好；

4 随车应配备干粉灭火器；

5 车辆应安装静电接地带；

6 应随车携带排气管阻火器。

7.3.2 液化石油气气瓶运输应符合下列规定：

1 运输车辆上的气瓶应直立码放，并应固定良好，不应滚动、碰撞。气瓶码放不得超过两层，50kg规格的气瓶应单层码放。

2 气瓶装卸不得摔砸、倒卧、拉拖。

3 气瓶运输车辆严禁携带其他易燃、易爆物品，人员严禁吸烟。

7.4 瓶装供应站和瓶组气化站

7.4.1 液化石油气瓶装供应站的安全管理应符合下列规定：

1 空瓶、实瓶应按指定区域分别存放，并应设置标志。瓶库内不得存放其他物品，漏气瓶或其他不合格气瓶应及时处理，不得在站内存放。

2 气瓶应直立码放且不得超过两层，50kg规格的气瓶应单层码放，并应留有不小于0.8m的通道。

3 气瓶应周转使用，实瓶存放不宜超过1个月。

7.4.2 液化石油气瓶组气化站的运行、维护应符合本规程第4.5.12条和第7.4.1条的有关规定，没有自动换气装置与远传监控报警等安全措施的瓶组站应设专人值守。

7.5 抢　修

7.5.1 液化石油气设施的抢修应符合下列规定：

1 储罐第一道液相阀门之后的液相管道及阀门出现大量泄漏时，应立即将上游的液相控制阀门紧急切断；可使用消防水枪驱散泄漏部位及周边的液化石油气，降低现场的液化石油气浓度。

2 储罐第一道液相阀门的阀体或法兰出现大量泄漏时，应进行有效控制，并宜采取下列措施进行处理：

1）当现场条件许可时，宜直接使用阀门、法兰抱箍或者用包扎气带包扎、注胶等方法控制泄漏；同时，应采取倒罐措施，将事故罐的液态液化石油气转移至其他储罐；

2）当现场条件无法直接使用抱箍、包扎气带、注胶等控制泄漏时，宜采取向储罐底部注水的方法。

3 液化石油气管道泄漏抢修时，除应符合上述规定外，尚应备有干粉灭火器等有效的消防器材。应根据现场情况采取有效方法消除泄漏，当泄漏的液化石油气不易控制时，可采用消防水枪喷冲稀释。

7.5.2 液化石油气泄漏时，应采取有效措施防止液化石油气积聚在低洼处或其他地下设施内。

7.5.3 抢修作业过程中，应防止液态液化石油气快速气化造成人员冻伤事故。

8 图档资料

8.1 一般规定

8.1.1 城镇燃气供应单位的档案管理部门应收集燃气设施运行、维护和抢修资料，并应建立档案，实施动态管理。宜采用电子文档管理，并宜建立燃气管网地理信息系统。

8.1.2 城镇燃气供应单位的档案管理部门应根据运行、维护和抢修工程的要求，提供图档资料。

8.1.3 城镇燃气设施运行、维护和抢修管理部门应向档案管理部门提交运行、维护记录和抢修工程的资料。

8.2 运行、维护的图档资料

8.2.1 燃气设施运行记录应包括下列内容：

1 巡查时间、地点或范围、异常情况、处理方法、记录人等；

2 违章、险情的处理情况记录；

3 配合城市其他施工工程对燃气管线的监护记录；

4 燃气设施运行参数记录；

5 气瓶充装、槽车装卸记录。

8.2.2 燃气设施维护的资料应包括下列内容：

1 维修、检修、更新和改造计划；

2 维修记录和重要设备的大、中修记录；

3 管道和设备的拆除、迁移和改造工程图档资料。

8.3 抢修工程的图档资料

8.3.1 抢修工程的记录应包括下列内容：

1 事故报警记录；

2 事故的基本情况，包括事故发生的时间、地点和原因，管道管径、压力等；

3 事故类别、级别；

4 事故造成的损失和人员伤亡情况；

5 参加抢修的人员情况；

6 抢修工程概况、修复日期及恢复供应日期。

8.3.2 抢修工程的资料应包括下列内容：

1 抢修任务书；

2 抢修记录；

3 事故报告或鉴定资料；

4 抢修工程质量验收资料和图档资料。

附录A 城镇燃气安全事故报告表

A.0.1 燃气安全事故报告表可按表A.0.1的格式填写。

表 A.0.1 燃气安全事故报告表

单位名称		企业经济类型	
单位地址		员工人数	
企业代码		邮政编码	
事故时间	年 月 日 时 分	事故类别	
事故地点		事故等级	
燃气种类		直接经济损失（元）	
事故简要经过及原因			

填报单位（签章）： 填报日期： 年 月 日

A.0.2 燃气事故类别统计表可按表A.0.2的格式填写。

表 A.0.2 燃气事故类别统计表

（____年__月__日至____年__月__日）

事故等级 / 事故类别		无伤亡事故		一般事故				较大及以上事故			
		起数	直接经济损失（万元）	起数	死亡（人）	重伤（人）	直接经济损失（万元）	起数	死亡（人）	重伤（人）	直接经济损失（万元）
燃气火灾											
燃气爆燃											
燃气中毒窒息											
燃气泄漏											
超压送气											
燃气用户停气	1000户～4999户										
	5000户～9999户										
	1万户以上										
其他											
合计											

填报单位（签章） 填报日期： 年 月 日

A.0.3 燃气事故原因统计表可按表A.0.3的格式填写。

表 A.0.3 燃气事故原因统计表

（ 年 月 日至 年 月 日）

事故等级 / 事故类别		无伤亡事故		一般事故				较大及以上事故			
		起数	直接经济损失（万元）	起数	死亡（人）	重伤（人）	直接经济损失（万元）	起数	死亡（人）	重伤（人）	直接经济损失（万元）
户内事故	胶管断裂										
	胶管老化										
	胶管被动物咬破										
	胶管脱落										
	灶具不合格										
	未关灶具										
	户内管漏气										
	煤气表漏气										
	私自接，改燃气管道										
	燃气杀人、自杀										
	使用直排热水器										
	热水器未装烟道										
	其他										
	合计										

续表 A.0.3

事故等级 / 事故类别		无伤亡事故		一般事故				较大及以上事故			
		起数	直接经济损失（万元）	起数	死亡（人）	重伤（人）	直接经济损失（万元）	起数	死亡（人）	重伤（人）	直接经济损失（万元）
管网事故	管道断裂										
	管道腐蚀穿孔										
	管道外力破坏										
	其他										
	合计										

填报单位（签章）　　　　　　　　填报日期：　年　月　日

附录 B　调压装置分级维护保养

B.0.1　调压装置的维护保养宜分为三级，各级维护保养的周期宜符合表 B.0.1 的规定，对维护保养中发现的问题应进行现场处理。

表 B.0.1　调压装置三级维护保养周期

调压装置类别	维护保养周期（月）		
	一级维护保养	二级维护保养	三级维护保养
悬挂式调压箱	≤12	不需要	≤60
落地式调压柜	≤6 (6～12)*	≤12	≤48
地下调压箱 地下式调压站	≤6 (6～12)*	≤12	≤48
门站、高中压站	≤3 (3～6)*	≤12	≤36

注："*"仅适用于本规程第 B.0.2 条第 5 款的一级维护保养周期。

B.0.2　一级维护保养应包括下列内容：

1　定期对过滤器进行排污，必要时打开过滤器头部并对滤芯进行清洗或更换。

2　检查各阀门的启闭灵活性。

3　检查调压器、切断阀和放散阀等设备的设定值是否为规定值。

4　检查电动、气动及其他动力系统是否工作正常。当气动系统由高压瓶装氮气供应时，应记录氮气压力，并确保在保养周期内能正常使用。

5　两条及以上调压路、计量路或过滤路时，应进行主副路切换及设定值的调整。

B.0.3　二级维护保养应包括下列内容：

1　本规程第 B.0.2 条规定的全部内容。

2　检查调压器和切断阀等关键设备的运动件（如阀座、阀芯等）磨损情况，并应根据需要进行清洁或更换处理。

3　检修后的高压、次高压系统经过不少于 24h 且不超过1 个月的正常运行后，可转为备用状态。

B.0.4　三级维护保养应包括下列内容：

1　本规程第 B.0.3 条规定的全部内容。

2　对调压器、切断阀、放散阀等设备进行整体拆卸检查，并对内部橡胶件进行更换。

本规程用词说明

1　为便于在执行本规程条文时区别对待，对于要求严格程度不同的用词说明如下：

1）表示很严格，非这样做不可的：
正面词采用"必须"，反面词采用"严禁"；

2）表示严格，在正常情况下均应这样做的：
正面词采用"应"，反面词采用"不应"或"不得"；

3）表示允许稍有选择，在条件许可时首先应这样做的：
正面词采用"宜"，反面词采用"不宜"；

4）表示有选择，在一定条件下可以这样做的，采用"可"。

2　条文中指明应按其他有关标准执行的写法为："应符合……的规定"或"应按……执行"。

引用标准名录

1　《电子信息系统机房设计规范》GB 50174

2　《燃气系统运行安全评价标准》GB/T 50811

3　《钢制管道带压封堵技术规范》GB/T 28055

4　《生产经营单位生产安全事故应急预案编制导则》GB/T29639

5　《城镇燃气埋地钢质管道腐蚀控制技术规程》CJJ 95

6　《城镇燃气报警控制系统技术规程》CJJ/T 146

7　《城镇燃气加臭技术规程》CJJ/T 148

8　《城镇燃气标志标准》CJJ/T 153

9　《城镇燃气管网泄漏检测技术规程》CJJ/T 215

10　《液化石油气安全规程》SY 5985

中华人民共和国行业标准

城镇燃气设施运行、维护和抢修安全技术规程

CJJ 51—2016

条 文 说 明

修　订　说　明

《城镇燃气设施运行、维护和抢修安全技术规程》CJJ 51－2016，经住房和城乡建设部2016年6月6日以第1132号公告批准、发布。

本规程是在《城镇燃气设施运行、维护和抢修安全技术规程》CJJ 51－2006的基础上修订而成，上一版的主编单位是中国城市燃气协会，参编单位是北京市燃气集团有限责任公司、深圳市燃气集团有限责任公司、成都市煤气总公司、郑州市燃气股份有限公司、南京港华燃气有限公司、西安市天然气总公司、福州市煤气公司、香港中华煤气有限公司、山东淄博绿博燃气有限公司、秦皇岛市煤气总公司、上海通达能源有限公司、上海燃气集团有限公司、新奥燃气控股有限公司、亚大塑料制品有限公司、江西泰达长林特种设备有限责任公司；主要起草人员是陈绍禹、李美竹、迟国敬、丁荧荧、李长缨、陈秋雄、江民、赵瑞保、周以良、杨森、刘文钦、应援农、刘新领、张潮海、江金华、李伯珍、杨俊杰、孙德刚、邓华蛟。

本次修订的主要技术内容是：1. 增加第3章基本规定，对运行维护及抢修人员和机构配备、建立健全安全管理制度、燃气设施定期进行安全评价等提出了原则性要求；2. 新增对调压装置定期进行分级维护保养、周期及内容的要求；3. 补充完善了压缩天然气设施和液化天然气设施运行维护的要求，并各自独立为一节；4. 新增对发电厂、供热厂等大型用户燃气设施运行、维护的要求，并明确供气单位与用户双方的职责。

本规程修订过程中，编制组进行了深入的调查研究，总结了我国城镇燃气设施运行、维护和抢修的实践经验，同时参考了国外先进技术法规、技术标准。修订内容中加强了事故的预防和防范等相关内容；补充了新技术、新材料与新设备的应用。本次修订过程中完成了两个研究专题作为标准技术支撑，包括：1. 关于划分燃气泄漏等级和燃气事故等级的研究；2. 大用户、大型燃烧设备运行维护安全技术要求研究。

为便于广大设计、施工、科研、学校等单位有关人员在使用本规程时能正确理解和执行条文规定，《城镇燃气设施运行、维护和抢修安全技术规程》编制组按章、节、条顺序编制了本规程的条文说明，对条文规定的目的、依据以及执行中需注意的有关事项进行了说明，还着重对强制性条文的强制性理由作了解释。但是，本条文说明不具备与规程中文同等的法律效力，仅供使用者作为理解和把握规程规定的参考。

目　次

1 总　　则

1.0.1 随着燃气事业的快速发展，燃气行业也面临一些问题。由于城镇燃气具有易燃、易爆和有毒等特点，一旦发生供气用的燃气设施损坏、用户使用不正确、第三方施工影响、维护检修操作不当等问题，极易造成火灾、爆炸及中毒等事故，使国家和人民生命财产遭受损失。确保燃气安全供应，是城镇燃气供应单位的重要职责。为了保障人身及公共安全，必须规范燃气设施的运行、维护和抢修工作，以防止火灾、爆炸及中毒事故发生。在发生事故时应有切实可行的抢修措施，将事故危害限制在最低程度内，并杜绝次生灾害的发生。

1.0.2 本条明确了城镇燃气设施运行、维护和抢修的工作对象，其中厂站包括：天然气门站、储配站、混气站、调压站等；液化石油气储存站、储配站和灌装站，液化石油气气化站、混气站和瓶组气化站及液化石油气瓶装供应站等；压缩天然气加气站、储配站和瓶组供气站等；液化天然气气化站等。管网包括：燃气管道和与其连接的附件，阀门、凝水缸、波纹管调长器等。明确规定了汽车加气站的维护和抢修不包括在本规程适用范围内。

1.0.3 本规程是为了指导城镇燃气设施运行、维护和抢修而编制的综合性安全技术规程。该规程在制定过程中主要依据的国家现行有关标准和法律法规有：《城镇燃气技术规范》GB 50494、《城镇燃气设计规范》GB 50028、《城镇燃气输配工程施工及验收规程》CJJ 33、《城镇燃气室内工程施工与质量验收》CJJ 94、《聚乙烯燃气管道工程技术规程》CJJ 63、《城镇燃气管理条例》（国务院令第583号）等。

3 基 本 规 定

3.0.2 《城镇燃气管理条例》规定："燃气安全事故发生后，燃气经营者应当立即启动本单位燃气安全事故应急预案，组织抢险、抢修。"为确保法律法规的落实和燃气供应的安全，本条的规定是必备的条件，且目前燃气企业也基本是这样做的。

3.0.4 该条提出对重要的燃气设施或重要部位应设置标志，主要是为了防止燃气设施受到意外损伤和防止火种接近，并禁止周围堆放危险物品，以保证燃气设施的安全、日常维护、紧急抢修工作的顺利进行。现行行业标准《城镇燃气标志标准》CJJ/T 153 中对标志的设置和制作有明确的规定。

3.0.5 《城镇燃气管理条例》规定："燃气管理部门应当会同有关部门制定燃气安全事故应急预案，建立燃气事故统计分析制度，定期通报事故处理结果。"燃气安全事故的统计分析及定期通报旨在及时统计燃气安全事故，分析发生事故的原因，发现其中的规律，吸取教训，避免重复性事故，降低事故发生率。考虑到目前国内各个城市事故等级划分的标准与原则都不相同，不同规模的城市，同样的事故数量、伤亡人数、经济损失、停气时间和范围，对城市产生的影响是不同的，因此本规程中没有统一规定事故等级的标准，只是提出了"制定事故等级标准"的原则性要求。

燃气安全事故的统计和报告需要明确事故单位基本情况，事故经过及后果，事故原因分析及处理情况。各地可参照本规程附录A提供的事故报告表进行事故统计。附录A中的燃气事故报告表、燃气事故类别和燃气事故原因统计表是以中国城市燃气协会安全管理委员会2012年发布的《城镇燃气安全事故统计分析文件》为依据编写的。

3.0.6 燃气安全事故是指在燃气生产、储存、输配和使用过程中，因自然灾害、不可抗力、人为故意或过失、意外事件等多种因素造成的燃气泄漏、停气、中毒或爆炸，造成人员伤亡和财产损失，影响社会秩序的事件。应急预案就是针对可能发生的事故，为迅速、有序地开展应急行动而预先制定的行动方案。制定应急预案其目的在于有效预防、及时处置各类突发燃气事故，提高应对燃气安全事故应急处置能力，最大限度地减少燃气事故以及人员伤亡和财产损失，从而保障城市安全运行和经济社会持续稳定发展。应急预案一般应包括总则、组织体系、预警预防机制、应急处置和保障机制、后期处理机制等内容，现行国家标准《生产经营单位生产安全事故应急预案编制导则》GB/T 29639 中对编写应急预案的程序、内容和基本要素等做出了详细的规定，城镇燃气供应单位可根据本单位的组织体系、管理模式、风险大小以及生产规模不同，编制应急预案，并按照要求进行备案、定期演练，及时修订、更新，使相关人员对预案中各自的职责、流程熟练掌握，并通过应急演练，做到迅速反应、正确处置。

现场处置方案是应急预案的基础，是针对具体的装置、场所或设施、岗位所制定的应急处置措施。

3.0.7 《国务院办公厅关于加强城市地下管线建设管理的指导意见》（国办发［2014］27号）中要求："各城市要定期排查地下管线存在的隐患，制定工作计划，限期消除隐患。加大力度清理拆除占压地下管线的违法建（构）筑物。清查、登记废弃和'无主'管线，明确责任单位，对于存在安全隐患的废弃管线要及时处置，消灭危险源，其余废弃管线应在道路新（改、扩）建时予以拆除。"在实际工作中经常有停止运行或者报废的管道不能及时拆除，有些也许会长时间原地存留。这就要求对这些管道进行妥善处理，如：吹扫置换、保留管线资料等。如果处理不当可能会发生一些意外事故，如：将运行管线误连接到废弃管道上，废弃管道与运行管线不能有效隔断发生串气等问题。

3.0.8 在对燃气设施进行维护和抢修时，如已经发生燃气泄漏但不能准确判断现场可燃气体浓度，又需切断电源，则要尽量在远离事故现场处切断电源，防止因产生火花引起爆炸。

3.0.9 在对燃气设施进行运行、维护和抢修作业时，操作人员经常会进入阀门井、检查井等地下场所。在这些场所中，有可能存在可燃气体或其他有害气体，还有可能缺氧。如氧气浓度过低，会造成人员缺氧窒息；如一氧化碳或硫化氢浓度过高，对人员的安全也会造成威胁。因此，为保证人员安全，在检测确认无危险后，方可进入作业现场。其中可燃气体浓度小于爆炸下限的20%；氧气的浓度可参照现行国家标准《缺氧危险作业安全规程》GB 8958中的规定：氧气浓度大于19.5%；一氧化碳及硫化氢的浓度可参照国家现行标准《工作场所有害因素职业接触限值 第1部分：化学有害因素》GBZ 2.1中的规定：一氧化碳浓度小于$30mg/m^3$，硫化氢浓度小于$10mg/m^3$。要求操作人员采取轮换作业方式和有专人现场监护是为了有效地实现现场互助和自救。

3.0.10 在调压室、压缩机房、计量室、瓶组气化间、阀室、阀门井和检查井等场所内作业时，要求操作人员穿防静电服、鞋，戴防护用具，目的是为了当有燃气泄漏时可对现场操作人员起到安全保护的作用。在作业时，有条件的要使用黄铜工具，如果用铁制工具，在工具上涂抹黄油也可以起到防止产生火花的作用。

3.0.11 本条根据《气瓶安全技术监察规程》TSG R0006中"瓶内气体不得用尽，压缩气体气瓶的剩余压力不得小于0.05MPa"的规定提出，目的是为了防止瓶内出现负压造成危险。

3.0.14 《防雷减灾管理办法》(中国气象局令第24号)中规定："投入使用后的防雷装置实行定期检测制度。防雷装置应当每年检测一次，对爆炸和火灾危险环境场所的防雷装置应当每半年检测一次。"在该办法中还规定："防雷装置，是指接闪器、引下线、接地装置、电涌保护器及其连接导体等构成的，用以防御雷电灾害的设施或者系统。"为了能够达到站内的防雷、防静电装置能够处于正常运行状态的目的，本规程提出了对防雷、防静电装置进行定期检测的要求，且都是最低要求。对于防雷装置还规定了具体检测时间宜安排在每年的雷雨季节前，是考虑到在雷雨季节前进行检测，发现问题及时纠正效果最佳，且全国各地雷雨季节时间不同的，自行规定时间可操作性比较强。

3.0.16 燃气供应单位定期对燃气设施进行安全评价是安全管理的重要内容之一，通过安全评价可以尽早发现事故隐患，减少事故发生的概率和可能造成的生命财产损失，为制定防范措施和管理决策、消除事故隐患提供科学依据。现行国家标准《燃气系统运行安全评价标准》GB/T 50811针对已正式投产运行的燃气设施进行现状安全评价，提出了安全评价的内容、方法及标准。安全评价的方式可以是自评，也可以由第三方进行评价。

4 运行与维护

4.1 一般规定

4.1.1 作为城镇燃气供应单位建立健全相应的安全管理规章制度并严格执行，是保证安全供气的重要前提，为此本条款提出了城镇燃气设施安全运行应制定的基本安全管理制度和操作规程。这些只是最基本的要求，城镇燃气供应单位还应根据实际情况制定相应的、全面的、切实可行的安全管理制度和操作规程。管理制度应包括工作范围、内容和职责，明确责任人。

城镇燃气管道及其附属系统、厂站的工艺管道与设备的运行、维护制度和操作规程，应综合考虑设备工艺参数、管材、管径、工作压力、输送介质、防腐等级、连接形式、使用年限和周围环境（人口密度、地质、道路和地下构筑物情况、气候变化、施工作业）等因素。管道附属系统包括阴极保护系统及管网监控系统。

用户设施的检查和报修制度，应综合考虑管材、工作压力、输送介质、连接方式、使用年限和周围环境（使用者、房屋结构）以及机构设置、职责划分等因素。

日常运行中发现问题或事故处理的上报程序，应综合考虑供气区域划分、部门职责和管理体系等因素，确保程序畅通、切实有效、可操作性强。

4.1.3 本条根据《移动式压力容器安全技术监察规程》TSG R0005的有关规定提出原则性要求。关于装卸用软管定期检验的时间周期和检验方法，该规程有详细规定，但考虑各企业装卸软管使用的压力、频率、环境等实际情况有很大不同，差异较大，也可以根据实际情况制定可行的方案。装卸软管在使用过程中有可能发生老化、碰伤等，因此经常对其检查、保养是很重要的，不可忽视。在液化石油气、液化天然气、压缩天然气装卸作业中，为防止车辆有可能拉断胶管，造成气体泄漏事故，大部分都已安装了防拉断阀，对该阀应经常进行检查和维护保养，以确保正常使用。

《移动式压力容器安全技术监察规程》TSG R0005－2011要求：①移动式压力容器与装卸用管有可靠的连接方式；②有防止装卸用管拉脱的连锁安全保护装置；③所选用装卸用管的材料与充装介质相

容，接触液氧等氧化性介质的装卸用管内表面需要进行脱脂处理和防止油脂污染措施；④冷冻液化气体介质的装卸用管的材料能够满足低温性能要求；⑤装卸用管和快速装卸接头的公称压力不得小于装卸系统工作压力的2倍，并且在承受4倍公称压力时不得破裂；⑥充装单位、使用单位对装卸用管必须每半年进行一次耐压试验，试验压力为1.5倍的公称压力，试验结果要有记录和试验人员的签字；⑦装卸用管必须标示开始使用日期，其使用年限严格按照有关规定执行。

4.1.7 管道施工完毕后经常会由于各种原因暂时不能通气投入运行，对于这些管道通入气体保持一定压力并纳入正常管理，一旦管道有泄漏，能够及时发现，因此本条提出宜对管道进行保压处理，且压力不宜超过运行压力。由于管道内已经有压力，因此要求按照已经投入运行管道的要求进行管理。在通气前应分析管道内压力变化情况，如没有泄漏就可以不用再做压力试验。相反，如果施工完毕未做保压且长时间未投入运行的管道，在通气前需要重新进行压力试验，试验合格后方可通气使用。

4.1.10 在安装于用户室内外的公用阀门处设置永久性警示标志，是为了防止非专业人员擅自操作该阀门而造成意外事故。

4.2 管道及管道附件

4.2.1 “有效隔断”是指在无法准确判断隔断阀门是否严密时，应加盲板或采取断管措施。“不同种类”是指不同的燃气及不符合互换性要求的燃气。

4.2.3 根据《城镇燃气管理条例》规定的在燃气设施保护范围内的禁止性活动，提出了对燃气管道运行维护中应该巡检的具体内容，通过巡检可及时发现管道存在的安全隐患，预防事故发生。本条款未对管道保护范围给出具体数值，是考虑在《城镇燃气管理条例》中规定：由县级以上地方人民政府燃气管理部门会同城乡规划等有关部门按照国家有关标准和规定划定燃气设施保护范围，并向社会公布。

4.2.4 《城镇燃气管理条例》中明确了在燃气设施保护范围内，有关单位从事可能影响燃气设施安全活动时应当遵守的规定。这些活动包括：敷设管道、打桩、顶进、挖掘、钻探等，这些施工都可能接触到燃气管道，影响安全，因此有关施工单位在开工前应向城镇燃气供应单位申请现场安全监护并与燃气供应单位共同制定燃气管道保护方案。

临时暴露的聚乙烯管道主要指施工开挖造成地下聚乙烯管裸露、施工完毕后没有及时回填，或是在施工现场临时存放的材料，对聚乙烯管道应采取防阳光直晒及防外界高温和火源等措施。

4.2.5 本条提出了“燃气管道及设施的安全控制范围”的概念。安全控制范围要比保护范围更大一些，在保护范围内禁止的一些行为和活动，在保证燃气设施安全的前提下，可以有条件地在安全控制范围内进行。关于燃气管道的保护范围和安全控制范围具体数值，编制组在标准修订过程中收集了部分城市燃气管理办法，现将收集到的一些数据整理在表1中，供各地燃气供应单位制定本地区保护范围和安全控制范围数值时参考使用。其中安全控制范围给出的数值是一个范围，建议有条件时尽量选择上限值。

关于在安全控制范围内有爆破工程时还可参考下面的依据：

《香港土木工程通用规范》(1992年版) 第1卷第6节第6.34 (6) 条——爆破工程不得在下列区域进行：(1) 距储水构筑物或供水隧道60m以内的区域；(2) 距供水主干线或其他供水设施6m以内的区域。第6.34 (7) 条——构筑物和设施附近测得的微粒峰值速率和波动幅度不应超过下列要求：(1) 储水构筑物或供水隧道，微粒峰值速率≤13mm/s，波动幅度≤0.1mm；(2) 供水主干线或其他设施及管道，微粒峰值速率≤25mm/s，波动幅度≤0.2mm。

表1 部分地方城市安全保护范围和控制范围

序号	城市名称	保护范围（距燃气管道外缘）(m)				安全控制范围(距燃气管道外缘)(m)			
		低压	中压	次高压	高压	低压	中压	次高压	高压
1	深圳	1.0	1.0	2.0	5.0	1.0~6.0	1.0~6.0	2.0~10.0	5.0~50.0
2	南京	0.5	0.5	2.0	5.0	0.5~5.0	0.5~5.0	2.0~20.0	5.0~50.0
3	上海	0.7	0.7	0.7	6.0	0.7~6.0	0.7~6.0	0.7~6.0	6.0~50.0
4	乌鲁木齐	0.7	1.5	4.5	6.0	0.7~7.0	1.5~7.5	4.5~10.5	6.0~50.0
5	惠州	5.0	5.0	7.0	10	—	—	—	—
6	武汉	1.0	1.5	6.5	6.5				
7	沈阳	2.0	2.0	2.0	2.0	—	—	—	—
8	哈尔滨	1.5	1.5	1.5	1.5	—	—	—	—

4.2.6 燃气泄漏后有可能沿地层的缝隙扩散到管道周围的阀门井、窨井、地沟、建筑物等，沿上述地方进行检测可有效发现漏气点及漏气影响范围。

在现行行业标准《城镇燃气管网泄漏检测技术规程》CJJ/T 215中规定了检测周期、检测仪器、检测方法与技术要求等内容，该标准还对新通气管道、切（接）线作业的管道、管道腐蚀严重出现泄漏、发生自然灾害使管道受损等情况下的检测周期做出了相关规定。

本次修订提出了“在土体情况复杂、杂散电流强、腐蚀严重或人工检测困难的地方，对阴极保护系统的检测可采用自动远传检测方式”的要求，是考虑到目前城市电气化铁路、地铁等轨道交通建设发展迅速，杂散电流对埋地燃气管道腐蚀增加，阴极保护的数据波动较大，影响管道的安全运行。如果采用阴极保护数据自动远传的检测技术，可实现对各阴极保护检测点连续采集检测数据，从而达到对管道阴极保护数据的实时监控，及时发现问题采取措施，保证管道的安全。在人工检测读取数据困难的地方，采取自动远传检测技术可以解决这一难题。目前这项技术在欧洲已广泛应用，国内在北京、上海、苏州也有应用。

4.2.8 目前非开挖修复燃气管道多采用聚乙烯管内插折叠或缩径内衬，或用筒状复合材料翻转内衬，一般内修复材料都会紧贴钢管内壁，采用气割或加热的方法割除外层金属管道会对聚乙烯管或内衬产生破坏。在这些管道上接支管，首选预留位置或连接钢管处，连接钢管是指两段做过内衬修复的管道之间连接的一段短管，这个地方没有内衬层，因此不受影响。如躲避不开时只能采用机械方式割除外部金属管道，避免伤到内衬材料。

4.2.11 这里所指波纹管调长器是由波纹管和构件共同组成，是用来调节燃气设备拆装引起的管道与设备轴向位置变化的，不承担因温度变化对管线的补偿功能，因此当操作完成后，必须将拉杆螺母拧紧。

4.3 设　　备

4.3.3 本条提出了对调压装置进行分级维护保养的概念。在设备管理中对压缩机、烃泵等设备都有成熟的分级维护保养标准，根据设备运行时间的长短，设备保养的内容不同。调压装置作为燃气输配系统的核心设备，本规程首次提出了分级维护保养的要求，并在本规程附录B中规定了分级维护保养的周期及内容，希望通过实际操作检验和总结成熟经验，逐步完善调压装置分级维护保养的相关要求。

4.3.4 加臭剂属易燃化学品，具有特殊气味，如果漏失、破损扩散极易污染环境和引起判断失误，因此应按照化学危险品的规定进行储存、保管。一次性原料罐属于固体废弃物，对其处理应符合《中华人民共和国固体废物污染环境防治法》的规定："收集、贮存、运输、利用、处置固体废物的单位和个人，必须采取防扬散、防流失、防渗漏或者其他防止污染环境的措施；不得擅自倾倒、堆放、丢弃、遗撒固体废物。禁止任何单位或者个人向江河、湖泊、运河、渠道、水库及其最高水位线以下的滩地和岸坡等法律、法规规定禁止倾倒、堆放废弃物的地点倾倒、堆放固体废物"。"覆盖性"是指加臭剂浓度检测点的设置需要考虑点的数量与位置，管网末端一般指调压装置出口处或用户立管处等。

4.3.8 本条对气柜提出了宜定期进行全面检修的要求，根据一些燃气公司的经验，全面检修可包括下列主要内容：

1 湿式储气柜：

1）气柜柜壁、柜底、各层中节和钟罩顶进行超声波测厚；

2）检查柜顶、柜壁、柜底有无变形、凹陷、鼓包及渗漏；并对柜壁壁板纵焊缝进行无损检查；检查各接管焊缝的渗漏和裂纹等；

3）检查柜内外平台、护栏、支吊架等钢结构以及柜体各出入口接管防腐、保温和设备铭牌等；

4）检查钟罩顶桁架构件有无扭曲变形，与钟罩壁连接焊缝是否牢靠、有无开裂；

5）检查配重调平装置、柜容指示仪、可燃气体检测分析仪、紧急排放设施、出入口连锁自控等安全附件；

6）对气柜表面进行全面防腐处理；

7）检查设备基础的裂纹、破损、倾斜和下沉。

2 干式气柜全面检修可包括下列主要内容：

1）检查柜体有无变形、凹陷、鼓包及渗漏；气柜柜壁、柜底、活塞板和柜顶应进行超声波测厚；

2）检查柜体、活塞、T型挡板以及各接管焊缝的渗漏和裂纹等，对柜壁壁板纵焊缝应进行无损检查；

3）检查柜内外平台、护栏、支吊架等钢结构以及柜体各出入口接管防腐、保温和设备铭牌等；

4）活塞、T型挡板等柜内构件的密封面；

5）气柜润滑油系统；

6）检查所有密封机构、活塞配重调平装置、柜内外柜容指示仪、可燃气体检测分析仪、紧急排放设施、出入口连锁自控等安全附件；

7）设备基础的裂纹、破损、倾斜和下沉。

4.3.9 高压储罐的运行、维护应符合《固定式压力容器安全技术监察规程》TSG R0004的有关规定。

4.4 压缩天然气设施

4.4.1 如果气源组分不稳定，杂质含量高，对加气设备会造成腐蚀等影响，因此需要对压缩天然气加气站进站气源组分定期进行抽查复验，尽量保持气源组分的稳定性。如果气源组分变化比较大就需要调整加气工艺。

4.4.8 压缩天然气加气、卸气操作时，为避免高压气体或机械附件射出伤人，保护操作人员的安全，在接好高压软管准备打开瓶组阀门以及加气时，操作人员的身体不得面对阀门或正对加气枪口。在充装过程中要严格控制气瓶的充装量，充分考虑充装温度对充装压力的影响，在20℃时的压力不得超过气瓶的公称工作压力。

4.5 液化天然气设施

4.5.1 液化天然气储罐和低温管道进行预冷试验的

目的是为了检验储罐和低温管道承受液化天然气低温的能力和低温材料的低温韧性等，并为接收液化天然气做好准备。预冷试验时避免直接使用液化天然气的风险及损失，通常采用液氮作为试验介质，且试验时储罐和低温管道内不能含有杂质和水分，否则液氮进入储罐后水分将凝结为固体，发生固体和杂质堵塞管道及设备的情况。液化天然气储罐和低温管道检修前后采用干燥氮气进行置换，主要是为了保证后续工艺操作安全；如果采用充水置换的方法，由于液化天然气快速相变的特性，则会发生重大危险。

4.5.2 本条对于液化天然气储罐运行、维护提出的要求大部分是近年来实践经验的总结。

1 液化天然气储罐储液后，其储存液位和压力是十分重要的参数。目前液化天然气储罐站都具备自动监控系统，对储罐的运行情况可实现实时监控，但是还需要运行人员定期到现场检查储罐的液位和储存压力，确保储存液位控制在20%～90%范围内，储存压力不高于最大工作压力。

《固定式压力容器安全技术监察规程》TSG R0004-2009规定："储存液化气体的压力容器应当规定设计储存量。"结合国内运行实际经验，一般当储存液位低于20%时，液化天然气的蒸发量将快速增大；当储存液位高于90%时，控制不好则有冒顶的危险，因此提出液化天然气储罐储存液位宜控制在20%～90%（体积百分数）范围内。

液化天然气储罐的最大工作压力是保证储罐正常储存液化天然气的最高压力，这个数值在储罐设计制造或液化天然气站设计时就已确定。在储罐正常运行过程中，规定储存压力不得高于其最大工作压力是为了保证储罐的安全储存。

2 储存液化天然气时，有时不可能是同一液化工厂的气源。由于不同来源、不同组分的液化天然气，其密度不同、压力不同，沸点也不同，在同一储罐内储存时，如控制不好将发生事故。如果由于设备配置和工艺需要不得不储存在同一储罐内时，卸车时应采取正确的进液方法。通常的做法是当来气温度低于罐内温度时，应采取上部进液方法，反之则采取下部进液的方法，这样运行操作能有效降低储罐内压力，同时要求在此工艺操作过程中根据储罐类型密切监测其气化速率与温度变化。进液时储罐内液化天然气的气化速率除与组分有关，还与来气温度、储罐内原有存量有关。对于储罐内的液化天然气温度，目前真空绝热储罐一般通过气相管口单点，子母式储罐一般通过上中下三点，单容罐、全容罐根据罐高多点监测，监测的目的是为了避免罐内液化天然气的温度差过大造成翻滚，以保证储罐安全。

3 为了将储罐内的液化天然气充分混合，防止翻滚事故的发生，对于储罐内较长时间静态储存的液化天然气，最好能定期进行倒罐处理。

4 储罐基础的牢固程度也是储罐运行的重要方面。储罐充液后重量增加，储罐基础需要能承受储罐自重、充液后的荷载以及风、雨、雪等荷载的要求，立式储罐需保持相应的垂直度，且基础完好无破损。

5 当储罐罐壁出现小片漆膜腐蚀脱落时可进行局部补漆处理，当大面积腐蚀脱落时，需对储罐重新进行防腐。

储罐在运行过程中，有的储罐出现结露现象，严重的还会出现结霜，这主要是储罐夹层的保冷材料下沉、保冷材料保冷性能下降或内罐焊缝出现裂纹而漏冷等因素引起，对此可具体分析采取正确的处理方法，必要时可由储罐制造单位协助处理。

6 液化天然气储罐的静态蒸发率数值由液化天然气站及储罐的设计文件确定，是检验储罐保冷性能的重要指标。随着储罐的运行，保冷材料的保冷性能会下降，内罐也有可能出现问题，定期对静态蒸发率进行检测，能够及时发现储存过程中液化天然气静态蒸发率变大的问题，以便及时采取措施处理。根据目前的技术规范要求和运行实际，可采用质量法或气体流量计法对储罐的静态蒸发率进行监测。采用质量法时，先将储罐内的液化天然气充满50%以上，静置热平衡后，测量罐内24h自然蒸发损失的液化天然气的体积，折算为质量，然后该数值再和储罐有效容积时液化天然气的质量相比得出百分数，最后换算为标准环境下（20℃，101325Pa）的蒸发率值。气体流量计法的监测过程同上，只是采用自然蒸发掉的气体体积与储罐有效容积时液化天然气的气体体积（重量折算为体积）相比，最后换算为标准环境下（20℃，101325Pa）的蒸发率值。由于受现场条件、设备、环境温度、储罐内液化天然气的温度不均匀等因素的影响，测出的静态蒸发率值应是一个概略值，但这足以检查出储罐的保冷性能和内罐的运行状态。本规程要求定期监测，各燃气单位可以根据自身的情况确定。

7 真空绝热储罐主要包括真空粉末绝热储罐和高真空多层储罐等，夹层真空度是其正常运行的主要指标，在储罐运行过程中，随着空气的漏入，其夹层真空度降低，罐内液化天然气的静态蒸发率将增大，需要严格控制。储罐制造时都留有抽真空接口，可利用真空计对夹层的真空度进行真空检测，达不到要求时可及时进行抽真空处理。提出的夹层真空度检测周期是根据目前国内液化天然气站的实际运行经验得出的。

8 隔热型储罐主要包括子母式压力储罐和常压储罐（槽），其特点是储存容积较大、夹层充填绝热材料并充入惰性气体处理，夹层内保持微正压，保持绝热材料干燥。在储罐运行过程中，当夹层内压力降低时，补气系统会自动启动进行补气。为了保证补气系统运行正常，需要定期对其进行巡检，发现问题及时处理。检查夹层中可燃气体浓度，主要是当储罐内壁出现破损时能及时发现问题及时处理。

4.5.3 低温潜液泵作为重要增压设备，其运行、维护十分重要。

1 低温潜液泵开机前先进行预冷，主要是为了避免正式运行时低温潜液泵处于急冷状态，损坏电机等部件，同时也可以对泵体进行检查。

2 操作人员在操作时要及时观测泵的进、出口压力等参数变化，同时检查泵体运行状况。当发现泵体有异常噪声或振动，及时停机处理，不得带病运行。

3 由于泵罐为双层保冷结构，密封及保冷效果好，可有效降低气蚀的发生，定期对泵罐的密封及保冷状况进行检查，是确保低温潜液泵正常运行的有效方法。低温潜液泵的泵罐也叫泵池。

4 由专业人员按设备使用说明书的要求定期检修低温潜液泵。检修完毕重新投用前，推荐采用干燥氮气对泵进行置换并预冷合格。

4.5.4 空温式气化器是液化天然气主要气化设备，由于空温式气化器的结构特点，在运行过程中其换热管表面结霜应是均匀的，如果局部结霜结冰严重，说明此处很可能有漏点，应及时维修。水浴式气化器主要用作空温式气化器的后续补充升温，当设备的水温过低、储水量过少时，气化温度和气化能力就会降低，从而影响正常输气，故规定应定期检查其储水温度和储水量，当不能满足要求时，需要及时调整或补充。

由于液化天然气经气化后温度上升，温度有可能是常温，也有可能是低温，而液化天然气站外的燃气管道，不论何种材质，都应为常温下输送气体。一般埋设于冰冻线以下的燃气管道其温度在5℃左右，处于常温状态，所以规定液化天然气经气化后出站前时的温度应不低于5℃，这是根据国内各气化站的运行现状及实践经验的总结提出的，主要是为了使出站气体保持常温，保护站外燃气管道的运行安全，也符合国内各气化站的运行现状及实践经验。如果有的站出站为0℃或更低，应由设计单位来确定此值。

4.5.5 **2** 低温保冷管道保冷效果的好坏和保冷设施（含外层保护层）是否完好，直接影响到液化天然气气化量的大小及运行安全。随着保冷管道的运行，保冷材料的保冷性能有可能下降，此时应及时更换。

4.5.6 液化天然气卸（装）车操作应符合下列规定：

2 在卸（装）车过程中，要求操作人员不得离开卸（装）车现场，是为了出现问题后可及时采取措施处理。规定操作人员按规定穿戴防护用品，是为了出现事故后对操作人员的防护。同时，规定人体未受保护部位不得接触未经隔离装有液化天然气的管道和容器是为了保障操作人员安全，避免接触低温而冻伤。

3 液化天然气站应该设置卸（装）车软管吹扫装置（功能）。在卸（装）车前对软管进行吹扫，是为了将软管内的杂物吹扫清理干净，同时起到空气置换的作用。吹扫时应采用干燥氮气，如果不具备此气源，也可采用液化天然气气体进行吹扫，这也符合国内目前实际现状。

4 卸（装）车与气化作业同时进行时，不应使用同一个储罐的规定，是为了保证操作程序明晰，避免工艺操作产生混乱而发生事故。

6 卸（装）车结束时回收软管内的剩余液体，一是为了回收液化天然气，避免放空浪费天然气和造成环境污染；二是为了避免放空天然气造成安全隐患，保证安全。软管恢复至常温后对敞口端采取封口措施，是为了避免细小沙粒、碎石及其他杂质进入低温管道而损害其他阀件及仪表等设施。

7 “储罐液位异常”是指储罐现场液位计和控制室二次仪表显示不一致而又不能确认储罐正确液位的情况，由于不确定哪个仪表显示正确，为保证储罐安全，需要通过其他手段进一步确认，此时不得贸然卸（装）车。

4.5.7 卸（装）作业结束后，如果密闭管段内滞留液化天然气液体，该液体将接受外界传入的热量而迅速气化，使得该管段压力急剧上升，管道产生爆裂，应通过工艺操作将管段内液化气液体进行回收或放散，保证安全。

4.5.8 液化天然气气瓶充装应符合下列规定：

1 液化天然气气瓶属低温绝热气瓶，瓶体附件较多，容易泄漏的部位较多，在充装前逐只进行检查，可有效减少充装过程中的泄漏等现象。

2 气瓶出厂时在其上部安装液位计，铭牌上标注最大充装量，这个数值一般是根据气瓶90%内容积再乘以液化天然气的密度得出。充装时不得超过最大充装量，气瓶液位计也起到一定的监控作用。

4 新气瓶未充装前处于常温状态，如快速充装会导致气瓶温度急剧下降，条文中提出缓慢充装的要求是为了给气瓶一个预冷的过程，充装速度可参照气瓶生产厂家的产品说明确定。

6 规定不得使用槽车充装液化天然气气瓶，是为了减少事故的发生。

4.5.9 站内消防设施的运行、维护的要求：

2 储罐喷淋装置（含消防水炮）主要用于液化天然气设施着火时，对受到火焰热辐射影响的储罐及其他设施实施喷淋水降温，形成保护水幕。规定此款是为了检查喷淋效果，确保喷淋设施完好，保证喷淋的有效性。本规程提出储罐喷淋装置（含消防水炮）应每年至少开启喷淋1次是最低要求，由于我国南北环境气候差异很大，各地可根据自身实际确定喷淋次数。

3～5 高倍泡沫灭火设备是液化天然气站的重要消防设备，主要清除管道内锈渣，通常情况下按该设备的使用说明书进行运行、维护。当没有明确要求时，本规程提出的这些基本要求可以满足使用需求。

4.5.10 这主要是考虑万一发生大量泄漏，可以正常发挥该设施的作用。

4.7 用户燃气设施

4.7.2 随着天然气供气量的增加，近些年来许多城市都发展了燃气发电厂、供暖厂等大型用户，随之而来对这些大型用户的管理问题摆在了燃气供应企业的面前。发电厂的用气特点是大量稳定用气，供热厂的用气特点是供暖期为用气高峰，其他时间不用气，这些用户的用气特点与管理模式各不相同，不能给出一个统一的检测周期，可结合用户用气特点定期进行检查，确保设备运行良好、安全用气。

4.7.7 对用户设施进行维护和检修作业应符合下列规定：

2 目前发电厂、供暖厂等大型用户一般都与燃气供应单位签订自管协议，由用户自行负责燃气设施的运行、维护和事故抢修工作。在正常情况下，双方对持有产权的燃气设施进行维护运行管理，定期对燃气设施进行巡检。但是一旦出现比较大的问题需要调整供气量甚至停气时，燃气用户应与城镇燃气供应单位进行沟通协调，便于双方配合保证安全；

3 周期性用气的用户主要指供热厂用户。供暖期为用气高峰，其他时间不用气，间断用气时间较长，甚至可达到8个月左右。当用户设施在停气期间，为了保证燃气设施的密封性能，推荐对燃气设施进行保压的处理方法，并且对保压介质、压力检测、置换等各方面提出了原则性要求。

4.7.8 《城镇燃气管理条例》规定：“燃气用户应当遵守安全用气规则，使用合格的燃气燃烧器具和气瓶，及时更换国家明令淘汰或者使用年限已届满的燃气燃烧器具、连接管等。”超过使用年限后，燃烧器具、气瓶、连接管的安全可靠性下降，应当淘汰更换。

1 国家标准《家用燃气燃烧器具安全管理规则》GB 17905－2008 规定了燃气灶具判废年限和要求：燃具从售出当日起，使用人工煤气的快速热水器、容积式热水器和采暖热水炉的判废年限应为6年，液化石油气和天然气的快速热水器、容积式热水器和采暖热水炉判废年限应为8年。燃气灶具的判废年限应为8年。燃具的判废年限有明示的，应以企业产品明示为准，但是不应超过以上的规定年限。上述规定以外的其他燃具的判废年限应为10年。

燃气热水器等燃具，检修后仍发生如下故障之一时，即使没有达到判废年限，也应予以判废：①燃烧工况严重恶化，检修后烟气中一氧化碳含量仍达不到相关标准规定；②燃烧室、热交换器严重烧损或火焰外溢；③检修后仍漏水、漏气或绝缘击穿漏电。

6 户内燃气安全问题中与软管相关的问题所占比例很高，应该引起重视。目前燃气行业所用大部分胶管的使用寿命都很短，大部分用户也没有定期更换，超期使用的胶管会出现变硬、变脆、开裂等问题，造成燃气泄漏，引发着火、爆炸等恶性事故。因此本规程提出了要定期更换软管的要求，但是从根本上解决问题还是要使用合格的、长寿命的胶管。目前国内已有很多研究且已开发、生产出长寿命胶管产品。另外从国家有关标准方面也都做出了相关规定，例如：国家标准《民用建筑燃气安全技术条件》GB 29550－2013 中规定：“与燃具连接的软管的设计使用年限不宜低于燃具的判废年限，燃具的判废年限应符合 GB 17905 的规定，对于不符合要求的燃具连接用软管应及时更换。”行业标准《家用燃气燃烧器具安装及验收规程》CJJ 12－2013 中也做出了“燃具连接用软管的设计使用年限不得低于燃具的判废年限”的规定。

5 抢 修

5.1 一 般 规 定

5.1.1 燃气泄漏可能引起中毒、火灾、爆炸等造成人员伤亡和经济损失的事故。为了控制事故并将事故损失减少到最小，城镇燃气供应单位应制定事故抢修制度和事故上报程序，确保城镇燃气供应单位能在事故发生的第一时间内获知事故情况，并能做到准确判断事故立即组织有效的抢修。对于重大事故，应当立即报告有关部门。

5.1.2 为了保证事故抢修及应急预案的实施，城镇燃气供应单位应根据供应规模设置专职抢修队伍，配齐抢修人员及抢修所需的各种装备。为了保证装备处于良好状态，应定期、及时对抢修所需装备进行维护检修及更新。

5.1.3 燃气事故发生后抢修人员及时到达现场，对于控制险情、防止事故扩大、避免次生灾害是非常重要的。因此城镇燃气供应单位在接到抢修报警后应迅速出动。

5.1.5 发生事故的设施，说明存在较为严重的隐患，存在类似风险的设施，也有可能存在隐患，因此在事故处理之后，还需要对存在类似风险的燃气设施的安全性能重新进行评价。燃气系统较大安全事故的确定应遵守《生产安全事故报告和调查处理条例》（国务院令第493号）的规定，同时还应考虑造成重大社会影响、停气范围较大及其他严重后果等因素。

5.2 抢 修 现 场

5.2.1 警戒区的设定一般根据泄漏燃气的种类、压力、泄漏程度、风向及环境等因素确定。“监测周围环境的燃气浓度”是指监测作业现场周边的地下、地上建（构）筑物内有无燃气聚集及可燃气浓度是否在安全范围之内。

5.2.2 进入抢修作业区的人员按规定穿防静电服，包括衬衣、裤均应是防静电的。而且不应在作业区内穿、脱防护用具（包括防护面罩及防静电服、鞋），以免在穿、脱防护用具时产生火花。

5.2.3 在燃气设施火灾事故抢修中降低压力控制火势时，应注意维持燃气设施有一定正压，防止产生负压造成次生灾害。

5.2.5 燃气泄漏后，有可能窜入地下建（构）筑物等不易察觉的地方，因此事故抢修完成后，应在事故所涉及的范围内做全面检查，避免留下隐患。

5.2.6 如果事故隐患未查清或隐患未消除，现场就存在发生中毒、着火、爆炸等事故的可能，因此应采取安全措施，如派人现场监护等，直至消除隐患为止。

5.3 抢修作业

5.3.2 在燃气浓度未降至爆炸下限的20%以下时，如使用非防爆型的机电设备及仪器、仪表等有可能引起爆炸、着火事故；特别指出一些容易被人们忽略的非防爆物品，如通信设备等。

5.3.5 抢修作业现场会出现燃气浓度和一氧化碳浓度超标的情况，要注意防止一氧化碳中毒。鉴于一氧化碳对人体健康的巨大危害，很多国家及卫生组织制定了一氧化碳最大侵入人体的极限浓度，见表2，以供参考：

表2 一氧化碳最大侵入人体的极限浓度

浓度（mg/m^3）	持续时间（h）	数据来源	提出时间
11	24	世界卫生组织	1987
14	8	加拿大	1986
40	1	美国环保局	1989

一氧化碳的浓度限值可参照国家现行标准《工作场所有害因素职业接触限值 第1部分：化学有害因素》GBZ 2.1中的有关规定：一氧化碳浓度小于$30mg/m^3$，此数值为短时间（15min）接触容许浓度限值。

5.3.6 1 在作业现场对钢制管道泄漏点进行焊接修复，由于现场条件恶劣，焊接质量会参差不齐且不易统一使用新管焊接标准，此次修订也只是提出要进行检查的原则要求。“检查结果符合相关要求”是指各单位要根据作业现场条件制定不同的、可行的质量要求。

5.3.7 “采取有效措施阻断气源”指采用关闭阀门、使用封堵机或夹管器等方法阻断气源，夹管器是指用于夹扁聚乙烯管道阻断气流的专用工具。

5.3.9 当低压储气柜发生泄漏时，可根据泄漏部位和泄漏量采用粘接、焊接等不同方法修复。当低压储气柜发生大量泄漏快速下降时，为防止摩擦产生火花或气柜突然卡死、水封失效等现象发生，可用补充气量的方法减缓气柜下降速度。

5.3.10 当调压站出口压力超过下游燃气设施的设计压力时，有可能对燃气设施造成不同程度的损坏。当有这种情况发生时，应对超压影响区内的燃气设施进行全面检查，排除隐患后，方可恢复供气。

5.3.14 液化天然气站内的低温工艺管道及低温阀门一般为焊接连接，但有些特殊部位为法兰连接，如储罐进、出液管道上的紧急切断阀、安全阀、降压调节阀、增压调节阀等处。这些部位由于液化天然气的间断流过，热胀冷缩，使法兰连接面极易出现微量、少量泄漏，视现场情况采取紧固螺栓等方法来处理。如果是法兰本体缺陷（砂眼、裂纹等）造成泄漏，可更换法兰，但需要对前后设备进行有效隔断，将液化天然气放散掉，恢复至常温后实施。维修完毕后利用干氮气进行试漏，是为了保证安全。

5.3.15 当液化天然气大量泄漏时，局面已十分严重，关闭阀门停止站区全部作业是第一步也是有效抢修的重要手段。液化天然气大量泄漏后，使用高倍泡沫发生设备产生泡沫，可有效减少液化天然气和空气的接触面，降低液化天然气的气化速率，减少次生灾害的发生。

5.3.16 液化天然气与水接触会发生快速相变，发生物理爆炸，因此当液化天然气泄漏着火时，严禁用水灭火。

5.3.17 在处理用户泄漏报修时，“准确判断泄漏点”是指当在报修处找不到漏点，可又确实存在漏气迹象，应扩大查找范围。如在室内找不到漏点，应扩大到室外的明、暗沟等处继续查找，以防燃气是由其他地方窜入的，排除一切隐患后才可离开现场。

6 生产作业

6.1 一般规定

6.1.1 燃气设施的停气、降压、动火及通气等各项生产作业之前认真制定作业方案，对于保证生产作业的安全是非常重要的，作业方案一般应包括：①作业内容：如切线、接线、改线等，作业的具体位置、停气降压范围，应有作业草图；②采取的安全措施：加盲板、吹扫置换、放散、现场监护、消防器材及人员配备等等；③作业起止时间等；④应急方案等；作业方案应经过审批：主管领导、职能部门对作业方案提出审批意见。严格执行作业方案是指实施作业过程应在方案批准的限定的时间内完成，如因故改期或方案有变化，一定要重新报批。

各地燃气供应单位对燃气设施的停气、降压、动火及通气等生产作业都采取分级审批的管理方式，在安全生产环节发挥了重要作用。如果在实际工作中出现紧急事故的情况，不允许按部就班履行程序后动火作业的，可在事后补齐各种手续文件。

6.1.3 燃气设施的停气、降压、动火及通气等生产作业危险性大，涉及施工安全和供气安全，因此应由有经验的生产技术人员指挥作业，并由安全员负责现场安全工作，检查落实各项安全措施，严禁违章操作。

6.1.4 燃气具有易燃易爆的特性，燃气设施具有分布广的特点，对燃气设施动火作业时难免会有燃气泄漏，因此划出作业区，并对作业区实施严格管理是非常有必要的。在作业区周围设置护栏和警示标志对作业人员可起到保护作用，对路人、车辆等可起到提示作用，对作业安全也是必须采取的措施。

6.1.5 为了保证作业人员的安全，在作业方案中应考虑在意外情况下作业人员撤离现场的措施，如设置爬梯、甬道等。

6.1.6 为了将停气、降压与置换作业给用户带来的不便降至最低，保证停气与降压置换和放散的安全，选择停气与降压的时间宜避开用气高峰和雷电、大风、雨雪等不利气象条件。

6.2 置换与放散

6.2.2 燃气设施采用间接置换法进行置换是比较安全的。间接置换法一般分为两个步骤或称两个阶段，有不同的气体测定值要求，本条款给出的数值是根据各地多年实践经验总结提出的。如果受到条件限制采用直接置换法时，考虑到如果气体流速过快，有可能因静电火花而造成危害，需要现场严格控制置换气体流速或采取其他安全措施。

6.3 停气与降压

6.3.1 **1** 停气作业时应能可靠地切断气源是指关断阀门后不得有窜气现象，防止在作业管段和设备内有混合气体聚积，如果阀门关闭不严可采取加装盲板等措施，确保可靠地切断气源。

2 降压放散过程中如气体流速过快，一是有可能因产生静电火花而造成危害，二是有可能控制不好压力造成管道内负压，因此降压放散过程中要严格控制降压速度。

3 由于密度比空气大的燃气（如液化石油气）泄漏时容易积聚在低洼处，因此在作业时，应采用防爆风机驱散在工作坑或作业区内聚积的燃气。

6.4 动　火

6.4.4 新、旧钢制管道存在电位差，连接时会产生火花，为此在动火作业前应先平衡两管电位。一般是用金属线搭接在新、旧钢制管道上，使新、旧钢制管道的电位达到平衡状态。

6.4.5 作业过程中作业区内燃气浓度可能随时发生变化，为了保证作业区内可燃气体浓度始终小于其爆炸下限的 20%，应严密监测可燃气体浓度，当浓度发生变化时要采取安全措施或暂停作业。当燃气管道内有各种杂质的沉积物时，即使置换合格，随着时间的推移还会有挥发物的产生和聚积，可考虑在管道内充入惰性气体或采取其他有效措施进行处置。

6.4.6 不停气动火过程中燃气压力不能为负压，但也不能太高，根据各地多年实践经验，本条给出压力不宜高于 800Pa 的要求，可满足人工煤气、液化石油气和天然气三种不同气体介质的操作要求。在实际操作时，压力的控制范围应根据具体气质来确定。

6.5 带压开孔、封堵作业

6.5.2 施工作业前应对施工用管材、管件、密封材料等做复核检查，确保符合工程质量要求。

6.5.3 目前国内带压开孔、封堵设备生产厂家比较多，且工作原理、操作程序等都有不同，每种设备用于不同管材、不同管径、不同运行压力的燃气管道时，都需要操作人员调试设备相应的参数，熟悉其操作程序，因此本条文提出了在不同管材、不同管径、不同运行压力的燃气管道上第一次进行开孔、封堵作业时，应先进行模拟试验的要求，以选择合适的工艺，取得相应的数据和经验，确保施工作业的安全。

6.5.4 开孔、封堵作业虽然是在封闭情况下进行的，但考虑到开孔、封堵设备有很多密封环节存在泄漏的可能性，为确保操作人员及作业现场的安全，仍要求作业区内不得有火种，以防止作业中发生燃气泄漏引起火灾和爆炸事故。

6.5.5 **2** 按现行国家标准《钢制管道带压封堵技术规范》GB/T 28055 的要求，钢制管道允许带压施焊的压力应按下式计算确定：

$$P=2\sigma_s(t-c)F/D \tag{1}$$

式中：P——管道允许带压施焊的压力（MPa）；

σ_s——管材的最小屈服极限（MPa）；

t——焊接处管道实际壁厚（mm）；

c——因焊接引起的壁厚修正量（mm），参见表 3；

D——管道外径（mm）；

F——安全系数，参见表 4。

表 3　推荐壁厚修正量

焊条直径（mm）	＜2.0	＜2.5	＜3.2	＜4.0
c	1.4	1.6	2.0	2.8

表4 推荐安全系数

t（mm）	t≥12.7	8.7≤t<12.7	6.4≤t<8.7	t<6.4
F	0.72	0.68	0.55	0.4

本规程对带压开孔、封堵作业中带气施焊压力规定不宜超过1.0MPa，是考虑管道内有燃气介质，属于危险作业，确保现场操作安全是第一目标，如果现役管道高于此压力，作业时做降压处理，1.0MPa的管网压力能够满足不停气的要求。

3 为保证开孔、封堵作业的安全性，开孔应选择在直管段上，开孔部位应尽量避开管道焊缝。当开孔、封堵作业点无法避开管道焊缝时，应采取管道补强、碳纤维补强等有效措施。采取带压作业工艺时，还应对开孔刀切削部分的焊道适量打磨，且中心钻不应落在管道焊缝上。

5 关于"大管径和较高压力管道上开孔作业时，应对管道开孔补强"的要求，各地都有不同的做法。根据经验一般在中压以上或管径*DN*300（含）以上时，为防止焊接天窗盖时产生应力裂纹，在原天窗盖位置上加焊大于原天窗盖的补强盖。其规格一般大于原天窗盖周边5cm，壁厚大于或等于原母管壁厚。

6.5.7 聚乙烯塑料管道封堵作业下堵塞时试操作是为了保证封堵严密性。如果封堵口处留有切削物，通过该操作堵塞可将其带出。为了防止静电积聚，接管作业时应将待作业管段有效接地。

6.6 通　气

6.6.2 在停气过程中用户有可能开启管道阀门、燃气用具开关并忘记关闭，通气时就可能发生意外事故。有效地通知用户主要包括通过广播、报纸、短信或粘贴告示等方式通知到位。

7 液化石油气设施的运行、维护和抢修

7.1 一 般 规 定

本章所指液化石油气设施包括液化石油气储存站、储配站和灌装站，液化石油气气化站、混气站和瓶组气化站及液化石油气瓶装供应站内的储罐、管道及其附件、压缩机、烃泵、灌装设备、气化设备、混气设备和仪器仪表等，不包括低温储存基地及火车槽车、汽车槽车、槽船等液化石油气专用运输设备和站外液态液化石油气输送管道。液化石油气设施的运行、维护和抢修除应符合本章的规定外，还应符合本规程第1～6章的有关规定。

7.1.2 由于液化石油气有易在低洼处积聚的特性，为了防止污染环境和发生爆炸、火灾等事故，因此在排放时不能直接放入大气中，使用火炬放散比较安全。

7.1.3 液化石油气灌装、倒残等生产车间内在生产过程中不可避免会有少量液化石油气泄漏，在厂站内重点部位应设置燃气浓度报警器是非常必要的，可以为生产安全提供辅助的作用。对燃气浓度报警器的检查周期、检查方法及合格标准在现行行业标准《城镇燃气报警控制系统技术规程》CJJ/T 146中有明确规定。

7.1.4 《气瓶安全监察规定》（国家质量监督检验检疫总局令第46号）规定："充装单位应当采用计算机对所充装的自有产权气瓶进行建档登记，并负责涂敷充装站标志、气瓶编号和打充装站标志钢印。充装站标志应经省级质监部门备案。鼓励采用条码等先进信息化手段对气瓶进行安全管理。"

7.2 站内设施的运行、维护

7.2.1 储罐及附件的运行、维护应符合下列规定：

1 对储罐及附件的运行、维护，强调定时、定线巡视检查是为了能够更全面地掌握站内工艺管道和设备的运行工况，防止有遗漏。储罐进出液时，液位压力变化较大，应随时观察变化情况，确保储罐安全运行。

2 液化石油气储罐最大允许充装质量是保证其安全运行的最重要的参数。该条款是根据现行国家标准《液化石油气供应工程设计规范》GB 51142的规定提出来的。国家标准《液化石油气供应工程设计规范》GB 51142－2015中规定："液化石油气储罐最大设计允许充装质量应符合压力容器有关安全技术规定。"在《固定式压力容器安全技术监察规程》TSG R0004－2009中规定"储存液化气体的压力容器应当规定设计储存量，装量系数不得大于0.95。"

3 储罐固定喷淋装置是按火灾时喷淋强度设置的。当为夏季降温采取喷淋措施时，应根据储罐的设计压力、在用储罐检修结果及储存介质的成分确定喷淋次数和喷淋强度，其目的是为保证储罐的运行压力不超过其规定的工作压力。

5 在液化石油气储罐底部加装注胶装置或高压注水装置，是为了储罐和第一道阀门（含第一道阀门）之间发生泄漏时，能及时注胶封堵或加注高压水阻止液化石油气液相的泄出，从底部注水是有效控制液化石油气外泄的方法。

8 地下储罐检修较困难，设计规范中规定储罐应采取有效的防腐措施，以延长其使用寿命。在运行维护中应定期检查这些防腐措施的有效程度及罐壁腐蚀情况。

9 为防止液化石油气通过罐区的排水系统排向站外，应经常检查水封井水位，使其保持在规定高度范围内。北方严寒、寒冷地区还应考虑水封井的防冻。

7.2.4 本条是参照《气瓶安全监察规定》和现行行业标准《液化石油气安全规程》SY5985 的有关内容提出的。

7.2.5 本条款是参照《气瓶安全监察规定》和现行行业标准《液化石油气安全规程》SY5985 的有关内容提出的。气瓶的灌装量是必须严格控制的，如果灌装时超过规定的重量，当气瓶温度达到 60℃之前就会出现“满液”现象。出现“满液”时的温度由超装的程度决定，超装的越多，出现“满液”的温度越低，甚至要低于正常的环境温度。当气瓶“满液”后，若温度再升高，液体的膨胀就受到气瓶容积的限制，处于受压状态。由于液化气体的膨胀系数比其压缩系数大一个数量级，其膨胀量远大于可压缩量，一旦温度上升，将导致“满液”的气瓶内压力急剧上升。由此可知，气瓶超装是十分危险的。

7.4 瓶装供应站和瓶组气化站

7.4.1 空瓶、实瓶按指定区域分别直立存放，以免泄漏时液化石油气液相从瓶口或瓶阀处漏出。漏气的气瓶或其他不合格气瓶应及时处理，不得在站内存放，以免因漏气引起爆炸和火灾事故。实瓶长时间存放易发生渗漏，气瓶周转使用可避免发生这种问题。

7.5 抢　　修

7.5.1 **2** 储罐第一道阀门或法兰出现大量泄漏，采取注水方法控制泄漏时，应综合考虑注水的温度、压力、水量及流速，确保注入的水维持在控制泄漏的最低限度，以防止事故罐的液化石油气压力急剧上升，而造成其他部位的泄漏等事故。

3 液化石油气管道泄漏抢修时，应采取有效措施稀释液化石油气，如用消防水枪喷洒稀释，用防爆鼓风机吹扫稀释等。由于液化石油气火灾的特性，用水仅可起到降温、隔离作用，所以还应采取有效的灭火措施，如切断气源、采用干粉灭火器等。

7.5.2 由于液化石油气比空气重，易在低洼处积聚，故应采取有效措施防止液化石油气积聚引发火灾、爆炸事故。

7.5.3 由于液态液化石油气在气化时会吸收大量热量，致使在泄漏点附近温度迅速降低，容易引起冻伤事故。

8 图 档 资 料

8.1 一 般 规 定

8.1.1 鉴于城镇燃气设施中有许多属于隐蔽工程，对于图档资料实现动态管理，即对于局部或大面积进行维护和抢修后的变动情况进行系统的搜集、记录、存档工作，是非常重要的，为在以后的运行、维护和抢修中能够及时提供有效的图档资料打下良好的基础。

8.1.2 规定城镇燃气供应单位的档案部门应负有向维护和抢修等工程部门提供图档资料的责任。

8.1.3 规定城镇燃气设施的维护和抢修部门负有向档案部门主动提交工程资料的责任。

8.2 运行、维护的图档资料

8.2.1、8.2.2 根据许多城市的经验，发生事故的原因中，有一部分是由于在燃气设施附近进行其他工程施工时，对燃气管道和设备未采取充分保护措施而受到损坏，或留有隐患所造成。所以应重视在其他地下工程施工时，对燃气管道和设备的保护，并详细记录，以供维护时参考。

8.3 抢修工程的图档资料

8.3.1、8.3.2 规定了抢修工程记录和资料的基本内容，实际工作中应根据具体情况确定具体内容和要求，以满足工程管理的需要。

中华人民共和国行业标准

城市地下管线探测技术规程

Technical specification for detecting and surveying underground pipelines and cables in city

CJJ 61—2003

批准部门：中华人民共和国建设部
施行日期：2 0 0 3 年 1 0 月 1 日

中华人民共和国建设部
公　告

第 152 号

建设部关于发布行业标准《城市地下管线探测技术规程》的公告

现批准《城市地下管线探测技术规程》为行业标准，编号为 CJJ 61—2003，自 2003 年 10 月 1 日起实施。其中，第 3.0.6、3.0.12、4.6.2、4.6.4、5.6.1（1）、A.0.1、A.0.4、A.0.5、A.0.6、A.0.7、A.0.9 条（款）为强制性条文，必须严格执行。原行业标准《城市地下管线探测技术规程》CJJ 61—94 同时废止。

本规程由建设部标准定额研究所组织中国建筑工业出版社出版发行。

中华人民共和国建设部

2003 年 6 月 3 日

前　言

根据建设部建标［2000］53 号文的要求，规程编制组在广泛调查研究，认真总结实践经验，参考有关国家标准和国外先进技术，并充分征求意见的基础上，对《城市地下管线探测技术规程》CJJ 61—94 进行了修订。

规程的主要技术内容是：1. 总则；2. 术语；3. 基本规定；4. 地下管线探查；5. 地下管线测量；6. 地下管线图的编绘；7. 地下管线信息管理系统；8. 报告书编写和成果验收。

规程主要修订技术内容是：1. 增加了术语一章；2. 增加地下管线信息管理系统一章；3. 地下管线测量一章中增加 GPS 测量技术和地下管线数字测绘的内容；4. 在地下管线图的编绘一章增加计算机绘图的内容；5. 附录中增加了附录 G 地下管线及其附属物的分类编码表；附录 H 地下管线成果表数据库的基本结构等。

本规程由建设部负责管理和对强制性条文的解释，由主编单位负责具体技术内容的解释。

本规程主编单位：北京市测绘设计研究院（地址：北京市复外羊坊店路 15 号，邮政编码 100038）

本规程参编单位：上海岩土工程勘察设计研究院
广州市规划局
中国地质大学
宁波市测绘设计研究院
保定金迪地下管线探测工程有限公司
山东正元地理信息工程有限责任公司
国家测绘局地下管线勘测工程院

本规程主要起草人：洪立波　周凤林　区福邦　李学军　王　磊　施宝湘　江贻芳　李四维　刘雅东　黄永进　张亚南　李见阳　孟　武　金善焜

目　次

1 总　　则

1.0.1　为了统一城市地下管线探查、测量、图件编绘和信息系统建设的技术要求，及时、准确地为城市规划、设计、施工以及建设和管理提供各种地下管线现状资料，保证其成果的质量，以适应现代化城市建设发展的需要，制定本规程。

1.0.2　本规程适用于城市市政建设和管理的各种不同用途的金属、非金属管道及电缆等地下管线的探查、测绘及其信息管理系统的建设。

1.0.3　本规程以中误差作为衡量探测精度的标准，二倍中误差作为极限误差。

1.0.4　城市地下管线探测，应积极采用高新技术、新方法和新仪器，但应满足本规程的精度要求。

1.0.5　城市地下管线探测，除应符合本规程外，尚应符合国家现行有关强制性标准的规定。

2 术　　语

2.0.1　地下管线探测 Underground Pipeline Detecting and Surveying

确定地下管线属性、空间位置的全过程。

2.0.2　地下管线普查 General Survey of Underground Pipeline

按城市规划建设管理要求，采取经济合理的方法查明城市建成区或城市规划发展区内的地下管线现状，获取准确的管线有关数据，编绘管线图、建立数据库和信息管理系统，实施管线信息资料计算机动态管理的过程。

2.0.3　现况调绘 Actuality Survey and Drawing

由各专业管线权属单位负责组织有关专业人员对已埋设的地下管线进行资料收集，并分类整理、调绘编制现况调绘图，为野外探测作业提供参考和有关地下管线属性依据的过程。

2.0.4　管线点 Surveying Point of Underground Pipeline

地下管线探查过程中，为准确描述地下管线的走向特征和附属设施信息，在地下管线探查或调查工作中设立的测点。

2.0.5　偏距 Setover

管线点与地下管线中心线的地面投影之间的垂直距离。

2.0.6　图幅无缝拼接 Seamless Jointing of Map Sheet

对两侧原本相连的图形作精确的衔接，使其在逻辑上和几何上融成连续一致的数据体的过程。

2.0.7　拓扑结构 Topological Structure

在地下管线信息管理系统中，对管线和管线点等目标体之间空间连接关系的描述即拓扑关系；目标体之间的拓扑关系总称为拓扑结构。

2.0.8　实时动态定位技术（RTK）Real Time Kinematic

一种基于载波相位观测值的实时差分 GPS 定位测量技术。

2.0.9　地下管线信息管理系统 Underground Pipeline Information System

在计算机软件、硬件、数据库和网络的支持下，利用 GIS 技术实现对地下管线及其附属设施的空间和属性信息进行输入、编辑、存储、查询统计、分析、维护更新和输出的计算机管理系统。

3 基 本 规 定

3.0.1　地下管线探测的对象应包括埋设于地下的给水、排水、燃气、热力、工业等各种管道以及电力、电信电缆。

3.0.2　地下管线探测应查明地下管线的平面位置、走向、埋深（或高程）、规格、性质、材料等，编绘地下管线图，并宜建立地下管线信息管理系统。

3.0.3　地下管线探测按探测任务可分为城市地下管线普查、厂区或住宅小区管线探测、施工场地管线探测和专用管线探测四类。各类探测的要求和范围应符合下列规定：

1　城市地下管线普查应根据城市规划管理部门或公用设施建设部门的要求、依据本规程进行，其范围包括道路、广场等主干管线通过的区域；

2　厂区或住宅区管线探测应根据工厂或住宅小区管线探测设计、施工和管理部门的要求，参照本规程规定进行，其探测范围应大于厂区、住宅小区所辖区域或要求指定的其他区域；

3　施工场地管线探测应在专项工程施工开始前参照本规程规定进行，其范围应包括开挖、可能受开挖影响的地下管线安全以及为查明地下管线所必需的区域；

4　专业管线探测应根据某项管线工程的规划、设计、施工和管理部门的要求、参照本规程规定进行，其探测范围应包括管线工程敷设的区域。

3.0.4　地下管线探测的基本程序宜包括：接受任务（委托），搜集资料，现场踏勘，仪器检验和方法试验，编写技术设计书，实地调查，仪器探查，建立测量控制，地下管线点测量与数据处理，地下管线图编绘，编写技术总结报告和成果验收。探测任务较简单及工作量较小时，上述程序可简化。

3.0.5　地下管线探测任务宜由专业探测单位的上级主管部门以任务形式下达，或由用户单位以委托方式进行。但都应签订合同书，明确责任。合同书的内容宜包括：任务编号，工程名称，测区位置和范围，作业内容和技术要求，工作期限和应提交的成果，工程造价和付款方式，有关责任和奖罚规定等。

3.0.6 城市地下管线普查采用的平面坐标和高程系统必须与当地城市平面坐标和高程系统相一致。当厂区或住宅小区地下管线探测和施工场地管线探测采用非当地城市统一坐标系统时，应与当地城市坐标系统建立换算关系。

3.0.7 城市地下管线探测采用的地形图比例尺，应与城市基本地形图比例尺一致，施工场地管线探测地形图比例尺可按实际情况而定。

3.0.8 地下管线探测的管线点包括线路特征点和附属设施（附属物）中心点，可分为明显管线点和隐蔽管线点二类。明显管线点应进行实地调查和量测有关参数。隐蔽管线点应采用物探方法，利用仪器探测或通过打样洞方法探查其位置及埋深。对地下管线探测的所有管线点均应在地面设置明显标志。

3.0.9 地下管线探测的取舍标准应根据各城市的具体情况、管线的疏密程度和委托方的要求确定。地下管线普查取舍宜符合表3.0.9的要求。

表3.0.9 地下管线普查取舍标准

管线类别	需探测的管线
给 水	管径≥50mm或≥100mm
排 水	管径≥200mm或方沟≥400mm×400mm
燃 气	管径≥50mm或≥75mm
工 业	全 测
热 力	全 测
电 力	全 测
电 信	全 测

3.0.10 地下管线探查应积极采用经方法试验证明行之有效并达到本规程第3.0.12条第1款所规定的精度要求的新方法、新技术。

3.0.11 对于探查、测绘的仪器和工具应精心使用与爱护，做到定期检验校正，经常维护保养，使其保持良好状态。野外探测和信息管理系统建设应符合附录A的安全规定。

3.0.12 城市地下管线探测的精度应符合下列规定：

1 地下管线隐蔽管线点的探查精度：

平面位置限差 δ_{ts}：$0.10h$；埋深限差 δ_{th}：$0.15h$。

（式中 h 为地下管线的中心埋深，单位为厘米，当 h<100cm时则以100cm代入计算）

注：特殊工程精度要求可由委托方与承接方商定，并以合同形式书面确定。

2 地下管线点的测量精度：平面位置中误差 m_s 不得大于±5cm（相对于邻近控制点），高程测量中误差 m_h 不得大于±3cm（相对于邻近控制点）；

3 地下管线图测绘精度：地下管线与邻近的建筑物、相邻管线以及规划道路中心线的间距中误差 m_c 不得大于图上±0.5mm。

3.0.13 地下管线现场探测前，应全面搜集和整理测区范围内已有的地下管线资料和有关测绘资料，宜包括下列内容：

1 已有的各种地下管线图；

2 各种管线的设计图、施工图、竣工图及技术说明资料；

3 相应比例尺的地形图；

4 测区及其邻近测量控制点的坐标和高程。

3.0.14 现场踏勘应在搜集、整理和分析已有资料的基础上进行。踏勘应包括：

1 核查搜集的资料，评价资料的可信度和可利用程度；

2 察看测区的地物、地貌、交通和地下管线分布出露情况、地球物理条件及各种可能的干扰因素；

3 核查测区内测量控制点的位置及保存状况。

3.0.15 踏勘结束后，应选定合理的探测方法并进行必要的方法试验。在此基础上编写技术设计书，其内容应包括：

1 探测工作的目的、任务、范围和期限；

2 测区地形与测量控制资料分析、交通条件及相关的地球物理特征、地下管线概况；

3 探查方法有效性分析，工作方法及具体技术要求；

4 测量控制及管线点连测与数据处理、管线图编绘的工作方法及具体要求；

5 作业质量保证体系与具体措施；

6 存在的问题和对策；

7 工作量估算及工作进度；

8 人员组织、仪器、设备、材料计划；

9 拟提交的成果资料。

注：探测任务较简单或工作量较小时，技术设计书可简化，直至可简化成施工方案。

3.0.16 地下管线普查宜采用在专业管线单位提供已有地下管线现况资料基础上，以开井调查与仪器探查，结合解析法测绘、机助成图的内外一体化作业，获取管线数据成果，同步建立地下管线信息管理系统，实行动态管理的技术方案和统一领导，统一组织实施，实行工程监理的管理工作模式。

3.0.17 地下管线普查应包括下列内容：

1 地下管线现况调绘及资料的搜集；

2 地下管线探测；

3 成果验收与归档；

4 建立地下管线信息管理系统与动态管理机制。

3.0.18 已有地下管线的现况调绘是地下管线普查的重要环节和基础，是作为地下管线探测时实地参考和编制地下管线属性数据的依据。

3.0.19 地下管线现况调绘应符合下列要求：

1 搜集已有地下管线资料：地下管线设计图，报批的红线图，地下管线施工图及技术说明，地下管线竣工图及成果表等；

2 对所搜集的资料进行整理、分类。将管线位置转绘到城市基础地形图上，编制成现况调绘图。

3.0.20 地下管线现况调绘图的编制应符合下列要求：

1 已有地下管线现况调绘图应根据管线竣工图所示尺寸及坐标数据展绘，如无竣工图及竣工测量资料的管线，可根据其设计图和施工图及管线与邻近的建（构）筑物、明显地物点、现有路边线的相互关系展绘；

2 已有地下管线现况调绘图应采用透明色笔进行颜色转绘，线粗不应大于0.7mm。转绘图式按附录E规定的图例进行。现况调绘图必须注明管线的权属单位、管线类别、规格、材质和埋设年代。如有管线线路特征点和附属设施中心点的坐标、高程等数据，应编列相应的管线成果表，并注明数据来源和精度。

3.0.21 作业单位应建立质量管理体系，必须实行"三检"的质检制度，并提交各工序质量检查报告。地下管线普查工作应建立工程监理制，实行全过程的质量监控，工程监理机构应在作业单位完成各工序自检合格的基础上，对作业过程各工序进行质量检查，并提交工程监理报告。

3.0.22 地下管线普查成果资料应按档案管理统一的档案载体、装订规格和组卷要求，分为文字、表、图、数据盘四大类进行整理组卷，成果验收后由普查工程部门移交给地下管线管理部门管理，管理部门应对归档后的地下管线普查成果资料进行动态管理，将已拆除或新建的地下管线资料及时更新。

3.0.23 地下管线普查的数据采集应满足建立地下管线信息管理系统的数据格式要求，建库部门进行计算机数据监理后，同时置入地下管线数据库实施信息系统的管理与应用。进行动态管理采集的地下管线资料应符合本规程的规定。

4 地下管线探查

4.1 一般规定

4.1.1 地下管线探查应在现场查明各种地下管线的敷设状况，即管线在地面上的投影位置和埋深，同时应查明管线类别、材质、规格、载体特征、电缆根数、孔数及附属设施等，绘制探查草图并在地面上设置管线点标志。

4.1.2 管线点宜设置在管线的特征点在地面的投影位置上。管线特征点包括交叉点、分支点、转折点、变材点、变坡点、变径点、起讫点、上杆、下杆以及管线上的附属设施中心点等。

4.1.3 在没有特征点的管线段上，视地下管线探测任务不同，地下管线的管线点间距应符合下列规定：

1 城市地下管线普查和专用管线探测，宜按相应比例尺设置管线点，管线点在地形图上的间距应小于或等于15cm；

2 厂区或住宅小区管线探测，宜按相应比例尺设置管线点，管线点在地形图上的间距应小于或等于10cm；

3 施工场地管线探测，宜在现场按小于或等于10m间距设置管线点；

4 当管线弯曲时，管线点的设置应以能反映管线弯曲特征为原则。

4.1.4 地下管线探查应在充分搜集和分析已有资料的基础上，采用实地调查与仪器探查相结合的方法进行。

4.1.5 管线点的编号宜由管线代号和管线点序号组成，管线代号可用汉语拼音字母标记，管线点序号用阿拉伯数字标记。管线点编号在同一测区内应是惟一的。

4.1.6 管线探查现场应使用墨水钢笔或铅笔按管线探查记录所列项目填写清楚，并应详细地将各种管线的走向、连接关系、管线点编号等标注在相应大比例尺（如1：500）地形图上，形成探查草图交付地下管线测量工序使用。一切原始记录、记录项目应填写齐全、正确、清晰，不得随意擦改、涂改、转抄。确需修改更正时，可在原记录数据内容上划一"——"线后，将正确的数据内容填写在其旁边，并注记原因，以便查对。

4.2 实地调查

4.2.1 对明显管线点上所出露的地下管线及其附属设施应作详细调查、记录和量测，并按附录B.0.1的格式填写管线点调查结果。各种地下管线实地调查的项目可按表4.2.1选择。

4.2.2 在实地调查时，应查明每一条管线的性质和类型，并应符合下列规定：

1 给水管道可按给水的用途分为生活用水、生产用水和消防用水；

2 排水管道可按排泄水的性质分为污水、雨水和雨污合流；

3 燃气管道可按其所传输的燃气性质分为煤气、液化气和天然气；按燃气管道的压力 P 大小分为低压、中压和高压：

低压 $P \leqslant 5\text{kPa}$；

中压 $P > 5\text{kPa}$，$\leqslant 0.4\text{MPa}$；

高压　$P>0.4$MPa，$\leqslant 1.6$MPa。

4　工业管道可按其所传输的材料性质分为氢、氧、乙炔、石油、排渣等；按管内压力大小分为无压（或自流）、低压、中压和高压：

无压（或自流）压力＝0；

低压　$P>0$，$\leqslant 1.6$MPa；

中压　$P>1.6$MPa，$\leqslant 10$MPa；

高压　$P>10$MPa。

5　热力管道可按其所传输的材料分为热水和蒸汽；

6　电力电缆可按其功能分为供电（输电或配电）、路灯、电车等；按电压的高低可分为低压、高压和超高压：

低压　$V\leqslant 1$kV；

高压　$V>1$kV，$\leqslant 110$kV；

超高压　$V>110$kV。

7　电信电缆可按其功能分为电话电缆、有线电视和其他专用电信电缆等。

4.2.3　在明显管线点上应实地量测地下管线的埋深，单位用米表示，误差不得超过±5cm。

4.2.4　地下管线的埋深可分为内底埋深、外顶埋深和外底埋深。量测何种埋深应根据地下管线的性质可按表 4.2.1 或委托方的要求确定，并应符合下列规定：

表 4.2.1　各种地下管线实地调查项目

管线类别		埋深		断面		根数	材质	构筑物	附属物	载体特征			埋设年代	权属单位
		内底	外顶	管径	宽×高					压力	流向	电压		
给水			△	△			△	△	△				△	△
排水	管道	△		△			△	△	△		△		△	△
	方沟	△			△		△	△	△		△		△	△
燃气			△	△			△	△	△	△			△	△
工业	自流	△		△			△	△	△		△		△	△
	压力		△	△			△	△	△	△			△	△
热力	有沟道	△			△		△	△	△		△		△	△
	无沟道		△	△			△	△	△		△		△	△
电力	管块		△		△	△	△	△	△			△	△	△
	沟道	△			△	△	△	△	△			△	△	△
	直埋		△	△		△	△	△	△			△	△	△
电信	管块		△		△	△	△	△	△				△	△
	沟道	△			△	△	△	△	△				△	△
	直埋		△	△		△		△	△				△	△

注：表中“△”示应实地调查的项目。

1　地下沟道或自流的地下管道应量测其内底埋深；有压力的地下管道应量测其外顶埋深；

2　直埋电缆和管块应量测其外顶埋深；沟道应量测其内底埋深；

3　地下隧道或顶管工程施工场地的地下管线应量测其外底埋深。

4.2.5　在窨井（包括检查井、闸门井、阀门井、仪表井、人孔和手孔等）上设置明显管线点时，管线点的位置应设在井盖的中心。当地下管线中心线的地面投影偏离管线点，其偏距大于 0.2m 时，应以管线在地面的投影位置设置管线点，窨井作为专业管线附属物处理。

4.2.6　地下管道及埋设电缆的管沟应量测其断面尺寸。圆形断面应量测其内径；矩形断面应量测其内壁的宽和高，单位用毫米表示。

4.2.7　地下管道应查明其材质（铸铁管、钢管、混凝土管、钢筋混凝土管、塑料管、石棉水泥管、陶土管、陶瓷管、砖石沟等）。

4.2.8　埋设于地下管沟或管块中的电力电缆或电信电缆，应查明其电缆的根数或管块孔数。

4.2.9　在明显管线点上，应查明地下各种管线上的建（构）筑物和附属设施（见表 4.2.9）。

表 4.2.9 地下各种管线上的建（构）筑物和附属设施

管线类别	建（构）筑物	附属设施
给水	水源井、给水泵站、水塔、清水池、净化池	阀门、水表、消火栓、排气阀、排泥阀、预留接头、阀门井
排水（雨水、污水）	排水泵站、沉淀池、化粪池、净化构筑物、暗沟地面出口	检查井、跌水井、水封井、冲洗井、沉泥井、进出水口、污水篦、排污装置
燃气、热力及工业管道	调压房、煤气站、锅炉房、动力站、储气柜、冷却塔	涨缩器、排气（排水、排污）装置、凝水井、各种窨井、阀门
电　力	变电所（站）、配电室、电缆检修井、各种塔（杆）	杆上变压器、露天地面变压器、各种窨井、人孔井
电　信	变换站、控制室、电缆检修井、各种塔（杆）、增音站	交接箱、分线箱、各种窨井、检修井

4.2.10 工区内缺乏明显管线点或在已有明显管线点上尚不能查明实地调查中应查明的项目时，应邀请熟知本地区地下管线的人员参加或通过开挖进行实地调查和量测。

4.3 地下管线探查物探方法和技术

4.3.1 探查隐蔽地下管线的物探方法应具备以下条件：

1 被探查的地下管线与其周围介质之间有明显的物性差异；

2 被探查的地下管线所产生的异常场有足够的强度，能从干扰背景中清楚地分辨出来；

3 探查精度达到本规程第 3.0.12 条第 1 款的规定。

4.3.2 探查地下管线应遵循以下原则：

1 从已知到未知；

2 从简单到复杂；

3 方法有效、快捷、轻便；

4 相对复杂条件下根据复杂程度宜采用相应综合方法。

4.3.3 地下管线探查的物探方法应根据任务要求、探查对象和地球物理条件，可按本规程附录 C 选用。

4.3.4 地下管线探查前，应在探查区或邻近的已知管线上进行方法试验，确定该种方法技术和仪器设备的有效性、精度和有关参数。不同类型的地下管线、不同地球物理条件的地区，应分别进行方法试验。

4.3.5 探查金属管道和电缆应根据管线的类型、材质、管径、埋深、出露情况、地电环境等因素按下列规定选择探查方法：

1 金属管道，根据条件宜采用直接法、夹钳法及电磁感应法；

2 接头为高阻体的金属管道，宜采用频率较高的电磁感应法或夹钳法，亦可采用电磁波法，当探查区内铁磁性干扰小时，可采用磁场强度法或磁梯度法；

3 管径（相对埋深）较大的金属管道，宜采用直接法或电磁感应法，也可采用电磁波法、磁法或地震波法；

4 埋深（相对管径）较大的金属管道，宜采用功率（或磁矩）大、频率低的直接法或电磁感应法；

5 电力电缆宜先采用被动源工频法进行搜索，初步定位，然后用主动源法精确定位、定深，当电缆有出露端时，宜采用夹钳法；

6 电信电缆和照明电缆宜采用主动源电磁法，有条件时可施加断续发射信号。

4.3.6 非金属管道的探查方法宜采用电磁波法或地震波法，亦可按下列原则进行选择：

1 有出入口的非金属管道宜采用示踪电磁法；

2 钢筋混凝土管道可采用磁偶极感应法，但需加大发射功率（或磁矩）、缩短收发距离（应注意近场源影响）；

3 管径较大的非金属管道，宜采用电磁波法、地震波法，当具备接地条件时，可采用直流电阻率法（含高密度电阻率法）；

4 热力管道或高温输油管道宜采用主动源电磁法和红外辐射法。

4.3.7 在盲区探查管线时，应先采用主动源感应法及被动源法进行搜索，搜索方法有平行搜索法及圆形搜索法，发现异常后宜用主动源法进行追踪，精确定位、定深。

4.3.8 用管线仪定位时，可采用极大值法或极小值法。极大值法，即用管线仪两垂直线圈测定水平分量之差 ΔH_x 的极大值位置定位；当管线仪不能观测 ΔH_x 时，宜采用水平分量 H_x 极大值位置定位。极小值法，即采用水平线圈测定垂直分量 H_z 的极小值位置定位。两种方法宜综合应用，对比分析，确定管线平面位置。

4.3.9 用管线仪定深的方法较多，主要有特征点法（ΔH_x 百分比法、H_x 特征点法）、直读法及 45°法，探查过程中宜多方法综合应用，同时针对不同情况先进行方法试验，选择合适的定深方法。定深点的位置宜选择在管线点或其邻近被测管线前后各 3～4 倍管线中心埋深范围内是单一的直管线，中间无分支或弯曲，且相邻管线之间距离较大的地方。并应符合下列规定：

1 不论用何种方法定深，应先在实地精确定出定深点的水平位置；

2 直读法定深时，应保持接收机天线垂直，直读结果应根据方法试验确定的定深修正系数进行深度校正。

4.3.10 区分两条或两条以上平行管道或电缆时，宜采用直接法或夹钳法，通过分别直接对各条管线施加信号来加以区分；在采用电磁感应法时，宜通过改变发射装置的位置和状态以及发射的频率和磁矩，分析信号异常的强度和宽度等变化特征加以区分。

4.3.11 采用直接法或充电法探查地下管线时，应保持良好的电性接触；接地电极应布设合理，接地点上应有良好的接地条件。

4.3.12 采用电磁感应法探查地下管线时，应使发射机与管线处于最佳耦合状态，接收机与发射机保持最佳收发距；当周围有干扰存在时，应进行方法试验，确定减小或排除干扰的方法。

4.3.13 现场作业时，应按仪器的使用说明进行操作。并按附录 B.0.1 表格式填写探查结果。

4.4 探查仪器技术要求

4.4.1 选用何种管线探查仪器应与采用的方法技术相适应。探查金属地下管线宜选用电磁感应类管线探查仪器即管线仪。

4.4.2 管线仪应具备下列性能：

1 对被探测的地下管线，能获得明显的异常信号；

2 有较强的抗干扰能力，能区分管线产生的信号或干扰信号；

3 满足本规程第 3.0.12 条第 1 款所规定的精度要求，并对相邻管线有较强的分辨能力；

4 有足够大的发射功率（或磁矩），能满足探查深度的要求；

5 有多种发射频率可供选择，以满足不同探查条件的要求；

6 能观测多个异常参数；

7 性能稳定，重复性好；

8 结构坚固，密封良好，能在－10℃至＋45℃的气温条件下和潮湿的环境中正常工作；

9 仪器轻便，有良好的显示功能，操作简便。

4.4.3 非电磁感应类管线探查仪器（如地质雷达、浅层地震仪、电阻率仪、磁力仪及红外热辐射仪等），应符合相应物探技术标准的要求。

4.4.4 对新购置的、经过大修或长期停用后重新启用的仪器，在投入正式探查前应按说明书的要求作全面检查和校正。每天开工前或收工时应检查仪器的电池电压，不符合要求时应及时更换电池。

4.4.5 仪器使用、运输和保管过程中，应注意防水、防潮、防曝晒、防剧烈振动。

4.5 地面管线点标志设置

4.5.1 管线点均应设置地面标志，标志面宜与地面取平。选择何种地面标志（预制水泥桩、刻石、铁钉、木桩、油漆等）应根据标志需保留的时间长短和地面的实际情况确定。

4.5.2 管线点地面标志埋置后应在点位附近用颜色漆注出管线点编号，标注位置宜选择在明显且能较长时间保留的地方。

4.5.3 当管线点的实地位置不易寻找时，应在探查记录表中注记其与附近固定地物之间的距离和方位，实地栓点，并绘制位置示意图。

4.6 探查工作质量检验

4.6.1 地下管线探查必须按第 3.0.21 条进行质量检查与验收工作。各级检查工作必须独立进行，不能省略或代替。质量检查应按附录 B.0.2 表格式填写探查质量检查结果。

4.6.2 每一个工区必须在隐蔽管线点和明显管线点中分别抽取不少于各自总点数的 5%，通过重复探查进行质量检查。检查取样应分布均匀，随机抽取，在不同时间、由不同的操作员进行。质量检查应包括管线点的几何精度检查和属性调查结果检查。

4.6.3 管线点的几何精度检查包括隐蔽管线点和明显管线点的检查。对隐蔽管线点应复查地下管线的水平位置和埋深。对明显管线点应复查地下管线的埋深。根据重复探查结果，按公式（4.6.3-1）、（4.6.3-2）和（4.6.3-3）分别计算隐蔽管线点平面位置中误差 m_{ts} 和埋深中误差 m_{th} 及明显管线点的量测埋深中误差 m_{td}、m_{ts} 和 $2m_{th}$ 不得超过限差 δ_{ts} 和 δ_{th} 的 0.5 倍，限差 δ_{ts} 和 δ_{th} 按公式（4.6.3-4）和（4.6.3-5）计算。m_{td} 不得超过±2.5cm。

$$m_{ts}=\pm\sqrt{\frac{\sum \Delta s_{ti}^2}{2n_1}} \quad (4.6.3\text{-}1)$$

$$m_{th}=\pm\sqrt{\frac{\sum \Delta h_{ti}^2}{2n_1}} \quad (4.6.3\text{-}2)$$

$$m_{td}=\pm\sqrt{\frac{\sum \Delta d_{ti}^2}{2n_2}} \quad (4.6.3\text{-}3)$$

$$\delta_{ts}=\frac{0.10}{n_1}\sum_{i=1}^{n_1}h_i \quad (4.6.3\text{-}4)$$

$$\delta_{th}=\frac{0.15}{n_1}\sum_{i=1}^{n_1}h_i \quad (4.6.3\text{-}5)$$

式中 ΔS_{ti}——隐蔽管线点的平面位置偏差（cm）；

Δh_{ti}——隐蔽管线点的埋深偏差（cm）；

Δd_{ti}——明显管线点的埋深偏差（cm）；

δ_{ts}——隐蔽管线点重复探查平面位置限差（cm）；

δ_{th}——隐蔽管线点重复探查埋深限差（cm）；

n_1——隐蔽管线点检查点数；

n_2——明显管线点检查点数；

h_i——各检查点管线中心埋深（cm），当 h_i <100cm 时，取 h_i＝100cm。

4.6.4 对隐蔽管线点必须进行开挖验证，并应符合下列规定：

1 每一个工区应在隐蔽管线点中均匀分布、随机抽取不应少于隐蔽管线点总数的1%且不少于3个点进行开挖验证；

2 当开挖管线与探查管线点之间的平面位置偏差和埋深偏差超过本规程第3.0.12条第1款规定的限差的点数，小于或等于开挖总点数的10%时，该工区的探查工作质量合格；

3 当超差点数大于开挖总点数的10%，但小于或等于20%时，应再抽取不少于隐蔽管线点总数的1%开挖验证。两次抽取开挖验证点中超差点数小于或等于总点数的10%时，探查工作质量合格，否则不合格；

4 当超差点数大于总点数的20%，且开挖点数大于10个时，该工区探查工作质量不合格；

5 当超差点数大于总点数的20%，但开挖点数小于10个时，应增加开挖验证点数到10个以上，按上述原则再进行质量验证。

4.6.5 地下管线探查除对管线点的平面位置和埋深进行检查外，还应对管线点的属性调查进行检查。发现遗漏、错误应及时进行补充和更正，确保管线点属性资料的完整性和正确性。

4.6.6 经质量检查不合格的工区，应分析造成不合格的原因，并针对不合格原因采取相应的纠正措施，然后对不合格工区进行重新探查。在重新探查过程中，应验证所采取纠正措施的有效性。

4.6.7 各项检查工作应做好检查记录，并在检查工作结束后编写管线探查质量检查报告，检查报告内容应包括：

1 工程概况；

2 检查工作概述；

3 问题及处理措施；

4 精度统计；

5 质量评价。

5 地下管线测量

5.1 一般规定

5.1.1 地下管线测量一般包括以下内容：控制测量、已有地下管线测量、地下管线定线与竣工测量、测量成果的检查验收。

5.1.2 地下管线测量前，应收集测区已有控制和地形资料，对缺少控制点和地形图的测区，基本控制网的建立和地形图的施测，以及对已有控制和地形图的检测和修测，均应按现行的行业标准《城市测量规范》CJJ8 的有关规定执行。

5.1.3 地下管线点的平面位置测定宜采用解析法或数字测绘法进行，其精度应符合本规程第3.0.12条第2款的规定。

5.1.4 地下管线点的高程测量宜采用水准测量，亦可采用电磁波三角高程测量，其精度应满足本规程第3.0.12条第2款的规定。

5.1.5 地下管线图的测绘，采用常规测图法、内外业一体化成图和其他数字测绘的方法进行，其精度应满足本规程第3.0.12条第3款的规定。

5.1.6 各项测量所使用的仪器设备，应经检验和校正。其检校及观测值的改正按现行的行业标准《城市测量规范》CJJ8 的有关规定执行。

5.1.7 数字测绘法所采集的数据应符合数据库入库的要求。

5.2 控制测量

5.2.1 地下管线控制测量应在城市的等级控制网的基础上布设图根导线点。城市等级控制点密度不足时应按现行的行业标准《城市测量规范》CJJ8 的要求加密等级控制点。

5.2.2 图根导线的主要技术要求应符合下列规定：

1 图根光电测距导线测量的技术要求应符合表5.2.2-1的规定；

表5.2.2-1 图根光电测距导线测量的技术要求

附合导线长度（m）	平均边长（m）	导线相对闭合差	测回数 DJ_6	方位角闭合差（″）	测距	
					仪器类型	方法与测回数
900	80	≤1/4000	1	$\leqslant\pm40\sqrt{n}$	Ⅱ	单程观测 1

注：n 为测站数。

2 图根钢尺量距导线测量的技术要求应符合表5.2.2-2的规定；

表 5.2.2-2　图根钢尺量距导线测量的技术要求

附合导线长度（m）	平均边长（m）	导线相对闭合差	测回数 DJ_6	方位角闭合差
500	75	≤1/2000	1	$\leqslant \pm 60''\sqrt{n}$
注：n 为测站数。				

3　当进行 1∶500、1∶1000 测图时，附合导线长度可放长至表 5.2.2-2 规定值的 1.5 倍，此时方位角闭合差不应超过 $\pm 40''\sqrt{n}$，绝对闭合差不应超过图上±0.5mm。当导线长度短于上述两表规定的 1/3 时，其绝对闭合差不应大于图上±0.3mm。

5.2.3　采用 GPS 技术布测地下管线控制点，可采用静态、快速静态和动态等方法进行。静态测量的作业方法和数据处理按现行的行业标准《全球定位系统城市测量技术规程》CJJ73 的要求执行。

5.2.4　采用 RTK 动态测量时应符合以下规定：

1　基准站的位置宜选择在高处；

2　准确求取基准站的 WGS—84 坐标；

3　根据测区大小应连测 3 个以上且分布均匀的等级控制点，求解测区坐标的转换参数；

4　RTK 测量时应选择卫星较好时段和卫星数不少于 4 颗时进行作业，用户站（流动站）观测时，其观测精度应控制在±2cm以内；

5　每点都应独立地测定两次，其较差应小于 5cm，否则应重测；

6　RTK 测定时的数据记录，不但要记三维坐标成果，还应记录原始的观测数据。

5.2.5　图根钢尺量距导线的边长丈量应采用检定过的钢尺，按双次丈量法进行。当尺常数大于1/10000、温度大于 10℃、坡度大于 1.5%时应加改正。新的或经检修后的测距仪在使用前应进行全面的检验与校正。当使用钢尺量距时，新尺使用前，每隔一定时间或遭受折损后均应进行校尺。

5.2.6　测距仪测距时可单方向测边，两次读数差值在 1cm 内取平均值。边长应加测距仪的加、乘常数改正，并用垂直角进行斜距改平。

5.2.7　因地形限制导线无法附合时，可布设不多于四条边的支导线。边长用测距仪测距时，总长不应超过表 5.2.2-1 规定长度的 1/2；用钢尺量距时，总长不应超过表 5.2.2-2 规定长度的1/2。最大边长不应超过上述表中平均边长两倍。水平角观测应左右角各测一测回，测站圆周角闭合差不应大于±40″。用钢尺量边时，应往返量测。

5.2.8　导线计算可采用简易平差法，边长和坐标值取至毫米，角值取至秒。

5.2.9　高程控制测量应起算于等级高程点，宜沿地下管线布设附合水准路线，不应超过两次附合。使用精度不低于 DS_{10} 型水准仪及普通水准尺单程观测，估读至毫米。水准路线闭合差不应超过 $\pm 10\text{mm}\sqrt{n}$（n 为测站数）。水准路线计算可采用简易平差法，高程计算至毫米。

5.2.10　高程控制测量可采用电磁波三角高程测量方法，与导线测量同时进行，仪高和镜高采用经检验的钢尺量取至毫米。其主要技术要求应符合表 5.2.10 的规定。

表 5.2.10　三角高程测量的主要技术要求

项　目	线路长度（km）	测距长度（m）	高程闭合差（mm）
限差	4	100	$\pm 10\sqrt{n}$

5.2.11　垂直角观测测回数与限差应符合表 5.2.11 的规定。

表 5.2.11　垂直角观测的技术要求

等　级		测回数	指标差	垂直角互差
一次附合	DJ2	1	15″	25″
	DJ6	2	25″	
二次附合	DJ6	1	25″	

5.3　已有地下管线测量

5.3.1　已有地下管线测量内容应包括：对管线点的地面标志进行平面位置和高程连测；计算管线点的坐标和高程、测定地下管线有关的地面附属设施和地下管线的带状地形测量，编制成果表。

5.3.2　管线点的平面位置测量可采用 GPS、导线串连法或极坐标法。采用 GPS 和串连法的坐标采集的作业方法和精度要求按本规程第 5.2 节规定实施。采用极坐标法时，水平角观测一测回，钢尺量距应双次丈量，距离不宜超过 50m，光电测距不宜超过 150m。

5.3.3　管线点的高程宜采用直接水准连测。单独路线每个管线测点宜作为转点。管线测点密集时，可采用中视法。

5.3.4　采用全站仪同时测定管线点坐标与高程时，水平角和垂直角均宜测一测回。若又采用管线数字测绘时，则可观测半测回，测距长度不应超过 150m，仪器高和觇牌高量至毫米。

5.3.5　管线点的平面坐标和高程均计算至毫米，取至厘米。

5.3.6　横断面应垂直道路中心线布置。规划道路应测至两侧沿路建筑物或红线外，非规划道路可根据需要确定。在横断面上应测出道路的特征点、管线点高程，地面高程变化点以及遇到的各种设施，各高程点可按中视法实测，高程检测较差不应大于±4cm。

5.3.7　地下管线 1∶500～1∶2000 比例尺带状地形

图测绘的宽度：规划道路以测出两侧第一排建筑物或红线外 20m 为宜，非规划路根据需要确定。测绘内容按管线需要取舍，测绘精度与基本地形图相同。

5.4 地下管线定线测量与竣工测量

5.4.1 地下管线定线测量应符合下列规定：

1 地下管线定线测量应依据经批准的线路设计施工图和定线条件进行；

2 定线导线测量应符合下列规定：

1）当在规划线路内定线时，定线导线应符合表 5.4.1-1 和表 5.4.1-2 的规定；

表 5.4.1-1 光电测距导线的主要技术要求

等级	闭合环或附合导线长度（km）	平均边长（m）	测距中误差（mm）	方位角闭合差（″）	导线全长相对闭合差
三级	1.5	120	≤±15	$\leqslant\pm24\sqrt{n}$	≤1/6000

表 5.4.1-2 钢尺量距导线的主要技术要求

等级	符合导线长度（km）	平均边长（m）	往返丈量较差相对误差	方位角闭合差（″）	导线全长相对闭合差
三级	1.2	120	≤1/10000	$\leqslant\pm24\sqrt{n}$	≤1/5000

注：1. 当附合导线长度短于规定长度的 1/3 时，导线全长的绝对闭合差不应大于 13cm；
2. 光电测距导线的总长和平均边长可放长至 1.5 倍，但其绝对闭合差不应大于 26cm。

2）当在非规划线路等定线时，定线导线应符合表5.2.2-1和表 5.2.2-2 的规定；

3）在控制点比较稀少的地区，定线导线可同级附合一次。

3 定线导线距离测量应采用Ⅱ级光电测距仪单程观测一测回；用钢尺量距，应采用往返或单程双次丈量等方法，距离应加尺长、温度和倾斜改正；

4 定线测量宜采用解析法；

5 测定地物点坐标，应在两个测站上用不同的起始方向按极坐标法或两组前方交会法测量，交会角应控制在 30°～150°之间。当两组观测值之差小于 5cm 时，取两组观测值平均值作为最终观测值；

6 管线定线计算，方位可根据需要计算至 1″或 0.1″，距离、坐标计算至毫米；

7 管线桩位遇障碍物不能实钉时，可在管线中线上钉指示桩。各桩应写明桩号，指示桩与应钉桩位的距离应在有关资料中注明；

8 在测量过程中，应进行校核测量，包括控制点的校核、图形校核和坐标校核。并应符合下列规定：

1）校核测量技术要求应符合表 5.4.1-3 的规定；

2）用导线点测设的桩位，应采用图形校核，以及在不同测站（可是该导线的内分点或外分点）上后视不同的起始方向进行坐标校核测量。

表 5.4.1-3 校核测量技术要求

项目 技术要求 适用范围	异站检测点位坐标差（cm）	直线方向点横向偏差（cm）	条件角验测误差（″）	条件边验测相对误差
规划线路	≤±5	≤±2.5	60	1/3000
山区一般工程及非规划线路	≤±10	≤±3.5	90	1/2000

5.4.2 地下管线竣工测量应符合下列规定：

1 新建地下管线竣工测量应在覆土前进行。当不能在覆土前施测时，应在覆土前按本规程第 4.1.2 条和第 4.1.3 条的规定，设置管线待测点并将设置的位置准确地引到地面上，做好点之记；

2 竣工测量以本规程第 5.2.2 条和第 5.2.3 条所规定控制点进行，也可利用原定线的控制点进行；

3 新建管线点坐标与高程施测的技术要求，应按本规程第 5.3 节的有关规定执行；

4 新建管线应按本规定第 4.2 节实地调查内容的有关规定和附录 B.0.1 表对照实地逐项填写；

5 竣工测量采集的数据应符合数据入库的要求。

5.5 地下管线数字测绘

5.5.1 地下管线数字测绘内容应包括：通过对已有测绘资料的收集，管线调查与外业测绘等手段采集的数据输入计算机，经数据处理，图形处理，输出综合（或单项）地下管线带状图（或分幅图）和各种成果表。

5.5.2 标识管线，数据属性的代码设计应具有科学性、可扩性、通用性、实用性、惟一性、统一性。

5.5.3 数据采集所生成的数据文件应便于检索、修改、增删、通讯与输出。数据文件的格式可自行规定，但应具有通用性，便于转换。

5.5.4 管线数字测绘软件应具有数据通讯、分类、标准化、计算、数据预处理、编辑、储存、绘制管线图，输出和数据转换等功能。

5.5.5 野外测量采集应符合下列规定：

1 采集数据的内容应包括：控制测量、管线点的测量、管线调查的测量；

2 数据采集所生成的数据文件应符合本规程第 5.5.3 条规定的要求；

3 采集数据时，角度应读记至秒，距离应读记至毫米。仪器高、觇牌高应量记至毫米；

4 地下管线数字测绘的控制测量应符合本规程第5.2节的有关规定；

5 管线测点的坐标、高程测量应符合第5.3节有关条款的规定；

6 测量内容及取舍应符合本规程第4.1、4.2节的有关规定；

7 采集的数据应进行检查，删除错误数据，及时补测错、漏数据，超限的数据应重测，经检查完整正确的测量数据，生成管线测量数据文件；

8 地下管线调查应符合本规程第4.2节中的条款，管线调查可直接使用电子手簿记录或输入计算机，生成管线调查数据文件；

9 数据文件应及时存盘，并做备份。

5.5.6 数据处理与图形处理应符合下列规定：

1 数据处理与图形处理应包括地下管线属性数据的输入和编辑、元数据和管线图形文件的自动生成等；

2 地下管线属性的输入应按照调查的原始记录和探查的原始手簿进行；

3 数据处理后的成果应具有准确性、一致性、通用性；

4 对野外采集生成的管线图形数据和属性数据的修改、编辑能联动；

5 管线成图软件应具有生成管线数据文件、管线图形文件、管线成果表文件和管线统计表文件，并绘制地下管线（带状）图和分幅图，输出管线成果表与统计表等功能。所绘制的地下管线图，应符合国家和地方现行的图式符号标准；

6 地下管线的元数据生成应能从图形文件和数据库中部分自动获取以及编辑、查询、统计的功能；

7 数据文件和图形文件应及时存盘、备份。

5.5.7 对管线数据文件应进行处理，生成管线图形文件、管线属性数据文件与管线成果表文件，并绘制地下管线带状图或分幅图，输出管线成果表与统计表。并按本规程第5.6节的规定对地下管线数字化测绘的成果应进行检查与验收。

5.5.8 地下管线数字测绘应提交下列成果：

1 成果说明文件；

2 管线元数据文件；

3 管线探查数据文件；

4 管线测量数据文件

5 管线属性数据文件；

6 管线图形文件；

7 管线成果表册。

5.6 测量成果质量检验

5.6.1 地下管线的测量成果必须进行成果质量检验，并符合下列要求：

1 测量成果质量检查时，应随机抽查测区管线点总数的5%进行复测。

2 复测管线点的平面位置和高程，应按公式（5.6.1.-1）和（5.6.1.-2）分别计算测量点位中误差 m_{cs} 和高程中误差 m_{ch}。

$$m_{cs}=\pm\sqrt{\frac{\Sigma \Delta s_{ci}^{2}}{2n_{c}}} \quad (5.6.1\text{-}1)$$

$$m_{ch}=\pm\sqrt{\frac{\Sigma \Delta h_{ci}^{2}}{2n_{c}}} \quad (5.6.1\text{-}2)$$

式中 Δs_{ci}、Δh_{ci}——分别为重复测量的点位平面位置较差和高程较差；

n_c——重复测量的点数。

5.6.2 测量点位中误差 m_{cs} 和高程中误差 m_{ch} 不得超过本规程第3.0.12第2款的规定。否则应返工重测。

5.6.3 各级检查工作应做好检查记录，并在检查工作结束后编写地下管线测量的检查报告，检查报告应包括下列内容：

1 工程概况；

2 检查工作概述；

3 精度统计；

4 质量评价；

5 处理意见。

6 地下管线图编绘

6.1 一般规定

6.1.1 地下管线图的编绘应在地下管线数据处理工作完成并经检查合格的基础上，采用计算机编绘或手工编绘成图。计算机编绘工作应包括：比例尺的选定、数字化地形图和管线图的导入、注记编辑、成果输出等。手工编绘工作应包括：比例尺的选定、复制地形底图、管线展绘、文字数字的注记、成果表编绘、图廓整饰和原图上墨等。

6.1.2 地下管线图应分为专业管线图、综合管线图和管线横断面图。

6.1.3 专业管线图及综合管线图的比例尺、图幅规格及分幅应与城市基本地形图一致。

6.1.4 编绘用的地形底图应符合下列要求：

1 比例尺应与所绘管线图的比例尺一致；

2 坐标、高程系统应与管线测量所用系统一致；

3 图上地物、地貌基本反映测区现状；

4 质量应符合现行的行业标准《城市测量规范》CJJ8的技术标准；

5 数字化管线图的数据格式应与数字化地形图的数据格式一致。

6.1.5 数字化地形图的数据来源可采用现有城市基

本地形图的数字化图、底图数字化或数字化测图等方法。地形底图在使用前应进行质量检查，当不符合本规程第6.1.4条要求时，应按现行的行业标准《城市测量规范》CJJ8进行实测或修测。

6.1.6 数字化地形图的要素分类与代码应按现行国家标准《1∶500、1∶1000、1∶2000地形图要素分类与代码》GB 14804的要求实施。

6.1.7 展绘管线或数字化管线应采用地下管线探测采集的数据或竣工测量的数据。

6.1.8 地下管线图编绘所采用的软件及所采用的设备，可按实际情况和需要选择，软件应具有下列功能：

1 数据输入或导入；

2 数据入库检查：对进入数据库中的数据应能进行常规错误检查；

3 数据处理：该软件应能根据已有的数据库自动生成管线图形、注记和管线点、线属性数据库和元数据文件；

4 图形编辑：对管线图形、注记应可进行编辑，可对管线图图形按任意区域进行裁减或拼接；

5 成果输出：软件应具有绘制任意多边形窗口内的图形与输出各种成果表的功能；

6 数据转换：软件应具有开放式的数据交换格式，应能将数据转换到地下管线信息管理系统中。

6.1.9 手工展绘所用的底图材料宜用厚为0.07～0.10mm、变形率小于0.2‰的经热处理的毛面聚酯薄膜。展绘限差应符合表6.1.9的规定。

6.1.10 综合地下管线图、专业地下管线图应以彩色绘制，断面图以单色绘制。地下管线按管线点的投影中心及相应图例连线表示，附属设施按实际中心位置用相应符号表示。

表6.1.9 展绘限差

项目	图上限差（mm）
方格网图上长度与名义长度差	0.2
控制点间图上长度与边长差	0.3
控制点和管线点的展点误差	0.3

6.1.11 在编辑管线图的过程中，应删去地形底图中与实测地下管线重合或矛盾的管线建（构）筑物。

6.1.12 地下管线图各种文字、数字注记不得压盖管线及其附属设施的符号。地下管线图注记应按表6.1.12执行。管线线上文字、数字注记应平行于管线走向，字头应朝向图的上方，跨图幅的文字、数字注记应分别注记在两幅图内。

表6.1.12 地下管线图注记

类型	方式	字体	字大（mm）	说明
管线点号	字符、数字化混合	正等线	2	
线注记	字符、数字化混合	正等线	2	
扯旗说明	汉字、数字化混合	细等线	3	
主要道路名	汉字	细等线	4	路面辅装材料注记2.5mm
街巷、单位名	汉字	细等线	3	
层数、结构	字符、数字化混合	正等线	2.5	分间线长10mm
门牌号	数字化	正等线	1.5	
进房、变径等说明	汉字	正等线	2	
高程点	数字化	正等线	2	
断面号	罗马数字化	正等线	3	由断面起、讫点号构成断面号：Ⅰ-Ⅰ′

6.1.13 符号、代码、图例应符合下列规定：

1 地物、地貌符号应符合现行国家标准《1∶500、1∶1000、1∶2000地形图图式》GB/T7929规定；

2 管线代码和颜色应按本规程附录D规定执行；

3 管线及其附属设施的图例应按本规程附录E规定执行。

6.1.14 专业管线图、综合管线图和横断面图间相同要素应协调一致。

6.1.15 地下管线图图廓整饰样式应按本规程附录F执行。

6.2 专业地下管线图编绘

6.2.1 专业管线图的编绘宜一种专业一张图，也可按相近专业组合一张图。

6.2.2 采用计算机编绘成图时，专业管线图应根据专业管线图形数据文件与城市基本地形图的图形数据文件叠加、编辑成图。采用手工展绘时，应根据实测数据展绘。手工展绘应采用以下程序：

1 复制地形底图；

2 展绘管线及其附属设施，并注记管线点编号和管线线上注记；

3 绘制管线断面图、放大示意图；

4 图幅接边；

5 绘制成果表、接图表、图例，编写说明书。

6.2.3 专业管线图上应绘出与管线有关的建（构）筑物、地物、地貌和附属设施（样图见附录图F.0.1）。

6.2.4 专业管线图上注记应符合下列规定：

1 图上应注记管线点的编号；

2 各种管道应注明管线规格和材质；

3 电力电缆应注明电压和电缆根数。沟埋或管埋时，应加注管线规格；

4 电信电缆应注明管块规格和孔数。直埋电缆注明缆线根数。

6.3 综合地下管线图编绘

6.3.1 综合地下管线图的编绘应包括下列内容：

1 各专业管线；

2 管线上的建（构）筑物；

3 地面建（构）筑物；

4 铁路、道路、河流、桥梁；

5 主要地形特征。

6.3.2 编绘前应取得下列资料：

1 测区地形底图或数字化地形图；

2 经检查合格的地下管线探测、竣工测量的管线图形和注记文件或管线成果表。

6.3.3 各专业管线在综合管线图上应按本规程附录D的代号和色别及附录E的图例，用不同符号和着色符号表示。

6.3.4 当管线上下重叠或相距较近且不能按比例绘制时，应在图内以扯旗的方式说明。扯旗线应垂直管线走向，扯旗内容应放在图内空白处或图面负载较小处。扯旗说明的方式、字体及大小应符合表6.1.12的规定。

6.3.5 综合管线图上注记应符合下列规定：

1 图上应注记管线点的编号；

2 各种管道应注明管线规格；

3 电力电缆应注明电压。沟埋或管埋时，应加注管线规格；

4 电信电缆应注明管块规格和孔数。直埋电缆注明缆线根数。

6.4 管线断面图编绘

6.4.1 管线横断面图应根据断面测量的成果资料编绘。

6.4.2 横断面图应表示的内容：地面地形变化、地面高程、管线与断面相交的地上、地下建（构）筑物、路边线、各种管线的位置及相对关系、管线高程、管线规格、管线点水平间距和断面号等。

6.4.3 横断面图比例尺的选定应按图上不作取舍和移位能清楚表示上述内容为原则，图上应标注比例尺。

6.4.4 横断面图的编号应采用城市基本地形图图幅号加罗马文顺序号表示。

6.4.5 断面图的各种管线应以2.5mm为直径的空心圆表示、直埋电力、电信电缆以1mm的实心圆表示，小于1m×1m(不含1m×1m)管沟，方沟以3mm×3mm的正方形表示；大于1m×1m（含1m×1m）的管沟、方沟按实际比例表示。各种建（构）筑物、地物、地貌按实际比例绘制（样图见本规程附录F附图F.0.3）。

6.5 地下管线成果表编制

6.5.1 地下管线成果表应依据绘图数据文件及地下管线的探测成果编制，其管线点号应与图上点号一致。

6.5.2 地下管线成果表的内容及格式应按本规程附录G的要求编制。

6.5.3 编制成果表时，对各种窨井坐标只标注井中心点坐标，但对井内各个方向的管线情况应按本规程附录G的要求填写清楚，并应在备注栏以邻近管线点号说明连接方向。

6.5.4 成果表应以城市基本地形图图幅为单位，分专业进行整理编制，并装订成册。每一图幅各专业管线成果的装订顺序应按下列顺序执行：给水、排水、燃气、热力、电力、电信、工业管道、其他专业管线，成果表装订成册后应在封面标注图幅号并编写制表说明。

6.6 地下管线图编绘检验

6.6.1 对地下管线图必须进行质量检验。地下管线图的质量检验应包括过程检查和转序检验。

6.6.2 过程检查应分为作业员自检和台组互检。过程检查应对所编绘的管线图和成果表进行100%检查校对。

6.6.3 转序检验应由授权的质量检验人员进行，转序检验的检查量应为图幅总数的30%。

6.6.4 地下管线图的质量检验应符合下列规定：

1 管线没有遗漏；

2 管线没有连接错误；

3 各种图例符号和文字、数字注记没有错误，并符合表6.1.12的规定要求；

4 图幅接边没有遗漏和错误；

5 图廓整饰应符合要求。

7 地下管线信息管理系统

7.1 一 般 规 定

7.1.1 地下管线信息管理系统是地下管线普查的重要组成部分。在地下管线普查时应建立地下管线信息管理系统。

7.1.2 地下管线信息管理系统应功能实用、信息规范、运行稳定、信息现势性好、技术先进。建立地下管线信息管理系统的同时，应建立系统数据实时更新和动态管理的机制。

7.1.3 地下管线信息管理系统应具备完善的安全保密管理措施。

7.2 系统总体结构与数据标准

7.2.1 地下管线信息管理系统的总体结构应包括基本地形图数据库、地下管线空间信息数据库、地下管线属性信息数据库、数据库管理子系统和管线信息分析处理子系统。

7.2.2 数据库建立是地下管线信息管理系统的核心。地下管线成果表数据库的基本结构宜按本规程附录 H 执行。管线信息数据库设计应包括下列内容：

1 数据分层设计；

2 数据在各层次上表达形式及格式；

3 管线属性信息内容设计。

7.2.3 地下管线普查后形成城市的地形信息及地下管线的空间和属性信息，应按照标准要求通过数据处理软件录入计算机，建立地形底图库、管线信息数据库，并经过查错程序检查、排查错误，确保数据库中数据和资料的准确。

7.2.4 地下管线信息管理系统内的各类信息，应具有统一性、精确性和时效性，而且应进行分类编码和标识编码，编码应标准化、规范化。

7.2.5 基本地形图要素的分类编码应按现行国家标准《1∶500、1∶1000、1∶2000 地形图要素分类与编码》GB14804 实施。

7.2.6 地下管线的分类编码结构可图示为：

X X XX

识别码，用于标识不同管线点及管线设施类型，用两位数字表示

管线子类代码，用于表示管线种类中的小类，用一位数字表示

管线类别代码，用于表示管线种类，用一位数字表示

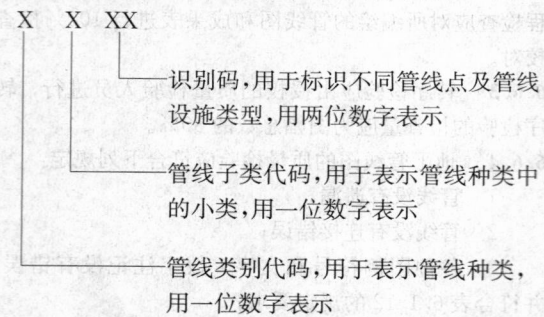

分类一般由数字、字符或者数字与字符混合构成，推荐采用数字形式，可提高检索速度。对各类管线的分类及编码的方法可按照本规程附录 I 规定执行。

7.2.7 每类地下管线的各要素都应用标识码进行标识存贮。其标识码可按现行国家标准《城市地理要素——城市道路、道路交叉口、街坊、市政工程管线编码结构规则》GB/T14395 的规定执行。

7.2.8 管线信息要素的标识码应由定位分区代码和各要素实体的顺序代码两个码段构成。

XX…X　　　　XX…X

定位分区代码　　要素分类和实体顺序代码

定位分区代码采用 3～4 位字符数字组成。要素实体代码根据管线各类要素的数量，采用若干位字符和序数混合编码而成。编码在每一个定位分区中必须保持惟一标识。

7.3 系统的基本功能

7.3.1 地下管线信息管理系统应具备下列功能：

1 地形图库管理功能；

2 管线数据输入与编辑功能；

3 管线数据检查功能；

4 管线信息查询、统计功能；

5 管线信息分析功能；

6 管线维护更新功能；

7 输出功能。

7.3.2 系统应具有海量图库管理能力，可对测区内的地形图统一管理（增加、删除、编辑、检索），具有图幅无缝拼接和可按多种方式调图的功能。

7.3.3 系统的基础地形图和管线信息的输入，应适应图形扫描矢量化、手扶跟踪数字化或实测数据直接输入或读入等多种输入方式。系统应具有对常用 GIS 平台双向数据转换功能。系统的编辑模块应具有完备的图形编辑工具，具有图形变换、地图投影方式转换和坐标转换功能。对管线数据的编辑应具有图形和属性联动编辑的功能以及对管线数据的拓扑建立和维护的功能。

7.3.4 系统的管线数据检查功能宜包括：点号和线号重号检查、管线点特征值正确性检查、管线属性内容合理性和规范性检查、测点超限检查、自流管线的管底埋深和高程正确性检查、管线交叉检查和管线拓扑关系检查等。

7.3.5 系统的管线信息查询、统计功能，应包括空间定位查询、管线空间信息和属性信息的双向查询，以及管线纵、横断面查询。管线属性信息的查询结果可用于统计分析。

7.3.6 系统的管线信息分析功能宜包括管线碰撞分析、事故分析、抢险分析、最短路径分析等。

7.3.7 系统的管线信息维护更新功能，应包括管线空间信息和属性信息的联动添加、删去和修改。

7.3.8 系统的输出功能，应包括基本地形图和管线图形信息的图形输出和属性查询统计的图表输出。

7.4 系统的建立与维护

7.4.1 建立地下管线信息管理系统应包括下列工作阶段：

1 立项可行性论证；

2 需求分析；

3 系统总体设计；

4 系统详细设计；

5 编码实现；

6 样区实验；

7 系统集成与试运行；

8 成果提交与验收；

9 系统维护。

7.4.2 立项可行性论证应由使用单位按照机构状况和工作的实际需要确定项目的建设目标与内容，落实项目的资金、选择数据采集和系统软件开发单位并选择软件平台。

7.4.3 需求分析应由使用者和实施方共同完成。需求分析确定的内容应包括：

1 系统的功能需求；

2 系统的性能需求；

3 系统的设计约束；

4 系统的属性，包括安全性、可用性、可维护性、可移植性和警告等内容；

5 系统的外部的接口。

7.4.4 系统的总体设计（概念设计）应建立在需求分析的基础上，并包括下列内容：

1 系统的目标，系统总体结构；

2 子系统的划分和模块功能设计；

3 系统结构设计、系统空间数据库的概念设计；

4 系统标准化设计；

5 系统的软、硬件配置和网络设计；

6 系统开发计划。

7.4.5 系统的详细设计应建立在总体设计（概念设计）的基础上，它应包括下列内容：

1 界面设计；

2 子系统的划分和设计；

3 模块的划分和设计；

4 各类数据集的设计；

5 数据库存储和管理结构设计。

7.4.6 地下管线信息管理系统的编码实现应在详细设计的基础上进行，应包括以下内容：

1 各个子系统和模块的编码实现；

2 进行模块测试和质量控制；

3 完善用户操作手册。

7.4.7 系统建立全面展开之前应选择样区进行实验。样区实验的主要目的是：

1 检验系统功能设计，数据结构设计的合理性；

2 检查数据采集与输入的准确性；

3 软、硬件的性能与系统的运行效率；

4 输出结果的正确性。

7.4.8 系统的集成和试运行应符合下列规定：

1 数据的入库和检验。管线数据在进入系统时应由系统数据检查工具对入库后的数据进行检查，确保数据完整、正确；

2 系统建成后应进行不少于三个月的试运行来对系统作全方位的考核与磨合。在试运行过程中应逐步建立与完善系统的管理制度、系统的维护与信息更新制度。

7.4.9 系统在试运行合格后，应进行集成和包装，提交正式验收。验收应以需求分析报告和总体设计为依据，对软件的各种要求进行测试，确定系统是否满足需求分析和总体设计的要求。实施方应提交软件和全部数据的备份光盘、用户手册、项目报告等资料。

7.4.10 地下管线信息管理系统的数据库管理软件应满足以下要求：

1 能对入库数据进行完整性检查，保持数据的一致性；

2 对管线信息的使用应提供权限设置功能；

3 应提供多媒体数据管理支持；

4 应支持异构数据库互联及数据相互转换；

5 应有事务并发处理机制，以满足网络和多用户使用要求；

6 应有支持大容量的地理底图库管理软件模块，提供图幅接边、分幅、合幅、区域剪取等图库功能。

7.4.11 地下管线信息管理系统的数据组织必须按国家标准或行业标准制定的规范要求实施，以实现不同系统间的数据交换和数据共享。

7.4.12 地下管线信息管理系统的数据获取与采集应严格执行设计所规定的工艺流程和操作规程。数据必须进行百分之百重复检查，同时应实行全过程的质量控制。

7.4.13 地下管线信息管理系统的建设过程应实施有效的项目管理和质量监控。在系统建立过程中应进行系统使用与系统维护的培训。系统建成后应进行试运行来对系统作全方位的考核与磨合，并逐步建立与完善系统的管理制度、系统的维护与信息更新制度。

7.4.14 地下管线信息管理系统必须实行信息的动态更新维护。更新数据必须符合系统规定的数据格式与质量标准。

8 报告书编写和成果验收

8.1 一般规定

8.1.1 地下管线探测工程结束后，作业单位应编写报告书。

8.1.2 地下管线探测成果的验收应在探查、测量、数据处理和地下管线图编绘以及地下管线信息管理系统建立等工序检验合格的基础上，由质量监理机构认可和提出监理报告后，由任务委托单位组织实施。

8.1.3 成果验收应依据任务书或合同书、经批准的技术设计书、本规程以及有关技术标准。

8.2 报告书编写

8.2.1 报告书类型应包括地下管线探测报告书和地下管线信息管理系统报告书。

8.2.2 地下管线探测报告书应包括下列内容：

1 工程概况：工程的依据、目的和要求；工程的地理位置、地球物理和地形条件；开竣工日期；实际完成的工作量等；

2 技术措施：各工序作业的标准依据；坐标和高程的起算依据；采用的仪器和技术方法；

3 应说明的问题及处理措施；

4 质量评定：各工序质量检验与评定结果；

5 结论与建议；

6 提交的成果；

7 附图与附表。

注：小型工程的报告书可以从简。

8.2.3 地下管线信息管理系统报告书内容应包括下列内容：

1 立项背景；

2 项目目标与任务；

3 系统的总体结构、系统开发与关键技术；

4 数据来源与质量评定；

5 项目管理；

6 项目评估；

7 项目成果；

8 存在的问题与建议。

8.2.4 报告书应突出重点、文理通顺、表达清楚、结论明确。

8.3 成果验收

8.3.1 提交的探测成果应包括下列内容：

1 工作依据文件：任务书或合同书、技术设计书；

2 工程凭证资料：所利用的已有成果资料、坐标和高程的起算数据文件以及仪器的检验、校准记录；

3 探测原始记录：探查草图、管线点探查记录表、控制点和管线点的观测记录和计算资料、各种检查和开挖验证记录及权属单位审图记录等；

4 作业单位质量检查报告及精度统计表、质量评价表；监理单位监理报告、监理记录、精度统计表、质量评价表；

5 成果资料：综合管线图、各种专业管线图、管线断面图、控制点成果、管线点成果表及管线图形和属性数据文件；

6 地下管线信息系统软件；

7 地下管线探测报告书和地下管线信息管理系统报告书。

8.3.2 验收合格的探测成果应符合下列要求：

1 探测单位提交的成果资料应齐全；

2 探测的技术措施应符合本规程和经批准的技术设计书的要求，重要技术方案变动应提供充分的论证说明材料，并经任务委托单位批准；

3 所利用的已有成果资料应有资料提供单位出具的证明材料和监理机构的确认；

4 各项探测的原始记录、计算资料和起算数据的引用均应履行过检查审核程序，有抄录或记录、检查、审核者签名；

5 各种仪器检验和校准记录、各项质量检查记录齐全，发现的问题已作出处理和改正；

6 各种专业管线图、综合管线图、断面图均应有作业人员和专业人员进行室内图面检查、实地对照检查和仪器检查、开挖验证，并符合质量要求；

7 由计算机介入和产生的探测成果，其数据格式应符合地下管线信息管理系统的要求，图形和属性数据文件的数据应与提交的相应成果一致；

8 地下管线探测报告书内容齐全，能反映工程的全貌，结论正确、建议合理可行；

9 成果资料组卷装订应符合城建档案管理的要求；

10 地下管线信息管理系统应达到预期的设计要求。

8.3.3 验收后应提出验收报告书。验收报告书应包括下列内容：

1 验收目的；

2 验收组织：组织验收部门、参加单位、验收组成员；

3 验收时间及地点；

4 成果验收概况；

5 发现的问题及处理意见；

6 验收结论；

7 验收组成员签名表。

8.4 成果提交

8.4.1 成果提交应分为向用户提交和归档提交。向用户提交应按任务书或合同书的规定提交成果。归档提交应包括本规程第8.3.1条中除地下管线信息系统软件外的全部内容和验收报告书。

8.4.2 成果移交应列出清单或目录，逐项清点，并办理交接手续。

附录A 地下管线探测安全保护规定

A.0.1 从事地下管线探测的作业人员，必须熟悉本工作岗位的安全保护规定，做到安全生产。

A.0.2 在市区或道路上进行地下管线探测的作业人员，必须穿戴安全标志服，遵守城市交通法规。

A.0.3 进入企业厂区进行地下管线探测的作业人员，必须熟悉该厂安全保护规定，遵守该企业工厂的厂规。

A.0.4 对规模较大的排污管道，在下井调查或施放探头、电极导线时，严禁明火，并应进行有害、有毒及可燃气体的浓度测定。超标的管道要采取安全保护措施后才能作业。

A.0.5 严禁在氧、煤气、乙炔等易燃、易爆管道上作充电点，进行直接法或充电法作业。

A.0.6 使用大功率仪器设备时，作业人员应具备安全用电和触电急救的基础知识。工作电压超过36V时，供电作业人员应使用绝缘防护用品。接地电极附近应设置明显警告标志，并委派专人看管。雷电天气严禁使用大功率仪器设备施工。井下作业的所有电气设备外壳必须接地。

A.0.7 打开窨井盖作实地调查时，井口必须有专人看管，或用设有明显标志的栅栏圈围起来。夜间作业时，应有安全照明标记。调查完毕必须立即盖好窨井盖，打开窨井盖后严禁作业人员离开现场。

A.0.8 发生人身事故时，除立即将受害者送到附近医院急救外，还必须保护现场，及时报告上级主管部门，组织有关人员进行调查，明确事故责任。

A.0.9 地下管线信息管理系统运行中应采取必要的措施，防止病毒和数据流失，确保数据安全。

附录B 地下管线探测附表

附表 B.0.1 地下管线探查记录表

工程名称： 工程编号： 管线类型： 发射机型号、编号：

权属单位： 测区： 图幅编号： 接收机型号、编号：

管线点号	连接点号	管线点类别		材质	管线规格（mm）	载体特征		隐蔽点探查方法			埋深（cm）			偏距（cm）	埋设		备注
		特征	附属物			压力（电压）	流向（根数）	激发	定位	定深	外顶（内底）	中心 探测	中心 修正后		方式	年代	
1	2	3	4	5	6	7	8	9	10	11	12	13	14	15	16	17	18

探查单位： 探查者： 探查日期： 校核者： 第 页共 页

注：激发方式：1 直接连接；2 夹钳；3 感应（直立线圈）；4 感应（压线）；5 其他。

定位方式：1 电磁法；2 电磁波法；3 钎探；4 开挖；5 据调绘资料。

定深方法：1 直读；2 百分比；3 特征点；4 钎深；5 开挖；6 实地量测；7 雷达；8 据调绘资料；9 内插。

附表 B.0.2 地下管线探查质量检查表

工程名称： 检查单位： 检查单位：

工程编号： 探查仪器： 检查仪器： 检查方式：

检查点序号	点所在图幅号	管线点号	管类	材质	平面定位偏距（cm）	埋深（cm）			评定	备注
						探查	检查	差值		
1	2	3	4	5	6	7	8	9	10	11

探查日期： 探查者： 检查日期： 检查者： 校核者： 第 页共 页

附录C　探查地下管线的物探方法

附表C　探查地下管线的物探方法

方法名称			基本原理	特点	适用范围	示意图	
电磁法	被动源法	工频法	利用动力电缆电源或工业游散电流对金属管线感应所产生的二次电磁场	方法简便，成本低，工作效率高	在干扰背景小的地区，用来探查动力电缆和搜查金属管线，是一种简便、快速的方法	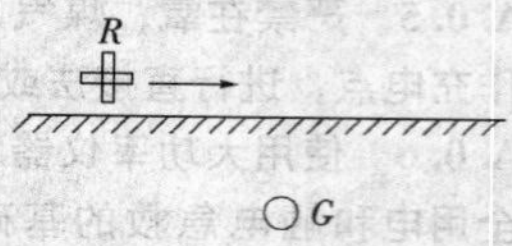	
		甚低频法	利用甚低频无线电发射台的电磁场对金属管线感应所产生的二次电磁场	方法简便，成本低，工作效率高，但精度低、干扰大，其信号强度与无线电台和管线的相对方位有关	在一定条件下，可用来搜索电缆或金属管线	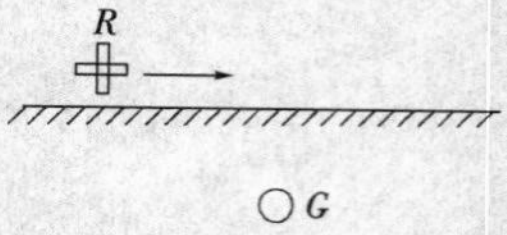	
	主动源法	直接法	利用发射机一端接被查金属管线，另一端接地或接金属管线另一端，直接加到被查金属管线上的场源信号	信号强，定位、定深精度高，且不易受邻近管线的干扰。但被查金属管线必须有出露点	金属管线有出露点时，用于定位、定深或追踪各种金属管线	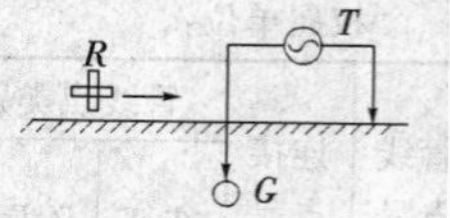	
		夹钳法	利用专用地下管线仪配备的夹钳，夹套在金属管线上，通过夹钳上的感应线圈把信号直接加到金属管线上	信号强，定位、定深精度高，且不易受邻近管线的干扰，方法简便，但被查管线必须有管线出露点，且被测管线的直径受夹钳大小限制	用于管线直径较小且有出露点的金属管线，可作定位、定深或追踪	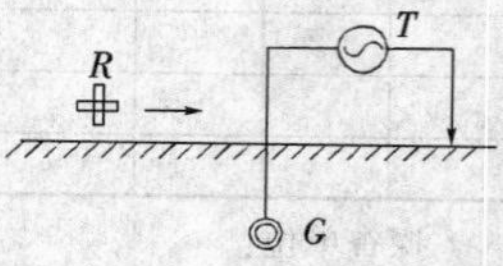	
		电偶极感应法	利用发射机两端接地产生的电磁场对金属管线感应产生的信号	信号强，不需管线出露点，但必须有良好的接地条件	在具备接地条件的地区，可用来搜索和追踪金属管线	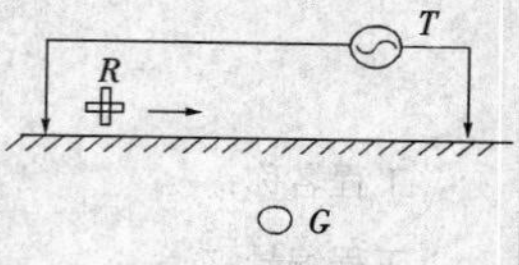	
		磁偶极感应法	利用发射线圈产生的电磁场对金属管线感应所产生的二次电磁场	发射、接收均不需接地，操作灵活、方便、效率高、效果好	可用于搜索金属管线，也可用于定位、定深或追踪	固定源感应法 环形	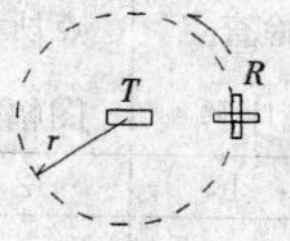
						固定源感应法 非同步	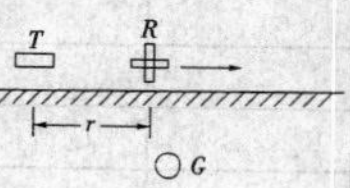
						固定源感应法 同步	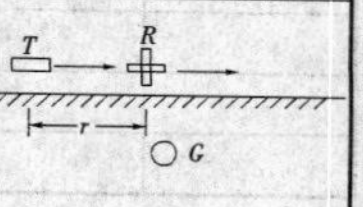

续附表 C

方法名称			基本原理	特点	适用范围	示意图
电磁法	主动源法	示踪电磁法	将能发射电磁信号的示踪探头或电缆送入非金属管道内，在地面上用仪器追踪信号	能用探测金属管道的仪器探查非金属管道，但必须有放置示踪器的出入口	用于探查有出入口的非金属管道	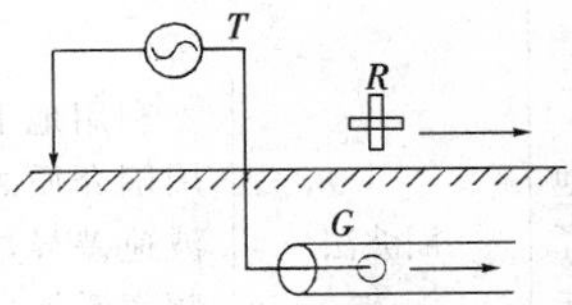
电磁法	主动源法	电磁波法（或地质雷达法）	利用脉冲雷达系统，连续向地下发射脉冲宽度为几毫微秒的视频脉冲，接收反射回来的电磁波脉冲信号	既可探查金属管线，又可探查非金属管线，但仪器价格昂贵	在常规方法无法探查的情况下，可用来探查各种金属管线和非金属管线	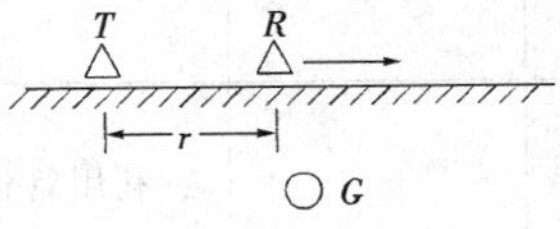
直流电法		电阻率法	利用直流电法勘探的原理，采用高密度或中间梯度装置在金属或非金属管道上产生低阻异常或高阻异常	可利用常规直流电法仪器探测地下管线，探测深度大，但供电和测量均需接地	在接地条件好的场地探测直径较大的金属或非金属管线	高密度电阻率法 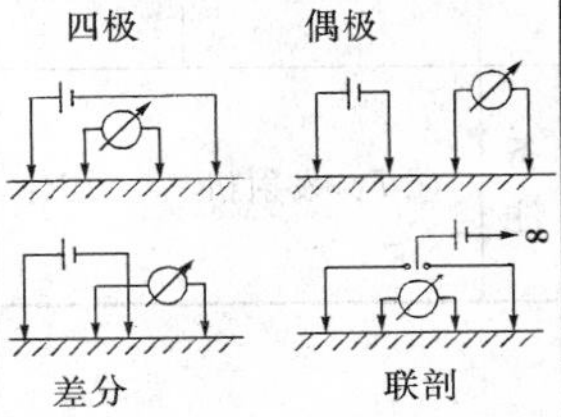 固定源同步法 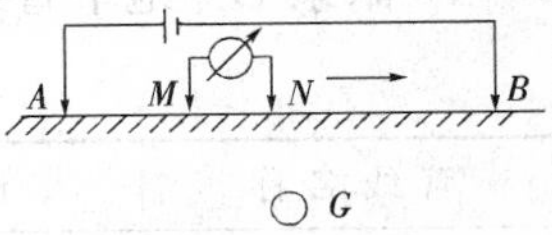
直流电法		充电法	利用直流电源的一端接被查金属管线，另一端接地，对金属管线充电后在其周围产生的电场	追踪地下金属管线精度高，探测深度大，但供电时金属管线必须有出露点，测量时必须接地	用于追踪具备接地条件和出露点的金属管线	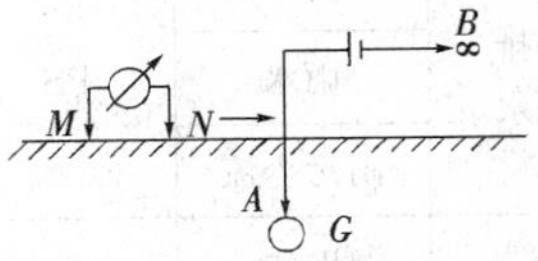
磁法		磁场强度法	利用金属管线与周围介质之间的磁性差异，测量磁场的强度	可利用常规磁法勘探仪器探查铁磁性管道，探测深度大，但易受附近磁性体干扰	在磁性干扰小的地区探查埋深较大的铁磁性管道	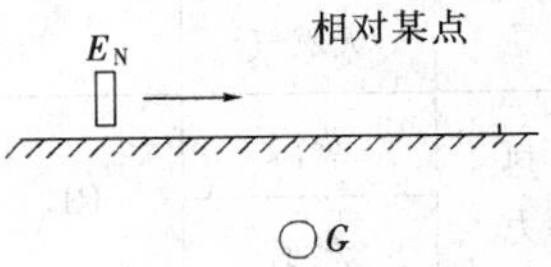
磁法		磁梯度法	测量单位距离内地磁场强度的变化	对铁磁性管道或井盖的灵敏度高，但受磁性体干扰大	用于探查掩埋的铁磁性管道或窨井盖	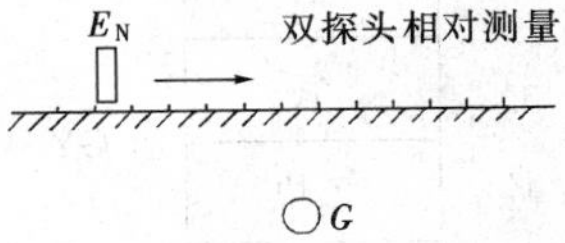
地震波法		浅层地震勘探法	利用地下管道与其周围介质之间的波阻抗差异，采用反射波法作浅层地震时间剖面	金属与非金属管道均能探查，探查深度大，时间剖面反映管道位置直观，但探查成本高	当其他方法探查无效时，用于探查直径较大的金属和非金属管道	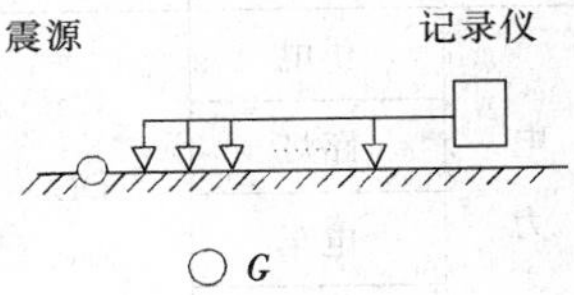

续附表 C

方法名称		基本原理	特点	适用范围	示意图
地震波法	面波法	利用地下管道与其周围介质之间的面波波速差异，测量不同频率激振所引起的面波波速	探查设备和方法比浅层地震勘探法简便，可探查金属与非金属管道，但目前应用尚不广泛，方法技术还不够成熟	用于探查直径较大的非金属管道	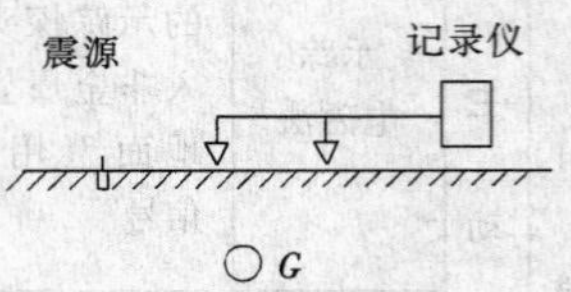
	红外辐射法	利用管道或其填充物与周围土层之间的热特性的差异	探查方法简便，但必须具备相应的地球物理前提	用于探查暖气管道或水管漏水点	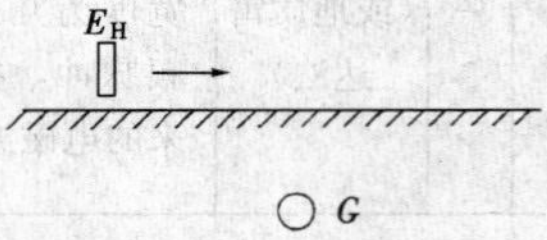
备注	①T：发射机　②R：接收机　③⊞：垂直、水平线框　④E_N：磁测仪　⑤E_H：辐射仪　⑥G：管线				

附录 D　地下管线的代号和颜色

管线名称		代号		颜色
给水		JS		天蓝
排水	污水	PS	WS	褐
	雨水		YS	
	雨污合流		HS	
燃气	煤气	RQ	MQ	粉红
	液化气		YH	
	天然气		TR	
热力	蒸汽	RL	ZQ	桔黄
	热水		RS	
工业	氢	GY	Q	黑
	氧		Y	
	乙炔		YQ	
	石油		SY	
电力	供电	DL	GD	大红
	路灯		LD	
	电车		DC	
	交通信号		XH	

续表

管线名称		代号		颜色
电信	电话	DX	DX	绿
	广播		GB	
	有线电视		DS	
综合管沟		ZH		黑

附录 E　地下管线图图例

附表 E. 0. 1

符号名称	图例	说明
管线点	。 JS3	用直径为 1mm 的小圆圈表示
地下管线	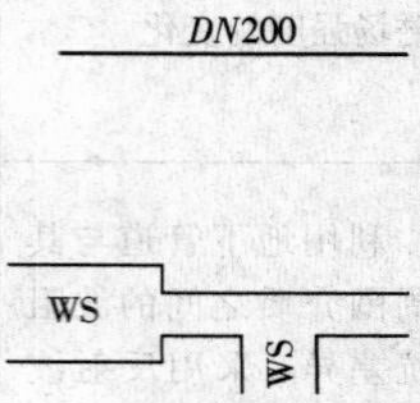	管道（或管沟）的直径或宽度依比例在图上小于 2mm 时，用单直线表示；大于 2mm 时，宜按实宽比例用双直线表示，线划粗 0.2～0.3mm

续附表 E.0.1

符号名称		图　　例	说　　明
窨井	给水	⊖	1. 用直径为 2mm 的小圆圈表示，不同类型的窨井用圆圈中的不同符号表示 2. 窨井直径按比例尺在图上大于 2mm 时，依比例绘制
	污水(或排水)		
	雨水		
	燃气		
	工业		
	石油		
	热力		
	电力		
	电信人孔		
	电信手孔		小方块的边长为 2mm
预留口			
阀　门			
水源井			建（构）筑物的尺寸按比例在图上大于 2mm 时，按比例绘制
水　塔			
水　池		□	
泵　站			长方块的边长为 3mm×2mm

附表 E.0.2

符号名称	图　　例	说　　明
水　表		
消火栓		
雨　篦		长方块的边长为 3mm×1mm
盖　堵		
变　径		
进水口		
出水口	→	
沉淀池	⊠	
化粪池		长方块的边长为 3mm×2mm
水封井		
跌水井		
渗水井		
冲洗井		
通风井	◎	
凝水缸		
调压箱		
调压站		
煤气柜		
接线箱		
控制柜		
变电站		
电缆余线		
上杆（出土）		

附图 F.0.3　××市地下管线横断面图

所在道路：东风路

断面号：89.00-48.00-Ⅰ

比例尺　水平：1∶200　垂直：1∶100

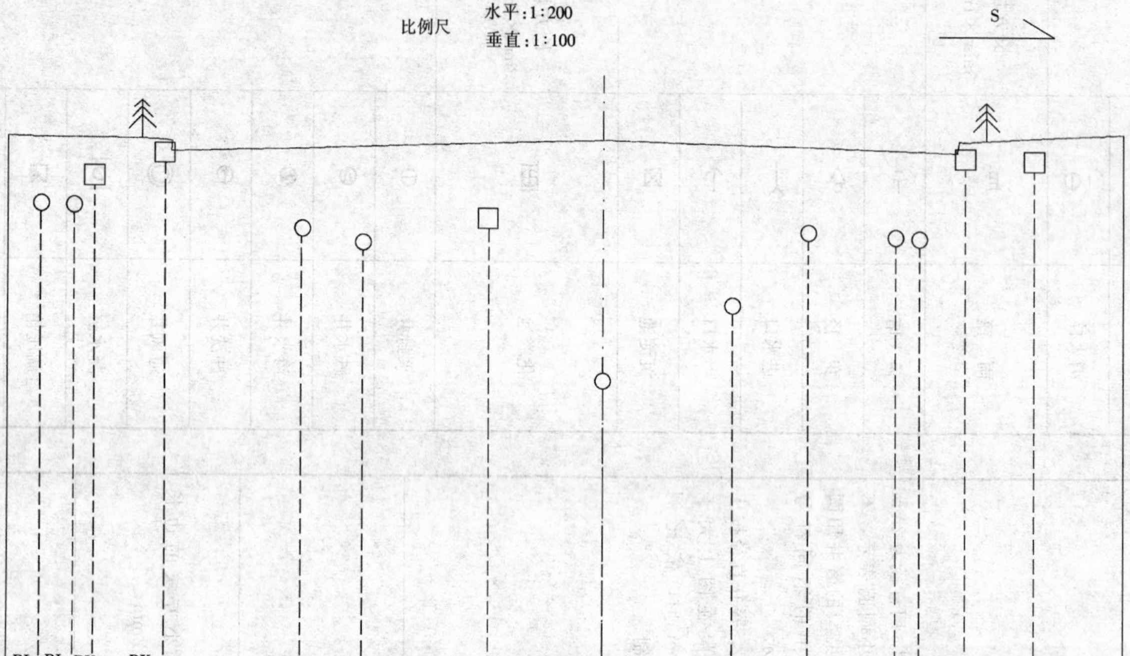

	RL	RL	DX	DX	RQ	JS	DX	YS	WS	JS	RQ	RQ	DX	DL
地面高程（m）	8.429	8.423	8.424	8.397	8.276	8.309	8.377	8.422	8.362	8.337	8.290	8.280	8.422	8.480
管线高程（m）	7.429	7.423	7.894	8.247	7.076	6.859	7.277	4.772	5.932	7.057	6.990	6.980	8.222	8.180
规　程（mm）	DN300	DN300	800×600	100×100	DN300	DN600	1000×360	DN800	DN300	DN300	DN200	DN200	100×100	800×800

间　距（m）：1.03　1.01　0.65　2.17　4.21　1.93　4.00　3.62　0.00　4.02　2.34　2.71　0.72　1.48　2.13

总距：34.83

89.20-47.75	89.20-48.00	89.20-48.25
89.00-47.75		89.00-48.25
88.80-47.75	88.80-48.00	88.80-48.25

附图F.0.2　××市综合

89.00

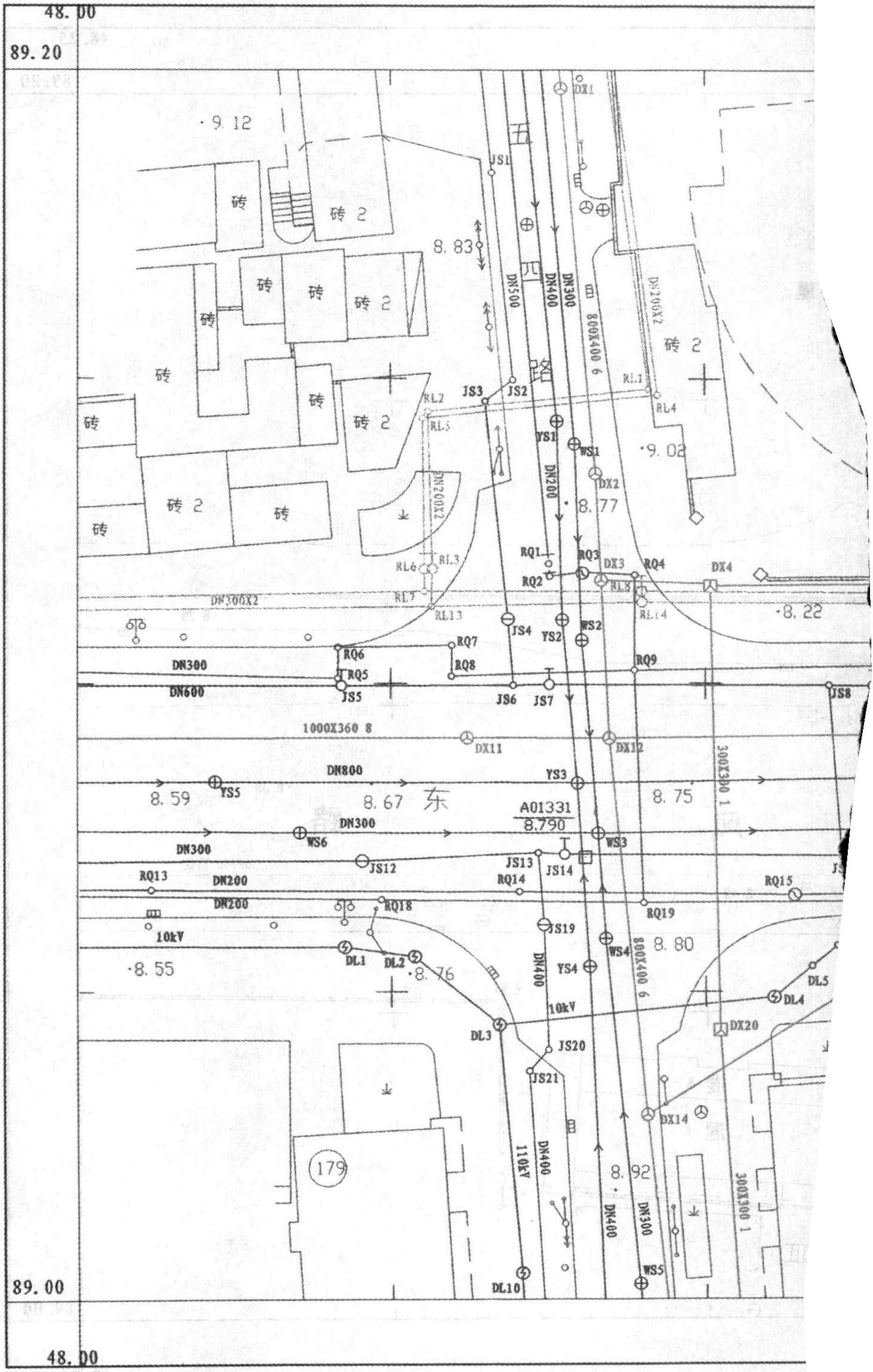

作业单位全称

××××年××月×××测图。
××××坐标系。
××××高程系，等高距为×m。
××××年××月地下管线探测，××月计算机制图。
1996年版图式。

图(给水)

00

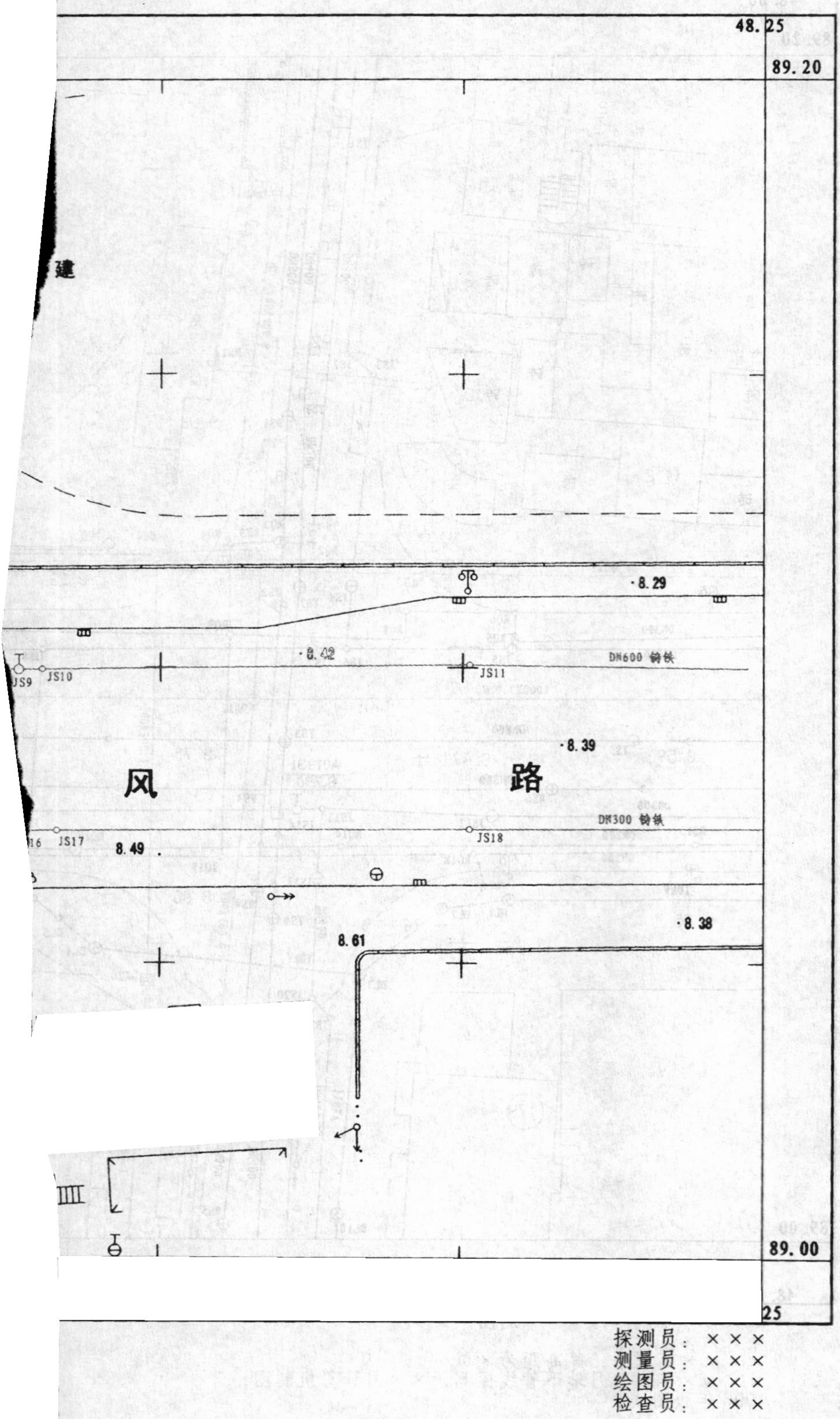

委托单位全称

探测员：×××
测量员：×××
绘图员：×××
检查员：×××

89.20-47.75	89.20-48.00	89.20-48.25
89.00-47.75		89.00-48.25
88.80-47.75	88.80-48.00	88.80-48.25

附录F　地下管线图样图

附图F.0.1　××市专业地下管

89.00-48

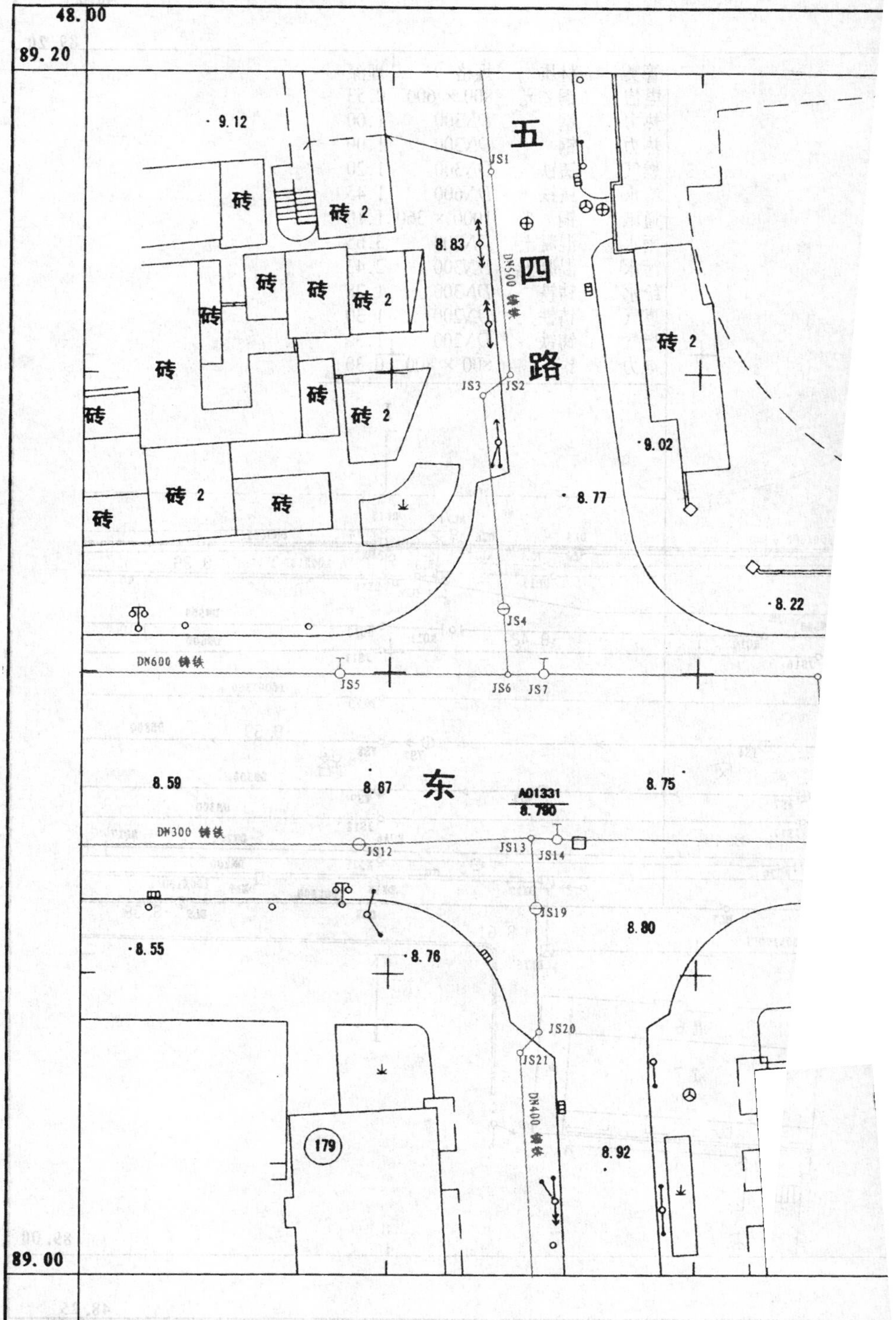

作业单位全称

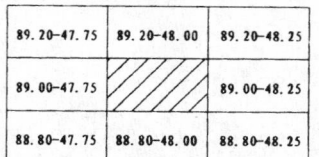

××××年××月×××测图。
××××坐标系。
××××高程系，等高距为×m。
××××年××月地下管线探测，××月计算机制图。
1996年版图式。

1:500

地下管线图
-48.00

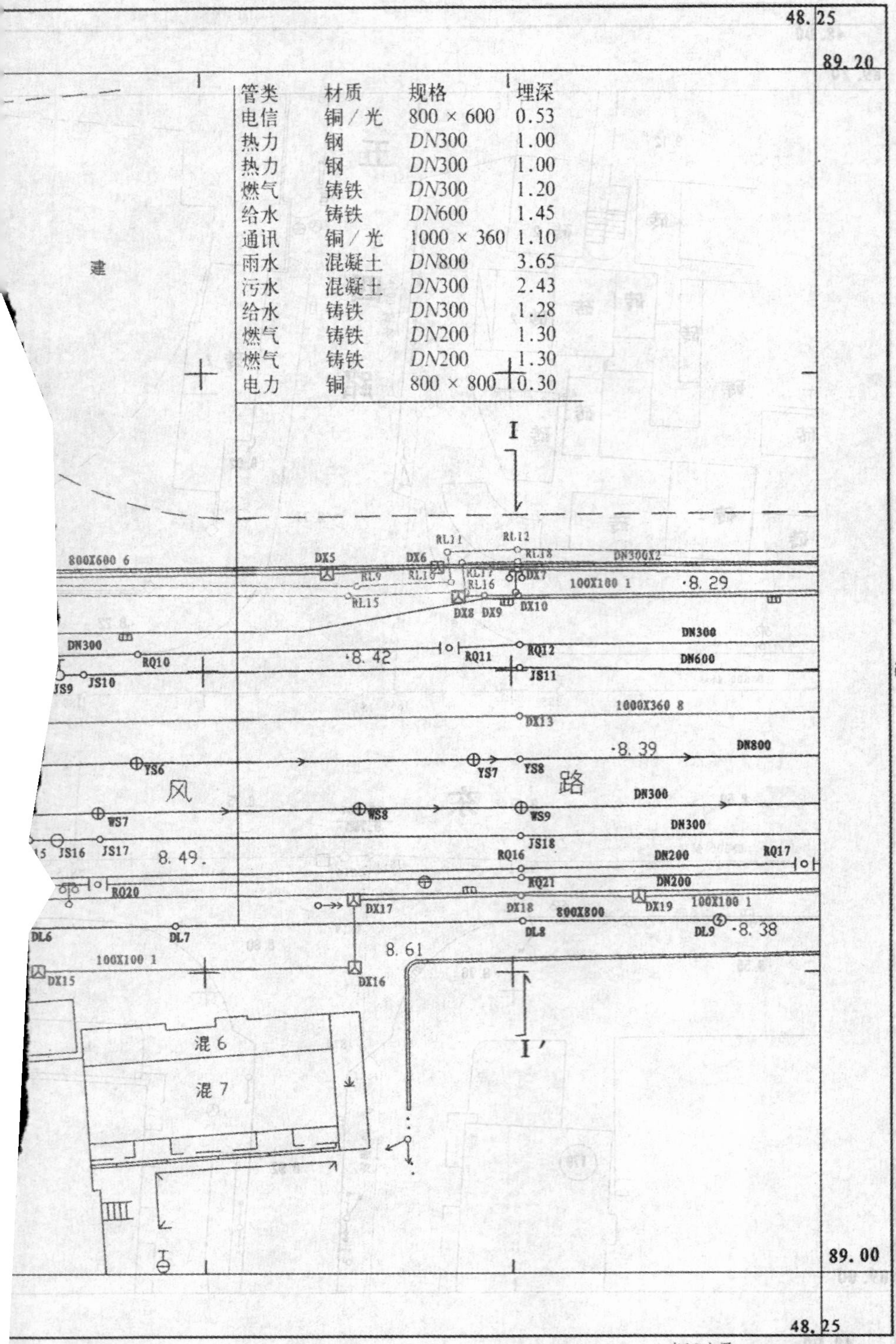

管类	材质	规格	埋深
电信	铜/光	800 × 600	0.53
热力	钢	*DN*300	1.00
热力	钢	*DN*300	1.00
燃气	铸铁	*DN*300	1.20
给水	铸铁	*DN*600	1.45
通讯	铜/光	1000 × 360	1.10
雨水	混凝土	*DN*800	3.65
污水	混凝土	*DN*300	2.43
给水	铸铁	*DN*300	1.28
燃气	铸铁	*DN*200	1.30
燃气	铸铁	*DN*200	1.30
电力	铜	800 × 800	0.30

委托单位全称

1:500

探测员：×××
测量员：×××
绘图员：×××
检查员：×××

附录G 地下管线点成果表

工程名称： 工程编号：

测区： 图幅编号：

图上点号	物探点号	管线点			管线			压强(Pa)或电压(kV)	流向或根数	平面坐标(m)		埋深(cm)	地面高程(cm)	权属单位	埋设		备注
		编码	特征	附属物	类型	材质	规格			X	Y				方式	年代	
1	2	3	4	5	6	7	8	9	10	11	12	13	14	15	16	17	18

探测单位： 制表者： 校核者： 日期： 第 页共 页

附录H 地下管线成果表数据库的基本结构

附表 H.0.1

字段	字段名	类型	宽度	小数	输入格式
1	图上点号	字符	8		类型＋顺序号如 DL2434
2	物探点号	字符	8		如上，要求此字段惟一
3	测量点号	数值	6		顺序号
4	管线材料	字符	8		
5	特征	字符	15		
6	附属物	字符	15		
7	*X* 坐标	数值	15	2	
8	*Y* 坐标	数值	15	2	
9	地面高程	数值	8	2	
10	井底高程	数值	8	5	
11	压强/电压	字符	10		
12	管顶高程	数值	8	2	

续表 H.0.1

字段	字段名	类型	宽度	小数	输入格式
13	管低高程	数值	8	2	
14	埋设方式	字符	10		
15	管径	字符	15		
16	埋深	数值	5	2	
17	电缆条数	数值	3		
18	光缆条数	数值	3		
19	总孔数	数值	2		
20	已用孔数	数值	2		
21	建设年代	字符	10		
22	权属单位	字符	50		
23	连接方向	字符	8		
24	图幅号	字符	15		
25	备注	字符	30		

附录I　地下管线及其附属物的分类编码

I.0.1　管线信息的分类应包含各种管网信息，编码如下：

1　电力（DL）

名　称	特征类型	编码	代码	说明
电力线	线	1000	DL	
高压	线	1001	GY	
中压	线	1002	ZY	
低压	线	1003	DY	
供电电缆	线	1100	GD	
高压	线	1101	GY	
中压	线	1102	ZY	
低压	线	1103	DY	
路灯电缆	线	1200	LD	
信号灯电缆	线	1300	XH	
电车电缆	线	1400	DC	
广告灯电缆	线	1500	GG	
电力电缆沟	线	1600	LG	
高压	线	1601	GY	
中压	线	1602	ZY	
低压	线	1603	DY	
直流专用线路	线	1700	ZX	
附属设施	点	1800		
变电站	点	1801	BD	
配电房	点	1802	PD	
变压器	点	1803	BY	
检修井	点	1804	JJ	
控制柜	点	1805	KZ	
灯杆	点	1806	DG	
线杆	点	1807	XG	
上杆	点	1808	SG	

2　电信管线（DX）

名　称	特征类型	编码	代码	说明
电信电缆	线	2000	DX	
广播电缆	线	2100	GB	
军用电缆	线	2200	JY	
保密电缆	线	2300	BM	
附属设施	点	2400		
人孔	点	2410	RK	
手孔	点	2402	SK	
分线箱	点	2403	FX	
线杆	点	2404	XG	
上杆	点	2405	SG	

3　给水管道（JS）

名　称	特征类型	编码	代码	说明
上水管线	线	3000	SS	
配水管线	线	3100	PS	
循环水管线	线	3200	XS	
专用消防水管线	线	3300	XF	
绿化水管线	线	3400	LH	
附属设施	点	3500		
检修井	点	3501	JJ	
阀门井	点	3502	FMJ	
水表（井）	点	3503	SB	
排气阀（井）	点	3504	PSF	
排污阀（井）	点	3505	PWF	
消防栓	点	3506	XFS	
阀门	点	3507	FM	
水源井	点	3508	SY	
水塔	点	3509	ST	
水池	点	3510	SC	
泵站	点	3511	BZ	
进出水口	点	3512	JSK	
沉淀池	点	3513	CD	

4　排水管道（PS）

名　称	特征类型	编码	代码	说明
雨水管道	线	4000	YS	
污水管道	线	4100	WS	
雨污合流管道	线	4200	HS	
附属设施	点	4300		
检修井	点	4301	JJ	
雨篦	点	4302	YB	
出水口	点	4303	CSK	
污篦	点	4304	WB	
进水口	点	4305	JSK	
出气井	点	4306	CQJ	

5 燃气管道（RQ）

名 称	特征类型	编码	代码	说明
煤气管道	线	5000	MQ	
液化气管道	线	5100	YH	
天然气管道	线	5200	TR	
附属设施	点	5300		
阀门井	点	5301	FMJ	
阀门	点	5302	FM	
凝水缸	点	5303	NSG	
调压箱	点	5304	TYX	
调压站	点	5305	TYZ	

6 热力管道（RL）

名 称	特征类型	编码	代码	说明
蒸汽管道	线	6000	RZ	
热水管道	线	6100	RS	
附属设施		6200		
阀门井	点	6201	FMJ	
阀门	点	6202	FM	
检修井	点	6203	JJ	

7 工业管道（GY）

名 称	特征类型	编码	代码	说明
氢气管道	线	7000	Q	
氧气管道	线	7100	Y	
乙炔	线	7200	YQ	
石油	线	7300	SY	
附属设施		7400		
检修井	点	7401	JJ	
检修井（石油）	点	7402	SJ	

本规程用词说明

1 为便于在执行本规程条文时区别对待，对要求严格程度不同的用词，说明如下：

1）表示很严格，非这样做不可的：

正面词采用“必须”；反面词采用“严禁”。

2）表示严格，在正常情况均应这样做的：

正面词采用“应”；反面词采用“不应”或“不得”。

3）表示允许稍有选择，在条件许可时首先应这样做的：

正面词采用“宜”；反面词采用“不宜”。

表示有选择，在一定条件下可以这样做的，采用“可”。

2 条文中指明应按其他有关标准执行写法为“应符合……的规定（要求）”或“应按……执行”。

中华人民共和国行业标准

城市地下管线探测技术规程

CJJ 61—2003

条 文 说 明

前　言

《城市地下管线探测技术规程》CJJ 61—2003，经建设部 2003 年 6 月 3 日以第 152 号公告批准，业已发布。

本规程第一版的主编单位是上海市岩土工程勘察设计研究院，参加单位是：北京市测绘设计研究院、建设部综合勘察研究设计院、兵器工业勘察研究院、机电部勘察研究院、宁波市城乡建设规划局、沈阳地球物理勘察院。

为便于广大探测、施工、科研、学校等单位有关人员在使用本规程时能正确理解和执行条文规定，《城市地下管线探测技术规程》编制组按章、节、条顺序编制了本规程的条文说明，供国内使用者参考，在使用中如发现本条说明有不妥之处，请将意见函寄北京市测绘设计研究院。

目　次

1 总　　则

1.0.1　本条阐明制定本规程的目的。城市地下管线是城市基础设施的重要组成部分，是现代化城市高质量，高效率运转的基本保证，被称为城市的“生命线”。城市地下管线现状资料是城市规划设计、施工、建设和管理的重要基础资料。

由于历史原因，我国许多城市地下管线资料残缺不全，有的资料精度不高或与现状不符等问题，以致影响地下管线规划建设的科学性和在工程建设过程中挖断、挖穿地下管线的事故时有发生。随着城市的飞速发展，地下管线敷设越来越多，城市建设中地上和地下矛盾越来越突出，地下管线探测任务也越来越多，探测队伍和探测人员不断增多，采用的探测方法、技术要求和所提交的成果各不相同，给资料使用部门带来很多不便。为此建设部要求：“未开展城市地下管线普查的城市应尽快对城市地下管线进行一次全面普查，弄清城市地下管线的现状。有条件的城市应采用地理信息系统技术建立城市地下管线数据库，以便更好地对地下管线实行动态管理”。城市地下管线普查是一项涉及多权属单位和多学科、多专业的综合性与技术性很强的系统工程。为了统一地下管线探测工作的技术要求，特制定本规程。

1.0.2　本条规定了本规程的适用范围，即探测埋设于城镇市区或市郊区的各种不同用途的金属、非金属地下管道或电缆及其地下管线信息管理系统的建立。探测远离城镇的专用管线或电缆有一定的特殊性，因此不适用本规程，由相关的管理部门制定相应的技术规程。

1.0.3　本条规定了以中误差作为衡量探测精度的标准，并以二倍中误差作极限误差。因为探查和测量工作中，在良好状态的探测仪具和作业人员的情况下，作业中主要存在的是偶然误差，根据偶然误差出现的规律，二倍中误差的误差出现概率是很少量的，所以，以二倍中误差作极限误差是适宜的，以确保探测成果的质量。

1.0.4　本条规定了地下管线探测应积极采用新技术。随着科学技术发展，城市地下管线探测新方法、新技术、新仪器不断出现，只要经过试验，其探测精度可满足本规程的精度要求，经过有关部门的鉴定、评审，应积极采用，以促进科技进步，推动城市地下管线探测事业发展。

1.0.5　本条规程是城市地下管线探测技术的专业标准，突出了城市地下管线探测的特点。它与城市测绘、城市物探工作有密切关系，故在实施中尚应参照现行的行业标准《城市测量规范》CJJ8—99、《全球定位系统城市测量技术规程》CJJ73—97、《城市勘察物探规范》CJJ7—85。所以，本条明确规定，城市地下管线探测，除应符合本规程外，还应符合上述国家现行有关技术标准。

2 术　　语

2.0.1　地下管线探测

地下管线探测包括地下管线探查和地下管线测绘两个基本内容。地下管线探查是通过现场调查和不同的探测方法探寻各种管线的埋设位置和深度，并在地面上设立测量点，即管线点；地下管线测绘是对已查明的地下管线位置即管线点的平面位置和高程进行测量，并编绘地下管线图；也包括对新建管线的施工测量和竣工测量。

2.0.2　地下管线普查

城市地下管线，是城市基础设施的重要组成部分，是城市规划、建设、管理的重要基础信息，是城市赖以生存和发展的物质基础，被称为城市的“生命线”。由于历史的原因，我国城市的地下管线资料残缺不全；同时改革开放以来，随着城市建设的飞速发展，城市各类地下管线不断增加，但因管理不善，未能及时进行竣工测量，使地下管线资料不现状日趋增长，严重地制约和影响城市规划、建设、管理的科学化、现代化的进程。因此，在一定时期内，需要对城市建成区和规划发展区内的地下管线现状进行全面的探测，即地下管线普查，它应包括地下管线探查，地下管线测绘和地下管线信息管理系统建设三部分。

2.0.3　现状调绘

在地下管线普查工作初期，为模拟地下管线的现状，以便为野外探测作业和调查地下管线属性等提供参考或依据，由各专业管线权属单位负责组织有关专业人员对已埋设的地下管线进行资料收集，并分类整理，调绘编制现状调绘图，这整个过程统称为现状调绘，它是地下管线普查的前期基础工作之一。

2.0.4　管线点

为了正确地表示地下管线探查的结果，便于地下管线测绘工作的进行，在探查或调查过程中设立的测点，统称为管线点。它分明显管线点和隐蔽管线点。明显管线点的点位和埋深可以通过实地调查进行量测；隐蔽管线点的点位和埋深必须用仪器设备探查来确定。

2.0.5　偏距

在管线探测过程中，由于地形、地物等因素的影响，在调查或探测时设立的管线点位与管线中心线在地面的投影位置不一致时，必须量出之间的垂直距离即偏距，并注明偏离方向。这样可保证管线走向成果的精度。

2.0.6　图幅无缝拼接

由于数据采集和图形数字化过程中存在各种误差，致使两个相邻图幅的原本相连的基础地理信息图形或管线图在图幅结合处可能出现逻辑裂隙和几何裂隙，造成图形信息的分析和处理的错误。为减少或消除这种误差，依据有关操作规程对两侧原本相连的图形作精确的衔接，使其在逻辑上和几何上融成连续一致的数据体的过程称为图幅无缝拼接。

2.0.8 实时动态定位技术

这是一种基于载波相位观测值的实时差全球空间定位测量技术，目前采用的是美国的全球定位系统（即GPS）。它是在基准站安置一台GPS接收机，对所有可见卫星进行连续观测，并将观测数据和基准点的坐标信息，通过无线电讯实时地发送给流动站（即用户观测站）。流动站的GPS接收机在接收卫星信号的同时，通过无线电接收设备接收基准站传输来的信息，并在系统内组成差分观测值进行实时处理，快速获取流动站的点位坐标数据的定位技术。

3 基本规定

3.0.1 本条规定明确了地下管线探测的对象。地下管线分为地下管道和地下电缆两大类，没有包括地下人防巷道。地下管道又分为：给水、排水、燃气、热力和工业等五类。地下电缆又分为：电力和电信两类。每类管线还可以按其传输的物质和用途分为若干种，例如排水可分为污水、雨水和雨污合流；燃气可分为煤气、液化气和天然气；热力可分为蒸汽和热水；工业可分为氢、氧、乙炔、石油、排渣等；电力可分为供电、路灯、电车等；电信可分为市内电话（简称市话）、长途电话（简称长话）、广播、有线电视等。

3.0.2 本条规定了地下管线探测的任务：查明地下管线的平面位置、走向、埋深（或高程）、规格、性质、材质等，并编绘地下管线图，有条件的城市应建立地下管线信息管理系统，以便对地下管线实行动态管理，以实现管理科学化、现代化、信息化，适应现代化城市建设的需要。除上述任务外，还应查明每条管线敷设的年代与产权单位，但由于历史原因，有一些管线已无法查明，所以，在规程正文中未列敷设年代和产权单位。

3.0.3 本条明确了地下管线探测的四种类型及其探测范围。按观测任务不同，地下管线探测分为四类，本条规定了各类探测的要求和范围。地下管线普查主要是为城市规划、建设和管理服务的，为科学化、现代化的城市规划、设计和管理提供可靠的基础信息的，是根据城市规划管理或公用设施建设部门的要求，进行地下管线普查的。其探测范围包括道路、广场等主干管线通过的区域，各大区域的地下管线综合管线。厂区或住宅区的地下管线探测是较小区域的综合管线。在实施地下管线探测时，要注意地下管线普查与厂区或住宅小区管线探测范围之间的衔接，以避免漏测和重复探测。施工场地管线探测是为某项工程施工在开挖前进行的探测，目的是保护地下管线，防止施工开挖造成地下管线破损，因此其探测范围应包括需要开挖的区域和可能受开挖影响威胁的地下管线安全的区域。例如，由于开挖基坑可能引起周围地面沉降，过大的沉降会导致地下管线破裂，这样的沉降区也应包括在探测范围内。为了查明地下管线的分布有时还需扩大范围，所以本条中还规定应包括“为查明地下管线所必需的区域”。为某一专业管线的规划设计、施工和运营需要提供现况资料而进行地下管线探测工作，探测管线的取舍标准应根据工程施工和管理的需要而定。如果是为了满足建立专业管线信息系统要求时，还要参照城市地下管线普查技术要求和专业信息系统更详细的专业信息内容进行管线数据的采集。

3.0.4 本条规定了地下管线探测的基本程序，任何工作都要有规章、程序和实施步骤，以便于科学化管理和确保工作质量。同样在进行地下管线探测这种比较复杂工程中，也要遵循相应的程序，它包括接受任务、搜集资料、现场踏勘、仪器检验、方法验证、编写技术设计书、实地调查、仪器探测、数据处理、成果验收等步骤。这是加强地下管线探测工作科学化管理和确保产品质量的保证。对于任务较简单或工作量较小，即一般是指探测管线简单，范围较小的小件工程，有些程序可以合并完成或省略。

3.0.5 本条规定了合同书的内容。地下管线探测任务的来源有两种：一种是由上级部门下达，即所谓“纵向任务”；另一种是有用户单位委托，即所谓“横向任务”。不管是“下达任务”或“委托任务”都应签订合同书以明确责任，便于开展工作和管理，为此，本条规定了合同书应包括工程名称、测区范围、作业内容、技术要求、工期、工程造价、责任与奖罚等内容。为使城市地下管线普查工作能在统一领导，统一要求和统一计划有组织地开展，地下管线探测任务应由管线普查管理部门统一组织委托进行为宜。

3.0.6 本条规定了地下管线测量采用的坐标系统的要求。根据建设部关于“一个城市只能有一个相对独立的平面坐标系统及高程系统”的要求，为城市工程建设服务的地下管线探测成果和作为城市规划、建设、管理基础资料的普查成果，必须采用本市统一的平面坐标及高程系统。以保持全市各类测绘成果的坐标系统的一致性、统一性。当某项工程的特定需要，采用非当地城市统一坐标系统时，为了便于全市统一管理和利用，也应建立城市坐标系统的转换关系。

3.0.7 本条规定了城市地下管线测图比例尺的要求。基本地形图是地下管线探测工作的基础。城市基本比例尺地形图，一般均能满足地下管线探测的要求，为确保地下管线地形图的坐标系统和地形图分幅与本城市相一致，同时避免重复测绘工作。所以此条规定地下管线探测采用的地形图比例尺应与城市基本地形图相一致。施工场地下管线探测地形图比例尺可按实际情况而定，因管线密集，地下设施复杂，为确保安全和满足设计要求，可选用更大比例尺测图。

3.0.8 本条明确了管线点及其探测的要求。管线点是为测绘地下管线而在地下管线特征点及其附属设施中心点上设置的地面标志点。明显管线点如各种窨井、阀门井、消防栓……等一系列的附属设施，应进行实地开井调查和量测。隐蔽管线点是指埋设在地下的各种管道、电缆等，其探查工作必须采用物探仪器进行搜索定位和定深，或通过打墙洞量测。

3.0.9 本条规定了地下管线探测管线的取舍标准，这个取舍标准主要是对城市地下管线大面积探测（即普查）而言；各城市可按本市城市规划管理的具体要求，再作具体的规定。对于有管径规格规定的管线取舍，在实际探测中，应注意同一管线上连续变径时应考虑管线表示的连续性。

3.0.10 本条规定了地下管线探查应积极采用新方法、新技术。由于地下管线探查的方法，技术发展很快，新的探查仪器不断涌现，为地下管线探查工作开展创造良好条件，将有利于探查效率和质量的提高。所以本规程提出应积极推行经试验证明行之有效的新方法、新技术。但不论何种新方法、新技术，在探查精度方面必须达到本规程第3.0.12条第1款所规定的基本精度要求，并在以下某一方面或几方面有所提高和改进的都应该给予积极推行。

1 提高探查地下管线的定位或定深精度方面；

2 加大探查深度和探测距离方面；

3 提高相邻平行或重叠地下管线的分辨能力方面；

4 改进探查地下非金属管道的方法技术方面；

5 抑制干扰，提高信噪比方面；

6 适应各种复杂条件下的探测和一机多用方面；

7 适应恶劣环境（严寒、高温、潮湿等）方面；

8 改善操作员的操作环境和显示功能方面；

9 数据处理、记录、成图、数据贮存等方面；

10 性能价格比方面。

3.0.11 本条规定了探测仪器，工具要定期进行检验与养护。探查、测量的仪器和工具保持良好状态是确保探测工作顺利进行的必备条件，也是提高探测效率和质量的保证。因此，日常应加强对探测仪器、工具的养护，定期检校，确保其完好率达100%。以免影响探测作业的正常进行或延误工期，从而保证探测成果质量的良好。

3.0.12 本条规定了地下管线探测的精度要求。由于地下管线探测工作包括：地下管线探查、地下管线测量和管线图测绘。因此，在规定精度要求时也分为三种情况的精度：隐蔽管线点探查精度、管线点测量精度和管线图测绘的点位精度。下面分别说明如下：

1 隐蔽管线点探查精度：

隐蔽管线点的探查精度是指通过仪器探查确定隐蔽管线点点位与管线实际位置之间的误差。

1994年12月5日由建设部批准的行业标准《城市地下管线探测技术规程》CJJ61—94第2.0.5条第一款对隐蔽管线点的探测精度分为三个等级。如表1所示

表1 隐蔽管线点的探查精度

精度等级	水平位置限差 δ_{ts}（cm）	埋深限差 δ_{th}（cm）
Ⅰ	±（5+0.05h）	±（5+0.07h）
Ⅱ	±（5+0.08h）	±（5+0.12h）
Ⅲ	±（5+0.12h）	±（5+0.18h）

注：1. h为地下管线的中心埋深，以厘米计；
2. 当$h\leqslant$70cm，埋深限差δ_{th}用h=70cm代入计算；水平位置限差δ_{ts}仍用实际埋深h值代入计算；
3. 如果对探查精度有特殊要求，可根据工程需要确定。

上述三种等级探查精度规定，在实际使用中不直观、不快捷、比较麻烦，等级精度的应用在市场上不易实施。因探查价格与等级精度不配套，所以此次《规程》修订经大量的调查研究和理论探讨确定，不再分为三个等级精度，只采用一个精度指标；原限差规定都有一个加常数，从理论上说也不甚科学。在实际探查过程中由于多种因素的影响和干扰，其观测读数值受许多因素影响，非常复杂，目前还没有一个比较科学的估算公式来评定其误差，因此，在规定探查精度指标时仍采用最大误差的限差来衡量。引起误差的因素很多，如仪器精度、技术方法、环境干扰、埋深等因素，而管线的埋深影响最大。从一些城市地下管线普查成果看，隐蔽管线点的探查精度与埋深直接有关，由统计结果看，探查最大误差一般在埋深的10%～15%左右，即探测的限差可以用一个与管线埋深有关的公式来表示。为此，新《规程》规定隐蔽管线点探查精度为：

平面位置限差：$\delta_{ts}=0.10h$

埋深限差：$\delta_{th}=0.15h$

（式中h为地下管线中心埋深，单位为cm，当$h<$100cm时，则以100cm代入计算）

上述规定的依据是：

1）电磁场理论：

目前用于地下管线探查中最广泛，最常用的方法是电磁法。该方法的理论依据是电磁场理论，无论是主动源法还是被动源法都是通过在地面测定地下管线在一次场作用下，感应电流产生的二次场的变化来确定地下管线的空间位置。一般讲，较平直的管线产生的交变电磁场，可近似看成无限长直导线产生的电磁场，由毕奥-沙代尔定理可知，在地面上离开管线中

心距离 r 处的磁场强度（H）为：

$$H=\frac{2I}{r} \tag{1}$$

式中 I——流经管线的交变电流；

r——管线中心至地面某点的距离，见图 1

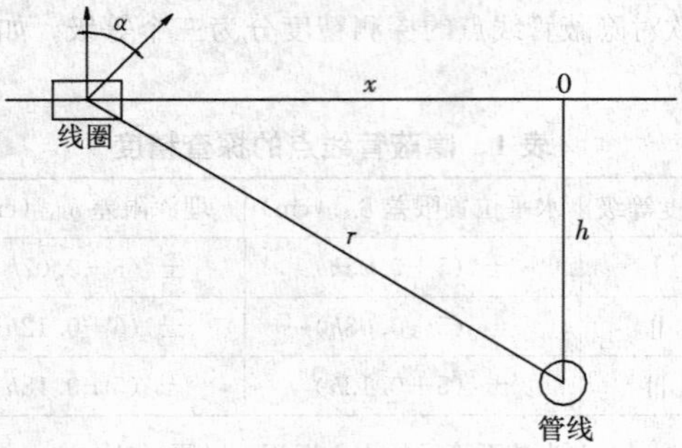

图 1

在管线探查工作中一般都是通过测定管线在地表产生的水平分量或垂直分量，根据其变化规律来确定地下管线在地表的投影位置和中心埋深，在磁偶源发射条件下，管线中产生感应电流大小为：

$$I=C\frac{\cos\alpha}{r} \tag{2}$$

式中 C——常数，与发射线圈的大小、形状、线圈匝数、材料等参数有关；

α——线圈面法线方向和二次场 β（P）之间的夹角；

在实际应用中，最常用的发射方式有两种：即

水平发射线圈（X 向的水平磁偶极子），此时管线中感应产生的电流为：

$$I_x=C\frac{\cos\alpha}{r}=C\frac{1}{r}\cdot\frac{h}{r}=C\frac{h}{x^2+h^2} \tag{3}$$

垂直发射线圈 Z 向的垂直磁偶极子，此时管线中感应产生的电流为：

$$I_z=C\frac{1}{r}\cdot\frac{x}{r}=C\frac{x}{x^2+h^2} \tag{4}$$

当管线在地面的投影位置 O 点处 $X=0$、代入 3.0.12-5 式，则得

$$I_x=C\frac{1}{h}\qquad h=C\frac{1}{I_x} \tag{5}$$

由（5）式可见，管线中的感生电流 I_x 与管线的埋深 h 成反比，即当管线埋深越大时，管线中的感生电流 I_x 越小，其变化值也小。因此，据其数值变化规律来定位、定深误差必然加大。故在其他条件不变的情况下，平面位置及埋深测定的误差与管线的埋深有关。因此，新《规程》制定的隐蔽管线点探查精度，其平面定位和埋深的限差与管线埋深成正比，这更符合电磁场分布规律的特点，弥补了原《规程》规定的不足；

2）已公布实施的有关城市地方标准：

广州、大连、上海、温州、杭州等城市先后制定的地下管线普查技术规程中规定的探查精度列于表 2 中。

表 2 地方标准探测精度

地下管线中心埋深（m）	水平位置限差（cm）	埋深限差（cm）
$h\leqslant 1$	10	±15
$1<h\leqslant 2$	±15	±（5+0.1h）
$h>2$	±20	±（5+0.1h）

从表 2 中可以看出：

① 探查限差不分等级，是以管线中心埋深来划定限差。

② 水平位置限差不再加常数，使用方便，但埋深大于 2m 的管线其水平位置探查限差为 20cm，这在实际探查工程中有一定难度。

③ 埋深大于 1m 的管线，其埋深限差中仍存有一个加常数，在实际应用中不够方便、直观。

3）地下管线探测工程实践：

全国许多城市已先后完成了地下管线普查工作，在一些主管单位支持下；施工单位配合下，“规程”编写组收集了许多城市在地下管线普查时进行质量检查的大量数据。举例如下：

① 广州市地下管线探测，其隐蔽管线点探查精度检验采用重复探查和开挖探查结合方式进行，由作业组自检和工程监理部门分别进行。以工程监理检验为例，见表 3

表 3 广州地下管线探查精度一览表

项目		总数（点）	检查量（点）	抽验率（%）	精度（cm）		
					最大值	最小值	平均值
明显点检查（埋深）		244521	2681	1.1%	±2.49	±0.77	±1.73
隐蔽点重复检查	平面位置	216838	2597	1.2%	±5.66	±0.98	±3.70
	埋深				±8.22	±2.14	±5.24
隐蔽点开挖检查	平面位置	216838	2277	1.1%	±7.38	±2.21	±3.64
	埋深				±8.56	±1.95	±4.81

广州地下管线埋深一般都在 0.5～2m 之间，从上表精度统计表明，均能满足规程中规定的探查精度要求。

②温州市地下管线探测，其隐蔽管线点探查精度采用重复探测方式进行。整个测区重复探测精度列于表 4 中及表 5 中。

表 4 隐蔽管线点重复探测精度统计表

精度 项目	中误差	限 差
平面（cm）	±2.5	5.8
埋深（cm）	±4.1	7.9

表 5 不同深度隐蔽管线点复测精度统计表

深度 h（m）	$h \leqslant 0.7$	$0.7 < h < 1.4$	$1.4 < h \leqslant 2.1$
平面中误差（cm）	±2.1	±2.7	±4.9
埋深中误差（cm）	±3.0	±4.3	±6.3

由上二表可见：i 整个测区内管线埋深中误差均大于平面中误差；

ii 随管线深度加大其相应的平面及埋深中误差亦增大；

iii 平面及埋深中误差均满足规程中规定的精度要求。

③石家庄市地下管线普查物探监理各区隐蔽管线点探查精度。

石家庄市地下管线普查任务由多个单位分区承担，监理工作由广州市城市信息研究所有限公司监理组负责。监理组本着随机抽样、均匀分布和有代表性的原则对各测区物探探查质量进行检查，对隐蔽管线点用管线仪进行同精度重复探查，能开挖的地段进行开挖探查，即将 5 个测区隐蔽管线点探查质量检查的结果列于表 6 中。

4）调研征集到的意见。

原“规程”自 1995 年 7 月施行以来，对指导、监督地下管线探测工程施工、保证工程质量起了重大作用。随着我国科技及市政建设的飞速发展，地下管线探查的方法技术也越来越成熟，工程项目也日益增多。通过多年的工程实践，许多从事地下管线探查的单位及技术人员，对规程的修编提出了宝贵的建议。这些建议归纳起来主要为：原规程中城市地下管线探测的隐蔽管线点的探查精度指标规定使用不太方便，不实用，应进行修改。

表 6 物探监理各区隐蔽管线点探查精度统计表

方式	项目	精度 \ 测区	04	06	10	11	12	16	17
复测	平面（cm）	中误差	4.1	1.9	2.5	2.4	2.4	1.2	2.9
		限差	7.5	6.6	7.1	7.1	6.6	7.3	7.5
		最大误差	9	6	9	7	5	4	8
	埋深（cm）	中误差	4.6	4.1	6	4.3	5.6	6.8	8.0
		限差	11.6	8.6	9.7	9.5	8.8	10.6	9.9
		最大误差	11	20	18	14	22	22	31
开挖	最大误差（cm）	平面		13	37	23	36	7	9
		埋深		19	10	17	15	27	18

由表可见：i 复测检查时埋深中误差及最大误差均大于平面位置中误差及最大误差。

ii 开挖检查时的平面及埋深中误差与最大误差均大于复测时的误差。

iii 复测和开挖检查的平面及埋深的探测精度均能满足规程中规定的隐蔽管线点探查精度。

特殊工程是指一些工程对探查精度要求超出了本规程第 3.0.12 条第 1 款规定的限差值，如桩基工程对管线平面位置精度要求高，顶管工程对管线埋深精度要求高，个别被探管线因其材质、结构特殊呈非良导体，探查难度大，这类特殊工程的探查精度，可由委托方与承接方共同商定。其达成一致的精度指标，应标注在委托协议或合同中。

2 本款规定了直接测解析坐标和高程的管线点的点位中误差和高程中误差。管线点的点位中误差是指裸露的管线中心点和检修井井盖中心等测点相对于邻近解析控制点而言的，管线测点的坐标大多数采用极坐标法施测，按传统的经纬仪测角钢尺量距的情况来说，其测量误差，包括测角误差、量距误差和取点误差。测角误差包括仪器对中、照准、读数误差，前后视目标的对中误差，起算方位角误差等，按 DJ_6 级仪器观测一测回的测角中误差 $m_\beta \pm 90''$ 计。钢尺量距误差包括尺长、温度、倾斜未改正及拉力、读数等误差，按量距长度 $D=50\text{m}$ 双次丈量实际相对中误差 $T=1/2000$ 计。另外，还有一个取点误差，主要是目估取管道中心（尤其是取大管径的弯管中心）或检修井井盖中心不准，还有弯曲管线的概括误差，特别是直埋电缆下线后在沟道中呈蛇曲状，但多取沟道中心作为管线中心，其误差可想而知，此项中误差按 $m_k=3cm$ 考虑，则管线测点的点位中误差 m_p 估算得：

$$m_P=\sqrt{\left(\frac{m_P}{\rho''}D\right)^2+\left(\frac{D}{T}\right)^2+mh^2}$$

$$=\sqrt{\left(\frac{90''\times 5000}{206265''}\right)^2+\left(\frac{5000}{2000}\right)^2+3^2}$$

$$=4.5cm \qquad (6)$$

本规范取用为5cm。

管线点的高程中误差是指裸露的管线的管外顶或管内底高程以及检修井井沿的高程测点相对于邻近高程控制点而言的，管线测点的高程大多数采用图根水准路线将测点作为转点或用中视法施测，目前实施地下管线数字化成图的单位，则采用光电测距三角高程方法由高程控制点单向测定，光电测距三角高程导线的精度已能替代四等水准和图根水准测量的精度，测定管线细部点高程不成问题。采用光电测距三角高程方法测定管线点的高程中误差按下式（大气折光的影响忽略不计）计算：

$$m_h=\pm\sqrt{\left(\frac{D}{\cos^2\alpha_v}\cdot\frac{m_{\alpha_v}^n}{\rho''}\right)^2+(tg\alpha_v\cdot m_D)^2+m_i^2+m_v^2} \qquad (7)$$

式中 D——测距水平距离；

α_v——垂直角观测值；

m_{α_v}——垂直角测角中误差；

m_D——测距中误差；

m_i——仪器高量取中误差；

m_v——棱镜高量取中误差。

按《城市测量规范》CJJ8—99 在第 7.5.10 条第 3 款中规定数字测图测距长度不应超过 150m，即 $D=150m$，如 $\alpha_V=5°$，全站仪观测半测回，取 $m_{\alpha_v}=\pm30''$，$m_D=\pm10mm$ 计，m_i、m_v 均按 $\pm10mm$ 计，这些数据代入上式得：

$$m_R=\pm26.2mm$$

所以，管线点高程测量中误差取用为±3cm。

3 地下管线图是采用解析法测绘和计算机辅助成图，因此影响地下管线成图精度的因素包括：地下管线点探查中误差 $m_{探}$（取定位最大限差的 0.5 倍，为图上 0.2mm）、地下管线点和地物的测量中误差 $m_{测}$（取图上 0.1mm）、方格网展绘误差 $m_{格}$（取图上 0.15mm）、线划概括误差 $m_{线}$（取图上±0.15mm）。故地下管线与邻近地物的间距中误差为：

$$m_{(物)}=\sqrt{m_{探}^2+2\times(m_{测}^2+m_{格}^2+m_{线}^2)} \qquad (8)$$

$$=\sqrt{0.2^2+2\times(0.1^2+0.15^2+0.15^2)}$$

$$=\pm0.39mm$$

相邻地下管线的间距中误差为：

$$m_{(线)}=\sqrt{2\times(m_{探}^2+m_{测}^2+m_{格}^2+m_{线}^2)} \qquad (9)$$

$$=\sqrt{2\times(0.2^2+0.1^2+0.15^2+0.15^2)}$$

$$=\pm0.44mm$$

综合地下管线图的平面精度，除上述理论推导、还根据资料分析，采用解析法的各项垂距中误差如表 7

表 7 解析法综合地下管线图的各项垂距中误差

（图上单位：mm）

项 目	1∶500	1∶1000	1∶2000
管线与邻近建筑物垂距中误差	±0.47	±0.40	±0.38
两相邻近平行管线的垂距中误差	±0.44	±0.33	±0.30
管线与规划路中的垂距中误差	±0.35	±0.29	±0.27

表列数值考虑地物的修测误差、管线的拼接误差等，若适当顾及，则各项垂距中误差规定不应大于图±0.5mm。

因此地下管线图上实际地下管线位与邻近地物及相邻地下管线的间距中误差不得大于图±0.5mm。

3.0.13 本条规定了地下管线探测前应收集的资料内容。作业单位在接受探测任务后，在野外作业前应先取得测区内已有地下管线资料和测绘资料，以便更好掌握测区现况利于作业。作业单位还应主动与有关管线权属单位取得联系和配合。

3.0.14 本条规定了现场踏勘的内容。作业单位在进场前，要先对作业范围进行现场踏勘，了解作业区内的各种情况和自然条件，核查分析已有各种资料的可利用程度，以指导野外生产，合理安排工程进度，制定切合实际的施工设计方案。

3.0.15 本条规定了编写技术设计书的内容。作业单位在作业区内，选择若干有代表性的路段，采用各种仪器和方法，进行探查方法试验，然后再有针对性地按本条内容要求，编写技术设计书，确定合适的探查方法。技术设计书经用户单位审定后方可进场作业。

3.0.16 本条规定了地下管线普查的作业方法和管理模式。建设部于 1994 年发出“关于加强城市地下空间规划管理的通知”，要求各地城市规划部门必须加强对规划区地下空间和各地下工程建设（包括人防地下工程）的规划与管理工作，使城市地下空间与地面建设协调配合，构成一个有机整体。因此通过城市地下管线普查，要达到查清地下管线现状，建立城市完整的、准确的、科学的地下管线信息管理系统并实行动态管理的目的；一个城市在决定开展地下管线普查前，首先要按照上述要求来确定自己的具体目标，根据所能具备的条件，选择最经济和科学合理的普查技术方案与工作模式，这是决策的关键。如果仅仅考虑近期目标或方案未认真进行论证便组织普查工作，将会最终导致普查流于形式。

城市地下管线普查从组织来说，涉及不同系统的管线权属单位和不同技术水平的普查作业单位；从技术上来说，涉及多学科、多专业，因此是一项综合性和技术性很强的系统工程，需要有一个科学的决策和权威的领导机构来统一领导和组织实施。这各领导机构要由行政领导，也要有技术专家共同组成。以利于发挥更好的管理效应。

3.0.17 本条规定了地下管线普查的内容，地下管线普查不仅仅是地下管线探测，还要通过探测获取管线数据，查清了历史以来的管线状况，重新建立档案，同时建立地下管线信息系统并实行新建管线的竣工测量，及时更新数据，才真正能够达到为城市规划建设提供准确、完整的基础资料与实现现代化管理的目的。

3.0.18 本条阐明了地下管线现况调绘的作用和目的。城市地下管线现况调绘，是指在开展地下管线探测作业前，根据已有的地下管线竣工资料、施工资料、设计资料等，将已有地下管线现况标绘在1∶500地形图上，作为野外探测作业的参考，减少实地探查作业的盲目性，提高野外探查作业的质量和作业效率。同时，为地下管线探查作业提供有关地下管线的属性依据（如管径、管材、埋设年代、权属单位等）。

现况调绘是地下管线普查的前期工作，是城市地下管线普查的基础。埋设在城市道路下的各类地下管线纵横交错，在实地探查作业中，由于相邻管线信号的干扰和影响，致使管线探查的难度加大，现况调绘资料的提供，可指导探查作业进行，利于综合分析判断，提高地下管线探查的精度。

3.0.19 本条规定了地下管线现况调绘的技术要求。城市地下管线现况调绘一般由城市地下管线普查主管部门向各专业管线权属单位下达现况调绘任务，管线权属单位根据下达现况调绘的任务、范围和技术要求，组织熟悉管线敷设情况的专业技术人员进行已有地下管线现况调绘工作。目前城市的各类专业地下管线分属各个不同部门、单位管理，因此，现况调绘工作由各权属单位负责，有利于资料的充分利用和收集。

目前，国内多数城市地下管线敷设年代早、经历时间长。加上缺乏对管线资料管理。资料不全或丢失等，应尽量向熟悉管线敷设情况的老工人和老一辈技术人员调查了解和进行补充。

3.0.20 本条规定了地下管线现况调绘的技术要求。现况调绘图主要根据地下管线的竣工资料进行编绘。编绘方法一般有如下两种：

1 解析法

解析法是根据地下管线竣工资料所提供的地下管线的平面坐标及高程数据，转绘在工作底图上，并将地下管线的平面坐标及高程数据整理、装订成册。

2 几何作图法

几何作图法是根据地下管线竣工图，依据地下管线与道路边线、邻近地物或其他参照物的间距或相关的距离等相互关系，用支距法或交会法将管线特征及附属设施中心点转绘到工作底图上，再将有关管线点进行连线，形成现况调绘图。

按比例编绘现况调绘图时，要考虑图纸晒印的变形并加以改正。

地下管线现况调绘的编绘，如无管线的竣工资料，一般可根据管线的设计资料及施工资料进行编绘，编绘的方法与上述一致。如无任何资料时，可请当时参与地下管线设计施工的工作人员或其他熟悉情况的人员回忆介绍情况，根据回忆的情况，将管线的大致位置标绘在工作底图上。

地下管线现况调绘图编绘完毕后，还应根据地下管线的属性资料在现况调绘图上标注管线的属性，如材质、规格、埋深、载体特征、电缆根数、流向电压、埋设年代等。

现况调绘图上各项属性和名称注记，是编制普查成果的依据，是外业无法查明的，因此要求由各权属单位调查并必须注记完全和准确。

3.0.21 本条规定了地下管线探测工程质量管理要求。勘测行业对勘测成果的质量管理一般是采用三级检查验收制度，即作业组自检、部门各作业组间互检和施工单位主管部门复检。勘测行业经过多年的实践制定了一系列勘测成果质量管理制度和标准，特别是近几年推行全面质量管理，形成了较为完善的质量管理体系。但对于城市地下管线普查这种应用多种高新技术、工艺复杂、质量要求高的系统工程，仅要求作业单位完成规定的自检量还不够，实践证明，应采用普查工程监理，不仅可以促使普查施工队伍建立和完善内部质量管理体系，而且由于普查监理工作贯穿于普查工程作业（包括技术设计和方法试验）的全过程，是在施工队伍内部质量管理体系运作的基础上，对普查作业各工序作业质量、中间成果和最终成果，采用作业巡视和抽样检查等方法进行监控，从而达到了对普查工程作业质量和最终普查成果质量进行事先控制和验证，因此，在普查工程监理的基础上进行普查成果验收，可以对普查成果质量做出比较全面和客观的评价。

在城市地下管线普查中引入工程监理机制，是建立和完善地下管线普查质量体系、提高普查工程质量的需要。通过普查工程监理，普查组织机构可以对普查作业全过程进行各工序的质量控制和验收，达到全面了解、掌握和控制普查施工队伍质量管理体系的运作情况、普查作业质量情况和普查成果质量情况，对普查工程作业全面、客观评价，为普查成果验收提供可靠的依据。

工程监理的工作内容与程序一般为：

1 工程合同监理。在施工队伍进行踏勘、技术设计直至提交成果的全过程中，监督工程合同的履行，并协助施工队伍作好进场前的有关准备工作；

2 作业监理。从施工队伍进行测区踏勘开始直至成果成图编制的内、外业全过程中进行监理；

3 计算机成果监理。成果监理就是采用专业软件对施工队伍提交的数据软盘进行数据转换，此项工作是在施工队伍进行数据处理、数据转换的过程中，以及测绘作业建立完成后，施工队伍提交计算机成果时进行。经计算机成果监理合格后的数据直接进入地下管线数据库；

4 档案资料管理。此项工作是在施工队伍进行资料整理、组卷、装订的过程中，及提交全部成果资料时，对档案资料进行全面核对检查。其内容包括档案完整性检查、组卷方法检查、档案资料质量及载体规格检查、编目检查及档案目录检查等；

5 编写工程监理报告。工序监理工作完成后，各工序监理负责人应签署监理意见，提交本工序监理情况报告，由总监理编写测区工程监理报告。

1）任务概况；

2）监理工作概况；

3）发现的主要问题及处理情况；

4）对遗留问题的处理意见；

5）成果资料（包括：成果资料是否齐全、组卷装订是否符合要求、数据格式是否符合建库要求、软盘数据、文件与成果是否一致）；

6）精度统计和质量评定。

3.0.22 本条规定了地下管线普查成果管理的要求。城市地下管线是一个动态的信息源，城市建设的日新月异，地下管线也不断增加，原有不适应城市发展要求的管线要更新，如果不能使原有数据库能及时反映现况，将失去普查的意义。为保证地下管线普查成果的现势性，本条规定由城建档案管理部门对归档后的普查成果资料进行动态管理。有关部门将制定相应的管理规定，报建、竣工测量验收及资料档案归档，制定系统数据更新等制度或规定，以保证动态管理的实施。

3.0.23 本条规定了地下管线普查数据采集的数据格式要求。随着城市现代化建设的发展，必须要求城市管理实现现代化，因此必须建立地下管线数据库，实现地下管线的现代化管理。地下管线数据库的建立应以普查成果为基础，根据普查工作的进展分期分片进行。建库时如果采用非本次普查的成果资料、或者在更新补充时进入数据库的资料，均必须符合本规程的要求，以保证数据库的准确性和资料、数据、精度等的规范性。

规定统一的数据格式是建立地下管线数据库和计算机信息系统的前提条件。作业单位使用设备采集数据时，应按本规程规定的计算机数据格式记录与存储数据，这有利于一阶段的验核和验收工作。若外业采集数据不能遵循规定的格式时，也可在内业进行数据处理时，将数据转换为规定的格式。

4 地下管线探查

4.1 一般规定

4.1.1 本条规定了地下管线探查的任务及其与测量之间的分工和衔接关系。探查的任务是在现场查清各种地下管线的敷设情况、在地面上的投影位置及埋深等，绘制探查草图并在地面上设置管线点标志，以便测量管线点的坐标及高程，或进行地下管线图的测绘。地下管线测量工作的任务是建立测量控制，进行管线点连测，测得管线点的坐标和高程，或进行地下管线图的测绘。因此，探查和测量是地下管线探测的两个相互紧密衔接的不同阶段。在实施时可以分工，紧密配合。

4.1.2 本条规定了地下管线点的设置要求。地下管线探查中管线点的设置应尽量置于管线的特征点或其地面投影位置上，这样有利于控制管线点的敷设状况。特征点包括：交叉点、分支点、转折点、起讫点、变深点、变径点、变材点、上杆、下杆以及管线上的附属设施的中心点等。如果管线坡度或直径是渐变的，则可将特征点设置在变化最大的地方或变化段的中点。

4.1.3 本条规定了管线点间距的要求。如果在走向较稳定的管线段上没有特征点，则也应按一定间距设置管线点，以控制管线的走向。管线点的间距应根据探测任务的性质和管线的复杂程度而定。本条推荐了不同探测任务的管线点间距标准。

4.1.4 本条规定了地下管线探查方法的基本原则，就是采用实地调查与仪器探测相结合的方法。对于明显管线点，主要采用实地调查和量测。隐蔽管线点主要采用仪器探测，必要时配合开挖验证等。

4.1.5 本规程中规定，管线点的编号和标记宜采用由管线代号和管线点编号二部分组成的符号表示。管线代号采用两个汉语拼音字符组成，只有氢（Q）和氧（Y）用一个汉语拼音字符。管线点编号用阿拉伯数字标记。例如：JS2 表示给水管道的第 2 号管线点。

4.1.6 本条规定了野外作业时探查记录填写、探查草图绘制等的有关要求。探查记录中的数据或内容确需修改更正时，应在错误的数据或内容上划一横线“——”，在其旁边填写正确的数据或内容，以便于对照。

4.2 实 地 调 查

4.2.1 本条规定了实地调查的任务：在明显管线点上对所出露的地下管线及其附属设施置作详细调查、记录和量测，填写管线点调查表（附录B.0.1）。本条规定了地下管线实地调查的项目。各种地下管线，其实地调查的项目也有所不同，可参考表4.2.1。

4.2.2 本条规定了实地调查应查明每一条管线的性质和类型，其中燃气和工业管道应分出压力大小、类别，电力电缆应分出低压、高压或超高压等。

4.2.3 本条规定了明显管线点量测的方法和精度要求。

4.2.4 本条阐明了地下管线的埋深、类型和量测方法。在明显管线点上量测地下管线埋深时，应根据不同类别或委托单位的要求量测不同的埋深。地下管线的埋深可分为内底埋深、外顶埋深和外底埋深。内底埋深是指管道内径的最低点到地面的垂直距离。外顶埋深是指管道外径的最高点到地面的垂直距离。外底埋深是指管线外径的最低点到地面的垂直距离。在市政公用管线探测时，一般情况下，地下沟道中自流的地下管道量测其内底埋深，而有压的地下管道量测其外顶埋深。直埋电缆和管块量测其外顶埋深，管沟量测其内底埋深。为地下隧道或顶管工程施工而进行的地下管线探测，主要是为了防止地下隧道和顶管施工引起管线的破损，为安全可靠，应量测所有管线的外底埋深。

4.2.5 本条规定了在窨井上设置管线点的要求。一般情况下，在上设置管线点时，其位置应设在井盖中心。当偏距大于0.2m时，应以管线在地面的投影位置设置管线点，窨井作为专业管线附属物处理。

4.2.6 本条规定了地下管道和管沟量测的要求。量测地下管沟断面尺寸时，圆形断面量测其内径，矩形断面量测其内壁的宽和高。

4.2.7 本条规定了地下管道应查明其材质。这是建立地下管线信息管理系统的属性信息之一，也是地下管线管理和维护的重要信息。

4.2.8 本条规定了管沟或管块探查要求。在管沟或管块内的电力电缆或电信电缆应查明其根数或管块孔数。

4.2.9 本条规定了明显管线点探查的要求。在明显管线点上应查明其建、构筑物及地下管线的附属设施或管件。

4.2.10 本条规定了缺乏明显管线点的探查要求。工区内缺乏明显管线点或在已有明显管线点上尚不能查明实地调查须查明的项目时，应邀请熟知本地区地下管线的人员参加，或开挖地下管线进行实地调查和量测，熟知有本地区地下管线的人员包括：管线管理部门所属区段的管理人员，曾参加规划、设计、施工和管理本地区管线的人员以及当地居民等。

4.3 地下管线探查物探方法和技术

4.3.1 本条规定了用于探查隐蔽地下管线的物探方法所必须具备的条件。

4.3.2 本条规定了在地下管线探查过程中应遵循的几项基本原则：

1 从已知到未知。不论采用何种物探方法，都应该在正式投入使用之前，在区内已知地下管线敷设情况的地方进行方法试验，评价其方法的有效性和精度，然后推广到未知区开展探查工作；

2 从简单到复杂。在一个地区开展探查工作时，应首先选择管线少、干扰小、条件比较简单的区域开展工作，然后逐步推进到相对复杂条件的地区；

3 如果有多种方法可以选择来探查本地区的地下管线，应首先选择效果好、轻便、快捷、安全和成本低的方法；

4 在管线分布相对复杂的地区，用单一的方法技术往往不能或难于辨别管线的敷设情况，这时应根据相对复杂程度采用适当的综合物探方法，以提高对管线的分辨率和探测结果的可靠程度。

4.3.3 本条阐明了物探方法选择应顾及的因素。地下管线探查的物探方法较多，应根据任务要求、探查对象、当地地球物理条件和实际情况，并通过试验来选择。各种物探方法有其适用范围和优缺点，列于附表C中。

4.3.4 本条规定了在仪器探查工作开始前，应首先进行方法试验。方法试验应在探查区或其邻近的已知管线上进行。方法试验的目的是确定方法技术和所选用仪器的有效性、精度和有关参数。在用电磁感应法探查时，通过方法试验确定最小收发距、最佳收发距、最佳发射频率和功率、最佳磁矩，并确定定深修正系数。由于不同类型的管线探查仪器在不同地球物理条件的地区，方法技术的效果不同，因此应分别进行试验。在地下管线探查过程中遇到的不同管线情况或疑难问题，应随时进行方法试验，提高探查精度。

通过方法试验确定有关参数的具体方法如下：

1 最小收发距：在地下无管线、无干扰的正常地电条件下，固定发射机位置，将发射机置于正常工作状态，接收机沿发射机一定走向，观测发射机场源效应的范围、距离。然后改变发射机功率，确定不同发射功率的场源效应范围、距离。当正常探查管线时，收发距应大于该距离，即最小收发距；

2 最佳收发距：将发射机置于无干扰的已知单根管线上，接收机沿管线走向不同距离进行剖面观测，以管线异常幅度最大、宽度最窄的剖面至发射机之间的距离为最佳收发距。不同发射功率、不同工作频率及不同被探管线的敷设情况的最佳收发距亦不相同，需分别进行测试；

3 最佳发射频率：固定最佳收发距及发射机功率，接收机在最佳收发距的定位点上，改变发射机频率进行观测，视接收机偏转读数及灵敏度来确定最佳发射频率；

4 发射功率：固定最佳收发距及发射频率，接收机在最佳收发距的定位点上改变发射机不同功率视接收机读数满偏度及灵敏度来确定最合适的发射功率。

5 发射磁矩：对于发射线框封闭固定的仪器，无须选择。但对一些地球物理专业自制的仪器，可通过改变磁矩视接收机读数满偏度及灵敏度来确定发射磁矩。同时要确定出发射机在某一磁矩（频率、电流固定）条件下，发射机与接收机之间最小观测距、最佳观测距。

4.3.5 本条阐明了金属管道和电缆探查的方法。探查金属管道和电缆时，应根据管线类型、材质、埋深、管径、出露情况、接地条件及干扰因素来选择探查的方法。在目前技术条件下，简便、有效、快速地搜索金属管线的方法是磁偶极感应法。这种方法的基本原理是将发射机产生的交变电流信号输入发射线圈，使其周围产生电磁场，当地下存在金属管线时，金属管线在电磁场的激发下产生二次电磁场，用接收线圈接收二次电磁场，就可以发现地下金属管线。这种方法发射和接收都不需要接地，因此操作灵活方便，工作效率高，效果好，而且可根据需要灵活改变发射线圈和接受线圈的方位和位置，适应各种不同的情况，取得最佳接收效果。

4.3.6 本条阐明了非金属管道的探查方法。探查非金属管道是一个技术难题。经过多年的试验与应用，电磁波法（亦即地质雷达）是探查非金属管道快速有效的方法之一。它是利用脉冲雷达系统，连续向地下发射脉冲宽度为毫微秒级的视频脉冲，然后接收从管壁反射回来的电磁波脉冲信号。电磁波法对金属管线或非金属管道都是有效的。其他方法如电磁感应法、弹性波法、电阻率法等也可用于搜索非金属地下管线，但电磁感应法只适用于钢筋混凝土管；电阻率法、弹性波法要有相应的施工条件，所以在城市道路上不方便。对钢筋混凝土结构的非金属管道，当其埋深不太大时，亦可采用磁偶极感应法，当其有出入口时，可采用示踪电磁法。

4.3.7 本条阐明了盲区探查管线的方法和要求。在盲区用磁偶极感应法搜索地下管线的方法。可采用两种工作方式：

1 平行搜索法。发射线圈可以呈水平偶极发射状态垂直放置，也可呈垂直偶极发射状态水平放置，发射机与接收机之间保持适当的距离（应根据方法试验确定最佳距离），两者对准成一直线，同时向同一方向前进。接收线圈与路线方向垂直，使其无法接收直接来自发射机的信号。当前进路线地下存在金属管线时，发射机产生的一次场会使该金属管线感应出二次电磁场，接收机接收到二次场便发出信号或在仪器表头中指示地下管线的存在位置；

2 圆形搜索法。原理同平行搜索法，其区别是发射机位置固定，接收机在距发射机适当距离的位置上，以发射机为中心，沿圆形路线扫测。水平偶极发射时，扫测要注意发射线圈与接收线圈对准成一条直线。此法在完全不了解当地管线分布状况的盲区搜索时最为有效、方便。

搜索电力电缆亦可采用工频法。这种方法是直接测量电力电缆本身的工频（50Hz）信号及其谐波在其周围形成的电磁场信号，达到搜索电力电缆的目的。

4.3.8 本条推荐了用电磁感应类管线仪定位的两种方法：极大值法和极小值法。两种方法宜综合应用，对比分析，确定管线位置。

1 极大值法：极大值法包括 ΔHx 极大值法、Hx 极大值法。ΔHx 是利用管线仪垂直线圈测量电磁场的水平分量之差，利用其能消除部分干扰的影响，且异常曲线形态幅度较大，宽度较窄，失真较小，所以利用 ΔHx 极大值法确定地下管线的平面位置较好（见图 2*a*）。当管线仪不能观测 ΔHx 时，可用水平分量 Hx 极大值法定位，Hx 极大值法异常幅度大且宽，异常易被发现（见图 2*b*）。ΔHx、Hx 的极大值处均为管线的地面投影位置；

2 极小值法：极小值法是利用管线仪水平线圈测量电磁场的垂直分量 Hz，由于在管线正上方垂直分量 Hz 等于零，故在地下管线正上方为极小值，或零值（见图 2*c*）。有些部门称此法为“零值法”或“哑点法”。Hz 受来自垂直地面干扰或附近管线异常干扰的影响较大，故用极小值法定位有时误差较大，所以，极小值法定位应与其他方法配合使用。

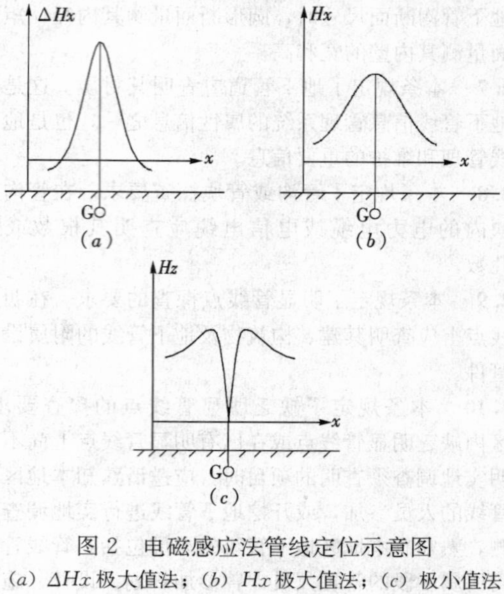

图 2 电磁感应法管线定位示意图

(*a*) ΔHx 极大值法；(*b*) Hx 极大值法；(*c*) 极小值法

4.3.9 本条推荐了管线仪定深的方法及要求。定深方法有特征点法（ΔHx 百分比法、Hx 特征点法）、直读法及45°法等。

1 特征点法

利用垂直管线走向的剖面，测得的管线异常曲线峰值两侧某一百分比值处两点之间的距离与管线埋深之间的关系，来确定地下管线路埋深的方法称其为特征点法。不同型号的仪器，不同的地区，可选用不同的特征点法。

1）ΔHx70％法：ΔHx 百分比与管线埋深具有一定的对应关系，利用管线 ΔHx 异常曲线上某一百分比处两点之间的距离与管线埋深之间的关系即可得出管线的埋深。有的仪器由于电路处理，使之实测异常曲线与理论异常曲线有一定差别，可采用固定 ΔHx 百分比法（如图3*a*的70％法）定深；

2）Hx 特征点法：

①80％法：管线 Hx 异常曲线在80％处两点之间的距离即为管线的埋深（见图3*b*）；

②50％法（半极值法）：管线 Hx 异常曲线在50％处两点之间的距离为管线埋深的两倍（见图3*b*）。

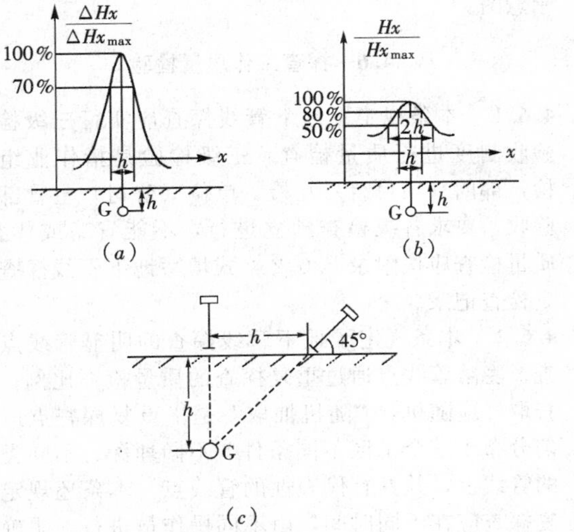

图3 管线定深示意图

（*a*）ΔHx70％法；（*b*）Hx80％、50％法；（*c*）45°法

2 直读法：有些管线仪利用上下两个线圈测量电磁场的梯度，而电磁场梯度与埋深有关，所以可以在接收机中设置按钮，用指针表头或数字式表头直接读出地下管线的埋深。这种方法简便，且在简单条件下有较高的精度。但由于管线周围介质的电性不同，可能影响直读埋深的数据，因此应在不同地段、不同已知管线上方通过方法试验，确定定深修正系数，进行深度校正，提高定深的精确度；

3 45°法（见图3*c*）：先用极小值法精确定位，然后将接收机与地面成45°状态进行垂直管线移动测量，“零值”点与定位点的距离为地下管线埋深。因有些常用管线仪未对本方法作针对性精确设计，在现场作业时难以把握其与地面成45°，对于此类管线仪一般在实际工作中不宜采用45°法。如果管线仪进行了针对性设计则可使用45°法。

除了上述定深方法外，还有许多方法。方法的选用可根据仪器类型及方法试验结果确定。不论用何种方法，均应满足表第3.0.12条第1款的要求。为保证定深精度，定深点的平面位置必须精确；在定深点前后各4m范围内应是单一的直管线，中间不应有分支或弯曲，且相邻平行管线之间不要太近。

4.3.10 本条推荐区分两条或两条以上平行管道或电缆时可采用的方法及具体做法。被测金属管线邻近管线分布较复杂时，可采用直接法或夹钳法。直接法是将发射机的输出端直接接到管线上，使发射信号直接输入管线，而不是通过线圈感应在管线中产生二次电流。直接法有三种连接方式：双端连接、单端连接和远接地单端连接（见图4）。双端连接效果较好，且可在复杂管线分布的条件下分辨单根管线，但必须有两个管线出露点。单端连接只需一个管线出露点，发射机的另一端在附近接地。当地下管道的接合部分为不良导体时，可采用远接地单端连接方式。

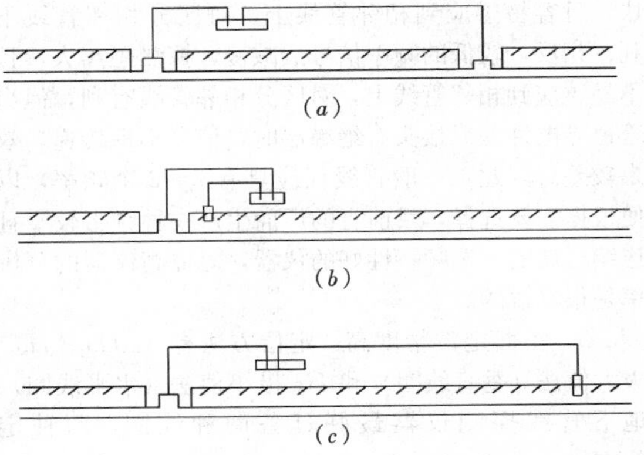

图4 直接法区分平行管道

（*a*）双端连接；（*b*）单端连接；（*c*）远接地单端连接

4.3.11 本条规定采用直接法或充电法时的方法技术要求。无论是直接法或充电法，金属管线上的充电点与连接导线要有良好的电性接触，因此必须将金属管线上的绝缘层刮干净。接地电极的布设应合适。一般分布设在垂直管线走向的方向上，距离大于10倍埋深的地方，并尽量减小接地电阻。

4.3.12 本条规定采用电磁感应法探查管线时的操作方法以及减小干扰的方法，减小干扰的方法须经方法试验确定，如：探查钢筋混凝土地坪下的管线时，接收机应离地坪一定的高度，可减小钢筋网的干扰。

4.3.13 本条规定了野外作业时仪器操作应严格按

使用说明进行。并按照附录 B.0.2 格式填写探查记录。

4.4 探查仪器技术要求

4.4.1 选用哪种方法技术就应该采用与其相适应的仪器设备。在探测金属地下管线时，电磁感应类方法轻便灵活、异常清晰、工作效率高、成本低，因此管线仪一般都是根据电磁感应法原理设计制造的。

4.4.2 本条规定了管线仪应具备的性能。评价管线仪的优劣，应从适用性、耐用性、轻便性和性能价格比等几方面来评价。适用性是指仪器的功能、使用效果和适用程度，这是评价仪器优劣的基本标准。适用性好的仪器应具有以下特点：

1 功能多：既可作被动源法（50Hz 法或甚低频法），又可作主动源法（磁偶极感应法、电偶极感应法、直接法等），一机多用，这样在探测地下管线中可以根据不同情况灵活选用不同的方法。有的管线仪配备一些附件，如示踪探头或示踪电缆可以用于非金属管道的探测。

2 工作频率合适：选择合适的工作频率对探测效果有很大影响。较高的频率灵敏度高，对管道接头有绝缘层的铁管仍有较好的探测效果，但信号衰减快，且容易感应到相邻管线上，对区分相邻管线不利。相反，较低的频率信号衰减慢，探测距离大，且不易感应到相邻管线上，对区分相邻管线有利，但当管道导电性差或接头有绝缘层时，信号不易传递，效果较差。因此，一般管线仪应具有 2～3 个频率，以便根据需要选择，目前有的厂商生产一种频带较窄且连续可调的、选频特性好的仪器，对提高仪器的分辨率是很有益的。

3 平面定位精度高：定位方法有（ΔHx、Hx）极大值法（垂直线圈）和 Hz 极小值法（水平线圈）。地下管线探测仪器最好具备两种线圈，两种定位方法。

4 确定地下管线埋深的精度高：目前不少厂商生产可直读埋深的仪器，这对定深的操作是很方便的，但测量精度尚需通过方法试验确定，并应在方法试验时，求得定深的修正系数。

5 探测深度和探测距离大：仪器的最大探测深度取决于发射机的功率。好的管线仪发射机应有较大的输出功率，且是可调的，因为当接收机靠近发射机工作时，太大的功率使一次场信号太强，影响探测精度，功率可调就可以解决这个问题。

6 能在恶劣的环境下工作：一般应在−10℃至＋45℃的气温条件下及湿度较大的环境下正常工作。

7 有良好的显示功能，使操作员读数和操作方便。

除了仪器的适用性外，耐用性、轻便性和性能价格比也是很重要的评价标准。由于管线仪是在野外或现场工地上操作，必须坚固耐用，有良好的密封性能，工作稳定。同时，整套设备应轻便，使操作员手握仪器操作时比较舒适，长时间工作不感疲劳。

4.5 地面管线点标志设置

4.5.1 本条规定了管线点设置和标志选择的要求。为了便于测量管线点的坐标和高程，或作为施工开挖的实地标志，在管线点上应设立标志。设立标志的方法很多，如预制水泥桩、刻石、铁钉、木桩、油漆。选用什么标志方法应根据标志需保留的时间长短和地面的实际情况确定。

4.5.2 本条规定了管线点标志及编号的要求。标志的编号一般用油漆标记在标志附近较醒目的地方，并注意油漆标记的保留。

4.5.3 本条规定了管线点实地设置不易寻找时的探查要求。有时管线点标志被建筑物掩盖或处于草丛、杂物中难以寻找，或处于交通要道、水面下或居住区中易被遗失。对这类管线点应在探查记录表中注记其与附近固定地物标志之间的距离和方位，并绘制位置示意图。

4.6 探查工作质量检验

4.6.1 本条规定了地下管线探查应实行三级检查验收制度进行质量检查。三级检验是指作业组自检，部门（项目组）互检、单位（公司）主管部门验收。要求各级检查独立进行，不能省略或代替。质量检查应按附录 B.0.2 格式填写地下管线探查质量检查记录。

4.6.2 本条规定了地下管线探查的明显管线点检查及隐蔽管线点通过重复探查的质量检查比例；检查取样应随机，“随机抽取”是指重复探查点应均匀分布于整个工区不同条件、不同埋深、不同类型的管线上，并具有代表性的管线点。本条还规定重复探查应在不同时间，由不同操作员进行。明确了检查内容包括管线点的几何精度检验和属性调查结果检验。

4.6.3 本条规定了管线点的几何精度检查的要求。隐蔽管线点用仪器复查地下管线的平面位置和埋深。明显管线点应在地下管线出露点上重复量测埋深。用复查的结果分别计算中误差。隐蔽管线点的平面位置和埋深中误差不得超过本规程 3.0.12 第 1 款规定的 0.5 倍限差。本条中给出了相应的计算公式。明显管线点的重复量测埋深中误差不得超过±2.5cm。

4.6.4 本条规定了检查探查工作质量的方法。开挖验证是评价探查工作质量的主要方法。

开挖验证点应符合以下规定：

1　开挖验证的点数不得少于工区内隐蔽管线点总数的1%，且不少于3个；

2　开挖验证点应“随机抽取、均匀分布”，即要考虑到不同埋深、不同类型、不同探查条件有代表性的点进行开挖验证；

3　开挖出来的实际管线与探查管线点之间的水平位置偏差和埋深偏差不得超过本规程3.0.12第1款规定的限差。

探查工作质量评定方法：

1　超过限差的点数小于或等于开挖总点数的10%时，则工区探查质量合格；

2　当超差点数大于10%小于或等于20%时，应再抽取不少于隐蔽管线点总数1%开挖验证。两次抽取点总和中超差点小于或等于10%时，探查工作质量合格，否则不合格；

3　当超差点数大于总数20%时，分两种情况：一种情况是总点数大于等于10个，则质量不合格；另一种情况是总点数少于10个，则应增加开挖验证点到10个以上，再进行质量评定。

4.6.5　本条规定了地下管线探查除对管线点的水平位置和埋深进行检查外，还应对管线点的属性调查进行检查，检查内容包括规定调查的所有项目，并对照管线种类进行检查。如发现遗漏、错误应及时进行补充和更正，确保管线点属性资料的完整性和正确性。

4.6.6　本条规定了地下管线探查经质量检验不合格的工区，应对不合格原因进行分析研究，之后返工重新探查。

4.6.7　本条规定了地下管线探查结束应编写管线探查质量检查报告，检查报告的内容应包括：

1　工程概况：包括任务接受、工区概况、工作内容、作业时间及工作量。

2　检查工作概述：检查工作组织、检查工作实施情况、检查工作量统计以及存在的问题。

3　问题及处理意见：检查中发现的质量问题，提出整改措施，问题处理结果；限于当前仪器、技术条件，未能解决的问题，并提出处理建议。

4　精度统计：精度统计是质量检查工作的重要内容，其中包括最大误差、平均误差、超差点比例、各中误差及中误差限差的统计。

5　质量评价：应根据精度统计评定工程质量情况。

5　地下管线测量

5.1　一般规定

5.1.1　本条规定了地下管线测量的基本内容，便于规范作业。

5.1.2　本条规定了地下管线测量前，首先应对测区内的控制与地形资料进行收集，以充分利用已有测量成果资料，以免重复测量造成浪费。并规定对缺少控制和地形图的测区或新建立控制网和新测地形图的测区应按现行行业标准《城市测量规范》的规定实施，目的是保持地下管线测量成果坐标系统和地形图比例尺与城市测量的一致性，以便于成果数据共享和使用。

5.1.3　本条规定解析法和数字测绘法作为地下管线平面位置测量的基本方法。顾及当年科技进步与发展，测绘新技术在全国已普遍得到应用，同时为地下管线信息的科学化、标准化、规范化的管理创造条件，取消图解法测绘的方法。这与现行的行业标准《城市测量规程》规定的精神是一致的。

5.1.4　本条规定直接水准测量作为地下管线高程测定的基本方法，但随着全站仪、电子经纬仪和测距仪的广泛应用，规定电磁波三角高程测量也可以作地下管线高程测量的另一种方法。

5.1.5　本条规定地下管线图测绘的基本方法，除了常规测图方法外，由于科技的进步与发展，内外业一体化的数字测图方法，已经成为先进测图方法，得到普遍的推广与应用，将为地下管线测量数据的科学化存储和管理以及建立地下管线信息管线系统创造条件。

5.1.6　本条规定为确保地下管线测量的各项测量成果的质量。应按现行的行业标准《城市测量规范》CJJ8的有关要求对各项测量所使用的仪器与设备进行必要的检验与校正。

5.1.7　本条规定数字测绘的数据格式的基本要求，为了确保地下管线数据的计算机管理的需要，要求数字测绘的数据格式应符合地下管线信息管理系统入库要求。

5.2　控制测量

5.2.1　本条款规定了地下管线控制测量的基本方法和种类。规定了地下管线控制测量应在城市等级控制网的基础上进行布设或加密，以确保地下管线测量成果平面坐标和高程系统与原城市系统的一致性，以便于成果共享和使用；同时也避免重复测量造成不必要的浪费。地下管线控制测量应在城市的等级控制网的基础上布设GPS控制点；一、二、三级导线；图根导线。城市等级控制点密度不足时应按现行的行业标准《城市测量规范》CJJ8要求补测等级控制点。补测等级控制点应符合以下技术要求：

1　采用GPS技术布测地下管线控制点，可采用静态、快速静态和动态RTK等方法进行。其作业方法和数据处理按现行行业标准《全球定位系统城市测量技术规程》CJJ73的要求执行。

2　静态GPS测量应符合表8的技术要求：

表 8　GPS 测量的主要技术要求

等级	平均点距（km）	最弱边相对中误差（km）	闭合环或附合路线边数	观测方法	卫星高度角（°）	有效卫星观测数	平均重复设站数	观测时间（min）	数据采样间隔（s）
一级	1	1/20000	≤10	静态	≥15	≥4	≥1.6	≥45	10～60
				快速静态		≥5		≥15	
二级	≤1	1/10000	≤10	静态	≥15	≥4	≥1.6	≥45	10～60
				快速静态		≥5		≥15	

注：1　当采用双频机进行快速静态观测时，时间长度可缩短为 10min；
2　当边长小于 200m 时，边长中误差应小于 20mm；
3　各等级的点位几何图形强度因子 PDOP 值应小于 6。

3　一、二、三级光电测距导线应符合表 9 的技术要求。

表 9　光电测距导线的主要技术要求

等级	附合导线长度（km）	平均边长（m）	每边测距中误差（mm）	测角中误差（″）	导线全长相对闭合差
一级	3.6	300	≤±15	≤±5	≤1/14000
二级	2.4	200	≤±15	≤±8	≤1/10000
三级	1.5	120	≤±15	≤±12	≤1/6000

注：1　一、二、三级导线的布设可根据高级控制点的密度、道路的曲折、地物的疏密等具体条件，选用两个级别；
2　导线网中结点与高级点间或结点间的导线长度不应大于附合导线规定长度的 0.7 倍；
3　当附合导线长度短于规定长度的 1/3 时，导线全长的绝对闭合差不应大于 13cm；
4　光电测距导线的总长和平均边长可放长至 1.5 倍，但其绝对闭合差不应大于 26cm。当附合导线的边数超过 12 条时，其测角精度应提高一个等级。

5.2.2　本条规定了地下管线控制测量图根导线的技术要求。地下管线控制测量一般都在城市测量的等级控制点基础上布设图根导线。当前测定图根导线的方法有图根光电测距和图根钢尺量距两种，本条规定了这两种方法的技术要求。

5.2.3　本条规定了采用 GPS 技术进行地下管线控制测量的三种基本方法。随着 GPS 技术的发展与应用，采用静态和快速静态的 GPS 定位测量已经广泛地用于城市等级控制测量中，实践证明它是一种高效、高速、高精度的定位技术，同样可以把这种新技术用于城市地下管线控制测量和测定管线点，其作业方法和数据处理参照现行的行业标准《城市全球定位系统城市测量技术规程》CJJ73 的规定实施，观测时间可适当缩短。采用 GPS 动态测量，即 RTK 定位技术，是当前新发展起来的一种快速定位技术，《规程》编写组在某市进行大量试验说明，RTK 定位技术用于城市导线测量及管线点测量是行之有效的，可满足本规程规定的技术要求。

5.2.4　本条规定采用 RTK 定位技术进行地下管线控制测量应遵守的技术要求，因 RTK 测定的精度、速度受卫星状况、大气状况、通讯质量、基准站和用户站（即流动站）点位情况等多种因素影响，且测定的点位相互独立，粗差检测比较困难。为此，在大量试验基础上，提出采用 RTK 测量时应注意的事项是必要。各使用单位可根据各自仪器性能，测区状况等具体情况，补充设计满足本规程技术要求的具体规定。

5.2.5　本条规定了对用于导线测量的测距仪和钢尺的检校要求。测距仪和钢尺是进行图根导线测量时长度丈量的主要工具，其标准长度或各项改正值的正确与否，直接关系导线的精度。本条规定了测前要对测距仪和钢尺进行全面的检验和校正，以确保导线的精度要求。具体检校方法和要求按《城市测量规范》CJJ8 的要求实施。

5.2.6　本条规定了测距仪进行图根导线测量的基本方法和数据处理要求。由于当前测距仪测距精度都在 5～10mm，只要认真作业、精心测量，单方向测边可满足技术要求，为避免观测粗差，规定两次观测数据差值不大于 10mm。

5.2.7　本条规定了布设支导线的技术要求：由于城市建筑密集，很多地方又不通行，在进行地形测量时，当受地形限制图根导线无法闭合的情况下，需布设支导线。为了适合用经纬仪测角、用钢尺量距或光电测距仪测距，乃至采用全站仪测量，本条规定，可布不多于四条边，长度不超过附合导线规定长度1/2，最大边长不应超过规定平均边长 2 倍的支导线。

大家知道，有 n 条边、总长为 L 的直伸等边支导线端点的纵向误差 m_t 横向误差 m_u 和总的点位误差 m_D 为：

$$m_t = \sqrt{nm_s^2 + \lambda^2 L^2} \tag{10}$$

$$m_u = \frac{m''_\beta}{\rho''} L\sqrt{\frac{(n+1)(2n+1)}{6n}} \quad (11)$$

$$m_D = \sqrt{m_t^2 + m_u^2} \quad (12)$$

采用等影响原则，即 $m_t = m_u$，则

$$m_D = \sqrt{2m_u^2} = \frac{m''_\beta}{\rho''} L\sqrt{\frac{(n+1)(2n+1)}{3n}} \quad (13)$$

图根附合导线用 DJ_6 级仪器观测一测回的测角中误差为±30″,图根支导线按左、右角各观测一测回的测角中误差 $m''_\beta = \pm\frac{30''}{\sqrt{2}} = \pm 21.2''$，$m_D$ 为 0.1Mmm（M 为测角比例尺分母），在公式（13）中 L、n 均为未知数，不可能同时求得，因此可以先假设 L 和 n，然后再估算结果，边长 $n \leqslant 4$，长度 $L \leqslant 1/2$ 规定的附合导线长度。

导线测站圆周角闭合差的限差 $\Delta_C = 2m''_\beta = 2\times 21.2'' = \pm 42.4''$,取为±40″。

5.2.8 本条规定了导线内业计算的平差方法和计算取位具体规定。

5.2.9 本条规定了地下管线高程控制的技术要求：

1 地下管线高程控制技术要求制定的依据：

应满足管线点的高程中误差（指测点相对邻边高程起算点）不得大于±3cm；

在测图区可直接利用各等级高程控制点包括图根点对管线点的高程进行测量；

在布设地下管线导线地区，一般沿地下管线导线点布设地下管线水准路线。

2 沿地下管线导线布置的水准路线最弱点高程中误差不超过±3cm的分析：

1）地下管线水准路线闭合差±10mm$\sqrt{n}$、n 为测站数的规定：

现行行业标准《城市测量规范》CJJ8 规定各等水准网中最弱点的高程中误差（相对起算点）不得大于±2cm，水准路线一般沿地下管线导线布设，最长的导线长 L=3600m≈4km，用图根水准技术要求测量，路线闭合差±40$\sqrt{L}$（mm）（L 为路线长度，以km为单位），而最弱点的高程中误差

$$m = \frac{1}{2}m_{端} = \frac{1}{2}\left(\frac{1}{2}f_h\right) = \frac{1}{4}f_h \quad (14)$$

式中 $m_{端}$——水准路线端点高程中误差；

f_h——水准路闭合差，mm，

约定 $f_h = \pm 40\sqrt{4}$mm=80mm 分别代入上式得

$$m = \frac{1}{4}f_h = 20\text{mm} \quad (15)$$

考虑城市地下管线水准路线环境条件复杂，把以 L 为闭合差变数的公式改变为测站数 n，约定 $f_h = \pm 10\sqrt{n} = \pm 40\sqrt{L}$

则 $n=16L$ 即千米16站时两种评定闭合差的公式等价。

2）当附合导线的平均边长约定为300m时，通常水准观测的视线长不大于100m，则300m需作两站观测，而3600m的导线长相当于12条边、24个测站，则水准路线的最弱点高程中误差

$$m = \frac{1}{4}\,10\sqrt{n} \approx 12\text{mm} < 3\text{cm}$$

3）当为支线水准时，约定导线长1800m，平均边长450m，而支线水准最弱点在端点，$n=3\times 4=12$，则最弱点高程中误差

$$m = \frac{1}{2}10\sqrt{12} = 17\text{mm} < 3\text{cm}$$

5.2.10 本条规定光电测距三角高程测量方法建立高程控制的技术要求。根据很多生产实践的数据统计表明，光电测距三角高程导线的实测精度，在平坦地区可以代替四等水准测量。即完全满足图根水准测量要求。

5.2.11 本条规定光电测距三角高程导线垂直角观测的技术要求，它不但取决于等级和仪器精度，还取决于三角高程导线测量中每边的垂直角的观测次数。往测指每条边只测一次垂直角，往返测指每条边的两端都观测垂直角。

5.3 已有地下管线测量

5.3.1 本条规定了地下管线测量的内容以便于规范作业。

5.3.2 地下管线点平面位置测量目前主要采用的三种方法，即GPS、导线串测法和极坐标法。

用GPS技术测量管线点平面位置时要顾及作业环境，可采用快速静态法或RTK快速动态法，参照GPS导线测量技术要求实施。

用串测法测量管线点平面位置时，管线点可视为导线点，前已说明最弱点点位中误差可满足管线点测定精度要求。

用极坐标法测量管线点位置时，当采用钢尺量距和经纬仪测角时，其点位中误差应为：

$$m = \pm\sqrt{m_s^2 + s^2\left(\frac{m_\beta}{\rho''}\right)^2} \quad (16)$$

式中，钢尺量距约定 S=50m，m_s=20mm

m_β——测角中误差，DJ_6 仪器一测回，$m_\beta = 60''$

代入上式，得

$$m = 24.7\text{mm}$$

当采用光电测距仪测距时，变换上式为：

$$S = \pm\sqrt{\frac{(m^2 - m_s^2)\rho^2}{m_\beta^2}} \quad (17)$$

式中 m——管线点点位中误差，约定为±50mm；

m_s——测距中误差。

$$m_s = \pm\sqrt{m_{s1}^2 + m_{s2}^2 + m_{s3}^2} \quad (18)$$

式中 m_{s1}——仪器的标称精度，约定Ⅲ级仪器为±20mm；

m_{s2}——仪器对中误差，以±0.3cm计；

m_{s3}——反光镜对中误差，以±1.2cm计；

m_{β}——测角中误差，约定 DJ_6 仪器一测回为60″；

分别代入上式得：

$$S=151.7m$$

即规定光电测距的距离不宜超过150m。

5.3.3 管线点的高程连测，可视为支线水准路线，前已论及。

5.3.4 采用全站仪连测管线点时，可同时测定管线点的平面坐标与高程，水平角和垂直角均测一测回即可，经过某实验区近500个的观测数据统计，管线点平面位置中误差为±3.0cm，高程中误差为±2.2cm均满足规定的精度要求。若又采用管线数字测量时，为了作业方便与效率，则可观测半测回即可，但应注意观测照准和读数的粗差问题，测距长度不超过150m，同时注意仪器高和觇牌高量测和输入的准确性。

5.3.5 本条规定了管线点坐标和高程计算的取位。

5.3.6 本条规定了横断面的施测要求。

5.3.7 本条规定了施测带状地形图的宽度，一般以红线外20m居多。

5.4 地下管线定线测量与竣工测量

5.4.1 本条规定了定线测量的基本要求和管线定线测量的两种精度：一种为规划路路内的管线采用规划路定线导线精度即三级导线精度，理由之一，1999年《城市测量规范》CJJ8就是这样规定的："城市街坊道路网的放样工作——所加密各控制点的精度，不得低于三级导线测量"；理由之二，在市政修路中，路中线和各种管线同时定线，为保持精度一致，固采用三级导线；另一种为非规划路管线定线，用图根导线定线。阐明定线测量应采用的技术方法，强调了管线定线的过程中应注意的事项和必须进行各种校核，以确保管线定线准确无误。定线测量宜采用解析法，解析法通常有两种作业方法：

1 解析实钉法：根据定线条件或施工设计图中所列待定管线与现状地物的相对关系，实地用经纬仪定出管线中线位置，然后联测中线的端点、转角点、交叉点及长直线加点的坐标，再计算确定各线段的方位角和各点坐标。

2 解析拨定法：根据定线条件和施工设计图，布设导线、测定条件或施工图中所列出的指定的地物点坐标，以推算中线各主要点坐标及各段方位角。如果定线条件或施工设计图中拟定的是管线各主要点的解析坐标或图解坐标，应算出中线各段方位角。然后用导线点将中线各主要点及直线上每隔50～150m一点测设于实地，对于直线段各中线点应进行验直，记录偏差数，宜采用作图方法近似地求得最或是直线，量取改正数现场改正点位。

5.4.2 本条规定了竣工测量的基本要求。同时指出为了保证地下管线竣工图的精度，地下管线竣工测量应在覆土前进行，实在没有条件时，也应在覆土前把管线特征点引到地面上。此时的地面往往还没有完全做好，所引的管线点很容易被破坏，因此做好所引的管线点的点之记、量好管线与地面高程待测点间的高差是十分必要的。

5.5 地下管线数字测绘

5.5.1 本条阐明地下管线数字测绘的内容。地下管线数字化信息来源是：野外测量、管线调查以及已有测量资料的收集，并按有关技术规定把这些数据输入计算机，经数据处理和图形处理后，输出管线图和各种成果表。输出的地下管线图有两种：一是沿线路走向的带状图，除了测绘管线诸要素外，还要测绘管线两侧一定宽度内的地物；二是分幅图，将管线图套绘在地形图上，成为管线分幅图。

5.5.2 本条规定了管线数字测绘时管线标识及数据属性的代码的具体要求，目前，特征代码设计各行其是，从代码位数看，最少是2位数，最多达38位数，这对数字化成图标准化很不利，基于数字化成图的现状与生产实践的经验，规定了代码设计应遵循的原则，是非常必要的。具体编码要求详见本规程第7.2.6条规定和附录G。

5.5.3 本条规定数据采集所生成的数据文件的技术要求。在当前数据文件的格式尚未统一的性情况下；在进行地下管线数字测绘时，数据文件的格式可自行规定，但要具有通用性，便于转换，以利于数据的使用和共享，为建立管线信息管理系统打下基础。

5.5.4 本条规定了管线数字测绘软件应具备的技术要求和功能。

5.5.5 本条款规定了地下管线数字测绘野外测量数据采集内容和技术要求。采集数据时，应对仪器高和觇牌高要进行重复测量，避免粗差、生成管线测量数据文件前，应保证管线测量采集数据完整性、正确地，同时，注意数据文件的备份防止数据丢失。

5.5.6 本条规定了数据处理与图形处理的基本内容和技术要求。数据处理的目的是将不同方法采集的数据进行转换、分类、计算、编辑，为图形处理提供必要的绘图信息数据文件。

数据通讯将电子手簿中的数据传递到计算机，生成原始数据文件。数据转换是将不同格式的原始数据文件进行转换，使之成为标准格式数据文件。数据编辑是将所有测点的坐标按其属性进行排列，建立绘图信息数据文件。

图形处理的成果是图形文件。图形文件与数据文件应保持对应关系，以便为建立图形数据库奠定基础。同时要求图形文件兼容性要好，以便于使用和共享。

5.5.7 本条规定了管线数据处理应生成的文件。在数据处理中绘制管线图软件系统与地形图软件系统是相互独立的，由这两个软件系统处理后，分别生成管线图形文件与地形图文件。如果欲绘制管线带状图或分幅图，应将管线图插入相应的地形图中，最后输出管线带状图或分幅图。同时数据处理还生成管线属性数据文件和管线成果文件。

5.5.8 本条规定了管线数字化测绘应提交的成果内容。

5.6 测量成果质量检验

5.6.1 本条规定了地下管线探测结果的成果质量检查和复测的具体要求。应对管线点探测成果，随机抽查管线点总点数5%进行实测检查，这是确保管线测量成果质量的重要手段和方法。特别在普查初期应认真实施，对质量一直保持比较好的专业队伍，抽查比例可酌减。

5.6.2 本条规定了管线点精度超差的处理方法。

5.6.3 本条规定了管线测量检查验收的方法和检查报告的内容：

1 工程概况：包括任务接受、工区概况、工作内容、作业时间及工作量。

2 检查工作概述：检查工作组织、检查工作实施情况、检查工作量统计以及存在的问题。

3 精度统计：精度统计是质量检查工作的重要内容。包括最大误差、平均误差、超差点比例、各项中误差及中误差限差的统计。

4 质量评价：根据精度统计评定工程质量情况。

5 问题处理意见：检查中发现的质量问题提出整改措施，问题处理结果；限于当前仪器、技术条件，未能解决的问题，并提出处理建议。

6 地下管线图编绘

6.1 一般规定

6.1.1 本条规定了地下管线图编绘的方法和内容。地下管线图编绘是地下管线数据处理的下道工序，为防止错误传递到下道工序，要求在编绘前应对管线图形文件或数据进行检验，在编绘所需的管线图形文件或数据经检验合格时，可开展编绘工作；否则，应查明不合格的原因，并采取相应的纠正措施，以保证编绘所需的管线图形文件或数据满足要求。地下管线图的编绘有二种方法，即计算机编绘和传统的手工编绘。随着新技术的发展与应用以及为了实现地下管线的动态化管理，应积极采用计算机编绘成图方法编绘地下管线图。各作业单位在条件允许的情况下应采用计算机编绘成图，编绘工作内容包括：比例尺的选定、数字化地形图和管线图的导入、注记编辑、成果输出等。考虑到有些地区由于条件的限制，仍然采用手工编绘管线图，因此，本条文保留了原规程规定的手工编绘方式。

6.1.2 本条规定了地下管线图编绘的种类。对于采用计算机编绘成图，由于现有的数字化成图或GIS软件可以实现对图形的任意放大和缩小，同时有一些管线无需用放大示意图，因此，本条文删除了原规程规定的放大示意图的编绘内容。传统手工编绘时，根据用户需要，必要时可编绘放大示意图。

6.1.3 本条规定了地下管线图编绘比例尺，图幅规格的具体要求。现在各单位在地下管线探测过程中，管线点成果、文字说明和图例一般不在图上表示，而是作为单独的成果提交。因此，在本规程中删除了原规程第5.1.3条款。同时为了探测资料的一致性以及便于资料的使用和管理，本规程规定了管线图的规格和分幅应与城市基本地形图一致。

6.1.4 本条规定了编绘用的地形底图的要求。城市基本地形图作为地下管线图的底图，比例尺、坐标和高程系统应与管线图一致，以保证资料的精度的一致性。为了保证资料的现势性和质量，本条款规定了地形图的现势性、数据格式和质量的要求。

6.1.5 本条规定了数字化地形图的质量要求。为确保数字化地形图的质量，数字化地形图在使用前应进行质量检查，在满足现行的行业标准《城市测量规范》CJJ8要求时才能使用。

6.1.6 本条规定了数字化地形图的要素分类与代码的要求。为保证数据存储与交换的一致性，数字化地形图的地形图要素分类与代码宜按现行国家标准《1：500、1：1000、1：2000 地形图要素分类与代码》GB14804的要求实施。

6.1.7 本条明确编绘管线图的数据来源。对于数字化管线图的数据来源，目前有几种方式：可通过专业作业单位开展地下管线探测工作采集数据；可通过竣工测量采集数据；可通过收集原有资料数字化。如果采用原有资料数字化方法，在数字化之前，应评估原有资料的质量，当不符合本规程的要求时，应按本规程的要求重新进行探测。

6.1.8 本条规定了数字化地下管线图机助成图采用的软件应具备的功能。由于软件和成图设备的技术发展迅速，各单位所使用的软件和成图设备也不同，因此本条款只对数据处理所采用的软件和成图设备作基本的规定。

6.1.9 本条规定了传统手工编绘所采用的底图材料和展绘的技术要求。目前国内大多数测绘单位用的绘图聚酯薄膜，厚度在0.07～0.10mm之间的效果最佳。现行的《城市测量规范》CJJ8规定，图上坐标格网的允许误差为0.2mm，对于10cm而言，其相对误差为1/500，绘图薄膜的长度变形如能达到上述误差的1/10即小于0.2‰，其影响可以忽略，故要求绘图薄膜的变形率小于0.2‰。表6.1.9所规定的各项展绘误差与现行《城市测量规范》CJJ8的要求是一致的。

6.1.10 本条规定了地下管线图绘制的颜色要求。管线附属设施以实际中心位置表示，当管线附属设施的实际中心位置与几何中心位置（各种窨井井盖）有偏差时，应以实际中心位置表示，并记录其偏距。

6.1.11 本条规定了编辑管线图中的技术处理要求。由于地下管线测量的精度要高于地形图测量的精度，因此，当底图中管线的附属设施与实测的附属设施位置重合或有矛盾时，应删除底图中管线的附属设施，以保证管线图的一致性。

6.1.12 本条规定了地下管线图注记的要求。地下管线图是以管线为主体，因此，各种文字、数据注记不得压盖管线及其附属设施的符号，以保证管线的连续性和图面的清晰。

6.1.13 本条规定了地下管线图上各类图号、代码、图例等的要求。

6.1.14 本条规定了各类管线图相同要素应一致性的要求。专业管线图、综合管线图、纵横断面图都是根据实际探测或竣工测量的成果编绘，其资料来源相同，因此，其相同要素应协调一致。

6.1.15 本条规定了地下管线图图廓整饰的要求。地下管线图图廓外各项内容位置、字体类型及大小应符合现行国家标准《1∶500、1∶1000、1∶2000地形图图式》GB/T 7925附录C的规定。此外，在图上还应该说明地下管线探测单位、探测时间、计算机成图时间、探查者、测量者、绘图者和检查者，以便于追溯。

6.2 专业地下管线图编绘

6.2.1 本条规定了专业管线图编绘基本要求。专业管线图只表示一种管线，其图面负载量比综合图要轻，根据需要，有时也可按相近专业组合一张图。

6.2.2 本条规定了专业管线图两种编绘方法的程序和技术要求，其编绘原则应与综合管线图一致。

6.2.3 本条规定了专业管线图的内容要求。

6.2.4 本条规定了对专业管线图注记的基本要求。由于专业管线图的图面负载量比综合管线图要轻，根据需要，可增加属性注记内容，以便利于专业管线信息的管理和使用。

6.3 综合地下管线图编绘

6.3.1 本条规定了综合管线图编绘的内容。综合地下管线图是地下管线探测的最终成果之一，其所表示的对象重点是地下管线，地物和地形作为背景资料，宜表述其主要特征。

6.3.2 本条规定了综合管线图编绘前的资料准备内容。地形图是地下管线图编绘的工作底图，地下管线探测或竣工测量管线图形和注记文件是管线图编绘的惟一依据。因此，在管线图编绘前应取得上述资料。

6.3.3 本条款规定了综合地下管线图的代号、色别和图例的要求。

6.3.4 本条规定了综合管线图编绘中扯旗注记的方法与要求。由于目前各作业单位在编绘地下管线图时，是根据管线探查和测量成果，采用数据处理软件自动生成管线图，对管线作移位处理，会损失管线图的精度。因此，当管线相距较近或重叠不能依比例绘制时，应在图内以扯旗形式自上而下标注说明其相互之间的关系，图面不作移位处理。

6.3.5 本条规定了综合管线图注记的技术要求。编绘综合管线图的目的是为了在实际工作中使用，因此，综合管线图上的注记应满足城市规划、建设部门使用的基本要求。因此，本条款规定了对综合管线图上注记的技术要求。是以满足城建设计和管理部门的需要为主。如使用方另有需要，可另行增加。

6.4 管线断面图编绘

6.4.1 本条规定了管线断面图编绘的资料要求，地下管线断面图是为了提供和满足管线改、扩建施工设计的需要，因此，在编绘地下管线断面图时，必须根据实地断面测量数据成果来编绘，而不能用地形图量取或内插标高等资料作为绘图根据。

6.4.2 横断面图是表示同一断面里各种管线之间、管线与地面建、构筑物之间竖向关系的管线图。因此，本条规定了横断面图应表示的内容。

6.4.3 本条规定了绘制断面图比例尺的选择方法和规定。一般而言，比例尺的选定宜取整数，以方便使用者。

6.4.4 本条规定了横断面图编号方法要求。为了区分每幅图的断面以及确保整个测区横断面图编号是惟一的，横断面图的编号应采用城市基本地形图图幅号加罗马顺序号表示。

6.4.5 考虑到同一断面中各种管线规格大小不同，若按比例表示，图面比较零乱，为了便于绘制和阅读，本条规定了各种管线的统一表示方法。

6.5 地下管线成果表编制

6.5.1 本条规定了地下管线成果表编制的依据。规定了应以绘图数据文件及地下管线探测成果为依据，目的是保证数据库与管线图、成果表间惟一的对应关系。

6.5.2 地下管线成果表编制的内容一般包括：管线点号、管线点类别、管线类型、规格、材质、压力或电压、电缆根数或孔数、权属单位、埋设年代、埋深以及管线点的坐标、高程。

6.5.3 各种窨井是以其中心点设定管线点标志，其坐标和高程是指井盖的几何中心的坐标及高程。窨井内有多条管线时，对每一条管线分别在成果表中用一行记录表示，同时在备注栏以邻近管线点号说明连接方向。

6.5.4 成果表是地下管线探测最终的成果之一，成果表的归档要求是：

1 规格：编制成果表的纸张大小为A4规格。

2 成果表的装订顺序为：封面、目录、成果表正文、封底。

6.6 地下管线图编绘检验

6.6.1 地下管线图的编绘是地下管线探测工作的一个工序，地下管线图的质量检验是依据地下管线图编绘的要求，结合地下管线探测、竣工测量的管线图形和注记文件或管线成果表，通过观察和判断，适当时结合测量的方式，对地下管线图所进行的符合性评价。

6.6.2 地下管线图的编绘过程涉及的环节较多，只有强化对过程的检查才能保证工序成果的质量。本条还规定了过程检查的检查量要求，目的是为了保证工序成果的质量。

6.6.3 转序检验是为了评估工序质量是否达到规定的要求。所以应由授权的质量检验人员进行。

6.6.4 本条规定了地下管线图的质量检验内容。

7 地下管线信息管理系统

7.1 一般规定

7.1.1 本条阐明了地下管线信息管理系统的性质、作用，系统应具有的功能以及在地下管线普查中的地位。强调了地下管线普查的同时，应建立地下管线信息管理系统，为城市现代化管理提供服务。城市的公用事业机构根据专业管理的需要，也可建立专用的管线信息系统。但应与城市管线信息管理部门密切协作、共享信息、互相补充，共同做好信息更新工作。

7.1.2 本条规定了地下管线信息管理系统应到达的目标。地下管线信息管理系统是一个技术系统，也是一项系统工程，所以要求它应到达功能实用，运行稳定、可靠，技术先进等目标。同时由于城市建设的快速发展，基础建设面貌日新月异，所以要求在建立系统的同时，要对系统的各种基础信息建立及时更新机制，以保持信息的现势性。

7.1.3 本条规定了地下管线信息管理系统应具备完善的安全保密措施。地下管线信息管理系统所涉及的基础地图信息和各种管线信息它们的比例尺大，覆盖的面积广，信息量巨大。信息所涉及面宽，敏感度高，因此必须做好系统的安全保密工作。

系统的安全保密管理，主要有以下几个方面：

1 基础信息的保密，严防非法拷贝、复制，严禁泄露。

2 系统应建立严格的防病毒，防非法侵入的措施。

3 系统内部建立严格的使用权限授权，防止越权操作。

7.2 系统总体结构与数据标准

7.2.1 本条阐明地下管线信息管理系统的总体结构，根据系统目标和要求，应由以下部分组成，见系统总体结构图：

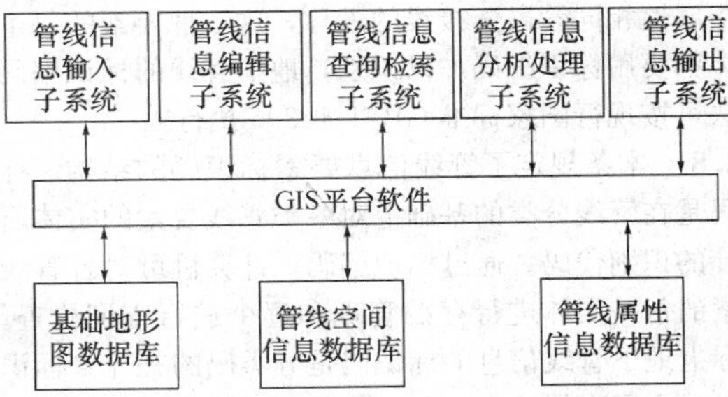

图5 系统总体结构图

7.2.2 本条阐明数据库是建立地下管线信息管理系统的核心。地下管线空间信息库包括管线空间位置信息、图形信息和拓扑关系三部分。关系属性信息数据库分为管线库和管点库，其结构可参阅本规程附录H。

7.2.3 本条规定地下管线普查后形成的地形信息，地下管线空间信息和属性信息应按标准要求录入计算机，建立各自的数据库，并应经过严格的检查，排错程序，确保数据库的数据资料的准确性。

7.2.4 本条规定了对地下管线数据信息的基本要求。信息的统一性是指地下管线信息管理系统应采用和城市地理信息系统统一的基础地形底图作为管线信息定位的基础，各种管线信息应采用相同的比例尺和坐标起算值。

精确性是指系统中所管理的管线空间信息（水平坐标值和高程值）的精度，应该完全满足管线管理的要求。

时效性是指管线系统中的基础地理信息和管线信息仅反映某一特定时间的情况，所以要求对信息必须作定时更新，长期维护。

地下管线信息管理系统中管线信息有两类编码即管线分类编码和标识编码。

7.2.5 本条规定了基础地形图的分类编码应执行的国家现行标准。如某些要素类型在国标中尚未规定分类编码时可采用行业标准，或自编暂行标准分类，其目的是为了信息的共享和使用。

7.2.6 本条规定了分类编码的基本结构。管线分类编码是直接利用管线的分类结果，根据有关分类体系设计出的各种管线分类代码。它们用来标记不同类的管线信息。利用分类编码，计算机可以将管线数据按类别存入空间数据库，或从数据库中按类别查询检索管线数据。管线信息的分类编码直接影响空间数据库乃至整个管线信息系统的应用效率，应认真实施。分类编码详见本规程附录I。

7.2.7 本条规定了地下管线各要素标识码编码方法应执行的国标规定。地下管线要素一般分为管点、管段、管线。管点是指各种管件设备，管线连接点或转折点、管径变化点等的通称，也是管线探查点的位置。管段是两个同类管点之间连接管的通称；而管线是指属性相同管段连接线的近称，这三种要素的每个实体都要用标识编码加以识别，地下管线的标识编码方法可按现行国家标准GB/T 14395执行。

7.2.8 本条规定了管线信息要素标识码的结构。标识码是在管线分类的基础上对各类管线要素的实体所设计的识别代码。通过标识编码，计算机可对各管线要素的每一实体进行存贮管理和逐个进行查询检查。实际上地下管线信息的标识码是分类码的补充。标识码中包含了实体的定位分区信息，这是为了方便对管线信息进行定位查询。

7.3 系统的基本功能

7.3.1 本条规定了地下管线信息管理系统应具备的基本功能。由于地下管线信息系统专业的特殊性，要求系统除具备地理信息系统平台功能之外，还应具有满足地下管线管理需要的其他功能。

7.3.2 本条规定了系统应具备的地形图库管理功能。要求系统应具有海量图库管理能力，要对管线普查区域内的地形底图进行统一管理，包括增加、删去、编辑、检索等，同时可做到按多种方式调图，以满足各种用户的需要。

7.3.3 本条规定了系统的数据输入与编辑应具备的功能。要求系统应满足多种矢量化数据输入或读入方式，应具有与常用GIS平台的双向数据转换功能。在数据编辑方面，应具有各种图形变换的编辑功能，包括图形的放大、缩小、平移、复制、剪切、粘贴、旋转、恢复、裁减等。由于许多城市历史原因，控制网多次改造、扩建与更新投影方式和坐标系统也跟着变化，为此要求系统还应具有投影方式转换和坐标转换功能。对管线数据的编辑应具有图形和属性联动编辑的功能以及管线数据拓扑关系建立和维护功能。

7.3.4 本条规定了系统的数据检查功能。地下管线信息系统的数据种类多，信息量大，数据繁杂。数据获取和输入的关键是保证质量，必须确保数据输入的准确性、完整性，必须确保空间数据和属性数据的对应关系，数据质量是系统成功的基础。所以，要求系统的数据检查功能要完备，对各类图形数据和属性数据都要进行认真检查与校对，以确保各类数据的准确性。

7.3.5 本条规定了系统的查询与统计应具备的功能。

7.3.6 本条规定了系统的管理分析应具备的功能。管线管理分析功能在今后系统应用中具有积极的作用和意义，在管线工程设计中可以进行管线碰撞分析和最短路径分析；可以进行管线事故分析，以指导抢险工作等。

7.3.7 本条规定了系统的维护更新应具备的功能。为确保系统更新时数据的完整性，图形与属性连接的一致性，点号的惟一性等。所以，要求系统应具备空间信息和属性信息的联动添加、删除和移动的功能。

7.3.8 本条规定了系统的输出应具备的功能．要求系统对各类信息的查询、统计的结果都可输出到绘图仪、打印机，或输出到其他相关系统中以利于应用。

7.4 系统的建立与维护

7.4.1 本条规定了系统建立一般应经历的工作步骤。地下管线信息管理系统的建立是一个系统工程，是一项技术性很强的复杂工程，为了确保系统建立的顺利进行，即工程开展过程中应遵循的工作步骤。每个步骤的各个工作环节都需要使用方（甲方）和实施方（乙方）密切合作，共同配合，才能确保系统的成功建立。系统的建立过程可参阅图6地下管线信息管理系统流程图：

7.4.2 本条说明了系统的工程的立项可行性论证应做的工作内容。要求使用单位应根据实际需要确定建设目标、资金、质量要求等，进行统筹安排部署，确定数据采集方法，选择系统软件开发队伍，以便开展系统工程的建设。

7.4.3 本条规定了系统建立的需求分析的工作内容。需求分析是系统建立的重要工作内容之一，通过需求分析确定系统的功能需求、性能需求、设计约束、属性和外部接口，以便进行软件开发，和今后系统的应用。需求分析完成后，应编写需求分析报告，并经委托单位确认。

7.4.4 本条规定了系统的总体设计的工作内容。总体设计是根据需求分析后系统应到达的目标来规划系统规模，确定系统的组成部分，以及它们之间的相互关系。同时要规范和标准项目的实施安排计划等技术内容。

7.4.5 本条规定了系统的详细设计的工作内容。详细设计是系统建立的重要工作内容，也是系统建立能否成功的重要环节，它的内容包括系统中各子系统的划分与设计，软件模块的划分与设计，数据集的分析，数据库存储和管理结构的设计。

7.4.6 本条规定了系统的编码实现的程序和内容。

7.4.7 本条规定了系统的样区实验的目的和主要内容。样区实验是检验系统建立的总体设计和详细设计的正确性、完整性、可行性的重要手段。样区选择应

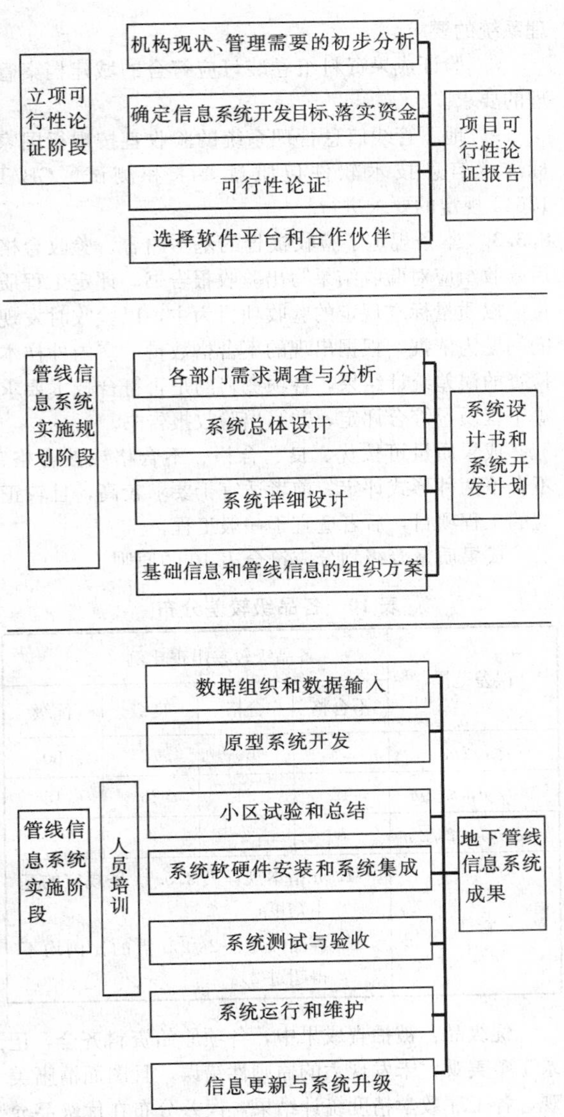

图6　地下管线信息管理系统流程

具有典型性和地域特征代表性的测区，要实施完整的系统建立全过程的实验，在实验过程中应及时进行总结，为系统的全面实施提供经验，为系统设计提出修改意见。

7.4.8　本条规定了系统的集成和试运行应做的工作内容。

7.4.9　本条规定了系统试运行合格后提供的成果与验收的依据和内容。

7.4.10　本条阐明了地下管线信息管理系统数据库管理软件的技术要求。

7.4.11　本条阐明地下管线信息管理系统的数据组织应遵循的基本原则，实现数据的标准化、规范化，以利于实现不同系统间的数据交换和数据共享。

7.4.12　本条阐明了地下管线信息管理系统的数据采集质量保证和质量控制。地下管线信息管理系统的数据获取和采集约占系统总投入50%～70%。数据的完整性和准确性是系统成功建立的基础，它直接影响系统的应用效果和应用价值。

数据的获取和采集涉及到许多工序，必须采取全过程的质量控制。属性数据的整理与获取需进行的百分之百重复检查。空间数据输入须严格执行工艺流程规定和操作规定。属性数据和空间数据对应关系要反复核对。系统的成果输出要进行一定比例的复核检查。要尽可能保证系统中各种数据信息的准确性和精确度。

7.4.13　系统的建立是一项庞大、繁杂的系统工程，它涉及到许多部门和人员，许多工作环节和复杂的工作过程，因此系统建立必须实施科学有效的项目管理，必须严格执行质量监控制度。

项目实施过程应组织多层次、多内容的培训工作，如平台使用培训，系统操作培训，系统维护培训和二次开发培训。用户培训可采用集中方式，也应把培训渗透在系统建立的全过程。

系统建成后试运行是对系统的全面考核，应积极鼓励倡导用户大胆使用系统。试运行由甲、乙双方共同负责，应及时总结所发现的问题并及时商议解决。试运行过程的另一重要任务是协助用户建立系统维护制度，运行管理制度，特别要注意建立与落实系统的数据更新制度。

7.4.14　本条强调了对地下管线信息管理系统的信息进行动态更新的重要性和必要性，城市建设管理机构应建立强有力的制度来保证信息动态更新的实现。数据更新要按系统的数据标准和质量要求进行。管线竣工测量的成果数据文件要提交建库部门经计算机查错排错后才能入库，以保证数据准确性。

8　报告书编写和成果验收

8.1　一 般 规 定

8.1.1　报告书是项目工作的技术总结，是研究和使用工程成果资料，了解工程概况、存在的问题及纠正措施的综合性资料，是项目成果资料的重要组成部分。因此，地下管线探测工程结束后，作业单位应编写报告书。

8.1.2　成果验收是评估工程结果是否达到预期目标的手段，因此，需要在工程结束后对地下管线探测成果进行验收。地下管线探测工程涉及探查、测量、数据处理和系统建立等工序，为了防止上工序错误传递至下工序，保证最终成果的质量，在每个工序完成后，应由质量监理机构对该工序质量进行验证和检验，合格后方可开展下工序工作。工序验证和检验完成后，质量监理机构应编制监理报告。成果验收的目的是评估工程结果是否达到预期目标，因此，应由任务委托单位组织实施。

8.1.3 本条规定管线探测成果验收的依据。任务书或合同书、技术设计书和本规程规定了测区范围、取舍标准、工期目标、质量标准以及提交的成果类型和数量，成果验收是为了评估工作结果是否达到了上述目标。因此，成果验收应依据任务书或合同书、经批准的技术设计书进行。本条还规定了依据有关技术标准，主要是指任务书或合同书和技术设计书所引用的技术标准。

8.2 报告书编写

8.2.1 本条规定了报告书的类型。开展地下管线探测的目的，是为了对地下管线实施动态管理，确保地下管线的现势性。地下管线信息管理系统软件是管理地下管线数据的工具，是地下管线信息管理系统的重要组成部分。地下管线信息管理系统建立工作包括系统软件开发和软件与数据的集成。因此，在工作结束后，除了编制地下管线探测报告书外，还应编制地下管线信息管理系统建立报告书。

8.2.2 本条规定了地下管线探测报告书编写的主要内容及要求。

8.2.3 本条规定了地下管线信息管理系统建立报告书内容及要求。

8.3 成果验收

8.3.1 本条规定了探测成果验收的内容。

8.3.2 本条规定了验收工作的基本程序与方法

1 采用验证的方式，按8.3.1条规定的内容逐项检查成果资料是否齐全。

2 审查地下管线探测报告书、质量检验报告书和地下管线信息管理系统建立报告书，确认所采用的技术措施是否符合本规程和经批准的技术设计书的要求，对于重要技术方案变动，是否有充分的论证说明材料，和任务委托单位批准。

3 采用验证的方式，确认所利用的已有成果资料是否有资料提供单位出具的证明材料和监理机构的确认。

4 对各项探测原始记录、计算资料和起算数据，随机抽取5%的样本进行检查，确认是否有抄录或记录、检查、审核者签名。

5 对各种仪器检验和校准记录、各项质量检查记录，验证其是否齐全，并随机抽取5%的样本进行检查，确认对发现的问题是否已进行了处理和改正。

6 随机抽取5%各种专业管线图、综合管线图、断面图，与审图记录进行检查，确认对发现的问题是否已进行了处理和改正，并在地下管线信息管理系统中与相应的图形数据文件进行对比，验证其是否一致。

7 由地下管线信息管理系统导入图形和属性数据文件，以确认其数据格式是否符合地下管线信息管理系统的要求。

8 验证成果资料组卷装订应符合的城建档案管理的要求。

9 地下管线信息管理系统的验收宜按现行国家标准《信息技术软件包质量要求和测试》GB/T 17544规定的要求进行。

8.3.3 本条规定了验收报告的基本内容。验收合格后验收组应对验收结果写出验收报告书。评定工程质量应以质量标准规定的验收项目为主，以验收时发现的问题为依据，根据出现的不合格数量，室内外样本检查的误差统计结果，各项资料的是否符合技术要求等工程质量综合评定，并写出验收报告书。

成果质量可按优、良、合格、不合格或按合格、不合格两种形式评定。前者适宜于要求较高，且较正规的工程项目，后者适宜于一般工程。

成果质量等级划分应符合表10的原则。

表10 各品级较差分布

误差范围	各品级较差出现比例（%）			
	不合格	合格	良级	优级
$\leqslant\sqrt{2}m$	50	60	70	80
$>\sqrt{2}m$，$\leqslant 2m$	42	34	26	18
$>2m$，$\leqslant 2\sqrt{2}m$	8	6	4	2
备注	1. m 指本规程第3.0.11条规定的基本精度； 2. 各品级中 $>2\sqrt{2}m$ 点的比例均不得超过2%			

优级品：被抽查成果中，各项原始资料齐全，记录工整美观，未发现大的原则性错误，且图面清晰美观，各工序数学精度统计结果，误差分布在优级品允许范围；

良级品：被抽查成果中，各项原始资料齐全，但记录不够工整美观，有个别原则性错误，图面清晰，各工序数学精度统计结果，误差分布在良级品允许范围；

合格品：被抽查成果中，各项原始资料不够完整，差错稍多，图面表示一般，各工序数学精度统计结果，误差分布在合格品允许范围；

不合格品：被抽查成果中，各项原始资料不全，有较多差错，图面表示不规范，各工序数学精度统计结果，误差分布在有合格品允许范围；

8.4 成果提交

8.4.1 本条规定了成果提交和归档的要求。系统完整的技术成果是档案管理工作的基础，是现代化信息管理的需要，它对保证工作的内在质量，提高存贮、利用、更新具有重要的作用。为此，各作业单位在工程完成后，应及时、全面的将与工程有关的成果资料整理归档。成果整理一般可按工序分段进行，最后集中编排。归档的基本要求是：

1 基本规格：各类文件、资料的幅面宜按8开或16开。图件幅面除条图外，一般选用国际分幅。图纸折叠宜采用“手风琴式”，图签露在下角，折叠后尺寸应与文件大小一致。卷夹或卷盒，宜选耐用质地材料制作，规格为31cm×22cm。卷夹、卷盒正面应有卷案名称、编号和编制单位名称。

2 装帧顺序：封面（或副封）、卷案目录、工程报告书、验收报告书、工程依据文件、凭证文件、各工序原始资料、管线点成果表、管线点调查表、专业图、综合图、断面图、副封底、封底等。案卷装帧可根据资料数量多少，采用整组装、分组装，当采用盒装时，图纸可以散装，但不论用何种形式装帧，卷案所有文件、资料、图表，均应按顺序统一编写页码。

3 封面（含副封）——卷案名（工程名称）、编制单位、技术（工程）负责人、编制日期、密级、保管期限、档案编号。

目录——文件、资料名称、文件原编号、编制单位、本卷顺序号。

副封底——文件数量、总页数、立卷单位、接收单位、立卷人、接收人、日期。

中华人民共和国行业标准

聚乙烯燃气管道工程技术规程

Technical specification for polyethylene (PE) fuel gas pipeline engineering

CJJ 63—2008
J 780—2008

批准部门：中华人民共和国建设部
施行日期：2 0 0 8 年 8 月 1 日

中华人民共和国建设部
公　告

第 809 号

建设部关于发布行业标准《聚乙烯燃气管道工程技术规程》的公告

现批准《聚乙烯燃气管道工程技术规程》为行业标准，编号为 CJJ 63 - 2008，自 2008 年 8 月 1 日起实施。其中，第 1.0.3、5.1.2、7.1.7 条为强制性条文，必须严格执行。原行业标准《聚乙烯燃气管道工程技术规程》CJJ 63 - 95 同时废止。

本规程由建设部标准定额研究所组织中国建筑工业出版社出版发行。

中华人民共和国建设部

2008 年 2 月 26 日

前　言

根据建设部建标［2003］104 号文的要求，标准编制组在深入调查研究，认真总结国内外科研成果和大量实践经验，并在广泛征求意见的基础上，全面修订了原规程。

本规程的主要技术内容是：1. 总则；2. 术语、代号；3. 材料；4. 管道设计；5. 管道连接；6. 管道敷设；7. 试验与验收。

本规程修订的主要技术内容是：

1. 增加了 PE100 聚乙烯管道和钢骨架聚乙烯复合管道；

2. 扩大了聚乙烯管道公称直径范围（由 250mm 扩大到 630mm）；

3. 提高了管道最大允许工作压力（由 0.4MPa 提高到 0.7MPa）；

4. 修订了工作温度对工作压力影响系数，允许燃气流速，塑料管道与热力管道水平净距、垂直净距；

5. 增加了热熔连接、电熔连接接头质量检验和法兰连接形式。

本规程由建设部负责管理和对强制性条文的解释，由主编单位负责具体技术内容的解释。

本规程主编单位：建设部科技发展促进中心（地址：北京市海淀区三里河路 9 号；邮政编码：100835）

本规程参加单位：北京市煤气热力工程设计院有限公司
北京市燃气集团有限责任公司
香港中华煤气有限公司
亚大塑料制品有限公司
沧州明珠塑料股份有限公司
四川森普管材股份有限公司
临海市伟星新型建材有限公司
浙江枫叶集团有限公司
河北宝硕管材有限公司
华创天元实业发展有限责任公司
煌盛管业集团有限公司
江苏法尔胜新型管业有限公司
胜利油田孚瑞特石油装备有限责任公司

本规程主要起草人员：高立新　李永威　丛万军
何健文　马　洲　贾晓辉
李养利　王登勇　傅志权
高长全　李　鹏　邵泰清
唐国强　胡圣家　王志伟
杨　炯　张文龙　恽惠德
梁立移

目　次

1 总　　则

1.0.1 为使埋地输送城镇燃气用聚乙烯管道和钢骨架聚乙烯复合管道工程的设计、施工和验收，符合经济合理、安全施工的要求，确保工程质量和安全供气，制定本规程。

1.0.2 本规程适用于工作温度在－20～40℃，公称直径不大于630mm，最大允许工作压力不大于0.7MPa的埋地输送城镇燃气用聚乙烯管道和钢骨架聚乙烯复合管道工程的设计、施工及验收。

1.0.3 **聚乙烯管道和钢骨架聚乙烯复合管道严禁用于室内地上燃气管道和室外明设燃气管道。**

1.0.4 由聚乙烯管道和钢骨架聚乙烯复合管道输送的城镇燃气质量应符合现行国家标准《城镇燃气设计规范》GB 50028的规定。

1.0.5 承担埋地输送城镇燃气用聚乙烯管道和钢骨架聚乙烯复合管道工程的设计、施工、监理单位必须具有相应资质；施工人员应经过专业技术培训后，方可上岗。

1.0.6 埋地输送城镇燃气用聚乙烯管道和钢骨架聚乙烯复合管道工程的设计、施工和验收，除应执行本规程外，尚应符合国家现行有关标准的规定。

2 术语、代号

2.1 术　　语

2.1.1 聚乙烯燃气管道　polyethylene (PE) fuel gas pipeline

由燃气用聚乙烯管材、管件、阀门及附件组成的管道系统。聚乙烯管材是用聚乙烯混配料通过挤出成型工艺生产的管材；聚乙烯管件是用聚乙烯混配料通过注塑成型等工艺生产的管件。

2.1.2 钢骨架聚乙烯复合管道　steel skeleton polyethylene (PE) composite pipeline

由钢骨架聚乙烯复合管和管件组成。钢骨架聚乙烯复合管包括：钢丝网（焊接）骨架聚乙烯复合管、钢丝网（缠绕）骨架聚乙烯复合管、孔网钢带聚乙烯复合管。

钢丝网（焊接）骨架聚乙烯复合管是以聚乙烯混配料为主要原料，经纬线以一定螺旋角焊接成管状的钢丝网为增强骨架，经挤出复合成型工艺生产的管材。

钢丝网（缠绕）骨架聚乙烯复合管是以聚乙烯混配料为主要原料，斜向交叉螺旋式缠绕钢丝为增强层，经挤出复合成型工艺生产的管材。

孔网钢带聚乙烯复合管是以聚乙烯混配料为主要原料，焊接成管状的孔网钢带为增强骨架，经挤出复合成型工艺生产的管材。

2.1.3 公称直径　nominal diameter

为便于应用而规定的管道（管材或管件）的标定直径（名义直径），公称直径接近管道真实内径或外径，一般采用整数，单位为mm。

在本规程中，对于聚乙烯管材，公称直径是指公称外径；对于内径系列的钢丝网（焊接）骨架聚乙烯复合管，公称直径是指公称内径；对于外径系列的钢丝网（焊接）骨架聚乙烯复合管、钢丝网（缠绕）骨架聚乙烯复合管和孔网钢带聚乙烯复合管，公称直径是指公称外径。

2.1.4 最大允许工作压力　maximum permit operating pressure

管道系统中允许连续使用的最大压力。

2.1.5 压力折减系数　operating pressure derating coefficients for various operating temperature

管道在20℃以上工作温度下连续使用时，其工作压力与在20℃时工作压力相比的系数。压力折减系数小于或等于1。

2.1.6 聚乙烯焊制管件　polyethylene (PE) fitting from butt fusion

从聚乙烯管材上切割管段，采用角焊机热熔对接焊制的管件。

2.1.7 热熔连接　fusion-jointing

用专用加热工具加热连接部位，使其熔融后，施压连接成一体的连接方式。热熔连接方式有热熔承插连接、热熔对接连接、热熔鞍形连接等。

2.1.8 电熔连接　electrofusion-jointing

采用内埋电阻丝的专用电熔管件，通过专用设备，控制内埋于管件中电阻丝的电压、电流及通电时间，使其达到熔接目的的连接方法。电熔连接方式有电熔承插连接、电熔鞍形连接。

2.1.9 钢塑转换接头　transition fitting for PE plastic pipe to steel pipe

由工厂预制的用于聚乙烯管道与钢管连接的专用管件。

2.1.10 示踪线（带）　locating wire/tape

通过专用设备能探测到管道位置的金属导线。

2.1.11 警示带　warning tape

提示地下有城镇燃气管道的标识带。

2.1.12 拖管法敷设　pull-in pipeline through the ground

沿沟槽拖拉管道入位的敷设方法。

2.1.13 喂管法敷设　plant-in pipeline through the ground

在机械开槽同时将管道埋入沟槽的敷设方法。

2.1.14 插入法敷设　polyethylene (PE) pipe insertion in old pipe

在旧管道内插入PE管道，达到更新旧管目的的敷设方法。

2.2 代 号

DN——公称直径；

MRS——最小要求强度（环向应力）；

PE80——指 *MRS* 为 8.0MPa 的聚乙烯材料；

PE100——指 *MRS* 为 10.0MPa 的聚乙烯材料；

SDR——标准尺寸比，指公称直径与公称壁厚的比值。

3 材 料

3.1 一 般 规 定

3.1.1 聚乙烯管道和钢骨架聚乙烯复合管道系统中管材、管件、阀门及管道附属设备应符合国家现行有关标准的规定。

3.1.2 用户验收管材、管件时，应按有关标准检查下列项目：

1 检验合格证；

2 检测报告；

3 使用的聚乙烯原料级别和牌号；

4 外观；

5 颜色；

6 长度；

7 不圆度；

8 外径及壁厚；

9 生产日期；

10 产品标志。

当对物理力学性能存在异议时，应委托第三方进行检验。

3.1.3 管材从生产到使用期间，存放时间不宜超过1年，管件不宜超过2年。当超过上述期限时，应重新抽样，进行性能检验，合格后方可使用。管材检验项目应包括：静液压强度（165h/80℃）、热稳定性和断裂伸长率；管件检验项目应包括：静液压强度（165h/80℃）、热熔对接连接的拉伸强度或电熔管件的熔接强度。

3.2 质 量 要 求

3.2.1 埋地用燃气聚乙烯管材、管件和阀门等应符合下列规定：

1 聚乙烯管材应符合现行国家标准《燃气用埋地聚乙烯（PE）管道系统　第1部分：管材》GB 15558.1的规定。

2 聚乙烯管件应符合现行国家标准《燃气用埋地聚乙烯（PE）管道系统　第2部分：管件》GB 15558.2的规定。

3 聚乙烯焊制管件的壁厚不应小于对应连接管材壁厚的1.2倍，其物理力学性能应符合现行国家标准《燃气用埋地聚乙烯（PE）管道系统　第2部分：管件》GB 15558.2的规定。

4 聚乙烯阀门应符合现行国家标准《燃气用埋地聚乙烯（PE）管道系统　第3部分：阀门》GB 15558.3的规定。

5 钢塑转换接头等应符合相应标准的要求。

3.2.2 埋地用钢骨架聚乙烯复合管材、管件应符合下列规定：

1 内径系列的钢丝网（焊接）骨架聚乙烯复合管材应符合国家现行标准《燃气用钢骨架聚乙烯塑料复合管》CJ/T 125的规定，与其连接的管件应符合国家现行标准《燃气用钢骨架聚乙烯塑料复合管件》CJ/T 126的规定。

2 外径系列的钢丝网（焊接）骨架聚乙烯复合管材规格尺寸应符合相关标准的规定，物理力学性能应符合国家现行标准《燃气用钢骨架聚乙烯塑料复合管》CJ/T 125的规定。

3 钢丝网（缠绕）骨架聚乙烯复合管材应符合国家现行标准《钢丝网骨架塑料（聚乙烯）复合管材及管件》CJ/T 189的规定。

4 孔网钢带聚乙烯复合管材应符合国家现行标准《燃气用埋地孔网钢带聚乙烯复合管》CJ/T 182的规定。

3.3 运输和贮存

3.3.1 管材、管件和阀门的运输应符合下列规定：

1 搬运时，不得抛、摔、滚、拖；在冬季搬运时，应小心轻放。当采用机械设备吊装直管时，必须采用非金属绳（带）吊装。

2 管材运输时，应放置在带挡板的平底车上或平坦的船舱内，堆放处不得有可能损伤管材的尖凸物，应采用非金属绳（带）捆扎、固定，并应有防晒措施。

3 管件、阀门运输时，应按箱逐层叠放整齐、固定牢靠，并应有防雨淋措施。

3.3.2 管材、管件和阀门的贮存过程中应符合下列规定：

1 管材、管件和阀门应存放在通风良好的库房或棚内，远离热源，并应有防晒、防雨淋的措施。

2 严禁与油类或化学品混合存放，库区应有防火措施。

3 管材应水平堆放在平整的支撑物或地面上。当直管采用三角形式堆放或两侧加支撑保护的矩形堆放时，堆放高度不宜超过1.5m；当直管采用分层货架存放时，每层货架高度不宜超过1m，堆放总高度不宜超过3m。

4 管件贮存应成箱存放在货架上或叠放在平整地面上；当成箱叠放时，堆放高度不宜超过1.5m。

5 管材、管件和阀门存放时，应按不同规格尺寸和不同类型分别存放，并应遵守“先进先出”原则。

6 管材、管件在户外临时存放时，应采用遮盖物遮盖。

4 管道设计

4.1 一般规定

4.1.1 管道设计应符合城镇燃气总体规划的要求。在可行性研究的基础上，做到远、近期结合，以近期为主。

4.1.2 管材、管件的材质和壁厚以及压力等级选择，应根据地质条件、使用环境、输送的燃气种类、工作压力、施工方式等，经技术经济比较后确定。

4.1.3 聚乙烯管道输送天然气、液化石油气和人工煤气时，其设计压力不应大于管道最大允许工作压力，最大允许工作压力应符合表4.1.3的规定。

表4.1.3 聚乙烯管道的最大允许工作压力（MPa）

城镇燃气种类		PE80		PE100	
		*SDR*11	*SDR*17.6	*SDR*11	*SDR*17.6
天然气		0.50	0.30	0.70	0.40
液化石油气	混空气	0.40	0.20	0.50	0.30
	气态	0.20	0.10	0.30	0.20
人工煤气	干气	0.40	0.20	0.50	0.30
	其他	0.20	0.10	0.30	0.20

4.1.4 钢骨架聚乙烯复合管道输送天然气、液化石油气和人工煤气时，其设计压力不应大于管道最大允许工作压力，最大允许工作压力应符合表4.1.4的规定。

表4.1.4 钢骨架聚乙烯复合管道的最大允许工作压力（MPa）

城镇燃气种类		最大允许工作压力	
		DN≤200mm	*DN*>200mm
天然气		0.7	0.5
液化石油气	混空气	0.5	0.4
	气态	0.2	0.1
人工煤气	干气	0.5	0.4
	其他	0.2	0.1

注：薄壁系列钢骨架聚乙烯复合管道不宜输送城镇燃气。

4.1.5 聚乙烯管道和钢骨架聚乙烯复合管道工作温度在20℃以上时，最大允许工作压力应按工作温度对管道工作压力的折减系数进行折减，压力折减系数应符合表4.1.5的规定。

表4.1.5 工作温度对管道工作压力的折减系数

工作温度 t	$-20℃\leqslant t\leqslant 20℃$	$20℃<t\leqslant 30℃$	$30℃<t\leqslant 40℃$
压力折减系数	1.00	0.90	0.76

注：表中工作温度是指管道工作环境的最高月平均温度。

4.1.6 在聚乙烯管道系统中采用聚乙烯管材焊制成型的焊制管件时，其系统工作压力不宜超过0.2MPa；焊制管件应在工厂预制，焊制管件选用的管材公称压力等级不应小于管道系统中管材压力等级的1.2倍，并应在施工过程中对聚乙烯焊制管件采用加固等保护措施。

4.1.7 各种压力级制管道之间应通过调压装置相连。当有可能超过最大允许工作压力时，应设置防止管道超压的安全保护设备。

4.1.8 随管道走向应设计示踪线（带）和警示带。

4.2 管道水力计算

4.2.1 管道计算流量应按计算月的小时最大用气量计算，小时最大用气量应根据所有用户城镇燃气用气量的变化叠加后确定。

4.2.2 管道单位长度摩擦阻力损失应按下列公式计算：

1 低压燃气管道：

$$\frac{\Delta P}{l}=6.26\times10^{7}\lambda\frac{Q^{2}}{d^{5}}\rho\frac{T}{T_{0}} \quad (4.2.2\text{-}1)$$

$$\frac{1}{\sqrt{\lambda}}=-2\lg\left[\frac{K}{3.7d}+\frac{2.51}{Re\sqrt{\lambda}}\right] \quad (4.2.2\text{-}2)$$

式中 ΔP——管道摩擦阻力损失（Pa）；

l——管道的计算长度（m）；

Q——管道的计算流量（m^3/h）；

d——管道内径（mm）；

ρ——燃气的密度（kg/m^3）；

T——设计中所采用的燃气温度（K）；

T_0——273.15（K）；

λ——管道摩擦阻力系数；

lg——常用对数；

K——管壁内表面的当量绝对粗糙度（mm），一般取0.01mm；

Re——雷诺数（无量纲）。

2 次高压、中压燃气管道：

$$\frac{P_1{}^2-P_2{}^2}{L}=1.27\times10^{10}\lambda\frac{Q^{2}}{d^{5}}\rho\frac{T}{T_{0}} \quad (4.2.2\text{-}3)$$

式中 P_1——管道起点的压力（绝对压力，kPa）；

P_2——管道终点的压力（绝对压力，kPa）；

L——管道计算长度（km）。

4.2.3 管道的允许压力降可由该级管网的入口压力至次级管网调压装置允许的最低入口压力之差确定，燃气流速不宜大于20m/s。

4.2.4 管道局部阻力损失可按管道摩擦阻力损失的5%～10%计算。

4.2.5 低压管道从调压装置到最远燃具的管道允许阻力损失可按下式计算：

$$\Delta P_{d}=0.75P_{n}+150 \tag{4.2.5}$$

式中 ΔP_{d}——从调压装置到最远燃具的管道允许阻力损失（Pa），ΔP_{d}含室内燃气管道允许阻力损失；

P_{n}——低压燃具的额定压力（Pa）。

4.3 管道布置

4.3.1 聚乙烯管道和钢骨架聚乙烯复合管道不得从建筑物或大型构筑物的下面穿越（不包括架空的建筑物和立交桥等大型构筑物）；不得在堆积易燃、易爆材料和具有腐蚀性液体的场地下面穿越；不得与非燃气管道或电缆同沟敷设。

4.3.2 聚乙烯管道和钢骨架聚乙烯复合管道与热力管道之间的水平净距和垂直净距，不应小于表4.3.2-1和表4.3.2-2的规定，并应确保燃气管道周围土壤温度不大于40℃；与建筑物、构筑物或其他相邻管道之间的水平净距和垂直净距，应符合现行国家标准《城镇燃气设计规范》GB 50028的规定。当直埋蒸汽热力管道保温层外壁温度不大于60℃时，水平净距可减半。

表4.3.2-1 聚乙烯管道和钢骨架聚乙烯复合管道与热力管道之间的水平净距

项目			地下燃气管道（m）			
			低压	中压		次高压
				B	A	B
热力管	直埋	热水	1.0	1.0	1.0	1.5
		蒸汽	2.0	2.0	2.0	3.0
	在管沟内（至外壁）		1.0	1.5	1.5	2.0

表4.3.2-2 聚乙烯管道和钢骨架聚乙烯复合管道与热力管道之间的垂直净距

项目		燃气管道（当有套管时，从套管外径计）（m）
热力管	燃气管在直埋管上方	0.5（加套管）
	燃气管在直埋管下方	1.0（加套管）
	燃气管在管沟上方	0.2（加套管）或0.4
	燃气管在管沟下方	0.3（加套管）

4.3.3 聚乙烯管道和钢骨架聚乙烯复合管道埋设的最小覆土厚度（地面至管顶）应符合下列规定：

1 埋设在车行道下，不得小于0.9m；

2 埋设在非车行道（含人行道）下，不得小于0.6m；

3 埋设在机动车不可能到达的地方时，不得小于0.5m；

4 埋设在水田下时，不得小于0.8m。

4.3.4 聚乙烯管道和钢骨架聚乙烯复合管道的地基宜为无尖硬土石的原土层。当原土层有尖硬土石时，应铺垫细砂或细土。对可能引起管道不均匀沉降的地段，地基应进行处理或采取其他防沉降措施。

4.3.5 当聚乙烯管道和钢骨架聚乙烯复合管道在输送含有冷凝液的燃气时，应埋设在土壤冰冻线以下，并设置凝水缸。管道坡向凝水缸的坡度不宜小于0.003。

4.3.6 当聚乙烯管道和钢骨架聚乙烯复合管道穿越排水管沟、联合地沟、隧道及其他各种用途沟槽（不含热力管沟）时，应将聚乙烯管道和钢骨架聚乙烯复合管道敷设于硬质套管内，套管伸出构筑物外壁不应小于本规程第4.3.2条规定的水平净距，套管两端和套管与建筑物间应采用柔性的防腐、防水材料密封。

4.3.7 当聚乙烯管道和钢骨架聚乙烯复合管道穿越铁路、高速公路、电车轨道和城镇主要干道时，宜垂直穿越，并应符合现行国家标准《城镇燃气设计规范》GB 50028的规定。

4.3.8 当聚乙烯管道和钢骨架聚乙烯复合管道通过河流时，可采用河底穿越，并应符合下列规定：

1 聚乙烯管道和钢骨架聚乙烯复合管道至规划河底的覆土厚度，应根据水流冲刷条件确定，对不通航河流覆土厚度不应小于0.5m；对通航的河流覆土厚度不应小于1.0m，同时还应考虑疏浚和抛锚深度。

2 稳管措施应根据计算确定。

3 在埋设聚乙烯管道和钢骨架聚乙烯复合管道位置的河流两岸上、下游应设立标志。

4.3.9 在次高压、中压聚乙烯管道和钢骨架聚乙烯复合管道上，以及低压钢骨架聚乙烯复合管道上，应设置分段阀门，并宜在阀门两侧设置放散管；在低压聚乙烯管道支管的起点处，宜设置阀门。

4.3.10 聚乙烯管道和钢骨架聚乙烯复合管道系统上的检测管、凝水缸的排水管、水封阀和阀门，均应设置护罩或护井。

4.3.11 聚乙烯管道和钢骨架聚乙烯复合管道作引入管，与建筑物外墙或内墙上安装的调压箱相连时，接管出地面，应采取保护和密封措施，不应裸露，且不宜直接引入建筑物内。当聚乙烯管道和钢骨架聚乙烯复合管道必需穿越建（构）筑物基础、外墙或敷设在墙内时，应采用硬质套管保护，并应符合现行国家标准《城镇燃气设计规范》GB 50028的规定。

5 管道连接

5.1 一般规定

5.1.1 管道连接前应对管材、管件及管道附属设备按设计要求进行核对，并应在施工现场进行外观检查，管材表面划伤深度不应超过管材壁厚的10%，符合要求方可使用。

5.1.2 聚乙烯管材与管件的连接和钢骨架聚乙烯复合管材与管件的连接，必须根据不同连接形式选用专用的连接机具，不得采用螺纹连接或粘接。连接时，严禁采用明火加热。

5.1.3 聚乙烯管道系统连接还应符合下列规定：

1 聚乙烯管材、管件的连接应采用热熔对接连接或电熔连接（电熔承插连接、电熔鞍形连接）；聚乙烯管道与金属管道或金属附件连接，应采用法兰连接或钢塑转换接头连接；采用法兰连接时宜设置检查井。

2 不同级别和熔体质量流动速率差值不小于0.5g/10min（190℃，5kg）的聚乙烯原料制造的管材、管件和管道附属设备，以及焊接端部标准尺寸比（*SDR*）不同的聚乙烯燃气管道连接时，必须采用电熔连接。

3 公称直径小于90mm的聚乙烯管道宜采用电熔连接。

5.1.4 钢骨架聚乙烯复合管材、管件连接，应采用电熔承插连接或法兰连接；钢骨架聚乙烯复合管与金属管或管道附件（金属）连接，应采用法兰连接，并应设置检查井。

5.1.5 管道热熔或电熔连接的环境温度宜在−5～45℃范围内。在环境温度低于−5℃或风力大于5级的条件下进行热熔或电熔连接操作时，应采取保温、防风措施，并应调整连接工艺；在炎热的夏季进行热熔或电熔连接操作时，应采取遮阳措施。

5.1.6 当管材、管件存放处与施工现场温差较大时，连接前应将管材、管件在施工现场放置一定时间，使其温度接近施工现场温度。

5.1.7 管道连接时，聚乙烯管材的切割应采用专用割刀或切管工具，切割端面应平整、光滑、无毛刺，端面应垂直于管轴线；钢骨架聚乙烯复合管材的切割应采用专用切管工具，切割端面应平整、垂直于管轴线，并应采用聚乙烯材料封焊端面，严禁使用端面未封焊的管材。

5.1.8 管道连接时，每次收工，管口应采取临时封堵措施。

5.1.9 管道连接结束后，应按本规程第5.2～5.5节中的有关规定进行接头质量检查。不合格者必须返工，返工后重新进行接头质量检查。当对焊接质量检查有争议时，应按表5.1.9-1、表5.1.9-2、表5.1.9-3规定进行评定检验。

表 5.1.9-1 热熔对接焊接工艺评定检验与试验要求

序号	检验与试验项目	检验与试验参数	检验与试验要求	检验与试验方法
1	拉伸性能	23±2℃	试验到破坏为止： （1）韧性，通过； （2）脆性，未通过	《聚乙烯（PE）管材和管件 热熔对接接头 拉伸强度和破坏形式的测定》GB/T 19810
2	耐压（静液压）强度试验	（1）密封接头，a型； （2）方向，任意； （3）调节时间，12h； （4）试验时间，165h； （5）环应力： ①PE80，4.5MPa； ②PE100，5.4MPa； （6）试验温度，80℃	焊接处无破坏，无渗漏	《流体输送用热塑性塑料管材耐内压试验方法》GB/T 6111

表 5.1.9-2 电熔承插焊接工艺评定检验与试验要求

序号	检验与试验项目	检验与试验参数	检验与试验要求	检验与试验方法
1	电熔管件剖面检验	—	电熔管件中的电阻丝应当排列整齐，不应当有涨出、裸露、错行，焊后不游离，管件与管材熔接面上无可见界线，无虚焊、过焊气泡等影响性能的缺陷	《燃气用聚乙烯管道焊接技术规则》TSG D2002
2	*DN*<90挤压剥离试验	23±2℃	剥离脆性破坏百分比≤33.3%	《塑料管材和管件 聚乙烯电熔组件的挤压剥离试验》GB/T 19806
3	*DN*≥90拉伸剥离试验	23±2℃	剥离脆性破坏百分比≤33.3%	《塑料管材和管件公称直径大于或等于90mm的聚乙烯电熔组件的拉伸剥离试验》GB/T 19808

续表 5.1.9-2

序号	检验与试验项目	检验与试验参数	检验与试验要求	检验与试验方法
4	耐压（静液压）强度试验	(1)密封接头，a型； (2)方向，任意； (3)调节时间，12h； (4)试验时间，165h； (5)环应力： ①PE80，4.5MPa； ②PE100，5.4MPa； (6)试验温度80℃	焊接处无破坏，无渗漏	《流体输送用热塑性塑料管材耐内压试验方法》GB/T 6111

表 5.1.9-3 电熔鞍形焊接工艺评定检验与试验要求

序号	检验与试验项目	检验与试验参数	检验与试验要求	检验与试验方法
1	$DN \leqslant 225$ 挤压剥离试验	23±2℃	剥离脆性破坏百分比≤33.3%	《塑料管材和管件 聚乙烯电熔组件的挤压剥离试验》GB/T 19806
2	$DN > 225$ 撕裂剥离试验	23±2℃	剥离脆性破坏百分比≤33.3%	《燃气用聚乙烯管道焊接技术规则》TSG D2002

5.2 热熔连接

5.2.1 热熔对接连接设备应符合下列规定：

1 机架应坚固稳定，并应保证加热板和铣削工具切换方便及管材或管件方便地移动和校正对中。

2 夹具应能固定管材或管件，并应使管材或管件快速定位或移开。

3 铣刀应为双面铣削刀具，应将待连接的管材或管件端面铣削成垂直于管材中轴线的清洁、平整、平行的匹配面。

4 加热板表面结构应完整，并保持洁净，温度分布应均匀，允许偏差应为设定温度的±5℃。

5 压力系统的压力显示分度值不应大于0.1MPa。

6 焊接设备使用的电源电压波动范围不应大于额定电压的±15%。

7 热熔对接连接设备应定期校准和检定，周期不宜超过1年。

5.2.2 热熔对接连接的焊接工艺应符合图5.2.2的规定，焊接参数应符合表5.2.2-1和表5.2.2-2的规定。

P_1——总的焊接压力(表压，MPa)，$P_1 = P_2 + P_{拖}$；

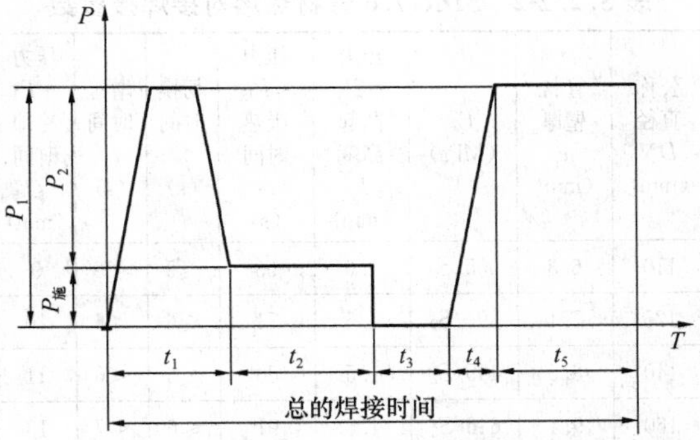

图 5.2.2 热熔对接焊接工艺

P_2——焊接规定的压力（表压，MPa）；

$P_{拖}$——拖动压力（表压，MPa）；

t_1——卷边达到规定高度的时间；

t_2——焊接所需要的吸热时间，t_2 = 管材壁厚×10；

t_3——切换所规定的时间（s）；

t_4——调整压力到 P_1 所规定的时间（s）；

t_5——冷却时间（min）。

表 5.2.2-1 *SDR*11 管材热熔对接焊接参数

公称直径 DN (mm)	管材壁厚 e (mm)	P_2 (MPa)	压力 $=P_1$ 凸起高度 h (mm)	压力 $\approx P_{拖}$ 吸热时间 t_2 (s)	切换时间 t_3 (s)	增压时间 t_4 (s)	压力 $=P_1$ 冷却时间 t_5 (min)
75	6.8	$219/S_2$	1.0	68	≤5	<6	≥10
90	8.2	$315/S_2$	1.5	82	≤6	<7	≥11
110	10.0	$471/S_2$	1.5	100	≤6	<7	≥14
125	11.4	$608/S_2$	1.5	114	≤6	<8	≥15
140	12.7	$763/S_2$	2.0	127	≤8	<8	≥17
160	14.5	$996/S_2$	2.0	145	≤8	<9	≥19
180	16.4	$1261/S_2$	2.0	164	≤8	<10	≥21
200	18.2	$1557/S_2$	2.0	182	≤8	<11	≥23
225	20.5	$1971/S_2$	2.5	205	≤10	<12	≥26
250	22.7	$2433/S_2$	2.5	227	≤10	<13	≥28
280	25.5	$3052/S_2$	2.5	255	≤12	<14	≥31
315	28.6	$3862/S_2$	3.0	286	≤12	<15	≥35
355	32.3	$4906/S_2$	3.0	323	≤12	<17	≥39
400	36.4	$6228/S_2$	3.0	364	≤12	<19	≥44
450	40.9	$7882/S_2$	3.5	409	≤12	<21	≥50
500	45.5	$9731/S_2$	3.5	455	≤12	<23	≥55
560	50.9	$12207/S_2$	4.0	509	≤12	<25	≥61
630	57.3	$15450/S_2$	4.0	573	≤12	<29	≥67

注：1 以上参数基于环境温度为20℃；
2 热板表面温度：PE80为210±10℃，PE100为225±10℃；
3 S_2 为焊机液压缸中活塞的总有效面积(mm^2)，由焊机生产厂家提供。

表 5.2.2-2　*SDR*17.6 管材热熔对接焊接参数

公称直径 *DN* (mm)	管材壁厚 *e* (mm)	P_2 (MPa)	压力 $=P_1$ 凸起高度 *h* (mm)	压力 $\approx P_{拖}$ 吸热时间 t_2 (s)	切换时间 t_3 (s)	增压时间 t_4 (s)	压力 $=P_1$ 冷却时间 t_5 (min)
110	6.3	$305/S_2$	1.0	63	≤5	<6	9
125	7.1	$394/S_2$	1.5	71	≤6	<6	10
140	8.0	$495/S_2$	1.5	80	≤6	<6	11
160	9.1	$646/S_2$	1.5	91	≤6	<7	13
180	10.2	$818/S_2$	1.5	102	≤6	<7	14
200	11.4	$1010/S_2$	1.5	114	≤6	<8	15
225	12.8	$1278/S_2$	2.0	128	≤8	<8	17
250	14.2	$1578/S_2$	2.0	142	≤8	<9	19
280	15.9	$1979/S_2$	2.0	159	≤8	<10	20
315	17.9	$2505/S_2$	2.0	179	≤8	<11	23
355	20.2	$3181/S_2$	2.5	202	≤10	<12	25
400	22.7	$4039/S_2$	2.5	227	≤10	<13	28
450	25.6	$5111/S_2$	2.5	256	≤10	<14	32
500	28.4	$6310/S_2$	3.0	284	≤12	<15	35
560	31.8	$7916/S_2$	3.0	318	≤12	<17	39
630	35.8	$10018/S_2$	3.0	358	≤12	<18	44

注：1　以上参数基于环境温度为 20℃；

2　热板表面温度：PE80 为 210±10℃，PE100 为 225±10℃；

3　S_2 为焊机液压缸中活塞的总有效面积(mm^2)，由焊机生产厂家提供。

5.2.3　热熔对接连接操作应符合下列规定：

1　根据管材或管件的规格，选用相应的夹具，将连接件的连接端伸出夹具，自由长度不应小于公称直径的 10%，移动夹具使连接件端面接触，并校直对应的待连接件，使其在同一轴线上，错边不应大于壁厚的 10%。

2　应将聚乙烯管材或管件的连接部位擦拭干净，并铣削连接件端面，使其与轴线垂直。切削平均厚度不宜大于 0.2mm，切削后的熔接面应防止污染。

3　连接件的端面应采用热熔对接连接设备加热。

4　吸热时间达到工艺要求后，应迅速撤出加热板，检查连接件加热面熔化的均匀性，不得有损伤。在规定的时间内用均匀外力使连接面完全接触，并翻边形成均匀一致的对称凸缘。

5　在保压冷却期间不得移动连接件或在连接件上施加任何外力。

5.2.4　热熔对接连接接头质量检验应符合下列规定：

1　连接完成后，应对接头进行 100% 的翻边对称性、接头对正性检验和不少于 10% 的翻边切除检验。

2　翻边对称性检验。接头应具有沿管材整个圆周平滑对称的翻边，翻边最低处的深度（*A*）不应低于管材表面（图 5.2.4-1）。

3　接头对正性检验。焊缝两侧紧邻翻边的外圆周的任何一处错边量（*V*）不应超过管材壁厚的 10%（图 5.2.4-2）。

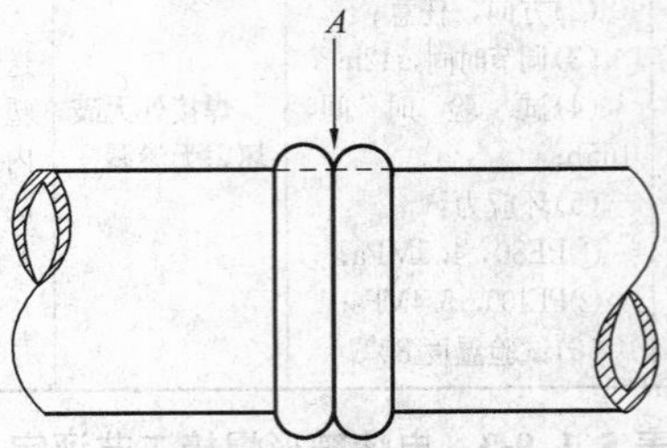

图 5.2.4-1　翻边对称性示意

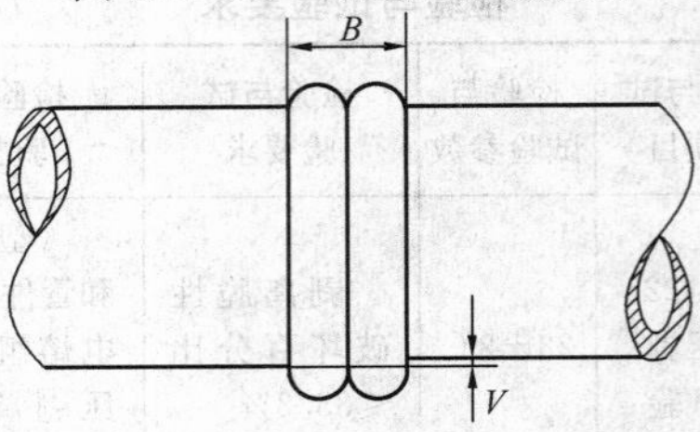

图 5.2.4-2　接头对正性示意

4　翻边切除检验。应使用专用工具，在不损伤管材和接头的情况下，切除外部的焊接翻边（图 5.2.4-3）。翻边切除检验应符合下列要求：

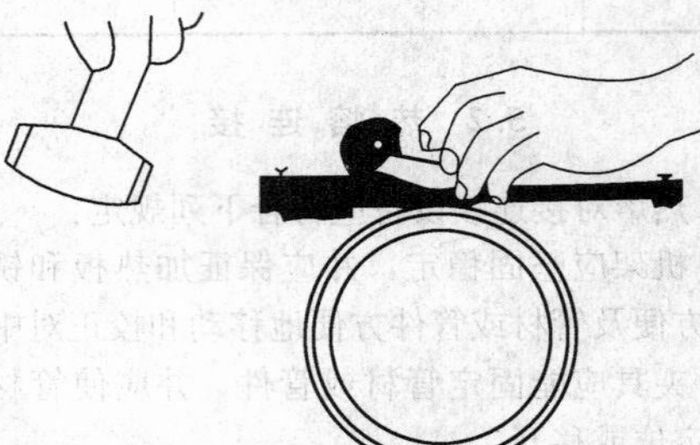

图 5.2.4-3　翻边切除示意

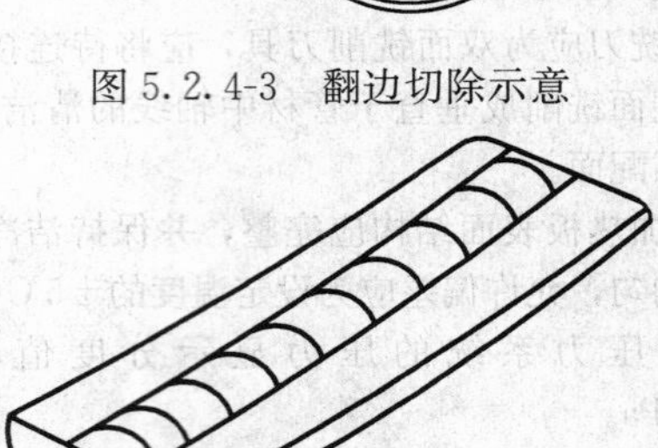

图 5.2.4-4　合格实心翻边示意

1）翻边应是实心圆滑的，根部较宽（图 5.2.4-4）。

2）翻边下侧不应有杂质、小孔、扭曲和损坏。

3）每隔 50mm 进行 180°的背弯试验（图 5.2.4-5），不应有开裂、裂缝，接缝处不得露出熔合线。

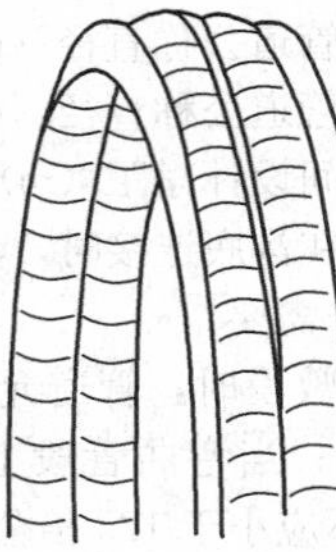

图 5.2.4-5　翻边背弯试验示意

5　当抽样检验的焊缝全部合格时，则此次抽样所代表的该批焊缝应认为全部合格；若出现与上述条款要求不符合的情况，则判定本焊缝不合格，并应按下列规定加倍抽样检验：

1）每出现一道不合格焊缝，则应加倍抽检该焊工所焊的同一批焊缝，按本规程进行检验。

2）如第二次抽检仍出现不合格焊缝，则应对该焊工所焊的同批全部焊缝进行检验。

5.3　电熔连接

5.3.1　电熔连接机具应符合下列规定：

1　电熔连接机具的类型应符合电熔管件的要求。

2　电熔连接机具应在国家电网供电或发电机供电情况下，均可正常工作。

3　外壳防护等级不应低于 IP54，所有线路板应进行防水、防尘、防震处理，开关、按钮应具有防水性。

4　输入和输出电缆，当超过－10～40℃工作范围时，应能保持柔韧性。

5　温度传感器精度不应低于±1℃，并应有防机械损伤保护。

6　输出电压的允许偏差应控制在设定电压的±1.5%以内；输出电流的允许偏差应控制在额定电流的±1.5%以内；熔接时间的允许偏差应控制在理论时间的±1%以内。

7　电熔连接设备应定期校准和检定，周期不宜超过 1 年。

5.3.2　电熔连接机具与电熔管件应正确连通，连接时，通电加热的电压和加热时间应符合电熔连接机具和电熔管件生产企业的规定。

5.3.3　电熔连接冷却期间，不得移动连接件或在连接件上施加任何外力。

5.3.4　电熔承插连接操作应符合下列规定：

1　应将管材、管件连接部位擦拭干净。

2　测量管件承口长度，并在管材插入端或插口管件插入端标出插入长度和刮除插入长度加 10mm 的插入段表皮，刮削氧化皮厚度宜为 0.1～0.2mm。

3　钢骨架聚乙烯复合管道和公称直径小于 90mm 的聚乙烯管道，以及管材不圆度影响安装时，应采用整圆工具对插入端进行整圆。

4　将管材或管件插入端插入电熔承插管件承口内，至插入长度标记位置，并应检查配合尺寸。

5　通电前，应校直两对应的连接件，使其在同一轴线上，并应采用专用夹具固定管材、管件。

5.3.5　电熔鞍形连接操作应符合下列规定：

1　应采用机械装置固定干管连接部位的管段，使其保持直线度和圆度。

2　应将管材连接部位擦拭干净，并宜采用刮刀刮除管材连接部位表皮。

3　通电前，应将电熔鞍形连接管件用机械装置固定在管材连接部位。

5.3.6　电熔连接接头质量检验应符合下列规定：

1　电熔承插连接

1）电熔管件端口处的管材或插口管件周边应有明显刮皮痕迹和明显的插入长度标记。

2）聚乙烯管道系统，接缝处不应有熔融料溢出；钢骨架聚乙烯复合管道系统，采用钢骨架电熔管件连接时，接缝处可允许局部有少量溢料，溢边量（轴向尺寸）不得超过表 5.3.6 的规定。

表 5.3.6　钢骨架电熔管件连接允许溢边量
（轴向尺寸）（mm）

公称直径 DN	$50\leqslant DN\leqslant 300$	$300<DN\leqslant 500$
溢出电熔管件边缘量	10	15

3）电熔管件内电阻丝不应挤出（特殊结构设计的电熔管件除外）。

4）电熔管件上观察孔中应能看到有少量熔融料溢出，但溢料不得呈流淌状。

5）凡出现与上述条款不符合的情况，应判为不合格。

2　电熔鞍形连接

1）电熔鞍形管件周边的管材上应有明显刮皮痕迹。

2）鞍形分支或鞍形三通的出口应垂直于管材的中心线。

3）管材壁不应塌陷。

4）熔融料不应从鞍形管件周边溢出。

5）鞍形管件上观察孔中应能看到有少量熔融料溢出，但溢料不得呈流淌状。

6）凡出现与上述条款不符合的情况，应判为不合格。

5.4 法兰连接

5.4.1 金属管端法兰盘与金属管道连接应符合金属管道法兰连接的规定和设计要求。

5.4.2 聚乙烯管端或钢骨架聚乙烯复合管端的法兰盘连接应符合下列规定：

1 应将法兰盘套入待连接的聚乙烯法兰连接件的端部。

2 应按本规程规定的热熔连接或电熔连接的要求，将法兰连接件平口端与聚乙烯管道或钢骨架聚乙烯复合管道进行连接。

5.4.3 两法兰盘上螺孔应对中，法兰面相互平行，螺栓孔与螺栓直径应配套，螺栓规格应一致，螺母应在同一侧；紧固法兰盘上的螺栓应按对称顺序分次均匀紧固，不应强力组装；螺栓拧紧后宜伸出螺母1～3丝扣。

5.4.4 法兰密封面、密封件不得有影响密封性能的划痕、凹坑等缺陷，材质应符合输送城镇燃气的要求。

5.4.5 法兰盘、紧固件应经防腐处理，并应符合设计要求。

5.5 钢塑转换接头连接

5.5.1 钢塑转换接头的聚乙烯管端与聚乙烯管道或钢骨架聚乙烯复合管道的连接应符合本规程相应的热熔连接或电熔连接的规定。

5.5.2 钢塑转换接头钢管端与金属管道连接应符合相应的钢管焊接或法兰连接的规定。

5.5.3 钢塑转换接头钢管端与钢管焊接时，在钢塑过渡段应采取降温措施。

5.5.4 钢塑转换接头连接后应对接头进行防腐处理，防腐等级应符合设计要求，并检验合格。

6 管道敷设

6.1 一般规定

6.1.1 聚乙烯管道和钢骨架聚乙烯复合管道土方工程施工应符合国家现行标准《城镇燃气输配工程施工及验收规范》CJJ 33 的相关规定。

6.1.2 管道沟槽的沟底宽度和工作坑尺寸，应根据现场实际情况和管道敷设方法确定，也可按下列公式确定：

1 单管敷设（沟边连接）：

$$a = DN + 0.3 \qquad (6.1.2\text{-}1)$$

2 双管同沟敷设（沟边连接）：

$$a = DN_1 + DN_2 + S + 0.3 \qquad (6.1.2\text{-}2)$$

式中 a——沟底宽度（m）；

DN——管道公称直径（m）；

DN_1——第一条管道公称直径（m）；

DN_2——第二条管道公称直径（m）；

S——两管之间设计净距（m）。

3 当管道必须在沟底连接时，沟底宽度应加大，以满足连接机具工作需要。

6.1.3 聚乙烯管道敷设时，管道允许弯曲半径不应小于25倍公称直径；当弯曲管段上有承口管件时，管道允许弯曲半径不应小于125倍公称直径。

6.1.4 钢骨架聚乙烯复合管道敷设时，钢丝网骨架聚乙烯复合管道允许弯曲半径应符合表6.1.4-1的规定，孔网钢带聚乙烯复合管道允许弯曲半径应符合表6.1.4-2的规定。

表 6.1.4-1 钢丝网骨架聚乙烯复合管道允许弯曲半径（mm）

管道公称直径 DN	允许弯曲半径 R
$50 \leqslant DN \leqslant 150$	$80DN$
$150 < DN \leqslant 300$	$100DN$
$300 < DN \leqslant 500$	$110DN$

表 6.1.4-2 孔网钢带聚乙烯复合管道允许弯曲半径（mm）

管道公称直径 DN	允许弯曲半径 R
$50 \leqslant DN \leqslant 110$	$150DN$
$140 \leqslant DN \leqslant 250$	$250DN$
$DN \geqslant 315$	$350DN$

6.1.5 管道在地下水位较高的地区或雨季施工时，应采取降低水位或排水措施，及时清除沟内积水。管道在漂浮状态下严禁回填。

6.2 管道埋地敷设

6.2.1 对开挖沟槽敷设管道（不包括喂管法埋地敷设），管道应在沟底标高和管基质量检查合格后，方可敷设。

6.2.2 管道下管时，不得采用金属材料直接捆扎和吊运管道，并应防止管道划伤、扭曲或承受过大的拉伸和弯曲。

6.2.3 聚乙烯管道宜蜿蜒状敷设，并可随地形自然弯曲敷设；钢骨架聚乙烯复合管道宜自然直线敷设。管道弯曲半径应符合本规程第6.1.3、6.1.4条的规定。不得使用机械或加热方法弯曲管道。

6.2.4 管道与建筑物、构筑物或相邻管道之间的水平和垂直净距，应符合本规程第4.3.2条的规定。

6.2.5 管道埋设的最小覆土厚度应符合本规程第4.3.3条的规定。

6.2.6 管道敷设时，应随管走向埋设金属示踪线（带）、警示带或其他标识。

示踪线（带）应贴管敷设，并应有良好的导电性、有效的电气连接和设置信号源井。

警示带敷设应符合下列规定：

1 警示带宜敷设在管顶上方 300～500mm 处，但不得敷设于路基或路面里。

2 对直径不大于 400mm 的管道，可在管道正上方敷设一条警示带；对直径大于或等于 400mm 的管道，应在管道正上方平行敷设二条水平净距 100～200mm 的警示带。

3 警示带宜采用聚乙烯或不易分解的材料制造，颜色应为黄色，且在警示带上印有醒目、永久性警示语。

6.2.7 聚乙烯盘管或因施工条件限制的聚乙烯直管或钢骨架聚乙烯复合管道采用拖管法埋地敷设时，在管道拖拉过程中，沟底不应有可能损伤管道表面的石块和尖凸物，拖拉长度不宜超过 300m。

1 聚乙烯管道的最大拖拉力应按下式计算：

$$F = 15DN^2/SDR \tag{6.2.7}$$

式中 F——最大拖拉力（N）；

DN——管道公称直径（mm）；

SDR——标准尺寸比。

2 钢骨架聚乙烯复合管道的最大拖拉力不应大于其屈服拉伸应力的 50%。

6.2.8 聚乙烯盘管采用喂管法埋地敷设时，警示带敷设应符合本规程第 6.2.6 条的规定，并随管道同时喂入管沟，管道弯曲半径应符合本规程第 6.1.3、6.1.4 条的规定。

6.3 插入管敷设

6.3.1 本节适用于插入管外径不大于旧管内径 90% 的插入管敷设。

6.3.2 插入起止段应开挖一段工作坑，其长度应满足施工要求，并应保证管道允许弯曲半径符合本规程第 6.1.3、6.1.4 条的规定，工作坑间距不宜超过 300m。

6.3.3 管道插入前，应使用清管设备清除旧管内壁沉积物、尖锐毛刺、焊瘤和其他杂物，并采用压缩空气吹净管内杂物。必要时，应采用管道内窥镜检查旧管内壁清障程度，或将聚乙烯管段拉过旧管，通过检查聚乙烯管段表面划痕，判断旧管内壁清障程度。

6.3.4 插入敷设的管道应按本规程第 5 章要求进行热熔或电熔连接；必要时，可切除热熔对接连接的外翻边或电熔连接的接线柱。

6.3.5 管道插入前，应对已连接管道的全部焊缝逐个进行检查，并在安全防护措施得到有效保证后，进行检漏，合格后方可施工。插入后，应随管道系统对插入管进行强度试验和严密性试验。

6.3.6 插入敷设时，必须在旧管插入端口加装一个硬度较小的漏斗形导滑口。

6.3.7 插入管采用拖拉法敷设时，拖拉力应符合本规程第 6.2.7 条的规定。

6.3.8 插入管伸出旧管端口的长度应满足管道缩径恢复和管道收缩以及管道连接的要求。

6.3.9 在两插入段之间，必须留出冷缩余量和管道不均匀沉降余量，并在每段适当长度加以铆固或固定。在各管段端口，插入管与旧管之间的环形空间应采用柔性材料封堵。管段之间的旧管开口处应设套管保护。

6.3.10 当在插入管上接分支管时，应在干管恢复缩径并经 24h 松弛后，方可进行。

6.4 管 道 穿 越

6.4.1 管道穿越铁路、道路、河流、其他管道和地沟的敷设期限、程序以及施工组织方案，应征得有关管理部门的同意，并应符合本规程第 4 章的有关规定。

6.4.2 管道穿越施工时，必须保证穿越段周围建筑物、构筑物不发生沉陷、位移和破坏。

6.4.3 管道穿越时，管道承受的拖拉力应符合本规程第 6.2.7 条的规定。

7 试验与验收

7.1 一 般 规 定

7.1.1 聚乙烯管道和钢骨架聚乙烯复合管道安装完毕后应依次进行管道吹扫、强度试验和严密性试验。管道的试验与验收除应符合本规程的规定外，还应符合国家现行标准《城镇燃气输配工程施工及验收规范》CJJ 33 的相关规定。

7.1.2 开槽敷设的管道系统应在回填土回填至管顶 0.5m 以上后，依次进行吹扫、强度试验和严密性试验。

采用拖管法、喂管法和插入法敷设的管道，应在管道敷设前预先对管段进行检漏；敷设后，应对管道系统依次进行吹扫、强度试验和严密性试验。

7.1.3 吹扫、强度试验和严密性试验的介质应采用压缩空气，其温度不宜超过 40℃；压缩机出口端应安装油水分离器和过滤器。

7.1.4 在吹扫、强度试验和严密性试验时，管道应与无关系统和已运行的系统隔离，并应设置明显标志，不得用阀门隔离。

7.1.5 强度试验和严密性试验前应具备下列条件：

1 在强度试验和严密性试验前，应编制强度试验和严密性试验的试验方案。

2 管道系统安装检查合格后，应及时回填。

3 管件的支墩、锚固设施已达设计强度；未设支墩及锚固设施的弯头和三通，应采取加固措施。

4 试验管段所有敞口应封堵，但不得采用阀门做堵板。

5 管线的试验段所有阀门必须全部开启。

6 管道吹扫完毕。

7.1.6 进行强度试验和严密性试验时，漏气检查可使用洗涤剂或肥皂液等发泡剂，检查完毕，应及时用水冲去管道上的洗涤剂或肥皂液等发泡剂。

7.1.7 聚乙烯管道和钢骨架聚乙烯复合管道强度试验和严密性试验时，所发现的缺陷，必须待试验压力降至大气压后进行处理，处理合格后应重新进行试验。

7.2 管道吹扫

7.2.1 管道安装完毕，由施工单位负责组织吹扫工作，并应在吹扫前编制吹扫方案。

7.2.2 吹扫口应设在开阔地段，并采取加固措施；排气口应进行接地处理。吹扫时应设安全区域，吹扫出口处严禁站人。

7.2.3 吹扫气体压力不应大于0.3MPa。

7.2.4 吹扫气体流速不宜小于20m/s，且不宜大于40m/s。

7.2.5 每次吹扫管道的长度，应根据吹扫介质、压力、气量来确定，不宜超过500m。

7.2.6 调压器、凝水缸、阀门等设备不应参与吹扫，待吹扫合格后再安装。

7.2.7 当目测排气无烟尘时，应在排气口设置白布或涂白漆木靶板检验，5min内靶上无尘土、塑料碎屑等其他杂物为合格。

7.2.8 吹扫应反复进行数次，确认吹净为止，同时做好记录。

7.2.9 吹扫合格、设备复位后，不得再进行影响管内清洁的作业。

7.3 强度试验

7.3.1 管道系统应分段进行强度试验，试验管段长度不宜超过1km。

7.3.2 强度试验用压力计应在校验有效期内，其量程应为试验压力的1.5～2倍，其精度不得低于1.5级。

7.3.3 强度试验压力应为设计压力的1.5倍，且最低试验压力应符合下列规定：

1 *SDR*11聚乙烯管道不应小于0.40MPa。

2 *SDR*17.6聚乙烯管道不应小于0.20MPa。

3 钢骨架聚乙烯复合管道不应小于0.40MPa。

7.3.4 进行强度试验时，压力应逐步缓升，首先升至试验压力的50%，进行初检，如无泄漏和异常现象，继续缓慢升压至试验压力。达到试验压力后，宜稳压1h后，观察压力计不应小于30min，无明显压力降为合格。

7.3.5 经分段试压合格的管段相互连接的接头，经外观检验合格后，可不再进行强度试验。

7.4 严密性试验

7.4.1 聚乙烯管道和钢骨架聚乙烯复合管道严密性试验应按国家现行标准《城镇燃气输配工程施工及验收规范》CJJ 33规定的严密性试验要求执行。

7.5 工程竣工验收

7.5.1 聚乙烯管道和钢骨架聚乙烯复合管道工程竣工验收应按国家现行标准《城镇燃气输配工程施工及验收规范》CJJ 33规定的工程竣工验收要求执行。

7.5.2 工程竣工资料中还应包括以下检验合格记录：

1 翻边切除检查记录。

2 示踪线（带）导电性检查记录。

本规程用词说明

1 为便于在执行本规程条文时区别对待，对要求严格程度不同的用词说明如下：

1）表示很严格，非这样做不可的用词：
正面词采用“必须”，反面词采用“严禁”；

2）表示严格，在正常情况下均应这样做的用词：
正面词采用“应”，反面词采用“不应”或“不得”；

3）表示允许稍有选择，在条件许可时首先应这样做的用词：
正面词采用“宜”，反面词采用“不宜”；
表示有选择，在一定条件下可以这样做的用词，采用“可”。

2 条文中指明应按其他有关标准执行的写法为“应符合……的规定”或“应按……执行”。

中华人民共和国行业标准

聚乙烯燃气管道工程技术规程

CJJ 63—2008

条 文 说 明

前　言

《聚乙烯燃气管道工程技术规程》CJJ 63－2008经建设部2008年2月26日以第809号公告批准、发布。

本规程第一版主编单位是中国建筑技术研究院，参加单位是北京市煤气热力工程设计院、上海市煤气公司、哈尔滨气化工程建设指挥部、中国市政工程华北设计院、北京市公用事业科学研究所。

为便于广大设计、施工、科研、学校等单位有关人员在使用本规程时能正确理解和执行条文规定，《聚乙烯燃气管道工程技术规程》编制组按章、节、条顺序编制了本规程的条文说明，供使用者参考。在使用中如发现本条文说明中有不妥之处，请将意见函寄建设部科技发展促进中心（地址：北京市三里河路9号；邮政编码：100835）。

目　次

1 总 则

1.0.1 聚乙烯燃气管道由于具有良好的耐腐蚀性、柔韧性和可焊接性（热熔连接、电熔连接）等性能，在国外燃气管网中应用已有50多年的历史，在国内也有20多年历史，取得了良好效果。20世纪90年代初，PE100级的高密度聚乙烯（HDPE）材料出现，进一步开拓了聚乙烯燃气管道的市场，使其在欧美发达国家市场占有率达到90%以上。近几年来，为节省聚乙烯材料（减小壁厚）、提高耐压能力，国内自主开发了聚乙烯与钢丝网或钢带复合的钢骨架聚乙烯复合管，用于输送燃气，通过实验室试验和工程试用，取得了良好效果，积累了较为丰富的实践经验。聚乙烯管道和钢骨架聚乙烯复合管道与钢管、铸铁管相比，在耐压强度、力学性能及连接、敷设等方面有不同的特点和要求。因此，为指导埋地输送燃气的聚乙烯管道和钢骨架聚乙烯复合管道的工程设计、施工和验收工作，做到技术先进、经济合理、安全施工，确保工程质量和安全供气，特制定本规程。

1.0.2 本条是针对燃气输配工程的特点以及聚乙烯管道和钢骨架聚乙烯复合管道的特性，规定了本规程的适用范围。

工作温度规定为－20～40℃，是考虑到聚乙烯是一种高分子材料，温度对其影响较大。温度过低将导致其变脆，抗冲击强度和断裂伸长率下降；相反，温度过高又会使聚乙烯材料耐压强度下降。一般聚乙烯材料脆化温度约为－80℃，软化温度约为120℃。美国规定聚乙烯管道工作温度为：－29～38℃（－20～100℉），英国、法国等欧洲国家以及欧洲标准（EN）和国际标准（ISO）等规定为－20～40℃。

公称直径规定为不大于630mm，是为了与聚乙烯燃气管道产品标准（《燃气输送用埋地聚乙烯管材》ISO4437－1997、《燃气用埋地聚乙烯（PE）管道系统　第1部分：管材》GB 15558.1－2003）相适应，并且也涵盖了钢骨架聚乙烯复合管道各种规格（目前其最大公称直径为500mm），也能满足一般燃气工程的需要。

最大允许工作压力规定为不大于0.7MPa，是根据聚乙烯管道和钢骨架聚乙烯复合管道最大工作压力或公称压力确定，已涵盖了本规程所规定的各种管道最大允许工作压力，在第4.1.3条说明中将具体阐述确定依据。

1.0.3 聚乙烯管道和钢骨架聚乙烯复合管道机械强度相对于钢管较低，做地上明管受碰撞时容易破损，导致漏气；同时大气中紫外线会加速聚乙烯材料的老化，从而降低管道耐压强度。因此作为易燃易爆的燃气输送管道，不应使用聚乙烯管道和钢骨架聚乙烯复合管道作地上管道。在国外，一般也规定聚乙烯管道只宜做埋地管使用。

1.0.4 一些氧化性介质或表面活性剂可能加速产生聚乙烯材料的环境应力开裂现象，尤其是过量的芳香烃类物质对聚乙烯材料有溶胀作用，从而降低聚乙烯材料的物理、力学性能。国内多年应用经验证明，符合国家现行标准《城镇燃气设计规范》GB 50028规定的燃气，其含有的冷凝液对聚乙烯管道和钢骨架聚乙烯复合管道影响不大。在本规程中，为提高管道系统安全系数，在第4章管道设计中对人工煤气和液化石油气还规定了要降低输送压力。

1.0.5 城镇燃气具有易燃、易爆和有毒（人工煤气）等特点，且聚乙烯管道和钢骨架聚乙烯复合管道与金属管道相比，在设计和施工中有一些独有的特性，如连接方式不同，主要是通过加热工具熔化聚乙烯管材或管件达到连接目的，接头质量与操作步骤和参数（熔接温度、熔接时间、施压大小、保压冷却时间、连接件对中）有直接关系。因此，为了确保工程质量和安全供气，就必须要求工程设计合理、施工质量优良，这就要求从事聚乙烯设计、施工单位具有一定的技术实力和相应资质；对于施工人员需要进行专业技术培训，是为了让施工人员更好地掌握聚乙烯管道和钢骨架聚乙烯复合管道的施工特性，确保工程施工质量。

1.0.6 此条是强调埋地聚乙烯管道和钢骨架聚乙烯复合管道工程设计、施工和验收要与现行国家标准《城镇燃气设计规范》GB 50028和现行行业标准《城镇燃气输配工程施工及验收规范》CJJ 33配合使用，使其相互协调配合，同时还应符合国家现行有关标准的规定，从而确保完成工程建设任务。

2 术语、代号

本规程中术语、代号是参考《燃气用埋地聚乙烯（PE）管道系统　第1部分：管材》GB 15558.1－2003、《燃气用埋地聚乙烯（PE）管道系统　第2部分：管件》GB 15558.2－2005和《城镇燃气设计规范》GB 50028－2006、《城镇燃气输配工程施工及验收规范》CJJ33－2005等产品标准和设计、施工规范中相关术语、定义、符号制定。

3 材 料

3.1 一 般 规 定

3.1.1 规定此条目的是为了强调聚乙烯管道和钢骨架聚乙烯复合管道及附属设备必须符合现行国家标准或行业标准；对于非标准产品，应进行相关性能试验，是为了确保管道系统安全可靠。

3.1.2 给出用户在接受管材、管件时应重点检查的项目是为了确保产品质量合格，规格尺寸、颜色和型号符合设计要求。检查出厂合格证、检测报告，是为了确认提供的产品是合格产品；检查使用的聚乙烯原料级别和牌号、生产日期、产品标志，是为了方便产品贮存和管理，尽可能做到分类贮存和“先进先出”；检查外观、颜色、长度、不圆度、外径及壁厚，是为了验证该批产品是否符合产品标准要求和定货要求。

3.1.3 由于紫外线长期照射聚乙烯材料，会加速其老化，当聚乙烯管道接受老化能量（日照辐射量）达一定程度，会明显降低管道的物理、力学性能，因此，要求聚乙烯管道不宜长期存放。

本条规定主要是参考聚乙烯燃气管产品标准《燃气输送用埋地聚乙烯管材》ISO 4437－1997、《燃气用埋地聚乙烯（PE）管道系统 第1部分：管材》GB 15558.1－2003规定的耐老化性能试验，在其中规定聚乙烯管道在接受3.5GJ/m²老化能量后，其主要物理、力学性能仍能达到其标准规定的有关要求。3.5GJ/m²相当于西欧地区（如法国巴黎、英国伦敦）一年的日照辐射量，相当于我国大部分地区6～8个月的日照辐射量，我国日照时数及年辐照量分布如表1所示。

由于聚乙烯管道在运输时要求防止曝晒，在存放时要求堆放在库房或棚内，有效地减少了日照辐射量，因此，确定聚乙烯管材存放期不宜超过1年。对于管件，由于其体积小、价值高，都有独立包装，贮存条件优于管材，大大减少了日照辐射量，因此，确定聚乙烯管件存放期不宜超过2年。

表1 中国日照时数及年辐照量分布

地区分类	年日照时数（h）	年辐照量（GJ/m²）	包括地区	与国外相当的地区
一	2800～3300	6.7～8.37	宁夏北部、甘肃北部、新疆东南部、青海西部和西藏	印度和巴基斯坦北部
二	3000～3200	5.86～6.7	河北北部、山西北部、内蒙和宁夏南部、甘肃中部、青海东部、西藏东南部和新疆	印度尼西亚的雅加达一带
三	2200～3000	5.02～5.86	北京、山东、河南、河北东部、山西南部、新疆北部、云南、陕西、甘肃、广东	美国的华盛顿地区
四	1400～2200	4.19～5.02	湖北、湖南、江西、浙江、广西、广东北部、陕西、江苏和安徽的南部、黑龙江	意大利的米兰地区
五	1000～1400	3.35～4.19	四川和贵州	法国的巴黎、俄罗斯的莫斯科

耐老化性能检验方法主要是按《燃气用埋地聚乙烯（PE）管道系统》GB 15558耐老化性能试验要求进行，包括：管材进行静液压强度（165h/80℃）、热稳定性（氧化诱导时间）和断裂伸长率试验；管件进行静液压强度（165h/80℃）、热熔对接连接的拉伸试验或电熔连接的电熔管件的熔接强度试验。

3.2 质量要求

3.2.1 规定此条目的是强调埋地用燃气聚乙烯管材、管件、阀门及管道附件要符合现行国家或行业产品标准的要求，对于应用多年的非标准产品或正在制定国家或行业产品标准的产品，根据生产和工程应用经验，提出基本要求，以利于保证产品质量，确保工程质量。尤其在聚乙烯原料选择上，应严格按照《燃气用埋地聚乙烯（PE）管道系统》GB 15558的要求，选择经过定级的国产或进口的PE100或PE80聚乙烯燃气管道专用料（混配料）。

3.2.2 埋地用燃气钢骨架聚乙烯复合管材、管件要符合现行行业产品标准的要求，由于钢丝网（焊接）骨架聚乙烯复合管材有外径系列和内径系列两种，《燃气用钢骨架聚乙烯塑料复合管》CJ/T 125规定的复合管规格主要考虑了与钢管的连接和流通直径，采用的是内径系列。塑料管多采用外径作为公称尺寸，所以此处允许按外径系列生产，但相关性能应符合《燃气用钢骨架聚乙烯塑料复合管》CJ/T 125的规定。目前国内燃气工程应用的外径系列钢丝网（焊接）骨架聚乙烯复合管材规格尺寸如表2所示。

表2 外径系列钢丝网（焊接）骨架聚乙烯复合管材规格尺寸（mm）

公称外径 *DN*		公称壁厚		最小内壁塑料层厚度
基本尺寸	极限偏差	基本尺寸	极限偏差	
110	$^{+1.5}_{0}$	9.0	$^{+1.0}_{0}$	≥1.5
		12.0	$^{+1.3}_{0}$	

续表 2

公称外径 *DN*		公称壁厚		最小内壁塑料层厚度
基本尺寸	极限偏差	基本尺寸	极限偏差	
140	$^{+1.7}_{0}$	9.0	$^{+1.0}_{0}$	>1.5
		12.0	$^{+1.3}_{0}$	
160	$^{+2.0}_{0}$	10.0	$^{+1.1}_{0}$	>1.5
		12.0	$^{+1.3}_{0}$	
200	$^{+2.3}_{0}$	11.0	$^{+1.2}_{0}$	>1.8
		13.0	$^{+1.4}_{0}$	
250	$^{+2.5}_{0}$	12.0	$^{+1.3}_{0}$	>1.8
		13.0	$^{+1.4}_{0}$	
315	$^{+2.7}_{0}$	12.0	$^{+1.3}_{0}$	>2.2
		13.0	$^{+1.4}_{0}$	
355	$^{+2.9}_{0}$	12.5	$^{+1.3}_{0}$	>2.2
		14.0	$^{+1.6}_{0}$	
400	$^{+3.0}_{0}$	13.0	$^{+1.4}_{0}$	>2.2
		14.0	$^{+1.6}_{0}$	
450	$^{+3.1}_{0}$	13.5	$^{+1.5}_{0}$	>2.2
		14.0	$^{+1.6}_{0}$	
500	$^{+3.2}_{0}$	14.0	$^{+1.6}_{0}$	>2.2
		14.5	$^{+1.8}_{0}$	

3.3 运输和贮存

3.3.1 规定本条目的是为了防止管材、管件和阀门在运输过程中受到损伤。在冬季，低温状态下聚乙烯材料脆性增强，抛、摔或剧烈撞击容易产生裂纹和损伤。用非金属绳（带）吊装是考虑到聚乙烯材料比较柔软，金属绳容易损伤管材。此外，由于聚乙烯管刚性相对于金属管较低，运输途中平坦放置有利于减少管道局部受压和变形；管材在运输途中捆扎、固定是为了避免其相互移动的搓伤。堆放处不允许有尖凸物是防止在运输途中管材相对移动，尖凸物划伤、扎伤管材。

3.3.2 本条规定了管材、管件和阀门的贮存条件。因为阳光中紫外线和雨水中的杂质对聚乙烯材料的老化和氧化作用，降低其使用寿命；聚乙烯材料受温度影响较大，长期受热会出现变形，以及产生热老化，会降低管道的性能。因此，管材、管件和阀门应存放在通风良好的库房或棚内，远离热源，并有防晒、防雨淋的措施。

油类对管道在施工连接时有不利影响；化学品有可能对聚乙烯材料产生溶胀，降低其物理、力学性能；此外，聚乙烯属可燃材料。因此，严禁与油类或化学品混合存放，库区应有防火措施。

规定管材和管件的存放方式及高度，是由于聚乙烯材料的刚性相对于金属管较低，因此堆放处应尽可能平整，连续支撑为最佳。若堆放过高，由于重力作用，可能导致下层管材出现变形（椭圆），对施工连接不利，且堆放过高，易倒塌。本条规定的高度参考了《聚乙烯管道敷设推荐性规范》ISO/TC 138/SC4419E及《燃气输送用聚乙烯管材和管件设计、搬运和安装规范》ISO/TS 10839。

管件逐层码放，不宜叠置过高，是为了便于拿取和库房管理，并且叠置过高容易倒塌，摔坏管件。

规定管材、管件和阀门存放时，应按不同规格尺寸和不同类型分别存放，是为了便于管理和拿取，避免施工期间使用时拿错，影响施工进度和工程质量。遵守“先进先出”原则，是为了管材、管件贮存不超过存放期。

在施工期间，施工现场远离库房时，管材、管件可能要在户外临时堆放，为了防止风吹、日晒、雨淋和污染，管材、管件在户外临时堆放时应有遮盖物。

4 管道设计

4.1 一般规定

4.1.1 规定此条目的是为了在管道设计时，做到技术先进、经济合理。

4.1.2 规定此条目的是要求管道系统的设计要考虑各种因素，综合比较，达到经济合理。

4.1.3 最大工作压力 *MOP* 是以20℃、50年的管道设计使用寿命为基础确定，聚乙烯管道系统的 *MOP* 取决于使用的聚乙烯材料类型（*MRS*）、管材的 *SDR* 值和使用条件（安全系数 *C*），以及耐快速裂纹扩展（PCP）性能，一般可按下式计算：

$$MOP=\frac{2\times MRS}{C\times(SDR-1)} \tag{1}$$

式中 *MOP*——最大工作压力；

MRS——最小要求强度，PE80为8.0MPa，PE100为10.0MPa；

C——总体使用（设计）系数（安全系数），燃气管道国际上一般取 *C* 大于或等于2.0；

SDR——标准尺寸比，国际标准和国家标准推荐使用的有 *SDR*11和 *SDR*17.6两种系列。

在欧洲标准《燃气用塑料管道系统》EN 1555、国际标准《燃气输送用埋地聚乙烯管材》ISO 4437和中国标准《燃气用埋地聚乙烯（PE）管道系统》GB 15558中对安全系数均规定为 *C* 大于或等于2.0，在不考虑施工因素和温度折减因素，用（1）式计算可得出：PE100、*SDR*11系列管道 *MOP* 为1.0MPa；PE80、*SDR*11系列管道 *MOP* 为0.8MPa。在实际工程应用中，由于还应考虑施工和使用条件，一般还需要考虑一个安全系数，英国、丹麦、巴西规定 PE100、*SDR*11 管道的最大允许工作压力为 0.7MPa；比利时规定 PE100、*SDR*17.6 管道的最大允许工作压力为 0.5MPa；法国规定 PE100、*SDR*17.6 管道的最大允许工作压力为 0.4MPa；荷兰、法国、西班牙规定 PE100、*SDR*11 管道的最大允许工作压力为 0.8MPa；德国、匈牙利、摩尔多瓦规定 PE100、*SDR*11 管道的最大允许工作压力为 1.0MPa；乌克兰、俄罗斯规定 PE100、*SDR*11 管道的最大允许工作压力为 1.2MPa。

考虑到我国国情及地质条件、施工方式、燃气种类等各种因素，为进一步提高安全性能，在产品标准中［如（1）式计算］规定的 *MOP* 基础上再考虑一个 1.5 左右的安全系数，使实际安全系数达到 3 左右，甚至更大。因此，本规程规定：对于输送天然气的聚乙烯管道，PE100、*SDR*11 管道的最大允许工作压力为 0.7MPa；PE80、*SDR*11 管道的最大工作压力为 0.5MPa。对于输送液化石油气和人工煤气的聚乙烯管道，由于液化石油气和人工煤气中存在芳香烃类物质，因此，要考虑燃气中的芳香烃类物质（如苯、甲苯、二甲苯等）对聚乙烯材料的溶胀作用，导致管道耐压能力下降。国外一些试验证明：聚乙烯材料在苯溶液中的饱和吸收量在 9%左右，聚乙烯材料屈服强度降低 17%～19%，但吸收的成份释放以后，能恢复原有的物理性能，且聚乙烯材料结构无变化。气态芳香烃类物质对聚乙烯材料的影响要比液态芳香烃类物质小得多。因此，在本规程中，聚乙烯管道输送液化石油气和人工煤气时，比输送天然气又加大了安全系数。聚乙烯管道输送各种燃气的最大允许工作压力与安全系数见表 3。

表 3 聚乙烯管道的最大允许工作压力与安全系数（MPa）

燃气种类		最大允许工作压力/安全系数 *C*			
		PE80		PE100	
		*SDR*11	*SDR*17.6	*SDR*11	*SDR*17.6
天然气		0.50/3.2	0.30/3.2	0.70/2.9	0.40/3.0
液化石油气	混空气	0.40/4.0	0.20/4.8	0.50/4.0	0.30/4.0
	气态	0.20/8.0	0.10/9.6	0.30/6.7	0.20/6.0
人工煤气	干气	0.40/4.0	0.20/4.8	0.50/4.0	0.30/4.0
	其他	0.20/8.0	0.10/9.6	0.30/6.7	0.20/6.0

从表 3 可看出，本规程规定的安全系数均高于《燃气输送用埋地聚乙烯管材》ISO 4437、《燃气用塑料管道系统》EN 1555 以及《燃气用埋地聚乙烯（PE）管道系统》GB 15558 产品标准中规定的 *C* 大于或等于 2.0，也符合美国应用标准（*C* 大于或等于 2.5）的规定。最大允许工作压力值也与欧洲大多数国家实际应用值相符合。

4.1.4 钢骨架聚乙烯复合管道输送燃气的最大允许工作压力，参照聚乙烯管道的确定方法，按产品标准中的公称压力，平均除以 1.5 倍再折减系数确定。由于各种结构和规格的钢骨架聚乙烯复合管道公称压力有一定差异，为了使用方便，对计算结果按规格进行了分段和圆整，实际再折减系数为 1.2～1.7 倍。这样做既充分考虑了现行钢骨架聚乙烯复合管行业产品标准中的公称压力和生产水平，也涵盖了工程应用条件和施工技术对管道的影响，同时兼顾了各种结构钢骨架聚乙烯复合管的共性，使设计人员便于选用。其他气种的最大允许工作压力是考虑到组分对聚乙烯材料的影响而适当降低。

对于钢骨架聚乙烯复合管，应采用厚壁管，不宜使用薄壁管，首先是考虑到聚乙烯层较薄，施工时划伤易使中间钢骨架外露腐蚀，以及聚乙烯层过薄不利于输送含有芳香烃的燃气，其次是国内目前很少使用薄壁管输送燃气。

4.1.5 聚乙烯管道和钢骨架聚乙烯复合管道的使用压力是根据管材在 20℃时长期强度确定的，由于聚乙烯材料对温度较为敏感，在较高温度下其耐压强度就要降低，为了保证管道系统使用的安全性，必须要降低使用压力；在低温下（－20～0℃范围内），聚乙烯材料耐压能力提高，但抗冲击强度、断裂伸长率、抗裂纹扩展能力略有下降。考虑到管道是埋地敷设，管道受冲击的可能性较小，为方便使用，故将－20～20℃作为一个温度范围，按 20℃考虑。国际标准《塑料管材和管件 20℃以上使用的聚乙烯管道的压力折减系数》ISO 13761 及《燃气输送用聚乙烯管材和管件设计、搬运和安装规范》ISO/TS 10839 对温度折减系数规定如表 4 所示（已按中国使用习惯换算为倒数）。

表 4 不同工作温度下聚乙烯管道工作压力折减系数

平均温度（℃）	20	30	40
折减系数	1.0	0.9	0.76

注：其他温度可按插入法确定。

本规程为了设计人员使用方便，不采用插入法，在某个温度范围给定一个固定值。

南方地区浅埋管道，在夏季，管道周围土壤温度相对较高，可能超过 20℃，其他季节管道周围土壤温度均在 20℃以下，但在设计时要考虑夏季较高温度对管道运行的不利影响，因此，本规程规定工作温度为最高月平均温度。

4.1.6 聚乙烯管材焊制成型的焊制管件属于非标准产品，焊制管件由于存在多个与轴向不垂直的焊缝，在内压和外荷载作用下，焊缝会受力不均，造成局部应力集中，不利于长期运行，存在长期力学性能不明朗等问题。国际标准、欧洲标准和中国相关标准也没有规定此类管件的技术要求。但是，在国内外燃气工程中，由于受连接的特殊性、尺寸等影响，需要使用焊制管件来解决工程中的连接问题，通常做法是采取增加壁厚或降低工作压力，以及在焊制管件外部采取加固等措施。在国外，焊制管件一般用在中、低压管道系统（小于或等于 0.4MPa）。据国外资料和经验介绍，焊制管件工作压力一般要比焊制管件所选用的管材公称压力降低 25%左右，同时，要求在施工时对焊制管件采取加固措施，以提高耐压能力，使其与管道系统压力一致。目前，我国聚乙烯管道市场 *DN*450mm 以下各种管件均可注塑成型，可不需焊制管件，但 *DN*450mm 以上的弯头、三通等管件，由于用量少、成本高，国内极少有企业生产，一般需要采用焊制成型管件。

4.1.7 本条参照《城镇燃气设计规范》GB 50028 制定。

4.1.8 设计示踪线（带）是为了运行管理时，探测管道位置；设计警示带是为了提示第三方施工人员，注意地下有燃气管，要小心开挖土方。

4.2 管道水力计算

4.2.1 为了满足用户小时最大用气量的需要，城镇燃气管道的计算流量，应按计算月的小时最大用气量计算，即对居民生活和商业用户宜按《城镇燃气设计规范》GB 50028 计算，本条参照《城镇燃气设计规范》GB 50028 制定。

4.2.2 本条参照《城镇燃气设计规范》GB 50028 制定，用柯列勃洛克公式代替原来的阿里特苏里公式，柯氏公式是世界各国在众多专业领域中广泛采用的一个经典公式，它是普朗德半经验理论发展到工程应用阶段的产物，有较扎实的理论和试验基础，改用柯氏公式，符合中国加入 WTO 以后，技术上和国际接轨的需要，符合今后广泛开展国际合作的需要。

公式中的当量粗糙度 K，参照国内外的一些试验数据和相关规定确定，一般取值为 0.01mm。

4.2.3 管道的允许压力降可由管道系统入口压力至次级管网调压装置允许的最低入口压力差来决定，但对管道流速应有限制。国内外对气体管道流速的规定如下（不是针对管道材质限定的流速）：

炼油装置压力管线，$V=15\sim30$m/s；

美国《化工装置》中乙烯与天然气管道，$V<30.5$m/s；

液化石油气气相管，$V=8\sim15$m/s；

焦炉气管，$V=4\sim18$m/s；

英国高压输气钢管线，$V\leqslant20$m/s。

国外对聚乙烯燃气管道流速一般都没有具体规定，很难查到最大流速值，但从有关资料中可查出典型最大流量，如美国煤气协会（AGA）编辑出版的《塑料煤气管手册》1977 年版和 2001 年版中列出了在 60lbf/in² （0.4MPa）天然气输送系统中的典型最大流量如表 5 所示。

表 5 在 60lbf/in² （0.4MPa）天然气输送系统中的典型最大流量

公称直径 (in)	最大流量 (kft^3/h)	公称直径 (in)	最大流量 (kft^3/h)
2	17.4	6	163.0
3	43.5	10	555.6
4	81.1	—	—

由表 5 可推算出：在美国，聚乙烯管道燃气流速大于 20m/s。

由于塑料管电阻率较高，管内介质流动时所产生的静电荷会积聚起来，当气流夹带粉尘时，在燃气管道内流动与管壁摩擦将产生静电，在节流点、弯头、压管点及泄漏点等处更易造成静电积聚，同时流速过高还会产生噪声和损伤管道内壁，因此，燃气流速设计不宜过高；相反，燃气流速过低，聚乙烯管道和钢骨架聚乙烯复合管道的技术经济性就得不到体现，市场竞争能力下降。因此，本规程将流速定为不宜大于 20m/s。该值基本能满足中、低压燃气管道工程的需要。

4.2.4 本条规定是参照《城镇燃气设计规范》GB 50028制定。

4.2.5 本条规定与《城镇燃气设计规范》GB 50028 一致。本条所述的低压燃气管道是指和用户燃具直接相接的低压燃气管道（其中间不经调压器）。目前中低压调压装置有区域调压站和调压箱，出口燃气压力保持不变，由低压分配管网供应到户就是这种情况。公式（4.2.5）是根据国内使用情况和国外相关资料，结合调研、测试参数规定，具体可参见《城镇燃气设计规范》GB 50028条文说明。

4.3 管 道 布 置

4.3.1 地下燃气管道在堆积易燃、易爆材料和具有腐蚀性液体的场地下面通过时，不但增加管道负荷和容易遭受侵蚀，而且当发生事故时相互影响，易引起次生灾害。

燃气管道与其他管道或电缆同沟敷设时，若燃气管道漏气，易引起燃烧或爆炸，此时将影响同沟敷设的其他管道或电缆，使其受到损坏；另外，其他管道或电缆维护和检修时，将影响燃气管道，增加了损伤燃气管道的概率。故对燃气管道来说不得与其他管道或电缆同沟敷设。

4.3.2 聚乙烯管道和钢骨架聚乙烯复合管道与建筑物、构筑物或相邻管道之间的水平净距（除热力管）按《城镇燃气设计规范》GB 50028 确定。聚乙烯管道和钢骨架聚乙烯复合管道与热力管道的水平净距，取决于热力管道周围的土壤温度场。一般情况下，热力管道的保温外壁的表面最高温度不高于60℃。聚乙烯管道和钢骨架聚乙烯复合管道与供热管道的水平净距应保证聚乙烯管道处于40℃以下的土壤环境中使用，且在20～40℃的土壤环境中使用时，应按本规程表4.1.5规定的压力折减系数降低最大允许工作压力。本条规定的水平净距是根据热源在土壤中的温度场分布，用《传热学》中的源汇法，经计算和绘制的热力管的温度场分布图确定的。计算表明，保证热力管道外壁温度不高于60℃条件下，距热力管道外壁水平净距1m处的土壤温度低于40℃。东北某城市对不同管径、不同热水温度的热力管道周围土壤温度实测数据也表明，距热力管道外壁水平净距1m处的土壤温度远低于40℃。当然，有条件的情况下，聚乙烯管道和钢骨架聚乙烯复合管道与供热管道的水平净距应尽量加大一些，以避免各种不可预见的问题发生。同时，也没必要因为一段燃气管道与热力管道平行敷设的水平净距较近而造成整个聚乙烯管道和钢骨架聚乙烯复合管道系统降压运行。

在受地形限制条件下，经与有关部门协商，按聚乙烯管道和钢骨架聚乙烯复合管道铺设的土壤及热力管道实际情况作出温度场分布，并对管道或管道周围土壤采取隔热保温措施，可适当缩小净距。

垂直净距（除热力管）按《城镇燃气设计规范》GB 50028确定。热力管道垂直净距的确定依据同上，加套管是为了对聚乙烯管道和钢骨架聚乙烯复合管道加以保护。

另外，敷设地下燃气管道还受许多因素限制，例如：施工、检修条件，原有道路宽度与路面的种类、周围已建和拟建的各类地下管线设施情况、所用管材、管接口形式以及所输送的燃气压力等。在敷设燃气管道时需要综合考虑，正确处理以上所提出的要求和条件。

4.3.4 管道地基要求是参照《城镇燃气设计规范》GB 50028制定。由于聚乙烯材料硬度比金属低，尖硬土石易损伤管道，一般碰到岩石、硬质土层或砾石时，沟底应填以细砂或细土，防止管道损伤。

4.3.5 管道坡度要求是参照《城镇燃气设计规范》GB 50028制定。输送含有冷凝液燃气的管道应敷设在冰冻线以下，是为了防止燃气中的冷凝液结冰，堵塞管道，影响正常供应。并且，在地下水位较高地区，无论输送干气或湿气都应考虑地下水从管道不严密处或施工时灌入管道的可能，故为防止地下水在管内积聚也应敷设有坡度，使水或冷凝液容易排除。目前国内外采用的燃气管道坡度值大部分都不小于0.003。但在很多旧城市中的地下管线一般都比较密集，往往有时无法按规定坡度敷设。在这种情况下允许局部管段坡度采取小于0.003的数值，故本条规程用词为“不宜”。

4.3.6 本条要求是参照《城镇燃气设计规范》GB 50028制定。地下燃气管道不宜穿过地下构筑物，不得进入热力管沟，以免相互产生不利影响。当需要穿过时，穿过构筑物内的地下燃气管应敷设在套管内，并将套管两端密封，其一，是为了防止燃气管破损泄漏的燃气沿沟槽向四周扩散，影响周围安全；其二，若周围泥土流入安装后的套管内后，不但会导致路面沉陷，而且燃气管的表层也会受到损伤。规定套管伸出构筑物外壁的水平净距，是考虑到套管与构筑物的交接处形成薄弱环节，若伸出构筑物外壁长度较短，构筑物在维修或改建时容易影响燃气管道的安全，且对套管与构筑物之间采取防水、防渗措施的操作较困难。因此，不应小于第4.3.2条相应的水平净距，目的是为了更好地保护套管内的燃气管道和避免相互影响。

4.3.7 本条要求是参照《城镇燃气设计规范》GB 50028制定。

4.3.8 本条要求是参照《城镇燃气设计规范》GB 50028制定。目的是不使管道裸露于河床上。另外根据有关河、港监督部门的意见，以往有些过河管道埋于河底，因未满足疏浚和投锚深度要求，往往受到破坏，故规定“对通航的河流还应考虑疏浚和投锚深度”。

由于聚乙烯管道和钢骨架聚乙烯复合管道重量比较轻，埋于河底必须有稳固措施。

4.3.9 本条要求是参照《城镇燃气设计规范》GB 50028制定。在次高压、中压燃气干管上以及低压钢骨架聚乙烯复合管道上设置分段阀门，是为了便于在维修或接新管操作时切断气源，其位置应根据具体情况而定，一般要掌握当两个相邻阀门关闭后受它影响而停气的用户数不应太多。

在低压燃气管道上，切断燃气可以采用橡胶球阻塞等临时措施，故装设阀门的作用不大，且装设阀门增加投资、增加产生漏气的概率和日常维修工作量，故对低压管道是否设置阀门不做硬性规定。

将阀门设置在支管起点处，是因为当切断该支管供应气时，不致影响干管停气；当新支管与干管连接时，在新支管起点处设置阀门，也可起到减小干管停气时间的作用。

4.3.10 本条要求是参照《城镇燃气设计规范》GB 50028制定。设置护罩或护井是为了避免检测管、凝水缸的排水管遭受车辆重压，同时，设置护罩或护井也便于检测和排水时的操作。

水封阀和阀门由于在检修和更换时人员往往要到底下操作，设置护井可方便维修人员操作。

4.3.11 由于聚乙烯燃气管道和钢骨架聚乙烯复合管道一般只做埋地使用，见本规程第1.0.3条，因此不宜地上敷设或引入建筑物内。当必须引出地面或必须直接与建筑物墙面或墙内安装的调压箱接管相连时，则应对敷设在地面以上的聚乙烯燃气管道和钢骨架聚乙烯复合管道采取密封保护措施，防止碰撞、受压，避免空气中紫外线、氧气和其他因素对聚乙烯燃气管道和钢骨架聚乙烯复合管道的不利影响。另外，对于别墅区居民用户、单位热饭点或值班用的小负荷用气点等情况，用气位置靠近建筑物外墙，用气房间又无地下室，为了减少引入口处的接口数量，可以将聚乙烯燃气管道和钢骨架聚乙烯复合管道直接穿越建（构）筑物基础引入用气房间靠近建筑物外墙的地下管井或小室内，管井或小室内采用钢塑接头并填砂处理。

当聚乙烯管道和钢骨架聚乙烯复合管道穿越建（构）筑物基础、外墙或敷设在墙内时，必须采用硬质套管保护。硬质套管可以采用金属材质和非金属材质的材料。套管与聚乙烯燃气管道或钢骨架聚乙烯复合管道之间应填充柔性密封材料。

5 管道连接

5.1 一般规定

5.1.1 制定本条的目的是为了核对工程上使用的管材、管件及附属设备与设计要求的规格尺寸及形式是否相符，核对管材、管件外观是否符合现行国家标准的要求，防止不合格管材、管件混入工程中使用。在工程施工中，管材有可能受到轻微划伤，国外相关标准规定和实践证明划痕深度不超过管材壁厚的10%，对管道使用影响不大。在《燃气输送用埋地聚乙烯管材》ISO 4437和《燃气用埋地聚乙烯（PE）管道系统　第1部分：管材》GB 15558.1中的管材的耐慢速裂纹增长试验已考虑了划伤对管材性能的影响。

5.1.2 由于采用专用连接机具能有效保证连接质量，因此，要求根据不同连接形式选用专用连接机具；不得采用螺纹连接，是因为聚乙烯材料对切口极为敏感，车制螺纹将导致管壁截面减弱和应力集中，而且，聚乙烯材料为柔韧性材料，螺纹连接很难保证接头强度和密封性能，因此，要求不得采用螺纹连接；不得采用粘接，是因为聚乙烯是一种高结晶性的非极性材料，在一般条件下，其粘接性能较差，一般来说粘接的聚乙烯管道接头强度要低于管材本身强度，目前还没有适合于聚乙烯的胶粘剂，因此，要求不得采用粘接；严禁使用明火加热，是因为聚乙烯材料是可燃性材料，明火会引起聚乙烯材料燃烧和变形，而且，明火加热也不能保证加热温度的均匀性，可能影响接头连接质量，因此，要求严禁使用明火加热。

5.1.3 本条规定了聚乙烯管道连接的具体要求。

1 本款规定了聚乙烯管道的几种连接方式，其目的是为了保证管道接头的质量。聚乙烯管道的使用的效果如何，很大程度上是与所选用的接头结构和装配工艺过程的参数有关（除外来损坏）。目前国际上聚乙烯燃气管的连接普遍采用不可拆卸的焊接接头，即本条规定的热熔连接或电熔连接。一般来说，采用本条规定的几种连接方式连接的聚乙烯管接头的强度都高于管材自身强度。考虑多年来聚乙烯连接的经验，以及为确保燃气管道的高安全度要求，本规程热熔连接不包括热熔承插连接和热熔鞍形连接方式。热熔承插连接一般用于小口径（小于63mm）管道连接，热熔鞍形连接用于管道分支连接，这两种连接方式和采用的设备、加热工具和操作工艺都有严格要求，对操作工技能要求较高，受人为因素影响较大。近几年来，国内外聚乙烯燃气管道已基本不采用热熔承插连接和热熔鞍形连接。因此，本规程规定的热熔连接不包含热熔承插和热熔鞍形连接方式。对于聚乙烯管道与金属管道或金属附件的连接，一般采用钢塑转换接头或法兰连接。钢塑转换接头连接一般用于中小口径的管道；法兰连接一般用于中大口径的管道。采用法兰连接时，由于要考虑金属法兰及紧固件的防腐问题，以及塑料法兰的蠕变和密封垫寿命问题，因此，在条件允许时最好设置检查井，以便检修或维护。

2 本款规定的不同级别和熔体质量流动速率差值不小于0.5g/10min（190℃，5kg）的聚乙烯原料制造的管材、管件和管道附件，以及焊接端部标准尺寸比（*SDR*）不同的聚乙烯燃气管道连接时，必须采用电熔连接，是因为PE80与PE100的管道热熔对接，通常会形成不对称的翻边，或者由于熔体流动速率相差较大，熔接条件也不同，采用热熔对接，在接头处会产生残余应力。外径相同、*SDR*值不同的管材、管件采用热熔连接，接头处因壁厚不同，冷却时收缩不一致而会产生较大的内应力，易导致断裂，不利于焊接质量的评价与控制。国内外多年实践经验证明，*MFR*（熔体质量流动速率）差值在0.5g/10min（190℃，5kg）以内聚乙烯管道热熔对接连接能获得较好的效果，并且在国家质量监督检验检疫总局颁布的《燃气用聚乙烯管道焊接技术规则》TSG D2002－2006中也如此规定。

3 本款规定公称直径小于90mm的聚乙烯管材、管件连接宜使用电熔连接，主要是考虑到在实际施工中，小口径聚乙烯管道采用热熔对接机具连接不方便，手工对接连接质量不易保证，同时内壁翻边会造成通径减小，局部阻力增大，对输送能力影响比较明显。

5.1.4 钢骨架聚乙烯复合管不推荐热熔对接，是因为管道中间有钢骨架层，实现热熔对接翻边极其困难，因而不能保证接头质量，因此，仅推荐电熔连接和法兰连接。

5.1.5 聚乙烯材料达到熔融状态受温度的影响较大，在寒冷气候下进行熔接操作，达到熔接温度的时间比正常情况下要长，连接后冷却时间也要缩短；在温度较高情况下，会产生相反的效果。因此，焊接工艺设置的工作环境一般在−5～45℃。在温度低于−5℃环境下进行熔接操作，工人工作环境恶劣，操作精度很难保证；在大风环境下进行熔接操作，大风会严重影响热交换过程，易造成加热不足和温度不均，因此，要采取保护措施，并调整熔接工艺。强烈阳光直射则可能使待连接部件的温度远远超过环境温度，使焊接工艺和焊接设备的环境温度补偿功能丧失补偿依据，并且可能因曝晒一侧温度高、另一侧温度低而影响焊接质量，因此，要采取遮挡措施。

5.1.6 由于聚乙烯管道和钢骨架聚乙烯复合管道的连接主要是采用熔融聚乙烯材料进行连接，熔接条件（温度、时间）是根据施工现场环境调节的，若管材、管件从存放处运到施工现场，其温度高于现场温度时，会产生加热时间过长，反之，加热时间不足，两者都会影响接头质量。同时，如果待连接的管材和管件，从不同温度存放处运来，两者温度不同，而产生的热胀冷缩不同也会影响接头质量。

5.1.7 本条规定了聚乙烯管切断后的管材端面的要求，是为了便于熔接，避免因切割端面不平整，导致管材对中性差或造成熔接缺陷。

钢骨架聚乙烯复合管封焊端面是为了保证管道内外表面及端面聚乙烯结构完整性，从而保证管道防腐、耐压、密封性能。

5.1.8 管道连接时，管端不洁，会使杂质留在接头中，影响接头耐压强度。每次收工时管口封堵，是为了防止杂物、雨水、地下水等进入管道，影响管道吹扫。

5.1.9 国家质量监督检验检疫总局颁布的《燃气用聚乙烯管道焊接技术规则》TSG D2002－2006中热熔对接连接接头焊接工艺评定检验与试验要求如表6所示。

表6 热熔对接焊接工艺评定检验与试验要求

序号	检验与试验项目	检验与试验参数	检验与试验要求	检验与试验方法
1	宏观（外观）	—	附件G，G1.1	附件G，G1
2	卷边切除检查	—	附件G，G1.2	
3	卷边背弯试验	—	不开裂、无裂纹	
4	拉伸性能	23±2℃	试验到破坏为止：（1）韧性，通过；（2）脆性，未通过	《聚乙烯（PE）管材和管件热熔对接接头拉伸强度和破坏形式的测定》GB/T 19810

续表6

序号	检验与试验项目	检验与试验参数	检验与试验要求	检验与试验方法
5	耐压（静液压）强度试验	（1）密封接头，a型；（2）方向，任意；（3）调节时间，12h；（4）试验时间，165h；（5）环应力：①PE80，4.5MPa；②PE100，5.4MPa；（6）试验温度，80℃	焊接处无破坏，无渗漏	《流体输送用热塑性塑料管材耐内压试验方法》GB/T 6111

注：表6～表8中附件均为《燃气用聚乙烯管道焊接技术规则》TSGD 2002－2006中的附件。

国家质量监督检验检疫总局颁布的《燃气用聚乙烯管道焊接技术规则》TSG D2002－2006中电熔承插连接接头焊接工艺评定检验与试验要求如表7所示。

表7 电熔承插焊接工艺评定检验与试验要求

序号	检验与试验项目	检验与试验参数	检验与试验要求	检验与试验方法
1	宏观（外观）	—	附件G，G3	附件G，G3
2	电熔管件剖面检验	—	电熔管件中的电阻丝应当排列整齐，不应当有涨出、裸露、错行，焊后不游离，管件与管材熔接面上无可见界线，无虚焊、过焊气泡等影响性能的缺陷	附件G，G4.1
3	*DN*≤90挤压剥离试验	23±2℃	剥离脆性破坏百分比≤33.3%	《塑料管材和管件聚乙烯电熔组件的挤压剥离试验》GB/T 19806
4	*DN*≥90拉伸剥离试验	23±2℃	剥离脆性破坏百分比≤33.3%	《塑料管材和管件公称直径大于或等于90mm的聚乙烯电熔组件的拉伸剥离试验》GB/T 19808

续表 7

序号	检验与试验项目	检验与试验参数	检验与试验要求	检验与试验方法
5	耐压（静液压）强度试验	(1) 密封接头，a 型； (2) 方向，任意； (3) 调节时间，12h； (4) 试验时间，165h； (5) 环应力： ①PE80，4.5MPa； ②PE100，5.4MPa； (6) 试验温度 80℃	焊接处无破坏，无渗漏	《流体输送用热塑性塑料管材耐内压试验方法》GB/T 6111

国家质量监督检验检疫总局颁布的《燃气用聚乙烯管道焊接技术规则》TSG D2002－2006 中电熔鞍形连接接头焊接工艺评定检验与试验要求如表 8 所示。

表 8　电熔鞍形焊接工艺评定检验与试验要求

序号	检验与试验项目	检验与试验参数	检验与试验要求	检验与试验方法
1	宏观（外观）	—	附件 G，G5.1	附件 G，G5.1
2	*DN* ≤ 225 挤压剥离试验	23±2℃	剥离脆性破坏百分比≤33.3％	《塑料管材和管件聚乙烯电熔组件的挤压剥离试验》GB/T 19806
3	*DN* ＞ 225 撕裂剥离试验	23±2℃	剥离脆性破坏百分比≤33.3％	附件 H

关于对接焊翻边出现麻点问题的说明：

对接焊翻边出现麻点，可能有以下几个原因：(1) 加热板表面不洁净；(2) 大风环境下焊接，带入沙尘或气泡；(3) 管材吸水，使管端水分含量过高等原因。在不能证明出现麻点是因管材吸水造成，则应对接头进行卷边的热稳定性、拉伸强度、静液压强度试验。对于管材吸水造成翻边上出现的麻点对接头质量影响，编制组曾进行了一些分析和研究，产生麻点原因是因为管材端部因切割，破坏了氧化层，加大了其吸水性，在南方地区雨季或潮湿环境下存放，管材端部将吸收空气中一定水分（大部分聚乙烯管材均有此现象），在热熔对接连接时，由于加热温度较高(210±10℃)，管端吸收的水分汽化、挥发、气泡破裂，形成麻点。为此，编制组曾组织有关单位进行试验，具体操作如下：

第一步：选取同一批次聚乙烯管材，分成 2 组，第 1 组浸泡在常温水中，时间为 1 个月（720h）；第 2 组放置在通风良好的库房货架上。

第二步：1 个月后，取出 2 组试件，按本规程规定的热熔对接操作要求，进行热熔对接连接。

第三步：检查接头外观。在水中浸泡过的聚乙烯管焊接接头翻边上出现细小麻点，直接从库房中提取的聚乙烯管焊接接头翻边上未出现麻点。

第四步：对 2 组试件热熔对接接头，按本规程规定要求，进行翻边对称性、接头对正性检验和翻边切除检验，试验结果均符合要求。

第五步：对 2 组试件热熔对接接头，按国家质量监督检验检疫总局颁布的《燃气用聚乙烯管道焊接技术规则》TSG D2002－2006 的规定，进行拉伸强度、静液压强度试验，试验结果均符合要求。

试验结果证明：因管材吸水造成的对接焊翻边上产生的细小麻点，对接头焊接质量影响不大。

5.2 热 熔 连 接

5.2.1 本条规定是为了满足焊接工艺和现场操作的要求，对热熔对接连接设备提出了基本要求。本条是参照国际标准《塑料管材和管件—熔接聚乙烯系统设备　第 1 部分热熔对接》ISO 12176－1 制定。

5.2.2 与热熔对接焊接直接有关的参数，有 3 个：温度、压力、时间。在确定的焊接温度下，焊接工艺可以用压力/时间曲线来表示，如图 5.2.2 所示。

焊接温度的确定，要考虑聚乙烯材料的特性。加热工具温度应在材料的熔融温度或材料粘流态转化温度之上，因为只有在这种情况下，聚乙烯材料才能产生熔融流动，聚乙烯大分子才能相互扩散和缠绕。一般来说，随着工具温度的提高，接头的强度就开始提高而达到最大。实验证明，高密度聚乙烯（HDPE）在低于 180℃时，即使熔化时间再长，也不能取得质量好的接头。但是，温度过高，会出现下列不良情况：(1) 卷边的尺寸增大；(2) 聚乙烯熔料对工具的粘附；(3) 聚乙烯材料的热氧化破坏，析出挥发性产物，如二氧化碳、不饱和烃等，使聚乙烯材料结构发生变化，导致焊接接头的强度降低。因此，聚乙烯热熔对接连接的焊接温度一般推荐在 200～235℃之间。

加热过程参数（时间、压力）的确定。加热时间是焊接过程中的重要参数，它与加热工具一起，共同决定着焊件内的温度分布及产生工艺缺陷的可能性、形状和结构。管端熔化的最佳时间是随着焊接尺寸的增大而增大，一方面是由于加热面积增大，更重要的是对流和辐射传播的能量会随着管壁厚度的增加而减小。实验证明，聚乙烯管材的壁厚比其外径对加热时间更有实质性影响。加热时压力，能迅速地平整管材端面上的不平度，并有效地促进塑化。但压力也不能过大，因为聚乙烯熔料在加热和压紧时压力的作用下，会流向焊端的边缘而形成焊瘤刺，并改变焊接接头的形状，而且会造成焊端熔化层的深度减小，改变了总的温度分布，严重影响焊接质量。因此，要控制好加热压力的大小，并采取阶段施压的方法，即在加热阶段初期采用较高的压力，而在随后的吸热阶段换用较小的压力。

熔接过程参数（压力、时间）的确定。熔接过程中施加压力是为了排除气孔和气体夹杂物，并尽量增加实现相互扩散的面积，消除两连接面之间受热氧化破坏的材料，并能补偿聚乙烯材料的收缩。反之，没有压力，收缩会导致收缩孔的出现，增大结构的缺陷和剩余应力。表面的接触应在压力下保持一段时间，以使两平面牢固结合。

冷却过程参数（压力、时间）的确定。由于聚乙烯材料导热性差，冷却速度缓慢，焊缝材料的收缩、翻边结构的形成过程，是在长时间内以缓慢的速度进行。因而，焊缝的冷却必须在保持压力下进行。

国家质量监督检验检疫总局颁布的《燃气用聚乙烯管道焊接技术规则》TSG D2002－2006 规定的热熔对接焊接参数如表 5.2.2-1、表 5.2.2-2 所示。

德国焊接协会（DVS 2207：1995）推荐的高密度聚乙烯（HDPE）、中密度聚乙烯（MDPE）管道典型热熔对接焊接工艺参数见表 9。

表 9　HDPE、MDPE 管道热熔对接焊接工艺参数典型值

壁厚 e（mm）	加热卷边高度 h（mm）	加热时间 t_2（$t_2=10\times e$）（s）	允许最大切换时间 t_3（s）	增压时间 t_4（s）	保压冷却时间 t_5（min）
＜4.5	0.5	45	5	5	6
4.5～7	1.0	45～70	5～6	5～6	6～10
7～12	1.5	70～120	6～8	6～8	10～16
12～19	2.0	120～190	8～10	8～11	16～24
19～26	2.5	190～260	10～12	11～14	24～32
26～37	3.0	260～370	12～16	14～19	32～45
37～50	3.5	370～500	16～20	19～25	45～60
50～70	4.0	500～700	20～25	25～35	60～80

注：加热温度（T）210℃±10℃；加热压力（P_1）：0.15MPa；加热时保持压力（$P_{拖}$）：0.02MPa；保压冷却压力（P_1）：0.15MPa。

目前，熔接条件（工艺参数）国内通常是由热熔对接连接设备生产厂或管材、管件生产厂在技术文件中给出。

本条规定是参照国家质量监督检验检疫总局颁布的《燃气用聚乙烯管道焊接技术规则》TSG D2002－2006 制定。

5.2.3　本条规定了热熔对接连接具体操作要求。

1　待连接件伸出夹具的长度是根据铣削要求和加热、焊接翻边宽度的要求确定，国内外的经验是一般不小于公称直径的 10%。校直两对应连接件，是为了防止两连接件偏心错位，导致接触面过少，不能形成均匀的凸缘。错边量过大会影响翻边均匀性、减小有效焊接面积，导致应力集中，影响接头质量，国内外的经验是一般不大于壁厚的 10%。

2　擦净管材、管件连接面上污物和保持铣削后的熔接面清洁，是为了防止杂物进入焊接接头，影响焊接接头质量。铣削连接面，使其与管轴线垂直，是为了保证连接面能与加热板紧密接触。切屑厚度过大可能引起切削振动，或停止切削时扯断切屑而形成台阶，影响表面平整度。连续切削平均厚度不宜超过 0.2mm，是根据工程施工经验确定。

3　选用热熔对接连接专用连接设备，更有利于保证接头的焊接质量。

4　要求翻边形成均匀一致的对称凸缘，是因为形成均匀的翻边是保证接头焊接质量的重要标志之一。翻边的宽度与聚乙烯材料类型、生产工艺（挤出或注塑）、加热温度，以及焊接工艺等有关，因而，很难给出统一的确定值。国外一般建议在确定的（相同的）条件下，进行几组试验，取其平均值，用于施工现场质量控制，要求实际翻边宽度不超过此平均值的±20%。

5　保压、冷却期间，不得移动连接件和在连接件上施加任何外力，是因为聚乙烯管连接接头，只有在冷却到环境温度后，才能达到最大焊接强度。冷却期间其他外力会使管材、管件不能保持在同一轴线上，或不能形成均匀的凸缘，会造成接头内应力增大，从而影响接头质量。

5.2.4　由于翻边对称性检验和接头对正性检验是接头质量检查的最基本方法，也是比较简便和比较容易实现的方法，因此，要求 100%进行此项检查。由于翻边切除检验比较复杂，因此，要求抽样 10%，进行此项检验。本条规定的翻边对称性、接头对正性检验和翻边切除检验是参考《燃气输送用聚乙烯管材和管件设计、搬运和安装规范》ISO/TS 10839 制定。

5.3　电 熔 连 接

5.3.1　本条规定是为了满足焊接工艺和现场操作的要求对电熔连接机具提出了基本要求。本条是参考国际标准《塑料管材和管件—熔接聚乙烯系统设备　第 2 部分　电熔连接》ISO 12176－2 制定。在选择电熔连接机具时，还要注意电缆线不宜过长和过细，否则，容易造成欠压，影响焊接质量。

5.3.2　由于不同厂家生产的电熔连接机具或电熔管件的焊接参数（如电压、加热时间）可能不同，因此，在电熔连接时，通电加热的电压和加热时间，应按电熔连接机具或电熔管件生产企业提供的参数进行。

5.3.3　冷却期间，不得移动连接件和在连接件上施加任何外力，是因为聚乙烯管电熔连接接头，只有在冷却到环境温度后，才能达到其最大焊接强度。冷却期间其他外力会使管材、管件不能保持在同一轴线上，会造成接头内应力增大，从而影响接头质量。

5.3.4 本条规定了电熔承插连接的具体操作要求。

1 擦净管材、管件连接面上污物，是为了防止杂物进入焊接接头，影响焊接接头质量。

2 标记插入长度是为了保证管材插入端有足够的熔融区，避免插入不到位或插入过深。刮除表皮是为了去除表皮上的氧化层，表皮上的氧化层厚度一般为0.1～0.2mm。

3 使用整圆工具对插入端进行整圆是为避免不圆度造成配合间隙不均而影响焊接。

4 检查配合尺寸，是为了防止不匹配的管材与管件进行连接，影响接头质量。

5 校直待连接的管材、管件使其在同一轴线上，是为了防止其偏心，造成接头熔接不牢固，气密性不好。使用夹具固定管材和管件，是为了避免连接过程中连接件的移动，影响焊接接头质量。

5.3.5 本条规定了电熔鞍形连接的具体操作要求。

1 采用机械装置（如专用托架支撑）固定干管连接部位的管段，是为了使其保持直线度和圆度，以便两连接面能完全结合。

2 刮除管材连接部位表皮是为了去除待连接面的氧化层，清除连接面上污物，并使连接面打毛，以便获得最佳连接效果。

3 固定电熔鞍形管件，是防止在连接过程中管件移动，影响焊接质量。

5.3.6 本条规定了电熔连接质量检查的具体要求。

1 对于电熔承插连接质量检查：

1）检查周边刮痕，是为了确认已经去除焊接表面上的氧化层；检查插入长度标记，是为了确认管材或插口管件是否插入到位。

2）电熔连接是通过电阻丝加热连接部位的聚乙烯材料，使其熔融，然后连为一体，因此，在连接过程中有一定量的熔融料移动，但是，在聚乙烯管道系统的电熔管件设计时，设计有一段非加热区，足以满足正常熔融料移动要求，因此，对于聚乙烯管道系统，接缝处不应有熔融料溢出。但是，在钢骨架聚乙烯复合管道电熔焊接时，由于钢骨架对熔融料移动起到径向抑制作用，焊接压力比聚乙烯管建立得更快、更高，所以可能形成少量的溢边，经过试验证明，在规定范围内的少量溢边不会影响接头质量。

3）电熔连接完成后，除特殊结构设计外，电熔管件中内埋电阻丝不应挤出，是因为电熔管件设计有一段非加热长度，即使在熔接过程中存在电阻丝细微位移和溢料，也不应露出电熔管件。若电阻丝存在较大位移，可能导致短路而无法完成焊接。对于特殊结构设计的电熔管件，如管件的非加热区设计为安装导向段，其承口尺寸大于管材外径，装配后有一定缝隙，就有可能从此缝隙中看到最外匝加热丝向外位移。只要焊接过程中不发生电热丝短路，移出距离不超出管件端口，通常不会影响焊接质量。

4）电熔管件上的观察孔是为了观察连接情况而专门设计的，电熔管件一般在两端部均设有观察孔，不宜设单观察孔，观察孔与电熔管件加热段相通，能观察到连接面聚乙烯熔融情况，有少量熔融料溢至观察孔，说明电熔连接过程正常，但是，如果熔融料呈流淌状溢出观察孔，说明电熔连接加热过度。

2 对于电熔鞍形连接质量检查：

1）检查周边刮痕，原因同上。

2）如果鞍形分支或鞍形三通的出口不垂直于管材的中心线，说明管件的鞍形面与管材的连接面没有完全接触，存在虚焊。

3）如果管材壁塌陷，说明可能是因为施压过大，导致管壁塌陷，塌陷之处，管件的鞍形面与管材的连接面也不能完全接触，存在虚焊。

4）因为鞍形管件边缘设计有一段非加热面，足以满足正常熔融料移动要求，若鞍形管件周边出现溢料，说明已过焊。

5.4 法 兰 连 接

5.4.3 本条规定是为了保障法兰连接时，两法兰面保持平行，连接轴线能够同心。法兰面不平行，将给安装和将来的维护管理带来麻烦。按对称顺序分次均匀紧固法兰盘上的螺栓，是为了防止发生扭曲和消除聚乙烯材料的应力。

5.4.4 规定法兰密封面、密封件不得有影响密封性能的划痕、凹坑等缺陷，是为了保证法兰连接的密封性；法兰密封面、密封件材质应符合输送城镇燃气的要求，是为了保证其能长期使用。

5.4.5 规定法兰盘、紧固件应经过防腐处理，是为了保证其能长期使用。

5.5 钢塑转换接头连接

5.5.3 规定此条的目的是提示操作人员，在钢管焊接时，注意焊弧高温对聚乙烯管道的不良影响，因为聚乙烯管道软化点在120℃左右、熔点在210℃左右，过高的温度会使聚乙烯管与其接合部位软化，达不到密封效果，影响钢塑转换接头的连接性能。采取降温措施是为了防止因热传导而损伤钢塑转换接头。

5.5.4 规定此条的目的是强调钢塑转换接头连接后，应对钢管端（焊接、法兰连接、丝扣连接等）连接部位，以及连接过程中破坏的防腐层，按原设计防腐等级进行防腐处理，以保证燃气管道系统能长期使用。

6 管 道 敷 设

6.1 一 般 规 定

6.1.1 聚乙烯管道和钢骨架聚乙烯复合管道的土方工程，即施工现场安全防护、沟槽开挖、沟槽回填与路面修复、管道走向路面标志设置等基本与钢管所要求的相同。因此，本条规定土方工程应符合《城镇燃气输配工程施工及验收规范》CJJ 33－2005 第 2 章土方工程的要求。

6.1.2 沟底宽度及工作坑尺寸除满足安装要求外，还应考虑管道不受破坏，不影响工程试验和验收工作。由于各施工单位的技术水平、施工机具和施工方法不同，以及施工现场环境和管道直径的不同，沟底宽度可根据具体情况确定，同时，本条还推荐了可参考执行的计算公式。由于聚乙烯管道和钢骨架聚乙烯复合管道重量较轻且柔软，搬运及向沟槽中下管较方便，适宜在沟边进行连接，因此，沟槽的沟底宽度推荐计算公式按现行的《城镇燃气输配工程施工及验收规范》CJJ 33－2005 第 2.3.3 条沟边组装（焊接）要求确定。

6.1.3 日本煤气协会编写的《聚乙烯煤气管》中规定：(1) 管段上无承插接头时，允许弯曲半径为外径 20 倍以上；(2) 管段上有承插接头时，允许弯曲半径为外径 125 倍以上。

在美国《General construction specifications using polyethylene gas pipe》中也规定：(1) 管段上无承插接头时，允许弯曲半径为 25 倍公称直径；(2) 管段上有承插接头时，允许弯曲半径为 125 倍公称直径。

《燃气输送用聚乙烯管材和管件设计、搬运和安装规范》ISO/TS 10839：2000 中规定：当弯曲半径大于或等于 25 倍的管材外径时，可利用其自然柔性弯曲；但不得采用机械方法或加热方法弯曲管道，并应考虑管道工作温度对最小弯曲半径的影响。

综合国外相关要求和国内多年实际操作经验，本规程确定为：聚乙烯管道允许弯曲半径不应小于 25 倍公称直径，当弯曲管段上有承插管件时，管道允许弯曲半径不应小于 125 倍公称直径。

6.1.4 钢丝网骨架聚乙烯复合管道和孔网钢带聚乙烯复合管道允许弯曲半径，是根据多家复合管生产企业和施工单位的工程经验，并参照《城镇燃气输配工程施工及验收规范》CJJ 33－2005 第 7.3.9 条确定。

6.1.5 规定此条目的是为了确保管道安装位置（标高）符合设计要求和确保工程质量。

6.2 管道埋地敷设

6.2.1 对于开挖沟槽敷设管道（不包括喂管法埋地敷设），检查沟底标高是为了达到设计要求，检查管基质量主要包括检查管基的密实度和有无对管道不利的废旧构筑物、硬石、木头、垃圾等杂物，密实度对管道不均匀沉降有较大影响，废旧构筑物、硬石、木头、垃圾等杂物容易损伤管道。

6.2.2 用非金属绳捆扎是考虑到聚乙烯材料硬度较低，金属绳容易损伤管道。在下管时要防止划伤，是考虑到划伤的管道在运行中，受外力的作用，再遇表面活性剂（如洗涤剂），会加速伤痕的扩展，可能导致管道破坏。扭曲或承受过大拉力和弯曲都会产生附加应力，对管道安全运行不利。

6.2.3 聚乙烯管道的热胀冷缩比钢管要大得多，其线性膨胀系数为钢管的 10 倍以上，蜿蜒敷设可以起到一定的热胀冷缩的补偿作用，因此，可利用聚乙烯管道柔性，蜿蜒状敷设和随地形自然弯曲敷设。钢骨架聚乙烯复合管也具有一定柔性，但不及聚乙烯管，通常能满足沟底平缓起伏形成的自然弯曲，但不宜蜿蜒敷设。

6.2.6 埋设示踪线是为了管道测位方便，精确地描绘出燃气管道走线。目前国际上常用的示踪线有两种，一种是裸露金属导线，另一种是带有塑料绝缘层的金属导线，但它们的工作原理均是通过电流脉冲感应进行探测。示踪线安放位置，日本等国家规定用胶带固定在管道上方，但美国煤气协会编写的《塑料煤气管手册》1977 年版中指出："有些煤气公司发现脉冲电流对聚乙烯燃气管道有害。但危害量多大没有报导，建议金属示踪线与塑料管道之间间隔 2～6in（50～150mm）。"但在《塑料煤气管手册》2001 年版中对此规定修改为："一些公司反映，示踪线通过的脉冲电流对塑料管道有物理性损伤。在实际应用中，最好使示踪线与管道分离，工程师应考虑以上问题。"综合考虑以上因素，以及在实际工程管理中探测管线位置频率很低，因此，本规程规定金属示踪线应贴管敷设。

警示带是为了在第三方施工时，提醒施工人员，挖到此警示带时要注意下面有燃气管道，小心开挖，避免损坏燃气管道。敷设警示带对保护燃气管道被意外破坏是十分有效的方法。规定"警示带宜敷设在管顶上方 300～500mm 处"，是参考了机械挖斗一次挖掘深度；规定"不得敷设于路基和路面里"，是防止警示带被损坏而造成提示语不清楚；规定"直径大于或等于 400mm 的管道，应在管道正上方平行敷设 2 条水平净距 100～200mm 的警示带"，是为了提高警示效果，避免大口径管道侧壁受损伤；规定"警示带宜采用聚乙烯或不易分解的材料制造，颜色应为黄色，且在警示带上印有醒目、永久性警示语”，是为了醒目提示和使用长久。

6.2.7 拖管法施工是将聚乙烯盘管或已焊接好的聚乙烯直管或钢骨架聚乙烯复合管拖入沟槽，拖管法一般用于支管（盘管敷设）或施工条件受限制的管段的敷设。若沟底有石块和尖凸物等，会对管道造成划伤，划伤的管道在运行中受外力作用，如再遇到表面活性剂（如洗涤剂），会加速伤痕扩展，可能导致管道破坏。拖管法施工，管道不宜过长或受拉力过大，否则管道的扭曲、过大的拉力和弯曲都会产生附加应力，对管道安全运行不利。因此，本条规定“沟底不应有在管道拖拉过程中可能损伤管道表面的石块和尖凸物，拖拉长度不宜超过 300m”。另外，拉力过大会损坏管道，在美国煤气协会编写的《塑料煤气管手册》2001 年版中规定：拖拉力不得大于管材屈服拉伸应力的 50%；《燃气输送用聚乙烯管材和管件设计、搬运和安装规范》ISO/TS 10839：2000 和《燃气供应系统——最大压力超过 16 巴的管线》EN 12007 标准规定按下列公式计算：

$$F=\frac{14\pi de^{2}}{3\times SDR} \tag{2}$$

式中 F——允许拖拉力（N）；

de——管道公称直径（mm）；

SDR——标准尺寸比。

本条允许拖拉力计算采用《燃气输送用聚乙烯管材和管件设计、搬运和安装规范》ISO/TS 10839：2000 和《燃气供应系统——最大压力超过 16 巴的管线》EN 12007 推荐的计算公式，并简化为 $F=15DN^{2}/SDR$，其中 DN 为管道公称直径。

对于钢骨架聚乙烯复合管道，由于有钢骨架层存在，其屈服拉伸强度要比聚乙烯管道大得多，因此，其允许拖拉力也要比聚乙烯管大得多。由于在 ISO、EN 等标准中没有钢骨架聚乙烯复合管道的拖拉力计算公式，因此，本规程对钢骨架聚乙烯复合管道的最大允许拖拉力参照美国煤气协会编写的《塑料煤气管手册》确定，即钢骨架聚乙烯复合管道的最大拖拉力不应大于其屈服拉伸应力的 50%。

6.2.8 喂管法施工是将固定在掘进机上的盘卷的聚乙烯管道，通过装在掘进机上的犁沟刀后部的滑槽喂入管沟，犁沟刀可同时与另外的滑槽连接，喂入聚乙烯燃气管道警示带，警示带敷设应符合本规程第 6.2.6 条的规定。聚乙烯燃气管道喂入沟槽时，不可避免要弯曲，但其弯曲半径要符合本规程第 6.1.3、6.1.4 条规定。

喂管法施工是一种比较经济、方便、快捷的施工方法，主要适用于地面、地下无设施和地下无岩石块的场合，因此，在采用喂管法施工时应对地质情况进行调查。

6.3 插入管敷设

6.3.1 插入敷设方法种类很多，常见的有直接插入法、内衬插入法、爆管插入法等。本节规定的插入法适用于插入管外径不大于旧管内径 90%的插入敷设方法。旧管内衬插入管的插入敷设方法建设部正在制定相关行业标准，为避免标准内容重复，在本规程中不做规定。

6.3.2 规定此条目的是为了便于插入管敷设施工和保证管道弯曲半径不超过其允许弯曲半径。“工作坑间距不宜超过 300m”，是考虑插入管在插入过程中与旧管壁摩擦及可能划伤的影响，同时也考虑到与拖管法施工规定的允许拖拉长度相对应。国内外一些燃气管道工程施工证明该尺寸是可靠的。如北京新华门前 760m*DN*400 钢管内插 *DN*250PE 管，分两段内插，每段约 300m；美国洛杉矶 3km*DN*300 钢管，内插 *DN*200PE 管平均一次铺设管道 547m，最长的一次铺设管道 882m。

6.3.3 旧管内壁沉积物、尖锐毛刺、焊瘤和其他杂物，减小了旧管内径，并且在拉管时容易划伤插入管表面，影响插入管敷设，因此要求旧管内壁上的沉积物、尖锐毛刺、焊瘤和其他杂物必须要清除，清除方法很多，只要能达到清除目的均可。吹净旧管内杂物，是为了防止被清除的杂物堵塞管道，同时施工操作人员通过检查吹出的杂物量来判定旧管内沉积物的清除程度。必要时先拉过一段聚乙烯管段是检查和判定旧管内壁对插入管影响程度。

6.3.4 必要时切除外热熔对接连接的翻边和电熔连接的接线柱是为了使插入管顺利通过旧管道，而且，切除翻边和接线柱不影响接头强度和管道结构的安全性。

6.3.5 铺设前对已经连接好的管道进行检漏，是为了检查已连接好的管道是否漏气，避免插入后返工。

6.3.6 加装一个硬度较小的漏斗形导滑口是为了防止插入施工时，金属旧管端口毛刺损坏插入管表面，因为管道表面划伤是运行过程中产生应力开裂的诱因。

6.3.7 本条规定“拖拉力应符合本规程第 6.2.7 条的规定”，是为了防止拉断或拉伤插入管。

6.3.8 规定此条目的是为了插入管之间连接方便和满足管道缩径恢复、收缩的需要。

6.3.9 由于聚乙烯管道热胀冷缩比钢管大得多，留出冷缩余量和铆固或固定，是为了防止温度下降时产生过大拉力。在各管段端口，插入管与旧管之间的环形空间要求密封是为了防止地下水进入旧管与插入管的夹层，腐蚀旧管内壁，降低旧管对插入管的保护作用，以及积水在冬季结冰挤压插入管。管段之间的旧管开口处规定设套管保护是为了保护插入管。

6.3.10 由于在插入管施工时，拉应力使插入管伸长，因此，只有在插入管恢复自然后，才能保证接分支管位置准确，连接可靠。一般拖拉长度在300m左右的管道，恢复时间需要24h左右。

6.4 管道穿越

6.4.1 规定此条的目的是为了使燃气管道穿越铁路、道路和河流敷设时能顺利进行。

6.4.2 本条是参照国家行业标准《城镇燃气输配工程施工及验收规范》CJJ 33－2005第9章制定。

7 试验与验收

7.1 一般规定

7.1.1 首先进行吹扫，是为了保证管道内清洁，防止在强度试验、气密性试验时，较高气压夹带杂质损伤管道。由于聚乙烯管道和钢骨架聚乙烯复合管道在试验与验收方面与金属管道相比，很多方面是相同的，为避免标准内容的重复，本节重点规定了针对聚乙烯管道和钢骨架聚乙烯复合管道一些特殊要求，其他要求执行国家行业标准《城镇燃气输配工程施工及验收规范》CJJ 33的规定。

7.1.2 管道试验时，为了减少环境温度的变化对试验的影响和压力试验使管道的移位，要求埋地管道应回填至管道上方0.5m以上后进行试验。拖管法、喂管法和插入法敷设的管道，敷设前对已经连接好的管道进行检漏试验，是为了检查已连接好的管道是否漏气，避免插入后返工。

7.1.3 吹扫及试验介质采用压缩空气，是因为聚乙烯管道和钢骨架聚乙烯管道管道内壁较干净、光滑，采用气体吹扫效果也较好，另外，空气来源方便。国外也有用天然气、水或惰性气体。但天然气不安全，且浪费燃料，惰性气体价格昂贵，水在冬天容易结冰，而且残留在管道中对运行不利。由于夏季气温较高，尤其是南方地区，气温达30～40℃，此时吹扫要特别注意压缩空气的温度，尽量不要超过40℃，否则要采取措施，避免管道受到损害。

由于压缩空气是由压缩机提供，压缩机使用的油和寒冷冬季使用的防冻剂容易随压缩空气流入管道内，油和防冻剂会对管道产生不良影响，故本条规定在压缩机出口端安装分离器和过滤器，防止有害物质进入管道。

7.1.4 在吹扫、强度试验和严密性试验时，待试管道与无关管道系统和已运行的管道系统隔离是十分重要，否则试验和验收很难完成。与现已运行的燃气管道隔离，若采用阀门隔离，可能因阀门内漏无法完成试验和验收，还可能因空气进入已运行的燃气管道或已运行的燃气管道内的燃气进入待试管道而发生事故。

7.1.6 进行强度试验和严密性试验时，一般都是使用肥皂液或洗涤液作检漏液，其原因是因为肥皂液或洗涤液价格便宜、得来容易。由于肥皂液或洗涤液是一种表面活性剂，聚乙烯材料在其内部变形达到某一临界值，肥皂液或洗涤液等表面活性剂会加速聚乙烯材料出现应力开裂，因此检查完毕应及时用水冲去。

7.1.7 规定此条目的是为了保证施工安全，带压操作是极其危险的。

7.2 管道吹扫

7.2.1 制定吹扫方案是为了便于组织实施，吹扫方案包括：吹扫的起点和终点；吹扫压力及压力表的安装位置；吹扫介质及吹扫设备；吹扫顺序及调度方法；调压器、凝水缸、阀门、孔板、过滤网、燃气表的保护措施；吹扫应采取的安全措施及安全培训等。

7.2.2 吹扫口采取加固措施是为了防止在吹扫过程中吹扫口被损坏而脱落造成事故，在以往的施工中有过此类教训。吹扫出口是整个吹扫段最应注意安全的地方，设安全区域并由专人负责安全是十分必要的。

排气口应采取防静电措施，如使用钢管接地等，避免静电积聚造成人身伤害或其他危险，静电火花有可能引燃燃气与空气的混合气。

7.2.3 吹扫压力不应大于0.3MPa，是为了保证吹扫安全和管道不被损伤。

7.2.4 吹扫气体的流速过小不能吹净管道中杂物，但是，如果流速过大，管道中的杂物会损伤管道内壁，因此，规定吹扫气体流速不宜小于20m/s，不宜大于40m/s。

7.2.5 每次吹扫管段的长度不宜超过500m，是考虑到采用气体吹扫的方法，过长的管段很难吹扫干净，因此，在吹扫时应根据具体情况合理安排，分段吹扫。

7.2.6 规定此条目的是为了保证附属设备不被损坏。

7.3 强度试验

7.3.1 分段进行压力试验是为了缩短在城市施工的占道时间。试验管段规定不宜超过1km，是考虑到试验管段过长，一旦试验不合格将给查找漏点带来难度；此外，由于聚乙烯材料的管道刚性比钢管低，在较大压力下容易膨胀，试验管段过长，达到试验压力和稳压的时间要求更长。

7.3.2 本条规定参照《城镇燃气输配工程施工及验收规范》CJJ 33－2005第12.3.4条确定。

7.3.3 本条规定参照《城镇燃气输配工程施工及验收规范》CJJ 33－2005第12.3.5条制定。强度试验的目的是检验管道是否能承受设计压力，因此试验压力应高于设计压力，国内外压力管道通常都取设计压力的1.5倍。最低试验压力，对于聚乙烯管道国外通常规定为不小于0.30MPa，《聚乙烯燃气管道工程技术规程》CJJ 63－95 也规定为 0.30MPa，本条修改为“最低试验压力：*SDR*11 聚乙烯管道不应小于 0.40MPa，*SDR*17.6 聚乙烯管道不应小于 0.20MPa，钢骨架聚乙烯复合管道不应小于 0.40MPa。”主要是为了与《城镇燃气输配工程施工及验收规范》CJJ 33－2005 规定相协调。

7.3.4 升至试验压力的 50%后进行初检以防止意外的发生，初检可观察压力表有无持续下降；接头、管道设备和管件有无泄漏、异常等。“宜稳压 1h 后，观察压力计不应少于 30min，无明显压力降为合格”是根据《城镇燃气输配工程施工及验收规范》CJJ 33－2005 的规定和工程实践经验确定，并经工程实践检验是可靠的。

7.3.5 管段相互连接的接头外观检验，对于热熔对接连接，按本规程第 5.2.4 条规定对翻边对称性检验、接头对正性检验和翻边切除检验进行检查；对于电熔连接的外观检查，按本规程第 5.3.6 条电熔承插连接的规定进行检查。

7.4 严密性试验

7.4.1 对于聚乙烯管道的严密性试验，在国外，其试验方法与钢管基本一致，在我国，过去几年内敷设的聚乙烯管道和钢骨架聚乙烯复合管道的严密性试验均执行《城镇燃气输配工程施工及验收规范》CJJ 33 的规定，效果良好。因此，本规程严密性试验直接引用现行的《城镇燃气输配工程施工及验收规范》CJJ 33 的严密性试验要求。

7.5 工程竣工验收

7.5.1 聚乙烯管道和钢骨架聚乙烯复合管道工程竣工验收应符合国家现行行业标准《城镇燃气输配工程施工及验收规范》CJJ 33－2005 第 12.5 节的规定。工程竣工验收中所依据的相关标准可以是地方或企业标准，但其标准中的要求不得低于国家现行相关标准。

7.5.2 本条规定了《城镇燃气输配工程施工及验收规范》CJJ 33－2005第 12.5 节工程竣工验收中未包含的内容：

1 翻边切除检查记录。

2 示踪线（带）导电性检查记录。

中华人民共和国行业标准

城镇排水管渠与泵站维护技术规程

Technical specification for maintenance of sewers & channels and pumping stations in city

CJJ 68—2007
J 659—2007

批准单位：中华人民共和国建设部
施行日期：2 0 0 7 年 9 月 1 日

中华人民共和国建设部
公　　告

第 585 号

建设部关于发布行业标准《城镇排水管渠与泵站维护技术规程》的公告

现批准《城镇排水管渠与泵站维护技术规程》为行业标准，编号为 CJJ 68－2007，自 2007 年 9 月 1 日起实施。其中，第 3.1.6、3.2.6、3.3.8、3.3.12、3.3.13、3.4.1、3.4.4、3.4.7、3.4.15、3.6.2、4.1.2、4.1.6、4.3.4 条为强制性条文，必须严格执行。原《城镇排水管渠与泵站维护技术规程》CJJ/T 68—98 同时废止。

本规程由建设部标准定额研究所组织中国建筑工业出版社出版发行。

中华人民共和国建设部
2007 年 3 月 9 日

前　　言

根据建设部建标［2004］66 号文的要求，标准编制组在深入调查研究，认真总结国内外科研成果和实践经验，并在广泛征求意见的基础上，全面修订了本规程。

本规程的主要技术内容是：1. 总则；2. 术语；3. 排水管渠；4. 排水泵站。

本规程修订的主要技术内容是：排水管道中增加管道检查、明渠维护、档案与信息管理；排水泵站中增加了消防与安全设施、档案与技术资料管理等。

本规程由建设部负责管理和对强制性条文的解释，由主编单位负责具体技术内容的解释。

本规程主编单位：上海市排水管理处（上海市厦门路 180 号，邮编 200001）

本规程参编单位：上海市城市排水市中运营有限公司
上海市城市排水市北运营有限公司
上海市城市排水市南运营有限公司
北京市市政工程管理处
哈尔滨市排水有限公司
沈阳市排水管理处
天津市排水管理处
西安市市政工程管理处
武汉市排水管理处
广州市市政设施维修处
合肥市污水管理处
重庆市市政设施管理局
上海乐通管道工程有限公司
管丽环境技术（上海）有限公司
上海 KSB 泵有限公司

本规程主要起草人：唐建国　姚　杰　朱保罗
俞仲元　张煜伟　慈曾福
程晓波　叶永成　范承亮
王　萍　唐　东　梅豫生
吴士柏　马文虎　朱大雄
苏　平　张继红　齐玉辉
张阿林　朱　军　孙跃平
冼　巍　庄敏捷　王福南
马连起　马广超　张　晖
丛天荣　董　浩　周岩枫
周文朝　沈燕群　钟安国

目　次

1 总 则

1.0.1 为加强城镇排水设施的维护工作，统一技术要求，保证设施安全运行，充分发挥设施的功能，制定本规程。

1.0.2 本规程适用于城镇排水管渠和排水泵站的维护。

1.0.3 城镇排水管渠和泵站的维护，除应符合本规程外，尚应符合国家现行有关标准的规定。

2 术 语

2.1 管 渠

2.1.1 排水体制 sewer system

在一个区域内收集、输送雨水和污水的方式，它有合流制和分流制两种基本方式。

2.1.2 合流制 combined system

用同一个排水系统收集、输送污水和雨水的排水方式。

2.1.3 分流制 separate system

用不同排水系统分别收集、输送污水和雨水的排水方式。

2.1.4 排水户 user of drainage facility

向公共排水设施排水的用户。

2.1.5 主管 main sewer

沿道路纵向敷设，接纳道路两侧支管及输送上游管段来水的排水管道。

2.1.6 支管 lateral

连管和接户管的总称。

2.1.7 连管 connecting pipe

连接雨水口与主管的管道。

2.1.8 接户管 service connection

连接排水户与主管的管道。

2.1.9 检查井 manhole

排水管中连接上下游管道并供养护人员检查、维护或进入管内的构筑物。

2.1.10 雨水口 catch basin

用于收集地面雨水的构筑物。

2.1.11 雨水箅 grating

安装在雨水口上部用于拦截杂物的格栅。

2.1.12 接户井 service manhole

排水户管道接入公共排水管道前的最后一座检查井。

2.1.13 沉泥槽 sludge sump

雨水口或检查井底部加深的部分，用于沉积管道中的泥沙。

2.1.14 流槽 flume

为保持流态稳定，避免水流因断面变化产生涡流现象而在检查井底部设置的弧形水槽。

2.1.15 爬梯 step

固定在检查井壁上供人员上下的装置。

2.1.16 溢流井 overflow chamber

合流制排水系统中，用来控制雨水溢流的构筑物；当雨天水量超过设定的截流倍数时，合流污水越过堰顶排入水体。

2.1.17 跌水井 drop manhole

具有消能作用的检查井。

2.1.18 水封井 water-sealed chamber

装有水封装置，可防止易燃、易爆等有害气体进入排水管的检查井。

2.1.19 倒虹管 inverted siphon

管道遇到河流等障碍物不能按原有高程敷设时，采用从障碍物下面绕过的倒虹形管道。

2.1.20 盖板沟 plate covered ditch

由砖石砌成并在顶部安装盖板的矩形排水沟，其顶部通常没有覆土或覆土较浅，可采用揭开盖板进行维护作业。

2.1.21 排放口 outlet

将雨水或处理后的污水排放至水体的构筑物。

2.1.22 绞车疏通 winch bucket cleaning

采用绞车牵引通沟牛来铲除管道积泥的疏通方法。

2.1.23 通沟牛 cleaning bucket

在绞车疏通中使用的桶形、铲形等式样的铲泥工具。

2.1.24 推杆疏通 push rod cleaning

用人力将竹片、钢条等工具推入管道内清除堵塞的疏通方法，按推杆的不同，又分为竹片疏通或钢条疏通等。

2.1.25 转杆疏通 swivel rod cleaning

采用旋转疏通杆的方式来清除管道堵塞的疏通方法，又称为软轴疏通或弹簧疏通。

2.1.26 射水疏通 jet cleaning

采用高压射水清通管道的疏通方法。

2.1.27 水力疏通 hydraulic cleaning

采用提高管渠上下游压力差，加大流速来疏通管渠的方法。

2.1.28 潮门 tide gate

为防止潮水倒灌而在排放口设置的单向阀门。

2.1.29 染色检查 dye test

用染色剂在水中的行踪来显示管道走向，找出错误连接或事故点的检测方法。

2.1.30 烟雾检查 smoke test

用烟雾在管道中的行踪来显示错误连接或事故点的检测方法。

2.1.31 电视检查 closed circuit television inspection

采用闭路电视进行管道检测的方法。

2.1.32 声纳检查 sonar inspection

采用声波技术对水下管道等设施进行检测的方法。

2.1.33 时钟表示法 clock description

在管道检查中，采用时钟位置来描述缺陷出现在管道圆周位置的表示方法。

2.1.34 水力坡降试验 hydraulic slope test

通过对实际水面坡降线的测量和分析来检查管道运行状况的方法。

2.1.35 机械管塞 mechanical pipe plug

一种封堵小型管道的工具，由两块圆铁板和夹在中间的橡胶圈组成，通过螺栓压紧圆板，使橡胶圈向外膨胀将管塞固定在管内。

2.1.36 充气管塞 pneumatic pipe plug

一种采用橡胶气囊封堵管道的工具。

2.1.37 止水板 water stop plate

一种特制的封堵管道工具，由橡胶或泡沫塑料止水条、盖板和支撑杆组成。

2.1.38 骑管井 ride pipe manhole

一种采用特殊方法在旧管道上加建的检查井，在施工过程中不必拆除旧管道，也不需要断水作业。

2.1.39 现场固化内衬 cured in place pipe (CIPP)

一种非开挖管道修理方法，将浸满热固性树脂的毡制软管用注水翻转或牵引等方法将其送入旧管内后再加热固化，在管内形成新的内衬管。

2.1.40 螺旋内衬 spiral pipe liner

一种非开挖排水管修理方法，通过安放在井内的制管机将塑料板带绕制成螺旋状管并不断向旧管道内推进，在管内形成新的内衬管。

2.1.41 短管内衬 short pipe liner

一种非开挖排水管修理方法，将特制的塑料短管在井内连接，然后逐节向旧管内推进，最后在新旧管道的空隙间注入水泥浆固定，形成新的内衬管。

2.1.42 拉管内衬 pulling pipe liner

一种非开挖管道修理方法，采用牵引机将整条塑料管由工作坑或检查井拉进旧管内，形成新的内衬管。

2.1.43 自立内衬管 full structure liner

能够不依靠旧管道的强度而独立承受各种荷载的内衬管。

2.2 泵　站

2.2.1 泵站 pumping station

泵房及其配套设施的总称。

2.2.2 泵房 pump house

设置水泵机组、电气设备和管道、闸阀等设备的建筑物。

2.2.3 排水泵站 drainage pumping station

污水泵站、雨水泵站和合流污水泵站统称排水泵站。

2.2.4 雨水泵站 storm pumping station

在分流制排水系统中，抽送雨水的泵站。

2.2.5 污水泵站 sewage pumping station

在分流制排水系统中，抽送生活污水，工业废水或截流初期雨水的泵站。

2.2.6 合流污水泵站 combined sewage pumping station

在合流制排水系统中，抽送污水、截流初期雨水和雨水的泵站。

2.2.7 格栅 bar screen

一种栅条形的隔污设施，用以拦截水中较大尺寸的漂浮物或其他杂物。

2.2.8 格栅除污机 screen removal machine

用机械的方法，将格栅截留的栅渣清捞出水面的设备。

2.2.9 拍门 flap gate

在排水管渠出水口或通向水体的水泵出水口上设置的单向启闭阀，防止水流倒灌。

2.2.10 惰走时间 inertial motion period

旋转运动的机械，失去驱动力后至静止的这段惯性行走时间。

2.2.11 盘车 hand turning

旋转机械在无驱动力情况下，用人力或借助专用工具将转子低速转动的动作过程。

2.2.12 开式螺旋泵 open screw pump

泵体流槽敞开，扬程一般不超过5m，螺旋叶片转速较低的提水设备。

2.2.13 柔性止回阀 flexible check valve

防止管道或设备中介质倒流之用的设备，也有称鸭咀阀，采用具有弹性的橡胶制成。

2.2.14 螺旋输送机 screw conveyer

利用螺旋叶片在U形流槽内旋转过程中的轴向容积变化来推动栅渣作轴向位移的机械。

2.2.15 螺旋压榨机 screw press

利用螺旋叶片在U形槽内的轴向旋转挤推作用，将栅渣带入有锥度的脱水筒中脱水的机械。

3 排 水 管 渠

3.1 一 般 规 定

3.1.1 排水管渠应定期检查、定期维护，保持良好的水力功能和结构状况。

3.1.2 排水管理部门应定期对排水户进行水质、水量检测，并应建立管理档案；排放水质应符合国家现行标准《污水排入城市下水道水质标准》CJ 3082的规定。医院排水还应符合《医院污水排放标准》GBJ

48的规定。

3.1.3 管渠维护必须执行国家现行标准《排水管道维护安全技术规程》CJJ 6的规定。

3.1.4 排水管渠维护宜采用机械作业。

3.1.5 排水管渠应明确其雨水管渠、污水管渠或合流管渠的类型属性。

3.1.6 在分流制排水地区，严禁雨污水混接。

3.1.7 污水管道的正常运行水位不应高于设计充满度所对应的水位。

3.1.8 排水管道应按表3.1.8的规定进行管径划分。

表3.1.8 排水管道的管径划分（mm）

类型	小型管	中型管	大型管	特大型管
管径	＜600	600～1000	＞1000～1500	＞1500

3.2 管道养护

3.2.1 排水管道应定期巡视，巡视内容应包括污水冒溢、晴天雨水口积水、井盖和雨水箅缺损、管道塌陷、违章占压、违章排放、私自接管以及影响管道排水的工程施工等情况。

3.2.2 排水管理部门应制定本地区的排水管道养护质量检查办法，并定期对排水管道的运行状况等进行抽查，养护质量检查不应少于3个月一次。

3.2.3 管道、检查井和雨水口内不得留有石块等阻碍排水的杂物，其允许积泥深度应符合表3.2.3的规定。

表3.2.3 管道、检查井和雨水口的允许积泥深度

设施类别		允许积泥深度
管道		管径的1/5
检查井	有沉泥槽	管底以下50mm
	无沉泥槽	主管径的1/5
雨水口	有沉泥槽	管底以下50mm
	无沉泥槽	管底以上50mm

3.2.4 检查井日常巡视检查的内容应符合表3.2.4的规定。

表3.2.4 检查井巡视检查内容

部位	外部巡视	内部检查
内容	井盖埋没	链条或锁具
	井盖丢失	爬梯松动、锈蚀或缺损
	井盖破损	井壁泥垢
	井框破损	井壁裂缝
	盖、框间隙	井壁渗漏
	盖、框高差	抹面脱落
	盖框突出或凹陷	管口孔洞
	跳动和声响	流槽破损
	周边路面破损	井底积泥
	井盖标识错误	水流不畅
	其他	浮渣

3.2.5 检查井盖和雨水箅的维护应符合下列规定：

1 井盖和雨水箅的选用应符合表3.2.5-1的规定。

表3.2.5-1 井盖和雨水箅技术标准

井盖种类	标准名称	标准编号
铸铁井盖	《铸铁检查井盖》	CJ/T 3012
混凝土井盖	《钢纤维混凝土井盖》	JC 889
塑料树脂类井盖	《再生树脂复合材料检查井盖》	CJ/T 121
塑料树脂类水箅	《再生树脂复合材料水箅》	CJ/T130

2 在车辆经过时，井盖不应出现跳动和声响。井盖与井框间的允许误差应符合表3.2.5-2的规定。

表3.2.5-2 井盖与井框间的允许误差（mm）

设施种类	盖框间隙	井盖与井框高差	井框与路面高差
检查井	＜8	+5，−10	+15，−15
雨水口	＜8	0，−10	0，−15

3 井盖的标识必须与管道的属性一致。雨水、污水、雨污合流管道的井盖上应分别标注“雨水”、“污水”、“合流”等标识。

4 铸铁井盖和雨水箅宜加装防丢失的装置，或采用混凝土、塑料树脂等非金属材料的井盖。

3.2.6 当发现井盖缺失或损坏后，必须及时安放护栏和警示标志，并应在8h内恢复。

3.2.7 雨水口的维护应符合下列规定：

1 雨水口日常巡视检查的内容应符合表3.2.7的规定。

表3.2.7 雨水口巡视检查的内容

部位	外部检查	内部检查
内容	雨水箅丢失	铰或链条损坏
	雨水箅破损	裂缝或渗漏
	雨水口框破损	抹面剥落
	盖、框间隙	积泥或杂物
	盖、框高差	水流受阻
	孔眼堵塞	私接连管
	雨水口框突出	井体倾斜
	异臭	连管异常
	其他	蚊蝇

2 雨水箅更换后的过水断面不得小于原设计标准。

3.2.8 检查井、雨水口的清掏宜采用吸泥车、抓泥车等机械设备。

3.2.9 管道疏通宜采用推杆疏通、转杆疏通、射水疏通、绞车疏通、水力疏通或人工铲挖等方法，各种疏通方法的适用范围宜符合表3.2.9的要求。

表 3.2.9 管道疏通方法及适用范围

疏通方法	小型管	中型管	大型管	特大型管	倒虹管	压力管	盖板沟
推杆疏通	√	—	—	—	—	—	—
转杆疏通	√	—	—	—	—	—	—
射水疏通	√	√	—	—	√	—	√
绞车疏通	√	√	√	—	√	—	√
水力疏通	√	√	√	√	√	√	√
人工铲挖	—	—	√	√	—	—	√

注：表中"√"表示适用。

3.2.10 倒虹管的养护应符合下列规定：

1 倒虹管养护宜采用水力冲洗的方法，冲洗流速不宜小于1.2m/s。在建有双排倒虹管的地方，可采用关闭其中一条，集中水量冲洗另一条的方法。

2 过河倒虹管的河床覆土不应小于0.5m。在河床受冲刷的地方，应每年检查一次倒虹管的覆土状况。

3 在通航河道上设置的倒虹管保护标志应定期检查和油漆，保持结构完好和字迹清晰。

4 对过河倒虹管进行检修前，当需要抽空管道时，必须先进行抗浮验算。

3.2.11 压力管养护应符合下列规定：

1 定期巡视，及时发现并修理渗漏、冒溢等情况。

2 压力管养护应采用满负荷开泵的方式进行水力冲洗，至少每3个月一次。

3 定期清除透气井内的浮渣。

4 保持排气阀、压力井、透气井等附属设施的完好有效。

5 定期开盖检查压力井盖板，发现盖板锈蚀、密封垫老化、井体裂缝、管内积泥等情况应及时维修和保养。

3.2.12 盖板沟的维护应符合下列规定：

1 保持盖板不翘动、无缺损、无断裂、不露筋、接缝紧密；无覆土的盖板沟其相邻盖板之间的高差不应大于15mm。

2 盖板沟的积泥深度不应超过设计水深的1/5。

3 保持墙体无倾斜、无裂缝、无空洞、无渗漏。

3.2.13 潮门和闸门维护应符合下列规定：

1 潮门应保持闭合紧密，启闭灵活；吊臂、吊环、螺栓无缺损；潮门前无积泥、无杂物。

2 汛期潮门检查每月不应少于一次。

3 拷铲、油漆、注油润滑、更换零件等重点保养应每年一次。

4 闸门的维护应符合本规程第4.4.1条的规定。

3.2.14 岸边式排放口的维护应符合下列规定：

1 定期巡视，及时维护，发现和制止在排放口附近堆物、搭建、倾倒垃圾等情况。

2 排放口挡墙、护坡及跌水消能设备应保持结构完好，发现裂缝、倾斜等损坏现象应及时修理。

3 对埋深低于河滩的排放口，应在每年枯水期进行疏浚。

4 当排放口管底高于河滩1m以上时，应根据冲刷情况采取阶梯跌水等消能措施。

3.2.15 江心式排放口的维护应符合下列规定：

1 排放口周围水域不得进行拉网捕鱼、船只抛锚或工程作业。

2 排放口标志牌应定期检查和油漆，保持结构完好，字迹清晰。

3 江心式排放口宜采用潜水的方法，对河床变化、管道淤塞、构件腐蚀和水下生物附着等情况进行检查。

4 江心式排放口应定期采用满负荷开泵的方法进行水力冲洗，保持排放管和喷射口的畅通，每年冲洗的次数不应少于2次。

3.2.16 寒冷地区冬季排水管道养护应符合下列规定：

1 冰冻前，应对雨水口采用编织袋、麻袋或木屑等保温材料覆盖的防冻措施。

2 发现管道冰冻堵塞时，应及时采用蒸汽化冻。

3 融冻后，应及时清除用于覆盖雨水口的保温材料，并清除随融雪流入管道的杂物。

3.3 管道检查

3.3.1 排水管道检查可分为管道状况普查、移交接管检查和应急事故检查等。

3.3.2 管道缺陷在管段中的位置应采用该缺陷点离起始井之间的距离来描述；缺陷在管道圆周的位置应采用时钟表示法来描述。

3.3.3 管道检查项目可分为功能状况和结构状况两类，主要检查项目应包括表3.3.3中的内容。

表 3.3.3 管道状况主要检查项目

检查类别	功能状况	结构状况
检查项目	管道积泥	裂缝
	检查井积泥	变形
	雨水口积泥	腐蚀
	排放口积泥	错口
	泥垢和油脂	脱节
	树根	破损与孔洞
	水位和水流	渗漏
	残墙、坝根	异管穿入

注：表中的积泥包括泥沙、碎砖石、固结的水泥浆及其他异物。

3.3.4 以功能性状况为目的普查周期宜采用1～2年一次；以结构性状况为主要目的的普查周期宜采用5～10年一次。流沙易发地区的管道、管龄30年以上的管道、施工质量差的管道和重要管道的普查周期可相应缩短。

3.3.5 移交接管检查的主要项目应包括渗漏、错口、积水、泥沙、碎砖石、固结的水泥浆、未拆清的残墙、坝根等。

3.3.6 应急事故检查的主要项目应包括渗漏、裂缝、变形、错口、积水等。

3.3.7 管道检查可采用人员进入管内检查、反光镜检查、电视检查、声纳检查、潜水检查或水力坡降检查等方法。各种检查方法的适用范围宜符合表3.3.7的要求。

表3.3.7 管道检查方法及适用范围

检查方法	中小型管道	大型以上管道	倒虹管	检查井
人员进入管内检查	—	√	—	√
反光镜检查	√	√	—	√
电视检查	√	√	√	—
声纳检查	√	√	√	—
潜水检查	—	√	—	√
水力坡降检查	√	√	√	—

注："√"表示适用。

3.3.8 对人员进入管内检查的管道，其直径不得小于800mm，流速不得大于0.5m/s，水深不得大于0.5m。

3.3.9 人员进入管内检查宜采用摄影或摄像的记录方式。

3.3.10 以结构状况为目的的电视检查，在检查前应采用高压射水将管壁清洗干净。

3.3.11 采用声纳检查时，管内水深不宜小于300mm。

3.3.12 采用潜水检查的管道，其管径不得小于1200mm，流速不得大于0.5m/s。

3.3.13 从事管道潜水检查作业的单位和潜水员必须具有特种作业资质。

3.3.14 潜水员发现情况后，应及时用对讲机向地面报告，并由地面记录员当场记录。

3.3.15 水力坡降检查应符合下列规定：

1 水力坡降检查前，应查明管道的管径、管底高程、地面高程和检查井之间的距离等基础资料。

2 水力坡降检测应选择在低水位时进行。泵站抽水范围内的管道，也可从开泵前的静止水位开始，分别测出开泵后不同时间水力坡降线的变化；同一条水力坡降线的各个测点必须在同一个时间测得。

3 测量结果应绘成水力坡降图，坡降图的竖向比例应大于横向比例。

4 水力坡降图中应包括地面坡降线、管底坡降线、管顶坡降线以及一条或数条不同时间的水面坡降线。

3.4 管道修理

3.4.1 重力流排水管道严禁采用上跨障碍物的敷设方式。

3.4.2 污水管、合流管和位于地下水位以下的雨水管应选用柔性接口的管道。

3.4.3 管道开挖修理应符合现行国家标准《给水排水管道工程施工及验收规范》GB 50268的规定。

3.4.4 封堵管道必须经排水管理部门批准；封堵前应做好临时排水措施。

3.4.5 封堵管道应先封上游管口，再封下游管口；拆除封堵时，应先拆下游管堵，再拆上游管堵。

3.4.6 封堵管道可采用充气管塞、机械管塞、木塞、止水板、黏土麻袋或墙体等方式。选用封堵方法应符合表3.4.6的要求。

表3.4.6 管道封堵方法

封堵方法	小型管	中型管	大型管	特大型管
充气管塞	√	√	√	—
机械管塞	√	—	—	—
止水板	√	√	√	√
木 塞	√	—	—	—
黏土麻袋	√	—	—	—
墙 体	√	√	√	√

注：表中"√"表示适用。

3.4.7 使用充气管塞封堵管道应符合下列规定：

1 必须使用合格的充气管塞。

2 管塞所承受的水压不得大于该管塞的最大允许压力。

3 安放管塞的部位不得留有石子等杂物。

4 应按规定的压力充气；在使用期间必须有专人每天检查气压状况，发现低于规定气压时必须及时补气。

5 应按规定做好防滑动支撑措施。

6 拆除管塞时应缓慢放气，并在下游安放拦截设备。

7 放气时，井下操作人员不得在井内停留。

3.4.8 已变形的管道不得采用机械管塞或木塞封堵。

3.4.9 带流槽的管道不得采用止水板封堵。

3.4.10 采用墙体封堵管道应符合下列规定：

1 根据水压和管径选择墙体的安全厚度，必要时应加设支撑。

2　在流水的管道中封堵时，宜在墙体中预埋一个或多个小口径短管，用于维持流水，当墙体达到使用强度后，再将预留孔封堵。

3　大管径、深水位管道的墙体封拆，可采用潜水作业。

4　拆除墙体前，应先拆除预埋短管内的管堵，放水降低上游水位；放水过程中人员不得在井内停留，待水流正常后方可开始拆除。

5　墙体必须彻底拆除，并清理干净。

3.4.11　支管接入主管应符合下列规定：

1　支管应在接入检查井后与主管连通。

2　当支管管底低于主管管顶高度时，其水流的转角不应小于90°。

3　支管接入检查井后，检查井凿孔与管头之间的空隙必须采用水泥砂浆填实，并内外抹光。

4　雨水管或合流管的接户井底部宜设置沉泥槽。

3.4.12　井框升降应符合下列规定：

1　用于井框升降的衬垫材料，在机动车道下应采用强度等级为C25及以上的现浇或预制混凝土。

2　井框与路面的高差应符合本规程第3.2.5条的规定；井壁内的升高部分应采用水泥砂浆抹平。

3　在井框升降后的养护期间内，应采用施工围栏保护和警示。

3.4.13　旧管上加井应符合下列规定：

1　当接入支管的管底低于旧管管顶高度时，加井应按新砌检查井的标准砌筑。

2　当接入支管的管底高于旧管管顶高度时，可采用骑管井的方式在不断水的情况下加建新井。

3　骑管井的荷载不得全部落在旧管上，骑管井的混凝土基础应低于主管的半管高度，靠近旧管上半圆的墙体应砌成拱形。

4　在旧管上凿孔应采用机械切割或钻孔，不得损伤管道结构，不得将水泥碎块遗留在管内。

3.4.14　排水管道非开挖修理可采用下列方法：

1　个别接口损坏的管道可采用局部修理。

2　出现中等以上腐蚀或裂缝的管道应采用整体修理。

3　强度已削弱的管道，在选择整体修理时应采用自立内衬管设计。

4　选用非开挖修理方法应符合表3.4.14的要求。

表3.4.14　非开挖修理的方法

修理方法		小型管	中型管	大型以上	检查井
局部修理	钻孔注浆	—	—	√	√
	嵌补法	—	—	√	√
	套环法	—	—	√	—
	局部内衬	—	—	√	√
整体修理	现场固化内衬	√	√	√	√
	螺旋管内衬	√	√	√	—
	短管内衬	√	√	√	√
	拉管内衬	√	√	—	—
	涂层内衬	—	—	√	√

注：表中“√”表示适用。

3.4.15　主管的废除和迁移必须经排水管理部门批准。

3.4.16　废除旧管道还应符合下列规定：

1　除原位翻建的工程外，旧管道应在所有支管都已接入新管后方可废除。

2　被废除的排水管宜拆除；对不能拆除的，应作填实处理。

3　检查井或雨水口废除后，应作填实处理，并应拆除井框等上部结构。

4　旧管废除后应及时修改管道图，调整设施量。

3.5　明渠维护

3.5.1　明渠应定期巡视，当发现下列行为之一时，应及时制止：

1　向明渠内倾倒垃圾、粪便、残土、废渣等废弃物。

2　圈占明渠或在明渠控制范围内修建各种建（构）筑物。

3　在明渠控制范围内挖洞、取土、采砂、打井、开沟、种植及堆放物件。

4　擅自向明渠内接入排水管，在明渠内筑坝截水、安泵抽水、私自建闸、架桥或架设跨渠管线。

5　向雨水渠中排放污水。

3.5.2　明渠的检查与维护应符合下列规定：

1　定期打捞水面漂浮物，保持水面整洁。

2　及时清理落入渠内阻碍明渠排水的障碍物，保持水流畅通。

3　定期整修土渠边坡，保持线形顺直，边坡整齐。

4　每年枯水期应对明渠进行一次淤积情况检查，明渠的最大积泥深度不应超过设计水深的1/5。

5　明渠清淤深度不得低于护岸坡脚顶面。

6　定期检查块石渠岸的护坡、挡土墙和压顶；发现裂缝、沉陷、倾斜、缺损、风化、勾缝脱落等应及时修理。

7　定期检查护栏、里程桩、警告牌等明渠附属设施，并保持完好。

8　明渠宜每隔一定距离设清淤运输坡道。

3.5.3　明渠的废除应符合下列规定：

1　明渠的废除必须经排水管理部门批准。

2　废除的构筑物应及时拆除。

3.6　污泥运输与处置

3.6.1　污泥运输应符合下列规定：

1　通沟污泥可采用罐车、自卸卡车或污泥拖斗运输；也可采用水陆联运。

2　在运输过程中，应做到污泥不落地、沿途无洒落。

3　污泥运输车辆应加盖，并应定期清洗保持整洁。

4　在长距离运输前，污泥宜进行脱水处理，脱水过程可在中转站进行或送污水处理厂处理。

3.6.2　污泥盛器和车辆在街道上停放时，应设置安全标志，夜间应悬挂警示灯。疏通作业完毕后，应及时撤离现场。

3.6.3　污泥处置应符合下列规定：

1　在送处置场前，污泥应进行脱水处理。

2　污泥处置不得对环境造成污染。

3.7　档案与信息管理

3.7.1　排水设施维护管理部门应建立健全排水管网档案资料管理制度，配备专职档案资料管理人员。

3.7.2　排水管网档案资料应包括工程竣工资料、维修资料、管道检查资料及管网图等。

3.7.3　工程竣工后，排水设施管理部门应对建设单位移交的竣工资料按有关规定及时归档。

3.7.4　排水设施管理部门应绘制能准确反映辖区内管网情况的排水管网图；设施变化后管网图应及时修测。排水管网图中应包括表3.7.4所列举的内容。

表3.7.4　排水管网图的主要内容

图名	排水系统图	排水管详图
比例尺	1：2000至1：20000	1：500至1：2000
内容	排水系统边界	检查井
	泵站及排放口位置	雨水口
	泵站、污水厂名称	接户井
	泵站装机容量	管　径
	主管位置	管道长度
	管　　径	管道流向
	管道流向	管底及地面高程
	道路、河流等	道路边线、沿街参照物

3.7.5　排水设施维护管理部门应建立排水管网地理信息系统，采用计算机技术对管网图等空间信息实施智能化管理，并应符合下列规定：

1　排水管网地理信息系统应包括以下主要功能：

1）管道数据输入、编辑功能；

2）管道信息查询、统计、分析功能；

3）具备完善的信息维护和更新功能；

4）图形及报表的输出、打印功能。

2　排水管网数据库中应包括表3.7.5所列举的内容。

表3.7.5　排水管网数据库的主要内容

图名	雨水系统图	污水系统图	排水管详图
内容	服务面积	服务面积	管径
	设计雨水量	设计污水量	管道长度
	设计暴雨重现期	人均日排水量	管材
	平均径流系数	服务人口	管道断面形状
	泵站容量	泵站容量	接口种类
	主管长度	主管长度	施工方法
	设计单位	设计单位	检查井材料
	施工单位	施工单位	地面和管底高程
	竣工年代	竣工年代	竣工年代

3　排水管网地理信息系统建成后，应建立相应的数据维护制度；及时对变更的管道进行实地修测，及时更新数据。

4　采用计算机管理的技术资料应有备份。

4　排水泵站

4.1　一般规定

4.1.1　泵站的运行、维护应符合现行国家标准《恶臭污染物排放标准》GB 14554和《城市区域环境噪声标准》GB 3096的规定。

4.1.2　检查维护水泵、闸阀门、管道、集水池、压力井等泵站设备设施时，必须采取防硫化氢等有毒有害气体的安全措施。

4.1.3　水泵维修后，其流量不应低于原设计流量的90%；机组效率不应低于原机组效率的90%；汛期雨水泵站的机组可运行率不应低于98%。

4.1.4　泵站机电、仪表和监控设备应备有易损零配件。

4.1.5　泵站设施、机电设备和管配件外表除锈、防腐蚀处理宜2年一次。

4.1.6　泵站内设置的起重设备、压力容器、安全阀及易燃、易爆、有毒气体监测装置必须每年检验一次，合格后方可使用。

4.1.7　围墙、道路、泵房等泵站附属设施应保持完好，宜3年整修一次。

4.1.8　每年汛期前应检查与维护泵站的自身防汛设施。

4.1.9　泵站应做好环境卫生和绿化养护工作。

4.1.10 泵站应做好运行与维护记录。

4.1.11 泵站运行宜采用计算机监控管理。

4.2 水 泵

4.2.1 水泵运行前的例行检查应符合下列规定：

1 运行前宜盘车，盘车时水泵叶轮、电机转子不得有碰擦和轻重不匀；

2 弹性圆柱销联轴器的轴向间隙应符合表4.2.1-1的规定；

表 4.2.1-1 弹性圆柱销联轴器的轴向间隙（mm）

轴孔直径	标准型			轻 型		
	型号	外径	间隙	型号	外径	间隙
25～28	B1	120	1～5	Q1	105	1～4
30～38	B2	140	1～5	Q2	120	1～4
35～45	B3	170	2～6	Q3	145	1～4
40～45	B4	190	2～6	Q4	170	1～5
45～65	B5	220	2～6	Q5	200	1～5
50～75	B6	260	2～8	Q6	240	2～6
70～95	B7	330	2～10	Q7	290	2～6
80～120	B8	410	2～12	Q8	350	2～8
100～150	B9	500	2～15	Q9	440	2～10

3 机组的轴承润滑应良好；

4 泵体轴封机构的密封应良好；

5 涡壳式水泵泵壳内的空气应排尽；

6 水润滑冷却机械密封的供水压力宜为0.1～0.3MPa；

7 电动机绕组的绝缘电阻值应符合表4.2.1-2的规定；

表 4.2.1-2 电动机绕组的绝缘电阻值

电压（V）	电动机绕组的绝缘电阻值（MΩ）
380	≥0.5
6000	≥7
10000	≥11

8 集水池水位应符合水泵启动技术水位的要求；

9 进出水管路应畅通，阀门启闭应灵活；

10 仪器仪表显示应正常；

11 电气连接必须可靠，电气桩头接触面不得烧伤，接地装置应有效。

4.2.2 运行中的巡视检查应符合下列规定：

1 水泵机组应转向正确、运转平稳、无异常振动和噪声；

2 水泵机组应在规定的电压、电流范围内运行；

3 水泵机组轴承润滑应良好；滚动轴承温度不应超过80℃，滑动轴承温度不应超过60℃，温升不应大于35℃；

4 轴封机构不应过热，渗漏不得滴水成线；

5 水泵机座螺栓应紧固，泵体连接管道不得发生渗漏；

6 水泵轴封机构、联轴器、电机、电气器件等运行时，应无异常的焦味；

7 集水池水位应符合水泵运行的要求；

8 格栅前后水位差应小于200mm。

4.2.3 水泵停止运行时应符合下列规定：

1 轴封机构不得漏水；

2 止回阀或出水拍门关闭时的响声应正常，柔性止回阀闭合应有效；

3 泵轴惰走时间不应太短。

4.2.4 长期不运行的水泵应符合下列规定：

1 卧式泵每周用工具盘动泵轴，改变相对搁置位置；

2 试泵周期不宜超过15d，试运行时间不应少于5min；

3 蜗壳泵不运行期间应放空泵内剩水；

4 潜水泵宜吊出集水池存放。

4.2.5 水泵日常养护应符合下列规定：

1 轴承润滑应良好，润滑油或润滑脂应符合有关标准的规定；

2 联轴器的轴向间隙应符合本规程表4.2.1-1的规定；

3 轴封处无积水和污垢，填料应完好有效；

4 机、泵及管道连接螺栓应紧固；

5 水泵机组外表不得有灰尘、油垢和锈迹，铭牌应完整、清晰；

6 冰冻期间水泵停止使用时，应放尽泵体、管道和阀门内的积水；

7 涡壳泵内应无沉积物，叶轮与密封环的径向间隙应符合表4.2.5的规定；

表 4.2.5 叶轮与密封环的径向间隙（mm）

密封环内径	半径间隙	最大磨损半径极限
>80～120	0.15～0.22	0.44
>120～150	0.18～0.26	0.51
>150～180	0.20～0.28	0.56
>180～220	0.23～0.32	0.63
>220～260	0.25～0.34	0.68
>260～290	0.25～0.35	0.70
>290～320	0.28～0.38	0.75
>320～350	0.30～0.40	0.80

8 水泵冷却水、润滑水系统的供水压力和流量应保持在规定范围内；抽真空系统不得发生泄漏；

9 潜水泵温度、泄漏及湿度传感器应完好，显示值准确。

4.2.6 水泵定期维护应符合下列规定：

1 定期维护前应制定维修技术方案和安全措施；

2 弹性圆柱销联轴器同轴度允许偏差应符合表4.2.6-1的规定；

表 4.2.6-1 弹性圆柱销联轴器同轴度允许偏差

联轴器外径（mm）	同轴度允许偏差	
	径向位移（mm）	轴向倾斜率（%）
105～260	0.05	0.02
290～500	0.1	0.02

3 维修后的技术性能应符合本规程第4.1.3条的规定；

4 定期维护后应有完整的维修记录及验收资料；

5 水泵及传动机构的解体维护周期应符合表4.2.6-2的规定。

表 4.2.6-2 水泵及传动机构解体维护周期

水泵类型	轴流泵	离心泵及混流泵	潜水泵	螺旋泵	不经常运行的水泵
周期	3000h	5000h	3000～15000h	8000h	3～5年

4.2.7 离心式、混流式蜗壳泵的定期维护应符合下列规定：

1 轴封机构维护内容应符合表4.2.7-1的要求；

表 4.2.7-1 轴封机构维护内容

轴封形式	维修内容
填料密封	更换或整修填料密封轴套、轴衬、填料压盖及螺栓
机械密封	更换动、静密封圈、弹簧圈及轴套
橡胶骨架密封	更换磨损的橡胶骨架密封圈、轴套、轴衬、填料压盖

2 叶轮与密封环的径向间隙均匀，最大间隙不应大于最小间隙的1.5倍，径向间隙应符合本规程表4.2.5的规定值；

3 叶轮轮壳和盖板应无破裂、残缺和穿孔；

4 叶片和流道被汽蚀的麻窝深度大于2mm的应修补；叶轮壁厚小于原厚度2/3的应更换；

5 滚动轴承游隙应符合表4.2.7-2的规定。

表 4.2.7-2 滚动轴承游隙（mm）

轴承内径	径向极限值
20～30	0.1
35～50	0.2
55～80	0.2
85～150	0.3

4.2.8 轴流泵、导叶式混流泵定期维护应符合下列规定：

1 轴封机构和轴套磨损的应修理或更换；

2 橡胶轴承及泵轴轴套磨损超过规定值的应更换；

3 叶片的汽蚀麻窝深度大于2mm的应修理或更换；

4 导叶体和喇叭管汽蚀麻窝深度大于5mm的应修理或更换；

5 电机轴、传动轴、泵轴的同轴度允许偏差应符合本规程表4.2.6-1的规定。

4.2.9 开式螺旋泵定期维护应符合下列规定：

1 滚动轴承游隙应符合本规程表4.2.7-2的规定；

2 联轴器轴向间隙和同轴度应符合本规程表4.2.1-1和表4.2.6-1的规定；

3 泵轴挠度大于2/1000和叶片磨损超过规定值的应整修；

4 齿轮箱应解体检修。

4.2.10 潜水泵定期维护应符合下列规定：

1 每年或累计运行4000h后，应检测电机线圈的绝缘电阻；

2 每年至少一次吊起潜水泵，检查潜水电机引入电缆和密封圈；

3 每年或累计运行4000h后，应检查温度传感器、湿度传感器和泄漏传感器；

4 机械密封和油腔内的油质检查每3年一次；

5 电机轴承润滑脂更换每3年一次；

6 间隙过大或损坏的叶轮、耐磨环应及时修理或更换；

7 轴承或电机绕组温度超过规定值时，应解体维修。

4.3 电气设备

4.3.1 电气设备巡视、检查、清扫应符合下列规定：

1 运行中的电气设备应每班巡视，并填写巡视记录，特殊情况应增加巡视次数；

2 电气设备每半年应检查、清扫一次，环境恶劣时应增加清扫次数；

3 电气设备跳闸后，在未查明原因前，不得重新合闸运行。

4.3.2 电气设备试验应符合下列规定：

1 高、低压电气设备的维修和定期预防性试验应符合国家现行标准《电气设备预防性试验规程》DL/T 596的规定；

2 电气设备更新改造后，投入运行前应做交接试验。交接试验应符合现行国家标准《电气装置安装工程电气设备交接试验标准》GB 50150的规定。

4.3.3 电力电缆定期检查与维护应符合下列规定：

1 电缆绝缘必须满足运行要求，电力电缆直流耐压试验至少5年一次；

2 电缆终端连接点应保持清洁，相色清晰，无渗漏油，无发热，接地完好；

3 室内电缆沟内无渗水、积水；

4 在埋地电缆保护范围内，不得有打桩、挖掘、植树以及其他可能伤及电缆的行为。

4.3.4 在每年雷雨季前，变（配）电房的防雷和接地装置必须做预防性试验。

4.3.5 防雷和接地装置的检查与维护应符合下列规定：

1 接地装置连接点不得有损伤、折断和腐蚀状况；大接地系统的电阻值不应超过0.5Ω，小接地系统的电阻值不应超过10Ω；

2 埋设在酸、碱、盐腐蚀性土壤中的接地体，每5年应检查地面以下500mm深度内的腐蚀程度；

3 电气设备应与接地线连接，接地线与接地干线或接地网连接应完好；

4 避雷器瓷件表面应无破损与裂纹，引线桩头应无松动，安装牢固；

5 避雷器与配电装置应同时巡视检查，雷电后应增加巡视检查。

4.3.6 电力变压器巡视检查应符合下列规定：

1 日常巡视每天不得少于一次，夜间巡视每周不得少于一次；

2 有下列情况之一时，应增加巡视检查次数：

1）首次投运或检修、改造后运行72h内；

2）遇雷雨、大风、大雾、大雪、冰雹或寒潮等气象突变时；

3）高温季节及用电高峰期间；

4）变压器过载运行时。

3 变压器日常巡视检查应符合下列要求：

1）油温正常，无渗油、漏油，油位应保持在上下限范围内；

2）套管油位正常，套管外部无破损裂纹、无严重油污、无放电痕迹及其他异常现象；

3）变压器声响正常；

4）散热器各部位手感温度相近，散热附件工作正常；

5）吸湿器完好，吸附剂干燥；

6）引线接头、电缆、母线无发热迹象；

7）压力释放器、安全气道及防爆膜完好无损；

8）分接开关的分接位置及电源指示正常；

9）气体继电器内无气体；

10）控制箱和二次端子箱密闭，防潮有效；

11）变压器室不漏水，门窗及照明完好，通风良好，温度正常；

12）变压器外壳及各部件保持清洁。

4.3.7 电力变压器的定期检查与维护应符合下列规定：

1 定期检查应每年一次，除日常检查的内容外还应增加下列内容：

1）标志齐全明显；

2）保护装置齐全、良好；

3）温度计在检定周期内，温度信号正确可靠；

4）消防设施齐全完好；

5）室内变压器通风设备完好；

6）贮油池和排油设施保持良好状态。

2 正式投入运行后5年应大修一次，以后每10年应大修一次。

4.3.8 干式电力变压器的检查与维护应符合下列规定：

1 声响、湿度正常，温控及风冷装置完好，绕组表面无凝露水滴；

2 定期清扫，保持变压器清洁；

3 环氧浇注式变压器表面无裂痕及爬弧放电现象；

4 运行温度超过表4.3.8允许的温升值时，应停电检查。

表4.3.8 干式变压器各部位的允许温升值

变压器部位	绝缘等级	允许温升值（℃）	测量方法
绕组	E	75	电阻法
	B	80	
	F	100	
	H	125	
	C	150	
铁芯和结构零件表面	最大不得超过接触绝缘材料的允许温升		温度计法

4.3.9 电力变压器出现下列情况之一时必须退出运行，立即检修：

1 安全气道防爆膜破坏或储油柜冒油；

2 重瓦斯继电器动作；

3 瓷套管有严重放电和损伤；

4 变压器内噪声增高且不匀，有爆裂声；

5 在正常冷却条件下，变压器温升不正常；

6 严重漏油，储油柜无油；

7 变压器油严重变色；

8 出现绕组和铁芯引起的故障；

9 预防性试验不合格。

4.3.10 高压隔离开关的检查与维护应符合下列规定：

1 高压隔离开关每年至少检查一次；

2 瓷件表面无积灰、掉釉、破损、裂纹和闪络痕迹，绝缘子的铁、瓷结合部位牢固；

3 刀片、触头、触指表面清洁，无机械损伤、扭曲、变形，无氧化膜及过热痕迹；

4 触头或刀片上的附件齐全，无损坏；

5 连接隔离开关的母线、断路器的引线牢固，无过热现象；

6 软连接无折损、断股现象；

7 清扫操作机构和传动部件，并注入适量润滑油；

8 传动部分与带电部分的距离应符合规定，定位器和自动装置牢固、动作正确；

9 隔离开关的底座良好，接地可靠；

10 有机材料支持绝缘子的绝缘电阻应符合要求；

11 操作机构动作灵活，三相同期接触良好。

4.3.11 高压负荷开关的检查与维护应符合下列规定：

1 定期维护每年不得少于一次；

2 绝缘子无裂纹和损坏，绝缘良好；

3 各传动部分润滑良好，连接螺栓无松动；

4 操作机构无卡阻、呆滞现象；

5 合闸时三相触点同期接触，其中心应无偏心；

6 分闸时，隔离开关张开角度不应小于58°，断开时应有明显断开点；

7 各部分无过热及放电痕迹；

8 灭弧装置无烧伤及异常现象。

4.3.12 高压油断路器的检查与维护应符合下列规定：

1 定期维护每年不得少于一次；

2 应对高压油断路器油样进行检测；

3 机械传动机构应保持润滑，操作机构无卡阻、呆滞现象；

4 发现渗油或漏油应及时检修；

5 切断过两次短路电流后应解体大修。

4.3.13 高压真空断路器与接触器的检查与维护应符合下列规定：

1 绝缘部件无积灰、无损裂；

2 机械传动机构部分保持润滑；

3 结构连接件紧固；

4 定期检查超行程；

5 手动分闸铁芯分闸可靠，操作机构自由脱扣装置动作可靠；

6 工频耐压试验每年一次；

7 更换灭弧室时应按规定尺寸调整触头行程；

8 应测定三相触头直流接触电阻。

4.3.14 高压六氟化硫断路器与接触器的检查与维护应符合下列规定：

1 绝缘部件无尘垢；

2 机械传动机构部分保持润滑；

3 结构连接件紧固；

4 定期检查超行程；

5 六氟化硫气体（SF_6）的压力表或气体继电器正常；

6 现场通风良好，通风装置运行可靠；

7 六氟化硫断路器机械机构检修应结合预防性试验进行，操作机构小修宜1～2年一次，操作机构大修宜5年一次，本体大修应10年一次。

4.3.15 高压变频装置的检查与维护应符合下列规定：

1 定期维护检查应每半年一次，空气过滤网清洁每两个月不得少于一次；

2 保持设备无尘，散热良好；

3 冷却风机的电机、皮带和风叶完好；

4 功率单元柜的空气过滤网应取下后进行清洁，如有破损必须更换；

5 外露和生锈的部位及时用修整漆修补；

6 冷却系统运行可靠；

7 功率单元柜和隔离变压器柜的电气连接件紧固。

4.3.16 低压变频装置的检查与维护应符合下列规定：

1 温度、振动和声响正常；

2 保持设备无尘，散热良好；

3 冷却风扇完好，散热良好；

4 接线端子接触良好，无过热现象；

5 变频器保护功能有效。

4.3.17 低压开关的检查与维护应符合下列规定：

1 定期维护每年不得少于一次；

2 电动机开关柜每月检查和清扫一次；

3 开关的绝缘电阻和接触电阻每年检测一次。

4.3.18 低压隔离开关的检查与维护应符合下列规定：

1 操作机构动作灵活无卡阻，刀闸的各相刀夹和刀片的传动机构在分合闸时应动作一致；

2 接线螺栓紧固，动静触头接触良好，无过热变色现象。

4.3.19 低压空气断路器检查应符合表4.3.19的规定。

表4.3.19 低压空气断路器检查要求

检查项目	要 求
主副触头接触点紧密程度	修正烧毛接触头，严重的应更换，表面应光滑，接触紧密，0.05mm塞尺不能通过
灭弧室	瓷制灭弧室应无裂纹，去除栅片上电弧飞溅的铜屑，更换严重熔烧的栅片

续表 4.3.19

检查项目	要　求
进出线端子螺丝	旋紧螺丝发现接头处有过热现象应加以修正
机械传动部分	清除油垢，加润滑油
三相合闸同时性	不同时应加以调整
电磁线圈和伺服电机	分合正常
接地装置	接地良好
线路系统保护装置	动作可靠

4.3.20 低压交流接触器的检查与维护应符合下列规定：

1 灭弧罩、铁芯、短路环及线圈完好无损，及时清除电弧所飞溅上的金属微粒；

2 接触器无异常声音，分合时无机械卡阻；

3 调整触头开距、超程、触头压力和三相同期性；

4 辅助触头接触良好；

5 铁芯接触面平整无锈蚀。

4.3.21 电流互感器的检查和维护应符合下列规定：

1 电流互感器保持清洁；

2 接地牢固可靠；

3 油浸式电流互感器无渗油；

4 无放电现象，无异味异声；

5 预防性试验每年一次；

6 电流互感器二次侧严禁开路；

7 呼吸器内部的吸潮剂不应潮解。

4.3.22 电压互感器的检查和维护应符合下列规定：

1 瓷套管清洁、完整，无损坏、裂纹和放电痕迹；

2 油浸式电压互感器的油位正常，油色透明，无渗油；

3 各连接件无松动，接触可靠；

4 电压互感器无放电声和剧烈振动；

5 电压互感器的开口三角绕组上安装的消谐器无损坏；

6 电压互感器的保护接地良好；

7 高压侧导线接头无过热，低压回路的电缆和导线无损伤，低压侧熔断器及限流电阻应完好；

8 高压中性点的串联电阻良好，当无备品时应将中性点接地；

9 电压互感器一、二次侧熔断器完好；

10 呼吸器内部的吸潮剂不应潮解。

4.3.23 自耦减压启动装置的检查与维护应符合下列规定：

1 自耦变压器的声响正常，绝缘良好；

2 交流接触器的机构动作灵活，触头良好，电磁铁接触面清洁平整，短路环完好；

3 机械连锁机构灵活、正常，连锁可靠；

4 接线紧固牢靠；

5 继电器工作可靠，整定值正确；

6 连锁触点、主触点无氧化膜、烧毛、过热和损坏。

4.3.24 频敏变阻装置的检查与维护应符合下列规定：

1 接线紧固牢靠；

2 电磁铁响声正常；

3 线圈绝缘良好。

4.3.25 软启动装置的检查与维护应符合下列规定：

1 接线紧固牢靠；

2 工作温度正常，散热风扇良好；

3 旁路交流接触器工作可靠；

4 启动电流正常；

5 保持清洁无尘垢。

4.3.26 电力电容器补偿装置的检查与维护应符合下列规定：

1 外壳、瓷套管保持清洁无尘垢；

2 连接件紧固牢靠；

3 外壳无锈蚀、无渗漏，无变形、胀肚与漏液现象；

4 瓷套管无裂纹和闪络痕迹；

5 环境通风良好，温升正常；

6 电容器组三相间容量应保持平衡，误差不应超过一相总容量的5%。

4.3.27 无功功率就地补偿装置的检查与维护应符合下列规定：

1 熔断器接触良好；

2 保护装置动作可靠；

3 电力电容器的放电装置正常、可靠；

4 电抗器完好，工作可靠；

5 电流表、功率因数表工作正常。

4.3.28 无功功率自动补偿装置的检查与维护应符合下列规定：

1 装置的接线紧固可靠；

2 保持清洁无尘垢，通风散热良好；

3 自动补偿控制仪、交流接触器、电流表、功率因数表、电容器放电装置完好、工作可靠。

4.3.29 整流电源装置的检查与维护应符合下列规定：

1 工作电源和备用电源的自动切换装置完好；

2 仪表指示及继电器动作正常；

3 交直流回路的绝缘电阻不低于1MΩ/kV，在较潮湿的地方不低于0.5MΩ/kV；

4 元器件接触良好，无放电和过热等现象；

5 整流装置清洁无尘垢。

4.3.30 蓄电池电源装置的检查与维护应符合下列规定：

1　运行中的蓄电池应处于浮充电状态；

2　直流绝缘监视装置正负两极的对地电压保持为零；

3　蓄电池室清洁无尘垢，通风良好；

4　蓄电池应按实际负荷每年做一次放电，放电时保持电流稳定；

5　电池单体外观无变形和发热，电压及终端电压检测每月一次；

6　连接导线连接牢固，无腐蚀，导线检查每半年一次。

4.3.31　免维护蓄电池的检查与维护应符合下列规定：

1　蓄电池应按实际负荷每年做一次放电，放电时保持电流稳定，放出额定容量约30%（以0.1A放电3h），放电时每小时检测一次电压、电流、温度，放电后应均衡充电，然后转浮充；

2　电池外观无异常变形和发热，单体电压及终端电压检测每月一次；

3　连接导线连接牢固、无腐蚀，导线检查每半年一次；

4　不得单独增加或减少电池组中几个单体电池的负荷。

4.3.32　同步电动机励磁装置的检查与维护应符合下列规定：

1　运行前仪表显示正常，快速熔断器完好；

2　调试位“自检”、投励和灭磁操作正常；

3　冷却风机、调试位灭磁电阻、励磁电压、电流值正常；

4　保持清洁无尘垢；

5　外部动力线、调试位灭磁电阻、空气开关、快速熔断器、整流变压器、主桥输入和输出检查每年一次；

6　电缆接头紧固可靠；

7　转换开关、指示灯、仪表等外观无损坏，接线无松动；

8　控制单元和接插件板检查每年一次。

4.3.33　继电保护装置的检查和维护应符合下列规定：

1　日常巡视每天一次；

2　盘柜上各元件标志、名称齐全，表计、继电器及接线端子螺钉无松动；

3　继电器外壳完整无损，整定值指示位置正确。继电保护装置整定每年一次；

4　继电保护回路压板，转换开关运行位置与运行要求相符；

5　信号指示、光字牌、灯光音响讯号正常；

6　金属部件和弹簧无缺损变形；

7　继电器触点、端子排、表计、标志清洁无尘垢；

8　转换开关、各种按钮动作灵活，触点接触无压力和烧伤；

9　电压互感器、电流互感器二次引线端子完好；

10　继电保护整组跳闸良好；

11　微机综合继电保护装置显示正常，接插口良好；

12　盘柜上继电器、仪表校对合格后，应对各种继电保护装置回路进行绝缘电阻测量。测量绝缘电阻时，应使用500V或1000V兆欧表；当使用微机综合继电保护装置时，应使用500V以下兆欧表，所测量各回路绝缘电阻应符合规定。

4.3.34　水泵电动机启动前的检查应符合下列规定：

1　绕组的绝缘电阻符合安全运行要求；

2　开启式电动机内部无杂物；

3　绕线式电动机滑环与电刷接触良好，电刷的压力正常；

4　电动机引出线接头紧固；

5　轴承润滑油（脂）满足润滑要求；

6　接地装置必须可靠；

7　电动机除湿装置电源应断开；

8　润滑与冷却水系统应完好有效。

4.3.35　电动机运行中的检查应符合下列规定：

1　保持清洁，不得有水滴、油污进入；

2　电流和电压不超过额定值；

3　轴承温度正常、无漏油、无异声；

4　温升不超过允许值；

5　运行中不应有碰擦等杂声；

6　绕线式电动机的电刷与滑环的接触良好；

7　冷却系统正常，散热良好。

4.3.36　电动机的维护应符合下列规定：

1　累计运行6000～8000h后应维护一次；长期不运行的电动机每3～5年维护一次；

2　清除电动机内部灰尘，绕组绝缘良好；

3　铁芯硅钢片整齐无松动；

4　定子、转子绕组槽楔无松动，绕组引出线端焊接良好，相位正确、标号清晰；

5　鼠笼式电动机转子端接环无松动；

6　绕线式电动机转子线端的绑线牢固完整；

7　散热风扇紧固良好；

8　轴承游隙应符合本规程表4.2.7-2的规定；

9　外壳完好，铭牌清晰，接地良好；

10　电动机维护后应作转子静平衡、绝缘和耐压试验；

11　特殊电机启动前和运行中的检查要求应根据产品制造厂的使用要求进行；

12　恶劣环境下使用的电动机，维护周期可适当缩短。

4.4　进水与出水设施

4.4.1　闸（阀）门的日常养护应符合下列规定：

1 保持清洁，无锈蚀；

2 丝杆、齿轮等传动部件润滑良好，启闭灵活；

3 启闭过程中出现卡阻、突跳等现象应停止操作并进行检查；

4 不经常启闭的闸门每月启闭一次，阀门每周启闭一次；

5 暗杆阀门的填料密封有效，渗漏不得滴水成线；

6 手动阀门的全开、全闭、转向、启闭转数等标牌显示清晰完整；

7 手动、电动切换机构有效；

8 动力电缆及控制电缆的接线、接插件无松动，控制箱信号显示正确；

9 电动装置齿轮油箱无渗油和异声。

4.4.2 闸（阀）门的定期维护应符合下列规定：

1 齿轮箱润滑油脂加注或更换每年一次；

2 行程开关、过扭矩开关及连锁装置完好有效，检查和调整每半年一次；

3 电控箱内电器元件完好无腐蚀，检查每半年一次；

4 连接杆、螺母、导轨、门板的密闭性完好，闭合位移余量适当，检查每3年一次。

4.4.3 液压阀门的日常养护应符合下列规定：

1 阀杆、阀体清洁；

2 液压控制回路、锁定油缸、工作缸体无渗漏；

3 液压油缸连接螺栓紧固；

4 油箱油位应在规定的1/2～2/3油标范围内；

5 液压储能器压力应保持在额定值内，泵及电磁阀的运行工况正常。

4.4.4 液压阀门定期维护应符合下列规定：

1 阀体内的污物清除每半年不应少于一次；

2 主油泵过滤器滤油芯、控制油路和锁定油缸的油封每半年更换一次；

3 油缸内活塞行程调整每年一次；

4 压力继电器、时间继电器和储能器校验每年一次；

5 电气控制柜元器件整修每年一次；

6 液压站整修每年一次；

7 液压系统每三年整修一次。

4.4.5 真空破坏阀的日常养护应符合下列规定：

1 阀体、电磁吸铁装置清洁；

2 空气过滤器清洗每月一次，保持进、排气通道畅通；

3 阀杆每月检查一次，保持密封良好。

4.4.6 真空破坏阀的定期维护应符合下列规定：

1 电磁铁每年应清扫一次，更换密封；

2 阀体、阀杆每3年调整和修换一次；

3 阀体渗漏校验每3年一次。

4.4.7 拍门日常养护应符合下列规定：

1 转动销无严重磨损；

2 密封完好，无泄漏；

3 门框、门座螺栓连接牢固。

4.4.8 拍门的定期维护应符合下列规定：

1 转动销每年检查或更换一次；

2 阀板密封圈每3年调换一次；

3 钢制拍门每3年做一次防腐蚀处理；

4 浮箱拍门箱体无泄漏。

4.4.9 止回阀的日常养护应符合下列规定：

1 阀板运动无卡阻；

2 密封、阀体完好无渗漏；

3 连接螺栓与垫片完好紧固，阀腔连接螺栓与垫片完好紧固；

4 阀体应无渗漏，活塞式油缸不得渗油；

5 柔性止回阀透气管畅通；

6 缓闭式阀杆平衡锤位置合理；

7 阀体清洁。

4.4.10 止回阀定期维护的项目和周期应符合表4.4.10的规定。

表4.4.10 止回阀的定期维护周期

	维护项目	维护周期（年）
1	阀腔连接螺栓检查或更换	1
2	旋启式止回阀旋转臂杆及接头整修	1
3	升降式止回阀轴套垫片和密封圈检查或更换	1
4	缓闭式止回阀油缸内的机油检查更换	1
5	柔性止回阀支持吊索检查、调整	1

4.4.11 格栅的日常养护应符合下列规定：

1 格栅上的污物及时清除，操作平台保持清洁；

2 格栅片无松动、变形、脱落；

3 钢制格栅防腐处理每年一次。

4.4.12 格栅除污机的日常养护应符合下列规定：

1 格栅除污机和电控箱保持清洁；

2 轴承、齿轮、液压箱、钢丝绳、传动机构润滑良好；

3 齿耙、刮板运行正常；

4 机座、传动机构紧固件无松动；

5 驱动链轮、链条、移动式机组行走运行正常，定位机构可靠；

6 长期停用的除污机每周不应少于一次运转，运转时间不少于5min。

4.4.13 格栅除污机的定期维护应符合下列规定：

1 驱动链轮、链条、齿耙、钢丝绳、刮板等完好，整修每年不少于一次；

2 轴承、油缸、油箱和密封件完好，整修每年一次；

3 控制箱、各元器件完好，维护每年一次；

4 齿轮箱每3年解体维护一次。

4.4.14 栅渣皮带输送机的日常养护应符合下列规定：

1 主动、从动转鼓轴承润滑良好；

2 输送带无跑偏、打滑；

3 停运后，及时清洁输送带及挡板。

4.4.15 栅渣皮带输送机定期维护的项目和周期应符合表4.4.15的规定。

表4.4.15 栅渣皮带输送机定期维护的项目和周期

	维护项目	维护周期（年）
1	输送带接口修整	0.5
2	输送带滚轮和轴承整修	3
3	皮带输送机的钢支架防腐蚀处理	3
4	驱动电机、齿轮箱解体维护	3

4.4.16 螺旋输送机的日常养护应符合下列规定：

1 驱动电机、齿轮箱、输送机构运转平稳、温度正常、无异声和缺油；

2 螺旋槽内无卡阻；

3 齿轮箱、螺旋叶片支承轴承润滑良好。

4.4.17 螺旋输送机定期维护的项目和周期应符合表4.4.17的规定。

表4.4.17 栅渣螺旋输送机定期维护的项目和周期

	维护项目	维护周期（年）
1	螺旋叶片和摩擦圈整修	1
2	钢制螺旋槽防腐蚀处理	1
3	螺旋叶片工作间隙和转轴挠度调整	1

4.4.18 螺旋压榨机的日常养护应符合下列规定：

1 驱动电机、齿轮箱、螺旋输送机构运转平稳，温度正常，润滑良好，无异声；

2 螺旋槽内无卡阻异物；

3 间断出渣时，渣筒无干摩擦和卡阻。

4.4.19 螺旋压榨机的定期维护应符合下列规定：

1 定期维护的项目和周期应符合表4.4.19的规定；

表4.4.19 螺旋压榨机定期维护的周期

	维护项目	维护周期（年）
1	螺旋叶片整修	1
2	钢制螺旋槽防腐蚀处理	1
3	螺旋叶片工作间隙和转轴挠度调整	1
4	压榨筒内的摩擦导向条整修	1

2 解体维护后，应调整过力矩保护装置。

4.4.20 沉砂池的维护应符合下列规定：

1 沉砂池积砂高度不应高于进水管管底；

2 沉砂池池壁的混凝土保护层无剥落、裂缝、腐蚀。

4.4.21 集水池的维护应符合下列规定：

1 定期抽低水位，冲洗池壁，池面无大块浮渣；

2 定期校验水位标尺和液位计，保持标尺和液位计整洁；

3 池底沉积物不应影响流槽的进水；

4 池壁混凝土无严重剥落、裂缝、腐蚀；

5 钢制扶梯、栏杆防腐处理每2年不应少于一次。

4.4.22 出水井的维护应符合下列规定：

1 池壁混凝土无剥落、裂缝、腐蚀，高位出水井不得渗漏；

2 密封橡胶衬垫、钢板、螺栓无严重老化和腐蚀，压力井不得渗漏；

3 压力透气孔不得堵塞。

4.5 仪表与自控

4.5.1 仪表的检查应符合下列规定：

1 仪表安装牢固，接线可靠，现场保护箱完好；

2 检测仪表的传感器表面清洁；

3 仪表显示正常，显示值异常时应及时分析原因并做好记录；

4 供电和过电压保护设备良好；

5 密封件防护等级应符合环境要求。

4.5.2 执行机构和控制机构的电动、液动、气动装置保持工况正常；其定期维护的周期应符合表4.5.2的规定。

表4.5.2 执行机构和控制机构定期维护的周期

	维护项目	维护周期（年）
1	电动、液动、气动等执行机构的性能检查	1
2	控制机构的性能检查	1
3	执行、控制机构信号、连锁、保护及报警装置可靠性检查	1

4.5.3 自动控制及监视系统，应按用户手册的要求进行巡视检查及日常维护。

4.5.4 检测仪表的定期清洗应符合下列规定：

1 传感器清洗每月不少于一次，零点和量程应在仪表规定的范围内；

2 传感器的自动清洗装置检查每月不少于一次。

4.5.5 检测仪表的定期校验应符合下列规定：

1 在线热工类检测仪表每半年应进行一次零点

和量程调整；

2 流量计的标定应由有资质的计量机构进行，每1～3年标定一次；

3 在线水质分析仪表零点和量程调整每年一次；

4 H_2S等有毒、有害气体报警装置应保持有效，定期委托有资质的计量机构进行检定；

5 雨量仪维护和校验每年一次；

6 水泵机组检测仪表应按使用维护说明定期校验。

4.5.6 自动控制系统的定期维护应符合下列规定：

1 自动控制及监视系统（计算机、模拟盘、触摸屏、显示屏、打印机、操作台等）的维护应按用户手册的要求进行；

2 自动控制系统的定期维护项目和周期应符合表4.5.6的规定。

表4.5.6 自动控制系统的定期维护项目和周期

	维护项目	维护周期（年）
1	可编程序控制（PLC）、远程终端（RTU）、通信设施及通信接口检查	1
2	就地（现场）控制系统各检测点的模拟量或数字量校验	1
3	自动控制系统的供电系统检查、维护	1
4	手动和自动（遥控）控制功能及控制级的优先权等检查	1
5	自动控制系统的接地（接零）和防雷设施检查和维护	1
6	自动控制系统的自诊断、声光报警、保护及自启动、通信等功能测试	1

4.5.7 监控（控制）室定期维护项目和周期应符合表4.5.7的规定。

表4.5.7 监控（控制）室定期维护项目和周期

	维护项目	维护周期（年）
1	主机房内防静电设施检查	1
2	控制系统接插件及设备连接可靠性检查	1
3	故障声光报警设定值校验，电力监控及报警处置值校验	1
4	控制室监控、PLC/RTU、监视（摄像）、通信系统的工况和性能校验	1

4.6 泵站辅助设施

4.6.1 起重设备维护应按国家现行有关起重机械监督检验标准执行。

4.6.2 电动葫芦的日常养护应符合下列规定：

1 电控箱及手操作控制器可靠；

2 钢丝绳索具完好；

3 升降限位、升降行走机构运动灵活、稳定，断电制动可靠。

4.6.3 电动葫芦的定期维护应符合下列规定：

1 外部无尘垢；

2 吊钩防滑装置完好；

3 有劳动安全检查部门颁发的合格使用证，维修后必须经劳动安全部门检查合格后方可使用；

4 电动葫芦的定期维护项目和周期应符合表4.6.3的规定。

表4.6.3 电动葫芦的定期维护项目和周期

	维护项目	维护周期（年）
1	钢丝绳、索具涂抹防锈油脂	0.5
2	齿轮箱检查，加注润滑油	1
3	接地线连接状态检查和接地电阻检测	1
4	轮箍与轨道侧面磨损状况检查，车挡紧固状态及纵向挠度整修	1
5	电动葫芦制动器、卷扬机构、电控箱、齿轮箱整修	2
6	齿轮箱清洗、换油	3～5

4.6.4 桥式起重机的日常养护应符合下列规定：

1 电控箱、手操作控制器完好，电源滑触线接触良好；

2 大车、小车、升降机构运行稳定，制动可靠；

3 接地线及系统连接可靠；

4 吊钩和滑轮组钢丝绳排列整齐；

5 滑轮组和钢丝绳油润充分；

6 齿轮箱、大车、小车、驱动机构润滑良好。

4.6.5 桥式起重机的定期维护应符合下列规定：

1 定期维护每3年一次；

2 检查维护的主要项目和要求：

1）桥架结构件螺栓紧固；

2）箱形梁架主要焊接件的焊缝无裂纹、脱焊；

3）大车、小车的主驱动、传动轴、联轴节和螺栓连接紧固；

4）卷扬机、钢丝绳无严重磨损和缺油老化；

5）齿轮箱、轴承和传动齿轮副无严重磨损；

6）车轮及轨道无严重磨损和啃道；

7）电器件完好有效。

3 应有劳动安全部门颁发的合格使用证，维修后必须经劳动安全部门检查合格后方可使用。

4.6.6 剩水泵的维护应符合下列规定：

1　离心剩水泵的维护应符合本规程第4.2.7条的规定；

2　潜水剩水泵的维护应符合本规程第4.2.10条的规定；

3　手摇往复泵的维护应符合下列规定：

1）活塞腔内清理污物每3月不应少于一次；

2）泵壳防腐处理每年一次；

3）解体维护每3年一次，同时更换活塞环。

4.6.7　通风机的日常养护应符合下列规定：

1　防止进风、出风倒向；

2　通风机的运行工况正常，无异声；

3　通风管密封完好，无异常。

4.6.8　通风机的定期维护应符合下列规定：

1　风机进风、出风口检查每年一次，清除风机内积尘，加注润滑油脂；

2　解体维护每3年一次。

4.6.9　除臭装置的日常养护应符合下列规定：

1　收集系统、控制系统、处理系统运行正常，巡视每天不少于一次；

2　除臭装置的气体收集系统完好无泄漏；

3　收集系统在负压下运行，保持稳定的集气效果；

4　停止运行时，应打开屏蔽棚通风。

4.6.10　除臭装置的定期维护应符合下列规定：

1　除臭装置及辅助设备运行工况检查每3月一次；

2　除臭装置检修每年一次；

3　除臭装置尾气排放的厂界标准值应符合现行国家标准《恶臭污染物排放标准》GB 14554的规定。

4.6.11　真空泵的日常养护应符合下列规定：

1　启动前泵壳内应充满水，转子转动灵活，无碰擦卡阻；

2　运行中检查真空度表、阀门进气管，泵体轴封不得泄漏；

3　轴承润滑良好；

4　机组的同心度、叶轮与泵盖间隙应符合产品说明书的规定，联轴器间隙应符合本规程表4.2.1-1的规定。

4.6.12　真空泵的定期维护应符合下列规定：

1　轴封密封件或填料调整更换每年一次；

2　泵体解体检查每3年一次。

4.6.13　防水锤装置的日常养护应符合下列规定：

1　下开式防水锤装置消除水锤后，应及时复位；

2　自动复位下开式防水锤装置消除水锤后，应确保连杆和重锤的复位；

3　气囊式防水锤装置应保持气囊中的充气压力。

4.6.14　防水锤装置的定期维护应符合下列规定：

1　定位销、压力表、阀芯、重锤连杆机构整修每年一次；

2　气囊的密封性检测每年一次，电动控制系统完好有效；

3　进水闸阀、空压机检修每3年一次。

4.6.15　叠梁插板闸门的检查维护应符合下列规定：

1　插板槽内无杂物；

2　叠梁插板和起吊架妥善保存；

3　钢制叠梁插板及起吊架防腐蚀处理每年一次；

4　插板的密封条完好。

4.6.16　柴油发电机组的日常维护应符合下列规定：

1　放置环境保持干燥和通风；

2　清洁无尘垢；

3　油路、电路和冷却系统完好；

4　备用期间每月运转一次，每次运转不少于10min；

5　每运行50～150h，清洗或更新空气和柴油滤清器；

6　轮胎气压正常；

7　风扇橡胶带的松紧适度，附件连接牢固。

4.6.17　柴油发电机组的定期维护应符合下列规定：

1　蓄电池维护每半年一次；

2　每半年或累计运行250h，保养一次；

3　维护每年一次，累计运行500h应更换润滑油；

4　恢复性修理每3年一次。

4.6.18　备用水泵机组的维护应符合下列规定：

1　放置环境保持干燥和通风；

2　水泵性能、电动机绝缘、内燃机工况保持良好。

4.7　消防器材及安全设施

4.7.1　消防设施、器材的检查与维护应符合下列规定：

1　消火栓、水枪及水龙带试压每年一次；

2　灭火器、砂桶等消防器材按消防要求配置，定点放置，定期检查更换；

3　做好露天消防设施的防冻措施。

4.7.2　电气安全用具的检查和维护应符合以下规定：

1　绝缘手套、绝缘靴电气试验每半年一次；

2　高压测电笔、绝缘毯、绝缘棒、接地棒电气试验每年一次；

3　电气安全用具定点放置。

4.7.3　防毒、防爆用具的使用与维护应符合以下规定：

1　防毒、防爆仪表必须保持完好，有毒有害气体检测仪表的使用与维护符合本规程第4.1.6条的规定；

2　防毒面具应定期检查，滤毒罐使用应符合产品规定。

4.7.4　安全色与安全标志应符合下列规定：

1 安全色的使用应符合现行国家标准《安全色》GB 2893 的规定；

2 安全标志的使用应符合现行国家标准《安全标志》GB 2894 的规定。

4.8 档案及技术资料管理

4.8.1 运行管理单位应建立、健全泵站设施的档案管理制度。

4.8.2 工程档案应包括工程建设前期、竣工验收、更新改造等资料。

4.8.3 运行管理单位应编制排水设施量、运行技术经济指标等统计年报。

4.8.4 设施的维修资料应准确、齐全，并及时归档。

4.8.5 突发事故或设施严重损坏情况的资料、处理结果应及时归档。

4.8.6 运行资料应准确、规范，及时汇编成册。

4.8.7 维护技术管理资料应包括下列内容：

1 泵站概况；

2 泵站服务图，包括汇水边界、路名、泵站位置，主要管道流向、管径、管底标高；

3 泵站平面图，包括围墙、泵房、进出水管道管径和事故排放口管径；

4 泵站剖面图，包括进出水管的管径、标高，集水井、泵房、开停泵水位；

5 泵站机电、仪表设备表；

6 泵站电气主接线图、自控系统图；

7 泵站日常运行资料。

本规程用词说明

1 为便于在执行本规程条文时区别对待，对要求严格程度不同的用词说明如下：

1）表示很严格，非这样做不可的：
正面词采用“必须”，反面词采用“严禁”；

2）表示严格，在正常情况下均应这样做的：
正面词采用“应”，反面词采用“不应”或“不得”；

3）表示允许稍有选择，在条件许可时首先应这样做的：
正面词采用“宜”，反面词采用“不宜”；
表示有选择，在一定条件下可以这样做的，采用“可”。

2 条文中指明应按其他有关标准执行的写法为：“应符合……的规定”或“应按……执行”。

中华人民共和国行业标准

城镇排水管渠与泵站维护技术规程

CJJ 68—2007

条 文 说 明

前　言

《城镇排水管渠与泵站维护技术规程》CJJ 68—2007 经建设部 2007 年 3 月 9 日以第 585 号公告批准发布。

本规程第一版的主编单位是上海市排水管理处，参加单位是上海市市政工程管理处、哈尔滨市排水管理处、武汉市市政局市政维修处、武汉市排水泵站管理处、天津市排水管理处、西安市市政工程管理处、北京市市政工程管理处、重庆市市政养护管理处、南宁市市政工程管理处。

为便于广大设计、施工、科研、学校等单位有关人员在使用本标准时能正确理解和执行条文规定，《城镇排水管渠与泵站维护技术规程》编制组按章、节、条顺序编制了本标准的条文说明，供使用者参考。在使用中如发现本条文说明有不妥之处，请将意见函寄上海市排水管理处（地址：上海市厦门路 180 号；邮政编码：200001）。

目　次

1 总 则

1.0.1 改革开放以来，我国城镇建设发展迅猛，排水管渠与泵站设施成倍增加，但是由于技术、经济、设备、人员等原因，各城镇对已建成排水设施的维护差异甚大，许多设施得不到及时维护，有些还处于带病运行或超负荷运行的状态。因此，迫切需要制定适用于全国的，具有可操作性的排水设施维护技术规程，以保证设施安全运行，充分发挥设施的服务功能，延长使用寿命。

1.0.2 本规程除适用于城镇排水管渠与泵站外，工矿企业、居住区内的排水管渠和泵站的维护也可参照执行。

1.0.3 与排水管渠、泵站维护相关的国家现行有关标准主要有《排水管道维护安全技术规程》CJJ 6、《污水综合排放标准》GB 8978、《城市污水处理厂运行、维护及其安全技术规程》CJJ 60、《污水排入城市下水道水质标准》CJ 3082、《医院污水排放标准》GBJ 48、《铸铁检查井盖》CJ/T 3012、《钢纤维混凝土井盖》JC 889、《再生树脂复合材料检查井盖》CJ/T 121 等。

我国地域辽阔，气象、地理环境差异很大，经济发展水平也不平衡，因此各地还应在本规程的基础上结合当地实际，制定相应的排水管渠与泵站维护地方标准。

2 术 语

2.1 管 渠

本规程采用的部分术语和习惯名称见表1。

表1 本规程采用的部分术语和习惯名称对照表

本规程采用的术语	习惯名称
主管	总管
支管	连管
接户管	户管、出门管
检查井	窨井、马葫芦（manhole）
雨水口	进水口、收水口、雨水井、进水井、茄利（gully）
雨水箅	铁箅子、雨水口盖
接户井	户井、进门井
沉泥槽	落底、集泥槽
爬梯	踏步

续表1

本规程采用的术语	习惯名称
溢流井	截流井
跌水井	跃水井、消能井
盖板沟	方沟
排放口	出口、排水口
绞车疏通	摇车疏通、拉管疏通
通沟牛	铁牛、刮泥器
转杆疏通	旋杆疏通、软轴疏通、弹簧疏通
推杆疏通	竹片疏通、钢条疏通
充气管塞	气囊、封堵袋、橡皮球塞
骑管井	骑马井
现场固化内衬	翻转法、袜筒法
拉管内衬	牵引内衬

2.1.1 排水体制分合流制和分流制两种。我国部分城市历史上曾经采用过所谓半分流制或称不完全分流制的做法，即污水管只接纳粪便水，而洗涤水和工业污水仍旧接入雨水管。这是一种在污水系统无法满足全部污水量情况下的不正规做法，不符合保护水环境的要求。

2.1.2 合流制的最大缺点是初期雨水污染水体；解决的方法是加大雨水截流倍数或建造雨水调蓄池；后者由于不增加污水处理厂和截流管的负荷而在国外得到广泛应用；其做法是将初期雨水储存起来，以推迟溢流时间并减少了溢流水量，然后再将调蓄池内的污水泵送至污水处理厂处理。

2.1.3 在分流制排水系统中，雨污水混接是造成水污染的主要原因；其次是初期雨水对水体的污染。国内外大量研究证明，受地面污染的初期雨水同样是很脏的。近年来国外已开始进行初期雨水处理的研究和工程实践，包括就地建造简易处理设施和送污水处理厂处理。

2.1.4 排水户包括住宅、工厂、企业、商店、机关、学校等向公共排水管网排水的单位和个体，引入排水户一词可以避免对各类排水用户逐一列举，使文字表达更加简练。

2.1.5 主管俗称为总管，采用“主管”一词与英语 main sewer 比较吻合。

在排水系统中，处于不同位置和作用的排水管有各种名称，过去的叫法很不一致。国外在排水技术标准中对这类名称都有标准定义，美国将污水管由小到大依次将排水管分为支管、主管、截流管和干管四类，见表2。

表 2　美国对排水管道类型的划分

英　　文	中　文	解　　释
lateral	支管	沿道路侧向埋设的排水管
main sewer	主管	沿道路纵向埋设，接纳支管的排水管
intercepting sewer	截留管	在合流制排水系统中，将污水截流至污水干管的排水管
trunk sewer	干管	将若干污水收集系统的污水集中输送至污水处理厂的跨流域排水管

2.1.7　连管在旧版规程中包括雨水口连管和接户管。本版将连管限定为接纳雨水口的连接管。

2.1.10　雨水口按水箅设置的形式可分为平向雨水口和竖向雨水口两种；按底部形式又可分为有沉泥槽和无沉泥槽两种，不同形式雨水口的优缺点见表 3。

表 3　不同形式雨水口的优缺点比较

雨水口形式		优点	缺点	应用情况
按水箅分	平向	进水较快	垃圾易进入雨水口	各城市大部分采用
	竖向	垃圾不易进入雨水口	进水较慢	部分城市小部分采用
按有无沉泥槽分	有沉泥槽	垃圾不易进入管道，清掏周期长	污泥含水量高	上海、哈尔滨等城市大部分采用
	无沉泥槽	污泥含水量低	垃圾易进入管道，清掏周期短	北京、重庆等城市大部分采用

2.1.15　爬梯又称踏步，在井壁上设置脚窝也是爬梯的一种。早期的爬梯大都采用铸铁材料，锈蚀后容易造成事故，建议采用塑钢等具有防腐性能的踏步。

2.1.20　一些城市的旧城区曾经有过许多盖板沟，如北京的旧胡同内有明清时代留下的砖砌方沟，重庆等地有许多石砌的盖板沟。在方沟上连续加盖雨水箅用于收集地面雨水的排水沟也是盖板沟的一种。

2.1.22　绞车疏通是目前我国许多城市的主要疏通方法。绞车疏通设备主要由三部分组成：①人力或机动牵引机（绞车）。②通沟牛，通常为钢板制成的圆筒，中间隔断，还有用铁板夹橡胶板制成的圆板橡皮牛、钢丝刷牛、链条牛等。通沟牛在两端钢索的牵引下，在管道内来回拖动从而将污泥推至检查井内，然后进行清掏。③滑轮组，其作用是防止钢索与井口、管口直接摩擦，同时也起到减轻阻力，避免钢索磨损的作用。

2.1.24　竹片疏通和钢条疏通合称为推杆疏通，这也便于和下一条术语转杆疏通相互对应。同样用疏通杆来打通管道堵塞，采用直推前进的称为推杆，采用旋转前进的称为转杆。推杆的另一个作用是在绞车疏通前将钢索从一个检查井引到下一个检查井，简称“引钢索”。

2.1.25　转杆疏通又称软轴疏通或弹簧疏通。小型转杆的动力来自人力，较大的转杆疏通机则由电动机或内燃机驱动。转杆在室内排水管和小管道疏通中应用较多。

2.1.29　染色检查在国外经常使用，高锰酸钾是常用的染色剂。

2.1.30　烟雾检查适用于非满流的管道，检查时需要鼓风机和烟雾发生剂。

2.1.31　电视检查具有图像清晰、操作安全、资料便于计算机管理等优点，是目前国外普遍采用的管道检查方法，其主要设备包括摄像头、照明灯、爬行器、电缆、显示器和控制系统等，有的还具有自动绘制管道纵断面的功能。

2.1.32　声纳检查适用于水下检测，能显示管道的形状、积泥状况和管内异物，但很难看清裂缝、腐蚀等管道缺陷。

2.1.33　用时钟表示法描述缺陷出现在管道圆周方向的位置，规定只用 4 个并列数字，其中前二位代表开始的钟点位置，后二位为结束的钟点位置，如：

0507 表示管道底部 5 点至 7 点之间

0903 表示管道上半圆

0309 表示管道下半圆

1212 表示管道正上方 12 点

2.1.34　水力坡降试验，又称降水试验或抽水试验，是检验管道排水效果的有效方法。

2.1.36　充气管塞，又称气囊或封堵袋。按功能划分，管塞可分为封堵型和检测型两种，检测型管塞兼有封堵和通过向管内泵气或泵水来检测管道渗漏的功能。

2.1.37　止水板与其他封堵方法不同，其封堵板大于管道直径，只能安装在管端外口，因此只适用于没有沉泥槽的检查井或有条件安装封堵板的场合。

2.1.38　骑管井，主要用于施工断水有困难的管道。

2.1.39　现场固化内衬于 1971 年由英国人 Eric Wood 发明，又称翻转法或袜筒法。该工法还适用于矩形、蛋型等特殊断面以及错口、变形的管道；适用于重力流也适用于压力流。现场固化内衬在燃气、给水、排水管道修复中都有广泛应用，按加热方法不同又可分为热水加热、喷淋加热、蒸汽加热和紫外线加热等。现场固化内衬的断面损失小，其壁厚可根据埋深、压力和使用年限来确定。

2.1.40　螺旋内衬由澳大利亚 Rib-loc 公司发明，又称 Rib-loc 工法，螺旋管最早曾作为一种无接口的塑料管材直接用于开槽埋管。螺旋内衬又可分为紧贴旧管壁和不紧贴旧管壁两种，前者称为膨胀螺旋管，安装在井内的制管机先将带状塑料板材绕制成比旧管道略小的螺旋管，推送到头后继续旋转使其膨胀，直到和旧管壁贴紧；后者则需要向管壁之间的缝隙中注入水泥浆使新旧管道结合成整体。螺旋内衬的优点是可以带水作业且适用于300～3000mm的各种管径。

2.1.41 短管内衬在国内外都有应用，小型短管从检查井送入井内，在井内完成接口连接，然后整段管道以列车状向前推进，最后从管段一端向塑料管与母管之间的缝隙间灌入水泥浆。大中型短管需要拆除检查井的收口，每次只向管内推进一节管道，在管内完成接口安装，大中型管可采用在内衬管顶部钻孔注浆的方法，使注浆更密实。短管内衬适用于各种管径，设备简单，造价低，其缺点是在采用常规管径系列作内衬时断面损失较大，其次是灌浆时内衬管上浮会造成管底坡降起伏。

2.1.42 凡是将整条塑料管由工作坑或检查井牵引至旧管道内完成内衬安装的都可称为拉管内衬，大部分拉管内衬只适用于小型管并需要开挖工作坑，拉管内衬在燃气、石油、给水等管道中应用相对较多。常用的拉管内衬方法包括滑衬法、折叠内衬、挤压内衬等。裂管法是一种特殊的拉管置换技术，就位的塑料管已经不再是内衬，而是完全取代旧管道的一条新的塑料管。几种常用的拉管修复技术见表4。

表4 几种常用的拉管修复技术

种类	技术简介	优点	缺点
滑衬法(slip lining)	内衬塑料管比旧管小，拉入后也可在新旧管间的间隙内灌浆	设备简单	断面损失较大
折叠内衬(U-lining)	将塑料管压成U型后拉入旧管，然后充入高压蒸汽使之恢复圆形	断面损失小	适用管径小
挤压内衬	先将塑料管挤压缩小，进入旧管后利用材料的记忆特性恢复至原管径	断面损失小	设备复杂，适用管径小

续表4

种类	技术简介	优点	缺点
PE灌浆内衬（商业名trolining）	用U型内衬的方法将外侧带钉状物的PE软管由井口拉入旧管后充气，最后在钉状物之间的空隙内注入水泥浆将内衬固定	不需工作坑，设备简单	抵抗外水压能力较差
裂管法(cracking)	比旧管略大的锥形钢质裂管头拉入旧管时将旧管胀裂，拉入更大的新管	可增加断面	设备复杂，影响周围管线

2.1.43 自立内衬管一词源自日文“自立管”，在欧美称为全结构管（full structure）。内衬管能否独立承受各种压力需经计算。

3 排水管渠

3.1 一般规定

3.1.1 定期检查的目的是及时发现问题，及时进行维护；保持管道水力功能的目的是保证管道畅通；保持良好结构状态的目的是延长管道使用寿命。

3.1.2 对排水户检测的主要项目各地可根据实际情况确定，检测周期不宜大于6个月。

排水户的管理档案应包括：主要产品、主要污染物、生产工艺、水质水量、废水处理工艺、排放口管径、排放口位置及平面图等。

对达不到排放标准的排水户，排水管理部门应要求其采取处理措施；对有泥浆排入排水管道的建筑工地，排水管理部门应要求其设置沉淀池等临时处理设施。

3.1.3 其他安全规定包括道路交通安全法中要求在道路上进行维修作业需要得到批准的规定和各地方制定的安全规定。

管道有害气体是造成管渠、泵站维护作业人员伤亡事故的最主要原因，井下常见有害气体允许浓度和爆炸范围见表5。

表5 井下常见有害气体允许浓度和爆炸范围

气体名称	相对密度（取空气为1）	短期接触限值 mg/m³	短期接触限值 ppm	经常接触最高允许值 mg/m³	经常接触最高允许值 ppm	爆炸范围 %（容积）	说明
硫化氢	1.19	21	15	10	6.6	4.3～45.5	
一氧化碳	0.97	440	400	30	24	12.5～74.2	操作时间1h以上
				50	40		操作时间1h以内
				100	80		操作时间30min以内
				200	160		操作时间15～20min

续表 5

气体名称	相对密度（取空气为 1）	短期接触限值		经常接触最高允许值		爆炸范围 %（容积）	说明
		mg/m³	ppm	mg/m³	ppm		
氰化氢	0.94	11	10	0.3	0.25	5.6～12.8	
汽油	3～4	1500		350		1.4～7.6	不同品种汽油的分子量不同，因此不再折算 ppm
氯	2.49	9	3	1	0.32	不燃	
甲烷	0.55	—	—	—	—	5～15	
苯	2.71	75	25	40	12	1.30～2.65	

3.1.4 机械化维护作业是提高管渠养护作业效率，降低劳动强度，减少安全事故的有效手段，也是排水管渠养护事业的发展方向，各地排水管理部门应加大这方面的经费投入。

3.1.6 在分流制排水地区严禁雨污水混接是一条强制性规定，必须严格执行。治理雨污水混接需要通过管理措施进行预防，通过工程措施来加以治理。

3.1.7 污水管道的设计充满度见表 6。

表 6 污水管道的设计充满度

管径或渠高（mm）	最大设计充满度
200～300	0.55
350～450	0.65
300～900	0.70
≥1000	0.75

3.1.8 旧版规程中没有统一的大、中、小排水管道划分标准。制定统一的管径分类标准有利于编制养护标准和定额以及技术交流。各国的排水管道分类标准也不尽相同，表 7 为日本的分类标准。

表 7 日本的管径分类标准

分 类	直径（mm）
小型管	200～600
中型管	700～1500
大型管	1650～3000

3.2 管 道 养 护

3.2.2 定期进行养护质量检查是制定维护计划的依据，又是考核养护单位工作的需要，各地都有自己的一套办法和经验。

3.2.3 排水管道的允许最大积泥深度标准以前在各地曾有一些差异，如上海规定的允许积泥深度就比较复杂：大中型是管径的 1/5，小型管是 1/4，蛋形管是 1/3。

管道淤积与季节、地面环境、管道流速等诸多因素有关，只有掌握管道积泥规律，才能选择合适的养护周期，达到用较少的费用取得最佳养护效果的目的。在一般情况下：

——雨季的养护周期比旱季短；

——旧城区的养护周期比新建住宅区短；

——低级道路的养护周期比高级道路短；

——小型管的养护周期比大型管短。

3.2.5 检查井盖和雨水箅

1 防止井盖跳动的措施首先是提高井盖加工精度，其中也包括对铸铁井盖与井座的接触面进行车削加工，以及在井盖和井框的接触面安装防震橡胶圈。

表 3.2.5-2 中的盖框间隙采用了国家现行标准《铸铁井盖》CJ/T 3012 中的规定（8mm）。井框与路面的高低差采用了《市政道路养护技术规范》CJJ 36 的规定（+15mm，−15mm）。

规定雨水口盖只允许低于井框 10mm，雨水口框只允许低于路面 15mm 有利于加快路面排水。

2 井盖表面除了必须标识管道种类外还可以进行编号管理，如在日本的有些井盖上就留有编号孔，通过在编号孔内嵌入数字块的方法来实现灵活编号。

3 加装防盗链或防盗铰是防止铸铁井盖被盗的常用方法；前者安装方便，但防盗效果不好，后者需要将井盖、井框一并调换，成本高但防盗效果好。

采用混凝土、树脂等非金属井盖是井盖防盗的又一常用方法；为了防止井盖边角破碎，可以在井盖周边加一道铁箍；为了增加混凝土抗拉强度，可以在混凝土中掺入钢纤维。

3.2.7 雨水口的维护

1 在合流制地区，雨水口异臭是影响城镇环境的一个突出问题。国外的解决方法是在雨水口内安装防臭挡板或水封。日本的防臭挡板类似在三角形漏斗的出口处装了一扇薄的拍门，平时拍门靠重力自动关闭，下雨时利用水压力自动打开。安装水封也有两种做法，一是采用带水封的预制雨水口，这种方法在旧上海英租界曾广泛采用，叫做“隔箱茄利”；二是给普通雨水口加装塑料水封，水封的缺点是在少雨的季节里会因缺水而失效。

2 规定雨水箅更换后的过水断面不得小于原设计标准，是为了避免采用非金属材料防盗雨水箅后，过水断面减少，影响排水效果。

3.2.8 检查井和雨水口的清掏作业

1 高压射水和真空吸泥是国外管道养护的主要方法，近年来在国内的应用也在不断增多。射水车利用高达15MPa左右的高压水束将管道污泥冲至井内，然后再用吸泥车等方法取出。吸泥车按工作原理可分为真空式、风机式和混合式三种：

——真空式吸泥车，采用气体静压原理，工作过程是由真空泵抽去储泥罐内的空气，产生负压，利用大气压力把井下的泥水吸进储泥罐。真空式吸泥适用于管道满水的场合，抽吸深度受大气压限制。

——风机式吸泥车，采用空气动力学的原理，利用管内气流的动力把井下污泥带进储泥罐，适用于管道少水的场合，抽吸深度不受真空度限制。

——混合式吸泥车，采用大功率真空泵，兼有储气罐产生高负压和吸管产生较强气流的功能，适用于管道满水和少水的场合，抽吸深度不受真空度限制。

欧美国家大多采用集吸泥和射水功能为一体的联合吸泥车，联合吸泥车体积庞大影响交通。日本和台湾则大多采用两辆体积较小的车，一台吸泥一台射水，对交通的影响较小。

近年来广州、上海等城市在采用吸泥车的同时还开始使用抓泥车并取得很好的效果。国产抓泥车装有液压抓斗，价格低，车型比吸泥车小，对道路交通的影响小，污泥含水量也比吸泥车低许多。

2 在雨水口清掏方法上，德国普遍采用的一种做法是安装雨水口网篮；这种网篮用镀锌铁板制成，四周开有渗水孔。雨水口网篮构造简单，操作方便，只需提出网篮将垃圾倒入污泥车中即可。

3.2.9 在各种疏通方法中，水力疏通是一种最好的方法，具有设备简单、效率高、疏通质量好、成本低、能耗省、适用范围广的优点，因此在欧美等发达国家普遍被采用，水力疏通一般可采用以下方式来达到加大流速的目的：

——在管道中安装自动或手动闸门，蓄高水位后突然开启闸门形成大流速；

——暂停提升泵站运转，蓄高水位后再集中开泵形成大流速；

——施放水力疏通浮球的方法来减少过水断面，达到加大流速清除污泥的目的。

水力疏通浮球英文名cleaning ball或jet ball。国外的浮球都由橡胶厂专门制造，上海过去曾经用薄铁板焊制的方法自己做过。浮球在管内阻挡了正常水流，根据在流量相同条件下断面缩小流速加大的原理，在浮球下面狭缝中流出的水流可以将管道冲洗得非常干净。浮球需要用一根绳索拽住，用以控制前进速度并防止在行进中被卡住。

3.2.10 防止倒虹管淤积的最好方法是使倒虹管达到自清流速。在直线型倒虹管中，由于下游上升竖井的截面尺寸通常大于倒虹管截面，所以很难达到自清流速。经验证明，如果将倒虹井上升段的截面缩小到与水平倒虹管相等，就会产生较好的防淤积效果。

3.2.11 压力井定期开盖检查的周期建议采用2年一次。

3.2.12 规定无覆土的盖板沟其相邻盖板之间的高差不应大于15mm的目的是防止行人被绊倒。

3.2.14 对位于码头平台下面，严重淤积又无法使用挖掘机械的排放口，可采取潜水员用高压水枪冲洗的方法清除积泥。

3.3 管道检查

3.3.3 许多国家都已制定了排水管电视检查标准，如英国WRC的“下水道状况分级手册”，丹麦的“下水道电视检测标准定义和摄像手册”。这些手册详细规定了管道病害的种类、代码、定义、判读标准、病害等级、记录格式等，为推进管道检查和评估的标准化起到了很好的作用。这些标准不仅在电视检查中可以应用，在人员进入管内检查中也能应用。近年来我国拥有管道电视摄像设备的城市迅速增加，上海市已经制定了排水管道电视检查的试行标准。

表3.3.3中的“异管穿入”是指其他公用管线穿过或悬挂在检查井或排水管内的情况。管道悬挂在法国等欧洲国家由来已久，其存在理由是这样做可以充分利用地下空间，减少路面开挖，管线检修也方便，而某些排水管也确实具有一定的余量。

近年来，由于技术进步和经济补偿措施的落实，通信光缆借用排水管道的技术发展很快，一些国家都制定了相应的技术标准和管理法规。我国杭州等城市也进行过这类试验工程。光缆通过排水管进入千家万户可以减少路面开挖，降低线缆施工造价，而排水维护部门又能得到一笔不小的经济补偿，可以弥补维护经费不足的现状。随着城市的发展，地下管线的增多，地下空间资源共享的观念现在已经被越来越多的人接受。

3.3.4 管道功能状况检查的方法相对简单，加上管道积泥情况变化较快，所以功能性状况的普查周期较短；管道结构状况变化相对较慢，检查技术复杂且费用较高，故检查周期较长（德国一般采用8年，日本采用5～10年）。

3.3.7 在各种管道检查方法中，一种可称为“井内电视”的设备（商业名quick view）已经在我国开始应用并取得良好效果。这是一种将反光镜和电视检查结合在一起的工具：电视摄像头被安装在金属杆上，放入井内后可以360度旋转，在灯光照射下能看清管内30m以内的管道状况。其清晰度虽不及带爬行器的电视摄像机，但远胜于反光镜。井内电视的优点是检查速度快、成本低，电视影像既可现场观看、分析，也便于计算机储存。

声纳检查已经在上海等城市的排水管道中得到应用，在查处违章排放污泥堵塞管道的举证方面特别有效。其设备主要由声纳发射、接收器、漂浮筏、线缆、显示屏和控制系统组成。声纳只能用于水下物体的检查，可以显示管道某一断面的形状，积泥状况、管内异物，但无法显示裂缝等细节。声纳和电视一起配合使用可以获得很好的互补效果，有一种将二台设备组合在一起的检查方法，即在漂浮筏的上方安装电视摄像头，下方安装声纳发射器，在水深半管左右的管道中可同时完成电视和声纳二种检查。

3.3.8 人工进入管内检查采用摄影或摄像记录，可以让更多的人了解管道情况，便于进行讨论和分析，而且有利于检查资料的保存。

3.3.10 以结构状况为目的的电视检查，如不采用高压射水在检查前对管壁进行清洗，管道的细小裂缝和轻度腐蚀就无法看清。

3.3.14 规定潜水员发现问题及时向地面汇报并当场记录，目的是避免回到地面凭记忆讲述时会忘记许多细节，也便于地面指挥人员及时向潜水员询问情况。

3.3.15 水力坡降试验可以有效反映管网的运行状况，通过水力坡降线的异常变化就能找到管道出问题的位置，对制定管道改造计划具有很大帮助。

为保证在同一时间获得各测量点的准确水位，在进行水力坡降试验时必须在每个测点至少安排一个人。

3.4 管道修理

3.4.1 上跨障碍物的敷设方法俗称“上倒虹”，在实际工作中这种情况偶然也会发生。采用“上倒虹”的重力流管道对排水畅通极为有害，因此列为强制性条文。

3.4.2 规定污水管应选用柔性接口的目的，在地下水低于管道的地区是为了防止污染地下水，在地下水高于管道的地区是为了减少地下水渗入，减轻管网和污水处理厂的额外负荷，以及防止因渗漏造成的水土流失和地面坍塌。

3.4.4 规定封堵管道必须经管理部门批准的目的是防止擅自封堵管道后造成道路积水、污水冒溢和由此引起的雨污混接。封堵期间的临时排水措施主要有埋设临时管，或安装临时泵以压力流方式接入下游排水管。

3.4.11 支管接入主管

1 支管不通过检查井直接插入主管的做法俗称暗接。规定不许暗接的目的是避免在主管上打洞容易造成管道损坏和连接部位渗漏；管道养护时，竹片等疏通工具也容易在暗接处卡住或断落；因此，在现阶段规定支管应通过检查井连通是必要的。

国外大多允许支管暗接，其出发点是为了减少道路上检查井的数量，使道路更平整；在工艺上，由于国外的暗接承口大多在工厂预制，解决了开洞损坏管道和连接质量问题；在养护方法上广泛采用了射水疏通和电视检查，使支管暗接变为可行。

2 规定支管水流转角不小于90°是为了避免水流干扰，减少水头损失。

3 接入雨水管或合流管的接户井设置沉泥槽后，有利于减少主管的积泥。

3.4.12 井框升降的衬垫材料，在非机动车道下可采用1∶2水泥砂浆衬垫。

3.4.14 排水管道的非开挖修理

1 局部修理

管道非开挖修理可分为局部修理和整体修理两种，只对接口等损坏点进行的修理称为局部修理，也称点状修理。如果管道本身质量较好，仅仅出现接口渗漏等局部缺陷，采用局部修理比较经济。常用的局部修理技术有：

1）钻孔注浆：对管道周围土体进行注浆，可以形成隔水帷幕防止渗漏，填充因水土流失造成的空洞和增加地基承载力。注浆材料有水泥浆和化学浆二大类，水泥浆价格便宜但止水效果稍差。为了加快水泥浆凝固，可以添加2%左右的水玻璃；为降低注浆费用，可在水泥浆中添加适量粉煤灰。化学注浆的材料主要是可遇水膨胀的聚氨酯。注浆可采用地面向下和管内向外两种注浆方法，大型管道采用管内向外钻孔注浆可以使管道周围浆液分布更均匀，更节省。注浆法的可靠性较差，检查和评定注浆质量也很困难。注浆法通常只能作为一种辅助措施与嵌补法、套环法等配合使用。

2）裂缝嵌补：嵌补裂缝的材料可分为刚性和柔性两种，常用的刚性材料有石棉水泥、双A水泥砂浆等；常用的柔性材料有沥青麻丝、聚硫密封胶、聚氨酯等。柔性材料的抗变形能力强，堵漏效果更好。嵌补法的施工质量受操作环境和人为因素的影响较大，稳定性和可靠性比较差，检查和评定嵌补质量也很困难，因此应对采用裂缝嵌补的管道进行定期回访检查。

3）套环法：在管道接口或局部损坏部位安装止水套环称为套环法。套环材料有普通钢板、不锈钢板、PVC板等，套环在安装前通常被分成2～3片，安装时用螺栓、楔形块、卡口等方式使套环连成整体并紧贴母管内壁；套环与母管之间可采用止水橡胶圈或用化学材料填充。套环法的质量稳定性较好，但对水流形态和过水断面有一定影响。

2 整体修理

对结构普遍损坏，无法采用局部修理的管道应该采用整体修理的方法。有些管道经过整体修理可以达到整旧如新的效果，因此在国外称为管道更新，常用的管道更新技术见本规程术语 2.1.40～2.1.43。

涂层法是一种不增加结构强度的整体修理方法，主要用于防腐处理，对轻微渗漏也有一定预防作用。涂层修理包括水泥砂浆喷涂、聚脲喷涂、水泥基聚合物防水涂层和玻璃钢涂层内衬等。涂层法对施工前的堵漏和管道表面处理有较严格的要求。涂层法的施工质量受操作环境和人为因素的影响较大，稳定性和可靠性比较差，检查和评定涂层质量也比较困难。

3.4.15 增加旧管道废除的规定，有助于加强对废弃管道的管理，避免因废弃管道处理不当而带来的各种问题。

3.4.16 要求被废除的排水管宜予拆除或作填实处理，目的是减少各种旧管道对地下有限空间资源的占用，同时也有助于减少因旧管道腐蚀损坏后产生地下空洞而引起地面沉陷。

3.5 明渠维护

明渠维护和管道维护方式差异较大，因各地明渠的形式、维护方式和管理不尽相同，本规程只对明渠维护提出了基本要求，各地还需结合具体情况制定相关的地方标准。

3.6 污泥运输与处置

3.6.1 污泥运输

1 污泥运输车辆的选择与污泥含水量有关，污泥含水量低可采用普通自卸卡车，污泥含水量高则需要采用不渗漏的污泥罐、污泥箱或污泥拖斗。污泥含水量和清掏方式、管道运行水位、雨水口底部的形式等因素有关。

2 通沟污泥在长途运输前进行脱水减量处理是为了减少运输量，节约运输成本。脱水的简易方法有重力浓缩、絮凝浓缩等。浓缩产生的污水应就近接入污水管道，以免造成二次污染。

3.6.2 在国外，有不少通沟污泥被直接送至污水处理厂统一处理，污泥中的沙土、有机物和污水在污水厂的各处理阶段中可得到有效处理。在日本，有的城市建有专门的通沟污泥处理厂，采用筛分、碾碎、冲洗和絮凝沉淀等方法进行处理，最后被分离成沙粒、污泥、垃圾和污水。其中的沙石颗粒被用作筑路材料，污泥用于绿化堆肥、垃圾采用焚烧或填埋，污水送污水处理厂处理。

3.7 管渠档案资料管理

3.7.3 工程竣工后，排水设施管理部门应对建设单位移交的竣工资料按建设部《市政基础设施工程施工技术文件管理规定》（建城［2002］221号）归档。

3.7.5 在管网地理信息系统中，排水管道中的许多属性需要按标准进行分类，例如：

（1）按管道材料可分为：砖管、陶瓷管、混凝土管、钢筋混凝土管和塑料管等。

（2）按接口形式可分为：刚性接口和柔性接口。

（3）按管道施工方法可分为：现场砌筑、开槽埋管、顶管、盾构施工等。

（4）检查井材料可分为：砖石砌筑、混凝土现场浇制、混凝土预制井、塑料预制井等。

4 排 水 泵 站

4.1 一 般 规 定

4.1.1 排水泵站应采取绿化、防噪、除臭措施，减少对居住、公共设施建筑的影响。

4.1.2 泵站设备设施检查维护时防硫化氢等有毒、有害、易燃易爆气体所采取的安全措施主要是：隔绝断流，封堵管道，关闭闸门，水冲洗，排净设备设施内剩余污水，通风等。不能隔绝断流时，应根据实际情况，穿戴安全防护服和系安全带操作，并加强监测，必要时采用专业潜水员作业。

4.1.3 维修后的水泵流量可采用容积法、流量计或下列流量公式计算：

$$\text{流量公式}\quad Q=\frac{120N_e\times h}{\rho}$$

式中 Q——流量（m^3/s）；

N_e——有效功率（kW）；

ρ——液体的密度（kg/m^3）；

h——扬程（m）；

$$N_e=N\times\eta$$

N——轴功率（kW）；

η——效率。

$$\text{机组效率}=\text{电机效率}\times\text{传动效率}\times\text{水泵效率}$$

$$\text{机组可运行率}=\frac{\text{可运行机组的总日历天数}}{\text{机组总台数}\times\text{日历天数}}\times100\%$$

雨水泵站凡开得动、抽得出水的机组即为可运行机组。

4.1.5 泵站的机、电设备和设施指电动机、水泵及机座、进、出水管件、阀门、闸门及启闭机、格栅除污机、开关柜、护栏、大门等。根据其外观腐蚀状态，可2年进行一次除锈、防腐蚀处理。

4.1.6 安装在泵站内的易燃、易爆、有毒气体监测仪表、安全阀、起重设备、压力容器等，每年必须检定；防毒面具的滤毒罐，仪表探头，报警显示器等必须定期检测。

定期检定应由国家认可有资质的鉴定单位检定。

4.1.7 泵站内的道路、围墙及附属设施应定期检查，发现建、构筑物、围墙装饰面大面积剥落，铁件锈蚀时，应及时修缮；发现道路塌陷时，应及时检查管道是否损坏。

4.1.8 泵站自身防汛设施包括防汛墙、防汛板、防汛闸门等，应在每年汛期前认真检查，及时修复，配齐；汛期后应妥善保管。

4.1.9 凡有条件的泵站均应进行绿化。

4.1.10 泵站运行记录内容包括值班记录、交接班记录、运行记录、维修记录和事故处理记录等文字记录或计算机文档记录。

4.2 水　　泵

4.2.1 水泵运行前的例行检查

为确保水泵的正常运行、延长水泵的使用寿命，必须按规定规范操作。

1 除正常盘车外，当水泵经拆、装、维护后，其填料尚未磨合，盘动时一般较紧，但泵轴一定要转动 380 度；

2 联轴器同轴度允许偏差和轴向间隙在安装和维护时应符合产品技术规定；

3 定期通过油杯、油枪向轴承内补润滑脂，保证轴承不缺失润滑；采用油浴润滑时，其油位应保持在油面线范围内；

4 填料密封良好的轴封，运行时应呈滴状渗水。当填料密封失效时，应及时更换填料，方法应正确、加置的填料要平整；

5 涡壳式泵一般采用排气旋塞排气，当旋塞有水喷出至空气排尽，即关闭旋塞；

6 水泵运行前，应检查电机的绝缘电阻，并满足相应的电压要求；

7 启动时离心泵的叶轮必须浸没在水中，轴流泵和立式混流泵的叶轮应有一定的淹没深度，开式螺旋泵的第一个螺旋叶片的浸没深度应大于 50%。潜水泵运行的淹没深度应符合产品说明要求，严禁在少水和未超过淹没深度的情况下启动。

4.2.2 运行中的巡视检查

1 水泵运行中不得出现逆向运转、联接螺栓松动或脱落，保持匀速平稳；出现碰擦、异常振动或异声等现象时应及时停泵检查。

水泵振动可按现行国家标准《泵的振动测量与评价方法》GB 108899—89的规定，按泵的中心高和转速分类，评价其振动级别，见表 8 和表 9。

表 8 泵的中心高和转速

中心高 / 转速(r/min) / 类别	≤225mm	＞225～550mm	＞550mm
第一类	≤1800	≤1000	—
第二类	＞1800～4500	＞1000～1800	＞500～1500
第三类	＞4500～12000	＞1800～4500	＞1500～3600
第四类	—	＞4500～12000	＞3600～12000

注：1 卧式泵的中心高为泵轴线到泵机座上平面的距离。立式泵的中心高为泵的出口法兰面到泵轴线间的投影距离。

2 评价泵的振动级别：泵的振动级别分为 A、B、C、D 四级，D 级为不合格。

3 泵的振动评价方法是首先按泵的中心高和转速查表 8 确定泵的类别，再根据泵的振动烈度级查表 9 就可以得到评价泵的振动级别。

表 9 泵的振动级别

<table>
<tr><th colspan="2">振动烈度范围</th><th colspan="4">判定泵的振动级别</th></tr>
<tr><th>振动烈度级</th><th>振动烈度分级界线 mm/s</th><th>第一类</th><th>第二类</th><th>第三类</th><th>第四类</th></tr>
<tr><td>0.28</td><td>0.28</td><td rowspan="3">A</td><td rowspan="4">A</td><td rowspan="5">A</td><td rowspan="6">A</td></tr>
<tr><td>0.45</td><td>0.45</td></tr>
<tr><td>0.71</td><td>0.71</td></tr>
<tr><td>1.12</td><td>1.12</td><td rowspan="2">B</td></tr>
<tr><td>1.80</td><td>1.80</td><td rowspan="2">B</td></tr>
<tr><td>2.80</td><td>2.80</td><td rowspan="2">C</td><td rowspan="2">B</td></tr>
<tr><td>4.50</td><td>4.50</td><td rowspan="2">C</td><td rowspan="2">B</td></tr>
<tr><td>7.10</td><td>7.10</td><td rowspan="6">D</td><td rowspan="2">C</td></tr>
<tr><td>11.20</td><td>11.20</td><td rowspan="5">D</td><td rowspan="2">C</td></tr>
<tr><td>18.00</td><td>18.00</td><td rowspan="4">D</td></tr>
<tr><td>28.00</td><td>28.00</td><td rowspan="3">D</td></tr>
<tr><td>45.00</td><td>45.00</td></tr>
<tr><td>71.00</td><td>71.00</td></tr>
</table>

注：本标准不适用潜水泵和往复泵。

2 检查各类仪表指示是否正常，特别注意是否超过额定值。电流过大、过小或电压超过允许偏差±10%时，均应及时停机检查。

3 机械密封的泄漏量不宜大于 3 滴/min，普通软性填料轴封机构泄漏量为 10～20 滴/min。

4.2.3 停泵时应按以下操作程序进行：

1 及时检查轴封机构渗漏水情况，必要时更换填料，并做好填料函内的除污清洁工作；

2 当泵轴发生倒转时，应检查止回阀、拍门关闭状况或有否杂异物卡阻；

3 当惰走时间过短时，应检查泵体内有否杂物卡阻或其他原因。

4.2.4 长期不运行的水泵

1 开式螺旋泵因泵轴自重大且轴向长度长，易造成变形，应定期盘动，变换位置；

2 试泵时间不应少于连续运行 5min，各地可根据实际情况而定；

3 放空涡壳泵内剩水并关闭管道的进、出水闸阀，防止涡壳冰冻及泥沙沉积；

4 不具备吊出集水池条件的潜水泵，每周应启动一次，防止泥沙淤积，绝缘性能下降。

4.2.5 水泵日常养护

1 润滑油脂的型号、黏度应符合轴承润滑要求，轴承内注入的润滑脂不得超过轴承内腔容量的 2/3；

2 联轴器弹性柱销磨损，轴向间隙、同轴度超过规定标准时，会使泵轴摆度增大，发生机振、轴承发热；

3 填料密封压盖压到底后应更换填料。机械密封停机后若渗漏严重，应对泵体进行解体检修；

4 打开涡壳泵的手孔盖前，必须确认进、出水阀门关闭，管道内的剩水放空。开启涡壳泵的手孔盖时，要做好对 H_2S 的防毒监测，保持室内良好通风，方可进行泵内的清除和检查工作；

5 大中型水泵的冷却水系统、润滑水系统和抽真空系统都是水泵的重要辅助装置，应重视对其的检查、维修；

6 潜水泵浸没在集水池内，日常养护应以巡视检查为主，当累计运行时间达到 2000h 以上，则应检测电机线圈绝缘电阻，不能小于 5 MΩ（500 V 以下），通过电控箱现场显示的温度传感器、泄漏传感器、湿度传感器信号，确定潜水泵是否需要吊出集水池进行维修。

4.2.6 水泵的定期维护是指按有关技术要求进行解体检查，修理或更换不合格的零配件，使水泵的技术性能满足正常运行要求。各类水泵，特别是大、中型水泵，定期维护前均应制定维护计划、修理方案和安全技术措施。维护结束应进行试车、验收，维护记录归档保存。

4.2.7 离心式、混流式涡壳泵的定期维护

1 采用软性填料密封的轴封机构应重点检查填料函压盖、压盖螺栓、泵轴与填料接触处的摩损情况；采用机械密封的轴封机构应重点检查动、静密封环及弹簧磨损情况。

2 泵的过流部件修补后应进行动、静平衡试验。

4.2.8 轴流泵、导叶式混流泵的定期维护

1 轴封机构内的轴颈磨损，宜用镶套修理或更换泵轴；

2 水泵传动支承轴承滚动体与滚道之间的游隙超过规定值时，不锈钢套筒和橡胶轴承的配合间隙一般在表 10 范围内，橡胶轴承损坏时，均应予更换；

表 10 不锈钢套筒和橡胶轴承配合间隙表（mm）

水泵规格	5～10℃	10～15℃	15～20℃	20～25℃	25～30℃
ϕ500	0.30～0.36	0.25～0.31	0.20～0.26	0.15～0.21	0.13～0.19
ϕ700					
ϕ900	0.33～0.40	0.28～0.35	0.23～0.30	0.18～0.24	0.14～0.21
ϕ1200	0.35～0.42	0.30～0.37	0.25～0.32	0.20～0.26	0.16～0.18
ϕ1400	0.37～0.46	0.32～0.41	0.27～0.36	0.23～0.31	0.17～0.26
ϕ1600					

注：水泵轴不锈钢套的外径尺寸按照 GB/T 1800.3—1998 标准取 *d*7，橡胶轴承在不同温度时的加工偏差参照上海水泵厂的标准。

3 叶片有少量磨损可采用铸铁补焊后打磨，一般情况下，当叶片外缘最大磨损量超过表 11 的规定值时，需要进行更换；

表 11 叶片外缘最大磨损量（mm）

叶片直径	1000	850	650	450
最大磨损量	5/1000	6/1000	8/1000	10/1000

4 导叶体、喇叭管磨损时，应予更新；

5 水泵机组安装完毕，电机轴、传动轴、水泵轴的同轴度经校调后误差应小于 0.1mm。

4.2.9 开式螺旋泵的定期维护

1 下轴承为滑动轴承的，每年应检查一次，磨损腐蚀严重时应予更换。螺旋泵上轴承是滚动轴承的，滚动体和内外滚道的游隙量超过表 4.2.7-2 规定

值时应予更换。

2 联轴器的同轴度偏差不应超过表 4.2.6-1 规定值，弹性柱销和弹性圈磨损后应及时更换。

3 螺旋叶片与螺旋泵导槽间隙大于 5mm，应予修补。对螺旋泵轴挠度进行校正时，叶片与导槽的间隙应大于 1mm。

4 开式螺旋泵配套使用的减速机类型较多，除定期解体检查维修外，还应按产品要求的周期，检查油量、油质，及时补充或更换。

4.2.10 潜水泵的定期维护

1 绝缘电阻小于 5MΩ 时，应分别测量电缆和电机线圈的绝缘电阻；

2 检查防水电缆外表是否受到碰擦或损伤、密封是否完好；

3 温度传感器通过埋入线圈的热敏电阻（PTC）和装在轴承末端的热电阻（PT100），分别用于监测电机线圈温度和轴承温度。湿度传感器是通过设置在电机腔体内——湿度保护电极用于监测电机腔体的湿度。泄漏传感器通过装在泄漏腔体内（浮子开关）用于监测机械密封的性能。温度传感器、湿度传感器、泄漏传感器应在潜水泵解体检查时一并检查；

4 除应按条文规定外，还应按产品要求的周期，检查油量、油质，及时补充或更换；

5 叶轮与耐磨环的间隙大于 2mm 时应更换耐磨环；叶片出现点蚀时应进行修补，修补后一定要做静平衡试验；叶片磨损导致叶轮静平衡破坏时应更换叶轮。

4.3 电 气 设 备

4.3.1 电气设备巡视、检查

1 在运行中加强巡视是发现电气设备缺陷的有效方法；夜间关灯巡视尤其要注意电气设备有否漏电闪烁现象；

2 由粉尘、潮湿、腐蚀性气体、高温等引起的短路或跳闸；

3 引起跳闸的主要原因有绝缘老化、短路、过载等，在未查明原因前盲目合闸会引起事故。

4.3.3 电力电缆检查与维护

发现电缆头大量漏油，需重做电缆头并进行耐压试验。

4.3.6 电力变压器的检查与维护

油浸式电力变压器的大修项目可参考表 12。

表 12 油浸式变压器的大修项目

部位名称	大 修 项 目
外壳及油	1. 扫外壳，包括本体、大盖、衬垫、油枕、散热器、阀门、滚轮等。 2. 清扫油过滤装置，更换或补充硅胶。 3. 油质情况，过滤变压器油。 4. 接地装置。 5. 使用的变压器，器身清洗、油漆
铁　芯	1. 打开大盖检查时，宜吊芯检查。 2. 铁芯、铁芯接地情况及穿芯螺丝的绝缘，检查、清扫绕组及绕组压紧装置，垫块、各部分螺丝、油路及接线板等
冷却系统	1. 风扇电动机及控制回路。 2. 检查油循环泵、电动机及管路、阀门等装置，消除漏油及漏水。 3. 检查清扫冷却器及水冷却系统，包括水管道、阀门等装置，进行冷却器的水压试验
分接头切换装置	1. 检查并修理有载或无载接头切换装置，包括附加电抗器、动触点、定触点及传动机构。 2. 检查并修理有载或无载接头切换装置，包括电动机、传动机械及其全部操作回路
套　管	1. 检查并清扫全部套管。 2. 检查充油式套管的油质情况
其　他	1. 检查及调整温度表。 2. 检查空气干燥器及吸潮剂。 3. 检查并清扫油标。 4. 检查和校验仪表、继电保护装置、控制信号装置及其二次回路。 5. 检查并清扫变压器电气连接系统的配电装置及电缆。 6. 进行交接试验

4.3.10 高压隔离开关的检查与维护

高压隔离开关检查次数取决于使用环境和年限。检查内容主要有操作机构是否灵活，动、静主触头接触是否良好，动、静副触头三相是否同期接触。

高压隔离开关的调整包括下列内容：

1 合闸时，用 0.05mm 塞尺检查触头接触是否紧密，线接触应塞不进去；面接触塞入深度应不大于 4～6mm，否则应对接触面进行锉修或整形；

2 触头弹簧各圈间的间隙，在合闸位置时不应小于 0.5mm，并要求间隙均匀；

3 组装后应缓慢合闸，观察刀片是否能对准固定触头的中心落下或进入；若有偏、卡现象，应调整绝缘子、拉杆或其他部件；

4 刀开关张角或开距应符合要求，室内隔离开关在合闸后，刀开关应有 3～5mm 的备用行程，三相同期性应一致；

5 辅助触头的切换正确，并保持接触良好；

6 闭锁装置应正确、可靠。

4.3.12 高压油断路器的检查与维护

1 高压油断路器的维护周期取决于分、合闸次数，切断电流的大小以及使用环境和年限等。

2 高压油断路器维修后检查下列内容：

① 测定导电杆的总行程、超行程和连杆转动角度；

② 检测缓冲器；

③ 测定三相合闸同期性。

3 高压油断路器日常检查包括下列内容：

① 油断路器油色有无变化，油量是否适当，有无渗漏油现象；

② 各部分瓷件有无裂纹、破损，表面有无脏污和放电现象；

③ 各连接处有无过热现象；

④ 操作机构的连杆有无裂纹，少油断路器的软连接铜片有无断裂；

⑤ 操作机构的分、合闸指示与操作手柄的位置、指示灯显示，是否与实际运行位置相符；

⑥ 有无异常气味、响声；

⑦ 金属外皮的接地线是否完好；

⑧ 室外断路器的操作箱有无进水，冬季保温设施是否正常；

⑨ 负荷电流是否在额定值范围之内；

⑩ 分、合闸回路是否完好，电源电压是否在允许范围内；

⑪ 操作电源直流系统有无接地现象。

4.3.13 高压真空断路器的检查与维护

检查高压真空断路器、接触器的真空灭弧室真空度时，在合闸前（一端带电）观察内壁是否有红色或乳白色辉光出现，如有则表明真空灭弧室的真空度已失常，应停止使用。

真空灭弧室是真空断路器的心脏，它是一个严格密封的部件。目前还没有适合现场使用的、简单有效的灭弧室真空度检查设备。为了减少和避免因真空度下降而造成的事故，要求如下：

1 定期进行耐压试验，及时更换不合格的耐压灭弧室产品；

2 用测电笔检查，当真空断路器进线隔离开关处于合闸位置时，用高压测电笔检查真空断路器出线不应带电；

3 断开真空断路器的进线隔离开关时，不应出现放电声和电弧；

4 在真空断路器不工作时，管内应无噼啪的放电声；

5 经常监视玻璃外壳的真空灭弧室，当触头开断状态一侧充电时，管内壁不应有红色或乳白色出现。灭弧室内零件不应被氧化，屏蔽罩不应脱落，玻璃壳内不应有大片金属沉积物等。如发现真空度降低，应及时更换灭弧室；

6 真空灭弧室的真空度一般为 10^{-4}～10^{-6} Pa，检查方法有：

① 对玻璃外壳真空灭弧室，可以定期目测巡视检查，正常时内部的屏蔽罩等部件表面颜色明亮，在开、断电流时发出浅蓝色弧光。当真空度严重下降时，内部颜色为灰暗，开、断电流时发出暗红色弧光；

② 3 年左右进行一次工频耐压试验。当动、静触头保持额定开距条件下，经多次放电老炼后，耐压值达不到规定标准的，说明真空灭弧室真空度已严重下降，不能继续使用；

③ 真空灭弧室的电气老炼包括电压和电流老炼。新的真空灭弧室在产品出厂之前已经过老炼，但经过一段时间存放后，其工作耐压水平会下降，使用部门在安装时仍然需要重新进行电压老炼和在规定条件下进行工频耐压试验。

根据产品寿命定期更换真空灭弧室。更换时必须严格按规定尺寸调整触头行程，真空灭弧室的触头接触面在经过多次开断电流后会逐渐被电磨损，触头行程增大，也就相当波纹管的工作行程增大，波纹管的寿命会迅速下降，通常允许触头电磨损最大值为 3mm 左右。当累计磨损值达到或超过此值，同时真空灭弧室的开断性能和导电性能都会下降，真空灭弧室的使用寿命已到。为了能够较准确地控制每个真空灭弧室触头的电磨损值，必须从灭弧室开始安装使用时起，每次预防性试验或维护时，就准确地测量开距和超程并进行比较，当触头磨损后累计减小值就是触头累计电磨损值。

国产各种型号的 10kV 真空灭弧室的触头超程是在 3mm 左右，开距 12mm 左右。通常国产 10kV 真空断路器用灭弧室的额定接触压力，额定电流 630～

800A 者为 1100N 左右，1250A 者为 1500～1700N 等。

真空断路器在安装或检修时，除了要严格地按照产品安装说明书中要求调整测量触头超程外，还应仔细检查触头弹簧，不应有变形损伤现象。

真空断路器维修后，根据《电气设备预防性试验规程》规定做有关试验项目。新断路器在投运前应测量分、合闸速度，因为它不仅可以建立原始技术资料，同时也可以及时发现产品质量上的一些问题，以便及时采取措施。

4.3.14 六氟化硫（SF_6）开关气室只做状态检测。

高压六氟化硫（SF_6）开关气室不必检修，当气室失效或寿命到期时，则需更换气室。六氟化硫（SF_6）开关常规性预防性试验以气体测试为主，如 SF_6 气体的密度、压力、含水量以及 SF_6 气体的分解物二氧化硫（SO_2）、二氟氧化硫（SOF_2）、四氟化硫（SF_4）等。特殊情况下，可采用气相色谱仪对 SF_6 气体的纯度作成分色谱检查。

4.3.15 使用频率高、年限长且使用环境恶劣的变频器的检查和维护周期应适当缩短。

4.3.17 低压隔离开关的检查与维护通常用示温片来检验低压隔离开关各部位的温度，低压隔离开关动静触头接触良好包括二个方面内容：第一要有足够的接触面，第二要有足够的接触压力。

4.3.20 低压交流接触器使用过程中，引起接触器的触头严重发热或灼伤原因主要有：触头有氧化膜或油垢、长时期过载、触头凹凸不平、触头压力不足、接线松脱和触头行程过大。根据原因采取相应措施：保持触头光滑清洁、调整触头容量、用锉整修保持光洁、进行清扫并调整，清扫后接牢接线和更换触头等。

4.3.21、**4.3.22** 电流、电压互感器检查重点：绝缘和二次接线。

4.3.26 电力电容器定期检查内容有：外壳无膨胀、漏油；无异常声响、火花；熔丝是否正常；放电指示灯是否熄灭和检查各触点的接触情况。

4.3.27 无功功率补偿器三相运行电流应平衡，但在实际使用中会存在着微小差异，因此在观察三相运行电流时，应与初始运行作对比，有无异常变化，发生异常变化应立即检查。

4.3.30 蓄电池电源装置的检查和维护

1 运行中的蓄电池处于浮充电状态，以补充蓄电池自放电而损失的容量。在浮充电情况下，浮充电的电流大小有允许值范围，因此随时可调整浮充电的浮充电流大小，使其在允许值范围。

2 通过巡视仪上各测量点的数值，可随时核对正确数值，及时修正，保持正常良好的工作状态。

4.3.33 继电器保护装置和自动切换装置的检查周期取决于使用环境，应与主设备检查同时进行。

4.4 进水与出水设施

4.4.1 闸（阀）门的日常养护

1 日常养护应做好对启闭机座、电动执行机构（即电动头）外壳的清洁工作；

2 巡视重点是电动机与传动机构的结合部、润滑油箱底部的密封、齿轮箱与油箱的结合部；

3 启闭时注意齿轮箱的振动和噪声；

4 每周做启闭试验的目的：避免长时间不动作而造成闸板与门框的密封面咬合、丝杆与传动螺母咬合、齿轮传动卡阻、行程限位机构故障等，引起启闭机过载跳闸、启闭失灵；

5 启闭频率，一般情况下不高，当电控箱发生故障，总线控制或行程限位失灵，过力矩保护跳闸，必须切换到手动启闭。因而日常养护要经常检查手、电切换装置的可靠性；

6 全开、全闭和转向可用油漆标注在阀体上，阀门的转向通常顺时针为闭，逆时针为开，启闭转数可通过试验确定；

7 闸阀电动装置一般由专用电动机、减速器，转矩限制机构，行程控制机构，手-电动切换机构，开度指示器和控制箱等组成。具体产品的养护还应按生产厂家规定进行；

8 较频繁使用的闸阀电动装置手-电动切换装置离合器通常应处于脱开状态。

4.4.2 闸（阀）门的定期维护

1 启、闭频率高的应每年换油，必要时清洗油箱积垢；

2 检查、调整行程开关和过扭矩开关的目的是确保启闭的可靠；

3 除一体化总线控制外，均应按条文要求定期维护；

4 对操作手轮、离合器、密封件的调整是确保运行可靠的必要条件；

5 由于闸门连接杆、轴导架和门与框的铜密封长期浸没在水中，并有腐蚀液体和气体存在，必须定期进行检查、调整和修理；

6 检查更换阀门杆的填料密封，可以确保阀门杆的轴封不发生泄漏；

7 定期检查修换阀板上的密封环，调整阀板闭合时的位移余量，能确保阀门启、闭的严密性，不发生泄漏；

8 检查油质、油量，及时更换、补充可以确保电动装置的齿轮传动系统减少啮合磨损，延长使用寿命；

9 及时更换损坏的输出轴、主从动轴端密封件，可以防止油缸渗漏油；

10 重载和启闭频繁的电动装置，应每年检查、清洗传动轴承，发现磨损及时更换。

4.4.3 液压阀门的日常养护

1 液压闸阀特点是在无级变速前提下，通过液压传动机构实现对闸阀的快速启闭，弥补电动闸阀启闭缓慢、驱动力不足的缺陷。主要部件为工作部件（闸阀）、传动部件（液压油缸）和驱动部件（液压油站）。

2 巡视重点是液压控制系统、液压阀件、阀杆轴封、密封件和油缸油封。

3 检查重点是液压油缸缸体紧固螺栓受液压力冲击后的紧固状态。

4 定期打开大型阀门的冲洗水装置，清除闸板槽内的污物。

4.4.4 液压阀门的定期维护

1 为防止阀门体内的闸板槽积沉污物，大型阀门设有冲洗水装置，定期打开排污阀，清除闸板槽内的污物；

2 及时更换液压站主油泵出口过滤器油芯，能保障液压油回路不受杂质污染；

3 由于控制油路为高压，密封易发生渗漏，及时更换能保障油压稳定；

4 油缸内活塞频繁受液压力冲击，易发生松动，及时调整行程能保障阀门工作状态的稳定；

5 校验压力继电器、时间继电器和储能器的目的是能保障液压闸阀工作的安全可靠；

6 电气控制柜元器件易受潮和遭受酸性气体的腐蚀，必须定期进行调整和更换；

7 定期检查调整和修换液压站元器件的目的是保障液压阀门稳定工作；

8 液压阀门的主要部件液压系统，经过长时期、频繁地使用后，其工作效率、性能参数因元器件的腐蚀、磨损、振动、材质老化和构件变形等而发生变化，使液压阀门的可靠性、稳定性降低，通过恢复性修整，使整个系统工作效率不降低，恢复到原有的设计参数指标。

4.4.5 真空破坏阀的日常养护

真空破坏阀是通过电磁力或同时利用增力机构来快速启闭气体阀门，它的驱动力和行程较小，一般多用于液压、气压控制系统。真空破坏阀，属于气压控制系统。条文规定了此类阀门的日常养护基本要求，具体到某一产品牌号和其他养护维修要求时，应参照产品说明书。

1 做好阀体、电磁吸铁装置的日常清洁工作，避免灰尘积聚磁极面，影响电磁铁的正常吸合作用；

2 使用频繁的真空破坏阀，应经常清扫过滤器，检查进、排气通道是否畅通；

3 检查阀杆轴向密封，避免泄漏而影响真空度。

4.4.6 真空破坏阀的定期维护

1 解体、清扫电磁铁内的积尘；

2 调整阀杆行程，更换阀体密封件；

3 真空破坏阀解体维护后，应做渗漏试验。

4.4.7 拍门的日常养护

拍门有旋启式、浮箱式，用于防止管道或设备中介质倒流，靠介质压力自动开启或关闭。浮箱式拍门属于旋启式拍门的一种改进，它具有缓闭、微阻作用。具体维护要求应以生产厂家产品说明书为准。旋启式密封条固定在拍门座与阀板接触的平面凹槽内，密封橡胶条脱落会造成拍门渗漏，或在受到冲压时发生振动；浮箱式拍门密封止水橡皮固定在浮箱拍门上，密封面应无渗漏。

4.4.8 拍门的定期维护

1 粘合脱落的橡胶止水带，或更换老化的橡胶止水带；

2 钢制拍门应定期做防腐蚀涂层，避免锈蚀；

3 检查连接螺栓是否均匀紧固，当垫片不均匀受压时会发生渗漏。

4.4.10 止回阀的定期维护

止回阀主要有升降式、旋启式、缓闭式和柔性止回阀。

1 发现垫片损坏、轴套与密封圈配合松动应同时更换；

2 关闭出水阀门，打开阀盖，检查阀板密封、转轴销、旋转臂杆、接头和轴的磨损状态；

3 检查阀盖连接螺栓及垫片是否紧固密封；

4 阀体渗漏的主要因素是制作、浇铸工艺不当所致；

5 旋启活塞式油缸发生渗漏会导致缓冲作用失效，应加强检查；

6 缓闭式止回阀调整平衡锤相对位置可减少水头损失，也可以提高缓冲效果；

7 透气管堵塞，在水泵停车时，管路内的负压有可能导致柔性止回阀损坏，应对管路系统进行清洗，防止堵塞；

8 止回阀内存有浮渣、堵塞物，会影响止回阀的正常闭合，要加强清理。

4.4.11 格栅的日常维护

1 格栅污物过多积聚会引起格栅前后水位差过大，造成格栅变形损坏，导致进水井水位过低，应加强清捞；

2 主要检查格栅片间隙是否松动、变形或脱焊；

3 加强碳钢制格栅的防腐措施可延长格栅使用寿命。

4.4.12 格栅除污机日常维护

格栅除污机，按照安装使用形式，有固定式和移动式之分。按驱动方式分有，钢丝绳牵引、链条回转、旋转臂杆、高链牵引、阶梯形输送、液压驱动等多种。按齿耙结构分类有插齿式、刮板式、鼓形格栅、犁形齿耙、弧形格栅，回转滤网式等。但其基本组成部件均为驱动装置、传动机构和工作机械。上述三大部件中的基本组成单元为：机架、控制箱、行程限位开关、减速器、传动支承轴承、牵引链、传动链钢丝绳、导轨、齿耙、齿轮、油缸、油箱、密封件等。条文明确了各类格栅除污机及其附属设备的日常养护基本要求，其养护维修时，还应参照产品说明书具体规定。

1 格栅除污机的运行工况和机构润滑状态的巡视、检查重点是轴承、齿轮、链条、液压箱、钢丝绳、传动机构等部件的润滑加油和工作状态。

2 格栅除污机的机架、驱动电机的机座，都必须紧固，若连接螺栓松动，会导致机械振动和噪声，造成部件磨损、发热或损坏，影响清污效果。

3 经常检查、调整张紧链轮，可防止链条打滑和非正常磨损。移动式的格栅除污机行走、定位机构在运行时受到运动冲击，易发生松动移位影响定位精度，经常检查调整可以避免松动，消除故障。

4 格栅除污机在停止工作后，应及时清除工作部件上残留的污物，并对活动铰接件进行润滑加油，可保持环境清洁和防止污物重新进入集水井，同时为除污机的再运行做好润滑、保养和防腐工作。

5 格栅除污机浸入污水中的部件，特别是碳钢材质的传动零部件易发生锈蚀、卡阻，因此在长时间停车期间要定期启动。

4.4.13 格栅除污机的定期维护

1 格栅除污机的工作齿耙、牵引钢丝绳、刮板等工作部件，在使用过程中会磨损和腐蚀，应定期检查，进行调整和更换；

2 格栅除污机的传动轴承和液压油箱，应定期加注润滑脂或更换液压油；

3 设有液压系统的格栅除污机，应定期更换油缸内液压油，阀体的密封件；

4 因格栅除污机的工作环境恶劣，对电气控制箱应加强检查、保养；

5 驱动链轮，链条及水下导轮，因与污水接触，特别是碳钢材质易腐蚀、磨损，应定期检查及时更换，不锈钢材质的应视齿顶、链节套筒磨损情况维修或更换；

6 有齿轮传动箱的格栅除污机，应定期解体检查齿轮啮合间隙，并更换磨损的齿轮。

4.4.14 栅渣皮带输送机的日常养护

1 主、从动转鼓支架若噪声加大或发热时，应及时向轴承座内加注润滑脂；

2 运行中发现皮带跑偏及打滑，应及时通过张紧装置调整；

3 皮带输送机属于连续输送机械，为确保运行安全，只能在停机时才能清除输送带上的污物。

4.4.15 皮带输送机的定期维护

1 皮带经过长时间的拉伸、变长，造成皮带跑偏，每隔6个月应通过张紧螺栓调整。皮带的接口与转鼓高速接触磨擦后损坏，也应修整重新粘接或用皮带扣铆接；

2 皮带滚轮和轴承因受交变应力作用，易发生磨损，应及时更换；

3 主、从动皮带转鼓的支承轴承，长时间运行后，应予清洗检查，发现磨损应及时更换；

4 皮带输送机的支架一般为钢制，应做好防腐处理。

4.4.16 螺旋输送机的日常养护

1 螺旋输送机的驱动电机与行程齿轮减速箱构成一体，并安置在螺旋叶片的一端，运行中应着重检查机组的振动、齿轮啮合声响是否正常；

2 螺旋输送槽内应防止大于螺距的异物进入；

3 螺旋输送机的行星齿轮减速箱和螺旋输送叶片两端的支承轴承日常运行中不得缺油。

4.4.17 螺旋输送机的定期维护

1 及时调整螺旋叶片间隙，更换损坏的磨擦圈；

2 长时间运行后，螺旋叶片与外壳间隙会发生变化，应及时调整输送轴的挠度和间隙。

4.4.18 螺旋压榨机长期停用后恢复工作或间断出渣时，应在出渣筒内加水，以保持出渣润滑。

4.4.19 螺旋压榨机的定期维护

1 螺旋叶片在经长时间运行磨损后与外壳间隙发生变化，应及时调整螺旋叶片转轴挠度和间隙；

2 更换磨擦导向条可以提高压榨效率；

3 压榨机经解体维护后应调整过力矩保护装置，防止驱动电机过载烧毁。

4.4.20 沉砂池的维护

当积砂高度达到进水管底时，需要清砂。在进行检查和清砂工作时，应做好 H_2S 的防毒监测及安全防护工作后进行。

4.4.21 集水池的维护

集水池水面的漂浮物会造成可燃性气体、H_2S 等有毒有害气体附着，可能成为安全隐患，应定时清捞。清捞漂浮物应在做好对 H_2S 等有毒有害气体的监测及安全防护后才能进行。

4.5 仪表与自控

本节仪表是泵站自动化仪表的简称，包括各种用于检测和控制的仪表设备和装置。泵站仪表常规检测项目有雨量、液位、温度、压力、流量、水质成分量（pH、NH_3-N、COD等）、有毒有害气体（H_2S）等。

水泵机组检测项目主要有电压、电流、转速、振动、绝缘、泄漏、噪声等。潜水泵增加检测内容主要有湿度、温度等。

泵站自控是指由计算机、触摸屏等组成的处理来自泵站环境中各种变送器的输入并将处理结果输出至执行机构和有关外围设备，以实现过程监测、监控和控制的计算系统或网络。泵站自动控制及监视系统可由小型计算机、触摸屏、摄像、可编程序控制（PLC）、远程终端（RTU）、通信设施及通信接口等组成。由监视、控制、报警、通信及通信接口等设备构成的自动控制及监视系统。

泵站自动控制及监视系统运行前应按照"控制系统用户手册"或"使用维护操作手册"中各自说明的要求编写运行操作规程。泵站自动控制系统必须经过调试、试运行后才能正式投入运行，并应定期检查、维护。

4.5.2 执行机构和控制机构的检查：

1 执行机构是在控制系统中通过其机构动作直接改变被控变量的装置；

2 控制机构是在控制系统中用以对被控变量进行控制的装置，主要检查控制机构的调节阀、接触器、控制电机等的工况。

4.5.3 自动控制及监视系统是泵站自动化管理系统，通过控制器、模拟盘、计算机系统进行运行管理。

4.5.4 检测仪表是用以确定被测变量的量值或量的特性、状态的仪表。检测仪表可以具有检出、传感、测量、变送、信号转换、显示等功能。

4.5.5 检测仪表的定期校验：通过试验、检验、标定等手段测量器具的示值误差满足规定要求。

4.5.6 自动控制及监视系统的定期维护：

1 仪表、控制设备及其附件外壳和其他非带电金属部件的保护接地（接零），仪表及控制系统的工作接地（包括信号回路接地和屏蔽接地）每年应进行一次检查和维护。

2 自动控制（监控）系统中，在专用通信通路所有的输入、输出端口或任何其他通向检测仪表和控制系统的入口的电路点上所装设的雷电分流设备，应每年进行一次检查和维护，以确保安全可靠。

4.5.7 主机房内防静电接地应符合设计文件规定。

4.6 泵站辅助设施

4.6.1 泵站内的起重设备属于强制性检查设备，条文仅作日常养护和定期维护的基本要求规定，具体实施必须按国家现行规程《起重机械监督检验规程》（国质检锅［2002］296号）和《特种设备安全监察条例》（中华人民共和国第373号政府令）执行。

4.6.2 电动葫芦的日常养护要求：

1 使用电动葫芦起吊重物前，应检查使用安全电压的手操作控制器和电器控制箱，确认通电后设备处于可操作状态；

2 起吊索具应安全可靠，符合起重要求；

3 电动葫芦的升降、行走机构操作运行灵活，断电制动稳定可靠。

4.6.3 电动葫芦的定期维护

1 检查钢丝绳在一个捻节距内的断丝数，超过标准时应报废。

2 检查专用接地标准电阻值，电阻值应小于5Ω。

3 工字钢轨道车档应连接可靠，完整无缺损松动；轨道侧面磨损超过原宽的15%应更换；在无负荷条件下，工字钢在两吊点之间水平以下的下沉值大于1/2000时应校正。

4 检查和更换电动葫芦的制动器、卷扬机构、电控箱内不合格的元器件。

5 清洗检查减速箱、齿轮、轴、轴承，根据磨损度修复和更换，齿面点蚀损坏达啮合面的30%，深度达齿厚的10%时应予更换。清洗后更换新的润滑油。

4.6.4 桥式起重机的日常养护

1 使用前必须检查电控箱，通电后电源滑触线的接触良好。采用低压手操作控制器，检查桥式起重机的大车、小车、卷扬机等处于正常可操作状态。

2 空载试车，完成大车、小车行走，升降、制动的操作检查。

3 用验电器检验接地线的可靠性，接地电阻不应大于5Ω。

4 用10倍放大镜检验吊钩，危险断面不得有裂纹，钢丝绳鼓应排列整齐。

4.6.5 桥式起重机的定期维护

1 排水泵站内桥式起重机，由于使用频率不高，根据技术规范及设计要求定为轻级制，因而本规程定为3年进行一次恢复性维修。

2 桥式起重机维护的项目

1）检查桥架螺栓紧固情况，尤其是主梁与端梁、大车导轨维修平台、导轨支架、小车或其他构件的连接螺栓不得有任何松动。

2）检查梁架主要焊缝有无裂纹，若发现有裂纹应铲除后，重新焊接。在无负荷条件下，主梁在水平面的下沉值大于1/2000时，应修理校正。

3）检查大车、小车的传动轴、联轴节、螺栓有无松动情况。更换过或修复的大、小车制动器应制动灵敏可靠，若制动带磨损量达原厚度的30%应更换，沉头铆钉顶面埋下至少0.5mm。

4）主驱动减速器支承轴承及传动齿轮副磨损，齿面点蚀损坏达啮合面的30%，深度达齿厚的10%应予更换。

5）检查大小车是否有啃道现象，若轨道的接头横向位置及高低误差大于1mm，轨道侧面磨损超过轨宽的15%均应更换。

6）检查电器设备、清洗电动机轴承并加注润滑脂，调整限位器及修正触头，并对各个导线接头进行检查，连接应紧固，无发热现象。

4.6.6 剩水泵的日常养护

1 离心式剩水泵日常养护同一般离心泵；

2 潜水式剩水泵的日常养护同一般潜水式离心泵。

4.6.7 通风机的日常养护

1 通风机运行中不得出现异常振动和噪声；

2 通风管密封为软性材料，一般采用法兰板压紧或凹凸咬口连接，密封损坏出现裂缝，风管将发生泄漏。

4.6.8 通风机的定期维护

1 通风机的进、出风口应定期清扫、检查，并对转子轴承进行清洗、加油润滑；

2 定期对通风系统解体维护，更换易损件的目的是消除故障，确保机组安全可靠运行。

4.6.9 近年来，水处理工艺构筑物的除臭设备、设施发展很快，主要有物理脱臭吸附、化学氧化、焚烧、喷淋、生物过滤、洗涤、高能光量子除臭等。除臭装置的尾气排放应符合现行国家标准《恶臭污染物排放标准》GB 14554—93 的规定，见表 13 和表 14。

表 13 国标中恶臭污染物厂界标准值

序号	控制项目	单位	一级	二级		三级	
				新扩改建	现有	新扩改建	现有
1	氨	mg/m^3	1.0	1.5	2.0	4.0	5.0
2	三甲胺	mg/m^3	0.05	0.08	0.15	0.45	0.80
3	硫化氢	mg/m^3	0.03	0.06	0.10	0.32	0.60
4	甲硫醇	mg/m^3	0.004	0.007	0.010	0.020	0.035
5	甲硫醚	mg/m^3	0.03	0.07	0.15	0.55	1.10
6	二甲二硫醚	mg/m^3	0.03	0.06	0.13	0.42	0.71
7	二硫化碳	mg/m^3	2.0	3.0	5.0	8.0	10
8	苯乙烯	mg/m^3	3.0	5.0	7.0	14	19
9	臭气浓度	无量纲	10	20	30	60	70

表 14 国标中恶臭污染物排放标准值
（排气筒高度均为 15m）

序号	控制项目	排放量（kg/h）
1	硫化氢	0.33
2	甲硫醇	0.04
3	甲硫醚	0.33
4	二甲二硫醚	0.43
5	氨	4.9
6	三甲胺	0.54
7	臭气浓度	2000（标准值，无量纲）

除臭装置按臭气处理工艺流程，一般可分为收集、处理和控制三个系统。收集系统主要由集气罩、风管、抽吸风机、屏蔽棚等装置组成。处理系统根据处理工艺不同设备组成有较大差异。采用生物吸附工艺的处理系统，主要由过滤器、洗涤器、循环水泵、吸附槽、加热恒温装置、喷淋器、酸碱发生器等组成；采用化学氧化法工艺的处理系统主要由臭氧发生器、酸碱发生器、活性炭氧化剂、高能离子发生器、抽吸风机等组成。控制系统主要由 pH、H_2S 在线检测监控仪表、流量计、液位计、PLC 控制器等电子监控仪器、仪表组成。除臭装置在运行过程中应注意下列事项：

1 为保证进入收集系统的臭气不发生扩散，应确保收集系统在负压工作状态下运行。

2 在除臭装置发生故障时，控制系统的报警器应能及时发出报警信号，同时停止运行，故障消除后能重新恢复运行。

3 泵站停止运行时，应打开除臭装置的屏蔽，避免硫化氢等有毒有害、易燃易爆气体聚集。

4.6.11 真空泵的日常养护

1 真空泵在运行前应保持泵体内充满水，转子转动灵活，叶轮旋转无摩擦卡阻，旋转方向正确，基础螺栓紧固不松动；

2 真空泵投入运行后，应经常巡视检查气水分离器的真空度，进气管和泵轴密封无泄漏；

3 经常巡视检查泵组电机轴与真空泵轴的同轴度，联轴器的轴向相隙和真空泵叶轮和外壳的间隙，确保稳定运行。

4.6.12 真空泵的定期维护

1 真空泵轴封的密封状态好坏，影响泵的真空度；

2 真空泵叶轮因长期运行、汽蚀作用后受到磨损时，影响到抽真空效率，因此包括叶轮的支承轴承在内均应每隔 3 年进行解体检查、清洗和更换磨损的轴承。

4.6.13 防水锤装置的日常养护

1 当水泵停止运行时，应对水锤消除器工作状态进行严密监视，防止因泵的出口压力变化损坏泵机。

2 在完成一次水锤消除作用后应进行重锤的复位，并能迅速排放突然产生的气体。还应经常检查消除器的定位销、压力表、阀芯、重锤的连杆机构。

3 能自动复位的下开式水锤消除器，完成一次水锤消除工作后，应检查自动复位器的连杆及重锤是否复位，检查自闭式水锤消除装置的执行机构信号装置、控制器和延时装置。

4 气囊式水锤消除装置应防止空气囊内气体泄漏。当气压低于额定值时，必须及时补充气体。

4.6.15 叠梁插板闸门通常用于泵站设备、设施断水维修或排放工艺变动时使用。插板和起吊架应妥善保存，不能露天搁置，防止日晒、雨淋和锈蚀损坏。

4.6.16 柴油发电机组在泵站突然断电，短时间内又无法恢复供电时作应急电源用。柴油发电机组按设置方式分为固定式、移动式、车载式、牵引式；按发动机冷却方式分为风冷式、水冷式。

柴油发动机在启动后，空载运转转速应逐渐提高到规定值（不宜超过 5min），并进入部分负荷运转，待柴油机的出水温度（风冷式除外）和机油压力分别达到规定值（75℃和 0.25MPa）时，才允许进入全负荷运转。

4.6.17 柴油发动机及发电机组的使用、保养和维修，应按行业标准和生产厂的要求施行。

4.6.18 备用水泵机组维护同水泵和电机维护要求。

4.7 消防器材及安全设施

4.7.1 消防器材与设施属强制性检查项目，应落实专人管理。消防工作应执行中华人民共和国公安部令第 61 号《机关、团体、企业、事业单位消防安全管理规定》。

灭火器应当建立档案资料，记明配置类型、数量、设置位置、检查维修人员、更换药剂的时间等有关情况。消防器材应定点放置，并绘制消防器材分布图张贴于明显处。

4.7.3 防毒防爆用具的使用

1 泵站防毒、防爆仪表必须定期经法定计量部门或法定授权组织检定，并且建立档案资料，记录仪表类型、数量、设置位置、检测机构、维修人员和日期等有关情况；

2 防毒面具应完好无破损，滤毒罐必须按规定定期检查、称重并做好记录。滤毒罐有其规定的防护时间，有效存放期一般为 3 年，判断失效的方法有：（1）发现异样嗅觉即失效；（2）按防护时间及有毒气体浓度计算剩余使用时间；（3）滤毒罐增重 30 克即失效；（4）安装失效指示装置。

4.7.4 安全色与安全标志

1 为引起对不安全因素的注意，预防发生事故，泵站内的消防设备，机器转动部件的裸露部分，起重机吊钩，紧急通道，易碰撞处，有危险的器材或易坠落处如护栏、扶梯、井、洞口等，应按标准绘制规定的安全色；

2 在泵站内可能发生坠落、物体打击、触电、误操作、机械伤害、燃爆、有毒气体伤害、溺水等事故的地方，应按标准设置安全标志。

4.8 档案与技术资料管理

4.8.2 工程建设文本主要包括工程可行性研究报告、环境影响评价报告、扩大初步设计书、施工设计图和土地证明文本等。竣工验收资料主要包括竣工图、隐蔽工程验收单、竣工验收报告、设备清单和工程决算等。

4.8.4 泵站设施维修资料包括一机一卡、维修计划与实施记录、维修质量检验与评定。

4.8.5 归档的资料应包括各类事故记录、取样、摄影或录像等资料。

4.8.6 泵站运行资料主要包括运行记录、变配电运行记录等。

中华人民共和国行业标准

城镇供热直埋热水管道技术规程

Technical specification for directly buried hot-water heating pipeline in city

CJJ/T 81－2013

主编部门：中华人民共和国住房和城乡建设部
施行日期：2 0 1 4 年 2 月 1 日

中华人民共和国住房和城乡建设部
公　　告

第 91 号

住房城乡建设部关于发布行业标准《城镇供热直埋热水管道技术规程》的公告

现批准《城镇供热直埋热水管道技术规程》为行业标准，编号为 CJJ/T 81－2013，自 2014 年 2 月 1 日起实施。原行业标准《城镇直埋供热管道工程技术规程》CJJ/T 81－98 同时废止。

本规程由我部标准定额研究所组织中国建筑工业出版社出版发行。

中华人民共和国住房和城乡建设部

2013 年 7 月 26 日

前　　言

根据原建设部《关于印发〈2007 年工程建设标准规范制订、修订计划（第一批）〉的通知》（建标［2007］125 号）的要求，规程编制组经广泛调查研究，认真总结实践经验，参考有关国外的先进标准，并在行业标准《城镇直埋供热管道工程技术规程》CJJ/T 81－98 和广泛征求意见的基础上，修订本规程。

本规程主要技术内容是：1　总则；2　术语和符号；3　保温管及管件；4　管道布置与敷设；5　管道应力验算；6　固定墩设计；7　管道施工与验收；8　运行与维护。

本次修订的主要内容为：

1　对适用范围进行调整，扩大了管径的范围；

2　增加管道保温计算；

3　对摩擦力计算、管道局部稳定验算、固定墩设计进行调整；

4　增加运行与维护章节；

5　删除了原规程附录 D 三通加固方案。

本规程由住房和城乡建设部负责管理，由城市建设研究院负责具体技术内容的解释。请各单位在执行本规程过程中，注意总结经验，积累资料，随时将有关意见和建议寄交城市建设研究院（地址：北京市德胜门外大街 36 号；邮政编码：100120）。

本规程主编单位：城市建设研究院
北京市煤气热力工程设计院有限公司

本规程参编单位：中国市政工程华北设计研究院
太原理工大学
哈尔滨工业大学
太原市热力公司
北京特泽热力工程设计有限责任公司
北京豪特耐管道设备有限公司
昊天节能装备股份有限公司
中国石化集团上海工程有限公司
天津市管道工程集团有限公司保温管厂
大连科华热力管道有限公司
唐山兴邦管道工程设备有限公司
大连开元热力仪表管道有限公司
上海科华热力管道有限公司
北京市鼎超供热管有限公司
江苏地龙管业有限公司
天津开发区泰达保温材料有限公司
双鸭山龙唐管道工程有限公司
河北华热工程设计有限公司
河北金润热力燃气工程设计咨询有限公司
天津建塑供热管道设备工程

有限公司
大连新光管道制造有限公司
江苏宏鑫管道工程设计有限公司
河北华孚管道防腐保温有限责任公司

本规程主要起草人：冯继蓓　杨　健　杨良仲　王　淮　王　飞　邹平华　张建伟　贾　震　刘　芃　刘世宇　牛小化　钱　琦　贾丽华　郑中胜　方向军　周曰从　邱华伟　杨　秋　丛树界　陈　雷　陆君利　包卫军　瞿桂然　王忠生　张　骐　王向东　于春清　于　宁　宋章根　邵　秋　王　瑨

本规程主要审查人：闻作祥　郭　华　姚约翰　路建初　刘广清　梁　鹂　于黎明　王胜华　杨铁荣　郭幼农　张书忱

目　次

Contents

1 总 则

1.0.1 为规范城镇供热直埋热水管道工程的设计、施工、验收和运行管理，制定本规程。

1.0.2 本规程适用于新建、改建、扩建的设计温度小于或等于150℃、设计压力小于或等于2.5MPa、管道公称直径小于或等于1200mm城镇供热直埋热水管道的设计、施工、验收和运行管理。

1.0.3 在地震、湿陷性黄土、膨胀土等地区，供热直埋热水管道工程除应符合本规程外，还应符合现行国家标准《室外给水排水和燃气热力工程抗震设计规范》GB 50032、《湿陷性黄土地区建筑规范》GB 50025和《膨胀土地区建筑技术规范》GB 50112的相关规定。

1.0.4 城镇供热直埋热水管道工程的设计、施工、验收和运行管理除应符合本规程外，尚应符合国家现行有关标准的规定。

2 术语和符号

2.1 术 语

2.1.1 直埋热水管道 directly buried heating pipeline

工作管、保温层、外护管形成整体保温结构，直接埋设于土壤中的预制保温管道。

2.1.2 屈服温差 temperature difference of yielding

管道在伸缩完全受阻的工作状态下，工作管管材开始屈服时的温度与安装温度之差。

2.1.3 活动端 free end

管道上安装补偿器和弯管等能补偿热位移的部位。

2.1.4 固定点 fixed point

管道上采用强制固定措施不能发生位移的点。

2.1.5 锚固点 natural fixed point

管道温度升高或降低到某一定值时，直线管道上发生热位移和不发生热位移管段的自然分界点。

2.1.6 驻点 stagnation point

两端为活动端的直线管段，当管道温度变化且全线管道产生朝向两端或背向两端的热位移，管道上位移为零的点。

2.1.7 锚固段 fully restrained section

管道温度发生变化时，不产生热位移的管段。

2.1.8 过渡段 partly restrained section

管段一端为固定点或驻点或锚固点，另一端为活动端，当管道温度变化时，能产生热位移的管段。

2.1.9 单位长度摩擦力 friction of unit lengthwise pipeline

保温管与土壤沿管道轴线方向单位长度的摩擦力。

2.1.10 弯头变形段长度 length of expansion leg

管道温度变化时，弯头两臂产生侧向位移的管段长度。

2.2 符 号

A——工作管管壁的横截面积；

a——沟槽底宽度；

B——管道壁厚负偏差附加值；

C——土壤横向压缩反力系数；

c——安装工作宽度；

D_c——外护管外径；

D_i——工作管内径；

D_o——工作管外径；

D_w——保温层外径；

E——钢材的弹性模量；

E_a——主动土压力；

E_p——被动土压力；

e——供、回水管中心线距离；

F——单位长度摩擦力；

F_f——活动端对管道伸缩的阻力；

F_{max}——单位长度最大摩擦力；

F_{min}——单位长度最小摩擦力；

F_a、F_b——驻点两侧活动端对管道伸缩的阻力；

f——地基承载力设计值；

f_1、f_2、f_3——固定墩底面、侧面及顶面与土壤的摩擦力；

f_o——初始挠度；

G——包括介质在内的保温管单位长度自重；

G_g——固定墩自重；

G_l——固定墩上部覆土重；

G_W——单位长度管道上方的土层重量；

g——重力加速度；

H——管道中心线覆土深度；

H_l——管道当量覆土深度；

H_w——地下水位线深度；

b、d、h——固定墩宽、厚、高尺寸；

h_1——固定墩顶面至地面的距离；

h_2——固定墩底面至地面的距离；

I_p——直管工作管横截面的惯性矩；

I_b——弯头工作管横截面的惯性矩；

K——抗滑移系数；

K_s——被动土压力折减系数；

K'——弯头工作管柔性系数；

K_0——土壤静压力系数；

K_{ov}——抗倾覆系数；

k——与土壤特性和管道刚度有关的参数；

L——设计布置的过渡段长度；

L'——过渡段内计算截面距活动端的距离；

L_{max}——直管段的过渡段最大长度；

L_{min}——直管段的过渡段最小长度；

L_{pr}——预热管段长度；

L_s——一次性补偿器到固定点或驻点的距离；

ΔL_s——一次性补偿器的计算预热伸长量；

l_e——弯头变形段长度；

$l_{t.max}$——转角管段的过渡段最大长度；

$l_{t.min}$——转角管段的过渡段最小长度；

l_t——转角管段循环工作的过渡段长度；

l_{c1}、l_{c2}——转角管段的计算臂长；

l_{td}——竖向转角管段的变形段长度；

l、l_1、l_2——设计布置的管段长度；

l_a、l_b——驻点两侧过渡段长度；

l_{cm}——转角管段的平均计算臂长；

Δl——管段的热伸长量；

Δl_d——计算截面的热位移量；

Δl_a——假设过渡段的热伸长量；

$\Delta l'$——固定墩微量位移量；

Δl_p——过渡段的塑性压缩变形量；

M——弯头的弯矩变化范围；

N_a——锚固段的轴向力；

N_b——弯头两侧计算臂长相等时的轴向力；

N_s——竖向转角管段弯头的轴向力；

N_1——弯头两侧计算臂长不等时，l_{c1} 侧的轴向力；

N_2——弯头两侧计算臂长不等时，l_{c2} 侧的轴向力；

$N_{p\cdot max}$——管道的最大轴向力；

$N_{t\cdot max}$——过渡段内计算截面的最大轴向力；

$N_{t\cdot min}$——过渡段内计算截面的最小轴向力；

n——屈服极限增强系数；

P——土压力；

P_d——管道计算压力；

Q——作用在单位长度管道上的垂直分布荷载；

q_s——供水管单位长度热损失；

q_r——回水管单位长度热损失；

R——弯头的曲率半径；

R_h——附加热阻；

R_g——土壤热阻；

R_t——保温材料热阻；

R_0——土壤表面换热热阻；

r——工作管平均半径；

r_{bm}——弯头工作管横截面的平均半径；

r_{bo}——弯头工作管横截面的外半径；

r_{bi}——弯头工作管横截面的内半径；

S_F——单位长度管道上方土体的剪切力；

s——两管道之间的净距；

T——固定墩、固定支架承受的推力；

T'——固定墩承受推力减小值；

T_s——预热管段对固定墩的推力；

ΔT_y——工作管屈服温差；

t_0——管道计算安装温度；

t_g——管道中心线的自然地温；

t'_g——计算点的土壤温度；

t_{ws}——供水管保温层外表面温度；

t_{wr}——回水管保温层外表面温度；

t_s——计算供水温度；

t_r——计算回水温度；

t_1——管道工作循环最高温度；

t_2——管道工作循环最低温度；

t_i——预热开始前的管道温度；

W——管顶单位面积上总垂直荷载；

x——计算点与供水管中心线的水平距离；

X_2——被动土压力作用点至固定墩底面的距离；

X_1——主动土压力作用点至固定墩底面的距离；

ΔX——工作管径向最大变形量；

y——计算点的覆土深度；

Y——温度修正系数；

α——钢材的线膨胀系数；

β_b——弯头平面弯曲环向应力加强系数；

χ——管道壁厚负偏差系数；

δ——工作管公称壁厚；

δ_b——弯头工作管的公称壁厚；

δ_m——工作管最小壁厚；

γ_s——安全系数；

φ——回填土的内摩擦角；

η——许用应力修正系数；

λ——弯头工作管的尺寸系数；

λ_g——土壤导热系数；

λ_t——保温材料在运行温度下的导热系数；

μ——摩擦系数；

ρ——土密度；

ρ_{sw}——地下水位线以下的土壤有效密度；

ϕ——转角管段的折角；

ν——钢材的泊松系数；

$[\sigma]$——钢材的许用应力；

σ_b——钢材的抗拉强度最小值；

σ_j——内压、热胀应力的当量应力变化范围；

σ_s——钢材的屈服极限最小值；

σ_t——管道内压引起的环向应力；

σ_v——管道中心线处土壤应力；

σ_{bt}——弯头在弯矩作用下最大环向应力变化幅度；

σ_{pt}——弯头在内压作用下的最大环向应力；

σ_{max}——固定墩底面对土壤的最大压应力。

3 保温管及管件

3.1 一般规定

3.1.1 保温管及管件应为工作管、保温层、外护管为一体的工厂预制的产品。

3.1.2 在设计温度下和使用年限内，保温管和管件的保温结构不得损坏，保温管的最小轴向剪切强度不应小于0.08MPa。

3.1.3 当工作管使用钢管、外护管使用高密度聚乙烯、保温材料使用硬质聚氨酯泡沫塑料时，保温管及管件应符合现行国家标准《高密度聚乙烯外护管硬质聚氨酯泡沫塑料预制直埋保温管及管件》GB/T 29047的相关规定；当工作管使用钢管、外护管使用玻璃钢、保温材料使用硬质聚氨酯泡沫塑料时，保温管应符合现行行业标准《玻璃纤维增强塑料外护层聚氨酯泡沫塑料预制直埋保温管》CJ/T 129的相关规定。

3.1.4 工作管弯头可采用锻造、热煨或冷弯制成，不得使用由直管段做成的斜接缝弯头。弯头的最小壁厚不得小于直管段壁厚。

3.1.5 工作管三通宜采用锻压、拔制制成。三通主管和支管任意点的壁厚不应小于对应焊接的直管壁厚。

3.1.6 工作管异径管应采用同心异径管，异径管圆锥角不应大于20°。异径管壁厚不应小于直管道的壁厚。

3.1.7 保温层厚度应符合设计规定，并应保证运行时外护管表面温度小于50℃。

3.1.8 外护管两端应切割平整，并应与外护管轴线垂直，角度误差不应大于2.5°。保温管件外护管的材质应与直管段外护管相同，厚度不应小于直管段外护管的厚度。

3.1.9 保温管道工程宜设置泄漏监测系统，泄漏监测系统应与管网同时设计、施工及验收。当管网设计发生变更时，应同时进行泄漏监测系统的设计变更。

3.2 保温计算

3.2.1 直埋保温管的保温厚度应符合下列规定：

1 保温层外表面温度应进行验算，且应小于50℃；

2 当直埋保温管周围设施或环境条件对温度有要求时，应对温度场进行验算。

3.2.2 计算保温层厚度时选用的自然地温数据，可按本规程附录A选取。

3.2.3 管道的热损失应按下列公式计算：

$$q_s=\frac{(R_g+R_t)(t_t-t_g)-R_h(t_r-t_g)}{(R_g+R_t)^2-R_h^2} \tag{3.2.3-1}$$

$$q_r=\frac{(R_g+R_t)(t_r-t_g)-R_h(t_s-t_g)}{(R_g+R_t)^2-R_h^2} \tag{3.2.3-2}$$

$$R_g=\frac{1}{2\pi\times\lambda_g}\times\ln\frac{4H_l}{D_w} \tag{3.2.3-3}$$

$$R_t=\frac{1}{2\pi\times\lambda_t}\times\ln\frac{D_w}{D_o} \tag{3.2.3-4}$$

$$R_h=\frac{1}{4\pi\times\lambda_g}\times\ln\left[1+\left(\frac{2H_l}{e}\right)^2\right] \tag{3.2.3-5}$$

$$H_l=H+R_0\times\lambda_g \tag{3.2.3-6}$$

式中：q_s——供水管单位长度热损失(W/m)；

q_r——回水管单位长度热损失(W/m)；

t_s——计算供水温度(℃)；

t_r——计算回水温度(℃)；

t_g——管道中心线的自然地温(℃)；

R_g——土壤热阻[(m·K)/W]；

R_t——保温材料热阻[(m·K)/W]；

R_h——附加热阻[(m·K)/W]；

R_0——土壤表面换热热阻，可取0.0685[(m²·K)/W]；

λ_g——土壤导热系数[W/(m·K)]，应取实测数据。估算时湿土可取1.5～2W/(m·K)，干沙可取1W/(m·K)；

λ_t——保温材料在运行温度下的导热系数[W/(m·K)]；

H——管道中心线覆土深度（m）；

H_l——管道当量覆土深度（m）；

D_w——保温层外径（m）；

D_o——工作管外径（m）；

e——供、回水管中心线距离（m）。

3.2.4 保温层外表面温度应按下式计算：

$$t_{ws}=t_s-q_s\times R_t \tag{3.2.4-1}$$

$$t_{wr}=t_r-q_r\times R_t \tag{3.2.4-2}$$

式中：t_{ws}——供水管保温层外表面温度（℃）；

t_{wr}——回水管保温层外表面温度（℃）；

q_s——供水管单位长度热损失（W/m）；

q_r——回水管单位长度热损失（W/m）；

t_s——计算供水温度（℃）；

t_r——计算回水温度（℃）；

R_t——保温材料热阻［（m·K）/W］。

3.2.5 保温管周围土壤温度可按下式计算：

$$t'_g=t_g+\frac{q_s}{4\pi\times\lambda_g}\times\ln\frac{x^2+(y+H)^2}{x^2+(y-H)^2}+\frac{q_r}{4\pi\times\lambda_g}$$

$$\times \ln \frac{(x-e)^2+(y+H)^2}{(x-e)^2+(y-H)^2} \quad (3.2.5)$$

式中：t'_g——计算点的土壤温度(℃)；

t_g——管道中心线的自然地温(℃)；

q_s——供水管单位长度热损失(W/m)；

q_r——回水管单位长度热损失(W/m)；

λ_g——土壤导热系数[W/(m·K)]；

x——计算点与供水管中心线的水平距离；

y——计算点的覆土深度；

H——管道中心线覆土深度(m)；

e——供、回水管中心线距离(m)。

4 管道布置与敷设

4.1 管道布置

4.1.1 管道的布置应符合现行行业标准《城镇供热管网设计规范》CJJ 34的相关规定。

4.1.2 直埋热水管道与设施的净距应符合表4.1.2的规定：

表4.1.2 直埋热水管道与设施的净距

设施名称			最小水平净距(m)	最小垂直净距(m)
给水、排水管道			1.5	0.15
排水盲沟			1.5	0.50
燃气管道(钢管)	≤0.4MPa		1.0	0.15
	≤0.8MPa		1.5	
	>0.8MPa		2.0	
燃气管道(聚乙烯管)	≤0.4MPa		1.0	燃气管在上0.5 燃气管在下1.0
	≤0.8MPa		1.5	
	>0.8MPa		2.0	
压缩空气或CO_2管道			1.0	0.15
乙炔、氧气管道			1.5	0.25
铁路钢轨			钢轨外侧3.0	轨底1.2
电车钢轨			钢轨外侧2.0	轨底1.0
铁路、公路路基边坡底脚或边沟的边缘			1.0	—
通信、照明或10kV以下电力线路的电杆			1.0	—
高压输电线铁塔基础边缘(35kV～220kV)			3.0	—
桥墩(高架桥、栈桥)			2.0	—
架空管道支架基础			1.5	—
地铁隧道结构			5.0	0.80
电气铁路接触网电杆基础			3.0	—
乔木、灌木			1.5	—
建筑物基础			2.5(DN≤250mm)	—
			3.0(DN≥300mm)	—
电缆	通信电缆及管块		1.0	0.15
	电力及控制电缆	≤35kV	2.0	0.50
		≤110kV	2.0	1.00

注：直埋热水管道与电缆平行敷设时，电缆处的土壤温度与月平均土壤自然温度比较，全年任何时候，对于10kV的电缆不高出10℃；对于35kV～110kV的电缆不高出5℃时，可减少表中所列净距。

4.1.3 直埋热水管道的最小覆土深度应符合表4.1.3的规定，同时应进行稳定验算。

表4.1.3 直埋热水管道的最小覆土深度

管道公称直径(mm)	最小覆土深度(m)	
	机动车道	非机动车道
≤125	0.8	0.7
150～300	1.0	0.7
350～500	1.2	0.9
600～700	1.3	1.0
800～1000	1.3	1.1
1100～1200	1.3	1.2

4.1.4 管道穿越水面的布置应符合现行行业标准《城镇供热管网设计规范》CJJ 34的相关规定。

4.2 管道敷设

4.2.1 管道的敷设坡度不宜小于2‰，进入建筑物的管道宜坡向干管。管道的高处宜设放气阀，低处宜设放水阀。直接埋地的放气管、放水管与管道有相对位移处应采取保护措施。

4.2.2 管道应利用转角自然补偿。

4.2.3 转角管段的臂长应大于或等于弯头变形段长度。弯头变形段长度应按下列公式计算：

$$l_e = \frac{2.3}{k} \quad (4.2.3\text{-}1)$$

$$k = \sqrt[4]{\frac{D_c \times C}{4E \times I_p \times 10^6}} \quad (4.2.3\text{-}2)$$

式中：l_e——弯头变形段长度(m)；

k——与土壤特性和管道刚度有关的参数(1/m)；

D_c——外护管外径(m)；

C——土壤横向压缩反力系数(N/m³)；

E——钢材的弹性模量(MPa)；

I_p——直管工作管横截面的惯性矩(m⁴)。

4.2.4 "Z"形、"Π"形补偿管段可分割成两个转角管段，每个转角管段的臂长均应大于或等于管道的弯头变形段长度(图4.2.4)。

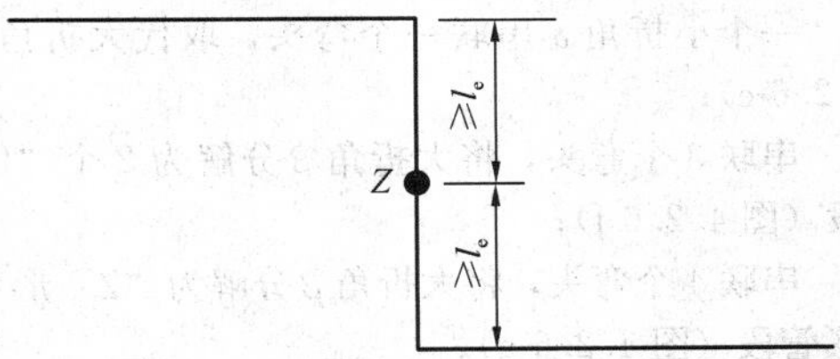

(a)"Z"形管段

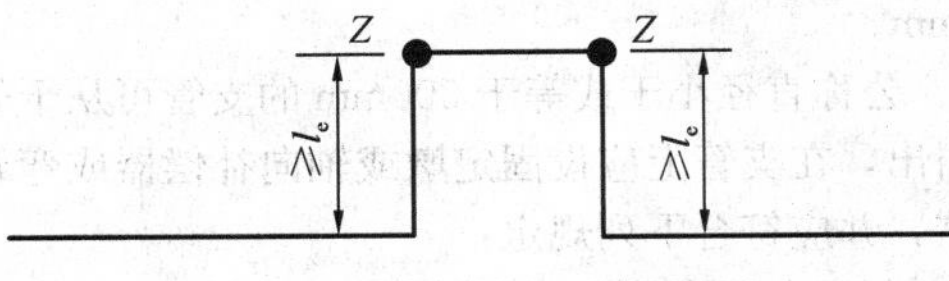

(b)"Π"形管段

图4.2.4 转角管段布置示意图

4.2.5 管道小角度折角不大于表 4.2.5 的规定时，可视为直管段。

表 4.2.5 可视为直管段的最大折角

最大平面折角（°） / 管道公称直径（mm）	循环工作温差（t_1-t_2）（℃）								最大坡度变化（%）
	50	65	75	85	105	110	120	140	
≤100	4.3	3.2	3.0	2.4	2.0	1.8	1.6	0	2
125～300	3.8	2.8	2.7	2.1	1.8	1.7	1.4	0	2
350～500	3.4	2.6	2.3	1.9	1.6	1.3	1.3	0	2
600～800	3.4	2.6	2.1	1.7	1.2	0.8	0.1	0	1
900～1200	3.4	2.6	1.6	1.3	0.9	0.7	0	0	1

4.2.6 管道的折角 β 大于本规程表 4.2.5 的规定时，可采取下列处理措施：

1 采用弯管（图 4.2.6-a）；

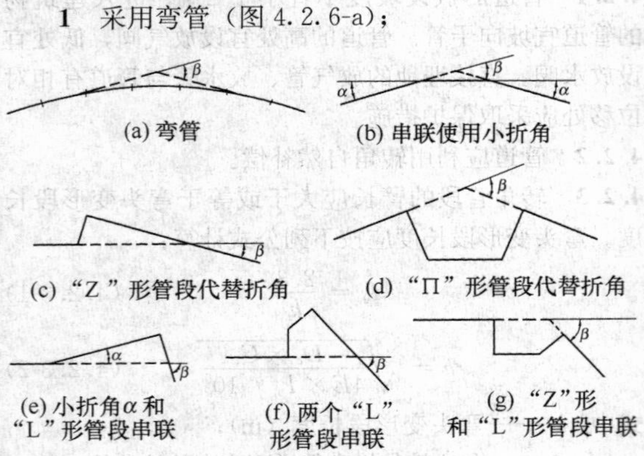

图 4.2.6 管道的转角处理示意图

2 将大折角 β 分解为几个小折角 α（图 4.2.6-b）；

3 串联 2 个弯头，将大折角 β 转化为"Z"形管段（图 4.2.6-c）；

4 串联 4 个弯头，将大折角 β 转化为"Π"形管段（图 4.2.6-d）；

5 一个小折角 α 串联一个弯头，取代大折角 β（图 4.2.6-e）；

6 串联 3 个弯头，将大折角 β 分解为 2 个"L"形管段（图 4.2.6-f）；

7 串联 4 个弯头，将大折角 β 分解为"Z"形和"L"形管段（图 4.2.6-g）。

4.2.7 直埋管道分支点干管的轴向热位移量不宜大于 50mm。

4.2.8 公称直径小于或等于 500mm 的支管可从干管直接引出，在支管上应设固定墩或轴向补偿器或弯管补偿器，并应符合下列规定：

1 分支点至支管上固定墩的距离不宜大于 9m；

2 分支点至支管上轴向补偿器或弯管的距离不宜大于 20m；

3 分支点至支管上固定墩或弯管补偿器的距离不应小于支管的弯头变形段长度；

4 分支点至支管上轴向补偿器的距离不应小于 12m。

4.2.9 轴向补偿器和管道轴线应一致，轴向补偿器与分支点、转角、变坡点的距离不应小于管道弯头变形段长度的 1.5 倍，且不应小于 12m。

4.3 管道附件与设施

4.3.1 管道附件与设施的布置和敷设应符合现行行业标准《城镇供热管网设计规范》CJJ 34 的相关规定。

4.3.2 阀门应采用能承受管道轴向荷载的钢制焊接阀门。

4.3.3 补偿器、异径管等管道附件应采用焊接连接，补偿器宜设在检查室内。

4.3.4 当管道由直埋敷设转至其他敷设方式，或进入检查室时，直埋保温管保温层的端头应封闭。

4.3.5 异径管或壁厚变化处，应设补偿器或固定墩，固定墩应设在大管径或壁厚较大一侧。

4.3.6 三通、弯头等应力比较集中的部位应进行验算，不能满足要求时，可采取设置固定墩或补偿器等保护措施。

4.3.7 当需要减小管道对固定墩的推力时，可采取设置补偿器或对管道进行预热处理等措施。

4.3.8 固定墩处应采取防腐绝缘措施，钢管、钢架不应裸露。

5 管道应力验算

5.1 一 般 规 定

5.1.1 管道的应力验算应采用应力分类法，并应符合下列规定：

1 一次应力的当量应力不应大于钢材的许用应力；

2 一次应力和二次应力的当量应力变化范围不应大于 3 倍钢材的许用应力；

3 局部应力集中部位的一次应力、二次应力和峰值应力的当量应力变化幅度不应大于 3 倍钢材的许用应力。

5.1.2 进行管道应力计算时，计算参数应按下列规定取值：

1 计算压力应取管道设计压力；

2 工作循环最高温度应取供热管网设计供水温度；

3 工作循环最低温度，对于全年运行的管道应取 30℃，对于只在采暖期运行的管道应取 10℃；

4 计算安装温度应取安装时的最低温度；

5 计算应力变化范围时，计算温差应采用工作循环最高温度与工作循环最低温度之差；

6 计算轴向力时，计算温差应采用工作循环最高温度与计算安装温度之差。

5.1.3 保温管与土壤之间的单位长度摩擦力应按下式计算：

$$F=\mu\left(\frac{1+K_0}{2}\pi\times D_c\times\sigma_v+G-\frac{\pi}{4}D_c^2\times\rho\times g\right) \tag{5.1.3-1}$$

$$K_0=1-\sin\varphi \tag{5.1.3-2}$$

式中：F——单位长度摩擦力（N/m）；

μ——摩擦系数；

D_c——外护管外径（m）；

σ_v——管道中心线处土壤应力（Pa）；

G——包括介质在内的保温管单位长度自重（N/m）；

ρ——土密度（kg/m^3），可取 $1800kg/m^3$；

g——重力加速度（m/s^2）；

K_0——土壤静压力系数；

φ——回填土内摩擦角（°），砂土可取 30°。

5.1.4 土壤应力应按下列公式计算：

1 当管道中心线位于地下水位以上时的土壤应力：

$$\sigma_v=\rho\times g\times H \tag{5.1.4-1}$$

式中：σ_v——管道中心线处土壤应力（Pa）；

ρ——土密度（kg/m^3），可取 1800 kg/m^3；

g——重力加速度（m/s^2）；

H——管道中心线覆土深度（m）；

2 当管道中心线位于地下水位以下时的土壤应力：

$$\sigma_v=\rho\times g\times H_w+\rho_{sw}\times g\,(H-H_w) \tag{5.1.4-2}$$

式中：ρ_{sw}——地下水位线以下的土壤有效密度（kg/m^3），可取 1000 kg/m^3；

H_w——地下水位线深度（m）。

5.1.5 保温管与土壤间的摩擦系数应根据回填条件确定，可按表 5.1.5 采用。

表 5.1.5 保温管外壳与土壤间的摩擦系数

回填料	摩擦系数	
	最大摩擦系数 μ_{max}	最小摩擦系数 μ_{min}
中砂	0.40	0.20
粉质黏土或砂质粉土	0.40	0.15

5.1.6 管道径向位移时，土壤横向压缩反力系数宜根据当地土壤情况实测数据确定，当无实测数据时，可按下列规定确定：

1 管道水平位移时，可按 1×10^6 N/m^3～10×10^6 N/m^3 取值；

2 管道水平位移，对于粉质黏土、砂质粉土，回填密实度为 90%～95%时，可按 3×10^6 N/m^3～4×10^6 N/m^3 取值；

3 管道竖向向下位移时，可按 5×10^6 N/m^3～$100\times10^6N/m^3$ 取值。

5.1.7 钢材的许用应力应根据钢材有关特性，取下列两式中的较小值：

$$[\sigma]=\frac{\sigma_b}{3} \tag{5.1.7-1}$$

$$[\sigma]=\frac{\sigma_s}{1.5} \tag{5.1.7-2}$$

式中：$[\sigma]$——钢材的许用应力（MPa）；

σ_b——钢材的抗拉强度最小值（MPa）；

σ_s——钢材的屈服极限最小值（MPa）。

5.2 管壁厚度计算

5.2.1 工作管的最小壁厚应按下式计算：

$$\delta_m=\frac{P_d\times D_o}{2[\sigma]\times\eta+2Y\times P_d} \tag{5.2.1}$$

式中：δ_m——工作管最小壁厚（m）；

P_d——管道计算压力（MPa）；

D_o——工作管外径（m）；

$[\sigma]$——钢材的许用应力（MPa）；

η——许用应力修正系数，无缝钢管取 1.0，螺旋焊缝钢管可取 0.9；

Y——温度修正系数，可取 0.4。

5.2.2 工作管的公称壁厚应按下式确定：

$$\delta\geqslant\delta_m+B \tag{5.2.2}$$

式中：δ——工作管公称壁厚（m）；

δ_m——工作管最小壁厚（m）；

B——管道壁厚负偏差附加值（m）。

5.2.3 管道壁厚负偏差附加值，应根据管道产品技术条件的规定选用，或按下列方法确定：

1 钢管壁厚负偏差附加值可按下式计算：

$$B=\chi\times\delta_m \tag{5.2.3}$$

式中：B——管道壁厚负偏差附加值（m）；

δ_m——工作管最小壁厚（m）；

χ——管道壁厚负偏差系数，可按表 5.2.3 选取。

表 5.2.3 管道壁厚负偏差系数

管道壁厚偏差（%）	0	−5	−8	−9	−10	−11	−12.5	−15
管道壁厚负偏差系数	0.050	0.053	0.087	0.099	0.111	0.124	0.143	0.176

2 当焊接钢管产品技术条件中未提供壁厚允许负偏差值时，壁厚负偏差附加值可采用钢板厚度的负偏差值，但壁厚负偏差附加值不得小于 0.5mm。

5.3 直管段应力验算

5.3.1 工作管的屈服温差应按下列公式计算：

$$\Delta T_y = \frac{1}{\alpha \times E}[n \times \sigma_s - (1-\nu)\sigma_t] \quad (5.3.1\text{-}1)$$

$$\sigma_t = \frac{P_d \times D_i}{2\delta} \quad (5.3.1\text{-}2)$$

式中：ΔT_y——工作管屈服温差(℃)；

α——钢材的线膨胀系数[m/(m·℃)]；

E——钢材的弹性模量(MPa)；

n——屈服极限增强系数，取1.3；

σ_s——钢材的屈服极限最小值(MPa)；

ν——钢材的泊松系数，取0.3；

σ_t——管道内压引起的环向应力(MPa)；

P_d——管道计算压力(MPa)；

D_i——工作管内径(m)；

δ——工作管公称壁厚(m)。

5.3.2 直管段的过渡段长度应按下列公式计算：

1 直管段过渡段最大长度：

$$L_{max} = \frac{[\alpha \times E(t_1 - t_0) - \nu \times \sigma_t]A \times 10^6}{F_{min}} \quad (5.3.2\text{-}1)$$

当 $t_1 - t_0 > \Delta T_y$ 时，取 $t_1 - t_0 = \Delta T_y$。

2 直管段过渡段最小长度：

$$L_{min} = \frac{[\alpha \times E(t_1 - t_0) - \nu \times \sigma_t]A \times 10^6}{F_{max}} \quad (5.3.2\text{-}2)$$

当 $t_1 - t_0 > \Delta T_y$ 时，取 $t_1 - t_0 = \Delta T_y$。

式中：L_{max}——直管段的过渡段最大长度(m)；

L_{min}——直管段的过渡段最小长度(m)；

F_{max}——单位长度最大摩擦力(N/m)；

F_{min}——单位长度最小摩擦力(N/m)；

α——钢材的线膨胀系数[m/(m·℃)]；

E——钢材的弹性模量(MPa)；

t_1——管道工作循环最高温度(℃)；

t_0——管道计算安装温度(℃)；

ν——钢材的泊松系数，取0.3；

σ_t——管道内压引起的环向应力(MPa)；

A——工作管管壁的横截面积(m^2)；

ΔT_y——工作管屈服温差(℃)。

5.3.3 在管道工作循环最高温度下，过渡段内工作管任一截面上的最大轴向力和最小轴向力应按下列公式计算：

1 最大轴向力：

$$N_{t \cdot max} = F_{max} \times L' + F_f \quad (5.3.3\text{-}1)$$

当 $L' \geqslant L_{min}$ 时，取 $L' = L_{min}$。

2 最小轴向力：

$$N_{t \cdot min} = F_{min} \times L' + F_f \quad (5.3.3\text{-}2)$$

式中：$N_{t \cdot max}$——过渡段内计算截面的最大轴向力(N)；

$N_{t \cdot min}$——过渡段内计算截面的最小轴向力(N)；

F_{max}——单位长度最大摩擦力（N/m）；

F_{min}——单位长度最小摩擦力（N/m）；

L'——过渡段内计算截面距活动端的距离（m）；

F_f——活动端对管道伸缩的阻力（N）；

L_{min}——直管段的过渡段最小长度（m）。

5.3.4 在管道工作循环最高温度下，锚固段内的轴向力应按下式计算：

$$N_a = [\alpha \times E(t_1 - t_0) - \nu \sigma_t]A \times 10^6 \quad (5.3.4)$$

当 $t_1 - t_0 > \Delta T_y$ 时，取 $t_1 - t_0 = \Delta T_y$。

式中：N_a——锚固段的轴向力(N)；

α——钢材的线膨胀系数[m/(m·℃)]；

E——钢材的弹性模量(MPa)；

t_1——管道工作最高循环温度(℃)；

t_0——管道计算安装温度(℃)；

ν——钢材的泊松系数，取0.3；

σ_t——管道内压引起的环向应力(MPa)；

A——工作管管壁的横截面积(m^2)。

5.3.5 对工作管直管段的当量应力变化范围应进行验算，并应符合下列规定：

1 当量应力变化范围应按下式计算：

$$\sigma_j = (1-\nu)\sigma_t + \alpha \times E(t_1 - t_2) \leqslant 3[\sigma] \quad (5.3.5\text{-}1)$$

式中：σ_j——内压、热胀应力的当量应力变化范围(MPa)；

ν——钢材的泊松系数，取0.3；

σ_t——管道内压引起的环向应力(MPa)；

α——钢材的线膨胀系数[m/(m·℃)]；

E——钢材的弹性模量(MPa)；

t_1——管道工作循环最高温度(℃)；

t_2——管道工作循环最低温度(℃)；

$[\sigma]$——钢材的许用应力(MPa)。

2 当不能满足公式（5.3.5-1）时，管系设计时不应布置锚固段，且过渡段长度应按下式计算：

$$L \leqslant \frac{(3[\sigma] - \sigma_t)A}{1.6F_{max}} \times 10^6 \quad (5.3.5\text{-}2)$$

式中：L——设计布置的过渡段长度（m）；

$[\sigma]$——钢材的许用应力（MPa）；

σ_t——管道内压引起的环向应力（MPa）；

A——工作管管壁的横截面积（m^2）；

F_{max}——单位长度最大摩擦力（N）。

5.4 直管段局部稳定性验算

5.4.1 对由于土壤摩擦力约束热胀变形或局部沉降造成的高内力的直管段，不得出现局部屈曲、弯曲屈曲和皱折。

5.4.2 公称直径大于500mm的管道应进行局部稳定性验算，并应符合下式计算规定：

$$\frac{D_o}{\delta} \leqslant \frac{E}{4\ [\alpha \times E(t_1 - t_0) + \nu \times P_d] + 2 \times \sqrt{4\ [\alpha \times E(t_1 - t_0) + \nu \times P_d]^2 - \nu \times E \times P_d}} \tag{5.4.2}$$

式中：D_o——工作管外径(m)；

δ——工作管公称壁厚(m)；

α——钢材的线膨胀系数[m/(m·℃)]；

E——钢材的弹性模量(MPa)；

t_1——管道工作循环最高温度(℃)；

t_0——管道计算安装温度(℃)；

ν——钢材的泊松系数，取0.3；

P_d——管道计算压力(MPa)。

5.4.3 对于承受较大静土压和机动车动土压的管道不得出现径向失稳。

5.4.4 公称直径大于500mm的管道应按下列公式进行径向稳定性验算：

$$\Delta X = \frac{1.728W \times D_o}{E(\delta^3/r^3) + 2562} \tag{5.4.4-1}$$

$$\Delta X \leqslant 0.03D_o \tag{5.4.4-2}$$

式中：ΔX——工作管径向最大变形量（m）；

W——管顶单位面积上总垂直荷载（kPa），包括管顶垂直土荷载和地面车辆传递到钢管上的荷载，直埋管道管顶单位面积上总垂直荷载应符合表5.4.4的规定；

D_o——工作管外径（m）；

E——钢材的弹性模量（kPa）；

δ——工作管公称壁厚（m）；

r——工作管平均半径（m）。

表5.4.4 直埋管道管顶单位面积上总垂直荷载

管顶覆土深度（m）	管顶单位面积上总垂直荷载（kPa）
1.3	62
1.4	60
1.5	58
1.6	56

5.5 管件应力验算

5.5.1 弯头的升温弯矩及轴向力可采用有限元法计算或按本规程附录C的规定计算。

5.5.2 弯头工作管在弯矩作用下的最大环向应力变化幅度应按下列公式计算：

$$\sigma_{bt} = \frac{\beta_b \times M \times r_{bo}}{I_b} \times 10^{-6} \tag{5.5.2-1}$$

$$\beta_b = 0.9 \times \left(\frac{1}{\lambda}\right)^{\frac{2}{3}} \tag{5.5.2-2}$$

$$\lambda = \frac{R \times \delta_b}{r_{bm}^2} \tag{5.5.2-3}$$

$$r_{bm} = r_{bo} - \frac{\delta_b}{2} \tag{5.5.2-4}$$

式中：σ_{bt}——弯头在弯矩作用下最大环向应力变化幅度（MPa）；

β_b——弯头平面弯曲环向应力加强系数；

M——弯头的弯矩变化范围（N·m）；

r_{bo}——弯头工作管横截面的外半径（m）；

r_{bm}——弯头工作管横截面的平均半径（m）；

I_b——弯头工作管横截面的惯性矩（m^4）；

λ——弯头工作管的尺寸系数；

R——弯头的曲率半径（m）；

δ_b——弯头工作管的公称壁厚（m）。

5.5.3 弯头工作管的强度验算应符合下列表达式：

$$\sigma_{bt} + 0.5\sigma_{pt} \leqslant 3\,[\sigma] \tag{5.5.3-1}$$

$$\sigma_{pt} = \frac{P_d \times r_{bi}}{\delta_b} \tag{5.5.3-2}$$

式中：σ_{bt}——弯头在弯矩作用下最大环向应力变化幅度（MPa）；

σ_{pt}——弯头在内压作用下的最大环向应力（MPa）；

$[\sigma]$——钢材的许用应力（MPa）；

P_d——管道计算压力（MPa）；

r_{bi}——弯头工作管横截面的内半径（m）；

δ_b——弯头工作管的公称壁厚（m）。

5.5.4 三通等管件工作管应根据内压和主管轴向荷载联合作用进行强度验算，应采用应力测定或有限元法进行疲劳分析，当不能满足应力验算条件时应进行加固。

5.5.5 三通工作管加固应采取下列一项或几项措施：

1 加大主管壁厚，提高三通总体强度（包括采用不等壁厚的锻钢三通）；

2 在开孔区采取加固措施（包括增加支管壁厚），抑制三通开孔区的变形；

3 在开孔区周围加设传递轴向荷载的结构。

5.6 管道竖向稳定性验算

5.6.1 直管段上的垂直荷载应符合下式：

$$Q \geqslant \frac{\gamma_s \times N_{p\cdot max}^2}{E \times I_p \times 10^6} f_o \tag{5.6.1}$$

式中：Q——作用在单位长度管道上的垂直分布荷载（N/m）；

γ_s——安全系数，取1.1；

$N_{p\cdot max}$——管道的最大轴向力（N），按本规程（5.3.3-1）式或（5.3.4）式计算；

f_o——初始挠度（m）；

E——钢材的弹性模量（MPa）；

I_p——直管工作管横截面的惯性矩（m^4）。

5.6.2 初始挠度应按下式计算：

$$f_o = \frac{\pi}{200}\sqrt{\frac{E \times I_p \times 10^6}{N_{p\cdot max}}} \tag{5.6.2}$$

当 $f_o < 0.01$m 时，f_o 取 0.01m。

式中：f_o——初始挠度（m）；

E——钢材的弹性模量（MPa）；

I_p——直管工作管横截面的惯性矩（m^4）；

$N_{p\cdot max}$——管道的最大轴向力（N），按本规程（5.3.3-1）式或（5.3.4）式计算。

5.6.3 垂直荷载应按下列公式计算：

$$Q = G_W + G + S_F \tag{5.6.3-1}$$

$$G_W = \left[H \times D_c - \frac{\pi \times D_c^2}{8}\right] \times \rho \times g \tag{5.6.3-2}$$

$$S_F = \rho \times g \times H^2 \times K_0 \times \tan\varphi \tag{5.6.3-3}$$

$$K_0 = 1 - \sin\varphi \tag{5.6.3-4}$$

式中：Q——作用在单位长度管道上的垂直分布荷载（N/m）；

G_W——单位长度管道上方的土层重量（N/m）；

G——包括介质在内的保温管单位长度自重（N/m）；

S_F——单位长度管道上方土体的剪切力（N/m）；

H——管道中心线覆土深度（m）；

D_c——外护管外径（m）；

ρ——土密度（kg/m^3），可取 $1800kg/m^3$；

g——重力加速度（m/s^2）；

K_0——土壤静压力系数；

φ——回填土内摩擦角（°），砂土可取 30°。

5.6.4 当竖向稳定性不满足要求时，应采取下列措施：

1 增加管道覆土深度或管道上方荷载；

2 降低管道轴向力。

5.7 热伸长计算

5.7.1 两过渡段间驻点位置 Z（图 5.7.1）应按下式计算：

$$l_a = \frac{1}{2}\left[(l_a + l_b) - \frac{F_a - F_b}{F_{min}}\right] \tag{5.7.1}$$

式中：l_a、l_b——分别为驻点两侧过渡段长度（m）；

F_a、F_b——分别为驻点两侧活动端对管道伸缩的阻力（N），当 F_a 或 F_b 的数值与过渡段长度有关，采用迭代计算时，F_a 或 F_b 的误差不应大于 10%；

F_{min}——管道单位长度最小摩擦力（N/m）。

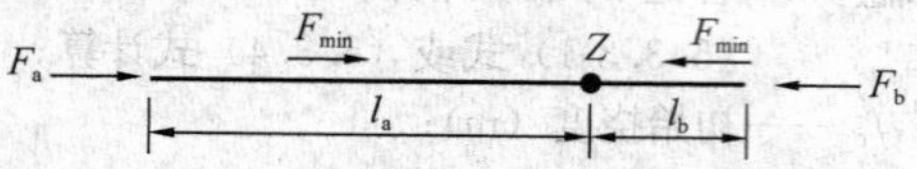

图 5.7.1 计算驻点位置简图

5.7.2 管段伸长量应根据该管段所处的应力状态按下列公式计算：

1 当 $t_1 - t_0 \leqslant \Delta T_y$ 或 $l \leqslant L_{min}$，整个过渡段处于弹性状态工作时：

$$\Delta l = \left[\alpha(t_1 - t_0) - \frac{F_{min} \times l}{2E \times A \times 10^6}\right] \times l \tag{5.7.2-1}$$

2 当 $t_1 - t_0 > \Delta T_y$，且 $l > L_{min}$，管段中部分进入塑性状态工作时：

$$\Delta l = \left[\alpha(t_1 - t_0) - \frac{F_{min} \times l}{2E \times A \times 10^6}\right] \times l - \Delta l_p \tag{5.7.2-2}$$

$$\Delta l_p = \alpha(t_1 - t_0 - \Delta T_y) \times (l - L_{min}) \tag{5.7.2-3}$$

式中：Δl——管段的热伸长量(m)；

Δl_p——过渡段的塑性压缩变形量(m)；

α——钢材的线膨胀系数[m/(m·℃)]；

t_0——管道计算安装温度(℃)；

t_1——管道工作循环最高温度(℃)；

F_{min}——管道单位长度最小摩擦力(N/m)；

E——钢材的弹性模量(MPa)；

A——工作管管壁的横截面积(m^2)；

ΔT_y——工作管屈服温差(℃)；

L_{min}——直管段的过渡段最小长度(m)；

L_{max}——直管段的过渡段最大长度(m)；

l——设计布置的管段长度(m)，当 $l \geqslant L_{max}$ 时，取 $l = L_{max}$。

5.7.3 过渡段内任一计算点的热位移应按下列公式计算：

$$\Delta l_d = \Delta l - \Delta l_a \tag{5.7.3}$$

式中：Δl_d——计算截面的热位移量（m）；

Δl——管段的热伸长量（m），按式（5.7.2）计算；

Δl_a——假设过渡段的热伸长量（m），按式（5.7.2）计算，式中 l 取计算点到活动端的距离。

5.7.4 采用套筒、波纹管、球形等补偿器对过渡段的热伸长或分支三通热位移进行补偿时，选用补偿器的补偿能力应符合下列规定：

1 当过渡段的一端为固定点或锚固点时，补偿器补偿能力不应小于计算热伸长量（或热位移量）的 1.1 倍；

2 当过渡段的一端为驻点时，补偿器补偿能力不应小于计算热伸长量（或热位移量）的 1.2 倍，但不应大于按过渡段最大长度计算出的热伸长量的 1.1 倍。

6 固定墩设计

6.1 管道对固定墩和固定支架的作用

6.1.1 管道对固定墩、固定支架的作用力应包括下列三个力：

1 管道热胀冷缩受到土壤约束产生的作用力；

2 内压产生的不平衡力；

3 活动端位移产生的作用力。

6.1.2 管道作用于固定墩、固定支架两侧作用力的合成应遵循下列原则：

1 合成力应是其两侧管道单侧作用力的矢量和；

2 根据两侧管段摩擦力下降造成的轴向力变化的差异，应按最不利情况进行合成；

3 两侧管段由热胀受约束引起的作用力和活动端作用力的合力相互抵消时，荷载较小方向力应乘以0.8的抵消系数；

4 当两侧管段均为锚固段时，抵消系数应取0.9；

5 两侧内压不平衡力的抵消系数应取1.0。

6.1.3 固定墩、固定支架承受的推力可按本规程附录D所列公式计算或采用计算不同摩擦力工况下两侧推力（考虑抵消系数）最大差值的方法确定。

6.1.4 当允许固定墩微量位移时，固定墩承受的推力减小值应按下列公式确定：

1 一端为锚固段，另一端为过渡段：

$$T' = \sqrt{2\Delta l' \times F_{min} \times E \times A} \quad (6.1.4\text{-}1)$$

式中：T'——固定墩承受的推力减小值（kN）；

$\Delta l'$——固定墩微量位移量（m），可取5mm～20mm；

F_{min}——单位长度最小摩擦力（N/m）；

E——钢材的弹性模量（MPa）；

A——工作管管壁的横截面积（m²）。

2 当两端均为过渡段：

$$T' = 2\sqrt{\Delta l' \times F_{min} \times E \times A} \quad (6.1.4\text{-}2)$$

6.2 固定墩结构

6.2.1 固定墩应进行抗滑移和抗倾覆的稳定性验算（图6.2.1）。

1 抗滑移验算可按下式计算：

$$K = \frac{K_s \times E_p + f_1 + f_2 + f_3}{E_a + T} \geqslant 1.3 \quad (6.2.1\text{-}1)$$

式中：K——抗滑移系数；

K_s——被动土压力折减系数，无位移取0.8～0.9；小位移取0.4～0.7；

E_p——被动土压力（N）；

E_a——主动土压力（N）；

f_1、f_2、f_3——固定墩底面、侧面及顶面与土壤的摩擦力（N）；

T——固定墩承受的推力（N）。

2 抗倾覆验算可按下式计算：

$$K_{ov} = \frac{K_s \times E_p \times X_2 + (G_g + G_1) \times (d/2)}{E_a \times X_1 + T(h_2 - H)} \geqslant 1.5 \quad (6.2.1\text{-}2)$$

$$\sigma_{max} \leqslant 1.2f \quad (6.2.1\text{-}3)$$

$$E_p = \frac{1}{2}\rho \times g \times b \times h(h_1 + h_2) \times \tan^2\left(45^\circ + \frac{\varphi}{2}\right) \quad (6.2.1\text{-}4)$$

$$E_a = \frac{1}{2}\rho \times g \times b \times h(h_1 + h_2) \times \tan^2\left(45^\circ - \frac{\varphi}{2}\right) \quad (6.2.1\text{-}5)$$

式中：K_{ov}——抗倾覆系数；

X_2——被动土压力E_p作用点至固定墩底面的距离（m）；

X_1——主动土压力E_a作用点至固定墩底面的距离（m）；

G_g——固定墩自重（N）；

G_1——固定墩上部覆土重（N）；

σ_{max}——固定墩底面对土壤的最大压应力（Pa）；

f——地基承载力设计值（Pa）；

b、d、h——固定墩宽、厚、高尺寸（m）；

h_1——固定墩顶面至地面的距离（m）；

h_2——固定墩底面至地面的距离（m）；

H——管道中心线覆土深度（m）；

ρ——土密度（kg/m³），可取1800；

g——重力加速度（m/s²）；

φ——回填土内摩擦角（°），砂土取30°。

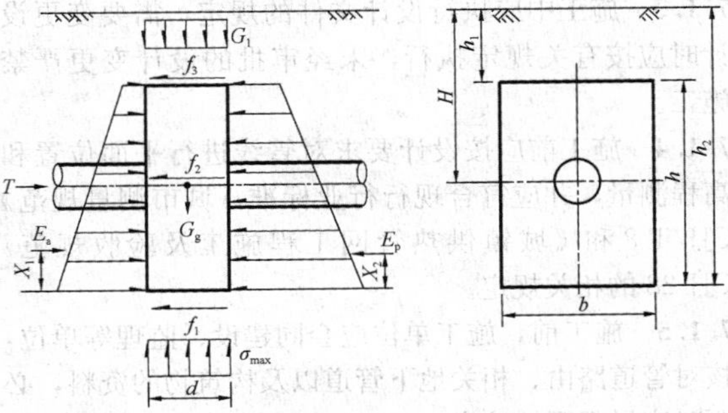

图6.2.1 固定墩受力示意图

6.2.2 回填土与固定墩的摩擦系数应按表6.2.2选取。

表6.2.2 回填土与固定墩的摩擦系数

土壤类别		摩擦系数（μ_m）
黏性土	可塑性	0.25～0.30
	硬性	0.30～0.35
	坚硬性	0.35～0.45

续表 6.2.2

土壤类别		摩擦系数（μ_m）
粉土	土壤饱和度<0.5	0.30～0.40
中砂、粗砂、砾砂	—	0.40～0.50
碎石土	—	0.6

6.2.3 固定墩的强度及配筋计算应根据受力特点按现行国家标准《混凝土结构设计规范》GB 50010 的相关规定执行。

6.2.4 固定墩应采用钢筋混凝土材料结构，并应符合下列规定：

1 混凝土强度等级不应低于 C30；

2 钢筋应采用 HPB300、HRB335，直径不应小于 10mm；

3 钢筋应采用双层布置，保护层不应小于 40mm，钢筋间距不应大于 250mm；

4 当地下水对钢筋混凝土有腐蚀作用时，应按现行国家标准《工业建筑防腐蚀设计规范》GB 50046 的规定对固定墩进行防腐处理。

6.2.5 供热管道穿过固定墩处，除管道固定节两边应设置抗挤压加强筋外，对于局部混凝土高热区应采取隔热或耐热措施。

7 管道施工与验收

7.1 施 工

7.1.1 管道工程的施工单位应具有相应的施工资质。

7.1.2 施工现场管理应有施工安全、技术、质量标准，健全的安全、技术、质量管理体系和制度。

7.1.3 施工中应执行设计文件的规定，需要变更设计时应按有关规定执行，未经审批的设计变更严禁施工。

7.1.4 施工前应按设计要求对管线进行平面位置和高程测量，并应符合现行行业标准《城市测量规范》CJJ/T 8 和《城镇供热管网工程施工及验收规范》CJJ 28 的相关规定。

7.1.5 施工前，施工单位应会同建设、监理等单位，核对管道路由、相关地下管道以及构筑物的资料，必要时应局部开挖核实。

7.1.6 管道穿越其他市政设施时，应对其采取保护措施，并应征得产权单位的同意。

7.1.7 在地下水位较高的地区或雨季施工时，应采取降低水位或排水措施，并应及时清除沟内积水。

7.1.8 在沿车行道、人行道施工时，应在管沟沿线设置安全护栏，并应设置明显的警示标志。施工现场夜间应设置安全照明、警示灯和具有反光功能的警示标志。

7.1.9 直埋保温管和管件应采用工厂预制的产品。直埋保温管和管路附件应符合现行的国家有关产品标准，并应具有生产厂质量检验部门的产品合格文件。

7.1.10 管道及管路附件在入库和进入施工现场安装前应进行检查，其材质、规格、型号应符合设计文件和合同的规定，并应进行外观检查。当对外观质量有异议或设计文件有要求时，应进行质量检验，不合格者不得使用。

7.1.11 土方开挖及回填应按现行行业标准《城镇供热管网工程施工及验收规范》CJJ 28 的相关规定执行，并应符合下列规定：

1 土方开挖中发现地下管线或构筑物时，应与有关单位协商，并应采取保护措施；

2 管沟沟底宽度和工作坑尺寸应根据现场实际情况确定，设计未规定时，可按下列规定执行：

1）槽底宽度可按下式确定：

$$a = 2D_c + s + 2c \quad (7.1.11)$$

式中：a——沟槽底宽度（m）；

D_c——外护管外径（m）；

s——两管道之间的净距（m），取 0.25～0.4；

c——安装工作宽度（m），取 0.1～0.2。

2）管道接头处工作坑的沟槽壁或侧面支承与直埋管道的净距不宜小于 0.6m，工作坑的沟槽底面与直埋管道的净距不应小于 0.5m。

3 沟槽边坡和支承应符合现行国家标准《土方与爆破工程施工及验收规范》GB 50201 的相关规定；

4 沟槽一侧或两侧临时堆土位置和高度不得影响边坡的稳定性和管道安装。

7.1.12 在有限空间内作业应制定实施方案，作业前应进行气体检测，合格后方可进行现场作业。作业时地面上应有监护人员，并应保持联络畅通。

7.1.13 管道及管路附件安装应按现行行业标准《城镇供热管网工程施工及验收规范》CJJ 28 的相关规定执行，并应符合下列规定：

1 同一施工段的等径直管段宜采用相同厂家、相同规格和性能的预制保温管、管件及保温接头。当无法满足时，应征得设计单位的同意；

2 当直埋保温管采用预热安装时，应以一个预热伸长段作为一个施工分段，并应符合本规程附录 E 的规定；

3 安装至回填前，管沟内不应有积水。当日工程完工时，应对未安装完成的管端采取临时封堵措施，并应对裸露的保温层进行封端防水处理；

4 管道安装坡度应与设计要求一致。在管道安装过程中出现折角或管道折角大于设计值时，应与设计单位确认后再进行安装；

5 焊缝内部质量检验应采用射线探伤，当不能采用射线探伤时，应经质检部门同意后，方可采用超声波探伤。焊缝内部质量检验数量应符合下列规定：

1）管道公称直径大于或等于 400mm、设计温度大于或等于 100℃、压力大于 1.0MPa，焊缝应进行 100%焊缝内部质量检验；

2）对穿越铁路、公路、河流、桥梁、有轨电车及非开挖敷设的直埋管道，焊缝应进行 100%焊缝内部质量检验；

3）对于抽查的焊缝，抽查数量不应少于焊缝总数的 25%，且每个焊工不应少于 1 个焊缝。抽查时，应侧重抽查固定焊口。

6 带泄漏监测系统的保温管的安装还应符合下列规定：

1）信号线的位置应在管道的上方，相同颜色的信号线应对齐；

2）工作钢管焊接前应测试信号线的通断状况和电阻值，合格后方可对口焊接。

7 接头保温应符合下列规定：

1）接头保温应在工作钢管安装完毕及焊缝检测合格、强度试验合格后进行；

2）管道接头使用聚氨酯发泡时，环境温度宜为 25℃，且不应低于 10℃；管道温度不应超过 50℃。

3）接头保温的结构、保温材料的材质及厚度应与预制保温管相同；

4）保温管的保温层被水浸泡后，应清除被浸湿的保温材料方可进行接头保温；

5）接头外护层与其两侧的保温管外护管的搭接长度不应小于 100mm。接口时，外护层和工作钢管表面应洁净干燥。如因雨水、受潮或结露而使外护层或工作钢管潮湿时，应进行加热烘干处理。

8 接头外护层安装完成后，应进行 100%的气密性检验。

9 施工过程中应对保温管的保温层采取防潮措施，保温层不得进水或受潮。

7.1.14 固定墩、固定支架施工应符合下列规定：

1 固定墩预制件的几何尺寸、焊接质量及隔热层、防腐层应满足设计要求。在固定墩浇注混凝土前应检查与混凝土接触部位的防腐层是否完好，如有损坏应进行修补。

2 固定墩、固定支架的混凝土强度应达到设计强度并回填后，方可进行管道整体压力试验和试运行。

7.2 管道试验和清洗

7.2.1 管道试验和清洗应符合现行行业标准《城镇供热管网工程施工及验收规范》CJJ 28 的相关规定。

7.2.2 管道应进行压力试验、清洗。强度试验应在焊接完成、接头保温和安装设备前进行，严密性试验应在管道回填后进行。

7.2.3 压力试验和清洗应具备经建设单位、设计单位和监理单位批准的压力试验和清洗方案规定的条件。

7.2.4 压力试验和清洗前应划定安全区、设置安全标志。在整个试验和清洗过程中应有专人值守，无关人员不得进入试验区。

7.2.5 管道压力试验应符合下列规定：

1 管道压力试验的介质应采用干净水；

2 压力试验时环境温度不宜低于 5℃，否则应采取防冻措施；

3 试验压力应符合设计规定。当设计未规定时，强度试验压力应为设计压力的 1.5 倍，严密性试验压力应为设计压力的 1.25 倍，且均不得低于 0.6MPa；

4 当试验过程中发现渗漏时，严禁带压处理。消除缺陷后，应重新进行压力试验；

5 试验结束后，应及时排尽管道内的积水。

7.2.6 管道清洗应符合下列规定：

1 管道清洗宜采用清洁水；

2 不与管道同时清洗的设备、容器及仪表应与清洗管道隔离或拆除；

3 清洗进水管的截面积不应小于被清洗管截面积的 50%，清洗排水管截面积不应小于进水管截面积，排放水应引入可靠的排水井或排水沟内；

4 管道清洗宜按主干线—支干线—支线顺序进行，排水时，不得形成负压；

5 管道清洗前应将管道充满水并浸泡，冲洗的水流方向应与设计介质流向一致；

6 管道清洗应连续进行，并应逐渐加大管内流量，管内平均流速不应低于 1m/s；

7 管道清洗过程中应观察排出水的清洁度，当目测排水口的水色和透明度与入口水一致时，清洗合格。

7.2.7 管道试验和清洗完成后，应在分项工程、分部工程验收合格的基础上进行单位工程验收，并应符合现行行业标准《城镇供热管网工程施工及验收规范》CJJ 28 的相关规定。

7.3 试 运 行

7.3.1 试运行应在单位工程验收合格，管道试验和清洗合格后，同时在热源具备供热条件情况下进行。

7.3.2 试运行前应编制试运行方案，对试运行各个阶段的任务、方法、步骤、指挥等各方面的协调配合及应急措施均应作详细的安排。在环境温度低于 5℃时，应制定可靠的防冻措施。试运行方案应由建设单位、设计单位和监理单位审查同意并进行交底。

7.3.3 试运行应有完善、可靠的通信系统及其他安全保障措施。

7.3.4 试运行的实施应符合现行行业标准《城镇供热管网工程施工及验收规范》CJJ 28 的相关规定。

7.3.5 当试运行期间发现不影响运行安全和试运行

效果的问题时，可待试运行结束后进行处理，否则应停止试运行，并应在降温、降压后进行处理。

7.4 竣工验收

7.4.1 竣工验收应在单位工程验收和试运行合格后进行。

7.4.2 竣工验收应按《城镇供热管网工程施工及验收规范》CJJ 28的相关规定执行，验收还应包括下列内容：

1 管道轴线偏差；

2 管道地基处理、胸腔回填料、回填土高度和回填密实度；

3 回填前预制保温管外壳完好性；

4 预制保温管接口及报警线；

5 预制保温管与固定墩连接处防水防腐及检查室穿越口处理；

6 预拉预热伸长量、一次性补偿器预调整值及焊接线吻合程度；

7 防止管道失稳措施。

8 运行与维护

8.0.1 运行、维护应制定相应的管理制度、岗位责任制、安全操作规程、设施和设备维护保养手册及事故应急预案。

8.0.2 运行管理、操作和维护人员应掌握供热系统的运行、维护要求及技术指标，并应定期培训，考核合格后持证上岗。

8.0.3 在检查室等有限空间内的运行维护安全应符合下列规定：

1 作业应制定实施方案，作业前应进行危险气体和温度检测，合格后方可进入现场作业；

2 作业时应进行围挡，并应设置提示和安全标志，夜间进行操作检查时，还应设置警示灯；

3 严禁使用明火照明，照明用电电压不得大于24V。当有人员在检查室及管沟内作业时，严禁使用潜水泵等用电设备；

4 在有限空间内操作时，地面上应有监护人员，并应保持联络畅通；

5 严禁在有限空间内休息。

8.0.4 运行、维护除应符合现行行业标准《城镇供热系统安全运行技术规程》CJJ/T 88 的相关规定外，还应符合下列规定：

1 供热管线及附属设施应定期进行巡检，并应制定巡检方案；

2 当系统出现压力降低、温度变化较大、失水量增大等异常情况时应立即进行全网巡检，并应查明故障原因；

3 巡检发现外界施工占压和可能损坏供热管道及设施时，应及时进行处理，并应在施工阶段加强巡视；

4 巡检发现管道系统泄漏时，应立即设置安全警戒区和警示标志，并采取防护措施；

5 当有市政管线在直埋热水管道上面或侧面进行平行或垂直开槽施工时，应及时告知建设单位采取保护措施。

附录A 全国主要城市地温月平均值

表A 全国主要城市地温月平均值

城市	深度（m）	自然地温月平均值（℃）											
		1月	2月	3月	4月	5月	6月	7月	8月	9月	10月	11月	12月
北京	0.0	−5.3	−1.5	5.8	16.1	23.7	28.2	29.1	27.0	21.5	13.1	3.5	−3.6
	−0.8	2.6	1.7	3.6	9.4	15.1	20.2	22.8	23.9	21.5	16.9	11.2	5.6
	−1.6	7.4	5.6	5.4	8.0	11.9	15.6	18.6	21.0	20.6	18.3	14.7	10.6
	−3.2	12.7	11.0	9.8	9.5	10.4	12.1	13.9	16.3	17.3	17.3	16.4	14.8
上海	0.0	4.4	6.2	9.5	15.2	20.2	25.1	30.4	29.9	25.0	18.9	12.8	6.7
	−0.8	9.7	8.9	10.2	13.4	16.7	20.3	24.2	25.9	25.0	21.5	17.5	13.0
	−1.6	13.2	11.4	11.4	12.8	15.2	17.7	20.7	22.9	23.4	21.9	19.4	16.2
	−3.2	17.2	15.8	14.8	14.4	14.8	15.5	16.7	18.2	19.4	19.9	19.7	18.8
天津	0.0	−5.0	−1.0	5.8	16.2	23.2	28.0	29.4	27.2	22.4	13.5	4.0	−2.4
	−0.8	3.3	2.3	4.5	10.3	15.5	19.9	23.0	23.9	21.9	17.8	12.4	7.3
	−1.6	8.1	6.2	6.3	8.9	12.5	16.1	18.9	20.6	20.4	18.7	15.6	11.7
	−3.2	12.9	11.3	10.1	9.8	10.6	12.0	13.7	15.2	16.3	16.7	16.2	14.8

续表 A

城市	深度（m）	自然地温月平均值（℃）											
		1月	2月	3月	4月	5月	6月	7月	8月	9月	10月	11月	12月
哈尔滨	0.0	−20.8	−15.4	−4.8	6.9	16.8	23.2	25.9	24.1	15.7	5.9	−6.2	−16.7
	−0.8	−4.3	−4.8	−2.9	−0.6	2.4	9.7	15.1	17.3	15.4	10.4	4.8	0.3
	−1.6	2.0	0.3	−0.2	0.1	0.2	3.1	8.8	12.2	12.9	11.1	7.9	4.5
	−3.2	6.0	4.7	3.0	2.4	2.1	2.1	4.0	6.6	8.5	9.2	8.6	7.3
长春	0.0	−17.3	−12.7	−3.7	7.4	16.7	22.7	26.0	23.7	16.3	7.2	−4.0	−13.5
	−0.8	−1.3	−2.0	−1.0	0.0	5.2	12.2	17.1	18.9	16.7	12.1	6.4	2.1
	−1.6	3.3	1.6	1.0	1.0	2.5	7.3	11.5	14.5	14.6	12.7	9.4	6.1
	−3.2	7.2	5.8	4.7	4.0	3.8	4.6	6.5	8.6	10.2	10.6	10.1	8.8
沈阳	0.0	−12.5	−7.8	−0.1	9.8	48.2	23.9	26.9	25.7	18.5	9.6	−0.6	−9.4
	−0.8	1.0	−0.7	−0.6	0.9	7.8	14.5	18.8	20.7	18.6	13.8	8.3	3.9
	−1.6	5.0	3.2	2.3	2.6	5.4	10.6	14.5	17.2	17.3	14.8	11.3	7.6
	−3.2	9.2	7.8	6.8	6.2	6.3	7.9	10.0	12.4	14.0	14.1	12.9	11.0
石家庄	0.0	−3.5	0.2	8.5	18.1	24.5	28.8	29.7	27.6	23.4	14.9	5.1	−2.0
	−0.8	3.4	3.5	7.0	12.9	18.2	22.8	25.6	25.6	23.1	18.2	11.9	6.5
	−1.6	8.0	6.5	7.5	11.1	15.2	19.0	22.0	23.5	22.7	20.2	11.1	11.6
	−3.2	13.9	12.1	11.2	11.4	12.7	14.4	16.3	18.1	18.1	18.9	17.8	16.0
呼和浩特	0.0	−12.8	−7.9	1.8	9.9	18.4	24.4	26.5	23.6	16.5	7.9	−2.4	−10.7
	−0.8	1.3	0.6	0.9	1.4	8.3	14.2	17.6	18.7	16.8	12.9	7.8	3.8
	−1.6	4.1	2.6	1.9	1.7	4.6	9.1	12.1	14.2	14.1	12.5	9.6	6.5
	−3.2	7.8	6.5	5.4	4.6	4.6	6.0	7.8	9.5	10.8	11.3	10.8	9.5
西安	0.0	−0.6	3.6	10.4	17.6	22.4	28.8	30.5	28.6	22.8	15.3	7.4	0.6
	−0.8	4.6	5.0	8.4	12.9	17.0	21.4	24.2	25.1	12.6	18.5	13.2	8.2
	−1.6	8.9	7.6	8.7	11.3	14.4	17.7	20.5	22.4	21.9	19.8	16.5	12.3
	−3.2	14.4	12.8	11.9	12.0	12.9	14.3	15.9	17.7	18.8	18.9	18.1	16.3
银川	0.0	−9.4	−3.8	4.4	12.8	20.6	27.1	30.2	26.9	20.0	10.3	−0.2	−5.9
	−0.8	1.7	0.4	1.4	6.5	11.9	16.8	20.1	20.9	19.4	15.5	9.5	4.3
	−1.6	5.6	3.9	3.4	5.3	8.8	12.4	15.4	17.3	17.4	15.9	12.5	8.5
	−3.2	10.1	8.6	7.4	6.9	7.6	9.1	10.9	12.6	13.8	14.2	13.6	12.1
西宁	0.0	−8.2	−2.5	6.1	12.2	16.6	21.1	22.2	20.0	15.9	8.6	0.6	−5.8
	−0.8	−0.7	−0.9	2.0	7.1	11.4	15.0	17.0	17.1	15.4	12.0	6.8	2.5
	−1.6	3.4	1.9	2.5	5.3	8.8	11.5	13.7	14.8	14.4	12.8	9.7	6.3
	−3.2	7.9	6.4	5.6	5.8	7.0	8.4	9.8	11.0	11.7	11.7	11.0	9.7
兰州	0.0	−7.4	−1.0	7.9	16.3	20.5	25.7	27.3	24.3	19.5	10.8	2.0	−6.2
	−0.8	1.4	−0.7	4.4	10.6	14.4	18.1	20.9	21.1	19.1	15.1	9.4	4.1
	−1.6	6.2	4.6	5.1	8.4	11.4	14.0	16.5	17.9	17.6	15.9	12.6	8.9
	−3.2	10.7	9.2	8.3	8.5	9.7	11.0	12.3	13.8	14.6	14.7	13.9	12.5
乌鲁木齐	0.0	−18.3	−12.7	−3.0	10.4	17.5	24.2	27.2	24.8	17.9	7.7	−3.8	−12.4
	−0.8	−0.1	−0.7	0.4	5.0	10.5	15.2	18.4	19.1	17.6	12.7	7.0	2.8
	−1.6	4.6	3.2	2.7	4.3	7.6	11.1	14.0	16.1	16.1	14.0	10.7	7.4
	−3.2	8.8	7.3	6.1	5.6	6.4	7.9	9.9	11.9	13.1	13.2	12.7	11.0

续表 A

城市	深度（m）	自然地温月平均值（℃）											
		1月	2月	3月	4月	5月	6月	7月	8月	9月	10月	11月	12月
济南	0.0	—1.8	1.5	8.3	17.7	24.9	29.5	30.3	28.8	24.2	16.6	7.4	0.3
	—0.8	5.1	4.8	7.6	13.5	19.0	23.0	26.0	26.4	23.9	20.1	14.8	8.8
	—1.6	10.7	9.4	10.1	12.5	16.6	20.5	22.8	24.5	23.9	21.3	18.3	15.2
	—3.2	16.1	14.4	13.5	13.5	14.7	16.6	18.5	19.9	20.9	20.7	19.7	18.3
南京	0.0	2.7	4.6	10.2	16.2	21.1	27.7	32.6	31.4	24.7	18.4	11.2	5.4
	—0.8	8.8	8.2	9.9	13.7	17.3	21.5	25.0	26.7	25.3	21.6	17.2	12.3
	—1.6	12.6	10.8	11.0	12.9	15.5	18.5	21.4	23.7	24.0	22.1	19.3	15.7
	—3.2	16.9	15.3	14.2	14.0	14.6	15.7	17.2	18.8	20.1	20.5	20.0	18.6
蚌埠	0.0	1.7	5.8	11.5	17.5	22.9	30.1	33.5	32.1	26.0	17.8	10.0	4.2
	—0.8	7.7	8.2	10.4	13.3	16.9	21.3	24.7	25.5	24.1	21.1	16.1	10.4
	—1.6	12.0	10.7	11.5	12.8	15.1	18.0	21.0	22.7	22.0	21.6	18.6	15.3
	—3.2	16.5	15.0	14.1	14.0	14.5	15.5	17.0	18.6	19.7	20.0	19.5	18.2
杭州	0.0	4.8	6.5	11.5	17.6	21.0	27.3	33.9	30.8	25.1	19.0	12.7	7.4
	—0.8	10.1	9.3	11.3	14.8	18.1	21.9	25.7	27.0	25.6	22.2	18.1	13.6
	—1.6	13.9	12.1	12.1	13.9	16.4	19.1	22.1	24.2	24.4	22.7	20.2	16.9
	—3.2	18.2	16.8	15.6	15.2	15.7	16.6	18.0	19.5	20.8	21.2	20.8	19.8
南昌	0.0	5.4	7.5	12.5	18.7	22.5	29.2	35	33.4	29.3	21.3	14.3	8.3
	—0.8	10.9	10.4	12.5	16.4	19.5	23.9	28.1	29.2	27.6	23.7	18.9	14.5
	—1.6	15.1	13.3	13.5	15.4	18.0	20.9	24.0	26	26.0	24.2	21.5	18.2
	—3.2	19.0	17.3	16.3	16.2	17.0	18.3	20.1	21.9	23.0	23.3	22.6	21.1
郑州	0.0	—0.4	4.0	8.6	17.4	24.2	29.5	30.4	28.3	24.0	16.1	7.8	2.1
	—0.8	6.1	6.4	8.6	12.8	17.5	22.2	24.6	25.3	23.4	19.6	14.3	9.5
	—1.6	10.2	9.0	9.6	11.6	14.8	18.4	21.0	22.6	22.3	20.4	17.1	13.4
	—3.2	14.7	13.2	12.4	12.4	13.3	14.9	16.6	18.3	19.3	19.3	18.8	16.8
武汉	0.0	3.0	6.6	11.7	18.6	22.5	29.5	34.0	33.3	28.4	20.3	12.3	6.8
	—0.8	10.0	9.3	11.0	14.6	17.8	21.9	25.0	26.5	25.8	22.3	18.2	13.5
	—1.6	14.3	12.4	12.3	13.9	16.1	18.7	21.4	23.4	23.9	22.7	20.3	17.2
	—3.2	18.3	16.9	15.9	15.5	15.7	16.4	17.5	18.7	19.8	20.4	20.3	19.6
长沙	0.0	4.6	6.6	12.2	18.6	21.6	29.6	35.3	32.2	28.7	20.6	13.0	8.1
	—0.8	10.8	9.6	11.7	15.5	18.4	22.9	27.0	27.9	26.7	23.2	18.2	13.9
	—1.6	14.2	12.2	12.4	14.6	17.0	19.8	23.0	25.1	25.2	23.6	20.3	17.0
	—3.2	18.2	16.5	15.4	15.3	16.2	17.4	19.1	20.9	22.0	22.2	21.4	19.9
广州	0.0	15.9	16.4	20.4	24.5	28.0	29.8	31.8	31.7	30.6	27.3	22.1	17.4
	—0.8	19.1	18.3	19.8	22.4	25.4	27.0	28.4	29.1	28.7	26.9	24.0	20.6
	—1.6	21.3	20.2	20.3	21.9	24.0	25.6	27.0	27.8	28.0	27.2	25.4	22.9
	—3.2	23.7	22.6	21.9	22.0	22.8	23.8	24.6	25.5	26.1	26.3	25.8	24.7
成都	0.0	6.9	9.6	14.8	20.2	23.7	26.8	28.8	27.8	23.8	18.4	13.7	8.6
	—0.8	10.7	10.7	13.2	16.8	19.9	22.6	24.8	25.5	24.2	21.2	17.8	13.9
	—1.6	13.4	12.4	13.3	15.7	18.2	20.4	22.5	23.8	23.6	22.0	19.6	16.5
	—3.2	18.3	17.0	16.3	16.5	17.5	18.6	19.9	21.2	22.0	22.0	21.3	19.9

续表 A

城市	深度(m)	自然地温月平均值（℃）											
		1月	2月	3月	4月	5月	6月	7月	8月	9月	10月	11月	12月
贵阳	0.0	6.2	8.4	14.7	19.5	21.1	25.0	27.7	27.3	24.0	17.7	13.4	8.3
	−0.8	11.4	10.8	12.9	16.1	18.3	20.7	20.9	23.9	23.3	20.4	17.4	14.4
	−1.6	14.0	12.8	13.2	15.1	17.0	18.9	20.9	22.2	22.4	21.1	18.9	16.5
	−3.2	17.4	16.1	15.3	15.4	16.1	17.1	18.3	19.6	20.3	20.5	19.9	18.8
昆明	0.0	9.7	12.2	17.0	22.1	24.3	22.6	23.0	22.7	21.6	17.2	13.7	10.0
	−0.8	12.4	12.6	14.1	16.4	18.8	19.7	20.6	21.2	21.2	19.4	16.9	14.1
	−1.6	14.7	14.0	14.2	15.3	16.9	18.1	19.0	19.8	20.2	19.6	18.2	16.4
	−3.2	17.4	16.7	16.2	16.0	16.2	16.5	17.0	17.4	17.8	18.1	18.2	17.8
拉萨	0.0	−1.0	3.3	8.4	14.2	20.0	22.6	19.0	18.1	16.2	10.2	3.5	−0.7
	−0.8	2.8	3.4	6.2	9.9	13.1	16.1	16.7	16.6	15.5	12.8	8.1	4.7
	−1.6	4.8	4.4	6.1	8.7	11.4	14.0	15.2	15.6	15.1	13.4	9.9	6.8
	−3.2	—	—	—	—	—	—	—	—	—	—	—	—
台北	0.0	11.7	16.3	18.5	21.9	26.3	28.2	30.4	30.0	28.3	24.6	21.2	18.0
	−0.8	19.8	18.7	19.2	20.7	23.4	25.5	27.5	28.2	28.1	26.4	24.2	21.7
	−1.6	23.1	22.2	21.6	21.3	21.6	22.4	23.3	24.3	25.0	25.2	24.9	24.2
	−3.2	23.6	23.4	23.0	22.7	22.4	22.3	22.5	22.3	22.9	23.3	23.6	23.7

附录B 钢 材 性 能

B.0.1 常用钢材的力学性能应符合表 B.0.1 的规定。

表 B.0.1 常用钢材的力学性能

钢 号	10	20	Q235B	Q235B
壁厚（mm）	≤16	≤16	≤16	>16
抗拉强度最小值（MPa）	335	410	375	375
屈服极限最小值（MPa）	205	245	235	225
许用应力（MPa）	112	137	125	125

B.0.2 常用钢材的弹性模量 E 和线膨胀系数 α 值应符合表 B.0.2 的规定。

表 B.0.2 常用钢材的弹性模量 E 和线膨胀系数 α

钢材物理特性		弹性模量 E (10^4 MPa)			线膨胀系数 α 10^{-6} [m/（m·℃）]		
钢 号		10	20	Q235B	10	20	Q235B
计算温度（℃）	20	19.8	19.8	20.6	—	—	—
	100	19.1	18.2	20.0	11.9	11.2	12.2
	130	18.8	18.1	19.8	12.0	11.4	12.4
	140	18.7	18.0	19.7	12.2	11.5	12.5
	150	18.6	18.0	19.6	12.3	11.6	12.6

附录C 转角管段弹性抗弯铰解析计算法

C.1 直埋水平转角管段计算

C.1.1 水平转角管段的过渡段长度应按下列公式计算（图 C.1.1）：

$$l_{t.max}=\sqrt{Z^2+\frac{2Z\times[\alpha\times E(t_1-t_0)-\nu\times\sigma_t]A\times10^6}{F_{min}}}-Z \tag{C.1.1-1}$$

$$l_{t.min}=\sqrt{Z^2+\frac{2Z\times[\alpha\times E(t_1-t_0)-\nu\times\sigma_t]A\times10^6}{F_{max}}}-Z \tag{C.1.1-2}$$

$$l_t=\sqrt{Z^2+\frac{Z\times[\alpha\times E(t_1-t_2)-\nu\times\sigma_t]A\times10^6}{F_{min}}}-Z \tag{C.1.1-3}$$

$$Z=\frac{A\times\tan^2(\phi/2)}{2k^3\times I_p(1+C_M)} \tag{C.1.1-4}$$

$$k=\sqrt[4]{\frac{D_c\times C}{4E\times I_p\times10^6}} \tag{C.1.1-5}$$

$$C_M=\frac{1}{1+K'\times k\times R\times\phi(I_p/I_b)} \tag{C.1.1-6}$$

$$K'=1.65\frac{r_{bm}^2}{R\times\delta_b} \tag{C.1.1-7}$$

当 $t_1-t_0>\Delta T_y$ 时，取 $t_1-t_0=\Delta T_y$

式中：$l_{t.max}$——水平转角管段的过渡段最大长度（m）；

$l_{t.min}$——水平转角管段的过渡段最小长度（m）；

l_t——水平转角管段循环工作的过渡段长度（m）；

α——钢材的线膨胀系数[m/(m·℃)]；

E——钢材的弹性模量（MPa）；

t_1——管道工作循环最高温度（℃）；

t_0——管道计算安装温度（℃）；

t_2——管道工作循环最低温度（℃）；

ν——钢材的泊松系数，取 0.3；

σ_t——管道内压引起的环向应力（MPa）；

A——工作管管壁的横截面积（m^2）；

F_{min}——单位长度最小摩擦力（N/m）；

ϕ——转角管段的折角（弧度）；

I_p——直管工作管横截面的惯性矩（m^4）；

I_b——弯头工作管横截面的惯性矩（m^4）；

k——与土壤特性和管道刚度有关的参数（1/m）；

D_c——外护管外径（m）；

C——土壤横向压缩反力系数（N/m^3）；

R——弯头的曲率半径（m）；

K'——弯头工作管柔性系数；

δ_b——弯头工作管的公称壁厚（m）；

r_{bm}——弯头工作管横截面的平均半径（m）；

Z、C_M——计算系数。

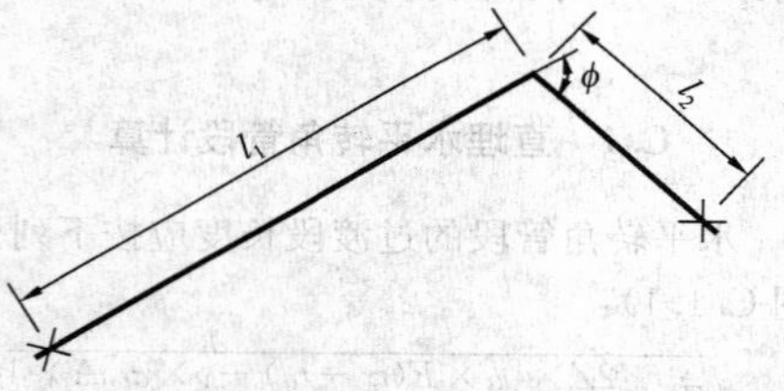

图 C.1.1　水平转角管段示意图

C.1.2　水平转角管段弯头弯矩变化范围计算应符合下列规定：

1　水平转角管段的计算臂长 l_{c1}、l_{c2} 和平均计算臂长 l_{cm} 应按下列方法确定：

$$l_{cm}=\frac{l_{c1}+l_{c2}}{2} \tag{C.1.2-1}$$

式中：l_{cm}——水平转角管段的平均计算臂长（m）；

l_t——水平转角管段循环工作的过渡段长度（m）；

l_{c1}、l_{c2}——水平转角管段的计算臂长（m），当 $l_1 \geqslant l_2 \geqslant l_t$ 时，取 $l_{c1}=l_{c2}=l_t$；当 $l_1 \geqslant l_t \geqslant l_2$ 时，取 $l_{c1}=l_t$，$l_{c2}=l_2$；当 $l_t \geqslant l_1 \geqslant l_2$ 时，取 $l_{c1}=l_1$，$l_{c2}=l_2$；

l_1、l_2——设计布置的转角管段两侧臂长（m）。

2　弯头的弯矩变化范围应按下式计算：

$$M=\frac{C_M[\alpha\times E\times A(t_1-t_2)\times 10^6-F_{min}\times l_{cm}]\tan(\phi/2)}{k[1+C_M+[A\times\tan^2(\phi/2)]/(2k^3\times I_p\times l_{cm})]} \tag{C.1.2-2}$$

式中：M——弯头的弯矩变化范围（N·m）；

α——钢材的线膨胀系数［m/（m·℃）］；

E——钢材的弹性模量（MPa）；

A——工作管管壁的横截面积（m^2）；

t_1——管道工作循环最高温度（℃）；

t_2——管道工作循环最低温度（℃）；

F_{min}——单位长度最小摩擦力（N/m）；

l_{cm}——转角管段的平均计算臂长（m）；

ϕ——转角管段的折角（°）；

I_p——直管工作管横截面的惯性矩（m^4）；

k——与土壤特性和管道刚度有关的参数（1/m），按公式（C.1.1-5）计算；

C_M——计算系数，按公式（C.1.1-6）计算。

C.1.3　水平转角管段弯头的升温轴向力计算应符合下列规定：

1　水平转角管段的计算臂长 l_{c1}、l_{c2} 和平均计算臂长 l_{cm} 应按下列方法确定：

$$l_{cm}=\frac{l_{c1}+l_{c2}}{2} \tag{C.1.3-1}$$

式中：l_1、l_2——设计布置的转角管段两侧臂长（m）；

$l_{t.max}$——水平转角管段的过渡段最大长度（m）；

l_{c1}、l_{c2}——水平转角管段的计算臂长（m）；当 $l_1 \geqslant l_2 \geqslant l_{t.max}$ 时，取 $l_{c1}=l_{c2}=l_{t.max}$；当 $l_1 \geqslant l_{t.max} \geqslant l_2$ 时，取 $l_{c1}=l_{t.max}$，$l_{c2}=l_2$；当 $l_{t.max} \geqslant l_1 \geqslant l_2$ 时，取 $l_{c1}=l_1$，$l_{c2}=l_2$；

l_{cm}——水平转角管段的平均计算臂长（m）。

2　弯头的轴向力应按下列公式计算：

当计算臂长 $l_{c1}=l_{c2}=l_{cm}$ 时：

$$N_b=\frac{(1+C_M)[\alpha\times E\times A(t_1-t_0)\times 10^6-1/2(F_{min}\times l_{cm})]}{1+C_M+[A\times\tan^2(\phi/2)]/(2k^3\times I_p\times l_{cm})} \tag{C.1.3-2}$$

当计算臂长 $l_{c1}\neq l_{c2}$ 时：

$$N_1=\frac{J_B+J_Q\times n_1}{U} \tag{C.1.3-3}$$

$$N_2=\frac{J_B+J_Q\times n_2}{U} \tag{C.1.3-4}$$

$$J_B=(1+C_M)\left[\alpha\times E\times A(t_1-t_0)\times 10^6-\frac{F_{min}}{2}\times\left(\frac{l_{c1}^2+l_{c2}^2}{l_{c1}+l_{c2}}\right)\right] \tag{C.1.3-5}$$

$$J_Q=\tan^4\frac{\phi}{2}\times\left[\alpha\times E\times A(t_1-t_0)\times 10^6-\frac{F_{min}}{2}\times(l_{c1}+l_{c2})\right] \tag{C.1.3-6}$$

$$U=1+C_M+\frac{A\times\tan^2(\phi/2)}{k^3\times I_p(l_{c1}+l_{c2})} \tag{C.1.3-7}$$

$$n_1=\frac{l_{c1}-l_{c2}}{l_{c1}+l_{c2}} \tag{C.1.3-8}$$

$$n_2 = \frac{l_{c2} - l_{c1}}{l_{c1} + l_{c2}} \tag{C.1.3-9}$$

式中：N_b——弯头两侧计算臂长相等时的轴向力（N）；

N_1——弯头两侧计算臂长不等时，l_{c1} 侧的轴向力（N）；

N_2——弯头两侧计算臂长不等时，l_{c2} 侧的轴向力(N)；

α——钢材的线膨胀系数［m/(m·℃)］；

E——钢材的弹性模量（MPa）；

A——工作管管壁的横截面积（m^2）；

t_0——管道计算安装温度（℃）；

t_1——管道工作循环最高温度（℃）；

F_{min}——单位长度最小摩擦力（N/m）；

l_{cm}——转角管段的平均计算臂长（m）；

ϕ——转角管段的折角（°）；

k——与土壤特性和管道刚度有关的参数（1/m），按公式（C.1.1-5）计算；

I_p——直管工作管横截面的惯性矩(m^4)；

l_{c1}、l_{c2}——转角管段的计算臂长（m）；

C_M——计算系数，按公式（C.1.1-6）计算；

J_B、J_Q、U、n_1、n_2——计算系数。

C.2 直埋竖向转角管段计算

C.2.1 竖向转角管段分为两类，一类为弯头在下(曲率中心在上)，其内力计算与水平转角管段相同，应按本规程 C.1 的规定进行，土壤压缩反力系数取较大值。另一类为弯头在上（曲率中心在下），弯头两侧管道所受土壤压力近似等于顶起的土体重力，不随位移的增加而增大，计算方法应按本节规定进行。

C.2.2 竖向转角管段的过渡段长度及变形段长度应按下列公式计算（图 C.2.2）：

$$l_t = \left(\frac{l_{td}^2}{r}\right) \times \sqrt{\frac{(0.5-\zeta)P}{3F_{min}} \times \tan\frac{\phi}{2}} \tag{C.2.2-1}$$

$$l_{td} = \frac{(1+\zeta)r}{4\tan^{\frac{3}{2}}(\phi/2)S_2} \times \left(\sqrt{1+S_1 \times S_2 \times [\alpha \times E(t_1-t_0) - \nu \times \sigma_t]A \times 10^6} - 1\right) \tag{C.2.2-2}$$

$$S_1 = \frac{16\tan^{\frac{5}{2}}(\phi/2)}{(1+\zeta)^2 \times P \times r} \tag{C.2.2-3}$$

$$S_2 = \sqrt{\frac{(0.5-\zeta)F_{min}}{3P}} \tag{C.2.2-4}$$

$$\zeta = \frac{l_{td}}{3[l_{td} + K' \times R \times \phi \times (I_p/I_b)]} \tag{C.2.2-5}$$

当 $t_1 - t_0 > \Delta T_y$ 时，取 $t_1 - t_0 = \Delta T_y$

式中：l_t——竖向转角管段循环工作的过渡段长度（m）；

l_{td}——竖向转角管段臂长 $l_1 \geqslant l_t$ 时的变形段长度（m），可用迭代法解出（计算精度 2%）；

r——工作管平均半径（m）；

P——土压力，取变形段管顶平均覆土重（N/m）；

F_{min}——单位长度最小摩擦力（N/m）；

K'——弯头工作管柔性系数，按公式（C.1.1-7）计算；

R——弯头的曲率半径（m）；

ϕ——转角管段的折角（弧度）；

I_p——直管工作管横截面的惯性矩（m^4）

I_b——弯头工作管横截面的惯性矩（m^4）；

α——钢材的线膨胀系数［m/（m·℃)］；

E——钢材的弹性模量（MPa）；

t_1——管道工作循环最高温度（℃）；

t_0——管道计算安装温度（℃）；

ν——钢材的泊松系数，取 0.3；

σ_t——管道内压引起的环向应力（MPa）；

A——工作管管壁的横截面积（m^2）；

ΔT_y——工作管屈服温差（℃）；

S_1、S_2、ζ——计算系数。

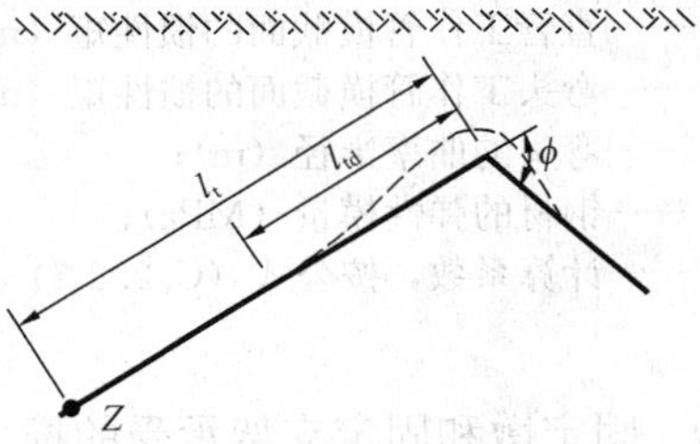

图 C.2.2 竖向转角管段示意图

C.2.3 当竖向转角管段臂长 $l_1 < l_t$（图 C.2.2）时，变形段长度 l_{td} 应按下式计算：

$$\left(\frac{l_{td}}{l_1}\right)^4 = \frac{6r^2}{l_1^2(0.5-\zeta) \times \tan^2(\phi/2)} \times \left[\left(\frac{\alpha \times E \times A(t_1-t_0) \times 10^6 - 0.5F_{min} \times l_1}{P \times l_1}\right) \times \tan\frac{\phi}{2} - \frac{1}{2}(1+\zeta)\left(\frac{l_{td}}{l_1}\right)\right] \tag{C.2.3}$$

式中：l_{td}——竖向转角管段臂长 $l_1 < l_t$ 时的变形段长度（m），可用迭代法解出（计算精度 2%）；

l_1——设计布置的转角管段臂长（m）；

r——工作管平均半径（m）；

α——钢材的线膨胀系数［m/（m·℃)］；

E——钢材的弹性模量（MPa）；

A——工作管管壁的横截面积（m^2）；

t_1——管道工作循环最高温度（℃）；

t_0——管道计算安装温度（℃）；

F_{min}——单位长度最小摩擦力（N/m）；

P——土压力，取变形段管顶平均覆土重（N/m）；

ϕ——转角管段的折角（弧度）；

ζ——计算系数，由（C.2.2-5）式计算。

C.2.4 竖向转角管段弯头的弯矩变化范围、轴向力和横向位移应按下列公式计算：

$$M = \frac{1}{2}\zeta \times P \times l_{td}^2 \qquad (C.2.4\text{-}1)$$

$$N_s = \frac{P \times l_{td}}{2\tan(\phi/2)} \times (1+\zeta) \qquad (C.2.4\text{-}2)$$

$$a' = \frac{P \times l_{td}^4}{72E \times I_p}\left[\frac{l_{td} + 3K' \times R \times \phi(I_p/I_b)}{l_{td} + K' \times R \times \phi(I_p/I_b)}\right] \qquad (C.2.4\text{-}3)$$

式中：M——弯头的弯矩变化范围（N·m）；

P——土压力，取变形段管顶平均覆土重（N/m）；

l_{td}——竖向转角管段的变形段长度（m），按公式（C.2.2）或（C.2.3）计算；

N_s——竖向转角管段弯头的轴向力（N）；

ϕ——转角管段的折角（弧度）；

a'——竖向转角管段弯头端的横向位移（m）；

K'——弯头工作管柔性系数，按公式（C.1.1-7）计算；

I_p——直管工作管横截面的惯性矩（m^4）；

I_b——弯头工作管横截面的惯性矩（m^4）；

R——弯头的曲率半径（m）；

E——钢材的弹性模量（MPa）；

ζ——计算系数，按公式（C.2.2-5）计算。

附录D 固定墩和固定支架承受的推力计算

D.0.1 按本规范第6.1节规定的原则，给出常见的管道布置形式中固定墩承受推力的计算公式。当实际工程中出现不同的布置形式时，可参考相似形式的计算原则确定计算公式。计算公式不考虑固定墩位移的影响。

D.0.2 管道典型布置形式的等径等壁厚管道升温时固定墩推力 T 应按表D.0.2所列公式计算。

表D.0.2 等径等壁厚管道升温时固定墩推力 T

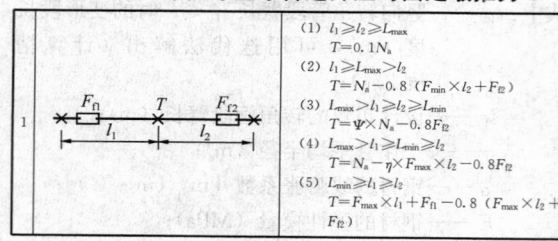

1	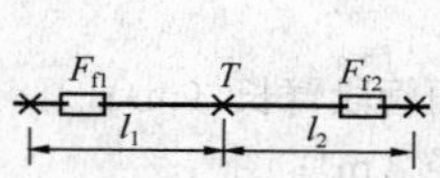 	（1）$l_1 \geqslant l_2 \geqslant L_{max}$ $T = 0.1N_a$ （2）$l_1 \geqslant L_{max} > l_2$ $T = N_a - 0.8(F_{min} \times l_2 + F_{f2})$ （3）$L_{max} > l_1 \geqslant l_2 \geqslant L_{min}$ $T = \Psi \times N_a - 0.8F_{f2}$ （4）$L_{max} > l_1 \geqslant L_{min} \geqslant l_2$ $T = N_a - \eta \times F_{max} \times l_2 - 0.8F_{f2}$ （5）$L_{min} \geqslant l_1 \geqslant l_2$ $T = F_{max} \times l_1 + F_{f1} - 0.8(F_{max} \times l_2 + F_{f2})$

续表D.0.2

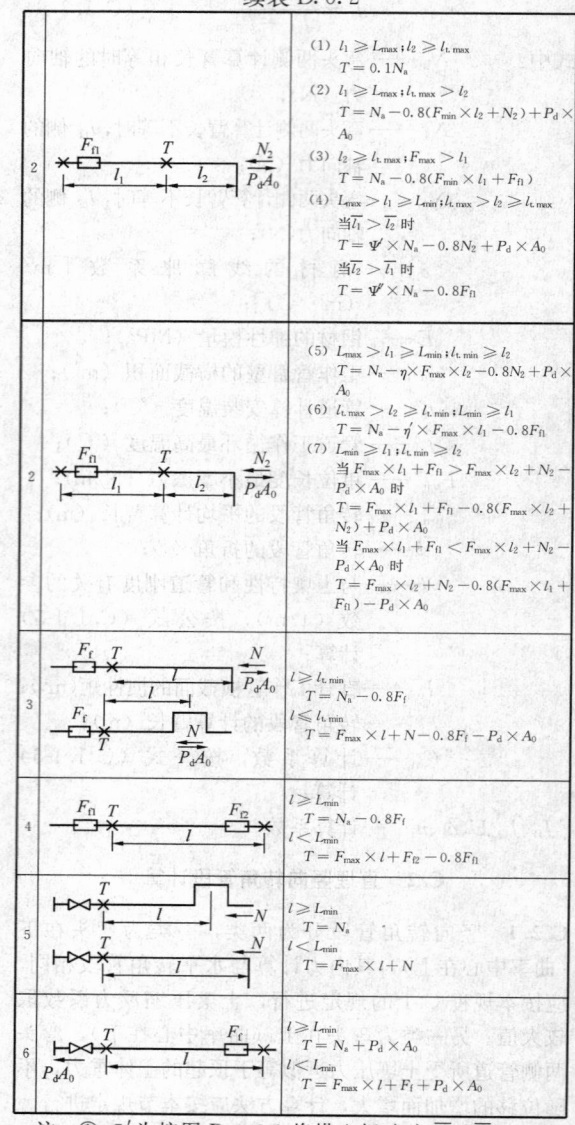

2	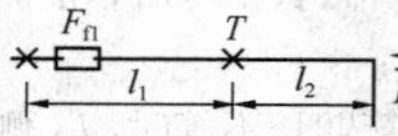 	（1）$l_1 \geqslant L_{max}$；$l_2 \geqslant l_{t.max}$ $T = 0.1N_a$ （2）$l_1 \geqslant L_{max}$；$l_{t.max} > l_2$ $T = N_a - 0.8(F_{min} \times l_2 + N_2) + P_d \times A_0$ （3）$l_2 \geqslant l_{t.max}$；$F_{max} > l_1$ $T = N_a - 0.8(F_{min} \times l_1 + F_{f1})$ （4）$L_{max} > l_1 \geqslant L_{min}$；$l_{t.max} > l_2 \geqslant l_{t.max}$ 当$\overline{l_1} > \overline{l_2}$时 $T = \Psi' \times N_a - 0.8N_2 + P_d \times A_0$ 当$\overline{l_2} > \overline{l_1}$时 $T = \Psi'' \times N_a - 0.8F_{f1}$
2	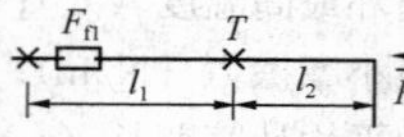 	（5）$L_{max} > l_1 \geqslant L_{min}$；$l_{t.min} \geqslant l_2$ $T = N_a - \eta \times F_{max} \times l_2 - 0.8N_2 + P_d \times A_0$ （6）$l_{t.max} > l_2 \geqslant l_{t.min}$；$L_{min} \geqslant l_1$ $T = N_a - \eta' \times F_{max} \times l_1 - 0.8F_{f1}$ （7）$L_{min} \geqslant l_1$；$l_{t.min} \geqslant l_2$ 当$F_{max} \times l_1 + F_{f1} > F_{max} \times l_2 + N_2 - P_d \times A_0$时 $T = F_{max} \times l_1 + F_{f1} - 0.8(F_{max} \times l_2 + N_2) + P_d \times A_0$ 当$F_{max} \times l_1 + F_{f1} < F_{max} \times l_2 + N_2 - P_d \times A_0$时 $T = F_{max} \times l_2 + N_2 - 0.8(F_{max} \times l_1 + F_{f1}) - P_d \times A_0$
3	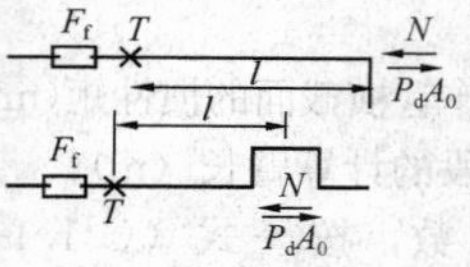 	$l \geqslant l_{t.min}$ $T = N_a - 0.8F_f$ $l \leqslant l_{t.min}$ $T = F_{max} \times l + N - 0.8F_f - P_d \times A_0$
4	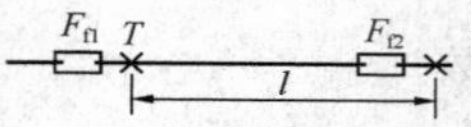 	$l \geqslant L_{min}$ $T = N_a - 0.8F_f$ $l < L_{min}$ $T = F_{max} \times l + F_{f2} - 0.8F_{f1}$
5	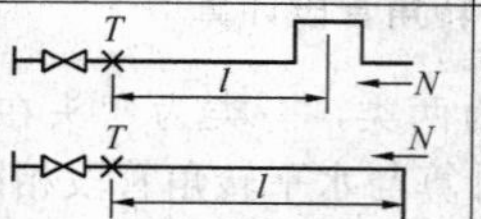 	$l \geqslant L_{min}$ $T = N_a$ $l < L_{min}$ $T = F_{max} \times l + N$
6	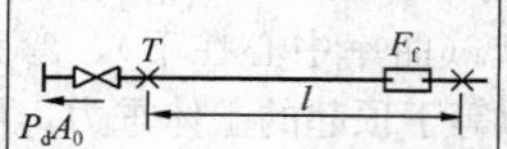 	$l \geqslant L_{min}$ $T = N_a + P_d \times A_0$ $l < L_{min}$ $T = F_{max} \times l + F_f + P_d \times A_0$

注：① Ψ'为按图D.0.3-1将横坐标改为$\overline{l_1}$ / $\overline{l_2}$查出的Ψ值；

② Ψ''为按图D.0.3-1将横坐标改为$\overline{l_2}$ / $\overline{l_1}$查出的Ψ值；

③ η'为按图D.0.3-2将横坐标改为$l_2/l_{t.min}$查出的η值；

④ A_0为管道流通面积。

D.0.3 表D.0.2中的推力系数Ψ（图D.0.3-1）和综合抵消系数η（D.0.3-2）应查图取值。

D.0.4 表D.0.2中的判别值$\overline{l_1}$、$\overline{l_2}$应按下列公式计算：

$$\overline{l_1} = \frac{l_1 - L_{min}}{L_{max} - L_{min}} \qquad (D.0.4\text{-}1)$$

$$\overline{l_2} = \frac{l_2 - l_{t.min}}{l_{t.max} - l_{t.min}} \qquad (D.0.4\text{-}2)$$

式中：$\overline{l_1}$——直管段推力系数判别值；

$\overline{l_2}$——转角管段推力系数判别值；

l_1、l_2——设计布置的管段长度（m）；

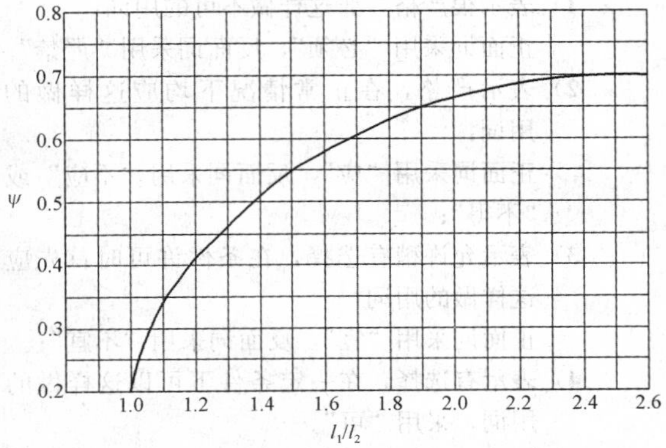

图 D. 0. 3-1 推力系数 Ψ 曲线图

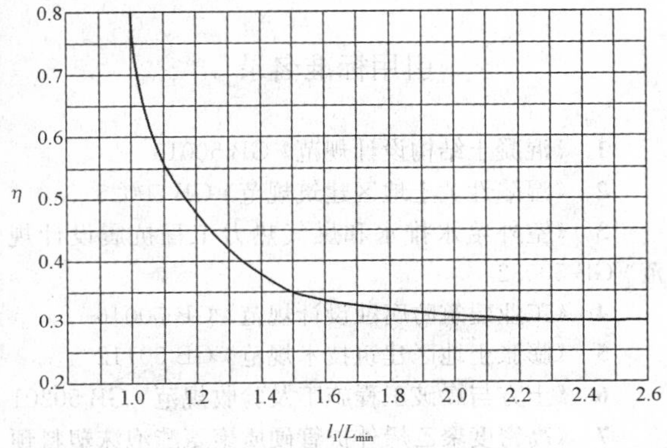

图 D. 0. 3-2 综合抵消系数 η 曲线图

L_{max}——直管段的过渡段最大长度（m）；

L_{min}——直管段的过渡段最小长度（m）；

$l_{t.max}$——转角管段的过渡段最大长度（m）；

$l_{t.min}$——转角管段的过渡段最小长度（m）。

附录 E 直埋保温管预热安装

E. 0. 1 在满足本规程公式（5. 3. 5-1）的条件时，可采用预热安装方法调整管道对固定墩的推力。

E. 0. 2 管道计算安装温度应根据固定墩能承受的推力确定。管道对固定墩的推力应按本规程 6. 1. 1、6. 1. 2 条的规定计算。

E. 0. 3 直埋管道预热段与相邻非预热段应设置固定墩隔开。预热段内不应含有变径和不同材质的钢管。

E. 0. 4 预热安装宜采用敞沟预热，在不具备敞沟预热的条件下，可采用覆土预热。预热方法可采用电预热、风预热、水预热等。当采用电预热时，供回水管间不能形成短路。

E. 0. 5 管道预热温度宜高于管道计算安装温度，预热伸长量应达到计算伸长量。

E. 0. 6 敞沟预热应符合下列规定：

1 应根据预热设备容量和现场实际情况，对管网进行分段预热，预热管段长度不宜小于 500m；

2 预热管段的计算安装温度不宜高于管道工作循环平均温度；

3 采用分段预热时，预热管段之间应留有 2m～3m 的空间，在下一管段进行预热时，上一管段的回缩量宜一并补足，总伸长量应满足要求；

4 预热管段的热伸长量应按下式计算：

$$\Delta l = \alpha\,(t_0 - t_i)L_{pr} \tag{E.0.6-1}$$

式中：Δl——管段的热伸长量（m）；

α——钢材的线膨胀系数[m/(m·℃)]；

t_0——管道计算安装温度（℃）；

t_i——预热开始前的管道温度（℃）；

L_{pr}——预热管段长度（m）。

5 在管道工作循环最高温度时，预热管段对固定墩的推力应按下式计算：

$$T_s = \alpha \times E\,(t_1 - t_0)A \times 10^6 \tag{E.0.6-2}$$

式中：T_s——预热管段对固定墩的推力（N）；

α——钢材的线膨胀系数[m/(m·℃)]；

E——钢材的弹性模量（MPa）；

t_1——管道工作循环最高温度（℃）；

t_0——管道计算安装温度（℃）；

A——工作管管壁的横截面积（m^2）。

6 管道上的三通应在预热前安装好，且不得与三通支管连接。如果预热后需在管道上开口加装三通，应在开口前做补强处理；

7 预热前应将管道中的水排尽；

8 预热过程中应采取防止管道横向移动的措施；

9 管沟内不得有可能阻碍管道自由伸长的土石方或结构；

10 预热段全部回填夯实前，应维持预热温度。

E. 0. 7 覆土预热应符合下列规定：

1 覆土预热宜采用一次补偿器吸收管道的预热伸长量；

2 预热宜与热网试运行合并进行；

3 预热管段的计算安装温度不应高于管道工作循环最高温度；

4 一个预热段设置多个一次性补偿器时，一次性补偿器应均匀布置，每个一次性补偿器的预热伸长量应按下式计算：

$$\Delta L_s = 2L_s\left[\alpha(t_0 - t_i) - \frac{F \times L_s}{2E \times A \times 10^6}\right] \tag{E.0.7-1}$$

式中：ΔL_s——一次性补偿器的计算预热伸长量（m）；

L_s——一次性补偿器到固定点或驻点的距离（m）；

α——钢材的线膨胀系数［m/（m·℃)］；

t_0——管道计算安装温度（℃）；

t_i——预热开始前的管道温度（℃）；

F——预热段管道单位长度摩擦力（N/m）；

E——钢材的弹性模量（MPa）；

A——工作管管壁的横截面积（m^2）。

5 在管道工作循环最高温度时，预热管段对固定墩的推力应按下式计算：

$$T_s = \alpha \times E(t_1 - t_0)A \times 10^6 + F \times L_s \quad (E.0.7\text{-}2)$$

式中：T_s——预热管段对固定墩的推力（N）；

α——钢材的线膨胀系数［m/（m·℃）］；

E——钢材的弹性模量（MPa）；

t_1——管道工作循环最高温度（℃）；

t_0——管道计算安装温度（℃）；

A——钢管管壁的横截面积（m^2）；

F——预热段管道单位长度摩擦力（N/m）；

L_s——一次性补偿器到固定点的距离（m）。

6 在管道工作循环最低温度时，管道对一次性补偿器的拉力应按下式计算：

$$P_s = \alpha \times E(t_0 - t_2)A \times 10^6 \quad (E.0.7\text{-}3)$$

式中：P_s——一次性补偿器的拉力（N）；

α——钢材的线膨胀系数［m/（m·℃）］；

E——钢材的弹性模量（MPa）；

t_0——管道计算安装温度（℃）；

t_2——管道工作循环最低温度（℃）；

A——工作管管壁的横截面积（m^2）。

7 预热管道外宜包裹塑料薄膜，并按首次升温的摩擦系数计算单位长度摩擦力；

8 一次性补偿器的补偿量应在预热前调整为计算预热伸长量，并应在伸长量到位后将一次性补偿器焊接成整体。

本规程用词说明

1 为便于在执行本规程条文时区别对待，对要求严格程度不同的用词说明如下：

1） 表示很严格，非这样做不可的用词：
正面词采用“必须”，反面词采用“严禁”；

2） 表示严格，在正常情况下均应这样做的用词：
正面词采用“应”，反面词采用“不应”或“不得”；

3） 表示允许稍有选择，在条件许可时首先应这样做的用词：
正面词采用“宜”，反面词采用“不宜”；

4） 表示有选择，在一定条件下可以这样做的用词，采用“可”。

2 条文中指明应按其他有关标准执行的写法为：“应符合……的规定”或“应按……执行”。

引用标准名录

1 《混凝土结构设计规范》GB 50010

2 《湿陷性黄土地区建筑规范》GB 50025

3 《室外给水排水和燃气热力工程抗震设计规范》GB 50032

4 《工业建筑防腐蚀设计规范》GB 50046

5 《膨胀土地区建筑技术规范》GB 50112

6 《土方与爆破工程施工及验收规范》GB 50201

7 《高密度聚乙烯外护管硬质聚氨酯泡沫塑料预制直埋保温管及管件》GB/T 29047

8 《城市测量规范》CJJ/T 8

9 《城镇供热管网工程施工及验收规范》CJJ 28

10 《城镇供热管网设计规范》CJJ 34

11 《城镇供热系统安全运行技术规程》CJJ/T 88

12 《玻璃纤维增强塑料外护层聚氨酯泡沫塑料预制直埋保温管》CJ/T 129

中华人民共和国行业标准

城镇供热直埋热水管道技术规程

CJJ/T 81－2013

条 文 说 明

修 订 说 明

《城镇供热直埋热水管道技术规程》CJJ/T 81－2013 经住房和城乡建设部 2013 年 7 月 26 日以住房和城乡建设部第 91 号公告批准、发布。

本规程上一版的主编单位是唐山市热力总公司，参加单位有北京市煤气热力工程设计院、哈尔滨建筑大学、沈阳热力工程设计研究院、中建二局安装公司、鸡西热力公司、哈尔滨热力公司、中国矿业大学。上一版主要起草人员是：刘领诚、姚约翰、张立华、尹光宇、王钢、肖锡发、郭华、陈永鹤、黄崇国、马健、张兴业、贺孟彰、李武勇、王莹君。

为便于广大设计、施工、科研、学校等单位有关人员在使用本规程时能正确理解和执行条文规定，《城镇供热直埋热水管道技术规程》编制组按章、节、条顺序编制了本规程的条文说明，对条文规定的目的、依据以及执行中需注意的有关事项进行了说明。但是，本条文说明不具备与标准正文同等的法律效力，仅供使用者作为理解和把握标准规定的参考。

目　次

1 总　　则

1.0.1 城镇供热管道直埋敷设方法同传统的管沟敷设方法相比，具有占地少、施工周期短、维护量小、寿命长等诸多优点，适合城市建设的要求，在我国已得以广泛应用。

我国城市人口密集，随着区域供热的不断发展，实际工程中的热水直埋管道的管径已突破原规程的适用范围，这是本规程修订的主要原因之一。

1.0.2 本规程是针对工作管、保温层和外护管连结为一个整体的预制保温管直接埋地的供热管网编制的。本规程的温度适用范围与原规程一致，适用的最高设计温度为150℃，主要针对钢质工作管的计算方法。我国现行产品标准《高密度聚乙烯外护管硬质聚氨酯泡沫塑料预制直埋保温管及管件》规定适用于长期运行温度不高于120℃，偶然峰值温度不高于140℃的预制直埋保温管、保温管件及保温接头的制造与检验，设计温度高于该温度范围时需要对保温材料及保温结构进行试验验证。本规程的压力适用范围与现行行业标准《城镇供热管网设计规范》一致，适用的最高设计压力为2.5MPa。

本规程规定的管材及设计、施工方法，主要用于输送介质为热水的城镇供热直埋管道，也可用于输送冷水或低压蒸汽的管道。

1.0.3 直埋供热管道和给水管道、雨污水管道、燃气管道都属市政管道，在直埋地下方面具有共性。在地震区，湿陷性黄土地区和膨胀土地区，供热管道和燃气、给水、排水管道在安全性上有共同要求。因此，直埋供热管道应遵守国家已经颁布的有关标准的规定。

1.0.4 城镇直埋供热管道属于城镇供热管网范畴。本规程主要规定与直埋热水管道相关的设计、施工验收及运行维护要求。在执行本规范时，要同时执行《城镇供热管网设计规范》CJJ 34、《城镇供热管网工程施工及验收规范》CJJ 28和《城镇供热系统安全运行技术规程》CJJ/T 88的规定，且这3项标准中都有强制性条文，必须严格执行。CJJ 28和CJJ/T 88与本标准同时修订，所制定的技术内容较多，本规程在编写时不再赘述同样的内容，而直接引用。所以在执行本规程时，上述3项标准是不可缺失的。另城镇供热直埋热水管道工程可能涉及其他的国家现行有关标准，如可能涉及的给排水、电气及城镇建设共性的规定等，应遵守。

2 术语和符号

2.1 术　　语

2.1.1 本规程关于直埋热水管道的规定，仅适用于工作管、保温层和外护管连结为一个整体的预制保温管。在城镇热水供热系统的常规介质参数下，这种保温管可以保持整体结构，设计计算方法与其他敷设方式有较大差别。整体预制保温管也可用于输送供冷介质的直埋管道系统。

2.1.2 管道伸缩完全受阻是指管道在温度变化时，不能向两端、两侧任何方向产生位移。屈服是指管材因应力产生塑性变形。

2.1.3 活动端允许管道向该部位发生位移。

2.1.4～2.1.6 驻点、锚固点与固定点的区别在于，固定点设置固定墩，不允许位移；而驻点和锚固点是管道温度变化时的实际位移情况形成的不发生位移的点。锚固点的一侧为锚固段，另一侧为过渡段；驻点的两侧均为过渡段。驻点和锚固点可能因温度、土壤摩擦力的变化等因素而发生移动。

2.1.7、2.1.8 直埋敷设热水管道设计时要区分2种状态，即锚固段和过渡段。锚固段管道在温度变化时只发生应力变化而不产生热位移，过渡段管道在温度变化时不仅发生应力变化还会产生热位移。

2.1.9 过渡段管道在温度变化时，摩擦力与热位移方向相反。

2.1.10 直埋管道因土壤的作用侧向位移量较小，仅在弯头附近产生侧向位移，在弯头变形段长度范围内管道布置受到一定限制。

2.2 符　　号

本规程使用的符号较多，供热专业符号和计量单位基础标准尚未编制，本规程主要按供热行业符号的使用习惯及国家规定的常用计量符号确定，在供热专业符号和计量单位标准制定后再行调整。为使用者方便，赘列了本规程使用的计算符号。

3 保温管及管件

3.1 一 般 规 定

3.1.1 工厂预制的产品由于加工条件好，产品质量可靠。如现场制作保温管和管件，受加工条件所限，保温层质量及外护层的密封性很难保证，如果外界水进入保温层中，高温运行时会导致聚氨酯保温层碳化失效，破坏预制直埋保温管道系统的整体式结构，导致整个管网系统失效。

3.1.2 直埋热水管道保温结构除具有管道保温的功能外，还具有传递力、抵抗土壤压力的功能，保温层和外护管都必须具有足够强度以保证保温结构完整，外护管、保温层、工作管相互之间粘结强度也是保证保温结构完整所必需的。目前，直埋热水管道保温材料采用硬质聚氨酯泡沫塑料，耐高温性能是保证管道使用寿命的关键指标。目前，硬质聚氨酯泡沫塑料，在120℃下能保证连续30年寿命，如果用在长期高于120℃的供热管网上，将加速老化，其寿命缩短。本规程对保温管道设计温度的适用范围为小于或等于150℃，在实际工程中要考虑保温材料在运行温度和运行时间等条件下，长期运行能否满足设计寿命。对运行温度高于120℃的保温管可以根据EN253的要求推算出能达到140℃（甚至更高温度）、寿命为30年的聚氨酯配方及保温管。

3.1.3 《高密度聚乙烯外护管聚氨酯泡沫塑料预制直埋保温管》CJ/T 114－2000和《高密度聚乙烯外护管聚氨酯泡沫塑料预制直埋保温管件》CJ/T 155－2001已被合并修订，并上升为国家标准《高密度聚乙烯外护管硬质聚氨酯泡沫塑料预制直埋保温管及管件》GB/T 29047，相应的试验方法和检验规则按新制定的国家标准《城镇供热预制直埋保温管道技术指标检测方法》执行。《高密度聚乙烯外护管硬质聚氨酯泡沫塑料预制直埋保温管及管件》GB/T 29047标准对工作钢管、钢制管件、外护管、保温层以及保温管、保温管件、保温接头制定了技术要求，特别是对长期连续运行温度介于120℃至140℃之间的保温管提出了验证的要求。

3.1.4～3.1.6 弯头、三通、异径管处局部应力比较集中，在直埋管道中为较易损伤的部件。该条款制定的技术要求，主要在于减小局部应力，保证管件的强度。

弯头处变形比较大，为保证弯头的强度和质量，弯头应在工厂制造，不应在现场用斜切的方式加工。弯头在加工过程中，背弯处会减薄，为保证背弯处的最小壁厚不小于直管段壁厚，可选用加厚的钢管或钢板进行加工，但应对端口进行坡口处理，并保证与两端直管段的焊接质量。

三通处应力比较复杂，且三通开孔后会降低直管的强度。直埋管道除承受内压外，还要承受很大的摩擦力。所以，为保证管道应力集中处的强度，需要在开孔处采取加固措施。管网运行后再开分支时，应在采取加固措施后再开孔。

3.1.7 本规程控制外护管表面温度（即保温层外表面温度）小于50℃，未区分外护管的材质，从两个方面考虑都是十分必要的。一是确保外护管的安全及使用寿命，二是节能减排。在《高密度聚乙烯外护管硬质聚氨酯泡沫塑料预制直埋保温管及管件》GB/T 29047标准中还提出了进行保温管试验的要求，对保证外护管长期运行是十分重要的。

3.1.8 对外护管端口尺寸的要求，有利于保证管道施工时保温接口的质量。

3.1.9 建立泄漏监测系统需要设置检查井及设备安装位置等，为保证监测系统的完整性和有效性，在管网设计初期应对泄漏监测系统同时进行设计。管网设计发生变更时，如增加分支或其他管件时，往往会增加检查室并对管件进行特殊处理，所以，要同时考虑监测系统的设计变更。

3.2 保温计算

3.2.1 直埋保温管的保温厚度除要满足制造要求外，还要满足设计要求。在直埋热水管道设计中，起主要作用的计算条件是外护层耐温要求。特殊情况下附近其他设施对地温升高很敏感时，还要求计算环境温度。

3.2.2 附录A给出了部分城市的自然地温数据，摘自《城镇供热直埋蒸汽管道技术规程》CJJ 104－2005。

3.2.3、3.2.4 热水供热管道一般为供回水管同沟敷设，两根管道散热形成的温度场与单管敷设不同，需要计入两管温度的相互影响，本条采用附加热阻的计算方法，并进行了适当简化。保温计算时，先设定管道保温层厚度，根据敷设条件计算管道散热损失，再校核保温层外表面温度，如保温管表面温度不满足本规程3.2.1的条件，则需要调整保温厚度重新计算。

3.2.5 双管敷设供热管道温度场计算时，计算点坐标x取与供水管中心线的水平距离，y取与地面的垂直距离（见图1）。

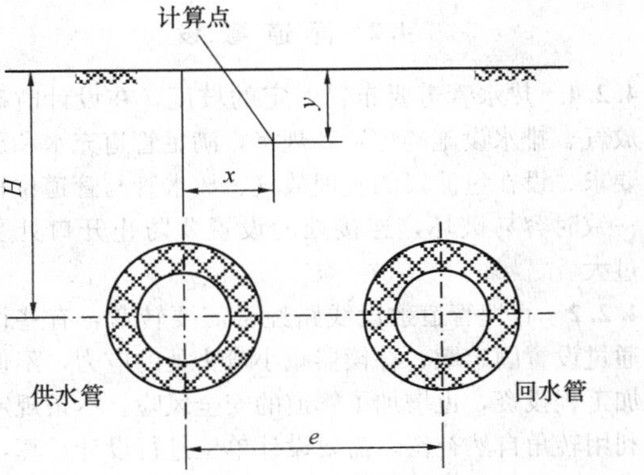

图1 保温计算示意图

4 管道布置与敷设

4.1 管道布置

4.1.1 《城镇供热管网设计规范》CJJ 34对管道布置提出了具体的要求，包括管道的布置原则；管道平面位置的布置要求；穿越建筑物的地下室的规定；供热管道在综合管沟内布置要求等，在使用本规程时，执行《城镇供热管网设计规范》CJJ 34相关规定十分必要。

4.1.2 直埋热水管道与设施的净距与《城镇供热管网设计规范》CJJ 34一致，只是在设施的项目中增加压缩空气或CO_2管道、乙炔、氧气管道的净距要求。

4.1.3 国家标准《给水排水工程管道结构设计规范》GB 50332-2002规定，管顶埋深大于0.7m后，车辆荷载的动力系数等于1，根据《城市道路工程设计规范》CJJ37-2012，道路路面结构设计应以双轮组单轴载100kN为标准轴载。对有特殊荷载使用要求的道路，应根据具体车辆确定路面结构计算荷载。按《公路桥涵设计通用规范》JTG D60-2004，车辆荷载取超20级，后轴重力标准值140kN，单个轮组70kN，轮胎着地面积0.2m×0.6m，压力传播呈30°角，但不考虑后轴之间压力传播的叠加组合作用等作为计算条件。经计算地面车辆荷载两个轮压传至保温管的竖向压力和土壤的静土压力总和在管顶覆土深度1.38m～1.6m时管顶、管底、管中都最小。因此机动车道下敷设的大管径管道最小覆土深度取1.3m，*DN*500以下管道保留了原规程条文的规定数值。非机动车道下敷设的管道最小覆土深度大于原规程规定，是为了避免机动车的闯入造成的危害。

覆土深度不能保证时采取的保护措施包括设置过街套管或管沟、在管道上方敷设混凝土板等。

4.1.4 《城镇供热管网设计规范》CJJ 34对河底敷设供热管道制定了敷设的基本原则、覆土深度及应进行抗浮计算等规定。

4.2 管道敷设

4.2.1 热水管道要布置一定的坡度，在设计时确定放气、排水设施的位置和规格，满足管道充水和放水要求。设在过渡段的直埋放气、放水管与管道位移不一致时容易破坏，连接处的设置要防止开口处受力过大。

4.2.2 直埋管道敷设线路经常需要转弯，有些设计通过设置固定墩、补偿器减小弯头处的应力，不但增加工程投资，也增加了管道的安全风险。本条规定应利用转角自然补偿，需要设计单位进行设计计算，并采用适合自然补偿的管件，不推荐在每个管道转弯处都加固定墩的设计方法。

4.2.3 直埋管道升温时弯头附近会产生侧向变形，以补偿管道热伸长。转角管段布置时两侧的臂长要大于管道侧向变形段的长度，在此范围内不应再布置三通、折角、弯头、阀门、补偿器、固定墩、检查室等附件。本规程附录C弹性抗弯铰解析法在公式推导过程中作了$kl\geqslant3$的假定，使公式大为简化，形成了现在应用的简明近似式。为使该公式的应用范围略有扩大，在$kl\geqslant2.3$（即大于变形段长度）时即可应用该法，而计算误差不致过大。不符合此项规定时，应采用有限元法计算。本条用此条件将转角管段的臂长限定为$l_e=2.3/k$。

4.2.4 “Z”形和“Π”形管段是最常见的管段布置形式。“Z”形管段分割时以垂直臂上的驻点将管段分为两个“L”形管段，对于两侧转角相同的“Z”形管段，驻点可取垂直臂中点。“Π”形管段自外伸臂的顶点起将两个外伸臂连同两侧的直管段分为两个“L”形管段，“Π”形两外伸臂顶点间的管段一般很短，对分割为两个“L”形管段无大影响。

4.2.5 本条保留了原规程3.2.3条可视为直管段的折角范围，增加了*DN*500以上管径及常用循环温差范围下的最大折角。循环工作温差140℃最大平面折角比修订前降低了。事实上当循环温差达到140℃，在设计压力2.5MPa的条件下，只有少量小直径管道能通过安定性分析验算。

为了探索和分析水平转角管段满足强度条件之最大折角的变化规律，分别按照强度条件、疲劳分析、局部屈曲分析等3种方法进行了计算。

从计算结果看：

1 安装温差对转角强度的影响可以忽略不计。

2 循环工作温差对折角的影响是显著的。随着循环温差的减小，该折角可显著增大。

3 径厚比的影响也是明显的，随着径厚比的增大，在其他条件相同的情况下，该折角减小。

4 土壤横向约束反力系数C对折角的大小有影响。以取值范围$1\times10^6\mathrm{N/m^3}\sim10\times10^6\mathrm{N/m^3}$为例进行计算，结果表明：随着C增大，折角可增大，增加的幅度，小管比大管的小。因此折角周向严禁垫泡沫垫。

5 随着埋深的增加，折角增加，但幅度不大。

6 从限制折角大小的严格程度排序，依次为强度条件、局部不会屈曲、疲劳分析法。

对于*DN*500以下的管道，坡度变化仍采用小于2%；对于*DN*600～*DN*1200的管道，坡度变化不大于1%。考虑到竖向变坡是不可避免的，所以竖向折角按照第四强度理论和经典疲劳分析，坡度变化放大到0.01，即折角放大到0.6度，即使是循环温差120℃，*DN*500～*DN*1200的管道，尚有6%的余度。

4.2.6 本条给出了一些处理折角的方式，在没有条件提前订购预制弯管时，可以用“L”形或“Π”形管段代替折角。

在管道敷设中推行采用弯管，具有诸多优点：

1 管道布置可按更自然的方式沿街道或地形进行，减少了管线的长度；

2 可以避免使用小角度折角、“L”形和“Z”形管段；

3 可以减少管道接头数量；

4 管道锚固段较长，位移量较少。

4.2.7 直埋管道引出分支时，分支点要选在干线位移小的部位，以免三通干管与支管变形无法协调而破坏。

4.2.8 直埋管道设分支时，分支管上的附件要与三通留有一定距离，保持三通附近管道的柔性。当分支管径小于或等于*DN*500时，管道的弯头变形段长度为2m～8m，仍采用原规程条文引出分支的技术措施。当管径超过 $DN500$ 后，弯头变形段长度超过9m，如在支线上设固定墩和补偿器，会导致支线对三通的作用危险增大，应采取其他技术措施。

4.2.9 轴向补偿器附近不应布置分支、转角、变坡点等会造成管道侧向位移的附件，保持管道伸长方向与补偿器轴线一致，避免补偿器损坏。

4.3 管道附件与设施

4.3.1 《城镇供热管网设计规范》CJJ 34 对阀门、补偿器等管道附件和检查室等设施的设置制定了技术要求，在执行本规程时应同时执行《城镇供热管网设计规范》CJJ 34 的相关规定。

4.3.2 对直埋管网阀门选择和设置的要求：

1 直埋管道阀门要承受因管道热变形而产生的各种力和力矩，其中直埋管道的轴向荷载比管沟敷设管道的轴向荷载大很多，在此强调阀门应能承受管道轴向荷载。

2 钢制阀门相比铸铁阀门能承受较大的荷载，因此要求直埋管道上安装的阀门采用钢制阀门。

3 热水管道工作时管道受力随供热温度变化，选用焊接连接的阀门是经济、可靠的连接方法。

4.3.3 直埋热水管道是连续的整体保温结构，工作管和外护管均有很好的防水作用，不允许管内介质和管外地下水渗入保温层。安装补偿器的位置切断了保温结构，如果没有特殊的防水处理措施直接埋地，介质和地下水容易进入保温层，材料遇水会导致保温结构失效，危及管道系统运行安全。补偿器安装在检查室内便于发现泄漏点。

4.3.4 直埋管道由地下转出地面、转入管沟或检查室时，外护管要与工作管一同引出并做好防水封端，防止管沟和地面积水浸入到直埋管道的保温层内。

4.3.5 由于异径管两端管壁横截面积不同，在应力相同时大管的轴向力大于小管，为保护小管免遭轴向力破坏，要求在其附近设补偿器或固定墩，将不同截面的管段分隔开。

4.3.6 在直埋管道敷设条件允许时，尽量采用柔性连接方式，减少固定墩的设置。

4.3.7 直埋管道固定墩推力较大，设置补偿器可以缩短过渡段长度，减小管道摩擦力。对管道进行预热不影响管道的应力验算和疲劳寿命，但可以减小管道对固定墩的推力，预热安装时根据固定墩结构的承力能力计算确定预热温度和预热伸长量。

4.3.8 因直埋管道的固定墩埋在土内，钢管、钢架如有裸露，将会很快腐蚀损坏，因此特别强调此项。

5 管道应力验算

5.1 一般规定

5.1.1 本章规定针对直埋敷设热水供热管道的工作钢管，应力验算采用目前国内外通用的应力验算方法-应力分类法。当量应力是指将结构内实际的多向应力按一定的强度理论，转换成一个单向应力形式，可与单向试验结果进行比较，使转换前后对结构破坏的影响能达到等效的应力量。本条强度验算条件仍沿用原规程规定。

1 应力分类法的主要特点是将管道上的应力分为一次应力、二次应力和峰值应力三类，并采用相应的应力验算条件。

管道由内压和持续外载产生的应力属于一次应力。它是结构为了满足静力平衡条件而产生的。当应力强度达到甚至超过屈服极限时，由于材料进入屈服或静力平衡条件得不到满足，管道将产生过大变形甚至破坏。一次应力的特点是变形为非自限性的，对应力验算应采用弹性分析或极限分析。

管道由于热胀、冷缩等变形受约束而产生的应力属于二次应力，这是为了满足结构各部分之间的变形协调而引起的应力。当部分材料超过屈服极限时，由于产生少量的塑性变形，变形协调得到满足，变形就不再继续发展，具有变形自限的特点。对二次应力采用安定性分析。所谓安定性是指结构不发生塑性变形的连续循环，管道在有限量塑性变形之后，在留有残余应力的状态下，仍能安定在弹性状态。安定性分析允许的最大弹性应力变化范围是屈服极限的两倍。

峰值应力是指管道或附件（如三通等）上由于局部结构不连续或局部热应力效应产生的应力增量。它的特点是不引起显著的变形，是一种导致疲劳裂纹或脆性破坏的可能原因，必须根据管道整个使用期限所受的循环荷载进行疲劳分析。但对低循环次数的供热管道，对在管道上出现峰值应力的三通、弯头等局部应力集中处，可采用简化公式，计入应力加强系数进行应力验算。

2 应力分类法早已在美国机械工程师协会（ASME）1971 年的《锅炉及受压容器规范》中应用；我国 1978 年发布的《火力发电厂汽水管道应力计算技术规定》，也将 1964 年颁发的《火力发电厂汽水管道应力计算导则（修订本）》中原来所采用的弹性分析和极限分析应力验算方法改为应力分类法。70 年代末期，北京市煤气热力设计所等五单位进行了“热力管道无补偿直埋敷设试验研究”，并按此应力验算方法，设计和安装了以沥青珍珠岩为保温材料的直埋敷设热水管道，一直正常运行。根据国内外的理论研究、规范编制和实践经验，目前我国《城镇供热管网设计规范》、《工业金属管道设计规范》等各行业管道标准均明确规定管道应力验算采用应力分类法。

20 世纪 80 年代初，我国引进北欧国家生产的高密度聚乙烯外护管硬质聚氨酯泡沫塑料预制保温管，目前已在国内城市供热工程中广泛应用。

欧洲标准《Design and installation of preinsulated

bonded pipe systems for district heating》EN 13941在进行应力验算时，将管道上的作用（actions）分为两类：力作用（force-controlled actions）和变形作用（displacement-controlled actions）。标准中对变形作用的验算，计算作用循环产生的应力范围，允许管道初次升温时产生塑性变形，管道内的名义应力远高于钢材的屈服极限。对局部应力较大的三通、弯头、折角等发生反复屈服的部位，进行疲劳分析，检验管道在使用期限内的安全性。

实际上欧洲标准也采用了应力分类法进行直埋管道强度验算，应力分类的规则与我国现行标准一致。其中，力作用形成一次应力，变形作用形成二次应力，发生反复屈服的局部应力即为峰值应力。

3 直埋敷设热水管网系统，采用应力分类法进行应力验算，管网中一些固定墩会承受较大轴向力。设计人员可以采用设置少量补偿器和利用布置驻点等设计手段，也能达到减少固定墩数量和降低推力的目的。

5.1.2 应力验算方法确定后，计算参数的取值也是重要条件。热水供热系统的主要特点是供热介质温度随气候周期性变化，从最低温度升至最高温度再降至最低温度的过程，称为一个“工作循环”。这样“工作循环最高温度”与“工作循环最低温度”形成一个计算温度循环范围。

计算压力和工作循环最高温度取用设计压力和设计供水温度，工作循环最低温度取用正常工作循环的最低温度，即停热时经常出现的温度，而不采用可能出现的最低温度，例如较低的安装温度。因为供热管道一次应力加二次应力加峰值应力验算时，应力的限定并不取决于一时的应力水平，而是取决于交变的应力范围和交变的循环次数。安装时的低温只影响最初达到工作循环最高温度时材料塑性变形量，对管道寿命几乎没有影响。

管道工作循环最低温度取决于停热时出现的温度。全年运行的管道停热检修一般在采暖期以后，此时气温、地温已较高，直埋敷设管道由于保温效果好，短期停热管壁温度仍达30℃以上；对于只在采暖期运行的管道，停热时日平均气温不会低于5℃，同样道理，地下敷设管壁温度不会低于10℃。

5.1.3、5.1.4 预制保温管的外壳与土壤之间的摩擦力计算是一项复杂的土力学问题。本条参照欧洲标准《Design and installation of preinsulated bonded pipe systems for district heating》EN 13941的公式。

5.1.5 考虑到目前国内施工中既采用筛过的黏土也采用中砂回填的实际应用状况，本规程给出了在不同情况下摩擦系数 μ 推荐值表5.1.5。粉质黏土更易形成消力拱，其最小摩擦系数 μ_{min} 值比回填中砂的低一些。

表5.1.5的摩擦系数值，综合了原哈尔滨建筑工程学院和北京市煤气热力设计所的实验数据，最大摩擦系数 μ_{max} 值与外国多数资料相符，最小摩擦系数 μ_{min} 值低一些，这对选补偿器补偿量更有一些安全裕度。

5.1.6 土壤横向压缩反力系数的实测资料较少，本规程目前难以给出详细的数据。不同土壤、不同密实度、不同含水量都影响其取值。具体取值以当地土壤条件实测确定或根据当地的使用经验确定为好。为了便于使用，本规程给出大致的取值范围，并将1978年北京市煤气热力设计所等单位的实测值（测定条件：砂质粉土和粉质黏土，回填密实度为90%～95%）附在条文中，以供取值时参考。

5.1.7 许用应力取值方法沿用原规程规定。

5.2 管壁厚度计算

5.2.1～5.2.3 钢管承受内压需要的壁厚的计算公式与《火力发电厂汽水管道应力计算技术规程》DL/T 5366-2006规定一致。

5.3 直管段应力验算

5.3.1 屈服温差 ΔT_y 是判断管道会不会进入塑性状态工作的依据。它是按照锚固段内管道在温差和内压共同作用下，根据复杂应力状态下的屈斯卡（Tresca）屈服条件，管道在弹性状态下能够承受的最大温差值。当 $t_1 - t_0 \leqslant \Delta T_y$ 时，管道处在弹性状态下工作，此时，依据虎克定律推导的计算公式全部正确、有效；当 $t_1 - t_0 > \Delta T_y$ 时，管道进入塑性状态工作，由于管壁屈服，造成管内轴向应力达到了极限值并产生塑性变形，以致对过渡段长度、热伸长量和管道的轴向力发生了影响，在设计计算中必须予以充分考虑。ΔT_y 的数值将作为边界条件应用于本节以后的各节计算公式中。

由于钢材标准给出的屈服极限 σ_s 是最小保证值，实际供货都高于此值，但偏差的范围和分布找不到权威的资料。σ_s 的正偏差对于热伸长量和管道轴向推力的计算影响很大，而且是不安全的，设计中必须予以考虑。本规程编制过程中，调研了两家钢管制造厂，该两厂历年管材焊缝拉伸试验资料中各抽取100个试样的实测数据，本规程取其平均值1.3作为屈服极限增强系数。

5.3.2 直管段的过渡段最大长度 L_{max} 和过渡段最小长度 L_{min} 是过渡段工作状态的两项判据。它们与5.3.1条的 ΔT_y 组成了直埋管道计算中的三项重要边界条件。

过渡段最小长度 L_{min} 是足够长直管道的初次升温到设计供水温度时可能出现热位移的管段长度值。

过渡段最大长度 L_{max} 是管道经过无数次升温、降温伸缩循环，土壤摩擦力逐渐变小，过渡段逐渐增长，最终可能达到的长度，是过渡段长度的极限值。

公式（5.3.2-1）和公式（5.3.2-2）中，分子本应有减去补偿器阻力一项，由于补偿器的阻力与补偿器的型号和吸收的热膨胀量有关，既不好确定又不易计算，为简化计算给予删除，过渡段长度计算结果将增加，设计趋于安全。

5.3.3 过渡段内任一截面上的轴向力，用于确定设置于过渡段内的固定墩的推力。其中，活动端对管道伸缩的阻力系指弯头的轴向力、套筒的摩擦力、波纹管的弹性力和由内压产生的不平衡力。土壤对管道的摩擦力随推动次数变化，轴向力也随之变化。最大轴向力出现在管道初次升温到设计温度时，当 $L' \geqslant L_{\min}$ 时，因超出 $L_{\min}$ 的管段被锚固，各点的轴向力相同，均等于锚固段起点截面的轴向力。活动端对管道伸缩的阻力在计算最大、最小轴向力时，按最大值取用，以简化计算。

5.3.4 温升低于屈服温差的锚固管道，轴向力取决于温升值；高于屈服温差的管道，因出现了塑性变形，轴向力达到最大值，即极限轴向力。

5.3.5 直埋直管段中锚固段内的应力最高，若锚固段能满足强度条件，则过渡段管道必然满足要求。因此，本条规定直管强度验算先从锚固段开始，如果式（5.3.5-1）获得满足，则平面布置设计时直管段的长度将无限制。如果式（5.3.5-1）不能满足，说明管道平面布置时不能出现锚固段，管道必须布置成全部是过渡段，且过渡段长度不得超过式（5.3.5-2）计算结果，此规定同样适用于弯头两侧直管臂形成的过渡段。

过渡段应力最大点发生在固定端处，此处为过渡段的应力验算点。公式（5.3.5-2）右侧分式上侧 $(3[\sigma]-\sigma_t)A\times10^6$ 是管道在安定状态工作时，轴向力允许变化范围。分式下侧系数 1.6 是考虑了管道降温收缩时，在固定端处会产生反向拉力，轴向力变化范围增加的系数。若摩擦力没有下降变化，始终为 $F_{\max}$，则该系数为 2。但根据实际试验结果，摩擦力是随管道温度循环变化的。因此，本规程规定当摩擦力平均下降到单长最大摩擦力的 80%时，管道即进入安定状态（即取系数为 1.6）。这样规定是符合安定条件（结构经几次少量屈服后能稳定在弹性状态下工作）的。

5.4 直管段局部稳定性验算

5.4.1 管道在承受高轴向压应力和截面内存在缺陷部位可能出现塑性变形的集中。直埋热水管道的温度位移受到了外部摩擦力约束，就是属于承受高轴向压应力的管道系统。

5.4.2 直埋热水管道从整体看属于杆件，但是从局部看又属于薄壁管壳，特别是大直径的管道。对于大管径、高温度、高压力的直埋热水管道，横截面受到较高的压应力作用，当最大压应变达到一个临界水平时便有可能会发生局部屈曲，局部产生较大的变形，导致管道的局部褶皱而失效。管道的局部屈曲多数发生在应力不连续、管壁有缺陷的地方。

国内外有一些关于防止薄壁管壳局部屈曲的研究成果。

1 1976 年 Sherman 提出的临界屈曲应力计算公式为：

$$\sigma_{cr}=16E\left(\frac{\delta}{2R_0}\right)^2$$

2 1991 年 Stephens 等提出的临界屈曲应力计算公式为：

$$\sigma_{cr}=2.42E\left(\frac{\delta}{2R_0}\right)^{1.59}$$

3 欧洲规范 EN13941 对于直埋管道径厚比的规定式。

4 国家标准《压力容器》GB150 圆筒许用轴向压缩应力的公式。

通过几个公式的运算结果比较，EN13941 更保守，计算的管壁厚度太大。本条的公式采用国内目前的研究成果，径厚比的计算结果较前两个公式要保守。

5.4.3、5.4.4 理论研究表明，直埋敷设的柔性管道能够利用其周围土壤的承载能力，当管道椭圆变形达到钢管外直径的 20%时，才发生整体结构破坏。但试验证明，椭圆变形达到钢管外直径的 5%时，管壁便开始出现屈服。国家标准《输油管道工程设计规范》GB 50253－2003，《输气管道工程设计规范》GB 50251－2003 都规定管道的椭圆变形量应小于钢管外径的 3%，本条是参照上述规范制定的。本条对原公式中按直埋热水管道常见条件代入的基础数据做了处理，便于应用。表 5.4.4 中车辆荷载按后轴重力标准值 140kN，单个轮组 70kN 计算。

5.5 管件应力验算

5.5.1 埋地水平弯头和竖向弯头的弯矩及轴力目前较成熟的计算方法为有限元法和弹性抗弯铰解析法。前者需利用专用软件在计算机上完成；后者既可电算，又可用于手工计算完成。本规程附录 C 是原规程附录的内容，计算公式是按弹性抗弯铰解析法通过理论分析推导和适当简化得出的，并经过 *DN*500 管道的试验验证。根据对管径从 *DN*600 到 *DN*1200 弯管的有限元分析，对于管径 *DN*500 以上的、转角在 80°～120°弯管，采用弹性抗弯铰解析计算法仍然吻合得较好。按照 5.5.3 的弯头强度验算结果和有限元分析结果相比误差小于 5%，且偏于安全。

5.5.2 基于采用弹塑性理论进行管道设计，埋地弯头温度变化引起峰值应力，其对管道安全的影响主要是正常的温度循环范围，对于安装温度低于循环最低温度而产生的一次性较大应力不会影响运行安全。环

向应力放大系数 β_b 不考虑内压的影响，同时弯头的柔性系数亦不考虑内压的影响，可使计算简化，亦与《火力发电厂汽水管道应力计算技术规程》DL/T 5366 取得一致。其计算结果误差<10%，且偏安全。

5.5.3 埋地弯头的强度验算采用简化的疲劳分析。验算公式形式虽与安定分析一致，但弯头环向应力加强系数采用真实应力加强系数之半（即（5.5.2-2）式中的 $\beta_b = 0.9(1/\lambda)^{2/3}$ 为真实应力加强系数 $\beta_b = 1.9(1/\lambda)^{2/3}$ 的一半），计算出的应力为应力变化幅度，所以实质上是按疲劳分析进行弯头的强度验算。弯头的强度验算点在弯头最大弯矩截面的顶部和底部（指弯头平面水平放置），此点热胀应力最大，为环向应力；同时该点处还存在内压环向应力，其值与直管相同。因验算点的热胀应力为应力变化幅度（即应力变化范围之半），所以内压应力也采用变化范围之半，即 $0.5\sigma_{pt}$，许用应力为 3［σ］（见 5.1.1 条），故验算式为 $\sigma_{bt}+0.5\sigma_{pt}\leqslant 3[\sigma]$。

5.5.4 三通加固方案是否可行应有足够的依据，或实际进行应力测定，或用有限元法进行计算。有限元法计算的关键是单元的划分，高应力区要划分的较小，以使计算出的应力分布有足够的精确度。经验证明在单元划分合理的情况下计算结果与实际应力测定十分吻合。

5.5.5 本条提供了大轴力荷载三通加固的原则性措施，供加固设计者参考。

5.6 管道竖向稳定性验算

5.6.1～5.6.4 埋地管道中介质温度升高时，管道中产生轴向压力。存在轴向压力的管道有向轴向法线方向凸出使管道弯曲的倾向。由于管道周围土壤在径向和轴向对管道有约束，正常状态下埋地管道在地下保持稳定。当周围土壤的约束力较小或因周围开挖而减小，受压管道会在横向约束最弱的区域丧失稳定。管道在轴向朝失稳区域推进，并在水平方向或垂直方向推开土壤形成弯曲的凸出管段。竖向失稳可能由于设计考虑不周引起，水平失稳多为埋地供热管道投产后由于其他管线施工引起。本规程只涉及竖向失稳校核。

5.7 热伸长计算

5.7.1 本条计算方法适用于计算相邻的两个直管过渡段或直管与弯管臂之间或连接在一起的两个弯管臂之间的驻点。

驻点位置因摩擦力大小、活动端阻力变化而可能发生漂移。土壤摩擦力在管道运行过程中会发生变化，由 F_{max} 变至 F_{min}。对于两侧有相同型号补偿器的两个相邻直线过渡段（包括有相同规格弯头连接在一起的两个弯管臂），由于两侧对称，驻点在直管段的中点，摩擦力的变化理论上对驻点位置无影响。对于一个直线过渡段和一个弯管臂连接在一起的管段，由于两个过渡段的活动端阻力不同，摩擦力变化时，驻点位置会发生较大漂移。为简化计算，本条规定仅按 F_{min} 求算驻点。此规定是基于当一侧为弯管过渡段时，由内压产生的不平衡力将使驻点向直管过渡段处移动，取 F_{min} 将使弯管过渡段有较大值，这样弯头要吸收较大的热位移，在此条件下弯头强度能满足则弯头是安全的。对于直管过渡段，按 F_{min} 计算的长度会偏小，但考虑到投产初期摩擦力为 F_{max}，虽过渡段长度较大（将（5.7.1）式中 F_{min} 改为 F_{max} 计算 l_a 较大），但管道热伸长被土壤摩擦阻力约束留存在管壁内转化为轴向应力的百分比也较大，同时在 5.7.4 条规定，对有驻点的过渡段选择补偿器时，应增大 20%的裕量。这样也能保证直管过渡段补偿器的安全。

5.7.2 当整个过渡段处在弹性状态时，管道应力和应变的关系完全符合虎克定律。当过渡段内有部分管道进入塑性状态时，过渡段总热伸长量计算中要考虑由于管壁屈服产生的塑性变形。

5.7.3 该条列出了在过渡段中间部位设有分支时，计算分支点位移的步骤。

5.7.4 补偿器补偿能力选择应适当留有余地。考虑到 5.3.1 条对 σ_s 引入了增强系数 $n=1.3$，已经提高了补偿器补偿能力，因此余地不宜过大。本规程规定一般为计算热伸长量的 10%。对有驻点的过渡段，由于两过渡段连接在一起，驻点位置很可能发生漂移而造成过渡段长度加长，对热伸长影响较大，为此规定余量提高到 20%。

6 固定墩设计

6.1 管道对固定墩和固定支架的作用

6.1.1 管道对固定点的作用力的解释如下：

1 管道热胀冷缩受土壤约束产生的作用力，指过渡段土壤对管道产生的摩擦力及锚固段的轴向力。

2 内压不平衡力指固定点两侧管道横截面不对称在内压作用力下产生的不平衡力，也包括波纹管补偿器端波环状计算截面上的内压作用力。内压不平衡力按计算压力值计算。

3 活动端位移产生的作用力指补偿器的弹性力或摩擦力，转角管段升温变形引起的侧向土壤压缩反力等轴向力。

6.1.2 本条明确固定点两侧管段作用力合成的原则。

1 基于固定点两侧管段的作用力的方向性。

2 固定点两侧管段长度不同时，摩擦力下降对各自管段轴向力的影响可能不同。例如两侧管道起初均为锚固状态，摩擦力随升温次数增加而下降，由于两侧管段长度不同，一侧先进入过渡段，造成两侧管道轴向力的差异，这时应按可能出现的最大差异计算固定点受力。

3 规定两侧管道作用力合成时，方向相反的力不能简单地抵消。对于热胀约束力和补偿器作用力只应抵消一部分（即抵消系数<1），而保留一部分安全裕量。这是因为计算存在误差（如土壤摩擦力及其下降规律不可能十分准确，因土壤的情况在沿线是有差别的），同时，升、降温过程在管道上是以一定速率传播的，处于不同位置的管道在升、降温过程中同一瞬间可能处于不同的温度状态，造成计算作用力不同时出现。因此不同方向的计算作用力不能按完全抵消考虑。

抵消系数的数值是由经验确定的，对于管沟敷设管道，目前国内有的设计单位取 0.7，有的取 0.8。对直埋敷设管道，本规程规定在推力计算时，不考虑固定墩位移，但实际上不可能绝对不发生位移，一旦有微量的位移，其推力将有所降低，因此本规程对摩擦力或补偿器作用力抵消系数在取值上取高值（为 0.8），这样在工程上较经济，也较安全。

4 对于处在锚固段的固定墩，理论上说抵消系数应为 1。考虑到两侧土壤状况、摩擦力的变化以及钢管的性能、制造精度不可能完全一致，本规程规定抵消系数取 0.9，留有 10%的安全裕量。

5 对于内压不平衡力的抵消，首先是计算管道横截面和压力值较准确，同时压力在管道中传递速度非常快，固定点两侧内压作用力同时发生，因此规程规定抵消系数按 1.0 取用。

6.1.3 本规程附录 D 列出了典型管道布置的固定墩、固定支架承受的推力计算公式，管道的其他布置形式和运行状态按照本规程第 6.1.1 条和 6.1.2 条的规定计算。

6.1.4 由于工程中按附录 D 计算得出的固定支墩、固定支架的推力很大，大直径的供热管道产生的推力高达上千吨，导致固定墩尺寸太大，不但施工困难，而且偏离了原有的计算模型。根据实践检验，固定墩的微量位移可以大大减小固定墩的合成推力。本规程固定墩减少的推力数值是管道摩擦力部分或全部反向的作用结果。事实上由于土壤是可压缩的非刚性体，在固定墩发生微量位移的情况下土壤的被动土压力增大，也抵消了一部分管道的轴向力。这部分力作为安全储备没有核减。

公式（6.1.4-1）的推导：

理论上在锚固段最大轴向力为：

$$N_a = [\alpha \times E(t_1 - t_0) - \nu\sigma_t]A$$

允许管道发生微量变形时，此时管锚固段受力为：

$$T = [\alpha \times E(t_1 - t_0) - \nu\sigma_t]A - T'$$

在管段内产生了轴向力的衰减 $T' = F \times L$

$$T = [\alpha \times E(t_1 - t_0) - \nu\sigma_t]A - FL$$
$$= [\alpha \times E(t_1 - t_0) - \nu\sigma_t]A - \frac{2E\Delta l'}{L}A$$

轴向力的减小值为 $T' = F \times L = \frac{2E\Delta l'}{L}A$

$$(FL)^2 = 2E\Delta lFA$$
$$T' = \sqrt{2\Delta l' FEA}$$

双侧均为过渡段时轴向力衰减很大，合成推力值一般均较小，为安全考虑，固定墩的力的减少按式（6.1.4-1）的$\sqrt{2}$倍计算。

当减少值大于合成推力时，应调小允许位移量。

6.2 固定墩结构

6.2.1 本条明确对固定墩两侧回填土的要求，以满足固定墩工作状态的假定。固定墩后背土压力折减系数 K_s，对于高压缩性土取低值，低压缩性土取高值。无位移固定墩背后回填土相当于刚体，回填土的压实系数 0.95～0.96，低压缩性土；小位移固定墩背后回填土相当于有限塑变体，回填土的压实系数 0.90～0.94，中高压缩性土。压实系数的要求参照地基处理规范，并由经验确定，随研究工作的发展和实践经验的丰富，该系数可进一步修改。

E_p、E_a 计算式（6.2.1-4）、（6.2.1-5），是在固定墩受力面为直立、光滑、回填土是无黏性填土的前提下建立的。若实际情况不同，应按实际情况设计。

关于抗倾覆验算，结合管道垂直稳定性验算，确定了管道最小覆土深度，使得管道周围土对管道上部形成良好约束。由于管道自身刚度影响，在固定墩两侧各 10 倍管径范围内，可形成较大的抗倾覆力矩，作为固定墩抗倾覆能力的储备。而且管径越大抗倾覆的储备能力越大，因此 K_{ov}取值不必大。

6.2.2、6.2.3 固定墩结构设计参照现行国家标准《混凝土结构设计规范》GB 50010 的规定。

6.2.4 直埋管道对固定墩的推力较大，且固定墩直接埋于地下受地下水侵蚀，要求材料具有耐久性。

6.2.5 预制保温管固定节浇注在固定墩混凝土结构内，因热水管道散热，固定墩接触保温管外壳的局部混凝土温度高于周围土壤温度，需要采取隔热或耐热措施。

7 管道施工与验收

7.1 施　工

7.1.1 直埋热水管道运行期间温度变化幅度大，施工的技术要求相对给水排水管道，甚至燃气管道高，具备施工资质是最基本的要求，也是施工单位参与其他市政管线建设的必备条件。

7.1.2 施工首先要有技术质量标准，至少要清楚直埋管道施工中要执行哪些国家的现行标准，明晰主要技术内容、重点技术要求，并为此建立管理体系和制度，方可落实、执行。

7.1.3 城市地下设施复杂，施工中不可避免与设计方案有差别。在遇到实际情况不能执行设计时，按手续提请设计变更后再行施工。也就是说，不管何时，施工只能按设计进行，不但是确保工程质量，也是施工单位对自身的保护。

7.1.4 要求建设单位或设计单位向施工单位提供供热管网工程设计测量所用的原始测量资料，施工单位以此进行工程线位和高程测量，便于施工测量和设计测量的统一；设计测量所用控制点的精度等级不符合工程测量要求时，施工单位应会同设计、测量及监理单位共同复核，并确定满足要求的测量系统；为了施工测量和设计测量一致，并在施工测量中对设计测量进行必要的校核，推荐工程测量与设计测量使用同一测量标志。

7.1.5 由施工引起的损坏其他地下管道或设施的事故年年发生，核对管道路由、相关地下管道以及构筑物的资料十分必要，不但可确保管线路由正确，避免事故的发生，而且可知设计方案是否可行，提早进行设计变更，使施工顺畅、有序。

7.1.6 穿越其他市政设施要采取相应措施，特别是对强电、燃气、给水等管道采取保护措施非常重要，包括管道的防腐层都要进行保护，否则将降低管道的使用寿命。采取保护一方面是不损坏其他管道或设施，另一方面也是保证施工的安全。产权单位最了解管线的压力等运行参数、已使用年限和保护方法，与之协调是正确的做法。

7.1.7 在地下水较高和雨季施工期间，沟槽开挖应采取降排水预防措施，避免槽底受水浸泡。沟槽有水危害方面如下：（1）受水浸泡的沟槽会产生地基承载力下降、地基松软、边坡失稳塌方、上部建（构）筑物坍塌等安全风险；（2）排水不良基底有积水，混凝土浇筑后难以成型且混凝土强度会因水灰比增大而降低；（3）如沟槽内有水，任何措施都保证不了保温管不被水浸泡，直接后果是①泡沫保温层进水导致保温效果降低、保温管寿命缩减或高温汽化 HDPE 外护管爆裂；②现场保温接口失效，表现为 HDPE 外护管虚焊接及泡沫保温层萎缩失效。

7.1.8 市政管线在城市，特别是在人口密集区都采用封闭式施工，保障交通参与者和施工人员的安全。夜间在城镇居民区或现有道路施工时，极易造成车辆或行人掉入管沟、碰撞施工围挡等事故，设置照明灯、警示灯和反光警示标志，能大大提高其安全性。在《城镇供热管网工程施工及验收规范》CJJ 28 中，夜间设置照明灯、警示灯和反光警示标志是强制性条文，注意必须严格执行。

7.1.9 工厂预制的直埋保温管及保温管件比现场制作的保温产品质量高、质量可靠可控，因此本规范推荐使用工厂预制保温产品。

7.1.10 直埋管及管路附件生产中可能存在质量问题，运输时损坏，在安装前进行外观检查十分必要，不但保证施工质量，也可降低返工的可能性。

7.1.11 在《城镇供热管网工程施工及验收规范》CJJ 28 中，对开挖和回填作了详细规定，包括开挖时的预留值、超挖的处理、回填及回填土的要求等。

1 城市管线开挖时常会遇到地下管线或构筑物，随意处置、不加保护有可能被损坏或给施工造成安全隐患，与有关单位协商采取何种保护措施，是稳妥的做法。

2 规定管沟沟底宽度，是为了保证直埋管道周围回填的质量。工作坑是为满足管道焊接、保温、检验等的需要，在预制保温管接头处加宽加深沟槽。本规程给出了推荐性做法，施工单位可根据自身的施工水平和方法及现场条件确定。

3 沟槽开挖必须遵照国家和地方的现行规定，例如开挖所要求的边坡或侧面支承的规定等。在开挖的深度、空间和土壤条件不容许采用简单的带边坡的沟槽处，就必须设置匣钵柱或斜撑作侧面支承。

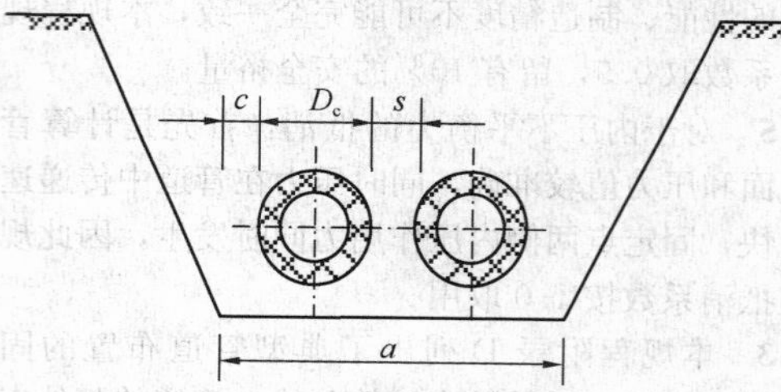

图 2 管沟宽度尺寸示意图

7.1.12 有限空间是指封闭或部分封闭，进出口较为狭窄有限，未被设计为固定工作的场所，如热力隧道、检查井、管道、地下排水管道、化粪池、废井等均为有限空间。有限空间内通风不良，作业条件和作业环境差，因此应事先制定实施方案，在确保安全的前提下，方可进入有限空间进行作业。由于有限空间易造成有毒有害、易燃易爆物质积聚或氧含量不足，因此进入有限空间前应先进行气体检测。未经检测，作业人员进入有限空间后吸入有毒有害气体可能会造成中毒、窒息等后果；易燃易爆物质在有限空间动火作业时可能会引起爆炸，造成安全事故和财产损失。在《城镇供热管网工程施工及验收规范》CJJ 28 中，该条文为强制性条文，注意必须严格执行。

7.1.13 《城镇供热管网工程施工及验收规范》CJJ 28 中，对管道及管路附件安装作了详细规定，包括管道支、吊架安装；焊接和检验；补偿器安装；法兰和阀门安装等。

1 由于不同厂家生产的保温管、管件及接头所用的外护管的材料不同，材料的熔体流动速率值会不同。如接头处外护层与相邻的直管或管件的外护管所用材料的熔体流动速率值不匹配，会影响其焊接质量，从而影响接头外护层的密封性能。所以，应尽可能采用同一厂家的保温管、管件及保温接头。当工作管采用不同材质、不同壁厚的钢管时会产生局部应力集中，需要设计进行强度校核。

3 在接头施工过程中，如果有水从接头处进入保温层，在管网高温运行下，水汽将会导致保温层碳化，且留存于接头内的水或潮气，在管网高温运行过程中，会逐渐破坏接头外护层的密封性。一旦接头的密封性被破坏，外界水进入保温层，会导致保温层的不断碳化，并向两侧延伸，地下水直接与工作钢管接触，很快腐蚀管道，影响保温管的寿命及管网安全性。当日工程完工对管端用盲板封堵，避免管道进入异物和安全。

近几年，很多埋设于地下的预制直埋保温管的安全事故都是由于施工时对保温材料裸露处没有进行密封处理引发的。由于没有密封，水进入到保温层中破坏保温结构，引起保温接头外护层脱落、工作钢管腐蚀，最终导致管线发生泄露引发安全事故。通常可选用末端套筒、收缩端帽等专用附件对直埋保温管道系统的盲端、穿墙等保温材料裸露位置，进行密封和防水处理。"对裸露的保温层进行封端防水处理"在《城镇供热管网工程施工及验收规范》CJJ 28 中为强制性条文，注意必须严格执行。

4 直埋管道中的折角对管道安全有很大影响。在管道安装过程中，如果临时出现折角，折角位置的管道应力将发生变化，需要设计单位对应力进行重新计算和确认，并采取相应措施后才能继续施工。

6 信号线在上方，便于信号线的安装及检查。相同颜色的线对齐连接，可避免信号线在接头处绕行，影响监测系统定位的准确性。工作钢管焊接前应测试信号线的通断状况和电阻值，如发现信号线不合格，应更换保温管。如在焊接完成后发现信号线不通或断路，应更换保温管或对信号线进行定位修复。修复后应保证外护管的密封性。

7 1）接口保温在工作钢管安装完毕及焊缝检测合格、强度试验合格后进行，以免掩盖焊缝的缺陷。

2）冬期施工时，由于环境温度低，接口保温发泡质量会受影响，所以应尽量避开冬期施工。不能避免时，接头发泡前，应对工作钢管、外护管表面及发泡原料加热后再进行保温发泡。

4）浸湿的保温材料如不清除，在管网高温运行过程中，残留在保温层中的水由于管网温度的升高而汽化，会导致保温层的碳化并破坏接头外护层的密封性。

5）外护层与其两侧的保温管外护管的搭接长度不应小于 100mm，以保证接头外护层的强度及密封性。尤其对于热熔焊式接头，外护层的熔焊区域应完全与保温管的外护管搭接，以保证熔焊质量及密封性。

8 接头质量对管网的整体质量及寿命有至关重要的影响。如果接头处密封不能保证，水进入接头后，高温运行时会导致聚氨酯保温材料碳化失效，破坏预制直埋保温管系统的整体式结构，导致整个管网系统失效。所以，接头处必须进行 100%的气密性检验。在《城镇供热管网工程施工及验收规范》CJJ 28 中，该项规定为强制性条文，注意必须严格执行。

7.1.14 固定墩、固定支架必须达到设计强度和覆土厚度、长度、密实度等要求，才能在试压和试运行中起到限制管道位移的作用。

7.2 管道试验和清洗

7.2.1《城镇供热管网工程施工及验收规范》CJJ 28 对管道试验和清洗作了详细的规定，包括试验程序、安全措施、试验压力、试验条件及合格判定、清洗等要求。本规程没有对所有要求进行赘述，在试验和清洗前，应熟悉《城镇供热管网工程施工及验收规范》CJJ 28 的所有要求。

7.2.2 强度试验是对工作管及焊接接头的强度进行检验，补偿器等设备不参与试验。严密性试验是在管道的焊接安装工程全部完成后进行的总体试验，补偿器等设备参与试验，因此固定墩、固定支架、检查室等受力结构必须达到规定的强度，沟槽回填也必须达到密实度要求，避免试压时管道发生非正常变形，试验段始末两端的固定支架应由设计进行核算。

7.2.3 管道压力试验和清洗方案包括：编制依据、工程概况、试验范围、技术质量标准、试验工作部署、安全措施、平面图及纵断图等内容。

7.2.4 管道压力试验和清洗时，最容易出现安全事故，做好安全防范工作十分重要。

7.2.5 试验时所发现的缺陷，必须待试验压力降至大气压后进行修补是为了保证施工安全。管道内带压时进行焊接、切割、拆卸法兰等都是极其危险的，以往的施工中已有很多的教训。

7.2.6 为保证运行安全应在试运行前进行清洗。《城镇供热管网工程施工及验收规范》CJJ 28 规定清洗可采用人工清洗、水力冲洗和蒸汽吹洗，直埋热水管道固定点少，不推荐采用蒸汽吹洗，本条规定清洗介质为水。

水力冲洗的进水口管径和出水口管径，保证冲洗过程中的水流量和流速，以排出管道内异物。

7.2.7 单位工程一般是指一个合同段的工程，当工程项目较大时可分成若干个单位工程进行验收。单位工程是在各种检验及自检的基础上进行的验收，主要目的是检查工程各部位是否达到设计要求及使用标准，检查各种记录是否完整、合格验收，对施工质量做出结论性意见，为管道试运行做准备。《城镇供热管网工程施工及验收规范》CJJ 28 对单位工程验收的组织形式、验收项目、文件资料等进行了规定。

7.3 试 运 行

7.3.1 单位工程一般是指一个合同段的工程，当工程项目较大时可分成若干个单位工程进行验收。单位工程验收要求在《城镇供热管网工程施工及验收规范》CJJ 28 中有明确规定。热源是指可提供热能的厂、站或管网。

7.3.2 试运行工作是一项系统工程，要做充分的准备工作，制定试运行方案，并进行技术交底，对试运行各个阶段的任务、方法、步骤、各方面的协调配合以及应急措施等均应做细致安排。试运行方案的编制应包括以下内容：编制依据、工程概况、试运行范围、技术质量要求、试运行工作部署、指挥部及职能、安全措施、平面图、纵断图等内容。

7.3.3 试运行是升温、升压的过程，完善、可靠的通信系统对运行调试和紧急事件的处理十分必要。

7.3.4 《城镇供热管网工程施工及验收规范》CJJ 28 对试运行作了具体的规定，包括升温速度、运行时间、热拧紧措施及运行记录等。

7.3.5 安全包括对管道和环境两个方面。带温、带压处理管道和设备的缺陷是非常危险的，容易造成事故。

7.4 竣 工 验 收

7.4.1 竣工验收指试运行合格后，竣工资料已整理完毕，而且宜在正常运行一段时间后，由建设单位组织设计单位、施工单位、监理单位、管理单位等对资料和工程进行验收。竣工验收是在各种检验及自检的基础上进行的验收，主要目的是检查工程各部位是否达到设计要求及使用标准，检查各种记录是否完整、合格。

7.4.2 《城镇供热管网工程施工及验收规范》CJJ 28 对竣工验收的组织形式、验收步骤、验收项目、合格判定、文件资料、存档等进行了规定。

8 运行与维护

8.0.1 运行、维护做到有章可循、岗位明确，作业规范，使运行维护达到安全、准确、迅速。

8.0.2 持有上岗证的操作人员应根据各方面情况的变化，进行针对性培训。运行及维修人员素质的提高可有效防止因操作错误造成的损失。

8.0.3 在检查室等有限空间操作极易发生安全事故，不仅是供热行业，其他市政管线也有不少的经验教训，本条结合供热运行维护特点提出的安全要求应遵守，确保操作人员的安全。当有人在内部作业时，严禁使用带电部分可能浸泡在水中的设备。

8.0.4 《城镇供热系统安全运行技术规程》CJJ/T 88 中，对运行维护制定了详细的规定，内容包括运行前的准备、管网的启动、运行与调节、补水及定压、停止运行、故障处理、维护、检修等。

1 巡检方案包括巡检周期、路线、内容、方法及问题上报、处理程序等。巡检周期一般可根据管线运行年限、管线运行升温和运行期间、管线停运降温和停运期间、管线重要性等确定。

2 系统参数不正常等异常情况时，在查找热源、泵站原因的同时，应考虑管网出现事故的可能性，加强全网巡检可及时发现问题，降低事故程度。

3 由于外界施工对供热管网造成的破坏事件时有发生，已严重影响到人民生命以及供热系统的安全。无论是管网巡线或其他途径知晓在供热管网路由附近有其他市政设施施工，都应分析对供热管道的影响程度，并确定可采取的措施。

4 发现管道泄漏没有立即设置安全警示标志或采取防护措施，造成人身安全事故和次生灾害时有发生。当事故原因查明后应根据实际情况及时调整警戒区范围，减小对周边的影响。巡检方案中，要根据事故或故障的级别分别编制事故现场的安全警示标志的设置要求和需要采取的防护措施，并需要定期检查和演练。

5 直埋热水管道由于土壤的约束起到至关重要的作用，故应尽量避免供热管网运行期间在直埋管道上边或侧面进行平行开槽。

中华人民共和国行业标准

城乡建设用地竖向规划规范

Code for vertical planning on urban and rural development land

CJJ 83—2016

批准部门：中华人民共和国住房和城乡建设部

施行日期：2 0 1 6 年 8 月 1 日

中华人民共和国住房和城乡建设部
公　告

第 1188 号

住房城乡建设部关于发布行业标准《城乡建设用地竖向规划规范》的公告

现批准《城乡建设用地竖向规划规范》为行业标准，编号为 CJJ 83 - 2016，自 2016 年 8 月 1 日起实施。其中，第 3.0.7、4.0.7、7.0.5、7.0.6 条为强制性条文，必须严格执行。原《城市用地竖向规划规范》CJJ 83 - 99 同时废止。

本规范由我部标准定额研究所组织中国建筑工业出版社出版发行。

中华人民共和国住房和城乡建设部

2016 年 6 月 28 日

前　言

根据住房和城乡建设部《关于印发〈2009 年工程建设标准规范制订、修订计划〉的通知》（建标[2009] 88 号）的要求，规范编制组经广泛调查研究，认真总结实践经验，参考有关国际标准和国外先进标准，并在广泛征求意见的基础上，修订了本规范。

本规范的主要技术内容是：1. 总则；2. 术语；3. 基本规定；4. 竖向与用地布局及建筑布置；5. 竖向与道路、广场；6. 竖向与排水；7. 竖向与防灾；8. 土石方与防护工程；9. 竖向与城乡环境景观。

本规范修订的主要技术内容是：1. 名称修改为《城乡建设用地竖向规划规范》；2. 适用范围由城市用地扩展到城乡建设用地；3. 将“4 规划地面形式”和“5 竖向与平面布局”合并为“4 竖向与用地布局及建筑布置”；4. 将“6 竖向与城市景观”调为“9 竖向与城乡环境景观”；5. 新增“7 竖向与防灾”；6. 与其他相关标准协调对相关条文进行了补充修改；7. 进一步明确了强制性条文。

本规范中以黑体字标志的条文为强制性条文，必须严格执行。

本规范由住房和城乡建设部负责管理和对强制性条文的解释，由四川省城乡规划设计研究院负责日常管理，由四川省城乡规划设计研究院负责具体技术内容的解释。执行过程中如有意见或建议，请寄送四川省城乡规划设计研究院（地址：四川省成都市金牛区马鞍街 11 号，邮政编码：610081）。

本规范主编单位：四川省城乡规划设计研究院

本规范参编单位：沈阳市规划设计研究院
福建省城乡规划设计研究院
广州市城市规划勘测设计研究院

本规范主要起草人员：盈　勇　郑　远　杨玉奎　白　敏　檀　星　李　毅　韩　华　刘　丰　刘明宇　蔡新沧　徐靖文　陈　平　钟　辉　陈子金　曹珠朵　刘　威　赵　英　林三忠

本规范主要审查人员：高冰松　彭瑶玲　陈振寿　路雁冰　张　全　郑连勇　戴慎志　史怀昱　翁金标

目　次

Contents

1 总 则

1.0.1 为规范城乡建设用地竖向规划，提高城乡规划编制和管理水平，制定本规范。

1.0.2 本规范适用于城市、镇、乡和村庄的规划建设用地竖向规划。

1.0.3 城乡建设用地竖向规划应遵循下列原则：

1 安全、适用、经济、美观；

2 充分发挥土地潜力，节约集约用地；

3 尊重原始地形地貌，合理利用地形、地质条件，满足城乡各项建设用地的使用要求；

4 减少土石方及防护工程量；

5 保护城乡生态环境、丰富城乡环境景观；

6 保护历史文化遗产和特色风貌。

1.0.4 城乡建设用地竖向规划应包括下列主要内容：

1 制定利用与改造地形的合理方案；

2 确定城乡建设用地规划地面形式、控制高程及坡度；

3 结合原始地形地貌和自然水系，合理规划排水分区，组织城乡建设用地的排水、土石方工程和防护工程；

4 提出有利于保护和改善城乡生态、低影响开发和环境景观的竖向规划要求；

5 提出城乡建设用地防灾和应急保障的竖向规划要求。

1.0.5 城乡建设用地竖向规划除符合本规范要求外，尚应符合国家现行有关标准的规定。

2 术 语

2.0.1 城乡建设用地竖向规划 vertical planning on urban and rural development land

城乡建设用地内，为满足道路交通、排水防涝、建筑布置、城乡环境景观、综合防灾以及经济效益等方面的综合要求，对自然地形进行利用、改造，确定坡度、控制高程和平衡土石方等而进行的规划。

2.0.2 高程 elevation

以大地水准面作为基准面，并作零点（水准原点）起算地面各测量点的垂直高度。

2.0.3 土石方平衡 balancing of cut and fill

组织调配土石方，使某一地域内挖方数量与填方数量基本相等，确定取土、弃土场地的工作。

2.0.4 防护工程 protection engineering

防止用地受自然危害或人为活动影响造成岩土体破坏而设置的保护性工程。如护坡、挡土墙、堤坝等。

2.0.5 护坡 slope protection

防止用地岩土体边坡变迁而设置的斜坡式防护工程，如土质或砌筑型等护坡工程。

2.0.6 挡土墙 retaining wall

防止用地岩土体边坡坍塌而砌筑的墙体。

2.0.7 平坡式 tiny slope style

用地经改造成为平缓斜坡的规划地面形式。

2.0.8 台阶式 stage style

用地经改造成为阶梯式的规划地面形式。

2.0.9 混合式 comprehensive style

用地经改造成平坡和台阶相结合的规划地面形式。

2.0.10 台地 stage

台阶式用地中每块阶梯内的用地。

2.0.11 场地平整 field engineering

使用地达到建设工程所需的平整要求的工程处理过程。

2.0.12 坡比值 grade of side slope

坡面（或梯道）的上缘与下缘之间垂直高差与其水平距离的比值。

2.0.13 梯段平台 stair platform

梯段平台是指连接两个或多个梯段之间的水平部分，分为转向平台、休息平台两类。转向平台用于梯段转折处，休息平台用于连续的直线梯段中。

2.0.14 填方区 filling section

道路或场地设计高程高于原地面高程时，需在原地面填筑部分土石的用地区域。

2.0.15 挖方区 excavation section

道路或场地设计高程低于原地面高程时，需从原地面挖去部分土石的用地区域。

3 基本规定

3.0.1 城乡建设用地竖向规划应与城乡建设用地选择及用地布局同时进行，使各项建设在平面上统一和谐、竖向上相互协调；有利于城乡生态环境保护及景观塑造；有利于保护历史文化遗产和特色风貌。

3.0.2 城乡建设用地竖向规划应符合下列规定：

1 低影响开发的要求；

2 城乡道路、交通运输的技术要求和利用道路路面纵坡排除超标雨水的要求；

3 各项工程建设场地及工程管线敷设的高程要求；

4 建筑布置及景观塑造的要求；

5 城市排水防涝、防洪以及安全保护、水土保持的要求；

6 历史文化保护的要求；

7 周边地区的竖向衔接要求。

3.0.3 乡村建设用地竖向规划应有利于风貌特色保护。

3.0.4 城乡建设用地竖向规划在满足各项用地功能

要求的条件下，宜避免高填、深挖，减少土石方、建(构）筑物基础、防护工程等的工程量。

3.0.5 城乡建设用地竖向规划应合理选择规划地面形式与规划方法。

3.0.6 城乡建设用地竖向规划对起控制作用的高程不得随意改动。

3.0.7 同一城市的用地竖向规划应采用统一的坐标和高程系统。

4 竖向与用地布局及建筑布置

4.0.1 城乡建设用地选择及用地布局应充分考虑竖向规划的要求，并应符合下列规定：

1 城镇中心区用地应选择地质、排水防涝及防洪条件较好且相对平坦和完整的用地，其自然坡度宜小于20%，规划坡度宜小于15%；

2 居住用地宜选择向阳、通风条件好的用地，其自然坡度宜小于25%，规划坡度宜小于25%；

3 工业、物流用地宜选择便于交通组织和生产工艺流程组织的用地，其自然坡度宜小于15%，规划坡度宜小于10%；

4 超过8m的高填方区宜优先用作绿地、广场、运动场等开敞空间；

5 应结合低影响开发的要求进行绿地、低洼地、滨河水系周边空间的生态保护、修复和竖向利用；

6 乡村建设用地宜结合地形，因地制宜，在场地安全的前提下，可选择自然坡度大于25%的用地。

4.0.2 根据城乡建设用地的性质、功能，结合自然地形，规划地面形式可分为平坡式、台阶式和混合式。

4.0.3 用地自然坡度小于5%时，宜规划为平坡式；用地自然坡度大于8%时，宜规划为台阶式；用地自然坡度为5%～8%时，宜规划为混合式。

4.0.4 台阶式和混合式中的台地规划应符合下列规定：

1 台地划分应与建设用地规划布局和总平面布置相协调，应满足使用性质相同的用地或功能联系密切的建(构)筑物布置在同一台地或相邻台地的布局要求；

2 台地的长边宜平行于等高线布置；

3 台地高度、宽度和长度应结合地形并满足使用要求确定。

4.0.5 街区竖向规划应与用地的性质和功能相结合，并应符合下列规定：

1 公共设施用地分台布置时，台地间高差宜与建筑层高接近；

2 居住用地分台布置时，宜采用小台地形式；

3 大型防护工程宜与具有防护功能的专用绿地结合设置。

4.0.6 挡土墙高度大于3m且邻近建筑时，宜与建筑物同时设计，同时施工，确保场地安全。

4.0.7 高度大于2m的挡土墙和护坡，其上缘与建筑物的水平净距不应小于3m，下缘与建筑物的水平净距不应小于2m；高度大于3m的挡土墙与建筑物的水平净距还应满足日照标准要求。

5 竖向与道路、广场

5.0.1 道路竖向规划应符合下列规定：

1 与道路两侧建设用地的竖向规划相结合，有利于道路两侧建设用地的排水及出入口交通联系，并满足保护自然地貌及塑造城市景观的要求；

2 与道路的平面规划进行协调；

3 结合用地中的控制高程、沿线地形地物、地下管线、地质和水文条件等作综合考虑；

4 道路跨越江河、湖泊或明渠时，道路竖向规划应满足通航、防洪净高要求；道路与道路、轨道及其他设施立体交叉时，应满足相关净高要求；

5 应符合步行、自行车及无障碍设计的规定。

5.0.2 道路规划纵坡和横坡的确定，应符合下列规定：

1 城镇道路机动车车行道规划纵坡应符合表5.0.2-1的规定；山区城镇道路和其他特殊性质道路，经技术经济论证，最大纵坡可适当增加；积雪或冰冻地区快速路最大纵坡不应超过3.5%，其他等级道路最大纵坡不应大于6.0%。内涝高风险区域，应考虑排除超标雨水的需求。

表5.0.2-1 城镇道路机动车车行道规划纵坡

<table>
<tr><th>道路类别</th><th>设计速度
(km/h)</th><th>最小纵坡
(%)</th><th>最大纵坡
(%)</th></tr>
<tr><td>快速路</td><td>60～100</td><td rowspan="4">0.3</td><td>4～6</td></tr>
<tr><td>主干路</td><td>40～60</td><td>6～7</td></tr>
<tr><td>次干路</td><td>30～50</td><td>6～8</td></tr>
<tr><td>支（街坊）路</td><td>20～40</td><td>7～8</td></tr>
</table>

2 村庄道路纵坡应符合现行国家标准《村庄整治技术规范》GB 50445的规定。

3 非机动车车行道规划纵坡宜小于2.5%。大于或等于2.5%时，应按表5.0.2-2的规定限制坡长。机动车与非机动车混行道路，其纵坡应按非机动车车行道的纵坡取值。

表5.0.2-2 非机动车车行道规划纵坡与限制坡长（m）

车种 / 限制坡长(m) / 坡度(%)	自行车	三轮车
3.5	150	—
3.0	200	100
2.5	300	150

4　道路的横坡宜为1%～2%。

5.0.3　广场竖向规划除满足自身功能要求外，尚应与相邻道路和建筑物相协调。广场规划坡度宜为0.3%～3%。地形困难时，可建成阶梯式广场。

5.0.4　步行系统中需要设置人行梯道时，竖向规划应满足建设完善的步行系统的要求，并应符合下列规定：

1　人行梯道按其功能和规模可分为三级：一级梯道为交通枢纽地段的梯道和城镇景观性梯道；二级梯道为连接小区间步行交通的梯道；三级梯道为连接组团间步行交通或入户的梯道；

2　梯道宜设休息平台，每个梯段踏步不应超过18级，踏步最大步高宜为0.15m；二、三级梯道连续升高超过5.0m时，除设置休息平台外，还宜设置转向平台，且转向平台的深度不应小于梯道宽度；

3　各级梯道的规划指标宜符合表5.0.4的规定。

表5.0.4　梯道的规划指标表

项目 规划指标 级别	宽度（m）	坡度（%）	休息平台深度（m）
一	≥10.0	≤25	≥2.0
二	≥4.0，＜10.0	≤30	≥1.5
三	≥2.0，＜4.0	≤35	≥1.5

6　竖向与排水

6.0.1　城乡建设用地竖向规划应结合地形、地质、水文条件及降水量等因素，并与排水防涝、城市防洪规划及水系规划相协调；依据风险评估的结论选择合理的场地排水方式及排水方向，重视与低影响开发设施和超标径流雨水排放设施相结合，并与竖向总体方案相适应。

6.0.2　城乡建设用地竖向规划应符合下列规定：

1　满足地面排水的规划要求；地面自然排水坡度不宜小于0.3%；小于0.3%时应采用多坡向或特殊措施排水；

2　除用于雨水调蓄的下凹式绿地和滞水区等之外，建设用地的规划高程宜比周边道路的最低路段的地面高程或地面雨水收集点高出0.2m以上，小于0.2m时应有排水安全保障措施或雨水滞蓄利用方案。

6.0.3　当建设用地采用地下管网有组织排水时，场地高程应有利于组织重力流排水。

6.0.4　当城乡建设用地外围有较大汇水汇入或穿越时，宜用截、滞、蓄等相关设施组织用地外围的地面汇水。

6.0.5　乡村建设用地排水宜结合建筑散水、道路生态边沟、自然水系等自然排水设施组织场地内的雨水排放。

6.0.6　冰雪冻融地区的用地竖向规划宜考虑冰雪解冻时对城乡建设用地可能产生的威胁与影响。

7　竖向与防灾

7.0.1　城乡建设用地竖向规划应满足城乡综合防灾减灾的要求。

7.0.2　城乡建设用地防洪（潮）应符合下列规定：

1　应符合现行国家标准《防洪标准》GB 50201的规定；

2　建设用地外围设防洪（潮）堤时，其用地高程应按排涝控制高程加安全超高确定；建设用地外围不设防洪（潮）堤时，其用地地面高程应按设防标准的规定所推算的洪（潮）水位加安全超高确定。

7.0.3　有内涝威胁的城乡建设用地应结合风险评估采取适宜的排水防涝措施。

7.0.4　城乡建设用地竖向规划应控制和避免次生地质灾害的发生；减少对原地形地貌、地表植被、水系的扰动和损毁；严禁在地质灾害高、中易发区进行深挖高填。

7.0.5　城乡防灾设施、基础设施、重要公共设施等用地竖向规划应符合设防标准，并应满足紧急救灾的要求。

7.0.6　重大危险源、次生灾害高危险区及其影响范围的竖向规划应满足灾害蔓延的防护要求。

8　土石方与防护工程

8.0.1　竖向规划中的土石方与防护工程应遵循满足用地使用要求、节省土石方和防护工程量的原则进行多方案比较，合理确定。

8.0.2　土石方工程包括用地的场地平整、道路及室外工程等的土石方估算与平衡。土石方平衡应遵循"就近合理平衡"的原则，根据规划建设时序，分工程或分地段充分利用周围有利的取土和弃土条件进行平衡。

8.0.3　街区用地的防护应与其外围道路工程的防护相结合。

8.0.4　台阶式用地的台地之间宜采用护坡或挡土墙连接。相邻台地间高差大于0.7m时，宜在挡土墙墙顶或坡比值大于0.5的护坡顶设置安全防护设施。

8.0.5　相邻台地间的高差宜为1.5m～3.0m，台地间宜采取护坡连接，土质护坡的坡比值不应大于0.67，砌筑型护坡的坡比值宜为0.67～1.0；相邻台地间的高差大于或等于3.0m时，宜采取挡土墙结合放坡方式处理，挡土墙高度不宜高于6m；人口密度大、工程地质条件差、降雨量多的地区，不宜采用土质护坡。

8.0.6　在建（构）筑物密集、用地紧张区域及有装卸作业要求的台地应采用挡土墙防护。

8.0.7 城乡建设用地不宜规划高挡土墙与超高挡土墙。建设场地内需设置超高挡土墙时，必须进行专门技术论证与设计。

8.0.8 村庄用地内的防护工程宜采用种植绿化护坡，减少使用挡土墙。

8.0.9 在地形复杂的地区，应避免大挖高填；岩质建筑边坡宜低于 30m，土质建筑边坡宜低于 15m 。超过 15m 的土质边坡应分级放坡，不同级之间边坡平台宽度不应小于 2m。建筑边坡的防护工程设置应符合国家现行有关标准的规定。

9 竖向与城乡环境景观

9.0.1 城乡建设用地竖向规划应贯穿景观规划设计理念，并符合下列规定：

1 保留城乡建设用地范围内具有景观价值或标志性的制高点、俯瞰点和有明显特征的地形、地貌；

2 结合低影响开发理念，保持和维护城镇生态、绿地系统的完整性，保护有自然景观或人文景观价值的区域、地段、地点和建（构）筑物；

3 保护城乡重要的自然景观边界线，塑造城乡建设用地内部的景观边界线。

9.0.2 城乡建设用地做分台处理时应重视景观要求，并应符合下列规定：

1 挡土墙、护坡的尺度和线形应与环境协调；

2 公共活动区宜将挡土墙、护坡、踏步和梯道等室外设施与建筑作为一个有机整体进行规划；

3 地形复杂的山区城镇，挡土墙、护坡、梯道等室外设施较多，其风格、形式、材料、构造等宜突出地域特色，其比例、尺度、节奏、韵律等宜符合美学规律；

4 挡土墙高于 1.5m 时，宜作景观处理或以绿化遮蔽。

9.0.3 滨水地区的竖向规划应结合用地功能保护滨水区生态环境，形成优美的滨水景观。

9.0.4 乡村竖向建设宜注重使用当地材料、采用生态建设方式和传统工艺。

本规范用词说明

1 为便于在执行本规范条文时区别对待，对要求严格程度不同的用词说明如下：

1）表示很严格，非这样做不可的：
正面词采用“必须”，反面词采用“严禁”；

2）表示严格，在正常情况下均应这样做的：
正面词采用“应”，反面词采用“不应”或“不得”；

3）表示允许稍有选择，在条件许可时首先这样做的：
正面词采用“宜”，反面词采用“不宜”；

4）表示有选择，在一定条件下可以这样做的，可采用“可”。

2 条文中指明应按其他有关标准执行的写法为：“应符合……的规定”或“应按……执行”。

引用标准名录

1《防洪标准》GB 50201

2《村庄整治技术规范》GB 50445

中华人民共和国行业标准

城乡建设用地竖向规划规范

CJJ 83—2016

条 文 说 明

修 订 说 明

《城乡建设用地竖向规划规范》CJJ 83 - 2016 经住房和城乡建设部 2016 年 6 月 28 日以第 1188 号公告批准、发布。

本规范是在《城市用地竖向规划规范》CJJ 83 - 99 的基础上修订而成。上一版的主编单位是：四川省城乡规划设计研究院，参编单位是：沈阳市规划设计研究院、福建省城乡规划设计研究院、安徽省城乡规划设计研究院。主要起草人员是：曹球朵、严文复、胡一德、翁金镖、李祖舜、韩华、关增义、伍畏才、洪金石、王滨、盈勇、王永峰、徐昌华、马威、毛应稠、宋凌。

本规范修订过程中，编制组参考了大量国内外已有的相关法规、技术标准，征求了专家、相关部门和社会各界对于原规范以及规范修订的意见，并与相关国家标准相衔接。为便于广大规划设计、管理、科研、学校等有关单位人员在使用本规范时能正确理解和执行条文规定，《城乡建设用地竖向规划规范》编制组按章、节、条顺序编制了本规范的条文说明，对条文规定的目的、依据以及执行中需注意的有关事项进行了说明，还着重对强制性条文的强制性理由做了解释。但是，本条文说明不具备与规范正文同等的法律效力，仅供使用者作为理解和把握规范规定的参考。

目　次

1 总　　则

1.0.1 城乡建设用地竖向规划为城乡各项建设用地的控制高程规划。城乡建设用地的控制高程如不综合考虑、合理控制，势必造成各项建设用地在平面与空间布局上的不协调，用地与建筑、道路交通、地面排水、工程管线敷设以及建设的近期与远期、局部与整体等的矛盾；只有通过建设用地的竖向科学规划才能统筹、解决和处理这些问题，达到整体控制、工程合理、科学经济、景观美好的效果。因此，城乡建设用地竖向规划是城乡规划的一个重要组成部分。

在《城乡规划技术标准体系》中，《城乡建设用地竖向规划规范》CJJ 83－2016 被划归为通用标准，属于“与基本方法有关的标准和规范”。

从《城市用地竖向规划规范》CJJ 83－99 颁布之后十多年的建设与实施来看，全国各地城乡建设用地的竖向规划和设计已普遍开展；尽管规划设计人员在实际工作中的指导思想、遵循的原则以及图纸、文字所表现的内容深度等各有差异，各规划阶段竖向规划的内容深度也具有较大的差异，但《城市用地竖向规划规范》CJJ 83－99 起到的规范引导作用是十分显著的。

2008 年《中华人民共和国城乡规划法》颁布实施之后，提出了规划规范必须覆盖城乡的要求；因此，在原有的《城市用地竖向规划规范》的基础上，重新修编适用于城乡建设用地的《城乡建设用地竖向规划规范》CJJ 83－2016 并统一技术要求和做法，实为务实之举。

本规范的修订，为城乡建设用地竖向规划提供了技术准则和管理依据。

1.0.2 本规范以《中华人民共和国城乡规划法》为依据，适用范围为国家行政建制设立的城市、镇、乡和村庄，并覆盖城市、镇的总体规划（含分区规划）和详细规划（含控制性详细规划和修建性详细规划）以及乡、村的总体规划和建设规划；规范适应的重点主体是在城乡“规划建设用地”范围内。

根据《中华人民共和国城乡规划法》及《城市规划编制办法》的要求和实践经验，城乡建设用地竖向规划主要从高程上解决四个方面的问题：

1 用地地形的利用与整治，使之适合城乡建设的需要；

2 满足城乡道路、交通运输的需要；

3 解决好地表排水并满足防洪排涝的要求；

4 因地制宜，为美化城乡环境创造必要的条件。

竖向规划依据其主要应解决的问题，决定了它的基本内容。

城乡建设用地竖向规划的工作内容、深度及其具体作法，与城乡规划相应的工作阶段所能提供的资料（如地形图比例大小、现状基础资料等）以及要求综合解决的问题相适应。

修建性详细规划或竖向专项规划应包括竖向规划的全部内容。

本规范的着重点放在“城乡建设用地”与“竖向规划”两个内涵上。

1.0.3 城乡建设用地竖向规划，有其应当遵循的基本原则。

建设用地竖向规划是城乡规划的重要组成部分，要坚持贯彻国家提出的“安全、适用、经济、美观”的基本建设方针。作为有统筹、改造、整治城乡建设用地任务的竖向规划，尤应重视工程的安全，过去由于规划和设计考虑不周所引起的滑坡、崩塌等次生灾害以及水土流失、生态环境被破坏的教训是不少的。

城乡建设用地竖向规划是在一定的规划用地范围内进行，它既要使城乡建设用地适宜布置建（构）筑物，满足防洪、排涝、交通运输、管线敷设的要求，又要充分利用地形、地质等环境条件。因此，必须从实际出发，因地制宜，结合其内在的用地要求和各自的环境特点，做好高程上的统筹安排。不能把城乡建设用地竖向规划当作平整土地、改造地形的简单过程，而是为了使各项建设用地在布局上合理、高程上协调、平面上和谐，以获得最大的社会效益、经济效益和环境效益为目的。

十分珍惜和合理利用每一寸土地和切实保护耕地是我国的基本国策，城乡建设用地竖向规划工作要努力切实执行好这一基本国策，充分发挥土地潜力，集约、节约用地。

整理用地竖向的目的是为了使规划建设用地能更有效、更好地满足城乡各项建设用地的地面使用要求，但应充分尊重原始地形地貌，发挥山水林田湖等原始地形地貌对降雨的积存作用。

在建设用地整理过程中，以较优的竖向方案来最大限度地减少竖向工程量（包括合理运距、土石方和防护工程量），是节约建设资金的重要手段与方法。

保护城乡生态环境、丰富城乡环境景观、保护历史文化遗产和特色风貌也是城乡建设用地竖向规划工作中的基本出发点。

1.0.4 根据《城市规划编制办法》、《村镇规划编制办法》的要求和实践经验，城乡建设用地竖向规划主要从高程上解决五个方面的问题：

1 尊重自然地形，合理利用自然地形与河流水系；对规划建设用地加以适度的利用与整治，使之适合城乡建设的需要。

2 通过优化调整用地竖向方案，确定合理的规划地面形式和控制高程（包括控制点高程、台地的规划地面高程、桥面高程以及通航桥梁的底部高程等），合理组织交通与场地竖向的衔接关系，给出适宜的场地规划高程与坡度。

3　划分原始地形地貌和规划后排水分区，结合竖向设计，明确地表径流的主要排放通道，解决好城乡建设用地排水、防涝、防地质灾害等问题，确保建设用地安全。

4　因地制宜，为美化和丰富城乡生态和环境景观创造必要的条件。

5　满足城乡建设用地综合防灾、应急救援与保障的需要，保护人们的生命及财产安全；确保用地安全。

城乡建设用地竖向规划的工作内容、深度及其具体做法，由城乡规划各个规划阶段所能提供的资料（如地形图比例大小、现状基础资料等）以及需要解决的问题所决定。

3　基本规定

3.0.1　本条主要针对总体规划阶段，应在竖向上进行总体控制的内容提出规定。城乡建设用地选择与用地布局，是城乡总体规划的首要任务。这一阶段的竖向规划，首先要进行建设用地的选择，分析研究和充分利用地形、地貌，节约用地，尽量不占或少占耕地；其次对一些需要采取工程处理措施才能用于城乡建设的地段（区、块、街坊），要提出处理方案，包括建造桥梁、修筑防洪排涝设施、场地平整的总体意向以及治理不良地质等。

随着经济社会的发展，精神文化需求的不断提高，人们对城乡风貌、城乡空间环境质量提出了新的要求，与之相反，随着经济实力增强和施工技术的发展，近年出现很多大力改造地形的项目，有些已直接引发次生灾害，没直接引发灾害的，对生态环境的长远影响尚无法进行评估，因此竖向规划必须要在保护生态环境的前提下，提出改造用地和塑造景观的方案；针对一些城市为了防洪，将位于水滨的历史文化环境破坏殆尽，有些城市把立交桥修在重要的历史文物旁边，造成难以挽回的损失，本次增加这一条规定。

3.0.2　本条主要针对控制性详细规划阶段竖向规划需要与之协调的内容作出要求。

1　存在洪涝灾害威胁的城乡建设用地，竖向规划应使城乡建设用地不被淹没和侵害，确保用地安全。低影响开发是近年开始强调的生态建设理念：强调通过源头分散的小型控制设施，维持和保护场地自然水文功能，有效缓解不透水面积增加造成的洪峰流量增加、径流系数增大、面源污染负荷加重的城市雨水管理理念。因此，竖向规划在排水防涝、城市防洪的同时还要考虑满足雨水滞、蓄、渗、用要求的竖向措施。

2　有利生产、方便生活是城乡规划的基本原则，城乡的主要活动都是围绕车辆和人行交通进行的。与交通设施的高程相衔接，是竖向规划的关键工作之一，同时应结合低影响开发，合理利用道路路面纵坡排除超标雨水。

3　竖向规划就是统筹协调城乡用地的控制高程关系，综合分析与解决各类建设用地之间的高程关系，使各项建设在平面上统一和谐、竖向上相互协调。

4　竖向规划要满足城乡各类建设用地的使用要求，对建筑群体造型的好坏、景观效果的优劣也有相当的影响，竖向规划理应为城乡建筑群体空间布置和景观设计创造和谐、均衡、优美的条件，为城乡空间环境增辉、为城乡景观添色。增强城乡的可游赏性、可识别性。

5　城乡建设用地竖向规划应符合现行国家标准《开发建设项目水土保持技术规范》GB 50433 的规定，满足水土保持的要求。

6　城乡建设用地竖向规划应符合现行国家标准《历史文化名城保护规划规范》GB 50357 的规定。历史街区、地段与建筑的用地竖向是其历史文化环境的构成要素之一，是历史文化的保护内容。

7　规划区周边地区的竖向是该规划区竖向规划的主要依据之一，所以应与其相衔接。

3.0.4　竖向规划（尤其是山区、丘陵城镇的竖向规划）的土石方及防护工程，对建设工程投资和工期影响较大。因此，要求通过精心规划，既满足各项工程建设的需要，又使上述工程的工程量适度；充分利用和合理改造地形，尽量减少土石方工程量，进而达到工程合理、建设与使用安全、造价经济、景观美好的效果。

3.0.5　竖向规划方案要根据建筑规划布局、交通运输要求、地面排水与防洪排涝、市政工程管线敷设、土石方工程以及防护工程等的要求，结合地形地貌、地质与水文条件合理选择规划地面形式和竖向规划方法进行综合比较确定。

规划地面形式，是竖向规划的主要工作，对规划方案起着重要的作用，本规范第 4 章专门作了规定。

由于城乡规划的各阶段要求的内容深度以及自然地形条件和特征不同，故采用的竖向规划方法也有繁简不同。一般采用三种方法，即纵横断面法、设计等高线法、标高坡度结合法（又称“标高箭头法”，即直接定高程法）。

纵横断面法：按道路纵横断面设计原理，将用地根据需要的精度绘出方格网，在方格网的每一交点上注明原地面高程及规划设计地面高程。沿方格网长轴方向者称为纵断面，沿短轴方向者称为横断面。便于建立计算机三维地形模型及后续填挖方的计算。

设计等高线法：用设计等高线和标高表示建设用地改造后的地形。可以体现设计后的地形起伏和场地坡向情况，也容易算出规划设计范围内任一点的原地形及规划地面标高。

标高坡度结合法：根据竖向规划设计原则，在设计范围内直接定出各种建筑物、构筑物的场地（或室外地面）标高、道路交叉点、变坡点的标高、铁路轨顶标高、明沟沟底标高以及地形控制点的标高，将其标注在竖向规划图上，并以箭头表示各地面排水坡向。

根据调查，平原及微丘地形常用设计等高线法；山区、深丘地形常采用标高坡度结合法；丘陵地形前两法兼用；道路和带状用地宜采用纵横断面法；深丘、山区大的台块用地为适应特别精度要求，也可使用设计等高线法。塑造地形为目标的专项竖向规划宜兼用设计等高线法和纵横断面法。

3.0.6 城乡建设用地范围确定后，城乡规划一般在总体规划阶段首先要初步确定一些控制点高程，如防洪堤顶、公路与铁路交叉控制点、大中型桥梁、主要景观点等，这些控制点往往具有唯一性，对整个城区的路网和排水系统起着控制作用。这些点高程一旦改动可能带来系统性问题，因此局部区域的控制性详细规划、修建性详细规划不要轻易改动总体规划或专项规划确定的控制点位置和高程。如果上位规划没有给出这些点的高程，那就需要扩大研究范围，研究与之相关的系统进行确定。

初步确定控制点标高时应特别慎重，要综合考虑各种因素和条件，在大比例（值）图上工作确定后再用小比例（值）的规划图表示；或者初定高程后经现场勘察并实测后决定，以保证其较为符合实际。

3.0.7 一些地方由于基础测绘工作的滞后，造成同一城镇甚至城镇中同一建设区域采用不同的坐标和高程系统，给城乡规划编制和管理带来不利影响，因此，在同一城镇尤其同一建设区域建立统一的坐标和高程系统是保障竖向规划技术质量的必需条件。坐标系统建议采用1954年北京坐标系、1980年西安坐标系、CGCS2000国家大地坐标系；高程系统建议采用1956黄海高程系、1985国家高程基准、吴淞高程基准、珠江高程基准。表1“水准高程系统换算参数表”取值为全国平均值，为竖向规划工作提供一个参考值，具体工作中应采用当地精密水准网点高程基准换算值。

在进行城市竖向规划的同时可以构建DEM数据库。

表1 水准高程系统换算参数表

转换后高程系统 / 换算参数 / 原高程系统	1956黄海高程	1985国家高程基准	吴淞高程基准	珠江高程基准
1956黄海高程		+0.029m	−1.688m	+0.586m
1985国家高程基准	−0.029m		−1.717m	+0.557m
吴淞高程基准	+1.688m	+1.717m		+2.274m
珠江高程基准	−0.586m	−0.557m	−2.274m	

注：1 高程基准之间的差值为各地区精密水准网点之间的差值平均值；
2 转换后高程系统＝原高程系统＋换算参数。

4 竖向与用地布局及建筑布置

4.0.1 规划用地布局结构与用地的地形和地貌特征密切相关，而竖向规划所研究的就是将自然状态的用地改造为城乡建设用地。

本条规定主要针对总体规划阶段进行用地选择和确定功能分区时竖向上的总体控制。这里提到的自然坡度和规划坡度都是一定范围内的平均坡度。

规划坡度是指某一区域用地经改造后的平均坡度。通常这个坡度用于总体规划阶段确定主要控制点高程、初定排水方案。虽然这个坡度在最终修建时可能是不存在的，但山区丘陵城镇往往以此确定最大填挖高度和主次干道控制高程，排水困难的平原据此协调用地、道路与排水总体方案。因为这是一个平均坡度，所以采用的最大、最小坡度除铁路外都不是极限值。表2为城乡主要建设用地适宜规划坡度。表2将工业用地和居住用地规划适宜坡度由原来的15%、30%改为10%和25%，主要考虑相对于过去，土石方工程及室外工程造价在项目总投资中占比越来越小，场地平整填挖高已普遍增大；而机动车使用频度越来越高，较为平坦的场地更经济环保。表中数据只是普适性参考值。特殊的山地城市、个别景观建筑几乎不受场地坡度限制。

表2 城乡主要建设用地适宜规划坡度表（%）

用地名称	最小坡度	最大坡度
工业用地	0.2	10
仓储用地	0.2	10
铁路用地	0	2
港口用地	0.2	5
城镇道路用地	0.2	8
居住用地	0.2	25
公共设施用地	0.2	20
其　他	—	—

乡村建设用地主要是居住功能，建筑以低层的单家独户型为主时，为了节约耕地，保证场地不受洪涝影响，往往选择建于山脚坡地或半山，其用地选择主要须避开有地质灾害隐患场地，在坡度方面可以放得开一些，类似一些山地别墅建设，采用小台地法进行建设。

在原规范编制调研时，深度超过6m即为高填方区，是业内普遍认可的。本次调研反映在地形复杂地区，填挖方远远超出预期控制目标，因此本次规范修编参照《建筑地基基础设计规范》GB 50007－2011和《公路路基设计规范》JTG D30－2015，将填方深度大于8m区域定义为高填方区。

在目前高填方区大量增加的情况下，不均匀沉降带来路面开裂、管网破坏、楼歪楼塌等事故频发，因此本次将原条文“城市开敞空间”主动选择填方区，改为高填方区宜主动用作开敞空间。

从经济和安全角度，高填方区应尽可能不用作建设场地，但考虑填海造地、地下空间利用等因素，不可能完全不用高填方用地。

城乡建设用地选择及用地布局应充分考虑对绿地、低洼地区（包括低地、湿地、坑塘、下凹式绿地等）、滨河水系周边空间的生态保护、修复和竖向利用。

4.0.2 平原微丘地区通常规划为平坡式，山区通常规划为台阶式，丘陵地区则随其地形规划成平坡与台阶相间的混合式；滨河用地有时为了安全、客货运输方便和美化环境的需要往往规划为台阶式或低矮台阶与缓坡绿化相结合的平坡式。

4.0.3 当原始地面坡度超过8%时，地表水冲刷加剧，人们步行感觉不便，且普通的单排建筑用地的顺坡分台高差达1.5m左右，建设用地规划为台阶式较好。原始地面坡度为5%以下时，人行、车辆交通组织皆容易，稍加挖、填整理即能达到一般建（构）筑物及其室外场地的平整要求，故宜规划为平坡式；坡度为5%～8%时可规划为混合式。

4.0.4 台地的宽度、长度及台地间的高差与用地的使用性质、建筑物使用要求之间有着密不可分的关系，而台地的高度、宽度又是相互影响的。合理分台和确定台地的高度、宽度与长度是山区、丘陵乃至部分平原地区竖向规划的关键。

4.0.5 街区竖向规划主要解决如何改造街区内用地以满足街区（坊）用地与其外围道路及管线的联系及协调各地块之间的竖向关系。

1 人流较为集中的公共设施区，台地间高差若与层高接近，有利于室内外交通联系和无障碍设计。公共建筑层高大多接近4m，如果台地间高差达到两倍，已达8m，出现高挡土墙，已不属于普遍情况。

2 居住建筑体量小、重复形象较多、建筑空间功能单一、人流和车流量都小，采用小台地方式能较好地顺应地形变化，有利于居住区空间整体的丰富变化和形成局部的宜人尺度。

3 大型防护工程往往不仅是用地自身稳定的一般工程防护措施，常常会伴有减噪、除尘、防风、防沙、防洪甚至防火等特殊防护需求，需要配套具有特殊防护功能的专用绿地或其他措施，竖向规划中应因地制宜地使之有机结合，可更好地发挥其防护作用，并获得较好的景观效果。

4.0.6 鉴于近年由于相邻施工引发事故频有发生，本次修订增加本条规定，要求紧邻建筑的挡土墙应与建筑同时设计、施工，以减少在建建筑在施工中场地失稳，或已建建筑因其下方挡土墙施工开挖造成场地失稳。

4.0.7 挡土墙和护坡上、下缘距建筑物水平净距2m，已可满足布设建筑物散水、排水沟及边缘种植槽的宽度要求（图1）。但上、下缘有所不同的是：上缘与建筑物的水平净距还应包括挡土墙顶厚度，种植槽应可种植乔木，至少应有1.2m以上宽度，故应保证3m。下缘种植槽仅考虑花草、小灌木和爬藤植物种植。严格控制3m以上挡土墙与建筑物的水平净距除以上基本间距要求外，还应满足建筑日照标准控制要求，具体应依据当地日照标准规定执行。

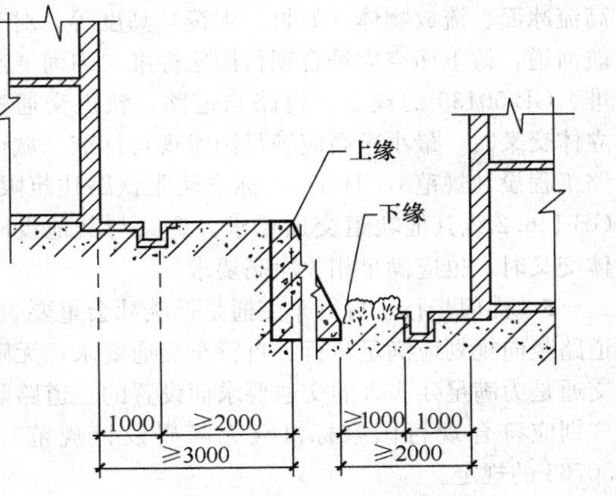

图1 挡土墙与建筑间的最小间距示意图（单位：mm）

另外，挡土墙、护坡与建筑物的水平净距还应考虑其上部建（构）筑物基础的侧压力、下部建筑基础开挖对挡土墙或护坡稳定性的影响等因素，如有管线等其他设施时还应满足有关规范要求，本条所定仅为不考虑任何特殊情况时的最小间距要求。

5 竖向与道路、广场

5.0.1 道路竖向规划是城乡建设用地竖向规划的重要内容之一。无论在规划设计过程或建设过程中，道路的竖向都是确定其他用地竖向规划的最重要的控制依据之一，也是规划管理的重要控制依据之一，基于道路竖向规划在整个城乡建设用地竖向规划中的地位和作用，道路竖向规划所遵循的原则，既包含自身的技术要求，又强调与其他用地在竖向上的协调。

1 道路服务于城乡各项建设用地，只有与两侧建设用地竖向规划的结合才能满足用地的交通和排水需要。同时，道路竖向高程的合理确定，对相邻用地及道路本身挖填方起着决定性作用，减少挖填方对保护自然地貌有着重要作用。另外，道路往往具有景观视线通廊和景观轴线的作用，道路竖向高程控制得当可以提升观景效果的作用。因此道路竖向应有利于塑造城乡景观。

2 道路的竖向规划与平面规划紧密相连、相互影响，平面线形变化往往带来竖向高程的变化，规划中通常通过调整平面规划来解决竖向中的矛盾关系。

因此竖向规划与平面规划相互反馈、交叉进行，是优化方案的必由之路，在山区城镇和乡村（庄）道路规划中这种结合更为重要。

3 城乡建设用地中已确定的某些控制高程是道路竖向规划的基础，如道路、立交枢纽、铁路、对外公路、主要景观点以及防洪（潮）堤高程等。

4 道路跨越江河、湖泊和明渠的净空要求考虑的因素有：是否通航、设计洪水位、壅水、浪高或最高流冰面、流放物体（如竹、木筏）高度等。对于通航河道，桥下净空应符合现行国家标准《内河通航标准》GB 50139 的规定。道路与道路、轨道交通进行立体交叉时，最小净高应满足国家现行标准《城市道路工程设计规范》CJJ 37、《标准轨距铁路建筑限界》GB 146.2 或其他轨道交通要求。道路与其他设施立体交叉时，也应满足相关净高要求。

5 提倡步行、自行车交通是低碳社会重要表现，道路竖向规划应满足步行、自行车交通要求；无障碍交通是为满足残疾人的交通要求而设置的。道路竖向规划应符合现行国家标准《无障碍设计规范》GB 50763 的规定。

5.0.2 本条为道路竖向规划的主要技术标准。

1 根据本次修订的调研反馈情况，各地规划设计部门均认为原规范部分内容与《城市道路工程设计规范》CJJ 37－2012 有冲突，诸如道路最小纵坡值、最大纵坡值、坡长等，同时认为最大纵坡值的控制在山区无法实现。由于我国山地、丘陵城镇众多，实际规划或建设的道路纵坡有些已达 15%，在调研和回函的意见中普遍提到应提高道路的规划最大纵坡。

按照国家现行标准《城市道路交通规划设计规范》GB 50220、《镇规划标准》GB 50188 和《城市道路工程设计规范》CJJ 37，镇的道路与小城市道路等级对应，所以《城市道路工程设计规范》CJJ 37 适用于镇。为与《城市道路工程设计规范》CJJ 37－2012 相协调，最小纵坡调整为 0.3%。同时为方便道路竖向规划，按照《城市道路工程设计规范》CJJ 37－2012 中有关纵坡的相关规定，按道路等级进行了概括，当各级道路设计速度明确时，应按《城市道路工程设计规范》CJJ 37－2012 确定规划道路纵坡及坡长。对于山区城镇道路或其他特殊性质道路，确实无法满足规范要求的，经相关技术经济论证，可根据当地实际情况适当提高最大纵坡值。

同时道路的纵坡应考虑排除超标雨水的要求进行水力计算确定，并应坡向受纳水体。对于排涝压力大的城镇区域，当道路具备作为行泄通道的条件时，宜考虑将道路作为临时行洪通道，道路排水的路边径流深度不应大于 0.2m，径流深度与流速乘积应小于 $0.5m^2/s$。

道路的下凹处应考虑设置排除超标雨水的行泄通道。特别是实际工程中立交下凹桥区易成为城市积滞水点，排水形式宜采用调蓄与强排相结合的方式，雨水口设置应满足下凹桥区雨水重现期标准，数量宜考虑 1.2～2.0 的安全系数，当条件许可时宜取上限。雨水调蓄设施的设计宜结合立交雨水泵站集水池建设，有效容积按立体交叉道路汇水区域内 7mm～15mm 降雨量确定；排水重现期应满足立交标准并提高 3 年以上；雨水调蓄设施排空时间不应超过 12h。

2 村庄道路纵坡规划依据现行国家标准《村庄整治技术规范》GB 50445。考虑我国山区村庄众多及各地规划设计部门反馈意见，山区村庄道路纵坡在确保安全前提下可以适当放宽处理。

3 路拱坡度的确定应以有利于路面排水和保障行车安全平稳为原则。道路横坡应根据路面宽度、路面类型、纵坡及气候条件确定，道路纵坡大时横坡取小值，纵坡小时取大值；严寒地区路拱设计坡度宜采用小值。在确定或验核道路两侧用地的竖向控制高程时一般是从道路中心线高程推算至红线高程，此时，需要考虑道路横坡影响。

5.0.3 广场的竖向规划与广场的平面布局和周边条件（道路、建筑物、地形、自然环境等）紧密相关。本条中广场的规定、规划坡度的规定引自《城市道路工程设计规范》CJJ 37－2012。

5.0.4 步行系统为城镇和乡村（庄）必不可少的交通设施，而人行梯道是山区步行系统的主要设施，为满足人们上、下坡时的心理和体力需要及景观要求，规定了人行梯道的坡度值、休息平台及转折平台等的技术指标。梯道宽度指人行的净宽度，不含梯道内绿化带及设施带。而上述指标和梯道的功能与级别相关，为此，本规范对梯道进行了分级，以便于规划设计时参照取值。

1 人行梯道分级参照住建部颁发的《城市步行和自行车交通系统规划设计导则》关于城市道路步行道分级标准分为三级，同时兼顾梯道景观要求。

2 要求设置休息平台、转向平台，主要为了满足人们生理和心理需要，尤其是为了老年和体弱者的需要。转向平台深度过小，将成为步行通道的卡口，可能形成交通阻塞，不利安全。

3 梯道的坡度系包括阶梯、休息平台、转向平台的全程坡度。参照现行行业标准《城市人行天桥与人行地道技术规范》CJJ 69、住房和城乡建设部颁发的《城市步行和自行车交通系统规划设计导则》，三级梯道休息平台深度最小值调为 1.5m，三级梯道宽度最小值调为 2m。

6 竖向与排水

6.0.1 对各类城乡建设用地而言，如何合理有效地组织建设用地的场地排水，当建设用地有可能受到洪水灾害威胁时，是采用“防”还是采用“排”，是选择筑堤还是选择回填建设用地方案。这些问题的慎重选择与妥善解决，都需要对建设用地所处场地的自然地形、地质、水文条件和所在地区的降水量（不同频率、不同城市设防标准所对应的降水量）等因素作综合分析，兼顾现状与规划、近期与远期、局部与整体的协调关系；在有可能受到内涝灾害威胁时，场地内应综合运用渗、滞、蓄、净、用、排等多种措施进行不同方案的技术经济比较后，合理地确定城乡建设用地的场地排水方式，并协调城乡建设用地区域的防洪、防涝规划方案。

严格保护和科学梳理自然排水水系是组织场地排水的最基础工作，系统地统筹、保留、适度整治或改造自然河流及湖塘沟渠作为受纳水体是先决条件；然后才可能有条件地、合理地选择场地排水方式，组织场地内的排水系统；进行不同方案的技术经济比较后，再优化确定城乡建设用地的系统性排水与雨水利用方案。

低影响开发是近几年借鉴发达国家雨水管理与利用经验提出的新的理念，低影响开发雨水系统是城市内涝防治综合体系的重要组成部分；为落实低影响开发的理念，建设自然积存、自然渗透、自然净化的海绵城市，住房和城乡建设部于 2014 年 10 月 22 日颁布了《海绵城市建设技术指南——低影响开发雨水系统构建（试行）》，并组织开展了海绵城市建设试点示范工作；竖向规划是直接关系到低影响开发的一个重要因素，因此竖向规划要重视与低影响开发模式的紧密结合。主要是与组织安排透水铺装、设置下凹式绿地、留辟生物滞留场地与设施、蓄水池、雨水罐、规划利用湖库、湿塘、湿地等进行系统的规划布局和竖向上的有机衔接。

6.0.2 本规范从建设用地竖向规划上怎样保证并协调与排水的关系方面作出了以下规定：

1 竖向规划先要满足地面雨水的排放要求；现行的各专业规范都明确规定最小地面排水坡度为 0.3%，因此，本规范也将建设用地的最小自然排水坡度调整为 0.3%，以便相互之间协调一致。

但在平原地区要确保所有建设用地的场地都能达到 0.3%的地面自然排水坡度确有困难，尤其是原始地面坡度小于 0.1%的特别平坦且又无土可取的地方，最小地面排水坡度很难做到 0.3%；经调研和目前的建设及实施反馈情况表明：许多码头、大型货场、城市广场的规划地面坡度几乎接近零坡度。但当规划建设用地的地面自然排水坡度小于 0.3%时，应采用多坡向或特殊措施组织用地的地面排水，也可以设置下凹式绿地或雨水滞蓄设施收集、储存雨水。硬化面积超过 10000m^2 的建设项目可按有效调蓄容积 $V(m^3) \geqslant 0.025 \times$ 硬化面积(m^2)配建雨水调蓄设施，地块内雨水须经过该调蓄设施后方可进入城市排水系统。

工业、仓储用地的排水坡度等应根据相关规范确定，如《石油化工厂区竖向布置设计规范》SH/T 3013-2000。

依据国家现行标准《城市居住区规划设计规范》GB 50180 和《公园设计规范》CJJ 48，几种常见的生活性场地地面排水坡度见表 3。

表 3 各种场地的地面排水坡度（%）

场地名称	最小坡度	最大坡度
停车场	0.3	3.0
运动场	0.3	0.5
儿童游戏场地	0.3	2.5
栽植绿地	0.5	依地质
草地	1.0	33

注：停车场停车方向地面坡度宜小于 0.5%。

2 为了有利于组织建设用地重力流往周边道路下的雨水管渠排除地面雨水，建设用地的高程最好多区段高于周边道路的设计高程；但在山冲或沟谷的地形条件下，规划道路高程往往普遍高于建设用地的规划地面高程，最好应保证建设用地高程至少比周边道路的某一处最低路段的地面高程或雨水收集点高出 0.2m，防止建设用地成为积水“洼地”。当小于 0.2m 时，如果内涝风险评估为高风险区时，要采取防涝措施保证用地的使用安全。

0.2m 系指路缘石高度（0.10m～0.15m）加上人行道横坡的降坡高度（0.05m～0.10m）的最低值。

下沉式广场如今在各地城乡（尤其是城市中）普遍推广，其主要用地的地面肯定低于周边道路的规划设计高程；因此，在无法组织下沉式广场重力流排水的时候，应采取适当的抽排措施与之配套。

凡用于雨水调蓄的下凹式绿地或滞水区（包括洪涝应急滞洪区）等，其规划高程或地面控制高程可不受本款的限制，与路面、广场等硬化地面相连接的下凹式绿地，宜低于硬化地面 100mm～200mm，当有排水要求时，绿地内宜设置雨水口，其顶面标高应高于绿地 50mm～100mm。

结合海绵城市理念，落实各建设用地年径流总量控制目标，从源头减排；各地块的年径流总量控制目标，需依据各地的海绵城市建设要求执行。

6.0.3 当采用地下管网有组织排水时，场地高程应有利于组织重力流排水，尽量避免出现泵站强排。雨水排出口内顶高于多年平均常水位才能保证雨水排放系统正常情况下排水顺畅。有时为了沿江（河）景观的需要，可将排出口做成淹没式，但必须保证排水管网的尾段设计水位高程要高于常水位。

6.0.4 在用地复杂的地区，城乡建设用地区域的外围可能还有较大的外来汇水需汇入或穿越城乡建设用地区域之后才能自然顺畅地排出去，因此，在做用地竖向规划时若不妥善组织，任由外围的雨水进入城乡建设用地区域内的雨水排放系统，则将大大增加城乡建设用地区域内的管网投资，甚至影响整个雨水排放系统的安全和正常使用。此时宜在城乡建设用地区域的外围设置截、滞、蓄等相关设施；当外围汇水必须穿越城乡建设用地才能排出去时，则应在城乡建设用地内设置排（导）洪沟。

6.0.5 村庄因其建设规模不大，为节省投资、方便组织地面雨水排向周边自然沟渠，因此其用地竖向规划宜结合建筑散水与道路生态边沟等自然排水设施建设用地的场地雨水排入村庄周边的自然水系；使用排水暗管（渠）反而不易与周边自然沟渠取得高程上的有利衔接；同时，为保证村庄的用地安全，可在场地外侧设置排水沟，截留并引导外围来水从建设场地外排出。在缺水地区可考虑雨水的回收利用方案，在进行用地竖向规划时注意利用地下水窖、洼地、池塘、湖库等蓄留一部分雨水，以利于雨水的资源化利用。城镇有条件的地区也应采用类似的生态集水、排水组织方式。

6.0.6 有冰雪冻融的地区，在做用地竖向规划时应考虑穿越建设用地的河流在解冻时可能形成冰坝而对城乡建设用地产生突发性洪水或内涝的威胁；同时，建设用地与容易形成内涝区（或集水区）之间的场地排水坡度宜适度加大。

7 竖向与防灾

7.0.1 城乡用地竖向规划是城乡综合防灾规划落实的重要因素，编制用地竖向规划，同时需要满足综合防灾的要求，应符合综合防灾规划和防洪排涝、地质灾害、抗震、消防等相关规范的规定要求。

7.0.2 城乡建设用地防洪（潮）的规定是保证城乡建设用地安全的基本条件。

1 城乡建设用地区域的防洪等级与设防标准的确定应当符合现行国家标准《防洪标准》GB 50201的规定；城乡建设用地区域的聚集人口规模和行政重要程度等级的不同，其相应的抗洪设防标准也不同。

2 在设防洪（潮）堤时，其防洪（潮）堤的堤顶高程应按能抗御相应设计频率洪（潮）水位的防洪（潮）堤的设防要求来确定，其建设用地高程重点考虑排涝要求，确保建设用地不受涝；在不设防洪（潮）堤时，沿江（河、海、湖）的城乡建设用地的地面设计高程应按能抗御相应设计频率洪（潮）水位的防洪（潮）堤的要求来确定。

安全超高考虑波浪侵袭或者壅水因素。有波浪或壅水影响时，波浪侵袭或壅水高度需按计算值或实际观测值为依据，若无上述有关资料作依据，在规划阶段中暂以 1.2m 取值；安全超高视构筑物级别和筑堤材料而定，一般取值为 0.4m～1.0m（不含土堤预留沉降值）；壅水高度以实际观测值为依据。

7.0.3 有内涝威胁的城乡建设用地应进行内涝风险评估，综合运用蓄、滞、渗、净、用、排等多种措施进行不同方案的技术经济比较后，确定场地适宜的排水防涝措施，结合排水防涝方案和应对措施来确定相应的用地竖向规划方案。

7.0.4 在城乡建设用地越来越紧张的大背景下，可供选择使用的城乡建设用地其条件越来越复杂，安全又适宜的建设用地越来越少，不可避免会选择一些有可能受地质灾害影响或存在地质灾害隐患的用地作为建设用地。

1 在建设用地的选址过程中应依据地灾评估资料和结论，充分考虑潜在的自然地质灾害影响的可能，尽量避让危险地带和可能受到影响的区段。用地选择应执行国家现行《城乡用地评定标准》CJJ 132、《城市规划工程地质勘察规范》CJJ 57 和综合防灾规划的相关规定。

如果现状建成区或规划的建设用地无法避让自然地质灾害影响区及威胁地带，则应对威胁现状建成区的地质灾害通过论证比较后，采取针对性的工程治理或消除措施；对威胁或可能影响规划建设用地的自然地质灾害采取"先治理、后建设"的工程治理或消除措施，消除安全隐患，确保用地安全。严禁在地质灾害高易发区和中易发区内采取深挖高填的用地整理方式。

2 在做用地竖向规划（尤其是场地大平台）时，应尽量减少深挖高填，保护性地进行竖向规划控制，避免对原有地形地貌做较大的改动，降低对原有地质稳定性的影响，防止次生地质灾害的发生。

减少对原地貌、地表植被、水系的扰动和损毁，保护自然景观要素；防止场地整理引起水土流失，参照执行现行国家标准《开发建设项目水土保持技术规范》GB 50433。

7.0.5 为更好地防灾、避灾、救灾需要，城乡防灾救灾设施（主要是医疗、消防、救灾物资储备库、防洪工程、防灾应急指挥中心、疾病预防与控制中心应急避难场所等）、基础设施（主要是排水、燃气、热力、电力、交通运输、邮电通信、广播电视等）、重要公共设施［主要是体育场（馆）、文化娱乐中心、人流密集的大型商场、博物馆和档案馆、会展中心、教育、科学实验（研究、中试生产和存放具有高放射性物品以及剧毒的生物制品、化学制品、天然和人工细菌、病毒）等］，其建设用地的竖向规划应符合防御目标和设防标准的规定要求，具备抗御严重的次生灾害和潜在危险因素威胁的能力。

7.0.6 满足安全防护距离和卫生防护距离要求，并应符合相应行业设计规范在竖向设计上的特殊要求；防止泄漏和扩散等灾害的扩大与蔓延，是重大危险源区、次生灾害高危险区及其影响范围的竖向规划首先应考虑的重要影响因素。

8 土石方与防护工程

8.0.1 土石方与防护工程量是竖向规划方案是否合理、经济的重要评价指标，也是修建性详细规划中投资估算的必需依据。因此，在满足使用要求的前提下，多方案比较，使工程量最小，是我们应贯彻的基本原则。

8.0.2 鉴于规划阶段的条件所限，其土石方量的估算范围主要包括场地平整、道路及其他地面设施的土石方量。地下工程、管网、建（构）筑物基础等的土石方量不包括在内。

土石方量的计算要充分考虑到土石方松散系数、土石比、工程地质情况、压实系数、建设时序、弃土条件的影响，注意将参与平衡的挖方、填方换算成相同状态的土。

“就近合理平衡”的基本原则是利用各种有利条件，以能否提高用地的使用质量、节约土石方及防护工程投资、提高开发效益等为衡量，宜在街坊或小区内平衡，达到就近平衡、合理平衡、经济可行的土石方调运，不是指简单地、机械地要求分单个工程、分片、分段的土石方数量的平衡。

在规划设计中，对项目土石方与防护工程成果如实反映，并列出其主要指标（表4）。

表4 土石方与防护工程主要项目指标表

序号	项目		单位	数量	备注
1	土石方工程量	挖方	m^3		
		填方	m^3		
		总量	m^3		
2	单位面积土石方量	挖方	$m^3/10^4m^2$		
		填方	$m^3/10^4m^2$		
		总量	$m^3/10^4m^2$		
3	土石方平衡余缺量	余方	m^3		
		缺方	m^3		
4	挖方最大深度		m		
5	填方最大高度		m		
6	护坡最大高度		m		
7	护坡最大坡比值				标为1∶n
8	挡土墙最大高度		m		
9	护坡工程量		m^2		
10	挡土墙工程量		m^3		
备注					

城乡建设用地土石方量定额指标，由于地区不同、地形坡度不同、规划地面形式不同和规划设计方法不同，使用地土石方工程量估算结果千变万化，很难从中找出明显规律性或合理的定额指标。用地土石方平衡，也由于各种条件和情况不同，难以制定统一合理的平衡标准。现仅从大多数的调查资料和少数规划设计单位提供的经验实例，提出初步的用地土石方量定额及其平衡标准指标列后，供参考。

1 城乡建设用地土石方工程量（填方和挖方之和）定额指标可为：

平原地区　小于 $10000m^3/10^4m^2$；

浅、中丘地区　$20000m^3/10^4m^2$～$30000m^3/10^4m^2$；

深丘、高山地区 $30000m^3/10^4m^2$～$50000m^3/10^4m^2$。

2 城乡建设用地土石方量平衡标准指标如下：

平原地区　5%～10%；

浅、中丘地区　7%～15%；

深丘、高山地区　10%～20%。

平衡标准为：（挖、填方量差÷土石方工程）×100%。

3 城乡建设用地土石方平衡与调运，关键在于经济运距，这与运输方式有密切关系。根据经验资料，提供如下经济运距供参考：

人工运输为200m以内；

机动工具运输为1000m以内。

影响大面积用地土石方调运方案制定的因素主要是地形与地质条件、借土与弃土条件、运输方式、是否同步建设等。大多数单位认为用地土石方宜在街坊或小区内平衡。以达到就近平衡、合理平衡、经济可行的土石方调运的基本原则。因此，运距以250m～400m为宜。

8.0.3 街区与邻接道路交接处的用地防护应统一规划，避免造成安全事故和资金浪费。防护工程一般用于地形变化较大的建设用地，对可能发生的塌方、滑坡常用挡土墙及护坡防护；对洪、潮、风沙、泥石流等以防洪（潮、风沙）堤及拦砂（石、泥石流）坝防护。除上述主要防护工程外，有时还应与上游的截流和下游的引水、排水工程结合规划设置，才能起到可靠的防护作用。

8.0.4 为保证台阶式用地的土石体稳定，要求台地间连接宜用护坡或挡土墙。参照《民用建筑设计通则》GB 50352-2005中的“人流密集的场所台阶高度超过0.70m并侧面临空时，应有防护设施”的要求，为了确保人们安全，高差大于0.7m的挡土墙墙顶或坡比值大于0.5的护坡顶宜加设防护栏杆或绿篱等安全设施。

8.0.5 土质护坡分为挖方护坡和填方护坡两种，根据经验值，一般填方土质护坡坡率不大于1∶1.5，即坡比值为0.67，挖方土质护坡坡率不大于1∶1，本规范选用填方护坡坡率值来控制，以确保护坡的安全性。此外，在《公路路基设计规范》JTG D30-2015中，对不同高度不同土质情况的坡比值有不同要求，可以参考使用。砌筑型护坡指干砌石、浆砌石或混凝土护坡，城乡建设用地中的护坡多属此类。为了提高城乡环境质量，对护坡的坡比值要求适当减小，土质护坡宜慎用。相邻台地间的高差大于或等于3.0m时，退台采取挡土墙结合放坡方式处理，有利于降低挡土墙高度，增加坡地绿化。挡土墙的高度规定主要考虑建设用地中较普遍采用形式简单、施工方便的重力式挡土墙，参考《建筑地基基础设计规范》GB 50007－2011、《水工挡土墙设计规范》SL 379－2007及《公路路基设计规范》JTG D30－2015以及景观要求，综合确定挡土墙高度不宜大于6m。

8.0.6 在建（构）筑物密集、用地紧张区域及有装卸作业要求的台地对节约场地空间、货物堆放与运输有较突出的要求，因此，应采取挡土墙防护提高空间利用效率和运输组织的安全与便捷性。

8.0.7 结合各类挡土墙设计要求，高度一般不超过12m，故将6m～12m挡土墙定为高挡土墙，大于12m为超高挡土墙。建设场地内或周边无法避免将要建或者已经存在超高挡土墙时，可能出现或存在的不仅是景观问题，更多可能是安全问题，以及后续使用的遗留问题，此时，挡土墙的建设方案必须专门论证与设计，作为规划方案优化设计的依据。其工作步骤须在城乡规划方案阶段，可委托具有工程地质勘察和岩土工程设计资质的机构开展与规划阶段相适应的专门技术咨询，论证的内容可包括超高挡土墙建设的必要性、安全性、技术与经济可行性、建设方案与土地利用功能和景观的协调性等方面的内容，技术深度按岩土工程技术体系与城乡规划工作所处阶段相适应的深度为宜，论证结果须能支撑规划方案。

8.0.8 村庄总体建设规模和建设用地的使用开发强度远低于城市（镇），其景观控制要素更容易保留，用地平整的难度不大，防护工程及设施更可以做到"宜人的空间尺度"、"理性的工程尺度"。因此，通过各地反馈的意见和本次修订过程中典型案例调查，村庄一般减少使用挡土墙，宜采用种植绿化护坡；如确需采用挡土墙，宜采取挡土墙结合放坡方式处理，挡土墙高度一般为1.5m～3.0m；挡土墙宜就地取材砌筑，既降低工程造价，又能体现乡土特色。

8.0.9 在城乡规划中不倡导使用高边坡。本次修订对地形复杂山区的建筑边坡高度上限值作出规定，是各地在使用原《城市用地竖向规划规范》CJJ 83－99中提出的要求，为规划阶段提供依据，以避免山区建设中无成熟技术支持的高度过大的开挖或填筑。本次修订仅作为特殊个案参考，建议取值依据《建筑边坡工程技术规范》GB 50330－2013、参照《公路路基设计规范》JTG D30－2015，同时结合《关于进一步加强全市高切坡、深基坑和高填方项目勘察设计管理的意见》（渝建发〔2010〕166号）及相关实施经验，即建筑边坡高度上限取值按照在地形复杂的地区，岩质建筑边坡宜低于30m，土质建筑边坡宜低于15m。

对于土质高边坡 $H>15\text{m}$，在地形复杂地区采用时，条件许可时宜尽量采用骨架或其他有利于生态环境保护美化的护面措施。

对于超过边坡高度上限的边坡需进行特殊设计。

9 竖向与城乡环境景观

9.0.1 城乡环境景观特色与竖向的关系在城乡建设用地选择和进行总体规划布局时就应该有比较完整的构思方案；竖向规划本身就是实现这些方案设想的重要手段。

1、2 原有地形特征、标志性地物、风景点、历史遗迹及文物保留下来，使住民有土生土长、根植于斯的认同感。城乡绿地系统一般都是与城乡的自然山系、水系和文物古迹相结合的完整体系，它既能保存、延续城乡历史文脉，更具保护自然生态环境、形成和调节小气候的作用。

3 城乡景观特色的塑造，最主要应源于对城乡自然环境要素（如地形、土壤、植被、水文等）的创造性利用。而城镇内部或周边重要自然景观边界线或人文等景观边界线特色是城乡无可取代的标志性景观。如美国芝加哥密歇根湖滨、上海的外滩、珠海及青岛的海滨大道等。人文景观边界线往往是对自然景观边界线进行长期的塑造经营而形成的。

9.0.2 城乡建设用地竖向规划将用地做分台处理时，台间防护工程不仅起着安全防护作用，而且是城乡建筑和室外环境的有机组成部分。随着经济、文化的发展，城乡建设中对环境与景观质量的要求越来越高，分台和室外工程（包括防护工程）应充分重视其景观效果的需求。

1 城乡一般地段功能较单一，对景观要求相对不高，但对挡土墙、护坡等的尺度、线形仍应考虑与环境协调、美观、安全及人们心理要求等因素。在用地和经济条件、管理条件允许时，宜多用与植被结合的护坡，少用挡土墙，以改善和提高环境质量。

2 公共活动区的外部空间是由建筑物外墙和室外工程设施（包括室外防护工程）构成的，对风貌和景观特色的构成具有重要的作用。因此分台和室外工程设施的设置应与建筑物统一规划，并充分体现景观设计的要求。

3 山区城镇的室外工程设施较多，出现频率高，其对构成城乡风貌特色的影响作用有时不亚于建筑物的影响作用，若能遵循一定规律并符合美学法则进行设计，并注重采用地方材料、传统工艺，可构成城镇独特的风貌。

4 挡土墙高度超过1.5m时，已构成对视野和空间较明显的围合感。根据环境设计的具体需要，用绿化进行遮挡或覆盖可将其影响弱化。如作一定的景观处理可增加空间层次，丰富景观内容。景观处理的方式可以是功能上的巧妙利用、形象的美化处理，也可以赋予一定文化内涵，如四川省德阳市利用滨江路大填方区的高挡土墙而建设的艺术墙，既节约土石方，又成为城市重要的景点和文化遗产。

9.0.3 水体对城乡生态环境和景观的作用是十分重要的，但城乡滨水空间的利用往往受制于防治水害及建设道路的需要，高高的防护堤和宽阔的滨水交通干道往往使水面可望而不可即，生态岸线和滨水活动空间极少，既未充分发挥水体对城乡生态环境改善的作用，更不可能满足人们的亲水、近水要求。

在调研过程中，许多规划工作者要求作一些更具体的规定，但在分析各地情况后，编制组认为滨水空间的建设不便作统一的硬性规定，只能因地制宜、创造性地利用自然条件，在满足用地功能要求的同时，尽量保护滨水区生态，创造更美好的环境景观。

9.0.4 乡村地区往往由于就地取材进行建设，为适应不同的材料和气候条件采用独特的施工工艺，久而久之形成独特的风貌。因此，有条件时，乡村建设用地的竖向建设应采用地方材料和传统工艺。

中华人民共和国行业标准

城镇供热系统运行维护技术规程

Technical specification for operation and maintenance of city heating system

CJJ 88—2014

批准部门：中华人民共和国住房和城乡建设部
施行日期：2 0 1 4 年 1 0 月 1 日

中华人民共和国住房和城乡建设部
公　　告

第355号

住房城乡建设部关于发布行业标准《城镇供热系统运行维护技术规程》的公告

现批准《城镇供热系统运行维护技术规程》为行业标准，编号为CJJ 88－2014，自2014年10月1日起实施。其中，第2.2.6、2.2.9、2.2.10条为强制性条文，必须严格执行。原行业标准《城镇供热系统安全运行技术规程》CJJ 88－2000同时废止。

本规程由我部标准定额研究所组织中国建筑工业出版社出版发行。

中华人民共和国住房和城乡建设部

2014年4月2日

前　　言

根据住房和城乡建设部《关于印发〈2008年工程建设标准规范制订、修订计划（第一批）〉的通知》（建标［2008］102号）的要求，规程编制组经广泛调查研究，认真总结实践经验，参考有关国外先进标准，并在广泛征求意见的基础上，编制本规程。

本规程的主要内容：1. 总则；2. 基本规定；3. 热源；4. 供热管网；5. 泵站与热力站；6. 热用户；7. 监控与运行调度。

本次修订的主要内容为：

1　增加了燃气锅炉、直埋管道、热计量、变频调速技术等方面的相关内容；

2　增加了系统运行维护、检修、保养以及应急预案和备品备件等相关内容；

3　增加记录及资料保存相关内容。

本规程中以黑体字标志的条文为强制性条文，必须严格执行。

本规程由住房和城乡建设部负责管理和对强制性条文的解释，由沈阳惠天热电股份有限公司负责具体技术内容的解释。执行过程中如有意见或建议，请寄送沈阳惠天热电股份有限公司（地址：沈阳市沈河区热闹路47号，邮编：110014）。

本规程主编单位：沈阳惠天热电股份有限公司

本规程参编单位：北京市热力集团有限责任公司
唐山热力总公司
北京特泽热力工程设计有限责任公司
沈阳皇姑热电有限公司

本规程主要起草人员：孙　杰　栾晓伟　宁国强　汪　瑾　刘　荣　李孝萍　徐金锋　安正军　周建东　钱争晖　孟　钢

本规程主要审查人员：张建伟　陈鸿恩　杨良仲　李春林　方修睦　鲁亚钦　何宏声　于黎明　张书忱　廖嘉瑜　李永汉

目　次

Contents

1 总 则

1.0.1 为提高城镇供热系统运行、维护技术水平，实现城镇供热系统安全、稳定供热，制定本规程。

1.0.2 本规程适用于城镇供热系统的运行和维护，其中热源部分适用于燃煤层燃锅炉和燃气锅炉。

1.0.3 城镇供热系统的运行和维护除应符合本规程外，尚应符合国家现行有关标准的规定。

2 基本规定

2.1 运行维护管理

2.1.1 城镇供热系统的运行维护管理应制定相应的管理制度、岗位责任制、安全操作规程、设施和设备维护保养手册及事故应急预案，并应定期进行修订。

2.1.2 运行管理、操作和维护人员应掌握供热系统运行、维护的技术指标及要求。

2.1.3 运行管理、操作和维护人员应定期培训。

2.1.4 城镇供热系统的运行维护管理应具备下列图表：

1 热源厂：热力系统和设备布置平面图、供电系统图、控制系统图及运行参数调节曲线等图表；

2 供热管网：供热管网平面图和供热系统运行水压图等图表；

3 热力站、泵站：站内热力系统和设备布置平面图、供热管网平面图及水压图、温度调节曲线图、供电系统图、控制系统图等图表。

2.1.5 热源厂、热力站、泵站应配置相应的实时在线监测装置。

2.1.6 能源消耗应进行计量，材料使用应进行登记。对各项生产指标应进行统计、核算、分析。

2.2 运行维护安全

2.2.1 锅炉、压力容器、起重设备等特种设备的安装、运行、维护、检测及鉴定，应符合国家现行有关标准的规定。

2.2.2 检测易燃易爆、有毒有害等物质的装置应进行定期检查和校验，并应按国家有关规定进行检定。

2.2.3 热源厂、泵站、热力站内的各种设备、管道、阀门等应着色、标识。

2.2.4 当设施或设备新投入使用或停运后重新启用时，应对设施或设备、相关附属构筑物、管道、阀门、机械及电气、自控系统等进行全面检查，确认正常后方可投入使用。

2.2.5 对含有易燃易爆、存储有毒有害物质以及有异味、粉尘和环境潮湿的场所应进行强制通风。

2.2.6 锅炉安全阀的整定和校验每年不得少于1次。蒸汽锅炉运行期间应每周对安全阀进行1次手动排放检查；热水锅炉运行期间应每月对安全阀进行1次手动排放检查。

2.2.7 设备启停开关、机电设备外壳接地应保持完好。

2.2.8 设备操作应符合下列规定：

1 非本岗位人员不得操作设备；

2 操作人员在岗期间应穿戴劳动防护用品；

3 在设备转动部位应设置防护罩，当设备启动和运行时，操作人员不得靠近转动部位；

4 操作人员在现场启、停设备应按操作规程进行，设备工况稳定后方可离开；

5 起重设备应由专人操作，当吊物下方危险区域有人时不得进行操作；

6 机体温度降至常温后方可对设备进行清洁，且不得擦拭设备运转部位，冲洗水不得溅到电机、润滑及电缆接头等部位。

2.2.9 用电设备维修前必须断电，并应在电源开关处悬挂维修和禁止合闸的标志牌。

2.2.10 检查室和管沟等有限空间内的运行维护作业应符合下列规定：

1 作业应制定实施方案，作业前必须进行危险气体和温度检测，合格后方可进入现场作业。

2 作业时应进行围档，并应设置提示和安全标志。当夜间作业时，还应设置警示灯。

3 严禁使用明火照明，照明用电电压不得大于36V；当在管道内作业时，临时照明用电电压不得大于24V。当有人员在检查室和管沟内作业时，严禁使用潜水泵等其他用电设备。

4 地面上必须有监护人员，并应与有限空间内的作业人员保持联络畅通。

5 严禁在有限空间内休息。

2.2.11 消防器材的设置应符合消防部门有关法规和国家现行有关标准的规定，并应定期进行检查、更新。

2.3 运行维护保养

2.3.1 运行维护人员应按安全操作规程巡视检查设施、设备的运行状况，并应进行记录。

2.3.2 对供热系统应定期按照操作规程和维护保养规定进行维护和保养，并应进行记录。

2.3.3 设施、设备检修和维护保养应符合下列规定：

1 设施、设备维修前应制定维修方案及安全保障措施，修复后应即时组织验收，合格后方可交付使用；

2 设施、设备应保持清洁，对跑、冒、滴、漏、堵等问题应即时处理；

3 设备应定期添加或更换润滑剂，更换出的润滑剂应统一处置；

4　设备连接件应定期进行检查和紧固，对易损件应即时更换；

5　当对机械设备检修时，应符合同轴度、静平衡或动平衡等技术要求。

2.3.4　对构筑物、建筑物的结构及各种阀门、护栏、爬梯、管道、井盖、盖板、支架、栈桥和照明设备等应定期进行检查、维护和维修。

2.3.5　构筑物、建筑物、自控系统等避雷及防爆装置的测试、维修方法及其周期应符合国家现行标准的有关规定。

2.3.6　高低压电气装置、电缆等设施应进行定期检查和检测。对电缆桥架、控制柜（箱）应定期清洁，对电缆沟中的积水应即时排除。

2.3.7　对各类仪器、仪表应定期进行检查和校验。

2.3.8　阀门设施的维护保养应符合下列规定：

1　阀门应定期保养并进行启闭试验，阀门的开启与关闭应有明显的状态标志；

2　对电动阀门的限位开关、手动与电动的连锁装置，应每月检查1次；

3　各种阀门应保持无积水，寒冷地区应对室外管道、阀门等采取防冻措施。

2.3.9　当运行维护人员发现系统运行异常时，应即时处理、上报，并应进行记录。

2.4　经济、环保运行指标

2.4.1　当热用户无特殊要求、无热计量时，民用住宅室温应为18℃±2℃，热用户室温合格率应达到98%以上。

2.4.2　设备完好率应保持在98%以上。

2.4.3　故障率应小于2‰。

2.4.4　热用户报修处理即时率应达到100%。

2.4.5　锅炉在设计工况下运行时的热效率不宜小于设计值的95%。

2.4.6　燃煤锅炉实际运行负荷不宜小于额定负荷的60%。

2.4.7　锅炉的能耗指标应符合下列规定：

1　燃煤锅炉煤耗应小于或等于48.7kg标煤/GJ，耗电量应小于或等于5.7kWh/GJ；

2　燃气锅炉标准燃气耗量应小于或等于32Nm^3/GJ（低热值35.588MJ/Nm^3计），耗电量应小于或等于3.5kWh/GJ。

2.4.8　燃煤锅炉炉渣含碳量应小于12%。

2.4.9　直接连接的供热系统失水率应小于或等于总循环水量的1.5%；间接连接的供热系统失水率应小于或等于总循环水量的0.5%；蒸汽供热系统凝结水回收率不宜少于80%。

2.4.10　烟气排放应符合现行国家标准《锅炉大气污染物排放标准》GB 13271的有关规定。

2.4.11　锅炉水质应符合现行国家标准《工业锅炉水质》GB/T 1576的有关规定。

2.4.12　噪声应符合现行国家标准《声环境质量标准》GB 3096的有关规定。

2.5　备品备件

2.5.1　运行维护应配备下列设备、器材：

1　发电机；

2　焊接设备；

3　排水设备；

4　降温设备；

5　照明器材；

6　安全防护器材；

7　起、吊工具等。

2.5.2　运行维护应配备备品备件。备品备件应包括配件性备件、设备性备品和材料性备品。具备下列条件之一的均应属备品备件：

1　工作环境恶劣和故障率高的易损零部件；

2　加工周期较长的易损零部件；

3　不易修复和购买的零部件。

2.5.3　检修用备品备件应符合下列规定：

1　特殊备品备件可提前购置，易耗材料及通用备品备件应按历年耗用量或养护、检修备件定额配备；

2　加工周期较长的备品备件应提前考虑。

2.5.4　备品备件管理应严格按照有关物资管理的规定执行，并应符合下列规定：

1　备品备件应符合国家现行有关产品标准的要求，且应具备合格证书，对重要的备品备件还应具备质量保证书；

2　备品备件的技术性能应满足设计工作参数的要求；

3　除钢管及弯头、变径、三通等管件外，当备品备件存放时间大于1年时，应进行检测，合格后方可使用。受损的备品备件，未经修复、检测不得使用。

3　热　源

3.1　一般规定

3.1.1　运行、操作和维护人员，应掌握锅炉和辅助设备的故障特征、原因、预防措施及处理方法。

3.1.2　热源厂应建立安全技术档案和运行记录，操作人员应执行安全运行的各项制度，做好值班和交接班记录。热源厂应记录并保存下列资料：

1　供热设备运行情况报表；

2　锅炉运行记录；

3　锅炉安全门校验和锅炉水压试验记录；

4　燃气调压站、引风机运行记录；

5 给水泵、循环泵、水化间，以及炉水分析运行记录；

6 缺陷记录及处置单；

7 检修计划和设备检修、验收记录；

8 热源存档表。

3.1.3 燃料使用应符合锅炉设计要求。

3.1.4 燃煤宜采用低硫煤；当采用其他煤种时，排放标准应符合现行国家标准《锅炉大气污染物排放标准》GB 13271 的有关规定。

3.1.5 热源厂的运行、调节应按调度指令进行。

3.1.6 热源厂应制定下列安全应急预案：

1 停电、停水；

2 极端低温气候；

3 天然气外泄和停气；

4 管网事故工况。

3.1.7 新装、改装、移装锅炉应进行热效率测试和热态满负荷 48h 试运行。运行中的锅炉宜定期进行热效率测试。

3.1.8 热源厂应对煤、水、电、热量、蒸汽量、燃气量等的能耗进行计量。

3.1.9 热源厂的运行维护应进行记录，并可按本规程附录 A 的规定执行。

3.2 运 行 准 备

3.2.1 大修或改造，以及停运 1 年以上或连续运行 6 年以上的锅炉，运行前应进行水压试验。

3.2.2 新装、改装、移装及大修锅炉运行前，应进行烘、煮炉。长期停运、季节性使用的锅炉运行前应烘炉。

3.2.3 季节性使用的锅炉运行前，应对锅炉和辅助设备进行检查。

3.2.4 燃煤锅炉本体和燃烧设备内部检查应符合下列规定：

1 汽水分离器、隔板等部件应齐全完好，连续排污管、定期排污管、进水管及仪表管等应通畅；

2 锅筒（锅壳、炉胆和封头等）、集箱及受热面管子内的污垢、杂物等应清理干净，无缺陷和遗留物；

3 炉膛内部应无结焦、积灰及杂物，炉墙、炉拱及隔火墙应完整严密；

4 水冷壁管、对流管束外表面应无缺陷、积灰、结焦及烟垢；

5 内部检查合格后，人孔、手孔应密封严密。

3.2.5 燃煤锅炉本体和燃烧设备外部检查应符合下列规定：

1 锅炉的支、吊架应完好；

2 风道及烟道内的积灰应清除干净。调节门、挡板应完整严密，开关应灵活，启闭指示应准确；

3 锅炉外部炉墙及保温应完好严密，炉门、灰门、看火孔和人孔等装置应完整齐全，并应关闭严密；

4 辅助受热面的过热器、省煤器及空气预热器内应无异物，各手孔应密闭；

5 汽水管道的蒸汽、给水、进水、疏水、排污管道应畅通，阀门应完好，开关应灵活；

6 燃烧设备的机械传动系统各回转部分应润滑良好。炉排应无严重变形和损伤，机械传动装置和给煤机试运转应正常；

7 平台、扶梯、围栏和照明及消防设施应完好。工作场地和设备周围通道应清洁、畅通。

3.2.6 燃气锅炉内部检查应符合下列规定：

1 炉墙、锅炉受热面、看火孔应完好，不应出现裂缝和穿孔；

2 燃烧器应完好；

3 汽包靠近炉烟侧和各焊口或胀口处应无鼓包、裂纹等现象；

4 汽包外壁和水位计、压力表等相连接的管子接头处应无堵塞；

5 汽包内的进水装置、汽水分离装置和排污装置安装位置应正确，连接应牢固。

3.2.7 燃气锅炉外部检查应符合下列规定：

1 燃烧室及烟道接缝处应无漏风；

2 看火孔、人孔门应关闭严密；

3 防爆门装设应正确；

4 风门和挡板开关转动应灵活，指示应正确。

3.2.8 风机、水泵，输煤、除渣设备检查应符合下列规定：

1 设备内应无杂物；

2 地脚螺栓应紧固；

3 轴承润滑油油质应合格，油量应正常；

4 冷却水系统应畅通；

5 电机接地线应牢固可靠；

6 传动装置外露部分应有安全防护装置。

3.2.9 锅炉安全附件、仪表及自控设备检查应符合下列规定：

1 锅炉的安全阀、压力表、温度计、排污阀，超温、超压报警及自动连锁装置应完好；

2 蒸汽锅炉的水位计、燃气锅炉燃烧器气动阀门、燃气泄漏、熄火保护等安全附件和仪表应完好，并应校验合格；

3 二次仪表、流量计、热量计等计量仪表及自控设备应完整，信号应准确，通讯应畅通、可靠。

3.2.10 锅炉辅助设备应符合下列规定：

1 水处理设备应完好，调控应灵活；

2 除尘脱硫设备应完好严密；

3 除污器应畅通，阀门开关应灵活；

4 设备就地事故开关应可靠。

3.2.11 锅炉试运行前，锅炉、辅助设备、电气、仪表以及监控系统等应达到正常运行条件。

3.2.12 锅炉安全阀的整定应符合下列规定：

1 蒸汽锅炉：

1）蒸汽锅炉安全阀的整定压力应符合表3.2.12的规定；

2）锅炉上应有一个安全阀按表3.2.12中较低的整定压力进行调整。对有过热器的锅炉，过热器上的安全阀应按较低的整定压力进行调整。

表3.2.12 蒸汽锅炉安全阀的整定压力

额定蒸汽压力 P（MPa）	安全阀整定压力
$P\leqslant 0.8$	工作压力＋0.03MPa
	工作压力＋0.05MPa
$0.8<P\leqslant 5.9$	1.04倍工作压力
	1.06倍工作压力

注：1 表中的工作压力对于脉冲式安全阀是指冲量接出地点的工作压力，对于其他类型的安全阀是指安全阀装置地点的工作压力。

2 热水锅炉：

1）热水锅炉安全阀的整定压力应为：1.10倍工作压力，且不小于工作压力＋0.07MPa；1.12倍工作压力，且不小于工作压力＋0.10MPa；

2）锅炉上应有一个安全阀按较低的压力进行整定；

3）工作压力应为安全阀直接连接部件的工作压力。

3.2.13 风机、水泵、输煤机、除渣机等传动机械运行前应进行单机试运行和不少于2h联动试运行，并应符合下列规定：

1 当运转时应无异常振动，不得有卡涩及撞击等现象；

2 电机的电流应正常；

3 运转方向应正确；

4 各种机械传动部件运转应平稳；

5 水泵密封处不得有渗漏现象；

6 滚动轴承温度不得大于80℃，滑动轴承温度不得大于60℃；

7 轴承径向振幅应符合表3.2.13的规定：

表3.2.13 轴承径向振幅

转速 n（r/min）	振幅（mm）
$n\leqslant 375$	≤0.18
$375<n\leqslant 600$	≤0.15
$600<n\leqslant 850$	≤0.12
$750<n\leqslant 1000$	≤0.10

续表3.2.13

转速 n（r/min）	振幅（mm）
$1000<n\leqslant 1500$	≤0.08
$1500<n\leqslant 3000$	≤0.06
$n>3000$	≤0.04

3.2.14 压力表、温度计、水位计、超温报警器、排污阀等主要附件，应符合现行标准的有关规定。

3.2.15 燃气锅炉的燃气报警、熄火保护、连锁保护装置运行前，应经检验合格。

3.2.16 燃气系统检查应符合下列规定：

1 燃气管线外观应良好，不得有泄漏；

2 计量仪表应准确；

3 点火装置、燃烧器应完好；

4 快速切断阀动作应正常、安全有效；

5 安全装置应完好；

6 调压装置工作应正常，燃气压力应符合要求。

3.3 设备的启动

3.3.1 锅炉启动前应完成下列准备工作：

1 电气、控制设备供电正常；

2 燃煤锅炉煤斗上煤，或燃气锅炉启动燃气调压站，且送燃气至炉前；

3 仪表及操作装置置于工作状态；

4 锅炉给水制备完毕；

5 除尘脱硫系统具备运行条件。

3.3.2 锅炉注水应符合下列规定：

1 水质应符合现行国家标准《工业锅炉水质》GB/T 1576的有关规定；

2 注水应缓慢进行。当注水温度大于50℃时，注水时间不宜少于2h；

3 热水锅炉注水过程中应将系统内的空气排尽。蒸汽锅炉注水不得低于最低安全水位。

3.3.3 补水泵在系统充满水，并达到运行要求的静压值后，方可启动热水锅炉。

3.3.4 热水锅炉的启动与升温应符合下列规定：

1 燃煤锅炉启动应按循环水泵、除渣设备、锅炉点火、引风机、送风机、燃烧设备的顺序进行；

2 燃气锅炉启动应按循环水泵、燃气调压站、引风机、送风机、排烟阀门、炉膛吹扫、锅炉点火、检漏、燃烧设备的顺序进行；

3 热水锅炉升温过程中，应按锅炉厂家提供的正压/负压控制炉膛压力。升温速度应根据锅炉和管网的设计要求进行控制。锅炉点火后，锅炉的升温、升压应符合制造厂家提供的升压、升温曲线。

3.3.5 蒸汽锅炉的启动与升温升压应符合下列规定：

1 燃煤锅炉启动应按给水泵、除渣设备、锅炉点火、引风机、送风机、燃烧设备、并汽的顺序进行；

2 燃气锅炉启动应按给水泵、燃气调压站、引风机、送风机、炉膛吹扫、锅炉点火、检漏、燃烧设备、并汽的顺序进行；

3 蒸汽锅炉的升压应符合下列规定：

1）蒸汽锅炉投入运行，升至工作压力的时间宜控制在2.5h～4.0h；

2）蒸汽锅炉在升压期间，压力表、水位计应处于完好状态，并应监视蒸汽压力和水位变化；

3）当锅炉压力升至0.05MPa～0.10MPa时，应冲洗、核对水位计；

4）当锅炉压力升至0.10MPa～0.15MPa时，应冲洗压力表管；

5）当锅炉压力升至0.15MPa～0.20MPa时，应关闭对空排气阀门；

6）当锅炉压力升至0.20MPa～0.30MPa时，应进行热拧紧，对下联箱应全面排污；

7）当锅炉压力升至工作压力的50%时，应进行母管暖管，暖管时间不得少于45min；

8）当锅炉压力升至工作压力的80%时，应对锅炉本体、蒸汽母管、燃气系统进行全面检查，对水位计应再次冲洗校对，并应做好并汽或单炉送汽准备。

3.3.6 蒸汽锅炉并汽应符合下列规定：

1 并汽前应监视锅炉的汽压、汽温和水位的变化；

2 当锅炉压力升至小于蒸汽母管压力0.05MPa时，应缓慢开启连接母管主汽阀门，并应监视疏水过程。与蒸汽母管并汽完毕后，应即时关闭疏水阀门。

3.4 运行与调节

3.4.1 锅炉运行应符合锅炉制造厂设备技术文件的要求。

3.4.2 热水锅炉投入运行数量和运行工况，应根据供热运行调节方案和供热系统热力工况参数的变化进行调整。蒸汽锅炉投入运行数量应根据管网负荷情况确定。

3.4.3 燃煤锅炉给煤量和燃气锅炉给气量应根据负荷调节。锅炉给水泵、循环水泵、补水泵，风机、输煤、除渣等设备的运行工况和调整应满足锅炉运行和调节的要求。

3.4.4 燃煤锅炉应进行燃烧调节，并应符合下列规定：

1 炉膛温度应为700℃～1300℃；

2 炉膛负压应为20Pa～30Pa；

3 室燃炉炉膛空气过剩系数应为1.10～1.20，层燃炉炉膛空气过剩系数应为1.20～1.40；

4 锅炉及烟道各部位漏风系数应符合表3.4.4的规定；

表3.4.4 锅炉及烟道各部位漏风系数

锅炉部位		漏风系数
燃烧室和过热器		0.10
省煤器	蛇形管	0.02（每一级）
	铸铁	0.10
空气预热器	板式	0.07（每一级）
	管式	0.05（每一级）
	铸铁	0.10（每一级）
	回转式	0.20
烟道		0.01（每10m）
除尘器	电气	0.10
	其他	0.05

5 排烟温度应符合设计要求。

3.4.5 燃煤锅炉应定期清灰。有吹灰装置的锅炉应每8h对过热器、对流管束和省煤器进行1次吹灰。当采用压缩空气吹灰时，应增大炉膛负压，吹灰压力不应小于0.6MPa。

3.4.6 锅炉排污应符合下列规定：

1 热水锅炉：

1）排污应在工作压力上限时进行；

2）采用离子交换法水处理的锅炉，应根据水质情况决定排污次数和间隔时间；

3）采用加药法水处理的锅炉，宜8h排污1次。

2 蒸汽锅炉：

1）排污应在低负荷时进行；

2）宜8h排污1次；

3）当排污出现汽水冲击时，应立即停止；

4）应根据水质化验结果，调整连续排污量。

3.4.7 蒸汽锅炉水位调节应符合下列规定：

1 给水量应根据蒸汽负荷变化进行调节，水位应控制在正常水位±50mm内；

2 锅炉水位计应每4h进行1次冲洗，锅炉水位报警器应每周进行1次试验。

3.4.8 除尘器的运行维护应符合下列规定：

1 湿式除尘器应保持水压稳定、水流通畅、水封严密；

2 干式除尘器应严密，并应即时排灰；

3 除尘系统的工作状态应定期进行检查。

3.4.9 脱硫系统的运行维护应符合下列规定：

1 加药应平稳，水流应畅通；

2 应定期检查脱硫系统的工作状态和反应液的pH值。

3.4.10 自动调节装置运行维护应符合下列规定：

1 锅炉自动调节装置投入运行前，应经系统整定；

2 每班对自动调节装置的检查不得少于1次；

3 当自动调节装置故障造成锅炉运行参数失控时，应改为手动调节。

3.4.11 燃气系统维护应符合下列规定：

1 应保持锅炉燃气喷嘴的清洁；

2 应保持过滤网清洁，过滤器前后压力压差不得大于设计值；

3 管线各压力表读数与控制系统显示压力值应一致；

4 每班应对室内燃气管线密闭性进行检查，不得有泄漏；

5 应定期检查燃气泄漏报警系统的可靠性，出现问题应即时修复。

3.5 停止运行

3.5.1 锅炉的停炉可分为正常停炉、备用停炉、紧急停炉。

3.5.2 燃煤热水锅炉停炉应按停止锅炉给煤、停止送风机、停止引风机的程序，并应符合下列规定：

1 当正常停炉时，循环水泵停运应在锅炉出口温度小于50℃时进行，并应根据负荷变化逐台停止循环水泵；

2 当备用停炉时，应调整火床，并应预留火种；

3 紧急停炉：

1）应迅速清除火床，并应打开全部炉门；

2）应重新启动引风机，待炉温降低后方可停止；

3）当排水系统故障时，不得停运循环水泵。

3.5.3 燃煤蒸汽锅炉停炉应符合下列规定：

1 正常停炉：

1）应逐步降低锅炉负荷，正常负荷降至额定负荷20%的时间不得少于45min；

2）当锅炉负荷降至额定负荷的50%时，应停送二次风，并应解列自动调节装置，改为手动；

3）当锅炉负荷降至额定负荷的20%时，应停止炉排及送、引风机的运行；

4）停炉过程中，应保持锅炉正常水位。

2 备用停炉：

1）停炉程序应按正常停炉执行；

2）当待备用炉压力小于系统母管压力0.02MPa时，应关闭锅炉主蒸汽门；

3）应打开炉排阀，并应保持正常水位；

4）应调整火床，并应预留火种。

3 紧急停炉：在不扩大事故的前提下，应缓慢降低锅炉负荷，不得使锅炉急剧冷却。

3.5.4 燃煤锅炉停炉后锅炉的冷却应符合下列规定：

1 停炉后应关闭所有炉门及风机挡板，12h后应开启送、引风机挡板进行自然通风；

2 锅炉应在温度降至60℃以下时方可进行放水。

3.5.5 燃气锅炉停炉前应对锅炉设备进行全面检查，并应记录所有缺陷。

3.5.6 燃气热水锅炉正常停炉程序应符合下列规定：

1 应将燃烧器由自动改为手动，并应停止燃气供给；

2 应停止风机；

3 应根据负荷变化逐台停止循环水泵，当锅炉出口温度小于50℃时，应停止全部循环水泵运行；

4 应停止燃气调压站等其他附属设备运行；

5 应关闭锅炉出入口总阀门。

3.5.7 燃气蒸汽锅炉正常停炉程序应符合下列规定：

1 应逐步关闭燃气调节门，正常负荷降至20%额定负荷的时间不得少于45min；

2 当锅炉负荷降至额定负荷的50%时，应停送二次风，解列自动调节装置改为手动；

3 当锅炉负荷降至额定负荷的20%时，应停止燃烧器运行；

4 炉膛吹扫完毕后，方可停止风机的运行；

5 停炉过程中应保证锅炉正常水位；

6 应根据调度指令关闭锅炉进出口总阀门；

7 应关闭炉前燃气总阀门。

3.5.8 燃气热水锅炉紧急停炉程序应符合下列规定：

1 应停止燃烧器和送风机运行；

2 应打开全部炉门；

3 待炉温降低后，应停止引风机运行；

4 当排水系统故障时，不得停运循环水泵。

3.5.9 燃气蒸汽锅炉紧急停炉程序应符合下列规定：

1 应停止燃烧器运行，并应关闭炉前燃气总门；

2 应将炉膛剩余燃气吹扫干净；

3 待炉温降低到100℃后应停止引风机运行；

4 应关闭锅炉主蒸汽阀门，并应打开排气门；

5 开启省煤器再循环阀门，关闭连续排污阀门；

6 应根据情况确定保留锅炉水位。

3.5.10 燃气锅炉热备用停炉程序应符合下列规定：

1 应根据负荷的降低，逐渐减少燃气的进气量和进风量，并应关小鼓、引风挡板，直到停止燃气供应；

2 炉膛火焰熄灭后，应对炉膛及烟道进行吹扫，排除存留的可燃气体和烟气；

3 应根据负荷降低情况，减少给水量，保持汽包正常水位；

4 当负荷降低到零及汽压已稍小于母管气压时，应关闭锅炉主汽阀或母管联络气阀；

5 与母管隔断后，应继续向汽包进水，保持最高允许水位，不得使锅炉急剧冷却；

6 停炉后应关闭连续排污阀；

7 应有专人监视水位及防止部件过热。

3.5.11 燃气锅炉停炉后锅炉的冷却应符合下列规定：

1 当正常停炉时，停炉后应关闭所有炉门及风机挡板，12h 后应开启送、引风机挡板进行自然通风；

2 当紧急停炉时，视故障情况，可进行强制冷却；

3 锅炉放水宜在炉水温度降至 60℃ 以下后进行。

3.6 故障处理

3.6.1 锅炉及辅助设备出现故障，应判断故障的部位、性质及原因，并应按程序进行处理。故障处理完毕后应制定预防措施，建立故障处理档案。

3.6.2 当锅炉爆管时应按下列方法处理：

1 紧急停炉；

2 更换炉管；

3 检测水质；

4 调整燃烧。

3.6.3 当超温超压时应按下列方法处理：

1 紧急停炉；

2 蒸汽锅炉与外网解列；

3 排气补水。

3.6.4 当蒸汽锅炉水位异常时应按下列方法处理：

1 当轻微满水时，退出自动给水，手动减少给水，并加强排污；

2 当严重满水时，紧急停炉，停止给水；开启紧急放水门，关闭主蒸汽阀门，开启过热器出口集箱疏水阀门，加强排污；

3 当轻微缺水时，退出自动给水，手动增加给水；

4 当严重缺水时，应紧急停炉，停止给水；关闭主蒸汽阀门，开启过热器出口集箱疏水阀门及汽包排气阀门。

3.6.5 当蒸汽锅炉汽水共腾时应按下列方法处理：

1 降低锅炉负荷；

2 增加连续排污量，加强补水、监视水位；

3 开启过热器出口集箱疏水阀门及蒸汽母管疏水阀门，加强疏水。

3.6.6 当锅炉房电源中断时应按下列方法处理：

1 开启事故照明电源；

2 将用电设备置于停止位置；

3 将自动调节装置置于手动位置；

4 迅速打开全部炉门，降低炉膛温度；

5 开启引风机挡板，保持炉膛负压；

6 热水锅炉应迅速开启紧急排放阀门并补水；

7 蒸汽锅炉应关闭所有汽、水阀门，即时开启排气门，降低锅炉压力，尽量维持锅炉水位。当缺水严重时，应关闭主蒸汽阀门；

8 蒸汽锅炉与外网解列并补水。

3.6.7 燃气泄漏应按下列方法处理：

1 当轻微泄漏时，应加强检测，开启通风机，停炉后方可检修处理；

2 当严重泄漏时，应立即启动所有排风装置，紧急停炉，并立即关闭泄漏点前一级的进气阀门，开启燃气放散装置，排放管道内的燃气；

3 保护好现场及防火工作。泄漏处和燃气放散处周围不得有明火。

3.7 维护与检修

3.7.1 热源厂停热后应对锅炉及辅助设备一次进行全面的维护和检修。

3.7.2 锅炉停止运行后应进行吹灰、清垢。

3.7.3 停热期间锅炉及辅助设备应每周检查 1 次，并应即时维护、保养，不得受腐蚀。

3.7.4 锅炉及辅助设备的检修间隔宜按表 3.7.4 执行。

表 3.7.4 锅炉及辅助设备的检修间隔

检修类别	检修间隔（采暖期）
小修	1
中修	2
大修	3

3.7.5 燃气锅炉的燃气系统的检修应由具备相应资质的人员实施。

3.7.6 燃气系统的检修应符合下列规定：

1 检修前应关闭前一级进气阀门，对检修设备或管道应用氮气进行吹扫，当排放口处燃气含量达到 0%LEL 时方可进行检修作业；

2 当对燃烧器检修时应进行清理积炭、调整风气比等相关工作；

3 检修完毕后应用氮气进行严密性试验。

4 供热管网

4.1 一般规定

4.1.1 供热管网的运行、调节应按调度指令进行。

4.1.2 供热管网设备及附件的保温应完好。检查室内管道上应有标志，并应标明供热介质的种类和流动方向。

4.1.3 供热管网的运行维护应进行记录，并可按本规程附录 B 的规定执行。

4.2 运行准备

4.2.1 供热管网投入运行前应编制运行方案。

4.2.2 新建、改扩建的供热管网投入运行前应进行清洗、吹扫、验收，并应按现行行业标准《城镇供热管网工程施工及验收规范》CJJ 28的有关规定执行。

4.2.3 供热管网投入运行前应对系统进行全面检查，并应符合下列规定：

1 阀门应灵活可靠，状态应符合要求，泄水及排气阀应严密；

2 仪表应齐全、准确，安全装置应可靠、有效；

3 水处理及补水设备应具备运行条件；

4 支架、卡板、滑动支架应牢固可靠；

5 检查室内应无积水、杂物；

6 井盖应齐全、完好；

7 爬梯、护圈、操作台及护栏应完好。

4.3 管网的启动

4.3.1 供热管网的启动操作应按批准的运行方案执行。

4.3.2 供热管网启动前，热水管线注水应符合下列要求：

1 注水应按地势由低到高；

2 注水速度应缓慢、匀速；

3 应先对回水管注水，充满后通过连通管或热力站向供水管注水；

4 注水过程中应随时观察排气阀，待空气排净后应将排气阀关闭；

5 注水过程中和注水完成后应检查管线，不得有漏水现象。

4.3.3 当供热系统充满水达到运行方案静水压力值时，方可启动循环水泵。

4.3.4 供热系统升压过程中应控制升压速度，每次升压0.3MPa后，应对供热管网进行检查，无异常后方可继续升压。

4.3.5 当供热管网压力接近运行压力时，应试运行2h。试运行的同时应对供热管网进行检查，无异常方可启动热力站。

4.3.6 蒸汽供热管网在启动时应进行暖管，暖管速度应为2℃/min～3℃/min。蒸汽压力和温度达到设计要求后，宜保持不少于1h的恒温时间，并应检查管道、设备、支架及疏水系统，合格后方可供热运行。

4.3.7 供热管网升温速度不应大于10℃/h，并应检查管道、设备、支架工作状况。温升符合调度要求后方可进入供热状态。

4.4 运行与调节

4.4.1 运行调节方案应根据气象条件、管网和热负荷分布情况等制定，并对调节情况进行记录。

4.4.2 供热系统运行初调节宜在冷态运行条件下，根据运行调节方案和实际情况进行。

4.4.3 采暖负荷调节可采用中央质量并调、分阶段改变流量质调节或中央质调节，也可采用兼顾其他热负荷的调节方法。

4.4.4 蒸汽供热管网应保持温度、压力稳定，宜根据用户需求进行量调节。

4.4.5 当供热管网设置两处及以上补水点时，总补水量应满足系统运行的需要，补水压力应符合运行时水压图的要求。

4.4.6 供热管网系统应保持定压点压力稳定，压力波动范围应控制在±0.02MPa以内。

4.4.7 供热管网的定压应采用自动控制。

4.4.8 供热管网投入运行后应定期进行下列巡检：

1 供热管网应无泄漏；

2 补偿器运行状态应正常；

3 活动支架应无失稳、失垮，固定支架应无变形；

4 阀门应无漏水、漏汽；

5 疏水器、喷射泵排水应正常；

6 法兰连接部位应热拧紧；

7 热力管线上应无其他交叉作业或占压热力管线。

4.4.9 供热管网巡检每周不应少于1次。当新投入的供热管网或运行参数变化较大时，应增加巡检次数。

4.5 停止运行

4.5.1 供热管网停止运行前应编制停运方案。

4.5.2 供热管网停运操作应按停运方案或调度指令进行，并应符合下列要求：

1 非采暖季正常停运应根据停运计划进行；

2 带热停运应沿介质流动方向依次关闭阀门，先关闭供水、供汽阀门，后关闭回水阀门。阀门关闭时间应符合表4.5.2的规定：

表4.5.2 供热管网阀门关闭时间

阀门口径 *DN*（mm）	关闭时间（min）
＜500	≥3
≥500	≥5

4.5.3 供热管网降温过程中应对系统进行全面检查。

4.5.4 停止运行的蒸汽供热管网应将疏水阀门保持开启状态，再次送汽前不得关闭。

4.5.5 停止运行的热水供热管网宜进行湿保护，每周应检查1次，充水量应使最高点不倒空。

4.5.6 长时间停止运行的管道应采取防冻措施，对管道设备及其附件应进行防锈、防腐处理。

4.6 故障处理

4.6.1 供热管网和辅助设施发生故障后应即时进行检查、原因分析和故障处理。

4.6.2 供热管网应按下列原则制定突发故障处理

预案：

1 保证人身安全；

2 尽量缩小停热范围和停热时间；

3 尽量降低热量、水量损失；

4 避免引起水击；

5 严寒地区防冻措施；

6 现场故障处理安全措施。

4.6.3 故障处理现场应设置围挡和警示标志，无关人员不得进入。

4.6.4 故障处理后应进行故障分析和制定预防措施，并应建立故障处理档案。

4.7 维护与检修

4.7.1 维护检修前应编制检修方案，并应制定检修质量标准。

4.7.2 维护检修的安全措施应符合下列规定：

1 检修管线应与供热管网断开；

2 检查室井口应设置围栏，采取防坠落措施，并应有专人监护；

3 起重设备等应检查合格，作业过程中应有安全措施；

4 不得将重量加载至供热管道或其他管道上；

5 高空检修过程中应采取安全保护措施，作业人员应系安全带或安全绳；

6 检修电源、供电线路及用电设备应检查合格，且应由专人监管；

7 当检修环境温度大于40℃时，应有降温措施。

4.7.3 供热管网检修前应解列运行管段与检修管段，检修管段内介质应降至自然压力后方可进行检修操作。

4.7.4 供热管网维护检修应符合下列规定：

1 管道和管路附件的维护检修操作应符合现行行业标准《城镇供热管网工程施工及验收规范》CJJ 28的有关规定；

2 管壁腐蚀深度不应大于原壁厚的1/3；

3 管道及其附件的保温结构应完好，保温外壳应完整、无缺损；

4 土建结构外表面应无破损，检查室、管沟等内部应无杂物，不得有渗漏、积水泡管等现象；

5 更换后的管道，其标高、坡度、坡向、折角、垂直度应符合原设计要求；

6 管沟盖板、检查室顶板及沟口过梁不得有酥裂、露筋腐蚀和断裂等现象；

7 检查室的井盖应有明显标志，位于车道上的检查室应使用加强井盖；

8 当井盖发生损坏、遗失时应即时更换，更换的井圈宜高出地面5mm；

9 当检查室爬梯出现腐蚀、缺步、松动时应即时更换，爬梯扶手应牢固、无松动，不得使用铸铁材质。

4.7.5 钢支架的维护、检修应符合下列规定：

1 固定支架应牢固、无变形、无腐蚀。钢支架基础与底板结合应稳固，外观应无腐蚀、无变形；

2 滑动支架的基础应牢固，外观无变形和移位。滑动支架不得妨碍管道冷热伸缩引起的位移，并应能承受管道自重及摩擦力；

3 导向支架的导向接合面应平滑，不得有歪斜卡涩现象。

4.7.6 阀门的维护检修应符合下列规定：

1 阀门的阀杆应灵活无卡涩歪斜，阀体应无裂纹、砂眼等缺陷；

2 填料应饱满，压兰应完整，并应有压紧的余量。螺栓受力应均匀，不得有松动现象；

3 法兰面应无径向沟纹，水线应完好；

4 阀门传动部分应灵活、无卡涩，油脂应充足；

5 阀门液压或电动装置应灵敏。

4.7.7 补偿器的维护检修应符合下列规定：

1 套筒补偿器：

1）外观应无渗漏、变形、卡涩现象；

2）套筒组装应符合工艺要求，盘根规格与填料函间隙应一致；

3）套筒的前压紧圈与芯管间隙应均匀，盘根填量应充足；

4）螺栓应无锈蚀，并应涂油脂保护；

5）柔性填料式套筒填料量应充足；

6）芯管应有金属光泽，并应涂油脂保护；

7）当整体更换，应符合原设计对补偿量和固定支架推力的要求。

2 波纹管补偿器：

1）外观应无变形、渗漏、卡涩和失稳现象；

2）轴向型补偿器应与管道保持同轴；

3）焊缝处应无裂纹；

4）轴向型补偿器同轴度应保持在自由公差范围内。内套有焊缝的一端宜安装在水平管道的迎介质流向，在垂直管道上应将焊缝置于上部。

3 球型补偿器：

1）外观应无渗漏、腐蚀和裂缝现象；

2）两垂直臂的倾斜角应与管道系统相同，外伸缩部分应与管道坡度保持一致，转动应灵活，密封应良好；

3）检修过程中辅助设施应牢固。

4.7.8 法兰与螺栓的维护检修应符合下列规定：

1 法兰密封面应无裂痕，结合面应无损伤；

2 凹凸法兰应自然嵌合，螺纹应无损伤；

3 螺栓和螺母的螺纹应完整，丝扣应无毛刺或划痕；

4 螺栓和螺母拧动应灵活，配合应良好。

4.7.9 检修后的管段应进行水压试验，水压试验应按现行行业标准《城镇供热管网工程施工及验收规范》CJJ 28的有关执行。当不具备水压试验条件时，焊口应进行100%无损探伤。

4.7.10 供热管网及其附属设施维护、检修后应进行验收，合格后方可投入运行。

5 泵站与热力站

5.1 一般规定

5.1.1 泵站与热力站内的照明等设施应齐全、完好。地下泵站与热力站应有应急照明、通风、排水等设施，并应有人员疏散通道等安全设施。

5.1.2 泵站与热力站运行、操作和维护人员，应掌握设备的操作方法、故障特征、原因、预防措施及处理方法。

5.1.3 泵站与热力站应建立运行维护技术档案。操作人员应执行安全运行的各项制度，做好运行维护记录。泵站与热力站运行维护记录可按本规程附录C的规定执行。

5.2 运行准备

5.2.1 泵站与热力站运行前应进行检查，并应符合下列规定：

1 电气设施工作环境应干燥无灰尘；

2 阀门应开关灵活、无泄漏，除污器应无堵塞；

3 仪器和仪表应齐全、有效；

4 水处理及补水设备应运转正常；

5 当水泵空载运行时，进口阀门应处于开启状态；

6 安全保护装置应灵敏、可靠；

7 换热器的状态应正常。

5.2.2 当发生下列情况之一时，不得启动设备，已启动的设备应停止：

1 换热器及其他附属设施发生泄漏；

2 循环泵、补水泵盘车卡涩，扫膛或机械密封处泄漏；

3 电动机绝缘不良、保护接地不正常、振动和轴承温度大于规定值；

4 泵内无水；

5 供水或供电不正常；

6 定压设备定压不准确，不能按要求启停；

7 各种保护装置不能正常投入工作；

8 除污器严重堵塞。

5.3 泵站与热力站启动

5.3.1 当热力站及有水处理设备的泵站启动时应先运行水处理设备。

5.3.2 补水泵充水应符合下列规定：

1 打开进口阀门向泵体内充满水，并应进行排气；

2 非直连水泵启动前应先盘车，直连水泵应进行点动试车；

3 打开补水泵出口阀门向系统充水，并应进行排气；

4 观察水泵电流，不得超电流运行。

5.3.3 充水完成且定压符合要求后方可启动泵站与热力站设备。

5.3.4 循环水泵的启动应符合下列规定：

1 应符合本规程第5.3.2条的规定；

2 水泵不应带负载启动；

3 水泵应分阶段开启，每阶段压力升高值不应大于0.3MPa，流量不应大于上一阶段的100%。每个冷态试运行中间阶段时间宜大于8h，正常流量和压力下的冷态试运行时间宜大于24h。

5.3.5 泵站的启动应符合下列规定：

1 热源循环水泵运行后，方可启动泵站内水泵；

2 水泵启动的数量、运行参数应符合热源厂循环泵和热网运行的要求；

3 水泵投入运行后应关闭泵站内主管道的旁通阀门。

5.3.6 热力站的启动应按下列程序进行：

1 间供系统：

1）水/水换热系统启动流程：启动二级网循环水泵，开启一级网回水阀门，打开供水阀门，关闭站内一级网连通阀门，进行冷态试运行和系统升温；

2）汽/水换热系统启动流程：启动二级网循环水泵，使二级网冷态试运行，进行蒸汽暖管，开启蒸汽阀门；

3）生活热水供应系统启动流程：启动循环泵，开启一级网回水阀门，打开供水阀门，关闭一级网连通阀门，调整一级管网供水阀门，控制生活用水水温。

2 混水系统：

混水系统启动流程：依次打开一、二级网回水阀门和供水阀门，关闭一级网连通阀门并网运行，启动混水泵，调整混合比，进行冷态试运行和系统升温。

5.3.7 泵站与热力站启动后应做好供热系统的排气、排污。

5.4 运行与调节

5.4.1 泵站与热力站的运行、调节应按调节曲线图表、最不利环路热用户资用压差和调度指令进行；热用户入户口的调节应满足热力站的运行与调节。

5.4.2 泵站的运行与调节应符合下列规定：

1 水泵的参数应根据系统运行调节方案及末端用户资用压差的要求进行控制；

2 水泵吸入口压力应大于运行介质汽化压力0.05MPa，且应满足系统定压要求；

3 不得使用水泵的进口阀门调节工况。

5.4.3 热力站的运行与调节应符合下列规定：

1 应根据室外温度的变化进行调节，并应达到调节曲线要求的运行参数；

2 应定期对站内设备和供热系统的运行情况检查，检查周期不应大于24h；

3 二级网供热系统宜采用分阶段改变流量的质调节及质量混合调节方式；当热负荷为生活热水时，宜采用量调节；

4 热力站局部调节应按下列方式进行：

1）间供系统：

水/水换热系统被调参数应为二级系统的供水温度或供、回水平均温度，调节参数应为一级系统的介质流量；

汽/水换热系统被调参数应为二级系统的供水温度或供、回水平均温度，调节参数应为蒸汽量；可采用减温减压装置，改变蒸汽温度，调节参数为蒸汽温度和蒸汽量；

生活热水供应系统被调参数应为二级系统的供水温度和流量，调节参数应为一级系统的介质流量。

2）混水系统：

被调参数应为二级系统的供水温度、供水流量，调节参数应为流量混合比。

3）水/水换热系统不宜采用一级系统向二级系统补水的方式进行调节。

4）室内为单管串联供热的系统还应控制二级系统的回水温度。

5.5 故障处理

5.5.1 泵站与热力站的故障处理应正确判断故障部位、原因，即时处理。当故障危及安全时应停止运行。

5.5.2 当电源中断时，故障处理应按下列程序进行：

1 开启应急照明；

2 关闭水泵出口阀门；

3 启动应急补水；

4 将用电设备置于停止位置；

5 即时对电源系统进行检修。

5.5.3 当热源或一次网出现故障造成系统供热量或流量不足时，泵站与热力站的运行应符合下列规定：

1 应按调度指令调节运行自动控制参数，或将自动控制改为手动控制；

2 不宜改变热用户入口阀门的调节状态。

5.5.4 当二次网出现故障时，应按下列规定进行处理：

1 当二次网回水压力过低时应加大补水量，并应即时查明失水点；

2 当二次网供水压力超高时应泄水，并应停止补水；

3 当二次网供水温度超高时应调节一次网阀门；

4 当二次网补水箱水位过低时应加大软水制备。

5.5.5 泵站与热力站设备出现故障应即时启动备用或进行更换，并应对出现故障的设备即时进行修复。

5.6 停止运行

5.6.1 泵站与热力站停止运行的各项操作应按停止运行方案及调度指令进行。

5.6.2 泵站的停止运行应符合下列规定：

1 一级网的供水温度小于50℃，且热源停止加热后，系统转入冷运阶段，直至系统停运。进入冷运状态后，水泵的停止应符合停运方案和调度指令的要求；

2 冷运阶段水泵运行状态应满足热源循环泵的运行工况；

3 泵站的水泵应在热源循环泵完全停止之前停止运行。

5.6.3 热力站的正式停止运行应符合下列规定：

1 间供系统：

1）水/水换热系统：在一级网转入冷运后，应逐步降低一级网的流量直至停运。热源循环泵应在二级网循环泵停运前停止运行；

2）汽/水换热系统：应逐步降低蒸汽管网的蒸汽量直至全部停止，并应逐步降低二级网的流量直至停运；

3）生活热水供应系统：应与一级管网解列后停止生活水系统水泵。

2 混水系统：

当一级网的供水温度小于50℃时，应停止混水泵运行，并应随一级网停运而停止。

5.6.4 钠离子水处理设备停运前应进行再生处理，停运后应对树脂进行养护。

5.6.5 当泵站与热力站在运行期间检修时，应逐台设备解列检修，当需要时可采取临时停止运行进行检修时，并应符合下列规定：

1 泵站的临时停止运行：

1）应打开泵站内主管道的旁通阀门，并应逐台停止水泵运行；

2）水泵完全停止后应将主管道与泵站内的设备解列。

2 热力站的临时停止运行：

1）应停止站内循环水泵，关闭二级网的供水阀门、回水阀门，将二级管网系统或生活水系统与热力站解列；

2）应关闭一次网的供水阀门、回水阀门，并应使热力站与一级管网解列。

3 补水泵站的临时停止运行：

1）应调整其他补水点及定压点的补水量；

2）应将补水系统与管网解列后停止补水泵及水处理等设备的运行。

5.7 维护与检修

5.7.1 泵站与热力站的检修应按预定方案进行，检修后的设备应达到完好。

5.7.2 泵站与热力站的检查维护应符合下列规定：

1 供热运行期间：

1）应随时进行检查，检查内容应包括温度、压力、声音、冷却、滴漏水、电压、电流、接地、振动和润滑、补水量及水处理设备的制水水质等；

2）运转设备轴承应定期加入润滑剂；

3）设备及附属设施应定期进行洁净。

2 非供热运行期间：

1）应保持泵站与热力站的设备及附属设施洁净；

2）电气设备应保持干燥；

3）供热系统湿保养维护压力宜控制在供热系统静水压力的±0.02MPa。

6 热 用 户

6.1 一 般 规 定

6.1.1 用热单位应向供热单位提供下列资料：

1 供热负荷、用热性质、用热方式及用热参数；

2 供热平面位置图；

3 供热系统图。

6.1.2 热计量应采集用热量、供热或供暖面积等数据，对居民用户，还应记录户型朝向等数据。

6.1.3 热计量数据的保存周期不得少于5年。

6.1.4 未经供热单位同意，热用户不得改变原运行方式、用热方式、系统布置及散热器数量等。热用户不得私接供热管道和扩大供热负荷。

6.1.5 热用户不得从供热系统中取用热水，不得擅自停热。

6.2 运 行 准 备

6.2.1 在运行前应对系统中的阀门、过滤器、管道、各种连接件、散热器及保温等进行全面检查，对系统进行检修、清堵、清洗、试压，应经供热单位验收合格，并提供相应技术文件后方可并网。

6.2.2 供热单位应即时处理热用户发现的问题，系统启动前，所有问题应处理完毕。

6.3 系统的启动

6.3.1 系统启动前应检查阀门的状态，使其处于正确位置。

6.3.2 系统运行前应即时通知热用户注水时间及报修联系方式，注水期间系统的高点排气应有专人负责。注水期间热用户应留人看守。

6.3.3 系统冲洗后应与热源一起进行冷态调试。恒流量运行方式的系统冷态调试应保持用户入口处压差一致。

6.3.4 系统启动应根据热用户系统情况，确定系统升温速度。系统热态运行后应即时检查和排气。

6.4 运行与调节

6.4.1 供热单位应根据热用户需求适时调节。

6.4.2 系统运行后应进行热态调节，根据热用户系统型式选择运行调节方式。

6.4.3 热用户入口的调节应符合下列规定：

1 供热单位应根据管网水力计算结果，制定运行调节方案；

2 初调节宜在冷态运行条件下，根据供热管网运行调节方案和实际调节情况进行。

6.4.4 热用户系统应按管网水力工况和热负荷进行调节。

6.4.5 除用户以外的热计量设备应定期进行检查，检查周期宜为15d。

6.5 故 障 处 理

6.5.1 当发生故障时应采取有效、影响小的隔断措施，即时通知相关单位，制定故障处理方案。

6.5.2 故障处理方案应确定处理时间、运行方式和防冻措施，并应即时通报热用户。

6.5.3 故障处理完毕后，经检查合格后方可恢复供暖。

6.6 停 止 运 行

6.6.1 停运前应对系统进行检查。

6.6.2 热用户系统停止运行应符合供热单位的管理要求，不得擅自关断系统的阀门。

6.6.3 无法采用湿保养的用户，系统泄水后应对系统进行封闭。

6.7 维护与检修

6.7.1 非采暖季，热用户系统宜充水湿保养。对于采用钢制散热器的热用户系统，在水质满足要求的前提下，应进行充水湿保养。

6.7.2 停运期间应对系统进行下列检修：

1 对阀门加压填料，并定期对螺栓涂机油、润滑脂等；

2 检查、清洗过滤器，当损坏时应更换滤网或过滤器；

3 对用户系统油漆脱落部位除锈、防腐处理。对保温层修补保持干燥、完好；

4 对腐蚀严重或已损坏的管道、管件、阀门及集气罐等进行更换；

5 根据供暖期的检查、故障、抢修和用户反馈记录，逐一检查、修理。

6.7.3 分户计量、分室控温供热系统应定期对热计量装置进行维护与校验，当热计量装置大于使用年限时应进行更换。

6.7.4 供热结束后应对热计量记录即时分析，当本供热周期的热计量数据与上一年差值大于±20%时，应对热计量设备进行检查，并应即时更换不合格的热计量装置。

6.7.5 热分配表的数据读取和蒸发管的更换应在供暖期结束后的1个月内完成。

6.7.6 热计量设备的更换应符合设计要求，不得随意改动。

7 监控与运行调度

7.1 一般规定

7.1.1 检测与控制装置宜采用可在线检修的产品。当信号或供电中断时，自动调节装置应能维持当前值。

7.1.2 供热系统宜采用计算机自动监控系统。常规自动监控仪表宜以电动单元组合仪表和基地式仪表为主。

7.2 参数检测

7.2.1 供热系统检测参数应包括压力、温度、流量及热量等。检测重点应包括热源、泵站、热力站、热用户以及主干线的重要节点。

7.2.2 热水供热系统，热电厂、热源厂应满足检测要求。热源出口处应检测、记录下列主要参数：

1 供、回水温度和压力；

2 供水、补水流量；

3 循环泵进出口压力；

4 补水点压力；

5 除污器进、出口压力；

6 供热量。

7.2.3 蒸汽供热系统，应在热源出口处检测、记录下列主要参数：

1 供汽压力、温度及流量；

2 供热量；

3 凝结水温度和流量；

4 凝结水箱液位；

5 循环泵进、出口压力；

6 补水点压力。

7.2.4 流量检测仪表应适应季节流量的变化，根据不同季节负荷应安装适应的仪表。

7.2.5 热源出口处应建立运行参数计量站。

7.2.6 供热系统泵站应检测、记录下列主要参数：

1 供热管道总进、出口的压力、温度和流量；

2 水泵进、出口压力；

3 除污器进、出口压力；

4 水泵轴承温度和水泵电机的定子温度。

7.2.7 热力站应检测、记录下列主要参数：

1 直接连接方式应检测供、回水温度及压力，以及供水流量、供热量；

2 混水连接方式应检测一、二级系统的供、回水温度，压力和流量，以及混水泵的进口压力、混水后温度和流量，并宜检测供热量；

3 有供暖负荷、生活热水负荷的间接连接系统，应检测供暖、生活热水的一、二级系统的供、回水温度和压力，以及换热器的进、出口压力、温度，并宜检测供水流量和供热量；

4 蒸汽系统，应检测供汽流量、压力、温度。当有冷凝水回收装置、汽/水换热器时，应检测一、二级系统的压力、温度、流量和汽/水换热器进出口压力、温度及水位，并宜检测凝结水回水流量及温度；

5 除污器进、出口压力；

6 水泵轴承温度和水泵电机的定子温度。

7.2.8 当采用计算机监控时，在热源、调度中心及热力站应检测室外温度。

7.3 参数的调节与控制

7.3.1 供热系统流量应按运行调节曲线调节与控制。

7.3.2 当系统运行工况与设计水温调节曲线不符时，应根据修正后的水温调节曲线进行调节。当采用计算机监控时，宜根据动态特性辨识指导系统运行。

7.3.3 当室内供暖系统采用热计量和温控阀时，宜采用质量综合调节；当未采用热计量和温控阀时，二级网系统宜采用定流量（质调）调节。

7.3.4 当供热系统改变流量时，宜采用变速泵控制流量。

7.3.5 热力站一次侧入口或分支管道的调节控制装置，应根据水力工况进行调节。

7.3.6 系统末端供、回水压差应满足最不利用户资用压头。

7.3.7 热力站补水泵定压应保持压力稳定。循环泵应根据变流量调节曲线，调整变频调速装置。

7.3.8 公建调速泵频率宜按分时控制，当采用用户主动调节时应由供暖系统的供、回水压差控制，压差控制点应选在末端建筑的入口，当条件不允许时可用热力站内供、回水压差代替。

7.3.9　当热力站有多个供暖系统时，应合理分配供热负荷。

7.3.10　生活热水系统应根据生活热水温度或时间来控制循环泵的工作状态。

7.3.11　设置室外气候补偿器的热力站，宜采用回水温度对热力站各系统的控制调节。

7.4　计算机自动监控

7.4.1　供热系统宜采用分布式实时在线计算机监控系统。监控系统应具备下列功能：

1　检测系统参数，调节供热参数；

2　当参数超限和设备事故时，自动报警并采取保护措施；

3　分析计算和优化调度，调配运行流量，指导经济运行；

4　系统故障诊断；

5　健全运行档案，实现远程监控。

7.4.2　计算机运行管理人员应经专业培训，考核合格方可上岗。

7.4.3　计算机监控系统在停运期间应实行断电保护。

7.5　最佳运行工况

7.5.1　直接连接、混水连接、间接连接等运行方式的供热系统，应根据供热计划制定阶段性运行方案。

7.5.2　多热源、多泵站供热系统应根据节能、环保及温度变化，进行供热量、供水量平衡计算，以及关键部位供、回水压差计算，制定基本热源、尖峰热源、中继泵、混水泵等设备的最佳运行方案。

7.5.3　多类型热负荷供热系统应根据不同连接方式，制定相应的运行调节方案。

7.5.4　地形高差变化大的供热系统，不同静压区的仪表、设备应可靠、安全运行。

7.5.5　大型供热系统应进行可靠性分析，可靠度不应小于85%。当供热系统故障时，应按应急预案进行运行调节。

7.6　运行调度

7.6.1　供热系统宜实行统一调度管理。调度中心应设供热平面图、系统图、水压图、全年热负荷延续图及流量、水温调节曲线图表，并应采用电子屏幕显示供热系统主要运行参数。

7.6.2　调度管理应包括下列内容：

1　编制运行、故障处理和负荷调整方案，以及停运方案；

2　指挥、组织供热系统运行和调整，以及故障处理和故障原因分析，制订提高供热系统安全运行的措施；

3　参与拟订供热计划和热负荷增减的审定；

4　参与编制热量分配计划，监视、控制用热计划执行情况；

5　提出远景规划和监测、通信规划，并参加审核工作。

7.6.3　运行调度指挥人员应能即时判断、处理可能出现的各种问题。

7.6.4　供热系统调度应符合下列规定：

1　应使供热系统安全、稳定和连续运行、正常供热；

2　应发挥供热设备的能力；

3　应使供热质量达到设计要求；

4　应合理使用和分配热量。

附录A　热源厂运行维护记录

A.0.1　锅炉安全阀校验记录可按表A.0.1的要求填写。

表A.0.1　锅炉安全阀校验记录

位置		编号		试验类别	检修□　定期□　排放□	
日期	起跳压力（MPa）	回座压力（MPa）	密封性	调试人	负责人	备注

A.0.2 锅炉水压试验记录可按表 A.0.2 的要求填写。

表 A.0.2 锅炉水压试验记录

设备名称				编号			
日期	开始时间	终止时间	初始压力（MPa）	终止压力（MPa）	试验结论	负责人	备注

A.0.3 燃煤蒸汽锅炉运行记录可按表 A.0.3 的要求填写。

表 A.0.3 燃煤蒸汽锅炉运行记录

锅炉编号	表编号
班次：	年 月 日
班长：	司炉：
累计给水量（t）	
累计耗煤量（t）	
累计蒸汽量（t）	

续表 A.0.3

项目		时间							
汽包水位（mm）									
蒸汽流量（t/h）									
给水流量（t/h）									
给煤量（t/h）									
给水压力（MPa）	调节阀前								
	调节阀后								
给水温度（℃）									
汽包压力（MPa）									
煤层厚度（mm）									
炉膛出口烟气温度（℃）									
排烟烟气温度（℃）									
省煤器入口烟气温度（℃）									
省煤器出口烟气温度（℃）									
空预器出风口温度（℃）									
空预器入口风压（Pa）									
空预器出口风压（Pa）									
炉膛负压（Pa）									
省煤器出口负压（Pa）									
空预器出口负压（Pa）									
除尘器后负压（Pa）									
炉排转速（r/min）									
炉排电流（A）									
除尘器出口烟器温度（℃）									
除渣机电流（A）									
送风机电流（A）									
送风机频率（Hz）									
吸风机电流（A）									
吸风机频率（Hz）									
送风机轴承温度（℃）	前								
	后								
吸风机轴承温度（℃）	前								
	后								
分汽缸压力（MPa）									

A. 0. 4 燃气蒸汽锅炉运行记录可按表 A. 0. 4 的要求填写。

表 A. 0. 4 燃气蒸汽锅炉运行记录

锅炉编号		表编号							
班次：		年 月 日							
班长：		司炉：							
累计给水量（t）									
累计耗气量（t）									
累计蒸汽量（t）									
项 目		时 间							
汽包水位（mm）									
蒸汽流量（t/h）									
给水流量（t/h）									
燃气流量（m^3/h）									
给水压力（MPa）	调节阀前								
	调节阀后								
给水温度（℃）									
汽包压力（MPa）									
燃烧器负荷（%）	左								
	右								
燃气温度（℃）									
燃气总管压力（MPa）									
燃气调节阀阀后压力（kPa）									
炉膛出口烟气温度（℃）	左								
	右								
鼓风风压（Pa）									
省煤器前烟气温度（℃）	左								
	右								
吸风机进口烟气温度（℃）									

续表 A.0.4

项目		时间								
空预器出风口温度（℃）	左									
	右									
炉膛出口负压（Pa）										
省煤器后烟气压力（Pa）	左									
	右									
引风机进口烟气压力（Pa）										
烟气含氧量（%）										
送风机电流（A）										
送风机开度（%）										
吸风机电流（A）										
吸风机开度（%）										
送风机轴承温度（℃）	前									
	后									
吸风机轴承温度（℃）	前									
	后									
分汽缸压力（MPa）										

A.0.5 燃煤热水锅炉运行记录可按表 A.0.5 的要求填写。

表 A.0.5 燃煤热水锅炉运行记录

锅炉编号	表编号
班次：	年 月 日
班长：	司炉：
累计给水量（t）	
累计耗煤量（t）	
累计热量（GWh）	

续表 A.0.5

项　　目	时　　间							
出口水温（℃）								
回水水温（℃）								
进口水压（MPa）								
出口流量（t/h）								
总出口流量（t/h）								
总供水温度（℃）								
总回水温度（℃）								
炉膛温度（℃）								
炉膛负压（Pa）								
煤层厚度（mm）								
给煤量（t/h）								
汽包水位（mm）								
蒸汽流量（t/h）								
给水流量（t/h）								
省煤器入口烟气温度（℃）								
省煤器出口烟气温度（℃）								
空预器出风口温度（℃）								
空预器出风口风压（Pa）								
除尘器出口烟气温度（℃）								
除尘器入口烟气压力（Pa）								
除尘器出口烟气压力（Pa）								
鼓风风压（Pa）								
炉排转速（r/min）								
炉排电流（A）								
炉排频率（Hz）								
碎渣机电流（A）								
鼓风电流（A）								
鼓风频率（Hz）								
引风机电流（A）								
引风机频率（Hz）								

A. 0. 6 燃气热水锅炉运行记录可按表 A. 0. 6 的要求填写。

表 A. 0. 6 燃气热水锅炉运行记录

锅炉编号	表编号
班次：	年 月 日
班长：	司炉：
累计给水量（t）	
累计燃气量（m^3/h）	
累计热量（GWh）	

项 目		时 间							
出口水温（℃）									
回水水温（℃）									
进口水压（ MPa）									
出口水流量（t/h）									
进口水流量（t/h）									
总供水温度（℃）									
总回水温度（℃）									
炉膛温度（℃）									
炉膛压力（Pa）									
燃烧器前燃气压力（kPa）	1								
	2								
	3								
排烟温度（℃）									
燃气过滤器压差（kPa）									
给水流量（t/h）									
省煤器入口烟气温度（℃）									
省煤器出口烟气温度（℃）									
空预器出风口温度（℃）									
空预器出风口风压（Pa）									
NO_X含量（mg/m^3）									

续表 A.0.6

项　　目		时　　间							
CO 含量（mg/ m³）									
烟气含氧量比（%）									
压缩空气压力（MPa）									
空气流量（Nm^3/h）									
送风机	电机电流（A）								
	电机温度（℃）								
	风门开度（%）								
锅炉循环泵	频率（Hz）								
	流量（m³/h）								

A.0.7　燃气调压站运行记录可按表 A.0.7 的要求填写。

表 A.0.7　燃气调压站运行记录

编号：								
日期：								
值班员：								
燃气流量累计值（m³）								
当日燃气用量（m³）								
项　　目	时　　间							
流量计流量（m³）								
过滤器进口燃气压力（MPa）								
过滤器出口燃气压力（MPa）								
过滤器差压表值（MPa）								
调压器进口燃气压力（MPa）								
调压器出口燃气压力（MPa）								
燃气温度（℃）								
泄漏报警器情况								
其他需要说明的情况								

A.0.8 燃气调压站运行记录可按表 A.0.8 的要求填写。

表 A.0.8 给水泵运行记录

<table>
<tr><td colspan="2">编号：</td><td colspan="7"></td></tr>
<tr><td colspan="2">日期：</td><td colspan="7"></td></tr>
<tr><td colspan="2">值班员：</td><td colspan="7"></td></tr>
<tr><td colspan="2" rowspan="2">编号及项目</td><td colspan="7">时 间</td></tr>
<tr><td></td><td></td><td></td><td></td><td></td><td></td><td></td></tr>
<tr><td rowspan="2">1#</td><td>压力（MPa）</td><td></td><td></td><td></td><td></td><td></td><td></td><td></td></tr>
<tr><td>电流（A）</td><td></td><td></td><td></td><td></td><td></td><td></td><td></td></tr>
<tr><td rowspan="2">2#</td><td>压力（MPa）</td><td></td><td></td><td></td><td></td><td></td><td></td><td></td></tr>
<tr><td>电流（A）</td><td></td><td></td><td></td><td></td><td></td><td></td><td></td></tr>
<tr><td rowspan="2">3#</td><td>压力（MPa）</td><td></td><td></td><td></td><td></td><td></td><td></td><td></td></tr>
<tr><td>电流（A）</td><td></td><td></td><td></td><td></td><td></td><td></td><td></td></tr>
<tr><td rowspan="2">4#</td><td>压力（MPa）</td><td></td><td></td><td></td><td></td><td></td><td></td><td></td></tr>
<tr><td>电流（A）</td><td></td><td></td><td></td><td></td><td></td><td></td><td></td></tr>
<tr><td rowspan="2">5#</td><td>压力（MPa）</td><td></td><td></td><td></td><td></td><td></td><td></td><td></td></tr>
<tr><td>电流（A）</td><td></td><td></td><td></td><td></td><td></td><td></td><td></td></tr>
<tr><td rowspan="2">6#</td><td>压力（MPa）</td><td></td><td></td><td></td><td></td><td></td><td></td><td></td></tr>
<tr><td>电流（A）</td><td></td><td></td><td></td><td></td><td></td><td></td><td></td></tr>
<tr><td rowspan="2">7#</td><td>压力（MPa）</td><td></td><td></td><td></td><td></td><td></td><td></td><td></td></tr>
<tr><td>电流（A）</td><td></td><td></td><td></td><td></td><td></td><td></td><td></td></tr>
<tr><td rowspan="2">8#</td><td>压力（MPa）</td><td></td><td></td><td></td><td></td><td></td><td></td><td></td></tr>
<tr><td>电流（A）</td><td></td><td></td><td></td><td></td><td></td><td></td><td></td></tr>
<tr><td rowspan="2">9#</td><td>压力（MPa）</td><td></td><td></td><td></td><td></td><td></td><td></td><td></td></tr>
<tr><td>电流（A）</td><td></td><td></td><td></td><td></td><td></td><td></td><td></td></tr>
<tr><td rowspan="2">10#</td><td>压力（MPa）</td><td></td><td></td><td></td><td></td><td></td><td></td><td></td></tr>
<tr><td>电流（A）</td><td></td><td></td><td></td><td></td><td></td><td></td><td></td></tr>
<tr><td colspan="2">需要说明的情况</td><td colspan="7"></td></tr>
</table>

A.0.9 锅炉水分析记录可按表 A.0.9 的要求填写。

表 A.0.9 锅炉水分析记录

<table>
<tr><td colspan="11">编号：</td></tr>
<tr><td colspan="11">日期：</td></tr>
<tr><td colspan="11">锅炉编号：</td></tr>
<tr><td colspan="3" rowspan="2">编号及项目</td><td colspan="7">时　间</td><td rowspan="2">平均</td></tr>
<tr><td></td><td></td><td></td><td></td><td></td><td></td><td></td></tr>
<tr><td colspan="2" rowspan="4">炉水</td><td>磷酸根（mg /L）</td><td></td><td></td><td></td><td></td><td></td><td></td><td></td><td></td></tr>
<tr><td>pH 值</td><td></td><td></td><td></td><td></td><td></td><td></td><td></td><td></td></tr>
<tr><td>碱度（mel/L）</td><td></td><td></td><td></td><td></td><td></td><td></td><td></td><td></td></tr>
<tr><td>氯根（mg /L）</td><td></td><td></td><td></td><td></td><td></td><td></td><td></td><td></td></tr>
<tr><td rowspan="8">给水</td><td rowspan="4">中压</td><td>pH 值</td><td></td><td></td><td></td><td></td><td></td><td></td><td></td><td></td></tr>
<tr><td>碱度（mel/L）</td><td></td><td></td><td></td><td></td><td></td><td></td><td></td><td></td></tr>
<tr><td>硬度（mel/L）</td><td></td><td></td><td></td><td></td><td></td><td></td><td></td><td></td></tr>
<tr><td>氯根（mg /L）</td><td></td><td></td><td></td><td></td><td></td><td></td><td></td><td></td></tr>
<tr><td rowspan="4">低压</td><td>pH 值</td><td></td><td></td><td></td><td></td><td></td><td></td><td></td><td></td></tr>
<tr><td>碱度（mel/L）</td><td></td><td></td><td></td><td></td><td></td><td></td><td></td><td></td></tr>
<tr><td>硬度（mel/L）</td><td></td><td></td><td></td><td></td><td></td><td></td><td></td><td></td></tr>
<tr><td>氯根（mg /L）</td><td></td><td></td><td></td><td></td><td></td><td></td><td></td><td></td></tr>
<tr><td colspan="2" rowspan="2">溶解氧（μg/L）</td><td>中压</td><td></td><td></td><td></td><td></td><td></td><td></td><td></td><td></td></tr>
<tr><td>低压</td><td></td><td></td><td></td><td></td><td></td><td></td><td></td><td></td></tr>
<tr><td rowspan="4">饱和蒸汽</td><td rowspan="2">中压</td><td>pH 值</td><td></td><td></td><td></td><td></td><td></td><td></td><td></td><td></td></tr>
<tr><td>氯根（mg/L）</td><td></td><td></td><td></td><td></td><td></td><td></td><td></td><td></td></tr>
<tr><td rowspan="2">低压</td><td>pH 值</td><td></td><td></td><td></td><td></td><td></td><td></td><td></td><td></td></tr>
<tr><td>氯根（mg/L）</td><td></td><td></td><td></td><td></td><td></td><td></td><td></td><td></td></tr>
<tr><td colspan="3">排污率</td><td></td><td></td><td></td><td></td><td></td><td></td><td></td><td></td></tr>
<tr><td colspan="3">化验员签字</td><td></td><td></td><td></td><td></td><td></td><td></td><td></td><td></td></tr>
<tr><td colspan="3">需要说明的情况</td><td colspan="8"></td></tr>
</table>

A.0.10 循环泵及水化间运行记录可按表 A.0.10 的要求填写。

表 A.0.10 循环泵及水化间运行记录

日期：									编号：		
时间	循环泵电流（A）				循环泵出口压力（MPa）				回水压力（MPa）	回水温度（MPa）	备　注
	1号	2号	3号	4号	1号	2号	3号	4号			
0											补水总累计：　t 本班水累计：　t 回水 pH 值： 补水硬度：　mel/L 班长： 值班员：
1											
2											
3											
4											
5											
6											
7											
8											
9											
10											
11											
12											
13											
14											
15											
16											
17											
18											
19											
20											
21											
22											
23											

A.0.11 引风机运行记录可按表 A.0.11 的要求填写。

表 A.0.11 引风机运行记录

日期： 编号：

时间	引风机电流频率			引风机油位			引风机轴温℃			备注
	1号	2号	3号	1号	2号	3号	1号	2号	3号	
	A/Hz	A/Hz	A/Hz	前/后	前/后	前/后	前/后	前/后	前/后	
0										
1										
2										
3										
4										
5										
6										
7										
8										
9										
10										
11										班　长：
12										值班员
13										
14										
15										
16										
17										
18										
19										
20										
21										
22										
23										

A. 0. 12 缺陷及处置记录可按表 A. 0. 12 的要求填写。

表 A. 0. 12 缺陷及处置记录

<table>
<tr><td>缺陷</td><td></td><td>发现部门</td><td></td></tr>
<tr><td colspan="4">缺陷描述：

填写人： 日期：</td></tr>
<tr><td>缺陷处置意见</td><td colspan="3">1. 蒸　汽： □让步放行 □通知各厂调整 □暂停采热
2. 热　水： □让步放行 □通知各厂调整 □暂停采热
3. 施工工程： □返工 □返修 □报废
附加说明：</td></tr>
<tr><td>执行处理记录</td><td colspan="3">
记录人： 日期：</td></tr>
<tr><td>执行后验证</td><td colspan="3">
验证人： 日期：</td></tr>
</table>

A.0.13 设备检修记录可按表 A.0.13 的要求填写。

表 A.0.13 设备检修记录

<table>
<tr><td colspan="2">车间：</td><td>日期：</td></tr>
<tr><td colspan="2">项目名称：</td><td>设备型号：</td></tr>
<tr><td colspan="2">检修人员：</td><td>检修工时：</td></tr>
<tr><td>材料记录</td><td colspan="2">工艺记录</td></tr>
<tr><td rowspan="2"></td><td colspan="2">检修前设备状况：</td></tr>
<tr><td colspan="2">检修记录：</td></tr>
<tr><td colspan="3">备注：</td></tr>
</table>

A. 0. 14 设备检修验收记录可按表 A. 0. 14 的要求填写。

表 A. 0. 14 设备检修验收记录

设备名称：	
安装地点：	
验收时间：	
验收内容	验收结果
设备整体验收结论：	
验收人员：	

附录B 供热管网运行维护记录

B.0.1 供热热水管网运行记录可按表B.0.1的要求填写。

表B.0.1 供热热水管网运行记录

管线名称：						年 月 日					
小室编号	O_2	CO	H_2S	EXP	温度 ℃	设备及附件	土建结构	井盖	水情	抽水情况	管线占压	缺陷等级
						□完好	□完好	□完好	□无	□已抽	□无	□无 □重大 □紧急
						□完好	□完好	□完好	□无	□已抽	□无	□无 □重大 □紧急
						□完好	□完好	□完好	□无	□已抽	□无	□无 □重大 □紧急
						□完好	□完好	□完好	□无	□已抽	□无	□无 □重大 □紧急
						□完好	□完好	□完好	□无	□已抽	□无	□无 □重大 □紧急
缺陷说明：												
运行人员		作业负责人		所负责人								

B.0.2 供热蒸汽管网运行记录可按表 B.0.2 的格式填写。

表 B.0.2 供热蒸汽管网运行记录

管线名称：							年　月　日						
小室编号	O_2	CO	H_2S	EXP	温度℃	设备附件	土建结构	井盖	水情	抽水情况	管线占压	输水器开启	架空管线滑托、支架	缺陷等级
						□完好	□完好	□完好	□无	□已抽	□无	□开 □关	□正常	□无 □重大 □紧急
						□完好	□完好	□完好	□无	□已抽	□无	□开 □关	□正常	□无 □重大 □紧急
						□完好	□完好	□完好	□无	□已抽	□无	□开 □关	□正常	□无 □重大 □紧急
						□完好	□完好	□完好	□无	□已抽	□无	□开 □关	□正常	□无 □重大 □紧急
						□完好	□完好	□完好	□无	□已抽	□无	□开 □关	□正常	□无 □重大 □紧急
缺陷说明：														

运行人员		作业负责人		所负责人	

B.0.3 供热管网检修记录可按表 B.0.3 的要求填写。

表 B.0.3 供热管网检修记录

管线名称					日期					
小室编号	项 目	检修设备及附件规格型号	单位	数量	检修单位	检修人员	竣工日期	验收单位	验收人	验收日期
维护检修情况说明：										

B.0.4 供热管网设备检修记录可按本规程表 A.0.13 的规定执行；供热管网设备检修验收记录可按本规程表 A.0.14 的规定执行。

附录C 泵站、热力站运行维护记录

C.0.1 泵站、热力站运行值班记录可按表C.0.1-1和C.0.1-2的要求填写。

C.0.1-1 泵站、热力站运行值班记录之一

站房名称：						日期：					
时间	室外温度℃	一次线参数				二次线参数				补水量（t）	值班人员
		压力（MPa）		温度（℃）		压力（MPa）		温度（℃）			
		P_{1g}	P_{1h}	T_{1g}	T_{1h}	P_{2g}	P_{2h}	T_{2g}	T_{2h}		
0：00											
1：00											
2：00											
3：00											
4：00											
5：00											
6：00											
7：00											
8：00											
9：00											
10：00											
11：00											
12：00											
13：00											
14：00											
15：00											
16：00											
17：00											
18：00											
19：00											
20：00											
21：00											
22：00											
23：00											
平均											

表 C.0.1-2　泵站、热力站值班记录之二

站房名称：					值班人员：										日期：	
系统名称	循环泵运行情况				换热器运行情况									补水（t/h）	其他	交班事项
	编号	电流值（A）	压力（MPa）		编号	一次参数				二次参数						
			进口	出口		压力（MPa）		温度（℃）		压力（MPa）		温度（℃）				
						供水	回水	供水	回水	供水	回水	供水	回水			
																□设备保养润滑
																□设备擦拭
																□设备保养润滑
																□设备擦拭
																□设备保养润滑
																□设备擦拭
																□设备保养润滑
																□设备擦拭

C.0.2　泵站、热力站检修记录可按表 C.0.2 的要求填写。

表 C.0.2　泵站、热力站检修记录

站房名称：								
项目	设备型号	单位	数量	检修人员	竣工日期	验收单位	验收人	验收日期

C.0.3 泵站、热力站设备检修记录可按本规程表 A.0.13 的规定执行；泵站、热力站设备检修验收记录可按本规程表 A.0.14 的规定执行。

本规程用词说明

1 为便于在执行本规程条文时区别对待，对要求严格程度不同的用词说明如下：

1) 表示很严格，非这样做不可的用词：
正面词采用“必须”，反面词采用“严禁”。

2) 表示严格，在正常情况下均应这样做的用词：
正面词采用“应”，反面词采用“不应”或“不得”。

3) 表示允许稍有选择，在条件许可时首先应这样做的用词：
正面词采用“宜”或“可”，反面词采用“不宜”。

4) 表示有选择，在一定条件下可以这样做的用词，采用“可”。

2 条文中指明应按其他有关标准执行的写法为“应符合……的规定”或“应按……执行”。

引用标准名录

1 《工业锅炉水质》GB/T 1576

2 《声环境质量标准》GB 3096

3 《锅炉大气污染物排放标准》GB 13271

4 《城镇供热管网工程施工及验收规范》CJJ 28

中华人民共和国行业标准

城镇供热系统运行维护技术规程

CJJ 88—2014

条 文 说 明

修 订 说 明

《城镇供热系统运行维护技术规程》CJJ 88 - 2014，经住房和城乡建设部2014年4月2日以第355号公告批准、发布。

本规程是对《城镇供热系统安全运行技术规程》CJJ /T 88 - 2000进行修订，上一版本的主编单位是沈阳惠天热电股份有限公司，参编单位是清华大学、北京热力公司、唐山热力总公司、城市建设研究院，主要起草人员是王安荣、孙杰、宁国强、丁子祥、石兆玉、张裕、吴德君、杨时荣、李国祥。

为便于广大设计、施工、科研、学校等单位有关人员在使用本标准时能正确理解和执行条文规定，《城镇供热系统运行维护技术规程》编制组按章、节、条顺序编制了本标准的条文说明，对条文规定的目的、依据以及执行中需注意的有关事项进行了说明，还着重对强制性条文的强制性理由做了解释。但是，本条文说明不具备与标准正文同等的法律效力，仅供使用者作为理解和把握标准规定的参考。

目　次

1 总 则

1.0.1 本规定作为供热系统的运行维护标准，涵盖供热热源、管网，换热站、热用户及系统运行控制和计量的整个供热系统，内容除包括安全要求外，还包括系统的启动、运行、控制、停车、故障处理及运行后的保养和维护的技术要求，并增加热力网的变流量运行、热计量、直埋管道等新技术的管理要求，以及节能减排、环保等方面的相关技术要求。

1.0.2 由于目前国内集中供热系统热源多以燃煤为主，但是一些地区如北京等城市出现以燃气为主的供热系统，故本规程以燃煤热源和燃气热源作为重点分别规定。对其他热源（如燃油，地热，核供热等），要执行相应热源的有关规定。

1.0.3 在本规程编写前，国家已颁布《热水锅炉安全技术监察规程》（劳人锅字［1997］74号），《蒸汽锅炉安全技术监察规程》（劳人锅字［1996］276号），《锅炉房安全管理规则》（劳人锅字［1988］2号），《中小型锅炉运行规程》（79）电生字53号，《工业锅炉水质》GB/T1576，《锅炉大气污染物排放标准》GB 13271-2001，《城市热力网设计规范》CJJ 34，《特种设备安全监察条例》中华人民共和国国务院令［第373号］，《锅炉压力容器压力管道特种设备事故处理规定》（令［第2号］，《特种设备作业人员监督管理办法》经2004年12月24日国家质量监督检验检疫总局，《压力管道安全管理与监察规定》（劳部发［1996］140号），《小型和常压热水锅炉安全监察规定》（国家质量技术监督局局令11号）等，因此城镇供热系统的安全运行，除应符合本规程外，还应符合国家现行有关强制性标准的规定。

2 基本规定

2.1 运行维护管理

2.1.1 随着城镇供热系统的发展，为了保证其正常安全运行，制定各种管理制度、岗位责任制、安全操作规程、设备及设施维护保养手册是十分必要的，并制定突发事故的应急预案，将事故的影响降低到最小。而供热质量的提高、供热设施的完善，也需要不断定期修订管理制度、岗位责任制、安全操作规程等。

2.1.3 运行管理、操作和维护人员定期培训对提高员工业务水平有着重要的作用，也是加强员工工作责任心和安全意识的重要手段，特别是在有关规章制度修订或系统工艺改变、设备更新等情况下，要即时对相关人员进行培训。

2.1.4 必要的图表是运行管理及操作和维护的重要依据。因此，要求城镇供热系统热源厂、供热管网、热力站、泵站均要具备相应的图表。

1 热力系统图：标明设备名称、型号、介质流程、管道走向等；

2 设备布置平面图：标明设备的名称、型号及位置等；

3 供电系统图：标明电源、电器设备名称型号、位置及线路走向等；

4 控制系统图：标明传感器的型号、线缆规格型号、接线位置、编号及线路走向等；

5 运行参数调节曲线图表：反映本地区室外温度变化的规律；

6 供热管网平面图：标明所供的热用户位置、名称、井室的位置、编号、作用类别、管道管径、走向及热用户的供热面积和总供热面积。

2.1.5 实时在线监测才能随时掌握热源厂、热力站、泵站的重要运行参数，才能分析、确定系统是否正常工作。

2.1.6 能源的消耗包括热、煤、电、水等的消耗，热源厂、热力站等热耗、煤耗、电耗、水耗计量要准确，并能够根据能耗进行分析、核算，确定系统是否正常运行。

2.2 运行维护安全

2.2.5 在城镇供热系统中，一些作业环境由于环境密闭或通风不畅，易积聚有毒有害、易燃易爆气体，粉尘浓度大，如果不进行强制通风，对作业人员人身会产生伤害；或环境潮湿，对机电设备存在安全隐患。

例如，较长时间未进入的供热管网地沟、检查室易产生易燃、易爆及有毒气体，所以在未检测前，未保证安全，不得使用明火，且要在通风确认安全后方可进入。检测的主要气体为：含氧量、CO、H_2S、其他可燃气体。

其他环境有：

1 锅炉运行间、风机间；

2 地下泵站或换热站；

3 施工中的锅筒或大口径管道内；

4 锅炉紧急停炉后炉膛和烟道内。

2.2.6 锅炉安全阀是锅炉最重要的安全设备，直接关系到锅炉的安全运行。定期整定和校验方可保证其有效性，满足安全放散的压力要求。定期整定和校验周期是根据《热水锅炉安全技术监察规程》（劳人锅字［1997］74号）和《蒸汽锅炉安全技术监察规程》（劳人锅字［1996］276号）制定的。由于安全阀只进行周期整定和校验，在一个整定和校验周期内也可能失效，锅炉运行期间进行手动排放检查是对安全阀进行自检的重要措施。整定、校验安全阀专门机构确认安全阀质量

3.4.5 锅炉过热器和省煤器等受热面，其表面沉积烟尘时，由于烟尘的导热能力只有钢材的1%～2%，若不即时清除烟尘，将严重影响锅炉的热效率；吹灰通常用蒸汽或空气进行，压力不小于0.6MPa。除灰时提高炉膛负压，目的是为了提高除尘效率和保证吹灰操作人员的安全。

3.4.6 排污要缓慢进行，防止水冲击。如管道发生严重震动，需要停止排污，待排除故障后再进行排污。

3.4.7 水位报警试验时，需保持锅炉运行稳定。水位计的指示要准确。

3.4.8 目前使用的湿式除尘器，还有相当部分采用金属结构，若水膜水pH值小于7，将导致金属设备产生腐蚀现象，影响使用寿命；

实践证明，当干式除尘器漏风量达5%时，其除尘效率将下降50%；当漏风量达15%时，除尘效率将下降到零；除尘器若不即时清灰，尘粒将会随除尘器中的烟气从出口飞出，严重磨损除尘器，降低除尘器效率。

3.4.9 目前烟气脱硫一般采用湿式脱硫除尘器或者两级式脱硫除尘，采用脱硫塔进行脱硫，这两种方式都需要反应液配备时，使溶液呈碱性，pH值保持在10～12，使烟气中的二氧化硫与吸收液进行化学反应后，生成亚硫酸钙或硫酸钙，沉淀于灰浆中，并一起排出，从而达到脱硫目的。因此需要定期检查反应液的pH值。

3.5 停止运行

3.5.1 **1** 正常停炉：供热负荷减少或不需要继续供热而停止燃烧设备运行。正常停炉需要注意：

1）逐渐降低供热量，停止给煤、送风、减弱引风；

2）停止引风后，关闭烟道挡板，清除炉内未燃尽燃料，关闭炉门和灰门，防止锅炉急剧冷却；

3）锅炉停运后，不能立即停止循环泵，待水温降至50℃以下时方可停泵，避免造成局部汽化；停泵时要缓慢关闭阀门，防止发生水击。

2 备用停炉：当暂时不需供热时，将锅炉停止运行；而当需要供热时，再恢复运行。实践证明：锅炉压火频繁，易造成热胀冷缩而产生附加应力，导致金属疲劳，影响设备使用寿命。

备用停炉需要注意：

1）压火后要关闭风机挡板和灰门，并打开炉门，若能保证燃煤不复燃，可关闭炉门；

2）压火后要注意锅炉压力和温度变化；压火后一般不能停止循环水泵，防止锅水汽化及管道冻结。

3 紧急停炉：指遇到将发生事故，为避免事故的发生，或发生事故时，为阻止事故扩大而采取的紧急措施。

3.5.2 热水锅炉遇有下列情况之一时要紧急停炉：

1）因水循环不良造成锅水汽化，或因温度超过规定标准；

2）循环水泵或补水泵全部失效；

3）补水泵不断向锅炉补水，锅炉压力仍继续下降；

4）压力表，安全阀全部失灵；

5）锅炉元件损坏，或管网失水严重，危及安全运行；

6）燃烧设备损坏，炉墙倒塌或锅炉架烧红严重威胁锅炉安全运行；

7）其他异常运行情况，超过安全运行范围。

紧急停炉要注意：

1）不可向炉膛内浇水；

2）不可停止循环水泵，因循环水泵失效而紧急停炉时要对锅炉采取降温措施。

3.5.3 蒸汽锅炉遇有下列情况之一时要紧急停炉：

1）锅炉水位低于水位计最低可见边缘；

2）不断加大给水及采取其他措施，但水位仍继续下降；

3）锅炉水位超过最高可见水位（满水）标志，经放水仍不能见到水位标志；

4）给水泵全部失效或给水系统故障，不能向锅炉给水；

5）水位计或安全阀全部失效；

6）锅炉元件损坏，或管网失水严重，危及安全运行；

7）燃烧设备损坏，炉墙倒塌或锅炉架烧红严重威胁锅炉安全运行；

8）其他异常运行情况，超过安全运行范围。

3.5.4 停炉后关闭所有炉门即风机挡板，其目的是防止锅炉急剧冷却，引起金属脆性破坏。

锅炉放水温度超过60℃可能造成烫伤；锅炉放水后要即时清理水垢、泥渣，以免冷却后难以清除。

3.5.8 燃气锅炉运行过程中，遇有下列情况之一时，要紧急停炉：

1 锅炉严重满水；

2 锅炉严重缺水；

3 锅炉爆管不能维持水位时；

4 锅炉发生炉墙有裂纹并有倒塌危险及炉架、横梁烧红时；

5 锅炉所有水位计损坏，无法监测水位；

6 主蒸汽、给水管道破裂严重泄漏时；

7 天然气管路、阀门严重漏气时；

8 其他异常情况危及锅炉运行。

3.6 故障处理

3.6.2 锅炉爆管：

1 事故现象：

1）炉膛内有汽水喷射响声，产生蒸汽；

2）燃烧不稳定，排烟温度下降；

3）系统压力下降，补水量增大；

4）炉膛正压，向外冒烟；

2 事故原因：

1）腐蚀严重；

2）管内壁结垢；

3）水循环不畅；

4）受热不均。

3.6.3 超温超压

1 事故现象：

锅炉运行中压力表、温度计指示值迅速上升，超过允许上限。

2 事故原因：

1）安全阀失灵；

2）炉膛温度超高；

3）突然停电；

4）热负荷突然减少；

5）热水锅炉局部汽化；

6）水系统故障；

7）误操作。

3.6.4 蒸汽锅炉水位异常：

1 事故现象：锅炉水位超过正常水位上下限。

2 事故原因：

1）水位计失灵；

2）水位报警器失灵；

3）自动给水装置运行异常；

4）供热负荷突然变化；

5）运行人员疏忽。

3.6.5 蒸汽锅炉汽水共腾：

1 事故现象：

1）锅炉水位急剧波动，水位计水位显示不清；

2）过热蒸汽温度急剧下降；

3）蒸汽管道内有撞击声；

2 事故原因：

1）炉水质量不符合标准，悬浮物或含盐量超标；

2）未按规定排污。

3.6.6 热水供热系统，当锅炉房动力电突然停止，如不即时采取安全措施，将发生水击现象，造成系统设备管道及热用户散热器爆破。

由于停电，锅炉炉内正常水循环被破坏，炉内水受炉膛高温加热持续升高，如处理不当，易造成锅炉汽化事故。因此当锅炉房动力电中断时，要适当开启锅炉紧急排放阀门，迅速采取紧急措施，降低锅炉炉膛温度，同时与外网解列，利用事故补水装置向炉内补水，开启排污阀排出热水，使炉内水温迅速下降。

3.6.7 由于燃气泄漏会发生爆炸等危险，因此本条给出不同燃气泄漏情况下正确的操作步骤，目的是将危险降低到最小。

3.7 维护与检修

3.7.3 锅炉停止运行后，要即时清理受热面和烟道中沉积的烟垢和污物，将锅炉内的水垢、污物、泥渣清除。

锅炉停运后，要对锅炉采取防腐措施。实践证明，由于氧腐蚀的作用，在相同时间内，停用锅炉比运行锅炉的腐蚀更严重，因此，停运锅炉要根据停运时间来确定采取适当的防腐措施。长期停运的锅炉，对附属设备也要进行养护，并定期对锅炉内部进行检查，以保证防腐措施的有效。

冬季采取湿法保养的锅炉，还要采取防冻措施。

4 供热管网

4.1 一般规定

4.1.2 供热管网设备及附件的保温保持完好，目的是减少热损失，防止烫伤。

4.2 运行准备

4.2.1 根据投入运行供热管网的具体情况、人员、设备配置、供热管网运行水压图等编制运行方案。

4.2.2 为保证供热管网的安全运行，要避免管线未经验收直接移交管理单位。

新投入运行的蒸汽供热管网一般由设计、施工、管理等单位制定包括技术、安全、组织等较完善的清洗方案，并在吹扫前暂不安装流量孔板、滤网、调节阀阀芯、止回阀阀芯、温度计等易被损坏或堵塞的设备，待吹扫合格后再安装。在暖管过程中要注意速度，并即时排除管道内凝结水，防止水击，当压力升至0.2MPa时，要对附件进行热拧紧，当压力升至工作压力的75%时，即可进行蒸汽吹扫。

4.3 管网的启动

4.3.2 供热管网启动时，给水量严格按照调度指令进行，阀门的开启度按所给的最大补水量执行，不能开启过大以免造成管网压力失调，开启阶段需缓慢进行。

在充水的过程中需要随时观察排气情况，并随时检查供热管网有无泄漏的情况，放风见水后关闭放风门并用丝堵拧紧。充灌水后对管道及设备附件进行运行检查，确认管道运行状态良好无泄漏。

4.3.5 一次网升压试验中不带热力站，进入升温阶段带热力站试运行。

4.3.6 要根据季节、管道敷设方式及保温状况，严格控制暖管时的温升速度，暖管时要即时排除管内冷凝水并检查疏水器的工作状态是否正常。冷凝水排净后，要即时关闭放水阀。当管内充满蒸汽且未发生异常现象后，再逐渐开大阀门。暖管的恒温时间一般不小于1h。

4.4 运行与调节

4.4.1 供热管网初调节和供热调节方案是指导供热管网经济运行的依据，其调节方案的编制要根据当地气温变化规律，并结合供热系统的负荷变化、检修情况、上个采暖季的供热管网调节实际情况，对重点支、干线进行水力计算，以此结果作为制定初调节、运行调节方案的依据。

4.4.6 热水供热管网系统恒压点波动范围过大，将导致系统局部用户超压或倒空。

4.4.7 热水供热管网的定压自动控制，有利于供热管网的安全、稳定、经济运行。

4.4.8 运行经验证明，对供热管网进行全面检查，是防止供热管网运行事故隐患，确保安全运行的必要手段，特别是对新投入的供热管网的检查，作用更明显。

4.4.9 夏季做好防汛检查工作；冬季做好防冻检查工作，避免架空管道放风阀因存在积水而冻裂。

4.5 停止运行

4.5.1 供热管网的停止运行要有组织、有计划地按程序进行。停运方案要明确停运时间、操作方法及主要设备、阀门的操作人。

4.5.2 供热管网停止运行包括非供暖季正常停运和带热停运两种情况。

4.5.4 目的是避免蒸汽管道内留存大量凝结水，造成再次送气时的汽水冲击。

4.5.5 供热管道停用期间，如不采取保护措施，空气就会进入系统内部，使管道内部遭受溶解氧的腐蚀。停止运行的供热管网要保证系统充满水，进行湿保护。

4.6 故障处理

4.6.1 供热管网的故障处理过程中，要对故障和故障处理情况做好记录，故障情况包括必要的数据、照片；处理方案包括技术措施和安全措施；故障处理总结包括处理结果及故障带来的启示等。

4.6.2 供热管网突发故障应急处理预案的制定，要避免用户停热范围和停热时间长，造成不良的社会影响。

4.7 维护与检修

4.7.1 维护、检修工作人员需经过技能和安全培训合格后方可上岗，以保证维护、检修质量。

4.7.2 规定检修时要注意的安全要求，是保证检修工作安全进行的重要依据。

5 泵站与热力站

5.1 一般规定

5.1.1 根据现行行业标准《城市热力网设计规范》CJJ 34－2002，泵站和热力站要有良好的照明和通风，尤其当地下泵站和热力站排气不好，空气湿度大，会造成电机设备运行的安全隐患。

5.2 运行准备

5.2.1 泵站与热力站运行前检查规定。

1 避免电器在夏季受潮后启动时出现故障。

4 钠离子水处理设备需放尽进水管道中的死水，以避免死水中铁锈引起树脂铁中毒，加入的还原盐粒度要根据使用说明书按具体操作要求添加。

5.2.2 换热器其他附属设施严重泄漏将使一、二级网不能正常运行且危及站内用电及人身安全；供水不正常不能保证供热系统及冷却系统等正常运行。

5.3 泵站与热力站启动

5.3.1 安装有钠离子水处理补水系统的泵站在热力站启动前要先进行制水。

5.3.2 不同型号的水泵要根据使用说明书按具体操作规程进行启动。将进口阀门处于开启状态可防止水泵发生气蚀，保证水泵安全运行。

5.3.4 循环水泵的启动规定。

2 避免过载损坏电气设备，带有变频器的水泵因启动时电机频率、水泵转速、电机电流均为逐渐增大，可在泵进、出口阀门同时打开时启动。

3 多台水泵运行的供热系统启动时，泵站和热力站内的水泵要分阶段开启，每个阶段宜开启1台水泵，直至达到正常运行的流量和压力。

5.3.5 泵站的启动规定。

1 保证系统循环水运行正常，避免因热源厂内部管路不通出现水泵长时间空载运行。

5.3.6 热力站的启动规定。

1 按各自不同系统制定的具体操作规程操作，换热器要严格按照使用说明书具体操作，以避免单面受压或压差过大而造成损坏，保证系统运行安全。

2 根据一级网系统的不同，混水泵的安装位置可在二级网的供水管或回水管上，也有安装在供回水间的连通混水管上的，调整混合比时要根据一级网系统和具体的使用要求进行调整。

5.4 运行与调节

5.4.2 泵站的运行与调节规定。

2 防止发生气蚀，保证水泵和供热系统的安全运行。

5.4.3 热力站的运行与调节规定。

2 远程监控的热力站可依据运行管理的实际状况适当延长设备检查时间间隔。

3 对于用户不能进行自主调控的二级网供热系统，宜采用分阶段改变流量的质调节方式运行；对于用户可以进行自主调控的二级网供热系统，宜采用质量并调的方式运行。采用变流量方式运行时，要根据室外温度、最不利环路热用户入口的压差及允许用户的最高、最低室温，确定供热系统的流量、最高供水温度和最低回水温度；当热负荷为生活热水时，运行调节要保证水温符合现行国家标准《建筑给水排水设计规范》GB 50015。

4 热力站局部调节方式。

3）一级系统不宜向二级系统补水以保证一级系统的供热运行安全。当由一级系统向二级系统补水时要按调度指令进行，并要严格控制二级管网的失水量；

4）以保证底层用户的室内温度。

5.5 故 障 处 理

5.5.1 运行人员要根据故障的不同情况分别采取紧急解列、紧急停止运行、监护运行、临时处理、运行状态调整等方法进行处理；不同设备故障的处理要根据说明书的具体要求进行。

5.5.2 电源中断后要做好恢复供热运行的各项准备。

5.5.3 热源或一次网出现故障会造成系统供热量或流量不足，泵站与热力站按事故工况运行，保障供热管网不出现局部运行温度过低、平衡供热量和保障重要用户的供热。

5.6 停 止 运 行

5.6.2 泵站的停止运行规定。

1 系统转入冷运状态后使热网由正常运行时的高温、高压状态逐步适应热网的停运状态，以保证管道及其附件的安全。热源每次降低流量的时间间隔需保证一级网内的水循环一遍，使系统温降较均匀。

停止水泵运行时，要逐渐关闭出口阀门直至关死，再停止电机运转，保证水泵运行安全。

2 使系统充分散热。

5.6.3 保证管网中的热量通过一、二级网的冷运即时散出。

5.6.4 不同的水处理设备的停运要根据说明书的具体要求进行操作。钠离子水处理设备停运后对设备及树脂的保养要按说明书的要求进行，以保证设备运转正常、树脂有效。

5.6.5 临时停止运行进行检修的规定。

1 泵站内停止中继泵时，2台泵停止运行的时间间隔宜大于1h。

2 热力站停止运行时要注意换热器两侧的压力，避免压差超过允许压力。

3 根据系统的失水量和补水能力，其他补水点需提前进行制水，并调整补水量，以满足系统要求。

5.7 维护与检修

5.7.2 泵站与热力站的检查维护规定。

1 供热运行期间：

1）为保证供热系统运行正常，要对运转设备的电机、轴承的温度、声音、震动和润滑，用电设备的电压、电流、接地，对系统的温度、压力、补水量，水泵、电机的冷却状况、滴漏水等进行全面检查，确保系统安全、稳定运行。

2）加入润滑油或润滑脂的频次及种类要根据说明书的具体要求进行。

6 热 用 户

6.1 一 般 规 定

6.1.1 热用户作为供暖系统的用热终端，用热型式多样，用热设备多样，数量多而且分散，供热单位和热用户共同重视热用户系统运行、调节及维护、维修，是提高热用户满意度，保证供暖安全、稳定、节能运行的关键。

6.1.2 供热或供暖面、户型朝向等记录可大致判断计量设备是否正常运行，也可做为出现收费争议时参照收费的依据。

6.1.4 供热管网的改变将影响系统运行的水力工况，供热负荷的改变既影响供暖系统的热力工况也影响其水力工况，因此在发生上述改变时，热用户要通知供暖单位，供暖单位根据情况，校核其热源设备，管网是否能满足要求，决定热用户是否可以进行相应更改。

6.1.5 从供暖系统中放水用作其他用途是主要的非正常使用的途径，但也出现了一个用户在室内供暖系统末端加换热器用以加热生活用水的现象，需引起各供暖企业的高度重视。

6.2 运 行 准 备

6.2.2 近年室内供暖系统新技术、新设备不断得到应用，随着计量收费、分室控温的应用，热用户供暖系统的可调节性增强，供暖系统较为复杂，而目前一般热用户并没用供暖系统的使用说明，因此为保证用户的供暖质量，并实现节能目的，供热单位要根据热用户系统的情况，向热用户提供热用户系统的检查及操作指引，切实保障热用户的利益。

6.3 系统的启动

6.3.2 由于供暖系统季节运行，因供暖季运行前注水过程中，经常发生热用户系统漏水现象，给热用户造成财产损失，并与供暖企业产生经济纠纷，因此，为切实保护热用户的利益，在供暖注水前要通知热用户上水时间及报修联系方式，要求热用户在上水期间留人看守室内系统。

系统注水期间，有效的放风、排气是保证供暖初期供暖质量的关键，在注水期间，采取有效措施减少系统内存气，也可以大幅降低工人劳动强度。

6.4 运行与调节

6.4.2 供暖系统热态调节，是提高供暖质量，实现节能的一个重要手段，各供暖企业要加以高度重视。

在分户计量分室控温的变流量的热用户系统中，禁止使用自力式流量调节阀及手动调节阀等调节阀门，要采用温控阀和自力式压差控制器等调节元件，同时系统循环水泵采用变频等调速装置。

非分户计量分室控温的供热系统一般采暖恒流量纯质调节方式运行，供水温度根据室外温度确定；室内水平双管系统或低温热水地板辐射采暖系统的分户计量、分室控温供热系统，本质上说是以用户调节为主的纯变流量系统，但考虑到在不同的室外温度下，如果保持供水温度不变，那么可能导致在初寒期，流量在用户调节设备可调节范围外，而在严寒期可能会导致流量不足，因此，要根据热用户调节装置及系统设计能力，采取分阶段改变供水温度的量调节方式。室内水平单管跨越式系统的分户计量、分室控温供热系统，在热用户调节过程中，流量发生小的变化，通过回水温度的变化，调节热用户的耗热量，因此可以按设计流量运行，根据热用户调节设的调节范围及回水温度，分阶段确定供水温度。

6.5 故 障 处 理

6.5.1 热用户室内系统的事故处理一般采用事故段隔离，停止供暖并进行局部泄水处理，严寒期，事故处理时间较长时，需采取将排空事故段水等防冻措施。热用户室外管网事故处理期间采用的运行方式根据事故状况确定，一般可采取降温运行、降压运行、降温降压运行，或事故段隔离，停止运行并进行泄水等方式。可以在事故的不同处理阶段采取不同的方式，以尽可能减小对热用户的影响。

6.5.3 热用户系统故障及事故处理完成后，通知相关单位恢复供暖，进行系统注水、排气，恢复系统正常运行，并做好记录，则故障处理流程全部完成。

6.6 停 止 运 行

6.6.3 无法进行湿保养的系统，泄水后要保证系统封闭，将系统与外部空气隔绝，降低系统内部氧腐蚀程度。

6.7 维护与检修

6.7.1 供暖企业需对系统失水量、运行费用与系统维修、改造等费用进行经济比较，确定是否采用热用户系统充水湿保养。采用钢制散热器的热用户系统，要进行充水湿保，并保证水质合格。

6.7.2

2 随着低温地板辐射采暖等技术的应用，热用户入户系统均安装过滤器，过滤器的堵塞是产生热用户供暖质量问题的主要原因之一，因此，需加强过滤器的清洗、排污工作。

4 供暖企业要加强对热用户系统的检查，尤其是立管系统，一般都暗装在管道廊内，出现泄漏不易发现，造成整个立管的外表面腐蚀，降低系统使用寿命。

7 监控与运行调度

7.1 一 般 规 定

7.1.1 由于供热系统（尤其是一级管网）的负荷和水力工况会经常变化，所以安装在管道上的检测与控制部件有时需要调整，采用不停热检修产品会简化调整的过程。

在供热系统正常的情况下，由于线路故障而导致的信号中断或供电中断，会使电动的自动调节装置误操作，改变管网的水力工况，产生水力失调，甚至发生供热事故，所以自动调节装置要具备在以上情况发生时维持当前值的功能。

7.1.2 由于供热失调而造成用户冷热不均的问题，在供热系统中是普遍存在的，供热规模越大，越容易失调。因此检测、记录运行参数，才能以此为依据进行分析、判断，并根据分析结果设置必要的装置，控制运行参数，调节水力工况。

7.2 参 数 检 测

7.2.3 流量和热量不仅是重要的运行参数，而且是供热系统中各环节间热能贸易结算的依据，要尽量提高检测精度。如作贸易结算用，应执行国家有关规范。

7.2.4 部分热力站的供暖季负荷和非供暖季负荷差别很大，如果仅按供暖季流量选择检测仪表，当进入非供暖季后，其流量过小而超出了仪表的量程，难以保证计量精度，所以必要时可安装适应不同季节负荷的两套仪表。

7.3 参数的调节与控制

7.3.1 热力站一次侧加装调节装置，便于一级网运行调节。

7.3.3 室内供暖系统型式与运行调节方式有关，室内供暖系统变流量，要求二级网采用质量综合调节。

7.3.6 最不利用户资用压头是末端用户是否满足供热要求的条件。

7.4 计算机自动监控

7.4.1 供热系统的运行参数数量大，要求监控系统不仅能够显示检测数据，还要实时记录，以备计算分析，所以建立计算机系统进行实时控制非常有利于供热系统的运行调度。

7.5 最佳运行工况

7.5.2 多热源联合供热是经济、节能的供热系统。但是要根据实际情况，优化运行方案，才能达到节约能源、降低成本的目的。

7.5.5 大型供热系统任何一个地方故障，不能影响85％～90％的用户供热，严寒地区取高限，其他地区取低限。

7.6 运行调度

7.6.1 供热系统相关的图表是统一调度管理的依据，因此需设供热平面图、系统图、水压图、全年热负荷延续图及流量、水温调节曲线图表。

7.6.3 运行调度指挥人员要具备一定的专业知识和运行经验，这样才能即时判断、处理可能出现的各种问题。

中华人民共和国行业标准

城市供水管网漏损控制及评定标准

Standard for leakage control and assessment
of urban water supply distribution system

CJJ 92—2002

批准部门：中华人民共和国建设部
实施日期：2 0 0 2 年 1 1 月 1 日

建设部关于发布行业标准《城市供水管网漏损控制及评定标准》的公告

中华人民共和国建设部公告第59号

现批准《城市供水管网漏损控制及评定标准》为行业标准，编号为CJJ 92—2002，自2002年11月1日起实施。其中，第3.1.2、3.1.6、3.1.7、3.2.1、6.1.1、6.1.2、6.2.1、6.2.2、6.2.3条为强制性条文，必须严格执行。

本标准由建设部标准定额研究所组织中国建筑工业出版社出版发行。

特此公告。

中华人民共和国建设部

2002年9月16日

前　言

根据建设部建标（2002）84号文的要求，编制组在广泛调查研究，认真总结国内外的实践经验，并在广泛征求意见的基础上，制定了本标准。

本标准的主要技术内容是：1. 总则；2. 术语；3. 一般规定；4. 管网管理及改造；5. 漏水检测方法；6. 评定。

本标准由建设部负责管理和对强制性条文的解释，由主编单位负责具体技术内容的解释。

本标准主编单位：中国城镇供水协会（地址：北京市宣武门西大街甲121号，邮编：100031）。

本标准参编单位：建设部城市建设研究院
上海市自来水市北有限公司
天津市自来水(集团)有限公司
深圳市自来水(集团)有限公司
成都市自来水总公司
金迪漏水调查有限公司
上海市汇晟管线技术工程有限公司
北京埃德尔集团

本标准主要起草人员：刘志琪　宋仁元　沈大年　宋序彤　王　欢　郑小明　郭　智　陆坤明　钟泽彬

目　次

1 总 则

1.0.1 为加强城市供水管网漏损控制，统一评定标准，合理利用水资源，提高企业管理水平，降低城市供水成本，保证城市供水压力，推动管网改造工作，制定本标准。

1.0.2 本标准适用于城市供水管网的漏损控制及评定。

1.0.3 在城市供水管网漏损控制、评定及管网改造工作中，除应符合本标准规定外，尚应符合国家现行有关强制性标准的规定。

2 术 语

2.0.1 管网 distribution system

出水厂后的干管至用户水表之间的所有管道及其附属设备和用户水表的总称。

2.0.2 生产运营用水 consumption for industrial and commercial use

在城市范围内生产、运营的农、林、牧、渔业、工业、建筑业、交通运输业等单位在生产、运营过程中的用水。

2.0.3 公共服务用水 consumption for public use

为城市社会公共生活服务的用水。包括行政、事业单位、部队营区、商业和餐饮业以及其他社会服务业等行业的用水。

2.0.4 居民家庭用水 consumption in households

城市范围内所有居民家庭的日常生活用水。包括城市居民、公共供水站用水等。

2.0.5 消防及其他特殊用水 consumption for fire and special use

城市消防以及除生产运营、公共服务、居民家庭用水范围以外的各种特殊用水。包括消防用水、深井回灌用水、管道冲洗用水等。

2.0.6 售水量 water accounted for

收费供应的水量。包括生产运营用水、公共服务用水、居民家庭用水以及其他计量用水。

2.0.7 免费供水量 consumption for free

实际供应并服务于社会而又不收取水费的水量。如消防灭火等政府规定减免收费的水量及冲洗在役管道的自用水量。

2.0.8 有效供水量 effective water supply

水厂将水供出厂外后，各类用户实际使用到的水量，包括收费的（即售水量）和不收费的（即免费供水量）。

2.0.9 供水总量 total water supply

水厂供出的经计量确定的全部水量。

2.0.10 管网漏水量 water loss of distribution system

供水总量与有效供水量之差。

2.0.11 漏损率 leakage percentage

管网漏水量与供水总量之比。

2.0.12 单位管长漏水量 water loss per unit pipe length

单位管道长度（$DN \geqslant 75$），每小时的平均漏水量。

2.0.13 单位供水量管长 pipe length per unit water supply

管网管道总长（$DN \geqslant 75$）与平均日供水量之比。

2.0.14 主动检漏法 active leakage control

地下管道漏水冒出地面前，采用各种检漏方法及相应仪器，主动检查地下管道漏水的方法。

2.0.15 被动检漏法 passive leakage control

地下管道漏水冒出地面后发现漏水的方法。

2.0.16 音听法 regular sounding

采用音听仪器寻找漏水声，并确定漏水地点的方法。

2.0.17 相关分析检漏法 detection by leak noise correlator

在漏水管道两端放置传感器，利用漏水噪声传到两端传感器的时间差，推算漏水点位置的方法。

2.0.18 区域检漏法 waste metering

在一定条件下测定小区内最低流量，以判断小区管网漏水量，并通过关闭区内阀门以确定漏水管段的方法。

2.0.19 区域装表法 district metering

在检测区的进（出）水管上装置流量计，用进水总量和用水总量差，判断区内管网漏水的方法。

2.0.20 区域装表兼区域检漏法 combined district and waste metering

同时具有区域装表法及区域检漏法装置来检测漏水的方法。当进水总量与用水总量差较大时，用区域检漏法检漏。

2.0.21 压力控制法 pressure control

当管网压力超过服务压力过高时，用调节阀门等方法，适当降低管网压力，以减少漏水量的方法。

3 一 般 规 定

3.1 水 量 计 量

3.1.1 城市供水企业出厂水计量工作，应符合《城镇供水水量计量仪表的配备和管理通则》（CJ/T3019）的规定。

3.1.2 除消防和冲洗管网用水外，水厂的供水、生产运营用水、公共服务用水、居民家庭用水、绿化用水、深井回灌等都必须安装水量计量仪表。

3.1.3 用水计量仪表的性能应符合《冷水水表》（GB/T778.1～3）、《水平螺翼式水表》（JJG258）和《居民饮用水计量仪表安全规则》（CJ3064）的规定。

3.1.4 供水量大于等于 $10\times10^4m^3/d$ 的水厂，供水计量仪表应采用1级表，供水量小于 $10\times10^4m^3/d$ 的水厂，供水计量仪表精度不应低于2.5级。用水计量仪表宜采用B级表。

3.1.5 出厂水计量在线校核的方法、仪表及有关数据，应经当地计量管理部门审查认可。

3.1.6 水表强制鉴定应符合国家《强制检定的工作计量器具实施检定的有关规定》的要求。管径 *DN*15～25 的水表，使用期限不得超过六年；管径 *DN*>25 的水表，使用期限不得超过四年。

3.1.7 有关出厂供水计量校核依据、用户用水计量水表换表统计、未计量有效用水量的计算依据，必须存档备查。

3.2 漏 水 修 复

3.2.1 除了非本企业的障碍外，漏水修复时间应符合下列规定：

1 明漏自报漏之时起、暗漏自检漏人员正式转单报修之时起，90%以上的漏水次数应在24小时内修复（节假日不能顺延）。

2 突发性爆管、折断事故应在报漏之时起，4小时内止水并开始抢修。

4 管网管理及改造

4.1 管 网 管 理

4.1.1 供水企业必须及时详细掌握管网现状资料，应建立完整的供水管网技术档案，并应逐步建立管网信息系统。

4.1.2 管网技术档案应包括以下内容：

1 管道的直径、材质、位置、接口形式及敷设年份；

2 阀门、消火栓、泄水阀等主要配件的位置和特征；

3 用户接水管的位置及直径，用户的主要特征；

4 检漏记录、高峰时流量、阻力系数和管网改造结果等有关资料。

4.1.3 供水量大于 $20\times10^4\ m^3/d$ 的城市供水企业，对供水管网应进行以下测定：

1 应实施夏季高峰全面测压并绘制水等压线图；

2 对管网中主要管段（*DN*≥500，其中供水量大于 $100\times10^4m^3/d$ 的供水企业为 *DN*≥700），在每年夏季高峰时，宜测定流量。测定方法可采用插入式流量计或便携式超声波流量计；

3 对管网中主要管段，每2～4年宜测定一次管道阻力系数。测定方法可利用管段测定流量装置和管段水头损失进行推算。

4.2 管网更新改造

4.2.1 供水企业应按计划作好管网改造工作。对 *DN*≥75 的管道，每年应安排不小于管道总长的1%进行改造；对 *DN*≤50 的支管，每年应安排不小于管道总长的2%进行改造。

4.2.2 供水企业编制管网改造工作计划应符合下列规定：

1 结合城市发展规划，应按10年或10年以上的发展需要来确定；

2 应结合提高供水安全可靠性；

3 应结合改善管网水质；

4 应结合改进管网不合理环节，使管网逐步优化；

5 漏水较频繁或造成影响较严重的管道，应作为改造的重点；

6 具体改造计划通过上述因素的综合分析比较，加以确定。

4.2.3 管网改造应因地制宜。可选用拆旧换新、刮管涂衬、管内衬软管、管内套管道等多种方式。

4.2.4 新敷管道的材质、接口及施工要求应符合下列规定：

1 新敷管道材质应按安全可靠性高、维修量少、管道寿命长、内壁阻力系数低、造价相对低的原则选择；

2 除特殊管段外，接口应采用橡胶圈密封的柔性接口；

3 管道施工应符合《给水排水管道工程施工及验收规范》（GB50268）的规定。

5 漏水检测方法

5.1 一 般 要 求

5.1.1 城市供水企业必须进行漏水检测，应及时发现漏水，修复漏水。

5.1.2 采取合理有效的检漏措施，应及时发现暗漏和明漏的位置。可自建检漏队伍进行检漏；也可采取委托专业检漏单位定期检查为主，自检为辅的方式。

5.1.3 城市道路下的管道检漏，应以主动检漏法为主，被动检漏法为辅。

5.1.4 埋地且附近无河道和下水道的输水管道，可以被动检漏法为主，主动检漏法为辅。

5.1.5 城市道路下的管道检漏宜以音听法为主，其他方法为辅。其中对阀门性能良好的居住区管网，可采用区域检漏法；单管进水的居住区可用区域装表法。

5.1.6 在管网压力经常高于服务压力甚多的局部地区，宜采用压力控制法，使该地区的管网最低压力降到等于或大于服务压力。

5.1.7 检漏周期应符合下列规定：

1 用音听法，宜每半年到二年检查一次；

2 用区域检漏法宜一年半到二年半检查一次；

3 对埋地管网，用被动检漏法的，宜半个月到三个月检查一次；

4 当漏失率大于15%时，或对漏水较频繁的管道，宜用上述周期的下限。

5.1.8 检漏以自检为主的供水企业，可根据管网长度、检漏方法、检漏周期及定额，组织检漏队伍。

5.2 检测方法

5.2.1 采用音听法，应符合下列规定：

1 地下管道的检漏可采用此法；

2 用音听法检漏前应掌握被检查管道的有关资料；

3 先用电子音听器（或听棒）在可接触点（如消火栓、阀门）听音，以初步判断该点附近是否有管道漏水；

4 应选择寂静时段（一般为深夜），在沿管段的地面上，每1m左右，用音听器听音。当现场条件适合应用相关仪，可用该仪器复核漏水点。

5.2.2 采用相关分析检漏法，应符合下列规定：

1 二接触点距离不大于200m，$DN \leqslant 400$的金属管，尤其是深埋的或经常有外界噪声的管段宜采用此法；

2 二个探测器必须直接接触管壁或阀门、消火栓等附属设备；

3 探测器与相关仪间的讯号传输，可采用有线或无线传输方式；

4 相关分析法与音听法结合使用，可复核漏水点位置。

5.2.3 采用区域检漏法，应符合下列规定：

1 居民区和深夜很少用水的地区宜采用此法；

2 采用该检漏法时，区内管网阀门必须均能关闭严密；

3 检测范围宜选择2～3km管长或2000～5000户居民为一个检漏小区；

4 检漏宜在深夜进行，应关闭所有进入该小区的阀门，留一条管径为*DN*50的旁通管使水进入该区，旁通管上安装连续测定流量计量仪表，精度应为1级表；

5 当旁通管最低流量小于0.5～1.0m^3/(km·h)时，可认为符合要求，不再检漏。超过上述标准时，可关闭区内部分阀门，进行对比，以确定漏水管段，然后再用音听法确定漏水位置。

5.2.4 采用区域装表法，应符合下列规定：

1 单管进水的居民区，以及一、二个进水管外其他与外区联系的阀门均可关闭的地区可采用此法；

2 进水管应安装水表，水表应考虑小流量时有较高精度；

3 检测时应同时抄该用户水表和进水管水表，当二者差小于3%～5%时，可认为符合要求，不再检漏；当超过时，应采用其他方法检查漏水点。

5.2.5 采用区域检漏兼区域装表检漏时，在检漏区同时具有区域装表法及区域检漏法的装置。当进水量与用户水量之比超过规定要求时，采用区域检漏法检漏。

6 评定

6.1 评定标准

6.1.1 城市供水企业管网基本漏损率不应大于12%。

6.1.2 城市供水企业管网实际漏损率应按基本漏损率结合本标准6.2节的规定修正后确定。

6.2 评定标准的修正

6.2.1 当居民用水按户抄表的水量大于70%时，漏损率应增加1%。

6.2.2 评定标准应按单位供水量管长进行修正，修正值应符合表6.2.2的规定。

表6.2.2 单位供水量管长的修正值

供水管径 *DN*	单位供水量管长	修正值
≥75	<1.40km/km^3/d	减2%
≥75	≥1.40km/km^3/d, ≤1.64km/km^3/d	减1%
≥75	≥2.06km/km^3/d, ≤2.40km/km^3/d	加1%
≥75	≥2.41km/km^3/d, ≤2.70km/km^3/d	加2%
≥75	≥2.70km/km^3/d	加3%

6.2.3 评定标准应按年平均出厂压力值进行修正，修正值应符合下列规定：

1 年平均出厂压力大于0.55MPa小于等于0.7MPa时，漏损率应增加1%；

2 年平均出厂压力大于0.7MPa时，漏损率应增加2%。

6.3 统计要求

6.3.1 计算管网漏损率前应作好水量统计，水量统计应符合下列规定：

1 用水分类的统计应符合《城市用水分类》(CJ/T3070) 标准的规定；

2 未计量的消防及管道冲洗用水应列入有效供水量，其中消防用水量应根据消防水枪平均单耗、使用数量和时间进行计算。用消火栓冲洗管道的水量可按典型测试资料，加上压力系数和使用时间推算。管道冲洗水应按放水管直径及管道压力推算；

3 年供水量应为该年度1月1日至12月31日的供水总量，年售水量应为该期间抄表的总水量，年末计量有效供水量应为该期间发生的该类用水量。

6.3.2 城市自来水管网管道长度统计应符合下列规定：

1 被统计管网的公称通径 $DN \geqslant 75$；

2 按竣工图长度统计，计量单位为m。

6.4 计 算 方 法

6.4.1 城市自来水管网漏损率应按下列公式计算：

$$R_a = \frac{Q_a - Q_{ae}}{Q_a} \times 100\% \qquad (6.4.1)$$

式中 R_a——管网年漏损率（%）；

Q_a——年供水量（km^3）；

Q_{ae}——年有效供水量（km^3）。

6.4.2 单位管长漏水量应按下列公式计算：

$$Q_h = \frac{Q_a - Q_{ae}}{L_t \times 8.76} \qquad (6.4.2)$$

式中 Q_h——单位管长漏水量 [m^3/（km·h)]；

L_t——管网管道总长（km）。

6.4.3 单位供水量的管长应按下列公式计算：

$$L_q = \frac{L_t}{Q_a \div 365} \qquad (6.4.3)$$

式中 L_q——单位供水量管长（$km/km^3/d$）。

本标准用词说明

1.0.1 为便于在执行本标准条文时区别对待，对于要求严格程度不同的用词说明如下：

1 表示很严格，非这样做不可的：

正面词采用“必须”；

反面词采用“严禁”。

2 表示严格，在正常情况下均应这样做的：

正面词采用“应”；

反面词采用“不应”或“不得”。

3 表示允许稍有选择，在条件许可时，首先应这样做的：

正面词采用“宜”或“可”；

反面词采用“不宜”。

表示有选择，在一定条件下可以这样做的，采用“可”。

1.0.2 条文中指明应按其他有关标准执行的写法为，“应按…执行”或“应符合…的要求（或规定)”。

中华人民共和国行业标准

城市供水管网漏损控制及评定标准

Standard for leakage control and assessment
of urban water supply istribution system

CJJ 92—2002

条 文 说 明

前　言

《城市供水管网漏损控制及评定标准》CJJ 92—2002，经建设部 2002 年 9 月 12 日以公告第 59 号批准、发布。

为便于广大设计、施工、科研、管理等单位的有关人员在使用本标准时能正确理解和执行条文规定，《城市供水管网漏损控制及评定标准》编制组按章、节、条顺序编制了本标准的条文说明，供使用者参考。在使用中如发现本条文说明有不妥之处，请将意见函寄中国城镇供水协会（北京市宣武门西大街甲 121 号，邮政编码：100031）。

目 次

1 总 则

1.0.1 本条文阐明制定标准的目的。

我国是一个水资源贫乏的国家，人均水资源仅为世界平均的1/4，地区和时间上分布不平衡，造成北方大部分地区人均水资源更低。由于多数地面水源受不同程度的污染，可作为饮用水源的更为短缺。

城市供水需以符合饮用水水源卫生要求的水资源为原料，经取水、输水、净化及配水等供水设施，并消耗一定数量的动力和药剂，精心加工，才能达到城市供水要求。一般建设这类供水设备需投资1000～3000元/m^3/d。1999年全国城市供水，在无利润情况下，平均成本约为0.9元/m^3。过高的漏损率即浪费优质水资源和供排水设施的投资，增加供水成本。在供水不足的城市更加剧供求矛盾和带来的损失。

国际上衡量漏损水平主要有三个指标：1.未计量水率［（年供水量－年售水量）/年供水量］；2.漏损率［年漏水量/年供水量］；3.单位管长漏水量［漏水量/配水管长］。

从漏损率指标看，我国和国际上差距不太大，但从单位管长漏水量看，我国城市供水管网漏损比较严重，需要采取切实措施加以有效控制。

1.0.2 规定了本标准的适用范围。本标准适用于包括国家规定属于城市范围的所有供水企业。

1.0.3 明确了在执行本标准的同时，还应符合国家现行有关的标准和规范。

3 一般规定

3.1 水量计量

3.1.1 城市供水企业出厂水计量是管网漏损控制的重要基础资料，因此本条文规定，出厂水计量必须符合《城市供水水量仪表的配备和管理通则》（CJ/T3019）的有关规定。

3.1.2 为加强管理、控制漏损，本条文规定了城市供水企业必须安装的计量仪表范围，除消防和冲洗管网用水外，所有用水均应设置计量仪表。

在城市供水中消防及冲洗管网用水比例很小，这样未计量水率和漏损率基本相同。

3.1.4 计量仪表的正确性对于控制漏损指标影响很大。本条文对出厂计量仪表的性能做出了规定。

《城市供水水量仪表的配备和管理通则》对出厂计量提出了最低要求。近年出厂水仪表发展很快，故要求供水能力为$10\times10^4m^3$/d及以上的水厂，提出供水计量应采用1级表，计量率达到100%。

为降低用户小流量用水时水表少计量，有条件的宜用起始流量低的B级表。

3.1.5 规定了对出厂水计量在线校核的方法，仪表及有关数据应经当地计量管理部门审查认可。

3.1.6 对于水表强制鉴定的年限做出了规定。

根据编制《城市供水行业2000年技术进步发展规划》时调查，从北京、天津、上海、广州、南京、杭州、无锡、苏州、镇江及淮阴等10个大中型城市水司，抽查了*DN*15～100水表1432只，其中偏快的占79.0%，偏慢的占21.0%，平均快4.3%。为方便管理，表快因素不再对漏损率进行调整，而是通过对用户水表加强管理以正确计量。采用的水表、定期换表及校验均应符合国标规定要求。

供水企业如认为用户水表计量偏少，可提供足够抽查测试数据，经当地计量管理部门核实，报政府主管部门批准后调整。

3.1.7 有关出厂计量校核、用户换表统计以及未计量有效用水量的计算均是漏损控制的基础资料，故规定必须存档备查。

3.2 漏水修复

3.2.1 及时修复漏水是漏损控制的重要内容之一，条文对漏水修复的时间作了规定。

4 管网管理及改造

4.1 管网管理

4.1.1 完整、全面地掌握管网现状资料是控制管网漏损、开展漏水检测以及处理管网突发事故的重要基础，也是进行管网改造的依据，因此规定供水企业应详细掌握管网现状资料，特别是供水能力超过$20\times10^4m^3$/d以上的供水企业。

随着管网信息系统的逐渐推广，有条件的城市应逐步建立管网信息系统。

4.1.2 对管网技术档案的主要内容作了基本规定，有条件和需要的城市供水企业可在这基础上增加其他内容。

4.1.3 为了掌握供水管网实际的运行状况，对供水能力大于200km^3/d的供水企业规定了必须进行管网测定的内容。

4.2 管网更新改造

4.2.1 一般认为，正常情况下，金属及水泥管道使用寿命为100年左右，塑料类管道寿命为50年左右。故发达国家根据各自管道及资金条件，多数把改造更新率掌握在1%左右。我国管道平均寿命虽然比发达国家短得多，但技术性能差的管道的比例更高，故*DN*≥75的管改造更新率定为不小于1%，我国*DN*≤50的支管，多数为镀锌白铁管，技术性能较差，对水质和供水压力引起矛盾较大，故定为不小于2%。

4.2.2 规定了编制管网改造计划需要考虑的因素。

4.2.3 管网改造可以用多种方法，应因地制宜选用。

4.2.4 对新敷设管道的材质、接口及施工要求作了规定。

5 漏水检测方法

5.1 一般要求

5.1.1 降低漏损的主要措施是及时发现漏水和修复漏水。

5.1.2 管道漏水，出现明漏前，必先有暗漏，有暗漏不一定变明漏，尤其在城市高级路面下。有效发现暗漏是降低漏耗的重中之重。

检漏可以自建检漏队伍，也可以委托专业检漏单位定期检查为主、自建为辅的方式。给水企业要按照各自条件，以最低费用最大限度检得漏水的原则选择相应方法。

5.1.3 城市配水管网应主要靠主动检漏法。在漏水较频繁的城市或地区，巡检和居民报漏，也是及早发现明漏的辅助措施。

5.1.4 输水管埋在泥土下，附近无河道或下水道的，稍大的漏水就会冒出路面，在这种情况下，为更经济及时地发现漏水，可以被动检漏法为主，主动检漏法为辅。

5.1.5 城市道路下的管道检漏宜以音听法为主，辅以其他方法。因为：

1 实践证明，音听法能取得较好的检漏效果。

某检漏公司与有关城市供水企业合作，用音听法检漏，结果如表1：

表1 检漏效果统计表

检漏单位	年份	供水企业数	检漏管长(km)	查出暗漏点(个)	估计漏水量(m^3/h)	单位管长漏水量[m^3/(km·h)]
甲	1996～1997	23	2897.5	802	4649.05	1.60
乙	1999～2000	22	3340	711	3508.6	1.07

注：漏水量为挖土后实测量，计量有些偏大。

又如天津市自来水（集团）有限公司于2000年成立检漏公司，当年用音听法检出暗漏250个，估计漏水量为1610m^3/h。如按全年计算，相当于降低漏失率4%，单位管长漏水量0.98m^3/（km·h）。

上述规模较大的实践说明，用音听法进行一次全面检漏，漏损率就可能有相当降低。

2. 典型区的几种检漏方法对比试验说明，音听法效益投入比最高。

上海市自来水公司于1988年5月到1990年4月，对城厢小区及陕南小区进行4种检漏方法对比试验。城厢小区面积为0.05km^2，*DN*75～1000管长1530m。陕南小区面积为0.25km^2，*DN*100～150管长527m，*DN*13～50管长117m。在城厢小区划出一块小区，*DN*75～150管长330m作为区域装表法试验。

在2年5个月内，每月检漏一次，用被动检漏法发现漏水21处；音听法又发现漏水50处，区域检漏法又发现10处，区域装表法发现漏水3处。其中音听法效益投入比最高。

考虑到我国检漏实践，上述典型区几种方法的对比试验结果，特别是我国城市供水管网中较多阀门关闭不严的实际，认为音听法是适合我国情况的经济有效的基本方法。

在管道的阀门均能关闭严密的居民区，用区域检漏法可能找出稍多一些的漏水点，但该法投入较大，检漏间隔周期较长，是否比音听法有效还需根据具体情况确定。

区域装表法，存在晚间小流量时的计量误差。在总分表差比较小时，不等于无漏水，若以此判断是否漏水，容易忽略一定数量的漏水；经常定期巡检或鼓励居民报漏，在漏水较多的地区仍不失为及时发现明漏的经济有效的辅助措施。

5.1.6 因距离供水厂近远不同以及所处地形标高的差别，管网中不同地区的水压会有明显差异。过高的水压将造成漏失水量的增加。因此，采用压力控制法，降低水压过高区域的压力，可减少漏水量。降低后的压力应满足服务压力的需要。

5.1.7 一般假定，经过检漏后的小区，漏水量降到可接受的水平，随着时间推延，漏水量逐步上升，经过检漏又恢复到可接受水平。合理的检漏周期应是该周期内漏水损失和检漏、检修费之和为最小。标准所列周期是根据国内外一般经验，在未核算经济合理的周期前，一般宜用较短的周期，漏损率高的宜用下限。

5.1.8 规定了以自检为主的供水企业应组建检漏队伍。

5.2 检测方法

5.2.1 音听法是用电子音听器或听棒通过监听漏水声而发现漏水点的方法。为了避免环境噪声的干扰，一般选择在深夜寂静时进行。一般情况下，漏水声最大的地点为漏水点，但也不完全如此，尚需对漏水点进行仔细分辨。采用音听法检测，要求检测人员具有高度责任心和丰富的检漏实际经验。

测得的漏水点与实际距离小于1m的百分比称为检测正确率。检测正确率取决于检测人员的认真程度、经验以及仪器性能，音听法检漏的正确率有可能达90%。

在采用音听法检测前，应先充分掌握管道位置。检测时可先在消火栓、阀门等外露部分进行监听，以作初步判断，然后沿管线每隔1m左右进行检测。要注意区别漏水声和环境噪声。如现场条件适合，对检得的可疑漏水点位置用相关仪复核。

5.2.2 相关分析法是利用漏水噪声传到两端探测器的时间差来算出漏水点位置的方法。探测器必须直接与管壁或阀门、消火栓等接触。在输入管道材质和长度等数据后，相关仪能分析出漏水点距探测器的距离。

在检测过程中，探测器不断向前延伸，相关仪也跟着向前延伸。

对于两接触点距离小于200m、管径 $DN \leqslant 400$ 的金属管道，采用相关分析检漏法可获得较高的正确率。

采用相关分析法检漏，劳动力、时间及经费均较高，故一般用于复验音听法检测漏水可疑点的位置。

5.2.3 区域检漏法是利用测定检漏小区深夜瞬时最低进水量来判断漏水的方法。测定时进入小区的水量全部经过 $DN50$ 的旁通管，旁通管必须能连续计量，流量计量仪表的精度必须达到1级表，一般采用电磁流量仪。测定一段时间，所测得的最低流量可视为该地区管网的漏水量或接近漏水量。

区域检漏法一般选用2～3km管长或2000～5000户居民为一个检测小区。对于超过上述范围，又符合测定条件的地区可分为多个检测小区。在上述范围内测得的旁通管最低流量低于0.5～1.0m^3/（km·h）时，可认为符合要求。对于漏损率大于15%的管网可选用上限。

当超过上述标准时，为寻找漏水管段，可采用关闭区内某些管段的阀门，对比阀门关闭前后的流量，若关阀后旁通管流量明显减少，则该管段存在漏水可能，然后再用音听法确定漏水点位置。

为正确测定最低流量及判断漏水点的管段，区内及边界的阀门必须均能关闭严密。

5.2.4 区域装表法是采用检测区域进水总量和用水总量的差值来判断管网漏水的方法。为了减少装表和提高检测精度，测定期间该供水区域宜采用单管或两个管进水，其余与外区联系的阀门均关闭。

进水量与同期用水量的差值小于3%～5%时可认为符合要求。对于漏损率大于15%的管网可取上限。

进水量与用水量之比超过上述规定要求时，可再用区域检漏法或其他方法检漏。

5.2.5 说明区域检漏兼区域装表法的基本内容。

6 评 定

6.1 评定标准

6.1.1 本条文对基本评定标准值作出规定。1999年我国城市供水企业漏损率为15.14%。其中最高为71.67%，最低为0.85%。600多座城市中71.84%的漏损率大于12%，考虑到实施条件，第一阶段的漏损率基本评定标准确定为12%。按1999年管长折算，相当于单位管长漏水量2.70m^3/（km·h）。

实施评定标准的具体时限及步骤由建设部另行规定。

漏损率已低于12%的供水企业，要继续作好漏损控制工作。直到漏损率控制到投入产出经济合理的程度。

6.1.2 城市供水企业漏损率的评定标准包括基本评定标准及修正百分比。基本标定标准作统一规定。修正值则按各地抄表用户比例、单位供水量管长以及平均出厂压力作相应调整。

6.2 评定标准的修正

6.2.1 制订《城市供水行业2000年技术进步发展规划》时，曾对北京、天津、上海等10个城市149只总表（每只总表有5～40个分表）进行一年统计，总表计量值平均比分表快5.8%。我国居民用水约占总用水量的30%，因此对居民用水基本上抄表到户（70%的居民水量）的供水企业，考核年的漏损率加1%，即13%。

6.2.2 1999年城市单位供水量的管长为1.85km/km^3/d（$DN \geqslant 75$）。考虑到单位供水量的管长是影响漏失的一个因素，故对单位供水量管长在1.64～2.06km/km^3/d以外的供水企业的漏损率适当进行修正。

修正后评定标准既包括漏损率又包括单位供水量管长因素，二者比重约各占一半。

6.2.3 同样漏水条件，管网的漏水量约与管网平均压力的开方成正比。由于统计管网平均压力在操作上过于繁复，故用年平均出厂压力统计。对年平均出厂压力过高的适当予以调整。当年平均出厂压力大于0.55MPa和大于0.7MPa时漏损率分别增加1%和2%。

年平均出厂压力是统计年度内，正点时各出厂压力的平均值。

6.3 统计要求

6.3.1 对水量统计的有关规定。

6.3.2 对管网管道长度统计的有关规定。

6.4 计算方法

6.4.1 管网漏损率的计算方法。

6.4.2 单位管长漏失水量的计算公式。

6.4.3 单位供水量管长的计算公式。

中华人民共和国行业标准

城镇燃气埋地钢质管道腐蚀控制技术规程

Technical specification for external corrosion control of buried steel pipeline for city gas

CJJ 95—2013

批准部门：中华人民共和国住房和城乡建设部
施行日期：2 0 1 4 年 6 月 1 日

中华人民共和国住房和城乡建设部
公　告

第213号

住房城乡建设部关于发布行业标准《城镇燃气埋地钢质管道腐蚀控制技术规程》的公告

现批准《城镇燃气埋地钢质管道腐蚀控制技术规程》为行业标准，编号为CJJ 95－2013，自2014年6月1日起实施。其中，第3.0.1、5.4.5条为强制性条文，必须严格执行。原行业标准《城镇燃气埋地钢质管道腐蚀控制技术规程》CJJ 95－2003同时废止。

本规程由我部标准定额研究所组织中国建筑工业出版社出版发行。

中华人民共和国住房和城乡建设部

2013年11月8日

前　言

根据住房和城乡建设部《关于印发〈2010年工程建设标准规范制订、修订计划〉的通知》（建标［2010］43号）的要求，规程编制组经广泛调查研究，认真总结实践经验，参考有关国际标准和国外先进标准，并在广泛征求意见的基础上，修订本规程。

本规程的主要技术内容是：1. 总则；2. 术语；3. 基本规定；4. 腐蚀控制评价；5. 防腐层；6. 阴极保护；7. 干扰防护；8. 腐蚀控制工程的运行管理等。

本规程修订的主要技术内容是：1. 增加了交流干扰评价、防腐层评价、阴极保护评价三部分内容；2. 删除了二层挤压聚乙烯防腐层、聚乙烯胶带防腐层的内容，增加了双层环氧防腐层的相关内容；3. 调整了章节结构；4. 增加了交流干扰防护的内容；5. 增加了干扰防护系统的检测和维护、管道腐蚀损伤的检测和维护两部分内容。

本规程中以黑体字标志的条文为强制性条文，必须严格执行。

本规程由住房和城乡建设部负责管理和对强制性条文的解释，由北京市燃气集团有限责任公司负责具体技术内容的解释。执行过程中如有意见或建议，请寄送北京市燃气集团有限责任公司（地址：北京市朝阳区安华里二区7号楼，邮编：100011）。

本规程主编单位：北京市燃气集团有限责任公司

本规程参编单位：北京市燃气集团研究院
北京市公用事业科学研究所
港华投资有限公司
成都城市燃气有限责任公司
天津市燃气热力规划设计院
上海燃气（集团）有限公司
西安秦华天然气有限公司
深圳市燃气集团股份有限公司
中国燃气控股有限公司
沈阳燃气有限公司
钢铁研究总院青岛海洋腐蚀研究所
北京科技大学新材料技术研究院
北京中腐防蚀工程技术有限公司
北京安科管道工程科技有限公司
武汉安耐捷科技工程有限公司
北京松晖管道有限公司
宁波安达防腐材料有限责任公司

本规程主要起草人员：车立新　孙健民　应援农
黄从祥　梁家琪　杨　森
杨印臣　席　丹　丁继峰
陈学政　付山林　杜艳霞
王修云　李美竹　马瑞莉
颜达峰　李英杰　邹　戎
李夏喜　段　蔚　王　学
孙　锐　徐孟锦

本规程主要审查人员：杨　健　高立新　王春起
刘新领　魏秋云　左　禹
曹　备　陈　琴　朱　丹
赵瑞保　薛连民

目　次

Contents

1 总　　则

1.0.1 为使城镇燃气埋地钢质管道（以下简称管道）腐蚀控制工程统一标准、合理设计、规范施工、科学管理，提高管道的安全性，制定本规程。

1.0.2 本规程适用于城镇燃气埋地钢质管道外腐蚀控制工程的设计、施工、验收和运行管理。

1.0.3 管道腐蚀控制工程应做到技术可靠、经济合理、保护环境，并应满足腐蚀控制要求。

1.0.4 城镇燃气埋地钢质管道腐蚀控制工程除应符合本规程外，尚应符合国家现行有关标准的规定。

2 术　　语

2.0.1 腐蚀　corrosion

金属与环境介质间的物理一化学相互作用，其结果使金属的性能发生变化，并常可导致金属、环境或由它们作为组成部分的技术体系的功能受到损伤。

2.0.2 腐蚀速率　corrosion rate

单位时间内金属遭受腐蚀的质量损耗量或腐蚀深度。

2.0.3 腐蚀控制　corrosion control

人为改变金属的腐蚀体系要素，以降低金属的腐蚀速率和对环境介质的影响，保障管道的服役功能。

2.0.4 腐蚀电位　corrosion potential

金属在给定腐蚀体系中的电极电位。

2.0.5 自腐蚀电位　free corrosion potential

在开路条件下，处于电解质中的腐蚀金属表面相对于参比电极的电位，即没有净电流从金属表面流入或流出时的电极电位，也称为静止电位、开路电位或自然腐蚀电位。

2.0.6 防腐层　coating

涂覆在管道及其附件表面上，使其与腐蚀环境实现物理隔离的绝缘材料层。

2.0.7 防腐层面电阻率　coating resistivity

防腐层电阻和防腐层表面积的乘积。

2.0.8 漏点　holiday

防腐层的不连续处，导致金属表面暴露于环境中。

2.0.9 电绝缘　electrical isolation

管道与相邻的其他金属物或环境物质之间，或在管道的不同管段之间呈电气隔离的状态。

2.0.10 电连续性　electrical continuity

对指定管道体系的整体电气导通性。

2.0.11 阴极保护　cathodic protection

通过降低腐蚀电位，使管道腐蚀速率显著减小而实现电化学保护的一种方法。

2.0.12 牺牲阳极　sacrificial anode or galvanic anode

与被保护管道偶接而形成电化学电池，并在其中呈低电位的阳极，通过阳极溶解释放电子以对管道实现阴极保护的金属组元。

2.0.13 牺牲阳极阴极保护　cathodic protection with sacrificial anode

通过与作为牺牲阳极的金属组元偶接而对管道提供电子以实现阴极保护的一种电化学保护方法。

2.0.14 强制电流阴极保护　impressed current cathodic protection

通过外部电源对管道提供电子以实现阴极保护的一种电化学保护方法，也称为外加电流阴极保护。

2.0.15 辅助阳极　impressed current anode or auxiliary anode

在强制电流阴极保护系统中，与外部电源正极相连并在阴极保护电回路中起导电作用构成完整电流回路的电极。

2.0.16 参比电极　reference electrode

具有稳定可再现电位的电极，在测量管道电位或其他电极电位值时用于组成测量电池的电化学半电池，作为电极电位测量的参考基准。

2.0.17 汇流点　drain point

阴极电缆与被保护金属管道的连接点，保护电流通过此点流回电源。

2.0.18 测试装置　test station

布设在埋地管道沿线，用于监测与检测管道阴极保护参数的设施。

2.0.19 极化　polarization

由于金属和电解质之间有净电流流动而导致的电极电位偏离初始电位现象，可表征电极界面上电极过程的阻力作用。

2.0.20 阴极极化电位　cathodic polarized potential

在阴极极化条件下金属/电解质界面的电位，等于自腐蚀电位与阴极极化电位值的和。

2.0.21 阴极剥离　cathodic disbondment

由阴极反应产物造成的覆盖层和涂覆表面粘结性的破坏。

2.0.22 阴极保护电位　cathodic protective potential

为达到阴极保护目的，在阴极保护电流作用下使管道电位从自腐蚀电位负移至某个阴极极化的电位值。

2.0.23 IR降　IR drop

根据欧姆定律，由于电流的流动在参比电极与金属管道之间电解质内产生的电压降。

2.0.24 通电电位　on potential

阴极保护系统持续运行时测量的金属/电解质电位。

2.0.25 断电电位　off potential

断电瞬间测得的金属/电解质电位。

2.0.26 杂散电流　stray current

从规定的正常电路中流失而在非指定回路中流动的电流。

2.0.27 干扰　interference

由于杂散电流作用或感应电流作用等对管道产生的有害影响。

2.0.28 排流保护　electrical drainage protection

用电学的或物理的方法把进入管道的杂散电流导出或阻止杂散电流进入管道，以防止杂散电流腐蚀的保护方法。

3 基本规定

3.0.1 城镇燃气埋地钢质管道必须采用防腐层进行外保护。

3.0.2 新建管道应采用防腐层辅以阴极保护的腐蚀控制系统。

3.0.3 管道外防腐层应保持完好；采用阴极保护时，阴极保护不应间断。

3.0.4 仅有防腐层保护的在役管道宜追加阴极保护系统。

3.0.5 处于强干扰腐蚀地区的管道，应采取防干扰保护措施。

3.0.6 管道腐蚀控制系统应根据土壤环境因素、技术经济因素和环境保护因素确定，并应符合下列规定：

1 土壤环境因素应包括下列内容：

1）土壤环境的腐蚀性；

2）管道钢在土壤中的腐蚀速率；

3）管道相邻的金属构筑物状况及其与管道的相互影响；

4）对管道产生干扰的杂散电流源及其影响程度。

2 技术经济因素应包括下列内容：

1）管道输送介质的性能及运行工况；

2）管道的设计使用年限及维护费用；

3）管道腐蚀泄漏导致的间接费用；

4）用于管道腐蚀控制的费用。

3 环境保护因素应包括下列内容：

1）管道腐蚀控制系统对人体健康和环境的影响；

2）管道埋设的地理位置、交通状况和人口密度；

3）腐蚀控制系统对土壤环境的影响。

3.0.7 在发生管道腐蚀泄漏或发现腐蚀控制系统失效时，应按本规程第4章的规定进行土壤腐蚀性、防腐层、阴极保护、杂散电流干扰和管道腐蚀损伤评价，并应根据评价结果采取相应措施。

3.0.8 管道腐蚀控制系统的设计、施工单位应具有相应资质，进行施工及管理的技术人员应具有相应专业技术资格，实施操作人员应经过专业培训。

3.0.9 管道腐蚀控制系统的档案管理宜通过数字化信息系统进行。

4 腐蚀控制评价

4.1 土壤腐蚀性评价

4.1.1 土壤腐蚀性应采用检测管道钢在土壤中的腐蚀电流密度和平均腐蚀速率判定。土壤腐蚀性评价指标应符合表4.1.1的规定。

表4.1.1　土壤腐蚀性评价指标

指　标	级　别				
	极轻	较轻	轻	中	强
腐蚀电流密度($\mu A/cm^2$)	<0.1	0.1～<3	3～<6	6～<9	≥9
平均腐蚀速率[$g/(dm^2 \cdot a)$]	<1	1～<3	3～<5	5～<7	≥7

4.1.2 在土壤层未遭到破坏的地区，可采用土壤电阻率指标判定土壤腐蚀性。土壤电阻率腐蚀性评价指标应符合表4.1.2的规定。

表4.1.2　土壤电阻率腐蚀性评价指标

指　标	级　别		
	轻	中	强
土壤电阻率（Ω·m）	>50	20～50	<20

4.1.3 当存在细菌腐蚀时，应采用土壤氧化还原电位指标判定土壤腐蚀性。土壤细菌腐蚀性评价指标应符合表4.1.3的规定。

表4.1.3　土壤细菌腐蚀性评价指标

指　标	级　别			
	轻	中	较强	强
氧化还原电位（mV）	≥400	200～<400	100～<200	<100

4.2 干扰评价

4.2.1 直流干扰评价应符合下列规定：

1 管道受直流干扰程度应采用管地电位正向偏移指标或土壤电位梯度指标判定；

2 直流干扰程度评价指标应符合表4.2.1-1的规定；当管地电位正向偏移值难以测取时，可采用土壤电位梯度指标评价，杂散电流强弱程度的评价指标应符合表4.2.1-2的规定；

表 4.2.1-1 直流干扰程度评价指标

指 标	级 别		
	弱	中	强
管地电位正向偏移值（mV）	<20	20～200	>200

表 4.2.1-2 杂散电流强弱程度的评价指标

指 标	级 别		
	弱	中	强
土壤电位梯度（mV/m）	<0.5	0.5～5.0	>5.0

3 当管道任意点的管地电位较该点自腐蚀电位正向偏移大于 20mV 或管道附近土壤电位梯度大于 0.5mV/m 时，可确认管道受到直流干扰；

4 当管道任意点的管地电位较自腐蚀电位正向偏移大于 100mV 或管道附近土壤电位梯度大于 2.5mV/m 时，应采取防护措施。

4.2.2 当管道上的交流干扰电压高于 4V 时，应采用交流电流密度进行评估，并应符合下列规定：

1 交流电流密度可通过测量获得，其测量方法应符合国家相关标准的规定；

2 交流电流密度也可按下式计算得出：

$$J_{AC}=\frac{8V}{\rho\pi d} \tag{4.2.2}$$

式中：J_{AC}——评估的交流电流密度（A/m^2）；

V——交流干扰电压有效值的平均值（V）；

ρ——土壤电阻率（Ω·m），ρ 值应取交流干扰电压测试时测试点处与管道埋深相同的土壤电阻率实测值；

d——破损点直径（m），d 值按发生交流腐蚀最严重考虑，取 0.0113。

4.2.3 交流干扰评价应符合下列规定：

1 管道受交流干扰程度判断指标可按表 4.2.3 进行判定。

表 4.2.3 交流干扰程度判断指标

指 标	级 别		
	弱	中	强
交流电流密度（A/m^2）	<30	30～100	>100

2 当交流干扰程度判定为“强”时，应采取防护措施；当判定为“中”时，宜采取防护措施；当判定为“弱”时，可不采取防护措施。

4.3 防腐层评价

4.3.1 管道防腐层缺陷的评价可采用交流电位梯度法、直流电位梯度法、交流电流衰减法和密间隔电位法进行，防腐层缺陷评价分级应符合表 4.3.1 的规定。

表 4.3.1 防腐层缺陷评价分级

检测方法	级 别		
	轻	中	重
交流电位梯度法（ACVG）	低电压降	中等电压降	高电压降
直流电位梯度法（DCVG）	电位梯度 IR% 较小，CP 在通/断电时处于阴极状态	电位梯度 IR% 中等，CP 在断电时处于中性状态	电位梯度 IR% 较大，CP 在通/断电时处于阳极状态
交流电流衰减法	单位长度衰减量小	单位长度衰减量中等	单位长度衰减量较大
密间隔电位法（CIPS）	通/断电电位轻微负于阴极保护电位准则	通/断电电位中等偏离并正于阴极保护电位准则	通/断电电位大幅偏离并正于阴极保护电位准则
评价结果	具有钝化或较低的腐蚀活性可能性	具有一般腐蚀活性	具有高腐蚀活性可能性
处理建议	可不开挖检测	计划开挖检测	立即开挖检测

4.3.2 防腐层绝缘性能评价应符合下列规定：

1 对环氧类、聚乙烯等高性能防腐层的绝缘性能可采用电流一电位法或交流电流衰减法进行定性评价；

2 石油沥青防腐层绝缘性能评价指标应符合表 4.3.2 的规定。

表 4.3.2 石油沥青防腐层绝缘性能评价指标

检测方法及建议	防腐层等级				
	Ⅰ（优）	Ⅱ（良）	Ⅲ（可）	Ⅳ（差）	Ⅴ（劣）
电流一电位法测面电阻率 R_g（Ω·m²）	≥5000	$2500\leqslant R_g<5000$	$1500\leqslant R_g<2500$	$500\leqslant R_g<1500$	<500
变频一选频法测面电阻率 R_g（Ω·m²）	≥10000	$6000\leqslant R_g<10000$	$3000\leqslant R_g<6000$	$1000\leqslant R_g<3000$	<1000
老化程度及表现	基本无老化	老化轻微，无剥离和损伤	老化较轻，基本完整，沥青发脆	老化较严重，有剥离和较严重的吸水现象	老化和剥离严重，轻剥即掉
处理建议	暂不维修和补漏	计划检漏和修补作业	近期检漏和修补	加密测点进行小区段测试，对加密点测出的小于 1000Ω·m² 的防腐层进行维修	大修

4.4 阴极保护评价

4.4.1 阴极保护状况可采用管道极化电位进行评价。

4.4.2 正常情况下，施加阴极保护后，使用铜/饱和硫酸铜参比电极（以下简称CSE）测得的管道极化电位应达到或负于－850mV。测量电位时，应考虑IR降的影响。

4.4.3 存在细菌腐蚀时，管道极化电位值相对于CSE应小于或等于－950mV。

4.4.4 在土壤电阻率为100Ω·m～1000Ω·m的环境中，管道极化电位值相对于CSE应小于或等于－750mV；当土壤电阻率大于1000Ω·m时，管道极化电位值相对于CSE应小于或等于－650mV。

4.4.5 当阴极极化电位难以达到－850mV时，可采用阴极极化或去极化电位差大于100mV的判据。

4.4.6 阴极保护的管道极化电位不应使被保护管道析氢或防腐层产生阴极剥离。

4.5 管道腐蚀损伤评价

4.5.1 管道腐蚀损伤评价的方法应符合现行行业标准《钢制管道及储罐腐蚀评价标准 埋地钢质管道外腐蚀直接评价》SY/T 0087.1的有关规定。当采用剩余壁厚、危险截面和剩余强度三个层次逐级评价时，管道腐蚀损伤评价指标应符合表4.5.1的规定。

表4.5.1 管道腐蚀损伤评价指标

评价方法		评价等级						
		Ⅰ	ⅡA	ⅡB	Ⅲ	ⅣA	ⅣB	Ⅴ
1	剩余壁厚评价	$T_{mm}>0.9T_0$	$0.2<T_{mm}/T_0\leqslant0.9$					$T_{mm}\leqslant0.2T_0$ 或 $T_{mm}\leqslant2mm$
2	危险截面评价	—	$T_{mm}>T_{min}$	—			$T_{mm}\leqslant0.5T_{min}$ 或危险截面超标	—
3	剩余强度评价	—	—	$RSF\geqslant0.9$	$0.5\leqslant RSF<0.9$	$RSF<0.5$	—	—
评价结果		腐蚀很轻	腐蚀不严重		腐蚀较严重	腐蚀严重		腐蚀很严重
处理建议		继续使用	监控		降压使用	计划维修		立即维修

注：T_{mm}为管道最小剩余壁厚（mm）；T_0为管道壁厚（mm）；T_{min}为管道最小安全壁厚（mm）；*RSF*为管道剩余强度因子。

4.5.2 管道腐蚀速率应采用最大点蚀速率指标进行评价。管道腐蚀性评价指标应符合表4.5.2的规定。

表4.5.2 管道腐蚀性评价指标

指标	级别			
	轻	中	重	严重
最大点蚀速率（mm/a）	<0.305	0.305～<0.611	0.611～<2.438	≥2.438

5 防腐层

5.1 一般规定

5.1.1 管道防腐层主要性能应符合下列规定：

1 应有良好的电绝缘能力；

2 应有足够的抗阴极剥离能力；

3 与管道应有良好的粘结性；

4 应有良好的耐水、汽渗透性；

5 应具有良好的机械性能；

6 应有良好的耐化学介质性能；

7 应有良好的耐环境老化性能；

8 应易于修复；

9 工作温度应为－30℃～70℃。

5.1.2 防腐层应根据下列因素选择：

1 土壤环境和地形地貌；

2 管道运行工况；

3 管道系统设计使用年限；

4 管道施工环境和施工条件；

5 现场补口、补伤条件；

6 防腐层及其与阴极保护相配合的经济合理性；

7 防腐层涂覆过程中不应危害人体健康和污染环境；

8 防腐层的材料和施工工艺不应对母材的性能产生不利影响。

5.1.3 管道防腐层宜采用挤压聚乙烯防腐层、熔结环氧粉末防腐层、双层环氧防腐层等，普通级和加强级的防腐层基本结构应符合表5.1.3的规定。

表5.1.3 防腐层基本结构

防腐层	基本结构	
	普通级	加强级
挤压聚乙烯防腐层	≥120μm环氧粉末＋≥170μm胶粘剂＋1.8mm～3.0mm聚乙烯	≥120μm环氧粉末＋≥170μm胶粘剂＋2.5mm～3.7mm聚乙烯
熔结环氧粉末防腐层	≥300μm环氧粉末	≥400μm环氧粉末
双层环氧防腐层	≥250μm环氧粉末＋≥370μm改性环氧	≥300μm环氧粉末＋≥500μm改性环氧

5.1.4 下列情况应按本规程表5.1.3采用加强级防腐层结构：

1 高压、次高压、中压管道和公称直径大于或等于200mm的低压管道；

2 穿越河流、公路、铁路的管道；

3 有杂散电流干扰及存在细菌腐蚀的管道；

4 需要特殊防护的管道。

5.1.5 管道附件的防腐层等级不应低于管道防腐层等级。

5.2 防腐层涂覆

5.2.1 防腐层涂覆前应进行管道表面预处理，预处理方法和检验标准应符合国家现行相关标准的规定，合格后方可涂覆。

5.2.2 管道防腐层涂覆应在工厂进行，防腐层涂覆应完整、连续及与管道粘结牢固，涂覆及质量应符合相应防腐层标准的要求。

5.2.3 管道预留的裸露表面应涂刷防锈可焊涂料。

5.3 防腐管的检验、储存和搬运

5.3.1 防腐管现场质量检验指标应符合下列规定：

1 外观：防腐层表面不得出现气泡、破损、裂纹、剥离等缺陷；

2 厚度：防腐层厚度不得低于本规程表5.1.3的最低厚度要求；

3 粘结力：防腐层与管道的粘结力不得低于相应防腐层技术标准要求；

4 连续性：防腐层中暴露金属的漏点数量应符合相应防腐层技术标准要求。

5.3.2 防腐管现场质量检验及处理方法应符合下列规定：

1 外观：应逐根检验，对发现的缺陷应修补处理直至复检合格；

2 厚度：每根管应检测两端和中部共3个圆截面，每个圆截面测量上、下、左、右共4个点，以最薄点为准。每20根抽检1根（不足20根按20根计），如不合格应加倍抽检，加倍抽检仍不合格，则应逐根检验，不合格者不得使用；

3 粘结力：采用剥离法，取距防腐层边界大于10mm的任一点进行测量。每100根抽检1根（不足100根按100根计），如不合格应加倍抽检，加倍抽检仍不合格，则应逐根检验，不合格者不得使用；

4 连续性：应采用电火花检漏仪逐根检验。挤压聚乙烯防腐层的检漏电压为25000V；熔结环氧粉末防腐层、双层环氧防腐层的检漏电压为5V/μm。对发现的缺陷应进行修补处理至复检合格。

5.3.3 防腐管露天存放时，应避光保存，存放时间不宜超过6个月。

5.3.4 防腐管在装卸、堆放、移动和运输过程中必须采取保护防腐层不受损伤的措施，应使用专用衬垫及吊带，严禁钢丝绳直接接触防腐层。

5.4 防腐管的施工和验收

5.4.1 防腐管的施工应符合下列规定：

1 管沟底土方段应平整且无石块，石方段应有不小于300mm厚的细软垫层，沟底不得出现损伤防腐层或造成电屏蔽的物体；

2 防腐管下沟前应对防腐层进行外观检查，并应采用电火花检漏仪进行检漏；检漏范围包括补口处，检漏电压应符合本规程第5.3.2条的规定；

3 防腐管下沟时应采取措施保护防腐层不受损伤；

4 防腐管下沟后应对防腐层外观再次进行检查，发现防腐层缺陷应及时修复；

5 防腐管的回填应符合现行行业标准《城镇燃气输配工程施工及验收规范》CJJ 33的有关规定。

5.4.2 防腐管的补口和补伤应使用与原防腐层相容的材料，补口和补伤材料理论使用寿命不得低于管道系统设计使用年限，施工、验收应符合国家现行有关标准规定。当补口材料为热收缩套时，补口处检漏电压应为15000V。

5.4.3 防腐管切、接线处的表面处理应使用电动或气动工具。

5.4.4 防腐管切、接线所用防腐材料应紧密包覆在所有裸露钢材表面，切、接线处防腐层厚度不宜小于管道防腐层厚度，并应进行电火花检漏。

5.4.5 防腐管回填后必须对防腐层完整性进行检查。

5.4.6 完整性检查发现的防腐层缺陷应进行修补至复检合格。

5.4.7 定向钻施工的管段应进行防腐层面电阻率检测，以评价防腐层的质量，可根据评价结果采取相应的措施。

5.4.8 防腐管施工后，应提供下列竣工资料：

1 防腐管按本规程第5.3.1条和第5.3.2条进行的检测验收记录；

2 防腐管现场施工补口、补伤的检测记录；

3 隐蔽工程记录；

4 防腐层原材料、防腐管的出厂合格证及质量检验报告；

5 补口、补伤材料的出厂合格证及质量检验报告；

6 防腐管完整性检验记录。

6 阴极保护

6.1 一般规定

6.1.1 管道阴极保护可采用牺牲阳极法、强制电流法或两种方法的结合，设计时应根据工程规模、土壤环境、管道防腐层质量等因素，经济合理地选用。

6.1.2 管道阴极保护不应对相邻埋地管道或构筑物造成干扰。

6.1.3 新建管道阴极保护的勘察、设计、施工应与管道的勘察、设计、施工同时进行，并应同时投入使用。

6.1.4 在管道埋地6个月内，正常阴极保护系统不能投入运行时，应采取临时性阴极保护措施。在强腐蚀性土壤中，管道在埋入地下时应施加临时阴极保护措施，直至正常阴极保护投产。对于受到杂散电流干扰影响的管道，阴极保护应在3个月之内投入运行。

6.1.5 对在役管道追加阴极保护前，应对防腐层绝缘性能进行检测，并应实际测量阴极保护所需电流及保护范围。

6.2 阴极保护系统设计

6.2.1 市区或地下管道及构筑物相对密集的区域宜采用牺牲阳极阴极保护。具备条件时，可采用柔性阳极阴极保护。

6.2.2 在有条件实施区域性阴极保护的场合，可采用深井阳极地床的阴极保护。

6.2.3 采用阴极保护的管道应设置电绝缘装置，电绝缘装置包括绝缘接头、绝缘法兰、绝缘短管、套管内绝缘支撑、管桥上的绝缘支架等，并应符合下列规定：

1 高压、次高压、中压管道宜使用整体埋地型绝缘接头；

2 电绝缘装置应采取防止超过其绝缘能力的高电压电涌冲击的保护措施；

3 在爆炸危险区，应采用防爆电绝缘装置。

6.2.4 下列部位应安装电绝缘装置：

1 被保护管道的两端及保护与未保护的设施之间；

2 套管与输送管之间；

3 管道同支撑构筑物之间；

4 储配站、门站、调压站（箱）的进口与出口处。

6.2.5 下列部位宜安装电绝缘装置：

1 不同电解质环境的管段间；

2 支线管道连接处及引入管末端；

3 不同防腐层的管段间；

4 交、直流干扰影响的管段上；

5 有接地的阀门处。

6.2.6 被保护管道应具有良好的电连续性，并应符合下列规定：

1 非焊接连接的管道及管道设施应设置跨接电缆或其他有效的电连接方式；

2 穿跨越管道安装绝缘装置的部位应设置跨接电缆。

6.2.7 与阴极保护管道相连接的接地装置应采用电极电位较管道为负的材料，宜采用锌合金。

6.2.8 阴极保护系统应设置测试装置，并应符合下列规定：

1 测试装置的功能应分别满足电位测试、电流测试和组合功能测试的要求；

2 对不同沟敷设的多条平行管道，每条管道应单独设置测试装置或单独接线至共用测试装置；

3 测试装置应沿管道走向设置，可设置在地上或地下，市区可采用地下测试井方式。相邻测试装置间隔不应大于1km，杂散电流干扰影响区域内可适当加密。

6.2.9 下列区域应设置阴极保护测试装置：

1 杂散电流干扰区；

2 套管端头处；

3 绝缘法兰和绝缘接头处；

4 强制电流阴极保护的汇流点；

5 辅助试片或极化探头处；

6 强制电流阴极保护的末端。

6.2.10 阴极保护测试装置宜设置在下列位置：

1 牺牲阳极埋设点；

2 两组牺牲阳极的中间处；

3 与外部金属构筑物相邻处；

4 穿跨越管道两端；

5 接地装置连接处；

6 与其他管道或设施连接处和交叉处。

6.3 阴极保护系统施工

6.3.1 阴极保护电绝缘装置的安装及测试应符合现行行业标准《阴极保护管道的电绝缘标准》SY/T 0086的有关规定。

6.3.2 棒状牺牲阳极的安装应符合下列规定：

1 阳极可采用水平式或立式安装；

2 牺牲阳极距管道外壁宜为0.5m～3.0m。成组布置时，阳极间距宜为2.0m～3.0m；

3 牺牲阳极与管道间不得有其他地下金属设施；

4 牺牲阳极应埋设在土壤冰冻线以下；

5 测试装置处，牺牲阳极引出的电缆应通过测试装置连接到管道上。

6.3.3 阴极保护测试装置应坚固耐用、方便测试，装置上应注明编号，并应在运行期间保持完好状态。接线端子和测试柱均应采用铜制品并应封闭在测试盒内。

6.3.4 测试装置的安装应符合下列规定：

1 每个装置中应至少有2根电缆或双芯电缆与管道连接，电缆应采用颜色或其他标记法区分，全线应统一；

2 采用地下测试井安装方式时，应在井盖上注明标记。

6.3.5 电缆安装应符合下列规定：

1 阴极保护电缆应采用铜芯电缆；

2 测试电缆的截面积不宜小于 $4mm^2$；

3 用于牺牲阳极的电缆截面积不宜小于 $4mm^2$，用于强制电流阴极保护中阴、阳极的电缆截面积不宜小于 $16mm^2$；

4 电缆与管道连接宜采用铝热焊方式，并应连接牢固、电气导通，且在连接处应进行防腐绝缘处理；

5 测试电缆回填时应保持松弛。

6.4 阴极保护系统验收

6.4.1 阴极保护参数的测试方法应符合现行国家标准《埋地钢质管道阴极保护参数测量方法》GB/T 21246 的有关规定，阴极保护电位应采用消除 IR 降的方法进行测试。

6.4.2 阴极保护系统竣工后，应进行下列参数的测试：

1 强制电流阴极保护系统测试应包括下列参数：

1）管道沿线土壤电阻率；

2）管道自腐蚀电位；

3）辅助阳极接地电阻；

4）辅助阳极埋设点的土壤电阻率；

5）绝缘装置的绝缘性能；

6）管道极化电位；

7）管道保护电流；

8）电源输出电流、电压。

2 牺牲阳极阴极保护系统测试应包括下列参数：

1）阳极开路电位；

2）阳极闭路电位；

3）管道自腐蚀电位；

4）管道极化电位；

5）单支阳极输出电流；

6）组合阳极联合输出电流；

7）单支阳极接地电阻；

8）组合阳极接地电阻；

9）阳极埋设点的土壤电阻率；

10）绝缘装置的绝缘性能。

6.4.3 阴极保护系统竣工后，应提供下列竣工资料：

1 竣工图应包括下列内容：

1）平面布置图；

2）阳极地床结构图；

3）测试装置接线图；

4）电缆连接和敷设图。

2 设计变更；

3 产品制造厂家提供的说明书、产品合格证、检验证明、安装图纸等技术文件；

4 安装技术记录；

5 调试试验记录；

6 隐蔽工程记录；

7 本规程第 6.4.2 条规定的各项参数测试数据记录。

7 干扰防护

7.1 一般规定

7.1.1 当管道和电力输配系统、电气化轨道交通系统、其他阴极保护系统或其他干扰源接近时，应进行实地调查，判断干扰的主要类型和影响程度。

7.1.2 干扰防护应按以排流保护为主，综合治理、共同防护的原则进行。

7.1.3 受干扰管道采取防护措施后，应在后期运行维护中做好监测、检测工作。

7.2 直流干扰的防护

7.2.1 管道直流干扰的调查、测试、防护、效果评定、运行及管理应符合现行行业标准《埋地钢质管道直流排流保护技术标准》SY/T 0017 的有关规定。

7.2.2 直流干扰防护工程实施前，应对直流干扰的方向、强度及直流干扰源与管道位置的关系进行实测，并根据测试结果采取直接排流、极性排流、强制排流、接地排流等一种或多种排流保护方式。

7.2.3 排流保护效果应符合下列规定：

1 受干扰影响的管道上任意点的管地电位应达到或接近未受干扰前的状态或达到阴极保护电位标准；

2 受干扰影响的管道的管地电位的负向偏移不宜超过管道防腐层的阴极剥离电位；

3 对排流保护系统以外的埋地管道或地下金属构筑物的干扰影响小；

4 当排流效果达不到上列 3 款要求时，可采用正电位平均值比指标进行评定。排流保护效果评定结果应满足表 7.2.3 指标要求。

表 7.2.3 排流保护效果评定

排流类型	干扰时管地电位（V）	正电位平均值比（%）
直接向干扰源排流（直接排流、极性排流、强制排流方式）	>10	>95
	10～5	>90
	<5	>85
间接向干扰源排流（接地排流方式）	>10	>90
	10～5	>85
	<5	>80

7.2.4 管道采取排流保护措施后，效果经评定未达标的，应进行排流保护的调整。对于经调整仍达不到相关要求或不宜采取常规排流方式的局部

管段可采取其他辅助措施。调整完成后，应按本规程第7.2.3条的规定重新进行排流保护效果评定。

7.3 交流干扰的防护

7.3.1 管道交流干扰的调查、测试、防护、效果评定、运行及管理应符合现行国家标准《埋地钢质管道交流干扰防护技术标准》GB/T 50698的有关规定。

7.3.2 交流干扰防护工程实施前，应进行干扰状况调查测试。测试数据不得少于1个干扰周期。

7.3.3 对同一条或同一系统中的管道，可根据实际情况采用直接接地、负电位接地、固态去耦合器接地等一种或多种防护措施。但所有干扰防护措施均不得对管道阴极保护的有效性造成不利影响。

7.3.4 管道实施干扰防护应达到下列规定：

1 在土壤电阻率不大于25Ω·m的地方，管道交流干扰电压应小于4V；在土壤电阻率大于25Ω·m的地方，交流电流密度应小于$60A/m^2$；

2 在安装阴极保护电源设备、电位远传设备及测试桩位置处，管道上的持续干扰电压和瞬间干扰电压应小于相应设备所能承受的抗工频干扰电压和抗电强度指标，并应满足安全接触电压的要求。

8 腐蚀控制工程的运行管理

8.1 防腐层的检测和维护

8.1.1 管道防腐层的检测周期应符合下列规定：

1 高压、次高压管道每3年不得少于1次；

2 中压管道每5年不得少于1次；

3 低压管道每8年不得少于1次；

4 再次检测的周期可依据上一次的检测结果和维护情况适当缩短。

8.1.2 管道防腐层的检测方法与内容应符合下列规定：

1 管道防腐层检测评价应符合现行行业标准《钢制管道及储罐腐蚀评价标准　埋地钢质管道外腐蚀直接评价》SY/T 0087.1的有关规定；

2 管道防腐层的绝缘性能可用电流-电位法定量检测或交流电流衰减法定性检测；

3 管道防腐层的缺陷可采用直流电位梯度法、交流电位梯度法、交流电流衰减法、密间隔电位法等进行检测。对一种检测方法检出和评价为“重”的点应采用另一种检测方法进行再检，加以校验；

4 可采用开挖探坑或在检测孔处通过外观检测、粘结力检测及电火花检测评价管道防腐层状况；

5 已实施阴极保护的管道，可采用检测阴极保护的保护电流、保护电位、保护电位分布评价管道防腐层状况。出现下列情况应检查管道防腐层：

1）运行保护电流大于正常保护电流范围；

2）运行保护电位超出正常保护电位范围；

3）保护电位分布出现异常。

8.1.3 管道防腐层发生损伤时应修补或更换，进行修补或更换的防腐层应与原防腐层具有良好的相容性，且应符合相应国家现行有关标准的规定。

8.1.4 当管道出现泄漏、腐蚀深度大于或等于50%壁厚时，应先进行管道补焊、补伤或更换，再实施防腐层的修补或更换。

8.2 阴极保护系统的运行和维护

8.2.1 阴极保护系统的检测周期和检测内容应符合下列规定：

1 牺牲阳极阴极保护系统检测每6个月不得少于1次；

2 外加电流阴极保护系统检测每6个月不得少于1次；

3 电绝缘装置检测每年不得少于1次；

4 阴极保护电源检测每2个月不得少于1次；

5 阴极保护电源输出电流、电压检测每日不得少于1次；

6 检测内容应符合本规程第6.4.2条的规定。

8.2.2 阴极保护系统的检测数据应记录在案，并应依此绘出电位分布曲线图和电流分布曲线图。

8.2.3 对阴极保护失效区域应进行重点检测，出现下列故障时应及时排除：

1 管道与其他金属构筑物搭接；

2 绝缘失效；

3 阳极地床故障；

4 管道防腐层漏点；

5 套管绝缘失效。

8.2.4 阴极保护系统的保护率应为100%，强制电流阴极保护系统的运行率应大于或等于98%。

8.2.5 阴极保护系统的保护率和运行率应每年进行1次考核。

8.2.6 阴极保护系统可采用遥测技术实时监测。

8.3 干扰防护系统的检测和维护

8.3.1 干扰防护系统的检测周期和检测内容应符合下列规定：

1 直流干扰防护系统应每月检测1次，检测内容应包括管地电位、排流电流（最大、最小、平均值）；

2 交流干扰防护系统应每月检测1次，检测内容应包括管道交流干扰电压、管道交流电流密度、防护系统交流排流量。

8.3.2 当干扰环境发生较大改变时，应及时对干扰源和被干扰管道进行调查测试，对干扰防护系统进行调整或改进防护措施。

8.3.3 干扰防护系统的维护应每年进行1次，两次维护之间的时间间隔不应超过18个月，维护应包括下列内容：

1 检查各主要元器件的性能，更换失效的元器件；

2 检查各电气连接点的接触情况和连接紧实程度，确保其接触良好牢固；

3 检查各指示仪表的灵敏度和准确性，维修和更换失效的仪表；

4 检查接地排流装置的接地电阻，如接地电阻过大应及时采取降阻措施。

8.3.4 当干扰防护系统主要元件进行维修或更换后，应进行24h的连续测试。直流干扰防护系统应测试排流点管地电位和排流电流，交流干扰防护系统应测试接地点管道交流干扰电压。

8.4 管道腐蚀损伤的检测和维护

8.4.1 开挖检测的顺序和数量应根据防腐层检测的评价结果确定。开挖检测应包括下列内容：

1 管道金属表面的外观检查；

2 记录腐蚀形状和位置；

3 测量管壁腐蚀坑深和腐蚀面积；

4 初步鉴定腐蚀产物的成分。

8.4.2 管道腐蚀损伤的维护处理应符合本规程第4.5.1条的规定。当采用更换局部管段的方式维修时，管材应选择与原管道同牌号或同级别的材料，并应选择合适的焊接、无损检测工艺。

本规程用词说明

1 为便于在执行本规程条文时区别对待，对于要求严格程度不同的用词说明如下：

1） 表示很严格，非这样做不可的：
正面词采用“必须”，反面词采用“严禁”；

2） 表示严格，在正常情况下均应这样做的：
正面词采用“应”，反面词采用“不应”或“不得”；

3） 表示允许稍有选择，在条件许可时首先应这样做的：
正面词采用“宜”，反面词采用“不宜”；

4） 表示有选择，在一定条件下可以这样做的，采用“可”。

2 条文中指明应按其他有关标准执行的写法为：“应符合……的规定”或“应按……执行”。

引用标准名录

1 《埋地钢质管道交流干扰防护技术标准》GB/T 50698

2 《埋地钢质管道阴极保护参数测量方法》GB/T 21246

3 《城镇燃气输配工程施工及验收规范》CJJ 33

4 《埋地钢质管道直流排流保护技术标准》SY/T 0017

5 《阴极保护管道的电绝缘标准》SY/T 0086

6 《钢制管道及储罐腐蚀评价标准　埋地钢质管道外腐蚀直接评价》SY/T 0087.1

中华人民共和国行业标准

城镇燃气埋地钢质管道腐蚀控制技术规程

CJJ 95—2013

条 文 说 明

修 订 说 明

《城镇燃气埋地钢质管道腐蚀控制技术规程》CJJ 95－2013，经住房和城乡建设部2013年11月8日以第213号公告批准、发布。

本规程是在《城镇燃气埋地钢质管道腐蚀控制技术规程》CJJ 95－2003的基础上修订而成，上一版的主编单位是北京市市政管理委员会，参编单位是北京市燃气集团有限责任公司、上海燃气浦东销售有限公司、中央制塑（天津）有限责任公司、宁波安达防腐材料有限责任公司，主要起草人员是张元善、米琪、周凌柏、吴国荣、禹国新、高陆生、徐孟锦。本次修订的主要技术内容是：1. 第4章增加了交流干扰评价、防腐层评价、阴极保护评价三部分内容；2. 第5章删除了二层挤压聚乙烯防腐层、聚乙烯胶带防腐层结构，增加了双层环氧防腐层结构；3. 第6章调整了章节结构，阴极保护效果判据的内容移至第4章；4. 第7章增加了交流干扰防护的内容；5. 第8章增加了干扰防护系统的检测和维护、管道腐蚀损伤的检测和维护两部分内容。

本规程修订过程中，编制组进行了燃气行业腐蚀防护状况的调查研究，总结了我国工程建设的实践经验，同时参考了国外先进的技术法规、技术标准。

为便于广大设计、施工、科研、学校等单位有关人员在使用本规程时能正确理解和执行条文规定，《城镇燃气埋地钢质管道腐蚀控制技术规程》编制组按章、节、条顺序编制了本规程的条文说明，对条文规定的目的、依据以及执行中需注意的有关事项进行了说明，还着重对强制性条文的强制性理由做了解释。但是，本条文说明不具备与规程正文同等的法律效力，仅供使用者作为理解和把握规程规定的参考。

目　次

1 总 则

1.0.1 本规程是对管道腐蚀控制系统设计、施工、验收与管理的最基本要求，考虑了多年来我国发展城镇燃气埋地钢质管道（以下简称管道）所积累的经验和已形成的历史现状，参考了国内有关现行标准和国外先进标准。

1.0.2 本规程适用于城镇燃气埋入地下直接与土壤接触的钢质管道的外表面腐蚀控制。

1.0.3 本规程仅对管道腐蚀控制系统带有普遍性的内容进行了原则性的规定。

2 术 语

本章术语主要从电化学理论的基本概念出发，针对城镇燃气埋地钢质管道对有关术语进行了解释，以帮助理解管道腐蚀与防护的科学概念。

2.0.4 本术语中"电极电位"为与同一电解质接触的电极和参比电极间的电压。当没有净电流从金属表面流入或流出时，腐蚀电位即为"自腐蚀电位"；当有净电流从金属表面流入或流出时，腐蚀电位即为"极化电位"（有净电流流入金属表面为阴极极化电位，有净电流流出金属表面为阳极极化电位）。无论是阴极保护电流还是杂散电流，都会引起腐蚀电位偏离自腐蚀电位。不管是否有净电流（外部）从研究金属表面流入或流出，本术语均适用。

2.0.5 在腐蚀行业中常称之为"自然电位"，从腐蚀学理论出发称之为"自腐蚀电位"。

2.0.19 通常只解释为由于金属和电解质之间有净电流流动而导致的电极电位偏离初始电位现象，即只解释什么叫极化现象，本条文中增加了"可表征电极界面上电极过程的阻力作用"，即将极化现象所揭示电极过程的本质加以强调，对理解"极化"十分重要。

2.0.20 在本规程中的阴极保护评价指标是根据极化电位提出的，本规程中提到的阴极保护电位均指极化电位，不包含阴极保护电流或杂散电流引起的IR降误差。

2.0.23 IR降使测得的电位值比实际金属/电解质界面的电位值偏负。IR降的大小取决于电解质的电阻率，也与埋地构筑物本身有关，构筑物如果带有覆盖层，覆盖层的电阻对保护电位的测量结果也有影响。测量管道保护电位时，应考虑IR降的影响。

2.0.25 通常情况下，应在切断阴极保护电流后和极化电位尚未衰减前立刻测量。

2.0.28 强调了排流保护本质是一种电学方法或物理方法，来改变管道的腐蚀电池结构，而并非是一种电化学方法。

3 基 本 规 定

3.0.1 本条为强制性条文。防腐层是埋地钢质管道外腐蚀控制的最基本方法，外防腐层的功能是把埋地管道的外表面与环境隔离，以控制腐蚀并减少所需的阴极保护电流，以及改善电流分布，扩大保护范围。美国腐蚀工程师协会在1993年的年会论文中曾指出："正确涂敷的防腐蚀层应该为埋地构件提供99%的保护需求，而余下的1%由阴极保护提供"，这说明了防腐层的重要性。因此要求埋地钢质管道必须采用防腐层进行保护。

在管道设计中，应包括防腐层设计及检验的内容，严禁埋地管道使用裸钢管。防腐管施工完成后，应提供本规程5.4.8规定的竣工资料。

3.0.2 埋地钢质管道的腐蚀控制应采用防腐层辅以阴极保护的联合保护方式是发达国家的普遍做法，美国腐蚀工程师协会标准NACE RP 0169在1969年发布时就已有此规定，英国国家标准BS 7361、前苏联国家标准ГОСТ 9.015－74等都有相关规定。

因为管道腐蚀与施工质量、材料、环境、防腐层破损等有直接关系，而与管道压力、管径大小无关，因此本次修订取消了管径、压力的限制，正常情况下，所有新建埋地钢质管道都应采用阴极保护。同时，全文强制标准《城镇燃气技术规范》GB 50494－2009的第6.2.10条规定：新建的下列管道应采用外防腐层辅以阴极保护系统的腐蚀控制措施：1 设计压力大于0.4MPa的管道；2 公称直径大于或等于100mm，且设计压力大于或等于0.01MPa的管道。这也是本规程执行中必须遵守的。

3.0.3 此条款在全文强制标准《城镇燃气技术规范》GB 50494中也有规定。防腐层和阴极保护系统是腐蚀控制的两项基本措施，必须保证防腐层的完整性和阴极保护的有效性，腐蚀控制效果才能得到保障。

3.0.4 对仅有防腐层保护的在役管道追加阴极保护也是发达国家的通用做法，如美国、德国、前苏联等。美国在1971年和1988年由美国运输部发布的安全"法规"，即作为"法律"对埋地的未施加阴极保护的钢质气体管道与储罐都要追加阴极保护。国内、外的实践已证明，追加阴极保护后，管道的安全运行寿命得到有效提高，国内有关部门的经验证明，至少可使管道的寿命延长一倍。

3.0.7 腐蚀评价是一项系统工作，尤其是管道发生腐蚀泄漏或腐蚀控制系统失效时，需分析腐蚀失效原因，本条说明了影响腐蚀控制效果的几个主要方面。

3.0.8 本条中所提"应具有相应专业技术资格"是指技术人员具有专业技术学历或经过专业培训，并取得了有关单位的认证。这是我国管道腐蚀控制系统设计、施工和管理逐步规范化、专业化及国际化的需要，也是提高工程技术水平的关键。

4 腐蚀控制评价

4.1 土壤腐蚀性评价

土壤腐蚀性的评价是定性判定，其评价方法有多种，除本规程提供的方法外，国外也采用打分法进行评价，即对土壤的十多项性能分别测试后，给出分值予以判定。本节中所列是我国目前通用且易行的方法。

4.1.1 本条中表4.1.1引自《钢制管道及储罐腐蚀评价标准 埋地钢质管道外腐蚀直接评价》SY/T 0087.1中的表7.1.1。一般情况下，所提腐蚀电流密度采用原位极化法检测，平均腐蚀速率采用试片失重法检测。

4.1.2 本条中表4.1.2引自《钢质管道外腐蚀控制规范》GB/T 21447-2008中的表2。

4.1.3 表4.1.3引自《钢制管道及储罐腐蚀评价标准 埋地钢质管道外腐蚀直接评价》SY/T 0087.1中的表7.1.3。

4.2 干扰评价

4.2.1 各国对直流干扰腐蚀的评价标准不尽相同，本条中所列是我国目前通用的方法。

4.2.2、4.2.3 交流干扰腐蚀评价的内容主要参考了《埋地钢质管道交流干扰防护技术标准》GB/T 50698的规定。

4.3 防腐层评价

4.3.1 表4.3.1管道防腐层缺陷评价参考了《钢制管道及储罐腐蚀评价标准 埋地钢质管道外腐蚀直接评价》SY/T 0087.1中的表4.0.7。几种检测方法介绍如下：

1 交流电位梯度法（alternating current voltage gradient survey，ACVG），是一种通过测量沿着管道或管道两侧的由防腐层破损点漏泄的交流电流在地表所产生的地电位梯度变化，来确定防腐层缺陷位置的地表测量方法。城镇环境广泛使用的Pearson法是交流电位梯度法的一种，主要用于探测和定位埋地管道防腐层上的缺陷。

2 直流电位梯度法（direct current voltage gradient survey，DCVG），是一种通过测量沿着管道或管道两侧的由防腐层破损点漏泄的直流电流在地表所产生的地电位梯度变化，来确定防腐层缺陷位置、大小、形态以及表征腐蚀活性的地表测量方法。

3 交流电流衰减法（alternating current attenuation survey），一种在现场应用电磁感应原理，采用专用仪器（如管道电流测绘系统，简称PCM）测量管内信号电流产生的电磁辐射，通过测量出的信号电流衰减变化，来评价管道防腐层总体情况的地表测量方法。收集到的数据可能包括管道位置、埋深、异常位置和异常类型。

4 密间隔电位测量（close-interval potential survey，CIPS），一种沿着管顶地表，以密间隔（一般1m～3m）移动参比电极测量管地电位的方法。

表1中对几种检测方法进行了比较。

表1 几种检测方法的原理和特点

方法名称	检测原理	特点
交流电位梯度法	一种通过测量沿着管道或管道两侧的由防腐层破损点漏泄的交流电流在地表所产生的地电位梯度变化，来确定防腐层缺陷位置的地表测量方法	接收机轻便，检测速度较快，自带信号发射机、能对外防腐层破损点进行精确定位，不受阴极保护系统的影响
直流电位梯度法	借助管道阴极保护电流，通过沿线测量电位梯度，分析电位梯度场的形状，判断破损点的位置、估算破损点面积和形状等	不受交流电干扰，不需拖拉电缆，受地貌影响最少，准确度高，但不能判断剥离
交流电流衰减法	对管道施加交流信号，通过检测沿线交流电位梯度，判断破损点位置，通过检测沿线电流，推算绝缘电阻	破损点定位精度和检测效率取决于检测间隔距离的大小，不能判断破损程度和剥离，易受外界电流的干扰
密间隔电位测量	通过检测阴极保护电位沿管道（一般每隔1m～5m测量一个点）的变化来判断外覆盖层状况好坏，变化小状况好，变化大则状况差	可给出缺陷位置、大小和严重程度，同时给出阴极保护效果和前保护部位（此部位管道本体可能已发生腐蚀）

4.3.2 本条文参考了《埋地钢质管道外防腐层修复技术规范》SY/T 5918-2004中第5.2.1条的规定。

电流-电位法，即外加电流法，测得的外防腐层绝缘电阻实质上是三部分电阻的总和，即防腐层本身的电阻、阴极极化电阻、土壤过渡电阻。

变频-选频法的理论基础是利用高频信号传输的经典理论，确定高频信号沿管道-大地回路传输的数学模型。通常对管道施加一个激励电信号，根据由此在管道中引起的某种电参数的相应变化或沿管道纵向传输过程中的衰减变化，可求得管道防腐层绝缘电阻。

4.4 阴极保护评价

4.4.2 本条规定了对已实施阴极保护的管道中阴极保护的效果判据。主要参考了美国《埋地或水下金属管线系统外腐蚀控制的推荐作法》NACE RP 0169 和《钢质管道外腐蚀控制规范》GB/T 21447 中的有关规定。给出了阴极保护的最低保护电位为−850mV 的管/地界面极化电位，数值中不应含有 IR 降误差。

4.4.3 采用指标−950mV 是参考了我国现行标准《钢质管道外腐蚀控制规范》GB/T 21447 中的有关规定，这一指标在 NACE RP 0169－2007 的第 6.2.2.2.2 条中有相同规定，说明在有硫化物、细菌、高温、酸性环境下采用−950mV 指标是充分的。

4.4.4 由于管道所处环境越来越复杂，在土壤电阻率很高的土壤中（如沙漠地区）运行的管道，自然电位偏正，所以没必要采用−850mV 的极化准则，可采用比−850mV 偏正的电位（相对于铜/饱和硫酸铜参比电极）。

4.4.5 本条参考了《埋地钢质管道阴极保护技术规范》GB/T 21448－2008 的第 4.3.2 条，并明确说明：在高温条件、含硫酸盐还原菌的土壤存在杂散电流及异金属材料耦合的管道中不能采用 100mV 的极化准则。

4.4.6 本条是根据 NACE RP 0169－2007 的第 6.2.2.3.3 条制定的。

析氢电位可解释如下：在给定的电化学腐蚀体系中，为使电解过程以显著的速度进行，必须施加的最小电压称为分解电压（即使电极上有产物析出时的外加电压），与此相对应的电位称为分解电位，阴极产生氢气时的电位即为析氢电位。

过负的保护电位会造成管道防腐层漏点处大量析出氢气，造成涂层与管道脱离，即阴极剥离。不仅使防腐层失效，而且电能大量消耗，还可导致金属材料产生氢脆进而发生氢脆断裂，所以必须将电位控制在比析氢电位稍正的电位值。

4.5 管道腐蚀损伤评价

4.5.1 表 4.5.1 引自《钢制管道及储罐腐蚀评价标准 埋地钢质管道外腐蚀直接评价》SY/T 0087.1－2006 中的表 5.8.6。

4.5.2 表 4.5.2 参考了《钢制管道及储罐腐蚀评价标准 埋地钢质管道外腐蚀直接评价》SY/T 0087.1－2006 中的表 7.2.1。管道腐蚀速率是腐蚀控制评价中的一项重要指标，可用于管道腐蚀的直接检测评价、原因分析及寿命预测，也便于有针对性地采取有效措施预防、控制或减缓腐蚀的发生。

5 防 腐 层

5.1 一 般 规 定

5.1.1 防腐层的选择及其质量直接决定防腐效果，条文中所列系最基本要求。各项要求的具体指标可按不同防腐层的国家现行标准执行。为了使运行管道腐蚀点易于修复，应考虑防腐层的修补难度。

由于考虑输气介质温度，对防腐层工作温度提出要求。以下述防腐层为例：

挤压聚乙烯的使用温度为−30℃～70℃，熔结环氧粉末的使用温度为−30℃～100℃，双层环氧的使用温度为−30℃～100℃。

5.1.2 由于我国地域广阔，气候和土壤环境复杂，各城镇燃气发展状况不一，因此条文提出的是管道防腐层选择的基本因素。此外，由于对环保的普遍重视，条文中强调了不危害人体健康，不污染环境。

5.1.3 几种管道外防腐层的适用范围可参考表 2。

表 2 几种管道外防腐层的适用范围

序号	防腐层类别	适用范围	相关标准
1	挤压聚乙烯防腐层	中等及以上口径，各种土质，腐蚀等级中等及以上	GB/T 23257
2	熔结环氧粉末防腐层	中等口径，土质较松软，腐蚀等级中等及以上	SY/T 0315
3	双层环氧防腐层	定向钻穿越管段	Q/SY 1038－2007

本条所列防腐层是依据国内城镇燃气实际情况所做的推荐，并不限制其他防腐层的使用。

5.1.5 本条所列管道，由于运行条件和土壤环境比较复杂，较易受到腐蚀且修复困难，故要求采用加强级的防腐层结构。

5.2 防腐层涂覆

5.2.1 管道防腐层的性能与表面处理质量的优劣有直接关系。管道表面经过适当处理，可使防腐层的机械性能和抗电化学腐蚀性能大大提高，并可延长管道的使用寿命。预处理方法和检验可参考国家现行标准《涂覆涂料前钢材表面处理 表面清洁度的目视评定》GB/T 8923 和《涂装前钢材表面预处理规范》SY/T 0407。

5.2.2 在工厂预制有利于保证管道防腐层涂覆质量，也有利于管道防腐效果，故明确要求所有管道防腐都应在工厂进行。

5.2.3 考虑到在城区施工，难以对焊口处喷砂除锈，故要求在工厂除锈后在预留端涂可焊涂料，该涂料不影响焊接质量，可对管端做临时保护，可焊涂料目前常用硅酸锌涂料或无机可焊涂料。

5.3 防腐管的检验、储存和搬运

5.3.1、5.3.2 各种防腐管技术指标不尽相同，在防腐厂应严格按照相关标准全面检验，本条所列为敷设现场验收时的基本项目。

5.3.3 防腐管露天存放易受大气腐蚀和阳光照射，对防腐层质量影响较大，因此对露天存放提出保护措施和时间限制。

5.3.4 不适当的堆放和吊装对防腐层会造成损伤，要特别引起注意，严格执行本条款。

5.4 防腐管的施工和验收

5.4.2 本条中防腐管补口和补伤的施工、验收应符合国家现行标准《埋地钢质管道聚乙烯防腐层》GB/T 23257、《钢质管道单层熔结环氧粉末外涂层技术标准》SY/T 0315 的有关规定，双层环氧防腐层的补口和补伤可参考《埋地钢质管道双层熔结环氧粉末外涂层技术规范》Q/SY1038－2007。

5.4.3 切、接线处往往是城镇燃气钢质管道防腐的最薄弱点，其表面处理质量的好坏直接影响切、接线处的防腐效果，应予以高度重视。仅使用手动工具很难保证表面处理达到标准要求，因此应以电动或气动工具为主，适当配合手动工具。

5.4.4 切、接线处所用防腐材料应便于现场快速涂装后回填，可参见《石油天然气工业管道输送系统用的埋地管道和水下管道的外防腐层补口技术标准》ISO 21809－3。

5.4.5 本条为强制性条文。防腐管在下沟、安装就位的过程中和管沟回填时很容易损伤防腐层，形成腐蚀隐患。若能及时发现腐蚀隐患并采取修补措施，将有利于管道投运后的维护管理和安全运行。

防腐管回填后必须对防腐层完整性进行检查，并填写检查记录。实践中可以采用地面音频检漏法检查防腐层受损情况。若发现防腐层受损，应立即采取修补措施至复检合格。

5.4.7 定向钻施工管段难以进行防腐层的完整性检查，故要求进行防腐层面电阻率的测试。

6 阴极保护

6.1 一般规定

6.1.2 对管道进行阴极保护设计时，应尽量避免对相邻的金属管道或构筑物造成干扰。是否造成干扰可通过实测相邻管道或构筑物的管地电位偏移或其附近土壤的电位梯度值来判断，评定标准依据本规程第4.2.1条。

6.1.3 阴极保护是管道系统的重要组成部分，由于历史原因，目前一些在役管道没有设置阴极保护，使管道由此引发的问题不断，为保障新建管道的安全运行，问题不应再重复出现。因此，为确保阴极保护的作用，要求阴极保护的勘察、设计、施工和管道的勘察、设计、施工同时进行，并同时投入使用，是最合理的选择。这里的“管道投用”是指从管道埋入地下开始，因为当管道埋地时，就开始受到土壤介质的腐蚀，影响管道的寿命。

6.1.5 管道防腐层状况对埋地旧管道选择合适的阴极保护电流密度具有决定性作用，为此应对旧管道的现状进行勘测调研，同时测量现役管道防腐层的面电阻率，可进行馈电试验，馈电试验结果是土壤条件、管/地界面、极化和防腐层状况及管道延续情况的综合反映。根据这些勘测调研、面电阻率测量和馈电试验的结果来选择和确定保护电流密度。

6.2 阴极保护系统设计

6.2.1 柔性阳极通常沿管道平行敷设，且距被保护管道较近，可避免对邻近地下金属构筑物产生干扰；对防腐层破损严重，甚至无防腐层的管道也可确保阴极保护电流均匀分布。近年来，该方式在干扰或屏蔽密集区，得到越来越成功的应用。

6.2.2 当在某一较大区域内，存在管网、储罐、接地系统等众多金属结构物需要保护时，可将所有这些被保护结构电性连接成一体，统一设计和实施阴极保护，即区域性阴极保护。其优点在于电流分布均匀，同时能减少干扰，降低阴极保护的造价。

6.2.3 管道电绝缘是阴极保护的必要条件，绝缘装置限定了阴极保护电流的流动，确保电流用于阴极保护。很多文件称“没有电绝缘就没有阴极保护”，可见电绝缘的重要。

由于绝缘法兰密封性能相对较差，其使用的绝缘垫片及绝缘紧固件会在吸水后造成绝缘失效，从而造成绝缘法兰失效；另外城镇地下构筑物比较拥挤，绝缘法兰井给位困难，因此推荐在高压、次高压、中压管道使用整体型埋地绝缘接头。这在国外使用已非常普遍，且部分发达国家已限制绝缘法兰的使用。

高电压电涌冲击是指来自雷电、感应交流电或故障下的漏电等造成的破坏，常用的保护措施有设置保护性火花间隙、避雷器、接地电池、极化电池、二极管保护等方法。

6.2.7 对于阴极保护的管道或其部件，安全接地会导致阴极保护电流的流失。为此应对接地材料和方法加以限定。推荐采用锌合金接地，一方面能符合防雷接地要求，同时还可向管道提供阴极保护电流。

6.3 阴极保护系统施工

6.3.4 第1款每个测试装置中应至少有两根电缆或双芯电缆与管道连接，虽然增加部分施工成本，但对阴极保护系统的可靠性十分重要。因为接头的电导通性失效，常会导致整个阴极保护系统的失效。

6.4 阴极保护系统验收

6.4.1 消除IR降的方法即需要断电测试管道的参

数，对于牺牲阳极系统和杂散电流干扰区，可采用极化探头或辅助试片进行测量。

7 干扰防护

7.1 一般规定

7.1.1 本条文中“接近”指的是管道与干扰源的相对位置足以使管道上产生危险影响或干扰影响。

直流干扰和交流干扰的实地调查测试项目及方法可分别参考我国现行行业标准《埋地钢质管道直流排流保护技术标准》SY/T 0017 和现行国家标准《埋地钢质管道交流干扰防护技术标准》GB/T 50698 的具体规定。

7.1.2 排流保护是交、直流干扰防护的主要措施，但对于干扰严重或干扰状况复杂的场合，应以排流保护为主并采取其他相应措施进行综合治理。

共同防护是指处于同一干扰区域的不同产权归属的埋地管道、地下电力和通信、轨道交通等构筑物，宜由被干扰方、干扰源方及其他有关方的代表组成的防干扰协调机构，联合设防、仲裁、处理并协调防干扰问题，以避免在独立进行干扰保护中形成相互间的再生干扰。

防护目标包括两方面：在施工、运行过程中与管道密切接触的人员安全防护；管道施工、运行过程中的腐蚀控制防护。

7.2 直流干扰的防护

7.2.3 本条前三款规定了排流保护效果的评定原则，这是从排流保护目的出发而规定的最高要求和力图达到的目标，但在实际工作中，要实现此目标是极其困难的。为此可采用管地正电位平均值比这一指标来评定排流保护效果。正电位平均值比按公式（1）计算：

$$\eta_v = \frac{V_1(+) - V_2(+)}{V_1(+)} \times 100\% \qquad (1)$$

式中：η_v ——正电位平均值比；

$V_1(+)$——排流前正电位平均值（V）；

$V_2(+)$——排流后正电位平均值（V）。

V_1（+）、V_2（+）的计算方法见《埋地钢质管道直流排流保护技术标准》SY/T 0017-2006 的附录 A。

7.2.4 由于直流干扰的复杂性，排流保护往往不容易在采取一次措施后就获得预期的效果，这就需要进行排流保护系统的调整。

排流保护调整完成后，应重新进行排流保护效果评定，对于经调整仍达不到相关要求或不宜采取常规排流方式的局部管段可采取其他辅助措施。如：加装电绝缘装置，将局部管段从排流系统中分割出来，单独采取措施；也可进行局部管段的防腐层维修、更换，提高防腐等级。除此之外，还可综合在杂散电流路径或相互干扰的构筑物之间实施绝缘或导体屏蔽或设置有源电场屏蔽等。

7.3 交流干扰的防护

7.3.2 除突发性事故外，城市地上、地下轨道交通形成的干扰源具有周期性变化的规律，周期一般不小于 24h。要求干扰腐蚀数据测试至少包括一个周期，目的是使数据全面、真实反映干扰情况。

7.3.4 此处根据土壤腐蚀性强弱的不同，提出了干扰防护的交流干扰电压和交流电流密度指标。25Ω·m 的土壤电阻率界限值，参考了欧洲标准《Evaluation of a.c. corrosion likelihood of buried pipelines—Application to cathodically protected pipelines》CEN/TS 15280 和《埋地钢质管道交流干扰防护技术标准》GB/T 50698 的条文规定。

管道实施排流保护后，这两款应同时满足。从技术角度来讲，第一款在应用中存在一定的局限性：在土壤电阻率很高的时候，交流电流密度小于 60 A/m²，可管道上感应电压可能远超过人体能够接受的 15V 的交流安全电压。第二款从人身安全及设备安全角度考虑，对公众或维护操作人员所允许的安全接触电压，及瞬间干扰电压应满足有关安全规范、条例的要求。

8 腐蚀控制工程的运行管理

8.1 防腐层的检测和维护

8.1.1 根据管道的压力级制确定防腐层的检测年限，是保证管道正常运行的需要，同时也促进管道的防腐蚀工作。

8.1.2 主要参考相关标准和当前实际情况提出了一些常用的检测方法与内容。检测方法的选择可参照表 3。

表 3 埋地管道的检测方法

环境	检测方法			
	密间隔电位测量法（CIPS）	电流电位梯度法（ACVG，DCVG）	地面音频检漏法或皮尔逊法	交流电流衰减法
带防腐层漏点的管段	2	1，2	1，2	1，2
裸管的阳极区管段	2	3	3	3
接近河流或水下穿越管段	2	3	3	2
无套管穿越的管段	2	1，2	2	1，2

续表 3

环境	检测方法			
	密间隔电位测量法（CIPS）	电流电位梯度法（ACVG，DCVG）	地面音频检漏法或皮尔逊法	交流电流衰减法
带套管的管段	3	3	3	3
短套管	2	2	2	2
铺砌路面下的管段	3	3	2	1，2
冻土区的管段	3	3	3	1，2
相邻金属构筑物的管段	2	1，2	3	1，2
相邻平行管段	2	1，2	3	1，2
杂散电流区的管段	2	1，2	2	1，2
高压交流输电线下管段	2	1，2	2	3
管道深埋区的管段	2	2	2	2
湿地区（有限的）管段	2	1，2	2	1，2
岩石带/岩礁/岩石回填区的管段	3	3	3	2
检测方法的特点	评价阴极保护系统有效性、确定杂散电流影响范围、检测防腐层漏点的检测技术	DCVG、ACVG比其他测量方法能更精确确定防腐层漏点位置，区别是孤立或连续的防腐层破损。DCVG还可评估漏点尺寸、缺陷处金属腐蚀活性	确定埋地管线防腐层漏点位置的地面测量技术	评价防腐层管段的整体质量和确定防腐层漏点位置的检测技术
采用标准	SY/T 0023	SY/T 0023	SY/T 0023	SY/T 0023

注：1 可适用于小的防腐层漏点（孤立的，一般面积小于600mm²）和在正常运行条件下不会引起阴极保护电位波动的环境。

2 可适用于大面积的防腐层漏点（孤立或连续）和在正常运行条件下引起阴极保护电位波动的环境。

3 不能应用此方法，或在无可行措施时不能实施此方法。

8.1.3 防腐层更换、修补是各燃气公司日常工作中经常遇到的，对选用的防腐层材料要考虑城镇道路及交通的特点，防腐层的特性以能适于立即回填为宜。另外，更换、修补时选用的防腐层与原防腐层不同时，必须考虑两种防腐层的相容性，以免防腐层搭接处出现问题。

8.2 阴极保护系统的运行和维护

8.2.4 阴极保护系统的覆盖率和运行率是考察阴极保护系统维护管理水平的主要指标，主要参考了国家现行标准，一般定义为：

阴极保护保护率（coverage range of protection），指对管道施加阴极保护后，满足阴极保护准则部分的比率。

$$\text{保护率}=\frac{\text{管道总长}-\text{未达到有效保护管道长}}{\text{管道总长}}\times 100\% \tag{2}$$

运行率（percentage of effective operation），年度内阴极保护有效投运时间与全年时间的比率。

$$\text{运行率}=\frac{\text{1 年内有效运行时间（h）}}{\text{全年小时数(8760)}}\times 100\% \tag{3}$$

8.3 干扰防护系统的检测和维护

8.3.1 干扰防护系统的检测周期和检测内容主要参考《埋地钢质管道直流排流保护技术标准》SY/T 0017和《埋地钢质管道交流干扰防护技术标准》GB/T 50698制定，在检测内容上做了精简，只列出了可直接反应干扰防护效果的参数。

8.3.2 该条款中所指干扰环境发生较大改变的情况，常见的包括：在干扰区内新敷设了管道或增加了埋地金属构筑物、新敷设了电气化铁路，或其他干扰源的运行状况有了较大的变化等。

中华人民共和国行业标准

埋地塑料给水管道工程技术规程

Technical specification for buried plastic pipeline of water supply engineering

CJJ 101—2016

批准部门：中华人民共和国住房和城乡建设部
施行日期：2 0 1 6 年 1 1 月 1 日

中华人民共和国住房和城乡建设部
公　告

第 1082 号

住房城乡建设部关于发布行业标准《埋地塑料给水管道工程技术规程》的公告

现批准《埋地塑料给水管道工程技术规程》为行业标准，编号为 CJJ 101－2016，自 2016 年 11 月 1 日起实施。其中，第 6.1.8 条为强制性条文，必须严格执行。原《埋地聚乙烯给水管道工程技术规程》CJJ 101－2004 同时废止。

本规程由我部标准定额研究所组织中国建筑工业出版社出版发行。

中华人民共和国住房和城乡建设部

2016 年 4 月 20 日

前　言

根据住房和城乡建设部《关于印发 2012 年工程建设标准规范制订修订计划的通知》（建标［2012］5 号）的要求，规程编制组经广泛调查研究，认真总结实践经验，参考有关国际标准和国外先进标准，并在广泛征求意见的基础上，修订本规程。

本规程的主要技术内容是：1 总则；2 术语和符号；3 材料；4 管道系统设计；5 管道工程施工；6 水压试验、冲洗与消毒；7 竣工验收。

本次修订的主要技术内容是：1 调整了本规程框架结构，将原管道连接、管道敷设两章合并为管道工程施工，删除了管道维修一章；2 在聚乙烯（PE）管基础上，增加了硬聚氯乙烯（PVC-U）管、抗冲改性聚氯乙烯（PVC-M）管、钢骨架聚乙烯塑料复合管、孔网钢带聚乙烯复合管和钢丝网骨架塑料（聚乙烯）复合管的内容；3 增加了管道附件和支墩设计要求，管道连接质量检验要求和管道附件和附属设施施工要求；4 修订了管道结构设计计算和水压试验方法。

本规程中以黑体字标志的条文为强制性条文，必须严格执行。

本规程由住房和城乡建设部负责管理和对强制性条文的解释，由住房和城乡建设部科技发展促进中心负责具体技术内容的解释。执行过程中如有意见或建议，请寄送住房和城乡建设部科技发展促进中心（地址：北京市海淀区三里河路 9 号；邮政编码：100835）。

本规程主编单位：住房和城乡建设部科技发展促进中心

本规程参编单位：北京市市政工程设计研究总院有限公司
深圳市水务（集团）有限公司
上海城投水务（集团）有限公司
北京中环世纪工程设计有限责任公司
达濠市政建设有限公司
广东联塑科技实业有限公司
枫叶控股集团有限公司
宁波市宇华电器有限公司
泉州兴源塑料有限公司
康泰塑胶科技集团有限公司
淄博洁林塑料制管有限公司
浙江伟星新型建材股份有限公司
永高股份有限公司
武汉金牛经济发展有限公司
浙江中财管道科技股份有限公司
山东胜邦塑胶有限公司

亚大集团公司
江阴大伟塑料制品有限公司
福建纳川管材科技股份有限公司
福建亚通新材料科技股份有限公司
煌盛集团有限公司
广东东方管业有限公司
哈尔滨斯达维机械制造有限公司
天津盛象塑料管业有限公司
福建恒杰塑业新材料有限公司

本规程主要起草人员：高立新　宋奇叵　林文卓
蔡　倩　郑小明　丁亚兰
林凯明　代春生　尹学康
张志浩　陈　然　刘　谦
杨　毅　陈国南　张慰峰
杨科杰　孙　斌　郑仁贵
林云青　薛彦超　李大治
黄　剑　郭　兵　陈建春
景发岐　王志伟　方搏人
刘荣旋　许盛光　李广忠
林津强　牛铭昌　李效民
许建钦

本规程主要审查人员：刘雨生　陈湧城　刘锁祥
田宝义　王全勇　赵远清
王恒栋　安关峰　苏河修
魏若奇　王占杰

目　次

Contents

1 总　　则

1.0.1 为在埋地塑料给水管道工程设计、施工及验收中，做到技术先进、安全适用、经济合理、确保质量，制定本规程。

1.0.2 本规程适用于水温不大于40℃的新建、扩建和改建的埋地塑料给水管道工程的设计、施工及验收。

1.0.3 埋地塑料给水管道工程设计、施工及验收除应符合本规程外，尚应符合国家现行有关标准的规定。

2 术语和符号

2.1 术　　语

2.1.1 埋地塑料给水管道　buried plastic pipeline for water supply engineering

由高分子材料或高分子材料与金属材料复合制成，用于埋地方式输送给水的管道的总称。本规程中的埋地塑料给水管道品种包括：聚乙烯（PE）管道、聚氯乙烯（PVC）管道和钢塑复合（PSP）管道三类。聚乙烯（PE）管道分为PE80管和PE100管；聚氯乙烯（PVC）管道分为硬聚氯乙烯（PVC-U）管和抗冲改性聚氯乙烯（PVC-M）管；钢塑复合（PSP）管道分为钢骨架聚乙烯塑料复合管、孔网钢带聚乙烯复合管和钢丝网骨架塑料（聚乙烯）复合管。

2.1.2 温度对压力折减系数　operating pressure derating coefficients for various operating temperatures

管道在20℃以上工作温度下连续使用时，其工作压力与在20℃时工作压力相比的系数。

2.1.3 承插式密封圈连接　gasket ring push-on connection

将管材的插口端插入相邻管材或管件的承口端，并通过承口内橡胶圈密封连接部位的连接方法。

2.1.4 胶粘剂连接　solvent cement connection

采用聚氯乙烯管道专用胶粘剂涂抹在聚氯乙烯管道的承口内表面和插口外表面，使聚氯乙烯管道粘接成一体的连接方法。

2.1.5 热熔对接连接　butt fusion connection

采用专用热熔设备将管道端面加热、熔化，对正待连接件，在外力作用下使其连成整体的连接方法。

2.1.6 电熔连接　electrofusion jointing

采用内埋电阻丝的专用电熔管件，通过专用设备，控制通过内埋于管件中的电阻丝的电压、电流及通电时间，使其达到熔接目的的连接方法。电熔连接方式分为电熔承插连接、电熔鞍形连接。

2.1.7 法兰连接　flange connection

采用法兰盘把具有根形管端的塑料管段与待接管材或管件的法兰端，通过螺栓紧固，实现密封的连接方法。

2.1.8 钢塑转换接头连接　polyethylene（PE）pipe to steel pipe transition fitting connection

采用由工厂预制的用于聚乙烯管道与钢管连接的专用管件连接聚乙烯管道和钢管的连接方法。

2.1.9 聚乙烯焊制管件　polyethylene（PE）fitting from butt fusion

从聚乙烯管材上切割管段，采用角焊机热熔对接焊制的管件。

2.1.10 示踪装置　locating device

安装在管道上方或周边，可在地面上通过专用设备探测到管道位置的装置。

2.1.11 警示带（板）　warning tape/plate

提示地下有管道的标识带（板）。

2.2 符　　号

2.2.1 管道上的荷载：

F_{wk}——管道的工作压力标准值；

$F_{wd,k}$——管道的设计内水压力标准值；

$F_{cr,k}$——管壁截面环向失稳的临界压力；

F_f——管道所受浮托力标准值；

$\sum F_{Gk}$——各项永久作用形成的抗浮作用标准值之和；

$F_{pw,k}$——在设计内水压力标准值作用下，管道承受的推力标准值；

$F_{sv,k}$——管顶处的竖向土压力标准值；

F_{vk}——管道内的真空压力标准值；

MOP——管道的最大工作压力；

P——试验压力；

ΔP——水压试验时降压量；

PN——管道的公称压力；

q_{vk}——地面作用传递至管顶的压力标准值；

$q_{sv,k}$——管顶单位面积竖向土压力标准值；

σ_p——管道内设计压力作用下，管壁环向拉应力设计值；

σ_m——管道在外压力作用下，管壁最大的环向弯曲应力设计值。

2.2.2 几何参数：

B——管道沟槽底部的开挖宽度；

b_1——管道一侧的工作面宽度；

b_2——有支撑要求时，管道一侧的支撑厚度；

D_0——管道计算直径；

D_i——管材的外径，i为1，2，3…；

d_n——管材公称直径；

d_i——管道内径；

e_n——管材公称壁厚；

h_d——管底以下部分人工土弧基础厚度；

L——管段长度；

ΔL——由温差产生的纵向变形量；

S——两管之间的设计净距；

SDR——管材的标准尺寸比；

t——管壁计算厚度；

V——试验管道总容积；

ΔV——降压所泄出的水量；

ΔV_{max}——允许泄出的最大水量；

$w_{d,max}$——管道在作用效应准永久组合下的最大长期竖向变形。

2.2.3 计算参量和系数：

C_p——管材线膨胀系数；

D_f——管道的形状系数；

D_L——变形滞后效应系数；

E_d——管侧土的综合变形模量；

E_e——管侧回填土在要求压实密度时的变形模量；

E_n——沟槽两侧原状土的变形模量；

E_p——管材的弹性模量；

E_{pk}——作用在支墩抗推力一侧的被动土压力合力标准值；

$E_{\alpha k}$——作用在支墩推力一侧的主动土压力合力标准值；

E_w——水的体积模量；

F_{fk}——支墩底部滑动平面上的摩擦阻力标准值；

f_m——管材弯曲强度设计值；

f_p——管材拉伸强度设计值；

f_a——经过深度修正的地基承载力特征值；

f_t——管道的温度对压力的折减系数；

g——重力加速度；

h_y——管道沿程水头损失；

h_j——管道局部水头损失；

h_z——管道总水头损失；

I_p——管壁纵向截面单位长度截面惯性矩；

K_d——竖向压力作用下管道的竖向变形系数；

K_f——抗浮稳定性抗力系数；

K_s——抗滑稳定性抗力系数；

K_{st}——管壁截面环向稳定性抗力系数；

n——管壁失稳时的褶皱波数；

P_T——埋地塑料给水管道对支墩产生的推力；

P_{T1}——推力 P_T 在水平方向分力；

P_{T2}——推力 P_T 在垂直方向分力；

p——支墩作用在地基上的平均压力；

p_{min}——支墩作用在地基上的最小压力；

p_{max}——支墩作用在地基上的最大压力；

q——允许渗水量；

Re——雷诺数；

r_c——管道的压力影响系数；

SN——管道的刚度等级；

T——水温；

Δt——管壁处施工安装与运行使用中的最大温度差；

v——管道内水流的平均流速；

ν_p——管材的泊桑比；

ν_s——管侧土体的泊桑比；

Δ——管道当量粗糙度；

λ——管道水力摩阻系数；

ζ——管道局部阻力系数；

ζ_0——综合修正系数；

α_f——管材拉伸强度设计值与弯曲强度设计值的比值；

γ——水的运动黏滞度；

γ_0——管道的重要性系数；

γ_G——永久荷载分项系数；

γ_Q——可变荷载分项系数；

ψ_q——地面作用传递至管顶压力的准永久值系数；

ψ_c——管道强度计算的荷载组合系数；

η——管道压力计算调整系数；

η_E——管材弹性模量的长期性能调整系数。

3 材　　料

3.1 一 般 规 定

3.1.1 埋地塑料给水管道系统所用的管材、管件、附配件及相关材料卫生性能应符合现行国家标准《生活饮用水输配水设备及防护材料的安全性评价标准》GB/T 17219 的有关规定。

3.1.2 管道系统中与管材连接的管件和橡胶密封圈、胶粘剂等附配件应配套供应。

3.2 质 量 要 求

3.2.1 管道系统中的管材应符合下列规定：

1 聚乙烯（PE）管材应符合现行国家标准《给水用聚乙烯（PE）管材》GB/T 13663 的有关规定，且耐快速裂纹扩展和耐慢速裂纹增长性能应符合表 3.2.1 的要求。

表 3.2.1 耐快速裂纹扩展和耐慢速裂纹增长性能

序号	性能	要求	试验参数	试验方法
1	耐快速裂纹扩展（RCP）	$P_{C,S4}=MOP/2.4-0.072$ (MPa)	0℃	《流体输送用热塑性塑料管材 耐快速裂纹扩展（RCP）的测定 小尺寸稳态试验（S4 试验）》GB/T 19280

续表 3.2.1

序号	性能	要求	试验参数	试验方法
2	耐慢速裂纹增长：e_n≤5mm（锥体试验）	<10mm/24h	80℃	《聚乙烯管材 耐慢速裂纹增长锥体试验方法》GB/T 19279
	耐慢速裂纹增长：e_n>5mm（切口试验）	≥500h 无破坏、无渗漏	PE80、SDR11，80℃、0.8MPa（试验压力）	《流体输送用聚烯烃管材 耐裂纹扩展的测定 切口管材裂纹慢速增长的试验方法（切口试验）》GB/T 18476
			PE100、SDR11，80℃、0.92MPa（试验压力）	

2 硬聚氯乙烯（PVC-U）管材应符合现行国家标准《给水用硬聚氯乙烯（PVC-U）管材》GB/T 10002.1 的有关规定。

3 给水用抗冲改性聚氯乙烯（PVC-M）管材应符合现行行业标准《给水用抗冲改性聚氯乙烯（PVC-M）管材及管件》CJ/T 272的有关规定。

4 钢骨架聚乙烯塑料复合管材应符合现行行业标准《给水用钢骨架聚乙烯塑料复合管》CJ/T 123 的有关规定。

5 孔网钢带聚乙烯复合管材应符合现行行业标准《给水用孔网钢带聚乙烯复合管》CJ/T 181 的有关规定。

6 钢丝网骨架塑料（聚乙烯）复合管材应符合现行行业标准《钢丝网骨架塑料（聚乙烯）复合管材及管件》CJ/T 189 的有关规定。

3.2.2 管道系统中采用的塑料管件应符合下列规定：

1 聚乙烯（PE）管件应符合现行国家标准《给水用聚乙烯（PE）管道系统 第2部分：管件》GB/T 13663.2 的有关规定。

2 聚乙烯（PE）柔性承插式管件应符合现行行业标准《给水用聚乙烯（PE）柔性承插式管件》QB/T 2892 的有关规定。

3 硬聚氯乙烯（PVC-U）管件应符合现行国家标准《给水用硬聚氯乙烯（PVC-U）管件》GB/T 10002.2 的规有关定。

4 抗冲改性聚氯乙烯（PVC-M）管件应符合现行行业标准《给水用抗冲改性聚氯乙烯（PVC-M）管材及管件》CJ/T 272 的有关规定。

5 钢骨架聚乙烯塑料复合管件应符合现行行业标准《给水用钢骨架聚乙烯塑料复合管件》CJ/T 124 的有关规定。

6 钢丝网骨架塑料（聚乙烯）复合管件应符合现行行业标准《钢丝网骨架塑料（聚乙烯）复合管材及管件》CJ/T 189 的有关规定。

3.2.3 管道系统当采用球墨铸铁管件时，管件性能应符合现行国家标准《水及燃气用球墨铸铁管、管件和附件》GB/T 13295 的有关规定。

3.2.4 管道系统使用的橡胶密封圈宜采用三元乙丙橡胶（EPDM）、丁腈橡胶（NBR）或硅橡胶，并应符合现行国家标准《橡胶密封件 给、排水管及污水管道用接口密封圈 材料规范》GB/T 21873 的有关规定，且橡胶密封圈的邵氏硬度宜为 50±5；伸长率应大于 400%；拉伸强度不应小于 16MPa；永久变形不应大于 20%；老化系数不应小于 0.8（70℃、144h）。

3.2.5 管道系统使用的聚氯乙烯胶粘剂应符合现行行业标准《硬聚氯乙烯（PVC-U）塑料管道系统用溶剂型胶粘剂》QB/T 2568 的有关规定。

3.3 设计计算参数

3.3.1 埋地塑料给水管道的材料弹性模量可按表 3.3.1 的规定取值。

表 3.3.1 埋地塑料给水管道的材料弹性模量

管道名称		弹性模量（MPa）
聚乙烯（PE）管	PE80	800
	PE100	1000
聚氯乙烯（PVC）管	PVC-U	3000
	PVC-M	

3.3.2 钢塑复合给水管道金属材料的弹性模量可按表 3.3.2 的规定取值。

表 3.3.2 钢塑复合给水管道金属材料的弹性模量

管道名称	弹性模量（MPa）
钢骨架聚乙烯塑料复合管	2.06×10^5
孔网钢带聚乙烯复合管	
钢丝网骨架塑料（聚乙烯）复合管	

3.3.3 聚乙烯（PE）管、聚氯乙烯（PVC）管和钢塑复合管温度对压力折减系数（f_t）可按表 3.3.3-1～表 3.3.3-3 的规定取值。

表 3.3.3-1 聚乙烯（PE）管温度对压力折减系数

温度 T（℃）	$0<T\leqslant20$	$20<T\leqslant25$	$25<T\leqslant30$	$30<T\leqslant35$	$35<T\leqslant40$
压力折减系数 f_t	1.00	0.93	0.87	0.80	0.74

表 3.3.3-2 聚氯乙烯（PVC）管温度对压力折减系数

温度 T（℃）	$0<T\leqslant25$	$25<T\leqslant35$	$35<T\leqslant45$
压力折减系数 f_t	1.00	0.80	0.63

表 3.3.3-3　钢塑复合管温度对压力折减系数

温度 T（℃）	$0<T\leqslant20$	$20<T\leqslant30$	$30<T\leqslant40$	$40<T\leqslant50$
压力折减系数 f_t	1.00	0.95	0.90	0.86

3.3.4　管道的材料密度、当量粗糙度、泊桑比、线膨胀系数可按表 3.3.4 的规定取值。

表 3.3.4　管道的材料密度、当量粗糙度、泊桑比、线膨胀系数

管道名称		密度 (kg/m^3)	当量粗糙度 (mm)	泊桑比	线膨胀系数 (m/(m·℃))
聚乙烯（PE）管	PE80	950	0.01	0.45	18×10^{-5}
	PE100				
聚氯乙烯（PVC）管	PVC-U	1400	0.01	0.40	7×10^{-5}
	PVC-M				

3.3.5　管道的材料拉伸强度设计值应按表 3.3.5 的规定取值。

表 3.3.5　管道的材料拉伸强度设计值

管道名称		拉伸强度设计值（MPa）
聚乙烯（PE）管	PE80	6.3
	PE100	8.0
聚氯乙烯（PVC）管	PVC-U	15.6
	PVC-M	17.5

3.3.6　管道的材料弯曲强度设计值应按表 3.3.6 的规定取值。

表 3.3.6　管道的材料弯曲强度设计值

管道名称		弯曲强度设计值（MPa）
聚乙烯（PE）管	PE80	16.0
	PE100	
聚氯乙烯（PVC）管	PVC-U	20.3
	PVC-M	

3.4　运输与贮存

3.4.1　埋地塑料给水管材、管件的运输应符合下列规定：

1　管材搬运时应小心轻放，不得抛、摔、滚、拖。当采用机械设备吊装时，应采用非金属绳或带吊装。

2　管材运输时应水平放置，采用非金属绳或带捆扎和固定，并应采取防止管口变形的保护措施。堆放处不得有损伤管材的尖凸物，并应有防晒、防高温措施。

3　管件运输时，应逐层叠放整齐、固定牢靠，并应有防雨淋措施。

3.4.2　埋地塑料给水管材、管件的贮存应符合下列规定：

1　管材、管件宜存放在通风良好的库房或棚内，并远离热源；管材露天存放应有防晒措施。

2　管材、管件不得与油类或化学品混合存放，库区应有防火措施。

3　管材应水平堆放在平整的支撑物或地面上，并应采取防止管口变形的保护措施。当直管采用梯形堆放或两侧加支撑保护的矩形堆放时，堆放高度不宜大于 1.5m；当直管采用分层货架存放时，每层货架高度不宜大于 1m，堆放总高度不宜大于 3m。

4　管件应成箱贮存存放在货架上或叠放在平整地面上；当成箱叠放时，堆放高度不宜超过 1.5m。

5　管材、管件存放时，应按不同规格尺寸和不同类型分别存放，并应遵守先进先出原则。

3.4.3　埋地塑料给水管材、管件不宜长期存放。管材从生产到使用的存放时间不宜超过 18 个月，管件从生产到使用的存放时间不宜超过 24 个月。超过上述期限，宜对管材、管件的物理力学性能重新进行抽样检验，合格后方可使用。

4　管道系统设计

4.1　一 般 规 定

4.1.1　埋地塑料给水管道系统设计除应符合本章规定外，尚应符合现行国家标准《室外给水设计规范》GB 50013 和《给水排水工程管道结构设计规范》GB 50332 的有关规定。

4.1.2　管道应按管土共同工作的模式进行内力分析。

4.1.3　管道设计使用年限不应低于 50 年，结构安全等级不应低于二级。

4.1.4　管道结构设计应采用以概率理论为基础的极限状态设计法，以可靠指标度量管道结构的可靠度。除对管道验算整体稳定外，尚应采用分项系数设计表达式进行计算。

4.1.5　管道不应采用刚性管基基础。对设有混凝土保护外壳结构的塑料给水管道，混凝土保护结构应承担全部外荷载。

4.1.6　管道系统设计内水压力不应大于管材最大工作压力。管道的最大工作压力应按下式计算：

$$MOP=PN\cdot f_t \tag{4.1.6}$$

式中：MOP——管道的最大工作压力（MPa）；

PN——管道的公称压力（MPa）；

f_t——管道的温度对压力的折减系数，应按本规程表 3.3.3-1～表 3.3.3-3 的规定选取。

4.1.7　管道系统正常工作状态下，不同管道设计内水压力标准值计算应符合下列规定：

1　聚乙烯（PE）管和聚氯乙烯（PVC）管的设计内水压力标准值应按下式计算：

$$F_{wd,k}=1.5F_{wk} \quad (4.1.7\text{-}1)$$

式中：$F_{wd,k}$——管道的设计内水压力标准值（MPa）；

F_{wk}——管道的工作压力标准值（MPa）。

2　钢塑复合管的设计内水压力标准值应按下列公式计算：

$$F_{wd,k}\geqslant 0.9\text{MPa} \quad (4.1.7\text{-}2)$$

$$F_{wd,k}=F_{wk}+0.5 \quad (4.1.7\text{-}3)$$

4.1.8　钢塑复合管（管径不大于 630mm）的压力等级可按设计内水压力标准值的 1.2 倍以上选取。

4.1.9　聚乙烯给水管道系统中采用聚乙烯管材焊制成型的焊制管件时，应符合下列规定：

1　焊制管件应在工厂预制。

2　焊制弯头的每段管材切割角不应大于 15°。切割角小于等于 7.5°时，管件压力折减系数宜取 1.0；切割角大于 7.5°时，管件压力折减系数宜取 0.8。

3　焊制三通管件的压力折减系数宜取 0.5。

4.1.10　管道应有削减水锤的措施。

4.1.11　管道敷设时应随走向设置示踪装置；距管顶不小于 300mm 处宜设置警示带（板），并应有“给水管道”等醒目提示字样。

4.2　管道布置和敷设

4.2.1　管道不得穿越建筑物基础。

4.2.2　管道不得在雨污水检查井及排水管渠内穿越。

4.2.3　管道敷设在冰冻风险地区时，应采取防冻措施。

4.2.4　管道埋设的最小覆土深度应符合下列规定：

1　埋设在机动车道下，不宜小于 1.0m。

2　埋设在非机动车道和人行道下，不宜小于 0.6m。

4.2.5　管道与热力管道之间的水平净距和垂直净距，应符合表 4.2.5-1 和表 4.2.5-2 的规定，并应确保给水管道周围土温度不高于 40℃。当直埋蒸汽热力管道保温层外壁温度低于 60℃时，水平净距可减半。

表 4.2.5-1　管道与热力管道之间的水平净距（m）

直埋热力管	热水	≥1.0
	蒸汽	≥2.0
热力管沟		≥1.0（至沟外壁）

表 4.2.5-2　管道与热力管道之间的垂直净距（m）

给水管在热力直埋管上方	≥0.5（加套管，从套管外壁计）
给水管在热力直埋管下方	≥1.0（加套管，从套管外壁计）
给水管在热力管沟上方	≥0.4 或≥0.2（加套管，从套管外壁计）
给水管在热力管沟下方	≥0.3（加套管，从套管外壁计）

管道与其他管线及建（构）筑物之间的水平净距和垂直净距，应符合现行国家标准《室外给水设计规范》GB 50013 的有关规定。

4.2.6　在住宅小区、工业园区及工矿企业内敷设的给水管道，当公称直径小于等于 200mm 时，可沿建筑物周围布置，且与外墙（柱）净距不宜小于 1.00m；当公称直径大于 200mm 时，与外墙（柱）净距应为 3.00m。

4.2.7　管道系统中采用刚性连接的管道末端与金属管道连接时，连接处宜设置锚固措施。

4.2.8　管道穿越高等级路面、高速公路、铁路和主要市政管线设施时，宜垂直穿越，并应采用钢筋混凝土管、钢管或球墨铸铁管等作为保护套管。套管内径不得小于穿越管外径加 200mm，且应与相关单位协调。

4.2.9　管道通过河流时，可采用河底穿越，并应符合下列规定：

1　管道应避开锚地，管内流速应大于不淤流速。

2　管道应设有检修和防止冲刷破坏的保护设施。

3　管道至河床的覆土深度，应根据水流冲刷、航运状况、疏浚的安全余量等条件确定。不通航的河流覆土深度不应小于 1.0m；通航的河流覆土深度不应小于 2.0m，同时还应考虑疏浚和抛锚深度。

4　管道埋设在通航河道时，在河流两岸管道位置的上、下游应设立警示标志。

4.3　管道水力计算

4.3.1　管道总水头损失可按下式计算：

$$h_z=h_y+h_j \quad (4.3.1)$$

式中：h_z——管道总水头损失（m）；

h_y——管道沿程水头损失（m）；

h_j——管道局部水头损失（m）。

4.3.2　管道沿程水头损失可按下列公式计算：

$$h_y=\lambda\frac{L}{d_i}\cdot\frac{v^2}{2g} \quad (4.3.2\text{-}1)$$

$$\frac{1}{\sqrt{\lambda}}=-2\log\left[\frac{2.51}{Re\sqrt{\lambda}}+\frac{\Delta}{3.72d_i}\right] \quad (4.3.2\text{-}2)$$

$$Re=\frac{vd_i}{\gamma} \quad (4.3.2\text{-}3)$$

$$\gamma=\frac{0.01775}{1+0.0337T+0.00022T^2}\times10^{-4} \quad (4.3.2\text{-}4)$$

式中：λ——管道水力摩阻系数；

L——管段长度（m）；

d_i——管道内径（m）；

v——管道内水流的平均流速（m/s）；

g——重力加速度（m/s^2），取 9.81m/s^2；

Δ——管道当量粗糙度（m），可取 0.010×10^{-3} m～0.013×10^{-3} m；

Re——雷诺数；

γ——水的运动黏滞度（m^2/s）；

T——水温（℃）。

4.3.3 管道局部水头损失可按下式计算：

$$h_j=\sum\frac{\zeta v^2}{2g} \tag{4.3.3}$$

式中：ζ——管道局部阻力系数。

当计算资料不足时，市政给水管网管道局部水头损失可按管网沿程水头损失的8%～12%计算：住宅小区给水管网管道局部水头损失可按管网沿程水头损失的12%～18%计算。

4.4 管道结构设计

4.4.1 管道上的荷载作用分类、作用标准值、代表值和准永久值系数均应符合现行国家标准《给水排水工程管道结构设计规范》GB 50332的有关规定。

4.4.2 管道的结构设计文件应包括管材规格、管道基础、连接构造，以及对管道工程各部位回填土的技术要求。

4.4.3 管道结构的内力分析，均应按弹性体系计算，不考虑由非弹性变形所引起的塑性内力重分布。

4.4.4 管道在荷载作用下管壁极限承载力强度应满足下式要求：

$$\gamma_0(\psi_c\sigma_p+\alpha_f r_c\sigma_m)\leqslant f_t\cdot f_p \tag{4.4.4-1}$$

$$\alpha_f=f_p/f_m \tag{4.4.4-2}$$

$$r_c=1-F_{wk}/3 \tag{4.4.4-3}$$

式中：γ_0——管道的重要性系数；对于输水管道，当单线输水且无调蓄设施时应取1.1，当双线输水时应取1.0；对于给水配水管道应取1.0；

ψ_c——管道强度计算的荷载组合系数，取0.9；

σ_p——管道内设计压力作用下，管壁环向拉应力设计值（MPa）；

α_f——管材拉伸强度设计值与弯曲强度设计值的比值；

r_c——管道的压力影响系数；

σ_m——管道在外压力作用下，管壁最大的环向弯曲应力设计值（MPa）；

f_t——管道的温度对压力的折减系数，应按本规程表3.3.3-1～表3.3.3-3的规定取值；

f_p——管材拉伸强度设计值（MPa），应按本规程表3.3.5的规定取值；

f_m——管材弯曲强度设计值（MPa），按本规程表3.3.6的规定取值。

4.4.5 管道内设计内水压力产生的管壁环向拉应力可按下式计算：

$$\sigma_p=\frac{\gamma_Q\eta F_{wd,k}D_0}{2t} \tag{4.4.5}$$

式中：γ_Q——可变荷载分项系数，此处为管道的内水压力分项系数，应取1.4；

η——管道压力计算调整系数，聚乙烯（PE）管道可取0.8，硬聚氯乙烯（PVC-U）管道可取1.0，抗冲改性聚氯乙烯（PVC-M）管道可取0.9；

D_0——管道计算直径（mm），即管道外径减壁厚；

t——管壁计算厚度（mm）。

4.4.6 管道在外压力作用下，管壁最大的环向弯曲应力可按下列公式计算：

$$\sigma_m=0.88\,D_fE_p\frac{t(\gamma_Gq_{sv,k}+\gamma_Qq_{vk})D_1K_d}{D_0^2(8SN+0.061E_d)} \tag{4.4.6-1}$$

$$SN=\frac{E_pI_p}{D_0^3} \tag{4.4.6-2}$$

式中：D_f——管道的形状系数，可按表4.4.6-1的规定采用；

E_p——管材的弹性模量（MPa）；

γ_G——永久荷载分项系数，此处为管道顶覆土荷载分项系数，应取1.27；

$q_{sv,k}$——管顶单位面积竖向土压力标准值（N/mm^2）；

γ_Q——可变荷载分项系数，此处为管道顶地面荷载分项系数，应取1.40；

q_{vk}——地面作用传递至管顶的压力标准值（N/mm^2）；

D_1——管材的外径（mm）；

E_d——管侧土的综合变形模量（MPa），可按本规程附录A的规定取值；

K_d——竖向压力作用下管道的竖向变形系数，应根据管底土弧基础的中心角按表4.4.6-2的规定确定；

SN——管道的刚度等级（N/mm^2）；

I_p——管壁纵向截面单位长度截面惯性矩（mm^4/mm）。

表4.4.6-1 管道的形状系数

管材环刚度（kN/m^2）		2.5	4	5	6.3	8	10	12.5	15	16
砾石	压实系数≥0.90	5.5	4.8	4.5	4.2	4.0	3.8	3.5	3.2	3.1
砂	压实系数≥0.90	6.5	5.8	5.5	5.4	4.8	4.5	4.1	3.5	3.4

表4.4.6-2 竖向压力作用下管道的竖向变形系数

土弧基础中心角	20°	60°	90°	120°	150°
变形系数 K_d	0.109	0.103	0.096	0.089	0.085

4.4.7 当管道公称直径不大于630mm时，管壁极限承载力强度计算中，可不考虑外压荷载效应。

4.4.8 当管道埋设在地下水或地表水位以下时，应根据地下水水位和管道覆土条件验算抗浮稳定性，并应符合下式要求：

$$\frac{\sum F_{Gk}}{F_f} \geqslant K_f \qquad (4.4.8)$$

式中：$\sum F_{Gk}$——各项永久作用形成的抗浮作用标准值之和（kN）；

F_f——管道所受浮托力标准值（kN）；

K_f——抗浮稳定性抗力系数，K_f 不应小于 1.1。

4.4.9 管道应根据各项作用的不利组合，验算管壁截面的环向稳定性。验算时各项作用均应取标准值，并应符合下式要求：

$$F_{cr,k} \geqslant K_{st}(F_{sv,k} + q_{vk} + F_{vk}) \qquad (4.4.9)$$

式中：$F_{cr,k}$——管壁截面环向失稳的临界压力（N/mm^2）；

K_{st}——管壁截面环向稳定性抗力系数，K_{st} 不应小于 2.0；

$F_{sv,k}$——管顶处的竖向土压力标准值（N/mm^2）；

q_{vk}——地面作用传递至管顶的压力标准值（N/mm^2）；

F_{vk}——管道内的真空压力标准值（N/mm^2）。

4.4.10 管道管壁截面环向失稳的临界压力应按下式计算：

$$F_{cr,k} = \frac{2\eta_E E_p(n^2-1)}{(SDR-1)(1-\nu_p^2)} + \frac{E_d}{2(n^2-1)(1+\nu_s{}^2)} \qquad (4.4.10)$$

式中：η_E——管材弹性模量的长期性能调整系数；对于不同管材应分别取值，聚乙烯（PE）管材可取 0.25，硬聚氯乙烯（PVC-U）管材可取 0.45，抗冲改性聚氯乙烯（PVC-M）管道可取 0.5；

E_p——管材的弹性模量（MPa）；

n——管壁失稳时的褶皱波数，其取值应使管壁截面环向失稳的临界压力（$F_{cr,k}$）为最小值，并应为大于等于 2.0 的整数；

SDR——管材的标准尺寸比，即管材的公称直径与公称壁厚的比（经圆整）；

ν_p——管材的泊桑比，对于不同管材应分别取值，聚乙烯（PE）管材可取 0.45，聚氯乙烯（PVC）管材可取 0.40；

E_d——管侧土的综合变形模量（MPa）；

ν_s——管侧土体的泊桑比，根据土工试验确定。

4.4.11 管道采用承插式接口时，敷设方向改变处应采取抗推力措施，并进行抗滑稳定验算，应符合下列公式要求：

$$E_{pk} - E_{\alpha k} + F_{fk} \geqslant K_s F_{pw,k} \qquad (4.4.11\text{-}1)$$

$$p \leqslant f_a \qquad (4.4.11\text{-}2)$$

$$p_{min} \geqslant 0 \qquad (4.4.11\text{-}3)$$

$$p_{max} \leqslant 1.2 f_a \qquad (4.4.11\text{-}4)$$

式中：E_{pk}——作用在支墩抗推力一侧的被动土压力合力标准值（kN），可按朗金土压力公式计算；

$E_{\alpha k}$——作用在支墩推力一侧的主动土压力合力标准值（kN），可按朗金土压力公式计算；

F_{fk}——支墩底部滑动平面上的摩擦阻力标准值（kN），只计入永久作用形成的摩擦阻力；

K_s——抗滑稳定性抗力系数，应大于 1.5；

$F_{pw,k}$——在设计内水压力标准值作用下，管道承受的推力标准值（kN）；

p——支墩作用在地基上的平均压力（kPa）；

f_a——经过深度修正的地基承载力特征值（kPa），按现行国家标准《建筑地基基础设计规范》GB 50007 的规定采用；

p_{min}——支墩作用在地基上的最小压力（kPa）；

p_{max}——支墩作用在地基上的最大压力（kPa）。

4.4.12 管道在作用效应准永久组合下的最大长期竖向变形应符合下式要求：

$$w_{d,max} \leqslant 0.05 D_0 \qquad (4.4.12)$$

式中：$w_{d,max}$——管道在作用效应准永久组合下的最大长期竖向变形（mm）；

D_0——管道计算直径（mm），即管道外径减壁厚。

4.4.13 管道在土压力和地面荷载作用下产生的最大长期竖向变形可按下式计算：

$$w_{d,max} = \frac{D_L(q_{sv,k} + \psi_q q_{vk})D_1 K_d}{8\eta_E SN + 0.061 E_d} \qquad (4.4.13)$$

式中：D_L——变形滞后效应系数，可取 1.2～1.5；

$q_{sv,k}$——管顶单位面积竖向土压力标准值（kN/m^2）；

ψ_q——地面作用传递至管顶压力的准永久值系数；

q_{vk}——地面作用传递至管顶的压力标准值（kN/m^2）；

D_1——管材的外径（m）；

K_d——竖向压力作用下管道的竖向变形系数，应根据管底土弧基础的中心角按本规程表 4.4.6-2 确定；

η_E——管材弹性模量的长期性能调整系数，对于不同管材应分别取值：聚乙烯（PE）管材可取 0.25，硬聚氯乙烯（PVC-U）管材可取 0.45，抗冲改性聚氯乙烯（PVC-M）管道可取 0.5；

SN——管材的刚度等级（N/mm^2）；

E_d——管侧土的综合变形模量（MPa）。

4.4.14 埋地塑料给水管道接口的连接方式应根据管道的受力状态、管道沿线工程地质条件等因素，按本规程第 5.3 节的有关规定确定。

4.4.15 管道应采用中、粗砂铺垫的人工土弧基础。管底以下部分人工土弧基础厚度应符合下式要求：

$$h_d \geqslant 0.1(1+d_n) \qquad (4.4.15)$$

式中：h_d——管底以下部分人工土弧基础厚度（m），不宜小于 150mm；

d_n——管材公称直径（m）。

4.4.16 管道管底以上部分人工土弧基础的尺寸，应根据工程结构计算的支承角值增加 30°确定，人工土弧基础的支承角不宜小于 90°。

4.4.17 管道的管周围回填土的压实系数，应在有关设计文件中明确规定。管底以下部分人工土弧基础的压实系数应控制在 0.85～0.90；管底以上部分人工土弧基础和管两侧胸腔部分的回填土压实系数不应小于 0.95。

4.4.18 埋地塑料给水管道系统中采用承插式弹性密封圈柔性连接时，可不进行管道纵向温度变形计算，其他连接形式均应进行管道纵向温度变形计算。管道由温差产生的纵向变形量可按下式计算：

$$\Delta L = C_p \cdot L \cdot \Delta t \qquad (4.4.18)$$

式中：ΔL——由温差产生的纵向变形量（m）；

C_p——管材线膨胀系数（m/（m·℃））；

L——管段长度（m）；

Δt——管壁处施工安装与运行使用中的最大温度差（℃）。

4.5 管道附件和支墩

4.5.1 当管道系统采用柔性连接时，在水平或垂直向转弯处、改变管径处及三通、四通、端头和阀门处，应根据管道设计内水压力计算管道轴向推力。当轴向推力大于管道外部土体的支承强度和管道纵向四周土体的摩擦力时，应设置止推墩。

4.5.2 管道推力计算应符合下列规定：

1 管道端头及正三通处推力 P_T 可按下式计算：

$$P_T = 0.785 \cdot d_n^2 \cdot F_{wd,k} \qquad (4.5.2\text{-}1)$$

式中：P_T——埋地塑料给水管道对支墩产生的推力（N）；

d_n——管材公称直径（m）。

2 管道水平方向弯头处推力（图 4.5.2-1）P_T 可按下式计算：

$$P_T = 1.57 \cdot d_n^2 \cdot F_{wd,k} \cdot \sin(\alpha/2) \qquad (4.5.2\text{-}2)$$

3 管道水平方向三通处推力（图 4.5.2-2）P_T 可按下式计算：

$$P_T = 0.785 \cdot d_n^2 \cdot F_{wd,k} \cdot \sin\alpha \qquad (4.5.2\text{-}3)$$

4 渐缩管轴向推力 P_T 可按下式计算：

$$P_T = 0.785 \cdot (d_{n1}^2 - d_{n2}^2) \cdot F_{wd,k} \qquad (4.5.2\text{-}4)$$

式中：d_{n1}——进水处大管外径；

d_{n2}——出水处小管外径。

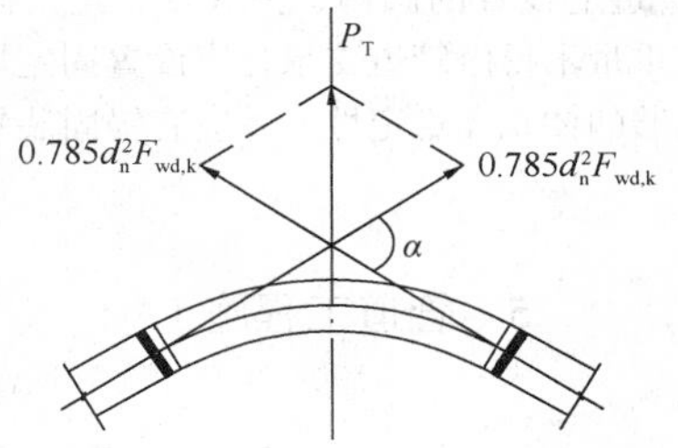

图 4.5.2-1 管道水平方向弯头推力图

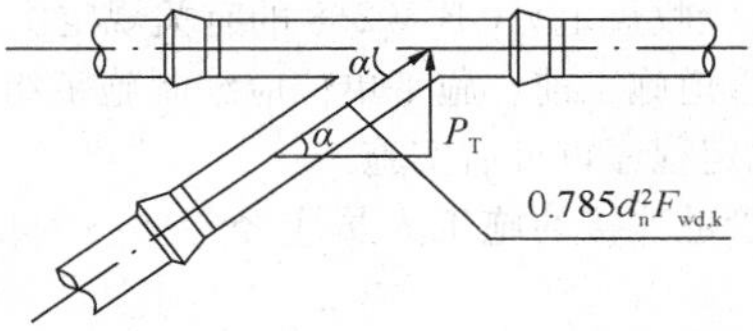

图 4.5.2-2 管道水平方向三通推力图

5 管道垂直方向上弯弯头及下弯弯头推力（图 4.5.2-3）P_T，及其水平和垂直方向分力 P_{T1}、P_{T2} 可按下列公式计算：

$$P_T = 1.57 \cdot d_n^2 \cdot F_{wd,k} \cdot \sin(\alpha/2) \qquad (4.5.2\text{-}5)$$

$$P_{T1} = P_T \cdot \sin(\alpha/2) \qquad (4.5.2\text{-}6)$$

$$P_{T2} = P_T \cdot \cos(\alpha/2) \qquad (4.5.2\text{-}7)$$

式中：P_{T1}——推力 P_T 在水平方向分力（N）；

P_{T2}——推力 P_T 在垂直方向分力（N）。

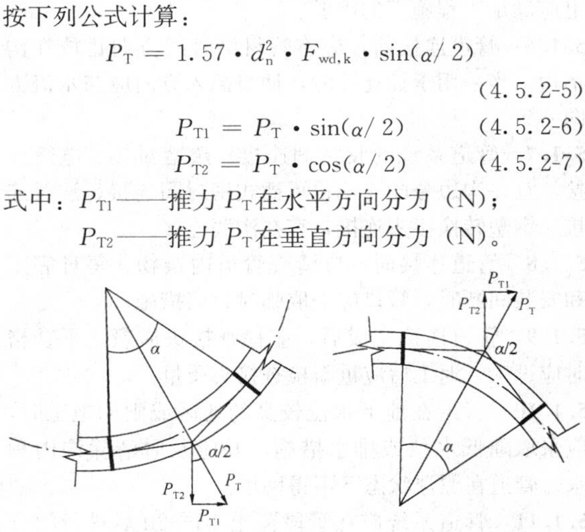

(a) 上弯弯头　　(b) 下弯弯头

图 4.5.2-3 管道垂直方向上弯弯头及下弯弯头推力图

4.5.3 柔性连接的管道敷设坡度大于 1：6 时，应浇筑混凝土防滑墩。防滑墩间距可按表 4.5.3 的规定采用。

表 4.5.3 防滑墩间距

管道坡度 i（高：宽）	间　距
1：6≤i<1：5	每隔 4 根管子
1：5≤i<1：4	每隔 3 根管子
1：4≤i<1：3	每隔 2 根管子
i≥1：3	每隔 1 根管子

4.5.4 管道上设置的阀门、消火栓、排气阀等管道附件，其重量不得由管道支承，应设置固定墩。固定墩应有足够的体积和稳定性，并应有锚固装置固定附配件。

5 管道工程施工

5.1 一 般 规 定

5.1.1 埋地塑料给水管道系统工程施工除应符合本章规定外，尚应符合现行国家标准《给水排水管道工程施工及验收规范》GB 50268 的有关规定。

5.1.2 管道施工前，施工单位应编制施工组织设计，并应按规定程序审批后实施。

5.1.3 管道连接的施工人员应经专业技术培训后方可上岗。

5.1.4 埋地塑料给水管材、管件进场时应进行检验，并应符合现行国家标准《城镇给水排水技术规范》GB 50788 的有关规定。当对质量存在异议时，应委托第三方进行复检。

5.1.5 施工现场材料堆放、管道安装用地、施工用电应满足工程施工的需要。

5.1.6 管道连接前，应将管材沿管线方向排放在沟槽边。当采用承插连接时，插口插入方向应与水流方向一致。

5.1.7 管道系统的胶粘剂连接、热熔对接、电熔连接，宜在沟边分段连接；承插式密封圈连接、法兰连接、钢塑转换接头连接，宜在沟底连接。

5.1.8 管道连接时，应清理管道内杂物。每日完工和安装间断时，管口应采取临时封堵措施。

5.1.9 管道连接完成后，应检查接头质量。不合格时应返工，返工后应重新检查接头质量。

5.1.10 管道在地下水位较高的地区或雨期施工时，应采取降低水位或排水措施，并应及时清除沟内积水。管道在漂浮状态下不得回填。

5.1.11 管道系统应在管段覆土 1d～2d 后进行闭合连接。闭合连接时施工现场环境温度不宜超过 20℃，南方地区夏季施工宜在夜间低温时段进行。

5.2 沟槽开挖与地基处理

5.2.1 沟槽开挖前，应复核设置的临时水准点、管道轴线控制桩和高程桩。

5.2.2 沟槽形式应根据施工现场环境、槽深、地下水位、土质情况、施工设备及季节影响等因素确定。

5.2.3 沟槽侧向的堆土位置距槽口边缘不宜小于 1.0m，且堆土高度不宜大于 1.5m。

5.2.4 沟槽底部的开挖宽度应符合设计要求。当设计无要求时，可按下列公式计算：

1 沟底连接：

1）单管敷设：

$$B = D_1 + 2(b_1 + b_2) \quad (5.2.4\text{-}1)$$

式中：B——管道沟槽底部的开挖宽度（mm）；

D_1——管材的外径（mm）；

b_1——管道一侧的工作面宽度（mm），可取 200mm～300mm；当沟槽底需设排水沟时，b_1应按排水沟要求相应增加；

b_2——有支撑要求时，管道一侧的支撑厚度，可取 150mm～200mm。

2）双管同沟敷设：

$$B = D_1 + D_2 + S + 2(b_1 + b_2) \quad (5.2.4\text{-}2)$$

式中：S——两管之间的设计净距（mm）。

2 沟边连接：

1）单管敷设：

$$B = D_1 + 300 \quad (5.2.4\text{-}3)$$

2）双管同沟敷设：

$$B = D_1 + D_2 + S + 300 \quad (5.2.4\text{-}4)$$

5.2.5 沟槽的开挖应控制基底高程，不得扰动基底原状土层。基底设计标高以上 200mm～300mm 的原状土，应在铺管前用人工清理至设计标高。槽底遇有尖硬物体时，应清除，并应用砂石回填处理。

5.2.6 地基基础宜为天然地基。当天然地基承载力不能满足要求或遇不良地质情况时，应按设计要求进行加固处理。

5.2.7 地基处理应符合下列规定：

1 对一般土质，应在管底以下原状土地基上铺垫不小于 150mm 中、粗砂基础层。

2 对软土地基，当地基承载能力不满足设计要求或由于施工降水、超挖等原因，地基原状土被扰动而影响地基承载能力时，应按设计要求对地基进行加固处理，达到规定的地基承载能力后，再铺垫不小于 150mm 中、粗砂基础层。

3 当沟槽底为岩石或坚硬物体时，铺垫中、粗砂基础层的厚度不应小于 150mm。

4 在地下水位较高、流动性较大的场地内，当遇管道周围土体可能发生细颗粒土流失的情况时，应沿沟槽底部和两侧边坡上铺设土工布加以保护，且土工布单位面积质量不宜小于 $250g/m^2$。

5 在同一敷设区段内，当地基刚度相差较大时，应采用换填垫层或其他措施减少塑料给水管道的差异沉降，垫层厚度应视场地条件确定，但不应小于 300mm。

5.2.8 当遇槽底局部超挖或基底发生扰动时，地基处理应符合下列规定：

1 超挖深度小于 150mm 时，可采用挖槽原土回填夯实，其压实系数不应低于原地基土的密实度。

2 槽底地基土含水量较大，不适宜压实时，应换填天然级配砂石或最大粒径小于 40mm 的碎石整平夯实。

5.2.9 当排水不良造成地基基础扰动时，地基处理应符合下列规定：

1 扰动深度在100mm以内时，宜填天然级配砂石或砂砾处理。

2 扰动深度在300mm以内，但下部坚硬时，宜填卵石或最大粒径小于40mm的碎石，再用砾石填充空隙整平夯实。

5.3 管道连接

5.3.1 管道连接前应按设计要求核对管材、管件及管道附件，并应在施工现场进行外观质量检查。

5.3.2 不同种类管道的常用连接方式可按表5.3.2的规定采用。其他连接方式在安全可靠性得到验证后，也可使用。

表5.3.2 不同种类管道的常用连接方式

管道类型		柔性连接	刚性连接				
		承插式密封圈连接	胶粘剂连接	热熔对接连接	电熔连接	法兰连接	钢塑转换接头连接
聚乙烯(PE)管	PE80管	√①	—	√	√	√	√
	PE100管						
聚氯乙烯(PVC)管	硬聚氯乙烯(PVC-U)管	√	√②	—	—	√	—
	抗冲改性聚氯乙烯(PVC-M)管						
钢塑复合(PSP)管	钢骨架聚乙烯塑料复合管	—	—	—	√	√	—
	孔网钢带聚乙烯复合管						
	钢丝网骨架塑料(聚乙烯)复合管	—	—	—	√③	√	—

注：1 表中“√”表示可采用；“—”表示不推荐采用。
2 表中①承口端需采用刚度加强，且仅适用于公称直径90mm～315mm的管道。
3 表中②胶粘剂连接仅适用于公称直径不大于225mm的聚氯乙烯管道。
4 表中③一般场合可单独采用电熔连接，特殊场合需热熔对接连接+电熔连接。

5.3.3 管道系统的连接，应根据不同连接形式选用专用的连接工具，不得采用螺纹连接。连接时，不得采用明火加热。

5.3.4 管道连接时，管材的切割应采用专用割刀或切管工具，切割端面应平整并垂直于管轴线。钢塑复合管切割后，应采用聚烯烃材料封焊端面，不得使用端面未封焊的管材。

5.3.5 管道连接的环境温度宜为－5℃～45℃。在环境温度低于－5℃或风力大于5级的条件下进行连接操作时，应采取保温、防风措施，并应调整连接工艺；在炎热的夏季进行连接操作时，应采取遮阳措施。

5.3.6 当管材、管件存放处与施工现场环境温差较大时，连接前应将管材、管件在施工现场放置一定时间，使其温度接近施工现场环境温度。

5.3.7 埋地聚乙烯给水管道系统的连接应符合下列规定：

1 聚乙烯管材、管件的连接应采用热熔对接连接、电熔连接（电熔承插连接、电熔鞍形连接）或承插式密封圈连接；聚乙烯管材与金属管或金属附件连接，应采用法兰连接或钢塑转换接头连接。

2 公称直径小于90mm的聚乙烯管道系统连接宜采用电熔连接。

3 不同级别和熔体质量流动速率差值大于0.5g/10min（190℃，5kg）的聚乙烯管材、管件和管道附件，以及SDR不同的聚乙烯管道系统连接时，应采用电熔连接。

4 承插式密封圈连接仅适用于公称直径90mm～315mm聚乙烯管道系统。承插式管件性能应符合现行行业标准《给水用聚乙烯（PE）柔性承插式管件》QB/T 2892的有关规定，且管件承口部位应采取加强刚度措施，连接件应通过了系统适应性试验。

5.3.8 埋地聚氯乙烯给水管道系统的连接应符合下列规定：

1 聚氯乙烯管材、管件连接应采用承插式密封圈柔性连接或胶粘剂刚性连接；聚氯乙烯管材与金属管或金属附件连接应采用法兰连接。

2 承插式密封圈连接适用于公称直径 d_n 不小于63mm的聚氯乙烯管道系统。

3 胶粘剂连接适用于公称直径 d_n 不大于225mm的聚氯乙烯管道系统。

5.3.9 承插式密封圈连接操作应符合下列规定：

1 连接前，应先检查橡胶圈是否配套完好，确认橡胶圈安放位置及插口应插入承口的深度，插口端面与承口底部间应留出伸缩间隙，伸缩间隙的尺寸应由管材供应商提供，管材供应商无明确要求的宜为10mm。插口管端应加工倒角，倒角后坡口管壁厚度不应小于0.5倍管壁厚，倒角宜为15°。确认插入深度后应在插口外表面做出插入深度标记。

2 连接时，应先将承口内表面和插口外表面清洁干净，将橡胶圈放入承口凹槽内，不得扭曲。在承口内橡胶圈及插口外表面上应涂覆符合卫生要求的润滑剂，然后将承口、插口端面的中心轴线对正，一次插入至深度标记处。

3 公称直径不大于200mm的管道，可采用人工直接插入；公称直径大于200mm的管道，应采用机械安装，可采用2台专用工具将管材拉动就位，接口合拢时，管材两侧的专用工具应同步拉动。

5.3.10 承插式密封圈连接质量检验应符合下列规定：

1 插入深度应符合要求，管材上插入深度标记应处在承口端面平面上。

2 承口与插口端面的中心轴线应同心，偏差不应大于1.0°。

3 密封圈应正确就位，不得扭曲、外露和脱落；沿密封圈圆周各点与承口端面应等距，其允许偏差应为±3mm。

4 接口的插入端与承口环向间隙应均匀一致。

5.3.11 胶粘剂连接操作应符合下列规定：

1 粘接前，应对承口与插口松紧配合情况进行检验，并在插口外表面做出插入深度标记。

2 粘接时，应先将插口外表面和承口内表面清洁干净，不得有油污、尘土和水迹。

3 在承口、插口连接表面上用毛刷应涂上符合管材材性要求的专用胶粘剂。先涂承口内表面，后涂插口外表面，沿轴向由里向外均匀涂抹，不得漏涂或涂抹过量。

4 涂抹胶粘剂后，应立即校正对准轴线，将插口插入承口，至深度标记处，然后将插口管旋转1/4圈，并应保持轴线平直，维持1min～2min。

5 插接完毕应及时将挤出接口的胶粘剂擦拭干净，静止固化。固化期间不得在连接件上施加任何外力，固化时间应符合设计要求或现场适用条件要求。

5.3.12 胶粘剂连接质量检验应符合下列规定：

1 插入深度应符合要求，管材上插入深度标记应处在承口端面平面上。

2 承口与插口端面的中心轴线应同心，偏差不应大于1.0°。

3 接口的插入端与承口环向间隙应满填胶粘剂。

5.3.13 热熔对接连接操作应符合下列规定：

1 应根据管材或管件的规格，选用夹具，将连接件的连接端伸出夹具，自由长度不应小于公称直径的10%，移动夹具使连接件端面接触，并校直对应的待连接件，使其在同一轴线上，错边不应大于壁厚的10%。

2 应将管材或管件的连接部位擦拭干净，并应铣削连接件端面，使其与轴线垂直；连续切屑平均厚度不宜大于0.2mm，切削后的熔接面不得污染。

3 连接件的端面应采用热熔对接连接设备加热，加热时间应符合设计要求或现场适用条件要求。

4 加热时间达到工艺要求后，应迅速撤出加热板，检查连接件加热面熔化的均匀性，不得有损伤；并应迅速用均匀外力使连接面完全接触，直至形成均匀一致的对称翻边。

5 在保压冷却期间不得移动连接件或在连接件上施加任何外力。

5.3.14 热熔对接连接质量检验应符合下列规定：

1 连接完成后，应对接头进行100%的翻边对称性、接头对正性检验和不少于10%的翻边切除检验。

2 翻边对称性检验的接头应具有沿管材整个圆周平滑对称的翻边，翻边最低处的深度（A）不应低于管材表面（图5.3.14-1）。

3 接头对正性检验的焊缝两侧紧邻翻边的外圆周的任何一处错边量（V）不应超过管材壁厚的10%（图5.3.14-2）。

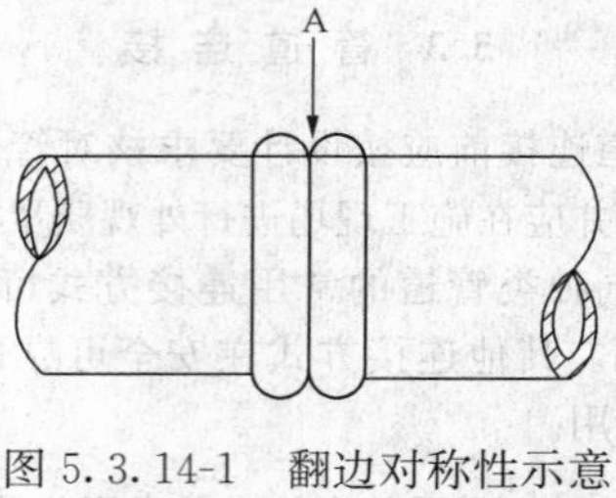

图5.3.14-1 翻边对称性示意

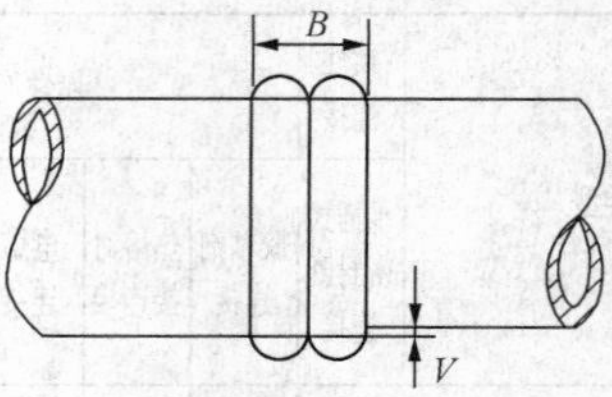

图5.3.14-2 接头对正性示意

4 翻边切除检验应使用专用工具，并应在不损伤管材和接头的情况下，切除外部的焊接翻边（图5.3.14-3），且应符合下列规定：

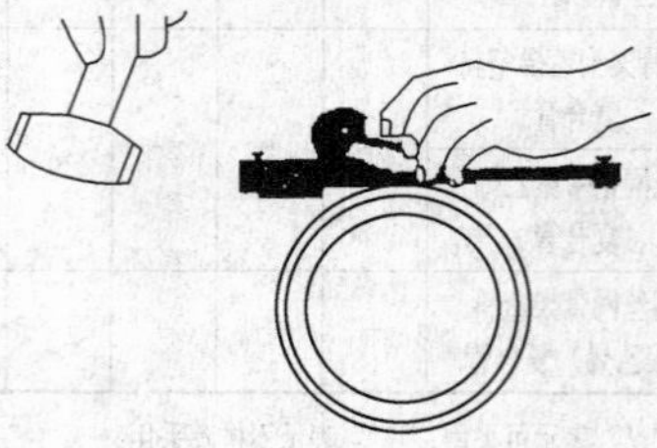

图5.3.14-3 翻边切除示意

1）翻边应是实心圆滑的，根部较宽（图5.3.14-4）。

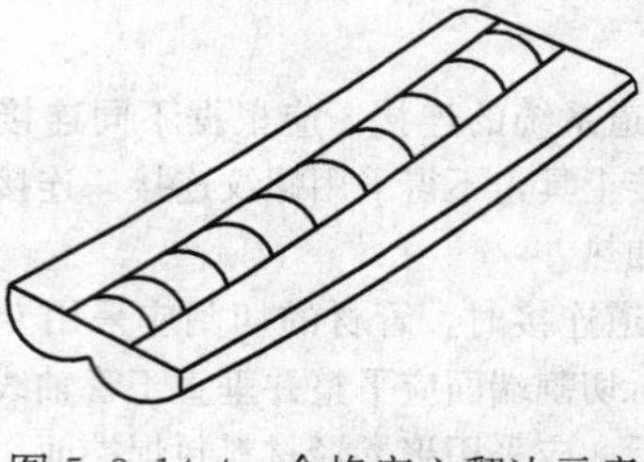

图5.3.14-4 合格实心翻边示意

2）翻边下侧不应有杂质、小孔、扭曲和损坏。

3）每隔50mm应进行180°的背弯试验（图5.3.14-5），且不应有开裂、裂缝，接缝处不得露出熔合线。

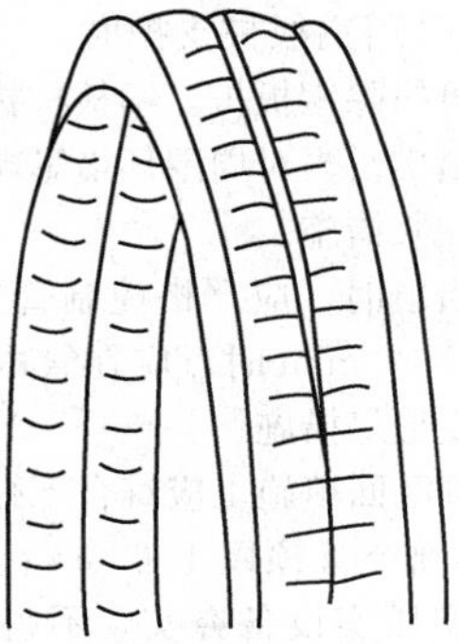

图 5.3.14-5　翻边背弯试验示意

5.3.15　电熔承插连接操作应符合下列规定：

1　应将连接部位擦拭干净，并应在插口端划出插入深度标线。

2　当管材不圆度影响安装时，应采用整圆工具进行整圆。

3　应将刮除氧化层的插口端插入承口内，至插入深度标线位置，并应检查尺寸配合情况。

4　通电前，应校直两对应的连接件，使其在同一轴线上，并应采用专用工具固定接口部位。

5　通电电压、加热及冷却时间应符合设计要求或电熔管件供应商的要求。

6　电熔连接冷却期间，不得移动连接件或在连接件上施加任何外力。

5.3.16　电熔承插连接质量检验应符合下列规定：

1　电熔管件端口处的管材周边应有明显刮皮痕迹和明显的插入长度标记。

2　接缝处不应有熔融料溢出。

3　电熔管件内电阻丝不应挤出（特殊结构设计的电熔管件除外）。

4　电熔管件上观察孔中应能看到有少量熔融料溢出，但溢料不得呈流淌状。

5.3.17　电熔鞍形连接操作应符合下列规定：

1　应采用机械装置固定干管连接部位的管段，使其保持直线度和圆度。

2　应将管材连接部位擦拭干净，并应采用刮刀刮除管材连接部位表皮氧化层。

3　通电前，应将电熔鞍形连接管件用机械装置固定在管材连接部位。

4　通电电压、加热及冷却时间应符合相关标准规定或电熔管件供应商的要求。

5　电熔连接冷却期间，不得移动连接件或在连接件上施加任何外力。

5.3.18　电熔鞍形连接质量检验应符合下列规定：

1　电熔鞍形管件周边的管材上应有明显刮皮痕迹。

2　鞍形分支或鞍形三通的出口应垂直于管材的中心线。

3　管材壁不应塌陷。

4　熔融料不应从鞍形管件周边溢出。

5　鞍形管件上观察孔中应能看到有少量熔融料溢出，但溢料不得呈流淌状。

5.3.19　法兰连接操作应符合下列规定：

1　应首先将法兰盘套入待连接的塑料法兰连接件的端部。

2　塑料法兰连接件与塑料管连接应符合本规程第5.3.2条的有关规定。

3　两法兰盘上螺孔应对中，法兰面相互平行，螺栓孔与螺栓直径应配套，螺栓规格应一致，螺母应在同一侧。

4　紧固法兰盘上的螺栓应按对称顺序分次均匀紧固，螺栓拧紧后宜伸出螺母1～3丝扣。

5　法兰盘、紧固件应采用钢质法兰盘且应经过防腐处理，并应达到原设计防腐要求。

6　金属端与金属管连接应符合金属管连接要求。

5.3.20　法兰连接质量检验应符合下列规定：

1　法兰接口的金属法兰盘应与管道同心，螺栓孔与螺栓直径应配套，螺栓应能自由穿入，螺栓拧紧后宜伸出螺母1～3丝扣。

2　法兰盘、紧固件应经防腐处理，并应符合原设计要求。

3　当管道公称直径小于或等于315mm时，法兰中轴线与管道中轴线的允许偏差应为±1mm；当管道公称直径大于315mm时，允许偏差应为±2mm。

4　法兰面应相互平行，其允许偏差不应大于法兰盘外径的1.5%，且不应大于2mm；螺孔中心允许偏差不应大于孔径的5%。

5.3.21　钢塑转换接头连接应符合下列规定：

1　钢塑转换接头塑料端与塑料管连接应符合本规程第5.3.2条的有关规定。

2　钢塑转换接头钢管端与金属管道连接应符合设计要求。

3　钢塑转换接头钢管端与钢管焊接时，在钢塑过渡段应采取降温措施。

4　钢塑转换接头连接后应对接头进行防腐处理，并应达到原设计防腐要求。

5.4　管道敷设

5.4.1　管道应在沟底标高和管沟基础质量检查合格后，方可敷设。

5.4.2　下管时，应采用非金属绳（带）捆扎和吊运，不得采用穿心吊装，且管道不得划伤、扭曲或产生过大的拉伸和弯曲。

5.4.3　接口工作坑应配合管道敷设进度及时开挖，开挖尺寸应满足操作人员和连接工具安装作业空间的要求，并应便于检验人员检查。

5.4.4　埋地聚乙烯给水管道宜蜿蜒敷设，并可随地形自然弯曲，弯曲半径不应小于30倍管道公称直径。当弯曲管段上有管件时，弯曲半径不应小于125倍管道公称直径；其他塑料管道宜直线敷设。

5.4.5 管道穿越铁路、高速公路、城市道路主干道时，宜采用非开挖施工，并应设置金属或钢筋混凝土套管，且应符合下列规定：

1 套管伸出路基长度应满足设计要求。

2 套管内应清洁无毛刺。

3 穿越的管道应采用刚性连接，经试压且验收合格后方可与套管外管道连接。

4 严寒和寒冷地区穿越的管道应采取保温措施。

5 稳管措施应符合设计要求。

5.5 沟槽回填

5.5.1 管道敷设完毕并经外观检验合格后，应及时进行沟槽回填。在水压试验前，除连接部位可外露外，管道两侧和管顶以上的回填高度不宜小于0.5m；水压试验合格后，应及时回填其余部分。

5.5.2 管道回填前应检查沟槽，沟槽内的积水和砖、石、木块等杂物应清除干净。

5.5.3 管道沟槽回填应从管道两侧同时对称均衡进行，管道不得产生位移。必要时应对管道采取临时限位措施，防止管道上浮。

5.5.4 管道系统中阀门井等附属构筑物周围回填应符合下列规定：

1 井室周围的回填，应与管道沟槽回填同时进行；不能同时进行时，应留阶梯形接茬。

2 井室周围回填压实时应沿井室中心对称进行，且不得漏夯。

3 回填材料压实后应与井壁紧贴。

4 路面范围内的井室周围，应采用石灰土、砂、砂砾等材料回填，且回填宽度不宜小于400mm。

5 不得在槽壁取土回填。

5.5.5 沟槽回填时，不得回填淤泥、有机物或冻土，回填土中不得含有石块、砖及其他杂物。

5.5.6 管道管基设计中心角范围内应采取中、粗砂填充压实，其压实系数应符合设计要求。

5.5.7 沟槽回填时，回填土或其他回填材料 应从沟槽两侧对称运入槽内，不得直接回填在管道上，不得损伤管道及其接口。

5.5.8 每层回填土的虚铺厚度，应根据所采用的压实机具按表5.5.8的规定选取。

表 5.5.8 每层回填土的虚铺厚度

压实机具	虚铺厚度（mm）
木夯、铁夯	≤200
轻型压实设备	200～250
压路机	200～300

5.5.9 当沟槽采用钢板桩支护时，应在回填达到规定高度后，方可拔除钢板桩。钢板桩拔除后应及时回填桩孔，并应填实。当对周围环境影响有要求时，可采取边拔桩边注浆措施。

5.5.10 沟槽回填时，应严格控制管道的竖向变形。当管道内径大于800mm时，应在管内设置临时竖向支撑或采取预变形等措施。

5.5.11 管道管区回填施工应符合下列规定：

1 管底基础至管顶以上0.5m范围内，应采用人工回填，轻型压实设备夯实，不得采用机械推土回填。

2 回填、夯实应分层对称进行，每层回填土高度不应大于200mm，不得单侧回填、夯实。

3 管顶0.5m以上采用机械回填压实时，应从管轴线两侧同时均匀进行，并应夯实、碾压。

5.5.12 管道回填作业每层土的压实遍数，应根据压实系数要求、压实工具、虚铺厚度和含水量，经现场试验确定。

5.5.13 采用重型压实机械压实或较重车辆在回填土上行驶时，管顶以上应有一定厚度的压实回填土，其最小厚度应根据压实机械的规格和管道的设计承载能力，并经计算确定。

5.5.14 岩溶区、湿陷性黄土、膨胀土、永冻土等地区的塑料给水管道沟槽回填，应符合设计要求和当地的有关规定。

5.5.15 管道沟槽回填土压实系数与回填材料等应符合设计要求，设计无要求时，应符合表5.5.15的规定。

表 5.5.15 沟槽回填土压实系数与回填材料

<table>
<tr><th colspan="2">填土部位</th><th>压实系数（%）</th><th>回填材料</th></tr>
<tr><td rowspan="2">管道基础</td><td>管底基础</td><td>85～90</td><td rowspan="2">中砂、粗砂</td></tr>
<tr><td>管道有效支撑角范围</td><td>≥95</td></tr>
<tr><td colspan="2">管道两侧</td><td>≥95</td><td rowspan="3">中砂、粗砂、碎石屑，最大粒径小于40 mm的砂砾或符合要求的原土</td></tr>
<tr><td rowspan="2">管顶以上0.5m内</td><td>管道两侧</td><td>≥90</td></tr>
<tr><td>管道上部</td><td>85±2</td></tr>
<tr><td colspan="2">管顶0.5m以上</td><td>≥90</td><td>原土</td></tr>
</table>

注：回填土的压实系数，除设计要求用重型击实标准外，其他皆以轻型击实标准试验获得最大干密度为100%。

5.6 管道附件安装和附属设施施工

5.6.1 伸缩补偿器安装应符合下列规定：

1 伸缩补偿器可采用套筒、卡箍、活箍等形式，伸缩量不宜小于12mm。当采用伸缩量大的补偿器时，补偿器之间的距离应按设计计算确定。

2 补偿器安装时应与管道保持同轴，不得用补偿器的轴向、径向、扭转等变形来调整管位的安装误差。

3 安装时应设置临时约束装置，待管道安装固定后再拆除临时约束装置，并应解除限位装置。

4 管道插入深度可按伸缩量确定，上下游管端插入补偿器长度应相等，其管端间距不宜小于4mm。

5 管道转弯处，补偿器宜等距离设置在弯头两侧。

5.6.2 阀门安装应符合下列规定：

1 阀门安装前应检查阀芯的开启度和灵活度，并应对阀门进行清洗、上油和试压。

2 安装有方向性要求的阀门时，阀体上箭头方向应与水流方向一致。

3 阀门安装时，与阀门连接的法兰应保持平行，安装过程中应保持受力均匀，不得强力组装。阀门下部应根据设计要求设置固定墩。

4 直埋的阀门应按设计要求对阀体、法兰、紧固件进行防腐处理。

5.6.3 支墩设置应符合下列规定：

1 止推墩宜采用混凝土现场浇筑在开挖的原状土地基和槽坡上，强度等级不应低于C25。支承管道水平方向推力的止推墩可浇筑在管道受力方向的一侧，槽坡上开挖土面应与管道作用力方向垂直，作用力合力应位于止推墩中心部位；支承管道垂直方向的止推墩混凝土应浇筑在弯头底部，可按管道混凝土基础要求浇筑，管道下支承角不得小于120°，宽度不得小于管道外径加200mm，管底处最小厚度不得小于100mm。

2 防滑墩应采用混凝土浇筑，其强度等级不应低于C25。防滑墩基础应浇筑在管道基础下开挖的原状土内，并将管道锚固在防滑墩上。防滑墩宽度不得小于管道外径加300mm，长度不得小于500mm。

3 固定墩可采用混凝土浇筑、砖砌等刚性支墩。混凝土支墩强度等级不应低于C25；砖砌支墩应采用烧结砖，用水泥砂浆砌筑。固定墩内应设置锚固件。

4 管道和水平向混凝土止推墩、管箍等锚固件之间，应设置塑料或橡胶等弹性缓冲层，厚度宜为3mm。

5.6.4 井室砌筑应符合下列规定：

1 管道系统中设置阀门井等井室时，井室平面净空尺寸可按阀门规格、设备规格、维护检修要求确定。

2 井底与管底的净距不宜小于200mm。井底无混凝土底板时，可在井底铺设不小于150mm的垫层。

3 管道穿越井室时，与井墙宜采用刚性连接。可采用专用穿墙套管埋在墙内的穿管部位，待管道敷设就位后，采用干硬性细石混凝土分层填实。在已建管道上砌筑砖井墙时，可在管道周围留出不小于50mm空隙，采用干硬性细石混凝土分层浇筑填实。砖墙内套管可用混凝土制造；混凝土墙内应用带止水肋的钢制套管。穿墙管内径不得小于管道外径加100mm。

4 当井室内设置排水（泥）管时，排水（泥）管应按排水管道要求敷设并接入指定的排水井内。排水井的井底应比接入排水管的管底低不小于0.3m。消火栓、排泥阀、泄水阀等附件排水（泥）时，不得在排放过程中冲刷附件的基础。

5 井室内的阀门、阀底座部应有垫墩，阀座两侧应采取卡固措施，防止阀门启闭时的扭力影响管道的接口。

5.7 支管、进户管与已建管道的连接

5.7.1 支管、进户管与已建管道连接宜在已施工管段水压试验及冲洗消毒合格后进行。

5.7.2 支管、进户管与已建管道连接可采用止水栓、分水鞍（鞍形分支）或三通、四通等管件连接。不停水接支管、进户管宜采用可钻孔的止水栓或分水鞍（鞍形分支）。

5.7.3 埋地塑料给水管道的弯头和弯曲段上不得安装止水栓或分水鞍（鞍形分支）。在已建管道上开孔时，孔径不得大于管材外径的1/2；在同一根管材上开孔超过一个时，相邻两孔间的最小间距不得小于已建管道公称直径7倍；止水栓或分水鞍（鞍形分支）离已建管道接头处的净距不宜小于0.3m。

5.7.4 在安装支管、进户管处需开槽时，工作坑宽度可按管道敷设、砌筑井室、回填土夯实等施工操作要求确定。槽底挖深不宜小于已建管道管底以下0.2m。

5.7.5 支管、进户管安装完毕后，应按设计要求浇筑混凝土止推墩、井室基础、砌筑井室及安装井盖等附属构筑物，或安装阀门延长杆等设施。

5.7.6 进户管穿越建筑物地下墙体或基础时，应在墙或基础内预留或开凿不小于管外径加150mm的孔洞，并安装硬质套管保护进户管，待管道敷设完毕后，将管外部空隙用黏性土封堵填实。进户管穿越建筑物地下室外墙时，应按设计要求施工。

6 水压试验、冲洗与消毒

6.1 一般规定

6.1.1 埋地塑料给水管道安装完毕后，除接口部位外，管道两侧和管顶以上的回填应符合本规程第5.5.1条的有关规定。当管道系统中最后一个接口连接的焊接冷却时间或粘接固化时间达到要求后，方可进行水压试验。

6.1.2 水压试验应分为预试验和主试验两个阶段。

试验合格的判定依据应分为允许压力降值和允许渗水量值，并应按设计或用户要求确定。设计或用户无要求时，应根据工程实际情况，选用其中一项值或同时采用两项值作为试验合格的最终判定依据。

6.1.3 水压试验分段长度不宜大于1.0km。对中间设有附件的管道，水压试验分段长度不宜大于0.5km。

6.1.4 管道系统采用两种或两种以上管材时，宜按不同管材分别进行水压试验；不具备分别水压试验条件或设计无具体要求时，应采用其中水压试验控制最严的管材标准进行水压试验。

6.1.5 水压试验的试验压力应符合下列规定：

1 聚乙烯（PE）管道和聚氯乙烯（PVC）管道试验压力不应小于工作压力的1.5倍，且不应小于0.8MPa；

2 钢塑复合（PSP）管道试验压力应大于工作压力0.5MPa，且不应小于0.9MPa。

6.1.6 当水压试验环境温度低于5℃时，应采取防冻措施，试验完毕应及时放水降压。

6.1.7 水压试验过程中，在试验区域应设置警示隔离带，后背顶撑、管道两端不得站人。

6.1.8 埋地塑料给水管道在水压试验合格，并网运行前应进行冲洗、消毒，经水质检验满足要求后，方可允许并网通水投入运行。

6.1.9 埋地塑料给水管道水压试验、冲洗与消毒，除应符合本章规定外，尚应符合现行国家标准《给水排水管道工程施工及验收规范》GB 50268的有关规定。

6.2 水 压 试 验

6.2.1 水压试验前，施工单位应编制水压试验方案，并应包括下列内容：

1 后背及堵板的设计；

2 进水管路、排气孔及排水孔的设计；

3 加压设备、压力计的选择及安装的设计；

4 排水疏导措施；

5 升压分级的划分及观测制度的规定；

6 试验管道的稳定措施和安全措施。

6.2.2 水压试验前准备工作应符合下列规定：

1 管道及附属设备、管件、管段的后背及堵板等固定或加固支撑措施应安装合格，并应达到承载力要求。

2 除接口位置外，管道两侧及管顶以上应按要求回填。

3 试验管段不得用闸阀做堵板，不得含有消火栓、水锤消除器、安全阀等附件，系统包含的阀门，应处于全开状态。

4 加压设备应有不少于两块压力计。采用弹簧压力计时，弹簧压力计应在校准有效期内，使用前应经校正，且精度不得低于1.5级，最大量程范围宜为试验压力的1.3倍～1.5倍，表壳的公称直径不宜小于150mm。

5 管道内的杂物应清理干净。

6 试验管段所有敞口应封闭，不得有渗漏水现象。

6.2.3 试验管段注水应从下游缓慢注入，注入时在试验管段上游的管顶及管段中的高点应设置排气阀，并应将管段内的气体排除。

6.2.4 管段应分级升压，每升一级应检查后背、支墩、管身及接口，无异常现象时再继续升压。管段升压时，管段内的气体应排除；升压过程中，发现弹簧压力计表针摆动、不稳，且升压较慢时，应重新排气后再升压。

6.2.5 埋地塑料给水管道预试验阶段应符合下列规定：

1 将试验管段内水压应缓缓地升至试验压力并稳压30min。

2 期间如有压力下降可注水补压，但不得高于试验压力。

3 当管道接口、配件等处有漏水、损坏现象时，应及时停止试压，查明原因并应采取相应措施后重新试压。

6.2.6 聚乙烯（PE）管道主试验阶段应符合下列规定：

1 允许压力降值法：

预试验阶段结束，停止注水补压并稳定30min后，压力下降不应大于60kPa，再稳压2h后压力下降不应大于20kPa，水压试验结果应判定为合格。

2 允许渗水量值法：

1）预试验阶段结束后，停止注水补压并稳定60min后，压力下降应小于试验压力的30%，否则应停止试压，查明原因并采取相应措施后重新试压。

2）当压力下降小于试验压力的30%时，应迅速将管道泄水降压，降压量为试验压力的10%～15%，并应计量降压所泄出的水量（ΔV）。允许泄出的最大水量应按下式计算：

$$\Delta V_{max} = 1.2V\Delta P\left(\frac{1}{E_w} + \frac{d_i}{e_n E_p}\right) \quad (6.2.6)$$

式中：ΔV_{max}——允许泄出的最大水量（L）；

V——试验管道总容积（L）；

ΔP——降压量（MPa）；

E_w——水的体积模量，不同水温时E_w值可按表6.2.6的规定采用；

d_i——管道内径（m）；

e_n——管材公称壁厚（m）；

E_p——管材弹性模量（MPa）。

当 $\Delta V \leqslant \Delta V_{max}$ 时，应按本款的第 3）、4）项进行作业；当 $\Delta V > \Delta V_{max}$ 时应停止试压，排除管内过量空气再从预试验阶段开始重新试验。

3）应每隔 3min 记录一次管道剩余压力，并应记录 30min；当 30min 内管道剩余压力有上升趋势时，水压试验结果应判定为合格。

4）当 30min 内管道剩余压力无上升趋势时，应继续观察 60min。当 90min 内压力下降不大于 20kPa 时，水压试验结果应判定为合格。

5）当上述两条均不能满足时，水压试验结果应判定为不合格，并应查明原因、采取相应措施后重新组织试压。

表 6.2.6 不同温度下水的体积模量

温度（℃）	体积模量（MPa）	温度（℃）	体积模量（MPa）
5	2080	20	2170
10	2110	25	2210
15	2140	30	2230

6.2.7 聚氯乙烯（PVC）管道、钢塑复合（PSP）管道主试验阶段应符合下列规定：

1 允许压力降值法：

预试验阶段结束后，停止注水补压并稳定 15min 后，压力下降不应大于 20kPa，再将试验压力降至工作压力并保持恒压 30min，压力不降、无渗漏，水压试验结果应判定为合格。

2 允许渗水量值法：

预试验阶段结束后，保持规定的试验压力 1h，压力下降可注水补压，并测定补水量。补水量应为管道的实际渗水量，且不应大于允许渗水量。允许渗水量应按下式计算：

$$q = 3 \cdot \frac{d_i}{25} \cdot \frac{P}{0.3 f_t} \cdot \frac{1}{1440} \qquad (6.2.7)$$

式中：q——允许渗水量[L/(min·km)]；

d_i——管道内径（mm）；

P——试验压力（MPa）；

f_t——管道的温度对压力的折减系数。

6.2.8 水压试验结束后，释放试验管段压力应缓慢进行。

6.2.9 水压试验时，不得修补缺陷。遇有缺陷时，应做出标记，卸压后应进行修补。

6.2.10 重新试压应在试验管段压力释放 8h 后方可重新开始。

6.3 冲洗与消毒

6.3.1 管道冲洗与消毒应符合下列规定：

1 不得取用受污染的水源进行管道冲洗。施工管段处于污染水水域较近时，应防止污染水进入管道。

2 管道冲洗与消毒前，应编制冲洗与消毒实施方案，内容应包括：冲洗水源、消毒方法、排水去向、取样口设置以及其他安全保障措施。

3 施工单位应在建设单位、管理单位的配合下进行冲洗与消毒。

4 采用自来水冲洗时，应避开用水高峰期。

6.3.2 管道冲洗与消毒前准备工作应符合下列规定：

1 用于冲洗管道的清洁水源已确定；

2 消毒方法和用品已确定，并准备就绪；

3 排水管道已安装完毕，并保证畅通、安全；

4 冲洗管段末端已设置取样口；

5 照明和维护等措施已落实。

6.3.3 管道冲洗与消毒操作应符合下列规定：

1 冲洗水源应清洁，冲洗流速不得小于 1.0m/s，并应保持连续冲洗。

2 管道第一次冲洗应采用清洁水冲洗至出水口，水样浊度小于 3NTU 时应结束冲洗。

3 管道第二次冲洗应在第一次冲洗后进行，并应采用有效氯含量不小于 20mg/L 的清洁水浸泡 24h，再用清洁水进行冲洗，直至水质检测合格为止。

7 竣 工 验 收

7.0.1 埋地塑料给水管道工程完工后应进行竣工验收，验收合格后方可交付使用。

7.0.2 质量检验项目和要求，除应符合本规程的相关规定外，尚应符合现行国家标准《给水排水管道工程施工及验收规范》GB 50268 的有关规定。

7.0.3 竣工验收应按要求填写中间验收记录表，并应在分项、分部、单位工程验收合格的基础上进行。

7.0.4 竣工验收时，应核实竣工验收资料，并应按设计要求进行复验和外观检查。内容应包括管道的位置、高程、管材规格、整体外观、标志桩以及阀门、消火栓的安装位置和数量及其在正常工作压力条件下的启闭方向与灵敏度等，并应填写竣工验收记录。竣工技术资料应包括下列内容：

1 施工合同；

2 开工、竣工报告；

3 经审批的施工组织设计及专项施工方案；

4 临时水准点、管轴线复核及施工测量放样、复核记录；

5 设计交底及工程技术会议纪要；

6 设计变更单、工程质量整改通知单、工程联系单等其他往来函件；

7 管道及其附属构筑物地基和基础的验收记录；

8 沟槽回填及回填压实系数的验收记录；

9　管道、弯头、三通等的连接情况记录，止推墩、固定墩、防滑墩设置情况记录，穿井室等构筑物的情况记录，采用金属管配件的防腐情况记录；

10　管道穿越铁路、公路、河流等障碍物的工程情况记录；

11　地下管道交叉处理的验收记录；

12　质量自检记录，分项、分部工程质量检验评定单；

13　工程质量事故报告及上级部门审批处理记录；

14　管材、管件质保书和出厂合格证明书；

15　各类材料试验报告、质量检验报告，管道连接质量检验记录；

16　管道分段水压试验记录；

17　管道的冲洗消毒记录及水质化验报告；

18　管道变形检验资料；

19　随管道埋地铺设的示踪装置及警示带的记录和报告；

20　全套竣工图、初验整改通知单、终验报告单及验收会议纪要。

7.0.5　验收合格后，建设单位应组织竣工备案，并应将有关设计、施工及验收文件和技术资料立卷归档。

附录A　管侧回填土的综合变形模量

A.0.1　管侧土的综合变形模量应根据管侧回填土的土质、压实密度和沟槽两侧原状土的土质综合评价确定。

A.0.2　管侧土的综合变形模量可按下列公式计算：

$$E_d = \zeta_0 E_e \quad (A.0.2\text{-}1)$$

$$\zeta_0 = \frac{1}{\alpha_1 + \alpha_2 \dfrac{E_e}{E_n}} \quad (A.0.2\text{-}2)$$

式中：E_d——管侧土的综合变形模量（MPa）；

ζ_0——综合修正系数；

E_e——管侧回填土在要求压实密度时的变形模量（MPa），应根据试验确定，当缺少试验数据时，可按表A.0.2-1的规定采用；

α_1、α_2——与管中心处槽宽 B_r 和管材外径 D_1 的比值有关的参数，可按表A.0.2-2的规定确定；

E_n——沟槽两侧原状土的变形模量（MPa），应根据试验确定；当缺少试验数据时，可按表A.0.2-1采用。

表A.0.2-1　管侧回填土和沟槽两侧原状土的变形模量（MPa）

	回填压实系数（%）	85	90	95	100
	原状土标贯数（N）	$4<N\leqslant14$	$14<N\leqslant24$	$24<N\leqslant50$	$N>50$
土的类别	砾石、碎石	5	7	10	20
	砂砾、砂卵石 细粒土含量小于等于12%	3	5	7	14
	砂砾、砂卵石 细粒土含量大于12%	1	3	5	10
土的类别	黏性土或粉土（$W_L<50\%$） 砂粒含量大于25%	1	3	5	10
	黏性土或粉土（$W_L<50\%$） 砂粒含量小于25%	—	1	3	7

注：1　表中数值适用于10m以下覆土；

2　回填土的变形模量 E_e 可按要求的压实系数采用；表中压实系数（%）系指设计要求回填土压实后的干密度与该土在相同压实能量下的最大干密度的比值；

3　基槽两侧原状土的变形模量 E_n 可按标准贯入度试验的锤击数确定；

4　W_L 为黏性土的液限；

5　细粒土系指粒径小于0.075mm的土；

6　砂粒系指粒径0.075mm～2.000mm的土。

表A.0.2-2　计算参数 α_1 及 α_2

$\frac{B_r}{D_1}$	1.5	2.0	2.5	3.0	4.0	5.0
α_1	0.252	0.435	0.527	0.680	0.838	0.948
α_2	0.748	0.565	0.428	0.320	0.162	0.052

A.0.3　填埋式敷设的管道，当 $\frac{B_r}{D_1}>5$ 时，管侧土的综合变形模量应按 $\zeta=1.0$ 计算。此时，B_r 应为当填土达到设计要求的压实密度时管中心处的填土宽度。

本规程用词说明

1　为便于在执行本规程条文时区别对待，对要求严格程度不同的用词说明如下：

1）表示很严格，非这样做不可的：
正面词采用“必须”，反面词采用“严禁”；

2）表示严格，在正常情况下均应这样做的：
正面词采用“应”，反面词采用“不应”或“不得”；

3）表示允许稍有选择，在条件许可时首先应这样做的：
正面词采用“宜”，反面词采用“不宜”；

4）表示有选择，在一定条件下可以这样做的，采用“可”。

2　条文中指明应按其他有关标准执行的写法为：

"应符合……的规定"或"应按……执行"。

引用标准名录

1 《建筑地基基础设计规范》GB 50007
2 《室外给水设计规范》GB 50013
3 《给水排水管道工程施工及验收规范》GB 50268
4 《给水排水工程管道结构设计规范》GB 50332
5 《城镇给水排水技术规范》GB 50788
6 《给水用硬聚氯乙烯（PVC-U）管材》GB/T 10002.1
7 《给水用硬聚氯乙烯（PVC-U）管件》GB/T 10002.2
8 《水及燃气用球墨铸铁管、管件和附件》GB/T 13295
9 《给水用聚乙烯（PE）管材》GB/T 13663
10 《给水用聚乙烯（PE）管道系统　第2部分：管件》GB/T 13663.2
11 《生活饮用水输配水设备及防护材料的安全性评价标准》GB/T 17219
12 《流体输送用聚烯烃管材　耐裂纹扩展的测定　切口管材裂纹慢速增长的试验方法（切口试验）》GB/T 18476
13 《聚乙烯管材　耐慢速裂纹增长锥体试验方法》GB/T 19279
14 《流体输送用热塑性塑料管材　耐快速裂纹扩展（RCP）的测定　小尺寸稳态试验（S4试验）》GB/T 19280
15 《橡胶密封件　给、排水管及污水管道用接口密封圈　材料规范》GB/T 21873
16 《给水用钢骨架聚乙烯塑料复合管》CJ/T 123
17 《给水用钢骨架聚乙烯塑料复合管件》CJ/T 124
18 《给水用孔网钢带聚乙烯复合管》CJ/T 181
19 《钢丝网骨架塑料（聚乙烯）复合管材及管件》CJ/T 189
20 《给水用抗冲改性聚氯乙烯（PVC-M）管材及管件》CJ/T 272
21 《硬聚氯乙烯（PVC-U）塑料管道系统用溶剂型胶粘剂》QB/T 2568
22 《给水用聚乙烯（PE）柔性承插式管件》QB/T 2892

中华人民共和国行业标准

埋地塑料给水管道工程技术规程

CJJ 101—2016

条 文 说 明

修 订 说 明

《埋地塑料给水管道工程技术规程》CJJ 101－2016经住房和城乡建设部2016年4月20日以第1082号公告批准发布。

本规程是在《埋地聚乙烯给水管道工程技术规程》CJJ 101－2004的基础上修订而成，上一版的主编单位是北京中环工程设计监理有限责任公司，参编单位是上海现代建筑设计集团有限公司技术中心、亚大塑料制品有限公司、深圳市水务集团有限公司、江阴大伟塑料制品有限公司、浙江中元枫叶管业有限公司、福建亚通新材料科技股份有限公司、山西东盛塑胶管道有限公司、温州超维工程塑料有限公司、上海市北自来水公司、广州市自来水公司、珠海市供水总公司、济南自来水普利供水工程有限公司、成都市自来水总公司，主要起草人员是丁亚兰、应明康、韩德宏、宋林、韩梅平、程锡龄、刘汉昌、陈庆荣、李伟、贡爱国、梁向东、方家麟、魏作友、傅志权。

本规程修订过程中，编制组对我国埋地塑料给水管道工程的实践经验进行了总结，同时参考了国外先进技术法规、技术标准，对各种埋地塑料给水管道的设计、施工及验收等分别作出了规定。

为便于广大设计、施工、科研、学校等单位有关人员在使用本规程时能正确理解和执行条文规定，《埋地塑料给水管道工程技术规程》编制组按章、节、条顺序编制了本规程的条文说明，对条文规定的目的、依据以及执行中需注意的有关事项进行了说明，还着重对强制性条文的强制性理由做了解释。但是，本条文说明不具备与规程正文同等的法律效力，仅供使用者作为理解和把握规程规定的参考。

目　次

1 总　　则

1.0.1 塑料给水管道具有重量轻、施工方便、耐腐蚀、内壁光滑、水流阻力小、接口密封性好、工程综合经济性能好等特点。近年来，随着塑料管道原料合成、管材管件生产制造技术、管道设计理论和施工技术等方面发展和完善，使得塑料管道在城镇市政给水管道工程中占据了相当重要的地位。目前工程上应用的给水塑料管道类型较多，材料的物理力学性能存在差异，其次埋地塑料给水管道设计、施工工艺也在发展，原行业标准《埋地聚乙烯给水管道工程技术规程》CJJ 101－2004 中的设计方法和施工工艺不能满足现有塑料给水管道发展和应用的需要。因此，为适应城镇市政给水管网和埋地塑料给水管道发展需要，确保埋地塑料给水管道工程质量，使工程设计、施工及验收做到技术先进、经济合理，对行业标准《埋地聚乙烯给水管道工程技术规程》CJJ 101－2004 进行修订。

1.0.2 本规程适用于新建、扩建和改建的市政、住宅区、公共建筑区和工业区的埋地塑料给水管道工程设计、施工及验收。

对于塑料给水管道工作温度，由于塑料管道对温度比较敏感，因此参照国内外一般规定，限定工作温度一般不宜超过 40℃。

本规程规定的埋地塑料给水管道包括：聚乙烯(PE)管、硬聚氯乙烯(PVC-U)管、抗冲改性聚氯乙烯(PVC-M)管、钢骨架聚乙烯塑料复合管、孔网钢带聚乙烯复合管、钢丝网骨架塑料(聚乙烯)复合管，不包括：玻璃纤维增强塑料夹砂管等其他塑料管道。具体范围在本规程第 2.1.1 条中有规定。

1.0.3 本条规定埋地塑料给水管道工程设计、施工及验收不仅要遵循本规程的规定，同时还要符合现行国家标准《城市工程管线综合规划规范》GB 50289、《室外给水设计规范》GB 50013、《给水排水工程管道结构设计规范》GB 50332、《给水排水管道工程施工及验收规范》GB 50268 等规定。在有抗震设防要求的地区建设埋地塑料给水管时，还应符合现行国家标准《室外给水排水和燃气热力工程抗震设计规范》GB 50032 的规定；在岩溶区、湿陷性黄土、膨胀土、永冻土地区建设埋地塑料给水管时，还应符合国家现行有关标准的规定。

2 术语和符号

本章规定的术语是对本规程出现的、容易引起歧义的术语，参考有关标准规范和技术文献给出了定义。

本章规定的符号是在本规程出现的主要符号，按管道上的荷载、几何参数、计算参量和系数分成 3 类，参考现行国家标准《室外给水设计规范》GB 50013、《给水排水工程管道结构设计规范》GB 50332、《给水排水管道工程施工及验收规范》GB 50268等标准规范和相关技术文献列出。

3 材　　料

3.1 一 般 规 定

3.1.1 为防止管道系统管道材料污染水质，确保供水的卫生质量，特要求埋地给水塑料管材、管件及附配件卫生性能应符合现行国家标准《生活饮用水输配水设备及防护材料的安全性评价标准》GB/T 17219 的有关规定。

3.1.2 埋地塑料给水管道系统中与管材连接的管件、橡胶圈、胶粘剂等附配件是给水塑料管道连接的重要材料，对保证管道系统安全、接头连接可靠起着重要的作用。本条规定与管材连接的管件、橡胶圈、胶粘剂等附配件应由管材生产企业配套供应，主要是为了增强配件与管材的配套性，确保接头连接密封、可靠。

3.2 质 量 要 求

3.2.1 埋地塑料给水管道品种较多，且各自有自己的特点。为确保产品质量合格，要求其应符合相应产品标准的规定。

1 国家标准《给水用聚乙烯(PE)管材》GB/T 13663－2000 规定聚乙烯(PE)管为外径系列，材料等级分为 PE63、PE80、PE100 三个等级，直径范围：16mm～1000mm，尺寸系列：SDR11～SDR33，压力等级：*PN*3.2～*PN*16。由于目前国内聚乙烯给水管生产和工程应用管道直径已达到 1600mm，直径超过 1000mm 管材可按《塑料管道系统　给水用聚乙烯(PE)管材和管件　第 2 部分：管材》ISO 4427.2－2007 及相关标准执行。《给水用聚乙烯(PE)管材》GB/T 13663－2000 规定的物理力学性能见表 1。

表 1　聚乙烯(PE)管材物理力学性能

序号	项　目			要　求
1	静液压强度	20℃静液压强度(100h)	PE63，8.0MPa	不破裂、不渗漏
			PE80，9.0MPa	
			PE100，12.4MPa	
		80℃静液压强度(165h)	PE63，3.5MPa	
			PE80，4.6MPa	
			PE100，5.5MPa	
		80℃静液压强度(1000h)	PE63，3.2MPa	
			PE80，4.0MPa	
			PE100，5.0MPa	

续表 1

序号	项　目		要　求
2	断裂伸长率		≥350%
3	纵向回缩率（110℃）		≤3%
4	氧化诱导时间（200℃）		≥20min
5	耐候性[1]（管材累计接受≥3.5GJ/m² 老化能量后）	80℃静液压强度（165h），PE63、PE80、PE100 管材分别在 3.5、4.6、5.5MPa 环向应力条件下	不破裂、不渗漏
		断裂伸长率	≥350%
		氧化诱导期（200℃）	≥10min

注：1）仅适用于蓝色管材。

为防止聚乙烯管道由于施工时管道的表面划伤以及杂质、焊接质量问题等原因，在内压双重作用下出现裂纹开裂造成工程事故，在国家标准《给水用聚乙烯（PE）管材》GB/T 13663－2000 未更新前，依据现行的国际标准，增加了耐快速裂纹扩展（RCP）和耐慢速裂纹增长性能要求。

2　国家标准《给水用硬聚氯乙烯（PVC-U）管材》GB/T 10002.1－2006 规定给水用硬聚氯乙烯（PVC-U）管材为外径系列，直径范围为 20mm～1000mm，压力等级分为：*PN*6.3、*PN*8、*PN*10、*PN*12.5、*PN*16、*PN*20、*PN*25 七个系列。物理力学性能见表 2。

表 2　硬聚氯乙烯（PVC-U）管材物理力学性能

序号	项　目		技术指标
1	密度		（1350～1460）kg/m³
2	维卡软化温度		≥80℃
3	纵向回缩率		≤5%
4	二氯甲烷浸渍（15℃，15min）		表面变化不劣于 4N
5	落锤冲击（TIR）		≤5%
6	液压试验	d_n<40	温度 20℃下，36MPa 环应力，试验时间 1h，无破裂、无泄漏；温度 20℃下，30MPa 环应力，试验时间 100h，无破裂、无泄漏；温度 60℃下，10MPa 环应力，试验时间 1000h，无破裂、无泄漏
		d_n≥40	温度 20℃下，38MPa 环应力，试验时间 1h，无破裂、无泄漏；温度 20℃下，30MPa 环应力，试验时间 100h，无破裂、无泄漏；温度 60℃下，10MPa 环应力，试验时间 1000h，无破裂、无泄漏
7	系统适用性试验	连接密封试验	无破裂、无泄漏
		偏角试验	无破裂、无泄漏（仅适用于弹性密封圈连接方式）
		负压试验	无破裂、无泄漏（仅适用于弹性密封圈连接方式）

3　行业标准《给水用抗冲改性聚氯乙烯（PVC-M）管材及管件》CJ/T 272－2008 规定给水用抗冲改性聚氯乙烯（PVC-M）管材为外径系列，直径范围 20mm～800mm，压力等级分为：*PN*6.3、*PN*8、*PN*10、*PN*12.5、*PN*16、*PN*20 六种系列。物理力学性能见表 3。

表 3　给水用抗冲改性聚氯乙烯（PVC-M）管材物理力学性能

序号	项　目	技术指标
1	密度	（1350～1460）kg/m³
2	维卡软化温度	≥80℃
3	纵向回缩率	≤5%
4	二氯甲烷浸渍（15℃±1℃，30min）	表面无变化
5	落锤冲击试验（0℃）	*TIR*≤5%
6	高速冲击试验（22℃）（d_n≥110mm）	不发生脆性破坏
7	液压试验	温度 20℃下，d_n≤63 管材，试验压力为 36MPa，d_n>63 管材，压力为 38MPa，试验时间 1h，无破裂、无渗漏；温度 60℃下，压力为公称压力 12.5MPa，试验时间 1000h，无破裂、无渗漏
8	切口管材液压试验	无破裂、无渗漏
9	C-环韧度试验	韧性破坏
10	长期液压试验	σ_{LPL}≥24.5MPa

4　行业标准《给水用钢骨架聚乙烯塑料复合管》CJ/T 123－2004 规定钢骨架聚乙烯塑料复合管材为内径系列，直径范围：50mm～600mm，压力等级：*PN*10、*PN*16、*PN*25、*PN*40 四个系列。物理力学性能见表 4。

表 4　钢骨架聚乙烯塑料复合管材物理力学性能

序号	项　目		性能要求
1	受压开裂稳定性		压至复合管直径的 50%，无裂纹现象
2	纵向尺寸收缩率（110℃，保持 1h）		≤0.4%
3	氧化诱导时间（200℃）		≥20min
4	短期静液压强度试验	温度：20℃，时间：100h，压力：公称压力×1.5	不破裂、不泄漏
		温度：80℃，时间：165h，压力：公称压力×1.5×0.6	

续表 4

序号	项　目	性能要求
5	爆破强度试验	爆破压力≥公称压力×3
6	耐候性试验[1)] (复合管累计接受≥3.5GJ/m^2 老化能量后)	满足短期静液压强度试验、氧化诱导时间的要求

注：1) 耐候性试验仅适用于非黑色复合管。

5 行业标准《给水用孔网钢带聚乙烯复合管》CJ/T 181－2003 规定孔网钢带聚乙烯复合管材为外径系列，直径范围：50mm～630mm，压力等级：*PN*20、*PN*16、*PN*12.5、*PN*10 四个系列，物理力学性能见表 5。

表 5　孔网钢带聚乙烯复合管材物理力学性能

序号	项　目		性能要求
1	环刚度		>8kN/m^2
2	扁平试验		不破裂
3	纵向回缩率（110℃，保持 1h）		≤0.3%
4	液压试验	温度：20℃，时间：1h，压力：公称压力×2	不破裂
		温度：80℃，时间：165h，压力：公称压力×2×0.71	
5	爆破压力试验	温度：20℃，爆破压力≥公称压力×3	爆破
6	氧化诱导时间（200℃）		≥20min
7	耐候性[1)] (管材累计接受≥3.5GJ/m^2 老化能量后)	液压试验，条件同第 4 项	不破裂
		爆破试验，条件同第 5 项	爆破
		氧化诱导时间（200℃）	≥10min

注：1) 仅适用于蓝色复合管。

6 行业标准《钢丝网骨架塑料（聚乙烯）复合管材及管件》CJ/T 189－2007 规定钢丝网骨架塑料（聚乙烯）复合管材为外径系列，直径范围：50mm～630mm，压力等级：*PN*8～*PN*35 七个系列。物理力学性能见表 6。

表 6　钢丝网骨架塑料（聚乙烯）复合管材物理力学性能

序号	项　目	性能要求
1	短期静液压力试验	温度 20℃下，压力为公称压力×2，试验时间 1h，不破裂、不渗漏； 温度 80℃下，压力为公称压力×2×0.6，试验时间 165h，不破裂、不渗漏
2	爆破压力	温度 20℃下，爆破压力≥公称压力×3
3	受压开裂稳定性	压至复合管直径的 50%，无裂纹和开裂现象
4	剥离强度	≥100N/cm
5	复合层静液压稳定性	在 20℃、公称压力×1.5、时间 165h 条件下，切割环形槽不破裂、不渗漏
6	耐候性[1)] (管材累计接受≥3.5GJ/m^2 老化能量)	短期液压强度试验条件同第 1 项，不破裂、不渗漏

注：1) 黑色管材、管件除外。

3.2.2 管件作为埋地塑料给水管道系统管材之间连接的重要部件，对保证系统安全可靠运行作用巨大。为保证管件产品质量，本条规定了不同管件产品标准和性能要求。

1 国家标准《给水用聚乙烯（PE）管道系统 第 2 部分：管件》GB/T 13663.2－2005 规定按连接方式分为：熔接连接管件、机械连接管件、法兰连接管件。其中熔接连接管件分为：电熔管件、插口管件、热熔承插连接管件。直径范围：电熔管件 20mm～630mm；插口管件（对接焊）20mm～630mm；热熔承插管件 16mm～125mm；法兰接头 20mm～1000mm。聚乙烯管件力学性能见表 7，聚乙烯管件物理机械性能见表 8。

表 7　给水用聚乙烯（PE）管件力学性能

序号	项　目	环向应力			性能要求
		PE63	PE80	PE100	
1	20℃静液压强度（试验时间 100h）	8.0MPa	10.0MPa	12.4MPa	无破裂、无渗漏
2	80℃静液压强度（试验时间 165h）	3.5MPa	4.5MPa	5.4MPa	
3	80℃静液压强度（试验时间 1000h）	3.2MPa	4.0MPa	5.0MPa	

表 8　给水用聚乙烯（PE）管件物理机械性能

序号	项　目	性能要求
1	熔体质量流动速率（MFR）(190℃，5kg)	MFR 的变化小于材料 MFR 值的±20%
2	氧化诱导时间（200℃）	≥20min
3	电熔管件的熔接强度	脆性破坏所占百分比≤33.3%
4	插口管件—对接熔接管件的熔接强度	不发生脆性破坏
5	鞍形旁通的冲击强度（0℃，2.5kg，2m）	无破坏、无渗漏

2 行业标准《给水用聚乙烯（PE）柔性承插式管件》QB/T 2892－2007规定聚乙烯（PE）柔性承插式管件为外径系列，直径范围：90mm～315mm，物理力学性能见表9。

表9 聚乙烯（PE）柔性承插式管件物理力学性能

序号	项目		性能要求
1	熔体质量流动速率（MFR）		在试验温度190℃下，负荷5kg，MFR的变化小于材料MFR值的±20%
2	氧化诱导时间（200℃）		≥20min
3	烘箱试验		符合GB/T 8803－2001规定，同时内衬与钢板不应出现分层或剥离
4	管件热熔对接处的拉伸强度		在试验温度23℃下，试验到破坏，显示为韧性破坏
5	静液压强度		在20℃下，试验压力12.4MPa，试验时间100h，无破裂、无渗漏；在80℃下，试验压力5.4MPa，试验时间165h，无破裂、无渗漏；在80℃下，试验压力5.0MPa，试验时间1000h，无破裂、无渗漏
6	系统适用性	负压密封试验	每个15min试验时间内，负压的变化不超过0.005MPa
		偏角密封试验	在整个试验周期内连接部位无渗漏
		密封性长期压力试验	40℃，1.2*PN*，1000h，连接部位无渗漏

3 国家标准《给水用硬聚氯乙烯（PVC-U）管件》GB/T 10002.2－2003规定硬聚氯乙烯（PVC-U）管件按连接方式不同分为粘接式承口管件、弹性密封圈式承口管件、螺纹接头管件和法兰连接管件，直径范围：胶粘连接20mm～225mm，弹性密封圈连接63mm～630mm。物理力学性能见表10。

表10 给水用硬聚氯乙烯（PVC-U）管件物理力学性能

序号	项目		性能要求
1	维卡软化温度		≥74℃
2	烘箱试验		满足GB/T 8803－2001
3	坠落试验		无破裂
4	液压试验	d_n≤90	温度20℃下，试验压力为*PN*×4.2，试验时间1h，无破裂、无渗漏；温度20℃下，试验压力为*PN*×3.2，试验时间1000h，无破裂、无渗漏
		d_n>90	温度20℃下，试验压力为*PN*×3.36，试验时间1h，无破裂、无渗漏；温度20℃下，试验压力为*PN*×2.56，试验时间1000h，无破裂、无渗漏

续表10

序号	项目		性能要求
5	系统适用性试验	连接密封试验	无破裂、无泄漏
		偏角试验	无破裂、无泄漏（仅适用于弹性密封圈连接方式）
		负压试验	无破裂、无泄漏（仅适用于弹性密封圈连接方式）

4 行业标准《给水用抗冲改性聚氯乙烯（PVC-M）管材及管件》CJ/T 272－2008规定按连接方式分为弹性密封圈式和溶剂粘接式连接，管件尺寸应符合GB/T 10002.2的规定，直径范围：胶粘连接20mm～225mm，弹性密封圈连接63mm～800mm。管件物理力学性能见表11。

表11 给水用抗冲改性聚氯乙烯（PVC-M）管件的物理力学性能

序号	项目		性能要求
1	维卡软化温度		≥72℃
2	烘箱试验		符合GB/T 8803
3	坠落试验		管材公称直径d_n≤75mm，坠落高度（12.00±0.05）m，无破裂；管材公称直径d_n>75mm，坠落高度（7.00±0.05）m，无破裂
4	液压试验	d_n≤63	温度20℃下，试验压力为*PN*×4.2，试验时间1h，无破裂、无渗漏；温度20℃下，试验压力为*PN*×3.2，试验时间1000h，无破裂、无渗漏
		d_n>63	温度20℃下，试验压力为*PN*×3.36，试验时间1h，无破裂、无渗漏；温度20℃下，试验压力为*PN*×2.56，试验时间1000h，无破裂、无渗漏
5	系统适用性试验	连接密封试验	无破裂、无泄漏
		偏角试验	无破裂、无泄漏（仅适用于弹性密封圈连接方式）
		负压试验	无破裂、无泄漏（仅适用于弹性密封圈连接方式）

5 行业标准《给水用钢骨架聚乙烯塑料复合管件》CJ/T 124－2004规定钢骨架聚乙烯塑料复合管件分为电熔连接式套筒、双承口管件等类型，品种包括：弯头、三通、异径三通、异径管、法兰管件等其连接方式有法兰连接、电熔连接、双承口管件连接或热熔对接等。

电熔连接式套筒（与平口相配）直径为50mm～300mm；电熔连接式套筒（与锥形口相配）直径为50mm～500mm。给水用钢骨架聚乙烯塑料复合管件性能要求见表12。

表12 给水用钢骨架聚乙烯塑料复合管件性能要求

序号	项目	性能要求
1	短期静液压强度试验	温度20℃下，压力为公称压力×1.5，试验时间100h，不破裂、不泄漏； 温度80℃下，压力为公称压力×1.5×0.6，试验时间165h，不破裂、不泄漏
2	爆破强度试验	爆破压力≥公称压力×3
3	密封性能试验	温度20℃下，压力为公称压力×1.5，试验时间>1h，不破裂、不泄漏； 温度80℃下，压力为公称压力×1.5×0.6，试验时间≥1h，不破裂、不泄漏
4	撕裂试验	常温下，脆性撕裂长度≤33.3%

6 行业标准《钢丝网骨架塑料（聚乙烯）复合管材及管件》CJ/T 189－2007规定钢丝网骨架塑料（聚乙烯）复合管件分为塑料电熔管件、钢骨架塑料复合电熔管件、钢骨架塑料复合管件、机械连接管件。塑料电熔管件直径为50mm～630mm；钢骨架塑料复合电熔管件直径为50mm～500mm；钢骨架塑料复合电熔管件直径为50mm～630mm。钢丝网骨架塑料（聚乙烯）复合管件物理力学性能见表13。

表13 钢丝网骨架塑料（聚乙烯）复合管件物理力学性能

序号	项目	性能要求
1	短期静液压力试验	温度20℃下，压力为公称压力×2，试验时间1h，不破裂、不渗漏； 温度80℃下，压力为公称压力×2×0.6，试验时间165h，不破裂、不渗漏
2	爆破压力	温度20℃下，爆破压力≥公称压力×3
3	耐候性[1] （管材累计接受≥3.5GJ/m^{2}老化能量）	短期液压强度试验条件同第1项，不破裂、不渗漏

注：1）黑色管材、管件除外。

3.2.3 部分埋地塑料给水管道系统没有大口径管件，因此采用球墨铸铁管件替代。当采用球墨铸铁管件时，性能应符合国家标准《水及燃气管道用球墨铸铁管、管件和附件》GB/T 13295－2008的有关规定。该标准规定球墨铸铁管件分为承接管件、盘接管件、法兰盘三种类型。球墨铸铁管件力学性能指标见表14。

表14 球墨铸铁管件力学性能

序号	项目	要求
1	断后伸长率A	≥5%
2	抗拉强度R_m	≥420MPa
3	布氏硬度	具有可以用标准工具对其进行切割、钻孔、打眼及机械加工的硬度
4	水压试验	d_n40～d_n300，试验压力2.5MPa，无渗漏； d_n350～d_n600，试验压力1.6MPa，无渗漏； d_n700～d_n2600，试验压力1.0MPa，无渗漏

3.2.4 由于三元乙丙（EPDM）、丁腈（NBR）或硅橡胶三种材质的密封性能、弹性、耐候性、耐老化等性能优秀，同时卫生性能较好，满足埋地塑料给水管道系统使用需要。因此，在埋地塑料给水管道系统中推荐使用该三种材质的密封圈。本条规定了橡胶密封圈的质量要求，应满足现行国家标准《橡胶密封件 给、排水管及污水管道用接口密封圈 材料规范》GB/T 21873的有关规定，并针对给水系统要求明确了性能要求。

3.2.5 胶粘剂连接是聚氯乙烯管道连接的常用方式，胶粘剂的黏度和粘结强度性能指标对接头的密封性和可靠性至关重要。本条规定了胶粘剂的质量应满足现行行业标准《硬聚氯乙烯（PVC-U）塑料管道系统用溶剂型胶粘剂》QB/T 2568的要求，用于生活饮用水输配水系统的胶粘剂固化后形成的胶膜应符合现行国家标准《生活饮用水输配水设备及防护材料的安全性评价标准》GB/T 17219的要求。

3.3 设计计算参数

本节参考有关标准和技术资料，列出了埋地给水塑料管道的弹性模量、温度对压力折减系数（f_t）、密度、当量粗糙度、泊桑比、线膨胀系数等计算参数和典型值，以及列出材料拉伸强度标准值和设计值、材料弯曲强度标准值和设计值，供埋地给水塑料管道系统工程设计计算和工程施工时使用。

3.3.5 给水塑料管道材料的拉伸强度为长期性能指标，依据管道长期静液压强度确定。拉伸强度设计值采用材料最小要求强度（MRS）为拉伸强度标准值，以总体使用系数为材料分项系数确定。最小要求强度根据相应管材标准取值，总体使用系数根据现行国家标准《热塑性塑料压力管材和管件用材料分级和命名 总体使用（设计）系数》GB/T 18475确定。表3.3.5中列出的为拉伸强度设计值σ_s，其值为：

$$\sigma_s=\frac{MRS}{C} \tag{1}$$

式中：σ_s——拉伸强度设计值（MPa）；

C——总使用（设计）系数，考虑了未在预测下限中体现出的使用条件和管道系统配件等组成部分的性质；

MRS——最小要求强度（MPa）。

对于输送 20℃的水，*C* 值最小值取值如下：

表 15　PE、PVC 材质 *C* 值最小值

管道名称		最小要求强度（MPa）	总体使用系数	拉伸强度设计值（MPa）
聚乙烯（PE）管	PE80	8.0	1.25	6.3
	PE100	10.0	1.25	8.0
聚氯乙烯（PVC）管	PVC-U	25.0	1.6	15.6
	PVC-M	24.5	1.4	17.5

3.3.6 对于弯曲强度设计值，国家现行标准对给水排水用 PVC-U，PE 管材产品中未作规定。给水塑料管道材料的弯曲强度为长期性能指标，其标准值取值与现行行业标准《埋地塑料排水管道工程技术规程》CJJ 143 规定协调一致。

3.4 运输与贮存

3.4.1 塑料管道表面易被尖锐物品等划伤，而表面划伤是管道系统运行使用中产生应力开裂的重要诱因，本条规定了塑料给水管的运输条件，以减少塑料给水管在运输过程中受到的损伤。

抛、摔或剧烈撞击容易使塑料管道产生裂纹和损伤，特别在冬季或低温状态下塑料管道脆性增强，因此搬运时应当小心轻放。采用非金属绳（带）吊装是考虑到金属绳容易损伤管材，而塑料材质比较柔软。

塑料管刚性相对于金属管较低，运输途中平坦放置有利于减少管道局部受压和变形，并应采取管口支撑等方式，减少管口变形；管材在运输途中捆扎、固定是为了避免其相互移动的挫伤。堆放处不允许有尖凸物是防止在运输途中管材相对移动，尖凸物划伤、扎伤管材。其次，塑料管道在光、热作用下，容易老化发脆，因此需要考虑防晒、防高温措施。

3.4.2 塑料材料受温度影响较大，长期受热会出现变形，以及产生热老化、光老化，会降低管道的性能。因此，塑料排水管应存放在通风良好的库房或棚内，远离热源，并有防晒、防雨淋的措施。

油脂类化学物质对管道在施工连接时有不利影响；化学品有可能对塑料材料产生溶胀，降低其物理、力学性能；此外，塑料属可燃材料，因此，严禁与油类或化学品混合存放，库区应有防火措施。

规定管材存放方式及高度，是由于塑料材料的刚性相对于金属管较低，因此，堆放处应尽可能平整，连续支撑为最佳。若堆放过高，由于重力作用，可能导致下层管材出现变形（椭圆），对施工连接不利，且堆放过高易倒塌。

规定管材应按不同规格尺寸和不同类型分别存放，是为了便于管理和拿取方便，避免施工期间使用时拿错，影响施工进度和工程质量。遵守“先进先出”原则，是为了管材、管件贮存不超过存放期。

3.4.3 塑料管道对紫外线非常敏感，长期存放容易受到紫外线影响，产生老化现象，降低管材、管件使用性能。因此，参考国内外通常做法，规定管材从生产到使用的存放时间不宜超过 18 个月，管件从生产到使用的存放时间不宜超过 24 个月。如果贮存条件好，未受紫外线影响，超过上述期限，管材、管件使用性能也不会有太大影响，可以继续使用，但为安全起见，宜对管材、管件的物理力学性能重新进行检验，合格后方可使用。

4　管道系统设计

4.1　一 般 规 定

4.1.1 埋地塑料给水管道系统设计基本原则，首先是应符合现行国家标准《室外给水设计规范》GB 50013 和《给水排水工程管道结构设计规范》GB 50332 的相关规定，其次是针对埋地塑料给水管道特点提出设计要求。

4.1.2 埋地塑料给水管道属柔性管道，设计依据的是“管土共同工作”理论。目前埋地塑料给水管道设计施工中存在许多问题，一些管道由于设计得不合理，使用中出现损坏和漏损；另一方面由于管道设计过于保守，造成材料的浪费。产生这些现象的重要原因是没有对埋地塑料给水管道受力特性进行合理分析，没能合理地考虑土体与塑料管道接触相互作用，计算过程中把土体作为简单的恒定荷载。

4.1.3 塑料管道的结构刚度较低，根据国家标准《给水排水工程管道结构设计规范》GB 50332－2002 第 4.1.3 条和 4.1.4 条规定，塑料管道结构刚度与管周土体刚度的比值 $\alpha_s < 1$，塑料管道应按照柔性管道设计。

根据国家标准《城镇给水排水技术规范》GB 50788－2012 第 6.1.2 条规定：“城镇给排水设施中主要构筑物的主体结构和地下干管，其结构设计使用年限不应低于 50 年；安全等级不应低于二级。”而经国外应用经验表明，塑料管道按产品标准生产、按规范施工，使用寿命不低于 50 年是可以保证的。与现行国家标准《城镇给水排水技术规范》GB 50788 要求一致。

4.1.4 本条与国家标准《给水排水工程管道结构设计规范》GB 50332－2002 第 4.1.1 条一致。埋地塑料给水管道结构设计是根据现行国家标准《工程结构可靠性设计统一标准》GB 50153 和《建筑结构可靠度设计统一标准》GB 50068 规定的原则，采用以概率理论为基础的极限状态设计方法，并符合现行国家标准《给水排水工程管道结构设计规范》GB 50332的有关规定。

4.1.5 埋地塑料给水管道依靠管土共同作用对抗荷载，如采用刚性管座基础将破坏围土的连续性，从而引起管壁应力的突变，并可能超出管材的极限拉伸强度导致破坏。混凝土包封结构是为了弥补塑料给水管的强度或刚度的不足，凡采用混凝土包封结构的管段，包封结构应按承担全部的外部荷载，或采用全管段连续包封，消除管壁应力集中的问题。

4.1.6 本规程所包含的塑料管道均为热塑性材料，管材强度对温度敏感，一般随着温度增加，承压能力降低，因此，工作温度高，折减系数 f_t 小。PVC-U和PVC-M管材在0～25℃时，系数等于1.0；大于25℃时，系数小于1.0。PE和PE复合管以20℃为界，0～20℃时，系数等于1.0；大于20℃时，系数小于1.0，偏于安全。

工作温度指输送水介质的温度，因水温季节变化较大，特别是以地表水为水源的饮用水，本规定采用的折减系数，选用年最高月平均水温为计算温度。埋地塑料给水管道最大工作压力要在公称压力基础上乘以折减系数。

4.1.7 管道设计内水压力标准值（$F_{wd,k}$）要大于管道工作压力是考虑了在运行中水锤残余压力及其他因素影响，本条参照国家标准《给水排水工程管道结构设计规范》GB 50332－2002中规定：化学建材管道考虑1.4倍～1.5倍。

钢塑复合管道承压主要依靠钢丝/钢板，承压能力较高，具有钢管特性，因此，本条参照国家标准《给水排水工程管道结构设计规范》GB 50332－2002中规定，钢管：$F_{wd}=F_{wk}+0.5\geqslant 0.9$MPa。

4.1.8 本条考虑了630mm钢塑复合管外荷载和长期拉升强度控制要求。对于630mm以下管道，外荷载效应较低，管道弯曲荷载效应对管道安全不起控制作用，所以可不计入结构设计。另外，对于塑料管材在设计计算中必须考虑塑料材料松弛效应的影响，塑料材料应力松弛必然使得管材钢材料部分的应力增加。目前还没有实验数据明确分配比例关系，因此本规程根据现阶段经验，按短期塑料材料在所承担拉伸强度大于70%考虑，取长期塑料所承担的拉伸强度设计值不大于总荷载效应的10%控制。

本规程中包含的钢塑复合管道最大直径不大于630mm，同时为保证长期拉升强度控制需要，因此在压力等级计算的时候可直接按设计内水压力标准值的1.2倍选取。

4.1.9 目前，我国聚乙烯管道市场 d_n800mm以下各种管件均可注塑成型，可不需焊制管件，但 d_n800mm以上的弯头、三通等管件，由于用量少、成本高，国内极少有企业生产，一般需要采用焊制成型管件。聚乙烯管材焊制成型的焊制管件属于非标准产品，焊制管件由于存在多个与轴向不垂直的焊缝，在内压和外荷载作用下，焊缝会受力不均，造成局部应力集中，不利于长期运行，存在长期力学性能不明朗等问题。国际标准、欧洲标准和中国相关标准也没有规定此类管件的技术要求。但是，在国内外给水工程中，由于受连接的特殊性、尺寸等影响，当需要使用焊制管件来解决工程中的连接问题时，通常做法是采取增加壁厚或降低工作压力；以及在焊制管件外部采取加固等措施，此条规定当采用焊制管件时必须在工厂焊制，以保证产品质量。并参照《塑料管道系统 给水用聚乙烯（PE）管材和管件 第3部分：管件》ISO 4427.3－2007确定焊制管件压力折减系数。

4.1.10 本条规定与国家标准《室外给水设计规范》GB 50013－2006第7.1.12条一致，为避免压力管道因开、停泵，开、关阀等流量调节造成管内流速的急剧变化，而产生的水锤危及管道安全。一般在设计时应采取削减水锤的有效措施，使在残余水锤作用下的管道设计压力小于管道试验压力，以保证管线安全。

4.1.11 由于塑料管道本身不导电，不导磁，目前没有十分有效的方法直接探测其地下的空间位置，为避免施工机械挖断、挖漏管道由此造成工程事故，也为了便于后期维护，国内外常采用在铺设过程中，将金属示踪装置置于管道正上方与塑料管道一起埋入，为间接探测管道位置提供物理前提。因此本条规定，在管道设计时需同时考虑示踪装置。

为保护管线在日后运行，不受人为的意外损坏，防止土方开挖时误挖管段，造成事故，因此规定在塑料管道管顶处需要埋设警示带起警示作用。警示带与管道一样，应具有不低于50年的寿命，同时标有醒目的提示字样。

4.2 管道布置和敷设

4.2.1 本条参照现行国家标准《城市工程管线综合规划规范》GB 50289和《室外给水设计规范》GB 50013相关条款制定。规定管道不得穿越建筑物基础是为保证管线施工和安全运行以及建筑物的结构安全。一方面由于市政给水管道穿越建筑物基础时容易破坏基础的承载力。其次当基础发生沉降、变形时，将挤压管道，造成管道变形甚至破损，输送水漏损后进入建筑物，影响建筑物使用功能，并损害建筑物结构或地基基础。且穿越基础的管道也不便于检修和维护。当管道需要穿越道路、高速公路、铁路等构筑物基础时，应做好相应的保护措施，护套管可采用钢筋混凝土管、钢管或球墨铸铁管，具体可见本规程第4.2.8条。

4.2.2 埋地塑料给水管道不得在雨污水检查井及排水管渠内穿越，是为了保证供水水质卫生安全，避免雨污水检查井及排水管渠清淤操作时，可能损伤塑料给水管道；避免塑料给水管道破损时，检查井及排水管渠内雨污水渗入供水管网，造成饮用水污染等供水安全事故。因此，塑料给水管道应当避开有毒污染场所，严禁在雨污水检查井及排水管渠内穿越。

4.2.3 为确保埋地塑料给水管道安全运行，在严寒或寒冷地区等具有冰冻风险的地区和条件时，埋地管道一般应埋设在土壤冰冻线以下。当受地下构筑物、其他管线等影响，可能导致管道浅埋或出现管道跨越的要求时，应进行热力计算，并做好管道保温防冻措施，保证管道在正常输水和事故停水时管内水不冻结。

4.2.4 本条规定埋设的最小覆土深度参照现行国家标准《城市工程管线综合规划规范》GB 50289和《室外给水设计规范》GB 50013相关条款制定。由于塑料管道特性，为防止塑料管道压坏，其中车行道下埋设覆土深度由0.7m提高到1.0m，防止塑料管道损坏。

4.2.5 由于塑料管道对温度极为敏感，因此，埋地塑料给水管道与热力管道之间的水平净距和垂直净距，参照现行行业标准《埋地塑料排水管道工程技术规程》CJJ 143和《聚乙烯燃气管道工程技术规程》CJJ 63相关条款制定，并根据热源在土壤中的温度场分布，采用传热学中的源汇法，经计算和绘制的热力管的温度场分布图确定的。计算表明，保证热力管道外壁温度不高于60℃条件下，距热力管道外壁水平净距1m处的土壤温度低于40℃。东北某城市对不同管径、不同热水温度的热力管道周围土壤温度实测数据也表明，距热力管道外壁水平净距1m处的土壤温度远低于40℃。当然，有条件的情况下，塑料给水管道与供热管道的水平净距应尽量加大一些，以避免各种不可预见的问题发生。

4.2.6 本条参照现行国家标准《城市工程管线综合规划规范》GB 50289和《室外给水设计规范》GB 50013相关条款制定。规定与建（构）筑物的水平净距，要保持一定的安全距离，防止塑料给水管道发生漏水事故时对建（构）筑物产生较大影响，以及便于抢修维护，同时考虑了管线井、闸等构筑物的尺寸大小。

4.2.7 塑料管道热膨胀系数与金属管道变形系数差异较大，热胀冷缩时变形量不一致，设置锚固措施是为了平衡管道径向和轴向推力，实现固定管道，防止接口脱落。

4.2.8 管道与重要道路、铁路交叉敷设应按设计要求，且应与有关部门协调，按相应规定施工。垂直穿越是为了缩短距离；采用钢筋混凝土管、钢管或球墨铸铁管等作为保护套管是为了提高套管承载力；套管内部应光滑平整，防止穿越时划伤管材表面；根据实际施工经验，套管内径应大于穿越管径200mm以上，是方便管道穿越施工。

4.2.9 本条依据现行国家标准《城市工程管线综合规划规范》GB 50289，参照现行国家标准《城镇燃气设计规范》GB 50028的相关条款制定，考虑了在通航河道清淤或整治河道时与管线使用不互相影响，对不同规划航道分别规定了不同的覆土深度，避免妨碍河道的整治和管线安全；塑料管道较轻，容易漂移，需要采取稳管措施；在上下游设置标志，提示船只过往和河道疏浚时注意管道，避免造成破坏。

4.3 管道水力计算

4.3.1 本条与国家标准《室外给水设计规范》GB 50013-2006第7.2.1条一致，总水头的损失分为沿程损失和局部水头损失，而后叠加。

4.3.2 埋地塑料给水管道沿程水头损失（h_y）计算是参照现行国家标准《室外给水设计规范》GB 50013相关条款制定，采用魏斯巴赫-达西公式。

λ系数的取值与管道断面形状、管材、水流状态、水温等因素有关，有很多不同的计算公式。不同公式的适用范围不同，计算结果也略有不同。供水管道水力计算公式常用的有满宁公式、海曾-威廉公式、达西公式、柯尔勃洛克-怀特公式、舍维列夫公式等。美国一般选用海曾-威廉公式；英国一般使用柯尔勃洛克-怀特公式；日本曾广泛使用Weston公式，目前较多使用海曾-威廉公式。

据芬兰凯威赫公式提供的技术资料，HDPE、MDPE、PP管，柯尔勃洛克-怀特公式最为适用。钢管、球铁管、推荐选用海曾-威廉公式和满宁公式。资料显示，英国PE管水力计算选用的也是柯尔勃洛克-怀特公式，其Δ值取值为0.003mm～0.015mm。

行业标准《埋地聚乙烯给水管道工程技术规程》CJJ 101-2004规定聚乙烯管道λ按柯尔勃洛克-怀特公式。

也可采用海曾-威廉公式简化计算：

$$h_y = i \cdot L = \frac{10.67q^{1.852}}{C_h^{1.852}\,d_j^{4.87}} \cdot L \tag{2}$$

式中：i——管道单位长度水头损失（kPa/m）；

L——管段长度（m）；

d_j——管道计算内径（m）；

q——给水设计流量（m^3/s）；

C_h——海曾-威廉系数，塑料管道取140～150。

4.3.3 该局部水头损失（h_j）为通用公式，不同配件的阻力系数ξ值应由生产厂家提供。如需精确计算，请查阅有关文献。当塑料管连接时，每隔一定距离将在管内壁形成一定起伏，增加了水流阻力，其值究竟为多少，也缺少必要的试验资料。在计算资料不足的情况下，可采用按沿程水头损失的百分比来计算管道局部水头损失。

4.4 管道结构设计

4.4.1 埋地塑料给水管道上的作用分类、作用标准值、代表值和准永久值系数的确定原则和取值均应与现行国家标准《给水排水管道工程结构设计规范》GB 50332的有关规定保持一致，为减少条文重复，直接引用。

4.4.2 本条明确了埋地塑料给水管道结构设计文件应包含的基本内容。塑料管材型号应能明确定义管道的性能，其主要包括材料的类型、材料的分级数、管道的压力等级或管道的壁厚与直径比（SDR）。本条与国家标准《给水排水管道工程结构设计规范》GB 50332-2002第4.1.5条的规定保持一致。

4.4.3 塑料管道具有应变蠕变性和应力松弛性，因此管道结构设计必须考虑长期力学性能。根据管道材料标准和国际相关标准的相关规定，材料的长期性能均采取短期材料应力的长期效能表示，即管道初期荷载效应的管壁应力值应低于长期荷载效应下管壁破坏的应力值。而塑料管道的短期荷载效应符合弹性材料性能，即满足应力与应变的线弹性关系。所以，塑料管道的结构设计中，可以采用弹性体系的计算方式，通过材料设计值的取值、管道形变调整的形状系数等设计参数，综合体现管道长期性能的影响，可以满足塑料管道的工程安全。

4.4.4 塑料管道环向管壁截面应力由两部分共同作用的荷载效应组成，内水压力产生的环向轴拉应力和外荷载产生的环向弯曲应力。内水压力作用按设计压力取值计算确定，由于设计压力为管道系统控制的最大内水压力，因此，在与外荷载组合时考虑了荷载组合的影响，采用荷载组合系数对内水压力的荷载效应进行折减。考虑管壁在内水压力作用下呈现变形回圆现象，采用回圆系数折减外荷载效应。采用管材拉伸强度设计值与弯曲强度设计值之比值，协调管道材料拉伸强度与弯曲强度的差异。

4.4.5 塑料管道管材抗力存在蠕变特性，短期材料抗力远高于长期荷载作用下的材料抗力。水锤压力作用时间以秒计算，管材短期抗力效应明显，所以，针对以长期荷载效应为对象的材料抗力值，本规程采取折减短期荷载效应，以便与长期材料抗力设计值的设计条件协调。钢塑复合管管材抗力以金属材料为主，塑料材料的蠕变对长期性能影响较小，所以，不考虑管道压力的折减调整。

按照与国家现行标准的综合设计安全度一致原则。对于聚乙烯管道，原规程设计系数包括管道设计内水压力标准值与工作压力转化系数1.50，设计内水压力的荷载分项系数1.20，以及聚乙烯管道抗力分项系数，因此综合上述系数可得综合设计系数为1.50×1.20/0.96=1.875。规程修订后，综合设计系数中管道设计内水压力标准值与工作压力转化系数不变（1.50），设计内水压力的荷载分项系数由1.20提高为1.40，增加了管道强度计算的荷载组合系数（0.9）、材料分项系数（该值为材料标准值与设计值之比）、管道压力计算调整系数（按管材确定）。对于聚乙烯管道，规程规定压力调整系数取0.8，材料抗拉强度分项系数取1.25，因此规程修订后综合设计系数为1.50×1.40×0.9×1.25×0.8=1.89，与原规程安全度接近。

4.4.6 本条与现行行业标准《埋地塑料排水管道工程技术规范》CJJ 143协调一致。由于给水塑料管道均为均质实壁断面，因此，将原公式中截面中和轴至管壁外侧尺寸 y_0 由 $t/2$ 替代。

4.4.7 对于公称直径630mm以下管道，管道截面相对较小，土体本构关系容易形成，因此外荷载效应较低。同时，聚乙烯管道的应力松弛效应特性，使得管道在长期管内压力与外土荷载共同作用条件下，管壁环向弯曲应力效应减弱，所以，管道弯曲荷载效应对管道安全不起控制作用，可不计入结构设计。

4.4.8 本条与国家标准《给水排水管道工程结构设计规范》GB 50332-2002第4.2.10条的规定保持一致。各项永久作用形成的抗浮作用一般包括管道自重、管顶土柱压力（地下水位以下部分应取浮容重）、抗浮配重构件重。

4.4.9、**4.4.10** 与《给水排水管道工程结构设计规范》GB 50332-2002第4.2.11条和第4.2.12条的规定相协调。由于塑料管道的壁厚较厚，材料弹性模量较低，材料具有蠕变特性，使其不能呈现管壁压缩屈曲破坏现象，而管道弯曲失稳屈曲破坏现象成为控制条件。美国AWWA M55聚乙烯塑料管道设计资料，所采用的管道屈曲稳定计算表达式适用于褶皱数大于3，且管周土体约束较好的设计条件。根据我国规范采用的管周土体综合变形模量取值，本规程采取了屈曲稳定的基本公式。屈曲稳定系数为2.0。塑料管材的蠕变性使管道弹性模量下降，参考美国AWWA M55有关规定，本规程取短期弹性模量的1/4。

4.4.12、**4.4.13** 根据国家标准《给水排水管道工程结构设计规范》GB 50332-2002第4.3.2条的规定确定。考虑塑料管材的蠕变性使管道弹性模量下降，参考美国AWWA M55有关规定，本规程管道刚度等级考虑了长期弹性模量为短期弹性模量的1/4。

4.5 管道附件和支墩

4.5.1 给水压力管道中，当水流方向、速度发生变化时，在转弯处、三通、四通、端头、阀门甚至消防栓处均会产生轴向推力，而推力会造成接头分离，导致接头漏水甚至爆裂。为克服管线运行时流体对管件的冲力，防止给水管道拉断、接头拉脱或阀门移动等问题出现，须采取平衡这部分推力的措施，而在工程上常采用止推墩方式。

对于管道四周土体的摩擦力可按作用在管道上的土压力计算确定，土与管壁的摩擦系数可根据经验确定。

对于支墩设计施工，要求地基承载力、位置符合设计要求。支墩应紧靠原状土，不得设在松土上。在不稳定土层中应采取相应措施，保证支墩无位移、沉降，支墩尺寸形式应按沟槽形状、土质及支撑强度等条件确定，且支墩与管道连接处应设塑料或橡胶垫片弹性缓冲层，防止管道破坏。其具体设计施工可参考国家标准图集《柔性接口给水管道支墩》10S505。

4.5.3 当大坡度长距离输水时，柔性连接管道需要设置防滑墩，每根管子以6m计。对于防滑墩的设置，防滑墩基础必须浇筑在管道基础下的原状土内，并将管道锚固在防滑墩上。防滑墩与上部管道的锚固可采用管箍固定，管箍必须固定在墩内锚固件上，采用钢质管箍时应做相应的防腐处理，连接处应加塑料或橡胶垫片弹性缓冲层。其次防滑墩应有足够的宽度和长度，宽度不得小于管径加300mm，长度不得小于500mm，及嵌入管道土弧基础下原状土内齿墙宽度不得小于300mm。防滑墩深度在黏性土层中不得小于300mm，在岩石中不得小于150mm。

4.5.4 由于塑料管道为柔性管道，刚性较小，承受附件重量下容易产生纵向变形，因此设置固定墩支撑附件重量，防止这些管道附件因自身的重量而引起下沉。

5 管道工程施工

5.1 一 般 规 定

5.1.1 埋地塑料给水管道系统工程施工包括沟槽开挖、管道敷设、沟槽回填、路面修复等一系列工作，与其他给水管道施工基本一致，因此本条规定塑料给水管道施工应符合现行国家标准《给水排水管道工程施工及验收规范》GB 50268的有关规定，目的是统一施工质量检验和验收的标准，做到与国家规范协调一致。

5.1.2 施工组织设计是保证施工质量的重要文件，因此，要求施工前应编制埋地给水塑料管道施工组织设计。对于施工组织设计和施工方案应按规定经程序报审，相关单位签证认定后再实施。

5.1.3 对于塑料管道施工，由于具有一定的技术要求，因此本条强调施工人员应经专业的塑料管道安装技术培训后，使施工人员进场前掌握塑料管道安装特点和注意事项，熟悉各设备性能和操作方法。

5.1.4 国家标准《城镇给水排水技术规范》GB 50788－2012第2.0.5条规定："城镇给排水设施必须采用质量合格的材料与设备，城镇给水设施的材料与设备还必须满足卫生安全要求"。为保证进场管材质量，本条规定埋地塑料给水管材、管件应执行进场检验和复检制，并规定了检验的具体项目，验收合格后方可使用。进场管材重点检查项目包括：①检验合格证；②检测报告；③材料类别；④公称压力等级；⑤外观；⑥颜色；⑦长度；⑧圆度；⑨外径及壁厚；⑩生产日期；⑪产品标志；⑫涉及饮用水卫生安全产品卫生许可批件。

当施工方或甲方对管道产品物理力学性能存在异议时，现场不能检验，应委托第三方具有相应检测资质的检测机构进行检验，保证检验结果的权威性。

5.1.5 本条对施工场地、用电做了规定。塑料管道施工进场前，应考虑具有管道堆放空间，并且场地平整，并做好防晒防雨淋措施；对于电熔等管道配件应室内堆放；同时场地应当满足热、电熔焊机等设备的用电要求。

5.1.6 对于现场排管应根据施工环境、管材种类、管径、管长、沟槽等情况选定排管方式。管材沿管线方向排放在沟槽边上是为了方便管道连接和下管；规定用承插连接时的插口插入方向，是为了减少接头部位的阻力。

5.1.7 本条根据不同连接方式特点和操作要求，将管道连接分为沟边分段连接和在沟底连接。对于胶粘剂连接、热熔对接、电熔连接方式，需要一定的操作空间，可以在沟边分段连接；承插式密封圈连接、法兰连接、钢塑转换接头连接操作空间要求较少，其次防止吊管过程中，连接管件发生错位或变形影响管道密封性，宜在沟底连接。

5.1.8 埋地塑料给水管道施工过程中，应及时清理管中杂物。连接完毕管口采取封堵措施，目的是防止泥浆等杂物进入管内。

5.1.9 在埋地塑料给水管道施工中，管材之间的接口处最容易出现问题，导致出现漏水事故，影响整条管线使用的可靠性和寿命。为确保管路质量，应在施工过程中做好检查，以保证管道连接的可靠性。

5.1.10 当管沟内有积水时，会使得管道处于漂浮状态，影响管底标高和安装位置，且不利于土体固结，影响管道基础强度；其次污水会影响管道熔接、焊接的质量。

对于施工降排水，可以根据现场情况，采取排井(坑)、井点降水、井管降水等降水措施。

5.1.11 由于夏、冬两季日夜温差较大，管道热胀冷缩较为明显，管段覆土完毕后放置1d～2d再进行管道闭合连接，有利于消除温度变化对管道产生的应力。

5.2 沟槽开挖与地基处理

5.2.1 本条参照现行国家标准《给水排水管道工程施工及验收规范》GB 50268的有关规定制定，其目的是确保沟槽开挖位置、开挖深度准确无误。

5.2.2 管道开挖施工沟槽可采用梯形槽、直槽或混合槽，不同边坡形式的选择应具体由施工工期施工季节的影响、地质条件、地下水位等一系列因素考虑，以做到安全、易行、经济合理。

5.2.3 本条规定槽边堆土位置和高度为了施工安全考虑，在槽边、沟槽两侧临时堆土或施加其他载荷时，不得影响管线和其他设施安全；同时堆土高度不宜过高是考虑了土的承载力和边坡的稳定性。

5.2.4 本条参照现行国家标准《给水排水管道工程施工及验收规范》GB 50268 的有关规定制定。槽底开挖宽度除满足安装尺寸要求以外，还应考虑管道不受破坏，不影响工程试验和验收工作。由于各施工单位的技术水平、施工机具和施工方法各不相同，以及施工现场环境不同，沟底宽度可根据具体情况确定。本条同时推荐了可参考执行的计算公式。

5.2.5 当沟槽采用原状土地基时，不能超挖扰动基底原状土层，防止降低基础强度。原状土的超挖和扰动，常因地基不平，局部或全部地基面高程低于设计标高，或者测量未经复核、无专人指挥开挖工作、操作控制不严、不预留 20cm～30cm 土层直接由机械开挖到底等各种原因造成。当出现超挖或者扰动时，应挖出扰动土并回填砂石或其他建筑材料，分层夯实到设计标高。

5.2.6 本条强调管道地基基础宜为天然地基，承载能力特征值应满足设计要求。当地基承载能力达不到要求应进行加固处理，确保地基基础质量。

5.2.7 本条针对五类不同情况，提出了地基处理的常规做法，以确保地基基础质量。埋地给水塑料管道是柔性管道，按管土共同工作原理共同承担外部荷载的作用力，管底垫层和周围土的密实度，决定了“管道-土”系统的负载能力，所以管底土必须认真处理。清除坚硬的物块，避免管道受到集中应力的作用；将管底夯实，使管底有足够的支撑力。

5.2.8、5.2.9 列出了当地基土层受扰动或超挖时的处理措施和常规做法，以确保地基基础质量符合要求。

5.3 管道连接

5.3.1 管道连接前根据设计要求再次核对管材、管件及管道附件规格、数目，检查耐压等级、外表面质量、材质一致性等，符合要求方可使用。

5.3.2 根据管道连接后接头的可挠性将管道连接分为刚性连接和柔性连接两大类，本条列举了刚性连接和柔性连接的六种常用连接方式。同时根据不同塑料管道的特性，参考国内外相关标准规范，提出了不同塑料管道常用的典型连接方式。同时，为了促进新技术的发展和应用，规定其他连接方式在安全可靠性得到验证后也可使用。

5.3.3 由于采用专用连接工具能有效保证连接质量，因此，要求根据不同连接形式选用专用的连接工具。塑料材料对切口极为敏感，车制螺纹将导致管壁截面减弱和应力集中，而且，塑料材料比较柔软，螺纹连接很难保证接头强度和密封性能，因此，要求不得采用螺纹连接。不得使用明火加热，是因为塑料材料是可燃性材料，明火会引起塑料材料燃烧和变形，而且，明火加热也不能保证加热温度的均匀性，可能影响接头连接质量，因此，要求不得使用明火加热。

5.3.4 本条规定了管道切断后端面的要求，是为了便于连接和避免因切割端面不平整导致连接质量缺陷。钢塑复合管封焊端面是为了保证管道内外表面及端面结构完整性，防止管道中钢带/钢丝/钢板腐蚀。

5.3.5 聚乙烯材料受温度的影响较大，在寒冷气候下进行熔接操作，达到熔接温度的时间比正常情况下要长，连接后冷却时间也要缩短；在温度较高情况下，会产生相反的效果。因此，焊接工艺设置的工作环境一般在－5℃～45℃。在温度低于－5℃环境下进行熔接操作，工人工作环境恶劣，操作精度很难保证；在大风环境下进行熔接操作，大风会严重影响热交换过程，易造成加热不足和温度不均，因此，要采取保护措施，并调整熔接工艺。强烈阳光直射则可能使待连接部件的温度远远超过环境温度，使焊接工艺和焊接设备的环境温度补偿功能丧失补偿依据，并且可能因曝晒一侧温度高另一侧温度低而影响焊接质量，因此，要采取遮阳措施。

5.3.6 由于聚乙烯管道和钢塑复合管道的连接主要是采用熔融聚乙烯材料进行连接，熔接条件（温度、时间）是根据施工现场环境调节的，若管材、管件从存放处运到施工现场，其温度高于现场温度时，会产生加热时间过长，反之，加热时间不足，两者都会影响接头质量。对于 PVC-U、PVC-M 管道采用承插式密封圈连接和粘接，如果待连接的管材和管件，从不同温度存放处运来，两者温度不同，而产生的热胀冷缩不同也会影响接头质量。

5.3.7 本条规定了聚乙烯管道连接的具体要求。

1 本款规定了聚乙烯管道的几种连接方式，其目的是为了保证管道接头的质量。聚乙烯管道使用的效果如何，很大程度上是与所选用接头结构和装配工艺过程的参数有关（除外来损坏）。国内外使用经验表明，接头是聚乙烯管道最易损坏的部位。目前国际上聚乙烯给水管的连接普遍采用热熔对接连接、电熔连接，以及施工较为方便的承插式柔性连接。本规程热熔连接不包括热熔承插连接和热熔鞍形连接方式。热熔承插连接一般用于小口径（小于 63mm）管道连接，热熔鞍形连接用于管道分支连接，这两种连接方式和采用的设备、加热工具和操作工艺都有严格要求，对操作工技能要求较高，受人为因素影响较大。近几年来，国内外聚乙烯给水管道已基本不采用热熔承插连接和热熔鞍形连接。因此，本规程规定的热熔连接不包含热熔承插和热熔鞍形连接方式。对于聚乙烯管道与金属管道或金属附件的连接，一般采用钢塑转换接头或法兰连接。钢塑转换接头连接一般用于中小口径的管道；法兰连接一般用于中大口径的管道。

3 本款规定的不同级别、熔体质量流动速率差值不小于 0.5g/10min（190℃，5kg）的聚乙烯原料制造的管材、管件和管道附件，以及焊接端部标准尺寸比（SDR）不同的聚乙烯燃气管道连接时，应采用电熔连接，是因为由于熔体流动速率相差较大，熔接条件也不同，采用热熔对接，在接头处会产生残余应力。外径相同、SDR 值不同的管材、管件采用热熔连接，接头处因壁厚不同，冷却时收缩不一致而会产生较大的内应力，易导致断裂，不利于焊接质量的评价与控制。国内外多年实践经验证明，MFR 差值在 0.5g/10min（190℃，5kg）以内聚乙烯管道热熔对接连接能获得较好的效果。

4 本款规定聚乙烯承插式密封圈连接，是指在聚乙烯管材端部焊接一个带承口的承插接头，承口部位复合钢带或塑料，增强承口刚度，解决聚乙烯材料刚度较低问题。国内外工程实践证明公称直径 90mm～315mm 的聚乙烯管材连接质量可靠。

5.3.8 本条对埋地硬聚氯乙烯承插式密封圈连接和胶粘剂连接适用管径范围作了规定。埋地硬聚氯乙烯管道之间的连接，在小口径以粘接为优，较大口径时则胶圈连接优于粘接。本条规定与现行国家标准《给水用硬聚氯乙烯（PVC-U）管材》GB/T 10002.1 的规定一致。

5.3.9、5.3.10 规定了承插式密封圈连接操作步骤和要求。PVC-U、PVC-M 管道承插式密封圈连接包括：管材—管材、管材—管件；PE 管道承插式密封圈连接仅包括 90mm～315mm 的管材—管材。

5.3.13 规定了聚乙烯（PE）管道热熔对接连接具体操作要求。

1 待连接件伸出夹具的长度是根据铣削要求和加热、焊接翻边宽度的要求确定，国内外的经验是一般不小于公称直径的 10%。校直两对应连接件，是为了防止两连接件偏心错位，导致接触面过少，不能形成均匀的凸缘。错边量过大会影响翻边均匀性、减小有效焊接面积，导致应力集中，影响接头质量，国内外的经验是一般不大于壁厚的 10%。

2 擦净管材、管件连接面上污物和保持铣削后的熔接面清洁，是为了防止杂物进入焊接接头，影响焊接接头质量。铣削连接面，使其与管轴线垂直，是为了保证连接面能与加热板紧密接触。切屑厚度过大可能引起切削振动，或停止切削时扯断切屑而形成台阶，影响表面平整度。连续切削平均厚度不宜超过 0.2mm，是根据工程施工经验确定。

3 选用热熔对接连接专用连接设备，更有利于保证接头的焊接质量。

4 要求翻边形成均匀一致的对称凸缘，是因为形成均匀的翻边是保证接头焊接质量的重要标志之一。翻边的宽度与聚乙烯材料类型、生产工艺（挤出或注塑）、加热温度，以及焊接工艺等有关，因而，很难给出统一的确定值。国外一般建议在确定的（相同的）条件下，进行几组试验，取其平均值，用于施工现场质量控制，要求实际翻边宽度不超过此平均值的±20%。

5 保压冷却期间，不得移动连接件和在连接件上施加任何外力，是因为聚乙烯管连接接头，只有在冷却到环境温度后，才能达到最大焊接强度。冷却期间其他外力会使管材、管件不能保持在同一轴线上，或不能形成均匀的凸缘，会造成接头内应力增大，从而影响接头质量。

5.3.15 规定了电熔承插连接的具体操作要求。

1 擦净管材、管件连接面上污物，是为了防止杂物进入焊接接头，影响焊接接头质量；标记插入长度是为了保证管材插入端有足够的熔融区，避免插入不到位或插入过深。

2 使用整圆工具对插入端进行整圆是为避免不圆度造成配合间隙不均而影响焊接。

3 刮除表皮是为了去除表皮上的氧化层，表皮上的氧化层厚度一般为 0.1mm～0.2mm；检查配合尺寸，是为了防止不匹配的管材与管件进行连接，影响接头质量。

4 校直待连接的管材、管件使其在同一轴线上，是为了防止其偏心，造成接头熔接不牢固，气密性不好。使用夹具固定管材和管件，是为了避免连接过程中连接件的移动，影响焊接接头质量。

5 通电加热时间应符合相关标准规定，是为了防止加热时间不足和过长，影响焊接质量。

5.3.17 规定了电熔鞍形连接的具体操作要求。

1 采用机械装置（如专用托架支撑）固定干管连接部位的管段，是为了使其保持直线度和圆度，以便两连接面能完全结合。

2 刮除管材连接部位表皮是为了去除待连接面的氧化层，清除连接面上污物，并使连接面打毛，以便获得最佳连接效果。

3 固定电熔鞍形管件，是防止在连接过程中管件移动，影响焊接质量。

5.3.19 规定了法兰连接的具体操作要求。两法兰盘上螺孔应对中，法兰面相互平行，是为了安装方便，防止损坏配件；按对称顺序分次均匀紧固法兰盘上的螺栓，是为了防止发生扭曲和消除聚乙烯材料的应力。

5.3.21 规定在钢塑过渡段应采取降温措施，是为了要求操作人员在钢管焊接时，注意焊弧高温对聚乙烯管道的不良影响，因为聚乙烯管道软化点在 120℃左右，熔点在 210℃左右，过高的温度会使聚乙烯管与其接合部位软化，达不到密封效果，影响钢塑转换接头的连接性能。采取降温措施是为了防止因热传导而损伤钢塑转换接头。

5.4 管 道 敷 设

5.4.1 本条是埋地给水塑料管道敷设前提。对于管底标高，可通过设置标高控制点，控制点之间拉通线找平，并用水准仪复测，保证基底标高符合设计位置。对于标高不符合设计要求的，应对管沟修整后，再对管底标高复测。

对于原状土地基的质量检查，包括管基密实度和有无对管道不利的废旧构筑物、硬石、垃圾等杂物，密实度对管道不均匀沉降有较大影响，杂物容易损伤管道。最终使得管道铺设后外壁与原状地基、砂石基础接触均匀无空隙。

5.4.2 管道表面较柔软，使用非金属绳（带）吊装是防止塑料管道表面划伤。划伤管道在运行过程中受外力作用，或遇到溶剂或表面活性剂，会加速伤痕扩展，导致管道破坏。

不允许穿心吊是因为塑料管道刚性较低，使用穿心吊容易造成管口变形或损坏。

5.4.4 聚乙烯管道的线膨胀系数较大，为钢管10倍以上，蜿蜒状敷设起到一定热胀冷缩的补偿作用，适应管道热胀冷缩的变化。因此可利用聚乙烯管道柔性，蜿蜒敷设或随地形自然弯曲敷设。而聚氯乙烯管道、钢塑复合管虽然也有一定的柔性，但不及聚乙烯管大，通常能满足管底平缓起伏形成的自然弯曲，但不宜蜿蜒敷设。

5.4.5 当埋地给水塑料管道穿越铁路、高速公路、城市道路主干道时，应向管理部门报备，组织有关人员现场查勘，研究穿越的可能性，确定具体位置、标高及护套管的孔径类型等。

穿越施工应采取非开挖施工，不影响正常交通。护套管所承受荷载应符合道路荷载标准，一般采用金属或钢筋混凝土套管。套管管径应满足养护使用单位检查维修护套管及管线需要，同时应在路基外侧增设阀门，以便必要时切断供水，进行整治抢修。

5.5 沟 槽 回 填

5.5.1 管道沟槽尽快回填是尽可能减小环境温度变化对已连接管道纵向伸缩的影响，并防止管道受到意外损伤。对回填高度做规定，是考虑到水压试验安全和试验可操作性，回填土及压实能有效抵抗水压试验时管道内水压另外防止水压试验时管道移动。

5.5.2 埋地给水塑料管道是柔性管道，按管土共同工作原理共同承担外部荷载的作用力，管底垫层和周围土壤的密实度，决定了“管道-土”系统的负载能力，所以管底土应认真处理。清除坚硬的物块，避免管道受到集中应力的作用。

5.5.3 规定从管道两侧对称均衡回填是为了防止回填时管道产生位移。其次由于塑料管道密度较小，管沟内有积水时，应采取临时限位措施，使得管道埋设深度和位置符合设计要求。

5.5.5 规定回填土中不得含有石块、砖及其他杂硬物体，是为了防止砖、石等硬物损伤塑料管道。槽底至管顶以上500mm范围内，土中不得含有机物、冻土以及大于50mm的砖、石等硬块。冬期回填时管顶以上500mm范围以外可均匀掺入冻土，其数量不得超过填土总体积的15%，且冻块尺寸不得超过100mm。最终使得管道铺设后外壁与原状地基、砂石基础接触均匀无空隙。

5.5.6 规定管基设计中心角范围内应采取中、粗砂填充密实，是为了确保土弧基础的管土共同作用。

5.5.7 为了防止管道直接受力，导致管道损伤，因此规定回填土不得直接回填作用在塑料管道上。

5.5.8 参照现行国家标准《给水排水管道工程施工及验收规范》GB 50268的有关规定制定。由于塑料管道刚性较小，实际工程中发现采用振动压路机容易使得管道变形，所以不能采用振动压路机压实。

5.5.9 塑料管为柔性管，当采用钢板桩支护沟槽时，板桩中应将桩孔回填密实，以保证管道两侧回填土具有符合要求的变形模量。

5.5.10 对于大口径塑料管道，回填时容易产生竖向变形，本条是控制埋地塑料管道竖向变形的一种施工技术措施。

5.5.11 塑料管道是柔性管道，按柔性管道设计理论，应按管土共同作用原理来承担外部荷载的作用力。管道基础、管道与基础之间的三角区和管道两侧的回填材料及其压实系数对管道受力状态和变形大小影响极大，应严格控制，并按回填工艺要求进行分层回填，压实和压实系数检验，使之符合设计要求。

5.5.12 回填作业每层土的压实遍数应根据实际情况确定，最终要保证每层压实系数符合设计要求。

5.5.13 规定此条目的是为了防止施工机械作用对埋设管道产生不良影响。

5.5.14 岩溶区、湿陷性黄土、膨胀土、永冻土等特殊地区的沟槽回填，不能完全采用上述回填方式，应根据设计要求和当地工程建设标准规定来做。

5.5.15 沟槽回填土压实系数与回填材料示意见图1。

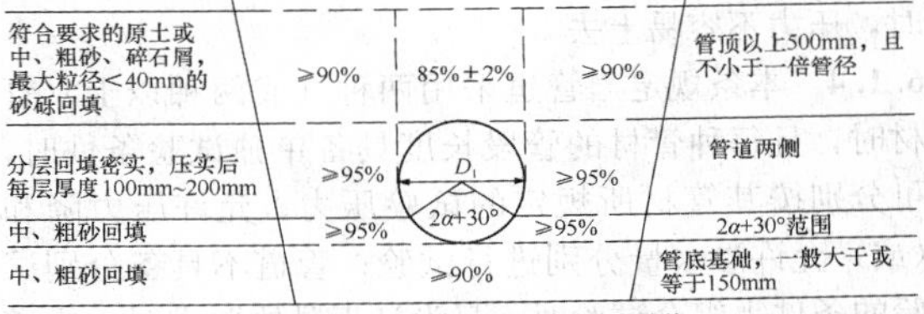

图1 沟槽回填土压实系数与回填材料示意图

注：2α为设计计算基础支承角。

5.6 管道附件安装和附属设施施工

5.6.1 伸缩补偿器是针对塑料管道随环境温度变化产生的纵向形变量，考虑释放形变量的措施。对于胶圈密封承插式管道一般不设置伸缩节，采用粘结刚性连接的管道应设置伸缩节。伸缩节之间距离根据施工闭合温度与管道敷设过程中或运行后管道介质可能出现的最高温差计算后确定。

5.6.2 各阀门具体安装可参考国家标准设计图集《市政给水管道工程及附属设施》07MS101。

5.6.3 支墩的地基应符合设计要求，当天然地基强度不能满足设计要求时应加固。

6 水压试验、冲洗与消毒

6.1 一 般 规 定

6.1.1 水压试验要求在管道两侧和管顶以上 0.5m 回填后方可进行，是考虑到水压试验安全和试验可操作性，因为回填土及压实能有效抵抗水压试验时管道内水压；水压试验要求在管道系统中最后一个接口连接的焊接冷却时间或粘接固化时间达到要求后方可进行，是考虑到若焊接冷却时间或粘接固化时间未达到要求时间，接口强度就不能达到设计要求，水压试验将会使此接口出现漏水等现象。

6.1.2 按现行国家标准《给水排水管道工程施工及验收规范》GB 50268 的水压试验方法，规定压力管道水压试验分为预试验和主试验阶段，取代原有相关规范中的强度试验和严密性试验。按现行国家标准《给水排水管道工程施工及验收规范》GB 50268 的关于试验合格判定依据的规定，试验合格的判定依据应根据设计要求来确定，设计无要求时，应根据工程实际情况，选用允许压力降值和允许渗水量值中一项值或同时采用两项值作为试验合格的最终判定依据。国内某城市在小口径（公称外径≤110mm）的 PE 管水压试验中，采用允许渗水量法水压试验结果合格的项目，通过对压力变化数据的分析，采用压力降值方法也能满足要求。

6.1.3 本条规定埋地塑料给水管道的试验长度不宜大于 1.0km，这主要是考虑便于试验操作而进行的原则性规定。由于塑料管道刚性较低，当塑料管道过长时，压力不容易上去。

6.1.4 本条规定当管道采用两种（或两种以上）管材时，且每种管材的管段长度具备单独试验条件时，可分别按其管材所规定的试验压力、允许压力降和（或）允许渗水量分别进行试验；管道不具备分别试验的条件需组合试验时，且设计无具体要求时，应遵守从严的原则选用不同管材中的管道长度最长、试验控制最严的标准进行试验。

6.1.7 为保障水压试验的安全，本条规定在试验区域设置警示隔离带的要求，无关人员应离开试验现场。

6.1.8 本条为强制性条文，规定埋地塑料给水管道必须水压试验合格，生活饮用水并网前进行冲洗消毒，水质经检验达到国家有关标准后，方可投入运行。

6.2 水 压 试 验

6.2.2 对于管道两端试压，支设后背时应加固所试压管段的两端堵板并设后背支撑，当采用原有管沟土当做后背墙时，其长度不得小于 5m。后背墙支撑面积，可视土质与试验压力值而定，一般土质按承受 0.15MPa 考虑。

压力计在使用前应检验校准。压力计的精度不低于 1.5 级，其含义指最大允许误差不超过最大刻度 1.5%。采用最大量程的 1.3 倍～1.5 倍压力计，是按最高的试验压力乘以 1.3～1.5，选择压力计的最大读数。为了读数方便和提高试验精度，表盘直径规定不应小于 150mm。

管段所有敞口应封闭，对于打泵盖堵、接头以及不同管材、管径接口采用的不同盖堵及支顶应符合设计要求。

6.2.3 对于排气，通常在管段起伏的各顶点设置排气孔，对于长距离水平管段上，需要进行多点开孔排气。注水时应保证排出水流中无气泡，水流速度不变。

6.2.4 升压过程应分级升压，每升一级检查后背、支墩、管身及接口，及时发现问题，保证压力上升。在加压过程中应明确试验时分工，对后背、支墩、接口、排气阀都应有专人负责。

6.2.6 本条第 1 款规定了允许压力降值方法的试验步骤；第 2 款规定了允许渗水量值方法的试验步骤。

聚乙烯管材是一种热塑性材料，管材本身具有黏弹性、受压蠕变及膨胀、失压收缩等特性。与传统材料（如球铁、钢等）管道不同，水压试验过程中，这些特性均有所表现，聚乙烯管材发生蠕变会导致一段时间内压力呈连续下降趋势。另外，水压试验期间温度的变化会引发压力波动。有关文献指出，对于 PE 管道，10℃的温度变化，可能引起 0.05MPa～0.10MPa 的压力变化。由于试压期间温度变化相对较小，所以压力波动不大。因此，应充分理解 PE 管道在压力试验期间的压力下降现象，充分考虑到压力下降并不一定意味着管道有泄漏。

不同管材的物力化学性能不同，弹性模量不同（钢管 214000MPa、铸铁管 160000MPa、钢筋混凝土管 28000MPa、UPVC 管 3000MPa、PE 管 800～1000MPa），判断水压试验的方法与标准也不尽相同。

一、国外PE供水管压力试验标准与方法

目前国际上提出PE管道试压标准的组织有WRC（Water Research Council Committee，英国）、BSI（British Standards Institution）、ASTM（American Society for Testing and Materials，美国）、PPI（Plastic Pipe Institute，美国）、VAP P78（瑞典）、CEN（欧洲标准化协会），各种方法综述如下：

1 WRC提出的标准与方法最为复杂，主要内容如下：

1）将压力升至试验压力，升压时间为 T_I；

2）停止加压，观察并记录以下三组数据：

$T_1=0+T_I$ 时的压力 P_1

$T_2=0+7T_I$ 时的压力 P_2

$T_3=0+15T_I$ 时的压力 P_3

3）对 T_1、T_2、T_3 进行修正：

$T_{1c}=T_1+0.4T_I$

$T_{2c}=T_2+0.4T_I$

$T_{3c}=T_3+0.4T_I$

4）计算 $N_1=(\log P_1-\log P_2)/(\log T_{2c}-\log T_{1c})$

$N_2=(\log P_2-\log P_3)/(\log T_{3c}-\log T_{2c})$

5）当 N_1 与 N_2 的值在0.04～0.10之间时，表明管道无渗漏。N_1 与 N_2 值越大，表明存在漏水的可能性越大，N_1 与 N_2 值越小，表明管道内可能存在空气。

WRC还提供了《Water supply. Requirements for systems and components outside buildings》EN 805提出的另两种试压方法。

2 BSI在《Specification for design, installation, testing and maintenance of services supplying water for domestic use within buildings and their curtilages》BS 6700-1997中，提出可选用以下两种方法进行水压试验。

方法一：

1）持续在试验压力30min，期间可补水增压；

2）泄压至最大工作压力的50%；

3）如果压力稳定在50%的最大工作压力，甚至有压力上升现象，表明无渗漏；

4）再持续进行外观检查90min，如仍无渗漏，则试压合格。

方法二：

1）管道升压至试验压力并稳压30min，期间可补水增压；

2）停止补压，观察30min，如压力降小于60kPa，可视为系统无渗漏；

3）再持续120min进行外观检查，如仍无渗漏且压力降小于20kPa，则试压合格。

3 ASTM标准主要进行外观检查。

1）管道升压至试验压力；

2）补水维持试验压力4h；

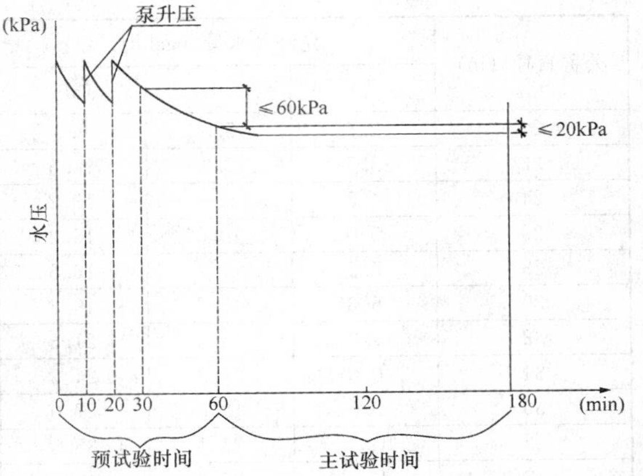

图2 水压试验时间分配和压力示意图

3）泄压1.45kPa，并观察1h，期间不要补水增压；

4）如果在此1h内没有可见的渗漏，压力保持稳定(±5%)，压力试验合格，否则应检查原因重新试压。

4 日本“配水用聚乙烯管协会”、“日本聚乙烯管道工业会”提出的主要也是试压期间管道接头、配件等处不得有渗漏现象这一外观检查项目。

5 PPI提出的标准要点是：最大试验压力为1.5倍的标准压力；试压期间稳压所需的补水量不得超过允许值，参见表16。

表16 补水量允许值

公称直径（in）	允许补水量（gal/ft）		
	1h	2h	3h
1～1/4	0.06	0.10	0.16
1～1/2	0.07	0.10	0.17
2	0.07	0.11	0.19
3	0.10	0.15	0.25
4	0.13	0.25	0.40
5	0.19	0.38	0.58
5～3/8	0.21	0.41	0.62
6	0.3	0.6	0.9
7～1/8	0.4	0.7	1.0
8	0.5	1.0	1.5
10	0.8	1.3	2.1
12	1.1	2.3	3.4
13～3/8	1.2	2.5	3.7
14	1.4	2.8	4.2
16	1.7	3.3	5.0
18	2.0	4.3	6.5

续表 16

公称直径（in）	允许补水量（gal/ft）		
	1h	2h	3h
20	2.8	5.5	8.0
22	3.5	7.0	10.5
24	4.5	8.9	13.3
26	5.0	10.0	15.0
28	5.5	11.1	16.8
30	6.3	12.7	19.2
32	7.0	14.3	21.5
34	8.0	16.2	24.3
36	9.0	18.0	27.0
42	12.0	23.1	35.3
48	15.0	27.0	43.0
54	18.5	31.4	51.7

6 VAP P78 提出的方法，整个试压过程持续 17h，步骤如下：

预试验：

升压至试验压力并持续 12h，期间不注水补压（管内压力将可能下降）。检查管道接口、配件等，不得有泄漏现象。

主试验：

1）升压至试验压力并稳压至第一个小时末，期间可补水稳压；

2）稳压于试验压力至第二个小时末，期间可补水稳压；

3）稳压于试验压力至第三个小时末，期间可补水稳压。设这一时间段补水量为 V_1（L）；

4）稳压于试验压力至第四个小时末，期间可补水稳压；

5）稳压于试验压力至第五个小时末，期间可补水稳压；设这一时间段补水量为 V_2（L）；

6）如果试验结果满足下式且试压过程中无渗漏现象，则试压结果合格。

$$V_2 \leqslant 0.55V_1 + 0.14Ld_iH \tag{3}$$

式中：L——试压管道长度（km）；

d_i——试压管道内径（m）；

H——试压水头平均值（m）。

7 CEN 提出的试验方法，分为两个阶段进行试压。

预试验：

1）将试压管道内的压力降至大气压，并持续 60min。这一时段内要保证没有空气进入管道。

2）缓慢地将管道升压至试验压力并稳压 30min，期间如有压力下降可注水补压（但不得高于试验压力）。检查管道接口、配件等处有无渗漏现象（如有渗漏现象则试压不合格）。

3）停止注水补压并稳定 60min。若 60min 后压力下降至试验压力的 70%以上，则继续下一阶段的工作。如 60min 后压力下降至试验压力的 70%以下，则试压不合格，须查明原因。

主试验：

1）在预试验阶段结束后，迅速将管道泄水降压，降压量为试验压力的 10%～15%；

2）准确计量降压所泄出的水量，设为 ΔV（L）；

3）按下式计算允许泄出的最大水量 ΔV_{max}（L）；

$$\Delta V_{max} = 1.2V\Delta P[1/E_w + d_i/(e_n \cdot E_p)] \tag{4}$$

式中：V——试压管道总体积（L）；

ΔP——降压量（kPa）；

E_w——水的体积模量。不同水温时 E_w 见表 17；

E_p——管材的弹性模量（kPa），见表 18（表中所列时间依试压所经过时间来取值）。

表 17 不同水温下水的 E_w 值

温度（℃）	体积模量（MPa）	温度（℃）	体积模量（MPa）
5	2080	20	2170
10	2110	25	2210
15	2140	30	2230

表 18 管材的弹性模量

温度（℃）	PE80 弹性模量 E_p（kPa）			PE100 弹性模量 E_p（kPa）		
	1h	2h	3h	1h	2h	3h
5	740000	700000	680000	990000	930000	900000
10	670000	630000	610000	900000	850000	820000
15	600000	570000	550000	820000	780000	750000
20	550000	520000	510000	750000	710000	680000
25	510000	490000	470000	690000	650000	630000
30	470000	450000	430000	640000	610000	600000

4）若 $\Delta V > \Delta V_{max}$，停止试压，排除管内过量空气；

5）观察并记录 30min 的管内水压变化情况，若试压管道剩余压力有上升趋势，则水压试验结果合格；

6）如上 30min 内试压管道内剩余水压无上升趋势，则再持续观察 60min。如在整个 90min 内压力下降不超过 20kPa，则水压试验结果合格。

CEN 试压标准与方法，除欧盟外，澳大利亚、新西兰也予采用。

二、国内 PE 埋地给水管水压试验方法应用情况

近几年来，国内某城市来在小区给水管网更新改

造中，埋地 PE 管道（PE100、SDR17）得到了广泛的应用，水压试验采用允许渗水量值方法，积累了一些水压试验的实践经验和数据，对随机选取了 10 个小区的水压试验数据进行了分析，具体见表 19。

表 19　水压试验数据

序号	d_e	e_n	L	水温	ΔP	ΔV_{max}-允许	ΔV_{max}-实测
1	90	5.4	88	20	0.1	1.4	1.2
	63	4.7	54				
2	90	5.4	125	20	0.1	2.4	1.8
	63	4.7	103				
	50	4.5	128				
3	63	4.7	144	25	0.1	4.3	3.5
	90	5.4	120				
	110	6.6	90				
4	160	10	160	25	0.1	14.2	9.5
	110	6.6	130				
	90	5.4	182				
	63	4.7	440				
5	110	7.1	185	34	0.1	4.3	3.2
	63	4.9	126				
6	160	9.5	340	30	0.1	25	20
	110	6.6	150				
	90	5.4	210				
	63	4.7	490				
	25	3.2	40				
7	63	4.7	340	25	0.1	6.5	4.2
	90	5.4	140				
	110	6.6	70				
	160	9.5	30				
8	160	9.5	39	20	0.1	4.5	3.3
	110	6.6	27				
	90	5.4	120				
	63	4.7	179				
9	160	9.5	30	25	0.1	5.6	4.9
	110	6.6	109				
	90	5.4	120				
	63	4.7	52				
10	63	4.7	340	25	0.1	5.1	4.2
	90	5.4	140				
	110	6.6	70				

从表 19 来看，允许渗水量的计算值和实测值基本接近。通过分析可知，弹性模量对允许渗水量的计算影响较大，弹性模量的大小与水温、水压试验时间相关性较大。若采用 3min 短期模量，上述计算允许渗水量值将小于实测值，因此在计算允许渗水量值时根据不同的水温和试压时间选择弹性模量更为合理。

另外，从上述水压试验压力变化来分析，在预试验阶段 60min 稳压期间，压力降值基本都低于 80kPa，与前面提到的BS 6700（1997）中的方法二吻合较好，可作为允许压力降值方法。

若工程另有规定要求，可参阅有关资料选择适当的水压试验方法。

6.2.7　本条规定了硬聚氯乙烯管、钢塑复合管等埋地给水塑料管道的水压试验程序和合格标准。《埋地硬聚氯乙烯给水管道工程技术规程》CECS 17：2000 中介绍美国、英国以及 ISO 对硬聚氯乙烯压力管道试压允许漏水量规定，具体如下：

1　美国《PVC 管设计施工手册》

$$Q=\frac{ND\sqrt{P}}{7400} \tag{5}$$

式中：Q——允许漏水量（gal/h）（美）；

D——公称管径（in）；

P——内压（lb/in^2）；

N——管道上接头个数。

按照上述公式，试验压力为 $150lb/in^2$（1.03MPa）、管道长 20ft（6m）的密封胶圈接头，每一英寸管径、每天每英里的漏水量为 10.5gal（美）。折算成公制，近似值为内压 1.0MPa，每 25mm 管径、每天每公里允许漏水量为 24L。

2　英国《PVC 压力管设计手册》

按英国咨询公司允许补水量标准 $Q=2\times d_i(m)\times H(m)$，亦即允许漏水量为每米管径、每米试验水头每天 2L。按上列同样试压条件计算，$Q=2\times0.025\times100=5L/次$，即每 25mm 管径、每天每公里允许漏水量为 5L。

3　ISO/TR4191 的规定为每 25mm 管内径每 0.3MPa 试压标准每天允许漏水量为 3L。按上列同样试压条件计算，$Q=3\times1\times1.0/0.3=10L/d$，即每 25mm 管径、每天每公里允许漏水量为 10L。

根据国内实践经验，硬聚氯乙烯管允许漏水量采用 ISO 标准比较切合国情，亦符合国际标准。

钢塑复合管的允许渗水量采用埋地硬聚氯乙烯的标准，即每 25mm 管径允许漏水量为 10L/(d·km)，这个标准比《给水排水管道工程施工及验收规范》GB 50268－2008 中规定的钢管高 8 倍左右，也就是钢塑复合管水压试验的允许渗水量要比钢管低得多。

6.3　冲洗与消毒

本节的冲洗与消毒是根据现行国家标准《给水排

水管道工程施工及验收规范》GB 50268 的有关规定制定。管道初冲洗可根据冲洗水源的实际情况，选用水力、气水脉冲、高压射流或弹性清管器等冲洗方式。

6.3.2 给水管道放水冲洗时应与管理单位联系，确定放水时间、取水样化验时间、用水流量和如何计算用水量等事宜。

6.3.3 消毒前与管理单位联系，取得配合。给水管道消毒通常采用漂白粉进行消毒。对于漂白粉，在使用前应进行检验，再溶解成溶液。由泵向管内压入漂白粉溶液，并根据漂白粉的浓度，压入速度，用闸门调整管内流速，以保证管内有效氯的含量符合要求。

中华人民共和国行业标准

城镇供热直埋蒸汽管道技术规程

Technical specification for directly buried steam heating pipeline in city

CJJ/T 104—2014

批准部门：中华人民共和国住房和城乡建设部
施行日期：2 0 1 4 年 1 0 月 1 日

中华人民共和国住房和城乡建设部
公　　告

第385号

住房城乡建设部关于发布行业标准《城镇供热直埋蒸汽管道技术规程》的公告

现批准《城镇供热直埋蒸汽管道技术规程》为行业标准，编号为CJJ/T 104－2014，自2014年10月1日起实施。原《城镇供热直埋蒸汽管道技术规程》CJJ 104－2005同时废止。

本规程由我部标准定额研究所组织中国建筑工业出版社出版发行。

中华人民共和国住房和城乡建设部

2014年4月16日

前　　言

根据住房和城乡建设部《关于印发〈2013年工程建设标准规范制订修订计划〉的通知》（建标[2013] 6号）的要求，规程编制组经广泛调查研究，认真总结实践经验，参考有关国际标准和国外先进标准，并在广泛征求意见的基础上，修订本规程。

本规程的主要技术内容是：1. 总则；2. 术语；3. 管道布置与敷设；4. 管路附件；5. 管道强度计算及应力验算；6. 保温结构和保温层；7. 外护管及防腐；8. 施工与验收；9. 运行管理。

本规程修订的主要技术内容是：1. 对适用范围进行调整，扩大了管径的范围；2. 限定了钢套钢外护管；3. 增加了管道材料要求；4. 增加了抽真空技术要求；5. 增加了管道保温结构；6. 增加了外护管的应力计算和防腐材料要求；7. 合并了测量、安装和验收章节；8. 增加了土壤导热系数。

本规程由住房和城乡建设部负责管理，由中国市政工程华北设计研究总院负责具体技术内容的解释。执行过程中如有意见或建议，请寄送中国市政工程华北设计研究总院（地址：天津市河西区气象台路99号，邮编：300074）。

本规程主编单位：中国市政工程华北设计研究总院

本规程参编单位：城市建设研究院
中国中元国际工程公司
北京市煤气热力工程设计院有限公司
上海新华建筑设计有限公司
北京豪特耐管道设备有限公司
大连益多管道有限公司
大连新光管道制造有限公司
天津市管道工程集团有限公司保温管厂
河北昊天管业股份有限公司
唐山兴邦管道工程设备有限公司
天津市宇刚保温建材有限公司
上海科华热力管道有限公司
天津天地龙管业有限公司。

本规程主要起草人员：廖荣平　王　淮　杨良仲
蒋建志　赵志楠　杨　健
刘广清　朱　正　方向军
王松涛　孙永林　于　宁
李　志　郑中胜　邱华伟
闫必行　陈　雷　丁　彧

本规程主要审查人：董乐意　张建伟　李先瑞
王　飞　陈鸿恩　栾晓伟
崔跃建　孟继成　廖嘉瑜
王有富　王兆田　杨永峰

目　次

Contents

1 总 则

1.0.1 为规范城镇供热直埋蒸汽管道的设计、施工、验收及运行维护，统一技术要求，确保工程质量，做到经济合理、安全适用，制定本规程。

1.0.2 本规程适用于工作压力小于或等于2.5MPa，温度小于或等于350℃，直接埋地敷设的钢质外护蒸汽保温管道的设计、施工、验收及运行维护。

1.0.3 在地震、湿陷性黄土、膨胀土等地区，直埋蒸汽管道工程除应符合本规程外，还应符合现行国家标准《室外给水排水和燃气热力工程抗震设计规范》GB 50032、《湿陷性黄土地区建筑规范》GB 50025和《膨胀土地区建筑技术规范》GB 50112的有关规定。

1.0.4 直埋蒸汽管道的设计、施工、验收及运行维护，除应符合本规程外，尚应符合国家现行有关标准的规定。

2 术 语

2.0.1 直埋蒸汽管道 directly buried steam pipe

直接埋设于土层中输送蒸汽的预制保温管道。

2.0.2 工作管 working pipe

在直埋蒸汽保温管结构中，用于输送蒸汽的钢管。

2.0.3 外护管 outer protective pipe

保温层外抵抗外力和环境对保温材料的破坏和影响，具有足够机械强度和可靠防水性能的套管。

2.0.4 防腐层 antiseptic layer

为防止外护钢管腐蚀而在其表面覆盖并紧密结合的耐腐蚀材料层。

2.0.5 保温管补口 heat preservation pipe patch

直埋蒸汽管道连接处的保温层、外护管及防腐层的接口处理。

2.0.6 排潮管 casing drain

排出工作管与外护管之间水汽的导管。

2.0.7 内固定支座 inside fixed support

保证工作管与外护管间不发生相对位移的管路附件。

2.0.8 外固定支座 outside fixed support

保证外护管与固定墩间不发生相对位移的管路附件。

2.0.9 内外固定支座 inside and outside fixed support

保证工作管、外护管和固定墩三者间不发生相对位移的管路附件。

2.0.10 辐射隔热层 radiation heat insulation layer

在带有空气层的保温结构中，在空气层壁面设置抛光金属铝箔层，利用其表面低发射率和高反射率的特性，减少表面辐射换热而提高绝热效果的结构。

2.0.11 抽真空 vacuum

使工作管和外护管之间具有一定真空度的工艺过程。

3 管道布置与敷设

3.1 管 道 布 置

3.1.1 直埋蒸汽管道的布置应符合现行行业标准《城镇供热管网设计规范》CJJ 34的有关规定。

3.1.2 直埋蒸汽管道与其他设施的最小净距应符合表3.1.2的规定；当不能满足表中的净距或其他设施有特殊要求时，应采取有效保护措施。

表3.1.2 直埋蒸汽管道与其他设施的最小净距

设施名称		最小水平净距（m）	最小垂直净距（m）
给水、排水管道		1.5	0.15
直埋热水管道/凝结水管道		0.5	0.15
排水盲沟		1.5	0.50
燃气管道（钢管）	≤0.4MPa	1.0	0.15
	>0.4MPa，≤0.8MPa	1.5	
	>0.8MPa	2.0	
燃气管道（聚乙烯管）	≤0.4MPa	1.0	燃气管在上 0.50 燃气管在下 1.00
	>0.4MPa，≤0.8MPa	1.5	
	>0.8MPa	2.0	
压缩空气或CO_2管道		1.0	0.15
乙炔、氧气管道		1.5	0.25
铁路钢轨		钢轨外侧3.0	轨底1.20
电车钢轨		钢轨外侧2.0	轨底1.00
铁路、公路路基边坡底脚或边沟的边缘		1.0	—
通信、照明或10kV以下电力线路的电杆		1.0	—
高压输电线铁塔基础边缘（35kV~220kV）		3.0	—
桥墩（高架桥、栈桥）		2.0	—
架空管道支架基础		1.5	—
地铁隧道结构		5.0	0.80
电气铁路接触网电杆基础		3.0	—
乔木、灌木		2.0	—
建筑物基础		2.5（外护管≤400mm）	—
		3.0（外护管>400mm）	—

续表 3.1.2

设施名称			最小水平净距（m）	最小垂直净距（m）
电缆	通信电缆管块		1.0	0.15
	电力及控制电缆	≤35kV	2.0	0.50
		>35kV，≤110kV	2.0	1.00

注：当直埋蒸汽管道与电缆平行敷设时，电缆处的土壤温度与月平均土壤自然温度比较，全年任何时候，对于10kV的电缆不高出10℃；对于35kV～110kV的电缆不高出5℃时，可减少表中所列净距。

3.1.3 当直埋蒸汽管道与其他地下管线交叉时，直埋蒸汽管道的管路附件距交叉部位的水平净距宜大于3m。

3.1.4 直埋蒸汽管道的最小覆土深度应符合表3.1.4的规定。当不符合要求时，应采取相应的技术措施对管道进行保护。

表 3.1.4 直埋蒸汽管道的最小覆土深度

外护管公称直径（mm）	最小覆土深度（m）	
	车行道	非车行道
≤500	1.0	0.8
600～900	1.1	0.9
1000～1200	1.3	1.0
1300～1600	1.5	1.2

3.2 敷设方式

3.2.1 直埋蒸汽管道的工作管，应采用有补偿的敷设方式。

3.2.2 直埋蒸汽管道敷设坡度不宜小于0.2%。

3.2.3 当采用轴向补偿器时，两个固定支座之间的直埋蒸汽管道不宜有折角。

3.2.4 无补偿敷设的外护管，直管段允许斜切的最大折角应符合表3.2.4的规定。

表 3.2.4 无补偿敷设的外护管，直管段允许斜切的最大折角

外护管公称直径（mm）	取用壁厚（mm）	斜切的最大折角（°）
500	8	1.9
600	8	1.7
700	9	1.7
800	10	1.7
900	10	1.3
1000	11	1.3
1200	13	1.3
1400	15	1.2
1600	18	1.0

3.2.5 当管道由地下转至地上时，外护管应一同引出地面，外护管距地面的高度不宜小于0.5m，并应设防水帽和采取隔热措施。

3.2.6 当直埋蒸汽管道与地沟敷设管道或井室内管道相连接时，直埋蒸汽管道保温层应采取防渗水措施。

3.2.7 当地基软硬不一致时，应对地基作过渡处理。

3.2.8 在地下水位较高的地区，应进行浮力计算。当不能保证直埋蒸汽管道稳定时，应增加埋设深度或采取相应的技术措施。

3.2.9 当直埋蒸汽管道穿越河底时，管道应敷设在河床的硬质土层上或做地基处理。覆土深度应根据浮力、水流冲刷情况和管道稳定条件确定。

3.3 管道材料

3.3.1 直埋蒸汽管道应采用无缝钢管、电弧焊或高频焊焊接钢管。无缝钢管应符合现行国家标准《输送流体用无缝钢管》GB/T 8163的有关规定；电弧焊或高频焊焊接钢管应符合现行国家标准《直缝电焊钢管》GB/T 13793、《低压流体输送用焊接钢管》GB/T 3091和《石油天然气工业管线输送系统用钢管》GB/T 9711的有关规定。

3.3.2 直埋蒸汽管道的钢材钢号的选择应符合表3.3.2的规定。

表 3.3.2 直埋蒸汽管道的钢材钢号

钢号	蒸汽设计温度（℃）	钢板厚度	推荐适用范围
Q235B	≤300℃	≤20mm	工作管、外护管
20、16Mn、Q345	≤350℃	不限	工作管

4 管路附件

4.1 管路附件及设施

4.1.1 阀门的选择及安装应符合下列规定：

1 直埋蒸汽管道使用的阀门宜为无盘根的截止阀或闸阀；当选用蝶阀时，应选用偏心硬质密封蝶阀；

2 所选阀门公称压力应比管道设计压力高一个等级；

3 阀门应进行保温，其外表面温度不得大于60℃，并应做好防水和防腐处理；

4 井室内阀门与管道连接处的管道保温端部应采取防水密封措施；

5 工作管直径大于或等于300mm的关断阀门应设置旁通阀门，旁通阀门公称直径可按表4.1.1选取。

表 4.1.1 旁通阀门公称直径（mm）

工作管公称直径	DN300～DN500	DN600～DN900
旁通阀门公称直径	DN32～DN50	DN65～DN100

4.1.2 直埋蒸汽管道应设置排潮管。

4.1.3 排潮管应设置在外护管轴向位移量较小处。在长直管段间，排潮管宜结合内固定支座共同设置。排潮管出口可引入专用井室内，专用井室内应有可靠的排水措施。排潮管外部应设置外护钢套管，排潮管公称直径宜按表 4.1.3 选取。

表 4.1.3 排潮管公称直径（mm）

外护管公称直径	排潮管公称直径	排潮管外护钢套管外径×壁厚
≤500	40	159×5
600～1000	50	159×5
≥1200	65	159×5

4.1.4 排潮管如引出地面，开口应下弯，且弯顶距地面高度不宜小于 0.5m，并应采取防倒灌措施。排潮管宜设置在不影响交通的地方，且应有明显的标志。排潮管和外护钢套管的地下部分应采取防腐措施，防腐等级不应低于外护管防腐层等级。

4.1.5 疏水装置宜设置在工作管与外护管相对位移较小处。疏水管应采用自然补偿布置。

4.1.6 检查井设计应符合下列规定：

1 当地下水位高于井室底面或井室附近有地下供、排水设施时，井室应采用钢筋混凝土结构，并应采取防水措施；

2 管道穿越井壁处应采取密封措施，并应考虑管道的热位移对密封的影响，密封处不得渗漏；

3 井室应对角布置两个人孔，阀门宜设远程操作机构，当井室深度大于 4m 时，宜设计为双层井室，两层人孔宜错开布置，远程操作机构应布置在上层井室内；

4 疏水井室宜采取主副井布置方式，关断阀门或阀组、疏水口应分别设置在两个井室内。

4.1.7 固定支座的选取和推力计算应符合下列规定：

1 补偿器和三通处应设置固定支座，阀门和疏水装置处宜设置固定支座；

2 当外护管采用无补偿敷设时，宜采用内固定支座；

3 当外护管在管道转角位置无法实现自然补偿时，管道转角两端宜采用内外固定支座和外护管补偿器相结合的方式；

4 内固定支座应采取隔热措施，且其外护管表面温度应小于或等于 60℃；

5 直埋蒸汽管道对固定墩的作用力应包括工作管道的作用力和外护管的作用力；

6 固定墩两侧作用力的合成及其稳定性验算和结构设计，应符合现行行业标准《城镇供热直埋热水管道技术规程》CJJ/T 81 的有关规定；

7 内固定支座外护管与工作管间宜设置波纹隔断。

4.1.8 当直埋蒸汽管道保温系统采用抽真空工艺时，应符合下列规定：

1 应采用真空隔断方式进行分段，分段长度不宜大于 300m。抽真空设备应根据设计真空度、真空段长度和管径选取；

2 在每个真空分段的两端，应设置真空阀门和真空表接口。

4.2 管件及管道连接

4.2.1 直埋蒸汽管道的管件应符合下列规定：

1 工作管管件应符合现行国家标准《钢制对焊无缝管件》GB/T 12459 或《钢板制对焊管件》GB/T 13401 的有关规定；当采用煨制弯管时，应符合现行行业标准《锅炉管子制造技术条件》JB/T 1611 的有关规定；

2 直埋蒸汽管道和管件应在工厂预制，并应符合现行行业标准《城镇供热预制直埋蒸汽保温管技术条件》CJ/T 200 和《城镇供热预制直埋蒸汽保温管管路附件技术条件》CJ/T 246 的有关规定。管件的防腐、保温性能应与直管道相同。

4.2.2 直埋蒸汽管道、管件及管路附件之间的连接，除疏水器和特殊阀门外均应采用焊接连接，当采用法兰连接时，法兰的密封宜采用耐高温垫片。

4.2.3 当采用工作管弯头做热补偿时，弯头的曲率半径不应小于 1.5 倍的工作管公称直径。管道位移段应加大外护管的尺寸，并应采用满足热位移要求的软质保温材料。外护管的曲率半径不应小于 1.0 倍的外护管公称直径。

5 管道强度计算及应力验算

5.1 工 作 管

5.1.1 直埋蒸汽管道系统设计应对工作管道进行强度计算及应力验算。

5.1.2 当工作管强度计算及应力验算时，供热介质计算参数应符合下列规定：

1 管道的设计压力和设计温度值，应取锅炉出口、汽轮机抽（排）汽口或减温减压装置出口的最大工作压力和最高工作温度；

2 安装温度值应取安装期内当地环境的最低温度。

5.1.3 工作管钢材的许用应力，应按下列公式计算，并应取 4 项计算结果的最小值。常用钢管材料的许用应力可按表5.1.3取值。

$$\sigma=\frac{\sigma_b^{20}}{3} \quad (5.1.3\text{-}1)$$

$$\sigma=\frac{\sigma_s^t}{1.5} \quad (5.1.3\text{-}2)$$

$$\sigma=\frac{\sigma_{s(0.2\%)}^t}{1.5} \quad (5.1.3\text{-}3)$$

$$\sigma=\frac{\sigma_D^t}{1.5} \quad (5.1.3\text{-}4)$$

式中：σ——工作管钢材的许用应力（MPa）；

σ_b^{20}——钢材在20℃时的抗拉强度最小值（MPa）；

σ_s^t——钢材在设计温度下的屈服极限最小值（MPa）；

$\sigma_{s(0.2\%)}^t$——钢材在设计温度下残余变形为0.2%时的屈服极限最小值（MPa）；

σ_D^t——钢材在设计温度下10^5h的持久强度平均值（MPa）。

表5.1.3 常用钢管材料的许用应力

钢管类型	钢号	钢管标准	常温强度指标（MPa）		在不同温度（℃）下的许用应力（MPa）						
			σ_b	σ_s	≤20	100	150	200	250	300	350
焊接钢管	Q235B	GB/T 13793	375	235	113	113	113	105	94	86	77
无缝钢管	20	GB/T 8163	390	245	130	130	130	123	110	101	92
	16Mn	GB/T 8163	490	320	163	163	163	159	147	135	126
	Q345	GB/T 8163	490	320	163	163	163	159	147	135	126

5.1.4 工作管道许用应力取值、管壁厚度计算、补偿值计算及应力验算，应符合现行行业标准《火力发电厂汽水管道应力计算技术规定》DL/T 5366的有关规定。

5.2 外 护 管

5.2.1 外护管的应力验算应采用应力分类法。

5.2.2 当管道进行应力计算时，管道计算温度和压力应按下列规定取用：

1 应力计算最高温度应取95℃；

2 计算安装温度应取安装时当地的最低温度；

3 计算压力应取0.2MPa。

5.2.3 外护管应力验算及竖向稳定性验算，应符合现行行业标准《城镇供热直埋热水管道技术规程》CJJ/T 81的有关规定。管道的壁厚应符合本规程第7.2.2条和第7.2.3条的规定。

6 保温结构和保温层

6.1 一 般 规 定

6.1.1 保温材料应符合现行行业标准《城镇供热预制直埋蒸汽保温管技术条件》CJ/T 200的有关规定。保温材料不应对管道及管路附件产生腐蚀。

6.1.2 硬质保温材料密度不得大于300kg/m³，软质保温材料及半硬质保温材料密度不得大于200kg/m³。

6.1.3 硬质保温材料含水率的重量比不得大于7.5%，硬质保温材料抗压强度不得小于0.4MPa，抗折强度不应小于0.2MPa。

6.1.4 接触工作管的保温材料，其允许使用温度应比工作管内的蒸汽温度高100℃以上。

6.1.5 保温结构设计应按外护管外表面温度小于或等于50℃计算保温层厚度。当采用复合保温结构时，保温层间的界面温度不应大于外层保温材料安全使用温度的0.8倍。

6.1.6 当按本规程第6.1.5条规定计算的保温层厚度，不能满足蒸汽介质温度降或周围土壤的环境温度设计要求时，应按设计条件计算确定保温层厚度。

6.1.7 保温计算中，土壤的导热系数应采用管道运行期间的平均值。土壤的导热系数应按实测历史数据的0.9倍～0.95倍取值；当无实测的历史数据时，可按表6.1.7的平均值选取。

表6.1.7 土壤的导热系数

土壤		湿度（%）	λ[W/(m·℃)] 融化状态	λ[W/(m·℃)] 冻结状态
粗砂（1mm～2mm）	密实的	10	1.74～1.35	1.98～1.35
		18	2.78	3.11
粗砂（1mm～2mm）	松散的	10	1.28	1.40
		18	1.97	2.68
细砂和中砂（0.25mm～1mm）	密实的	10	2.44	2.50
		18	3.60	3.80
	松散的	10	1.74	2.00
		18	3.36	3.50
不同粒度的干砂		1	0.37～0.48	0.27～0.38
砂质粉土、粉质黏土、粉土、融化土		15～26	1.39～1.62	1.74～2.32
黏土		5～20	0.93～1.39	1.39～1.74

6.1.8 保温计算中温度的取值应符合下列规定：

1 当按本规程第6.1.5条或按管道周围土壤的环境温度计算保温厚度时，蒸汽介质温度应取设计最高值；土壤的自然温度应取管道运行期间管道中心埋设深度处最高月平均温度；大气温度应取管道年运行或季节运行期间最热月平均大气温度；

2 当按蒸汽介质温度降计算保温层厚度时，蒸汽介质温度应取设计最高值；土壤的自然温度应取管道运行期间管道中心埋设深度处最低月平均温度；大气温度应取管道运行期间最低月平均大气温度；

3 当计算蒸汽管道年散热损失时，蒸汽介质温度应取年平均温度；土壤的自然温度应取管道中心埋设深度处的年平均地温；大气温度应取年平均大气温度；

4 土壤的自然温度可按当地历年实测数据确定或按本规程附录 A 确定。

6.2 保温结构

6.2.1 保温结构可采用单一绝热材料层或多种绝热材料的复合层，也可设置辐射隔热层和空气层或抽真空。

6.2.2 同种保温材料应分层敷设，单层厚度不得大于 100mm，且各层材料厚度宜相等。

6.2.3 管道保温的形式和结构应符合表 6.2.3 的规定。

表 6.2.3 管道保温的形式和结构

型 式	结 构
内滑动型	工作管—保护垫层—硬质无机保温层—有机保温层—外护管—（保温）防腐层
	工作管—保护垫层—硬质无机保温层—铝箔（布）—有机保温层—外护管—（保温）防腐层
外滑动型	工作管—无机保温层—空气（真空）层—外护管—（保温）防腐层
	工作管—无机保温层—铝箔（布）—无机保温层—铝箔（布）—空气（真空）层—外护管—（保温）防腐层

6.3 真空保温层

6.3.1 真空层（空气层）厚度不宜大于 25mm。

6.3.2 当计算真空保温管道年散热损失和外护管外表面温度时，应按运行期间内的平均真空度确定其热阻。

6.4 保温计算

6.4.1 直埋蒸汽管道单管敷设时，保温层厚度应符合下列规定：

1 单层保温结构的保温层厚度应按下列公式计算：

$$\ln D_{\mathrm{w}}=\frac{\lambda_{\mathrm{g}}(t_{\mathrm{w}}-t_{\mathrm{s}})\ln D_{0}+\lambda_{\mathrm{t}}(t_{0}-t_{\mathrm{w}})\ln 4H_{l}}{\lambda_{\mathrm{t}}(t_{0}-t_{\mathrm{w}})+\lambda_{\mathrm{g}}(t_{\mathrm{w}}-t_{\mathrm{s}})} \tag{6.4.1-1}$$

当 $\frac{H}{D_{\mathrm{w}}}<2$ 时，$H_l=H+\frac{\lambda_{\mathrm{g}}}{\alpha}$，$t_{\mathrm{s}}$ 取大气温度（℃）；

当 $\frac{H}{D_{\mathrm{w}}}\geqslant 2$ 时，$H_l=H$，t_{s} 取直埋管中心埋设深度处的自然地温（℃）。

$$\delta=\frac{D_{\mathrm{w}}-D_{0}}{2} \tag{6.4.1-2}$$

式中：D_{w}——保温层外径（m）；

D_0——工作管外径（m）；

H_l——管道当量埋深（m）；

H——管道中心埋设深度（m）；

λ_{t}——保温层材料在运行温度下的导热系数［W/（m·K）］；

λ_{g}——土的导热系数［W/（m·K）］；

t_0——工作管外表面温度（℃），可按介质温度取值；

t_{s}——直埋蒸汽管道周边土壤环境温度（℃）；

t_{w}——保温管外表面温度（℃），按设计要求确定；

α——直埋蒸汽管上方地表面大气的换热系数［W/（m^2·K）］，取 10～15；

δ——保温层厚度（m）。

2 多层保温结构的保温层厚度计算应符合下列规定：

1） 散热损失（初算值）应按下式计算：

$$q=\frac{t_{\mathrm{w}}-t_{\mathrm{s}}}{\frac{1}{2\pi\lambda_{\mathrm{g}}}\ln\frac{4H_{l}}{D'_{\mathrm{w}}}} \tag{6.4.1-3}$$

式中：q——单位管长热损失（初算值）（W/m）；

D'_{w}——根据经验设定的保温层外径（m）。

2） 第一层保温材料厚度应按下列公式计算：

$$\ln D_{1}=\ln D_{0}+\frac{2\pi\lambda_{1}(t_{0}-t_{1})}{q} \tag{6.4.1-4}$$

$$\delta_{1}=\frac{D_{1}-D_{0}}{2} \tag{6.4.1-5}$$

式中：D_1——第一层保温材料外径（m）；

λ_1——第一层保温材料在运行温度下的导热系数［W/（m·K）］；

t_1——第一层保温材料外表面温度（℃），按设计要求确定；

δ_1——第一层保温层厚度（m）。

3） 第 i 层保温材料厚度应按下列公式计算：

$$\ln D_{i}=\ln D_{i-1}+\frac{2\pi\lambda_{i}(t_{i-1}-t_{i})}{q} \tag{6.4.1-6}$$

$$\delta_{i}=\frac{D_{i}-D_{i-1}}{2} \tag{6.4.1-7}$$

式中：D_i——第 i 层保温材料外径（m）；

λ_i——第 i 层保温材料在运行温度下的导热系数［W/（m·K）］；

t_i——第 i 层保温材料外表面温度（℃），按设计要求确定；

δ_i ——第 i 层保温层厚度（m）。

4）计算得到的 D_i，应按公式（6.4.3-1）校核计算散热损失，其校核值与公式（6.4.1-3）计算的散热损失初算值相比较，两个值的相对差值应小于或等于5%。

5）当相对差值大于5%时，应将按公式（6.4.1-6）计算得到的保温层外径，作为新设定的保温层外径，代入公式（6.4.1-3）、公式（6.4.1-4）和公式（6.4.1-6）重新计算散热损失（初算值）、D_1 和 D_i，并应符合本款第4）项的规定。

3 带空气层的保温结构计算应符合下列要求：

1）可采用窄环空间对流和辐射传热计算公式计算空气层等效导热系数。

2）空气层等效热阻应按下式计算：

$$R_e = \frac{1}{2\pi\lambda_e}\ln\frac{D_{ou}}{D_{in}} \tag{6.4.1-8}$$

式中：R_e ——空气层等效热阻（m·K/W）；

λ_e ——空气层等效导热系数［W/（m·K）］；

D_{ou} ——空气层外径（m）；

D_{in} ——空气层内径（m）。

3）应按空气层等效热阻与保温层热阻串联的方式，计算保温层的热损失和外表面温度。

4 真空保温结构的计算应符合下列要求：

1）可采用导热、对流、辐射传热计算公式计算真空层等效导热系数。

2）真空层等效热阻应按下式计算：

$$R_z = \frac{1}{2\pi\lambda_z}\ln\frac{D_{zou}}{D_{zin}} \tag{6.4.1-9}$$

式中：R_z ——真空层等效热阻（m·K/W）；

λ_z ——真空层等效导热系数［W/（m·K）］；

D_{zou} ——真空层外径（m）；

D_{zin} ——真空层内径（m）。

3）应按真空层等效热阻与保温层热阻串联的方式，计算保温层的热损失和外表面温度。

6.4.2 当直埋蒸汽管道双管敷设时，可按单管敷设条件计算保温层厚度，并可采用本规程公式（6.4.3-2）和公式（6.4.3-3）计算双管敷设条件下的管道间相互影响和热损失，然后计算保温层界面温度和保温管外表面温度。如高于设计要求，应调整保温层厚度。

6.4.3 直埋蒸汽管道热损失的计算应符合下列要求：

1 单管敷设的直埋保温管道的热损失应按下式计算：

$$q = \frac{(t_0 - t_s)}{\sum \frac{1}{2\pi\lambda_i}\ln\frac{D_i}{D_{i-1}} + R_g} \tag{6.4.3-1}$$

当 $\frac{H}{D_w} < 2$ 时，

$$R_g = \frac{1}{2\pi\lambda_g}\ln\left(\frac{2H_l}{D_w} + \sqrt{\left(\frac{2H_l}{D_w}\right)^2 - 1}\right)$$

当 $\frac{H}{D_w} \geqslant 2$ 时，$R_g = \frac{1}{2\pi\lambda_g}\ln\frac{4H}{D_w}$

式中：R_g ——直埋蒸汽管道环境热阻（m·K/W）。

2 双管敷设的直埋蒸汽管道，在计算热损失、界面温度和保温管外表面温度时，应考虑管间相互影响。

1）双管敷设的直埋保温管道的热损失应按下列公式计算：

$$R_a = \frac{(t_{a0} - t_g)\times\sum R_a - (t_{a0} - t_g)\times R_{ab}}{(t_{a0} - t_g)\times\sum R_b - (t_{b0} - t_g)\times R_{ab}} \times R_{ab} \tag{6.4.3-2}$$

$$R_b = \frac{(t_{a0} - t_g)\times\sum R_b - (t_{b0} - t_g)\times R_{ab}}{(t_{b0} - t_g)\times\sum R_a - (t_{a0} - t_g)\times R_{ab}} \times R_{ab} \tag{6.4.3-3}$$

当两条管道埋深相同时：

$$R_{ab} = \frac{\ln\sqrt{1 + \left(\frac{2H}{S}\right)^2}}{2\pi\lambda_g}$$

当两条管道埋深不同时：

$$R_{ab} = \frac{\ln\sqrt{\frac{S^2 + (H_1 + H_2)^2}{S^2 + (H_1 - H_2)^2}}}{2\pi\lambda_g}$$

式中 R_a ——第一条管道的附加热阻（m·K/W）；

R_b ——第二条管道的附加热阻（m·K/W）；

t_{a0} ——第一条管道的介质温度（℃）；

t_{b0} ——第二条管道的介质温度（℃）；

t_g ——直埋管道中心埋设深度处土的自然温度（℃）；

$\sum R_a$ ——第一条管道的保温热阻（m·K/W）；

$\sum R_b$ ——第二条管道的保温热阻（m·K/W）；

R_{ab} ——双管敷设相互影响系数；

S ——两条管道的中心距离（m）；

H ——两条管道埋深相同时，管道中心埋设深度（m）；

H_1 ——两条管道埋深不同时，第一条管道中心埋设深度（m）；

H_2 ——两条管道埋深不同时，第二条管道中心埋设深度（m）。

2）计入附加热阻，应按公式（6.4.3-1）分别计算两条管道的热损失。在计算管网的总热损失时，还应考虑阀门、支架等未保温或保温薄弱部分的附加热损失，宜增加10%～15%。

6.4.4 直埋蒸汽管道保温层界面温度和保温管外表面温度的计算应符合下列规定：

1 保温层界面温度应按下式计算：

$$t_i = t_0 - q\sum\frac{1}{2\pi\lambda_i}\ln\frac{D_i}{D_{i-1}} \tag{6.4.4-1}$$

2 保温管外表面温度应按下式计算：

$$t_w = t_0 - q\sum R \tag{6.4.4-2}$$

式中：$\sum R$——保温层总热阻（m·K/W）。

6.4.5 直埋蒸汽管道邻近温度场，可按本规程附录B计算。

7 外护管及防腐

7.1 一般规定

7.1.1 外护管应能承受动荷载、静荷载及热应力，并应具有密封、防水、耐温、防腐性能。外护管的防腐材料应根据工程实际情况选择。

7.1.2 外护管及管件应根据直埋蒸汽管道的结构形式、敷设环境和运行状况进行设计。直埋蒸汽管道的受力应考虑下列因素：

1 外护管、工作管及其附件、保温层重量；

2 工作管滑动支座、内固定支座传递的作用力；

3 土重量产生的侧向、竖向压力；

4 因温度变化产生的作用力；

5 静水压力和水浮力；

6 车辆等荷载。

7.1.3 外护管应采用无补偿敷设方式。

7.2 外护管的刚度和稳定性

7.2.1 当外护管采用非标准钢管时，应符合现行国家标准《工业金属管道工程施工规范》GB 50235和《工业金属管道工程施工质量验收规范》GB 50184的有关规定。

7.2.2 对不带空气层的保温结构，外护管的外直径与壁厚的比值不应大于140；对带空气层的保温结构，外护管的外径与壁厚的比值不应大于100。

7.2.3 当直埋蒸汽管道埋设较深或外荷载较大时，应按无内压状态验算在外力作用下外护管的变形，外护管直径的变形量不得大于管径的3%，且外护管的变形不应导致保温材料的损坏或阻碍工作管轴向移动。外护管变形量应按本规程附录C的规定计算确定。

7.3 外护管的防腐

7.3.1 外护管应进行外防腐，且应按重腐蚀环境考虑。防腐层与钢管表面应有良好的粘附性、电绝缘性、低吸水性和低水蒸气穿透性，并应便于现场施工。防腐设计应符合现行行业标准《埋地钢质管道外壁有机防腐层技术规范》SY/T 0061的有关规定。

7.3.2 防腐层的长期耐温不应小于70℃。

7.3.3 外护管的防腐材料应符合现行行业标准《城镇供热预制直埋蒸汽保温管技术条件》CJ/T 200和《城镇供热预制直埋蒸汽保温管管路附件技术条件》CJ/T 246的有关规定。

7.3.4 常用的防腐层材料应符合下列规定：

1 聚乙烯防腐层应符合现行国家标准《埋地钢质管道聚乙烯防腐层》GB/T 23257的有关规定；

2 纤维缠绕增强玻璃钢防腐层应符合现行行业标准《玻璃纤维增强塑料外护管聚氨酯泡沫塑料预制直埋保温管》CJ/T 129的有关规定；

3 熔结环氧粉末防腐层应符合现行行业标准《钢质管道单层熔结环氧粉末外涂层技术规范》SY/T 0315的有关规定；

4 环氧煤沥青防腐层应符合现行行业标准《埋地钢质管道环氧煤沥青防腐层技术标准》SY/T 0447的有关规定；

5 聚脲防腐层应符合现行行业标准《喷涂聚脲防护材料》HS/T 3811的有关规定。

7.3.5 防腐层应进行电火花检漏，并应符合现行行业标准《管道防腐层检漏试验方法》SY/T 0063的有关规定。检测电压应根据防腐层种类和防腐等级确定，以不打火花为合格。

7.3.6 外护管采用外防腐的同时，应采取阴极保护措施。

8 施工与验收

8.1 一般规定

8.1.1 直埋蒸汽管道的施工与验收，应符合现行行业标准《城镇供热管网工程施工及验收规范》CJJ 28的有关规定。

8.1.2 直埋蒸汽保温管的管材及管路附件应符合现行行业标准《城镇供热预制直埋蒸汽保温管技术条件》CJ/T 200和《城镇供热预制直埋蒸汽保温管管路附件技术条件》CJ/T 246的有关规定，并应具有产品合格证书。

8.1.3 对生产厂提供的各种规格的管材、管件及保温制品，应抽取不少于一组试件，进行材质化学成分分析和机械性能检验。

8.1.4 直埋蒸汽保温管、管件及附件在吊装、运输和安装时，应采取保护和防水措施。

8.1.5 钢管焊接时，应对保温层及外护管端面采取保护措施。

8.1.6 施工单位应根据工程规模、现场条件和施工图编制施工组织设计，并绘制排管图。

8.1.7 进入现场的预制直埋蒸汽管道和管件应逐件进行外观检验和电火花检测。

8.2 管道安装

8.2.1 安装管道时，应保证两个固定支座间的管道中心线成同一直线，且坡度应符合设计要求。

8.2.2 直埋蒸汽管道在吊装时，应按管道的承载能力核算吊点间距，均匀设置吊点，并应使用宽度大于

50mm 的吊装带进行吊装。

8.2.3 雨期施工应采取防雨排水措施，工作管和保温层不得进水。

8.2.4 直埋蒸汽管道的现场焊接及检验，应符合国家现行标准《现场设备、工业管道焊接工程施工规范》GB 50236、《现场设备、工业管道焊接工程施工质量验收规范》GB 50683 和《城镇供热管网工程施工及验收规范》CJJ 28 的有关规定。

8.2.5 工作管的现场接口焊接应采用氩弧焊打底。焊缝应进行 100%X 射线探伤检查，焊缝内部质量不得低于现行国家标准《无损检测　金属管道熔化焊环向对接接头射线照相检测方法》GB/T 12605 中的Ⅱ级质量要求。

8.2.6 补偿器安装应符合下列规定：

1 补偿器应与管道保持同轴；

2 有流向标记箭头的补偿器安装时，流向标记应与管道介质流向一致。

8.2.7 当施工间断时，工作管端口应采用堵板封闭，钢外护管端口应采用防水材料密封；雨期施工时，应采取防止雨水和泥浆进入管内和防止管道浮起的措施。

8.3 保 温 补 口

8.3.1 保温补口应在工作管道安装完毕，探伤检验及强度试验合格后进行。补口质量应符合设计要求，每道补口应有检查记录。

8.3.2 补口前应拆除封端防水帽或需要清除的防水涂层。保温补口应与两侧直管段或管件的保温层紧密衔接，缝隙应采用弹性保温材料填充。

8.3.3 硬质复合保温结构的直埋蒸汽管道，粘贴保护垫层时，应对补口处的工作管表面进行预处理，其质量应达到现行国家标准《涂覆涂料前钢材表面处理　表面清洁度的目视评定　第 1 部分：未涂覆过的钢材表面和全面清除原有涂层后的钢材表面的锈蚀等级和处理等级》GB/T 8923.1 中 St3 级的要求。

8.3.4 当管段已浸泡进水时，应清除浸湿的保温材料或烘干后，方可进行保温补口。

8.3.5 保温层补口施工应符合下列规定：

1 补口处的保温结构、保温材料等应与直管段相同；

2 保温补口应在沟内无积水、非雨天的条件下进行施工；

3 当保温层采用软质或半硬质无机保温材料时，在补口的外护管焊缝部位内侧，应衬垫耐高温材料；

4 硬质复合保温结构管道的保温施工，应先进行硬质无机保温层包覆，嵌缝应严密，再连接外护管，然后进行聚氨酯浇注发泡；泡沫层补口的原料配比应符合设计要求。原料应混拌均匀，泡沫应充满整个补口段环状空间，密度应大于 50kg/m³。当环境温度低于 10℃或高于 35℃时，应采取升温或降温措施。聚氨酯质量应符合现行国家标准《高密度聚乙烯外护管硬质聚氨酯泡沫塑料预制直埋保温管及管件》GB/T 29047 的有关规定。

8.3.6 外护管的现场补口应符合下列规定：

1 外护管应采用对接焊，接口焊接应采用氩弧焊打底，并应进行 100%超声波探伤检验，焊缝内部质量不得低于现行国家标准《焊缝无损检测　超声检测　技术、检测等级和评定》GB 11345 中的Ⅱ级质量要求；当管道保温层采用抽真空技术时，焊缝内部质量不得低于现行国家标准《焊缝无损检测　超声检测　技术、检测等级和评定》GB 11345 中的Ⅰ级质量要求；在外护管焊接时，应对已完成的工作管保温材料采取防护措施以防止焊接烧灼；

2 外护管补口前应对补口段进行预处理，除锈等级应根据使用的防腐材料确定，并符合现行国家标准《涂覆涂料前钢材表面处理　表面清洁度的目视评定　第 1 部分：未涂覆过的钢材表面和全面清除原有涂层后的钢材表面的锈蚀等级和处理等级》GB/T 8923.1 中 St3 级的要求；

3 补口段预处理完成后，应及时进行防腐，防腐等级应与外护管相同，防腐材料应与外护管防腐材料一致或相匹配；

4 防腐层应采用电火花检漏仪检测，耐击穿电压应符合设计要求；

5 外护管接口应在防腐层之前做气密性试验，试验压力应为 0.2MPa。试验应按现行国家标准《工业金属管道工程施工规范》GB 50235 和《工业金属管道工程施工质量验收规范》GB 50184的有关规定执行。

8.3.7 补口完成后，应对安装就位的直埋蒸汽管及管件的外护管和防腐层进行检查，发现损伤，应进行修补。

8.4 真空系统安装

8.4.1 直埋蒸汽保温管的各真空段，宜在对管路系统排潮后抽真空。初次抽真空应采用具有冷凝、排水和除尘功能的真空设备。

8.4.2 真空系统的附件（真空球阀、真空表等）应采用焊接或真空法兰连接。真空表应满足放水的要求。真空表与管道之间宜安装真空阀门。

8.4.3 真空绝对压力应小于等于 2kPa。

8.4.4 在抽真空操作过程中，当真空泵的抽气量达到 300m³ 且管道空腔湿度保持在 50%以上时，应经排潮后方可继续抽真空。

8.5 试压、吹扫及试运行

8.5.1 直埋蒸汽管道安装完成后工作管应进行强度和严密性试验，外护管应进行气密性试验。

8.5.2 强度和严密性试验，应按设计参数和现行行业标准《城镇供热管网工程施工及验收规范》CJJ 28的有关规定执行。

8.5.3 直埋蒸汽管道应用蒸汽进行吹洗。吹扫的蒸汽压力和流量应按计算确定。当无计算资料时，可按压力不大于管道工作压力的75%、流速不低于30m/s进行吹洗；吹洗次数应根据管道长度确定，但不应少于3次，每次吹扫时间不应少于15min。当吹洗流速较低时，应增加吹洗次数。

8.5.4 外护管气体严密性试验的试验压力应逐级缓慢上升，当达到试验压力后，应稳压10min，然后在焊缝上涂刷中性发泡剂并巡回检查所有焊缝，无泄漏为合格。

8.5.5 直埋蒸汽管道的试运行，应符合现行行业标准《城镇供热管网工程施工及验收规范》CJJ 28的有关规定。

8.6 施工验收

8.6.1 直埋蒸汽管道工程的竣工验收，应符合现行行业标准《城镇供热管网工程施工及验收规范》CJJ 28的有关规定。

8.6.2 施工验收时应对补偿器、内固定支座、疏水装置等管路附件作出标识。对排潮管、地面接口等易造成烫伤的管路附件，应设置安全标志和防护措施。验收时应对标记进行检查。

9 运行管理

9.1 一般规定

9.1.1 运行操作人员、维护人员、调度员应经过技术培训，经考试合格，方可上岗。

9.1.2 直埋蒸汽管道疏水井、检查井及构筑物内的临时照明电源电压不得大于24V，严禁使用明火照明。当人员在井内作业时，严禁使用潜水泵。

9.1.3 当进入井室、地下构筑物作业前，应进行通风，并应进行检测，确认安全后方可进入操作。

9.1.4 直埋蒸汽管道运行中，当蒸汽流量小于安全运行所需最小流量时，应采取安全技术措施或停止管道运行。

9.2 运行前的准备

9.2.1 已停运两年或两年以上的直埋蒸汽管道，运行前应按新建管道要求进行吹扫和严密性试验。

9.2.2 新建直埋蒸汽管道运行前应做好下列准备工作：

1 编制运行方案；

2 准备交通、通信工具及有害气体检测器、抽水设备、通风设备等；

3 对系统进行全面检查，并应符合下列要求：

1）管道工程施工、验收手续应完备、审批手续应齐全；

2）直埋蒸汽管道覆土层应无塌陷，井室内应无积水、杂物，井盖应完好；

3）阀门操作应灵活，排潮管应畅通。

9.3 暖管

9.3.1 直埋蒸汽管道冷态启动时应进行暖管。

9.3.2 暖管应在确认运行前准备工作完毕，管道巡线人员、操作人员到位后，方可开始送汽。

9.3.3 暖管开始时，应关闭疏水器前的阀门，打开疏水旁通阀门或启动疏水阀门。

9.3.4 暖管时的工作钢管内蒸汽温度宜控制在150℃以下，暖管时间应以排潮管不排汽而定。

9.3.5 在暖管过程中，当排潮管排汽带压且有响声，稳定24h后仍然未改善时，应停止暖管，分析原因，采取措施处理，经确认处理后方可重新暖管。

9.3.6 在暖管过程中，蒸汽压力应逐步提高至工作压力，宜按下列步骤进行：

1 将管内蒸汽压力升至0.1MPa，稳压暖管30min，无异常现象；

2 将管内蒸汽压力分别逐步升至0.2MPa、0.4MPa和0.6MPa，并分别稳压暖管1h，无异常现象；

3 在0.6MPa压力时仍未见异常，每增加0.2MPa，稳压暖管1h，直至工作压力；

4 疏水旁通阀或启动疏水阀门关闭时间及暖管时间应在运行方案中明确规定；

5 根据管道长度、管径大小，暖管时间可适当增减。

9.3.7 在暖管的过程中，当发现疏水系统堵塞，发生“汽水冲击”、固定支座和设备、设施被破坏等现象时，应立即停止暖管，查找原因，处理后方可再行暖管。

9.4 运行维护

9.4.1 直埋蒸汽管道运行中应进行定期检查。当运行参数发生变化或有灾情时，应增加检查次数。主要检查项目应包括井室、疏水装置、排潮管、补偿器、固定墩等管路附件及设施。

9.4.2 直埋蒸汽管道运行中应定期检查记录直埋蒸汽管道外表面温度，保温层层间温度。

9.4.3 直埋蒸汽管道检查、维修可按现行行业标准《城镇供热系统运行维护技术规程》CJJ 88有关规定执行。

9.4.4 直埋蒸汽管道每两年宜对管道腐蚀情况进行评估，当发现腐蚀加快时，应采取技术措施。

9.4.5 采用真空系统的直埋蒸汽管道，应定期观测并记录真空表读数。当真空绝对压力升至 5kPa 时，应启动真空泵，将真空绝对压力降至 2kPa 以下。

9.5 停止运行

9.5.1 停止运行前，应编制停运方案，并应提前通知用户。

9.5.2 停止运行的各项操作，应严格按停运方案和调度指令进行。

9.5.3 停止运行后，管道内凝结水温度低于 40℃后，方可打开疏水器旁通阀门，排净管道内凝结水，并应将井室内积水及时排除。

9.5.4 停止运行期间，应对管道进行养护。当停运的时间超过半年时，应对工作管、外护管采取防护措施。

附录 A 全国主要城市实测地温（深度 0.0m～3.2m）月平均值

表 A 全国主要城市实测地温（深度 0.0m～3.2m）月平均值

城市	深度 (m)	自然地温月平均值（℃）											
		1月	2月	3月	4月	5月	6月	7月	8月	9月	10月	11月	12月
北京	0.0	−5.3	−1.5	5.8	16.1	23.7	28.2	29.1	27.0	21.5	13.1	3.5	−3.6
	−0.8	2.6	1.7	3.6	9.4	15.1	20.2	22.8	23.9	21.5	16.9	11.2	5.6
	−1.6	7.4	5.6	5.4	8.0	11.9	15.6	18.6	21.0	20.6	18.3	14.7	10.6
	−3.2	12.7	11.0	9.8	9.5	10.4	12.1	13.9	16.3	17.3	17.3	16.4	14.8
上海	0.0	4.4	6.2	9.5	15.2	20.2	25.1	30.4	29.9	25.0	18.9	12.8	6.7
	−0.8	9.7	8.9	10.2	13.4	16.7	20.3	24.2	25.9	25.0	21.5	17.5	13.0
	−1.6	13.2	11.4	11.4	12.8	15.2	17.7	20.7	22.9	23.4	21.9	19.4	16.2
	−3.2	17.2	15.8	14.8	14.4	14.8	15.5	16.7	18.2	19.4	19.9	19.7	18.8
天津	0.0	−5.0	−1.0	5.8	16.2	23.2	28.0	29.4	27.2	22.4	13.5	4.0	−2.4
	−0.8	3.3	2.3	4.5	10.3	15.5	19.9	23.0	23.9	21.9	17.8	12.4	7.3
	−1.6	8.1	6.2	6.3	8.9	12.5	16.1	18.9	20.6	20.4	18.7	15.6	11.7
	−3.2	12.9	11.3	10.1	9.8	10.6	12.0	13.7	15.2	16.3	16.7	16.2	14.8
哈尔滨	0.0	−20.8	−15.4	−4.8	6.9	16.8	23.2	25.9	24.1	15.7	5.9	−6.2	−16.7
	−0.8	−4.3	−4.8	−2.9	−0.6	2.4	9.7	15.1	17.3	15.4	10.4	4.8	0.3
	−1.6	2.0	0.3	−0.2	0.1	0.2	3.1	8.8	12.2	12.9	11.1	7.9	4.5
	−3.2	6.0	4.7	3.0	2.4	2.1	2.1	4.0	6.6	8.5	9.2	8.6	7.3
长春	0.0	−17.3	−12.7	−3.7	7.4	16.7	22.7	26.0	23.7	16.3	7.2	−4.0	−13.5
	−0.8	−1.3	−2.0	−1.0	0.0	5.2	12.2	17.1	18.9	16.7	12.1	6.4	2.1
	−1.6	3.3	1.6	1.0	1.0	2.5	7.3	11.5	14.5	14.6	12.7	9.4	6.1
	−3.2	7.2	5.8	4.7	4.0	3.8	4.6	6.5	8.6	10.2	10.6	10.1	8.8
沈阳	0.0	−12.5	−7.8	−0.1	9.8	48.2	23.9	26.9	25.7	18.5	9.6	−0.6	−9.4
	−0.8	1.0	−0.7	−0.6	0.9	7.8	14.5	18.8	20.7	18.6	13.8	8.3	3.9
	−1.6	5.0	3.2	2.3	2.6	5.4	10.6	14.5	17.2	17.3	14.8	11.3	7.6
	−3.2	9.2	7.8	6.8	6.2	6.3	7.9	10.0	12.4	14.0	14.1	12.9	11.0
石家庄	0.0	−3.5	0.2	8.5	18.1	24.5	28.8	29.7	27.6	23.4	14.9	5.1	−2.0
	−0.8	3.4	3.5	7.0	12.9	18.2	22.8	25.6	25.6	23.1	18.2	11.9	6.5
	−1.6	8.0	6.5	7.5	11.1	15.2	19.0	22.0	23.5	22.7	20.2	11.1	11.6
	−3.2	13.9	12.1	11.2	11.4	12.7	14.4	16.3	18.1	18.1	18.9	17.8	16.0

续表 A

城市	深度(m)	自然地温月平均值（℃）											
		1月	2月	3月	4月	5月	6月	7月	8月	9月	10月	11月	12月
呼和浩特	0.0	−12.8	−7.9	1.8	9.9	18.4	24.4	26.5	23.6	16.5	7.9	−2.4	−10.7
	−0.8	1.3	0.6	0.9	1.4	8.3	14.2	17.6	18.7	16.8	12.9	7.8	3.8
	−1.6	4.1	2.6	1.9	1.7	4.6	9.1	12.1	14.2	14.1	12.5	9.6	6.5
	−3.2	7.8	6.5	5.4	4.6	4.6	6.0	7.8	9.5	10.8	11.3	10.8	9.5
西安	0.0	−0.6	3.6	10.4	17.6	22.4	28.8	30.5	28.6	22.8	15.3	7.4	0.6
	−0.8	4.6	5.0	8.4	12.9	17.0	21.4	24.2	25.1	12.6	18.5	13.2	8.2
	−1.6	8.9	7.6	8.7	11.3	14.4	17.7	20.5	22.4	21.9	19.8	16.5	12.3
	−3.2	14.4	12.8	11.9	12.0	12.9	14.3	15.9	17.7	18.8	18.9	18.1	16.3
太原	0.0	−5.6	−0.9	6.1	15.3	22.1	26.2	27.8	25.3	19.1	11.2	2.3	−4.1
	−0.8	2.4	1.6	3.3	8.4	13.2	17.0	19.9	20.9	18.9	15.1	9.9	5.0
	−1.6	6.7	5.1	5.0	7.2	10.4	13.5	16.1	17.8	17.7	16.0	13.0	9.4
	−3.2	11.2	9.8	8.7	8.4	9.1	10.3	11.8	13.2	14.3	14.6	14.1	12.9
银川	0.0	−9.4	−3.8	4.4	12.8	20.6	27.1	30.2	26.9	20.0	10.3	−0.2	−5.9
	−0.8	1.7	0.4	1.4	6.5	11.9	16.8	20.1	20.9	19.4	15.5	9.5	4.3
	−1.6	5.6	3.9	3.4	5.3	8.8	12.4	15.4	17.3	17.4	15.9	12.5	8.5
	−3.2	10.1	8.6	7.4	6.9	7.6	9.1	10.9	12.6	13.8	14.2	13.6	12.1
西宁	0.0	−8.2	−2.5	6.1	12.2	16.6	21.1	22.2	20.0	15.9	8.6	0.6	−5.8
	−0.8	−0.7	−0.9	2.0	7.1	11.4	15.0	17.0	17.1	15.4	12.0	6.8	2.5
	−1.6	3.4	1.9	2.5	5.3	8.8	11.5	13.7	14.8	14.4	12.8	9.7	6.3
	−3.2	7.9	6.4	5.6	5.8	7.0	8.4	9.8	11.0	11.7	11.7	11.0	9.7
兰州	0.0	−7.4	−1.0	7.9	16.3	20.5	25.7	27.3	24.3	19.5	10.8	2.0	−6.2
	−0.8	1.4	−0.7	4.4	10.6	14.4	18.1	20.9	21.1	19.1	15.1	9.4	4.1
	−1.6	6.2	4.6	5.1	8.4	11.4	14.0	16.5	17.9	17.6	15.9	12.6	8.9
	−3.2	10.7	9.2	8.3	8.5	9.7	11.0	12.3	13.8	14.6	14.7	13.9	12.5
乌鲁木齐	0.0	−18.3	−12.7	−3.0	10.4	17.5	24.2	27.2	24.8	17.9	7.7	−3.8	−12.4
	−0.8	−0.1	−0.7	0.4	5.0	10.5	15.2	18.4	19.1	17.6	12.7	7.0	2.8
	−1.6	4.6	3.2	2.7	4.3	7.6	11.1	14.0	16.1	16.1	14.0	10.7	7.4
	−3.2	8.8	7.3	6.1	5.6	6.4	7.9	9.9	11.9	13.1	13.2	12.7	11.0
济南	0.0	−1.8	1.5	8.3	17.7	24.9	29.5	30.3	28.8	24.2	16.6	7.4	0.3
	−0.8	5.1	4.8	7.6	13.5	19.0	23.0	26.0	26.4	23.9	20.1	14.8	8.8
	−1.6	10.7	9.4	10.1	12.5	16.6	20.5	22.8	24.5	23.9	21.3	18.3	15.2
	−3.2	16.1	14.4	13.5	13.5	14.7	16.6	18.5	19.9	20.9	20.7	19.7	18.3
南京	0.0	2.7	4.6	10.2	16.2	21.1	27.7	32.6	31.4	24.7	18.4	11.2	5.4
	−0.8	8.8	8.2	9.9	13.7	17.3	21.5	25.0	26.7	25.3	21.6	17.2	12.3
	−1.6	12.6	10.8	11.0	12.9	15.5	18.5	21.4	23.7	24.0	22.1	19.3	15.7
	−3.2	16.9	15.3	14.2	14.0	14.6	15.7	17.2	18.8	20.1	20.5	20.0	18.6
蚌埠	0.0	1.7	5.8	11.5	17.5	22.9	30.1	33.5	32.1	26.0	17.8	10.0	4.2
	−0.8	7.7	8.2	10.4	13.3	16.9	21.3	24.7	25.5	24.1	21.1	16.1	10.4
	−1.6	12.0	10.7	11.5	12.8	15.1	18.0	21.0	22.7	22.0	21.6	18.6	15.3
	−3.2	16.5	15.0	14.1	14.0	14.5	15.5	17.0	18.6	19.7	20.0	19.5	18.2

续表 A

城市	深度(m)	自然地温月平均值（℃）											
		1月	2月	3月	4月	5月	6月	7月	8月	9月	10月	11月	12月
杭州	0.0	4.8	6.5	11.5	17.6	21.0	27.3	33.9	30.8	25.1	19.0	12.7	7.4
	-0.8	10.1	9.3	11.3	14.8	18.1	21.9	25.7	27.0	25.6	22.2	18.1	13.6
	-1.6	13.9	12.1	12.1	13.9	16.4	19.1	22.1	24.2	24.4	22.7	20.2	16.9
	-3.2	18.2	16.8	15.6	15.2	15.7	16.6	18.0	19.5	20.8	21.2	20.8	19.8
南昌	0.0	5.4	7.5	12.5	18.7	22.5	29.2	35.0	33.4	29.3	21.3	14.3	8.3
	-0.8	10.9	10.4	12.5	16.4	19.5	23.9	28.1	29.2	27.6	23.7	18.9	14.5
	-1.6	15.1	13.3	13.5	15.4	18.0	20.9	24.0	26.0	26.0	24.2	21.5	18.2
	-3.2	19.0	17.3	16.3	16.2	17.0	18.3	20.1	21.9	23.0	23.3	22.6	21.1
郑州	0.0	-0.4	4.0	8.6	17.4	24.2	29.5	30.4	28.3	24.0	16.1	7.8	2.1
	-0.8	6.1	6.4	8.6	12.8	17.5	22.2	24.6	25.3	23.4	19.6	14.3	9.5
	-1.6	10.2	9.0	9.6	11.6	14.8	18.4	21.0	22.6	22.3	20.4	17.1	13.4
	-3.2	14.7	13.2	12.4	12.4	13.3	14.9	16.6	18.3	19.3	19.3	18.8	16.8
武汉	0.0	3.0	6.6	11.7	18.6	22.5	29.5	34.0	33.3	28.4	20.3	12.3	6.8
	-0.8	10.0	9.3	11.0	14.6	17.8	21.9	25.0	26.5	25.8	22.3	18.2	13.5
	-1.6	14.3	12.4	12.3	13.9	16.1	18.7	21.4	23.4	23.9	22.7	20.3	17.2
	-3.2	18.3	16.9	15.9	15.5	15.7	16.4	17.5	18.7	19.8	20.4	20.3	19.6
长沙	0.0	4.6	6.6	12.2	18.6	21.6	29.6	35.3	32.2	28.7	20.6	13.0	8.1
	-0.8	10.8	9.6	11.7	15.5	18.4	22.9	27.0	27.9	26.7	23.2	18.2	13.9
	-1.6	14.2	12.2	12.4	14.6	17.0	19.8	23.0	25.1	25.2	23.6	20.3	17.0
	-3.2	18.2	16.5	15.4	15.3	16.2	17.4	19.1	20.9	22.0	22.2	21.4	19.9
广州	0.0	15.9	16.4	20.4	24.5	28.0	29.8	31.8	31.7	30.6	27.3	22.1	17.4
	-0.8	19.1	18.3	19.8	22.4	25.4	27.0	28.4	29.1	28.7	26.9	24.0	20.6
	-1.6	21.3	20.2	20.3	21.9	24.0	25.6	27.0	27.8	28.0	27.2	25.4	22.9
	-3.2	23.7	22.6	21.9	22.0	22.8	23.8	24.6	25.5	26.1	26.3	25.8	24.7
成都	0.0	6.9	9.6	14.8	20.2	23.7	26.8	28.8	27.8	23.8	18.4	13.7	8.6
	-0.8	10.7	10.7	13.2	16.8	19.9	22.6	24.8	25.5	24.2	21.2	17.8	13.9
	-1.6	13.4	12.4	13.3	15.7	18.2	20.4	22.5	23.8	23.6	22.0	19.6	16.5
	-3.2	18.3	17.0	16.3	16.5	17.5	18.6	19.9	21.2	22.0	22.0	21.3	19.9
贵阳	0.0	6.2	8.4	14.7	19.5	21.1	25.0	27.7	27.3	24.0	17.7	13.4	8.3
	-0.8	11.4	10.8	12.9	16.1	18.3	20.7	20.9	23.9	23.3	20.4	17.4	14.4
	-1.6	14.0	12.8	13.2	15.1	17.0	18.9	20.9	22.2	22.4	21.1	18.9	16.5
	-3.2	17.4	16.1	15.3	15.4	16.1	17.1	18.3	19.6	20.3	20.5	19.9	18.8
昆明	0.0	9.7	12.2	17.0	22.1	24.3	22.6	23.0	22.7	21.6	17.2	13.7	10.0
	-0.8	12.4	12.6	14.1	16.4	18.8	19.7	20.6	21.2	21.2	19.4	16.9	14.1
	-1.6	14.7	14.0	14.2	15.3	16.9	18.1	19.0	19.8	20.2	19.6	18.2	16.4
	-3.2	17.4	16.7	16.2	16.0	16.2	16.5	17.0	17.4	17.8	18.1	18.2	17.8
拉萨	0.0	-1.0	3.3	8.4	14.2	20.0	22.6	19.0	18.1	16.2	10.2	3.5	-0.7
	-0.8	2.8	3.4	6.2	9.9	13.1	16.1	16.7	16.6	15.5	12.8	8.1	4.7
	-1.6	4.8	4.4	6.1	8.7	11.4	14.0	15.2	15.6	15.1	13.4	9.9	6.8
	-3.2	—	—	—	—	—	—	—	—	—	—	—	—

续表 A

城市	深度(m)	自然地温月平均值（℃）											
		1月	2月	3月	4月	5月	6月	7月	8月	9月	10月	11月	12月
台北	0.0	11.7	16.3	18.5	21.9	26.3	28.2	30.4	30.0	28.3	24.6	21.2	18.0
	−0.8	19.8	18.7	19.2	20.7	23.4	25.5	27.5	28.2	28.1	26.4	24.2	21.7
	−1.6	23.1	22.2	21.6	21.3	21.6	22.4	23.3	24.3	25.0	25.2	24.9	24.2
	−3.2	23.6	23.4	23.0	22.7	22.4	22.3	22.5	22.3	22.9	23.3	23.6	23.7

附录 B　直埋蒸汽管道邻近温度场的计算

B.0.1　单管敷设直埋蒸汽管道邻近温度场，可按下式计算：

$$t_{x,y}=t_g+\frac{t_0-t_g}{2\pi\lambda_g R}\ln\sqrt{\frac{x^2+(y+H)^2}{x^2+(y-H)^2}} \quad (B.0.1)$$

式中：$t_{x,y}$——在（x，y）坐标点土壤的温度（℃）；

x——距管道中心的水平距离（m）；

y——距地表面的垂直距离（m）；

t_g——管道中心埋设深度处土壤的自然温度（℃）；

t_0——蒸汽温度（℃）；

λ_g——土壤的导热系数［W/（m·K）］；

R——管道的保温和土的总热阻（m·K/W）；

H——管道中心埋设深度（m）。

B.0.2　双管敷设直埋蒸汽管道邻近温度场，可按下式计算：

$$t_{x,y}=t_g+\frac{q_1}{2\pi\lambda_g}\ln\sqrt{\frac{x^2+(y+H)^2}{x^2+(y-H)^2}}+\frac{q_2}{2\pi\lambda_g}\ln\sqrt{\frac{(x-C)^2+(y+H)^2}{(x-C)^2+(y-H)^2}} \quad (B.0.2)$$

式中：$t_{x,y}$——在 x，y 坐标点土壤的温度（℃）；

x——距管道中心的水平距离（m）；

y——距地表面的垂直距离（m）；

t_g——管道中心埋设深度处土壤的自然温度（℃）；

λ_g——土壤的导热系数［W/（m·K）］；

H——管道中心埋设深度（m）；

C——两条管道中心线距离（m）；

q_1——第一条管道单位长度热损失（W/m）；

q_2——第二条管道单位长度热损失（W/m）。

附录 C　钢管径向变形的计算

C.0.1　钢管在外荷载作用下的径向变形，可按下列公式计算：

$$\Delta X=\frac{JKWr^3}{EI+0.061E'r^3} \quad (C.0.1\text{-}1)$$

$$I=\frac{\delta^3}{12}\times 1 \quad (C.0.1\text{-}2)$$

式中：ΔX——钢管水平径向的最大变形量（m）；

J——钢管变形滞后系数，应取 1.5；

K——基座系数，取值应符合表 C.0.1 的规定；

W——单位管长上的总垂直荷载，包括管顶垂直土荷载和地面车辆传到钢管上的荷载（MN/m）；

r——钢管的平均半径（m）；

E——钢材的弹性模量（MPa）；

I——单位长度管壁截面的惯性矩（m^4/m）；

δ——钢管公称壁厚（m）；

E'——回填土的变形模量（MPa），取值应符合表 C.0.1 的规定。

表 C.0.1　标准铺管条件的设计参数

铺管条件	E'（MPa）	基础包角	基座系数 K
管道铺设在未扰动的土上，回填土松散	1.0	30°	0.108
管道铺设在未扰动的土上，管道中线以下的土轻轻压实	2.0	45°	0.105
管道敷设在厚度不小于 100mm 的松土垫层内，管顶以下的回填土轻轻压实	2.8	60°	0.103
管道敷设在砂卵石或碎石垫层内，垫层顶面在管底以上 1/8 管径处，但至少为 100mm，管顶以下回填土夯实，夯实密度约为 80%（标准葡式密度）	3.5	90°	0.096
管道中线以下安放在压实的团粒材料内，夯实管顶以下回填土的团粒材料，夯实密度约为 90%（标准葡式密度）	4.8	150°	0.085

C.0.2　作用在钢管上的土的垂直压力可按下式计算：

$$W_1=\gamma hD \quad (C.0.2)$$

式中：W_1——单位管长上的垂直荷载（MN/m）；

γ——回填土的重力密度（MN/m^3）；

h——外护管管顶回填土高度（m）；

D——外护管外直径（m）。

C.0.3 地面车辆等传递的垂直压力可按下式计算：

$$W_2 = 0.4775\frac{j_c G_v}{h^2}D \qquad (C.0.3)$$

式中：W_2——车辆传递的垂直荷载（MN/m）；

G_v——车辆的单轮轮压（MN），按道路或桥梁设计所规定的车辆载重等级取值；

j_c——冲击系数，可按表 C.0.3 确定。

表 C.0.3 冲击系数

覆土埋深 h（m）	冲击系数	
	土路面	沥青水泥路面
$h<0.5$	1.6	1.2
$0.5\leqslant h\leqslant 0.8$	1.4～1.2	1.1
$h>0.8$	1.0	1.0

本规程用词说明

1 为便于在执行本规程条文时区别对待，对要求严格程度不同的用词说明如下：

1）表示很严格，非这样做不可的：
正面词采用“必须”，反面词采用“严禁”；

2）表示严格，在正常情况下均应这样做的：
正面词采用“应”，反面词采用“不应”或“不得”；

3）表示允许稍有选择，在条件许可时首先应这样做的：
正面词采用“宜”，反面词采用“不宜”；

4）表示有选择，在一定条件下可以这样做的，采用“可”。

2 条文中指明应按其他有关标准执行的写法为：“应符合……的规定”或“应按……执行”。

引用标准名录

1 《湿陷性黄土地区建筑规范》GB 50025

2 《室外给水排水和燃气热力工程抗震设计规范》GB 50032

3 《膨胀土地区建筑技术规范》GB 50112

4 《工业金属管道工程施工质量验收规范》GB 50184

5 《工业金属管道工程施工规范》GB 50235

6 《现场设备、工业管道焊接工程施工规范》GB 50236

7 《现场设备、工业管道焊接工程施工质量验收规范》GB 50683

8 《低压流体输送用焊接钢管》GB/T 3091

9 《输送流体用无缝钢管》GB/T 8163

10 《涂覆涂料前钢材表面处理　表面清洁度的目视评定　第 1 部分：未涂覆过的钢材表面和全面清除原有涂层后的钢材表面的锈蚀等级和处理等级》GB/T 8923.1

11 《石油天然气工业管线输送系统用钢管》GB/T 9711

12 《焊缝无损检测　超声检测　技术、检测等级和评定》GB 11345

13 《钢制对焊无缝管件》GB/T 12459

14 《无损检测　金属管道熔化焊环向对接接头射线照相检测方法》GB/T 12605

15 《钢板制对焊管件》GB/T 13401

16 《直缝电焊钢管》GB/T 13793

17 《埋地钢质管道聚乙烯防腐层》GB/T 23257

18 《高密度聚乙烯外护管硬质聚氨酯泡沫塑料预制直埋保温管及管件》GB/T 29047

19 《城镇供热管网工程施工及验收规范》CJJ 28

20 《城镇供热管网设计规范》CJJ 34

21 《城镇供热直埋热水管道技术规程》CJJ/T 81

22 《城镇供热系统运行维护技术规程》CJJ 88

23 《玻璃纤维增强塑料外护管聚氨酯泡沫塑料预制直埋保温管》CJ/T 129

24 《城镇供热预制直埋蒸汽保温管技术条件》CJ/T 200

25 《城镇供热预制直埋蒸汽保温管管路附件技术条件》CJ/T 246

26 《火力发电厂汽水管道应力计算技术规定》DL/T 5366

27 《喷涂聚脲防护材料》HS/T 3811

28 《锅炉管子制造技术条件》JB/T 1611

39 《埋地钢质管道外壁有机防腐层技术规范》SY/T 0061

30 《管道防腐层检漏试验方法》SY/T 0063

31 《钢质管道单层熔结环氧粉末外涂层技术规范》SY/T 0315

32 《埋地钢质管道环氧煤沥青防腐层技术标准》SY/T 0447

中华人民共和国行业标准

城镇供热直埋蒸汽管道技术规程

CJJ/T 104—2014

条 文 说 明

修 订 说 明

《城镇供热直埋蒸汽管道技术规程》CJJ/T 104－2014经住房和城乡建设部2014年4月16日以住房和城乡建设部第385号公告批准、发布。

本规程是在《城镇供热直埋蒸汽管道技术规程》CJJ 104－2005的基础上修订而成，上一版的主编单位是大连市热电集团公司，参编单位是中国石油天然气集团公司工程技术研究院、大连科华热力管道有限公司、中国市政工程华北设计研究院、大连市集中供热办公室、大连理工大学、中国石化集团上海工程有限公司、大连市热力规划设计研究院、大连达隆供热技术发展有限公司、北京鼎超供热管道有限公司，主要起草人员是：马家滋、崔洪双、莫理京、杨明学、王淮、崔峨、赵云峰、王敏华、全明。本次修订的主要技术内容是：1. 对适用范围进行调整，扩大了管径的范围；2. 限定了钢套钢外护管；3. 增加了管道材料要求；4. 增加了抽真空技术要求；5. 增加了管道保温结构；6. 增加了外护管的应力计算和防腐材料要求；7. 合并了测量、安装和验收章节；8. 增加了土壤导热系数。

本规程修订过程中，编制组进行了大量的调查研究，总结了我国直埋蒸汽管道技术的实践经验，同时参考了国外先进技术法规、技术标准，取得了直埋蒸汽管道设计、施工与验收的重要技术参数。

为便于广大设计、施工、科研、学校等单位有关人员在使用本规程时能正确理解和执行条文规定，《城镇供热直埋蒸汽管道技术规程》编制组按章、节、条顺序编制了本规程的条文说明，对条文规定的目的、依据以及执行中需注意的有关事项进行了说明。但是，本条文说明不具备与规程正文同等的法律效力，仅供使用者作为理解和把握规程规定的参考。

目　次

1 总 则

1.0.1 城镇供热直埋蒸汽管道同传统的地沟敷设管道方法相比较，具有占地少、不影响城市景观、施工周期短、热损失少、寿命长等优点，适应城市发展供热的需要，在我国得到了广泛的应用和发展。但目前直埋蒸汽管道的保温结构形式多种多样，材料的选用也五花八门，在管道设计、施工与验收等方面也同样存在诸多问题。鉴于这种状况，随着新技术的不断出现，加之原规程在实施的过程中出现了不适应技术发展的地方，迫切需要修订标准，以指导直埋蒸汽管道的设计、施工与验收及运行管理，本着技术可行、安全可靠、经济合理的原则，在总结近年来直埋蒸汽管道实践经验的基础上，修订本规程。

1.0.2 本条规定与原规程有所不同，由于目前较多的工业开发区规模较大，很多化工行业的用汽参数较高，加之输送距离较远，1.6MPa 的蒸汽很难满足企业用汽需要，将蒸汽的使用压力提高至 2.5MPa，也是为了适应当前工业发展的需要。

据调查，近年来直埋蒸汽管道绝大多数都是使用钢质外护管，主要是为保证管道系统的安全使用，本规程主要针对钢质外护管的保温结构进行技术要求，不适用于采用非金属材质外护管道的直埋蒸汽管道。

本次规程修订纳入了抽真空保温结构的直埋蒸汽管道。

1.0.3 直埋蒸汽管道和供水管道、雨污水管道、燃气管道等都属市政管道，在直埋地下方面具有共性。在地震区、湿陷性黄土地区和膨胀土地区，直埋蒸汽管道和燃气、供水、排水管道在安全性上有共同要求。因此，直埋蒸汽管道应遵守国家现行有关标准的规定。

1.0.4 直埋蒸汽管道属于城市供热管网范畴。本规程主要规定与直埋相关的蒸汽管道设计、施工验收及运行维护要求。在执行本规程时，要同时执行《城镇供热管网设计规范》CJJ 34、《城镇供热直埋热水管道技术规程》CJJ/T 81、《城镇供热管网工程施工及验收规范》CJJ 28 和《城镇供热系统运行维护技术规程》CJJ 88 的规定，且对于标准中的强制性条文应严格执行。另城镇直埋蒸汽管道工程可能涉及其他的国家现行有关标准，如给水排水、电气及城镇建设共性的规定等，都应遵守。

3 管道布置与敷设

3.1 管 道 布 置

3.1.1 直埋蒸汽管道的布置原则可按《城镇供热管网设计规范》CJJ 34－2010 中的第 8.1 节执行。

3.1.2 直埋蒸汽管道的间距要求，主要参照《城镇供热直埋热水管道技术规程》CJJ/T 81－2013 中的第 4.1.2 条制定。正常情况下，直埋蒸汽管道的外表面温度与直埋热水管道的外表面温度相同（都按 50℃ 要求考虑），所以管道的间距要求同样适用于本规程，表中增加了与直埋热水管道/凝结水管道的间距要求。

3.1.3 管路附件的范围在《城镇供热预制直埋蒸汽保温管管路附件技术条件》CJ/T 246－2007 中已有明确规定。根据直埋蒸汽管道的特殊性，外护管的外表面温度相对较高，发生事故时可能对地下其他管线和设施产生不利影响，特别作此限制。

3.1.4 原规程给出工作管管径，由于蒸汽温度的不同，保温层厚度会有所变化，本次修订特定给出外护管的管径。直埋蒸汽管道的最小覆土深度，参照《城镇供热直埋热水管道技术规程》CJJ/T 81－2013 中的第 4.1.3 条，结合直埋蒸汽管道的特殊性而制定。

3.2 敷 设 方 式

3.2.1 由于直埋蒸汽管道的工作温度较高，由温差产生的应力大大超过了管道许用应力的范围。由于工作管没有土壤约束，所以在直埋蒸汽管道系统中，与架空管道和地沟敷设的计算相同，应采用有补偿的敷设方式。

3.2.2 规定坡度是为了保证管道疏放水的顺畅，尽量避免管道运行中可能发生的“汽水冲击”现象。

3.2.3 在一般情况下，两个固定支座之间的工作管要尽量避免出现折角。因为折角的出现可能会破坏管道内部支架、保温材料和轴向补偿器等。

3.2.4 条文规定的斜切折角是指直管段中纵向坡度变化处或管线的平面微小折角。由于直埋蒸汽管道的外护管采用无补偿敷设方式，其受力因素与热水直埋管道类似，所以本条规定和数据参照了《城镇供热直埋热水管道技术规程》CJJ/T 81－2013 第 4.2.5 条和第 4.2.6 条中直埋热水管道最大允许平面折角的计算分析方法。考虑了排潮工况下外护管表面温度与运行工况外护管表面温度之差、外护管管径及壁厚、土壤反力系数、埋深等的影响。

其中排潮工况是指直埋蒸汽管道在暖管或初运行阶段，其保温层中水分被工作管加热蒸发至烘干的阶段，因排潮管为敞口系统，通常 80℃～90℃时水蒸气就开始蒸发，为计算安全，本阶段将外护管表面温度设定为 95℃；表中按排潮工况计算（安装温度取 10℃，实际应取安装时当地的最低温度），以循环温差 85℃时不同外护管管径对应最大允许斜切角度作为设计参考。设计时应根据现场实际情况（地下水位、空气湿度、气象条件及可行的施工防水、降水措施等因素）确定工况，与《城镇供热直埋热水管道技术规程》CJJ/T 81－2013 第 5.1.2 条基本一致。

外护管壁厚的影响也是明显的，按外护管外径与壁厚的比值不大于100，且在无汽车荷载工况下计算，此壁厚计算结果列于本表中。表中壁厚取值仅为参考，应以外护管实际设计选型结果为准。

3.2.5 当直埋蒸汽管道由地下转出地面时，外护管应与工作管一同引出地面，外护管还需要有一定的高度防止地面水浸入到直埋蒸汽管道的保温层内。由于此段外护管在地面上，除作防雨设施外，也需做隔热层，防止烫伤行人。

3.2.6 由于直埋蒸汽管道不易检修，当与地沟内或井室内敷设的管道相连接时，如不采取可靠的防水措施，地沟内或井室内有积水时会从直埋蒸汽管道的端面处进入其保温层内，影响管道的安全使用，要求采取措施，如设置波纹端封等。可以参照《城镇供热预制直埋蒸汽保温管管路附件技术条件》CJ/T 246－2007中波纹端封的相关技术要求。与架空管道的连接时同样应遵循此条款。

3.2.7 防止管道局部沉降，影响管道安全使用。

3.2.8 蒸汽管道与热水管道相比，自身重量较轻，地下水位较高时，如果没有很好地覆土，有可能将管道上浮起来，使管道产生纵向失稳。

3.2.9 《城镇供热管网设计规范》CJJ 34－2010中的第8.2.13条对河底敷设供热管道制定了敷设的基本原则、覆土深度及应进行抗浮计算等规定。

3.3 管道材料

3.3.1 主要参照《城镇供热管网设计规范》CJJ 34－2010中的第8.3.1条，并增加了具体的规范要求。尤其是现在很多制造企业都是按《石油天然气工业管线输送系统用钢管》GB/T 9711－2011的标准要求生产钢管，但该标准中不含材料Q235B，上述钢管标准只用于管道的制造加工要求。

3.3.2 原则上工作钢管既有压力又有温度，要采用Q235B、20、Q345等。而外护管压力很小，温度只是事故状态下可能升高，只需要选择Q235B。但由于Q235和Q345焊接工艺不同，可能会给施工过程中带来很多困难，建议材料选择时工作钢管和外护管尽量选择相同焊接工艺的材料，如Q235B、20等。

4 管路附件

4.1 管路附件及设施

4.1.1 第1款 要求选用焊接连接无盘根的截止阀和闸阀，主要是考虑直埋蒸汽管道的阀门通常布置在井室内，焊接连接的阀门基本可做到无泄漏，且抗水击能力强。截止阀和闸阀严密性好，调节方便。在实际工程中，由于埋深、阀门尺寸等因素，大都采用蝶阀。而目前国内蝶阀结构形式差别较大，通过调研和实践，偏心硬质密封蝶阀开关灵活，密封性较好。

第2款 根据《钢制阀门 一般要求》GB/T 12224－2005，阀门在高温状况下的安全使用压力会有所降低。所以阀门的压力等级要求提高一个等级。主要是从安全性和可靠性上考虑，直埋蒸汽管道阀门检修维护不方便，有的阀门质量不稳定，使用寿命较短，因此提出选用阀门高一个压力等级，从总体性价比看是有利的。

第3款 强调阀门应保温，这符合国家的节能和安全要求。由于阀门外保温比较难做，而且数量相对较少，所以一般不受重视。另外，阀门处的防水、防腐又是薄弱点，应做到防水、防腐、保温，保证直埋蒸汽管道使用性能。

第4款 采取端面密封措施是考虑井室内进水后，防止水或潮气通过端面进入保温层内。

第5款 规定参照《火力发电厂汽水管道设计技术规定》DL/T 5054－1996中的蒸汽管道关断阀的旁通阀通径选用表，但该选用表仅包含$DN100$～$DN600$规格的关断阀门，《城镇供热管网设计规范》CJJ 34－2010中的第8.5.9条，规定大于$DN500$的管道上应设置旁通管，考虑到本规程的蒸汽压力为2.5MPa，将装设旁通管的主管管径有所降低，确定为$DN300$。结合《城镇供热预制直埋蒸汽保温管技术条件》CJ/T 200－2004中限定的直埋蒸汽保温工作管最大管径，将蒸汽管道关断阀门扩展到$DN900$，旁通阀扩展到$DN100$。

4.1.2 直埋蒸汽管道要设置排潮管，一是在管道暖管时排出保温层中的潮气，使保温材料的导热系数达到设计值；二是检查判断管道的故障，若工作管泄漏或外护管不严密而进水，使保温层受潮，在运行时均可通过排潮管向外排汽，并通过排潮管的排汽量可大致判断泄漏点的位置。

4.1.3 本条规定是为保证排潮管不会因外护管与土壤间的相对位移较大而导致损坏。但要保证井内的水不会倒灌到排潮管内，否则要设法引出地面。根据工程实践，本次修订将排潮管的管径有所放大，使用外护钢套管主要是为了保护排潮管的安全。

4.1.4 排潮管出口不论引至何处，都应保证不会造成地面水或雨水倒灌，防倒灌措施通常可以在排潮管上安装阀门，目前很多工程都是采取此种方法。同时还应保证行人的安全以及排潮管的防腐要求。

4.1.5 原条款规定了疏水装置应设置疏水集水罐，并对集水罐提出了具体要求。但在近年的工程实践中，部分工程没有设置疏水集水罐，也能保证管道的正常运行，本次修订不作统一规定，由设计人员根据蒸汽管道的实际情况进行选择。通常管道运行为过热蒸汽时，只设置启动疏水装置，可不设置集水罐。如果是饱和蒸汽时，可以考虑设置集水罐。当工作管公称直径小于$DN100$时，罐体直径应与工作管相同；当工作管公称直径大于或等于$DN100$时，罐体直径不应小于工作管直径的1/2，且不应小于100mm。

在管网运行时疏水管的温度很高，疏水管没有进行补偿容易出现疏水管局部应力超标的情况，造成疏水管损坏。宜采用自然补偿的方式，吸收管网运行时疏水管产生的热膨胀。

4.1.6 第2款 管道穿井壁部位要采取严密的防水措施，其方式有很多种，如采用柔性法兰密封、波纹帽密封等等，在工程实践中效果均较好。

第3款 规定阀门宜设远程操作机构，其目的是尽量避免操作人员在井室内工作时造成人身伤亡。当井室深度大于4m时，宜设双层井室，主要为了维修、操作方便，保证操作和维修人员的安全。

第4款 所谓主副井布置方式，是为了维修、操作人员的安全和方便，主井为阀门井，副井为集水井。疏水设专用井室，对抽水工作更加方便，一般副井比主井深，截面积小，并做好安全排水措施。

4.1.7 第1款 规定补偿器和三通处设置固定支座，是因为这些附件和设施不应有位移。而阀门、疏水装置处宜设置固定支座，是因为这些附件和设施也不宜有过量的位移。当这些附件与固定支座有一定距离时，除应满足管道的许用应力范围外，还需考虑位移的影响，如疏水管的套管要适当放大等。

第2款 内固定支座设置在钢外护管上较经济、合理、施工简单，但由于直埋蒸汽管道有多种形式，所以固定支座形式未作硬性规定，在工程设计时可根据介质温度、管径大小、管道地下周围设施等情况选用不同的固定支座形式。

第3款 由于直埋蒸汽预制保温弯管加工工艺限制，外护管弯管通常采用斜切焊缝拼接弯管，弯管吸收外护管轴向热位移量很有限，如果外护管轴向位移量较大或者弯管两侧直管段无法满足直埋敷设最小弹性臂长，则很难实现外护管自然补偿。所以建议上述情况可以考虑在弯管两端一定距离内设置固定墩（即外固定支座）保护弯管，并在固定墩外侧设置外护管补偿器代替弯管吸收外护管轴向热位移。

第4款 限定表面温度一是节能的需要，二是保证管道周围不会产生热环境污染。

第5款 特别强调直埋蒸汽管道与直埋热水管道的区别，工作管和外护管同时给固定墩有作用力。

第7款 在内固定支座工作管与外护管间设置柔性波纹隔膜，当工作管发生蒸汽泄漏事故时，隔膜可以有效阻断蒸汽在整个管系中窜流破坏，将泄漏蒸汽控制在两组固定支座之间的管段，并通过排潮管排出，可以快捷排查出事故管段，缩短检修周期。柔性波纹隔膜自身可以吸收工作管与外护管间的热位移差，并承受一定的蒸汽泄漏时产生的外护管内压力。但柔性波纹隔膜需要控制自身厚度，避免产生明显"热桥"现象，导致外护管局部外表面温度过高破坏其防腐层。

4.1.8 第1款 真空系统直埋蒸汽保温管要实现真空，工作管与钢外护管之间的空间应密封，工作管和钢外护管都应按本规程要求进行探伤检验。真空隔断装置应保证密封，减少管道的热损失，协调工作管和钢外护管热伸长的不一致性。确定真空系统的分段长度应考虑下列因素：

1）现场抽真空设备的体积不宜过大；

2）考虑现场抽真空设备的抽吸能力，抽真空的时间不宜过长；

3）当真空系统有管道泄漏预警作用时，要缩小管道泄漏时的查找范围；

4）便于施工过程中分段及时抽真空。

基于以上因素的考虑，本规程建议选择300m左右为一真空段。

抽真空原理可由下列公式描述：

$$S=\frac{V}{t}\ln\frac{P_0}{P_l} \tag{1}$$

式中：P_0——抽真空的起始压力（mbar）；

P_l——抽真空的终止压力（mbar）；

V——抽真空的容积（m^3）；

t——抽真空的时间（h）；

S——平均有效的抽吸能力（m^3/h）。

当保温材料处于潮湿状态时，考虑流体阻力、湿分和不纯气体的影响，平均有效抽吸能力随压力的降低而减小，实际抽吸时间相应增大。实际抽吸时间比理论计算时间最多可达3倍。要尽可能将真空隔断装置和附件与其他管路附件共用检查室，减少管线上检查室的数量。

第2款 设置真空阀门和真空表接口是为了连接抽真空设备和真空表。

4.2 管件及管道连接

4.2.1 第2款 直埋蒸汽管道在工厂预制，能保证其质量。一般情况下，工厂生产的直埋蒸汽管道比现场加工的质量要好。

4.2.2 本条的提出是为了保证直埋蒸汽管道的质量和使用寿命。

4.2.3 为了防止弯头处的保温材料被破坏，同时也为了防止弯头处外护管的局部超温而提出的措施。考虑到外护管的曲率半径与工作钢管的曲率半径不同，在制造过程中很难都保证是整数，但一定要保证两个管道是一个同心圆。因此本条款只提出最小曲率半径。

5 管道强度计算及应力验算

5.1 工作管

5.1.1 特别强调提出工作管的重要性。

5.1.2 主要参照《城镇供热管网设计规范》CJJ 34-2010中的第9.0.2条。

5.1.3 本条参照国家现行标准《火力发电厂汽水管道应力计算技术规定》DL/T 5366-2006制定。

5.1.4 由于直埋蒸汽管道的工作管可在外护管中自由移动，可把工作管道视同架空管道，因而工作管道应力验算可以采用行业标准《火力发电厂汽水管道应力计算技术规定》DL/T 5366-2006中的相应规定和方法。

5.2 外 护 管

5.2.1 主要参照《城镇供热管网设计规范》CJJ 34-2010中的第9.0.1条和《城镇供热直埋热水管道技术规程》CJJ/T 81-2013第5.1.1条，外护管相当于直埋热水管道而直接埋设于土壤中，采用应力分类可以更准确地分析管道的受力情况。

5.2.2 主要参照《城镇供热管网设计规范》CJJ 34-2010中的第9.0.2条，在正常运行期间将外护管表面温度设定为50℃。当排潮管排汽时，将外护管表面温度设定为95℃，与本规程第3.2.4条款（条文说明）的计算条件相一致。

5.2.3 由于外护管内没有压力而只有温度，与直埋热水管道还是有区别的，外部受力使管道变形是外护管需要考虑的，因此对管道的壁厚提出了特殊要求。

6 保温结构和保温层

6.1 一 般 规 定

6.1.2 本条款依据《工业设备及管道绝热工程设计规范》GB 50264-2011中的相关条款确定。

6.1.3 硬质保温材料的质量含水率依据《工业设备及管道绝热工程设计规范》GB 50264-2011中相关条款确定。硬质保温材料的抗压强度依据《工业设备及管道绝热工程设计规范》GB 50264-2011和《城镇供热预制直埋蒸汽保温管技术条件》CJ/T 200-2004中相关条款确定。多数硬质保温材料标准均能与此相符或超出此要求。保温材料抗压强度过低破损率就高，边角缝隙增多。

6.1.4 本条依据《城镇供热预制直埋蒸汽保温管技术条件》CJ/T 200-2004中相关条款确定。

6.1.5、6.1.6 保温管外表面温度规定的指标是根据经济、节能、减少对地下周围设施的影响提出的，应控制其不高于50℃。界面温度不超过有机保温材料安全使用温度0.8倍的规定，比《工业设备及管道绝热工程设计规范》GB 50264-2011中0.9倍的规定严格些，有利于保证有机保温材料的寿命。同时，要求校核散热损失和界面温度合格后，最后确定保温厚度。

国家标准《设备及管道保温设计导则》GB/T 8175-2008要求：当无特殊工艺要求时，保温厚度应采用“经济厚度”计算。国内在大连等地实测结果表明，按“经济厚度”计算的保温厚度较小，因而直埋蒸汽管道外表面温度偏高。这不仅影响到周边设施和植被、树木，而且造成外护管或外防腐层老化。因此，规定采用控制外表面温度的计算保温厚度的方法。对于地下水位低、土的导热系数低［例如$\lambda_g<1.2W/(m\cdot K)$］和地温较高的地区，从降低投资考虑，外护管外表面温度可适当提高一些，但不能高于60℃。

6.1.7 各地土质条件不同，按目前一些计算手册推荐的土的导热系数往往差别很大，而土的导热系数对计算保温厚度和界面温度有较大影响，因此，规定要收集符合工程实际条件的数据，如无法查到数据，需做必要的实测。在直埋蒸汽管道运行后，土的温度场的形成，将使土的含水率降低，进而使土的导热系数降低。为此，借鉴石油行业对直埋热油管道的观察结果（《输油管道的设计与管理》，石油工业出版社，1986年），要求计算保温层厚度采用的土的导热系数比非运行工况实测值降低5%～10%，这样更接近实际情况。

关于土壤的导热系数：根据《输油管道的设计与管理》，土壤的导热系数取决于土壤的种类及土壤的孔隙度、温度、含水量等。其中含水量的影响最大。此外，降雨、下雪及土壤的昼夜及季节波动等气象因素也会影响土壤热物性。管道沿线不同土壤种类，性质不尽相同。因此很难通过计算得出较准确的土壤导热系数。实际上，土壤的导热系数是一种统计特性。下表1为北京永定河边地下深1m处的砂土试样在室温下测定的导热系数与含水量的关系。图1为不同密度的砂土和黏土导热系数与含水量的关系。

表1 北京永定河边地下深1m处的砂土导热系数与含水量的关系

含水量（质），%	0	5	10	15	20	25	30	35
导热系数，W/（m·℃）	0.219	0.435	0.979	1.058	1.279	1.314	1.512	1.57
含水后密度，kg/m³	—	1233	1280	1340	1395	1455	1510	1570

表2为大庆地区的粉质黏土在室温条件下的导热系数与含水量的关系。密度为1600kg/m³的粉质黏土含水量与导热系数的关系见表2。

表2 大庆地区的粉质黏土在室温条件下的导热系数与含水量的关系

含水量（质），%	5	10	15	20	25	30
导热系数，W/（m·℃）	0.616	1.012	1.454	1.617	1.651	1.838

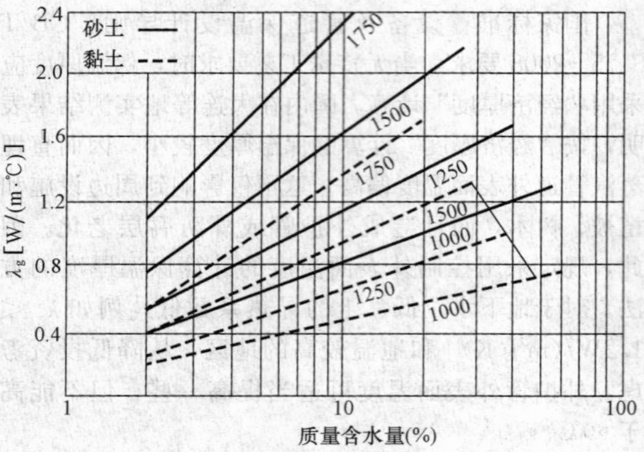

图1 黏土与砂土导热系数与含水量的关系

在设计管道时，应根据线路具体条件确定土壤导热系数。当缺乏线路实测资料或估算时，可按本规程表6.1.7的平均值选取。

6.1.8 第4款 土的自然温度是直埋蒸汽管道保温计算的重要依据。首先要尽可能从当地气象、水文、地质、建筑等部门收集实际的历年数据。本规程附录A给出了国内部分城市的实测地温月平均值，该表摘自《地下建筑暖通空调设计手册》，据中央气象局1964年版的《中国地温资料》整理。

6.2 保温结构

6.2.1 本条规定依据《城镇供热预制直埋蒸汽保温管技术条件》CJ/T 200-2004中相关条款并结合近年来多家国内知名预制直埋蒸汽保温管道生产厂家的产品形式、规格及特点确定。

6.2.2 可采用同层错缝、内外层压缝方式敷设保温层。内外层接缝需错开100mm～150mm。

6.2.3 直埋蒸汽管道内滑动保温结构形式即工作管与保温层之间由于工作管受热伸长产生相对的轴向位移，在保温层与外护管间需设置支座，支座固定在保温层上，仅起到支撑和导向作用；外滑动保温结构形式即保温层随着工作管受热伸长而拉伸变形，从而使保温层与外护管之间产生相对的轴向位移，在工作管和外护管间需设置支座，支座固定在工作管上，支座除了起到支撑、导向作用，还确保工作管、保温层相对外护管可以实现轴向滑动。所以根据保温材料的物理性能分析，内滑动保温结构形式需要保温材料具备一定的高密度、抗压性和耐磨性，应使用硬质保温材料；外滑动保温结构形式需要保温材料具备一定的低密度、柔韧性和延展性，推荐使用软质保温材料。

内滑动型保温管结构：为了减少热桥现象的影响，内置滑动支座与工作管、外护管之间应采用导热系数低、耐老化、强度高的绝热材料。内滑动保温结构形式一般使用硬质保温材料，保温层与工作管间处于“脱壳”状态，即保温层几乎不随工作管热位移而伸长变形，所以保温层与工作管间会随着介质温度的变化产生频繁往复的相对摩擦，为保护保温层不被磨损破坏，工作管与保温层间应设置长期耐温、耐磨的保护垫层。

外滑动型保温管结构：保温结构中空气层厚度是依据《城镇供热预制直埋蒸汽保温管技术条件》CJ/T 200-2004中相关条款确定的，空气层厚度不能过大，否则会导致保温层与外护管间产生对流换热，从而减弱保温结构整体绝热效果。当采用外滑动型保温结构时，外护管与工作管间应设置滑动支座，滑动支座与工作管间采用的隔热材料的导热系数不宜大于0.3W/（m·K），其耐老化性能应满足管道的使用寿命要求，强度应满足设计的要求。

6.3 真空保温层

6.3.1 当真空层厚度过小时，管道中气流流通面积不够，抽真空的效率低；当真空层过大时，将增加保温材料层与外护管之间的对流换热。借鉴国外经验，真空层厚度取20mm较适宜，考虑钢管的标准规格和保温材料层厚度变化，规定不大于25mm。

6.3.2 真空层保温结构的计算方法依据《钢外护管真空复合保温预制直埋管道技术规程》CECS 206：2006中相关内容确定。

$$\lambda_z = \varepsilon_k \times \lambda + \alpha_f \times \frac{d_R - d_b}{2} \tag{2}$$

式中：λ_z——真空层当量导热系数［W/（m·K）］；

λ——真空层导热系数［W/（m·K）］；

ε_k——真空层对流换热附加系数；

α_f——真空层折射辐射换热附加系数［W/（m^2·K）］；

d_R——外护管道内表面直径（m）；

d_b——保温材料层外表面直径（m）。

上述各系数计算公式为：

1 真空层的导热系数λ按下式计算：

$$\lambda = \lambda_N (p/13.33)^{0.8} \tag{3}$$

式中：λ_N——常压（101325Pa）下空气的导热系数［W/(m·K)］；

p——真空绝对压力（mbar）。

公式（3）中计算导热系数中无温度参数，实际上温度对导热系数影响较大，根据真空领域导热传热计算方法（见《暖通空调》2006年第2期），真空层的导热系数λ计算公式为：

$$\lambda = \frac{1}{4}(9\gamma - 5)\eta c_v \tag{4}$$

$$\eta = \frac{0.499\rho\bar{v}\bar{\lambda}}{(1+C/T)} \tag{5}$$

$$\rho = 0.1203\frac{Mp}{T} \tag{6}$$

$$c_v = 717.756 \times (1 + 3.45 \times 10^{-5} T + 6.30 \times 10^{-8} T^2) \tag{7}$$

$$\bar{v} = 4.601 \times \sqrt{\frac{T}{M}} \tag{8}$$

$$\bar{\lambda} = 3.107 \times 10^{-24} \frac{T}{p\sigma'^2} \tag{9}$$

式中：γ——绝热指数，空气取 1.403；

η——气体的黏度［kg/（m·s）］；

ρ——气体的密度（kg/m^3）；

M——气体的摩尔质量，空气取 0.02896kg/mol；

p——真空的绝对压力（Pa）；

T——气体热力学温度（K）；

$\bar{v}$——气体热运动平均速度（m/s）；

C——肖节伦德常数，单位 K，对于空气 $C=113$；

c_v——气体的定容比热［J/（kg·K）］；

σ'——气体分子直径，3.72×10^{-10}m。

2 真空层对流换热附加系数按下式计算：

$$\varepsilon_k = b_1 \times (P_r \times G_r \times L^3)^{b_2} \tag{10}$$

$$L = \frac{\pi d_b + (d_g - d_b)}{2d_b + (d_g - d_b)} \tag{11}$$

式中：P_r——普朗特准则数，准则定性温度取真空层空气平均温度 $(T_b + T_g)/2$，准则定型尺寸取真空层平均直径 $(d_b + d_g)/2$；

G_r——格拉晓夫准则数，准则定性温度取真空层空气平均温度 $(T_b + T_g)/2$，准则定型尺寸取真空层平均直径 $(d_b + d_g)/2$；

T_b——保温材料层外表面温度（K）；

T_g——钢外护管内表面温度（K）；

d_g——钢外护管内表面直径（m）；

d_b——保温材料层外表面直径（m）；

L——真空层内对流气流从热表面到冷表面所流经的长度比；

b_1、b_2——常数，根据实验数据确定；根据哈尔滨工业大学研究成果，b_1 取 0.062，b_2 取 1/3（见《暖通空调》2006 年第 2 期）。

3 真空层辐射换热按下式计算：

$$\alpha_f = \frac{\sigma A_b (t_b^4 - t_g^4)}{1/\varepsilon_b + (A_b/A_g)(1/\varepsilon_g - 1)} \times \frac{\ln\left(\frac{d_g}{d_b}\right)}{2\pi(T_b - T_g)} \tag{12}$$

式中：α_f——真空层折算辐射换热系数［W/（m^2·K）］；

σ——斯蒂芬-波尔兹曼常数［W/（m^2·K^4）］，$\sigma=5.669\times10^{-8}$W/（$m^2$·$K^4$）；

T_b——保温材料层外表面温度（K）；

T_g——钢外护管内表面温度（K）；

A_b——保温材料层外表面面积（m^2）；

A_g——钢外护管内表面面积（m^2）；

ε_b——保温材料层外表面黑度，取 0.9；

ε_g——钢外护管内表面黑度，取 0.09；

d_g——钢外护管内表面直径（m）；

d_b——保温材料层外表面直径（m）。

6.4 保温计算

6.4.1、6.4.2 直埋蒸汽管道保温厚度计算公式（6.4.1-3、6.4.1-4）系由圆柱体径向热传导计算公式推导而来。采用双管平行敷设时，两管之间存在热影响，将引起外表面温度和界面温度升高，因此，要求按双管条件作校核计算，并适当加大保温层厚度。空气层等效导热系数的计算，可参考米海耶夫著《传热学基础》。计算得到等效导热系数后，可按热阻串联原理进行保温计算，以单层保温加空气层或辐射隔热层为例，其散热损失计算式为：

$$q = \frac{t_0 - t_g}{\frac{1}{2\pi\lambda_t}\ln\frac{D_1}{D_0} + \frac{1}{2\pi\lambda_e}\ln\frac{D_{ou}}{D_1} + \frac{1}{2\pi\lambda_g}\ln\frac{4H}{D_w}} \tag{13}$$

式中：D_1——采用保温材料的保温层外径（m）。

6.4.3 直埋蒸汽管道除向周围土层传热外，还通过土层向地面传热，因此环境热阻的计算比较复杂，国内计算方法也不统一。

为使本规程推荐的计算方法更为合理，对国内外几种常见的计算方法进行了分析比较，确定环境热阻的计算方法。

对于 $\frac{H}{D_w}<2$ 的浅埋条件，环境温度 t_s 取大气温度，按式（6.4.3-1）计算热损失；

对于 $\frac{H}{D_w}\geqslant2$ 的较深埋设条件，环境温度 t_s 可取管中心埋设深度处的土壤自然温度 t_g，环境热阻按下式计算：

$$R_g = \frac{1}{2\pi\lambda_g}\ln\frac{4H}{D_w} \tag{14}$$

双管敷设直埋蒸汽管道的附加热阻计算式，引自《管道与设备保温》（中国建筑工业出版社，1984年）。

6.4.5 附录 B 直埋蒸汽管道邻近温度场的计算公式，引自 E.R. 索科洛夫著《热化与热力网》（机械工业出版社，1988 年）。

7 外护管及防腐

7.1 一般规定

7.1.3 外护管相当于直埋热水管道，采用无补偿方式敷设可以减少管道的附件数量，降低事故隐患点，应积极地推广应用。

7.2 外护管的刚度和稳定性

7.2.1 《工业金属管道工程施工规范》GB 50235－2010 中对于非标准钢管提出了明确的要求。

7.2.2 压力管道的壁厚是根据其所需要承压能力计算确定的。而对于直埋蒸汽管道的外护管，主要承受的是运输、施工运行过程中的外部荷载，为避免发生过大变形，有必要规定外护管的最小壁厚，使其具有一定的刚度。现行国家标准《输油管道工程设计规范》GB 50253－2003（2006年版）中第5.6.1条规定，管壁厚度不小于管道外径的1/140。考虑到直埋蒸汽管道单位长度质量虽然大于一般压力管道，但其内部有发泡保温结构支撑，所以其径厚比仍取140。而对于带空气层的保温结构，由于外护管内壁没有连续的保温结构支撑，外护管壁厚增加至径厚比不大于100。

7.2.3 在直埋蒸汽管道埋设较深或地面荷载较大的地段，外护管会发生椭圆化变形，变形量的大小与外部荷载和外护管管径大小及管壁厚度有关。要求外护管的椭圆化变形不能造成其内部保温结构的破坏，也不得阻碍工作管的轴向移动。同时对最终变形量加以限制，以免外护管会丧失承受外部荷载的能力。

第7.2.2条的要求为最小壁厚，同时应对其椭圆化变形进行验算。椭圆化变形过大会超出钢管的弹性变化范围，尤其是车辆荷载对外护管的瞬时作用（穿越道路时）。当管道覆土1.5m时，根据附录C对三种荷载工况进行计算，详见表3。

表3 三种荷载工况

DN	D_w	δ	ΔX	ε
钢管公称直径（mm）	钢管外径（mm）	钢管壁厚（mm）	径向变形（m）	变形率（%）
无车辆荷载工况（1）				
*DN*500	529	8	0.0037	0.71%
*DN*600	630	8	0.0076	1.20%
*DN*700	720	9	0.0091	1.26%
*DN*800	820	10	0.0111	1.36%
*DN*900	920	10	0.0177	1.92%
*DN*1000	1020	11	0.0201	1.97%
*DN*1200	1220	13	0.0249	2.04%
*DN*1400	1420	15	0.0297	2.09%
*DN*1600	1620	18	0.0291	1.80%
20t车辆荷载工况（2）				
*DN*500	529	8	0.0076	1.43%
*DN*600	630	8	0.0153	2.43%
*DN*700	720	9	0.0183	2.55%
*DN*800	820	10	0.0225	2.74%
*DN*900	920	12	0.0206	2.24%
*DN*1000	1020	13	0.0245	2.40%
*DN*1200	1220	15	0.0327	2.68%
*DN*1400	1420	18	0.0347	2.44%
*DN*1600	1620	20	0.0428	2.64%
50t车辆荷载工况（3）				
*DN*500	529	8	0.0108	2.04%
*DN*600	630	9	0.0153	2.43%
*DN*700	720	10	0.0190	2.64%
*DN*800	820	12	0.0185	2.26%
*DN*900	920	13	0.0231	2.51%
*DN*1000	1020	14	0.0280	2.74%
*DN*1200	1220	17	0.0319	2.62%
*DN*1400	1420	20	0.0360	2.54%
*DN*1600	1620	23	0.0401	2.47%

从上表计算可知，正常情况下，管道敷设在绿化带或人行道中，只要能满足表3中工况（1）的管道壁厚，就能保证管道径向变形率，但当管道穿越道路或敷设在重载车道上时，需要根据车辆的荷载进行管道壁厚的计算或采取保护措施，也可参照表3中工况（2）和工况（3）的管道壁厚，以保证管道径向变形率。

7.3 外护管的防腐

7.3.1 土壤腐蚀性分级仅适合于处女地或人类活动较少的地域，而直埋蒸汽管道的土壤环境要么所处城市，要么即将成为城市。由于城镇化的进程及环境的恶化，如轨道交通引起的杂散电流、北方城市使用融雪剂改变了土壤中的盐度、地下污水管渗漏使土壤成分复杂化等，均导致土壤的腐蚀性大大增强，所以土壤环境均为重腐蚀环境。

本条文不明确规定使用防腐层的种类。目前国内对于钢质管道主要有以下防腐层：①石油沥青防腐层；②聚乙烯胶粘带防腐层；③挤压聚乙烯防腐层；④熔结环氧粉末外防腐层；⑤煤焦油瓷漆防腐层；⑥环氧煤沥青防腐层；⑦环氧煤沥青冷缠带防腐层；⑧橡塑型（RPC）冷缠带防腐层；⑨纤维缠绕增强玻璃钢防腐层；⑩聚脲防腐层等。

虽未明确规定使用防腐层的种类，但阐明无论选用何种防腐层均应满足的最基本性能。湿附着力是指经防腐的试件在90℃的蒸馏水中浸泡15d后其结合力为一级，或当使用温度不超过60℃时粘结强度不低于60MPa；耐温性是指该温度下，防腐层在土壤环境中能够长期保持原有性能；阴极剥离率越低，表明在腐蚀环境中阴极电流对防腐层破损处破损的扩展越难；电绝缘性通常可用击穿电压来表征；机械性能指结合力、弯曲性、抗冲击、抗划痕及抗植物根茎穿透；系统性指防腐层的现场可修补性。

7.3.2 参照《城镇供热预制直埋蒸汽保温管技术条件》CJ/T 200－2004 和《城镇供热预制直埋蒸汽保温管管路附件技术条件》CJ/T 246－2007中直管及管件表面允许最高温度确定。

7.3.3 与现行标准的一致。

7.3.4 第1款 根据《埋地钢质管道聚乙烯防腐层》GB/T 23257－2009，挤压聚乙烯防腐层的性能指标应符合表4的规定。

表4 聚乙烯防腐层的性能指标

序号	项目		性能指标
1	剥离强度（N/mm）	20±5℃	≥100（三层）
		50±5℃	≥70（三层）
2	阴极剥离（65℃，48h）（mm）		≤6
3	冲击强度（J/mm）		≥8
4	抗弯曲（－30℃，2.5°）		聚乙烯无开裂
5	电火花检漏		25kV电压检漏无针孔

第2款 根据《玻璃纤维增强塑料外护管聚氨酯泡沫塑料预制直埋保温管》CJ/T 129－2001，纤维缠绕增强玻璃钢防腐层的性能指标应符合表5的规定。

表5 纤维缠绕增强玻璃钢防腐层的性能指标

序号	项目		性能指标
1	剥离强度（N/mm）	20±5℃	≥120
2	长期耐温（℃）		≥90
3	冲击强度（J/mm）		≥5
4	弯曲强度（MPa）		≥50
5	拉伸强度（MPa）		≥150
6	电火花检漏		5kV电压检漏无针孔

第3款 根据《钢质管道单层熔结环氧粉末外涂层技术规范》SY/T 0315－2005，熔结环氧粉末防腐层的性能指标应符合表6的规定。

表6 熔结环氧粉末防腐层的性能指标

序号	项目	性能指标
1	抗击穿电压（V/μm）	5
2	耐阴极剥离（mm）	8
3	断面孔隙率	1～4级
4	界面孔隙率	1～4级
5	粘结强度（MPa）	60
6	抗冲击性（－30℃）（J）	1.5
7	抗弯曲性（3°，－30℃）	1～2级
8	剪切强度（MPa）	30
9	耐划伤性（μm）	300
10	硬度（H）	3
11	耐磨性（L/μm）	≥3
12	干耐温（℃）	150
13	24h附着力	1～3级
14	涂层厚度（μm）	≥800

第4款 根据《埋地钢质管道环氧煤沥青防腐层技术标准》SY/T 0447－1996，环氧煤沥青防腐层的性能指标应符合表7的规定。

表7 环氧煤沥青防腐层的性能指标

序号	项目	性能指标
1	剪切粘结强度（MPa）	≥4
2	耐阴极剥离	1～3级
3	工频电气强度（MV/m）	≥20
4	体积电阻率（Ω·m）	≥1×10^{10}
5	吸水率（25℃，24h）	≤0.4
6	耐油性（煤油，室温7d）	通过
7	耐沸水性（24h）	通过

第5款 根据《喷涂聚脲防护材料》HS/T 3811－2006，聚脲防腐层的性能指标应符合表8的规定。

表8 聚脲防腐层的性能指标

序号	项目	性能指标
1	固体含量（%）	≥95
2	凝胶时间（S）	45
3	硬度	75～95
4	耐冲击力（kg·m）	≥1.5
5	阴极剥离（65℃，48h）	≤12
6	断裂伸长率（%）	≥300
7	撕裂强度（kN/m）	≥25
8	吸水率%（24h）	≤3
9	附着力（MPa）	≥4.5
10	电气强度（MV/m）	≥15
11	使用温度	－20℃～＋120℃
12	涂层厚度（mm）	0.5～1

7.3.5 对于防腐层结构的连续性检验，要根据防腐层结构材料的不同，采用不同的检验方法。用电火花检漏仪进行漏点检查是常用的方法之一。

不同防腐结构的检漏电压是不同的。《埋地钢质管道环氧煤沥青防腐层技术标准》SY/T 0447－1996规定的检测电压，普通级为2kV，加强级为2.5kV，特加强级为3kV。《钢质管道单层熔结环氧粉末外涂层技术规范》SY/T 0315－2005规定，每1μm厚度涂层的检漏电压为5V，通常普通级最小厚度为300μm，加强级为400μm，检漏电压分别为1.5kV和2kV。对于聚乙烯三层防腐结构，《埋地钢质管道聚乙烯防腐层》GB/T 23257－2009规定，在线电火花检漏25kV，现场补口15kV。采用环氧煤沥青涂料防腐时，根据国家标准《给水排水管道工程施工及验收规范》GB 50268－2008的规定，三油（≥0.3mm）为2kV，四布一油（≥0.4mm）为2.5kV，六布二油（≥0.6mm）为3kV。因此，本规程对检漏电压未作统一的规定。

7.3.6 任何管道防腐的覆盖层都不会是无缺陷的理想状态。在土壤中，覆盖层上存在的极少数量的针孔或破损，将形成大阴极（覆盖层完整部分）、小阳极（因针孔或破损而裸露金属部分）的腐蚀电池，这将使管道的局部（针孔或破损而裸露金属部分）腐蚀加速，其后果比管道无覆盖层还恶劣，即局部穿孔。

所以在防腐的同时需要采用阴极保护措施，阴极保护分为外加电流和牺牲阳极两种保护方式，本规程不作具体规定。外加电流阴极保护设计应符合现行行业标准《埋地钢质管道强制电流阴极保护设计规范》SY/T 0036的有关规定；牺牲阳极阴极保护设计应符合现行行业标准《埋地钢质管道牺牲阳极阴极保护设计规范》SY/T 0019的有关规定。

8 施工与验收

8.1 一般规定

8.1.4 直埋蒸汽管道的外护管或其外护层一般强度比较低，在吊装、运输、安装过程要有防破损的保护措施。保温层一般吸水率较大，为防止进水，要求在安装过程中严格防水，直至保温补口完成。

8.1.6 由于预制直埋蒸汽管道通常自重较大，现场切割工艺复杂。因此，施工单位应根据具体工程规模、现场条件和施工图编制合理的施工方案，并按施工排管图尺寸在工厂进行预制加工，以缩短施工周期。

8.2 管道安装

8.2.5 总结多年直埋蒸汽管道接口焊接的经验，采用氩弧焊打底、电焊罩面，质量能得到保证。

工作管焊接质量对直埋蒸汽管道安全十分重要，一旦出现焊缝渗漏，将导致管道保温失效。应在检验环节上严格把关，要求对所有焊缝做100%X射线探伤检验。实践证明，虽然费用高些，但从保证可靠性来看，是必要和值得的。

8.3 保温补口

8.3.1 直埋蒸汽管道出现的事故大多是接口处理技术不过关或施工质量不好而造成的。由于现场条件多变，给接口保温施工带来了难度，所以本条提出按隐蔽工程要求，强化质量监督，并要求每道补口都要作施工记录，以备检查。

8.3.3 对于硬质复合保温结构，如需将保护垫层粘贴到工作管的外表面，则要求对工作管外表面进行除锈处理，并规定了除锈质量应达到St3级，目的是让保护垫层粘贴牢固，以提高耐磨寿命。

8.3.4 总结国内多起浸水事故的经验教训作出的规定。

8.3.5 现场接口保温施工，对两种类型保温的工序和保护措施作了规定。对有机—无机复合保温结构，要求先焊外护钢管再注聚氨酯泡沫塑料；对软质或半硬质无机保温结构，则要求在补口的外护钢管焊缝部位衬垫耐温较高的材料，目的都是为了避免补口时，对外护钢管施焊损伤耐温较低的保温材料。

8.3.6 外护管是接口处防水的主要屏障，并有承受外荷载和传递应力的要求。因此，对补口外护管的施工提出了严格要求。外护管要作100%超声波探伤和严密性试验。

外护管补口套管采用对接焊接是为了外护管的应力传递和稳定性要求。要求多层焊接是为防止穿透性缺陷。

补口段外护管的除锈等级要求与直管段相同，但除锈工艺可根据现场条件确定，电火花检漏的耐电压水平也与直管段一致，目的是保证全管线管道的寿命。

外护管的焊接效果直接影响管道保温和防水、抽真空效果，外护管在工厂焊接完毕后，应进行超声波探伤，以保证焊接质量。

8.4 真空系统安装

8.4.1 初次抽真空时，外护管内的空气湿度较大，常常伴有冷凝水，因此对设备提出特殊要求。

8.4.3 保持真空度能有效地降低散热损失。

8.5 试压、吹扫及试运行

8.5.1 《城镇供热管网工程施工及验收规范》CJJ 28－2014中已有明确的规定，强度和严密性试验是检验管道整体焊接质量的标准，对于外护管，由于外护管不承受压力，做气密性试验即可满足要求。

8.5.3 对吹洗压力限制是考虑到安全，对流速规定不低于30m/s是总结国内经验提出来的，流速过低难以吹洗干净。如吹洗流速低于30m/s，应增加吹洗次数。

8.6 施工验收

8.6.2 为便于检查和维修，规定对补偿器等直埋蒸汽管路附件位置作出标识。对裸露地面的排潮管等易造成烫伤的部件，要求有标记和防护措施，有利于防患于未然。

9 运行管理

9.1 一般规定

9.1.2 疏水井、检查井及构筑物内往往积水或潮湿，当有人在井内抽水时，为保证人身安全，并严禁使用潜水泵抽水。井室内若用明火照明，可能造成缺氧使人窒息。

9.1.3 直埋蒸汽管道一般在城市内敷设，其地下管网复杂，往往与燃气等管网交叉。因此，当发现井室或构筑物内有异味时，应进行通风。若通风效果不好，要进行检测是否为可燃或有害气体，确保安全。

9.1.4 本条所说的最小流量，即为设计计算最小安全流量。若管道运行时低于该流量，管道将会产生“汽水冲击”现象。由于直埋蒸汽管道疏水工作难度较大，“汽水冲击”现象出现的频率较架空管道高，因此在运行时，要尽可能避免小流量运行。若无法避免，应采取相应措施，如双管敷设加运行疏水器或末端排汽等，必要时停止运行，以保证管道的安全性。

9.2 运行前的准备

9.2.1 本条规定停运“两年”时间的管道，应进行吹扫和水压试验，“两年”时间的规定是通过实际调查和实际割管检测确定的。蒸汽管道停运后，因管内潮湿及空气进入，其腐蚀是非常严重的。为了保证安全，重新运行时应进行吹扫和水压试验，把内部的氧化层和杂质吹扫掉，并按规定进行水压试验。

9.3 暖 管

9.3.5 根据排潮管的工作状况，可以判断工作管或外护管是否产生泄漏。当出现泄漏时，外护管的温度将会高于设计温度，此时不应继续进行暖管。对于保温层排潮时，虽对外护管寿命有一定的影响，但相对损失较小，可烘干运行一段时间后再进行补救处理。通过实际调查发现，此种情况下进行 24h 暖管对外护管破坏程度不是很大，24h 是个经验数据，是上限。

9.4 运行维护

9.4.2 记录直埋蒸汽管道外表面温度是指管道最不利点（段）的外护管的表面温度，保温层层间温度是指保温材料间的界面温度，通过监测，控制其温度不超过设计值。

9.4.4 直埋蒸汽管道属隐蔽地下设施，与架空、地沟管道不同，检查难度较大。为了保证管道的使用寿命和安全运行，本条规定每两年对管道定期检测一次，要求对工作管和外护管的壁厚、保温材料性能等进行检测。

9.5 停止运行

9.5.3 凝结水温度过高，会影响排水管道的安全，因此要控制凝结水的温度。

9.5.4 为了防止工作管道内部的氧腐蚀，需要对工作管道内部充满除氧水或充惰性气体（氮气），如果停运时间较长，还需要对外护管内部充惰性气体（氮气）。

中华人民共和国行业标准

城镇供热管网结构设计规范

Code for structural design of heating pipelines in city and town

CJJ 105—2005
J 457—2005

批准部门：中华人民共和国建设部
实施日期：2005年12月1日

中华人民共和国建设部
公　　告

第367号

建设部关于发布行业标准《城镇供热管网结构设计规范》的公告

现批准《城镇供热管网结构设计规范》为行业标准，编号为 CJJ 105－2005，自 2005 年 12 月 1 日起实施。其中，第2.0.6、2.0.7、2.0.11、4.2.1、4.2.6、6.0.6（1）条（款）为强制性条文，必须严格执行。

本规范由建设部标准定额研究所组织中国建筑工业出版社出版发行。

中华人民共和国建设部

2005 年 9 月 16 日

前　　言

根据建设部建标［2002］84 号文的要求，规范编制组在广泛调查研究，认真总结实践经验，参考有关标准的基础上，制定了本规范。

本规范的主要技术内容：1. 总则；2. 材料；3. 结构上的作用；4. 基本设计规定；5. 静力计算；6. 构造要求。

本规范由建设部负责管理和对强制性条文的解释，由主编单位负责具体技术内容的解释。

本规范主编单位：北京市煤气热力工程设计院有限公司（地址：北京市西单北大街小酱坊胡同甲 40 号；邮政编码：100032）。

本规范参编单位：北京市市政工程设计研究总院
北京交通大学
中国市政工程东北设计研究院
中国市政工程西北设计研究院
北京五维地下工程有限公司

本规范主要起草人：陆景慧　雷宜泰　翟荣申　杨成永　田韶英　刘　安　樊锦仁　陈浩生

目　次

1 总　　则

1.0.1 为在城镇供热管网结构设计中贯彻执行国家的技术经济政策，做到技术先进、经济合理、安全适用、确保质量，制定本规范。

1.0.2 本规范适用于城镇供热管网工程中下列结构的设计：

1 放坡开挖或护壁施工的明挖管沟及检查室；

2 独立式管道支架，包括固定支架、导向支架及活动支架。

1.0.3 直埋敷设热力管道固定墩结构设计及检查室结构抗倾覆、抗滑移稳定验算应符合国家现行标准《城镇直埋供热管道工程技术规程》CJJ/T 81 的规定。

1.0.4 城镇供热管网结构设计，除应符合本规范外，尚应符合国家现行有关标准的规定。

2 材　料

2.0.1 结构工程材料应根据结构类型、受力条件、使用要求和所处环境等选用。

2.0.2 结构混凝土的最低强度等级应满足耐久性要求，且不应低于表 2.0.2 的规定。对于接触侵蚀性介质的混凝土，其最低强度等级尚应符合现行有关标准的规定。

表 2.0.2　结构混凝土的最低强度等级

结构类别		最低强度等级
管沟及检查室	盖板、底板、侧墙及梁、柱结构	C25
架空管道支架	柱下独立基础	C20
	支架结构	C30

注：非严寒和非寒冷地区露天环境的架空管道支架，其支架结构混凝土的最低强度等级可降低一个等级。

2.0.3 混凝土、钢筋的设计指标应符合现行国家标准《混凝土结构设计规范》GB 50010 的规定。

钢材的设计指标应符合现行国家标准《钢结构设计规范》GB 50017 的规定。

砌体材料的设计指标应符合现行国家标准《砌体结构设计规范》GB 50003 的规定。

2.0.4 位于地下水位以下的管沟及检查室，应采用抗渗混凝土结构，混凝土的抗渗等级应按表 2.0.4 的规定确定。相应混凝土的骨料应选择良好级配；水灰比不应大于 0.5。

当混凝土满足抗渗要求时，可不做其他防渗处理。对接触侵蚀性介质的混凝土，应按现行有关标准或进行专门试验确定防腐措施。

表 2.0.4　混凝土的抗渗等级

最大作用水头与混凝土构件厚度比值 i_w	抗渗等级 Pi
<10	P4
10～30	P6
>30	P8

注：抗渗等级 Pi 的定义系指龄期为 28d 的混凝土构件，施加 $i\times0.1$MPa 水压后满足不渗水指标。

2.0.5 最低月平均气温低于－3℃的地区，受冻融影响的结构混凝土应满足抗冻要求，并按表 2.0.5 的规定确定。

表 2.0.5　混凝土的抗冻等级

工作条件 / 最低月平均气温	位于水位涨落区及以下部位		位于水位涨落区以上部位
	冻融循环总次数≥100	冻融循环总次数<100	
低于－10℃	F300	F250	F200
－3～－10℃	F250	F200	F150

注：1 混凝土的抗冻等级 Fi，系指龄期为 28d 的混凝土试件经冻融循环 i 次作用后，其强度降低不超过 25%，重量损失不超过 5%；

2 冻融循环总次数系指一年内气温从＋3℃以上降至－3℃以下，然后回升至＋3℃以上的交替次数。

2.0.6 结构混凝土中的碱含量不得大于 3.0kg/m³。

2.0.7 结构混凝土中的氯离子含量不得大于 0.2%。

2.0.8 在混凝土中掺用外加剂的质量及应用技术应符合现行国家标准《混凝土外加剂》GB 8076、《混凝土外加剂应用技术规范》GB 50119 的规定。

2.0.9 在管道运行阶段，当受热温度超过 20℃时，管沟及检查室结构混凝土的强度值及弹性模量值应予以折减，不同温度作用下的折减系数应按表 2.0.9 的规定确定。结构构件的受热温度可按本规范附录 A 的规定计算确定。

表 2.0.9　混凝土在温度作用下强度值及弹性模量值的折减系数

折减项目	受热温度（℃）			受热温度的取值
	20	60	100	
轴心抗压强度	1.0	0.85	0.80	轴心受压及轴心受拉时取计算截面的平均温度，弯曲受压时取表面最高受热温度
轴心抗拉强度	1.0	0.80	0.70	
弹性模量	1.0	0.85	0.75	承载能力极限状态计算时，取构件的平均温度，正常使用极限状态验算时，取内表面最高温度

注：当受热温度为中间值时，折减系数值可线性内插求得。

2.0.10 位于地下水位以上的管沟及检查室可采用砌体结构。

2.0.11 砌体结构管沟及检查室的砌体材料，应符合下列规定：

1 烧结普通砖强度等级不应低于 MU10；砌筑砂浆应采用水泥砂浆，其强度等级不应低于 M7.5。

2 石材强度等级不应低于 MU30；砌筑砂浆应采用水泥砂浆，其强度等级不应低于 M7.5。

3 蒸压灰砂砖强度等级不应低于 MU15；砌筑砂浆应采用水泥砂浆，其强度等级不应低于 M10。

4 混凝土砌块强度等级不应低于 MU7.5；砌筑砂浆应采用砌块专用砂浆，其强度等级不应低于 M7.5。混凝土砌块砌体的孔洞应采用强度等级不低于 Cb20 的混凝土灌实。

3 结构上的作用

3.1 作用分类及作用代表值

3.1.1 结构上的作用可分为下列三类：

1 永久作用，主要包括结构自重、竖向土压力、侧向土压力、热力管道及设备自重、地基的不均匀沉降等。

2 可变作用，主要包括地面车辆荷载、地面堆积荷载、地表水或地下水的静水压力（包括浮托力）、固定支架的水平推力、导向支架的水平推力、管道位移在活动支架结构上产生的水平作用、架空管道支架上的风荷载、检修操作平台上的操作荷载、温度影响、吊装荷载、流水压力、融冰压力等。

3 偶然作用，指在使用期间不一定出现，但发生时其值很大且持续时间较短，如爆炸力、撞击力等，应根据工程实际情况确定需要计入的偶然作用。

3.1.2 结构设计时，对不同作用应采用不同的代表值：对永久作用应采用标准值作为代表值；对可变作用应根据设计要求采用标准值、组合值或准永久值作为代表值。

作用的标准值，应为设计采用的基本代表值。

对偶然作用应根据工程实际情况，按结构使用特点确定其代表值。

3.1.3 当结构承受两种或两种以上可变作用时，在承载能力极限状态按基本组合设计或正常使用极限状态按标准组合设计中，对可变作用应按组合规定，采用标准值或组合值作为代表值。

可变作用组合值，应为可变作用标准值乘以作用组合系数。

3.1.4 正常使用极限状态按准永久组合设计时，应采用准永久值作为可变作用的代表值。

可变作用准永久值，应为可变作用标准值乘以作用准永久值系数。

3.1.5 使结构或构件产生不可忽略的加速度的作用，应按动态作用考虑，可将动态作用简化为静态作用乘以动力系数后按静态作用计算。

3.2 永久作用标准值

3.2.1 结构自重标准值，可按结构构件的设计尺寸与材料单位体积的自重计算确定。

3.2.2 管沟及检查室结构上的竖向土压力及侧向土压力标准值，应按本规范附录 B 的规定计算确定。

3.2.3 热力管道及设备自重标准值，应按下列规定计算确定：

1 热力管道及设备自重标准值，应为管材、保温层、管内介质及管道附件自重标准值之和。

2 蒸汽管道的管内介质自重标准值，在管道运行阶段，应根据管道运行工况和疏水设备布置情况进行分析，当可能有冷凝水积存时，应考虑管道内的冷凝水积存量；在管道试压阶段，应按管道充满水计算。

3 作用在管道支架结构上的管道自重标准值，应计入管道失跨的影响，作用标准值应按下式计算：

$$G = \lambda q L \tag{3.2.3}$$

式中 G——支架结构上的管道自重标准值（kN）；

λ——管道失跨系数，一般取 1.5，当有可靠工程经验时，可适当减小；

q——单位长度管道自重标准值（kN/m）；

L——管道跨距（m），若支架两侧的跨距不等时，可取平均值。

对蒸汽管网紧邻管道阀门及弯头的管道支架，在管道运行阶段，作用在结构上的管道自重标准值应按动态作用考虑，动力系数可取 1.5。

3.2.4 地基的不均匀沉降，应按现行国家标准《建筑地基基础设计规范》GB 50007 的有关规定计算确定。

3.3 可变作用标准值及准永久值系数

3.3.1 地面车辆荷载对管沟及检查室结构的作用标准值及准永久值系数应按下列规定确定：

1 地面车辆载重等级、规格形式应根据地面车辆运行情况并结合规划确定。

2 地面车辆的载重、车轮布局、运行排列等，应按国家现行标准《公路桥涵设计通用规范》JTG D60 的规定确定。

3 地面车辆荷载对结构的竖向压力及侧向压力标准值，可按本规范附录 C 的规定计算确定。

4 地面车辆荷载准永久值系数 ψ_q 应取 0.5。

3.3.2 地面堆积荷载标准值可取 $10kN/m^2$，其准永久值系数 ψ_q 可取 0.5。

3.3.3 埋设在地表水或地下水以下的管沟及检查室结构，应计算作用在结构上的静水压力（包括浮托力），作用标准值及准永久值系数应按下列规定确定：

1　水压力标准值相应的设计水位，应按水文部门或勘察部门提供的数据采用。

2　地表水或地下水的静水压力标准值应按设计水位至计算点的水头高度与水的重力密度的乘积计算。

3　地表水的静水压力水位宜按设计频率1%采用。相应准永久值系数，当按最高洪水水位计算时，可取常年洪水位与最高洪水位水压头高度的比值。

4　地下水的静水压力水位，应考虑近期内变化的统计数据及对设计基准期内发展趋势的变化进行综合分析，确定其可能出现的最高及最低水位。

应根据对结构的作用效应，选定设计水位。相应的准永久值系数，当采用最高水位时，可取平均水位与最高水位的比值；当采用最低水位时，ψ_q 应取1.0。

5　浮托力标准值应按最高水位至结构底板底面（不包括垫层）的水头高度与水的重力密度的乘积计算。对岩石地基，当有可靠工程经验时，浮托力标准值可根据岩石的破碎程度适当折减。

6　地表水或地下水重力密度标准值可取 $10kN/m^3$。

3.3.4　固定支架的水平推力，其标准值应根据管网的布置及运行条件确定；相应的准永久值系数 ψ_q 可取1.0。

3.3.5　导向支架的水平推力，其标准值应根据管网的布置及运行条件确定；相应的准永久值系数 ψ_q 可取1.0。

3.3.6　管道位移在活动支架上产生的水平作用，其标准值应按下列规定确定；相应的准永久值系数 ψ_q 可取1.0。

1　对于支架柱嵌固于基础的独立式活动支架，应对支架结构进行刚性支架、柔性支架的判别，判别方法应符合本规范附录D的规定。

2　刚性支架上的水平作用，其标准值应按公式3.3.6-1和3.3.6-2计算，荷载作用点取管托底面。

$$F_{mx}=\frac{I_y\Delta_x}{\sqrt{(I_y\Delta_x)^2+(I_x\Delta_y)^2}}\mu G \tag{3.3.6-1}$$

$$F_{my}=\frac{I_x\Delta_y}{\sqrt{(I_y\Delta_x)^2+(I_x\Delta_y)^2}}\mu G \tag{3.3.6-2}$$

式中　F_{mx}、F_{my}——分别为管道位移在刚性支架柱上产生的沿截面 x、y 两主轴方向的水平作用标准值（kN）；

Δ_x、Δ_y——分别为管道在支架处沿支架柱截面 x、y 两主轴方向的位移值（mm），应根据管网的布置及运行条件确定；

μ——摩擦系数。不同材料之间的摩擦系数可按表3.3.6的规定确定。

I_x、I_y——分别为支架柱截面对于 x、y 两主轴的惯性矩（mm^4）。

表3.3.6　不同材料之间的摩擦系数

材料类别	摩擦系数
钢沿钢滑动	0.3～0.35
钢沿混凝土滑动	0.6
聚四氟乙烯沿不锈钢或镀铬钢滑动	0.1
钢沿钢滚动	0.1

注：位于管沟及检查室内或室外露天环境的活动支架，钢沿钢滑动摩擦系数宜按高限取值。

3　柔性支架上的水平作用，其标准值应按公式3.3.6-3和3.3.6-4计算，荷载作用点取管托底面。

$$F_{tx}=\frac{3EI_y\Delta_x}{H^3} \tag{3.3.6-3}$$

$$F_{ty}=\frac{3EI_x\Delta_y}{H^3} \tag{3.3.6-4}$$

式中　F_{tx}、F_{ty}——分别为管道位移在柔性支架柱上产生的沿截面 x、y 两主轴方向的水平作用标准值(N)；

EI_x、EI_y——分别为支架柱对于 x、y 两主轴的截面刚度（$N\cdot mm^2$），对钢筋混凝土柱分别取 $0.85E_cI_x$、$0.85E_cI_y$，E 为支架柱材料的弹性模量（N/mm^2），E_c 为混凝土的弹性模量；

H——自支架基础顶面至管道管托底面的支架高度（mm）。

4　悬吊支架上的水平作用，其标准值应按公式3.3.6-5和3.3.6-6计算，荷载作用点取吊杆支座。

$$F_{dx}=G\frac{\Delta_x}{L_g} \tag{3.3.6-5}$$

$$F_{dy}=G\frac{\Delta_y}{L_g} \tag{3.3.6-6}$$

式中　F_{dx}、F_{dy}——分别为管道位移在悬吊支架吊杆上产生的沿截面 x、y 两主轴方向的水平作用力标准值（kN）；

L_g——吊杆长度（mm）。

5　管道滑动支墩上的水平作用，其标准值应按公式3.3.6-1和3.3.6-2计算，荷载作用点取管托底面。

3.3.7　架空管道支架结构设计应考虑由管道传来的横向风荷载，其标准值应按下列规定确定；相应的准永久值系数 ψ_q 可取0。

1　作用标准值应计入管道失跨的影响，并应按下式计算：

$$F_{wk}=\lambda w_k DL \tag{3.3.7}$$

式中　F_{wk}——管道支架上的风荷载标准值（kN）；

λ——管道失跨系数，应按本规范第3.2.3条的规定确定；

w_k——风荷载标准值（kN/m^2），应按现行国家标准《建筑结构荷载规范》GB 50009的规定确定；

D——含保温层的管道外径（m）；

L——管道跨距（m），若支架两侧的跨距不等时，可取平均值。

2 荷载作用点取管道中心。

3.3.8 热力管道检修操作平台上的操作荷载，包括操作人员、一般工具、零星材料的自重，可按均布荷载考虑，其标准值可取2.0kN/m²；荷载准永久值系数 ψ_q 可取0.6。

对于露天检修操作平台，当按本规定取用操作荷载时，可不考虑雪荷载的作用。

3.3.9 混凝土结构管沟及检查室，应考虑在管道运行阶段结构内、外壁面温差对结构的作用。壁面温差作用标准值可按本规范附录A的规定计算确定；温度影响作用的准永久值系数 ψ_q 可取1.0。

3.3.10 对于通行管沟及检查室结构，应考虑管道安装及检修阶段的吊装荷载，荷载标准值采用所起吊管道、设备的自重标准值；荷载准永久值系数 ψ_q 可取0。

3.3.11 跨越河流、湖泊的架空管道支架柱上的流水压力标准值，应根据设计水位按下式计算：

$$F_{dw,k} = K_f \frac{\gamma_w v_w^2}{2g} A \quad (3.3.11)$$

式中 $F_{dw,k}$——流水压力标准值（kN）；

K_f——支架柱形状系数，可按表3.3.11的规定确定；

v_w——水流的平均速度（m/s）；

g——重力加速度（m/s^2）；

A——支架柱阻水面积（m^2），应计算至最低冲刷线处。

表3.3.11 支架柱形状系数 K_f

形状	方形	矩形	圆形	尖端形	长圆形
K_f	1.47	1.28	0.78	0.69	0.59

流水压力标准值的相应设计水位，应根据对结构的作用效应确定取最低水位或最高水位。当取最高水位时，相应的准永久系数可取常年洪水位与最高水位的比值，当取最低水位时，ψ_q 应取1.0。

3.3.12 跨越河流、湖泊的架空管道支架柱上的融冰压力，其标准值可按下列规定确定。荷载的准永久值系数，东北地区和新疆北部地区 ψ_q 可取0.5；其他地区 ψ_q 可取0。

1 作用在具有竖直边缘支架柱上的融冰压力标准值，可按下式计算：

$$F_{Ik} = m_h f_I b t_I \quad (3.3.12\text{-}1)$$

式中 F_{Ik}——竖直边缘支架柱上的融冰压力标准值（kN）；

m_h——支架柱迎水面的体形系数，方形时为1.0；圆形时为0.9；尖端形时应按表3.3.12的规定确定；

f_I——冰的极限抗压强度（kN/m^2），当初融流冰水位时可按750kN/m²采用；

b——支架柱在设计流冰水位线上的宽度（m）；

t_I——冰层厚度（m），应按实际情况确定。

表3.3.12 尖端形支架柱体形系数 m_h

尖端形支架柱迎水流向角度	45°	60°	75°	90°	120°
m_h	0.6	0.65	0.69	0.73	0.81

2 作用在具有倾斜破冰棱的支架柱上的融冰压力标准值，可按下列公式计算：

$$F_{Iv,k} = f_{Iw} t_I^2 \quad (3.3.12\text{-}2)$$

$$F_{Ih,k} = f_{Iw} t_I^2 \operatorname{tg}\theta \quad (3.3.12\text{-}3)$$

式中 $F_{Iv,k}$——竖向冰压力标准值（kN）；

$F_{Ih,k}$——水平向冰压力标准值（kN）；

f_{Iw}——冰的弯曲抗压极限强度（kN/m^2），可按 $0.7f_I$ 采用；

θ——破冰棱对水平线的倾角（°）。

4 基本设计规定

4.1 一般规定

4.1.1 本规范采用以概率理论为基础的极限状态设计方法，除验算结构抗倾覆、抗滑移及抗浮外，均应采用含分项系数的设计表达式进行设计。

4.1.2 结构设计应计算下列两种极限状态：

1 承载能力极限状态：在管道安装、试压、运行及检修阶段，对应于结构达到最大承载能力，结构或结构构件及构件连接因材料强度被超过而破坏；结构因过量变形而不能继续承载或丧失稳定（如横截面压屈等）；结构作为刚体失去平衡（如滑移、倾覆、漂浮等）。

2 正常使用极限状态：在管道运行阶段，对应于结构或结构构件正常使用或耐久性能的某项规定限值，如结构变形、影响耐久性能的控制开裂或局部裂缝宽度限值等。

4.1.3 管沟及检查室结构及结构构件的承载能力极限状态设计，应包括下列内容：

1 管道运行阶段结构构件的承载力计算。对通行管沟及检查室，尚应进行管道安装或检修阶段起吊管道、设备时结构构件的承载力计算；对需揭开盖板进行管道检修的管沟及检查室，尚应进行管道检修阶段结构构件的承载力计算；对设有固定支架的管沟及检查室结构、蒸汽管网设有活动支架的管沟及检查室结构，尚应进行管道试压阶段结构构件的承载力计算。

2 设有固定支架、导向支架及活动支架的管沟及检查室结构，管道运行阶段结构作为刚体的抗滑移、抗倾覆稳定验算。对设有固定支架的管沟及检查室结构、蒸汽管网设有活动支架的管沟及检查室结构，尚应进行管道试压阶段结构作为刚体的抗滑移、抗倾覆稳定验算。

3 当结构位于地下水位以下时，管道运行阶段的结构抗浮稳定验算。对需揭开盖板进行管道检修的管沟及检查室，尚应进行管道检修阶段的结构抗浮稳定验算。

4 预埋件设计。

4.1.4 固定支架、导向支架及活动支架结构及结构构件的承载能力极限状态设计，应包括下列内容：

1 管道运行阶段结构构件的承载力计算。对固定支架及蒸汽管网的活动支架，尚应进行管道试压阶段结构构件的承载力计算。

2 管道运行阶段架空管道支架基础的抗滑移、抗倾覆稳定验算及地基承载力计算。对固定支架及蒸汽管网的活动支架，尚应进行管道试压阶段支架基础的抗滑移、抗倾覆稳定验算及地基承载力计算。地基承载力计算应符合现行国家标准《建筑地基基础设计规范》GB 50007 的有关规定。

3 预埋件设计。

4.1.5 预制混凝土滑动支墩的结构设计，应包括下列内容：

1 管道运行阶段墩体及其底部坐浆的承载力计算。对蒸汽管网尚应进行管道试压阶段墩体及其底部坐浆的承载力计算。坐浆承载力计算应符合现行国家标准《砌体结构设计规范》GB 50003的有关规定。

2 管道运行阶段墩体的抗倾覆稳定验算。对蒸汽管网尚应进行管道试压阶段墩体的抗倾覆稳定验算。

3 预埋件设计。

4.1.6 混凝土结构构件上的预埋件设计应符合现行国家标准《混凝土结构设计规范》GB 50010 的有关规定。

4.1.7 管沟及检查室的预制盖板、钢筋混凝土预制装配式管道支架，应进行构件吊装的承载力验算，构件上的作用按其自重乘以动力系数计算，动力系数可取 1.5。

4.1.8 架空管道独立式活动支架不宜采用铰接支架及半铰接支架。

4.1.9 对结构的内力分析，均应按弹性体系计算，不应考虑由非弹性变形所引起的塑性内力重分布。

4.2 承载能力极限状态计算规定

4.2.1 结构按承载能力极限状态进行设计时，除验算结构抗倾覆、抗滑移及抗浮外，均应采用作用效应的基本组合，并应采用下列设计表达式进行设计：

$$\gamma_0 S \leqslant R \tag{4.2.1}$$

式中 γ_0——结构的重要性系数，不应小于 1.0；

S——作用效应基本组合的设计值；

R——结构构件抗力的设计值。

4.2.2 作用效应基本组合的设计值，应按下式计算：

$$S=\sum_{i=1}^{m}\gamma_{Gi}S_{Gik}+\psi_c\sum_{j=1}^{n}\gamma_{Qj}S_{Qjk} \tag{4.2.2}$$

式中 γ_{Gi}——第 i 个永久作用的分项系数；

γ_{Qj}——第 j 个可变作用的分项系数；

S_{Gik}——按第 i 个永久作用标准值 G_{ik} 计算的作用效应值；

S_{Qjk}——按第 j 个可变作用标准值 Q_{jk} 计算的作用效应值；

ψ_c——可变作用的组合系数，可取 $\psi_c=0.9$；

m——参与组合的永久作用数；

n——参与组合的可变作用数。

4.2.3 永久作用的分项系数，应符合下列规定：

1 当作用效应对结构不利时，对结构自重应取 1.2，其他永久作用均应取 1.27。

2 当作用效应对结构有利时，均应取 1.0。

4.2.4 可变作用的分项系数均应取 1.4。

4.2.5 结构上的作用组合工况应符合下列规定：

1 管沟及检查室结构上的作用组合，应按表 4.2.5-1 的规定确定。

表 4.2.5-1 管沟及检查室结构上的作用组合

<table>
<tr><th rowspan="3">工况类别</th><th colspan="5">永久作用</th><th colspan="7">可变作用</th></tr>
<tr><th rowspan="2">结构自重</th><th rowspan="2">管道及设备自重</th><th colspan="2">土压力</th><th rowspan="2">地基的不均匀沉降</th><th rowspan="2">地面车辆</th><th rowspan="2">地面堆积</th><th rowspan="2">静水压力（包括浮托力）</th><th rowspan="2">管道水平作用</th><th rowspan="2">温度影响</th><th rowspan="2">吊装荷载</th><th rowspan="2">操作荷载</th></tr>
<tr><th>竖向</th><th>侧向</th></tr>
<tr><td>(1)</td><td>✓</td><td>✓</td><td>✓</td><td>✓</td><td>△</td><td colspan="2">✓</td><td>✓</td><td>✓</td><td>✓</td><td>—</td><td>△</td></tr>
<tr><td>(2)</td><td>✓</td><td>—</td><td>—</td><td>✓</td><td>—</td><td colspan="2">✓</td><td>✓</td><td>—</td><td>—</td><td>—</td><td>△</td></tr>
<tr><td>(3)</td><td>✓</td><td>—</td><td>✓</td><td>✓</td><td>—</td><td colspan="2">✓</td><td>✓</td><td>—</td><td>—</td><td>✓</td><td>△</td></tr>
<tr><td>(4)</td><td>✓</td><td>✓</td><td>✓</td><td>✓</td><td>—</td><td colspan="2">✓</td><td>✓</td><td>✓</td><td>—</td><td>—</td><td>△</td></tr>
</table>

注：1 工况类别：(1) 为管道运行工况；(2) 为揭开盖板进行管道检修工况；(3) 为通行管沟及检查室在管道安装或检修阶段起吊管道、设备工况；(4) 为管道试压工况；

2 表中打“✓”的作用为相应工况应予计算的项目；打“△”的作用应按具体设计条件确定采用；

3 地面车辆荷载和地面堆积荷载不应同时计算，应根据不利设计条件计人其中一项；

4 工况 (2) 在计算静水压力及浮托力时，地下水位不应高于侧墙顶端；

5 工况 (2) 在计算结构自重时，不应计人预制盖板自重；

6 管道水平作用，包括固定支架的水平推力、导向支架的水平推力及管道位移在活动支架结构上产生的水平作用；

7 操作荷载系指检修操作平台上的操作荷载。

2 管道支架结构上的作用组合，应按表 4.2.5-2 的规定确定。

表 4.2.5-2 管道支架结构上的作用组合

结构类型	工况及环境			永久作用			可变作用				
				结构自重	管道及设备自重	地基的不均匀沉降	管道水平作用	操作荷载	横向风荷载	流水压力	融冰压力
固定支架	管道运行工况	管沟或检查室内支架		√	√	—	√	—	—	—	—
		架空支架	陆上	√	√	△	√	△	√	—	—
			水中	√	√	△	√	△	√	√	√
	管道试压工况	管沟或检查室内支架		√	√	—	√	—	—	—	—
		架空支架	陆上	√	√	△	√	△	√	—	—
			水中	√	√	△	√	△	√	√	△
导向支架	管道运行工况	管沟或检查室内支架		√	—	—	√	—	—	—	—
		架空支架	陆上	√	—	△	√	△	√	—	—
			水中	√	—	△	√	△	√	√	√
活动支架	管道运行工况	管沟或检查室内支架		√	√	—	√	—	—	—	—
		架空支架	陆上	√	√	△	√	△	√	—	—
			水中	√	√	△	√	△	√	√	√
	管道试压工况	管沟或检查室内支架		√	√	—	√	—	—	—	—
		架空支架	陆上	√	√	△	√	△	√	—	—
			水中	√	√	△	√	△	√	√	△

注：1 表中打"√"的作用为相应工况及环境应予计算的项目；打"△"的作用应按具体设计条件确定采用；

2 对于活动支架，在管道试压工况下应计入管道偏心安装的影响；在管道运行工况下应计入管道运行时热膨胀引起的偏心影响，管道偏心距应根据管网的布置及运行条件确定。

4.2.6 结构在组合作用下的抗倾覆、抗滑移及抗浮验算，均应采用含设计稳定性抗力系数（K_s）的设计表达式。K_s 值不应小于表 4.2.6 的规定。验算时，抗力只计入永久作用；抗力和滑动力、倾覆力矩、浮托力均应采用作用的标准值。

表 4.2.6 结构的设计稳定性抗力系数 K_s

结构失稳特征		设计稳定性抗力系数 K_s
结构承受水平作用，有沿基底滑动可能性		1.3
结构承受水平作用，有倾覆可能性	管沟、检查室	1.5
	滑动支墩、架空管道活动支架	2.0
	架空管道固定支架、导向支架	2.5
管沟或检查室漂浮	管道检修阶段	1.05
	管道运行阶段	1.1

4.2.7 进行结构承受水平作用的抗滑移稳定验算时，抗力应计入由管道及设备自重、结构自重、结构上的竖向土压力形成的摩阻力，对管沟及检查室结构，尚应计入侧向土压力形成的摩阻力；对岩石地基，当采取可靠嵌固措施时，尚应计入岩石对结构的嵌固作用。结构的抗滑移稳定验算应符合下列规定：

1 架空管道支架结构承受水平作用时的抗滑移稳定可按下式验算：

$$K_s\sqrt{F_{xk}^2+F_{yk}^2}\leqslant(N_k+G_k)\mu \qquad (4.2.7\text{-}1)$$

式中 F_{xk}——沿支架结构 x 轴传至基础顶面的水平作用标准值（kN）；

F_{yk}——沿支架结构 y 轴传至基础顶面的水平作用标准值（kN）；

N_k——支架结构自重与管道及设备自重标准值之和（kN）；

G_k——基础自重和基础上的土重标准值（kN），位于地下水位以下部分应扣除浮托力；

μ——土对基础底面的摩擦系数，可按表 4.2.7-1 的规定确定。

表 4.2.7-1 土对混凝土结构表面的摩擦系数

土的类别		摩擦系数
黏性土	可塑	0.25～0.30
	硬塑	0.30～0.35
	坚硬	0.35～0.45
粉土		0.30～0.40
中砂、粗砂、砾砂		0.40～0.50
碎石土		0.40～0.60
软质岩		0.40～0.60
表面粗糙的硬质岩		0.65～0.75

2 检查室及管沟结构承受管道水平作用时的抗滑移稳定可按下式验算（图 4.2.7）：

$$\sqrt{(K_sF_{xk}-2\mu_1E_{ay,k})^2+(K_sF_{yk}-2\mu_1E_{ax,k})^2}$$
$$\leqslant G_{1k}\mu_2+(G_{1k}+G_{2k})\mu_3 \qquad (4.2.7\text{-}2)$$

式中 F_{xk}——沿检查室结构 x 轴方向（或管沟结构纵向）的管道水平作用标准值（kN）；

F_{yk}——沿检查室结构 y 轴方向（或管沟结构横向）的管道水平作用标准值（kN）；

$E_{ay,k}$——作用在与检查室结构 y 轴垂直侧墙（或管沟结构侧墙）上的主动土压力标

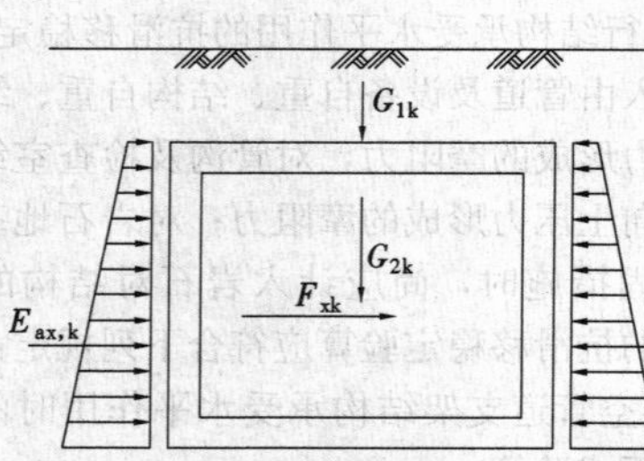

(a)沿检查室结构 x 轴方向(或管沟结构纵向)立面受力简图

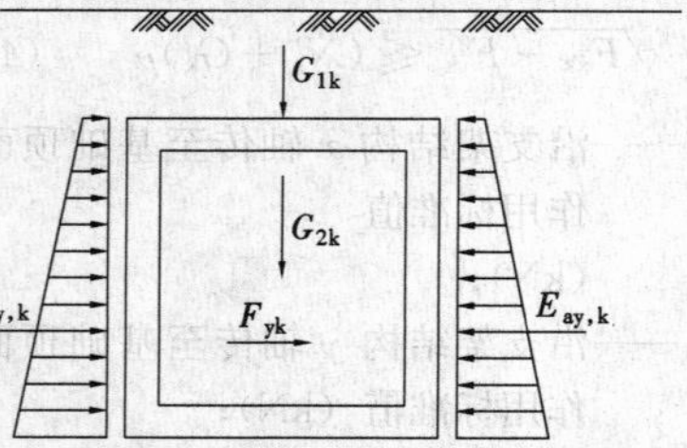

(b)沿检查室结构 y 轴方向(或管沟结构横向)立面受力简图

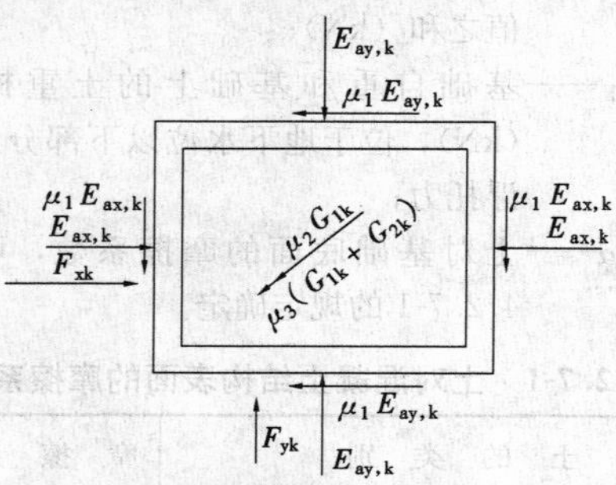

(c)结构平面受力简图

图 4.2.7　检查室(管沟)结构抗滑移稳定验算示意

准值（kN），应按本规范附录 B 的规定计算确定；

$E_{ax,k}$——作用在与检查室结构 x 轴垂直侧墙上的主动土压力标准值（kN），应按本规范附录 B 的规定计算确定；对于管沟结构，取 $E_{ax,k}=0$；

G_{1k}——检查室（或管沟）结构上部覆土重标准值（kN），位于地下水位以下部分应扣除浮托力；

G_{2k}——检查室（或管沟）结构自重与管道及设备自重标准值之和（kN），位于地下水位以下部分应扣除浮托力；

μ_1、μ_2、μ_3——分别为土对结构侧面、顶面、底面的摩擦系数，其中土对混凝土结构表面的摩擦系数可按表 4.2.7-1 的规定确定，土对砌体结构表面的摩擦系数可按表 4.2.7-2 的规定确定。

注：当 $K_sF_{xk}-2\mu_1E_{ay,k}<0$ 时，取 $K_sF_{xk}-2\mu_1E_{ay,k}=0$；当 $K_sF_{yk}-2\mu_1E_{ax,k}<0$ 时，取 $K_sF_{yk}-2\mu_1E_{ax,k}=0$。

表 4.2.7-2　土对砌体结构表面的摩擦系数

土的类别	摩擦面情况	
	干燥的	潮湿的
砂或卵石	0.60	0.50
粉土	0.55	0.40
黏性土	0.50	0.30

4.2.8　结构在管道试压及运行阶段承受水平作用时的抗倾覆稳定验算，抗力应计入管道及设备自重、结构自重及结构上的竖向土压力，并应对地下水位以下部分扣除水的浮托力。

4.2.9　管道运行阶段结构抗浮稳定验算，抗力应计入管道及设备自重、结构自重、结构上的竖向土压力。

管沟及检查室在管道检修阶段揭开盖板时的结构抗浮稳定验算，抗力应只计入结构（不包括预制盖板）自重。

当采取其他抗浮措施时，可计入其有利作用。

4.3　正常使用极限状态验算规定

4.3.1　结构的正常使用极限状态验算，应包括变形、抗裂及裂缝宽度等，并应控制其计算值不超过相应的规定限值。

4.3.2　结构穿越铁路、主要道路及建（构）筑物时，应按现行有关标准的规定进行受弯构件的挠度验算。

4.3.3　钢筋混凝土结构构件在组合作用下，计算截面的受力状态处于受弯或大偏心受拉（压）时，截面允许出现的最大裂缝宽度限值应为 0.2mm。

4.3.4　对正常使用极限状态，作用效应的标准组合设计值应按下式计算：

$$S=\sum_{i=1}^{m}S_{Gik}+S_{Q1k}+\psi_c\sum_{j=2}^{n}S_{Qjk} \tag{4.3.4}$$

式中　S_{Q1k}——诸可变作用的作用效应中起控制作用者；

ψ_c——可变作用的组合系数，应按本规范第 4.2.2 条的规定确定。

4.3.5　正常使用极限状态验算时，结构上的作用组合工况应按本规范第 4.2.5 条中管道运行工况下的作用组合确定。

4.3.6　钢筋混凝土结构构件在标准组合作用下，计算截面处于受弯或大偏心受拉（压）时，其可能出现的最大裂缝宽度可按本规范附录 E 的规定计算确定，并应符合本规范第 4.3.3 条的规定。

4.3.7　钢筋混凝土结构构件在组合作用下，构件截面处于轴心受拉或小偏心受拉时，应按不允许裂缝出现控制，并应取作用效应的标准组合按下式验算：

$$N_k\left(\frac{e_0}{\gamma W_0}+\frac{1}{A_0}\right)\leqslant\alpha_{ct}f_{tk} \tag{4.3.7}$$

式中 N_k——作用效应的标准组合下计算截面上的轴向力（N）；

e_0——轴向力对截面重心的偏心距（mm）；

γ——混凝土构件的截面抵抗矩塑性影响系数，按现行国家标准《混凝土结构设计规范》GB 50010 的规定确定。对矩形截面，$\gamma=1.75$；

W_0——换算截面受拉边缘的弹性抵抗矩（mm^3）；

A_0——计算截面的换算截面积（mm^2）；

α_{ct}——混凝土拉应力限制系数，可取 0.87；

f_{tk}——混凝土轴心抗拉强度标准值（N/mm^2）。

5 静力计算

5.1 管沟及检查室

5.1.1 钢筋混凝土整体现浇矩形管沟的结构计算简图，可按下列规定确定：

1 盖板与侧墙、侧墙与底板的连接均应视为刚接，应按闭合框架进行计算。

2 底板地基反力可按均匀分布简化计算。当管沟净宽度大于 3m 时，宜考虑结构与地基土的共同工作。

5.1.2 钢筋混凝土槽形管沟的结构计算简图，可按下列规定确定：

1 预制盖板可按两端与侧墙铰接的单向板计算。

2 侧墙与底板的计算应考虑管道运行及管道检修揭开盖板两种工况，荷载作用效应应按两种工况的不利者取用。

在管道运行阶段，侧墙上端可视为不动铰支承于盖板，侧墙下端与底板的连接应视为刚接。

在管道检修揭开盖板时，侧墙上端应视为自由端、下端与底板的连接应视为刚接。

3 底板地基反力可按均匀分布简化计算。当管沟净宽度大于 3m 时，宜考虑结构与地基土的共同工作。

5.1.3 砌体结构矩形管沟的结构计算简图，可按下列规定确定：

1 盖板可按两端与侧墙铰接的单向板计算。

2 侧墙与底板的计算应考虑管道运行和管道检修揭开盖板两种工况，荷载作用效应应按两种工况的不利者取用。

在管道运行阶段，侧墙上端可视为不动铰支承于盖板，侧墙下端与底板的连接，当管沟的净宽不大于 3m 时，可视为固定支承于底板；当管沟的净宽大于 3m 时，侧墙与底板的连接宜视为刚接。

在管道检修揭开盖板时，侧墙应按上端自由、下端固定支承于底板进行计算。

3 底板地基反力可按均匀分布简化计算。当管沟净宽度大于 3m 时，宜考虑结构与地基土的共同工作。

5.1.4 钢筋混凝土结构检查室的结构计算简图，可按下列规定确定：

1 当盖板为预制装配时，盖板可按简支于侧墙进行计算；侧墙与底板计算应考虑管道运行和管道检修揭开盖板两种工况，荷载作用效应应按两种工况的不利者取用。

侧墙上端在管道运行阶段，可视为不动铰支承于盖板，在管道检修揭开盖板时应视为自由端，侧墙与侧墙、侧墙与底板的连接均可视为刚接。

2 盖板、底板与侧墙为整体浇注时，侧墙与盖板、侧墙与侧墙、侧墙与底板的连接均可视为刚接。

3 当盖板、底板或侧墙上开有孔洞时，其结构计算简图应根据洞口位置、洞口尺寸及洞口加强措施等条件具体确定。

4 底板地基反力可按均匀分布简化计算。当底板短边的净长度大于 3m 时，宜考虑结构与地基土的共同工作。

5.1.5 砌体结构检查室的结构计算简图，可按下列规定确定：

1 盖板可按简支于侧墙进行计算。

2 当盖板为预制装配，在管道检修阶段需要揭开盖板时，侧墙与底板计算应考虑管道运行和管道检修揭开盖板两种工况，荷载作用效应应按两种工况的不利者取用。

侧墙上端在管道运行阶段，可视为不动铰支承于盖板，在管道检修揭开盖板时应视为自由端，侧墙与侧墙的连接可视为铰接，侧墙下端可视为固定支承于底板。

3 盖板为整体现浇时，侧墙与盖板、侧墙与侧墙均可视为铰接，侧墙下端可视为固定支承于底板。

4 当盖板、底板或侧墙上开有孔洞时，其结构计算简图应根据洞口位置、洞口尺寸及洞口加强措施等条件具体确定。

5 底板地基反力可按均匀分布简化计算。当底板短边的净长度大于 3m 时，宜考虑结构与地基土的共同工作。

5.1.6 位于城市绿地或人行道下的砌体结构检查室，当净空高度不大于 2m、覆土深度不大于 2.4m 时，砌体侧墙厚度可按表 5.1.6 的规定确定。

表 5.1.6 砌体结构检查室侧墙厚度

侧墙净长度 L（m）	最小墙厚（mm）
$L<3.6$	370
$3.6\leqslant L<5.6$	490

注：1 本表仅适用于块体为烧结普通砖或蒸压灰砂砖，砌筑砂浆为水泥砂浆的砌体侧墙；

2 材料强度等级应符合本规范第 2.0.11 条的规定。

5.2 架空管道支架

5.2.1 柔性支架及刚性支架结构的计算简图，可按下列规定确定：

1 单柱式支架结构，应按上端自由、下端固定进行计算。

2 沿管道纵向为单柱式、沿横向为框（排）架式的支架结构，沿管道纵向，应按上端自由、下端固定进行计算；沿管道横向，可按框（排）架进行计算。

3 沿管道纵、横向均为框（排）架的支架结构，可分解为单片平面框（排）架进行计算。

5.2.2 支架柱计算长度，可按下列规定确定：

1 钢筋混凝土结构支架柱计算长度，可按表5.2.2-1的规定确定。

2 钢结构支架柱，沿管道纵向计算长度，可按表5.2.2-1的规定确定；单层单跨钢结构支架柱沿管道横向计算长度，可按表5.2.2-2的规定确定。

表 5.2.2-1 支架柱计算长度

			1	2	3
结构简图			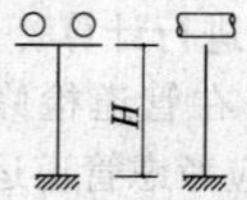	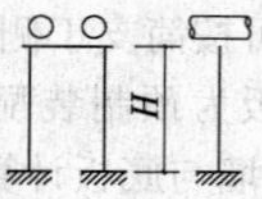	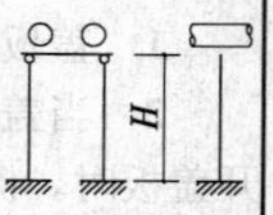
纵向	固定支架、导向支架		2.0H	2.0H	
	活动支架	刚性支架	1.5H	1.5H	
		柔性支架	1.25H	1.25H	
横向			2.0H	1.5H	
			4	5	6
结构简图			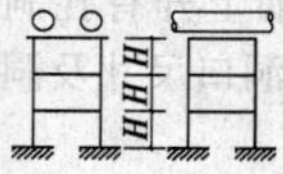	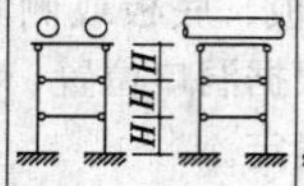	
纵向 横向			顶层1.5H、其他层1.25H	1.5H	1.0H

注：1 本表仅适用于柱与基础为刚性连接的情况；

2 简图2、4的计算长度值，只适用于梁与柱的线性刚度比≥2的情况；

3 H为支架柱的高度，可按下列规定取值：

1）简图1、2的H值，为支架梁顶面至基础顶面的高度；

2）简图3的H值，为支架柱顶面至基础顶面的高度；

3）简图4、5、6的H值，为支架柱水平支点间的距离。

表 5.2.2-2 钢结构支架柱沿横向计算长度

柱与基础连接方式	柱上端横梁线刚度与柱线刚度的比值							
	0	0.1	0.3	0.5	1	3	5	≥10
刚 接	2.0H	1.67H	1.4H	1.28H	1.16H	1.06H	1.03H	1.0H

续表 5.2.2-2

柱与基础连接方式	柱上端横梁线刚度与柱线刚度的比值							
	0	0.1	0.3	0.5	1	3	5	≥10
铰 接	—	4.46H	3.01H	2.64H	2.33H	2.11H	2.07H	2.0H

注：1 本表仅适用于梁柱节点为刚接情况；

2 梁柱节点为刚接的多层钢结构支架柱，支架底层柱沿横向的计算长度按本表计算；当梁与柱的线性刚度比≥2时，其他层柱可按表5.2.2-1简图4取值。

5.2.3 矩形或圆形截面的钢筋混凝土结构支架柱，其最小截面尺寸应符合下列规定：

1 固定支架及导向支架按下列公式验算：

矩形截面：$$\frac{H_{0x}}{b} \leqslant 30 \text{ 且 } b \geqslant 300\text{mm} \quad (5.2.3\text{-}1)$$

$$\frac{H_{0y}}{h} \leqslant 30 \text{ 且 } h \geqslant 300\text{mm} \quad (5.2.3\text{-}2)$$

圆形截面：$$\frac{H_0}{d} \leqslant 30 \text{ 且 } d \geqslant 300\text{mm} \quad (5.2.3\text{-}3)$$

式中 H_{0x}——支架柱对主轴x的计算长度（mm）；

H_{0y}——支架柱对主轴y的计算长度（mm）；

H_0——H_{0x}、H_{0y}二者中的较大值（mm）；

b——支架柱在x轴方向上的宽度尺寸（mm）；

h——支架柱在y轴方向上的宽度尺寸（mm）；

d——圆形柱截面直径（mm）。

2 活动支架按下列公式验算：

矩形截面：$$\frac{H_{0x}}{b} \leqslant 40 \text{ 且 } b \geqslant 300\text{mm} \quad (5.2.3\text{-}4)$$

$$\frac{H_{0y}}{h} \leqslant 40 \text{ 且 } h \geqslant 300\text{mm} \quad (5.2.3\text{-}5)$$

圆形截面：$$\frac{H_0}{d} \leqslant 40 \text{ 且 } d \geqslant 300\text{mm} \quad (5.2.3\text{-}6)$$

5.2.4 钢结构支架柱，允许长细比应符合现行国家标准《钢结构设计规范》GB 50017的规定。

6 构 造 要 求

6.0.1 管沟及检查室结构防水应符合下列规定：

1 结构位于地下水位以下时，应采用抗渗混凝土结构，并根据需要增设附加防水层或其他防水措施。

2 位于地下水位以上的混凝土结构或砌体结构，应考虑地表水及毛细管水等作用，采取可靠的防水措施。

3 柔性防水层应设置保护层。

6.0.2 管沟沿线应设置伸缩缝。对土质地基，伸缩缝的间距应符合下列规定：

1 对钢筋混凝土结构管沟，其间距不宜大于25m。

2 对砌体结构管沟，其间距不宜大于40m。

6.0.3 管沟沉降缝的设置应符合下列规定：

1 管沟的地基土有显著变化或承受的荷载差别较大时，宜设置沉降缝加以分割。

2 检查室沟口外与管沟结合部应设置沉降缝，其距检查室结构外缘不宜大于2m。

3 沉降缝与伸缩缝可结合设置。

6.0.4 伸缩缝与沉降缝的构造，应符合下列规定：

1 缝宽不宜小于30mm，并应贯通全截面。

2 伸缩缝与沉降缝应由止水板材、填缝材料及嵌缝材料三部分构成，并应符合下列规定：

1）止水板材宜采用橡胶止水带。当采用中埋式止水带时，在缝两侧各不小于400mm范围内，混凝土结构的厚度不应小于300mm；对砌体结构管沟，在缝两侧各不小于400mm范围内，应采用混凝土整体现浇结构，其与砌体墙接触面应采用在砌体墙上预留马牙槎接合。

2）填缝材料应采用具有适应变形功能的板材。

3）嵌缝材料应采用具有适应变形功能、与混凝土表面粘结牢固的柔性材料，并具有在环境介质中不老化、不变质的性能。

6.0.5 管沟及检查室钢筋混凝土构件的施工缝设置，应符合下列规定：

1 施工缝宜设置在构件受力较小的截面处。

2 施工缝处应有可靠的措施，保证先后浇筑的混凝土间良好固结，必要时宜加设预埋止水板或设置遇水膨胀的橡胶止水条等止水构造。

6.0.6 钢筋的混凝土保护层厚度应符合下列规定：

1 钢筋混凝土结构构件纵向受力的钢筋，其混凝土保护层厚度不应小于钢筋的公称直径，并应符合表6.0.6的规定。

表6.0.6 纵向受力钢筋的混凝土保护层最小厚度

结构类别			保护层最小厚度(mm)
管沟及检查室	盖板	上层	30
		下层	35
	底板	上层	30
		下层	40
	侧墙内、外侧		30
	梁、柱		35
架空管道支架	柱下混凝土独立基础	有垫层的下层筋	40
		无垫层的下层筋	70
	混凝土支架结构		35

注：管沟及检查室底板下应设有混凝土垫层。

2 箍筋、分布筋和构造筋的混凝土保护层厚度不应小于20mm。

3 对接触侵蚀性介质的混凝土构件，其混凝土保护层厚度尚应符合现行有关标准的规定。

6.0.7 钢筋混凝土结构构件纵向受力钢筋的配筋率，应符合现行国家标准《混凝土结构设计规范》GB 50010的规定。

6.0.8 管沟结构的现浇钢筋混凝土构件，其纵向构造钢筋应符合下列规定：

1 构件里、外侧构造钢筋的配筋率均不应小于0.15%。

2 钢筋间距不宜大于200mm。

3 钢筋的搭接、锚固应符合现行国家标准《混凝土结构设计规范》GB 50010中对于受拉钢筋的有关规定。

4 当结构位于软弱地基以上时，其盖、底板纵向构造钢筋的配筋量应适当增加。

6.0.9 采用钢结构的管道支架、钢梯、钢平台及预埋件，其暴露在大气中的构件表面，应采取防锈措施。

6.0.10 管沟及检查室内管道支架采用钢结构时，支架立柱根部应采用混凝土包裹，其保护层厚度不应小于50mm，包裹的混凝土高出底板高度，在管沟内不应小于150mm，在检查室内不应小于300mm。

附录A 管沟及检查室结构受热温度计算方法

A.0.1 管沟及检查室内空气温度应采用管道运行阶段的最高温度。

A.0.2 地面空气温度应按下列规定确定：

1 确定混凝土的设计强度及弹性模量在温度作用下的折减系数时，应采用管网运行时的最高月平均气温；

2 计算衬砌内外壁温差时，应采用管网运行时的最低月平均气温。

A.0.3 结构层计算点的受热温度（图A.0.3），可采用平壁法按下式计算：

$$T_j = T_g - \frac{T_g - T_a}{R_t}\sum_{i=0}^{j} R_i \qquad (A.0.3)$$

式中 T_j——计算点的受热温度（℃）；

T_g——管沟内空气温度（℃）；

T_a——地面空气温度（℃），当计算结构底板的受热温度时为地温：当计算底板最高受热温度时，取 $T_a=15℃$；当计算底板内外壁温差时，取 $T_a=10℃$；

R_t——结构层、防水层及计算土层等的总热阻（$m^2 \cdot ℃/W$）；

R_i——第 i 层热阻（$m^2 \cdot ℃/W$）。

A.0.4 结构层、防水层及计算土层等的总热阻应按下列公式计算：

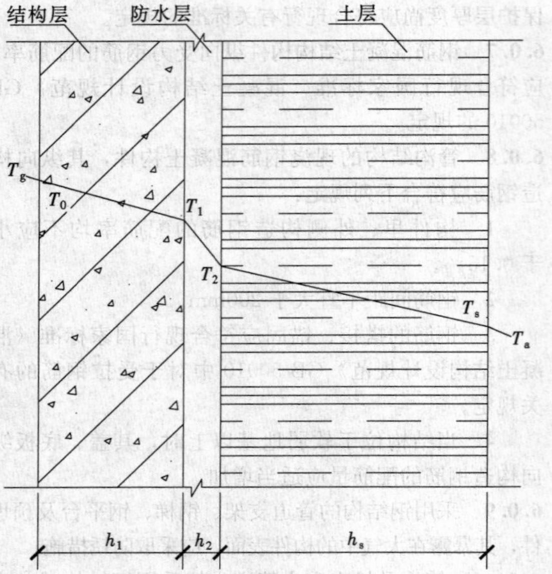

图 A.0.3　传热简图

$$R_t = R_g + \sum_{i=1}^{m} R_i + R_s + R_a \quad (A.0.4\text{-}1)$$

$$R_g = \frac{1}{\alpha_g} \quad (A.0.4\text{-}2)$$

$$R_i = \frac{h_i}{\lambda_i} \quad (A.0.4\text{-}3)$$

$$R_s = \frac{h_s}{\lambda_s} \quad (A.0.4\text{-}4)$$

$$R_a = \frac{1}{\alpha_a} \quad (A.0.4\text{-}5)$$

式中 R_g——结构层内表面的热阻（$m^2 \cdot ℃/W$）；

R_s——计算土层的热阻（$m^2 \cdot ℃/W$）；

R_a——计算土层外表面的热阻（$m^2 \cdot ℃/W$）；

α_g——结构层内表面的放热系数[$W/(m^2 \cdot ℃)$]，取 $12W/(m^2 \cdot ℃)$；

λ_i——结构层及防水层的导热系数［$W/(m \cdot ℃)$］；

λ_s——计算土层的导热系数［$W/(m \cdot ℃)$］；

h_i——结构层及防水层厚度（m）；

h_s——计算土层厚度（m）；

α_a——计算土层外表面的放热系数[$W/(m^2 \cdot ℃)$]，可按表 A.0.4 的规定确定。

表 A.0.4　计算土层外表面的放热系数 α_a

季　节	放热系数 α_a［$W/(m^2 \cdot ℃)$］
夏　季	12
冬　季	23

A.0.5　结构层、防水层及计算土层等的导热系数，应按实际试验资料确定。当无试验资料时，对几种常用的材料，干燥状态下可按表 A.0.5 的规定确定。具体取值时应考虑湿度对材料导热性能的影响。

表 A.0.5　干燥状态下常用材料的导热系数 λ

材　料　种　类	导热系数 λ[$W/(m \cdot ℃)$]
烧结普通砖砌体	0.81
普通钢筋混凝土	1.74
普通混凝土	1.51
水泥砂浆	0.93
油　毡	0.17
沥　青	0.76
软质聚氯乙烯	0.052
硬质聚氯乙烯、聚乙烯、聚苯乙烯、聚氨酯	0.044
自然干燥砂土	0.35～1.28
自然干燥黏土	0.58～1.45
自然干燥黏土夹砂	0.69～1.26

A.0.6　计算土层厚度（图 A.0.6）可按下列公式计算：

1　计算结构盖板时，取盖板顶面至设计地面的距离（m）。

2　计算结构侧墙时：

$$h_s = h_1 = 0.505H - 0.325 + 0.050B \cdot H \quad (A.0.6\text{-}1)$$

式中 h_1——侧墙外计算土层厚度（m）；

H——结构底板上皮至设计地面竖向距离（m）；

B——结构净宽（m）。

3　计算结构底板时：

$$h_s = h_2 \quad (A.0.6\text{-}2)$$

式中 h_2——底板下侧计算土层厚度（m），当计算底板最高受热温度时，取 $h_2 = 0.3m$；当计算底板内外壁温差时 $h_2 = 0.2m$。

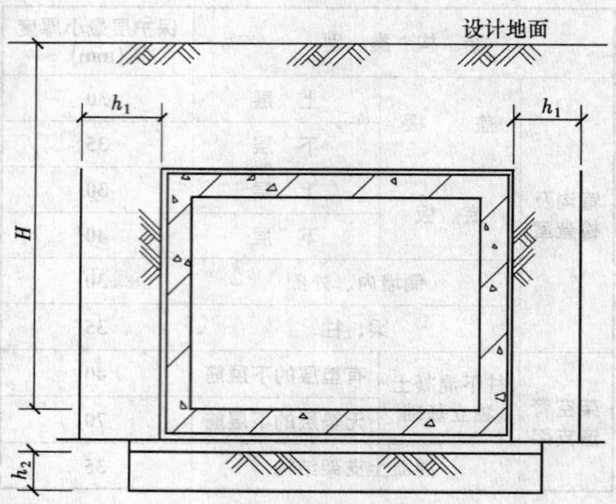

图 A.0.6　计算土层厚度示意图

附录B 管沟及检查室结构土压力标准值的确定

B.0.1 管沟和检查室结构上的竖向土压力标准值可按下列规定确定：

1 当设计地面高于原状地面，作用在结构上的竖向土压力标准值应按下式计算：

$$F_{sv,k}=C_c\gamma_s H_s \quad (B.0.1\text{-}1)$$

式中 $F_{sv,k}$——结构顶面每平方米的竖向土压力标准值(kN/m²)；

C_c——填埋式土压力系数，与$\frac{H_s}{B_c}$、结构地基土及回填土的力学性能有关，可取1.2～1.4；

γ_s——回填土的重力密度（kN/m³），可取18kN/m³；

H_s——管沟或检查室盖板顶面至设计地面的距离（m）；

B_c——管沟或检查室的外缘宽度（m）。

2 对由设计地面开槽施工的管沟或检查室，作用在结构上的竖向土压力标准值可按下式计算：

$$F_{sv,k}=n_s\gamma_s H_s \quad (B.0.1\text{-}2)$$

式中 n_s——竖向土压力系数，通常当结构平面尺寸长宽比小于或等于10时，可取1.0；当结构平面尺寸长宽比大于10时，宜取1.2。

B.0.2 作用在管沟和检查室结构上的侧向土压力标准值，应按下列规定确定（图B.0.2）：

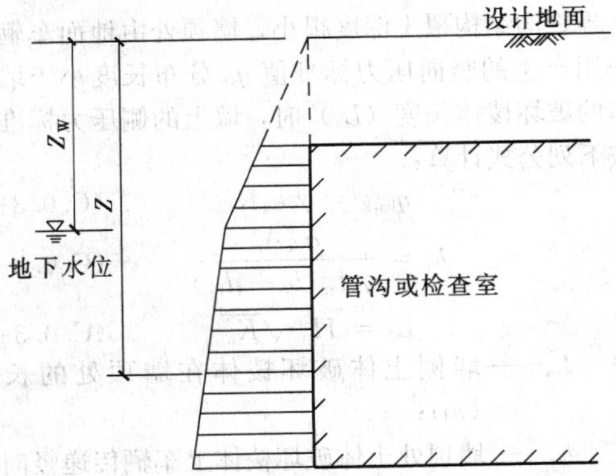

图B.0.2 管沟或检查室侧墙上的主动土压力分布图

1 应按主动土压力计算。

2 当地面平整、结构位于地下水位以上部分的主动土压力标准值可按下式计算：

$$E_{ep,k}=K_a\gamma_s Z \quad (B.0.2\text{-}1)$$

3 结构位于地下水位以下部分的侧向压力应为主动土压力与地下水静水压力之和，此时主动土压力标准值可按下式计算：

$$F'_{ep,k}=K_a[\gamma_s Z_w+\gamma'_s(Z-Z_w)] \quad (B.0.2\text{-}2)$$

式中 $E_{ep,k}$——地下水位以上的主动土压力标准值（kN/m²）；

$F'_{ep,k}$——地下水位以下的主动土压力标准值（kN/m²）；

K_a——主动土压力系数，应根据土的抗剪强度确定，当缺乏试验资料时，对砂类土或粉土可取$\frac{1}{3}$；对黏性土可取$\frac{1}{3}$～$\frac{1}{4}$；

Z——自设计地面至计算截面处的深度（m）；

Z_w——自设计地面至地下水位的距离（m）；

γ'_s——地下水位以下回填土的有效重度，可取10kN/m³。

附录C 地面车辆荷载对管沟及检查室结构作用标准值的计算方法

C.0.1 地面车辆荷载传递到结构顶面的竖向压力标准值，可按下列规定确定：

1 单个轮压传递到结构顶面的竖向压力标准值可按下式计算（图C.0.1-1）：

$$q_{vk}=\frac{\mu_D Q_{vi,k}}{(a_i+1.4H)(b_i+1.4H)} \quad (C.0.1\text{-}1)$$

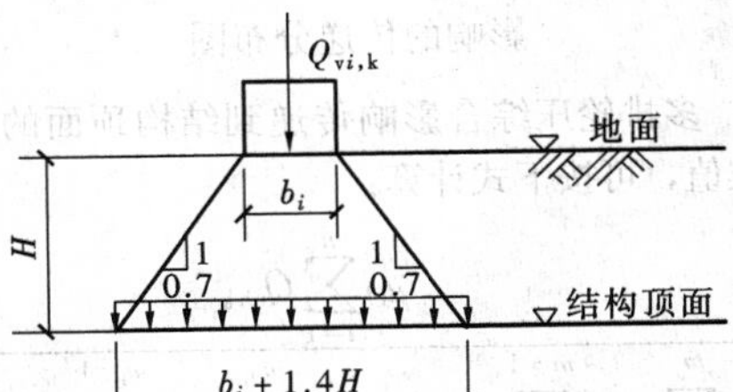

(a) 顺轮胎着地宽度的分布

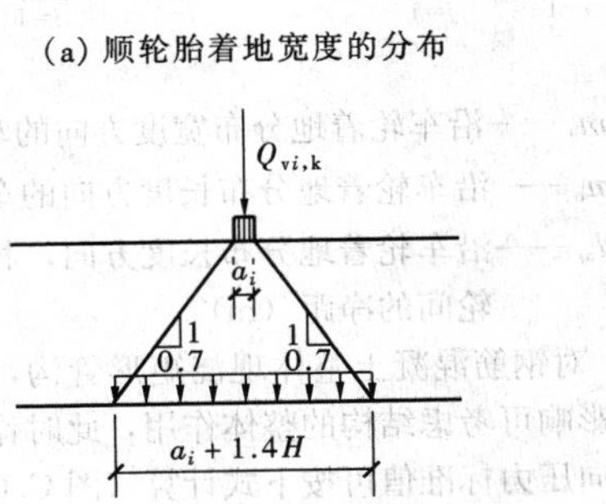

(b) 顺轮胎着地长度的分布

图C.0.1-1 单个轮压的传递分布图

式中 q_{vk}——轮压传递到结构顶面处的竖向压力标准值(kN/m²)；

$Q_{vi,k}$——车辆的 i 个车轮承担的单个轮压标准值(kN)；

a_i——i 个车轮的着地分布长度（m）；

b_i——i 个车轮的着地分布宽度（m）；

H——覆土深度（m）；

μ_D——动力系数，可按表 C.0.1 的规定确定。

表 C.0.1 动力系数 μ_D

覆土深度 H（m）	0.25	0.30	0.40	0.50	0.60	≥0.70
动力系数 μ_D	1.30	1.25	1.20	1.15	1.05	1.00

2 两个或两个以上单排轮压综合影响传递到结构顶面的竖向压力标准值，可按下式计算（图 C.0.1-2）：

$$q_{vk}=\frac{\mu_D n Q_{vi,k}}{(a_i+1.4H)(nb_i+\sum_{j=1}^{n-1}d_{bj}+1.4H)} \quad (C.0.1\text{-}2)$$

式中 n——车轮的总数量；

d_{bj}——沿车轮着地分布宽度方向，相邻两个车轮间的净距（m）。

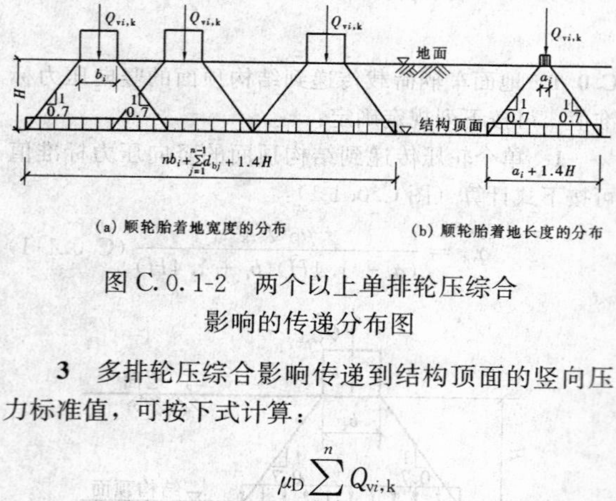

(a) 顺轮胎着地宽度的分布　(b) 顺轮胎着地长度的分布

图 C.0.1-2 两个以上单排轮压综合影响的传递分布图

3 多排轮压综合影响传递到结构顶面的竖向压力标准值，可按下式计算：

$$q_{vk}=\frac{\mu_D\sum_{i=1}^{n}Q_{vi,k}}{(\sum_{i=1}^{m_a}a_i+\sum_{j=1}^{m_a-1}d_{aj}+1.4H)(\sum_{i=1}^{m_b}b_i+\sum_{j=1}^{m_b-1}d_{bj}+1.4H)} \quad (C.0.1\text{-}3)$$

式中 m_a——沿车轮着地分布宽度方向的车轮排数；

m_b——沿车轮着地分布长度方向的车轮排数；

d_{aj}——沿车轮着地分布长度方向，相邻两个车轮间的净距（m）。

C.0.2 对钢筋混凝土整体现浇矩形管沟，地面车辆荷载的影响可考虑结构的整体作用，此时作用在结构上的竖向压力标准值可按下式计算（图 C.0.2）：

$$q_{ve,k}=q_{vk}\frac{L_p}{L_e} \quad (C.0.2)$$

式中 $q_{ve,k}$——考虑结构整体作用时车辆轮压传递到结构底面的竖向压力标准值（kN/m²）；

L_p——轮压传递到结构顶面处沿管沟纵向的影响长度（m）；

L_e——管沟纵向承受轮压影响的有效长度（m），可取 $L_e=L_p+2H_p$，H_p 为管沟总高度（m）。

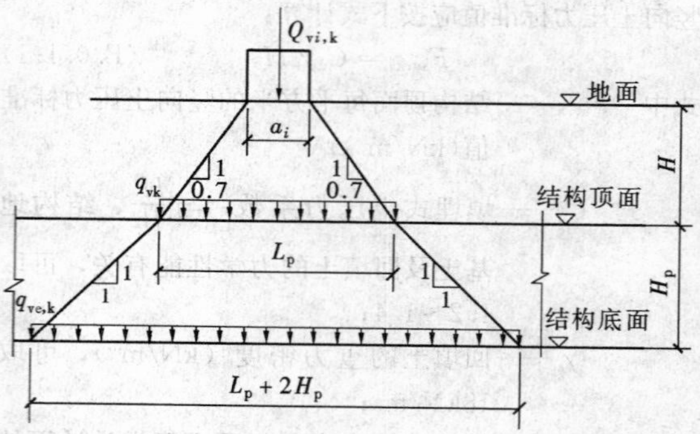

图 C.0.2 考虑结构整体作用时车辆荷载的竖向压力传递分布

C.0.3 地面车辆传递到结构上的侧压力标准值，可按下式计算：

$$q_{hz,k}=K_a q_{vz,k} \quad (C.0.3\text{-}1)$$

式中 $q_{hz,k}$——地面以下计算深度 z 处墙上的侧压力标准值（kN/m²）；

$q_{vz,k}$——地面以下计算深度 z 处的竖向压力标准值(kN/m²)；

K_a——主动土压力系数，按本规范第 B.0.2 条取值。

当管沟结构覆土深度很小，墙顶处由地面车辆荷载作用产生的竖向压力标准值 q_{vk} 分布长度小于墙侧土体的破坏棱体长度（L_s）时，墙上的侧压力标准值可按下列公式计算：

$$q_{hz,k}=\gamma_s h_s K_a \quad (C.0.3\text{-}2)$$

$$h_s=\frac{q_{vk}A_{cv}}{\gamma_s L_s(b_i+d_{bj})} \quad (C.0.3\text{-}3)$$

$$L_s=H_p\sqrt{K_a} \quad (C.0.3\text{-}4)$$

式中 L_s——墙侧土体破坏棱体在墙顶处的长度（m）；

h_s——墙顶处土体破坏棱体上车辆传递竖向压力的等代土高（m）；

A_{cv}——墙顶处土体破坏棱体上车辆传递竖向压力的作用面积（m²）。

附录 D 柔性支架、刚性支架的判别

D.0.1 本规范的柔性支架及刚性支架，均指支架柱

嵌固于基础的独立式活动支架。其中柔性支架系指支架的刚度较小，支架位移能适应管道变形要求，柱顶与管道没有相对位移；刚性支架系指支架的刚度较大，位移较小，管道通过管托在支架立柱或横梁上滑动或滚动。

D.0.2 柔性支架、刚性支架的判别，应按下列规定确定：

$$F_m > F_t \text{ 时，为柔性支架} \quad (D.0.2\text{-}1)$$

$$F_m \leqslant F_t \text{ 时，为刚性支架} \quad (D.0.2\text{-}2)$$

$$F_m = \mu G \quad (D.0.2\text{-}3)$$

$$F_t = \frac{3}{H^3}\sqrt{(EI_x\Delta_y)^2 + (EI_y\Delta_x)^2} \quad (D.0.2\text{-}4)$$

式中 F_m——作用在支架上的摩擦力（N）；

F_t——支架位移反弹力（N）；

μ——摩擦系数，可按本规范第3.3.6条取值；

G——作用在管道支架结构上的管道自重标准值（N），应按本规范第3.2.3条取值；

EI_x、EI_y——分别为支架柱对于x、y两主轴的截面刚度（N·mm²），对钢筋混凝土柱分别取$0.85E_cI_x$、$0.85E_cI_y$，E为支架柱材料的弹性模量（N/mm²），E_c为混凝土的弹性模量；

H——支架高度(热力管道管托底面至支架基础顶面)(mm)；

Δ_x、Δ_y——分别为管道在支架处沿支架柱截面x、y两主轴方向的位移值（mm），应根据管网的布置及运行条件确定。

附录E 钢筋混凝土矩形截面处于受弯或大偏心受拉（压）状态时的最大裂缝宽度计算

E.0.1 受弯、大偏心受拉（压）构件的最大裂缝宽度，可按下列公式计算：

$$w_{max} = 1.8\psi\frac{\sigma_{sk}}{E_s}\left(1.5c + 0.11\frac{d}{\rho_{te}}\right)(1+\alpha_1)\nu \quad (E.0.1\text{-}1)$$

$$\psi = 1.1 - \frac{0.65f_{tk}}{\rho_{te}\sigma_{sk}\alpha_2} \quad (E.0.1\text{-}2)$$

式中 w_{max}——最大裂缝宽度（mm）；

ψ——裂缝间受拉钢筋应变不均匀系数，当$\psi<0.4$时，应取0.4；当$\psi>1.0$时，应取1.0；

σ_{sk}——按标准组合作用计算的截面纵向受拉钢筋应力（N/mm²）；

E_s——钢筋的弹性模量（N/mm²）；

c——最外层纵向受拉钢筋的混凝土保护层厚度（mm）；

d——纵向受拉钢筋直径（mm）；当采用不同直径的钢筋时，应取$d=\frac{4A_s}{u}$；u为纵向受拉钢筋截面的总周长（mm）；

ρ_{te}——以有效受拉混凝土截面面积计算的纵向受拉钢筋配筋率，即$\rho_{te}=\frac{A_s}{0.5bh}$；$b$为截面计算宽度（mm），$h$为截面计算高度（mm）；$A_s$为受拉钢筋的截面面积（mm²），对偏心受拉构件应取偏心力一侧的钢筋截面面积；

α_1——系数，对受弯、大偏心受压构件可取$\alpha_1=0$；对大偏心受拉构件可取$\alpha_1=0.28\left[\frac{1}{1+\frac{2e_0}{h_0}}\right]$；

ν——纵向受拉钢筋表面特征系数，对光面钢筋应取1.0；对变形钢筋应取0.7；

f_{tk}——混凝土轴心抗拉强度标准值（N/mm²）；

α_2——系数，对受弯构件可取$\alpha_2=1.0$；对大偏心受压构件可取$\alpha_2=1-0.2\frac{h_0}{e_0}$；对大偏心受拉构件可取$\alpha_2=1+0.35\frac{h_0}{e_0}$；

e_0——纵向力对截面重心的偏心距（mm）。

E.0.2 受弯、大偏心受压、大偏心受拉构件的计算截面纵向受拉钢筋应力σ_{sk}，可按下列公式计算：

1 受弯构件的纵向受拉钢筋应力：

$$\sigma_{sk} = \frac{M_k}{0.87A_sh_0} \quad (E.0.2\text{-}1)$$

式中 M_k——在标准组合作用下，计算截面处的弯矩（N·mm）；

h_0——计算截面的有效高度（mm）。

2 大偏心受压构件的纵向受拉钢筋应力：

$$\sigma_{sk} = \frac{M_k - 0.35N_k(h_0 - 0.3e_0)}{0.87A_sh_0} \quad (E.0.2\text{-}2)$$

式中 N_k——在标准组合作用下，计算截面上的纵向力（N）。

3 大偏心受拉构件的纵向钢筋应力：

$$\sigma_{sk} = \frac{M_k + 0.5N_k(h_0 - a')}{A_s(h_0 - a')} \quad (E.0.2\text{-}3)$$

式中 a'——位于偏心力一侧的钢筋合力点至截面近侧边缘的距离（mm）。

本规范用词说明

1 为便于在执行本规范条文时区别对待，对要求严格程度不同的用词说明如下：

1）表示很严格，非这样做不可的用词：

正面词采用“必须”，反面词采用“严禁”；

2）表示严格，在正常情况下均应这样做的用词：

正面词采用“应”，反面词采用“不应”或“不得”；

3）表示允许稍有选择，在条件许可时首先应这样做的用词：

正面词采用“宜”，反面词采用“不宜”；

表示有选择，在一定条件下可以这样做的，采用“可”。

2　规范中指定应按其他有关标准、规范执行时，写法为“应符合……的规定”或“应按……执行”。

中华人民共和国行业标准

城镇供热管网结构设计规范

CJJ 105—2005

条 文 说 明

前　言

《城镇供热管网结构设计规范》CJJ 105－2005经建设部2005年9月16日以建设部第367号公告批准、发布。

为便于广大设计、施工、科研、学校等单位有关人员在使用本标准时能正确理解和执行条文规定，《城镇供热管网结构设计规范》编制组按章、节、条顺序编制了本规范的条文说明，供使用者参考。在使用中如发现本条文说明有不妥之处，请将意见函寄北京市煤气热力工程设计院有限公司（地址：北京市西单北大街小酱坊胡同甲40号；邮政编码：100032）。

目　次

1 总　　则

1.0.2 城镇供热管网主要有三种敷设方式，即地下管沟敷设、直埋敷设及架空敷设。

地下管沟敷设根据施工方法可分为明挖及暗挖两大类，其中明挖施工主要有放坡开挖及采用护壁桩、地下连续墙或喷锚支护等护壁施工方式，暗挖施工目前主要有矿山法、顶进法等。

对暗挖施工的管沟及检查室结构，应根据结构或构件类型、使用条件及荷载特性，结合施工条件等，选用与其特点相近的结构设计规范和设计方法，并参照本规范进行设计。

热力管道架空支架可采用的结构形式较多，其中独立式支架是应用最为广泛的基本结构形式，本规范仅针对独立式支架提出了要求。为了加大管架间距，架空管道支架还可采用组合式跨越结构，如纵梁式、桁架式、悬索式、吊索式、悬臂式等，其结构设计应根据其结构类型、使用条件及受力特点进行结构分析与设计，并应符合现行有关标准的规定。

按本规范设计时，有关构件截面计算和地基基础设计等，应符合现行有关标准的规定；对于穿（跨）越河流、铁路的供热管网结构设计及兴建在地震区、湿陷性黄土或膨胀土等地区的供热管网结构设计，尚应符合现行有关标准的规定。

1.0.3 行业标准《城镇直埋供热管道工程技术规程》CJJ/T 81 对直埋管道固定墩结构设计作出了具体规定，但对检查室结构设计未提出要求。考虑到直埋管道检查室在固定支架水平推力作用下允许出现一定量的位移，以获得迎面被动土压力，提高结构抗倾覆、抗滑移稳定的能力，故本规范提出设有固定支架的直埋管道检查室，其结构抗倾覆、抗滑移稳定验算应符合现行行业标准《城镇直埋供热管道工程技术规程》CJJ/T 81 中固定墩结构设计的有关规定，检查室结构设计的其他内容可参照本规范执行，但应考虑上述稳定验算所采用的迎面被动土压力对结构的作用。

2 材　　料

2.0.2 混凝土的最低强度等级要求，主要是根据供热管网结构的一般环境条件、现行有关标准的规定及工程实践提出的。

1 管沟及检查室结构，考虑到供热管网工程冬季供热的特点，且结构埋设于地下，即使是在严寒地区，通常情况下不需要考虑结构混凝土的冻融问题。

2 兴建在寒冷或严寒地区的架空管道支架，支架结构混凝土需要满足抗冻要求。

2.0.4～2.0.5 结构混凝土的抗渗及抗冻要求，主要是根据现行国家标准《给水排水工程构筑物结构设计规范》GB 50069－2002 和行业标准《普通混凝土配合比设计规程》JGJ 55－2000 的有关规定提出的。

2.0.6～2.0.7 根据工程调查，热力管沟及检查室的钢筋混凝土构件内表面主筋出现锈蚀、保护层混凝土崩落的情况较多，尤以蒸汽管网管沟盖板下表面为甚。主要原因是结构所处环境温度及湿度较高，结构设计对混凝土强度等级、材料耐久性、构件裂缝宽度控制及保护层厚度等要求偏低。为此，本规范对材料、温度作用、构件裂缝宽度控制、混凝土保护层厚度等分别作出了明确的要求，以确保结构的耐久性。本条文对混凝土中的碱含量及氯离子含量提出了具体限值要求。

目前，供热管网大量采用不锈钢材质的补偿设备，根据工程调查的情况，外部氯离子腐蚀是设备破坏的主要原因之一。适当控制管沟及检查室结构混凝土中的最大氯离子含量，减少氯离子的析出，有利于减轻其对设备的侵蚀。

混凝土中碱含量的计算方法参见《混凝土碱含量限值标准》CECS53 的规定；结构混凝土中的最大氯离子含量系指其占水泥用量的百分率。

2.0.8 热力管沟从结构类型、荷载特性及受热环境条件等方面与地下烟道比较接近。本条主要是参照现行国家标准《烟囱设计规范》GB 50051－2002 中的有关规定提出的，该规范给出了不同强度等级的混凝土在不同受热温度作用下的轴心抗压、轴心抗拉强度标准值及混凝土在温度作用下的材料分项系数。

为便于使用，本条对混凝土受热时的设计强度采用折减系数的方法确定，其基本值按《混凝土结构设计规范》GB 50010－2002 采用。折减系数值是通过对《烟囱设计规范》所给出的混凝土在温度作用下的强度标准值及材料分项系数（取值为 1.4）进行推导后得出的。同时，考虑到供热管网在运行状态下，沟内空气温度一般在 40～80℃之间，且结构混凝土受热温度低于沟内空气温度，故本条仅给出了混凝土受热温度在 20～100℃时的折减系数，满足设计需要。

按《烟囱设计规范》及本规范采用的受热混凝土设计强度值数据对比见表 2.0.8-1 及表 2.0.8-2。

从表中数据对比结果看，最大相差约 2.7%。

本条中提出的混凝土受热时的弹性模量折减系数，直接按《烟囱设计规范》采用。

表 2.0.8-1 按《烟囱设计规范》采用的受热混凝土设计强度值（MPa）

受热温度	60℃				100℃			
混凝土强度等级	C20	C25	C30	C40	C20	C25	C30	C40
轴心抗压	8.07	10.14	11.86	15.85	7.64	9.57	11.14	14.93
轴心抗拉	0.89	1.01	1.12	1.33	0.77	0.88	0.98	1.16

表 2.0.8-2 按本规范采用的受热混凝土设计强度值（MPa）

受热温度	60℃				100℃			
混凝土强度等级	C20	C25	C30	C40	C20	C25	C30	C40
轴心抗压	8.16	10.12	12.16	16.24	7.68	9.52	11.44	15.28
轴心抗拉	0.88	1.02	1.14	1.37	0.77	0.89	1.00	1.20

2.0.10 位于地下水位以下的砌体结构管沟及检查室，根据以往工程实践，其防水问题难以解决，本规范不推荐采用。

2.0.11 本条主要是根据《砌体结构设计规范》GB 50003-2001的有关规定提出的。

3 结构上的作用

3.2 永久作用标准值

3.2.2 本条是依据现行国家标准《给水排水工程管道结构设计规范》GB 50332-2002提出的。

3.2.3 管道失跨，主要是考虑受管道支架顶面高程施工误差、管道与设备安装误差、不同支架间的地基沉降差及管道在运行时局部可能出现的竖向位移等因素的影响，同时管道自身具有一定的刚度，某些支架将不能充分发挥其支承作用甚至会退出工作。与其相邻的支架，实际承受的管道与设备自重作用值会大于按支架跨距分配的理论计算值。

管道失跨发生的位置是随机性的，支架设计时难以准确判断，故需要在结构设计时对每个支架结构均计入管道失跨的影响。在以往实际工程中，管道失跨系数一般取为$\lambda=1.5$，当有可靠工程经验时可适当减小。

3.3 可变作用标准值及准永久值系数

3.3.1～3.3.3 本条是依据现行国家标准《给水排水工程管道结构设计规范》GB 50332-2002提出的。

管沟及检查室结构上可能出现的地面可变荷载包括地面车辆荷载、地面堆积荷载及人群荷载。现行国家标准《给水排水工程管道结构设计规范》GB 50332-2002规定地面堆积荷载标准值可取$10kN/m^2$、人群荷载可取$4kN/m^2$。正常情况下，地面车辆荷载与地面堆积荷载或人群荷载不同时出现，地面堆积荷载与人群荷载大面积同时出现的可能性也很小，故本条仅要求考虑地面车辆荷载与地面堆积荷载影响，同时在本规范第4.2.5条中规定，上述两项荷载不应同时计算，应根据不利设计条件计入其中一项。

3.3.4～3.3.6 固定支架的水平推力、导向支架的水平推力及活动支架处的管道位移，在管网运行中，其实际作用值的大小会随着运行工况的变化而出现变化。如在采暖季以采暖热负荷为主、非采暖季以热水供应或制冷热负荷为主的管网，其运行工况在采暖季与非采暖季会有很大变化，固定支架的水平推力、导向支架的水平推力及管道位移将有明显差异；即使同在采暖季或非采暖季，供热介质参数的调整也会对其产生影响。因此将其列为可变作用比较适宜。

本条规定上述几种作用的准永久值系数均可取1.0，主要是基于下列情况：

1 作为管沟及检查室结构内支架结构上的惟一水平作用及架空管道支架结构上的主要水平作用，上述几种作用在管网运行中是始终存在的；

2 对于热水管网，供热介质参数的调整对上述几种作用的影响程度与管网的运行调节方式有关，当采用某一特定的运行调节方式时，有可能出现管网长时间在不利工况下运行，从而使支架结构在相应的时间内所承受的作用接近或达到其标准值；

3 以工业用汽负荷为主的蒸汽管网有可能按设计热负荷常年基本稳定运行。

钢沿钢滑动摩擦系数的取值，有关规范多采用0.3，第3.3.6条提出的摩擦系数值，主要依据是北京市煤气热力工程设计院的有关实验资料，该实验模拟了滑动支座的几种常见工作条件，如未加工的平钢板、滑动面上有焊渣、钢板外露面上涂樟丹等。实验结果见表3.3.6。

根据实验结果，本条对摩擦系数的高限稍偏大取值为0.35。

刚性支架、柔性支架在管道位移的约束影响下，沿支架柱截面两个主轴方向分别同时发生水平位移时，具有斜弯曲变形特征。本条及附录D均是根据斜弯曲问题的力学方法提出的。

表 3.3.6 钢沿钢滑动摩擦系数实测值

条件	件号	摩擦系数值		
		实测值	平均值	最大值
未加工的平钢板	1	0.266	0.266	0.266
	2	0.294	0.304	0.308
		0.308		
		0.308		
	3	0.277	0.265	0.277
		0.252		
		0.266		
有焊渣	4	0.294	0.301	0.308
		0.308		
		0.301		
	5	0.308	0.331	0.344
		0.337		
		0.344		
		0.337		

续表 3.3.6

条件	件号	摩擦系数值		
		实测值	平均值	最大值
有焊渣	6	0.308	0.315	0.323
	7	0.323		
	8	0.323		
涂樟丹	9	0.308	0.315	0.323
		0.323		
		0.323		
		0.238	0.245	0.260
		0.238		
		0.260		
		0.238	0.248	0.253
		0.252		
		0.253		

3.3.9 混凝土结构管沟及检查室，多为超静定结构，壁面温差作用会在结构内引起内力及变形。根据实际工程的计算，其作用效应通常比较明显，应计入在管网运行阶段其对结构的作用。

由于结构周围土壤的保温作用，结构壁面温差在管网运行期间，具有一定的稳定性。其对混凝土结构的作用，在管网运行期间是始终存在的。故本条规定其准永久值系数可取 1.0。

3.3.11～3.3.12 本条是依据现行国家标准《给水排水工程构筑物结构设计规范》GB 50069－2002 提出的。

4 基本设计规定

4.1 一 般 规 定

4.1.1 对结构抗倾覆、抗滑移及抗漂浮稳定验算，本规范规定均采用含设计稳定性抗力系数（K_s）的设计表达式进行设计，与《建筑地基基础设计规范》GB 50007－2002 及《给水排水工程构筑物结构设计规范》GB 50069－2002 相协调。

4.1.3～4.1.5 本条规定当结构位于地下水位以下时，对需揭开盖板进行管道检修的管沟及检查室，尚应进行管道检修阶段的结构抗浮稳定验算，主要是针对常规的管道检修受环境条件限制，往往难以实施有效降水的情况提出的。但为了满足检修需要，本规范在第 4.2.5 条规定其地下水位不应高于侧墙顶端。

根据《城市热力网设计规范》CJJ 34－2002 的规定，计算固定支架的水平推力时，应考虑升温或降温，选择最不利的工况和最大温差进行计算。固定支架的水平推力值应包括下列三部分：

1 管道热胀冷缩受约束产生的作用力，对架空敷设、管沟敷设管道，系指活动支座摩擦力在管道中产生的轴向力；

2 内压产生的不平衡力，即固定支架两侧管道横截面不对称在内压作用下产生的不平衡力；

3 活动端位移产生的作用力，如补偿器弹性力等。

管道的试压压力均高于管道运行设计工作压力，同时介质温度远远低于管道运行阶段，根据以往实际工程情况，对于以承受管道内压产生的不平衡力为主的固定支架，在试压工况条件下上述三项作用力合成后的水平推力值可能会高于管道运行阶段。目前对于此类固定支架在管道试压阶段的结构处理主要有两种方法：其一，固定支架设计仅考虑管道运行阶段水平推力，管道试压时，对固定支架进行临时加固；其二，固定支架设计按管道试压、运行两个阶段分别进行结构及结构构件的承载力计算。此类固定支架的水平推力值往往很大，且对支架的临时加固应在永久结构已经完成、管道及设备安装完毕后进行，加固工作具有一定的难度，并需占用一定的工期，同时根据以往实际工程情况，采用临时加固的方法所耗费的材料量也较大，本规范不建议采用。故本条提出应按管道试压、运行两个阶段分别进行支架结构及结构构件的承载力计算。

蒸汽管道的固定支架及活动支架，因采用充水试压，在试压阶段其管道及设备自重标准值将明显大于管道运行阶段，应按管道试压、运行两个阶段分别进行支架结构及结构构件的承载力计算。

4.1.8 铰接支架系指支架柱脚沿纵向采用完全铰接构造，支架顶端沿纵向位移与管道位移相等，支架的位移反弹力为零；半铰接支架系指支架柱脚沿纵向采用不完全铰接（半铰接）构造，支架顶端沿纵向位移与管道位移相等，支架的位移反弹力可忽略不计。供热管网运行温度较高，管道热膨胀位移值较大，最大位移值往往会达到数百毫米。采用铰接支架或半铰接支架，管道位移后支架的倾斜度较大，视觉明显，易给人以误解或不安全感，本规范不建议采用。

4.2 承载能力极限状态计算规定

4.2.1 结构重要性系数 γ_0 的确定主要基于以下两个方面：首先，城镇供热管网工程结构破坏可能产生严重后果，如导致管道破坏，高温热水或蒸汽喷泻造成人身伤亡事故，停热造成较大社会影响等，根据《工程结构可靠度设计统一标准》GB 50153－92，将其安全等级确定为二级比较适宜；其次，考虑到以往实际工程结构设计能很好的满足安全使用要求，结构重要性系数 γ_0 按不小于 1.0 取值，可保证不低于原安全度水准。

4.2.2～4.2.4 供热管网结构的结构类型、荷载特性等均更接近于给水排水结构，故本条的制定主要依据《给水排水工程构筑物结构设计规范》GB 50069－2002。考虑到对不同的结构构件，其起控制作用的可变作用往往会不尽相同，为便于设计人使用，作用效应基本组合的设计值采用了简化计算公式，其结构安全度水准等同于《给水排水工程构筑物结构设计规范》。

对于固定支架的水平推力、导向支架的水平推力及管道位移在活动支架结构上产生的水平作用，因缺乏足够的实测数据，难以对其建立随机过程概率模型进行分析与描述。考虑到以往实际工程的支架结构设计能很好的满足安全使用要求，其荷载分项系数主要通过工程校准，维持原安全度水准确定。

本条规定可变作用的分项系数均应取 1.4，组合系数可取 0.9。对于钢筋混凝土结构管道支架，其工程校准过程可参见现行国家标准《给水排水工程构筑物结构设计规范》GB 50069－2002 有关条文说明。下面对钢结构管道支架，以受弯构件为例进行校准验算。

按原《钢结构设计规范》TJ 17－74 进行计算可得：

$$\frac{M}{W}=[\sigma]=1700\text{kg/cm}^2=170\text{N/mm}^2 \tag{4.2.4-1}$$

按《钢结构设计规范》GB 50017－2003 计算可得：

$$\frac{\gamma_G M_{Gk}+\gamma_Q \psi_c M_{Qk}}{W}=f=215\text{N/mm}^2 \tag{4.2.4-2}$$

因

$$M=M_{Gk}+M_{Qk} \tag{4.2.4-3}$$

$$\psi_c=0.9$$

可得：

$$\frac{\gamma_G M_{Gk}+0.9\gamma_Q M_{Qk}}{M_{Gk}+M_{Qk}}=\frac{215}{170}=1.27 \tag{4.2.4-4}$$

作用在支架上的永久作用有热力管道及设备自重、支架结构自重，其中支架结构自重一般情况下远远小于热力管道及设备自重，实际工程中通常可忽略不计，取 $\gamma_G=1.27$，代入式 4.2.4-4 可得：

$$0.9\gamma_Q=1.27$$

$$\gamma_Q\approx1.4$$

4.2.6 设计稳定性抗力系数（K_s）取值，主要是根据以往实际工程经验提出的，并与《建筑地基基础设计规范》GB 50007－2002 及《给水排水工程构筑物结构设计规范》GB 50069－2002 相协调。

需要揭开盖板进行管网检修的情况不多，且时间较短，故本条提出抗漂浮稳定验算的设计稳定性抗力系数（K_s）为 1.05，略小于管网运行阶段的设计稳定性抗力系数。

4.2.7～4.2.8 管网采用管沟敷设时，管沟及检查室结构承受水平推力时的抗滑移、抗倾覆稳定验算，其抗力不包括迎面被动土压力。迎面被动土压力的产生以结构沿推力方向出现较大位移从而引起足够的土的压缩变形为前提，而设有固定支架的管沟或检查室结构，显然是不允许与相邻结构之间出现较大的相对位移的。

表 4.2.7-1、表 4.2.7-2 是分别根据《建筑地基基础设计规范》GB 50007－2002、《砌体结构设计规范》GB 50003－2001 给出的。

4.3 正常使用极限状态验算规定

4.3.1～4.3.2 结构穿越铁路及主要道路时，往往需遵照相关标准要求进行结构变形验算。现行行业标准《铁路桥涵设计基本规范》TB 10002.1－1999 等铁路桥涵设计系列规范及《公路桥涵设计通用规范》JTG D60－2004 等公路桥涵设计系列规范，分别对穿越铁路、公路的结构变形验算及变形限值等作出了具体规定，结构设计应遵照执行。

4.3.3 本条对构件的裂缝宽度控制提出了明确的要求，以确保结构的耐久性。相关说明见本规范第 2.0.6～2.0.7 条条文说明。

4.3.6 本条主要是根据《给水排水工程构筑物结构设计规范》GB 50069－2002 提出的。该规范对于计算截面处于受弯或大偏心受拉（压）的钢筋混凝土结构构件的最大裂缝宽度计算，沿用了《给水排水工程结构设计规范》GBJ 69－84 的计算模式。该计算模式经过 20 年来在给水排水工程实践中应用，情况良好。考虑到供热管网结构从结构类型、荷载特性、环境条件及裂缝控制等级等方面均更接近于给水排水结构，因此采用该计算模式是比较适宜的。

在供热管网工程中，很多结构构件的受力条件以可变作用为主，如管道支架结构以管道水平作用为主、位于城市主干道下且覆土深度很小的管沟或检查室盖板以地面车辆荷载为主。对此本条提出，结构构件的最大裂缝宽度按作用效应的标准组合进行计算，可保证计算结果与《给水排水工程结构设计规范》GBJ 69－84 基本一致。

4.3.7 设有固定支架的管沟或检查室，当固定支架的水平推力较大时，往往会出现管沟或检查室结构全截面受拉（轴心受拉或小偏心受拉）的情况，此时应进行结构的抗裂验算。本条是依据现行国家标准《给水排水工程管道结构设计规范》GB 50332－2002 提出的。

5 静力计算

5.1 管沟及检查室

5.1.1～5.1.6 本条主要是根据以往实际工程经验提

出的，并与有关的现行标准相协调。

钢筋混凝土槽形管沟系指采用现浇钢筋混凝土侧墙、底板及预制装配式钢筋混凝土盖板的矩形管沟。

表5.1.6是根据北京市煤气热力工程设计院的已有计算成果，已在大量工程中采用。

5.2 架空管道支架

5.2.2～5.2.3 本条给出的柱计算高度要求、钢筋混凝土结构支架柱允许长细比及最小截面尺寸要求，主要是综合《冶金工业管道支架设计规程》YS 13－77、《化工厂管架设计规定》HGJ 22－89、《钢结构设计规范》GB 50017－2003等有关标准、资料后提出的，并已在以往实际工程中采用。

6 构造要求

6.0.1 采用管沟敷设的热力管道，其保温层往往不具有防水性能，在浸水或高湿环境下，保温性能将明显下降，同时也会引起管道锈蚀，影响管网的正常运行。管沟及检查室的防水应予以足够重视。

6.0.2～6.0.4 热力管沟在管网升温运行阶段，会产生一定的热膨胀；在管网检修期间，沟内温度显著下降，结构将发生冷缩，结构在冷缩过程中将受到周围土体约束，造成管沟结构沿纵向受拉。伸缩缝间距越大，其最不利截面上的拉力值也随之增加，直至开裂。

考虑到钢筋混凝土结构管沟需要有较高的结构自防水性能，在管网检修期间，针对结构因冷缩受到纵向拉力，管沟截面应按不允许裂缝出现控制。

下面以某一具体的整体现浇通行管沟为例，作近似的理论验算。

管沟覆土厚度6m、净空尺寸3.6m×1.8m、结构壁厚0.35m，伸缩缝间距为25m，最大拉应力出现在该沟段中间部位，其截面上的拉力为单侧12.5m长范围内土对结构表面的摩阻力之和。管网检修与管网运行两个阶段的结构平均受热温度的差值按40℃计，该沟段沿管沟长度方向各点的收缩位移量呈三角形分布，端部的位移量最大，该点的位移量约为：

$$12500\times40\times1\times10^{-5}=5\text{mm}$$

根据华南工学院、南京工学院等院校编写的《地基及基础》，相应于土对结构表面的摩阻力达到极限值所需的位移量约为4～10mm（黏性土约为4～6mm；砂土约为6～10mm）。偏于安全并为简化计算取其为5mm，则结构外表面与土的摩阻力在该沟段12.5m长范围内沿管沟长度方向可假定为三角形分布，端部摩阻力最大。按本规范第3.2.2条确定结构上的竖向土压力及侧向土压力，土对管沟底板的摩擦系数取0.5、对侧墙及盖板的摩擦系数取0.3，计算其端部每米管沟上的最大摩阻力标准值：

管沟盖板上的竖向土压力标准值

$$1.2\times18\times4.3\times6=557.3\text{kN/m}$$

管沟侧墙上的侧向土压力标准值

$$\frac{1}{3}\times18\times\frac{6\times2+2.5}{2}\times2\times2.5=217.5\text{kN/m}$$

管沟自重标准值

$$(4.3\times2.5-3.6\times1.8)\times25=134.4\text{kN/m}$$

土对管沟底板的摩擦力标准值

$$(557.3+134.4)\times0.5=345.8\text{kN/m}$$

土对管沟侧墙及盖板的摩擦力标准值

$$(557.3+217.5)\times0.3=232.4\text{kN/m}$$

土对管沟端部的最大摩阻力标准值

$$345.8+232.4=578.2\text{kN/m}$$

最大拉应力截面上的轴向拉力标准值

$$N_k=\frac{1}{2}\times578.2\times12.5=3614\text{kN}$$

混凝土按最低强度等级要求取C25，按本规范第4.3.7条进行混凝土抗裂验算：

$$\frac{N_k}{A_0}=\frac{3614\times10^3}{4300\times2500-3600\times1800}$$
$$=0.85\text{N/mm}^2<\alpha_{ct}f_{tk}=0.87\times1.78$$
$$=1.55\text{N/mm}^2$$

根据验算结果，对钢筋混凝土结构管沟，当伸缩缝间距不大于25m时，在一般覆土条件下能够满足混凝土抗裂要求。

自20世纪80年代初期以来，北京市的供热管网工程中对钢筋混凝土结构管沟的伸缩缝间距大多按不大于25m采用，从工程调查情况看，尚未发现结构出现沿全截面的贯通裂缝。

在管网升温运行时，钢筋混凝土结构管沟的伸缩缝间距不大于25m、伸缩缝宽度为30mm，能够满足结构膨胀量的要求，且尚有较大余量。

对于砌体结构管沟，本条提出其间距不宜大于40m，主要是基于以下几点：

1 根据工程调查，砌体结构管沟在管网检修揭开盖板时，通常会在砖墙上出现垂直的通长裂缝，墙体顶部裂缝宽度较底部略大，裂缝间距约在10m左右。同时，钢筋混凝土现浇底板也会出现横向通长裂缝，但与侧墙相比，其间距要大一些。

要从根本上解决这一问题，主要有两种处理方式：其一是将伸缩缝间距调整到10m左右；其二是在砖墙顶端设置钢筋混凝土压梁同时采用适当的伸缩缝间距。但两种处理方式均存在增加施工难度、提高工程造价等问题，难以在规范中规定采用。

2 位于地下水位以下的砌体结构管沟，因防水问题难以解决，本规范限制采用。位于地下水位以上的砌体结构管沟，即使因管网检修造成结构冷缩开裂，出现少量渗漏，一般可以通过定期的机械排水解决（热力管沟及检查室内均有不小于2‰的纵向排水坡度坡向集水坑，集水坑上方设有人孔，具备集中排水条件)。而且在管网检修完毕重新恢复运行后，结构受热膨胀，裂缝会存在弥合的可能，对结构的正常使用影响不大。

伸缩缝间距不大于 40m，伸缩缝宽度采用 30mm，可确保在管道升温运行时管沟膨胀量能满足伸缩缝宽度条件。

6.0.6 本条对结构的混凝土保护层厚度提出了具体要求，相关说明见本规范第 2.0.6～2.0.7 条条文说明。

6.0.8 热力管沟在管道检修期间，结构将发生冷缩受拉。现浇钢筋混凝土构件的纵向构造钢筋除应满足一般构造要求外，尚应起到一定的抵抗温度收缩应力的作用，减少现浇混凝土因温度收缩而开裂的可能性。本条与现行标准《混凝土结构设计规范》GB 50010-2002、《给水排水工程管道结构设计规范》GB 50332-2002 的有关规定相协调。

附录 A 管沟及检查室结构受热温度计算方法

A.0.1 管沟内空气温度的具体取值，应根据管网布置、供热介质温度、管道保温设计及管道与衬砌内壁的距离等因素计算确定。

A.0.3 由于热力管沟断面一般为矩形，并且断面外轮廓的宽和高比衬砌厚度大得多，采用平壁法计算温度，计算结果能够满足工程精度要求。

平壁法的温度计算公式是根据热量平衡条件，在下列假设下推导出来的：热流传送稳定不随时间变化；管沟内空气的温度及热流大小保持恒定；材料为匀质体，且四周为无限长的平面墙壁(平壁)。

A.0.4 鉴于热力管沟内的空气温度一般不超过 80℃，且流动性很小，因此衬砌内表面的放热系数取 12W/(m^2·℃)。

A.0.5 导热系数代表材料传递热量的能力，是建筑材料的热物理特性指标之一，单位是瓦(特)每平方米(摄氏)度[W/(m^2·℃)]。导热系数的离散性较大，除与材料的重力密度、温度有关外，还与湿度有关。材料重力密度小，其导热系数小。材料受热温度高，导热系数增大。由于管沟温度一般不高，温度对导热系数的影响可以忽略。材料湿度大，其导热系数就愈大。由于管沟位于地下，致使材料均有一定湿度，所以应根据经验考虑湿度对导热系数的影响。

表 A.0.5 中的数据主要是参照《烟囱设计规范》GB 50051-2002 及 1994 年中国建筑工业出版社出版的《新型建筑材料施工手册》和 1991 年中国建筑工业出版社出版的《建筑材料手册》给出的。

A.0.6 管沟顶板、侧墙及底板计算土层厚度的确定直接采用了《烟囱设计规范》GB 50051-2002 的规定。

在本规范编制过程中采用 ANSYS 程序对管沟的温度场进行了二维数值模拟，在底板的计算土层厚度取值上得到的结果与《烟囱设计规范》有一定出入。但本规范编制在这方面的研究工作尚不充分，并且缺乏实测资料的支持，因此本规范直接采用了《烟囱设计规范》的有关规定。该问题在有条件时宜进行进一步研究。

中华人民共和国行业标准

城镇排水系统电气与自动化工程技术规程

Technical specification of electrical & automation engineering for city drainage system

CJJ 120—2008
J 783—2008

批准部门：中华人民共和国建设部
施行日期：2 0 0 8 年 9 月 1 日

中华人民共和国建设部
公　　告

第 810 号

建设部关于发布行业标准《城镇排水系统电气与自动化工程技术规程》的公告

现批准《城镇排水系统电气与自动化工程技术规程》为行业标准，编号为 CJJ 120－2008，自 2008 年 9 月 1 日起实施。其中，第 3.10.11、5.8.1、6.11.5 条为强制性条文，必须严格执行。

本规程由建设部标准定额研究所组织中国建筑工业出版社出版发行。

中华人民共和国建设部

2008 年 2 月 26 日

前　　言

根据建设部建标［2004］66 号文件的要求，标准编制组在深入调查研究，认真总结国内外科研成果和大量实践经验，并在广泛征求意见的基础上，制定了本规程。

本规程的主要技术内容是：1. 泵站供配电；2. 泵站自动化系统；3. 污水处理厂供配电；4. 污水处理厂自动化系统；5. 排水工程的数据采集和监控系统。

本规程以黑体字标志的条文为强制性条文，必须严格执行。

本规程由建设部负责管理和对强制性条文的解释，由主编单位负责具体技术内容的解释。

本规程主编单位：上海市城市建设设计研究院（地址：上海浦东新区东方路 3447 号；邮政编码：200125）

本规程参编单位：上海电气自动化设计研究所有限公司

中国市政工程华北设计研究院

本规程主要起草人：陈　洪　李　红　戴孙放　郑效文　沈燕蓉　石　泉　黄建民　王　峰

目　次

1 总 则

1.0.1 为提高我国城镇排水行业电气自动化系统的技术水平，规范城镇排水和污水处理建设中电气自动化工程的建设标准，提高工程建设投资效益，改善生产和劳动环境，制定本规程。

1.0.2 本规程适用于城镇雨水与污水泵站、污水处理厂的供配电系统和自动化运行控制系统以及排水泵站群的数据采集和控制系统或区域性排水工程的中央监控系统的设计、施工、验收。

1.0.3 排水和污水处理工程的运行自动化程度，应根据管理的需要，设备器材的质量和供应情况，结合当地具体条件通过全面的技术经济比较确定。

1.0.4 城镇排水系统电气与自动化工程在设计、施工、验收中除应符合本规程的要求外，尚应符合国家现行有关标准的规定。

2 术语、符号与代号

2.1 术 语

2.1.1 瞬时流量 instantaneous flow rate

某一时刻的流量。

2.1.2 累积流量 accumulated flow rate

某一时间段的总流量。

2.1.3 操作界面 operation interface

操作人员和计算机进行工作交互的媒介。

2.1.4 数据采集 data acquisition

按预定的速率将现场信号（模拟量、离散量、频率）进行数字化送入计算机。

2.1.5 数据处理 data processing

将采集到的数据按照某一规律进行运算或变换。

2.1.6 接口 interface

两个不同系统的交接部分。

2.1.7 现场控制 site control

在设备安装位置附近实施设备控制箱上的手动控制（不依赖于自控系统的控制）。

2.1.8 配电盘控制 panel control

在电动机配电控制盘或MCC盘面上实施的手动控制。当电动机配电控制盘或MCC盘布置在现场设备附近时，可代替现场控制。

2.1.9 就地控制 local control

以PLC作为核心器件，完成本区域内相关的信息采集、指令执行以及监控方案实施等工作。

2.1.10 就地手动 local manual

利用现场控制站或RTU（remote terminal unit）柜面板上触摸屏或按钮，以人工按键操作控制设备。

2.1.11 就地自动 local automation

利用现场控制站的自动控制器和软件对设备进行控制。

2.1.12 远程控制 remote control

通过有线或无线通信，完成对远程区域内设备、仪表的数据采集、命令下达或控制功能。

2.1.13 就地控制站 local control station

一般以PLC作为核心器件，主要负责泵站或污水处理厂某一区域内涉及设备监控系统相关的信息收集、指令执行以及监控方案实施等工作的设备。

2.1.14 远程终端单元（RTU） remote terminal unit

一个控制系统中相对于控制中心所设置的控制站，一般以PLC作为核心器件，主要负责相对控制中心距离较远处设备的监控以及相关的信息收集、指令执行以及监控方案实施等工作。

2.1.15 设备层 equipment layer

现场的设备装置和现场仪表。以总线或硬接线的方式与控制层连接。

2.1.16 控制层 control layer

由分布在各区域的就地控制器与连接控制中心和该控制器的环网（或星型网）所组成。

2.1.17 信息层 information layer

整个系统中上层数据传输的链路及设备。

2.1.18 信息中心 information center

按排水系统或地域划分，管辖该系统或地域内的泵站和污水处理厂的设备状态、工艺参数等信息采集、处理、显示功能的场所。

2.1.19 区域监控中心 area control center

按地理位置划分，管辖部分泵站，具有信息采集、处理、显示和发布控制命令功能的场所，具有控制主站的功能。

2.1.20 远程子站 remote sub station

与主站相隔一定距离，通过有线或无线通信连接的远程终端。

2.1.21 系统软件 system software

一般指计算机操作系统，在购买计算机时由厂商提供。

2.1.22 编程语言 programming language

遵循特定的语法，编写程序所使用的语言。

2.1.23 应用软件 application software

使用编程语言编写的，解决某些特定问题的一个或一组程序，通常由用户程序和软件包组成。

2.1.24 图控组态软件 HMI software

提供图形方式对应用程序进行组态的一种操作界面，操作人员不需要掌握编程语言或语法就能进行应用软件的编程，国内通常称为图控组态软件。

2.1.25 事件登录 events login

设备、装置或者过程的状态发生变化，计算机记录此变化。

2.1.26 主站轮询 master station polling

主站按照某种顺序，轮流查询各从站的状态。

2.1.27 逢变则报（RBE）report by exception

从站的状态如有变化则上报，没有变化则不上报，这样可以允许主站采用较大的轮询周期（这就意味着可以访问更多的从站），但仍然能够保持较高的事件分辨率。

2.1.28 通信速率 baud rate

采用计算机通讯时，以每秒完成被传送数据的位数或字节数定义为数据传输的速率。

2.2 符　号

2.2.1 负荷

P_N——用电设备组的设备功率；

P_r——电动机额定功率；

P_{js}——有功计算功率；

Q_{js}——无功计算功率；

S_{js}——视在计算功率；

K_X——需要系数；

$K_{\Sigma P}$、$K_{\Sigma Q}$——有功功率、无功功率同时系数。

2.2.2 短路电路

I_{js}——计算电流；

i_{ch}——短路冲击电流；

I_{ch}——短路全电流最大有效值；

I''_2——两相短路电流的初始值；

I_{k2}——两相短路稳态电流；

I''_3——三相短路电流的初始值；

I_{k3}——三相短路稳态电流；

R_s、X_s——变压器高压侧系统的电阻、电抗；

R_T、X_T——变压器的电阻、电抗；

R_m、X_m——变压器低压侧母线段的电阻、电抗；

R_L、X_L——配电线路的电阻、电抗；

$\tan\phi$——用电设备功率因数角的正切值；

T_f——短路电流非周期分量缩减时间常数；

U_r——用电设备额定电压（线电压）；

U_n——网络标称电压（线电压）；

U_e——额定电压；

Z_k、R_k、X_k——短路电路总阻抗、总电阻、总电抗；

X_Σ——短路电路总电抗（假定短路电路没有电阻的条件下求得）；

R_Σ——短路电路总电阻（假定短路电路没有电抗的条件下求得）；

ε_r——电动机额定负载持续率；

C——电压系数，计算三相短路电流时取1.05。

2.2.3 照明负荷

P_{js}——照明计算负荷；

P_{max}——最大一相的装灯容量。

2.3 代　号

2.3.1 BOD（Biochemical Oxygen Demand）——生物需氧量

2.3.2 C/S（Client/Server）——客户机/服务器

2.3.3 COD（Chemical Oxygen Demand）——化学需氧量

2.3.4 C_2——氨氮、硝氮复合式检测的简称

2.3.5 CDMA（Code Division Multiple Access）——码分多址无线通信技术

2.3.6 DO（Dissolved Oxygen）——溶解氧

2.3.7 DDN（Digital Data Network）——数字式数据网

2.3.8 GPS（Global Positioning System）——全球定位系统

2.3.9 GSM（Global System for Mobile Communication）——全球移动通信系统

2.3.10 ISDN（Integrated Services Digital Network）——综合业务数字网

2.3.11 MCC（Motor Control Center）——马达控制中心

2.3.12 MTBF（Mean Time Between Failures）——平均故障间隔时间

2.3.13 MTTR（Mean Time to Repair）——平均修复时间

2.3.14 MIS（Management Information System）——管理信息系统

2.3.15 MLSS（Mixed Liquor Suspended Solids）——污泥浓度

2.3.16 NH_3-N（Ammonium Nitrogen）——氨氮

2.3.17 NO_3-N（Nitrate Nitrogen）——硝态氮

2.3.18 ORP（Oxidation-Reduction Potential）——氧化还原电位

2.3.19 PLC（Programmable Logic Controller）——可编程逻辑控制器

2.3.20 PSTN（Public Switched Telephone Network）——公共交换电话网络

2.3.21 pH/T（Pondus hydrogenii/Temperature）——酸碱度/温度

2.3.22 RTU（Remote Terminal Unit）——远程终端单元

2.3.23 SCADA（Supervisory Control and Data Acquisition）——数据采集和监视控制

2.3.24 SOE（Sequence of Events）——事件顺序记录

2.3.25 SS（Suspended Solid）——固体悬浮物浓度

2.3.26 TCP/IP（Transmission Control Protocol/Internet Protocol）——传输控制协议/网际协议

2.3.27 TOC（Total Organic Carbon）——总有机碳

2.3.28 TP（Total Phosphorus）——总磷

2.3.29 UPS（Uninterruptible Power Supply）——不间断电源

3 泵站供配电

3.1 负荷调查与计算

3.1.1 泵站负荷的设计调查应符合下列规定：

1 泵站规模的调查应根据城市雨水、污水系统专业规划和有关排水系统所规定的范围、设计标准，经工艺设计的综合分析计算后确定泵站的近期规模，包括泵站站址选择和总平面布置。

2 工艺的调查应包括工程性质、工艺流程图、工艺对电气控制的要求。

3 用电量的调查应包括机械设备正常工作用电（设备规格、型号、工作制）、仪表监控用电、正常工作照明、安全应急照明、室外照明、检修用电及其他场所的照明。

4 发展规划的调查应包括近期建设和远期发展的关系，远近结合，以近期为主，适当考虑发展的可能。

5 环境调查应包括周围环境对本工程的影响以及本工程实施后对居民生活可能造成的影响进行初步评估。

3.1.2 污水泵站、雨水泵站供电负荷等级应为二级负荷。特别重要的污水泵站、雨水泵站应定为一级负荷。

3.1.3 泵站负荷计算应符合下列规定：

1 负荷计算宜采用需要系数法。

2 在负荷计算时，应将不同工作制用电设备的额定功率换算成为统一计算功率。

3 泵站的水泵电机为主要设备，应按连续工作制考虑，其功率应按电机额定铭牌功率计算。

4 短时或周期工作制电动机的设备功率应统一换算到负载持续率（ε）为25%以下的有功功率，应按下式计算：

$$P_N = P_r\sqrt{\frac{\varepsilon_r}{0.25}} = 2P_r\sqrt{\varepsilon_r} \quad (3.1.3\text{-}1)$$

式中 P_N——用电设备组的设备功率（kW）；

P_r——电动机额定功率（kW）；

ε_r——电动机额定负载持续率。

5 采用需要系数法计算负荷，应符合下列要求：

1）设备组的计算负荷及计算电流应按下列公式计算：

$$P_{js} = K_X P_N \quad (3.1.3\text{-}2)$$

$$Q_{js} = P_{js}\tan\phi \quad (3.1.3\text{-}3)$$

$$S_{js} = \sqrt{P_{js}^2 + Q_{js}^2} \quad (3.1.3\text{-}4)$$

$$I_{js} = \frac{S_{js}}{\sqrt{3}U_r} \quad (3.1.3\text{-}5)$$

式中 P_{js}——用电设备有功计算功率（kW）；

K_X——需要系数，按表3.1.3的规定取值；

Q_{js}——用电设备无功计算功率（kvar）；

$\tan\phi$——用电设备功率因数角的正切值，按表3.1.3的规定取值；

S_{js}——用电设备视在计算功率（kva）；

I_{js}——计算电流（A）；

U_r——用电设备额定电压或线电压（kV）。

2）变电所的计算负荷应按下列公式计算：

$$P_{js} = K_{\sum P}\sum(K_X P_N) \quad (3.1.3\text{-}6)$$

$$Q_{js} = K_{\sum Q}\sum(K_X P_N\tan\phi) \quad (3.1.3\text{-}7)$$

$$S_{js} = \sqrt{P_{js} + Q_{js}} \quad (3.1.3\text{-}8)$$

式中 $K_{\sum P}$、$K_{\sum Q}$——有功功率、无功功率同时系数，分别取0.8～0.9和0.93～0.97。

表3.1.3 用电设备需要系数

用电设备组名称	需要系数（K_X）	$\cos\phi$	$\tan\phi$
水泵	0.75～0.85	0.80～0.85	0.75～0.62
生产用通风机	0.75～0.85	0.80～0.85	0.75～0.62
卫生用通风机	0.65～0.70	0.80	0.75
闸门	0.20	0.80	0.75
格栅除污机、皮带运输机、压榨机等	0.50～0.60	0.75	0.88
搅拌机、刮泥机	0.75～0.85	0.80～0.85	0.75～0.62
起重器及电动葫芦（ε=25%）	0.20	0.50	1.73
仪表装置	0.70	0.70	1.02
电子计算机	0.60～0.70	0.80	0.75
电子计算机外部设备	0.40～0.50	0.50	1.73
照明	0.70～0.85	—	—

6 变电所或配电所的计算负荷，应为各配电干线计算负荷之和再乘以同时系数；计算变电所高压侧负荷时，应加上变压器的功率损耗。

3.1.4 变压器的选择应符合下列规定：

1 变压器的容量应根据泵站的计算负荷以及机组的启动方式、运行方式，并充分考虑变压器的节能运行要求等综合因素来确定。从节能角度考虑，变压器负载率宜控制在0.6～0.7。

2 变压器台数应根据负荷特点和经济运行进行选择。一般城镇排水泵站宜装设两台及以上变压器。

3 低压为0.4kV单台变压器的容量不宜大于1250kVA。当用电设备容量较大，负荷集中且运行合理时，可选用较大容量的变压器。

4 当泵站配置二台变压器时，型号和容量应相同。变压器容量宜按计算负荷100%的备用率选取。

5 雨水、污水合建泵站中，宜对雨水、污水泵分别设置供电变压器。

6 泵站变电所3000kVA以下容量变压器宜采用干式。在特别潮湿的环境中，不宜设置浸渍绝缘干式变压器。

3.1.5 对10（6）kV/0.4kV的变压器联结组标号宜选用D/Y_n-11接线。

3.1.6 干式变压器宜配防护罩壳、温控、温显装置。

3.2 供电电源

3.2.1 供电电压应根据工程的总用电量、主要用电设备的额定电压、供电距离、供电线路的回路数、当地供电网络现状和发展规划等因素综合考虑。

3.2.2 泵站宜采用二路电源供电，二路互为备用或一路常用一路备用。

3.2.3 在负荷较小或地区供电条件困难时，二级负荷可采用10kV及以上专用的架空线路或电缆供电。当采用架空线时，可采用一回架空线供电。当采用电缆线路时，应采用二根电缆组成的线路供电，每根电缆应能承受100%的二级负荷。

3.2.4 当供电电压为35kV及以上的工程，配电电压应采用10kV，当6kV用电设备的总容量较大，选用6kV经济合理时，宜采用6kV。

3.2.5 当供电电压为35kV/10kV，泵站内无额定电压为0.4kV以上的用电设备，可用0.4kV作为配电电压。

3.2.6 当泵站容量较小，有条件接入0.4kV电源时，可直接采用0.4kV电源供电。

3.3 系统结构

3.3.1 配电系统应根据工程用电负荷大小、对供电可靠性的要求、负荷分布情况等采用不同的接线方法。

3.3.2 对10kV/6kV配电系统宜采用放射式。

3.3.3 对泵站内的水泵电机应采用放射式配电。对无特殊要求的小容量负荷可采用树干式配电。

3.3.4 配电所、变电所的高压及低压母线接线方式宜采用单母线分段或单母线接线。

3.3.5 由地区电网供电的配电所电源进线处，应装设供计量用的电压、电流互感器。

3.3.6 变配电所的主接线应符合现行国家标准《10kV及以下变电所设计规范》GB 50053和《35～110kV变电所设计规范》GB 50059的有关规定。

3.4 无功功率补偿

3.4.1 当用电设备的自然功率因数达不到要求时，应采用并联电力电容器作为无功功率补偿装置，保证泵站计量侧的功率因数不应小于0.9。

3.4.2 在选择补偿方式时应考虑系统合理、节省投资以及控制、管理方便等因素。

3.4.3 为减少线路损失和电压损失，宜采用就地平衡补偿。

3.4.4 高压电机的无功功率宜采用单独就地补偿，高压电容器组宜在变电所内集中装设。补偿后的功率因数不应小于0.9。

3.4.5 低压电机的无功功率宜采用集中补偿或就地补偿，补偿装置的电容器组宜在变电所内集中设置。补偿后的高压侧功率因数不应小于0.9。

3.4.6 无功功率补偿装置宜采用自动投入电容器方式，保证补偿后的功率因数不应小于0.9。

3.4.7 补偿容量宜按无功功率曲线或无功功率补偿计算方法确定。

3.4.8 低压电容器组应接成三角形方式。高压电容器组应接成中性点不接地的星型方式。

3.4.9 电容器组应直接与放电装置连接，中间不应设置开关或熔断器。低压电容器组可设置自动接通的连锁装置，电容器分闸时应自动接通，合闸时应自动断开。

3.4.10 当系统中有高次谐波超过规定值时，应采取抑制谐波的措施。

3.4.11 电容器组的连接导线和开关设备的长期允许电流，高压不应小于电容器额定电流的1.35倍；低压不应小于电容器额定电流的1.5倍。

3.5 操作电源

3.5.1 对符合本规程第4.2.1条规定的特大、大、中型泵站变电所，宜采用直流操作电源。对主接线简单，且供电主开关操作不频繁的泵站变电所，可采用交流操作电源。

3.5.2 泵站变电所应选用免维护铅酸蓄电池直流屏为直流操作电源。

3.5.3 变电所的控制、保护、信号、自动装置等所需要的直流电源应保证不间断供电。

3.5.4 对符合本规程第4.2.1条规定的中、小型泵站的变电所，宜采用弹簧储能操动机构合闸和去分流分闸的全交流操作。

3.6 短路电流计算与继电保护

3.6.1 短路电流计算时所采用的接线方式，应为系统在最大及最小运行方式下导体和电器安装处发生短路电流的正常接线方式。短路电流计算宜符合下列要求：

1 在短路持续时间内，短路相数不变，如三相短路持续时间内保持三相短路不变，单相接地短路持续时间内保持单相接地短路不变；

2 具有分接开关的变压器，其开关位置均视为在主分接位置；

3　不计弧电阻。

3.6.2　高压电路短路电流计算时，应考虑对短路电流影响大的变压器、电抗器、架空线及电缆等的阻抗，对短路电流影响小的因素可不予考虑。

3.6.3　计算短路电流时，电路的分布电容不予考虑。

3.6.4　短路电流计算中应以系统在最大运行方式下三相短路电流为主；应以最大三相短路电流作为选择、校验电器和计算继电保护的主要参数。同时也需要计算系统在最小运行方式下的两相短路电流作为校验继电保护、校核电动机启动等的主要参数。

3.6.5　短路电流应采用以下计算方法：

1　以系统元件参数的标幺值计算短路电流，适用于比较复杂的系统。

2　以系统短路容量计算短路电流，适用于比较简单的系统。

3　以有名值计算短路电流，适用于1kV及以下的低压网络系统。

3.6.6　高压网络短路电流计算宜按下列步骤进行：

1　确定基准容量，$S_j=100$MVA，确定基准电压$U_j=U_p$；

2　绘制主接线系统图，标出计算短路点；

3　绘制相应阻抗图，各元件归算到标幺值；

4　经网络变换等计算短路点的总阻抗标幺值；

5　计算三相短路周期分量及冲击电流等。

3.6.7　低压网络短路电流计算宜按下列步骤进行：

1　画出短路点的计算电路，求出各元件的阻抗（见图3.6.7）。

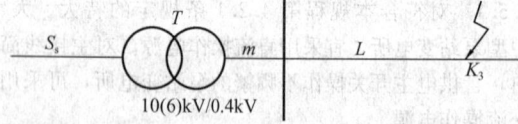

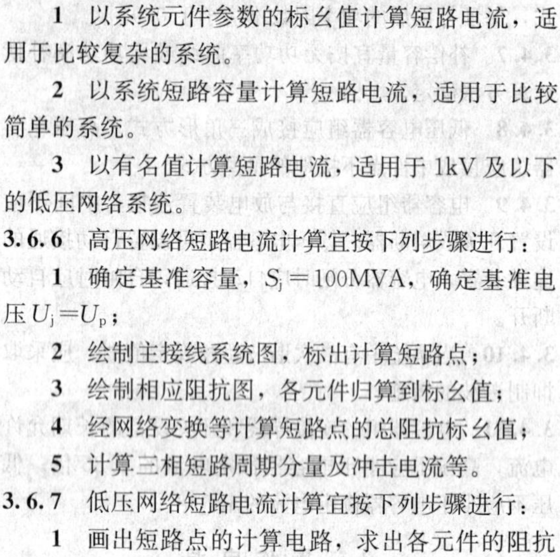

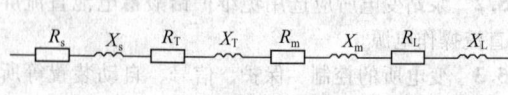

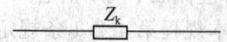

图3.6.7　三相短路电流计算电路

2　变换电路后画出等效电路图，求出总阻抗；

3　低压网络三相和两相短路电流周期分量有效值宜按下列公式计算：

$$I''_3=\frac{\frac{CU_n}{\sqrt{3}}}{Z_k}=\frac{\frac{1.05U_n}{\sqrt{3}}}{\sqrt{R_k^2+X_k^2}}=\frac{230}{\sqrt{R_k^2+X_k^2}} \tag{3.6.7-1}$$

$$R_k=R_s+R_T+R_m+R_L \tag{3.6.7-2}$$

$$X_k=X_s+X_T+X_m+X_L \tag{3.6.7-3}$$

式中　I''_3——三相短路电流的初始值；

C——电压系数，计算三相短路电流时取1.05；

U_n——网络标称电压或线电压（V），220/380V网络为380V；

Z_k、R_k、X_k——短路电路总阻抗、总电阻、总电抗（mΩ）；

R_s、X_s——变压器高压侧系统的电阻、电抗（归算到400V侧）（mΩ）；

R_T、X_T——变压器的电阻、电抗（mΩ）；

R_m、X_m——变压器低压侧母线段的电阻、电抗（mΩ）；

R_L、X_L——配电线路的电阻、电抗（mΩ）；

I_k——短路电流的稳态值；

只要$\frac{\sqrt{R_T^2+X_T^2}}{\sqrt{R_s^2+X_s^2}}\geqslant 2$，变压器低压侧短路时的短路电流周期分量不衰减，$I_k=I''_3$。

4　短路冲击电流宜按下列公式计算：

$$i_{ch}=K_{ch}\sqrt{2}I''_3 \tag{3.6.7-4}$$

$$I_{ch}=I''_3\sqrt{1+2(K_{ch}-1)^2} \tag{3.6.7-5}$$

$$K_{ch}=1+e^{0.01/T_f} \tag{3.6.7-6}$$

$$T_f=\frac{X_\Sigma}{314R_\Sigma} \tag{3.6.7-7}$$

式中　i_{ch}——短路冲击电流（kA）；

K_{ch}——短路电流冲击系数；

I_{ch}——短路全电流最大有效值（kA）；

T_f——短路电流非周期分量缩减时间常数s，当电网频率为50Hz时按式（3.6.7-7）取值；

X_Σ——短路电路总电抗（假定短路电路没有电阻的条件下求得）（Ω）；

R_Σ——短路电路总电阻（假定短路电路没有电抗的条件下求得）（Ω）。

5　两相短路电流按下列公式计算：

$$I''_2=0.866I''_3 \tag{3.6.7-8}$$

$$I_{K2}=0.866I_{K3} \tag{3.6.7-9}$$

式中　I''_2——两相短路电路的初始值；

I_{K2}——两相短路稳态电流；

I_{K3}——三相短路稳态电流。

3.6.8　应按系统配置及供电部门提供的供电方案进行短路电流和保护计算，并确定保护方式，且应符合下列规定：

1　各类型继电保护设置原则应符合现行国家标准《电力装置的继电保护和自动装置设计规范》GB 50062的有关规定。

2　继电保护应确保可靠性，同时满足选择性、灵敏性和速动性的要求。

3　电力系统中应对电力变压器、电动机、电力电容器、母线、架空线或电缆线路、母线分段断路器及联络断路器、电源进线等设备配置继电保护装置。

4 继电保护装置宜采用带总线接口智能综合保护终端。

3.7 设 备 选 择

3.7.1 泵站电动机的选择应符合下列规定：

1 电动机的选择应符合下列要求：

1）电动机的全部电气和机械参数，应满足水泵启动、制动、运行和控制要求。

2）电动机的类型和额定电压，应优选国家电压等级的分类要求。

3）电动机的结构形式、冷却方法、绝缘等级、允许的海拔高度等，应符合工作环境要求。

4）电动机的额定功率应与水泵及其他设备输入功率相匹配，并计入适当储备系数。

2 变负载运行的水泵电机，应采用调速装置，并应选用相应类型的电动机。

3 配置的异步电动机，应有良好的通风，户内防护等级应为IP4X，户外防护等级应为IP55。

4 潜水电动机防护等级必须为IP68。宜采用异步电动机。

5 电动机的额定电压应根据其额定功率和所在系统的配电电压确定，宜符合表3.7.1的规定。

表3.7.1 水泵交流电动机额定电压和容量

额定电压（V）	容量范围（kW）			
	鼠笼型		绕线型	
	最小	最大	最小	最大
380	0.37	320	0.6	320
6000	220	5000	220	5000
10000	220	5000	220	5000

注：1. 电动机额定电压和容量范围随着工程需要可以有所变化。

2. 当供电电压为6kV时，中等容量的电动机应采用6kV电动机。

3. 对于200～300kW额定容量的电动机，其额定电压，应经技术经济比较后确定采用低压或高压。

4. 对于大功率的潜水泵电动机其额定电压宜采用660V。

6 泵站电机台数的确定宜与单母线分段接线匹配，并使每分段的计算负荷保持平衡，提高运行可靠性。

3.7.2 高压配电装置（包括高压电容柜）的选择应符合下列规定：

1 应根据电力负荷性质及容量、环境条件、运行、安装维修、可靠性等工程经济技术要求合理地选用高压柜设备和制定布置方案。并应有利于分期扩建的需要。

2 同一泵站内高压配电装置型号应一致。配电装置应装设闭锁及连锁装置，必须配有防止带负荷拉、合隔离开关、防止误分（合）断路器、防止带电挂（合）接地线（开关）、防止带接地线（开关）合断路器（隔离开关）、防止误入带电间隔等设施。

3 应符合现行国家标准《3～110kV高压配电装置设计规范》GB 50060及《10kV及以下变电所设计规范》GB 50053的规定。

4 高压配电装置内宜设带数据通信接口的综合继电保护装置或留有点对点的硬接线信号界面。

3.7.3 低压配电装置（包括低压电容柜）的选择应符合下列规定：

1 设计、布置应便于安装、操作、搬运、检修、试验和监测。

2 应根据每个泵站变电所站址所处的位置和特点合理选择柜型。

3 进线柜宜设带有数据通信接口的智能型组合电量变送器或留有点对点的硬接线信号界面。

4 低压柜选择应符合现行国家标准《10kV及以下变电所设计规范》GB 50053的规定。

5 就地补偿电容器的容量应与电动机功率相匹配，安装位置应安全可靠，宜靠近被补偿的设备，并应符合柜体的安装要求。

3.7.4 电力电缆选择应符合下列规定：

1 宜选用铜芯电缆。

2 保护接地线（以下简称PE线）干线采用单芯铜导线时，芯线截面不应小于$10mm^2$；采用多芯电缆的芯线时，其截面不应小于$4mm^2$。

3 PE线采用单芯绝缘导线时，按机械强度要求，截面不应小于下列数值：

1）有机械性的保护时，为$2.5mm^2$；

2）无机械性的保护时，为$4mm^2$。

4 装置外的可导电部分严禁用作PE线。

5 1kV及其以下电源中性点直接接地的三相回路的电缆芯数选择应符合下列规定：

1）保护线与中性线合用一导体时，应采用四芯电缆。

2）保护线与中性线各自独立时，应采用五芯电缆。

3）受电设备外露可导电部位的接地与电源系统接地各自独立的情况下，应采用四芯电缆。

6 1kV及其以下电源中性点直接接地的单相回路的电缆芯数选择应符合下列规定：

1）保护线与中性线分开时，宜采用三芯电缆。

2）受电设备外露可导电部位的接地与电源系统接地各自独立的情况下，应采用两芯电缆。

7 直流供电回路宜采用两芯电缆。

8 电力电缆应正确地选择电缆绝缘水平，并应符合下列规定：

1）交流系统中电力电缆缆芯的相间额定电压不得低于使用回路的工作线电压。

2）交流系统中电力电缆缆芯与绝缘屏蔽或金属之间的额定电压的选择，应符合现行国家标准《电力工程电缆设计规范》GB 50217 的规定。

3）交流系统中电缆的冲击耐压水平应满足系统绝缘配合要求。

4）控制电缆额定电压的选择不应低于该回路工作电压，应满足可能经受的暂态和工频过电压作用要求，无特殊情况宜选用 0.45kV/0.75kV。

9 直埋敷设电缆的外护层选择应符合下列规定：

1）电缆承受较大压力或有机械损伤危险时，应有加强层或钢带铠装。

2）在流砂层、回填土地带等可能出现位移的土壤中，电缆应有钢丝铠装。

10 电缆截面应按允许通过电流、经济电流密度选择并满足允许压降、短路稳定等要求。

11 含有腐蚀性气体环境的泵站，电缆铠装外应包有外护套。

12 在有防火要求场所，应选用耐火型电缆，或在电缆外层涂覆防火涂料、缠绕防火包带，或敷设在耐火槽盒中。

13 在有鼠害或水淹可能的电缆夹层或电缆沟内敷设的电缆宜采用防水或防鼠电缆。

3.8 设 备 布 置

3.8.1 泵站降压型变电所宜采用户内型布置。

3.8.2 变电所的设置应根据下列要求经技术经济比较后确定：

1 接近负荷中心；

2 进出线方便；

3 接近电源侧；

4 设备运输方便；

5 不应设在有剧烈震动的或高温的场所；

6 不宜设在多尘或有腐蚀气体的场所，如无法远离，不应设在污染源的主导风向的下风侧；

7 不应设在有爆炸危险环境或火灾危险环境的正上方和正下方；

8 变电所的辅助用房，应根据需要和节约的原则确定。有人值班的变电所应设单独的值班室。值班室与高压配电室宜直通或经过通道相通，值班室应有门直接通向户外或通向走道。

3.8.3 高压配电室布置应符合下列规定：

1 配电装置宜采用成套设备，型号应一致。配电柜应装设闭锁及连锁装置，以防止误操作事故的发生。

2 带可燃性油的高压开关柜，宜装设在单独的高压配电室内。当高压开关柜的数量为 6 台及以下时，可与低压柜设置在同一房间。

3 高压配电室长度超过 7m 时，应设置两扇向外开的防火门，并布置在配电室的两端。位于楼上的配电室至少应设一个安全出口通向室外的平台或通道。并应便于设备搬运。

4 高压配电装置的总长度大于 6m 时，其柜（屏）后的通道应有两个安全出口。

5 高压配电室内各种通道的最小宽度（净距）应符合表 3.8.3 的规定。

表 3.8.3 高压配电室内通道的最小宽度（净距）（m）

装置种类	操作走廊（正面）		维护走廊（背面）	通往防爆间隔的走廊
	设备单列布置	设备双列布置		
固定式高压开关柜	2.0	2.5	1.0	1.2
手车式高压开关柜	单车长+1.2	双车长+1.0	1.0	1.2

3.8.4 低压配电室布置应符合下列规定：

1 低压配电设备的布置应便于安装、操作、搬运、检修、试验和监测。

2 低压配电室长度超过 7m 时，应设置两扇门，并布置在配电室的两端。位于楼上的配电室至少应设一个安全出口通向室外的平台或通道。

3 成排布置的配电装置，其长度超过 6m 时，装置后面的通道应有两个通向本室或其他房间的出口，如两个出口之间的距离超过 15m 时，其间还应增加出口。

4 低压配电室兼作值班室时，配电装置前面距墙不宜小于 3m。

5 成排布置的低压配电装置，其屏前后的通道最小宽度应符合表 3.8.4 的规定。

表 3.8.4 低压配电装置室内通道最小宽度（m）

装置种类	单排布置		双排对面布置		双排背对背布置	
	屏前	屏后	屏前	屏后	屏前	屏后
固定式	1.5	1.0	2.0	1.0	1.5	1.5
抽屉式	2.0	1.0	2.3	1.0	2.0	1.5

3.8.5 电力变压器室布置应符合下列规定：

1 每台油量为 100kg 及以上的三相变压器，应装设在单独的变压器室内。

2 室内安装的干式变压器，其外廓与墙壁的净距800kVA以下不应小于0.6m；干式变压器之间的距离不应小于1m，并应满足巡视、维修的要求。

3 变压器室内可安装与变压器有关的负荷开关、隔离开关和熔断器。在考虑变压器布置及高、低压进出线位置时，应使负荷开关或隔离开关的操动机构装在近门处。

4 变压器室的大门尺寸应按变压器外形尺寸加0.5m。当一扇门的宽度为1.5m及以上时，应在大门上开宽0.8m、高1.8m的小门。

3.8.6 电容器室布置应符合下列规定：

1 室内高压电容器组宜装设在单独房间内。当容量较小时，可装设在高压配电室内。但与高压开关柜的距离不应小于1.5m。

2 成套电容器柜单列布置时，柜正面与墙面之间的距离不应小于1.5m；双列布置时，柜面之间的距离不应小于2m。

3 装配式电容器组单列布置时，网门与墙距离不应小于1.3m；双列布置时，网门之间距离不应小于1.5m。

4 长度大于7m的电容器室，应设两个出口，并宜布置在两端。门应向外开。

3.8.7 泵房内设备布置应符合下列规定：

1 根据水泵类型、操作方式、水泵机组配电柜、控制屏、泵房结构形式、通风条件等确定设备布置。

2 电动机的启动设备宜安装于配电室和水泵电机旁。

3 机旁控制箱或按钮箱宜装于被控设备附近，操作及维修应方便，底部距地面1.4m左右，可固定于墙、柱上，也可采用支架固定。

3.8.8 泵站场地内电缆沟、井的布置应符合下列规定：

1 泵房控制室、配电室的电缆应采用电缆沟或电缆夹层敷设，泵房内的电缆应采用电缆桥架、支架、吊架或穿管敷设。

2 电缆穿管没有弯头时，长度不宜超过50m，有一个弯头时，穿管长度不宜超过20m；有二个弯头时，应设置电缆手井，电缆手井的尺寸根据电缆数量而定。

3.8.9 泵站场地内的设备布置应符合下列规定：

1 格栅除污机、压榨机、水泵、闸门、阀门等设备的电气控制箱宜安装于设备旁，应采用防腐蚀材料制造，防护等级户外不应低于IP65，户内不应低于IP44。

2 臭气收集和除臭装置电气配套设施应采用耐腐蚀材料制造。

3.9 照　明

3.9.1 泵站应设置工作照明和应急照明。

3.9.2 工作照明电压应采用交流220V。工作照明电源应由厂用变电系统或低压的380/220V中性点直接接地的三相五线制系统供电。

3.9.3 应急照明电源应由照明器具内的可充电电池或由应急电源（EPS）集中供电，其标准供电时间不应小于30min。

3.9.4 主泵房和辅机房的最低照度标准应符合表3.9.4的规定。

表3.9.4 最低照度标准

工作场所	工作面名称	规定照度的被照面	工作照度(lx)	事故照度(lx)
泵房间、格栅间	设备布置和维护地区	离地0.8m水平面	150	10
中控室	控制盘上表针，操作屏台，值班室	控制盘上表针面，控制台水平面	300 500	30
继电保护盘、控制屏	屏前屏后	离地0.8m水平面	150	15
计算机房、通信室	设备上	离地0.8m水平面	300	30
高低压配电装置、母线室	设备布置和维护地区	离地0.8m水平面	200	15
变压器室	—	离地0.8m水平面	100	15
主要楼梯和通道	—	地面	50	1.5
道路和场地	—	地面	30	—

3.9.5 泵站照明光源选择应符合下列规定：

1 宜采用高效节能新光源。

2 泵房、泵站道路等场地照明宜选用高压钠灯。

3 控制室、配电间、办公室等场所宜选用带节能整流器或电子整流器的荧光灯。

4 露天工作场地等宜选用金属卤化物灯。

3.9.6 泵站照明灯具选择应符合下列规定：

1 在正常环境中宜采用开启型灯具。

2 在潮湿场合应采用带防水灯头的开启型灯具或防潮型灯具。

3 灯具结构应便于更换光源。

4 检修用的照明灯具应采用Ⅲ类灯具，用安全特低电压供电，在干燥场所电压值不应大于50V；在潮湿场所电压值不应大于25V。

5 在有可燃气体和防爆要求的场合应采用防爆型灯具。

3.9.7 照明设备（含插座）布置应符合下列规定：

1 室外照明庭园灯高度宜为3.0～3.5m，杆间距宜为15～25m。路灯供电宜采用三芯或五芯直埋电缆。

2 变配电所灯具宜布置在走廊中央。灯具安装在顶棚下距地面高度宜为2.5～3.0m，灯间距宜为灯高度的1.8～2倍。

3 当正常照明因故停电，应急照明电源应能迅速地自动投入。

4 当照明线路中单相电流超过30A时，应以380/220V供电。每一单相回路不宜超过15A，灯具为单独回路时数量不宜超过25个；对高强气体放电灯单相回路电流不宜超过30A；插座应为单独回路，数量不宜超过10个（组）。

3.9.8 三相照明线路各相负荷的分配，宜保持平衡，在每个分照明箱中最大与最小的负荷电流不平均度不宜超过30%，照明负荷可按下式计算：

$$P_{js} = 3K_x P_{max} \tag{3.9.8}$$

式中 P_{js}——照明计算负荷（kW）；

K_x——需要系数，泵站内取0.7～0.85；

P_{max}——最大一相的装灯容量（kW）。

3.9.9 照明配电线路截面选择应满足负载终端电压降不超过5%的额定电压（Ue）。

3.9.10 插座回路应装设漏电保护开关。

3.9.11 在TN-C系统中，PEN线严禁接入开关设备。在TT或TN-S系统中，当需要断开N线时，应装设相线和N线能同时切断的四极保护电器。

3.9.12 配电室内裸导体的正上方，不应布置灯具和明敷线路。当在配电室裸导体上方布置灯具时，灯具与裸导体的水平净距不应小于1.0m。

3.9.13 安装时，照明配电箱底边离地不宜低于1.4m，灯具开关中心和风扇调速开关离地宜为1.3m，竖装荧光灯底边离地宜为1.8m，挂壁式空调插座离地宜2.2m，组合式插座离地宜为0.3m（或离地1.3m）。

3.9.14 照明开关应安装在入口处门框旁边，可采用一灯一开关，或功能相同的灯采用同一开关；对设有多个门的长房间或楼梯间宜采用双控开关。

3.9.15 照明配线应采用铜芯塑料绝缘导线穿管敷设，每管不宜超过6根电线。

3.10 接地和防雷

3.10.1 泵站应设有工作接地、保护接地和防雷接地。

3.10.2 防雷接地宜与交流工作接地、直流工作接地、安全保护接地共用一组接地装置，接地装置的接地电阻值必须按接入设备中要求的最小值确定。

3.10.3 系统设备由TN交流配电系统供电时，配电线路接地保护应采用TN-S或TN-C-S系统。

3.10.4 接地装置应优先利用泵房建筑物的主钢筋作为自然接地体，当自然接地体的接地电阻达不到要求时应增加人工接地体。

3.10.5 变电所的接地装置，除利用自然接地体外，还应敷设人工接地网。对10kV及以下变电所，当采用建筑物的基础作为接地体且接地电阻又满足规定值时，可不另设人工接地体。

3.10.6 人工接地体的材料可采用水平敷设的镀锌圆钢、扁钢、垂直敷设的镀锌角钢、圆钢等。接地装置的导体截面，应符合热稳定与均压的要求，规格应符合表3.10.6的规定。

表3.10.6 钢接地体和接地线的最小规格

类别		地上		地下
		屋内	屋外	
圆钢直径（mm）		5	6	8
扁钢截面（mm^2）		24	48	48
扁钢厚度（mm）		3	4	4
角钢尺寸（mm）		25×2	25×2.5	40×4
钢管尺寸（mm）	作为接地体	Φ25（b=2.5）	Φ25（b=2.5）	Φ25（b=2.5）
	作为接地线	Φ18（b=1.6）	Φ18（b=2.5）	Φ18（b=2.5）

注：表中b为钢管管壁厚度

3.10.7 人工接地体在土壤中的埋设深度不应小于0.5m，宜埋设在冻土层以下。水平接地体应挖沟埋设，钢质垂直接地体宜直接打入地沟内，间距不宜小于其长度的2倍，并均匀布置。

3.10.8 人工接地体宜在建筑物四周散水坡外大于1m处埋设成环形接地体，并可作为总等电位连接带使用。

3.10.9 接地干线应在不同的两点及以上与接地网焊接，焊接点处应作防腐处理。

3.10.10 各电气设备的接地线应单独接到接地干线上，严禁几个设备接地端串联后，再与干线相接。

3.10.11 进出防雷保护区的金属线路必须加装防雷保护器，保护器应可靠接地。

3.10.12 电源防雷应符合下列规定：

1 B级，用于局部区域的总配电保护，10/350μs波形，100kA级。

2 C级，用于局部区域内各二级电气回路保护，8/20μs波形，40kA级。

3 D级，用于重要设备的重点保护，8/20μs波形，5kA级。

3.10.13 建筑物上的防雷设施采用多根引下线时，宜在各引下线距离地面1.5～1.8m处设置断接卡，断接卡应加保护措施。

3.10.14 配电装置的构架或屋顶上的避雷针应与接地网连接，并应在其附近装设集中接地装置。

3.10.15 下列电力装置的金属外壳应接地：

1 变压器、电机、手握式及移动式电器的金属外壳。

2 屋内、屋外配电装置金属构架、钢筋混凝土构架等。

3 配电屏、控制屏台的框架。

4 电缆的金属外皮及电缆的接线盒、终端盒。

5 配电线路的金属保护架、电缆支架、电缆桥架。

3.11 泵站电气施工及验收

3.11.1 高压电气设备和布线系统及继电保护系统的交接试验，必须符合现行国家标准《电气装置安装工程电气设备交接试验标准》GB 50150 的规定。

3.11.2 高压成套配电柜的施工验收应符合现行国家标准《电气装置安装工程高压电器施工及验收规范》GBJ 147 的规定。

3.11.3 变电所变压器的施工验收应符合现行国家标准《电气装置安装工程电力变压器、油浸电抗器、互感器施工及验收规范》GBJ 148 的规定。

3.11.4 变电站母线装置的施工验收应符合现行国家标准《电气装置安装工程母线装置施工及验收规范》GBJ 149 的规定。

3.11.5 旋转电机的施工验收应符合现行国家标准《电气装置安装工程旋转电机施工及验收规范》GB 50170 的规定。

3.11.6 1kV 及以下配电工程及电气照明装置的施工验收应符合现行国家标准《建筑电气工程施工质量验收规范》GB 50303 的规定。

3.11.7 电缆线路的施工验收应符合现行国家标准《电气装置安装工程电缆线路施工及验收规范》GB 50168 的规定。

3.11.8 低压成套配电柜、电气设备控制箱的施工验收应符合现行国家标准《电气装置安装工程盘、柜及二次回路结线施工及验收规范》GB 50171 及《电气装置安装工程低压电器施工及验收规范》GB 50254 的规定。

3.11.9 接地装置的施工验收应符合现行国家标准《电气装置安装工程接地装置施工及验收规范》GB 50169 的规定。

4 泵站自动化系统

4.1 一 般 规 定

4.1.1 泵站控制系统配置仪表的测量范围应根据工艺要求确定。

4.1.2 检测和测量仪表应按控制系统的要求提供4～20mA 电流信号输出或现场总线通信接口。

4.1.3 现场设备控制箱应设置运行状态指示、手动操作按钮和手动/联动方式选择开关。

4.1.4 泵站自动化控制系统宜通过设备控制箱实施对设备的启动和停止控制，宜采用二对常开触点分别控制设备的启动和停止。

4.1.5 设备控制箱应按控制系统的要求提供现场总线通信接口或硬线信号接口。

4.2 泵站的等级划分

4.2.1 泵站应根据设计近期流量或泵站总输入功率划分等级，其级别应符合表 4.2.1 的规定。

表 4.2.1 排水泵站分级指标

泵站规模	分级指标		
	雨水泵站设计近期流量 F_r (m^3/s)	污水泵站、合流泵站设计近期流量 F_r (m^3/s)	总输入功率 P (kW)
特大型	$F_r > 25$	$F_r > 8$	$P > 4000$
大型	$15 < F_r \leqslant 25$	$3 < F_r \leqslant 8$	$1600 < P \leqslant 4000$
中型	$5 < F_r \leqslant 15$	$1 < F_r \leqslant 3$	$500 < P \leqslant 1600$
小型	$F_r \leqslant 5$	$F_r \leqslant 1$	$P \leqslant 500$

4.3 系 统 结 构

4.3.1 大型泵站和特大型泵站自动化控制系统宜采用信息层、控制层和设备层三层结构，应符合下列规定：

1 信息层设备设在泵站集中控制室，宜采用具有客户机/服务器（C/S）结构的计算机局域网，网络形式宜采用 10/100/1000M 工业以太网。

2 控制层由多台负责局部控制的 PLC 组成，相互间宜采用工业以太网或现场工业总线网络连接，以主/从、对等或混合结构的通信方式与信息层的监控工作站或主 PLC 连接。

3 设备层宜设置现场总线网络，或采用硬线电缆连接仪表和设备控制箱。

4.3.2 中小型泵站控制系统物理结构宜采用控制层和设备层二层结构，并应符合下列规定：

1 控制层设备设在泵站控制室，以一台 PLC 为主控制器，操作界面采用触摸式显示屏或工业计算机，并按管理要求设置打印机等。

2 设备层由现场总线、控制电缆、仪表和设备控制箱等组成，泵站内控制设备较多时，宜设置现场总线网络。

4.3.3 小型泵站可采用专用的水泵控制器，实现泵站的自动液位控制。

4.3.4 特大与大型重要泵站的自动化控制系统可采用冗余结构，包括控制器冗余、电源冗余和通信冗余。

4.4 系统功能

4.4.1 运行监视范围应包括下列内容：

1 进水池液位和超高、超低液位报警；

2 非压力井形式的出水池液位和超高液位报警；

3 水泵运行状态和故障报警；

4 格栅除污机、输送机、压榨机的运行状态和故障报警；

5 电动闸门、阀门的阀位、运行状态和故障报警；

6 按工艺要求设置的瞬时流量和累积流量；

7 按工艺要求设置的调蓄池液位；

8 大型水泵的出水压力、轴承温度、绕组温度、冷却水温度、渗漏（潜水泵）以及大型水泵的润滑、液压等辅助系统的监视和报警；

9 排放口液位；

10 UPS电源设备；

11 雨水泵站地域的雨量。

4.4.2 运行控制范围应包括下列内容：

1 水泵；

2 格栅除污机、输送机、压榨机；

3 电动闸门、阀门；

4 水泵辅助运行设备；

5 泵房通风和排水设备（对于有特殊要求的泵房）；

6 除臭、空气净化设备；

7 其他与工艺设施运行有关的设备。

4.4.3 电力监测范围应包括下列内容：

1 各主要进线开关的状态和故障跳闸报警；

2 电源状态和备用电源的切换控制；

3 各段母线的电量监视和失压、过电压、过电流报警；

4 变压器的运行状态和高温报警；

5 各馈线的状态监视、主要馈线的电量监视和跳闸报警。

4.4.4 泵站自动化控制系统应具有环境与安全监控的功能，并应包括下列内容：

1 有毒、有害、易燃、易爆气体的检测和阈值报警；

2 当地环保部门有要求时，应设置有关水质监察系统；

3 无人值守泵站宜设置电视监视和安全防卫系统；

4 按消防要求设置的火灾报警。

4.4.5 当泵站自动化控制系统作为区域监控系统的一个远程子站时，应具有通信、数据采集及上报、按主站要求控制泵站设备的功能。

4.4.6 泵站自动化控制系统应设置就地控制操作界面，有人值班的泵站应具有运行统计、设备管理、报表管理等功能；无人值守泵站的就地控制操作界面用于设备维护和调试，运行管理功能由区域监控中心完成。

4.4.7 泵站自动化控制系统应具有手动、自动两种控制方式，方式转换宜在控制系统的操作界面上进行。当泵站自动化控制系统属于区域监控系统的一个远程子站时，还应具有远程控制方式。

4.4.8 操作界面应包括下列功能：

1 带中文、图形化操作界面。泵站供配电系统、开关状态、运行参数以及各工艺设备状态均能显示。

2 在泵站平面布置图上选中某一设备时，可对该设备进行操作，或进一步显示该设备的详细属性数据。

3 显示泵站的工艺流程和站内设备的相互关系，具有与泵站平面布置图相同的操作控制功能。

4 泵站的液位和各工艺设施的液位关系，提供泵站设备的操作控制功能。

5 当前正在报警的设备和报警内容。

6 设定自动化运行的控制参数。

4.4.9 操作界面应采用分类分层的显示和控制方式，从主菜单画面进入所需设备控制画面的层数不宜超过3层。

4.4.10 在操作界面上实施对现场设备的手动控制时，每次只允许针对一台设备的一个动作，经提示确认后再执行。

4.4.11 当泵站设备运行出现异常时，泵站自动化控制系统应立即响应，发出声和光的报警提示信号。声报警由蜂鸣器发声，可在人工确认后消除。光报警由安装于控制机柜面板上的光字牌闪光显示或在操作界面上以醒目的文字、色块显示，在泵站或设备运行恢复正常时自动消除。报警信号类别宜包括下列内容：

1 0.4kV侧过电流；

2 电动机过电流；

3 补偿电容器过电流；

4 水泵电机启动失败和泵组故障；

5 闸门故障和控制失败；

6 超高液位、超低液位；

7 格栅除污机故障和启动失败；

8 压榨机故障和启动失败；

9 主变压器高温报警；

10 断路器跳闸；

11 仪表、变送器故障；

12 UPS故障；

13 流量转换器故障；

14 潜水泵有关信号报警，包括定子温度、轴承温度、泄漏等。

4.5 检测和测量技术要求

4.5.1 液位和液位差测量应符合下列规定：

1 液位测量宜采用超声波液位计，不需要现场显示时，宜采用一体化超声波液位计。设置超声波液位计有困难时，液位测量可采用投入式静压液位计或其他具有电信号输出的液位计。

2 超声波液位计传感器的探测方向应与液面垂直，探测范围内不应存在障碍物。

3 液位差测量宜采用液位差计，当采用两台液位计测量并通过计算求得液位差时，两台液位计应属于同一类型，且具有相同的性能参数，安装在同一基准面上。

4 需要同时测量液位和液位差时，宜采用可同时输出液位值和液位差值的液位差计。

5 液位显示值应以当地绝对高程为基准，表示单位为 m，液位计的测量误差应小于满量程的 1%，液位计作为液位计量时测量误差应小于满量程的 0.5%。

6 超声波传感器的防护等级不应低于 IP67，投入式静压传感器的防护等级不应低于 IP68，且能长期浸水工作；现场变送器、液位显示器的防护等级不应低于 IP65。

7 液位计或液位差计应具有故障自检和故障信息传输的能力。

8 液位计或液位差计的不浸水的安装支架应采用不锈钢材质；投入式静压液位计应安装在耐腐蚀防护管内，并应具有安装深度定位装置；安装在室外的现场显示设备应配置遮阳板。

9 应设置专用的液位开关，防止水泵干运行。液位开关宜采用浮球式，安装在水流相对平稳处，且应便于维护和调整。

4.5.2 流量测量应符合下列规定：

1 泵站流量计量宜采用电磁流量计，其内衬材质和电极材料应在污水中稳定，应满足长期测量的要求。

2 电磁流量计应有工艺措施，保证其在测量管段内充满液体，传感器前后应有足够的直管段，且管道内不得有气泡聚集。

3 应包括下列输出信号：

1）瞬时流量和累计流量；

2）流量积算脉冲；

3）流量计故障状态；

4）流量计空管状态。

4 流量的测量误差应小于显示值的 0.5%。瞬时流量表示单位是 m^3/s，累计流量表示单位是 m^3。

5 传感器的防护等级不应低于 IP68，变送器的防护等级不应低于 IP65。

6 应能自动切除空管干扰信号，传感器宜具有内壁污垢自动清除的功能。

7 信号变送器应靠近传感器安装，其连接电缆应采用专用电缆，单独穿钢管敷设。

4.5.3 压力测量应符合下列规定：

1 大型水泵出水管道的压力测量宜采用压力变送器，其材质应在污水中稳定，满足长期测量的要求。

2 压力的测量误差应小于显示值的 1%。压力表示单位是 kPa。

3 压力变送器固定在有振动的设备或管道上时，应采用减震装置。

4.5.4 温度测量应符合下列规定：

1 宜采用热电阻和温度变送器测量大型水泵轴承温度和电动机的轴承温度、绕组温度、冷却水温度，当不需要现场温度显示时，热电阻宜直接接入泵站控制系统的电阻测量输入端。

2 温度测量误差应小于满量程的 2%，温度表示单位是℃。

4.5.5 硫化氢气体检测和报警应符合下列规定：

1 污水泵站封闭的工作环境必须设置固定式硫化氢气体检测报警装置，应 24h 连续监测空气中硫化氢浓度。

2 作业人员在危险场所应配带便携式硫化氢气体监测仪，检查工作区域硫化氢的浓度变化。

3 硫化氢气体检测报警装置的主要技术参数应符合表 4.5.5 的规定。

表 4.5.5 硫化氢气体检测报警装置的主要技术参数

参数名称	固定式	便携式
监测范围（mg/m^3）	0～25	0～50
检测误差（%）	≤3	≤5
报警阈值（mg/m^3）	10	10
报警方式（dB）	电笛≥100、闪光	蜂鸣器、闪光
响应时间（s）	≤60（满量程 90%）	≤30（满量程 90%）

4 当硫化氢气体浓度超过设定的报警阈值时，必须在报警的同时立即启动通风设备。

4.5.6 雨量观测应符合下列要求：

1 当雨水泵站需要观测雨量时，宜采用翻斗式遥测雨量计，输出计数脉冲信号，计数分辨率应为 0.1mm，测量误差不应超过 4%。

2 雨量计的安装场地应平整，场地面积不宜小于 4m×4m，场地内植物高度不应超过 200mm，仪器口部 30°仰角范围内不得有障碍物。

3 雨量计安装应符合国家现行标准《降水量观测规范》SL 21 的规定。

4.6 设备控制技术要求

4.6.1 设备控制方式和优先级应符合下列规定：

1 泵站设备的控制优先级由高至低宜为：现场

控制、配电盘控制、就地控制、远程控制，较高优先级的控制可屏蔽较低优先级的控制；每一级控制均应设置选择开关，以确定是否允许较低级别的控制，如图 4.6.1 所示。

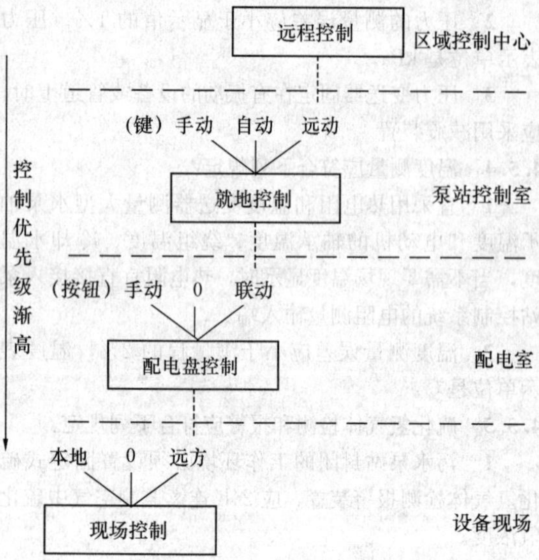

图 4.6.1 泵站设备控制优先级关系

2 现场控制（也称机旁控制）应是在设备安装位置附近实施手动控制，应具有最高的控制优先级。

3 配电盘控制应在电动机配电控制盘或 MCC 盘面上实施手动控制。当电动机配电控制盘或 MCC 盘布置在现场设备附近时，可代替现场控制。

4 现场控制和配电盘控制可由泵站供配电系统实施，可不依赖于泵站自动化控制系统而对泵站设备实施手动控制。

5 就地控制可通过泵站自动化控制系统实施控制，宜在泵站控制室内完成，可采用下列控制方式：

1）就地手动方式：通过泵站自动化控制系统的操作界面实施手动控制。

2）就地自动方式：由泵站自动化控制系统根据泵站液位、流量、设备状态等参数以及预定的控制要求对设备实施自动控制，不需人工干预。

6 远程控制应在区域监控中心实施。

7 在远程控制方式下，泵站自动化控制系统应提供站内设备的基本联动、连锁和保护控制。

4.6.2 水泵控制应符合下列规定：

1 宜在泵站配电室或现场设置水泵控制箱，实现水泵的启动控制和运行保护；当水泵容量较小或控制特别简单时，启动控制和运行保护元件可并入配电柜内；当一台水泵控制箱控制多台水泵时，每台水泵应设置独立的启动控制和运行保护。

2 应设置防止水泵干运行的超低水位保护，并应直接作用于每台水泵的启动控制回路。

3 当水泵控制设备距离水泵较远或控制需要时，可在水泵设备附近设置现场操作按钮箱以实现现场控制。

4 现场水泵控制箱除应符合本规程第 4.1.3 条的规定外，还应设置紧急停止按钮。

5 设在配电盘上的水泵控制应设置水泵运行状态指示、手动操作按钮和手动方式或联动方式选择开关。

6 水泵启动和停止过程所需要的辅助控制等应在水泵控制箱内完成。

7 水泵的工况和报警应以图形或文字方式显示在泵站控制系统的操作界面上，并可通过操作界面手动控制水泵的运行。

8 在就地自动方式下，泵站自动化控制系统应根据泵房集水池液位（格栅后液位）的信号自动控制水泵的运行，定速泵可按下列两种模式运行：

1）两点式如图 4.6.2-1 所示：液位达到开泵液位时，开 1 台水泵；经一段时间后液位仍高于开泵液位时，增开 1 台水泵；液位达到停泵液位时，停 1 台水泵，经一段时间后液位仍低于停泵液位时，再停 1 台水泵；液位达到超低液位时，停止所有水泵。

2）多点式如图 4.6.2-2 所示：液位每上升一定高度，增开 1 台水泵，液位每下降一定高度，停止 1 台水泵。

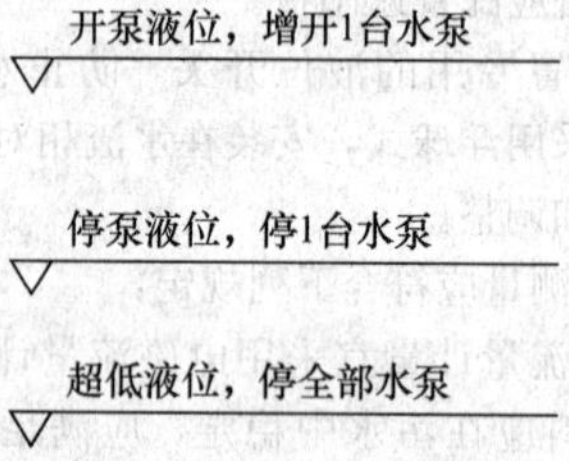

图 4.6.2-1 两点式运行模式

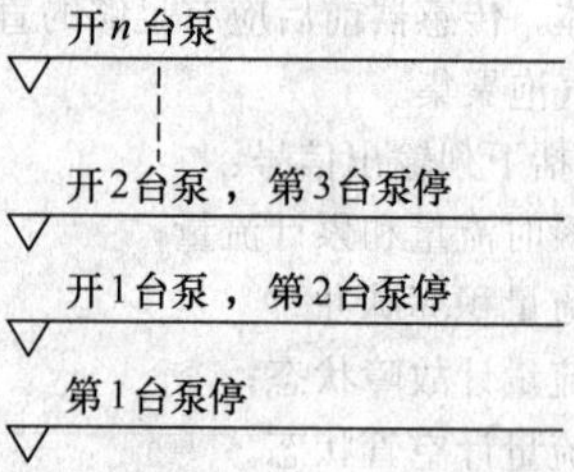

图 4.6.2-2 多点式运行模式

9 水泵调速宜采用变频调速。应按照经济运行和减少水泵启停次数的原则配置调速器，对设置调速泵台数大于四台的泵站，调速器不应小于 2 台。

10 水泵在一定时间间隔内的启停次数应符合水泵特性要求，当需要增加投运水泵数量时，应优先启动累计运行时间较短的水泵；当需要减少投运水泵数量时，应优先停止累计运行时间较长的水泵，使各水泵的运转时间趋于均等。

11 当泵站自动化控制系统属于区域监控系统的一个远程子站时，水泵应属于远程监控的对象，水泵的启动和停止命令可由区域监控系统发出，实现区域监控中心（信息中心）对水泵的遥控。

12 当连续两次启动水泵失败，应自动启动下一台水泵，同时对故障水泵的状态信息进行标记并报警。

13 水泵运行与有关闸门、阀门的状态必须连锁，水泵的启动和运行控制逻辑应符合表 4.6.2-1 的规定，当出现表中状态之一时，严禁启动水泵，正在运行的水泵应立即停止。

表 4.6.2-1 水泵控制逻辑表

检查项目	判定条件	开泵检查	运行检查	备　注
泵房液位	超低液位	√	√	—
水泵控制箱	不可用、故障报警	√	√	内容参见表 4.6.2-2
相关闸门或阀门位置	与工艺要求不符	√	√	—
泵站过电压	>10%	√	√	持续 5s
泵站欠电压	<15%	√	—	持续 10s
运行小电流	<50%	—	√	持续 5s
单泵流量	<50%	—	√	启动过程除外
冷却、润滑、密封系统	故障报警	√	√	仅大型水泵设置

14 大型水泵机组应设置双向限位振动监测传感器，当振动幅度超过预定值时，应发出报警信号，当振动继续增加至更高的预定值时，应自动停泵。

15 大型水泵的润滑系统、冷却系统以及液压系统的压力监视宜采用压力开关或电接点压力表。大型水泵的冷却水循环状态检测宜采用水流开关。

16 水泵控制箱接口信号应符合表 4.6.2-2 的规定。当大型水泵机组设有冷却水系统、密封水系统或润滑系统时，应提供相应的监控信号接口。

表 4.6.2-2 水泵控制箱接口信号

信号名称	信号方向	点数	备　注
水泵运行、停止命令	下行	2	—
手动、联动方式状态	上行	2	—
水泵运行、停止状态	上行	2	—
断路器合、分、跳闸状态	上行	3	分闸：不可用，跳闸：故障
过载或过流保护动作状态	上行	1	综合电气故障
绕组高温报警	上行	1	中、大型水泵电机设置，3 相综合
轴承高温报警	上行	1	中、大型水泵设置，水泵、电机综合
渗漏报警	上行	1	中、大型潜水泵设置
水泵电机工作电流	上行	1～3	中、小型水泵取 B 相，大型水泵取 3 相
软启动或软停止状态	上行	1	软启动泵设置
软启动装置旁路状态	上行	1	软启动泵设置
软启动装置故障报警	上行	1	软启动泵设置
转速设定	下行	1	变频泵设置
转速反馈	上行	1	变频泵设置
变频器故障状态报警	上行	1	变频泵设置
冷却、密封或润滑系统故障	上行	1	大型水泵机组设置，综合报警

4.6.3 格栅除污机、输送机、压榨机控制应符合下列规定：

1 启动控制和运行保护宜设置现场控制箱，当控制逻辑较简单时，可采用一台综合控制箱，但每台设备应设置独立的启动控制和运行保护。

2 格栅除污机的运行控制应具有定时和液位差两种模式。

3 格栅除污机的工况和报警应以图形或文字方式显示在泵站自动化控制系统的操作界面上，在就地手动模式下，可通过泵站自动化控制系统的操作界面手动控制格栅除污机的运行。

4 输送机、压榨机的运行控制应与格栅除污机联动。启动时，应按输送机、压榨机、格栅除污机的顺序依次启动设备，停止时，应按相反的顺序操作；两台设备先后启动和停止的时间间隔应按设备操作手册确定。

5 输送机、压榨机与格栅除污机合用一台控制箱时，与格栅除污机的联动控制应在格栅除污机控制箱内完成；当输送机、压榨机单独设置控制箱且与格栅除污机控制箱之间不存在联动逻辑关系时，可由泵站自动化控制系统实施联动控制。

6 格栅除污机、输送机、压榨机控制箱接口信号应符合表 4.6.3 的规定。

表 4.6.3　格栅除污机、输送机、压榨机控制箱接口信号

信号名称	信号方向	点　数	备　注
运行、停止命令	下行	2	—
手动、联动方式状态	上行	2	—
运行、停止状态	上行	2	—
断路器合、分状态	上行	2	分闸：不可用
故障报警	上行	1	综合电气、机械故障
清捞耙复位	上行	1	钢丝绳式格栅设置
档位控制	下行	按设备定	移动式格栅设置
档位反馈	上行	按设备定	移动式格栅设置

7　当一座泵站具有多台格栅除污机，其中任何一台格栅除污机运行时，输送机、压榨机应随之联动。

4.6.4　闸门、阀门控制应符合下列规定：

1　泵站内闸门、阀门的启闭宜采用电动操作方式，宜采用现场控制箱或一体化电动执行机构；当一台控制箱控制多台闸门、阀门时，每台闸门、阀门应设置独立的启动控制和运行保护。

2　闸门、阀门的启闭应提供机械的开度指示，当需要控制开度时，现场控制箱上应设开度指示仪表。

3　泵站自动化控制系统可通过闸门、阀门的现场控制箱实施对闸门、阀门的开启和关闭控制；当控制信号撤除时，闸门、阀门的运行应立即停止。对检修用或不常用的闸门和阀门可只设状态监视。

4　闸门、阀门启闭机的工况和报警应以图形或文字方式显示在泵站自动化控制系统的操作界面上，可通过泵站自动化控制系统的操作界面手动控制闸门、阀门的启闭动作。启闭过程可被手动暂停和继续。

5　闸门、阀门的启闭过程应设超时检验，超时时间宜为正常启闭时间的 1.2～2 倍，可在操作界面上修改。

6　当闸门、阀门在启闭过程中出现报警或超时，应立即暂停启闭过程，闭锁同方向的再次操作，但应允许反方向的操作，反方向操作成功时解除闭锁。

7　当泵站自动化控制系统属于区域控制系统的一个远程子站时，与泵站运行调度有关的闸门和阀门应属于远程控制的对象，相关闸门、阀门的启闭命令可由区域监控系统发出。

8　闸门、阀门控制箱接口信号应符合表 4.6.4 的规定。

表 4.6.4　闸门、阀门控制箱接口信号

信号名称	信号方向	点数	备　注
开、闭命令	下行	2	—
手动、联动方式状态	上行	2	—
全开、全闭状态	上行	2	—
开、闭过程状态	上行	1	脉冲信号
断路器合、分状态	上行	2	分闸：不可用
故障报警	上行	1	综合电气、机械故障
开度控制	下行	1	需要控制开度时设
开度反馈	上行	1	需要控制开度时设

4.6.5　除臭装置控制应符合下列规定：

1　除臭装置宜由配套的现场控制箱实施启动控制、运行保护和内部设备联动控制，宜与硫化氢检测信号联动。

2　除臭装置控制箱接口信号应符合表 4.6.5 的规定。

表 4.6.5　除臭装置控制箱接口信号

信号名称	信号方向	点数	备　注
运行、停止命令	下行	2	—
手动、联动方式状态	上行	2	—
运行、停止状态	上行	2	—
断路器合、分状态	上行	2	分闸：不可用
故障报警	上行	1	综合电气、机械故障

4.6.6　通风控制应符合下列规定：

1　泵站的主要通风设备宜设置现场控制箱实施启动控制、运行保护和内部设备联动控制。

2　风机控制箱接口信号应符合表 4.6.6 的规定。

表 4.6.6　风机控制箱接口信号

信号名称	信号方向	点数	备　注
运行、停止命令	下行	2	—
手动、联动方式状态	上行	2	—
运行、停止状态	上行	2	—
断路器合、分状态	上行	2	分闸：不可用
故障报警	上行	1	综合电气、机械故障

4.6.7　积水坑排水控制应符合下列规定：

1　泵站的积水坑排水泵宜设置现场控制箱实施启动控制和运行保护，并应采用液位开关实现自动排水控制。

2 积水坑排水泵控制箱接口信号应符合表4.6.7的规定。

表 4.6.7 积水坑排水泵控制箱接口信号

信号名称	信号方向	点数	备 注
断路器合、分状态	上行	2	分闸：不可用
手动、自动方式状态	上行	2	—
运行、停止状态	上行	2	—
故障报警	上行	1	综合电气故障
超高水位报警	上行	1	—

4.7 电力监控技术要求

4.7.1 应设置泵站供配电设备运行监视系统，对异常的跳闸进行报警。当需要时，可设置远程控制。

4.7.2 泵站高压进线开关设备宜设置综合保护测控单元，以数据通信接口连接泵站自动化控制系统；当不采用综合保护测控单元时，应以辅助触点和变送器方式提供必要的信号接口，最低配置应符合表4.7.2的规定。

表 4.7.2 高压进线开关设备接口信号

信号名称	信号方向	点数	进线柜	母联柜	电压互感器柜	馈线柜	电动机控制柜	变压器保护柜	备 注
主开关合、分位置	上行	2	✓	✓	—	✓	✓	✓	—
本地、远方操作位置	上行	2	✓	✓	—	✓	✓	✓	需远动操作时设置
主开关合、分操作	下行	2	✓	✓	—	✓	✓	✓	需远动操作时设置
主开关跳闸	上行	2	✓	✓	—	✓	✓	✓	—
电压	上行	1	—	—	✓	—	—	—	需远动操作时设置
电流	上行	1	✓	—	—	✓	✓	✓	需远动操作时设置
变压器高温报警	上行	1	—	—	—	—	—	✓	—
变压器高温跳闸	上行	1	—	—	—	—	—	✓	需远动操作时设置

4.7.3 泵站电力监控系统应进行电能管理，用于统计、分析和控制泵站能耗。

4.7.4 电能测量宜采用综合电量变送器，以数据通信接口连接泵站自动化控制系统。当泵站采用大型泵组或高压电动机时，综合电量变送器宜设在电动机控制柜内，每回路一台；在小型低压泵站，综合电量变送器宜设在低压进线柜内。

4.7.5 泵站低压开关设备宜设置智能化数字检测和显示仪表，以数据通信接口连接泵站自动化控制系统；当不采用数字检测和显示仪表时，应以辅助触点和变送器方式提供必要的信号接口，最低配置应符合表4.7.5的规定。

表 4.7.5 低压开关设备接口信号

信号名称	信号方向	点数	进线柜	母联柜	补偿电容器柜	主要馈线回路	电动机控制柜	备 注
断路器合、分位置	上行	2	✓	✓	—	✓	✓	—
本地、远方操作位置	上行	2	✓	✓	—	✓	✓	需远动操作时设置
断路器合、分操作	下行	2	✓	✓	—	✓	✓	需远动操作时设置
断路器跳闸	上行	2	✓	✓	—	✓	✓	—
电压	上行	1	✓	—	—	—	—	—
电流	上行	1	✓	—	✓	✓	✓	—

4.7.6 泵站自动化控制系统应设置电力监控的显示和操作界面，以图形及数字方式表示供电系统的工况和运行参数，应包括各变电所的高压系统图、低压系统图、母线参数表、开关参数表、变压器参数表、故障报警清单等图形和表格，设备的不同工况应采用不同的图形和颜色直观表示，电流、电压、电量等参数应有数字显示。

4.7.7 当泵站自动化控制系统属于区域监控系统的一个远程子站时，泵站供配电系统的所有电量数据变化和设备状态变化以及报警应实时报送区域监控中心(信息中心)，并应带有时间标记。

4.8 防雷与接地

4.8.1 当电源接入安装控制设备或通信设备的机柜时，应设置防雷和浪涌吸收装置。当通信电缆接入通信机柜时，应设置与通信端口工作电平相匹配的防雷和浪涌吸收装置。当信号电缆接入控制机柜时，宜设置与信号工作电平相匹配的防雷和浪涌吸收装置。

4.8.2 泵站自动化控制系统的工作接地与低压供电系统的保护接地宜采用联合接地方式，接地电阻不应大于 1Ω。

4.8.3 连接外场设备屏蔽线缆接地应采用一点接地（又称单端接地）。

4.8.4 计算机网络系统、设备监控系统、安全防范系统、火灾报警控制系统、闭路电视系统的防雷与接地除应符合本规程第 4.8.1～4.8.3 条的规定外，还应符合现行国家标准《建筑物电子信息系统防雷技术规范》GB 50343 的有关规定。

4.9 控制设备配置要求

4.9.1 控制系统应采用工业级设备，应具备防尘、防潮、防霉的能力，并应符合相应的电磁兼容性要求。

4.9.2 对控制系统设备的防护等级要求，室内安装时不应低于 IP44，室外安装时不应低于 IP65，浸水安装时不应低于 IP68。

4.9.3 计算机、控制器及其软件系统应具有开放的协议和标准的接口。

4.9.4 现场总线应采用国际通用的开放的通信协议。

4.9.5 控制器宜采用模块式结构，应具有工业以太网、现场总线、远程 I/O 连接、远程通信、自检和故障诊断能力，并应具有带电插拔功能。

4.9.6 控制器应具有操作权限和口令保护及远程装载功能，支持梯型图、结构文本语言、顺序功能流程图等多种编程语言，应用程序应保存在非挥发存储器中。

4.9.7 操作界面宜采用背光彩色防水按压触摸液晶显示屏，具有 2 级汉字字库，3 级密码锁定功能。

4.9.8 当控制器设备采用晶体管输出时，应设置隔离继电器连接外部设备，继电器应具有封闭式外壳，带防松锁扣的插座安装，并应具有动作状态指示灯。

4.9.9 控制器的 I/O 接口设备应符合下列规定：

1 数字信号输入（DI）：DC24V，电流不应大于 50mA；

2 数字信号输出（DO）：继电器无源常开触点输出，AC250V/2A；

3 数字信号隔离能力：DC2000V 或 AC1500V；

4 模拟信号输入（AI）：4～20mA；

5 A/D 转换器：12bit，不应小于 100 次/s；

6 模拟信号输出（AO）：4～20mA，负载能力不应小于 350Ω；

7 D/A 转换器：不应小于 12bit；

8 模拟信号隔离能力：DC700V 或 AC500V。

4.9.10 泵站控制系统，应具有 10% 的备用输入、输出端口及完整的配线和连接端子。

4.9.11 泵站自动化控制系统应采用 UPS 作为后备电源，后备电源的供电时间宜为 30min，供电范围应包括下列设备：

1 控制室计算机及其网络系统设备（大屏幕显示设备除外）；

2 通信设备；

3 PLC 装置及其接口设备；

4 泵站仪表和报警设备。

4.9.12 UPS 应采用在线式，电池应为免维护铅酸蓄电池，负荷率不应大于 75%。

4.9.13 UPS 应提供监控信号接口，接口形式应根据泵站控制系统能提供的接口条件选择，监控应包括下列内容：

1 旁路运行状态；

2 逆变供电状态；

3 充电状态；

4 故障报警（综合报警信息）。

4.9.14 安装在污水泵房等现场的设备应具有防硫化氢气体腐蚀的能力。

4.9.15 当泵站需要设置大屏幕显示设备时，宜采用金属格栅镶嵌马赛克式模拟显示屏，屏面显示元素应采用光带、发光字牌、发光符号、字符显示窗、数字显示窗等制作，显示屏的尺寸以及与控制台的距离应符合人机工程学的要求。

4.10 安全和技术防卫

4.10.1 无人值守泵站宜设电视监视系统，监视范围应包括泵站内的主要工艺设施、重要设备、变电所和主要道路，视频图像应上传区域监控中心（信息中心）。

4.10.2 有人值班泵站可按管理要求设电视监视系统，对重要工艺设施和设备的运行进行实时监视和监听。

4.10.3 无人值守泵站宜设置红外线周界防卫系统，报警信号应与当地公安、保安部门或区域监控中心（信息中心）连接。

4.10.4 有人值班泵站可按管理要求设置周界防卫系统，控制主机和报警盘应设在值班室。

4.10.5 当需要在泵站设置火灾报警系统时，火灾报警控制器应设在值班室，无人值守泵站的火灾报警信号应与当地消防部门连接。

4.10.6 对特大型泵站的重要出入口通道可设置门禁系统。

4.11 控 制 软 件

4.11.1 泵站自动化系统软件应满足功能需求，包括系统软件、通信软件、应用软件和二次开发所需要的软件。应采用商品化的系统软件，并具有类似工程的应用业绩。

4.11.2 操作系统应采用多任务、多用户网络操作系统、中文版本、配备 2 级中文字库、具有开放的软件接口。

4.11.3 数据库系统应具有面向对象、事件驱动和分布处理的特征，具有开放的标准的外部数据接口，能与其他控制软件和数据库交换数据。

4.11.4 运行监控画面宜采用商品化的图控软件进行组态设计，具有中文界面、操作提示和帮助系统，应用软件应包括下列功能：

1 泵站总平面布置图、局部平面布置图、工艺流程图、设备布置图、剖面图、电气接线图、报警清单等，并在图形界面上实现对设备的操作、控制和运行参数设定。

2 采集泵站运行过程中的各种数据信息，分类记录到相关数据库中，提供在线查询、统计、修改、趋势曲线显示、打印等功能。泵站运行数据库应能保存3年以上的运行数据。

3 事件驱动报表由随机事件触发生成，包括报警文件、事故记录等；统计报表对数据库各数据项进行组合生成，宜包括下列类型：

1）泵站和各泵组运行日报表、月报表、年报表；

2）各类事件/事故记录表；

3）操作记录表；

4）设备运行记录表。

4 提供系统设备和监控对象的在线监测及诊断，对各类设备运行情况进行在线监测，并存入相应的数据库，对设备的管理、维护、保养和故障处理提出建议。

5 对设备运行数据、流量数据、扬程数据、能耗数据进行记录和综合分析，提供节能运行建议。

6 分级授权操作、分级系统维护等。

4.12 控制系统接口

4.12.1 泵站控制系统与各相关设备和相关工程的接口技术要求应在设计文件、土建工程招标文件、设备采购招标文件、自动化系统工程招标文件中详细描述。

4.12.2 泵站自动化系统设备安装和电缆敷设所需的基础、预留孔、预埋管、预埋件等宜由土建工程实施，在相关招标文件和施工设计图纸中应明确描述其位置、尺寸、数量、材质、受力、防护、制作要求等技术数据。

4.12.3 泵站控制系统与电气设备和仪表的接口如图4.12.3所示，各接口的功能应符合表4.12.3的规定。在有关接口描述的文件中，应明确下列内容：

1 接口类型和通信协议；

2 物理参数；

3 电气参数；

4 接口信号内容；

5 其他需要说明的内容。

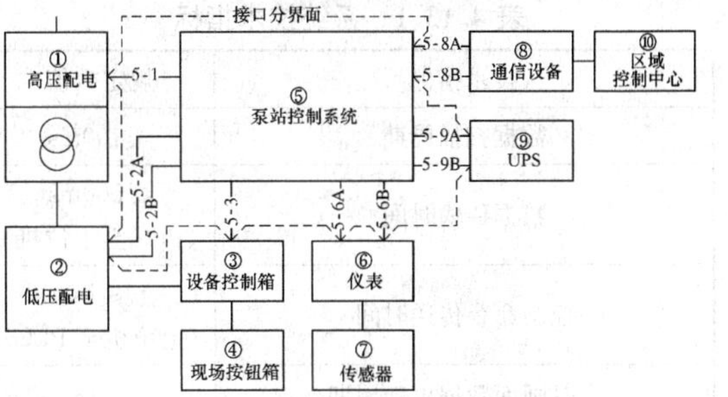

图4.12.3 泵站控制系统接口示意图

表4.12.3 泵站控制系统与电气设备和仪表的接口

编号	界面位置	功能	备注
5-1	高压开关柜二次端子排或信号插座	监控高压开关设备和变压器运行	参见本规程4.7节
5-2A	低压配电柜供电电缆馈出端	接取泵站控制系统的工作电源	—
5-2B	低压开关柜二次端子排或信号插座	监控低压开关设备运行	参见本规程4.7节
5-3	各机电设备控制箱的控制信号端子排或插座	监控设备运行	参见本规程4.6节
5-6A	仪表的工作电源端子排	提供仪表工作电源	参见本规程4.5节
5-6B	仪表的信号输出端子排或总线信号插座	采集仪表的检测数据和工作状态	参见本规程4.5节
5-8A	泵站控制机柜内的通信电源端子排	提供远程监控通信设备的工作电源	—
5-8B	泵站控制机柜内的远程监控通信插座	提供远程监控通信接口	参见本规程7.2节
5-9A	UPS的电源输入和电源输出端子排	提供和接取UPS电源	—
5-9B	UPS监控信号端子排或插座	监控UPS运行	参见本规程4.9.13条

4.13 系统技术指标

4.13.1 泵站自动化系统技术指标应符合表4.13.1的规定。

表 4.13.1 系统技术指标

技术指标		规定数值
数据扫描周期		≤100ms
数据传输时间		≤500ms（PLC至上位机）
控制命令传送时间		≤1s（上位机至PLC）
实时画面数据更新周期		≤1s
实时画面调用时间		≤3s
平均故障间隔时间（MTBF）		≥17000h
平均修复时间（MTTR）		≤1h
双机切换到功能恢复时间		≤30s
站内事件分辨率		≤10ms
计算机处理器的负荷率	正常状态下任意 30min 内	<30%
	突发任务时 10s 内	<60%
LAN 负荷率	正常状态下任意 30min 内	<10%
	突发任务时 10s 内	<30%
通信故障恢复时间		≤0.5s

4.14 设备安装技术要求

4.14.1 泵站自动化控制设备应安装在控制机柜内，中小型泵站宜设置一台控制机柜，控制机柜应符合下列规定：

1 室内控制机柜宜采用冷轧钢板制作，室外控制机柜宜采用不锈钢板或工程塑料制作，金属板材的厚度应符合表 4.14.1 的规定。

表 4.14.1 控制机柜板材厚度（mm）

机柜高度	<300	300～800	800～1500	>1500
材料厚度	≥1.2	≥1.5	≥2.0	≥2.5

2 控制机柜电源进线应设总开关，各用电回路应按负荷情况设配电开关，均应采用小型空气断路器。低压直流电源宜设熔丝保护。

3 控制机柜应设置可靠的保护接地装置及防雷防过电压保护装置，柜内应设置工作照明和单相检修电源插座。

4 柜内元件和设备应设置编号标识，安装间距应满足通风散热的要求，发热量大的设备应安装在机柜的上部。

5 面板上的各种开关、指示灯、表计均应设中文标签，标明其代表的回路号及功能，其中按钮和指示灯的颜色应符合现行国家标准《电工成套装置中的指示灯和按钮的颜色》GB 2682 的规定，面板仪表宜采用数字显示。

6 柜内连接导线宜采用 0.6kV 绝缘铜芯线，截面不应小于 $0.75mm^2$，其中电流测量回路应采用截面不小于 $2.5mm^2$ 的多股铜导线。连接导线宜敷设在汇线槽内，两端应有导线编号，颜色选配应符合现行国家标准《电工成套装置中的导线颜色》GB 2681 的规定。

7 接线端子应标明编号，强、弱电端子宜分开排列，最下排端子距离机柜底板宜大于 350mm，有触电危险的端子应加盖保护板，并设置警示标记。

8 电流回路应设置试验端子，电流测量输入端子应设置短路压板，电压测量输入端子应设置保护熔丝。

4.14.2 控制机柜宜设置在泵站控制室，周围环境应干燥，无强烈振动，无强电磁干扰，无导电尘埃和腐蚀性气体，无爆炸危险性气体，避免阳光直射。

4.14.3 当控制室设置防静电地板时，高度宜为 300mm。可调量为±20mm。架空地板及工作台面的静电泄漏电阻值应符合国家现行标准《防静电活动地板通用规范》SJ/T 10796 的规定。控制机柜应采用有底座的固定安装，底座高度应与底板平齐。对从下部进出电缆的控制机柜落地安装时，控制机柜下部应设置电缆接线操作空间。

4.14.4 泵站控制室的温度宜控制在 18～28℃之间，相对湿度宜控制在 40%～75%之间。

4.14.5 泵站控制室应布设保护接地母线，整个控制室应构成一等电位体，所有可触及的金属部件均应可靠连接到接地母线上。

4.14.6 控制室操作台宜设置综合布线槽；台面设备布置应符合人机工程学的要求，便于操作；台面下柜内安装计算机设备时，应考虑通风散热措施。

4.14.7 泵站控制系统的连接电缆应采用铜芯电缆。

4.14.8 控制电缆宜采用 4 芯以上，备用芯不得少于 1 芯；当长度超过 200m 或存在较大干扰时，应采用铜网屏蔽电缆。

4.14.9 模拟量信号传输应采用铜网屏蔽双绞线，视频信号传输宜采用同轴电缆，通信电缆选用应与终端设备的特性相匹配。

4.14.10 系统供电电缆和仪表信号电缆应分开敷设。

4.14.11 屏蔽电缆宜采用单端接地，接地端宜设在内场或控制设备一侧。

4.14.12 电缆和光缆在室内可采用桥架、支架或穿管敷设，在室外宜采用穿预埋管敷设或沿电缆沟敷设；直埋敷设时应采用铠装电缆和光缆。

4.14.13 架空地板下的电缆应敷设在槽式电缆桥架或电缆托盘内，并应加设盖板。

4.14.14 钢质电缆桥架、电缆支架及其紧固件等均应进行热浸锌等防腐处理。浸锌厚度不应小于 20μm，电缆桥架宜采用冷轧钢板制作，板材厚度应符合表 4.14.14 的规定。

表 4.14.14 电缆桥架板材厚度（mm）

桥架宽度	＜400	400～800
材料厚度	≥1.5	≥2.0

4.14.15 电缆在梯式桥架或支架上敷设不宜超过一层，在槽式桥架或托盘内敷设不宜超过三层，两端及分支处应设置标识。

4.14.16 仪表设备的终端电缆保护管及需要缓冲的电缆保护管应采用挠性管，挠性管应采用不锈材质或防腐能力强的复合材料，并应设有防水弯。

4.14.17 电缆进户处、导线管的端头处、空余的导线管等均应作封堵处理，金属电缆桥架和金属导线管均应可靠接地。

4.14.18 自动化控制系统设备安装除应符合以上条文外，还应符合现行国家标准《自动化仪表工程施工及验收规范》GB 50093 的有关规定。

4.15 系统调试、验收、试运行

4.15.1 自动化系统调试前应编制完整的调试大纲。

4.15.2 泵站自动化系统调试应包括下列内容：

1 基本性能指标检测；

2 单项功能调试；

3 相关功能之间的配合性能调试；

4 系统联动功能调试。

4.15.3 调试中采用的计量和测试器具、仪器、仪表及泵站设备上安装的测量仪表的标定和校正应符合有关计量管理的规定。

4.15.4 泵站自动化系统的验收测试应以系统功能和性能检验为主，同时对现场安装质量、设备性能及工程实施过程中的质量记录进行抽查或复核。

4.15.5 上位机系统检验应包括下列内容：

1 在控制室实现对泵站内设备的运行监视和控制功能检验；

2 检查操作界面，应按设计意图、用户需求落实各工况的显示和操作画面；

3 报警、数据查询、报表、打印等功能的检验；

4 系统技术指标测试。

4.15.6 控制系统的检验应包括下列内容：

1 控制方式的切换和手动、自动方式下的控制功能检验；

2 故障和报警的响应，故障状态下的设备保护和控制功能检验；

3 操作界面的编排、内容、功能应符合设计意图和用户需求；

4 设备联动、自动运行功能检验；

5 技术指标测试。

4.15.7 外围设备检验应包括下列内容：

1 检测接地电阻值应符合设计要求；

2 防雷、防过电压措施应符合设计要求；

3 模拟显示屏安装的允许偏差和检查方法应符合表 4.15.7-1 的规定；

4 控制机柜、控制台和型钢底座安装的允许偏差和检查方法应符合表 4.15.7-2 的规定。

表 4.15.7-1 模拟显示屏安装的允许偏差和检查方法

检验项目	允许偏差	检查数量	检查方法
屏面垂直度	1mm/m	全数	吊线测量
屏面的平面度	2mm/m^2	全数	直尺测量
符号线条直线度	0.5mm/m	20%	吊线或拉线测量
单个拼块的平整度	0.1mm	5%	塞尺测量
相邻拼块平整度	0.2mm	5%	直尺与塞尺测量
拼块之间的间隙	0.1mm	5%	塞尺测量

表 4.15.7-2 控制机柜、控制台和型钢底座安装的允许偏差和检查方法

<table>
<tr><th colspan="3">检验项目</th><th>允许偏差</th><th>检查数量</th><th>检查方法</th></tr>
<tr><td rowspan="4">基础型钢底座</td><td rowspan="2">直线度</td><td>—</td><td>1mm/m</td><td rowspan="2">全数</td><td rowspan="2">拉线，用尺测量最大偏差处</td></tr>
<tr><td>全长</td><td>5mm</td></tr>
<tr><td rowspan="2">水平倾斜度</td><td>—</td><td>1mm/m</td><td rowspan="2">全数</td><td rowspan="2">拉线，用水平尺或水准仪测量</td></tr>
<tr><td>全长</td><td>5mm</td></tr>
<tr><td rowspan="6">控制机柜和控制台</td><td colspan="2">垂直度</td><td>1.5mm</td><td>全数</td><td>吊线，用尺测量</td></tr>
<tr><td colspan="2">单柜（台）顶部高差</td><td>2mm</td><td rowspan="2">全数</td><td rowspan="2">柜顶拉线，用尺或水平测量</td></tr>
<tr><td colspan="2">柜顶最大高差（柜间连接多于 2 处）</td><td>5mm</td></tr>
<tr><td rowspan="2">柜正面平面度</td><td>相邻柜（台）接缝处</td><td>1mm</td><td rowspan="2">全数</td><td rowspan="2">从柜上、中、下用拉线的方法测量</td></tr>
<tr><td>柜间连接（多于 5 处）</td><td>5mm</td></tr>
<tr><td colspan="2">柜（台）间接缝处</td><td>2mm</td><td>全数</td><td>用塞尺测量</td></tr>
</table>

4.15.8 仪表设备检验应符合下列规定：

1 量程选配与实际相符；

2 具有有效的计量检验合格证书；

3 测量范围内为线性，具有符合泵站控制系统要求的 4～20mA 模拟量输出或通信接口；

4 控制系统对仪表采样的显示值应与现场指示值一致。

4.15.9 泵站自动化控制系统应在调试完成，各项功能符合设计要求后，方可与工艺系统一起投入试运行。

4.15.10 连续联动调试运行时间不应小于 72h，应采用全自动控制方式，联动运行期间对任何仪表、传感器、通信装置、控制设备的故障应进行诊断和纠正。

5 污水处理厂供配电

5.1 负荷计算

5.1.1 装机容量统计应符合下列规定：

1 用需要系数法确定各类设备的计算负荷。

2 分变电所的计算负荷为各设备组负荷的计算之和乘以该区域内动力设备运行的同时系数。

3 总变电所的计算负荷为各分变电所计算负荷之和再乘以综合同时系数。

5.1.2 设备组的需要系数按功能区确定应符合表5.1.2的规定。

表 5.1.2 设备组的需要系数

用电设备组名称	需要系数(K_X)	$\cos\phi$	$\tan\phi$
水泵、泥泵、药泵等	0.75～0.85	0.80～0.85	0.70～0.62
风机	0.75～0.85	0.80～0.85	0.70～0.62
通风机、除臭设备	0.65～0.70	0.80	0.75
格栅除污机、皮带运输机、压榨机等	0.50～0.60	0.75	0.88
搅拌机、吸刮泥机等	0.75～0.85	0.80～0.85	0.70～0.62
消毒设备（紫外线、加氯机等）	0.80～0.90	0.50	1.73
起重器及电动葫芦(ε=25%)	0.10～0.15	0.50	1.73
控制系统设备	0.60～0.70	0.80	0.75
污泥脱水设备	0.70	0.70～0.80	0.80～0.75
污泥干化设备	0.80	0.90	0.48
干污泥输送设备（料仓）	0.65～0.70	0.80	0.75
电子计算机主机外部设备	0.40～0.50	0.50	1.73
试验设备（电热为主）	0.20～0.40	0.80	0.75
各类仪表	0.15～0.20	0.70	1.02
厂房照明（有天然采光）	0.80～0.90	—	—
厂房照明（无天然采光）	0.90～1.00	—	—
办公楼照明	0.70～0.80	—	—

5.1.3 污水处理厂负荷的计算应按本规程第3.1.3条执行，并应符合下列规定：

1 分变电所区域设备的有功功率同时系数 $K_{\Sigma P}$ 和无功功率同时系数 $K_{\Sigma Q}$ 应分别取 0.85～1 和0.95～1。

2 总变电所的综合同时系数 $K_{\Sigma P}$ 和 $K_{\Sigma Q}$ 应分别取 0.8～0.9 和 0.93～0.97。

3 当简化计算时，同时系数 $K_{\Sigma P}$ 和 $K_{\Sigma Q}$ 均应取为 $K_{\Sigma P}$ 值。

5.2 系统结构

5.2.1 变电所设置根据负荷分布特点应符合下列规定：

1 变电所的形式和布置应根据负荷分布状况和周围环境确定。

2 当系统结构为分布式时，宜设总变电所和若干分变电站所。

3 供电负荷应为二级，对特别重要的污水处理厂应定为一级负荷。

4 二级负荷应由双电源供电，二路互为备用或一路常用一路备用。

5.2.2 总变电所和分变电所设置应符合下列规定：

1 含油浸式电力变压器的变电所内变压器室的耐火等级应为一级，其他房间的耐火等级应为二级。

2 总变电所和分变电所设置还应符合本规程第3.8.2条的规定。

5.2.3 总变电所系统设置应符合下列规定：

1 总变电所宜为独立式布置，设于污水处理厂负荷中心附近合适的位置，方便与各分变电所构成配电回路。

2 对 35kV/10（6）kV 变电所宜设为屋内式。

3 当 35kV 双电源供电在 35kV 侧切换时，宜采用内桥接线。10（6）kV 母线和低压母线宜采用单母线或单母线分段接线。

4 总变电所对外的配电宜采用放射式和树干式相结合的配电方式。

5 当供电电压为 10kV，厂区面积较大，负荷又比较分散的工程，可采用 10kV 和 0.4kV 两种电压混合配电方式。

6 总变电所的布置应符合本规程第 3.8.3～3.8.6 条的规定。

5.2.4 分变电所系统设置应符合下列规定：

1 设置应靠近各自供电区域负荷中心。宜设于较大机械设备房的一端。

2 对大部分用电设备为中小容量，无特殊要求的用电设备，可采用树干式配电。

3 对用电设备容量大，或负荷性质重要，或布置在有潮湿、腐蚀性环境的构筑物内的设备，宜采用放射式配电。

4 当总变电所向分变电所放射式供电时，分变电所的电源进线开关宜采用负荷开关。当分变电所需要带负荷操作或继电保护、自动装置有要求时，应采用断路器。

5 变压器低压侧电压为0.4kV的总开关应采用低压断路器。

5.3 操作电源

5.3.1 污水处理厂主变电所操作电源应采用直流操作系统，应选用免维护铅酸蓄电池直流屏。

5.3.2 污水处理厂各个分变电所的操作宜采用简单的交流操作系统。

5.4 短路电流计算及保护

5.4.1 供配电系统短路电流计算及保护应符合本规程第3.6节的有关规定。

5.5 系统设备要求

5.5.1 供配电系统设备要求包括总线接口应符合本规程第3.7节的有关规定。

5.6 照明

5.6.1 污水处理厂的照明计算、光源选择、建筑物和道路灯具选择应符合本规程第3.9节的有关规定。

5.6.2 初沉池、生物反应池、二沉池等大型户外构筑物群区的照明宜采用广照型的高杆灯。

5.7 接地与防雷

5.7.1 变电所接地的型式和布置应符合本规程第3.10.1～3.10.11条的有关规定。

5.7.2 防雷应符合下列规定：

1 防雷措施应包括建筑物防雷和电力设备过电压保护。

2 防雷装置的设置应符合现行国家标准《建筑物防雷设计规范》GB 50057的规定。

3 污泥消化池、沼气柜、沼气过滤间、沼气压缩机房、沼气火炬、加氯间等属于二类防雷建筑物的防爆危险场所，应采取防直击雷、防雷电感应和防雷电波侵入的措施。

4 对办公楼、泵房等属于三类防雷建筑物的场所，应采取防直击雷和防雷电波侵入的措施。

5 变电所的低压总保护柜内宜设第一级电源浪涌保护器；现场站总配电箱宜设二级电源浪涌保护器；供电末端重要的仪表配电箱宜设三级电源浪涌保护器。

6 浪涌保护器的设置应符合本规程第3.10.12条的规定。

5.8 防爆电器的应用

5.8.1 污泥消化池、沼气柜、沼气过滤间、沼气压缩机房、沼气火炬、加氯间等防爆场所的电气设备必须采用防爆电器，并应符合下列规定：

1 电动机应采用隔爆型或正压型鼠笼型感应电动机。

2 控制开关及按钮应采用本安型或隔爆型设备。

3 照明灯具应采用隔爆型设备。

5.8.2 控制盘、配电盘不应布置在防爆1区，布置在防爆2区的控制盘、配电盘应采用隔爆型设备。

5.8.3 防爆电器选择应符合现行国家标准《爆炸和火灾危险环境电力装置设计规范》GB 50058的规定。

5.9 电气施工及验收

5.9.1 电气施工及验收应符合本规程第3.11节的有关规定。

6 污水处理厂自动化系统

6.1 一般规定

6.1.1 应根据污水处理厂规模、控制和节能要求配置数据采集和监视控制（SCADA）系统，实现污水处理自动化管理。

6.1.2 污水处理厂自动化程度和仪表配置要求、测量范围应根据工艺要求确定。

6.1.3 检测和测量仪表应按控制系统的要求提供4～20mA的标准电流信号输出或现场总线式的通信接口。

6.1.4 直接与污水、污泥、气体接触的仪表传感器防护等级应为IP68；室内变送器、控制器防护等级不应小于IP54；室外变送器、控制器的防护等级不应小于IP65。

6.1.5 现场设备控制箱应设置运行状态指示、手动操作按钮和手动/联动方式选择开关。

6.1.6 污水处理厂自动化系统应通过设备控制箱实施对现场设备的启动和停止控制；宜采用二对常开触点分别控制设备的启动和停止。

6.1.7 设备控制箱应按控制系统的要求提供现场总线通信接口或硬线信号接口。

6.1.8 所有安装在污水处理现场的仪表均应按照防潮、防腐要求配备保护箱、遮阳罩、不锈钢支架等附件，并应可靠接地。

6.2 规模划分与系统设置要求

6.2.1 污水处理厂工艺按流程和处理程序可划分为：预处理工艺；一级处理工艺；二级处理工艺；深度处理工艺；污泥处理工艺；最终的污泥处理等。

6.2.2 监控系统规模、工艺参数检测要求、检测点布设等均应根据污水处理厂的规模和工艺要求确定。

6.2.3 污水处理厂应设置生物池曝气量自动调节或生物工艺优化控制系统。

6.3 系统结构

6.3.1 污水处理厂的自动化控制系统宜采用三层结构，包括信息层、控制层和设备层，并应符合下列规定：

1 信息层设备布设在污水处理厂中控室，采用具有客户机/服务器（C/S）结构的计算机局域网，网络形式宜采用10/100/1000M以太网。

2 控制层宜采用光纤工业以太网或成熟的工业总线网络，以主/从、对等或混合结构的通信方式连接监控工作站、工程师站和厂内各就地控制站。

3 控制层设备设在各个现场控制站，控制器下可设远程I/O站；现场控制站宜为无人值守模式，操作界面采用触摸显示屏。

4 大、中型污水处理厂设备层宜采用现场总线网络，小型污水处理厂宜采用星型拓扑结构方式，以硬接线电缆连接仪表和设备控制箱。

6.3.2 重要污水处理厂的控制系统宜采用冗余结构。

6.4 系统功能

6.4.1 污水处理厂的运行监视功能可通过布设在各工艺构筑物中仪表及机械设备、控制箱、变配电柜内的传感器、变送器所采集的实时信息经就地控制器的收集、预处理以后上传到中控室统计、处理、存储。运行监视范围应包括下列内容：

1 物理量监视应为：

1）物位值及超高、超低物位报警；

2）瞬时流量、累积流量和故障报警；

3）温度及报警；

4）压力及报警；

5）污泥界面。

2 水质分析监视应为：

1）固体悬浮物浓度（SS）；

2）污泥浓度（MLSS）；

3）酸碱度/温度（pH/T）；

4）溶解氧（DO）；

5）总有机碳（TOC）；

6）总磷（TP）；

7）氨氮（NH_3-N）；

8）硝氮（NO_3-N）；

9）化学需氧量（COD）；

10）生化需氧量（BOD）；

11）氧化还原电位（ORP）；

12）余氯。

3 机械设备运行状态监视应为：

1）水泵运行状态和故障报警；

2）格栅除污机、输送机、压榨机的运行状态和故障报警；

3）电动闸门、阀门、堰门的位置、运行状态和故障报警；

4）沉砂池除砂装置运行状态和故障报警；

5）曝气设备运行状态和故障报警；

6）刮砂机、吸刮泥机的运行状态和故障报警；

7）搅拌机的运行状态和故障报警；

8）鼓风机、压缩机的运行状态和故障报警；

9）污泥消化设备机组运行状态和故障报警；

10）污泥浓缩机组运行状态和故障报警；

11）污泥脱水设备、输送设备、料仓设备运行状态和故障报警；

12）污泥耗氧堆肥处理系统运行状态和故障报警；

13）出水消毒装置运行状态和故障报警；

14）加药系统运行状态和故障报警。

4 自动化系统应有电力监控功能，技术要求应符合本规程第4.7节的有关规定。电力监控范围包括主变电所和分变电所。

6.4.2 污水处理厂中控室应将采集到的所有自动化信息为依据，经过数学模型计算或人工判断以后按周期发出各类运行控制命令到各就地控制站执行，运行控制对象应包括下列内容：

1 水泵（进水、出水）运行、调速；

2 格栅除污机、输送机、压榨机运行；

3 电动闸门、阀门、堰门开/闭、开度；

4 除砂装置运行；

5 曝气设备运行、曝气机浸没深度；

6 刮砂机、吸刮泥机运行；

7 搅拌机运行、调速；

8 鼓风机/压缩机运行（开启、调速、进口导叶片角度控制等）；

9 污泥消化池温度控制；

10 污泥消化池进泥量和搅拌；

11 污泥浓缩机系统运行、加药量控制；

12 污泥脱水机组、输送设备、料仓控制；

13 污泥耗氧堆肥处理系统运行、加料量控制；

14 发水消毒装置运行；

15 沼气脱硫运行；

16 其他与工艺有关的运行设备。

6.4.3 污水处理厂应设有环境与安全监控功能，应包括下列内容：

1 有毒、有害、易燃、易爆气体的监测；

2 厂区视频图像监视和安全防卫系统；

3 火灾报警系统。

6.4.4 中央控制室功能应符合下列规定：

1 应具有与上级区域监控中心通信的功能。

2 应通过模拟屏、操作终端等显示设备对污水处理厂生产过程进行监视。宜设置组合式显示屏，满足生产监视和视频图像综合显示的需要。

3 运行控制应通过操作终端实现对全厂的生产过程进行调节，对水质进行控制。通过布设在各区域的就地控制站实现。

4 应在中央控制室完成运行参数统计、设备管理、报表等运行管理功能。

5 应具有手动、自动两种控制方式转换功能。

6 操作界面应具有汉化的图形化人机接口。

7 操作画面应包括：污水处理厂总电气图和各分变电所的电气图、厂总平面布置图和每个单体的局部平面布置图、厂总工艺流程图和每个单体的局部工艺流程图、剖面图、高程图、报警清单、参数设定。

6.4.5 就地控制站功能应符合下列规定：

1 应具有数据采集、处理和控制功能。现场站操作画面包括：现场站的电气图、现场站平面布置图、区域工艺流程图、剖面图、高程图、报警清单、参数设定。

2 操作界面应具有手动、自动两种控制方式转换功能。

3 操作界面应具有汉化的图形化人机接口。

6.4.6 中控室和就地控制站的操作界面分类分层的显示和控制方式应符合本规程第 4.4.9～4.4.11 条的规定。

6.5 检测和监视点设置

6.5.1 进水水质和出水水质检测应包括下列内容：

1 酸碱度/温度（pH/T）；

2 总磷（TP）；

3 氨氮（NH_3-N）；

4 硝氮（NO_3-N）；

5 化学需氧量（COD）；

6 生化需氧量（BOD）。

6.5.2 集水池宜设置下列监视和控制点：

1 粗格栅池内设置液位计或液位差计，液位差值控制格栅的清污动作；

2 封闭的格栅间内设置硫化氢检测仪；

3 格栅除污机、输送机、压榨机和闸门的监视和控制。

6.5.3 进水泵房宜设置下列监视和控制点：

1 进水井内设超声波液位计，液位测量值作为进水泵的控制依据；

2 泵出水管设电磁流量计，作为污水处理厂的处理量的计量；

3 水泵监视和控制及泵出口阀的联动控制。

6.5.4 沉砂池宜设置下列监视和控制点：

1 细格栅池内设超声波液位差计，液位值作为沉砂池控制参数，控制细格栅的清污动作；

2 封闭的细格栅井内设分体式硫化氢检测仪，监测有害气体浓度；

3 出水井内设置固体悬浮物浓度（SS）检测；

4 出水井内设置酸碱度/温度（pH/T）、总磷（TP）检测；

5 电动闸门、阀门和除砂设备的监视和控制。

6.5.5 生物池宜设置下列监视和控制点：

1 厌氧区中间和生物池出水端设置污泥浓度（MLSS）检测仪；

2 好氧区曝气总管和分管上设气体流量计；

3 厌氧区和缺氧区分别设氧化还原电位（ORP）检测仪；

4 好氧区的鼓风曝气稳定区设溶解氧（DO）检测仪，机械曝气机下游稳定区设溶解氧（DO）检测仪；

5 厌氧区入口稳定区设溶解氧（DO）检测仪；

6 缺氧区入口稳定区设溶解氧（DO）检测仪；

7 生物池出水端设溶解氧（DO）检测仪；

8 厌氧区末端设氨氮（NH_3-N）、硝氮（NO_3-N）分析仪（或 C_2 综合分析仪）；

9 电动闸门、阀门、搅拌机、内回流泵、曝气机、气体调节阀、电动堰门的监视控制。

6.5.6 初沉池、二沉池宜设置下列监视和控制点：

1 二沉池设污泥界面计，检测污泥泥位；

2 吸刮泥机、配水/泥闸门或电动堰板、闸门、排泥阀门的监视和控制。

6.5.7 鼓风机房宜设置下列监视和控制点：

1 空气总管设压力变送器、温度变送器和气体流量计；

2 鼓风机风量、风压和过滤器的监视和控制；

3 鼓风机、变频器、导叶的运行监视和控制。

6.5.8 回流及剩余污泥泵房宜设置下列监视和控制点：

1 回流污泥浓度（MLSS）检测；

2 设分体式超声波液位计，控制污泥泵的运行；

3 设浮球液位开关，防止回流及剩余污泥泵的干运行；

4 回流污泥泵出泥管道上设电磁流量计，计量回流污泥和剩余污泥量；

5 回流污泥泵、剩余污泥泵及变频泵的监视和控制。

6.5.9 出口泵房及出水井宜设置下列监视和控制点：

1 前池内和出水井内设分体式超声波液位计；

2 设出水泵监视、运行控制或按需要设出水量调节系统（出水泵变频调速或导叶角调节）。

6.5.10 储泥池宜设置下列监视和控制点：

1 设置分体式超声波泥位计，根据泥位控制储泥池泥泵的运行循环及控制储泥池的进、排泥；

2 设搅拌机、浆液阀及泥泵监视和控制。

6.5.11 污泥浓缩池宜设置下列监视和控制点：

1 设污泥流量计和加药流量计，以污泥流量控制污泥浓缩机组的运行；

2 设污泥界面计，检测污泥泥位；

3 设污泥浓缩机组监视和控制。

6.5.12 污泥消化池宜设置下列监视和控制点：

1 进泥管设电磁流量计、温度变送器和 pH 变送器；

2 出泥管设温度变送器，池顶设雷达液位计，气相压力变送器；

3 中部设温度变送器；

4 产气管设沼气流量计；

5 可燃气体检测仪；

6 设有搅拌机、污泥泵和热水泵的监视和控制。池顶设压力和真空安全阀。

6.5.13 污泥浓缩脱水机房宜设置下列监视和控制点：

1 进泥管和加药管设流量计，控制脱水机进泥量和加药量；

2 设带双探头的硫化氢检测仪，检测探头分别设在工作间和污泥堆放间；

3 设脱水机监视和控制及污泥输送、储存、装车的监控。

6.5.14 沼气柜宜设置下列监视和控制点：

1 设甲烷探测器，以检测可燃气体的浓度；

2 设压力仪，检测压力并报警和连锁保护；

3 设沼气增压机气动蝶阀监视和控制。沼气柜高度和压力的监测、报警、连锁保护。

6.5.15 沼气锅炉房宜设置下列监视和控制点：

1 沼气进气管设沼气流量计；

2 设压力变送器和水位计，根据锅炉水位调节补水量；

3 进水管设温度变送器；

4 出水管设温度变送器、压力变送器和流量计，根据锅炉出水温度调节燃气流量；

5 储水池设超声波液位计，监测储水池液位；

6 设置甲烷探测器，检测可燃气体的浓度；

7 设沼气增压泵、沼气锅炉排水泵、循环泵的监视和控制。

6.5.16 污水处理厂应设置出水流量计量，计量排放水量。

6.5.17 出水高位井排放口宜设置分体式超声波液位计，监测排放口液位。

6.5.18 消毒池宜设置下列监视和控制点：

1 余氯检测仪（加氯消毒工艺）；

2 消毒装置的监视和控制（加氯消毒、紫外线消毒或其他消毒工艺）。

6.6 检测和测量技术要求

6.6.1 液位、泥位的测量宜采用超声波液位计或液位差计。技术要求应符合本规程第 4.5.1 条的规定。

6.6.2 污水管道满管流量测量宜采用电磁流量计。技术要求应符合本规程第 4.5.2 条的规定。

6.6.3 污水处理厂设备管道压力测量宜采用压力变送器。技术要求应符合本规程第 4.5.3 条的规定。

6.6.4 温度测量应符合本规程第 4.5.4 条的规定。

6.6.5 宜采用硫化氢检测仪测量封闭式格栅井和污泥脱水机房的硫化氢浓度。技术要求应符合本规程第 4.5.5 条的规定。

6.6.6 溶解氧（DO）检测应符合下列规定：

1 分辨率应为 0.05mg/L。信号表示单位是mg/L。

2 具有探头自动清洗功能。

3 传感器采用便于举升探头的池边安装支架；变送器采用单柱安装支架和遮阳板（罩）。

6.6.7 固体悬浮物浓度（SS）检测应符合下列规定：

1 分辨率应为 0.01mg/L。信号表示单位是mg/L。

2 传感器具有旋转刮片组成的自动清洁装置。

3 传感器采用池边安装支架或管道安装方式；变送器采用单柱安装支架。

6.6.8 氨氮（NH_3-N）、硝氮（NO_3-N）检测应符合下列规定：

1 精度应小于显示值±0.5%。信号表示单位是 mg/L。

2 防护等级为：IP54，自动标定、自动清洗。

3 宜采用离子选择电极法或比色法；当采用离子选择电极法时，应在现场采用便于举升传感器的池边安装支架，变送器采用单柱安装且保护箱外应设遮阳装置。当采用比色法时，应同时成套提供可自动空气反吹清洗的完整的取样及预处理系统，包括从测量点取样用的取样泵（可选）、取样管道、各种附件等装置。进水水质分析必须提供粗、细过滤装置。

6.6.9 污泥泥位检测应符合下列规定：

1 精度应为显示值的 1%，分辨率应为 0.03m。信号表示单位是 m。

2 传感器应具有自动清洗装置。

3 传感器采用池边安装支架；变送器采用单柱安装支架。

6.6.10 气体流量测量应符合下列规定：

1 精度应为显示值的 0.5%。信号表示单位是 m^3/s。

2 变送器防护等级为：IP65。沼气流量计应采用防爆形式。

3 宜采用热扩散气体检测原理。

6.6.11 酸碱度/温度（pH/T）值检测应符合下列规定：

1 精度应小于测量值的 0.75%，分辨率为：pH=0.01，T=0.1℃。T 信号表示单位是℃。

2 传感器采用池边安装不锈钢支架。

6.6.12 氧化还原电位 ORP 检测仪测量应符合下列

规定：

1 精度应小于显示值的 0.5%。信号表示单位是 mV。

2 传感器采用池边安装不锈钢支架。

6.6.13 甲烷检测和报警应符合下列要求：

1 沼气锅炉房采用甲烷探测器检测可燃气体的浓度。检测报警装置的主要技术参数应符合表 6.6.13 的规定。

表 6.6.13 甲烷可燃气体检测报警装置的主要技术参数

参数名称	选取值
监测范围 V/V%	0～10
显示方式	现场数字显示，控制室显示
检测误差（%）	≤3
报警阈值 V/V%	1
响应时间（s）	≤60（满量程 90%）
防爆性能	本安防爆

6.6.14 余氯分析的精度应为±5%。信号表示单位是 mg/L。

6.6.15 总磷（TP）分析应符合下列规定：

1 精度应为显示值的±2%。信号表示单位是 mg/L。

2 宜采用比色法并应同时提供可自动清洗的完整的取样及预处理系统，包括从测量点取样用的取样探头、取样管道、各种附件等装置。对于进水水质分析仪应提供粗、细两套过滤装置。

6.6.16 化学需氧量（COD）测量应符合下列规定：

1 当 COD 值大于 100mg/L 时，精度应小于显示值的±10%。当 COD 值小于或等于 100mg/L 时，精度应小于显示值±6mg/L，分辨率为 1mg/L。信号表示单位是 mg/L。

2 探头具有机械自清洗功能。

3 传感器采用池边安装不锈钢支架。

6.6.17 生化需氧量（BOD）测量应符合下列规定：

1 精度应为显示值的±10%，分辨率为 1mg/L。信号表示单位是 mg/L。

2 探头具有机械自清洗功能。

3 传感器采用池边安装不锈钢支架。

6.6.18 分析仪器试剂应选用低毒、无害和低耗量。

6.7 设备控制技术要求

6.7.1 设备的控制位置和优先级应符合下列规定：

1 污水处理厂设备的控制优先级由高至低依次为：现场控制/机旁控制、配电盘控制、就地（单体）控制、中央控制，较高优先级的控制可屏蔽较低优先级的控制；每一级控制均应设置选择开关（如图 6.7.1 所示）。

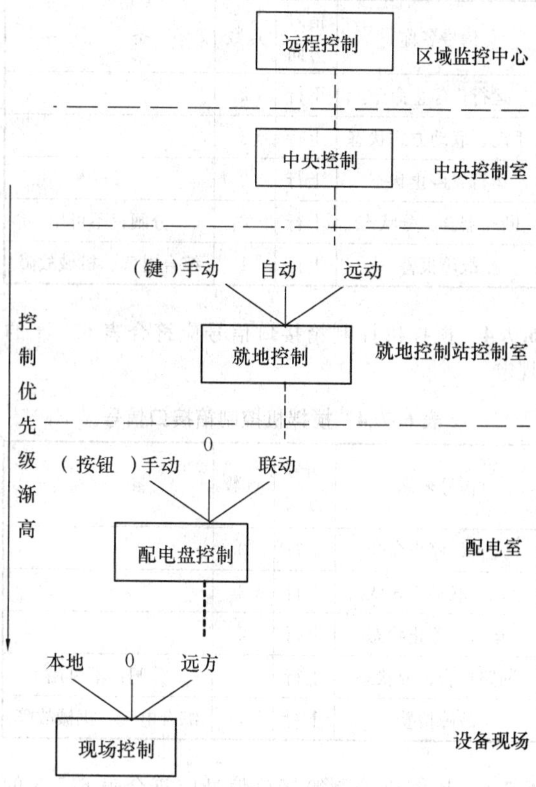

图 6.7.1 污水处理厂设备控制优先级关系

2 现场控制/机旁控制应符合本规程第 4.6.1 条第 1 款的规定。

3 配电盘控制应符合本规程第 4.6.1 条第 2 款的规定。

4 现场控制/机旁控制和配电盘控制由厂内供配电系统实施，可对现场站设备手动控制而不依赖于厂内自动化控制系统。

5 就地控制：一般在污水处理厂各现场的就地控制站内完成，是通过就地控制站自动化控制系统实施的控制，具有手动和自动两种控制方式。

6 中央控制：一般在污水处理厂综合楼的中央控制室内完成。宜通过中央控制系统操作界面的按键（或设定的功能键）完成调度和控制。系统控制水平高的污水处理厂则按照控制模型产生的控制模式自动地生成控制命令或由人工对控制模式确认以后下达控制命令，给相关的就地控制器执行。厂内各机械设备的联动亦由就地控制站的控制器根据要求完成。

7 污水处理厂应有与区域监控中心通信的功能。

6.7.2 水泵、格栅除污机、输送机、压榨机、闸门、阀门（包括配水/泥闸门、电动堰板排泥阀门）、除臭装置、通风、控制应符合本规程第 4.6.2～4.6.6 条的规定。

6.7.3 刮砂机、吸刮泥机控制箱接口信号应符合表 6.7.3 的规定。

表 6.7.3 刮砂机、吸刮泥机控制箱接口信号

信号名称	信号方向	点数	备 注
运行、停止命令	下行	2	—
手动、联动方式状态	上行	2	—
运行、停止状态	上行	2	—
断路器合、分状态	上行	2	分闸：不可用
故障报警	上行	1	综合电气、机械故障

6.7.4 搅拌机控制箱接口信号应符合表 6.7.4 的规定。

表 6.7.4 搅拌机控制箱接口信号

信号名称	信号方向	点数	备 注
运行、停止命令	下行	2	—
手动、联动方式状态	上行	2	—
运行、停止状态	上行	2	—
断路器合、分状态	上行	2	分闸：不可用
故障报警	上行	1	综合电气、机械故障

6.7.5 压缩机控制箱接口信号应符合表 6.7.5 的规定。

表 6.7.5 压缩机控制箱接口信号

信号名称	信号方向	点数	备 注
运行、停止命令	下行	2	—
手动、联动方式状态	上行	2	—
运行、停止状态	上行	2	—
断路器合、分状态	上行	2	分闸：不可用
故障报警	上行	1	综合电气、机械故障

6.7.6 鼓风机的控制应符合下列规定：

1 由配套的现场控制箱实施启动控制、运行保护和转速控制（变频）或进口导叶片角度控制以及风机组内部设备联动控制。

2 就地控制系统通过控制箱实施对鼓风机的启动停止和输出风量的调节控制。

3 控制箱接口信号应符合表 6.7.6 的规定。

表 6.7.6 鼓风机控制箱接口信号

信号名称	信号方向	点数	备 注
运行、停止命令	下行	2	—
手动、联动方式状态	上行	2	—
运行、停止状态	上行	2	—
断路器合、分状态	上行	2	分闸：不可用
故障报警	上行	1	综合电气、机械故障
鼓风机转速（变频）	下行	1	—
鼓风机出风量	下行	1	—
鼓风机电动机电流	上行	1	—
风机出风口压力	上行	1	—
控制给定	下行	1	—

6.7.7 电动调节阀的控制应符合下列规定：

1 采用曝气工艺的生物池相应的空气管道上应设置空气量检测和电动调节阀。

2 设置现场控制箱，按运行要求驱动电动调节阀控制生物池的进气量。

3 就地控制系统通过控制箱实施对调节阀的启动停止和开度的调节控制。

4 控制箱接口信号应符合表 6.7.7 的规定。

表 6.7.7 调节阀控制箱接口信号

信号名称	信号方向	点数	备 注
运行、停止命令	下行	2	—
手动、联动方式状态	上行	2	—
全开、全闭状态	上行	2	—
断路器合、分状态	上行	2	分闸：不可用
故障报警	上行	1	综合电气、机械故障
开启度反馈	上行	1	

6.7.8 污泥泵控制箱接口信号应符合表 6.7.8 的规定。

表 6.7.8 污泥泵控制箱接口信号

信号名称	信号方向	点数	备 注
运行、停止命令	下行	2	—
手动、联动方式状态	上行	2	—
运行、停止状态	上行	2	—
断路器合、分状态	上行	2	分闸：不可用
故障报警	上行	1	综合电气、机械故障
污泥泵电动机电流	上行	1	

6.7.9 污泥浓缩机组的控制应符合下列规定：

1 机组综合控制装置提供污泥浓缩机组的基本启动、停止逻辑控制和相关的污泥进料泵、加药泵、混合装置、反应器、污泥浓缩机、厚浆泵、增压泵等设备的联动控制。

2 控制箱接口信号应符合表 6.7.9 的规定。

表 6.7.9 污泥浓缩机组控制箱接口信号

信号名称	信号方向	点数	备注
运行、停止命令	下行	2	—
手动、联动方式状态	上行	2	—
断路器合、分状态	上行	2	分闸：不可用
进料泵运行、停止状态	上行	2	—
加药泵运行、停止状态	上行	1	—
混合装置运行、停止状态	上行	1	—
反应器运行、停止状态	上行	1	—
污泥浓缩机组运行、停止状态	上行	1	—
厚浆泵运行、停止状态	上行	1	—
增压泵运行、停止状态	上行	1	—
进料泵故障报警	上行	1	—
加药泵故障报警	上行	1	—
混合装置故障报警	上行	1	—
反应器故障报警	上行	1	—
污泥浓缩机组故障报警	上行	1	—
厚浆泵故障报警	上行	1	—
增压泵故障报警	上行	1	—

6.7.10 污泥脱水机组的控制应符合下列规定：

1 综合控制装置提供污泥脱水机组的基本启动、停止逻辑控制和相关的污泥切割机、污泥供料泵、加药泵、润滑、冷却、清洗等设备的联动控制。

2 脱水机组控制箱接口信号应符合表 6.7.10 的规定。

表 6.7.10 脱水机组控制箱接口信号

信号名称	信号方向	点数	备注
运行、停止命令	下行	2	—
手动、联动方式状态	上行	2	—
断路器合、分状态	上行	2	分闸：不可用
故障报警	上行	2	综合电气、机械故障
润滑系统运行、停止状态	上行	1	—
润滑系统故障报警	上行	1	—
冷却系统运行、停止状态	上行	1	—
冷却系统故障报警	上行	1	—
清洗状态	上行	1	—
污泥切割机工作电流	上行	1	—
污泥供料泵工作电流	上行	1	—
污泥脱水机工作电流	上行	1	—
单组污泥脱水系统电量	上行	1	—
絮凝剂加注流量	上行	1	—

6.7.11 紫外线消毒装置接口信号应符合表 6.7.11 的规定。

表 6.7.11 紫外线消毒装置控制箱接口信号

信号名称	信号方向	点数	备注
运行、停止命令	下行	2	—
手动、联动方式状态	上行	2	—
运行、停止状态	上行	2	—
断路器合、分状态	上行	2	分闸：不可用
故障报警	上行	1	综合电气、机械故障

6.7.12 加氯机控制箱接口信号应符合表 6.7.12 的规定。

表 6.7.12 加氯机控制箱接口信号

信号名称	信号方向	点数	备注
运行、停止命令	下行	2	—
手动、联动方式状态	上行	2	—
运行、停止状态	上行	2	—
断路器合、分状态	上行	2	分闸：不可用
故障报警	上行	1	综合电气、机械故障

6.8 电力监控技术要求

6.8.1 电力监控技术要求应符合本规程第 4.7 节的有关规定。

6.9 防雷与接地

6.9.1 本安线路、本安仪表应可靠接地。本质安全型仪表系统的接地宜采用独立的接地极或接至信号回路的接地极上。

6.9.2 用电仪表的外壳、仪表盘、柜、箱、盒和电缆槽、保护管、支架地座等，在正常条件下不带电的金属部分由于绝缘破坏而有可能带电者，均应做保护接地。

6.9.3 信号回路的接地点应设在显示仪表侧。

6.9.4 控制系统宜建立统一接地体（总等电位连接板），综合控制箱、柜内的保护接地、信号回路接地、屏蔽接地应分别接到各自的接地母线上，再由各母线接到总等电位连接板。

6.9.5 防雷与接地还应符合本规程第4.8.1～4.8.4条的规定。

6.10 控制设备配置要求

6.10.1 污水处理厂控制设备配置要求应符合本规程第4.9节的有关规定。

6.10.2 工艺监控应配备2台工作站组成双机热备，1台用于正常工艺监控，另1台为备用。2台监控计算机的硬件和软件的配置应相同，功能和监控的对象应能互换。

6.10.3 污水处理厂电力监控宜专门配备1台工作站。运行故障时，应由工艺备用工作站替代工作。

6.10.4 生物池节能运转应独立配置控制模型运行和模拟的工作站1台。

6.10.5 数据管理宜由2台服务器组成双机热备。

6.10.6 污水处理厂中控室与各现场就地控制站间的光纤通信宜采用环形或星形组网方式。

6.10.7 大型污水处理厂中央控制系统宜考虑与工厂管理信息系统（MIS）互连。

6.11 安全和技术防范

6.11.1 污水处理厂应设置电视监控系统，并应符合下列规定：

1 厂内所有摄像机应连接视频矩阵切换器，将视频信号选择切换到主监视器。主监视器或数字录像机可以显示任何一台摄像机的视频信号。

2 安装在外场的摄像机应具有防振和防雷措施。

3 摄像机的选择应符合下列规定：

1）采用$\frac{1''}{4}\sim\frac{1''}{2}$CCD；

2）信号制式为PAL；

3）清晰度不应小于450TVL；

4）最低照度宜为1.0lx；

5）视频输出为1.0$V_{p\text{-}p}$；

6）阻抗75Ω（BNC）；

7）外罩应配置通风加热器、刮水器。

4 室外云台旋转角：水平宜为355°，垂直宜为±90°。

5 室外解码器控制输入接口可接受RS422、RS485或曼彻斯特码。通信速率宜为1200～19200bps。

6 视频矩阵切换器的选择应符合下列规定：

1）输入信号为1.0V_{p-p}±3dB，75Ω；

2）输出信号为1.0V_{p-p}±0.5dB，75Ω；

3）信噪比不应小于60dB；

4）控制接口可为RS232C或RS485；

5）应配操纵摇杆和编程键盘。

7 彩色监视器选择应符合下列规定：

1）清晰度不应小于450TVL；

2）输入信号为1.0$V_{p\text{-}p}$±3dB；

3）频率响应优于10MHz（－3dB）。

8 监视器应安装在固定的机架和机柜上；具有散热、电磁屏蔽性能；屏幕避免外来光直射；外部可调节部分易于操作和维护。

6.11.2 厂区周边的围墙可按管理要求设置周界防卫系统，控制主机和报警盘设在门卫室；发生报警时应与电视监控系统联动。

6.11.3 火灾报警控制器应根据消防要求设置，宜设在中央控制室。

6.11.4 根据管理要求，在污水处理厂重要的出入口通道可设置门禁系统。

6.11.5 在爆炸危险场所安装的自动化系统的仪表和材料，必须具有符合国家现行防爆质量标准的技术鉴定文件或防爆等级标志；其外部应无损伤和裂缝。

6.11.6 自动化系统的设备和仪表防爆应符合下列规定：

1 污泥消化池、沼气过滤间、沼气压缩机房、沼气脱硫间、沼气柜、沼气鼓风机、沼气火炬、沼气锅炉房、沼气发电机房、沼气鼓风机房等设备和防爆场所宜按1区考虑，仪表应选用本质安全型。

2 敷设在易爆炸和火灾危险场所的电缆（线）保护管应符合下列规定：

1）保护管与现场仪表、检测元件、仪表箱、接线盒和拉线连接时应安装隔爆密封管件，并做好充填密封；保护管应采用管卡固定牢固，不应焊接固定。密封管件与仪表箱、分线箱接线盒及拉线盒间的距离不应超过0.45m。

2）全部保护管系统必须确保密封。

3 安装在易爆炸和火灾危险场所的设备引入电缆时，应采用防爆密封填料进行密封。

4 沼气过滤间、压缩机房及污泥泵房均应考虑通风设施，并应防止沼气进入或从管道中漏出。

5 控制室电线电缆沟出口处应采取措施以防止室外沼气逸出后进入沟内。

6 沼气锅炉房应采用甲烷探测器检测可燃气体的浓度。

6.12 控制软件

6.12.1 操作系统应选择多任务多用户网络操作系统，中文版本，具有开放式的软件接口。

6.12.2 关系型数据库应具有标准的外部数据接口，能与其他控制软件和数据库交换数据。

6.12.3 应用软件应包括下列功能：

1 采用图控软件组态设计中控室的运行监控软件，具有中文界面，操作提示和帮助系统。提供污水处理厂总平面布置图、局部平面布置图、工艺流程图、设备布置图、高程图、剖面图、电气接线图、报警清单等，并在图形界面上实现对设备的操作、控制和运行参数设定。

2 提供整个监控系统运行的各种数据参数、各机械电气设备状态以及各接口设备状态的实时数据库及历史数据库，并具有在线查询、修改、处理、打印等数据库管理软件，能与管理信息系统（MIS）联网操作。

3 具有强而有效的图形显示功能。在确定监控画面后，可对监控对象进行形象图符设计、组态、链接、生成完整的实时监控画面，使用户能在监视器（CRT）上查询到各种监控对象的动态信息及故障。

4 日常的数据管理，对采集到的各种数据经计算、处理、分类，自动生成各种数据库及报表，供实时监测、查询、修改、打印；数据管理还包括生成后的报表文件的修改或重组。

5 设备管理应符合本规程4.11.4条第4款的规定。

6 对设备运行数据、流量数据、扬程数据、能耗数据进行记录和综合分析，提供节能控制模型的模拟和节能运行建议。能耗管理宜包括下列内容：

1）电力消耗；

2）化学药剂消耗；

3）给水消耗；

4）燃料计量。

7 完成各类数据的采集和通信网络的管理。

6.13 控制系统接口

6.13.1 就地控制系统与电气设备和仪表的接口如图6.13.1所示，各接口的功能应符合表6.13.1的规定。

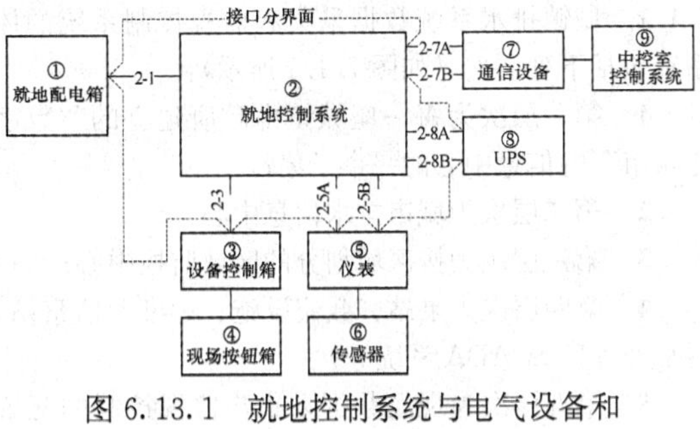

图6.13.1 就地控制系统与电气设备和仪表的接口示意图

表6.13.1 就地控制系统与电气设备和仪表的接口

编号	界面位置	功　能	备　注
2-1	就地配电箱供电电缆馈出端	接取就地控制系统的工作电源	—
2-3	各机电设备控制箱的控制信号端子排或插座	监控设备运行	参见本规程6.7节
2-5A	仪表的工作电源端子排	提供仪表工作电源	参见本规程6.6节
2-5B	仪表的信号输出端子排或插座	采集仪表的检测数据和工作状态	参见本规程6.6节
2-7A	就地控制站控制机柜内的通信电源端子排	提供中控室控制通信设备的工作电源	—
2-7B	就地控制站控制机柜内的远程监控通信插座	提供中控室控制通信接口	参见本规程6.4.4条
2-8A	UPS的电源输入和电源输出端子排	提供和接取UPS电源	—
2-8B	UPS监控信号端子排或插座	监控UPS运行	参见本规程4.9.13条

6.13.2 就地控制系统与电力设备的接口如图6.13.2所示，各接口的功能应符合表6.13.2的规定。

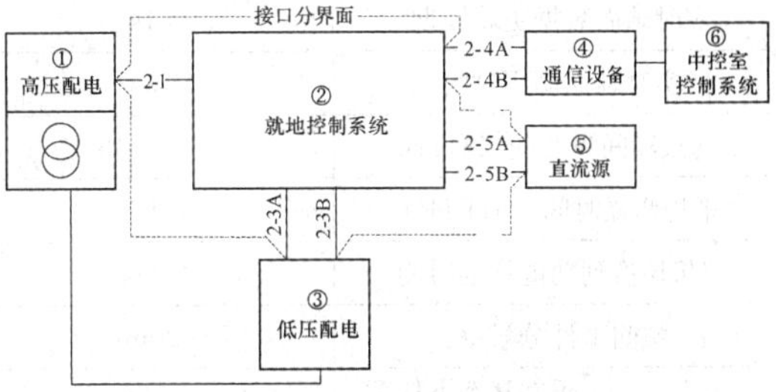

图6.13.2 就地控制系统与电力设备的接口示意图

表6.13.2 就地控制系统与电力设备的接口

编号	界面位置	功　能	备　注
2-1	高压开关柜二次端子排或信号插座	监控高压开关设备和变压器运行	参见本规程4.7节
2-3A	低压配电柜供电电缆馈出端	接取现场站控制系统的工作电源	—

续表 6.13.2

编号	界面位置	功　能	备　注
2-3B	低压开关柜二次端子排或信号插座	监控低压开关设备运行	参见本规程4.7节
2-4A	就地控制站控制机柜内的通信电源端子排	提供中控室控制通信设备的工作电源	—
2-4B	就地控制站控制机柜内的远程监控通信插座	提供中控室控制通信接口	参见本规程6.4.4条
2-5A	直流源的电源输入和电源输出端子排	提供和接取直流源电源	—
2-5B	直流源监控信号端子排或插座	监控直流源运行	

6.13.3 在有关接口描述的文件中需明确的内容应符合本规程第4.12.3 条的规定。

6.14 系统技术指标

6.14.1 污水处理厂自动化系统技术指标应符合表6.14.1的规定。

表 6.14.1 系统技术指标

技术指标		规定数值
数据扫描周期		≤100ms
数据传输时间		≤500ms（PLC至上位机）
控制命令传送时间		≤1s（上位机至PLC）
实时画面数据更新周期		≤1s
实时画面调用时间		≤3s
平均故障间隔时间（MTBF）		≥17000h
平均修复时间（MTTR）		≤1h
双机切换到功能恢复时间		≤30s
站间事件分辨率		≤20ms
计算机处理器的负荷率	正常状态下任意30min内	<30%
	突发任务时10s内	<60%
LAN负荷率	正常状态下任意30min内	<10%
	突发任务时10s内	<30%
通信故障恢复时间		≤0.5s

6.15 计　量

6.15.1 系统应对设备运行记录及控制模式进行综合考虑，使系统能在最低的消耗下发挥最大的效率。计量宜包括下列内容：

1 污水量；

2 污泥量；

3 给水量；

4 用电量；

5 用气量；

6 化学药剂（包括混凝剂、助凝剂、絮凝剂及其他添加剂等）量；

7 加氯量或其他消毒剂量。

6.15.2 计量应有记录、测算、显示和打印。

6.16 设备安装技术要求

6.16.1 中央控制室宜设在污水处理厂综合楼内，控制室应设置模拟屏、计算机（含工作站、服务器）、打印机、操作台椅、通信机柜、UPS和网络设备等。

6.16.2 就地控制站自动化设备（包括UPS）均应安装在控制机柜内，控制机柜要求应符合本规程第4.14.1条的规定。

6.16.3 中央控制室和就地控制站布置要求应符合本规程第4.14.2～4.14.6条的规定。

6.16.4 污水处理厂电缆和电缆桥架安装技术要求应符合本规程第4.14.7～4.14.16条的规定。

6.17 系统的调试、检验、试运行

6.17.1 自控设备、自动化仪表的调试、检验和试运行应符合本规程第4.15节的有关规定。

6.17.2 闭路监视电视系统安装施工质量的检验阶段、检验内容、检测方法及性能指标要求应符合现行国家标准《民用闭路监视电视系统工程技术规范》GB 50198的有关规定。

6.17.3 电视监控系统的检验应符合下列规定：

1 电视监控系统图像画面清晰、稳定。

2 电视监控系统与其他系统的联动功能达到设计的规定。

7 排水工程的数据采集和监控系统

7.1 系 统 建 立

7.1.1 城镇排水系统数据采集和监视控制系统的体系宜包括下列层次（如图7.1.1所示）：

1 第一层次为每一座城镇由政府建立的“数字化城市”的信息中心的一个子集；

2 第二层次为城市排水信息中心；

3 第三层次为按区域划分的区域监控中心；

4 第四层次为泵站、截流设施、污染源监察站、污水处理厂SCADA系统等；

5 第五层次为现场数据采集与监视控制的配置要求。

7.1.2 信息层次的选择与确定必须与排水系统管理体制相匹配，并应符合下列要求：

1 对小型城镇可不考虑第三层次的建立。

2 对大型城市除了在区域范围内按流域或片区的排水分系统建立若干区域监控中心，采集本系统内泵站、截流设施、污染源以及污水处理厂的各类信息并建立双向通信以外，在居民比较集中的区（县）级城镇宜建立相对独立的信息分中心。

3 对防汛雨水泵站和污水泵站分开管理的体系，可分别建立区域监控中心。

7.1.3 污染源的监测点应设在排放污染废水的源头。监测信号应直接传送到区域监控中心或排水信息中心。

7.2 系 统 结 构

7.2.1 城镇排水系统数据采集和监视控制（SCADA）系统的网络拓扑结构宜为星形（见图7.1.1）。

7.2.2 SCADA系统中远程站（第四层次）与所属区域监控中心（或信息中心）之间的通信网络应根据远程站的具体位置、规模和数据量大小选择。

7.2.3 在长距离的广域通信中宜采用公共通信网络。

7.2.4 广域通信的网络拓扑结构为星形，采用的标准通信规约是IEC60870-5-101（基本远动配套标准）。宜配用“逢变则报”（RBE）原则，节约通信资源，提高通信效率。

7.2.5 通信信道应采用主、备配置方式以保证通信的可靠性。

7.2.6 现场设备与控制站之间的通信宜采用现场控制总线。

7.3 系 统 功 能

7.3.1 排水信息中心应实现下列功能：

1 收集各区域监控中心上报经过统计处理以后的各区域排水系统的各项参数。包括泵站运行状态与设备状态；污水处理厂运行和控制状态以及设备状态；污染源的污染程度；按月、季、年上报的各类报表。

2 应按管理要求建立相应的数据库。

3 应向上级部门报告各项排水管理信息。

4 不宜直接向泵站或污水处理厂下达控制命令。

7.3.2 区域监控中心应实现下列功能：

1 收集所属各远程站（泵站、截流设施、污水处理厂、污染源）上报的经过预处理的各项参数，包括泵站运行状态、流量、雨量、设备状态；污水处理厂运行状态、处理流量、质量、设备状态等；污染源的污染值；按日、月上报的各类报表。

2 应对各被监视的参数实施报警功能，应实现设备状态失常或数据越限报警和记录。

3 对所管理的排水系统应实施排水管网的调度和控制模式的下载，宜采用的控制方式是下达控制命令，由接受方确认后执行。

4 不宜对所属泵站或污水处理厂的具体设备实施直接的操作或控制。

5 应按照管理要求建立相应的数据库。

6 应建立与排水信息中心的通信联系，并上报所规定的各类信息和报表。

7.3.3 远程站（泵站、截流设施、污染源、污水处理厂等）应实现下列功能：

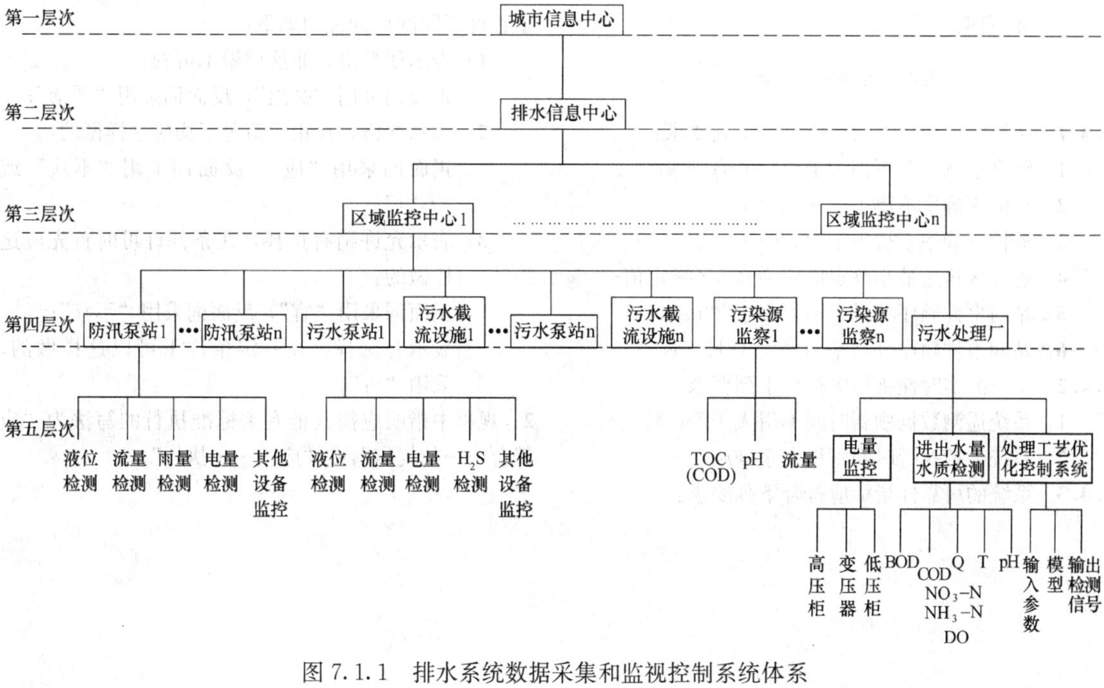

图7.1.1 排水系统数据采集和监视控制系统体系

1 远程站应按一定采样周期采集现场状态信号和数据信息。

2 远程站所采集的数据应作数字滤波。并按一定要求作预处理，包括统计、记录等。应有冗余备份或容错支持。

3 远程站应有就地逻辑控制功能，提供设备运行的联动、连锁和控制；提供泵站的闭环运行控制或污水处理厂按预定运行模式执行的正常控制。

4 泵站应有远程监视和控制及泵站运行参数的远程调整。

5 污水处理厂应有应急预案的处置和按节能模型执行的模拟程序，当远程站运行出现异常时应有报警处理。

7.3.4 远程站主要参数实时监视和数据采集应符合下列规定：

1 对泵站（截流设施）的监视控制点为：

1）进水液位、出水液位；

2）流量（仅指污水泵站）；

3）耗电量；

4）雨量；

5）闸门。

2 对污染源的监视控制点为：

1）TOC（COD）；

2）pH；

3）流量。

3 对污水处理厂控制点为：

1）进水水质（BOD、COD、pH）；

2）排放水质（BOD、COD、TOC、DO、TP、NO_3-N、NH_3-N）；

3）处理水量；

4）能耗。

7.4 系统指标

7.4.1 系统的远动技术指标应符合下列要求：

1 综合遥测误差不得大于±1.0%；

2 遥信正确率不得小于99.9%；

3 遥控正确率不得小于99.9%；

4 越死区传送最小整定值应为0.5%额定值；

5 站内事件顺序分辨率不得大于20ms；

6 站间事件顺序分辨率不得大于100ms。

7.4.2 系统的实时性指标应符合下列要求：

1 系统遥测数据刷新时间不得大于5min；

2 系统遥控执行时间不得大于30s。

7.4.3 系统的可靠性指标应符合下列要求：

1 电缆通信的信道误码率不得大于10^{-6}，光缆通信的信道误码率不得大于10^{-9}；

2 单机系统可用率不应小于95%；

3 双机系统可用率不应小于99.8%。

7.5 系统设备配置

7.5.1 信息中心（分中心）、区域监控系统应建立C/S结构形式的信息系统，并应符合下列规定：

1 冗余配置的服务器：视系统范围的大小计算数据容量并按性价比配置设备。

2 冗余的工作站：按信息中心的功能要求和系统远期容量配置处理点数和程序模块。

3 冗余的网络：建立基于10/100/1000M以太网的局域网。

4 设路由器：建立与上层信息中心的联系。

5 设网关与MIS系统建立联系。

6 设模拟屏及其控制器。

7 设打印机和UPS。

7.5.2 系统中所配置的各类设备技术要求应符合本规程第4.9节的规定。

7.5.3 信息中心（分中心）、区域监控系统、污水处理厂控制中心、泵站信息层软件系统应包括系统软件、应用软件和通信软件。

7.5.4 各就地控制站的软件应包括可编程序逻辑控制器（PLC）的编程软件及操作界面的通信软件。

本规程用词说明

1 为便于在执行本规程条文时区别对待，对要求严格程度不同的用词说明如下：

1）表示很严格，非这样做不可的：
正面词采用“必须”，反面词采用“严禁”；

2）表示严格，在正常情况下均应这样做的：
正面词采用“应”，反面词采用“不应”或“不得”；

3）表示允许稍有选择，在条件许可时首先应这样做的：
正面词采用“宜”，反面词采用“不宜”；
表示有选择，在一定条件下可以这样做的，采用“可”。

2 规程中指明应按其他有关标准执行的写法为“应符合……的规定”或“应按……执行”。

中华人民共和国行业标准

城镇排水系统电气与自动化工程技术规程

CJJ 120—2008

条 文 说 明

前　言

《城镇排水系统电气与自动化工程技术规程》CJJ 120-2008 经建设部 2008 年 2 月 26 日以建设部第 810 号公告批准、发布。

为便于广大设计、施工、科研、学校等单位有关人员在使用本规程时能正确理解和执行条文规定，《城镇排水系统电气与自动化工程技术规程》编制组按章、节、条顺序编制了本标准的条文说明，供使用者参考。在使用中如发现本条文说明有不妥之处，请将意见函寄上海市城市建设设计研究院（地址：上海浦东新区东方路 3447 号；邮政编码：200125）。

目　次

1 总　　则

1.0.1 制定本规程的宗旨和目的。为了从整体上提高我国排水行业电气与自动化系统的建设与应用水平，进一步规范城镇排水行业电气与自动化系统的建设，保证系统的建设质量，为新建、扩建和改造城镇排水系统电气自动化工程提供可遵循的规程。

1.0.2 本规程适用范围为：

城镇中建设的雨水泵站、污水泵站的供配电系统。

城镇中建设的雨水泵站、污水泵站自动化系统所配置的仪表、数据采集和控制系统。

城镇中建设的污水处理厂的供配电系统。

城镇中建设的污水处理厂的自动化系统所配置的仪表、数据采集和控制系统。

城镇主干管网排水系统中所配置的若干泵站群和污水处理厂（或不含污水处理厂）的中央数据采集和控制系统或区域数据采集和控制系统。

本规程还适用于独立设置的污水截流设施。

本规程可在新建或更新改造城镇排水系统电气与自动化工程的全过程中参考使用。对项目的设计、施工、验收等各个阶段均有指导作用。

1.0.3 本规程在提出自动化系统程度和系统指标时，不仅考虑大型排水系统，亦考虑到大多数中小排水系统的实际需求。对操作繁重、影响安全、危害健康的工艺过程，应首先采用自动化设备。本规程不仅考虑电气与自动化的设计，亦考虑了施工和验收方面的需求。

3 泵站供配电

3.1 负荷调查与计算

3.1.1 泵站的供配电设计工程首先要确定泵站的用电负荷，应根据泵站的规模、工艺特点、泵站总用电量（包括动力设备用电和照明用电）等计算泵站负荷，所以设计前对这些因素必须进行调查。

1 泵站规模的调查应根据城市雨水、污水系统专业规划和有关排水系统所规定的范围、设计标准，工艺设计经综合分析计算后确定了泵站的近期规模，泵站站址应根据排水系统的特点，结合城市总体规划和排水工程专业规划确定。

5 一般不考虑外部环境对本泵站的影响。

3.1.2 电力负荷应根据对供电可靠性的要求及中断供电在政治、经济上所造成损失或影响的程度进行分级。

突然中断供电，给国民经济带来重大损失，使城市生活混乱者应为一级负荷。如大城市特别重要的污水、雨水泵站。

突然中断供电，停止供水或排水，将造成较大经济损失或给城市生活带来较大影响者，应为二级负荷。如大城市的大型泵站；中、小城市的主要水厂和大、中城市的污水、雨水泵站。

负荷的等级还应按工程规模和等级，所处环境确定，对于小容量、非重要或在周围难以取得相应电源的泵站可适当降低要求，以便节省投资。

3.1.4 本条主要介绍变压器选择的相关内容：

2 变压器的台数一般根据负荷性质、用电量和运行方式等条件综合考虑确定。排水泵站装设两台及以上变压器是考虑到变压器在故障和检修时，保证一、二级负荷的供电可靠性。同时当季节性负荷变化较大时，投入变压器的台数可根据实际负荷而定，做到经济运行，节约电能。

3 规定单台变压器的容量不宜大于1250kVA，一方面是由于选用1250kVA及以下的变压器对一般泵站的负荷密度来说更能接近负荷中心，另一方面低压侧总开关的断流容量也较容易满足。近几年来有些厂家已能生产大容量低压断路器及限流低压断路器，在民用建筑中采用1250kVA及1600kVA的变压器比较多，特别是1250kVA更多些，故推荐变压器的单台容量不宜大于1250kVA。

4 配置二台并联变压器，型号及容量相同便于运行和管理。

5 雨水、污水合建的泵站，雨水泵功率较大且不是经常使用，只有在汛期使用，而污水泵功率较小且经常使用，如合用一个变压器不够经济，所以将雨水、污水合建泵站的雨水泵和污水泵变压器分别设置比较合适。

3.1.5 关于10（6）kV/0.4kV的变压器联结组标号的规定。以D/Y_n-11和Y/Y_n-0结线的同容量的变压器相比较，尽管前者空载损耗与负载损耗略大于后者，但由于D/Y_n-11结线比Y/Y_n-0结线的零序阻抗要小得多，即增大了相零单相短路电流值，对提高单相短路电流动作断路器或熔断器的灵敏度有较大作用，有利于单相接地短路故障的切除，并且当用于单相不平衡负荷时，Y/Y_n-12结线变压器一般要求中性线电流不得超过低压绕组额定电流的15%，严重地限制了接用单相负荷的容量，影响了变压器设备能力的充分利用；由于三次及以上的高次谐波激磁电流在原边接成Δ形条件下，可在原边环流，有利于抑制高次谐波电流。因此推荐采用D/Y_n-11联结组标号变压器。

3.1.6 大容量的变压器应配有防护罩壳、风机和测温装置。测温装置应带有温度信号和高温报警信号输出。变压器柜应配测温装置。一旦变压器温度过高，自动打开风机通风降温，测温装置应有DC4～20mA模拟量温度信号和无源触点的高温报警信号输出至监控系统，并使中控室能及时了解变压器工况。

3.2 供电电源

3.2.1 选择供电电源不仅与负荷容量有关，与供电距离、供电线路的回路数有关。输送距离长，为降低线路电压损失，宜提高供电电压等级。供电线路回路多，则每回路的送电容量相应减少，可以降低供电电压等级。用电设备负荷波动大，宜由容量大的电网供电，也就是要提高供电电压的等级。用电单位所在地点的电网情况也是影响供电电压的因素。

3.2.2、3.2.3 对于二级负荷的供电方式，因其停电影响比较大，其服务范围也比一级负荷广，故应由两回路线路供电，供电变压器亦应有两台。只有当负荷较小或地区供电条件困难时，才允许由一回 6kV 及以上的专用架空线供电。这点主要考虑电缆发生故障后有时检查故障点和修复需时较长，而一般架空线路修复方便（此点和电缆的故障率无关）。当线路自配电所引出采用电缆线路时，必须要采用两根电缆组成的电缆线路，其每根电缆应能承受 100％的二级负荷，且互为热备用。

3.2.4 我国电力系统已逐步由 10kV 取代 6kV 电压。因此，采用 10kV 有利于互助支援，有利于将来的发展。故当供电电压为 35kV 及以上时企业内部的配电电压宜采用 10kV；且采用 10kV 配电电压可以节约有色金属，减少电能损耗和电压损失，显然是合理的。

当泵站有 6kV 用电设备时，如采用 10kV 配电，则其 6kV 用电设备一般经 10kV/6kV 中间变压器供电。目前大、中型泵站中，6kV 高压电动机负荷较多，则所需的 10/6kV 中间变压器容量及其损耗就较大，开关设备和投资也增多，采用 10kV 配电电压反而不经济，而采用 6kV 是合理的。

对于 35kV、10kV、6kV 按电力系统对电压等级规定应称为“中压”，本规程为适应传统说法相对 0.4kV 低压而统称为高压。

3.2.6 国家对供电的电压等级有所规定，但是各个省市电网条件不同，不同等级供电电压的最大容量也不同。所以提出当泵站容量较小，且有条件接入 0.4kV 电源时，可直接采用 0.4kV 电源供电。

由于各泵站的性质、规模及用电情况不一，很难得出一个统一的规律，有关部门宜根据技术经济比较、发展远景及经验确定。

3.3 系统结构

3.3.1 常用的配电系统接线方式有放射式、树干式、环式或其他组合方式。

3.3.2 配电系统采用放射式，供电可靠性高，发生故障后的影响范围较小，切换操作方便，保护简单，便于管理，但所需的配电线路较多，相应的配电装置数量也较多，因而造价较高。

放射式配电系统接线又可分为单回路放射式和双回路放射式两种。前者可用于中、小城市的二、三级负荷给排水工程；后者多用于大、中城市的一、二级负荷给排水工程。

3.3.4 10kV 及以下配电所母线绝大部分为单母线或单母线分段。因一般配电所出线回路较少，母线和设备检修或清扫可趁全厂停电检修时进行。此外，由于母线较短，事故很少，因此，对一般泵站建造的配、变电所，采用单母线或单母线分段的接线方式已能满足供电要求。

3.4 无功功率补偿

3.4.1 补偿无功功率，经常采用两种方法，一种是同步电动机超前运行，一种是采用电容器补偿。同步电动机价格高，操作控制复杂，本身损耗也较大，不仅采用小容量同步电动机不经济，即使容量较大而且长期连续运行的同步电动机也逐步为异步电动机加电容器补偿所代替。特殊操作工人往往担心同步电动机超前运行会增加维修工作量，经常将设计中的超前运行同步电动机作滞后运行，丧失了采用同步电动机的优点，因此一般无功功率补偿不宜选用同步电动机。

工业所用的并联电容器价格便宜，便于安装，维修工作量、损耗都比较小，可以制成各种容量且分组容易，扩建方便，既能满足目前运行要求，又能避免由于考虑将来的发展使目前装设的容量过大，因此推荐采用并联电力电容器作为无功功率补偿的主要设备。

3.4.2 补偿方式可分为：

1 集中补偿：电容器组集中装设在泵站总降压变电所的高压侧或低压侧母线上。这种方式只能使供电系统减少无功功率引起的损耗。

2 分散补偿：电容器组分设在功率因数较低的分变电所（对于大型泵站和污水处理厂设分变电所）高压侧或低压侧母线上。这种方式能减少分变电所以上变电系统内无功功率引起的损耗。

3 单独就地补偿：对个别功率因数低的大容量感应电动机进行单独补偿。当电动机启动时，随之电容器投运，亦称之为随动补偿。

3.4.3 在选择补偿方式时，一般为了尽量减少线损和电压损失，宜就地平衡补偿，即低压部分的无功功率宜在低压侧补偿，仅在高压部分产生的无功功率宜在高压侧补偿。

3.4.4 对于较大负荷，平稳且经常使用的水泵、风机等用电设备（一般采用高压电动机）无功功率的补偿电容器宜单独就地补偿。高压电容器组宜在变配电所内集中装设。

3.4.5 补偿无功功率的电容器组宜在变配电所内集中设置；在环境允许的分变电所内低压电容器宜分散

补偿。

3.4.10 在电力设备中，受电网高次谐波影响最大的是并联电容器，这是因为电容器容抗值与电压频率成反比，在高次谐波电压作用下，因电容器n次谐波容抗是基波容抗值的几分之一，即使谐波电压值不很高，也可产生显著的谐波电流，造成电容器过电流。更多的情况是投入的电容器容抗与系统阻抗或负荷阻抗产生谐振，放大了高次谐波，使电容器承担超过规定的高次谐波电流，加速了电容器损坏。消除谐振的根本办法是在电容器回路中串入电抗器，使电容器和电抗器串联回路对电网中含量最高的谐波而言成为感性回路而不是容性回路，以消除产生谐波振荡的可能性。

3.5 操作电源

3.5.1 一般来说，交流操作电源只能供给变、配电所在正常情况下断路器控制、信号和继电保护自动装置的用电。在事故情况下，特别是变、配电所发生短路故障时，交流操作电源的电压将急剧下降，难以保证变、配电所的继电保护装置和信号系统及自动化系统正常工作。因此，特大、大、中型泵站变电所宜采用直流操作电源。对于采用交流操作电源的变、配电所，如要求在事故情况下能保证系统和自动装置正常工作，则应配备能自动投入的低压备用电源。

3.5.2 泵站变电所应选用免维护铅酸蓄电池直流屏为直流操作电源。对一些主接线简单且供电可靠性要求不高的变、配电所，也可采用带电容储能的硅整流装置作为直流操作电源。

3.5.4 交流操作投资省，建设快，二次接线简单，运行维护方便。但采用交流操作保护装置时，电流互感器二次负荷增加，有时不能满足要求。此外，交流继电器不配套，使交流操作的采用受到限制，因此推荐交流操作系统用于能满足继电保护要求、出线回路少的一般中、小型泵站变配电所。

3.6 短路电流计算与继电保护

3.6.1 当电力系统中发生短路故障时，将破坏系统的正常运行或损坏电路元件。为消除或减轻短路所造成的后果，应根据短路电流正确选择和校验电器设备，进行继电保护整定计算和选择限制短路电流的元件。短路电流计算时所采用的接线方式，应为系统在最大及最小运行方式下导体和电器安装处发生短路电流的正常接线方式，而不考虑临时的变化接线方式(例如，只在切换操作过程中并列的母线)。

在计算短路电流时，根据不同用途需要计算最大和最小短路电流，用于选设备容量或额定值需要计算最大短路电流，选择熔断器、整定继电保护及校核电动机起动所需要的是最小短路电流。

3.6.2 高压电路短路电流计算时，只考虑对短路电流影响大的变压器、电抗器、架空线及电缆等的阻抗，对短路电流影响小的因素（例如开关触点的接触电阻）不予考虑。由于变压器、电抗器等元件的电阻远小于其本身电抗，其电阻也不予考虑，但是，当架空或电缆线路较长时，电路总电阻的计算值大于总电抗的1/3时，则在计算短路电流时需计入电阻。

3.6.4 一般电力系统中对单相及两相短路电流均已采取限制措施，使单相及两相短路电流一般不会超过三相短路电流，因而短路电流计算中以三相短路电流为主；同时也以三相短路电流作为选择、校验电器和计算继电保护的主要参数。

3.6.5 以系统元件参数的标幺值计算短路电流，一般适用于比较复杂的高压供电系统；以系统短路容量计算短路电流，一般适用于比较简单的单电源供电系统；1kV及以下的低压网络系统，因需计入电阻对短路电流的影响，一般以有名值计算短路电流比较方便。

3.6.7 以系统短路容量计算短路电流举例：

系统接线见图1，图中1号电源为常用电源，2号电源为备用电源，试计算变压器分列运行和并列运行时6kV、10kV母线的断路数据（用短路容量法计算）。

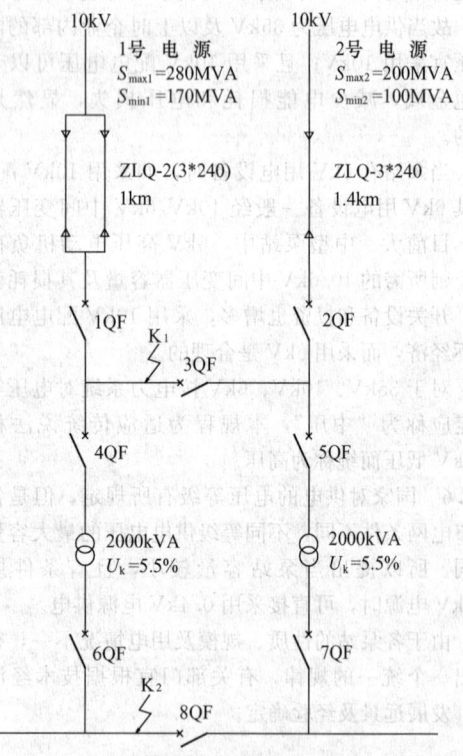

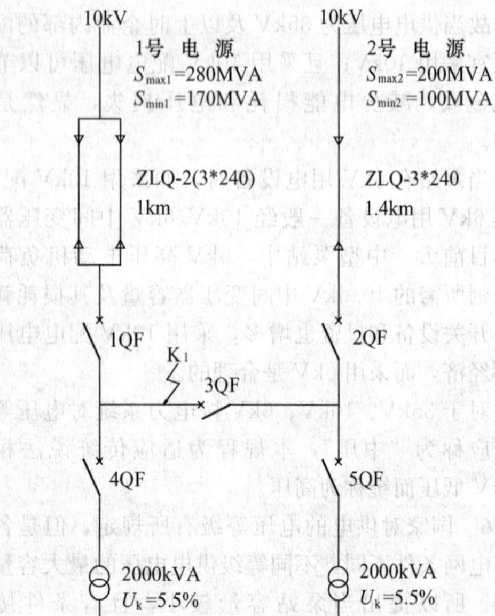

图1 系统接线

【解】 1 计算各元件短路容量：

1）1号电源最大运行方式短路容量：

$$S_1 = S_{max1} = 280\text{MVA}$$

2）1号电源最小运行方式短路容量：

$$S_2 = S_{min1} = 170\text{MVA}$$

3）2 号电源最大运行方式短路容量：

$$S_3 = S_{max2} = 200\text{MVA}$$

4）2 号电源最小运行方式短路容量：

$$S_4 = S_{min2} = 100\text{MVA}$$

5）1kmZLQ-3×240 两条电缆并列短路容量：

$$S_5 = \frac{U_p^2}{Z} = \frac{10.5^2}{0.08/2} = 2756.25\text{MVA}$$

6）1.4kmZLQ-3×240 电缆短路容量：

$$S_6 = \frac{U_p^2}{Z} = \frac{10.5^2}{1.4 \times 0.08} = 984.4\text{MVA}$$

7）2000kVA 变压器短路容量：

$$S_7 = S_8 = \frac{100 S_p}{U_k\%} = \frac{2}{5.5\%} = 36.36\text{MVA}$$

根据以上计算数据绘出系统等值短路容量见图 2。

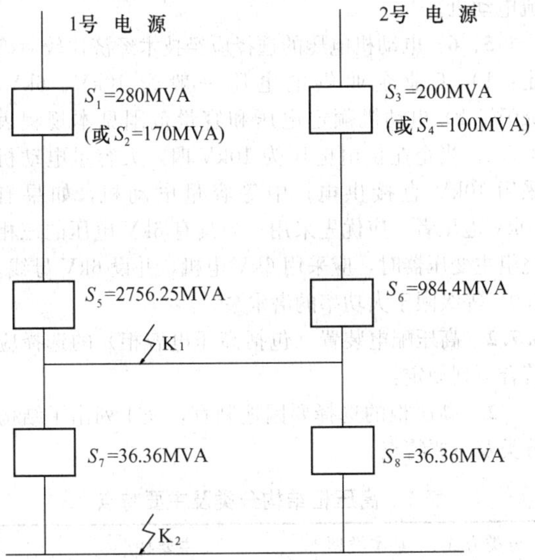

图 2 系统等值短路容量

2 变压器分列运行，K_1点短路计算：1 号电源最大运行方式工作时，变压器分列运行，K_1点短路的计算（等值短路容量见图 3）：

1）计算 K_1点短路容量：

$$S_{d1max} = \frac{S_1 S_5}{S_1 + S_5} = \frac{280 \times 2756.25}{280 + 2756.25} = 254.18\text{MVA}$$

2）计算 K_1点短路电流：

$$I_{d1max} = \frac{S_{d1max}}{\sqrt{3} U_p} = \frac{254.18}{\sqrt{3} \times 10.5} = 13.98\text{kA}$$

$$i_{c1max} = 2.55 \times I_{d1max} = 2.55 \times 13.98 = 35.65\text{kA}$$

3 变压器分列运行，K_2点短路的计算：1 号电源最大运行方式工作时，变压器分列运行，K_2点短路的计算（等值短路容量图见图 4）：

1）计算 K_2点短路容量：

$$S_{d2max} = \frac{1}{\frac{1}{S_1} + \frac{1}{S_5} + \frac{1}{S_7}} = \frac{1}{\frac{1}{280} + \frac{1}{2756.25} + \frac{1}{36.36}} = 31.81\text{MVA}$$

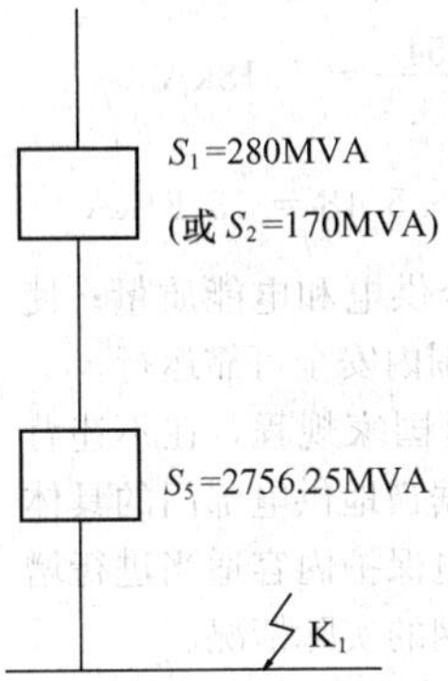

图 3 K_1 点等值短路容量

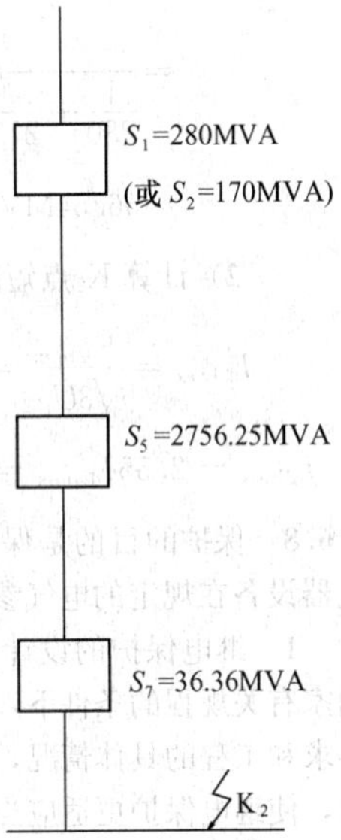

图 4 K_2 点等值短路容量

2）计算 K_2点短路电流：

$$I_{d2max} = \frac{S_{d2max}}{\sqrt{3} U_p} = \frac{31.81}{\sqrt{3} \times 6.3} = 2.92\text{kA}$$

$$i_{c2max} = 2.55 \times I_{d2max} = 2.55 \times 2.92 = 7.43\text{kA}$$

4 两台变压器并列时，K_2点短路的计算：1 号电源最大运行方式，两台变压器并列时，K_2点短路的计算（等值短路容量见图 5）：

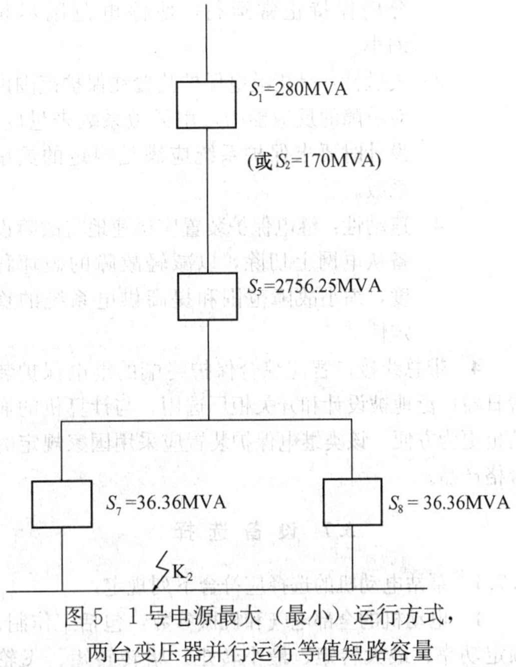

图 5 1 号电源最大（最小）运行方式，两台变压器并行运行等值短路容量

1）计算 K_2 点短路容量：

$$S_{d21max}=\frac{1}{\frac{1}{S_1}+\frac{1}{S_5}+\frac{1}{S_7+S_8}}$$

$$=\frac{1}{\frac{1}{280}+\frac{1}{2756.25}+\frac{1}{36.36+36.36}}$$

$$=56.54MVA$$

2）计算 K_2 点短路电流：

$$I_{d21max}=\frac{S_{d21max}}{\sqrt{3}U_p}=\frac{56.54}{\sqrt{3}\times 6.3}=5.18kA$$

$$i_{c21max}=2.55I_{d21max}=2.55\times 5.18=13.21kA$$

3.6.8 保护的目的是保证安全供电和电能质量；使电器设备在规定的电气参数范围内安全可靠运行。

1 继电保护的设计依据是国家规程，在不违背国家有关规程的条件下，可根据当地供电部门的具体要求和工程的具体情况，对继电保护内容适当进行增减，使继电保护更适应当地电网的实际情况。

继电保护设计在满足要求的基础上力求接线简单，避免有过多的继电器和其他元件，以减少保护元件引起的其他故障。

2 对继电保护的基本要求：

1）可靠性：继电保护装置在故障出现时，应能可靠地动作。其可靠性可以用拒动率和误动率来衡量，拒动率及误动率愈小，则保护的可靠性愈高。

2）选择性：动作于跳闸的继电保护装置应有选择性。短路故障时仅将与故障有关的部分从供电系统中切除，而让其他无故障部分仍保持正常运行，使停电范围尽量缩小。

3）灵敏性：是指继电保护装置在保护范围内对故障的反应能力，用灵敏系数来量度。设计时要求保护系统应满足规定的灵敏系数。

4）速动性：继电保护装置应迅速地将故障设备从电网上切除，以减轻故障的破坏程度，缩小故障范围和提高供电系统的稳定性。

4 带总线接口智能综合保护终端的继电保护装置日益广泛地被设计和开关柜厂选用，与计算机的通信也更为方便。该类继电保护装置应采用国家规定的合格产品。

3.7 设备选择

3.7.1 泵站电动机的选择应符合下列规定：

1 电动机的全部电气和机械参数，包括工作制、额定功率、最大转矩、最小转矩、堵转转矩、飞轮矩、同步机的牵入转矩、转速（对直流电动机分基速和高速）、调速范围等，应满足水泵启动、制动、运行等各种运行方式的要求。电动机的类型和额定电压，应满足电网的要求，如电动机启动时应保持电网电压维持在一定水平，运行中应保持功率因数在合理的范围内。

电动机的额定容量应留有适当余量，负荷率应为0.8～0.9。选择过大的容量不仅造价增加且电机效率降低，同时对异步电动机会导致功率因数降低；此外，还可能因转矩过大需要增加机械设备的强度而提高设备造价。

电机容量应按水泵运行可能出现的最大轴功率配置，并留有一定的储备，储备系数宜为1.05～1.10。

2 机械对启动、调速及制动有特殊要求时，电动机类型及其调速方式应根据技术经济比较确定。在交流电动机不能满足机械要求的特殊性时，宜采用直流电动机。

5、6 电动机电压的选择应经技术经济比较后确定：1）工业企业供电电压一般为 10kV、6kV、380V。2）电动机额定电压和容量范围见本规程表3.7.1。当企业供电电压为 10kV 时，大容量电动机采用 10kV 直接供电；中等容量电动机，如果有10kV 电压者，应优先采用；当具有 6kV 电压的三相绕组主变压器时，应采用 6kV 电机，并设 6kV 母线。660V 等级限于大功率的潜水泵。

3.7.2 高压配电装置（包括高压电容柜）的选择应符合下列规定：

2 高压柜的选择要因地制宜，表 1 列出了结构分类及主要特点。

表 1 高压柜结构分类及主要特点

分类方式	基本类型	主要特点
按主开关的安装方式	固定式	主开关（如断路器）固定安装，柜内装有隔离开关，易于制造，成本较低
	手车式	主开关可移至柜外。采用隔离触头的实现可移开元件与固定回路的电气连通。主开关的更换与维修方便，结构紧凑，加工精度比较高
按开关柜隔室的构成型式	铠装型	主开关及其两端相联的元件均具有单独的隔室，隔室由接地的金属隔板构成。隔板均满足规定的防护等级要求。当柜内发生内部电弧故障时，可将故障限制在一个隔室中。在相邻隔室带电时也可使主开关室不带电，保证检修主开关人员的安全

续表1

分类方式	基本类型	主要特点
按开关柜隔室的构成型式	间隔型	隔室的设置与铠装型相同，但隔室可由非金属板构成，结构比较紧凑
	箱型	隔室的数目少于铠装型和间隔型，或隔板的防护等级达不到规定的要求。结构比较简单，成本低
	半封闭型	母线室不封闭或外壳防护等级不满足规定的要求，安全可靠性低，结构简单成本低
按主线系统	单母线	检修主开关和母线时需对负载停电
	单母线带旁路母线	具有主母线和旁路母线，检修主开关时，可由旁路开关经旁路母线对负载供电
	双母线	具有两路主母线。当一路母线退出时，可由另一路母线供电
按柜内绝缘介质	空气绝缘	极间和极对地的绝缘强度靠空气间隙来保证，绝缘稳定性能好、造价低、但柜体体积较大
	复合绝缘	极间和极对地的绝缘强度靠固体绝缘材料加较小的空气间隙来保证。柜体体积小，造价高

4 高压配电装置和高压电容器柜的设计除符合本规程外，还应符合有关国家规定。并应注意运行管理自动化、智能化和无人值守的发展方向。

3.7.3 低压配电装置主要用于分断和接通额定电压值交流（频率50Hz或60Hz）1000V及以下，直流1500V及以下的电气设备。在电力系统中主要起开关、控制、监视、保护、隔离的作用。低压柜的型式有固定式和抽屉式，应根据工程特点合理选择，采用与工程要求相适应的设备。

低压柜带智能化检测仪应考虑与泵站控制器（例如基于PLC的RTU等）接口。

成套开关设备在同一回路的断路器、隔离开关、接地开关之间应设置连锁装置。

表2列出几种常用低压柜的型号。

表2 低压柜结构分类及主要特点

型　号	特　点
PGL3	主进线与变压器母线出口位置相对应进出线方案灵活多样，汇流母线绝缘框为三相四线母线框，接地接零系统连续性好

续表2

型　号	特　点
JK系列	线路方案齐全选用灵活，进出线可以从顶部引出，也可以从下部引出
GGD	框体自下而上形成自然通风道，散热性好。进线方式灵活多样、可上、下侧进线，也可从柜顶左、中、右和柜后进出线
CUBIC、MNS、DOMINO系列	用模数化的组合形式，有抽屉式和固定分隔式，开关柜的抽屉具有工作、试验、分离和移出四个位置，抽屉互换性好

3.7.4 本条主要介绍电力电缆选择的相关内容。

1 对于下列情况的电力电缆应采用铜芯：

1) 电机励磁、重要电源、移动式电气设备等需要保持连续具有高可靠性的回路。

2) 震动剧烈、有爆炸危险或对铝有腐蚀等严酷的工作环境。

3) 耐火电缆。

4) 控制、保护等二次回路。

另外电力电缆导体材质的选择，既需考虑其较大截面特点和包含连接部位的可靠性，又要统筹兼顾经济性，宜区别对待。此外，电源回路一般电流较大，采用铝芯要增加电缆数量，造成柜、盘内连接拥挤。重要的电源回路采用铜芯，可提高电缆回路的整体可靠性。

8 本款主要介绍电力电缆绝缘水平的相关内容。

2) 交流系统中电力电缆缆芯与绝缘屏蔽或金属之间的额定电压选择应注意中心点直接接地或低阻抗接地的系统当继电保护动作不超过1s切除故障时，应按100%的使用回路工作相电压。对于上述以外的供电系统，不宜低于133%的使用回路工作相电压；在单相接地故障可能持续8h以上，或发电机回路等安全性要求较高的情况，宜采取173%的使用回路工作相电压。

4) 无特殊情况是指当有较长线路，常规配置纵差保护、监测信号等需有控制电缆且紧邻平行敷设。一次系统单相接地时，感应在控制电缆上的工频过电压，可能超出常用控制电缆的绝缘水平，应选用相适合的额定电压。同时在高压配电装置中，空载切合、雷电波侵入的暂态和不对称短路的工频等情况，伴随由电磁、静电感应以及接地网电位升高诸途径作用，控制电缆上可能产生较高干扰电压，所以宜选用电压为0.45kV/0.75V的控制电缆。

3.8 设 备 布 置

3.8.1 变电所分户内式、户外式。35kV和10kV变电所宜采用户内式。户内式运行维护方便，占地面积少。在选择35kV和10kV总变电所的型式时，应考虑所在地区的地理情况和环境条件，因地制宜；技术经济合理时，应优先选用占地少的型式。考虑到排水泵站腐蚀性气体的影响，从环境保护角度来讲，户外型变电所很少采用。

3.8.2 变电所选择的要求，第一主要从安全运行角度考虑。第二是变电所的总体布置，适当安排建筑物内各房间的相对位置，使配电室的位置便于进出线。同时便于设备的操作、搬运、试验和巡视，还要考虑发展的可能。对于户内型变电所，根据当地气候条件，可考虑安装除湿机或空调设施。变电所的布置在满足电气连接和安全运行维护检修方便的情况下，应尽力将变配电部分的设备与相关动力设备靠近。

配电室、变压器室、电容器室的门应向外开启。相邻配电室之间有门时，该门应能双向开启。高压配电室应设不能开启的自然采光窗，窗台距室外地坪不宜低于1.8m；低压配电室可设能开启的自然采光窗。配电室临街的一面不宜开窗。将高压开关柜、带保护柜的干式变压器和低压配电柜组合在一起的户内成套变电所，应结合控制室、生活设施布置。变配电所的防火、防汛、防小动物、防雨雪、防地震和充分通风应符合有关安全规程的要求。配电室可采用自然通风。当不能满足温度要求或发生事故后排烟有困难时，应增设机械通风装置。

3.8.3 高压室布置1～2款是高压室一般布置要求，3～5款强调了高压室内设备安全净距、通道、围栏及出口的要求，除了这些要求外还应注意防火与蓄油设施，配电室的门应为向外开的防火门，门上应装有弹簧锁，严禁用插销。相邻配电室之间有门时，应能向两个方向开启。

配电装置室按事故排烟要求，可装设事故通风装置。事故通风装置的电源应由室外引来，其控制开关应安装在出口处外面。

3.8.4 低压配电室可设能开启的自然采光窗，应有防止雨、雪和小动物进入室内的措施。临街的一面不宜开窗。

成排布置的低压配电装置，当有困难时屏后的最小距离可以减小到0.8m。

对于在配电室单列布置的高低压配电装置，当高压配电装置和低压配电装置顶面有裸露带电导体时，两者之间的净距不应小于2m；当高压配电装置和低压配电装置的顶面外壳的防护等级符合IP2X时，两者可靠近布置。

3.8.5 在确定变压器室面积时，应考虑变电所负荷发展的可能性，一般按能装设大一级容量的变压器考虑。设置于变电所内的非封闭式干式变压器，还应装设高度不低于1.7m的固定遮拦，遮拦网孔不应大于40mm×40mm，对于容量大于1250kVA的变压器，可适当放宽外廓与遮拦的净距不宜小于0.8m。

对于需要就地检修的油浸式变压器，屋内高度可按吊芯所需的最小高度再加700mm，宽度对1000kVA及以下的变压器可按变压器两侧各加800mm考虑。对1250kVA以上的变压器，按变压器两侧各加1000mm考虑。

3.8.6 电容器室布置除本条规定以外还应注意安装在室内的装配式高压电容器组，下层电容器的底部距离地面不应小于0.2m，上层电容器的底部距离地面不宜大于2.5m，电容器装置顶部到屋顶净距不应小于1m。高压电容器布置不宜超过三层。

电容器外壳之间（宽面）的净距，不宜小于0.1m。电容器的排间距离，不宜小于0.2m。

3.8.8 本条主要介绍泵站场地内电缆沟、井的布置相关内容。

1 当泵房内电缆采用电缆沟敷设时应考虑排水措施，避免电缆长期泡于渍水中。

2 当户外电缆穿管敷设需要拐弯或超过一定长度时，应设置电缆手井，电缆手井尺寸单边不宜小于300mm，但不宜太大，井的尺寸根据电缆数量而定。电缆井上面应有井盖。

3.8.9 对于格栅除污机、压榨机、水泵、闸门、阀门等设备的电气控制箱一般随机械设备放在室外，因为泵站有腐蚀性气体的影响，所以控制箱外壳应采用防腐蚀材料制造。户外型控制箱防护等级可根据南方和北方气候情况进行适当调整。

泵站格栅井敞开部分，有臭气，影响周围环境。对位于居民区及重要地段的泵站，应设置臭气收集和除臭装置。目前应用的除臭装置有生物除臭装置、活性炭除臭装置、化学除臭装置等。

3.9 照 明

3.9.1 泵站正常照明是指在正常情况下使用的固定安装的人工照明。应急照明是指在正常照明因故熄灭后，应急情况下继续工作及人员疏散用的照明。应急照明包括备用照明、安全照明和疏散照明三种。

3.9.2 正常照明一般由动力与照明公用的电力变压器供电，排水泵站的照明电源可接在低压配电屏的照明专用线路上。

3.9.3 应急照明电源可接在与正常照明分开的线路上，如无两个电源，则可采用可充电电池或应急电源（EPS）供电。一般宜采用自动投入方式。对于应急照明点灯时间要求应≥30min。如根据实际情况不能满足要求，可适当延长时间为≥60min。

3.9.5 选择光源时应考虑节能、寿命、照度、显色、室温及启动点燃和再起燃等特性指标。泵站照明应按不同场合采用不同的光源。泵站室外照明宜采用庭园灯，光源采用小功率高显色性高压钠灯、金属卤化物灯或紧凑型荧光灯。室内泵房宜采用开启式照明灯具如配照型灯、高压汞灯等。对于大型泵房也可采用混光灯具作照明。变配电所宜采用碗型灯、圆球灯等灯具。设备后的两侧走廊宜采用圆球型弯杆灯或半圆型天棚灯，也可采用各种形式壁灯。控制室采用方向性照明装置，在标准较高的场合可考虑采用低亮度漫射照明装置，光源采用单管或双管筒式荧光灯。按节能要求，应该采用电子整流器。

3.9.9 照明配电线路截面应满足考虑了负载功耗、功率因数和谐波含量等因素以后的载流量，并留有必要的裕度。

3.10 接地和防雷

3.10.1 保护接地是指电气装置外露可导电部分或装置外可导电部分在故障情况下可能带电压，为了降低此电压，减少对人身的危害，应将其接地。例如电气装置的金属外壳的接地、母线金属支架的接地等。此外为了消除静电对电气装置和人身安全的危害须有防静电接地。

工作接地是指为了保证电网的正常运行，或为了实现电气装置的固有功能，提高其可靠性而进行的接地。例如电力系统正常运行需要的接地（如电源中性点接地）。

防雷接地即过电压保护接地是指为了防止过电压对电气装置和人身安全的危害而进行的接地。例如电气设备或线路的防雷接地、建筑物的防雷接地等。

3.10.2 共用接地系统是由接地装置和等电位连接网络组成。接地装置是由自然接地体和人工接地体组成。采用共用接地系统的目的是达到均压、等电位以减小各种接地设备间、不同系统之间的电位差。其接地电阻因采取了等电位连接措施，所以按接入设备中要求的最小值确定。

3.10.3 低压配电系统接地型式有TN系统（TN-S、TN-C、TN-C-S）、TT系统和IT系统三种。

1 TN系统是所有受电设备的外露可导电部分必须用保护线PE（或保护中心线即PEN线）与电力系统的接地（即中心点）相连接。

2 TT系统是共用同一接地保护装置的所有电气装置的外露可导电部分，必须用保护线与外露可导电部分共用的接地极连在一起（或与保护接地母线、总接地端子相连）。

3 IT系统是任何带电部分（包括中心线）严禁直接接地。所有设备外露可导电部分均应通过保护线与接地极（或保护接地母线、总接地端子）连接，可采用公共的接地极，也可采用个别的或成组的单独接地极。

3.10.4 自然接地体是指兼做接地极用的直接与大地接触的金属构件、金属井、建造物、构筑物的钢筋混凝土基础内的钢筋等。

当基础采用硅酸盐水泥和周围土壤的含水量不低于4%，基础外表面无防水层时，应优先利用基础内的钢筋作为接地装置。但如果基础被塑料、橡胶、油毡等防水材料包裹或涂有沥青质的防水层时，不宜利用在基础内的钢筋作为接地装置。

当有防水油毡、防水橡胶或防水沥青层的情况下，宜在建筑物外面四周敷设闭合连接的水平接地体。该接地体可埋设在建筑物散水坡及灰土基础1m以外的基础槽边。

对于设有多种电子信息系统的建筑物，同时又利用基础（筏基或箱基）底板内钢筋构成自然接地体时，无需另设人工闭合环行接地装置。但为了接入建筑物的各种线路、管道作等电位连接的需要，也可以在建筑物四周设置人工闭合环行接地装置。此时基础或地下室地面内的钢筋、室内等电位连接干线，宜每隔5～10m引出接地线与闭合环行接地装置连成一体，作为等电位连接的一部分。

3.10.8 由于建筑物散水坡一般距建筑外墙外0.5～0.8m，散水坡以外的地下土壤也有一定的湿度，对电阻率的下降和疏散雷电流的效果较好，在某些情况下，由于地质条件的要求，建筑物基础放坡脚很大，超过散水坡的宽度，为物流施工及今后维修方便，因此规定宜敷设在散水坡外大于1m的地方。

3.10.11 防雷措施应包括防直击雷措施和防感应雷措施。所安装的电源、控制室、仪表、监视系统的设备应在电磁、静电和感应暂态电压以及其他可能出现的特殊情况下安全运行，并具有足够的防止过电压及抗雷电措施。我国处于温带多雷地区，每年平均雷击日为25～100d，我国没有一个地方可免受雷灾，每年因雷电遭受的损失有数千万元之多。为了有效防御雷电灾害，本条为强制性条文。

3.10.12 按照雷电的作用形式，分为直击雷和感应雷两种；按照防雷措施，有电源防雷和信号防雷两种；按照保护对象，则有：人员、设备、设施、仪表、线路等。在本规程中，从防雷措施，即电源防雷和信号防雷这个角度叙述。电网上任何一点受到直接雷击或感应雷击，都会沿电网瞬间扩散到同一电网中很广泛的范围。

防直击雷措施：采用装设在建筑物上的避雷网（带）或避雷针或由其混合组成的接闪器。避雷网带应沿屋角、屋脊、屋檐和檐角等易受雷击的部位敷设，屋面避雷网格不大于10m×10m或12m×8m。所有避雷针应与避雷带相互连接。引下线不应少于两根，并应沿建筑物四周均匀对称布置，其间距不应大于18m。每根引下线的冲击接地电阻不应大于10Ω。

防雷电波侵入措施：①低压线路全长采用埋地电缆或敷设在架空金属线槽内的电缆引入时，在入户端应将电缆金属外皮、金属线槽接地。②低压架空线转换金属铠装或护套电缆穿钢管直接埋地引入时，其埋地长度应大于或等于15m。入户端电缆的金属外皮、钢管应与防雷的接地装置相连。在电缆与架空线连接处尚应装设避雷器。避雷器、电缆金属外皮、钢管和绝缘子铁脚、金具等应连在一起接地，其冲击接地电阻不应大于10Ω。③低压架空线直接引入时，在入户处应加装避雷器，并将其与绝缘子铁脚、金具连在一起接到电气设备的接地装置上。靠近建筑物的两基电杆上的绝缘子铁脚应接地，其冲击接地电阻不应大于30Ω。

防雷电感应的措施：建筑物内的设备、管道、构架等主要金属物，应就近接至直击雷接地装置或电气设备的保护接地装置上，可不另设接地装置。连接处不少于两处。并行敷设的管道、构架和电缆金属外皮等长金属物，其净距小于100mm时应采用金属线跨接，跨接点间距不应小于30m；交叉净距小于100mm时，其交叉处亦应跨接。

4 泵站自动化系统

4.1 一 般 规 定

4.1.3 设备控制箱上应设有启动（绿色）、停止（红色）按钮和启动（红色）、停止（绿色）、故障（黄色）指示灯，一般是设备配套提供。设备的控制有两种模式：手动模式和联动模式。选择开关设在设备控制箱上，手动模式优先级高于联动模式。联动包括就地点动、就地自动和遥控。手动模式由人工操作控制箱面板上的按钮，控制设备开启和关闭，此时不应执行来自PLC的控制命令。

4.1.4 泵站自动化控制系统对设备的控制通过控制箱实施，以实现远距离的监控。控制系统PLC输出宜带中间继电器，采用二对无源常开触点分别控制设备的启动和停止，当PLC发出一个信号时，其中一对触点闭合，带动设备。控制信号撤除时，设备运行应保持原状态不变。控制箱内需留有充足的状态及控制信号端子以及4～20mA信号或总线信号接口。

4.2 泵站的等级划分

4.2.1 泵站等级的划分系根据大城市雨水专业规划和污水专业规划中泵站规模（设计流量和总输入功率）的分布情况，考虑到泵站的流量越大，影响面越大，水流流态要求越高，总输入功率越大，操作维护方面等条件越复杂，故参照《城市排水工程规划规范》GB 50318和《城市污水处理厂工程项目建设标准》（修订）的规定，将泵站的规模按设计最大流量（m^3/s）划分为4级，以利于对不同级别的泵站采用不同的设计标准和控制要求。

4.3 系 统 结 构

4.3.1 复杂的大型泵站和特大型泵站的自动化控制系统应采用当今世界上成熟的技术、结合最新可靠的硬件和软件产品所开发的、多层次的模块化系统结构。依次为：信息层、控制层和设备层。

1 信息层设备设在集中控制室并设置客户机/服务器（C/S）结构形式的计算机网络，以一台数据及网络服务器为核心，构成10/100/1000M交换式局域网络。包含服务器（按管理要求设置）、监控计算机、打印机、模拟屏和局域网设备。

2 由于以太网应用的广泛性和技术的先进性，已逐渐垄断了计算机的通信领域和过程控制领域中上层的信息管理与通信。控制层宜采用工业以太网或其他工业总线网，以主/从、多主、对等及混合结构的通信方式，连接信息层的监控工作站和PLC控制站。当监控工作站和PLC控制站的距离较长时可采用光环网。信息层的主PLC和控制层的PLC从兼容性和可维护性角度出发宜采用同品牌产品。

3 现场层采用现场总线建立现场机械设备控制箱（含PLC控制站）、高低压开关柜以及现场仪表的信号与控制站之间的通信，现场总线是连接现场智能设备和自动化控制设备的双向串行、数字式、多节点通信网络。作为泵站网络底层的现场总线还应对现场环境有较强的适应性。它支持双绞线、同轴电缆、光缆、无线和电力线等，具有较强的抗干扰能力。现场总线的选用应根据泵站自动化系统的要求、设备配置的条件、所选仪表接口等确定。

现场层也可采用星型拓扑结构的硬线联结PLC与外场设备控制箱包括过程仪表、机械设备控制箱和电气柜。

4.3.2 城镇中小型污水、雨水泵站监控系统应根据泵站规模、工艺要求和自动化程度等因素确定。泵站宜采用PLC来控制。自动化控制系统采用二层结构，控制层和设备层组成如下：

1 控制层宜考虑为单机系统，单机系统的配置宜以一台PLC为核心的控制器，在控制柜的柜面上采用触摸显示屏MMI作为操作界面。按管理部门提出的要求可设置上位计算机和打印机，供报表打印和管理之用。上位计算机宜采用不带软盘驱动器的工业计算机。

2 设备层宜采用星型拓扑结构形式的控制电缆直接与设备联结或采用现场总线联结设备控制箱组成。当泵站内控制设备和仪表较多时，宜设置现场总线网络。

4.3.3 对于控制设备数量少，仪表信号少，特别简单的小型泵站可不设PLC，采用专用的水泵控制器，利用液位来控制，液位自动控制装置将根据设置好的开泵液位和停泵液位自动控制水泵开启和停止。

4.3.4 为了提高数据安全性和可靠性。泵站的自动化控制系统可采用冗余结构，包括监控工作站、PLC的CPU（中央处理器）模块、电源模块和通信设备。两台监控工作站的硬件和软件的配置必须相同，为双机热备，并具有双机备份自动切换功能，当主CPU发生故障，备份CPU会替代主CPU工作。

4.4 系 统 功 能

4.4.1 泵站控制系统通过模拟屏、操作终端、MMI操作界面等显示设备对泵站运行进行监视。运行监视范围应包括下列内容：

1 进水池液位及进水池超高、超低液位报警，信号由泵站就地控制器采样，进水池液位作为开泵条件之一。

2 非压力井形式的出水池液位及超高、超低液位报警，信号由泵站就地控制器采样。

3 水泵状态监视，包括水泵运行模式、工作电流、运行状态及各种故障报警，信号由泵站就地控制器采集，运行过程中出现异常情况，应立即发出报警信号。

4 电动格栅除污机、输送机、压榨机的状态监视，包括运行模式及运行状态，信号由泵站就地控制器采集。运行过程中出现异常情况（设备电气故障和机械故障），应立即发出报警信号。

5 电动闸门、阀门的状态监视，包括运行模式及运行状态，信号由泵站就地控制器采集。运行过程中出现异常情况（设备电气故障和机械故障），应立即发出报警信号。

6 当泵站工艺设计和管理要求设置电磁流量计时，应监视单泵瞬时流量、累积流量及故障信号，信号由泵站就地控制器采集。累积流量作为泵站计量的依据。

7 当工艺要求设置调蓄池时，应监视调蓄池液位，信号由就地控制器采样。

8 对于潜水泵以外的大型水泵管道应有压力变送器对进水压力和出水压力进行监视，以保证水泵的正常运行。信号由泵站就地控制器采样。

10 UPS电源工作状态进行采样，以确定是市电供电还是UPS供电。

11 按管理要求及泵站分布点设置雨水泵站的雨量计进行雨量监视，信号应纳入监控系统。

4.4.2 泵站应有就地逻辑控制功能，提供设备运行的联动、连锁和控制，控制对象包括：

1 当进水池液位高于某一设定值时，且相应设备状态满足连锁要求，符合开泵条件，应启动水泵的运行。

2 当格栅前后液位差大于某一值时，应启动电动格栅除污机、输送机、压榨机的运行。

3 水泵控制与有关闸门、阀门状态必须连锁，当需要开启水泵时，首先要控制相应闸门、阀门开启和关闭。

4 水泵辅助运行设备控制应包括冷却水控制系统和密封水控制系统。

5 自然通风条件差的地下式水泵间应设机械通风，并应对其风机状态进行监视和控制。对于泵房间集水坑应设排水设备，并应有监视和控制。

6 泵站格栅井及污水井敞开部分，有臭气逸出影响周围环境，应配置臭气收集和除臭设备，对除臭设备工作状态进行监视和控制。

4.4.3 本条主要介绍泵站电力监测范围的相关内容。

1 高压配电装置和低压配电装置进线开关的状态和跳闸报警，信号由泵站就地控制器采集。

2 电源状态和备用电源的切换控制，信号由泵站就地控制器采集。

3 高压母线和低压母线的电量监视。高压配电装置宜设综合测控单元，低压进线柜宜设智能综合电量变送器，通过现场总线或通信口与泵站就地控制器连接，信号由泵站就地控制器采集。

4 宜监视变压器三相绕组的温度，并设高温报警，信号由泵站就地控制器采集。

5 主要馈线的电量监视包括主泵电动机电流和补偿电容器电流；馈线的状态监视为各馈线开关的合/跳闸信号，以上信号均由泵站就地控制器采集。

4.4.4 泵站自动化系统除控制有关的设备外，监控范围还应包含环境与安全监控功能：

1 泵站对可能产生有毒、有害气体地方应设硫化氢（H_2S）检测仪，并监视其浓度和报警，对易燃、易爆气体场所设甲烷探测器，以检测可燃气体的浓度。信号由泵站就地控制器采集。

2 泵站应根据环保要求确定是否进行水质监视，对于实行水质监视的泵站应装设检测仪表，信号应纳入监控系统。

3 对于无人值守泵站宜装设视频图像监视，包括摄像机和监视器，周边围墙设红外线周界防卫系统，信号应纳入监控系统，由泵站就地控制器采集。

4 泵站应按消防要求设火灾报警控制系统，加强设备监控，确定各设备室的防火等级。装备消防设施和灭火器材。

4.4.6 按自动化系统的要求，每个泵站控制系统应设置操作界面，对于有人值守和无人值守泵站，其功能是不同的，对于有人值守的泵站，采集到的各种数据经计算、处理、分类，自动生成各种数据库及报表，供实时监测、查询、修改、打印。

泵站自动化系统能对组成系统的所有硬件设备及运行状态进行在线监测及自诊断，能对实时监控的所有对象的运行状态进行监测及诊断；对各类设备运行情况（如工作累计时间，最后保养日期）进行在线监测，并存入相应文档，以备维护、保养，能对设备故障提出处理意见，以供参考。

对于无人值守的泵站操作界面作为调试和设备维护的手段，其他运行功能宜在区域控制中心完成。

4.4.9 操作界面分层一般从总体流程图、总体平面图到每个设备的流程图和平面图，最后为局部流程图和平面图。

4.5 检测和测量技术要求

4.5.1 液位和液位差测量应符合下列规定：

1 采用超声波液位计测量泵站进水井液位，超声波液位计有一体式和分体式，分体式为传感器和变送器分开，且带现场显示仪。就地安装的显示仪表应在手动操作设备时便于观察仪表的表示值，同时应满足方便施工、使用和维护的要求。当不需要现场显示时，应采用一体化超声波液位计。超声波液位计的工作原理为传感器定时发出超声波脉冲信号，在被测液体的表面被反射，返回的超声波信号再由传感器接收。从发射超声波脉冲到接收、到反射信号所需的时间与传感器到液体表面的距离成正比，由此可计算出液位。液位为 4～20mA 电流信号表示或总线接口形式。

超声波液位计的特点是：能实现非接触的液位测量。特别适合于测量腐蚀性强、高黏度、密度不确定等液体的液位。

由于超声波液位计受传感器发射角范围的限制，在泵站进水井较小时安装有困难，泵站液位测量可采用投入式静压液位计。该液位计工作原理是当被测液体的密度不变时，处于被测液体中的传感器所受的静压力与被测液体的高度成正比例。通过测量位于一定深度液体之中作用于传感器之上的压力信号，即可计算出被测液体的深度。液体的深度为 4～20mA 电流信号表示。

静压式液位计的特点是：测量范围大，最大测量深度可达 100m；安装方便，工作可靠；可用于测量黏度较高、易结晶、有固体悬浮物、有腐蚀性的液体测量。

2 超声波传感器安装在连通井内或池壁时，应考虑超声波扩散角的影响，离池壁距离应符合说明书要求。

3～5 当需要测量进水井格栅前后液位时，可采用双探头传感器和具有多路输出的液位差计，或两台液位计分别测量。测得液位作为泵站液位检测显示、记录、报警以及作为水泵自动运行的依据，也可作为格栅除污机自动控制的依据（按格栅前后液位差启动格栅除污机）。液位测量单位用 m 表示，液位差单位用 mm 表示。

8 当采用分体式超声波液位计时传感器支架应采用悬挑式不锈钢支架，变送器支架应采用不锈钢立柱，包括遮阳板。对于特别寒冷地区超声波液位计的安装防护要求必须作保温式防寒处理。同时应注意安装在通风良好，且不影响人行和邻近设备安装的场所。投入式液位计的引样管应采取防止堵塞和便于疏通的措施，并应附加重锤或悬挂链条，使本体在介质中位置固定并应加保护管缓冲。

9 使用超声波液位计和液位差计同时应设定一组液位开关，输出超高水位和超低水位报警，报警信号直接送至水泵控制器或 PLC，防止雨、污水冒溢和水泵干运行。安装液位开关用的连接管的长度，应保证浮球能在全量程范围内自由活动。

4.5.2 流量测量应符合下列规定：

管径在 10～3000mm 之间的满管流量检测宜采用电磁流量计，电磁流量计由传感器和转换器两部分组成。传感器基于法拉第电磁感应原理制成，它主要由内衬绝缘材料的测量管，穿通管壁安装的一对电极，测量管上、下安装的一对用于产生磁场的励磁线圈及一个磁通检测线圈等组成。转换器将传感器检测的感应电动势和磁通密度信号进行处理，转换成 4～20mA 的标准信号和 0～1kHz 的频率信号输出，作为瞬时流量和累积流量，供用户显示、记录和控制流量之用。流量测量有一定精度，超出范围要标定。瞬时流量单位用 m^3/s 表示，累计流量单位用 m^3 表示。

电磁流量计的传感器依靠法兰同相邻管道连接，可以安装在水平、垂直和倾斜的管道上，要求二电极的中心轴线处于水平状态。无论那种安装方式，都不能有不满管现象或大量气泡通过传感器。流量计、被测介质与管道三者之间应连成等电位接地。当周围有强磁场时，应采取防干扰措施。

传感器和变送器的连接应采用专用电缆，且不能转接。

当测量泵站总管流量而采用电磁流量计在安装上有困难时，可以采用超声波流量计或明渠流量计。

4.5.3 压力检测仪表主要用于检测水泵的进、出水压力，被测介质为污水，使用环境一般为室内，常温常压。压力变送器是利用被测压力推动弹性元件产生的位移或形变，通过转换部件转换成固有的物理特性，将被测压力转换为标准的电信号输出。压力变送器与二次仪表或 PLC 相连，实现压力信号的显示、记录和控制。压力单位用 kPa 表示。

压力变送器具有频率响应高、抗环境干扰能力强、测量精度高、体积小、具有良好的过载能力等特点。

压力变送器一般不应固定在有强烈震动的设备或管道上，当固定在有振动的设备或管道上时，应采用减震装置。

4.5.4 采用热电阻和温度变送器测量大型水泵和电动机的轴承温度、绕组温度、冷却水温度，温度传感器在安装时应注意与工艺管道的相对位置。温度单位用℃表示。

4.5.5 泵站对可能产生 H_2S 有害气体的地方应配置 H_2S 检测仪，连续监测空气中硫化氢浓度，并采取防患措施。

对泵站的格栅井下部，水泵间底部等易积聚 H_2S 的地方，可采用移动式 H_2S 检测仪去检测，也可装设在线式 H_2S 检测仪及报警装置。输出为标准 4～20mA 电流信号。

使用 H_2S 检测仪时，应注意报警阀值的设置，当测得的值大于设定值时应立即采取应急措施。

按照国家标准《工业场所有害因素职业接触限值》GBZ 2－2002 的规定，工作场所硫化氢气体的最高容许浓度为 $10mg/m^3$，所以本标准规定该值是报警阈值。

4.5.6 应按泵站的分布在雨水泵站中设置雨量计，用来计量雨量的大小，翻斗翻动一次，发出一个脉冲信号。对于量程范围为 0～10mm 的雨量计，收集管宜为 1.2L，测量筒为 $200cm^3$。雨量计安装场地应严格按照要求，其底盘应用螺钉固定在混凝土底座或木桩上，固定牢靠。盛水口水平度应符合产品说明要求。雨量单位用 mm 表示。

4.6 设备控制技术要求

4.6.1 本条主要介绍设备控制方式和优先级的相关内容。

2 受控设备的现场（机旁）控制箱上设有本地/远方选择开关，当选择开关处于本地位置时，只能由现场（机旁）控制箱上的按钮进行控制，远方配电盘不能对设备进行控制，当选择开关处于远方位置时，由配电盘上的按钮对设备进行控制。

3 在电动机配电控制盘或 MCC 盘面上设有手动/联动选择开关。当选择开关处于手动位置时，只能由配电盘或 MCC 盘面上的按钮对设备进行控制，就地控制器不能对设备进行控制，当选择开关处于联动位置时，应由就地控制器控制设备的运行。

4 现场控制和配电盘控制由泵站供配电系统实施，此时自动化系统的控制器属于无效状态。所有现场控制的电气保护应由现场电器自行完成

5 就地控制分就地手动和就地自动两种，这两种控制都应通过自动化控制系统控制器完成。

1）就地手动模式下由操作人员通过就地控制操作界面特定图控按钮控制设备运行。通过操作界面可以完成对设备的控制或对控制参数的调整。此时的操作通过 PLC 完成。

2）就地自动模式下由就地控制的 PLC 根据液位、流量等参数按原先内置的程序自动控制各机械设备，按正常运作的需求对水泵进行连锁保护。并保证各水泵的总体运行时间基本平衡，不需人工干预。

7 远程控制模式下由上级监控系统发布对泵站内主要机械设备的控制命令，包括泵站内的水泵、部分与总排放系统相关的闸门等设备。泵站内各机械设备的联动由就地控制 PLC 根据要求完成。

4.6.2 水泵控制应符合下列规定：

3 现场水泵按钮箱上应设有启动（绿色）、停止（红色）按钮和启动（红色）、停止（绿色）和故障（黄色）指示灯，水泵的控制有两种模式：本地模式和远方模式。本地模式是通过现场水泵按钮箱上的按钮来控制水泵运行。远方模式是由配电盘上的按钮控制水泵运行。选择开关设在现场按钮箱上，由人工切换，本地模式优先级高于远方模式。

5 配电盘水泵控制箱上应设有启动（绿色）、停止（红色）按钮和启动（红色）、停止（绿色）和故障（黄色）指示灯，水泵的控制有两种模式：手动模式和联动模式。选择开关设在配电盘水泵控制箱上，由人工切换，手动模式优先级高于联动模式。联动包括就地自动、就地点动和遥控。

7 监控系统的设备控制分为中央控制、就地控制、基本控制，而就地控制又可分为就地手动和就地自动，就地手动方式是通过操作界面特定的按键（图形或文字方式）手动控制水泵的运行。通过操作界面可以完成对设备的控制或对控制参数的调整。图控画面操作应有操作提示。操作提示可以是音响、监视器监控画面代表设备的符号交替闪动、信息打印等常规的方式，在监视器监控画面上应有简要文字提示报警内容和性质。

11 当泵站处于远程控制时，泵站应能够接收上级控制中心（信息中心）对泵站下达的控制命令，由上级控制中心（信息中心）遥控泵组的运行。使系统达到高效、经济的运行。但遥控的开泵或停泵命令必须得到就地控制的认可。

13 水泵运行与有关闸门、阀门的状态必须连锁，当需要启动水泵时，首先必须检查和开启相应管路的闸门和阀门等，若开启失败，禁止启动水泵。水泵的启动和运行控制逻辑应严格按照有关规定，当出现异常状态之一时，禁止启动水泵，正在运行的水泵应立即停止。水泵不可用是指水泵控制箱断路器处于分闸状态。水泵自动控制应符合以下条件：

1）进水闸门全开；

2）溢流闸门全关；

3）泵配电开关合闸；

4）泵无故障报警；

5）液位不在低液位报警；

6）水泵控制箱为自动模式；

7）PLC 无泵失控报警；

8）泵不在运行状态。

14 大型水泵机组应设置双向限位振动监测传感

器，以保证水泵的稳定工作，当振动幅度超过预定值时发出报警信号，信号可通过硬接线或接口的方式与泵站PLC连接，检测水泵运行情况，当振动继续增加至更高的预定值时自动停泵。

15 大型水泵机组应设置冷却及润滑系统的保护，当冷却水和密封水中断应发出报警信号，同时应监视润滑水流量和轴承润滑油。

4.6.3 格栅除污机、输送机、压榨机控制应符合下列规定：

1 格栅除污机、输送机、压榨机由于控制逻辑比较简单，推荐其启动控制和运行保护设置在一台现场综合控制箱内，格栅除污机、输送机、压榨机应设置独立的启动控制和运行保护。当有多台格栅除污机时，综合控制箱的规模可根据现场条件和设备资金情况等确定。

2 定时和液位差两种运行模式分别为：

1）定时模式：按一定的时间间隔控制格栅除污机运行，间隔时间可以在泵站自动化控制系统操作界面上调整。

2）液位差模式：按格栅前后液位差值控制格栅除污机运行，液位差值可以在泵站自动化控制系统操作界面上调整，一般不宜大于0.1m。

格栅除污机每次启动应完成一个周期的清捞动作。对于钢丝绳式格栅除污机，一个周期是指清捞耙动作一次并回到上死点；对于回转式格栅除污机，一个周期是指清捞动作持续10min时间。

格栅除污机作一次清捞动作（运行一个周期）后，格栅前后液位差应小于设定值，否则应继续一次清捞动作。

3 格栅除污机的工况应显示在泵站控制系统的操作界面上，当设置为就地手动方式时，通过操作界面特定的按键（图形或文字方式）手动控制格栅机的运行。通过操作界面可以完成对设备的控制或对控制参数的调整。图控画面应有操作提示。格栅机自动控制应符合以下条件：

1）格栅机控制箱为自动模式；

2）设备无故障报警；

3）PLC无格栅机失控报警；

4）设备不在运行状态。

4.6.4 闸门、阀门控制应符合下列规定：

1 闸门、阀门的控制可设现场控制箱也可采用一体化电动操作方式，当采用一体化电动执行机构时，其内部应包含完整的控制回路，并应有相应信号输出。当采用阀门控制箱，并且一台控制箱控制多台闸门时，各设备应设有独立的控制回路。

3 泵站控制系统对闸门、阀门的控制宜通过闸门、阀门控制箱实施，以实现远距离的监控。控制系统PLC输出宜带中间继电器，采用2对无源常开触点分别控制闸门、阀门的上升和下降，当PLC发出一个信号时，其中一对触点闭合，带动闸门或阀门运行，当控制信号撤除时，闸门或阀门的运行应保持原状态不变。控制箱内需留有充足的状态及控制信号端子以及4～20mA信号或总线信号接口。但当闸门和阀门只作检修，不经常开启和关闭的，可监视其状态，不作控制。

4 闸门、阀门的工况应显示在泵站控制系统的操作界面上，当设置为就地手动方式时，通过操作界面特定的按键（图形或文字方式）手动控制闸门、阀门的运行。通过操作界面可以完成对设备的控制或对控制参数的调整。图控画面应有操作提示。闸门、阀门自动控制应符合以下条件：

1）闸门控制箱自动模式；

2）设备无故障报警；

3）PLC无闸门失控报警；

4）上升控制时不在全开位置；

5）下降控制时不在全关位置。

闸门的现行位置和状态应在控制系统的操作界面上以图形、颜色和文字方式显示，在闸门的启闭操作过程中，操作界面上应有图形符号和文字表示闸门的状态的动作方向。以实现远距离的监视，闸门、阀门在启闭过程中控制箱上的手动按钮可以暂停和继续启闭过程。

5 闸门、阀门的启闭过程应设超时检验，在规定的动作时间内若闸门没有到达预定位置或收到设备的故障报警信号，可认为闸门故障。

7 当泵站处于远程控制时，泵站应能够接收上一级控制对泵站下达的控制命令，由上一级控制遥控闸门、阀门的运行。但遥控的开或停命令必须得到就地控制的认可。

4.7 电力监控技术要求

4.7.1 泵站监控应对高低压开关柜等电气设备进行监视，一旦出现异常情况应立即报警。泵站自动化控制系统一般不对电气开关柜实行直接控制，除非管理上有特殊要求。

4.7.2 高压柜宜设综合继电保护装置，并应考虑与自动化系统的接口，以现场总线接口连接PLC，当高压柜不采用综合保护测控单元时，应以无源辅助触点和变送器输出4～20mA电流方式提供必要的信号接口，由PLC采样，以实现远距离的监视。

4.7.3 泵站电力监控系统应考虑电能管理，对采集到的各种电力数据经计算、处理、分类，自动生成各种数据库及报表，供实时监测、查询、修改、打印，生成后的报表文件能修改或重组。使电力系统能在最低消耗下，发挥最大效率。

4.7.4 电量信号应包括：

1 三相电压（V，kV）；

2 三相电流（A）；

3 有功功率（kW）；

4 无功功率（kvar）；

5 功率因数（cosΦ）；

6 有功电度（kWh）；

7 无功电度（kvarh）；

8 频率（Hz）。

4.8 防雷与接地

4.8.1 自动化控制系统所安装的电源、仪表以及其他设备应在电磁、静电和暂态电压以及其他可能出现的特殊情况下安全运行，并且有足够的防止过电压及抗雷电措施，有效防御雷电灾害。

4.8.2 控制系统建立一个接地电阻不大于1Ω的接地系统，作为各接地装置的统一接地体（当采用单独接地时的接地电阻≤4Ω）。接地排敷设至控制设备安装点，并留有端接排。用于设备至接地排之间的连接。

采用尽可能短的铜编织带把PLC、变送器、通信设备、机架等需要等电位连接的设备分别接到等电位接地网格上。

4.8.3 在敷设屏蔽电缆时，屏蔽层的接地是应特别注意的问题。不适当的接地方法不仅会把屏蔽层的作用抵消，而且还会产生新的环流噪声干扰。

4.9 控制设备配置要求

4.9.1 由于泵站工作环境较差，与其配套控制系统设备应采用工业级，应具有一定的抗干扰能力。控制系统设备应具有防水、防震、防尘、防腐蚀性气体等措施，工作温度：0～55℃，相对湿度：10%～99%无凝露。设备应有一定的使用寿命。

4.9.2 本条规定了户内、户外、浸水的安装要求，户外设备控制箱宜采用不锈钢材料制造。对于南方地区应考虑散热措施。

4.9.3 计算机监控工作站是控制系统的核心设备，在选择计算机和控制器时应考虑CPU主频，随着技术的不断发展，CPU的速度也将不断提高。计算机的内存容量也将根据需要增加。应具有支持3D图形处理，并具有内置SCSI硬盘，硬盘容量根据需要配置。除常规配置外还应有10/100Base-T以太网标准的接口等。设备具有技术先进、兼容性好，扩展性强，便于更新换代。

4.9.4 现场总线的选用应根据泵站自动化系统的要求、设备配置条件、所选仪表接口等确定，现场总线能采用总线形、树形、星形、冗余环形等拓扑结构连接现场的仪表和控制设备。推荐的现场总线类型有：DeviceNet，Profibus，ControlNet，Modbus，ControlLink等。推荐通信协议为IEC 60870-5-101、DNP3.0等国际通用的开放的通信协议。

4.9.5 控制器设备应符合下列规定：

1 结构形式宜为框架背板和功能模块的任意组合，背板可以扩展；

2 具有工业以太网、现场总线、远程I/O的连接和通信能力；

3 CPU的字长≥16位，处理能力和RAM的容量应适应各泵站的功能要求，应备有存贮器用以保存主站下载的而又能远方修改的参数；

4 处理器具有基本的控制和运算功能；

5 应有自检和故障诊断功能，有瞬时掉电后再启动的能力，时钟应有掉电时的支撑电池；

6 硬件模块均应配有防尘的保护盒，宜在线热插拔，并且要有明显的标签；

7 具有远程或就地设定控制参数的能力，具备可选用的链路规约，可组态的串行通信口，用于和主站通信以及人机界面（MMI）的接口；

8 用于编程/调试/诊断连接便携式PC机的接口；

9 PLC与户外通信电路的接口应采用光电隔离，现场输入输出信号必须进行电位隔离。PLC外部电源为交流220V，允许电压波动范围为195～264V，允许频率波动范围为47～53Hz；

10 平均故障间隔时间（MTBF）≥17000h。

4.9.6 控制器应支持梯型图、结构文本语言、顺序功能流程图等多种编程语言。具备可更换的锂电池、EEPROM（或FlashMemory）双重程序后备保护功能。PLC装置的处理器具有基本的控制和运算功能，包括开关量、数字量、脉冲量、模拟量输入和输出、计数器/定时器、中断控制、高速计数、逻辑运算、算术运算、函数运算、数据转换、数据保存、模糊控制、传送和比较、PID调节等。

4.9.7 操作界面MMI应符合下列规定：

1 显示器类型：背光彩色防水TFT显示屏：

2 屏幕尺寸：对角线不应小于10″；

3 解析度：640×480；

4 画面数：不应小于250；

5 显示文字：ASCII字符，二级汉字；

6 密码功能：3级密码设置；

7 操作保护：延迟保护、再确认功能。

4.9.8 控制器输出模块宜采用隔离继电器驱动外部设备，继电器选择应符合下列规定：

1 结构形式：封闭式，透明外壳，插座安装，带防松锁扣；

2 转换触点对数：2或3；

3 额定电压：AC 220V或DC 24V；

4 耗电量：交流不得大于1.2VA，直流不得大于0.9W；

5 触点容量：AC 250V，3A（阻性负载）；

6 机械寿命：50×10^6次（交流操作）；

7 电气寿命：2×10^5次（DC30V，2A，阻性负载）。

4.9.9 控制器I/O设备分为数字输入、输出和模拟量输入、输出等类型。

数字信号输入（DI）模块可分为交流输入、直流输入和脉冲输入等。

直流输入模块主要用于外部电缆线路较短，且容易引起电磁场感应的场合。计算机内部与外部电路采用光电耦合器进行隔离。直流输入电压一般为DC10～48V。泵站宜采用直流输入模块。

对于有脉冲信号的设备宜采用脉冲输入模块，脉冲输入模块内设有脉冲计数器，对外部的输入脉冲进行计数，然后送往CPU。它又可分为单向、双向（加减）计数两种。使用时，不得超过规定最大脉冲频率。

数字信号输出（DO）模块可分为交流输出、直流输出和继电器输出等类型。

直流输出模块是一种采用晶体管或晶闸管的无触点输出模块，采用光电耦合器与外部电路隔离，同样具有动作速度快、寿命长的优点。

继电器输出模块通过继电器接点和线圈实现计算机与外部电路隔离，这种模块可交、直流两用。它不会产生漏电流现象，但模块内的继电器有寿命问题。

模拟信号输入（AI）模块通过内部A/D变换器可以将现场的电压、电流、温度、压力等控制量输入PLC，这种模块内的A/D变换时间大约在ms到数十ms之间。在要求快速响应的场合，可选用A/D变换时间短的模块。变换后的二进制数分8位、10位、12位不等，有的带符号位，有的不带符号位，可根据系统所需的精度来选择不同的A/D变换位数。

模拟信号输出（AO）模块可以输出供过程控制或仪表用的电压、电流。它把CPU内部运算的数字量经D/A变换器变成模拟量向外部输出。它同模拟量输入模块一样，D/A变换的时间有快、有慢。可根据系统所需的精度来选择不同的D/A变换位数。

4.9.11～4.9.13 自动化控制系统应采用UPS作为后备电源，供控制设备用电。UPS选择应考虑输入/输出电压；输出电压稳定性、频率稳定性、波形失真、负载功率、维持时间等技术指标。输入输出隔离型，输出波形为正弦波。

UPS的负载功率，应依据控制系统配置的各设备的最大消耗功率累加计算，并留出约25%的余量，并应考虑功率因数的问题。例如，负载功率为6kW，则UPS的容量应为：$\frac{6\times1.3}{0.8}=9.75$（kVA），实际选配UPS的容量为10kVA。

UPS宜工作在额定输出功率的70%～80%，此时的效率较高。在负载功率一定时，需要维持工作的时间越长，则要求电池的容量越大。

1 输入电压：AC 220V±20%，50Hz±10%；

2 输出电压：单相220V±2%，50Hz±0.2%；

3 输出功率：设备容量总和的150%；

4 输出波形：正弦波，谐波失真≤3%THD；

5 蓄电池供电时间：额定负载下放电60min；

6 蓄电池寿命：10年，免维护；

7 负荷峰值因数：5∶1；

8 过载能力：125%时10min，150%时30s；

9 在线式运行方式：自动切换旁路工作，无切换时间；

10 工作温度：0～50℃（室内）；

11 相对湿度：0～95%无凝露；

12 平均故障间隔时间（MTBF）：≥50000h。

中小型泵站UPS宜采用柜架式，安装在控制机柜内。

4.9.15 泵站需要设置大屏幕显示设备时，宜采用金属格栅镶嵌马赛克式模拟显示屏，模拟显示屏应符合下列规定：

1 具有现场总线或RS485串行接口，4位半LED数码管的数字显示器。

2 过程的状态显示及报警指示、报警信号闪烁指示。

3 模拟屏的适当位置宜设试验和复位按钮等。

4 模拟或数字指示应位于模拟屏上设备符号的附近。

5 在模拟屏的适当位置设数字式日历/时钟。

6 为考虑模拟屏马赛克显示面的平整和耐久以及承重等原因，模拟屏结构为金属格栅上镶嵌马赛克。每个模块单元不应小于25mm×25mm，字符高度不应小于15mm，图形符号的面积不小于15mm×15mm。拼装缝隙<0.05mm。

7 示图符宜用光带、发光字牌、发光符号、字符显示窗、数字显示窗等元素及这些元素的组合来制作。

8 亮度对比度≥10，屏面反射率<15%，刷新时间≤10s，发光器件寿命≥17000h，显示元件的亮度≥80cd/m²。

9 模拟屏应有独立工作的控制器，其数据和信息宜通过自控系统局域网络（例如以太网）采集。按接口规约接受主站送来的信息，执行遥信选点上屏，执行调光、变位、闪光，报警等功能，并能锁存驱动上屏信息。

10 发光元件的接线应采用接插件，接插件应牢固可靠。

11 回路和屏架间绝缘电阻应大于5MΩ。

12 屏内配线应排列整齐，捆扎牢固，线路标志清晰。

13 强电与弱电端子应分开排列。屏内端子排应固定牢固，无损坏，绝缘良好；端子编号和电线编号字迹清晰，与图纸上编号一致。

4.10 安全和技术防卫

4.10.1 对于无人值守泵站，为了保护泵站内主要工艺设施，保证泵站内重要设备正常运行及变电所的安全。在泵站内、变电所和主要道路宜设电视监视设备，采用具有夜视或低照度功能的摄像机，并配备视频记录装置（例如数字录像机）；需要时，应具有图像分析及报警功能。视频图像应上传区域监控中心（信息中心），以便及时了解各泵站的情况。

4.10.3 周界防卫系统须在户外装设对射红外线探测器，信号送至控制器连接当地公安、保安部门或区域监控中心（信息中心）。围墙的角落可采用户外探头。

4.10.5 根据有关规范对在大型及重要的泵站应设置火灾报警系统，当不设置火灾报警系统时，应对建筑物、装饰材料及电气线路的防火提出一定要求，站内灭火器装置应符合现行国家标准《建筑灭火器配置设计规范》(GB 50140）的规定。

4.11 控制软件

4.11.3 数据库应是开放的实时数据库，通过对监控对象的组态、对监控对象的实时监测和控制，自动生成操作记录表、遥信变位、事故记录等实时数据。实时数据库具有标准的外部数据接口，能与其他控制软件和数据库交换数据。

历史数据库能通过DDL、DDE及OLE等与其他应用软件交换数据，并带有标准的SQL接口和ODBC（Open Data Base Connect）接口，提供系统维护和管理手段。

4.11.4 应用软件的操作界面应以方便使用为主，并做到风格统一、层次简洁。采用图控软件组态设计中控室的运行监控软件，具有中文界面、操作提示和帮助系统。应用软件包括的功能描述为：

1 运行监视和控制，提供泵站各种布置图和接线图。操作界面主要以流程图方式表示，从总体流程图直到每个单体的局部流程图。在流程图上显示的设备均可以点击进入，以了解该设备的进一步细节数据或对其进行控制。工艺过程、运行参数和设备状态均以图形方式直观表示。运行参数和目标控制参数可以点击进入，了解其属性或进行设定修改。通过操作界面上的按钮实现对设备的操作、控制和运行参数设定。

2 数据处理和数据库管理。提供整个监控系统运行的各种数据参数、各机械电气设备状态以及各接口设备状态的实时数据库及历史数据库，并能根据信息分类生成各种专用数据库，并具有在线查询、修改、处理、打印等数据库管理软件，可进行日常的操作及维护，利用ODBC功能，与其他关系数据库建立共享关系。

保存在内存中的实时数据库应存贮有各种监控对象的动态数据，数据刷新周期应可调，以保证关键数据的实时响应速度。短期历史数据库应能保存7天的实时数据和组合数据，并不断地予以刷新（其数据来自于实时数据库）。历史数据库中能存入各设备的运行参数、报警记录、事故记录、调度指令等。并具有提供存贮3年运行数据的能力。

4 能对组成系统的所有硬件设备及运行状态进行在线监测及自诊断，能对实时监控的所有对象的运行状态进行监测及自诊断，对各类设备运行情况（如工作累计时间、最后保养日期）进行在线监测，并存入相应文档，以备维护、保养，能对设备故障提出处理意见，以供参考。

5 软件系统应能对系统的设备运行记录及控制模式进行综合考虑，对能耗数据进行记录和综合分析，使系统能在最低的消耗下，发挥最大的效率。

对于泵站，能耗管理就是电力消耗的管理，主要体现在节能上。

6 对于按操作等级进行管理，一般情况下，至少应设置三级操作级，即观察级、控制操作级、维护级，每一级都需有访问控制。

4.12 控制系统接口

4.12.3 本条介绍泵站控制系统与电气设备和仪表的接口相关内容。

1 接口类型和通信协议指的是以太网、现场总线、低速串行通信、硬线连接等。

2 物理参数指的是光纤、电缆、接插件、端子、导线截面积、屏蔽等。

3 电气参数指的是周期、波长、脉冲宽度、电压、电流、电阻、电容、电抗、频率、触点容量等。

5 各界面的解释如下：

5-1 为高压配电装置与泵站控制系统的接口，由泵站控制系统监视高压配电装置设备状态和变压器运行。

5-2A 为低压配电装置向泵站控制系统提供电源。

5-2B 为低压配电装置与泵站控制系统的接口，由泵站控制系统监视低压配电装置设备状态。

5-3 为泵站内各设备控制箱与控制系统的接口，由泵站控制系统监视各设备的运行并对其进行控制。根据需要可设置现场按钮箱。③与④为现场设备与现场按钮箱的接口。

5-6A 为泵站控制系统向泵站仪表提供电源。

5-6B 为泵站内仪表与泵站控制系统的接口，由泵站控制系统采集仪表的检测数据和工作状态。如泵站仪表为分体式，⑥与⑦为变送器与传感器的接口。

5-8A 为泵站控制系统向泵站内远程通信设备提供工作电源。

5-8B 为泵站内远程通信设备与控制系统的接口。泵站监控系统与远程通信设备进行信息交换。当管理上要求与上级信息中心通信时，⑧与⑩为泵站与上级区域控制中心通信接口。

5-9A UPS为泵站内监控设备提供工作电源。

5-9B UPS与泵站控制系统接口，由泵站控制系统采集UPS运行状况。

4.14 设备安装技术要求

4.14.1 中小型泵站自动化控制系统的设备应安装在一台控制柜内，柜内应有一套可编程逻辑控制器(PLC)、人机界面（MMI)、电源（含UPS)、继电器、空气断路器、电气保护、电源防雷器、信号防雷器、柜内照明等设备。控制机柜应符合下列规定：

1 柜结构为前后单开门，前后门的密封材料需耐H_2S腐蚀。柜体、柜内安装板、柜内支架等表面需涂皱烘漆，漆层强度需经方格划痕试验（不能剥落)。

3 柜内有可靠的保护接地装置及防雷防过电压保护装置。

电源防雷器应按下列要求选择：

1）标称电压 220V/380V

2）额定电压 250V/440V

3）工作电流 ≥16A

4）放电电流 L-L：3kA；L-N：3kA；N-PE：5kA

5）响应时间 ≤25ns

信号防雷器应按下列要求选择：

1）标称电压 5V/24V（按端口配置）

2）额定电压 6V/26.8V

3）工作电流 ≥500mA/100mA

4）放电电流 10kA

5）带宽 ≥1M

6）响应时间 ≤1ns

4 柜内设备布置应保持通风散热，当若干PLC安装在同一柜子里时，应符合下列规定：

1）两个PLC间距不应小于150mm，在PLC两侧的空隙不应小于100mm。

2）产生热量的设备应安装在PLC的上部。

3）当PLC安装垂直导轨上时，应使用导轨规定端子。

5 控制柜面板指示灯和按钮的颜色为：

1）指示灯颜色

电源接通 —— 白色
正在运行 —— 绿色
断开/报警 —— 红色
准备启动 —— 蓝色
状态（通、断等）—— 蓝色
报警（无紧急停止信号）—— 黄色

2）按钮颜色

停止、紧急停止 —— 红色
启动 —— 绿色
点动/慢速 —— 黑色
重调（不作为停止）—— 蓝色
过载/报警接受 —— 黄色

7 最下排端子距离机柜底板宜大于350mm是因为电缆进柜需在柜底下作固定，要留有一定操作距离。强、弱电端子宜分开布置；当有困难时，应有明显标志并设空端子隔开或设加强绝缘的隔板。回路电压超过400V者，端子板应有足够的绝缘并涂以红色标志。每个接线端子的每侧接线宜为一根，不得超过两根。

8 电流回路应经过试验端子，其他需断开的回路宜经特殊端子或试验端子。试验端子应接触良好。测量电流输入端子应装设有短路压板，测量电压输入端子应设有保护熔丝。

4.14.5 控制室内应布设PE接线排，以导体构成一个每孔为600mm×600mm的网络作为活动地板的支撑架。所有用电设备的金属外壳、计算机、设备机架、电缆桥架等都应连接到接地网络上。

4.14.6 控制室应配置操作台椅，操作台的尺寸和椅子数量应根据放置设备的数量和控制室的大小而定。操作台的布置宜分监视和操作装置两类，台面上宜布置CRT、打印机、电话等设备，键盘宜置于台面下部抽板内，计算机设备宜置于控制台下部柜内，柜应有门，可闭锁，装置应有通风设备，后侧宜布置插座、线槽。

4.14.7 为考虑电缆敷设时牵拉对电缆芯线的强度要求，电流测量回路的铜芯电缆截面面积不宜小于$2.5mm^2$，其他控制回路的电缆截面面积不宜小于$1.5mm^2$。

4.14.8 控制电缆宜采用4芯以上是因为电缆厂生产电缆规格为2芯、4芯、7芯等，在实际使用中至少有1根备用芯，所以选用4芯以上电缆。对传输开关量输入无源信号的电缆，当传输距离小于200m时，宜用普通控制电缆。对传输开关量输入无源信号的电缆，当传输距离大于400m时，宜用双绞铜网屏蔽电缆。对于强电信号均可使用普通控制电缆。对传输开关量输出是继电器、可控硅的触点或交流220V信号，宜用普通控制电缆。对传输开关量输出是继电器或可控硅的低电平信号，宜用铜带或铝箔屏蔽计算机用电缆。对于传输脉冲量输入信号的电缆，应选用双绞铜网屏蔽电缆。

4.14.9 模拟量是一种连续变化的信号，容差非常小，易受干扰的影响，对于模拟量输入/输出信号的传输电缆，应选择双绞铜网屏蔽计算机电缆。

计算机控制系统的通信信号一般为数字信号。为了克服线间电容对高速通信的影响，应使用计算机控制系统的专用电缆，当通信距离过长时应考虑使用光缆。

自控系统的电缆是系统与现场仪表或设备之间信息传递的通道。如果电缆选择不当会使很多形式的干扰通过这个通道进入到控制系统内部从而影响系统工作，所以合理选择电缆至为重要。

4.14.11 电子装置数字信号回路的控制电缆屏蔽层接地，应使在接地线上的电压降干扰影响尽量小，基于计算机这类仅1V左右的干扰电压，就可能引起逻辑错误，因而强调了对计算机监控系统的模拟信号回路控制电缆抑制干扰的要求，应实现一点接地，而一点接地可有多种实施方式，对于计算机监控系统，需满足避免接地环流出现的条件下，集中式的一点接地。

4.14.12 泵站的缆线敷设应严格按照设计要求，应按最短路径集中敷设，缆线包括电缆、电线、光缆的敷设，当采用电缆敷设时，应符合电缆敷设的要求。当采用光缆敷设时，应符合光缆敷设要求，应使线路不受损伤。光缆、电缆敷设时应符合下列规定：

1 布放光缆的牵引力不应超过光缆允许张力的80%，瞬间最大牵引力不得超过光缆允许张力的100%，主要牵引力应加在光缆的加强件（芯）上。一次牵引的直线长度不宜超过1km；光缆接头的预留长度不应小于8m。

2 布放光缆时，光缆必须由缆盘上方放出并保持松弛弧形；光缆布放过程中应无扭转，严禁打小圈等现象发生。

3 光缆的弯曲半径应不小于光缆外径的15倍，施工过程中不应小于20倍。

4 光缆布放完毕，应及时密封光缆端头，不得浸水。

5 管道敷设光缆时，无接头的光缆在直道上敷设应有人工逐个经人孔同步牵引。预先做好接头的光缆，其接头部分不得在管道内穿行，光缆断头应用塑料胶带包扎好，并盘成圈放置在托架高处。

6 光缆穿入管孔或管道拐弯或者交叉时，应采用引导装置或喇叭口保护，不得损伤光缆外护层。根据需要可在光缆周围涂中性滑润剂。

7 光缆经由走线架，拐弯点（前、后）应予固定；上下走道或爬墙的部位，应垫胶管固定，避免光缆受侧压。过沉降缝应有预留长度。

8 光缆的接头应由受过专门训练的人员采用专用设备操作，接续时应采用光功率计或其他仪器进行监视；接续后应做好接续保护，并安装好光缆接头护套。

9 信号电缆与强电磁场设备距离有屏蔽应大于0.8m，无屏蔽应大于1.5m。

10 控制电缆在敷设时尽量减少和避免接头。当必须采用电缆接头时，必须连接牢固，并留有余量，不应受到机械拉力。

11 控制电缆终端应包扎，并有防潮措施。

12 电缆敷设要有余度，终端余度是为了便于施工和维修。建筑物的伸缩缝和沉降缝处留出的补偿余度，是为了避免线路受损失。

13 在穿钢管敷设时钢管必须接地，禁止动力电缆和信号电缆共管敷设。

14 电缆穿管时，裸铠装控制电缆不得与其他外护层的电缆穿入同一根管内。

4.15 系统调试、验收、试运行

4.15.1 系统调试大纲应包括设备单体调试、测试和试运行，仪表、供电、设备监控和计算机等各子系统功能调试、测试及上述所有系统集成联动功能调试、测试。系统调试结束后，施工单位应提交调试报告。设备单机性能检查测试、调试及试运行，应在各子系统调试前完成，由施工单位负责实施，监理工程师旁站监督。各子系统调试、系统集成联动功能调试结束后，由建设单位项目技术负责人组织施工单位技术和质量负责人、设计单位有关专业技术负责人、总监理工程师对系统功能项目进行检测验收。

4.15.2 设备安装就位后应先进行检查，仔细检查并核对控制系统（设备）各部件的连接、电源线、地线、信号线是否连接正确。确认无误后，再检查各仪表和设备的电源，进行通电试验，待通电正常后，对各设备工作状态进行检测，保证系统性能达到预期的设计要求。

系统调试的工作量比较大，对保证系统性能与可靠运行起着非常关键的作用，应给予充分的重视，调试的一般步骤是：单体调试——相关功能之间的配合性能调试——系统联动功能调试——系统试运行。系统调试阶段的主要工作包括：

1 对系统进行初始化，输入各原始数据记录。

2 记录系统运行的数据和状况。

3 核对并校正系统的输出与输入端信息之间的偏差。

4 对实际系统的输入方式进行检查（是否方便，效率如何，安全可靠性、误操作性保护等）。

5 对系统实际运行响应速度（包括运算速度、传递速度、查询速度、输出速度等）进行现场实际的测试。

4.15.5 上位机系统检验应包括下列内容：

1 根据设计的要求中控室上位机应对泵站内的设备具有监视和控制功能，包括仪表、供配电系统和机械设备。

2 按设计要求进行流程画面的测试：画面显示应不受现场环境的干扰，测试检查每幅画面上的各种动态点是否正确，量程显示是否正确。检查控制结构和参数的设置与现场是否相符，调整控制结构参数值和备用回路的输入、输出及反馈值，并逐个回路进行调试、整定，检查是否满足设计指标要求。检查所有测量信号准确度是否满足设计指标要求。

键盘操作的容错测试：在操作站的键盘上操作任何未经定义的键时，系统不得出错或出现死机情况。

CPU切换时的容错测试：人为退出控制站中正在运行的CPU，此时备用的CPU应能自动投入工作，切换过程中，系统不得出错或出现扰动、死机情况。

备份机整体切换时的容错测试：人为退出控制站中正在运行的机器，此时备份机应能自动投入工作，切换过程中，系统不得出错或出现扰动、死机情况。

3 报警、保护及自启动功能测试：检查所有报警、保护及自启动功能是否满足设计指标要求。报表打印功能的测试：用打印机按照预定要求打印出每张报表，检查正确与否。

4 系统技术指标测试应包括系统平均故障间隔时间、系统可用率、系统可维护性、系统响应时间以及系统平均修复时间、主机联机启动时间等。

4.15.6 控制系统的检验应包括下列内容：

1 当按钮处于手动或自动方式时控制器能正确接收信息，控制器处于手动控制时，各种数据测量宜按以下方式：

1）数字量输入信号测试：由现场控制箱或人为发出信号，控制器应有正确的响应（与地址表相符合）。

2）数字量输出信号测试：由控制器根据地址表强制发出信号，现场应有正确的响应。

3）模拟量输入信号测试：用信号发生器由现场发出4～20mA信号（4～20mA中均分5点），PLC检测应有正确的响应，信号误差应在允许范围内。

4）模拟量输出信号测试：由CPU根据地址表强制发出4～20mA信号（4～20mA中均分5点），现场检测仪应有正确的响应，信号误差应在允许范围内。

当控制器处于自动控制时，应进行调节功能的测试，调节功能测试应按功能流程图进行，检查闭环调节功能是否正确有效，输入、输出关系是否正确无误。

2 报警功能测试：模拟现场有报警信号时，控制器应能做出正确的响应。

3 控制系统操作画面应分层检测，从整个到局部。

4 按编制的程序，让系统进行自动运行，各设备应按要求启动和停止。

4.15.8 仪表检验的基本性能指标应符合下列规定：

为便于监控系统信息集成，要求检测仪表应具有与量程相匹配的4～20mA模拟量输出或带有开放协议通讯口输出功能，在设备选型时考虑检测仪具有现场就地采样数据显示功能，便于设备现场操作监视。

4.15.9 泵站自动化控制系统应按设计要求进行程序设计，对每一功能进行调试，在规定的时间内，系统要对内部（如时间中断）、外部（如开关到位）等信号做出响应，并完成预定的操作，当达到要求后才能与工艺一起投入试运行，系统投入运行后，控制系统应处于工作状态。同时要求系统软件考虑局部故障在线处理以及对组态的在线修改，即软件应具有在线调试能力。

4.15.10 系统连续试运行中，还应进行计算机考核包括下列内容：

1 CPU平均负荷应小于50%；

2 单机运行时系统运行率应不小于99.6%；

3 双机热备运行时系统运行率应不小于99.9%；

4 系统故障次数应小于三次；

5 软件系统全部功能100%地投入。

5 污水处理厂供配电

5.2 系统结构

5.2.1 污水处理厂变电所应根据负荷分布特点设置。

1、2 对于大型污水处理厂，其厂区范围大，用电负荷多，而且分散，所以应设有总变电所和若干分变电所。

3、4 对于大城市的污水处理厂突然中断供电，将造成较大经济损失，给城市生活带来较大影响，所以供电等级应为二级负荷。二级负荷的供电要求是：应由二个电源供电，而且须做到在电力变压器或电力线路常见故障时不致中断供电，或中断后迅速恢复。当采用电缆供电时，应采用两根电缆组成的电缆线路供电，其每根电缆应能承受100%的二级负荷。

5.2.3 总变电所系统设置应符合下列规定：

3 内桥接线方式一般用于双电源供电和两台变压器，且供电线路较长，不需经常切换变压器的变电所。用于一、二级负荷供电。

单母线接线方式一般用于单电源供电，且配电回路不超过三回的变电所。

单母线分段接线方式一般用于双电源供电，且配电回路超过三回的变电所。

4 总变电所对外的配电采用放射式和树干式两种方式混合在一起的配电方式，即在同一个配电系统中既有放射式配电，也有树干式配电；对较重要的用电设备采用放射式配电，对一般用电设备采用树干式配电。当厂区范围较大，用电设备多而分散时，采用这种配电方式，既可保证主要设备用电的可靠性，又可节约投资。

5 当供电电压为10kV，厂区面积较大，负荷又比较分散的工程，可采用10kV和0.4kV两种电压混合配电方式。即将10kV作为一次配电电压，先用10kV线路将电力分配到几个负荷相对比较集中的地方，建立各自的10kV/0.4kV变电所，然后用0.4kV作为二次配电电压再向下一级用电设备配电。

5.2.4 分变电所系统设置应符合下列规定。

4 总配电所与分配电所属于同一部门管理，在操作上可统一调度指挥。此外，污水处理厂变电所一般都为电网的终端，保护时限小，从继电保护角度上考虑，即使在分变电所进户处装了断路器，由于时限配合不好，也不能增加一级保护。因此，一般装设隔离开关（固定式）或隔离触头（手车式）也能满足运行和检修的要求。

5 变压器低压侧总开关采用低压断路器，可在低压侧带负荷切断电源，断电后恢复送电也比较及时，可减少管理电工的往返联系，缩短停电时间。

当有继电保护或自动切换电源要求时，低压侧总开关和母线分段开关均应采用低压断路器。

5.7 接地与防雷

5.7.2 防雷应符合下列规定：

2 防直击雷、防雷电感应和防雷电侵入保护措施：

1）屋外配电装置装设防直击雷保护装置，一般采用避雷针或避雷线。

2）屋内配电装置装设防直击雷保护装置，当屋顶上有金属结构时，将金属部分接地；当屋顶为钢筋混凝土结构时，将其焊接成网接地；当屋顶为非导电结构时，采用避雷网保护，网格尺寸为（8～10）m×（8～10）m，每隔10～20m设引下线接地。引下线处应设集中接地装置并连接至接地网。

3）架空进线的35kV变电所，35kV架空线路应全线架设避雷线，若未沿全线架设，应在变电所1～2km的进线段架设避雷线，并装设避雷器。

4）35kV电缆进线时，在电缆与架空线的连接处应装设阀型避雷器，其接地端应与电缆的金属外皮连接。

5）变电所3～10kV配电装置（包括电力变压器），应在每组母线和每回架空线路上装设阀型避雷器。

有电缆段的架空线路，避雷器应装在架空线与连接电缆的终端头附近，其接地端应和电缆金属外皮相连。如各架空进线均有电缆段，避雷器与主变压器的最大电气距离不受限制。

避雷器应以最短的接地线与变电所的主接地网相连接（包括通过电缆金属外皮连接），还应在其附近装设集中接地装置。

3～10kV配电所，当无所用变压器时，可仅在每路架空进线上装设阀型避雷器。

6 污水处理厂自动化系统

6.2 规模划分与系统设置要求

6.2.1 预处理工艺应为城市污水处理厂的初级处理工艺，一般包括格栅处理、泵房抽升和沉砂处理。

一级处理工艺应以沉淀为主体的处理工艺，主要是比预处理增设了初次沉淀池，将污水中悬浮物和部分BOD沉降去除。

二级处理工艺应以生物处理为主体的处理工艺，主要是比一级处理增设了曝气池和二次沉淀池，通过微生物的新陈代谢将污水中大部分污染物变成CO_2和H_2O。

深度处理应是满足高标准的受纳水体要求或回用于工业等特殊用途而进行的进一步处理，通用的工艺有混凝沉淀、过滤、消毒等。

污泥处理和污泥最终处理主要包括浓缩、消化、脱水、堆肥或农用填埋等。

6.2.3 曝气池空气量自动调节系统是整个污水处理厂处理过程的一个重要环节。通过基于氨氮（NH_3-N）和硝酸盐（NO_3-N）等营养物质检测分析，并通过前馈控制的计算值来设定生物反应池中溶解氧（DO）值；按照一定的数学模型计算出曝气池上每个曝气支管上的阀门开度，实施曝气量的调节；在保持供气总管风压不变的条件下，由变频调速技术或调节鼓风机的进、出口导叶角度完成风机输出风量的控制。根据不同的工艺和排放标准确定影响曝气量的工艺参数，并选择适当的控制模型和控制模式与手段，完成空气量的调节，能明显体现污水处理厂节能效果和管理水平。

6.3 系统结构

6.3.1 整个系统为三层结构，宜分为信息层、控制层和设备层。在这个体系中，数据可以双向流通，层与层之间可以交换数据。

1 信息层宜使用以太网，它是一个开放的，全球公认的用于信息层互联的实施标准。这一层网络具有高速报文传送和高容量数据共享。

2 控制层宜采用光纤工业以太网，它具有支持I/O信息和报文的传送，能够设置信息的优先级，有效数据共享，支持多主机、对等及混合结构的通信方式。

3 控制层为多个就地控制站组成，控制层设备设在各个就地控制站，宜以PLC为核心设备组成控制器，对于距离较远且设备相对集中的地方可设远程

I/O站，如变电站等。现场站一般为无人值守，操作界面可采用触摸显示屏，根据管理要求有人值守时，操作界面应采用工业控制计算机，并按管理要求设置打印记录等设备。

4 设备层是由现场设备（仪表、电量变送器、测控单元、动力设备的控制器等）和控制器间的通信组成，对于大、中型污水处理厂距离较长宜采用现场总线网络，以尽可能快速又简单地完成数据的实时传输。中小型污水处理厂可采用现场总线或硬接线连接仪表和设备控制箱。

6.3.2 重要污水处理厂宜采用冗余结构。为提高系统可靠性，信息层的监控工作站设有2台监控计算机组成双机热备。主CPU和备份CPU同时工作，当主CPU发生故障时，备份CPU收不到主CPU的同步信号，这时备份CPU会替代主CPU工作直至最新收到主CPU的同步信号。

信息层应设有数据管理站（服务器）。考虑到系统的可靠性、安全性，数据管理站宜设有2台服务器组成双机热备。

就地控制站PLC装置、电源、通讯等设备宜采用冗余配置。通信宜设双环网络，以提高系统的可靠性。

6.4 系统功能

6.4.1 物位：液位，储泥池泥位，消化池泥位，干污泥料仓泥位等。

流量：污水流量，处理后水流量，空气流量，污泥流量等。

温度：污水温度，污泥温度，空气温度，轴承温度，电动机定子线包温度等。

压力：空气压力，润滑油压力等。

6.4.2 运行控制对象应包括下列内容：

1 水泵控制，当水池液位高于某一设定值时，且相应设备状态满足连锁要求，符合开泵条件，应启动水泵的运行。大型水泵辅助运行设备控制应包括冷却水控制系统和密封水控制系统。

2 当格栅前后液位差大于某一值时，应启动电动格栅除污机、输送机、压榨机的运行。

3 水泵控制与有关闸门、阀门状态必须连锁，当需要开启水泵时，首先要控制相应闸门、阀门开启或关闭。

4 除砂装置、机械曝气机、刮砂机、刮泥机、搅拌机、鼓风机、压缩机、污泥消化池温度、污泥消化池进泥量和搅拌、污泥浓缩脱水系统、污泥耗氧堆肥处理系统、紫外线消毒装置、二氧化氯发生器、加氯机、沼气脱硫设备的控制，根据工艺流程及控制要求由所在单体的现场控制站控制设备的运行。

6.4.3 污水处理厂应设有环境与安全监控功能，应包括下列内容：

2 污水处理厂强调设置电视监控和安全保卫系统是因为由于实现了运行自动化，工作人员相对比较少，而对于整个污水处理厂来讲不安全因素很多，所以应设置安防系统。通过摄像机将厂内现场情况实时、真实的通过图像和声音反映在控制中心的监视器上。以便工作人员及时了解整个厂区的情况。厂区周边的围墙设红外线周边防卫系统，红外信号进所属现场控制站，并与视频监视系统联动。

3 对确定有消防要求的污水处理厂宜在中央控制室、变电所、化验室、走廊等处设烟感式火灾报警探头。火灾报警控制器设在中央控制室。

火灾报警设备和周边防卫设备应采用国家专业认证产品。

6.4.4 本条说明中央控制室的功能：

1 污水处理厂应与上级信息中心建立通信。通信接口应为通用型，满足接口标准规定，以便能够与各种类型的主机交换数据。可由污水处理厂的中控室接收上级信息中心的调节控制命令，最终通过现场控制站控制器执行，配合信息中心实现调节控制功能。

2 污水处理厂控制系统通过模拟屏或投影屏、操作终端、MMI操作界面等显示设备，集中监视污水处理厂的运行，包括设备状态、工艺过程、进出口水质、流量、液位、电力参数、电量数据、事故报警等。对全厂工艺设备的工况进行实时监视。

3 中央控制室应根据全厂水量和水质状况进行运行调度、参数分配和信息管理，通过PLC控制全厂主要设备的运行。中央控制室向各现场控制站分配所在单体或节点的运行控制目标，根据全厂水量和水质状况，命令某组工艺设备投入或退出运行。

4 中央控制室应对现场控制站上报的各种数据经计算、处理、分类，自动生成各种数据库及报表，报表中应有实时数据和统计数据，各类报表包括即时报表、班报、日报、月报、季报、年报、各类趋势曲线。对于生成数据库及报表可供实时监测、查询、修改、打印，生成后的报表文件能修改或重组。

具有日常的网络管理功能，维持整个局网的运行，定时对各接口设备进行自检、异常时发出报警信号。

能对组成系统的所有硬件设备及运行状态进行在线监测及自诊断，能对实时监控的所有对象的运行状态进行监测及自诊断，对各类设备运行情况（如工作累计时间、最后保养日期）进行在线监测，并存入相应文档，以备维护、保养，能对设备故障提出处理意见，以供参考。

5 整个控制系统应有手动、自动两种控制方式。方式的转换设在中控室或就地控制站操作界面图控画面上，由人工切换图控画面上的按钮。当操作人员在中控室的操作界面上将图控按钮打到自动时，就地控制站的操作界面图控按钮和现场控制箱的按钮都必须打到自动，才能实现自动控制。厂内各现场站应有基本数据采集功能，对所属范围内的仪表、设备状态进行数据采集，并加以处理和控制。

6.5 检测和监视点设置

6.5.2 本条说明集水池监视和控制点设置的相关内容。

1 采用超声波液位计或液位差计检测集水池的液位值，当格栅前后液位值大于某一数值时，启动格栅机动作，直至格栅前后液位差小于设定值。当格栅前后使用两只液位计时，其液位数值直接输入现场站控制器，由控制器算出格栅前后液位值。当使用液位差计时，由液位差计直接算出格栅前后液位值。

2 检测井内易积聚硫化氢气体，硫化氢属于有害气体，所以在格栅井内设置硫化氢检测仪报警装置，检测有害气体浓度，当检测到硫化氢浓度大于某一设定值时，发出报警。

3 机械设备检测和控制为格栅除污机、输送机和压榨机，当启动格栅除污机，输送机和压榨机应随之联动。根据工艺要求控制闸门的上升和下降。

检测和机械设备检测信号宜上传到中控室，在中控室的计算机图控画面和模拟屏上显示。

6.5.3 本条说明进水泵房监视和控制点设置的相关内容。

1 超声波液位计测量进水井的液位，当液位大于设定值时，启动水泵运行，一般进水井设有数台水泵，当启动一台水泵液位没有明显下降时，可启动第二台水泵直至液位下降到设置值以下。液位测量值作为进水泵房水泵的控制依据。

2 在水泵出水管道上安装电磁流量计，当电磁流量计安装有困难时可采用超声波流量计，作为污水处理厂的处理能力计量。流量计应能显示瞬时流量外，还应带有积算器显示累积流量，并能记录瞬时流量。

3 水泵的监测和控制，用液位值作为水泵的控制依据以及与阀门的联动控制。

6.5.4 本条说明沉砂池监视和控制点设置的相关内容。

3 出水井内固体悬浮物浓度（SS）水质分析仪能监测污泥的性质和污泥的含量。通过对曝气池中悬浮固体的测量，并结合其他的测定数据，来改善过程控制的可靠性。

4 出水井用总磷分析仪来检测水中磷的浓度，当水中有大量的磷酸盐时，将引起藻类和水生繁殖，导致了水中氧气的严重消耗。所以通过使用多个分析仪器来监控污水处理过程，操作人员可以更快地优化工艺参数，从而降低操作费用，确保指标满足要求。

5 机械设备检测和控制为电动闸门、电动蝶阀和刮砂机。根据工艺要求控制电动闸门、电动蝶阀和刮砂机的开和关。

6.5.5 本条说明生物池监视和控制点设置（以 A^2O 工艺为例）的相关内容。

1～8 生物池的好氧区、厌氧区、缺氧区及生物池出水端都设置溶解氧（DO）检测仪。因为溶解氧是污水处理过程中非常关键的因素，它是控制曝气风机运行的重要因素并涉及到污水处理厂一些其他的处理过程。如果池中没有充足的溶解氧，缺氧会导致细菌死亡，从而降低了沉淀效率，导致固体物质从二沉池流出。这可能会导致工厂超过 BOD、SS 以及氨氮的允许排放值。氧气过多会导致产生大量泡沫和较差的污泥沉降性能，同时也导致能耗增加。

好氧区曝气总管和分管上设气体流量计，用于计量曝气风量，气体流量计带现场数字显示。设置水质分析仪是监测进水污染物负荷状况。

6.5.6 本条说明初沉池、二沉池监视和控制点设置的相关内容。

1 污泥界面计可以对污水处理的二沉池污泥界面进行连续的监测，污泥界面计通过发出一个信号，启动污泥循环泵，可以使操作人员能够准确地控制污泥回流过程。通过优化排泥过程和降低污泥界面高度，对污泥的回路量进行精确地控制。

2 吸刮泥机、排泥阀门根据沉淀池的工艺运行方式而定，一般有连续和间歇之分。可设置泥水界面计来控制排泥；对于连续运行，可设置污泥浓度计来限制排泥；对于控制要求不高的小型污水厂，通常没有设置排泥控制阀门，泥水界面计仅仅作为运行工况监视。

配水/泥闸门或堰板、闸门在大中型污水处理厂都配置电动执行机构，可以实现配水/排泥流量的远程控制，开启/关闭沉淀池的运行。

6.5.7 本条说明鼓风机房监视和控制点设置的相关内容。

1 鼓风机送出一定风压的空气作为曝气池气源或调节池混合搅拌的气源。所以在鼓风机空气总管设置压力变送器、温度变送器和气体质量流量计，测量压力、温度和流量，监视鼓风机的运行。检测仪表应有现场数字显示。

2 在大型污水处理厂曝气鼓风机，通常是多台并联运行，鼓风机负荷控制比较复杂。在保证曝气生物池空气量要求的前提下，鼓风机出力的平稳变化是必需的，通常采用总管压力控制方法。

6.5.8 本条说明回流及剩余污泥泵房监视和控制点设置的相关内容。

3、4 回流及剩余污泥泵房的集泥池内设置浮球液位开关，液位开关输出一超低液位报警信号，防止回流及剩余污泥泵的干运行。回流污泥泵出泥管道上设电磁流量计，当安装有困难时可考虑采用超声波流量计。

5　回流比的控制：根据进水量，通过控制回流污泥泵运行台数、运行时间来实现；也可采用调节阀的方案或采用变频调速方案，但要求最低配置两台变频器，有利于负荷平稳变化。

6.5.9　对于工艺设计中设置的出口泵房内设分体式超声波液位计，液位测量值作为水泵运行的控制参数。

6.5.11　本条说明污泥浓缩池监视和控制点设置的相关内容。

1、2　检测污泥流量计和加药流量计的流量值。这两种流量计可根据工艺要求设置。污泥界面计检测污泥泥位。

3　机械设备检测和控制为测得污泥流量控制污泥浓缩机组的运行。包括污泥进料泵的控制，加药泵的控制，混合装置的控制，反应器的控制，污泥浓缩机的控制，厚浆泵的控制，增压泵的控制。

6.5.12　本条说明污泥消化池监视和控制点设置的相关内容。

1　消化池的进泥管设 pH 变送器主要测试介质中由于溶解物质所发生的变化。

2、3　由于污泥消化池需加热，所以在进泥管、出泥管和中部都设有温度变送器测量温度。

4　产气管设置气体流量计测量沼气流量。污泥消化的温度控制一般有两种方式：第一种是根据消化池进泥温度，控制泥水热交换器进水流量。第二种是根据消化池污泥温度，控制泥水热交换器或热水泵运行时间。

6　污泥投配有连续或间歇（包括多池轮流）方式，一般通过控制电动或气动阀门来完成。机械设备检测和控制为搅拌机和污泥泵。根据工艺和控制要求控制搅拌机和污泥泵的开和关。

6.5.13　污水处理厂采用污泥储仓，是其他行业固体料仓的一种借鉴。控制内容有各种污泥输送机、卸料装置、装车机构等，料仓设有料位检测，实现料仓自动装料、储量分析、储卸预测等。

6.5.14　本条说明沼气柜监视和控制点设置的相关内容。

1　沼气属于可燃气体，在沼气柜周围容易有气体堆积处应设甲烷探测器，检测可燃气体的浓度值，当大于某一设定值时，发出报警。

2　通过监测沼气柜压力和高度（对水封式升降沼气柜才测量其升降高度），对其实施高低极限报警、连锁保护。连锁的对象有沼气火炬、沼气锅炉、沼气发电机、沼气鼓风机等，沼气柜高度和压力可以指导他们的运行连锁停车等。

3　机械设备检测和控制为沼气增压机和气动蝶阀。根据工艺和控制要求控制增压机和气动蝶阀的开和关。

6.5.15　本条说明沼气锅炉房监视和控制点设置的相关内容。

2　沼气锅炉设压力变送器和水位计。测量锅炉内的压力和水位，根据锅炉水位调节补水量。

4　出水管设温度变送器、压力变送器和流量计。测量出水温度、出水管压力和流量，根据锅炉出水温度调节燃气流量。

7　机械设备检测和控制对象是沼气增压泵、沼气锅炉排水泵、循环泵。根据工艺和控制要求控制沼气增压泵、沼气锅炉排水泵、循环泵的开和关。

6.5.16　计量井处宜设置电磁流量计，用于计量污水处理厂排放水量。当选用或安装有困难时，可考虑采用超声波流量计。

6.7　设备控制技术要求

6.7.1　设备控制位置和优先级应符合下列规定：

1　图 6.7.1 所表示的是污水处理厂控制设备之间比较全面的关系，对于中小型污水处理厂简单的控制系统可根据实际情况简化这些关系。

4　当污水处理厂内机械设备如水泵、格栅除污机配有现场控制箱和配电盘控制时，设备的控制可直接通过现场控制箱和配电盘上的按钮进行。

5　就地控制站是整个污水处理厂控制系统内各个现场工作点，它与仪表、电气控制执行机构相联接，实时采集现场设备的运行数据，并对现场设备进行控制。具有手动和自动两种控制方式。就地手动方式：通过就地控制站自动化控制系统的操作界面实施的手动控制。就地自动方式：由就地控制站自动化控制系统根据液位、流量、设备状态等参数以及预定的控制要求对设备实施的自动控制，不需人工干预。就地控制站的手动和自动的执行都应通过控制器来完成。

6　中央控制室根据全厂水量和水质状况进行运行调度、参数分配和信息管理，其控制是通过设在中央控制室的图控计算机特定按键完成，中央控制室向各就地控制站分配所在单体或节点的运行控制目标，根据全厂水量和水质状况，命令某组工艺设备投入或退出运行。对于中央控制室允许投入运行的设备或设备组，其具体的控制过程由所在就地控制站管理；对于被中央控制室禁止投入运行的设备或设备组，由所在就地控制站控制其退出运行，并不再对其启动。

6.7.6　本条说明鼓风机控制的相关内容。

2　在采用鼓风曝气工艺的污水处理厂中，鼓风机的能耗占全厂能耗的 70%以上，所以鼓风机输出风量的调节是污水处理厂节能的重要措施。

3　鼓风曝气风量调节的模型流程是：污水处理厂的进水流量、水质（BOD 或 COD、TP、pH/T、NH_3-N 等）—生化池的溶解氧 DO—生化池的空气需求量—生化池风管进气量—生化池进气管阀门的调节—空气总管气量的计算—空气总管气压的维持—鼓风机调速或导叶角度的调节、鼓风机台数的调整。

6.7.9 污泥浓缩机组的控制应符合下列规定：

1 一个污泥浓缩机组装置包含污泥进料泵、加药泵、混合装置、反应器、污泥浓缩机、厚浆泵和增压泵等设备的控制。这些设备的基本启动、停止的逻辑控制都通过浓缩机组装置完成。

2 污泥浓缩机组设备控制箱一般是与设备配套提供，浓缩机组装置不仅应提供基本启动、停止逻辑控制而且应提供相关的污泥进料泵、加药泵、混合装置、反应器、污泥浓缩机、厚浆泵、增压泵等设备的联动控制。选择开关设在设备控制箱面板上，手动模式优先级高于联动模式。联动包括就地点动、就地自动和遥控。手动模式由人工操作污泥浓缩机组装置控制箱面板上的按钮，控制污泥浓缩机组装置的开启和关闭，此时不应执行来自PLC的控制命令。

6.7.10 污泥浓缩脱水机组控制装置应提供污泥脱水机组的基本启动、停止逻辑控制和相关设备的联动控制。还应提供污泥脱水机组的手动控制和相关设备的手动控制。整个流程中任一环节出现故障，都必须自动进入停机程序。

污泥浓缩脱水机启动时，应确认加药装置已经先行启动并正常运行，只有在加药装置正常运行时，才允许启动污泥脱水机。污泥脱水机运行过程中，如加药装置意外停机或故障报警，应立即进入停机程序。

污泥脱水机启动及运行时，应随时检查污泥料仓和输送机的运行状态，当污泥料仓满负荷或输送机停止时，禁止启动污泥脱水机，已经运行的污泥脱水机应立即进入停机程序。

6.9 防雷与接地

6.9.4 由于计算机控制系统、仪表、设备制造厂家对接地方式和接地电阻规定不相同，对接地极的独立设置或共同的规定也不相同，因此，按照电气等电位联结原则，仪表与控制系统，包括综合控制系统的接地，最终应与电气系统的接地装置连接。

6.10 控制设备配置要求

6.10.6 由于污水处理厂现场站设置比较分散，与中控室之间有一定距离，为了保证系统可靠性和安全性，中控室与各就地控制站之间的通信宜采用冗余光纤环的工业以太网。当二节点间通信距离大于2km，应采用单模光端机。

光端机应按下列要求选择：

1）组网方式：星形、环形；

2）光纤接口：100Base-FX；

3）终端子网接口：10/100BaseTX；

4）网络协议：IEEE802.3；

5）冗余环网自愈时间：≤0.3s；

6）电源：冗余配置；

7）平均故障间隔时间（MTBF）：≥50000h；

8）通信距离：≥100m。

6.10.7 MIS系统的工作站宜由2台计算机组成双机热备，配通讯控制器、服务器和网关等设备。

6.11 安全和技术防范

6.11.1 电视监控系统应利用安装在现场的摄像机，将现场情况实时、真实的通过图像和声音反映在控制中心的监视器上，供观察、记录和处理。

中控室管理人员可借助操纵键盘和手柄调整摄像机的方位、视角和焦距，通过矩阵控制器和视频监视器对厂区进行巡视。

6.12 控制软件

6.12.2 开放的实时数据库通过对监控对象的组态、对监控对象的实时监测和控制，自动生成操作记录表、遥信变位、事故记录等实时数据。

6.12.3 本条介绍应用软件应包括功能。

3 系统软件具有强而有效的图形显示功能，能画出总平面图、工艺流程图、设置布置图（平面、剖面）、电气主结线图等。在确定监控画面后，可对监控对象进行形象图符设计、组态、连接、生成完整的实时监控画面，使用户能在监视器（CRT）上查询到各种监控对象的动态信息及故障，其形式可以是图像、报表、曲线以及直方图等。

同时还应具有友好的汉化人机接口界面，采用图形、图标方式，使管理人员方便地使用鼠标及键盘对系统进行管理、控制，通过监控画面的切换，进行数据查询、状态查询、数据存贮、控制管理等各种操作。

4 日常的数据管理，对采集到的各种数据经计算、处理、分类，自动生成各种数据库及报表，供实时监测、查询、修改、打印；数据管理还包括生成后的报表文件的修改或重组。

软件系统的可靠性应能保证数据的绝对安全，防止数据的非法访问，特别是对原始数据的修改，按操作等级进行管理，一般情况下，至少应设置三级操作级，即观察级、控制操作级和维护级，每一级都需有访问控制。

具有日常的网络管理功能，维持整个局网的运行，定时对各接口设备进行自检，异常时发出报警信号。

6 化学药剂消耗包括混凝剂、助凝剂、絮凝剂及其他添加剂等。

6.13 控制系统接口

由于污水处理厂的设备和仪表比泵站多而且复杂，所以将污水处理厂控制系统的接口分为二个部分，第一部分为污水处理厂内设备、仪表与就地控制站接口。第二部分为电力设备（包括高低压配电、变压器等）与就地控制站的接口。

6.16 设备安装技术要求

6.16.1 中央控制室是操作管理人员对系统进行操作管理的主要场所。控制室应设置于厂内视野较好的建筑物内，控制室的布置应满足一定条件，使操作人员可以俯视全部或主要生产区域。控制室设有计算机（包括监控计算机、服务器、工程师站）、打印机、操作台椅、通信机柜（包括所有通信和网络）、UPS电源等设备，布置应使操作人员的视野最适宜，姿势最舒适，动作最便利。

6.16.3 为了充分发挥控制系统的全部功能，提高其可靠性，中控室和就地控制站在位置选择上应注意避免下列场合：

1 腐蚀和易燃易爆的场所。

2 大量灰尘、盐分的场所。

3 太阳光直射的场所。

4 直接震动和冲击的场所。

5 强磁场、强电场和有辐射的场所。

7 排水工程的数据采集和监控系统

7.1 系统建立

7.1.1 本条说明城镇排水系统数据采集和监视控制系统的体系。

1 第一层次为系统结构中最高一级，是各种信息最全的资源库。信息中心网站将城镇政府决策者、各管理部门及工作人员终端联成局域网，共同构成综合管理级。并通过有线（城市公用宽带网、电话网等）或无线（城市公用无线数据网、无线以太网等）通信介质，联接分布在城市各处的子系统。

2、3 第二层和第三层为排水信息中心或为按区域划分的监控中心。通过这些系统，实现企业管理信息化、信息交换网络化和办公自动化，从而改变工作方式和提高工作效率。这些系统通常采用客户机/服务器（C/S）的LAN结构（局域网）。一般实时性要求不太强。但因信息资源珍贵、量大、存储时间长，故对系统的可靠性要求高，应具有足够的存储容量和信息交换速度。通过网络互联技术，由基础级获取实时生产信息，处理并存入历史数据库；与上级信息综合管理层实现信息交换和资源共享。

5 第五层包含了排水和污水处理过程的全部实时信息，是各级管理层需要信息的主要来源。

7.1.2 各信息层的建立必须按每座城市的实际需要，应与当地排水系统管理体制相匹配。应建立简单实用、结构合理的系统。

1 由于小型城镇泵站、截流设施、污染源以及污水处理厂相对来说比较少，可以将信息集中送排水信息中心，不考虑第三层次的建立。

2 对于大型城市在排水信息中心下可按区域划分成若干个信息分中心，收集各自区域的信息。将信息流分开传输，保证数据双向通信。

7.1.3 信息层次一般可以理解为五层，信息化建设过程中可根据当地实际情况（例如管理机构的设置、建设资金等）和信息流的大小简化信息层次，污染源信息可以直接纳入上一级信息中心，建立通信关系。

7.2 系统结构

7.2.1 在星形结构中，主站通过不同的信道与各分站连接，星形结构的优点是主站能更快的更新数据、有更高的可靠性（每一信道损坏时只影响一个分站）、易于维修（每一信道的检修不影响其他分站）。

7.2.3 控制中心主站与远程（含泵站污水处理厂、截流设施）之间的通信宜根据排水工程规范、施工环境、公共通信的条件，采取不同的方法：

1 自敷光（电）缆通信：对于地理位置比较接近的2～3km范围内主站和远程站之间的通信，使用直接电缆或光缆进行连接，可以降低通讯建设和维护费用，而且通讯可靠。

2 共用有线网通信：根据条件及地理位置的许可，在水务系统或几个相关领域内共建自敷光（电）缆的专用通信网络，作为专用信息通信。这种方法一次性投资较大，但以后使用中花费较小。

3 公共有线网通信：对于距离较远，又没有条件自组专用网的通信，采用有线公共网络DDN、PSTN、ADSL等，宜以DDN为主通道，PSTN为辅助通道。

4 自建无线网通信：向城镇无线电管理部门申请频点自行组网（230MHz）通信或点对点通信。采用230MHz频段，频点间隔为25kHz，根据需要无线通信组网可采用二级网络，设一座通信主站和若干个通信分站，以降低各远程站的天线高度，可以将各远程站的信息先送到通信分站，再由通信分站传到通信主站。

5 公共无线网通信：在有线不能到达的地方，自组专用通信网较困难时，采用GSM、CDMA、GPRS等完成数据通信。

7.2.4 通信的网络结构为星形，通信规约是数据通信系统中共同规定和遵循的一套信息交换格式，是保证收发双方能正确地交换信息的规则，因此，应选用符合国际标准的通信协议。同时，为了充分提高信道的利用率，可采用支持轮询和自报相结合的通信协议。数据上报的形式为按主站查询上报，且只上报变化的数据。

7.2.5 提高通信的可靠性，主站与各分站的通信宜采用主、备两个信道。按各分站的具体位置、规模和数据的不同采用不同的方式。一般宜以有线和无线相结合。并应有自动信道检测，主备用信道自动切换功能。当主信道出现故障时，改用备用信道。信道的切换权在主站。

7.3 系统功能

7.3.1 排水信息中心能接收下属各个区域监控中心的信息和上报的各类报表，并建立实时开放的数据库。对整个系统实现运行监视。同时向上级部门报告各项排水管理信息。

7.3.2 区域监控中心将收集的运行数据结合气象、水文、季节、时间等因素进行汇总、记录、统计、显示、报警和打印等处理，根据一定的数学模型，生成调度策略，控制模式和全局的运行参数，向各远程站下载，实现对整个系统运行的监视和维护，并能对下载参数进行调整。

应建立实时开放的数据库，对监控对象的实时监测和控制，自动生成操作记录表、遥信变位、事故记录等实时数据。

7.3.3 远程站按一定的采样周期采集现场设备状态信号和数据信号，对过程数据自动进行巡回采集和存贮，以明了的图形或数字方式，显示泵站整体和各部分的实时数据，反映泵站的实时工况。

远程站所采集的数据应作整理，剔除干扰数据。并接受监控主站下载的控制参数，作为调节和控制的依据。数据暂存是指当通信受阻时，上报数据暂存在缓冲器内，待通信恢复时送出。

远程站上报数据有三种类型：变位上报（状态量）、超越极限值上报（报警）、越死区上报（模拟量），区域监控中心应对这些数据有报警和记录的功能。

远程站应能按主站的要求或提供的参数，通过就地 PLC 的逻辑控制功能，提供设备运行的联动、连锁和控制调节。当主站的遥控模式和设备状态相矛盾时，拒绝接受，并向主站返回拒绝原因。

当远程站运行出现异常时应发出报警信号，报警信号是由控制器的开关量输出，通过继电器动作来驱动，报警信号分声、光两种报警。声报警：由安装于 RTU 柜中的蜂鸣器发声并由人工消声。光报警：在安装于 RTU 柜屏面上的光字牌闪光显示或在操作界面上以醒目的颜色闪烁显示。

7.5 系统设备配置

7.5.1 信息中心应由一个具有客户机/服务器（C/S）结构的开放式计算机局域网构成，组成整个系统信息层。

信息层计算机局域网宜为双重百兆（或千兆）以太网，经通信控制器及通信专线与各分站交换数据、以 CRT、模拟屏和大屏幕投影仪作为显示设备，对收集的运行数据和状态数据进行汇总、记录、统计、显示、报警、打印和上报。

中华人民共和国行业标准

城镇地热供热工程技术规程

Technical specification for geothermal space heating engineering

CJJ 138—2010

批准部门：中华人民共和国住房和城乡建设部
施行日期：2 0 1 0 年 1 0 月 1 日

中华人民共和国住房和城乡建设部
公　告

第553号

关于发布行业标准《城镇地热供热工程技术规程》的公告

现批准《城镇地热供热工程技术规程》为行业标准，编号为CJJ 138－2010，自2010年10月1日起实施。其中，第5.1.3、5.1.6、9.2.5、9.3.3、11.0.5条为强制性条文，必须严格执行。

本规程由我部标准定额研究所组织中国建筑工业出版社出版发行。

中华人民共和国住房和城乡建设部

2010年4月17日

前　言

根据原建设部《关于印发〈2007年工程建设标准规范制订、修订计划（第一批）〉的通知》（建标[2007] 125号）的要求，规程编制组经广泛调查研究，认真总结实践经验，参考有关国际标准和国外先进标准，并在广泛征求意见的基础上，制定本规程。

本规程主要技术内容是：1　总则；2　术语；3　设计基本规定；4　地热供热系统；5　地热井泵房；6　地热供热站；7　地热供热管网与末端装置；8　地热水供应；9　地热系统防腐与防垢；10　地热供热系统的监测与控制；11　环境保护；12　地热回灌；13　地热资源的动态监测；14　施工与验收；15　运行、维护与管理；以及相关附录。

本规程中以黑体字标志的条文为强制性条文，必须严格执行。

本规程由住房和城乡建设部负责管理和对强制性条文的解释，由天津大学负责具体技术内容的解释。执行过程中如有意见或建议，请寄送天津大学（地址：天津市南开区卫津路92号，邮政编码：300072）

本规程主编单位：天津大学

本规程参编单位：天津市热力公司
天津滨海世纪能源科技发展有限公司
城市建设研究院
北京煤气热力工程设计院有限公司
北京市华清地热开发有限责任公司
西安汇通热力规划设计有限公司(西安市热力公司)
宁波海申环保能源技术开发有限公司
中国科学院广州能源研究所
福州市地热管理处
天津地热勘查开发设计院
天津地热研究培训中心(天津大学)
陕西绿源地热能源开发有限公司
陕西四海环保工程有限公司

本规程主要起草人员：蔡义汉　郑维民　蔡建新　杨　健　王建国　柯柏林　高　峰　朱家玲　李若中　马伟斌　林建旺　王　军　汪健生　崔金荣　戴传山　王行运　孟玉良　林正树

本规程主要审查人员：王秉忱　汪集旸　张振国　廖荣平　高顺庆　贠培琪　吴铁钧　韩金树　许文发　董乐意　陈建平

目　次

Contents

1 总 则

1.0.1 为使地热供热工程做到技术先进、经济合理、安全可靠，保护环境和保证工程质量，制定本规程。

1.0.2 本规程适用于以地热井提取地热流体为热源的城镇供热工程的规划、设计、施工、验收及运行管理。

1.0.3 开发地热用于供热时应同时考虑回灌措施，应采取采灌平衡或总量控制的开发方式。

1.0.4 城镇地热供热工程除应执行本规程外，尚应符合国家现行有关标准的规定。

2 术 语

2.0.1 地热资源 geothermal resources

在可以预见的时间内，能够为人类经济、合理开发利用的地球内部的地热能，包括作为主要地热载体的地热流体及围岩中的热能。

2.0.2 地热田 geothermal field

在当前或近期技术经济条件下有开发利用价值的地热资源富集区。

2.0.3 地热流体 geothermal fluid

温度高于 25℃ 的地下热水、蒸汽和热气体的总称。

2.0.4 稳定流温 temperature of steady flow

长期稳态开采条件下的地热流体温度。

2.0.5 地热井 geothermal well

能够开采出地热流体的管井。开采地热流体的井称为“开采井”或称“生产井”；将利用后的地热流体回灌到热储层的井称为“回灌井”。

2.0.6 地热直接供热系统 geothermal direct heating system

地热流体直接进入终端用热设备的供热系统。

2.0.7 地热间接供热系统 geothermal indirect heating system

采用换热器进行地热流体与供热循环水换热的供热系统。

2.0.8 地热供热调峰系统 peak load system for geothermal heating

承担供热尖峰热负荷的其他热源系统。

2.0.9 地热防腐 geothermal anti-corrosion

防止地热流体对设备腐蚀而采取的措施。

2.0.10 地热防垢 geothermal scale prevention

防止地热流体结垢而采取的措施。

2.0.11 地热流体除砂 geothermal water sand removal

去除地热流体中固体颗粒的措施。

2.0.12 地热回灌 geothermal reinjection

将供热利用后的地热流体通过回灌井，重新注入热储的措施。

2.0.13 同层回灌 geothermal reinjection into same reservoir bed

将地热流体回灌至同一开采热储的回灌方式。

2.0.14 异层回灌 geothermal reinjection into different reservoir bed

将地热流体回灌至不同热储的回灌方式。

3 设计基本规定

3.1 一 般 规 定

3.1.1 地热供热工程设计前，必须对工程场地及周边状况等资料进行搜集和调查。

3.1.2 地热供热工程应依据地热资源勘查部门所提供的资源可采储量及地热井参数进行设计。主要参数应包括地热流体稳定条件下的温度、流量、压力或水位。

3.1.3 地热供热设计应确定地热供热负荷、调峰负荷、供热工艺流程和地热井井泵选型。

3.1.4 地热供热系统设计与能源配置应考虑下列措施：

1 采用地热梯级综合利用形式；

2 设置调峰系统；

3 采用蓄热储能系统；

4 采用自动控制装置；

5 采用低温高效的末端装置。

3.1.5 中、低温地热田供热工程设计，地热资源可开采量的保证程度应按现行国家标准《地热资源地质勘查规范》GB 11615 的有关规定执行。

3.2 热 负 荷

3.2.1 地热用户采暖通风与空气调节设计热负荷的确定应按国家现行标准《采暖通风与空气调节设计规范》GB 50019、《城市热力网设计规范》CJJ 34、《民用建筑节能设计标准（采暖居住建筑部分）》JGJ 26 和《公共建筑节能设计标准》GB 50189 的规定执行；既有建筑应按调查实际热负荷确定；生活热水设计热负荷应按现行国家标准《建筑给水排水设计规范》GB 50015 的规定执行。

3.2.2 地热供热系统设计应以地热承担基本热负荷，辅助能源承担调峰热负荷。热负荷应按下列规定计算：

1 地热基本热负荷应按下式计算：

$$Q_d = \frac{1}{3600} G_d \times \rho_P \times C_P \times (t_{di} - t_{do}) \tag{3.2.2-1}$$

式中：Q_d——基本热负荷（kW）；

G_d——地热井开采量（m^3/h）；

ρ_P——地热流体的密度（kg/m^3）；

C_P——地热流体的定压比热［kJ/（kg·℃）］；

t_{di}——地热流体供水温度（℃）；

t_{do}——无调峰装置时地热流体回水温度（℃）。

2 调峰热负荷应按下式计算：

$$Q_t = Q - Q_d \quad (3.2.2\text{-}2)$$

式中：Q_t——调峰热负荷（kW）；

Q——设计热负荷（kW）。

3.3 地热利用率

3.3.1 地热利用率应按下式计算：

$$\eta = \frac{Q_s}{Q_{max}} = \frac{t_1 - t_2}{t_1 - t_0} \quad (3.3.1)$$

式中：η——地热利用率；

Q_s——地热实际利用热量（kW）；

Q_{max}——地热最大可供热量（kW）；

t_1——地热稳定流温（℃）；

t_2——地热流体排放温度（℃）；

t_0——当地年平均气温（℃）。

3.3.2 地热利用率不应小于60％。

4 地热供热系统

4.1 直接供热系统

4.1.1 当地热水水质符合供热水质标准，或供热系统及末端装置采用非金属材料并不会产生结垢堵塞时，可采用地热直接供热系统。

4.1.2 地热直接供热系统应由热源、输配系统、末端装置组成（图4.1.2）。热源部分应包括地热开采井、回灌井等。

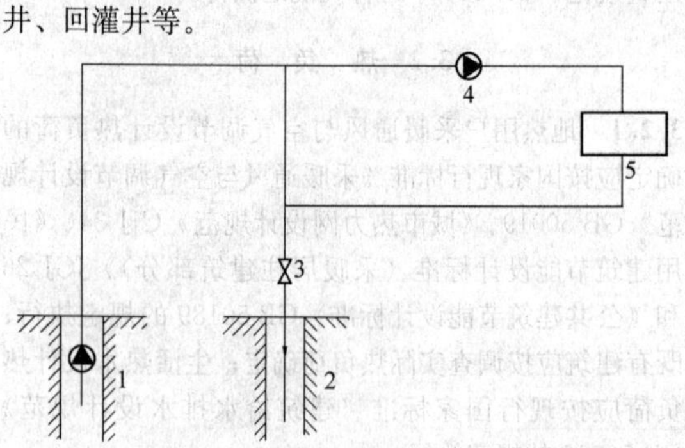

图4.1.2 地热直供系统工艺流程示意

1—开采井；2—回灌井；3—温控阀；4—循环泵；5—热用户

4.2 间接供热系统

4.2.1 城镇地热供热工程宜采用间接供热系统。

4.2.2 地热间接供热系统由热源、输配系统、末端装置组成（图4.2.2）。热源部分应包括地热开采井、回灌井、换热器等。

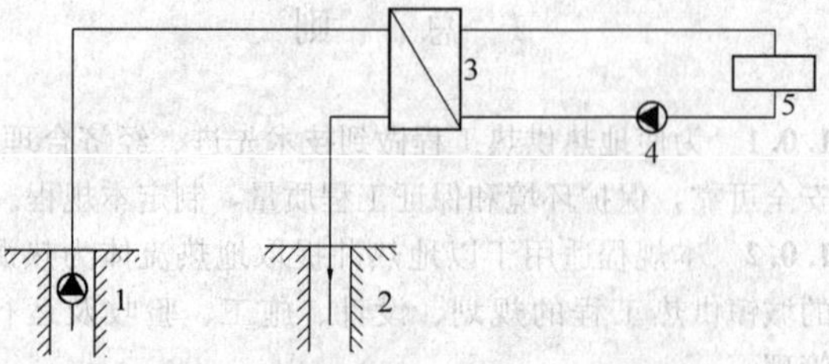

图4.2.2 地热间供系统工艺流程示意

1—开采井；2—回灌井；3—换热器；4—循环泵；5—热用户

4.2.3 温度较高的地热流体应采用高温段和低温段适合的末端设备实现地热能梯级利用。

4.3 调峰系统

4.3.1 地热供热工程应设置调峰系统（图4.3.1）。

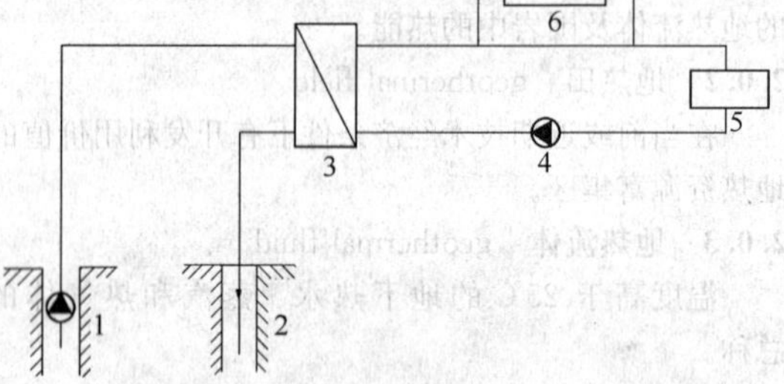

图4.3.1 地热供热调峰系统工艺流程示意

1—开采井；2—回灌井；3—换热器；4—循环泵；5—热用户；6—调峰热源

4.3.2 调峰热源宜采用水源热泵，燃煤、燃气、燃油锅炉，城市集中供热热源等。

4.3.3 设计调峰热负荷应依据地域气象条件、地热利用率、技术经济等因素确定。调峰负荷宜占总负荷的20％～40％。

4.3.4 启动调峰系统的室外温度应按下式计算：

$$t_{wk} = t_n - \frac{Q_d}{Q_n} \times (t_n - t'_w) \quad (4.3.4)$$

式中：t_{wk}——启动调峰系统的外界空气温度（℃）；

t_n——采暖室内计算温度（℃）；

Q_d——基本热负荷（kW）；

Q_n——设计热负荷（kW）；

t'_w——采暖室外设计温度（℃）。

5 地热井泵房

5.1 土建

5.1.1 地热井泵房位置选择和总平面布置应符合下

列要求：

1 应满足城镇规划和小区总体规划要求；

2 应有维修场地和较好的通风采光条件；

3 地热尾水应有排放去处。

5.1.2 地热井泵房建筑应符合下列要求：

1 井泵房宜采用地上独立建筑；

2 井泵房与周边建筑间距不应小于 10m，并应符合现行国家标准《建筑设计防火规范》GB 50016 和《声环境质量标准》GB 3096 的规定。

5.1.3 自流井严禁采用地下或半地下井泵房。

5.1.4 地上式井泵房建筑应符合下列要求：

1 平面布置应满足工艺和管理要求；

2 井泵房室内地面应做排水明沟；

3 井泵房地面标高应高于室外地面 200mm；

4 积水坑自流排水管管径应满足地热井出水量；

5 应设置起重设备，并应符合下列要求：

1）当采用移动式起重设备时，室内净高不应小于 4.0m，且应在与井口垂直的屋顶设置不小于 1.0m×1.0m 的吊装孔；

2）当采用固定式起重设备时，室内净高不应小于 6m；

3）吊装孔可设计为活动盖板；

6 井泵房内应设置机械通风装置；

7 地热井中心线至内墙面的间距不应小于 1.5m。

5.1.5 地下或半地下式井泵房的建筑除应符合本规程第 5.1.4 条中第 1、2 款和第 4～7 款的有关规定外，还应符合下列要求：

1 井泵房屋顶应设置井泵提升孔、进出人孔、进气孔及排气孔，并做防水；进气孔、排气孔管道室外部分均应设防雨、防尘帽，并在附近设置警示标志；

2 进气孔管道应高出室外地面 300mm，排气孔管道应高出室外地面 500mm；

3 室内排水沟末端应设置集水坑，并应安装自动潜水排污泵；

4 进出泵房的各种管道、电缆应预埋穿墙防水套管；

5 地下式井泵房不应建在其他建筑物之下。

5.1.6 当地热井水温超过 45℃时，地下或半地下式井泵房必须设置直通室外的安全通道。

5.2 井　泵

5.2.1 地热井井泵的选型应符合下列要求：

1 应满足地热流体的温度和腐蚀性要求，宜采用耐热潜水电泵或长轴深井热水泵；

2 井泵的选型应根据地热井的温度、流量、水质、动水位、静水位、井口出水压力等要求确定，并应符合下列要求：

1）井泵的流量应根据单井的流量-降深曲线（Q-S 曲线）确定，并考虑发展余量；

2）井泵的扬程应按下式计算：

$$H = H_1 + \frac{H_2 \times V^2}{2g + h} \qquad (5.2.1)$$

式中：H——井泵的扬程（m）；

H_1——动水位液面到泵座出口测压点的垂直距离（m）；

H_2——系统所需的扬程（m）；

V——流体流速（m/s）；

g——重力加速度（m/s^2）；

h——井内泵管的沿程阻力损失（m）。

5.2.2 地热井泵宜配置变频控制装置。

5.2.3 井泵管的设计应符合下列要求：

1 井泵的吸入口必须位于动水位下 8m～10m 处；

2 地热流体腐蚀性轻的地热井，井泵管的连接可采用法兰连接；腐蚀性严重的地热井，应选用特种石油套管并采用管螺纹连接；

3 井泵管应安装水位测量管；

4 井泵管表面应涂敷聚氨酯漆或环氧树脂漆等防腐涂料。

5.2.4 每年供热期结束后应对地热井泵进行检修。

5.3 井 口 装 置

5.3.1 地热井应根据地热流体压力和温度的不同，分别采用不同类型的井口装置。温度超过 70℃或压力超过 0.1MPa 的自流地热井，应采用防喷型井口装置。

5.3.2 当地热流体含有天然气或其他有害气体时，井口应安装气水分离器。

5.3.3 地热井口装置应满足下列要求：

1 能承受所需的温度、压力；

2 密封性良好；

3 满足井管伸缩；

4 配置测量流体温度、压力和流量的仪表；

5 能适应更换泵型规格的要求；

6 井口顶盖应具备可开启的水位测量孔。

5.3.4 井口宜设置微正压氮气保护系统，且充氮装置应设置自动压力控制设备。

5.4 地热流体除砂

5.4.1 当地热水含砂量的容积比大于 0.05‰时，井口应设置除砂器。

5.4.2 除砂器的选型应符合能耗低、排砂方便、流体温度降低少、地热流体不与空气接触等要求。

6 地热供热站

6.1 土　建

6.1.1 地热供热站宜靠近用热负荷中心，其位置的选择、总平面布置和建筑应符合本规程第 5.1.1、5.1.2 条的规定。

6.1.2 地上式供热站的建筑与结构应符合下列要求：

1 平面布置应满足工艺要求；

2 功能分区应明确且管理方便；

3 供热站设备间地面应设排水明沟；

4 外墙上应预留大型设备安装和维修时用的哑口；

5 地热流体含有有毒气体时，应设置机械通风装置。

6.1.3 地下或半地下式供热站的建筑与结构除应符合本规程第 6.1.2 条的规定外，还应符合下列要求：

1 设备间排水明沟末端应设置集水坑，并应设置自动潜水排污泵；

2 进出供热站的各种管道、电缆应预埋穿墙防水套管；

3 出入通道或在屋顶开设备吊装孔的尺寸应满足设备最大组件的运输要求；

4 对于自流井，供热站必须与井口泵房隔离，两者之间不得设连接通道和开放型连接管道，也不得共用排污沟。

6.2 供热站设备

6.2.1 换热器的选用应符合下列要求：

1 应传热性能好、流通阻力小、耐腐蚀、在使用压力和温度下安全可靠；

2 换热器应根据地热水温和水质选型及选材；

3 地热供热系统宜选用板式换热器，对于高温、高压的地热供热系统应采用管壳式换热器；

4 换热器进口处应设置过滤器。

6.2.2 热泵的选用应符合下列要求：

1 热泵机组应根据工艺要求选型；

2 对于有腐蚀性的地热流体，可选用耐腐蚀材料制造的热泵机组换热设备，或采用换热器将热泵机组与地热流体隔开的工艺流程；

3 热泵机组应设置控制低温热源进水温度的自动控制装置。

6.2.3 储水装置应符合下列要求：

1 根据工艺要求和场地情况，可采用水箱、水罐或蓄水池；

2 选材应考虑地热流体的温度和腐蚀性；当采用钢制储水装置时，装置内部应进行防腐处理，且防腐处理应按国家现行有关标准执行；

3 储水装置应采取保温措施；

4 储水装置应设置溢流、泄水、放气口，并应设置温度及液位传感器；

5 在地下式或半地下式供热站，储水装置必须设置直通室外的排气通道，不得将气体排至供热站内；

6 储水装置应设置自动补水和水位高低限报警装置。

6.3 供热站供配电

6.3.1 地热供热系统配电设备及配电线路的选择与安装应按现行国家标准《低压配电设计规范》GB 50054 和《通用用电设备配电设计规范》GB 50055 的规定执行。

6.3.2 地热供热站、地热井泵房的防雷设计应按现行国家标准《建筑物防雷设计规范》GB 50057 的规定执行。

7 地热供热管网与末端装置

7.1 地热供热管网

7.1.1 地热供热管网的设计和施工应按现行行业标准《城市热力网设计规范》CJJ 34 和《城镇供热管网工程施工及验收规范》CJJ 28 的规定执行。

7.1.2 地热供热管道宜采用直埋敷设，并应符合现行行业标准《城镇直埋供热管道工程技术规程》CJJ/T 81的规定。

7.1.3 地热水输送管道应根据地热流体的化学成分，按其腐蚀性、结垢等特点，选用安全可靠的管材，并应符合国家现行标准的规定。当采用非金属管材时，其性能应符合本规程附录 A 的要求。

7.2 末端装置

7.2.1 地热供热系统末端装置的设计应符合国家现行标准《采暖通风与空气调节设计规范》GB 50019、《地面辐射供暖技术规程》JGJ 142 的规定。

7.2.2 地热供热系统末端装置的设计应与地热供热站设计统筹考虑，设计参数和系统形式应经过技术经济比较后确定。

7.2.3 地热供热系统末端装置的形式与供水温度可按表 7.2.3 选取。

表 7.2.3 地热供热系统末端装置形式与供水温度

末端装置形式	供水温度范围（℃）	宜采用的供水设计温度（℃）
散热器	60～90	≥60
风机盘管	40～65	≤50
地板辐射	35～60	≤45

7.2.4 地热供热系统的末端设备应设置室内温度调节装置，并应按户设置热计量或热量分摊装置。

8 地热水供应

8.0.1 城镇区域性地热水供应系统的设计应根据当

地地热资源的情况，并结合城镇的发展规划进行。

8.0.2 地热水供应系统的设计内容应包括地热水的利用方式、供应范围、供应规模以及系统设施的布置等。

8.0.3 地热水宜就近利用，地热水输送时的温降不应大于0.6℃/km。

8.0.4 地热水供应宜采用直供系统。

8.0.5 地热水直接供生活用水时，水质必须符合国家现行相关标准的规定。

8.0.6 生活热水或其他热水供应系统的设计应符合现行国家标准《建筑给水排水设计规范》GB 50015的规定。

8.0.7 当地热水中含有 H_2S、CH_4 等有毒、可燃、易爆气体时，必须进行气水分离处理，并应加强室内的通风。

8.0.8 对于区域性地热水供应系统，应设置保温调节池。

8.0.9 地热水供应系统的调节池、泵站及其附属设施应符合现行国家标准《室外给水设计规范》GB 50013的规定。

9 地热系统防腐与防垢

9.1 一般规定

9.1.1 地热供热工程防腐设计必须依据国家认定部门检测的水质全分析报告，报告的内容和格式可按本规程附录B的要求执行。

9.1.2 地热流体的腐蚀性和结垢性应依据水质分析报告或进行试验确定，并应符合下列要求：

1 当地热流体中氯离子（Cl^-）毫克当量百分数小于或等于25%时，宜按雷兹诺指数（*RI*）判定地热流体的结垢性，雷兹诺指数的计算方法和结垢性判定应符合本规程附录C的有关规定；

2 当地热流体中氯离子（Cl^-）毫克当量百分数大于25%时，宜按拉申指数（*LI*）判定地热流体的结垢性；拉申指数的计算方法和结垢性判定应符合本规程附录D的有关规定；

3 地热流体的腐蚀性可按拉申指数判定，腐蚀性判定应符合本规程附录D的有关规定。

9.1.3 设备和管道的外防腐应按现行行业标准《化工设备、管道外防腐设计规定》HG/T 20679的有关规定执行。

9.2 防腐措施

9.2.1 当地热流体具有腐蚀性时，应采取下列防腐措施之一或同时采用两种以上措施：

1 采用有换热器的间接供热系统；

2 采用防腐材料；

3 系统隔绝空气；

4 地热流体接触的金属表面涂敷防腐涂料；

5 电化学防腐。

9.2.2 与有腐蚀性地热流体直接接触的管道或容器，宜采用非金属材料，并应符合下列要求：

1 室外输送地热流体的管道，宜采用适合该流体温度和压力的玻璃钢材料；

2 地热流体储存容器，宜采用内衬防腐材料的钢罐或采用玻璃钢材料；

3 室内地热流体输送管道，可根据现行行业标准《地面辐射供暖技术规程》JGJ 142的要求选用。

9.2.3 当采用间接供热系统时，换热器前与地热流体直接接触的管道或设备，应采取隔绝空气或采取井口充氮气的防腐措施。

9.2.4 受流体高速冲击、易磨蚀的部件和转动的部件，其金属表面不应采用涂敷防腐涂料的防腐方法。

9.2.5 严禁采用在地热流体中添加防腐剂的防腐处理方法。

9.2.6 当地热供热系统采用金属材料时，防腐设计应符合下列要求：

1 金属板之间的连接不宜采用叠接方式；

2 除必须采用法兰连接的设备、阀门外，其他设备应采用焊接；

3 设备停运时，应能将地热流体完全排净；

4 应选择合理的介质流速；

5 易损件应便于更换。

9.3 防垢除垢措施

9.3.1 对结垢性的地热流体，应对与地热流体直接接触的设备采取防垢或阻垢措施。

9.3.2 阻垢可采用增压法、化学法或物理阻垢法。

9.3.3 回灌系统严禁使用化学法阻垢。

9.3.4 除垢可采用化学清洗、水力破碎和机械除垢等方法。

10 地热供热系统的监测与控制

10.0.1 地热井井泵和循环泵应采用变频控制装置。

10.0.2 地热供热系统应在便于观察到的位置设置监测仪表，并应监测下列重要参数：

1 地热井供回水温度和循环供回水温度；

2 地热流体侧流量和循环水侧流量；

3 地热供回水压力和循环供回水及补水压力；

4 地热井的水位。

10.0.3 地热供热系统除应按本规程第10.0.2条的规定设置现场监测仪表外，还宜采用集中监控系统。

10.0.4 流量、温度、压力传感器的测量范围和精度应与二次仪表匹配。

10.0.5 地热井的水位监测可采用自动水位监测仪，

也可采用人工的导线电阻测深方法。

10.0.6 井下自动水位监测仪测试探头应安装在井泵的吸入口5m以上。信号线的保护套应与泵管固定，信号线出井口处必须密封。

11 环 境 保 护

11.0.1 地热资源开发利用应进行环境影响评价。

11.0.2 当地热尾水排入城市污水管道时，水质应符合现行行业标准《污水排入城市下水道水质标准》CJ 3082的有关规定。

11.0.3 当地热尾水用于灌溉时，水质应符合现行国家标准《农田灌溉水质标准》GB 5084的有关规定。

11.0.4 当地热尾水排入地表水体时，水质应符合现行国家标准《污水综合排放标准》GB 8978的有关规定。

11.0.5 地热供热尾水排放温度必须小于35℃。

12 地 热 回 灌

12.1 一 般 规 定

12.1.1 地热供热系统应采取回灌措施。受污染的地热流体严禁回灌。

12.1.2 地热回灌应采用原水同层回灌。当采用异层回灌时，必须进行回灌水对热储及水质的影响评价。

12.2 系 统 设 计

12.2.1 地热回灌系统必须是一个完整的封闭系统。回灌可采用真空回灌、自然回灌或加压回灌等方式。

12.2.2 地热回灌系统应包括井泵房、井口装置、地热回灌监测装置、水质净化过滤装置、排气装置、加压装置、进排水管路等。

12.2.3 回灌井井口必须安装水位、水温、流量、压力等动态监测仪器仪表。

12.2.4 回灌管网应能保证空气的排出和清洗方便。

12.2.5 回灌水应进行过滤处理，并应符合下列要求：

1 对基岩型热储层，回灌过滤精度应达到50μm；

2 对孔隙型热储层，过滤精度应达到3μm～5μm。

12.3 系统运行前准备

12.3.1 回灌前应对系统装置进行检查，并应符合下列要求：

1 开采井、回灌井的井口动态监测仪器仪表正常；

2 回灌系统电源、设备和阀门状态正常；

3 回灌管网已密闭；

4 必须将生活热水尾水或其他被污染的地热水与回灌水分离，不得将其混入回灌水中。

12.3.2 回灌前应对系统管路进行彻底冲洗，冲洗时间应以目测冲洗排水的透明度与原水相同时为合格。

12.4 系 统 运 行

12.4.1 回灌过程中应定期对开采量、回灌量、井口压力及水质进行动态监测。人工测量水位的测量管应只在动态监测时开启，测量结束后应及时关闭。回灌系统动态监测数据表可按本规程附录E的要求执行。

12.4.2 回灌开始后，应及时检查整个回灌系统的密封情况，定期检查排气罐和过滤装置是否正常。

12.4.3 判断回灌井发生堵塞时应及时采取有效措施，回灌堵塞的判别及处理措施应符合本规程附录F的规定。

12.4.4 当采用加压回灌时，回灌压力与流量应经过回灌试验确定。

12.4.5 当过滤装置两端的压差达到50kPa～60kPa时，应进行清洗或更换滤料。

12.5 系统停灌及回扬

12.5.1 停灌后应及时回扬洗井。

12.5.2 回扬后应将回灌水管取出，并采取防腐等保养措施。

12.5.3 回灌井井口应及时封闭，并应对系统进行密封，将液面以上的井管内充满氮气。

13 地热资源的动态监测

13.0.1 地热井应进行地热资源长期动态监测、日常开采动态监测和开发利用管理动态监测。

13.0.2 地热资源日常开采动态监测应包括地热井的地热流体（包括回灌流体）的温度、流量、压力、水位和水质，并应符合下列要求：

1 地热井的水位监测应符合下列要求：

1）停采期应测量静水位，开采期应测量稳定的动水位；

2）供热期内，人工水位监测应每5d进行1次，每次测量2次～3次，测水位时应同时记录水温；

3）测水位的量具应每年校验1次。

2 地热井地热流体稳定温度监测应符合下列要求：

1）稳定温度应每天监测1次；

2）停采期，测温仪的探头应置于静水位以

下 1.0m 处；

3）开采期，测温点应靠近井口；

4）测量的仪器仪表应每年校验或标定 1 次。

3 地热井的流量监测应符合下列要求：

1）流量监测应包括瞬时流量监测和开采量统计，瞬时流量监测应每天 1 次，开采量统计每月不应少于 1 次；

2）瞬时流量可采用井口水表进行监测，每次应测量 2 次～3 次，也可采用流量传感器自动监测；

3）计量流量的仪器，应每年校验或标定 1次。

4 地热井的水质监测应符合下列要求：

1）地热井的水质检测项目应为水质全分析；

2）地热井的水质监测应在供热期内进行，每年至少 1 次，取样时间应选在开采井达到稳态运行时；

3）取样点应靠近井口，采样要求应按现行国家标准《地热资源地质勘查规范》GB 11615执行；

4）应委托有相应资质的单位进行水质检测。

13.0.3 对地热开发规模较大的地区，应设置地热专用动态观测井。对开发程度较低的地区，可利用地热供热井进行动态监测。

13.0.4 地热井动态监测各项原始数据必须及时整理、校核，并应编制地热井动态监测资料统计表，资料应包括纸质文件和电子文档，且应按档案管理规定对资料进行系统归档保存。

14 施工与验收

14.0.1 地热供热工程施工应具备工程区域的工程勘察资料、项目可行性分析、设计文件、施工图纸和图纸会审记录等。

14.0.2 承担地热供热工程施工、监理的单位应具有相应资质。

14.0.3 施工单位应编制施工组织设计，且应由工程监理单位审核批准。

14.0.4 地热供热工程施工应符合下列要求：

1 设备、材料、配件等应具有产品质量合格证和性能检验报告，并应实行设备、材料报验制度；

2 热泵机组及室内系统安装应符合现行国家标准《制冷设备、空气分离设备安装工程施工及验收规范》GB 50274 和《通风与空调工程施工质量验收规范》GB 50243 的规定；

3 镀锌钢管宜采用螺纹连接，当管径大于或等于 100mm 时宜采用无缝钢管焊接或法兰连接；

4 当在含有油气的管道和设备上施工时，必须将油气清理干净并采取安全措施；

5 用聚乙烯原料制造的管材或管件应采用电熔连接；施工前应进行试验，判定连接质量合格后方可进行；

6 所有隐蔽工程应在隐蔽前检验合格，并应保留隐蔽工程的检验记录资料；

7 管道保温工程的施工及质量要求应符合现行国家标准《工业设备及管道绝热工程施工规范》GB 50126的规定；

8 管道接头保温应在管道系统强度与严密性检验合格和防腐处理结束后进行；

9 系统调试所使用的仪器、仪表的精度等级应符合国家计量法规和检验标准的规定；自动化仪器、仪表的安装及线缆敷设应符合现行国家标准《自动化仪表工程施工及验收规范》GB 50093 的相关规定；

10 地热井口装置的施工应符合下列要求：

1）基础的铸铁或钢制构件与混凝土基础应浇筑在一起，基础钢构件应保持水平位置，水平倾角不得超过 0.2°；

2）混凝土养护达到要求后，应在填料涵中嵌入填料盘根，当水温超过 100℃时，应采用耐高温石墨盘根；

3）地热井口装置应考虑热膨胀；

4）地热井口装置安装时必须保证井口水平和密封；硬连接的井口在井管露出水泥地面时，应设置隔离护套；应在管道水平段设置不小于 300mm 长的金属软接管。

14.0.5 工程施工安装完成后，必须对管道系统依次进行强度试验、严密性试验和清洁，并应符合现行行业标准《城镇供热管网工程施工及验收规范》CJJ 28 的规定。

14.0.6 地热供热工程竣工验收应符合下列要求：

1 竣工验收应在工程施工质量得到有效监控的前提下进行；

2 竣工验收应由建设单位组织设计、施工、监理单位及政府有关部门共同进行，合格后方可办理竣工验收手续；

3 地热供热工程竣工验收时，应完善竣工资料，可包括下列文件和记录：

1）图纸会审、设计变更和竣工图等；

2）主要材料、设备的出厂合格证明及检验报告；

3）隐蔽工程检查验收和施工记录；

4）工程设备、管道系统安装及检验记录；

5）管道冲洗、试压记录；

6）设备试运行记录。

14.0.7 地热井泵房、地热供热站及建筑物内供热系统和热水供应系统的施工与验收应符合国家现行标准

《通风与空调工程施工质量验收规范》GB 50243、《制冷设备、空气分离设备安装工程施工及验收规范》GB 50274、《地源热泵系统工程技术规范》GB 50366、《建筑给水排水及采暖工程施工质量验收规范》GB 50242和《城镇供热管网工程施工及验收规范》CJJ 28 的有关规定。

15 运行、维护与管理

15.0.1 地热供热系统投入运行前应进行试运行，并应符合下列要求：

1 应对系统进行全面的检查、调试，应包括供热循环水侧的注水、试压，按操作规程调试、启动机房设备和地热井井泵；

2 应制定试运行方案；

3 系统的压力和温度应逐步提升至设计要求；

4 地热井井泵应在设计工况下运行 4h 后停泵，并迅速测量电机的热态绝缘电阻，其值大于 0.5MΩ，方可投入正式运行。

15.0.2 井泵重新启动必须在停泵 15min 后进行。

15.0.3 井泵正常运行后，每运行 2h 应检查电流表、电压表、压力表指示值，指示值不应有显著变化，且每周应对电机的绝缘电阻进行检查。

15.0.4 当出现下列情况之一时，地热井井泵应立即停止运行：

1 井泵的工作状态没有改变，电压为额定值而电流超过电机额定电流值；

2 出水量不正常，水中含砂量显著增加；

3 机组有显著噪声和异常振动。

15.0.5 地热井井泵应每年检修一次。

15.0.6 地热供热系统运行中应对下列项目进行观测和记录：

1 地热水的开采量和回灌量；

2 换热器、过滤装置及管路的压力数据变化；

3 换热器冷、热流体进出口的温度；

4 事故、故障的记录；

5 维护、检修的记录。

15.0.7 供热期结束，应对地热井井泵、循环泵、补水泵、热泵、换热器及调峰等设备进行维护保养。

15.0.8 地热热源与调峰热源联合运行的系统中，地热热源应首先投入运行，满负荷以后，调峰热源应按照多热源联网方式运行，并应随室外气温变化增减负荷。

附录 A 非金属管材物理性能

A.0.1 玻璃钢（FRP）的物理性能应符合表 A.0.1 的规定。

表 A.0.1 玻璃钢（FRP）的物理性能

物理参数	物理性能	
	环氧树脂	乙烯基树脂
膨胀系数[mm/(m·K)]	0.0227	0.0189
导热系数[W/(m·K)]	0.35	0.19
密度(kg/cm³)	1800	1850
使用温度(℃)	−30～120 (最高 150)	−30～120 (最高 150)

A.0.2 氯化聚氯乙烯(CPVC)的物理性能应符合表 A.0.2-1 的规定，适用温度和压力应符合表 A.0.2-2 的规定。

表 A.0.2-1 氯化聚氯乙烯(CPVC)的物理性能

物理参数	物理性能	物理参数	物理性能
热变形温度(℃)	105	弯曲强度(MPa)	106
密度(kg/cm³)	1550	线膨胀系数[mm/(m·K)]	0.034
拉伸强度(MPa)	55	最高使用温度(℃)	105

表 A.0.2-2 氯化聚氯乙烯(CPVC)的适用温度、压力

温度(℃)	23	27	32	38	43	49	54	60	66	71	77	82	88	95	100
压力(MPa)	1.5	1.5	1.5	1.35	1.35	1.2	1.05	0.9	0.9	0.75	0.75	0.6	0.55	0.45	0

A.0.3 耐热聚丙烯（PP-R）的物理性能应符合表 A.0.3 的规定。

表 A.0.3 耐热聚丙烯(PP-R)的物理性能

物理参数	物理性能	物理参数	物理性能
密度(kg/cm³)	901	常温爆破压力(MPa)	5.8
拉伸强度(MPa)	40.7	线膨胀系数[mm/(m·K)]	0.0978
弯曲强度(MPa)	27.6	适用温度(℃)	95

A.0.4 聚丁烯（PB）的物理性能应符合表 A.0.4-1

的规定，适用温度、压力应符合表 A.0.4-2 的规定。

表 A.0.4-1 聚丁烯（PB）的物理性能

物理参数	物理性能
相对密度（kg/cm³）	925
膨胀系数［mm/（m·K）］	0.1278
导热率［W/（m·K）］	0.216

表 A.0.4-2 聚丁烯（PB）的适用温度、压力

温度（℃）	20	30	40	50	60	70	80	90
压力（MPa）	1.66	1.57	1.46	1.36	1.21	1.07	0.86	0.59

A.0.5 交联聚乙烯（PEX）的物理性能应符合表 A.0.5 的规定。

表 A.0.5 交联聚乙烯（PEX）的物理性能

物理参数	物理性能	物理参数	物理性能
密度（kg/cm³）	910～960	常压下使用温度（℃）	−70～110
拉伸强度（MPa）	40	0.7MPa 压力下使用温度（℃）	82
弯曲弹性模量（MPa）	600	导热系数［W/(m·K)］	0.41
熔点（℃）	140	热膨胀系数［mm/(m·K)］	0.2

A.0.6 铝塑复合管（PEX-Al）的物理性能应符合表 A.0.6 的规定。

表 A.0.6 铝塑复合管（PEX-Al）的物理性能

物理参数		物理性能
导热系数［W/（m·K）］		0.45
热膨胀系数［mm/（m·K）］		0.025
弯曲半径		≥5D
工作温度（℃）		−40～95
压力（MPa）	普通型	1.0
	加强型	1.6

附录 B 地热水质全分析报告

B.0.1 地热水质全分析报告的内容和格式可按表 B.0.1 设置。

表 B.0.1 地热水质全分析报告表

委托单位________ 取样编号________ 分析编号________

取样地点____________________ 送样日期________

取样深度________ 水温________℃ 分析日期________

分析项目		每公升水中含量 mg	毫克当量	毫克当量%
阳离子	K^+			
	Na^+			
	Ca^{2+}			
	Mg^{2+}			
	Fe^{3+}			
	Fe^{2+}			
	NH_4^+			
	Cu^{2+}			
	Al^{3+}			
	Mn^{2+}			
	Zn^{2+}			
	Li^+			
	总计			
阴离子	Cl^-			
	SO_4^{2-}			
	HCO_3^-			
	CO_3^{2-}			
	NO_2^-			
	NO_3^-			
	F^-			
	Br^-			
	I^-			
	PO_4^{3-}			
	HBO_2			
	总计			
可溶性 SiO_2		mg/L		
总矿化度		mg/L		
固形物		mg/L		

分析项目	德国度	分析项目	mg/L
总硬度		游离 CO_2	
永久硬度		侵蚀性 CO_2	
暂时硬度		DO	
负硬度		COD	
总碱度		S^{2-}	
总酸度		pH	

有害组分分析

分析项目	mg/L
Hg^{2+}	
TCr	
Cr^{6-}	
As^{3+}	
Pb^{2+}	
Cd^{2+}	
CN^-	
酚	

放射性元素

分析项目	mg/L
U	
Ra	
Rn	

气体分析

分析项目	mg/L
CO	
CO_2	
O_2	
N_2	
H_2S	

备 注

技术负责人： 分析负责人： 核对： 制表：

附录C 雷兹诺指数的计算方法和结垢性判定

C.0.1 雷兹诺指数和流体的 pH 计算值应按下列公式确定：

$$RI = 2pH_s - pH_a \quad (C.0.1\text{-}1)$$

$$pH_s = -\log[Ca^{2+}] - \log[ALK] + K_c \quad (C.0.1\text{-}2)$$

式中：RI——雷兹诺指数；

pH_s——流体的 pH 计算值；

pH_a——流体的 pH 实测值；

$[Ca^{2+}]$——流体中钙离子的摩尔浓度；

$[ALK]$——总碱度，即重碳酸根 HCO_3^- 离子摩尔浓度；

K_c——常数，按图 C.0.1-1、图 C.0.1-2 取值。

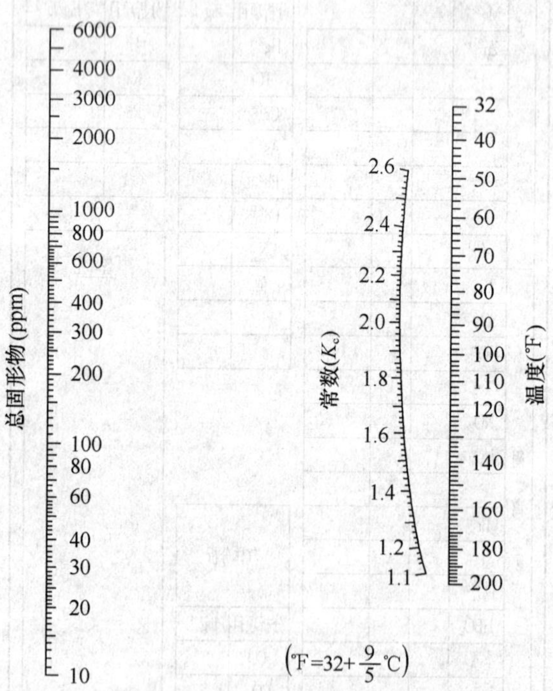

图 C.0.1-1 总固形物含量小于6000ppm 时 K_c 求值图

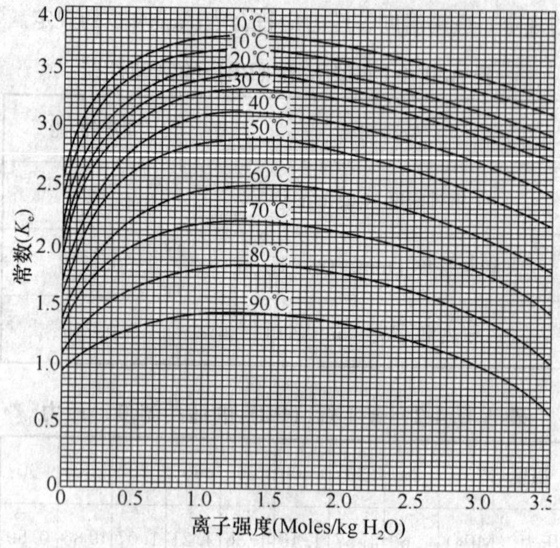

图 C.0.1-2 总固形物含量大于6000ppm 时 K_c 求值图

C.0.2 地热流体的结垢性应根据雷兹诺指数按表 C.0.2 确定。

表 C.0.2 根据雷兹诺指数（*RI*）确定地热流体的结垢性

雷兹诺指数（RI）	结垢性
<4.0	非常严重
4.0～5.0	严重
5.0～6.0	中等
6.0～7.0	轻微
>7.0	不结垢

附录D 拉申指数的计算方法和结垢性、腐蚀性判定

D.0.1 拉申指数应按下式确定：

$$LI = \frac{[Cl] + [SO_4]}{ALK} \quad (D.0.1)$$

式中：LI——拉申指数；

$[Cl]$——氯化物或卤化物浓度，以等当量的 $CaCO_3$（mg/L）表示；

$[SO_4]$——硫酸盐浓度，以等当量的 $CaCO_3$（mg/L）表示；

ALK——总碱度，即重碳酸根 HCO_3^- 浓度，以等当量的 $CaCO_3$（mg/L）表示。

上述［Cl］、［SO_4］、ALK 也可采用相应的该离子的毫克当量数确定。

D.0.2 地热流体的结垢性和腐蚀性可根据拉申指数按表 D.0.2 确定。

表 D.0.2 根据拉伸指数（*LI*）确定地热流体的结垢性和腐蚀性

拉伸指数（*LI*）	结垢性和腐蚀性
≤0.5	为结垢性流体，没有腐蚀
>0.5	为腐蚀性流体，不结垢
>0.5，≤3.0	为轻腐蚀性流体
>3.0	为强腐蚀性流体

附录E 回灌系统动态监测数据表

E.0.1 回灌系统动态监测数据表可按表 E.0.1 设置。

表 E.0.1 回灌系统动态监测数据表

____年____月

井号：________，________　　　　井位________________

地面至测点高度：____________，____________　　　　回灌前回灌井水位埋深________

日期		开采井数据					回灌井数据					过滤器		管路压力表读数（MPa）	备注
日	时	流量计读数（m^3）	瞬时流量（m^3/h）	水位（m）	出水温度（℃）	井口压力（MPa）	流量计读数（m^3）	瞬时流量（m^3/h）	回灌水温度（℃）	水位（m）	井口压力（MPa）	进口压力（MPa）	出口压力（MPa）		

注：1 如果是多井采灌系统，应分别记录每一眼开采井、回灌井的数据；
2 回灌运行期间每 8h 观测一次，停灌期间每 15d 观测一次；
3 每天观测时间保持一致；
4 特殊情况随时观测记录；
5 备注栏记录各种特殊情况及观测人姓名。

附录F 回灌堵塞的判别及处理措施

F.0.1 回灌运行出现下列现象之一时，可判断系统出现堵塞：

1 回灌井水位突然上升或连续上升，单位回灌量逐渐减少；

2 保持一定水位时，回灌量逐渐减少；保持一定回灌量时，回灌水位逐渐上升；

3 回灌井多年运行后，单位回灌量或回扬时单位涌水量逐年减少；

4 过滤器两端的压力差持续增大。

F.0.2 预防回灌堵塞宜采用下列方法：

1 经常检查回灌装置密封效果，发现漏气及时处理；

2 回扬洗井时，应在回扬水管路安装单流阀或U型管，或将扬水管出口没入水中，形成水封；

3 回扬洗井时，应检测回灌井水质；回灌运行时，应定期检测回灌水的水质；

4 应掌握回灌量和地下水位的动态变化，及时检查有无堵塞现象；

5 回灌运行时，当发现物理、化学或生物堵塞时，应立即停灌，检查原因并采取措施。

F.0.3 根据回灌井堵塞性质和原因，可采用连续反冲法、化学处理法和灭菌法等处理方法，并应符合下列要求：

1 回灌井成井时，应将岩层裂隙通道清洗干净；

2 当回灌管路堵塞时，可直接采用连续反冲洗方法处理；当回灌井堵塞时，可采用间隙停泵反冲洗与压力灌水相结合的多种方法处理；

3 对基岩型井回灌系统，应在回灌管管路上安装精度为50μm、缠绕棒式滤芯的粗过滤装置，且过滤器两端应安装压力表，当压力变化超过正常值时，应对过滤装置进行反冲洗；

4 碳酸盐岩溶地区基岩裸眼成井的回灌井，当安装粗过滤器后的回灌效果仍不理想，可采用压裂酸化法洗井措施；

5 当堵塞沉淀物是 $CaCO_3$ 或 $Fe(OH)_3$，且已与砂胶合成钙质或铁质硬垢时，可采用 HCl（浓度10%，加酸洗抗蚀剂）使之生成溶解性的 $CaCl_2$ 来处理，但不得造成回灌水二次污染；

6 对孔隙型井回灌系统除必须装粗过滤器外，还必须装精度为3μm～5μm的精过滤器。

本规程用词说明

1 为便于在执行本规程条文时区别对待，对要求严格程度不同的用词说明如下：

1）表示很严格，非这样做不可的：
正面词采用“必须”，反面词采用“严禁”；

2）表示严格，在正常情况下均应这样做的：
正面词采用“应”，反面词采用“不应”或“不得”；

3）表示允许稍有选择，在条件许可时首先应这样做的：
正面词采用“宜”，反面词采用“不宜”；

4）表示有选择，在一定条件下可以这样做的，采用“可”。

2 条文中指明应按其他有关标准执行的写法为：“应符合……的规定”或“应按……执行”。

引用标准名录

1 《室外给水设计规范》GB 50013

2 《建筑给水排水设计规范》GB 50015

3 《建筑设计防火规范》GB 50016

4 《采暖通风与空气调节设计规范》GB 50019

5 《低压配电设计规范》GB 50054

6 《通用用电设备配电设计规范》GB 50055

7 《建筑物防雷设计规范》GB 50057

8 《自动化仪表工程施工及验收规范》GB 50093

9 《工业设备及管道绝热工程施工规范》GB 50126

10 《公共建筑节能设计标准》GB 50189

11 《建筑给水排水及采暖工程施工质量验收规范》GB 50242

12 《通风与空调工程施工质量验收规范》GB 50243

13 《制冷设备、空气分离设备安装工程施工及验收规范》GB 50274

14 《地源热泵系统工程技术规范》GB 50366

15 《声环境质量标准》GB 3096

16 《农田灌溉水质标准》GB 5084

17 《污水综合排放标准》GB 8978

18 《地热资源地质勘查规范》GB 11615

19 《民用建筑节能设计标准(采暖居住建筑部分)》JGJ 26

20 《地面辐射供暖技术规程》JGJ 142

21 《城镇供热管网工程施工及验收规范》CJJ 28

22 《城市热力网设计规范》CJJ 34

23 《城镇直埋供热管道工程技术规程》CJJ /T 81

24 《污水排入城市下水道水质标准》CJ 3082

25 《化工设备、管道外防腐设计规定》HG/T 20679

中华人民共和国行业标准

城镇地热供热工程技术规程

CJJ 138—2010

条文说明

制 订 说 明

《城镇地热供热工程技术规程》CJJ 138－2010经住房和城乡建设部2010年4月17日以第553号公告批准、发布。

在规程编制过程中，编制组对我国地热供热工程的实践经验进行了总结，对地热井可持续开采年限、地热利用率、地热尾水排放温度、地热水防垢与回灌的要求等作出了规定。

为便于广大设计、施工、科研、院校等单位有关人员在使用本规程时能正确理解和执行条文规定，《城镇地热供热工程技术规程》编制组按章、节、条顺序编制了本规程的条文说明，对条文规定的目的、依据以及执行中需注意的有关事项进行了说明，还着重对强制性条文的强制性理由作了解释。但是，本条文说明不具备与标准正文同等的法律效力，仅供使用者作为理解和把握标准规定的参考。

目　次

1 总 则

1.0.1 中低温地热资源分布广泛，是一种可以有效节约化石燃料、避免温室效应等环境污染的新能源与可再生能源。近年来，地热供热发展迅速，但是各地的地热供热工程质量优劣差异很大，地热资源浪费严重，缺乏统一的技术标准是重要的原因之一。为了规范地热供热工程的设计、施工、验收与运行，确保地热供热工程持续安全可靠运行，更好地发挥其经济效益、社会效益、节能效益和环保效益，特制定本规程。

1.0.2 地热利用范围广泛，本规程限定的适用范围是：1）用地热井供热，包括泵抽或自流的地热井；2）只限于城镇供热，不包括农业温室、地热水产养殖、地热孵化育雏等农业地热利用；3）只涉及地热直接利用，不包括地热发电。

1.0.3 回灌开采的目的是要使采灌平衡，实现可持续发展的开发利用。由于各地热井所开发地层的地质条件不一，很难保证每一对开采井与回灌井都能做到采灌平衡，因此，对一个开发利用的热田来说，也可以根据地热水的补充条件确定其允许的最大开采量，即条文中所说的“总量控制开发方式”。

2 术 语

2.0.1 地热资源的概念与地热能有所不同。地热能是指地球内部蕴藏的热能；地热资源则是指在可以预见的未来时间内能够为人类经济开发和利用的地球内部的热能，包括作为主要载热体的地热流体及围岩中的热能。目前国家标准规定温度在25℃以上的地热流体为地热资源。地热资源按其温度可分为高温（$t \geqslant 150$℃）、中温（90℃$\leqslant t <$150℃）和低温（$t <$90℃）三类。

2.0.2 对在现时条件下技术经济上有开发利用价值的地热资源相对富集区，且具备良好渗透性热储的分布地区，一般称为地热田。

2.0.3 地热流体中一般都含有不同成分的矿物质，有的矿化度可达几万甚至几十万ppm。因此，从严格意义上说，它已不是纯粹的水，称它为地热流体更为确切。只是地热流体的外表形态仍为水，因而习惯上仍常以地热水称呼。本规程中，地热流体和地热水两种称呼都有使用。

2.0.4 地热井刚启动开采时，井口水温较低，这是因为井管及四周井壁尚处于从冷态到热态的升温过程，温度场还在不断变化。启动一段时间后，温度场趋于稳定，井口水温也升高到一定程度不再变化，这时的温度称为“稳定流温”。地热供热工程设计所依据的地热水温就是指稳定流温。

2.0.5 井水温度超过25℃，不论井的深浅都称为地热井。

2.0.6 多数地热流体都有不同程度的腐蚀性，因而采用地热直接供热系统受到很大的制约。供暖面积较大的地热供热工程很少采用地热直接供热系统。

2.0.7 井下换热器供热系统也是地热间接供热系统的一种。由于这种系统需要有浅层中高温地热资源，应用范围有限，因此本规程没有将这种供热系统列入。

2.0.8 地热供热调峰不应该只理解为峰值负荷不够而采取的权宜之计，它是地热供热工程设计必须要考虑的重要技术因素。采用调峰系统，可以有效扩大地热井的供热面积，充分利用地热资源。

2.0.9 地热系统防腐是地热供热工程设计中最常见的问题。出于经济性的考虑，地热系统一般都不采用耐腐蚀的昂贵合金类材料来制作地热管道和设备。采用间接供热系统和使用非金属材料是当前解决地热防腐的主要有效措施。

2.0.10 地热防垢与地热阻垢是同一概念。阻止垢的生成就达到防垢目的。

2.0.11 地热流体除砂是为了降低流体中的含砂量，避免换热器或管道堵塞。

2.0.12 回灌对地热开发利用十分重要，它既可保护地热资源，又可保护环境。但是地热回灌涉及地质构造、岩性等多种因素，不可能有统一的回灌模式。回灌还需要做很多前期的试验研究，建立采灌模型。

2.0.13 将地热尾水回灌到同一热储层能起到保护资源的作用。在可能的条件下应力争做到同层回灌。

2.0.14 异层回灌虽不如同层回灌，但从总体来说，异层回灌仍可起保护环境和部分保护资源的作用，只是对抽水的热储不能达到延长使用寿命的目的。

3 设计基本规定

3.1 一 般 规 定

3.1.1 地热供热工程设计，必须对工程场地及周边状况等资料进行搜集和调查，一般包括：

1 现状及规划供热范围内的热负荷类型和供热参数；

2 现状及规划供热范围的总平面图及地形图；

3 调峰热源的位置、供热参数；

4 地热井泵房、地热供热站的位置和水文地质资料；

5 供水、供电、排水、道路交通等建设条件；

6 管线综合图；

7 与工程设计相关的其他资料。

3.1.2 地热井的流量对确定地热井的可供热负荷至关重要。可持续使用的流量要通过地热井成井后的抽水试验确定。

3.1.4 对本条各款说明如下：

1 地热梯级利用是降低地热水排放温度的有效方式，包括采用低温地板辐射或风机盘管采暖、利用热泵和余热利用等；

2 地热供热设置调峰系统，其热源可采用煤（环保允许）、油、气、电等其他常规能源，因为调峰所耗的能量占总热负荷的比例很小；

3 采用地热蓄热设备可以调节地热利用的日不均匀性，提高地热井产水率；

4 提高系统自控水平可降低动力设备耗电量，提高生产效率，节约能源；

5 地板辐射采暖与风机盘管都属这类末端装置。

3.1.5 地热资源开发利用一般分两个阶段进行：第一阶段由有资质的地热勘察部门按现行国家标准《地热资源地质勘查规范》GB 11615 进行地热资源的地质、地球物理和地球化学勘察，提交可行性报告。根据这些勘察资料选定比较有利的井位开凿地热井，经抽水试验取得地热井的有关参数；第二阶段为地面利用。设计部门根据地热地质勘察及钻井所取得的数据，结合城镇供热规划进行地热供热工程设计。两个阶段既有联系又相互独立。地热供热工程设计者只要求开发者提供正式的地热井有关参数的书面材料就可作为设计依据，其职责就是保证地热供热工程质量达到最优，并不对地热资源的勘察和评价承担责任。但是设计部门应了解提供的地热井参数是否符合有关规定和要求，能否保证持续使用的年限。若发现问题应及时提出，以免工程受到不必要的损失。

地热井可持续开采的年限与其开采量和补给的情况有关。开采量超过补给量，开采越多，热储压力和水位下降越快。地热发电的地热资源开采年限一般定为 30 年，地热供热等直接利用项目要大于 100 年，对于著名的温泉风景区和温泉历史文物点，则没有利用时间的限定，要实现无限期地持续利用。

在冰岛，地热界对“地热资源的可持续利用”进行如下定义（Axelsson et al. 2001）：对于每一个地热系统，每一种生产模式，都存在一个确定的最大能量生产值 E_0。当生产量小于 E_0，该系统就可以长时间（100～300 年）保持稳定生产；生产量高于 E_0，它就不能维持长时间的稳定生产。因此，当地热能生产量低于或等于 E_0 即为可持续生产。所以，从管理角度控制生产量小于 E_0 是十分重要的。如果生产量大于 E_0，则称为过量生产。应该指出的是，最大可持续生产量取决于生产模式，即一个给定的地热资源的最大可持续生产量受资源管理的影响。如果采取回灌开采措施，当生产量大于 E_0 时，根据回灌量的多少，也可使地热系统长时间维持稳定生产。

3.2 热 负 荷

3.2.1 供暖系统的采暖设计热负荷，是指在设计室外温度下，为了达到室内设计温度，供热系统在单位时间内向建筑物供给的热量。确定合理的采暖设计热负荷是节能的基础，它影响到设备容量大小、工程投资和运行成本。

3.2.2 用辅助能源承担调峰热负荷，选热泵作为一级调峰装置，燃煤、燃气锅炉等作为二级调峰装置是一种节能的调峰方法。

3.3 地热利用率

3.3.1 地热利用率表示地热供热负荷与地热供热理论最大负荷的比值，它与地热利用后的排水温度有关，即与地热利用温差有关，但与地热产水量无关。地热利用温差越大，地热利用率越高。地热流体理论最低排水温度一般可取当地年平均室外气温，这与国外低温地热资源评价方法一致。

但是，严格地说，采用地热利用率来评价地热资源利用的完善程度还不够准确，因为这里所指的地热利用率还不是地热有效利用率。例如，地热水输送系统的热损失，也会降低地热水的温度，而这部分温降并不代表有效利用的能量。还应考虑整个采暖期内地热井的流量利用率，即采暖期内地热井实际采水量与最佳采水量之比。

3.3.2 60%的地热利用率指标是考虑到各种地热供热水温都应达到的要求，意在解决地热利用率普遍较低的问题。地热供热水温愈高，地热利用率的百分比也应该愈高。例如 80℃～90℃的地热水，其地热利用率能达到 70%以上。

4 地热供热系统

4.1 直接供热系统

4.1.1 地热直供系统管路简单，可减少工程初投资和运行维修费用。并且由于系统无换热设备，避免了因换热温差造成的不可逆能量损失。但是由于地热流体多数有腐蚀性，地热直供系统将会造成设备腐蚀而缩短使用寿命，因而地热供热工程一般都不采用直供系统。

4.1.2 地热直供系统一般采用温控阀控制回灌或排放尾水温度，地热井泵作为补水定压装置。

4.2 间接供热系统

4.2.1、4.2.2 地热间供系统是指采用换热器将地热流体与用户供热循环水隔开的系统。地热流体通过换热器把热量传递给循环水后回灌、排放或综合利用，循环水则通过散热器或其他散热设备供热后返回换热器加热循环使用。地热间供系统是国内外地热供热用得最普遍、最有成效的系统。

4.2.3 热用户可采用高温段和低温段串联方式，以加大室外管网供回水温差，减少热网工程投资和运行电耗。高温段和低温段配置是热用户串联供热的基础，低温段配置是提高地热直接供热能力的条件。

4.3 调峰系统

4.3.1 地热供暖系统在室外气温较低时，供热累积时数很少，而单位热负荷很大，即设计热负荷下运行的持续时间很短，绝大部分时间供热是在低于设计热负荷的状态下运行。如果供热系统的设计热负荷全部由地热承担，那么只有在短暂的高峰期地热井才会满负荷运行，而绝大部分非供热高峰期，地热能未得到充分利用。为了增加采暖期地热井取水量，使地热井接近满负荷运行，应配置调峰热源组成地热、调峰热源联合供热系统，即将供热负荷分为基本负荷和尖峰负荷两部分，基本负荷运行时间长，由地热承担；尖峰负荷运行时间短，由调峰热源承担。

4.3.2 选热泵作一级调峰装置，降低地热尾水温度，提高地热利用率；二级调峰装置应依据能源价格和环保要求确定。当采用热泵降低地热流体排放温度时，其系统设计应参照现行国家标准《地源热泵系统工程技术规范》GB 50366 的规定，水源热泵机组的性能应符合现行国家标准《水源热泵机组》GB/T 19409 的规定。

4.3.3 设计调峰负荷与地热利用率、地热水资源费、调峰热源燃料费、城镇供热价格等多种因素有关，由经济评价确定。

单纯地热供热系统，采暖期地热利用率低。增加调峰热源可以降低地热采暖设计负荷，扩大地热供热面积。由于调峰负荷的介入，地热采暖期利用率提高，使地热供热成本有下降的趋势。但是增加调峰热源，要加上系统投资和燃料费用，又使供热成本有上升的趋势。一旦选定调峰负荷和调峰负荷燃料类型，就能确定地热调峰系统的投资、累积地热负荷、累积调峰负荷和供热成本。改变调峰负荷容量和调峰负荷燃料类型，可以组成多种方案。依据方案的经济评价可确定调峰热源类型和调峰负荷占总负荷的百分比。

4.3.4 室外设计温度系根据各地区多年气象资料确定。我国一些主要城市的室外设计温度供热手册中都有刊载。启动调峰设备的室外温度则是实时的室外气温。

5 地热井泵房

5.1 土 建

5.1.2 地热井泵房采用地上独立建筑和固定式起重设备安装井泵，较地下或半地下井泵房有诸多优点。

5.1.3 有的自流井，水温和水压都很高，一旦阀门失灵泄漏，热水就会喷射涌出。如果井泵房采用地下或半地下建筑，热水就无法排出，对人身安全是一大隐患，因此必须严禁。

5.1.4 地热井泵房室内地面排水明沟的断面尺寸按工艺提供的排水流量确定，一般不小于 240mm×240mm。沟盖板的材料、形式以排水通畅、人行走安全为宜。

5.1.5 地下或半地下井泵房有井泵安装、构筑物防水、积水坑排水、屋顶防雨及室内通风等安全要求。

5.1.6 对地下或半地下井泵房，若水温较高，一旦发生设备或阀门泄漏，地热水就会大量涌出烫伤周围的运行人员甚至发生人身事故，因此必须设置直通室外的逃生安全通道。

5.2 井 泵

5.2.1 地热井井泵一般可分为长轴深井泵和潜水电泵两大类。长轴深井泵电机安装在井口，水泵和电机靠长轴连接，不需耐高温的电缆，可在水温高达200℃的地热井中运行，并具有泵体长度短、磨损小等特点。但是长轴深井泵安装深度一般较浅，且具有附加间隙，效率低于潜水电泵。从安装和运行来看，长轴深井泵安装时间长，井管垂直度要求高，或要求井管直径较大，以适应刚性的泵和泵管。在开始运行时，叶轮位置必须通过调节螺母加以调整，增加了安装运行的难度。近年来，由于潜水电泵使用温度逐渐提高，已能满足 100℃以下地热水的抽取，所以多采用耐热潜水电泵。

5.2.2 调节泵的出口流量一般有如下方式：

1 节流法：用泵出口阀门来调节输出的流量。此法通过增加阻力来控制流量，效率低，并容易造成水泵的损坏。因此地热井不能用此法作为调节流量的主要手段。

2 用储水装置使井泵间歇运行：此法需要频繁停开井泵，容易造成水泵的损坏。同时，储水装置易进空气，使地热水溶氧增加，加剧对金属设施的腐蚀，相应增加维修量和费用。

3 井口回流法：此法是在井口装置上增加一根回流管，泵在满负荷运行的情况下，当外界用水量减少时，一部分水通过回流管回流到井内。这种方法节水，但不节电。

4 井泵变频调速：通过改变叶轮转速调节流量，以满足用水量的变化。此方法是节水、节电、延长井泵使用寿命的好方法。

5.2.3 泵管或泵轴的表面都可以涂覆涂料层防腐，但根据涂料的性能，一般以用于 70℃以下地热水为宜。适用于泵管的防腐涂料有多种，如底漆用环氧富锌底漆，中层漆用乙种环氧沥青漆，面漆用乙种环氧沥青磁漆的试验效果不错。但是表面处理及施工质量对涂层性能影响很大。表面处理以喷砂效果最佳。施工时，相对湿度应小于 65%，温度不得低于固化所要求的温度。

5.2.4 地热井泵最好能送到生产厂家检修、保养。

5.3 井口装置

5.3.1 地热井口装置一般应具有下列功能：1 井口装置的结构应能承受地热井的温度、压力要求。2 密封性良好，能防止空气进入系统、减轻对金属设备的腐蚀。3 能适应地热流体在提取和停止开采时造成的井管伸缩，这种伸缩可能造成泵座损坏及漏水事故。4 能监测水位。水位是地热井动态监测中的重要参数，是延长地热井使用寿命、保护地热资源必须掌握的参数。5 能测量地热水的水温、压力和流量。6 有些地热井在刚投入使用时，地热水能够自流。经过一段时间后由于热储压力下降不再自流，地热流体需要改用井泵抽取；有些地热井随负荷变化，为节水、节电，需将大功率的井泵改为小功率的井泵。所以井口装置应能适应自流、大小泵换用等不同情况。

5.3.2 石油工业有这类专用的气水分离器，分离效果良好，但要增加投资。含油气的地热流体分离出油气后可以用来采暖，但不宜用来沐浴，因为处理后的地热流体仍有残留的石油气味。

5.3.3 可根据井管型号选配相应规格的井口装置。

5.3.4 地热流体中的溶氧是造成金属设备腐蚀最重要的因素。地热井口装置要做到完全隔绝空气进入系统是相当困难的，许多地热工程采用井口氮气保护系统或添加除氧剂的方法效果较好。前者是将氮气充入井内隔绝空气进入井口系统，方法简单；后者是向地热系统注入除氧剂除氧，但是这种注入装置初投资和运行成本较高。

5.4 地热流体除砂

5.4.1 地热流体除砂的标准有不同规定，用途不同要求也不一。对孔隙型热储，成井含砂量控制不能过严，这是地热成井工艺所决定，要求过高，会造成成井交井极大的困难。

5.4.2 目前，地热流体除砂多用旋流式除砂器，它具有结构紧凑、占地面积小、除砂效率高（可达90%以上）、排砂方便等优点。

6 地热供热站

6.1 土 建

6.1.1 地热供热站建在负荷中心位置，可使供热距离缩短，热损失少，运行电耗低，管理方便。

6.1.2 采用重力排水的供热站，设备间地面应设排水明沟。沟的要求与第5.1.4条相同。供热站水泵间宜设隔墙封闭，采用双层隔声门窗，内墙面可采用吸声材料，有噪声设备应装避振喉和减振垫，在外墙上应考虑设置防噪声进出风口。

6.2 供热站设备

6.2.1 板式换热器的密封垫圈应安装于密封槽中并具有良好的弹性。要求橡胶除耐腐蚀、耐温外，硬度应在65～90邵氏硬度，压缩永久变形量不大于10%，抗拉强度≥8.0MPa，伸长率200%。

6.2.2 热泵机组由压缩机、蒸发器、冷凝器、调节阀门和自控设备组成。选热泵机组时，压缩机的质量最重要，好的压缩机运行时振动小，噪声小，使用寿命长。

6.2.3 对金属腐蚀较轻的地热流体，宜采用金属制储水装置，并对内壁进行防腐处理。

7 地热供热管网与末端装置

7.1 地热供热管网

7.1.2 地热供热管道及其保温外壳常用非金属材料。直埋敷设既不影响环境美观，又可避免紫外线照射，延长管道使用寿命。

7.1.3 经水质化验确认属非腐蚀性地热流体，输送管道可采用钢管。

7.2 末 端 装 置

7.2.1 选用散热器作为末端装置时，对于地热间供系统，散热器的选型和常规供暖相同；对于地热直供系统，不宜采用金属散热器作为末端装置。

7.2.2 地热供热末端装置的设计参数与地热供热站设备配置和地热供热运行费用密切相关，末端装置的供回水温度越低，热泵配置容量越少，调峰负荷占总负荷的比例越小，系统越经济。

7.2.3 表7.2.3系根据经验提出，可供参考。某些情况下，宜采用的供回水温度还可降低，如空调系统风机盘管供水温度可采用45℃，三步节能居住建筑区地板辐射采暖供水温度可采用40℃。

7.2.4 室内温度调节装置是行为节能的手段，可满足不同用户的室内温度需求。分户热计量是“供热体制改革”的要求。

8 地热水供应

8.0.1 由于没有一个科学、完整的规划，有些地区在地热水供应中，缺少地热水地下管线走廊，城市建设挤占地热井位置，桩基础等地下工程施工损坏地热井管线现象时有发生，严重影响了城镇地热水供应的可持续发展，因此，城镇地热水供应系统的专业规划是城镇地热水供应非常重要的基础工作。

8.0.3 虽然国内已有多个地热水长距离输送的工程实例，但长距离输送必然带来较多的热量损失，因此从节能的角度，不鼓励地热水进行长距离输送。明确地热水输送的温降要求，为输送管道的设计、施工及验收提供依据。从国内的工程实例来看，0.6℃/km的温降要求是合理可行的。

8.0.4 通常情况下，地热水含有多种对人体有益的微量元素，它是优良的医疗矿产资源和廉价的热水资源，作沐浴用，既节能又健体。

8.0.7 一般地热水气水分离后气体就排掉。如果是可燃气体，量比较大，分离出来的这种气体应设法收集就近利用。

9 地热系统防腐与防垢

9.1 一般规定

9.1.1 地热流体产生腐蚀的重要因素有7项：

1 氯离子（Cl^-）：地热流体中氯离子的腐蚀作用主要是促进作用而不是反应物。当地热水中存在溶解氧时，氯离子的促进作用就明显地表现出来。

2 硫酸根（SO_4^{2-}）：硫酸根的腐蚀作用与氯离子类似，但比氯离子影响小，为同浓度氯离子的1/3。在多数地热水中，SO_4^{2-} 的腐蚀作用不大，但在氯离子浓度较低的地热水中，SO_4^{2-} 会产生一定的腐蚀。硫酸根对水泥有侵蚀作用，是水泥腐蚀（侵蚀）比较主要的因素。

3 硫化氢（H_2S，包括 HS^-、S^{2-}）：硫化氢在金属腐蚀中起加速作用，即使在无氧条件下，它也腐蚀铁、铜、钢、镀锌管等金属。在高温下，对铜合金和镍基合金的腐蚀最为严重。

4 氨（NH_3，包括 NH_4^-）：氨主要引起铜合金的应力腐蚀破坏，在地热系统中，对阀门、开关等设备中的铜材不利。

5 二氧化碳（CO_2，包括 HCO_3^-、CO_3^{2-}）：二氧化碳对碳钢有较大的腐蚀作用。特别是与氧共存时，对碳钢的腐蚀更为严重。二氧化碳对混凝土也有腐蚀作用。

6 氧（O_2）：氧通常来自大气。地热流体中原有的溶解氧一般很少。氧是地热流体中最重要的腐蚀性物质。当地热系统有空气侵入时，会使碳钢的均匀腐蚀速度增加10倍。

7 pH（氢离子）：在大多数无 O_2 的地热水中，碳钢和低合金钢的腐蚀主要由氢离子的还原反应控制。当pH增高（pH>8）时，腐蚀速度急剧下降。

9.1.2 现行国家标准《地热资源地质勘查规范》GB 11615中参照工业腐蚀系数来衡量地热流体的腐蚀性和用锅垢总量来衡量地热流体结垢性的办法也可采用。

9.1.3 地热供热工程设备的外防腐，多数与化工设备类似，但也有一些是不同的，需要参考化工设备外防腐和地热工程设备外防腐的实践经验加以实施。

9.2 防腐措施

9.2.1 防腐工程措施可以采用本条提出的5种方法中的1种或同时采用几种，其中第1、3款同时采用效果较好。

9.2.2 玻璃钢（玻璃纤维增强塑料）具有优良的力学和物理性能，使用温度一般在−30℃～120℃，最高可达150℃。虽然玻璃钢的轴向膨胀相当于钢管膨胀的2倍，然而由于其轴向模量相对较低，产生的膨胀力只有钢管在同样条件下的3%～5%，因此对埋地1m深的玻璃钢管，除了有适当的分段止推装置外，靠覆盖其上的土壤就足以抑制其热膨胀，不需要采取其他特殊防膨胀措施，这是其他各种塑料所不及的。玻璃钢还有优良的耐化学腐蚀性能、使用寿命长、水力特性优异等重要特性，流体在管内流动的阻力小，因而可以选用较小的管径和功率较小的输送泵，降低成本并节电。玻璃钢管道还有重量轻、运输吊装和安装方便等优点。玻璃钢管道直径越大，每米成本与钢管相比越低。

制造玻璃钢管的原料种类很多，耐温情况不一，价格也相差很大。如果将价格低廉的常温或低温用的原料用于制造高温用的管道，那么管道的使用寿命将大大降低，工程选材时一定要十分注意。

玻璃钢管道由于加工工艺的关系，小管径（直径<50mm）的管道成本相对较高，经济性较差，因而非金属的小管径管道一般不用玻璃钢而改用其他塑料制作。

一般的塑料存在较大的热膨胀系数和蠕变等缺点，在地热供热工程中的应用受到限制。铝塑复合管（PEX-Al）是近年发展较快的一种管材，它用交联聚乙烯与铝材复合而成，管子的内外层均用交联聚乙烯材料制造，中间层为铝材，各层之间用胶粘结，形成一个胶合层。这样，它可以完全隔绝气体（氧气）的渗透，彻底消除塑料管透气的缺点，线膨胀系数远低于一般塑料，保证管道的稳定。同时也提高了管道的工作压力和工作温度，弯曲半径也由此变小，便于弯管。

9.2.3 系统隔绝空气（氧气）是十分有效的防腐措施。来自深部的地热水中很少有溶解氧，只要使系统密封，不让空气进入，就可大大减轻地热水对金属的腐蚀。采用向井内充氮气的方法，设备简单，是较有效的密封方法。

采用间接供热系统，虽然要增加钛板换热器的投资，系统也相应复杂些，但是这种一次性投资的增加，换来的是长久的系统稳定运行，设备寿命也大大延长，综合经济效益更好。

9.2.4 防腐涂料一般抗磨强度不高，受流体高速冲击或为转动部件，涂料会很快磨损。

9.2.5 防腐剂是一种化学物品，含有磷酸盐等对环境有污染的成分，添加在地热系统中，这些缓蚀剂将随地热水的排放流入地表河流等水体或农田，造成对环境的二次污染，而且也不能再将地热尾水回灌地下。国内已有不少这方面的教训，因而严禁使用加防腐剂的防腐措施。

9.2.6 金属材料的腐蚀从原理上可分为化学腐蚀和电化学腐蚀两大类；按腐蚀破坏形式可分为全面腐蚀和局部腐蚀两种。防腐措施也要根据腐蚀类型不同有所区别。地热流体中，金属可能遭受下列几种重要的局部腐蚀：1）孔蚀；2）缝隙腐蚀；3）应力腐蚀破坏；4）晶间腐蚀；5）电偶腐蚀；6）脱成分腐蚀；7）氢脆；8）磨蚀。

合理的介质流速与管径、介质流量、输送流动阻力与电耗等有关。流速高，同样的流量管径就小、投资少，但流阻增加，选用的水泵功率就要加大，电耗增加。工业上，一般将介质流速控制在（1.0～1.5）m/s 范围内比较合理，但为减少流阻和电耗，降低运行成本，也有将介质流速选在（0.8～1.0）m/s 范围内。

9.3 防垢除垢措施

9.3.1 结垢是影响地热系统正常运行的严重问题。当地热流体从热储层通过地热井管向地面运移时，或者在管道输送过程中由于温度和压力降低，使其中一些成分达到饱和状态，此时，就有固体物质析出并沉积在井管或管道内，形成垢层。井管内结垢会影响地热流体的生产与产量；输送管道内结垢会增加流体的流动阻力，进而增加输送能量的消耗；换热表面结垢则增加传热阻力，使传热效率降低。垢层不完整处还会造成垢下腐蚀。防垢与阻垢是一个概念，除垢则是垢已生成设法去除，与防垢、阻垢有所不同。

9.3.2 常见的阻垢措施有增压法、化学法和磁法。

增压法是采用深井泵或潜水电泵输送井中地热流体时，使其在系统中保持足够的压力，从而使流体的饱和温度高于实际的流体温度，这样，流体在井内始终处于未饱和状态，不会发生汽化现象和汽、液两相共存区域，防止 $CaCO_3$ 等碳酸盐在井管内壁的沉淀。此法的缺点是井泵耗电较多，有时甚至达到难以接受的程度。

化学法阻垢是加化学物品阻止垢的生长。化学物品分两类：一类是酸性溶液，将它放入水中，使水的 pH 降低。另一类是聚磷酸盐、磷的有机化合物和聚合物。这类药物既是阻垢剂也是缓蚀剂，在高温时会产生有害影响。化学法的缺点是造成对环境的二次污染，经济性差，增加流体的腐蚀性。地热供热工程中一般不采用这种阻垢方法。

磁法是将一套磁法阻垢装置安置在地热流体的输送管道外侧，当地热流体流过时被磁化处理，使垢成疏散状，便于清洗。由于地热流体成分比较复杂，结构多样，再加上磁场强度、梯度等多种因素影响，其阻垢机理至今尚未得到确切结论，效果也不稳定。

9.3.3 由于化学法阻垢有化学物品溶入水中，尾水不能回灌地下，因此严禁用此法阻垢。

9.3.4 目前除垢采用的几种方法各有优缺点，且应用场合有所不同。化学除垢法一般只用于系统运行后进行。将除垢化学物品溶液灌入系统并将系统封闭，经过一段时间后排出即达除垢目的。停留所需时间由事先进行的取样试验确定。机械除垢可以在运行中进行，也可在停运时进行。如西藏羊八井地热电站井管除垢采用一个圆筒状重锤上下牵引刮垢，气水混合物仍可从圆筒中间通过，不影响机组运行。国外也有用两条输送管道轮流除垢的做法，一根输送流体，一根停运除垢，依次轮换。

10 地热供热系统的监测与控制

10.0.1 地热井泵采用变频调速控制装置自动调节流量，既节水又节电，是目前地热井运行普遍采用的节能措施。供热循环泵配置变频控制装置是用来自动调节间供系统循环水侧的循环水流量，使之与热负荷变化所需的循环水量匹配，达到节电的目的。

10.0.2 地热供热系统即使装有集中监控系统，仍需就地设置监测运行主要参数的仪器仪表，以便随时掌握系统运行是否正常。

10.0.3 地热供热系统装有集中监控系统就可以把所有运行参数不间断地记录下来，既可作为技术档案保存，又可看出地热井及供热系统各种运行参数的变化趋势，并在系统出现故障或问题时分析原因。虽然配置集中监控系统需要一笔投资，但从长远的利益看，还是十分合算的。

10.0.4 一次仪表测量的范围和精度与二次仪表相匹配是仪表配置的常识。然而不少工程配置这些一次、二次仪表时，不注意这一匹配的重要性，造成有些仪表精度很高，投入资金也不少，却因为不匹配起不到应有的作用。

10.0.5 为减少投资，有些地热井只采用人工的导线电阻测深方法。此时，井口装置必须留有可开启和关闭的水位测孔。

10.0.6 自动水位监测仪需要实时将数据传递上来。测试探头必须安放在井内动水位以下。探头安放位置不宜距潜水电泵太近，否则潜水电泵的强电磁场会干扰测试探头的正常工作。安装在水泵进水口 5m 以上的要求是根据实践经验提出的。

11 环境保护

11.0.1 与化石能源相比，地热能属于清洁能源，但是开发利用地热对环境仍有一定的影响，包括热污染、空气污染、水污染、土壤污染、噪声污染、放射性污染、地面沉降、诱发地震、生态平衡、土地利用与环境美学等方面。参照《中华人民共和国环境保护法》等法律法规的要求，一般情况下，地热资源开发利用应进行环境影响评价。

地热开发利用的环境影响主要是地热流体本身。环评前应先搜集地热流体的物理性质和化学成分资料。

物理性质：地热流体的温度和感官（色度、混浊度、臭和味、肉眼可见物等）。

化学成分：

气体成分：H_2S、CO_2、O_2、N_2、CO、NH_3、CH_4、Ar、He等；

主要阴、阳离子和F^-、Br^-、I^-、Fe^{2+}、Fe^{3+}、Si^{4+}、B^{3+}等；

微量元素：Li、Sr、Cu、Zn等；

放射性元素：U、Ra、Rn等；

有害成分：汞及其化合物、镉及其化合物、六价铬、砷及其化合物、铅及其化合物、硫化物及酚等。

pH、溶解氧、全盐量、总大肠菌群、总溶解固体。

国家或各级地方政府批准确认的自然生态系统、珍贵野生动植物原产地、历史文物保护区、旅游资源开发区，从某种意义上说都是珍贵的不可再生的自然资源。自然环境系统是人类和生物界的家园，一旦遭受污染破坏，将不可或难以再生恢复。因此，在以上地域内开发利用地热时，必须进行环境影响评价，提出保护措施，在环境影响评价报告得到相应的政府主管部门批准后方可实施。

11.0.2 当地热尾水水质不符合现行国家标准《污水综合排放标准》GB 8978要求时，可采取水处理措施使地热排水达到排放标准要求。

11.0.3 矿化度较高的地热尾水用于灌溉时，会使土壤板结，地力衰退。

11.0.4 地表水是饮用地下水、养殖用水、景观水体等的补给源，应控制水污染、保护水资源和维护生态平衡。

11.0.5 现行国家标准《污水综合排放标准》GB 8978和《农田灌溉水质标准》GB 5084均规定，排水温度不得大于35℃。本规程规定地热供暖尾水排放温度必须小于35℃是国家标准要求，是强制性的，不然会造成严重的热污染。从节约地热资源考虑，尾水排放温度越低越有利于提高地热利用率，提高地热资源的经济效益。

12 地热回灌

12.1 一般规定

12.1.1 受污染的地热流体回灌会导致热储层地热流体水质恶化，严重影响地热资源的开发利用。

12.1.2 不同热储层的地热流体水质类型不同，当回灌流体与热储层流体不相容时，可能引发某些化学反应，不仅会因形成的化学沉淀堵塞水流通道，甚至可能因新生成的化学物质而影响水质，因此地热回灌应采用原水同层回灌。在不得不采用异层回灌的情况下，必须对热储及水质的影响进行评价。评价方法可采用地面混合试验或采用水化学软件进行模拟计算。

12.2 系统设计

12.2.1 地热流体一般都有腐蚀性，在有氧的情况下腐蚀性更强，因此必须保证地热回灌系统是一个完整的密闭系统。

真空回灌就是在回灌过程中，将回灌井进行密封，使回灌井处于真空状态，避免空气进入。真空回灌的基本原理是：在地下水位较低条件下，利用具有密封装置的回灌井扬水时，泵管及水管内即充满了水；当停泵关闭控制阀和扬水阀门后，由于水的重力作用随泵内水面下跌，泵内水面与控制阀区间和控制阀门后，因真空虹吸作用，使泵内外产生10m高的水头差；当开启水源阀门和控制阀门后，因真空虹吸作用，水就能进入泵内，破坏原有的压力平衡，在井周围产生水力坡度，回灌水就能克服阻力向含水层中渗透。

自然回灌是指在自然条件下将尾水直接注入回灌井进行回灌。

加压回灌是指在采用加压泵的情况下将尾水注入回灌井进行回灌。

12.2.2 地热回灌系统所包括的井泵房、井口装置、监测装置、过滤装置等一系列配套设施是完全独立的，不同于地热供热系统的设施。

12.2.3 为监测回灌井运行状况，及时掌握回灌堵塞情况，要求回灌井井口必须安装水位、水温、流量、压力等动态监测仪器仪表。

12.2.4 回灌管网不同于供热管网，不需要保温。

12.2.5 为减轻或避免回灌堵塞情况的发生，必须保证水质过滤精度。过滤精度的确定应通过回灌水粒度分析确定。

12.3 系统运行前准备

12.3.1 回灌前对系统装置进行检查，为的是保证回灌的顺利进行。

12.3.2 管路中存在的铁锈、污物等，如果回灌前不对管路进行彻底冲洗，这些物质就会回灌到井中造成热储层堵塞，影响回灌效果。

12.4 系统运行

12.4.1 回灌过程中应定期对开采量、回灌量、井口压力及水质进行监测，随时掌握系统运行情况。开采量、回灌量、井口压力每2h监测1次，水质每年监测1次。

12.4.2 为保证回灌水质，应定时检查排气罐和过滤装置是否正常，检查频率为每8h检查1次。

12.4.3 回灌井因各种原因发生堵塞是地热回灌最大的问题。运行人员要熟悉回灌堵塞的判别方法及时采取处理措施。

12.4.4 采用加压回灌时会增加运行成本，同时砂岩热储回灌压力与流量不是呈线性关系，因此加压回灌应经过试验确定，保证回灌效果和系统运行的经济性。

12.4.5 过滤装置两端压差增大，说明过滤器发生堵塞，导致过滤精度和处理水量下降，此时应进行清洗或更换滤料。

12.5 系统停灌及回扬

12.5.1 经过长时间回灌，回灌井中会保存很多砂砾、微生物等物质，如果不及时下泵抽水洗井（也称回扬洗井），这些物质将会堵塞热储层，导致回灌效果下降。

12.5.2 为保证回灌水管的使用寿命，回灌结束应提出回灌管进行防腐保养，可采用在管表面涂防锈漆等办法。

12.5.3 系统停灌后要及时密封并向井管内充氮，为的是防止金属管道因氧化腐蚀而产生锈蚀物，一旦重新运行，这些锈蚀物将会堵塞回灌通道。

13 地热资源的动态监测

13.0.1 地热供热工程作为基础设施项目，其持续稳定供热的安全性要求非常高，地热供热能否可持续进行，与地热资源能否可持续开发关系很大，进行地热资源的长期动态监测是非常必要的。通过日常开采动态监测，供热用户可以及时掌握地热井是否处于正常运行状态，如发现问题可及时处理。进行地热资源开发利用管理动态监测，目的是通过了解掌握区域地热资源状态的动态变化，为政府管理部门评价地热资源及开发利用规划提供决策依据。目前，地热井水位的持续下降是地热田普遍存在的现象，掌握地热水位的多年动态变化资料，对指导地热资源的储量评价和开发利用十分必要。

13.0.2 地热资源日常开采动态监测，就是在地热井运行过程中，观测开采井和回灌井的流体流量、水位（井口流体压力）、温度及水质的动态变化。

1 观测地热井的静水位和稳定动水位关系到地热井泵的下入深度，要防止开采井运行过程中动水位低于泵的吸水口，出现井泵抽空影响供热正常运行。

2 一般地热流体的稳定温度随开采量的大小有一定的变化，当开采流量稳定时，温度变化很小。地热流体温度的高低关系到地热供热的热量。

3 供热工程开采井的流量随供热负荷需求的大小由井泵的变频设备自动控制。开采量是政府主管部门收取矿产资源费的依据。开采量的统计资料是进行区域地热资源评价的重要依据。

4 地热井的水质一般较稳定。经过多年开采，个别化学成分含量也可能有一些变化。

13.0.3 对地热开发规模较大和研究程度较高的城市，如北京、天津等，政府主管部门在不同的地热田会设置专门的地热动态观测井。由于动态观测井不开采，静水位的多年动态变化资料对评价地热资源十分有用。

13.0.4 地热井动态监测的原始数据量较大，及时进行整理、核对、统计十分必要。将数据输入计算机，可方便地编制各监测项目的图或表。水位、流量、温度、水质变化的"历时曲线图"是比较常见的图件。

纸质文件较电子文档不容易遗失，电子文档有利于复制和利用。

由于地热资源动态监测资料的瞬时性，不能让时光倒流而补测，资料非常宝贵。因此，动态监测资料要按档案管理规定系统归档并长期保存。

14 施工与验收

地热供热工程质量的优劣，除工程设计外，施工质量至关重要。工程质量验收是保证合格工程的最后一道关卡，务必认真对待。

14.0.1 地热供热工程勘察资料一般指"现场踏勘资料"、"地质勘察资料"和"水文勘察资料"。建设单位应根据综合资料和具体勘察数据，对地热供热工程项目进行可行性分析，作出可行性报告，提交上级有关部门审批。设计文件和施工图纸必须在可行性范围内进行，并征求相关技术人员和专家意见。

14.0.3 《地热供热工程施工组织设计》应由施工单位根据工程实际进行编制，它是工程施工全过程的反映，是监理工程师对工程质量的监理依据。一般应包括下列内容：工程概况、工程管理机构、工程质量、工期、安全、后勤保障体系及其他具体的施工方法和工艺。编制成册后报请工程监理单位审核批准。

14.0.4 地热供热工程施工（安装）检验应注意下列各点：

1 设备及主要材料产品质量合格证和性能检验报告应是原件（复印件无效），经监理工程师与实物校对合格后方能投入使用。

2 热泵机组的低温热源有空气、土壤、浅井地下水、地面河流湖泊水、海水、污水等各种类型，安装时除应执行现行国家标准外，也要注意各生产企业对热泵机组安装的特殊要求。

3 大于 *DN*100mm 的镀锌管绞丝难度大且螺纹连接强度和密闭性差，故应采用无缝管法兰连接或焊接，需镀锌防腐处理的应实行二次安装，即第一次安装完毕后，全部拆卸镀锌后再次安装。

4 在含油气管道和设备上施工必须十分注意安全，焊工应持有相应类别的焊工合格证书，焊接地就近处应配置必要的灭火器材。

5 同级别、同熔体流动速率的聚乙烯原料制造的管子和配件必须是同一品牌，同一厂家生产的。此类管件应采用电熔连接，严格控制热熔温度，一般控制在 210℃±10℃，防止过热烧焦和过冷虚接。

6 凡全封闭的、不能直接开启检查维修的工程内容，均属于隐蔽工程。所有隐蔽工程内容均应经监理工程师检验合格后隐蔽，并作出隐蔽工程验收记录。

7 管道保温材料的选择应按照优质、价廉、满足工艺、节能、敷设方便、可就地取材或就近取材的原则，进行综合比较后择优选用。一般应满足下列要求：1）导热系数宜低于 0.14W/(m·K)；2）耐热温度高于输送液体最高温度；3）密度一般不宜超过 400kg/m^3；4）有一定机械强度，能抗压振；5）吸水性小；6）对金属不腐蚀；7）便于施工或加工成型；8）价低。

8 金属管道接头可分为螺纹连接、法兰连接、管卡连接和直接焊接；非金属管连接可分为套接、粘接和热熔连接。不论采用何种连接方式，接头保温应在管道严密性检验合格，防腐处理结束后进行。

9 系统调试所使用的测试仪器仪表性能应稳定可靠，其精度等级及最小分度值应能满足测定要求。

10 地热井口装置的施工应注意下列各点：

1）钢制构件与混凝土实体之间应增焊构件筋肋，以求得混凝土体稳固、坚实；

2）混凝土养护期视场地温度而定，试块养护标准期为 28d，气温在零度以下严禁混凝土浇筑，除非添加防冻剂；高温烈日下应对混凝土实体定时浇水，并用湿草包覆盖养护；

3）应考虑热膨胀的水温一般是根据经验提出，70℃是可供参考的水温；

4）隔离护套与管道间密封和防水制作，可采用 32.5 级水泥与麻丝加适量清水混拌至水泥成颗粒状，然后将水泥麻丝条整齐填入空间，用锤敲实即可。

14.0.5 系统试验压力以最低点的压力为准，压力试验升至试验压力后，稳定 10min，压力降不得大于 0.02MPa，再将系统压力降至工作压力，在 60min 内外观检查无渗漏为合格。管道经反复清洗，出水口水质与清洗原水相似为合格。

14.0.6 地热供热工程竣工验收应注意下列各点：

1 竣工验收是将经过分部验收、中间验收合格的工程，移交建设单位实行系统验收。

2 竣工验收应由建设单位组织确定参加验收的单位、验收的内容和验收的时间。

3 地热供热工程竣工验收时，应完善竣工资料和验收程序：

1）图纸会审一般由建设单位组织，设计方、监理方、施工方共同参加，对施工图进行图纸审评、修改或变更，达成一致后，编制图纸会审记录，经各方会审人员签字确认，此会审记录与工程合同具有同等效力。工程提交竣工验收同时，施工方应提交工程竣工图。竣工图与施工图有少量修改的，可在原图上直接改写，如有多处重大修改的应重新绘制。竣工图最后由监理单位盖章确认。此图是工程量的最终表达和造价结算的依据。

2）设备开箱前，施工方必须事先通知监理工程师，现场开箱验收，并填写开箱报告。主要材料进场也应经监理工程师检验后使用。

3）隐蔽工程具体内容可用文字说明，也可用图例表示，但必须有监理工程师确认。

4）工程设备、管道系统安装应有材料材质、品牌型号、数量、标高、间距等详细记录。

5）管道冲洗应记录冲洗方法和冲洗结果。管道试压应详细记录工作压力、试验压力和试压结果。

6）设备试运行前应对工程进行全面检查，供电系统电压是否稳定，设备接地是否安全可靠，管道系统是否有滴、漏、冒，仪器仪表是否安装到位。试运行时看设备是否紧固稳定，水泵叶轮旋转方向是否正确，有无异常振动和声响，电流电压波动是否正常，仪器仪表数值是否正常，传动轴承温升是否过高（一般不超过 75℃），阀门开闭是否到位等，作好试运行的各项记录。

15 运行、维护与管理

15.0.1 运行前，除对系统检查、调试及制定运行方案外，还应准备包括记录各种水泵运行电流、电压以及管路供回水压力、温度的记录表格。

15.0.2 水泵停泵 15min 后才能重新启动是因为水泵启动电流很大，为正常运行电流的 7 倍，水泵刚停，电机本来已经很热，如果立即再启动，又加上 7 倍的大电流，很容易损坏电机。15min 后才能再启动是考虑到电机有足够的冷却时间。

15.0.4 地热井泵的运行还应详读地热井泵生产企业产品说明书中有关运行异常、故障及应对措施等提示。

15.0.5 地热井泵检修是否入厂应视地热井泵类型及使用单位的自身技术力量而定。

15.0.6 地热供热系统运行中出现的异常和故障，无非来自地热井本身、水泵及换热器等设备以及电气设施等几方面。地热井水温、水质、水位、含砂量等一般短期内突然变化的情况较少发生，但是回灌井堵塞引起的回灌量下降、换热器流道堵塞（换热器进出口两端压差增大）和换热面污垢增加引起的传热能力下降，以及各类水泵的故障是较常出现的问题。

15.0.7 各类设备检修前应仔细查阅全年运行记录，对比供热前后系统和各种设备动态监测数据有何变化并加以分析，确保维修时抓住重点。

15.0.8 地热供热系统也可设置几种不同热源的调峰设施，如同时设置一台或几台热泵机组调峰和燃油或燃气锅炉调峰。气温下降初期，当地热供热基本热负荷不能满足时，先启动一台或两台热泵机组，严寒时，加入热泵调峰也不能满足热负荷需求时，再启动燃油或燃气锅炉。这样的配置组合，就可采用功率较小的热泵机组，减少投资，而燃油或燃气锅炉由于使用时间很短，燃料费所占比例很小，不会对运行成本产生多大影响。

中华人民共和国行业标准

埋地塑料排水管道工程技术规程

Technical specification for buried plastic pipeline of sewer engineering

CJJ 143—2010

批准部门：中华人民共和国住房和城乡建设部
实施日期：2 0 1 0 年 1 2 月 1 日

中华人民共和国住房和城乡建设部
公　　告

第569号

关于发布行业标准《埋地塑料排水管道工程技术规程》的公告

现批准《埋地塑料排水管道工程技术规程》为行业标准，编号为CJJ 143－2010，自2010年12月1日起实施。其中，第4.1.8、4.5.2、4.5.4、4.5.5、4.5.9、4.6.3、5.3.6、5.5.11、6.1.1、6.2.1条为强制性条文，必须严格执行。

本规程由我部标准定额研究所组织中国建筑工业出版社出版发行。

中华人民共和国住房和城乡建设部

2010年5月18日

前　　言

根据原建设部《关于印发〈2006年工程建设标准规范制订、修订计划（第一批）〉的通知》（建标[2006] 77号）的要求，规程编制组经广泛调查研究，认真总结实践经验，参考有关国际标准和国外先进标准，并在广泛征求意见的基础上，制定本规程。

本规程主要技术内容是：1. 总则；2. 术语和符号；3. 材料；4. 设计；5. 施工；6. 检验；7. 验收。

本规程中以黑体字标志的条文为强制性条文，必须严格执行。

本规程由住房和城乡建设部负责管理和对强制性条文的解释，由住房和城乡建设部科技发展促进中心负责具体技术内容的解释。在执行过程中如有意见或建议，请寄送住房和城乡建设部科技发展促进中心（地址：北京市海淀区三里河路9号；邮政编码：100835）。

本规程主编单位：住房和城乡建设部科技发展促进中心
汕头市达濠市政建设有限公司

本规程参编单位：北京市市政工程设计研究总院
上海市政交通设计研究院
福州市规划设计研究院
杭州市城乡建设设计院有限公司
深圳市水务（集团）有限公司
北京市城市排水集团有限责任公司

本规程参加单位：广东联塑科技实业有限公司
浙江伟星新型建材股份有限公司
浙江枫叶集团有限公司
泉州兴源塑料有限公司
天津盛象塑料管业有限公司
永高股份有限公司
福建亚通新材料科技股份有限公司
哈尔滨工业大学星河实业有限公司
煌盛集团有限公司
武汉金牛经济发展有限公司
江苏法尔胜新型管业有限公司
四川金石东方新材料设备有限公司
成都国通实业有限责任公司
石家庄宝石克拉大径塑管有限公司
常州河马塑胶有限公司
北京嘉纳福新型建材有限公司

本规程主要起草人员：高立新　王乃震　马中驹
杨　毅　肖　峻　龙安平
林功波　蔡光辉　宋俊廷
朱平生　赵树林　王真杰
林文卓　王首标　薛华伟
陈　华　陈国南　陈　浩
张树峰　郑仁贵　李洪山
黄　剑　陈　鹊　牛铭昌
邵汉增　李广忠　朱剑锋
恽惠德　陈绍江　谢志树
牛建英　周敏伟　张　鹏

本规程主要审查人员：焦永达　陈湧城　赵远清
薛晓荣　范民权　李海珠
王秀朵　肖睿书　赵世明
贾　苇　张玉川

目　次

Contents

1 总　　则

1.0.1 为了在埋地塑料排水管道工程设计、施工及验收中，做到技术先进、安全适用、经济合理、确保工程质量，制定本规程。

1.0.2 本规程适用于新建、扩建和改建的无压埋地塑料排水管道工程的设计、施工及验收。

1.0.3 埋地塑料排水管道输送的污水应符合现行行业标准《污水排入城市下水道水质标准》CJ 3082 的规定。

1.0.4 埋地塑料排水管道工程的设计、施工及验收除应符合本规程规定外，尚应符合国家现行有关标准的规定。

2 术语和符号

2.1 术　　语

2.1.1 埋地塑料排水管道　buried plastic pipeline for sewer engineering

以聚氯乙烯或聚乙烯或聚丙烯树脂为主要原料，加入必要的添加剂，采用挤出成型工艺或挤出缠绕成型工艺等制成的，用于埋地排水工程的管道统称。本规程中的埋地塑料排水管道包括：硬聚氯乙烯（PVC-U）管、硬聚氯乙烯（PVC-U）双壁波纹管、硬聚氯乙烯（PVC-U）加筋管、聚乙烯（PE）管、聚乙烯（PE）双壁波纹管、聚乙烯（PE）缠绕结构壁管、钢带增强聚乙烯（PE）螺旋波纹管、钢塑复合缠绕管、双平壁钢塑缠绕管、聚乙烯（PE）塑钢缠绕管；不包括：玻璃纤维增强塑料夹砂管。

2.1.2 硬聚氯乙烯（PVC-U）管　unplasticized polyvinyl chloride (PVC-U) pipes

以聚氯乙烯树脂为主要原料，加入必要的添加剂，经挤出成型工艺制成的内外壁光滑、平整的管道。

2.1.3 硬聚氯乙烯（PVC-U）双壁波纹管　unplasticized polyvinyl chloride (PVC-U) double wall corrugated pipes

以聚氯乙烯树脂为主要原料，加入必要的添加剂，经两层复合共挤成型工艺制成的管壁截面为双层结构、内壁光滑平整、外壁为等距离排列的具有梯形或弧形波纹状中空结构肋的管道。

2.1.4 硬聚氯乙烯（PVC-U）加筋管　unplasticized polyvinyl chloride (PVC-U) ultra-rib pipes

以聚氯乙烯树脂为主要原料，加入必要的添加剂，经挤出成型工艺制成的内壁光滑平整、外壁带有等距离排列的环形实心肋（筋）的管道。

2.1.5 聚乙烯（PE）管　polyethylene (PE) pipes

以聚乙烯树脂为主要原料，加入必要的添加剂，经挤出成型工艺制成的内外壁光滑、平整的管道。

2.1.6 聚乙烯（PE）双壁波纹管　polyethylene double wall corrugated pipes

以聚乙烯树脂为主要原料，加入必要的添加剂，经两层复合共挤成型工艺制成的管壁截面为双层结构、内壁光滑平整、外壁为等距离排列的具有梯形或弧形波纹状中空结构肋的管道。

2.1.7 聚乙烯（PE）缠绕结构壁管　polyethylene spirally enwound structure-wall pipes

以聚乙烯树脂为主要原料，制成中空型材或挤出聚乙烯带包覆软管，采用缠绕成型工艺制成的管道，聚乙烯缠绕结构壁管分为 A 型和 B 型。A 型内外壁平整，管壁中具有螺旋中空结构；B 型内壁平整，外壁为有软管作为辅助支撑的中空螺旋形肋。

2.1.8 钢带增强聚乙烯（PE）螺旋波纹管　metal reinforced polyethylene (PE) spirally corrugated pipe

以高密度聚乙烯树脂为主要原料，用波形钢带作为主要支撑结构，采用缠绕成型工艺制成的内壁平整、外壁为包覆有增强钢带的中空波纹肋的管道。

2.1.9 钢塑复合缠绕管　spirally wound steel reinforced plastic pipe

由挤出成型的带有 T 型肋的聚乙烯带材与轧制成型的波形钢带，经缠绕成型工艺制成的内壁平整、外壁为螺旋状波形钢带的管道。

2.1.10 双平壁钢塑缠绕管　double plain wall spirally wound steel reinforced polyethylene pipe

由挤出成型的带有 T 型肋的聚乙烯带材与轧制成型的波形钢带，经缠绕成型和外包覆工艺制成的内外壁平整、中间层为螺旋状波纹钢带增强层的管道。

2.1.11 聚乙烯（PE）塑钢缠绕管　steel reinforced spirally wound polyethylene (PE) pipe

采用挤出工艺将钢带与聚乙烯复合成异型带材，再将异型带材螺旋缠绕并焊接成内壁平整、外壁为聚乙烯包覆钢带的螺旋肋的管道。

2.1.12 环刚度（环向弯曲刚度）　ring stiffness

管道抵抗环向变形的能力，可采用测试方法或计算方法定值。

2.1.13 环柔度　ring flexibility

管材在不失去结构完整性基础上，承受径向变形的能力。

2.1.14 管侧土的综合变形模量　soil modulus

管侧回填土和沟槽两侧原状土共同抵抗变形能力的量度。

2.1.15 承插式弹性密封圈连接　gasket ring push-on connection

将管道的插口端插入相邻管端的承口端，并在承口和插口管端间的空隙内用配套的橡胶密封圈密封构成的连接。

2.1.16 双承口弹性密封圈连接 double socket gasket ring push-on connection

将管道的插口端插入双承口管件，并在承口和插口管端间的空隙内用配套的橡胶密封圈密封构成的连接。

2.1.17 卡箍（哈夫）连接 lathe dog connection

采用机械紧固方法和橡胶密封件将相邻管端连成一体的连接方法。卡箍连接是将相邻管端用卡箍包覆，并用螺栓紧固；哈夫连接是将相邻管端用两半外套筒包覆，并用螺栓紧固。卡箍、哈夫连接在套筒和管外壁间用配套的橡胶密封圈密封。

2.1.18 胶粘剂连接 solvent cement connection

采用聚氯乙烯管道专用胶粘剂涂抹在聚氯乙烯管道的承口和插口，使聚氯乙烯管道粘接成一体的连接方法。

2.1.19 热熔对接连接 butt fusion connection

采用专用热熔设备将管道端面加热、熔化，在外力作用下使其连成整体的连接方法。

2.1.20 承插式电熔连接 electric fusion connection

利用镶嵌在承口连接处接触面的电热元件通电后产生的高温将承、插口接触面熔融焊接成整体的连接方法。

2.1.21 电热熔带连接 electric fusion band connection

采用内埋电热丝的电热熔带包覆管端，通电加热，使两管端与电热熔带熔接成一体的方法。

2.1.22 热熔挤出焊接连接 weld connection

采用专用焊接工具和焊条（焊片或挤出焊料）将相邻管端加热，使其熔融成整体的连接方法。

2.1.23 土弧基础 shapped subgrade

圆形管道敷设在用砂砾土回填成弧形基础上的管道结构支承形式。

2.1.24 基础中心角 bedding angle

与回填密实的砂砾料紧密接触的管下腋角圆弧相对应的管截面中心角。用 2α 表示。在此范围内有土弧基础的支承反力作用，管道结构的支承强度与基础中心角大小成正比。

2.1.25 塑料检查井 plastics inspection chamber

利用塑料排水管材作为井筒，井座由塑料注塑、模压或焊接制成，连接排水管道，供管道清通、检查用的井状构筑物。

2.2 符 号

2.2.1 管材和土的性能

E_d——管侧土的综合变形模量；

E_p——管材弹性模量；

f——管道环向弯曲抗（拉）压强度设计值；

G_p——管道自重标准值；

S_p——管材环刚度；

ν_p——管材泊松比。

2.2.2 管道上的作用及其效应

$F_{cr,k}$——管壁失稳临界压力标准值；

$F_{fw,k}$——浮托力标准值；

$F_{G,k}$——抗浮永久作用标准值；

F_{vk}——管顶在各种作用下的竖向压力标准值；

$q_{sv,k}$——单位面积上管顶竖向土压力标准值；

q_{vk}——地面车辆荷载或地面堆积荷载传至管顶单位面积上的竖向压力标准值；

Q_{vk}——车辆的单个轮压标准值；

w_d——管道在外压作用下的长期竖向挠曲值；

$w_{d,max}$——管道在组合作用下的最大竖向变形量；

σ——管道最大环向（拉）压应力设计值；

σ_{cr}——管壁环向最大弯曲应力设计值；

ρ——管道竖向直径变形率；

$[\rho]$——管道允许竖向直径变形率。

2.2.3 几何参数

A_s——每延米管道管壁钢带的截面面积；

a——单个车轮着地长度；

B——管道沟槽底部的开挖宽度；

b——单个车轮着地宽度；

b_1——管道一侧的工作面宽度；

b_2——管道一侧的支撑厚度；

d_i——管道内径；

d_j——相邻两个轮压间的净距；

D_0——管道的计算直径；

D_1——管道外径；

DN——管道的公称直径；

H_s——管顶覆土深度；

H_w——管顶以上地下水的深度；

h_d——管底以下部分人工土弧基础的厚度；

I_p——管道纵截面每延米管壁的惯性矩；

y_0——管壁中性轴至管道外壁距离。

2.2.4 计算系数

D_f——形状系数；

D_L——变形滞后效应系数；

K_0——荷载系数；

K_d——管道变形系数；

K_f——管道的抗浮稳定性抗力系数；

K_s——管道的环向稳定性抗力系数；

γ_G——管顶覆土荷载分项系数；

γ_Q——管顶地面荷载分项系数；

γ_0——管道重要性系数；

γ_s——回填土的重力密度；

γ'——地下水范围内的覆土重力密度；

γ_w——地下水的重力密度；

ζ——管壁失稳计算系数；

μ_d——车辆荷载的动力系数；

ψ_q——可变荷载准永久值系数。

2.2.5 水力计算参数

A——过水断面面积；

I——水力坡度；

Q——流量；

Q_s——允许渗水量；

R——水力半径；

n——管壁粗糙系数；

υ——流速。

3 材 料

3.1 管 材

3.1.1 埋地塑料排水管道系统所用的管材应符合下列规定：

1 硬聚氯乙烯（PVC-U）管应符合现行国家标准《无压埋地排污、排水用硬聚氯乙烯（PVC-U）管材》GB/T 20221 的规定。

2 硬聚氯乙烯（PVC-U）双壁波纹管应符合现行国家标准《埋地排水用硬聚氯乙烯（PVC-U）结构壁管道系统 第 1 部分 双壁波纹管材》GB/T 18477.1 的规定。

3 硬聚氯乙烯（PVC-U）加筋管应符合现行行业标准《埋地用硬聚氯乙烯（PVC-U）加筋管材》QB/T 2782 的规定。

4 聚乙烯（PE）管物理力学性能应符合现行国家标准《给水用聚乙烯（PE）管材》GB/T 13663 的规定。

5 聚乙烯（PE）双壁波纹管应符合现行国家标准《埋地用聚乙烯（PE）结构壁管道系统 第 1 部分 聚乙烯双壁波纹管材》GB/T 19472.1 的规定。

6 聚乙烯（PE）缠绕结构壁管应符合现行国家标准《埋地用聚乙烯（PE）结构壁管道系统 第 2 部分 聚乙烯缠绕结构壁管材》GB/T 19472.2 的规定。

7 钢带增强聚乙烯（PE）螺旋波纹管应符合现行行业标准《埋地排水用钢带增强聚乙烯（PE）螺旋波纹管》CJ/T 225 的规定。

8 钢塑复合缠绕排水管应符合现行行业标准《埋地钢塑复合缠绕排水管材》QB/T 2783 的规定。

9 双平壁钢塑缠绕管应符合现行行业标准《埋地双平壁钢塑复合缠绕排水管》CJ/T 329 的规定。

10 聚乙烯（PE）塑钢缠绕管应符合现行行业标准《聚乙烯塑钢缠绕排水管》CJ/T 270 的规定。

3.1.2 埋地塑料排水管道的力学性能应符合表 3.1.2-1、表 3.1.2-2 的规定。

表 3.1.2-1 热塑性塑料管材弹性模量及抗拉强度标准值、设计值（MPa）

管 材 名 称	弹性模量	抗拉强度标准值	抗拉强度设计值
硬聚氯乙烯（PVC-U）管	3000	40	20.3
硬聚氯乙烯（PVC-U）双壁波纹管	3000		
硬聚氯乙烯（PVC-U）加筋管	3000		
聚乙烯（PE）管	758	20.7	16
聚乙烯（PE）双壁波纹管	758		
聚乙烯（PE）缠绕结构壁管	758		

表 3.1.2-2 钢塑复合管钢带的弹性模量及抗压强度标准值、设计值（MPa）

管 材 名 称	弹性模量	抗压强度标准值	抗压强度设计值
钢带增强聚乙烯（PE）螺旋波纹管	2.06×10^5	180～235	160～190
钢塑复合缠绕管			
双平壁钢塑复合缠绕管			
聚乙烯（PE）塑钢缠绕管			

注：钢带的抗压强度标准值、设计值应根据管材使用的具体钢材牌号取值。

3.2 配 件

3.2.1 弹性密封橡胶圈，应由管材供应商配套供应，并应符合下列规定：

1 弹性密封橡胶圈的外观应光滑平整，不得有气孔、裂缝、卷褶、破损、重皮等缺陷。

2 弹性密封橡胶圈应采用氯丁橡胶或其他耐酸、碱、污水腐蚀性能的合成橡胶，其性能应符合现行国家标准《橡胶密封件 给排水管及污水管道用接口密封圈 材料规范》GB/T 21873 的规定。橡胶密封圈的邵氏硬度宜采用 50±5；伸长率应大于 400%；拉伸强度不应小于 16MPa。

3.2.2 电热熔带应由管材供应商配套供应。电热熔带的外观应平整，电热丝嵌入应平顺、均匀、无褶皱、无影响使用的严重翘曲；电热熔带的基材应为管道用聚乙烯材料；中间的电热元件应采用以镍铬为主要成分的电热丝，电热丝应无短路、断路，电阻值不应大于 20Ω。电热熔带的强度应符合国家现行相关产品标准的规定。

3.2.3 承插式电熔连接所用的电热元件应由管材供应商配套供应，应在管材出厂前预装在管体上。电热元件宜由黄铜线材制成，表面应光滑，无裂缝、起皮及断裂；呈折叠状的电热元件宜预装在承口端内表面，并应安装牢固。电热元件的强度应符合国家现行相关产品标准的规定。

3.2.4 热熔挤出焊接所用的焊接材料应采用与管材相同的材质。

3.2.5 卡箍（哈夫）连接所用的金属材料，其材质要求应符合国家现行有关标准的规定，并应作防腐、防锈处理。

3.2.6 聚氯乙烯管道连接所用的胶粘剂应符合现行行业标准《硬聚氯乙烯（PVC-U）塑料管道系统用溶剂型胶粘剂》QB/T 2568 的规定。

3.2.7 塑料检查井应符合现行行业标准《建筑小区排水用塑料检查井》CJ/T 233 和《市政排水用塑料检查井》CJ/T 326 的规定。

4 设 计

4.1 一 般 规 定

4.1.1 塑料排水管道平面位置和高程应根据地形、土质、地下水位、道路情况和规划的地下设施以及管线综合、施工条件等因素综合考虑确定。

4.1.2 塑料排水管道宜采用直线敷设，当遇到特殊情况需进行折线或曲线敷设时，管口最大允许的偏转角度及管材最小允许的曲率半径应符合国家现行有关标准的要求。

4.1.3 塑料排水管道设计使用年限不应小于 50 年。

4.1.4 塑料排水管道结构设计应采用以概率理论为基础的极限状态设计法，以可靠指标度量管道结构的可靠度。除对管道验算整体稳定外，均应采用分项系数设计表达式进行计算。

4.1.5 塑料排水管道结构设计，应按下列两种极限状态进行计算和验算：

1 对承载能力极限状态，应包括管道结构环截面强度计算、环截面压屈失稳计算、管道抗浮稳定计算。

2 对正常使用极限状态，应包括管道环截面变形验算。

4.1.6 塑料排水管道应按无压重力流设计，并应按柔性管道设计理论进行管道的结构计算。

4.1.7 管道土弧或砂石基础计算中心角（2α）应在土弧或砂石基础设计中心角的基础上减 30°。管道土弧基础或砂石基础设计中心角不宜小于 120°。

4.1.8 塑料排水管道不得采用刚性管基基础，严禁采用刚性桩直接支撑管道。

4.1.9 对设有混凝土保护外壳结构的塑料排水管道，混凝土保护结构应承担全部外荷载，并应采取从检查井到检查井的全管段连续包封。

4.2 管 道 布 置

4.2.1 塑料排水管道与其他地下管道、建筑物、构筑物等相互间位置应符合下列规定：

1 敷设和检修管道时，不应相互影响。

2 塑料排水管道损坏时，不应影响附近建筑物、构筑物的基础，不应污染生活饮用水。

3 塑料排水管道不应与其他工程管线在垂直方向重叠直埋敷设。

4 塑料排水管道不宜在建筑物或大型构筑物的基础下面穿越。

4.2.2 塑料排水管道与热力管道之间的水平净距和垂直净距不应小于表 4.2.2 的规定。

表 4.2.2 塑料排水管道与热力管道之间的水平净距和垂直净距限值（m）

项 目			水平净距	垂直净距
热力管	直埋	热水	1.5	1.0 或 0.5 加套管
		蒸汽	2.0	
	在管沟内（至外壁）		1.5	0.5

4.2.3 塑料排水管道与其他地下管线之间的水平净距和垂直净距应符合现行国家标准《室外排水设计规范》GB 50014 和《建筑给水排水设计规范》GB 50015 的有关规定；与建筑物、构筑物外墙之间的水平净距应符合下列规定：

1 当塑料排水管道公称直径不大于 300mm 时，水平净距不应小于 1m。

2 当塑料排水管道公称直径大于 300mm 时，水平净距不应小于 2m。

4.2.4 塑料排水管道宜埋设在土壤冰冻线以下。在人行道下，管顶覆土厚度不宜小于 0.6m；在车行道下，管顶覆土厚度不宜小于 0.7m。

4.2.5 建筑小区外的市政塑料排水管道的最小管径与相应最小设计坡度宜符合表 4.2.5-1 的规定，建筑小区内塑料排水管道的最小管径与相应最小设计坡度宜符合表 4.2.5-2 的规定。

表 4.2.5-1 建筑小区外市政塑料排水管道的最小管径与相应最小设计坡度

管道类型	最小管径（mm）	最小设计坡度
污水管	300	0.002
雨水（合流）管	300	0.002

表 4.2.5-2 建筑小区内塑料排水管道的最小管径与相应最小设计坡度

管道类型		敷设位置	最小管径（mm）	最小设计坡度
生活排水管	支管	建筑物周围绿化带内或小区支路下	160	0.005
	进化粪池污水管	—	200	0.007
	干管	小区内主道路下	200	0.004

续表 4.2.5-2

管道类型		敷设位置	最小管径（mm）	最小设计坡度
雨水排水管	雨水口连接管	建筑物周围	200	0.010
		小区内主道路下		
	支管	建筑物周围	160	0.003
	干管	小区内主道路下	300	0.003

4.2.6 当塑料排水管道穿越铁路、高速公路时，应设置保护套管，套管内径应大于塑料管道外径300mm。套管设计应符合铁路、高速公路管理部门的有关规定。

4.2.7 当塑料排水管道穿越河流时，可采用河底穿越，并应符合下列规定：

1 塑料排水管道至规划河底的覆土厚度应根据水流冲刷条件确定。对不通航河流覆土厚度不应小于1.0m；对通航河流覆土厚度不应小于2.0m，同时还应考虑疏浚和抛锚深度。

2 在埋设塑料排水管道位置的河流两岸上、下游应设立警示标志。

4.2.8 当塑料排水管道用于倒虹管时，应符合现行国家标准《室外排水设计规范》GB 50014 的规定，并应采取相应技术措施。

4.2.9 塑料排水管道系统应设置检查井。检查井应设置在管道交汇处、转弯处、管径或坡度改变处、跌水处以及直线管段上每隔一定距离处。检查井在直线管段的最大间距宜符合表 4.2.9 的规定。

表 4.2.9 直线管段检查井最大间距

公称直径 DN（mm）	最大间距（m）	
	污水管	雨水（合流）管
$DN \leqslant 200$	20	30
$200 < DN \leqslant 500$	40	50
$500 < DN \leqslant 800$	60	70
$800 < DN \leqslant 1000$	80	90
$1000 < DN \leqslant 1500$	100	120
$1500 < DN \leqslant 2000$	120	120
$DN > 2000$	150	150

4.3 水力计算

4.3.1 塑料排水管道的流速、流量可按下列公式计算：

$$Q = Av \quad (4.3.1\text{-}1)$$

$$v = \frac{1}{n}R^{2/3}I^{1/2} \quad (4.3.1\text{-}2)$$

式中：Q——流量（m^3/s）；

A——过水断面面积（m^2）；

v——流速（m/s）；

n——管壁粗糙系数；

R——水力半径（m）；

I——水力坡度。

4.3.2 塑料排水管道的管壁粗糙系数 n 值的选取，应根据试验数据综合分析确定，可取 0.009～0.011。当无试验资料时，宜按 0.011 取值。

4.3.3 塑料排水管道的最大设计流速不宜大于5.0m/s。污水管道的最小设计流速，在设计充满度下不宜小于 0.6m/s；雨水管道和合流管道的最小设计流速，在满流时不宜小于 0.75m/s。

4.4 荷载计算

4.4.1 作用在塑料排水管道顶部的竖向土压力标准值可按下式计算：

$$q_{sv,k} = \gamma_s(H_s - H_w) + (\gamma' + \gamma_w)H_w \quad (4.4.1)$$

式中：$q_{sv,k}$——单位面积上管顶竖向土压力标准值（kN/m^2）；

γ_s——回填土的重力密度，可取 $18kN/m^3$；

γ'——地下水范围内的覆土重力密度，可取 $10kN/m^3$；

γ_w——地下水的重力密度，可取 $10kN/m^3$；

H_s——管顶覆土深度（m）；

H_w——管顶以上地下水的深度（m）。

4.4.2 塑料排水管道上的可变作用荷载应包括作用在管道上的地面车辆荷载和堆积荷载。车辆荷载与堆积荷载不应同时考虑，应选用荷载效应较大者。车辆荷载等级应按实际行车情况确定。

4.4.3 地面车辆荷载传递到塑料排水管道顶部的竖向压力标准值可按下列方法确定（其准永久值系数可取 $\psi_q = 0.5$）：

1 单个轮压传递到管顶部的竖向压力标准值（图 4.4.3-1），可按下式计算：

$$q_{vk} = \frac{\mu_d Q_{vk}}{(a + 1.4H_s)(b + 1.4H_s)} \quad (4.4.3\text{-}1)$$

2 两个以上单排轮压综合影响传递到管道顶部的竖向压力标准值（图 4.4.3-2），可按下式计算：

$$q_{vk} = \frac{n\mu_d Q_{vk}}{(a + 1.4H_s)\left(nb + \sum_{1}^{n-1} d_j + 1.4H_s\right)} \quad (4.4.3\text{-}2)$$

式中：q_{vk}——地面车辆荷载传至管顶单位面积上的竖向压力标准值（kN/m^2）；

μ_d——车辆荷载的动力系数，可按本规程表 4.4.3 的规定取值；

Q_{vk}——车辆的单个轮压标准值（kN）；

a——单个车轮着地长度（m）；

b——单个车轮着地宽度（m）；

n——轮压数量；

d_j——相邻两个轮压间的净距（m）。

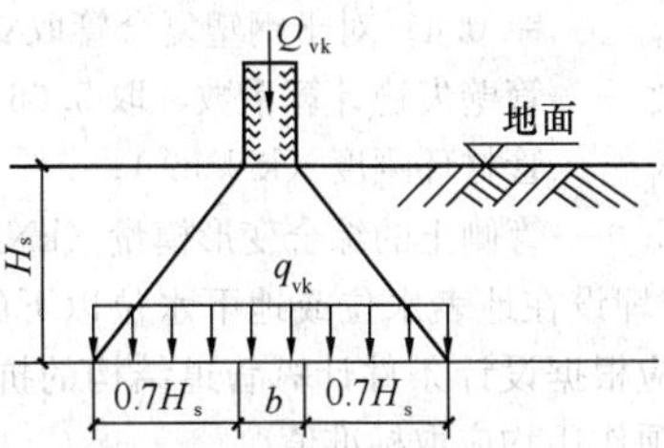

(a) 沿轮胎着地宽度方向的压力分布

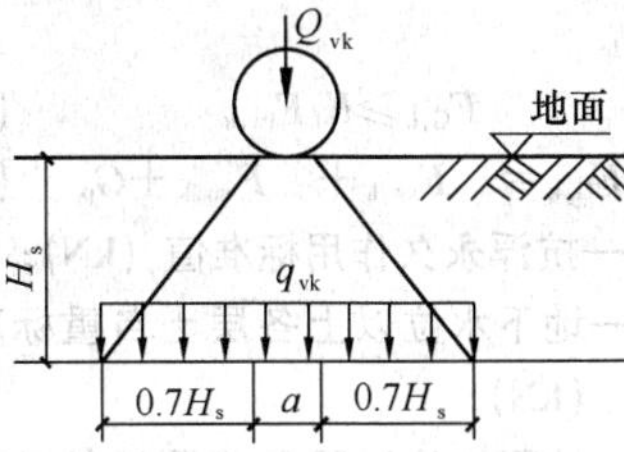

(b) 沿轮胎着地长度方向的压力分布

图 4.4.3-1　地面车辆单个轮压的传递分布

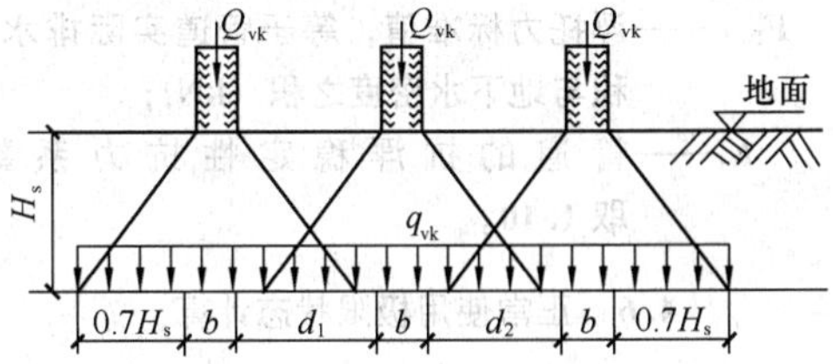

(a) 沿轮胎着地宽度方向的压力分布

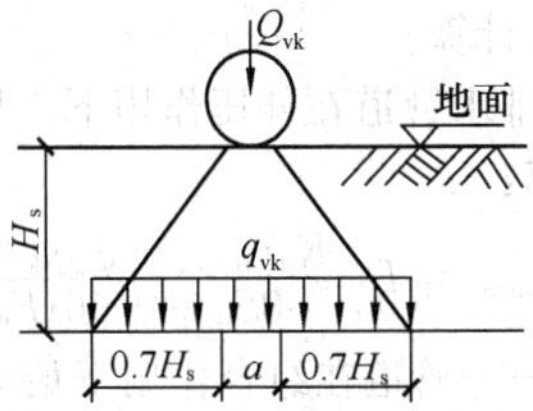

(b) 沿轮胎着地长度方向的压力分布

图 4.4.3-2　地面车辆两个以上单排轮压综合影响的传递分布

表 4.4.3　动力系数 μ_d

覆土厚度（m）	≤0.25	0.30	0.40	0.50	0.60	≥0.70
动力系数 μ_d	1.30	1.25	1.20	1.15	1.05	1.00

4.4.4　地面堆积荷载标准值 q_{vk} 可按 $10kN/m^2$ 计算；其准永久值系数可取 $\psi_q=0.5$。

4.5　承载能力极限状态计算

4.5.1　塑料排水管道按承载能力极限状态进行管道环截面强度计算时，应按荷载基本组合进行，各项荷载均应采用荷载设计值。

4.5.2　塑料排水管道在外压荷载作用下，其最大环截面（拉）压应力设计值不应大于抗（拉）压强度设计值。管道环截面强度计算应采用下列极限状态表达式：

$$\gamma_0 \sigma \leqslant f \qquad (4.5.2)$$

式中：σ——管道最大环向（拉）压应力设计值（MPa），可根据不同管材种类分别按本规程公式（4.5.3-1）、公式（4.5.3-3）计算；

γ_0——管道重要性系数，污水管（含合流管）可取 1.0；雨水管道可取 0.9；

f——管道环向弯曲抗（拉）压强度设计值（MPa），可按本规程表 3.1.2-1、表 3.1.2-2 的规定取值。

4.5.3　塑料排水管道最大环向弯曲应力设计值可分别按下列公式计算：

1　热塑性塑料管道应按下列式计算：

$$\sigma_{cr}=\frac{1.76D_f E_p y_0 K_d(\gamma_G q_{sv,k}+\gamma_Q q_{vk})D_1}{D_0^2(8S_p+0.061E_d)} \qquad (4.5.3\text{-}1)$$

$$S_p=\frac{E_p \cdot I_p}{D_0^3} \qquad (4.5.3\text{-}2)$$

式中：D_f——形状系数，按本规程表 4.5.3 的规定取值；

K_d——管道变形系数，应根据土弧基础计算中心角 2α 按本规程表 4.6.2 的规定取值；

D_0——管道计算直径（m）；

D_1——管道外径（mm）；

S_p——管材环刚度（kN/m^2）；

y_0——管壁中性轴至管道外壁距离（mm）；

E_p——管材弹性模量（kN/m^2）；

I_p——管道纵截面每延米管壁的惯性矩（mm^4）；

E_d——管侧土的综合变形模量（kN/m^2），应由试验确定，当无试验资料时，可按本规程附录 A 的规定采用；

γ_G——管顶覆土荷载分项系数，取 1.27；

γ_Q——管顶地面荷载分项系数，取 1.40；

$q_{sv,k}$——单位面积上管顶竖向土压力标准值（kN/m^2），按本规程公式（4.4.1）计算；

q_{vk}——地面车辆荷载或地面堆积荷载传至管顶单位面积上的竖向压力标准值（kN/m^2），按本规程第 4.4.3 条和第 4.4.4 条的规定采用；

σ_{cr}——管壁环向最大弯曲拉应力设计值（kN/m^2）。

表 4.5.3 形状系数 D_f

管材环刚度 S_p (kN/m²)		2.5	4	5	6.3	8	10	12.5	15	16
砾石	中度至高度夯实（压实度≥0.90）	5.5	4.8	4.5	4.2	4.0	3.8	3.5	3.2	3.1
砂	中度至高度夯实（压实度≥0.90）	6.5	5.8	5.5	5.4	4.8	4.5	4.1	3.5	3.4

2 钢塑复合管道应按下式计算：

$$\sigma_{cr}=\frac{0.72K_0(\gamma_G q_{sv,k}+\gamma_Q q_{vk})D_1}{A_s} \tag{4.5.3-3}$$

式中：K_0——荷载系数，当管顶覆土深度 $H_s<D_1$ 时，$K_0=1.0$；当 $H_s\geqslant D_1$ 时，$K_0=0.86$；

A_s——每延米管道管壁钢带的截面面积（mm²/m）；

D_1——管道外径（mm）；

γ_G——管顶覆土荷载分项系数，取 1.27；

γ_Q——管顶地面荷载分项系数，取 1.40；

$q_{sv,k}$——管顶单位面积上的竖向土压力标准值（kN/m²），按本规程公式（4.4.1）计算；

q_{vk}——地面车辆荷载或地面堆积荷载传至管顶单位面积上的竖向压力标准值（kN/m²）或地面堆积荷载的标准值，按本规程第 4.4.3 条或第 4.4.4 条的规定采用；

σ_{cr}——管壁环向钢带的最大压应力设计值（kN/m²）。

4.5.4 塑料排水管道截面压屈稳定性应依据各项作用的不利组合进行计算，各项作用均应采用标准值，且环向稳定性抗力系数 K_s 不得低于 2.0。

4.5.5 在外部压力作用下，塑料排水管道管壁截面的环向稳定性计算应符合下式要求：

$$\frac{F_{cr,k}}{F_{vk}}\geqslant K_s \tag{4.5.5}$$

式中：$F_{cr,k}$——管壁失稳临界压力标准值（kN/m²），应按本规程公式（4.5.7）计算；

F_{vk}——管顶在各项作用下的竖向压力标准值（kN/m²），应按本规程公式（4.5.6）计算；

K_s——管道的环向稳定性抗力系数。

4.5.6 塑料排水管道管顶竖向作用不利组合标准值可按下式计算：

$$F_{vk}=q_{sv,k}+q_{vk} \tag{4.5.6}$$

4.5.7 塑料排水管道管壁失稳的临界压力标准值可按下式计算：

$$F_{cr,k}=\zeta\sqrt{\frac{S_pE_d}{1-\nu_p^2}} \tag{4.5.7}$$

式中：$F_{cr,k}$——管壁失稳临界压力标准值（kN/m²）；

ν_p——管材泊松比，对于热塑性塑料管取 $\nu_p=0.4$；对于钢塑复合管取 $\nu_p=0$；

ζ——管壁失稳计算系数，取 5.66；

S_p——管材环刚度（kN/m²）；

E_d——管侧土的综合变形模量（kN/m²）。

4.5.8 对埋设在地表水位或地下水位以下的塑料排水管道，应根据设计条件计算管道结构的抗浮稳定，计算时各项作用均应取标准值。

4.5.9 塑料排水管道的抗浮稳定性计算应符合下列要求：

$$F_{G,k}\geqslant K_f F_{fw,k} \tag{4.5.9-1}$$

$$F_{G,k}=F_{sw,k}+F'_{sw,k}+G_p \tag{4.5.9-2}$$

式中：$F_{G,k}$——抗浮永久作用标准值（kN）；

$F_{sw,k}$——地下水位以上各层土自重标准值之和（kN）；

$F'_{sw,k}$——地下水位以下至管顶处各竖向作用标准值之和（kN）；

G_p——管道自重标准值（kN）；

$F_{fw,k}$——浮托力标准值，等于管道实际排水体积与地下水密度之积（kN）；

K_f——管道的抗浮稳定性抗力系数，取 1.10。

4.6 正常使用极限状态计算

4.6.1 塑料排水管道环截面变形验算的荷载组合应按准永久组合计算。

4.6.2 塑料排水管道在外压作用下，其竖向变形量可按下式计算：

$$w_{d,max}=D_L\frac{K_d(q_{sv,k}+\psi_q q_{vk})D_1}{8S_p+0.061E_d} \tag{4.6.2}$$

式中：$w_{d,max}$——管道在组合作用下最大竖向变形量（mm）；

K_d——管道变形系数，应根据管道的敷设基础计算中心角 2α 按表 4.6.2 的规定取值；

$q_{sv,k}$——管顶单位面积上的竖向土压力标准值（kN/m²），应按本规程公式（4.4.1）计算；

q_{vk}——地面车辆荷载或地面堆积荷载传至管顶单位面积上的竖向压力标准值（kN/m²），应按本规程第 4.4.3 条和第 4.4.4 条的规定采用；

D_L——变形滞后效应系数，可根据管道胸腔回填压实度取 1.20～1.50；

ψ_q——可变荷载的准永久值系数，取 0.5；

S_p——管材环刚度（kN/m²）；

E_d ——管侧土的综合变形模量（kN/m^2），应由试验确定，当无试验资料时，可按本规程附录 A 的规定采用；

D_1 ——管道外径（mm）。

表 4.6.2　管道变形系数 K_d

土弧管基计算中心角 2α	20°	45°	60°	90°	120°	150°
变形系数	0.109	0.105	0.102	0.096	0.089	0.083

4.6.3　在外压荷载作用下，塑料排水管道竖向直径变形率不应大于管道允许变形率 $[\rho]=0.05$，即应满足下式的要求。

$$\rho=\frac{w_d}{D_0}\leqslant[\rho] \tag{4.6.3}$$

式中：ρ——管道竖向直径变形率；

$[\rho]$——管道允许竖向直径变形率；

w_d——管道在外压作用下的长期竖向挠曲值（mm），可按本规程公式（4.6.2）计算；

D_0——管道计算直径（mm）。

4.7　管道连接

4.7.1　塑料排水管道分为刚性连接和柔性连接两种方式。不同种类管道的连接方式可按表 4.7.1 选用。

表 4.7.1　塑料排水管道常用连接方式

管道类型	柔性连接			刚性连接				
	承插式弹性密封圈	双承口弹性密封圈	卡箍（哈夫）	胶粘剂	热熔对接	承插式电熔	电热熔带	热熔挤出焊接
硬聚氯乙烯(PVC-U)管	√	—	—	√	—	—	—	—
硬聚氯乙烯(PVC-U)双壁波纹管	√	⊿	⊿	—	—	—	—	—
硬聚氯乙烯加筋(PVC-U)管	√	—	—	—	—	—	—	—
聚乙烯(PE)管	√	—	—	—	√	—	—	—
聚乙烯(PE)双壁波纹管	√	⊿	⊿	—	—	—	—	—
聚乙烯(PE)缠绕结构壁管(A型)	—	√	—	—	—	—	⊿	—
聚乙烯(PE)缠绕结构壁管(B型)	—	—	—	—	—	√	—	⊿
钢塑复合缠绕管	—	—	⊿	—	—	—	⊿	√
双平壁钢塑复合缠绕管	—	√	⊿	—	—	—	√①	—
聚乙烯(PE)塑钢缠绕管	—	—	⊿	—	—	—	√②	—
钢带增强聚乙烯(PE)螺旋波纹管	⊿③	—	⊿	—	—	—	√	⊿

注：1　表中“√”表示优先采用；“⊿”表示可采用；
2　表中①表示内衬贴片后可采用电热熔带连接；
3　表中②表示内壁焊接后可采用电热熔带连接；
4　表中③表示加工成承插口后可采用承插式弹性密封圈。

4.7.2　当在场地土层变化较大、场地类别为Ⅳ类及地震设防烈度为 8 度及 8 度以上的地区敷设塑料排水管道时，应采用柔性连接。

4.7.3　当塑料排水管道与塑料检查井连接时，外径 1000mm 以上的管道宜采用柔性连接。

4.8　地基处理

4.8.1　塑料排水管道应敷设于天然地基上，地基承载能力特征值（f_{ak}）不应小于 60kPa。

4.8.2　塑料排水管道敷设当遇不良地质情况，应先按地基处理规范对地基进行处理后再进行管道敷设。

4.8.3　在地下水位较高、流动性较大的场地内敷设塑料排水管道，当遇管道周围土体可能发生细颗粒土流失的情况时，应沿沟槽底部和两侧边坡上铺设土工布加以保护，且土工布密度不宜小于 $250g/m^2$。

4.8.4　在同一敷设区段内，当遇地基刚度相差较大时，应采用换填垫层或其他有效措施减少塑料排水管道的差异沉降，垫层厚度应视场地条件确定，但不应小于 0.3m。

4.9　回填设计

4.9.1　塑料排水管道基础应采用中粗砂或细碎石土弧基础。管底以上部分土弧基础的尺寸，应根据管道结构计算确定；管底以下部分人工土弧基础的厚度可按下式计算确定，且不宜大于 0.3m。

$$h_d\geqslant 0.1(1+DN) \tag{4.9.1}$$

式中：h_d ——管底以下部分人工土弧基础的厚度（m）；

DN ——管道的公称直径（m）。

4.9.2　塑料排水管道胸腔中心处的沟槽设计宽度，需根据管材的环刚度、围岩土质、相邻管道情况、回填土的种类及施工条件综合考虑，并应按本规程附录 A 确定回填土的压实度。

4.9.3　塑料排水管道管顶 0.5m 以上部位回填土的压实度，应按相应的场地或道路设计要求确定，不宜小于 90%；管顶 0.5m 以下各部位回填土应符合表 4.9.3 的规定。

表 4.9.3　沟槽回填土压实度与回填材料

填土部位		压实度（%）	回填材料
管道基础	管底基础	≥90	中砂、粗砂
	管道有效支撑角范围	≥95	
管道两侧		≥95	中砂、粗砂、碎石屑，最大粒径小于 40mm 的砂砾或符合要求的原土
管顶以上 0.5m 内	管道两侧	≥90	
	管道上部	≥85	
管顶以上 0.5m~1.0m		≥90	原土

注：回填土的压实度，除设计要求用重型击实标准外，其他皆以轻型击实标准试验获得最大干密度为 100%。

4.9.4 当塑料排水管道与检查井连接时，检查井基础与管道基础之间应设置过渡区段，过渡区段长度不应小于1倍管径，且不宜小于1.0m；直径较大的塑料排水管道，管顶部宜考虑设置卸压或减压构件。

5 施　工

5.1 一般规定

5.1.1 塑料排水管道施工前，施工单位应编制施工组织设计并按规定程序审批后实施。

5.1.2 编制塑料排水管道施工组织设计时，应按设计规定的管顶最大允许覆土厚度，对管材环刚度、沟槽回填材料及其压实度、管道两侧原状土的情况进行核对，当发现与设计要求不符时，可要求变更设计或采取相应的保证管道承载能力的技术措施。

5.1.3 塑料排水管道应进行进场检验，应查验材料供应商提供的产品质量合格证和检验报告；应按设计要求对管材及管道附件进行核对；应按产品标准及设计要求逐根检验管道外观；应重点抽检规格尺寸、环刚度、环柔度、冲击强度等项目，符合要求方可使用。

5.1.4 塑料排水管道连接时，应对管道内杂物进行清理，每日完工时，管口应采取临时封堵措施。

5.1.5 塑料排水管道连接完成后，应进行接头质量检查。不合格者必须返工，返工后应重新进行接头质量检查。

5.1.6 塑料排水管道与检查井连接前，应首先对井底地基进行验收，当发现基底受到扰动、超挖、受水浸泡现象，或存在不良地基、不良土层时，应经处理达到设计要求后，方可进行检查井连接施工。

5.1.7 塑料排水管道与检查井连接时，管道连接段的管底超挖（挖空）部分，应在管道连接前及时用砾石或级配砂石分层回填夯实，压实度应符合本规程第4.9.3条的规定。

5.1.8 塑料排水管道在敷设、回填的过程中，槽底不得积水或受冻。在地下水位高于开挖沟槽槽底高程的地区，地下水位应降至槽底最低点以下不小于0.5m。

5.2 材料运输和储存

5.2.1 塑料排水管道的运输应符合下列规定：

1 搬运时应小心轻放，不得抛、摔、滚、拖。当采用机械设备吊装时，应采用非金属绳（带）吊装。

2 运输时应水平放置，并应采用非金属绳（带）捆扎、固定，堆放处不得有可能损伤管材的尖凸物，并宜有防晒措施。

5.2.2 塑料排水管道的储存应符合下列规定：

1 应存放在通风良好的库房或棚内，并远离热源；露天存放应有防晒措施。

2 严禁与油类或化学品混合存放，库区应有防火措施和消防设施。

3 应水平堆放在平整的支撑物或地面上，带有承口的管材应两端交替堆放，高度不宜超过3m，并应有防倒塌、防管道变形的安全措施。

4 应按不同规格尺寸和不同类型分别存放，并应遵守先进先出原则。

5 管材、管件不宜长期存放，自生产之日起库房存放时间不宜超过18个月。

5.3 沟槽开挖和地基处理

5.3.1 塑料排水管道沟槽开挖前，应对设置的临时水准点、管道轴线控制桩、高程桩进行复核。施工测量的允许偏差应符合现行国家标准《给水排水管道工程施工及验收规范》GB 50268的规定。

5.3.2 塑料排水管道沟槽底部的开挖宽度应符合设计要求，当设计无要求时，可按下式计算：

$$B = D_1 + 2(b_1 + b_2) \tag{5.3.2}$$

式中：B——管道沟槽底部的开挖宽度（mm）。

D_1——管道外径（mm）。

b_1——管道一侧的工作面宽度（mm），可按表5.3.2选取。当沟槽底需设排水沟时，b_1应按排水沟要求相应增加。

b_2——管道一侧的支撑厚度，可取150mm～200mm。

表5.3.2 管道一侧的工作面宽度

管道外径 D_1（mm）	管道一侧的工作面宽度 b_1（mm）
$D_1 \leqslant 500$	300
$500 < D_1 \leqslant 1000$	400
$1000 < D_1 \leqslant 1500$	500
$1500 < D_1 \leqslant 3000$	700

5.3.3 塑料排水管道沟槽形式应根据施工现场环境、槽深、地下水位、土质情况、施工设备及季节影响等因素确定。

5.3.4 塑料排水管道沟槽侧向的堆土位置距槽口边缘不宜小于1.0m，且堆土高度不宜超过1.5m。

5.3.5 塑料排水管道沟槽的开挖应严格控制基底高程，不得扰动基底原状土层。基底设计标高以上0.2m～0.3m的原状土，应在铺管前用人工清理至设计标高。当遇超挖或基底发生扰动时，应换填天然级配砂石料或最大粒径小于40mm的碎石，并应整平夯实，其压实度应达到基础层压实度要求，不得用杂土回填。当槽底遇有尖硬物体时，必须清除，并用砂石回填处理。

5.3.6 塑料排水管道地基基础应符合设计要求，当管道天然地基的强度不能满足设计要求时，应按设计要求加固。

5.3.7 塑料排水管道系统中承插式接口、机械连接等部位的凹槽，宜在管道铺设时随铺随挖（图5.3.7）。凹槽的长度、宽度和深度可按管道接头尺寸确定。在管道连接完成后，应立即用中粗砂回填密实。

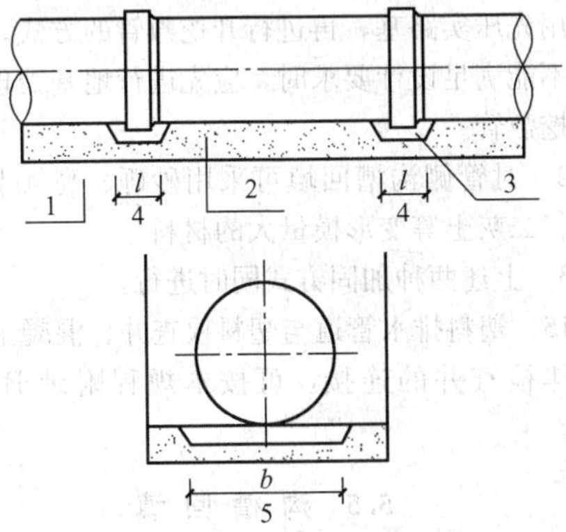

图 5.3.7 管道接口处的凹槽

1—原装土地基；2—中粗砂基础；3—凹槽；4—槽长；5—槽宽

5.3.8 塑料排水管道地基处理应符合下列规定：

1 对一般土质，应在管底以下原状土地基上铺垫150mm中粗砂基础层。

2 对软土地基，当地基承载能力小于设计要求或由于施工降水、超挖等原因，地基原状土被扰动而影响地基承载能力时，应按设计要求对地基进行加固处理，在达到规定的地基承载能力后，再铺垫150mm中粗砂基础层。

3 当沟槽底为岩石或坚硬物体时，铺垫中粗砂基础层的厚度不应小于150mm。

5.4 管道安装

5.4.1 塑料排水管道下管前，对应进行管道变形检测的断面，应首先量出该管道断面的实际直径尺寸，并做好标记。

5.4.2 承插式密封圈连接、双承口式密封圈连接、卡箍（哈夫）连接所用的密封件、紧固件等配件，以及胶粘剂连接所用的胶粘剂，应由管材供应商配套供应；承插式电熔连接、电热熔带连接、挤出焊接连接应采用专用工具进行施工。

5.4.3 塑料排水管道安装时应对连接部位、密封件等进行清洁处理；卡箍（哈夫）连接所用的卡箍、螺栓等金属制品应按相关标准要求进行防腐处理。

5.4.4 应根据塑料排水管道管径大小、沟槽和施工机具情况，确定下管方式。采用人工方式下管时，应使用带状非金属绳索平稳溜管入槽，不得将管材由槽顶滚入槽内；采用机械方式下管时，吊装绳应使用带状非金属绳索，吊装时不应少于两个吊点，不得串心吊装，下沟应平稳，不得与沟壁、槽底撞击。

5.4.5 塑料排水管道安装时应将插口顺水流方向，承口逆水流方向；安装宜由下游往上游依次进行；管道两侧不得采用刚性垫块的稳管措施。

5.4.6 弹性密封橡胶圈连接（承插式或双承口式）操作应符合下列规定：

1 连接前，应先检查橡胶圈是否配套完好，确认橡胶圈安放位置及插口应插入承口的深度，插口端面与承口底部间应留出伸缩间隙，伸缩间隙的尺寸应由管材供应商提供，管材供应商无明确要求的宜为10mm。确认插入深度后应在插口外壁做出插入深度标记。

2 连接时，应先将承口内壁清理干净，并在承口内壁及插口橡胶圈上涂覆润滑剂，然后将承插口端面的中心轴线对正。

3 公称直径小于或等于400mm的管道，可采用人工直接插入；公称直径大于400mm的管道，应采用机械安装，可采用2台专用工具将管材拉动就位，接口合拢时，管材两侧的专用工具应同步拉动。安装时，应使橡胶密封圈正确就位，不得扭曲和脱落。

4 接口合拢后，应对接口进行检测，应确保插入端与承口圆周间隙均匀，连接的管道轴线保持平直。

5.4.7 卡箍（哈夫）连接操作应符合下列规定：

1 连接前应对待连接管材端口外壁进行清洁处理。

2 待连接的两管端口应对正。

3 应正确安装橡胶密封件，对于钢带增强螺旋管必须在管端的波谷内加填遇水膨胀橡胶塞。

4 安装卡箍（哈夫），并应紧固螺栓。

5.4.8 胶粘剂连接操作应符合下列规定：

1 应检查管材质量，并应将插口外侧和承口内侧表面擦拭干净，不得有油污、尘土和水迹。

2 粘接前应对承口与插口松紧配合情况进行检验，并应在插口端表面划出插入深度的标线。

3 应在承、插口连接表面用毛刷涂上符合管材材性要求的专用胶粘剂，先涂承口内面，后涂插口外面，沿轴向由里而外均匀涂抹，不得漏涂或涂抹过量。

4 涂抹胶粘剂后，应立即校正对准轴线，将插口插入承口，并至标线处，然后将插入管旋转1/4圈，并保持轴线平直。

5 插接完毕应及时将挤出接口的胶粘剂擦拭干净，静止固化，固化期间不得在连接件上施加任何外力，固化时间应符合相关标准规定。

5.4.9 热熔对接连接操作应符合下列规定：

1 应根据管材或管件的规格，选用相应的夹具，将连接件的连接端伸出夹具，自由长度不应小于公称直径的10%，移动夹具使连接件端面接触，并校直对应的待连接件，使其在同一轴线上，错边不应大于壁厚的10%。

2 应将管材或管件的连接部位擦拭干净，并铣削连接件端面，使其与轴线垂直；连续切屑平均厚度不宜大于0.2mm，切削后的熔接面应防止污染。

3 连接件的端面应采用热熔对接连接设备加热，加热时间应符合相关标准规定。

4 加热时间达到工艺要求后，应迅速撤出加热板，检查连接件加热面熔化的均匀性，不得有损伤；并应迅速用均匀外力使连接面完全接触，直至形成均匀一致的对称翻边。

5 在保压冷却期间不得移动连接件或在连接件上施加任何外力。

5.4.10 承插式电熔连接操作应符合下列规定：

1 应将连接部位擦拭干净，并在插口端划出插入深度标线。

2 当管材不圆度影响安装时，应采用整圆工具进行整圆。

3 应将插口端插入承口内，至插入深度标线位置，并检查尺寸配合情况。

4 通电前，应校直两对应的连接件，使其在同一轴线上，并应采用专用工具固定接口部位。

5 通电加热时间应符合相关标准规定。

6 电熔连接冷却期间，不得移动连接件或在连接件上施加任何外力。

5.4.11 电热熔带连接操作应符合下列规定：

1 连接前应对连接表面进行清洁处理，并应检查电热熔带中电热丝是否完好，并应将待焊面对齐。

2 通电前应采用锁紧扣带将电热带扣紧，电流及通电时间应符合相关标准规定。

3 电熔带长度应不小于管材焊接部位周长的1.25倍。

4 对于钢带增强聚乙烯螺旋波纹管，必须对波峰钢带断开处进行挤塑焊接密封处理。

5 严禁带水作业。

5.4.12 热熔挤出焊接连接操作应符合下列规定：

1 连接前应对连接表面进行清洁处理，并对正焊接部位。

2 应采用热风机预热待焊部位，预热温度应控制在能使挤出的熔融聚乙烯能够与管材融为一体的范围内。

3 应采用专用挤出焊机和与管材材质相同的聚乙烯焊条焊接连接端面。

4 对公称直径大于800mm的管材，应进行内外双面焊接。

5.4.13 塑料排水管道在雨期施工或地下水位高的地段施工时，应采取防止管道上浮的措施。当管道安装完毕尚未覆土，遭水泡时，应对管中心和管底高程进行复测和外观检测，当发现位移、漂浮、拔口等现象时，应进行返工处理。

5.4.14 塑料排水管道施工和道路施工同时进行时，若管顶覆土厚度不能满足标准要求，应按道路路基施工机械荷载大小验算管侧土的综合变形模量值，并宜按实际需要采用以下加固方式：

1 对公称直径小于1200mm的塑料排水管道，可采用先压实路基，再进行开挖敷管的方式。当地基强度不能满足设计要求时，应先进行地基处理，然后再开挖敷管。

2 对管侧沟槽回填可采用砂砾、高（中）钙粉煤灰、二灰土等变形模量大的材料。

3 上述两种加固方式同时进行。

5.4.15 塑料排水管道与塑料检查井、混凝土检查井或砌体检查井的连接，可按本规程附录B的规定执行。

5.5 沟 槽 回 填

5.5.1 塑料排水管道敷设完毕并经外观检验合格后，应立即进行沟槽回填。在密闭性检验前，除接头部位可外露外，管道两侧和管顶以上的回填高度不宜小于0.5m；密闭性检验合格后，应及时回填其余部分。

5.5.2 回填前应检查沟槽，沟槽内不得有积水，砖、石、木块等杂物应清除干净。

5.5.3 沟槽回填应从管道两侧同时对称均衡进行，并应保证塑料排水管道不产生位移。必要时应对管道采取临时限位措施，防止管道上浮。

5.5.4 检查井、雨水口及其他附属构筑物周围回填应符合下列规定：

1 井室周围的回填，应与管道沟槽回填同时进行；不能同时进行时，应留阶梯形接槎。

2 井室周围回填压实时应沿井室中心对称进行，且不得漏夯。

3 回填材料压实后应与井壁紧贴。

4 路面范围内的井室周围，应采用石灰土、砂、砂砾等材料回填，且回填宽度不宜小于400mm。

5 严禁在槽壁取土回填。

5.5.5 塑料排水管道沟槽回填时，不得回填淤泥、有机物或冻土，回填土中不得含有石块、砖及其他杂物 。

5.5.6 塑料排水管道管基设计中心角范围内应采取中粗砂填充密实，并应与管壁紧密接触，不得用土或其他材料填充。

5.5.7 回填土或其他回填材料运入沟槽内，应从沟槽两侧对称运入槽内，不得直接回填在塑料排水管道上，不得损伤管道及其接口。

5.5.8 塑料排水管道每层回填土的虚铺厚度，应根据所采用的压实机具按表5.5.8的规定选取。

表5.5.8 每层回填土的虚铺厚度

压实机具	虚铺厚度（mm）
木夯、铁夯	≤200
轻型压实设备	200～250
压路机	200～300
振动压路机	≤400

5.5.9 当沟槽采用钢板桩支护时，应在回填达到规定高度后，方可拔除钢板桩。钢板桩拔除后应及时回填桩孔，并应填实。当采用砂灌填时，可冲水密实；当对周围环境影响有要求时，可采取边拔桩边注浆措施。

5.5.10 塑料排水管道沟槽回填时应严格控制管道的竖向变形。当管道内径大于800mm时，可在管内设置临时竖向支撑或采取预变形等措施。回填时，可利用管道胸腔部分回填压实过程中出现的管道竖向反向变形来抵消一部分垂直荷载引起的管道竖向变形，但应将其控制在设计规定的管道竖向变形范围内。

5.5.11 塑料排水管道管区回填施工应符合下列规定：

1 管底基础至管顶以上0.5m范围内，必须采用人工回填，轻型压实设备夯实，不得采用机械推土回填。

2 回填、夯实应分层对称进行，每层回填土高度不应大于200mm，不得单侧回填、夯实。

3 管顶0.5m以上采用机械回填压实时，应从管轴线两侧同时均匀进行，并夯实、碾压。

5.5.12 塑料排水管道回填作业每层土的压实遍数，应根据压实度要求、压实工具、虚铺厚度和含水量，经现场试验确定。

5.5.13 采用重型压实机械压实或较重车辆在回填土上行驶时，管顶以上应有一定厚度的压实回填土，其最小厚度应根据压实机械的规格和管道的设计承载能力，经计算确定。

5.5.14 岩溶区、湿陷性黄土、膨胀土、永冻土等地区的塑料排水管道沟槽回填，应符合设计要求和当地工程建设标准规定。

5.5.15 塑料排水管道回填土压实度与回填材料应符合本规程第4.9.3条的规定。

6 检　验

6.1 密闭性检验

6.1.1 污水、雨污水合流管道及湿陷土、膨胀土、流砂地区的雨水管道，必须进行密闭性检验，检验合格后，方可投入运行。

6.1.2 塑料排水管道密闭性检验应按检查井井距分段进行，每段检验长度不宜超过5个连续井段，并应带井试验。

6.1.3 塑料排水管道密闭性检验可采用闭水试验法。操作方法应按本规程附录C的规定采用。

6.1.4 塑料排水管道密闭性检验时，经外观检查，应无明显渗水现象。

6.1.5 管道最大允许渗水量应按下式计算：

$$Q_s = 0.0046d_i \qquad (6.1.5)$$

式中：Q_s——最大允许渗水量[$m^3/(24h \cdot km)$]；

d_i——管道内径（mm）。

6.2 变 形 检 验

6.2.1 当塑料排水管道沟槽回填至设计高程后，应在12h～24h内测量管道竖向直径变形量，并应计算管道变形率。

6.2.2 当塑料排水管道内径小于800mm时，管道的变形量可采用圆形心轴或闭路电视等方法进行检测；当塑料排水管道内径大于等于800mm时，可采用人工进入管内检测，测量偏差不得大于1mm。

6.2.3 塑料排水管道变形率不应超过3%；当超过时，应采取下列处理措施：

1 当管道变形率超过3%，但不超过5%时，应采取下列措施：

1）挖出回填土至露出85%管道，管道周围0.5m范围内应采用人工挖掘；

2）检查管道，当发现有损伤时，应进行修补或更换；

3）采用能达到压实度要求的回填材料，按要求的压实度重新回填密实；

4）重新检测管道变形率，至符合要求为止。

2 当管道变形率超过5%时，应挖出管道，并会同设计单位研究处理。

6.3 回填土压实度检验

6.3.1 塑料排水管道沟槽回填土的压实度应符合本规程第4.9.3条的规定。

6.3.2 塑料排水管道系统其他部位回填土压实度应按现行国家标准《给水排水管道工程施工及验收规范》GB 50268的规定执行。

6.3.3 塑料排水管道沟槽回填土的压实度检验应根据具体情况选用检验方法。

7 验　收

7.0.1 塑料排水管道工程完工后应进行竣工验收，

验收合格后方可交付使用。

7.0.2 塑料排水管道工程竣工验收应在分项、分部、单位工程验收合格的基础上进行。验收程序应按国家现行相关法规和标准的规定执行，并应按要求填写中间验收记录表。

7.0.3 塑料排水管道竣工验收时，应核实竣工验收资料，进行必要的复验和外观检查。对管道的位置、高程、管材规格和整体外观等，应填写竣工验收记录。竣工技术资料不应少于以下内容：

1 施工合同。

2 开工、竣工报告。

3 经审批的施工组织设计及专项施工方案。

4 临时水准点、管轴线复核及施工测量放样、复核记录。

5 设计交底及工程技术会议纪要。

6 设计变更单、施工业务联系单、监理业务联系单、工程质量整改通知单。

7 管道及其附属构筑物地基和基础的验收记录。

8 回填土压实度的验收记录。

9 管道接口和金属防腐保护层的验收记录。

10 管道穿越铁路、公路、河流等障碍物的工程情况记录。

11 地下管道交叉处理的验收记录。

12 质量自检记录，分项、分部工程质量检验评定单。

13 工程质量事故报告及上级部门审批处理记录。

14 管材、管件质保书和出厂合格证明书。

15 各类材料试验报告、质量检验报告。

16 管道的闭水检验记录。

17 管道变形检验资料。

18 全套竣工图、初验整改通知单、终验报告单及验收会议纪要。

7.0.4 塑料排水管道工程质量检验项目和要求，应按现行国家标准《给水排水管道工程施工及验收规范》GB 50268 的规定执行。

7.0.5 验收合格后，建设单位应组织竣工备案，并将有关设计、施工及验收文件和技术资料立卷归档。

附录A 管侧土的综合变形模量

A.0.1 管侧土的综合变形模量应根据管侧回填土的土质、压实密度和沟槽两侧原状土的土质，综合评价确定。

A.0.2 管侧填土的综合变形模量 E_d，可按下列公式计算：

$$E_d = \xi \cdot E_e \quad (\text{A.0.2-1})$$

$$\xi = \frac{1}{\alpha_1 + \alpha_2 \dfrac{E_e}{E_n}} \quad (\text{A.0.2-2})$$

式中：E_e——管侧回填土在要求压实密度时相应的变形模量（kN/m^2），应根据试验确定；当缺乏试验数据时，可按表A.0.2-1的规定取值；

E_n——沟槽两侧原状土的变形模量（kN/m^2），应根据试验确定；当缺乏试验数据时，可按表A.0.2-1的规定取值；

ξ——综合修正系数；

α_1、α_2——与 B_r（管中心处沟槽宽度）和 D_1（管外径）的比值有关的计算参数，可按表A.0.2-2的规定取值。

表A.0.2-1 管侧回填土和沟槽侧原状土变形模量（kN/m^2）

回填土压实度（%）	原状土标准贯入锤击数 $N_{63.5}$	变形模量				
		砂砾、砂卵石	砂砾、砂卵石（细粒土含量≤12%）	砂砾、砂卵石（细粒土含量>12%）	黏性土或粉土（W_L<50%）（砂粒含量>25%）	黏性土或粉土（W_L<50%）（砂粒含量<25%）
85	$4<N\leqslant14$	5000	3000	1000	1000	—
90	$14<N\leqslant24$	7000	5000	3000	3000	1000
95	$24<N\leqslant50$	10000	7000	5000	5000	3000
100	>50	20000	14000	10000	10000	7000

注：1 表中数值适用于10m以内覆土；当覆土超过10m时，表中数值偏低。
2 回填土的变形模量 E_e 可按要求的压实度采用；表中的压实度（%）系指设计要求回填土压实后的干密度与该土在相同压实能量下的最大干密度的比值。
3 基槽两侧原状土的变形模量 E_n 可按标准贯入度试验的锤击数确定。
4 W_L 为黏性土的液限。
5 细粒土系指粒径小于0.075mm的土。
6 砂粒系指粒径为（0.075～2.0）mm的土。

表A.0.2-2 计算参数 α_1 及 α_2 的取值

B_r/D_1	1.5	2.0	2.5	3.0	4.0	5.0
α_1	0.252	0.435	0.572	0.680	0.838	0.948
α_2	0.748	0.565	0.428	0.320	0.162	0.052

A.0.3 对于填埋式敷设的管道，当 $B_r/D_1>5$ 时，可取 $\xi=1.0$ 计算。此时，B_r 应为管中心处按设计要求达到的压实密度的填土宽度。

附录 B　塑料排水管道与检查井连接构造

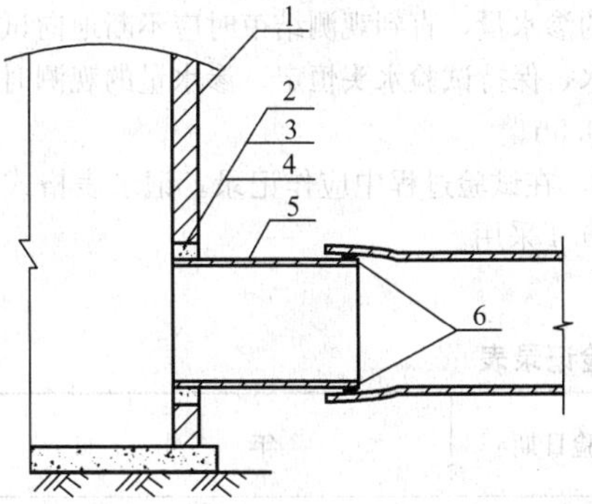

(a)

1—检查井；2—水泥砂浆；3—素灰浆；4—中介层；5—管材；6—橡胶密封圈

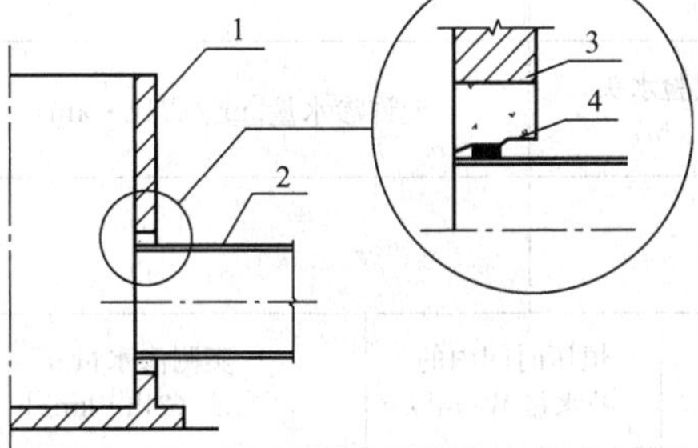

(b)

1—检查井；2—PVC-U 管；3—混凝土套环；4—橡胶密封圈

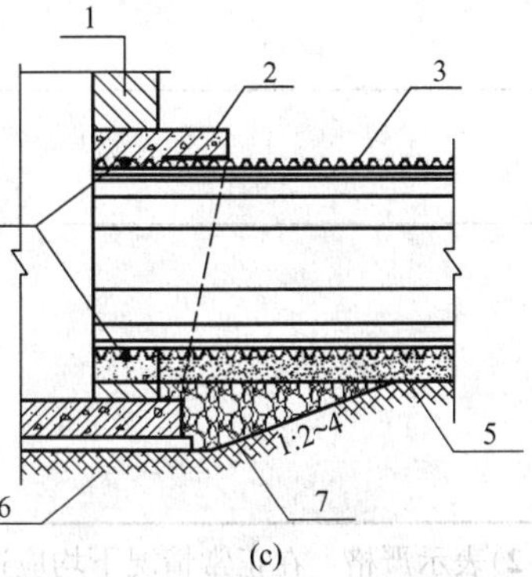

(c)

1—检查井井壁；2—卸压拱板；3—排水塑料管；4—橡胶密封圈；5—管基；6—原状土；7—渐变过渡区回填砾石或级配砂石（压实系数大于等于 0.95）

图 B　塑料排水管道与检查井连接构造示意（一）

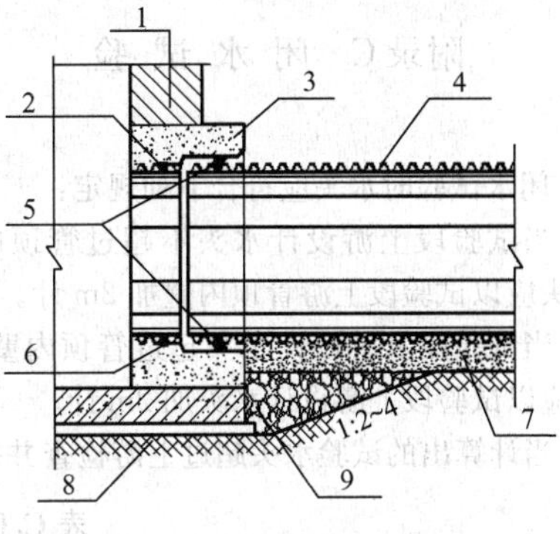

(d)

1—检查井井壁；2—遇水膨胀橡胶条；3—现浇混凝土刚性环梁；4—排水塑料管；5—橡胶密封圈；6—遇水膨胀橡胶条；7—管基；8—原状土；9—渐变过渡区回填砾石或级配砂石（压实系数大于等于 0.95）

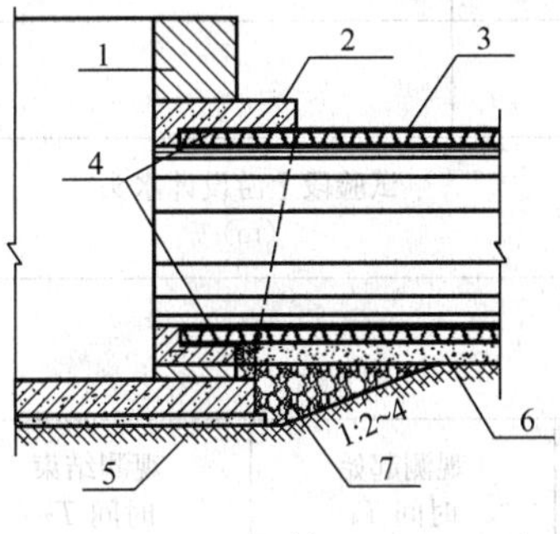

(e)

1—检查井井壁；2—卸压拱板；3—塑料管道；4—管外壁结合层；5—原状土；6—管基；7—渐变过渡区回填砾石或级配砂石（压实系数大于等于 0.95）

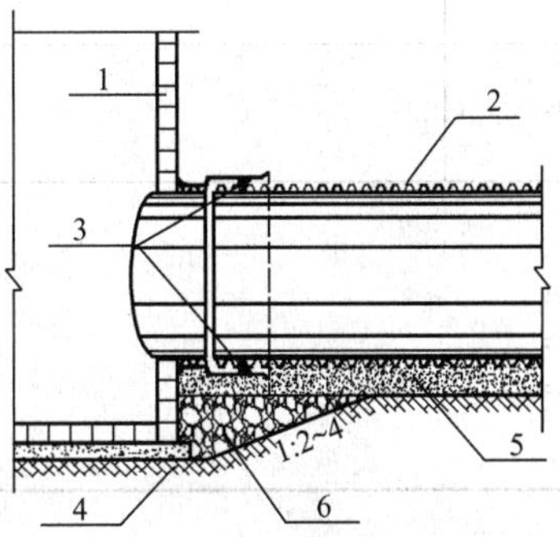

(f)

1—塑料检查井井壁；2—塑料管道；3—橡胶密封圈；4—原状土；5—管基；6—渐变过渡区回填砾石或级配砂石（压实系数大于等于 0.95）

图 B　塑料排水管道与检查井连接构造示意（二）

附录C 闭水试验

C.0.1 闭水试验时水头应符合下列规定：

1 当试验段上游设计水头不超过管顶内壁时，试验水头应以试验段上游管顶内壁加2m计。

2 当试验段上游设计水头超过管顶内壁时，试验水头应以试验段上游设计水头加2m计。

3 当计算出的试验水头超过上游检查井井口时，试验水头应以上游检查井井口高度为准。

C.0.2 试验中，试验管段注满水后的浸泡时间不应少于24h。

C.0.3 当试验水头达到规定水头时开始计时，观测管道的渗水量，直到观测结束时应不断地向试验管段内补水，保持试验水头恒定。渗水量的观测时间不得小于0.5h。

C.0.4 在试验过程中应作记录。记录表格式可按照表C.0.4采用。

表C.0.4 管道闭水试验记录表

<table>
<tr><td colspan="2">工程名称</td><td colspan="3"></td><td>试验日期</td><td>年 月 日</td></tr>
<tr><td colspan="2">管段位置</td><td colspan="5"></td></tr>
<tr><td colspan="2">管径（mm）</td><td colspan="3">管材种类</td><td>接口种类</td><td>试验段长度（m）</td></tr>
<tr><td colspan="2"></td><td colspan="3"></td><td></td><td></td></tr>
<tr><td colspan="5">试验段上游设计水头（m）</td><td>试验水头（m）</td><td>允许渗水量[m^3/(24h·km)]</td></tr>
<tr><td colspan="5"></td><td></td><td></td></tr>
<tr><td rowspan="5">渗水量测定记录</td><td>次数</td><td>观测起始时间 T_1</td><td>观测结束时间 T_2</td><td>恒压时间 T(h)</td><td>恒压时间内的补水量 W(m^3)</td><td>实测渗水量 q [m^3/(24h·km)]</td></tr>
<tr><td>1</td><td></td><td></td><td></td><td></td><td></td></tr>
<tr><td>2</td><td></td><td></td><td></td><td></td><td></td></tr>
<tr><td>3</td><td></td><td></td><td></td><td></td><td></td></tr>
<tr><td colspan="6">折合平均实际渗水量[m^3/(24h·km)]</td></tr>
<tr><td colspan="2">外观记录</td><td colspan="5"></td></tr>
<tr><td colspan="2">评语</td><td colspan="5"></td></tr>
<tr><td colspan="5">施工单位：
监理单位：
使用单位：</td><td colspan="2">试验负责人：
设计单位：
记录员：</td></tr>
</table>

本规程用词说明

1 为便于在执行本规程条文时区别对待，对要求严格程度不同的用词说明如下：

1)表示很严格，非这样做不可的：

正面词采用“必须”，反面词采用“严禁”；

2)表示严格，在正常情况下均应这样做的：

正面词采用“应”，反面词采用“不应”或“不得”；

3)表示允许稍有选择，在条件许可时首先应这样做的：

正面词采用“宜”，反面词采用“不宜”；

4)表示有选择，在一定条件下可以这样做

的，采用“可”。

2 条文中指明应按其他有关标准执行的写法为：“应符合……的规定”或“应按……执行”。

引用标准名录

1 《室外排水设计规范》GB 50014

2 《建筑给水排水设计规范》GB 50015

3 《给水排水管道工程施工及验收规范》GB 50268

4 《给水用聚乙烯(PE)管材》GB/T 13663

5 《埋地排水用硬聚氯乙烯(PVC-U)结构壁管道系统　第1部分　双壁波纹管材》GB/T 18477.1

6 《埋地用聚乙烯(PE)结构壁管道系统　第1部分　聚乙烯双壁波纹管材》GB/T 19472.1

7 《埋地用聚乙烯(PE)结构壁管道系统　第2部分　聚乙烯缠绕结构壁管材》GB/T 19472.2

8 《无压埋地排污、排水用硬聚氯乙烯(PVC-U)管材》GB/T 20221

9 《橡胶密封件　给排水管及污水管道用接口密封圈　材料规范》GB/T 21873

10 《污水排入城市下水道水质标准》CJ 3082

11 《埋地排水用钢带增强聚乙烯(PE)螺旋波纹管》CJ/T 225

12 《建筑小区排水用塑料检查井》CJ/T 233

13 《聚乙烯塑钢缠绕排水管》CJ/T 270

14 《市政排水用塑料检查井》CJ/T 326

15 《埋地双平壁钢塑复合缠绕排水管》CJ/T 329

16 《硬聚氯乙烯(PVC-U)塑料管道系统用溶剂型胶粘剂》QB/T 2568

17 《埋地用硬聚氯乙烯(PVC-U)加筋管材》QB/T 2782

18 《埋地钢塑复合缠绕排水管材》QB/T 2783

中华人民共和国行业标准

埋地塑料排水管道工程技术规程

CJJ 143—2010

条 文 说 明

制定说明

《埋地塑料排水管道工程技术规程》CJJ 143－2010经住房和城乡建设部2010年5月18日以第569号公告批准颁布。

在规程编制过程中，编制组对我国埋地塑料排水管道工程的实践经验进行了总结，对各种埋地塑料排水管道的设计、施工及验收等分别作出了规定。

为便于广大设计、施工、科研、院校等单位有关人员在使用本规程时能正确理解和执行条文规定，《埋地塑料排水管道工程技术规程》编制组按章、节、条顺序编制了本规程的条文说明，对条文规定的目的、依据以及执行中需注意的有关事项进行了说明，还着重对强制性条文的强制性理由作了解释。但是，本条文说明不具备与标准正文同等的法律效力，仅供使用者作为理解和把握标准规定的参考。

目　次

1 总　　则

1.0.1 塑料排水管道具有重量轻、施工方便、耐腐蚀、使用寿命长、流阻小、过流量大、接口密封性能好等特点。近年来，在我国城镇排水工程中得到广泛应用。由于塑料排水管道与传统的钢筋混凝土排水管等相比，材料的物理力学性能相差较大，传统的设计方法和施工工艺不能完全满足塑料排水管道要求。因此，为确保埋地塑料排水管道工程质量，使工程设计、施工和验收做到技术先进、经济合理，制定本规程。

1.0.2 本规程适用于新建、扩建和改建的无内压作用的埋地塑料排水管道工程的设计、施工和验收。根据《给水排水管道工程施工及验收规范》GB 50268－2008的规定，无压管道是指工作压力小于0.1MPa的管道，因此，本规程可适用于工作压力小于0.1MPa埋地塑料排水管道工程。

本规程中的埋地塑料排水管道包括：硬聚氯乙烯（PVC-U）管、硬聚氯乙烯（PVC-U）双壁波纹管、硬聚氯乙烯（PVC-U）加筋管、聚乙烯（PE）管、聚乙烯（PE）双壁波纹管、聚乙烯（PE）缠绕结构壁管、钢带增强聚乙烯（PE）螺旋波纹管、钢塑复合缠绕管、双平壁钢塑复合缠绕管、聚乙烯（PE）塑钢缠绕管等。

本规程中的埋地塑料排水管道不包括玻璃纤维增强塑料夹砂管。

1.0.3 塑料管道对温度比较敏感，工作温度一般不宜超过40℃；此外，芳香烃类化学物质对塑料管道有降解、溶胀作用，因此，埋地塑料排水管道对输送的污水的水温和水质要有要求，满足《污水排入城市下水道水质标准》CJ 3082要求的污水，用塑料管道输送是安全的。

1.0.4 埋地塑料排水管道工程设计、施工和验收不仅要遵循本规程的规定，同时还要符合现行国家标准《城市工程管线综合规划规范》GB 50289、《室外排水设计规范》GB 50014、《建筑给水排水设计规范》GB 50015、《给水排水工程管道结构设计规范》GB 50332、《给水排水管道工程施工及验收规范》GB 50268的规定。在地震区建设埋地塑料排水管时，还应符合国家标准《室外给水排水和燃气热力工程抗震设计规范》GB 50032；在岩溶区、湿陷性黄土、膨胀土、永冻土地区建设埋地塑料排水管时，还应符合国家现行有关标准的规定。

2 术语和符号

本章有关术语和符号是参考现行国家标准《热塑性管材、管件和阀门通用术语及其定义》GB/T 19278－2003、中国工程建设标准化协会标准《管道工程结构常用术语》CECS83：96、《给水排水工程管道结构设计规范》GB 50332－2002、《给水排水管道工程施工及验收规范》GB 50268－2008等标准规范，以及国外文献中或国内生产企业引进国外技术所采用相应术语、定义和符号列出。

3 材　　料

3.1 管　　材

3.1.1 埋地塑料排水管道品种较多，且各自有自己的特点，为确保产品质量合格，要求其应符合相应产品标准的规定。

1 《无压埋地排污、排水用硬聚氯乙烯（PVC-U）管材》GB/T 20221－2006规定排水用硬聚氯乙烯（PVC-U）管材为外径系列，直径范围为(110～1000)mm，物理力学性能见表1。

表1　硬聚氯乙烯（PVC-U）管材的物理力学性能

项　目		单　位	技　术　指　标
密度		g/cm³	≤1.55
环刚度	*SN*2	kN/m²	≥2
	*SN*4		≥4
	*SN*8		≥8
落锤冲击（*TIR*）		%	≤10
维卡软化温度		℃	≥79
纵向回缩率		%	≤5，管材表面应无气泡和裂纹
二氯甲烷浸渍		—	表面无变化

2 《埋地排水用硬聚氯乙烯（PVC-U）结构壁管道系统　第1部分　双壁波纹管材》GB/T 18477.1－2007规定排水用硬聚氯乙烯（PVC-U）双壁波纹管为分内径系列和外径系列二种，直径范围(100～1000)mm，物理力学性能见表2。

表2　硬聚氯乙烯（PVC-U）双壁波纹管材的物理力学性能

项　目		要　求
密度（kg/m³）		≤1550
环刚度（kN/m²）	*SN*2	≥2
	*SN*4	≥4
	*SN*8	≥8
	(*SN*12.5)	≥12.5
	*SN*16	≥16
冲击性能		*TIR*≤10%

续表 2

项　目	要　求	
环柔性	试样圆滑，无破裂，两壁无脱开	$DN\leqslant400$ 内外壁均无反向弯曲
		$DN>400$ 波峰处不得出现超过波峰高度 10% 的反向弯曲
烘箱试验	无分层，无开裂	
蠕变比率	$\leqslant2.5$	

3 《埋地用硬聚氯乙烯（PVC-U）加筋管材》QB/T 2782－2006 规定硬聚氯乙烯（PVC-U）加筋管为内径系列，直径范围(150～1000)mm，物理力学性能见表 3。

表 3　硬聚氯乙烯（PVC-U）加筋管材的物理力学性能

项　目		指　标
密度（g/cm^3）		$\leqslant1.55$
环刚度（kN/m^2）	*SN*4	$\geqslant4.0$
	(*SN*6.3)[a]	$\geqslant6.3$
	*SN*8	$\geqslant8.0$
	(*SN*12.5)[a]	$\geqslant12.5$
	*SN*16	$\geqslant16.0$
维卡软化温度（℃）		$\geqslant79$
冲击性能 *TIR*		$\leqslant10\%$
静液压试验[b]		无破裂，无渗漏
环柔性		试样圆滑，无反向弯曲，无破裂
烘箱试验		无分层、开裂、起泡
蠕变比率		$\leqslant2.5$

注：[a]括号内为非首选环刚度。

[b]当管材用于低压输水灌溉时应进行此项试验。

4 埋地排水用聚乙烯（PE）管近几年用量在不断增加，尤其在非开挖施工中用量较多，执行的标准是《给水用聚乙烯（PE）管材》GB/T 13663－2000，工程应用效果良好。埋地排水用聚乙烯（PE）管材标准正在编制中，在其未颁布之前，本规程规定应符合《给水用聚乙烯（PE）管材》GB/T 13663 的相关规定。

5 《埋地用聚乙烯（PE）结构壁管道系统　第 1 部分　聚乙烯双壁波纹管材》GB/T 19472.1－2004 规定聚乙烯（PE）双壁波纹管分内径系列和外径系列二种，直径范围为(100～1200)mm，物理力学性能见表 4。

表 4　聚乙烯（PE）双壁波纹管材的物理力学性能

项　目		要　求
环刚度（kN/m^2）	*SN*2	$\geqslant2.0$
	*SN*4	$\geqslant4.0$
	(*SN*6.3)[a]	$\geqslant6.3$
	*SN*8	$\geqslant8.0$
	(*SN*12.5)[a]	$\geqslant12.5$
	*SN*16	$\geqslant16.0$
冲击性能 *TIR*		$\leqslant10\%$
环柔性		试样圆滑，无反向弯曲，无破裂，两壁无脱开
烘箱试验		无分层、无开裂、无起泡
蠕变比率		$\leqslant4$

注：[a]括号内数值为非首选的环刚度等级。

6 《埋地用聚乙烯（PE）结构壁管道系统　第 2 部分　聚乙烯缠绕结构壁管材》GB/T 19472.2－2004 规定聚乙烯（PE）缠绕结构壁管为内径系列，按结构形式分为 A 型和 B 型，直径范围为(150～3000)mm，物理力学性能见表 5。

表 5　聚乙烯(PE)缠绕结构壁管材的物理力学性能

项　目	要　求
纵向回缩率[a]	$\leqslant3\%$，管材应无分层、无破裂
烘箱试验[b]	管材熔缝处应无分层、无开裂
环刚度（kN/m^2）	
*SN*2	$\geqslant2.0$
*SN*4	$\geqslant4.0$
(*SN*6.3)[c]	$\geqslant6.3$
*SN*8	$\geqslant8.0$
(*SN*12.5)[c]	$\geqslant12.5$
*SN*16	$\geqslant16.0$
冲击性能 *TIR*	$\leqslant10\%$
环柔性	无分层；无破裂；管材壁结构的任何部分在任何方向不发生永久性的屈曲变形，包括凹陷和突起
蠕变比率	$\leqslant4$
缝的拉伸强度（N）	管材能承受的最小拉伸力
$DN/ID\leqslant300$	380
$400\leqslant DN/ID\leqslant500$	510
$600\leqslant DN/ID\leqslant700$	760
$DN/ID\geqslant800$	1020

注：　[a]用于 A 型管材。

[b]用于 B 型管材。

[c]加括号的为非首选环刚度等级。

7 《埋地排水用钢带增强聚乙烯（PE）螺旋波纹管》CJ/T 225－2006规定钢带增强聚乙烯（PE）螺旋波纹管为内径系列，直径范围为(300～2000)mm，物理力学性能见表6。

表6 钢带增强聚乙烯（PE）螺旋波纹管的物理力学性能

序号	项 目		指 标	试验方法
1	环刚度（kN/m²）	*SN*8	≥8	GB/T 9647－2003
		*SN*12.5	≥12.5	
		*SN*16	≥16	
2	冲击性能		*TIR*≤10%	GB/T 14152
3	剥离强度（20℃±5℃）		≥70	
4	环柔性		无破裂，两壁无脱开	GB/T 8804
5	烘箱试验		无分层、无开裂	
6	缝的拉伸强度（N）		≥1460	GB/T 8804
7	蠕变比率		≤2	GB/T 18042

8 《埋地钢塑复合缠绕排水管材》QB/T 2783－2006规定钢塑复合缠绕排水管为内径系列，直径范围为(400～3000)mm，物理力学性能见表7。

表7 钢塑复合缠绕排水管材物理力学性能

项 目		要 求	
		PVC-U缠绕管	PE缠绕管
环刚度（kN/m²）	*SN*2	≥2.0	
	*SN*4	≥4.0	
	(*SN*6.3)[a]	≥6.3	
	*SN*8	≥8.0	
	(*SN*12.5)[a]	≥12.5	
	*SN*16	≥16.0	
冲击性能 *TIR*		≤10%	
环柔性		试样圆滑，无反向弯曲，无破裂，B2型缠绕管两壁应无脱开	
维卡软化温度（℃）		≥79	—
二氯甲烷浸渍		内、外壁无分离，内外表面变化不劣于4L	—
烘箱试验		管材熔缝处无分层、开裂或起泡	
纵向回缩率（%）		≤5	≤3
蠕变比率		≤2.5	≤4

续表7

项 目	要 求	
	PVC-U缠绕管	PE缠绕管
缝的拉伸强度	熔缝处能承受的最小拉伸力（N） *DN*/*ID*≤300mm ≥380 400mm≤*DN*/*ID*≤500mm ≥510 600mm≤*DN*/*ID*≤800mm ≥760 900mm≤*DN*/*ID*≤2000mm ≥1020 *DN*/*ID*≥2200mm ≥1200	
拉伸强度（MPa）	≥	
断裂伸长率（%）	—	≥300
钢肋与T形筋结合强度（B1型）（kN/m²）	≥405	
剥离强度（B2型）（N/cm）	—	≥70

注：[a]为非首选环刚度。

9 《埋地双平壁钢塑复合缠绕排水管》CJ/T 329－2010规定双平壁钢塑缠绕排水管为内径系列，直径范围为(300～3000)mm，物理力学性能见表8。

表8 双平壁钢塑复合缠绕排水管的物理力学性能

项 目	要 求	
环刚度（kN/m²）	*SN*8	≥8
	*SN*12.5	≥12.5
	*SN*16	≥16
冲击性能 *TIR*	≤10%	
环柔性	试样圆滑，无反向弯曲，无破裂	
烘箱试验	管材熔缝处应无分层、无开裂	
蠕变比率	≤2	
缝的拉伸强度	公称直径（mm）	管材能承受的最小拉伸力（N）
	300≤*DN*/*ID*≤500	≥600
	600≤*DN*/*ID*≤800	≥840
	900≤*DN*/*ID*≤1900	≥1200
	2000≤*DN*/*ID*≥2600	≥1440

10 《聚乙烯塑钢缠绕排水管》CJ/T 270－2007规定聚乙烯塑钢缠绕排水管为内径系列，直径范围为(200～2600)mm，物理力学性能见表9。

表 9 聚乙烯塑钢缠绕排水管的物理力学性能

项　目	要　求	
环刚度（kN/m^2）	SN4	≥4
	SN8	≥8
	SN10	≥10
	SN12.5	≥12.5
冲击性能 TIR	≤10%	
环柔性	试样圆滑，无反向弯曲，无破裂，加强筋与基体无脱开	
烘箱试验	管材熔缝处应无分层、无开裂	
蠕变比率	≤2	
缝的拉伸强度	公称直径（mm）	管材能承受的最小拉伸力（N）
	200≤DN/ID≤300	≥380
	400≤DN/ID≤500	≥600
	600≤DN/ID≤800	≥840
	900≤DN/ID≤1900	≥1200
	2000≤DN/ID≥2600	≥1440

3.1.2 为了便于塑料排水管道工程设计，对本规程所涉及的各种塑料管道列出其主要力学性能指标，主要包括：弹性模量、强度标准值、强度设计值等。

对于聚乙烯（PE）类管材，根据现行国家标准《高密度聚乙烯树脂》GB 11116－89 的规定，挤塑类高密度聚乙烯材料的抗拉屈服强度均在 21MPa 以上，此外，美国聚乙烯波纹管协会在《聚乙烯波纹管的结构设计方法》中推荐聚乙烯的抗拉强度按 20.7MPa 采用，综合考虑我国当前聚乙烯管材加工及使用情况，本规程采用美国聚乙烯波纹管协会的推荐值。

对于聚氯乙烯（PVC-U）类管材，管壁的弯曲抗拉强度在国标 GB/T 10002、GB/T 1916 和 ISO 4435 给水排水用 PVC-U 管材产品标准中未作规定。据日本财团国土开发研究中心在 20℃条件下实测数据资料和日本下水道协会 JSWAS，K-1 标准中的规定，PVC-U 管材的弯曲抗拉强度值分别为 84.31MPa 和 90MPa；国内一些单位的实测值为（78.43～98.04）MPa，相比可见我国的 PVC-U 管材的离散度相对要高一些。从工程安全的角度考虑，PVC-U 管材的短期弯曲抗拉强度值确定为 80MPa 是合适的，取管材 50 年的剩余弯曲抗拉强度值为短期弯曲抗拉强度的 50%，材料分项系数取 1.97(2.5/1.27)，则 PVC-U 管材的弯曲抗拉强度设计值为80×0.5/1.97＝20.3MPa。

对于钢塑复合管，《埋地排水用钢带增强聚乙烯（PE）螺旋波纹管》CJ/T 225－2006 规定钢带屈服强度为（160～210）MPa，《埋地钢塑复合缠绕排水管材》QB/T 2783－2006 对钢带屈服强度未作规定，《埋地双平壁钢塑复合缠绕排水管》CJ/T 329－2010 规定钢带屈服强度为（205～245）MPa，《聚乙烯塑钢缠绕排水管》CJ/T 270－2007 规定钢带屈服强度为（195～235）MPa。由于钢塑复合管生产企业在不同规格管材上使用的钢带牌号不尽相同，本规程参考《埋地排水用钢带增强聚乙烯螺旋波纹管管道工程技术规程》CECS 223：2007，以符合《深冲压用冷轧薄钢板及钢带》GB/T 5213 标准的 SC1、SC2、SC3 牌号钢材为基础上，给出钢塑复合管钢带的抗压强度标准值、设计值范围，对于采用其他牌号钢材，其抗压强度设计值可按屈服强度除以抗力分项系数 1.1 来确定。钢带抗压强度标准值即为钢带的屈服强度值。

3.2 配　件

3.2.1 弹性橡胶密封圈是塑料排水管道连接的重要材料，对确保接头可靠连接起着重要作用，本条规定了对弹性橡胶密封圈的质量要求，并提出应由管材生产企业配套供应。规定弹性橡胶密封圈应由管材生产企业配套供应，其目的是为了增强密封圈与管材的配套性，确保接头连接密封、可靠。

3.2.2 电热熔带连接是聚乙烯结构壁常用的连接方式之一，具有施工简单等特点。目前，国家或行业尚无电热熔带产品标准，本规程根据施工经验和参考其他有关标准，对电热熔带产品提出了基本要求。

3.2.3 承插式电熔连接方式是管材出厂前，将电热元件预装在管材承口上，该连接方式是聚乙烯缠绕结构壁管（B管）主要连接方式，具有施工方便、连接可靠等特点。影响该连接方式的接头质量的关键是电热元件的材性，因此，在本规程中，根据施工经验和参考有关标准，对该连接方式的电热元件提出了基本要求。

3.2.4 本条规定"热熔挤出焊接所用的焊接材料应采用与管材相同的材质"，是根据聚乙烯材料"相似相熔"的原理，使接头焊接强度最大化，实现可靠连接目的。

3.2.5 本条规定当管道连接中有金属材料时，对金属材料的材质要求和防腐性能提出了要求，主要是考虑金属材料与土壤接触，容易腐蚀，影响管道连接的可靠性，因此，要求做好防腐、防锈工作，以提高其使用寿命。

3.2.6 胶粘剂连接是聚氯乙烯管道常用的连接方法，胶粘剂的黏度和粘结强度等性能指标对接头的密封性和可靠性至关重要，因此，本规程规定胶粘剂应符合《硬聚氯乙烯（PVC-U）塑料管道系统用溶剂型胶粘剂》QB/T 2568 的要求。

3.2.7 塑料检查井与塑料排水管道配套使用，对发挥塑料管道系统整体优势具有重要作用，在 2007 年建设部发布的《建设事业"十一五"推广应用和限制禁止使用技术（第一批）》（第 659 号公告）中规定：

塑料排水管道系统应优先采用塑料检查井。对于建筑小区使用的塑料检查井应符合《建筑小区排水用塑料检查井》CJ/T 233 的要求；对市政工程使用的塑料检查井应符合《市政排水用塑料检查井》CJ/T 326 的要求。

4 设　　计

4.1 一 般 规 定

4.1.1 塑料排水管道应设计合理、方便施工，根据各种边界条件，综合考虑管径、管位、标高等因素，进行平面、横断面、纵断面等设计，确保地下各种市政管道、其他市政设施及道路的安全。

4.1.2 塑料管材为柔性管材，管材自身及接口对角变位有一定的适应性，但由于管道种类繁多，管壁结构形式和管材接口形式也各不相同，故本规程无法对此作出具体规定，设计人可参考所用管材的生产厂商提供的产品技术要求。

4.1.3 塑料排水管道在国外应用已有 50 年以上的经验，实践证明，按产品标准生产、按规范施工，埋地塑料排水管道的使用寿命不低于 50 年是可以保证的。

4.1.4 塑料排水管道结构设计是根据《工程结构可靠度设计统一标准》GB 50153－92 和《建筑结构可靠度设计统一标准》GB 50068－2001规定的原则，采用以概率理论为基础的极限状态设计方法，并符合《给水排水工程管道结构设计规范》GB 50332－2002 相关的规定。

4.1.5 参照《给水排水工程管道结构设计规范》GB 50332－2002 的相关条款制定，承载能力极限状态计算和验算是为了确保管道结构不致发生强度不足而破坏，以及结构失稳而丧失承载能力；正常使用极限状态计算和验算是为了控制管道结构在运行期间的安全可靠和必要的耐久性，其使用寿命符合规定要求。

4.1.7 管道土弧基础或砂石基础设计中心角不宜小于 120°是根据工程设计经验总结出来的，已被各大市政设计院普遍采用。

4.1.8 塑料排水管道是柔性管道，设计依据的是"管土共同工作"理论，如采用刚性管座基础将破坏围土的连续性，从而引起管壁应力的突变，并可能超出管材的极限抗拉强度导致破坏。

4.1.9 混凝土包封结构是为了弥补塑料排水管的强度或刚度不足，凡采用混凝土包封结构的管段，混凝土包封结构应按承担全部的外部荷载，若从结构专业设计划分，这显然不属于塑料管道结构设计范畴。本规程明确规定凡需混凝土包封的塑料排水管道，应采用全管段连续包封，目的同样是为了消除管壁应力集中的问题。

4.2 管 道 布 置

4.2.1 参照《城市工程管线综合规划规范》GB 50289－98 和《室外排水设计规范》GB 50014－2006 相关条款制定。

4.2.2 参照《埋地聚乙烯给水管道工程技术规程》CJJ 101－2004 和《聚乙烯燃气管道工程技术规程》CJJ 63－2008 相关条款制定，并根据热源在土壤中的温度场分布，用《传热学》中的源汇法，经计算和绘制的热力管的温度场分布图确定的。计算表明，保证热力管道外壁温度不高于 60℃条件下，距热力管道外壁水平净距 1m 处的土壤温度低于 40℃。东北某城市对不同管径、不同热水温度的热力管道周围土壤温度实测数据也表明，距热力管道外壁水平净距 1m 处的土壤温度远低于 40℃。当然，有条件的情况下，塑料排水管道与供热管道的水平净距应尽量加大一些，以避免各种不可预见的问题发生。

4.2.3 本条规定与建筑物、构筑物外墙之间的水平净距是为了防止当塑料排水管道发生漏水时，不对建筑物、构筑物产生较大影响，以及便于抢修和维护。

4.2.4 参照《城市工程管线综合规划规范》GB 50289－98 和《室外排水设计规范》GB 50014－2006 相关条款制定。

4.2.5 表 4.2.5-1 参照《室外排水设计规范》GB 50014－2006 相关条款制定，表 4.2.5-2 参照《建筑给水排水设计规范》GB 50015－2003相关条款制定。

4.2.6 设置保护套管首先是为了满足被穿越的铁路、高速公路等设施的安全方面的有关规定（这类规定也并不仅限于塑料排水管道），其次是便于塑料排水管道的常规维护管理。

4.2.7 参照《城市工程管线综合规划规范》GB 50289－98 有关条款制定，在 GB 50289－98 中规定：在一至五级航道下面敷设，应在河底设计高程 2m 以下；在其他河道下面敷设，应在河底设计高程 1m 以下；当在灌溉渠道下面敷设，应在渠底设计高程 0.5m 以下。

4.2.8 塑料排水管道用于倒虹管，需满足《室外排水设计规范》GB 50014－2006 的相关条款要求，并需符合河道管理部门对各类河道安全的有关规定。

4.2.9 参照《室外排水设计规范》GB 50014－2006 和《建筑给水排水设计规范》GB 50015－2003 的相关条款制定。

4.3 水 力 计 算

4.3.1 塑料排水管道的流速、流量计算公式是根据《室外排水设计规范》GB 50014－2006 确定。

4.3.2 塑料排水管管壁粗糙系数 n 值与管材的材质、结构形式有关。对于聚乙烯或聚氯乙烯实壁管，国内外推荐值均为 $n=0.009$。对于双壁波纹管或加筋管，天津市市政工程研究院曾对 $DN200$ 的 PVC-U 双壁波纹管在清水中进行水力特性试验，试验结果：管内壁的粗糙系数 n 值为 0.00789～0.00891；美国 PVC 管协会推荐：重力流污水管系统 n 值为 0.009；美国聚乙烯波纹管协会 CPPA 资料，犹他州州立大学水研究实验室确定的光滑内壁的聚乙烯波纹管 n 为 0.010～0.012；日本下水道协会JSWAS标准中 n 值采用 0.010。对于缠绕结构壁管，由于管道是采用缠绕工艺生产的，管道内壁有许多搭接缝，其管壁粗糙度要大于挤出成型的塑料管，目前没有具体试验数据，一般认为 $n \geqslant 0.011$。因此，本规程规定：塑料排水管道的管壁粗糙系数 n 值的选取，应根据试验数据综合分析确定，一般为 0.009～0.011。当无试验资料时，采用 $n=0.011$。

4.3.3 规定最大设计流速是为了防止排水对管壁的冲刷；规定最小设计流速是为了防止杂物在管内淤积。本规程的取值系按《室外排水设计规范》GB 50014－2006 的规定确定。

4.4 荷 载 计 算

4.4.1 管道顶部的竖向土压力标准值计算公式包含了地下水范围内的覆土，采用水土合算。

4.4.2 车辆荷载等级中的“实际情况”是指与道路桥涵的荷载等级一致。由于排水管道结构毕竟与道路桥涵有很大不同，更应关注的是车辆轴重或轮压力的大小。

4.4.3 本条是参照《给水排水工程管道结构设计规范》GB 50332－2002有关条款制定。作用在管道上的车辆荷载，其准永久值系数一般情况取 $\psi_q=0.5$，当管道敷设于某些特殊场合（例如大型停车场、堆料场等）时，亦可适当提高该系数。

4.4.4 本条的“地面堆积荷载”是指一般道路和绿地情况，可按 $10kN/m^2$ 计算。当管道用于某些特殊场合时，其取值应根据实际可能的堆积荷载确定。

4.5 承载能力极限状态计算

4.5.1、4.5.2 参照《给水排水工程管道结构设计规范》GB 50332－2002有关条款制定。

4.5.3 本条中“热塑性塑料管道”是指：硬聚氯乙烯（PVC-U）管、硬聚氯乙烯（PVC-U）双壁波纹管、硬聚氯乙烯（PVC-U）加筋管、聚乙烯（PE）管、聚乙烯（PE）双壁波纹管、聚乙烯（PE）缠绕结构壁管；“钢塑复合管道”是指钢带增强聚乙烯（PE）螺旋波纹管、钢塑复合缠绕管、双平壁钢塑复合缠绕管、聚乙烯（PE）塑钢缠绕管。

1 热塑性塑料管道：

热塑性塑料管道最大环向弯曲应力设计值计算公式是参照美国聚乙烯波纹管协会资料《聚乙烯波纹管的结构设计方法》的有关内容制定。管道环截面的强度按柔性管的理论计算，管两侧的侧向土抗力由管道在竖向荷载作用下管径侧变形的大小确定。侧向土抗力的图形采用 spangler 抛物线形，管道在外压力作用下的弯曲应力通过在竖向变形下管材的应变来计算。美国公式为：

$$\sigma=\frac{2D_fE_py_0\Delta y(SF)}{4r_0^2} \tag{1}$$

式中：SF 为安全系数，原取 1.5，因美国公式中材料抗拉强度和荷载采用标准值，而本规程材料抗拉强度采用设计值，其比值为 20.7/16＝1.294，荷载采用基本组合，其值差一个荷载分项系数，综合原公式中的系数 2、安全系数 1.5、本公式中的荷载分项系数、材料抗拉强度标准值与设计值的比值，故调整系数取为 1.76。对于变形公式中的滞后效应系数取为 1.0，是考虑到黏弹性材料具有应力松弛的特性。

沟槽回填土夯实程度与密实度之间的对应关系：轻度夯实，85％≤密实度＜90％；中度夯实，90％≤密实度＜95％；高度夯实，密实度≥95％。

2 钢塑复合管道：

钢塑复合管道最大环向弯曲应力设计值计算公式是参照美国钢铁协会（AISI）出版的《排水和高速公路用钢结构产品手册》（1994）中有关波纹钢管的内容制定。

美国犹他州立大学曾对聚乙烯钢肋螺旋管埋地后的受力和变形情况作了大量的试验研究。试验成果表明，聚乙烯钢肋螺旋管的工作性状和荷载-变形曲线与低刚度的波纹钢管相类似。美国钢铁协会（AISI）在《排水和高速公路用钢结构产品手册》（1994）中载有波纹钢管的设计内容，其中给出了对圆形波纹钢管按圆拱压力理论进行强度设计的计算方法。该《手册》认为，强度设计应按下式进行：

$$\sigma=\frac{PD}{2A}=\frac{f_b}{N} \tag{2}$$

式中：σ——管道环向应力；

P——管顶单位面积的土柱压力；

D——波纹钢管直径；

A——单位管长的管壁面积；

f_b——管壁材料的极限强度，当 $\frac{D}{r}<294$ 时，

$f_b=\sigma_s$；

σ_s——管壁材料的屈服强度；

r——管壁波纹的回转半径，可近似地取波纹高度的一半；

N——安全系数。

由此，可得出以下表达式：

$$\sigma=\frac{NPD}{2A}\leqslant\sigma_s \tag{3}$$

我国《钢结构设计规范》GB 50017－2003 中规定钢的屈服强度和强度设计值间有如下换算关系：

$$f_y = \frac{\sigma_s}{\gamma_R} \tag{4}$$

式中：f_y——钢材的设计强度；

γ_R——钢材的抗力分项系数。对 Q235 钢，$\gamma_R=1.087$；对 Q345 钢、Q390 钢、Q420 钢，$\gamma_R=1.111$。

由此，得出下列公式：

$$\sigma = \frac{NPD}{2A\gamma_R} \leqslant f_y \tag{5}$$

根据美国犹他州立大学对螺旋波纹管的试验成果，管顶覆土压力与管周回填土的密实度有关。据此，美国 AISI 在其手册中给出了回填土密实度与荷载系数的关系。

美国 AISI 建议安全系数取 2.0，认为该值适当，并偏安全；考虑到我国土压力采用计算值，有一分项系数 1.27，而美国AISI中土压力采用标准值；所以，综合考虑公式中采用系数 0.72。

4.5.4、4.5.6 参照国家标准《给水排水工程管道结构设计规范》GB 50332－2002 有关条款制定。

目前国内对热塑性塑料管道工程，设计几乎全部采用美国的管壁失稳临界压力计算公式：

$$F_{cr,k} = 4\sqrt{\frac{2S_p E_d}{1-\nu_p^2}} \tag{6}$$

4.5.7 本条是参照《给水排水工程管道结构设计规范》GB 50332－2002第 4.2.12 条和美国聚乙烯波纹管协会资料《聚乙烯波纹管的结构设计方法》有关内容制定的。管道环截面压屈失稳取决于管侧回填土变形模量和管材环刚度。美国公式为：

$$P_{cr} = \frac{0.772}{SF}\left[\frac{E_d PS}{1-V^2}\right]^{1/2} \tag{7}$$

式中：SF 为安全系数，原取 2.0，现压屈稳定系数也取 2.0；式中 PS 为美国 ASTM 标准中定义的管刚度，它与 ISO 标准中的环刚度的关系是：$S=0.0186PS=1/53.7PS$，故 $0.722\sqrt{PS}=4\sqrt{2S}$。其中，因钢带增强 PE 螺旋波纹管上的各项作用均由钢带承担，不考虑 PE 的作用，而钢带在其正交方向不连续，故取其泊松比为 0。

4.5.8、4.5.9 参照《给水排水工程管道结构设计规范》GB 50332－2002第 4.2.10 条制定。

根据 GB 50332－2002，埋地塑料排水管的抗浮稳定计算应符合下式要求：

$$\Sigma F_{Gk} \geqslant K_f F_{fw,k} \tag{8}$$

式中：ΣF_{Gk} 为各项抗浮永久作用标准值之和；$F_{fw,k}$ 为浮托力标准值；K_f 为管道的抗浮稳定性抗力系数，取 1.1。

4.6 正常使用极限状态计算

4.6.1 本条是参照《给水排水工程管道结构设计规范》GB 50332－2002 第 4.3.8 条制定。

4.6.2 本规程的变形公式采用了美国 spangler 公式，符合GB 50332－2002的规定。公式中的变形滞后效应系数可依沟槽管道胸腔部位回填土的密实度取值，密实度大取大值，密实度小取小值。

4.6.3 塑料排水管的允许直径变形率，在美国及欧洲的有关资料中都规定不大于 7.5%；本规程是按 GB 50332－2002 中不大于 5%的规定确定的。

4.7 管 道 连 接

4.7.1 本条提出了在工程设计中，埋地塑料排水管道接口连接形式的分类、特点及其选择原则和注意事项。其中的塑料排水管道的连接方法，是参考国内外不同结构形式塑料管道施工的有关规程、规定，并结合我国目前施工的实际情况作出了规定。

4.7.2 在抗震设防烈度≥8 度、设计地震加速度≥0.3g，场地土类别为Ⅳ类的地区应按《室外给水排水和燃气热力工程抗震设计规范》GB 50032－2003 第 5.5 节对埋地塑料管材进行抗震验算。验算时一般可仅考虑剪切波行进时对不同接口的管道产生的变位或应变。

聚乙烯塑料排水管道，自身有很好的变形适应性，无论是柔性连接还是所谓的刚性连接，只要连接可靠，管材自身的抗震性能是非常优越的。2008 年“5.12”汶川大地震过后，通过对城市市政管网震害调查中充分证实了这一点。在这方面，国外同样也有资料可以证明 PE 塑料管道的这一特性。

承插连接属柔性连接，接口施工安装方便、密封性能好；管接口允许的偏转角度大，对地基的不均匀沉降适应性好；管道连接处存在一定的孔隙，能消除由于温差作用导致的管道伸缩变形的影响。

PE 缠绕结构壁管和 PE 双壁波纹管，当不能采用单承口连接时，可采用双承口连接，双向承插弹性密封圈连接，安装也较方便。

4.7.3 塑料排水管道与检查井的连接有刚性连接与柔性连接两种方式。对于较大管径的塑料管道，当在场地土层变化较大、场地类别较差（如Ⅳ场地）或地震设防烈度为 8 度及 8 度以上的地区敷设塑料排水管道时应选用柔性连接，是为了获得管道局部较大的变形能力，对于较小直径的塑料管道自身的变形能力很强，可不受此规定限制。

从严格意义上讲，塑料排水管道与检查井井壁的连接都应是柔性连接，这是不同材料的性质所决定的，尤其是聚乙烯塑料管道，简单的刚性连接很难保证不渗漏的要求，因此在条件具备的情况下，应尽可能采用柔性连接。

4.8 地 基 处 理

4.8.1～4.8.4 地基处理方法宜由设计、施工单位根据土质条件制定。

对由于管道荷载、地层土质变化等因素可能产生管道纵向不均匀沉降的地段，应在管道敷设前对地基进行加固处理。塑料排水管管道地基处理宜采用砂桩、块石灌注桩等复合地基处理方法。不得采用打入桩、混凝土垫块、混凝土条基等刚性地基处理措施。

用土工布（土工织物）对敷设在高地下水位的软土地层中的塑料管道进行纵向及横向加固，这是一种比较有效的埋地塑料管道加固措施。具体做法如下：

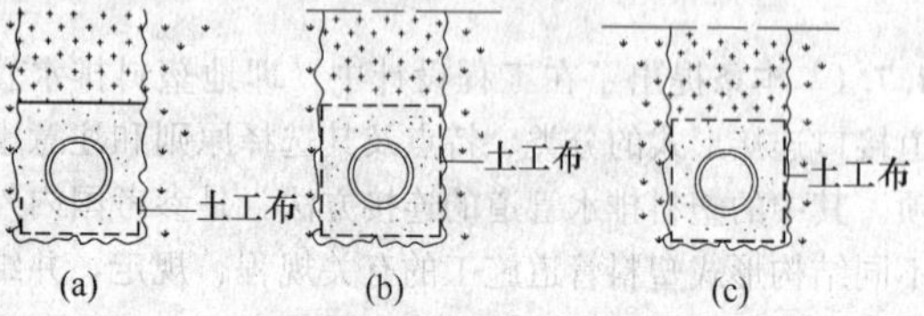

图 1　软土地层中管道的土工布加固方法

1　在地基土层变动部位防止或减少管道纵向不均匀沉降的敷设方法。土工布包覆后能起到地基梁的作用，可根据土质变化情况及范围采用图 1 中（a）、（b）、（c）的不同包覆方式。

2　防止高地下水位管道上浮的土工布包覆方法，见图 2。

3　防止土壤中细颗粒土因地下水流动而转移的土工布包覆方法，见图 3。

土工布的搭接，当采用熔接搭接时，搭接长度不小于 0.3m；当采用非熔接搭接时，搭接长度不小于 0.5m。

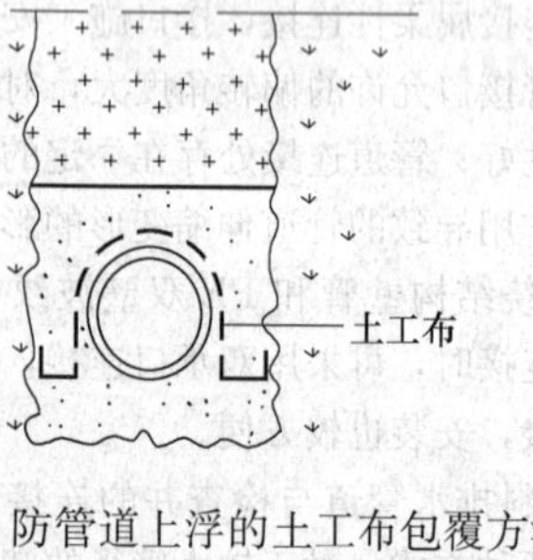

图 2　防管道上浮的土工布包覆方法

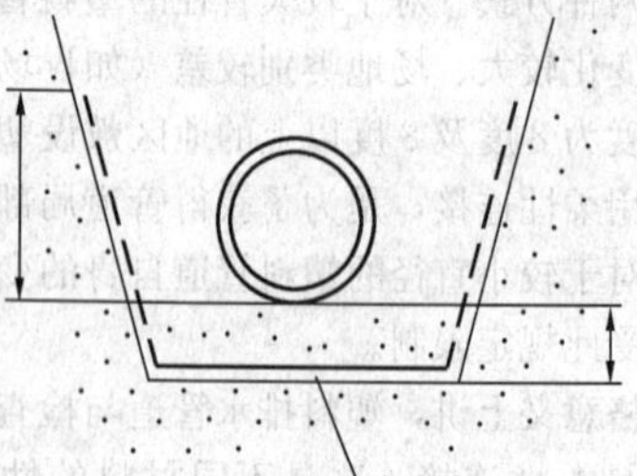

图 3　防细颗粒土流失的土工布包覆方法

4.9　回 填 设 计

4.9.1　塑料管属柔性管，对应的管道基础应采用土弧基础。国内外通常的做法都是采用砂砾石基础，土质良好的地方也可采用原土基础。为了便于控制管道高程，保证管底与基础的紧密结合，对于一般地基仍应敷设一层砂砾石基础层。在地质条件极差的软土地区，管道基础应按地质条件进行专门的设计，对地基进行改良和处理，当达到承载能力要求后方可铺设基础层。

4.9.3　塑料排水管道是按管土共同作用理论设计计算的，因此必须严格按设计要求的回填土进行沟槽回填。本条对沟槽各部位回填土密实度的要求是按《给水排水工程管道结构设计规范》GB 50332－2002 第 5.0.16 条的规定制定的，同时也符合《给水排水管道工程施工及验收规范》GB 50268－2008 第 4.6.3 条的规定。

4.9.4　管道与检查井连接处是管道由刚到柔的过渡，过渡区处理是设计人要慎重考虑的设计内容之一。较大直径的管道在此区段内设置卸压构件，是出于对该处管道受力复杂、施工难度很大、管基及回填土施工的质量不易保证的考虑。

5　施　　工

5.1　一 般 规 定

5.1.1　施工组织设计是保证塑料排水管道工程施工质量的重要文件之一，必须按规定程序审批后方能实施。

5.1.2　管顶最大覆土厚度是按本规程第 4 章"设计"中有关塑料排水管道结构设计的规定，根据埋设管道的地质条件，通过对埋设管道的强度和变形计算确定的。因此，在编制施工组织设计时，应对沿线土质进行核对。

5.1.3　本条规定了塑料排水管道进场检验的具体内容。

5.1.4　塑料排水管道施工应做到"做一段，清一段"，保证管内不残留杂物。

5.1.5　本条是为了保证每一管接头连接密封性能而提出的要求。

5.1.6　检查井的槽底一般比管道深，容易受到扰动、超挖、受水浸泡等，使槽底土的强度降低，导致管道与检查井之间产生较大的差异沉降和转角，最终影响管道与检查井的连接质量。出现上述情况时，应进行处理，使槽底地基土的强度满足设计要求。

5.1.7　本条规定了检查井与上下游管道连接段的管底超挖（挖空）部分回填要求，包括回填材料和压实度的要求，目的是确保基础稳固，提高接头连接可靠性。

5.1.8　槽底积水或受冻将影响塑料排水管道的施工质量，因此，要求塑料排水管道在敷设、回填的过程中，槽底不得积水或受冻。在地下水位高于开挖沟槽槽底高程的地区，地下水位应降至槽底最低点以下不小于 0.5m，目的也是如此。

5.2 材料运输和储存

5.2.1 本条规定是为了防止塑料排水管在运输过程中受到损伤。

1 在冬季或低温状态下塑料管道脆性增强，抛、摔或剧烈撞击容易产生裂纹和损伤。用非金属绳（带）吊装是考虑到塑料材质比较柔软，金属绳容易损伤管材。

2 由于塑料排水管刚性相对于金属管较低，运输途中平坦放置有利于减少管道局部受压和变形；管材在运输途中捆扎、固定是为了避免其相互移动的挫伤。堆放处不允许有尖凸物是防止在运输途中管材相对移动，尖凸物划伤、扎伤管材。

5.2.2 本条规定了塑料排水管的储存条件。

1 塑料材料受温度影响较大，长期受热会出现变形，以及产生热老化，会降低管道的性能。因此，塑料排水管应存放在通风良好的库房或棚内，远离热源，并有防晒、防雨淋的措施。

2 油类对管道在施工连接时有不利影响；化学品有可能对塑料材料产生溶胀，降低其物理力学性能；此外，塑料属可燃材料。因此，严禁与油类或化学品混合存放，库区应有防火措施。

3 规定管材堆放方式及高度，是由于塑料材料的刚度相对于金属管较低，因此，堆放处应尽可能平整，连续支撑为最佳。若堆放过高，由于重力作用，可能导致下层管材出现变形（椭圆），对施工连接不利，且堆放过高，易倒塌。

4 规定管材应按不同规格尺寸和不同类型分别存放，是为了便于管理和拿取方便，避免施工期间使用时拿错，影响施工进度和工程质量。遵守"先进先出"原则，是为了管材、管件储存不超过存放期。

5 规定存放时间不宜超过18个月，是为了保证管材质量，防止管材老化，性能降低。

5.3 沟槽开挖和地基处理

5.3.1 参照《给水排水管道工程施工及验收规范》GB 50268-2008的有关条款制定，其目的是确保沟槽开挖位置准确无误。

5.3.2 参照《给水排水管道工程施工及验收规范》GB 50268-2008的有关条款制定，槽底开挖宽度除考虑了管道外径，还考虑了管道两侧工作面宽度，以及有支撑要求时，管道两侧支撑厚度。

5.3.3 强调要综合考虑施工现场环境、条件确定沟槽形式，做到安全、经济、方便。

5.3.4 规定堆土位置和高度，是为了确保沟槽开挖安全。

5.3.5 本条强调沟槽开挖时，不得扰动基底原状土层。

5.3.6 本条强调地基基础应按设计要求处理，确保地基基础质量。

5.3.7 本条强调连接部位的凹槽宜随铺随挖，并及时回填，避免破坏基础层。

5.3.8 本条针对一般土质，提出了地基处理的常规做法，以确保地基基础质量。

5.4 管道安装

5.4.1 本条规定是为了便于管道变形检测和质量判定。

5.4.2 本条规定管道连接所需配件应由管材供应商配套供应，目的是提高管道连接时配件与管道的配套性，以及连接质量可追溯性，避免出现连接质量问题时，管材和配件供应商相互推诿。要求采用专用工具施工是为了避免人为因素影响管道安装质量。

5.4.3 安装时对连接部位、密封件进行清洁处理是为了避免杂质影响接头的密封性；对金属件进行防腐处理是为了提高金属件的使用寿命。

5.4.4 本条针对塑料管特点，提出了塑料排水管下管要求，避免野蛮施工。

5.4.5 本条规定承插接口顺水流方向是为了减少接头部位阻力，避免接口部位杂物淤积。

5.4.6 本条规定了弹性橡胶密封圈连接的操作要求，其关键点是插入深度要足够、橡胶密封圈要正确就位、连接的管道轴线要保持平直。

5.4.7 本条规定了卡箍（哈夫）连接操作要求，其关键点是接口要对正、橡胶密封件要正确就位。

5.4.8 本条规定了胶粘剂连接的操作要求，其关键点是承插口表面油污要擦净、胶粘剂涂抹要均匀、固化期间不得在连接件上施加任何外力。

5.4.9 本条规定了热熔对接连接的操作要求，其关键点是连接部位要擦拭干净、加热时间和焊接压力要适当、保压冷却期间不得在连接件上施加任何外力。

5.4.10 本条规定了承插式电熔连接的操作要求，其关键点是通电加热时间要适当、冷却期间不得在连接件上施加任何外力。

5.4.11 本条规定了电热熔带连接的操作要求，其关键点是通电加热时间要适当、严禁带水作业。

5.4.12 本条规定了热熔挤出焊接连接的操作要求，其关键点是要预热待焊部位、焊条材质要与管材聚乙烯材质相同。

5.4.13 本条是针对雨期施工或地下水位高的地段施工时，为保证施工质量而采取的措施。

5.4.14 本条是针对塑料排水管道施工和道路施工同时进行，塑料排水管道覆土厚度不能满足规定要求时，为提高埋设管道管侧土的抗力而提出的加固措施。

5.4.15 塑料排水管道与检查井的连接有如下几种形式：

1 塑料排水管道与塑料检查井的连接，分为刚性连接和柔性连接两种形式。

刚性连接：（1）PVC-U 平壁管的插口与 PVC-U 塑料检查井的承口采用 PVC 胶粘剂连接；（2）PE 缠绕结构壁管（A 型）与 PE 塑料检查井采用电热熔带、热收缩带或焊接连接；（3）PE 缠绕结构壁管（B 型）与 PE 塑料检查井采用承插式电熔连接。

柔性连接：各种材质的塑料管道与塑料检查井的承插式接口橡胶密封圈的连接方式。

2 塑料排水管道与混凝土检查井或砌体检查井的连接，分为刚性连接和柔性连接两种形式。

刚性连接：（1）对外壁平整的塑料管材，如 PVC-U 平壁管等，为增加管材与检查井的连接效果，需对管道伸入检查井部位的管外壁预先作粗化处理，即用胶粘剂、粗砂预先涂覆于管外壁，经固化后，再用水泥砂浆将粗化处理的管端砌入检查井井壁上；（2）对外壁不平整的管材，如双壁波纹管、加筋管、缠绕结构壁管等，采用现浇混凝土包封插入井壁的管端，再用水泥砂浆将包封的管端砌入检查井井壁上。

柔性连接：预制混凝土外套环，并用水泥砂浆将混凝土外套环砌筑在检查井井壁上，然后采用橡胶密封圈连接。

塑料排水管道与检查井的连接具体做法可按本规程附录 B 规定执行；建筑小区塑料排水管道与塑料检查井的连接可参考《建筑小区塑料检查井应用技术规程》CECS 227 的规定。

5.5 沟 槽 回 填

5.5.1 规定立即回填是为了尽可能减小环境温度升降对已连接管道纵向伸缩的影响，以及防止管道受到意外损伤。

5.5.2 规定清除沟槽内杂物是为了防止砖、石等硬物损伤塑料排水管道。

5.5.3 规定从管道两侧对称均衡回填是为了防止回填时管道产生位移。

5.5.4 参照《给水排水管道工程施工及验收规范》GB 50268－2008 中对管道检查井及其他附属构筑物回填要求制定。

5.5.5 规定回填土中不得含有石块、砖及其他杂硬物体，是为了防止砖、石等硬物损伤塑料排水管道。

5.5.6 规定管基设计中心角范围内应采取中粗砂填充密实，是为了确保土弧基础的管土共同作用。

5.5.7 规定回填土应从沟槽两侧对称运入槽内，是为了防止回填时管道产生位移；规定回填土不得直接回填在塑料排水管道上，是为了防止损伤管道及其接口。

5.5.8 参照《给水排水管道工程施工及验收规范》GB 50268－2008 有关条款制定。

5.5.9 塑料排水管为柔性管，当采用钢板桩支护沟槽时，板桩中必须将桩孔回填密实，以保证管道两侧回填土具有符合要求的变形模量。上海某工程曾对拔桩前后埋设管道的变形进行检测，发现拔桩后 24h 内管道的竖向变形率增加了 0.5%。为此，应重视拔桩过程对埋设管道的附加变形的影响，宜从拔桩顺序、桩孔及时回填密实等多方面措施加以保证。

5.5.10 对于大口径塑料排水管道，回填时容易产生竖向变形，本条是控制埋地塑料管道竖向变形的一种施工技术措施。

5.5.11 塑料排水管道是柔性管道。按柔性管道设计理论，应按管土共同作用原理来承担外部荷载的作用力。管区回填从管道基础、管道与基础之间的三角区和管道两侧的回填材料及其压实度对管道受力状态和变形大小影响极大，必须严格控制，并按回填工艺要求进行分层回填，压实和压实度检验，使之符合设计要求。

5.5.12 回填作业每层土的压实遍数应根据实际情况确定，最终要保证每层压实度符合设计要求。

5.5.13 规定此条目的是为了控制施工机械作用对埋设管道产生不良影响。

5.5.14 岩溶区、湿陷性黄土、膨胀土、永冻土等特殊地区的沟槽回填，不能完全采用上述回填方式，应根据设计要求和当地工程建设标准规定来做。

5.5.15 沟槽回填土压实度与回填材料示意见图 4。

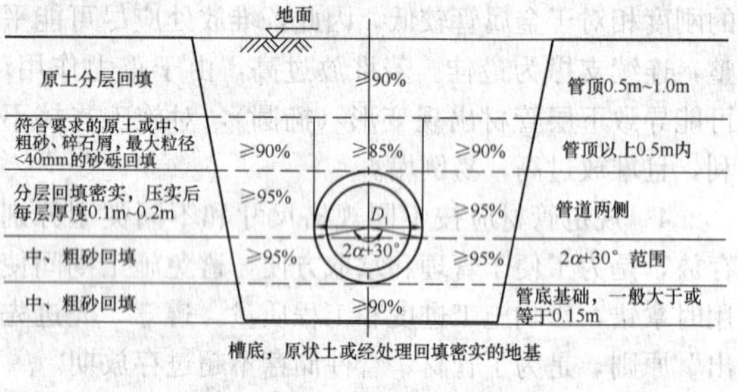

图 4 沟槽回填土压实度与回填材料示意

6 检 验

6.1 密闭性检验

6.1.1 塑料排水管道敷设完毕，投入运行前，进行密闭性检验。对于污水、雨污水合流管道以及湿陷土、膨胀土、流砂地区的雨水管道必须进行密闭性检验，对于一般雨水管道可不做密闭性检验。

6.1.2 参照《给水排水管道工程施工及验收规范》GB 50268－2008 有关条款制定。规定每个试验段长度不宜超过 5 个连续井段，是考虑可操作性和准确性。

6.1.3 参照《给水排水管道工程施工及验收规范》GB 50268－2008 有关条款制定，采用闭水法试验。

6.1.5 允许渗水量计算公式是参考美国《PVC 管设计施工手册》，也符合《给水排水管道工程施工及验收规范》GB 50268－2008 的规定。管道最大渗水量不得超过该值。

6.2 变形检验

6.2.1 埋地塑料管道在施工安装运行过程中有以下三种变形，即施工变形、荷载变形和滞后变形。其中施工变形、荷载变形分别发生在施工安装阶段和沟槽回填至设计高程阶段；滞后变形是指沟槽胸膛回填土的密实度和天然土的密度随时间的变化而引起荷载重新调整过程产生的变形，这一变形的历时可以是几天到若干年，视土类、铺设条件及初始压实度而定。为了使变形检验尽量减少滞后变形因素的影响，故要求回填至设计高程后的 12h～24h 内，即刻测量管道竖向直径变形量，并计算管道初始变形率。

6.2.2 本条规定了埋地管道变形检测的常用手段和精度控制要求。当管道内径大于 800mm，可采用人进入管内测量。

6.2.3 管道初始变形率不超过 3%，是为了保证管道长期变形率控制在规范允许范围内。

1 当管道初始度变形率超过 3%，但不超过 5% 时，挖出后基本可以恢复原状，对敷设过程进行纠正后，该管道的施工质量仍能得到保证。

2 当管道初始变形率超过 5%时，管道有可能出现局部损坏或较大的残余变形，应慎重处理。

6.3 回填土压实度检验

6.3.1 塑料排水管道为柔性管，沟槽回填压实度对控制管道的变形有很大影响。为了保护管道结构安全，故作此项规定。

6.3.2 排水管道敷设完成后，沟槽部分或者恢复原地貌，或者修筑道路，故必须对管顶 0.5m 以上部分沟槽覆土的压实度作出规定。

6.3.3 沟槽回填土的压实度检验应根据具体情况选用检验方法，环刀法或灌砂法是沟槽回填土压实度常用检测方法。采用其他检测方法时，其压实度应通过对比试验确定。

7 验 收

本章为管道工程验收必须遵守的程序，系根据《给水排水管道工程施工及验收规范》GB 50268－2008 制定。

附录 A 管侧土的综合变形模量

参照《给水排水工程管道结构设计规范》GB 50332－2002 的附录 A 制定。

附录 B 塑料排水管道与检查井连接构造

根据国内外塑料排水管工程应用经验总结出来的几个常见连接构造形式。

附录 C 闭 水 试 验

参照《给水排水管道工程施工及验收规范》GB 50268－2008 的附录 D 制定。

中华人民共和国行业标准

城镇燃气报警控制系统技术规程

Technical specification for gas alarm and control system

CJJ/T 146—2011

批准部门：中华人民共和国住房和城乡建设部

施行日期：2 0 1 1 年 1 2 月 1 日

中华人民共和国住房和城乡建设部
公　告

第914号

关于发布行业标准《城镇燃气报警控制系统技术规程》的公告

现批准《城镇燃气报警控制系统技术规程》为行业标准，编号为CJJ/T 146-2011，自2011年12月1日起实施。

本规程由我部标准定额研究所组织中国建筑工业出版社出版发行。

中华人民共和国住房和城乡建设部

2011年2月11日

前　言

根据原建设部《关于印发〈2006年工程建设标准规范制定、修订计划（第一批）〉的通知》（建标[2006] 77号）的要求，规程编制组经广泛调查研究，认真总结实践经验，参考有关国际标准和国外先进标准，并在广泛征求意见的基础上，编制本规程。

本规程的主要技术内容是：总则、术语、设计、安装、验收、使用和维护。

本规程由住房和城乡建设部负责管理，由中国城市燃气协会负责具体技术内容的解释。在执行过程中如有意见或建议，请寄送中国城市燃气协会（地址：北京市西城区西直门南小街22号，邮编：100035）。

本规程主编单位：中国城市燃气协会

本规程参编单位：天津市浦海新技术有限公司
北京市燃气集团有限责任公司
上海市松江电子仪器厂
上海燃气工程设计研究有限公司
北京市煤气热力工程设计院有限公司
山东土木建筑学会燃气专业委员会
上海燃气集团有限责任公司
新疆燃气集团有限责任公司
上海松江费加罗电子有限公司
宁波忻杰燃气用具实业有限公司
欧好光电控制技术（上海）有限公司
济南市长清计算机应用总公司
上海市消防局
北京泰科先锋科技有限公司
新奥燃气控股有限公司
北京均方理化科技研究所
广东胜捷消防企业集团

本规程主要起草人员：牛　军　迟国敬　丛万军　罗崇嵩　蒋克武　宋玉梅　顾书政　张云田　姜述安　黄均义　孟　宇　忻国定　廖　原　秦旭昌　谢　佳　乔　凡　刘丽梅　丁淑兰　李友民　伍建许

本规程主要审查人员：李美竹　朱　晓　金石坚　陈秋雄　应援农　钱　斌　杨　健　牛卓韬　元永泰　孟学思　王　益　于香风　苏伟鹏

目次

Contents

1 总 则

1.0.1 为规范城镇燃气报警控制系统的设计、安装、验收、使用和维护，防止和减少由于燃气泄漏和不完全燃烧造成的人身伤害及财产损失，制定本规程。

1.0.2 本规程适用于城镇燃气报警控制系统的设计、安装、验收、使用和维护。

1.0.3 城镇燃气报警控制系统的设计、安装应由具有燃气工程设计资质和消防工程施工资质的单位承担。

1.0.4 城镇燃气报警控制系统的设计、安装、验收、使用和维护，除应符合本规程的规定外，尚应符合国家现行有关标准的规定。

2 术 语

2.0.1 燃气报警控制系统 gas alarm and control system

由可燃气体探测器、不完全燃烧探测器、可燃气体报警控制器、紧急切断装置、排气装置等组成的安全系统。分为集中和独立两种。

2.0.2 集中燃气报警控制系统 centralized gas alarm and control system

由点型可燃气体探测器、可燃气体报警控制器、紧急切断阀、排气装置、手动报警触发装置等组成的自动控制系统。

2.0.3 独立燃气报警控制系统 separate gas alarm and control system

由独立式可燃气体探测器、紧急切断阀等组成的自动控制系统。

2.0.4 点型可燃气体探测器 spot combustible gas detector

当被测区域空气中可燃气体的浓度达到报警设定值时，能发出报警信号并和可燃气体报警控制器共同使用的可燃气体探测器。

2.0.5 独立式可燃气体探测器 separate combustible gas detector

当被测区域空气中可燃气体的浓度达到报警设定值时，发出声、光报警信号并输出控制信号，且不与报警控制装置连接使用的可燃气体探测器。

2.0.6 可燃气体报警控制器 combustible gas alarm control unit

接收点型可燃气体探测器及手动报警触发装置信号，能发出声、光报警信号，指示报警部位并予以保持的控制装置。

2.0.7 紧急切断阀 emergency shut-off valve

当接收到控制信号时，能自动切断燃气气源，并能手动复位的阀门（含内置于燃气表内的切断阀）。

2.0.8 释放源 release source

可释放出能形成爆炸性混合气体的所在位置或地点。

2.0.9 不完全燃烧探测器 incomplete combustion gas detector

探测由于燃气不完全燃烧而产生的一氧化碳的探测器。

2.0.10 复合探测器 compound gas detector

在一个探测器里能同时探测可燃气体、燃气不完全燃烧产生的一氧化碳的探测器。

3 设 计

3.1 一 般 规 定

3.1.1 城镇燃气报警控制系统中采用的相关设备应符合国家现行标准的规定，并应经国家有关产品质量监督检测单位检验合格，且取得国家相应许可或认可。

3.1.2 城镇燃气报警控制系统应根据燃气种类和用途选择可燃气体探测器、不完全燃烧探测器或复合探测器，并应符合下列规定：

1 在使用天然气的场所，应选择探测甲烷的可燃气体探测器或复合探测器；

2 在使用液化石油气的场所，应选择探测液化石油气的可燃气体探测器；

3 在使用人工煤气的场所，宜选择探测一氧化碳的不完全燃烧探测器或复合探测器；

4 为探测因不完全燃烧产生的一氧化碳，应选用探测一氧化碳的不完全燃烧探测器。

3.1.3 城镇燃气报警控制系统中的相关设备的使用寿命应符合表3.1.3的规定。

表3.1.3 城镇燃气报警控制系统中的相关设备的使用寿命（年）

设 备	使用场所	
	居住建筑	商业和工业企业
可燃气体探测器	5	3
不完全燃烧探测器	5	3
复合探测器	5	3
紧急切断阀	10	10

注：表中的使用寿命指自验收之日起。

3.1.4 可燃气体探测器、不完全燃烧探测器、复合探测器的设置场所，应符合现行国家标准《城镇燃气设计规范》GB 50028和《城镇燃气技术规范》GB 50494的有关规定。

3.1.5 在具有爆炸危险的场所，探测器、紧急切断阀及配套设备应选用防爆型产品。

3.1.6 设置集中报警控制系统的场所，其可燃气体报警控制器应设置在有专人值守的消防控制室或值班室。

3.2 居住建筑

3.2.1 居住建筑各单元中分别设置燃气报警控制系统时，可选择独立燃气报警控制系统；当居住建筑中有多个设置单元并且需要集中控制时，可选择集中燃气报警控制系统。

3.2.2 当设有采暖/热水两用炉或燃气快速热水器的居住建筑的地下室、半地下室需设置燃气报警控制系统时，应选用防爆型探测器，以及紧急切断阀和排气装置。并且紧急切断阀和排气装置应与探测器连锁。

3.2.3 当既有居住建筑使用燃气的暗厨房（无直通室外的门和窗）设置可燃气体探测器、不完全燃烧探测器或复合探测器时，应在使用燃气的同时启动排气装置。

3.2.4 当居住建筑内设置可燃气体探测器、不完全燃烧探测器或复合探测器时，应符合下列规定：

1 探测器位置距灶具及排风口的水平距离均应大于0.5m；

2 使用液化石油气等相对密度大于1的燃气的场所，探测器应设置在距地面不高于0.3m的墙上；

3 使用天然气、人工煤气等相对密度小于1的燃气的场所，或选用不完全燃烧探测器的场所，探测器应设置在顶棚或距顶棚小于0.3m的墙上。

3.2.5 居住建筑内设置的可燃气体探测器、不完全燃烧探测器或复合探测器应与紧急切断阀连锁。

3.3 商业和工业企业用气场所

3.3.1 在商业和工业企业用气场所设置燃气报警控制系统时，可选择集中燃气报警控制系统；对面积小于80m² 的场所，也可选择独立燃气报警控制系统。

3.3.2 在安装可燃气体探测器、不完全燃烧探测器或复合探测器的房间内，当任意两点间的水平距离小于8m时，可设1个探测器并应符合表3.3.2-1的规定；否则可设置两个或多个可燃气体气体探测器并应符合表3.3.2-2的规定。

表 3.3.2-1 单个探测器的设置（m）

燃气种类或相对密度	探测器与释放源中心水平距离 L_1	探测器与地面距离 H	探测器与顶棚距离 D	探测器与通气口及门窗距离 L_2
液化石油气或相对密度大于1的燃气	$1\leqslant L_1\leqslant 4$	$H\leqslant 0.3$	—	$0.5\leqslant L_2$
天然气或相对密度小于1的燃气	$1\leqslant L_1\leqslant 8$	—	$D\leqslant 0.3$	$0.5\leqslant L_2$
一氧化碳	$1\leqslant L_1\leqslant 8$	—	$D\leqslant 0.3$	$0.5\leqslant L_2$

表 3.3.2-2 多个探测器的设置（m）

燃气种类或相对密度	探测器与释放源中心水平距离 L_1	两探测器间的距离 F	探测器与地面距离 H	探测器与顶棚距离 D	探测器与通气口及门窗距离 L_2
液化石油气或相对密度大于1的燃气	$1\leqslant L_1\leqslant 3$	$F\leqslant 6$	$H\leqslant 0.3$	—	$0.5\leqslant L_2$
天然气或相对密度小于1的燃气	$1\leqslant L_1\leqslant 7.5$	$F\leqslant 15$	—	$D\leqslant 0.3$	$0.5\leqslant L_2$
一氧化碳	$1\leqslant L_1\leqslant 7.5$	$F\leqslant 15$	—	$D\leqslant 0.3$	$0.5\leqslant L_2$

3.3.3 当气源为相对密度小于1的燃气且释放源距顶棚垂直距离超过4m时，应设置集气罩或分层设置探测器，并应符合下列规定：

1 当设置集气罩时，集气罩宜设于释放源上方4m处，集气罩面积不得小于1m，裙边高度不得小于0.1m，且探测器应设于集气罩内；

2 当不设置集气罩时，应分两层设置探测器，最上层探测器距顶棚垂直距离宜小于0.3m；最下层探测器应设于释放源上方，且垂直距离不宜大于4m。

3.3.4 当安装可燃气体探测器的场所为长方形状且其横截面积小于4m² 时，相邻探测器安装间距不应大于20m。

3.3.5 当使用燃烧器具的场所面积小于全部面积的1/3时，可在燃烧器具周围设置可燃气体探测器、不完全燃烧探测器或复合探测器，并应符合下列规定：

1 探测器的设置位置距释放源不得小于1m且不得大于3m；

2 相邻两探测器距离应符合表3.3.2-2的规定；

3 可燃气体探测器、不完全燃烧探测器或复合探测器应对释放源形成环形保护。

3.3.6 在储配站、门站等露天、半露天场所，探测器宜布置在可燃气体释放源的全年最小频率风向的上风侧，其与释放源的距离不应大于15m。当探测器位于释放源的最小频率风向的下风侧时，其与释放源的距离不应大于5m。

3.3.7 当燃气输配设施位于密闭或半密闭厂房内时，应每隔15m设置一个探测器，且探测器距任一释放源的距离不应大于4m。

3.3.8 紧急切断阀的设置除应符合现行国家标准《城镇燃气设计规范》GB 50028的有关规定外，还应符合下列规定：

1 与报警器连锁的紧急切断阀的安装位置宜设置在分户计量表前；

2 当用户安装集中燃气报警控制系统时，报警器控制的紧急切断阀自动控制的启动条件应为切断阀安装燃气管道的供气范围内有2个以上探测器同时报警，切断阀为自动控制时人工方式仍应有效。

3.3.9 液化石油气储瓶间应设置防爆型可燃气体探测器，并应与防爆型排风装置连锁，防爆型排风装置还应具备手动启动功能。

3.3.10 露天设置的可燃气体探测器，应采取防晒和防雨淋措施。

3.3.11 集中燃气报警控制系统应在被保护区域内设置一个或多个声光警报装置。

3.3.12 集中燃气报警控制系统应在被保护区域内设置一个或多个手动触发报警装置。

3.3.13 独立燃气报警控制系统中可燃气体探测器、不完全燃烧探测器、复合探测器连接紧急切断阀的导线长度不应大于20m。

4 安 装

4.1 一 般 规 定

4.1.1 城镇燃气报警控制系统的安装，应按已审定的设计文件实施。当需要修改设计文件或材料代用时，应经原设计单位同意。

4.1.2 施工单位应结合工程特点制定施工方案。施工单位应具有必要的施工技术标准、健全的安装质量管理体系和工程质量检验制度，并应按本规程附录A填写有关记录。

4.1.3 安装前应具备下列条件：

1 设计单位应向施工、监理单位明确相应技术要求；

2 系统设备、材料及配件应齐全，并应能保证正常安装；

3 安装现场使用的水、电、气及设备材料的堆放场所应能满足正常安装要求。

4.1.4 设备、材料进场检验应符合下列规定：

1 进入施工安装现场的设备、材料及配件应有清单、使用说明书、出厂合格证明文件、检验报告等文件，并应核实其有效性；其技术指标应符合设计要求；

2 进口设备应具备国家规定的市场准入资质；产品质量应符合我国相关产品标准的规定，且不得低于合同规定的要求。

4.1.5 在城镇燃气报警控制系统安装过程中，施工单位应做好安装、检验、调试、设计变更等相关记录。

4.1.6 城镇燃气报警控制系统安装过程的质量控制应符合下列规定：

1 各工序应按施工技术标准进行质量控制，每道工序完成后，应进行检查，合格后方可进入下道工序；

2 相关各专业工种之间交接时，应进行检验，交接双方应共同检查确认工程质量并经监理工程师签字认可后方可进入下道工序；

3 系统安装完成后，安装单位应按相关专业规定进行调试；

4 系统调试完成后，安装单位应向建设单位提交质量控制资料和各类安装过程质量检查记录；

5 安装过程质量检查应由安装单位组织有关人员完成；

6 安装过程质量检查记录应按本规程附录B填写。

4.1.7 城镇燃气报警控制系统质量控制资料应按本规程附录C填写。

4.1.8 城镇燃气报警控制系统安装结束后应按规定程序进行验收，合格后方可交付使用。

4.2 独立燃气报警控制系统的安装

4.2.1 当独立燃气报警控制系统的可燃气体探测器的安装位置距离地面小于0.3m时，其上方不得安装洗涤水槽、洗碗机等用水设施，正前方不得有遮挡物。

4.2.2 可燃气体探测器、不完全燃烧探测器、复合探测器应安装牢固、接线可靠。探测器与紧急切断阀之间的连线除两端允许有不大于0.5m的导线外，其余应敷设在导管或线槽内，在导管和线槽内不应有接头和扭结。在外部若需接头，应采用焊接或专用接插件。焊接处应做绝缘和防水处理。

4.3 集中燃气报警控制系统的布线

4.3.1 报警控制系统应单独布线，系统内不同电压等级、不同电流类别的线路，不应布在同一导管内或线槽的同一槽孔内。

4.3.2 城镇燃气报警控制系统在非防爆区内的布线，应符合现行国家标准《建筑电气工程施工质量验收规范》GB 50303的规定。可燃气体报警控制系统的传输线路的线芯截面选择，除应满足设备使用说明书的要求外，还应满足机械强度的要求。铜芯绝缘导线和铜芯电缆线芯的最小截面面积不应小于表4.3.2的规定。

表4.3.2 铜芯绝缘导线和铜芯电缆线芯的最小截面面积

类别	线芯的最小截面面积（mm^2）
穿管敷设的绝缘导线	1.00
线槽内敷设的绝缘导线	0.75
多芯电缆	0.50

4.3.3 城镇燃气报警控制系统在防爆区域布线时，应符合现行国家标准《爆炸和火灾危险环境电力装置设计规范》GB 50058 的规定。

4.3.4 城镇燃气报警控制系统的绝缘导线和电缆均应敷设在导管或线槽内，在暗设导管或线槽内的布线，应在建筑抹灰及地面工程结束后进行；导管内或线槽内不应有积水及杂物。

4.3.5 导线在导管内或线槽内不应有接头或扭结。导线的接头应在接线盒内焊接或用端子连接。

4.3.6 对从接线盒或线槽引至探测器或控制器等设备的导线，当采用金属软管保护时，金属软管长度不应大于 2m。

4.3.7 敷设在多尘或潮湿场所管路的管口和管子连接处，应做密封处理。

4.3.8 当管路超过下列长度时，应在便于接线处装设接线盒：

1 管子长度每超过 30m，无弯曲时；

2 管子长度每超过 20m，有 1 个弯曲时；

3 管子长度每超过 10m，有 2 个弯曲时；

4 管子长度每超过 8m，有 3 个弯曲时。

4.3.9 金属导管在接线盒外侧应套锁母，内侧应装护口；在吊顶内敷设时，盒的内外侧均应套锁母。塑料导管在接线盒处应采取固定措施。

4.3.10 导管和线槽明设时，应采用单独的卡具吊装或支撑物固定。吊装线槽或导管的吊杆直径不应小于 6mm。

4.3.11 卡具的吊装点或支撑物的支点应处于下列位置：

1 线槽始端、终端及接头处；

2 距接线盒 0.2m 处；

3 线槽转角或分支处；

4 直线段不大于 3m 处。

4.3.12 线槽接口应平直、严密，槽盖应齐全、平整、无翘角。当并列安装时，槽盖应便于开启。

4.3.13 管线跨越建筑物的结构缝处，应采取补偿措施，其两侧应固定。

4.3.14 城镇燃气报警控制系统导线敷设后，应采用 500V 兆欧表测量每个回路导线对地的绝缘电阻，绝缘电阻值不应小于 20MΩ。

4.3.15 同一工程中的导线，应根据不同用途选择不同颜色进行区分，相同用途的导线颜色应一致。直流电源线正极应为红色，负极应为蓝色或黑色。

4.4 集中燃气报警控制系统的设备安装

4.4.1 安装方式应符合设计和产品说明书的规定，并应满足操作和维修更换的要求。

4.4.2 可燃气体报警控制器安装应符合下列规定：

1 当可燃气体报警控制器安装在墙上时，其底边距地面高度宜为 1.3m～1.5m，靠近门轴的侧面距墙不应小于 0.5m；

2 操作面宜留有 1.2m 宽的操作距离；

3 当落地安装时，其底边宜高出地面 0.1m～0.2m；

4 可燃气体报警控制器应安装牢固，不应倾斜；当安装在轻质墙上时，应采取加固措施。

4.4.3 引入控制器的电缆或导线应符合下列规定：

1 电缆芯线和所配导线的端部均应标明编号，并应与图纸一致，字迹应清晰且不易退色；

2 配线应整齐，不宜交叉，并应固定牢靠；

3 端子板的每个接线端，接线不得超过 2 根；

4 电缆和导线，应留有不小于 200mm 的余量；

5 导线应绑扎成束；

6 导线穿管、线槽后，应将管口、槽口封堵。

4.4.4 可燃气体探测器、不完全燃烧探测器、复合探测器的安装应符合下列规定：

1 探测器在即将调试时方可安装，在调试前应妥善保管，并应采取防尘、防潮、防腐蚀措施；

2 探测器应安装牢固，与导线连接必须可靠压接或焊接；当采用焊接时，不应使用带腐蚀性的助焊剂；

3 探测器连接导线应留有不小于 150mm 的余量，且在其端部应有明显标志；

4 探测器穿线孔应封堵；

5 非防爆型可燃气体探测器的安装还应符合本规程第 4.2.1 条的规定。

4.4.5 紧急切断阀的安装应符合产品说明书的规定，并应满足操作和维修更换的要求。

4.4.6 燃气报警控制系统的接地应符合下列规定：

1 非防爆区中使用 36V 以上交直流电源设备的金属外壳及防爆区内的所有设备的金属外壳均应有接地保护，接地线应与电气保护接地干线（PE）相连接；

2 接地装置安装完毕后，应测量接地电阻，并做记录；其接地电阻应小于 4Ω。

4.4.7 配套设备的安装应符合下列规定：

1 输入模块、输出控制模块距离信号源设备和被联动设备导线长度不宜超过 20m；当采用金属软管对连接线作保护时，应采用管卡固定，其固定点间距不应大于 0.5m；

2 当阀门、风机等设备的手动控制装置安装在墙上时，其底边距地面高度宜为 1.3m～1.5m；

3 声光报警装置安装位置距地面不宜低于 1.8m，并不应遮挡。

4.5 系统调试

4.5.1 系统调试的准备应符合下列规定：

1 应按设计要求查验设备的规格、型号、数量等；

2 应按本规程第 4.2、4.3、4.4 节的要求检查系统的安装质量，对发现的问题，应会同有关单位协商解决，并应有文字记录；

3 应按本规程第4.2、4.3、4.4节的要求检查系统线路，对错线、开路、虚焊、短路、绝缘电阻小于20MΩ等应采取相应的处理措施；

4 对系统中的可燃气体报警控制器、紧急切断阀、风机等设备应分别进行单机通电检查；

5 配套设备的调试应与关联设备共同进行。

4.5.2 可燃气体报警控制器调试应符合下列规定：

1 应切断可燃气体报警控制器的所有外部控制连线，将任一回路可燃气体探测器与控制器相连接后，方可接通电源；

2 可燃气体报警控制器应按现行国家标准《可燃气体报警控制器》GB 16808的有关规定进行主要功能试验。

4.5.3 可燃气体探测器、不完全燃烧探测器、复合探测器的调试应符合下列规定：

1 应按本规程附录D要求进行现场测试；记录报警动作值，并根据本规程附录D的规定判定是否合格；

2 可燃气体探测器、不完全燃烧探测器、复合探测器应全部进行测试。

4.5.4 紧急切断阀调试应符合下列规定：

1 按紧急切断阀的所有联动控制逻辑关系，使相应探测器报警，在规定的时间内，紧急切断阀应动作；

2 手动开关阀门3次，阀门应工作正常。

4.5.5 系统备用电源调试应符合下列规定：

1 检查系统中各种控制装置使用的备用电源容量，应与设计容量相符；

2 备用电源的容量应符合现行国家标准《可燃气体报警控制器》GB 16808的规定；

3 进行3次主备电源自动转换试验，每次应合格。

4.5.6 声光警报及排风装置调试应符合下列规定：

1 按声光警报的所有联动控制逻辑关系，使相应探测器报警，在规定的时间内，声光警报应正常工作；

2 按排风装置的所有联动控制逻辑关系，使相应探测器报警，在规定的时间内，排风装置应正常工作；

3 声光警报及排风装置有手动控制设备时，手动控制设备应能正常工作。

4.5.7 系统联调应符合下列规定：

1 应按设计要求进行系统联调；

2 城镇燃气报警控制系统在连续正常运行120h后，应按本规程附录B的规定填写调试记录表。

5 验　　收

5.0.1 城镇燃气报警控制系统安装完毕后，建设单位应组织安装、设计、监理等相关单位进行验收。验收不合格不得投入使用。

5.0.2 城镇燃气报警控制系统工程验收应包括安装调试时所涉及的全部设备，可分项目进行，并应填写相应的记录。

5.0.3 系统中各装置的验收应符合下列规定：

1 有主、备电源的设备的自动转换装置，应进行3次转换试验，每次试验均应合格；

2 可燃气体报警控制器应按实际安装数量全部进行功能检查；

3 安装在商业和工业企业用气场所的可燃气体探测器、不完全燃烧探测器、复合探测器应按安装数量20%比例抽检，安装在居住建筑内的应按实际安装数量全部检验；

4 紧急切断阀及排风装置应全部检查。

5.0.4 系统验收时，安装单位应提供下列技术文件：

1 竣工验收报告、设计文件、竣工图；

2 工程质量事故处理报告；

3 安装现场质量管理检查记录；

4 城镇燃气报警控制系统安装过程质量管理检查记录；

5 城镇燃气报警控制系统设备的检验报告、合格证及相关材料。

5.0.5 城镇燃气报警控制系统验收前，建设单位和使用单位应进行安装质量检查，同时应确定安装设备的位置、型号、数量，抽样时应选择具有代表性、作用不同、位置不同的设备。

5.0.6 系统布线应符合现行国家标准《建筑电气工程施工质量验收规范》GB 50303的规定和本规程第4.3、4.4节的规定；当设置于防爆场所时，应符合现行国家标准《爆炸和火灾危险环境电力装置设计规范》GB 50058的规定。

5.0.7 可燃气体报警控制器的验收应符合下列规定：

1 应符合本规程第4.4节的相关规定；

2 规格、型号、容量、数量应符合设计要求；

3 功能验收应按本规程第4.5.2条逐项检查，并应符合要求。

5.0.8 可燃气体探测器、不完全燃烧探测器、复合探测器的验收应符合下列规定：

1 应满足本规程第4.4节的相关规定；

2 规格、型号、数量应符合设计要求；

3 功能验收应按本规程第4.5.3条逐项检查，并应符合要求。

5.0.9 系统备用电源的验收应符合下列规定：

1 备用电源容量应符合本规程第4.5.5条的规定；

2 功能验收应按本规程第5.0.3条的规定进行检查，并应符合要求。

5.0.10 系统性能的要求应符合本规程和设计说明规

定的联动逻辑关系要求。

5.0.11 配套设施的验收应符合下列规定：

1 安装位置应正确，功能应正常；

2 手动关阀功能应试验3次；

3 在系统验收时，阀门在电控和手动两种情况下应工作正常。

5.0.12 验收不合格的设备和管线，应修复或更换；并应进行复验。复验时，对有抽验比例要求的应加倍检验。

5.0.13 验收合格后，应按本规程附录E填写验收记录。

5.0.14 独立燃气报警系统的验收，可简化进行。系统安装完成后，应按设计要求组织验收。可按本规程附录D的规定进行现场检验和评定，记录报警动作值。紧急切断阀在可燃气体探测器报警时应动作，并应手动开关阀门3次，阀门动作均应正常。

6 使用和维护

6.0.1 城镇燃气报警控制系统的管理操作和维护应由经过专门培训的人员负责，不得私自改装、停用、损坏城镇燃气报警控制系统。

6.0.2 城镇燃气报警控制系统正式启用时，应具有下列文件资料：

1 系统竣工图及设备的技术资料；

2 系统的操作规程及维护保养管理制度；

3 系统操作员名册及相应的工作职责；

4 值班记录和使用图表。

6.0.3 可燃气体探测器、不完全燃烧探测器、复合探测器及紧急切断阀不得超期使用。

6.0.4 可燃气体报警控制系统设备（可燃气体探测器、不完全燃烧探测器、复合探测器除外）的功能，每半年应检查1次，并按本规程附录F的规定填写检查登记表。

6.0.5 商用和工业企业用气场所中的紧急切断阀每半年应手动开闭一次，并电动闭合一次。

6.0.6 当居住建筑中的可燃气体探测器、不完全燃烧探测器、复合探测器使用到3年时，应按本规程附录D的规定至少检查1次，同时应检查紧急切断阀。报警动作值应符合附录D的规定，声光警报信号应正常，紧急切断阀自动关闭、手动开启功能应正常、无内外泄漏，并应记录检测结果，更换不合格产品。

6.0.7 商业和工业场所的可燃气体探测器、不完全燃烧探测器、复合探测器每年应按本规程附录D规定的试验方法检查1次，其检查结果应符合本规程附录D的要求，报警控制器应能收到报警信号并正确显示，联动设备动作应正常，应记录检测结果，维修或更换不合格产品。

6.0.8 受检设备每次检查完后，应粘贴标识并注明检查日期。

附录A 安装现场质量管理检查记录

表A 安装现场质量管理检查记录

工程名称			
建设单位		监理单位	
设计单位		项目负责人	
安装单位		安装许可证	
序号	项目	内容	
1	现场质量管理制度		
2	质量责任制		
3	主要专业工种人员操作上岗证书		
4	安装图审查情况		
5	安装组织设计、安装方案及审批		
6	施工技术标准		
7	工程质量检验制度		
8	现场材料、设备管理		
9	其他项目		
结论	安装单位项目负责人： （签章） 年 月 日	监理工程师： （签章） 年 月 日	建设单位项目负责人： （签章） 年 月 日

附录B 城镇燃气报警控制系统安装过程检查记录

表B.1 城镇燃气报警控制系统安装过程材料和设备检查记录

工程名称			安装单位	
安装执行规程名称及编号			监理单位	
子分部工程名称	设备、材料进场			
项目	执行本规程相关规定	安装单位检查评定记录	监理单位检查（验收）记录	
检查文件及标识	第4.1.1条			
核对产品与检验报告	第4.1.4条			
检查产品外观	第4.1.4条			
检查产品规格、型号	第4.1.4条			
结论	安装单位项目经理：（签章） 年 月 日	监理工程师（建设单位项目负责人）：（签章） 年 月 日		

注：安装过程若用到其他表格，则应作为附件一并归档。

表B.2 城镇燃气报警控制系统安装过程检查记录

工程名称		安装单位	
安装执行规程名称及编号		监理单位	
子分部工程名称	安装		
项 目	执行本规程相关规定	安装单位检查评定记录	监理单位检查（验收）记录
布线	第4.3.1条		
	第4.3.2条		
	第4.3.3条		
	第4.3.4条		
	第4.3.5条		
	第4.3.6条		
	第4.3.7条		
	第4.3.8条		
	第4.3.9条		
	第4.3.10条		
	第4.3.11条		
	第4.3.12条		
	第4.3.13条		
	第4.3.14条		
	第4.3.15条		
可燃气体报警控制器	第4.4.2条		
	第4.4.3条		
可燃气体探测器、不完全燃烧探测器、复合探测器	第4.4.4条		
系统接地	第4.4.6条		
燃气紧急切断阀	第4.4.5条		
配套设备的安装	第4.4.7条		
结论	安装单位项目经理：（签章） 年 月 日	监理工程师（建设单位项目负责人）：（签章） 年 月 日	

注：安装过程若用到其他表格，则应作为附件一并归档。

表 B.3 城镇燃气报警控制系统调试过程检查记录

工程名称		安装单位	
安装执行规范名称及编号		监理单位	
子分部工程名称	调试		
项目	调试内容	安装单位检查评定记录	监理单位检查（验收）记录
调试准备	查验设备规格、型号、数量、备品		
	检查系统安装质量		
	检查系统线路		
	检查联动设备		
	检查测试气体		
可燃气体报警控制器	自检功能及操作级别		
	与探测器连线断路、短路故障信号发出时间		
	故障状态下的再次报警时间及功能		
	消声和复位功能		
	与备用电源连线断路、短路故障信号发出时间		
	高、低限报警功能		
	设定值显示功能		
	负载功能		
	主备电源的自动转换功能		
	连接其他回路时的功能		
可燃气体探测器、不完全燃烧探测器、复合探测器	探测器报警动作值，声光报警功能，联动功能		
	探测器检测数量		
声光警报及排风装置	检查数量		
	合格数量		
燃气紧急切断阀	检查数量		
	合格数量		
系统备用电源	电源容量		
	备用电源工作时间		
系统联调	系统功能		
	联动功能		
结论	安装单位项目经理： （签章） 年 月 日	监理工程师（建设单位项目负责人）： （签章） 年 月 日	

注：安装过程若用到其他表格，则应作为附件一并归档。

附录 C 城镇燃气报警控制系统工程质量控制资料核查记录

表 C 城镇燃气报警控制系统工程质量控制资料核查记录

工程名称		分部工程名称		
安装单位		项目经理		
监理单位		总监理工程师		
序号	资料名称	数量	核查人	核查结果
1	系统竣工图			
2	安装过程检查记录			
3	调试记录			
4	产品检验报告、合格证及相关材料			
结论	安装单位项目负责人： （签章） 年 月 日	监理工程师： （签章） 年 月 日	建设单位项目负责人： （签章） 年 月 日	

附录 D 可燃气体探测器、不完全燃烧探测器、复合探测器试验方法及判定

D.1 一 般 规 定

D.1.1 城镇燃气报警系统采用的可燃气体探测器、不完全燃烧探测器、复合探测器（以下简称探测器）应符合国家现行标准《可燃气体探测器》GB 15322.1～GB 15322.6 和《家用燃气报警器及传感器》CJ/T 347 的规定。

D.1.2 在现场，不论工程验收或使用过程中的检验，应仅对探测器的报警动作值、联动功能、声光报警功能实施检验。

D.1.3 长期未使用的探测器，在进行检查时应至少通电 24h。有浓度指示的探测器除检查报警动作值外应按其量程选择 10%、30%、50%、75%、90% 做 5 点检验。

D.1.4 本规程规定的探测器检验，可使用专用检验设备或标准气体实施检验。

D.2 探测器检验方式

D.2.1 当采用专用检验设备法时，应符合下列规定：

1　探测器专用检验设备的性能应符合表 D.2.1 的规定；

2　可根据不同探测器的报警设定值，选择不同量程，进行测试；

3　可连续使用时间 8h，或连续测试 500 台探测器。

D.2.2　检验时应保证检查罩密封良好，应每次加气保持 3min，然后记录探测器的报警动作值。

D.2.3　当采用标准气体法时，标准气体浓度应符合下列规定：

1　检验有浓度显示的探测器应有 5 种浓度标准气，即 10% FS、30% FS、50% FS、75% FS、90%FS；

表 D.2.1　探测器专用检验设备性能要求

气体组分	量限（体积分数）	性能要求				
		重复性偏差极限	示值误差极限	响应时间	零点漂移	量程漂移
CH_4	$0 \sim 4.5 \times 10^{-2}$	1.5%(RSD)	±3%FS	10s	±2%FS/6h	±3%FS/6h
C_3H_8	$0 \sim 1.5 \times 10^{-2}$					
CO	$0 \sim 1000 \times 10^{-6}$					
	$0 \sim 2000 \times 10^{-6}$	2%(RSD)	±5%FS	30s	±3%FS/h	±3%FS/h
H_2	$0 \sim 2.5 \times 10^{-2}$	1%(RSD)	±2%FS	10s	±2%FS/6h	±2%FS/6h
	$0 \sim 4000 \times 10^{-6}$	1.5%(RSD)	±3%FS	30s	±3%FS/h	±3%FS/h
C_2H_5OH	$0 \sim 1 \times 10^{-2}$	1.5%(RSD)	±3%FS	15s	±2%FS/6h	±2%FS/6h

2　检验无浓度显示的探测器的标准气浓度应符合表 D.2.3 的规定；

3　所有标准气必须是有证标准物质，准确度应在±2%以内。

表 D.2.3　检验无浓度显示的探测器的标准气浓度

气种	标准气 1	标准气 2	标准气 3
天然气（甲烷）	1%LEL	25%LEL	50%LEL
液化气（丙烷）	1%LEL	25%LEL	50%LEL
一氧化碳	50×10^{-6}	300×10^{-6}	500×10^{-6}
氢气	125×10^{-6}	750×10^{-6}	1250×10^{-6}

D.2.4　当采用标准气体法检验时，应卸下探测器外壳，露出气敏元件，用校准罩将标准气以尽可能小的流量导入气敏元件，时间 3min，并应记录探测器的报警动作值和（或）其他响应值。

D.2.5　应将现场检查结果填入本规程表 F.2 中。

D.3　判　　别

D.3.1　对探测天然气、液化气的探测器的判定应符合下列规定：

1　当探测器报警动作值与铭牌上标明的报警设定值之差不超过±10%LEL时为合格；

2　当探测器的报警动作值与铭牌上标明的报警设定值之差超过±10%LEL，但仍在 1%LEL～25%LEL 范围内时为准用；

3　当探测器的报警动作值超过上款的规定时为不合格；

4　对有低、高限报警的探测器应按需要设置低、高限报警，分别检验；低限报警判别应按本条第 1～3 款执行；当高限报警动作值在 40%LEL～60%LEL 之间时为合格，当超出时为不合格；

5　声光报警及联动功能应符合产品说明书的规定。

D.3.2　对人工煤气探测器的判定应符合下列规定：

1　一氧化碳探测器的判定应符合下列规定：

1）当探测器的动作值与铭牌上标明的报警设定值之差不超过$\pm 160 \times 10^{-6}$时为合格；

2）当探测器的动作值与铭牌上标明的报警设定值之差超过$\pm 160 \times 10^{-6}$，但在$50 \times 10^{-6} \sim 300 \times 10^{-6}$范围内时为准用；

3）当探测器的动作值超过上款的规定时为不合格；

4）对有低、高限报警的探测器应按需要设置低、高限报警，分别检验；低限报警判别应按本条第 1～3 款执行；当高限探测器动作值在$400 \times 10^{-6} \sim 600 \times 10^{-6}$之间时为合格，超出时为不合格；

5）声光报警及联动功能应符合产品说明书的规定。

2　氢气探测器的判定应符合下列规定：

1）当探测器的动作值与铭牌上标明的报警设定值之差不超过$\pm 400 \times 10^{-6}$时为合格；

2）当探测器的动作值与铭牌上标明的报警设定值之差超过$\pm 400 \times 10^{-6}$，但仍在$125 \times 10^{-6} \sim 750 \times 10^{-6}$范围内时为准用；

3）当探测器的动作值超过上款的规定时为不合格；

4）对有低、高限报警的探测器应按需要设置低、高限报警，分别检验；低限报警判别应按本条第 1～3 款执行；当高限报警动作值在$1000 \times 10^{-6} \sim 1500 \times 10^{-6}$之间时为合格，超出时为不合格；

5）声光报警及联动功能应符合产品说明书规定。

D.3.3　有浓度显示的探测器的判定应符合下列规定：

1　每点示值的绝对误差不超过±10%为合格；

2　只有两点超过±10%，但不超过±15%为准用；

3　其余为不合格。

D.3.4　不完全燃烧探测器的判定应符合下列规定：

1　当符合下列规定时为合格，否则为不合格：

1）用浓度为0.050%～0.055%的一氧化碳气体试验，在5min内报警；

2）用浓度为0.0025%～0.0030%的一氧化碳气体试验，在5min内不报警。

2　声光报警功能、联动功能应符合报警说明书的规定。

D.3.5　批量产品检查结果的处理应符合下列规定：

1　同一建筑物内（或同时投入使用的建筑群），同一品牌、同一时间投入使用的探测器可列为一批；

2　当一批产品中无不合格者时，整批可继续使用到有效期结束；

3　当一批产品中，不合格探测器小于批量的30%时，经更换并检验合格后，整批可继续使用到有效期结束；

4　当一批产品中，不合格探测器大于批量的30%时，应整批更换。

附录E　城镇燃气报警控制系统工程验收记录

表E　城镇燃气报警控制系统工程验收记录

工程名称			分部工程名称	
安装单位			项目经理	
监理单位			总监理工程师	
序号	验收项目名称	执行本规程相关规定	验收内容记录	验收评定结果
1	布线	第4.3、4.4节		
2	技术文件	第5.0.4条		
3	可燃气体探测器、不完全燃烧探测器、复合探测器	第5.0.8条		
4	可燃气体报警控制器	第5.0.7条		
5	系统备用电源	第5.0.9条		
6	系统性能	第5.0.10条		
7	配套设施	第5.0.11条		
验收单位	安装单位：（单位印章）		项目经理：（签章） 年　月　日	
	监理单位：（单位印章）		总监理工程师：（签章） 年　月　日	
	设计单位：（单位印章）		项目负责人：（签章） 年　月　日	
	建设单位：（单位印章）		建设单位项目负责人：（签章） 年　月　日	

注：分部工程质量验收由建设单位项目负责人组织安装单位项目经理、总监理工程师和设计单位项目负责人等进行。

附录F　城镇燃气报警控制系统日常维护检查表

表F.1　城镇燃气报警控制系统日常维护检查记录

日期	控制器运行情况				报警设备运行情况			联动设备运行情况		报警部位原因及处理情况	值班人
	自检	消音	电源	巡检	正常	报警	故障	正常	故障		

注：正常画"√"，有问题注明。

表F.2　城镇燃气报警控制系统探测器现场动作值记录

日期	探测器序号	现场动作值记录			处理意见			点检人
		合格	准用	不合格	可以使用	标定	更换探头	

注：1　设备开通及定期检查时，可以使用专用的加气试验装置进行现场动作值试验。

2　正常画"√"。

表F.3　城镇燃气报警控制系统设备年（季）检查记录

单位名称			防火负责人			
日期	设备种类	检查试验内容及结果	仪器自检	故障及排除情况	备注	检查人

本规程用词说明

1 为便于在执行本规程条文时区别对待，对要求严格程度不同的用词说明如下：

1） 表示很严格，非这样做不可的：
正面词采用“必须”，反面词采用“严禁”；

2） 表示严格，在正常情况下均应这样做的：
正面词采用“应”，反面词采用“不应”或“不得”；

3） 表示允许稍有选择，在条件许可时首先应这样做的：
正面词采用“宜”，反面词采用“不宜”；

4） 表示有选择，在一定条件下可以这样做的，采用“可”。

2 条文中指明应按其他有关标准执行的写法为：“应符合……的规定 ”或“应按……执行”。

引用标准名录

1 《城镇燃气设计规范》GB 50028

2 《爆炸和火灾危险环境电力装置设计规范》GB 50058

3 《建筑电气工程施工质量验收规范》GB 50303

4 《城镇燃气技术规范》GB 50494

5 《可燃气体探测器》GB 15322.1～GB 15322.6

6 《可燃气体报警控制器》GB 16808

7 《家用燃气报警器及传感器》CJ/T 347

中华人民共和国行业标准

城镇燃气报警控制系统技术规程

CJJ/T 146—2011

条 文 说 明

制 定 说 明

《城镇燃气报警控制系统技术规程》CJJ/T 146－2011经住房和城乡建设部2011年2月11日以第914号公告批准、发布。

为便于广大设计、施工、科研、学校等单位有关人员在使用本规程时能正确理解和执行条文规定，《城镇燃气报警控制系统技术规程》编制组按章、节、条顺序编制了本规程的条文说明，对条文规定的目的、依据以及执行中需要注意的有关事项进行了说明。但是，本条文说明不具备与规程正文同等的法律效力，仅供使用者作为理解和把握规程规定的参考。

目 次

1 总 则

1.0.1 城镇燃气具有易燃、易爆和有毒的特点，在相对封闭的用气环境（建筑物中），一旦发生燃气的泄漏极易造成燃气中毒、爆炸等事故，对人身公共安全带来威胁。城镇燃气报警控制系统是防止和减少由于燃气泄漏和不完全燃烧造成人身伤害和财产损失的有效手段之一。在我国城镇燃气报警系统经过几十年的发展，其产品生产和使用已形成一定规模。为规范指导燃气报警控制系统在城镇燃气设计、施工、使用和维护工作，做到技术先进、经济合理、安全施工，确保工程质量，特制定本规程。

1.0.2 本条规定了本规程的适用范围，本规程适用于在居住建筑、商业和工业企业用气场所及燃气供应厂站使用的燃气报警控制系统的设计、施工、验收、使用和维护等。

1.0.3 本条依据住房和城乡建设部、劳动部、公安部联合颁布的第10号令《城市燃气安全管理规定》，其中第九条规定“城市燃气工程的设计、施工，必须由持有相应资质证书的单位承担”。由于城镇燃气具有易燃、易爆和有毒的特点，而城镇燃气报警控制系统中的设计、施工与单纯的城镇燃气工程相比，其内容涉及两个专业，城镇燃气和电气仪表专业，在此过程中两个专业有独立、有合作。燃气报警控制系统相对燃气工艺系统属于安全管理系统范畴，因此，要求从事燃气报警控制系统的设计、施工等应具有相应的资质和相应的实践经验，以确保工程质量。

1.0.4 此条是强调燃气报警控制系统在设计、施工、使用和维护中除要符合本规程的规定外，还应符合现行国家标准《城镇燃气技术规范》GB 50494、《城镇燃气设计规范》GB 50028 和现行行业标准《城镇燃气室内工程施工与质量验收规范》CJJ 94 等相关标准的规定，从而确保工程质量。

3 设 计

3.1 一 般 规 定

3.1.1 本条规定“燃气报警控制系统中的相关设备应采用经国家有关产品质量监督检测单位检验合格，并取得国家相应的许可或认可的产品”，是控制燃气报警控制系统中产品质量的有效手段。

3.1.2 本条规定了选择气体探测器时应遵循的原则：

1 应根据燃气种类选择相应的气体探测器；

2 应根据燃具、用气设备环境可能产生的燃气泄漏和燃气不完全燃烧等情况选择相应的气体探测器；

3 气体探测器分为单一和复合型气体探测器，可根据具体情况选用。复合探测器可以有甲烷、一氧化碳复合探测器及甲烷、一氧化碳、温度复合探测器等多种形式。

3.1.3 本条规定了气体探测器和紧急切断阀的使用寿命。其中家用气体探测器世界上质量较好的产品寿命均为5年。紧急切断阀因内部橡胶密封件的寿命问题，世界上最长寿命为10年。故这两项指标可理解为更换周期。商业和工业企业用气体探测器因所用传感器种类不同，寿命不一致。国家规定该类产品每年应强制检查一次。故按不低于三年要求，避免过于频繁更换。

3.1.4 本条说明探测器的设置场所，在《城镇燃气设计规范》GB 50028－2006及《城镇燃气技术规范》GB 50494－2009 中都有具体规定，应符合其规定，本规程不详细列出。

3.1.5 根据现行国家标准《城镇燃气设计规范》GB 50028 和《爆炸和火灾危险环境电力装置设计规范》GB 50058 等规范的规定，有防爆要求的场所安装的气体探测器、紧急切断阀及配套产品要选用防爆型产品。

《爆炸和火灾危险环境电力装置设计规范》GB 50058－92 第2.2.2条规定：符合下列条件之一时，可划为非爆炸危险区域：

1 没有释放源并不可能有易燃物质侵入的区域；

2 易燃物质可能出现的最高浓度不超过爆炸下限值的10%；

3 在生产过程中使用明火的设备附近，或炽热部件的表面温度超过区域内易燃物质引燃温度的设备附近；

4 在生产装置区外，露天或开敞设置的输送易燃物质的架空管道地带，但其阀门处按具体情况定。

3.1.6 本条是针对设置集中报警控制系统的场所提出的要求，因为集中报警控制系统一般设置在商业、工业和高层住宅、高级公寓等场所，如果可燃气体报警控制器设置在无人值守的位置，现场报警不易被发现，另外这些场所一般情况下设有消防控制室或值班室。

3.2 居 住 建 筑

3.2.1 本条规定了居住建筑设置燃气报警控制系统时，主要选择独立燃气报警系统。因为多数情况下，居住建筑每个单元即每个居民用户都是独立的。

如果某个小区或某个大楼有物业管理，需要集中监视报警情况，则可选用集中报警控制系统。

如果住宅内设置了报警控制系统，而家庭中的灶具、燃气热水器、壁挂炉等燃气用具分设在不同的独立空间内，则应该在每个使用燃气用具的房间安装气体探测器。

3.2.2 本条是依据《燃气采暖热水炉应用技术规程》

CECS 215：2006 中的有关要求而定的。

3.2.3 本条是依据《城镇燃气设计规范》GB 50028中的有关要求，对既有建筑住宅暗厨房使用燃气提出要求。

暗厨房是指：厨房无直通室外的门或窗。

3.2.4 本条对住宅中探测器安装位置提出要求。其位置距灶具及排风口的水平距离应大于0.5m，是因为距灶具太近，烹调中产生的油烟、水蒸气会影响探测器的使用寿命和工作状况。而且如果距排风口太近会对泄漏燃气探测的结果有影响，泄漏的燃气容易聚集在空气非流通地方。

规定当使用液化石油气或相对密度大于1的燃气时，探测器应安装在厨房离地面不大于0.3m的墙上；主要是因为液化石油气的密度比空气大，一旦燃气泄漏，泄漏的燃气会向下扩散，所以，应安装在靠近地面处。距地面0.3m主要是考虑到安装方便和防止污水或潮气对探测器功能和寿命的影响。当使用天然气、人工煤气或相对密度小于1的燃气时，探测器可吸顶安装或装于距顶棚小于0.3m的墙上；规定的目的也是因为天然气的密度小于空气，所以一旦发生泄漏，泄漏的燃气会向上扩散，距顶棚小于0.3m是为了保证及时探测到燃气泄漏。不完全燃烧探测器也是吸顶安装或装于距顶棚小于0.3m的墙上。

3.2.5 探测器与紧急切断阀连锁，使得一旦报警，能立即切断气源，保证了安全。

3.3 商业和工业企业用气场所

3.3.1 该条规定了商业和工业企业用户用气场所，设置燃气报警控制系统时，主要选择由点型可燃气体探测器、报警控制器等组成的集中燃气报警控制系统，但对面积小于$80m^2$的商业网点，如小型餐厅等，可以设置独立燃气报警控制系统，这样可以降低用户负担。

3.3.2 本条根据燃气种类和安装气体探测器建筑物的规模确定气体探测器的安装位置和数量。其中，当任意两点间的水平距离小于8m时，可设一个气体探测器，以及探测器与释放源的距离、与顶棚或地面的距离等参数，是参考日本标准给出的数据。

当使用液化石油气或相对密度大于1的燃气时，可燃气体探测器距释放源中心的水平安装距离不应大于4m，且不得小于1m；当使用天然气、人工煤气或相对密度小于1的燃气时，气体探测器距释放源中心的安装距离不应大于8m且不应小于1m，是因为液化石油气的密度比空气大，万一泄漏不容易放散，所以要求探测器距释放源的安装距离相对于天然气和人工煤气要短一些。任意两点间的水平距离：指两点间连线长度的水平投影距离。

多个探测器设置的原则主要是考虑相对密度不同的探测器，保护半径不同。为防止两探测器之间被保护区交叉处产生盲区，所以有1m的重复交叉。

3.3.3 本条规定对气源为相对密度小于1的燃气且释放源距顶棚垂直距离超过4m时，应设置集气罩或分层设置探测器，是因为建筑物太高如果不设集气罩或分层设置可燃气体探测器，空间太大需要设置更多的可燃气体探测器。

3.3.4 本条主要是针对安装可燃气体探测器的特殊场所提出要求，以减少可燃气体探测器的安装数量。本条提出长方形状场所，是为了便于描述。对于不规则的狭长形状，可比照进行设置。

3.3.5 本条是对燃具设置场所空间较大，但使用燃具或设置燃气设施的场所只占安装可燃气体探测器的场所整个空间的比例较小时，不需要对整个大空间实施监测，仅对有释放源的局部实施保护即可。本条提出燃烧器具的场所面积小于全部面积的1/3是为了便于描述，是一个相对的概念。

3.3.6 本条是参考《石油化工可燃气体和有毒气体检测报警设计规范》GB 50493 制定的。主要考虑到露天、半露天燃气泄漏时，在泄漏燃气容易积聚的地方实施监测，从而更有效地实施监测，避免燃气次生灾害的发生。

3.3.7 本条参考了《石油化工可燃气体和有毒气体检测报警设计规范》GB 50493，对在密闭或半密闭厂房内的燃气输配设施设置探测器的安装规定，其中距释放源不应大于4m，是按相对密度大于1的燃气要求的，以便更加保险。

3.3.8 本条规定了紧急切断阀的设置除应符合《城镇燃气设计规范》GB 50028中的有关规定外，还有一些其他的规定。设置紧急切断阀主要是控制燃气的泄漏，同时，紧急切断阀切断时还要考虑到影响的范围应尽可能小而且动作可靠。

安装在由建筑物外进入建筑物内的引入管处的紧急切断阀，因为该阀切断将导致整个建筑物断气，因此控制器设置在有人值守的地方，其切断控制应为人工控制，如果控制器设置在无人值守的地方，要有3个探测器同时报警才能切断。

设置在建筑物内为多个独立用户供气的管道上的紧急切断阀，应有2个以上探测器同时报警才自动切断。

3.3.9 本条强调液化石油气储瓶间应设防爆型气体探测器和排风装置。其排风装置应有自动和手动两种启动方式。

3.3.10 本条规定主要是因为露天安装的气体探测器如果不采取防护措施，受到风吹、雨淋、日晒会减少气体探测器的寿命或损坏探测器。

3.3.11 本条的规定主要是因为集中报警控制系统中一般探测器不具备声光报警功能。声光报警功能一般在报警控制器上，为了提醒现场人员发生了泄漏，特作此规定。

3.3.12 本条的规定是为了在紧急情况下，可以在现场人工发出报警信号。需设置手动触发报警装置。

3.3.13 条文中不应大于 20m 的规定是因为如果距离过长，导线电阻过大，会使电磁阀不能关闭。

4 安　装

4.1 一般规定

4.1.1 本规定强调城镇燃气报警控制系统的施工一定要按照批准的工程设计文件进行安装。设计文件是工程施工的主要依据，按图施工是国务院《建设工程质量管理条例》的规定，因此必须执行。本条强调了设计文件的地位，当设计文件有误或因现场条件的原因不能按设计文件执行时，必须事先经原设计单位对图纸进行修改，安装单位不得随意改变设计意图。

设计文件包括施工图、设计变更、设计洽商函等。

4.1.2 施工方案的选择与制定是决定整个工程全局的关键，方案一经决定，则整个工程施工的进程、人力和安装设备的需要与布置，工程质量与施工安全等，现场组织管理随之就被确定下来。施工组织的各个方面都与施工方案发生联系而受其影响。所以，施工方案在很大程度上决定了施工组织设计质量。施工方案编写的内容应符合规范规定，一般施工方案中列出施工安装应遵循的规范清单，所以，要求施工单位应具有必要的施工技术标准。

4.1.3 本条规定了城镇燃气报警控制系统施工前的准备工作：

1 施工前设计单位应向施工、监理等单位进行施工图的交底；施工、监理单位应明确设计文件的要求；

2 施工前应按照设计文件的要求，将施工所用材料备齐，以保证施工质量和施工顺利进行。

4.1.4 本条规定了设备、材料进场检验应遵守的规定。

1 出厂合格文件包括：合格证、质量证明书，有些产品应有相关性能的检测报告、型式检验报告等；

2 本款强调进口设备和材料也应遵守我国的市场准入制度，其产品质量应符合我国现行标准的相关规定。按国家规定需要对进口产品进行检验的，还应有国家商检部门出具的检验报告，并应有中文说明书。

4.1.5 本条规定施工单位应做好相关记录。

4.1.6 本条规定了保证燃气报警控制系统施工质量应遵守的规定和程序。强调了工序检查和工种交接认可。规定每一项工作完成后，均应在具有一定资格的人员参与下，按一定的工作程序进行验收工作，最后指出记录格式，这些要求是保证工程质量所必需的。

对无监理的工程，验收工作均要由建设单位项目负责人组织。

4.1.7 本条规定了质量控制资料填写格式。

4.1.8 本条强调城镇燃气报警控制系统安装结束后，不经过验收合格不得交付使用。主要是依据《建设工程质量管理条例》（国务院令第 279 号令）第十六条：建设单位收到建设工程竣工报告后，应当组织设计、施工、工程监理等有关单位进行竣工验收。

4.2 独立燃气报警控制系统的安装

4.2.1 本条规定主要是强调气体探测器的安装环境要相对干燥，因为气体探测器的组成主要是电子元器件，而水和潮气会影响其寿命或工作效率。

4.2.2 本条对可燃气体探测器的安装提出最基本的要求。导线要在导管或管槽内的规定，主要是考虑对导线的保护，因为导线如果出现故障，根本不可能有控制的作用。

“在导管和线槽内不应有接头和扭结”的要求，主要是考虑导管内的接头和扭结出现断开时不易被发现，另外，导管或槽内有接头将影响线路的机械强度，所以，导线要在接线盒内进行连接，以便于检查。

4.3 集中燃气报警控制系统的布线

4.3.1 本条主要参考《火灾自动报警系统施工及验收规范》GB 50166 的有关规定。本条规定了燃气报警控制系统应单独布线，如果不同电压等级、不同电流类别的导线布置在同一导管内，有可能会影响报警控制系统的可靠性。

4.3.2 本条规定了燃气报警控制系统在非防爆区的布线要求。规定了可燃气体报警控制系统传输线路线芯截面的最小面积，同时还强调要满足机械强度的要求。

4.3.3 本条规定了防爆区域的布线要求。

4.3.4 本条主要参考《火灾自动报警系统施工及验收规范》GB 50166的有关规定。本条强调了导管内或线槽内不应有积水或杂物，主要是考虑到有积水或杂物影响施工质量。如果导管内有积水会影响线路的绝缘；如果导线内有杂物会影响穿线或刮伤导线。

4.3.5 本条主要参考《火灾自动报警系统施工及验收规范》GB 50166的有关规定。本条规定了导线在导管和线槽内不准有接头或扭结。如果有接头将影响线路机械强度，是故障的隐患点。

4.3.6 本条主要参考《火灾自动报警系统施工及验收规范》GB 50166的有关规定。本条规定主要是考虑提高系统的可靠性。

4.3.7 本条主要参考《火灾自动报警系统施工及验收规范》GB 50166的有关规定。主要是防止灰尘和水汽进入管子引起导电或腐蚀管子。

4.3.8 本条主要参考《火灾自动报警系统施工及验收规范》GB 50166的有关规定。本条规定主要考虑如果管路太长或弯头多，会引起穿线困难。

4.3.9 本条主要参考《火灾自动报警系统施工及验收规范》GB 50166的有关规定。本条规定主要考虑使导管安装牢固。

4.3.10 本条主要参考《火灾自动报警系统施工及验收规范》GB 50166 的有关规定。本条规定的目的一方面是确保穿线顺利，另一方面是防止导管或线槽由于自重使其长期处于受力状态，也使得导管或线槽内的导线受力，影响到导线的寿命。

4.3.11 本条主要参考《火灾自动报警系统施工及验收规范》GB 50166 的有关规定。本条规定主要是防止支撑或吊点间距过大，使线槽弧垂过大。

4.3.12 本条主要参考《火灾自动报警系统施工及验收规范》GB 50166 的有关规定。线槽接口应平直、严密，槽盖应齐全、平整、无翘角。并列安装时，槽盖应便于开启。

4.3.13 本条主要参考《火灾自动报警系统施工及验收规范》GB 50166 的有关规定。本条规定主要是建筑物的结构缝随温度变化而变化；所以导线应当留有余量，以免受损或被拉断。

4.3.14 本条主要参考《火灾自动报警系统施工及验收规范》GB 50166 的有关规定。本条要求是为了保证导线间的绝缘电阻。

4.3.15 本条主要参考《火灾自动报警系统施工及验收规范》GB 50166 的有关规定。本条规定相同用途的导线颜色应一致，主要是因为整个报警控制系统的导线较多，如果没有统一规定，容易接错线，也容易给调试和运行带来不必要的麻烦。

4.4 集中燃气报警控制系统的设备安装

4.4.1 本条说明了安装方式的一般原则。

4.4.2 本条主要参考《火灾自动报警系统施工及验收规范》GB 50166 的有关规定。本条规定了可燃气体报警控制器安装位置。主要原则是：保证系统运行可靠；控制器报警时容易察觉；便于操作和维修；防潮防腐蚀。

4.4.3 本条规定了引入控制器的电缆或导线的安装要求。主要目的是便于调试、维护和维修等方便。

4.4.4 本条规定了气体探测器的安装规定：

1 探测器如果提前安装容易在其他施工时被损坏，另外，整体施工未完工，灰尘及潮气等易使探测器误报或损坏；如果探测器在调试前保管不善容易损坏；

2 焊接不应使用带腐蚀性的助焊剂，否则焊接接头处被腐蚀会增加线路电阻或导致断开，影响系统的可靠性；

3 本规定的目的是便于维修和管理；

4 封堵的目的是防止杂物和潮气进入影响绝缘；

5 非防爆型探测器安装还应注意防水。

4.4.5 不同厂家生产的紧急切断阀安装要求不相同，因此安装应符合各厂家说明书的要求。

4.4.6 本规定的目的是为了保证使用人员及设备的安全。

4.4.7 本条第 2 款阀门、风机等设备的手动控制装置的安装高度距地面宜为 1.3m～1.5m 的规定主要是考虑到我国成人平均身高，操作方便确定的。

4.5 系 统 调 试

4.5.1 本条规定了调试前的准备工作，由于可燃气体报警控制器的线路较复杂，接错线的情况时有发生，所以，调试前应再检查线路的连接情况，否则会造成严重的后果。绝缘电阻小于 20MΩ 的原因，一方面是施工时未按规定进行操作，另一方面可能是导线被划伤等，所以也应采取相应的处理措施。

4.5.2 本条规定了可燃气体报警控制器的调试方法和要求。

4.5.3 本条规定了气体探测器的调试方法和要求。

4.5.4 本条规定了紧急切断阀的调试方法和要求。

4.5.5 本条规定了对系统备用电源的调试要求。备用电源是否可靠直接关系到整个系统的可靠性。强调备用电源的容量应与设计容量相符，如果备用电源容量不够或电压过低则整个系统不能正常工作。

4.5.6 本条规定了声光报警及排风装置的调试方法和要求。

4.5.7 本条规定了整个系统调试正常后，应连续运行 120h 后无故障，再按本规程附录 B.3 的规定填写调试报告，才能进行工程验收。

5 验 收

5.0.1 本条强调了城镇燃气报警控制系统完工后应进行验收，验收不合格不得投入使用。工程验收是按设计文件对施工质量进行全面检查，城镇燃气报警控制系统的验收不但要按设计文件的要求进行检查还要进行必要的系统性能测试。

5.0.2 本条主要规定验收的内容，强调应填写验收记录。

5.0.3 本条规定了验收的内容和数量。本条款的规定是参照《火灾自动报警控制系统施工及验收规范》GB 50166 的有关要求确定的。其中强调了报警控制器、居民住宅内可燃气体探测器、紧急切断阀及排风装置应按实际数量全部检验。

5.0.4 本条规定了系统验收前施工单位应提供的技术文件。

5.0.5 本条规定了验收前建设单位和使用单位应进行施工质量再检查。也就是建设单位和使用单位的自检，主要是进行系统功能性检查，以便保证联合验收能顺利通过。

5.0.6 本条规定了系统布线检验应符合《建筑电气工程施工质量验收规范》GB 50303 的规定和本规程第 4.3、4.4 节的要求。因为报警控制系统布线施工与其他电气系统施工的要求都是相同的。

5.0.7 本条规定了可燃气体报警控制器的验收要求。

5.0.8 本条规定了可燃气体探测器的验收要求。

5.0.9 本条规定了系统备用电源的验收要求。

5.0.10 本条规定了系统联动逻辑关系要求。

5.0.11 本条规定了配套设施的验收要求。

5.0.12 本条规定了在系统验收中的设备和管线应是全部合格的，如果不合格应进行修复或更换，并重新进行验收；在重新验收时抽验比例应加倍。

5.0.13 本条规定了验收合格后对验收记录的要求。

5.0.14 本条规定对于独立燃气报警控制系统，主要是对于居民住宅安装的独立燃气报警控制系统的验收，可以简化程序，包括简化文件及验收方法。

6 使用和维护

6.0.1 本条规定了城镇燃气报警控制系统的管理操作应由经过专门培训的人员负责。本条没有强调培训的机构和资质，由于报警控制系统的专业性较强，所以管理、维护和操作人员上岗前一定要经过专门培训，以免由于不掌握相关知识造成误操作损坏设备。

6.0.2 本条规定了城镇燃气报警控制系统正式启用时应具备的文件资料。该规定有利于报警控制系统的使用、维护和维修；同时，也落实责任到人。

6.0.3 本条规定了可燃气体探测器及紧急切断阀不得超期使用，主要是因为探测器和紧急切断阀中，其关键器件、气敏元件和橡胶密封件的寿命都是经过设计和试验得来的，超期使用将引起严重后果。

6.0.4 为保证可燃气体报警控制系统的正常运行，系统每半年应检查 1 次。由于探测器检验受条件限制，实现起来比较困难，因此检验周期放长一些。

6.0.5～6.0.7 本条规定了商业、工业场所和居民住宅的紧急切断阀、气体探测器检查的内容和时间，由于安装环境不同，受污染的程度也不同；所以检查的时间也不同。

6.0.8 本条要求每次检查完以后应贴上注明检查日期的标识。

中华人民共和国行业标准

城镇燃气管道非开挖修复更新工程技术规程

Technical specification for trenchless rehabilitation and replacement engineering of city gas pipe

CJJ/T 147—2010

批准部门：中华人民共和国住房和城乡建设部
施行日期：2 0 1 1 年 1 月 1 日

中华人民共和国住房和城乡建设部
公　　告

第701号

关于发布行业标准《城镇燃气管道非开挖修复更新工程技术规程》的公告

现批准《城镇燃气管道非开挖修复更新工程技术规程》为行业标准，编号为CJJ/T 147－2010，自2011年1月1日起实施。

本规程由我部标准定额研究所组织中国建筑工业出版社出版发行。

中华人民共和国住房和城乡建设部

2010年7月23日

前　　言

根据原建设部《关于印发〈2005年工程建设标准规范制订、修订计划（第一批）〉的通知》（建标函［2005］84号）要求，规程编制组经广泛调查研究，认真总结实践经验，参考有关国际标准和国外先进标准，并在广泛征求意见的基础上，制定了本规程。

本规程主要技术内容是：1. 总则；2. 术语；3. 设计；4. 插入法；5. 工厂预制成型折叠管内衬法；6. 现场成型折叠管内衬法；7. 缩径内衬法；8. 静压裂管法；9. 翻转内衬法；10. 试验与验收；11. 修复更新后的管道接支管和抢修。

本规程由住房和城乡建设部负责管理，由北京市燃气集团有限责任公司负责具体技术内容的解释。执行过程中如有意见或建议，请寄送北京市燃气集团有限责任公司（地址：北京市西城区西直门南小街22号；邮编：100035）。

本规程主编单位：北京市燃气集团有限责任公司

本规程参编单位：上海燃气集团有限公司
香港中华煤气有限公司
沈阳市煤气总公司
北京市煤气热力工程设计院有限公司
北京天环燃气有限公司
北京派普瑞非开挖工程技术有限公司
上海华焰燃气管道工程技术发展有限公司
中国威文佛山协和安固管件有限公司
其士管道科技有限公司
亚大塑料制品有限公司
北京市煤气工程有限公司

本规程主要起草人员：丛万军　李美竹　张海梁
孔庆芳　李伯珍　冯伟章
陈　敏　孙明烨　董久樟
曹国权　王　欣　杨　鹏
王铭歧　米　琪　王　骏
王可仁　吴　燕　张　立
王志伟　洛　月　曾立军
王　毅

本规程主要审查人员：高立新　杨　建　魏若奇
朱文鉴　应援农　牛卓韬
卞淞霖　徐　杰　王杏芳
马保松　樊金光

目　次

Contents

1 总　则

1.0.1 为使城镇燃气管道非开挖修复更新工程做到技术先进、经济合理、安全可靠、保证工程质量和保护环境，制定本规程。

1.0.2 本规程适用于采用插入法、折叠管内衬法、缩径内衬法、静压裂管法和翻转内衬法对工作压力不大于0.4MPa的在役燃气管道进行沿线修复更新的工程设计、施工及验收。

本规程不适用于新建的埋地城镇燃气管道的非开挖施工、局部修复和架空燃气管道的修复更新。

1.0.3 城镇燃气管道非开挖修复更新工程的设计、监理和施工应由具有相应资质的单位承担；工程项目必须在取得相关部门的核准后方可开工。

1.0.4 从事城镇燃气管道非开挖修复更新工程的施工人员应经技术培训，合格后方可上岗。

1.0.5 城镇燃气管道非开挖修复更新工程施工前，应针对现场相邻管线情况，对图纸进行复核。

1.0.6 城镇燃气管道非开挖修复更新工程使用的材料应符合国家现行的相关产品标准的规定。

1.0.7 城镇燃气管道非开挖修复更新工程的设计、施工及验收除应符合本规程外，尚应符合国家现行有关标准的规定。

2 术　语

2.0.1 插入法　slip lining

直接将聚乙烯管采用机械的方法，拉入或推入在役管道内的修复更新工艺。也称内插法。

2.0.2 折叠管内衬法　"fold-and-form" lining

将折叠成"U"形或"C"形的聚乙烯管拉入在役管道内后，利用材料的记忆功能，通过加热与加压使折叠管恢复原有形状和大小的修复更新工艺。也称变形内衬法。

2.0.3 缩径内衬法　deformed and reformed

采用模压或辊筒使聚乙烯内衬管外径缩小后置入在役管道内，再通过加压或自然复原的方法，使聚乙烯内衬管恢复原来直径的修复更新工艺。

2.0.4 静压裂管法　static pipe bursting

以待更换的在役管道为导向，用裂管器将在役管道切开或胀裂，使其胀扩，同时将聚乙烯管拉入在役管道的修复更新工艺。

2.0.5 翻转内衬法　cured-in-place pipe

用压缩空气或水为动力将复合筒状衬材浸渍胶粘剂后，翻转推入在役管道，经固化后形成内衬层的管道内修复工艺。

2.0.6 复合筒状衬材　compound tubular material

气密性内衬层与编织物牢固粘结在一起，形成与在役管道内径一致的筒状材料。

2.0.7 管道非开挖修复更新　no-dig rehabilitation and replacement

采用非开挖施工技术在在役管道原位对管道进行沿线缺陷修复，或者原位更换在役管道以改善其性能。本规程中管道修复包括插入法、折叠管内衬法、缩径内衬法和翻转内衬法。静压裂管法为管道更新。

3 设　计

3.1 一般规定

3.1.1 管道非开挖修复更新应根据修复更新的要求、在役管道的情况、现场环境和施工条件等因素经技术经济比较后，选择合理的工艺。当缩小管径修复能够满足输配要求时，宜选用插入法。

3.1.2 修复更新后管道的输配能力及使用年限必须满足使用要求。

3.1.3 设计前应搜集在役管道及施工现场的相关资料，除应进行现场踏勘外还应进行必要的工程勘察。

3.1.4 设计应符合现行国家标准《城镇燃气设计规范》GB 50028的有关规定，且应包括下列内容：

1　确定修复更新后管道的使用年限、运行压力等参数；

2　选择修复更新工艺；

3　对在役管道内壁进行清洗的要求；

4　工作坑及预留三通的位置等。

3.1.5 修复更新工艺对在役管道内壁的清洗要求应符合表3.1.5的规定。

表3.1.5　在役管道内壁的清洗要求

工艺名称	清洗要求
插入法	无影响插管的污物及尖锐毛刺
折叠管内衬法	无明显附着物、无尖锐毛刺
缩径内衬法	无明显附着物、无尖锐毛刺
静压裂管法	在役管道不堵塞，能满足施工要求
翻转内衬法	干燥、无尘、无颗粒、无油污，且无附着突出物。内壁70%以上露出金属光泽

3.1.6 在三通、阀门、凝水缸、弯头、预留接气点及分段起止点等处宜进行断管，并宜同时设置工作坑。

3.1.7 修复更新宜选用PE100燃气专用混配料生产的聚乙烯管材、管件。

3.1.8 修复更新使用的聚乙烯管材、管件应符合现行国家标准《燃气用埋地聚乙烯（PE）管道系统　第1部分：管材》GB 15558.1和《燃气用埋地聚乙烯（PE）管道系统　第2部分：管件》GB 15558.2的规定。

3.1.9 修复更新后，管道与热力管道的水平、垂直间距应符合现行行业标准《聚乙烯燃气管道工程技术规程》CJJ 63 的有关规定。

3.1.10 当修复工艺需要将修复用聚乙烯管道拖拉进入在役管道时，其允许拖拉力应按下式计算：

$$F=\sigma\times\frac{\pi(D_N^2-D_O^2)}{12} \tag{3.1.10}$$

式中：D_N——聚乙烯管道外径（mm）；

D_O——聚乙烯管道内径（mm）；

F——允许拖拉力（N）；

σ——管材的屈服拉伸强度（N/mm^2），PE80，$\sigma=17N/mm^2$；PE100，$\sigma=21N/mm^2$；或实测值。

3.1.11 修复更新用管道的外径应符合本规程表 3.2.1 的规定。根据在役管道内径，可选用非标准外径管道，并应进行管道连接设计。

3.1.12 当选用 *SDR*26 的聚乙烯管时，应考虑因旧管结构失效在停气检修时由外载荷及管道负压产生的管道失稳、竖向变形过大等问题。

3.1.13 插（衬）入的聚乙烯管与在役管道两端的环形空间应采用柔性透气填料封堵。

3.2 工艺适用范围

3.2.1 不同修复更新工艺的适用条件和范围应符合表 3.2.1 的规定。当在役管道管径超过表 3.2.1 的规定时，必须经修复更新工艺论证后确定。

表 3.2.1 不同修复更新工艺的适用条件和范围

修复更新工艺		修复更新管道材质	适用在役管道直径（mm）	新管外径 d_N 与旧管内径 d_O 的关系	标准尺寸比 *SDR*	分段施工的最大适宜长度（m）
插入法		聚乙烯	80～600	$d_N\leqslant0.90d_O$	11、17.6	300
折叠管内衬法	现场折叠	聚乙烯	100～400	$0.98d_O\leqslant d_N\leqslant0.99d_O$	26	300
	预制折叠	聚乙烯	100～500	$d_N\leqslant0.98d_O$	17.6、26	500
缩径内衬法（含模压法和辊筒法）		聚乙烯	100～500	$0.90d_O\leqslant d_N\leqslant1.04d_O$	11、17.6	300
静压裂管法		聚乙烯	100～400	$d_N\leqslant d_O+100mm$	11、17.6	—
翻转内衬法		复合筒状材料	200～600	$d_N=d_O$	无	300

注：标准尺寸比应满足现行国家标准《燃气用埋地聚乙烯(PE)管道系统第 1 部分：管材》GB 15558.1 的有关规定。

3.3 水力计算

3.3.1 修复更新管道的水力计算应按现行国家标准《城镇燃气设计规范》GB 50028 的有关规定执行。

3.3.2 修复更新后管道的内表面当量绝对粗糙度可取 0.01mm。

3.3.3 管道的允许压力降可根据该级管网入口压力与次级管网调压器入口的允许最低压力之差确定，燃气流速不宜大于 20m/s。

3.3.4 管道局部阻力损失可按管道沿程阻力损失的 5%～10%计算。

3.4 设计压力

3.4.1 当采用聚乙烯管道作为修复更新材料时，修复后管道的最大允许工作压力应符合表 3.4.1 的要求。

表 3.4.1 修复后聚乙烯管道的最大允许工作压力（MPa）

城镇燃气种类		PE80			PE100		
		*SDR*11	*SDR*17.6	*SDR*26	*SDR*11	*SDR*17.6	*SDR*26
天然气		0.40	0.30	0.30	0.40	0.40	0.40
液化石油气	混空气	0.40	0.20	0.20	0.40	0.30	0.30
	气 态	0.20	0.10	0.10	0.30	0.20	0.20
人工煤气	干 气	0.40	0.20	0.20	0.40	0.30	0.30
	其 他	0.20	0.10	0.10	0.30	0.20	0.20

3.4.2 当采用复合筒状材料作为修复材料时，修复后管道的最大允许工作压力不得高于在役管道的工作压力，且应小于等于 0.4MPa。

3.4.3 当修复更新后的管道工作压力高于本规程第 3.4.1、3.4.2 条的规定时，必须对修复更新方案进行专家论证。

4 插 入 法

4.1 施工准备

4.1.1 施工现场应具有放置机具、设备和管材的空间，且在起始工作坑的延长线上应具有放置施工段聚乙烯管所需的位置。

4.1.2 应根据设计方案和现场实际情况制定在役管道的停气、放散、吹扫方案。

4.1.3 应确定断管部位、工作坑的位置及穿聚乙烯管道的分段等。工作坑的位置应避开地下构筑物、地下管线及其他障碍物。

4.1.4 对在役管道进行停气、放散、吹扫应符合现行行业标准《城镇燃气设施运行、维护和抢修安全技术规程》CJJ 51 的有关规定。

4.1.5 起始工作坑（图 4.1.5）长度宜按下式计算：

$$L=[H\times(4R-H)]^{\frac{1}{2}} \tag{4.1.5}$$

式中：L——起始工作坑长度（m）；

H——敷设深度（m）；

R——聚乙烯管道允许弯曲半径（m），且 $R \geqslant 25d_n$；

d_n——修复管道外径（mm）。

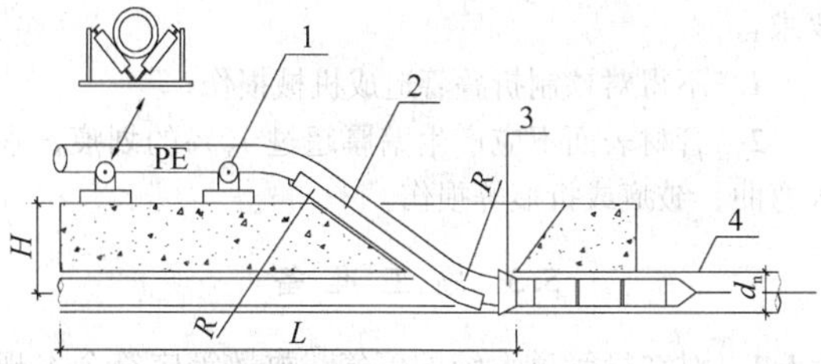

图 4.1.5 插入法起始工作坑示意图

1—地面滚轮架；2—防磨垫；3—喇叭形导入管；4—在役管道

4.1.6 穿管前必须对在役管道内壁进行清理，并应符合下列要求：

1 应采用 130 万像素以上彩色高分辨率闭路电视系统核实穿管路线、窥查管道内障碍物情况，确定在役管道清理方案；

2 清理后应采用闭路电视系统对管道内壁进行内窥检查，并应满足本规程第 3.1.5 条的要求；

3 应对清理出的污水、污物进行收集，并应集中处理；

4 清理后的管道应及时施工或对管道两端进行封堵保护。

4.1.7 穿管前应采用长度不小于 4m，且与待插入管道同径的聚乙烯检测管段拉过旧管，并检测其表面划痕深度。划痕深度不得超过壁厚的 10%。

4.1.8 穿管前应清除地面和工作坑底的石块和尖凸物。工作区域必须围好围挡。

4.2 施　工

4.2.1 聚乙烯管道焊接前应进行焊接工艺评定，并应符合现行行业标准《聚乙烯燃气管道工程技术规程》CJJ 63 的有关规定。

4.2.2 插入前应按现行行业标准《聚乙烯燃气管道工程技术规程》CJJ 63 的有关规定进行热熔焊接及焊接后的外观检查，且焊口应进行 100%切边检查。

4.2.3 插入前应在在役管道端口加装一个表面光滑、阻力小的导滑口，且聚乙烯管应放置在滑轮支架上拖拉。

4.2.4 牵引设备的牵引能力应大于计算允许拖拉力的 1.2 倍，并应具有自控装置。

4.2.5 牵引时宜在聚乙烯管外壁上安装保护环，并宜在保护环上涂敷润滑剂，所使用的润滑剂应对在役管道内壁和聚乙烯管道无腐蚀和损害。保护环之间的间距可按表 4.2.5 设置。

4.2.6 聚乙烯管插入在役管道后，每段插入管伸出在役管道端口的长度应在管道拉伸变形恢复后满足管道连接操作的要求。

表 4.2.5 保护环之间的间距

聚乙烯管外径（mm）	90	110	160	200	250	315	400	450	500	630
保护环间距（m）	0.8	0.8	1.0	1.7	1.9	3.5	3.9	4.2	4.5	4.5

4.2.7 穿管完成后宜分段进行强度试验。试验应符合现行行业标准《城镇燃气输配工程施工及验收规范》CJJ 33 的有关规定。

4.2.8 工作坑内插入管之间的连接应符合下列要求：

1 连接前应经过不少于 24h 应力松弛，并在插入管上设置固定点；

2 管道直径小于或等于 315mm 的聚乙烯管道应采用电熔连接；

3 当采用法兰连接时，宜设置检查井并应符合现行行业标准《聚乙烯燃气管道工程技术规程》CJJ 63－2008 第 5.4.3～5.4.5 条的规定。

4.2.9 当聚乙烯管道与在役管道连接时，应选用钢塑转换接头连接或钢塑法兰连接，并应符合现行行业标准《聚乙烯燃气管道工程技术规程》CJJ 63 的有关规定。

4.2.10 必须对连接点验漏，确认无泄漏后，方可拆除工作坑并回填。工作坑回填应符合现行行业标准《聚乙烯燃气管道工程技术规程》CJJ 63 的有关规定。

4.3 过程检验与记录

4.3.1 施工过程中应检查每段插入的聚乙烯管伸出旧管端口至少 1m 长管段的外表面，表面完好或表面划痕深度不大于聚乙烯管壁厚的 10%应判为合格。

4.3.2 施工过程记录应包括下列内容：

1 聚乙烯焊接工艺评定书；

2 聚乙烯焊口的焊接记录；

3 连接点和保护结构大样图（比例 1∶50）；

4 闭路电视系统检测记录；

5 检测管段的情况记录。

5 工厂预制成型折叠管内衬法

5.1 一 般 规 定

5.1.1 预制折叠管在出厂前应进行模拟实际工程的安装测试，并应 提供测试报告。恢复后的聚乙烯管道应符合现行国家标准《燃气用埋地聚乙烯（PE）管道系统 第 1 部分：管材》GB 15558.1的力学性能规定。

5.1.2 预制折叠管制造商应提供安装手册，并应在安装手册中提供下列参数：

1 复原所需要的最大和最小内压力值；

2 复原时管道内部和外部表面应达到的最大和

最小温度；

3 允许最大牵引力；

4 最小安装弯曲半径；

5 允许的环境温度范围。

5.1.3 预制折叠管焊接工艺评定应符合本规程第4.2.1条的要求。

5.1.4 预制折叠管施工前应按本规程附录A和附录B的要求对折叠管进行检测，合格后方可开工。

5.2 材料与设备

5.2.1 制造商应提供制造阶段的预制折叠管的直径、壁厚、形状及其允许偏差等资料。

5.2.2 模拟安装测试后的管材样品的壁厚应符合表5.2.2的要求。尺寸测量应在（23±2）℃的温度下按现行国家标准《塑料管道系统 塑料部件尺寸 的测定》GB/T 8806的有关规定进行。

表5.2.2 模拟安装测试后的管材样品的壁厚（mm）

最大平均外径 $d_{em,max}$	壁厚			
	标准尺寸比 *SDR*17.6		标准尺寸比 *SDR*26	
	最小壁厚 e_{min}	最大平均壁厚 $e_{m,max}$	最小壁厚 e_{min}	最大平均壁厚 $e_{m,max}$
100	5.7	6.9	3.9	4.9
125	7.1	8.5	4.8	5.9
150	8.6	10.2	5.8	7.0
200	11.4	13.3	7.7	9.2
225	12.8	14.9	8.6	10.2
250	14.2	16.4	9.6	11.3
300	17.1	19.7	11.6	13.5
350	19.9	22.8	13.5	17.7
400	22.8	26.1	15.3	15.4
500	—	—	19.1	21.9

5.2.3 进行预制折叠管内衬法施工应具备下列施工设备和工具：

1 带整套过程控制系统的蒸汽发生器；

2 卷盘拖车；

3 有图形或数字形式记录的绞盘装置；

4 数据存储器；

5 水汽分离器；

6 聚乙烯管焊接机具；

7 管道导向装置；

8 扩口器、牵引头、窗口切割器；

9 其他标准工具、设备及辅助设备等。

5.2.4 施工现场所使用的设备应安全、低噪声，且不得对空气、地面和水源造成污染。

5.2.5 预制折叠管的存放、搬运与运输应符合现行国家标准《燃气用埋地聚乙烯（PE）管道系统 第1部分：管材》GB 15558.1的有关规定，并应符合下列要求：

1 不得对预制折叠管造成机械损伤；

2 管材表面不应产生壁厚超过10%的划痕、永久弯曲、皱痕或折痕等损伤。

5.3 施工准备

5.3.1 对在役管道系统的停气、放散等应符合本规程第4.1.2、4.1.4条的要求。

5.3.2 对在役管道系统的结构状况、阻碍物、置换的接头、管道的沉降和（或）变形及泄漏情况等应进行测定并记录。

5.3.3 起始工作坑和接收坑的尺寸不宜小于下式的计算值：

$$L = 10 \times D + h \tag{5.3.3}$$

式中：D——内衬管外径（mm）；

h——连接装置的长度（m）；

L——工作坑长度（m）。

5.3.4 在役管道内壁的清理及清理后的检查应符合本规程第4.1.6条的要求。

5.3.5 清理检查合格后还应对在役管道进行通球试验，对通球受阻的管段应开挖处理。

5.3.6 当在役管道弯头处的最大弯曲角度及管线的最小曲率半径满足表5.3.6的要求时，可不设工作坑。

表5.3.6 在役管道的最大弯曲角度及最小曲率半径

弯曲类型	最大弯曲角度	最小曲率半径
转弯和接头	≤22.5°	没有限制
转弯	≤45°	≥5倍内衬管外径
转弯	≤90°	≥8倍内衬管外径

5.4 施 工

5.4.1 当预制折叠管被牵引进入在役管道时，应采取措施防止砂砾等杂物进入折叠管与在役管道间的环形空间。

5.4.2 在预制折叠管被牵引进入的旧管管口宜设置摩擦阻力小、表面光滑的导向装置或折叠管保护装置。

5.4.3 预制折叠管被牵引进在役管道的牵引力应按本规程公式（3.1.10）计算。

5.4.4 每段预制折叠管伸出旧管端口的长度不宜小于1.5m。

5.4.5 应在预制折叠管两端焊接密封板，安装温度和压力传感器，并与蒸汽及压缩空气的接口连接。

5.4.6 当已通入的蒸汽温度达到安装手册中的规定

值时，可通入压缩空气。压缩空气的压力应符合合格的模拟安装测试报告的要求。

5.4.7 应保持预制折叠管内的压缩空气压力，直到接收坑内折叠管的管外壁温度达到安装手册的规定值。

5.4.8 折叠管恢复圆形后，稳压时间不宜少于24h。

5.4.9 在复原过程中，安装温度和压力不得少于每2min自动地测量和记录1次。复原的温度和压力应严格遵守折叠管制造商所提供的工艺条件。

5.4.10 就位后的预制折叠管连接前，应在内衬管的端口安装一个刚性的内部支撑衬套。

5.4.11 预制折叠管的连接除应符合本规程第4.2.8、4.2.9条的要求外，还应满足下列要求：

1 对*SDR*17.6系列非标准外径预制折叠管，当扩径至与标准聚乙烯管外径及壁厚一致时方可进行连接。当采用扩径的方式不能满足标准壁厚时，应采用变径管件连接。

2 *SDR*26系列非标准外径的预制折叠管应采用变径管件连接。

5.4.12 当预制折叠管为*SDR*26系列时，在役管道断管处的聚乙烯管及管件宜采取外加钢制套管或砖砌保护沟，并填砂加盖板的方式进行保护。

5.5 过程检验与记录

5.5.1 施工前应对管材、管件的表面质量及标志进行检查，有裂口、凹陷、严重划痕等缺陷的管材、管件不得使用。

5.5.2 在预制成型折叠管修复施工过程中，应对工作坑接点的位置和高程、牵引力和牵引速度、安装温度和压力、折叠管焊口及复原参数等进行记录。

5.5.3 卸压时应打开预制折叠管端口，压力应缓慢释放，并应使用闭路电视系统检查其内壁。内壁应连续并全部恢复圆形，预制折叠管表面应无褶皱、裂纹，并应作全程录像存档。

5.5.4 应检查施工过程中自动记录的参数，并应与工艺要求一致。

6 现场成型折叠管内衬法

6.1 一 般 规 定

6.1.1 现场折叠管施工应在5℃～30℃环境温度的条件下进行。

6.1.2 现场折叠管的复原应采用清洁的常温水。

6.1.3 现场折叠管内衬修复用的聚乙烯管道应采用热熔对接，工作坑内宜采用电熔连接。

6.1.4 现场折叠管施工前，施工单位应按本规程附录C的要求进行与工程相适应的工艺评定，合格后方可开工。

6.2 材料与设备

6.2.1 用于现场折叠的聚乙烯管材运抵施工现场后，应按生产批次检测管材的力学性能，并应符合表6.2.1的规定，测试合格后的管材方可用于施工。

表6.2.1 管材的力学性能

性 能	要 求	测试参数	测 试 方 法
断裂伸长率（%）	＞350	—	《热塑性塑料管材 拉伸性能测定 第3部分：聚烯烃管材》GB/T 8804.3-2003
静液压强度（20℃，100h）	破坏时间≥100h	环应力12.4MPa	《流体输送用热塑性塑料管材 耐内压实验方法》GB/T 6111-2003
压缩复原	可复原	—	《燃气用埋地聚乙烯（PE）管道系统 第1部分：管材》GB 15558.1-2003附录F

6.2.2 现场连接折叠管的管件应与折叠管管材相匹配，并应符合现行国家标准《燃气用埋地聚乙烯（PE）管道系统 第2部分：管件》GB 15558.2的有关规定。

6.2.3 现场折叠管压制成型专用设备的类型应根据现场折叠管的管径和壁厚选择。

6.2.4 牵引设备应具有牵引力自动控制装置和显示、记录仪表。

6.2.5 现场折叠内衬管复原所需水泵等设备应满足工艺的要求，且应有温度、压力计量仪表。

6.3 施 工 准 备

6.3.1 现场折叠管修复的施工准备应符合本规程第4.1节的相关规定。

6.3.2 压制设备的压辊间距应按照现场折叠管的规格要求进行调整。

6.4 施　　工

6.4.1 焊接工艺评定应符合本规程第4.2.1条的规定。

6.4.2 现场折叠应在对聚乙烯管进行热熔对接后进行，热熔对接应严格按焊接工艺评定的工艺参数进行。

6.4.3 在热熔对接冷却期间，整个内衬管段不得受任何外力的作用；焊接好的聚乙烯管应做好端口密封。

6.4.4 聚乙烯管焊接后的检查应符合本规程第4.2.2条的规定。

6.4.5 焊接检查合格的聚乙烯管现场折叠后，应立即将缠绕带缠绕在折叠管外。牵引端宜采用连续缠绕，其他部分宜采用间断缠绕，且间距不宜大于50mm。缠绕带严禁使用钢丝或其他金属制品。

6.4.6 在役管道端口应配备现场折叠管导入装置或折叠管保护装置，并应满足本规程第4.2.3条的要求。

6.4.7 将现场折叠管牵引进在役管道内的施工牵引力应按本规程公式（3.1.10）计算。

6.4.8 压制折叠管、折叠管缠绕和被牵引进入在役管道的牵引速度应保持同步，并宜控制在5m/min～8m/min。

6.4.9 折叠管在工作坑的两端宜留有不少于1.5m的施工余量。

6.4.10 当折叠管在在役管道内就位后，应在折叠管端部焊接密封盲板。

6.4.11 复原时应严格控制注水速度，水压应按施工工艺评定参数执行。

6.4.12 现场折叠管恢复圆形并达到水压稳定后，稳压时间不宜少于24h。

6.4.13 就位后的现场折叠管的连接应符合本规程第5.4.10、5.4.11条的要求。

6.5 过程检验与记录

6.5.1 应通过闭路电视系统全线检测并记录清管结果。

6.5.2 应通过闭路电视系统全线检测折叠管的复原情况及内壁的完整性，折叠管的表面应平滑、无褶皱和裂纹。

6.5.3 应记录施工过程中的牵引力。

6.5.4 应测量并记录复原过程中的水温、水压及进水量等参数。

6.5.5 应在牵引端测试复原后的折叠管的壁厚并记录。

7 缩径内衬法

7.1 一般规定

7.1.1 当采用缩径内衬法进行在役管道修复时，工作段内不得有大于11.25°的弯头。

7.1.2 缩径施工时，聚乙烯管道外径的缩减量应小于等于其外径值的15%。

7.1.3 经缩径后的聚乙烯管外径应小于在役管道内径的2.5%，但不应小于10mm。

7.2 施工准备

7.2.1 当采用缩径内衬法进行在役管道修复时，应具备多组辊筒、锻模、绞盘车和推管机等设备。

7.2.2 缩径内衬法修复施工的在役管道清理和闭路电视内窥检查及工作坑开挖等施工准备应符合本规程第4.1节的规定。

7.2.3 对在役管道椭圆度、腐蚀程度、裂纹等情况应进行测定并记录。

7.3 施工

7.3.1 聚乙烯管的焊接工艺评定应符合本规程第4.2.1条的规定。

7.3.2 焊接及焊接后的检查应符合本规程第4.2.2条的规定。

7.3.3 牵引时，聚乙烯管端应封闭。施工牵引力应按本规程公式（3.1.10）计算。当不能满足时，应采用液压驱动机协助将聚乙烯管推入旧管。

7.3.4 施工时，每个施工段聚乙烯管应连续牵引进入在役管道，不应中途停顿，拉入速度宜在1m/min～2m/min范围内。

7.3.5 聚乙烯管被置入在役管道后宜使其自然恢复原状，恢复时间不得少于24h。若采用加水加压使其复原，维持水压不得少于24h。

7.3.6 就位后的聚乙烯管道的连接应满足本规程第5.4节的要求。

7.3.7 施工过程检验与记录应满足本规程第5.5节的要求。

8 静压裂管法

8.1 施工准备

8.1.1 裂管法施工应具备裂管器、液压动力源、液压拉杆机、支撑架及相应数量的拉杆。

8.1.2 裂管法施工准备应满足本规程第4.1.2～4.1.5条的要求。

8.1.3 裂管法施工前应获得管道沿线1.5m～2.0m范围内的地下管线资料并与相关部门进行核对，确定各类相邻管线性质、位置、埋深及地下水位等情况。

8.1.4 裂管法施工前应对在役管道进行裂管施工安全性评估，施工不得影响周围管线与设施。

8.1.5 裂管法施工接收工作坑的开槽应满足现行行业标准《城镇燃气输配工程施工及验收规范》CJJ 33的有关规定。放置设备一侧的工作坑的坑壁面应平整、无突起硬物，并应垂直于坑底平面及在役管道中心线。工作坑的规格尺寸应满足裂管机施工操作的要求。

8.1.6 当在役管道内污物影响施工时，应对在役管道进行清理，并应符合本规程第4.1.5条的要求。

8.2 施工

8.2.1 焊接前聚乙烯管的焊接工艺评定应满足本规

程第4.2.1条的要求。

8.2.2 焊接及焊接后的检查应满足本规程第4.2.2条的要求。

8.2.3 裂管器连接端应完好无损，并与拉杆相连。

8.2.4 裂管器进入在役管道时，割刀轮位置宜与垂直于地面的管道直径连线在下方成30°夹角（图8.2.4）。

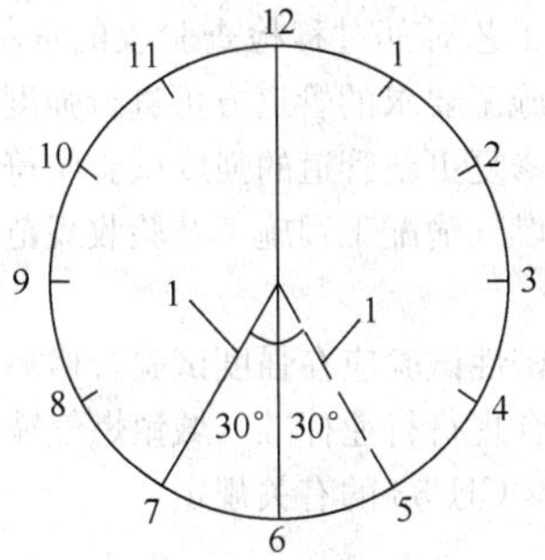

图8.2.4 割刀轮位置示意图

1—割刀轮

8.2.5 聚乙烯管引入端口应封闭，施工牵引力应按本规程公式（3.1.10）计算。

8.2.6 聚乙烯管道应放置在滑轮支架上拖动。

8.2.7 当施工中发生牵引力陡增现象时，必须立即停止施工，查明原因，处理后方可继续施工。

8.2.8 伸出工作坑的聚乙烯管的长度，应能满足各段连接需要。

8.2.9 聚乙烯管就位后，各管段的连接应满足本规程第4.2.8条的规定。

8.3 过程检验与记录

8.3.1 施工过程中应严格记录穿入在役管道中拉杆的数量及相应牵引力。

8.3.2 裂管施工过程记录应包括下列内容：

1 物探报告；

2 地勘报告；

3 裂管施工记录。

9 翻转内衬法

9.1 一般规定

9.1.1 翻转内衬法施工前应按工程实际情况进行施工工艺评定，合格后方可开工。施工工艺评定应符合本规程附录D的要求。

9.1.2 管道经翻转内衬法修复后，仍应对金属管道的外防腐层及阴极保护系统进行维护和管理。

9.2 材料与设备

9.2.1 翻转内衬法修复用复合筒状材料应符合下列要求：

1 应具有耐受城镇燃气组分的性能；

2 应具有足够的拉伸强度和断裂标称应变；

3 应具有耐冷凝水及耐老化性能等。

9.2.2 胶粘剂宜采用聚氨酯或环氧树脂，且应具有较高的固体含量、适宜的黏度、拉伸剪切强度和剥离强度。

9.2.3 翻转内衬法修复所用的复合筒状材料和胶粘剂等应自其生产之日起18个月内使用。

9.2.4 复合筒状材料和胶粘剂的储存应满足下列要求：

1 复合筒状材料和胶粘剂应存放在通风良好，温度在5℃～35℃的封闭库房内，不得曝晒和雨淋，不得与油类、酸、碱、盐等其他化学物质和易燃易爆品接触；

2 在施工现场应搭设临时库房存放；

3 复合筒状材料存放时应整卷平放，不得叠放，堆放处不得有尖凸物；

4 胶粘剂必须密封保存。

9.2.5 复合筒状材料和胶粘剂的搬运和运输应符合下列规定：

1 复合筒状材料和胶粘剂在搬运和运输时严禁淋雨和受潮；

2 复合筒状材料搬运和运输时应平整放置，不得叠放，并应采用非金属绳或胶带捆扎；

3 胶粘剂应装箱搬运和运输，且不得倒置，并应轻拿轻放，不得抛摔和受撞击、磕碰；

9.2.6 翻转内衬法施工应具备闭路电视检测系统、清理设备及翻转工艺操作等设备。

9.3 施工准备

9.3.1 在役管道的吹扫、置换等工作应符合本规程第4.1节的要求。

9.3.2 工作坑的大小应根据所需断管的长度及操作空间确定。

9.3.3 在役管道内壁的清理应满足本规程第3.1.5条的要求，清理后，在役管道内应进行干燥处理。

9.3.4 应根据施工段的长度准备复合筒状材料和胶粘剂。

9.4 施工

9.4.1 施工环境温度应为0℃～35℃。

9.4.2 胶粘剂和固化剂应充分混合均匀，搅拌桶内不得进入水和灰尘等杂物。

9.4.3 当复合筒状材料浸渍胶粘剂时，应经充分碾压，并达到饱和状态。

9.4.4 启动翻转设备前，翻转端口应连接牢固。

9.4.5 翻转速度应控制在2 m/min～3m/min，翻转所需的压力应控制在0.1MPa以下。

9.4.6 翻转完毕后应将管道两端连接好，并安装带有自动记录功能的压力表后加压固化，固化应满足下列要求：

1 固化压力应控制在0.1MPa以下，固化压力保持时间不得少于24h；

2 固化方式可根据胶粘剂的不同而变化，可采用常温固化、加热固化；

3 固化结束后应缓慢卸压，不得使管内形成负压。

9.4.7 固化完成后，启动闭路电视系统对管道进行内窥录像检查，整个翻转段应连续和光滑，无污浊、空鼓和分层现象。

9.4.8 每一工作段的端口应进行密封加固处理，并应预留出不小于150mm的焊接热影响区。

9.4.9 两工作段连接用短管应与在役管道材质相同，钢制管道还应进行外防腐处理，防腐性能不得低于原防腐层。

9.4.10 短管连接及防腐施工和验收应符合现行行业标准《城镇燃气输配工程施工及验收规范》CJJ 33的有关规定。

9.5 过程检验和记录

9.5.1 翻转内衬法修复施工中应进行管道清理检验、每一工作段的翻转质量检验。

9.5.2 施工过程中的记录应包括下列内容：

1 管道清理施工记录；

2 闭路电视清洗和修复检测记录和录像资料；

3 衬管施工记录；

4 固化过程参数记录；

5 防腐质量检查记录。

10 试验与验收

10.1 一般规定

10.1.1 城镇燃气管道非开挖修复更新工程验收合格后超过6个月未投入使用的，应在使用前重新组织检查，合格后方可通气使用。

10.1.2 修复施工所使用的管材和管路附件等应在质量保证期内，并应具备相关的合格证、检测报告等质量证明文件。凡非标准产品，均应参照相应的标准做性能试验或检验。

10.1.3 旧燃气管道修复更新完成后，应对修复更新后的管道进行吹扫、强度试验和严密性试验。

10.1.4 燃气管道试验前应具备下列条件：

1 管道施工已按设计文件和本规程的规定进行施工质量检查；

2 对管道各连接部位的安装和接口质量，已按相关标准规定进行检验；

3 试验前应由施工单位向监理单位和建设单位报送试验方案，做好安全工作，批准后方可进行。

10.2 管道吹扫与试验

10.2.1 应对修复更新施工完成后的管道进行吹扫。吹扫应符合现行行业标准《聚乙烯燃气管道工程技术规程》CJJ 63的有关规定。

10.2.2 被修复更新的管道进行强度试验前，应根据不同的修复工艺对其过程检查验收的资料进行核实，符合设计、施工要求的管道方可进行强度试验。

10.2.3 被修复更新管道的强度试验应符合现行行业标准《城镇燃气输配工程施工及验收规范》CJJ 33的有关规定。

10.2.4 严密性试验应在强度试验合格后进行。严密性试验应符合现行行业标准《城镇燃气输配工程施工及验收规范》CJJ 33的有关规定。

10.3 工程竣工验收

10.3.1 施工单位在修复更新工程完工后，应先对修复更新管道目测进行外观检查并吹扫，以及强度、严密性试验预验，合格后通知相关部门验收。

10.3.2 燃气管道修复更新工程的竣工验收，应由建设单位组织，设计单位、施工单位、监理单位按本规程要求进行联合验收。

10.3.3 工程验收应包括工程实体验收和竣工档案的验收。

10.3.4 工程实体验收应包括下列内容：

1 工程内容与要求应与设计文件相符；

2 外观质量应包括修复更新前管材的几何尺寸等检测资料，接口的外观应符合接口的质量标准要求；支墩及管道的稳固性、覆土质量、工作坑及接收工作坑的处理应符合本规程的有关规定；

3 管道的通球或吹扫、强度试验、严密性试验应符合国家现行相关标准的规定；

4 设备和附属工程应符合相关的技术要求；

5 接口检测资料应符合设计文件要求。

10.3.5 工程竣工档案验收应包括下列内容：

1 核准开工的批件；

2 施工图及施工组织设计；

3 管材、管件的合格证和质量保证书；

4 管道接口的试验资料和接口工艺评定、工艺指导书；

5 在役管道管线图和资料；

6 修复前对在役管道内壁刮、铲、刷及清洗后的闭路电视检查和评定资料；

7 管接口外观记录和无损探伤记录（超声波及X射线拍片记录和评定资料）；

8 各种工艺施工过程检验记录；

9 修复管道质量评定资料，含施工自评、监理评估、验收记录；

10 隐蔽工程验收资料；
11 质量事故处理资料；
12 生产安全事故报告；
13 分项、分部、单位工程质量检验评定记录；
14 工程竣工图和竣工报告；
15 工程整体验收记录。

11 修复更新后的管道接支管和抢修

11.0.1 修复更新后的燃气管道宜在设计预留的位置接支管。当预留位置不能满足要求时，开孔接支管应采用机械断管方式割除修复管道外的旧管，不得使用气割或加热方法。

11.0.2 割除旧管后，可在聚乙烯管上接出支管。接出支管应符合现行行业标准《聚乙烯燃气管道工程技术规程》CJJ 63 的有关规定。

11.0.3 当管道受损泄漏时，应按本规程第 11.0.1 条的要求先割除部分旧管后，实施抢修。抢修宜在停气后进行，应切除破损聚乙烯管，并电熔连接相同材料级别的聚乙烯管。连接应符合现行行业标准《聚乙烯燃气管道工程技术规程》CJJ 63 的有关规定。

11.0.4 当在采用翻转内衬法修复的燃气管道上接支管时，应选择在连接短管处开孔，严禁在其他部位开孔接支管。

11.0.5 当采用翻转内衬法修复的燃气管道受损泄漏时，应停气断管，实施抢修。断管后应将受热影响的内衬材料割除并按本规程第 9.4.8 条的要求进行端口处理后，再进行施工。

附录 A 预制折叠管记忆能力的测试

A.0.1 预制折叠管管材试样长度不应小于 50mm。

A.0.2 预制折叠管记忆能力测试前应将测试用恒温箱预热到 120℃±2℃，然后可将试样放入烤箱的任意位置，测试参数应符合表 A.0.2 的要求。

表 A.0.2 测试参数

管壁最小厚度 e_{min} (mm)	测试温度 (℃)	恒温时间 (min)
$e_{min} \leqslant 8$	120±2	60±1
$8 < e_{min} \leqslant 16$	120±2	90±2
$e_{min} > 16$	120±2	120±2

A.0.3 达到加热时间后应将试样取出，并自然冷却至常温，然后测量预制折叠管记忆恢复值 H（图 A.0.3），并应符合表 A.0.3 的要求。

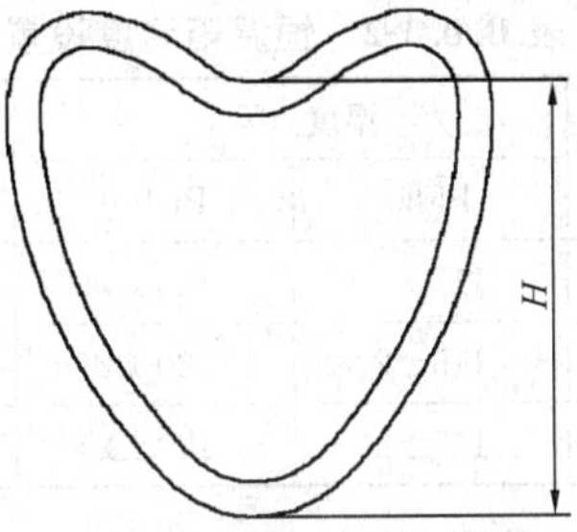

图 A.0.3 预制折叠管记忆恢复值示意图

表 A.0.3 预制折叠管记忆恢复值

管 材	预制折叠管记忆恢复值
PE80	$\geqslant 0.75d_{manuf}$
PE100	$\geqslant 0.65d_{manuf}$

注：d_{manuf}——产品标注的评价直径。

附录 B 常温下环向拉伸应力的测定

B.0.1 常温下环向拉伸应力测定用试样的制备应符合下列要求：

1 应按沿试样圆周方向截取 3 个试样（图 B.0.1-1），尺寸应符合表 B.0.1-1 的要求。

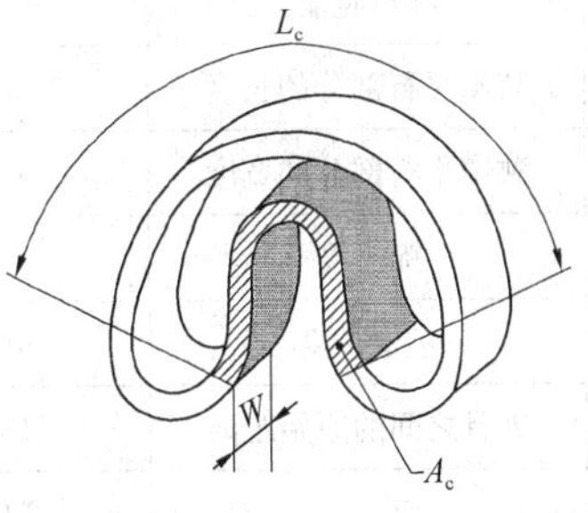

图 B.0.1-1 管段上截取样品位置示意图

表 B.0.1-1 试样的尺寸

符号	项 目	尺寸（mm）
A_c	折叠管最小弯曲半径的部分	—
L_c	圆周长度	≥160
W	宽 度	≥25

注：截取试样时应考虑后续加热过程所引起的尺寸变化。

2 试样应放置在恒温箱中加热，恒温箱温度的设置应符合表 B.0.1-2 的要求。

表 B.0.1-2 恒温箱温度设置

管材壁厚（mm）	温度（℃）		放置时间（min）
	PE80	PE100	
$e\leqslant8$	115±2	120±2	60±1
$8<e\leqslant16$	115±2	120±2	120±2
$e>16$	115±2	120±2	240±5

3 加热后取出试样，并应及时使用两块不锈钢板夹稳、压平，应保持压力直至试样温度自然冷却至常温。

4 压平的试样（图 B.0.1-2）尺寸应符合表 B.0.1-3 的要求。

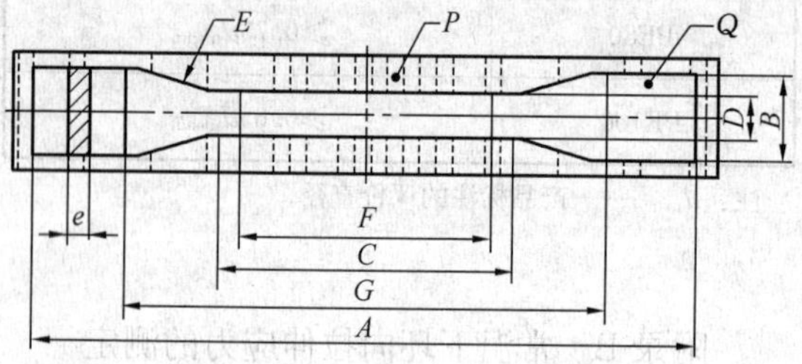

图 B.0.1-2 试样示意图

表 B.0.1-3 试 样 尺 寸

符 号	项 目	尺寸（mm）
A	总 长	≥150
B	端口宽度	20±0.2
C	狭窄平行部分的长度	60±0.5
D	狭窄平行部分的宽度	10±0.2
E	弧 度	60±2
F	标定长度	50±0.5
G	夹具之间的原始距离	115±0.5
e	厚 度	管材壁厚
P	平 板	
Q	测试片	—

B.0.2 常温下环向拉伸应力测定应具备下列设备、仪器：

1 空气恒温箱；

2 两块不锈钢板和加压装置；

3 夹紧装置；

4 负载系统应在 1s～5s 之间对测试片施加平稳、可重复的负载力，偏差不应超过规定负载力的±1%；

5 水槽或热空气箱；

6 计时器。

B.0.3 常温下环向拉伸应力测定前，试样应按表 B.0.3 的要求进行状态调节。

表 B.0.3 试样状态调节要求

管材壁厚 e（mm）	状态调节温度（℃）	状态调节时间（min）
$e\leqslant8$	80±2	60±1
$8<e\leqslant16$	80±2	120±2
$e>16$	80±2	240±5

B.0.4 常温下环向拉伸应力测定应按下列步骤进行：

1 状态调节后应测量试样的尺寸；

2 根据表 B.0.4 中所规定材料应力，负载力应按下式计算：

$$F=\sigma\times A \qquad (B.0.4)$$

式中：A——试样窄边初始平均面积（mm^2）；

F——负载力（N）；

σ——材料应力（N/mm^2）。

3 应采用夹具将试样夹紧，放入温度为 80℃±2℃的水槽或热空气箱中；

4 应逐步、平稳地在试样上施加负荷，不得有振动，并在 1s～5s 内达到所要求的负载力；

5 达到测试负载力时应立即开始计时；

6 达到 165h 或试样发生失效时应停止试验。

表 B.0.4 测 试 参 数

管材材料	测试参数		
	温 度（℃）	材料应力（N/mm^2）	测试时间（h）
PE80	80±2	4.5	≥165
PE100	80±2	5.4	≥165

B.0.5 测试时间达到 165h，试样未破坏应判为合格。

B.0.6 若试样被破坏，应确定是韧性破坏或脆性破坏。当试样在 165h 前发生韧性破坏，应按照现行国家标准《燃气用埋地聚乙烯（PE）管道系统 第 1 部分：管材》GB 15558.1-2003 第 7 章的规定选择较低的测试应力，再进行测试。

B.0.7 常温下环向拉伸应力测定报告应包括下列内容：

1 参考文档和测试方法；

2 完整的试样信息；

3 材料类型；

4 管材的公称尺寸和生产时间；

5 取样时间；

6 试样压平前的温度和加热时间；

7 试样的实际测量长度（表 B.0.1-3 中定义的

长度 F、宽度 D 和厚度 e)；

8 应用的应力；

9 计算测试所用的负载力和精确度；

10 试样的温度和时间条件；

11 测量环境；

12 测试时间；

13 如发生断裂应注明断裂类型；

14 任何会影响测试结果的因素；

15 测试日期。

附录C 现场折叠内衬法施工工艺评定方法

C.0.1 现场折叠内衬法的施工工艺评定应满足下列要求：

1 施工工艺评定的条件与环境应真实模拟现场施工时的最不利情况；

2 进行施工工艺评定的试件应由施工单位制备并送检；

3 试件制备的全过程应由建设单位、设计单位和监理单位参加并确认；

4 施工工艺评定的试件应由取得国家认证的检验单位进行；

5 施工工艺评定应仅对实际采用的工艺管材材质有效；

6 施工工艺评定的有效期为1年。

C.0.2 现场折叠内衬法的施工工艺评定的试件制备应符合下列要求：

1 管材的尺寸分组应符合表C.0.2的要求。

表C.0.2 管材的尺寸分组

尺寸分组	管材公称外径 d_n (mm)	最小有效长度 (m)
第一组	$d_n<250$	6
第二组	$d_n\geqslant250$	8

注：每尺寸组选取任一规格进行试验，在最小有效长度内应包含2个均匀分布的热熔对接焊口。

2 管材的标准尺寸比应为 *SDR*26。

3 制备试件的环境温度应为5℃。当制备温度高于5℃时，评定结果应只适用于高于制备温度，且低于40℃环境温度下的施工。

4 制备过程应严格按本规程第6.4节的规定进行。

5 复原应在与试验管外径相适应的钢管内进行。

C.0.3 管道复原后的检验项目应符合下列要求：

1 应按现行国家标准《燃气用埋地聚乙烯(PE)管道系统 第1部分：管材》GB 15558.1的规定进行外观检查；

2 应按现行国家标准《燃气用埋地聚乙烯(PE)管道系统 第1部分：管材》GB 15558.1－2003中第7章的规定进行下列力学性能检验：

1) 应截取含有1个热熔焊口的管段进行静液压试验；

2) 应截取含有另1个热熔焊口的管段进行耐快速裂纹扩展试验；

3) 应截取试样进行耐慢速裂纹增长试验；

4) 应沿管道轴向和径向分别取两组试样进行断裂伸长率试验，取样点应在折叠弯曲半径最小处（图C.0.3）。

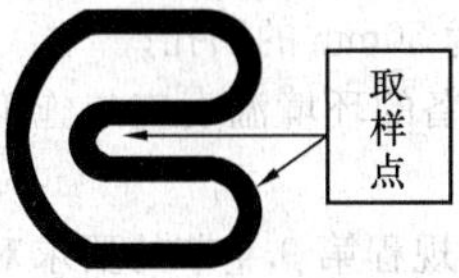

图C.0.3 断裂伸长率试验取样点示意图

C.0.4 现场折叠内衬法的施工工艺评定的标准应满足下列要求：

1 管材折叠后的断裂伸长率的试验值不应小于350%，且与管材出厂的断裂伸长率的差值不应超过±20%；

2 静液压强度、耐快速裂纹扩展和耐慢速裂纹增长性能试验结果均应符合现行国家标准《燃气用埋地聚乙烯(PE)管道系统 第1部分：管材》GB 15558.1的规定。

C.0.5 现场折叠内衬法的施工工艺评定报告应完整、准确地反映工艺评定的过程及结果，并应包括下列内容：

1 管材，焊接机具及焊接参数、压制设备型号、压制操作参数、环境温度、复原环境及参数等试件制备的记录；

2 封样及送检情况说明；

3 取得国家认证的检验单位的检验报告。

附录D 翻转内衬法施工工艺评定方法

D.1 一般规定

D.1.1 翻转内衬法施工工艺评定用试件制备的环境及条件应模拟实际工程的情况。

D.1.2 翻转内衬法施工工艺评定用试件应由施工单位制备并送检。

D.1.3 翻转内衬法施工工艺评定用试件制备的全过程应由建设单位、设计单位和监理单位共同参加并确认；

D.1.4 翻转内衬法施工工艺评定试验应由取得国家认证的实验室进行，试验应包括强度试验、剥离强度试验和水压爆破试验。

D.1.5 每项采用翻转内衬法的工程实施前均应进行

施工工艺评定试验。施工工艺评定应只对所用材料与工艺有效。

D.2 试 件 制 备

D.2.1 翻转内衬法施工工艺评定用的试件制备应符合下列要求：

1 制备试件使用的旧燃气管道应从每项工程清理合格后的管道上截取，且长度不应小于 4m；

2 在距截取的在役管道管口 300mm 处沿圆周对称开 2 个直径为 50mm 的圆孔；

3 试件制备的环境温度应与施工现场的环境温度一致；

4 应按本规程第 9.4 节的要求对工艺评定用在役管道进行翻转内衬修复，工艺参数应与实际施工的工艺参数一致，并应做好记录。

D.2.2 水压爆破试验的试件制备应符合下列要求：

1 在剪开的复合筒状材料上涂抹胶粘剂后，应将其平铺夹在两块钢板中间，涂抹胶粘剂的一面应用非粘结的材料隔离，常温压制 2d～3d 使其完全固化；

2 将复合筒状材料从钢板中取出，形成厚为 3mm～5mm 的试件样品，并裁出 8 个直径为 150mm 的圆形试块，每 2 个试块为 1 组，应分别按以下 4 种条件进行处理后备用：

1）中性水浸泡 120h；

2）pH 值等于 6 的硫酸溶液浸泡 120h；

3）pH 值等于 9.5 的氢氧化钠溶液浸泡 120h；

4）未经任何液体浸泡。

D.3 水压爆破试验

D.3.1 水压爆破试验装置应符合下列要求：

1 手动试压水泵的流量宜为 $1m^3/h$，扬程宜为 4.0MPa；

2 压力计的量程应与试压水泵的扬程匹配，精度不低于 1.5 级；

3 法兰孔板应符合现行国家标准《平面、突面整体钢制管法兰》GB/T 9113.1 中 DN50、PN4.0MPa 平面密封钢法兰的要求；

4 试验装置（图 D.3.1）与试验管道应采用焊接法兰连接，无缝钢管与试压水泵应采用丝扣连接。

D.3.2 水压爆破试验介质应为 20℃±5℃的常温水。

D.3.3 水压爆破试验应按下列要求进行：

1 连接好试验装置，将圆形试块夹在法兰中间；

2 用手动泵开始加压至 1.5MPa 之后，每隔 20min 提高 0.1MPa，压力达到 2.5MPa 时稳压 1h，试块应无损坏；

3 继续提高压力，直至试块损坏，并记录试块损坏时的压力值。

D.3.4 水压爆破试验评价应符合下列要求：

1 8 个试块在 2.5MPa 压力下稳压 1h 后不损坏，

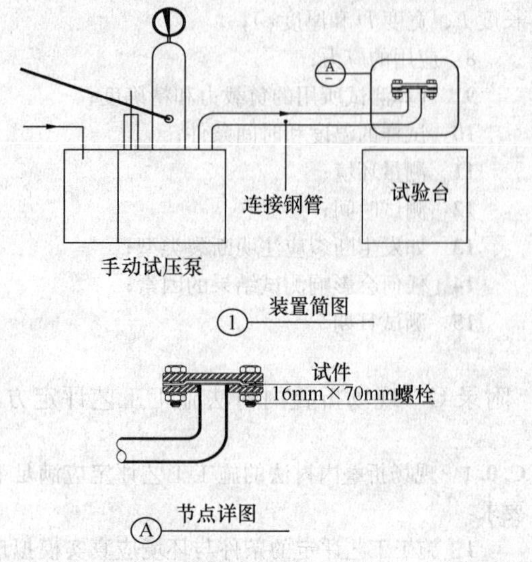

图 D.3.1 翻转内衬水压爆破装置简图

应判定水压爆破试验为合格；

2 只要有 1 个试块损坏时的压力值小于 2.5MPa，应判定水压爆破试验不合格，并应重新进行试件制备及水压爆破试验。

D.4 强度及剥离强度试验

D.4.1 剥离强度试验应符合现行国家标准《压敏胶粘带 180°剥离强度试验方法》GB 2792 的有关规定。

D.4.2 向工艺评定试件内充入 1.5 倍工作压力的洁净水并稳压 24h，开孔处无变形和破损应评为合格。

D.5 工艺评定报告

D.5.1 工艺评定报告应完整、准确地反映工艺评定的过程及结果，并应包括以下内容：

1 试件制备的详细记录；

2 封样及送检情况说明；

3 取得国家认证的检验单位的检验报告。

本规程用词说明

1 为便于在执行本规程条文时区别对待，对要求严格程度不同的用词说明如下：

1）表示很严格，非这样做不可的：
正面词采用"必须"，反面词采用"严禁"；

2）表示严格，在正常情况下均应这样做的：
正面词采用"应"，反面词采用"不应"或"不得"；

3）表示允许稍有选择，在条件许可时首先应这样做的：
正面词采用"宜"，反面词采用"不宜"；

4）表示有选择，在一定条件下可以这样做的，采用"可"。

2 条文中指明应按其他有关标准执行的写法为：

“应符合……的规定”或“应按……执行”。

引用标准名录

1 《城镇燃气设计规范》GB 50028

2 《压敏胶粘带180°剥离强度试验方法》GB 2792

3 《流体输送用热塑性塑料管材 耐压实验方法》GB/T 6111

4 《热塑性塑料管材 拉伸性能测定 第3部分：聚烯烃管材》GB/T 880 4.3

5 《塑料管道系统 塑料部件尺寸的测定》GB/T 8806

6 《平面、突面整体钢制管法兰》GB/T 9113.1

7 《燃气用埋地聚乙烯（PE）管道系统 第1部分：管材》GB 15558.1

8 《燃气用埋地聚乙烯（PE）管道系统 第2部分：管件》GB 15558.2

9 《城镇燃气输配工程施工及验收规范》CJJ 33

10 《城镇燃气设施运行、维护和抢修安全技术规程》CJJ 51

11 《聚乙烯燃气管道工程技术规程》CJJ 63

中华人民共和国行业标准

城镇燃气管道非开挖修复更新工程技术规程

CJJ/T 147—2010

条文说明

制订说明

《城镇燃气管道非开挖修复更新工程技术规程》CJJ/T 147－2010 经住房和城乡建设部 2010 年 7 月 23 日以第 701 号公告批准颁布。

在规程编制过程中，编制组对我国燃气管道非开挖修复更新工程的实践经验进行了总结，对插入、工厂预制成型折叠管内衬、现场成型折叠管内衬、缩径内衬、静压裂管、翻转内衬等修复更新方法的设计、施工和验收要求等作出了规定。

为便于广大设计、施工、科研、院校等单位有关人员在使用本规程时能正确理解和执行条文规定，《城镇燃气管道非开挖修复更新工程技术规程》编制组按章、节、条顺序编制了本规程的条文说明，对条文规定的目的、依据以及执行中需注意的有关事项进行了说明。但是，本条文说明不具备与标准正文同等的法律效力，仅供使用者作为理解和把握标准规定的参考。

目　次

1 总　则

1.0.1 非开挖修复更新施工技术在国内始于20世纪90年代中期。随着我国城镇建设快速发展和城镇燃气向天然气转换步伐的加快及超服务年限管道的增加，燃气管道的非开挖修复更新技术备受重视，虽然起步较晚但是发展迅速。

燃气作为城镇居民生活用燃料已经变得越来越重要，进行燃气管道的非开挖修复、更新工程过程中，保证工程质量对燃气供应的安全、稳定十分重要。

燃气管道非开挖修复技术在国外已是比较成熟的技术，相关的标准、法规比较齐全，是我们制定本规程很好的技术基础。在规程的编制过程中，我们收集到的国外相关方面的标准有：

1 欧洲标准 EN 14408－1《用于地下供气管网修复的塑料管道体系　第一部分：总则》（Plastics piping systems for renovation of underground gas supply networks Part 1：General）

2 欧洲标准 EN 14408－3《用于地下供气管网修复的塑料管道体系　第三部分：紧贴型衬管》（Plastics piping systems for renovation of underground gas supply networks Part 3：Close-fit pipe）

3 美国 ASTM 标准 F 1743－96《采用原位拖入热固化树脂衬管（CIPP）修复原有管道的标准方法》[Standard practice for rehabilitation of existing pipelines and conduits by pulled-in-place installation of cured-in-place thermosetting resin pipe（CIPP）]

4 美国 ASTM 标准 F 2207－02《金属燃气管道原位固化成型衬管（CIPP）修复体系的标准》（Standard specification for cured-in-place pipe lining system for rehabilitation of metallic gas pipe）

5 美国标准 ASTM F 1216－98《采用翻转和固化树脂内衬管技术修复在役管道的标准方法》（Standard practice for rehabilitation of existing pipelines and conduits by the inversion and curing of a resin-impregnated tube）

6 美国标准 ASTM F 1533-01《聚乙烯（PE）异形内衬管（C形管）标准规范》（Standard specification for deformed polyethylene（PE）line）

7 欧洲标准 BS EN 13689：2002《用于管道更新的塑料管技术体系的分类和设计指南》（Guidance on the classification and design of plastics piping systems used for renovation）

8 ISO/TS 10839《燃气输送用聚乙烯管材和管件设计、搬运和安装规范》（Polyethylene pipes and fittings for the supply of gaseous fuels-Code of practice for design，handling and installation）

9 德国标准 DIN 30658－1《埋设的燃气管道补充密封方法第1部分：用于燃气管道补充密封的薄膜软管和织物软管，安全技术要求和检验》。

此外，我们还收集到国外相关方面的行业协会标准、企业标准及国际标准化组织的有关技术报告等资料。

1.0.2 本规程适用范围规定的5种用于燃气管道的非开挖修复更新方法为目前国际、国内应用比较广泛的方法。

在国外的标准中，DIN EN 14408-3 将折叠管及缩径管修复列为紧贴型内衬修复。理论上，如果是紧贴型的内衬修复，能与在役管道构成复合管，依靠内衬管跨越破孔及裂缝的能力，部分或全部恢复原管道的工作能力是成立的。

因为对在役管道的剩余强度、腐蚀状况的评估比较困难，考虑到燃气管道的特殊性，因此在本规程中规定，采用插入法、静压裂管法、折叠管内衬法和缩径管内衬法修复的均为结构性修复，即按修复后管道独立承压设计；采用翻转内衬法时，要保证在役管道的主体结构没有受到破坏，内衬只对在役管道进行气密性的非结构性修复，按非独立承压设计。以上几种情况均不考虑针对管道上某个或某些破损点所进行的局部修复。

本规程的规定不考虑新、在役管道复合承压设计。如有需要，则必须对在役管道的腐蚀状况及剩余强度等作出清晰完整的评价，评估报告及设计方案应经过充分讨论及专家论证，认为可行后可按复合管进行结构设计。

使用上述5种非开挖修复更新工艺进行燃气管道修复的工程实例在国内都已涉及，但总量不多，而且各地差异较大。非开挖修复更新所用材料为聚乙烯燃气管道和复合筒状材料，根据聚乙烯燃气管道最大工作压力的计算公式，当采用 PE100 级别的 *SDR*26 薄壁聚乙烯管时，最大工作压力小于或等于 0.4MPa。

工厂预制成型虽然可以生产 *SDR*17.6 的折叠管，按照公式计算最大工作压力可达到 0.6MPa。鉴于工厂预制成型折叠管在国内修复施工中的应用刚刚起步，综合国内外标准规范要求和实际情况，为保证非开挖修复更新施工的安全有效，本规程统一规定修复更新的管道工作压力不能大于 0.4MPa。

随着城镇发展步伐加快，交通及环境保护等方面对市政施工的要求日益严格，采用传统方式修复更新城镇埋地燃气管道受到许多限制，非开挖修复技术主要是针对一些不允许或不能采用路面开挖作业的燃气管道修复更新工程，架空管道不受此限制。

1.0.3 为规范从事燃气管道非开挖修复更新工程的设计、监理和施工活动，制定本条。虽然目前没有专门针对非开挖工程的设计、施工和监理资质，本条中所说的相应资质，是指要求施工企业应具有相应级别的燃气管道施工资质，方可进行非开挖修复更新施工。城镇燃气管道非开挖修复更新工程必须进行设计，承担设计的单位应具备城镇燃气管道的设计资质。监理单位应该具有监理燃气管道施工的资质。

1.0.4 非开挖修复更新施工技术正在被不断应用于城镇旧燃气管道的更新改造。由于非开挖修复施工技术对操作施工过程的细节控制要求高、步骤多，操作规程与常规开挖施工方法有所不同，而且各种工艺方法的施工要求也不尽相同，需要经过有针对性的技术培训。目前，还没有统一的非开挖修复更新施工的职业培训，施工前，要经过技术输出方的专业培训，合格后方可上岗操作，保证施工质量。

1.0.5 考虑到目前城镇发展的速度，地下管线的分布情况变化快。为了保证非开挖施工更加安全、高效，如果设计完成后没有按期进行施工，业主应会同管理单位、设计单位、监理单位等将燃气管道所在区域的地下管线变化情况进行汇总，对设计进行复核。当发生变化，影响施工时，需重新进行现场勘察、设计变更或重新设计。

2 术 语

2.0.4 非开挖管线更新/替换（Pipe replacement）是指在不用挖开地面的情况下用新的管线替代旧的管线。一般是在旧管被破碎的同时，在原有位置安装一条新的管线，所以国外又称为 Pipe bursting，译为裂管法、胀管法或碎管法都可以。根据破碎旧管方法的不同，管线替换法可分为静压法、动压法和钻削法三种。

静压裂管法是借助于静压机用顶或拉的方式将旧管破碎，它既适用于塑性管材（如钢管）的破碎，这时旧管以条带的方式被割裂；也适用于脆性管材（如铸铁、水泥和陶瓷管），这时旧管以碎块的方式被胀裂。

动压裂管法用产生振动的设备（如夯管锤和气动矛等）将脆性旧管材振碎的方式称为动压碎管法。与静压法相比，其最大的优点是用较小的能量获得较大的破坏力。缺点是不能用于钢管和塑料管等塑性管材上。

针对燃气管道，塑性管材为钢管、聚乙烯管，脆性管材以铸铁管为主，采用静压裂管法较适合，本规程中只规定用静压裂管法进行燃气管道的修复更新。

2.0.5 英文 Cured-in-place pipe 的原意为“在管道原位的内衬固化”。目前，有翻转法、拉入法等方法，用于燃气管道修复的主要是翻转法，在本规程中，就直接采用“翻转内衬法”的说法。

3 设 计

3.1 一 般 规 定

3.1.1 在役管道修复更新受许多因素影响，各种工艺都有其优势和劣势，不能绝对说哪一种方法最好。在确定工艺时应考虑全面。插入聚乙烯管的修复方法是在不破坏在役管道情况下进行施工的。由于聚乙烯管的摩擦阻力小于钢管或铸铁管，一般更新后可提高工作能力。当通过计算认为管径减小不会对燃气的输配能力造成影响时，应优先选用直接插入法。根据大量施工案例和施工经验，本规程表 3.2.1 规定了插入管外径的最大极限为旧管内径的 90%。

各种工艺的优缺点见表 1。

表 1 各种修复工艺的优势和劣势

工艺	优 势	劣 势
插入法	·除现场插入外，要求的设备最少； ·现场插入减少了输送破坏； ·插入管不考虑原有管道的密封性	·检查和清理引导管是必要的； ·如果 MOP 不增加，可能会减少容量； ·定位燃气泄漏点比较困难； ·分支需要通过切开口再连接
缩径内衬法	·流通量减少程度最低； ·内衬管不依赖于原有管道的密封性	·检查和清理引导管是必要的； ·使用特殊设备和专业人员； ·外部焊接卷边需要去除； ·可能有必要去除弯头； ·分支需要通过切开口再连接； ·定位燃气泄漏点比较困难
折叠管内衬法	·可以不开口修复原有管线； ·维持管网的容量； ·可以更新较大半径弯曲的管线	·使用特殊设备和专业人员； ·在衬管和原有管之间的燃气密封性可能存在问题； ·检查和清理原有管线是必要的； ·其预期寿命比插入管网要短； ·此工艺可能依赖原有管道的力学性能
裂管法	·允许同时用另一根更大直径的管线替换原有管道	·有必要安装护套以避免对新管道产生不可接受的破坏； ·在役管道中的弯头可能造成问题； ·分支需要通过开孔后进行再连接； ·由于转移原有管道的碎片，存在的土壤转移和振动对其他设施和建筑物存在风险
翻转内衬法	·保持管线的容量； ·可以更新较大弯曲半径的管线	·可能比插入管的预期寿命短； ·有必要检测和清洁旧管线； ·分支需要通过开口后再连接； ·产品易受应用期间的温度的影响，并受到操作中最高温度的影响； ·此技术依赖于在役管道的力学性能

3.1.2 修复更新后管道的内径有所减小，可能会造成一部分流量损失，但只要使用单位能够接受，就认为满足使用要求。

3.1.3 虽然在非开挖修复更新时不进行大面积全线开挖，但是也需要将在役管道沿线的情况了解清楚，尽可能多地掌握相关资料，为开挖工作坑做好充分的准备。但有些非开挖修复更新法，除现场踏勘外，还需要进行附加工程勘察。尤指本规程规定的静压裂管法更新管道，该种方法需要将在役管道割（胀）裂，并借助压力把割（胀）裂的在役管道挤到周围的土壤中，因此在工程设计时除常规的资料外，还应该请有资质的单位进行在役管道周围的物探，并出具物探报告，如果发现周围物体间距不够，则不能选择裂管的方法。

3.1.4 采用非开挖方式修复更新的燃气管道工程设计，除常规的设计步骤外，还应该有针对非开挖修复更新方式的工程设计及说明。

聚乙烯管紧贴在役管道或者中间仅有很小的环形空间，在修复后的燃气管道上再接线，容易对聚乙烯管造成破坏。设计时，结合燃气发展规划，尽量考虑到今后的发展，可在修复的同时将今后有可能接支线处预留三通位置，将今后接支线对修复后管道造成的影响降到最低点。

3.1.5 修复、更新工程对管道内壁的清洁程度有要求，清洁程度与施工质量有密切关系，而且每一种修复更新方法对管道的清洗要求都不一样。在此列出一个表格，使大家很清楚地了解不同修复工艺的清洗要求，清洗的方法在后面的章节中有介绍。

3.1.6 燃气管道修复更新工程除翻转内衬法外，均采用聚乙烯管材。在保证聚乙烯管不被破坏的情况下，要保证各种修复工艺的施工质量，体现非开挖施工的优越性，尽量减少断管和工作坑的数量。一般情况下，管道特殊部位如三通、凝水缸等处需断管，同时设置工作坑。但当一些在役管道弯头的角度满足一定的要求，且曲率半径能保证施工时修复更新用管道顺利通过，并确保变形管道完全恢复的时候，施工单位会考虑不断管。本规程中的几种工艺，施工中不需要断管的弯头的经验数值是：

插入法：≤22.5°弯头

折叠内衬法：≤22.5°弯头

弯曲半径>$5d_n$ 的 45°弯头

弯曲半径>$8d_n$ 的 90°弯头

缩径内衬法：≤11.25°弯头

静压裂管法：≤22.5°弯头

翻转内衬法：一个 90°弯头；两个 45°弯头

3.1.7 与 PE 80 相比，PE 100 是一种双峰型分子量分布管材级聚乙烯树脂，具有优异的慢速裂纹增长抵抗能力和卓越的快速裂纹扩展抵抗能力，较好改善了刮痕敏感度，并具有较高的刚度。该性能恰好可以适合于本规程规定的燃气管道修复更新的施工工艺。因此，作出本条规定。

3.1.10 因本规程中除翻转内衬法外，用于修复、更新的管道均为燃气用聚乙烯管，本条给出的允许拖拉力的公式中，σ 是材料 50 年寿命时的应力值，是在材料定级时得出的数值，也是综合所有厂家的材料性能试验得出的，但有些材料的实测值会高于定值。某些修复更新工艺需要的拖拉力大时，可以采用实测值。

3.1.11 待修复的在役管道内径往往千差万别，因此，修复用聚乙烯管道外径有可能为非标尺寸，在设计时，应规定出非标管道与标准管件连接时的要求，保证聚乙烯管的连接质量。

3.1.12 如果出现本条提到的问题，可以按照现行行业标准《埋地聚乙烯（PE）给水管道工程技术规程》CJJ 101 的规定进行校核计算。

3.1.13 采用直接插入法时，在燃气输送能力不降低的情况下，插入管管径减小使其与在役管道之间出现了环形空间，环形空间必须封堵，避免污物、杂质进入；但聚乙烯管存在分子级渗透，不能作气密性封堵，避免燃气聚集，造成不必要的危险。

有资料表明，某牌号的高密度聚乙烯(HDPE)在20℃下的天然气渗透系数为 0.056[$cm^3/(m \cdot 10^5 Pa \cdot d)$]。以 1km，$d_n$400、*SDR*26、工作压力 0.4MPa 的天然气管线为例，每米管线 1 天的渗透量约为 $18cm^3$。

3.2 工艺适用范围

3.2.1 本条参照欧洲标准、美国材料学会标准，并综合了收集到的施工实例情况提出。新管外径与旧管内径的关系一栏 d_N 表示修复用新管道的外径，d_O 表示需要修复更新的在役管道的内径。每种修复、更新方法的工艺不同，对二者之间的关系有不同的要求。

在国家标准 GB 15558.1－2003 中也指出：燃气管道的常用管材系列为 *SDR*11、*SDR*17.6。允许使用根据 GB/T 10798－2001 和 GB/T 4217－2001 中规定的管系列推算出的其他标准尺寸比。行业标准《聚乙烯燃气、管道工程技术规程》CJJ 63 对于新建聚乙烯燃气管道规定“聚乙烯燃气管道分 *SDR*11、*SDR*17.6 两个系列”。

当本规程规定的修复工艺有要求时，只要 *MOP* 值满足要求，采用薄壁的标准尺寸比系列聚乙烯管也是可以的，但最薄为 *SDR*26 为宜。

压力管道修复与非压力管道修复是不同的，根据国外相关的文献报道，用于燃气管道修复的内衬管设计选型中，*SDR*26 是所允许的最薄的内衬管。

国外规范 DIN EN 14408－3《用于地下供气管网修复的塑料管道体系》第 3 部分（紧贴型衬管）中第 7.4 条表 2 内衬管安装后的壁厚，也仅给出了 *SDR*11、*SDR*17、*SDR*17.6、*SDR*26 四种标准尺寸比系列。

虽然修复用聚乙烯管道外径允许用非标，但其标准尺寸比一定要满足国家现行标准《燃气埋地聚乙烯管道系统　第1部分：管材》GB 15558.1的规定，以保证修复后管道的承压能力不受影响。

如果待修复在役管道的管径超过本规程表规定的范围，应邀请相关专家进行充分论证，通过后才可以实施。

现场成型折叠管内衬法修复是指在施工现场，利用机械设备将连接好的聚乙烯管折叠送入在役管道，再通过加水压使其复原的管道修复工艺。

根据国外某家公司的资料（表2）显示，对于*SDR*26的聚乙烯管，只有在d_n75～d_n400的范围内才可以进行现场折叠。但是在国内进行的实际工程中，也有d_n500的管径采用现场折叠方法进行施工。另一项资料表明，现场折叠管道在燃气管道修复中的适用性如表3所示。

表2　适于现场折叠的聚乙烯管范围（mm）

管径	壁厚							
	*SDR*11	*SDR*17	*SDR*26	*SDR*33	*SDR*42	*SDR*50	*SDR*61	*SDR*80
75	6.8	4.4	2.9	2.3	1.8	1.5	1.2	0.9
100	9.1	5.9	3.8	3.0	2.4	2.0	1.6	1.3
110	10.0	6.5	4.2	3.3	2.6	2.2	1.8	1.4
125	11.4	7.4	4.8	3.8	3.0	2.5	2.0	1.6
150	13.6	8.8	5.8	4.5	3.6	3.0	2.5	1.9
160	14.5	9.4	6.2	4.8	3.8	3.2	2.6	2.0
180	16.4	10.6	6.9	5.5	4.3	3.6	3.0	2.3
200	18.2	11.8	7.7	6.1	4.8	4.0	3.3	2.5
213	19.4	12.5	8.2	6.5	5.1	4.3	3.5	2.7
225	20.5	13.2	8.7	6.8	5.4	4.5	3.7	2.8
250	22.7	14.7	9.6	7.6	6.0	5.0	4.1	3.1
280	25.5	16.5	10.8	8.5	6.7	5.6	4.6	3.5
300	27.3	17.6	11.5	9.1	7.1	6.0	4.9	3.8
315	28.6	18.5	12.1	9.5	7.5	6.3	5.2	3.9
355	32.3	20.9	13.7	10.8	8.5	7.1	5.8	4.4
400	36.4	23.5	15.4	12.1	9.5	8.0	6.6	5.0
450	40.9	26.5	17.3	13.6	10.7	9.0	7.4	5.6
500	45.5	29.4	19.2	15.2	11.9	10.0	8.2	6.3
560	50.9	32.9	21.5	17.0	13.3	11.2	9.2	7.0
600	54.5	35.3	23.1	18.2	14.3	12.0	9.8	7.5
630	57.3	37.1	24.2	19.1	15.0	12.6	10.3	7.9
710	64.5	41.8	27.3	21.5	16.9	14.2	11.6	8.9
750	68.2	44.1	28.8	22.7	17.9	15.0	12.3	9.4

续表2

管径	壁厚							
	*SDR*11	*SDR*17	*SDR*26	*SDR*33	*SDR*42	*SDR*50	*SDR*61	*SDR*80
800	72.7	47.1	30.8	24.2	19.0	16.0	13.1	10.0
900	81.8	52.9	34.6	27.3	21.4	18.0	14.8	11.3
1000	90.9	58.8	38.5	30.3	23.8	20.0	16.4	12.5
1200	109.1	70.6	46.2	36.4	28.6	24.0	19.7	15.0
1400	127.3	82.4	53.8	42.4	33.3	28.0	23.0	17.5
1600	145.5	94.1	61.5	48.5	38.1	32.0	26.2	20.0

注：1　□色——不适合现场折叠；

2　□色——根据PE树脂特性确定是否适合；

3　□色——壁厚小于3mm，不能热熔连接；

4　□色——适合采用现场折叠。

表3　现场折叠管道在燃气管道修复中的适用性

管径	*SDR* 17		*SDR* 26		*SDR* 34		*SDR* 41		*SDR* 51	
DN（mm）	PE80	PE100	PE80	PE100	PE80	PE100	PE80	PE100	PE80	PE100
≤150	×	×	√	√	√	√	√	√	×	×
150～250	×	×	√	√	√	√	√	√	√	√
300～500	×	×	√	×	√	√	√	√	√	√
≥600	×	×	×	×	×	×	√	×	√	×

注："√"为适合，"×"为不适合。

缩径内衬技术是利用聚乙烯的弹性等特性，做成一种紧贴的内衬管。插入用的聚乙烯管，其外径稍大于旧管内径，先将聚乙烯管拉过锻模或多组同心滚筒将其直径缩小，以便容易穿入旧管内。当整段聚乙烯管已拉入旧管时，将聚乙烯管前端的拉力释放，聚乙烯管便会渐渐膨胀复原至原来的大小。具体有模压（Swagelining技术）（图1）和辊筒（Rolldown技术）（图2）两种方法。

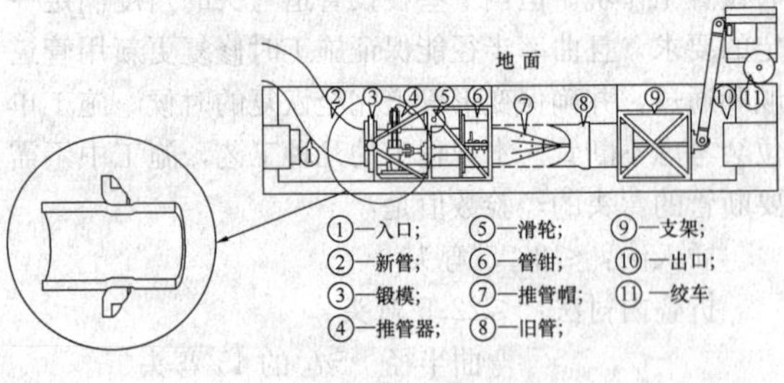

图1　缩径内衬（锻模套管）修复技术示意图

裂管法分为静压裂管法和动压裂管法，属于非开挖管线更新法，是指在不用挖开地面的情况下用新的管线替代旧的管线。一般是在旧管被破碎的同时，在原有位置安装一条新的管线，新管线的直径可以等于或大于旧管的直径。破碎的旧管将被挤入土层或形成碎屑后被冲洗液带出地表。

本规程规定采用的为静压裂管法（包含割裂和胀

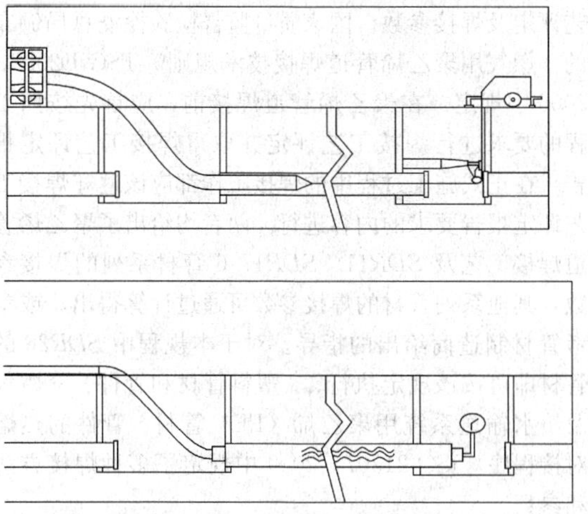

图 2　缩径内衬（辊筒）修复技术示意图

裂两种方法），是借助于静压机用顶或拉的方式将旧管破碎，它既适用于塑性管材（如钢管）的破碎，这时旧管以条带的方式被割裂；也适用于脆性管材（如铸铁、水泥和陶瓷管），这时旧管以碎块的方式被胀裂。可以对旧燃气管道进行等管径或扩大管径替换的施工（图 3）。替换后的管道应为聚乙烯管道。旧管管径与替换后管径对应情况见表 4。

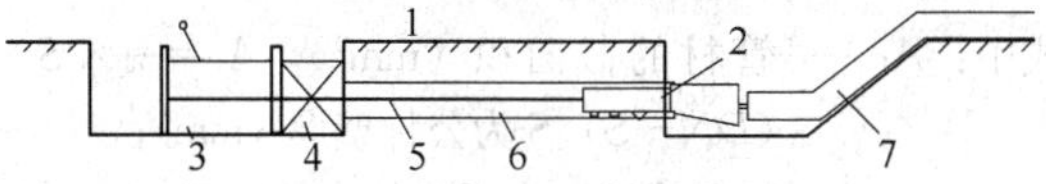

图 3　裂管施工示意图

1—路面；2—裂管器；3—液压拉杆机；4—支撑架；5—拉杆；6—旧管；7—聚乙烯管

表 4　裂管法替换旧管管径对照表

在役管道公称直径(mm)	替换后聚乙烯管公称外径(mm)
100	110，125，140，160，180，200
150	160，180，200，225，250
200	200，225，250，280，315
300	315，355，400
400	400，450，500

翻转内衬法，也称“原位固化法”。国内用于燃气管道修复的原位固化法工艺，多是一种利用内表面含胶粘剂的衬管，经翻转后使粘有胶粘剂的内管壁变为外管壁，将衬管粘结在旧管的内壁上，从而在旧管内牢牢地形成一层新的内衬层，达到修复的目的。因此在本规程中直接将这种方法称为翻转内衬法。内衬层应具有足够的强度、防介质腐蚀性能及密封性。

本规程中规定的翻转内衬修复材料不能独立承受介质的压力，即进行非结构性修复，只能对在役管道进行增强气密性的修复。

一般采用压缩空气或高压水作为翻转的动力。按照胶粘剂化学成分的不同，有通过热水、蒸汽的热固化方式，也有通过常温的固化方式等。施工工艺见图 4。

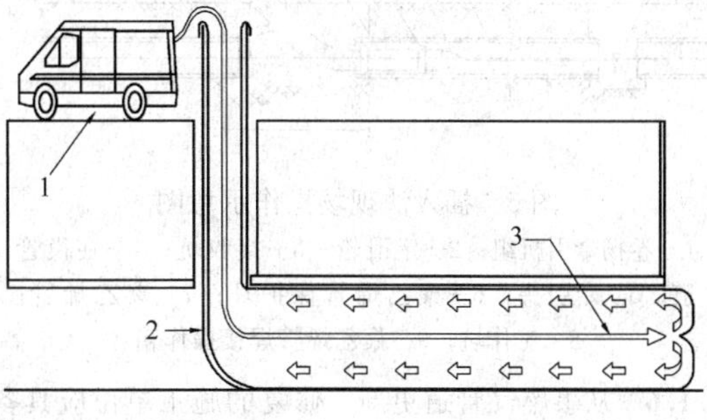

图 4　翻转内衬法工艺示意图

1—载热水（汽）车；2—导管；3—热水（汽）循环

3.4　设计压力

3.4.1　关于最大允许工作压力：随着聚乙烯材料性能的提高和PE 100 在国内外的广泛应用，最大允许工作压力也得到了相应的提高。最大允许工作压力是以 20℃、50 年的管道设计使用寿命为基础的，PE 系统的 *MOP* 值取决于使用的聚乙烯材料类型（MRS）、管材的 *SDR* 值和使用条件，并受总体使用（设计）系数 *C* 和耐快速裂纹扩展（RCP）性能的限制。

对于燃气管道，国际上通常取 $C \geqslant 2.0$。在现行行业标准《聚乙烯燃气管道工程技术规程》CJJ 63 中考虑各种因素，为保证全面安全性能，*C* 值大约为 3 左右。

本规程参照欧洲标准 EN 12007 和美国 ASTM 相关标准及现行行业标准《聚乙烯燃气管道工程技术规程》CJJ 63，针对修复更新管道的特性，增加了 *SDR*26 系列。

3.4.2　德国水和燃气协会（DVGW）及瑞士水和燃气协会（SVGW）按照德国标准 DIN 30658－1《埋设的燃气管道补充密封方法　第 1 部分：用于燃气管道补充密封的薄膜软管和织物软管，安全技术要求和检验》，对于用该种材料工艺修复的燃气管道，管道的最高运行压力规定为 4bar 和 5bar。通过对以往施工经验的总结、目前阶段对材料性能参数的认识及我国对于城镇燃气管道压力级制的划分，规定了最高工作压力的数值。

4　插　入　法

4.1　施工准备

4.1.1　图 5 为插入法现场操作示意图。

4.1.5　该公式是综合了施工单位多年经验得出的，考虑了保护管道、节省占地及保证施工等因素。*H* 为管道中心距地面的距离。考虑到旧管必须伸出工作坑壁和熔接套筒安装操作等因素，坑长应适当增加。

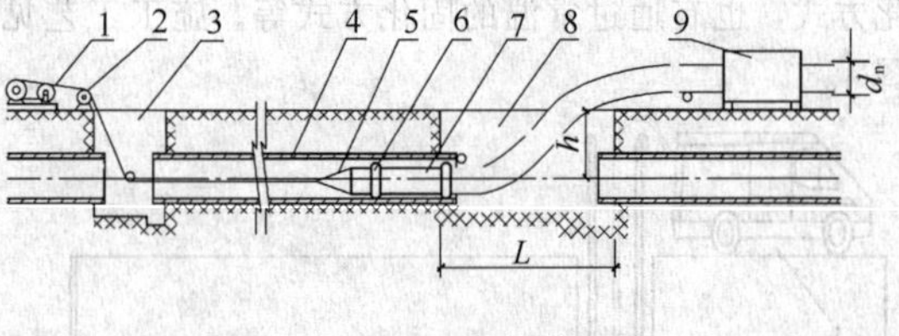

图 5　插入法现场操作示意图

1—卷扬牵引机组；2—定滑轮；3—接收坑；4—在役管道；5—牵引头；6—聚乙烯管保护环；7—聚乙烯管；8—工作坑；9—聚乙烯管焊接操作箱

4.1.6　从事燃气管道更新、修复的施工单位应具备彩色高分辨率的闭路电视系统，并且在施工准备阶段启用一次，保证能反馈尽可能清晰详细的在役管道内壁情况，帮助调整、确定合理有效的施工方案及在役管道清理方案，确保修复施工的顺利进行。

如果断管后在端头部分看到在役管道内壁的沉积污物很多且较黏稠，影响闭路电视系统的使用，则应先对污物进行清理后再启用。

闭路电视系统每一步的检查结果都应存档，并经过建设单位、施工单位和监理单位的共同确认合格后，再进行下一步工序。

管道清理大致可分为机械清理（图 6）和化学清理。清理城镇燃气管道的方式推荐采用机械清理，可根据污物的种类及情况，采用多种方式的机械清理。机械清理器械的头部可为多种样式。清理出的污水和污物应统一收集、处理。

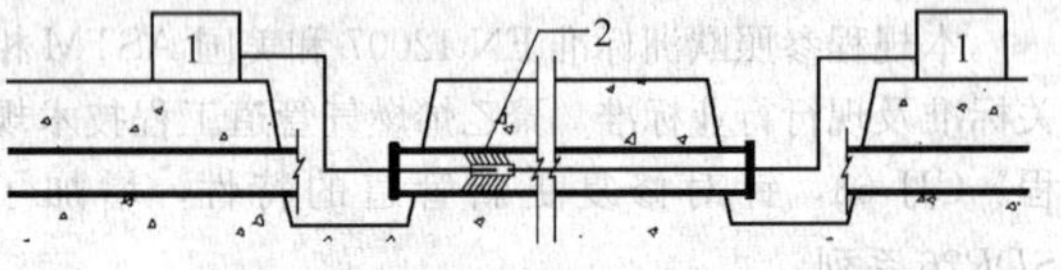

图 6　机械拉膛清管示意图

1—卷扬机；2—清垢器

高压水清理属于机械清理的一种。一般情况下，清理均先用高压水清理，再用器械清理。干燥程度以保证管内无液态水为宜。如果有更高的要求，干燥处理及控制可参照现行国家标准《油气长输管道工程施工及验收规范》GB 50369 中的相关规定执行。

清理后的管道再次用闭路电视系统进行检查，应采用与清理前相同的闭路电视系统，即分辨率等相同。

4.1.7　在管道清理合格后，为了避免闭路电视系统不能清晰反映出管内遗留杂物对聚乙烯管可能造成的影响，把施工损失降到最低点，在正式插入前，先按照正常的施工工艺插入一段长度不小于 4m 的试验管段，并拉出检查管段外观，符合要求后再进行正式施工。

4.2　施　　工

4.2.1　行业标准《聚乙烯燃气管道工程技术规程》CJJ 63－2008 第 5 章规定了管道连接的相关规定、工艺评定及焊接参数。国家质量监督检验检疫总局颁布的《燃气用聚乙烯管道焊接技术规则》TSG D2002－2006 中规定：在聚乙烯管道焊接前，应首先按照工程的要求进行焊接工艺评定并取得焊接工艺评定报告，在正式施工过程中的焊接工作都应该遵守焊接工艺评定报告要求的内容进行。两者均给出了聚乙烯管道焊接工艺及 *SDR*11、*SDR*17.6 管材系列的焊接参数，其他系列管材的焊接参数可通过计算得出，或参考管材制造商给出的指导。对于本规程中 *SDR*26 的管材即可按该规定执行。《塑料管材和管件——燃气及给水输送系统用聚乙烯（PE）管材、管件的热熔对接程序》ISO 21307－2009 中规定了多种焊接方法和参数。

与热熔对接直接有关的参数有三个：温度、压力、时间。聚乙烯热熔对接的温度一般推荐在 200℃～235℃之间。目前，熔接条件（工艺参数）国内通常是由热熔对接连接设备生产厂或管材、管件生产厂在技术文件中给出，以下供参考。

总焊接压力 P_1 和焊接规定的压力 P_2 分别按下式计算：

$$P_1 = P_2 + P_t;\ P_2 = \frac{A_1 \times P_0}{A_2}$$

式中：A_1——管材的截面积（mm^2），$A_1 = \pi \times S \times (DN - S)$，$S$ 为公称壁厚（mm）；

A_2——焊机液压缸中活塞的有效面积（mm^2），由焊机生产厂家提供；

P_0——作用于管材上单位面积的力，取为 $0.15N/mm^2$；

P_t——拖动压力（MPa）。

推荐的吸热时间与公称壁厚的关系为 $t_2 = S \times 10$。当环境条件（温度、风力等）恶劣时，应当根据实际情况适当调整。

德国焊接协会（DVS 2207：1995）推荐的 HDPE、MDPE 管道典型热熔对接焊接工艺参数见表 5。

表 5　HDPE、MDPE 管道热熔对接焊接工艺参数典型值

管壁厚度 e (mm)	加热卷边高度 h (mm)	加热时间 t_2 ($t_2=10\times e$) (s)	允许最大切换时间 t_3 (s)	增压时间 t_4 (s)	保压冷却时间 t_5 (min)
<4.5	0.5	45	5	5	6
4.5～7	1.0	45～70	5～6	5～6	6～10
7～12	1.5	70～120	6～8	6～8	10～16
12～19	2.0	120～190	8～10	8～11	16～24
19～26	2.5	190～260	10～12	11～14	24～32
26～37	3.0	260～370	12～16	14～19	32～45
37～50	3.5	370～500	16～20	19～25	45～60
50～70	4.0	500～700	20～25	25～35	60～80

注：加热温度（T）210℃±10℃；加热压力（P_1）：0.15MPa；加热时保持压力（P_t）：0.02MPa；保压冷却压力（P_1）：0.15MPa。

4.2.2 插入前，应在地面将需要一次插入的管连接好，并对焊口进行切除翻边处理和检查。

4.2.3 聚乙烯管的划伤会对聚乙烯管的力学性能造成很大的破坏，留下安全隐患，影响使用寿命。在插入敷设过程中，要清除在拖拉过程中一切有可能造成聚乙烯管损伤的障碍物。在牵引聚乙烯管进入在役管道时，端口处的毛边容易对聚乙烯管造成划伤，可安装一个导滑口，既避免划伤也减少阻力。

4.2.4 在施工过程中牵引设备的能力不能用到极限，避免出现拖拉过程中的卡阻现象而导致设备的损坏，条款中要求的设备能力就是考虑了这一点。20%的余量是最低限度。具备自控装置则要求在施工过程中有设定，一旦超过最大允许拖拉力则应能自动停机。

4.2.5 聚乙烯管插入在役管道后，因为自身的重量会使其下沉与在役管道的内壁接触，安装保护环可以很好地防止这种情况的发生，降低拖拉过程中的阻力。

4.2.7 插入的聚乙烯管以两个工作坑之间为一段，每段插入完成后都应该按要求进行强度试验，强度试验合格的管段才可以进行连接。

4.2.8 在连接前，聚乙烯管道上设置适当的固定点以防内衬管因温度而引起的长度收缩。图7为设置固定点的示意图。

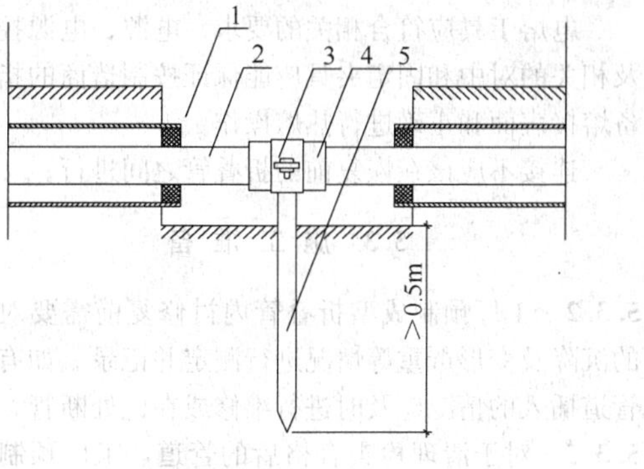

图7 锚固结构示意图

1—工作坑；2—聚乙烯管；3—紧固管；
4—电熔套筒；5—锚固桩

电熔焊接通过读取管件条形码，自动设置焊接参数，人为因素少，焊接质量控制比较有保障。

每施工段施工完成以后要进行连接，在工作坑内需要的焊接管段长度要视实际情况而定，因此没有统一给出伸出长度。在拖拉过程中聚乙烯管受到拉力会有些许变形，在卸除拉力后，管道要经过一段时间（以不少于24h为宜）自然消除应力，直至恢复自然长度，所以回缩的长度也要考虑预留。

4.2.9 各地在役燃气管道材质存在差异，钢管、铸铁管均存在。如果在役管道为钢管，连接时建议采用一体式钢塑转换接头，保证连接质量；在役管道为铸铁管时，可以选择采用钢塑法兰连接。

4.3 过程检验与记录

4.3.1 虽然在施工准备时已经有过将试验段拉出观察聚乙烯管外观的步骤，但鉴于管道修复的特殊性，对每一段施工后的管道还要再作检查，发现问题及时解决。

4.3.2 连接点大样图包括钢塑转换接头及法兰等处的详图。

5 工厂预制成型折叠管内衬法

5.1 一般规定

5.1.1、5.1.2 工厂预制成型的聚乙烯管折叠内衬法在国外通常称为"compact pipe"，"fold and form liner"。国内通常译为"折叠管"、"变形内衬"或"折叠内衬"，工程上习惯称为U形内插法。该种方法应用于埋地在役管道的非开挖修复在国外已经非常普遍，广泛应用于燃气、供水、排水和工业领域。

折叠管是利用聚乙烯管材的记忆功能，采用机械和（或）加热的方式使得圆形的管材变成"U"形（也有称"C"形的）。变形后的内衬管的截面积可减少40%左右，缩小了截面的内衬管，非常有利于插入在役管道的施工过程，而且不会使折叠管受到损伤。当折叠内衬管被插入或拖入在役管道后，重新给其加温和（或）加压，使其恢复原有的形状和大小，从而获得全新的内衬管（图8）。因在本规程中规定修复后管道为独立承压，该内衬管可以完全独立于旧管中，也可以形成与在役管道紧贴在一起的内衬层，且以贴在一起居多，以便将流量损失减到最低。因此，该种修复技术也被称为紧贴型内衬修复技术，即"lining with close-fit pipes"技术中的一种。该种修复技术可以最大限度地保持在役管道的内径，通过新管道内壁摩阻的改变，可以不减少原管道的输送量。目前，折叠管内衬有两种成型方法。一种为在工厂采用加温和加压的方法成型，另一种为在施工现场采用加压的方法成型。本章介绍的为第一种。工厂预制成型的折叠管成品是盘在轮轴上的，管径越大，相同直径的轮轴能盘的管道越短，综合经济技术方面的考虑，采用工厂预制成型折叠管法进行的修复工艺最大修复管径控制在 *DN*500 为宜。

预制折叠管均为盘管，若每种管径的管都用

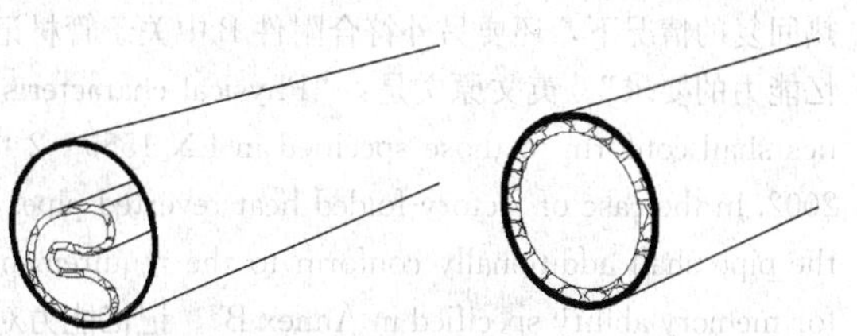

图8 折叠管内衬法示意图

相同的长度，则大管径管的盘管轮轴会很大。受到运输条件及经济因素等的限制，因此不同管径所盘的长度不同。管径越大，长度越短。盘管示意见图9。

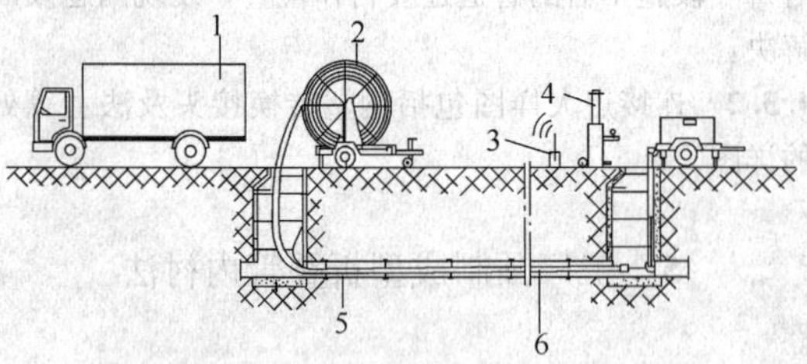

图9 工厂预制成型折叠管施工示意图

1—载热水（汽）车；2—折叠管；3—传送器；4—水汽分离器；5—在役管道；6—折叠管

以某制造商的产品为例，当 *DN*100 时，盘管的长度可以为 600m，但当 *DN*500，盘管轮轴直径相同时，盘管的长度只能是 100m。

国内目前还没有生产工厂预制成型折叠管的厂家，但是采用此方法对旧燃气管道进行修复已有实际的工程案例。

工厂预制成型折叠管在生产过程中要经过制造和模拟实际安装测试两个阶段。其中模拟实际安装测试就是通常所说的工艺评定，是折叠管供应商根据客户提供的在役管道参数等生产折叠管样品，并在实验室中按照设计好的工艺参数进行工序模拟，复原达到要求后，对该试验段进行力学性能测试，测试合格，折叠管可投入生产并应用于该项工程。

条款中要求的五项参数应该在到货时同时提供，作为施工工艺过程的重要依据。因为要修复的在役管道的情况复杂，每项工程所需折叠管的性能参数都有差别，因此，每项工程用管材必须在到货时按不少于条款中要求的参数提供。

过程验证测试的试样既可以从实际安装中裸露在需修复管道两端的内衬管上截取，也可从模拟安装的内衬管上截取。

5.1.4 附录A的内容是关于聚乙烯管材记忆能力的测定。等同采用了《用于地下供气管网修复的塑料管道系统-紧贴型衬管》EN 14408－3 的附录B的内容。在《用于地下供气管网修复的塑料管道系统-紧贴型衬管》EN 14408－3 第 4.6 节物理特性中有描述“物理特性应该符合 EN 1555－2：2002。管材在折叠式热回复的情况下，还要另外符合附件B中关于管材记忆能力的要求”。英文原文是：“Physical characteristics shall conform to those specified in EN 1555－2：2002. In the case of factory-folded heat-reverted pipes, the pipe shall additionally conform to the requirement for memory ability specified in Annex B”。记忆能力对于预制折叠管是一项比较重要的产品质量指标。

5.2 材料与设备

5.2.1 工厂预制成型折叠管是由制造商根据每个实际工程设计出的管材，在制造阶段获得的管径、壁厚等参数可能是非标的，应由制造商提供给使用方，便于使用方在验收时查验管材的几何尺寸。

5.2.2 对于工厂折叠管，在同一横截面上的壁厚是会有所变化的，但只要该折叠管在修复过程中或修复后的壁厚能够符合条款中表 5.2.2 的要求，就是可以接受的。

5.2.3 拥有图形或数字形式记录的绞盘装置可以记录安装过程中绞盘对管道所施加的负荷。

管道导向装置应在在役管道的末端使用，以防止在插入过程中损坏内衬管道。

采用工厂预制成型内衬管法修复的管道，非标的 *SDR*17.6 聚乙烯管道在进行端口连接时需要用扩口器扩口至标准外径及壁厚，以便与标准管件连接。

热熔对接工具应具有在工地现场熔接的能力，除加热板外也应该包括例如管夹和刮刀等设施，以保证管道对中等要求。同时外部切边工具应能够干净地去除整条连续的凸缘而不会破坏管材。

熔接现场最好有围挡保护，以防止水或尘土对熔接产生污染，并保持清洁和温暖的环境。内衬管道应有防冷风吹袭的措施，否则会影响熔接质量。

电熔工具应符合相关的要求。电源、电源控制器及相关的对中和固定夹具应能保证按制造商的指引准备熔接表面和正确进行热熔操作。

连接不应该在恢复前的折叠管之间进行。

5.3 施工准备

5.3.2 工厂预制成型折叠管内衬修复前需要对管道的沉降及变形严重等情况进行测定并记录。如有影响管道插入的情况应及时进行维修或在此处断管。

5.3.5 对于清理检查合格后的管道，工厂预制成型折叠管内衬修复还要求对在役管道进行“通球”试验。“球”不能通过的管段应进行开挖断管。“球”的尺寸及样式可参考表6。“球”的材质建议选用金属的，能够保持一定的强度。在拖拉过程中，管道内明显偏移的接头，管道原始资料中遗漏的三通、弯头可以被发现，内衬安装之前应处理。

表6 通球与内衬管径尺寸的对应关系表（mm）

管内径	100	125	150	175	200	225	250	275	300	350	400	450	500
球外径	98.0	122	145	170.0	194.0	217.0	241.0	260.0	289.0	340.0	385.0	436.0	485.0

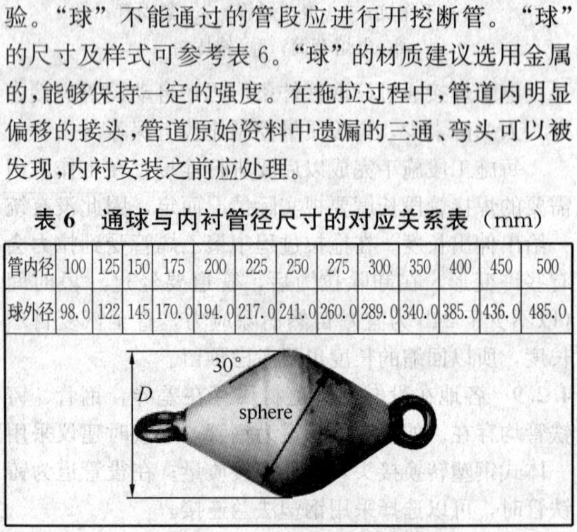

5.3.6 在役管道通过通球试验，最大弯曲处又能满足要求，则折叠管可直接穿过。如在役管道中的弯曲大于允许的最大弯曲时，应在安装内衬管前在弯曲处断管，保证折叠内衬管不被损坏。

5.4 施　　工

5.4.4 工厂预制成型折叠管内衬修复每一工作段施工完毕，都要预留出一定长度安装复原用的堵板和仪表等，端头不能复原的管段还要切除。

5.4.5 每段折叠管拖入在役管道后，切断牵引内衬管牵引头，并在两端焊接密封堵板，同时开孔连接温度计、压力表以及通入热源等复原用介质的管路。管道内外壁的温度都要测量，保证整根管道受热均匀。

5.4.6 工厂预制成型折叠管复原阶段要求通入蒸汽使其进行热恢复，按照事先制定的复原工艺要求。通入压缩空气为了使复原管内保持一定的压力并且持续一段时间，使得管内的温度均匀分布，保证复原后的管道力学性能不发生变化。

在复原过程中，蒸汽源要求在施工现场产生并且可以循环，保证复原所要求的温度在复原过程中不发生变化。复原过程中产生的冷凝水应集中收集，统一处理。

在此过程中严格按照制造商提供的参数控制压力和温度，保证复原后的聚乙烯管的质量。

5.4.8 恢复成圆形且管道末端管外壁的温度达到要求时，停止通入蒸汽，仅保持压缩空气的压力。

聚乙烯材料是黏弹性材料，应变滞后于应力，当外力（牵引力）消失后，应变的恢复需要一个过程，一般在自然恢复的条件下需要24h，当采用加温或加压等辅助手段时，可以适当缩短应变的恢复时间，在本规程中规定了保持24h内衬管材的复原时间。

每个厂家的生产工艺不尽相同，因此在复原时的要求也不一样。应要求在厂家提供的安装手册中规定出所有必需的参数及使内衬管道形成紧贴修复的方法细节和安装参数。

5.4.10 工厂预制成型折叠管在生产时，制造商根据在役管道情况及模拟试验的结果最终制造出的折叠管外径有可能不符合《燃气用埋地聚乙烯管（PE）管道系统第一部分：管材》GB 15558.1中的规定，当这样的管道（*SDR*17.6系列）复原后与标准管件连接时，需要首先在折叠内衬管端口内安装刚性的内部支撑，便于用专用的金属扩孔器（最好为液压）进行扩径（图10、图11）。工厂预制的折叠管壁厚及对应应用管道口径参见表7。

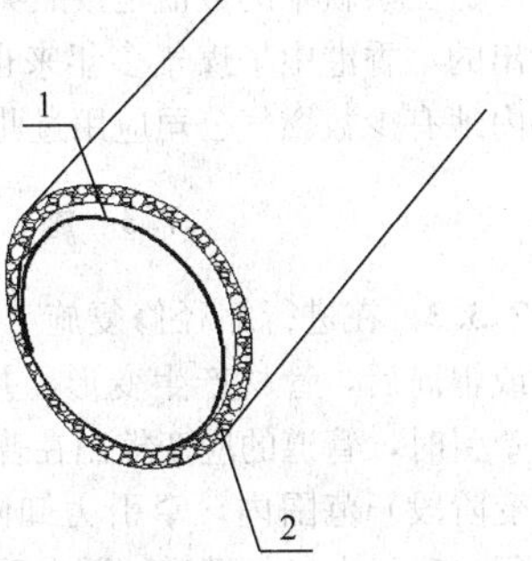

图10　在复原的内衬管中置入刚性支撑

1—刚性支撑；2—内衬管

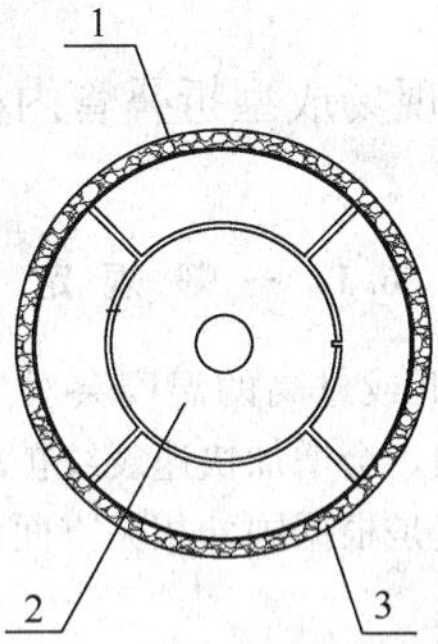

图11　利用扩孔器进行扩孔

1—刚性支撑；2—扩孔器；3—内衬管

表7　工厂预制的折叠管壁厚及对应应用管道口径 (23±2)℃

标称直径	*SDR*		适用管道内径（mm）	管道长度（m）	
	26	17.6		*SDR*17.6	*SDR*26
100	3.9	5.7	97～102	600	600
125	—	—	121～127	600	—
150	5.8	8.6	145～152	600	600
175	—	—	170～179	600	—
200	7.7	11.4	194～204	400	400
225	—	—	217～228	330	—
250	9.7	14.2	241～253	330	400
280	—	—	280～294	250	—
300	11.6	17.1	289～303	190	210
350	13.5	20.0	340～357	150	160
400	15.4	22.8	385～404	93	135
450	17.4	—	436～458	—	100
500	19.3	—	485～509	—	100

5.4.11 按照国外多年的施工经验，*SDR*17.6管材进行适当的扩径是允许的。根据聚乙烯管道的材料特性，为避免发生塑性变形，扩径不能无限制地进行，对于*SDR*26的管材及通过扩径不能保证标准壁厚和外径的，则严禁扩径，应采用变径管件进行过渡连接。

5.4.12 本条考虑了*SDR*26为聚乙烯薄壁管，这种管道在国内直埋应用的还不多见，为了慎重起见，对于工作坑处的*SDR*26聚乙烯管，在回填的时候要求采取保护措施而不采用直埋。

保护措施主要是外加钢制套管后回填，或者在工作坑处砖砌保护沟，在沟中填砂后路面加盖板这两种方式。有其他可以达到上述效果的措施也可以采用。

5.5 过程检验与记录

5.5.3 在使用闭路电视系统检查的时候，尤其需要注意弯头部位的情况，皱褶、裂纹都不允许有。

6 现场成型折叠管内衬法

6.1 一般规定

6.1.1 由于过低或过高的温度会对聚乙烯管的质量造成不利的影响，会增加快速裂纹扩展的危险。施工适宜的环境温度是根据国外相关方面的培训教材等规定提出的。

6.1.3 一个工作段之内，用于现场折叠的聚乙烯管的连接要按焊接工艺评定的要求进行热熔对接，翻边切除后形成一条较光滑的聚乙烯管，方便折叠及复原后紧贴。

6.1.4 现场折叠管内衬法修复在国内已有一些城市用于燃气管道修复。但是，由于可借鉴的资料有限，建设单位、监理单位都很难掌握修复后的质量，因此本规程规定施工前应进行施工工艺评定，相当于工厂预制成型折叠管的模拟现场安装测试。相关详细内容见附录规定。

6.2 材料与设备

6.2.1 为了确保用于现场折叠的聚乙烯管的质量，管材到货后，建设单位、监理单位应联合抽样送检，并将送检结果与随货提供的检测报告数据对比，性能参数不应低于检测报告中的数据。聚乙烯管材具有良好的韧性，现场折叠变形类似压缩复原，在现行国家标准 GB 15558.1 中要求：有夹扁断气要求的用户，应要求供应商提供压缩复原试验报告，因此在本条中作了相关规定。

6.2.2 管件与管材相匹配的意思是，生产管件用的混配料级别及管件的标准尺寸比要与管材一致。

6.2.4 牵引设备上的记录及显示仪表应记录并显示牵引力，通过牵引力确定钢丝绳的荷载，及时了解施工过程中牵引力是否有变化，方便施工指挥人员掌握施工进程，调整折叠设备的速度，使牵引及折叠的速度相匹配。

6.2.5 采用现场成型折叠管内衬法修复，在复原时要求使用常温水并且要计量通入水的体积量。

6.4 施 工

6.4.2 根据特种设备安全技术规范《燃气用聚乙烯管道焊接技术规则》TSG 2002-2006 的规定，焊接工艺参数包括焊接工艺温度、焊接时间与压力、增压时间、冷却时间及卷边高度等。工艺评定时，按要求进行外观、卷边切除、卷边背弯、拉伸性能及耐压强度试验等项目检验。检验合格，实际施工的参数，应该严格遵守工艺评定时的参数。

6.4.5 施工时，应用缠绕带将刚刚完成折叠的聚乙烯管缠紧，保证该内衬管折成 U 形后不会立即弹开，如图 12 所示。

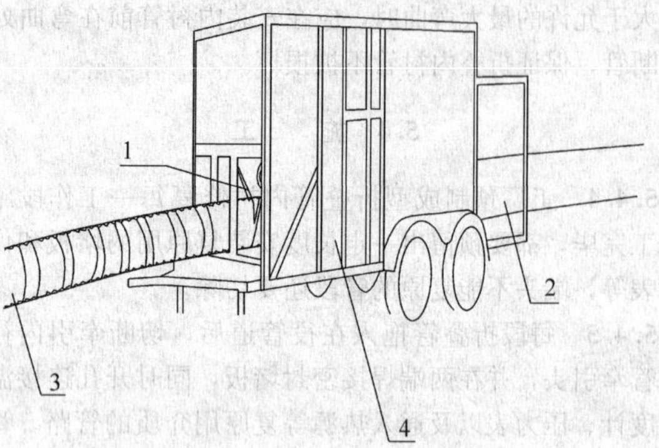

图 12 现场折叠机械示意图

1—缠绕带；2—未折叠内衬管；3—缠绕好的已折叠内衬管；4—现场折叠机械

确定合理的缠绕要求，保证插入过程中聚乙烯管不会自动松开，使工程无法实施，又要保证用较低的恢复压力即可挣断缠绕带，从而顺利复原。

6.4.6 现场折叠管导入装置，或折叠管保护装置应安装于在役管道管口部位，使内衬管导入顺利并保护其不受到损坏。

6.4.8 因没有标准可以参考，本条中的速度值是总结施工经验得出的。

6.4.11 要严格控制恢复速度。首先应计算出复原后 PE 管的水容积，复原时在不加压情况下使水充满折叠后的聚乙烯管的空间，并准确测量注入水量。复原后的水容积与无压注入水量之差就是复原时需加压的水量。水不可压缩，通过加压水的注入速度即可控制复原速度。

7 缩径内衬法

7.1 一般规定

7.1.1～7.1.3 缩径内衬法修复技术是英国煤气公司在 20 世纪 80 年代研究发展的专利技术。在香港应用广泛。条款中的数值是按照英国煤气公司施工要求提出的，香港中华煤气多年来也是按照此要求施工的。内地有少数燃气公司应用过此技术。

7.3 施 工

7.3.3 在进行缩径修复施工时，聚乙烯管经过锻模或辊筒后，管材产生变形，并且要牵引进在役管道。牵引时，管道的应变控制在普通的弹性变形（可逆形变阶段）范围内，牵引力卸除后，变形可以完全恢复。对于大口径管道，因自重大，宜在牵引的同时从后面施加一定的推力，帮助进入在役管道。

7.3.5 采用缩径内衬法修复施工时，复原主要靠自然恢复。加水加压会使复原的进程加快一些，因此，有时也会被采用。

8 静压裂管法

8.1 施工准备

8.1.1 裂管法所用的拉杆是多节连在一起的，裂管器的能力和拉杆的数量是决定一次裂管长度的主要因素。裂管机见图13，拉杆见图14。

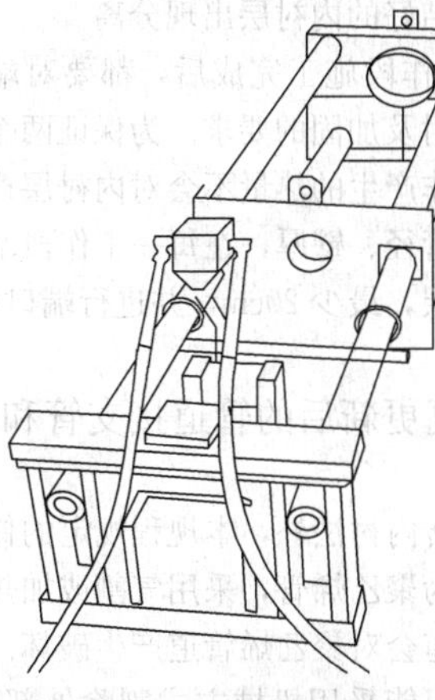

图13 裂管机示意图

图14 拉杆

8.1.3、8.1.4 由于裂管施工是将在役管道割裂或胀裂后向外扩张挤入周围的土壤，保证空间可以拉入一根同径或扩大管径的新管。在役管道被破坏并向外扩张时，周边土层的移动会影响邻近的其他管道并可能引起地表隆起，如果相邻管线距离（包括水平距离和垂直距离）太小，会对其产生一定的不利影响。应根据物探报告，到现场与相关市政管线的维护人员逐一核对位置、埋深等情况，保证裂管施工的安全。当与相邻管道距离小或者在役管道埋设较浅时，不应采用裂管法。

8.1.5 施工时，裂管机是放在工作坑内的，对工作坑的要求较高，必要时应加支护，保证施工安全。

8.1.6 断管后，经过观察端口内壁的情况，如果确定在役管道的内壁污物不影响裂管扩张头的前进，则不需要清管，否则应作必要的清理。

8.2 施工

8.2.4 条款中规定的割刀轮位置，即俗称的5点或7点位置，是为保护相邻管道的安全考虑。

8.2.7 施工中拉力陡增，说明裂管器被卡住。这时如不立即停止，聚乙烯管有可能因为过大的拉力而导致塑性变形，造成损坏。

9 翻转内衬法

9.1 一般规定

9.1.1 我国目前应用的该项技术及工程中所用的材料均为进口。因缺乏国外相应的工程建设标准及材料产品标准，为了保证翻转内衬法修复的施工质量，要求采用此方法施工时，每项工程开工前应先进行施工工艺评定，使建设单位和监理单位掌握修复用材料的性能参数、工艺参数等。详细内容见附录要求。

9.1.2 采用翻转内衬法修复的管道，承压的仍然是旧金属管道。对金属管道外防腐层、阴极保护系统（含测试装置、阳极、绝缘接头和恒电位仪）的检测和测试等工作仍然应按要求进行。

9.2 材料与设备

9.2.1 修复后，复合筒状材料的气密性内衬层与燃气直接接触，所以要求材料可以耐受城镇燃气的组分，包括加臭剂的成分。

在规程的编制过程中，我们对材料进行了拉伸强度、断裂标称应变、耐冷凝水质量变化、耐老化、耐气体组分等项目的测试，积累了一些数据作为参考数值（表8）。随着规程的实施及应用范围不断扩大，将有可能收集到更多的数据。

表8 某种复合筒状衬材性能指标测试结果

序号	项目		单位	性能要求	试验方法
1	厚度	膜层与织物总厚	mm	2.43±0.1	GB/T 6672-201
		膜层厚	mm	1.02±0.1	GB/T 6672-201
2	拉伸强度	径向	MPa	≥41.9	GB/T 1040.2-2006
		轴向	MPa	≥60.5	GB/T 1040.2-2006
3	断裂标称应变	径向	%	≥685	GB/T 1040.2-2006
		轴向	%	≥267	GB/T 1040.2-2006
4	耐冷凝水（30d，20℃）质量变化		24h %	≤0.58	GB/T 11547-2008

续表 8

序号	项目		单位	性能要求	试验方法
5	耐老化（30d，70℃）				
	拉伸强度保留率	径向	%	≥85	GB/T 1040.2-2006
		轴向	%	≥60	GB/T 1040.2-2006
	断裂标称应变保留率	径向	%	≥70	GB/T 1040.2-2006
		轴向	%	≥90	GB/T 1040.2-2006
6	耐气体组分（20℃，1500h）				GB 15558.1-2003 附录 D
	拉伸强度保留率	径向	%	≥85	GB/T 1040.2-2006
		轴向	%	≥60	GB/T 1040.2-2006
	断裂标称应变保留率	径向	%	≥75	GB/T 1040.2-2006
		轴向	%	≥105	GB/T 1040.2-2006

9.2.2 在规程的编制过程中，除对复合筒状材料的指标进行了测试外，还对胶粘剂进行了指标测试，在此列出，旨在为现场施工及质量控制人员提供参考依据（表 9）。

表 9 某种胶粘剂性能要求测试结果

序号	项目		单位	性能要求	试验方法
1	固体含量		%	≥99	GB/T 11175-2002
2	黏度		Pa·s	78，±5%	GB/T 2794-1995
3	剥离强度	轴向	N/mm	≥1.97	GB/T 2792-1998
4	拉伸剪切强度	轴向	MPa	≥2.49	GB/T 7124-2008

9.2.4 复合筒状材料和胶粘剂都属于有机材料，若储存条件不适宜，会对其性能产生不好的影响，进而影响施工。

9.3 施 工 准 备

9.3.3 翻转内衬法修复对在役管道内壁处理的要求最高，因此，高压水清理及机械清理都应该做。一般情况下，先进行高压水清理，如果设备能力允许，水的压力应尽可能高一些。

在役管道内的干燥程度对于内衬层的粘结质量有影响。现行国家标准《油气长输管道工程施工及验收规范》GB 50369 第 15 章中有对输气管道干燥的要求，在现场施工中可以参照执行。也有用干净的白帆布海绵球反复吸入管道，直至吸出的球本身保持干燥为合格。

9.4 施 工

9.4.1 施工用胶粘剂应该随用随配，避免因温度、季节等的变化使胶粘剂过早凝固，影响浸渍。胶粘剂与固化剂应按操作规程充分搅拌，混合均匀。

9.4.5、9.4.6 条款中的数据是根据多年的施工经验总结得出。胶粘剂的固化是获得良好粘结性能的关键过程，固化过程必须在适宜的条件下进行，固化条件包括温度、时间和压力。胶粘剂成分的不同，对固化条件的要求也不一样。固化过程施加一定的压力是有利的，能够提高胶粘剂的流动性，易润湿、渗透和扩散，而且可以保证胶层与旧管内壁紧密接触，防止气孔、空鼓和分离。无论是常温固化还是加热固化，都必须保证足够的固化时间才能固化完全，获得最大的粘结强度。

如果是加热固化，达到规定时间后不应立即撤出热源。急剧冷却，会因为收缩不均匀而产生很大的热应力，带来后患，应缓慢冷却到环境温度或室温。

固化压力也不能瞬间快速释放，这样容易造成管内负压，使粘结好的内衬层出现分离。

9.4.8 每一工作段施工完成后，都要对端口进行处理，应达到密封及加固的要求。为保证两个工作段连接时，焊接操作产生的热量不会对内衬层产生不良影响，应按不同管径、壁厚，在每一工作段端口切除一定长度的内衬层，最少 20cm，并进行端口处理。

11 修复更新后的管道接支管和抢修

11.0.1 除翻转内衬法外，本规程规定的修复方法所采用的管道均为聚乙烯管，采用气割或加热的方法割除外层金属管道会对聚乙烯管道产生破坏。在这些管道上接支管，只能采用机械方式割除外部金属管道，并且在割断时应非常小心，避免伤到聚乙烯管道。采用机械方式割管可用机械割管器（图 15）等设备。机械割管器有多种规格和样式。

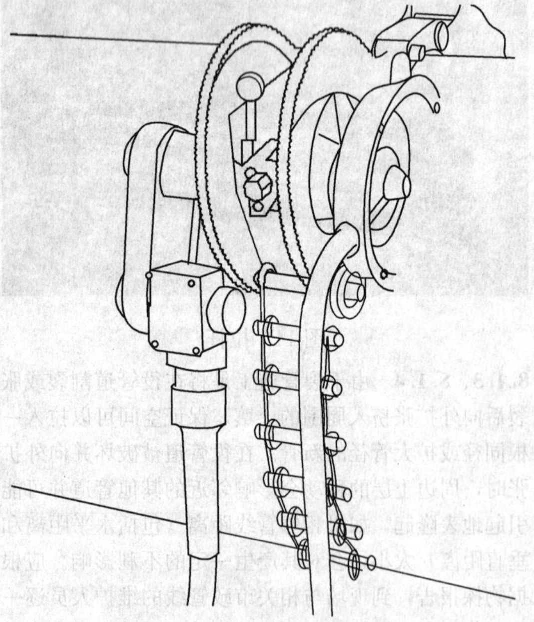

图 15 机械割管器示意图

11.0.4 翻转内衬法采用复合筒状材料进行修复，与在役管道粘结在一起，焊接及气割的热量会对内衬材料产生不良影响，从而导致内衬材料与在役管道剥离，破坏已修复的管道。

中华人民共和国行业标准

城镇供水管网漏水探测技术规程

Technical specification for leak detection of water supply pipe nets in cities and towns

CJJ 159—2011

批准部门：中华人民共和国住房和城乡建设部

施行日期：2 0 1 1 年 1 0 月 1 日

中华人民共和国住房和城乡建设部
公　　告

第 874 号

关于发布行业标准《城镇供水管网漏水探测技术规程》的公告

现批准《城镇供水管网漏水探测技术规程》为行业标准，编号为 CJJ 159－2011，自 2011 年 10 月 1 日起实施。其中，第 3.0.7、3.0.12、3.0.13、3.0.14 条为强制性条文，必须严格执行。

本规程由我部标准定额研究所组织中国建筑工业出版社出版发行。

中华人民共和国住房和城乡建设部

2011 年 1 月 7 日

前　　言

根据住房和城乡建设部《关于印发〈2008 年工程建设标准规范制订、修订计划（第一批）〉的通知》（建标［2008］102 号）的要求，规程编制组经广泛调查研究，认真总结实践经验，参考有关国际标准和国外先进标准，并在广泛征求意见的基础上，制订了本规程。

本规程的主要技术内容是：1 总则；2 术语和符号；3 基本规定；4 流量法；5 压力法；6 噪声法；7 听音法；8 相关分析法；9 其他方法；10 成果检验与成果报告。

本规程中以黑体字标志的条文为强制性条文，必须严格执行。

本规程由住房和城乡建设部负责管理和对强制性条文的解释，由城市建设研究院负责具体技术内容的解释。执行过程中如有意见或建议，请寄送城市建设研究院（地址：北京市朝阳区惠新里 3 号，邮编：100029）。

本规程主编单位：城市建设研究院

本规程参编单位：中国城市规划协会地下管线专业委员会
保定市金迪科技开发有限公司
山东正元地理信息工程有限责任公司
成都沃特地下管线探测有限责任公司
雷迪有限公司
北京埃德尔黛威新技术有限公司
武汉科岛地理信息工程有限公司
北京富急探仪器设备有限公司
上海市自来水公司奉贤有限公司
南京市自来水总公司
深圳市市政设计研究院有限公司
深圳市大升高科技工程有限公司

本规程主要起草人员：宋序彤　李学军　梁德荣　何永恒　李　强　高　伟　陈海弟　丁克峰　郑小明　朱培元　王功祥　陈　鸿　巢民强　刘会忠　吴彬彬

本规程主要审查人员：刘志琪　李学义　冯一谦　王耀文　陈庆荣　王黎泉　李　智　周建中　徐少童　陈家瞳　江贻芳

目 次

Contents

1 总 则

1.0.1 为规范城镇供水管网漏水探测方法，统一相关技术要求，提高漏水探测成效，减少漏损，制定本规程。

1.0.2 本规程适用于城镇供水管网的漏水探测。

1.0.3 城镇供水管网漏水探测应积极采用和推广经实践检验有效的新技术、新设备和新材料。

1.0.4 城镇供水管网漏水探测除应符合本规程外，尚应符合国家现行有关标准的规定。

2 术语和符号

2.1 术 语

2.1.1 城镇供水管网 water supply pipe nets in cities and towns

城镇辖区内的各种地下供水管道及其管件和管道设备。

2.1.2 供水管网漏水探测 leak detection of water supply pipe nets

运用适当的仪器设备和技术方法，通过研究漏水声波特征、管道供水压力或流量变化、管道周围介质物性条件变化以及管道破损状况等，确定地下供水管道漏水点的过程。

2.1.3 漏水点 leak point

经证实的供水管道泄漏处。

2.1.4 明漏点 visible leak

可直接确定的地下供水管道漏水点。

2.1.5 暗漏点 invisible leak

掩埋于地下，需要借助一定的手段和方法才可能确定的供水管道漏水点。

2.1.6 漏水异常 unverified leak

在探测过程中发现而未经证实的供水管道漏水现象。

2.1.7 漏水点定位误差 leak point locating error

探测确定的供水管道漏水异常点与实际漏水点的平面距离，以长度米表示。

2.1.8 漏水点定位准确率 leak point locating accuracy

实际漏水点数量与漏水异常点总数量之比，以百分数表示。

2.1.9 流量法 flow measurement method

借助流量测量设备，通过检测供水管道流量变化推断漏水异常区域的方法，分为区域装表法和区域测流法。

2.1.10 压力法 pressure measurement method

借助压力测试设备，通过检测供水管道供水压力的变化，推断漏水异常区域的方法。

2.1.11 噪声法 leak noise logging method

借助相应的仪器设备，通过检测、记录供水管道漏水声音，并统计分析其强度和频率，推断漏水异常管段的方法。

2.1.12 听音法 listening method

借助听音仪器设备，通过识别供水管道漏水声音，推断漏水异常点的方法。

2.1.13 相关分析法 leak noise correlation

借助相关仪，通过对同一管段上不同测点接收到的漏水声音的相关分析，推断漏水异常点的方法。

2.1.14 管道内窥法 closed circuit television inspection (CCTV) method

通过闭路电视摄像系统（CCTV）查视供水管道内部缺陷推断漏水异常点的方法。

2.1.15 探地雷达法 ground penetrating radar (GPR) method

通过探地雷达（GPR）对漏水点周围形成的浸湿区域或脱空区域的探测推断漏水异常点的方法。

2.1.16 地表温度测量法 thermography method

借助测温设备，通过检测地面或浅孔中供水管道漏水引起的温度变化，推断漏水异常点的方法。

2.1.17 气体示踪法 tracer gas method

在供水管道内施放气体示踪介质，借助相应仪器设备通过地面检测泄漏的示踪介质浓度，推断漏水异常点的方法。

2.1.18 成果检验 results verification

采用实地开挖等手段，对供水管网漏水探测确定的漏水异常点实施验证的过程。

2.2 符 号

2.2.1 压力

P_a——绝对压力值；

P——大气压；

P_t——测试压力值。

3 基 本 规 定

3.0.1 城镇供水管网漏水探测应选择适宜的探测方法确定漏水位置。

3.0.2 城镇供水管网漏水探测应遵循下列原则：

1 应充分利用已有的管线和供水状况可靠的信息资料；

2 选用的探测方法应经济、有效；

3 复杂条件下宜采用多种方法综合探测；

4 应避免或减少对日常供水、交通等的影响。

3.0.3 城镇供水管网漏水探测的工作程序应包括：探测准备、探测作业、成果检验和成果报告。

3.0.4 探测准备应包括资料收集、现场踏勘、探测方法试验和技术设计书编制。探测准备应符合下列

规定：

1 应收集掌握供水管网现状资料，并收集探测区域相关的地形地貌、供水压力、供水量、供水用户和以往漏水探测成果等资料；

2 现场踏勘应实地调查供水管网现状，核实已有供水管网资料的可利用程度，查看管道腐蚀和附属设施的破损与漏水情况，供水管道附近地下排水管道中的水流变化情况及相关工作条件等；

3 探测方法试验宜选择有代表性的管段进行，并应通过试验评价探测仪器设备的适用性和探测方法的有效性；

4 技术设计书应在探测方法试验基础上编制，并宜包括下列内容：

1）探测的目的、任务、期限和范围；

2）工作条件和已有资料的分析；

3）探测方法选择及其有效性分析；

4）工作程序及技术要求；

5）人员组织及仪器设备；

6）施工进度计划；

7）质量与安全保证措施；

8）拟提交的成果资料；

9）存在问题与对策。

3.0.5 漏水探测作业应按照技术设计书要求组织实施，正确履行探测工作程序，及时采集、处理、分析、整理探测数据。当工作条件、工作任务或工作范围发生变化时，应适时修订技术设计书。

3.0.6 城镇供水管网漏水探测应健全质量保证体系，按照工作进度进行过程质量控制。当质量检查发现漏探或错探时，应及时分析原因并采取措施予以补救或纠正。质量检查应由不同人员完成。

3.0.7 城镇供水管网漏水探测使用的仪器设备应按照规定进行保养和校验。使用的计量器具应在计量检定周期的有效期内。

3.0.8 漏水探测作业应由具备相关资质的人员进行仪器设备的操作和维修。

3.0.9 应使用经鉴定或验证有效的软件进行漏水探测数据处理。

3.0.10 对漏水探测确认的漏水异常点，应按本规程附录A的要求及时填报。

3.0.11 漏水探测应根据开挖验证结果测量漏水点的定位误差并计算漏水点定位准确率，并应符合下列规定：

1 定位误差不宜大于1m；

2 准确率不应小于90%。

3.0.12 城镇供水管网漏水探测作业安全保护工作应符合现行行业标准《城市地下管线探测技术规程》CJJ 61的规定。打钻或开挖时，应避免破损供水管道及相邻其他管线或设施。

3.0.13 城镇供水管网漏水探测作业不得污染供水水质。

3.0.14 漏水探测作业时必须做好人身和现场的安全防护工作。漏水探测人员应穿戴有明显标志的工作服，夜间工作时必须穿反光背心；工作现场应设置围栏、警示标志和交通标志等。

4 流量法

4.1 一般规定

4.1.1 流量法可用于判断探测区域是否发生漏水，确定漏水异常发生的范围；还可用于评价其他方法的漏水探测效果。

4.1.2 应结合供水管道实际条件，设定流量测量区域。

4.1.3 探测区域内及其边界处的管道阀门均应能有效关闭。

4.1.4 流量法可根据需要选择区域装表法或区域测流法。

4.1.5 流量法的流量仪表可采用机械水表、电磁流量计、超声流量计或插入式涡轮流量计等，其计量精度应符合现行行业标准《城市供水管网漏损控制及评定标准》CJJ 92的有关规定。

4.2 区域装表法

4.2.1 单管进水的区域应在区域进水管段安装计量水表。

4.2.2 多管进水的区域采用区域装表法时，除主要进水管外，其他与本区域连接管道的阀门均应严密关闭。主要进水管段均应安装计量水表。

4.2.3 安装在进水管上的计量水表应符合下列规定：

1 能连续记录累计量；

2 满足区域内用水高峰时的最大流量；

3 小流量时有较高计量精度。

4.2.4 探测时应在同一时间段读抄该区域全部用户水表和主要进水管水表，并分别计算其流量总和。当两者之差小于5%时，可不再进行漏水探测；当超过5%时，可判断为有漏水异常，并应采用其他方法探测漏水点。

4.3 区域测流法

4.3.1 探测区域内无屋顶水箱、蓄水设备或夜间用水较少区域的供水管网漏水探测宜采用区域测流法。每个探测区域宜符合下列条件之一：

1 区域内的管道长度为2km～3km；

2 区域内居民为2000户～5000户。

4.3.2 采用区域测流法宜选在夜间0：00～4：00期间进行探测，并应符合下列规定：

1 探测时应保留一条管径不小于50mm的管道进水，并应关闭其他所有进入探测区域管道上的阀门，在进水管道上安装可连续测量的流量仪表。

2 当单位管长流量大于 $1.0m^3/(km \cdot h)$ 时，可判断为有漏水异常。可选择关闭区域内相应阀门，再观测进水管道流量，根据关闭不同阀门前后的流量对比确定漏水管段。

5 压 力 法

5.1 一 般 规 定

5.1.1 压力法可用于判断供水管网是否发生漏水，并确定漏水发生的范围。

5.1.2 压力法使用的压力仪表计量精度应优于1.5级。

5.2 探 测 方 法

5.2.1 应根据供水管道条件布设压力测试点并编号。压力测试点宜布设在已有的压力测试点或消火栓上。

5.2.2 应测量每一个压力测试点的大气压或高程，并应根据供水管道输水和用水条件计算探测管段的理论压力坡降，绘制理论压力坡降曲线。

5.2.3 当在压力测试点上安装压力计量仪表时，应排尽仪表前的管内空气，并应保证压力计量仪表与管道连接处不漏水。

5.2.4 当采用压力法探测时，应避开用水高峰期，选择管道供水压力相对稳定的时段观测并记录各测试点管道供水压力值。

5.2.5 当采用压力法探测时，应将各测试点实测的管道供水压力值换算为绝对压力值或换算成同一基准高程的可比压力值，并绘制该管段的实测压力坡降曲线。

绝对压力值应按下式换算：

$$P_a = P + P_t \qquad (5.2.5)$$

式中：P_a——绝对压力值（MPa）；

P——压力测试点的大气压（MPa），当供水管道所处地形较平坦时，P 值可以忽略；

P_t——测试压力值（MPa）。

5.2.6 应对比管段实测压力坡降曲线和理论压力坡降曲线的差异，判定是否发生漏水。当某测试点的实测压力值突变，且压力低于理论压力值时，可判定该测试点附近为漏水异常区域。

6 噪 声 法

6.1 一 般 规 定

6.1.1 噪声法可用于供水管网漏水监测和漏水点预定位。

6.1.2 噪声法可采用固定和移动两种设置方式。当用于长期性的漏水监测与预警时，噪声记录仪宜采用固定设置方式；当用于对供水管网进行漏水点预定位时，宜采用移动设置方式。

6.1.3 噪声检测点的布设应满足能够记录到探测区域内管道漏水产生噪声的要求。检测点不应有持续的干扰噪声。

6.1.4 噪声记录仪应符合下列规定：

1 灵敏度不低于1dB；

2 能够记录两种以上的噪声参数；

3 性能稳定，测定结果重复性好；

4 防水性能符合 IP 68 标准。

6.1.5 噪声记录仪的检验和校准应符合下列规定：

1 时钟应在探测前设置为同一时刻；

2 灵敏度应保持一致，允许偏差应小于10%；

3 当采用移动设置方式探测时，应在每次探测前进行检验和校准；

4 当采用固定设置方式探测时，应定期检验和校准。

6.1.6 噪声法漏水探测的基本程序应符合下列规定：

1 设计噪声记录仪的布设地点；

2 设置噪声记录仪的工作参数；

3 布设噪声记录仪；

4 接收并分析噪声数据；

5 确定漏水异常区域或管段。

6.2 探 测 方 法

6.2.1 在探测区域供水管网图上应合理标注噪声记录仪布设的地点和编号。

6.2.2 应根据被探测管道的管材、管径等情况确定噪声记录仪的布设间距。噪声记录仪的布设间距应符合下列规定：

1 应随管径的增大而相应递减；

2 应随水压的降低而相应递减；

3 应随接头、三通等管件的增多而相应递减；

4 当噪声法用于漏点探测预定位时，还应根据阀栓密度进行加密测量，并相应地减小噪声记录仪的布设间距；

5 直管段上的噪声记录仪的最大布设间距不应超过表6.2.2的规定。

表 6.2.2 直管段上的噪声记录仪的最大布设间距（m）

管材	最大布设间距
钢	200
灰口铸铁	150
水泥	100
球墨铸铁	80
塑料	60

6.2.3 噪声记录仪的布设应符合下列规定：

1 宜布设在检查井中的供水管道、阀门、水表、消火栓等管件的金属部分；

2 宜布设于分支点的干管阀栓；

3 实际布设信息应在管网图上标注；

4 管道和管件表面应清洁；

5 噪声记录仪应处于竖直状态。

6.2.4 数据的接收与记录应符合下列规定：

1 接收机宜采用无线方式接收噪声记录仪的数据，并应准确传输到电脑的专业分析软件中；

2 噪声记录仪的记录时间宜为夜间2：00～4：00。

6.2.5 探测前应选定测量噪声强度和噪声频率等参数，并应在所选定的时段内连续记录。

6.2.6 应分别对每个噪声记录仪的记录数据进行现场初步分析，推断漏水异常，并应符合下列规定：

1 根据所设定的具体参数确定漏水异常判定标准；

2 对于符合漏水异常判定标准的噪声记录数据，可认为该噪声记录仪附近有漏水异常。

6.2.7 应在现场初步分析的基础上对记录数据和有关统计图进行综合分析，推断漏水异常区域。

6.2.8 应根据同一管段上相邻噪声记录仪的数据分析结果确定漏水异常管段。

7 听 音 法

7.1 一 般 规 定

7.1.1 当采用听音法进行管道漏水探测时，应根据探测条件选择阀栓听音法、地面听音法或钻孔听音法。

7.1.2 采用听音法应具备下列条件：

1 管道供水压力不应小于0.15MPa；

2 环境噪声不宜大于30dB。

7.1.3 听音法所采用的仪器设备除应符合本规程第3.0.7条的规定外，听音杆宜具有机械放大功能，电子听漏仪还应符合下列规定：

1 具有滤波功能；

2 具有多级放大功能；

3 使用加速度传感器作为拾音器，其电压灵敏度应优于$10mV/(m \cdot s^{-2})$。

7.1.4 当采用听音法进行管道漏水探测时，每个测点的听音时间不应少于5s；对怀疑有漏水异常的测点，重复听测和对比的次数不应少于2次。

7.1.5 应采用复测与对比方式进行过程质量检查。检查时应随机抽取复测管段，且抽取管段长度不宜少于探测管道总长度的20%。应重点复测漏水异常管段和漏水异常点。

7.2 阀栓听音法

7.2.1 阀栓听音法可用于供水管网漏水普查，探测漏水异常的区域和范围，并对漏水点进行预定位。

7.2.2 阀栓听音法可采用听音杆或电子听漏仪。

7.2.3 当采用阀栓听音法探测时，听音杆或传感器应直接接触地下管道或管道的附属设施。

7.2.4 当采用阀栓听音法探测时，应首先观察裸露地下管道或附属设施是否有明漏。发现明漏点时，应准确记录其相关信息。记录的信息应包括下列内容：

1 阀栓类型；

2 明漏点的位置；

3 漏水部位；

4 管道材质和规格；

5 估计漏水量。

7.2.5 当采用阀栓听音法探测时，应首先根据听测到的漏水声音，确认漏水异常管段，然后根据漏水声音的强弱和特征，并结合已有资料，推断漏水异常点。

7.3 地面听音法

7.3.1 地面听音法可用于供水管网漏水普查和漏水异常点的精确定位。

7.3.2 当采用地面听音法探测时，地下供水管道埋深不宜大于2.0m。

7.3.3 地面听音法可使用听音杆或电子听漏仪。进行探测时，听音杆或拾音器应紧密接触地面。

7.3.4 当采用地面听音法进行漏水普查时，应沿供水管道走向在管道上方逐点听测。金属管道的测点间距不宜大于2.0m，非金属管道的测点间距不宜大于1.0m。漏水异常点附近应加密测点，加密测点间距不宜大于0.2m。

7.3.5 当采用地面听音法进行漏水点精确定位或对管径大于300mm的非金属管道进行漏水探测时，宜沿管道走向成“S”形推进听测，但偏离管道中心线的最大距离不应超过管径的1/2。

7.4 钻孔听音法

7.4.1 钻孔听音法可用于供水管道漏水异常点的精确定位。

7.4.2 钻孔听音法应在供水管道漏水普查发现漏水异常后进行。钻孔前应准确掌握漏水异常点附近其他管线的资料。

7.4.3 当采用钻孔听音法探测时，每个漏水异常处的钻孔数量不宜少于2个，两钻孔间距不宜大于50cm。

7.4.4 钻孔听音法应使用听音杆，探测时听音杆宜直接接触管道管体。

8 相关分析法

8.1 一般规定

8.1.1 相关分析法可用于漏水点预定位和精确定位。

8.1.2 当采用相关分析法探测时，管道水压不应小于0.15MPa。

8.1.3 相关仪应具备滤波、频率分析、声速测量等功能。

8.1.4 相关仪传感器频率响应范围宜为0Hz～5000Hz，电压灵敏度应大于100mV/(m.s^{-2})。

8.2 探测方法

8.2.1 当采用相关分析法探测管径不大于300mm的管道时，相邻两个传感器的最大布设间距宜符合本规程表6.2.2的规定。布设间距应随管径的增大而相应地减小、随水压的增减而增减。

8.2.2 传感器的布设应符合下列规定：

1 应确保传感器放置在同一条管道上；

2 传感器宜竖直放置，并应确保与管道接触良好。

8.2.3 当采用相关分析法探测时，发射机与相关仪信号应能正常传输。

8.2.4 应准确测定两个传感器之间管段的长度。应准确输入管长、管材和管径等信息，并根据管道声波传播速度进行相关分析，确认漏水异常点。

8.2.5 当采用相关分析法探测时，应根据管道材质、管径设置相应的滤波器频率范围。金属管道设置的最低频率不宜小于200Hz；非金属管道设置的最高频率不宜大于1000Hz。

9 其他方法

9.1 管道内窥法

9.1.1 管道内窥法可用于使用闭路电视摄像系统（CCTV）查视供水管道内部缺损，探测漏水点。

9.1.2 闭路电视摄像系统（CCTV）的主要技术指标应满足下列条件：

1 摄像机感光灵敏度不应大于3lux；

2 摄像机分辨率不应小于30万像素，或水平分辨率不应小于450TVL；

3 图像变形应控制在±5%范围内。

9.1.3 当采用管道内窥法探测时，应符合下列规定：

1 管道应停止运行，且排水至不淹没摄像头；

2 应校准电缆长度，测量起始长度应归零；

3 应即时调整探测仪的行进速度。

9.1.4 当采用推杆式探测仪探测时，应具备下列条件：

1 两相邻出入口（井）的距离不宜大于150m；

2 管径和管道弯曲度不得影响探测仪的行进。

9.1.5 当采用爬行器式探测仪探测时，应具备下列条件：

1 两相邻出入口（井）的距离不宜大于500m；

2 管径、管道弯曲度和坡度不得影响探测仪爬行器在管道内的行进。

9.2 探地雷达法

9.2.1 探地雷达（GPR）法可用于已形成浸湿区域或脱空区域的管道漏水点的探测。

9.2.2 采用探地雷达法应具备下列条件：

1 漏水点形成的浸湿区域或脱空区域与周围介质存在明显的电性差异；

2 浸湿区域或脱空区域界面产生的异常能在干扰背景场中分辨。

9.2.3 探地雷达探测设备除应满足本规程第3.0.7条的规定外，还应符合下列规定：

1 发射功率和抗干扰能力应满足探测要求；

2 采用的天线频率应与管道埋深相匹配。

9.2.4 探测前应进行方法试验，确定探测方法的有效性，并确定外业最佳工作参数。

9.2.5 当采用探地雷达法探测时，测点和测线布置应符合下列规定：

1 测线宜垂直于被探测管道走向进行布置，并应保证至少3条测线通过漏水异常区；

2 测点间距选择应保证有效识别漏水异常区域的反射波异常及其分界面；

3 在漏水异常区应加密布置测线，必要时可采用网格状布置测线并精确测定漏水浸湿区域或脱空区域的范围。

9.2.6 探测时，探地雷达系统应采用经方法试验确定的工作参数，并根据现场情况的变化及时调整工作参数。

9.2.7 根据外业记录数据质量，可选择必要的数据处理方法。

9.2.8 在分析各项参数资料的基础上进行资料解释时，应符合下列规定：

1 应按照从已知到未知、先易后难、点面结合、定性指导定量的原则进行；

2 应根据管道周围介质的情况、漏水可能的泄水通道及规模进行综合分析；

3 参与解释的雷达图像应清晰，解释成果资料应包括雷达剖面图像、管道的位置、深度及漏水形成的浸湿或脱空区域范围图。

9.3 地表温度测量法

9.3.1 地表温度测量法可用于因管道漏水引起漏水点与周围介质之间有明显温度差异时的漏水探测。

9.3.2 采用温度测量法探测供水管道漏水，应具备下列条件：

1 探测环境温度应相对稳定；

2 供水管道埋深不应大于1.5m。

9.3.3 地表温度测量法测量仪器可选用精密温度计或红外测温仪，除应满足本规程第3.0.7条的规定外，还应符合下列规定：

1 温度测量范围应满足−20℃～50℃；

2 温度测量分辨率应达到0.1℃；

3 温度测量相对误差不应大于0.5℃。

9.3.4 采用地表温度测量法探测前，应进行方法试验，并确定方法和测量仪器的有效性、精度和工作参数。

9.3.5 地表温度测量法的测点和测线布置应符合下列规定：

1 测线应垂直于管道走向布置，每条测线上位于管道外的测点数每侧不少于3个；

2 测点应避开对测量精度有直接影响的热源体；

3 宜采用地面打孔测量方式，孔深不应小于30cm。

9.3.6 当采用地表温度测量法探测时，应符合下列规定：

1 应保证每条测线管道上方的测点不少于3个；

2 当发现观测数据异常时，对异常点重复观测不得少于2次，并应取算术平均值作为观测值；

3 应根据观测成果编绘温度测量曲线或温度平面图，确定漏水异常点。

9.4 气体示踪法

9.4.1 气体示踪法可用于供水管网漏水量小，或采用其他探测方法难以解决时的漏水探测。

9.4.2 气体示踪法所采用的示踪介质应满足下列规定：

1 应无毒、无味、无色，不得污染供水水质；

2 应具有相对密度小、向上游离的特性，且穿透性强；

3 应易被检出；

4 应不易被土壤等管道周围介质所吸收；

5 应具备易获取、成本低、安全性高的特性。

9.4.3 气体示踪法仪器传感器的灵敏度应优于1mg/L。

9.4.4 探测前应计算待测供水管道的容积，应备足示踪气体。

9.4.5 在向待探测供水管道内输入示踪气体前，应关闭相应阀门，并应确保阀体及阀门螺杆和相关接口密封无泄漏。

9.4.6 不宜在风雨天气条件下采用气体示踪法进行探测。

9.4.7 应根据管道埋深、管道周围介质类型、路面性质、示踪介质从漏点逸出至地表的时间等因素确定气体示踪法的最佳探测时段。

9.4.8 环境许可时，宜沿管道走向上方钻孔取样检测示踪介质浓度；钻孔时不得破坏供水管道。

10 成果检验与成果报告

10.1 成 果 检 验

10.1.1 供水管网漏水探测应通过开挖验证，计算漏水点定位误差和定位准确率等方式进行成果检验。

10.1.2 应按照本规程附录A记录标示的漏水异常点实施开挖验证。

10.1.3 经开挖验证后的漏水点应根据本规程第3.0.11条的规定测量漏水点定位误差，并在全部漏水异常点开挖验证后计算漏水点定位准确率。

10.1.4 开挖验证确认的漏水点，应现场拍摄漏水点的影像资料，并计量漏水量。

10.1.5 应按照本规程附录A的规定及时记录验证结果。

10.1.6 成果检验结果应作为探测成果报告内容的一部分。

10.2 成 果 报 告

10.2.1 供水管网漏水探测作业和成果检验完成后，应编写供水管网漏水探测成果报告。

10.2.2 供水管网漏水探测成果报告应包括下列内容：

1 工程概况，应包括工程的依据、范围、内容、目的和要求；人员、仪器设备及计划安排；漏水探测区的基本情况；探测工作条件；相关探测工作量和开竣工日期等。

2 探测方法和仪器设备，探测作业依据的标准。

3 探测质量控制及检查。

4 漏水探测成果及成果检验。

5 存在的问题及处理措施。

6 供水管网漏水状况分析。

7 结论和建议。

8 探测工作相关记录、数据和资料。

9 相关附图与附表。

附录 A 供水管网漏水探测漏水点记录表

表 A 供水管网漏水探测漏水点记录表

填表日期　　年　　月　　日

漏点编号		漏点位置	
管材		管径（mm）	
管道埋深（m）		管道埋设年代	
地面介质		管道破损形态	
探测方法和使用仪器简要说明			
漏水异常点简要说明（附位置示意图）			
开挖验证相关说明（漏水点照片，漏水点定位误差，计算漏水量等）			

开挖验证日期　　年　　月　　日

探测人（签字）：　　　复核人（签字）：

本规程用词说明

1 为便于在执行本规程条文时区别对待，对要求严格程度不同的用词说明如下：

1） 表示很严格，非这样做不可的：

正面词采用"必须"，反面词采用"严禁"；

2） 表示严格，在正常情况下均应这样做的：

正面词采用"应"，反面词采用"不应"或"不得"；

3） 表示允许稍有选择，在条件许可时首先应这样做的：

正面词采用"宜"，反面词采用"不宜"；

4） 表示有选择，在一定条件下可以这样做的，采用"可"。

2 条文中指明应按其他有关标准执行的写法为："应符合……的规定"或"应按……执行"。

引用标准名录

1 《城市地下管线探测技术规程》CJJ 61

2 《城市供水管网漏损控制及评定标准》CJJ 92

中华人民共和国行业标准

城镇供水管网漏水探测技术规程

CJJ 159—2011

条 文 说 明

制 定 说 明

《城镇供水管网漏水探测技术规程》CJJ 159-2011经住房和城乡建设部2011年1月7日以第874号公告批准、发布。

在规程编制过程中，编制组对我国城镇供水管网漏水探测技术工程的实践经验进行了总结，对各种城镇供水管道漏水探测的技术要求、方法及验收等分别作出了规定。

为便于广大设计、施工、科研、院校等单位有关人员在使用本规程时能正确理解和执行条文规定，《城镇供水管网漏水探测技术规程》编制组按章、节、条顺序编制了本规程的条文说明，对条文规定的目的、依据以及执行中需注意的有关事项进行了说明，还着重对强制性条文的强制性理由作了解释。但是，本条文说明不具备与标准正文同等的法律效力，仅供使用者作为理解和把握标准规定的参考。

目　次

1 总 则

1.0.1 本条阐述了编制本规程的目的和依据。本规程实施的直接作用是规范漏水探测行为，提高漏水探测功效，应达到的目的是减少漏水损失。《中华人民共和国水法》规定“供水企业和自建供水设施的单位应当加强供水设施的维护管理，减少水的漏失”。

1.0.2 本条阐述了本规程的适用范围。

1.0.3 本条阐述了在供水管道的漏水探测活动中应积极采用各种创新成果和相应的约束条件。

1.0.4 本条阐述了执行本规程与执行相关标准的关系。

3 基本规定

3.0.1 本条规定了城镇供水管网漏水探测的基本任务。

3.0.2 本条规定了城镇供水管网漏水探测应遵循的原则。城镇供水管网漏水探测为间接确定漏水点的过程，目前有效的技术方法多为物理探测手段，每一种方法都具有其局限性和条件适应性，所以在实施时应注意充分利用已有的管道和供水信息的各种相关资料，包括管径、管材、埋深、埋设年代、水压和流量等，以提高探测功效和成果的可靠程度。本条还特别提出条件复杂情况下单一方法难以达到探测效果时，应考虑采用两种或两种以上方法相互校核，以保证探测效果。此外，供水工作与生产生活密切相关，因此要求探测工作尽可能减少对供水和交通的影响。

3.0.3 本条规定了城镇供水管网漏水探测的基本工作程序。

3.0.4 探测准备是保证探测顺利进行的重要基础。本条对如何进行收集资料、现场踏勘、探测方法试验和技术设计书编制作了详细规定。

3.0.5 本条规定了城镇供水管网漏水探测应遵守技术设计书规定的要求。在探测作业中，可能遇到工作条件、工作任务或工作范围发生变化，这时应修订技术设计书，确保探测工作有效开展。

3.0.6 城镇供水管网漏水探测结果可能受环境条件、人为因素等影响，为保证探测成果质量，本条规定了健全质量保证体系和实施过程检查的要求，以减少或避免漏探、错探的发生。同时将质量检查作为探测技术工作的一部分，其资料要在探测成果中体现出来。

3.0.7 仪器设备是城镇供水管网漏水探测的必备工具，是获得可靠探测信息、保证探测质量和提高工作效率的基本保证。因此，本条规定探测仪器设备应性能稳定、状态良好，并要求对探测仪器按照规定进行保养、校验，特别是探测使用的压力计、流量计以及钢尺、皮尺等计量器具，为保证其精度可靠，应按照规定定期强检。此条为强制性条款。

3.0.8 为了保证发挥探测仪器设备的作用，本条规定了城镇供水管网漏水探测应正确操作和使用探测仪器设备的要求，并且规定了探测仪器操作和维修人员应具备相应的能力，不得随意进行。

3.0.9 城镇供水管网漏水探测现有技术方法中，有的需要借助软件进行数据处理，通过数据处理为资料分析推断提供依据。数据处理结果直接影响探测结果，为此要求使用的数据处理软件应经过鉴定，或者经过实际检验证明其有效。

3.0.10 本条规定了应及时、完整地填报本规程附录A《供水管网漏水探测漏水点记录表》中相关信息的要求。

3.0.11 漏水点定位误差和漏水点定位准确率是评价漏水探测质量的主要指标。漏水点定位误差不宜大于1m的规定是根据我国多年来的实践证明是合理、可行的。另外，由于我国不同地域间管道埋设情况差异较大，当影响探测因素较多时，其定位误差要求可适当放宽。

由于漏水探测受工作环境、仪器设备、技术方法、人为操作和漏水点本身特征等因素影响，并且探测主要采用地球物理专业方法，其漏水点定位是根据各种探测信息综合处理间接推断获得，按照误差理论和概率分布，可信区间应达到95%。本规程综合考虑了要求探测时建立完善的质量保证体系，加强探测过程质量控制，确保探测结果准确的要求，对照了英国、日本和中国台湾等国家和地区的标准，并考虑上述影响因素，确定放宽误差范围5%，规定漏水点定位准确率为90%。这一数据也是近10年来我国探测成果验收的一项较为通用的基本指标。

3.0.12 《城市地下管线探测技术规程》CJJ 61已对管线探测作业安全保护作出了相关规定，在进行供水管网漏水探测时应遵照执行。同时提出了在进行漏水探测时，不应损坏供水管道和周边地下管线和设施的要求。此条规定涉及人身和供水安全，是必须执行的强制性条款。

3.0.13 供水管网漏水探测作业有时会触及管道内部，甚至在管道内部布设和运行探测设备，置入示踪介质等。必须采取必要措施，包括探测后清洗管道等，从而保证供水时水质不被污染。此条款为强制性条款。

3.0.14 本条款对漏水探测现场工作人员着装、现场警示标志和必要围栏的设置等作出了严格的相关规定，对于保障现场工作人员、周边流动人员和交通安全都是十分必要的。此条规定涉及人身安全，是必须执行的强制性条款。

4 流 量 法

4.1 一 般 规 定

4.1.1 本条阐明了流量法的适用范围。流量法是建立水量平衡，开展供水系统诊断分析（漏水存在与否、漏水程度和漏水在系统中分布情况），确定经济控漏水平的重要手段，是进行漏水探测的基础。还可通过漏水量的评估，评价其他相关方法探测漏水的效果。

4.1.2 本条规定了采用流量法探测漏水应设定流量测量区域的要求。

4.1.3 为了满足流量测量区流量测定的要求，本条规定相关阀门应能有效关闭。

4.1.4 本条说明流量法可采用的两种探测方法。

4.1.5 本条规定了流量法使用仪器的计量精度要求。

4.2 区域装表法

4.2.1 本条对单管进水区域进水管安装计量水表作出了规定。

4.2.2 本条规定了多管进水的区域应在保留的主要进水管上安装计量水表并关闭其他与外界连通管段上所有阀门的要求。

4.2.3 本条对进水管上安装的计量水表规定了基本要求。

4.2.4 本条规定了采用区域装表法进行漏水探测时，水表的读抄应保证在同一时段进行，这样，可以避免不同时间读取带来的误差。进水量与同期用水量的差值小于5%时可认为符合要求，可不再进行漏水探测。该项规定是引自现行行业标准《城市供水管网漏损控制及评定标准》CJJ 92的有关规定。进水量与用水量之比超过上述规定要求时，说明该区域可能有漏水，可利用听音法、相关分析法等其他方法进一步进行漏水探测。

4.3 区域测流法

4.3.1 本条规定了采用区域测流法的基本条件。该方法是利用测量探测区域夜间最小流量来判断漏水的方法。要求管道边界处阀门均能关闭。区域测流法一般选用2km～3km管道长度或2000户～5000户居民为一个流量测量区域，这样利于对区域内的漏水状况进行评价及方法实施。对于超过上述范围，又符合探测条件的地区可分为多个流量测量区域。另外，有屋顶水箱和蓄水设备的用户蓄水时，会对最小流量的测量造成较大影响，应该规避。

4.3.2 本条规定了区域测流法工作要求。测量时进入探测区域的供水全部经过不小于*DN*50的进水管道，进水管道安装能连续计量的流量计量仪表，一般采用电磁流量计。测量一段时间后，所测得的最低流量可视为该流量区域管网的漏水量或近似漏水量。

大量实践证明在流量测量区域内夜间测得单位管长最小流量大于1.0m^3/(km·h)时，可认为该探测区域存在漏水异常。为寻找漏水管段，可采用关闭区内某些管段的阀门的方法，对比阀门关闭前后的流量，若关阀后流量仪表的单位流量明显减少，则表明该管段存在漏水，可再用听音法或其他方法，探测漏水点位置。

5 压力法

5.1 一般规定

5.1.1 本条规定了压力法的适用范围。

5.1.2 本条规定了压力法所使用压力仪表计量精度的基本要求。

5.2 探测方法

5.2.1 本条规定了压力法探测前布设压力测试点的有关要求。

5.2.2 本条规定了压力测试点布设后测定其高程、计算管段理论压力坡降以及绘制理论压力坡降曲线的要求。

5.2.3 本条规定了安装压力计量仪表的有关要求。

5.2.4 本条规定了测试点压力数据采集时段选择的要求。

5.2.5 本条规定了在探测区域地形变化较大的情况下应将实测压力换算为绝对压力值或换算成同一基准高程的可比压力值，以便于绘制该管段的压力坡降曲线。

5.2.6 本条规定了压力法判定管段存在漏水异常及确定漏水异常范围的方法。

6 噪声法

6.1 一般规定

6.1.1 本条规定了噪声法的适用范围。噪声法通过噪声记录仪记录供水管网的噪声并分析其强度和频率，从而进行供水管网漏水监测以及漏水点的预定位。

6.1.2 本条规定了噪声法的工作方式。固定方式一般应用于对供水管网漏水的长期监测；移动方式一般应用于对供水管网进行分区检测，实现漏水点预定位。

6.1.3 本条规定了噪声检测点的布设基本原则。布设的噪声检测点不应有持续的干扰噪声。

6.1.4 本条规定了噪声记录仪应具备的基本性能。

6.1.5 本条规定了噪声记录仪检验和校准的内容和周期。同步的时间、一致的灵敏度和正常的通信性能是噪声记录仪探测的基本条件，检验和校准时钟是为了保证所有噪声记录仪能够同步采集和记录噪声数据，检验和校准灵敏度是为了保证噪声数据的一致性和可比性。

6.1.6 本条规定了噪声法探测的基本程序。

6.2 探测方法

6.2.1 本条规定了噪声法探测前应在管网图上提前标注噪声记录仪布设的位置和编号。

6.2.2 本条规定了噪声记录仪的布设间距。布设间距主要取决于管材，其次应考虑管径、水压、管件、接口、分支管道、埋设环境等因素，以便于比较噪声记录仪的噪声强度和频率。噪声记录仪的最大布设间距为实践经验推荐值，参照英国、德国、日本等仪器厂家提供的标准制定。

6.2.3 本条规定了布设噪声记录仪的基本要求。由于噪声记录仪采用压电式加速度传感器，应在管道布设点上保持竖直状态，并应保证噪声记录仪、磁铁底座与管道金属部分的良好接触。

6.2.4 本条规定了数据的接收与记录的基本要求。

6.2.5 本条规定了噪声法测量的参数和记录要求。不同的噪声记录仪可选择的噪声测量参数不同，实际工作中应根据所使用的仪器进行选择。

6.2.6 本条规定了噪声法对噪声记录数据进行分析，以判定漏水异常的要求。漏水异常判定标准一般根据噪声记录仪记录的噪声强度、频率大小而确定。

6.2.7 本条规定了噪声法综合数据分析的方法和要求。由于噪声记录仪的不同，可提供分析的参数统计图不同，但是，最终要通过综合分析过程来判断漏水异常区域范围。

6.2.8 本条规定了噪声法确定漏水异常管段的方法和要求

7 听音法

7.1 一般规定

7.1.1 目前听音法可分为阀栓听音法、地面听音法和钻孔听音法，每种方法需要具备相应的条件。本条规定了应根据探测条件选择实施不同的听音法。

7.1.2 本条规定了听音法的应用条件。听音法是借助听音仪器设备，通过操作人员辨识漏水产生的噪声推断供水管道漏水位置的方法，因此，实施听音法要求在管道现状资料和供水信息资料基础上，为保证取得较为理想的探测效果，同时要求管道供水压力较大、环境相对安静。经实践总结，当管道供水压力不小于0.15MPa、环境噪声低于30dB时效果较好，否则难以取得理想的探测效果。漏水探测时，0.15MPa的供水压力略高于《城市供水企业资质标准》中“供水管干线末梢的服务压力不应低于0.12MPa”规定，但现在一般供水公司管道压力满足此压力值，不会因为漏水探测给供水企业增加负担。环境噪声较大时，无法在地面及阀栓等管道附属物上听取漏水点产生的噪声。供水管道埋深较大时，漏水噪声不易传到地表，且漏水噪声强度也会大大降低，造成听音困难，因而，运用听音法管道埋深不宜大于2m。

7.1.3 本条规定了听音法仪器设备的基本要求。听音杆分为普通听音杆和机械式听音杆。如果有条件，使用机械式听音杆效果更好。而对电子听漏仪除规定了其应具备的主要功能外，对其主要组成部分之一的拾音器也作了规定，拾音采用加速度传感器的好处已得到公认，其电压灵敏度达到10mV/(m·s^{-2})是最低要求，相当于0.1V/g。

7.1.4 本条规定了听音法每个测点的听音时间。听音法需要操作人员具有一定的听音经验，识别漏水声是关键。因此为保证听音法的探测效果，至少在每个测点上听测5s。实践证明，每个测点进行不少于2次的重复听测，并进行听测声音的对比，进行抽样检查，是保证阀栓听音法探测效果的有效措施。

7.1.5 本条规定了听音法过程质量检查的要求。20%的质量检查量，符合行业惯例，既可保证质检效果，又未大量增加探测人员的工作量。

7.2 阀栓听音法

7.2.1 本条规定了阀栓听音法的适用范围。

7.2.2 本条规定了阀栓听音法使用设备、仪器的要求。

7.2.3 本条规定了实施阀栓听音法的基本要求。地下管道上的附属设施是指阀门、消火栓、水表等。

7.2.4 供水管道明漏是阀栓听音法分析判断漏水的一个重要信息。本条规定了实施阀栓听音法时观察明漏和记录明漏点信息的要求。

7.2.5 阀栓听音法是利用听音杆或电子听漏仪，通过听音杆或拾音传感器直接接触裸露地下管道或消火栓、阀门、水表等附属物，根据听测到供水管道漏水产生的漏水声，可判断确定漏水的管段，缩小确定漏水点的范围。之后根据所听测到的漏水声音大小，结合已有资料推测可能漏水点距离听测点的远近。

7.3 地面听音法

7.3.1 本条规定了地面听音法的适用范围。

7.3.2 本条规定了地面听音法的应用条件。实践证明，当供水管道顶部埋深大于2.0m时，听音效果较差，不宜采用地面听音法探测。

7.3.3 本条规定了地面听音时，应将听音杆或拾音器紧密接触地面的基本要求。

7.3.4 本条规定了地面听音法进行供水管网漏水普查工作布置测点的要求。提出的金属和非金属管道测点间距的规定虽是经验推荐值，但是既可保证漏水异常发现率，又能降低探测人员工作强度。

7.3.5 本条规定了地面听音法进行漏水点精确定位，以及大口径非金属管道漏水探测的工作布置测点要求。

7.4 钻孔听音法

7.4.1 本条规定了钻孔听音法的适用范围。

7.4.2 本条规定了钻孔听音法的应用条件，其中要求掌握漏水异常点附近其他管线的资料，是为了防止在实施钻孔时损坏其他管线。

7.4.3 本条规定了钻孔听音法钻孔的要求。每个漏水异常点处的钻孔数不宜少于2个，为最低要求，因为单个钻孔无法比较漏水噪声强度大小与频率高低，进而无法进行漏水点定位。而两钻孔间距大于50cm又将影响漏水点定位误差。

7.4.4 本条规定了钻孔听音法使用和操作听音杆的质量控制要求。

8 相关分析法

8.1 一 般 规 定

8.1.1 本条规定了相关分析法的适用范围。相关分析法是利用分析漏水噪声传到布设在管道两端传感器的相关时间差推算漏水点位置的方法。

8.1.2 漏水点产生的漏水声大小主要取决压力大小，从而影响传播距离，实践证明管道压力不应小于0.15MPa。

8.1.3 相关仪的使用会受到环境噪声和管道噪声的干扰。因此要求相关仪应具备下列基本性能：

1 滤波：滤波是选择漏水声波的频率范围，可采用自动滤波或手动滤波。如果所选滤波范围还有干扰，应采用陷波去除干扰，可保证较好的相关结果。

2 频率分析：显示各传感器频率信号，以便选择最佳滤波。

3 声速测量：相关仪内存的理论声速会与实际声速存在偏差，使漏水点定位也会存在偏差，现场实测管道的声速可提高漏水点定位精度。

8.1.4 本条规定了传感器频率响应范围和灵敏度的基本要求，是国内外供水行业通常使用的参数，是经实践检验必要、适当和可行的。

8.2 探 测 方 法

8.2.1 漏水声传播距离受管材、管径、接口等影响，金属管道比非金属管道声波传播远，参照本条文规定的参数设置传感器，探测结果可获得较高的正确率。

8.2.2 本条文对传感器的布设提出了技术要求。传感器应置于管道、阀门或消火栓等附属设备上，用于探测漏水声信号。对声波传送差的管道（如大口径干管或塑料管等），相关仪探测效果不理想。此时应采用水听传感器。水听传感器可安装在消火栓、排气阀、流量计等的出水口。

8.2.3 本条规定了探测作业时应保证发射机与相关仪的信号正常传输。

8.2.4 相关仪必须输入两传感器之间管道长度、管材和管径，才能进行有效的相关测试，并给出准确漏水异常点距离。

8.2.5 本条说明了对金属管道或非金属管道宜采用的滤波器频率范围。

9 其 他 方 法

9.1 管道内窥法

9.1.1 本条规定了管道内窥法的适用范围。

9.1.2 本条规定了管道内窥探测仪应具备的技术指标要求，这些技术指标是管道内窥探测仪器的基本要求，是非常必要的，实际工作中也是可行的。

9.1.3 本条规定了管道内窥探测的技术要求。管道内窥探测时，管道应停止运行，并且排水至不淹没摄像头。当探测仪行进过程中在局部被淹没时，应即时调整探测仪的行进速度，以保证图像清晰度。

9.1.4 本条明确了采用推杆式探测时管道应具备的条件。两相邻入口处（井）距离不宜大于150m，是由推杆式探测仪器推杆长度决定的。

9.1.5 本条明确了采用爬行器式探测时管道应具备的条件。两相邻入口处（井）距离不宜大于500m，是由爬行器式探测仪器线缆长度决定的。

9.2 探地雷达法

9.2.1 本条规定了探地雷达法的适用范围。该方法通过对由于管道漏水形成的浸湿区域或脱空区域的探测确定漏水点，为间接探测方法。

9.2.2 本条规定了采用探地雷达法应具备的条件。在供水管道位于地下水位以下或地下介质严重不均匀的地段不适宜采用此方法。

9.2.3 本条规定了探地雷达系统应具备的性能要求。

9.2.4 本条规定探测前，应在探测区或邻近的已知漏水点上进行方法试验，确定此种方法的有效性和仪器设备的工作参数。工作参数应包括工作频率、介电常数、时窗、采样间距等。

9.2.5 本条规定了探地雷达法测点和测线布局的技术要求。

9.2.6 本条明确探测时，探地雷达系统应采用通过方法试验确定的工作频率、介电常数、传播速度等；当探测条件复杂时，应选择两种或两种以上不同频率天线进行探测，并根据干扰情况及图像效果及时调整工作参数，以确保取得最佳的探测效果。

9.2.7 本条明确了现场地球物理条件可能影响外业记录数据的质量，通过必要的数据处理方法进行处理可提高图像的质量，便于目标异常的识别。数据处理方法可选取删除无用道、水平比例归一化、增益调整、地形校正、频率滤波、f-K 倾角滤波、反褶积、偏移归位、空间滤波、点平均等。

9.2.8 本条明确了雷达探测资料的解释原则、方法以及雷达资料解释的成果内容。

9.3 地表温度测量法

9.3.1 本条规定了地表测温法的适用范围。

9.3.2 本条明确了采用地表测温法探测供水管道漏水应具备的条件。供水管道埋深不应大于 1.5m 是经验推荐值。供水管道埋深较大时，漏水无法对地表温度造成影响或影响较小，因而无法进行探测。

9.3.3 本条明确了地表测温法测量仪器应具备的技术指标要求。这些技术指标是根据供水温度、环境温度及探测人员工作环境制定的，可满足探测供水管道漏水造成的温度变化。

9.3.4 本条规定了采用地表测温法探测前应进行方法和仪器的有效性试验。

9.3.5 本条规定了地表测温法测点和测线布置的方法。采用打孔测量方式，测量孔深不应小于 30cm，可剔除阳光、气温等环境因素的影响。

9.3.6 本条明确了地表测温法的探测方法和成果资料内容。其中，地表测温法探测时，保证每条测线管道上方的测点不少于 3 个，可保证发现管道不同部位漏水引起温度异常；发现观测数据异常时，应对异常点进行不少于 2 次的重复观测，取算术平均值作为观测值，可剔除随机干扰及误差。

9.4 气体示踪法

9.4.1 本条阐述了气体示踪法探测地下管道漏水的应用条件和适用范围。

9.4.2 本条阐述了气体示踪法所采用示踪介质应满足的要求。目前实践中较常采用氢气与氮气混合气体作为示踪介质，配比为氢气 5%，氮气 95%。

9.4.3 本条规定了气体示踪法所采用仪器设备的灵敏度要求。

9.4.4 本条规定了在实施气体示踪法探测前应计算待测供水管道的容积，准备好足够的示踪介质，保证示踪介质应有一定的浓度。

9.4.5 本条规定了气体示踪法检漏前应通过关闭阀门将待探测供水管道与其他管道隔开，保证被测管道充满示踪介质。

9.4.6 本条说明了适宜进行气体示踪法探测的气候条件。

9.4.7 本条说明了确定气体示踪法检测的最佳工作时段应注意的相关因素。

9.4.8 本条说明了为确保气体示踪法探测效果，在探测环境许可时，宜钻孔取样检测，并不破坏被探测管道。

10 成果检验与成果报告

10.1 成 果 检 验

10.1.1 本条规定了供水管网漏水探测成果检验的要求。成果检验是评价、认可探测结果的基本方式。

10.1.2 本条规定了开挖验证的依据要求。

10.1.3 本条规定了开挖验证了的漏水点应测量其定位精度和计算整体探测工作漏水点定位准确率的要求。

10.1.4 本条规定了开挖验证计量漏水流量和现场实地拍摄漏水点影像资料的要求。计量漏水流量应采取有效方法，目前计量方法有流量计实测、计时称量、计算或估算等。

10.1.5 本条规定了成果检验后应进行记录的要求。

10.1.6 本条规定了成果检验结果应作为探测成果报告内容的要求。

10.2 成 果 报 告

10.2.1 成果报告是漏水探测工作的技术总结，是研究和使用工程成果资料，了解工程概况、存在的问题及纠正措施的综合性资料，是项目成果资料的重要组成部分。因此，城镇供水管网漏水探测工程结束后，作业单位应编写成果报告。

10.2.2 本条规定了供水管网漏水探测成果报告应包括的内容。

中华人民共和国行业标准

城镇排水管道检测与评估技术规程

Technical specification for inspection and evaluation of urban sewer

CJJ 181—2012

批准部门：中华人民共和国住房和城乡建设部
施行日期：2 0 1 2 年 1 2 月 1 日

中华人民共和国住房和城乡建设部
公　告

第1439号

住房城乡建设部关于发布行业标准《城镇排水管道检测与评估技术规程》的公告

现批准《城镇排水管道检测与评估技术规程》为行业标准，编号为CJJ 181－2012，自2012年12月1日起实施。其中，第3.0.19、7.1.7、7.2.4、7.2.6条为强制性条文，必须严格执行。

本规程由我部标准定额研究所组织中国建筑工业出版社出版发行。

中华人民共和国住房和城乡建设部

2012年7月19日

前　言

根据住房和城乡建设部《关于印发2011年工程建设标准规范制订、修订计划的通知》（建标［2011］17号）的要求，规程编制组经广泛调查研究，认真总结实践经验，参考有关国际标准和国外先进标准，并在广泛征求意见的基础上，编制本规程。

本规程的主要技术内容是：1总则；2术语和符号；3基本规定；4电视检测；5声纳检测；6管道潜望镜检测；7传统方法检查；8管道评估；9检查井和雨水口检查；10成果资料。

本规程中以黑体字标志的条文为强制性条文，必须严格执行。

本规程由住房和城乡建设部负责管理和对强制性条文的解释，由广州市市政集团有限公司负责具体技术内容的解释。执行过程中如有意见或建议，请寄送广州市市政集团有限公司(地址：广州市环市东路338号银政大厦，邮编：510060)。

本规程主编单位：广州市市政集团有限公司

本规程参编单位：广东工业大学
香港管线学院
广州易探地下管道检测技术服务有限公司
上海乐通管道工程有限公司
上海市水务局
天津市排水管理处
哈尔滨排水有限责任公司
西安市市政设施管理局
管丽环境技术（上海）有限公司
重庆水务集团股份有限公司
广州市市政工程试验检测有限公司
中国城市规划协会地下管线专业委员会
中国地质大学
广东省标准化研究院
广州市污水治理有限责任公司

本规程主要起草人员：安关峰　王和平　黄　敬　谢广勇　朱　军　唐建国　宋亚维　王　虹　邓晓青　孙跃平　陆　磊　谢楚龙　丘广新　刘添俊　马保松　陈海鹏　李碧清　董海国

本规程主要审查人员：张　勤　朱保罗　吴学伟　邓小鹤　项久华　唐　东　王春顺　周克钊　余　健　丛天荣　樊建军

目　次

Contents

1 总　　则

1.0.1 为加强城镇排水管道检测管理，规范检测技术，统一评估标准，制定本规程。

1.0.2 本规程适用于对既有城镇排水管道及其附属构筑物进行的检测与评估。

1.0.3 城镇排水管道检测采用新技术、新方法时，管道评估应符合本规程的要求。

1.0.4 城镇排水管道的检测与评估，除应符合本规程的要求外，尚应符合国家现行有关标准的规定。

2 术语和符号

2.1 术　　语

2.1.1 电视检测　closed circuit television inspection (CCTV)

采用闭路电视系统进行管道检测的方法，简称CCTV检测。

2.1.2 声纳检测　sonar inspection

采用声波探测技术对管道内水面以下的状况进行检测的方法。

2.1.3 管道潜望镜检测　pipe quick view inspection (QV)

采用管道潜望镜在检查井内对管道进行检测的方法，简称QV检测。

2.1.4 时钟表示法　clock description

采用时钟的指针位置描述缺陷出现在管道内环向位置的表示方法。

2.1.5 直向摄影　forward-view inspection

电视摄像机取景方向与管道轴向一致，在摄像头随爬行器行进过程中通过控制器显示和记录管道内影像的拍摄方式。

2.1.6 侧向摄影　lateral inspection

电视摄像机取景方向偏离管道轴向，通过电视摄像机镜头和灯光的旋转/仰俯以及变焦，重点显示和记录管道一侧内壁状况的拍摄方式。

2.1.7 结构性缺陷　structural defect

管道结构本体遭受损伤，影响强度、刚度和使用寿命的缺陷。

2.1.8 功能性缺陷　functional defect

导致管道过水断面发生变化，影响畅通性能的缺陷。

2.1.9 结构性缺陷密度　structural defect density

根据管段结构性缺陷的类型、严重程度和数量，基于平均分值计算得到的管段结构性缺陷长度的相对值。

2.1.10 功能性缺陷密度　functional defect density

根据管段功能性缺陷的类型、严重程度和数量，基于平均分值计算得到的管段功能性缺陷长度的相对值。

2.1.11 修复指数　rehabilitation index

依据管道结构性缺陷的类型、严重程度、数量以及影响因素计算得到的数值。数值越大表明管道修复的紧迫性越大。

2.1.12 养护指数　maintenance index

依据管道功能性缺陷的类型、严重程度、数量以及影响因素计算得到的数值。数值越大表明管道养护的紧迫性越大。

2.1.13 管段　pipe section

两座相邻检查井之间的管道。

2.1.14 检查井　manhole

排水管道系统中连接管道以及供维护工人检查、清通和出入管道的附属设施的统称，包括跌水井、水封井、冲洗井、溢流井、闸门井、潮门井、沉泥井等。

2.1.15 传统方法检查　traditional method inspection

人员在地面巡视检查、进入管内检查、反光镜检查、量泥斗检查、量泥杆检查、潜水检查等检查方法的统称。

2.2 符　　号

E——管道重要性参数；

F——管段结构性缺陷参数；

G——管段功能性缺陷参数；

K——地区重要性参数；

L——管段长度；

L_i——第 i 处结构性缺陷的长度；

L_j——第 j 处功能性缺陷的长度；

MI——管道养护指数；

m——管段的功能性缺陷数量；

n——管段的结构性缺陷数量；

P_i——第 i 处结构性缺陷分值；

P_j——第 j 处功能性缺陷分值；

RI——管道修复指数；

S——管段损坏状况参数，按缺陷点数计算的平均分值；

S_M——管段结构性缺陷密度；

S_{max}——管段损坏状况参数，管段结构性缺陷中损坏最严重处的分值；

T——土质影响参数；

Y——管段运行状况参数，按缺陷点数计算的功能性缺陷平均分值；

Y_{max}——管段运行状况参数，管段功能性缺陷中最严重处的分值；

Y_M——管段功能性缺陷密度；

α——结构性缺陷影响系数；

β——功能性缺陷影响系数。

3 基本规定

3.0.1 从事城镇排水管道检测和评估的单位应具备相应的资质，检测人员应具备相应的资格。

3.0.2 城镇排水管道检测所用的仪器和设备应有产品合格证、检定机构的有效检定（校准）证书。新购置的、经过大修或长期停用后重新启用的设备，投入检测前应进行检定和校准。

3.0.3 管道检测方法应根据现场的具体情况和检测设备的适应性进行选择。当一种检测方法不能全面反映管道状况时，可采用多种方法联合检测。

3.0.4 以结构性状况为目的的普查周期宜为5a～10a，以功能性状况为目的的普查周期宜为1a～2a。当遇到下列情况之一时，普查周期可相应缩短：

1 流砂易发、湿陷性土等特殊地区的管道；

2 管龄30a以上的管道；

3 施工质量差的管道；

4 重要管道；

5 有特殊要求管道。

3.0.5 管道检测评估应按下列基本程序进行：

1 接受委托；

2 现场踏勘；

3 检测前的准备；

4 现场检测；

5 内业资料整理、缺陷判读、管道评估；

6 编写检测报告。

3.0.6 检测单位应按照要求，收集待检测管道区域内的相关资料，组织技术人员进行现场踏勘，掌握现场情况，制定检测方案，做好检测准备工作。

3.0.7 管道检测前应搜集下列资料：

1 已有的排水管线图等技术资料；

2 管道检测的历史资料；

3 待检测管道区域内相关的管线资料；

4 待检测管道区域内的工程地质、水文地质资料；

5 评估所需的其他相关资料。

3.0.8 现场踏勘应包括下列内容：

1 查看待检测管道区域内的地物、地貌、交通状况等周边环境条件；

2 检查管道口的水位、淤积和检查井内构造等情况；

3 核对检查井位置、管道埋深、管径、管材等资料。

3.0.9 检测方案应包括下列内容：

1 检测的任务、目的、范围和工期；

2 待检测管道的概况（包括现场交通条件及对历史资料的分析）；

3 检测方法的选择及实施过程的控制；

4 作业质量、健康、安全、交通组织、环保等保证体系与具体措施；

5 可能存在的问题和对策；

6 工作量估算及工作进度计划；

7 人员组织、设备、材料计划；

8 拟提交的成果资料。

3.0.10 现场检测程序应符合下列规定：

1 检测前应根据检测方法的要求对管道进行预处理；

2 应检查仪器设备；

3 应进行管道检测与初步判读；

4 检测完成后应及时清理现场、保养设备。

3.0.11 管道缺陷的环向位置应采用时钟表示法。缺陷描述应按照顺时针方向的钟点数采用4位阿拉伯数字表示起止位置，前两位数字应表示缺陷起点位置，后两位数字应表示缺陷终止位置。如当缺陷位于某一点上时，前两位数字应采用00表示，后两位数字表示缺陷点位。

3.0.12 管道缺陷位置的纵向起算点应为起始井管道口，缺陷位置纵向定位误差应小于0.5m。

3.0.13 检测系统设置的长度计量单位应为米，电缆长度计数的计量单位不应小于0.1m。

3.0.14 每段管道检测前，应按本规程附录A的规定编写并录制版头。

3.0.15 管道检测影像记录应连续、完整，录像画面上方应含有“任务名称、起始井及终止井编号、管径、管道材质、检测时间”等内容，并宜采用中文显示。

3.0.16 现场检测时，应避免对管体结构造成损伤。

3.0.17 现场检测过程中宜采取监督机制，监督人员应全程监督检测过程，并签名确认检测记录。

3.0.18 管道检测工作宜与卫星定位系统配合进行。

3.0.19 排水管道检测时的现场作业应符合现行行业标准《城镇排水管道维护安全技术规程》CJJ 6的有关规定。现场使用的检测设备，其安全性能应符合现行国家标准《爆炸性气体环境用电气设备》GB 3836的有关规定。现场检测人员的数量不得少于2人。

3.0.20 排水管道检测时的现场作业应符合现行行业标准《城镇排水管渠与泵站维护技术规程》CJJ 68的有关规定。

3.0.21 检测设备应做到定期检验和校准，并应经常维护保养。

3.0.22 当检测单位采用自行开发或引进的检测仪器及检测方法时，应符合下列规定：

1 该仪器或方法应通过技术鉴定，并具有一定的工程检测实践经验；

2 该方法应与已有成熟方法进行过对比试验；

3 检测单位应制定相应的检测细则；

4 在检测方案中应予以说明，必要时应向委托方提供检测细则。

3.0.23 现场检测完毕后，应由相关人员对检测资料进行复核并签名确认。

3.0.24 检测成果资料归档应按国家现行的档案管理的相关标准执行。

4 电视检测

4.1 一般规定

4.1.1 电视检测不应带水作业。当现场条件无法满足时，应采取降低水位措施，确保管道内水位不大于管道直径的 20%。

4.1.2 当管道内水位不符合本规程第 4.1.1 条的要求时，检测前应对管道实施封堵、导流，使管内水位满足检测要求。

4.1.3 在进行结构性检测前应对被检测管道做疏通、清洗。

4.1.4 当有下列情形之一时应中止检测：

1 爬行器在管道内无法行走或推杆在管道内无法推进时；

2 镜头沾有污物时；

3 镜头浸入水中时；

4 管道内充满雾气，影响图像质量时；

5 其他原因无法正常检测时。

4.2 检测设备

4.2.1 检测设备的基本性能应符合下列规定：

1 摄像镜头应具有平扫与旋转、仰俯与旋转、变焦功能，摄像镜头高度应可以自由调整；

2 爬行器应具有前进、后退、空挡、变速、防侧翻等功能，轮径大小、轮间距应可以根据被检测管道的大小进行更换或调整；

3 主控制器应具有在监视器上同步显示日期、时间、管径、在管道内行进距离等信息的功能，并应可以进行数据处理；

4 灯光强度应能调节。

4.2.2 电视检测设备的主要技术指标应符合表 4.2.2 的规定。

表 4.2.2 电视检测设备主要技术指标

项目	技术指标
图像传感器	≥1/4″ CCD，彩色
灵敏度(最低感光度)	≤3 勒克斯(lx)
视角	≥45°
分辨率	≥640×480
照度	≥10×LED

续表 4.2.2

项目	技术指标
图像变形	≤±5%
爬行器	电缆长度为 120m 时，爬坡能力应大于 5°
电缆抗拉力	≥2kN
存储	录像编码格式：MPEG4、AVI； 照片格式：JPEG

4.2.3 检测设备应结构坚固、密封良好，能在 0℃～+50℃的气温条件下和潮湿的环境中正常工作。

4.2.4 检测设备应具备测距功能，电缆计数器的计量单位不应大于 0.1m。

4.3 检测方法

4.3.1 爬行器的行进方向宜与水流方向一致。

4.3.2 管径不大于 200mm 时，直向摄影的行进速度不宜超过 0.1m/s；管径大于 200mm 时，直向摄影的行进速度不宜超过 0.15m/s。

4.3.3 检测时摄像镜头移动轨迹应在管道中轴线上，偏离度不应大于管径的 10%。当对特殊形状的管道进行检测时，应适当调整摄像头位置并获得最佳图像。

4.3.4 将载有摄像镜头的爬行器安放在检测起始位置后，在开始检测前，应将计数器归零。当检测起点与管段起点位置不一致时，应做补偿设置。

4.3.5 每一管段检测完成后，应根据电缆上的标记长度对计数器显示数值进行修正。

4.3.6 直向摄影过程中，图像应保持正向水平，中途不应改变拍摄角度和焦距。

4.3.7 在爬行器行进过程中，不应使用摄像镜头的变焦功能；当使用变焦功能时，爬行器应保持在静止状态。当需要爬行器继续行进时，应先将镜头的焦距恢复到最短焦距位置。

4.3.8 侧向摄影时，爬行器宜停止行进，变动拍摄角度和焦距以获得最佳图像。

4.3.9 管道检测过程中，录像资料不应产生画面暂停、间断记录、画面剪接的现象。

4.3.10 在检测过程中发现缺陷时，应将爬行器在完全能够解析缺陷的位置至少停止 10s，确保所拍摄的图像清晰完整。

4.3.11 对各种缺陷、特殊结构和检测状况应作详细判读和量测，并填写现场记录表，记录表的内容和格式应符合本规程附录 B 的规定。

4.4 影像判读

4.4.1 缺陷的类型、等级应在现场初步判读并记录。现场检测完毕后，应由复核人员对检测资料进行复核。

4.4.2 缺陷尺寸可依据管径或相关物体的尺寸判定。

4.4.3 无法确定的缺陷类型或等级应在评估报告中加以说明。

4.4.4 缺陷图片宜采用现场抓取最佳角度和最清晰图片的方式，特殊情况下也可采用观看录像截图的方式。

4.4.5 对直向摄影和侧向摄影，每一处结构性缺陷抓取的图片数量不应少于1张。

5 声 纳 检 测

5.1 一 般 规 定

5.1.1 声纳检测时，管道内水深应大于300mm。

5.1.2 当有下列情形之一时应中止检测：

1 探头受阻无法正常前行工作时；

2 探头被水中异物缠绕或遮盖，无法显示完整的检测断面时；

3 探头埋入泥沙致使图像变异时；

4 其他原因无法正常检测时。

5.2 检 测 设 备

5.2.1 检测设备应与管径相适应，探头的承载设备负重后不易滚动或倾斜。

5.2.2 声纳系统的主要技术参数应符合下列规定：

1 扫描范围应大于所需检测的管道规格；

2 125mm范围的分辨率应小于0.5mm；

3 每密位均匀采样点数量不应小于250个。

5.2.3 设备的倾斜传感器、滚动传感器应具备在±45°内的自动补偿功能。

5.2.4 设备结构应坚固、密封良好，应能在0℃～+40℃的温度条件下正常工作。

5.3 检 测 方 法

5.3.1 检测前应从被检管道中取水样通过实测声波速度对系统进行校准。

5.3.2 声纳探头的推进方向宜与水流方向一致，并宜与管道轴线一致，滚动传感器标志应朝正上方。

5.3.3 声纳探头安放在检测起始位置后，在开始检测前，应将计数器归零，并应调整电缆处于自然绷紧状态。

5.3.4 声纳检测时，在距管段起始、终止检查井处应进行2m～3m长度的重复检测。

5.3.5 承载工具宜采用在声纳探头位置镂空的漂浮器。

5.3.6 在声纳探头前进或后退时，电缆应保持自然绷紧状态。

5.3.7 根据管径的不同，应按表5.3.7选择不同的脉冲宽度。

表 5.3.7 脉冲宽度选择标准

管径范围(mm)	脉冲宽度(μs)
300～500	4
500～1000	8
1000～1500	12
1500～2000	16
2000～3000	20

5.3.8 探头行进速度不宜超过0.1m/s。在检测过程中应根据被检测管道的规格，在规定采样间隔和管道变异处探头应停止行进，定点采集数据，停顿时间应大于一个扫描周期。

5.3.9 以普查为目的的采样点间距宜为5m，其他检查采样点间距宜为2m，存在异常的管段应加密采样。检测结果应按本规程附录B的格式填写排水管道检测现场记录表，并应按本规程附录C的格式绘制沉积状况纵断面图。

5.4 轮 廓 判 读

5.4.1 规定采样间隔和图形变异处的轮廓图应现场捕捉并进行数据保存。

5.4.2 经校准后的检测断面线状测量误差应小于3%。

5.4.3 声纳检测截取的轮廓图应标明管道轮廓线、管径、管道积泥深度线等信息。

5.4.4 管道沉积状况纵断面图中应包括：路名（或路段名）、井号、管径、长度、流向、图像截取点纵距及对应的积泥深度、积泥百分比等文字说明。纵断面线应包括：管底线、管顶线、积泥高度线和管径的1/5高度线（虚线）。

5.4.5 声纳轮廓图不应作为结构性缺陷的最终评判依据，应采用电视检测方式予以核实或以其他方式检测评估。

6 管道潜望镜检测

6.1 一 般 规 定

6.1.1 管道潜望镜检测宜用于对管道内部状况进行初步判定。

6.1.2 管道潜望镜检测时，管内水位不宜大于管径的1/2，管段长度不宜大于50m。

6.1.3 有下列情形之一时应中止检测：

1 管道潜望镜检测仪器的光源不能够保证影像清晰度时；

2 镜头沾有泥浆、水沫或其他杂物等影响图像质量时；

3 镜头浸入水中，无法看清管道状况时；

4 管道充满雾气影响图像质量时；

5 其他原因无法正常检测时。

6.1.4 管道潜望镜检测的结果仅可作为管道初步评估的依据。

6.2 检测设备

6.2.1 管道潜望镜检测设备应坚固、抗碰撞、防水密封良好，应可以快速、牢固地安装与拆卸，应能够在0℃～+50℃的气温条件下和潮湿、恶劣的排水管道环境中正常工作。

6.2.2 管道潜望镜检测设备的主要技术指标应符合表6.2.2的规定。

表6.2.2 管道潜望镜检测设备主要技术指标

项　目	技术指标
图像传感器	≥1/4″CCD，彩色
灵敏度(最低感光度)	≤3勒克斯(lx)
视角	≥45°
分辨率	≥640×480
照度	≥10×LED
图像变形	≤±5%
变焦范围	光学变焦≥10倍，数字变焦≥10倍
存储	录像编码格式：MPEG4、AVI； 照片格式：JPEG

6.2.3 录制的影像资料应能够在计算机上进行存储、回放和截图等操作。

6.3 检测方法

6.3.1 镜头中心应保持在管道竖向中心线的水面以上。

6.3.2 拍摄管道时，变动焦距不宜过快。拍摄缺陷时，应保持摄像头静止，调节镜头的焦距，并连续、清晰地拍摄10s以上。

6.3.3 拍摄检查井内壁时，应保持摄像头无盲点地均匀慢速移动。拍摄缺陷时，应保持摄像头静止，并连续拍摄10s以上。

6.3.4 对各种缺陷、特殊结构和检测状况应作详细判读和记录，并应按本规程附录B的格式填写现场记录表。

6.3.5 现场检测完毕后，应由相关人员对检测资料进行复核并签名确认。

7 传统方法检查

7.1 一般规定

7.1.1 传统方法检查宜用于管道养护时的日常性检查，以大修为目的的结构性检查宜采用电视检测方法。

7.1.2 人员进入排水管道内部检查时，应同时符合下列各项规定：

1 管径不得小于0.8m；

2 管内流速不得大于0.5m/s；

3 水深不得大于0.5m；

4 充满度不得大于50%。

7.1.3 当具备直接量测条件时，应根据需要对缺陷进行测量并予以记录。

7.1.4 当采用传统方法检查不能判别或不能准确判别管道各类缺陷时，应采用仪器设备辅助检查确认。

7.1.5 检查过河倒虹管前，当需要抽空管道时，应先进行抗浮验算。

7.1.6 在检查过程中宜采集沉积物的泥样，并判断管道的异常运行状况。

7.1.7 检查人员进入管内检查时，必须拴有带距离刻度的安全绳，地面人员应及时记录缺陷的位置。

7.2 目视检查

7.2.1 地面巡视应符合下列规定：

1 地面巡视主要内容应包括：

1）管道上方路面沉降、裂缝和积水情况；

2）检查井冒溢和雨水口积水情况；

3）井盖、盖框完好程度；

4）检查井和雨水口周围的异味；

5）其他异常情况。

2 地面巡视检查应按本规程附录B的规定填写检查井检查记录表和雨水口检查记录表。

7.2.2 人员进入管内检查时，应采用摄像或摄影的记录方式，并应符合下列规定：

1 应制作检查管段的标示牌，标示牌的尺寸不宜小于210mm×147mm。标示牌应注明检查地点、起始井编号、结束井编号、检查日期。

2 当发现缺陷时，应在标示牌上注明距离，将标示牌靠近缺陷拍摄照片，记录人应按本规程附录B的要求填写现场记录表。

3 照片分辨率不应低于300万像素，录像的分辨率不应低于30万像素。

4 检测后应整理照片，每一处结构性缺陷应配正向和侧向照片各不少于1张，并对应附注文字说明。

7.2.3 进入管道的检查人员应使用隔离式防毒面具，携带防爆照明灯具和通信设备。在管道检查过程中，管内人员应随时与地面人员保持通信联系。

7.2.4 检查人员自进入检查井开始，在管道内连续工作时间不得超过1h。当进入管道的人员遇到难以穿越的障碍时，不得强行通过，应立即停止

检测。

7.2.5 进入管内检查宜2人同时进行，地面辅助、监护人员不应少于3人。

7.2.6 当待检管道邻近基坑或水体时，应根据现场情况对管道进行安全性鉴定后，检查人员方可进入管道。

7.3 简易工具检查

7.3.1 应根据检查的目的和管道运行状况选择合适的简易工具。各种简易工具的适用范围宜符合表7.3.1的要求。

表7.3.1 简易工具适用范围

简易工具＼适用范围	中小型管道	大型以上管道	倒虹管	检查井
竹片或钢带	适用	不适用	适用	不适用
反光镜	适用	适用	不适用	不适用
Z字形量泥斗	适用	适用	适用	不适用
直杆形量泥斗	不适用	不适用	不适用	适用
通沟球（环）	适用	不适用	适用	不适用
激光笔	适用	适用	不适用	不适用

7.3.2 当检查小型管道阻塞情况或连接状况时，可采用竹片或钢带由井口送入管道内的方式进行，人员不宜下井送递竹片或钢带。

7.3.3 在管内无水或水位很低的情况下，可采用反光镜检查。

7.3.4 量泥斗可用于检测管口或检查井内的淤泥和积沙厚度。当采用量泥斗检测时，应符合下列规定：

1 量泥斗用于检查井底或离管口500mm以内的管道内软性积泥厚度量测；

2 当使用Z字形量泥斗检查管道时，应将全部泥斗伸入管口取样；

3 量泥斗的取泥斗间隔宜为25mm，量测积泥深度的误差应小于50mm。

7.3.5 当采用激光笔检测时，管内水位不宜超过管径的三分之一。

7.4 潜水检查

7.4.1 采用潜水方式检查的管道，其管径不得小于1200mm，流速不得大于0.5m/s。

7.4.2 潜水检查仅可作为初步判断重度淤积、异物、树根侵入、塌陷、错口、脱节、胶圈脱落等缺陷的依据。当需确认时，应排空管道并采用电视检测。

7.4.3 潜水检查应按下列步骤进行：

1 获取管径、水深、流速数据，当流速超过本规程第7.4.1条的规定时，应做减速处理；

2 穿戴潜水服和负重压铅，拴安全信号绳并通气作呼吸检查；

3 调试通信装置使之畅通；

4 缓慢下井；

5 管道接口处逐一触摸；

6 地面人员及时记录缺陷的位置。

7.4.4 当遇下列情形之一时，应中止潜水检查并立即出水回到地面。

1 遭遇障碍或管道变形难以通过；

2 流速突然加快或水位突然升高；

3 潜水检查员身体突然感觉不适；

4 潜水检查员接地面指挥员或信绳员停止作业的警报信号。

7.4.5 潜水检查员在水下进行检查工作时，应保持头部高于脚部。

8 管道评估

8.1 一般规定

8.1.1 管道评估应依据检测资料进行。

8.1.2 管道评估工作宜采用计算机软件进行。

8.1.3 当缺陷沿管道纵向的尺寸不大于1m时，长度应按1m计算。

8.1.4 当管道纵向1m范围内两个以上缺陷同时出现时，分值应叠加计算；当叠加计算的结果超过10分时，应按10分计。

8.1.5 管道评估应以管段为最小评估单位。当对多个管段或区域管道进行检测时，应列出各评估等级管段数量占全部管段数量的比例。当连续检测长度超过5km时，应作总体评估。

8.2 检测项目名称、代码及等级

8.2.1 本规程已规定的代码应采用两个汉字拼音首个字母组合表示，未规定的代码应采用与此相同的确定原则，但不得与已规定的代码重名。

8.2.2 管道缺陷等级应按表8.2.2规定分类。

表8.2.2 缺陷等级分类表

缺陷性质＼等级	1	2	3	4
结构性缺陷程度	轻微缺陷	中等缺陷	严重缺陷	重大缺陷
功能性缺陷程度	轻微缺陷	中等缺陷	严重缺陷	重大缺陷

8.2.3 结构性缺陷的名称、代码、等级划分及分值应符合表8.2.3的规定。

表 8.2.3　结构性缺陷名称、代码、等级划分及分值

缺陷名称	缺陷代码	定　义	缺陷等级	缺陷描述	分值
破裂	PL	管道的外部压力超过自身的承受力致使管子发生破裂。其形式有纵向、环向和复合3种	1	裂痕——当下列一个或多个情况存在时： 1）在管壁上可见细裂痕； 2）在管壁上由细裂缝处冒出少量沉积物； 3）轻度剥落	0.5
			2	裂口——破裂处已形成明显间隙，但管道的形状未受影响且破裂无脱落	2
			3	破碎——管壁破裂或脱落处所剩碎片的环向覆盖范围不大于弧长 60°	5
			4	坍塌——当下列一个或多个情况存在时： 1）管道材料裂痕、裂口或破碎处边缘环向覆盖范围大于弧长 60°； 2）管壁材料发生脱落的环向范围大于弧长 60°	10
变形	BX	管道受外力挤压造成形状变异	1	变形不大于管道直径的 5%	1
			2	变形为管道直径的 5%～15%	2
			3	变形为管道直径的 15%～25%	5
			4	变形大于管道直径的 25%	10
腐蚀	FS	管道内壁受侵蚀而流失或剥落，出现麻面或露出钢筋	1	轻度腐蚀——表面轻微剥落，管壁出现凹凸面	0.5
			2	中度腐蚀——表面剥落显露粗骨料或钢筋	2
			3	重度腐蚀——粗骨料或钢筋完全显露	5
错口	CK	同一接口的两个管口产生横向偏差，未处于管道的正确位置	1	轻度错口——相接的两个管口偏差不大于管壁厚度的 1/2	0.5
			2	中度错口——相接的两个管口偏差为管壁厚度的 1/2～1 之间	2
			3	重度错口——相接的两个管口偏差为管壁厚度的 1～2 倍之间	5
			4	严重错口——相接的两个管口偏差为管壁厚度的 2 倍以上	10
起伏	QF	接口位置偏移，管道竖向位置发生变化，在低处形成洼水	1	起伏高/管径≤20%	0.5
			2	20%＜起伏高/管径≤35%	2
			3	35%＜起伏高/管径≤50%	5
			4	起伏高/管径＞50%	10
脱节	TJ	两根管道的端部未充分接合或接口脱离	1	轻度脱节——管道端部有少量泥土挤入	1
			2	中度脱节——脱节距离不大于 20mm	3
			3	重度脱节——脱节距离为 20mm～50mm	5
			4	严重脱节——脱节距离为 50mm 以上	10
接口材料脱落	TL	橡胶圈、沥青、水泥等类似的接口材料进入管道	1	接口材料在管道内水平方向中心线上部可见	1
			2	接口材料在管道内水平方向中心线下部可见	3
支管暗接	AJ	支管未通过检查井直接侧向接入主管	1	支管进入主管内的长度不大于主管直径 10%	0.5
			2	支管进入主管内的长度在主管直径 10%～20%之间	2
			3	支管进入主管内的长度大于主管直径 20%	5
异物穿入	CR	非管道系统附属设施的物体穿透管壁进入管内	1	异物在管道内且占用过水断面面积不大于 10%	0.5
			2	异物在管道内且占用过水断面面积为 10%～30%	2
			3	异物在管道内且占用过水断面面积大于 30%	5

续表 8.2.3

缺陷名称	缺陷代码	定义	缺陷等级	缺陷描述	分值
渗漏	SL	管外的水流入管道	1	滴漏——水持续从缺陷点滴出，沿管壁流动	0.5
			2	线漏——水持续从缺陷点流出，并脱离管壁流动	2
			3	涌漏——水从缺陷点涌出，涌漏水面的面积不大于管道断面的 1/3	5
			4	喷漏——水从缺陷点大量涌出或喷出，涌漏水面的面积大于管道断面的 1/3	10

注：表中缺陷等级定义区域 X 的范围为 $x\sim y$ 时，其界限的意义是 $x<X\leqslant y$。

8.2.4 功能性缺陷名称、代码、等级划分及分值应　　符合表 8.2.4 的规定。

表 8.2.4 功能性缺陷名称、代码、等级划分及分值

缺陷名称	缺陷代码	定义	缺陷等级	缺陷描述	分值
沉积	CJ	杂质在管道底部沉淀淤积	1	沉积物厚度为管径的 20%～30%	0.5
			2	沉积物厚度为管径的30%～40%	2
			3	沉积物厚度为管径的40%～50%	5
			4	沉积物厚度大于管径的 50%	10
结垢	JG	管道内壁上的附着物	1	硬质结垢造成的过水断面损失不大于 15%； 软质结垢造成的过水断面损失在 15%～25%之间	0.5
			2	硬质结垢造成的过水断面损失在 15%～25%之间； 软质结垢造成的过水断面损失在 25%～50%之间	2
			3	硬质结垢造成的过水断面损失在 25%～50%之间； 软质结垢造成的过水断面损失在 50%～80%之间	5
			4	硬质结垢造成的过水断面损失大于 50%； 软质结垢造成的过水断面损失大于 80%	10
障碍物	ZW	管道内影响过流的阻挡物	1	过水断面损失不大于 15%	0.1
			2	过水断面损失在 15%～25%之间	2
			3	过水断面损失在 25%～50%之间	5
			4	过水断面损失大于 50%	10
残墙、坝根	CQ	管道闭水试验时砌筑的临时砖墙封堵，试验后未拆除或拆除不彻底的遗留物	1	过水断面损失不大于 15%	1
			2	过水断面损失在 15%～25%之间	3
			3	过水断面损失在 25%～50%之间	5
			4	过水断面损失大于 50%	10
树根	SG	单根树根或是树根群自然生长进入管道	1	过水断面损失不大于 15%	0.5
			2	过水断面损失在 15%～25%之间	2
			3	过水断面损失在 25%～50%之间	5
			4	过水断面损失大于 50%	10
浮渣	FZ	管道内水面上的漂浮物（该缺陷需记入检测记录表，不参与计算）	1	零星的漂浮物，漂浮物占水面面积不大于 30%	—
			2	较多的漂浮物，漂浮物占水面面积为 30%～60%	—
			3	大量的漂浮物，漂浮物占水面面积大于 60%	—

注：表中缺陷等级定义的区域 X 的范围为 $x\sim y$ 时，其界限的意义是 $x<X\leqslant y$。

8.2.5 特殊结构及附属设施的名称、代码和定义应符合表8.2.5的规定。

表 8.2.5 特殊结构及附属设施名称、代码和定义

名 称	代码	定 义
修复	XF	检测前已修复的位置
变径	BJ	两检查井之间不同直径管道相接处
倒虹管	DH	管道遇到河道、铁路等障碍物，不能按原有高程埋设，而从障碍物下面绕过时采用的一种倒虹型管段
检查井（窨井）	YJ	管道上连接其他管道以及供维护工人检查、清通和出入管道的附属设施
暗井	MJ	用于管道连接，有井室而无井筒的暗埋构筑物
井盖埋没	JM	检查井盖被埋没
雨水口	YK	用于收集地面雨水的设施

8.2.6 操作状态名称和代码应符合表8.2.6的规定。

表 8.2.6 操作状态名称和代码

名 称	代码编号	定 义
缺陷开始及编号	KS××	纵向缺陷长度大于1m时的缺陷开始位置，其编号应与结束编号对应
缺陷结束及编号	JS××	纵向缺陷长度大于1m时的缺陷结束位置，其编号应与开始编号对应
入水	RS	摄像镜头部分或全部被水淹
中止	ZZ	在两附属设施之间进行检测时，由于各种原因造成检测中止

8.3 结构性状况评估

8.3.1 管段结构性缺陷参数应按下列公式计算：

当 $S_{max} \geqslant S$ 时， $F = S_{max}$ (8.3.1-1)

当 $S_{max} < S$ 时， $F = S$ (8.3.1-2)

式中：F——管段结构性缺陷参数；

S_{max}——管段损坏状况参数，管段结构性缺陷中损坏最严重处的分值；

S——管段损坏状况参数，按缺陷点数计算的平均分值。

8.3.2 管段损坏状况参数 S 的确定应符合下列规定：

1 管段损坏状况参数应按下列公式计算：

$$S = \frac{1}{n}\left(\sum_{i_1=1}^{n_1} P_{i_1} + \alpha \sum_{i_2=1}^{n_2} P_{i_2}\right) \quad (8.3.2\text{-}1)$$

$$S_{max} = \max\{P_i\} \quad (8.3.2\text{-}2)$$

$$n = n_1 + n_2 \quad (8.3.2\text{-}3)$$

式中：n——管段的结构性缺陷数量；

n_1——纵向净距大于1.5m的缺陷数量；

n_2——纵向净距大于1.0m且不大于1.5m的缺陷数量；

P_{i_1}——纵向净距大于1.5m的缺陷分值，按表8.2.3取值；

P_{i_2}——纵向净距大于1.0m且不大于1.5m的缺陷分值，按表8.2.3取值；

α——结构性缺陷影响系数，与缺陷间距有关。当缺陷的纵向净距大于1.0m且不大于1.5m时，$\alpha=1.1$。

2 当管段存在结构性缺陷时，结构性缺陷密度应按下式计算：

$$S_M = \frac{1}{SL}\left(\sum_{i_1=1}^{n_1} P_{i_1} L_{i_1} + \alpha \sum_{i_2=1}^{n_2} P_{i_2} L_{i_2}\right)$$

(8.3.2-4)

式中：S_M——管段结构性缺陷密度；

L——管段长度（m）；

L_{i_1}——纵向净距大于1.5m的结构性缺陷长度（m）；

L_{i_2}——纵向净距大于1.0m且不大于1.5m的结构性缺陷长度（m）。

8.3.3 管段结构性缺陷等级的确定应符合表8.3.3-1的规定。管段结构性缺陷类型评估可按表8.3.3-2确定。

表 8.3.3-1 管段结构性缺陷等级评定对照表

等级	缺陷参数 F	损坏状况描述
Ⅰ	$F \leqslant 1$	无或有轻微缺陷，结构状况基本不受影响，但具有潜在变坏的可能
Ⅱ	$1 < F \leqslant 3$	管段缺陷明显超过一级，具有变坏的趋势
Ⅲ	$3 < F \leqslant 6$	管段缺陷严重，结构状况受到影响
Ⅳ	$F > 6$	管段存在重大缺陷，损坏严重或即将导致破坏

表 8.3.3-2 管段结构性缺陷类型评估参考表

缺陷密度 S_M	<0.1	0.1～0.5	>0.5
管段结构性缺陷类型	局部缺陷	部分或整体缺陷	整体缺陷

8.3.4 管段修复指数应按下式计算：

$$RI = 0.7 \times F + 0.1 \times K + 0.05 \times E + 0.15 \times T$$

(8.3.4)

式中：RI——管段修复指数；

K——地区重要性参数，可按表8.3.4-1的规定确定；

E——管道重要性参数，可按表 8.3.4-2 的规定确定；

T——土质影响参数，可按表 8.3.4-3 的规定确定。

表 8.3.4-1 地区重要性参数 K

地区类别	K 值
中心商业、附近具有甲类民用建筑工程的区域	10
交通干道、附近具有乙类民用建筑工程的区域	6
其他行车道路、附近具有丙类民用建筑工程的区域	3
所有其他区域或 $F<4$ 时	0

表 8.3.4-2 管道重要性参数 E

管径 D	E 值
$D>1500$mm	10
1000mm$<D\leqslant$1500mm	6
600mm$\leqslant D\leqslant$1000mm	3
$D<$600mm 或 $F<4$	0

表 8.3.4-3 土质影响参数 T

土质	一般土层或 $F=0$	粉砂层	湿陷性黄土			膨胀土			淤泥类土		红黏土
			Ⅳ级	Ⅲ级	Ⅰ，Ⅱ级	强	中	弱	淤泥	淤泥质土	
T 值	0	10	10	8	6	10	8	6	10	8	8

8.3.5 管段的修复等级应符合表 8.3.5 的规定。

表 8.3.5 管段修复等级划分

等级	修复指数 RI	修复建议及说明
Ⅰ	$RI\leqslant1$	结构条件基本完好，不修复
Ⅱ	$1<RI\leqslant4$	结构在短期内不会发生破坏现象，但应做修复计划
Ⅲ	$4<RI\leqslant7$	结构在短期内可能会发生破坏，应尽快修复
Ⅳ	$RI>7$	结构已经发生或即将发生破坏，应立即修复

8.4 功能性状况评估

8.4.1 管段功能性缺陷参数应按下列公式计算：

当 $Y_{max}\geqslant Y$ 时， $G=Y_{max}$ （8.4.1-1）

当 $Y_{max}<Y$ 时， $G=Y$ （8.4.1-2）

式中：G——管段功能性缺陷参数；

Y_{max}——管段运行状况参数，功能性缺陷中最严重处的分值；

Y——管段运行状况参数，按缺陷点数计算的功能性缺陷平均分值。

8.4.2 运行状况参数的确定应符合下列规定：

1 管段运行状况参数应按下列公式计算：

$$Y=\frac{1}{m}\left(\sum_{j_1=1}^{m_1}P_{j_1}+\beta\sum_{j_2=1}^{m_2}P_{j_2}\right) \quad (8.4.2\text{-}1)$$

$$Y_{max}=\max\{P_j\} \quad (8.4.2\text{-}2)$$

$$m=m_1+m_2 \quad (8.4.2\text{-}3)$$

式中：m——管段的功能性缺陷数量；

m_1——纵向净距大于 1.5m 的缺陷数量；

m_2——纵向净距大于 1.0m 且不大于 1.5m 的缺陷数量；

P_{j_1}——纵向净距大于 1.5m 的缺陷分值，按表 8.2.4 取值；

P_{j_2}——纵向净距大于 1.0m 且不大于 1.5m 的缺陷分值，按表 8.2.4 取值；

β——功能性缺陷影响系数，与缺陷间距有关；当缺陷的纵向净距大于 1.0m 且不大于 1.5m 时，$\beta=1.1$。

2 当管段存在功能性缺陷时，功能性缺陷密度应按下式计算：

$$Y_M=\frac{1}{YL}\left(\sum_{j_1=1}^{m_1}P_{j_1}L_{j_1}+\beta\sum_{j_2=1}^{m_2}P_{j_2}L_{j_2}\right) \quad (8.4.2\text{-}4)$$

式中：Y_M——管段功能性缺陷密度；

L——管段长度；

L_{j_1}——纵向净距大于 1.5m 的功能性缺陷长度；

L_{j_2}——纵向净距大于 1.0m 且不大于 1.5m 的功能性缺陷长度。

8.4.3 管段功能性缺陷等级评定应符合表 8.4.3-1 的规定。管段功能性缺陷类型评估可按表 8.4.3-2 确定。

表 8.4.3-1 功能性缺陷等级评定

等级	缺陷参数	运行状况说明
Ⅰ	$G\leqslant1$	无或有轻微影响，管道运行基本不受影响
Ⅱ	$1<G\leqslant3$	管道过流有一定的受阻，运行受影响不大
Ⅲ	$3<G\leqslant6$	管道过流受阻比较严重，运行受到明显影响
Ⅳ	$G>6$	管道过流受阻很严重，即将或已经导致运行瘫痪

表 8.4.3-2 管段功能性缺陷类型评估

缺陷密度 Y_M	<0.1	0.1～0.5	>0.5
管段功能性缺陷类型	局部缺陷	部分或整体缺陷	整体缺陷

8.4.4 管段养护指数应按下式计算：

$$MI = 0.8 \times G + 0.15 \times K + 0.05 \times E \quad (8.4.4)$$

式中：MI ——管段养护指数；

K——地区重要性参数，可按表 8.3.4-1 的规定确定；

E——管道重要性参数，可按表 8.3.4-2 的规定确定。

8.4.5 管段的养护等级应符合表 8.4.5 的规定。

表 8.4.5 管段养护等级划分

养护等级	养护指数 MI	养护建议及说明
Ⅰ	$MI \leqslant 1$	没有明显需要处理的缺陷
Ⅱ	$1 < MI \leqslant 4$	没有立即进行处理的必要，但宜安排处理计划
Ⅲ	$4 < MI \leqslant 7$	根据基础数据进行全面的考虑，应尽快处理
Ⅳ	$MI > 7$	输水功能受到严重影响，应立即进行处理

9 检查井和雨水口检查

9.0.1 检查井检查应在管道检测之前进行。

9.0.2 检查井检查的基本内容应符合表 9.0.2-1 的规定，雨水口检查的基本内容应符合表 9.0.2-2 的规定。检查井和雨水口检查时应现场填写记录表格，并应符合本规程附录 B 的规定。

表 9.0.2-1 检查井检查的基本项目

	外部检查	内部检查
检查项目	井盖埋没	链条或锁具
	井盖丢失	爬梯松动、锈蚀或缺损
	井盖破损	井壁泥垢
	井框破损	井壁裂缝
	盖框间隙	井壁渗漏
	盖框高差	抹面脱落
	盖框突出或凹陷	管口孔洞
	跳动和声响	流槽破损
	周边路面破损、沉降	井底积泥、杂物
	井盖标示错误	水流不畅
	道路上的井室盖是否为重型井盖	浮渣
	其他	其他

表 9.0.2-2 雨水口检查的基本项目

	外部检查	内部检查
检查项目	雨水箅丢失	铰或链条损坏
	雨水箅破损	裂缝或渗漏
	雨水口框破损	抹面剥落
	盖框间隙	积泥或杂物
	盖框高差	水流受阻
	孔眼堵塞	私接连管
	雨水口框突出	井体倾斜
	异臭	连管异常
	路面沉降或积水	防坠网
	其他	其他

9.0.3 塑料检查井检查的内容除应符合本规程第 9.0.2 条的规定以外，还应检查井筒变形、接口密封状况。

9.0.4 当对检查井内两条及以上的进水管道或出水管道进行排序时，应符合下列规定：

1 检查井内出水管道应采用罗马数字Ⅰ、Ⅱ……按逆时针顺序分别表示；

2 检查井内进水管道应以出水管道Ⅰ为起点，按顺时针方向采用大写英文字母 A、B、C……顺序分别表示；

3 当在垂直方向有重叠管道时，应按其投影到井底平面的先后顺序进行排序；

4 各流向的管道编号应采用与之相连的下游井或上游井的编号标注。

10 成 果 资 料

10.0.1 检测工作结束后应编写检测与评估报告。

10.0.2 检测与评估报告的基本内容应符合下列规定：

1 应描述任务及管道概况，包括任务来源、检测与评估的目的和要求、被检管段的平面位置图、被检管段的地理位置、地质条件、检测时的天气和环境、检测日期、主要参与人员的基本情况、实际完成的工作量等；

2 应记录现场踏勘成果，应按本规程附录 C 的要求绘制排水管道沉积状况纵断面图，应按本规程附录 D 的要求填写排水管道缺陷统计表、管段状况评估表、检查井检查情况汇总表；

3 应按本规程附录 D 的要求填写排水管道检测成果表；

4 应说明现场作业和管道评估的标准依据、采用的仪器和技术方法，以及其他应说明的问题及处理措施；

5 应提出检测与评估的结论与建议。

10.0.3 提交的检测与评估资料应包括下列内容：

1 任务书、技术设计书。

2 所利用的已有成果资料。

3 现场工作记录资料，包括：

1）检测单位、监督单位等代表签字的证明资料；

2）排水管道现场踏勘记录、检测现场记录表、检查井检查记录表、雨水口检查记录表、工作地点示意图、现场照片。

4 检测与评估报告。

5 影像资料。

附录 A 检测影像资料版头格式和基本内容

A.0.1 当对每一管段摄影前，检测录像资料开始时，应编写并录制检测影像资料版头对被检测管段进行文字标注，检测影像资料版头格式和基本内容应按图 A 编制。当软件为中文显示时，可不录入代码。

任务名称/编号（RWMC/XX）:

检测地点（JCDD）:

检测日期（JCRQ）： 年 月 日

起始井编号-结束井编号：(X 号井-Y 号井)

检测方向（JCFX）：顺流（SL），逆流（NL）

管道类型（GDLX）：雨水（Y），污水（W），雨污合流（H）

管材（GC）:

管径（GJ/mm）:

检测单位:

检测员:

图 A 检测影像资料版头格式和基本内容

附录 B 现场记录表

B.0.1 排水管道检测现场记录应按表 B.0.1 填写。

表 B.0.1 排水管道检测现场记录表

任务名称：　　　　　　　　　　　　　　　　　　第 页 共 页

录像文件		管段编号		→		检测方法	
敷设年代		起点埋深				终点埋深	
管段类型		管段材质				管段直径	
检测方向		管段长度				检测长度	
检测地点						检测日期	

距离（m）	缺陷名称或代码	等级	位置	照片序号	备注
其他					

检测员：　　　　监督人员：　　　　校核员：　　　　年 月 日

B.0.2 检查井检查记录应按表 B.0.2 填写。

表 B.0.2 检查井检查记录表

任务名称： 第 页 共 页

检测单位名称								检查井编号	
埋设年代		性质		井材质		井盖形状		井盖材质	
检查内容									
	外部检查				内部检查				
1	井盖埋没				链条或锁具				
2	井盖丢失				爬梯松动、锈蚀或缺损				
3	井盖破损				井壁泥垢				
4	井框破损				井壁裂缝				
5	盖框间隙				井壁渗漏				
6	盖框高差				抹面脱落				
7	盖框突出或凹陷				管口孔洞				
8	跳动和声响				流槽破损				
9	周边路面破损、沉降				井底积泥、杂物				
10	井盖标示错误				水流不畅				
11	是否为重型井盖（道路上）				浮渣				
12	其他				其他				
备注									

检测员： 记录员： 校核员： 检查日期： 年 月 日

B.0.3 雨水口检查记录应按表 B.0.3 填写。

表 B.0.3 雨水口检查记录表

任务名称： 第 页 共 页

检测单位名称						雨水口编号			
埋设年代		材质		雨水箅形式		雨水箅材质		下游井编号	
检查内容									
	外部检查				内部检查				
1	雨水箅丢失				铰或链条损坏				
2	雨水箅破损				裂缝或渗漏				
3	雨水口框破损				抹面剥落				
4	盖框间隙				积泥或杂物				
5	盖框高差				水流受阻				
6	孔眼堵塞				私接连管				
7	雨水口框突出				井体倾斜				
8	异臭				连管异常				
9	路面沉降或积水				防坠网				
10	其他				其他				

检测员： 记录员： 校核员： 检查日期： 年 月 日

附录 C　排水管道沉积状况纵断面图格式

管段编号		管段直径		检测地点	

检测方向：→　　　　管径：

起始井（编号）　　（绘图区）　　起始井（编号）

积深(mm)		平均积深(mm)	
占管径百分比(%)		平均百分比(%)	
间距(m)			
总长(m)			

检测单位：　　检测员：　　绘图员：　　日期：　年　月　日

图 C　排水管道沉积状况纵断面图格式

附录 D　检测成果表

D. 0. 1　排水管道缺陷统计应按表 D. 0. 1 填写。

表 D. 0. 1　排水管道缺陷统计表

（结构性缺陷/功能性缺陷）

序号	管段编号	管径	材质	检测长度（m）	缺陷距离（m）	缺陷名称及位置	缺陷等级

D.0.2 管段状况评估应按表 D.0.2 填写。

表 D.0.2 管段状况评估表

任务名称： 第 页 共 页

管段	管径（mm）	长度（m）	材质	埋深（m）		结构性缺陷						功能性缺陷					
				起点	终点	平均值 S	最大值 S_{max}	缺陷等级	缺陷密度	修复指数 RI	综合状况评价	平均值 Y	最大值 Y_{max}	缺陷等级	缺陷密度	养护指数 MI	综合状况评价

检测单位：

D.0.3 检查井检查情况汇总应按表 D.0.3 填写。

表 D.0.3 检查井检查情况汇总表

任务名称： 第 页 共 页

序号	检查井类型	材质	单位	数量	其中非道路下数量	完好数量	井盖井座缺失数量	井内有杂物数量	井内有缺损数量	盖框突出或凹陷数量	井室周围填土有沉降数量	备注
1	雨水口											
2	检查井											
3	连接暗井											
4	溢流井											
5	跌水井											
6	水封井											
7	冲洗井											
8	沉泥井											
9	闸门井											
10	潮门井											
11	倒虹管											
12	其他											

检测单位：

D.0.4 排水管道检测成果应按表 D.0.4 填写。

表 D.0.4 排水管道检测成果表

序号： 检测方法：

录像文件		起始井号		终止井号	
敷设年代		起点埋深		终点埋深	
管段类型		管段材质		管段直径	
检测方向		管段长度		检测长度	
修复指数		养护指数			
检测地点				检测日期	
距离（m）	缺陷名称代码	分值	等级	管道内部状况描述	照片序号或说明
备 注					
照片 1：			照片 2：		

检测单位：

本规程用词说明

1 为便于在执行本规程条文时区别对待，对于要求严格程度不同的用词说明如下：

1）表示很严格，非这样做不可的用词：
正面词采用“必须”，反面词采用“严禁”；

2）表示严格，在正常情况下均应这样做的用词：
正面词采用“应”，反面词采用“不应”或“不得”；

3）表示允许稍有选择，在条件许可时首先应这样做的用词：
正面词采用“宜”，反面词采用“不宜”；

4）表示有选择，在一定条件下可以这样做的用词，采用“可”。

2 条文中指明应按其他有关标准执行的写法为“应按……执行”或“应符合……的规定”。

引用标准名录

1 《爆炸性气体环境用电气设备》GB 3836

2 《城镇排水管道维护安全技术规程》CJJ 6

3 《城镇排水管渠与泵站维护技术规程》CJJ 68

中华人民共和国行业标准

城镇排水管道检测与评估技术规程

CJJ 181—2012

条 文 说 明

制 订 说 明

《城镇排水管道检测与评估技术规程》CJJ 181-2012经住房和城乡建设部2012年7月19日第1439号公告批准、发布。

本规程制订过程中，编制组进行了认真细致的调查研究，总结了我国城镇排水管道检测与评估的实践经验，同时参考了国外先进技术法规、技术标准。

为便于广大设计、施工、科研、学校等单位有关人员在使用本规程时能正确理解和执行条文规定，《城镇排水管道检测与评估技术规程》编制组按章、节、条顺序编制了本规程的条文说明，对条文规定的目的、依据以及执行中需注意的有关事项进行了说明，还着重对强制性条文的强制性理由作了解释。但是，本条文说明不具备与规程正文同等的法律效力，仅供使用者作为理解和把握规程规定的参考。。

目　次

1 总　　则

1.0.1 排水管道在施工和运营过程中，管道破坏和变形的情况时有发生。不均匀沉降和环境因素引起的管道结构性缺陷和功能性缺陷，致使排水管道不能发挥应有的作用，污水跑、冒、漏，阻断交通，给城市建设和人民生活带来不便。当暴雨来袭，雨水不能及时排除，大城市屡成泽国，很多特大城市几乎逢雨便淹，突显了管道排水不畅的问题。

为了能够最大限度地发挥现有管道的排水能力，延长管道的使用寿命，对现有的排水管道进行定期和专门性的检测，是及时发现排水管道安全隐患的有效措施，是制定管网养护计划和修复计划的依据。

传统的排水管道结构状况和功能状况的检查方法所受制约因素多，检查效果差，成本高。闭路电视（CCTV）等仪器检测技术，无需人员下井，能准确地检测出管道结构状况和功能状况。目前，CCTV等内窥检测技术已不仅在旧管道状况普查中广泛使用，在新建排水管道移交验收检查中也得到了应用。

随着排水管道检测业务的增加，越来越多的企业进入了排水管道检测行业。不同企业的仪器设备和操作人员专业技能、管理制度差别较大。由于没有统一的检测规程和评估标准，对于同样的管道，检测结果和评估结论存在差别，这种状况不利于排水管道的修复和养护计划的制定。

为了发展和规范管道的内窥检测技术，规范行业的检测行为，保证检测质量，统一评估方法，保证检测成果的有效性，适应社会的发展需要，为管道修复和养护提供依据，保证城市排水管网安全运行，制定本规程。

1.0.2 本规程适用于公共排水管道的检测和评估，企事业单位、居住小区内部的排水管道可参照执行。

1.0.4 排水管道检测和评估是排水管道管理与维护的重要组成部分。检测和评估工作在实施的过程中，涉及施工、管理、检测、修复和养护，另外还涉及道路、交通、航运等相关行业。因此，排水管道的检测和评估除遵守本规程外，还应遵守国家及地方的相关标准。

2 术语和符号

2.1 术　　语

2.1.1 闭路电视系统是指通过闭路电视录像的形式，将摄像设备置于排水管道内，拍摄影像数据传输至计算机后，在终端电视屏幕上进行直观影像显示和影像记录存储的图像通信检测系统。检测系统一般包括摄像系统、灯光系统、爬行器、线缆卷盘、控制器、计算机及相关软件。

2.1.2 声纳检测是通过声纳设备以水为介质对管道内壁进行扫描，扫描结果经计算机处理得出管道内部的过水断面状况。声纳检测系统包括水下扫描单元（安装在漂浮、爬行器上）、声学处理单元、高分辨率彩色监视器和计算机。

2.1.3 管道潜望镜也叫电子潜望镜，它通过操纵杆将高放大倍数的摄像头放入检查井或隐蔽空间，能够清晰地显示管道裂纹、堵塞等内部状况。设备由探照灯、摄像头、控制器、伸缩杆、视频成像和存储单元组成。

2.1.4 排水管道检测主要是针对管道内部的检查，管道的缺陷位置定位描述是检测工作的成果体现，缺陷的环向位置定位描述是检测评估工作的重要内容之一，是管道修复和养护设计方案的重要依据。本条规定缺陷的环向位置采用时钟表示法。

2.1.6 当检测过程中发现疑点，此时摄像机的取景方向需偏离轴向观察管壁，即爬行器停止行进，定点拍摄的方式。

2.1.7 管道的结构性缺陷是指管体结构本身出现损伤，如变形、破裂、错口等。结构性缺陷需要通过修复才能消除。

2.1.8 管道的功能性缺陷是指影响排水管道过流能力的缺陷，如沉积、障碍物、树根等。功能性缺陷可以通过管道养护得到改善。

2.1.14 检查井又称窨井，是排水管道附属构筑物。为了与习惯称呼一致，本规程所指的检查井是排水管道上井类的附属构筑物，不仅指最常见的排水管道检查井，还包括排水管道上其他各种类型和用途的井。

3 基 本 规 定

3.0.1 鉴于检测与评估的技术含量较高，具有一定的风险性，本规程依据相关的法律法规，对从事检测的单位资质和人员资格进行规定，这既是规范行业秩序需要，也是保证检测成果质量的需要。

3.0.3 排水管道检查有多种方式，每种方式有一定的适用性。

电视检测主要适用于管道内水位较低状态下的检测，能够全面检查排水管道结构性和功能性状况。

声纳检测只能用于水下物体的检测，可以检测积泥、管内异物，对结构性缺陷检测有局限性，不宜作为缺陷准确判定和修复的依据。

管道潜望镜检测主要适用于设备安放在管道口位置进行的快速检测，对于较短的排水管可以得到较为清晰的影像资料，其优点是速度快、成本低，影像既可以现场观看、分析，也便于计算机储存。

传统方法检查中，人员进入管道内检测主要适用于管径大于800mm以上的管道。存在作业环境恶劣、劳动强度大、安全性差的缺点。

当需要时采用两种以上的方法可以互相取长补短。例如采用声纳检测和电视检测互相配合可以同时测得水面以上和水面以下的管道状况。

3.0.4 管道功能性状况检查的方法相对简单，加上管道积泥情况变化较快，所以功能性状况的普查周期较短；管道结构状况变化相对较慢，检查技术复杂、费用较高，故检查周期较长。本条规定参考了《城镇排水管渠与泵站维护技术规程》CJJ 68－2007 第3.3.4条。

3.0.8 本条所规定的现场踏勘内容是管道检测前现场调查的基本内容，是制定检测技术方案的基础资料。第3款所规定的内容，是管道内窥检测工作进行时对管网信息的核实和补充，是城市数字化管理必备的基础资料。

3.0.9 检测方案是检测任务实施的指导性文件，其中包括人员组成方案（负责人、检测人员、资料分析人员等）、技术方案（检测方法、封堵导流的措施、管道清洗方法、进度安排等）、安全方案（安全总体要求、现场危险因素分析、安全措施预案等）等。此外，根据任务量大小还有现场保护方案、后勤保障方案等等。对有些任务简单、时间短的管道检测可不制订复杂的方案。

3.0.10 在检测前根据检测方案对管道进行预处理是必需的一个程序，如封堵、吸污、清洗、抽水等。预处理的好坏对检测结果影响很大，甚至决定检测结果的准确性。

检测仪器和工具保持良好状态是确保检测工作顺利进行的必备条件。除了日常对检测仪器、工具的养护和定期检校以外，在现场检测前还要对仪器设备进行自检，确保其完好率达100%，以免影响检测作业的正常进行，从而保证检测成果的质量。

检测时，应在现场创造条件，使显示的图像清晰可见，为现场的初步判读提供条件。

检测结束后应清理和保养设备，施工后的现场应和施工前一样，不得在操作地点留下抛弃物。每天外出前和返回时，应核查物品，做到外出不遗忘回归不遗留。

3.0.11 管道缺陷所在环向位置用时钟表示的方法。前两位数字表示从几点（正点小时）位置开始，后两位表示到几点（正点小时）位置结束。如果缺陷处在某一点上就用00代替前两位，后两位数字表示缺陷点位，示例参见图1。

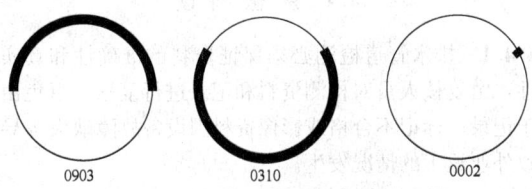

图1 缺陷环向位置时钟表示法示例

3.0.12 为了管道修复时在地面上对缺陷进行准确定位，误差不超过±0.5m，能够保证在1m的修复范围内找到缺陷。

3.0.13 检测时，缺陷纵向距离定位所用的计量单位应为米。对于进口仪器，原仪器的长度单位可能是英尺、码等，本条规定统一采用米为纵向距离的计量单位。电缆长度计数最低计量单位为0.1m的规定是保证缺陷定位精度的要求。

3.0.14 影像资料版头是指在每一管段采用电视检测或管道潜望镜检测等摄影之前，检测录像资料开始时，对被检测管段的文字标注。如果软件是中文显示，则无需录入代码。版头应录制在被检测管道影像资料的最前端，并与被检测管道的影像资料连续，保证被检测管道原始资料的真实性和可追溯性。

3.0.15 管道检测的影像记录应该连续、完整，不应有连接、剪辑的处理过程。在全部的影像记录画面上应始终含有本条所规定的同步镶嵌的文字内容，这是保证资料真实性的有效措施之一。如果不是中文操作系统，则应显示状态代码，例如检测结束时，应在画面上明显位置输入简写代码“JCJS”，检测中止时应在画面上明显位置输入简写代码“JCZZ”，并注明无法完成检测的原因。

3.0.17 为了保证管道检测成果的真实性和有效性，有条件的地方应该实行监督机制。监督方可以是业主，也可以是委托的第三方。

3.0.19 管道检测时，除了检测工作以外，现场还有大量准备性和辅助性的作业，例如堵截、吸污、清洗、抽水等。由于排水管道内部环境恶劣，气体成分复杂，常常存在有毒和易燃、易爆气体，稍有不慎或检测设备防爆性差，容易造成人员中毒或爆炸伤人事故；现场检测工作人员的数量不得少于2人，一是为了保证安全，二是为了工作方便，互相校核，保证资料的正确性和完整性。此条规定涉及人身安全和设施安全，是必须执行的强制性条款。

3.0.24 检测成果资料属于技术档案，是国家技术档案的重要组成部分。《建设工程文件归档整理规范》GB/T 50328、《城镇排水管渠与泵站维护技术规程》CJJ 68－2007和《城市地下管线探测技术规程》CJJ 61－2003等国家相关标准中对档案管理的技术要求都是排水管道检测资料归档管理的依据。

4 电视检测

4.1 一般规定

4.1.1 管道内水位是指管内底以上水面的高度。电视检测应具备的条件是管道内无水或者管道内水位很低。所以电视检测时，管道内的水位越低越好。但是水位降得越低，难度越大。经过大量的案例实践，将水位高规定为管道直径20%，能够解决90%以上的管道缺陷检查问题，相关费用也可以接受。

4.1.2 管道内水位太高，水面下部检测不到，检测效果大打折扣，检测前应对管道实施封堵和导流，使管内水位达到第4.1.1条规定的要求，主要是为了最大限度露出管道结构。管道检测前，封堵、吸污、清洗、导流等准备性和辅助性的作业都应该遵守《城镇排水管道维护安全技术规程》CJJ 6和《城镇排水管渠与泵站维护技术规程》CJJ 68的有关规定。

4.1.3 结构性检测是在管道内壁无污物遮盖的情况下拍摄管道内水面以上的内壁状况，疏通的目的是保证“爬行器”在管段全程内正常行走，无障碍物阻挡；清洗的目的是露出管道内壁结构，以便观察到结构缺陷。

4.1.4 管道在检测过程中可能遇到各种各样的问题，致使检测工作难以进行，如果强行进行则不能保证检测质量。因此，当碰到本条列举的现象（不局限于这几种现象）时，应中止检测，待排除故障后再继续进行。

4.2 检 测 设 备

4.2.2 根据目前检测市场的状况，存在检测设备不能满足检测质量的基本要求，并且设备存在一定的操作危险性。所以本条对CCTV检测设备规定了基本要求。

电缆的抗拉力要求是为防止CCTV检测设备进入管道内部后不能自动退回，要求电缆线具备最小的收缩拉力，根据实际的作业情况，规定最小的抗拉力为2kN，以保证CCTV检测设备在必要时手动收回。

4.2.4 缺陷距管口的距离是描述管道缺陷的基本参数，也是制定管道修复和养护计划的依据。因此管道检测设备的距离测量功能和精度是基本的要求。

4.3 检 测 方 法

4.3.1 爬行器的行进方向与水流方向一致，可以减少行进阻力，也可以消除爬行器前方的壅水现象，有利于检测进行，提高检测效果。

4.3.2 检测大管径时，镜头的可视范围大，行进速度可以大一些；但是速度过快可能导致检测人员无法及时发现管道缺陷，故规定管径不大于200mm时行进速度不宜超过0.1m/s，管径大于200mm时行进速度不宜超过0.15m/s。

4.3.3 我国的排水管道断面形状主要为圆形和矩形，蛋形管道国内少有，本条没有特别强调管道断面形状；圆形管道为“偏离应不大于管径的10%”，矩形管渠为“偏离应不大于短边的10%”。

4.3.4 由于视角误差，爬行器在管口存在位置差，补偿设置应按管径不同而异，视角不同时差别不同。如果某段管道检测因故中途停止，排除故障后接着检测，则距离应该与中止前检测距离一致，不应重新将计数器归零。

将载有镜头的爬行器摆放在检测起始位置后，在开始检测前，将计数器归零。对于大口径管道检测，应对镜头视角造成的检测起点与管道起始点的位置差做补偿设置。

摄像头从起始检查井进入管道，摄像头的中线与管道的轴线重合。计数器的距离设置为从管道在检查井的入口点到摄像头聚焦点的长度，这个距离随镜头的类型和排水管道的直径不同而异。

计数器归零的补偿设置方法示意参见图2。

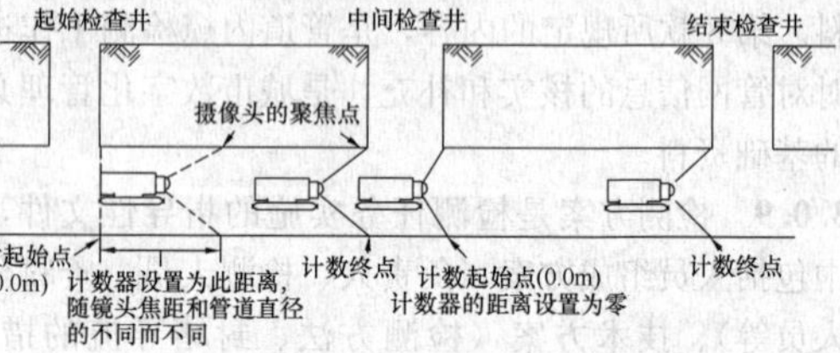

图2 计数器归零的补偿设置方法示意图

4.3.5 一段管道检测完毕后，计数器显示的距离数值可能与电缆上的标记长度有差异，为此应该进行修正，以减少距离误差。

4.3.6 在检测过程中，由于设备调整不当，会发生摄影的图像位置反向或变位，致使判读困难，故本条予以规定。

4.3.7 摄像镜头变焦时，图像则变得模糊不清。如果在爬行器行进过程中，使用镜头的变焦功能，则由于图像模糊，看不清缺陷情况，很可能将存在的缺陷遗漏而不能记录下来。所以当需要使用变焦功能协助操作员看清管道缺陷时，爬行器应保持在静止状态。镜头的焦距恢复到最短焦距位置是指需要爬行器继续行进时，应先将焦距恢复到正常状态。

4.3.9 本条规定检测的录像资料应连续完整，不能有画面暂停、间断记录、画面剪接的现象，防止发生资料置换、代用行为。

4.3.10 检测过程中发现缺陷时，爬行器应停止行进，停留10s以上拍摄图像，以确保图像的清晰和完整，为以后的判读和研究提供可靠资料。

4.3.11 现场检测工作应该填写记录表，这既是检测工作的需要，也是检测过程可追溯的依据之一。本规程规定了现场记录表的基本内容，以免由于记录的检测信息不完整或不合格而导致外业返工的情况发生。

4.4 影 像 判 读

4.4.1 排水管道检测必须保证资料的准确性和真实性，由复核人员对检测资料和记录进行复核，以免由于记录、标记不合格或影像资料因设备故障缺失等导致外业返工的情况发生。

4.4.2 管道缺陷根据图像进行观察确定，缺陷尺寸无法直接测量。因此对于管道缺陷尺寸的判定，主要是根据参照物的尺寸采用比照的方法确定。

4.4.3 无法确定的缺陷类型主要是指本规程第8章所列缺陷没有包括或在同一处具有2种以上管道缺陷特征且又难以定论时，应在评估报告中加以说明。

4.4.4 由于在评估报告中需附缺陷图片，采用现场抓取时可以即时进行调节，直至获得最佳的图片，保证检测结果的质量。

5 声纳检测

5.1 一般规定

5.1.1 水吸收声纳波的能力很差，利用水和其他物质对声波的吸收能力不同，主动声纳装置向水中发射声波，通过接收水下物体的反射回波发现目标。目标距离可通过发射脉冲和回波到达的时间差进行测算，经计算机处理后，形成管道的横断面图，可直观了解管道内壁及沉积的概况。声纳检测的必要条件是管道内应有足够的水深，300mm的水深是设备淹没在水下的最低要求。《城镇排水管渠与泵站维护技术规程》CJJ 68－2007第3.3.11条也规定，“采用声纳检测时，管内水深不宜小于300mm”。

5.2 检测设备

5.2.1 为了保证声纳设备的检测效果，检测时设备应保持正确的方位。“不易滚动或倾斜”是指探头的承载设备应具有足够的稳定性。

5.2.2 声纳系统包括水下探头、连接电缆和带显示器声纳处理器。探头可安装在爬行器、牵引车或漂浮筏上，使其在管道内移动，连续采集信号。每一个发射/接收周期采样250点，每一个360°旋转执行400个周期。探头的行进速度不宜超过0.1m/s。

用于管道检测的声纳解析能力强，检测系统的角解析度为0.9°（1密位），即该系统将一次检测的一个循环（圆周）分为400密位；而每密位又可分解成250个单位；因此，在125mm的管径上，解析度为0.5mm，而在直径达3m的上限也可测得12mm的解析度。

5.2.3 倾斜和滚动传感器校准在±45°范围内，如果超过这个范围所得读数将不可靠。在安装声纳设备时应严格按照要求，否则会造成被检测的管道图像颠倒。

5.3 检测方法

5.3.1 声纳检测是以水为介质，声波在不同的水质中传播速度不同，反射回来所显示的距离也不同。故在检测前，应从被检管道中取水样，根据测得的实际声波速度对系统进行校准。

5.3.2 探头的推进方向除了行进阻力有差别外，顺流行进与逆流行进相比，更易于使探头处于中间位置，故规定“宜与水流方向一致”。

5.3.3 探头扫描的起始位置应设置在管口，将计数器归零。如果管道检测中途停止后需继续检测，则距离应该与中止前检测距离一致，不应重新将计数器归零。

5.3.4 在距管段起始、终止检查井处应进行2m～3m长度的重复检测，其目的是消除扫描盲区。

5.3.5 声纳探头的位置处采用镂空的漂浮器避免声波受阻的做法目前在国内外被普遍采用并取得良好效果。

5.3.7 脉冲宽度是扫描感应头发射的信号宽度，可在百万分之一秒内完成测量，它从4μs到20μs范围内被分为五个等级。本条列出的是典型的脉冲宽度和测量范围。

5.3.9 普查是为了某种特定的目的而专门组织的一次性全面调查，工作量大，费用高。根据实践，声纳用于管道沉积状况的检查时，普查的采样点间隔距离定为5m，其他检查采样点的间距为2m，一般情况下可以完整地反映管段的沉积状况。当遇到污泥堵塞等异常情况时，则应加密采样。排水管道沉积状况纵断面图示例参见图3。

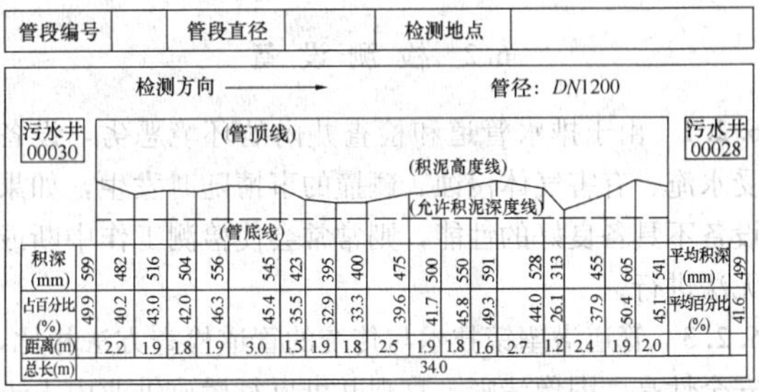

图3 排水管道沉积状况纵断面图示例

5.4 轮廓判读

5.4.1 声纳检测图形应现场捕捉，并进行数据保存，其目的是为了后续的内业进一步解读。规定的采样间隔应按本规程第5.3.9条设置，它是保证沉积纵断面图绘制质量的基本要求。

5.4.2 本条规定当绘制检测成果图时，图形表示的线性长度与实际物体线性长度的误差应小于3%。

5.4.4 用虚线表示的管径1/5高度线即管内淤积的允许深度线，又称及格线。

5.4.5 声纳检测除了能够提供专业的扫描图像对管道断面进行量化外，还能结合计算确定管道淤积程度、淤泥体积、淤积位置，计算清淤工程量。这种方法用于检测管道内部过水断面，从而了解管道功能性缺陷。声纳检测的优势在于可不断流进行检测，不足之处在于其仅能检测水面以下的管道状况，不能检测管道的裂缝等细节的结构性问题，故声纳轮廓图不应作为结构性缺陷的最终评判依据。

6 管道潜望镜检测

6.1 一般规定

6.1.2 管道潜望镜只能检测管内水面以上的情况，管内水位越深，可视的空间越小，能发现的问题也就越少。光照的距离一般能达到30m～40m，一侧有效的观察距离大约仅为20m～30m，通过两侧的检测便能对管道内部情况进行了解，所以规定管道长度不宜大于50m。

6.1.4 管道潜望镜检测是利用电子摄像高倍变焦的技术，加上高质量的聚光、散光灯配合进行管道内窥检测，其优点是携带方便，操作简单。由于设备的局限，这种检测主要用来观察管道是否存在严重的堵塞、错口、渗漏等问题。对细微的结构性问题，不能提供很好的成果。如果对管道封堵后采用这种检测方法，能迅速得知管道的主要结构问题。对于管道里面有疑点的、看不清楚的缺陷需要采用闭路电视在管道内部进行检测，管道潜望镜不能代替闭路电视解决管道检测的全部问题。

6.2 检测设备

6.2.1 由于排水管道和检查井内的环境恶劣，设备受水淹、有害气体侵蚀、碰撞的事情随时发生，如果设备不具备良好的性能，则常常会使检测工作中断或无法进行。

6.2.3 管道潜望镜技术与传统的管道检查方法相比，安全性高，图像清晰，直观并可反复播放供业内人士研究，及时了解管道内部状况。因此，对于管道潜望镜检测依然要求录制影像资料，并且能够在计算机上对该资料进行操作。

6.3 检测方法

6.3.1 镜头保持在竖向中心线是为了在变焦过程中能比较清晰地看清楚管道内的整个情况，镜头保持在水面以上是观察的必要条件。

6.3.2 管道潜望镜检测的方法：将镜头摆放在管口并对准被检测管道的延伸方向，镜头中心应保持在被检测管道圆周中心（水位低于管道直径1/3位置或无水时）或位于管道圆周中心的上部（水位不超过管道直径1/2位置时），调节镜头清晰度，根据管道的实际情况，对灯光亮度进行必要的调节，对管道内部的状况进行拍摄。

拍摄管道内部状况时通过拉伸镜头的焦距，连续、清晰地记录镜头能够捕捉的最大长度，如果变焦过快看不清楚管道状况，容易晃过缺陷，造成缺陷遗漏；当发现缺陷后，镜头对准缺陷调节焦距直至清晰显示时保持静止10s以上，给准确判读留有充分的资料。

6.3.3 拍摄检查井内壁时，由于镜头距井壁的距离短，镜头移动速度对观察的效果影响很大，故应保持缓慢、连续、均匀地移动镜头，才能得到井内的清晰图像。

7 传统方法检查

7.1 一般规定

7.1.1 排水管道检测已有很长的历史，传统的管道检查方法有很多，这些方法适用范围窄，局限性大，很难适应管道内水位很高的情况，几种传统检查方法的特点见表1。

表1 排水管道传统检查方法及特点

检查方法	适用范围和局限性
人员进入管道检查	管径较大、管内无水、通风良好，优点是直观，且能精确测量；但检测条件较苛刻，安全性差
潜水员进入管道检查	管径较大，管内有水，且要求低流速，优点是直观；但无影像资料、准确性差
量泥杆（斗）法	检测井和管道口处淤积情况，优点是直观速度快；但无法测量管道内部情况，无法检测管道结构损坏情况
反光镜法	管内无水，仅能检查管道顺直和垃圾堆集情况，优点是直观、快速、安全；但无法检测管道结构损坏情况，有垃圾堆集或障碍物时，则视线受阻

传统的排水管道养护检查的主要方法为打开井盖，用量泥杆（或量泥斗）等简易工具检查排水管道检查口处的积泥深度，以此判定整个管道的积泥情况。该方法不能检测管道内部的结构和功能性状况，如管道内部结垢、障碍物、破裂等。显然，传统方法已不能满足排水管道内部状况的检查。

新的管道检测技术与传统的管道检查技术相比，主要有安全性高、图像清晰、直观并可反复播放供业内人士研究的特点，为管道修复方案的科学决策提供了有力的帮助。但电视检测技术对环境要求很高，特别是在作管道结构完好性检查时，必须是在低水位条件下，且要求在检测前需对管道进行清洗，这需要相应的配合工作。

本条规定结构性检查“宜”采用电视检测方法，主要是考虑人员进入管内检查的安全性差和工作条件恶劣等情况，有条件时尽量不采用人员进入管内检查。当采用人员进入管道内检查时，则检查所测的数据和拍摄的照片同样是结构性检查的可靠成果。

7.1.2 由于维护作业人员躬身高度一般在 1m 左右，直径 800mm 是人员能够在管道内躬身行走的最小尺寸，且作业人员长时间在小于 800mm 的管道中躬身，行动不便、呼吸不畅、操作困难；流速大于 0.5m/s 时，作业人员无法站稳，行走困难，作业难度和危险性随之增加，作业人员的人身安全没有保障。本条引用《城镇排水管渠与泵站维护技术规程》CJJ 68—2007 第 3.3.8 条。

7.1.3 人工进入管内检查时，主要是凭眼睛观察并对管道缺陷进行描述，但是对裂缝宽度等缺陷尺寸的确定，应直接量测，定量化描述。

7.1.4 有些传统检查方法仅能得到粗略的结果，例如观察同一管段两端检查井内的水位，可以确定管道是否堵塞；观察检查井内的水质成分变化，如上游检查井中为正常的雨污水，下游检查井内如流出的是黄泥浆水，说明管道中间有断裂或塌陷，但是断裂和塌陷的具体状况仅通过这种观察法不能确定，需另外采用仪器设备（如闭路电视、管道潜望镜等）进行确认检查。

7.1.5 过河管道在水面以下，受到水的浮力作用。由于过河管道上部的覆盖层厚度经过河水的冲刷可能变化较大，覆盖层厚度不足，一旦管道被抽空后，管顶覆土的下压力不足以抵抗浮力时，管道将会上浮，造成事故。因此，水下管道需要抽空进行检测时，首先应对现场的管道埋设情况进行调查，抗浮验算满足要求后才能进行抽空作业。

7.1.7 检查人员进入管内检查，应该拴有距离刻度的安全绳，一方面是在发生意外的情况下，帮助检查人员撤离管道，保障检查人员的安全；另一方面是检查人员发现管道缺陷向地面记录人员报告情况时，地面人员确定缺陷的距离。此条规定涉及人身安全，是必须执行的强制性条款。

7.2 目视检查

7.2.1 地面巡视可以观察沿线路面是否有凹陷或裂缝及检查井地面以上的外观情况。第 1 款中“检查井和雨水口周围的异味”是指是否存在有毒和可燃性气体。

7.2.2 人员进入管道内观察检查时，要求采用摄影或摄像的方式记录缺陷状况。距离标示（包括垂直标线、距离数字）与标示牌相结合，所拍摄的影像资料才具有可追溯性的价值，才能对缺陷反复研究、判读，为制定修复方案提供真实可靠的依据。文字说明应按照现场检测记录表的内容详细记录缺陷位置、属性、代码、等级和数量。

7.2.3 隔离式防毒面具是一种使呼吸器官可以完全与外界空气隔绝，面具内的储氧瓶或产氧装置产生的氧气供人呼吸的个人防护器材。这种供氧面具可以提供充足的氧气，通过面罩保持了人体呼吸器官及眼面部与环境危险空气之间较好的隔绝效果，具备较高的防护系数，多用于环境空气中污染物毒性强、浓度高、性质不明或氧含量不足等高危险性场所和受作业环境限制而不易达到充分通风换气的场所以及特殊危险场所作业或救援作业。当使用供压缩空气的隔离式防护装具时，应由专人负责检查压力表，并做好记录。

氧气呼吸器也称储氧式防毒面具，以压缩气体钢瓶为气源，钢瓶中盛装压缩氧气。根据呼出气体是否排放到外界，可分为开路式和闭路式氧气呼吸器两大类。前者呼出气体直接经呼气活门排放到外界，由于使用氧气呼吸装具时呼出的气体中氧气含量较高，造成排水管道内的氧含量增加，当管道内存在易燃易爆气体时，氧含量的增加导致发生燃烧和爆炸的可能性加大。基于以上因素，《城镇排水管道维护安全技术规程》CJJ 6－2009 第 6.0.1 条规定“井下作业时，应使用隔离式防护面具，不应使用过滤式防毒面具和半隔离式防护面具以及氧气呼吸设备”。

在管道检查过程中，地面人员应密切注意井下情况，不得擅自离开，随时使用有线或无线通信设备进行联系。当管道内人员发生不测时，及时救助，确保管内人员的安全。

7.2.4 下井作业工作环境恶劣，工作面狭窄，通气性差，作业难度大，工作时间长，危险性高，有的存有一定浓度的有毒有害气体，作业稍有不慎或疏忽大意，极易造成操作人员中毒的死亡事故。因此，井下作业如需时间较长，应轮流下井，如井下作业人员有头晕、腿软、憋气、恶心等不适感，必须立即上井休息。本条规定管内检查人员的连续工作时间不超过 1h，既是保障检查人员身心健康和安全的需要，也是保障检测工作质量的需要。如果遇到难以穿越的障碍时强行通过，发生险情时则难以及时撤出和施救，对检查人员没有安全保障。此条规定涉及人身安全，是必须执行的强制性条款。

7.2.5 管内检查要求 2 人一组同时进行，主要是控制灯光、测量距离、画标示线、举标示牌和拍照需要互相配合，另外对于不安全因素能够及时发现，互相提醒；地面配备的人员应由联系观察人员、记录人员和安全监护人员组成。

7.2.6 基坑工程特别是深基坑工程，坑壁变形、坑壁裂缝、坑壁坍塌的事情时有发生，如果管道敷设在该影响区域内或毗邻水体，存在安全隐患，在未进行管道安全性鉴定的情况下，检查人员不得进入管内作业。此条是强制性条款。

7.3 简易工具检查

7.3.2 用人力将竹片、钢条等工具推入管道内，顶推淤积阻塞部位或扰动沉积淤泥，既可以检查管道阻塞情况，又可达到疏通的目的。竹片至今还是我国疏通小型管道的主要工具。竹片（玻璃钢竹片）检查或疏通适用于管径为 200mm～800mm 且管顶距地面不超过 2m 的管道。

7.3.3 通过反光镜把日光折射到管道内，观察管道的堵塞、错口等情况。采用反光镜检查时，打开两端井盖，保持管内足够的自然光照度，宜在晴朗的天气时进行。反光镜检查适用于直管，较长管段则不适合使用。镜检用于判断管道是否需要清洗和清洗后的评价，能发现管道的错口、径流受阻和塌陷等情况。

7.3.4 量泥斗在上海应用大约始于 20 世纪 50 年代，适用于检查稀薄的污泥。量泥斗主要由操作手柄、小漏斗组成；漏斗滤水小口的孔径大约 3mm，过小来不及漏水，过大会使污泥流失；漏斗上口离管底的高度依次为 5、7.5、10、12.5、15、17.5、20、22.5、25cm，参见图 4。量泥斗按照使用部位可分为直杆形和 Z 字形两种，前者用于检查井积泥检测，后者用于管内积泥检测；Z 字形量泥斗的圆钢被弯折成 Z 字形，其水平段伸入管内的长度约为 50cm；使用时漏斗上口应保持水平，参见图 5。

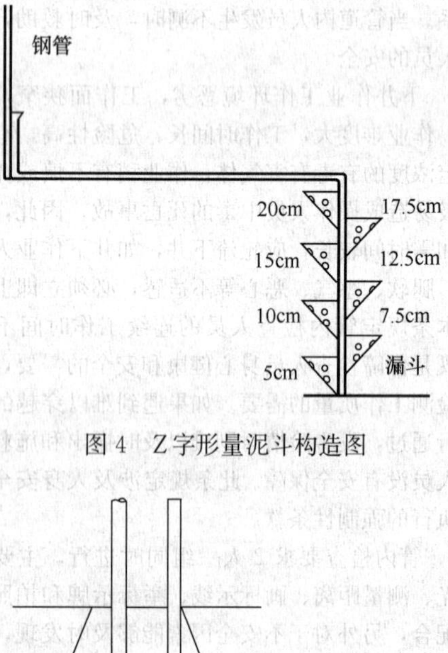

图 4　Z 字形量泥斗构造图

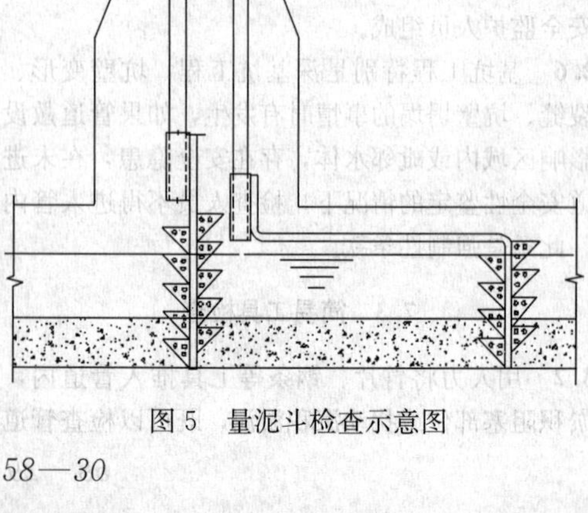

图 5　量泥斗检查示意图

7.3.5 激光笔是利用激光穿透性强的特点，在一端检查井内沿管道射出光线，另一端检查井内能否接收到激光点，可以检查管道内部的通透性情况。该工具可定性检查管道严重沉积、塌陷、错口等堵塞性的缺陷。

7.4 潜水检查

7.4.1 引自《城镇排水管渠与泵站维护技术规程》CJJ 68－2007 第 3.3.12 条。

7.4.2 大管径排水管道由于封堵、导流困难，检测前的预处理工作难度大，特别是满水时为了急于了解管道是否出现问题，有时采用潜水员触摸的方式进行检测。潜水检查一般是潜水员沿着管壁逐步向管道深处摸去，检查管道是否出现裂缝、脱节、异物等状况，待返回地面后凭借回忆报告自己检查的结果，主观判断占有很大的因素，具有一定的盲目性，不但费用高，而且无法对管道内的状况进行正确、系统的评估。故本条规定，当发现缺陷后应采用电视检测方法进行确认。

7.4.3 每次潜水作业前，潜水员必须明确了解自己的潜水深度、工作内容及作业部位。在潜水作业前，须对潜水员进行体格检查，并仔细询问饮食、睡眠、情绪、体力等情况。

潜水员在潜水前必须扣好安全信号绳，并向信绳员讲清操作方法和注意事项。潜水员发现情况时，应及时通过安全信号绳或用对讲机向地面人员报告，并由地面记录员当场记录。

当采用空气饱和模式潜水时，潜水员宜穿着轻装式潜水服，潜水员呼吸应由地面储气装置通过脐带管供给，气压表在潜水员下井前应进行调校。在潜水员下潜作业中，应由专人观察气压表。

当采用自携式呼吸器进行空气饱和潜水时，潜水员本人在下水前应佩带后仔细检查呼吸设备。

潜水员发现问题及时向地面报告并当场记录，目的是避免回到地面凭记忆讲述时会忘记许多细节，也便于地面指挥人员及时向潜水员询问情况。

7.4.4 本条所列的几种情况将影响到潜水员的生命安全，故规定出现这些情况时应中止检测，回到地面。

8 管道评估

8.1 一般规定

8.1.1 管道评估应根据检测资料进行。本条所述的检测资料包括现场记录表、影像资料等。

8.1.2 由于管道评估是根据检测资料对缺陷进行判读打分，填写相应的表格，计算相关的参数，工作繁琐。为了提高效率，提倡采用计算机软件进行管道的评估工作。

8.1.4 当缺陷是连续性缺陷（纵向破裂、变形、纵向腐蚀、起伏、纵向渗漏、沉积、结垢）且长度大于1m时，按实际长度计算；当缺陷是局部性缺陷（环向破裂、环向腐蚀、错口、脱节、接口材料脱落、支管暗接、异物穿入、环向渗漏、障碍物、残墙、坝根、树根）且纵向长度不大于1m时，长度按1m计算。当在1m长度内存在两个及以上的缺陷时，该1m长度内各缺陷分值叠加，如果叠加值大于10分，按10分计算，叠加后该1m长度的缺陷按一个缺陷计算（相当于一个综合性缺陷）。

8.2 检测项目名称、代码及等级

8.2.1 本规程的代码根据缺陷、结构或附属设施名称的两个关键字的汉语拼音字头组合表示，已规定的代码在本规程中列出。由于我国地域辽阔，情况复杂，当出现本规程未包括的项目时，代码的确定原则应符合本条的规定。代码主要用于国外进口仪器的操作软件不是中文显示时使用，如软件是中文显示时则可不采用代码。

8.2.2 本规程规定的缺陷等级主要分为4级，根据缺陷的危害程度给予不同的分值和相应的等级。分值和等级的确定原则是：具有相同严重程度的缺陷具有相同的等级。

8.2.3 结构性缺陷中，管道腐蚀的缺陷等级数量定为3个等级，接口材料脱落的缺陷等级数量定为2个等级。当腐蚀已经形成了空洞，钢筋变形，这种程度已经达到4级破裂，即将坍塌，此时该缺陷在判读上和4级破裂难以区分，故将第4级腐蚀缺陷纳入第4级破裂，不再设第4级腐蚀缺陷。接口材料脱落的缺陷，细微差别在实际工作中不易区别，胶圈接口材料的脱落在管内占的面积比例不高，为了方便判读，仅区分水面以上和水面以下胶圈脱落两种情况，分为两个等级，结构性缺陷说明见表2。

表2 结构性缺陷说明

缺陷名称	代码	缺陷说明	等级数量
破裂	PL	管道的外部压力超过自身的承受力致使管材发生破裂。其形式有纵向、环向和复合三种	4
变形	BX	管道受外力挤压造成形状变异，管道的原样被改变（只适用于柔性管）。 变形率=(管内径－变形后最小内径)÷管内径×100% 《给水排水管道工程施工及验收规范》GB 50268—2008第4.5.12条第2款“钢管或球墨铸铁管道的变形率超过3%时，化学建材管道的变形率超过5%时，应挖出管道，并会同设计单位研究处理”。这是新建管道变形控制的规定。对于已经运行的管道，如按照这个规定则很难实施，且费用也难以保证。为此，本规程规定的变形率不适用于新建管道的接管验收，只适用于运行管道的检测评估	4
腐蚀	FS	管道内壁受侵蚀而流失或剥落，出现麻面或露出钢筋。管道内壁受到有害物质的腐蚀或管道内壁受到磨损。管道水面上部的腐蚀主要来自于排水管道中的硫化氢气体所造成的腐蚀。管道底部的腐蚀主要是由于腐蚀性液体和冲刷的复合性的影响造成	3
错口	CK	同一接口的两个管口产生横向偏离，未处于管道的正确位置。两根管道的套口接头偏离，邻近的管道看似“半月形”	4
起伏	QF	接口位下沉，使管道坡度发生明显的变化，形成洼水。造成弯曲起伏的原因既包括管道不均匀沉降引起，也包含施工不当造成的。管道因沉降等因素形成洼水（积水）现象，按实际水深占管道内径的百分比记入检测记录表	3
脱节	TJ	两根管道的端部未充分接合或接口脱离。由于沉降，两根管道的套口接头未充分推进或接口脱离。邻近的管道看似“全月形”	4
接口材料脱落	TL	橡胶圈、沥青、水泥等类似的接口材料进入管道。进入管道底部的橡胶圈会影响管道的过流能力	2
支管暗接	AJ	支管未通过检查井而直接侧向接入主管	3
异物穿入	CR	非管道附属设施的物体穿透管壁进入管内。侵入的异物包括回填土中的块石等压破管道、其他结构物穿过管道、其他管线穿越管道等现象。与支管暗接不同，支管暗接是指排水支管未经检查井接入排水主管	3
渗漏	SL	管道外的水流入管道或管道内的水漏出管道。由于管内水漏出管道的现象在管道内窥检测中不易发现，故渗漏主要指来源于地下的（按照不同的季节）或来自于邻近漏水管的水从管壁、接口及检查井壁流入	4

8.2.4 功能性缺陷的有关说明见表3。管道结构性缺陷等级划分及样图见表4，管道功能性缺陷等级划分及样图见表5。

表3 功能性缺陷说明

缺陷名称	代码	缺陷说明	等级数量
沉积	CJ	杂质在管道底部沉淀淤积。水中的有机或无机物，在管道底部沉积，形成了减少管道横截面面积的沉积物。沉积物包括泥沙、碎砖石、固结的水泥砂浆等	4
结垢	JG	管道内壁上的附着物。水中的污物，附着在管道内壁上，形成了减少管道横截面面积的附着堆积物	4
障碍物	ZW	管道内影响过流的阻挡物，包括管道内坚硬的杂物，如石头、柴板、树枝、遗弃的工具、破损管道的碎片等。障碍物是外部物体进入管道内，单体具有明显的、占据一定空间尺寸的特点。结构性缺陷中的异物穿入，是指外部物体穿透管壁进入管内，管道结构遭受破坏，异物位于结构破坏处。支管暗接指另一根排水管道没有按照规范要求从检查井接入排水管道，而是将排水管道打洞接入。沉积是指细颗粒物质在管道中逐渐沉淀累积而成，具有一定的面积。结垢也是细颗粒污物附着在管壁上，在侧壁和底部均可存在	4
残墙、坝根	CQ	管道闭水试验时砌筑的临时砖墙封堵，试验后未拆除或拆除不彻底的遗留物	4
树根	SG	单个树根或树根群自然生长进入管道。树根进入管道必然伴随着管道结构的破坏，进入管道后又影响管道的过流能力。对过流能力的影响按照功能性缺陷计算，对管道结构的破坏按照结构性缺陷计算	4
浮渣	FZ	管道内水面上的漂浮物。该缺陷须记入检测记录表，不参与计算	3

表4 管道结构性缺陷等级划分及样图

缺陷名称：破裂	缺陷代码：PL		缺陷类型：结构性
定义：管道的外部压力超过自身的承受力致使管子发生破裂，其形式有纵向、环向和复合三种			
等级	缺陷描述	分值	样图
1	裂痕：当下列一个或多个情况存在时： 1）在管壁上可见细裂痕； 2）在管壁上由细裂缝处冒出少量沉积物； 3）轻度剥落	0.5	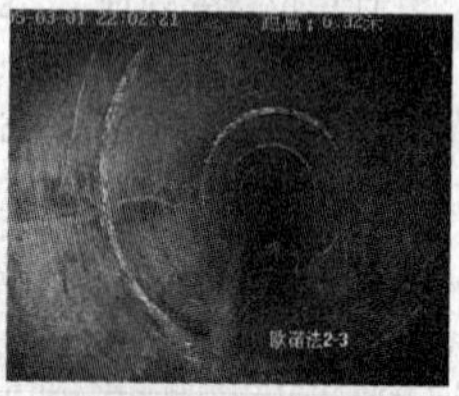
2	裂口：破裂处已形成明显间隙，但管道的形状未受影响且破裂无脱落	2	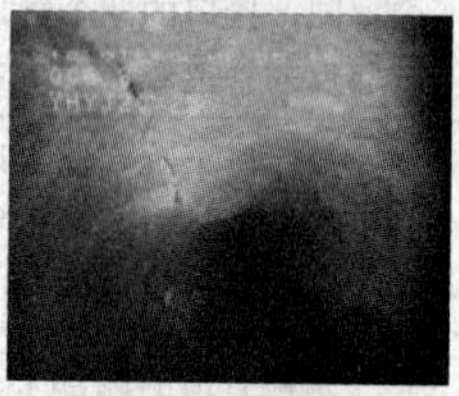
3	破碎：管壁破裂或脱落处所剩碎片的环向覆盖范围不大于弧长60°	5	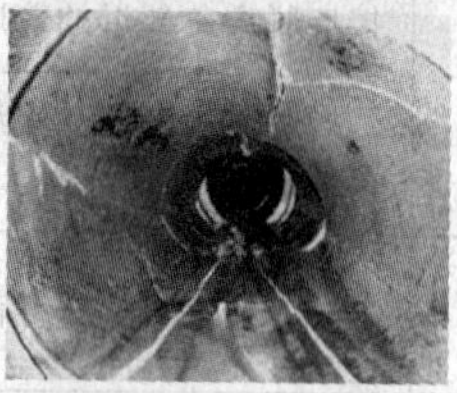
4	坍塌：当下列一个或多个情况存在时： 1）管道材料裂痕、裂口或破碎处边缘环向覆盖范围大于弧长60°； 2）管壁材料发生脱落的环向范围大于弧长60°	10	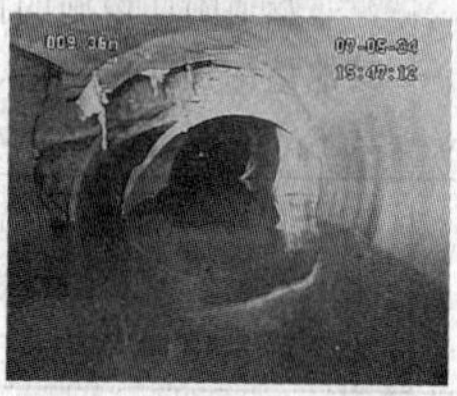

续表 4

缺陷名称：变形		缺陷代码：BX	缺陷类型：结构性
定义：管道受外力挤压造成形状变异			
等级	缺陷描述	分值	样图
1	变形不大于管道直径的 5%	1	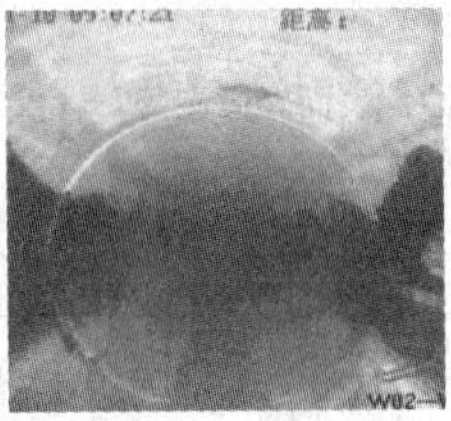
2	变形为管道直径的 5%～15%	2	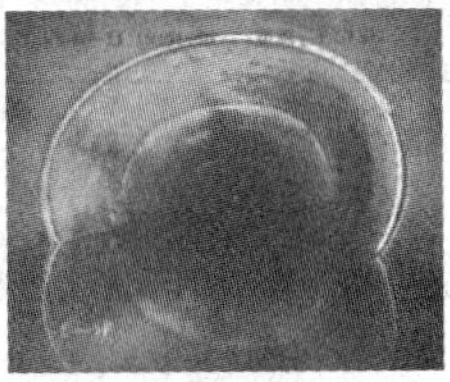
3	变形为管道直径的 15%～25%	5	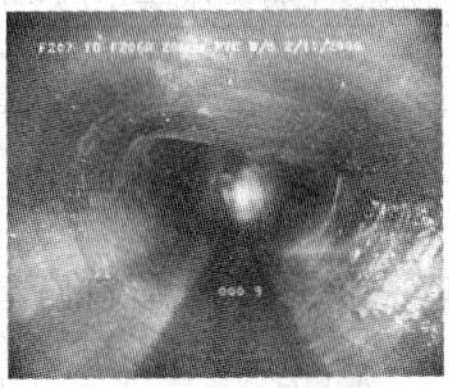
4	变形大于管道直径的 25%	10	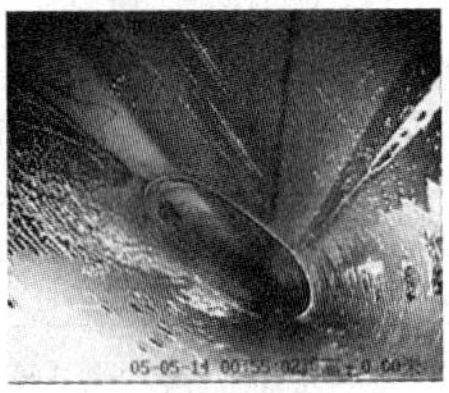
备注	1. 此类型的缺陷只适用于柔性管； 2. 变形的百分率确认需以实际测量为基础； 3. 变形率＝(管内径－变形后最小内径)÷管内径×100%		

续表 4

缺陷名称：腐蚀		缺陷代码：FS	缺陷类型：结构性
定义：管道内壁受侵蚀而流失或剥落，出现麻面或露出钢筋			
等级	缺陷描述	分值	样图
1	轻度腐蚀：表面轻微剥落，管壁出现凹凸面	0.5	
2	中度腐蚀：表面剥落显露粗骨料或钢筋	2	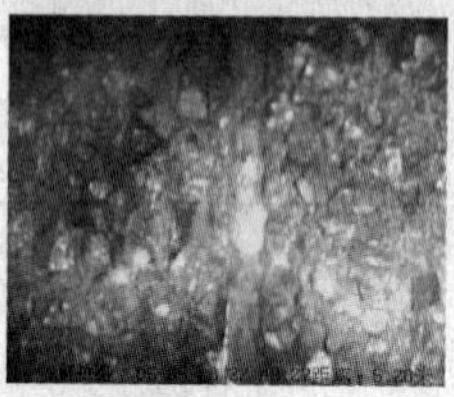
3	重度腐蚀：粗骨料或钢筋完全显露	5	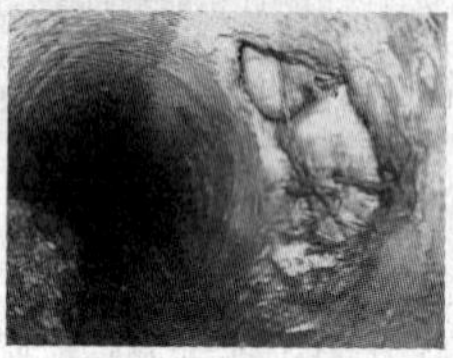

缺陷名称：错口		缺陷代码：CK	缺陷类型：结构性
定义：同一接口的两个管口产生横向偏差，未处于管道的正确位置			
等级	缺陷描述	分值	样图
1	轻度错口：相接的两个管口偏差不大于管壁厚度的 1/2	0.5	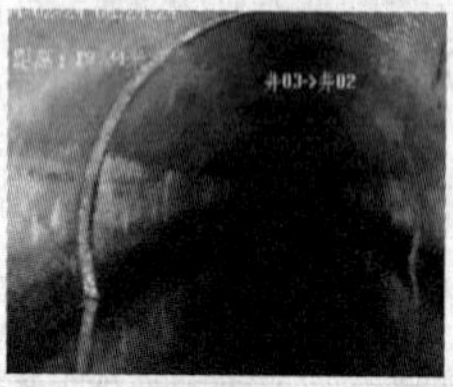
2	中度错口：相接的两个管口偏差为管壁厚度的 1/2～1 之间	2	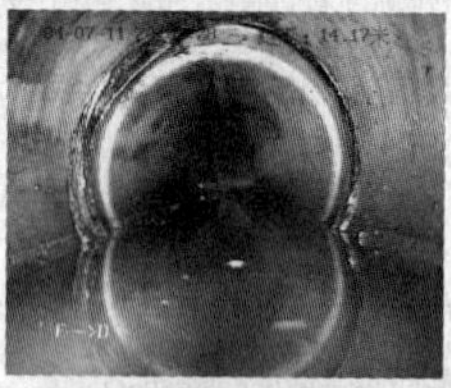
3	重度错口：相接的两个管口偏差为管壁厚度的 1～2 倍之间	5	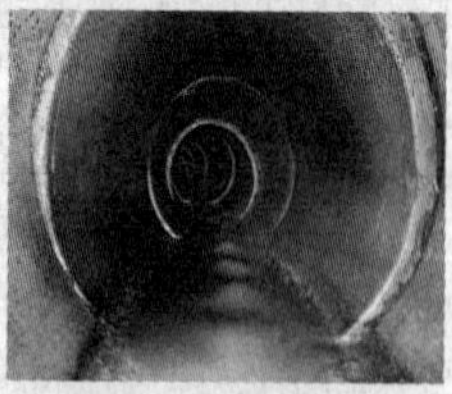
4	严重错口：相接的两个管口偏差为管壁厚度的 2 倍以上	10	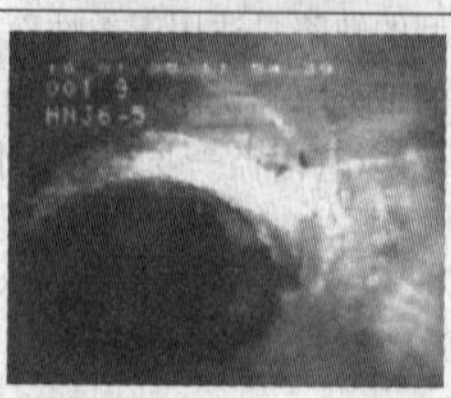

续表 4

缺陷名称：起伏	缺陷代码：QF		缺陷类型：结构性
定义：接口位置偏移，管道竖向位置发生变化，在低处形成洼水			
等级	缺陷描述	分值	样图
1	起伏高/管径≤20%	0.5	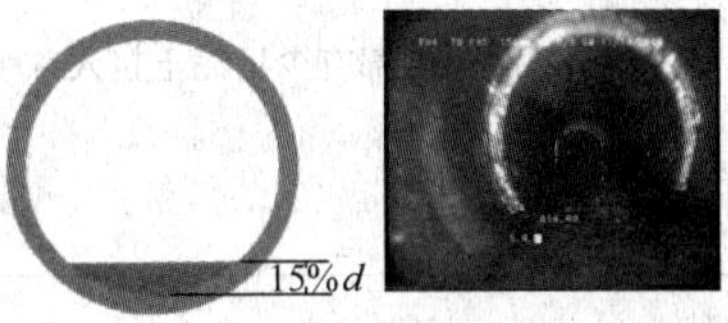
2	20%<起伏高/管径≤35%	2	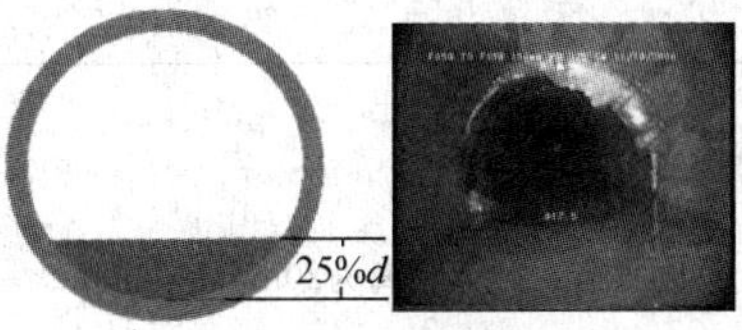
3	35%<起伏高/管径≤50%	5	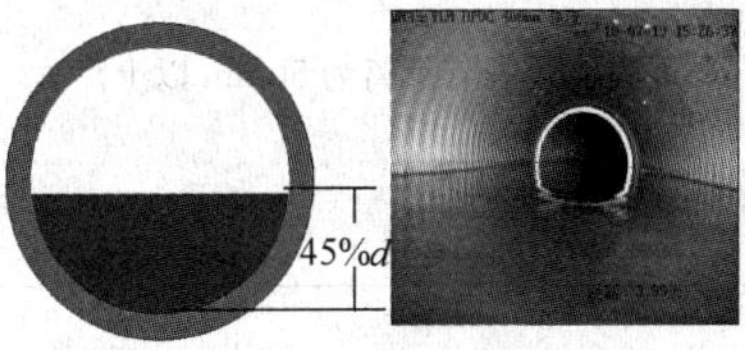
4	起伏高/管径>50%	10	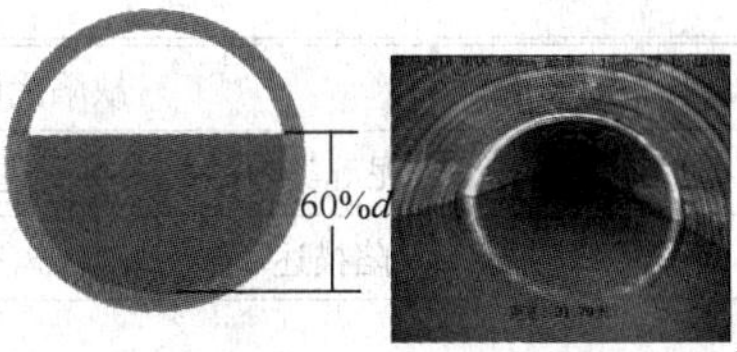
备注	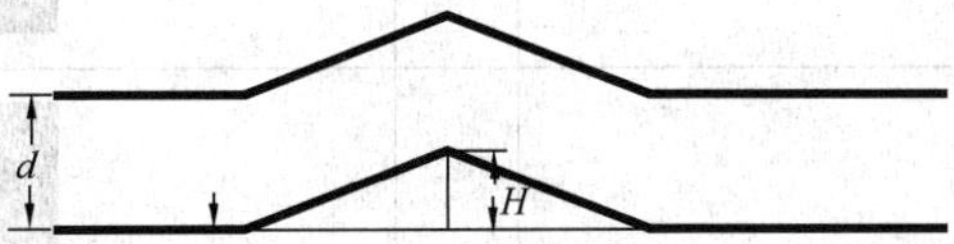 H 为起伏高，即管道偏离设计高度位置的大小		

续表 4

缺陷名称：脱节	缺陷代码：TJ		缺陷类型：结构性
定义：两根管道的端部未充分接合或接口脱离			
等级	缺陷描述	分值	样图
1	轻度脱节：管道端部有少量泥土挤入	1	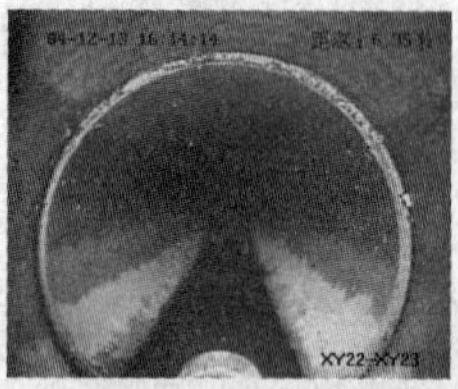
2	中度脱节：脱节距离不大于 20mm	3	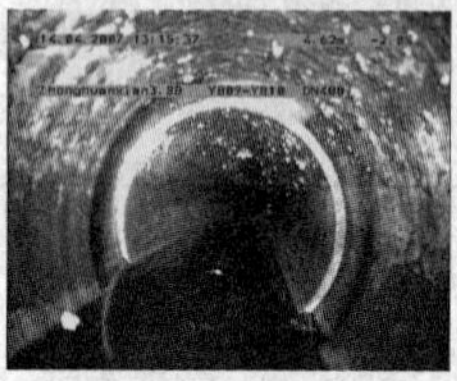
3	重度脱节：脱节距离为20mm～50mm	5	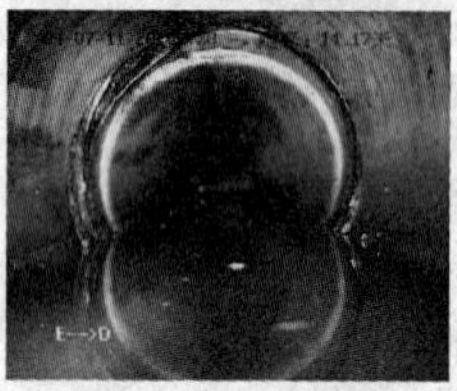
4	严重脱节：脱节距离为 50mm 以上	10	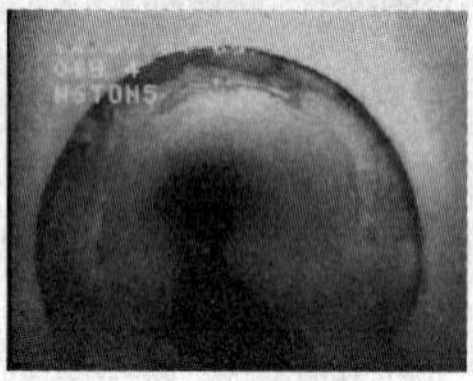
备注	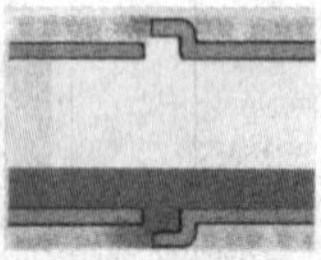 管道脱节示意图		

缺陷名称：接口材料脱落	缺陷代码：TL		缺陷类型：结构性
定义：橡胶圈、沥青、水泥等类似的接口材料进入管道			
等级	缺陷描述	分值	样图
1	接口材料在管道内水平方向中心线上部可见	1	
2	接口材料在管道内水平方向中心线下部可见	3	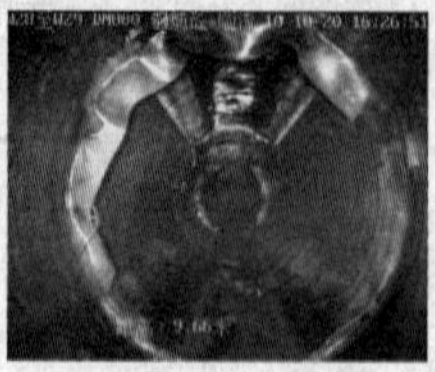

续表 4

缺陷名称：支管暗接		缺陷代码：AJ	缺陷类型：结构性
定义：支管未通过检查井直接侧向接入主管			
等级	缺陷描述	分值	样图
1	支管进入主管内的长度不大于主管直径 10%	0.5	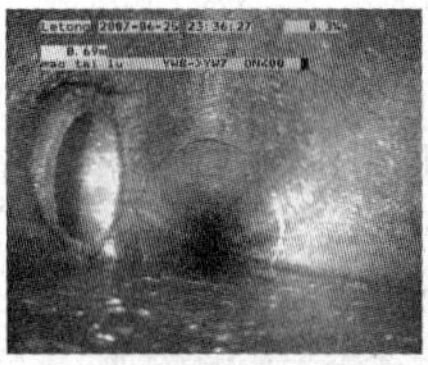
2	支管进入主管内的长度在主管直径 10%～20%之间	2	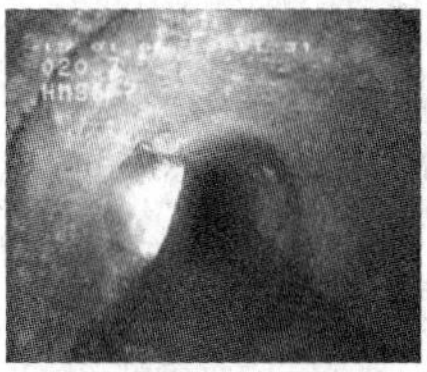
3	支管进入主管内的长度大于主管直径 20%	5	

缺陷名称：异物穿入		缺陷代码：CR	缺陷类型：结构性
定义：非管道系统附属设施的物体穿透管壁进入管内			
等级	缺陷描述	分值	样图
1	异物在管道内且占用过水断面面积不大于 10%	0.5	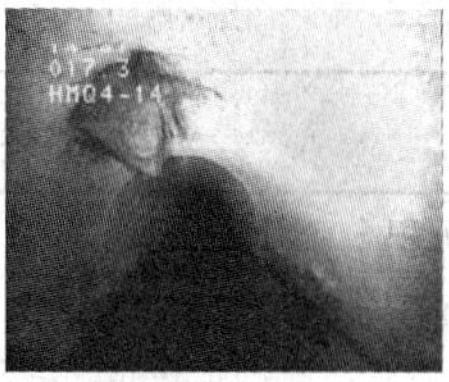
2	异物在管道内且占用过水断面面积为 10%～30%	2	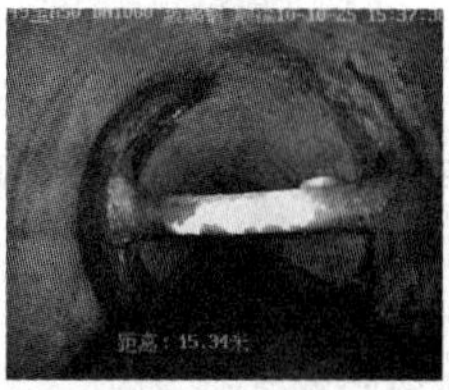
3	异物在管道内且占用过水断面面积大于 30%	5	

续表 4

缺陷名称：渗漏		缺陷代码：SL	缺陷类型：结构性
定义：管道外的水流入管道			
等级	缺陷描述	分值	样图
1	滴漏：水持续从缺陷点滴出，沿管壁流动	0.5	
2	线漏：水持续从缺陷点流出，并脱离管壁流动	2	
3	涌漏：水从缺陷点涌出，涌漏水面的面积不大于管道断面的 1/3	5	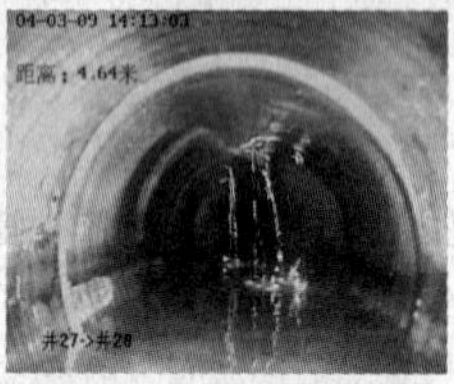
4	喷漏：水从缺陷点大量涌出或喷出，涌漏水面的面积大于管道断面的 1/3	10	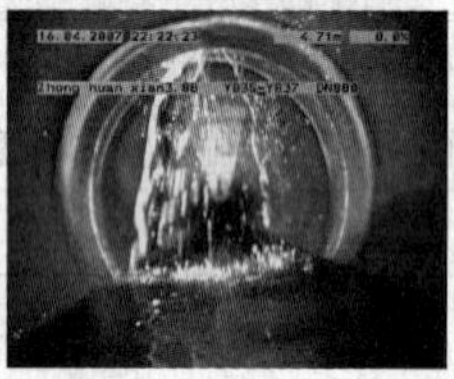

表 5 管道功能性缺陷等级划分及样图

缺陷名称：沉积		缺陷代码：CJ	缺陷类型：功能性
定义：杂质在管道底部沉淀淤积			
等级	缺陷描述	分值	样图
1	沉积物厚度为管径的 20%～30%	0.5	
2	沉积物厚度为管径的 30%～40%	2	

续表 5

<table>
<tr><td colspan="2">缺陷名称：沉积</td><td colspan="2">缺陷代码：CJ</td><td>缺陷类型：功能性</td></tr>
<tr><td colspan="5">定义：杂质在管道底部沉淀淤积</td></tr>
<tr><td>等级</td><td colspan="2">缺陷描述</td><td>分值</td><td>样图</td></tr>
<tr><td>3</td><td colspan="2">沉积物厚度为管径的 40%～50%</td><td>5</td><td></td></tr>
<tr><td>4</td><td colspan="2">沉积物厚度大于管径的 50%</td><td>10</td><td>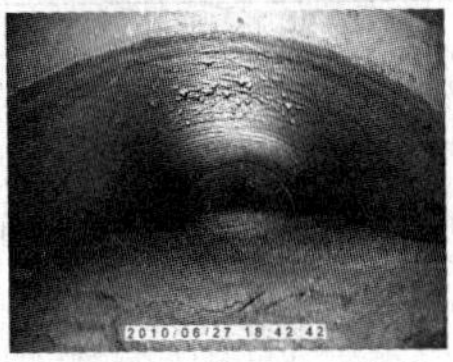</td></tr>
<tr><td>备注</td><td colspan="4">1. 用时钟表示法指明沉积的范围；
2. 应注明软质或硬质；
3. 声纳图像应量取沉积最大值</td></tr>
<tr><td colspan="2">缺陷名称：结垢</td><td colspan="2">缺陷代码：JG</td><td>缺陷类型：功能性</td></tr>
<tr><td colspan="5">定义：管道内壁上的附着物</td></tr>
<tr><td>等级</td><td colspan="2">缺陷描述</td><td>分值</td><td>样图</td></tr>
<tr><td>1</td><td colspan="2">硬质结垢造成的过水断面损失不大于 15%；
软质结垢造成的过水断面损失在 15%～25%之间</td><td>0.5</td><td>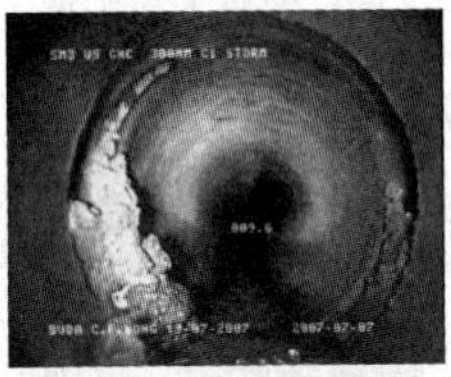</td></tr>
<tr><td>2</td><td colspan="2">硬质结垢造成的过水断面损失在 15%～25%之间；
软质结垢造成的过水断面损失在 25%～50%之间</td><td>2</td><td>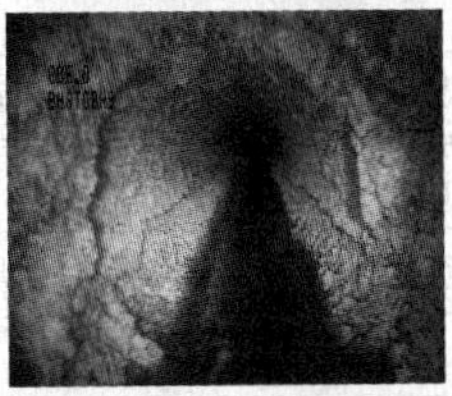</td></tr>
<tr><td>3</td><td colspan="2">硬质结垢造成的过水断面损失在 25%～50%之间；
软质结垢造成的过水断面损失在 50%～80%之间</td><td>5</td><td>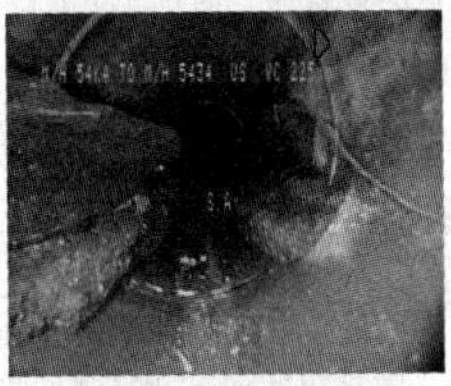</td></tr>
<tr><td>4</td><td colspan="2">硬质结垢造成的过水断面损失大于 50%；
软质结垢造成的过水断面损失大于 80%</td><td>10</td><td></td></tr>
<tr><td>备注</td><td colspan="4">1. 用时钟表示法指明结垢的范围；
2. 应计算并注明过水断面损失的百分比；
3. 应注明软质或硬质</td></tr>
</table>

续表 5

缺陷名称：障碍物		缺陷代码：ZW	缺陷类型：功能性
定义：管道内影响过流的阻挡物			
等级	缺陷描述	分值	样图
1	过水断面损失不大于 15%	0.1	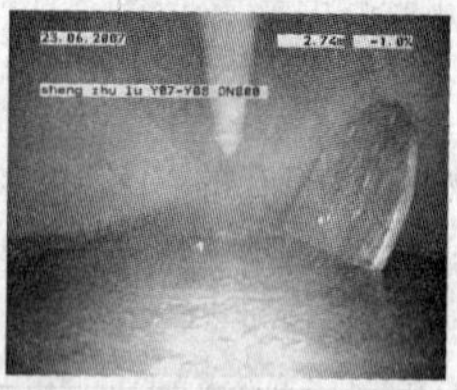
2	过水断面损失在 15%～25%之间	2	
3	过水断面损失在 25%～50%之间	5	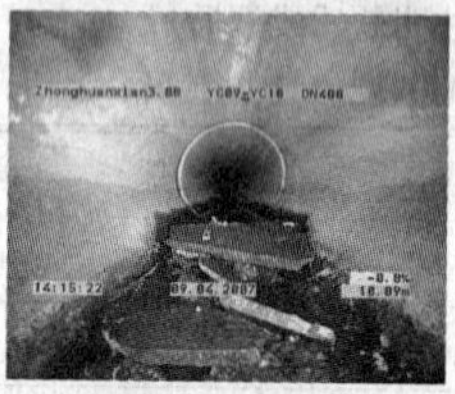
4	过水断面损失大于 50%	10	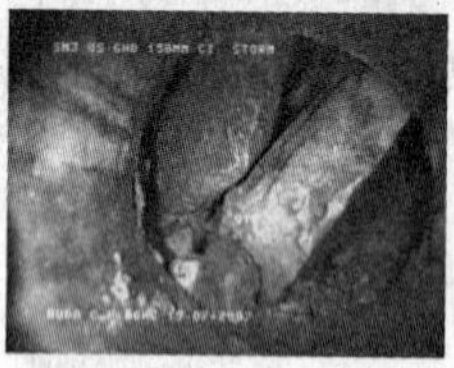
备注	应记录障碍物的类型及过水断面的损失率		

缺陷名称：残墙、坝根		缺陷代码：CQ	缺陷类型：功能性
定义：管道闭水试验时砌筑的临时砖墙封堵，试验后未拆除或拆除不彻底的遗留物			
等级	缺陷描述	分值	样图
1	过水断面损失不大于 15%	1	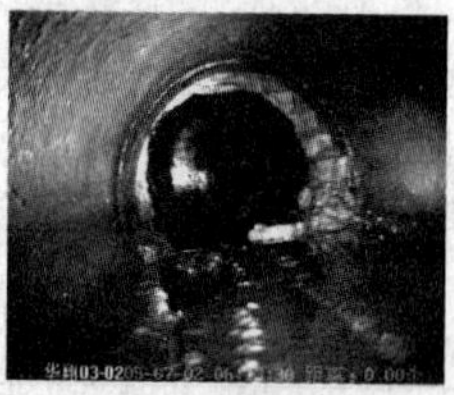
2	过水断面损失在 15%～25%之间	3	

缺陷名称：残墙、坝根		缺陷代码：CQ	缺陷类型：功能性
定义：管道闭水试验时砌筑的临时砖墙封堵，试验后未拆除或拆除不彻底的遗留物			
等级	缺陷描述	分值	样图
3	过水断面损失在 25％～50％之间	5	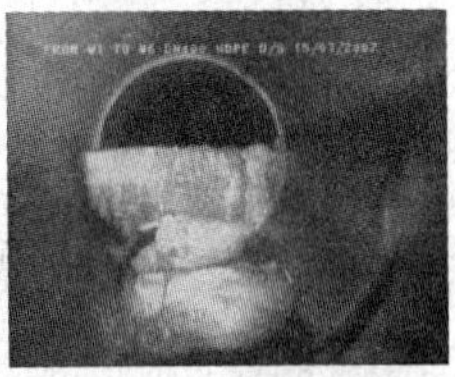
4	过水断面损失大于 50％	10	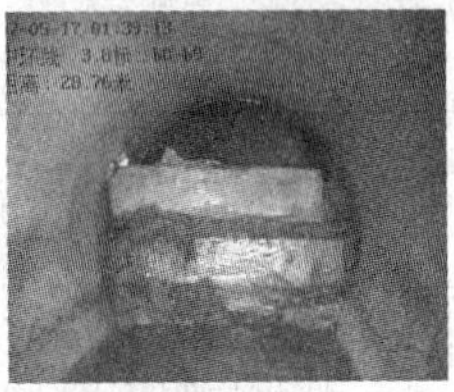

缺陷名称：树根		缺陷代码：SG	缺陷类型：功能性
定义：单根树根或是树根群自然生长进入管道			
等级	缺陷描述	分值	样图
1	过水断面损失不大于 15％	0.5	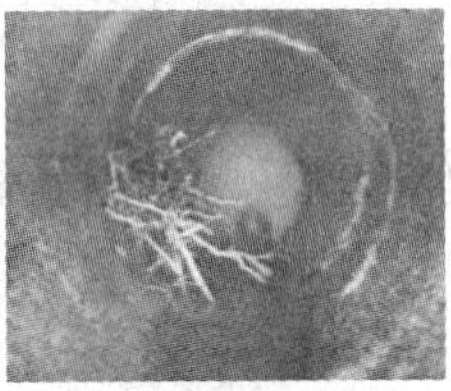
2	过水断面损失在 15％～25％之间	2	
3	过水断面损失在 25％～50％之间	5	
4	过水断面损失大于 50％	10	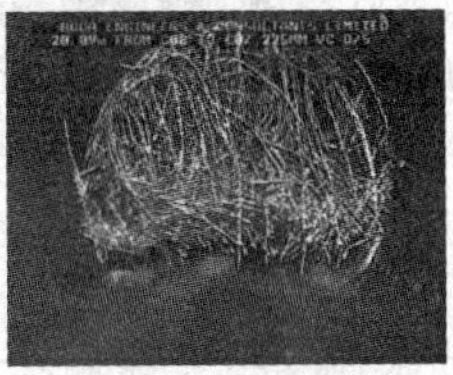

续表 5

缺陷名称：浮渣		缺陷代码：FZ	缺陷类型：功能性
定义：管道内水面上的漂浮物			
等级	缺陷描述	分值	样图
1	零星的漂浮物，漂浮物占水面面积不大于 30%	—	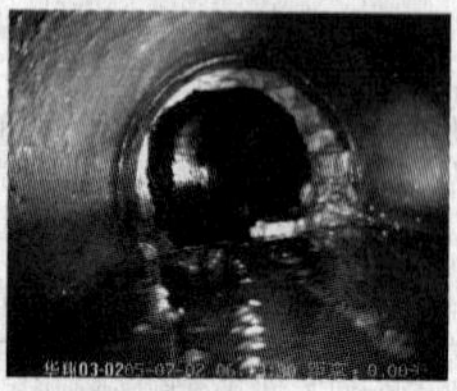
2	较多的漂浮物，漂浮物占水面面积为 30%～60%	—	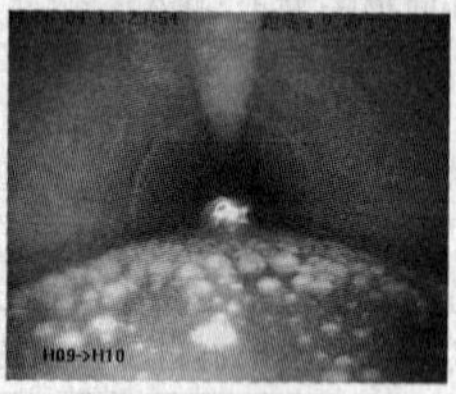
3	大量的漂浮物，漂浮物占水面面积大于 60%	—	
备注	该缺陷需记入检测记录表，不参与计算		

缺陷名称：沉积		缺陷代码：CJ	缺陷类型：功能性
定义：杂质在管道底部沉淀淤积			
等级	缺陷描述	分值	声纳检测样图
1	沉积物厚度为管径的 20%～30%	0.5	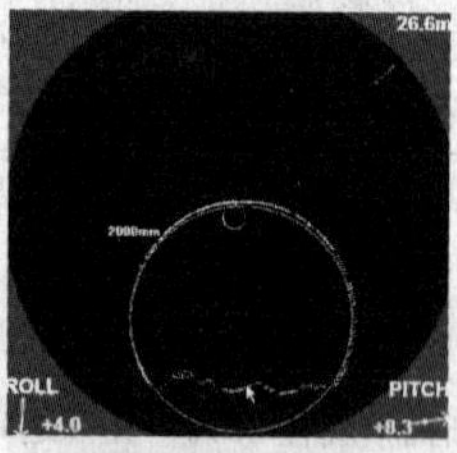
2	沉积物厚度为管径的 30%～40%	2	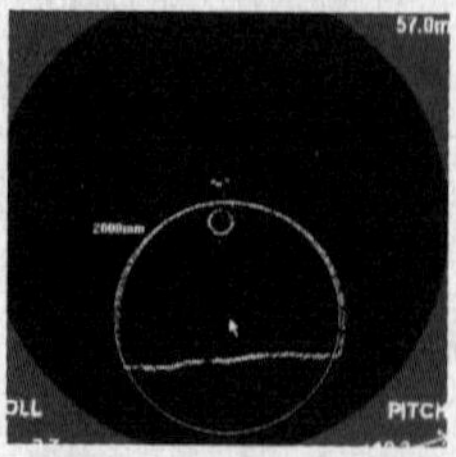

续表 5

缺陷名称：沉积	缺陷代码：CJ		缺陷类型：功能性
定义：杂质在管道底部沉淀淤积			
等级	缺陷描述	分值	声纳检测样图
3	沉积物厚度为管径的 40%～50%	5	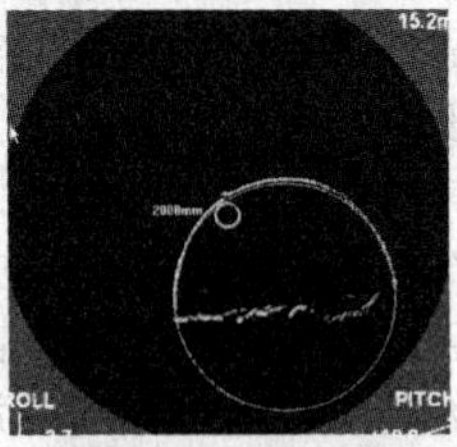
4	沉积物厚度大于管径的 50%	10	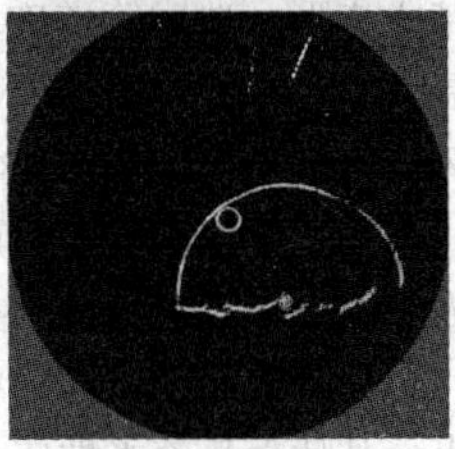

8.2.5 特殊结构及附属设施的代码主要用于检测记录表和影像资料录制时录像画面嵌入的内容表达。

8.2.6 操作状态名称和代码用于影像资料录制时设备工作的状态等关键点的位置记录。

8.3 结构性状况评估

8.3.1 管段结构性缺陷参数 F 的确定，是对管段损坏状况参数经比较取大值而得。本规程的管段结构性参数的确定是依据排水管道缺陷的开关效应原理，即一处受阻，全线不通。因此，管段的损坏状况等级取决于该管段中最严重的缺陷。

8.3.2 管段损坏状况参数是缺陷分值的计算结果，S 是管段各缺陷分值的算术平均值，S_{max} 是管段各缺陷分值中的最高分值。

管段结构性缺陷密度是基于管段缺陷平均值 S 时，对应 S 的缺陷总长度占管段长度的比值。该缺陷总长度是计算值，并不是管段的实际缺陷长度。缺陷密度值越大，表示该管段的缺陷数量越多。

管段的缺陷密度与管段损坏状况参数的平均值 S 配套使用。平均值 S 表示缺陷的严重程度，缺陷密度表示缺陷量的程度。

8.3.3 在进行管段的结构性缺陷评估时应确定缺陷等级，结构性缺陷参数 F 是比较了管段缺陷最高分和平均分后的缺陷分值，该参数的等级与缺陷分值对应的等级一致。管段的结构性缺陷等级仅是管体结构本身的病害状况，没有结合外界环境的影响因素。管段结构性缺陷类型指的是对管段评估给予局部缺陷还是整体缺陷进行综合性定义的参考值。

8.3.4 管段的修复指数是在确定管段本体结构缺陷等级后，再综合管道重要性与环境因素，表示管段修复紧迫性的指标。管道只要有缺陷，就需要修复。但是如果需要修复的管道多，在修复力量有限、修复队伍任务繁重的情况下，制定管道的修复计划就应该根据缺陷的严重程度和缺陷对周围的影响程度，根据缺陷的轻重缓急制定修复计划。修复指数是制定修复计划的依据。

地区重要性参数考虑了管道敷设区域附近建筑物重要性，如果管道堵塞或者管道破坏，建筑物的重要性不同，影响也不同。建筑类别参考了《建筑工程抗震设防分类标准》GB 50223－2008。该标准中第3.0.1条，建筑抗震设防类别划分考虑的因素："1 建筑破坏造成的人员伤亡、直接和间接经济损失及社会影响的大小；2 城镇的大小、行业的特点、工矿企业的规模；3 建筑使用功能失效后，对全局的影响范围大小"。由于建筑抗震设防分类标准划分和本规程地区重要性参数中的建筑重要性具有部分相同的因素，所以本规程关于地区重要性参数的确定，考虑了管道附近建筑物的重要性因素。

管径大小基本可以反映管道的重要性，目前各国没有统一的大、中、小排水管道划分标准，本规程采用《城镇排水管渠与泵站维护技术规程》CJJ 68－2007 第 3.1.8 条关于排水管道按管径划分为小型管、中型管、大型管和特大型管的标准。

埋设于粉砂层、湿陷性黄土、膨胀土、淤泥类土、红黏土的管道，由于土层对水敏感，一旦管道出现缺陷，将会产生更大的危害。

处于粉砂层的管道，如果管道存在漏水，则在水流的作用下，产生流砂现象，掏空管道基础，加速管道破坏。

湿陷性黄土是在一定压力作用下受水浸湿，土体结构迅速破坏而发生显著附加下沉，导致建筑物破坏。我国黄土分布面积达 60 万平方公里，其中有湿陷性的约为43万平方公里，主要分布在黄河中游的甘肃、陕西、山西、宁夏、河南、青海等省区，地理位置属于干旱与半干旱气候地带，其物质主要来源于沙漠与戈壁，抗水性弱，遇水强烈崩解，膨胀量较小，但失水收缩较明显。管道存在漏水现象时，地基迅速下沉，造成管道因不均匀沉降导致破坏。

在工程建设中，经常会遇到一种具有特殊变形性质的黏性土，其土中含有较多的黏粒及亲水性较强的蒙脱石或伊利石等黏土矿物成分，它具有遇水膨胀，失水收缩，并且这种作用循环可逆，具有这种膨胀和收缩性的土，称为膨胀土。管道存在漏水现象时，将会引起此种地基土变形，造成管道破坏。

淤泥类土是在静水或缓慢的流水（海滨、湖泊、沼泽、河滩）环境中沉积，经生物化学作用形成的含有较多有机物、未固结的饱和软弱粉质黏性土。我国淤泥类土按成因基本上可以分为两大类：一类是沿海沉积淤泥类土，一类是内陆和山区湖盆地及山前谷地沉积地淤泥类土。其特点是透水性弱、强度低、压缩性高，状态为软塑状态，一经扰动，结构破坏，处于流动状态。当管道存在破裂、错口、脱节时，淤泥被挤入管道，造成地基沉降，地面塌陷，破坏管道。

红黏土是指碳酸盐类岩石（石灰岩、白云岩、泥质泥岩等），在亚热带温湿气候条件下，经风化而成的残积、坡积或残—坡积的褐红色、棕红色或黄褐色的高塑性黏土。主要分布在云南、贵州、广西、安徽、四川东部等。有些地区的红黏土受水浸湿后体积膨胀，干燥失水后体积收缩，具有胀缩性。当管道存在漏水现象时，将会引起地基变形，造成管道破坏。

8.3.5 本条是根据修复指数确定修复等级，等级越高，修复的紧迫性越大。表8.3.5与本规程第8.3.3条配合使用。

8.4 功能性状况评估

8.4.2 管段运行状况系数是缺陷分值的计算结果，Y是管段各缺陷分值的算术平均值，Y_{max}是管段各缺陷分值中的最高分。

管段功能性缺陷密度是基于管段平均缺陷值Y时的缺陷总长度占管段长度的比值，该缺陷密度是计算值，并不是管段缺陷的实际密度，缺陷密度值越大，表示该管段的缺陷数量越多。

管段的缺陷密度与管段损坏状况参数的平均值Y配套使用。平均值Y表示缺陷的严重程度，缺陷密度表示缺陷量的程度。

8.4.4 在进行管段的功能性缺陷评估时应确定缺陷等级，功能性缺陷参数G是比较了管段缺陷最高分和平均分后的缺陷分值，该参数的等级与缺陷分值对应的等级一致。管段的功能性缺陷等级仅是管段内部运行状况的受影响程度，没有结合外界环境的影响因素。

管段的养护指数是在确定管段功能性缺陷等级后，再综合考虑管道重要性与环境因素，表示管段养护紧迫性的指标。由于管道功能性缺陷仅涉及管道内部运行状况的受影响程度，与管道埋设的土质条件无关，故养护指数的计算没有将土质影响参数考虑在内。如果管道存在缺陷，且需要养护的管道多，在养护力量有限、养护队伍任务繁重的情况下，制定管道的养护计划就应该根据缺陷的严重程度和缺陷发生后对服务区域内的影响程度，根据缺陷的轻重缓急制定养护计划。养护指数是制定养护计划的依据。

9 检查井和雨水口检查

9.0.1 检查井主要作为管线运行情况检查和疏通的操作空间，管线改变高程、改变坡度、改变管径、改变方向的衔接位置。同时，排水支管汇入主干管道也通过检查井完成连接。检查井是管道检测的出入口，在进行管道检测前，首先应对检查井进行检查，这不仅是因为检查井是管道系统检查的内容之一，还因为先对检查井进行检查是管道检测准备工作、安全工作和有效工作的基础条件。

9.0.3 塑料检查井采用工业化生产，产品尺寸精确，施工安装较砖砌检查井简便，从基础施工到井体安装、连管安装的施工周期较砖砌检查井大为缩短，解决了塑料排水管道施工中普遍存在的“管道施工快，检查井施工慢”的问题，只有当检查井的施工速度也相应提高，才能充分体现塑料排水管道施工方便快速的优越性。随着塑料检查井的推广应用，塑料检查井的产品质量和施工安装工艺已基本成熟。建设部2007年第659号公告《建设事业“十一五”推广应用和限制禁止使用技术（第一批）》第124项规定，要优先采用塑料检查井。随着塑料检查井的大量使用，应该将其纳入检查的范围。根据塑料检查井的特点，井周围的回填材料和密实度对塑料检查井安全使用有重要影响，具体表现为井筒变形、井筒与管道连接处破裂或密封胶圈脱落。

9.0.4 一个检查井连接的进水管道或出水管道如果超过两条，当需要对管道排序时，排序方法见图6。

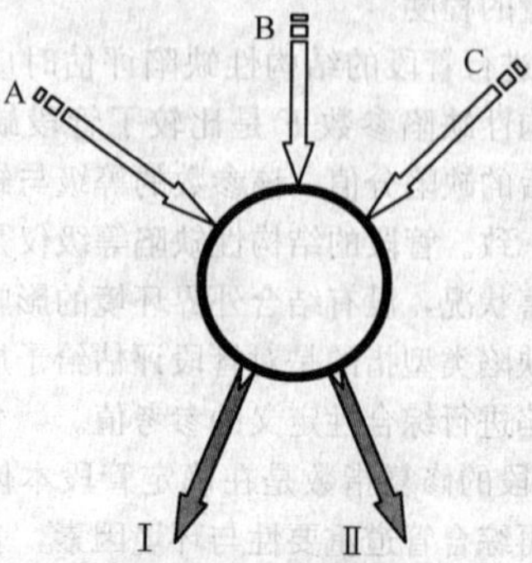

图6 检查井内管道排序方法

10 成果资料

10.0.1 检测与评估报告是管道检测工作的成果体现。检测报告应根据检测的实际情况，文字应尽量做到简洁清晰、重点突出、文理通顺、结论明确。

10.0.2 检测与评估报告内容中包括4个主要内容：

1 管道概况包括检测任务的基本情况，检测实施的基本情况，检测环境的基本情况；

2 检测成果汇总情况。管段状况评估表是管道检测后基本状况汇总表，既包括管段的基本信息，这些信息有些是检测前已有的信息，有些可能是检测过程中补充的信息，也包括对结构性状况和功能性状况的综合评价，其信息内容包括最大缺陷值、平均缺陷值、缺陷等级、缺陷密度、修复（养护）指数；

3 排水管道检测成果表是经过对管段影像资料的判读结合现场记录对缺陷的诊断结果，并配有缺陷图片，是管段修复或养护的最基本依据；

4 技术措施是管道检测和评估所依据的标准、检测方法、采用仪器设备和技术方法。检测方法包括采用哪种检测方法，技术方法包括管道的封堵方法、临时排水方案、清洗方法，如采用仪器检测，还应包括设备在管道内移动的方法（例如声纳探头可安装在爬行器、牵引车或漂浮筏上）等。采用的仪器设备是对影像资料和工作质量的间接佐证，所以应在报告中体现。技术措施应该在检测前的技术方案中确定，但是现场的实际情况不同时可能有所调整，故报告中的技术措施应为实施的技术措施。

管道评估所采用的标准依据不同，则结论也不同。所以管道评估依据的标准是检测报告的内容之一。

10.0.3 检测资料是在管道检测过程中直接形成的具有归档保存价值的文字、图表、声像等各种形式的资料。管道检测过程的真实记录是管道检测后运行、管理、维修、改扩建、技改、恢复等工作的重要资料，只有真实准确、齐全完整、标准规范的资料才能为管道的维修、保养等提供不可替代的技术支持。

资料主要包括依据性文件、凭证资料、检测资料、成果资料等。任务书是接收委托、进行检测的依据性文件；技术设计书是检测设计方案，检测单位编制的检测方案经过委托单位审核认可后，即成为检测工作操作的依据性文件；凭证资料即检测的基础性资料，是指收集到的管线图、工程地质等现场自然状况资料。

影像资料（保存于录像光盘或其他外存储器）是检测结果的重要资料之一，根据拍摄的实际情况制作。在光盘（或其他外存储器）封面上应写明任务名称、管段编号及检测单位等相关信息。

检测与评估报告、检测记录表和影像资料是反映管道检测的主要资料，是管道检测任务验收和日常养护的重要依据。因此，检测工作结束后，检测资料应与检测与评估报告一并提交。

中华人民共和国行业标准

城镇供热系统节能技术规范

Technical code for energy efficiency of city heating system

CJJ/T 185—2012

批准部门：中华人民共和国住房和城乡建设部
施行日期：2 0 1 3 年 3 月 1 日

中华人民共和国住房和城乡建设部
公　　告

第 1532 号

住房城乡建设部关于发布行业标准《城镇供热系统节能技术规范》的公告

现批准《城镇供热系统节能技术规范》为行业标准，编号为 CJJ/T 185－2012，自 2013 年 3 月 1 日起实施。

本规范由我部标准定额研究所组织中国建筑工业出版社出版发行。

中华人民共和国住房和城乡建设部

2012 年 11 月 2 日

前　言

根据原建设部《关于印发〈2007 年工程建设标准规范制订、修订计划（第一批）〉的通知》（建标［2007］125 号）的要求，规范编制组经广泛调查研究，认真总结实践经验，参考有关国际标准和国外先进标准，并在广泛征求意见的基础上，编制了本规范。

本规范的主要技术内容：1. 总则；2. 术语；3. 设计；4. 施工、调试与验收；5. 运行与管理；6. 节能评价。

本规范由住房和城乡建设部负责管理，由北京市煤气热力工程设计院有限公司负责具体技术内容的解释。执行过程中如有意见或建议，请寄送北京市煤气热力工程设计院有限公司（地址：北京市西单北大街小酱坊胡同甲 40 号；邮编：100032）。

本规范主编单位：北京市煤气热力工程设计院有限公司

本规范参编单位：北京市住宅建筑设计研究院有限公司
乌鲁木齐市热力总公司
天津市热电公司
唐山市热力总公司

本规范主要起草人员：段洁仪　冯继蓓　王建国　杨宏斌　刘　芃　贾　震　胡颐蘅　李庆平　路爱武　裴连军　郭　华

本规范主要审查人员：廖荣平　姚约翰　万水娥　黄晓飞　李先瑞　马景涛　陈鸿恩　栾晓伟　田雨辰　张　敏　杨　明

目　次

Contents

1 总 则

1.0.1 为贯彻国家节约能源和保护环境的法规和政策，落实建筑节能目标，减少供热系统能耗，制定本规范。

1.0.2 本规范适用于供应民用建筑采暖的新建、扩建、改建的集中供热系统，包括供热热源、热力网、热力站、街区供热管网及室内采暖系统的规划、设计、施工、调试、验收、运行管理中与能耗有关的部分。

1.0.3 在供热系统的设计、施工、改造和运行过程中，应采取合理的技术措施，提高系统的运行效率。

1.0.4 供热项目设计文件应标明与能耗有关的设计指标及参数。工程建设完成后应进行系统调试，调试后应对能耗指标进行检测及验证，其各项指标应达到设计的要求。

1.0.5 供热系统的设计、施工、验收、调试、运行节能除应符合本规范外，尚应符合国家现行有关标准的规定。

2 术 语

2.0.1 热力网 district heating network

以热电厂或区域锅炉房为热源，自热源经市政道路至热力站的供热管网。

2.0.2 街区供热管网 block heating network

自热力站或用户锅炉房、热泵机房等小型热源至建筑物热力入口的室外供热管网。

2.0.3 分布式循环泵 distributed pump

设置在热力站热力网侧的循环水泵。

2.0.4 水力平衡度 hydraulic balance level

供热系统运行时供给各热力站（或热用户）的规定流量与实际流量之比。

2.0.5 负荷率 heating load ratio

锅炉运行热负荷与额定出力的比值。

3 设 计

3.1 一般规定

3.1.1 供热系统各设计阶段均应对能耗进行计算，并应与前一设计阶段的设计能耗进行比较。当存在偏差时，应找出偏差原因。

3.1.2 确定供热系统设计热负荷时，应调查核实供热范围内的建筑热负荷与热指标。

3.1.3 供热系统所有设备应采用高效率低能耗产品，选用设备的能效指标不应低于现行国家标准规定的节能评价值。

3.1.4 保温材料的主要技术性能应符合现行国家标准《设备及管道绝热技术通则》GB/T 4272 的规定。

3.1.5 供热系统的附属建筑设计应符合现行国家标准《公共建筑节能设计标准》GB 50189 的规定。

3.2 供热系统

3.2.1 以采暖热负荷为主的供热系统应采用热水作为供热介质。主要热负荷为采暖热负荷的既有蒸汽供热系统，应改为热水供热系统。

3.2.2 热水热力网的供热半径不宜大于 20km，蒸汽热力网的供热半径不宜大于 6km。

3.2.3 热水供热管网供、回水温度应符合下列规定：

1 以热电厂或大型区域锅炉房为热源时，热力网设计回水温度不应高于 70℃，供回水温差不宜小于 50℃；

2 街区供热管网设计供回水温差不宜小于 25℃；

3 利用余热或可再生能源时，供水温度应根据热源条件确定。

3.2.4 供热系统中供热热源的设置应符合下列规定：

1 在有热电厂的地区应以热电厂为基本热源，且应在供热区域内设置调峰热源，并应按多热源联网运行进行设计；

2 当热源为燃煤锅炉房时，宜在热负荷集中的地区设置区域锅炉房；

3 当热源为燃气锅炉房并独立供热时，锅炉房宜设置在热用户街区内，供热范围不宜超出本街区；

4 在天然气供应充足的地区，对全年有冷热负荷需求的建筑，可采用燃气冷热电联供系统。冷热电联供能源站应设在用户附近，其供能半径不宜大于 2km；

5 在有工业余热可利用的地区应优先利用余热供热；

6 在资源条件适宜的地区应优先利用可再生能源供热。

3.2.5 当热水热力网设有中继泵站时，中继泵站宜设置在维持系统水力循环所需总功率最小的位置。

3.2.6 当热水供热系统经能耗比较，适合采用分布式循环泵系统，且符合下列条件时，可在热力站设置分布式循环泵：

1 既有供热系统的增容改造；

2 一次建成或建设周期短的新建供热系统；

3 热力网干线阻力较高；

4 热力站分布较分散，热力网各环路阻力相差悬殊。

3.3 热 源

3.3.1 可行性研究文件应标明下列内容：

1 设计热负荷、供热面积；

2 锅炉额定热效率；

3 供热介质设计温度、压力、流量；

4 供热参数调节控制方式；

5 年供热量、燃料耗量、总耗电量、热网循环泵耗电量；

6 节能措施。

3.3.2 初步设计文件除应标明第3.3.1条的内容外，还应标明设备、管道及管路附件的保温方式。

3.3.3 施工图设计文件应逐项落实可行性研究和初步设计文件提出的节能措施和要求，并应标明下列内容：

1 设计热负荷、供热面积；

2 锅炉额定热效率；

3 供热介质设计温度、压力、流量；

4 供热参数调节控制方式；

5 主要用能设备的运行调节方式。

3.3.4 锅炉房设计时应根据热负荷曲线优化锅炉的配置方案，使锅炉房的综合运行效率达到最高。

3.3.5 燃油、燃气锅炉应采用自动调节。当单台锅炉容量大于或等于1.4MW时，燃烧器应采用自动比例调节方式。

3.3.6 燃煤锅炉房运煤系统应符合下列规定：

1 运煤系统的布置应利用地形，使提升高差小、运输距离短；

2 运煤系统应设均匀给煤装置或均匀布煤装置；

3 炉排给煤系统宜设调速装置。

3.3.7 燃煤锅炉房除灰渣系统应符合下列规定：

1 除灰渣系统动力驱动系统宜设调速装置；

2 炉前的漏煤应进行回收利用；

3 含碳量高的灰渣应进行回收利用。

3.3.8 燃煤锅炉房烟风系统应符合下列规定：

1 烟、风道布置宜简短；

2 通风阻力应进行计算，每台锅炉所受到的引力应均衡；

3 锅炉鼓风机、引风机宜单炉配置；

4 锅炉鼓风机、引风机应设调速装置。

3.3.9 热水供热管网循环泵应符合下列规定：

1 循环泵性能参数应根据水力计算结果确定。当热用户分期建设，建设周期长且负荷差别较大时，应分期进行水力计算，并应根据计算结果确定循环泵性能参数。既有系统改造时，应按实测水力工况校核循环泵性能参数；

2 循环泵的配置应根据热网运行调节曲线和水泵特性曲线确定，循环泵在整个供热期内应处于高效运行区；

3 循环泵应设调速装置，并联运行的循环泵组的每台泵均应设置调速装置。

3.3.10 有蒸汽汽源时，大型鼓风机、引风机、热网循环泵宜采用工业汽轮机驱动。

3.3.11 锅炉产生的各种余热应进行利用，锅炉房应设下列余热利用设施：

1 燃油、燃气锅炉宜设烟气冷凝装置；

2 燃煤锅炉应配置省煤器，宜配置空气预热器；

3 锅炉间、凝结水箱间、水泵间等房间应采用有组织的通风；

4 蒸汽锅炉的排污水余热应综合利用。

3.3.12 锅炉房的锅炉台数大于或等于3台时，应采用集中控制系统。

3.3.13 热源应设置调节供热参数的装置，供热参数应根据供热系统的运行负荷确定。

3.3.14 热源应监测下列参数：

1 供热管道总管的供热介质温度、压力、流量；

2 总热负荷、总供热量；

3 每台锅炉或热网加热器的供热介质温度、压力；

4 每台锅炉的供热介质流量、排烟温度。

3.3.15 热源应计量下列参数：

1 每台锅炉的燃料量、供热量；

2 燃煤锅炉房的进厂燃料量和输煤皮带处的燃料量；

3 供热管网总出口处的供热量；

4 热水供热系统的补水量；

5 蒸汽供热系统的凝结水回收量及热量；

6 供电系统应装设电流表、有功和无功电度表，且额定功率大于等于100kW的动力设备宜分别计量。

3.3.16 电气系统应对无功功率进行补偿，最大电负荷时的功率因数应大于0.9。

3.3.17 当电动机容量大于或等于250kW时，宜采用高压电动机。

3.3.18 设计温度大于或等于50℃的管道、管路附件、设备应保温，保温外表面计算温度不应大于40℃。

3.4 热力网

3.4.1 可行性研究和初步设计文件应标明下列内容：

1 供热范围、供热面积、设计热负荷、年耗热量；

2 多热源供热系统各热源设计热负荷、设计流量、年供热量；

3 供热介质设计温度、压力、流量；

4 热水热力网供热调节曲线；

5 热力网循环泵（包括热源循环泵、中继泵、分布式循环泵）年总耗电量；

6 设备、管道及管路附件的保温方式。

3.4.2 施工图设计文件应标明下列内容：

1 供热介质设计温度、压力；

2 设备、管道及管路附件的保温结构、保温材料及其导热系数、保温层厚度。

3.4.3 热力网主干线宜布置在热负荷集中区域。管线应按减少管线阻力的原则布置走向及设置管路附件。

3.4.4 热力网应设分段阀门，并应符合现行行业标准《城镇供热管网设计规范》CJJ 34 的规定。

3.4.5 高温热水和蒸汽管道阀门的密封等级应符合现行国家标准《工业阀门 压力试验》GB/T 13927-2008 规定的 A 级的要求。

3.4.6 管道、管路附件应采用焊接连接。

3.4.7 供热管道宜采用直埋敷设。热水直埋管道及管件应采用整体保温结构，并应采用无补偿敷设方式。

3.4.8 供热管道、管路附件均应保温，保温结构应具有防水性能。保温厚度计算应符合现行国家标准《设备及管道绝热技术通则》GB/T 4272 的规定。

3.4.9 蒸汽管道支座应采取隔热措施。

3.4.10 蒸汽管道的疏水宜回用。

3.5 热 力 站

3.5.1 可行性研究和初步设计文件应标明下列内容：

1 供热面积、设计热负荷；

2 供热介质设计温度、压力、流量；

3 供热参数调节控制方式；

4 年总耗电量；

5 节能措施。

3.5.2 施工图设计文件应标明下列内容：

1 各系统供热面积、设计热负荷；

2 热力网侧供热介质设计温度、压力、流量；

3 用户侧供热介质设计温度、压力、流量；

4 供热参数调节控制方式；

5 凝结水回收方式；

6 设备、管道及管路附件的保温结构、保温材料及其导热系数。

3.5.3 热力站的供热面积不宜大于 $5\times10^4m^2$，并宜设置楼栋热力站。当热力站用户侧设计供回水温差小于或等于 10℃时，应采用楼栋热力站。

3.5.4 公共建筑和住宅应分别设置系统，非连续使用的场所宜单独设置环路。

3.5.5 用户采暖系统循环泵的设置应符合下列规定：

1 循环泵应采用调速泵，并联运行的循环泵组的每台泵均应设置调速装置；

2 循环泵选型时应进行水力工况分析，水泵特性曲线应与运行调节工况相匹配，循环泵在整个供热期内应处于高效运行区。既有系统改造时，应按实测水力工况进行分析；

3 空调系统冷、热水循环泵应分别选型；

4 当 1 个系统只设 1 台循环泵时，循环泵出口不宜设止回阀。

3.5.6 在热力站设分布式循环泵时，分布式循环泵的设置应符合下列规定：

1 每个系统宜单独设置分布式循环泵；

2 分布式循环泵应采用调速泵；

3 水泵特性曲线应满足热力网流量调节需要，在各种调节工况下水泵均应处于高效运行区。

3.5.7 热力站采暖系统循环泵宜按设定的管网末端压头自动控制循环泵转速。

3.5.8 热力站应自动控制用户侧供热参数，并应根据室外温度变化设定采暖供水温度。

3.5.9 热力网侧的调控装置应符合下列规定：

1 每个采暖系统应设电动调节阀，并应按设定的采暖供水温度自动调节热力网流量；

2 规模较大的热力网，在热力站的热力网总管上宜设自力式压差控制阀；

3 设置分布式循环泵的热力站可不设自力式压差控制阀和电动调节阀，但应按设定的采暖供水温度自动调节分布式循环泵转速；

4 热力站控制系统宜设热力网回水温度限制程序。

3.5.10 热力网侧应设置热量表。

3.5.11 蒸汽热力站应设闭式凝结水回收系统，凝结水泵应自动启停。

3.5.12 输送供热介质的管道、管路附件、设备应进行保温，保温外表面计算温度不应大于 40℃。

3.6 街区供热管网

3.6.1 可行性研究和初步设计文件应标明下列内容：

1 供热面积、设计热负荷；

2 供热介质设计温度、压力、流量；

3 调节控制方式、热计量方式；

4 管道及管路附件的保温方式。

3.6.2 施工图设计文件应标注下列内容：

1 每个热力入口的设计热负荷、采暖面积；

2 每个热力入口供热介质设计温度、流量；

3 每个热力入口室内侧资用压头；

4 管道保温结构、保温材料及其导热系数、保温层厚度；

5 热量表的量程范围和精度等级。

3.6.3 在建筑物热力入口处应设置热量表。

3.6.4 新建管网和既有管网改造时应进行水力计算，当各并联环路的计算压力损失差值大于 15%时，应在热力入口处设自力式压差控制阀。

3.6.5 当热力入口处设有混水泵时，应采用调速泵。

3.6.6 热水管道宜采用直埋敷设。直埋敷设管道应采用整体结构的预制保温管及管件，并应采用无补偿敷设方式。

3.6.7 管道、管路附件均应进行保温，保温结构应具有良好的防水性能。保温厚度应符合现行行业标准《严寒和寒冷地区居住建筑节能设计标准》JGJ 26 的规定。

3.7 室内采暖系统

3.7.1 施工图设计文件应标明下列内容：

1 建筑设计热负荷及设计热指标；

2 设计供回水温度；

3 室内温度调节控制方法、调节控制装置的技术要求；

4 热力入口及每个热计量（或分摊）环路的设计热负荷、循环流量；

5 热力入口供回水压差。

3.7.2 采暖系统应分室（或分户）设置室内温度调节控制装置，并应满足分户热计量（或分摊）的要求。

3.7.3 当利用低品位热能和可再生能源供热时，宜采用地面辐射采暖、风机盘管等采暖系统。

3.7.4 对位于采暖房间以外的管道及管路附件应进行保温。

3.8 监控系统

3.8.1 供热系统应建立集中监控系统。监控系统应具备以下功能：

1 监控中心应能完成热源、热力网关键点、热力站或热力入口运行参数的集中监测、显示及储存，并应具备能耗分析功能，实现优化调度；

2 监控中心应根据供热管网运行参数，建立管网运行实时水压图；

3 监控中心应根据室外温度等气象条件和供热调节曲线确定供热参数，并应能向热源、热力站下达调度指令；

4 热源供热参数及供热量的调节，应根据监控中心指令由本地监控系统完成；

5 热力站供热参数及供热量的调节，可由本地监控系统完成，也可由监控中心通过远程控制完成。

3.8.2 热源、热力站应设自动监测装置，热力入口可设自动监测装置，并应能向监控中心传送数据。

3.8.3 热源应监测下列参数：

1 热电厂首站蒸汽耗量，锅炉房燃料耗量；

2 供热介质温度、压力、流量；

3 补水量、凝结水回收量；

4 热源瞬时和累计供热量；

5 热网循环泵耗电量；

6 锅炉排烟温度。

3.8.4 热力站应监测下列参数：

1 热力网侧供热介质温度、压力、流量、热负荷和累计热量；

2 用户侧供热介质温度、压力、补水量；

3 热力站耗电量。

3.8.5 热力入口可监测供热介质温度、压力、热负荷和累计热量。

4 施工、调试与验收

4.1 一般规定

4.1.1 供热系统施工组织设计中应有节能措施。施工应加强现场管理，不得浪费材料和能源，且应减少二次搬运。

4.1.2 保温材料的品种、规格、性能等应符合国家现行产品标准和设计要求，产品应有质量合格证明文件，并应对保温材料的导热系数、密度、吸水率进行复验。保温材料进入现场后应按产品说明书进行保管，不得受潮，受潮的材料不得使用。

4.1.3 热水、蒸汽、凝结水系统的设备、管道及管路附件均应进行保温，保温层应粘贴、捆扎紧密、牢固，保护层应进行密封。保温施工完成后应检查保温结构及保温厚度，保温层的实测厚度不应小于设计保温厚度。

4.2 热源与热力站

4.2.1 锅炉安装应符合下列规定：

1 锅炉锅筒（火管锅炉的锅壳、炉胆和封头）、集箱及受热面管道内的污垢应清除干净；

2 锅炉炉墙（包括隔火墙、折烟墙）、炉拱应严密；

3 锅炉炉门、灰门、风门、看火门等应能关闭严实；

4 锅炉风道、烟道内的调节门、闸板应严实，且应开关灵活、指示准确；

5 锅炉挡风门、炉排风管及其法兰结合处、各段风室、落灰门等应平整，密封应严实，挡板开启应灵活；

6 加煤斗与炉墙结合处应严实，煤闸门下缘与炉排表面的距离偏差不应大于5mm；

7 侧密封块与炉排的间隙应符合设计要求，且应防止炉排卡涩、漏煤和漏风。

4.2.2 锅炉安装完成后应进行漏风试验、严密性试验、烘炉、煮炉和试运行。现场组装锅炉应带负荷正常连续试运行48h，整体出厂锅炉应带负荷正常连续试运行24h。

4.2.3 现场组装锅炉验收应进行热效率测定，测试值不应低于设计热效率。

4.2.4 锅炉房和热力站系统安装完成后应检查动力设备调速装置、供热参数检测装置、调节控制装置、计量装置、余热利用装置等节能设施，节能设施应按设计文件要求安装到位。

4.2.5 锅炉房和热力站节能设施应进行调试，各项参数应达到规定的性能指标。

4.3 供热管网

4.3.1 地下管沟、检查室结构的防水和排水措施应符合设计要求，防水等级不应低于2级。位于地下水位以下的管沟、检查室宜采用防水混凝土结构，绿地中的检查室井口应高于地面，且不应小于150mm。

4.3.2 直埋敷设供热管道应采用预制直埋保温管及管件。预制直埋保温管在运输、现场存放、安装过程中，应对端口进行封闭，保温层不得被水浸泡，外护层不得损坏。

4.3.3 直埋保温管接头的保温和密封应符合下列规定：

1 接头施工采取的工艺应有合格的型式检验报告；

2 外护层的防水性能和机械强度应与直管相同；

3 临时发泡孔应及时进行密封；

4 当直埋保温管进入检查室或管沟与其他形式保温结构连接时，直埋保温管保温端口应安装防水端帽。

4.3.4 街区供热管网安装完成后应检查调节控制装置、计量及检测装置等节能设施，节能设施应按设计文件要求安装到位。

4.3.5 供热系统新建完成后或扩建、改造后，街区供热管网应与室内采暖系统联合进行水力平衡调试和检测，各项指标应符合本规范第6章的规定。

4.4 室内采暖系统

4.4.1 散热器应明装。当散热器暗装时，装饰罩应设置合理的气流通道。

4.4.2 室内温度调节控制装置的温度传感器应安装在能正确反映房间温度的位置。

4.4.3 设有水力平衡装置的系统安装完成后，应按规定的参数进行调试或设定。

4.5 监控装置

4.5.1 热工仪表及控制装置安装前应进行检查和校验，精度等级应符合规定，并应有完整的校验记录。

4.5.2 测温元件应安装在能代表测试温度的位置。室外温度传感器应安装在通风、遮阳、不受干扰的位置。

4.5.3 监测与计量装置的输出模式和精度应符合设计文件的要求。

4.5.4 热量和流量仪表安装应符合下列规定：

1 流量传感器前后直管段长度应符合产品要求；

2 热量表应采用配套的温度传感器。

4.5.5 涉及节能控制的传感器应预留检测孔或检测位置，并应在保温结构外做明显标记。

4.5.6 系统安装完成后应对调节阀、控制阀进行调试，系统供回水压差、流量应与规定值一致。

4.5.7 监控系统安装完成后应进行调试和检测，热源、热力网、热力站等关键点的运行数据采集和传送应准确，监控中心的通信、数据计算、监测、显示及储存应符合预定要求。

4.6 工程验收

4.6.1 热源、热网、热力站、室内采暖系统的联合调试和试运行应在采暖期内进行，并应带负荷连续试运行48h，各项能耗指标应达到规定值。

4.6.2 工程验收时应具备下列技术资料：

1 系统严密性试验记录；

2 水力平衡调试记录；

3 系统节能性能检测报告。

4.6.3 供热系统节能性能检测报告应包括下列内容：

1 锅炉的平均运行热效率；

2 热源单位供热量的平均燃料耗量（折算标准煤量）、辅机和辅助设备耗电量；

3 热网循环泵的年耗电量；

4 热力站单位供热面积的年耗热量、耗电量；

5 热源、热力站的补水率；

6 热源、热力站、热力入口的水力平衡度；

7 室内温度实测值与设计值的偏差；

8 各种节能设施的有效性；

9 各种实测数据与节能评价标准的比较。

5 运行与管理

5.1 一般规定

5.1.1 供热单位应定期检测供热系统实际能耗。

5.1.2 供热单位应根据供热系统实际能耗和供热负荷实际发展情况，合理确定该供热系统的节能运行方式。

5.1.3 供热单位应根据实际供热负荷对供热调节方式进行优化，并应绘制供热系统供热调节曲线。

5.1.4 供热单位应建立节能运行与管理制度和操作规程，并应对运行与管理人员进行节能教育和培训。运行与管理人员应执行有关节能的规章制度。

5.1.5 供热单位应对供热系统的运行状况进行记录，并应建立技术档案。技术档案应包括能效测试报告、能耗状况记录、节能改造技术资料。

5.1.6 供热系统的动力设备调速装置、供热参数检测装置、调节控制装置、计量装置等节能设施应定期进行维护保养，并应有效使用。

5.1.7 能量计量仪器仪表应定期进行校验、检修。

5.1.8 当既有供热系统中有国家公布的非节能产品时，应及时进行更换。

5.1.9 对能耗高的既有建筑和供热系统，应对建筑和供热系统进行节能改造。

5.2 热 源

5.2.1 热源运行单位应在运行期间检测下列内容：

1 供热负荷、供热量；

2 供热介质温度、压力、流量；

3 补水量；

4 燃料消耗量及低位发热值；

5 锅炉辅机和辅助设备耗电量、热网循环泵耗电量；

6 锅炉排烟温度；

7 额定功率大于等于14MW锅炉应检测排烟含氧量，额定功率大于4MW小于14MW锅炉宜检测排烟含氧量。

5.2.2 热源运行单位应每日计算下列能效指标，并应逐日进行对比分析：

1 单位供热面积的供热负荷、热网循环水量；

2 单位供热量的燃料消耗量、折算标准煤量；

3 单位供热量的锅炉辅机和辅助设备耗电量；

4 单位供热量的热网循环泵耗电量；

5 热网补水率。

5.2.3 运行人员应定时、准确地记录供热参数。主要监控数据及设备运行状态应实时上传至监控中心。

5.2.4 热源的供热参数应符合供热系统调节曲线。锅炉运行台数应根据热负荷和锅炉的负荷效率特性确定。

5.2.5 燃煤锅炉应燃用与设计煤种相近的燃料，并应按批次进行煤质分析和化验，并应根据煤的特性进行预处理。

5.2.6 燃煤链条炉排锅炉的煤质应符合现行国家标准《链条炉排锅炉用煤技术条件》GB/T 18342的规定。

5.2.7 锅炉燃烧过程应采用自动控制。

5.2.8 锅炉运行时应控制送风量和二次风比例。排烟处过量空气系数不应大于表5.2.8的规定。

表 5.2.8 锅炉运行排烟处过量空气系数

锅炉类型		过量空气系数
层燃锅炉	无尾部受热面	1.65
	有尾部受热面	1.75
流化床锅炉		1.50
燃油、燃气锅炉		1.20

5.2.9 采用负压燃烧的锅炉炉膛与外界的负压差不应大于30Pa，运行时炉门及观察孔应关闭。

5.2.10 锅炉运行时排烟温度不应大于表5.2.10的规定。

表 5.2.10 锅炉运行排烟温度

锅炉容量（MW）	排烟温度（℃）	
	燃油、燃气锅炉	燃煤锅炉
≤1.4	200	180
>1.4	160	

5.2.11 层燃锅炉炉渣或流化床锅炉飞灰中，可燃物含量重量百分比在额定负荷下运行时不应大于表5.2.11的值。

表 5.2.11 可燃物含量重量百分比

锅炉容量（MW）	可燃物含量（%）		
	烟煤Ⅰ	烟煤Ⅱ	烟煤Ⅲ
≤5.6	15	16	14
>5.6	12	13	11

注：当锅炉在非额定负荷下运行时，可燃物含量最大值可取锅炉负荷率与表中数值的乘积。

5.2.12 锅炉应定期检查，并应清除受热面结渣、积灰、水垢及腐蚀物。

5.2.13 蒸汽锅炉房运行应符合下列规定：

1 供应采暖热负荷的蒸汽总凝结水回收率应大于90%；

2 锅炉排污率宜小于10%；

3 排污水应综合利用；

4 疏水器排出的凝结水应设置回收系统进行余热利用。

5.2.14 锅炉在新安装、大修及技术改造后应进行热效率测试。运行热效率测试时间间隔不应超过3年。当锅炉运行热效率不符合本规范第6章规定时，应维修或技术改造。

5.2.15 循环泵应根据实测运行参数调整水泵转速。当供热负荷长期未达到设计热负荷或长期偏离设计热负荷时，应更换水泵。

5.3 供热管网

5.3.1 热力网运行单位应在运行期间检测下列内容：

1 各热源及中继泵站供热介质温度、压力、流量；

2 各热源供热量、补水量；

3 中继泵站耗电量；

4 各热力站热力网侧供热介质温度、压力、流量；

5 各热力站供热量。

5.3.2 街区供热管网运行单位应在运行期间检测下列内容：

1 热力站或热源供热介质温度、压力、流量；

2 热力站或热源供热量、补水量；

3 各热力入口供热介质温度、压力、流量；

4 各热力入口供热量。

5.3.3 运行单位在运行期间应定期计算、分析下列能效指标，并应及时对系统进行优化调整：

1 各热力站或建筑入口单位供热面积的供热负荷；

2 各热力站或建筑入口的水力平衡度；

3 热力网或街区供热管网的补水率；

4 管网单位长度的平均温度降。

5.3.4 新并入集中供热管网的新建、改建和既有系统，在并入前应按本规范第5.3.1条～第5.3.3条规定的内容进行检测和分析，当能效指标低于集中供热系统时应进行调试或改造。

5.3.5 新建及既有街区供热管网，在室外管网或室内系统进行改造后，应在采暖期前进行水力平衡检测和调试，各热力入口的流量和压头应符合水力平衡要求。采暖开始后应根据实际检测数据再次调整热力入口控制装置的设定值。

5.3.6 热网设备、附件、保温应定期检查和维护。保温结构不应有破损脱落。管道、设备及附件不得有可见的漏水、漏汽现象。

5.3.7 地下管沟、检查室中的积水应及时排除。

5.4 热力站

5.4.1 热力站运行单位应在运行期间检测下列内容：

1 热力网侧供热介质温度、压力、流量；

2 热力网侧热负荷、供热量；

3 用户侧各系统供热介质温度、压力、流量；

4 用户侧各系统热负荷、补水量；

5 耗电量。

5.4.2 运行单位在运行期间应定期计算、分析下列能效指标，并及时对系统进行优化调整：

1 单位供热面积的热负荷、耗热量、耗电量；

2 热力网侧单位供热面积的循环流量；

3 用户侧各系统单位供热面积的循环流量；

4 用户侧各系统的补水率。

5.4.3 每年采暖期前应核实供热面积和热负荷。当热负荷或供热参数有变化时，应按预测数据计算并调整循环流量。

5.4.4 系统初调节应在采暖初期进行，供水温度应符合当年的供热调节曲线。

5.4.5 运行人员应定时、准确地记录热力站能耗情况，并应定期对比分析。无人值守的热力站应定时巡视，主要监控数据应实时上传至监控中心。

5.4.6 用户侧供水温度可根据室外气象条件和统一的调度指令设定，并应通过调节热力网流量控制采暖供水温度符合设定值。

5.4.7 循环泵应根据实测运行参数调整水泵转速。当供热负荷长期未达到设计热负荷或水泵运行长期偏离高效区时，应更换水泵。

5.4.8 蒸汽热力站采暖系统的凝结水应全部回收。

5.5 室内采暖系统

5.5.1 当采暖系统的布置形式、散热设备、调控装置、运行方式等改变时，应重新进行水力平衡检测和调节。

5.5.2 供热单位应定期检测、维护或更换热量计量装置或分摊装置。

5.5.3 供热单位应定时巡视记录建筑物热力入口处每个系统的供热参数。当供热参数与规定值偏差较大时，应调节控制阀门。

5.6 监控系统

5.6.1 热源、热网、热力站的运行参数应由热网监控中心进行统一调度，供热参数应根据室外气象条件及热网供热调节曲线确定。

5.6.2 供热调节曲线应根据热用户的用热规律绘制，且应根据实际供热效果进行修正。

5.6.3 每年采暖期前应依据供热面积的增减情况，重新核实新采暖期的热负荷、编制当年的供热系统运行方案、绘制新采暖期的水压图，并应针对每个热用户进行初调节、建立新的水力平衡。

5.6.4 多热源供热系统应根据各热源的能耗指标确定热源的投入顺序。能耗较低的热源应作为基本热源，能耗较高的热源应作为调峰热源。

5.6.5 监控系统采集的热源、热网、热力站、热力入口等处的运行参数应定期进行人工核实，并应及时修正测量误差。

6 节能评价

6.0.1 供热系统所有设备的能效指标不应低于国家现行标准规定的节能评价值。

6.0.2 锅炉运行应符合现行国家标准《工业锅炉经济运行》GB/T 17954的规定，热效率应达到二等热效率指标，综合技术指标宜达到二级运行标准。

6.0.3 热水锅炉房（不包括热网循环泵）总电功率与总热负荷的比值不宜大于表6.0.3规定的数值。

表6.0.3 锅炉房电功率与热负荷比值（kW/MW）

锅炉类型	电功率与热负荷比值
层燃锅炉	14
流化床锅炉	29
燃油、燃气锅炉	4.5

6.0.4 热网循环泵单位输热量的耗电量不应高于规定值的1.1倍。

6.0.5 热水供热系统平均补水率应符合下列规定：

1 间接连接热力网的热源补水率不应大

于0.5%；

2 直接连接热力网的热源补水率不应大于2%；

3 当街区供热管网设计供回水温差大于15℃时，热力站（或热源）补水率不应大于1%；

4 当街区供热管网设计供回水温差小于或等于15℃时，热力站（或热源）补水率不应大于0.3%。

6.0.6 蒸汽热源的采暖系统凝结水总回收率宜大于90%。

6.0.7 供热管网水力工况应符合下列规定：

1 热源、热力站的循环流量不应大于规定流量的1.1倍；

2 街区热水管网水力平衡度应在0.9～1.1范围内；

3 热源、热力站出口供回水温差不宜小于调节曲线规定供回水温差的0.8倍。

6.0.8 室内温度不应低于设计温度2℃，且不宜高于设计温度5℃。

6.0.9 供热管道保温应符合下列规定：

1 地下敷设的热水管道，在设计工况下沿程温度降不应大于0.1℃/km；

2 地上敷设的热水管道，在设计工况下沿程温度降不应大于0.2℃/km；

3 蒸汽管道在设计工况下沿程温度降不应大于10℃/km。

本规范用词说明

1 为便于在执行本规范条文时区别对待，对要求严格程度不同的用词说明如下：

1）表示很严格，非这样做不可的用词：
正面词采用"必须"，反面词采用"严禁"；

2）表示严格，在正常情况下均应这样做的用词：
正面词采用"应"，反面词采用"不应"或"不得"；

3）表示允许稍有选择，在条件许可时首先应这样做的用词：
正面词采用"宜"，反面词采用"不宜"；

4）表示有选择，在一定条件下可以这样做的用词，采用"可"。

2 本规范中指定应按其他有关标准、规范执行的写法为"应符合……的规定"或"应按……执行"。

引用标准名录

1 《公共建筑节能设计标准》GB 50189

2 《设备及管道绝热技术通则》GB/T 4272

3 《工业阀门　压力试验》GB/T 13927-2008

4 《工业锅炉经济运行》GB/T 17954

5 《链条炉排锅炉用煤技术条件》GB/T 18342

6 《城镇供热管网设计规范》CJJ 34

7 《严寒和寒冷地区居住建筑节能设计标准》JGJ 26

中华人民共和国行业标准

城镇供热系统节能技术规范

CJJ/T 185—2012

条 文 说 明

制 订 说 明

《城镇供热系统节能技术规范》CJJ/T 185 - 2012经住房和城乡建设部2012年11月2日以第1532号公告批准、发布。

为便于广大设计、施工、科研、院校等单位有关人员在使用本规范时能正确理解和执行条文规定，《城镇供热系统节能技术规范》编制组按章、节、条顺序编制了本规范的条文说明，对条文规定的目的、依据以及执行中需注意的有关事项进行了说明。但是，本条文说明不具备与标准正文同等的法律效力，仅供使用者作为理解和把握标准规定的参考。

目　次

1 总 则

1.0.1 《中华人民共和国节约能源法》规定，节约资源是我国的基本国策，国家实施节约与开发并举、把节约放在首位的能源发展战略，鼓励、支持开发和利用新能源、可再生能源，对实行集中供热的建筑分步骤实行供热分户计量、按照用热量收费的制度，新建建筑或者对既有建筑进行节能改造，应当按照规定安装用热计量装置、室内温度调控装置和供热系统调控装置。同时要求有关部门依法组织制定并适时修订有关节能的国家标准、行业标准，建立健全节能标准体系。

在我国北方地区建筑能耗中采暖能耗占较大比重，减少采暖能耗的途径包括围护结构节能和供热系统节能两个方面，其中供热系统节能的潜力很大，是实现建筑节能目标的关键。编制本规范的目的是制订一部针对整个供热系统的关于节能的专门规范，对民用建筑集中供热工程从建设到运行的全过程提出节能要求，为落实国家有关政策提供技术支撑。

1.0.2 本规范适用对象为供应民用建筑（住宅及公共建筑）采暖的供热系统，内容包括热源、管网、热力站、热用户等供热系统的各个环节，从设计、施工、验收、运行及改造的全过程提出节能要求。其中热源包括热电厂首站、区域锅炉房、用户锅炉房、热泵机房等，不包括户用空调、燃气壁挂炉等分户采暖热源。本规范的规定只涉及供热系统中与能耗有关的部分，供热系统其他方面的规定由相应标准规定。

1.0.3 节能的目的是通过合理用能、提高效率，减少能源浪费。

1.0.4 在项目可行性研究、初步设计、施工图等各阶段设计文件中，应明示各项能耗指标，作为项目立项、评估、设计、审查、验收、运行的依据。

3 设 计

3.1 一 般 规 定

3.1.1 本条规定的目的是要在整个设计过程对供热系统能耗进行控制，随着工程设计的深化，切实落实节能措施。

3.1.2 进行供热系统设计时，首先需要确定设计热负荷，根据热负荷进行水力分析，选择管网及设备的规格容量，制定系统运行方案。因此准确确定设计热负荷是供热系统节能设计的基础。设计时要对供热范围内的热用户的具体情况进行分析，对既有建筑需调查历年实际运行热负荷及耗热量，对新建建筑可参考条件相近建筑的实际热指标，根据供热建筑围护结构及供热系统条件核实该项目的设计热负荷。对不符合节能标准的既有建筑，在供热系统进行设计时，需考虑围护结构和采暖系统节能改造后耗热量的变化情况。

3.1.3 集中供热系统涉及多种设备，设计时应选用符合国家节能标准的产品。我国已有多项工业产品的能效等级标准，规定了能效限定值和节能评价值，本条要求设备的能效等级达到相应标准规定的节能评价值。相关的标准有《工业锅炉能效限定值及能效等级》GB 24500、《通风机能效限定值及能效等级》GB 19761、《清水离心泵能效限定值及节能评价值》GB 19762、《冷水机组能效限定值及能源效率等级》GB 19577、《中小型三相异步电动机能效限定值及能效等级》GB 18613、《三相配电变压器能效限定值及节能评价值》GB 20052 等。

3.1.4 保温材料性能采用《设备及管道绝热技术通则》GB/T 4272 的规定。

3.1.5 供热系统附属建筑主要指独立建造的监控中心、客服中心及办公楼等，要符合公共建筑节能标准。

3.2 供 热 系 统

3.2.1 热水作为供热介质具有热能利用率高、运行工况稳定、输送距离长、供热运行调节方便、热损失小、热网建设投资少等优点，采暖热负荷一般均采用热水作供热介质。当热网以蒸汽热负荷为主时，应在采暖热负荷集中的区域设置区域汽水换热站或在用户热力站设汽水换热器供应采暖热负荷。我国有些城市的既有蒸汽管网因工业布局调整，蒸汽热用户逐步减少变为以采暖热负荷为主，因蒸汽管网凝结水回收较难，排放热损失大，造成系统能源浪费。因此对以采暖为主的蒸汽供热管网需逐步改造为热水供热管网。

3.2.2 考虑到目前我国热电联产项目建设的实际情况，新建燃煤热电厂规模较大且远离城市中心区，供热半径较大，本条规定主要针对燃煤热电联产系统。热水管网如果供热半径大于 10km，一般需要设置中继泵站，管网循环泵能耗高且对安全运行不利，因此规定供热半径不宜大于 20km。蒸汽管网散热损失和凝结水损失较大，不适合长距离输送，根据对城市蒸汽热力网的技术经济分析，供热半径 6km 以内是比较可行的。

3.2.3 供回水温度的确定需兼顾系统电耗和能源的品位。设计时应根据项目具体条件选择供回水温度。

1 大型供热系统一般采用高温热水供热，在热力站换热或混水，再将低温热水供至用户。提高热源供水温度和降低回水温度，可减少循环水流量节约循环泵电耗，并增加管网供热能力。目前国内大型供热系统热电厂和区域锅炉房常规设计供回水温度为 130℃/70℃，经热力站换热后采暖系统设计供回水温度为 85℃/60℃。热力网温度 130℃以下可以使用直埋预制保温管，用户采暖系统温度85℃也满足常用塑料管材的耐温要求。如室内采暖系统采用低温热水采暖方式，或热力站采用热泵等供热方式，热力网回水温度还可以降低，进一步提高热力网输送效率。

2 用户小型热源和热力站与用户距离较近，直接与室内系统连接，供水温度、供回水温差的确定与室内系统形式及采用的管材有关。现行行业标准《严寒和寒冷地区居住建筑节能设计标准》JGJ 26-2010的规定，散热器采暖系统采用金属管道供水温度≤95℃，采用热塑性塑料管供水温度≤85℃，采用铝塑复合管供水温度≤90℃，供回水温差均要求≥25℃。本条与其规定一致，目的是避免小温差大流量运行，减少循环泵电耗。

3 利用余热或可再生能源供热时，降低供热温度可以节约高品位热能，充分利用低品位热源，并可增加余热和可再生能源利用量。此时根据具体情况优化调整系统形式，热源温度可以低于常规采暖系统设计温度。

3.2.4 热源形式及布局的选择会受到资源、环境等多种因素影响和制约，热源远离用户对改善城市环境有利，但输送距离加大将会增加供热系统能耗，为此必须客观全面地进行分析比较，从节能、环保、经济等角度综合考虑。

1 热电联产能源利用率高，是大型集中供热的主要形式。大型供热系统采用多热源供热，不仅提高了供热可靠性，热源间还可进行经济调度，降低整个系统的总能耗，最大限度地发挥热电联产的节能、环保效益。为减少热网投资和运行能耗，要求调峰热源建设在热用户附近，并按多热源联网运行方式制定合理的运行方案。

2 燃煤锅炉房锅炉容量较大时热效率较高，且污染物排放控制较好，供热范围较大时总能耗较低。

3 燃气锅炉房使用清洁燃料，且锅炉容量对热效率影响较小，供热范围较小时管网输送能耗较低。

4 燃气冷热电联供系统设在用户附近，以燃气为一次能源用于发电，利用发电余热制冷、供暖、供生活热水，燃气梯级利用与单纯供热相比提高了能源综合利用率，适用于有全年冷热负荷的公共建筑。由于冷水输送距离不长，冷热电联供系统供能范围较小。

5 利用企业生产过程产生的余热（包括电厂冷却水余热）为周边的建筑供热，不仅利用了余热热能，而且减少了处理余热的能耗。当余热温度较低时，可利用热泵提高温度。

6 国家鼓励、支持开发和利用新能源、可再生能源，充分利用地区资源优势，开发利用可再生能源供热符合国家节能环保政策。

3.2.5 确定中继泵站的位置首先要满足水力工况要求，在进行站址方案比选时，要计算热源循环泵和所有中继泵运行功率，使热网循环泵和中继泵总能耗最小。

3.2.6 在热力站设置分布式变频循环泵代替热源循环泵或中继泵的方式，分布式循环泵可以在所有热力站均设置，也可在部分热力站设置，在一定条件下比集中循环泵或中继泵节能。但一般大型水泵效率高于小型水泵效率，且随着运行期间供热参数的调节，热力站入口处压力、压差及分布式加压泵运行工作点也会变化，循环泵总效率在实际运行工况可能低于设计工况。因此只有比较全年总耗电量，才能明确分布式加压泵系统是否节能。

采用分布式循环泵时要注意适用条件，才能达到节能效果。

1 既有供热系统改造时在热力网末端设分布式加压泵，可以减少管网改造和中继泵站建设，因既有管网的水力工况已有实测数据，各热力站的加压泵扬程选择可以比较准确，水泵可在高效区运行。

2 新建供热系统如果建设周期长，逐期发展过程中热力网水力工况会有较大差异，不适合采用分布式加压泵系统；建设周期较短的系统，热力网压差较稳定，加压泵工作点可长期在高效区。

3 热力网干线阻力较高，分布式加压泵节能效果较明显。

4 热力网各环路阻力相差悬殊时，集中式循环泵需按最不利环路阻力确定扬程，水泵功率较高。采用分布式加压泵可根据各环路阻力分别确定扬程，循环泵总功率较小。

3.3 热　源

3.3.1～3.3.3 在供热项目可行性研究、初步设计、施工图各阶段设计文件中，应制定实现节能目标的技术措施，并明示有关能耗指标，以便在下一阶段工程实施中落实和检验。本规范所指热源包括热电厂首站、区域锅炉房、用户锅炉房、热泵机房等，本条列出的内容是为了满足系统能耗分析的需要，热源运行需要的其他内容不在本规范中重复。热源设计时，热力网及热力站系统也在同时设计，热源设计单位可以根据热网设计方案确定热网循环泵耗电量和供热参数调节控制方式，作为项目节能评估和运行评价的参考依据。

3.3.4 根据民用建筑采暖热负荷的特点，采暖锅炉运行负荷经常低于设计负荷，锅炉负荷率降低时热效率降低，因此不宜使锅炉长时间低负荷运行。锅炉房设计时根据热负荷变化规律和锅炉效率变化规律，通过锅炉容量与运行台数的组合，提高单台锅炉负荷率，在供热系统低负荷运行工况下锅炉机组能高效率运行。

3.3.5 燃油、燃气锅炉自动化程度较高，能够根据设定的出水温度自动调节燃烧方式，较大容量的锅炉采用比例调节方式比分段调节方式更节能。

3.3.6 燃煤锅炉房运煤系统的节能措施应考虑运输系统布置、设备选择、调节控制、燃料计量等环节。从受煤斗向带式输送机、斗式提升机等设备给料应装设均匀给料设备，链条锅炉宜采用分层给煤燃烧装置，流化床锅炉的给料设备应能控制给料量。

3.3.7 锅炉除灰渣系统设计时应考虑运行调节和节煤措施。

3.3.8 锅炉烟风系统应优化配置，减小阻力，均匀送风，并具备调节手段，提高锅炉运行效率，减少电能消耗。

3.3.9 热网循环泵是供热系统主要耗能设备之一，合理选型是供热系统节能的基本条件。

1 新建系统设计和既有系统改造设计时均应进行水力计算，循环泵流量和扬程应与系统设计流量和计算阻力接近，避免水泵选型过大。分期建设和既有系统循环泵偏大时，要考虑调整水泵运行参数的可行性，运行能耗大的系统需更换水泵。

2 循环泵选型时应分析热源与热网调节方式，热网流量与阻力变化规律，水泵流量、扬程、转速与效率的关系，保证水泵在整个供热期内高效运行。

3 水泵调速的特性要满足热网调节的功能要求，并联运行的水泵同时调速可以保证水泵在调速时高效运行。

3.3.10 热电厂首站、大型工业锅炉房等使用蒸汽的热源，在蒸汽参数适合时，可利用较高压力的蒸汽驱动鼓风机、引风机、热网循环泵等耗能较高的设备，再用较低压力的蒸汽加热热网循环水，蒸汽能量得到梯级利用，可明显节约设备电耗。

3.3.11 充分利用余热是提高锅炉房能效的途径。

1 燃油燃气锅炉排烟中水蒸气含量较大，采暖系统回水温度一般低于烟气露点温度，有效利用烟气中水的潜热可以提高锅炉运行热效率。设置烟气冷凝装置的方法可以选用冷凝式锅炉，也可以采用烟道冷凝器。

2 选用设有省煤器和空气预热器的燃煤锅炉可以有效利用烟气余热。如锅炉排烟温度过高也可以设外置式省煤器或空气预热器。

3 有组织通风可减少设备间排风量，同时利用设备散热量。锅炉鼓风机从房间上部吸取热空气，可以减少加热室外冷空气的耗热量。但在冬季锅炉鼓风机的室内吸风量要根据热平衡计算确定。

4 蒸汽系统要防止泄漏损失，并充分利用凝结水、连续排污水和二次蒸汽的热量。蒸汽锅炉的排污水还可作热水热网的补充水。

3.3.12 自动控制是提高运行效率的重要措施。

3.3.13 热源出口的供热参数应按热负荷需要进行调节。

3.3.14 应根据系统调节控制要求设置参数监测仪表，为节能运行提供实时运行数据。

3.3.15 单独计量设备的耗燃料量、耗电量有利于进行运行能耗分析，选择和采取适当的节能措施。国家标准《用能单位能源计量器具配备和管理通则》GB 17167－2006 规定，单台设备耗电量大于或等于 100kW 的为主要用电设备，要求主要用电设备的计量器具配备率为 95%。供热热源的主要用电设备包括热网循环泵、锅炉辅机和辅助设备，上述标准要求在每个用能单元配备计量器具。

3.3.16 无功补偿可按现行国家标准《供配电系统设计规范》GB 50052 计算。

3.3.17 容量较大的用电设备采用高压供电可减少配变电系统的电能损耗。本条规定采用《民用建筑电气设计规范》JGJ 16 规定，当用电设备容量在 250kW 及以上时，宜以 10kV 或 6kV 供电。

3.3.18 保温是供热系统节能的重要措施之一。现行国家标准《设备及管道绝热技术通则》GB/T 4272 规定，表面温度高于 50℃的设备、管道及其附件必须保温。热源内除输送供热介质的管道及附件需要保温外，换热器、锅炉、烟道、水箱等有可利用热能的设备也需要保温。

3.4 热 力 网

3.4.1 热力网指以热电厂或区域锅炉房为热源，自热源经市政道路至热力站的供热管网，热力网供热介质一般为高温热水或过热蒸汽。在热力网项目可行性研究、初步设计阶段的设计文件中，应明示有关能耗指标，以便在下一阶段工程实施中落实和检验。大型城市供热系统常采用多热源供热系统，需要热力网设计单位确定供热调节方式，并绘制供热调节曲线。热源、热力站、中继泵站的优化运行需要根据热网调节曲线进行，在非设计工况下初调节和检测时需要根据热网调节曲线确定运行参数及能耗指标。根据供热调节曲线，可以计算各热源运行时间、年供热量、循环泵流量及扬程等数据，提供给各热源设计单位计算热源能耗量。

3.4.2 在热网施工图设计阶段，保温是与能耗直接相关的主要内容，应按管道敷设条件确定管道保温材料，并标明保温结构的各种数据。

3.4.3 管线走向及管路附件设置均影响管网循环泵能耗，管网选线要考虑节能因素，并选择阻力小的管路附件。

3.4.4 城镇热力网管线长、管径大，检修时要排掉大量软化水或除氧水，设分段阀门可以减少检修时的放水量，节约水处理的能耗。《城镇供热管网设计规范》CJJ 34－2010 规定，热水热力网输送干线分段阀门的间距宜为 2000m～3000m；输配干线分段阀门的间距宜为 1000m～1500m。

3.4.5 高温热水和蒸汽管道运行温度高，泄漏的能量损失大。现行国家标准《工业阀门　压力试验》GB/T 13927 规定 A 级的允许泄漏为在试验压力持续时间内无可见泄漏。

3.4.6　热力网管道运行温度高、受力大，法兰连接处容易泄漏，从节能、节水和安全方面考虑，阀门应采用焊接连接。

3.4.7　供热管道直埋敷设没有管沟，节省材料、占地和施工能耗，防水保温效果较好。热水直埋保温管的保温层采用聚氨酯硬质泡沫塑料，工作管、保温层、外护层之间牢固结合为连续整体保温结构，可以利用土壤与保温管间的摩擦力约束管道的热伸长，从而实现无补偿敷设，减少补偿器散热和泄漏损失，与管沟敷设相比可大量节约能源。蒸汽直埋保温管的工作管与外护管能相对移动，管道和管路附件均在工厂预制。直埋敷设供热管道的设计可执行行业标准《城镇直埋供热管道工程技术规程》CJJ/T 81 和《城镇供热直埋蒸汽管道技术规程》CJJ 104。

3.4.8　热力网管道和阀门、补偿器等管路附件均要求保温。《设备及管道绝热技术通则》GB/T 4272 规定了保温材料要求及管道允许最大散热损失值。直埋保温管保温层厚度计算还需要考虑土壤热阻使外护层温度升高的影响。

3.4.9　蒸汽管道温度高，保温结构设计应避免热桥的产生，对支座采取隔热措施。

3.4.10　蒸汽系统回收凝结水可以减少热源水处理能耗，并利用凝结水热能。蒸汽管网沿线产生的凝结水尽量回收至凝结水管道。

3.5　热　力　站

3.5.1、3.5.2　热力站是用来转换供热介质种类、改变供热介质参数、分配、控制及计量供给热用户热量的综合体。根据热力网与用户的连接方式，热力站系统分为直接连接和间接连接形式。间接连接系统设置换热器，热力网的供热介质不直接进入用户，用户侧需设循环泵及补水装置。直接连接系统不设换热器，热力网的供热介质直接进入用户，热力网供水温度高于用户供水温度的系统设有混水装置，温度一致时只通过阀门连接，直接连接系统用户侧可设循环泵也可直接利用热力网压差进行循环。

热力站耗热量的大小直接影响整个供热系统的能耗水平，控制耗热量最有效的途径是随室外温度变化及时调整供热参数及供热量，减少因超温超流量带来的热能浪费。因此采用适当的调节控制方式，按照设定的供热调节曲线控制运行参数，是热力站节能的关键。本规范要求在供热项目可行性研究、初步设计、施工图各阶段设计文件中，制定热力站实现节能目标的技术措施，并明示与能耗相关的参数调节控制方式，以便在下一阶段工程中落实和检验。

3.5.3　热力站的位置尽量靠近用户，有利于用户侧管网水力平衡，并减少循环泵电耗。热力站规模的研究考虑了工程投资、运行费用、运行能耗、水力平衡、调节控制等因素，研究条件为大型城市建筑密度较高的地区，对建筑密度较低的地区热力站合理规模更小。楼栋热力站采用无人值守全自动供热机组，针对用户使用规律确定控制方式，随时监测用户需求自动调节供热量，节能效果更好。供回水温差小的系统流量大，循环泵能耗高，采用楼栋热力站可以缩短室外管网，减少循环泵耗电量。

低温地面辐射采暖及风机盘管等系统供回水温差只有 10℃左右，循环水量较大，室外管网较长时循环泵耗电量很大，因此推荐采用楼栋热力站，缩小室外管网长度。或热力站按常规温度设计，室外管网采用大温差、小流量运行，在热力入口或住户入口设混水泵，满足室内系统循环水量要求。

3.5.4　供热系统或环路的划分要考虑建筑物的用途、使用特点、热负荷变化规律、室内采暖系统形式、管道与设备材质、供热介质温度及压力、调节控制方式等。公共建筑和住宅的供热时间及使用规律不同，分别设置采暖系统有利于供热参数调节和热计量。学校的教室、商场的营业厅、剧场的观众厅、体育馆的比赛厅等非连续使用的场所，分别设置环路可以实现分时供热，如热力站单独设置环路不具备条件，也可以在室内系统进行控制。

3.5.5　热力站采暖系统循环泵耗能较高，合理选型是热力站节能的基本条件。

1　本条要求循环泵均采用调速泵，适应系统调节控制需要，节省水泵电耗。

2　新建系统设计和既有系统改造设计时均应进行水力分析，循环泵流量和扬程应与系统设计流量和计算阻力接近，避免水泵选型过大。分期建设和既有系统循环泵偏大时，要考虑调整水泵运行参数的可行性，运行能耗大的系统可更换水泵。

3　两管制风机盘管空调系统冬季供暖与夏季供冷使用同一条管道，因冬、夏季供回水流量及阻力不同，需要分别进行水力计算，确定冷、热水循环泵能否共用。

4　水泵出口设置止回阀的作用是防止水倒流损坏水泵。并联水泵部分运行时需关闭停运水泵的出口阀门，设止回阀可以减少倒泵时的操作。而只有一台循环泵的系统，水泵停运时进出口压力一致，止回阀不起作用，循环泵出口不设止回阀可以减少系统阻力损失。

3.5.6　当热力网的条件符合第 3.2.6 条时，设置分布式循环泵可以节能。由于分布式循环泵代替了调节阀，系统设计要满足热力站调节控制的要求。

1　每个系统单独设置分布式循环泵，可以根据各系统的运行特点单独调节，代替电动调节阀的作用。

2 分布式循环泵调速除节电外，主要是为了满足功能需要。通过调节水泵转速改变热力网供水流量，满足用户热负荷需求。

3 水泵扬程与热力网水力工况吻合才能达到更好的节能效果。对运行期间压力变化较大的热力网（如多热源或变流量系统），水泵运行时压力与流量变化不同步会偏离高效点，选择水泵特性曲线时应考虑热力网压力变化特性。

3.5.7 循环泵转速按管网末端压头控制的节能效果好于按站内供回水压差控制，但受条件限制远程控制有一定难度。本条程度用词采用“宜”，建议压差控制点尽量接近末端用户。

3.5.8 热力站设置自动控制系统，能够保证节能效果。监控系统可由监控中心根据室外温度、日照、风速等气象条件和供热调节曲线确定供水温度，通过通信网络设定用户侧供热参数，由热力站自动控制供热量。如果不能实现集中设置供热参数，则在每座热力站设室外温度监测装置，根据设定的供热调节曲线设定用户侧供热参数，自动控制供热量。

3.5.9 热力站自动控制用户侧供热参数和供热量的方法，要依靠热力网侧的调控装置实现。

1 热力站各系统设电动调节阀，通过调节热力网流量，维持用户侧供水温度符合设定值，达到根据气象条件自动控制供热量的目的。

2 在热力网总管设压差控制阀，可以保证电动调节阀的调节性能。

3 分布式循环泵通过调速达到与电动调节阀同样的功能。如果循环泵的调节范围不能适应热力网压力变化范围，仍需设压差控制阀。

4 热力站控制总回水温度，可以避免回水温度过高，保证热力网水力平衡。

3.5.10 热力站在热力网侧设热计量装置，有利于分析热力网水力平衡状况，为系统调节提供依据。用户侧是否再设热计量装置需要根据具体情况确定。

3.5.11 本规范的适用范围为民用采暖供热系统，热力站汽水换热器排出的凝结水全部可以回收。采用闭式凝结水回收系统的目的在于避免凝结水接触空气，减少凝结水溶氧，减少凝结水管道腐蚀，提高送回热源的凝结水质量，从而减少热源进行再处理的能耗。

3.5.12 热力站所有输送供热介质的管道、管路附件及换热器等设备，不论介质温度高低均需要保温。

3.6 街区供热管网

3.6.1 街区供热管网是指热力站或用户锅炉房、热泵机房等小型热源至建筑物热力入口的室外供热管网。在可行性研究和初步设计阶段要确定供热参数、水力平衡方式和热计量方式。

3.6.2 街区供热管网施工图文件要标注每个热力入口的供回水温度、流量和资用压头，作为水力平衡检测、调试和运行调节的依据。

3.6.3 热力入口处设置调控装置及检测仪表，以便调节室外管网的水力平衡。

3.6.4 街区管网水力不平衡是造成供热系统热能和电能浪费的主要原因之一，水力平衡是节能的重点工作。此处规定各并联环路的计算压力损失差值不大于15%，与暖通设计相关标准取得一致。当管网供热范围较小时，通过调整管径可以做到各环路阻力基本平衡；当供热范围较大时，仅通过调整管径很难满足平衡要求，因此需要设置调控装置。调控装置可以在所有热力入口安装，或在部分资用压头大的热力入口安装，必要时也可装在管网支线上。调控装置采用压差控制阀能更好地适应用户自主调节的变流量系统。

3.6.5 室内采用低温地面辐射或风机盘管等采暖方式时设计供水温度较低，要求水流量较大。当管网供热半径较大时，在用户室内或热力入口处设混水装置，混水装置将室外管网供水与部分室内回水混合，保证室内系统供水温度和流量符合要求。管网采用较高的供水温度，室外管网水流量较小，可以减少热力站循环泵能耗。

3.6.6 供热管道直埋敷设取消了管沟，节省材料、占地和施工能耗，防水保温效果较好。热水直埋保温管为预制整体保温结构，可以实现无补偿敷设，减少补偿器热损失和故障率，与管沟敷设相比可大量节约能源。供热管道无补偿直埋敷设的设计方法见行业标准《城镇直埋供热管道工程技术规程》CJJ/T 81。

3.6.7 行业标准《严寒和寒冷地区居住建筑节能设计标准》JGJ 26 中规定了常用管径的保温最小厚度，低温热水管道可以比较方便地选用。

3.7 室内采暖系统

3.7.1 室内采暖系统是供热系统的终端，由室内散热设备和管道等组成，使室内获得热量并保持一定温度。本规范所指室内采暖系统形式包括散热器采暖、辐射采暖、风机盘管采暖等。由于室内采暖系统的能耗是整个供热项目能耗的基础，合理调节对供热系统整体节能目标的实现起了至关重要的作用，因此要求在施工图设计阶段，除了标明与室内采暖系统相关的能耗参数外，还应标明室内温度调节控制方法、调节控制装置的技术要求、室外管网入口处的参数要求等，以便在下一阶段工程实施中落实和检验。

室内温度控制是建筑节能的必要条件，在散热设备管路上安装恒温控制阀，将室温控制在适宜的水平，避免住户因室温过高开窗通风等浪费热能的行为。设计要根据系统特点规定室内温度调节控制方法，并提出调节控制装置的特性参数、安装、调试、检验、验收、使用、维护等技术要求，以保证采暖房间室温调节效果。

3.7.2 室内采暖系统环路的布置应考虑调控与计量

的要求，既有采暖系统改造要结合原采暖系统形式选择适用的调控与计量形式。在每个采暖房间均设置室内温度调控装置，可以满足用户对室内温度的不同需求，室内舒适度和节能效果更好。如既有采暖系统改造难以实现分室控制，也可采用分户控制的方式。

3.7.3 采用地面辐射采暖、风机盘管采暖等低温热水采暖方式适合较低的供水温度，可以充分利用低品位热能和可再生能源，提高供热系统的节能效益。

3.7.4 为减少热损失，敷设在管沟、管井、楼梯间、设备层、吊顶内的管道及附件应保温。分户热计量系统在供回水干管和共用立管至户内系统接点前，位于室内的管道也应保温。

3.8 监控系统

3.8.1 监控系统包括供热监控中心SCC、本地监控站LCM及通信系统。监控中心具有能耗分析软件和水力分析软件，根据供热管网实际运行数据，建立管网运行实时水压图，能够及时调整循环泵运行参数，对各热源、中继泵站、热力站的供热量及供热参数进行优化调度。

3.8.2 供热系统的监测数据是监控中心进行各种能耗分析及调度的依据。

3.8.3 为了进行能耗分析并实现优化调度，监控中心需了解热源的能耗量、供热量、供热参数等信息。

3.8.4 热力站热力网侧的运行参数能反映热力网的水力工况，将各热力站的监测数据传至监控中心，则可了解全网的运行工况，及时进行调节，实现节能运行。用户侧的运行参数反映热力站调节水平和能耗水平。本条规定热力网侧要监测热量，用户侧是否监测热量要根据热力站实际情况决定。

3.8.5 如果有条件也可以在热力入口设自动监测装置，及时发现街区管网水力失调等问题。

4 施工、调试与验收

4.1 一般规定

4.1.1 强化供热系统施工现场管理，在施工过程中加强节能节约活动，杜绝施工浪费现象，是城镇供热系统节能的重要环节。

4.1.2 导热系数、密度、吸水率是保温材料的关键性能指标，对设备及管道散热损失影响较大，除应具有出厂证明文件外还要求材料到达现场后进行抽检。

4.1.3 设备、管道及管路附件保温结构施工需符合设计要求，以达到供热系统能耗指标。

4.2 热源与热力站

4.2.1 锅炉受热面存在污垢影响传热效率，锅炉安装完成后要将污垢清除干净。锅炉各部位应严密，防止漏风、漏煤，保证锅炉良好的燃烧状态，减少热损失。

4.2.2 锅炉漏风试验发现的漏风缺陷要采取措施进行处理。现场组装锅炉带负荷连续试运行48h的要求与现行国家标准《锅炉安装工程施工及验收规范》GB 50273－2009规定一致，目的是检验锅炉的设计、制造、安装、燃料及操作情况。

4.2.3 现场组装锅炉验收要求进行热效率测定。

4.2.4 系统安装完成后检查各项节能设施是否安装到位。

4.2.5 节能设施安装完成后，需要进行调试并达到规定的性能指标，才能保证运行时的节能效果。

4.3 供热管网

4.3.1 管沟、检查室进水保温层受潮会明显增加散热损失，直埋管道保温端头吸水也可造成整个保温结构失效。检查室内环境湿度过高，其中安装的设备、阀门、仪表等容易腐蚀或损坏。管沟、检查室结构及管道穿墙处要严格做好防水，并且应有集水、排水设施，必要时可加通风措施，以便及时排除管沟、检查室内水汽。

4.3.2 工厂预制直埋保温管的质量更可靠，目前直埋敷设热水和蒸汽管道均采用预制直埋保温管。在整个施工安装过程中要保护好保温接口和外护层，保温管接头处进水和外护层损坏会影响保温结构密封质量，使直埋保温管散热损失增大，还可能腐蚀管道。

4.3.3 直埋保温管接头是直埋管道的薄弱环节，接头施工质量是管网保温效果和安全运行的关键环节。

1 施工环境、材料成分配比等条件均影响保温接头质量，应事先进行工艺型式检验。

2 外护层或外护管及其粘接材料、防腐材料与预制保温管材料粘结牢固，抗拉和抗剪切强度应与直管相同，才能保证直埋管道结构稳定。

3 直埋热水管道聚氨酯保温层发泡时在外护层或外护管上留有临时发泡孔，不及时进行密封，水汽进入会破坏接头保温结构。

4 直埋热水管道聚氨酯保温层端口应安装收缩端帽，直埋蒸汽管道保温端口应安装防水封端，防止积水或水汽进入保温层。

4.3.4 系统安装要保证各项节能设施安装到位。

4.3.5 街区供热管网在热力入口或管网支线装有调节阀门，为满足所有用户供热质量要求，需要进行水力平衡调试。当室外管网或室内采暖系统进行扩建或改造后，原有水力工况发生改变，会造成水力失调，需要重新进行水力平衡调试。

4.4 室内采暖系统

4.4.1 散热器罩设置不当会严重影响散热效果。

4.4.2 恒温阀的温度传感器正确反映房间温度，才能有效控制室内温度。温度传感器要装在通风、无遮挡、无日晒的位置，不要装在散热器罩内、采暖管道上方、外墙上等位置。

4.4.3 在经过计算不能达到水力平衡要求时，系统需要安装水力平衡装置。室内系统水力平衡装置包括可以预设定的恒温阀、静态平衡阀、自力式控制阀等，安装后要按规定参数进行调试或设置，保证所有恒温阀正常工作。

4.5 监控装置

4.5.1 监控系统的仪表及装置安装前需校验，满足监测、控制、计量、能耗分析的需要。进行贸易结算的计量仪表要符合贸易结算精度要求。

4.5.2 测温元件应能反映所测介质的温度，水温测点不应设在水流死角，空气温度测点不应设在高温管道或烟道上方，且不应直接日晒。

4.5.3 监测、计量装置的性能要统筹考虑，便于供热系统各部位监测数据的集中管理和分析。

4.5.4 为计量准确提出的要求。

1 应根据计量表产品形式确定前后直管段长度。

2 热量表由流量传感器、温度传感器和计算器组成，要求采用配套的温度传感器以保证热量计量精度。

4.5.5 管道施工时要按仪表要求预留传感器安装条件，保温管道在保温施工时也要注意预留检测孔，并在管道外及保温结构外做标记，以免安装仪表时再次开孔。

4.5.6 调控装置安装完成后需进行调试，以达到要求的运行状态。

4.5.7 监控系统要满足预定的功能，需进行调试和检测。将供热系统各关键点的运行数据采集和传送至监控中心，进行数据计算及分析，并下达调度指令。

4.6 工程验收

4.6.1 带负荷试运行时间的规定与现行国家标准《锅炉安装工程施工及验收规范》GB 50273－2009 规定一致。试运行期间不一定达到满负荷，所检测的参数根据当时的供热范围及室外温度等条件折算后，判断是否满足要求。

4.6.2 供热工程验收应具备与节能有关的证明文件、试验记录及报告。

4.6.3 要求供热工程总验收前进行系统节能性能检测，了解系统能耗水平。

5 运行与管理

5.1 一般规定

5.1.1 供热系统节能的关键环节是运行管理，供热系统实际能耗的测定和分析，是制定节能运行方案和进行节能改造的依据。

5.1.2 很多供热系统是逐年发展的，每年的实际供热负荷会发生变化，供热单位需要分析实际热负荷情况，合理确定该供热系统的节能运行方式。

5.1.3 供热系统热负荷及热源的发展对供热调节方式有不同的要求，供热单位要根据系统的节能运行方式优化供热参数调节方案，按优化的供热调节曲线设定每日的供热参数。

5.1.4 实现供热系统节能，需要运行管理人员掌握节能技术，并严格执行节能措施。

5.1.5 详细的运行能耗记录是进行供热系统能耗分析的基础资料，对节能运行和节能改造非常重要。

5.1.6 供热单位有责任保证节能设施的有效使用。

5.1.7 供热单位要保证能量计量的准确性，仪器仪表需要定期校验和检修。

5.1.8 供热系统要逐步淘汰既有系统中正在使用的非节能产品。

5.1.9 近些年我国正在逐步实施既有建筑围护结构和既有供热系统的节能改造。

5.2 热　源

5.2.1 本规范适用对象为供应民用建筑采暖的供热系统，供热单位检测并分析采暖期能耗指标，作为优化运行控制的依据。额定功率大于等于 14MW 锅炉应检测排烟含氧量，额定功率大于 4MW 小于 14MW 锅炉宜检测排烟含氧量，检测范围与《锅炉房设计规范》GB 50041－2008 规定一致。

5.2.2《工业锅炉能效测试与评价规则》TSG G0003－2010 规定，工业锅炉系统的主要能效评价指标为系统单位输出热量的燃料消耗量、辅机和辅助设备消耗电量、介质补充量。本条针对供热热源的行业特点做了以下调整：

1 增加了热指标，用于评价供热建筑围护结构节能水平；

2 增加了循环水量指标，用于评价系统水力平衡状况；

3 增加了单位供热量的热网循环泵耗电量，用于评价循环泵运行效率；

4 补水量指标采用补水率，符合供热行业习惯。补水率为供热系统平均单位时间补水量与总循环流量的百分比。

5.2.3 详细的运行记录是进行供热系统能耗分析的基础资料，对节能运行和节能改造非常重要。

5.2.4 锅炉运行调节的目的是最大限度地保证锅炉在高效率下运行，当初、末寒期热负荷需求较低时，可以调整锅炉运行台数，提高单台锅炉的负荷率。

5.2.5 为了保证燃煤锅炉高效运行，要求按批次进行煤质分析和化验。

5.2.7 自动控制是提高运行效率的重要措施。

5.2.8 锅炉运行送风量应在满足燃烧工况的同时减少过量空气热损失，并以合理比例使用二次风减少排烟固体不完全燃烧热损失。本条过量空气系数控制值摘自现行国家标准《工业锅炉经济运行》GB/T 17954－2007。

5.2.9 负压燃烧锅炉应防止冷空气吸入炉膛，减少热损失。

5.2.10 减少排烟热损失可以提高锅炉热效率。本条数值摘自现行国家标准《工业锅炉经济运行》GB/T 17954－2007，采用有尾部受热面的数据。

5.2.11 燃煤锅炉灰渣或飞灰可燃物含量高会降低锅炉热效率。本条数值摘自现行国家标准《工业锅炉经济运行》GB/T 17954－2007，表中数值为层燃锅炉对炉渣可燃物含量及流化床燃烧锅炉飞灰可燃物含量的要求。

5.2.12 锅炉受热面应清洁，保证传热效率。

5.2.13 蒸汽热源减少热损失的节能要求。

5.2.14 现行国家标准《工业锅炉经济运行》GB/T 17954－2007 规定，运行考核的时间间隔不超过 3 年。发现锅炉热效率明显降低时应及时检修维护。

5.2.15 供热系统实际运行的水力工况会与设计参数有差异，需要在运行时实测系统流量、压力等数据，调整水泵运行特性，才能达到节能目的。如果供热负荷发展缓慢长期不能达到设计热负荷，或长期偏离设计热负荷，循环泵长期在低效区运行能耗较大，要考虑过渡措施。

5.3 供 热 管 网

5.3.1 热力网运行单位需要监测各关键点的供热参数及供热量，及时了解管网水力工况和各项能耗以优化调整运行状态，热力网运行关键点主要是起点、末端及中间参数变化点。热源出口参数代表管网起点运行参数，多热源供热系统要检测各热源出口管网参数；典型热力站入口参数可以代表管网末端及支线运行参数；中继泵站是管网主要参数变化点。热力网中主要耗电设备为中继泵，与热源循环泵共同克服热力网循环阻力。

5.3.2 街区管网主要监测起点和末端运行参数。

5.3.3 供热管网能效指标针对供热行业特点做了以下规定：

1 热指标用于评价建筑围护结构节能水平；

2 水力平衡度通过各热力站或建筑入口实测流量计算，用于评价系统水力平衡状况；

3 补水率用于检查管网失水状况；

4 管道热损失是供热管网的主要节能指标，检测管网温度降可以比较方便地评价管道保温的有效性。

5.3.4 供热系统施工完成后要对管网进行调节，以保证水力平衡减少能耗损失。当集中供热系统有新用户并入时，需重新对管网进行调节，并评估其对热网能耗水平的影响，避免对既有热网中其他部分造成不利影响。

5.3.5 街区供热管网对水力平衡要求较高，热负荷变化较大时应及时调整。

5.3.6 保温损坏和管路附件密封不严造成管网热损失和失水，管网巡检时应特别注意。

5.3.7 管沟、检查室可能有地表或地下水渗入，潮热环境容易损坏保温结构，应及时排除积水保持管沟、检查室干燥。

5.4 热 力 站

5.4.1 热力站与节能运行有关的内容主要包括供热参数、热负荷、流量、耗电量等。

5.4.2 针对热力站特点规定能效指标：

1 热指标用于评价建筑围护结构节能水平；

2 耗热量及耗电量是指一段时间内或一个采暖期总耗热量及耗电量，用于评价总能耗水平；

3 热力网侧循环水量指标用于评价系统热力站控制系统的运行状况；

4 用户网侧循环水量指标用于评价管网水力平衡状况；

5 补水率用于检查管网失水状况。

5.4.3 热力站应按当年的热负荷和调节曲线设定循环流量，避免大流量运行。

5.4.4 集中供热系统每年会有新用户接入，热力网水力工况可能发生变化，热力站应在采暖初期按当年的热负荷和调节曲线校核供热参数，不符合时应调节控制阀门。

5.4.5 详细的运行能耗记录是进行供热系统能耗分析的基础资料，对节能运行和节能改造非常重要。无人值守的热力站定时巡视检查监控系统上传数据的准确性。

5.4.6 热力站的调节方式为按调节曲线设定用户侧温度，由用户侧温度信号控制热力网侧调节阀开度。

5.4.7 供热系统实际运行的水力工况会与设计参数有差异，需要在运行时实测系统流量、压力等数据，调整水泵运行特性，才能达到节能目的。如果供热负荷发展缓慢长期不能达到设计热负荷，或长期偏离设计热负荷，循环泵长期在低效区运行能耗较大，需考虑过渡措施。

5.4.8 本规范适用对象为供应民用建筑采暖的供热系统，蒸汽热力站采暖系统采用间接换热方式，凝结水热量应回收利用。

5.5 室内采暖系统

5.5.1 室内采暖系统不能随意改动，进行较大改动后要重新进行水力平衡调试。

5.5.2 热量计量及分摊装置有多种形式，用户不能私自拆卸和更换。

5.5.3 供热单位应定时记录运行数据，并及时修正初调节的偏差。

5.6 监控系统

5.6.1 热网监控中心同时监测热源和热用户运行数据，根据实测室外温度、气象预报、热源状况等因素，确定各热源运行方式、供水温度和循环泵运行参数，有利于整个供热系统节能运行。

5.6.2 热水供热系统根据确定的调节方式绘制供热调节曲线，供热调节曲线是以室外温度为横坐标，以热网供回水温度、总循环流量为纵坐标的温度、流量曲线图，根据调节曲线可实现热源、热力站、中继泵站的优化运行。已经投入运行的供热系统根据实测数据修正理论误差，并总结优化调节方式。

5.6.3 大型供热系统每年会有新的热用户或新的热源接入，在采暖期运行前应对运行方案进行节能优化。

5.6.4 多热源供热系统通过各热源运行时间的调度可以最大限度地节能。

5.6.5 监控系统测量误差要及时修正。

6 节能评价

6.0.1 要求供热系统设备的能效指标达到国家相应产品标准规定的节能评价值。

6.0.2 《工业锅炉经济运行》GB/T 17954－2007中所列综合评判技术指标包括运行热效率、排烟温度、过量空气系数和燃煤锅炉灰渣可燃物含量，其中运行热效率为总控制指标。达到一等热效率指标值且其他各项指标均达标为一级运行标准，本条规定取二级运行指标作为节能评价标准。

6.0.3 本条数据参照了《城镇供热厂项目工程建设标准》（建标112－2008）中规定的数值，并根据理论测算分析和供热厂实际运行数据确定。对于燃煤锅炉房是考虑了除尘和脱硫设施的电耗，但由于其除尘、脱硫设施不同，有的增设了脱硝设施，可能会超过该数值，但应尽量降低这些设备的烟气阻力，减少电耗。

6.0.4 热网循环泵耗电量指标根据城镇供热管网规模及设计参数计算。

6.0.5 间接连接热水供热系统的热力网因管材质量、施工及运行管理水平较高，失水率较低；街区供热管网直接连接用户室内系统，管理难度较大，失水率较高。根据实际调查，目前供热企业实际运行的大型热力网补水率为0.7%～1%，街区热网补水率一般大于1%。为了进一步降低补水耗热损失，本规范规定间接连接热力网的补水率不大于0.5%，街区供热管网的补水率不大于1%，低温采暖系统供热温差小，单位供热量循环水量较大，同样规模供热系统失水率数值较低，且本规范第3章推荐低温采暖系统采用楼栋热力站，室外管网较少，规定补水率不大于0.3%。

6.0.6 蒸汽热力网凝结水热损失较大，将换热后的凝结水回收至热源，能够利用凝结水的热能，并能减少蒸汽锅炉给水处理的能耗。

6.0.7 水力平衡是供热系统节能的重要指标。

6.0.8 采暖房间室内温度基本一致是供热系统运行调节的目标，不应存在室温过高的浪费现象。

6.0.9 管道保温在满足经济厚度和技术厚度的同时，应控制管道散热损失，检测沿程温度降比计算管网输送热效率更容易操作。根据现行国家标准《设备及管道绝热技术通则》GB/T 4272给出的季节运行工况允许最大散热损失值，分别计算 $DN200$～$DN1200$ 直埋管道在介质温度为130℃，流速为2m/s时的最大沿程温降为0.07℃/km～0.1℃/km。综合考虑各种管径直埋管道的保温层厚度，将地下敷设热水管道的温降定为0.1℃/km。

中华人民共和国行业标准

城市供热管网暗挖工程技术规程

Technical specification for city heat-supplying pipe net constructed by mining method

CJJ 200—2014

批准部门：中华人民共和国住房和城乡建设部
施行日期：2 0 1 5 年 4 月 1 日

中华人民共和国住房和城乡建设部
公　告

第507号

住房城乡建设部关于发布行业标准《城市供热管网暗挖工程技术规程》的公告

现批准《城市供热管网暗挖工程技术规程》为行业标准，编号为CJJ 200－2014，自2015年4月1日起实施。其中，第1.0.5、4.2.6、11.1.3、14.9.11条为强制性条文，必须严格执行。

本规程由我部标准定额研究所组织中国建筑工业出版社出版发行。

中华人民共和国住房和城乡建设部

2014年7月31日

前　言

根据住房和城乡建设部《关于印发〈2008年工程建设标准规范制订、修订计划（第一批）〉》（建标［2008］102号）的要求，规程编制组经过深入调查研究，认真总结实践经验，参考有关国际标准和国外先进标准，并在广泛征求意见的基础上，编制本规程。

本规程的主要技术内容是：1. 总则；2. 术语和符号；3. 工程地质与水文地质勘察；4. 平纵断面设计；5. 材料；6. 结构上的作用（荷载）；7. 检查室（竖井）结构设计与计算；8. 隧道结构设计与计算；9. 支架结构设计与计算；10. 地下水处治及地层预加固设计；11. 结构防水；12. 施工设计与监控量测；13. 环境风险源专项设计；14. 工程施工；15. 工程验收。

本规程中以黑体字标志的条文为强制性条文，必须严格执行。

本规程由住房和城乡建设部负责管理和对强制性条文的解释，由北京市热力集团有限责任公司负责具体技术内容的解释。执行过程中如有意见或建议，请寄送北京市热力集团有限责任公司（地址：北京市朝阳区西大望路1号温特莱中心A座，邮编：100026）。

本规程主编单位：北京市热力集团有限责任公司

本规程参编单位：北京市热力工程设计公司
北京特泽热力工程设计有限责任公司
北京交通大学
中国市政工程华北设计研究院
天津天材塑料防水材料有限公司
建设部沈阳煤气与热力研究设计院

本规程主要起草人员：刘　荣　贺少辉　牛小化
张玉成　王　水　刘艳芬
董淑棉　陈文化　李承辉
徐金锋　董乐意　李孝萍
王孝国　林纳新　刘世宇
周万彬　姜林庆

本规程主要审查人员：崔志杰　高永涛　高文新
张本秋　张国京　王远峰
王乃震　周江天　陆景慧
张建伟　黄晓飞

目　次

Contents

1 总 则

1.0.1 为使城市供热管网暗挖工程的设计、施工及验收做到技术先进、安全适用、经济合理、确保质量和保护环境，制定本规程。

1.0.2 本规程适用于供热管网中暗挖隧道的设计、施工及验收。

1.0.3 城市供热管网暗挖工程设计，应遵照国家有关法律、法规，重视供热管网隧道工程对城市环境和地下水资源的影响。

1.0.4 城市供热管网暗挖工程建设应节约用地、节约能源及保护城市环境，对施工过程产生的噪声、弃渣，以及结构的防水等应采取措施妥善处理。

1.0.5 城市供热管网暗挖工程主体结构设计使用年限不应小于100年。

1.0.6 未经技术鉴定或设计许可，不得改变隧道结构的用途和使用环境。

1.0.7 城市供热管网暗挖工程设计与施工应遵循管超前、严注浆、短开挖、强支护、快封闭、勤量测的原则。

1.0.8 城市供热管网暗挖工程的设计和施工应积极采用新技术、新工艺、新设备、新材料。

1.0.9 城市供热管网暗挖工程的设计、施工及验收除应符合本规程外，尚应符合国家现行有关标准的规定。

2 术语和符号

2.1 术 语

2.1.1 供热管网隧道 heat-supplying tunnels

用于布设城市供热管道的隧道。

2.1.2 深埋隧道 a deep tunnel

开挖、支护和衬砌施工过程所引起的地层变形和移动不波及地表面的隧道。

2.1.3 浅埋隧道 a shallow tunnel

开挖、支护和衬砌施工过程所引起的地层变形和移动波及地表面的隧道。

2.1.4 隧道埋深 overburden

地表面至隧道支护结构拱顶的深度。

2.1.5 暗挖法 digging method

采用非明挖方式进行地下洞室开挖作业的施工方法。

2.1.6 新奥法 New Austrian Tunneling Method (NATM)

采用锚杆和喷射混凝土及时支护以控制围岩的变形和松弛，并通过对围岩和支护的量测、监控来指导隧道动态设计和施工的方法。

2.1.7 浅埋暗挖法 shallow tunneling method

在距离地表较近的地下，采用多种辅助工法超前作业以改善加固围岩，并沿用新奥法原理进行地下洞室暗挖作业的施工方法。

2.1.8 围岩 surrounding rock

隧道工程施工影响范围内的岩土体。

2.1.9 围岩分级 classification of surrounding rock

根据影响围岩稳定性的主要因素，选择若干主要指标，采用定性划分和定量指标相结合的方法对围岩稳定程度的分级。

2.1.10 初始地应力场 initial stress field in ground

在自然条件下，由于受自重和地质构造运动作用，在岩土体中形成的应力场。

2.1.11 围岩压力 pressure acted by surrounding rock

在初始地应力场中，隧道开挖后，因围岩变形或松动等原因，作用于隧道支护或衬砌结构上的压力。

2.1.12 竖井 vertical shaft

为提升土石、运送人员和材料、通风等而设置的洞壁直立的井状通道。

2.1.13 初期支护 initial support

竖井和隧道开挖后，及时施作的锚杆（管）和喷射混凝土支护。

2.1.14 二次衬砌 final lining

隧道的初期支护基本稳定后，施作的模筑混凝土衬砌。

2.1.15 检查室 inspection well

地下敷设管线上，在需要经常操作、检修的管路附件处设置的专用构筑物。

2.1.16 固定支架 fixed trestle

不允许管道与其有相对位移的管道支架。

2.1.17 滑动支架 movable trestle

允许管道有轴向和侧向相对位移的管道支架。

2.1.18 导向支架 guiding trestle

只允许管道有轴向位移的管道支架。

2.1.19 抗滑槽 groove for anti-sliding of fixed trestle

为了有效地将固定支架所承受的热力管道推力传递给初期支护和围岩，防止固定支架整体移动，在固定支架处，将隧道初期支护断面适当外扩形成的凹槽结构。

2.1.20 喷射混凝土 shotcrete

利用压缩空气或其他动力，将按一定配比拌制的混凝土混合物沿管路输送至喷头处，以较高速度垂直喷射于受喷面，依赖喷射过程中水泥与骨料的连续撞击，压密而形成的一种混凝土。

2.1.21 超挖 overbreak

实际开挖断面大于设计开挖断面的部分。

2.1.22 欠挖 underbreak

实际开挖断面小于设计开挖断面的部分。

2.1.23 预注浆 advanced grouting

在开挖前，为了固结地层、填充空隙或止水，从地面或沿着开挖面或拱部进行的注浆。

2.1.24 回填注浆 back filling grouting

在支护、衬砌完成后，为了填充初期支护与围岩之间或二次衬砌与防水层之间的空隙进行的注浆。

2.1.25 监控量测 monitoring measurement

施工中对地层、建（构）筑物、地下管线、地表隆沉和支护结构动态进行的经常性观察和测量，并及时反馈信息以指导施工。

2.1.26 环境风险源 environmental risks due to construction

因热力检查室、隧道施工的影响而引起的周边风险。

2.2 符 号

2.2.1 作用、作用效应及应力：

$E_{ax,k}$、$E_{ay,k}$——作用在与检查室结构 x 轴、y 轴垂直的侧墙上的主动土压力标准值；

e_{ak}——地下水位以上的主动土压力标准值；

e'_{ak}——检查室底板底面处的水土压力标准值；

e_i——作用在隧道侧墙任意点 i 的侧向压力；

e_t——作用在衬砌结构上的侧向压力；

F_l——作用在锚固端混凝土上的局部压力设计值；

F_m——锚固端产生的附加局部压力设计值；

$F_{sv,k}$——检查室结构顶面竖向土压力标准值；

F_{xk}、F_{yk}——沿检查室结构 x 轴、y 轴方向的管道水平作用标准值；

F'_{xk}、F'_{yk}——作用在单根支架立柱上沿管道轴向和垂直管道轴向的推力标准值；

G_{1k}——检查室结构上部覆土重标准值；

G_{2k}——检查室结构自重与管道及设备自重标准值之和；

G_{1s}——每延米隧道结构上部 h_t 厚覆土重标准值；

G_{2s}——每延米隧道结构自重与管道及设备自重标准值之和；

M——推力作用在锚固端的弯矩设计值；

M_s——按荷载组合计算出的弯矩值；

N_c——作用效应的标准组合下计算截面上的轴向力；

N_d——按最不利荷载组合求得的轴向力设计值；

N_k——轴力标准值；

N'_k——按最不利荷载组合求得的轴向力标准值；

N_s——按荷载组合计算出的轴力值；

P——地面车辆荷载传递到地下结构上的侧压力；

p——均布荷载值；

$Q_{vi,k}$——车辆的 i 个车轮承担的单个轮压标准值；

q——围岩垂直均布压力；

$q_{hz,k}$——地面以下计算深度 Z 处墙上的侧压力标准值；

q_v——作用在衬砌结构上不同点的竖向土压力；

q_{vk}——轮压传递到结构顶面处的竖向压力标准值；

$q_{vz,k}$——地面以下计算深度 Z 处的竖向压力标准值；

R——结构构件抗力的设计值；

S——作用效应的基本组合设计值；

S_{Gik}——按第 i 个永久作用标准值 G_{ik} 计算的作用效应值；

S_{Qjk}——按第 j 个可变作用标准值 Q_{jk} 计算的作用效应值；

σ——围岩弹性抗力强度；

σ_t——结构温度应力；

σ_s——受拉钢筋的应力；

σ_z——附加应力；

τ——接触面上剪切应力。

2.2.2 材料指标：

BQ——岩体基本质量指标；

$[BQ]$——修正的岩体基本质量指标；

C'——土的有效黏聚力；

E_c——混凝土的弹性模量；

E_e——岩土的弹性压缩模量；

E_g——钢材的弹性模量；

E_r——岩土的弹性模量；

E_s——钢筋的弹性模量；

f_{cd}——混凝土轴心抗压强度设计值；

f_{cmd}——混凝土弯曲抗压强度设计值；

f_{ck}——混凝土轴心抗压强度标准值；

f_{ctk}——混凝土轴心抗拉强度标准值；

f'_{scd}——钢筋的抗压强度设计值；

f_{std}——钢筋的抗拉强度设计值；

$I_{s(50)}$——岩石点荷载强度指数；

J_v——岩体体积节理数；

K——地层弹性抗力系数；

K_v——岩体完整性系数；

R_c——岩石单轴饱和抗压强度；

S_k——每立方米岩体非成组节理条数；

S_n——第 n 组节理每米长测线上的条数；

γ——围岩重度；

γ_n——土的天然重度；

γ_b——回填土的重度；

γ_{sat}——土的饱和重度；

γ_w——水的重度；

γ'_s——地下水位以下土的有效重度；

μ——泊松比；

v_{pm}——岩体弹性纵波速度；

v_{pr}——岩石弹性纵波速度；

φ_f——岩土内摩擦角；

φ_c——围岩计算摩擦角；

φ'——隧道上覆地层内摩擦角加权平均值。

2.2.3 几何特征：

A——构件截面面积；

A_0——计算截面的换算截面积；

A_{ce}——有效受拉混凝土截面面积；

A_{cv}——墙顶处土体破坏棱体上车辆传递竖向压力的作用面积；

A_l——混凝土局部受压面积；

A_s、A'_s——受拉区、受压区纵向钢筋截面面积；

a、a'——受拉区、受压区钢筋合力点至截面近边的距离；

a_l、b_l——面积荷载的长和宽；

B——隧道宽度；

b——构件截面宽度；

b_f——I形构件截面受压区的翼缘计算宽度；

b_i——i 个车轮的着地分布宽度；

C_s——最外层纵向受拉钢筋外边缘至受拉区底边的距离；

d——钢筋直径；

d_{aj}——沿车轮着地分布长度方向，相邻两个车轮间的净距；

d_{bj}——沿车轮着地分布宽度方向，相邻两个车轮间的净距；

d_m——加强槽钢之间的中心距；

e——轴向力作用点至受拉边钢筋 A_s 合力点的距离；

e_0——轴向力对截面重心的偏心距；

e'——轴向力作用点至纵向受压钢筋合力点的距离；

e_i——轴向力对截面重心的初始偏心距；

e_s——附加偏心距；

H——覆土深度；

H_i——计算点至地面的距离；

H_p——检查室结构总高度；

H_s——检查室盖板顶面至设计地面的距离；

H_t——承压含水层顶板至结构底板（仰拱）底部的土层厚度；

H_w——承压水压力水头高度；

h——构件截面高度；

h_0——构件截面有效高度；

h_{0i}——第 i 层钢筋截面重心至混凝土受压区边缘的距离；

h_a——深埋隧道围岩压力计算高度；

h_f——I形构件截面受压区的翼缘高度；

h_s——墙顶处土体破坏棱体上车辆传递竖向压力的等代土高；

h_t——计算点至拱顶的垂直距离；

I_x、I_y——对 x 轴、y 轴的净截面惯性矩；

L——注浆管管长；

L_s——墙侧土体破坏棱体在墙顶处的长度；

l——构件计算长度；

l_a、l_b——推力作用位置距立柱较远、较近锚固端处的距离；

l_h——支架计算长度；

l_s——固定支架前后隧道总长度；

l_t——结构计算长度；

m_a——沿车轮着地分布宽度方向的车轮排数；

m_b——沿车轮着地分布长度方向的车轮排数；

r——浆液扩散半径；

u——纵向受拉钢筋截面周长的总和；

u_s——结构水平位移；

W_0——换算截面受拉边缘的弹性抵抗矩；

x——混凝土受压区高度；

x_b——界限受压区高度；

y_{sp}——自截面重心至受拉边钢筋合力点的距离；

Z——设计地面至计算点的深度；

Z_w——自设计地面至地下水位的距离；

z——纵向受拉钢筋合力点至受压区合力点之间的距离；

z_s——待求点深度；

z_t——沿隧道纵轴方向计算长度；

α_i——i 个车轮的着地分布长度；

β——产生最大推力时的破裂角；

θ——顶板土柱两侧摩擦角；

ξ——相对受压区高度；

ξ_b——相对界限受压区高度。

2.2.4 计算系数及其他：

B_{max}——支架立柱的变形值；

$[B]$——单根支架立柱在管道轴线位置处允许最大变形值；

C_c——填埋式土压力系数；

C_z——地基水平阻力系数；

f_x、f_y——支架立柱在沿管道轴向（x 轴）、垂直管道轴向（y 轴）推力作用下产生的挠度；

i——B 每增减 1m 时的围岩压力增减率；

K_1——地下水影响修正系数；

K_2——主要软弱结构面产状影响修正系数；

K_3——初始应力状态影响修正系数；

K_a——主动土压力系数；

K_s——结构设计稳定性抗力系数；

K_{ws}——施工降水安全系数；

k——矩形面积均布荷载角点下的应力系数；

m——参与组合的永久作用数；

n——参与组合的可变作用数；

n_d——地层空隙率；

n_s——竖向土压力系数；

n_z——车轮的总数量；

Q——浆液注入量；

S——围岩级别；

T——温差；

Δu——结构端部变位；

w_{max}——最大允许裂缝宽度；

α——混凝土构件轴向力偏心影响系数；

α_0——构件受力特征系数；

α_c——地层充填系数；

α_{ct}——混凝土拉应力限制系数；

α_h——混凝土线膨胀系数；

β_l——混凝土局部受压时的强度提高系数；

β_h——浆液消耗系数；

γ_0——结构的重要性系数；

γ_{Gi}——第 i 个永久作用的分项系数；

γ_{Qj}——第 j 个可变作用的分项系数；

γ_{Rc}——混凝土衬砌构件抗压检算抗力分项系数；

γ_{Rt}——混凝土衬砌构件抗裂检算抗力分项系数；

γ_s——钢筋混凝土衬砌构件抗压检算分项系数；

γ_{sc}——混凝土衬砌构件抗压检算作用效应分项系数；

γ_{st}——混凝土衬砌构件抗裂检算作用效应分项系数；

δ——支护或衬砌所产生的向围岩的变形值；

ε——结构应变；

ζ_1——偏心距对截面弯曲的影响系数；

ζ_2——构件长细比对截面弯曲的影响系数；

η——偏心距增大系数；

η_f——自由度系数；

η_p——混凝土构件的截面抵抗矩塑性影响系数；

λ——侧压力系数；

μ_1、μ_2、μ_3——土对结构侧面、顶面和底面的摩擦系数；

μ_D——动力系数；

ξ_z——纵向受拉钢筋表面特征系数；

n_{te}——按有效受拉混凝土面积计算的纵向受拉钢筋配筋率；

φ——混凝土构件纵向弯曲系数；

ψ——裂缝间纵向受拉钢筋应变不均匀系数；

Ψ_c——可变作用的组合系数；

ω——宽度影响系数。

3 工程地质与水文地质勘察

3.1 一般规定

3.1.1 工程地质与水文地质勘察，应针对隧道工程的特点确定勘察的内容和范围，并应进行调查、测绘、勘探和试验。

3.1.2 工程地质与水文地质勘察，应查明隧道围岩的工程地质条件与水文地质条件、确定隧道围岩的分级，并应为结构设计计算提供岩土物理力学参数。

3.2 围岩分级

3.2.1 隧道围岩的级别应选择影响围岩稳定性的岩石坚硬程度和岩体完整程度的两个基本因素，并应考虑地下水状态、初始应力状态和主要软弱结构面产状，采用定性划分和定量指标评定相结合的方法予以综合确定。围岩的分级应按以下顺序进行：

1 初步分级应按岩石的坚硬程度和岩体完整程度两个基本因素的定性特征和定量的岩体基本质量指标 BQ 综合划分；

2 详细定级应在初步分级基础上考虑修正因素的影响，修正岩体基本质量指标值；

3 详细分级应按修正的岩体基本质量指标 $[BQ]$，结合岩体的定性特征综合评判、确定。

3.2.2 围岩分级中岩石坚硬程度、岩体完整程度两个基本因素的定性划分和定量指标及其对应关系应符合下列规定：

1 岩石坚硬程度的定性划分可按表 3.2.2-1 的规定执行。

表 3.2.2-1 岩石坚硬程度的定性划分

名称		定性鉴定	代表性岩石
硬质岩	坚硬岩	锤击声清脆，有回弹，震手，难击碎；浸水后大多无吸水反应	未风化～微风化的花岗岩、正长岩、闪长岩、辉绿岩、玄武岩、安山岩、片麻岩、石英片岩、硅质板岩、石英岩、硅质胶结的砾岩、石英砂岩、硅质石灰岩等
	较坚硬岩	锤击声较清脆，有轻微回弹，稍震手，较难击碎；浸水后有轻微吸水反应	1 弱风化的坚硬岩； 2 未风化～微风化的熔结凝灰岩、大理岩、板岩、白云岩、石灰岩、钙质胶结的砂岩等
软质岩	较软岩	锤击声不清脆，无回弹，较易击碎；浸水后指甲可刻出印痕	1 强风化的坚硬岩； 2 弱风化的较坚硬岩； 3 未风化～微风化的凝灰岩、千枚岩、砂质泥岩、泥灰岩、泥质砂岩、粉砂岩、页岩等
	软岩	锤击声哑，无回弹，有凹痕，易击碎；浸水后手可掰开	1 强风化的坚硬岩； 2 弱风化～强风化的较坚硬岩； 3 弱风化的较软岩； 4 未风化的泥岩等
	极软岩	锤击声哑，无回弹，有较深凹痕，手可捏碎；浸水后可捏成团	1 全风化的各种岩石； 2 各种半成岩

2 岩石坚硬程度定量指标应采用岩石单轴饱和抗压强度 R_c 表达。R_c 应采用实测值，当无实测值时，可采用实测的岩石点荷载强度指数 $I_{s(50)}$，并应按下式计算：

$$R_c = 22.82(I_{s(50)})^{0.75} \tag{3.2.2}$$

式中：R_c——岩石单轴饱和抗压强度（MPa）；

$I_{s(50)}$——岩石点荷载强度指数（MPa）。

3 岩石单轴饱和抗压强度 R_c 与定性划分的岩石坚硬程度的对应关系可按表 3.2.2-2 确定。

表 3.2.2-2 岩石单轴饱和抗压强度与定性划分的岩石坚硬程度的对应关系

岩石单轴饱和抗压强度 R_c（MPa）	>60	≤60，>30	≤30，>15	≤15，>5	≤5
坚硬程度	坚硬岩	较坚硬岩	较软岩	软岩	极软岩

4 岩体完整程度的定性划分可按表 3.2.2-3 的规定执行。

表 3.2.2-3 岩体完整程度的定性划分

名称	结构面发育程度		主要结构面的结合程度	主要结构面类型	相应结构类型
	组数	平均间距（m）			
完整	1～2	>1.0	好或一般	节理、裂隙、层面	整体状或巨厚层状结构
较完整	1～2	>1.0	差	节理、裂隙、层面	块状或厚层状结构
	2～3	≤1.0，>0.4	好或一般		块状结构
较破碎	2～3	≤1.0，>0.4	差	节理、裂隙、层面、小断面	裂隙块状或中厚层状结构
	≥3	≤0.4，>0.2	好		镶嵌碎裂结构
			一般		中、薄层状结构
破碎	≥3	≤0.4，>0.2	差	各种类型结构面	裂隙块状结构
		≤0.2	一般或差		碎裂状结构
极破碎	无序	—	很差	—	散体状结构

注：平均间距指主要结构面（1组～2组）间距的平均值。

5 岩体完整程度的定量指标应采用岩体完整性系数 K_v 表达。K_v 应采用基于弹性波速度测试的实测值，当无实测值时，可用岩体体积节理数 J_v，并按表 3.2.2-4 确定对应的 K_v 值。

表 3.2.2-4 岩体体积节理数与岩体完整性系数对照表

岩体体积节理数 J_v（条/m^3）	<3	≥3，<10	≥10，<20	≥20，<35	≥35
岩体完整性系数 K_v	>0.75	0.75～0.55	0.55～0.35	0.35～0.15	<0.15

6 岩体完整性系数 K_v 与定性划分的岩体完整程度的对应关系可按表 3.2.2-5 确定。

表 3.2.2-5 岩体完整性系数 K_v 与定性划分的岩体完整程度的对应关系

岩体完整性系数 K_v	>0.75	≤0.75，>0.55	≤0.55，>0.35	≤0.35，>0.15	≤0.15
岩体完整程度	完整	较完整	较破碎	破碎	极破碎

7 岩体完整程度的定量指标 K_v、J_v 的测试和计算方法应符合本规程附录 A 的规定。

3.2.3 岩体基本质量指标 BQ 应根据分级因素的定量指标 R_c 值和 K_v 值按下式计算：

$$BQ = 90 + 3R_c + 250K_v \quad (3.2.3)$$

式中：BQ——岩体基本质量指标；

K_v——岩体完整性系数。

当 $R_c > 90K_v + 30$ 时，应以 $R_c = 90K_v + 30$ 和 K_v 代入计算 BQ 值；

当 $K_v > 0.04R_c + 0.04$ 时，应以 $K_v = 0.04R_c + 0.4$ 和 R_c 代入计算 BQ 值。

3.2.4 围岩详细定级时，岩体基本质量指标 BQ 应符合下列规定：

1 出现下列情况之一时，应对岩体基本质量指标 BQ 进行修正：

1）有地下水；

2）围岩稳定性受软弱结构面影响，且由一组起控制作用；

3）存在极高或高初始应力。

2 岩体基本质量指标 BQ 的修正应按下式计算：

$$[BQ] = BQ - 100(K_1 + K_2 + K_3) \quad (3.2.4)$$

式中：$[BQ]$——修正的岩体基本质量指标；

K_1——地下水影响修正系数，按本规程表 A.0.2-1 确定；

K_2——主要软弱结构面产状影响修正系数，按本规程表 A.0.2-2 确定；

K_3——初始应力状态影响修正系数，按本规程表 A.0.2-3 确定。

围岩极高或高初始应力状态的评估，可按本规程表 A.0.3 确定。

3.2.5 围岩分级可按表 3.2.5 确定，并应符合下列规定：

1 当根据岩体基本质量定性划分与岩体基本质量指标 $[BQ]$ 确定的级别不一致时，应重新审查定性特征和定量指标计算参数的可靠性，并应对其进行重新观察、测试。

2 在工程可行性研究和初步勘测阶段，可采用定性划分的方法或工程类比的方法进行围岩级别划分。

表 3.2.5 围岩分级

围岩级别	岩体或土体主要定性特性	岩体基本质量指标 BQ 或修正的岩体基本质量指标 $[BQ]$
Ⅰ	坚硬岩，岩体完整，巨整体状或巨厚层状结构	>550
Ⅱ	坚硬岩，岩体较完整，块状或厚层状结构； 较坚硬岩，岩体完整，块状整体结构	550~451
Ⅲ	坚硬岩，岩体较破碎，巨块（石）碎（石）状镶嵌结构； 较坚硬岩或较软硬岩层，岩体较完整，块状体或中厚层结构	450~351
Ⅳ	坚硬岩，岩体破碎，碎裂结构； 较坚硬岩，岩体较破碎~破碎，镶嵌碎裂结构； 较软岩或软硬岩互层，且以软岩为主，岩体较完整~较破碎，中薄层状结构	350~251
	土体：1 压密或成岩作用的黏性土及砂性土； 2 黄土（Q_1、Q_2）； 3 一般钙质、铁质胶结的碎石土，卵石土，大块石土	—
Ⅴ	较软岩，岩体破碎； 软岩，岩体较破碎~破碎； 极破碎各类岩体，碎、裂状，松散结构	≤250
	一般第四系的半干硬至硬塑的黏性土（如地下水位以上的粉质黏土）及稍湿至潮湿的碎石土，卵石（级配良好的砂卵石）土、圆砾、角砾土及黄土（Q_3、Q_4）	—
Ⅵ	地下水环境中的粉质黏土；黏质粉土，粉细砂层、中砂层，级配不良的卵砾石、圆砾层，黏土，软土，淤泥质土等	—

注：本表不适用于膨胀性围岩、多年冻土等特殊条件的围岩分级。

3.2.6 各级围岩的自稳能力宜根据围岩变形量测和理论计算分析来评定，也可按本规程表 A.0.4 的规定作出判断。

3.3 水文地质条件勘察

3.3.1 水文地质条件勘察应查明沿线与工程有关的水

文地质条件，并应根据工程需要和水文地质的特点，评价地下水对岩土及隧道结构的作用和影响，预测地下水对工程施工可能产生的后果，并应提出防治措施。

3.3.2 水文地质条件勘察应调查历年最高水位、最低水位和回灌水位，且应分层查明地下水位、水量及含水层层位、地下水与地表水的水力联系和补给条件，测定有关地层的渗透性，并应按下列内容评价地下水对工程的影响：

1 应对施工采取降、排水措施可能引起的两侧建筑物变形、市政道路的下沉或塌陷、地下水动态的变化、地下管线或各种设施的变形等不利影响进行评价，并应提出防治措施；

2 隧道底板以下有承压水含水层时，应对施工过程中承压水头对隧道稳定性影响进行评价；

3 隧道穿越含水粉细砂、粉土层时，应对开挖引起潜蚀、流砂、涌土的可能性进行评价；

4 应对地下水对岩土的软化、崩解、湿陷、潜蚀等有害作用进行评价，必要时应进行结构抗浮验算；

5 应调查沿线人防工程、人工洞室的充水情况，并应对隧道的影响进行评价。

3.3.3 结构设计计算应根据土的物性、渗透性和地下水动力学条件，提出对水压力采取水土分算或水土合算的建议。

3.4 岩土力学参数

3.4.1 岩土力学参数应依据工程的地质条件和岩土工程勘察报告选取，并应符合下列规定：

1 当无详细勘察资料时，岩土强度的内聚力 c 和内摩擦角 φ 可按表 3.4.1-1 的规定取值。

表 3.4.1-1 岩土强度的内聚力和内摩擦角

岩土类型	岩土强度指标	
	内聚力 c（$\times10^2$kPa）	内摩擦角 φ（°）
花岗岩	80～140	56
玄武岩	280	50
闪长岩	110	52
斑岩	220	56
云母片岩	80～90	62
千枚岩	22	47
泥灰岩	1.0	26
粗砂（$e\leqslant0.5$）	0.02	42
中砂（$e\leqslant0.5$）	0.03	40
细砂（$e\leqslant0.5$）	0.06	38
粉砂（$e\leqslant0.5$）	0.08	36
粉土	0.15	30
重粉质黏土	0.40	24
黏土	0.12	23
软土	0.10	10

注：表中 e 为孔隙比。

2 岩土的弹性模量 E_r 和泊松比 μ 的取值应符合下列规定：

1）泊松比 μ 可按表 3.4.1-2 的规定取值；

2）岩土的弹性模量 E_r 可按表 3.4.1-2 的规定取值，也可根据弹性压缩模量和泊松比 μ 按下式计算确定：

$$E_r = E_e\left(1-\frac{2\mu^2}{1-\mu}\right) \quad (3.4.1)$$

式中：E_r——岩土的弹性模量（MPa）；

E_e——岩土的弹性压缩模量（MPa）；

μ——泊松比。

表 3.4.1-2 岩土的弹性模量和泊松比值

岩土类型	弹性模量 E_r（10^3MPa）	泊松比 μ
辉绿岩	67.7～77.5	0.10～0.16
玄武岩	42.2～104.0	0.16
闪长岩	21.6～112.0	0.10～0.25
安山岩	42.2～104.0	0.16～0.20
花岗岩	53.3～67.7	0.10～0.25
流纹岩	21.6～112.0	0.10～0.16
火山角砾岩	9.8～112.0	0.10～0.16
砾岩	9.8～112.0	0.16～0.30
砂岩	27.3～53.0	0.10～0.20
砂质页岩	19.6～35.3	0.20～0.30
云母页岩	19.6～35.3	0.20～0.30
石灰岩	20.6～82.4	0.16～0.30
泥灰岩	3.7～20.6	0.20～0.40
白云岩	12.7～33.3	0.16～0.30
板岩	21.6～33.3	0.16
片麻岩	14.7～68.6	0.20～0.30
大理岩	9.8～33.3	0.16
粗砂（$e\leqslant0.5$）	0.046	0.30
中砂（$e\leqslant0.5$）	0.044	0.35
细砂（$e\leqslant0.5$）	0.037	0.35
粉砂（$e\leqslant0.5$）	0.014	0.35
粉土	0.026	0.33
重粉质黏土	0.035	0.30
黏土	0.023	0.35
软土	0.001～0.004	0.45～0.48

注：e 为孔隙比。

3　地层弹性抗力系数 K 可按表 3.4.1-3 的规定取值。

表 3.4.1-3　地层弹性抗力系数

地层岩土名称	弹性抗力系数 K（MPa/m）	
	水平向	垂直向
坚硬的石灰岩、大理岩，不坚硬的花岗岩	1200～2000	1500～2500
普通砂岩	800～1200	1000～1500
砂质片岩、片状砂岩	600～800	750～1000
坚硬的板岩、不坚硬的砂岩及石灰岩，砾岩	400～600	500～750
不坚硬的片石、密实的泥灰岩	300～400	400～500
软片岩、软石灰岩、破碎砂岩、胶结的卵石、块石土壤	200～300	250～400
碎石土壤、破碎片石、粘结的卵石和碎石、硬化黏土	1200～200	150～250
密实黏土、坚硬的冲积土	60～120	80～150
湿砂、黏砂土、填土、泥炭、轻型黏土	50～60	40～80

4　平纵断面设计

4.1　一 般 规 定

4.1.1　检查室和隧道的平面及纵断面设计应满足城市规划、环境保护的要求，且应满足城市供热管网运行管理的要求。

4.1.2　检查室和隧道的平面及纵断面的确定应符合施工工艺或其他专业的有关要求。

4.1.3　检查室和隧道的平面及纵断面设计应考虑施工条件，符合现场施工的要求。

4.2　平　　面

4.2.1　隧道宜设计为直线，当因受条件限制应有转角时，转角角度不应小于90°。

4.2.2　隧道转角设计可采用直开洞门或格栅扇形排列的方式，并应有节点设计图。

4.2.3　隧道应避免下穿楼房等地上建筑物和地铁隧道、车站等大型地下构筑物，当因受条件限制需下穿时，应有可靠的环境风险源专项设计方案。

4.2.4　隧道应避免与雨水、污水、电力等市政管线同路由顺行。

4.2.5　竖井的设置应符合检查室的设置和施工条件的要求，其间距不应大于400m。

4.2.6　隧道末端处应设置与隧道连接的人孔。

4.2.7　平面设计应绘制检查室（竖井）及隧道的平面位置、结构轮廓尺寸，并应绘制出检查室（竖井）的点号、初期支护、二次衬砌的厚度、隧道开挖方向等。

4.3　纵　断　面

4.3.1　检查室与隧道宜选择在自稳能力强的地层中，不宜设置在流砂层、杂填土层、承压水层等不良地质地段，当不可避免时，应采取治水措施和围岩预加固设计方案。

4.3.2　检查室处的隧道覆土深度不宜大于12m。

4.3.3　隧道的坡度应根据热力管道的坡度要求、隧道排水等因素综合确定，两个竖井之间的隧道宜设置为单向坡，坡度不宜小于0.2%。

4.3.4　纵断面设计应表示不同高程的工程地质条件、与结构相关的主要地上及地下建（构）筑物、检查室（竖井）及供热管网隧道的纵断面位置、剖面尺寸、结构的初期支护、二次衬砌的厚度。

4.4　隧道横断面

4.4.1　隧道净宽、净高应按热力管线的管径尺寸、管道数量以及设备材料运输、安装、检查、维修等要求综合确定。

4.4.2　隧道横断面内净空形状宜为弧形拱、直边墙和平底板的马蹄形。

4.4.3　隧道的横断面尺寸设计宜考虑方便人员通行。

4.5　检查室（竖井）

4.5.1　检查室（竖井）位置设置应符合下列规定：

1　应遵循“占地面积少、拆迁量少、保护环境”的原则；

2　可利用供热管网的检查室或隧道转角位置；

3　应避开建、构筑物；

4　应避开地质突变地段；

5　应避开交通主干线、十字路口、小区、公共建筑出入口等车流、行人密集的地段；当设有泄水阀门的检查室位于机动车道时，应设置排水副井；

6　应便于出土、进料、管道或设备的吊装和运输。

4.5.2　检查室宜设计成矩形。

4.5.3　检查室内净空尺寸应符合下列规定：

1　应遵循“科学、合理、综合利用地下空间”的原则；

2　应满足热力管道和设备的安装、检修、更换等要求；

3　应满足工作人员安全通行、自然通风等要求；

4　从地面到井底的深度宜小于20m。

4.5.4　需安装热力设备的检查室应设置积水坑、设备吊装孔。

4.5.5　检查室应设置便于通风的对角人孔，人孔盖板尺寸和标志应符合城市规划和地面交通的要求。

4.5.6 检查室爬梯、护栏等的设计应符合现行行业标准《城镇供热管网工程施工及验收规范》CJJ 28和《城镇供热管网结构设计规范》CJJ 105的有关规定。

5 材 料

5.0.1 供热管网隧道工程常用建筑材料的种类及强度等级应符合下列规定：

1 主体结构混凝土强度等级应为C30、C40；

2 喷射混凝土强度等级应为C20、C25；

3 水泥砂浆强度等级应为M7.5、M10、M15；

4 钢筋的种类和强度等级应为HPB300、HRB335、HRB400；

5 钢材的强度等级应为Q235、Q345。

5.0.2 供热管网隧道工程各结构部位的混凝土强度等级不应低于表5.0.2的规定。

表5.0.2 供热管网隧道工程各结构部位的混凝土强度等级

工程部位		混凝土强度等级	
		喷射混凝土	钢筋混凝土
竖井及检查室	锁口圈梁	—	C25
	侧墙	C20	C30
	盖板	—	C30
	底板	—	C30
隧道	拱圈	C20	C30
	侧墙	C20	C30
	仰拱	C20	C30
	底板	C20	C30

5.0.3 供热管网隧道工程使用的建筑材料除应满足结构强度和耐久性要求外，尚应符合下列规定：

1 应满足抗冻、抗渗、抗侵蚀的要求；

2 当有侵蚀性水经常作用时，所有混凝土和水泥砂浆均应采用具有抗侵蚀性能的特种水泥和骨料配置，其抗侵蚀性能应按水的侵蚀特征确定；

3 混凝土的设计指标应符合现行国家标准《混凝土结构设计规范》GB 50010和《混凝土结构耐久性设计规范》GB/T 50476的有关规定；

4 混凝土的抗渗等级不应低于P8。相应混凝土的骨料应选择良好级配，且水胶比不应大于0.5；

5 喷射混凝土应优先采用硅酸盐水泥或普通硅酸盐水泥；

6 粗骨料应采用坚硬耐久的碎石或卵石，不得使用碱活性骨料；细骨料应采用坚硬耐久的中砂或粗砂，细度模数宜大于2.5。喷射混凝土中的骨料粒径不宜大于15mm，骨料宜采用连续级配；

7 锚杆用的水泥砂浆强度等级不应低于M20；

8 钢筋混凝土构件中使用的钢筋应符合现行国家标准《钢筋混凝土用钢 第1部分：热轧光圆钢筋》GB 1499.1和《钢筋混凝土用钢 第2部分：热轧带肋钢筋》GB 1499.2的有关规定；

9 初期支护的钢架宜采用钢筋制成，格栅节间加强筋形状宜为“8”字形或“之”字形；

10 钢筋网的材料宜采用HPB300钢筋，直径宜为6mm～12mm；

11 钢材的设计指标应符合现行国家标准《钢结构设计规范》GB 50017的有关规定；

12 钢质锚杆杆体直径宜为20mm～32mm，杆体应使用带肋钢筋，材料基本物理力学指标不应低于HRB335、HRB400钢筋，杆体断裂延伸率不得小于16%；锚杆端头应设垫板，垫板材料宜采用Q235钢材。

5.0.4 混凝土和喷射混凝土中掺加外加剂的性能应符合下列规定：

1 应对混凝土的强度及其与围岩的粘结力无影响，且应对混凝土及钢材无腐蚀作用；

2 除速凝剂和缓凝剂外，应对混凝土的凝结时间影响小；

3 应易于保存、不易吸湿，且不应污染环境。

5.0.5 常用建筑材料的标准重度或计算重度可按表5.0.5选取。

表5.0.5 常用建筑材料的标准重度或计算重度

材料名称	混凝土	钢筋混凝土（配筋率在3%以内）	喷射混凝土	钢材
重度（kN/m^3）	23	25	22	78.5

注：当钢筋混凝土配筋率大于3%时，其重度应计算确定。

5.0.6 混凝土的强度标准值可按表5.0.6选取。

表5.0.6 混凝土的强度标准值

混凝强度等级	混凝土的强度标准值（MPa）	
	轴心抗压 f_{ck}	轴心抗拉 f_{ctk}
C15	10.0	1.27
C20	13.4	1.54
C25	16.7	1.78
C30	20.1	2.01
C40	26.8	2.39

注：1 混凝土垂直浇筑，且一次浇筑层高度大于1.5m时，表中强度值应乘以系数0.9；

2 计算现浇钢筋混凝土轴心受压构件时，如截面中的边长或直径小于300mm，则表中强度值应乘以系数0.8，当混凝土成形、截面和轴线尺寸等构件质量确有保证时，则不受此限制。

5.0.7 混凝土的强度设计值可按表5.0.7选取。

表 5.0.7 混凝土的强度设计值

混凝土强度等级	混凝土的强度设计值（MPa）		
	轴心抗压强度 f_{cd}	轴心抗拉强度 f_{ctk}	弯曲抗压强度 f_{cmd}
C15	7.2	0.91	8.5
C20	9.6	1.10	11.0
C25	11.9	1.27	13.5
C30	14.3	1.43	16.5
C40	19.1	1.71	21.5

5.0.8 混凝土的弹性模量 E_c 应按表 5.0.8 的规定取值。混凝土的剪切变形模量可按所选受压弹性模量值的 0.4 倍采用。混凝土的泊松比可按 0.2 采用。

表 5.0.8 混凝土的弹性模量

混凝土强度等级	C15	C20	C25	C30	C40
弹性模量 E_c（$\times10^4$ MPa）	2.22	2.55	2.80	3.00	3.25

5.0.9 当管道运行阶段的受热温度超过 20℃时，混凝土的强度值及弹性模量应予以折减，不同温度作用下混凝土强度值及弹性模量值的折减系数应符合表 5.0.9 的规定。

表 5.0.9 不同温度作用下混凝土强度值及弹性模量值的折减系数

受热温度（℃）	折减系数			受热温度的取值
	轴心抗压强度	轴心抗拉强度	弹性模量	
20	1.0	1.0	1.0	轴心受压及轴心受拉时取计算截面的平均温度，弯曲受压时取表面最高受热温度
60	0.85	0.80	0.85	
100	0.80	0.70	0.75	承载能力极限状态计算时，取构件的平均温度，正常使用极限状态验算时，取内表面最高温度

注：当受热温度为中间值时，折减系数值可采用线性内插求得。

5.0.10 混凝土和钢筋混凝土结构中使用的混凝土极限强度应符合表 5.0.10 的规定。

表 5.0.10 混凝土极限强度

混凝土强度等级	混凝土的极限强度（MPa）		
	抗压	弯曲抗压	抗拉
C15	12.0	15.0	1.4
C20	15.5	19.4	1.7
C25	19.0	24.2	2.0
C30	22.5	28.1	2.2
C40	29.5	36.9	2.7

5.0.11 喷射混凝土的设计强度不应低于 C20，不同强度等级喷射混凝土的设计强度应符合表 5.0.11 的规定。

表 5.0.11 喷射混凝土的设计强度

混凝土强度等级	强度种类（MPa）		
	轴心抗压	弯曲抗压	抗拉
C20	10.0	11.0	1.1
C25	12.5	13.5	1.3

注：喷射混凝土的强度指采用喷射大板切割法，制作成边长为 100mm 的立方体，在标准条件下养护 28d，用标准方法所得的极限抗压强度乘以系数 0.95。

5.0.12 喷射混凝土的弹性模量应按表 5.0.12 采用。

表 5.0.12 喷射混凝土的弹性模量

喷射混凝土强度等级	C20	C25
弹性模量 E_c（$\times10^4$MPa）	2.10	2.30

5.0.13 钢筋强度的标准值与设计值应符合表 5.0.13 的规定。

表 5.0.13 钢筋强度的标准值与设计值

钢筋种类	抗拉强度标准值（MPa）	抗拉强度、抗压强度设计值（MPa）
HPB300	300	270
HRB335	335	300
HRB400	400	360

5.0.14 钢筋的弹性模量 E_s 应按表 5.0.14 采用。

表 5.0.14 钢筋的弹性模量

钢筋牌号或种类	HPB300	HRB335	HRB400
弹性模量 E_s（$\times10^5$MPa）	2.10	2.00	2.00

5.0.15 钢材的强度设计值应根据钢材厚度或直径按表 5.0.15-1 采用。焊缝的连接强度设计值应符合表 5.0.15-2 的规定。

表 5.0.15-1 钢材的强度设计值

钢材类型		钢材的强度设计值（MPa）		
型号	厚度或直径（mm）	抗拉、抗压和抗弯 f	抗剪 f_v	端面承压（刨平顶紧）f_{ce}
Q235 钢	≤16	215	125	325
	＞16～40	205	120	
	＞40～60	200	115	
Q345 钢	≤16	310	180	400
	＞16～35	295	170	
	＞35～50	265	155	

表 5.0.15-2 焊缝的强度设计值

焊接方法和焊条型号	构件钢材		焊缝的强度设计值（MPa）				
			对接焊缝				角焊缝
	牌号	厚度或直径（mm）	抗压 f_c^w	焊缝质量为下列等级时，抗拉 f_t^w		抗剪 f_v^w	抗拉、抗压和抗剪 f_f^w
				Ⅰ级 Ⅱ级	Ⅲ级		
自动焊、半自动焊和E43型焊条的手工焊	Q235	≤16	215	215	185	125	160
		>16～40	205	205	175	120	
		>40～60	200	200	170	115	
自动焊、半自动焊和E50型焊条的手工焊	Q345	≤16	310	310	265	180	200
		>16～35	295	295	250	170	
		>35～50	265	265	225	155	

5.0.16 钢材的弹性模量 E_g 可按 2.06×10^5 MPa 采用。

5.0.17 钢材及其焊缝在温度作用下的强度设计值应予以折减，不同温度作用下钢材强度值的折减系数应符合表 5.0.17 的规定。

表 5.0.17 不同温度作用下钢材强度值的折减系数

钢材牌号	折减系数		
	≤100（℃）	150（℃）	200（℃）
Q235、Q345	1.00	0.92	0.88

注：当受热温度为中间值时，折减系数值可采用线性内插求得。

5.0.18 防水材料的规格和性能应符合下列规定：

1 塑料防水板应采用易于焊接的防水板材，厚度不应小于 1.2mm，幅宽不宜小于 3m；

2 可选用乙烯-醋酸乙烯共聚物（EVA）、乙烯-共聚物沥青（ECB）和 ECB/EVA 共挤复合板等材料，不宜使用含有氯离子的防水材料；

3 塑料防水板物理力学性能应符合现行国家标准《地下工程防水技术规范》GB 50108 和《高分子防水材料 第 1 部分：片材》GB 18173.1 的有关规定；

4 无纺布的密度不应小于 350g/m²。

6 结构上的作用（荷载）

6.0.1 作用的分类应符合表 6.0.1 的规定。

表 6.0.1 作用的分类

序号	作用分类	结构受力及影响因素
1	永久作用	结构自重
2		结构附加恒荷载
3		围岩压力
4		土压力
5		混凝土收缩和徐变影响
6		地基下沉影响
7		热力管道及设备自重
8		温度影响
9	可变作用	地面车辆荷载
10		地表水或地下水的静水压力
11		支架的推力
12		施工荷载

6.0.2 作用应根据隧道所处的地形、地质条件、埋置深度、结构特征和工作条件、施工方法、相邻隧道间距等因素，按计算或工程类比确定。当施工中发现作用荷载与实际不符时，应及时修正。对地质条件复杂的隧道，应通过实地量测确定作用的代表值或荷载的计算值及其分布规律。

6.0.3 检查室（竖井）结构土压力标准值的确定应符合下列规定：

1 检查室结构上的竖向土压力标准值应按下列规定确定：

1）当设计地面高于原状地面时，作用在结构上的竖向土压力标准值应按下式计算：

$$F_{sv,k}=C_c\times\gamma_b\times H_s \quad (6.0.3\text{-}1)$$

式中：$F_{sv,k}$——检查室结构顶面竖向土压力标准值（kPa）；

C_c——填埋式土压力系数，可按1.2～1.4取值；

γ_b——回填土的重度（kN/m^3），可按$18kN/m^3$取值；

H_s——检查室盖板顶面至设计地面的距离（m）；

2）对由设计地面开槽施工的检查室，作用在结构上的竖向土压力标准值应按下式计算：

$$F_{sv,k}=n_s\times\gamma_b\times H_s \quad (6.0.3\text{-}2)$$

式中：n_s——竖向土压力系数。当结构平面尺寸长宽比小于或等于10时，可按1.0取值；当结构平面尺寸长宽比大于10时，宜按1.2取值。

2 作用在检查室结构上的侧向土压力标准值（图6.0.3）应按下列规定确定：

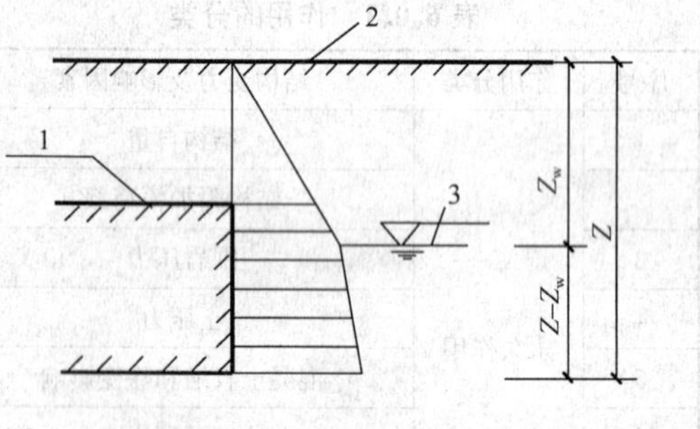

图6.0.3 检查室侧墙上的主动土压力分布图

1—检查室；2—设计地面；3—地下水位

1）土压力标准值应按主动土压力计算；

2）当地面平整时，结构位于地下水位以上部分的主动土压力标准值应按下式计算：

$$e_{ak}=K_a\times\gamma_n\times Z \quad (6.0.3\text{-}3)$$

式中：e_{ak}——地下水位以上的主动土压力标准值（kPa）；

K_a——主动土压力系数。应根据土的抗剪强度确定，当缺乏试验资料时，砂类土或粉土可取1/3；对黏性土可取1/3～1/4；

γ_n——土的天然重度（kN/m^3）；

Z——设计地面至计算点的深度（m）。

3）结构位于地下水位以下部分的侧向水土压力，应根据地层条件的不同分别按水土分算法和水土合算法确定。

水土分算法计算时，检查室底板底面处的水土压力标准值可按下式计算：

$$e'_{ak}=K_a[\gamma_n\times Z_w+\gamma'_s(Z-Z_w)]-2C'\sqrt{K_a}+\gamma_w(Z-Z_w) \quad (6.0.3\text{-}4)$$

式中：e'_{ak}——检查室底板底面处的水土压力标准值（kPa）；

Z_w——自设计地面至地下水位的距离（m）；

γ'_s——地下水位以下土的有效重度（kN/m^3）；

C'——土的有效黏聚力（kPa）；

γ_w——水的重度（kN/m^3），可按$10kN/m^3$取值。

水土合算法计算时，检查室底板底面处的水土压力标准值可按下式计算：

$$e'_{ak}=K_a[\gamma_n\times Z_w+\gamma_{sat}(Z-Z_w)]-2C'\sqrt{K_a} \quad (6.0.3\text{-}5)$$

式中：γ_{sat}——土的饱和重度（kN/m^3）。

6.0.4 地面车辆荷载对检查室结构的作用标准值的确定应符合下列规定：

1 地面车辆荷载传递到结构顶面的竖向压力标准值应按下列规定确定：

1）单个轮压传递到结构顶面的竖向压力标准值（图6.0.4-1）应按下式计算：

$$q_{vk}=\frac{\mu_D\times Q_{vi,k}}{(a_i+1.4H)(b_i+1.4H)} \quad (6.0.4\text{-}1)$$

式中：q_{vk}——轮压传递到结构顶面处的竖向压力标准值（kPa）；

μ_D——动力系数，可按表6.0.4的规定取值；

$Q_{vi,k}$——车辆的i个车轮承担的单个轮压标准值（kN）；

a_i——i个车轮的着地分布长度（m）；

b_i——i个车轮的着地分布宽度（m）；

H——覆土深度（m）。

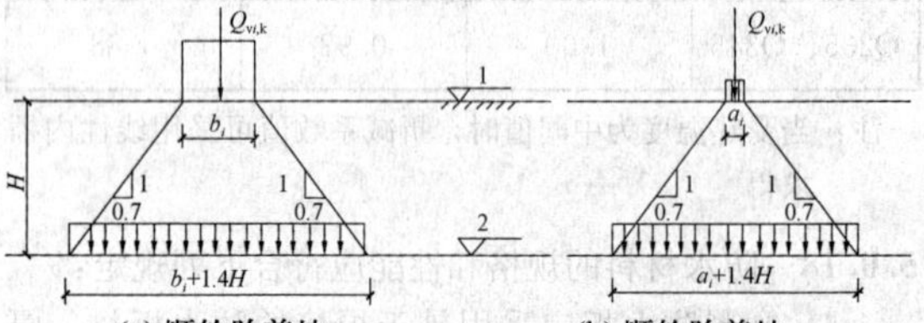

(a) 顺轮胎着地宽度的分布　(b) 顺轮胎着地长度的分布

图6.0.4-1 单个轮压的传递分布图

1—设计地面；2—结构顶面

表6.0.4 动力系数μ_D

覆土深度 H（m）	0.25	0.30	0.40	0.50	0.60	≥0.70
动力系数μ_D	1.30	1.25	1.20	1.15	1.05	1.00

2）两个或两个以上单排轮压综合影响传递到结构顶面的竖向压力标准值（图6.0.4-2）应按下式计算：

$$q_{\mathrm{vk}}=\frac{\mu_{\mathrm{D}}\times n\times Q_{\mathrm{vi,k}}}{(a_i+1.4H)\left(n\times b_i+\sum_{j=1}^{n-1}d_{\mathrm{bj}}+1.4H\right)} \quad (6.0.4\text{-}2)$$

式中：n——车轮的总数量（个）；

d_{bj}——沿车轮着地分布宽度方向，相邻两个车轮间的净距（m）。

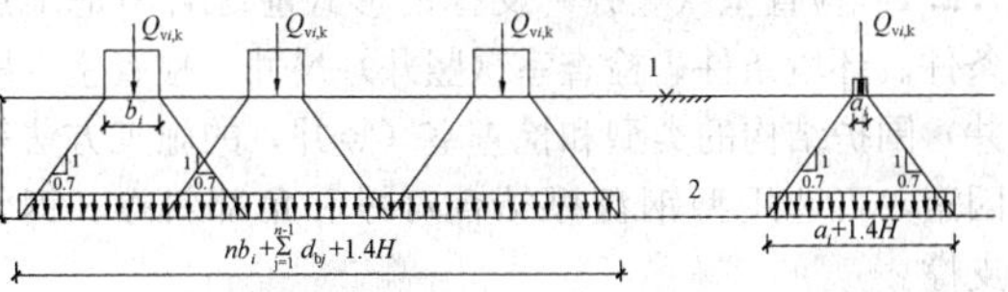

(a) 顺轮胎着地宽度的分布　(b) 顺轮胎着地长度的分布

图 6.0.4-2　两个或两个以上单排轮压综合影响的传递分布图

1—设计地面；2—结构顶面

3）多排轮压综合影响传递到结构顶面的竖向压力标准值可按下式计算：

$$q_{\mathrm{vk}}=\frac{\mu_{\mathrm{D}}\sum_{i=1}^{n}Q_{vi,\mathrm{k}}}{\left(\sum_{i=1}^{m_{\mathrm{a}}}a_i+\sum_{j=1}^{m_{\mathrm{a}}-1}d_{\mathrm{aj}}+1.4H\right)\left(\sum_{i=1}^{m_{\mathrm{b}}}b_i+\sum_{j=1}^{m_{\mathrm{b}}-1}d_{\mathrm{bj}}+1.4H\right)} \quad (6.0.4\text{-}3)$$

式中：m_{a}——沿车轮着地分布宽度方向的车轮排数（排）；

m_{b}——沿车轮着地分布长度方向的车轮排数（排）；

d_{aj}——沿车轮着地分布长度方向，相邻两个车轮间的净距（m）。

2　地面车辆传递到结构上的侧压力标准值应按下式计算：

$$q_{\mathrm{hz,k}}=K_{\mathrm{a}}\times q_{\mathrm{vz,k}} \quad (6.0.4\text{-}4)$$

式中：$q_{\mathrm{hz,k}}$——地面以下计算深度 Z 处墙上的侧压力标准值（kN/ m²）；

$q_{\mathrm{vz,k}}$——地面以下计算深度 Z 处的竖向压力标准值(kN/ m²)。

当检查井墙顶处由地面车辆荷载作用产生的竖向压力标准值 q_{vk} 分布长度小于墙侧土体的破坏棱体长度（L_{s}）时，地面以下计算深度 Z 处墙上的侧压力标准值可按下列公式计算：

$$q_{\mathrm{hz,k}}=\gamma_{\mathrm{b}}\times h_{\mathrm{s}}\times K_{\mathrm{a}} \quad (6.0.4\text{-}5)$$

$$h_{\mathrm{s}}=\frac{q_{\mathrm{vk}}\times A_{\mathrm{cv}}}{\gamma_{\mathrm{b}}\times L_{\mathrm{s}}(b_i+d_{\mathrm{bj}})} \quad (6.0.4\text{-}6)$$

$$L_{\mathrm{s}}=H_{\mathrm{p}}\sqrt{K_{\mathrm{a}}} \quad (6.0.4\text{-}7)$$

式中：L_{s}——墙侧土体破坏棱体在墙顶处的长度（m）；

h_{s}——墙顶处土体破坏棱体上车辆传递竖向压力的等代土高（m）；

A_{cv}——墙顶处土体破坏棱体上车辆传递竖向压力的作用面积（m²）；

H_{p}——检查室结构总高度（m）。

6.0.5　暗挖隧道恒荷载计算应符合下列规定：

1　计算深埋隧道衬砌时，围岩压力应按松散压力考虑，其垂直及侧向压力应按下列规定确定：

1）垂直匀布压力应按下列公式计算：

$$q=\gamma\times h_{\mathrm{a}} \quad (6.0.5\text{-}1)$$

$$h_{\mathrm{a}}=0.45\times 2^{S-1}\times\omega \quad (6.0.5\text{-}2)$$

$$\omega=1+i(B-5) \quad (6.0.5\text{-}3)$$

式中：q——围岩垂直均布压力（kPa）；

γ——围岩重度（kN/m³）；

h_{a}——深埋隧道围岩压力计算高度（m）；

S——围岩级别；

ω——宽度影响系数；

B——隧道宽度（m）；

i——B 每增减 1m 时的围岩压力增减率，当 B 小于 5m 时，取 i 为 0.2；B 大于 5m 时，取 i 为 0.1。

2）作用在衬砌结构上的侧向压力应按下列公式计算：

$$e_{\mathrm{t}}=\lambda\times q_{\mathrm{v}} \quad (6.0.5\text{-}4)$$

$$\lambda=\tan^2\left(45^\circ-\frac{\varphi_{\mathrm{f}}}{2}\right) \quad (6.0.5\text{-}5)$$

$$q_{\mathrm{v}}=q+\gamma\times h_{\mathrm{t}} \quad (6.0.5\text{-}6)$$

式中：e_{t}——作用在衬砌结构上的侧向压力（kPa）；

λ——侧压力系数；

q_{v}——作用在衬砌结构上不同点的竖向土压力（kPa）；

φ_{f}——岩土内摩擦角（°）；

h_{t}——计算点至拱顶的垂直距离（m）。

2　对于地面基本水平的浅埋隧道（图 6.0.5），荷载计算标准值应符合下列规定：

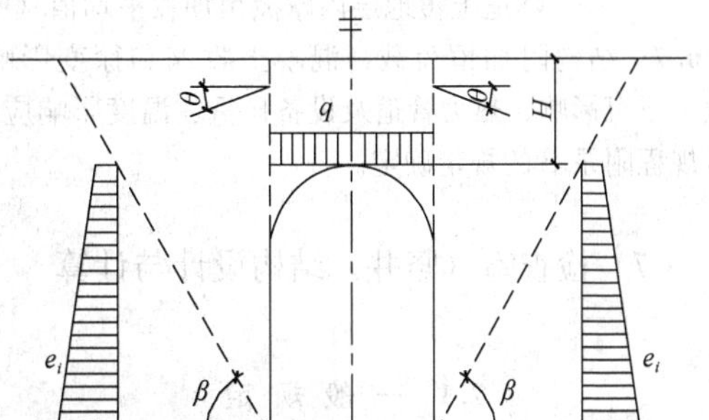

图 6.0.5　浅埋隧道所受的作用（荷载）图

1）当洞顶至地面高度大于或等于 $2.5h_{\mathrm{a}}$ 时，隧道顶部垂直压力应按公式（6.0.5-1）计算。隧道顶部垂直压力应符合下列规定：

2）当洞顶至地面高度大于 h_a 且小于 $2.5h_a$ 时，隧道顶部垂直压力应按下列公式计算：

$$q = \gamma \times H\left(1 - \frac{\lambda \times H \times \tan\theta}{B}\right) \tag{6.0.5-7}$$

$$\lambda = \frac{\tan\beta - \tan\varphi_c}{\tan\beta[1 + \tan\beta(\tan\varphi_c - \tan\theta) + \tan\varphi_c \tan\theta]} \tag{6.0.5-8}$$

$$\tan\beta = \tan\varphi_c + \sqrt{\frac{(\tan^2\varphi_c + 1)\tan\varphi_c}{\tan\varphi_c - \tan\theta}} \tag{6.0.5-9}$$

式中：H——洞顶至地面高度（m）；

θ——顶板土柱两侧摩擦角（°），为经验数值，当洞顶至地面高度小于或等于 h_a 时，公式（6.0.5-7）中 θ 取 0；

β——产生最大推力时的破裂角（°）；

φ_c——围岩计算摩擦角（°）。

3）隧道侧墙水平荷载应按下式计算：

$$e_i = \gamma \times H_i \times \lambda \tag{6.0.5-10}$$

式中：H_i——计算点至地面的距离（m）；

e_i——作用在隧道侧墙任意点 i 的侧压力（kPa）。

6.0.6 暗挖隧道活荷载计算应符合下列规定：

1 在道路下方的隧道结构，地面车辆对隧道结构作用标准值 q_{vk} 可按本规程第 6.0.4 条的规定计算确定，且不应小于 20kPa；

2 地面车辆荷载传递到隧道结构上的侧压力 P，可按下列公式计算：

$$P = \lambda \times q_{vk} \tag{6.0.6-1}$$

$$\lambda = \tan^2\left(45° - \frac{\varphi'}{2}\right) \tag{6.0.6-2}$$

式中：P——地面车辆荷载传递到地下结构上的侧压力（kPa）；

φ'——隧道上覆地层内摩擦角加权平均值（°）。

6.0.7 结构附加恒荷载、混凝土收缩和徐变影响、地基下沉影响、热力管道及设备自重、温度影响应按本规程附录 B 的规定确定。

7 检查室（竖井）结构设计与计算

7.1 一 般 规 定

7.1.1 检查室（竖井）宜采用复合衬砌结构。

7.1.2 竖井的初期支护与支撑的设计参数宜依据地质条件、地下水条件和环境条件，采用工程类比法进行设计，并应对初期支护在施工过程中的稳定性进行验算。

7.1.3 检查室爬梯宜设置在无沟口墙上或沟口一侧较宽墙上。当检查室高度超过 7m 时宜设置休息平台，休息平台以下的爬梯宜设计为斜梯。爬梯和斜梯宜设置护栏。

7.1.4 检查室结构的设计、施工、运行管理及养护应实行有效的质量管理和控制，结构应达到并保持规定的可靠性或安全度。

7.2 检查室（竖井）支撑设计

7.2.1 检查室（竖井）支撑的形式应综合考虑地层条件、环境条件、检查室（竖井）尺寸、检查室（竖井）围护结构的类型和检查室（竖井）的施工方法等因素，可选用型钢盘撑结合对撑和角部斜撑、钢管支撑。

7.2.2 倒挂井壁法施作的检查室（竖井）的型钢盘撑、对撑和角部斜撑的设计参数可按表 7.2.2 的规定确定。

表 7.2.2 倒挂井壁法施作的检查室（竖井）的型钢盘撑、对撑和角部斜撑的设计参数

类 型	设计参数		
	规格	间距（m）	
		水平	垂直
槽形钢盘撑	与对撑槽钢的规格相匹配	—	每隔一榀格栅设置一道
对撑	2［25a、2［28a、2［32a	4～6	每隔一榀格栅设置一道
角部斜撑	2［16a、2［20a、2［22a	—	每隔一榀格栅设置一道

7.2.3 围护结构为排桩或地下连续墙的检查室（竖井）的钢管支撑的规格可选用 ϕ609/16、ϕ609/14、ϕ580/14、ϕ580/12、ϕ406/10 等，并应施加预加轴力，预加轴力宜控制在支撑力设计值的 40%～60%。

7.2.4 支撑的规格、设置的位置、道数、架设时机、预加轴力（预应力）等宜根据受力检算和工程类比确定，并应根据监控量测信息和施工情况及时调整。

7.2.5 支撑拆除设计应符合下列规定：

1 设计文件中应规定支撑拆除的顺序、时机以及支撑转换的措施；

2 支撑拆除顺序、时机，以及支撑转换措施宜根据工程类比法和监控量测信息及数值分析结果综合确定。

7.3 检查室（竖井）结构设计

7.3.1 检查室（竖井）围护结构的选型和设计参数应符合下列规定：

1　当地下水的处治采用降低地下水位的方法或采用注浆止水并加固地层的方法时，宜选用锚喷护壁作为围护结构，并应采用倒挂井壁的施工方法。锚喷护壁支护设计参数宜符合表7.3.1-1的规定；

表7.3.1-1　锚喷护壁支护设计参数

格栅主筋	数量	4根
	直径	ϕ25、ϕ28、ϕ32
	间距	0.5m、0.75m
纵向连接筋	直径	ϕ25、ϕ28、ϕ32
	间距	0.5m
	设置方式	宜设内外两层
锁脚锚管	型号	ϕ40mm无缝钢管
	水平间距	1.0m～1.5m
	锚管长度	2m～3m
	竖向间距	3榀～5榀格栅
	方式	45°斜下方打设
喷射混凝土	强度等级	C25
	厚度	0.30m、0.35m、0.40m

2　当不能采用降低地下水位的方法或采用注浆方法达不到设计的止水效果时，宜选用钻孔灌注桩结合桩间旋喷桩或外侧旋喷桩墙作为围护结构。钻孔灌注桩、桩间旋喷桩及外侧旋喷桩墙支护设计参数宜符合表7.3.1-2的规定。

表7.3.1-2　钻孔灌注桩、桩间旋喷桩及外侧旋喷桩墙支护设计参数

支护结构类型	支护参数
钻孔灌注桩	ϕ0.8m@1.2m、ϕ0.9m@1.3m、ϕ1.0m@1.4m、ϕ1.1m@1.5m
旋喷桩	ϕ0.6m
旋喷桩墙	墙厚0.6m

7.3.2　检查室二衬结构的设计应采用以概率理论为基础的极限状态设计法，应以可靠指标度量其可靠度，并应采用符合其结构特点的基于分项系数的设计表达式进行设计。

7.3.3　检查室（竖井）的围护结构在施工阶段应能承受100%的侧土压力和其他荷载，并应对在施工过程中的变形和稳定性进行验算。

7.3.4　锁口圈梁的地基应稳定，并应满足承载力要求。

7.3.5　锁口圈梁应与围护结构牢固连接构成"┐"形。

7.3.6　检查室（竖井）的二衬应承受部分侧土压力、100%的地下水压力和其他荷载，其强度等级不应低于C30，厚度不应小于0.25m。

7.3.7　当在检查室的中层板上设置固定支架时，应计算中层板的变形稳定性、局部抗压能力和板与二衬节点的抗剪能力。

7.3.8　对检查室人孔爬梯和检查平台的强度和稳定性应进行验算。

7.3.9　有固定支架的检查室结构设计应符合下列规定：

1　检查室的结构计算应考虑固定支架的作用；

2　设有固定支架的检查室在管道试压阶段及管道运行阶段，应将结构视为刚体进行抗滑移、抗倾覆验算；

3　检查室结构承受管道水平作用时的抗滑移稳定性可按本规程附录C的规定进行验算；

4　检查室在管道试压及运行阶段承受水平作用时的抗倾覆稳定验算，抗力应计入管道及设备自重、结构自重及结构上的竖向土压力，并应对地下水位以下部分扣除水的浮力。

7.4　马头门及检查室侧墙洞口结构设计

7.4.1　马头门结构及设计参数应符合下列规定：

1　马头门初衬应与竖井初衬设计成整体；

2　马头门断面形式和内轮廓尺寸应与标准隧道断面一致；

3　马头门设计参数应根据围岩级别、水文地质状况、竖井初衬厚度、马头门形式和尺寸、施工条件等，通过工程类比法和结构计算确定；

4　马头门开挖轮廓线外围应设有环形格栅，并应设在竖井井壁内。环形格栅可采用型钢或钢筋格栅，环形格栅应与竖井水平格栅可靠连接；

5　马头门沿拱顶135°或整个顶拱范围内应设计超前支护，超前支护宜采用小导管注浆或大管棚；

6　马头门处的隧道格栅宜连架3榀。

7.4.2　检查室侧墙二衬结构开洞及设计参数应符合下列规定：

1　检查室侧墙应开洞，洞口形式可采用方形、马蹄形。洞口所处位置、开洞个数和洞口内净空尺寸等可根据工艺要求确定；

2　检查室侧墙洞口四周应进行补强设计；

3　洞口周边宜设计成封闭框架，并与竖井墙体结构连接成整体。

7.5　检查室结构计算

7.5.1　检查室二衬结构应根据承载能力极限状态及正常使用极限状态的要求分别进行承载力、变形、稳定及混凝土结构裂缝宽度的计算和验算。

7.5.2　钢筋混凝土结构检查室的结构计算应符合下列规定：

1　当盖板为预制装配时，盖板可按简支于侧墙计算。侧墙与底板计算应考虑管道运行和管道检修揭

开盖板两种工况，荷载作用效应应按两种工况的不利者取用。侧墙上端在管道运行阶段，可视为不动铰支撑于盖板，在管道检修揭开盖板时应视为自由端，侧墙与侧墙、侧墙与底板的连接均应按闭合框架分析。

2 盖板、底板与侧墙为整体浇筑时，侧墙与盖板、侧墙与侧墙、侧墙与底板的连接均应按闭合框架分析。

3 当盖板、底板或侧墙上开有孔洞时，其结构计算简图应根据洞口位置、洞口尺寸及洞口加强措施等条件具体确定。

4 底板地基反力可按均匀分布简化计算。当底板短边的净长度大于3m时，宜考虑结构与地基土的共同作用。

7.5.3 结构设计应根据使用中在结构上可能同时出现的荷载，按承载能力极限状态和正常使用极限状态分别进行荷载效应组合，并应取各自的最不利的效应组合进行设计。

7.5.4 结构按承载能力极限状态进行设计时，除应验算结构抗倾覆，抗滑移及抗浮外，均应采用作用效应的基本组合，并应采用下列设计表达式进行设计：

$$\gamma_0 \times S \leqslant R \tag{7.5.4}$$

式中：γ_0——结构的重要性系数，不应小于1.0；

S——作用效应的基本组合设计值；

R——结构构件抗力的设计值。

7.5.5 计算结构按承载能力极限状态进行设计时，作用效应的基本组合设计值应按下式计算：

$$S = \sum_{i=1}^{m}(\gamma_{Gi} \times S_{Gik}) + \gamma_{Q1} \times S_{Q1k} + \Psi_c \sum_{j=2}^{n}(\gamma_{Qj} \times S_{Qjk}) \tag{7.5.5}$$

式中：γ_{Gi}——第 i 个永久作用的分项系数；

γ_{Qj}——第 j 个可变作用的分项系数；其中 γ_{Q1} 为可变荷载 Q_1 的分项系数；

S_{Gik}——按第 i 个永久作用标准值 G_{ik} 计算的作用效应值；

S_{Qjk}——按第 j 个可变作用标准值 Q_{jk} 计算的作用效应值；其中 S_{Q1k} 为诸可变作用的作用效应中起控制作用者；

Ψ_c——可变作用的组合系数，可取0.9；

m——参与组合的永久作用数；

n——参与组合的可变作用数。

7.5.6 永久作用分项系数应符合下列规定：

1 当作用效应对结构不利时，结构自重应按1.2取值，其他永久作用均应按1.35取值；

2 当作用效应对结构有利时，结构自重均应按1.0取值。

7.5.7 可变作用分项系数均应按1.4取值。

7.5.8 正常使用极限状态验算应符合下列规定：

1 结构的正常使用极限状态验算应包括变形、抗裂及裂缝宽度等，其计算值不得超过相应的规定限值；

2 结构穿越铁路、主要道路及建（构）筑物时，应进行受弯构件的挠度验算；

3 对正常使用极限状态，作用效应的标准组合设计值应按下式计算：

$$S = \sum_{i=1}^{m} S_{Gik} + S_{Q1k} + \Psi_c \sum_{j=2}^{n} S_{Qjk} \tag{7.5.8-1}$$

4 当钢筋混凝土结构构件在标准组合作用下，计算截面处于受弯或大偏心受拉（压）时，其最大裂缝宽度可按本规程第8.4.11条和第8.4.12条的规定执行；

5 当钢筋混凝土结构构件在组合作用下，构件截面处于轴心受拉或小偏心受拉时，应按不允许裂缝出现控制，并应取作用效应的标准组合按下式验算：

$$N_c\left(\frac{e_0}{\eta_p \times W_0} + \frac{1}{A_0}\right) \leqslant \alpha_{ct} \times f_{ctk} \tag{7.5.8-2}$$

式中：N_c——作用效应的标准组合下计算截面上的轴向力（MN）；

η_p——混凝土构件的截面抵抗矩塑性影响系数，应按现行国家标准《混凝土结构设计规范》GB 50010的有关规定确定；

W_0——换算截面受拉边缘的弹性抵抗矩（m^3）；

A_0——计算截面的换算截面积（m^2）；

α_{ct}——混凝土拉应力限制系数，可取0.87。

7.5.9 结构上的作用组合工况应符合下列规定：

1 检查室结构上的作用组合应按表7.5.9-1的规定确定；

表 7.5.9-1 检查室结构上的作用组合

工况类别	永久作用						可变作用						
	附加恒荷载	结构自重	管道及设备自重	围岩（土）压力		地基不均匀沉降	温度影响	地面车辆	地面堆积	静水压力（包括浮托力）	管道水平作用	吊装荷载	操作荷载
				竖向	侧向								
(1)	✓	✓	✓	✓	✓	△	✓	✓	✓	✓	✓	—	△
(2)	✓	✓	—	—	✓	—	—	✓	✓	✓	—	—	△
(3)	✓	✓	—	✓	✓	—	—	✓	✓	✓	—	✓	△

续表 7.5.9-1

工况类别	永久作用							可变作用					
	附加恒荷载	结构自重	管道及设备自重	围岩（土）压力		地基不均匀沉降	温度影响	地面车辆	地面堆积	静水压力（包括浮托力）	管道水平作用	吊装荷载	操作荷载
				竖向	侧向								
(4)	√	√	√	√	√	—	—	√	√	√	√	—	△

注：1 工况类别：(1) 为管道运行工况；(2) 为揭开检查室盖板进行管道检修工况；(3) 检查室在管道安装或检修阶段起吊管道，设备工况；(4) 为管道试压工况；

2 表中打"√"的作用为相应工况应予计算的项目；打"△"的作用应按具体设计条件确定采用；

3 地面车辆荷载和地面堆积荷载不应同时计算，应根据不利设计条件计入其中一项；

4 工况 (2) 在计算静水压力及浮托力时，地下水位不应高于侧墙顶端；

5 工况 (2) 在计算结构自重时，不应计入预制盖板自重；

6 管道水平作用，包括固定支架的水平推力，导向支架的水平推力及管道位移在活动支架结构上产生的水平作用；

7 操作荷载系指检修操作平台上的操作荷载，一般取 10kPa。

2 管道支架结构上的作用组合应按表 7.5.9-2 的规定确定。

表 7.5.9-2 管道支架结构上的作用组合

结构类型		永久作用		可变作用（管道水平作用）
		结构自重	管道及设备自重	
固定支架	管道运行工况	√	√	√
	管道试压工况	√	√	√
导向支架	管道运行工况	√	—	√
滑动兼导向支架	管道运行工况	√	√	√
活动支架	管道运行工况	√	√	√
	管道试压工况	√	√	√

注：1 表中打"√"的作用为相应工况应予计算的项目；打"—"的作用应按具体设计条件确定采用；

2 对于活动支架，在管道试压工况下应计入管道偏心安装的影响；在管道运行工况下应计入管道运行时热膨胀引起的偏心的影响，管道偏心距应根据管网的布置及运行条件确定。

7.5.10 结构在组合作用下的抗倾覆、抗滑移及抗浮验算，均应采用含设计稳定性抗力系数 K_s 的设计表达式。结构设计稳定性抗力系数 K_s 值不应小于表 7.5.10 的规定。验算时，抗力应只计入永久作用；抗力和滑动力、倾覆力矩、浮托力均应采用作用的标准值。

表 7.5.10 结构设计稳定性抗力系数

结构失稳特征		稳定性抗力系数 K_s
结构承受水平作用，有沿基底滑动失稳		1.30
结构承受水平作用，有倾覆失稳	隧道、检查室	1.50
	滑动支墩	2.00
隧道或检查室有浮动失稳	管道检修阶段	1.05
	管道运行阶段	1.10

8 隧道结构设计与计算

8.1 一般规定

8.1.1 隧道应做衬砌，并宜采用复合式衬砌。

8.1.2 衬砌应有足够的强度和稳定性，并应根据地下水位和地下水腐蚀性等情况，采取防水和防腐蚀措施。

8.1.3 衬砌结构的类型和尺寸应根据使用要求、设计条件，结合施工条件、环境条件等，通过工程类比和结构计算综合分析确定。在施工阶段，还应根据现场监控量测调整支护参数，必要时可通过试验分析确定。

8.1.4 隧道衬砌设计应符合下列规定：

1 衬砌应为封闭结构；

2 衬砌断面宜采用直墙拱形；

3 围岩较差地段的衬砌应向围岩较好地段延伸 5 m～10m；

4 软硬地层分界处及对衬砌受力有不良影响处应设置变形缝；

5 支架处衬砌应采取加强措施。

8.1.5 隧道结构的设计、施工、运行管理及养护应实行有效的质量管理和控制，结构应达到并保持规定的可靠性或安全度。

8.2 隧道结构设计

8.2.1 初期支护结构设计应符合下列规定：

1 宜采用由注浆加固的地层、格栅钢架、挂钢筋网、喷射混凝土等支护形式组合的结构；

2 初期支护结构宜作为永久承载结构，并应具有足够的强度和刚度，对控制地层变形应起主要作用；

3 在预设计和施工阶段应对初期支护的稳定性进行判别；

4 钢筋网网格应按矩形布置。钢筋间距宜为100mm，直径宜为6mm～8mm，钢筋网之间以及钢筋网与格栅及纵向连接筋之间应连接可靠；

5 格栅钢架应分节制作，节段与节段之间应通过钢板用螺栓连接或焊接；

6 格栅钢架主筋的直径不宜小于18mm，保护层不应小于40mm，各排钢架之间连接钢筋直径应为20mm～25mm，各排钢架的间距不应大于1m。

8.2.2 二次衬砌结构设计应符合下列规定：

1 宜采用模筑钢筋混凝土结构；

2 应采用以概率理论为基础的极限状态设计法，应以可靠指标度量其可靠度，并应采用符合其结构特点的基于分项系数的设计表达式进行设计；

3 伸缩缝间距应按本规程附录D的规定确定，并应符合构造要求，不应超过30m，伸缩缝宽度宜为20mm～30mm；

4 隧道与检查室连接处应设置变形缝，变形缝距检查室外墙宜为1.5m～4.0m，宽宜为20mm～30mm；

5 固定支架处的结构应设置抗滑槽；

6 支架处结构厚度应满足混凝土局部抗压承载力的要求；

7 支架部位二次衬砌结构的纵向钢筋的配置，应根据支架推力的大小，经计算确定；纵向钢筋拉应变应满足支架推力作用的要求。

8.3 隧道转角处洞口反梁结构设计

8.3.1 隧道转角宜为直角，转角处应设置加高段，且宜在直角转弯1m处设置变形缝。

8.3.2 加高段的开洞口处，初期支护应设置封闭的钢格栅环框，环框宜为平底。加高段侧墙切断的初支钢格栅应与环框牢固连接。

8.3.3 在隧道转角处洞口的二衬内，顶拱应设置弧形反梁，底部应设置底反梁。

8.4 隧道结构计算

8.4.1 隧道二衬结构应根据承载能力极限状态及正常使用极限状态的要求分别进行承载力、变形、稳定及混凝土结构裂缝宽度的计算和验算。

8.4.2 隧道结构上的作用的分类应符合本规程第6.0.1条的规定，管道支架结构上的作用组合应符合本规程表7.5.9-2的规定。隧道结构上的作用应根据不同的极限状态和设计状况进行组合，可按作用的基本组合进行设计，基本组合可表达为结构自重＋围岩压力或土压力。基本组合中各作用的组合系数取1.0，当考虑其他组合时，应另行确定作用的组合系数。

8.4.3 隧道结构内力和变形计算应符合下列规定：

1 宜选用荷载结构法，并宜采用平面有限元法求解；

2 应考虑隧道结构与围岩的相互作用，围岩弹性抗力的大小及分布可根据隧道支护或衬砌在作用下的变形、支护背后的回填情况和围岩的变形性质等因素，采用局部变形理论，按下式计算：

$$\sigma = K \times \delta \tag{8.4.3}$$

式中：σ——围岩弹性抗力强度（MPa）；

K——地层弹性抗力系数（MPa/m），可按本规程表3.4.1-3的规定取值；

δ——支护或衬砌所产生的向围岩的变形值（m）。

8.4.4 隧道初期支护结构计算应符合下列规定：

1 作用在初期支护上的荷载应包括永久荷载中的地层压力和结构自重、可变荷载中的地面车辆荷载及其动力作用，可不计水压力、偶然荷载等其他荷载；

2 截面强度检算时，应将格栅钢架喷射混凝土初期支护每延米支护结构的钢筋量换算成钢筋混凝土矩形截面，并应按本规程第8.4.6条～第8.4.9条钢筋混凝土结构检算方法进行检算。

8.4.5 隧道二次衬砌结构计算应符合下列规定：

1 应按承担全部荷载（永久荷载、可变荷载和偶然荷载）计算，并应符合本规程第8.4.2条的规定；

2 隧道结构应按本规程第8.4.6条～第8.4.9条的规定检算截面强度，并应检算钢筋混凝土裂缝宽度；

3 支架处的隧道二次衬砌结构，应按本规程附录C的规定验算其抗滑移稳定性。

Ⅰ 隧道结构承载能力极限状态计算

8.4.6 混凝土矩形截面中心及偏心受压构件的抗压承载能力应按下式检算：

$$\gamma_{sc} \times N_k \leqslant \frac{\varphi \times \alpha \times b \times h \times f_{ck}}{\gamma_{Rc}} \tag{8.4.6}$$

式中：γ_{sc}——混凝土衬砌构件抗压检算作用效应分项系数，深埋隧道取3.95，浅埋隧道取2.67；

N_k——轴力标准值（MN），由各种荷载标准值计算得到；

φ——混凝土构件纵向弯曲系数，隧道衬砌取 1.0；其他混凝土构件纵向弯曲系数应按表 8.4.6-1 的规定取值；

α——混凝土构件轴向力偏心影响系数，应按表 8.4.6-2 的规定取值；

b——构件截面宽度（m）；

h——构件截面高度（m）；

f_{ck}——混凝土轴心抗压强度标准值（MPa），应按本规程表 5.0.6 的规定取值；

γ_{Rc}——混凝土衬砌构件抗压检算抗力分项系数，深埋隧道取 1.85，浅埋隧道取 1.35。

表 8.4.6-1 混凝土构件纵向弯曲系数

构件计算长度与截面高度的比值 l/h	<4	4	6	8	10	12	14	16
构件纵向弯曲系数 φ	1.00	0.98	0.96	0.91	0.86	0.82	0.77	0.72
构件计算长度与截面高度的比值 l/h	18	20	22	24	26	28	30	—
构件纵向弯曲系数 φ	0.68	0.63	0.59	0.55	0.51	0.47	0.44	—

注：1 当构件中心受压时，h 为截面短边边长；当偏心受压时，h 为弯矩作用平面内的截面边长；

2 当 l/h 为表列数值的中间值时，φ 可按插值计算。

表 8.4.6-2 混凝土构件轴向力偏心影响系数

构件轴向力偏心距与截面高度的比值 e_0/h	0.00	0.02	0.04	0.06	0.08	0.10	0.12	0.14	0.16
构件轴向力偏心影响系数 α	1.000	1.000	1.000	0.996	0.979	0.954	0.923	0.886	0.845
构件轴向力偏心距与截面高度的比值 e_0/h	0.18	0.20	0.22	0.24	0.26	0.28	0.30	0.32	0.34
构件轴向力偏心影响系数 α	0.799	0.750	0.698	0.645	0.590	0.535	0.480	0.426	0.374
构件轴向力偏心距与截面高度的比值 e_0/h	0.36	0.38	0.40	0.42	0.44	0.46	0.48	—	—
构件轴向力偏心影响系数 α	0.324	0.278	0.236	0.199	0.170	0.142	0.123	—	—

8.4.7 受弯构件、偏心受压构件的受拉钢筋和受压区混凝土同时达到强度设计值时，相对界限受压区高度为界限受压区高度与截面有效高度之比 x_b/h_0，可按下式计算：

$$\xi_b = \frac{0.8}{1+(f_{std}/0.0033E_s)} \tag{8.4.7}$$

式中：ξ_b——相对界限受压区高度；

f_{std}——钢筋的抗拉强度设计值（MPa），应按本规程表 5.0.13 的规定取值；

E_s——钢筋的弹性模量（MPa），应按本规程表 5.0.14 的规定取值。

8.4.8 偏心受压构件的计算应考虑构件在弯矩作用平面内挠曲对轴向力偏心距的影响，此时应将轴向力对截面重心的初始偏心距 e_i 乘以偏心距增大系数 η。对矩形、T 形、工字形截面偏心受压构件，偏心距增大系数可按下列公式计算：

$$\eta = 1+\frac{1}{1300(e_i/h_0)}\left(\frac{l}{h}\right)^2\zeta_1\times\zeta_2 \tag{8.4.8-1}$$

$$\zeta_1 = \frac{0.5f_{cd}\times A}{N_d} \tag{8.4.8-2}$$

$$\zeta_2 = 1.15-0.01\frac{l}{h} \tag{8.4.8-3}$$

式中：η——偏心距增大系数，当隧道衬砌以及当构件高度与弯矩作用平面内的截面边长之比 l/h 小于或等于 8 时，可不考虑挠度对偏心距的影响，取 $\eta=1$；

e_i——轴向力对截面重心的初始偏心距（m）；

h_0——构件截面有效高度（m），为构件截面高度 h 与受拉区钢筋合力点至截面近边的距离 a 之差；

l——构件计算长度（m）；

ζ_1——偏心距对截面弯曲的影响系数，当计算所得的 ζ_1 大于 1 时，取 $\zeta_1=1$；

ζ_2——构件长细比对截面弯曲的影响系数，当 l/h 小于或等于 15 时，取 $\zeta_2=1$；

f_{cd}——混凝土轴心抗压强度设计值（MPa）；

A——构件截面面积（m^2）；

N_d——按最不利荷载组合求得的轴向力设计值（MN）。

偏心受压构件除应计算弯矩作用平面的受压承载力外，尚应按轴心受压构件检算垂直于弯矩作用平面的受压承载力，此时可不考虑弯矩作用，钢筋混凝土构件的纵向弯曲系数应按表 8.4.8 的规定取值，截面承载力应予以折减。

表 8.4.8 钢筋混凝土构件的纵向弯曲系数

构件计算长度与截面宽度的比值 l/b	≤8	10	12	14	16	18
构件纵向弯曲系数 φ	1.00	0.98	0.95	0.92	0.87	0.81
构件计算长度与截面宽度的比值 l/b	20	22	24	26	28	30
构件纵向弯曲系数 φ	0.75	0.70	0.65	0.60	0.56	0.52

注：1 l 为构件计算长度，两端刚性固定时，l 取 0.5 倍的构件全长；一端刚性固定、另一端为不移动的铰时，l 取 0.7 倍的构件全长；两端均为不移动的铰时，l 取构件全长；一端刚性固定、另一端为自由端时，l 取 2 倍的构件全长；

2 b 取构件截面短边的宽度。

8.4.9 钢筋混凝土矩形截面偏心受压构件正截面强度计算应符合下列规定：

1 构件正截面强度（图 8.4.9）应按下列公式计算：

$$N_d \leqslant f_{cmd} \times b \times x + f'_{scd} \times A'_s - \sigma_s \times A_s \tag{8.4.9-1}$$

$$N_d \times e \leqslant f_{cmd} \times b \times x\left(h_0 - \frac{x}{2}\right) + f'_{scd} \times A'_s(h_0 - a') \tag{8.4.9-2}$$

式中：f_{cmd}——混凝土弯曲抗压强度设计值（MPa）；

x——混凝土受压区高度（m）；

f'_{scd}——钢筋的抗压强度设计值（MPa），应按本规程表 5.0.13 的规定取值；

A_s、A'_s——受拉区、受压区的纵向钢筋截面面积（m^2）；

σ_s——受拉钢筋的应力（MPa）；

e——轴向力作用点至受拉边钢筋 A_s 的合力点的距离（m）；

a'——受压区钢筋合力点至截面近边的距离（m）。

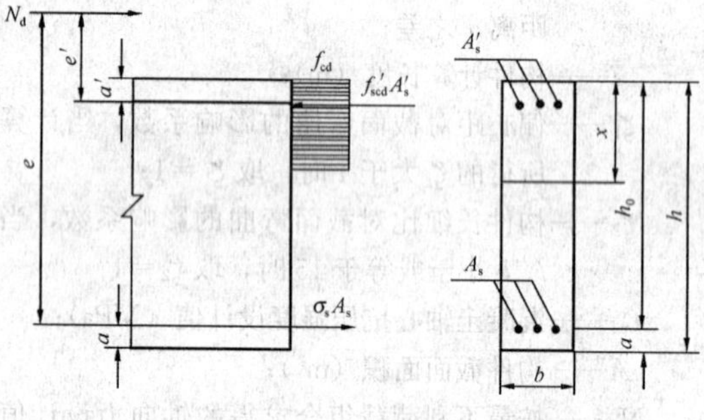

图 8.4.9 矩形截面偏心受压构件正截面图

2 最不利荷载组合的轴向力设计值可按下式计算：

$$N_d = \gamma_s \times N'_k \tag{8.4.9-3}$$

式中：γ_s——钢筋混凝土衬砌构件抗压检算分项系数，深埋隧道衬砌取 1.80，浅埋隧道衬砌取 1.60；

N'_k——按最不利荷载组合求得的轴向力标准值（MN）。

3 轴向力作用点至受拉边钢筋的合力点的距离可按下式计算：

$$e = \eta \times e_i + y_{sp} \tag{8.4.9-4}$$

式中：y_{sp}——自截面重心至受拉边钢筋合力点的距离（m）。

4 轴向力对截面重心的初始偏心距可按下式计算：

$$e_i = e_0 + e_s \tag{8.4.9-5}$$

当 $e_0 < 0.3h_0$ 时，$e_s = 0.12(0.3h_0 - e_0)$；

当 $e_0 \geqslant 0.3h_0$ 时，$e_s = 0$。

式中：e_0——轴向力对截面重心的偏心距（m）；

e_s——附加偏心距（m）。

5 混凝土受压区高度 x 可按下式计算：

$$f_{cmd} \times b \times x\left(e - h_0 + \frac{x}{2}\right) \pm f'_{scd} \times A'_s \times e' - f_{std} \times A_s \times e = 0 \tag{8.4.9-6}$$

式中：e'——轴向力作用点至纵向受压钢筋合力点的距离（m）。

当 N_d 作用于 A_s 与 A'_s 的重心之间时，公式中“±”应取“+”，否则应取“−”。

6 正截面强度计算，按本条进行检查时，应先判别大小偏心：

1）当 $x \leqslant x_b$ 时为大偏心受压构件，公式（8.4.9-1）中 $\sigma_s = f_{std}$；

2）当 $x > x_b$ 时为小偏心受压构件，公式（8.4.9-1）中 σ_s 可按下式计算：

$$\sigma_s = \frac{f_{std}}{\xi_b - 0.8}\left(\frac{x}{h_{0i}} - 0.8\right) \tag{8.4.9-7}$$

式中：h_{0i}——第 i 层钢筋截面重心至混凝土受压区边缘的距离（m）；

3）当 $x > h$ 时，公式（8.4.9-1）及公式（8.4.9-2）中 $x = h$，σ_s 应按求出的 x 进行计算；

4）对小偏心受压构件应按下式核算：

$$N_d\left[\frac{h}{2} - a' - (e_0 - e_s)\right] \leqslant f_{cmd} \times b \times h\left(\frac{h}{2} - a'\right) + f'_{scd} \times A_s(h_0 - a') \tag{8.4.9-8}$$

5）矩形截面对称配筋的钢筋混凝土小偏心受压构件，钢筋截面面积可按下列近似公式计算：

$$A_s = A'_s = \frac{N_d \times e - \xi(1 - 0.5\xi) \times f_{cmd} \times b \times h_0^2}{f'_{scd}(h_0 - a')} \tag{8.4.9-9}$$

$$\xi = \frac{N_d - \xi_b \times f_{cmd} \times b \times h_0}{\dfrac{N_d \times e - 0.45 f_{cmd} \times b \times h_0^2}{(0.8 - \xi_b)(h_0 - a')} + f_{cmd} \times b \times h_0} \tag{8.4.9-10}$$

式中：ξ——相对受压区高度。

Ⅱ 隧道结构正常使用极限状态计算

8.4.10 当 e_0/h 小于或等于 1/6 时，可不对隧道衬砌的混凝土矩形偏心受压构件的抗裂承载能力进行检算，否则应按下式进行检算：

$$\gamma_{st} \times N_k(6e_0 - h) \leqslant 1.75\varphi \times b \times h^2 \frac{f_{ctk}}{\gamma_{Rt}} \tag{8.4.10}$$

式中：γ_{st}——混凝土衬砌构件抗裂检算作用效应分项系数，深埋隧道衬砌取 3.1，浅埋隧道衬砌取 1.52；

f_{ctk}——混凝土轴心抗拉强度标准值（MPa），应按本规程表 5.0.7 的规定取值；

γ_{Rt}——混凝土衬砌构件抗裂检算抗力分项系数，深埋隧道衬砌取 1.45，浅埋隧道衬砌取 2.70。

8.4.11 钢筋混凝土衬砌结构构件按作用基本组合所求得的最大裂缝宽度不应大于 0.2mm。

8.4.12 钢筋混凝土受拉、受弯和偏心受压构件的最大裂缝宽度计算应符合下列规定：

1 对于 e_0 小于或等于 $0.55h_0$ 的偏心受压构件，可不检算裂缝宽度，否则应按下式进行验算：

$$w_{max}=\frac{\alpha_0\times\psi[1.9C_s+(0.08d/\rho_{te})]\sigma_s}{E_s} \tag{8.4.12-1}$$

式中：w_{max}——最大允许裂缝宽度（mm）；

α_0——构件受力特征系数，轴心受拉构件取 2.7，受弯和偏心受压构件取 1.9，偏心受拉构件取 2.4；

ψ——裂缝间纵向受拉钢筋应变不均匀系数；

C_s——最外层纵向受拉钢筋外边缘至受拉区底边的距离（mm），当 C_s 小于 20 时，C_s 取 20；当 C_s 大于或等于 65 时，C_s 取 65；

d——钢筋直径（mm）；

ρ_{te}——按有效受拉混凝土面积计算的纵向受拉钢筋配筋率，当 ρ_{te} 小于 0.01 时，ρ_{te} 取 0.01。

2 裂缝间纵向受拉钢筋应变不均匀系数应按下列公式计算选取：

$$\psi=1.1-\frac{0.65f_{ctk}}{\rho_{te}\times\sigma_s} \tag{8.4.12-2}$$

$$\rho_{te}=\frac{A_s}{A_{ce}} \tag{8.4.12-3}$$

式中：A_{ce}——有效受拉混凝土截面面积（m^2）。

当裂缝间纵向受拉钢筋应变不均匀系数 ψ 小于 0.2 时，ψ 取 0.2；当 ψ 大于 1.0 时，ψ 取 1.0；对直接承受重复荷载的构件，ψ 取 1.0。

3 有效受拉混凝土截面面积的计算应符合下列规定：

1） 对受拉构件应取构件截面面积；

2） 对受弯、偏心受压和偏心受拉构件（图 8.4.12）应按下式计算：

$$A_{ce}=0.5b\times h+\frac{b_f-b}{h_f} \tag{8.4.12-4}$$

式中：b_f——Ⅰ型构件截面受压区的翼缘计算宽度（m）；

h_f——Ⅰ型构件截面受压区的翼缘高度（m）。

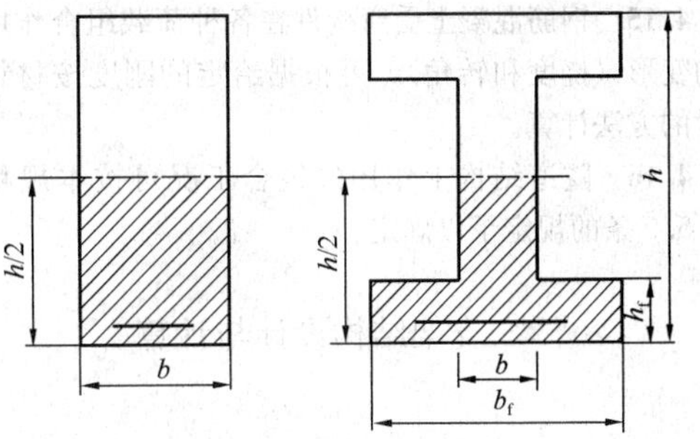

图 8.4.12 有效受拉混凝土截面面积图

3） 对矩形截面应按下式计算：

$$A_{ce}=0.5b\times h \tag{8.4.12-5}$$

4 当采用不同直径钢筋时，钢筋直径应按下式计算：

$$d=\frac{4A_s}{\xi_z\times u} \tag{8.4.12-6}$$

式中：u——纵向受拉钢筋截面周长的总和（mm）；

ξ_z——纵向受拉钢筋表面特征系数，变形钢筋取 1.0，光面钢筋取 0.7。

8.4.13 裂缝宽度检算时，钢筋混凝土构件纵向受拉钢筋应力应按下列公式计算：

1 受弯构件：

$$\sigma_s=\frac{M_s}{0.87h_0\times A_s} \tag{8.4.13-1}$$

式中：M_s——按荷载组合计算出的弯矩值（MN·m）。

2 偏心受压构件：

$$\sigma_s=\frac{N_s(e-z)}{A_s\times z} \tag{8.4.13-2}$$

$$z=\left[0.87-0.12\left(\frac{h_0}{e}\right)^2\right]h_0 \tag{8.4.13-3}$$

式中：N_s——按荷载组合计算出的轴力值（MN）；

z——纵向受拉钢筋合力点至受压区合力点之间的距离（m），且不大于 $0.87h_0$。

3 轴心受拉构件：

$$\sigma_s=\frac{N_s}{A_s} \tag{8.4.13-4}$$

4 偏心受拉构件：

$$\sigma_s=\frac{N_s\times e'}{A_s(h_0-a')} \tag{8.4.13-5}$$

8.4.14 对于受弯构件，按作用基本组合计算的允许挠度值应符合表 8.4.14 的规定。

表 8.4.14 受弯构件的允许挠度值

构件类型		允许挠度值（m）
梁、板构件	$l_0\leqslant5m$	$l_0/250$
	$5m<l_0\leqslant8m$	$l_0/300$
	$l_0>8m$	$l_0/400$

注：l_0 为受弯构件的计算跨度。

8.4.15 钢筋混凝土受弯构件在各种荷载组合作用下的变形（挠度和转角），可根据给定的刚度按材料力学的方法计算。

8.4.16 隧道结构上作用的组合工况可按本规程第7.5.9条的规定予以确定。

9 支架结构设计与计算

9.1 一般规定

9.1.1 支架宜采用型钢结构。

9.1.2 支架锚固形式可采用两端嵌固式或悬臂式。

9.1.3 支架计算应符合下列规定：

1 固定支架推力应由管道两侧的两根立柱共同承担；

2 导向支架推力应由单根立柱承担；

3 支架推力作用位置应在管道轴线与立柱相交处。

9.1.4 组合型钢支架的焊缝验算应符合现行国家标准《钢结构设计规范》GB 50017的有关规定。

9.1.5 钢支架的除锈、防腐应符合现行国家标准《钢结构工程施工质量验收规范》GB 50205的有关规定。

9.1.6 供水、回水管道支架宜错开1.5m～2.0m布置；固定支架的嵌固深度不应小于200mm。

9.1.7 钢支架底部应设钢筋混凝土护墩，护墩高度不宜小于150mm。

9.1.8 支架宜避开结构受力钢筋。

9.2 两端嵌固式支架结构

9.2.1 支架计算长度应取两锚固端之间的净长与一个锚固端长度之和。

9.2.2 支架结构宜按两端简支进行强度、抗剪、变形及稳定性验算；宜按两端固定进行混凝土局部承压验算。验算结果应符合现行国家标准《钢结构设计规范》GB 50017和《混凝土结构设计规范》GB 50010的有关规定。

9.2.3 支架立柱在推力作用下的变形可按下列公式验算：

$$B_{\max}=\sqrt{f_x^2+f_y^2}\leqslant[B] \quad (9.2.3\text{-}1)$$

$$f_x=\frac{F'_{xk}\times l_b}{9E_g\times I_x\times l_h}\sqrt{\frac{(l_b^2+2l_a\times l_b)^3}{3}} \quad (9.2.3\text{-}2)$$

$$f_y=\frac{F'_{yk}\times l_b}{9E_g\times I_y\times l_h}\sqrt{\frac{(l_b^2+2l_a\times l_b)^3}{3}} \quad (9.2.3\text{-}3)$$

$$l_h=l_a+l_b \quad (9.2.3\text{-}4)$$

式中：$B_{\max}$——支架立柱的变形值（mm）；

f_x、f_y——支架立柱在沿管道轴向（x轴）、垂直管道轴向（y轴）推力作用下产生的挠度（mm）；

l_h——支架计算长度（mm）；

F'_{xk}、F'_{yk}——作用在单根支架立柱上沿管道轴向和垂直管道轴向的推力标准值（N）；

I_x、I_y——对x轴、y轴的净截面惯性矩（mm^4）；

E_g——钢材的弹性模量（MPa）；

l_a、l_b——推力作用位置距立柱较远、较近锚固端处的距离（mm）；

$[B]$——单根支架立柱在管道轴线位置处允许最大变形值（mm），可取$l_h/250$。

9.2.4 支架锚固端（图9.2.4）混凝土局部承压可按下列公式验算：

$$F_l+F_m\leqslant f_{cd}\times\beta_l\times A_l \quad (9.2.4\text{-}1)$$

$$F_m=\frac{M}{d_m} \quad (9.2.4\text{-}2)$$

式中：F_l——作用在锚固端混凝土上的局部压力设计值（N）；

F_m——锚固端产生的附加局部压力设计值（N）；

β_l——混凝土局部受压时的强度提高系数，可取1.7～3.0，有实际经验时，可适当提高；

A_l——混凝土局部受压面积（mm^2），可取支架立柱（受力面）与锚固端混凝土接触面的面积；

M——推力作用在锚固端的弯矩设计值（N·mm），可取按两端固定计算弯矩设计值的80%，当有可靠工程经验时，可适当减小；

d_m——加强槽钢之间的中心距（mm）。

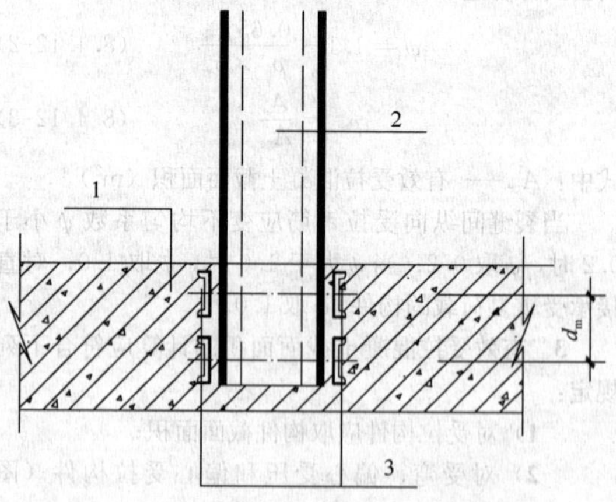

图9.2.4 支架锚固端示意图

1—结构底板；2—支架立柱；3—加强槽钢

9.3 悬臂式支架结构

9.3.1 支架计算长度应取管道中心距支架底部的距离与锚固长度之和。

9.3.2 支架结构应按上端自由、下端固定进行强度、管道中轴线位置处变形、抗剪、稳定性及混凝土局部抗压强度等验算，验算结果应符合现行国家标准《钢结构设计规范》GB 50017和《混凝土结构设计规范》GB 50010的有关规定。

9.3.3 支架柱在管道中轴线位置处的变形可按下式验算：

$$B_{\max}=\sqrt{\left(\frac{F'_{xk}\times l_h^3}{3E_g\times I_x}\right)^2+\left(\frac{F'_{yk}\times l_h^3}{3E_g\times I_y}\right)^2}\leqslant[B] \tag{9.3.3}$$

9.3.4 锚固端混凝土局部承压可按本规程公式（9.2.4-1）进行验算。

9.4 支架横担结构

9.4.1 支架横担结构计算长度应取两根支架立柱之间的净间距。

9.4.2 作用在支架横担上的荷载应包括管道推力、管道自重。横担自重。管道自重标准值应计入管道矢跨的影响，管道矢跨系数宜取1.0～1.5。

9.4.3 支架横担结构应按两端固定进行强度、变形、与支架立柱相接处的焊缝强度的验算，验算结果应符合现行国家标准《钢结构设计规范》GB 50017的有关规定。

9.5 支架构造

9.5.1 支架锚固段内两侧应设置加强槽钢。

9.5.2 固定支架处的隧道结构的初支与二衬之间以及初支背后应进行注浆处理。

9.5.3 支架立柱和横担应避开人孔、吊装孔、集水坑、工艺设备等。

9.5.4 支架端部应设封堵钢板，封板厚度宜为8mm～12mm，且应每侧伸出支架柱10mm～20mm。

10 地下水处治及地层预加固设计

10.1 一般规定

10.1.1 软弱和松散地层可采用地层注浆、超前小导管、管棚及地层冻结等措施进行预加固。地层的预加固应与隧道施工过程中对地下水的处治统筹考虑。

10.1.2 地层预加固及地下水的处治应依据工程地质和水文地质资料，并结合工程施工对环境影响的控制要求进行设计。设计方法宜采用信息化动态设计。设计参数的确定在设计阶段可采用工程类比法，在工程实施阶段应根据现场地质及水文情况、监测反馈信息及时修正相关设计参数。

10.1.3 地下水的处治应遵循节约地下水资源、保护地下水环境、防止对地下水的污染的原则，并应符合国家和地方的有关规定。

10.2 地下水处治

10.2.1 地下水的处治方案应依据工程地质条件、水文地质条件和环境条件综合确定，可采用注浆止水、降低地下水位和地层冻结等方法，以达到无水作业的施工条件。

10.2.2 注浆止水应符合下列规定：

1 不得使用污染环境的化学浆液；

2 可采用地面注浆、洞内注浆或二者结合的方式；

3 宜与洞内引排相结合，并应以堵为主，以排为辅；

4 注浆方法、注浆材料的选择和注浆参数的确定应符合本规程第10.3节的规定。

10.2.3 施工降水设计应根据工程地质条件、地下水条件、环境条件和隧道结构条件，遵循抽水、下渗、回灌相结合的原则，确定合理的降低地下水位的方法和施工降水设计参数。

10.2.4 降低地下水位应符合下列规定：

1 施工范围内的上层滞水应全部疏干；

2 施工范围内的潜水位应降低至结构底板（仰拱）以下0.5m～1.0m。当结构底板（仰拱）在潜水含水层底板以下时，应将潜水含水层疏干；当层间潜水分布在结构底板（仰拱）以上时，应将层间潜水疏干；

3 当结构底板（仰拱）在承压水含水层的顶板以下，且在底板以上时，施工范围内的承压水的压力水头高度应降低至结构底板（仰拱）以下0.5m～1.0m；当结构底板（仰拱）在承压水含水层的底板以下，则应将承压水疏干；当结构底板（仰拱）在承压水含水层顶板以上时，施工范围内的承压水的压力水头高度可按下式进行控制：

$$\frac{H_t\times\gamma_n}{H_w\times\gamma_w}\geqslant K_{ws} \tag{10.2.4}$$

式中：H_t——承压含水层顶板至结构底板（仰拱）底部的土层厚度（m）；

H_w——承压水压力水头高度（m）；

K_{ws}——施工降水安全系数，取1.2。

4 对由降水引起的周边建（构）筑物的沉降和倾斜应进行预测，不得影响周边建（构）筑物的安全和正常使用。

10.2.5 当降水效果不理想时，宜采取与洞内处理残留水相结合的措施。

10.3 地层注浆

10.3.1 地层注浆方法的选择应符合表10.3.1的规定。

表 10.3.1 地层注浆方法的选择

地层特性	地层注浆方法
在裂隙具有一定张开度的裂隙岩体、砂卵石及粗砂地层	宜采用充填孔隙的渗入注浆法
在中砂、粉细砂、黏质粉土地层	宜采用渗透和劈裂相结合的注浆法
在粉质黏土等黏土层	宜采用劈裂或电动硅化注浆法
在淤泥质软土层	宜采用高压喷射注浆法

10.3.2 注浆材料应符合下列规定：

1 应具有良好的可注性；

2 应具有良好的粘结力和一定的强度、抗渗、耐久和稳定性，当地下水有侵蚀作用时，应采用耐侵蚀性的材料；

3 应无毒并对环境污染小；

4 宜对注浆工艺要求简单，且应操作方便、安全可靠。

10.3.3 注浆浆液应符合下列规定：

1 注浆浆液的选择应符合表 10.3.3 的规定；

表 10.3.3 注浆浆液的选择

地层特性	注浆浆液
在裂隙具有一定张开度的裂隙岩体、砂卵石及粗砂地层中进行充填孔隙的渗入注浆	宜选用水泥水玻璃双液浆，无水状态可选用水泥单液浆
在中砂、粉细砂、黏质粉土地层中进行渗透和劈裂相结合的注浆	宜选用水泥/超细水泥单液浆或改性水玻璃单液浆
在粉质黏土等黏土层中进行劈裂注浆	宜选用超细水泥单液浆或改性水玻璃单液浆
在淤泥质软土层中进行高压喷射注浆	宜选用水泥或超细水泥单液浆

2 注浆浆液的配合比应在试验室试配的基础上经现场试验确定。

10.3.4 注浆孔间距和注浆压力宜根据地层特性、地下水动力学条件和浆液在地层中的可注入性，经工程类比和试验确定。

10.3.5 设计文件中应对注浆后地层的允许出水量等止水效果和浆液加固体的强度提出明确要求。

10.4 超前小导管及管棚

10.4.1 超前小导管注浆和管棚应根据地质条件、环境条件、隧道断面大小及支护结构形式选用不同的设计参数。

10.4.2 超前小导管宜采用 ϕ32mm 或 ϕ42mm 钢管制作，长度宜为 1.5m～3.0m。纵向每开挖 1 个～2 个循环后应注浆 1 次，小导管纵向搭接长度不应小于 1m。

10.4.3 超前小导管应沿隧道周边布置，环向间距不应大于 400mm，外插角宜为 10°～15°。

10.4.4 超前小导管注浆参数应符合下列规定：

1 浆液终压应根据现场地质情况通过注浆试验确定，宜为 0.3 MPa～0.5MPa；

2 注浆量可按下式计算：

$$Q = \pi r^2 \times L \times n_d \times \alpha_c \times \beta_h \quad (10.4.4)$$

式中：Q——浆液注入量（m^3）；

r——浆液扩散半径（m），可取 0.25；

L——注浆管长（m）；

n_d——地层空隙率，可按表 10.4.4 选用；

α_c——地层充填系数，可取 0.8；

β_h——浆液消耗系数，可取 1.1～1.2。

表 10.4.4 地层孔隙率

地 层	孔隙率（%）
冲积成因的中、粗、砾砂	33～46
粉砂	33～49

3 注浆速度应小于或等于 30L/min。

10.4.5 超前小导管注浆材料应根据隧道所处地层条件选择，并应符合下列规定：

1 无水的粗砂及砂砾石地层宜选择单液水泥浆；

2 无水的中砂及粉细砂地层宜选择改性水玻璃浆；

3 有水的粗砂及砾石地层宜选择水泥—水玻璃浆双液浆；

4 对前期及后期强度要求很高的地层可选择硫铝酸盐水泥类浆。

10.4.6 管棚应沿隧道顶拱开挖轮廓的周边布置，其钢管宜采用 ϕ60mm～ϕ180mm 无缝钢管加工制作。钢管的环向间距宜为 300 mm～500mm，外插角不应大于 3°。沿隧道纵向两节管棚的水平搭接长度不应小于 1.5m。

10.4.7 管棚注浆浆液宜采用水泥砂浆。

10.5 旋喷注浆加固

10.5.1 砂类土、黏性土、淤泥和黄土等软弱土层宜选用旋喷注浆加固。

10.5.2 旋喷注浆加固地层设计应符合下列规定：

1 旋喷方式应根据地层条件、工程结构形式、环境条件和设备类型等确定，可选用地面垂直旋喷、定向旋喷，隧道内水平旋喷方式；

2 旋喷范围应根据地层性质、地下水条件和开挖范围等确定，并应包括加固体的形状及大小尺寸；

3 工艺参数应包括旋喷压力、浆液的材料和配比等，并应符合下列规定：

1）喷嘴出口处的压力宜控制在0.2 MPa～1.0MPa；

2）浆液的材料、配比应根据地层条件、地下水压力和流速，并经工程类比和试验室试验、现场试验确定。旋喷浆液宜为水泥浆，其水灰比宜控制在（1.0～1.2）：（0.7～1.0）。当地下水流速较大时，可掺加一定量的促凝剂调节浆液的凝结时间；

4 加固体的强度应根据地层条件、加固部位等因素，通过工程类比确定。加固体的28d强度宜控制在1.0 MPa～1.5MPa；

5 加固体的止水效果应达到在钻孔检查时不渗水、不塌孔；

6 加固效果的检测应包括检测方法、检测数量及加固效果的评价。检测方法可选用钻芯取样法或静力、动力触探法。

10.6 地层冻结

10.6.1 地下水含量大于10%、流速不大于10m/d、含盐量较小、水温变化幅度不大的软土、流砂、卵砾石地层可选用冻结法进行地层的预加固。

10.6.2 地层冻结设计前应进行详细的地质条件和地下水条件调查，并应包括下列内容：

1 地层中地下水的含量、水位的变化、流速流向、含盐量、水温以及和其他水体的水力联系；

2 地层的颗粒组成及级配；

3 开挖体及其影响范围内地层中的隔水层厚度及其物理力学性质；

4 地层的可钻性；

5 地层是否为扰动土层。

10.6.3 地层冻结设计应符合下列规定：

1 冻结方式应根据工程结构和环境条件、地层条件等确定，可选择垂直冻结、水平冻结或倾斜冻结；

2 冻结范围应根据地层性质、地下水条件和开挖范围等确定，并通过工程类比和计算分析确定冻结壁的形状和尺寸，包括冻结壁的长度、厚度和宽度等；

3 工艺参数应根据地层条件、地下水条件、开挖时间、冻结管的温度，并经计算和工程类比确定，并应包括冻结壁平均温度、积极冻结扩展速度、积极冻结时间和维护冻结时间；

4 冻结孔的布置参数应依据冻结壁的厚度、积极冻结扩展速度等经计算确定，并应包括冻结孔的间距（包括开孔间距、终孔控制间距）、角度、排数（单排、双排或多排）及排列形式。单排冻结孔间距宜为0.5m～1.2m，多排冻结孔的排距宜为0.5m～1.0m；

5 冻胀引起的地表隆起宜小于6mm，冻结壁解冻引起的地表沉降宜小于10mm。

11 结构防水

11.1 一般规定

11.1.1 检查室和隧道应根据气候条件、工程地质和水文地质条件，并应考虑不同的结构部位、温度效应和使用要求等因素进行结构防水设计。

11.1.2 结构防水应以结构自防水为根本、细部构造防水为重点，并应遵循以防为主、刚柔结合、多道防线、因地制宜、综合治理的原则，采取与其相适应的防水措施。

11.1.3 结构防水等级不应低于二级。

11.1.4 结构防水设计应采取预防结构混凝土早期裂缝的措施。

11.2 混凝土结构自防水

11.2.1 结构自防水应采用防水混凝土，防水混凝土抗渗等级不得低于P8。处于侵蚀性介质中，防水混凝土的耐侵蚀系数不得小于0.8。

11.2.2 防水混凝土结构不得有贯通裂缝。

11.2.3 防水混凝土所用的材料和配合比应满足结构耐久性的要求，并应符合现行国家标准《地下工程防水技术规范》GB 50108的有关规定。

11.2.4 防水混凝土结构的构造应符合下列规定：

1 结构厚度不应小于250mm；

2 钢筋保护层厚度应根据结构的耐久性和工程环境选用，迎水面钢筋保护层厚度不应小于50mm。

11.3 附加防水层

11.3.1 复合式衬砌的初期支护与二次衬砌之间应选用耐腐蚀、耐霉菌、耐穿刺，延伸性和柔性好的塑料防水板做防水层。塑料防水板的厚度不应小于1.2mm。塑料防水板与基面之间应采用重量不小于350g/m²的土工布作为缓冲层。

11.3.2 塑料板防水层的铺设应符合下列规定：

1 塑料板的缓冲层应用暗钉圈固定在基层上，塑料板应边铺边将其与暗钉圈焊接牢固；

2 两幅塑料板的搭接宽度应为100mm，下部塑料板应压住上部塑料板。搭接缝应采用双条焊缝焊接，单条焊缝的有效焊接宽度不应小于10mm。焊缝质量应进行充气检查，当空腔内充气压力达到0.25MPa时，15min内压力下降不应大于10%。

11.3.3 敷设塑料防水板的基面应符合下列规定：

1 塑料防水板的平整度应符合现行国家标准《地下防水工程质量验收规范》GB 50208的有关规定；

2 敷设塑料防水板的基面可处于潮湿状态，但不应有滴漏，不得有线流水；

3 仰拱、底板不得有积水；

4 仰拱或底板的塑料防水板应设不小于 50mm 厚的保护层。

11.4 细部构造防水

11.4.1 二次衬砌施工缝、变形缝处应采取防水措施，并应符合表 11.4.1 的规定；变形缝应能满足接缝两端结构产生的差异沉降及纵向伸缩时的密封防水要求。

表 11.4.1 二次衬砌施工缝、变形缝的防水措施

细部构造名称	防水措施	二级
施工缝	背贴式止水带	宜选两种，其中中埋式止水带为必选
	遇水膨胀止水条	
	遇水膨胀止水胶	
	中埋式止水带	
变形缝	中埋式止水带	必选
	背贴式止水带	应选两种
	可卸式止水带	
	防水嵌缝材料	
	遇水膨胀止水条	

12 施工设计与监控量测

12.1 一 般 规 定

12.1.1 施工设计宜包括下列内容：

1 竖井施工的方法与工艺；

2 马头门预加固、开挖、支护的方法与工艺；

3 隧道施工的方法与工艺，包括地下水的处理、地层的预加固、隧道的开挖与支护；

4 监控量测方案。

12.1.2 竖井和隧道应在无水状态下施工，地下水丰富的区域应先治水后开挖。

12.2 竖 井

12.2.1 竖井施工可采用逆作法分层、分步开挖和支护，并应及时架设支撑。

12.2.2 锁口圈梁上应设防水挡墙。

12.2.3 竖井格栅纵向连接筋应与锁口圈梁的受力钢筋可靠连接。

12.2.4 竖井支撑之间的水平间距除应满足结构安全外，还应满足出土、进料的要求。

12.2.5 当竖井开挖至马头门位置，不便加设支撑时，应设计换撑支护方案。

12.2.6 施工竖井的临时支撑，应在施作防水层和二衬之前，根据工程类比、监控量测结果，按二衬的浇筑分段逐步拆除。

12.2.7 竖井井口周边施工影响范围内临时堆土高度不应超过设计要求。

12.3 马 头 门

12.3.1 马头门施工应在竖井初期支护稳定后或检查室二衬完成后开始。

12.3.2 马头门第一榀格栅应与竖井初期支护格栅可靠连接。

12.3.3 当竖井内有 2 个以上马头门时，不应同时开口，应待第一个马头门隧道掘进 2 倍～3 倍洞径或洞宽后，方可开挖第二个马头门。

12.4 隧 道

12.4.1 隧道施工方法的选择应根据开挖断面大小、断面形式、工程地质条件、水文地质条件、衬砌结构类型、隧道长度、地面和地下建（构）筑物的状况、地面交通环境状况、工期要求等因素综合研究确定。

12.4.2 土方开挖时，应按格栅尺寸适当外扩，拱部宜外扩50mm～100mm，侧墙宜外扩 20mm，仰拱宜外扩50mm～100mm。

12.4.3 隧道初期支护的钢筋格栅的节点应连接牢固，连接板宜帮焊钢筋。上台阶钢筋格栅架立后，应及时打设长度不小于 2.5m 的注浆锁脚锚杆（锚管）；钢筋格栅架设后，应按设计规定的厚度和强度，及时喷射混凝土。

12.4.4 初期支护完成后应及时进行回填注浆，并符合下列规定：

1 初期支护背后回填注浆应跟随开挖工作面，在距开挖面 5m 的地方进行；

2 初期支护背后回填注浆孔应沿隧道拱部及边墙布设。环向间距起拱线以上应为 2.0m，边墙应为 3.0m。纵向间距应为 3.0m，且应呈梅花形布置，注浆管深度应为初期支护背后 50mm～100mm（图 12.4.4）；

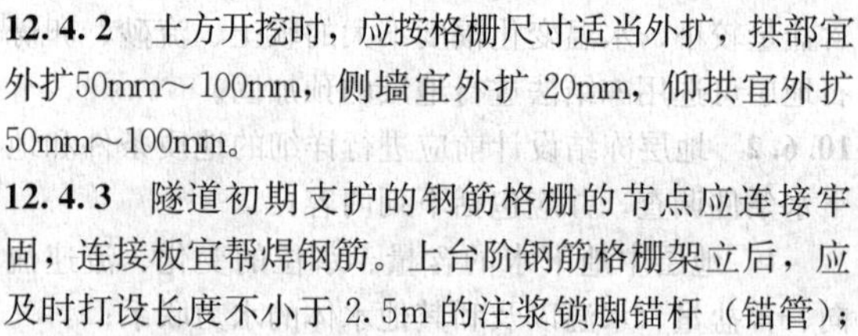

(a) 横断面　　(b) 纵断面

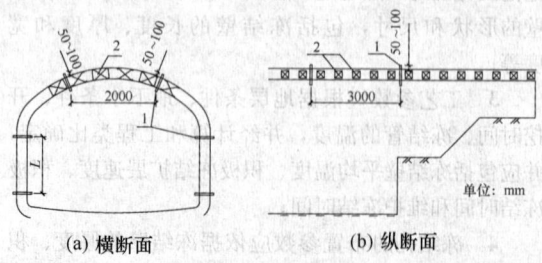

图 12.4.4 初期支护背后回填注浆孔位置示意图

1—注浆管；2—钢格栅

3 边墙范围内注浆管不应少于 2 根，间距宜为 3m；

4 回填注浆可选用水泥浆或水泥与粉煤灰混合浆液；

5 回填注浆结束标准宜为注浆量和注浆压力双指标控制，注浆终压宜为0.2MPa。

12.4.5 当二次衬砌混凝土强度达到设计强度的75%后，方可进行二次衬砌背后充填注浆，并应符合下列规定：

1 二次衬砌施工时应在隧道拱部预埋注浆管。环向间距宜为3m，起拱线以上宜布设1个～3个孔，纵向间距宜为5m（图12.4.5）；

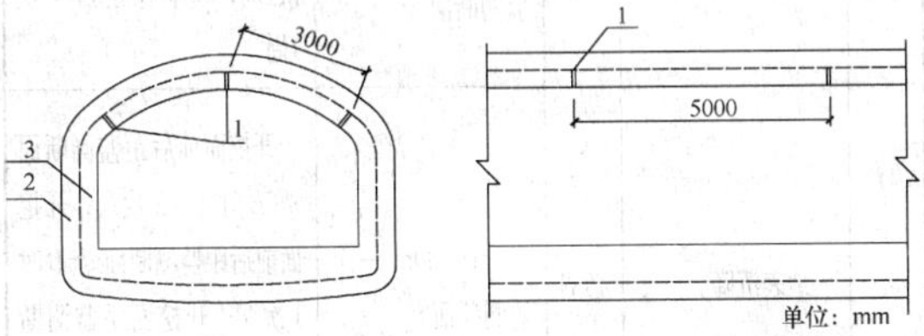

(a) 横断面 (b) 纵断面

图12.4.5 二次衬砌背后充填注浆孔位置示意图
1—注浆管；2—初期支护；3—二次衬砌

2 二次衬砌背后充填注浆应采用添加微膨胀剂的水泥砂浆；

3 当充填注浆压力达到0.2MPa时，可结束注浆。

12.5 监 控 量 测

12.5.1 监控量测设计应符合下列规定：

1 施工前监测单位应制定和提供监测方案；

2 监测项目应包括必测项目和选测项目。选测项目应根据工程规模、地上和地下工程环境、工程地质和水文地质条件等选择；

3 隧道穿越地上建（构）筑物、上穿或下穿地下建（构）筑物和其他现状市政地下管线时，应依据隧道与建（构）筑物、地下管线的空间位置关系，建（构）筑物和地下管线的类型、规模、重要程度，隧道施工工法等条件进行监测设计；

4 监测应符合下列规定：

1）高层、高耸结构监测项目应包括沉降、倾斜、裂缝。测点布置应根据建（构）筑物外观和与隧道的距离，沿建（构）筑物周边或靠近隧道的一侧基础轴线上对称布点；

2）桥体观测项目应包括沉降、倾斜、裂缝。测点应布置在桥（墩）桩、桥梁、桥面板上；

3）地下构筑物和地下管线监测可通过地中位移来体现，监测项目应为沉降。测点布置应沿地下构筑物顶部结构中心线和地下管线顶部中轴线对称布点，监测断面间距宜为5m～10m。

5 监控量测的测点初始值，隧道外测点应在测点稳定后进行测读，取三次观测数据的平均值可作为初观测值；隧道内测点应在开挖后24h内和下次开挖之前设点并读取初始值；

6 监测所用仪器、元件及监测精度应满足监测设计的要求；

7 隧道围岩基本稳定状态应符合下列规定：

1）隧道周边位移应有明显减缓趋势；

2）在拱脚位置和边墙中部附近的收敛速率应小于0.2mm/d，拱顶下沉速度应小于0.15mm/d；

3）围岩位移值应达到总位移值的80%～90%。

8 施工引起的变形控制应符合下列规定：

1）竖井沉降和变形控制应符合表12.5.1-1的规定：

表12.5.1-1 竖井沉降和变形控制

监测项目名称	控制值（mm）	预警值（mm）	报警值（mm）	位移平均速率控制值（mm/d）	位移最大速率控制值（mm/d）
锁口圈梁沉降	30	15	24	2	5
竖井井壁收敛	30	15	24	2	5

注：位移平均速率为任意7d的位移值，位移最大速率为任意1d的最大位移值。

2）暗挖隧道沉降和变形控制应符合表12.5.1-2的规定：

表12.5.1-2 暗挖隧道沉降和变形控制

监测项目名称		控制值（mm）	预警值（mm）	报警值（mm）	位移平均速率控制值（mm/d）	位移最大速率控制值（mm/d）
地表下沉		30	15	24	2	5
隧道内拱顶下沉		40	20	32	2	5
洞周收敛	$B>4m$	$0.005B$	$0.0025B$	$0.004B$	1	3
	$B\leqslant 4m$	20	10	16	1	3

注：1 B为隧道宽度；
2 位移平均速率为任意7d的位移值，位移最大速率为任意1d的最大位移值；
3 本表中拱顶下沉系指拱部开挖以后设置在拱顶的沉降观测点所测值。

3）多高层建筑物地基允许变形值应符合本规程第13章的有关规定。

9 地下构筑物和市政地下管线的控制应符合相应的监测控制标准，并应满足对应的管理单位的控制要求；

10 监测数据应在取得数据后及时进行整理，同时应绘制时态曲线和进行回归分析，预测测点的最终位移值，并应及时判断竖井、隧道、地上结构和地下管线的稳定性和安全性。

12.5.2 竖井监测应符合下列规定：

1 竖井监测项目及要求应符合表12.5.2的规定；

表12.5.2 竖井监测项目及要求

序号	监测项目	监测类别	测点布置	监测频率
1	地质状况描述及支护观察	必测	—	施工过程中每天进行
2	竖井圈梁水平位移	选测	锁口圈周边	施工过程中2次/d；竖井开挖后2周内，1次/2d；开挖后3～4周，2次/周；开挖4周以后至二衬完成前，1次/周
3	竖井圈梁沉降	必测	锁口圈周边	
4	竖井井壁收敛	必测	竖井井壁周边，3m一个断面	
5	临时支撑变形	必测	2个点/单根支撑	同上
6	竖井周边地表沉降	必测	锁口圈开挖范围外5～10m范围	同上
7	锚杆抗拔力	选测	—	—
8	格栅钢筋应力	选测	每开挖5m选1个断面，每个断面取5～10个测点，视断面尺寸定	竖井封底且马头门完成前，2次/d；马头门完成后至隧道掘进5m，2次/周；竖井二衬前，1次/周
9	应力影响范围内的建筑物变形、沉降观测	必测		同竖井圈梁沉降

注：1 在一定条件下选测监测项目可转化为必测项目；
2 若情况复杂或出现异常情况时应加大监测频率。

2 测点布置应符合下列要求：

1）锁口圈梁水平位移、沉降布点可取同一监测点；

2）测点应对称布置在竖井中轴线两侧，应根据竖井平面尺寸沿长边每隔5m～7m设一对测点，短边3m～5m设一对测点；

3）临时支撑每开挖4m～6m或土质变化处设一对监测点；

3 圈梁水平位移、沉降、竖井井壁收敛等项目在拆除临时支撑后均应加大监测频率。

12.5.3 隧道监测应符合下列规定：

1 隧道监测项目及要求应符合表12.5.3的规定；

表12.5.3 隧道监测项目及要求

序号	监测项目	监测类别	测点布置	监测频率
1	地质状况描述及支护观察	必测	—	施工过程中每天进行
2	洞周收敛	必测	5m～30m一个监测断面	开挖面距监测断面≤2B时1～2次/d；开挖面距监测断面≤5B时1次/d；开挖面距监测断面>5B时1次/周；基本稳定后1次/周
3	拱顶下沉	必测	5m～30m一个监测断面	
4	地表沉降	必测	5m～30m一个监测断面	开挖面前后距监测断面≤2B时1～2次/d；开挖面前后距监测断面≤5B时1次/d；开挖面距监测断面>5B时1次/周；基本稳定后1次/周
5	初支格栅钢筋应力	选测	每个代表性地段2个～3个监测断面	开挖面距监测断面≤2B时1～2次/d；开挖面距监测断面≤5B时1次/d；开挖面距监测断面>5B时1次/周；基本稳定后1次/周
6	初支背后围岩压力和初支与二衬间的接触压力	选测	每个代表性地段1个～2个监测断面	
7	大推力固定支架处二衬主筋应力	选测	选择推力最大的支架	监测一个供热循环：管道试压前测量初读数；管道压力稳定前，1次/周；管道压力稳定后，1次/月；供热结束，隧道内温度与供热前基本相同时测量1次
8	应力影响范围内的建筑物变形和沉降监测	必测	符合一般规定要求	穿越过程中2次/d，穿越后2周内1次/d；2周～1月1次/周
9	地中应力	选测	每个代表性地段1个～2个监测断面	开挖面距监测断面≤2B时1～2次/d；开挖面距监测断面≤5B时1次/d；开挖面距监测断面>5B时1次/周；基本稳定后1次/周
10	初支背后孔洞监测	选测	每个开挖循环	随时监测

注：1 B为隧道宽度；
2 在一定条件下选测监测项目可转化为必测项目；
3 若情况复杂或出现异常情况时应加大监测频率。

2 测点布置应符合下列规定：

1）洞周收敛、拱顶下沉、地面沉降监测应设置在同一断面；

2）监测断面间距应根据隧道跨度、隧道开挖长度、地质状况、施工工法等综合考虑确定，宜5m～30m设一个监测断面，每个监测断面应设置2对～3对收敛点（图12.5.3-1）；

3）拱顶下沉测点应设置在拱顶，在地质条件差的地段，应在拱腰位置处增设测点（图12.5.3-1）；

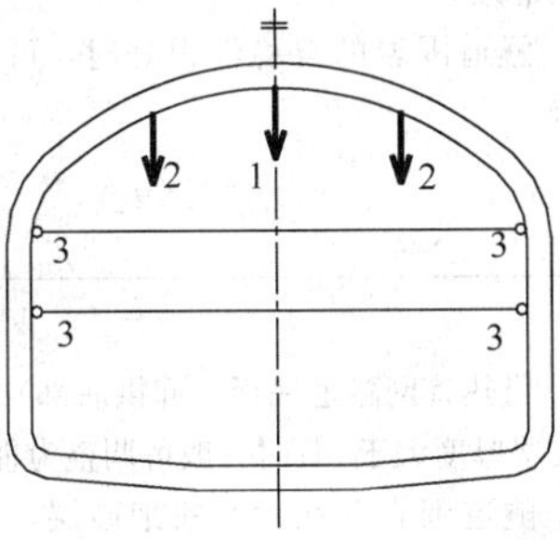

图12.5.3-1　隧道洞内测点布置图

1—拱顶下沉监测点；2—增设拱顶下沉监测点；3—洞周收敛监测点

4）地表沉降监测应5m～30m设一个监测断面（图12.5.3-2）；

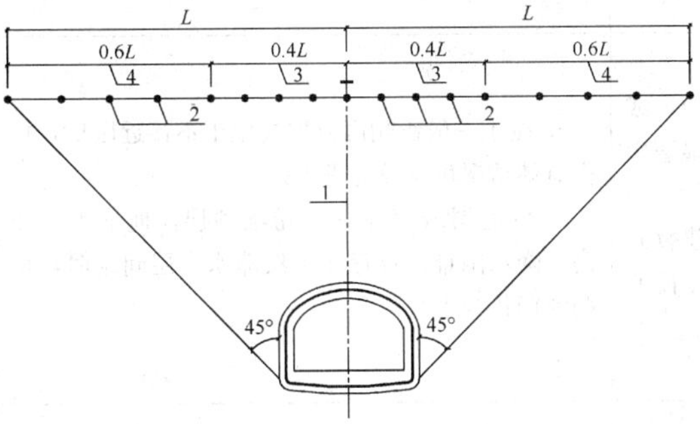

图12.5.3-2　地表沉降测点布置图

1—隧道结构中心线；2—地表下沉监测点；3—此范围内监测点间距2m；4—此范围内监测点间距4m

3 监测频率应根据监测断面与开挖面的间距、沉降和收敛的速率等因素确定。当沉降或收敛速率异常、拆除隧道临时支撑时均应加大监测频率。

13　环境风险源专项设计

13.1　一 般 规 定

13.1.1 供热管网隧道工程设计应识别环境风险源，并应对其进行评估和分级。对于Ⅰ级、Ⅱ级环境风险源，设计文件中应有施工安全风险控制的环境风险源专项设计，并应通过环境风险源管理部门组织的专家专项审查。

13.1.2 各设计阶段的环境风险源专项设计应符合下列规定：

1 方案设计阶段应遵循规避不良地质条件、重要周边环境风险源的原则进行供热管网隧道路由、检查室位置的选择。对于难以规避的重要周边环境风险源应进行深入的风险分析和风险评估，并应提出能有效控制风险且经济合理的技术方案；

2 初步设计阶段应在方案设计的基础上全面识别、分析工程存在的风险，评估风险的影响，并应提出初步的合理技术措施；

3 施工图设计阶段应在初步设计的基础上深入分析工程存在的风险，预测并评估隧道施工的影响，并应制定控制指标和提出具有可操作性、技术上可靠、经济上合理的具体技术措施。

13.1.3 施工过程中应加强监控量测，并应根据监测结果和反馈的信息，及时评估环境风险源专项设计的合理性，必要时进行设计的调整。

13.2　环境风险源等级划分

13.2.1 根据工程特点和周边环境特点，环境风险源宜分为Ⅰ级、Ⅱ级、Ⅲ级和Ⅳ级。分级可按下列规定执行：

1 Ⅰ级环境风险源：近接下穿既有轨道交通线路（含铁路），近接穿越极重要桥梁的桥桩或截除桥桩，近接下穿机场跑道及停机坪，近接下穿跨流域调水隧道的工程区段；

2 Ⅱ级环境风险源：近接下穿重要既有建（构）筑物、重要市政地下管线、河流、湖泊等，近接穿越重要桥梁的桥桩或截除桥桩，近接上穿既有轨道交通线路（含铁路），近接上穿跨流域调水隧道的工程区段；

3 Ⅲ级环境风险源：近接下穿一般既有建（构）筑物，下穿重要市政道路，临近既有轨道交通线路（含铁路）、重要既有建（构）筑物、重要市政地下管线（包括正在运营的热力管线或隧道、大直径污水管线、大直径供水管线、大直径供气管线）、跨流域调水隧道、河流和湖泊等，近接穿越一般桥梁的桥桩或截除桥桩的工程区段；

4 Ⅳ级环境风险源：下穿一般市政管线、一般市政道路及其他市政基础设施，临近一般既有建（构）筑物、重要市政道路，近接穿越次要桥梁的桥桩或截除桥桩的工程区段。

13.2.2 浅埋供热管网隧道宜根据施工过程对周边环境所造成的影响程度的不同，划分为强烈影响区、显著影响区和一般影响区。

13.2.3 深埋供热管网隧道宜根据开挖与支护过程所引起的围岩变形与松动的范围与周边环境的近接程

度，划分为非常接近、接近和不接近。

13.2.4 环境风险源分级应综合考虑供热管网隧道与周边环境的相对位置关系（包括近接程度、施工影响分区）、周边环境的重要性和自身特点、工程地质和水文地质条件等因素，采用定性和定量相结合的方法，可按表13.2.4的规定确定。

表13.2.4 环境风险源的分级

环境风险源的级别	环境风险源的工程特征	供热管网隧道与环境风险源的相互关系	级别的调整
Ⅰ级	下穿轨道交通既有线路（含地铁、铁路），机场跑道及停机坪，跨流域调水隧道；近接穿越极重要桥梁的桥桩或截除桥桩	非常接近下穿；桥桩位于强烈影响区内（截桩）或桩端位于非常接近区域；位于显著影响区时，供热管网隧道与桥桩的距离小于2.5D，且位于破裂面内的桩的长度大于整个桩长的1/2	1. 位于一般影响区或为接近时，根据情况可调整为Ⅱ级； 2. 隧道围岩的自稳性很好时，可酌情调整为Ⅱ级
	上穿既有轨道交通线路（含地铁、铁路），跨流域调水隧道	近接上穿（距离小于1.0B）	1. 供热管网隧道底板（仰拱底部）与既有结构的夹层厚度大于2B时一般可调整为Ⅲ级； 2. 隧道围岩存在含水粉细砂层，地下水位较高，降水困难，且存在上层滞水、层间水时，可酌情调整为Ⅰ级
	邻近既有地铁线路，跨流域调水隧道	地铁线路，跨流域调水隧道位于显著影响区	位于一般影响区时，根据具体情况可调整为Ⅲ级
Ⅱ级	近接穿越重要桥梁的桥桩或截除桥桩	位于强烈影响区（截桩），或桩端位于接近区域；位于显著影响区时，供热管网隧道与桥桩的距离小于2.5D，且位于破裂面内的桩的长度大于整个桩长的1/2	1. 位于一般影响区或桩端位于不接近区域，根据具体情况可调整为Ⅲ级； 2. 隧道围岩存在含水粉细砂层，地下水位较高，降水困难，且存在上层滞水、层间水时，可酌情调整为Ⅰ级
	穿越重要市政地下管线	非常接近或位于强烈影响区内下穿；邻近穿越时，管线位于显著影响区内	1. 位于一般影响区根据具体情况可调整为Ⅲ级； 2. 隧道围岩存在含水粉细砂层，地下水位较高，降水困难，且存在上层滞水、层间水时，可酌情调整为Ⅰ级
	穿越重要既有建（构）筑物	非常接近或位于强烈影响区内下穿；邻近穿越时，既有建（构）筑物位于显著影响区内	1. 位于一般影响区时，根据具体情况可调整为Ⅲ级； 2. 隧道围岩存在含水粉细砂层，地下水位较高，降水困难，且存在上层滞水、层间水时，可酌情调整为Ⅰ级
	下穿河流、湖泊	非常接近或位于强烈影响区内下穿	具体应视河流、湖泊的水量、水深，河床/湖床的地质条件等进行具体调整

续表 13.2.4

环境风险源的级别	环境风险源的工程特征	供热管网隧道与环境风险源的相互关系	级别的调整
Ⅲ级	邻近既有地铁线路	既有地铁线路位于显著影响区或接近区域	1. 其他邻近程度根据具体情况可调整为Ⅳ级； 2. 隧道围岩存在含水粉细砂层，地下水位较高，降水困难，且存在上层滞水、层间水时，可酌情调整为Ⅱ级
Ⅲ级	邻近重要桥梁	位于显著影响区，供热管网隧道与桥桩的距离大于 2.5*D*，且位于破裂面内的桩的长度为整个桩长的 1/3～1/2	1. 其他邻近程度根据具体情况可调整为Ⅳ级； 2. 隧道围岩存在含水粉细砂层，地下水位较高，降水困难，且存在上层滞水、层间水时，可酌情调整为Ⅱ级
Ⅲ级	穿越重要市政地下管线	位于强烈影响区，但供热管网隧道与管线间的夹层厚度不小于 1.0*B*；隧道深埋时，管线位于接近区域；邻近穿越时，管线位于显著影响区内	1. 其他邻近程度根据具体情况可调整为Ⅳ级； 2. 隧道围岩存在含水粉细砂层，地下水位较高，降水困难，且存在上层滞水、层间水时，可酌情调整为Ⅱ级
Ⅲ级	穿越重要既有建（构）筑物	位于强烈影响区，但供热管网隧道与建（构）筑物筏板基础/条形基础间的夹层厚度不小于 1.0*B*；隧道深埋时，建（构）筑物基础位于接近区域；邻近穿越筏板基础/条形基础建（构）筑物时，建（构）筑物位于显著影响区内	1. 建（构）筑物为桩基础时，根据具体情况可调整为Ⅳ级； 2. 隧道围岩存在含水粉细砂层，地下水位较高，降水困难，且存在上层滞水、层间水时，可酌情调整为Ⅱ级
Ⅳ级	邻近重要桥梁	位于显著影响区，供热管网隧道与桥桩的距离大于 2.5*D*，且位于破裂面内的桩的长度小于整个桩长的 1/3	隧道围岩存在含水粉细砂层，地下水位较高，降水困难，且存在上层滞水、层间水时，可酌情调整为Ⅲ级
Ⅳ级	穿越地下管线：重要市政管线	隧道围岩为自稳性很好的粉质黏土，无地下水或地下水条件很好。位于强烈影响区下穿时，供热管网隧道与管线间的夹层厚度不小于 1.0*B*；隧道深埋时，管线位于接近区域；邻近穿越时，管线位于一般影响区内	—
Ⅳ级	穿越地下管线：一般市政管线	管线位于显著影响区；隧道深埋时，管线位于接近区域	1. 位于强烈影响区下穿时，如供热管网隧道与管线间的夹层厚度小于 0.5*B*，根据具体情况可调整为Ⅲ级； 2. 隧道围岩存在含水粉细砂层，地下水位较高，降水困难，且存在上层滞水、层间水时，可酌情调整为Ⅲ级； 3. 隧道深埋，管线位于非常接近区域时，根据具体情况可调整为Ⅲ级

续表 13.2.4

环境风险源的级别	环境风险源的工程特征	供热管网隧道与环境风险源的相互关系	级别的调整
Ⅳ级	下穿一般市政道路及其他市政基础设施工程	供热管网隧道为浅埋，或市政基础设施工程位于显著影响区域	1. 供热管网隧道极浅埋或市政基础设施工程位于强烈影响区时，根据具体情况可调整为Ⅲ级； 2. 隧道围岩为杂填土或存在含水粉细砂层，地下水位较高，降水困难，且存在上层滞水、层间水时，可酌情调整为Ⅲ级
	邻近一般既有建（构）筑物、重要市政道路	既有建（构）筑物、重要市政道路位于显著影响区域	隧道围岩为杂填土或存在含水粉细砂层，地下水位较高，降水困难，且存在上层滞水、层间水时，可酌情调整为Ⅲ级

注：1 表中 B、D 分别表示隧道宽度和桥桩直径；

2 表中的环境风险源分级尚应根据产权单位的特殊要求进行调整。

13.2.5 在设计阶段，设计单位应根据环境风险源的定性分级原则，结合工程特点、周边环境特点和工程设计经验，在分析安全风险发生的可能性、严重程度和可控性、可接受水平的基础上，进行环境风险源分级的细化，并应满足相应设计阶段的深度要求。

13.3 环境风险评估

Ⅰ 建（构）筑物

13.3.1 建（构）筑物监控量测控制指标应包括允许沉降控制值、差异沉降控制值和位移最大速率控制值，对高耸建（构）筑物还应包括倾斜控制值。

13.3.2 控制指标应根据建（构）筑物的功能、规模、修建年代、结构形式、基础类型、地质条件等因素确定。

13.3.3 根据对建（构）筑物安全性的影响因素的调查分析、结构材料性能检测和计算分析，应对其基础的现状承载力和结构安全性进行评价，综合确定建（构）筑物的安全性，并应结合其与供热管网隧道工程的空间位置关系，确定其控制指标。

13.3.4 施工对建（构）筑物影响的控制标准应结合地质及环境条件、建（构）筑物结构特点及状况、施工方法等因素综合确定。

Ⅱ 地下管线

13.3.5 地下管线控制指标应包括管线允许位移控制值和倾斜率控制值，也可对管线曲率、弯矩、最外层纤维的挠应变、接头转角、管线变形与地层变形之差、管线轴向应变等设置控制指标。

13.3.6 控制指标应根据地下管线的功能、工作压力、材质、铺设方法、埋置深度、土层压力、管径、接口形式、铺设年代等因素确定。

13.3.7 根据对地下管线安全性的影响因素进行的调查分析，可综合采用经验法、理论计算法、工程类比法或数值模拟法等方法，并应结合地下管线与供热管网隧道工程的空间位置关系，确定其控制指标。

13.3.8 施工对地下管线影响的控制标准应结合地质及环境条件、地下管线的结构特点及状况、施工方法等因素综合确定。

Ⅲ 城市道路

13.3.9 城市道路沉降（隆起）控制指标应包括允许位移控制值、位移平均速度控制值、位移最大速率控制值、U形槽变形控制值和路堤、路堑倾斜控制值，也可对道路或地表纵横向曲率变化进行控制。

13.3.10 城市道路沉降（隆起）控制指标的确定应综合考虑隧道施工工法、地层性质、隧道覆土厚度、地下水位变化、隧道结构断面形式与大小、地层损失、施工管理、道路等级、路基路面材料和养护周期等因素的影响。

13.3.11 根据对城市道路沉降（隆起）的影响因素的调查分析，并结合工程施工方法，可采用经验法或数值模拟法等方法，确定城市道路和地表沉降（隆起）的控制指标。

13.3.12 施工对城市道路影响的控制标准应结合地质及环境条件、城市道路的结构特点及状况、施工方法等因素综合确定。

Ⅳ 城市桥梁

13.3.13 城市桥梁控制指标应包括桥梁墩台允许沉降控制值、纵横向相邻桥梁墩台间差异沉降控制值、承台水平位移控制值和挡墙沉降、倾斜度控制值。

13.3.14 控制指标应综合考虑城市桥梁规模、结构形式、基础类型、建筑材料、养护情况等因素的影响。

13.3.15 根据对城市桥梁安全性的影响因素的调查分析和结构检测，可综合采用大型原位试验、经验公式法、解析计算法和数值模拟法等方法，对城市桥梁的结构现状、承载能力及抗变形能力进行评估，并结合城市桥梁与供热管网隧道工程的空间位置关系，确定其控制指标。

13.3.16 施工对城市桥梁影响的控制标准应结合地质及环境条件、桥梁结构特点及状况、施工方法等因素综合确定。

Ⅴ 城市轨道交通

13.3.17 城市轨道交通控制指标应包括隧道结构允许沉降控制值、隧道结构允许上浮控制值、隧道结构允许水平位移控制值、位移平均速度控制值、位移最大速率控制值、差异沉降控制值、轨道几何尺寸允许偏差控制值、轨道挠度允许控制值、道床剥离量允许控制值、结构变形缝开合度和轨道结构允许垂直位移控制值。

13.3.18 控制指标应综合考虑城市轨道交通的地层情况、隧道结构特点及状况、轨道结构特点及状况、线路部位、修建年限等因素的影响。

13.3.19 根据对城市轨道交通既有线安全性的影响因素的调查分析和结构检测，可综合采用经验公式法、解析计算法和数值模拟法等方法，对结构承载能力和轨道安全性等进行评估，并结合工程穿越方式（上穿、下穿和侧穿），确定相应的控制指标。

13.3.20 施工对城市轨道交通影响的控制标准应结合地质及环境条件、城市轨道交通既有线的结构特点及状况、施工方法等因素综合确定。

Ⅵ 铁 路

13.3.21 铁路控制指标应包括路基沉降控制值、位移平均速率控制值、位移最大速率控制值、轨道几何尺寸允许偏差控制值和轨道挠度允许控制值。

13.3.22 控制指标应综合考虑铁路路基、线路、轨道的结构特点、状况和保养情况等因素的影响。

13.3.23 根据对铁路安全性影响因素的调查分析和结构检测，可综合采用经验公式法、解析计算法和数值模拟法等方法，并应结合铁路部门的要求，确定其控制指标。

13.3.24 施工对铁路影响的控制标准应结合地质及环境条件、铁路结构特点及状况、施工方法等因素综合确定。

13.4 设计内容与要求

13.4.1 方案设计阶段的设计文件中应包含环境风险工程的设计内容。设计文件应给出风险源清单，并应对环境风险工程设计方案的风险控制措施给予初步说明。方案设计阶段环境风险源设计文件应包括下列内容：

1 说明书应包括下列内容：

1）周边环境介绍及风险源初步分级；

2）环境风险源的保护措施；

3）初步设计阶段环境风险工程设计优化的方向和建议。

2 图纸应包括下列内容：

1）周边环境及其风险源与新建供热管网隧道的相对关系的平剖面图；

2）风险源的风险控制工程措施示意图。

13.4.2 初步设计阶段的设计文件中应包含环境风险源工程设计的内容。对于特级、Ⅰ级及产权单位有特殊要求的其他等级的环境风险源，应在充分调研和资料收集的基础上，对风险源区段的风险控制措施进行技术经济比较，并应确定具体的风险控制措施。环境风险源专项工程设计文件应包括下列内容：

1 说明书应包括下列内容：

1）工程概况；

2）设计依据；

3）设计原则和设计标准；

4）方案设计审查意见及执行情况；

5）周边环境调查及风险源详细分级；

6）环境风险源的施工影响指标；

7）环境风险源保护措施的初步选定；

8）施工对环境风险源影响的初步预测；

9）监控量测初步设计；

10）施工图设计阶段环境风险源工程设计优化的方向和建议。

2 图纸应包括下列内容：

1）总平面图；

2）周边环境与新建供热管网隧道工程的相对关系平剖面图；

3）周边环境地质剖面图；

4）环境风险源保护措施初步设计图；

5）施工步序图；

6）监控量测初步设计图。

13.4.3 施工图设计阶段的设计文件中应包含环境风险源工程设计的内容。对于Ⅰ级、Ⅱ级及产权单位有特殊要求的其他等级的环境风险源，应在充分调研和资料收集的基础上，对风险源区段的风险控制措施进行技术经济比较，并应确定具体的风险控制措施。环境条件复杂、风险较高时，应形成独立的环境风险源工程设计专册。施工图设计阶段环境风险源专项工程设计文件宜包括下列内容：

1 说明书应包括下列内容：

1）工程概况；

2）设计依据；

3）设计原则和设计标准；

4）初步设计审查意见及执行情况；

5）工程地质与水文地质条件，并明确最不利的工程地质与水文地质条件；

6）周边环境核查资料；

7）Ⅰ级、Ⅱ级及产权单位有特殊要求的其他等级的环境风险源现状及抵抗变形能力的评估；

8）关键工序变形控制指标及总的变形控制指标；

9）环境风险源保护措施；

10）施工控制措施；

11）监控量测详细设计；

12）应急预案。

2 图纸应包括下列内容：

1）总平面图；

2）周边环境与新建供热管网隧道工程的相对关系平剖面图；

3）周边环境地质剖面图；

4）环境风险源保护措施详细设计图；

5）施工控制措施及施工步序图；

6）监控量测详细设计图。

13.4.4 各设计阶段环境风险源工程设计文件的组成及格式可按表13.4.4的规定执行。

表13.4.4 各设计阶段环境风险源工程设计文件的组成及格式

项次	组成项目	格式要求		
		方案设计阶段	初步设计阶段	施工图设计阶段
1	风险源工程简介	对关键风险源进行说明	对关键风险源进行说明	应对进行风险源设计的所有环境风险源分别进行说明
2	专家审查意见及执行情况	—	对方案设计专家评审意见的回复及执行情况的介绍	对初步设计专家评审意见的回复及执行情况的介绍
3	周边环境调查	初步的环境调查与资料收集，对环境风险源进行初步分级	进一步的环境调查与资料收集，基本确定环境风险源分级	充分的环境调查，收集详细的图文资料，准确查明新建供热管网隧道工程与环境风险源的空间相对位置关系，进一步确定风险源分级或对级别进行调整
4	施工影响的预测	定性分析安全风险程度	定性分析与定量分析相结合，对风险源工程设计方案进行技术经济比选，确保设计方案的安全风险可控、具有可操作性及满足风险源工程本身的正常使用	以定量分析为主，进行详细的计算分析，对主要施工过程所引起的对环境风险源的影响作出预测与控制，给出量化的变形预测及控制指标，确保风险源工程本身的变形在允许值范围内，并在施工过程中进行信息化动态设计
5	环境安全风险评估结论	特殊要求时应包含	特殊要求时应包含	对Ⅰ级、Ⅱ级及产权单位有特殊要求的Ⅲ级、Ⅳ级环境风险源应包含
6	变形控制指标	—	提出初步的变形控制指标	提出各施工阶段具体的变形控制指标（包括允许值、预警值和报警值）
7	风险源工程保护措施	不单独提供	提出初步的工程技术措施及对风险源工程本身的保护措施	细化工程技术措施及对风险源工程本身的保护措施，提出实施要求
8	专项监控量测设计	—	提出初步的监控量测对象、项目及监测方案	进行详细的监控量测专项设计，包括监测对象、监测项目、监测频率、测点布置等
9	应急预案	—	—	考虑环境条件的复杂性及风险的不确定性，找出关键风险点及关键风险因素，要求施工单位制定应急措施，从应急程序、救援物资储备、组织机构、联络渠道及技术措施等方面有针对性地制定应急预案
10	下一步工作建议和风险源工程设计优化方向	从方案角度提出下一步工作建议和风险源工程设计的优化方向	从实施角度提出下一步工作建议及风险源工程设计的优化方向	从施工角度提出施工注意事项和设备选型建议

14 工程施工

14.1 一般规定

14.1.1 隧道工程施工前应根据建设单位提供的资料，踏勘施工现场，掌握工程现况，编制施工组织设计。

14.1.2 隧道工程施工中有关安全、环保、消防、防汛及劳动保护等，应符合国家现行有关强制性标准的规定。

14.1.3 隧道工程施工中应编制完整的监控量测方案，对工程结构和施工区内的地上和地下建（构）筑物、地下管线等设施的沉降、变形、变位等进行监测，并及时反馈信息。

14.1.4 工程所使用的材料应符合下列规定：

1 水泥宜采用普通硅酸盐水泥，其质量应符合现行国家标准《通用硅酸盐水泥》GB 175 的有关规定。水泥应具有产品合格证和出厂检验报告，经取样复验合格后方可使用；

2 施工用水应符合现行行业标准《混凝土用水标准》JGJ 63 的有关规定；

3 常用外加剂可采用水玻璃、氯化钙、亚硝酸钠等材料，常用掺合料可采用粉煤灰、矿渣等材料，外加剂及掺合料的质量应符合现行国家标准《混凝土外加剂应用技术规范》GB 50119 的有关规定；

4 钢材应符合现行国家标准《钢结构工程施工质量验收规范》GB 50205 的有关规定；

5 钢筋的加工、连接及安装应符合国家现行标准《混凝土结构工程施工质量验收规范》GB 50204 和《钢筋焊接及验收规程》JGJ 18 的有关规定；

6 每批钢筋应附有出厂合格证和试验报告单，并应按规定进行机械性能试验，合格后方可使用；

7 骨料应符合现行国家标准《锚杆喷射混凝土支护技术规范》GB 50086 的有关规定；

8 喷射混凝土所用原材料及钢筋网、锚杆应符合设计要求。喷射混凝土抗压强度、抗渗压力及锚杆抗拔力、锚杆的间距及分布形式应符合设计要求；

9 材料进场后应分类存放，并应进行标识。

14.1.5 支架加工前应进行技术交底，支架的安装位置、嵌固深度应符合设计要求。

14.1.6 机械设备和施工设施进场前应进行全面的安全检查。

14.1.7 当采用钻爆法施工时，应符合现行国家标准《爆破安全规程》GB 6722 的有关规定。

14.1.8 施工单位应及时填写施工检查记录。

14.2 施工工艺及管理

14.2.1 暗挖隧道工程应按工艺流程（图 14.2.1）施工。

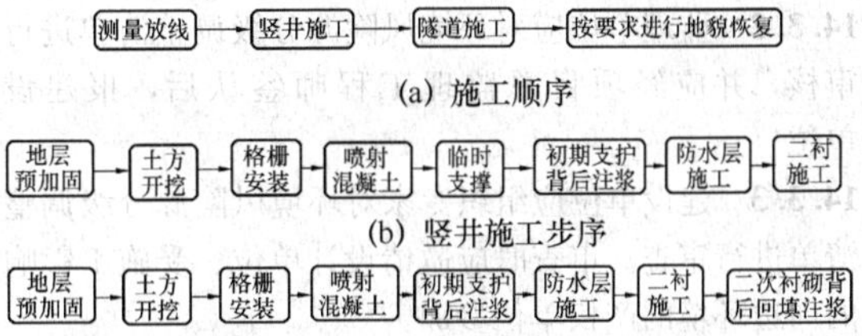

图 14.2.1 暗挖隧道工程施工工艺流程图

14.2.2 人员配备应符合下列规定：

1 应根据工程特点、新技术推广和新型机械、新型材料配备等情况，组建项目部人员；

2 从事暗挖工程施工作业人员应持证上岗；

3 施工前应对施工作业人员进行安全技术交底及培训。

14.2.3 组织管理应符合下列规定：

1 应按施工图纸及设计变更进行施工。在自检和专检的基础上，应接受监理的检查和验收；

2 应定期召开安全、工程例会，协调解决施工现场问题。

14.2.4 安全、质量管理应符合下列规定：

1 应建立安全组织机构及保证体系，并应制定安全目标及承诺；

2 应制定安全目标、建立安全检查工作程序，并应进场安全教育；

3 应按关键工序制定质量目标。

14.2.5 进度、资料管理应符合下列规定：

1 应制定总进度计划及月、周进度计划；

2 应按要求对月、周进度计划进行分析、评价，发现偏离进度目标应采取纠偏措施；

3 应编制节点工期计划，并应符合下列要求：

1）施工技术资料应随施工进度及时、准确地整理；

2）工期计划应与实际进度进行对比；

3）施工过程中应执行验收、签认程序，相应资料应齐全；

4）工程竣工 1 个月内应完成竣工资料并上报。

14.2.6 技术管理应符合下列规定：

1 施工应遵守先交底后施工的程序；

2 技术交底单应明确、合理；

3 技术方案应经济、合理，专项技术措施应齐全。

14.3 环境风险源专项施工

Ⅰ 环境风险源分级的确认与调整

14.3.1 施工准备期，施工单位应深入调查与识别环境风险因素，对设计文件中的环境风险源分级进行确认与调整。如需调整环境风险源级别，应形成调整清单，并应经项目技术负责人签认后，报监理单位。

14.3.2 监理单位应对环境风险源分级调整清单进行审核，并应经项目总监理工程师签认后，报建设单位。

14.3.3 建设单位应组织专家对环境风险源分级调整清单进行审查。审查时应邀请设计单位、受施工影响的周边环境的产权单位参加。

14.3.4 施工单位应根据审查意见，修改完善环境风险源分级调整清单；监理单位应监督检查其落实情况，并应负责报建设单位备案；建设单位应将环境风险源级别的调整情况反馈设计单位。

Ⅱ 安全专项施工方案编审

14.3.5 施工单位应根据地质条件、环境条件、设计文件等基础资料和相关工程建设标准，结合自身工程施工经验，针对工程的各级风险源编制安全专项施工方案；并应经施工单位技术负责人签认后，报监理单位审查。

14.3.6 安全专项施工方案应包括下列内容：

1 工程概况；

2 工程地质水文地质条件；

3 风险因素分析；

4 工程重点与难点；

5 施工方案和关键施工工艺；

6 工程环境保护措施；

7 监测实施方案；

8 监测控制指标和标准（含阶段性控制指标）；

9 专项预案；

10 应急预案；

11 组织管理措施。

14.3.7 安全专项施工方案应由施工单位组织专家论证审查，并应符合下列规定：

1 Ⅳ级风险源应由建设单位代表、设计单位代表参加；

2 Ⅲ级风险源应由建设单位部门负责人、设计单位项目负责人参加；

3 Ⅰ级、Ⅱ级风险源应由建设单位技术负责人、设计单位技术负责人参加，并应邀请专家参加；

4 对产权单位有特别要求的环境风险源，可邀请产权单位参加；

5 对政府相关部门有特殊要求的环境风险源，应按其要求组织审查。

14.3.8 施工单位应根据审查意见修改完善安全专项施工方案，经监理单位审批，并报建设单位备案后方可施工。

Ⅲ 施工环境治理

14.3.9 施工作业环境应符合现行国家标准《声环境质量标准》GB 3096、《建筑施工场界环境噪声排放标准》GB 12523、《环境空气质量标准》GB 3095 和《缺氧危险作业安全规程》GB 8958 的有关规定，并应符合下列规定：

1 氧气含量体积比不应低于 20%；

2 空气中所含 10%以上游离二氧化硅的粉尘不应超过 $2mg/m^3$；

3 一氧化碳浓度不应大于 $30mg/m^3$；

4 二氧化碳含量体积比不应大于 0.5%；

5 氮氧化物（NO_2）含量不应大于 $5mg/m^3$；

6 气温不得高于 28℃；

7 噪声不得大于 90dB。

14.3.10 隧道下穿或平行燃气、污水等地下管道和设施施工时，应加强隧道内空气检测频率，发现问题应及时采取措施。

14.3.11 采用喷射混凝土作业时，应采取除尘措施。

14.4 测量放线

14.4.1 测量放线应依据设计文件中管线平面图和现场实际情况，测定出竖井平面位。

14.4.2 测量放线应将施工水准点引至竖井附近，并应做好拴桩。

14.4.3 测量放线应确定竖井中心、高程的定位。

14.5 建（构）筑物及地下管线保护

14.5.1 对邻近建（构）筑物及地下管线的现状情况应进行调查，并应编制专项保护方案。

14.5.2 建（构）筑物及地下管线的监测应符合设计图纸要求及环境风险源分级的要求，并应包括以下内容：

1 沉降监测应在建（构）筑物及地下管线上或地面布置测点；

2 水平监测时应在建（构）筑物两侧布置倾斜监测测点；

3 结构裂缝监测应在施工前、中、后期连续监测裂缝情况；

4 对开挖土方影响范围内的市政道路及路面、地下管线变形、初期支护变形等的监测应根据产权单位及管理方提供的数据进行监测布点。

14.5.3 施工前，在施工影响范围内应根据地下构筑物现状情况及地下管线类型编制保护方案，保护方案应经相关产权单位审批后方可实施。

14.5.4 施工过程应进行监控量测。

14.6 监控量测

14.6.1 在施工过程中，施工单位应按设计要求进行监控量测，并应进行第三方监测。

14.6.2 监控量测项目和测点布置应符合设计要求，并应及时监测与记录。监控量测应在施工前测得初始读数，并应跟随开挖、支护作业进行；所获取的监测信息应及时反馈，以指导施工作业。

14.6.3 各监测项目的监测作业应从土方开挖开始，至衬砌结构封闭，且变形基本稳定2周～3周后方可结束。

14.6.4 每次监测后应及时进行数据整理，并应绘制监测数据时态曲线和距开挖面的关系图；对初期的时态曲线应进行回归分析，并应预测可能出现的最大值和变化速度。

14.6.5 监测数据异常时，应根据具体情况及时采取加厚喷层、加密或加长锚杆、增加钢架等加固措施。

14.6.6 施工中发现下列情况之一时，应立即停工，并及时采取措施处理：

1 周边及开挖面坍方滑坡及破裂；

2 地表沉降过大；

3 监测数据有不断增大的趋势；

4 支撑结构变形过大或出现明显的受力裂缝且不断发展；

5 时态曲线长时间没有变缓的趋势；

6 地表沉降或结构变形达到设计提出的警戒值。

14.7 地下水处治

Ⅰ 施工降水

14.7.1 施工降水应编制实施方案并报相关管理部门审批后方可实施，实施方案应包括下列内容：

1 地质勘察报告和地质剖面图，必要时宜做现场抽水试验确定水文地质参数；

2 竖井及隧道平面图、纵断面图；

3 降水区域内地下构筑物，地下管线及邻近建筑物的资料；

4 降水井的布置、规格和降水参数；

5 抽水量和地层沉降计算；

6 地下水回灌方案。

14.7.2 降水井的深度应根据设计降水的深度、含水层的埋藏分布和降水井的出水量确定。各类井点降水的适用范围应符合表14.7.2的规定。

表14.7.2 各类井点降水的适用范围

井点类别		土层渗透系数（m/d）	降低水位深度（m）
轻型井点	单层	0.1～50	3～6
	多层	0.1～50	6～12
管井井点		20～200	>10
喷射井点		0.1～50	8～30
砂（砾）渗井点		0.1～20	按含水层的水头、渗透性与水位降深确定

14.7.3 降水井布设应符合下列规定：

1 井点宜沿竖井周边或暗挖隧道纵向两侧布设，并应成封闭型；当不能封闭时，应延长1倍以上的竖井或暗挖隧道横断面宽度；

2 井点距竖井锁口圈梁边缘不应小于1.5m，距暗挖隧道结构外轮廓线不应小于2m；

3 井点间距应根据计算确定，当竖井较宽不能满足降水深度需要时，应在竖井内增设井点。

14.7.4 井点钻孔应符合下列规定：

1 钻孔的孔口处应设置护筒；

2 孔径应比管径大200mm～300mm；

3 钻孔应垂直、孔径上下一致，孔底应比管底深0.5m～1.0m；

4 钻进中应取土样，并应作好记录。

14.7.5 井点管沉后，应检查渗水性能。当投放滤料管口有泥浆水冒出或向管内灌水能很快下渗时方为合格。

14.7.6 特殊地质条件下采取井点降水时，应采取防止引起邻近地面塌陷的措施。

14.7.7 隧道区段降水应在二衬结构完成后方可停止；竖井部位降水应在回填后方可停止。井点管拔除后，应及时用砂将井孔回填密实。

14.7.8 降水过程中应对降水区域内市政地下管线、道路及建（构）筑物等进行变形监测。

Ⅱ 注浆止水

14.7.9 在不允许施工降水条件下，宜采用注浆方法止水。

14.7.10 注浆孔孔距和孔深应根据注浆扩散半径计算和现场试验确定。

14.7.11 竖井注浆止水时，应根据现场地质条件，沿竖井井壁环向打注浆孔，在竖井中部打垂直注浆孔；注浆孔应梅花形布置。

14.7.12 在竖井马头门处宜采用超前注浆小导管或深孔注浆进行止水，注浆浆液达到一定强度，且达到止水效果后方可开挖。

14.7.13 注浆参数应通过现场试验进行优化。

Ⅲ 旋喷桩帷幕止水

14.7.14 桩体强度未达到设计要求前，不得进行土方开挖。

14.7.15 压浆阶段应连续作业，不得出现断浆现象。输浆管道应随时检查、清理。

14.7.16 止水帷幕施工方案应根据地质资料和设计文件编制。

14.7.17 施工工艺流程应按钻机就位、钻孔、下喷射管、旋喷注浆、孔口清理的顺序进行。

14.7.18 桩径的选择应根据土质、注浆方法、施工条件等确定。

14.7.19 旋喷桩施工工艺参数应符合本规程第10.5

节的有关规定，并应符合下列要求：

1 钻孔参数：

1）孔位允许偏差应为0～50mm；

2）孔斜率不应大于1.5%；

3）孔深允许偏差应为0～200mm。

2 桩体搭接长度不应小于±0.2桩径，且不应小于200mm。

Ⅳ 冻结止水

14.7.20 富水性地层中暗挖施工时，可采用人工冻结地层方法止水。

14.7.21 施工工艺流程应按安装冻结制冷系统和检测系统、冻结、试挖、隧道掘进与初期支护施工、维护冻结、停止冻结的顺序进行。

14.7.22 测温及沉降观测方案应根据设计文件和地层结构条件编制，测温孔和沉降孔应同时设置，并应及时进行结果分析和信息反馈。

14.7.23 最低冷媒温度应为－24℃～－28℃，冻土墙平均温度不得高于－9℃。

14.7.24 冻结止水施工应采取抑制冻胀，并应采取防止冻融下沉的技术措施。

14.8 地层预支护及加固

14.8.1 开挖工作面不能自稳时，应根据具体地质条件进行预支护及加固。

14.8.2 注浆材料应根据设计要求和隧道所处地层条件选择，必要时宜通过试验确定。

14.8.3 注浆效果应采用分析法、直观法、检测法进行综合检查。

Ⅰ 超前小导管及管棚

14.8.4 超前小导管或管棚参数应符合设计要求，经现场试验确定注浆参数，并应根据地质条件、监测结果进行调整。

14.8.5 超前小导管的管径及长度应按设计文件和围岩级别确定。

14.8.6 管棚应采用厚壁钢管，钢管纵向连接丝扣长度不应小于150mm，管箍长宜为200mm。

14.8.7 超前小导管或管棚施工应符合下列规定：

1 导管和管棚安装前应将工作面清理干净，并应确认工作面稳定后，方可进行测量、放线和钻孔；

2 钻孔的外插角应符合设计要求，其允许偏差应为±5‰；

3 钻孔应由高孔位向低孔位间隔进行，孔径应比钢管直径大30mm～40mm；

4 钻孔深度应大于导管长度。采用锤击或钻机顶入时，其顶入长度不应小于管长的90%；

5 钻孔合格后应及时及时安装导管，接长时应连接牢固。当遇卡孔、塌孔时应注浆后重钻；

6 超前小导管施工允许偏差应符合下列规定：

1）孔距应为±15mm；

2）孔深应为0～25mm。

14.8.8 注浆材料应根据地层条件，按设计要求选择；浆液的配置应通过现场试验确定。

14.8.9 注浆开始前，应根据注浆方式（单、双液）正确连接管路（图14.8.9）。

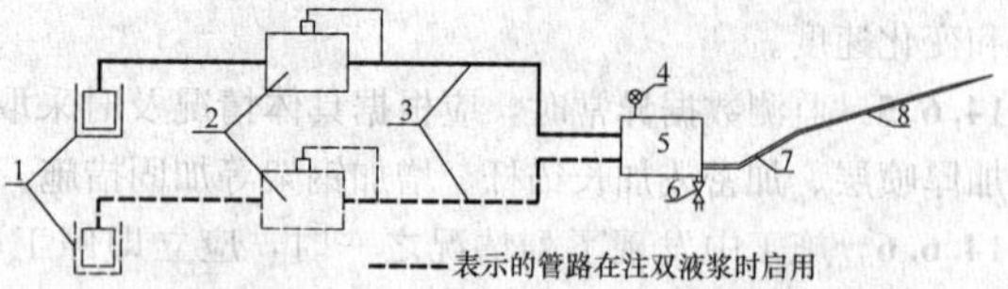

图14.8.9 注浆管线连接示意图

1—储浆池；2—水泵；3—输浆管；4—压力表；5—注浆机；6—泄浆阀；7—输浆软管；8—注浆管

14.8.10 注浆施工应符合下列规定：

1 施工前应进行压水式压浆试验，并应检验管路的封闭性和地层的吸浆情况；

2 注浆过程中应观测压力和流量的变化，发现异常情况应及时处理；

3 注浆过程中应观察工作面及管口情况，发现漏浆和串浆应及时封堵；

4 注浆过程中应做好注浆记录，宜每隔5min记录压力、流量、凝胶时间等，并应记录注浆过程的变化；

5 注浆时应采取隔孔注浆的顺序；

6 注浆浆液应充满钢管及周围的空隙并密实。

Ⅱ 注浆加固地层

14.8.11 对于自稳性差的地层，隧道开挖前应按设计的钻孔角度、长度和间距进行预注浆加固隧道周边和掌子面地层。

14.8.12 注浆过程中浆液不得溢出地面及超出有效注浆范围。地面注浆结束后，注浆孔应封填密实。

14.8.13 注浆效果满足设计要求，并经检查确认后，方可开挖。

Ⅲ 旋喷加固

14.8.14 旋喷加固施工前应对开挖面进行超前探测，并应编制施工方案。

14.8.15 旋喷加固施工前应封闭上台阶和下台阶工作面。

14.8.16 旋喷加固宜采用复喷工艺。当旋喷至孔口处3m时应停止作业并立即退出钻杆，孔口应及时封堵。

14.9 竖井

14.9.1 竖井施工应符合下列规定：

1 施工前应调查施工范围内各种地下管线，编制保护方案，并应报管线管理单位审批；

2 竖井施工范围内应人工开挖十字探沟，确定无管线后再使用机械开挖。

14.9.2 竖井井口防护应符合下列规定：

1 竖井应设置防雨棚、挡水墙；

2 竖井应设置安全护栏，护栏高度不应小于1200mm，并应加设金属网；

3 竖井周边应架设安全警示装置。

14.9.3 竖井开挖过程中应定时检查各部位尺寸，断面轮廓应平直圆顺，不得欠挖；断面开挖允许超挖值应符合表14.9.3的规定。

表14.9.3 断面开挖允许超挖值

围岩类型		断面开挖允许超挖值（mm）	
		平均	最大
爆破岩层	硬岩	100	150
	软岩	150	250
土质和不需要爆破岩层		80	100

14.9.4 喷层与围岩及喷层之间应粘接紧密，不得有空鼓现象。

14.9.5 土石方的提升和悬吊设备、排水和降低地下水位、掘进通风、照明、配料、配水、供电系统应符合设计施工要求。

14.9.6 冬期和雨期施工应符合现行国家标准《混凝土结构工程施工质量验收规范》GB 50204的有关规定。

Ⅰ 锁口圈梁

14.9.7 锁口圈梁应在竖井开挖前完成。

14.9.8 锁口圈梁混凝土达到设计强度后方可进行竖井开挖和初期支护的施工。

14.9.9 锁口圈梁的尺寸、钢筋、模板应符合设计图纸和国家现行标准的有关规定。

14.9.10 锁口圈梁与格栅应按设计要求进行连接，井壁不得出现脱落。

Ⅱ 竖井开挖与支护

14.9.11 竖井提升系统必须符合下列规定：

1 提升机械严禁超负荷运行，且必须具有限速器、限位器和松绳信号；

2 工作吊盘应设有允许载荷及严禁超载警示标志，且载重严禁超过设计载重负荷；

3 提升吊桶所用钩头连接装置应设防脱装置，并应有缓转器；

4 钢丝绳和各种悬挂使用的连接装置，应按规定的安全系数确定规格。

14.9.12 竖井龙门架的制作、安装应符合下列规定：

1 龙门架的结构形式和高度应符合现行行业标准《龙门架及井架物料提升机安全技术规范》JGJ 88的有关规定；

2 龙门架结构所用的材质和截面形状应符合设计要求；

3 结构质量应符合现行国家标准《钢结构工程施工质量验收规范》GB 50205的有关规定；

4 采用螺栓连接的构件，螺栓的数量和规格应符合设计要求；

5 龙门架应设置独立基础。

14.9.13 电葫芦的安装应符合现行国家标准《起重设备安装工程施工及验收规范》GB 50278的有关规定。

14.9.14 吊篮的各杆件应选用型钢杆件，连接板的厚度不得小于8mm。

14.9.15 卷扬机应符合现行国家标准《建筑卷扬机》GB/T 1955的有关规定，固定卷扬机的锚桩应稳定可靠。

14.9.16 竖井应采用对角开挖，开挖时应控制循环进尺，并应及时支护、及时封闭。

14.9.17 当竖井采用型钢支撑时，支撑架设应符合下列规定：

1 盘撑应与初期支护密贴；

2 对撑、角撑应与预埋件焊接牢固；

3 支撑的位置、间距及安装时机应符合设计要求，并应根据监测信息及时调整。

14.9.18 喷射混凝土的强度和厚度等应符合设计要求。喷射混凝土应密实、平整，不得出现裂缝、脱落、漏喷、露筋、空鼓和渗漏水等现象。

14.9.19 井壁背后应及时回填注浆。当井壁有涌水时，应分析原因并采取措施。竖井初期支护完成5m～8m后，应及时进行回填注浆。注浆管宜选用ϕ32或ϕ20钢管，注浆管应安装在竖井格栅中，水平间距宜为2m～5m，垂直间距宜为隔榀安装，梅花形布置。

14.9.20 竖井施工时应埋设步梯预埋件，步梯与竖井支撑预埋件不得共用。

14.9.21 格栅的锚杆（管）应根据地质条件、设计要求和监测结果，及时进行锁定。

Ⅲ 锚杆（管）支护

14.9.22 锚杆（管）钻孔应符合下列规定：

1 钻孔机具应根据锚杆（管）类型，规格及围岩情况选择；

2 钻孔孔距允许偏差应为0～150mm；

3 钻孔应保持直线，深度及直径应与锚杆（管）相匹配。

14.9.23 锚杆（管）安装应符合下列规定：

1 锚杆（管）安装位置应居中；

2 地下水地段应先引出孔内的水或在附近另行

钻孔；

3 孔内灌注砂浆应饱满密实；

4 锚杆（管）应与格栅连接。

14.9.24 锚杆（管）应按设计要求进行拉拔试验。

14.10 马头门

14.10.1 竖井初期支护施工至马头门处应预埋暗梁，并应沿马头门拱部外轮廓线打入超前小导管，并应注浆加固地层。

14.10.2 马头门洞口处竖井格栅应环向封闭，在洞口两侧应增设竖向联结钢筋。

14.10.3 马头门施工应符合下列规定：

1 支护材料应能满足施工进度要求；

2 施工机具和通风、供电、供水、压缩空气等系统设备应齐全、完好；

3 排险物资应已齐备；

4 需要加固的围岩强度应已达到设计要求，开挖的围岩结构应稳定；

5 作业人员应已完成安全技术交底，并应形成文件；

6 影响区内地面、管线、建（构）筑物的监测点应布设完毕，并应明确专人负责；

7 洞口应采取超前支护及加固措施。

14.10.4 马头门的开挖应符合下列规定：

1 隧道洞口处应分段破除竖井井壁，开挖上台阶土方时应保留核心土；

2 安装上部洞口补强钢架及洞体初支钢架，连接纵向钢筋，挂钢筋网，喷射混凝土；

3 上台阶掌子面进尺3m～5m时开挖下台阶，破除下台阶隧道洞口竖井井壁；

4 开挖下台阶土方；

5 安装下部洞口补强钢架及洞体初期支护钢架，连续纵向钢筋，挂初支钢筋网，喷射墙体及仰拱混凝土。

14.10.5 马头门支护应符合下列规定：

1 支护方案应根据围岩特性、外部环境、开挖洞口尺寸、施工方法和施工机械确定；

2 开挖轮廓线宜采用有效的测量手段进行监控；

3 开挖前应对马头门上部或周边围岩进行超前加固与支护，并应确保达到稳定状态；

4 开挖面应保持在无水条件下施工；

5 在隧道开挖轮廓线的外侧周边，竖井初期支护格栅应做相应的洞口加固处理，必要时可在竖井格栅中预安装隧道第1榀格栅；

6 开洞门后，宜在洞内做临时支撑；

7 施工期间应对地质条件进行监测，必要时应根据实际情况提出变更意见，修改开挖方法和参数。

14.11 隧道开挖

14.11.1 隧道施工方法应根据地质条件、隧道埋深、结构断面及地面环境条件等，经过技术、经济比较后确定。

14.11.2 隧道施工前，应根据埋深、地质条件、地面环境、开挖断面和施工方法等条件，拟定相应的监控量测方案。

14.11.3 隧道喷锚暗挖可根据具体情况采用全断面法、台阶法、中隔壁法（CD法）或交叉中隔壁法（CRD法），并应符合下列规定：

1 全断面法宜在稳定的围岩中采用，并应按设计要求施作初期支护结构；

2 台阶法的台阶长度应根据围岩级别和开挖断面跨度等因素确定，下台阶应在完成边墙初期支护结构施工后方可开挖中间土体，并应尽快使初期支护封闭成环；

3 中隔壁法应采用台阶法施工左、右分块，左、右分块施工的前后错开距离不应小于15m。

14.11.4 隧道施工作业区应有良好的通风和照明。

14.11.5 开挖面稳定时间不能满足初期支护施工时，应及时对掌子面进行封闭、支护。

14.11.6 隧道开挖应控制循环进尺，并应留设核心土。

14.11.7 开挖断面应以衬砌设计轮廓线为基准，考虑预留变形量、测量贯通误差和施工误差等因素作适当加大。断面开挖应控制超挖，且不得欠挖。开挖断面允许超挖值应符合表14.11.7的规定，超挖部分应采用与初期支护相同的材料及时回填密实，并应回填注浆。

表14.11.7 开挖断面允许超挖值

岩层类别		部位	允许超挖值（mm）	
			平均值	最大值
爆破岩层	硬岩	拱部	100	200
		边墙及仰拱	100	150
	软岩	拱部	150	250
		边墙及仰拱	100	150
土质和不需要爆破岩层		拱部	80	100
		边墙	20	50
		仰拱	50	100

14.11.8 隧道相对开挖两工作面相距15m～20m时，两工作面不应同时开挖，并应及时进行贯通测量。

14.11.9 隧道台阶法施工应在拱部初期支护结构基本稳定，且在喷射混凝土达到设计强度70%以上后，方可进行下部台阶开挖，并应符合下列规定：

1 边墙应采用单侧或双侧交错开挖，不得使上部结构同时悬空；

2　边墙挖至设计高程后，应立即架设钢筋格栅并喷射混凝土；

3　应尽快施作仰拱（底板），使初期支护封闭成环。

14.11.10　两条平行隧道相距小于1倍隧道开挖跨度时，其前后开挖面错开距离不应小于15m。

14.12　初期支护

Ⅰ　钢筋格栅、钢筋网加工、运输及架设

14.12.1　钢筋应采用冷弯加工。

14.12.2　格栅钢架应在加工厂统一制作。第一榀格栅分段加工完成后，应进行试拼，经检验合格后方可批量加工。

14.12.3　加工成形的格栅钢筋应圆顺，拱架矢高及弧长允许偏差应为0～20mm，扭曲度允许偏差应为0～20mm。成品格栅钢架在出厂前应经质量检验人员验收，合格后方可出厂。

14.12.4　钢筋网所用钢筋表面不得有裂纹、油污、颗粒状或片状锈蚀。钢筋型号、网格尺寸应符合设计要求。钢筋间距允许偏差应为±10mm，钢筋搭接长度允许偏差应为±15mm。

14.12.5　运输过程中应对格栅和网片采取保护措施，不得发生变形。

14.12.6　钢架安装应符合下列规定：

1　安装前应检查各部尺寸并进行试拼，合格后方可进洞组装；

2　组装后格栅应在同一个平面内，连接板位置应符合设计要求，连接件应齐全；

3　应使用激光定位仪控制格栅中心、高程。格栅钢架平面应与隧道轴线垂直，横向允许偏差应为±30mm，纵向允许偏差应为±50mm，高程允许偏差应为±30mm，垂直度允许偏差不应大于5‰，钢架保护层厚度允许偏差应为－5mm～0；

4　不得侵入二次衬砌断面，脚底不得有虚渣；

5　沿钢架外缘每隔1m应用混凝土预制块等与围岩顶紧，钢架与围岩间的间隙应采用喷射混凝土喷填密实。

14.12.7　格栅就位后，钢筋格栅节点及相邻格栅纵向连接筋应连接牢固。

14.12.8　钢筋网宜在喷射一层混凝土后铺挂。采用双层钢筋网时，第二层钢筋网应在第一层钢筋网被混凝土覆盖及混凝土终凝后进行铺设。网片搭接应符合设计要求。

Ⅱ　锚杆（管）

14.12.9　隧道拱脚应采用斜向下20°～30°打入的锁脚锚杆（管）锁定。

14.12.10　锁脚锚杆（管）应与格栅焊接牢固。

14.12.11　锁脚锚杆（管）打入后应及时注浆。

14.12.12　岩体锚杆应在初期支护结构喷射混凝土后按设计要求及时安装，并应进行抗拔试验。同一批试件抗拔力的平均值不得小于设计锚固力，且同一批试件抗拔力的最低值不应小于设计锚固力的90%。

Ⅲ　喷射混凝土

14.12.13　初期支护应在隧道开挖后及时进行施作。

14.12.14　喷射混凝土前应检查开挖断面尺寸、清除开挖面、拱脚或墙脚处的土块等杂物，并应设置控制喷层厚度的标志。

14.12.15　混凝土的喷射方式应根据工程地质及水文地质、喷射量等条件确定，宜采用湿喷方式。

14.12.16　喷射混凝土材料应符合下列规定：

1　喷射混凝土不得选用具有潜在碱活性的骨料；

2　速凝剂的品种和最佳掺量应经试验确定，初凝时间不得超过5min，终凝时间不得超过10min；

3　混合料应搅拌均匀、无结团，搅拌应采用强制式混凝土搅拌机，不得人工搅拌；

4　水泥和速凝剂运输和存放中不得受潮；

5　骨料中不得混入杂物，装入喷射机前应过筛。混合料应随拌随用，存放时间不应超过20min；

6　水泥与砂石重量比宜为1∶4～1∶4.5；含砂率宜为45%～55%；水灰比宜为0.40～0.45；

7　水泥和速凝剂称量允许偏差应为±2%，砂石称量允许偏差应为±3%。

14.12.17　喷射作业应符合下列规定：

1　作业区应有良好的通风、照明；

2　开挖断面尺寸应已检查合格；

3　松动的浮石、土块和杂物应已清除干净，拱脚和仰拱上的堆积物应已清除，并应采用高压风吹净；

4　控制喷射混凝土厚度的标志物应已埋设；

5　喷射机的风压、水压应已调整好。

14.12.18　喷射作业应分段、分层进行，并应符合下列规定：

1　喷射顺序应由下而上，先喷钢架与壁面间混凝土，再喷两榀钢架之间的混凝土；

2　喷射混凝土时，喷头应与受喷面保持垂直，喷头距受喷面的距离不宜大于1m；

3　喷射压力应控制在0.12MPa～0.15MPa的范围；

4　侧壁的一次喷射厚度应为70mm～100mm，拱顶部分的一次喷射厚度应为50mm～60mm；

5　当分层喷射时，应在前一层喷射混凝土终凝后再喷射下一层。如两次喷射间隔时间过长，再次喷射前，应先清洗喷层表面；

6　喷嘴应避开格栅钢筋密集点，不得产生结团，对悬挂在钢筋网上的混凝土结团应及时清除；

7 喷射时应减少喷射混凝土材料的回弹量，边墙不宜大于15%，拱部不宜大于25%，不得使用回弹料；

8 喷射混凝土完成后，应及时布设监测点，并应根据监测数据，分析初期支护的变化动态。

14.12.19 喷射混凝土应将钢筋全部覆盖，喷层应无干斑和滑移流淌现象。当基面有滴水、淌水、集中出水点的情况时，应采用埋管等方法进行引导疏干。喷射混凝土应密实、平整，平整度不应大于30mm，且低凹处矢弦比不应大于1/6，不得有裂缝、脱落、漏喷、露筋、空鼓和渗漏水等现象。

Ⅳ 初期支护背后回填注浆

14.12.20 初期支护施工时应按设计要求预埋回填注浆管，注浆管宜外露100mm，并应用棉纱塞孔。

14.12.21 初期支护背后注浆时，应从两边墙底部向拱顶交叉进行，并应从无水或少水孔向有水孔注浆。

14.12.22 注浆时应随时观察压力和流量变化，压力逐渐上升，流量逐渐减小，当注浆压力达到设计终压后，应稳定3min，方可结束本次注浆。

14.12.23 注浆过程中应做好记录，可每隔5min记录一次压力和流量值及串、漏浆情况。

14.12.24 注浆结束后应及时用棉纱塞紧孔口。

14.12.25 注浆完成后应进行注浆效果检查，对不符合要求的区段应进行补孔注浆。

14.13 防 水 层

Ⅰ 基 面 处 理

14.13.1 基面应坚实、无尖锐突出物，并不得有露筋、蜂窝等缺陷。

14.13.2 基面阴、阳角处应做成100mm圆弧或50mm×50mm钝角，表面平整度 D_a/L_a（D_a为初期支护基面相邻两凸面间凹进去的深度，L_a为初期支护基面相邻两凸面间的距离）不应大于1/6。

14.13.3 基面渗漏水、残留水应进行处理，并应符合本规程第11.3.3条的规定。

Ⅱ 防水层施工

14.13.4 防水层施工前应先铺设缓冲层，缓冲层应采用暗钉圈固定在基面上。

14.13.5 防水层搭接缝应为热熔双焊缝，每条焊缝的有效宽度不应小于10mm。焊缝不得有漏焊、焊焦、焊穿等现象。相邻两幅防水板的搭接宽度不应小于100mm。

14.13.6 防水层环向铺设时，应先拱后墙，下部防水板应压住上部防水板。

14.13.7 复合式衬砌的塑料板铺设与内衬混凝土的纵向施工距离不应小于5m。

Ⅲ 防水层保护

14.13.8 施工过程中防水材料的保护应符合下列规定：

1 防水材料的装运应采取保护措施；

2 不得穿带有鞋钉的硬底鞋在防水材料上行走；

3 不得将木板、钢管、钢筋等尖硬物斜靠、横放、竖立在防水材料上；

4 洒落在防水材料上的豆石、砂浆等应及时清扫干净；

5 绑扎、焊接钢筋时应对防水材料采取防刺穿、防灼伤等保护措施。

14.13.9 底板（仰拱）防水板铺设后，应按设计要求及时施作保护层。

14.13.10 混凝土出料口和振捣棒不得直接接触防水材料。

14.13.11 防水层的成品保护应由专人负责，发现问题应及时修补。

Ⅳ 细部构造防水施工

14.13.12 变形缝的防水材料应符合下列规定：

1 防水材料应满足密封防水、适应变形、施工方便、检修容易等要求；

2 止水带宽度和材质的物理性能均应符合设计要求，且应无裂缝和气泡。接缝应采用热接，不得叠接。接缝应平整、牢固，不得有裂口和脱胶现象。

14.13.13 变形缝的防水施工应符合下列规定：

1 止水带应采用中埋式与背贴式复合施工，同时应按设计图纸要求施做相应的防水层，变形缝的复合防水构造形式应符合设计要求和现行国家标准《地下工程防水技术规范》GB 50108的有关规定；

2 变形缝设置中埋式止水带时，混凝土浇筑前应校正止水带位置，且表面应清理干净，止水带损坏处应进行修补；

3 中埋式止水带的接缝应设在边墙高于水平施工缝钢筋甩头的位置上，不得设在结构转角处，接缝应采用热压焊接，且应平整、牢固。中埋式止水带在转弯处应做成圆弧形；

4 中埋式止水带中心线应和变形缝中心线重合，止水带不得穿孔或用铁钉固定；

5 填密封材料时，缝两侧的基面应密实、洁净、干燥，并应涂刷基层处理剂。嵌缝底部应设置背衬材料。密封材料嵌填应严密、连续、饱满、粘结牢固，不得有气泡、开裂、脱落等现象；

6 顶拱、底板止水带的下侧混凝土应振捣密实，边墙止水带内外侧混凝土应均匀，止水带位置应正确，表面应平直，不得有卷曲现象。

14.13.14 施工缝的防水应符合下列规定：

1 施工缝的位置应在混凝土浇筑前按设计要求

和施工技术方案确定；

2 墙体水平施工缝宜设置在高出底板表面不小于300mm的墙体上，拱（板）墙结合的水平施工缝宜设置在拱（板）墙接缝线以下150mm～300mm处，垂直施工缝应避开地下水较丰富的地段，并宜与变形缝相结合；

3 施工缝防水构造应符合设计要求和现行国家标准《地下防水工程质量验收规范》GB 50208的有关规定；

4 止水条（胶）、中埋式止水带等的规格与性能应符合设计要求；

5 采用遇水膨胀橡胶腻子等材料止水条时，应将止水条安装在缝表面预留槽内；

6 采用中埋式止水带时，止水带位置应准确，埋设应牢固；

7 止水带在转弯处的转角半径不应小于200mm；

8 在施工缝处继续浇筑混凝土前，已浇筑的水平施工缝混凝土强度不应小于1.2MPa，垂直施工缝混凝土强度不应小于2.5MPa；

9 水平施工缝浇筑混凝土前，应将其表面浮浆和杂物清除，铺设净浆或涂刷混凝土界面处理剂、水泥基渗透结晶型防水涂料后，再铺设30mm～50mm厚的1：1水泥砂浆；

10 垂直施工缝浇筑混凝土前，应将其表面清理干净，涂刷混凝土界面处理剂或水泥基渗透结晶型防水涂料。

14.13.15 穿墙管防水应符合设计要求和现行国家标准《地下工程防水技术规范》GB 50108的有关规定。

14.14 二次衬砌

Ⅰ 钢筋工程

14.14.1 钢筋加工的允许偏差应符合表14.14.1的规定。

表14.14.1 钢筋加工的允许偏差

项目	允许偏差（mm）
受力钢筋顺长度方向全长的净尺寸	±10
弯起钢筋的弯折位置	±20
箍筋内净尺寸	±5

14.14.2 钢筋架立时，应按设计图纸中标注的钢筋保护层厚度设置好保护层垫块。

Ⅱ 模板工程

14.14.3 模板的结构应能满足钢筋安装和混凝土灌注等工艺要求，并宜简单、便于施工、装拆灵活、利于搬运。

14.14.4 模板支撑的强度和稳定性应符合现行国家标准《混凝土结构工程施工质量验收规范》GB 50204和《地下铁道工程施工及验收规范》GB 50299的有关规定。

14.14.5 模板铺设应牢固、平整，接缝应严密，支撑系统连接应牢固、稳定；用作模板的地坪、胎模等应平整光洁，不得出现影响构件质量的下沉或起鼓。

14.14.6 模板安装应符合下列规定：

1 模板接缝应紧密，不得产生漏浆；

2 模板与混凝土的接触面应清理干净并涂刷隔离剂，并不得采用影响结构性能或妨碍装饰工程施工的隔离剂；

3 浇筑混凝土前，应将模板内的杂物清理干净；

4 结构变形缝端头模板处的填缝板中心应与初期支护结构变形缝中心线重合。变形缝止水带的安装位置应准确且牢固，止水带应与变形缝垂直；

5 安装现浇结构的上层模板及其支架时，下层板应具有承受上层荷载的承载能力，或加设支架；上、下层支架的立柱应对准，并应铺设垫板。模板安装和浇筑混凝土时应对模板及其支架进行观察和维护，发生异常情况时，应按施工技术方案及时进行处理。

14.14.7 预埋件、预留孔洞的允许偏差应符合表14.14.7的规定。

表14.14.7 预埋件、预留孔洞的允许偏差

项目		允许偏差（mm）
预埋钢板中心线位置		±3
预埋管、预留孔中心线位置		±3
插筋	中心线位置	±5
	外露长度	0～10
预埋螺栓	中心线位置	±2
	外露长度	0～10
预留洞	中心线位置	±10
	尺寸	0～10

注：检查轴线位置时，应沿纵横两个方向量测，并取其中的较大值。

14.14.8 混凝土养护和结构拆模应符合下列规定：

1 防水混凝土终凝后应立即养护，并应保持湿润，养护期不得少于14d；

2 拆模时，混凝土结构表面温度与周围气温的温差不应大于20℃；

3 混凝土强度达到设计要求时，方可拆除底模及其支架；

4 拆除的模板应及时清除灰渣、维修，并应妥善保管。

Ⅲ 混凝土工程

14.14.9 混凝土工程应符合现行国家标准《混凝土结构工程施工质量验收规范》GB 50204 的有关规定。混凝土的冬期施工应符合现行行业标准《建筑工程冬期施工规程》JGJ/T 104 的有关规定和施工技术方案的要求。

14.14.10 混凝土运输、浇筑及间歇的全部时间不应超过混凝土的初凝时间，同一施工段的混凝土应连续浇筑。

14.14.11 混凝土浇筑过程中应随时观测模板、支撑、钢筋预埋件和预留洞等情况，发现问题应及时处理。

14.14.12 变形缝设置中埋式止水带时，混凝土浇筑应符合下列规定：

1 浇筑前应校正止水带的位置，止水带的表面应清理干净，止水带不得有损坏；

2 顶拱、底板结构止水带的两侧混凝土应振实，将止水带压紧后方可继续浇筑混凝土；

3 边墙处的止水带位置应正确，固定应牢靠，且止水带应平直、无卷曲现象。内外侧混凝土应均匀水平浇筑。

Ⅳ 二次衬砌背后充填注浆

14.14.13 注浆管材料及安装应符合下列规定：

1 注浆管宜选用 ϕ32 或 ϕ20 钢管；

2 注浆管长度应与结构内表面平齐或外露结构内表面 100mm；

3 注浆管与防水层距离不应小于 10mm，注浆管处的防水层应为双层，模板处注浆管口应设置丝堵；

4 注浆管安装前，应在与防水层接触一端焊接端帽，端帽与防水层的间距宜为 20mm～30mm；

5 注浆管侧壁应设置溢浆孔。

14.14.14 充填注浆应从两端拱脚开始向拱顶压注，并应每 5min 观察、记录压力和流量。

14.14.15 充填注浆完成后，应综合采用分析法、直观检查法或无损检测法对注浆效果进行检查，对于检查不符合要求的区段应进行补注。

14.15 支 架

14.15.1 支架的加工与安装应符合设计图纸要求和现行行业标准《城镇供热管网工程施工及验收规范》CJJ 28 的有关规定。

14.15.2 支架安装的允许偏差应符合表 14.15.2 的规定。

表 14.15.2 支架安装的允许偏差

支架类型	允 许 偏 差
固定支架	平面上，立柱间距 0～2mm；横向上，立柱内侧与管道中心线距离偏差±2mm，纵向上，两立柱中心连线与管道中心线垂直；立柱与结构底板垂直。 嵌固深度 0～10mm
导向支架	平面上，立柱间距 0～6mm；横向上，立柱内侧与管道中心线距离偏差±2mm，纵向上，两立柱中心连线与管道中心线垂直；立柱与结构底板垂直。 嵌固深度 0～10mm
滑动支架	平面上，立柱间距 0～10mm；横向上，立柱内侧与管道中心线距离偏差±2mm，纵向上，两立柱中心连线与管道中心线垂直；立柱与结构底板垂直。滑动面应与底板平行。 嵌固深度 0～10mm

15 工 程 验 收

15.1 一 般 规 定

15.1.1 工程施工现场质量管理应制定相应的质量管理体系和施工质量控制与检验制度。

15.1.2 施工现场质量管理检查记录应在施工前按本规程表 E.0.1 的格式填写，总监理工程师应组织监理工程师进行检查，并应作出检查结论。

15.1.3 工程应按下列规定进行施工质量控制：

1 施工单位应对工程采用的主要材料、构配件和设备的外观、规格、型号和质量证明文件等进行验收，并应经监理工程师检查认可；

2 凡涉及结构安全和使用功能的有关产品，施工单位应进行检验，监理单位应按规定进行见证取样检测；

3 各工序应按施工技术标准进行质量控制，每道工序完成后，施工单位应进行检查，并应形成记录；

4 工序之间应进行交接检验，上道工序应满足下道工序的施工条件和技术要求；相关专业工序之间的交接检验应经监理工程师检查认可。未经检查或经检查不合格的不得进行下道工序施工。

15.1.4 工程施工质量的验收应符合下列规定：

1 工程施工质量应符合本规程和相关专业验收标准的规定；

2 工程施工质量应符合工程勘察、设计文件的要求；

3 参加工程施工质量验收的各方人员应具备相

应的资格；

4 工程施工质量的验收均应在施工单位自行检查评定合格的基础上进行；

5 隐蔽工程在隐蔽前应由施工单位通知监理单位进行验收，并应填写隐蔽工程验收文件；

6 涉及结构安全的试块、试件以及有关材料，监理单位应按规定进行平行检验或见证取样检测；

7 检验批的质量应按主控项目和一般项目进行验收；

8 对涉及结构安全和使用功能的分部工程应进行抽样检测；

9 承担见证取样检测及有关结构安全检测的单位应具有相应的资质；

10 单位工程的观感质量应由验收人员通过现场检查共同确认。

15.1.5 工程验收还应符合国家现行标准《混凝土结构工程施工质量验收规范》GB 50204、《建筑工程施工质量验收统一标准》GB 50300、《砌体结构工程施工质量验收规范》GB 50203 和《城镇供热管网工程施工及验收规范》CJJ 28 的有关规定。

15.2 验收的程序和组织

15.2.1 工程施工质量验收的程序和组织应符合现行国家标准《建筑工程施工质量验收统一标准》GB 50300 的有关规定。

15.2.2 检验批应由施工单位自检合格后报监理单位，由监理工程师组织施工单位专职质量检查员等进行验收。监理单位应对全部主控项目进行检查，对一般项目的检查内容和数量可根据具体情况确定。检验批质量验收记录应按本规程附录表 E.0.2 的格式填写。

15.2.3 分项工程应由监理工程师组织施工单位项目专业技术负责人等进行验收，分项工程验收记录可按本规程表 E.0.3 的格式填写。

15.2.4 分部工程应由总监理工程师组织施工单位项目负责人和技术、质量负责人等进行验收；地基与基础、主体结构分部工程的验收应有勘察、设计单位项目负责人参加，分部工程验收记录可按本规程表 E.0.4 的格式填写。

15.2.5 单位工程完工后，施工单位应自行组织有关人员进行检查评定，并应向建设单位提交工程验收报告。

15.2.6 建设单位收到单位工程验收报告后，应由建设单位项目负责人组织施工（含分包单位）、设计、监理单位（项目）负责人进行单位（子单位）工程验收，单位工程验收记录应按本规程表 E.0.5-1～表 E.0.5-4 的格式填写。

15.3 施工质量验收的划分

15.3.1 检查室工程、隧道工程宜分别作为一个单位工程进行施工质量验收，一个单位工程划分为分部工程、分项工程和检验批。

15.3.2 防水工程应作为检查室工程、隧道工程的一个分部工程进行施工质量验收。

15.4 施工质量验收

15.4.1 检验批的质量验收应包括下列内容：

1 实物检查应符合下列规定：

1）原材料、构配件和设备应进行进场检验；

2）混凝土强度应进行抽样检验；

3）本规程中采用计数检验的项目，应按抽查总点数的合格点率进行检查。

2 资料检查应包括原材料、构配件和设备等的质量证明文件和检验报告、施工过程中重要工序的自检和交接检验记录、平行检验报告、见证取样检测报告和隐蔽工程验收记录等。

15.4.2 检验批质量验收合格应符合下列规定：

1 主控项目的质量经抽样检验应全部合格；

2 一般项目的质量经抽样检验应合格；有允许偏差的抽查点，除有专门要求外，合格点率应达到80%及以上，且不合格点的最大偏差不得大于允许偏差的1.5倍；

3 应具有完整的施工操作依据、质量检查记录。

15.4.3 分项工程质量验收合格应符合下列规定：

1 分项工程所含的检验批均应合格；

2 分项工程所含的检验批的质量验收记录应完整。

15.4.4 分部工程质量验收合格应符合下列规定：

1 分部工程所含分项工程的质量均应合格；

2 质量控制资料应完整；

3 隧道限界、结构/衬砌厚度、强度、衬砌背后充填及防水等涉及结构安全和使用功能的检验和抽样检测结果应符合有关规定。

15.4.5 单位工程质量验收合格应符合下列规定：

1 单位工程所含分部工程的质量均应合格；

2 质量控制资料应完整；

3 单位工程所含分部工程有关安全和功能的检测资料应完整；

4 主要功能的抽查结果应符合国家现行有关标准的规定；

5 观感质量验收应符合要求。

15.4.6 当检验批工程质量不合格时，应按以下规定进行处理：

1 经返工重做的或更换构配件、设备的检验批，应重新进行验收；

2 当检验批的试块、试件强度不能满足要求时，应由有资质的法定检测单位检测鉴定，并应经原设计单位确认，达到设计要求的检验批，应予以验收；不到设计要求，但经检算认可能够满足结构安全和使用功能的检验批，可予以验收；

3 经返修或加固处理的检验批，虽然改变外形尺寸但仍能满足安全使用要求，可按技术处理方案和协商文件进行验收。

15.4.7 通过返修或加固处理仍不能满足安全和使用功能要求的分部工程、单位工程，不得验收。

15.5 监控量测

主控项目

15.5.1 隧道施工应按设计要求进行监控量测和信息反馈。

检验数量：施工单位、监理单位全数检查。

检验方法：查阅设计文件和监控量测记录。

15.5.2 监控量测所使用的测试仪器、仪表和传感器应选用抗干扰性强、适应现场长期观测的产品，并应符合设计要求。

检验数量：施工单位、监理单位全数检查。

检验方法：检查产品出厂合格证、产品鉴定合格证和物理技术性能检测报告。

15.5.3 施工过程应根据工程地质、水文地质条件，周边环境条件和设计要求，控制地面隆沉：标准断面隧道施工，隆起不宜大于 10mm，沉降不宜大于 30mm。

检验数量：施工单位、监理单位全数检查。

检验方法：检查施工过程监控量测记录。

15.5.4 施工引起的地面建（构）筑物的沉降和倾斜应符合设计要求和国家现行标准的有关规定。

检验数量：施工单位、监理单位全数检查。

检验方法：检查施工过程监控量测记录。

一般项目

15.5.5 量测元件应按设计要求埋设和保护。

检查数量：施工单位应全数检查，监理单位抽查 10%。

检验方法：检查隐蔽工程验收记录。

15.5.6 监控量测频率应符合本规程第 13 章的规定，并应用回归分析法进行数据处理。

检验数量：施工单位全数检查，监理单位抽查 10%。

检验方法：检查监控量测记录。

15.6 地层预支护及加固

Ⅰ 管 棚

主控项目

15.6.1 管棚所用的钢管的品种、级别、材质、规格和数量应符合设计要求。

检验数量：施工单位、监理单位全数检查。

检验方法：观察、尺量检查和检查质量证明文件及取样检测报告。

15.6.2 管棚的搭接长度应符合设计要求。

检验数量：施工单位全数检查；监理单位每排抽查不得少于 3 根，所抽查的钢管不得连续排列。

检验方法：观察、尺量检查。

一般项目

15.6.3 钻孔的外插角、孔位、孔深、孔径应符合设计要求，其施工允许偏差应符合本规程第 14.8.7 条的规定。

检验数量：施工单位全数检验，监理单位按施工单位检查数的 30%作见证检验或 10%作平行检验。

检验方法：仪器测量、尺量检查。

15.6.4 注浆材料、浆液强度和配合比应符合设计要求及本规程第 14.8 节的规定。

检验数量：施工单位全数检验，监理单位按施工单位检查数的 30%作见证检验或 10%作平行检验。

检验方法：观察检查和检查注浆记录。

Ⅱ 超前小导管

主控项目

15.6.5 超前小导管所用的钢管的品种、级别、材质、规格和数量应符合设计要求。

检验数量：施工单位、监理单位全数检查。

检验方法：观察、钢尺检查和检查质量证明文件及取样检测报告。

15.6.6 超前小导管的纵向搭接长度应符合设计要求。

检验数量：施工单位、监理单位全数检查。

检验方法：观察检查和尺量检查。

一般项目

15.6.7 超前小导管施工允许偏差应符合本规程第 14.8.7 条的规定。

检验数量：施工单位每环抽查 5 根，监理单位按施工单位检查数的 30%作见证检验或 10%作平行检验。

检验方法：仪器测量和尺量检查。

15.6.8 超前小导管注浆材料、浆液强度和配合比应符合设计要求。

检验数量：施工单位应全数检查，监理单位应按施工单位检查数的 30%作见证检验或 10%作平行检验。

检验方法：观察检查和检查施工记录的注浆量和注浆压力。

Ⅲ 地层注浆加固

主 控 项 目

15.6.9 浆液的配合比应符合设计要求。

检验数量：施工单位、监理单位全数检查。

检验方法：施工单位进行配合比选定试验；监理单位检查试验报告、见证试验。

15.6.10 注浆效果应符合设计要求，且不应对地下管线等造成破坏性影响。

检验数量：施工单位、监理单位全数检查。

检验方法：观察检查和开挖检查。

一 般 项 目

15.6.11 注浆孔的数量、布置、间距、孔深应符合设计要求。

检验数量：施工单位全数检查，监理单位按施工单位检验数的30%作见证检验或按10%作平行检验。

检验方法：观察检查和尺量检查。

15.6.12 注浆浆液达到一定强度后方可开挖。

检验数量：施工单位、监理单位全数检查。

检验方法：开挖检查、观察。

15.7 检查室（竖井）

Ⅰ 竖井锁口圈梁

主 控 项 目

15.7.1 圈梁的构造、尺寸，配筋及混凝土的强度应符合设计要求。

检验数量：施工单位、监理单位应全数检查。

检验方法：观察、尺量和检查试验资料。

一 般 项 目

15.7.2 圈梁的中线、高程应符合设计要求，其平面位置允许误差应为±30mm，高程允许误差应为±20mm。

检验数量：施工单位、监理单位全数检查。

检验方法：尺量检查。

Ⅱ 龙 门 架

主 控 项 目

15.7.3 龙门架和提升机在安装完毕后应经验收合格后方可投入使用。龙门架的基础（生根）应能可靠承受作用在其上的全部载荷，基础的埋深与做法应符合设计要求。基础表面应平整，其水平度允许偏差应为0～10mm。

检验数量：施工单位、监理单位全部检查。

检验方法：观察检查和尺量检查。

15.7.4 龙门架结构所用的材质和截面形状（型钢类型、截面高度等）应满足设计要求。

检验数量：施工单位、监理单位全数检查。

检验方法：观察检查和尺量检查。

一 般 项 目

15.7.5 龙门架的安装位置应符合设计要求，其平面位置允许误差应为±30mm，高程允许误差应为±20mm。

检验数量：施工单位、监理单位应全数检查。

检验方法：尺量检查。

Ⅲ 检查室（竖井）开挖

主 控 项 目

15.7.6 开挖断面的中线、高程应符合设计要求。

检验数量：施工单位每开挖一循环检查1次，监理单位按施工单位检查数的20%抽查。

检验方法：激光断面仪、全站仪、水准仪测量。

15.7.7 检查室（竖井）开挖应符合设计要求，不得欠挖。

检验数量：施工单位、监理单位每开挖一循环检查1次。

检验方法：施工单位采用激光断面仪、全站仪、水准仪量测周边轮廓断面，绘断面图与设计断面核对；监理单位现场核对开挖断面，必要时采用仪器测量。

15.7.8 检查室（竖井）平面位置的允许偏差应为±30mm。

检验数量：施工单位、监理单位全数检查。

检验方法：仪器测量。

一 般 项 目

15.7.9 断面开挖允许超挖值应符合本规程表14.9.3的规定。

检验数量：施工单位、监理单位每一循环检查1次。

检验方法：量测开挖断面，绘断面图与设计尺寸核对。

15.7.10 小规模塌方处理时，应采用耐腐蚀性材料回填，并做好回填注浆。

检验数量：施工单位、监理单位全数检查。

检验方法：观察检查。

Ⅳ 检查室（竖井）支护

15.7.11 锚喷支护工程验收时，应提供下列资料：

1 原材料出厂合格证，工地材料试验报告，代用材料试验报告；

2 锚喷支护施工记录；

3 喷射混凝土强度、厚度、外观尺寸及锚杆抗拔力等检查和试验报告，预应力锚杆的性能试验与验收试验报告；

4 施工期间的地质素描图；

5 隐蔽工程检查验收记录；

6 设计变更报告；

7 工程重大问题处理文件；

8 竣工图。

检验数量：施工单位、监理单位全数检查。

检验方法：逐一查阅资料。

15.7.12 检查室（竖井）支护施工质量的验收应符合本规程第15.9节的规定。

检验数量：施工单位、监理单位全数检查。

检验方法：逐一查阅资料。

Ⅴ 检查室（竖井）支撑

主控项目

15.7.13 竖井支撑结构的材料、安装应符合设计要求和现行国家标准《钢结构工程施工质量验收规范》GB 50205的有关规定。

检验数量：施工单位、监理单位全数检查。

检验方法：检查钢材质量合格证明文件、中文标志及检验报告。

一般项目

15.7.14 竖井支撑安装位置的允许偏差应为±30mm。

检验数量：施工单位、监理单位全数检查。

检验方法：尺量检查。

Ⅵ 检查室（竖井）防水

15.7.15 检查室防水工程验收应提供防水材料质量合格证、试验报告和质量评定记录、隐蔽工程验收记录。

检验数量：施工单位、监理单位全数检查。

检验方法：逐一查阅资料并应做气密性试验。

15.7.16 防水层的施工质量应符合本规程第14.13节的规定。

检验数量：施工单位、监理单位按每100m^{2}抽查1处，每处10 m^2，且不得少于3处，细部构造应按全数进行检查。

检验方法：观察和焊缝充气检查。

Ⅶ 检查室（竖井）二衬

15.7.17 钢筋材质、规格、数量应符合设要求。

检验数量：施工单位、监理单位全数检查。

检验方法：观察、尺量和取样试验。

15.7.18 模板安装、隔离剂性能和涂刷质量应符合本规程第14.14.6条的规定。

检验数量：施工单位、监理单位全数检查。

检验方法：观察检查。

15.7.19 用作模板的地坪、胎模等表面质量应符合本规程第14.14节的规定。

检验数量：施工单位、监理单位全数检查。

检验方法：观察检查。

15.7.20 模板工程安装偏差、预留孔洞、模板拆除等应符合现行国家标准《混凝土结构工程施工质量验收规范》GB 50204的有关规定。

检验数量：施工单位、监理单位全数检查。

检验方法：尺量和观察检查。

15.7.21 混凝土强度和厚度应符合设计要求，二次衬砌混凝土的浇筑、背后充填注浆及施工缝检验（质量符合）应符合本规程第15.12节的规定。

检验数量：施工单位、监理单位全数检查。

检验方法：观察、尺量和取样试验。

15.7.22 细部构造防水的施工质量应符合现行国家标准《地下防水工程质量验收规范》GB 50208的有关规定。

检验数量：施工单位、监理单位全数检查。

检验方法：观察和尺量。

Ⅷ 检查室辅助设施

主控项目

15.7.23 检查室的爬梯、护栏、休息平台、操作平台所使用的材料和安装质量应符合设计要求。

检验数量：施工单位、监理单位全数检查。

检验方法：检查质量合格证明文件、中文标志及检验报告、用钢尺测量截面厚度、安装尺寸、安装位置。

一般项目

15.7.24 检查室的爬梯、护栏的安装位置的允许偏差应为±5mm。

检验数量：施工单位、监理单位全数检查。

检验方法：尺量检查。

15.8 隧道土方开挖

主控项目

15.8.1 开挖断面的中线、高程应符合设计要求。

检验数量：施工单位每开挖一循环检查1次，监理单位按施工单位检查数的20%抽查。

检验方法：激光断面仪、全站仪、水准仪测量。

15.8.2 开挖断面应符合设计要求，不得欠挖。

检验数量：施工单位、监理单位每开挖一循环检查1次。

检验方法：施工单位采用激光断面仪、全站仪、水准仪量测周边轮廓断面，绘断面图与设计断面核对；监理单位现场核对开挖断面，必要时应采用仪器测量。

15.8.3 隧道贯通的平面位置允许误差应为±30mm，高程允许误差应为±20mm。

检验数量：施工单位、监理单位每一贯通面检查1次。

检验方法：仪器测量。

一般项目

15.8.4 断面开挖允许超挖值应符合本规程表14.11.7的规定。

检验数量：施工单位、监理单位每一循环检查一次。

检验方法：量测开挖断面，绘断面图与设计图及本规程表14.11.7核对观察检查。

15.8.5 小规模塌方处理时，应采用耐腐蚀性材料回填，并做好回填注浆。

检验数量：施工单位、监理单位全数检查。

检验方法：观察检查。

15.9 初期支护

Ⅰ 喷射混凝土

主控项目

15.9.1 喷射混凝土使用的水泥应按批次对其品种、级别、包装或散装仓号、出厂日期等进行验收，并应对其强度、凝结时间、安定性进行试验，其质量应符合现行国家标准《通用硅酸盐水泥》GB 175等的有关规定。当使用中对水泥质量有怀疑或水泥出厂日期超过3个月（快硬硅酸盐水泥逾期一个月）时，应进行复检，并按复检结果使用。

检验数量：同一生产厂家、同一等级、同一品种、同一批号且连续进场的水泥，散装水泥不超过500t为一批，袋装水泥不超过200t为一批，当不足上述数量时，也按一批计。施工单位每批抽样不得少于1次；监理单位平行检验或见证取样检测，抽检次数为施工单位抽检次数的30%，但不得少于1次。

检验方法：检查产品出厂合格证、出厂检验报告和进场复检报告。

15.9.2 喷射混凝土所用的细骨料应按批进行检验，其颗粒级配、坚固性指标应符合现行行业标准《普通混凝土用砂、石质量及检验方法标准》JGJ 52的有关规定，细度模数应大于2.5，含水率应控制在5%～7%。

检验数量：同一产地、同一品种、同一规格且连续进场的细骨料，每400m³或600t为一批，不足400m³或600t也按一批计。施工单位每批抽检1次；监理单位作见证取样检测，抽检次数应为施工单位抽检次数的30%，但不得少于1次。

检验方法：施工单位现场取样试验；监理单位检查全数试验报告或见证取样检测。

15.9.3 喷射混凝土使用的粗骨料宜用卵石或碎石，粒径不应大于15mm，含泥量不应大于1%。

检验数量：同一产地、同一品种、同一规格且连续进场的粗骨料，每400m³或600t为一批，不足400m³或600t也按一批计。施工单位每批抽检一次，监理单位见证取样检测，抽检次数为施工单位抽检次数的30%，但不得少于1次。

检验方法：施工单位现场取样试验；监理单位检查全数试验报告或见证取样检测。

15.9.4 喷射混凝土使用的外加剂质量应符合现行国家标准《混凝土外加剂》GB 8076和《混凝土外加剂应用技术规范》GB 50119的有关规定。

检验数量：同一产地、同一品种、同一批号、同一出厂日期且连续进场的外加剂，每50t为一批，不足50t应按一批计。施工单位每批抽检1次；监理单位见证取样检测，抽检次数为施工单位抽检次数的30%，但不得少于1次。

检验方法：施工单位检查产品合格证、出厂检验报告并进行试验；监理单位检查全数产品合格证、出厂检验报告、进场检验报告并进行见证取样检测。

15.9.5 喷射混凝土拌合用水的水质应符合现行行业标准《混凝土用水标准》JGJ 63的有关规定。

检验数量：同水源的，施工单位试验检查不少于1次，监理单位见证试验。

检验方法：施工单位做水质分析试验，监理单位检查试验报告，见证试验。

15.9.6 喷射混凝土的配合比应符合设计要求。

检验数量：施工单位对同强度等级、同性能喷射混凝土进行一次混凝土配合比设计，监理单位全数检查。

检验方法：施工单位进行配合比选定试验；监理单位检查配合比选定单。

15.9.7 喷射混凝土的强度应符合设计要求。用于检查喷射混凝土强度的试件，可采用喷大板切割制取。当对强度有异议时，可在混凝土喷射地点采用钻芯取样法随机抽取制作试件做抗压试验。

检验数量：施工单位每20m在拱部和边墙各留置不少于两组抗压强度试件；监理单位按施工单位检验数的30%作见证检验或按10%作平行检验。

检验方法：施工单位进行混凝土强度试验；监理单位检查混凝土强度试验报告并进行见证取样检测或平行检验。

15.9.8 喷射混凝土的厚度应符合设计要求。每个断面检查点数 60%以上的喷射厚度不应小于设计厚度，最小值不应小于设计厚度的 40%，厚度平均值不应小于设计厚度。

检验数量：每 10m 检查一个断面，从拱顶中线起，每 2m 凿孔检查一个点，监理单位按施工单位检验数的 30%作见证检验或按 10%比例抽查。

检验方法：施工单位、监理单位检查控制喷层的标志或凿孔检查。

15.9.9 喷射混凝土 2h 后应进行养护；养护时间不应小于 14d；当气温低于 5℃，混凝土低于设计强度的 40%时不得受冻。

检验数量：施工单位、监理单位全数检查。

检验方法：观察检查。

15.9.10 锚喷支护工程验收时提供的资料应符合本规程第 15.7.11 条的规定。

一 般 项 目

15.9.11 喷射混凝土方式应符合本规程第 14.12 节的规定。

检验数量：施工单位每一个作业循环检查一个断面，监理单位按施工单位检查数的 30%作见证检验或 10%作平行检验。

检验方法：观察检查。

15.9.12 喷射混凝土拌合物的坍落度应符合设计要求。

检验数量：施工单位每工作班不少于一次，监理单位作见证检验。

检验方法：坍落度试验。

15.9.13 喷射混凝土原材料每盘称重的允许偏差应符合本规程第 14.12 节的规定。各种衡器应定期检定，每次使用前应进行零点校核。当遇到雨天或含水率有显著变化时，应增加含水率检测次数，并应及时调整水和骨料的用量。

检验数量：施工单位每工作班不应少于 1 次，监理单位作见证检验。

检验方法：复称检查。

15.9.14 喷射混凝土表面平整度应符合本规程第 14.12.19 条的规定。

检验数量：施工单位全数检查，监理单位按施工单位检查数的 30%作见证检验或按 10%作平行检验。

检验方法：观察检查。

Ⅱ 锁 脚 锚 管

主 控 项 目

15.9.15 半成品、成品锚管的类型、规格、性能等应符合设计要求和国家现行标准的有关规定。

检验数量：施工单位按进场的批次，每批随机抽样 5%进行试验；监理单位按施工单位检验数量的 30%见证取样检测。

检验方法：施工单位检查产品合格证、出厂检验报告并进行试验；监理单位检查全部产品合格证、出厂检验报告并进行见证取样检测。

15.9.16 锚管安装的数量应符合设计要求。

检验数量：施工单位、监理单位逐根清点。

检验方法：现场目测检查。

15.9.17 砂浆锚管采用的砂浆强度等级、配合比应符合设计要求。

检验数量：施工单位每作业段检查 1 次；监理单位按 30%的比例见证取样检测。

检验方法：施工单位进行配合比设计，做砂浆强度试验；监理单位检查配合比和试验报告，应进行见证取样检测。

15.9.18 锚管孔内灌注砂浆应饱满密实。

检验数量：施工单位全数检查，监理单位按 30%的比例作见证检验。

检验方法：观察检查和检查施工记录。

一 般 项 目

15.9.19 锚管的角度、方向与格栅钢架的连接方式和打设时机应符合设计要求。

检验数量：施工单位全数检查，监理单位按施工单位检查数的 30%作见证检验。

检验方法：观察检查。

15.9.20 锚管安装孔位允许偏差应为±150mm。

检验数量：施工单位按 10%的比例随机抽样检查，监理单位按施工单位检查数的 30%作见证检验或按 10%作平行检验。

检验方法：尺量检查。

15.9.21 锚管所用钢管应符合设计要求和本规程第 14.12 节的规定。

检验数量：施工单位全数检查，监理单位按施工单位检查数的 30%作见证检验或 10%作平行检验。

检验方法：观察检查。

Ⅲ 钢 筋 网

主 控 项 目

15.9.22 钢筋网所使用的钢筋的品种、规格、性能等应符合设计要求和国家现行标准的有关规定。

检验数量：施工单位、监理单位全数检查。

检验方法：观察、尺量检查和检查质量证明文件及取样检测报告。

15.9.23 钢筋网的制作应符合设计要求。

检验数量：施工单位全数检查；监理单位按 20%的比例随机抽样检查。

检验方法：观察检查和尺量检查。

一 般 项 目

15.9.24 钢筋网加工允许偏差应符合本规程第14.12节的规定。

检验数量：施工单位每进场1次，随机抽样5片；监理单位按施工单位检查数的30%作见证检验或10%作平行检验。

检验方法：尺量检查。

15.9.25 钢筋网应与检查室、隧道断面形状相适应，并应与钢架等联结牢固。

检验数量：施工单位每循环检验一次，监理单位按施工单位检查数的30%作见证检验或10%平行检验。

检验方法：观察检查。

15.9.26 钢筋网铺设应符合本规程第14.12节的规定。

检验数量：施工单位应每循环检验1次，监理单位按施工单位检查数的30%作见证检验或10%作平行检验。

检验方法：观察检查或检查施工记录。

15.9.27 钢筋的选用应符合设计规定，其加工应符合本规程第14.12节的规定。

检验数量：施工单位每批检验1次，监理单位按施工单位检查数的30%作见证检验或10%作平行检验。

检验方法：观察检查。

Ⅳ 钢 架

主 控 项 目

15.9.28 钢架所使用的型钢材料进场检验应按批抽取试件进行屈服强度、抗拉强度、伸长率力学性能和冷弯工艺性能试验，其质量应符合设计要求和现行国家标准《碳素结构钢》GB/T 700的有关规定。

检验数量：以同牌号、同炉罐号、同规格、同交货状态的型钢，每60t为一批，不足60t按一批计。施工单位每批抽检1次；监理单位见证取样检测或平行检验，抽检次数为施工单位抽检次数的30%或10%，但不得少1次。

检验方法：施工单位检查每批质量证明文件并进行相关性能试验；监理单位检查全部质量证明文件和试验报告，并进行见证取样检测或平行检验。

15.9.29 制作钢架的钢材品种、级别、规格和数量应符合设计要求。

检验数量：施工单位、监理单位全数检查。

检验方法：观察检查和尺量检查。

15.9.30 格栅钢架钢筋的弯制、连接和末端的弯钩及型钢钢架的弯制应符合设计要求。

检验数量：施工单位全数检查；监理单位检查数量为施工单位检查数量的30%，且不得少于一榀。

检验方法：观察检查和尺量检查。

15.9.31 钢架安装位置、接头连接质量、纵向拉杆的设置、与围岩间的间隙应符合设计要求；钢架安装不得侵入二次衬砌断面，拱脚和墙脚底部不得有虚渣。

检验数量：施工单位、监理单位全数检查。

检验方法：观察、测量、尺量。

一 般 项 目

15.9.32 钢筋、型钢、钢板等原材料应平直、无损伤，表面不得有裂纹、油污、颗粒状或片状老锈。

检验数量：施工单位全数检查，监理单位按施工单位检查数的30%作见证检验或10%作平行检验。

检验方法：观察检查。

15.9.33 钢架的落底接长和钢架间的连接应符合设计要求。

检验数量：施工单位全数检查，监理单位按施工单位检查数的30%作见证检验或10%作平行检验。

检验方法：观察检查。

15.9.34 钢架安装允许偏差允许偏差应符合本规程第14.12节的要求。

检验数量：施工单位每榀钢架检查1次，监理单位按施工单位检查数的30%作见证检验或10%作平行检验。

检验方法：观察检查和尺量检查。

Ⅴ 初期支护背后注浆

主 控 项 目

15.9.35 注浆所用原材料应符合设计要求。

检验数量：施工单位每注浆段检查1次，监理单位按30%比例抽查。

检验方法：检查质量证明文件、进场验收记录和取样检测报告。

15.9.36 浆液配合比应符合设计要求。

检验数量：施工单位每注浆段检查1次，监理单位按30%比例抽查。

检验方法：施工单位进行配合比选定试验；监理单位检查试验报告、见证试验。

15.9.37 隧道初支背后注浆应回填密实。

检验数量：施工单位每20m检查1次，监理单位按30%比例作见证检验。

检验方法：施工单位可采用分析注浆过程记录、无损检测、钻孔取芯、压水（空气）等检测验证注浆回填密实情况，每个断面从拱顶沿两侧不得少于5个点，监理单位进行见证检测。

一 般 项 目

15.9.38 注浆压力、注浆量应符合设计要求。

检验数量：施工单位全数检查，监理单位按20%比例抽查。

检验方法：现场观察和分析施工过程注浆记录。

15.9.39 注浆孔的数量、布置、间距、孔深应符合设计要求。

检验数量：施工单位全数检查，监理单位按20%比例抽查。

检验方法：观察检查和尺量检查。

15.9.40 注浆范围应符合设计要求。

检验数量：施工单位全数检查，监理单位按20%比例抽查。

检验方法：观察检查。

15.9.41 注浆应在初期支护混凝土强度达到设计强度后进行。

检验数量：施工单位全数检查，监理单位按20%比例抽查。

检验方法：检查混凝土的龄期。

15.10 净空测量及贯通测量

主 控 项 目

15.10.1 检查室、隧道初期支护净空应满足设计要求。

检验数量：施工单位、监理单位全数检验。

检验方法：全站仪或钢尺测量。

15.10.2 铺设防水层和施作二次衬砌之前，应进行初期支护净空测量，并应填写初期支护净空测量记录。

检验数量：施工单位全数检验，监理单位按施工单位检验数的30%作见证检验。

检验方法：全站仪或钢尺测量；检查测量记录。

15.10.3 二次衬砌施作完成后，应进行检查室、隧道净空测量，并应填写隧道净空测量记录。

检验数量：施工单位全数检验，监理单位按施工单位检验数的30%作见证检验。

检验方法：全站仪或钢尺测量；检查测量记录。

一 般 项 目

15.10.4 隧道初期支护净空（拱部、边墙线路中心左、右侧宽度，仰拱线路中心左、右侧测点自轨面线下的竖向尺寸，拱顶标高）的允许偏差应为±20mm。

检验数量：施工单位全数检验，监理单位按施工单位检验数的30%作见证检验或按10%作平行检验。

检验方法：拱部、边墙用全站仪或钢尺从中线向两侧测量横向尺寸，自拱顶从中线向两侧应每0.5m检验1个点（包含拱顶及仰拱中心两点）。

15.10.5 检查室初期支护净空允许偏差应为±15mm。

检验数量：施工单位全数检验，监理单位按施工单位检验数的30%作见证检验或按10%作平行检验。

检验方法：用全站仪、水准仪和钢尺测量。

15.11 结 构 防 水

主 控 项 目

15.11.1 防水层所用塑料板及配套材料应符合设计及规范要求。

检验数量：施工单位、监理单位全数检查。

检验方法：检查出厂合格证、质量检验报告和现场抽样试验报告。

15.11.2 塑料板的搭接缝施工应符合本规程第14.13节的规定。

检验数量：施工单位、监理单位全数检查。

检验方法：双焊缝间空腔内充气检查。

一 般 项 目

15.11.3 塑料板防水层的基面处理应符合本规程第14.13节的规定。

检验数量：施工单位、监理单位在隐蔽前全数检查。

检验方法：观察和尺量检查。

15.11.4 塑料防水板的铺设应符合本规程第14.13节的规定。

检验数量：施工单位、监理单位在防水板隐蔽前全数检查。

检验方法：观察检查。

15.11.5 塑料防水板搭接宽度的允许偏差应符合本规程第14.13.5条的规定。

检验数量：施工单位全数检查，监理单位按搭接缝数量的10%抽查，但不得少于3条。

检验方法：尺量检查。

15.11.6 保护层的设置应符合设计要求和本规程第14.13节的规定。

检验数量：施工单位、监理单位全数检查。

检验方法：观察检查。

15.12 二 次 衬 砌

15.12.1 在浇筑混凝土之前，应进行钢筋隐蔽工程验收，并应包括下列内容：

1 纵向受力钢筋的品种、规格、数量、位置等；

2 钢筋连接方式、接头位置、接头数量、接头面积百分率等；

3 箍筋、横向钢筋的品种、规格、数量、间距等；

4 预埋件的规格、数量、位置等。

15.12.2 结构构件的混凝土强度浇筑应符合下列规定：

1 结构构件的混凝土强度应按现行国家标准

《混凝土强度检验评定标准》GB/T 50107 的有关规定分批检验评定；

2 对采用蒸汽法养护的混凝土结构构件，其混凝土试件应先随同结构构件同条件蒸汽养护，再转入标准条件养护共 28d；

3 当混凝土中掺用矿物掺合料时，确定混凝土强度时的龄期可按现行国家标准《粉煤灰混凝土应用技术规范》GBJ 146 的有关规定取值。

15.12.3 检验评定混凝土强度用的混凝土试件尺寸及强度的尺寸换算系数应符合表 15.12.3 的规定。标准成型方法、标准养护条件及强度试验方法应符合普通混凝土力学性能试验方法标准的规定。

表 15.12.3 混凝土试件尺寸及强度的尺寸换算系数

骨料最大粒径（mm）	试件尺寸（mm）	强度的尺寸换算系数
≤31.5	100×100×100	0.95
≤40.0	150×150×150	1.00
≤63.0	200×200×200	1.05

注：对强度等级为 C60 及以上的混凝土试件，其强度的尺寸换算系数可通过试验确定。

15.12.4 结构构件拆除模板的时间应符合现行国家标准《混凝土结构工程施工质量验收规范》GB 50204 的有关规定。结构构件出池、出厂、吊装、张拉、放张及施工期间临时负荷时的混凝土强度，应根据同条件养护的标准尺寸试件的混凝土强度确定。

15.12.5 当混凝土试件强度评定不合格时，可采用非破损或局部破损的检测方法，按国家现行标准的有关规定对结构构件中的混凝土强度进行推定，并应作为处理的依据。

Ⅰ 模板和支架

主 控 项 目

15.12.6 在浇筑混凝土之前应对模板工程进行验收。模板支架的安装、拆除、隔离剂的涂刷应符合本规程第 14.14 节的规定。

检验数量：施工单位、监理应单位全数检查。

检验方法：对照设计文件和施工技术方案观察检查。

15.12.7 底模及其支架拆除时的混凝土强度应符合设计要求；后浇带模板的拆除和支顶应按施工技术方案执行。

检验数量：施工单位、监理单位全数检查。

检验方法：观察检查。

一 般 项 目

15.12.8 模板安装应符合本规程第 14.14.6 条的规定。

检验数量：施工单位全数检查，监理单位按施工单位检查数的 10%进行抽查。

检验方法：观察检查。

15.12.9 用作模板的地坪、胎模等表面质量应符合本规程第 14.14 节的规定。

检验数量：施工单位全数检查，监理单位按施工单位检查数的 10%进行抽查。

检验方法：观察检查。

15.12.10 对跨度不小于 4m 的现浇钢筋混凝土梁、板，其模板应按设计要求起拱，当设计无具体要求时，起拱高度宜为跨度的 1/1000～3/1000。

检验数量：施工单位全数检查，监理单位按施工单位检查数量的 10%进行抽查，且不得少于 1 个施工段。

检验方法：水准仪或拉线、钢尺检查。

15.12.11 固定在模板上的预埋件、预留孔洞的允许偏差应符合本规程表 14.14.7 的规定。

检验数量：施工单位全数检查，监理单位按施工单位检查数量的 10%进行抽查，且不得少于 1 个施工段。

检验方法：钢尺检查。

15.12.12 现浇结构模板安装允许偏差和检验方法应符合表 15.12.12 的规定。

表 15.12.12 现浇结构模板安装允许偏差和检验方法

项目		允许偏差（mm）	检验方法
轴线位置		±5	钢尺检查
底模上表面标高		±5	水准仪或拉线、钢尺检查
截面内部尺寸	基础	±10	钢尺检查
	柱、墙、梁	−5～4	钢尺检查
层高垂直度	≤5m	6	经纬仪或吊线、钢尺检查
	＞5m	8	经纬仪或吊线、钢尺检查
相邻两板表面高低差		2	钢尺检查
表面平整度		5	2m 靠尺和塞尺检查
暗挖隧道	边墙脚	±10	钢尺检查
	起拱线	±5	钢尺检查
	拱顶	0～10	水准仪检查

注：检查轴线位置时，应沿纵、横两个方向量测，并取其中的较大值。

检验数量：施工单位全数检查；监理单位按施工单位检查数量的 10%进行抽查，且不少于 1 个施工段。

15.12.13 预制构件模板安装允许偏差和检验方法应符合表15.12.13的规定。

检验数量：施工单位首次使用及大修后的模板全数检查；使用中的模板定期检查，并根据使用情况不定期抽查，监理单位按施工单位检查数的10%进行抽查。

表15.12.13 预制构件模板安装允许偏差和检验方法

项目		允许偏差(mm)	检验方法
长度	板、梁	±5	钢尺量两角边，取其中较大值
	薄腹梁、桁架	±10	
	柱	−10~0	
	墙板	−5~0	
宽度	板、墙板	−5~0	钢尺量一端及中部，取其中较大值
	梁、薄腹梁、桁架、柱	−5~2	
高（厚）度	板	−3~2	钢尺量一端及中部，取其中较大值
	墙板	−5~0	
	梁、薄腹梁、桁架、柱	−5~2	
侧向弯曲	板、梁、柱	l/1000且≤15	拉线，钢尺量最大弯曲处
	墙板、薄腹梁、桁架	l/1500且≤15	
板的表面平整度		3	2m靠尺和塞尺检查
相邻两板表面高低差		1	钢尺检查
对角线差	板	7	钢尺量两个对角线
	墙板	5	
翘曲	板、墙板	l/1500	调平尺在两端量测
设计起拱	薄腹梁、桁架、梁	±3	拉线、钢尺量跨中

注：l为构件长度（mm）。

15.12.14 侧模拆除时的混凝土强度应能保证其表面及棱角不受损伤。

检验数量：施工单位全数检查，监理单位按施工单位检查数的10%进行抽查。

检验方法：观察检查。

Ⅱ 钢 筋

主 控 项 目

15.12.15 钢筋进场时，应按现行国家标准《钢筋混凝土用钢 第1部分：热轧光圆钢筋》GB 1499.1和《钢筋混凝土用钢 第2部分：热轧带肋钢筋》GB 1499.2的有关规定抽取试件作力学性能检验，其质量应符合设计要求。

检验数量：按进场的批次和产品的抽样检验方案确定。

检验方法：检查产品合格证、出厂检验报告和进场复检报告。

15.12.16 当发现钢筋脆断、焊接性能不良或力学性能不正常等现象时，应对该批钢筋进行化学成分检验或其他专项检验。

检验数量：施工单位、监理单位全数检查。

检验方法：检查化学成分等专项检验报告。

15.12.17 受力钢筋的弯钩和弯折应符合下列规定：

1 HPB300级钢筋末端应作180°弯钩，其弯弧内直径不应小于钢筋直径的2.5倍，弯钩的弯后平直部分长度不应小于钢筋直径的3倍；

2 当设计要求钢筋末端需作135°弯钩时，HRB335级、HRB400级钢筋的弯弧内直径不应小于钢筋直径的4倍，弯钩的弯后平直部分长度应符合设计要求；

3 钢筋弯折不大于90°的时，弯折处的弯弧内直径不应小于钢筋直径的5倍。

检验数量：施工单位、监理单位按每工作班同一类型钢筋、同一加工设备抽查不应少于3件。

检验方法：钢尺检查。

15.12.18 除焊接封闭环式箍筋外，箍筋的末端应作弯钩，弯钩形式应符合设计要求，当设计无具体要求时，应符合下列规定：

1 箍筋弯钩的弯弧内直径除满足本规程第15.12.17条的规定外，尚不应小于受力钢筋直径；

2 对一般结构，箍筋弯钩的弯折角度不应小于90°，对有抗震等要求的结构，箍筋弯钩的弯折角度应为135°；

3 对一般结构，箍筋弯后平直部分长度不宜小于箍筋直径的5倍；对有抗震等要求的结构，箍筋弯后平直部分长度不应小于箍筋直径的10倍。

检验数量：施工单位、监理单位按每工作班同一类型钢筋、同一加工设备抽查不应少于3件。

检验方法：钢尺检查。

15.12.19 纵向受力钢筋的连接方式应符合设计要求。

检验数量：施工单位、监理单位全数检查。

检验方法：观察检查。

15.12.20 钢筋机械连接接头、焊接接头的力学性能检验应符合现行行业标准《钢筋机械连接技术规程》JGJ 107和《钢筋焊接及验收规程》JGJ 18的有关规定。

检验数量：全数检查。

现场检验方法：观察检查。

试验室检验方法：力学性能试验。

15.12.21 钢筋安装时，受力钢筋的品种、级别、规格和数量应符合设计要求。

检验数量：施工单位、监理单位全数检查。

检验方法：观察、钢尺检查。

一 般 项 目

15.12.22 钢筋应平直、无损伤，表面不得有裂纹、油污、颗粒状或片状老锈。

检验数量：进场时和使用前施工单位全数检查，监理单位按施工单位检查数的10%进行抽查。

检验方法：观察检查。

15.12.23 当采用冷拉方法调直钢筋时，HPB300级钢筋的冷拉率不宜大于4%，HRB335级、HRB400级和RRB400级钢筋的冷拉率不宜大于1%。

检验数量：施工单位、监理单位按每工作班同一类型钢筋、同一加工设备抽查不应少于3件。

检验方法：观察、钢尺检查。

15.12.24 钢筋加工的形状、尺寸应符合设计要求，其允许偏差应符合本规程表14.14.1的规定。

检验数量：施工单位、监理单位按每工作班同一类型钢筋、同一加工设备抽查不应少于3件。

检验方法：钢尺检查。

15.12.25 钢筋的接头宜设置在受力较小处。同一纵向钢筋不宜设置两个或两个以上接头。接头末端至钢筋弯起点的距离不应小于钢筋直径的10倍。

检验数量：施工单位全数检查，监理单位按施工单位检查数的10%进行抽查。

检验方法：观察、钢尺检查。

15.12.26 受力钢筋采用机械连接接头或焊接接头应符合下列规定：

1 设置在同一构件内的接头宜相互错开；

2 纵向受力钢筋机械连接接头及焊接接头连接区段的长度应为35倍纵向受力钢筋的较大直径，且不得小于500mm；

3 凡接头中点位于该连接区段长度内的接头均属于同一连接区段。同一连接区段内，纵向受力钢筋机械连接接头及焊接接头面积百分率为该区段内有接头的纵向受力钢筋截面面积与全部纵向受力钢筋截面面积的比值；

4 同一连接区段内，纵向受力钢筋的接头面积百分率应符合设计要求，当设计无要求时应符合下列规定：

1）在受拉区，纵向受力钢筋的接头面积百分率不宜大于50%；

2）接头不宜设置在有抗震设防要求的框架梁端、柱端的箍筋加密区，当无法避开时，对等强度高质量机械连接接头，接头数量不应大于现有钢筋数量的50%；

3）直接承受动力荷载的结构构件中，不宜采用焊接接头，当采用机械连接接头时，接头数量不应大于现有钢筋数量的50%。

检验数量：施工单位全数检查；监理单位按施工单位检查数量的10%进行抽查，且不少于1个施工段。

检验方法：观察、钢尺检查。

15.12.27 同一构件中相邻纵向受力钢筋的绑扎搭接应符合下列规定：

1 钢筋的绑扎搭接接头宜相互错开；

2 绑扎搭接接头中钢筋的横向净距不应小于钢筋直径，且不应小于25mm；

3 钢筋绑扎搭接接头连接区段的长度应为1.3倍搭接长度；

4 凡搭接接头中点位于该连接区段长度内的搭接接头均属于同一连接区段。同一连接区段内，纵向受力钢筋搭接接头面积百分率为该区段内有搭接接头的纵向受力钢筋截面面积与全部纵向受力钢筋截面面积的比值；

5 同一连接区段内，纵向受力钢筋搭接接头面积百分率应符合设计要求，当设计无要求时应符合下列规定：

1）对梁类、板类及墙类构件，纵向受力钢筋搭接接头面积百分率不宜大于25%；

2）对柱类构件，纵向受力钢筋搭接接头面积百分率不宜大于50%；

3）当需要增大接头面积百分率时，对梁类构件，不应大于50%；对其他构件，可根据实际情况放宽；

4）纵向受力钢筋绑扎搭接接头的最小搭接长度应符合现行国家标准《混凝土结构工程施工质量验收规范》GB 50204的有关规定。

检验数量：施工单位全数检查；监理单位按施工单位检查数量的10%进行抽查，且不得少于1个施工段。

检验方法：观察、钢尺检查。

15.12.28 在梁、柱类构件的纵向受力钢筋搭接长度范围内，应按设计要求配置箍筋。当设计无具体要求时，应符合下列规定：

1 箍筋直径不应小于搭接钢筋较大直径的0.25倍；

2 受拉搭接区段的箍筋间距不应大于搭接钢筋较小直径的5倍，且不应大于100mm；

3 受压搭接区段的箍筋间距不应大于搭接钢筋较小直径的10倍，且不应大于200mm；

4 当柱中纵向受力钢筋直径大于25mm时，应在搭接接头两个端面外100mm范围内各设置两个箍筋，其间距宜为50mm。

检验数量：施工单位全数检查；监理单位按施工单位检查数量的10%进行抽查，且不少于1个施工段。

检验方法：钢尺检查。

15.12.29 钢筋安装位置允许偏差和检验方法应符合表

15.12.29 的规定。

检验数量：施工单位全数检查，监理单位按施工单位检查数量的 10% 进行抽查，且不少于 1 个施工段。

表 15.12.29 钢筋安装位置允许偏差和检验方法

项目			允许偏差（mm）	检验方法
绑扎钢筋网	长、宽		±10	钢尺检查
	网眼尺寸		±20	钢尺量连续三档，取最大值
绑扎钢筋骨架	长		±10	钢尺检查
	宽、高		±5	钢尺检查
受力钢筋	间距		±10	钢尺量两端、中间各一点，取最大值
	排距		±5	
	保护层厚度	基础	±10	钢尺检查
		柱、梁	±5	钢尺检查
		板、墙、壳	±3	钢尺检查
绑扎箍筋、横向钢筋间距			±20	钢尺量连续三档，取最大值
钢筋弯起点位置			20	钢尺检查
预埋件	中心线位置		5	钢尺检查
	水平高差		0～3	钢尺和塞尺检查

注：1 检查预埋件中心线位置时，应沿纵、横两个方向量测，并应取其中的较大值；

2 表中梁类、板类构件上部纵向受力钢筋保护层厚度的合格点率应达到 90% 及以上，且不得有超过表中数值 1.5 倍的尺寸偏差。

Ⅲ 混 凝 土

主 控 项 目

15.12.30 水泥进场时应对其品种、级别、包装或散装仓号、出厂日期等进行检查，并应对其强度、安定性及其他必要的性能指标进行复验，其质量应符合现行国家标准《通用硅酸盐水泥》GB 175 的有关规定。水泥出厂超过 3 个月，快硬硅酸盐水泥超过 1 个月时，应进行混凝土复验，并应按复验结果使用。钢筋混凝土结构、预应力混凝土结构中，不得使用含氯化物的水泥。

检验数量：按同一生产厂家、同一等级、同一品种、同一批号且连续进场的水泥，袋装不超过 200t 为一批，散装不超过 500t 为一批，每批抽查不得少于 1 次。

检验方法：检查产品合格证、出厂检验报告和进场复验报告。

15.12.31 混凝土中掺用外加剂的质量及应用技术应符合现行国家标准《混凝土外加剂》GB 8076 和《混凝土外加剂应用技术规范》GB 50119 的有关规定。预应力混凝土结构中不得使用含氯化物的外加剂。钢筋混凝土结构中，当使用含氯化物的外加剂时，混凝土中氯化物的总含量应符合现行国家标准《混凝土质量控制标准》GB 50164 的有关规定。

检验数量：按同一生产厂家、同品种、同编号 60t 为一检验批，不足 60t 按一检验批计。

检验方法：检查产品合格证、出厂检验报告和进场复验报告。

15.12.32 混凝土中氯化物和碱的总含量应符合设计要求及现行国家标准《混凝土结构设计规范》GB 50010 的有关规定。

检验方法：施工单位、监理单位检查原材料试验报告和氯化物、碱的总含量计算书。

15.12.33 混凝土应按现行行业标准《普通混凝土配合比设计规程》JGJ 55 的有关规定，根据混凝土强度等级、耐久性和工作性等要求进行配合比设计。对有特殊要求的混凝土，其配合比设计尚应符合国家现行标准的有关规定。

检验数量：施工单位对同强度等级、同性能混凝土进行一次混凝土配合比设计，监理单位全数检查。

检验方法：检查配合比设计资料。

15.12.34 结构混凝土的强度等级应符合设计要求。用于检查结构构件混凝土强度的试件，应在混凝土的浇筑地点随机抽取。取样与试件留置应符合下列规定：

1 每拌制 100 盘，且不超过 $100m^3$ 的同配合比的混凝土，取样不得少于 1 次；

2 每工作班拌制的同一配合比的混凝土不足 100 盘时，取样不得少于 1 次；

3 当一次连续浇筑超过 $1000m^3$ 时，同一配合比的混凝土每 $200m^3$ 取样不得少于 1 次；

4 隧道每施工段、同一配合比的混凝土，取样不得少于 1 次；

5 每次取样应留置不少于一组标准养护试件，同条件养护试件的留置组数应根据实际需要确定。

检验数量：施工单位全数检查，监理单位标准条件养护试件见证取样检测或平行检验的次数为施工单位检验次数的 30% 或 10%，但不得少于 1 次。对同条件养护试件全部见证检验。

检验方法：检查施工记录及试件强度试验报告。

15.12.35 对有抗渗要求的混凝土结构，其混凝土试件应在浇筑地点随机取样。同一工程、同一配合比的混凝土，取样不应少于 1 次，留置组数可根据实际需要确定。

检验数量：监理单位按施工单位检查数的 30% 作见证检验。

检验方法：检查试件抗渗试验报告。

15.12.36 混凝土原材料每盘称量的允许偏差应符合表 15.12.36 的规定。

检验数量：施工单位每工作班抽查不少于 1 次，

监理单位按施工单位检查数的10%进行抽查。

检验方法：复称。

表 15.12.36 混凝土原材料每盘称量的允许偏差

材料名称	允许偏差
水泥、掺合料	±2%
粗、细骨料	±3%
水、外加剂	±2%

15.12.37 混凝土运输、浇筑及间歇的全部时间不应超过混凝土的初凝时间。同一施工段的混凝土应连续浇筑，并应在底层混凝土初凝之前将上一层混凝土浇筑完毕。

检验数量：施工单位全数检查，监理单位按施工单位检查数的10%进行抽查。

检验方法：观察、检查施工记录。

一 般 项 目

15.12.38 混凝土中掺用矿物掺合料的质量应符合设计要求和现行国家标准《用于水泥和混凝土中的粉煤灰》GB/T 1596的有关规定。矿物掺合料的掺量应通过试验确定。

检验数量：以连续供应相同等级的不超过200t为一检验批，施工单位、监理单位全数检查。

检验方法：检查产品合格证和进场复验报告。

15.12.39 普通混凝土所用的粗、细骨料的质量应符合现行行业标准《普通混凝土用砂、石质量及检验方法标准》JGJ 52的有关规定。混凝土所用粗骨料的最大颗粒粒径不得超过构件截面最小尺寸的1/4，且不得超过钢筋最小净间距的3/4。

检验数量：施工单位、监理单位按进场的批次和产品的抽样检验方案确定。

检验方法：检查进场复验报告。

15.12.40 拌制混凝土用水水质应符合现行行业标准《混凝土用水标准》JGJ 63的有关规定。

检验数量：施工单位、监理单位应同一水源检查不少于1次。

检验方法：检查水质试验报告。

15.12.41 首次使用的混凝土配合比应进行开盘鉴定，其工作性应满足设计配合比的要求。开始生产时应至少留置1组标准养护试件作为验证配合比的依据。

检验数量：施工单位、监理单位全数检查。

检验方法：检查开盘鉴定资料和试件强度试验报告。

15.12.42 混凝土拌制前，应测定砂、石含水率，并应根据测试结果和理论配合比调整材料用量，提出施工配合比。

检验数量：施工单位每工作班检查1次，监理单位按施工单位检查数的10%进行抽查。

检验方法：检查含水率测试结果和施工配合比通知单。

15.12.43 施工缝的位置应在混凝土浇筑前按设计要求和施工技术方案确定。施工缝的处理应按施工技术方案执行。

检验数量：施工单位、监理单位全数检查。

检验方法：观察、检查施工记录。

15.12.44 混凝土浇筑完毕后，应按施工技术方案及时采取有效的养护措施，并应符合下列规定：

1 在浇筑完毕后的12h以内，应对混凝土加以覆盖并保湿养护；

2 硅酸盐水泥、普通硅酸盐水泥或矿渣硅酸盐水泥拌制的混凝土，浇水养护的时间不得少于7d。掺用缓凝型外加剂或有抗渗要求的混凝土，浇水养护的时间不得少于14d。采用其他品种水泥时，混凝土的养护时间应根据所采用水泥的技术性能确定；

3 浇水次数应能保持混凝土处于湿润状态，当日平均气温低于5℃时，不得浇水。混凝土养护用水应与拌制用水相同；

4 采用塑料布覆盖养护的混凝土，其敞露的全部表面应覆盖严密，并应保持塑料布内有凝结水；

5 当混凝土表面不便浇水或使用塑料布时，宜涂刷养护剂；

6 对大体积混凝土的养护，应根据气候条件按施工技术方案采取控温措施；

7 混凝土强度达到1.2MPa前，不得在其上踩踏或安装模板及支架等。

检验数量：施工单位、监理单位全数检查。

检验方法：观察、检查施工记录。

15.12.45 混凝土施工质量验收应符合现行国家标准《混凝土结构工程施工质量验收规范》GB 50204的有关规定。

Ⅳ 二次衬砌背后充填注浆

主 控 项 目

15.12.46 浆液配合比应符合设计要求。

检验数量：施工单位每次注浆均检查，监理单位按施工单位检查数的30%抽查。

检验方法：施工单位进行配合比选定试验；监理单位应检查试验报告、见证试验。

15.12.47 二次衬砌背后注浆应保证回填密实。

检验数量：施工单位每注浆段检查1次，监理单位按施工单位检查数的30%抽查。

检验方法：施工单位可采用分析注浆过程记录、无损检测、钻孔取芯、压水（空气）等检测验证注浆回填密实情况，每断面应从拱顶沿两侧取不少于5点；监理单位应进行见证检验。

一 般 项 目

15.12.48 注浆压力、注浆量应符合设计要求。

检验数量：施工单位全数检查，监理单位按施工单位检查数的30%抽查。

检验方法：现场观察统计和检查注浆记录。

15.12.49 注浆孔的数量、布置、间距、孔深应符合设计要求。

检验数量：施工单位全数检查，监理单位按施工单位检查数的30%抽查。

检验方法：现场观察、尺量。

15.12.50 注浆范围应符合设计要求。

检验数量：施工单位全数检查，监理单位按施工单位检查数的30%抽查。

检验方法：观察检查。

15.12.51 注浆应在二次衬砌混凝土强度达到设计强度的70%后进行。

检验数量：施工单位全数检查，监理单位按施工单位检查数的30%抽查。

检验方法：根据混凝土的龄期计算确定。

Ⅴ 施工缝、变形缝、后浇带

主 控 项 目

15.12.52 施工缝、变形缝、后浇带的形式、位置、尺寸及所使用的原材料应符合设计要求。

检验数量：施工单位、监理单位全数检查。

检验方法：检查产品合格证、试验报告和观察。

15.12.53 后浇带的留置位置应在混凝土浇筑前按设计要求及施工技术方案确定，其混凝土浇筑应按施工技术方案执行。

检验数量：施工单位、监理单位全数检查。

检验方法：观察、尺量和检查施工记录。

15.12.54 施工缝、变形缝、后浇带的防水构造应符合设计要求。

检验数量：施工单位、监理单位全数检查。

检验方法：观察、检查隐蔽工程验收记录。

一 般 项 目

15.12.55 变形缝填塞前，缝内应清扫干净、保持干燥，不得有杂物和积水。

检验数量：施工单位、监理单位全数检查。

检验方法：观察检查。

15.12.56 施工缝、变形缝应缝宽均匀，变形缝应缝身竖直、环向贯通、填塞密实、表面光洁。

检验数量：施工单位、监理单位全数检查。

检验方法：观察检查。

15.12.57 后浇带的接头钢筋的连接应符合设计要求和国家现行标准的有关规定。

检验数量：施工单位、监理单位全数检查。

检验方法：观察检查。

15.12.58 后浇带混凝土浇筑前，应将后浇带内清扫干净、保持干燥，不得有杂物和积水。

检验数量：施工单位、监理单位全数检查。

检验方法：观察检查。

15.13 支架及护墩

主 控 项 目

15.13.1 支架及护墩所用材料应符合设计要求和国家现行标准的有关规定。

检验数量：施工单位、监理单位全数检查。

检验方法：检查出厂合格证、质量检验报告和现场抽样试验报告。

15.13.2 支架的加工精度应符合设计要求。

检验数量：施工单位、监理单位全数检查。

检验方法：测量检查。

15.13.3 支架的焊接工艺和焊接质量应符合设计要求和国家现行标准的有关规定。

检验数量：施工单位、监理单位全数检查。

检验方法：规范规定的手段和方法。

15.13.4 支架的嵌固方式及嵌固深度应符合设计要求。

检验数量：施工单位、监理单位全数检查。

检验方法：观察及尺量检查。

15.13.5 护墩的施工工艺和尺寸应符合设计要求，不得砌筑。

检验数量：施工单位、监理单位全数检查。

检验方法：观察及尺量检查。

一 般 项 目

15.13.6 支架安装的施工质量应符合本规程表14.15.2的规定。

检验数量：施工单位、监理单位全数检查。

检验方法：尺量检查。

15.13.7 滑动支架与支座之间不应有间隙，滑动面应洁净平整。

检验数量：施工单位、监理单位全数检查。

检验方法：观察及尺量检查。

15.13.8 钢结构支架施工质量检验还应符合现行国家标准《钢结构工程施工质量验收规范》GB 50205的有关规定。

15.14 单位工程观感质量评定

15.14.1 混凝土观感质量应符合下列规定：

1 拱部、边墙、隧底表面色泽应均匀，曲线应圆顺，整体轮廓应清晰；

2 混凝土接茬处不应错台；

3 混凝土不应有跑模、较大面积的蜂窝麻面现象，局部蜂窝麻面应已修补；

4 混凝土不应有表面延伸至内部的、影响结构安全和使用功能的裂缝；

5 洞内沟槽线条应顺直，沟槽盖板应无破损，且安装牢固；

6 施工缝、变形缝缝身应竖直，变形缝缝宽应均匀、填塞密实，不得漏水。

15.14.2 防水观感质量应符合下列规定：

1 防水效果应符合设计及规范要求；

2 排水沟流水坡面应平顺，流淌应畅通，不得积淤堵塞；

3 穿墙管件不得渗漏。

附录A 围岩分级

A.0.1 岩体完整程度的定量指标岩体完整性系数 K_v 和岩体体积节理数 J_v 值的测试和计算方法应符合下列规定：

1 岩体完整性指标应针对不同的工程地质岩组或岩性段，选择有代表性的点、段测试岩体弹性纵波速度，并应在同一岩体取样测定岩石纵波速度。岩体完整性系数可按下式计算：

$$K_v = (v_{pm}/v_{pr})^2 \quad (A.0.1\text{-}1)$$

式中：v_{pm}——岩体弹性纵波速度（km/s）；

v_{pr}——岩石弹性纵波速度（km/s）。

2 岩体体积节理数应针对不同的工程地质岩组或岩性段，选择有代表性的露头或开挖壁面进行节理（结构面）统计。除成组节理外，对延伸长度大于1m的分散节理亦应予以统计。已为硅质、铁质、钙质充填再胶结的节理可不予统计。

每一测点的统计面积不应小于2m×5m。岩体体积节理数应根据节理统计结果按下式计算：

$$J_v = S_1 + S_2 + \cdots\cdots + S_n + S_k \quad (A.0.1\text{-}2)$$

式中：J_v——岩体体积节理数（条/m³）；

S_n——第 n 组节理每米长测线上的条数；

S_k——每立方米岩体非成组节理条数（条/m³）。

A.0.2 岩体基本质量影响因素的修正系数 K_1、K_2、K_3 的取值可分别按表A.0.2-1、表A.0.2-2和表A.0.2-3确定。无表中所示情况时，修正系数取零。

A.0.3 根据岩体（围岩）钻探和开挖过程中出现的主要现象，围岩极高或高初始应力状态的评估可按表A.0.3确定。

表 A.0.2-1 地下水影响修正系数

地下水出水状态	地下水影响修正系数 K_1			
	$BQ>450$	$450\geqslant BQ>350$	$350\geqslant BQ\geqslant 250$	$BQ<250$
潮湿或点滴状出水	0	0.1	0.2～0.3	0.4～0.6
淋雨状或涌流状出水，水压≤0.1MPa或单位出水量≤10L/(min·m)	0.1	0.2～0.3	0.4～0.6	0.7～0.9
淋雨状或涌流状出水，水压>0.1MPa或单位出水量>10L/(min·m)	0.2	0.4～0.6	0.7～0.9	1.0

表 A.0.2-2 主要软弱结构面产状影响修正系数

结构面产状及其与洞轴线的组合关系	结构面走向与洞轴线夹角<30°，结构面倾角30°～75°	结构面走向与洞轴线夹角>60°，结构面倾角>75°	其他组合
主要软弱结构面产状影响修正系数 K_2	0.4～0.6	0～0.2	0.2～0.4

表 A.0.2-3 初始应力状态影响修正系数

初始应力状态	初始应力状态影响修正系数 K_3				
	$BQ>550$	$550\geqslant BQ>450$	$450\geqslant BQ>350$	$350\geqslant BQ\geqslant 250$	$BQ<250$
极高应力区	1.0	1.0	1.0～1.5	1.0～1.5	1.0
高应力区	0.5	0.5	0.5	0.5～1.0	0.5～1.0

表 A.0.3　围岩极高或高初始应力状态的评估

应力情况	主要现象	应力比 R_c/σ_{max}
极高应力	1　硬质岩：开挖过程中时有岩爆发生，有岩块弹出，洞壁岩体发生剥离，新生裂缝多，成洞性差； 2　软质岩：岩芯常有饼化现象，开挖过程中洞壁岩体有剥离，位移极为显著，甚至发生大位移，持续时间长，不易成洞	<4
高应力	1　硬质岩：开挖过程中可能出现岩爆，洞壁岩体有剥离和掉块现象，新生裂缝较多，成洞性差； 2　软质岩：岩芯时有饼化现象，开挖过程中洞壁岩体位移显著，持续时间较长，成洞性差	4～7

注：σ_{max}为垂直洞轴线方向的最大初始应力。

A.0.4　隧道各级围岩自稳能力可按表 A.0.4 进行判断。

表 A.0.4　隧道各级围岩自稳能力

围岩级别	自　稳　能　力
Ⅰ	跨度 20m，可长期稳定，偶有掉块，无塌方
Ⅱ	跨度 10～20m，可基本稳定，局部可发生掉块或小塌方； 跨度 10m，可长期稳定，偶有掉块
Ⅲ	跨度 10～20m，可稳定数日～1 个月，可发生小～中塌方； 跨度 5～10m，可稳定数月，可发生局部块体位移及小～中塌方； 跨度 5m，可基本稳定
Ⅳ	跨度 5m，一般无自稳能力，数日～数月内可发生松动变形、小塌方，进而发展为中～大塌方。埋深小时，以拱部松动破坏为主，埋深大时，有明显塑性流动变形和挤压破坏； 跨度小于 5m，可稳定数日～1 个月
Ⅴ	无自稳能力，跨度 5m 或更小时，可稳定数日
Ⅵ	无自稳能力

注：1　小塌方：塌方高度<3m，或塌方体积<30m³；
2　中塌方：塌方高度 3m～6m，或塌方体积 30m³～100m³；
3　大塌方：塌方高度>6m，或塌方体积>100m³。

附录 B　其他作用的计算方法

B.0.1　结构附加荷载应符合下列规定：

1　结构上部和受影响范围内的设施及建筑物和构筑物对结构产生的压力应为结构附加恒荷载。

2　边长为 a_l、b_l 的矩形面积均布荷载作用时，矩形角点 M 下深度为 z_s 的 N 点（图 B.0.1-a）的附加应力 σ_z 可按下列公式计算：

$$\sigma_z = k \times p \tag{B.0.1-1}$$

$$k = f\left(\frac{a_l}{b_l}, \frac{2z_s}{b_l}\right) \tag{B.0.1-2}$$

式中：σ_z——附加应力（kN/m²）；
k——矩形面积均布荷载角点下的应力系数，按表 B.0.1 的规定取值；
p——均布荷载值（kN/m²）；
a_l、b_l——面积荷载的长和宽（m）；
z_s——待求点深度（m）。

3　矩形面积荷载中心点 M 下深度为 z_s 的 N 点的附加应力计算时（图 B.0.1-b），可将矩形面积分成四等分，先由表 B.0.1 查找 1/4 面积角点下的应力系数，则中心点下附加应力 σ_z 可按下列公式计算：

$$\sigma_z = 4f\left(\frac{0.5a_l}{0.5b_l}, \frac{2z_s}{0.5b_l}\right)p \tag{B.0.1-3}$$

$$k = f\left(\frac{0.5a_l}{0.5b_l}, \frac{2z_s}{0.5b_l}\right) \tag{B.0.1-4}$$

4　矩形（图 B.0.1-c）面积荷载外任意点 M 下深度为 z_s 的 N 点的附加应力计算时，可按图上虚线过 M 点分成若干面积，则 M 点下的 σ_z 可由几个矩形面积角点下的 σ_z 相叠加而成，按下式计算：

$$\sigma_z = (k_{13M6} - k_{23M5} - k_{74M6} + k_{84M5})p \tag{B.0.1-5}$$

式中：k 的脚标表示所代表的面积，如：k_{13M6} 表示矩形面积 13M6 的角点应力系数，按每个面积的长边和短边比及深度和短边之比，由表 B.0.1 中查得。

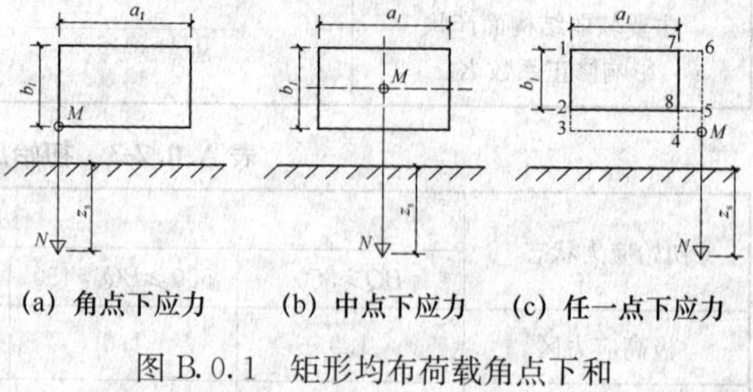

(a) 角点下应力　(b) 中点下应力　(c) 任一点下应力

图 B.0.1　矩形均布荷载角点下和任一点下的应力图

B.0.2 结构自重标准值可按结构构件的设计尺寸与材料单位体积的自重计算确定。

B.0.3 地基下沉应按现行国家标准《建筑地基基础设计规范》GB 50007 的有关规定计算确定。

B.0.4 热力管道及设备自重标准值应符合下列规定：

1 热力管道及设备自重标准值，应为管材、保温层、管内介质及管道附件自重标准值之和；

2 蒸汽管道的管内介质自重标准值，在管道运行阶段，应根据管道运行工况和疏水设备布置情况进行分析，当可能有冷凝水积存时，应考虑管道内的冷凝水积存量；在管道试压阶段，应按管道充满水计算；

3 对蒸汽管网紧邻管道阀门及弯头的管道支架，在管道运行阶段，作用在结构上的管道自重标准值应按动态作用考虑，动力系数可按 1.5 取值。

表 B.0.1 矩形均布荷载角点下的应力系数

z_s/b_l \ a_l/b_l	1.0	1.2	1.4	1.6	1.8	2.0	2.2	2.4	2.6	2.8	3.0	4.0	6.0	8.0	10.0
0.0	0.250	0.250	0.250	0.250	0.250	0.250	0.250	0.250	0.250	0.250	0.250	0.250	0.250	0.250	0.250
0.2	0.249	0.249	0.249	0.249	0.249	0.249	0.249	0.249	0.249	0.249	0.249	0.249	0.249	0.249	0.249
0.4	0.240	0.242	0.243	0.243	0.244	0.244	0.244	0.244	0.244	0.244	0.244	0.244	0.244	0.244	0.244
0.6	0.223	0.228	0.230	0.232	0.232	0.233	0.233	0.234	0.234	0.234	0.234	0.234	0.234	0.234	0.234
0.8	0.200	0.208	0.212	0.215	0.217	0.218	0.218	0.219	0.219	0.310	0.220	0.220	0.220	0.220	0.220
1.0	0.175	0.185	0.191	0.196	0.198	0.200	0.201	0.202	0.203	0.203	0.203	0.204	0.205	0.205	0.205
1.2	0.152	0.163	0.171	0.176	0.179	0.182	0.184	0.185	0.186	0.187	0.187	0.188	0.189	0.189	0.189
1.4	0.131	0.142	0.151	0.157	0.161	0.164	0.167	0.169	0.170	0.171	0.171	0.173	0.174	0.174	0.174
1.6	0.112	0.124	0.133	0.140	0.145	0.148	0.151	0.153	0.155	0.156	0.157	0.159	0.160	0.160	0.160
1.8	0.097	0.108	0.117	0.124	0.129	0.133	0.137	0.139	0.141	0.142	0.143	0.146	0.148	0.148	0.148
2.0	0.084	0.095	0.103	0.110	0.116	0.120	0.124	0.126	0.128	0.130	0.131	0.135	0.137	0.137	0.137
2.4	0.064	0.073	0.081	0.088	0.093	0.098	0.102	0.105	0.107	0.109	0.111	0.116	0.118	0.119	0.119
2.8	0.050	0.058	0.065	0.071	0.076	0.081	0.084	0.088	0.090	0.092	0.094	0.100	0.104	0.105	0.105
3.2	0.040	0.047	0.053	0.058	0.063	0.067	0.070	0.074	0.076	0.079	0.081	0.087	0.092	0.093	0.093
3.6	0.033	0.038	0.043	0.048	0.052	0.056	0.059	0.062	0.065	0.067	0.069	0.076	0.082	0.083	0.084
4.0	0.027	0.032	0.036	0.040	0.044	0.047	0.051	0.054	0.056	0.059	0.060	0.067	0.073	0.075	0.076
5.0	0.018	0.021	0.024	0.027	0.030	0.033	0.036	0.038	0.040	0.042	0.044	0.050	0.057	0.060	0.061
6.0	0.013	0.015	0.017	0.020	0.022	0.024	0.026	0.028	0.029	0.031	0.033	0.039	0.046	0.049	0.051
7.0	0.009	0.011	0.013	0.015	0.016	0.018	0.020	0.021	0.022	0.024	0.025	0.031	0.038	0.041	0.043
8.0	0.007	0.009	0.010	0.011	0.013	0.014	0.015	0.017	0.018	0.019	0.020	0.025	0.031	0.035	0.037
9.0	0.006	0.007	0.008	0.009	0.010	0.011	0.012	0.013	0.014	0.015	0.016	0.020	0.026	0.030	0.032
10.0	0.005	0.006	0.007	0.007	0.008	0.009	0.100	0.011	0.012	0.013	0.013	0.017	0.022	0.026	0.028

注：b_l为矩形的短边。

B.0.5 混凝土结构隧道及检查室，应考虑在管道运行阶段结构内外壁面温差对结构的作用。壁面温差作用标准值可按现行行业标准《城镇供热管网结构设计规范》CJJ 105 的有关规定计算确定，温度影响作用的准永久值系数可按 1.0 取值。

附录 C　检查室及隧道承受水平作用时结构抗滑移稳定验算方法

C.0.1　进行结构承受水平作用的抗滑移稳定验算时抗力应计入由管道及设备自重，结构自重，结构上的竖向土压力形成的摩阻力，尚应计入侧向土压力形成的摩阻力；对于岩石地基，当采取可靠的嵌固措施时，尚应计入岩石对结构的嵌固作用。

C.0.2　检查室结构承受管道水平作用时的抗滑移稳定可按下式验算（图 C.0.2）：

$$\sqrt{(K_s \times F_{xk} - 2\mu_1 \times E_{ay,k})^2 + (K_s \times F_{yk} - 2\mu_1 \times E_{ax,k})^2} \leqslant G_{1k} \times \mu_2 + (G_{1k} + G_{2k})\mu_3 \quad (C.0.2)$$

当 $K_s \times F_{xk} - 2\mu_1 \times E_{ay,k} < 0$ 时，取 $K_s \times F_{xk} - 2\mu_1 \times E_{ay,k} = 0$；

当 $K_s \times F_{yk} - 2\mu_1 \times E_{ax,k} < 0$ 时，取 $K_s \times F_{yk} - 2\mu_1 \times E_{ax,k} = 0$。

式中：G_{1k}——检查室结构上部覆土重标准值（kN），位于地下水位以下部分应扣除浮托力；

G_{2k}——检查室结构自重与管道及设备自重标准值之和（kN），位于地下水位以下部分应扣除浮托力；

F_{xk}、F_{yk}——沿检查室结构 x 轴、y 轴方向的管道水平作用标准值（kN）；

$E_{ax,k}$、$E_{ay,k}$——作用在与检查室结构 x 轴、y 轴垂直的侧墙上的主动土压力标准值（kN），应按本规程第 6.0.3 条的规定计算确定；

K_s——结构设计稳定性抗力系数；

μ_1、μ_2、μ_3——土对结构侧面、顶面、底面的摩擦系数，其中土对混凝土结构表面的摩擦系数可按表 C.0.2 选取。

表 C.0.2　土对混凝土结构表面的摩擦系数

土的类别		摩擦系数
黏性土	可塑	0.25～0.30
	硬塑	0.30～0.35
	坚硬	0.35～0.45
粉土		0.30～0.40
中砂，粗砂，砾砂		0.40～0.50
碎石土		0.40～0.60
软质岩		0.40～0.60
表面粗糙的硬质岩		0.65～0.75

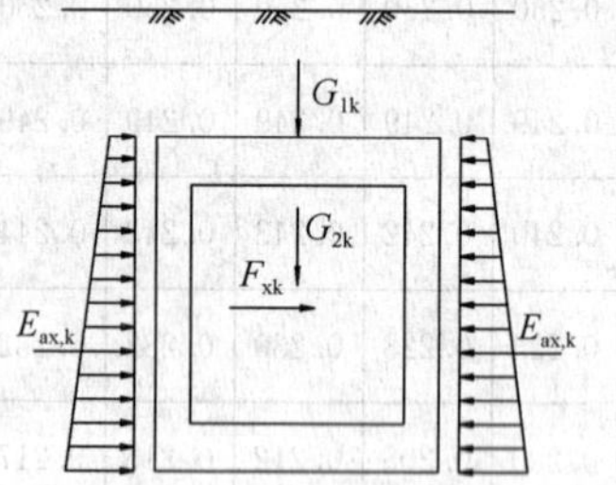

(a) 沿检查室结构x轴方向立面受力简图

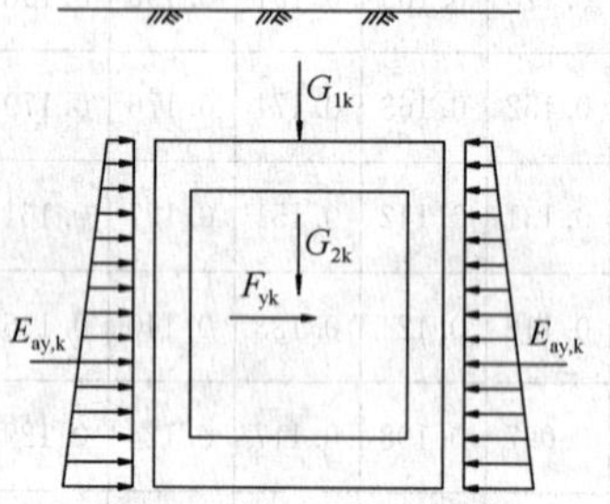

(b) 沿检查室结构y轴方向立面受力简图

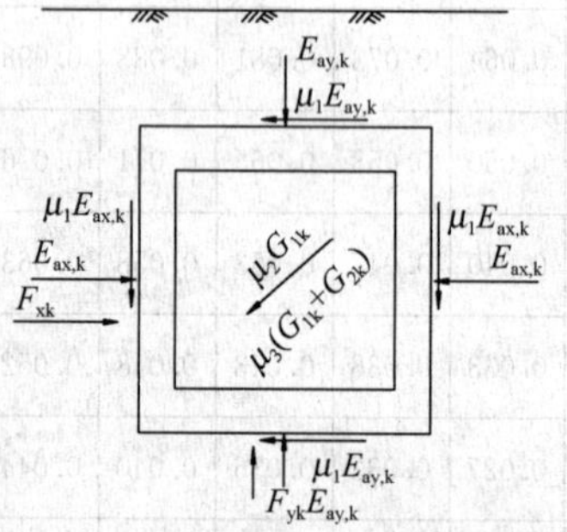

(c) 整个结构受力的平面示意简图

图 C.0.2　检查室结构抗滑移稳定验算示意图

C.0.3　隧道结构承受管道水平作用时的抗滑移稳定可按下式验算：

$$\sqrt{(K_s \times F_{xk})^2 + (K_s \times F_{yk})^2} \leqslant G_{1s} \times l_s \times \mu_2 + (G_{1s} + G_{2s}) l_s \times \mu_3 \quad (C.0.3)$$

式中：G_{1s}——每延米隧道结构上部 h_t 厚覆土重标准

值（kN/m），位于地下水位以下部分应扣除浮托力。当 $H>h_a$ 时，取 h_t 为 h_a 与（1.0～1.5）B 二者之中的小值；当 $H\leqslant h_a$ 时，取 h_t 为全土柱与（1.0～1.5）B 二者之中的小值。H 为隧道结构覆土厚度；h_a 为深埋隧道垂直荷载计算高度；B 为隧道开挖宽度；

G_{2s}——每延米隧道结构自重与管道及设备自重标准值之和（kN/m），位于地下水位以下部分应扣除浮托力；

l_s——固定支架前后隧道总长度（m）。

附录 D 衬砌结构温度伸缩缝间距计算方法

D.0.1 衬砌结构温度伸缩缝间距可按下列方法计算：

1 温度应力场基本方程（图 D.0.1-1）：

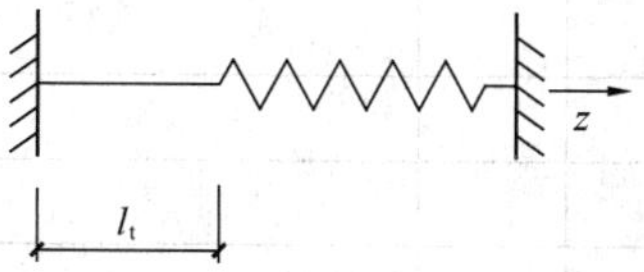

图 D.0.1-1 一维线性结构模型

一维线性结构，左端固定，右端受弹性约束，在温差 T 的作用下，其一端产生的变位为其自由变位与弹性约束变位之代数和，即：

$$\Delta u=\alpha_h\times T\times l_t+\sigma_t\times\frac{l_t}{E_c} \quad (D.0.1\text{-}1)$$

$$\varepsilon=\alpha_h\times T+\frac{\sigma_t}{E_c} \quad (D.0.1\text{-}2)$$

式中：Δu——结构端部变位（m）；

α_h——混凝土线膨胀系数；

T——温差（℃）；

l_t——结构计算长度（m）；

σ_t——结构温度应力（MPa）；

E_c——混凝土的弹性模量（MPa），按本规程第 5.0.8 条的规定确定；

ε——结构应变。

2 外部约束应力方程：

当两种面接触的物体产生相对位移时，在接触面上必然产生剪切应力，此时的剪切应力可表示为：

$$\tau=-C_z\times u_s \quad (D.0.1\text{-}3)$$

式中：τ——接触面上剪切应力（MPa）；

C_z——地基水平阻力系数（N/mm^3），可取 10×10^{-2}；

u_s——结构水平位移（mm）。

3 隧道衬砌结构温度应力应按下列计算（图 D.0.1-2）：

$$\sigma_t=-E_c\times\alpha_h\times T\left[1-\frac{ch(\eta_f\times z_t)}{ch(\eta_f\times l_t/2)}\right] \quad (D.0.1\text{-}4)$$

式中：η_f——自由度系数；

z_t——沿隧道纵轴方向计算长度（m）。

当 $z_t=0$ 时，σ_t 达最大，即：

$$(\sigma_t)_{max}=-E_c\times\alpha_h\times T\left[1-\frac{1}{ch(\eta_f\times l_t/2)}\right] \quad (D.0.1\text{-}5)$$

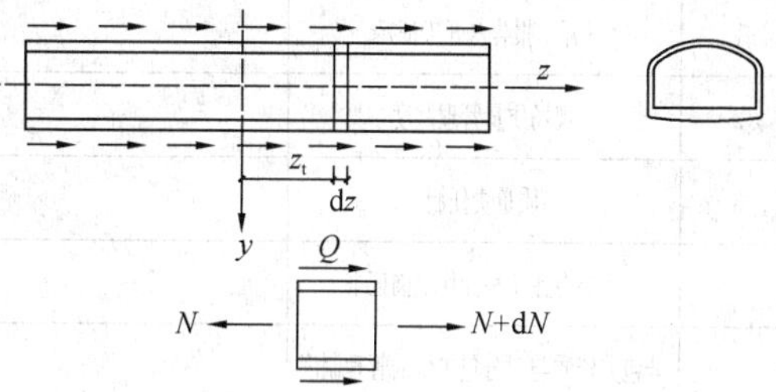

图 D.0.1-2 隧道温度应力计算模型示意图

N—温度引起的轴向力；Q—约束剪切力

D.0.2 设置温度伸缩缝应符合下列规定：

1 隧道计算长度可取 400m 左右；

2 伸缩缝间距应根据设防温差和衬砌与防水板间的水平阻力系数，按前述方法计算确定。不同设防温差和水平阻力系数条件下的伸缩缝间距可按表 D.0.2 的规定取值；

表 D.0.2 不同设防温差和水平阻力系数条件下的伸缩缝间距

伸缩缝间距（m）/ 温差（℃）	水平阻力系数 C_z（$\times10^{-2}N/mm^3$）				
	10	25	50	75	100
8	128	80	56	48	40
10	92	60	40	32	28
12	76	48	32	24	24

3 伸缩缝的设置宽度可取自由端水平位移值的 2 倍，伸缩缝宽度宜取 20mm～30mm。

附录 E 施工验收记录

E.0.1 施工现场质量管理检查记录可按表 E.0.1 的规定执行。

表 E.0.1　施工现场质量管理检查记录表

隧道工程施工现场质量管理检查记录				编号	
工程名称					
建设单位			项目负责人		
设计单位			项目负责人		
监理单位			总监理工程师		
施工单位		项目经理		项目技术负责人	
序号	项目		内容		
1	开工报告（开工证）				
2	现场质量管理制度				
3	质量责任制				
4	主要专业工种操作上岗证书				
5	分包方资质与对分包单位的管理制度				
6	施工图审查情况				
7	地质勘察资料				
8	施工组织设计、施工方案及审批				
9	施工技术标准				
10	工程质量检验制度				
11	交接桩及施工复测资料				
12	环境保护方案及审批				
13	施工检测设备及计量器具设置				
14	现场材料、设备存放与管理				
检查结论： 总监理工程师 （建设单位项目负责人） 年　月　日					

E.0.2　检验批质量验收记录可按表 E.0.2 的规定执行。

表 E.0.2　检验批质量验收记录表

单位工程名称				
分部工程名称				
分项工程名称			验收部位	
施工单位			项目经理	
分包单位			分包项目经理	
施工质量验收标准名称及编号				
施工质量验收标准的规定		施工单位检查记录		监理（建设）单位验收记录
主控项目	1			
	2			
	3			
	4			
	5			
一般项目	1			
	2			
	3			
	4			
	5			
施工单位检查结果	专业工长（施工员）		施工班组长	
	项目专业质量检查员：年　月　日			
监理（建设）单位验收结论	监理工程师： （建设单位项目专业技术负责人）：年　月　日			

E.0.3 分项工程质量验收记录可按表 E.0.3 的规定执行。

表 E.0.3 分项工程质量验收记录表

单位工程名称					
分部工程名称			检验批数		
施工单位		项目经理		项目技术负责人	
分包单位		分包单位负责人		分包项目经理	
开工日期	年 月 日		完工日期	年 月 日	
序号	检验批部位、区段	施工单位检查评定结果	监理（建设）单位验收结论		
1					
2					
3					
4					
5					
6					
7					
8					
9					
10					
11					
12					
13					
14					
遗留问题及解决方案：					
检查结论	项目专业技术负责人： 年 月 日		验收结论	监理工程师（建设单位项目专业技术负责人） 年 月 日	

E.0.4 分部工程质量验收记录可按表 E.0.4 的规定执行。

表 E.0.4 分部工程质量验收记录表

单位工程名称					
施工单位					
项目经理		项目技术负责人		项目质量负责人	
分包单位		分包单位负责人		分包项目经理	
开工日期	年 月 日		完工日期	年 月 日	
序号	分项工程名称	检验批数	施工单位检查评定结果	监理（建设）单位验收结论	
1					
2					
3					
4					
5					
6					
7					
8					
9					
10					
质量控制资料					
安全和功能检验（检测）报告					
验收结论	施工单位	项目经理： 年 月 日			
	勘察设计单位	项目负责人： 年 月 日			
	监理单位	总监理工程师： 年 月 日			

E.0.5 单位工程验收记录可按表E.0.5-1～表E.0.5-4的规定执行。

表E.0.5-1 单位工程质量验收记录表

单位工程名称					
施工单位		技术负责人		开工日期	
项目经理		项目技术负责人		竣工日期	
序号	项目	验收记录		验收结论	
1	分部工程	共 分部，经查 分部符合标准及设计要求			
2	质量控制资料核查	共 项，经审查符合要求 项，经核定符合规范要求 项			
3	安全和主要使用功能核查及抽查结果	共核查 项，符合要求 项，共抽查 项，符合要求 项，经返工处理符合要求 项			
4	观感质量验收	共抽查 项，符合要求 项，不符合要求 项			
5	综合验收结论				
参加验收单位	建设单位	监理单位	施工单位	设计单位	
	(公章) 单位（项目） 负责人： 年 月 日	(公章) 总监理工程师： 年 月 日	(公章) 单位（项目） 负责人： 年 月 日	(公章) 单位（项目） 负责人： 年 月 日	

表E.0.5-2 单位工程质量控制资料核查记录表

工程名称		施工单位		
序号	资料名称	份数	核查意见	核查人
1	图纸会审、设计变更、洽商记录			
2	工程定位测量、放线记录			
3	原材料出厂合格证书及进场检（试）验报告			
4	施工试验报告及见证检测报告			
5	隐蔽工程验收记录			
6	施工记录			
7	预制构件、预拌混凝土合格证			
8	支护、衬砌结构检验及抽样检测资料			
9	分项、分部工程质量验收记录			
10	工程质量事故及事故调查处理资料			
11	新技术、新材料、新工艺施工记录			
12	监控量测资料			
结论： 施工单位项目经理：　　　　总监理工程师：（建设单位项目负责人） 年 月 日　　　　年 月 日				

表 E.0.5-3　单位工程安全和功能检验资料核查及主要功能抽查记录表

工程名称		施工单位		
序号	安全和功能检查记录	份数	核查意见	核查人
1	衬砌混凝土强度同条件养护试件试验报告			
2	衬砌钢筋保护层厚度无损检测记录			
3	初期支护喷射混凝土强度检测记录			
4	衬砌背后回填密实度无损检测记录			
5	防水效果检查记录			
6	贯通测量检测记录			
7	隧道内轮廓及净空检测记录			
结论：				
施工单位项目经理：（建设单位项目负责人） 年　月　日			总监理工程师： 年　月　日	

表 E.0.5-4　单位工程观感质量检查记录表

工程名称			施工单位			
序号		项目	核查质量状况	质量评价		
				好	一般	差
1	混凝土观感	表面色泽				
2		结构整体轮廓				
3		错台、跑模现象				
4		大面积蜂窝、麻面				
5		有害裂缝				
6		施工缝、变形缝				
1	防水观感	结构防水效果				
2		水沟排水				
3		施工缝、变形缝防水				
4		穿墙管防水				
5						
观感质量综合评价						
检查结论	施工单位项目经理：（建设单位项目负责人）　　总监理工程师： 年　月　日　　年　月　日					

本规程用词说明

1 为便于在执行本规程条文时区别对待，对要求严格程度不同的用词说明如下：

1）表示很严格，非这样做不可的：
正面词采用“必须”，反面词采用“严禁”；

2）表示严格，在正常情况下均应这样做的：
正面词采用“应”，反面词采用“不应”或“不得”；

3）表示允许稍有选择，在条件许可时首先应这样做的词：
正面词采用“宜”，反面词采用“不宜”；

4）表示有选择，在一定条件下可以这样做的，采用“可”。

2 条文中指明应按其他有关标准执行的写法为：“应符合……的规定”或“应按……执行”。

引用标准名录

1 《建筑地基基础设计规范》GB 50007
2 《混凝土结构设计规范》GB 50010
3 《钢结构设计规范》GB 50017
4 《锚杆喷射混凝土支护技术规范》GB 50086
5 《混凝土强度检验评定标准》GB/T 50107
6 《地下工程防水技术规范》GB 50108
7 《混凝土外加剂应用技术规范》GB 50119
8 《粉煤灰混凝土应用技术规范》GBJ 146
9 《混凝土质量控制标准》GB 50164
10 《砌体结构工程施工质量验收规范》GB 50203
11 《混凝土结构工程施工质量验收规范》GB 50204
12 《钢结构工程施工质量验收规范》GB 50205
13 《地下防水工程质量验收规范》GB 50208
14 《起重设备安装工程施工及验收规范》GB 50278
15 《地下铁道工程施工及验收规范》GB 50299
16 《建筑工程施工质量验收统一标准》GB 50300
17 《混凝土结构耐久性设计规范》GB/T 50476
18 《通用硅酸盐水泥》GB 175
19 《碳素结构钢》GB/T 700
20 《钢筋混凝土用钢　第1部分：热轧光圆钢筋》GB 1499.1
21 《钢筋混凝土用钢　第2部分：热轧带肋钢筋》GB 1499.2
22 《用于水泥和混凝土中的粉煤灰》GB/T 1596
23 《建筑卷扬机》GB/T 1955
24 《环境空气质量标准》GB 3095
25 《声环境质量标准》GB 3096
26 《爆破安全规程》GB 6722
27 《混凝土外加剂》GB 8076
28 《缺氧危险作业安全规程》GB 8958
29 《建筑施工场界环境噪声排放标准》GB 12523
30 《高分子防水材料　第1部分：片材》GB 18173.1
31 《城镇供热管网工程施工及验收规范》CJJ 28
32 《城镇供热管网结构设计规范》CJJ 105
33 《钢筋焊接及验收规程》JGJ 18
34 《普通混凝土用砂、石质量及检验方法标准》JGJ 52
35 《普通混凝土配合比设计规程》JGJ 55
36 《混凝土用水标准》JGJ 63
37 《龙门架及井架物料提升机安全技术规范》JGJ 88
38 《建筑工程冬期施工规程》JGJ/T 104
39 《钢筋机械连接技术规程》JGJ 107

中华人民共和国行业标准

城市供热管网暗挖工程技术规程

CJJ 200—2014

条 文 说 明

制 订 说 明

《城市供热管网暗挖工程技术规程》CJJ 200-2014，经住房和城乡建设部2014年7月31日以第507号公告批准、发布。

本规程编制过程中，编制组进行了大量供热管网暗挖工程的调查研究，总结了我国城市供热管网暗挖工程设计和施工经验，同时参考了国外先进技术法规、技术标准，通过试验取得了城市供热管网暗挖工程的重要技术参数。

为便于广大设计、施工、科研、院校等单位有关人员在使用本规程时能正确理解和执行条文规定，《城市供热管网暗挖工程技术规程》编制组按章、节、条顺序编制了本规程的条文说明，对条文规定的目的、依据以及执行中需注意的有关事项进行了说明，还着重对强制性条文的强制性理由做了解释。但是，本条文说明不具备与标准正文同等的法律效力，仅供使用者作为理解和把握标准规定的参考。

目　次

1 总　　则

1.0.1 自20世纪80年代末开始，城市供热管网地下工程逐渐引入暗挖隧道施工工艺，但是热力行业无暗挖隧道的设计和施工规程，主要参照城市地铁工程相关的规程，不尽符合热力工程的结构与工艺特点。随着城市供热管网行业的快速发展，尤其是暗挖法在城市供热管网工程中的大量应用，亟需编制符合热力暗挖结构与工艺特点的技术规程。本规程在综合近年供热管网暗挖工程设计和施工经验的基础上，针对存在的关键技术问题，开展了系统深入的科学研究；基于课题研究成果并综合地铁、铁路、公路隧道工程的技术进展，编制完成。本规程的城市供热管网暗挖工程，是指在岩石地层中基于新奥法原理采用钻爆开挖的隧道工程，和在软弱岩层或土层中基于浅埋暗挖法原理开挖的隧道工程。

1.0.3 城市供热管网地下工程一般是在软弱破碎地层，并存在地下水的环境中修建的。国际隧道协会于20世纪90年代，就地下水对隧道设计的影响、对施工危害性和对结构耐久性的影响，在世界范围内进行了系统的调研与总结，写出了近70页的专题研究报告发表在国际著名刊物上。“水是隧道工作者的‘天敌’，在开挖过程中，水会引起各种问题；由于水的存在，增加地层加固和隧道支护、衬砌的成本；在隧道的使用年限内，水常常引起后续的系列问题，不仅影响隧道的衬砌，而且影响隧道内的各种设施。”开宗明义地论述了地下水对隧道设计的影响，以及对施工和结构耐久性的危害。2007年11月14日，北京市住房和城乡建设委员会和北京市水务局联合发布了《北京市建设工程施工降水管理办法》该办法规定自2008年3月1日起，北京市所有新开工的工程限制进行施工降水。可以断言，在未来的热力地下工程建设中，浅埋暗挖法仍将是最主要的隧道施工工法，有些情况下往往是唯一选择。因此，本规程强调了对地下水环境的保护以及控制施工对地下水环境的影响，真正实现绿色设计与施工。

1.0.5 《地铁设计规范》GB 50157和《铁路隧道设计规范》TB 10003均强制性规定主体结构的设计使用年限为100年。城市热力检查室及隧道工程与地铁隧道一样，为重要的市政基础设施工程。本规程对于检查室结构和隧道结构，按《地铁设计规范》GB 50157和《铁路隧道设计规范》TB 10003对结构耐久性的要求，规定主体结构工程的设计使用年限不应小于100年。

本规程所规定的主体结构，是指供热主管网的检查室、隧道等结构；对于重要的支线管网结构，也应按不应小于100年的使用年限进行设计。使用年限，是指在正常的维护条件下，能保证主体结构工程正常使用的时段；其具体保证措施应符合本规程有关规定，未及部分可参照现行国家标准《混凝土结构设计规范》GB 50010等有关规定执行。

设计使用年限为100年，但设计基准期仍为50年。以设计文件内容是否满足不应小于100年的使用年限及混凝土工程、钢筋工程、防水工程等施工验收是否达到设计要求为判定依据。设计文件的检查内容包括：①结构所处的环境类别；②混凝土材料的耐久性基本要求；③结构或构件中钢筋的混凝土保护层厚度；④结构使用阶段的检测与维护要求；同时还需检查检验批质量验收记录、分项工程质量验收记录、分部工程质量验收记录、单位工程质量验收记录。

1.0.6 供热管网隧道结构是基于一定的环境和荷载条件进行设计的，一旦改变条件将对结构的安全和耐久性产生影响。

1.0.7 城市供热管网暗挖工程一般与复杂的环境发生相互作用与相互影响，并往往穿越破碎、软弱、承载能力低、自稳能力差且含有地下水和地下管线渗漏水的地层。为了有效地控制对周边环境的影响及确保工程结构和工程施工的安全，在开挖前要采取超前小导管、管棚和向地层中注浆等措施，预先加固地层和封堵地下水；每次开挖的长度不能太长，以利于及时施作支护结构并达到使支护结构尽快封闭成环的目的，支护封闭成环后应及时进行背后回填注浆；因地层的承载能力低、自稳能力差，且环境对施工所引起的不利影响的控制要求严格，应施作承载能力强、刚度大、抗变形能力强的支护结构，严格控制地层的变形和移动及因地层的变形和移动所引起的对周边环境的不利影响；在施工过程中，应按规范、标准、规程的要求和设计文件的要求，进行支护结构的受力和变形、地层的变形和移动、地面沉降、周边建(构)筑物(包括房屋、地下管线等)的变形等监控量测，并及时反馈信息，调整施工方案及工艺措施等，切实做到信息化动态施工。

2 术语和符号

2.1 术　　语

本规程给出了26个有关暗挖工程的术语，并从热力结构与工艺的角度赋予其特定的含义。

2.1.5 广义上来说，暗挖法包括矿山法、盾构法和顶管法。本规程是关于矿山法的技术规程，涵盖的地层包括岩石(体)地层和土质地层，隧道的埋深包括浅埋和深埋，开挖方法包括人工开挖和钻爆法开挖。

2.1.7 浅埋暗挖法的具体施工方法包括正台阶法、正台阶环形开挖法、单(双)侧壁导洞法、中洞法、CD法、CRD法等。

1 正台阶法：先开挖隧道的上半断面，待开挖到一定距离后再同时开挖下半断面的施工方法。根据上半断面超前距离的不同，可分为长台阶法、短台阶法及微台阶(超短台阶)法。

2　正台阶环形开挖法：先采用环形开挖预留核心土的方法开挖、支护隧道的上半断面，待开挖、支护到一定距离后，再开挖和支护下半断面的施工方法。

3　单(双)侧壁导坑法：先开挖隧道一侧(两侧)的导坑，并进行初期支护，再分部开挖、支护剩余部分的施工方法。

4　中洞法：先开挖、支护中间隔墙(或立柱)部分，并完成中间隔墙(或立柱)浇筑后，再进行两侧开挖、支护的施工方法。

5　中隔壁法(CD法)：将隧道开挖与支护分两部分进行，先分部开挖隧道的一侧，并施作临时中隔壁，然后再分部开挖与支护隧道另一侧，最终使支护封闭成环的施工方法。

6　交叉中隔壁法(CRD法)：先分部开挖隧道一侧，施作临时中隔壁及部分临时仰拱，使支护封闭成环；再分部开挖隧道另一侧，并延长临时仰拱，最终使隧道整个断面的支护封闭成环的施工方法。

2.2　符　　号

本规程给出了199个常用符号，并分别做出了定义，这些符号都是本规程各章节中引用的。

3　工程地质与水文地质勘察

3.1　一 般 规 定

3.1.1、3.1.2　由于影响围岩稳定性的主要因素是岩石坚硬程度和岩体完整程度，因此选择这两大因素，采用定性划分和定量指标相结合的方法，参照现行国家标准《工程岩体分级标准》GB 50218，先确定岩体基本质量分级，再考虑地下水的状态、主要软弱结构面的产状及其与隧道轴线的组合关系、岩体初始应力状态，进而将工程岩体划分为Ⅰ～Ⅴ。在我国，绝大多数城镇供热管网隧道修建或将要修建于土层中而非岩石中，因此本规程将土层纳入分级体系中，将开挖后稳定性相对好的第四系的半干硬至硬塑的黏性土及稍湿至潮湿的碎石土、卵石土、圆砾、角砾土及黄土(Q_3、Q_4)划分为Ⅴ级围岩，其中，非黏性土呈松散结构，黏性土及黄土呈松软结构；将开挖后稳定性最差的软塑状黏性土及潮湿、饱和粉细砂层、软土等，划分为Ⅵ级围岩。

3.3　水文地质条件勘察

3.3.1～3.3.3　因以往的大量工程对地下水条件的勘察不能很好地满足供热管网隧道工程设计和施工的要求，本规程是在总结既有隧道工程设计和施工经验的基础上，提出的地质勘察工作对于地下水条件的探测要求。

3.4　岩土力学参数

3.4.1　地层岩土力学参数选取一般依据工程勘察报告，或依据工程类比，以及室内试验。进行供热管网隧道设计时，还涉及地层抗力系数的确定问题，但目前尚无地层抗力系数的实测数据，为了更好地完善供热管网隧道的设计，本规程对北京地区的地层进行现场原位试验，以实测数据为依据确定地层岩土力学参数的取值。

为了获得一般地层和典型地层岩土力学参数实测值，北京交通大学科研组自行研制了一套可组装的大尺寸的地层抗力系数测试系统，该系统具有大变位，最大推力行程为300mm，电动液压加载，低速率，大推力，最大推力可达300T。在北京地区不同区域，针对多种地层，自2007年12月至2009年6月，在北京车公庄西延、郑常庄、北辰东路、北土城、太阳宫等地段的供热管网隧道选择代表性地层，分别在埋深为7.0m～17.0m的供热管网隧道围岩地层开挖和设计多个测试小洞室，在进行了测试洞室的力学分析、设计与加固，并满足足够的预压和稳定周期后，分别对砂砾石、砂卵石、粗砂、中砂、细砂、粉土、粉砂、粉质黏土地层开展系统的原位测试，获得了大量现场实测数据，经过分析后得到上述地层的抗力系数，见表1。北京及华北靠近北京的地区土层物理力学参数可参考表1取值。

表1　供热管网隧道(北京)典型地层弹性抗力系数测试与分析

<table>
<tr><th colspan="2">地层名称</th><th>泊松比</th><th>垂直向抗力系数(MPa/m)</th><th>水平向抗力系数(MPa/m)</th><th>压缩模量(×10⁷ Pa)</th><th>测试地点</th></tr>
<tr><td colspan="2">砂砾石</td><td>0.15</td><td>107～159</td><td>128</td><td>9.52</td><td rowspan="2">郑常庄、车公庄西延</td></tr>
<tr><td colspan="2">砂卵石</td><td>0.15</td><td>74～130</td><td>80</td><td>9.52</td></tr>
<tr><td rowspan="4">砂层</td><td>粗砂</td><td>0.22</td><td>100</td><td>—</td><td>4.64</td><td rowspan="4">车公庄西延、北辰东路</td></tr>
<tr><td>中砂</td><td>0.24</td><td>78</td><td>56</td><td>4.14</td></tr>
<tr><td>细砂</td><td>0.28</td><td>68</td><td>56</td><td>3.97</td></tr>
<tr><td>粉砂</td><td>0.30</td><td>48</td><td>35</td><td>3.41</td></tr>
<tr><td colspan="2">粉土</td><td>0.31</td><td>42</td><td>—</td><td>—</td><td rowspan="3">北辰东路、北土城、太阳宫</td></tr>
<tr><td colspan="2">重粉质黏土</td><td>0.33</td><td>39.4</td><td>—</td><td>2.60－2.47</td></tr>
<tr><td colspan="2">粉质黏土</td><td>0.37</td><td>37</td><td>31</td><td>2.47</td></tr>
</table>

4　平纵断面设计

4.2　平　　面

4.2.1　供热管网隧道的转角角度应满足热力管道的转角要求。一般情况下，热力管道的转角处采用机制弯头，机制弯头的角度控制范围为90°～180°。常用的弯头转角角度为90°、135°，这两种角度的弯头厂家可批量生产，其他角度的弯头需特别加工制作。

4.2.5 主要从通风、安全等角度考虑。《城镇供热管网设计规范》CJJ 34 规定“通行管沟应设事故人孔。热力管道的通行管沟，事故人孔间距不应大于400m”，事故人孔通常设置在检查室角部位置并设置爬梯，爬梯从底板通向地面。

4.2.6 隧道内供热管网需要定期进行巡检和维护。在运行过程中，不排除在管网的某个位置发生高温、高压的水、汽泄漏甚或喷涌等偶发事件；此外，隧道的末端没有人孔，可能会积聚有毒有害气体，不能保证运行维护时正常通风要求，同时运行维护人员需要在隧道内往返增加了逗留的时间。为了运行维护人员的安全，减少人员在隧道内的往返时间，在隧道末端应设置便于逃生和通风的人孔。

在供热管网线路设计时，应根据供热的需求、城镇环境及交通条件、供热管道的类型等，确定合理的管网拓扑结构和检查室及隧道末端的设置；在供热管网结构设计时，应按人员逃生的时间、逃生的条件等，确定人孔的合理位置。

以设计文件是否在隧道末端处设计人孔以及验收文件和设计文件是否一致作为判定依据。

4.4 隧道横断面

4.4.1 正常情况下，供热管网隧道内放置两根热力管道——供水管和回水管，为了最大程度的节省地下空间，将两根并行放置的管道间距适当拉开作为检修人员的通道，管道与隧道墙体之间的净距根据管径不同，控制在250mm～400mm之间。一般双管（供水管和回水管）供热管网隧道的内净空尺寸可按表2选用，内净空示意图如图1所示。

表2 两管平放供热管网隧道内净空尺寸

管道公称直径	A	C	D	E	F	B	G	H	K	I	J
150	1800	400	500	500	400	2000	570	830	600	400	90
200	1900	425	525	525	425	2000	600	800	600	400	90
250	2000	450	550	550	450	2000	627	773	600	400	90
300	2100	500	550	550	500	2000	653	747	600	400	100
350	2200	550	550	550	550	2000	679	721	600	400	100
400	2300	550	600	600	550	2100	703	797	600	400	100
450	2400	600	600	600	600	2200	709	791	700	350	120
500	2600	650	650	650	650	2300	735	765	800	350	120
600	2900	700	750	750	700	2300	785	615	900	350	120
700	3200	750	850	850	750	2400	850	550	1000	350	140
800	3600	850	950	950	850	2500	910	490	1100	360	140
900	4100	950	1100	1100	950	2600	1000	500	1100	370	170
1000	4400	1000	1200	1200	1000	2800	1050	550	1200	370	170
1200	5000	1100	1400	1400	1100	3100	1200	600	1300	400	190
1400	5600	1200	1600	1600	1200	3300	1300	500	1500	370	220

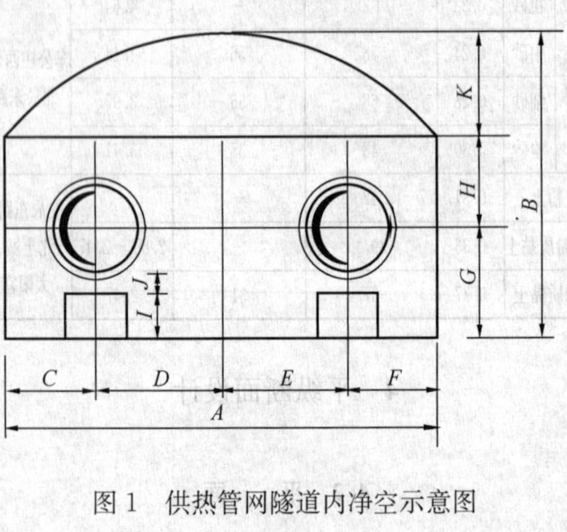

图1 供热管网隧道内净空示意图

4.5 检查室（竖井）

4.5.2 热力检查室内放置有热力管道、热力补偿器、关断门、泄水阀、放气阀等工艺设备，关断门、闸阀等需要操作空间，设备之间、设备与检查室内墙之间需有一定的安全距离，检查室设计成矩形，可以更好地利用地下空间，减少占地面积。

5 材料

5.0.1 供热管网隧道工程常用的建筑材料主要是根据供热管网的环境条件、国家现行标准及工程实践提出的。

5.0.2 供热管网隧道工程喷射混凝土强度等级不应低于C20，如果地质复杂、软弱的地层地段，可以选用C25喷射混凝土支护。

5.0.3 本条文规定的钢筋类型是依据《混凝土结构设计规范》GB 50010的有关规定，并考虑热力地下结构的特点和工程实际所选定的。对于有抗震设防要求的结构，其钢筋的性能必须满足《混凝土结构工程施工质量验收规范》GB 50204－2001 第 5.2.2 条的要求。供热管网隧道用钢筋焊成的格栅钢架及格栅节间加强筋形状为“8”字形，是近几年电力、供热管网隧道设计吸取国外经验而使用的一种新型钢架，与往常使用的型钢、钢管等组成的钢架相比，有受力好、质量轻、刚度可调节、节省钢材、便于加工安装等优点。

锚杆杆体直径为 20mm～32mm 主要是考虑目前隧道施工在高地应力、大变形地段、软弱围岩。

5.0.10 表 5.0.10 中混凝土弯曲抗压极限强度按混凝土抗压极限强度的 1.25 倍计算。

5.0.18 在总结运营热力检查室和隧道工程防水经验的基础上，参考现行国家标准《地下工程防水技术规范》GB 50108 和《地铁设计规范》GB 50157 而作出的规定。附加防水层的材料类型繁多、性能各异，结合既往供热管网暗挖隧道工程结构防水设计、施工的经验和实际的防水效果，只选用了耐腐蚀、耐霉菌、耐穿刺，延伸性和柔性好的塑料防水板作附加防水层。本规程制定前，北京市热力暗挖隧道结构塑料防水板一般采用厚度为 0.8mm LDPE，技术要求相对较低，因此，为了提高防水质量，对塑料防水板的厚度作了适当的增大，并应选用材料综合性能更佳的 EVA、ECB 等塑料防水板。

6 结构上的作用(荷载)

6.0.1 结构上部和受影响范围内的设施及建(构)筑物对结构产生的压力称为结构附加恒荷载。隧道穿越或邻近地面高大建筑物时，应考虑邻近地面建筑物地基应力荷载所引起的附加荷载。按土力学理论，假定地基为各向同性半无限体，在不同地面荷载作用下，地基中任一点所引起的附加应力，以布西内斯克(Boussinesq)解为基础推导求解。计算方法见本规程附录 B。

施工荷载包括设备运输及吊装荷载、施工机具及人群荷载、地面施工堆积荷载、相邻施工的影响等荷载。

6.0.2 在确定隧道作用(荷载)时，要充分考虑对其的各项影响因素，包括：

1 隧道所处的地形，地质条件：偏压或膨胀压力、松散压力；

2 隧道的埋置深度：深埋或浅埋；

3 隧道的支护结构类型及工作条件；

4 隧道施工方法。

这些因素对确定作用(荷载)的性质、大小及其分布皆有重大影响。

6.0.3 本条规定基于下列考虑：

1 公式(6.0.3-1)和(6.0.3-2)引自现行国家标准《给水排水工程管道结构设计规范》GB 50332，区别之处 $F_{sv,k}$ 代表结构顶面每平方米的竖向土压力标准值(kN/m^2)；回填土重度 γ_s(kN/m^3)一般可按 18kN/m^3 取值；如果有可靠的勘探报告或试验数据，可按勘探报告和试验数据取值。

2 公式(6.0.3-3)引自现行行业标准《城镇供热管网结构设计规范》CJJ 105，其中主动土压力系数 K_a 应根据土的抗剪强度指标确定，土的抗剪强度指标勘探报告按本规程第 4 章的规定取值。当缺乏试验资料时，对砂类土或粉土可取 1/3；对黏性土可取 1/3～1/4。

3 实际工程中计算墙体上的侧压力时，考虑到土质条件的影响，可分别采用水土分算或水土合算的计算方法。水土分算法是将土压力和水压力分别计算后再叠加的方法，这种方法比较适合渗透性大的砂土层情况；水土合算法在计算土压力时则将地下水位以下的土体重度取为饱和重度，水压力不再单独计算叠加，这种方法比较适合渗透性小的黏性土层情况。设计人员应根据具体情况选用公式(6.0.3-4)或公式(6.0.3-5)。

6.0.4 公式(6.0.4-1)～公式(6.0.4-7)引自现行行业标准《城镇供热管网结构设计规范》CJJ 105。地面运行车辆的载重车轮布置运行排列等规定，按行业标准《公路桥涵设计通用规范》JGJ 021 的规定采用。

6.0.5、6.0.6 公式(6.0.5-1)～公式(6.0.5-3)、公式(6.0.5-7)～公式(6.0.5-9)引自现行行业标准《铁路隧道设计规范》TB10003；公式(6.0.5-4)～公式(6.0.5-6)、公式(6.0.5-10)～公式(6.0.5-12)引自现行行业标准《城镇供热管网结构设计规范》CJJ 105。

根据土压力理论及实践经验，随着隧道的埋置深度不同，土层压力的分布规律和数值大小也就不同，因此，划分浅埋和深埋的界限是十分必要的。根据地压测试和理论分析，并结合工程实践经验，有以下常用几种判断方法：

1 根据岩体力学普氏理论，压力拱高度按下列公式计算：

$$h_p = \frac{b_p}{f_m} \tag{1}$$

$$b_p = \frac{1}{2}B + H\tan\left(45° - \frac{\varphi}{2}\right) \tag{2}$$

$$f_m = \tan\varphi \tag{3}$$

式中：h_p——压力拱高度(m)；

b_p——压力拱跨度(m)；

f_m——普氏系数；

B——隧道开挖最大宽度(m)；

H——隧道开挖高度(m)；

φ——土的内摩擦角(°)。

2 国内工程实践常用判断法：松散土层中分界深度为(1.0～2.0)倍洞室的跨度；

3 国外实测经验法：当隧道埋设在土壤本身具

有较大的抗剪强度的地层内（例如砂性土层中），且隧道埋深又超过隧道衬砌外径时，顶部土压就小于全土柱，这就可按“松动高度”理论计算。依据供热管网隧道多年设计经验，按本规程第6.0.5条和6.0.6条的规定能满足供热管网隧道的设计要求，是安全可靠的。

7 检查室（竖井）结构设计与计算

7.1 一般规定

7.1.2 地下工程是由围岩和支护结构组成的，包含众多非确定性因素的复杂结构体系。围岩的结构特征、力学性质及支护结构与围岩的相互作用等很难加以定量化的表述；同时，结构体系的稳定性又与施工方法、工艺过程密切相关。因此，地下工程的支护结构往往难以用确定的方法加以定量设计，而不得不采用工程类比法进行设计。

所谓工程类比设计法，就是以已往地下工程支护结构设计与施工的案例和经验为基础，以围岩分级为前提，以计算分析为必要的辅助，以施工过程的监控量测和信息反馈为指导的方法体系。

作好支护结构工程类比设计应充分掌握已往类似工程的资料和成功经验，前提是正确地对地下工程围岩进行分级。对通过工程类比法设计的地下工程，成功建造的关键是作好施工过程的监控量测和信息反馈。

7.1.3 条文中爬梯设置的规定主要是基于多年来北京市热力检查室的设计、施工和运营的经验而提出的。

7.2 检查室（竖井）支撑设计

7.2.2 该条文中表7.2.2关于槽形钢盘撑结合型钢对撑和角部斜撑的设计参数主要是基于多年来热力工程检查室（竖井）的设计、施工的经验而制定的。

7.3 检查室（竖井）结构设计

7.3.1～7.3.9 条文中对检查室（竖井）围护结构类型的选择和设计参数，结构承载能力、变形和稳定性的检算，固定支架抗滑移验算的规定主要是基于多年来热力工程检查室（竖井）的设计、施工和运营的经验，并参考地铁工程竖井围护结构的设计而制定的。

热力检查室结构因为明挖法施工，结构荷载及其分布统计特征较为明确，一直是参照现行国家标准《混凝土结构设计规范》GB 50010按概率极限状态法设计。因此，规定热力结构，包括采用矿山法和浅埋暗挖法施工的暗挖热力结构设计采用以概率理论为基础的极限状态设计法。

7.4 马头门及检查室侧墙洞口结构设计

7.4.1、7.4.2 条文中对竖井马头门及设计参数，检查室侧墙二衬结构开洞及设计参数的规定主要是基于多年来热力工程检查室（竖井）马头门及侧墙洞口结构的设计、施工的经验，并参考地铁工程竖井马头门结构设计和马头门的开挖经验而制定的。

7.5 检查室结构计算

7.5.2 该条文对钢筋混凝土结构检查室的计算规定是在多年来热力工程检查室设计计算、工程实践检验基础上，并参考现行国家标准《混凝土结构设计规范》GB 50010的有关规定而制定的。

7.5.3 热力检查室结构一般采用明挖法施工，结构荷载及其分布统计特征较为明确。其承载能力极限状态和正常使用极限状态计算参照现行国家标准《混凝土结构设计规范》GB 50010的规定制定。

7.5.4 结构重要性系数 γ_0 的确定主要基于以下两个方面：

1 城市供热管网工程结构破坏可能产生严重后果，如导致管道破坏，高温高压热水或蒸汽泄漏造成人身伤亡和停热事故等，造成较大社会影响，将其安全等级确定为二级比较适宜；

2 考虑到以往实际工程结构设计能很好地满足安全使用要求，结构重要性系数 γ_0 按不小于1.0取值，可保证不低于原安全度水准。

7.5.5 公式引自现行国家标准《建筑结构荷载规范》GB 50009。

7.5.6、7.5.7 分项系数引自现行国家标准《建筑结构荷载规范》GB 50009。

7.5.8 公式分别引自现行行业标准《城镇供热管网结构设计规范》CJJ 105。

7.5.10 抗力系数引自现行行业标准《城镇供热管网结构设计规范》CJJ 105。

8 隧道结构设计与计算

8.1 一般规定

8.1.1 供热管网隧道为热力工程永久性构筑物，要避免隧道围岩产生松弛、掉块、坍塌、失稳及地下水的侵蚀危及隧道内的热力管道的营运安全。为保证隧道建成后热力管道能长期安全的运营，因此条文规定“供热管网隧道应做衬砌”。

8.1.2 隧道衬砌是永久性的重要构筑物，营运中一旦破坏很难恢复，维护费用很高，给热力管道的营运管理也会带来极大的困难，因此要求衬砌要具有足够的强度和稳定性，保证隧道的长期安全使用，不产生病害。

8.1.3 衬砌结构类型和尺寸的影响因素十分复杂，设计中应在满足使用要求的前提下，因地制宜地进行设计。隧道围岩级别、埋置深度、施工条件和施工方法直接影响到围岩的应力状态和结构受力。供热管网隧道衬砌结构设计目前仍以工程类比法为主，但由于地质条件和环境条件复杂，不同围岩地质条件自身的承载能力也不同，并与隧道开挖方式、支护手段和支护时间密切相关，有时单凭工程类比还不足以保证设计的合理性和可靠性，还要进行理论验算。隧道设计阶段，设计者难以准确预测各种复杂条件，在工程实施过程中，应该通过现场监控量测，观测围岩与初期支护的变形变化，掌握围岩动态及支护结构受力状态，调整支护参数。围岩地质条件好，围岩变形小或变形趋于稳定，可适当减少支护；反之，应增强支护，实行动态设计。对重要工程、特殊地段、工程类比无可借鉴时，可通过试验确定。

8.1.4 隧道衬砌设计规定说明如下：

2 隧道及地下工程衬砌断面形式常用的有曲墙拱形衬砌和直墙拱形衬砌。虽然曲墙拱形衬砌较直墙拱形衬砌结构受力合理，围岩及结构稳定性较好，抵抗侧压力的能力较强，但供热管网隧道一般跨度较小，荷载、变形也较小，根据大量工程实例和力学分析表明，供热管网隧道采用直墙拱形衬砌既能满足设计要求，而且开挖面积较小，施工方便。因此规定：“衬砌断面宜采用直墙拱形”。

3 在洞身地质条件变化地段，围岩压力是不同的，为了避免强度不够，引起衬砌变形，围岩较差段衬砌应适当地向围岩较好的地段延伸，以起过渡作用。至于延伸的长度，要视围岩的具体变化情况而定，因此规定：“围岩较差地段的衬砌应向围岩较好地段延伸 5 m～10m”。

4 在洞身处于明显的软硬地层分界处或对衬砌受力有不良影响的地段时，由于地基承载力相差很大，前后衬砌沉降和变形不均匀，往往会造成破裂，甚至引起其他病害，给供热管网隧道的营运带来危害，还考虑到管道运行阶段结构内外壁面温差对结构的作用。因此规定“应设置变形缝”。

8.2 隧道结构设计

8.2.2《铁路隧道设计规范》TB 10003 规定单线铁路隧道按概率极限状态法设计。热力暗挖隧道的跨度和断面面积一般小于单线铁路隧道，故本规程参照《铁路隧道设计规范》TB 10003/J 449，规定热力暗挖隧道按概率极限状态法设计。

抗滑槽的设计主要是基于多年来北京市热力管道(隧道)支架结构的设计、施工和运营的经验而提出的，其构造如图 2 所示。

为了研究大推力固定支架的力学作用机理，北京交通大学和北京特泽热力工程设计有限责任公司联合成立课题组，在北京车公庄西延热力管线浅埋暗挖隧道工程进行了现场原位测试。车公庄西延热力管线工程 15＃检查室北侧隧道内固定支架的设计推力为 3000kN，在隧道内固定支架部位和距离固定支架 17m

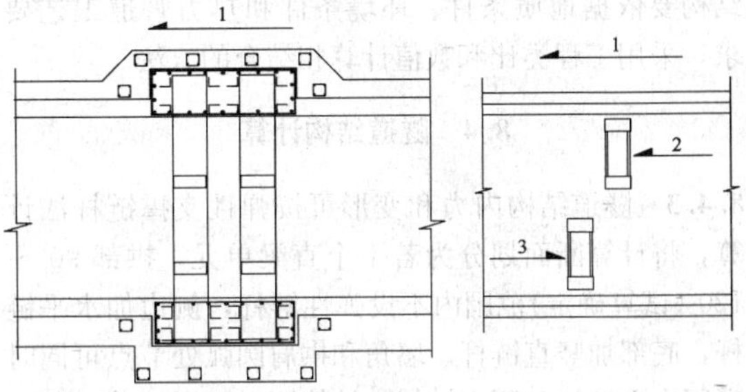

图 2 供热管网隧道内抗滑槽结构示意图

1—推力方向；2—供水；3—回水

处的标准隧道断面部位布置各种传感器，在管道试压直至一个供热期结束实测以下监测项目，见表 3。

表 3 试验监测项目统计表

监测位置	标准隧道断面	固定支架处隧道断面
监测项目	初支钢格栅轴力	二衬主筋轴力
	二衬钢筋轴力	二衬混凝土应变
	二衬混凝土应变	固定支架应变测试

1 对固定支架的影响：

根据测得的应变计算在管道压力下固定支架立柱的最大应力远小于钢材的抗弯强度设计值。

2 对距离固定支架 17m 处隧道初支的影响：

试验表明，施加大推力之后，隧道初支结构的内力仅有轻微的变化。

3 对距离固定支架 17m 处隧道二衬的影响：

根据二衬内钢筋轴力和混凝土应变的监测结果，在支架推力的作用下，二衬结构的钢筋轴力和混凝土应变仅有轻微的变化。

4 对固定支架处隧道二衬的影响：

固定支架处的二衬的钢筋轴力变化值是隧道内距离固定支架 17m 断面处的纵向钢筋轴力变化值的十几倍。很明显，大推力对隧道结构的影响是局部的，仅对抗滑槽处的隧道结构有一定的影响，对远离支架的隧道结构影响甚微。而且加高加厚固定支架部位的二衬结构对传递和分散大推力显然是有益的。

在固定支架处，底板混凝土应变计的变化明显大于底板以上二衬混凝土应变计的变化。支架处的应变变化幅度远大于距离固定支架 17m 处隧道纵向应变计的变化幅度，也说明大推力对远离支架部位的隧道结构的影响甚微。

以上的研究结论表明，固定支架处抗滑槽的构造设计合理。

8.3 隧道转角处洞口反梁结构设计

8.3.1～8.3.3 根据热力管道的工艺要求，通常在隧道转角前设置固定支架。因此，隧道转角一般为直角。其他城镇热力暗挖隧道转角处的平面、纵断面和结构要依据地质条件、环境条件和热力管道工艺要求，采用工程类比和数值计算相结合的方法。

8.4 隧道结构计算

8.4.3 隧道结构内力和变形可按弹性支撑链杆法计算，将计算断面划分为若干个直梁单元，拱部90°～120°(试算确定)范围内不设弹性链杆，侧边加水平链杆，底部加竖直链杆。墙角和拱肩圆弧处节点可同时采用水平链杆和竖直链杆，计算图示如图3。

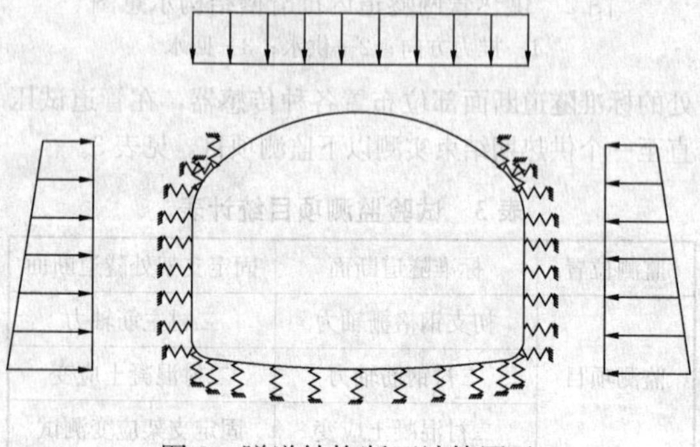

图3 隧道结构断面计算图示

8.4.5 有固定支架处的隧道结构承受管道水平作用时的抗滑移稳定验算见本规程附录C.0.3条，公式(C.0.3)参考现行行业标准《城镇供热管网结构设计规范》CJJ 105中的公式。与CJJ 105中的公式的区别是G_{1s}值是根据深埋隧道垂直荷载计算高度h_a确定，作为验算结构抗滑移稳定性，用h_a作为结构顶面覆土深度，相对来说取值稍偏大，对结构抗滑移稳定性结果不利。但考虑到在公式(C.0.3)中未计入隧道侧墙所受的主动土压力所产生的摩擦力，此摩擦力对结构稳定性验算是有利的，这也是与现行行业标准《城镇供热管网结构设计规范》CJJ 105中公式的区别之处。鉴于上述情况并结合多年热力设计中的经验及试验结果，抗滑移验算可采用公式(C.0.3)。

8.4.6 热力暗挖隧道结构承载能力极限状态计算参照现行行业标准《铁路隧道设计规范》TB 10003的有关规定。热力浅埋隧道作用效应分项系数和构件抗力分项系数的取值与单线铁路明洞混凝土衬砌相同。

深埋、浅埋隧道按如下方法来加以区分：

第1步假定隧道为深埋，根据已确定的围岩级别，按本规程公式(6.0.5-2)的规定计算塌方平均高度h_a；

第2步将隧道埋深与塌方平均高度h_a比较，如果隧道埋深大于或等于$2.5h_a$，则为深埋隧道，否则为浅埋隧道。

本规程表8.4.6-2中α的取值是按下式计算：

$$\alpha = 1.000 + 0.648(e_0/h) - 12.569(e_0/h)^2 + 15.444(e_0/h)^3 \quad (4)$$

8.4.7～8.4.9 公式引自现行行业标准《铁路隧道设计规范》TB 10003。

8.4.10 热力暗挖隧道结构承载能力极限状态计算参照现行行业标准《铁路隧道设计规范》TB 10003制定。热力浅埋隧道作用效应分项系数和抗力分项系数的取值与单线铁路明洞混凝土衬砌相同。

8.4.11 钢筋混凝土衬砌结构构件最大裂缝宽度的规定是参照现行国家标准《混凝土结构设计规范》GB 50010和现行行业标准《铁路隧道设计规范》TB 10003的规定制定。

8.4.12、8.4.13 公式引自现行行业标准《铁路隧道设计规范》TB 10003。

8.4.14 受弯构件的允许挠度允许值引自现行行业标准《铁路隧道设计规范》TB 10003的有关规定。

8.4.15 公式引自现行行业标准《铁路隧道设计规范》TB 10003。

9 支架结构设计与计算

9.1 一般规定

9.1.1 支架的类型一般分为型钢支架、钢筋混凝土支架等，与钢筋混凝土支架相比，型钢支架易于加工制作，且安装方便、精度高，因此在多年来的工程实践中基本采用型钢支架。常用型钢支架的断面形式有单根型钢、双根型钢对扣、钢板组合型钢等形式。

9.1.3 导向支架的设置在工程中往往采用两根立柱加上横担的构造形式，在实际运行当中，管道有可能作用在单根立柱上，因此，为确保管道运行安全，在计算中按此最不利工况考虑。

9.1.6 固定支架的嵌固深度需要由计算确定，其最小嵌固深度为200mm，主要是考虑到结构的最小厚度为250mm，还需预留50mm的保护层厚度。

9.1.7 钢筋混凝土护墩是为了保证钢支架底部不受水浸泡、腐蚀，其高度的确定主要考虑既有运行的热力工程积水情况。

9.1.8 支架若避不开结构受力钢筋时，钢筋遇支架断开并与支架焊牢，焊缝长度应满足单面焊$10d$或双面焊$5d$，其质量应满足现行行业标准《钢筋焊接及验收规程》JGJ 18的有关规定。

9.2 两端嵌固式支架结构

9.2.1 锚固端长度是指固定支架立柱锚入混凝土结构内的长度。当结构顶、底板锚固长度出现不同时，取上、下锚固长度之和的一半。

9.2.2 固定支架是热力工程中约束热力管道的重要构件，根据其在热力管道升、降温过程中反复受力的特点，在设计时按可能的最不利状态分别进行变形、抗剪、稳定性、混凝土局部抗压强度等验算，以满足工程使用的要求。

9.2.3 变形公式是根据多年的设计经验总结提炼而成的简化计算方法。

9.2.4 锚固端混凝土局部承压验算公式依据现行国家标准《混凝土结构设计规范》GB 50010，并考虑到热力固定支架端部加强槽钢的固定效应确定的。

9.3 悬臂式支架结构

9.3.3 变形公式是根据多年的设计经验总结提炼而成的简化计算方法。

9.4 支架横担结构

9.4.2 横担包括上横担和下横担，作用在上横担上的荷载不含管道自重。管道矢跨系数引自现行行业标准《城镇供热管网结构设计规范》CJJ 105。

9.5 支 架 构 造

9.5.1 为保证混凝土和钢材两种不同材料之间的可靠连接和共同作用，端固端焊槽钢（参考图 9.2.4）或角钢，槽钢可选用[10、[12.6、[14a、[16a，角钢选用 L50×5、L75×5 等。

9.5.2 为保证隧道上方的土体与隧道初衬密贴、隧道二衬与初衬密贴，以利于固定支架推力的传递。

10 地下水处治及地层预加固设计

10.1 一 般 规 定

10.1.1 地下水对地层稳定性和工程施工具有极其不利的影响，在工程中采取合理的技术措施，如注浆堵水，一方面因其充填了地层的孔隙或裂隙，封堵了地下水的通路；另一方面，又固结了地层，提高了地层的强度，改善了地层的自稳性能，起到了加固地层的效果。换句话说，堵水措施同时也能起到显著的地层预加固效果。因此，隧道开挖前的地层预加固要与地下水的处治一并统筹考虑。

10.1.3 地下水是宝贵的资源，供热管网隧道的设计应采取合理的地下水资源的保护方法与技术措施，如尽可能地采用堵水等非降低地下水位方法与技术措施。同时，应避免对地下水造成污染，如注浆止水不得使用污染地下水环境的化学浆液。

10.2 地下水处治

10.2.1 当注浆止水难以实现施工过程的无水作业条件时，宜采用降低地下水位或其他的地下水处治方法。但是，在工程施工过程中，抽取的地下水往往直接排入城镇下水道，造成了地下水资源的大量浪费。因此，设计时应采取合理的措施，防止水资源浪费，如在合适的位置回灌所抽降的本层地下水；或下渗补充下层地下水。

10.2.4 该条规定的工程施工降水技术要求是综合北京城区隧道与地下工程，尤其是北京地铁工程降水工程设计与施工经验而提出的。从多年的工程实践效果来看，达到该条所提出的技术要求，能够较好地创造无水作业的施工条件。

10.3 地 层 注 浆

10.3.1～10.3.3 条文中规定的注浆方法、注浆材料和注浆浆液的选择是根据地层条件、地下水条件，综合国内城市隧道与地下工程，特别是地铁工程地层注浆的经验，并参考现行国家标准《地下铁道工程施工及验收规范》GB 50299 的有关规定而制定的。

10.4 超前小导管及管棚

10.4.1～10.4.7 超前小导管是沿隧道纵向在拱上部开挖轮廓线外一定范围内向前上方倾斜一定角度的密排注浆花管，注浆花管的外露端支于开挖面后方的格栅钢架上，并与其共同组成预支护系统，如图 4 所示。超前小导管注浆适用于隧道拱部为无粘结、自稳能力差的砂层及砂砾（卵）石地层，其作用是改良工作面前方的地层，在开挖面前方形成一定厚度的加固圈，保证开挖工作面的稳定，防止工作面坍塌。小导管纵向搭接长度不小于 1m，外插角 α 为 10°～15°。

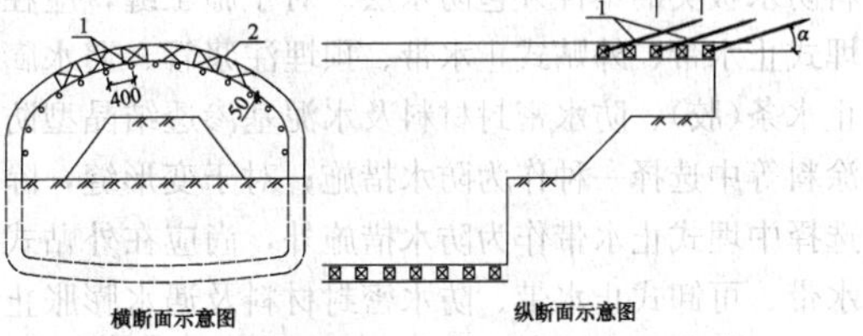

图 4 超前小导管注浆布置示意图（单位：mm）
1—超前小导管；2—钢格栅；
L—小导管纵向搭接长度；α—外插角

管棚是将钢管安插在已钻好的孔中，沿隧道开挖轮廓外排列形成钢管棚，管内注浆，并与强有力的型钢钢架组合成的预支护系统。管棚支护适用于含水的砂土质地层或破碎带及临近隧道有重要建构筑物的地段，其作用是支承和加固自稳能力极低的围岩，防止隧道塌方，控制地层变形和位移，保护临近的重要建（构）筑物。

条文中规定的超前小导管或管棚预支护措施和设计参数的选择是根据地层条件、周边建（构）筑物等环境条件，综合国内城市隧道与地下工程，特别是地铁工程施工地层预支护的经验，并参考现行国家标准《地下铁道工程施工及验收规范》GB 50299 的有关规定而制定的。

11 结 构 防 水

11.1 一 般 规 定

11.1.2 隧道与地下工程以结构自防水为根本。主要通过采取综合的技术措施预防混凝土的早期裂缝，包括：

1 采用低水化热的水泥；

2 控制水泥用量；

3 优化混凝土配合比，控制用水量；

4 控制混凝土的坍落度和入模温度；

5 严格控制混凝土的拆模时间；

6 加强混凝土的养护等。

11.1.3 热力暗挖隧道的防水等级不应低于二级，是根据现行国家标准《地下工程防水技术规范》GB 50108－2008 第 3.2.1 条和 3.2.2 条的有关规定，在对北京市正在施工的供热管网暗挖隧道工程防水施工质量和已投入运营的热力暗挖隧道的防水效果系统调查和分析的基础上，并参考国内地铁区间隧道的防水等级而确定的。隧道的防水等级低于二级不能满足设备维护、安全运行的要求。

结构防水分为两部分：一是结构主体防水，二是施工缝、变形缝等细部构造的防水。对于结构主体，工程的防水等级为二级时，考虑到结构设计使用年限为不小于 100 年，以及供热管网的使用条件，除结构混凝土的抗渗等级不应低于 P8 外，还须增设一道塑料防水板类的柔性外包防水层。对于施工缝，应在中埋式止水带、外贴式止水带、预埋注浆管、遇水膨胀止水条(胶)、防水密封材料及水泥基渗透结晶型防水涂料等中选择一种作为防水措施；对于变形缝，除应选择中埋式止水带作为防水措施外，尚应在外贴式止水带、可卸式止水带、防水密封材料及遇水膨胀止水条(胶)等中选择一种作为另一道防水措施。

设计文件中应有结构防水设计，防水等级不应低于二级；在施工过程中，结构主体自防水要做好混凝土浇筑质量控制与抗渗等级检测，外包防水层和细部构造防水要做好施工质量检测与隐蔽工程检查与验收。

判断依据：

1 有无结构防水设计文件，且设计防水等级不低于二级；

2 结构主体防水抗渗等级检测结果是否满足不低于二级的防水等级要求；

3 外包防水层和细部构造防水施工质量检测与隐蔽工程验收文件和设计文件是否一致。

11.2 混凝土结构自防水

11.2.1～11.2.3 热力检查室和暗挖隧道混凝土结构自防水的规定是在总结运营热力检查室和隧道工程防水经验的基础上，参考现行国家标准《地下工程防水技术规范》GB 50108 和《地铁设计规范》GB 50157 的有关规定而制定的。

11.4 细部构造防水

11.4.1 在总结运营热力检查室和隧道工程防水经验的基础上，参考现行国家标准《地下工程防水技术规范》GB 50108 和《地铁设计规范》GB 50157 的有关规定而制定的。

12 施工设计与监控量测

12.1 一般规定

12.1.1 热力地下工程面临复杂的城市环境条件，其工程施工可能对周边环境造成一定的影响，因此设计文件中的施工设计部分对控制施工可能造成的安全风险具有重要意义，也是施工组织文件编制的重要依据。

12.1.2 城市热力地下工程一般处于地下水的环境当中。在开挖过程中，地下水的存在可能会引起围岩失稳、支护结构的破坏，带来安全风险。因此，多年来的工程实践证明，为了有效地控制地下水因素引起的施工安全风险，在城市地铁隧道、电力隧道等均强调无水的施工条件。热力地下工程的施工也作同样的规定。

12.2 竖井

12.2.1 由于热力工程竖井平面尺寸较小，比较适宜采用锚喷护壁逆作法施工，并及时架设临时支撑。

12.2.5 马头门部位常用的换撑方案一般采用增设盘撑加角撑或砂浆锚杆加固土体。

12.2.6 部分施工竖井仅为临时结构，不需要施作防水层和二衬，竖井是指作为检查室初期支护的竖井，需要施作防水层和二衬。

12.3 马头门

12.3.1 工程施工中可能会遇到竖井未达设计深度并封底而先开马头门的情况，开马头门前要先进行竖井临时封底。

12.3.2 可靠连接一般要求焊接，焊缝长度应满足单面焊 $10d$ 或双面焊 $5d$，其质量应满足现行行业标准《钢筋焊接及验收规程》JGJ 18 的有关规定。

12.3.3 根据三维有限元数值分析表明，马头门破除后，隧道掌子面推进至 1.5 倍洞径后隧道开挖对竖井结构的影响不再显著。

12.4 隧道

12.4.2 考虑到开挖之后围岩的变形和施工误差等因素结合供热管网隧道工程实际经验确定。

12.4.4 初期支护背后回填注浆的目的是填充一次支护背后的空隙和加固因施工被扰动的松散地层，从而减小和控制地层的位移和变形，并可作为封堵地下水的一道防线。

12.4.5 二次衬砌背后充填注浆的目的是填充由于二次衬砌灌注不饱满和二次衬砌混凝土由于收缩造成的

空隙，使结构受力均匀，同时阻塞地下水通道，防止地下水沿纵向流动。

12.5 监控量测

12.5.1 现场监控量测是热力地下工程设计文件和施工组织设计文件中的重要内容，是信息化设计和施工的基本要求。监控量测可以掌握围岩支护结构和周边环境的动态，利用监测结果为设计和施工提供参考依据，及时调整支护参数和施工方法与工艺，并通过积累资料和经验，为今后的同类工程提供类比依据。

必测项目为热力地下工程周边环境和围岩的稳定以及施工安全应进行的日常监测项目，是地下工程围岩和支护变形的主要控制项目；选测项目相对于必测项目而言是为了设计和施工的特殊需要由设计文件规定的在局部地段进行的监测项目。

变形控制指标是结合热力工程多年施工经验的积累和地铁工程控制指标确定的。

12.5.2、12.5.3 监测断面、测点布置和监测频率的要求确定以能控制施工工程中隧道围岩、支护结构及周边环境的动态为原则，多年来供热管网隧道工程和地铁工程施工监测的实践表明，按正文的规定实施是可靠和有效的。

13 环境风险源专项设计

13.2 环境风险源等级划分

13.2.1～13.2.4 城市，尤其是大都市，一般均具有复杂的环境条件，包括各种市政设施、交通设施和各种地面(地下)建(构)筑物等。在城市采用浅埋暗挖法修建供热管网隧道将对环境造成一定程度的影响。为了有效地控制施工对环境的影响，至关重要的工作是设计、施工之前对环境进行详细调查与科学分级。条文对环境风险源的分级是在综合调研国内外城市隧道施工对周边环境所产生的影响资料的基础上，并参考北京地铁工程施工对环境风险源的分级办法而制定的。

浅埋供热管网隧道施工对周边环境的影响程度宜按图5的规定进行分区。

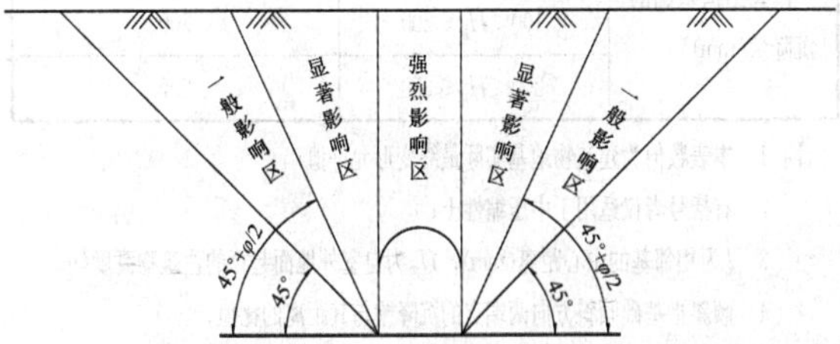

图5 浅埋隧道施工对周边环境的影响分区

深埋供热管网隧道与周边环境的接近程度，宜根据隧道开挖与支护过程所引起的围岩变形与松动的范围与周边环境的位置关系，按图6的规定分为非常接近(天然拱以内的区域)、接近和不接近。

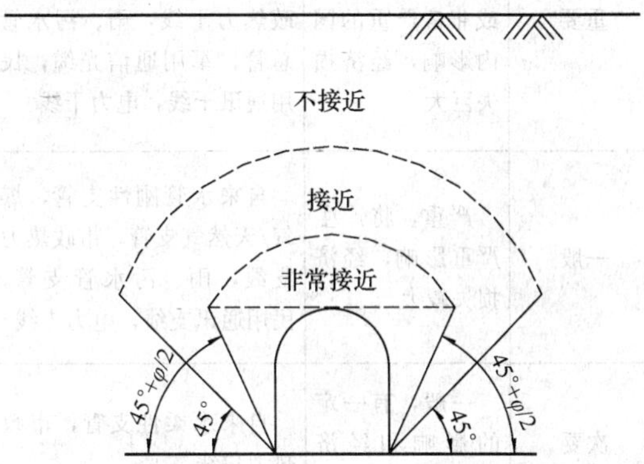

图6 深埋隧道施工与周边环境的接近程度分区

供热管网隧道工程施工所影响的建(构)筑物、地下管线、城市桥梁和城市道路等环境对象的重要性划分应符合下列要求：

1 建(构)筑物重要性等级一般按表4划分：

表4 建(构)筑物重要性等级划分

重要性等级	破坏后果	建(构)筑物类型
重要	很严重，将产生重大国际影响或非常严重的国内影响，经济损失巨大	古建筑物、近代优秀建筑物，重要的工业建筑物，10层以上高层、超高层民用建筑物，高于24m的地上构筑物及重要的地下构筑物
一般	严重，将产生严重影响，经济损失较大	一般的工业建筑物，4层～6层的多层建筑物，7层～9层的中高层民用建筑物，高度为10m～24m的地上构筑物，一般地下构筑物
次要	一般，有一定的影响和经济损失	次要的工业建筑物，1层～3层的低层民用建筑物，高度小于10m的地上构筑物，次要地下构筑物

2 地下管线重要性等级一般按表5划分：

表5　地下管线重要性等级划分

重要性等级	破坏后果	管线类型
重要	很严重，将产生重大国际影响或非常严重的国内影响，经济损失巨大	自来水管总管，煤气/天然气总管或高压支管，市政热力干线，雨、污水管总管，军用通信光缆，民用通讯干线，电力干线
一般	严重，将产生严重影响，经济损失较大	自来水管刚性支管，煤气/天然气支管，市政热力支线，雨、污水管支管，民用通讯支线，电力支线
次要	一般，有一定的影响和经济损失	自来水柔性支管，市政热力户线

3　城市桥梁重要性等级一般按表6划分：

表6　城市桥梁重要性等级划分

重要性等级	桥　梁　类　型
极重要	城市交通枢纽、重要交通节点的高架桥、立交桥主桥连续箱梁
重要	重要的城市高架桥、立交桥主桥连续箱梁
一般	立交桥主桥简支T梁、异形板、立交桥匝道桥
次要	人行天桥及其他一般桥梁

4　城市道路重要性等级一般按表7划分：

表7　城市道路重要性等级划分

重要性等级	道　路　类　型
重要	机场跑道及停机坪，城市快速路、主干路，高速路
一般	城市次干路
次要	城市之路、人行道及广场

13.3　环境风险评估

13.3.4　施工对建(构)筑物影响的控制指标主要是依据地质条件、建(构)筑物的特点及状况、隧道施工方法等因素综合确定。在确定控制指标时，可参考下列有关的规范、规程和工程标准：

1　《建筑地基基础设计规范》GB 50007

在计算地基变形时，应符合下列规定：

1)由于建筑地基不均匀、荷载差异很大、体型复杂等因素引起的地基变形，对于砌体承重结构应由局部倾斜值控制；对于框架结构和单层排架结构应由相邻柱基的沉降差控制；对于多层或高层建筑和高耸结构应由倾斜值控制；必要时尚应控制平均沉降量。

2)在必要情况下，需要分别预估建筑物在施工期间和使用期间的地基变形值，以便预留建筑物有关部分之间的净空，选择连接方法和施工顺序。一般多层建筑物在施工期间完成的沉降量，对于砂土可认为其最终沉降量已完成80%以上，对于其他低压缩性土可认为已完成20%～50%，对于高压缩性土可认为已完成5%～20%。

建筑物的地基变形允许值，可按表8的规定采用。对表中未包括的建筑物，其地基变形允许值应根据上部结构对地基变形的适应能力和使用上的要求确定。

表8　建筑物的地基变形允许值

变形特征		地基土类型：中、低压缩性土	地基土类型：高压缩性土
砌体承重结构基础的局部倾斜		0.002	0.003
工业与民用建筑相邻柱基的沉降差	框架结构	$0.002l$	$0.003l$
	砌体墙填充的边排柱	$0.0007l$	$0.001l$
	当基础不均匀沉降时不产生附加应力的结构	$0.005l$	$0.005l$
单层排架结构(柱距为6m)柱基的沉降量(mm)		(120)	200
桥式吊车轨面的倾斜(按不调整轨道考虑)	纵向	0.004	
	横向	0.003	
多层和高层建筑的整体倾斜	$H_g \leqslant 24$	0.004	
	$24 < H_g \leqslant 60$	0.003	
	$60 < H_g \leqslant 100$	0.0025	
	$H_g > 100$	0.002	
体型简单的高层建筑基础的平均沉降量(mm)		200	
高耸结构基础的倾斜	$H_g \leqslant 20$	0.008	
	$20 < H_g \leqslant 50$	0.006	
	$50 < H_g \leqslant 100$	0.005	
	$100 < H_g \leqslant 150$	0.004	
	$150 < H_g \leqslant 200$	0.003	
	$200 < H_g \leqslant 250$	0.002	
高耸结构基础的沉降量(mm)	$H_g \leqslant 100$	400	
	$100 < H_g \leqslant 200$	300	
	$200 < H_g \leqslant 250$	200	

注：1　本表数值为建筑物地基实际最终变形允许值；

2　有括号者仅适用于中压缩性土；

3　l为相邻基的中心距离(mm)；H_g为自室外地面起算的建筑物高度(m)；

4　倾斜指基础倾斜方向两端点的沉降差与其距离的比值；

5　局部倾斜指砌体承重结构沿纵向6m～10m内基础两点的沉降差与其距离的比值。

2 《北京地区建筑地基基础勘察设计规范》DBJ 11-501

1)对于荷载分布无显著不均匀的一般多层建筑物，当基础置于相同成因年代、基本均匀的土层时，地基变形许可值用建筑物长期最大沉降量 S_{max} 表示，并可按表 9 的规定采用。

表 9 多层建筑物地基变形许可值

结构类型	基础类型	地基土类别	长期最大沉降量 S_{max}(mm)
框架结构、排架结构、砌体承重结构	独立基础、条形基础	一般第四纪砂质粉土及粉、细砂，新近沉积砂质粉土及粉、细砂，中低压缩性人工填土	30
		一般第四纪黏土及黏质粉土，中等压缩性人工填土	50
		均匀的一般第四纪黏性土及黏质粉土，中密的新近沉积黏性土及黏质粉土，中高压缩性人工填土	80
		均匀的新近沉积软黏性土	120

注：表中人工填土系指已经完成自重的素填土及变质炉灰。素填土指人工堆积层中成分为粉质黏土、黏质粉土、砂质粉土的填土。

2)对于荷载分布无显著不均匀的高层建筑物箱形基础或筏板基础，当基础宽度大于 10m，基础埋深大于 5m，置于相同成因年代、基本均匀的土层时，地基变形许可值可按表 10 的规定采用。

表 10 高层建筑地基变形许可值

结构类型	基础类型	变形特征	建筑物高宽比 H_g/b 或地基土类别	变形许可值
框架、框剪、框筒、剪力墙	箱形基础、筏板基础	倾斜	$H_g/b \leqslant 3$	0.0020
			$3 < H_g/b \leqslant 5$	0.0015
		长期最大沉降量 S_{max}(mm)	一般第四纪黏性土与粉土	160
			一般第四纪黏性土、粉土与砂、卵石互层	100
			一般第四纪砂、卵石	60

注：倾斜指基础宽度方向两端点的沉降差与基础宽度之比。

3 《地基基础设计规范》DGJ 08-11-1999(上海)

建筑物地基允许变形值，应根据建筑结构和基础类型及使用要求，按表 11 取用。

相对变形值系指倾斜、局部倾斜和相对弯曲；倾斜等于基础在倾斜方向两端点的沉降差与其距离之比；局部倾斜等于砌体承重结构沿纵向 6m～10m 内基础两点的沉降差与其距离比；相对弯曲等于基础弯曲部分矢高与长度之比。

表 11 建筑物地基允许变形值

建筑结构和基础类型		允许变形值	
		基础中心计算沉降量(mm)	沉降差或倾斜
砌体承重结构		150～200	0.004
单层排架结构		200～250	—
多层框架结构	独立基础	200～250	$0.003l$
	条形基础和筏板基础	150～200	0.004
	箱形基础	200～250	0.003～0.004
	桩基	150～200	
高层建筑 $24 \leqslant H_g < 100$	桩基	100～200	0.004～0.002
高层建筑 $H_g \geqslant 100$	桩基	100～200	0.002～0.001
地上式钢油罐	浮顶	—	0.004～0.007
	拱顶	—	0.008～0.015
高耸构筑物	$24 \leqslant H_g < 100$	400	0.006～0.005
	$100 \leqslant H_g < 200$	300	0.004～0.003
	$200 \leqslant H_g < 250$	200	0.002
	$250 \leqslant H_g < 400$	100	0.001
石油化工塔罐		100～200	0.0025～0.004
高炉	桩基	150～250	0.0015
焦炉	桩基	100～150	0.001

注：1 基础中心计算沉降量与实际的基础平均沉降量相当；

2 表 l 为相邻柱基中心距离(mm)；H_g 为室外地面算起的建(构)筑物高度(m)；

3 工业厂房桥式吊车轨面倾斜允许值（按不调整轨道计）：纵向 0.004、横向 0.003；

4 地上式钢油罐地基如使用前采用充水顶压法加固，在满足其底板结构强度条件下，允许基础中心计算沉降量一般无严格要求；倾斜允许值系根据《石油化工钢油罐地基基础设计规范》SH 3068-95 确定；

5 电厂及其基础的桩基允许变形值，可参照《火力发电厂土建结构设计技术规定》DL 5022-93，并根据电厂容量、机组类型及布置情况而定。

4 《基坑工程施工监测规程》DG/TJ 08-2001-2006（上海）：

基坑邻近建（构）筑物位移变化速率：1mm/d～3mm/d，累计值：20mm～60mm。根据建（构）筑物对变形的适应能力确定。

5《上海市基坑工程设计规程》DBJ-61-1997：

对产生破坏的建筑物进行统计，得出差异沉降的极限值及建筑物的反应，具体内容见表 12，对建筑物的基础倾斜允许值的规定见表 13。

表 12　差异沉降和相应建筑物的反应

建筑结构类型	δ/L（L 为建筑物长度、δ 为差异沉降）	建筑物反应
一般砖墙承重结构，包括有内框架的结构；建筑物长高比小于 10；有圈梁；天然地基（条形基础）	达 1/150	分隔墙及承重砖墙发生相当多的裂缝，可能发生结构破坏
一般钢筋混凝土框架结构	达 1/150	发生严重变形
	达 1/150	开始出现裂缝
高层刚性建筑（箱型基桩、桩基）	达 1/250	可观察到建筑物倾斜
有桥式行车的单层排架结构的厂房；天然地基或桩基	达 1/300	桥式行车运转困难，不调整轨面水平难以运行，分隔墙有裂缝
有斜撑的框架结构	达 1/600	处于安全极限状态
一般对沉降差反应敏感的机器基础	达 1/850	机器使用可能会发生困难，处于可运行的极限状态

表 13　建筑物的基础倾斜允许值

建筑物类别		允许倾斜
多层和高层建筑物基础	$H\leqslant 24$m	0.004
	24m$<H\leqslant$60m	0.003
	60m$<H\leqslant$100m	0.002
	$H>$100m	0.0015
高耸结构基础	$H\leqslant$20m	0.008
	20m$<H\leqslant$50m	0.006
	50m$<H\leqslant$100m	0.005
	100m$<H\leqslant$150m	0.004
	150m$<H\leqslant$200m	0.003
	200m$<H\leqslant$250m	0.002

注：1　H 为建筑物地面以上高度；

2　倾斜是基础倾斜方向二端点的沉降差与其距离的比值。

6《广州地区建筑基坑支护技术规定》98－02：

各类建筑物对差异沉降的承受能力相差较大，因基坑开挖造成对环境的影响，其允许变形可参考表 14 和表 15 进行控制。桩基础建筑物允许最大沉降值不应大于 10mm，天然地基建筑物允许最大沉降值不应大于 30mm。对邻近的破旧建筑物，其允许变形值应根据实际情况由设计确定。

表 14　单层和多层建筑物的地基变形允许值

变形特征		地基变形允许值	
		中、低压缩性土	高压缩性土
砌体承重结构基础的局部倾斜		0.002	0.003
工业与民用建筑相邻柱基的沉降差	框架结构	$0.002l$	$0.003l$
	砖石墙填充的边排柱	$0.0007l$	$0.001l$
	当基础不均匀沉降时不产生附加应力的结构	$0.005l$	$0.005l$
桥式吊车轨面的倾斜（按不调整轨道考虑）	纵向	0.004	
	横向	0.003	

注：1　l 为相邻柱基的中心距离（mm）；

2　倾斜指基础倾斜方向两端点的沉降差与其距离的比值；

3　局部倾斜指砌体承重结构沿纵向 6m～8m 内基础两点的沉降差与其距离的比值。

表 15　高层建筑和高耸结构基础变形允许值

变形特征		地基变形允许值
多层和高层建筑基础的倾斜	$H_g\leqslant 24$	0.004
	$24<H_g\leqslant 60$	0.003
	$60<H_g\leqslant 100$	0.002
	$H_g>100$	0.0015
高耸结构基础的倾斜	$H_g\leqslant 20$	0.008
	$20<H_g\leqslant 50$	0.006
	$50<H_g\leqslant 100$	0.005
	$100<H_g\leqslant 150$	0.004
	$150<H_g\leqslant 200$	0.003
	$200<H_g\leqslant 250$	0.002

注：H_g为自室外地面起算的建筑物高度（m）。

13.3.8　在确定隧道施工对地下管线影响的控制指标时，可参考下列相关的规范、规程和工程标准：

1　各规范、规程和工程标准对地下管线变形控制指标的规定见表 16。

表 16 地下管线变形控制指标

规范/规程/标准名称	地下管线变形控制指标
天津地铁二期工程施工监测技术规定	煤气管线允许沉降 10mm；其他管线允许沉降 20mm
基坑工程技术规程（DB42/159-2004）（湖北）	煤气管道变形：沉降或水平位移不超过 10mm，连续 3 天不超过 2mm/d；供水管道变形：沉降或水平位移不超过 30mm，连续 3 天不超过 5mm/d
基坑工程施工监测规程（DG/TJ08-2001-2006）（上海）	煤气、供水管线（刚性管道）位移：累计值 10mm，变化速率 2mm/d。电缆、通信管线（柔性管道）位移：累计值 10mm，变化速率 5mm/d
广州地区建筑基坑支护技术规定（98-02）	采用承插式接头的铸铁水管、钢筋混凝土水管两个接头之间的局部倾斜值不应大于 0.0025；采用焊接接头的水管两个接头之间的局部倾斜值不应大于 0.006；采用焊接接头的煤气管两个接头之间的局部倾斜值不应大于 0.002

2 《上海市基坑工程设计规程》DBJ-61-97，各类地下管线接头的技术标准见表 17，说明如下：

1）钢筋混凝土管：直径 75mm～300mm 为有应力钢筋混凝土管；直径 400mm～1200mm 为预应力钢筋混凝土管。管节接头用橡胶圈止水。

2）铸铁管承插式接头中调剂借转角等参数如图 7 所示。承插接头中嵌缝材料用浇铅或石棉水泥。

3）钢管材料一般为 16Mn 钢或 A3 钢。

4）接头是管线最易受损的部位，表 17 列出的几种接头技术标准，可作为管接头对差异沉降产生相对转角的承受能力的设计和监控依据。对难以查清的煤气管、上水管及重要通讯电缆管，可按相对转角 1/100 作为设计和监控标准。

5）表 17 是上海市政工程管理局于 1990 年对各类地下管线接头调研后列出的技术标准。有的地下管线年代已久，难以查清，但又是易损坏，应予以重视。常见的地下管线每节长度在 5m 之内，1/100 转角相当于 0.6°，其标准高于表中列出的其他接头。

表 17 各类管线接头的技术标准

管材尺寸	铸铁管							钢筋混凝土管			钢管	
	接头类型											
	承压式接头				法兰接头							
管内径（mm）	承口长度 P（mm）	调剂借转角 θ	限制开口 F（mm）	接口间隙 Δ（mm）	橡皮垫厚度（mm）	管节长度（m）	管壁厚度（mm）	每 100 只接头允许漏水量（L/15min）	管节长度（m）	承插接头接口间隙（mm）	每 100 只接头允许漏水量（L/15min）	管壁厚度（mm）	焊接接头每 100 只接头允许漏水量（L/15min），水压<0.7MPa
75	90	5°00′	8.1	3～5	3～5	3	9	—	—	—	—	4.5	—
100	95	4°00′	8.2	3～5	3～5	3	9	3.15	3	10	5.94	5	1.76
150	100	3°30′	10.3	3～5	3～5	4	9	5.27	3	15	8.91	4.5～6	2.63
200	100	3°05′	12.5	3～5	3～5	4	10	7.02	3	15	11.87	6～8	3.51
300	105	3°00′	16.9	3～5	3～5	4	11.4	10.54	4	17	17.81	6～8	5.27
400	110	2°28′	18.3	3～5	3～5	4	12.8	14.05	4.98	20	23.75	6～8	7.02
500	115	2°05′	19.2	3～5	3～5	5	14	17.56	4.93	20	29.63	6～8	8.78
600	120	1°49′	20.0	3～5	3～5	5	15.4	21.07	4.98	20	35.62	8～10	10.54
700	125	1°37′	20.8	3～5	3～5	5	16.5	24.58	4.98	20	41.56	8～10	12.20
800	130	1°29′	21.7	3～5	3～5	5	18.0	28.10	4.98	20	47.49	8～12	14.05
900	135	1°22′	22.5	3～5	3～5	5	19.5	31.61	4.98	20	53.43	10～12	15.80
1000	140	1°17′	23.3	3～5	3～5	5	22	35.12	4.98	20	59.37	10～12	17.55
1200	150	1°09′	25.0	3～5	3～5	5	25	42.15	4.98	20	71.24	10～12	21.07
1500	165	1°01′	27.5	3～5	3～5	5	30	52.63	—	—	89.05	10～12	23.34
1800	—	—	—	—	3～5	5	—	—	—	—	106.86	10～14	31.61
2000	—	—	—	—	—	5	—	—	—	—	118.73	10～14	35.12

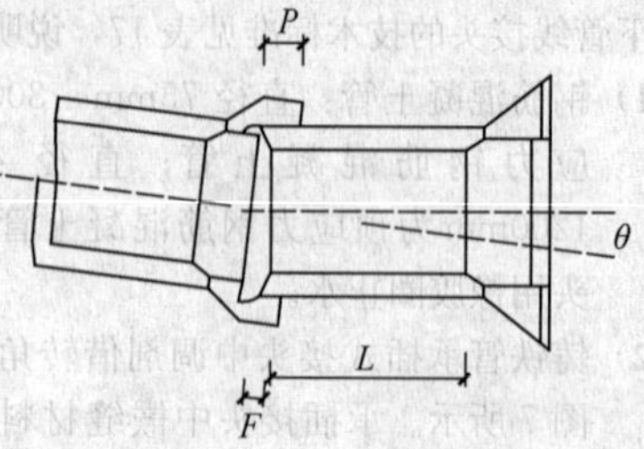

图 7　铸铁管线承插式接头各参数示意图

3 《给水排水工程管道结构设计规范》GB 50332：

1）柔性管道的变形允许值，应符合下列要求：

采用水泥砂浆等刚性材料作为防腐内衬的金属管道，在组合作用下的最大竖向变形不应超过 $0.02D_0$～$0.03D_0$（D_0为圆形管道的计算内径，下同）；

采用延性良好的防腐涂料作为内衬的金属管道，在组合作用下的最大竖向变形不应超过 $0.03D_0$～$0.04D_0$；

化学建材管道，在组合作用下的最大竖向变形不应超过 $0.05D_0$。

2）对于刚性管道，其钢筋混凝土结构构件在组合作用下，计算截面的受力状态处于受弯、大偏心受压或受拉时，截面允许出现的最大裂缝宽度，不应大于 0.2mm。

3）对于刚性管道，其混凝土结构构件在组合作用下，计算截面的受力状态处于轴心受拉或小偏心受拉时，截面设计应按不允许裂缝出现控制。

4 《给水排水管道工程施工及验收规范》GB 50268：

1）预应力管、自应力混凝土管安装应平直、无突起、突弯现象。沿曲线安装时，管口间的纵向间隙最小处不得大于 5mm，接口转角不得大于表 18 的规定。

表 18　沿曲线安装接口允许转角

管材种类	管径（mm）	转角（°）
预应力混凝土管	400～700	1.5
	800～1400	1.0
	1600～3000	0.5
自应力混凝土管	100～800	1.5

2）非金属管道安装的允许偏差应符合表 19 的规定。

表 19　非金属管道基础及安装的允许偏差

项目			允许偏差
			无压力管道
管道安装	轴线位置		±15
	管道内底高程	D≤1000	±10
		D>1000	±15
	刚性接口相邻管节内底错口	D≤1000	±3
		D>1000	±5

注：D为管道内径（mm）

13.3.11　在确定隧道施工引起的城市道路和地表沉降控制指标时，可参考下列相关的规范、规程和工程标准：

各规范、规程和工程标准对城市道路和地表沉降控制指标的规定见表 20。

表 20　城市道路和地表沉降控制指标

规范名称	地市道路和地表沉降控制指标
天津地铁二期工程施工监测技术规定	周围地表沉降：一级基坑，$0.001h$；二级基坑，$0.002h$（h为基坑开挖深度） 盾构隧道：地表垂直变形控制值为－30mm～＋10mm，速率控制值为 5mm/d
建筑基坑支护工程技术规程（DBJ/T 15－20－97）	周围地表沉降：一级基坑，$0.0015H$且不大于 20mm；二级基坑，$0.003H$且不大于 40mm。（H为基坑开挖深度）
上海地铁基坑工程施工规范	地面最大沉降量：一级基坑≤$0.1\%H$；二级基坑≤$0.2\%H$；三级基坑≤$0.5\%H$
上海地铁基坑工程施工规程（SZ－08－2000）	地面最大沉降量：一级基坑≤$0.1\%H$；二级基坑≤$0.2\%H$；三级基坑≤$0.5\%H$
上海市基坑工程设计规程（DBJ 08－61－97）	地面最大沉降量：一级工程控制值 30mm，设计值 50mm，变化速率 2mm/d；二级工程控制值 50mm，设计值 100mm，变化速率 3mm/d
基坑工程施工监测规程（DG/TJ 08－2001－2006）（上海）	地面最大沉降量：一级基坑 25mm～30mm，变化速率 2mm/d～3mm/d；二级基坑 50mm～60mm，变化速率 3mm/d～5mm/d；三级基坑宜按二级基坑的标准控制，当条件许可时可适度放宽
地基基础设计规范（DGJ 08－11－1999）（上海）	基坑工程的开挖深度为 14m～20m，坑外地表沉降最大值 $\delta_{Vmax}=1‰h_0$（h_0基坑开挖深度）
基坑工程技术规程（DB 42/159－2004）（湖北）	边坡土体：一级基坑，监控报警值为 30mm；二级基坑，监控报警值为 60mm

2 《地铁工程监控量测技术规程》DB11/490－2007（北京），见表21。

表21　地表变形监控量测值控制标准

<table>
<tr><td rowspan="2">施工工法</td><td rowspan="2" colspan="2">监测项目及范围</td><td colspan="3">允许位移控制值 U_0（mm）</td><td rowspan="2">位移平均速率控制值（mm/d）</td><td rowspan="2">位移最大速率控制值（mm/d）</td></tr>
<tr><td>一级基坑</td><td>二级基坑</td><td>三级基坑</td></tr>
<tr><td>明挖（盖）法及竖井施工</td><td colspan="2">地表沉降</td><td>≤0.15%H或≤30，两者取小值</td><td>≤0.2%H或≤40，两者取小值</td><td>≤0.3%H或≤50，两者取小值</td><td>2</td><td>2</td></tr>
<tr><td rowspan="2">盾构法</td><td colspan="2">地表沉降</td><td colspan="3">30</td><td>1</td><td>3</td></tr>
<tr><td colspan="2">地表隆起</td><td colspan="3">10</td><td>1</td><td>3</td></tr>
<tr><td rowspan="2">浅埋暗挖法</td><td rowspan="2">地表沉降</td><td>区间</td><td colspan="3">30</td><td rowspan="2">2</td><td rowspan="2">5</td></tr>
<tr><td>车站</td><td colspan="3">60</td></tr>
</table>

注：1　H为基坑开挖深度。

2　位移平均速率为任意7d的位移平均值；位移最大速率为任意1d的最大位移值。

3　本表中区间隧道跨度为小于8m；车站跨度为大于16m，且小于或等于25m。

3　上海市基坑工程等级划分及变形监控允许值见表22。

表22　基坑工程等级划分及变形监控允许值

<table>
<tr><td rowspan="2" colspan="2">项　目</td><td colspan="3">安全等级</td></tr>
<tr><td>一级（很严重）</td><td>二级（严重）</td><td>三级（不严重）</td></tr>
<tr><td colspan="2">基坑深度（m）</td><td>>14</td><td>9～14</td><td><9</td></tr>
<tr><td colspan="2">地下水埋深（m）</td><td><2</td><td>3～5</td><td>>5</td></tr>
<tr><td colspan="2">软土层厚度（m）</td><td>>5</td><td>2～5</td><td><2</td></tr>
<tr><td colspan="2">基坑边缘与邻近已有建筑物浅基础或重要管线边缘净距（m）</td><td><0.5h</td><td>0.5～1.0h</td><td>>1.0h</td></tr>
<tr><td rowspan="2">地面最大位移（mm）</td><td>监控值</td><td>30</td><td>60</td><td rowspan="2">按二级基坑的标准控制，环境条件许可时可适当放宽</td></tr>
<tr><td>设计值</td><td>50</td><td>100</td></tr>
<tr><td colspan="2">最大差异沉降</td><td>6/1000</td><td>12/1000</td><td>—</td></tr>
</table>

13.3.16　在确定隧道施工引起的城市桥梁变形的控制指标时，可参考下列相关的规范、规程和工程标准：

各规范对墩台沉降的规定参见表23。

表23　桥梁墩台沉降规定

规范名称	墩台沉降规定
城市桥梁养护技术规范 CJJ 99－2003	1. 简支梁桥的墩台基础均匀总沉降值大于 $2.0\sqrt{L}$ cm、相邻墩台均匀总沉降差值大于 $1.0\sqrt{L}$ cm或墩台顶面水平位移值大于 $0.5\sqrt{L}$ cm时，应及时对简支梁的墩台基础进行加固（总沉降值和总差异沉降值不包括基础和桥梁施工中的沉降，L为相邻墩台间最小的跨径长度，以米计，跨径小于25m时仍以25m计）； 2. 当连续桥梁墩台和拱桥的不均匀沉降值超过设计允许变形时，应查明原因，进行加固处理和调整高程
地铁设计规范 GB 50157－2003	对于外静定结构，墩台均匀沉降量不超过50mm，相邻墩台沉降量之差不得超过20mm；对于外静不定结构，其相邻墩台不均匀沉降量之差的允许值还应根据沉降对结构产生的附加影响来确定
基地基础设计规范 DGJ 08－11－1999	简支梁桥墩台基础中心最终沉降计算值不应大于200mm，相邻墩台最终沉降差不应大于500mm；混凝土连续桥梁墩台基础中心最终沉降计算值不应大于100mm～150mm，且相邻墩台最终沉降计算值宜大致相等。相邻墩台不均匀沉降的允许值，应根据不均匀沉降对上部结构产生的附加内力大小而定
公路桥涵地基与基础设计规范 JTJ 024－85	墩台的均匀总沉降不应大于 $2.0\sqrt{L}$ cm（L为相邻墩台间最小的跨径长度，以m计，跨径小于25m时仍以25m计）。对于外超静定体系的桥梁应考虑引起附加内力的基础不均匀沉降和位移
铁路桥涵设计基本规范 TB 10002.1－2005	墩台基础的沉降应按恒荷载计算。对于外静定结构，有碴桥面工后沉降量不得超过80mm，相邻墩台均匀沉降量之差不得超过40mm；明桥面工后沉降量不得超过40mm，相邻墩台均匀沉降量之差不得超过20mm。对于外超静定结构，其相邻墩台均匀沉降量之差的允许值应根据沉降对结构产生的附加应力的影响而定

13.3.20 在确定隧道施工引起的城市轨道交通结构变形的控制指标时，可参考下列相关的规范、规程和工程标准：

轨道几何尺寸控制指标应符合《北京地铁工务维修规则》的要求，具体内容见表24～表27。

表24 整体道床线路轨道静态几何尺寸允许偏差控制值

项目		计划维修（mm）		经常保养（mm）	
		正线	其他线	正线	其他线
轨距		−2～4	−2～5	−3～6	−3～7
水平		4	5	6	8
高低		4	5	6	8
轨向（直线）		4	5	6	8
三角坑（扭曲）	缓和曲线	4	5	6	8
	直线和圆曲线	4	5	6	8

注：1 轨距偏差不含曲线上按规定设置的轨距加宽值，但最大轨距（含加宽值和偏差）不得超过1456mm。

2 轨向偏差和高低偏差为10m弦测量的最大矢度值。

3 三角坑偏差不含曲线超高顺坡造成的扭曲量，检查三角坑时基长为6.25m，但在延长18m的距离内无超过表列的三角坑；

表25 碎石道床线路轨道静态几何尺寸允许偏差控制值

项目		计划维修（mm）		经常保养（mm）	
		正线	其他线	正线	其他线
轨距		−2～5	−2～6	−4～7	−4～8
水平		4	5	7	9
高低		4	5	7	9
轨向（直线）		4	5	7	9
三角坑（扭曲）	缓和曲线	4	5	7	9
	直线和圆曲线	4	5	7	9

注：1 轨距偏差不含曲线上按规定设置的轨距加宽值，但最大轨距（含加宽值和偏差）不得超过1456mm。

2 轨向偏差和高低偏差为10m弦测量的最大矢度值。

3 三角坑偏差不含曲线超高顺坡造成的扭曲量，检查三角坑时基长为6.25m，但在延长18m的距离内无超过表列的三角坑。

表26 整体道床道岔轨道静态几何尺寸允许偏差控制值

项目		计划维修（mm）		经常保养（mm）	
		正线	其他线	正线	其他线
轨距	一般位置	−2～3	−2～3	−2～4	−2～4
	尖轨尖端	±1	±1	±2	±2
水平		3	4	5	7
高低		3	4	5	7
轨向	直线	3	4	5	7
	支距	2	2	3	3

注：1 支距偏差为现场支距与计算支差。

2 导曲线下股高于上股的限值：计划维修为0，经常维修为1mm。

表27 碎石道床道岔轨道静态几何尺寸允许偏差控制值

项目		计划维修（mm）		经常保养（mm）	
		正线	其他线	正线	其他线
轨距	一般位置	−2～3	−2～3	−3～5	−3～5
	尖轨尖端	±1	±1	±2	±2
水平		4	5	6	8
高低		4	5	6	8
轨向	直线	4	5	6	8
	支距	2	2	3	3

注：1 支距偏差为现场支距与计算支差。

2 导曲线下股高于上股的限值：计划维修为0，经常维修为2mm。

13.3.24 在确定隧道施工引起的铁路结构变形控制指标时，可参考下列相关的规范、规程和工程标准：

1 《铁路轨道工程施工质量验收标准》TB 10413：

无缝线路轨道达到初期稳定阶段时，其静态几何尺寸允许偏差和检验方法应符合表28规定。

表28 轨道静态几何尺寸允许偏差和检验方法

项目	允许偏差（mm）	检验方法
高低	5	10m弦量
轨向	5	直线10m弦量、曲线20m弦量
扭曲（基长6.25m）	5	万能道尺测量
轨距	−2～4	万能道尺测量
水平	5	万能道尺测量

无缝线路轨道动态质量应检查局部不平顺（峰值管理），轨道动态质量管理值见表29。

表29 轨道动态检查几何尺寸允许偏差控制值（峰值管理）

项目	速度(km/h)							
	160≥v>120				120≥v>100			
	Ⅰ级	Ⅱ级	Ⅲ级	Ⅳ级	Ⅰ级	Ⅱ级	Ⅲ级	Ⅳ级
高低(mm)	6	10	15	—	8	12	20	24
轨向(mm)	5	8	12	—	8	10	16	20
轨距(mm)	−4～6	−7～10	−8～15	—	−6～8	−8～12	−10～20	−12～24
水平(mm)	6	10	14	—	8	12	18	22
扭曲（基长2.4m）(mm)	5	8	12	—	8	10	14	16
车体垂向加速度(g)	0.10	0.15	0.20	—	0.10	0.15	0.20	0.25
车体横向加速度(g)	0.06	0.10	0.15	—	0.06	0.10	0.15	0.20

无缝线路轨道有渣轨道整理作业后，轨道静态几何尺寸允许偏差和检验方法见表30和表31。

表30　有渣轨道整道允许偏差和检验方法

项　目		允许偏差（mm）	检验方法
轨距		−2～4	万能道尺测量
轨向	直线（10m弦量）	4	尺量
	曲线	见TB 10413-2003表A.0.1-26	尺量
水平		4	万能道尺测量
扭曲（基长6.25m）		4	
高低		4	尺量

表31　曲线20m弦正矢允许偏差

曲线半径（m）	缓和曲线正矢与计算正矢差（mm）	圆曲线正矢连续差（mm）	圆曲线正矢最大最小值差（mm）
≤650	4	8	12
>650	3	6	9

无缝线路轨道无渣轨道整理作业后，轨道静态几何尺寸允许偏差和检验方法见表32和表33。

表32　无渣轨道整道允许偏差和检验方法

项　目		允许偏差（mm）	检验方法
轨距		±2	万能道尺测量
轨向	直线（10m弦量）	≤4	尺量
	曲线	见TB 10413-2003表4.6.4-6	尺量
水平		4	万能道尺测量
高低		4	尺量
扭曲（基长6.25m）		4	万能道尺测量

表33　曲线20m弦正矢允许偏差

曲线半径（m）	缓和曲线正矢与计算正矢差（mm）	圆曲线正矢连续差（mm）	圆曲线正矢最大最小值差（mm）
≤650	3	6	9
>650	3	4	6

有缝线路轨道无渣轨道静态几何尺寸允许偏差见表34。

表34　无渣轨道静态几何尺寸允许偏差

检验项目		允许偏差（mm）
轨距		±2
高低（10m弦量）		4
水平		4
扭曲（基长6.25m）		4
轨向	直线（10m弦量）	4
	曲线	见TB 10413-2003表4.6.4-6

有缝线路轨道动态质量应检查局部不平顺（峰值管理），其轨道允许偏差值见表35。

表35　轨道动态检查几何尺寸允许偏差控制值（峰值管理）

项　目	速度（km/h）							
	$120\geqslant v>100$				$v\leqslant 100$			
	Ⅰ级	Ⅱ级	Ⅲ级	Ⅳ级	Ⅰ级	Ⅱ级	Ⅲ级	Ⅳ级
高低（mm）	8	12	20	24	12	16	22	26
轨向（mm）	8	10	16	20	10	14	20	23
轨距（mm）	−6～8	−8～12	−10～20	−12～24	−6～12	−8～16	−10～24	−12～28
水平（mm）	8	12	18	22	12	16	22	25
扭曲（基长2.4m）（mm）	8	10	14	16	10	12	16	18
车体垂向加速度（g）	0.10	0.15	0.20	0.25	0.10	0.15	0.20	0.25
车体横向加速度（g）	0.06	0.10	0.15	0.20	0.06	0.10	0.15	0.20

2　《铁路线路维修规则》中，线路轨道静态几何尺寸允许偏差管理值见表36。

表36　线路轨道静态几何尺寸允许偏差管理值

项　目		$v_{max}>160$km/h正线			160km/h$\geqslant v_{max}>120$km/h正线			$v_{max}\leqslant 120$km/h正线及到发线			其他站线		
		作业验收	经常保养	临时补修	作业验收	经常保养	临时补修	作业验收	经常保养	临时补修	作业验收	经常保养	临时补修
轨距（mm）		±2	−2～4	−4～6	−2～4	−4～6	−4～8	−2～6	−4～7	−4～9	−2～6	−4～9	−4～10
水平（mm）		3	5	8	4	6	8	4	6	10	5	8	11
高低（mm）		3	5	8	4	6	8	4	6	10	5	8	11
轨向（直线）（mm）		3	4	7	4	6	8	4	6	10	5	8	11
三角坑（扭曲）（mm）	缓和曲线	3	4	6	4	5	6	4	5	7	5	7	8
	直线和圆曲线	3	4	6	4	6	8	4	6	9	5	8	10

注：1　轨距偏差不含曲线上按规定设置的轨距加宽值，但最大轨距（含加宽值和偏差）不得超过1456mm。

2　轨向偏差和高低偏差为10m弦测量的最大矢度值。

3　三角坑偏差不含曲线超高顺坡造成的扭曲量，检查三角坑时基长为6.25m，但在延长18m的距离内无超过表列的三角坑。

4　专用线按其他站线办理。

道岔轨道静态几何尺寸允许偏差管理值见表37。

表 37 道岔轨道静态几何尺寸允许偏差管理值

项目		v_{max}>160km/h 正线			160km/h≥v_{max}>120km/h 正线			v_{max}≤120km/h 正线及到发线			其他站线		
		作业验收	经常保养	临时补修	作业验收	经常保养	临时补修	作业验收	经常保养	临时补修	作业验收	经常保养	临时补修
轨距(mm)		±2	−2～4	−2～5	−2～3	−2～4	−2～6	−2～3	−3～5	−3～6	−2～3	−3～5	−3～6
水平(mm)		3	5	7	4	5	8	4	6	9	6	8	10
高低(mm)		3	5	7	4	5	8	4	6	9	6	8	10
轨向(mm)	直线	3	4	6	4	5	8	4	6	9	6	8	10
	支距	2	3	4	2	3	4	2	3	4	2	3	4
三角坑(扭曲)(mm)		3	4	6	4	6	8	4	6	9	5	8	10

注：1 支距偏差为现场支距与计算支距之差；
2 导曲线下股高于上股的限值：作业验收为0，经常保养为2mm，临时补修为3mm；
3 三角坑偏差不含曲线超高顺坡造成的扭曲量，检查三角坑时基长为6.25m，但在延长18m的距离内无超过表列的三角坑；
4 尖轨尖处轨距的作业验收的允许偏差管理值为±1mm；
5 专用线道岔按其他站线道岔办理。

轨道静态几何尺寸允许偏差管理值中，作业验收管理值为线路设备大修、综合维修、经常保养和临时补修作业的质量检查标准；经常保养管理值为轨道应经常保持的质量管理标准；临时补修管理值为应及时进行轨道整修的质量控制标准。

13.4 设计内容与要求

13.4.1～13.4.4 设计内容与要求是在总结多年来北京市供热管网暗挖隧道工程建设对环境风险源影响控制的设计与施工经验的基础上，并参考北京地铁工程对环境风险源设计的规定与要求而制定的，旨在使供热管网暗挖隧道工程环境风险源专项设计在设计内容与设计深度上做到规范化。

14 工程施工

14.1 一般规定

14.1.1 施工组织设计未经监理单位审批不得施工。

14.1.3 监控测量是为了及时发现异常现象，需要由施工单位和第三方监控量测单位同时进行监测，保证施工安全。

14.1.5 支架加工是施工中的重要环节，先应进行技术交底，并由正规的厂家进行加工。

14.1.8 施工单位要按施工组织设计的要求填写检查记录，由施工单位和监理单位进行检查。

14.2 施工工艺及管理

14.2.1 施工顺序、施工步序是为了保证施工安全和工程质量，在多年施工经验总结的基础上制定的。

14.2.2 项目部一般设置一级项目经理为工程项目负责人。

14.2.4 质量目标一般包括：

1 建立质量保证体系；

2 质量保证措施：

1）工序交接质量控制流程；

2）质量管理制度；

3）关键工序质量控制要点：包括喷射混凝土干料、防水层、钢筋和型钢、钢格栅安装、喷射混凝土作业、支架安装等。

14.3 环境风险源专项施工

14.3.9 施工作业环境有关数据引用自现行国家标准《地下铁道工程施工及验收规范》GB 50299。

14.3.10 当隧道工程与燃气、污水等地下管线和设施较近时，可燃易爆及有毒有害气体渗透到施工工作面，会对施工人员造成伤害，危害工程安全，因此应加强施工范围内空气检测，发现问题应采取措施。

14.3.11 采用喷射混凝土方法时，应同时采取除尘措施，包括：隧道内强制通风；施工人员穿戴必要的防护用品；施工前对施工人员进行安全及防护措施的培训。

14.4 测量放线

14.4.1 测量放线施工可参照现行行业标准《铁路隧道施工规范》TB 10204和《新建铁路工程测量规范》TB 10101的有关条款执行。

14.4.2 测量放线将施工水准点引至竖井附近是为了增加测量准确性，选择合理的栓桩方式，并做好保护。

14.4.3 测量放线不但要确定好竖井中心、高程位置，而且要确定好隧道中心位置。

14.5 建（构）筑物及地下管线保护

14.5.1 编制专项保护方案是为了保证施工安全，并应经过产权单位的审批。

14.5.2 监测警戒值来源于监测对象的产权单位及管理方，警戒值设定见表38。

表 38　警戒值设定表

检测项目	警戒值（mm）	管理基准值（mm）
地表沉降	20	25
路面沉降	20	25
桥区沉降	20	25
地下管线变形	7～21	10～30
初期支护拱顶下沉	20	25
初期支护水平收敛	14	20
建筑物允许不均匀沉降	0.0014H	0.002H
建筑物允许倾斜率	3	5

注：H 为建筑物地面以上高度。

14.6　监控量测

14.6.2　对设计要求的监测项目，可结合表 39 和表 40 的要求制定监测实施方案。

表 39　竖 井 监 测

类别	监测项目	监测仪器和工具	测点布置	监测频率
必测项目	地质状况描述及支护观察	肉眼观察及地质素描	—	施工过程中每天进行
	竖井圈梁沉降	水准仪、经纬仪及全站仪	锁口圈周边	施工过程中2次/d；竖井开挖后2周内，1次/2d；开挖后3周～4周，2次/周；开挖4周以后至二衬完成前，1次/周
	竖井井壁收敛	收敛计	竖井井壁周边，3m 一个断面	
	临时支撑变形	水准仪、经纬仪及全站仪	2个点/单根支撑	
	竖井周边地表沉降	水准仪、经纬仪及全站仪	锁口圈开挖范围外5m～10m范围	
	应力影响范围内的建筑物变形、沉降观测	水准仪、水平尺、经纬仪、全站仪	—	
	竖井圈梁水平位移	水准仪、经纬仪及全站仪	锁口圈周边	施工过程中2次/d；竖井开挖后2周内，1次/2d；开挖后3周～4周，2次/周；开挖4周以后至二衬完成前，1次/周
	锚杆轴力	锚杆测力计及拉拔器	—	—
	格栅钢筋应力	钢筋计	每开挖5m选1个断面，每个断面取5个～10个测点，视断面尺寸定	竖井封底且马头门完成前2次/d；马头门完成后至隧道掘进5m，2次/周；竖井二衬前，1次/周

注：1　在一定条件下选测项目可转化为必测项目；

2　地质描述包括工程地质和水文地质描述。

表 40　隧 道 监 测

类别	监测项目	监测仪器和工具	测点布置	监测频率
必测项目	地质状况描述及支护状态观察	肉眼观察及地质素描、数显回弹仪及裂缝观测计	每一开挖环	开挖后立即进行
	地面建筑、地下管线及构筑物变化	水准仪、水平尺、经纬仪、全站仪	每5m～30m一个断面，并按每断面截面不同尺寸布置相应测点	开挖面距监测断面前后小于或等于2B时，1次/d～2次/d；开挖面距监测断面前后小于或等于5B时，1次/d；开挖面距监测断面前后大于5B时，1次/周；基本稳定后1次/周
	拱顶下沉	水平仪、钢尺等	每5m～30m一个断面，每个断面1个～3个测点	
	洞周净空收敛	收敛计	每5m～30m一个断面，每断面2个～4个测点	
	岩体爆破地面质点振动速度和噪声	声波仪及测振仪等	质点振速根据结构要求设点，噪声根据规定的测距设置	随爆破及时进行
	围岩内部位移	地面或洞内钻孔安放位移计、测斜仪等	取代表性地段设一断面，每断面2孔～3孔	开挖面距监测断面前后小于或等于2B时，1次/d～2次/d；开挖面距监测断面前后小于或等于5B时，1次/d；开挖面距监测断面前后大于5B时，1次/周
	围岩压力、初期支护与二衬间压力	压力传感器	每代表性地段设1个～2个断面，每断面5个～10个测点	
	钢筋格栅拱架应力	钢筋计	每10榀～30榀钢拱架监测1榀，每榀12个钢筋计	
	初期支护、二次衬砌内应力	混凝土内的应变计或应力计	每代表性地段设1个～2个断面，每断面5个～10个测点	
	锚杆轴力	锚杆测力计及拉拔器	必要时进行	
	初期支护背后孔洞	钻孔或地质雷达等无损检测	每个开挖、支护循环	

注：1　B 为隧道宽度；

2　地质描述包括工程地质和水文地质描述。

14.6.4 监控量测取得的数据应准确、可靠，并及时绘制时态曲线和进行回归分析；施工过程中要根据现场情况及时进行调整或增加监测项目。此外，洞周收敛、拱顶和地表沉降等必测项目设置在同一断面，以保证监测数据的可对比性。在监测过程中，洞周收敛、拱顶下沉和地表沉降必须同时监测，保证监测数据的相互比对印证，以准确、及时掌握隧道支护结构和周边环境的动态。

14.6.6 热力暗挖隧道的地面建（构）筑物多，交通繁忙，为保证安全，防止出现事故，施工中，通过监测和观察及时掌握开挖过程中的变化是非常重要的。施工中若出现条文中任意一款的情况，则认为已临近危险状态，要及时采取措施进行处理。

14.7 地下水处治

14.7.1 施工遇地下水宜首选止水方案。施工如选用降水方案，应根据施工场地、周边建（构）筑物位置以及施工所在区域的相关管理部门规定选择。降水过程中的环境监测应按现行行业标准《建筑与市政降水工程技术规范》JGJ/T 111 的要求执行。

14.7.2～14.7.4 数据引自现行国家标准《地下铁道工程施工及验收规范》GB 50299。

14.7.6 特殊地质条件下，例如土洞发育地区，由于降水作用，易引起地层变形而造成土层塌陷，故做出具体规定。

14.7.9 止水注浆要先制定方案，并做试验段；止水注浆材料应采用环保材料。隧道注浆止水目前常用方法可分为洞内深孔注浆和双重小导管注浆。

14.7.12 由于马头门部位开挖时会引起围岩的二次扰动，根据多年的施工经验，深孔注浆存在一定的注浆盲区，为确保马头门部位的施工安全和止水效果，所以在马头门部位采用超前小导管进行注浆止水。

14.7.19 旋喷桩施工工艺参数引自现行国家标准《建筑地基基础工程施工质量验收规范》GB 50202。

14.7.20 冻结止水是目前最环保的止水措施，但造价高、施工周期长。

14.7.24 冻融下沉是指土质冻融、融化产生的沉降。

14.8 地层预支护及加固

14.8.1 隧道的塌方大部分是由于掌子面土体不稳定引起的，应及时对掌子面前方的土体进行加固，加固方法有挂网喷射混凝土、小导管注浆等，其中小导管注浆是最常用的方法。

14.8.3 注浆的效果可采用分析法、直观法、检测法进行检测。

采用分析法时，应对注浆记录进行统计分析，检查每孔压力流量是否达到注浆结束标准，有无漏浆、串浆情况，从而反算浆液扩散范围；检查本循环所有注浆孔是否都按规定进行了注浆，有无漏注或无法注浆的情况，判定注浆效果；

采用直观检查法时，应在开挖过程中观察浆液扩散情况，地层是否达到了有效的固结，有无漏水和流砂现象，完善和修改下次循环的注浆参数；

采用检测检查法时，应通过使用仪器、设备读取注浆参数用以检测注浆效果。

14.8.5 超前小导管加工时，应先把钢管截成需要的长度，在钢管的前端做成约 100mm 长的圆锥状，在距尾端 100mm 处应焊接 ϕ6mm 钢筋箍；距钢筋箍尾端 1000mm 开始打孔，每隔 200mm 成梅花形布设 ϕ6mm～ϕ8mm 溢浆孔，见图 8 所示。

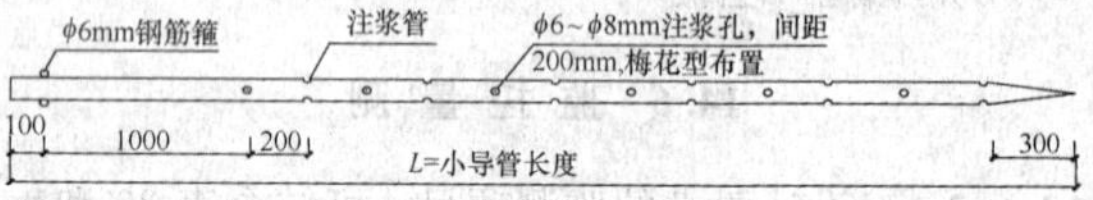

图 8 超前小导管加工示意图

14.8.6 管棚为主要受力杆件，纵向两排管棚应采用一定搭接长度。

14.8.12 地面注浆是最经济有效的注浆方式，宜尽可能采用。

14.9 竖 井

14.9.1 施工前的准备工作非常必要，是确保工程顺利实施的关键环节，施工前此项工作要认真做好。

14.9.2 为确保工程施工安全，根据多年的工程经验及管理部门的要求制定。

14.9.10 工程实例中发生过由于竖井位于含水量较大的砂、粉砂、卵石层，因未做到可靠连接，出现井壁脱落事故。

14.9.11 该条为强制性条文。

1 提升机械超过自身设计负荷运行会造成设备失灵、绳索断裂等问题，进而引起吊装物坠落，造成人身安全事故。要求设置限速器、限位器的目的是为了防止吊装物突然坠落，安装松绳信号装置也是为了在货物起吊时有信号提醒地上、地下施工人员注意避让；

2 工作吊盘的载重量超过吊盘的设计载重负荷时会引起吊盘断裂；

3 设防脱装置和缓转器的目的是为了防止提升吊桶突然脱落，造成人身安全事故；

4 按规定的安全系数确定规格是为了防止超负荷时连接装置断裂，重复使用会产生疲劳破坏也会引起断裂，造成吊装物坠落进而引发人身安全事故。

提升系统附件和设备应经过计算确定，其选型规格满足设计和施工使用要求。提升架基础应设计为独立基础，不应与竖井共用圈梁。

提升系统附件和设备安装与验收必须符合设计文件和安装施工方案，使用中发现异常应停止作业，排除隐患后方可继续使用；提升系统附件和设备应按规定进行日常检查、维修和保养，并有检查记录。

检查设计文件、安装施工方案、验收文件、日常检查记录。

判断依据包括：有无提升系统附件和设备的设计文件；提升系统附件和设备的验收文件是否与设计文件及安装施工方案一致；有无日常检查记录。

14.9.12 龙门架若不设置独立基础，需经设计方认可。

14.9.19 竖井回填注浆管布置断面示意图见图9。

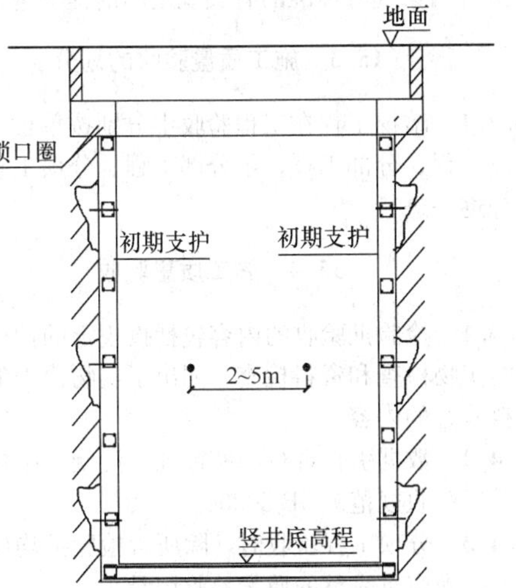

图9 竖井回填注浆管布置断面示意图

14.9.20 在工程实例中出现过竖井步梯与竖井支撑共用预埋件，当竖井支撑出现变形时，造成竖井步梯无法正常使用，影响井下施工人员逃生。因此步梯与竖井支撑预埋件不得共用。

14.9.22 锚杆钻孔前要根据受喷面情况和设计要求布置孔位，并作标记。钻孔方向要与孔口岩面垂直，才能使垫板密贴岩面，若施工未按上述要求，不仅影响锚固效果，甚至会造成失效。

14.9.24 锚杆（管）可采用锚杆测力计及拉拔器按要求进行拉拔试验。

14.10 马头门

14.10.1 开马头门时，是竖井初期支护结构受力最薄弱的环节，因此要采取措施，保证工程质量，防止出现安全事故。

14.10.4 针对热力工程断面尺寸特点，目前采用台阶法施工的较多，若采用其他方法施工，应根据工法特点及设计要求另行确定马头门的开挖步骤和工艺。

14.11 隧道开挖

14.11.3 超短台阶法的上、下台阶之间的距离一般为3m～5m。台阶法施工中，开挖下部台阶时应注意以下几点：①下台阶开挖应在上台阶初期支护基本稳定后进行。下台阶墙体一般采用单侧落底或双侧交错落底，避免拱脚同时悬空；②下台阶边墙落底后及时施工初期支护结构；③做好监控量测工作，发现洞体位移速率增大时，应及时封闭仰拱。

中隔壁法是以台阶法为基础，一般将隧道断面分成4部分，每一部分开挖并支护后形成独立的闭合单元，适用于在开挖断面较大的土层和不稳定岩体中施工。

14.11.6 施工中除严格控制开挖进尺外，还要注意核心土留置坡度、面积的问题，以避免开挖工作面的塌方。

14.11.8 为保证隧道内热机管轴线准确，应加强控制测量，但相对开挖时，不可避免地会出现贯通误差，因此在接近贯通时，两侧应加强联系，统一组织指挥，待相距15m～20m时应停挖一端，另一端挖通，以确保贯通误差在允许范围内。

14.11.9、14.11.10 数据引自现行国家标准《地下铁道工程施工及验收规范》GB 50299。

14.12 初期支护

14.12.2 热力工程现场场地狭窄，大多数钢筋格栅拱架在工厂加工好之后再运至现场安装。同时，由于钢筋格栅拱架加工精度要求高，制作数量大，为防止拼装质量不合格，要求制作出第一榀钢筋格栅拱架进行试拼合格后再进行批量生产，避免制造出废品，造成浪费。

14.12.3 钢筋格栅加工允许偏差是为保证安装质量而制定的，施工单位加工钢筋格栅前还要考虑因做防水层及防水保护层而占用的净空所需要的空间。

14.12.6 为控制隧道净空或二次衬砌结构的尺寸，减少格栅拱架在安装、混凝土浇筑过程的变形，制定此规定，数据引自现行国家标准《地下铁道工程施工及验收规范》GB 50299。

14.12.8 热力工程实践中得出此做法。

14.12.9 经过大量的供热管网暗挖工程验证，在开挖断面大及围岩不稳定的情况下，锁脚锚杆或锚管对初期支护的稳定及控制围岩的变形能起到较好的作用。

14.12.12 锚杆的锚固力与安装施工工艺操作有关，为保证质量，锚杆安装后要进行拉拔试验。

14.12.16 为使喷射混凝土速凝，避免喷射混凝土时由于自重而开裂、坠落，提高其在潮湿面喷射时的适应性，适当增加一次施喷厚度，缩短两次施喷间隔时间，故需在水泥中加入适量速凝剂。

14.12.18 数据引自现行国家标准《地下铁道工程施工及验收规范》GB 50299。

14.12.20 注浆管外露宜为100mm，是根据热力工程实践得出的。用棉纱塞孔是为了避免别处补浆时浆液反渗回隧道。

14.12.22 该条文的规定是基于北京市热力集团关于注浆技术的科研成果，并结合工程实践经验确定的。

14.13 防 水 层

14.13.1、14.13.2 对基面的要求是为了保证防水板的铺设和焊接质量，确保防水效果。绝对不允许出现露筋、漏水现象。铺设防水板之前基面表面应干燥。

14.13.3 防水板应牢固地固定在基面上，固定点间距应根据基面平整情况确定，拱部宜为 0.5m～0.8m、边墙宜为 1.0m～1.5m、底部宜为 1.5m～2.0m。局部凹凸较大时，应在凹处加密固定点。

14.13.6 为了使防水板外侧上部的渗漏水能顺利流下要求下部防水板压住上部防水板，以防止水积聚在防水板的搭接处而形成渗漏水隐患。

14.13.8 根据工程实例总结得出的结论。

14.13.14 根据现行国家标准《混凝土结构工程施工质量验收规范》GB 50204 的有关规定：施工缝应设置在剪力及弯矩较小及便于施工方便的位置；在已硬化的混凝土表面上继续浇筑混凝土前，先浇筑的混凝土强度水平施工缝不应小于 1.2MPa，垂直施工缝不应小于 2.5MPa。

14.14 二 次 衬 砌

14.14.5 模板是钢筋混凝土结构成型的重要环节，为保证混凝土质量，易于拆除模板，故模板支立前应涂刷隔离剂，并支立牢固、平整、不漏浆。

14.14.8 防水混凝土在最初 14d 内硬化速度快，如果这段时间养护不好，混凝土易于失水，抗渗性能下降，收缩率增大，致使混凝土易产生裂缝。另外，混凝土浇筑后，产生大量的水化热，如果过早的拆模，使混凝土过早暴露在大气层中，由于与周围环境温差过大，也会使混凝土产生裂缝。

14.14.12 隧道结构变形缝处钢筋比较密，同时又有止水带，为保证混凝土质量和止水带位置正确，作出具体规定。

14.14.13 二衬背后填充注浆管构造如图 10 所示。

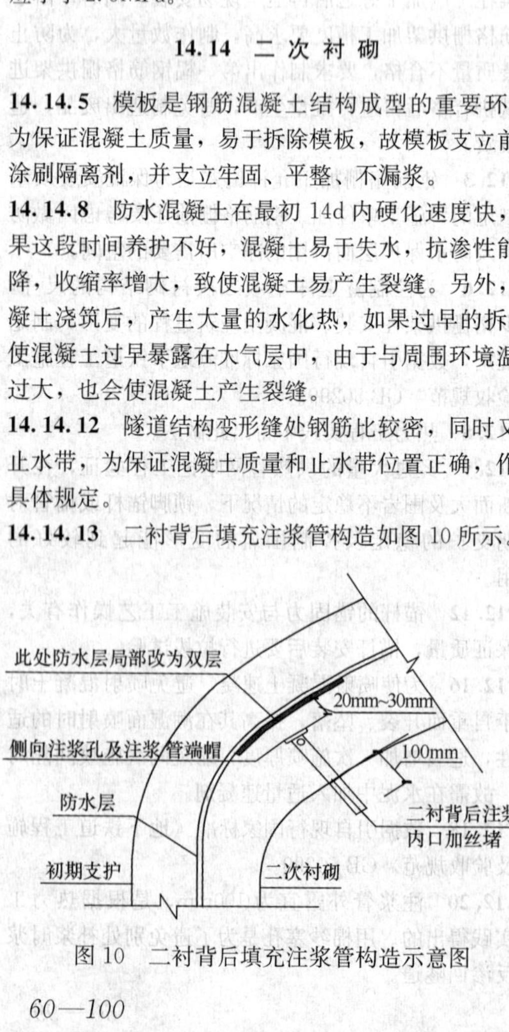

图 10 二衬背后填充注浆管构造示意图

15 工 程 验 收

15.1 一 般 规 定

15.1.1 为了统一和加强供热管网暗挖隧道工程施工质量的过程控制而作出具体规定。

15.1.2 施工现场质量管理中的资料管理归档工作，针对各地区资料管理体系的要求各有不同，但首先要在执行国家现行标准的有关规定的前提下进行。

15.3 施工质量验收的划分

15.3.1 暗挖工程在工程验收中分别按单位工程、子单位工程、分部工程、子分部工程、分项工程和检验批等逐一进行。

15.4 施工质量验收

15.4.1 检验批验收的内容包括按规定的抽样方案进行的实物检查和资料检查。列出了实物检查的方式和资料检查的内容。

15.4.2 数据引自现行国家标准《混凝土结构工程施工质量验收规范》GB 50204。

15.4.3 分项工程验收时，除所含检验批均应验收合格外，尚应有完整的质量验收记录。

15.4.4 分部工程验收时，除所含分项工程均应验收合格外，尚应有完整的质量验收记录。

15.4.5 单位工程验收时，除所含分部工程均应验收合格外，尚应有完整的质量验收记录。

15.4.6 引自现行国家标准《建筑工程施工质量验收统一标准》GB 50300。

15.4.7 分部工程、单位（子单位）工程存在严重的缺陷，经返修或加固处理仍不能满足安全使用要求的，不得验收。

15.5 监 控 量 测

15.5.1 施工监控量测的各类数据是指导施工的重要依据，所以量测资料应准确、真实、可靠，并以此绘制位移-时间曲线来反应隧道开挖中围岩和初期支护结构变化情况。监控量测工作应和施工紧密配合，以取得可靠数据，确保施工安全。

15.5.2 监控量测前监理单位、施工单位首先应对所使用的仪器、设备等相关合格证及国家颁发的相应检测标记进行检查并存档，确认无误后再监测。

15.5.3 数据参照本规程第 12 章施工设计与监控量测内容确定。

15.5.4 本规程第 12 章施工设计与监控量测内容中提及“高层建筑物地基允许变形值”。

15.6 地层预支护及加固

15.6.1 管棚是暗挖隧道预支护的一种措施，采用这种方法的地层一般都很软弱、破碎，或围岩与其他市政管线位置接近等情况，如不采取措施，管棚上部围岩极易坍塌，同时管棚又是主要的受力杆件，因此应符合设计要求。

15.6.3 管棚钢管在钻设过程中，由于钢管较长，如果偏差较大，很可能给拱架等施工带来一定困难，因此要求钻设时要严格掌握和控制钢管的钻设角度。

15.6.4 管棚的钢管承受地层的压力，为增强其刚度并加固周围的地层，一般应灌浆。为保证灌浆质量，防止漏浆，管棚钢管的尾部需设置封堵孔。

15.6.5 超前小导管是暗挖隧道预支护的一种措施，采用这种方法的地层一般都较软弱、破碎，或围岩与其他市政管线位置接近等情况，如不采取措施，上部围岩极易坍塌，同时超前小导管又是主要的受力杆件，因此应符合设计要求。

15.6.7 超前小导管长度应按本规程第10章所述的规定确定。小导管一般采用钻孔插入或锤击打入和钻机顶入的方法，为保证小导管有效支护长度，应根据施工方法不同，对小导管的插入长度提出要求。

15.6.8 超前小导管的钢管承受地层的压力，为增强其刚度并加固周围的地层，一般应灌浆。为保证灌浆质量，防止漏浆，超前小导管的钢管的尾部需设置封堵孔。

15.6.9 由于各种浆液适用不同的地质情况，所以浆液配比应符合设计要求，必要时应在现场做试验段。

15.6.10 注浆前对施工区域内的地下管线及建（构）筑物应做好监控量测工作，达到预警值应立即停工处理。

15.6.11 注浆管在钻设过程中，如果偏差较大，很可能对施工区域内市政管线或地下构筑物带来一定损坏，因此要求钻设时要严格掌握和控制钢管的钻设数量、布置、间距、孔深。

15.6.12 从设计的注浆量上判断注浆效果在技术上是很困难的，因此可采用开挖取样和贯入试验等判断注浆效果。

15.7 检查室（竖井）

15.7.3 龙门架一般情况下单独设立基础，不允许架设在初期支护锁口圈梁上。特殊情况需请设计人员复核，经认可后再架设。龙门架上电葫芦、限位计及限制荷载的设备安装前需经权威部门检测，合格后再安装使用。

15.7.4 龙门架结构所用的材质和截面形状关系到施工期间垂直运输的施工安全，需认真检查。

15.7.6 准确的定位放线是工程施工的关键环节之一，开挖前需再次复核。

15.7.11 工程资料是工程竣工验收的一部分，需与工程同步进行，详细记录施工过程、数据及重要变更。

15.7.13 对型钢的规格、尺寸、允许偏差每一品种均抽样检查。

15.7.16 引自现行国家标准《地下防水工程质量验收规范》GB 50208。

15.7.18 隔离剂沾污钢筋和混凝土接槎处可能对混凝土结构受力性能造成明显的不利影响，故应避免。

15.7.19 对用作模板的地坪、胎模等提出了应平整光洁的要求，这是为了保证预制构件的成型质量。

15.7.23 检查室的爬梯、护栏、休息平台、操作平台一般为钢结构，由型钢焊接而成。作为暗挖结构的构筑物，具备人员运输、逃生、运送更换设备等功能。

15.8 隧道土方开挖

15.8.1 暗挖隧道是为敷设热机管线服务，热机管线对中线、高程要求比较严格，因此开挖断面的中线、高程应准确，符合设计要求。

15.8.2 暗挖隧道的开挖断面原则上不应欠挖，以保证初期支护结构厚度和有利于拱架支立位置的正确。但在硬岩和中硬岩地层中，会出现局部欠挖现象，因此需采用措施，防止欠挖和超挖。

15.8.3 一个工程各检查室之间的隧道往往分段进行开挖，在开挖过程中为保证中线准确、高程无误，要加强控制测量并与前后开挖段及时沟通。

15.8.4 借鉴现行国家标准《地下铁道工程施工及验收规范》GB 50299的数据，结合热力暗挖断面（除少数出厂主干线外）小于地铁断面及综合工程造价的因素，将超挖值进行调整，经工程实践，可以达到。

15.9 初期支护

15.9.1 作为现行国家标准《混凝土结构工程施工质量验收规范》GB 50204中的强制性条款，应严格执行。强度、安全性等是水泥的重要性能指标，进场时应做复检，其质量应符合现行国家标准《通用硅酸盐水泥》GB 175的要求。

15.9.2 要求砂石具有一定含水率，一方面可减少混合料搅拌中产生粉尘和上料、拌合时水泥飞扬和损失；另一方面有利于喷射时水泥充分水化，避免凝结成团，发生堵管现象。

15.9.3 粗骨料粒径的大小主要与喷射机处理物料能力有关，目前采用的喷射机输料管直径多为51mm，为避免堵管，故最大粒径不应大于15mm，这样也能减少石子喷射时的动能，降低回弹损失。

15.9.4 为使喷射混凝土速凝，避免喷射混凝土时由于自重而开裂、坠落，提高其在潮湿面施喷时的适应性，适当增加一次施喷厚度，缩短两次施喷间隔时间，故需在水泥中加入适量的速凝剂。

15.9.6 配合比在满足强度的前提下，还要考虑施工工艺的要求。

15.9.7 抗压试件是反映喷射混凝土物理力学性能优劣、检验喷射混凝土强度的重要手段，通常作抗压试件测试混凝土的抗压强度，也可采用回弹仪测试换算。此外，也可用钻芯的办法取试件。

15.9.8 检查喷射混凝土的厚度时，可在混凝土喷射8h内采用钢钎凿眼检查，发现厚度不够时，应及时补喷。在岩石层中，由于围岩与混凝土粘结紧密，颜色相近而不易辨认喷层厚度时，可用酚酞试液涂抹孔壁，呈现红色的即为混凝土。

15.9.9 喷射混凝土的含砂率高，水泥用量也较多，并掺速凝剂，其收缩变形比灌注混凝土大，为保证其质量，要保持较长时间的养护。且应尽量采用喷雾养护，防止洒水过多而积水，影响质量和施工。

15.9.11 喷射作业分区段进行，是为了便于管理检查，有利于保证喷射混凝土厚度和质量。自下而上可避免先喷上部时松散回弹物污染下部未喷射的岩面，喷好下部对上部喷层能起支托作用，可减少或防止喷层松脱。

15.9.13 设定喷射混凝土原材料每盘称重的偏差值，目的是使喷射混凝土能够达到设计强度。

15.9.14 基面平整度是铺设防水板的要求，也是喷射混凝土符合设计强度的基本要求。

15.9.17 砂浆的配合比直接影响砂浆强度、注浆密实度和施工的顺利进行。若水灰比过小，可注性差，也容易堵管，影响注浆作业的进行；水灰比过大，杆体插入后，砂浆易往外流淌，孔内砂浆不饱满影响锚固效果。

15.9.18 砂浆锚杆注浆的饱满程度是确保锚杆安装质量的关键，孔内砂浆不饱满，影响锚固效果。

15.9.20 锚管安装在岩体中，以本身承受荷载来阻止岩层相互错动和变形，起到支护和加固岩体的作用。但由于隧道开挖后，岩面凹凸不平且岩体存在节理裂缝，因此施工时不能完全按设计要求布置孔位和钻孔孔深等，为保证锚杆支护的组合效果，作出具体规定。

15.9.26 钢筋网片本身、钢筋网片与钢筋格栅、锚杆及与喷射混凝土共同形成受力结构。

15.9.31 钢架安装的位置、接头连接质量、纵向拉杆共同形成一个受力体系，彼此之间协同作用承受外力载荷。钢架安装不得侵入二次衬砌断面，否则会缩小二衬内净空影响正常使用或二次衬砌结构的尺寸。

15.9.34 钢筋网片本身、钢筋网片与钢筋格栅、锚杆及与喷射混凝土共同形成受力结构，特别是钢筋格栅拱架支立位置正确与否，直接影响到隧道净空或二次衬砌结构的尺寸。

15.9.35 注浆材料是根据工程地质和水文地质条件并经做试验段测试确定的，同种条件应按确定的材料注浆，确保注浆效果。

15.9.37 回填注浆密实是钢筋格栅正常受力的重要保证，若出现空洞需补浆直至达到回填注浆密实。

15.9.38 设计的注浆压力及注浆量是依据地质勘探报告的结论计算出来的，工程实践经常在施工现场按设计提出的数据做试验段，得到的数据为最终结果。

15.10 净空测量及贯通测量

15.10.1 检查室、隧道初期支护净空应满足设计和规范要求，正确与否直接影响到隧道和检查室净空对使用功能的需要或二次衬砌结构的尺寸。

15.10.2 对在铺设防水层和施作二次衬砌之前，应进行初期支护净空测量的要求，同样是因为隧道和检查室净空对确保使用功能和二次衬砌结构的尺寸的需要。

15.10.4、15.10.5 允许偏差值是根据初期支护钢筋格栅的偏差值及常规情况下净空使用功能要求得来的数据。

15.11 结 构 防 水

15.11.1 防水层所用塑料板及配套材料不得选用不符合国家标准或设计要求的产品，影响使用效果，造成经济损失。

15.11.2 塑料板的搭接缝按设计图纸要求，一般为充气检查。

15.11.3 为保证塑料板防水层施工质量制定作出具体规定。

15.11.4 固定不牢会引起板面下垂，绷紧时又会将塑料防水板拉断。一般情况下，拱顶防水板易绷紧，从而产生混凝土封顶厚度不够的现象。

15.11.5 塑料防水板搭接焊缝采用热熔焊接施工，两幅塑料防水板的搭接宽度不应小于100mm。由于双焊缝中间需留设10mm～20mm的空腔，且每条焊缝的有效焊接宽度不应小于10mm，为了做到准确下料和保证防水层的施工质量，对塑料防水板的允许偏差作出具体规定。

15.12 二 次 衬 砌

15.12.3 混凝土试件强度的试验方法应符合普通混凝土力学性能试验方法标准的规定。混凝土试件的尺寸应根据骨料的最大粒径确定。当采用非标准尺寸的试件时，其抗压强度应乘以相应的尺寸换算系数。

15.12.6 上、下层支架的立柱应对准，以利于混凝土重力及施工荷载的传递，这是保证施工安全和质量的有效措施。在浇筑混凝土过程中，模板及支架在混凝土重力、侧压力及施工荷载等作用下胀模（变形）、跑模（位移）甚至坍塌的情况时有发生。为避免事故，保证工程质量和施工安全，提出了对模板及其支架进行观察、维护和发生异常情况及时进行处理的要求。

15.12.7 模板及其支架拆除的顺序及相应的施工安

全措施对避免重大工程事故非常重要。底模拆除当设计无具体要求，且施工方有足够此类工程施工经验时，可参考底模拆除时的混凝土强度见表41。

表41　底模拆除时的混凝土强度要求

构件类型	构件跨度（m）	达到设计的混凝土立方体抗压强度标准值的百分比（%）
板	≤2	≥50
	>2，≤8	≥75
	>8	≥100
梁、拱、壳	≤8	≥75
	>8	≥100
悬臂构件	—	≥100

后浇带模板的拆除及支顶易被忽视而造成结构缺陷，需要特别注意。

15.12.8　无论是采用何种材料制作的模板，其接缝都应保证不漏浆。模板内部与混凝土的接触面应清理干净，以避免夹渣等缺陷。

15.12.9　为了保证预制构件的成型质量作出具体规定。

15.12.10　对跨度较大的现浇混凝土梁、板，考虑到自重的影响，适度起拱有利于保证构件的形状和尺寸。执行时应注意起拱高度未包括设计起拱值，而只考虑模板本身在荷载下的下垂，因此对钢模板可取偏小值。

15.12.11～15.12.13　数据引自现行国家标准《混凝土结构工程施工质量验收规范》GB 50204。

15.12.14　由于侧模拆除时混凝土强度不足可能造成结构构件缺棱掉角和表面损伤，故应避免。

15.12.15　钢筋对混凝土结构构件的承载力至关重要，对其质量应从严要求。普通钢筋应符合现行国家标准《钢筋混凝土用钢　第1部分：热轧光圆钢筋》GB 1499.1、《钢筋混凝土用钢　第2部分：热轧带肋钢筋》GB 1499.2和《钢筋混凝土用余热处理钢筋》GB 13014的有关规定。

15.12.16　在钢筋分项工程施工过程中，若发现钢筋性能异常，应立即停止使用，并对同批钢筋进行专项检验。

15.12.17、15.12.18　对各种级别普通钢筋弯钩、弯折和箍筋的弯弧内直径、弯折角度、弯后平直部分长度分别提出了要求。受力钢筋弯钩、弯折的形状和尺寸，对于保证钢筋与混凝土协同受力非常重要。根据构件受力性能的不同要求，合理配制箍筋有利于保证混凝土构件的承载力，特别是对配筋率较高的柱、受扭的梁和有抗震设防要求的结构构件更为重要。在规定检查项目的基础上，对重要部位和观察难以判定的部位进行抽样检查。

15.12.19　纵向受力钢筋的连接方式应符合设计要求，这是保证受力钢筋应力传递及结构构件的受力性能所必需的。

15.12.20　对施工现场的机械连接接头和焊接接头提出了外观质量要求。对观察难以判定的部位，可辅以量测检查。

15.12.21　受力钢筋的品种、级别、规格和数量对结构构件的受力性能有重要影响，应符合设计要求。

15.12.22　加强对钢筋外观质量的控制，钢筋进场时和使用前均应对外观质量进行检查。弯折钢筋不得敲直后作为受力钢筋使用。钢筋表面不应有颗粒状或片状老锈，以免影响钢筋强度和锚固性能。

15.12.23　盘条供应的钢筋使用前需要调直。调直宜优先采用机械方法，以有效控制调直钢筋的质量；也可采用冷拉方法，但应控制冷拉伸长率，以免影响钢筋的力学性能。

15.12.24　数据引自现行国家标准《混凝土结构工程施工质量验收规范》GB 50204。

15.12.25　受力钢筋接头宜设置在受力较小处，同一钢筋在同一受力区段内不宜多次连接，以保证钢筋的承载、传力性能。

15.12.26　对受力钢筋机械连接和焊接的应用范围、连接区段的定义以及接头面积百分率的限制作出具体规定。接头面积百分率是指接头面积与现有钢筋面积的百分比。

15.12.27　为保证受力钢筋绑扎搭接接头的传力性能，对受力钢筋搭接接头连接区段的定义进行了解释，对接头面积百分率的限制以及最小搭接长度的要求作出具体规定。

15.12.28　搭接区域的箍筋对于约束搭接传力的混凝土、保证搭接钢筋传力至关重要。

15.12.29　梁、板类构件纵向受力钢筋的位置对结构构件的承载能力和抗裂性能等有重要影响。

15.12.30　水泥进场时，应根据产品合格证检查其品种、级别等，并有序存放，以免造成水泥混料错批。

15.12.31　混凝土外加剂种类较多，且均有相应的质量标准，使用时其质量及应用技术应符合现行国家标准《混凝土外加剂》GB 8076和《混凝土外加剂应用技术规范》GB 50119的有关规定。

15.12.32　混凝土中氯化物、碱的总含量过高，可能引起钢筋锈蚀和碱骨料反应，严重影响结构构件受力性能和耐久性。

15.12.33　混凝土应根据实际采用的原材料进行配合比设计，并按普通混凝土拌合物性能试验方法等标准进行试验、试配，以满足混凝土强度、耐久性和工作性的要求，不得采用经验配合比。同时，应符合经济、合理的原则。

15.12.34　针对不同混凝土生产量，规定了用于检查结构构件混凝土强度试件的取样与留置要求。

15.12.35 由于相同配合比的抗渗混凝土因施工造成的差异不大，故规定了对有抗渗要求的混凝土结构应按同一工程、同一配合取样不应少于一次。由于影响试验结果的因素较多，需要时可多留置几组试件。抗渗试验应符合现行国家标准《普通混凝土长期性能和耐久性能试验方法》GB/T 50082 的有关规定。

15.12.36 各种衡器应定期校验，以保持计量准确。生产过程中应定期测定骨料的含水率，当遇雨天施工或其他原因致使含水率发生显著变化时，应增加测定次数，以便及时调整用水量和骨料用量，使其符合设计配合比的要求。

15.12.37 混凝土初凝时间与水泥品种、凝结条件、掺用外加剂的品种和数量等因素有关，应由试验确定。

15.12.38 混凝土掺合料的种类主要有粉煤灰、粒化高炉矿渣粉、沸石粉、硅灰和复合掺合物等，有些目前尚没有产品质量标准。工程应用时应符合现行国家标准《粉煤灰混凝土应用技术规范》GBJ 146 和《用于水泥与混凝土中的粒化高炉矿渣粉》GB/T 18046 的有关规定。

15.12.39 普通混凝土所用的砂子、石子应符合现行行业标准《普通混凝土用砂、石质量及检验方法标准》JGJ 52 的有关规定，其检验项目、检验批量和检验方法应遵照标准的规定执行。

15.12.40 考虑到今后生产中利用工业处理水的发展趋势，除采用饮用水外，也可采用其他水源，但其质量应符合现行行业标准《混凝土用水标准》JGJ 63 的有关规定。

15.12.41 实际生产时，对首次使用的混凝土配合比应进行开盘鉴定，并至少留置一组 28d 标准养护试件，以鉴定混凝土的实际质量与设计要求的一致性。

15.12.42 混凝土生产时，砂、石的实际含水率可能与配合比设计时存在差异，故规定应测定含水率并相应调整材料用量。

15.12.43 混凝土施工缝不应随意留置，其位置应事先在施工技术方案中确定。确定施工缝位置的原则为：尽可能留置在受剪力较小的部位；留置位置应便于施工。承受动力作用的设备基础，原则上不应留置施工缝；当应留置时，应符合设计要求并按施工技术方案执行。

15.12.44 养护条件对于混凝土强度的增长有重要影响。

15.12.46 回填注浆应采用强度较高的具有微膨胀性水泥砂浆，有特殊要求的地段可采用强度高、流动性好的自流平（硫铝酸盐为主的 TGRM，HSC）水泥砂浆。

15.12.47 回填注浆应在二次衬砌混凝土强度达到设计强度 75%及以上（约养护 14d）进行。

15.12.48 回填注浆压力不宜太高，一般不大于 0.2MPa。

15.12.49 回填注浆应在隧道拱部布设，环向间距 3m，纵向间距 5 m 左右，注浆管突出至二衬内轮廓线 8mm 即可。

15.12.50 回填注浆时需注意观察注浆压力及沿隧道纵向前后注浆孔是否溢浆。

15.12.51 回填注浆注浆是为了满足二衬结构厚度的需要，因此回填注浆应在二次衬砌混凝土强度达到设计强度 70%及以上（约养护 14d）进行。

15.12.52 施工缝、变形缝的形式、位置、尺寸、所使用的原材料均为设计按结构形式、围岩情况及结构受力状况计算得出，因此应符合设计要求。

15.12.53 由于暗挖结构有两道防水线：一道为防水板，另一道为二衬结构自防水。因此应做好施工缝、变形缝位置的防水构造，不能使二衬结构在施工缝、变形缝位置漏水。

15.12.54 确保在施工缝、变形缝位置不漏水的施工要求。

15.13 支架及护墩

15.13.1 支架及护墩所用材料应符合设计及规范要求。热力工程一般采用型钢支架，型号经与设计认可可替代。

15.13.2 支架作为支撑和抵抗热机管线外力的受力构件，其与热机管线间距较小，故支架的加工精度应符合设计要求。

15.13.3 支架的焊接质量直接影响支架的加工精度和整体质量。

15.13.4 支架的嵌固方式及嵌固深度是设计根据支架的受力方式及状况计算得出，应符合设计要求。

15.13.5 经过管线运行管理方提供的多年管线运行经验，为延长支架的使用寿命，支架应做混凝土护墩以防结构底板的水长期腐蚀支架根部，且不得砌筑。

15.13.7 此条是根据多年设计、施工、运行的经验得出的。

15.14 单位工程观感质量评定

15.14.1、15.14.2 关于观感质量验收，这类检查往往难以定量，只能以观察、触摸或简单量测的方式进行，并由各个人的主观印象判断，检查结果并不给出“合格”或“不合格”的结论，而是综合给出质量评价。对于“差”的检查点应通过返修处理等补救。观感质量由建设单位组织监理单位、施工单位共同进行现场评定。观感质量检查评定达不到合格标准，应进行返修。

混凝土观感质量合格标准，工程中还应结合混凝土工程质量验收标准共同控制施工质量。防水观感质量合格标准，工程中还应结合防水分部工程质量验收共同控制施工质量。

中华人民共和国行业标准

城镇供热系统抢修技术规程

Technical specification for emergency repair of district heating system

CJJ 203—2013

批准部门：中华人民共和国住房和城乡建设部

施行日期：2 0 1 4 年 4 月 1 日

中华人民共和国住房和城乡建设部
公　　告

第180号

住房城乡建设部关于发布行业标准《城镇供热系统抢修技术规程》的公告

现批准《城镇供热系统抢修技术规程》为行业标准，编号为CJJ 203－2013，自2014年4月1日起实施。其中，第3.1.4、3.4.4条为强制性条文，必须严格执行。

本规程由我部标准定额研究所组织中国建筑工业出版社出版发行。

中华人民共和国住房和城乡建设部
2013年10月11日

前　　言

根据原建设部《关于印发〈2007年工程建设标准规范制订、修订计划（第一批）〉的通知》（建标［2007］125号）的要求，标准编制组在深入调查研究、认真总结国内外科研成果和大量实践经验，并在广泛征求意见的基础上，编制本规程。

本规程的主要技术内容是：1. 总则；2. 术语；3. 基本规定；4. 供热热源；5. 供热管网；6. 热力站、楼内及户内系统；7. 图档资料。

本规程中以黑体字标志的条文为强制性条文，必须严格执行。

本规程由住房和城乡建设部负责管理和对强制性条文的解释，由北京市热力集团有限责任公司负责具体技术内容的解释。请各单位在执行本规程过程中，注意总结经验，积累资料，随时将有关意见和建议寄交北京市热力集团有限责任公司（北京市朝阳区西大望路1号温特莱中心A座，邮编：100026）。

本规程主编单位：北京市热力集团有限责任公司

本规程参编单位：北京市热力工程设计公司
唐山市热力总公司
沈阳惠天热电股份有限公司
牡丹江热电有限公司

本规程主要起草人员：刘　荣　牛小化　张立申　徐金锋　董乐意　张玉成　石　英　王孝国　李孝萍　李继辉　贾蕴兰　王志杰　刘国庆　张瑞娟　刘　诚　孙玉庆　简　进　于黎明　金明义　韩晓东

本规程主要审查人员：许文发　刘广清　李先瑞　鲁亚钦　吴守晔　张国京　孙作亮　张建伟　陈鸿恩　史继文　杨永峰　李美竹

目　次

Contents

1 总　　则

1.0.1 为减少供热系统突发故障或事故造成的损失，尽快恢复供热，使城镇供热系统抢修符合安全生产的要求，制定本规程。

1.0.2 本规程适用于供热热水介质设计压力小于或等于2.5MPa，设计温度小于或等于200℃；供热蒸汽介质设计压力小于或等于1.6MPa，设计温度小于或等于350℃的城镇供热系统的抢修，包括热源（锅炉房）、供热管网、热力站、楼内及户内供热系统。

1.0.3 抢修工作应遵循“安全第一，预防为主，以人为本”的方针，坚持“快速反应，统一指挥，分级负责，内部自救与上级单位、社会救援相结合”的原则，根据实际情况合理安排抢修时机。在明确故障或事故信息后，抢修机构应按应急预案并结合现场情况组织抢修工作。

1.0.4 城镇供热系统抢修除应符合本规程外，尚应符合国家现行有关标准的规定。

2 术　　语

2.0.1 供热热源　heat source of heating system

将天然或人造的能源形态转化为符合供热要求的热能形态的设施，简称为热源。本规程中，热源特指锅炉房。

2.0.2 供热管网　heating network

由热源向热用户输送和分配供热介质的管道系统，包括一级管网、二级管网等。一级管网指在设置一级换热站的供热系统中，由热源至换热站的供热管网；二级管网指在设置一级换热站的供热系统中，由换热站至热用户的供热管网。

2.0.3 热力站　heating station

用来转换供热介质种类、改变供热介质参数、分配、控制及计量供给热用户热量的设施。

2.0.4 故障　damage accident

供热系统出现不正常工作的事件。

2.0.5 事故　breakdown accident

供热系统完全丧失或部分丧失完成规定功能的事件。

2.0.6 抢修　emergency repair

供热系统中的设备、设施发生故障或事故，导致不能正常供热或危及运行安全，紧急进行的处置和修复工作。

2.0.7 供热管理单位　Heating supply organization

供热系统产权单位或经营运行管理单位。

2.0.8 有限空间　limited space

封闭或部分封闭，进出口较为狭窄有限，未被设计为固定工作场所，自然通风不良，易造成有毒有害、易燃易爆物质积聚或氧含量不足的空间。

2.0.9 应急预案　emergency plan

预先制定的对突发事件进行紧急处理的方案。

3 基 本 规 定

3.1 一 般 规 定

3.1.1 抢修机构应由熟悉应急预案和事故处理流程的管理者、协调者以及技术人员组成，并应明确管理职责。

3.1.2 抢修队伍应配备专职安全管理人员和抢修人员，并应经专业技术培训，考试合格后方可上岗。特种设备作业人员应持有相应的资质证书。

3.1.3 供热管理单位宜根据供热区域范围分别设立抢修队伍，每个抢修队伍中的焊工、电工等特殊工种应各配备不少于2名。

3.1.4 供热管理单位应设置并公布24h报修电话，供热期间抢修人员应24h值班备勤，抢修人员在接到抢修指令1h之内应到达现场。

3.1.5 供热管理单位应根据当地政府要求和本单位供热的具体情况，按照故障或事故的影响级别分别编制抢修应急预案。

3.1.6 抢修应急预案应包括下列主要内容：

1 组织机构、人员和职责划分；

2 供热故障或事故接警方式；

3 通信联络方式；

4 应急预案分级；

5 设备、物资保障；

6 事故上报、启动抢修程序；

7 现场处理措施；

8 抢修方案；

9 预案终止程序、恢复供热程序；

10 人员培训和应急救援预案演练计划。

3.1.7 供热管理单位应根据供热的具体情况对应急预案及时进行调整和修订。

3.2 应急设施及物资配备

3.2.1 供热管理单位应建立应急抢修物资管理制度，规范各类抢修物资的采购、储备、保管和使用等流程。

3.2.2 抢修队伍应配备专用车辆、可移动电源、通信设备、检测仪器、安全警示器具等装备和抢修工具、常用材料等备品备件，并宜设立抢修专用装备及材料库。

3.2.3 抢修设备应保证状况良好，并应由抢修组织机构统一调配，不得挪作他用。

3.2.4 抢修队员应按安全生产管理规定配备安全防护装备。

3.3 安全管理

3.3.1 供热管理单位应建立供热抢修作业安全保证体系，制定安全重点防范内容，建立安全教育制度、安全检查制度、消防管理制度。

3.3.2 抢修队伍应建立以抢修负责人为核心、专职安全员为骨干的安全工作小组。

3.3.3 抢修队伍应为现场从事危险作业人员办理意外伤害保险。

3.3.4 抢修队伍应为抢修施工人员配备个体劳动防护用品。

3.3.5 抢修队伍应对抢修施工现场的安全防护设施设专人管理，并应随时检查，保持其完整和有效性。

3.3.6 抢修用电安全管理应符合国家现行标准《建设工程施工现场供用电安全规范》GB 50194、《施工现场临时用电安全技术规范》JGJ 46 的相关规定。

3.4 抢修作业

3.4.1 抢修管理单位应根据事故现场情况，结合应急预案确定抢修方案。

3.4.2 供热管理单位应根据抢修作业需要的停热时间和影响范围，向主管部门汇报，并应对需要停热的用户做好宣传解释工作。

3.4.3 抢修人员应持证上岗，进入抢修施工现场前应穿戴相应的劳动防护用品。

3.4.4 抢修人员到达事故现场后，必须立即设置安全警戒区和警示标志，并应采取防护措施。

3.4.5 抢修人员应在保证自身安全的前提下，立即组织救护受伤人员。

3.4.6 抢修过程中应采取防止次生灾害的措施。

3.4.7 抢修人员在未查清事故原因或未消除隐患前不得撤离现场。

3.4.8 进入有限空间进行抢修作业时应符合有限空间作业相关规定，特殊情况应确定具体安全措施，并应经抢修指挥部允许后方可实施。抢修作业时应设专人监护，并应随时与进入有限空间作业的抢修人员保持联系和沟通。

3.4.9 高空抢修作业应有专人指挥，并应设警戒人员，作业人员应系安全带，需搭设脚手架时应由专业人员实施。

3.4.10 放水现场应设置明显的警示标识，并应有专人值守。

3.4.11 在夜间和阴暗空间作业时，作业现场应设置照明和安全警示灯。

3.4.12 转动机械设备停运抢修作业，应事先停电并应挂“禁止合闸，有人作业”等指示牌。

3.4.13 抢修作业过程中遇突发情况应立即处理。出现不能控制或威胁抢修人员安全的事态时，应立即停止现场作业，撤到安全地带，并应根据需要调整安全警戒范围。

3.4.14 抢修作业完毕后应及时报告指挥或调度部门，按指令恢复正常供热，并应对抢修作业场地进行清理。

3.4.15 抢修作业的设备安装、焊接及验收应按国家现行标准《工业金属管道工程施工规范》GB 50235、《工业金属管道工程施工质量验收规范》GB 50184 和《城镇供热管网工程施工及验收规范》CJJ 28 的相关规定执行。

3.4.16 抢修作业中的临时措施应在正式停热后进行完善。

3.4.17 供热管理单位应在抢修完成、恢复供热后对事故现场进行回访，发现隐患应及时采取措施。

4 供热热源

4.1 一般规定

4.1.1 供热热源抢修应包括锅炉本体及其辅助设备。

4.1.2 锅炉等压力容器和部件抢修作业应符合现行国家标准《锅炉安装工程施工及验收规范》GB 50273 相关规定。

4.1.3 风机、水泵抢修作业应符合现行国家标准《风机、压缩机、泵安装工程施工及验收规范》GB 50275 的相关规定。

4.1.4 配电系统抢修作业应符合现行国家标准《电气装置安装工程　盘、柜及二次回路结线施工及验收规范》GB 50171 的相关规定。

4.1.5 燃气系统抢修作业符合现行行业标准《城镇燃气设施运行、维护和抢修安全技术规程》CJJ 51 的相关规定。

4.1.6 锅炉房内的热力管道及附件的抢修作业应按本规程第 5 章的相关规定执行。

4.1.7 进入炉膛、尾部烟道、除尘器等内部抢修作业前，应对温度、氧浓度值、易燃易爆物质（可燃气体、爆炸性粉尘）浓度值、一氧化碳浓度值等进行检测，符合要求后方可进入。

4.2 锅炉本体

4.2.1 发生炉墙及炉顶坍塌、受热面严重泄漏等情况时，应紧急停炉抢修。紧急停炉应按锅炉运行操作规程的要求进行，并应将故障炉从系统中解列，然后进行通风冷却，消压放水。

4.2.2 对流管束、水冷壁爆管的抢修作业应符合下列规定：

1 应按本规程第 4.1.7 条的规定进行检测，合格后方可进入炉膛检查爆管情况；

2 应根据爆管位置、损坏程度、破口大小等情况确定焊接修补或更新等具体抢修方案；

3　抢修完毕后应进行对流管束、水冷壁管的外观检验、水压严密性试验等，合格后方可恢复锅炉运行。

4.2.3　省煤器泄漏抢修作业应符合下列规定：

1　应按本规程第4.1.7条的规定进行检测，合格后方可进入尾部烟道查找省煤器漏点；

2　应根据漏点来确认省煤器进出口集箱上对应的管口位置；

3　应根据泄漏管位置、数量、损坏程度等具体情况进行补焊、封堵或更换局部省煤器管；

4　抢修完毕后应进行省煤器的外观检验、水压严密性试验，合格后方可恢复锅炉运行。

4.2.4　空气预热器抢修作业应符合下列规定：

1　应按本规程第4.1.7条的规定进行检测，合格后方可进入尾部烟道查找空气预热器故障或事故点；

2　应疏通堵塞的空气预热器管、清理积灰；

3　应根据空气预热器泄漏管的位置、数量、损坏程度等具体情况进行封堵或更换局部空气预热器管；

4　抢修完毕后应进行空气预热器的外观检验、风压严密性试验，合格后方可恢复锅炉运行。

4.2.5　炉墙及炉顶坍塌抢修作业应符合下列规定：

1　应将锅炉本体损坏、坍塌处的保温层和耐火层拆除，并应彻底清除需抢修部位炉墙灰渣；

2　应选用适用的混凝土浇筑或耐火砖交错砌筑，养护完成后应对抢修部位按现行国家标准《工业炉砌筑工程质量验收规范》GB 50309的相关规定进行验收；

3　抢修完毕后应按规定进行烘炉，合格后方可恢复锅炉运行。

4.2.6　炉排故障抢修作业应符合下列规定：

1　短时间内可消除的炉排故障，可在不停止鼓引风机运行的状态下进行抢修；

2　短时间内不能消除的炉排故障，应先停炉后确定抢修方案，再进行抢修；

3　抢修完毕后应转动炉排试车，合格后方可恢复锅炉运行。

4.3　水泵和风机

4.3.1　当水泵或风机运行发生下列情况时，应进行抢修：

1　剧烈振动或内部有金属摩擦等异常声响；

2　电动机故障；

3　轴承温度超过设备说明书允许值；

4　控制系统故障；

5　泵体严重泄漏。

4.3.2　发现水泵或风机剧烈振动，应检查地脚螺栓。对松动的螺栓应进行紧固，对断裂的螺栓应重新更换。

4.3.3　水泵或风机内部有金属摩擦声时，应检查叶轮、集流器。当腐蚀或变形严重时，应进行更换。

4.3.4　电动机故障时，应使用备用电动机更换故障电动机。

4.3.5　轴承温度超标时，应检查冷却系统和润滑系统。冷却系统和润滑系统无异常时，应更换轴承。

4.3.6　控制系统发生故障时，应分析原因，更换相应故障元器件。

4.3.7　水泵发生泄漏时，应先进行紧固，紧固无效时，应解体检修或更换密封、泵体。

4.3.8　抢修完毕后应进行水泵或风机试运行，合格后方可投入使用。

4.4　其他辅助设备

4.4.1　阀门发生下列情况应进行抢修：

1　填料函严重泄漏；

2　阀门与管道连接处严重泄漏；

3　阀体开裂；

4　阀芯脱落；

5　安全阀无法按照规定值启停。

4.4.2　阀门抢修应按下列步骤进行：

1　运行人员应立即关断上一级阀门；

2　抢修人员到达现场，查找故障原因，确定抢修方案；

3　对故障阀门进行修理或更换；

4　抢修完毕后恢复供热。

4.4.3　水处理系统抢修作业应符合下列规定：

1　当供水管道出现漏点时，可在不停水情况下，对管道漏点处采用抱卡或焊接管箍等方法进行带压封堵；

2　水处理系统不能正常制水时，应启动备用水处理设备；当备用水处理设备不能正常工作时，对蒸汽锅炉应降低热负荷，对热水锅炉应投入水处理药剂，并应对制水设备进行抢修；

3　酸系统发生泄漏时，应放净酸液、冲洗管道、局部更换泄漏处的管道。抢修人员操作时应穿橡胶耐酸碱服、戴橡胶耐酸碱手套等防护用具。

4.4.4　输煤设备抢修作业应符合下列规定：

1　输煤皮带断裂时，对断裂皮带进行机械连接或粘合连接，无法连接修复时，应及时更换新的输煤皮带；

2　给煤机出现电机故障时，应先排除电机故障，故障无法排除时，应使用备用电机更换故障电机。

4.4.5　除渣系统发生故障时，应清理积灰、清除异物、维修或更换损坏部件。

4.4.6　配电柜发生故障时，应查找故障点并应进行隔离，启用备用电源恢复用电设备运行，然后对故障配电柜进行抢修。

4.4.7 仪表发生故障时，宜通过解列自动、连锁的方式，加强人工监测，然后进行抢修。

5 供热管网

5.1 一般规定

5.1.1 供热管网抢修作业除应按本规程3.4节的规定外，还应符合下列规定：

1 设置安全警戒区和警示标志后，应及时疏导行人及交通，在车行道内抢修时还应及时联系交通管理部门；

2 应根据现场情况确定是否停热及抢修方案；

3 开挖作业时不得对地上、地下其他管线及建（构）筑物造成损坏；

4 抢修完成后应及时恢复路面。

5.1.2 抢修人员进入检查室和管沟前应进行危险气体和温度检测，确认安全后方可进入。在作业过程中还应进行实时监测，不符合要求时应立即停止作业。

5.1.3 供热管线范围内出现地面塌陷、大量冒汽等现象时，应按抢修进行处理，及时采取安全措施，查明原因，消除隐患。

5.1.4 管道和设备的安装应符合国家现行标准《现场设备、工业管道焊接工程施工规范》GB 50236和《城镇供热管网工程施工及验收规范》CJJ 28的相关规定。

5.2 不停热抢修

5.2.1 不停热抢修应分析温度和压力因素对抢修作业的影响，必要时应采取降温降压措施，并应做好停热抢修的准备工作。

5.2.2 当管道出现泄漏时，可临时对管道漏点处采用抱卡或焊接管箍封等方法进行带压封堵，然后根据情况进行处理。

5.2.3 当管道排气阀及泄水阀出现泄漏时，可临时对漏点采用抱卡或焊接大口径钢管短节进行带压封堵，然后根据情况进行处理。

5.2.4 未发生结构性损坏的补偿器发生泄漏时，抢修作业应符合下列规定：

1 填料式补偿器发生泄漏，可采用拧紧压紧螺栓进行处理；当因盘根缺失导致泄漏时，可采取专用的堵漏挡环、压兰进行处理；

2 柔性填料套筒发生泄漏时，可通过加料嘴注入柔性填料进行处理；

3 外压波纹管补偿器发生泄漏时，可采用波纹管专用的堵漏密封条压兰进行处理。

5.2.5 钢支架发生腐蚀、开裂需要修复时，可采用钢板或槽钢贴焊等方法进行加固，加固前应制定加固方案。

5.2.6 固定支架偏移、卡板破损或出现其他结构性损坏时，应查明原因，并应结合设计图纸核算该管段补偿器、滑动支架、导向支架等部位工作状态。对固定支架、补偿器、滑动支架和导向支架等部位进行修复应按现行行业标准《城镇供热管网工程施工及验收规范》CJJ 28的相关规定执行。

5.3 停热抢修

5.3.1 停热抢修应根据发生泄漏管线的实际情况，确定供热管网应急停热方案。

5.3.2 一级管网停热抢修应按调度指令执行阀门操作。

5.3.3 环境温度低于0℃，长时间停热抢修时应对供热管网采取防冻措施。

5.3.4 停热抢修前应关闭漏点影响范围内的全部阀门，并应对故障范围内的管线与其他正常运行管线进行解列。

5.3.5 停热时应沿供热管线介质流动方向依照主干线、支线、户线的顺序依次关闭阀门。在同一位置，应先关闭供水（汽）阀门，后关闭回水（凝结水）阀门。一级管网阀门关断时间可按表5.3.5的规定执行。

表5.3.5 阀门关断时间

阀门公称直径 DN（mm）	关断时间（min）
$DN \leqslant 200$	$\geqslant 2$
$200 < DN \leqslant 500$	$\geqslant 3$
$DN > 500$	$\geqslant 5$

5.3.6 停热后应根据抢修方案进行泄压、泄水。泄水操作应先打开放水阀，压力降至常压后再打开放气阀。

5.3.7 抽水过程应符合下列规定：

1 应设专人监护，机泵操作人员不得远离岗位；

2 应采取导流、防止烫伤措施；

3 冬季抽水时应采取防止路面结冰的措施。

5.3.8 管道和设备修复、更新应符合下列规定：

1 更换管道和设备时，应采取措施消除管道切割后由于降温而引起的管道变形影响；

2 预制直埋管道修补、更换后，应对新旧保温结合处进行保温修补，并应对保温接口进行气密性试验，试验压力应为20kPa；

3 轴向补偿器安装时，补偿器与管道应保持同轴，补偿器安装方向应与管道介质流向一致，补偿量应符合安装管段的补偿要求。

5.4 恢复供热

5.4.1 抢修完成后应及时组织恢复供热。

5.4.2 恢复供热应根据调度指令控制充水或送汽

速度。

5.4.3 热水管网恢复供热应按下列步骤进行：

1 当供回水管网均需要充水时，应先对回水进行充水，待回水管充满后，再通过连通管或热力站内的管道对供水管充水；

2 宜按地势由低到高进行充水；

3 充水时应缓慢打开充水管阀门，并应控制充水速度；充水过程中应随时观察放气阀的排气情况；

4 充水过程中应对故障修复处进行重点检查；

5 供、回水管线充水完成后，应先缓慢打开回水阀门，再打开供水阀门。

5.4.4 蒸汽管网恢复供热应按下列步骤进行：

1 打开放水阀，排除管道内存水；

2 按照干线—支线—户线的顺序，分段进行暖管；

3 利用阀门开度控制暖管温升速度；

4 暖管过程中应随时排除管内凝结水；凝结水排净且疏水器正常工作后，关闭放水阀；

5 管内充满蒸汽且未发生异常现象后，再逐渐开大阀门。

6 热力站、楼内及户内系统

6.1 一般规定

6.1.1 楼内及户内系统抢修的作业应符合现行国家标准《建筑给水排水及采暖工程施工质量验收规范》GB 50242 的相关规定。

6.1.2 配电系统抢修的作业应符合现行国家标准《电气装置安装工程　盘、柜及二次回路结线施工及验收规范》GB 50171 的相关规定。

6.1.3 抢修完毕应及时恢复供热。

6.2 热力站

6.2.1 热力站发生泄漏，抢修时应符合下列规定：

1 抢修操作前应关闭热力站事故点的上一级阀门；

2 抢修队伍到达现场后，应进行抽水、排汽，查找泄漏部位；

3 当事故影响到电气设备安全时，应及时切断站内供电，并应采取相应保护措施；

4 对泄漏部位的管道或管件应进行修补或更换。

6.2.2 换热器发生下列问题应进行抢修：

1 泄漏；

2 堵塞；

3 结垢导致二次供水温度达不到运行要求；

4 一、二次系统串水。

6.2.3 换热器抢修应按下列步骤进行：

1 确认发生故障的部位；

2 关闭故障换热器的一次侧进、出口阀门；

3 在确认一次侧关闭后，关闭二次侧进、出口阀门；

4 换热器泄压放水；

5 根据实际情况对故障换热器进行抢修。

6.2.4 水泵抢修应按本规程第 4.3 节的相关规定执行。

6.2.5 配电柜发生下列情况应进行抢修：

1 断路器跳闸后不能合闸；

2 双电源切换不能自动投切；

3 控制回路不动作；

4 短路；

5 元器件过热。

6.2.6 配电柜抢修应按下列步骤进行：

1 确定故障原因和抢修方案；

2 切断电源，摇测绝缘，判断故障部位；

3 需要及时恢复供热时，可启动备用设备或架设临时线路；

4 对故障部位进行处理或更换。

6.3 楼内及户内系统

6.3.1 楼内及户内系统出现下列情况应进行抢修：

1 散热设备、管道及附件等爆裂、严重泄漏；

2 阀门严重泄漏。

6.3.2 楼内及户内系统抢修应按下列步骤进行：

1 抢修人员携带常规备品、备件及工具到达现场；

2 查找发生故障或事故部位，确定停热范围；

3 关断故障或事故点阀门；

4 更换管道、阀门、换热器或局部打卡子处理；

5 抢修完毕，及时恢复供热并清理现场。

7 图档资料

7.1 一般规定

7.1.1 供热管理单位应建立抢修作业档案制度。

7.1.2 抢修队伍应及时整理抢修资料并移交供热管理单位。

7.2 图档资料

7.2.1 抢修作业的图档资料应包括下列内容：

1 事故或故障报警记录；

2 事故或故障处理记录；

3 焊接验收纪录；

4 抢修项目验收单；

5 抢修资料附件：

1）抢修投入的材料清单；

2）抢修过程影像资料；

3）抢修地点地域图；

4）抢修平面示意图及断面示意图等；

6 抢修作业总结报告。

7.2.2 接警机构应按本规程第 A.0.1 条的要求填写故障或事故报警记录。报警记录应包括接警时间、故障或事故发生地点、故障或事故描述、接警处置等。

7.2.3 抢修队伍应按本规程第 A.0.2 条的要求填写故障或事故处理记录。处理记录包括故障或事故地点、故障或事故描述、原因分析、抢修方案、抢修过程记录、抢修队伍及人员、抢修评价及建议等内容。

7.2.4 抢修工程完成后，供热管理单位应组织施工、技术、质检等有关部门进行验收，并由供热管理单位出具最终验收意见，并应按本规程第 A.0.3 条和第 A.0.4 条的要求填写焊接验收记录和抢修项目质量验收单。

7.2.5 供热管理单位在供热抢修结束后应编制抢修作业总结报告，报告内容应包括时间、地点、故障（事故）描述、原因分析、抢修队伍及人员、抢修方案、抢修过程记录、抢修评价及建议、应急预案评审等内容。

附录A 抢修记录

A.0.1 故障或事故报警记录可按表 A.0.1 的规定执行。

表 A.0.1 故障或事故报警记录

接警时间	年 月 日 时 分 秒
发生地点	
事故（故障）描述	
处置记录	
记录人	
日 期	

A.0.2 故障或事故处理记录可按表 A.0.2 的规定执行。

表 A.0.2 故障或事故处理记录

地 点			
事故（故障）描述			
原因分析			
抢修方案			
抢修过程记录			
抢修队伍、人员			
评价及建议			
记录人		抢修负责人	
日期		日期	

A.0.3 焊接验收记录可按表 A.0.3 的规定执行。

表 A.0.3 焊接验收记录

工程名称		建设单位		部位名称	
施工单位					
对口质量检验情况					
外观质量检验情况					
无损探伤情况					
严密性试验情况					
焊工姓名					
施工单位负责人		日期			
供热管理单位负责人		日期			
备　注					

A.0.4 抢修项目验收单可按表 A.0.4 的规定执行。

表 A.0.4 抢修项目验收单

抢修项目验收单			
验收项目名称			
开始时间		完成时间	
抢修内容：			
验收意见：			
抢修单位（签字、公章）：　技术部门（签字、公章）： 质检部门（签字、公章）：　供热管理单位（签字、公章）： 验收日期：　　年　月　日			
其他说明：			

本规程用词说明

1 为便于在执行本规程条文时区别对待，对要求严格程度不同的用词说明如下：

1）表示很严格，非这样做不可的用词：

正面词采用“必须”，反面词采用“严禁”；

2）表示严格，在正常情况下均应这样做的用词：

正面词采用“应”，反面词采用“不应”或“不得”；

3）表示允许稍有选择，在条件许可时首先应这样做的用词：

正面词采用“宜”，反面词采用“不宜”；

4）表示有选择，在一定条件下可以这样做的用词，采用“可”。

2 条文中指明应按其他有关标准执行的写法为：“应符合……的规定”或“应按……执行”。

引用标准名录

1 《电气装置安装工程盘、柜及二次回路结线施工及验收规范》GB 50171

2 《工业金属管道工程施工质量验收规范》GB 50184

3 《建设工程施工现场供用电安全规范》GB 50194

4 《工业金属管道工程施工规范》GB 50235

5 《现场设备、工业管道焊接工程施工规范》GB 50236

6 《建筑给水排水及采暖工程施工质量验收规范》GB 50242

7 《锅炉安装工程施工及验收规范》GB 50273

8 《风机、压缩机、泵安装工程施工及验收规范》GB 50275

9 《工业炉砌筑工程质量验收规范》GB 50309

10 《城镇供热管网工程施工及验收规范》CJJ 28

11 《城镇燃气设施运行、维护和抢修安全技术规程》CJJ 51

12 《施工现场临时用电安全技术规范》JGJ 46

中华人民共和国行业标准

城镇供热系统抢修技术规程

CJJ 203—2013

条 文 说 明

制 订 说 明

《城镇供热系统抢修技术规程》CJJ 203 - 2013 经住房和城乡建设部 2013 年 10 月 11 日以第 180 号公告批准、发布。

为便于广大设计、施工、供热管理等单位有关人员在使用本规程时能正确理解和执行条文规定，《城镇供热系统抢修技术规程》编制组按章、节、条顺序编制了本规程的条文说明，对条文规定的目的、依据以及执行中需注意的有关事项进行了说明，还着重对强制性条文的强制性理由做了解释。但是，本条文说明不具备与规程正文同等的法律效力，仅供使用者作为理解和把握规程规定的参考。

目　次

1 总　　则

1.0.1 目前，我国国民经济正处于高速发展阶段，供热事业也得到了迅猛的发展，取得了可喜的成就，但同时供热系统的突发安全事故也时有发生。有的事故由于事先没有应急预案和现场情况复杂等原因，造成防范措施不到位、抢修不及时、责任不明确，给人民财产造成了较大的损失，严重影响了人们的正常生活，在社会上造成了恶劣的影响。因此急需规范各供热管理单位对供热突发故障或事故的抢修工作。根据原建设部《关于印发〈2007 年工程建设标准规范制订、修订计划（第一批）〉的通知》建标［2007］125号文的要求，由本编制组负责组织编制《城市供热管网抢修与维护技术规程》行业标准。在编制本规程的同时，住建部下达了《城镇供热系统运行维护技术规程》的修订工作（原标准为《城镇供热系统安全运行技术规程》CJJ/T 88－2000），其技术内容已包含供热系统的维护，为与之协调，本规程制定中不再包含维护的内容，以避免重复。

1.0.2 参考国家现行行业标准《城镇供热管网设计规范》CJJ 34的适用范围，结合国内实际供热情况，为方便一般供热管理单位的使用，本规程的适用范围扩大到采用锅炉房的热源部分和热用户楼内及户内供热系统部分。对于采用热电联产等其他方式的热源不在本规程的适用范围。

1.0.3 突发事件的抢修应在确保安全前提下进行，因此强调安全第一；事先有应急预案，就可以迅速根据现场情况确定明确的抢修方案和安全保障方案，一切抢修方案都应以保障人身安全为根本。抢修工作统一指挥统一部署才能做到上下协调，把握好抢修时机，尽可能控制事态发展，减少人员伤亡和财产损失，减小停热范围、缩短停热时间。

2 术　　语

2.0.4 本规程中“故障”是发现后能够立即整改排除，对供热质量影响较小的事件。

2.0.5 本规程中“事故”是指危害或整改难度较大，应当局部或大范围停热，且停热时间较长或有人员伤亡，严重影响供热质量，造成较大社会影响的事件。

3 基本规定

3.1 一般规定

3.1.2 根据中华人民共和国国家质量监督检验检疫总局颁布的特种设备安全技术规范《压力管道安全技术监察规程》TSG D0001－2009 第十三条的规定：从事管道元件制造和管道安装、改造、维修焊接的焊接人员（简称焊工），应取得相应的《特种设备作业人员证》后，方可在有效期内承担合格项目范围的焊接工作。特种设备安全技术规范《压力容器安全技术监察规程》TSG R0003－2005 第二十三条的规定：从事简单压力容器焊接、无损检测的人员应当按照规定取得相应项目的特种设备作业人员证、特种设备检验检测人员证，方可从事相应工作。《特种设备焊接操作人员考核细则》TSG Z6002－2010 中《特种设备作业人员证》其种类包括《特种设备安全监察条例》中的八大类特种设备：锅炉、压力容器、压力管道、电梯、起重机械、场（厂）内专用机动车辆、大型游乐设施、索道，八大类的特种设备作业人员证又按细分类别和级别。

3.1.3 供热管理单位大小不一，有的供热范围很大，为保证抢修及时需要根据供热区域范围分别设立抢修队伍。应急抢修队人员组成应根据其管辖区域内供热系统的实际情况适当配备，焊工、电工等必备工种人员需要持证上岗，因此要求配备人员每个工种不少于两名。

3.1.4 由于供热事关千家万户的冷暖，在供热期间，供热管理单位应设置 24h 报修电话并公布于众，一旦发生供热故障或事故，老百姓能通过电话报修或报警；抢修人员 24h 值班备勤是保证能够随时待命。为此，应急抢修的组织机构和抢修队全体成员应保证通信工具 24h 畅通，抢修人员在接到抢修指令后应保证第一时间到达事故现场。为了尽量减小事故对供热运行、用户及周边环境的影响，及时控制事态的发展，必须尽可能缩短抢修人员到达现场的时间，编制组在考察了北方供暖城市和供热管理单位的实际情况后，认为规定抢修人员在接到抢修指令 1h 内到达现场是可以执行的。

此条要求供热管理单位应建立完善的客服中心，配备多部 24h 报修电话，每部都有专门经过培训的专业接线员。并将电话号码通过媒体公示。同时要建立与客服中心联动的应急抢修机构，建立抢修人员 24h 值班备勤制度，并根据供热范围设立相应的抢修点，保证抢修人员在接到抢修指令 1h 之内到达现场。

可对供热管理单位随时进行电话抽查，并定期检查值班备勤情况和相关应急制度保障情况。

3.1.5 供热事关千家万户，一旦停热对热用户生活影响很大，一定要千方百计尽快恢复，特别是北方严寒地区，因此编制应急处理预案是为了尽量缩短抢修时间，尽早恢复供热。由于目前我国供热管理单位大小不一，大企业供热面积上千万甚至上亿平方米，小企业供热面积有的只是一个小区，而供热对象也是千差万别，因此对供热故障或事故的分级不可一概而论，各供热管理单位应根据自身的具体情况来编写不同级别的应急处理预案。

3.1.6 供热管理单位可根据本单位的实际情况增加编制应急预案的其他内容。

3.1.7 为增强预案的有效性和可操作性，需要定期进行应急预案的演练工作。在抢修或演练过程中，如发现问题，应及时对应急预案进行调整和修订，以弥补预案的不足。

3.2 应急设施及物资配备

3.2.2 锅炉配件以及大口径波纹补偿器、阀门等订货周期长的材料物资应提前做好储备。

3.2.4 抢修队员应配备的安全防护装备包括气体检测仪、呼吸防护装备、坠落防护装备、应急救援装备及个人装备等。

3.3 安全管理

3.3.1 消防管理制度含用火、用电、易燃易爆材料的管理制度。

3.3.2 编写此条目的是符合安全生产的要求。

3.3.3 抢修作业往往条件艰苦、环境恶劣，带有极大的危险性和不确定性，因此本条要求抢修队伍应为现场从事危险作业人员办理意外伤害保险。

3.3.5 设专人管理和随时检查，是为了保证安全防护设施坚固、醒目、整齐，不被破坏。

3.4 抢修作业

3.4.2 供热系统发生故障需要停热时，供暖季停热时间过长对用户的正常生活会造成一定的影响。若停热影响范围过大，停热时间过长有可能造成集体事件影响社会稳定。因此需要做好宣传解释工作，必要时可进行公示或通过媒体向社会公布。

3.4.3 正确穿戴劳动防护用品是为了安全起见，比如进行放水作业的人员应穿着防烫服装。

3.4.4 在实际供热过程中，发生过抢修人员到达现场没有立即设置安全警示标志或采取防护措施，造成其他路过不知情人员没有防备，从而在事故现场再次发生人身安全事故的悲剧。故本条为强条，要求抢修人员在到达事故现场后，立即设置安全警示并采取防护措施，防止再次引发安全事故和次生灾害。

警示标志应设置在抢修范围外安全区域。当事故原因查明后应根据实际情况及时调整警戒区范围，减小对周边的影响。

在供热管理单位的应急预案中，要根据事故或故障的级别分别编制事故现场安全警示标志的设置要求和需要采取的防护措施，并需要定期检查和演练。

检查供热管理单位应急预案中有无此项内容，并可结合事故现场的执行情况采取安全一票否决制。

3.4.6 抢修过程如果作业不规范可能会引发的次生灾害有：开挖时没有采取护坡措施造成坍塌事故，对周边其他市政管线没有采取保护措施造成其他市政泄漏、崩漏、爆炸等，对周边地上、地下构筑物没有采取保护措施造成倾斜、开裂、坍塌等，高温水汽作业烫伤，没有警示标志造成周边行人坠落、烫伤等。因此需要采取措施防止这些次生灾害的发生。

3.4.8 近年来，有限空间作业死伤事故时有发生，为加强有限空间作业安全管理，预防、控制中毒窒息等生产安全事故发生，切实保护从业人员的生命安全，北京市已发布《北京市有限空间作业安全生产规范》，其他地区如果尚未制定有限空间作业安全生产规范，可参照执行。

3.4.10 开启放水阀门时应注意泄水方向，避免烫伤。

3.4.11 在夜间、阴暗时警示灯能起到警示作用，提醒过往行人、车辆勿进入抢修施工抢修区域，以避免发生事故。

3.4.14 按照调度指令恢复供热是为了统一调配，防止私自恢复供热带来安全隐患。

3.4.15、3.4.16 正常抢修作业时间允许时应按照国家现行相关标准的要求进行设备的安装、焊接及验收。但在实际抢修作业时，往往由于时间太紧，或者现场条件不具备，抢修指挥部需要当机立断采取临时补救措施加以应对，这些临时措施一般根据抢修人员的经验经过现场商定后由指挥部门拍板决定，具有一定的风险，因此在停热后需要彻底加以完善。一般都是根据抢修时的实际情况，由供热管理单位决定采取哪些措施，比如有的需要全部重新施工，有的需要重新拍片，有的需要重新做严密性和强度性试验等。

3.4.17 抢修作业因为时间关系有时会采取临时应急措施，因此需要供热管理单位在抢修作业完成后进行事故现场的回访，目的是检查抢修的效果，如发现异常应及时采取补救措施。

4 供热热源

4.1 一般规定

4.1.1 锅炉本体包括水冷壁、省煤器等受热面和炉排、燃烧器等燃烧装置。锅炉辅助设备包括水泵和风机系统、输煤系统和除渣系统。

4.1.7 炉膛、尾部烟道、除尘器等属于封闭或部分封闭空间，其内部易积存易燃易爆物质，易出现一氧化碳含量超标、温度较高等现象，从而造成中毒、窒息、产生爆炸等危害。在进入作业前，需要进行相关指标的检测，以确保作业人员的安全。

4.2 锅炉本体

4.2.1 为保证锅筒及受热面的安全，紧急停炉操作应按运行操作规程的要求进行。首先应先将故障锅炉停炉、解列，退出运行，通过放空门消除压力，待冷却后，放掉锅炉内存水。缓慢降温降压，避免产生热应力或造成设备次生事故。

4.2.2 对流管束、水冷壁爆管的抢修作业要求。

2 水冷壁管抢修方法包括更换局部管子、局部挖补、点焊、整根更新等。根据发生问题的部位、损坏程度、原因等来确定实施方案。抢修时一般采用局部处理的方法，待停热或条件具备后再进行正常检修。

3 焊接完成后应进行无损伤焊接检验，但生产供热情况不允许时，可进行严密性试验，合格后恢复锅炉运行，待停热或条件具备后再进行无损伤焊接检验。

4.2.3 更换省煤器管，需要拆炉墙等，施工工期较长，为尽快恢复运行，可采取封堵省煤器管的方法进行抢修。封堵的最多根数应不超过总根数的1/3。在条件允许时应及时更新封堵的省煤器管。

4.2.5 炉墙及炉顶的抢修，一般工期较长，应根据实际情况做好生产运行调度安排。

3 更新局部炉墙或炉顶时，可以根据炉墙的形式、耐火保温的材料种类、抢修的部位等实际情况适当调整烘炉曲线、缩短烘炉温升时间。

4.2.6 炉排故障抢修作业要求。

1 短时间内可消除的炉排故障一般有个别炉排片脱落、减速箱皮带丢转、保险弹簧起跳等等。

2 短时间内不能消除的炉排故障一般有减速箱电机烧毁、炉排跑偏起拱、大面积炉排片脱落等。

4.3 水泵和风机

4.3.1 当水泵发生故障停运或供水压力降低到连锁极限时，联动锅炉停止运行。所以，对水泵的故障处理应慎重，应按照尽量降低社会影响和经济损失的原则进行，尽量不影响供热，在必须停热抢修的情况下，应尽量减小停热面积和缩短停热时间。

2 常见的电动机故障有：电机烧毁、轴承抱死、联轴器断裂等。

4 常见的控制系统故障有：变频器故障、电源故障、线路故障、手操器故障等。

4.3.5 如检查发现轴承间隙超过标准、轴承内外套存在裂纹、重皮、斑痕、腐蚀锈痕超过标准，滚珠存在裂纹、重皮、斑痕、腐蚀锈痕等缺陷并超过标准时均应更换。

4.3.8 水泵及风机试运是验收的一个重要步骤，试运时应详细监测电流、压力、流量、振动、温升等参数。试运时间不得少于30min。

4.4 其他辅助设备

4.4.1 阀门应进行抢修的几种情况。

5 安全阀是锅炉的重要安全附件，应每年进行校验一次。运行中，发现不按规定值起跳，应进行更换或重新调校。

4.4.2 阀门发生严重泄漏，应立即关闭上游截断阀门，进行隔断，控制汽水泄漏造成的危害。

4.4.3 水处理系统应包括钠离子交换器、软化水制水设备、氢离子交换器。

3 泄漏的酸液可用砂土、干燥石灰或苏打灰混合，也可用大量水冲洗，稀释中和后排入废水系统。酸系统抢修时，应穿好防护用品，加强通风，做好警戒，防止酸液溅到操作人员引起次生事故；同时远离易燃物及火种。

4.4.4 输煤设备抢修作业要求。

1 机械连接为临时应急连接方式，条件具备时，用粘合连接替换。

2 给煤机为关键设备，应库存必要的备品。

4.4.5 在除渣机故障或事故后，可根据实际情况采用人力、机械等其他方式除渣，以维持锅炉运行。除渣系统采用的抢修方法有：清理灰渣异物、更换叶轮、更换刮板、更新电机等。

4.4.6 热源厂供电系统一般都应为双路供电，一旦发生故障，可及时更换到备用电源。因此在本规程中不涉及锅炉房热源的配电系统的抢修，故障设备可按电气设备维修规范进行维修处理。配电柜包括电源柜、开关柜、电控柜等。

4.4.7 很多仪表在系统中通常与设备的运行有自动、手动运行方式的切换以及设备之间的连锁运行控制，因此当这类仪表发生故障时，首先需要从原有控制系统中解列出来才不至于影响系统的正常运行。否则，可能需要停炉断电才能更换。

5 供热管网

5.1 一般规定

5.1.1 供热管网抢修作业要求。

1 供热管线大多位于城镇交通道路上，供热管线发生故障或事故可能对行人及车辆造成伤害，且抢修作业要占用道路，因此抢修人员到达现场布置警戒装置后，应及时疏导行人及交通。

2 供热管线发生故障或事故后，沿线影响范围内会存在大量热水，需要抽水降温后方能确定故障或事故情况，根据故障或事故情况制定切实可行的抢修方案。

5.1.2 热力检查室和管沟属于有限空间，进入有限空间作业应按照有限空间作业审批程序进行。进入检查室和管沟前要进行气体检测和温度检测确认安全后方可进入。在作业过程中实时进行监测，防止检查室和管沟内环境发生变化对人员造成伤害。

5.1.3 引起供热管线范围内地面塌陷的原因很复杂，有的是供热管线自身泄露引起的，也有的是其他市政管线泄露引起的，还可能是地下水位下降、周边其他地下构筑物施工引起的，需要根据现场实际情况进行排查。

5.1.4 在管网出现故障影响正常供热的情况下，为了减小对用户的影响并加快抢修速度，可根据故障实际情况采取临时的处理措施，做好记录，并加强巡检，供热季结束后进行正式处理。

5.2 不停热抢修

5.2.1 供热管线不停热抢修具有一定的危险性，因此需要确定切实可行的方案。且由于现场情况不同（钢管或设备腐蚀情况）等原因，不停热抢修若不能解决管线泄漏问题，需要进行停热抢修，为保障抢修工作及时开展，应做好停热抢修的准备工作，如泄水点的布置准备等。

5.2.2 带压堵漏常见的工艺有钢胶泥堵漏、钢带拉紧技术、堵漏捆扎带技术等。

5.2.4 对未发生结构性损坏的补偿器发生泄漏时的抢修作业要求。

3 当外压波纹管补偿器波纹发生泄漏且泄漏量不大时，在外压波纹管补偿器出水管端部焊接圆环形钢制卡槽，在卡槽与波纹管内套之间加入密封材料，然后加装压盖并用螺栓拧紧，使外压波纹管补偿器出水管与外套筒之间的缝隙处于密封状态，以此消除漏水情况。

5.2.5 钢支架的加固可采用型钢（槽钢或工字钢），应选择坚固设施作为加固支点，并应使固定支架所受推力有效均匀传递到加固支点。

5.2.6 固定支架在实际工作过程中如果发生受力过大造成偏移或固定支架卡板发生破损时，往往是由于补偿器不工作或滑动支架、导向支架等偏离设计状态出现卡涩现象造成，因此应首先对上述部位进行检查。发现问题后按照原设计条件和规范进行抢修恢复。

5.3 停热抢修

5.3.1 对故障的处理应按照尽量降低社会影响和经济损失的原则进行，应尽量不影响供热，在必须停热抢修的情况下，应尽量减小停热面积和缩短停热时间。

5.3.5 本条规定不同口径的阀门操作最短时间是为了防止阀门关闭过快造成管网压力波动过大，对供热管线造成影响，发生二次事故。二级管网的阀门关断时间可根据现场抢修情况确定。

5.3.8 管道和设备修复、更新要求。

1 在更换管道和设备时对管道进行切割后，管道的温度由运行状态的供热温度下降而产生收缩变形，该变形量会对管道焊接产生影响。

2 预制直埋管道修补、更换后会产生新的保温接口，保温接口位置是预制直埋管道的薄弱环节，应对其进行严密性试验，以保证其施工质量。

5.4 恢复供热

5.4.2 在供热恢复过程中，需要根据热源的补水能力和避免对管线造成冲击，严格控制冲水和送汽速度。

5.4.3 管道充水时，有旁通的阀门应缓慢打开回水旁通阀门，无旁通阀门的应缓慢打开回水阀门对回水管充水，充水过程中应密切关注热网的运行压力，确保热源及热网的运行安全，同时随时观察排气阀的排气情况，连续出水后关闭排气阀门。

5 热水管线在充水过程中严格控制阀门开度是为了保证充水速度符合系统的补水能力要求，并防止由于阀门操作过快造成对管线的冲击，发生二次事故。

5.4.4 蒸汽管道启动时，要严格控制暖管速度，以免发生水击。暖管速度应根据季节、管道敷设方式及保温状况等因素确定。

6 热力站、楼内及户内系统

6.2 热力站

6.2.1 严重泄漏是指在故障处，系统内介质向外的泄漏量很大。在实际工作中，热力站发生严重泄漏时的抢修作业往往因为不规范而造成人身安全事故，故本规程特地对发生这种情况时的抢修作业提出了明确的规定。

6.2.3 在没有关断换热器一次系统的情况下，关闭二次系统供、回阀门，换热器会继续进行换热，二次水温度继续升高，导致二次压力急剧升高，将破坏设备或附件。

6.2.5 配电柜是热力站的重要设备，如发生故障则直接影响大量用户的用热，这里对常见故障进行了说明，便于供热管理单位管理。

6.3 楼内及户内系统

6.3.2 楼内及户内系统抢修要求。

3 抢修作业时应携带盛放或排放管道余水的器物或软管等，并对用户财产进行保护。

4 楼内及户内系统抢修后可能牵涉到居民家中或楼道等公共场所的积水、管道内污垢、沉淀物的清扫等工作，因此本条款特别作出规定，以规范抢修标准。

7 图档资料

7.1 一般规定

7.1.1 建立抢修工程档案是为了在运行中进行有效

的管理，一旦有问题可根据图档资料了解现场情况，及时采取有效措施，达到预防为主、避免或减少事故发生的目的。

7.2 图档资料

7.2.1 本条规定了抢修工程记录和资料的内容。抢修地点地域图应标注抢修位置。

电子版资料包括事故发生第一现场、处理过程、恢复后的现场等各种图档资料。

中华人民共和国行业标准

城镇供水管网运行、维护及安全技术规程

Technical specification for operation, maintenance and safety of urban water supply pipe-networks

CJJ 207—2013

批准部门：中华人民共和国住房和城乡建设部

施行日期：2 0 1 4 年 6 月 1 日

中华人民共和国住房和城乡建设部
公　告

第215号

住房城乡建设部关于发布行业标准《城镇供水管网运行、维护及安全技术规程》的公告

现批准《城镇供水管网运行、维护及安全技术规程》为行业标准，编号为CJJ 207－2013，自2014年6月1日起实施。其中，第7.4.10、7.4.12、7.5.3、8.1.2、8.2.8条为强制性条文，必须严格执行。

本规程由我部标准定额研究所组织中国建筑工业出版社出版发行。

中华人民共和国住房和城乡建设部

2013年11月8日

前　言

根据住房和城乡建设部《关于印发〈2009年工程建设标准规范制订、修订计划〉的通知》（建标［2009］88号文）的要求，规程编制组在深入调查研究，认真总结国内外科研成果和大量实践经验，并在广泛征求意见的基础上，编制本规程。

本规程的主要技术内容是：1总则；2术语；3基本规定；4管道并网；5运行调度；6管网水质；7管网维护；8漏损控制；9信息管理；10管网安全。

本规程中以黑体字标志的条文为强制性条文，必须严格执行。

本规程由住房和城乡建设部负责管理和对强制性条文的解释，由中国城镇供水排水协会负责具体技术内容的解释。执行过程中如有意见或建议，请寄送中国城镇供水排水协会（地址：北京市海淀区三里河路9号，邮政编码：100835）。

本规程主编单位：中国城镇供水排水协会

本规程参编单位：北京市自来水集团有限责任公司
成都市自来水有限责任公司
上海市自来水奉贤有限公司
同济大学环境科学与工程学院
天津市自来水集团有限公司
宁波市自来水总公司
深圳市水务（集团）有限公司
上海三高计算机中心股份有限公司
上海上水自来水特种工程有限公司
北京首创股份有限公司
哈尔滨工业大学市政环境工程学院
北京工业大学建筑工程学院
上海市自来水市北有限公司
绵阳市水务（集团）有限公司
西安市水业运营有限公司
武汉市水务集团有限公司

本规程主要起草人员：刘志琪　郑小明　刘遂庆　何维华　赵洪宾　王耀文　火正红　程锡龄　任基成　何文杰　周玉文　崔君乐　陈宇敏　朱平生　秦君堂　孔繁涛　叶建宏　马福康　王　晖　舒诗湖　乔　庆　张　东　倪　娜　游青城　韩　伟　董　宪　姚黎光　赵　明　叶丽影

本规程主要审查人员：宋序彤　洪觉民　姜乃昌　刘锁祥　周克梅　邱文心　刘书明　郄燕秋　阎小玲　韩梅平　信昆仑

目　　次

Contents

1 总　　则

1.0.1　为加强和规范城镇供水管网的管理，保障输配水系统安全、稳定运行，制定本规程。

1.0.2　本规程适用于城镇供水管网、总表后的埋地管网、自备水源的供水管网和农村集中式供水管网的运行、维护及安全技术管理。

1.0.3　城镇供水管网的运行、维护及安全技术管理，除应执行本规程外，尚应符合国家现行有关标准的规定。

2 术　　语

2.0.1　供水单位　water supply utility

承担城镇公共供水的企业或实体。

2.0.2　大用户　large users

用水量大并对城镇供水管网运行管理影响较大用户的统称。

2.0.3　城镇供水管网　urban water supply pipe-networks

城镇供水单位供水区域范围内自出厂干管至用户进水管之间的公共供水管道及其附属设施和设备，又称市政供水管网。

2.0.4　并网　new pipe operation

新建或改建供水管道接入城镇供水管网的工程活动。

2.0.5　总表　master meter

用于计量多个用户用水量的水表。

2.0.6　服务压力　service pressure

满足城镇供水区域内的基本供水压力。

2.0.7　排放管　drain pipe

设置于供水管道低处用于排水的管道。

2.0.8　管道修复　pipeline repairing

利用原有管道本体结构，对管道漏损点、内衬和强度进行原位修复，使之恢复功能的工程活动。

2.0.9　更新改造　pipeline rehabilitation

对不能满足供水要求的管道进行原管径更换或扩大管径、改变管道布局等的工程活动。

2.0.10　干管　main pipeline

在城镇供水管网系统中管径较大，承担较大输水量的管道统称。

2.0.11　管网数学模型　mathematical model of networks

利用数学公式、逻辑准则和数学算法模拟管网中水流运动和水质的变化，用以表达和分析管网内水流运动和水质变化规律及其运行状态的应用软件系统。

3 基本规定

3.0.1　城镇供水管网工程应采用先进施工技术、运行维护技术、信息技术等，提高供水管网运行、维护和管理的水平。

3.0.2　根据国家现行有关标准的规定，应对管网实行规范化管理，并应制定下列制度：

1　管道并网运行管理制度；

2　运行调度管理制度；

3　管网水质管理制度；

4　管道、阀门和管网附属设施的日常运行操作和维护管理制度；

5　管道、阀门和管网附属设施的资产管理和更新改造制度；

6　管道维修工程质量管理与安全监控制度；

7　管网信息与档案管理制度。

3.0.3　从事管网运行维护的人员应经过培训，取得相应资格后方能上岗。

3.0.4　城镇供水管网的服务压力，应根据当地实际情况，通过技术经济分析论证后确定。城镇地形变化较大时，服务压力可划区域核定。

3.0.5　供水管网中使用的设备和材料，应符合现行国家标准《生活饮用水输配水设备及防护材料的安全性评价标准》GB/T 17219 的有关规定。

4 管道并网

4.1 一般规定

4.1.1　管道的设计和施工，应符合现行国家标准《室外给水设计规范》GB 50013、《给水排水管道工程施工及验收规范》GB 50268 和《给水排水构筑物工程施工及验收规范》GB 50141 的有关规定。

4.1.2　管道的管材、管件、设备、内外防腐材料的选用及阴极保护措施的选择等，应满足国家现行有关标准的要求。

4.1.3　阀门选用及其阀门井结构设计应便于操作和维护。

4.1.4　消火栓、进排气阀和阀门井等设备及设施应有防止水质二次污染的措施，在严寒地区还应采取防冻措施。

4.1.5　架空管道应设置进排气阀、伸缩节和固定支架，应有抗风和防止攀爬等安全措施，并应设置警示标识，严寒地区应有防冻措施。

4.1.6　穿越水下的管道应有防冲刷和抗浮等安全措施，穿越通航河道时应设置水线警示标识。

4.1.7　柔性接口的管道在弯管、三通和管端等容易位移处，应根据情况分别加设支墩或采取管道接口防脱措施。

4.1.8 输配水干管高程发生变化时，应在管道的高点设置进排气阀，在水平管道上应按规定距离设置进排气阀，进排气阀的型号、规格和间距应经设计计算确定。

4.1.9 在输配水干管两个控制阀间低点应设置排放管，其位置应设置在临近河道或易排水处。

4.1.10 自备水源的供水管网及非生活饮用水管网不得与城镇供水管网连接。

4.1.11 与城镇供水管网连接的、存在倒流污染可能的用户管道，应设置符合国家现行有关标准要求的防止倒流污染的装置。

4.1.12 在聚乙烯（PE）等非金属管道上应设置金属标识带或探测导管。

4.1.13 设置在市政综合管廊（沟）内的供水管道位置与其他管线的距离应满足最小维护检修要求，净距不应小于0.5m；并应有监控、防火、排水、通风和照明等措施。供水管道宜与热力管道分舱设置。

4.2 并网前管理

4.2.1 管道在并网前应进行水压试验，试验结果应满足设计要求。

4.2.2 管道并网前应清除渣物，进行冲洗和消毒，经水质检验合格后，方可允许并网通水和投入运行。

4.2.3 管道冲洗消毒应符合下列要求：

1 应制定管道完工后的冲洗方案，内容包括对管网供水影响的评估及保障供水的措施，应合理设置冲排口、铺设临时冲排管道，必要时可利用运行中的管道设置冲排口进行排水；

2 管道冲洗应在管道试压合格、完成管道现场竣工验收后进行，管道冲洗主要工序包括初冲洗、消毒、再冲洗、水质检验和并网；

3 初冲洗可选用水力、气水脉冲、高压射流或弹性清管器等冲洗方式；

4 初冲洗后应取样测定，当出水浊度小于3.0NTU时方可进行消毒；

5 消毒宜选用次氯酸钠等安全的液态消毒剂，并应按规定浓度使用；

6 消毒后应进行再冲洗，当出水浊度小于1.0NTU时应进行生物取样培养测定，合格后方可并网连接。

4.2.4 管道并网前施工单位应向供水单位提交并网需要的相关工程资料。

4.3 并网连接

4.3.1 管道施工单位应在冲洗消毒和进行水质检验合格后72h内并网，并网时应排放管道内的存水。

4.3.2 管道并网连接前，管道上的各种阀门设备应由施工单位操作和管理；并网连接后，连接点的阀门和原有运行管道上的阀门等应由供水单位负责操作和管理。

4.3.3 管道并网连接时宜采用不停水施工方法，需要停水施工的，应在停水前24h通知停水区域的用户做好储水工作，停水宜在用水低峰时进行。

4.3.4 管道并网运行后，原有管道需废除时，不应留存滞水管段。停用或无法拆除的管道，应在竣工图上标注其位置、起止端和属性。

4.3.5 输配水干管并网前，宜通过管网数学模型等方法对并网后水流方向、水质变化等情况进行评估，如对管网水质影响较大时应对原有管道进行冲洗。

4.3.6 管道施工单位应在管道通水后60d内向供水单位提交竣工资料。

4.4 并网运行

4.4.1 管道并网运行后，新建管道及其阀门等附属设施都应由供水单位统一管理，并负责日常的操作和运行维护。

4.4.2 输配水干管并网过程中应加强泵站和阀门的操作管理，防止水锤的危害。

4.4.3 接入城镇供水管网的大用户应在核定的流量范围内用水，并应符合下列要求：

1 对时变化系数较大且超出核定流量范围的大用户应加装控流装置，使其用水量控制在核定流量范围内；

2 对直接向水池、游泳池等进水的大用户，在采取控流措施的同时，进水前应制定进水计划并征得供水单位同意。

4.4.4 二次供水设施接入城镇供水管网时，不得对城镇供水管网水量和水压产生影响，宜采用蓄水型增压设施。

5 运行调度

5.1 一般规定

5.1.1 供水单位应配备与供水规模相适应的管网运行调度人员、相关的监控设备和计算机辅助调度系统等。

5.1.2 管网运行调度工作范围为整个输配水管网和管道附属设施、管网系统内的增压泵站、清水库及水厂出水泵房等。

5.1.3 管网压力监测点应根据管网供水服务面积设置，每$10km^2$不应少于一个测压点，管网系统测压点总数不应少于3个，在管网末梢位置上应适当增加设置点数。

5.2 调度管理

5.2.1 管网调度管理工作应包括编制调度计划，发布调度指令，协调水厂、泵站和管网等管理部门处理管网运行突发事件，编写突发事件处理报告等。

5.2.2 调度计划应包括月调度计划和日调度计划。

5.2.3 管网运行调度人员应根据实际情况调整日调度计划，发布日调度指令，合理控制管网供水压力，对当天启闭的干管阀门进行操作管理。

5.2.4 应根据用水量的空间分布、时间分布、分类分布和管网压力分布情况，建立用水量和管网压力分析系统。

5.3 优化调度

5.3.1 供水单位应进行管网优化调度工作，在保证城镇供水服务质量的同时降低供水能耗。

5.3.2 优化调度工作应包括下列内容：

1 建立水量预测系统，采用多种不同的算法，综合气象、社会等诸多外部因素产生的影响，确定最适合本供水区域的水量预测方法和修正值；

2 建立调度指令系统，对调度过程中所有调度指令的发送、接收和执行过程进行管理，同时对所有时段的数据进行存档，用于查询和分析；

3 建立管网数学模型，作为优化调度的技术基础；

4 建立调度预案库，包括日常调度预案，节假日调度预案，突发事件调度预案和计划调度预案；

5 建立调度辅助决策系统，包括在线调度和离线调度两部分。

5.4 调度数据采集

5.4.1 供水单位应建立满足调度需求的数据采集系统，对下列参数和状态进行实时监测：

1 管网各监测点上的压力、流量和水质；

2 水厂出水泵房、管网系统中的泵站等设施运行的压力、流量、水质、电量和水泵开停状态等；

3 调流阀的启闭度、流量和阀门前后的压力；

4 大用户的用水量和供水压力数据。

5.4.2 应根据不同需要建立关键数据、日常运行数据的采集系统，供水单位宜增加建立生产分析数据的采集系统。

6 管网水质

6.1 一般规定

6.1.1 供水单位应根据现行国家标准《生活饮用水卫生标准》GB 5749 对供水水质和水质检验的规定，结合本地区情况建立管网水质管理制度，对管网水质进行监测和管理。

6.1.2 阀门操作不应影响管网水质。当可能影响管网水质时，应错开高峰供水时间段，宜安排在夜间进行阀门操作，并采取保障水质的措施。

6.1.3 应保证管网末梢水质达标，并应在管网末梢进行定期冲洗，排放存水。

6.1.4 当新增水源、水量变化或其他原因引起管网水质出现异常时，应根据需要临时增加管网水质检测采样点、检测项目和检测频率，并应根据检测的数据进行分析，查明原因，采取处理措施。

6.2 水质监测

6.2.1 供水单位应按有关规定在管网末梢和居民用水点设立一定数量具有代表性的管网水质检测采样点，对管网水质实施监测，检测项目和频率应符合国家现行标准《生活饮用水卫生标准》GB 5749、《二次供水工程技术规程》CJJ 140 和《城市供水水质标准》CJ/T 206 的有关规定。

6.2.2 供水单位宜建立管网水质在线监测系统，对管网水质实施在线监测。

6.2.3 应建立管网水质检测采样点和在线监测点的定期巡视制度及水质检测仪器的维护保养制度。

6.3 水质管理

6.3.1 管网水质出现异常时，应查明原因，及时处置；发生重大水质事故时应启动应急预案，并应采取临时供水措施。

6.3.2 供水单位应制定管道冲洗计划，对运行管道进行定期冲洗。

6.3.3 管道冲洗应符合下列要求：

1 配水管可与消火栓同时进行冲洗；

2 用户支管可在水表周期换表时进行冲洗；

3 应根据实际情况选择节水高效的冲洗工艺；

4 高寒地区不宜在冬季进行管道冲洗；

5 运行管道的冲洗不宜影响用户用水。干管冲洗流速宜大于 1.2m/s，当管道的水质浊度小于 1.0NTU 时方可结束冲洗。

7 管网维护

7.1 一般规定

7.1.1 供水单位对管网中不能满足输水要求和存在安全隐患的管段，应有计划地进行修复和更新改造。

7.1.2 更新改造和维修施工项目应编制施工方案及实施计划，并应经批准后实施。

7.1.3 管网运行维护工作应包括下列内容：

1 实施管网系统的运行操作，并建立操作台账；

2 管网巡线和检漏；

3 阀门启闭作业和维护；

4 管道维护与抢修作业；

5 运行管道的冲洗；

6 处理各类管网异常情况。

7.1.4 爆管频率较高的管段应采取下列措施：

1 应缩短巡检周期，进行重点巡检，并应建立巡检台账；

2 在日常的管网运行调度中应适当降低该管段水压，并应制定爆管应急处理措施；

3 应加强暗漏检测，降低事故频率。

7.2 维护站点设置

7.2.1 供水单位应根据管网服务区域设置相应的维护站点，配置适当数量的管道维修人员，负责本区域的管线巡查、维护和检修工作。

7.2.2 维护站点的分布应满足管道维修养护的需要，站点应符合下列要求：

1 办公和休息设施应满足24h值班的需要；

2 工具、设备及维修材料应满足24h维修、抢修的需要；

3 应有相应的维修、抢修信息管理终端；

4 应有管网维护的文字记录和数据资料。

7.3 管网巡检

7.3.1 供水管网的巡检宜采用周期性分区巡检的方式。

7.3.2 巡检人员进行管网巡检时，宜采用步行或骑自行车进行巡检。

7.3.3 巡检周期应根据管道现状、重要程度及周边环境等确定。当爆管频率高或出现影响管道安全运行等情况时，可缩短巡检周期或实施24h监测。

7.3.4 巡检应包括下列内容：

1 检查管道沿线的明漏或地面塌陷情况；

2 检查井盖、标志装置、阴极保护桩等管网附件的缺损情况；

3 检查各类阀门、消火栓及设施井等的损坏和堆压的情况；

4 检查明敷管、架空管的支座、吊环等的完好情况；

5 检查管道周围环境变化情况和影响管网及其附属设施安全的活动；

6 检查管道系统上的各种违章用水的情况。

7.4 维修养护

7.4.1 供水管道发生漏水，应及时维修，宜在24h之内修复。

7.4.2 发生爆管事故，维修人员应在4h内止水并开始抢修，修复时间宜符合下列要求：

1 管道直径 *DN* 小于或等于600mm的管道应少于24h；

2 管道直径 *DN* 大于600mm，且小于或等于1200mm的管道宜少于36h；

3 管道直径 *DN* 大于1200mm的管道宜少于48h。

7.4.3 供水单位应组织专业的维修队伍，实行24h值班，并配备完善的快速抢修器材、机具，可配置备用维修队伍。

7.4.4 管道维修应快速有效，维修施工过程应防止造成管网水质污染，必需临时断水时，现场应有专人看守；施工中断时间较长时，应对管道开放端采取封挡处理等措施，防止不洁水或异物进入管内。

7.4.5 因基础沉降、温度和外部荷载变化等原因造成的管道损坏，在进行维修的同时，还应采取措施，消除各种隐患。

7.4.6 管道维修所用的材料不应影响管道整体质量和管网水质。

7.4.7 管道维修应选择不停水和快速维修方法，有条件时应选择非开挖修复技术。

7.4.8 明敷管道及其附属设施的维护应符合下列规定：

1 裸露管道发现防腐层破损、桥台支座出现剥落、裂缝、漏筋、倾斜等现象时，应及时修补；

2 严寒地区在冬季来临之前，应检查与完善明敷管或浅埋管道的防冻保护措施；

3 汛期之前，应采取相应的防汛保护措施；

4 标识牌和安全提示牌应定期进行清洁维护及油漆；

5 阀门和伸缩节等附属设施发现漏水应及时维修。

7.4.9 水下穿越管的维护应符合下列规定：

1 河床受冲刷的地区，每年应检查一次水下穿越管处河岸护坡、河底防冲刷底板的情况，必要时应采取加固措施；

2 因检修需排空管道前应重新进行抗浮验算；

3 在通航河道设置的水下穿越管保护标识牌、标识桩和安全提示牌，应定期进行维护。

7.4.10 对水下穿越管，应明确保护范围，并严禁船只在保护范围内抛锚。

7.4.11 对套管、箱涵和支墩应定期进行检查，发现问题及时维修。

7.4.12 作业人员进入套管或箱涵前，应强制通风换气，并应检测有害气体，确认无异常状况后方可入内作业。

7.5 附属设施的维护

7.5.1 管网附属设施的维护可分为日常保养、一般检修和大修理。

7.5.2 供水单位应建立专门的阀门操作维护队伍，阀门的维护应符合下列要求：

1 阀门的启闭应纳入调度中心的统一管理，重要主干管阀门的启闭应进行管网运行的动态分析；

2 阀门的启闭操作应固定人员并接受专业培训；

3 阀门操作应凭单作业，应记录阀门的位置、启闭日期、启闭转数、启闭状况和止水效果等；

4 阀门启闭应在地面上作业，阀门方榫尺寸不统一时，应改装一致，阀门埋设过深的应设加长杆。凡不能在地面上启闭作业的阀门应进行改造。

7.5.3 作业人员下井维修或操作阀门前，必须对井内异常情况进行检验和消除；作业时，应有保护作业人员安全的措施。

7.5.4 供水管网设施的井盖应保持完好，如发现损坏或缺失，应及时更换或添补。

7.6 修复和更新改造

7.6.1 供水单位应建立管网及附属设施的运行维护记录，对管网运行参数进行检测与分析，对爆管频率高、漏损严重、管网水质差等运行工况不良的管道应及时提出修复和更新改造计划。

7.6.2 编制管网修复和更新改造计划时，应综合分析下列因素：

1 五年或十年以上城市发展规划的需要；

2 管网安全运行；

3 管网水质的改善；

4 严重漏水和爆管较频繁的管道；

5 管网布局的优化；

6 原有管道功能的恢复。

7.6.3 在实施管道修复和更新改造之前，应进行技术经济分析，选择切实可行的修复和更新改造方案。

7.6.4 新建及更新改造的管道宜进行管网模拟计算，优化方案，减少滞水管段，避免流向和流速发生变化时影响管网水质。

8 漏 损 控 制

8.1 一 般 规 定

8.1.1 供水单位应使用符合国家现行有关标准规定的计量器具，对用水量进行计量。

8.1.2 计量器具在使用过程中必须定期经专业认证机构检验合格。

8.1.3 供水单位应建立计量管理制度。绿化、市政道路喷洒等用水应装表计量，消火栓用水宜装表计量。

8.1.4 应合理控制供水管网的服务压力。供水区域内地面标高差别较大时，宜选用分压供水方式。

8.1.5 管道引接分支管时应选用不停水接管方式。

8.1.6 管道冲洗水量应计入用水量统计中。

8.1.7 管网漏损率应按现行行业标准《城市供水管网漏损控制及评定标准》CJJ 92 的有关规定进行考核。

8.2 计 量 管 理

8.2.1 供水单位应完善计量管理体系，对不同性质用水进行分类，并对各类用户用水进行计量管理。

8.2.2 应建立分区域计量系统。在管网的适当位置应安装流量计，对区域供水量进行综合监测和水量平衡管理，流量监测点应根据管网供水区域内分区计量需要而设置。

8.2.3 计量器具的选型应综合分析下列因素：

1 计量器具的流量特性与实际运行流量间的关系；

2 水质因素；

3 环境条件；

4 安装条件；

5 通信方式；

6 经济性。

8.2.4 水表的选择应符合下列要求：

1 管道直径 *DN*15～*DN*40 水表应选用 R80 量程比；有条件的宜选用大于 R160 量程比；

2 管道直径 *DN* 大于或等于 50mm 水表应选用 R50 量程比；有条件的宜选用 R160 量程比；

3 远传水表和预付费水表的选用宜从经济成本、技术性能和管理方式等多方面综合考虑后确定；

4 水表使用压力不得大于水表耐压等级。

8.2.5 流量计的选择应符合下列要求：

1 基本误差不应超过±1%，有条件的不应超过±0.5%；

2 应满足输水特性和水质卫生要求；

3 连续计量应准确，安装环境适应性强；

4 维修和校验方便。

8.2.6 水表的安装应符合下列要求：

1 应满足直管段长度的安装要求；

2 应安装在抄读、检修方便不易受污染和损坏的地方；

3 居住小区宜按单元集中布设；

4 严寒和存在冰冻环境的地区应采取保温措施；

5 当采用水平安装方式时，安装后的水表不得倾斜。

8.2.7 流量计的安装应符合下列要求：

1 应满足直管段长度的安装要求；

2 应水平安装，位置不得高于来水方向管段；

3 应有接地、抗干扰和防雷击等装置。

8.2.8 用于贸易结算的水表必须定期进行更换和检定，周期应符合下列要求：

1 管道直径 *DN*15～*DN* 25 的水表，使用期限不得超过 6a；

2 管道直径 DN40～DN 50 的水表，使用期限不得超过 4a；

3 管道直径 DN 大于 50 或常用流量大于 16m³/h 的水表，检定周期为 2a。

8.2.9 供水单位应对大用户的计量器具进行专门管理，应根据流量特性的变化适时调整计量器具的规格和计量方式。

8.2.10 对在线计量器具的计量误差应进行定期跟踪和分析，并应建立相应的档案，对未到定期更换年限，但计量器具已超过误差标准且无法校正的，应及时更换。

8.2.11 对大用户的用水量应进行跟踪分析，发现水量异常等情况应及时处理。

8.3 水量损失管理

8.3.1 无收益有效用水量主要内容和水量计算方法应符合下列要求：

1 计划停水管道排放的水量，应按管道口径、长度计算；

2 管道维修损失的水量，应按维修停水范围内各管段管道口径、长度计算；

3 突发水质事件等情况下，管网临时排放的水量，应按临时停水范围内各管段管道口径、长度和排放时间计算；

4 新建管道并网前灌注和冲洗的水量，应按新建管道各管段口径、长度及冲洗时间计算；

5 消防演练和灭火用水量，应按实际使用次数、规模和时间计算。

8.3.2 供水单位应对无收益有效用水量进行统计，并应建立相应的水量管理台账。

8.3.3 不得擅自开启消火栓、排放阀。

8.3.4 供水单位应加强对计划和应急停水的管理，控制停水范围，减少水量损失。

8.4 管网检漏

8.4.1 供水单位应对区域内的供水管网开展漏损普查工作，通过主动检漏降低管网漏损。

8.4.2 应结合本区域管道材质和管网维护技术力量等实际情况，经过技术经济比较后选择检漏方法。

8.4.3 应配备相应的人员和仪器设备，有计划地开展检漏工作，没有条件配备专业检漏人员的单位，可委托专业检漏单位检漏。

8.4.4 检漏周期应按现行行业标准《城市供水管网漏损控制及评定标准》CJJ 92 的有关规定，经经济技术分析后确定，当暗漏检出率发生变化时可适当调整检漏周期。

8.4.5 每月应进行一次管网漏损数据统计和分析，用于制定管网维护计划。

9 信息管理

9.1 一般规定

9.1.1 管网信息管理应包括下列内容：

1 管网工程规划、设计、施工和竣工验收的纸质档案及数字化档案；

2 资产管理信息；

3 各管段及附属设施的基础信息；

4 流量、流速、压力和水质检测等运行信息；

5 爆管及各类事故发生后处理的信息；

6 运行维护管理的相关信息等。

9.1.2 供水单位应制定管网信息资料收集制度，有专门机构管理管网信息资料，配备专业的信息维护人员，承担管网信息收集、整理和保存等管理工作。

9.1.3 宜建立供水管网综合信息数据库，包括管网数据采集系统、运行调度系统、地理信息系统和管网数学模型。

9.1.4 应根据管网及附属设施的动态变化情况，及时更新管网信息。

9.2 资料和档案管理

9.2.1 管网资料应包括管网规划、设计、施工、竣工验收和运行维护产生的图纸及文字资料，分长期保存的档案资料和应用性技术资料。需要长期保存的资料，应作为档案保存和管理，执行国家档案管理的法律及法规的规定。

9.2.2 竣工资料的编制除应符合现行国家标准《建设工程文件归档整理规范》GB/T 50328 的规定外，还应满足供水单位的使用要求。竣工资料中的坐标、高程等测量成果也应满足相关勘测管理部门的要求。

9.2.3 供水单位宜采用计算机管理技术，建立管网图档数据库，健全安全保密措施和配置相应设备。

9.2.4 管网信息档案和数字化图档数据应备份，重要档案的备份宜异地保存。

9.2.5 供水单位在收到施工单位提交的竣工资料并经验收合格后，应及时输入城镇供水管网地理信息管理系统，并编撰和修改相关管网应用性技术资料。

9.2.6 供水单位在拆除、新建和改建管道时，应建立资产管理台账，标注管道的名称、起止地点、管材及设备、设施的规格、材质和数量等。

9.3 管网运行数据采集系统

9.3.1 供水单位应采集管网运行过程中的压力、水质、流量、漏损、阻力系数、阀门开启度及大用户等的用水变化规律数据。

9.3.2 管网压力监测应采用在线监测设备和实时数据传输技术，应每 5min～15min 保存一次监测数据。

9.3.3 水质监测应采用在线监测设备和实时数据传输技术，应每5min～15min保存一次监测数据。

9.3.4 流量监测应采用在线监测设备和实时数据传输技术，应每5min～15min保存一次检测数据。

9.4 管网地理信息系统

9.4.1 供水单位应建立管网地理信息系统，对区域内供水管网及属性数据进行储存和管理。

9.4.2 管网地理信息系统的建设应符合现行国家标准《城市地理信息系统设计规范》GB/T 18578的有关规定。

9.4.3 管网地理信息系统应包括管网所在地区的地形地貌、地下管线、阀门、消火栓、检测设备和泵站等图形、坐标及属性数据。

9.4.4 管网地理信息系统宜分层开发和管理。

9.4.5 管网地理信息系统与管道辅助设计系统间所用图例应统一。

9.5 管网数学模型

9.5.1 供水单位宜采用专业计算机应用软件，建立管网数学模型，包括水力和水质模型。

9.5.2 管网水力模型应具备下列基本功能：

1 水力平差计算和多工况运行校核计算；

2 管网运行状态在线模拟；

3 管网运行状态评估。

9.5.3 管网水力模型可根据管网数据采集与监测系统进行校核，并应符合下列要求：

1 90%的节点压力模拟计算结果与压力监测点数据平均误差应小于20kPa；

2 90%的管段流量模拟计算结果与流量监测点数据平均误差应小于10%。

9.5.4 在水力模型的基础上可建立管网水质模型，可选择余氯、水龄为管网水质模拟参数，并定期进行相应水质参数的模拟与校核，模拟时段宜为24h，周期宜与水力模拟周期一致。

9.5.5 管网数学模型与管网地理信息系统应无缝连接。

9.5.6 管网数学模型应定期进行维护，与管网新建、修复和更新改造保持同步。供水单位应根据模型精度和管网建设情况，制定相应的管网数学模型维护更新制度。

10 管 网 安 全

10.1 一 般 规 定

10.1.1 供水单位应编制管网安全预警和突发事件应急预案，明确不同类别的管网安全和突发事件处置办法及处置流程和责任部门，并纳入供水单位的总体应急预案。

10.1.2 供水单位应对管网系统进行安全和风险评估，并制定和完善相关安全与应急保障措施。

10.1.3 根据管网安全和突发事件可能造成影响的程度应建立分级处置制度。当管网安全事故和突发事件发生时，在应急处置的同时，应及时上报主管部门。

10.2 安 全 预 警

10.2.1 对管网水质、水量和水压的动态变化应进行定期检查和实时掌握，对可能出现的供水管网安全运行隐患进行预警。

10.2.2 根据本地区的重大活动、重大工程建设和应对自然灾害等的需要，应对重点地区管线的风险源进行调查和风险评估工作。

10.2.3 安全预警管理应建立管网事故统计、分析和相关档案管理制度，依据管网事故的统计分析数据，提出安全预警方案。

10.2.4 应通过管网在线监测，及时发现管网运行的异常情况，对安全事故进行预警。

10.2.5 应运用管网数学模型，对管网运行状况、水质污染源位置及影响区域进行模拟分析，优化预警方案。

10.3 应 急 处 置

10.3.1 当出现重大级别以上的管网安全突发事件时，供水单位应立即启动应急预案，并及时上报当地供水行政主管部门。

10.3.2 管网水质突发事件发生时，应迅速采取关阀分隔、查明原因、排除污染和冲洗消毒等措施，对短时间不能恢复供水的，应启动临时供水方案。

10.3.3 当发生爆管、破损等突发事件时，应迅速关阀止水，组织应急抢修；当影响正常供水时，应及时启动临时供水方案。

10.3.4 当发生供水压力下降的突发事件时，接到报警后应迅速赶到现场，查找降压原因，了解降压范围及影响状况，及时处置，恢复供水。

10.3.5 因进行管道维修、抢修实行计划停水后，如工程未能按时完工，应启动停水区域应急供水方案。

10.3.6 各类管网突发事件发生后，应进行相关善后处置工作。重大突发事件还应对事件的发生原因和处置情况进行评估，并应提出评估和整改报告。

本规程用词说明

1 为便于在执行本规程条文时区别对待，对要求严格程度不同的用词说明如下：

1） 表示很严格，非这样做不可的：

正面词采用“必须”，反面词采用“严禁”；

2）表示严格，在正常情况下均应这样做的：
正面词采用“应”，反面词采用“不应”或“不得”；

3）表示允许稍有选择，在条件许可时首先应这样做的：
正面词采用“宜”，反面词采用“不宜”；

4）表示有选择，在一定条件可以这样做的，采用“可”。

2 条文中指明应按其他有关标准执行的，写法为：“应符合……的规定”或“应按……执行”。

引用标准名录

1 《室外给水设计规范》GB 50013

2 《给水排水构筑物工程施工及验收规范》GB 50141

3 《给水排水管道工程施工及验收规范》GB 50268

4 《建设工程文件归档整理规范》GB/T 50328

5 《城市地理信息系统设计规范》GB/T 18578

6 《生活饮用水卫生标准》GB 5749

7 《生活饮用水输配水设备及防护材料的安全性评价标准》GB/T 17219

8 《城市供水管网漏损控制及评定标准》CJJ 92

9 《二次供水工程技术规程》CJJ 140

10 《城市供水水质标准》CJ/T 206

中华人民共和国行业标准

城镇供水管网运行、维护及安全技术规程

CJJ 207—2013

条 文 说 明

制 订 说 明

《城镇供水管网运行、维护及安全技术规程》CJJ 207－2013经住房和城乡建设部2013年11月8日以第215号公告批准、发布。

本规程编制过程中，编制组对我国城镇供水管网运行、维护及安全管理等进行了调查研究，总结了城镇供水管网运行、维护及安全管理等工程建设和设施运行中的实践经验，通过实验、验证取得了重要技术参数。

为便于广大设计、施工、科研、学校等单位有关人员在使用本规程时能正确理解和执行条文规定，《城镇供水管网运行、维护及安全技术规程》编制组按章、节、条顺序编制了本规程的条文说明，对条文规定的目的、依据以及执行中需注意的有关事项进行了说明。但是，本条文说明不具备与规程正文同等的法律效力，仅供使用者作为理解和把握规程规定的参考。

目　次

1 总　　则

1.0.1 本条为编制本规程的目的。对城镇供水管网运行、维护及安全管理制定技术规程尚属首次，编制人员在调研各地区城镇供水管网运行、维护及安全管理实践经验的基础上，结合近年制定的《城镇供水厂运行、维护及安全技术规程》CJJ 58 及《城镇供水服务》CJ/T 316，编制了本规程。

1.0.2 本规程的适用范围，系城镇供水管网覆盖的范围。包括水厂出水计量设备、输配水管道及其附属设施、设备等；总表后的埋地管网、自备水源的供水管网、农村集中式供水管网的运行管理亦应按本规程执行。本规程没有制定有关加压泵站、高位水库（水塔）方面的规定，相关内容参考现行行业标准《城镇供水厂运行、维护及安全技术规程》CJJ 58。

3 基 本 规 定

3.0.2 国家现行有关法规和标准包括《城市供水条例》、《城市供水行业 2010 年技术进步发展规划及 2020 年远景目标》和《城镇给水排水技术规范》GB 50788 等。

3.0.3 按国家有关规定，所有从事管网运行维护的人员（包括临时用工人员）均应在上岗前接受职业道德、业务技术和安全知识培训，经考核取得相应资格后方能上岗。

3.0.4 供水管网的服务压力值，应通过综合核算和技术经济分析论证确定，使管网运行符合低碳和节能的原则。城镇地形变化较大时，最低供水压力值可划区域核定，并应满足管网最不利点供水压力需要。

3.0.5 供水管网中使用的设备和材料是指与生活饮用水接触的输配水管、蓄水容器、供水设备、机械部件（如阀门、水泵）等；防护材料是指管材、阀门与生活饮用水接触面的涂料、内衬材料等。

4 管 道 并 网

4.1 一 般 规 定

4.1.1 管道的设计、施工执行的国家相关标准是通用标准，供水单位根据国家标准可制定具体技术要求，为了便于实际操作，满足供水单位的使用和管理需要。

4.1.2 由于各地供水管网敷设环境、水压、水质和用户需求等条件不同，管道的管材、管件、设备、内外防腐材料的选用及阴极保护措施的选择，在符合国家通用标准的基础上，可制定符合各地区实际需要的具体技术细则，以满足各地供水管网实际运行、维护管理工作的需要。国家现行的相关标准包括：《生活饮用水管道系统用橡胶密封件》GB/T 28604、《给水用聚乙烯（PE）管材》GB/T 13663、《给水用硬聚氯乙烯（PVC-U）管材》GB/T 10002.1 和《埋地钢质管道阴极保护技术规范》GB/T 21448 等。

4.1.3 供水单位在选用阀门时，除符合国家相关规定外，应考虑供水管网的具体运行工况条件、水力学特性、密闭性和便于操作维护等实用性能。阀门井的结构设计应考虑维护人员出入便利，并有一定的井内操作空间，有利于井内设施的维修养护和维护人员的安全。

4.1.4 消火栓和进排气阀等设备在严寒地区要考虑防冻问题，同时这些设备内的水又有机会与空气直接接触，特别是进排气阀吸气时，阀门井设施应考虑防止管道二次污染问题。

4.1.6 由于水下穿越管道上覆土较少，易被冲刷和发生上浮事故，为确保管道的安全运行，防冲刷和抗浮可采取管道混凝土包封、河床混凝土护底或混凝土压块等安全措施。穿越通航河道等水下管道，为防止船只在管道附近抛锚造成管道破损，应在两岸设置水线警示标识。

4.1.7 柔性接口的管道，应在易位移处加设支墩，但限于管道施工现场的铺设条件，在大口径管道的易位移处加设支墩难度较大，因此可考虑采用防脱卡箍或防脱密封胶圈等措施减小支墩尺寸。

4.1.8 管道内部由于各种原因会积聚气体，排气不畅会形成水锤，甚至造成爆管，严重时会影响供水系统的稳定和安全运行。在管道适当位置设置结构形式合理、技术性能优良的进排气阀是解决管道存气问题的有效办法。在空管注水过程中，由于排气不畅会形成水锤，也应合理设置进排气阀，并采取减缓注水速度等技术措施。

4.1.9 在管道两个控制阀间低点设置排放管及排放阀门，既可以用于管道并网前的清洗冲排，还能用于管道维护时或出现水质事故时冲洗，又有利于管道维修、爆管抢修和引接分支管时排清管段内积水。

4.1.10 当用户内部管道有多种水源连通时，该管道再与城镇供水管网连接，会产生因压力差或虹吸形成的倒流，致使其他水源流入城镇供水管网，威胁城镇供水管网的供水安全。

我国现行国家标准有下列规定：

1 《室外给水设计规范》GB 50013 中第 7.1.9 条系强制性条文，规定城镇生活饮用水管网，严禁与非生活饮用水管网连接，严禁与自备水源供水系统直接连接。

2 《生活饮用水卫生标准》GB 5749 明确规定："各单位自备的生活饮用水供水系统，不得与城市供水系统连接"。

3 《建筑给水排水设计规范》GB 50015 中第

3.2.3条系强制性条文，规定城市给水管道严禁与自备水源的供水管道直接连接。

4.1.11 为了确保城镇供水管网的安全，对于存在倒流污染可能的用户管道，有必要在用户管道和城镇供水管网之间设置物理隔断，对化工、印染、造纸、制药等一些特殊用户应采取强制物理隔断措施。

从供水管网上接出用水管道时，应在以下用水管道上设置满足《减压型倒流防止器》GB/T 25178 和《双止回阀倒流防止器》CJ/T 160 等国家和行业标准要求的防止倒流污染的装置：

1 从城镇供水管网多路进水的用户供水管道；

2 有锅炉、热水机组、水加热器、气压水罐等有压容器或密闭容器的用户供水管道；

3 垃圾处理站、动物养殖场等用户供水管道；

4 其他可能产生倒流污染的用户供水管道。

防止倒流污染的装置应选择水头损失小、密闭性好、无二次污染和运行安全可靠的装置。

4.1.12 为便于非金属管道的物理探测，需要在管道上增设金属标识带；在采用水平定向钻进等非开挖施工技术时，在拖进聚乙烯(PE)等非金属管的同时，可拖入一根 *DN*40 的塑料管作为探测导管，且两端做好探测导管的导入出井，导入出井间距最大不超过200m，内穿金属标识带或粗铜线，也可空置，用于日后物理探测。

4.1.13 设置在市政综合管廊(沟)内的供水管道，除应满足上述条文要求外，还应具备维护检修人员通行、维修设备和材料运输的条件。

4.2 并网前管理

4.2.1 我国现行国家标准《给水排水管道工程施工及验收规范》GB 50268 中第 9.1.10 条系强制性条文，规定给水管道必须水压试验合格，并网运行前进行冲洗与消毒，经检验水质达到标准后，方可允许并网通水投入运行。

水压试验是管道施工质量最直观和必需的检测手段。当设计有要求时可按设计要求实施，其试验结果应满足规范及设计要求。

4.2.3 由于新建、改建管道的冲洗消毒与并网连接需要停水作业，不仅影响城镇居民的用水，而且对周边环境影响也很大，可能发生各种意料不到的状况，因此要求在停水作业前应有施工方案及应急预案。施工方案及应急预案应取得设计部门的核定，还要征得供水单位调度部门的同意。管道完工后的冲洗是施工方案的重要内容。

4.2.4 为便于供水单位实施并网前的各项操作和管理，施工单位应将施工管道的相关结构、阀门位置及数据等图纸资料提交供水单位，工程全部竣工后应向供水单位提交全部竣工资料。

4.3 并网连接

4.3.1 管道冲洗消毒后，因检测水质需有一定时间，被检管道内的水滞留时间如过长，并网时水内消毒剂已失效，故应排放去除。

4.3.2 为明确施工和供水单位的责任，保障城镇供水管网的安全运行，管道并网连接前，新管道尚未纳入城镇供水管网，其管道上的阀门设备等由施工单位负责操作和管理，并网连接后，并网管道已纳入城镇供水管网，其阀门设备等应由供水单位负责操作和管理。

4.3.3 为了减小停水施工给城镇居民带来的影响，管道并网连接时有条件的应尽量采用不停水施工的方法；没有条件的也应在停水 24h 前通知停水区域的用户，提前储水；停水最好安排在夜间进行；施工单位要认真组织，确保在停水时间段内完工；供水单位管网管理部门也应有应急预案，配合施工单位按时完工；对由于各种原因不能在原定停水时间段内完工的，要有紧急应对措施。

4.3.4 管道并网运行后，拆除原有管道的工作十分重要，既要保证原有用户的用水，又不能给今后的管网管理带来隐患，同时还要做好管网管理图档或竣工图的标注工作。

4.3.5 输配水干管并网连接后，其连接处周边管网由于流向发生变化，极易出现黄水等水质问题，因此并网前应进行评估，如对管网水质影响较大时将原有管道冲洗后实施并网作业，这是确保服务质量的重要措施。

4.3.6 管道的竣工资料是供水单位管网管理的基础，及时提交竣工资料是对管道施工单位的基本要求。

4.4 并网运行

4.4.1 管道并网后，该管道已经纳入城镇供水管网，其安全可靠运行关系到管网的安全，责任主体已经转移到供水单位的管网管理部门，其他部门和单位(包括施工单位)未征得管网管理部门的同意，不得擅自操作管道上的各种设施。

4.4.2 泵站和阀门操作中应注意启闭速度，力求缓开缓闭。

输配水干管阀门启闭速度过快可能造成管网部分或较多管段出现负压，产生管道水柱中断，发生水锤，易引起爆管。合理控制阀门的启闭速度，可获得更好的安全运行效果。

4.4.3 大用户进水管与城镇供水管并网运行后，有些用户的用水量变化幅度较大，甚至大幅度超出水表核定的常用流量，会直接导致附近管网供水压力的下降，进而对周边区域的用户用水产生影响，因此对大用户的用水方式应有一定规定。大用户可自建蓄水装置，恒量进水，调蓄用水。

控流装置主要是指加装控流阀门和控流孔板等，供水单位可通过在线检测设备进行远程测控。

住宅建筑二次供水系统的水池、水箱在设计时应考虑将注水口径缩小以实现控流。

对游泳池等大口径注水，由于注水端形成自由水流，流量较大，容易使附近城镇供水管网压力陡降，因此有必要在进水量控制的同时，对进水时间加以控制，避开用水高峰时段。

4.4.4 二次供水设施不设蓄水池，直接从城镇供水管网抽水或大口径进水并增压，易造成供水管网系统局部压力下降，影响供水系统的正常运行。因此二次供水应在节能的基础上采用带蓄水池的增压设施，避开用水高峰时段注水，既满足用户的供水需要，又不影响城镇供水系统的安全运行。

5 运行调度

5.1 一般规定

5.1.2 供水单位管网运行调度工作包括日常调度计划的制定，发布调度指令，控制干管阀门启闭，根据实际情况和管网压力控制点要求调整水泵的运行，调控调流阀的启闭度，处理管网突发事件，全面负责管网运行调度管理，协调与其他部门的工作。

5.2 调度管理

5.2.2 供水单位的月调度计划主要内容为水量安排、用电量安排、影响管网运行的水厂和泵站维护安排和管网设备的维护安排等；日调度计划的主要内容为水厂出水泵房和管网系统泵站工作安排、调控调流阀门的启闭和阀门操作安排等。

5.2.4 用水量和管网压力分析系统可进一步按以下分类：

1 用水量的空间分布可按行政区域、城镇功能区域、水厂和泵站的供水区域进行分类分析；

2 用水量的时间分布可按气候季节、月周日、节假日、事故时进行分类分析；

3 应合理划分城镇的用水分类，对各个用水量分类按空间、时间分析的方法进行综合分析，要特别重视用水量大的特殊行业；

4 管网的压力分布可按供水区域、总体压力分布、压力控制点与出厂压力的关系、压力控制点与最不利点压力的关系等进行分类分析。

5.3 优化调度

5.3.1 根据现行国家标准《城镇给水排水技术规范》GB 50788中第3.4.8条的规定，供水管网应进行优化设计、优化调度管理，降低能耗。

5.3.2 在线调度运用复合型的供水调度决策模型，管网数学模型(包括微观模型和宏观模型)、水量预测和分配系统、泵站优化运行系统、预案库、人工经验和实时数据采集系统协同工作，根据当前供水工况进行在线优化调度决策，以指导供水调度工作。离线调度在离线的情况下编制各类调度方案，通过多方案比较，选出优化调度方案。

5.4 调度数据采集

5.4.2 采集的数据根据不同需要分成三个层次，内容如下：

1 关键数据：水厂、泵站出厂压力数据，控制点测压点数据，这些测压设备必须配备电池可以实时工作，不依赖于外供交流电；在供水系统发生特大型事故时如地震、大面积停电及恐怖事件等时，它可以通过有限的几个数据基本掌握管网运行状况；

2 日常运行数据：水厂、泵站主要生产数据包括出厂压力、流量、水质、关键配电数据，管网监测点数据包括压力、流量、水质(余氯、浊度)，实时要求高，从而可以全面掌控管网运行状态实施调度运行工作；

3 生产分析数据：水厂、泵站全面生产数据，大量各类测压、测流、水质数据，大用户远传数据，实时性要求不高，供数据处理和分析用，为生产运行、优化调度服务。

6 管网水质

6.1 一般规定

6.1.1 生活饮用水包括人的日常饮用和生活用水。供水系统的水质直接关系到社会公众的身体健康，因此必须符合现行国家标准《生活饮用水卫生标准》GB 5749的规定。

6.1.3 管线较长，管网末梢余氯不达标，要考虑适当提高水厂出厂水余氯，当出厂水余氯已经较高时，应选择输配中途适当的地点补充加氯，并在管网末梢进行定期冲洗，以保证管网末端余氯达标。

6.2 水质监测

6.2.1 水质监测取样点是指人工采集水样并进行检测的管网点位。水质检测采样点的设立应考虑水流方向等因素对水质的影响，应设置在输水管线的近端、中端、远端和管网末梢、供水分界线及大用户点附近，检测点的配置应与人口的密度和分布相关，并兼顾全面性和具有代表性。

6.2.3 管网水质在线监测点应按照选用水质仪表要求制定维护计划，并建立定期巡视制度，包括校准、清洗及定期更换检测药剂等。

6.3 水质管理

6.3.1 管网水质直接关系到供水的安全，当管网水质出现异常时，应及时采取复验措施，一方面应查明原因，另一方面可启动应急预案，采取紧急关闭部分阀门和排放水措施，防止扩散；同时报告城镇供水行政主管部门和卫生监督部门。

6.3.2 供水单位应根据管网布局、运行状态、铺设年限、管材内衬状况及管道水质事故资料等，编制管道冲洗计划，冲洗计划应包括冲洗方式、冲洗线路和冲洗周期等；内衬较好，流速较大的管段，可适当延长冲洗周期。

6.3.3 管道清洗水排出管上应安装计量设备记录清洗用水量，计入用水量统计。计量设备可采用便携式流量计，也可在排水口前安装压力计，根据压力进行流量估算。

在管道冲排支管阀井内设压力计，当冲排阀门全开时，按下式估算排水量：

$$Q = 10000TD^2\sqrt{H} \quad (1)$$

式中：Q——排水阀门排出的总水量(m^3)；

T——开启排水阀门排水的小时数(h)；

D——排水口的内径(m)；

H——排水口前管道的水头值(m)。

注：该算式是按管孔出流公式推算而得，在排放阀门后安装一压力表，实测水头值。

7 管网维护

7.1 一般规定

7.1.1 供水单位应检测管网运行中的节点压力、管段流量、漏水噪声、管段阻力系数、大用户用水流量等动态数据，并作好管网维护检修的记录，从而对管网运行工况进行分析，逐年对爆管频率高、漏损严重、管网水质差等管道提出修复和更新改造计划。

7.1.4 爆管频率较高管段系指位于被建筑物或构筑物压埋、与建筑物或构筑物贴近的管段，管材脆弱、存在严重渗漏、易爆管段、存在高风险等隐患的管段以及穿越有毒有害污染区域的管段。高危管段应单独设档，附照片，标明地址、管线名称、规格、材质、管长、附属设施及设备内容、内衬外防腐状况、造成隐患的原因、危险程度、应急措施预案和运行维护记录。

7.2 维护站点设置

7.2.1 维护站点服务半径不宜超过5km，宜选在交通方便，有通信及后勤保障的区域内。维护站点的人员宜按照每6km～8km管道配维修维护人员1名的数量配备。维护站点服务半径与范围内的管网密度、服务人口数量有关。

7.2.2 由于管道维修工作的特殊性，维护站点除满足日常工作办公的需要外，还需具备值班人员在岗的生活条件和相应的各类设施：

1 维护站点应对维修工作进行统一调度指挥，及时、高效、优质地完成维修及抢修工作。根据各地区的不同情况，调度指挥平台可配备相应的信息和通信系统。

2 维护站点内配备的常用设备有工程抢险车；破路及挖土机械；可移动电源；抽水设备；抢修用发电机、电焊、气焊设备及烘干箱；起重机械；管道抢修的常用工具；照明及必要的安全保护装置；管道通风设备；必要的通信联络工具等。其中大型装备如破路及挖土机械，起重机械等的配备可采用多个站点共用或租赁等其他方式。

3 维护站点所进行的阀门操作，维修记录，管网损坏情况调查处理结果，水质水压数据，水表换修记录等，均应有文字记录。

4 根据各地区的不同情况，宜采用计算机进行信息管理，积累管网运行数据。

7.3 管网巡检

7.3.1 管网的巡检周期各地供水单位可结合单位自身规模、管网特点、管线的重要性及城市建设的现状等情况来合理制定，巡检周期越短越有利于管道的安全运行，通常情况下对一般管线巡检周期不宜大于5d～7d，对重要管段巡检周期以1d～2d为宜。

7.3.4 巡检的内容是多方面的，管道安全保护距离内不应有根深植物、正在建造的建筑物或构筑物、开沟挖渠、挖坑取土、堆压重物、顶进作业、打桩、爆破、排放生活污水和工业废水、排放或堆放有毒有害物质等，巡检中发现的问题越早，处理得越及时，越有利于管网的安全运行和管网维护检修费用的降低，在巡检过程中发现有偷盗水、人为故意损坏和埋压供水管道及设施的行为，应及时报告相关部门核查处理。

7.4 维修养护

7.4.1 修复时间指从停水到通水之间这一时间段，为了保障供水，应尽量缩短修复时间，有条件时应力求采用不停水的维修方式。

7.4.3 为了提高管道维修、抢修水平，应充分发挥一线工人、工程技术人员的积极性，认真学习国内外的先进经验，研发和逐步推广成熟的快速抢修技术，从而达到本条文的要求。

7.4.5 爆管抢修的同时，应对引起爆管的外因进行分析判断，及时进行处理。否则修复的管道有再次损坏的可能。

7.4.6 管道修复所用的管材应不影响管道的修复质

量。对于金属管材的焊接，若材质不一，易产生电化学腐蚀；而化学管材则将影响粘接、熔接的质量。

7.4.7 管道维修的材料、设备和工艺在不断发展创新，为不停水维修和非开挖修复创造了有利条件，为了减少停水维修对供水服务的影响以及开挖维修对环境交通的影响，宜优先选择不停水维修工艺和推广非开挖修复技术。

7.4.8 明铺管道系指裸露在道路旁的管道、沿桥明铺的过河管道以及架空穿越障碍物的管道。明铺管道应单独设档，附照片，标明地址、管线名称、规格、材质、管长、附属设施及设备内容、内衬外防腐状况及运行维护记录。

7.4.10 本条为强制性条文。

穿越通航河道的水下管在竣工后，按国家航运部门有关规定设置浮标或在两岸设置水线标识牌，严禁船只在保护范围内抛锚，确保水下穿越管的安全。不通航河道及干河沟、洼地等的水下穿越管竣工后，可在两岸或坎边设置标识桩。水下穿越管应单独设立档案，附照片，标明地址、管线名称、规格、材质、管长、附属设施及设备内容、内衬外防腐状况、河岸护坡、河床护底资料和运行维护记录等。

7.4.12 本条为强制性条文。

进入套管或箱涵进行检查时，应先进行强制通风，检测有害气体，外面有安全观察人员，并采取有效的安全措施，确保作业人员的安全。穿越管应单独设立档案，附照片，标明地址、管线名称、规格、材质、管长、附属设施及设备内容、内衬外防腐状况、套管或箱涵资料和运行维护记录等。

7.5 附属设施的维护

7.5.1 三级维护制度内容如下：

1 日常保养：对设施、设备进行经常性的保养和清洁。供水单位可根据实际情况制定日常保养周期。

2 一般检修：对设施、设备部件进行停水维修更换。编制设施及设备安装操作维护说明书，应按照说明书要求的周期进行检修，或者根据设施及设备的具体情况确定相应的检修周期。

3 大修：设施和设备整体或主要部件的更换。各类管网附属设施及设备一旦发生故障或有故障预兆，无法正常发挥其功能时，应立即安排大修或更换。

7.5.3 本条为强制性条文。

阀门井系密闭的空间，井内铁件锈蚀、渣物的存在，含有有机物的地下水渗浸，会消耗井内残存的氧气，使井内原本就不充足的氧气更加稀少，导致二氧化碳等含量增高。在现代城镇里，街道下面的管线错综复杂，燃气管道的漏气或有害污水的渗漏，都可能毒化阀门井内的作业环境。客观上，阀井内作业时发生窒息等人身事故的事例常有报导，因此必须加强对下井作业的管理。为此，强调以下措施：

1 凭派工单下井作业，杜绝随意下井作业的隐患；

2 应有检验井内有无异常状况的手段，可采用多种有害气体的检测仪下井检测，但应注意探头容易失灵而引起的误报，亦可采取其他易行可靠的检测方法；

3 消除井内积水、滞留有害气体和井底渣物等安全隐患；

4 监护、保护操作者的安全等。

7.6 修复和更新改造

7.6.1 供水单位拟定管网附属设施、设备的检修计划及更新改造计划时考虑的因素是多方面的，设施及设备实际运行和维护的记录是重要的依据；修复和改造方法的选择，应结合当地具体条件，考虑经济性和社会效益，选用合理的修复和更新改造工艺；管道修复技术是利用原有管道本体结构，对管道漏损点、内衬和强度进行原位修复使之恢复功能，这类技术最大的特点是原有管道的本体可继续利用，避免了旧管道开挖拆除的工程，又可节约大量的新管道，做到资源的最大利用。

7.6.4 管道更新改造容易导致管网流向和流速的变化，首先对受影响的管段提前进行清洗，在改造工程完工并网后，先使用小流量使管道内满流，然后调控阀门开启度，使管道流速逐渐增大，避免管道水质变化影响安全供水。

管网滞水管段是指该管段中的水流停滞，水质发生恶化的管段，一旦管网水压波动，滞水管段的水就会渗入到管网其他管段，导致用户端放出的水浑浊、带黄色或黑色、有异味。因此在管网改造过程中，应消除滞水管段，个别留存的滞水管段，也应在末端设排水设施，如增设消火栓，定期进行人工排水，减轻滞水管段带来的水质恶化。

8 漏损控制

8.1 一般规定

8.1.1 主要依据：

1 出厂水计量应符合《城镇供水水量计量仪表的配备和管理通则》CJ/T 3019 的规定；

2 用水计量仪表的性能应符合《封闭满管道中水流量的测量饮用冷水水表和热水水表》GB/T778.1～GB/T 778.2、《冷水水表检定规程》JJG 162 和《饮用水冷水水表安全规则》CJ 266 的规定。

8.1.2 本条强为制性条文。

本条规定水表和出厂水流量计首次使用前须经计

量行政部门所属或者授权的计量检定机构强检，使用过程中也应进行周期检定，首次强检和周期检定合格方能使用。

8.1.3 城镇绿化和市政道路喷洒用水应安装有计量表具的取水装置，并按规定水价付费使用；城镇消火栓是专为城镇灭火时使用，其功能是为城镇公共安全提供灭火用水，消火栓特意设计为使用专用钥匙供非经常性开启，故法律规定不能移作非灭火所用。非市政道路上的消火栓宜创造条件装表计量管理。

8.1.4 供水服务压力和管网漏损率、爆管的发生频率成正比，将供水服务压力控制在满足规定服务需求的范围，可降低漏损率和爆管发生频率。供水面积较大或地面高差较大时，采取分区分压供水是经济而有效的技术措施。

8.1.5 停水对供水服务影响很大，目前的引接分支施工技术完全能满足各种口径的不停水接管施工，故应在行业中推广不停水引接分支技术。

8.1.6 管道冲洗水量与管道施工时的管道内清洁工序及施工现场管理有关，将冲洗水量加以统计并收费，有助于提高施工质量，控制工程成本和节约冲洗水量。

8.1.7 建设部颁发的《城市供水管网漏损控制及评定标准》CJJ 92，严格要求供水单位将管网漏损率作为考核的指标。

8.2 计量管理

8.2.2 本条提出了开展分区计量工作的要求，分区计量有利于漏损控制，也有益于供水单位的日常运行管理。为此，供水单位应在编制供水系统扩大供水范围的规划及政府实施大规模旧城改造时，逐步建立分区计量管理。制定分区计量实施原则和方案需考虑的主要因素为：

1 供水管网布置实际情况；

2 管网压力的合理控制；

3 经济实用性；

4 先行试点、统筹规划、分步实施等。

新建、扩建和改建工程项目，应在本单位制定的分区计量实施原则的指导下，结合工程项目的实施有计划地推进分区计量工作。

在成片开发的小区宜安装水量对照总表，通过总表和户表的水平衡管理，达到发现差额、控制漏损的目的。各供水单位也可根据当地实际情况，确定适当的小区规模，安装总表。

8.2.3 本条针对计量器具的特性，提出了有关选型要求。计量器具选型是否合理，决定了其运行中的准确性。

8.2.4 水表级别是根据《封闭满管道中水流量的测量 饮用冷水水表和热水水表 第1部分：规范》GB/T 778.1的表示方法。

8.2.7 计量器具的安装要求、安装方式虽有区域性特点，但总体要求是一致的。流量计的安装应参照设备供应商提供的技术资料的要求，如电磁流量计的安装应符合以下规定：

1 前后管道的直线段应符合流量计安装使用说明书的规定；需将流量计前后管段改装为变径管的，应在满足直管段安装距离要求外变径；

2 管内水呈满流，不夹气；

3 流量计、水、管道三者间应连成等电位接地；

4 在垂直安装时，水流自下而上；水平或倾斜安装时，测量电极不应安在管道的正上方及正下方；

5 当流量计规格大于300mm时，应设专门支撑、宜装伸缩节。

8.2.8 本条为强制性条文。

对计量器具的更换是根据《强制检定的工作计量器具实施检定的有关规定》的要求进行了具体规定；计量器具应按规定时间更换，特别是出厂水计量与大用户的计量，应视用户实际用水量的变化选用合适的计量器具，减小计量误差。

8.2.9 本条提出了对大用户的用水量进行专门的管理，是因为大用户的用水量是供水单位水量管理的重点。

8.2.11 大用户一般安装较大口径水表，由于不同季节、不同时段以及不同用水规律的影响，一些大用户的大流量时段很短，水表大部分时间处在“大表小流量”状态；还有一些大用户会出现“小表大流量”状态，这都会影响水表的准确计量。通过跟踪发现，及时处理有利于实现计量公平。

8.3 水量损失管理

8.3.2 目前部分供水单位未对爆管抢修、计划停水、定时排放等有效用水量进行统计与分析，也未建立相应的水量管理档案，以致不能把握其供水区域内管网漏失的真实状况和原因。故针对上述情况，对无收益但属有效的水量按不同用途进行统计和分析估算，建立管理台账的规定是必要的。

8.3.3 擅自开启消火栓、排放阀放水是非法用水行为，且容易损坏公共用水设施，造成水资源浪费。因此应严格规范消火栓的管理。

8.3.4 加强管网日常运营管理是水量损失管理的基本要求。及时维修、控管停水和管网水排放等都是在日常运营管理中需重点关注和控制的内容，也是控制水量损失最有效的方法。

8.4 管网检漏

8.4.1 漏损普查是漏损控制的措施之一，是供水单位主动发现漏损的具体做法，漏损普查的方法、周期可根据管网状态经过技术经济分析确定。

8.4.2 检漏方法的选择可参考《城镇供水管网漏水探

测技术规程》CJJ 159 中各种漏水探测方法、使用条件和技术要点等内容。

1 流量法是指借助流量测量仪器设备，通过监测地下供水管道流量变化推断漏水异常管段的方法，分为区域检漏法和区域装表法（District Meter Area，简称 DMA）。流量法适用于判断探测区域是否发生漏水，确定漏水异常发生的范围，还可用于评价其他方法的漏水探测效果。

2 压力法是指借助压力测试仪器设备，通过监测地下供水管道供水压力的变化，间接推断漏水异常管段的方法，适用于判断漏水发生，确定漏水发生范围。

3 噪声法是指利用相应的仪器设备，在一定时间内自动监测、记录地下供水管道漏水声音，并通过统计分析其强度、频率，间接推断漏水异常管段的方法，适用于漏水点预定位和供水管网漏水监控。当用于长期性的漏水监测与预警时，宜采用固定设置噪声记录仪方式；当用于对供水管道进行分区巡检时，宜采用移动设置方式。

4 听音法是指借助听音仪器设备，通过识别地下供水管道漏水声音，间接探测漏水异常点的方法。采用听音法探测管道漏水点时应根据探测条件选择使用阀栓听音法、地面听音法和钻孔听音法。

5 相关法是指在漏水管道两端管壁或阀门、消火栓等附属设备放置传感器，利用漏水噪声传到两端传感器的时间差，推算漏水点位置的方法，适用于漏水点预定位和精确定位。

6 检漏方法还有管道内窥法（CCTV）、探地雷达法（GPR）、地表测温法、示踪法等。

8.4.4 随着检漏工作的周期性开展，管网漏点会逐渐减少，当漏损检出率降到一定程度，供水单位应考虑其检漏的成本效率和经济效益，可适当延长检漏周期，平衡管网漏损水量和检漏成本。

8.4.5 管网漏损的数据是管网运行维护的重要依据，供水单位应根据其数据分析的结果开展检漏和管网维护工作，制定管网更新改造计划，并对管网资产状态作出评估，用于管网管理和发展规划等。

9 信息管理

9.2 资料和档案管理

9.2.1 管道工程规划、设计、施工、竣工验收和运行维护资料应作为长期保存的档案资料立卷归档，资料应完整准确，文件书写和载体材料应能耐久保存，文件资料整理规格符合国家档案管理规定，立卷归档的电子文档应有相应的纸质文件材料一并归档保存。

9.2.2 竣工资料的编制除满足国家现行规范、规程和规定的要求外，应满足供水单位的使用要求（包括图、文档案和电子竣工资料），包括以下内容：

1 竣工报告；

2 原设计图及设计变更图；

3 规划红线图；

4 设计交底报告；

5 施工各主要工序的检查、监理报告；

6 管道水压试验报告；

7 水质检验报告；

8 平面竣工图；

9 纵断竣工图；

10 节点大样竣工图；

11 征用地批文；

12 预、决算文件；

13 各种管材、设备的产品合格证及化验、检验报告；

14 各种混凝土、砂浆、防腐材料及焊接的检验记录、试验报告；

15 特殊部位的管道大样图等。

9.2.5 管网应用性技术资料是指利用收集的新建、改建管网竣工资料，经整理制作，形成日常管道维护所需要的技术资料，如供水管网地理信息管理系统、供水区域管网现状示意图、消火栓分布示意图、等压曲线图等。

9.5 管网数学模型

9.5.4 管网水质模型是指建立管道内水质项目（如余氯、水龄等）的数学模型，模拟上述水质项目随时间和空间的变化规律。管网水质模型的建立，应遵循一定工作程序，包括分析软件与测试设备的选定、管网拓扑结构的确立、模型参数的实验室和现场测定及模型的校验等，供水单位应统筹规划，合理有序地开展管网水质模型的建设工作。

10 管网安全

10.1 一般规定

10.1.2 风险评估和控制工作是供水管网安全管理和应急管理工作的重要组成部分。建立风险评估机制，就要做到预防与处置并重，评估与控制结合，使应急处置管理能有预见性、针对性和主动性。

10.2 安全预警

10.2.1 各种管网事故（水质、破损、爆管等）的统计和分析是管网日常运行、维护、管网评估和管网更新改造的基础，做这项工作必须持之以恒，实行专人管理，针对每一次事故进行统计分析，通过长期积累相关资料，形成历史档案；有条件的也可建立管网事故的统计分析数据库，或管网事故分析系统，结合其他管网管理系统，综合进行管网管理。

10.2.2 供水管网风险源调查一般采用调查表调查、实地调查和事故致因理论分析法调查等方法，对管线历史事故资料进行分析、辨识管线事故风险的影响因素，通过对风险承受力分析和风险控制力分析，确定风险的大小。风险源调查就是对产生风险源头的调查，可将调查的结果，运用事故致因理论、事故树、系统安全理论等方法进行归纳，分析得出最后的结论，确定风险源。一般供水管网出现的风险由两部分组成：风险事件出现的频率和风险事件出现后，其后果的严重程度和损失的大小。

10.3 应急处置

10.3.1 国家一般将各种突发事件都分为四个级别，各城市、各地区的突发事件分级也分为四个级别，是各级别的程度和影响范围不同。各地区供水单位的供水管网突发事件分级也应根据当地的实际情况，按照影响范围的大小、影响用户和人口的多少、突发事件的性质、管径的大小、突发事件处置时间的长短等因素，划分本单位管网突发事件的四个级别。

10.3.2 当出现水质突发事件时，供水单位应将出现水质问题的管道从运行管网中隔离开，隔断污染源，防止污染面扩大，并及时通知受影响区域内的用户和上级主管部门，尽量减少危害程度。同时应尽快查明原因，迅速制定事件影响范围内的管网排水和冲洗方案，及时采取措施排除污染源和受污染管网水，并对污染管段冲洗消毒，经水质检验合格后，尽快恢复供水。当冲洗、消毒无效时，应果断采取停水及换管等措施。

10.3.6 突发事件评估报告应包括以下内容：

1 突发事件发生的原因；

2 过程处置是否妥当；

3 执行应急处置预案是否及时和正确；

4 宣传报道是否及时、客观和全面；

5 善后处置是否及时；

6 受突发事件影响的人员和单位对善后处置是否满意；

7 整个处置过程的技术经济分析和损失的报告；

8 应吸取的教训等。

中华人民共和国行业标准

城镇排水管道非开挖修复更新工程技术规程

Technical specification for trenchless rehabilitation and renewal of urban sewer pipeline

CJJ/T 210—2014

批准部门：中华人民共和国住房和城乡建设部
施行日期：2 0 1 4 年 6 月 1 日

中华人民共和国住房和城乡建设部
公　　告

第303号

住房城乡建设部关于发布行业标准《城镇排水管道非开挖修复更新工程技术规程》的公告

现批准《城镇排水管道非开挖修复更新工程技术规程》为行业标准，编号为 CJJ/T 210－2014，自2014年6月1日起实施。

本规程由我部标准定额研究所组织中国建筑工业出版社出版发行。

中华人民共和国住房和城乡建设部

2014年1月22日

前　　言

根据住房和城乡建设部《关于印发〈2009年工程建设标准规范制订、修订计划〉的通知》（建标［2009］88号）的要求，规程编制组经广泛调查研究，认真总结实践经验，参考有关国内外标准，并在广泛征求意见的基础上，编制本规程。

本规程的主要技术内容：1. 总则；2. 术语和符号；3. 基本规定；4. 材料；5. 设计；6. 施工；7. 工程验收。

本规程由住房和城乡建设部负责管理，由中国地质大学（武汉）负责具体技术内容的解释。在执行过程中，如有意见和建议，请寄送中国地质大学（武汉）（地址：湖北省武汉市洪山区鲁磨路388号，邮编：430074）。

本规程主编单位：中国地质大学（武汉）

本规程参编单位：城市建设研究院
武汉市城市排水发展有限公司
管丽环境技术（上海）有限公司
杭州市排水有限公司
成都市兴蓉投资有限公司
河南中拓石油工程技术股份有限公司
上海市排水管理处
山东柯林瑞尔管道工程有限公司
河北肃安实业集团有限公司
上海乐通管道工程有限公司
陶氏化学（中国）有限公司
杭州诺地克科技有限公司
广州市市政集团有限公司
武汉地网非开挖科技有限公司
天津盛象塑料管业有限公司
迈佳伦（天津）国际工贸有限公司
中国京冶工程技术有限公司
厦门市安越非开挖工程技术有限公司

本规程主要起草人员：马保松　吕士健　田中凯
孙跃平　宋正华　颜学贵
徐效华　安关峰　周长山
王明岐　张煜伟　李佳川
王鲁麓　许　珂　逯仲森
田　颖　何　善　吴忠诚
吴　瑛　廖宝勇　孔耀祖

本规程主要审查人员：高立新　王乃震　宋序彤
吴学伟　李树苑　项久华
王长祥　苏耀军　王春顺
邝　诺　谌伟宁

目　次

Contents

1 总　　则

1.0.1　为使城镇排水管道非开挖修复更新工程做到技术先进、安全可靠、经济合理、确保质量和保护环境，制定本规程。

1.0.2　本规程适用于城镇排水管道非开挖修复更新工程的设计、施工及验收。

1.0.3　城镇排水管道非开挖修复更新工程的设计、施工及验收，除应符合本规程的规定外，尚应符合国家现行有关标准的规定。

2 术语和符号

2.1 术　　语

2.1.1　非开挖修复更新工程　trenchless rehabilitation and renewal

采用少开挖或不开挖地表的方法进行排水管道修复更新的工程。

2.1.2　穿插法　slip lining

采用牵拉或顶推的方式将内衬管直接置入原有管道的管道修复方法。

2.1.3　碎（裂）管法　pipe bursting/splitting

采用碎(裂)管设备从内部破碎或割裂原有管道，将原有管道碎片挤入周围土体形成管孔，并同步拉入新管道的管道更新方法。

2.1.4　原位固化法　cured-in-place pipe（CIPP）

采用翻转或牵拉方式将浸渍树脂的软管置入原有管道内，固化后形成管道内衬的修复方法。

2.1.5　折叠内衬法　fold-and-form lining

采用牵拉的方法将压制成“C”形或“U”形的管道置入原有管道中，然后通过加热、加压等方法使其恢复原状形成管道内衬的修复方法。

2.1.6　缩径内衬法　deformed-and-reformed lining

采用牵拉方法将经压缩管径的新管道置入原有管道内，待其直径复原后形成与原有管道紧密贴合的管道内衬的修复方法。

2.1.7　机械制螺旋缠绕法　mechanical spiral wound lining

采用机械缠绕的方法将带状型材在原有管道内形成一条新的管道内衬的修复方法。

2.1.8　管片内衬法　splice segment lining

将片状型材在原有管道内拼接成一条新管道，并对新管道与原有管道之间的间隙进行填充的管道修复方法。

2.1.9　局部修复　localized repair

对原有管道内的局部破损、接口错位、局部腐蚀等缺陷进行修复的方法。本规程主要指点状原位固化法和不锈钢套筒法。

2.1.10　点状原位固化法　spot cured-in-place pipe

采用原位固化法对管道进行局部修复的方法。

2.1.11　不锈钢套筒法　stainless steel foam sleeve

采用外包止水材料的不锈钢套筒膨胀后形成管道内衬，止水材料在原有管道和不锈钢套筒之间形成密封性接触的管道局部修复方法。

2.1.12　半结构性修复　semi-structural rehabilitation

新的内衬管依赖于原有管道的结构，在设计寿命之内仅需要承受外部的静水压力，而外部土压力和动荷载仍由原有管道支撑的修复方法。

2.1.13　结构性修复　structural rehabilitation

新的内衬管具有不依赖于原有管道结构而独立承受外部静水压力、土压力和动荷载作用的性能的修复方法。

2.1.14　软管　tube

由一层或多层聚酯纤维毡或同等性能材料缝制而成的外层包覆非渗透性塑料薄层的柔性管材。

2.1.15　内衬管　liner

通过各种非开挖修复更新方法在原有管道内形成的管道内衬。

2.1.16　折叠管　folded pipe

将圆形管材通过压制、折叠而成的“C”形或“U”形断面的管道。

2.2 符　　号

2.2.1　尺寸

D——螺旋缠绕内衬管平均直径；

D_L——闭气试验管道内径；

D_{max}——原有管道的最大内径；

D_{min}——原有管道的最小内径；

D_O——内衬管管道外径；

D_I——内衬管管道内径；

D_E——原有管道平均内径；

H_S——管顶覆土厚度；

H_w——管顶以上地下水位高度；

H——管道敷设深度；

I——内衬管单位长度管壁惯性矩；

L——工作坑长度；

R——管材允许弯曲半径；

SDR——管道的标准尺寸比；

t——内衬管的壁厚。

2.2.2　系数

B'——弹性支撑系数；

C——椭圆度折减系数；

K——圆周支持率；

K_1——系数；

N——安全系数；

n——粗糙系数；

n_e——原有管道的粗糙系数；

n_l——内衬管的粗糙系数；

q——原有管道的椭圆度；

R_w——水浮力系数；

S——管道坡度；

μ——泊松比。

2.2.3 荷载和压力

F——允许拖拉力；

P——地下水压力；

P_i——压力管道内部压力；

q_t——管道总的外部压力；

W_S——活荷载。

2.2.4 模量和强度

E——初始弹性模量；

E_L——长期弹性模量；

E'_S——管侧土综合变形模量；

σ——管材的屈服拉伸强度；

σ_L——内衬管长期弯曲强度；

σ_{TL}——内衬管长期抗拉强度。

2.2.5 其他符号

B——管道修复前后过流能力比；

Q——流量；

Q_e——允许渗水量；

V_e——渗漏速率；

γ——土的重度。

3 基本规定

3.0.1 敷设于交通繁忙、新建道路、环境敏感等地区的排水管道的修复更新应优先选用非开挖修复更新技术。

3.0.2 非开挖修复更新工程应根据管道安全检测评估鉴定报告进行设计，并确定修复或更新方法。

3.0.3 管道结构性修复更新后的使用期限不得低于50年；利用原有管道结构进行半结构性修复的管道，其设计使用年限应按原有管道结构的剩余设计使用期限确定，对于混凝土管道，半结构性修复后的最长设计使用年限不宜超过30年。

3.0.4 非开挖修复更新工程所用的管材、管件、构（配）件等材料应符合国家现行标准，并应具有质量合格证书、性能检测报告和使用说明书。

3.0.5 非开挖修复更新工程施工时应采取安全措施，并应符合现行行业标准《城镇排水管道维护安全技术规程》CJJ 6的有关规定。

3.0.6 当施工需进行局部开挖时，开挖前应取得相关部门的批准。

3.0.7 管道修复更新完成后，应对内衬管与检查井的接口处进行处理。

3.0.8 非开挖修复更新工程所产生的污物、噪声及振动应符合国家有关环境保护的规定。

3.0.9 非开挖修复工程应在验收合格后投入使用。

4 材 料

4.0.1 当非开挖修复更新工程选用PE管材时，应选择PE80或PE100管材，PE管材性能应满足表4.0.1的要求。

表 4.0.1 PE管材性能

性能	MDPE PE80	HDPE PE80	HDPE PE100	试验方法
屈服强度（MPa）	>18	>20	>22	《塑料 拉伸性能的测定 第2部分：模塑和挤塑塑料的试验条件》GB/T 1040.2
断裂伸长率（%）	>350	>350	>350	《塑料 拉伸性能的测定 第2部分：模塑和挤塑塑料的试验条件》GB/T 1040.2
弯曲模量（MPa）	600	800	900	《塑料 弯曲性能的测定》GB/T 9341

4.0.2 原位固化法使用的软管应符合下列规定：

1 软管可由单层或多层聚酯纤维毡或同等性能的材料组成，并应与所用树脂兼容，且应能承受施工的拉力、压力和固化温度；

2 软管的外表面应包覆一层与所采用的树脂兼容的非渗透性塑料膜；

3 多层软管各层的接缝应错开，接缝连接应牢固；

4 软管的横向与纵向抗拉强度不得低于5MPa；

5 玻璃纤维增强的纤维软管应至少包含两层夹层，软管的内表面应为聚酯毡层加苯乙烯内膜组成，外表面应为单层或多层抗苯乙烯或不透光的薄膜；

6 软管的长度应大于待修复管道的长度，软管直径的大小应保证在固化后能与原有管道的内壁紧贴在一起；

7 应提供软管固化后的初始结构性能检测报告，并应符合本规程第7.1.10条的规定。

4.0.3 机械制螺旋缠绕法所用型材应为带状型材，可由PVC-U或加钢片的复合材料制成，带状型材的性能应满足设计要求。

4.0.4 管片内衬法所用片状型材可由不锈钢或PVC-

U制成，型材表面应光滑，并应具有耐久性及抗腐蚀性。

4.0.5 当采用折叠内衬法、缩径内衬法时，所用PE管材进行折叠、缩径后应进行复原试验及性能检测。螺旋缠绕带状型材以及管片内衬所用片状型材应进行抽样检测，试验要求和抽样检测应符合本规程附录A的规定，刚度系数和接口严密性测试应按本规程附录B中所规定的方法进行。

4.0.6 在同一个修复更新管段内应使用相同型号、同一生产厂家的管材或型材，管材或型材不得存在可见的裂缝、孔洞、划伤、夹杂物、气泡、变形等缺陷。

4.0.7 非开挖修复更新工程所用成品管道或型材应有清晰的标注，折叠管的标注间距不应大于3m。带状型材的标注间距不应大于5m，片状型材应每片进行标注。

4.0.8 内衬管或型材的运输和储存应符合下列规定：

1 工厂预制折叠管应采用非金属缠绕带进行捆扎并缠绕在卷筒上进行运输，缠绕带的层数和间距应根据管道的直径、壁厚、材料等级、环境温度等因素确定。

2 机械制螺旋缠绕法使用PVC-U带状型材应连续地缠绕在卷筒上储存和运输。

3 内衬管或型材的储存和运输应符合现行行业标准《埋地塑料排水管道工程技术规范》CJJ 143的有关规定。

4.0.9 不锈钢套筒法所采用的材料应符合下列规定：

1 所用材料应无毒、无刺激性气味、不溶于水、对环境无污染。

2 止水材料应符合下列规定：

1） 止水材料可由海绵、发泡胶或橡胶材料组成；

2） 发泡胶应采用双组分，在作业现场混合使用；

3） 发泡胶固化时间应可控，固化时间宜在30min～120min；

4） 橡胶材料应做成筒状，附在不锈钢套筒的外侧，橡胶筒的两端应设置止水圈。

3 不锈钢套筒应符合下列规定：

1） 不锈钢套筒应采用T304及以上材质；

2） 不锈钢套筒的厚度应根据选用的材质和管径来确定；

3） 不锈钢套筒的两端应加工成喇叭状或锯齿形边口等，边口宽度宜为20mm；

4） 止回扣应能保证卡住后不发生回弹，且不应对修复气囊造成破坏。

5 设 计

5.1 一 般 规 定

5.1.1 非开挖修复更新工程设计前应详细调查原有管道的基本概况、工程地质和水文地质条件、现场施工环境。

5.1.2 对原有管道的缺陷应进行检测与评估，并应符合现行行业标准《城镇排水管道检测与评估技术规程》CJJ 181的有关规定。当管段结构性缺陷等级大于Ⅲ级时应采用结构性修复，当管段结构性缺陷类型为整体缺陷时应采用整体修复。

5.1.3 非开挖修复更新工程的设计应符合下列规定：

1 当原有管道地基不满足要求时，应进行处理；

2 修复后管道的结构应满足受力要求；

3 修复后管道的过流能力应满足要求；

4 修复后管道应满足清疏技术对管道的要求。

5.1.4 非开挖修复更新方法的工法特征可按表5.1.4的规定选取。

表5.1.4 非开挖修复更新方法的工法特征

非开挖修复更新方法	适用范围和使用条件						
	适应管径（mm）	内衬管材质	对工作坑的需求	注浆需求	最大允许转角	可修复原有管道截面形状	局部或整体修复
穿插法	≥200	PE、PVC-U、玻璃钢、金属管等	需要	根据设计要求	0°	圆形	整体修复
原位固化法	翻转式：200～2700 拉入式：200～2400	玻璃纤维、针状毛毡、树脂等	不需要	不需要	45°	圆形、蛋形、矩形等	整体修复
碎（裂）管法	200～1200	PE	需要	不需要	7°	圆形	整体更新

续表 5.1.4

非开挖修复更新方法		适用范围和使用条件						
		适应管径（mm）	内衬管材质	对工作坑的需求	注浆需求	最大允许转角	可修复原有管道截面形状	局部或整体修复
折叠内衬法	工厂折叠	200～450	PE	不需要或小量开挖	不需要	15°	圆形	整体修复
	现场折叠	200～1400	PE	需要	不需要	15°	圆形	整体修复
缩径内衬法		200～1100	PE	需要	不需要	15°	圆形	整体修复
机械制螺旋缠绕法		200～3000	PVC-U、PE 型材	不需要	根据设计要求	15°	圆形、矩形、马蹄形等	整体修复
管片内衬法		800～3000	PVC-U 型材、填充材料	不需要	需要	15°	圆形、矩形、马蹄形等	整体修复
不锈钢套筒法		200～1500	止水材料、不锈钢套筒等	不需要	不需要	—	圆形	局部修复
点状原位固化法		200～1500	玻璃纤维、针状毛毡、树脂等	不需要	不需要	—	圆形、蛋形、矩形等	局部修复

5.1.5 对相同直径且管道转角符合本规程表 5.1.4 的规定的管道，可按同一个修复段进行设计，否则应按不同管段进行设计。

5.1.6 非开挖管道修复更新工程所用管材直径的选择应符合下列规定：

1 穿插法所用内衬管的外径应小于原有管道的内径，但其减少量不宜大于原有管道内径的 10%，且减少量不应大于 50mm；

2 机械制螺旋缠绕法内衬管的内径不宜小于原有管道内径的 90%；

3 折叠内衬法内衬管外径应与原有管道内径相一致，缩径内衬法内衬管复原后宜与原有管道形成紧密配合；

4 原位固化法所用软管外径应与原有管道内径相一致。

5.2 内衬管设计

5.2.1 当采用穿插法、原位固化法、折叠内衬法或缩径内衬法进行管道半结构性修复时，内衬管最小壁厚应符合下列规定：

1 内衬管壁厚应按下列公式计算：

$$t=\frac{D_O}{\left[\frac{2KE_LC}{PN(1-\mu^2)}\right]^{\frac{1}{3}}+1} \quad (5.2.1\text{-}1)$$

$$C=\left[\frac{\left(1-\frac{q}{100}\right)}{\left(1+\frac{q}{100}\right)^2}\right]^3 \quad (5.2.1\text{-}2)$$

$$q=100\times\frac{(D_E-D_{min})}{D_E} \text{ 或 } q=100\times\frac{D_{max}-D_E}{D_E} \quad (5.2.1\text{-}3)$$

式中：t——内衬管壁厚（mm）；

D_O——内衬管管道外径（mm）；

K——圆周支持率，取值宜为 7.0；

E_L——内衬管的长期弹性模量（MPa），宜取短期模量的 50%；

C——椭圆度折减系数；

P——内衬管管顶地下水压力（MPa），地下水位的取值应符合现行国家标准《给水排水工程管道结构设计规范》GB 50332 的有关规定；

N——安全系数，取 2.0；

μ——泊松比，原位固化法内衬管取 0.3，PE 内衬管取 0.45；

q——原有管道的椭圆度（%），可取2%；

D_E——原有管道的平均内径（mm）；

D_{min}——原有管道的最小内径（mm）；

D_{max}——原有管道的最大内径（mm）。

2 当内衬管管道位于地下水位以上时，原位固化法内衬管的标准尺寸比（*SDR*）不得大于100，PE内衬管的标准尺寸比（*SDR*）不得大于42。

3 当内衬管椭圆度不为零时，按式（5.2.1-1）计算的内衬管的壁厚最小值不应小于下列公式计算结果：

$$1.5\frac{q}{100}\left(1+\frac{q}{100}\right)SDR^2-0.5\left(1+\frac{q}{100}\right)$$

$$SDR=\frac{\sigma_L}{PN} \tag{5.2.1-4}$$

$$SDR=\frac{D_O}{t} \tag{5.2.1-5}$$

式中：SDR——管道的标准尺寸比；

σ_L——内衬管材的长期弯曲强度（MPa），宜取短期强度的50%。

5.2.2 当采用穿插法、原位固化法、折叠内衬法或者缩径内衬法进行管道结构性修复时，内衬管最小壁厚应符合下列规定：

1 内衬管壁厚应按下列公式计算：

$$t=0.721D_O\left[\frac{\left(\frac{N\times q_t}{C}\right)^2}{E_L\times R_W\times B'\times E'_S}\right]^{\frac{1}{3}} \tag{5.2.2-1}$$

$$q_t=0.00981H_w+\frac{\gamma\times H_S\times R_w}{1000}+W_S \tag{5.2.2-2}$$

$$R_w=1-0.33\times\frac{H_w}{H_S} \tag{5.2.2-3}$$

$$B'=\frac{1}{1+4e^{-0.213H}} \tag{5.2.2-4}$$

式中：q_t——管道总的外部压力（MPa），包括地下水压力、上覆土压力以及活荷载；

R_w——水浮力系数，最小取0.67；

B'——弹性支撑系数；

E'_S——管侧土综合变形模量（MPa），可按现行国家标准《给水排水工程管道结构设计规范》GB 50332的规定确定；

H_w——管顶以上地下水位高（m）；

γ——土的重度（kN/m^3）；

H——管道敷设深度；

H_S——管顶覆土厚度（m）；

W_S——活荷载（MPa），应按现行国家标准《给水排水工程管道结构设计规范》GB 50332的规定确定。

2 内衬管最小壁厚还应满足下式规定：

$$t\geqslant\frac{0.1973D_O}{E^{1/3}} \tag{5.2.2-5}$$

式中：E——内衬管初始弹性模量（MPa）。

3 结构性修复内衬管的最小厚度还应同时满足本规程公式（5.2.1-1）和（5.2.1-4）的要求。

5.2.3 当采用碎（裂）管法更新管道时，应按新建管道的要求设计管道壁厚，更新管道标准尺寸比的最大取值应符合表5.2.3的规定。

表5.2.3 更新管道标准尺寸比的最大取值

覆土深度（m）	*SDR*
0～5.0	21
>5.0	17

5.2.4 机械制螺旋缠绕法内衬管刚度系数应符合下列规定：

1 采用内衬管贴合原有管道机械制螺旋缠绕法半结构性修复时，内衬管最小刚度系数应按下列公式计算：

$$E_L I=\frac{P(1-\mu^2)D^3}{24K}\cdot\frac{N}{C} \tag{5.2.4-1}$$

$$D=D_O-2(h-\bar{y}) \tag{5.2.4-2}$$

式中：E_L——内衬管的长期弹性模量（MPa）；

I——内衬管单位长度管壁惯性矩（mm^4/mm）；

D——内衬管平均直径（mm）；

K——圆周支持率，取值宜为7.0；

h——带状型材高度（mm）；

$\bar{y}$——带状型材内表面至带状型材中性轴的距离（mm）；

μ——泊松比，取0.38。

2 采用内衬管不贴合原有管道机械制螺旋缠绕法半结构性修复时，内衬管与原有管道间的环状空隙应进行注浆处理，且内衬管最小刚度系数应按下列公式计算：

$$E_L I=\frac{PND^3}{8(K_1^2-1)C} \tag{5.2.4-3}$$

$$\sin\frac{K_1\varphi}{2}\cos\frac{\varphi}{2}=K_1\sin\frac{\varphi}{2}\cos\frac{K_1\varphi}{2} \tag{5.2.4-4}$$

式中：φ——未注浆角度（图5.2.4）；

K_1——与未注浆角度φ相关的系数，K_1取值与未注浆角度的关系应符合表5.2.4的规定。

表5.2.4 K_1取值与未注浆角度的关系

2φ（°）	10	20	30	40	50	60	70	80	90
K_1	51.5	25.76	17.18	12.9	10.33	8.62	7.4	6.5	5.78
2φ（°）	100	110	120	130	140	150	160	170	180
K_1	5.22	4.76	4.37	4.05	3.78	3.54	3.34	3.16	3.0

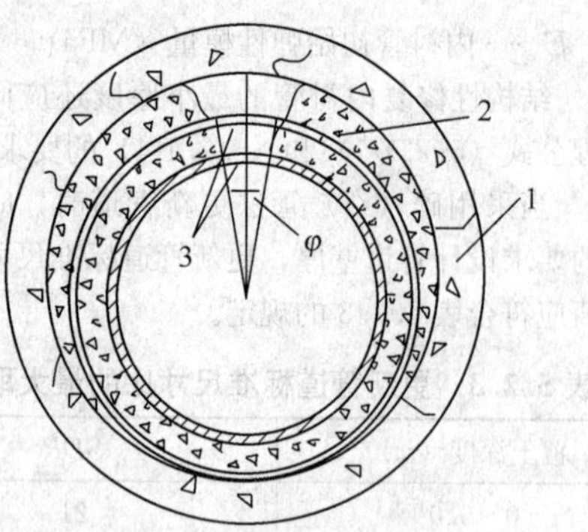

图 5.2.4　未灌浆角度示意图

1—原有管道；2—浆体；3—螺旋缠绕内衬管；
φ—未注浆角度

3　当采用内衬管贴合原有管道机械制螺旋缠绕法结构性修复时，最小刚度系数应按下式计算：

$$E_{\mathrm{L}}I=\frac{(q_{\mathrm{t}}N/C)^{2}D^{3}}{32R_{\mathrm{w}}B'E'_{\mathrm{S}}} \qquad (5.2.4\text{-}5)$$

4　当采用内衬管不贴合原有管道机械制螺旋缠绕法结构性修复时，应对环状空隙内进行注浆，原有管道、并应确认内衬管、注浆体和原有管道组成的复合结构能承受作用在管道上的总荷载。

5　当采用机械制螺旋缠绕内衬法进行结构性修复时，内衬管最小刚度系数 $E_{\mathrm{L}}I$ 还应同时满足公式(5.2.4-1) 的要求。

5.3　水 力 计 算

5.3.1　管道内流量可按下式计算：

$$Q=0.312\frac{D_{\mathrm{E}}^{\frac{8}{3}}\times S^{\frac{1}{2}}}{n} \qquad (5.3.1)$$

式中：Q——管道的流量（$\mathrm{m^3/min}$）；

D_{E}——原有管道平均内径（m）；

S——管道坡度；

n——管道的粗糙系数。

5.3.2　修复后管道的过流能力与修复前管道的过流能力的比值应按下式计算：

$$B=\frac{n_{\mathrm{e}}}{n_{l}}\times\left(\frac{D_{\mathrm{I}}}{D_{\mathrm{E}}}\right)^{\frac{8}{3}}\times 100\% \qquad (5.3.2)$$

式中：B——管道修复前后过流能力比；

n_{e}——原有管道的粗糙系数；

D_{I}——内衬管管道内径（m）；

n_{l}——内衬管的粗糙系数。

5.3.3　部分管材的粗糙系数可按表 5.3.3 取值。

表 5.3.3　粗糙系数

管材类型	粗糙系数 n
原位固化内衬管	0.010
PE 管	0.009
PVC-U 管	0.009
螺旋缠绕内衬管	0.010
混凝土管	0.013
砖砌管	0.016
陶土管	0.014

续表 5.3.3

注：本表所列粗糙系数是指管道在完好无损的条件下的粗糙系数。

5.4　工作坑设计

5.4.1　当需开挖工作坑时，工作坑的位置应符合下列规定：

1　工作坑的坑位应避开地上建筑物、架空线、地下管线或其他构筑物；

2　工作坑不宜设置在道路交汇口、医院入口、消防入口处；

3　工作坑宜设计在管道变径、转角或检查井处。

5.4.2　工作坑的大小应满足施工空间的要求。连续管道穿插法进管工作坑（图 5.4.2）最小长度应按下式计算：

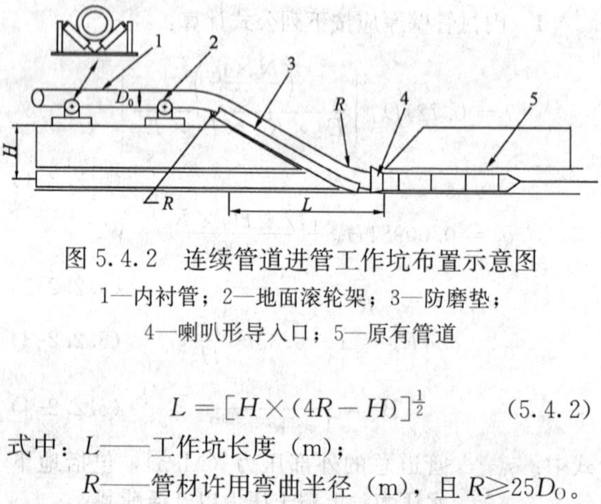

图 5.4.2　连续管道进管工作坑布置示意图

1—内衬管；2—地面滚轮架；3—防磨垫；
4—喇叭形导入口；5—原有管道

$$L=[H\times(4R-H)]^{\frac{1}{2}} \qquad (5.4.2)$$

式中：L——工作坑长度（m）；

R——管材许用弯曲半径（m），且 $R\geqslant 25D_{\mathrm{O}}$。

5.4.3　当工作坑较深时，应按现行国家标准《给水排水管道工程施工及验收规范》GB 50268 的有关规定设计放坡或支护。

6　施　　工

6.1　一 般 规 定

6.1.1　施工前应取得安全施工许可证，并应遵循有关施工安全、劳动防护、防火、防毒的法律、法规，建立安全生产保障体系。

6.1.2　施工前应编制施工组织设计，施工组织设计应审批后执行。

6.1.3　施工设备应根据工程特点合理选用，并应有总体布置方案。对于不宜间断的施工方法，应有满足施工要求备用的动力和设备。

6.1.4 当管道内需采取临时排水措施时，应符合下列规定：

1 应按现行行业标准《城镇排水管渠与泵站维护技术规程》CJJ 68 的有关规定对原有管道进行封堵；

2 当管堵采用充气管塞时，应随时检查管堵的气压，当管堵气压降低时应及时充气；

3 当管堵上、下游有水压力差时，应对管堵进行支撑；

4 临时排水设施的排水能力应能确保各修复工艺的施工要求。

6.1.5 PE 管道的连接施工应符合下列规定：

1 连接前应进行外观检查，管道外表面划痕深度不应大于壁厚的 10%，管道不应有过度弯曲导致的屈曲，管道内表面不应有任何磨损和切削；

2 PE 管的连接宜采用热熔对接的方法，热熔对接应符合现行国家标准《塑料管材和管件 聚乙烯（PE）管材/管材或管材/管件热熔对接组件的制备操作规范》GB 19809 的有关规定。

6.1.6 在内衬管穿插前，应采用一个与待插管直径相同、材质相同、长度不小于 3m 的试穿管段进行试通，并检测试穿管段表面损伤情况，划痕深度不应大于内衬管壁厚的 10%。

6.1.7 使用的计量器具和检测设备，应经计量检定、校准合格后方可使用。

6.2 原有管道预处理

6.2.1 非开挖修复更新工程施工前，应对原有管道进行预处理，并应符合下列规定：

1 预处理后的原有管道内应无沉积物、垃圾及其他障碍物，不应有影响施工的积水；当采用原位固化法和点状原位固化法进行管道整体或局部修复时，原有管道内不应有渗水现象；

2 管道内表面应洁净，应无影响衬入的附着物、尖锐毛刺、突起现象；

3 当采用碎（裂）管法时，可不对原有管道内表面进行处理，但原有管道内应有牵引拉杆或钢丝绳穿过的通道；

4 当采用局部修复法时，原有管道待修复部位及其前后 500mm 范围内管道内表面应洁净，无附着物、尖锐毛刺和突起。

6.2.2 管道宜采用高压水射流进行清洗，清洗产生的污水和污物应从检查井内排出，污物应按现行行业标准《城镇排水管渠与泵站维护技术规程》CJJ 68 的有关规定处理。

6.2.3 管内影响内衬施工的障碍宜采用专用工具或局部开挖的方式进行清除。

6.2.4 有内钢套的原有管道，应对内钢套进行预处理。

6.2.5 管道变形或破坏严重、接头错位严重的部位，应按经批准的施工组织设计进行预处理。

6.2.6 漏水严重的原有管道，应对漏水点进行止水或隔水处理。

6.3 穿 插 法

6.3.1 内衬管道可通过牵引、顶推或两者结合的方法置入原有管道中。

6.3.2 连续管道穿插施工应符合下列规定：

1 管道牵拉速度不宜大于 0.3m/s，在管道弯曲段或变形较大的管道中施工应减慢速度；

2 牵拉过程中牵拉力不应大于内衬管允许拉力的 50%；

3 牵拉操作应一次完成，不应中途停止；

4 内衬管伸出原有管道端口的距离应满足内衬管应力恢复和热胀冷缩的要求；

5 内衬管道宜经过 24h 的应力恢复后进行后续操作。

6.3.3 不连续管道穿插工艺应符合下列规定：

1 当采用机械承插式接头连接的短管时，可允许带水作业，水位宜控制在管道起拱线之下；

2 当采用热熔连接的 PE 管时，连接设备应干燥，且应满足本规程第 6.1.5 条的规定；

3 当不需开挖工作坑时，短管的长度宜能够进入检查井；

4 当需开挖工作坑时，工作坑应满足本规程第 5.4 节的规定；

5 短管进入工作坑或检查井时不应造成损伤。

6.3.4 在内衬管穿插时应采取下列保护措施：

1 应在原有管道端口设置导滑口，防止原有管道端口对内衬管的损伤；

2 应对内衬管的牵拉端或顶推端采取保护措施；

3 当连续管道穿插时，地面上管道应置于滚轮架传送，工作坑中管道外壁底部应铺设防磨垫。

6.3.5 内衬管穿插完成后，在修复管道端部处应采用具有弹性和防水性能的材料对原有管道和内衬管之间的环状间隙进行密封处理。

6.3.6 当管道环状间隙需注浆时应符合下列规定：

1 当内衬管不足以承受注浆压力时，注浆前应对内衬管进行支护或采取其他保护措施；

2 当有支管存在时，注浆前应打通内衬管的支管连接并采取保护措施，注浆时浆液不得进入支管；

3 注浆孔或通气孔应设置在两端密封处或支管处，也可在内衬管上开孔；

4 浆液应具有较强的流动性、固化过程收缩小、放热量低的特性，固化后应具有一定的强度；

5　宜采用分段注浆工艺；

6　注浆完成后应密封内衬管上的注浆孔，且应对管道端口进行处理，使其平整。

6.3.7　穿插法施工应对牵引或顶推力大小和速度、内衬管长度和拉伸率、贯通后静置时间、内衬管与原有管道间隙注浆量等进行记录和检验。

6.4　翻转式原位固化法

6.4.1　软管的树脂浸渍及运输应符合下列规定：

1　树脂可采用热固性的聚酯树脂、环氧树脂或乙烯基树脂；

2　树脂应能在热水、热蒸汽作用下固化，且初始固化温度应低于80℃；

3　在浸渍软管之前应计算树脂的用量，树脂的各种成分应进行充分混合，实际用量应比理论用量多5%～15%；

4　树脂和添加剂混合后应及时进行浸渍，停留时间不得超过20min，当不能及时浸渍时，应将树脂冷藏，冷藏温度应低于15℃，冷藏时间不得超过3h；

5　软管应在抽成真空状态下充分浸渍树脂，且不得出现干斑或气泡；

6　浸渍过树脂的软管应储存在不高于20℃的环境中，运输过程中应记录软管暴露的温度和时间。

6.4.2　可采用水压或气压的方法将浸渍树脂的软管翻转置入原有管道，施工过程应符合下列规定：

1　当翻转时，应将软管的外层防渗塑料薄膜向内翻转成内衬管的内膜，与软管内水或蒸汽相接触；

2　翻转压力应控制在使软管充分扩展所需最小压力和软管所能承受的允许最大内部压力之间，同时应能使软管翻转到管道的另一端点，相应压力值应符合产品说明书的规定；

3　翻转过程中宜用润滑剂减少翻转阻力，润滑剂应为无毒的油基产品，且不得对软管和相关施工设备等产生影响；

4　翻转完成后，浸渍树脂软管伸出原有管道两端的长度宜大于1m。

6.4.3　翻转完成后可采用热水或热蒸汽对软管进行固化，并应符合下列规定：

1　热水供应装置和蒸汽发生装置应装有温度测量仪，固化过程中应对温度进行跟踪测量和监控；

2　在修复段起点和终点，距离端口大于300mm处，应在浸渍树脂软管与原有管道之间安装监测管壁温度变化的温度感应器；

3　热水宜从标高较低的端口通入，蒸汽宜从标高较高的端口通入；

4　固化温度应均匀升高，固化所需的温度和时间以及温度升高速度应根据树脂材料说明书的规定，并应根据修复管段的材质、周围土体的热传导性、环境温度、地下水位等情况进行适当调整；

5　固化过程中软管内的水压或气压应能使软管与原有管道保持紧密接触，并保持该压力值直到固化结束；

6　可通过温度感应器监测的树脂放热曲线判定树脂固化的状况。

6.4.4　固化完成后内衬管的冷却应符合下列规定：

1　应先将内衬管的温度缓慢冷却，热水宜冷却至38℃；蒸汽宜冷却至45℃；冷却时间应根据树脂材料说明书的规定；

2　可采用常温水替换软管内的热水或蒸汽进行冷却，替换过程中内衬管内不得形成真空；

3　应待冷却稳定后方可进行后续施工。

6.4.5　当端口处内衬管与原有管道结合不紧密时，应在内衬管与原有管道之间充填树脂混合物进行密封，且树脂混合物应与软管浸渍的树脂材料相同。

6.4.6　内衬管端头应切割整齐。

6.4.7　翻转式原位固化法施工应对树脂储存温度、冷藏温度和时间、树脂用量、软管浸渍停留时间和使用长度、翻转时的压力和温度、软管的固化温度、时间和压力、内衬管冷却温度、时间、压力等进行记录和检验。

6.5　拉入式原位固化法

6.5.1　软管浸渍所用树脂应为热固性树脂或光固性树脂，树脂浸渍应符合本规程第6.4.1条的规定。

6.5.2　拉入软管之前应在原有管道内铺设垫膜，垫膜应置于原有管道底部，并应覆盖大于1/3的管道周长，且应在原有管道两端进行固定。

6.5.3　软管的拉入应符合下列规定：

1　应沿管底的垫膜将浸渍树脂的软管平稳、缓慢地拉入原有管道，拉入速度不得大于5m/min；

2　在拉入软管过程中，不得磨损或划伤软管；

3　软管的轴向拉伸率不得大于2%；

4　软管两端应比原有管道长出300mm～600mm；

5　软管拉入原有管道之后，宜对折放置在垫膜上。

6.5.4　软管的扩展应采用压缩空气，并应符合下列规定：

1　充气装置宜安装在软管入口端，且应装有控制和显示压缩空气压力的装置；

2　充气前应检查软管各连接处的密封性，软管末端宜安装调压阀；

3　压缩空气压力应能使软管充分膨胀扩张紧贴原有管道内壁，压力值应根据产品说明书确定。

6.5.5　采用蒸汽固化时应符合本规程第6.4.3条和第6.4.4条的规定。

6.5.6　采用紫外光固化时应符合下列规定：

1 紫外光固化过程中内衬管内应保持空气压力，使内衬管与原有管道紧密接触；

2 应根据内衬管管径和壁厚控制紫外光灯的前进速度；

3 内衬管固化完成后，应缓慢降低管内压力至大气压。

6.5.7 固化完成后内衬管端头应按本规程第 6.4.5 条和第 6.4.6 条的规定进行密封和切割处理。

6.5.8 拉入式原位固化法施工应对软管拉入长度、扩展压缩空气压力、软管固化温度、时间和压力、紫外线灯的巡航速度、内衬管冷却温度、时间、压力等进行记录和检验。

6.6 碎（裂）管法

6.6.1 采用静拉碎（裂）管法进行管道更新施工应符合下列规定：

1 应根据管道直径及材质选择不同的碎（裂）管设备；

2 当碎（裂）管设备包含裂管刀具时，应从原有管道底部切开，切刀的位置应处于与竖直方向成30°夹角的范围内。

6.6.2 采用气动碎管法进行管道更新施工时，应符合下列规定：

1 采用气动碎管法时，碎裂管设备与周围其他管道距离不应小于 0.8m，且不应小于待修复管道的直径，与周围其他建筑设施的距离不应小于 2.5m，否则应对周围管道和建筑设施采取保护措施；

2 气动碎管设备可与钢丝绳或拉杆连接，在碎（裂）管过程中，可通过钢丝绳或拉杆给气动碎管设备施加一个恒定的牵拉力；

3 在碎管设备到达出管工作坑之前，施工不宜终止。

6.6.3 新管道在拉入过程中应符合下列规定：

1 新管道应连接在碎（裂）管设备后随碎（裂）管设备一起拉入；

2 新管道拉入过程中宜采用润滑剂降低新管道与土层之间的摩擦力；

3 当施工过程中牵拉力陡增时，应立即停止施工，查明原因后方可继续施工；

4 管道拉入后自然恢复时间不应小于 4h。

6.6.4 在进管工作坑及出管工作坑中应对新管道与土体之间的环状间隙进行密封，密封长度不应小于 200mm。

6.6.5 碎（裂）管法施工应对牵拉力、速度、内衬管长度和拉伸率、贯通后静置时间等进行记录和检验。

6.7 折叠内衬法

6.7.1 折叠管的压制应符合下列规定：

1 管道折叠变形应采用专用变形机，缩径量应控制在30%～35%。

2 折叠过程中，折叠设备不得对管道产生划痕等破坏，折叠应沿管道轴线进行，不得出现管道扭曲和偏移现象等；

3 管道折叠后，应立即用非金属缠绕带进行捆扎，管道牵引端应连续缠绕，其他位置可间断缠绕；

4 折叠管的缠绕和折叠速度应保持同步，宜控制在 5m/min～8m/min。

6.7.2 折叠管的拉入应符合下列规定：

1 管道不得被坡道、操作坑壁、管道端口划伤；

2 应仔细观察管道入口处等弯曲部位折叠管情况，防止管道发生过度弯曲或起皱；

3 管道拉入过程应满足本规程第 6.3.2 条的规定。

6.7.3 工厂预制 PE 折叠管的复原及冷却过程应符合设计和产品使用说明书的要求，并应符合下列规定：

1 应在管道起止端安装温度测量仪监测折叠管外的温度变化，温度测量仪应安装在内衬管与原有管道之间；

2 折叠管中通入蒸汽的温度宜控制在 112℃～126℃之间，然后加压最大至 100kPa，当管外周温度达到 85℃±5℃后，应增加蒸汽压力，最大至 180kPa；

3 维持蒸汽压力时间，直到折叠管完全膨胀复原；

4 折叠管复原后，应先将管内温度冷却到 38℃以下，然后再慢慢加压至 228kPa，同时用空气或水替换蒸汽继续冷却直到内衬管降到周围环境温度；

5 折叠管冷却后，应至少保留 80mm 的内衬管伸出原有管道。

6.7.4 现场折叠管的复原过程应符合设计和产品使用说明书的要求，并应符合下列规定：

1 当复原时应控制注水速度，折叠管应能完全复原且不得损坏；

2 折叠管恢复原形并达到水压稳定后，应保持压力不少于 24h。

6.7.5 折叠管复原后，应将管道两端切割整齐。

6.7.6 折叠内衬法施工应对折叠缠绕和折叠的速度、折叠管复原温度、压力和时间以及内衬管冷却温度、时间、压力等进行记录和检验。

6.8 缩径内衬法

6.8.1 径向均匀缩径内衬法施工应符合下列规定：

1 PE 管道直径的缩小量不应大于 15%；

2 缩径过程中不得对管道造成损伤。

6.8.2 拉拔缩径内衬法施工应符合下列规定：

1 PE 管道直径的缩小量不应大于 15%；

2　当环境温度低于5℃时，对PE管道进行拉拔缩径前应先预热。

6.8.3　管道拉入过程中，应符合下列规定：

1　管道缩径与拉入应同步进行，且不得中断；

2　拉入速度宜为3m/min～5m/min，且不得超过8m/min；

3　拉入过程中不得对PE管道造成损伤；

4　拉入过程还应满足本规程第6.3.2条的相关规定。

6.8.4　缩径管拉入完毕后，采用自然恢复时，恢复时间不应少于24h；采用加热加压方式时，恢复时间不应少于8h。

6.8.5　内衬管复原后，应将管道两端切割整齐。

6.8.6　缩径内衬法施工应对缩径量、缩径预热温度、管道牵拉力、牵拉速度、内衬管复原温度、时间、内衬管伸长量变化等进行记录和检验。

6.9　机械制螺旋缠绕法

6.9.1　机械制螺旋缠绕法所用缠绕机应能拆分组装。

6.9.2　固定设备内衬管螺旋缠绕工艺应符合下列规定：

1　螺旋缠绕设备应固定在起始工作坑中，且其轴线应与管道轴线一致；

2　内衬管的缠绕成型及推入过程应同步进行，直到内衬管到达目标工作坑或检查井；

3　内衬管缠绕过程中，应在主锁扣和次锁扣中分别注入密封剂和胶粘剂，对于需扩张贴合原有管道的工艺应在主锁扣和次锁扣间放置钢丝；

4　内衬管在扩张前应将端口固定；

5　扩张工艺的钢丝抽拉和螺旋缠绕操作应交替进行，直至整个修复段内衬管扩张完毕。

6.9.3　移动设备内衬管螺旋缠绕工艺应符合下列规定：

1　螺旋缠绕设备的轴线应与待修复管道轴线对正；

2　可通过调整螺旋缠绕设备获得所需要的内衬管直径；

3　螺旋缠绕设备的缠绕与行走应同步进行；

4　内衬管缠绕过程中，应在主锁扣和次锁扣中分别注入密封剂和胶粘剂。

6.9.4　螺旋缠绕作业应平稳、匀速进行，锁扣应嵌合、连接牢固。

6.9.5　内衬管两端与原有管道间的环状空隙应进行密封处理，且密封材料应与内衬管道相兼容。

6.9.6　螺旋内衬管道贴合原有管道的环状空隙宜进行注浆处理，内衬管不贴合原有管道的环状间隙应进行注浆处理，注浆工艺应符合本规程第6.3.6条的规定。

6.9.7　机械制螺旋缠绕法施工应对缠绕和行走速度、主锁口密封剂和次锁口胶粘剂注入量、内衬管与原有管道间隙注浆量等进行记录和检验。

6.10　管片内衬法

6.10.1　当管片进入检查井及原有管道时不得对管片造成损伤。

6.10.2　管片拼装宜采用人工方法。

6.10.3　当管片之间采用螺栓连接或焊接连接时，应在连接部位注入与管片材料相匹配的密封胶或胶粘剂。

6.10.4　内衬管两端与原有管道间的环状空隙应进行密封处理，密封材料应与片状型材兼容。

6.10.5　管片拼装完后应对内衬管与原有管道间的环状空隙进行注浆，且应符合下列规定：

1　注浆材料性能宜满足表6.10.5的规定，且应具有抗离析、微膨胀、抗开裂等性能；

2　注浆工艺应符合本规程第6.3.6条的规定。

表6.10.5　注浆材料性能

性　能	指　标
抗压强度等级	＞C30
流动度（mm）	＞270

6.10.6　管片内衬法施工应对管片安装连接、密封胶和胶粘剂注入量、内衬管与原有管道间隙注浆量等进行记录和检验。

6.11　不锈钢套筒法

6.11.1　不锈钢套筒制作应符合下列规定：

1　不锈钢及海绵的长度应能覆盖整个待修复的缺陷，且前后应比待修复缺陷至少长100mm；

2　发泡胶的涂抹应在现场阴凉处完成，用量应为海绵体积的80%。

6.11.2　修复过程应符合下列规定：

1　应分别在始发井和接收井各安装一个卷扬机牵引不锈钢套筒运载车和电视检测（CCTV）设备；

2　将运载车牵引到管内待修复位置；

3　运载车被牵拉到达待修复位置后，应缓慢向气囊内充气，使不锈钢套筒和海绵缓慢扩展开并紧贴原有管道内壁，气囊压力不得破坏不锈钢套筒的卡锁机构，最大压力宜控制在400kPa以下；

4　当确认不锈钢套筒完全扩展开并锁定后，缓慢释放气囊内的气压，并收回运载车和电视检测（CCTV）等设备。

6.11.3　不锈钢套筒法施工应对不锈钢和海绵、橡胶筒的安装位置、发泡胶用量、气囊压力、卡锁锁定等进行记录和检验。

6.12 点状原位固化法

6.12.1 内衬管的长度应能覆盖待修复缺陷，且前后应比待修复缺陷至少长200mm；

6.12.2 浸渍树脂应符合下列规定：

1 当采用常温固化树脂时，树脂的固化时间宜为2h～4h，且不得小于1h；

2 树脂的浸渍宜按本规程第6.4节的规定进行，或根据实际情况采取特殊的浸渍工艺；

3 软管浸渍完成后，应立即进行修复施工，否则应将软管保存在适宜的温度下，且不应受灰尘等杂物污染。

6.12.3 软管的安装应符合下列规定：

1 软管应绑扎在可膨胀的气囊上，气囊应由弹性材料制成，并应能承受一定的水压或气压，应有良好的密封性能；

2 通过气囊或小车将浸渍树脂软管运送到待修复位置，并应采用电视检测（CCTV）设备实时监测、辅助定位；

3 气囊的工作压力和修补管径范围应符合气囊设备规定的技术要求。

6.12.4 软管的膨胀及固化应符合下列规定：

1 当采用常温固化树脂时，气囊宜充入空气进行膨胀；

2 当采用加热固化树脂时，应先采用空气或水使软管膨胀，再置换成热蒸汽或热水进行固化；

3 气囊内气体或水的压力应能保证软管紧贴原有管道内壁，但不得超过软管材料所能承受的最大压力；

4 当采用常温固化树脂体系时，应根据修复段的直径、长度和现场条件确定固化时间；

5 当采用加热固化树脂体系时，应按本规程第6.4节的规定进行操作；

6 固化完成后应缓慢释放气囊内的气体；当采用加热固化法，应先将气囊内气体或水的温度降到38°后，然后缓慢释放气囊内的气体或水。

6.12.5 点状原位固化法应对树脂用量、软管浸渍停留时间和使用长度、气囊压力、软管固化温度、时间和压力以及内衬管冷却温度、时间、压力等进行记录和检验。

7 工程验收

7.1 一般规定

7.1.1 城镇排水管道非开挖修复更新工程的质量验收应符合现行国家标准《给水排水管道工程施工及验收规范》GB 50268的有关规定。

7.1.2 城镇排水管道非开挖修复更新工程的分项、分部、单位工程划分应符合表7.1.2的规定。

表7.1.2 城镇排水管道非开挖修复更新工程的分项、分部、单位工程划分

单位工程 （可按1个施工合同或视工程规模按1个路段、1种施工工艺，分为1个或若干个单位工程）		
分部工程	分项工程	分项工程验收批
两井之间	工作井（围护结构、开挖、井内布置）	每座
	原有管道预处理	两井之间
	PE管道接口连接	
	（各类施工工艺）修复更新管道	

注：当工程规模较小时，如仅1个井段，则该分部工程可视同单位工程。

7.1.3 单位工程、分部工程、分项工程以及分项工程验收批的质量验收记录应符合现行国家标准《给水排水管道工程施工及验收规范》GB 50268的有关规定。

7.1.4 工作井分项工程质量验收应按现行国家标准《给水排水管道工程施工及验收规范》GB 50268的有关规定执行。

7.1.5 PE管道接口连接的分项工程质量验收应按现行国家标准《给水排水管道工程施工及验收规范》GB 50268的有关规定执行。

7.1.6 根据不同的修复更新工艺对施工过程中需检查验收的资料应进行核实，符合设计、施工要求的管道方可进行管道功能性试验。

7.1.7 进入施工现场所用的主要原材料、各类型材和管材的规格、尺寸、性能等应符合本规程第4章的规定和设计要求，每一个单位工程的同一生产厂家、同一批次产品均应按设计要求进行性能复测，并应符合下列规定：

1 PE管材的性能复测应包括管环刚度、环柔性、拉伸屈服应力等，PVC-U管材的性能复测应包括管环刚度、环柔性、抗冲击强度和密度；

2 PVC-U带状和片状型材应符合本规程附录A的规定。

7.1.8 当采用折叠内衬法、缩径内衬法和原位固化法施工时，每一个单位工程在相同施工条件下的同一批次产品均应现场制作样品管进行取样检测。采用原位固化法、管片内衬法进行局部修复施工时，每一个单位工程在相同施工条件下的同一批次产品应现场制作样品板进行取样检测。

当单位工程规模较小，在相同施工条件下进行多个单位工程施工时，同一批次产品每5个单位工程应至少取一组样品管进行检测；当少于5个单位工程时，应取一组样品管进行检测。

7.1.9 采用折叠内衬法、缩径内衬法和原位固化法施工的样品管现场取样应符合下列规定：

1 应在原有管道管端安装一段与原有管道内径相同的拼合管进行样品管制备，拼合管的长度应使样品管能满足测试试样的数量和尺寸要求，且长度不应小于原有管道一倍直径；

2 在拼合管的周围应堆积沙包或采取其他措施保证和实际修复的管道处于同样的工况环境条件；

3 在管道修复过程中，应同时对拼合管进行内衬，待内衬管复原冷却或固化冷却后，打开拼合管，截取样品管。

7.1.10 折叠内衬、缩径内衬和原位固化内衬管的尺寸、性能检测应符合下列规定：

1 壁厚检验应按现行国家标准《塑料管道系统 塑料部件尺寸的测定》GB/T 8806的有关规定执行，壁厚应符合设计要求。

2 折叠内衬法、缩径内衬法内衬管样品的检测应按本规程附录A的规定执行，并应符合下列规定：

1）折叠内衬法应在样品管折叠时的最小半径处复原后的位置切取试样进行检测；

2）测试内衬管的弯曲性能应按现行国家标准《塑料 弯曲性能的测定》GB/T 9341执行，并应满足本规程第4.0.1条的规定。

3 不含玻璃纤维原位固化法内衬管的短期力学性能和测试方法应符合表7.1.10-1的规定，含玻璃纤维的原位固化法内衬管的短期力学性能要求和测试方法应符合表7.1.10-2的规定；内衬管的长期力学性能应根据设计要求进行测试，且不应小于初始性能的50%。

表7.1.10-1 不含玻璃纤维原位固化法内衬管的短期力学性能要求和测试方法

性能		测试标准
弯曲强度（MPa）	>31	《塑料 弯曲性能的测定》GB/T 9341
弯曲模量（MPa）	>1724	《塑料 弯曲性能的测定》GB/T 9341
抗拉强度（MPa）	>21	《塑料 拉伸性能的测定 第2部分：模塑和挤塑塑料的试验条件》GB/T 1040.2

注：本表只适用于原位固化法内衬管初始结构性能的评估。

表7.1.10-2 含玻璃纤维原位固化法内衬管的短期力学性能要求和测试方法

性能		测试标准
弯曲强度（MPa）	>45	《纤维增强塑料弯曲性能试验方法》GB/T 1449
弯曲模量（MPa）	>6500	《纤维增强塑料弯曲性能试验方法》GB/T 1449
抗拉强度（MPa）	>62	《塑料 拉伸性能的测定 第4部分：各向同性和正交各向异性纤维增强复合材料的试验条件》GB/T 1040.4

注：本表只适用于原位固化法内衬管的初始结构性能的评估。

4 原位固化法内衬管应进行耐化学腐蚀试验，试验方法应按现行国家标准《塑料耐液体化学试剂性能的测定》GB/T 11547有关规定执行，并应符合下列规定：

1）耐化学性的检测浸泡时间宜为28d，试验温度宜为23℃；

2）样品浸泡完成后，应分别按本条第3款的规定检测试样的弯曲强度和弯曲模量，检测结果不应小于样品初始弯曲强度和弯曲模量的80%。

7.1.11 修复更新后的管道内应无明显湿渍、渗水，严禁滴漏、线漏等现象。

7.1.12 修复更新管道内衬管表面质量应符合下列规定：

1 内衬管表面应光洁、平整，无局部划伤、裂纹、磨损、孔洞、起泡、干斑、褶皱、拉伸变形和软弱带等影响管道结构、使用功能的损伤和缺陷；

2 当采用折叠内衬法、缩径内衬法、原位固化法、管片内衬法、不锈钢套筒法、点状原位固化法时，内衬管应与原有管道贴附紧密；

3 当采用管片内衬法、不锈钢套筒法和点状原位固化法时，内衬管应与原管道贴附紧密，管内应无明显突起、凹陷、错台、空鼓等现象；内衬应完整、搭接平顺、牢固；

4 当采用机械制螺旋缠绕法时，接缝应嵌合严密、连接牢固，并应无明显突起、凹陷、错台等现象，不得出现纵向隆起、环向扁平、接缝脱离等现象。

7.1.13 工程完工后应按现行行业标准《城镇排水管道检测与评估技术规程》CJJ 181的有关规定对修复更新管道进行检测。

7.2 原有管道预处理

Ⅰ 主控项目

7.2.1 原有管道经检查，其损坏程度、修复更新施工方案应满足设计要求。

检查方法：按现行行业标准《城镇排水管道检测与评估技术规程》CJJ 181 的有关规定进行检查；对照设计文件检查施工方案；检查原有管道检测与评估报告、与设计的洽商记录等。

7.2.2 原有管道经预处理后，应无影响修复更新施工工艺的缺陷，管道内表面应符合本规程第 6.2.1 条的规定。

检查方法：全数观察，电视检测（CCTV）辅助检查；检查预处理施工记录、相关技术处理记录。

Ⅱ 一 般 项 目

7.2.3 原有管道的预处理应符合设计和施工方案的要求。

检查方法：对照设计文件和施工方案检查管道预处理记录，检查施工材料质量保证资料和施工检验记录或报告。

7.2.4 原有管道范围内的检查井、工作井经处理应满足施工要求；应按要求已进行管道试通，并应满足修复更新施工要求。

检查方法：观察；检查施工记录、试穿管段试通记录、相关技术处理记录。

7.2.5 应按要求已进行管道内表面基面处理、周边土体加固处理，且应符合设计和施工方案的要求。

检查方法：检查施工记录、技术处理方案和施工检验记录或报告。

7.2.6 应按要求已完成拼合管制作，现场拼合管工况条件应符合样品管（板）的制备要求。

检查方法：观察；检查施工材料质量保证资料、施工记录等。

7.3 修复更新管道

Ⅰ 主 控 项 目

7.3.1 管材、型材、原材料的规格、尺寸、性能应符合本规程第 4 章的规定和设计要求，质量保证资料应齐全。

检查方法：对照设计文件全数检查；检查质量保证资料、厂家产品使用说明等。

7.3.2 管材、型材、主要材料的主要技术指标经进场检验应符合本规程第 4 章的规定和设计要求。

检查方法：同一批次产品现场取样不少于 1 组；对照设计文件检查取样检测记录、复测报告等；折叠、缩径和原位固化法的内衬管检查方法应按本规程第 7.1.8～7.1.10 条执行。

7.3.3 PE 管接口连接经质量检验应符合本规程第 6.1.5 条的规定；内衬管表面质量应符合本规程第 7.1.12 条的规定。

检查方法：全数观察，电视检测（CCTV）辅助检查；检查 PE 管接口连接分项工程质量验收记录等；检查施工记录、现场检测记录或电视检测（CCTV）记录等。

7.3.4 折叠内衬法、缩径内衬法、原位固化法、点状原位固化法、不锈钢套筒法内衬管的平均壁厚不得小于设计值。穿插法、机械制螺旋缠绕法、管片内衬法导致原有管道的缩小量应符合设计要求。

检查方法：对照设计文件用测厚仪、卡尺等量测，并检查样品管或样品板检验记录；检查管材、型材、相关原材的进场检验记录，并应符合下列规定：

1 对于穿插法、机械制螺旋缠绕法、管片内衬法，当管内径大于 800mm 时，应在管道内量测，每 5m 为 1 个断面，每个断面测垂直方向 4 点，取平均值为该断面的代表值；当管内径小于或等于 800mm 时，应量测管道两端各 1 个断面，每个断面测垂直方向 4 点，取平均值为该断面的代表值。

2 对于折叠内衬法、缩径内衬法、原位固化法、点状原位固化法、不锈钢套筒法内衬管，现场取样后应按现行国家标准《塑料管道系统 塑料部件尺寸的测定》GB/T 8806 的有关规定执行。

Ⅱ 一 般 项 目

7.3.5 管道线形应和顺，接口、接缝应平顺，新老管道过渡应平缓；管道内应无明显湿渍。

检查方法：全数观察，电视检测（CCTV）辅助检查；检查施工记录、电视检测（CCTV）记录等。

7.3.6 内衬管与原有管道之间的环状间隙需进行注浆充填的，注浆固结体应充满间隙，应无松散、空洞等现象。

检查方法：观察；对照设计文件和施工方案检查施工记录、注浆记录等。

7.3.7 采用不锈钢套筒法、点状原位固化法施工，原有管道缺陷应被修复材料完全覆盖，且套筒或内衬管长度应符合本规程第 6.11.1 条或第 6.12.1 条的规定；采用管片内衬法施工，管片搭接宽度应符合设计要求，密封胶或胶粘剂应饱满密实。

检查方法：全数观察；检查施工记录等。

7.3.8 内衬管两端与原有管道间的环状空隙密封处理应符合设计要求，且应密封良好。

检查方法：全数观察；对照设计文件检查施工记录等。

7.3.9 修复更新管道的检查井及井内施工应符合设计要求，并应无渗漏水现象。

检查方法：全数观察；对照设计文件和施工方案检查施工记录等。

7.4 管道功能性试验

7.4.1 内衬管安装完成、内衬管冷却到周围土体温度后，应进行管道严密性检验。检验可采用下列两种方法之一：

1 闭水试验应按现行国家标准《给水排水管道工程施工及验收规范》GB 50268 无压管道闭水试验的有关规定进行。实测渗水量应小于或等于按下式计算的允许渗水量：

$$Q_e = 0.0046D_L \quad (7.4.1)$$

式中：Q_e——允许渗水量[$m^3/(24h \cdot km)$]；

D_L——试验管道内径（mm）。

2 闭气法试验应按本规程附录C的规定进行。

7.4.2 当管道处于地下水位以下，管道内径大于1000mm，且试验用水源困难或管道有支、连管接入，且临时排水有困难时，可按现行国家标准《给水排水管道工程施工及验收规范》GB 50268 混凝土结构无压管道渗水量测与评定方法的有关规定进行检查，并应做好记录。经检查，修复更新管道应无明显渗水，严禁水珠、滴漏、线漏等现象。

7.4.3 局部修复管道可不进行闭气或闭水试验。

7.4.4 管道严密性检验合格后应及时回填工作坑，并应清理施工现场。工作坑的回填应符合现行国家标准《给水排水管道工程施工及验收规范》GB 50268 的有关规定。

7.5 工程竣工验收

7.5.1 城镇排水管道非开挖修复更新工程质量验收应符合现行国家标准《给水排水管道工程施工及验收规范》GB 50268 的有关规定。

7.5.2 城镇排水管道非开挖修复更新工程竣工验收应符合下列规定：

1 单位工程、分部工程、分项工程及其分项工程验收批的质量验收应全部合格；

2 工程质量控制资料应完整；

3 工程有关安全及使用功能的检测资料应完整；

4 外观质量验收应符合要求。

7.5.3 工程竣工验收的感观质量检查应包括下列内容：

1 管道位置、线形及渗漏水情况；

2 管道附属构筑物位置、外形、尺寸及渗漏水情况；

3 检查井管口处理及渗漏水情况；

4 合同、设计工程量的实际完成情况；

5 相关排水管道的接入、流出及临时排水施工后处理等情况；

6 沿线地面、周边环境情况。

7.5.4 工程竣工验收的安全及使用功能检查应包括下列内容：

1 工程内容、要求与设计文件相符情况；

2 修复更新前、后的管道检测与评估情况；

3 管道功能性试验情况；

4 管道位置贯通测量情况；

5 管道环向变形率情况；

6 管道接口连接检测、修复更新有关施工检验记录等汇总情况；

7 涉及材料、结构等试件试验以及管材、型材试验的检验汇总情况；

8 涉及土体加固、原有管道预处理以及相关管道系统临时措施恢复等情况。

7.5.5 工程竣工验收的质量控制资料应包括下列内容：

1 建设基本程序办理资料及开工报告；

2 原有管道管竣工图纸等相关资料，工程沿线勘察资料；

3 修复更新前对原有管道的检测和评定报告及电视检测（CCTV）记录；

4 设计施工图及施工组织设计（施工方案）；

5 工程原材料、各类型材、管材等材料的质量合格证、性能检验报告、复试报告等质量保证资料；

6 所有施工过程的施工记录及施工检验记录；

7 所有分项工程验收批、分项工程、分部工程、单位工程的质量验收记录；

8 修复更新后管道的检测和评定报告及电视检测（CCTV）记录；

9 施工、监理、设计、检测等单位的工程竣工质量合格证明及总结报告；

10 管道功能性试验、管道位置贯通测量、管道环向变形率等涉及工程安全及使用功能的有关检测资料；

11 相关工程会议纪要、设计变更、业务洽商等记录；

12 质量事故、生产安全事故处理资料；

13 工程竣工图和竣工报告等。

附录A 折叠管、缩径管复原试验及型材抽样检测

A.1 PE折叠管复原试验

A.1.1 每一批次折叠管应至少抽检1组样品。

A.1.2 折叠管的复原试验应按下列步骤进行：

1 将一段小于3m的折叠管道安装到拼合管道模型中并将两端固定；

2 将模型置于一个封闭的容器内进行加热，保持温度在93℃以上，不少于15min；

3 将温度升高到121℃，同时将管道内部压力升至100kPa，维持时间不少于2min；

4 保持温度不变，继续升高压力至180kPa，并维持时间不少于2min；

5 保持压力不变，用空气替换蒸汽，使温度冷

却到 38℃以下；

6 现场折叠管的复原通过水压进行；

7 将复原后的管道样品从管道模型中取出。

A.1.3 在加热加压的过程中，应采取相应的安全防护措施。

A.1.4 试样管道的性能检测应符合下列规定：

1 管道的外径和壁厚应符合设计要求，其检测方法应按现行国家标准《塑料管道系统 塑料部件尺寸的测定》GB/T 8806 的有关规定执行；

2 管材的屈曲强度、断裂强度和断裂伸长率应符合本规程第 4.0.1 条的规定，其检测方法应按现行国家标准《塑料 拉伸性能的测定 第 1 部分：总则》GB/T 1040.1 的有关规定执行；

3 管材的弯曲模量应符合本规程第 4.0.1 条的规定，其检测方法应按现行国家标准《塑料 弯曲性能的测定》GB/T 9341 的有关规定执行；

4 折叠 PE 管试样应由具备资质的认证机构进行检测。

A.1.5 样品的复测应符合下列规定：

1 当样品测试结果中有任何指标不能满足本规范的要求时，均应对该指标进行复测；

2 复测应按本规范中所规定的测试方法进行，复测时的温度和湿度容许偏差分别应为±1℃和±2%，并且应达到本规范对产品的要求。如果复测仍然未能通过，则应判定所选用的管道不能满足要求。

A.2 缩径管复原试验

A.2.1 施工前应对每一修复段应至少取 1 组样品进行检测。

A.2.2 缩径 PE 管材的取样应按下列步骤进行：

1 取标准长度的 PE 管进行缩径；

2 缩径后的 PE 管经过 24h 的自然恢复后，截取具有代表性的管段作为试样进行测试。

A.2.3 试样的检测应按本规程第 A.1.3 条和第 A1.4 条的规定执行。

A.3 PVC-U 带状型材抽样检测

A.3.1 应分别对机械制螺旋缠绕法不同生产批次的带状型材应分别进行抽样检测。

A.3.2 带状型材的检测应符合下列规定：

1 样品应由具备资质的认证机构进行检测，并应提供检测结果报告；

2 机械制螺旋缠绕法使用带状型材的宽度、高度和壁厚应按现行国家标准《塑料管道系统塑料部件尺寸的测定》GB/T 8806 中有关规定的方法检测，检测结果应满足产品说明书中的要求。

A.4 PVC-U 片状型材抽样检测

A.4.1 管片内衬法不同生产批次的片状型材应分别进行抽样检测。

A.4.2 PVC-U 片状型材性能指标应符合表 A.4.2 的规定。

表 A.4.2 PVC-U 片状型材性能

性能		测试标准
纵向拉伸强度（MPa）	>44.4	《塑料 拉伸性能的测定 第 2 部分：模塑和挤塑塑料的试验条件》GB/T 1040.2
纵向弯曲强度（MPa）	>75.0	《塑料 弯曲性能的测定》GB/T 9341
热塑性塑料维卡软化温度（℃）	>75.4	《热塑性塑料维卡软化温度（VST）的测定》GB/T 1633

附录 B 带状型材测试方法

B.1 刚度系数测试

B.1.1 机械制螺旋缠绕带状产品的刚度系数检验应采用本测试方法。

B.1.2 机械制螺旋缠绕法带状型材样品应从平整的带状型材中取样。样品放置（图 B.1.2）应符合要求，取样时，不宜切割到肋状物，带状型材的接合处应处在样品的中间位置。

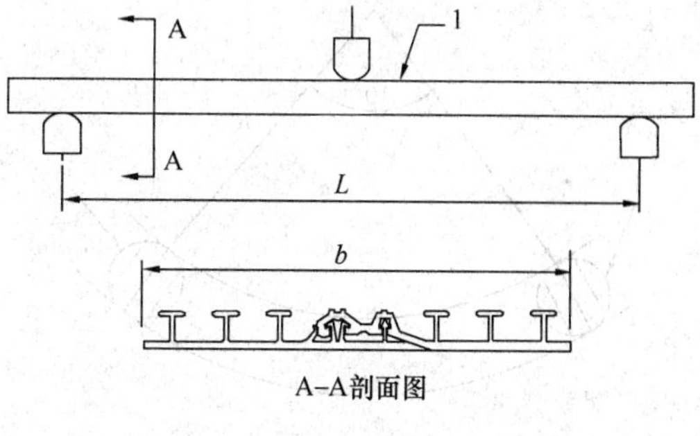

图 B.1.2 机械制螺旋缠绕法带状型材样品测试示意图

1—测试样品

B.1.3 样品的宽度不应小于 305mm。

B.1.4 载荷应施加在样品带有肋状物的一侧。

B.1.5 试验步骤应符合现行国家标准《塑料 弯曲性能的测定》GB/T 9341 的有关规定。刚度系数应按下式计算：

$$EI=\frac{L^3\times m}{48b} \tag{B.1.5}$$

式中：EI——刚度系数（$MPa\cdot mm^3$）；

L——两支撑点间的距离（m）；

m——加载变形曲线初始直线段的切线斜率；

b——测试样品的宽度，等于带状型材的宽度 W（m）。

B.1.6 试验得到的刚度系数不宜用于计算管道整体的刚度系数。

B.2 管道接口严密性压力测试

B.2.1 用于严密性试验的机械制螺旋缠绕内衬管样品的长度不应小于内衬管外径的 6 倍。

B.2.2 直线状态下接口严密型测试应按下列步骤进行：

1 安装内衬管及测试装置，两端出口用管塞等方法进行密封（图 B.2.2）；

2 按本规程第 B.2.5 条和第 B.2.6 条规定的水压和真空试验法进行试验。

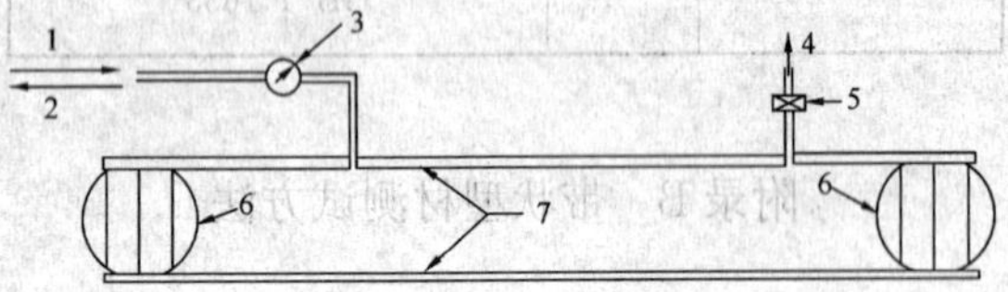

图 B.2.2 直线状态下接口严密型测试示意图

1—进水口；2—排气管；3—压力表；4—出水口；5—封闭阀；6—管塞；7—螺旋缠绕管

B.2.3 弯曲状态下接口严密性测试应按下列步骤进行：

1 按产品规定的弯曲半径弯曲管道，弯曲角度不小于 10°，两端出口用管塞等方法进行密封（图 B.2.3）；

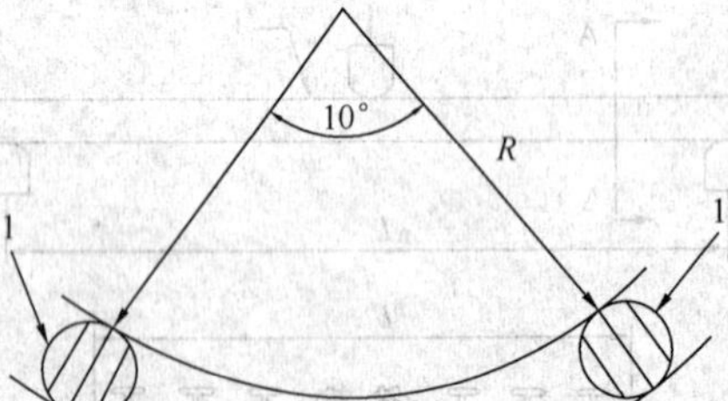

图 B.2.3 弯曲状态下接口严密性测试示意图

1—管塞

2 保持该弯曲状态，然后按本规程第 B.2.5 条和第 B.2.6 条规定的水压和真空试验法进行试验。

B.2.4 剪切变形状态下接口严密性测试应按下列步骤进行：

1 固定内衬管两端，并在管道中间施加荷载直至施加荷载的部位向下凹的位移达到管道外径的 5%，两端出口用管塞等方法进行密封（图 B.2.4）；

2 保持这种状态，然后按本规程第 B.2.5 条和第 B.2.6 条中规定的水压和真空试验法进行试验。

B.2.5 水压试验应按下列步骤进行：

1 将内衬管中充满水；

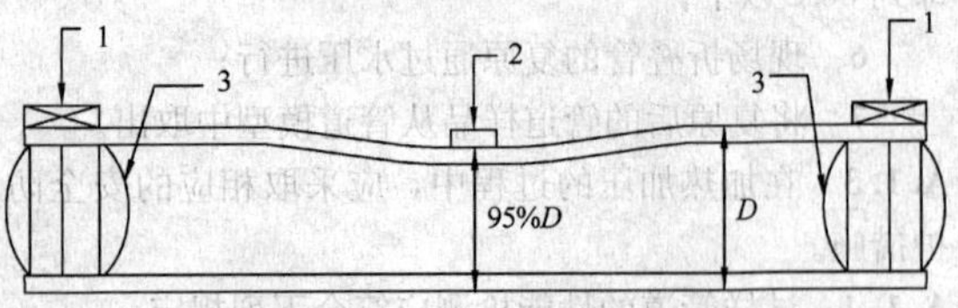

图 B.2.4 剪切变形状态下接口严密性测试示意图

1—约束荷载；2—施加荷载；3—管塞

2 缓慢增加水压，直至 74kPa，维持该压力 10min；

3 观察管外壁，连接处不应出现明显可见的泄漏。

B.2.6 真空试验应按下列步骤进行：

1 采用真空泵将内衬管内空气压力抽至 74kPa；

2 关闭通气阀门、移走真空管线，观察管内压力变化情况，10min 后，压力变化不超过 3kPa；

3 若在该 10min 内压力达到试验要求，继续记录管内压力值变化情况；

4 第二个 10min 内管内压力值改变量不超过 17kPa。

B.2.7 对于不能承受 74kPa 的测试压力的带状型材材料，可对管道壁进行加固，但接口处不得加固。对管壁进行加固处理的内衬管如果满足本规程第 B.2.5 条和第 B.2.6 条中压力测试的要求，则应认为其接口严密性合格。

B.2.8 本试验方法不宜作为常规工程质量控制的必检手段。

附录 C 闭气法试验方法

C.0.1 采用低压空气测试塑料排水管道的严密性应采用本办法。

C.0.2 闭气法试验应包括试压和主压两个步骤。

C.0.3 试压应按下列步骤进行：

1 向内衬管内充气，直到管内压力达到 27.5kPa，关闭气阀，观察管内气压变化；

2 当压力下降至 24kPa 时，向管内补气，使压力保持在 24kPa～27.5kPa 之间并且持续时间不小于 2min。

C.0.4 试压步骤结束后，应进入主压步骤。主压应按下列步骤进行：

1 缓慢增加压力直到 27.5kPa，关闭气阀停止供气；

2 观察管内压力变化，当压力下降至 24kPa 时，开始计时；

3 记录压力表压力从 24kPa 下降至 17kPa 所用的时间。

C.0.5 闭气试验结果应按下列方法判定：

1 比较实际时间与规定允许的时间，如果实际时间大于规定的时间，则管道闭气试验合格，反之为不合格；

2 如果所用时间超过规定允许时间，而气压下降量为零或小于 7kPa，则也应判定管道闭气试验合格。

C.0.6 测试允许最短时间应按下列公式计算：

$$T = 0.00102\frac{D\times K_t}{V_e} \quad (C.0.6\text{-}1)$$

$$K_t = 5.4085\times 10^{-5}D\times L \quad (C.0.6\text{-}2)$$

式中：T——压力下降 7 kPa 允许最短时间（s），应按表 C.0.6 取值；

D——管道平均内径（mm）；

K_t——系数，不应小于 1.0；

V_e——渗漏速率，取 0.45694×10^{-3}［渗漏量/（时间×管道内表面面积），m^3/（min·m^2）］；

L——测试段长度（m）。

表 C.0.6 气压下降 7kPa 所用时间允许的最小值

管道内径（mm）	最小时间（min：s）	最小时间管道长度（m）	测试管道长度（m）								
			30	50	70	100	120	150	170	200	300
100	3：43	185.0	3：43	3：43	3：43	3：43	3：43	3：43	3：43	4：01	6：02
200	7：26	92.0	7：26	7：26	7：26	8：03	9：40	12：4	13：41	16：06	24：09
300	11：10	62.0	11：10	11：10	12：41	18：07	21：44	27：10	30：47	36：13	54：20
400	14：53	46.0	14：53	16：06	22：32	32：12	38：38	48：18	54：44	64：23	96：35
500	18：36	37.0	18：36	25：09	35：13	50：18	60：22	75：27	85：31	100：36	150：54
600	22：19	31.0	22：19	36：13	50：42	72：26	86：56	108：39	123：9	144：53	217：19
700	26：3	26.4	29：35	49：18	69：1	98：36	118：19	147：54	167：37	197：12	295：47
800	29：46	23.0	38：38	64：23	90：9	128：47	154：32	193：10	218：55	257：33	386：20
900	33：29	20.5	48：54	81：30	114：05	162：59	195：35	244：29	277：05	325：58	488：57
1000	37：12	18.5	60：22	100：37	140：51	201：13	241：28	301：50	342：04	402：26	603：39

注 1 表中对于管道长度值可以采取插值法获取其他长度的最小允许时间；对于管道直径不可采取插值法。

2 表中包括规定的压力从 24kPa 下降到 17kPa 允许的最小时间，采用的允许渗漏速率为 $0.45694\times 10^{-3}m^3$/（min·m^2）。最大渗漏量不应超过 $635V_e$。

C.0.7 如果测试不合格，应检查渗漏点并进行修复。修复之后，应再次进行闭气试验，并应达到试验的要求。

C.0.8 对于长距离大直径的管道，宜采用压力下降 3.5kPa 的方法。气压下降 3.5kPa 所用时间允许的最小值应满足表 C.0.8 的要求。

表 C.0.8 气压下降 3.5kPa 所用时间允许的最小值

管道内径（mm）	最小时间（min：s）	最小时间管道长度（m）	测试管道长度（m）								
			30	50	70	100	120	150	170	200	300
100	1：52	92.5	1：52	1：52	1：52	1：515	1：52	1：52	1：52	2：01	3：01
200	3：43	46.0	3：43	3：43	3：43	4：015	4：50	6：20	6：51	8：03	12：05
300	5：35	31.0	5：35	5：35	6：21	6：035	10：52	13：35	15：24	18：07	27：10
400	7：27	23.0	7：27	8：03	11：16	16：06	19：19	24：09	27：22	32：12	48：18
500	9：18	18.5	9：18	12：35	17：37	25：09	30：11	37：44	42：46	50：18	75：27
600	11：10	15.5	11：10	18：07	25：21	36：13	43：28	54：20	66：35	72：27	108：40
700	13：15	13.2	14：43	24：39	34：31	49：18	59：10	73：57	83：49	98：36	147：54
800	14：53	11.5	19：19	32：12	45：45	64：235	77：16	96：35	109：28	128：47	193：10
900	16：45	10.3	24：27	40：45	57：03	81：295	97：48	122：15	138：33	162：59	244：29
1000	18：36	9.3	30：11	50：19	70：26	100：365	120：44	150：55	171：02	201：13	301：50

注：表中对于管道长度值可以采取插值法获取其他长度的最小允许时间；对于管道直径不可以采取插值法。

本规程用词说明

1 为便于在执行本规程条文时区别对待，对要求严格程度不同的用词说明如下：

1）表示很严格，非这样做不可的：
正面词采用“必须”，反面词采用“严禁”；

2）表示严格，在正常情况下均应这样做的：
正面词采用“应”，反面词采用“不应”或“不得”；

3）表示允许稍有选择，在条件许可时首先应这样做的：
正面词采用“宜”，反面词采用“不宜”；

4）表示有选择，在一定条件下可以这样做的，采用“可”。

2 条文中指明应按其他有关标准执行的写法为：“应符合……的规定”或“应按……执行”。

引用标准名录

1 《给水排水管道工程施工及验收规范》GB 50268

2 《给水排水工程管道结构设计规范》GB 50332

3 《塑料 拉伸性能的测定 第1部分：总则》GB/T 1040.1

4 《塑料 拉伸性能的测定 第2部分：模塑和挤塑塑料的试验条件》GB/T 1040.2

5 《塑料 拉伸性能的测定 第4部分：各向同性和正交各向异性纤维增强复合材料的试验方法》GB/T 1040.4

6 《纤维增强塑料弯曲性能试验方法》GB/T1449

7 《热塑性塑料维卡软化温度（VST）的测定》GB/T1633

8 《塑料管道系统 塑料部件尺寸的测定》GB/T 8806

9 《塑料 弯曲性能的测定》GB/T 9341

10 《塑料耐液体化学试剂性能的测定》GB/T 11547

11 《塑料管材和管件聚乙烯（PE）管材/管材或管材/管件热熔对接组件的制备操作规范》GB 19809

12 《城镇排水管道维护安全技术规程》CJJ 6

13 《城镇排水管渠与泵站维护技术规程》CJJ 68

14 《埋地塑料排水管道工程技术规范》CJJ 143

15 《城镇排水管道检测与评估技术规程》CJJ 181

中华人民共和国行业标准

城镇排水管道非开挖修复更新工程技术规程

CJJ/T 210—2014

条 文 说 明

制 订 说 明

《城镇排水管道非开挖修复更新工程技术规程》CJJ/T 210－2014 经住房和城乡建设部 2014 年 1 月 22 日以第 303 号公告批准、颁布。

在规程编制过程中，编制组对我国城镇排水管道非开挖修复更新工程的实践经验进行了总结，对管道检测与清洗、非开挖修复更新工程设计、施工及验收等要求等作了规定。

为便于广大设计、施工、科研、院校等单位有关人员在使用本规程时能正确理解和执行条文规定，《城镇排水管道非开挖修复更新工程技术规程》编制组按章、节、条顺序编制了本规程的条文说明，对条文规定的目的、依据以及执行中需注意的有关事项进行了说明。但是，本条文说明不具备与规程正文同等的法律效力，仅供使用者作为理解和把握规程规定的参考。

目　次

1 总　　则

1.0.1　排水管道及其他市政管线被称为城市的“生命线”，然而随着城市建设的发展，我国排水管道即将面临老化严重、事故频发的问题。目前，国内用非开挖修复技术对排水管道进行修复的工程日趋增多，保证修复工程的质量对于排水管道的安全运行显得尤为重要。在采用非开挖技术对排水管道进行修复更新时，应以安全可靠为基础，确保工程质量和不影响环境。

1.0.2　本规程中的排水管道是指收集、输送污水或雨水的管道，包括内压不大于 0.1MPa 的压力输送污水或雨水的管道。对于内压超过 0.1MPa 的排水管道，应参照有关压力管道内衬修复规范进行设计和施工。

2 术语和符号

2.1 术　　语

2.1.1　本规程规定的非开挖修复更新方法分为整体修复、局部修复和管道更新。整体修复工法包括穿插法、原位固化法、折叠内衬法、缩径内衬法、机械制螺旋缠绕法、管片内衬法；局部修复工法包括不锈钢套筒法和点状原位固化法；碎(裂)管法为管道更新方法。

2.1.2　本规程中定义的穿插法包括连续穿插法(图 1)和不连续穿插法两种施工工艺，本规程中不连续穿插法涵盖了短管内衬工艺。

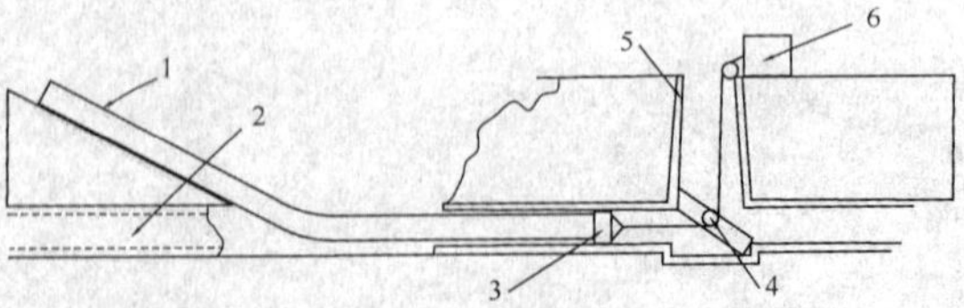

图 1　连续管道穿插法示意图

1—内衬管；2—原有管道；3—拖管头；4—滑轮；5—检查井；6—牵拉装置

2.1.3　碎(裂)管法主要有静拉碎(裂)管法和气动碎管法两种工艺，静拉碎(裂)管法是在静拉力的作用下破碎原有管道或通过切割刀具切开原有管道，然后再用膨胀头将其扩大；气动碎管法是靠气动冲击锤产生的冲击力作用破碎原有管道。

2.1.4　根据软管置入原有管道方式的不同，原位固化法分为翻转式原位固化法和拉入式原位固化法，分别如图 2、图 3 所示。

原位固化法中采用的树脂体系一般是热固性或光固性的树脂体系，考虑到树脂体系及固化方式的进一步发展，本条没有对树脂体系及其固化方式作出具体规定。

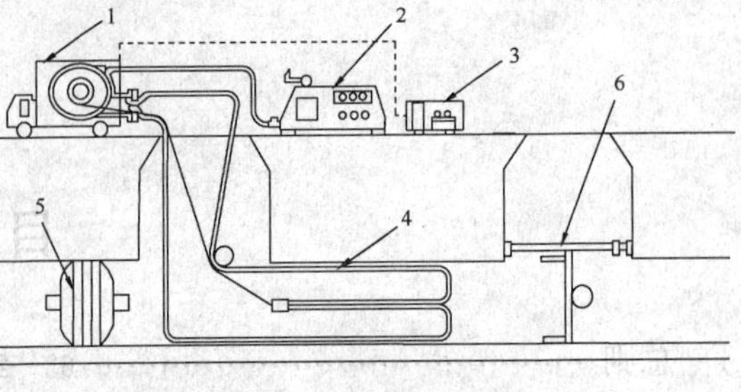

图 2　翻转式原位固化法示意图

1—翻转设备；2—空压机；3—控制设备；4—软管；5—管塞；6—挡板

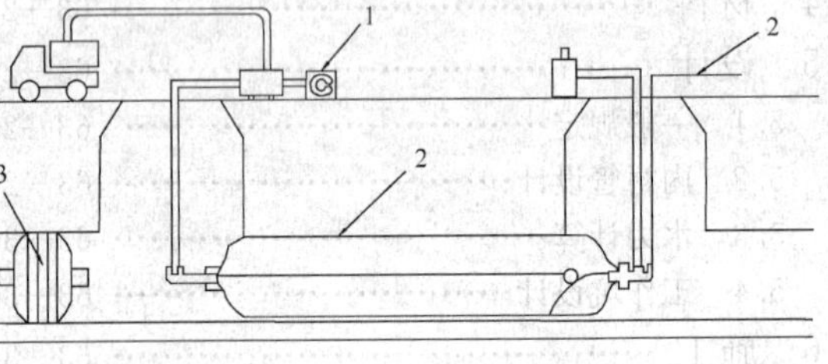

图 3　拉入式原位固化法示意图

1—空压机；2—软管；3—管塞

2.1.5　折叠内衬法分为工厂折叠内衬和现场折叠内衬，折叠管的折叠过程和穿插如图 4 所示。

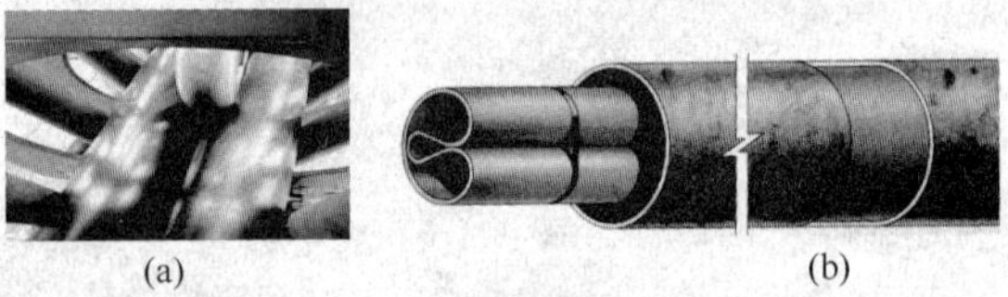

图 4　折叠内衬法

2.1.6　缩径内衬法的原理是利用中密度或高密度的聚合链结构在没有达到屈服点之前材料结构的临时变化并不影响其性能这一特点，使衬管临时性的缩小，以方便置入原有管道内形成内衬。衬管直径的减小可采用径向均匀压缩法和拉拔法，图 5 为缩径内衬法的示意图。

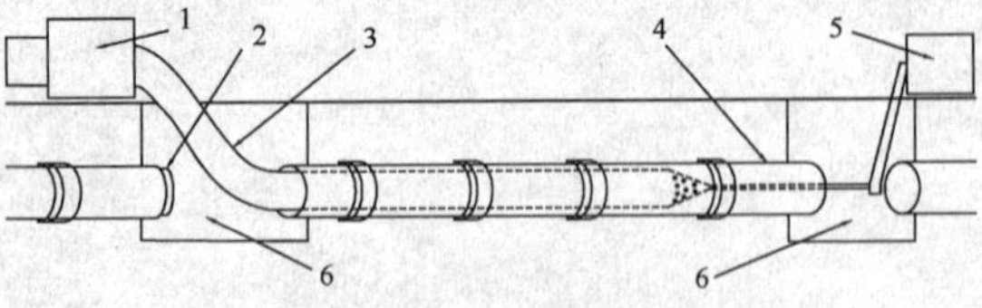

图 5　缩径内衬法示意图

1—缩径机；2—膨胀的内衬管；3—缩径的内衬管；4—原有管道；5—牵引装置；6—工作坑

2.1.7　螺旋缠绕内衬管分为贴合原有管壁和非贴合原有管壁两种工艺，前者称为可扩充螺旋管，安装在井内的制管机先将带状型材绕制成比原有管道略小的螺旋管，推送到终端后继续旋转使其膨胀，直到和原有管壁贴合；后者则需向管壁之间的环状空隙注入水泥浆使内衬管与原有管道结合成整体。

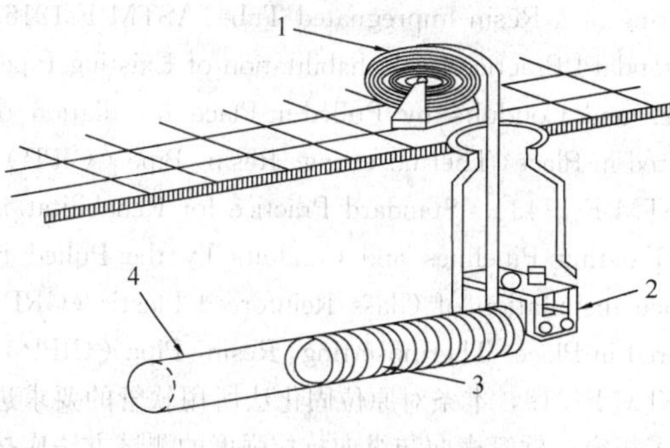

图6 机械制螺旋缠绕法示意图

1—带状型材；2—螺旋缠绕机；3—螺旋缠绕内衬管；4—原有管道

按照缠绕机的工作状态可分为固定设备内衬和移动设备内衬两种工艺。固定设备内衬过程中螺旋缠绕机在工作井内施工，缠绕管沿管道推进，如图6所示；移动设备内衬过程中螺旋缠绕机随着螺旋缠绕管的形成沿管道移动。

2.1.8 管片内衬法是采用管内组装管片的方法修复破损的排水管道。该技术采用的主要材料为PVC-U材质的管片和灌浆料，通过使用连接件将管片在原有管道内连接拼装，然后在原有管道和拼装而成的内衬管之间填充灌浆料，使内衬管和原有管道连成一体，达到修复原有管道的目的，如图7所示。

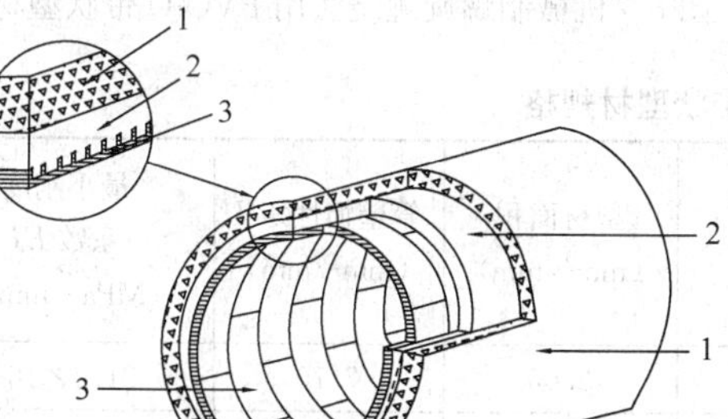

图7 管片内衬法示意图

1—原有管道；2—灌浆料；3—PVC管片

2.1.9 本规程仅对较先进的不锈钢套筒法和点状原位固化法法作了规定，其他常规的排水管道局部非开挖修复方法包括接口嵌补、注浆法、套环法、局部树脂固化法等，也可在合适的条件下选择使用。

2.1.11 目前不锈钢套筒法所用止水材料一般是海绵、发泡胶和橡胶等。施工时将不锈钢套筒直接通过检查井送入管道待修复位置，然后使其膨胀、发泡，在修复部位形成一道密封良好的不锈钢内衬。

2.1.12、2.1.13 参照《Standard Practice for Rehabilitation of Existing Pipelines and Conduits by the Inversion and Curing of a Resin-Impregnated Tube》ASTM F 1216中关于内衬管的设计分类"Partially Deteriorated Pipe"和"Fully Deteriorated Pipe"制定了第2.1.11和2.1.11两条，其为内衬管设计的基础，由于管道的破坏程度难以界定，根据这两种管道的设计条件，并且按照国内习惯本规程采用"半结构性修复"和"结构性修复"来描述。

2.1.14 软管的作用是在原位固化法施工和固化过程中浸渍并携带树脂。

2.1.16 折叠内衬管可以在现场压制或工厂预制，其管材一般是HDPE，PVC-U、钢管等也可进行折叠，但国内应用尚不普遍，因此本规程中只对HDPE管的折叠作了规定。

3 基 本 规 定

3.0.1 非开挖技术可用于管道修复更新现有几乎所有管材类型的排水管道，但由于该类技术目前仍属于新技术，市场还没有普及，工程造价比传统方法稍高。所以，对于交通繁忙、新建道路、环境敏感等不适合进行开挖修复地区应优先选用非开挖修复更新工程进行修复更新技术；在工程造价合理的条件下，对城镇排水管道修复更新也建议优先选用非开挖技术。

3.0.3 要求管道结构性修复更新后使用寿命不得低于50年是与工程结构可靠度统一标准一致；如果原有管道的剩余结构强度无法满足对半结构性修复内衬管在使用期限内进行有效的支撑，应按结构性修复设计内衬管。

3.0.4 非开挖修复更新工程中材料的性能是确保工程质量的重要因素，因此要求非开挖修复更新工程中所用材料必须具有相应的合格证书、性能检测报告及使用说明，由于某些工艺尚依赖于国外进口，因此对进口产品进行了相关规定。CIPP进口软管的质量检测可依据本规程中第7.1.10条的规定进行，带状型材、片状型材的质量检测可依据本规程第4.0.5条的规定进行。

3.0.5 非开挖修复更新工程需在地面、检查井内进行操作，部分工艺尚需进入管道。《城镇排水管道维护安全技术规程》CJJ 6中对地面作业，井下作业的通风、气体检测、照明通信等安全措施进行了详细规定，进行非开挖修复更新工程时应按照该规程制定安全防护措施，并在施工时严格遵守。

3.0.6 非开挖修复更新工程中的局部开挖：一方面是指某些工艺需开挖工作坑进行施工，如穿插法、碎(裂)管法、折叠内衬法等；另一方面，管道修复前，需要对原有管道的缺陷进行预处理，对于不能通过管道内部进行处理的缺陷宜通过局部开挖的方式进行处理。

3.0.7 管道修复完后，检查井处的内衬管端口与原有管道之间应进行处理，以确保地下水不从检查井进入原有管道与内衬管间的环状空隙，同时应防止检查井处内衬管与原有管道脱离，对于不同的施工方法其处理措施不同。

4 材 料

4.0.1 聚乙烯管道是非开挖修复更新工程使用的主要管材之一，对于聚乙烯材料，密度越高，刚性越好；密度越低，柔性越好。进行内衬修复或内衬防腐的材料既要有较好的刚性，同时还要有较好的柔韧性。通常将 PE 分为低密度聚乙烯（简称 LDPE，密度为 $0.910g/cm^3 \sim 0.925g/cm^3$）、中密度聚乙烯（简称 MDPE，密度为 $0.926g/cm^3 \sim 0.940g/cm^3$）、高密度聚乙烯(简称 HDPE，密度为 $0.941g/cm^3 \sim 0.965g/cm^3$)。按照《塑料管道系统 用外推法确定热塑性塑料材料以管材形式的长期静液压强度》GB/T 18252 中确定的 20℃、50 年、预测概率 97.5%相应的静液压强度，常用聚乙烯可分为 PE63、PE80、PE100。其中，中密度 PE80、高密度 PE80 和高密度 PE100 从材料性能上能满足管道内衬的要求。参照《采用聚乙烯内衬修复管道施工技术规范》SYT 4110－2007 和《给水用聚乙烯(PE)管材》GB/T 13663－2000 对非开挖修复更新工程所用 PE 管的性能进行了规定，其中断裂伸长率是按照《给水用聚乙烯(PE)管材》GB/T 13663－2000 中规定的性能选取，《采用聚乙烯内衬修复管道施工技术规范》SYT 4110－2007 中规定 MDPE 80、HDPE 80、HDPE 100 的屈服强度依次为 18、20、22。

4.0.2 根据《Standard Practice for Rehabilitation of Existing Pipelines and Conduits by the Inversion and Curing of a Resin-Impregnated Tube》ASTM F 1216、《Standard Practice for Rehabilitation of Existing Pipelines and Conduits by Pulled-in-Place Installation of Cured-in-Place Thermosetting Resin Pipe (CIPP)》ASTM F 1743、《Standard Practice for Rehabilitation of Existing Pipelines and Conduits by the Pulled in Place Installation of Glass Reinforced Plastic (GRP) Cured-in-Place Thermosetting Resin Pipe (CIPP)》ASTM F2019，本条对原位固化法所用软管的要求进行了规定，软管横向与纵向抗拉强度的测试方法应按现行国家标准《纺织品 织物拉伸性能第 1 部分 断裂强度和断裂伸长率的测定 条样法》GB/T 3923.1 的规定执行。

4.0.3 常用 PVC-U 带状型材如图 8 所示。在大直径管道修复中，为了增加 PVC-U 带状型材的刚度，可以在 PVC-U 带状型材内部增加钢片。ASTM 标准中规定了螺旋缠绕法常用带状型材规格，如表 1 所示。

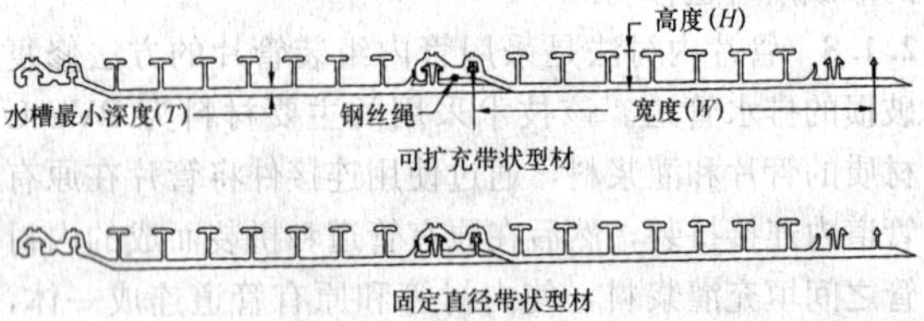

图 8 机械制螺旋缠绕法用 PVC-U 带状型材

表 1 螺旋缠绕法常用带状型材规格

带状型材	最小宽度 W (mm)	最小高度 h (mm)	水槽最小壁厚 T (mm)	到中性轴的深度 $\overline{y}$ (mm)	型材面积 (mm^2/mm)	管壁惯性矩 I (mm^4/mm)	最小刚度系数 EI ($MPa \cdot mm^3$)
1	51.0	5.5	1.60	1.98	3.00	7.70	21.2×10^3
2	80.0	8.0	1.60	3.30	3.70	23.00	63.4×10^3
3	121.0	13.0	2.10	5.24	5.20	88.00	242.7×10^3
4	110.0	12.2	1.00	5.08	3.18	63.30	180.8×10^3
5	203.2	12.4	1.50	4.57	3.18	65.50	180.8×10^3
6	304.8	12.4	1.50	4.57	3.18	65.50	180.8×10^3

注：1 可能用到使用增强添加剂或加钢片的其他类型的型材，需咨询制造商；
2 肋的间隙根据不同的型材类型可能不同；
3 列出的刚度系数是制造商所提供的型材的最小刚度值。

4.0.4 常用管片内衬法的片状型材如图 9 所示。

4.0.7 标注一般包括生产商的名称或商标、产品编号、产地、生产设备、生产日期、型号、材料等级和生产产品所依据的规范名称等详细信息。

4.0.8 为保证内衬管材或型材在运输存储过程中不产生机械损伤、超过 10%壁厚的划痕等损伤，特制定本条。

4.0.9 不锈钢套筒法的材料主要为不锈钢和止水材料，目前应用的止水材料主要为橡胶和海绵，不锈钢材料质量可参照现行国家标准《不锈钢冷轧钢板和钢带》GB/T 3280、《不锈钢热轧钢板和钢带》GB/T 4237 的相关规定，止水材料可参照现行国家标准

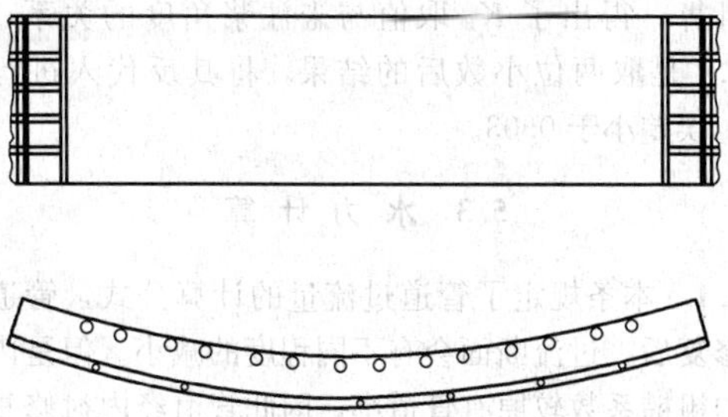

图9 管片内衬法用PVC-U片状型材

《高分子防水材料》GB 18173、《高聚物多孔弹性材料 海绵与多孔橡胶制品》GB/T 18944.1 的相关规定。

5 设 计

5.1 一 般 规 定

5.1.1 原有管道的基本概况包括管道用途、直径、材质、埋深；工程地质和水文地质条件包括管道所处地基情况、覆土类型及其重度、地下水位等；现场环境主要包括：原有管道区域内交通情况以及既有管线、构（建）筑物与原有管道的相互位置关系及其他属性。

5.1.2 《城镇排水管道检测与评估技术规程》CJJ 181 中对管道缺陷的名称、代码、等级划分以及结构性状况评估作了详细规定，其以管道缺陷参数 F 来决定管段结构性缺陷等级，以缺陷密度 S_M 来决定管段结构性缺陷类型。本条根据该规程中的管段结构性缺陷等级来区分结构性修复和半结构性修复，以管段结构性缺陷类型来区分局部修复和整体修复。

5.1.3 本条规定了修复更新工程的设计原则，原有管道地基不满足要求主要是指管道地基失稳或发生不均匀沉降的情况。

5.1.4 根据《室外排水设计规范》GB 50014－2006（2011年版）中的规定，街区和厂区内污水管道最小管径为200mm，街道下为300mm。雨水管道的最小管径为300mm，雨水口连接管最小管径为200mm。而各施工方法的最小修复管道直径都可以达到200mm。

最大允许转角是管道修复更新方法修复弯曲管道能力的表达，考虑到城镇排水管道实际弯曲角度，该值比各工法适用的修复弯曲能力偏小。

碎（裂）管法是唯一可进行管道扩容的非开挖管道更新技术；PE管连续穿插需要工作坑，但采用短管插入法时一般不需要工作坑；各种非开挖修复更新方法对原有管道材质无特殊要求；各种方法适应原有管道病害的情况可参考表6.2.1中各种方法对原有管道预处理的要求。

5.1.5 本条是为以后的计算服务，确定了内衬管外径，进而再进行内衬管壁厚或刚度系数的计算。其中穿插法内衬管10%的直径减小量能够满足穿插操作的空隙要求，同时也可以使原有管道75%到100%的过流能力得到保留，修复后的实际过流能力应通过计算获得。对于直径大于500mm的管道，为了确保修复后管道的过流能力，本条穿插法内衬管的最大直径减小量不应大于50mm；机械制螺旋缠绕法内衬管的直径减小量参考了穿插法的规定。

5.2 内衬管设计

5.2.1 本条参照《Standard Practice for Rehabilitation of Existing Pipelines and Conduits by the Inversion and Curing of a Resin-Impregnated Tube》ASTM F 1216、《Standard Practice for Insertion of Flexible Polyethylene Pipe into Existing Sewers》ASTM F 585-94、《Standard Practice for Installation of Folded Poly (Vinyl Chloride) (PVC) Pipe into Existing Sewers and Conduits》ASTM F 1947 进行规定。非开挖修复更新工程内衬管与新建埋地管道的受力区别是很大的，修复后的埋地管道所受荷载主要由原有管土系统进行支撑，内衬管随后的变形可以认为非常微小，如果在长期、足够的压力作用下，内衬管道可能会发生变形，继而发生严重的屈曲失效。因此，非开挖修复更新工程柔性内衬管的设计采用屈曲破坏准则，半结构性内衬管的设计以Timoshenko等人的屈曲理论为基础；考虑到长期蠕变效应，Timoshenko屈曲方程中的弹性模量被改为长期弹性模量。另外还考虑了安全系数和椭圆度的影响。

式（5.2.1-4）是当管道为椭圆形时，作用力将在内衬管上产生弯矩，必须保证内衬管所受的力不超过管道的长期弯曲强度。

内衬管长期力学性能的取值，ASTM标准中规定咨询管材生产商，通过给定管道寿命周期内的荷载情况下实验确定。德国标准中则是通过对样品内衬管的顶压试验，在一定形变的情况下保持10000h的试验，最后确定其长期性能。工程实际中长期性能一般取短期性能的一半。

5.2.2 本条根据《Standard Practice for Rehabilitation of Existing Pipelines and Conduits by the Inversion and Curing of a Resin-Impregnated Tube》ASTM F1216和《Standard Practice for Rehabilitation of Existing Pipelines and Conduits by Pulled-in-Place Installation of Cured-in-Place Thermosetting Resin Pipe (CIPP)》ASTM F1743的规定，采用修正的AWWA C950设计方程作为重力流管道结构性修复的设计方程。

活荷载按照现行国家标准《给水排水工程管道结构设计规范》GB 50332中的规定进行选取。E'_S国外称为"modulus of soil reaction"，是修正后的Lowa方程中的参数，该参数是一个经验参数，仅能在已知其他参数的情况下通过 Lowa 方程反算求出。很多学者对 E'_S的取值进行了研究；McGrath 建议用侧限压缩模量 M_s 替代 E'_S。《Standard Practice for Rehabilitation of Existing Pipelines and Conduits by the Inversion and Curing of a Resin-Impregnated Tube》ASTM F1216 中建议 E'_S 参照《Standard Guide for Underground Installation of "Fiberglass"（Glass-FiberReinforced Thermosetting-Resin）Pipe》ASTM D3839 中的规定，而《Standard Guide for Underground Installation of "Fiberglass"（Glass-FiberReinforced Thermosetting－Resin）Pipe》ASTM D3839 中采用了 McGrath 的研究成果；澳大利亚标准中区分了回填土、管侧原状土的 E'_S模量，分别称为 E'_e、E'_n，埋地柔性管道设计中需综合考虑回填土和管侧原状土的 E'_S。现行国家标准《给水排水工程管道结构设计规范》GB 50332 及其相关埋地塑料管道标准中 E' 值称为管侧回填土的综合变形模量，以 E_d 表示，其与澳大利亚标准规定的相同。本标准中 E'_S参考现行国家标准《给水排水工程管道结构设计规范》GB 50332 中的规定进行选取。

5.2.3 碎（裂）管应按新管道的要求进行设计，根据美国非开挖研究中心 TTC 编制的《Guidelines for Pipe Bursting》中的规定选择新管的 *SDR* 值。

5.2.4 本条参照《Standard Practice for Installation of Machine Spiral Wound Poly（Vinyl Chloride）（PVC）Liner Pipe for Rehabilitation of Existing Sewers and Conduits》ASTM F1741 中机械制螺旋缠绕法的设计规定。由于螺旋缠绕内衬管由带有肋的带状型材缠绕形成，其缠绕管不能用管道壁厚 t 进行设计，所以应对内衬管的刚度系数进行设计规定。螺旋缠绕法带状型材相应参数如图 10 所示。

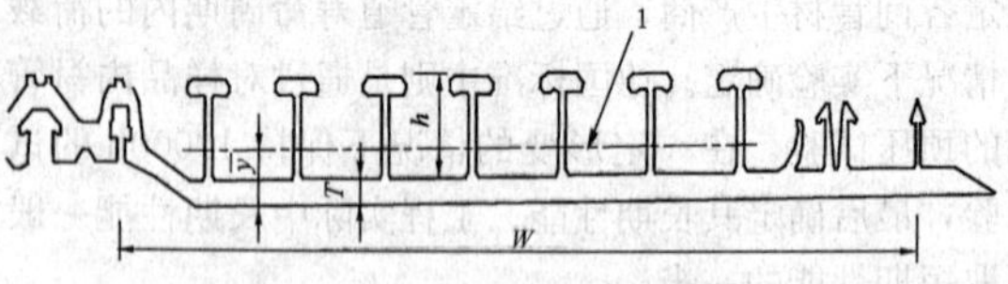

图 10　螺旋缠绕带状型材示意图

1—中性轴

由于 I 和 D 的值都取决于所采用的带状型材，因此在设计过程中可以采用反复尝试的方法来选择满足要求的带状型材。由于原有管道平均内径 D_E 与内衬管的平均直径 D 非常接近，因此可以取 D_E 的值进行首次尝试计算。

灌浆系数 K_1 的选取，ASTM 标准中只给出了计算公式，但没有给出具体值，《Standard Test Method for Determining the Insulation Resistance of a Membrane Switch》ASTM F1689 中规定当 φ 为 9°时 K_1 的取值为 25，但将其反代入进行验算，误差为 2.0607。因此为方便设计人员的参照应用，通过二分法进行迭代计算，得出了 K_1 取值与未注浆角度的关系，表 5.2.4 是取两位小数后的结果，将其反代入进行验算，误差小于 0.03。

5.3　水力计算

5.3.1 本条规定了管道过流量的计算公式，管道内衬修复后，过流断面会有不同程度的减小。但是内衬管的粗糙系数较原有管道小，因此管道经内衬修复后的过流量一般可以满足原有管道的设计流量要求，或者大于原有管道的设计流量。

5.4　工作坑设计

5.4.1 考虑到工作坑的开挖对周围建筑物安全、人们正常生活的影响以及非开挖修复更新工程设计对工作坑位置的特殊要求制定本条。

5.4.2 选择工作坑大小时，应考虑设备、管材起吊或拉入原有管道、管材性能及人员作业的施工空间，当设备需放到工作坑里面时尚应对工作坑底部进行处理，如铺设砾石垫层等。按照《城镇燃气管道非开挖修复更新工程技术规程》CJJ/T 147 中的规定对连续管进管工作坑的长度进行了规定。

6　施　工

6.1　一般规定

6.1.4 非开挖修复更新工程一般都需采取临时排水措施，现行行业标准《城镇排水管渠与泵站维护技术规程》CJJ 68 中对排水管道的封堵顺序、管塞的类型，以及相应的安全措施进行了规定。

对于不容许水流存在的修复更新工艺，如原位固化法，临时排水设施的能力应根据原有管道中的水量确定，且应抽干修复管段中的污水；对于容许一定水流存在的修复工艺，如机械制螺旋缠绕法，临时排水设施的排水能力可适当减小，且不必抽出修复管段中的污水。局部修复时管道内水位不应超过管道内径的 10%，必要时应按本条规定采取临排措施。

6.1.5 本条参照《Standard Practice for Insertion of Flexible Polyethylene Pipe Into Existing Sewers》ASTM F585－94 规定了拉入前聚乙烯管道的连接方式及相关安全措施。本条对 PE 管的热熔对接引用了现行国家标准《塑料管材和管件聚乙烯（PE）管材/管材或管材/管件热熔对接组件的制备操作规范》GB19809 中的规定。

6.1.6 本条的规定主要是针对需要穿插内衬管的施工工艺，如穿插法、折叠内衬法和缩径法，为了避免管内遗留杂物对内衬管可能造成的影响，把施工损失降低到最低点，在正式插入前，参照《Standard Practice for Insertion of Flexible Polyethylene Pipe Into Existing Sewers》ASTM F 585－94 标准，施工前应插入一段长度不小于 3m 的试验管道，并检查管段外观，符合要求后再进行正式施工。

6.2 原有管道预处理

6.2.1 非开挖修复更新工程施工前应对原有管道进行预处理，预处理措施包括管道清洗、障碍物的清除，以及对现有缺陷的处理。

6.2.2 管道清洗技术主要包括高压水射流清洗、化学清洗等。其中高压水射流清洗目前是国际上工业及民用管道清洗的主导设备，使用比例约占 80%～90%，国内该项技术也有较多应用。

6.2.3 影响管道内衬施工障碍主要包括不能通过清洗方法清除的固体、伸入管道内的支管、压碎的管段、管内的树根等。可通过专门的工具（如管道机器人）进行清除，对于不能通过这些工具进行清除的应进行开挖处理。

6.3 穿 插 法

6.3.1 对于连续管道施工工艺，应采用牵引工艺进行穿插法施工；对于不连续管道施工工艺应采用顶推工艺施工；由于厚壁超长聚乙烯管重量较大，施工中所受的摩阻力也较大，为了避免施工对管道结构的损伤，可以用顶进和牵拉组合的工艺进行施工。

6.3.3 当采用具有机械承插式接头短管进行穿插施工时，可允许带水作业，原有管道内的水流减小了管道推入的阻力同时可以减少或避免临时排水设施的使用，为了能有效地减小管道推入的摩擦力，原有管道中的水位宜控制在管道起拱线之下，管道起拱线是指管道开始向上形成拱弧的位置。

不连续的 PE 管道可在工作坑内进行连接，然后插入原有管道。PE 管的连接需在工作坑内进行，如图 11（a）所示，应在施工现场预备水泵和临时排水设施排出工作坑内水流，保证管道连接设备干燥和工作环境的干燥。

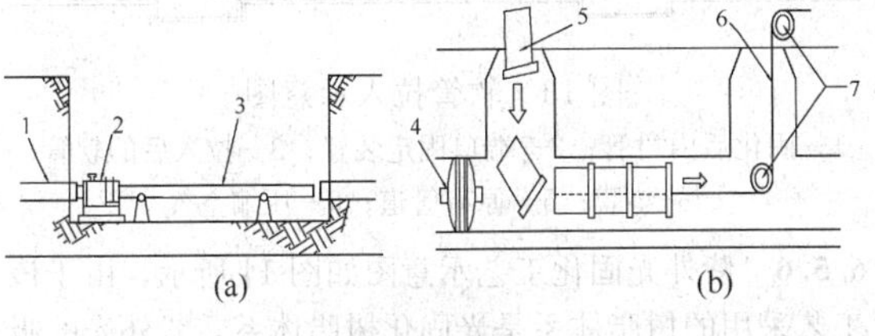

图 11 不连续穿插法示意图

1—原有管道；2—内衬管连接设备；3—内衬管；
4—管塞；5—短管；6—钢丝绳；7—滑轮

本规程将短管内衬包含在穿插法中，如图 11（b）所示，在施工中不需开挖工作坑，但要求短管的长度能方便进入检查进内。应缓慢将短管送入工作坑或检查井，防止造成短管损伤。

6.3.4 在牵引聚乙烯管进入原有管道时，端口处的毛边容易对聚乙烯管造成划伤，可安装一个导滑口，既避免划伤也减少阻力；内衬管的牵拉端和顶推端是容易损坏的地方，应采取保护措施；连续穿插施工中在地面安装滚轮架、工作坑中安装防磨垫可减少内衬管与地面的摩擦。

6.3.6 根据施工经验，对于直径 800mm 以上管道，环状空隙较大，为保证内衬管使用过程中的稳定，必须进行注浆处理。800mm 以下的管道，考虑到环状空隙较小，不易注浆，应根据设计要求进行处理，确保管道稳定。

如果所需要的注浆压力大于管道所能承受的压力，应在内衬管内部进行支撑，也可向内衬管道里面注入具有一定压力（略高于注浆压力）的水进行保护。注浆材料应满足以下要求：

1 较强的流动性，以填满整个环面间隙；

2 较小的收缩性（低于 1%），以防止固化以后在环面上形成空洞；

3 水合作用时发热量低，使水泥浆混合物内不同成分剥落的危险性最小。

为了满足以上要求，建议水泥浆的混合比例是 1∶3。该配比水泥浆密度约为水的 1.5 倍，最小的强度为 5MPa。

注浆材料理论上应注满整个环状空隙。根据《Standard Practice for Installation of Machine Spiral Wound Poly（Vinyl Chloride）（PVC）Liner Pipe for Rehabilitation of Existing Sewers and Conduits》ASTM F1741，注浆有两种方法：一种是连续注浆，施工过程中应合理控制注浆压力，防止注浆压力过大超过内衬管的承受能力，注浆压力合理值应咨询生产商；另一种是分段注浆，第一次注浆后内衬管不应在浮力作用下脱离内衬管底部，第二次注浆应不引起内衬管的变形。分段注浆能够确保通过观察泥浆搅拌器旁边的压力表监控环面是否完全被水泥浆灌满，推荐使用该方法。

6.4 翻转式原位固化法

6.4.1 本条中相应参数根据《Standard Practice for Rehabilitation of Existing Pipelines and Conduits by the Inversion and Curing of a Resin-Impregnated Tube》ASTM F1216、《Standard Practice for Rehabilitation of Existing Pipelines and Conduits by Pulled-in-Place Installation of Cured-in-Place Thermosetting Resin Pipe（CIPP）》ASTM F1743、《Standard Practice for Rehabilitation of Existing Pipelines and Conduits by the Pulled in Place Installation of Glass Reinforced Plastic（GRP）Cured-in-Place Thermosetting Resin Pipe（CIPP）》ASTM F2019 的规定选取。翻转式原位固化法所用树脂一般为热固性的聚酯树脂、环

氧树脂或乙烯基树脂。由于树脂的聚合、热胀冷缩以及在翻转过程中会被挤向原有管道的接头和裂缝等位置，因此树脂的用量应比理论用量多5%～15%。为防止树脂提前固化，树脂混合后应及时浸渍。树脂应注入抽成真空状态的软管中进行浸渍，并通过一些相隔一定间距的滚轴碾压，通过调节滚轴的间距来确保树脂均匀分布并使软管全部浸渍树脂，避免软管出现干斑或气泡。浸渍树脂后的软管应按本条中的规定储存和运输。

6.4.2 翻转式原位固化法一般通过水压或气压的方法进行，图12为水压翻转示意图。翻转压力应足够大以使浸渍软管能翻转到管道的另一端，翻转过程中软管与原有管道管壁紧贴在一起。翻转压力不得超过软管的最大允许张力，其合理值应咨询管材生产商。《城镇燃气管道非开挖修复更新工程技术规程》CJJ/T 147-2010中根据施工经验规定翻转速度宜控制在2m/min～3m/min，翻转压力应控制在0.1MPa下。翻转过程中使用的润滑剂应不会滋生细菌，不影响液体的流动。翻转完成后两端宜预留1m左右的长度以方便后续的固化操作，特殊情况下内衬管的预留长度可以适当减小。当用压缩空气进行翻转时，应防止高压空气对施工人员造成伤害。

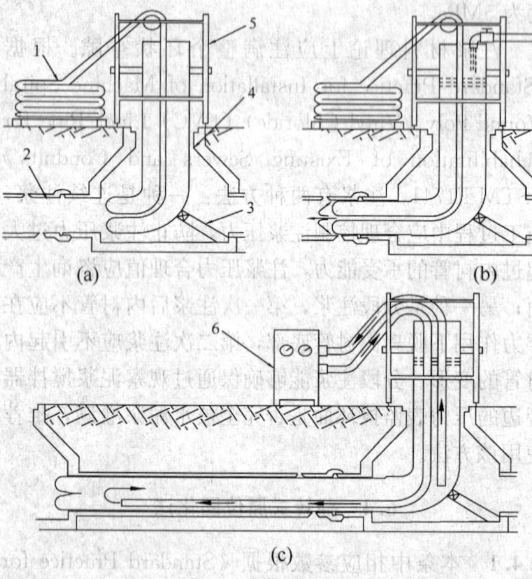

图12 水压翻转原位固化法示意图

1—浸渍树脂的软管；2—原有管道；3—翻转弯头；4—检查井；5—支架；6—锅炉和泵

6.4.3 翻转固化工艺一般采用热水或热蒸汽进行软管固化。固化过程中应对温度、压力进行实时监测。热水宜从标高低的端口通入，以排除管道里面的空气；蒸汽宜从标高高的端口通入，以便在标高低的端口处理冷凝水。树脂固化分为初始固化和后续硬化两个阶段。当软管内水或蒸汽的温度升高时，树脂开始固化，当暴露在外面的内衬管变的坚硬，且起、终点的温度感应器显示温度在同一量级时，初始固化终止。之后均匀升高内衬管内水或蒸汽的温度直到后续硬化温度，并保持该温度一定时间。其固化温度和时间应咨询软管生产商。树脂固化时间取决于：工作段的长度、管道直径、地下情况、使用的蒸汽锅炉功率以及空气压缩机的气量等。

6.4.4 固化完成后应先将内衬管内的温度自然冷却到一定的温度下，热水固化应为38℃，蒸汽固化应为45℃；然后再通过向内衬管内注入常温水，同时排出内衬管内的热水或蒸汽，该过程中应避免形成真空造成内衬管失稳。

6.5 拉入式原位固化法

6.5.2 本条根据《Standard Practice for Rehabilitation of Existing Pipelines and Conduits by the Pulled in Place Installation of Glass Reinforced Plastic (GRP) Cured-in-Place Thermosetting Resin Pipe (CIPP)》ASTM F2019制定，铺设垫膜的目的是减少软管拉入过程中的摩擦力和避免对软管的划伤，垫膜应铺设于原有管道底部，覆盖面积应大于原有管道1/3的周长。

6.5.3 本条参照《Standard Practice for Rehabilitation of Existing Pipelines and Conduits by the Pulled in Place Installation of Glass Reinforced Plastic (GRP) Cured-in-Place Thermosetting Resin Pipe (CIPP)》ASTM F2019对软管的拉入作了规定，保证软管比原有管道长300mm～600mm，是为了安装进入口集合管，其在固化过程中将与进出蒸汽的软管相连，并安装温度压力传感器，图13为软管拉入后的示意图。

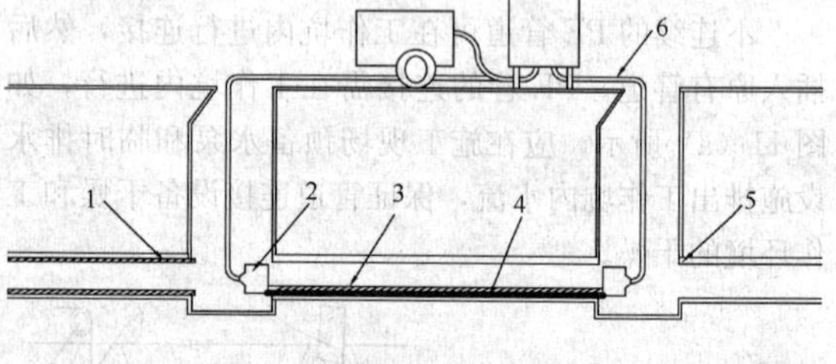

图13 软管拉入示意图

1—固化后内衬管；2—端口固定装置；3—拉入后的软管；4—垫膜；5—原有管道；6—压缩空气

6.5.6 紫外光固化工艺示意图如图14所示，由于该工艺采用的树脂体系是光固化树脂体系，紫外光的吸收率决定着树脂固化效果，内衬管管径越大、壁厚越厚越不利于树脂的固化，因此应通过合理控制紫外光灯前进速度使树脂充分固化。

6.6 碎（裂）管法

6.6.1 静拉碎（裂）管施工示意图如图15所示，施工过程中应根据管材材质选择不同的碎（裂）管设

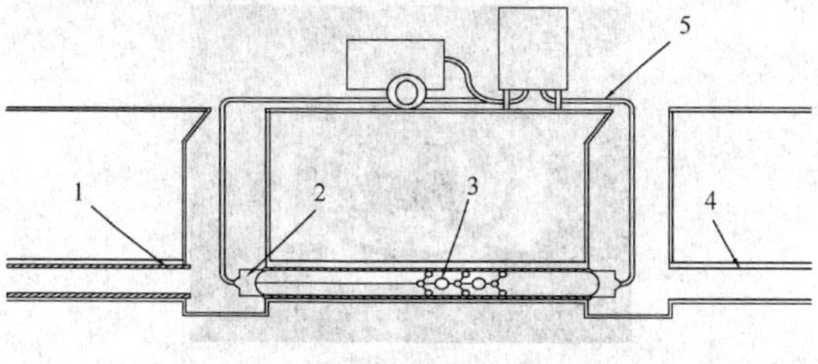

图 14　紫外光固化示意图

1—固化后内衬管；2—端口固定装置；3—紫外光灯链；
4—原有管道；5—压缩空气

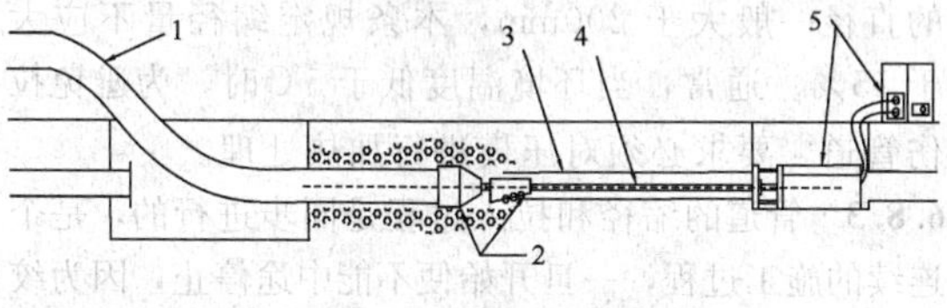

图 15　静拉碎（裂）管法示意图

1—内衬管；2—静压碎（裂）管工具；3—原有管道；
4—拉杆；5—液压碎（裂）管设备

备。图 16 为一种适用于延性破坏的管道或钢筋加强的混凝土管道的碎（裂）管工具，由一个裂管刀具和胀管头组成，该类管道具有较高的抗拉强度或中等伸长率，很难破碎成碎片，得不到新管道所需的空间，因此需用裂管刀具沿轴向切开原有管道，然后用胀管头撑开原有管道形成新管道进入的空间。原有管道切开后一般向上张开，包裹在新管道外对新管道起到保护作用，因此根据现行行业标准《城镇燃气管道非开挖修复更新工程技术规程》CJJ/T 147 对切刀的位置进行了规定。

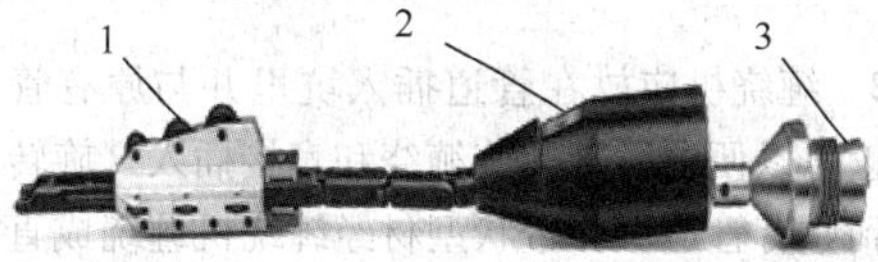

图 16　静拉碎（裂）管工具

1—裂管刀具；2—胀管头；3—管道连接装置

6.6.2　气动碎管法中，碎管工具是一个锥形胀管头，并由压缩空气驱动在（180～580）次/min 的频率下工作，图 17 为气动碎管法示意图。气动锤对碎管工具的每一次敲击都将对管道产生一些小的破碎，因此持续的冲击将破碎整个原有管道。气动碎管法一般适用于脆性管道，主要是排水管道中的混凝土管道和铸铁管道。

气动碎管法施工过程中由于气动锤的敲击，对周围地面造成振动，为了防止对周围管道或建筑造成影响，参照 TTC 制定的《Guidelines for Pipe Bursting》中的规定对碎（裂）管设备与周围管道和设施的安全距离作了规定，超过该距离应采取相应的措施，如开挖待修复管道与原有管道之间的土层，卸除对周围管

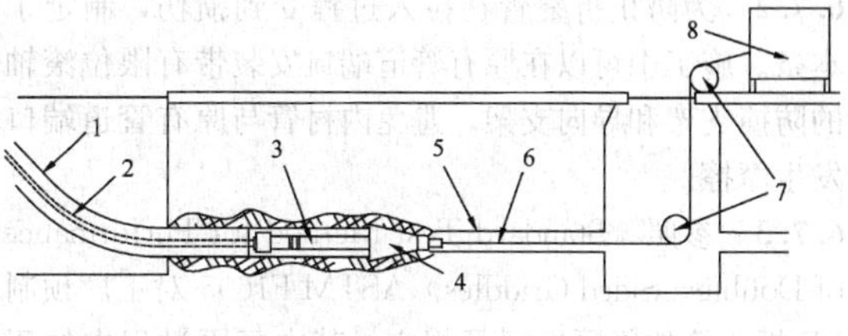

图 17　气动碎管示意图

1—内衬管；2—供气管；3—气动锤；4—膨胀头；5—原有管道；6—钢丝绳；7—滑轮；8—液压牵引设备

道的应力。

6.6.3　管道拉入过程中润滑是为了降低新管道与土层之间的摩擦力。应参考地层条件和原有管道周围的环境，来确定润滑泥浆的混合成分、掺加比例以及混合步骤。一般地，膨润土润滑剂用于粗粒土层（砂层和砾石层），膨润土和聚合物的混合润滑剂可用于细粒土层和黏土层。

拉入过程中应时刻监测拉力的变化情况，为了保障施工过程中的安全，当拉力突然陡增时，应立即停止施工，查明原因后方可继续施工。

根据 TTC 制定的《Guidelines for Pipe Bursting》中的规定，新管道拉入后的冷却收缩和应力恢复的时间应为 4h。

6.6.4　应力恢复完后，在进管工作坑及出管工作坑中应对新管道与土体之间的环状间隙进行密封处理以形成光滑、防水的接头，密封长度不应小于 200mm。确保新管道与检查井壁恰当连接是至关重要的。

6.7　折叠内衬法

6.7.1　折叠管压制过程是通过调整压制机的上下和左右压辊来调整折叠管的缩径量的，在压制过程中 U-HDPE 管下方两侧不得出现死角或褶皱现象，否则必须切除此段，并在调整左右限位滚后重新工作。捆扎带缠绕的速度过快，会造成捆扎带不必要的浪费，如果缠绕速度过慢，会造成缠绕力不够，可能导致折叠管在回拉过程中意外爆开。根据现行行业标准《城镇燃气管道非开挖修复更新工程技术规程》CJJ/T 147 对折叠管的折叠速度和缠绕速度进行了规定，现场折叠管的折叠速度应与折叠管的直径有关。为防止捆扎带与原有管道内壁发生摩擦产生断裂，一般在机械缠绕后，操作人员每隔 50cm～100cm 人工补缠捆扎带数匝。图 18 为现场折叠管的压制图片。

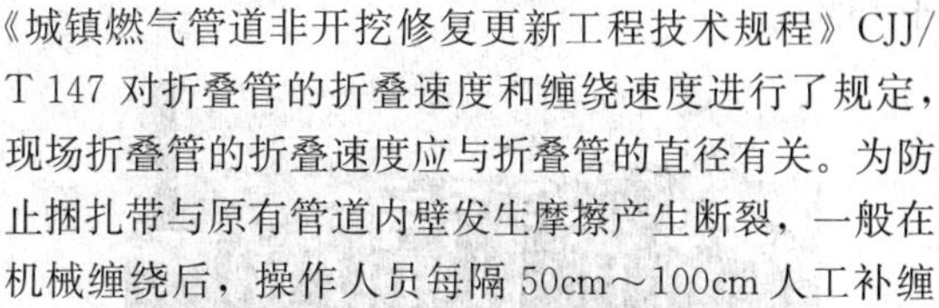

(a) 折叠管压制　　(b) 捆扎带缠绕

图 18　现场折叠管压制及捆扎带缠绕

6.7.2 为防止折叠管在拉入过程受到损伤，制定了本条。施工中可以在原有管道端口安装带有限位滚轴的防撞支架和导向支架，避免内衬管与原有管道端口发生摩擦。

6.7.3 参照《Standard Test Method for Performance of Double－Sided Griddles》ASTM F1605 对工厂预制 PE 折叠管的复原进行了规定。其中复原过程中的压力值应根据现场条件和内衬管的 DR 值来调整。折叠管冷却后应至少保留 80mm 的内衬管伸出原有管道两端，用于内衬管温度降到周围温度后的收缩。折叠管的复原示意图如图 19 所示；本条中的温度、压力值不适用于 PVC-U 折叠管的复原，其复原参数应咨询生产商。

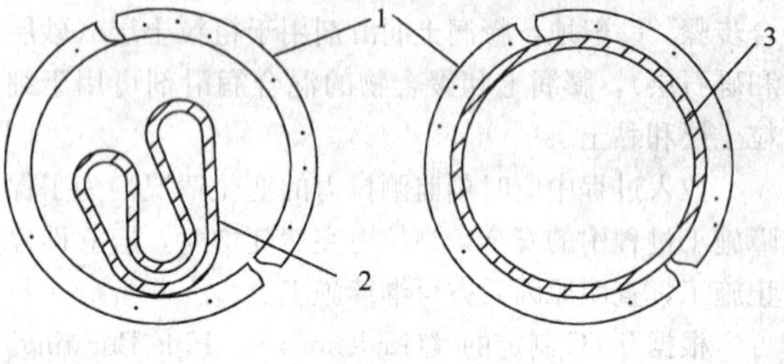

图 19 折叠管复原示意图

1—原有管道；2—折叠内衬管；3—复原后内衬管

6.7.4 参照现行行业标准《城镇燃气管道非开挖修复更新工程技术规程》CJJ/T 147 对现场折叠管的复原过程作了规定。应严格控制复原速度，首先应计算出复原后 PE 管的水容积，复原时在不加压情况下使水充满折叠后的聚乙烯管的空间，并准确测量注入水量。复原后的水容积与无压注入水量之差就是复原时需压入的水量。水不可压缩，通过控制加压注水的速度即可控制折叠管的复原速度。

6.8 缩径内衬法

6.8.1 径向均匀缩径是通过专门设计的滚轮缩径机完成的，如图 20、图 21 所示。为确保缩径后的内衬管能恢复原形，根据实际经验，缩径量不应大于15%。

图 20 径向缩径设备

6.8.2 拉拔法是通过一个锥形的钢制拉模拉拔新管，使塑料管的长分子链重新组合，管径减小。管径的减少量取决于聚乙烯管对其聚合链结构的记忆功能，对大直径的管道，直径的减少量约为

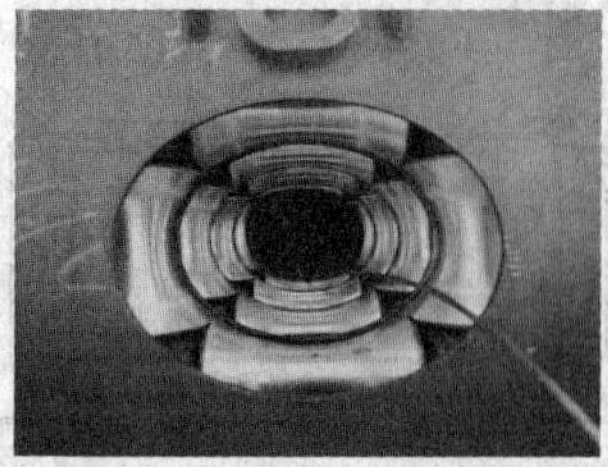

图 21 径向缩径滚轮

7%～15%；而对小直径的衬管，该值可能更大，如直径 100mm 的管道可达 20%，考虑到排水管道的直径一般大于 200mm，本条规定缩径量不应大于 15%。通常，当环境温度低于 5℃时，为避免拉伤管道，要求必须对压模进行加热处理。

6.8.3 管道的缩径和拉入过程是同步进行的，是个连续的施工过程，一旦开始便不能中途停止，因为绞车停止牵拉时变形管就会开始恢复形状，因而难以置入原有管道内。

拉入过程中不应对 PE 管造成损伤，其措施可参照本规程 6.3.4 条和 6.7.2 条的规定。拉入过程的拉力、伸长率、超出原有管道的长度以及应力恢复时间可参考本规程 6.3.2 条的规定。

6.8.4 缩径内衬管就位后，依靠塑料分子链对原始结构的记忆功能，在管道的轴向拉力卸除之后，可逐渐自然恢复到原来管道的形状和尺寸，并与原有管道内壁形成紧配合，该自然恢复过程一般需 24h。通过加热加压的方式可促使其快速复原，减少复原的时间，但不应少于 8h。

6.9 机械制螺旋缠绕法

6.9.2 缠绕机应放在管道插入坑里并与原有管道轴线对正，以便内衬管螺旋缠绕和直接插入（旋转并推进）到原有管道里。带状型材经缠绕机缠绕成直径满足要求的内衬管，同时将内衬管沿原有管道推进直到修复管段终点（见图 22）。当带状型材在缠绕机中形成内衬管时，应该向带状型材边缘的主锁扣和次锁扣锁定装置中注入密封剂或胶粘剂，对于可扩张螺旋缠绕工艺，同时还应将钢线放在主锁扣和次锁扣锁定装置之间。可扩张螺旋缠绕工艺内衬管推进到终点时，

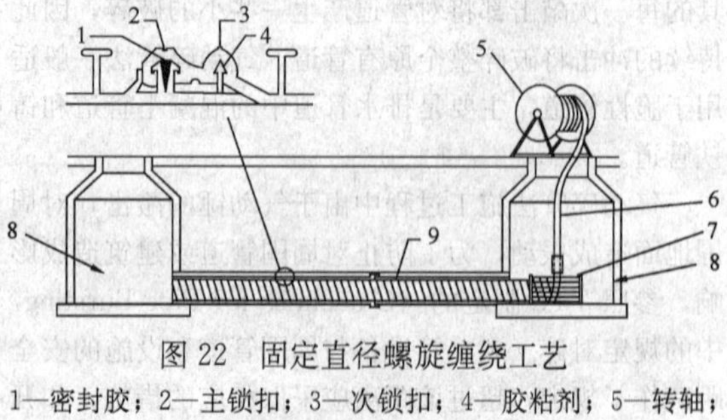

图 22 固定直径螺旋缠绕工艺

1—密封胶；2—主锁扣；3—次锁扣；4—胶粘剂；5—转轴；6—型材；7—缠绕机；8—检查井；9—水泥浆

应在新管端口处打孔并插入钢筋固定以防止新管转动。通过将钢线从互锁接缝中拉出，从而割断次锁使带状型材沿连接的主锁方向自由滑动。不断拉出钢线同时继续缠绕，使型材不断地沿径向增加或扩张，直到螺旋缠绕内衬管的非固定端紧紧地贴在原有管道内壁（见图 23）。

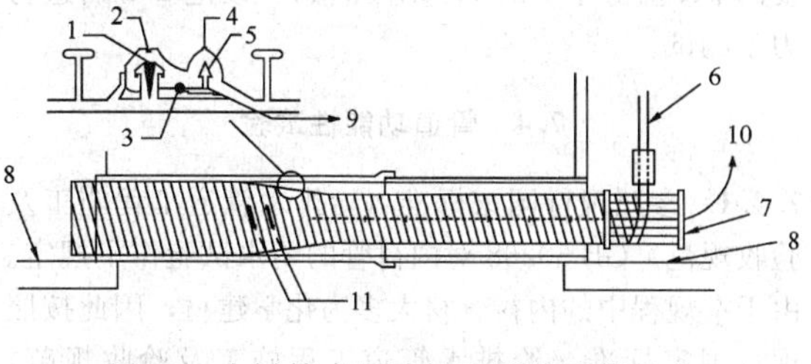

图 23　内衬管直径可扩张螺旋缠绕工艺

1—密封胶；2—主锁扣；3—钢丝；4—次锁扣；5—胶粘剂；6—型材；7—缠绕机；8—检查井；9—拉出钢丝、次缩扣拉断、衬管扩张；10—牵拉钢丝；11—型材滑动

6.9.3　当带状型材在缠绕机里形成内衬管时，应向带状型材边缘的次锁扣锁定装置中注入密封剂、胶粘剂或这两种物品的混合物。移动设备螺旋缠绕工艺可分别缠绕形成与原有管道贴合型和非贴合型的内衬管，分别如图 24、图 25 所示。

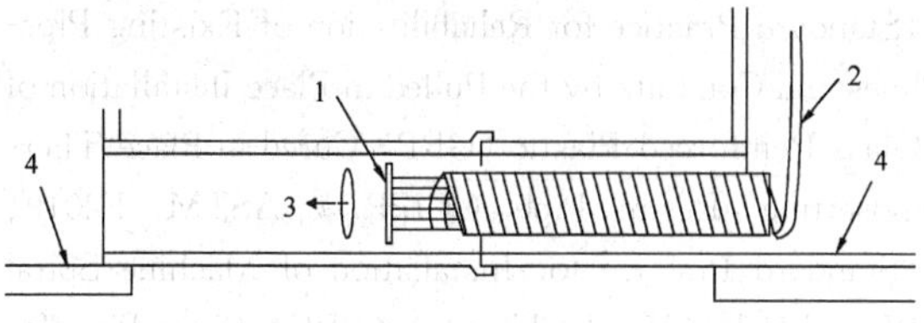

图 24　非贴合螺旋缠绕工艺

1—缠绕机；2—带状型材；3—螺旋缠绕机前进方向；4—检查井

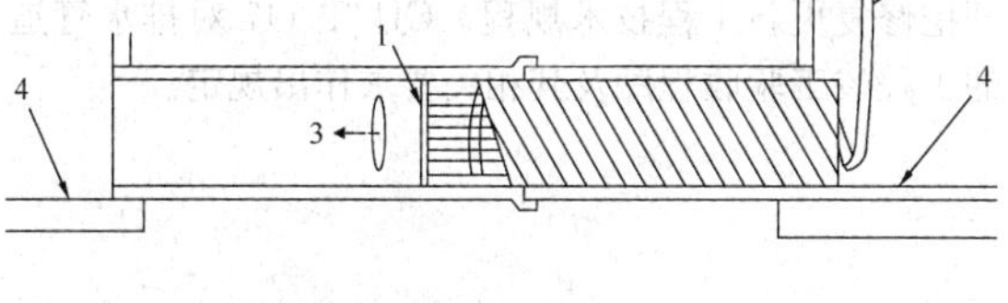

图 25　贴合型螺旋缠绕工艺

1—缠绕机；2—带状型材；3—螺旋缠绕机前进方向；4—检查井

6.9.6　螺旋内衬管道贴合原有管道，由于设计是由内衬管完全承受荷载，因此可不进行注浆处理；当内衬管不贴合原有管道时，所以必须对环状间隙进行注浆处理，将内衬管、注浆体和原有管道作为复合管结构。

6.10　管片内衬法

6.10.1　管片进入检查井时，应避免管片与井壁和原有管道端口的碰撞，以免对管片造成损伤。

6.10.2　目前，管片一般通过人工在原有管道内进行拼装，图 26 为某公司生产的管片拼装后形成的内衬管。

(a)　圆形　　(b) 方形

图 26　管片拼装后的形成的内衬管道

6.10.5　管片内衬法是由管片、浆体和原有管道共同来承受荷载，因此对注浆材料的性能具有一定的要求，表 6.10.5 中的相关性能为试验所得，并成功运用于施工中。

6.11　不锈钢套筒法

6.11.1　典型不锈钢套筒如图 27 所示。

图 27　不锈钢套筒

6.11.2　不锈钢套筒法的施工示意图如图 28 所示。

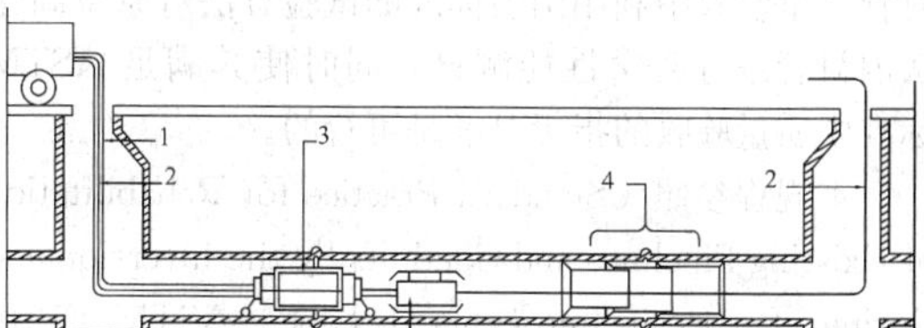

图 28　不锈钢套筒法施工示意图

1—软管；2—拖线；3—不锈钢套筒；4—连续多套筒安装；5—闭路电视

6.12　点状原位固化法

6.12.2　点状原位固化法可以采用加热固化或常温固化。聚酯树脂一般在常温下就可以固化，但其固化前会受到水的不利影响；环氧树脂一般需要加热固化，其不溶入水，但造价较高，且固化条件要求较高。软

管的浸渍一般在现场进行，也可以预先在工厂浸渍好后再运送到修复现场。现场浸渍软管过程中，应当谨慎操作，避免环境风险和化学药品溢漏。树脂混合及浸渍时，应该尽量做好密封措施，混入空气将对材料产生损害作用，如果混入空气过多，固化后树脂会含有比较多的孔隙，因此有些修复系统为了尽量避免空气混入，而采用真空浸渍技术。

6.12.3 对于大口径修复，采用小车将浸渍树脂的软管运送到待修复位置。

6.12.4 气囊一般是弹性材料（如橡胶）制成。内压先使气囊膨胀，之后将软管挤压在原有管道管壁上。常温固化法多采用压缩空气使软管膨胀，加热固化工艺中常采用混合的空气和蒸汽，或者使用热水，加热介质在气囊和地面上的加热设备间往复循环。需要注意的是不能加压过大，气囊既受到静水压作用，还受到泵压作用。

固化时间与树脂配方、内衬管厚度、气囊内温度（加热固化时）、原有管道管壁温度有关。地下水位高，可能形成吸热源，降低内衬管外表面温度，将会延长固化时间。

7 工 程 验 收

7.1 一 般 规 定

7.1.10 ASTM 标准中规定了内衬管试样试验的标准，国内标准与 ASTM 标准在试样的尺寸和试验过程上不尽相同。通过试验分析对比，表明按照 ASTM 标准测试的弯曲性能（弯曲强度和弯曲模量）比按照国内标准测试的结果要偏高，也就是说采用 ASTM 标准规定的性能要求是相对保守的。拉伸试验的测试结果则相差不大。因此，排水管道原位固化法修复内衬管质量验收中利用国内标准的试验方法对原位固化法内衬管进行力学性能测试，同时使其满足 ASTM 标准中质量验收的指标要求是可行的。

本规程参照《Standard Practice for Rehabilitation of Existing Pipelines and Conduits by the Inversion and Curing of a Resin-Impregnated Tube》ASTM F1216 对排水管道修复中 CIPP 内衬管抗化学腐蚀测试作了规定，试验方法应按现行国家标准《塑料耐液体化学试剂性能的测定》GB/T 11547 的规定。德国标准中则规定对于固化后的树脂材料应在固化完成一周后，分别取 5 件样品放入三种不同酸碱环境的液体中（水、5%浓度的 pH 值等于 10 的 NaOH 溶液、5%浓度的 pH 值等于 1 的 H_2SO_4 溶液），浸泡 28d 后进行力学测试。

7.4 管道功能性试验

7.4.1 参照现行国家标准《给排水管道工程施工及验收规范》GB 50268 对内衬管的闭水试验作了规定。由于本规程中的内衬管材大多为化学建材，因此按照现行国家标准《给排水管道工程施工及验收规范》GB 50268 的要求其渗水量应满足式（7.4.1）的要求。

关于闭气试验，参照了美国标准《Standard Test Method for Installation Acceptance of Plastic Gravity Sewer Lines Using Low-Pressure Air》ASTM F1417 对非开挖修复更新工程的内衬管闭气试验进行了规定。

7.4.2 根据《Standard Practice for Rehabilitation of Existing Pipelines and Conduits by the Inversion and Curing of a Resin-Impregnated Tube》ASTM F1216、《Standard Practice for Rehabilitation of Existing Pipelines and Conduits by the Pulled in Place Installation of Glass Reinforced Plastic (GRP) Cured-in-Place Thermosetting Resin Pipe (CIPP)》ASTM F2019、《Standard Practice for Installation of Machine Spiral Wound Poly (Vinyl Chloride) (PVC) Liner Pipe for Rehabilitation of Existing Sewers and Conduits》ASTM F1741 的规定，对于直径大于 900mm 的管道进行渗漏测试是不实际的，因此制定了本条规定。

7.5 工程竣工验收

7.5.1 本条参照了现行行业标准《城镇燃气管道非开挖修复更新工程技术规程》CJJ/T 147 对排水管道的工程竣工验收程序及其相关要求作出规定。

中华人民共和国行业标准

城镇燃气管网泄漏检测技术规程

Technical specification for leak detection of city gas piping system

CJJ/T 215—2014

批准部门：中华人民共和国住房和城乡建设部
施行日期：2 0 1 4 年 9 月 1 日

中华人民共和国住房和城乡建设部
公　　告

第348号

住房城乡建设部关于发布行业标准《城镇燃气管网泄漏检测技术规程》的公告

现批准《城镇燃气管网泄漏检测技术规程》为行业标准，编号为CJJ/T 215-2014，自2014年9月1日起实施。

本规程由我部标准定额研究所组织中国建筑工业出版社出版发行。

中华人民共和国住房和城乡建设部

2014年3月27日

前　　言

根据住房和城乡建设部《关于印发〈2010年工程建设标准规范制订、修订计划〉的通知》（建标[2010]43号）的要求，规程编制组经广泛调查研究，认真总结实践经验，参考有关国际标准和国外先进标准，并在广泛征求意见的基础上，编制本规程。

本规程的主要技术内容是：1.总则；2.术语；3.检测；4.检测周期；5.检测仪器；6.检测记录。

本规程由住房和城乡建设部负责管理，由北京市燃气集团有限责任公司负责具体技术内容的解释。执行过程中如有意见或建议，请寄送北京市燃气集团有限责任公司（地址：北京市朝阳区安华里二区7号楼，邮编：100011）。

本规程主编单位：北京市燃气集团有限责任公司

本规程参编单位：北京市燃气集团研究院
成都城市燃气有限责任公司
上海燃气（集团）有限公司
中国燃气控股有限公司
唐山市燃气集团有限公司
沈阳燃气有限公司
深圳市燃气集团股份有限公司
西安秦华天然气有限公司
北京科技大学新材料技术研究院
北京埃德尔公司
武汉安耐捷科技工程有限公司
北京保利泰达仪器设备有限公司

本规程主要起草人员：车立新　于燕平　江　民　陈　江　钱文斌　雷素敏　李美竹　岳建兵　白　瑞　杨印臣　杨　森　许立宁　郝英杰　李英杰　孙立国

本规程主要审查人员：杨　健　刘新领　邢耀霖　胡春英　杨　青　应援农　杨俊杰　高　伟　赵雪玲　江贻芳　张绍革

目　次

Contents

1 总 则

1.0.1 为规范城镇燃气管网泄漏检测要求，及时发现和判断燃气泄漏，准确查找和定位泄漏点，提高管网安全运行水平，制定本规程。

1.0.2 本规程适用于城镇燃气管道及管道附属设施、厂站内工艺管道、管网工艺设备的泄漏检测。本规程不适用于储气设备本体的泄漏检测。

1.0.3 城镇燃气管网的泄漏检测应做到技术先进、安全可靠，并应积极采用新技术、新方法和新设备。

1.0.4 城镇燃气管网的泄漏检测除执行本规程外，尚应符合国家现行有关标准的规定。

2 术 语

2.0.1 城镇燃气管网 city gas piping system

从城镇燃气供气点至用户引入管之间的管道、管道附属设施、厂站内工艺管道及管网工艺设备的总称。

2.0.2 泄漏检测 leak detection

使用检测仪器确定被检对象是否有燃气泄漏并进行泄漏点定位的活动。

2.0.3 管道附属设施 pipeline subsidiary facilities

与管道相连并实现启闭、抽水等功能设备的总称，如阀门、凝水器等。

2.0.4 管网工艺设备 piping system process equipments

与管道相连具有对燃气进行过滤、计量、调压及控制等功能设备的总称，如过滤器、流量计、调压装置等。

2.0.5 灵敏度 sensitivity

检测仪器所能检出的燃气最小浓度。

2.0.6 最大允许误差 maximum permissible error

对于给定的测量仪器，由标准所允许的，相对于已知参考量值的测量误差的极限值。

3 检 测

3.1 一 般 规 定

3.1.1 泄漏检测人员应根据管网和厂站的规模及设备、设施的数量等因素配置，并应通过相关知识及检测技能的培训。

3.1.2 泄漏检测人员及检测场所的安全保护应符合现行行业标准《城镇燃气设施运行、维护和抢修安全技术规程》CJJ 51 的有关规定。检测现场安全标志的设置应符合现行行业标准《城镇燃气标志标准》CJJ/T 153 的有关规定。

3.1.3 埋地管道的常规泄漏检测宜按泄漏初检、泄漏判定和泄漏点定位的程序进行。管道附属设施、厂站内工艺管道、管网工艺设备的泄漏检测宜按泄漏初检和泄漏点定位的程序进行。

3.1.4 当接到燃气泄漏报告时，可直接进行泄漏判定；当发生燃气事故时，可直接进行泄漏点定位。

3.1.5 泄漏检测方法应根据检测项目和检测程序进行选择，并可按表 3.1.5 的规定执行。当同时采用两种以上方法时，应以仪器检测法为主。

表 3.1.5 泄漏检测方法

检测项目		检测程序		
		泄漏初检	泄漏判定	泄漏点定位
管道	埋地	仪器检测、环境观察	气相色谱分析	仪器检测、检测孔检测或开挖检测
	架空	激光甲烷遥测		
管道附属设施、管网工艺设备、厂站内工艺管道		仪器检测、环境观察	—	气泡检漏

3.2 管 道 检 测

3.2.1 埋地管道的泄漏初检宜在白天进行，且宜避开风、雨、雪等恶劣天气。

3.2.2 埋地管道的泄漏初检可采取车载仪器、手推车载仪器或手持仪器等检测方法，检测速度不应超过仪器的检测速度限定值，并应符合下列规定：

1 对埋设于车行道下的管道，宜采用车载仪器进行快速检测，车速不宜超过 30km/h；

2 对埋设于人行道、绿地、庭院等区域的管道，宜采用手推车载仪器或手持仪器进行检测，行进速度宜为 1m/s。

3.2.3 采用仪器检测时，应沿管道走向在下列部位进行检测：

1 燃气管道附近的道路接缝、路面裂痕、土质地面或草地等；

2 燃气管道附属设施及泄漏检查孔、检查井等；

3 燃气管道附近的其他市政管道井或管沟等。

3.2.4 在使用仪器检测的同时，应注意查找燃气异味，并应观察燃气管道周围植被、水面及积水等环境变化情况。当发现有下列情况时，应进行泄漏判定：

1 检测仪器有浓度显示；

2 空气中有异味或有气体泄出声响；

3 植被枯萎、积雪表面有黄斑、水面冒泡等。

3.2.5 泄漏判定应判断是否为燃气泄漏及泄漏燃气的种类。经判断确认为燃气泄漏后应立即查找漏点。

3.2.6 检测孔检测或开挖检测前应核实地下管道的

详细资料，不得损坏燃气管道及其他市政设施。检测孔内燃气浓度的检测应符合下列规定：

1 检测孔应位于管道上方；

2 检测孔数量与间距应满足找出泄漏燃气浓度峰值的要求；

3 检测孔深度应大于道路结构层的厚度，孔底与燃气管道顶部的距离宜大于300mm，各检测孔的深度和孔径应保持一致；

4 燃气浓度检测宜使用锥形或钟形探头，检测时间应持续至检测仪器示值不再上升为止；

5 检测液化石油气浓度的探头应靠近检测孔底部。

3.2.7 检测孔检测完成后，应对各检测孔的数值进行对比分析，确定燃气浓度峰值的检测孔，并应从该检测孔进行开挖检测，直至找到泄漏部位。

3.2.8 开挖前，应根据燃气泄漏程度确定警戒区，并应设立警示标志，警戒区内应对交通采取管制措施，严禁烟火。现场人员应佩戴职责标志，严禁无关人员入内。

3.2.9 开挖过程中，应随时监测周围环境的燃气浓度。

3.2.10 对架空管道进行泄漏检测时，检测距离不应超过检测仪器的允许值。

3.3 管道附属设施、厂站内工艺管道及管网工艺设备的检测

3.3.1 管道附属设施、厂站内工艺管道、管网工艺设备泄漏初检时，应检测法兰、焊口及螺纹等连接处，并应根据燃气密度、风向等情况按一定的顺序进行检测，检测仪器探头应贴近被测部位。

3.3.2 对阀门井（地下阀室）、地下调压站（箱）等地下场所进行泄漏初检时，检测仪器探头宜插入井盖开启孔内或沿井盖边缘缝隙等处进行检测。

3.3.3 泄漏初检发现下列情况时应进行泄漏点定位检测：

1 检测仪器有浓度显示；

2 空气中有异味或气体泄出声响。

3.3.4 进入阀门井（地下阀室）、地下调压站（箱）等地下场所检测时应符合下列规定：

1 满足下列要求时，检测人员方可进入：

1）氧气浓度大于19.5%；

2）可燃气体浓度小于爆炸下限的20%；

3）一氧化碳浓度小于$30mg/m^3$；

4）硫化氢浓度小于$10mg/m^3$。

2 检测过程中，各种气体检测仪器应始终处于工作状态，当检测仪器显示的气体浓度变化超过限值并发出报警时，检测人员应立即停止作业返回地面，并对场所内采取通风措施，待各种气体浓度符合要求后，方可继续工作。

3.3.5 对管道附属设施、厂站内工艺管道、管网工艺设备等进行泄漏点定位检测时可采用气泡检漏法，并应符合下列规定：

1 涂刷检测液体前，应先对被测部位表面进行清理；

2 检测时应保持被测部位光线明亮；

3 检测不锈钢金属管道时采用的检测液中氯离子含量不应大于25×10^{-6}。

3.3.6 阀门井（地下阀室）、地下调压站（箱）等地下场所内检测到有燃气浓度而未找到泄漏部位时应扩大查找范围。

4 检 测 周 期

4.0.1 埋地管道泄漏初检周期应根据材质、设计使用年限及环境腐蚀条件等因素确定。

4.0.2 埋地管道常规的泄漏初检周期应符合下列规定：

1 聚乙烯管道和设有阴极保护的钢质管道，检测周期不应超过1年；

2 铸铁管道和未设阴极保护的钢质管道，检测周期不应超过半年；

3 管道运行时间超过设计使用年限的1/2，检测周期应缩短至原周期的1/2。

4.0.3 埋地管道因腐蚀发生泄漏后，应对管道的腐蚀控制系统进行检查，并应根据检查结果对该区域内腐蚀因素近似的管道原有的检测周期进行调整，加大检测频率。

4.0.4 发生地震、塌方和塌陷等自然灾害后，应立即对所涉及的埋地管道及设备进行泄漏检测，并应根据检测结果对原有的检测周期进行调整，加大检测频率。

4.0.5 新通气的埋地管道应在24h内进行泄漏检测；切线、接线的焊口及管道泄漏修补点应在操作完成通气后立即进行泄漏检测。上述两种情况均应在1周内进行1次复检，复检合格正常运行后的泄漏初检周期应按本规程第4.0.2条的规定执行。

4.0.6 管道附属设施的泄漏检测周期应小于或等于与其相连接管道的泄漏检测周期。

4.0.7 厂站内工艺管道、管网工艺设备的泄漏检测周期应根据设计使用年限及环境腐蚀条件等因素确定，也可结合生产运行同时进行，并应符合下列规定：

1 厂站内工艺管道、管网工艺设备的检测周期不得超过1个月；

2 调压箱的检测周期不得超过3个月。

4.0.8 管道附属设施、管网工艺设备在更换或检修完成通气后应立即进行泄漏检测，并应在24h～48h内进行1次复检。

5 检 测 仪 器

5.1 性 能

5.1.1 泄漏检测仪器应具备下列基本性能：

1 对燃气泄漏进行定性、定量检测；

2 声光报警；

3 启动速度快，反应时间短；

4 性能稳定、操作简单；

5 结构坚固，密封良好，外壳防护等级不低于 IP54；

6 满足检测环境中温度与湿度的要求；

7 防爆型检测仪器的防爆等级不低于 ExeⅡT4。

5.1.2 用于埋地管道泄漏初检的泄漏检测仪器的灵敏度不应低于 10×10^{-6}。

5.1.3 检测爆炸下限和检测高浓度的泄漏检测仪器的最大允许误差应为±5%。

5.1.4 检测孔钻孔设备及专用勘探棒的手柄应具有防触电功能。

5.2 配 备

5.2.1 泄漏检测仪器应根据燃气种类、管网规模和设备设施类型、检测仪器功能等因素配备。

5.2.2 泄漏检测仪器的选用可按本规程附录 A 的规定执行。配备的泄漏检测仪器可具有下列单一功能或多项组合功能：

1 检测气体百万分比浓度；

2 检测气体百分比浓度；

3 检测爆炸下限百分比浓度；

4 检测气体组分百分比。

5.2.3 泄漏检测应配备钻孔机、真空泵等附属设备。

5.2.4 有防爆要求的场所应配备防爆型检测仪器。

5.2.5 阀门井（地下阀室）、地下调压站（箱）等地下场所的泄漏检测还应配备用于检测氧气、一氧化碳及硫化氢浓度的仪器。

5.3 使用及维护

5.3.1 泄漏检测仪器应处于良好的工作状态，且应进行日常维护保养。

5.3.2 泄漏检测仪器在使用前应进行检查，并应符合下列规定：

1 仪器外观应清洁、完好；

2 电池应达到额定电压；

3 机械或电子设备的零点应已校准；

4 采样系统应通畅，过滤器不得堵塞。

5.3.3 泄漏检测仪器设置的初始报警值应在检测过程中根据检测对象和环境条件等因素进行设定。

5.3.4 泄漏检测仪器在使用及存放过程中应防水、防潮，不得暴晒和剧烈振动。

5.3.5 泄漏检测仪器应定期进行校准，校准周期不应超过 1 年。

6 检 测 记 录

6.0.1 在泄漏检测过程中应对检测结果和相关情况进行记录。

6.0.2 泄漏检测记录应填写齐全，并可按本规程附录 B 的规定执行。

6.0.3 泄漏检测记录应保存电子和纸质档案。电子档案应有备份，并应长期保存；纸质档案应保存 3 年以上。

附录 A 泄漏检测仪器选用

表 A 泄漏检测仪器基本原理、特点、量程范围及适用范围

基本功能	类型	基本原理	特点	量程范围	适用范围
气体百万分比浓度	半导体	金属氧化物半导体的表面吸收气体后，其电阻发生变化，测量阻值变化可得到待测气体浓度	灵敏度高，轻便，微量泄漏检测，此种仪器可为非防爆型	$0\sim10000\times10^{-6}$	埋地管道泄漏初检
	火焰离子	氢气作为燃料气在燃烧室里燃烧，在高温下是燃烧室发生电离，待测气体在电极附着面被捕获，在高压电场的定向作用下，形成离子流，离子被电极收集后，形成与待测气体的量成正比的电信号，由仪器电子元件处理，显示气体浓度值	灵敏度高，稳定性高，重复性好。 微量泄漏快速检测，可用于车载检测，此种仪器可为非防爆型	$0\sim10000\times10^{-6}$	埋地管道泄漏初检

续表 A

基本功能	类型	基本原理	特点	量程范围	适用范围
气体百万分比浓度	光学甲烷	检测仪发射出一束红外线，照射到位于探测器前的光学滤镜上。由于滤镜只允许对甲烷敏感的特定波长的红外线透过，当有甲烷存在，光波受到影响，波长发生变化，从而产生声音信号和视觉信号	灵敏度高，响应速度快。 微量泄漏的快速检测，可用于车载检测，此种仪器可为非防爆型	$0\sim200\times10^{-6}$	埋地管道泄漏初检
	激光甲烷遥测	利用甲烷气体对某一特定波长激光的吸收特性，通过采用红外分光检测技术，使用激光二极管作为激光源，当探测仪向目标检测区域发射测量激光时，将从目标物反射回散射的激光。探测仪接收到反射回的激光并测量其吸收率，根据吸收率的变化判断是否产生泄漏	灵敏度高，可实现远距离不接触检测，响应速度快。 不易接触的燃气设备设施的泄漏检测，此种仪器可为非防爆型	$0\sim10000\times10^{-6}$	架空管道泄漏检测
气体百分比浓度	热传导	依据可燃气体与空气的导热系数的差异来测定浓度。将热敏电阻加热到一定温度，当待测气体通过时，会导致电阻发生变化，测量阻值变化可得到待测气体浓度	可实现高浓度燃气检测。 此种仪器必须为防爆型	100% VOL	泄漏判定
	非色散红外	特定波长的红外光通过待测气体时，气体分子对红外光强度有吸收，其检测原理是基于朗伯-比尔（Lambert-Beer）光吸收定律	可实现高浓度燃气检测，具有较好的选择性。 此种仪器必须为防爆型	100% VOL	泄漏判定
爆炸下限百分比	催化燃烧	在铂丝表面涂覆催化材料并将其加热，当可燃气体通过时，在其表面催化燃烧，使铂丝温度升高，电阻发生变化，电阻变化值是可燃气体浓度的函数	灵敏度较低，但在爆炸下限范围内的测量精度较高，重复性好。 此种仪器必须为防爆型	0～100% LEL	管道附属设施、厂站内工艺管道、管网工艺设备检测
	非色散红外	特定波长的红外光通过待测气体时，气体分子对红外光强度有吸收，其检测原理是基于朗伯-比尔（Lambert-Beer）光吸收定律	可实现高浓度燃气检测，具有较好的选择性。 爆炸下限浓度范围内的检测，此种仪器必须为防爆型	0～100% LEL	管道附属设施、厂站内工艺管道、管网工艺设备检测
气体组分百分比	气相色谱分析	利用可燃气体中各组分在两相间进行分配，其中一相为固定相，即色谱柱，另一相为流动相，即可燃气体。当可燃气体混合物流过固定相，与固定相发生作用，在同一推动力下，不同组分在固定相中滞留的时间不同，顺序从固定相中流出，彼此分离，进入检测器，产生的离子流信号经放大后，在记录器上描绘出各组分的色谱峰	可实现对气体成分的分析	—	泄漏判定

附录B 泄漏检测记录

B.0.1 燃气管道泄漏检测记录可选用表B.0.1的格式。

表B.0.1 燃气管道泄漏检测记录表

编号：

<table>
<tr><td>所属单位</td><td></td><td colspan="3">检测时间</td><td></td></tr>
<tr><td>管道名称</td><td></td><td colspan="3">检测长度</td><td></td></tr>
<tr><td>检测起点</td><td></td><td colspan="3">检测终点</td><td></td></tr>
<tr><td>管　　径</td><td></td><td colspan="3">压　　力</td><td></td></tr>
<tr><td>检测方法</td><td></td><td colspan="3">检测仪器及编号</td><td></td></tr>
<tr><td>泄漏初检</td><td colspan="5"></td></tr>
<tr><td>泄漏判定</td><td colspan="5"></td></tr>
<tr><td rowspan="6">检测孔情况</td><td>检测孔编号</td><td>时间</td><td>浓度</td><td>时间</td><td>浓度</td></tr>
<tr><td></td><td></td><td></td><td></td><td></td></tr>
<tr><td></td><td></td><td></td><td></td><td></td></tr>
<tr><td></td><td></td><td></td><td></td><td></td></tr>
<tr><td></td><td></td><td></td><td></td><td></td></tr>
<tr><td></td><td></td><td></td><td></td><td></td></tr>
<tr><td>检测孔内浓度分析及确定具体泄漏部位情况</td><td colspan="5"></td></tr>
<tr><td>备注</td><td colspan="5"></td></tr>
<tr><td>检测人</td><td></td><td colspan="2">审核人</td><td colspan="2"></td></tr>
</table>

B.0.2 管道附属设施泄漏检测记录可选用表B.0.2的格式。

表B.0.2 管道附属设施泄漏检测记录表

编号：

<table>
<tr><td>所属单位</td><td></td><td colspan="2">检测时间</td><td></td></tr>
<tr><td>设备设施名称</td><td></td><td colspan="2">地点</td><td></td></tr>
<tr><td>检测方法</td><td></td><td colspan="2">检测仪器及编号</td><td></td></tr>
<tr><td>气体浓度检测</td><td colspan="4">燃气浓度：　O_2浓度：
CO浓度：　H_2S浓度：　其他气体浓度：</td></tr>
<tr><td rowspan="6">泄漏情况</td><td colspan="2">泄漏部位</td><td colspan="2">泄漏浓度</td></tr>
<tr><td colspan="2"></td><td colspan="2"></td></tr>
<tr><td colspan="2"></td><td colspan="2"></td></tr>
<tr><td colspan="2"></td><td colspan="2"></td></tr>
<tr><td colspan="2"></td><td colspan="2"></td></tr>
<tr><td colspan="2"></td><td colspan="2"></td></tr>
<tr><td>检测人</td><td></td><td>审核人</td><td colspan="2"></td></tr>
</table>

B.0.3 厂站内工艺管道、管网工艺设备的泄漏检测记录可结合生产运行进行记录。

本规程用词说明

1 为便于在执行本规程条文时区别对待，对要求严格程度不同的用词说明如下：

1）表示很严格，非这样做不可的：
正面词采用“必须”，反面词采用“严禁”；

2）表示严格，在正常情况下均应这样做的：
正面词采用“应”，反面词采用“不应”或“不得”；

3）表示允许稍有选择，在条件许可时首先应这样做的：
正面词采用“宜”，反面词采用“不宜”；

4）表示有选择，在一定条件下可以这样做的，采用“可”。

2 条文中指明应按其他有关标准执行的写法为：“应符合……的规定”或“应按……执行”。

引用标准名录

1 《城镇燃气设施运行、维护和抢修安全技术规程》CJJ 51

2 《城镇燃气标志标准》CJJ/T 153

中华人民共和国行业标准

城镇燃气管网泄漏检测技术规程

CJJ/T 215—2014

条　文　说　明

制 订 说 明

《城镇燃气管网泄漏检测技术规程》CJJ/T 215-2014经住房和城乡建设部2014年3月27日以第348号公告批准、发布。

本规程编制过程中，编制组进行了广泛的调查研究，总结了我国城镇燃气行业管网泄漏检测的实践经验，同时参考了国外先进的技术法规和技术标准。

为便于广大设计、施工、科研、学校等单位有关人员在使用本规程时能正确理解和执行条文规定，《城镇燃气管网泄漏检测技术规程》编制组按章、节、条顺序编制了本规程的条文说明，对条文规定的目的、依据以及执行中需注意的有关事项进行了说明。但是，本条文说明不具备与规程正文同等的法律效力，仅供使用者作为理解和把握规程规定的参考。

目　次

1 总 则

1.0.1 随着城镇燃气供气压力的提高和燃气管道数量的不断增长，燃气泄漏事故时有发生；加强对泄漏检测工作的管理，提高管网安全运行水平，是杜绝燃气管网泄漏事故的关键之一。目前，国内燃气供应单位泄漏检测的技术水平存在一定差异；为此，编制城镇燃气管网泄漏检测标准，规范泄漏检测的技术及方法，对于提高泄漏检测的效率、加强燃气行业的安全管理、保证燃气管网的安全运行至关重要。

1.0.2 燃气管道、管道附属设施、厂站内工艺管道、管网工艺设备等不同设备、设施的检测方法各有不同，根据不同设备、设施泄漏检测的不同方法和特点，明确了本规程的适用范围。

储气设施也是输配系统中的重要设备，但对于储气设施的管理，因其本体属于压力容器或已具有专门的检测技术要求，因此，本规程的适用范围不包含储气设施本体，但连接部位的泄漏检测仍包含在本规程范围内。

1.0.3 目前，燃气泄漏检测技术发展较快，新技术、新设备不断涌现，在城镇燃气管网泄漏检测工作中应积极采用行之有效的新技术、新方法和新设备，并在技术方面进行完善，以提高检测效率。

3 检 测

3.1 一 般 规 定

3.1.1 燃气管道多数埋于地下，一旦发生泄漏，情况非常复杂；泄漏检测操作人员只有在了解相应的泄漏原理、掌握检测技术方法及仪器设备操作知识的基础上，才能准确分析判断泄漏部位，进而有效地发现泄漏位置，因此对泄漏检测操作人员所掌握技能的要求较高。检测人员在上岗前必须进行相关知识及技能的培训，包括：燃气常识、泄漏原理、检测仪器操作、检测技术及相关安全知识等内容。

3.1.2 由于泄漏检测现场可能存在燃气泄漏的情况，泄漏检测操作存在一定的危险，因此，在泄漏检测操作现场一定要做好安全防范，检测人员也要注意安全防护；现行行业标准《城镇燃气设施运行、维护和抢修安全技术规程》CJJ 51 对操作人员及操作现场的安全防护有较为细致的规定，现行行业标准《城镇燃气标志标准》CJJ/T 153 中对设置和使用标志有相关的规定。

3.1.3 将泄漏检测的基本程序划分为泄漏初检、泄漏判定和泄漏点定位的三个过程是在大量调研、总结国内各地燃气供应单位泄漏检测实践工作基础上提出的。泄漏初检为按照检测计划而执行的泄漏检测工作。此过程为主动查漏的过程，在未知有泄漏的情况下主动发现泄漏，消除隐患。在检测过程中经常遇到一些干扰因素的影响，例如汽车尾气、沼气等因素会造成泄漏检测结果的误判，因此需要进行泄漏判定。泄漏判定为排除影响检测结果的干扰因素，确定是否为管道内燃气泄漏的过程，此过程在埋地管道的泄漏检测中十分重要，目前已有较为成熟的分析技术，可以判别是否为燃气泄漏，同时还可区分是何种燃气的泄漏，在经过分析后进一步进行泄漏点定位。

3.1.5 针对不同类别的燃气设备设施采用的检测方法也不同，本条按照不同的检测项目推荐几类检测方法以供选择。仪器检测法是指利用各种检测仪器进行泄漏检测，此种方法是客观的方法，也是必须选用的方法。环境观察法一般指通过观察植被、水面、积雪颜色及异常气味等判断是否有疑似泄漏存在的情况。气相色谱分析是采用分析仪器对混合气体内的各组分进行分析，进而明确气体种类的方法。钻孔检测法是在管道上方，沿管道走向钻孔，并结合检测仪器检测孔内的气体浓度，确认泄漏部位的方法。激光甲烷遥测技术是可以不接触被测物体表面就能检测出是否有燃气泄漏的检测技术，对于难以通过接触进行检测的架空管道，一般采用此种非接触型检测方法。

泄漏检测是一个复杂的过程，除架空管道外，使用单一的方法一般不能达到既检测出泄漏又能进行泄漏点定位的要求，往往需要组合采用几种检测方法。但不论组合采用哪几种方法，都需要以仪器检测方法为主。

3.2 管 道 检 测

3.2.1 在城镇燃气泄漏检测工作中经常使用的泄漏检测仪器有基于光学原理制成的，因光学检测仪均需要吸收散射的光线进行对比分析，必须在光线充足的条件下进行，因此提出在白天检测的要求。目前检测仪器的构造都比较复杂，且电子元器件对环境条件要求较为严格，在温度过高或过低、雨污水喷溅等情况均易对检测仪器内部元器件造成损害，因此，除特殊的紧急情况外，一般在恶劣天气时尽量不进行泄漏检测。

3.2.2 泄漏检测仪器有多种类型，有的设置在机动车上，有的设置在手推车等非机动车上，还有的为手持式；根据泄漏检测工作的需要，可以选择不同类型的检测仪器；一般情况下，车载仪器用于城市道路下燃气管道的泄漏初检，手推车或者手持式仪器用于人行道、绿地、庭院等或需要进行泄漏确认的情况。不论采用何种泄漏检测仪器，在泄漏检测时速度都不能过快，如果超过泄漏检测仪器的反应速度，会影响泄漏检测效果。

车载仪器的泄漏检测速度是在收集大量国内外泄漏检测资料，综合考虑目前在用车载检测仪器检测速度实际情况的基础上得出的。车载式泄漏检测仪器车辆速度保持在 30km/h 以下时，检测效果相对较好。1m/s 为正常步行速度，在此速度下采用手推车载仪器或手持式仪器进行泄漏检测效果较好。

3.2.3 管道埋于地下，情况较为复杂，根据泄漏扩散原理，燃气会沿着某些缝隙处向外扩散，对这些燃气易扩散积聚的部位进行重点检测，比较方便快捷。

3.2.4 在用仪器检测的同时观察周围的环境，可以快速、直接发现问题，及时排除泄漏隐患。在泄漏检测过程中，经常遇到泄漏检测仪器有浓度显示但又不是发生燃气泄漏的情况，这种情况称为疑似泄漏。疑似泄漏是由于一些干扰因素造成的，这些干扰因素包括汽车尾气干扰、沼气干扰、化学污染等，发现疑似泄漏情况后需要进一步进行泄漏检测，确认是否有泄漏和泄漏气体的种类，减少误开挖造成的损失。

3.2.5 泄漏判定需要对燃气的组分进行分析，气相色谱分析法是比较有效的方法。目前，泄漏判定最常见的情况是区分天然气与沼气，由于天然气与沼气的主要成分均为甲烷，泄漏检测仪器检测到甲烷的存在并不能说明是何种气体，还需要通过分析其他组分进行判别，目前主要通过分析乙烷含量来区分上述两种气体；由于天然气中含有乙烷，而沼气中则不含，因此，分析出乙烷成分的存在就可以判定是天然气泄漏。

国内有些城市有天然气、人工煤气或液化石油气多种气源同时存在的情况，区分是何种燃气泄漏十分必要，可以通过对燃气组分的分析进行判定。

3.2.6 因城市地下市政设施情况复杂，钻孔前需要查明其他市政设施的资料，摸清其具体部位，防止钻孔时破坏其他市政设施。

1 燃气泄漏后会沿着地下缝隙向上扩散，在管道上方打孔能提高查找漏点的效率；

2 在打孔检测时会发现不同检测孔内燃气浓度有逐渐升高或降低的趋势，距离泄漏部位最近的孔内燃气浓度也相对较高，因此需要打足够多的孔，保证从各孔的浓度值中找出浓度最高的孔及各孔浓度变化的规律，判断出具体的泄漏部位；

3 道路的结构层包括水泥路面、沥青路面和三合土基层等，为保护管道在打孔时不被破坏，参照各地实践经验和查阅管道埋深确定打孔深度；

4 检测孔内的燃气浓度会向孔外扩散，为保证检测的准确性，需配置防止发散的检测探头；仪器在进行泄漏检测时需要一定的反应时间，这段时间内仪器的示值不稳定，因此，检测操作应持续一段时间，以保证仪器检测的准确性；

5 由于液化石油气的比重比空气大，当发生泄漏时会积聚在泄漏部位的下部，因此，在泄漏检测时，仪器探头应接近孔下部。

3.2.7 钻孔后离泄漏部位越近的孔内燃气浓度越高，因此需要找出浓度最高的孔，从该孔进行开挖。

燃气管道泄漏可能是一个部位发生泄漏，也有可能是多个部位同时发生泄漏。对于同期建设相同材质的管道，因其腐蚀情况类似，在查明一处泄漏部位后，还需要排查其他部位泄漏的可能性。

发现泄漏点后紧急抢修堵漏处置的技术措施、人员及管理要求等不包含在本规程内。

3.3 管道附属设施、厂站内工艺管道及管网工艺设备的检测

3.3.1 设备及管道的连接部位是易泄漏部位，通过检测法兰、焊口等连接部位可以有效地检测泄漏。不规范的泄漏检测顺序可能导致无法准确找到泄漏部位。天然气、人工煤气比重较轻，发生泄漏时会向上扩散，一般采用从下往上的检测顺序，液化石油气比重较重，泄漏检测时一般采用从上往下的顺序。如果在室外泄漏检测，一般采用从上风侧往下风侧检测的顺序。

3.3.2 天然气或人工煤气的比重较轻，若在阀门井上部或井盖周边检测到有燃气浓度，说明井内也有燃气浓度。当发现检测仪器有燃气浓度显示时，需要采取相应的措施防止发生事故。

3.3.4 泄漏初检发现阀门井内有燃气浓度时需要下井进行泄漏判定和泄漏点定位检测，如果井内氧气浓度低或有毒、有害气体超标，会直接威胁检测人员的安全，故本条对涉及进入阀门井等地下场所检测人员人身安全的有关气体的浓度指标提出要求。

1 本款规定了检测人员进入阀门井等地下场所检测时场所内燃气、氧气、一氧化碳和硫化氢等气体浓度的限值，其中氧气的浓度要求参照现行国家标准《缺氧危险作业安全规程》GB 8958 标准规定，燃气的浓度要求参照现行行业标准《城镇燃气设施运行、维护和抢修安全技术规程》CJJ 51 的规定，一氧化碳及硫化氢的浓度要求参照现行国家标准《工作场所有害因素职业接触限值　第 1 部分：化学有害因素》GBZ 2.1 标准规定。在国家标准中，一氧化碳浓度及硫化氢浓度均以“mg/m^3”为单位，为保持与国家标准的一致，本规程也采用“mg/m^3”为单位。而在实际泄漏检测工作中，现有的泄漏检测仪器通常表示为“ppm”，因此可以对检测数据进行换算，在此推荐一种换算公式，可以参考使用。本计算公式基于理想气体状态方程推导而出，在标准状况下，气体质量浓度与体积浓度的换算关系可用下式表示：

$$C = 22.4\frac{X}{M} \tag{1}$$

式中：C——“ppm”浓度值；

X——气体以“mg/m^3”表示的浓度值；

M——气体分子量。

2 检测人员在地下场所进行检测操作时，可能

会出现由于气体扰动造成一氧化碳或硫化氢气体百分比超标的情况，因此要求在检测操作过程中各种泄漏检测仪器始终处于检测的状态，一旦气体百分比达到危险限值，检测仪器发出报警，检测人员可以立即撤离，以保证安全。

3.3.5 如果被测部位表面坑凹不平或存有污物，涂刷检测液时在坑凹不平或有污物处容易积存空气，空气浮出形成气泡，从而掩盖某些小漏孔产生的气泡。检测环境光照不足时会影响对细小气泡的观察。

目前，在城镇燃气输配系统中越来越多地使用不锈钢材料，在对不锈钢材料进行检测时，控制检测液中氯离子的含量，避免对不锈钢材料造成腐蚀。

3.3.6 本条为扩大检测范围的要求。在对阀门井等地下空间进行泄漏检测时，可能出现检测仪器有示值但未找到具体泄漏部位的现象，如果经泄漏判定确认为燃气泄漏，则说明阀门井周边的埋地管道存在泄漏的可能性，需要扩大检测范围，并按照埋地管道检测方法对周围燃气管道进行检测，直至找到泄漏部位。

4 检 测 周 期

4.0.1 本章规定的检测周期为泄漏检测工作的最长间隔，燃气供应单位可根据实际情况自行制定较为灵活的泄漏检测周期，但不得低于本规程的要求。

国家标准《城镇燃气技术规范》GB 50494－2009对管道的“设计使用年限”有相应的规定。一般情况下，钢质管道在腐蚀控制良好的条件下寿命可超过30年，聚乙烯管道和铸铁管道的设计使用寿命一般可达40年～50年。

4.0.2 行业标准《城镇燃气设施运行、维护和抢修安全技术规程》CJJ 51－2006对管道泄漏检测周期提出了要求，但在本规程编写调研过程中发现，国内各地燃气供应单位都已经自觉提高了要求，因此，本规程对此作了相应的修改。

行业标准《城镇燃气设施运行、维护和抢修安全技术规程》CJJ 51－2006对管道检测周期的规定主要以压力进行划分，但通过调查发现，管道发生泄漏与管道的压力并无明显关系，因此，本规程对管道泄漏检测周期的规定按照管道材质及管道是否有阴极保护进行划分。

3 城镇燃气管道多数不是同期建设完成，其运行情况也有差别，从经济性和安全性考虑，作出本条规定。

4.0.3 腐蚀因素近似的管道通常指同期建设的材质、环境、施工单位等情况相同的管道。如某一住宅小区内一期建设的钢管检测到有燃气泄漏，说明该区域内同一期建设的其他钢管存在腐蚀泄漏隐患，需重点检测，相应地调整检测周期。

4.0.4 发生地质灾害时，管道有可能发生断裂、变形等情况，需要立即对管道进行泄漏检测，并根据检测结果调整泄漏检测周期。

4.0.5 由于管道内的燃气发生泄漏后渗透到地面需要一定的时间，当管道检修通气后，如果存在泄漏不一定能够立即被发现，需要在一定时间内进行复检，以排除泄漏隐患。

4.0.6 管道发生泄漏后，燃气一般会沿着管道扩散到周围的管道附属设施内，管道附属设施的泄漏检出率一般比埋地管道高，因此，管道附属设施的检测周期应比管道的检测周期适当缩短。

4.0.7 考虑到实际工作中多数情况是在生产运行的同时进行泄漏检测，因此本条提出泄漏检测可结合生产运行工作同时进行。城镇调压站及调压箱的检测周期是根据国内泄漏检测实际情况确定。

5 检 测 仪 器

5.1 性　　能

5.1.1 泄漏检测仪器是泄漏检测工作中的必要工具，泄漏检测仪器的性能是保证发现燃气泄漏、找到泄漏位置的关键因素。

5.1.2 “10×10^{-6}”在数值上等同于“10ppm”。灵敏度是泄漏检测仪器所检出燃气浓度的最小值，是泄漏检测仪器重要的指标。地下燃气管道泄漏后，扩散到地表的燃气浓度可能非常低，如果采用的泄漏检测仪器的灵敏度较低，将直接影响检测结果，因而对其提出要求。因本规程为首次制定，国内尚无相应的参考标准，此数值是参考美国、欧洲等国家或地区关于燃气泄漏检测的要求提出。

5.1.3 最大允许误差是对检测仪器精度的要求。用于检测爆炸下限和检测高浓度的仪器在达到爆炸下限前必须报警，以保证检测人员的安全，所以对此类泄漏检测仪器检测精度的要求较高。最大允许误差值是参考现行行业标准《可燃气体检测报警器》JJG 693的要求提出。

5.1.4 地下市政设施除燃气管道外，还有电缆、热力管道、雨污水管道等设施，为保证安全，钻孔设备及专用勘探棒等需要绝缘。

5.2 配　　备

5.2.1 城镇燃气包含人工煤气、天然气及液化石油气等几个种类，因此，检测仪器的选择必须与被测燃气种类相适应。原则上说，为满足检测工作量的需求，管网设备设施数量较多的燃气供应单位所配备的检测仪器数量及种类也相应较多。某些有多种附件的检测仪器应配置齐全，以满足在复杂条件下进行泄漏检测的需要。另外，对于阀门井、防爆区域等特殊场所需要检测氧气、一氧化碳、硫化氢等气体浓度和仪器需要防爆类型等情况，在设备配置时都要注意。

5.2.2 泄漏检测仪器有多种形式，有单一功能的检测仪，也有多种功能的综合检测仪，本规程仅对检测仪器的功能提出了要求，可以单独选配，也可以配置具备多种功能的综合检测设备。

具备检测百万分比浓度功能的仪器通常以“ppm”显示燃气浓度，即能检测到气体百万分之一浓度；具备检测百分比浓度功能的仪器通常以“%”显示燃气浓度；具备检测爆炸下限百分比功能的仪器所能检测到的最高浓度为被检测燃气的爆炸下限。

具备气体组分百分比检测功能的仪器能够通过比对分析出混合气体中各组分所占的百分比。

5.2.3 泄漏点定位时需要配合使用钻孔机及各类钻头等设备，所以应配置相应的附属设备以满足需要。

5.2.4 不论对防爆场所如何界定，只要是规定中要求的防爆场所，就要使用防爆型仪器。

5.2.5 对阀门井、地下调压站（箱）进行泄漏检测时，还需对空间内氧气和有毒气体进行检测，因此，还需配置相应的检测仪器。

5.3 使用及维护

5.3.3 在不同地区针对不同的检测对象，不同的泄漏检测设备可以有不同的报警值，因此，需要根据泄漏检测的实际工作经验反复试验设定相对合理的报警值。

6 检 测 记 录

6.0.1～6.0.3 完善、准确的检测记录是极为重要的，能够为日后的泄漏检测工作及事故的处理提供参考。

中华人民共和国行业标准

城镇给水预应力钢筒混凝土管管道工程技术规程

Technical specification for prestressed concrete cylinder pipeline of city water supply engineering

CJJ 224—2014

批准部门：中华人民共和国住房和城乡建设部
施行日期：2 0 1 5 年 6 月 1 日

中华人民共和国住房和城乡建设部
公　　告

第620号

住房城乡建设部关于发布行业标准《城镇给水预应力钢筒混凝土管管道工程技术规程》的公告

现批准《城镇给水预应力钢筒混凝土管管道工程技术规程》为行业标准，编号为CJJ 224－2014，自2015年6月1日起实施。其中，第3.1.3、3.4.8、5.3.5、5.3.6、7.1.1、8.1.1、9.0.2条为强制性条文，必须严格执行。

本规程由我部标准定额研究所组织中国建筑工业出版社出版发行。

中华人民共和国住房和城乡建设部

2014年11月5日

前　　言

根据住房和城乡建设部《关于印发〈2009年工程建设标准规范制订、修订计划〉的通知》（建标［2009］88号）的要求，规程编制组经广泛调查研究，认真总结实践经验，并在广泛征求意见基础上，编制本规程。

本规程的主要技术内容是：1. 总则；2. 术语和符号；3. 材料；4. 水力计算；5. 结构设计；6. 构造；7. 管道施工；8. 管道功能性试验；9. 工程验收。

本规程中以黑体字标志的条文为强制性条文，必须严格执行。

本规程由住房和城乡建设部负责管理和对强制性条文的解释，由中国市政工程华北设计研究总院负责具体技术内容的解释。在执行过程中如有意见或建议，请寄中国市政工程华北设计研究总院（地址：天津市河西区气象台路99号，邮政编码：300074）。

本规程主编单位：中国市政工程华北设计研究总院

本规程参编单位：北京市政工程设计研究总院
新疆国统管道股份有限公司
山东电力管道工程公司
天津万联管道工程有限公司
山东龙泉管道工程股份有限公司
无锡华毅管道有限公司
天津市管道工程集团有限公司
天津市华水自来水建设有限公司
沛县防腐保温工程总公司

本规程主要起草人员：陈湧城　郭晓光　程　渡
李世龙　刘秉武　朱开东
吴凡松　李成江　程子悦
梁坚印　徐扬纲　吴悦人
王相民　张　亮　王　娜
刘津祥　王向会　毕士君
刘长杰　徐永平　王学海
李文秋　李金国　代春生
徐笃军　陶哲峰　朱　满
姬传领　张维明　何　涛

本规程主要审查人员：范民权　厉彦松　沈大年
曹生龙　焦永达　郭天木
王长祥　史志利　杜玉柱
吴换营　刘江宁

目　次

Contents

1 总 则

1.0.1 为使采用预应力钢筒混凝土管的给水管道工程在设计、施工及验收中，做到技术先进、安全适用、经济合理、确保质量，制定本规程。

1.0.2 本规程适用于新建、扩建和改建的城镇给水预应力钢筒混凝土管管道工程的设计、施工及验收。

1.0.3 预应力钢筒混凝土管的规格、制管工艺、产品质量、运输和保管应符合现行国家标准《预应力钢筒混凝土管》GB/T 19685 的有关规定。

1.0.4 城镇给水预应力钢筒混凝土管管道工程的设计、施工及验收，除应符合本规程外，尚应符合国家现行有关标准的规定。

2 术语和符号

2.1 术 语

2.1.1 预应力钢筒混凝土管 prestressed concrete cylinder pipe

在带有钢筒的混凝土管芯外侧缠绕环向预应力钢丝并制作水泥砂浆保护层而制成的管子。包括内衬式预应力钢筒混凝土管和埋置式预应力钢筒混凝土管(简称 PCCP)。

2.1.2 配件 fittings

以钢板作为主要结构材料并在钢板的内外侧包覆钢筋（丝）网、水泥砂浆或混凝土保护层的管件。

2.1.3 异形管 special pipe

采用与预应力钢筒混凝土管相同工艺制造的非标准直管。

2.1.4 合拢管 closed pipe

用于连接已铺设完成的管段，宜采用钢板、水泥砂浆（混凝土）的复合结构。

2.1.5 限制接头 restrained joint

用机械连接或焊接连接在一起的相邻管道的接头。

2.1.6 土弧基础 arc shapped soil bedding

用砂砾回填或原土开挖而形成的，用于支撑管道结构的弧形基础。由管底基础层和管下腋角两部分组成。

2.1.7 混凝土基础 arc shapped concrete bedding

用混凝土浇筑而成用于支撑管道结构的弧形基础。

2.1.8 基础支承角 bedding angle

基础与管道相接处的两顶点对应的管截面圆心角，用 2α 表示。

2.1.9 开槽施工 trench installation

从地表开挖沟槽，在沟槽内敷设管道的施工方法。

2.1.10 管道水压试验 water pressure test for pipeline

以水为介质，对已敷设的压力管道采用满水后加压的方法，来检验在规定的压力值时，管道是否发生结构破坏以及是否符合规定的允许渗水量（或允许压力降）标准的试验。

2.2 符 号

2.2.1 管道上的作用和作用效应

$F_{ep,k}$ ——管侧主动土压力标准值；

$F_{fw,k}$ ——管道单位长度上浮托力标准值；

F_k ——支墩或限制接头抗推力的合力标准值；

F_{pk} ——管侧被动土压力标准值；

$F_{sv,k}$ ——管道单位长度上管顶竖向土压力标准值；

$F_{wd,k}$ ——管道的设计内水压力标准值；

F_{wk} ——管道的工作压力标准值；

$F_{wp,k}$ ——推力标准值；

M_{max} ——组合作用下管壁截面上的最大弯矩；

N ——组合作用下管壁截面上的轴向力；

$Q_{vi,k}$ ——地面车辆的单个轮压标准值；

q_{mk} ——地面堆积荷载标准值；

q_{vk} ——地面车辆轮压产生的管顶处单位面积竖向压力标准值。

2.2.2 材料指标

E_c ——混凝土的弹性模量；

E_m ——砂浆的弹性模量；

E_s ——钢丝的弹性模量；

$f_{cu,k}$ ——混凝土的立方体抗压强度标准值；

$f_{mc,k}$ ——砂浆抗压强度标准值；

$f_{mt,k}$ ——砂浆抗拉强度标准值；

f_{ptk} ——预应力钢丝强度标准值；

ε_{mt} ——管体保护层砂浆相应于抗拉强度的应变量。

2.2.3 应力

p ——支墩作用在地基土上的平均压力；

σ_{con} ——预应力钢丝的张拉控制应力；

σ_{pe} ——环向预应力钢丝的有效预加应力。

2.2.4 几何参数

A_n ——管壁截面（含钢丝、钢筒和砂浆保护层）的折算面积；

A_p ——环向预应力钢丝截面面积；

A_{sc} ——钢筒截面面积；

a_i ——单个车轮着地分布长度；

b_i ——单个车轮着地分布宽度；

d_0 ——预应力钢丝中心至管壁折算截面重心的距离；

D_0 ——管道公称直径；

D_1 ——管道外径；

H_s ——管顶至设计地面的覆土高度。

2.2.5 计算系数

C_c ——填埋式竖向土压力系数；

C_d ——开槽施工竖向土压力系数；

λ_y ——综合调整系数；

γ ——受拉区混凝土的塑性影响系数；

K ——受拉区混凝土的影响系数。

2.2.6 工艺计算参数

C ——流速系数；

h_j ——管道局部水头损失；

h_y ——管道沿程水头损失；

h_z ——管道总水头损失；

n ——管道的粗糙系数；

q_{sh} ——实测渗水量；

q_{yu} ——允许渗水量；

R ——水力半径（m）；

v ——平均流速（m/s）；

y ——水力半径的计算指数；

ζ ——管道局部水头阻力系数。

3 材 料

3.1 混凝土和砂浆

3.1.1 预应力钢筒混凝土管管芯混凝土强度等级不应低于C40，配件混凝土强度等级不应低于C30。混凝土的强度标准值、弹性模量等力学性能指标，应符合现行国家标准《混凝土结构设计规范》GB 50010的有关规定。

3.1.2 预应力钢筒混凝土管水泥砂浆保护层的抗压强度标准值不得低于45MPa，配件内衬和外保护层水泥砂浆抗压强度标准值不得低于30MPa。

3.1.3 预应力钢筒混凝土管水泥砂浆保护层吸水率试验数据的平均值不应超过9%，单个值不应超过11%。水泥砂浆保护层吸水率试验方法应符合现行国家标准《混凝土输水管试验方法》GB/T 15345的有关规定。

3.1.4 预应力钢筒混凝土管混凝土配制前应进行碱集料反应试验，混凝土碱含量应符合现行国家标准《混凝土结构设计规范》GB 50010的有关规定。

3.1.5 制管水泥应采用硅酸盐水泥、抗硫酸盐硅酸盐水泥，水泥性能应符合现行国家标准《通用硅酸盐水泥》GB 175、《抗硫酸盐硅酸盐水泥》GB 748的有关规定，水泥强度等级不应低于42.5。

3.1.6 制管混凝土和砂浆用砂质量应符合现行国家标准《建设用砂》GB/T 14684的有关规定。

3.1.7 管芯混凝土的粗骨料应采用人工碎石或卵石，其质量应符合现行国家标准《建设用卵石、碎石》GB/T 14685的有关规定。

3.1.8 管芯混凝土配合比应符合现行行业标准《普通混凝土配合比设计规程》JGJ 55的有关规定。

3.1.9 管芯混凝土采用的外加剂性能应符合现行国家标准《混凝土外加剂》GB 8076的有关规定，并应根据现行国家标准《混凝土外加剂应用技术规范》GB 50119规定的试验方法确定外加剂的类型和掺量。

3.1.10 管芯混凝土中氯离子含量不得大于胶凝材料用量的0.06%。

3.2 预应力钢丝

3.2.1 预应力钢筒混凝土管的预应力钢丝应采用预应力混凝土用冷拉钢丝，其物理力学性能应符合现行国家标准《预应力混凝土用钢丝》GB/T 5223的有关规定。

3.2.2 预应力钢丝的强度标准值及弹性模量应符合现行国家标准《混凝土结构设计规范》GB 50010的有关规定。

3.3 钢 板

3.3.1 钢筒和配件用钢板的物理力学性能应符合现行国家标准《碳素结构钢》GB/T 700、《碳素结构钢和低合金结构钢 热轧薄钢板和钢带》GB 912和《碳素结构钢冷轧薄钢板及钢带》GB/T 11253的有关规定。

3.3.2 钢筒和配件用钢板强度设计值和弹性模量应符合现行国家标准《钢结构设计规范》GB 50017的有关规定。

3.4 接口密封材料

3.4.1 预应力钢筒混凝土管承插接口密封胶圈尺寸应符合现行国家标准《预应力钢筒混凝土管》GB/T 19685的有关规定。

3.4.2 胶圈可采用合成橡胶或天然橡胶（聚异戊二烯橡胶）。胶圈的基本性能和质量要求应符合现行行业标准《预应力与自应力混凝土管用橡胶密封圈》JC/T 748的有关规定。

3.4.3 胶圈可一次成型或拼接，拼接点不应超过2处，2处拼接点之间的距离不应小于600mm。

3.4.4 胶圈拼接点应逐个检验，将胶圈拉长到原长的两倍并扭转360°，胶圈拼接点无脱开或裂纹判定合格。

3.4.5 胶圈宜与管材配套供货。

3.4.6 管道接口缝隙可采用水泥砂浆或柔性材料填充。

3.4.7 润滑剂不得采用石油制品，不得对胶圈有腐蚀性，并应符合现行国家标准《给水排水管道工程施工及验收规范》GB 50268的有关规定。

3.4.8 管道接口内缝隙的填充材料、胶圈、润滑剂

及内壁防腐涂料卫生指标应符合国家现行有关卫生标准的规定。

4 水力计算

4.0.1 管道沿程水头损失宜按下式计算：

$$h_y = \frac{v^2}{C^2R} \cdot l \quad (4.0.1)$$

式中：h_y ——管道沿程水头损失（m）；

l ——管段长度（m）；

v ——平均流速（m/s）；

C ——流速系数；

R ——水力半径（m）。

4.0.2 管道水流流速系数宜按下式计算：

$$C = \frac{1}{n}R^y \quad (4.0.2)$$

式中：n ——管道的粗糙系数，可按 0.0110～0.0125 取值；

y ——水力半径的计算指数，可采用巴甫洛夫或曼宁公式计算。

4.0.3 管道的局部水头损失宜按下式计算：

$$h_j = \sum \zeta \frac{v^2}{2g} \quad (4.0.3)$$

式中：h_j ——管道局部水头损失（m）；

ζ ——管道局部水头阻力系数；

g ——重力加速度（m/s^2），可采用 $9.8m/s^2$。

4.0.4 管道总水头损失宜按下式计算：

$$h_z = h_y + h_j \quad (4.0.4)$$

式中：h_z ——管道总水头损失（m）。

5 结构设计

5.1 一般规定

5.1.1 结构设计应采用以概率理论为基础的极限状态设计方法，以可靠指标度量管道结构的可靠度，除对管道整体稳定验算外，均应采用分项系数的设计表达式进行设计。

5.1.2 预应力钢筒混凝土管管道工程结构设计使用年限应为 50 年。

5.1.3 预应力钢筒混凝土管道结构应按下列两种极限状态进行设计：

1 承载能力极限状态：管道结构达到最大的承载能力，管体或连接构件因材料强度被超过而破坏；管道结构整体失去平衡（横向及纵向滑移，上浮）。

2 正常使用极限状态：管道结构出现超过使用要求的裂缝；管道结构的变形量超过正常使用限值。

5.1.4 对承载能力极限状态计算和正常使用极限状态验算时，计算工况的作用组合应符合表 5.1.4 的有关规定。

表 5.1.4 计算工况的作用组合

计算工况	计算项目	永久作用					可变作用		
		(1) 管重 G_l	(2) 管内水重 G_W	(3) 竖向土压力 F_{sv}	(4) 侧向土压力 F_{ep} F_p	(5) 预加应力 σ_{pe}	(1) 设计内水压力 F_{wd}	(2) 车辆或堆积荷载 q_v q_m	(3) 地下水压力（浮力） q_{gw}
Ⅰ	抗浮稳定	G_{lk}	—	$F_{sv,k}$	—	—	—	—	$q_{gw,k}$
Ⅱ	抗推力稳定	G_{lk}	G_{Wk}	$F_{sv,k}$	$F_{ep,k}$ F_{pk}	—	$F_{wd,k}$	—	$q_{gw,k}$
Ⅲ	管体强度	$1.20G_{lk}$	1.27 G_{Wk}	1.27 $F_{sv,k}$	1.00 $F_{ep,k}$	—	$1.40F_{wd,k}$	$1.40q_{vk}$ $1.40q_{mk}$	—
Ⅳ	控制开裂标准组合	G_{lk}	G_{Wk}	$F_{sv,k}$	$F_{ep,k}$	σ_{pe}	$F_{wd,k}$	q_{vk} q_{mk}	—
Ⅴ	控制开裂准永久组合	G_{lk}	G_{Wk}	$F_{sv,k}$	$F_{ep,k}$	—	$F_{wd,k}$	q_{vk} q_{mk}	—

注：1 车辆荷载和地面堆积荷载不需同时计入，取其中较大者；

2 计算工况Ⅲ管体强度计算中给出的系数为相应作用的分项系数；

3 计算工况Ⅳ砂浆控制开裂标准组合计算中不含 σ_{pe} 。

5.1.5 预应力钢筒混凝土管管道的结构内力应按弹性体系计算，不计算非弹性变形引起的内力重分布。

5.1.6 当管道地基土质或管顶覆土有显著变化时，应计算地基不均匀沉降对管道结构的影响，并采取相适应的构造措施或进行地基处理。

5.1.7 配件结构设计应符合现行国家标准《给水排水工程管道结构设计规范》GB 50332 的有关规定。

5.1.8 弯管中心线半径大于或等于 2.5 倍钢管外径时，弯管强度计算可按直管段钢管计算壁厚；弯管中心线半径小于 2.5 倍钢管外径时，弯管应进行补强计算增加钢管壁厚。

5.1.9 T 形三通、Y 形三通、十字形四通配件应进行补强计算增加钢管壁厚，或采用衬圈、封套、加劲环加固。

5.1.10 异形管预应力区结构计算应采用预应力钢筒混凝土管标准管的计算原则；非预应力区结构计算和加固措施可采用配件的相关规定。

5.1.11 当管道直接平铺在原状土层或回填压实的土层上时，管道基础支承角 2α 可取 20°计算。

5.2 管道结构上的作用

5.2.1 管道结构上的作用分为永久作用和可变作用两类，并应符合下列规定：

1 永久作用应包括管自重、竖向土压力和侧向土压力、管道内水重、预加应力及地基不均匀沉降；

2 可变作用应包括地面堆积荷载、地面车辆荷载、管道内静水压力及地表水或地下水压力。

5.2.2 管道结构设计时，对不同性质的作用应采用不同的代表值。并应以作用标准值作为作用的基本代表值。

对永久作用，应采用标准值作为代表值；对可变作用，应根据设计要求采用标准值、组合值或准永久值作为代表值。可变作用组合值应为可变作用标准值乘以作用的组合系数；可变作用准永久值应为可变作用标准值乘以作用的准永久值系数。

5.2.3 永久作用标准值的采用应符合下列规定：

1 管自重和水重的标准值可按管道的设计尺寸与相应材料单位体积的自重标准值计算确定；常用材料单位体积的自重标准值可按表 5.2.3 采用；

表 5.2.3 常用材料单位体积的自重标准值（kN/m^3）

材料	钢筋混凝土	水泥砂浆	钢丝	钢筒	水
自重标准值	25.0	22.0	78.5	78.5	10.0

2 作用在单位长度管道上的竖向土压力标准值 $F_{sv,k}$ 应按本规程附录 A 确定；

3 作用在单位长度管道上的侧向主动土压力标准值 $F_{ep,k}$，侧向被动土压力标准值 F_{pk} 应按本规程附录 B 确定；

4 预应力钢丝的有效预应力标准值 σ_{pe}，应为预应力钢丝的张拉控制应力值 σ_{con} 扣除相应张拉工艺的各项应力损失值；预应力钢丝的张拉控制应力 σ_{con} 不应超过 $0.75f_{ptk}$，f_{ptk} 为预应力钢丝强度标准值，按现行国家标准《混凝土结构设计规范》GB 50010 的有关规定采用；

预应力张拉工艺的各项预应力损失，应按本规程附录 C 确定；

5 地基变形引起的不均匀沉降，应按现行国家标准《建筑地基基础设计规范》GB 50007 的有关规定执行。

5.2.4 可变作用标准值、准永久值系数应符合下列规定：

1 地面车辆荷载产生的竖向压力标准值 q_{vk}，可按本规程附录 D 确定，其相应的准永久值系数可取 0.5。

2 地面堆积荷载的标准值 q_{mk} 可取 $10kN/m^2$，其相应的准永久值系数可取 0.5。

3 管道的设计内水压力标准值 $F_{wd,k}$ 可按下式计算：

$$F_{wd,k}=\begin{cases}1.5F_{wk} & F_{wk}<0.8MPa\\ 1.4F_{wk} & F_{wk}\geqslant 0.8MPa\end{cases} \quad (5.2.4)$$

式中：F_{wk} ——管道的工作压力标准值（MPa）。

设计内水压力的准永久值系数可取 0.72。

4 埋设在地表水或地下水以下的管道，应计算作用在管道上的静水压力（包括浮托力），相应的设计水位应根据勘察部门和水文部门提供的数据采用。其标准值及准永久值系数的确定，应符合下列规定：

1）地表水的静水压力水位宜采用设计基准期内可能出现的最高洪水位；相应准永久值系数，可取常年洪水位与最高洪水位的比值；

2）地下水的静水压力水位，应综合考虑近期内变化的统计数据及对设计基准期内发展趋势的变化综合分析，确定其可能出现的最高及最低水位。应根据对结构的作用效应，选用最高或最低水位。相应的准永久值系数，当采用最高水位时，可取平均水位与最高水位的比值；当采用最低水位时，应取 1.0 计算。

5.3 承载能力极限状态计算规定

5.3.1 管道结构按承载能力极限状态进行强度计算时，结构上的各种作用均应采用作用设计值。作用设计值为作用分项系数与作用代表值的乘积。

5.3.2 对管道结构进行强度计算时，应符合下式要求：

$$\gamma_0 S\leqslant R \quad (5.3.2)$$

式中：γ_0 ——管道的重要性系数，取 1.1；当设计为双线或设有调蓄设施时，可取1.0。

S——作用效应组合的设计值；

R——管道结构抗力的设计值。

5.3.3 管道结构进行强度计算时，作用效应的基本组合设计值应按下式计算：

$$S=\gamma_{G1}C_{G1}G_{1k}+\sum_{i=2}^{m}\gamma_{Gi}C_{Gi}G_{ik}+\psi_c\sum_{j=1}^{n}\gamma_{Qj}C_{Qj}Q_{jk} \quad (5.3.3)$$

式中：γ_{G1}——管自重分项系数，当作用效应对管道结构不利时取1.2，有利时取1.0；

γ_{Gi}——除管自重外，第 i 个永久作用分项系数，当作用效应对管道结构不利时取1.27，有利时取1.0；

γ_{Qj}——第 j 个可变作用分项系数，当作用效应对管道结构不利时均应取1.4；当有利时均应取1.0；

C_{G1}——管自重的作用效应系数；

C_{Gi}——除管自重外，第 i 个永久作用效应系数；

C_{Qj}——第 j 个可变作用效应系数；

G_{1k}——管自重标准值；

G_{ik}——除管自重外，其他永久作用标准值；

Q_{jk}——第 j 个可变作用标准值；

ψ_c——可变作用的组合系数，取0.9。

注：作用效应系数为管道结构中作用产生的效应（内力、应力等）与该作用的比值，可按结构力学方法确定。

5.3.4 预应力钢筒混凝土管的环向预应力钢丝截面面积应按下列公式计算：

$$A_p\geqslant\frac{\lambda_y}{f_{py}}\left(N^l+\frac{M^l_{max}}{d_0}-A_{sc}f\right) \quad (5.3.4\text{-}1)$$

$$N^l=\gamma_0\left[\psi_c\gamma_{Q_1}F_{wd,k}r_0\times10^{-3}-0.5(F_{sv,k}+\psi_c q_{vk}D_1)\right] \quad (5.3.4\text{-}2)$$

$$M^l_{max}=\gamma_0 r_0\left[k_{vm}(\gamma_{G3}F_{sv,k}+\psi_c\gamma_{Q2}q_{vk}D_1)+k_{hm}\gamma_{G4}F_{ep,k}D_1+k_{wm}\gamma_{G2}G_{wk}+k_{gm}\gamma_{G1}G_{1k}\right] \quad (5.3.4\text{-}3)$$

式中：A_p——环向预应力钢丝截面面积（mm^2/m）；

λ_y——综合调整系数。内衬式预应力钢筒混凝土管取1.1；埋置式预应力钢筒混凝土管：当管径大于1600mm时，取0.9；当管径小于或等于1600mm时，取1.0；

f_{py}——预应力钢丝的强度设计值（N/mm^2），按现行国家标准《混凝土结构设计规范》GB 50010的有关规定采用；

d_0——预应力钢丝中心至管壁折算截面重心的距离（mm），可按本规程附录E确定；

A_{sc}——钢筒的截面面积（mm^2/m）；

f——钢筒材料的抗拉强度设计值（N/mm^2），按现行国家标准《钢结构设计规范》GB 50017的有关规定采用；

N^l——设计内水压力及管顶荷载作用下，管侧截面上的轴拉力（N/m），以受拉为正；

M^l_{max}——在基本组合作用下，管侧截面上的最大弯矩[（N·mm）/m]，式（5.3.4-3）计算结果为负值，表示管外壁受拉，代入式（5.3.4-1）时取正值；

r_0——管壁截面的计算半径，取管中心至管壁折算截面重心的距离（mm）；

k_{vm}、k_{hm}、k_{wm}、k_{gm}——分别为竖向压力、侧向压力、管内水重、管自重作用下，管壁截面上弯矩的弯矩系数。可根据管基形式按本规程附录F确定，其中土弧基础的 k_{gm} 应按基础支承角为20°的数据采用；

D_1——管道外径（m）；

γ_{Gi}、γ_{Qj}——第 i 个永久作用、第 j 个可变作用的分项系数，按本规程第5.3.3条规定取值；

q_{vk}——地面车辆轮压引起的竖向压力标准值（N/m^2），当其小于地面堆积荷载 q_{mk} 时，应取 q_{mk} 计算；

G_{wk}——管内水重标准值（N/m）；

G_{1k}——管自重标准值（N/m）；

$F_{sv,k}$——管顶竖向土压力标准值（N/m）；

$F_{ep,k}$——管侧主动土压力标准值（N/m^2）；

$F_{wd,k}$——设计内水压力标准值（N/m^2）。

5.3.5 对埋设在地下水位以下的管道，应验算抗浮稳定性。验算时，各种作用应采用标准值，抗浮稳定性验算应符合下式要求：

$$\frac{G_{1k}+F_{sv,k}}{F_{fw,k}}\geqslant K_f \quad (5.3.5)$$

式中：G_{1k}——管自重标准值（kN/m）；

$F_{sv,k}$——管顶竖向土压力标准值（kN/m），按本规程附录A计算，计算时地下水位以下 γ_s 取浮重度；

$F_{fw,k}$——管道单位长度上浮托力标准值（kN/m）；

K_f——抗浮稳定性抗力系数，K_f 不应小于1.1。

5.3.6 在管道敷设方向改变处应采取抗推力措施（支墩、桩或限制接头），并进行抗滑稳定性验算，验算时，各种作用应采用标准值，其抗滑稳定性抗力系数 K_s 不应低于1.5；当采用限制接头连接多节管道抵抗推力时，抗滑稳定性抗力系数 K_s 不应低于1.1。

5.3.7 管道敷设方向改变处的抗滑稳定性验算应符合下列规定：

1 当采用支墩或限制接头抗推力时，应符合下列公式要求：

$$\frac{F_k}{F_{wp,k}} \geqslant K_s \tag{5.3.7-1}$$

$$P \leqslant f_a \tag{5.3.7-2}$$

$$P_{min} \geqslant 0 \tag{5.3.7-3}$$

$$P_{max} \leqslant 1.2 f_a \tag{5.3.7-4}$$

$$V < 0.9 \sum G \tag{5.3.7-5}$$

式中：F_k——支墩或限制接头抗推力标准值（kN），按本规程附录G计算；

$F_{wp,k}$——在设计内水压力作用下，管道承受的推力标准值（kN），按本规程附录G计算；

K_s——抗滑稳定性抗力系数，按本规程第5.3.6条的规定采用；

P——支墩作用在地基土上的平均压力（kN/m²），指管道支墩底面以上的有效重量 $\sum G$ 产生地基上的压力；对管道纵向向上弯头尚应包括内水压力引起的向下垂直力；

P_{min}——支墩作用在地基土上的最小压力（kN/m²）；

P_{max}——支墩作用在地基土上的最大压力（kN/m²）；

f_a——经过深度修正的地基承载力特征值（kN/m²），按现行国家标准《建筑地基基础设计规范》GB 50007的有关规定确定；

V——纵向管道弯头处支墩承受内水压力产生的垂直力标准值（kN），按本规程附录G计算；当 V 方向向上时，应按式（5.3.7-5）验算；

$\sum G$——包括支墩、管体、管内水、支墩以上覆土等各项有效重量标准值（kN）之和。

2 当采用桩抗推力时，应符合国家现行标准《建筑地基基础设计规范》GB 50007及《建筑桩基技术规范》JGJ 94的有关规定。

3 限制接头管段钢筒及连接件应进行强度计算，并应符合现行国家标准《钢结构设计规范》GB 50017的有关规定。

5.4 正常使用极限状态验算规定

5.4.1 对正常使用极限状态，管道结构应分别按作用效应的标准组合和准永久组合进行验算，并应保证管壁截面和砂浆保护层不出现裂缝，以及应力应变计算值不超过规定的限值。管件应控制影响正常使用的变形量。

5.4.2 管道结构按正常使用极限状态验算时，作用效应均应采用作用代表值计算。

5.4.3 正常使用极限状态按标准组合验算时，作用效应的组合设计值应按下式计算：

$$S_d = C_{G1}G_{1k} + \sum_{i=2}^{m} C_{Gi}G_{ik} + \psi_c \sum_{j=1}^{n} C_{Qj}Q_{jk} \tag{5.4.3}$$

式中：S_d——变形、裂缝等作用效应的设计值。

5.4.4 正常使用极限状态按准永久组合验算时，作用效应的组合设计值应按下式计算：

$$S_d = C_{G1}G_{1k} + \sum_{i=2}^{m} C_{Gi}G_{ik} + \sum_{j=1}^{n} C_{Qj}\psi_{Qj}Q_{jk} \tag{5.4.4}$$

式中：ψ_{Qj}——第 j 个可变作用的准永久系数。按本规程5.2.4条的有关规定采用。

5.4.5 预应力钢筒混凝土管在正常使用条件下，其环向预应力钢丝的截面面积应符合下列公式要求：

$$A_p \geqslant (\sigma_{ss} - K \cdot \gamma \cdot f_{tk}) \frac{A_n}{\sigma_{pe}} \tag{5.4.5-1}$$

$$\sigma_{ss} = \frac{N_{ps}}{A_n} + \frac{M_{pms}}{W_c} \tag{5.4.5-2}$$

$$K = 0.2449 \frac{M_{pms}}{W_c \cdot f_{tk}} + 0.5714 \tag{5.4.5-3}$$

$$N_{ps} = \psi_c F_{wd,k} r_0 \times 10^{-3} \tag{5.4.5-4}$$

$$M_{pms} = r_0 [k_{vm}(F_{sv,k} + \psi_c q_{vk} D_1) + k_{hm} F_{ep,k} D_1 + k_{wm} G_{wk} + k_{gm} G_{1k}] \tag{5.4.5-5}$$

式中：σ_{ss}——在作用效应标准组合下，管壁顶、底计算截面上的边缘最大拉应力（N/mm²）；

K——受拉区混凝土的影响系数；

γ——受拉区混凝土的塑性影响系数，取1.75；

f_{tk}——管芯混凝土的抗拉强度标准值（N/mm²）；

A_n——管壁截面（含钢筒、钢丝、砂浆保护层）的折算面积（mm²/m），可按本规程附录E确定；

σ_{pe}——环向预应力钢丝扣除应力损失后的有效预加应力（N/mm²）；

N_{ps}——在设计内水压力标准值作用下，管壁上的轴向拉力（N/m）；

6.2.3 采用水泥砂浆、混凝土内衬和外保护层的配件钢板设计厚度可不计腐蚀厚度。

6.2.4 配件焊缝质量等级、焊缝的质量检验应符合现行国家标准《工业金属管道工程施工规范》GB 50235、《现场设备、工业管道焊接工程施工规范》GB 50236 的有关规定。

6.2.5 配件的水泥砂浆、混凝土内衬和外保护层应配制焊接钢丝网，并应符合下列规定：

1 焊接钢丝网的尺寸不应大于 50mm×100mm，钢丝的最小直径不应小于 2.3mm；

2 配件外侧布置单层钢丝网时，钢丝网应固定在距离钢板表面 10mm 的位置；配件内侧钢丝网应布置在靠近钢板的水泥砂浆或混凝土厚度的 1/3 处，也可直接焊接在配件钢板的表面上；

3 配件内衬水泥砂浆或混凝土最小厚度不应小于 10mm；配件外侧水泥砂浆保护层厚度不应小于 25mm；

4 在制作水泥砂浆内衬和外保护层之前，应将配件钢板表面的铁屑、浮锈、油脂等物质清理干净；

5 配件的内衬和外保护层也可根据工程的需要采用其他防腐材料保护。

6.2.6 配件与管道可采用焊接或承插式接口连接，配件与阀门等设备可采用法兰连接。

6.2.7 配件弯管可采用钢板拼焊或用钢管斜管片焊接，单节管片角度不应大于 22.5°。

6.2.8 配件铺设长度不宜大于标准管的铺设长度，当大于标准管铺设长度时应进行稳定性验算。

6.2.9 斜口管的倾斜角度不应大于 5°，接口处可不设止推设施。

6.2.10 异形管支管的最大直径不应大于主管直径的 1/2。支管配件内外层应采用水泥砂浆或涂料防腐保护。主管开孔处应采用衬圈、护套板补强。

6.3 管道基础

6.3.1 预应力钢筒混凝土管宜采用土弧基础。土弧基础设计支承角 2α 值，应根据作用在管道上外压荷载确定。设计支承角应在计算支承角基础上增加 20°～30°。

6.3.2 当管道承受较大的外荷载时，可采用混凝土基础，混凝土基础强度等级不应小于 C15。混凝土基础尺寸应符合表 6.3.2 的规定。

表 6.3.2 混凝土基础尺寸

基础支承角 2α	90°	135°	180°
基础宽度	$\geqslant D_1+2t$	$\geqslant D_1+5t$	$\geqslant D_1+5t$
管底基础厚度	$\geqslant 2t$	$\geqslant 2t$	$\geqslant 2t$

注：D_1 为管道外径，t 为管道壁厚。

6.3.3 管道铺设在岩基或坚硬土层上时，应根据管径大小、地基坚硬程度在管道底部铺设厚度不小于 150mm 的砂垫层。

6.3.4 管道铺设遇到膨胀土层时，宜采用粗砂、碎石等置换膨胀土，置换土层的厚度宜根据膨胀土的性质和管径大小确定，置换土层下部应设置不小于 150mm 的厚灰土垫层。

6.4 沟槽与回填土

6.4.1 管道沟槽底宽度应按管外径、管道安装工作面、支撑方式、降排水要求等确定。

6.4.2 管道沟槽边坡应经稳定性分析确定。地质条件良好、土质均匀、地下水位低于沟槽底面高程，且开挖深度在 5m 以内、沟槽不设支撑时，沟槽最大边坡率应符合表 6.4.2 的规定。

表 6.4.2 深度在 5m 以内的沟槽边坡的最大边坡率

土的类别	边坡率		
	坡顶无荷载	坡顶有静载	坡顶有动载
中密的砂土	1∶1.00	1∶1.25	1∶1.50
中密的碎石类土（充填物为砂土）	1∶0.75	1∶1.00	1∶1.25
硬塑的粉土	1∶0.67	1∶0.75	1∶1.00
中密的碎石类土（充填物为黏性土）	1∶0.50	1∶0.67	1∶0.75
硬塑的粉质黏土、黏土	1∶0.33	1∶0.50	1∶0.67
老黄土	1∶0.10	1∶0.25	1∶0.33
软土（经井点降水后）	1∶1.25	—	—

6.4.3 开挖深度大于 5m 或地基为软弱土层，地下水渗透系数较大或受场地限制不能放坡开挖时，宜采取支护措施。

6.4.4 沟埋式管道的沟槽回填土，应分区域采用不同的压实密度。管两侧至槽边范围，自槽底到管顶以上 500mm 区域内回填土的压实系数不得低于 0.9；管道宽度范围，自管顶到管顶以上 500mm 区域内回填土的压实系数可取 0.85；上述范围以上，回填土的压实系数可根据该地区管道上部地面的使用要求确定。沟槽位于路基范围内时，回填土压实系数尚应满足道路工程的要求。

6.4.5 填埋式管道两侧回填土的宽度，在管道中心线处每侧不得小于 2 倍管道外径。在此宽度内，自槽底到管顶以上 500mm 区域内回填土的压实系数不得低于 0.9，管道两侧的覆土应同时进行回填。

6.4.6 预应力钢筒混凝土管限制接头管段各部位回填土的压实系数均不得低于 0.95。

6.4.7 预应力钢筒混凝土管的管顶覆土厚度不宜小于 0.7m，机动车道下不宜小于 1.0m，而且尚应满足

M_{pms}——在标准组合下，管壁顶、底截面上的最大弯矩[(N·mm)/m]；

W_c——管壁截面对管壁内侧截面受拉边缘弹性抵抗矩（mm^3/m），可按本规程附录E确定。

5.4.6 在标准组合作用下，预应力钢筒混凝土管环向钢丝的砂浆保护层应力应符合下列公式要求：

$$\sigma_{ss}^{l} \leqslant \alpha_m \varepsilon_{mt} E_m \quad (5.4.6\text{-}1)$$

$$\sigma_{ss}^{l} = \frac{N_{ps}^{l}}{A_n} + \frac{M_{pms}^{l}}{W_m} \quad (5.4.6\text{-}2)$$

$$N_{ps}^{l} = \psi_c F_{wd,k} r_0 \times 10^{-3} - 0.5(F_{sv,k} + \psi_c q_{vk} D_1) \quad (5.4.6\text{-}3)$$

$$M_{pms}^{l} = r_0 [k_{vm}(F_{sv,k} + \psi_c q_{vk} D_1) + k_{hm} F_{ep,k} D_1 + k_{wm} G_{wk} + k_{gm} G_{1k}] \quad (5.4.6\text{-}4)$$

式中：σ_{ss}^{l}——在作用效应标准组合下，管体两侧计算截面边缘的最大拉应力（N/mm^2）；

E_m——管体砂浆保护层的弹性模量（N/mm^2），按式（5.4.8-2）确定；

ε_{mt}——管体砂浆保护层相应于抗拉强度的应变量，按式（5.4.8-3）确定；

W_m——管壁截面对管壁外侧截面受拉边缘弹性抵抗矩（mm^3/m），可按本规程附录E确定；

α_m——在标准组合作用下，砂浆保护层应变量设计参数，取5.0；

N_{ps}^{l}——在作用效应标准组合下，管体两侧计算截面上的轴向拉力（N/m）；

M_{pms}^{l}——在作用效应标准组合下，管体两侧计算截面上的最大弯矩[(N·mm)/m]。

5.4.7 在准永久组合作用下，预应力钢筒混凝土管环向钢丝的砂浆保护层应力应符合下列公式要求：

$$\sigma_{ls}^{l} \leqslant \alpha'_m \varepsilon_{mt} E_m \quad (5.4.7\text{-}1)$$

$$\sigma_{ls}^{l} = \frac{N_{pl}^{l}}{A_n} + \frac{M_{pml}^{l}}{W_m} \quad (5.4.7\text{-}2)$$

$$N_{pl}^{l} = \psi_{qw} F_{wd,k} r_0 \times 10^{-3} - 0.5(F_{sv,k} + \psi_{qv} q_{vk} D_1) \quad (5.4.7\text{-}3)$$

$$M_{pml}^{l} = r_0 [k_{vm}(F_{sv,k} + \psi_{qv} q_{vk} D_1) + k_{hm} F_{ep,k} D_1 + k_{wm} G_{wk} + k_{gm} G_{1k}] \quad (5.4.7\text{-}4)$$

式中：σ_{ls}^{l}——在作用效应准永久组合下，管体两侧计算截面边缘的最大拉应力（N/mm^2）；

α'_m——在准永久组合作用下，砂浆保护层应变量设计参数，取4.0；

N_{pl}^{l}——在作用效应准永久组合下，管体两侧计算截面上的轴向拉力（N/m）；

M_{pml}^{l}——在作用效应准永久组合下，管体两侧计算截面上的最大弯矩（N·mm/m）；

ψ_{qw}、ψ_{qv}——内水压力、地面车辆荷载产生的竖向压力的准永久值系数。

5.4.8 管体砂浆保护层的抗拉强度标准值 $f_{mt,k}$、弹性模量 E_m 及相应于抗拉强度的应变量 ε_{mt} 应分别按下列公式计算：

$$f_{mt,k} \geqslant 0.52\sqrt{f_{mc,k}} \quad (5.4.8\text{-}1)$$

$$E_m = 7713(f_{mc,k})^{0.3} \quad (5.4.8\text{-}2)$$

$$\varepsilon_{mt} = \frac{f_{mt,k}}{E_m} \quad (5.4.8\text{-}3)$$

式中：$f_{mt,k}$——砂浆抗拉强度标准值（MPa）；

$f_{mc,k}$——砂浆抗压强度标准值（MPa），不得低于45MPa。

5.4.9 采用水泥砂浆、混凝土做内衬和外保护层的配件刚度宜采用半刚性管模型分析计算，配件最大竖向变形不宜大于 $D_0^2/100000$ 和 $0.02D_0$ 中的较小值，D_0 为管道公称直径。

6 构 造

6.1 标 准 管

6.1.1 预应力钢筒混凝土管的环向预应力钢丝直径不得小于5mm。钢丝间的最小净距不应小于所用钢丝直径，同层环向钢丝的最大中心间距不应大于38mm。对于内衬式预应力钢筒混凝土管，当采用的钢丝直径大于或等于6mm时，缠丝最大螺距不应大于25.4mm。

6.1.2 预应力钢筒混凝土管环向预应力钢丝外缘的砂浆保护层净厚度不应小于20mm；配置双层或多层钢丝时，内层钢丝的水泥砂浆覆盖层净厚度不应小于钢丝直径。

6.1.3 钢筒用钢板的厚度不得小于1.5mm。

6.2 配件和异形管

6.2.1 配件可采用钢板卷制拼装或钢管切割、焊接制作，在端部应焊接加强钢环和接口钢圈，并应采用水泥砂浆、混凝土或其他材料做内衬和外保护层。

6.2.2 配件钢板厚度应计算确定，但最小厚度不应小于表6.2.2的规定。

表 6.2.2 配件钢板最小厚度（mm）

公称直径	钢板厚度
400～500	4.0
600～900	5.0
1000～1200	6.0
1400～1600	8.0
1800	10.0
2000～2200	12.0
2400～2600	14.0
2800～3000	16.0
3200～3600	18.0
3800～4000	20.0

注：配件公称直径＞4000mm时，钢板最小厚度可由设计单位与制管厂商定。

冰冻、抗浮要求。

6.5 管道连接

6.5.1 预应力钢筒混凝土管应采用钢制承插口橡胶圈密封接头。橡胶圈应采用滑入式安装。

6.5.2 管道沿直线敷设时，插口与承口间轴向控制间隙应符合表6.5.2的规定：

表6.5.2 插口与承口间轴向控制间隙（mm）

公称直径	内衬式管		埋置式管	
	单胶圈	双胶圈	单胶圈	双胶圈
600～1400	15	25	—	—
1200～4000	—	—	25	25

6.5.3 管道需要曲线敷设时，接口的最大允许相对转角应符合表6.5.3的规定：

表6.5.3 接口的最大允许相对转角

公称直径（mm）	管子接头允许相对转角（°）	
	单胶圈接头	双胶圈接头
600～1000	1.5	1.0
1200～4000	1.0	0.5

注：依管线工程实际情况，在进行管子结构设计时可以适当增加管子接头允许相对转角。

6.5.4 预应力钢筒混凝土管接口处的内外缝隙，根据输送水质及埋设管道的环境条件，应采用水泥砂浆或柔性材料嵌填严实。

6.5.5 预应力钢筒混凝土管与其他管道连接时，应采用一侧带有承插口环、另一侧带有与其他管道相匹配接口的钢制连接件；与设备连接时，应采用一侧带有法兰、另一侧带有承插口环的钢制连接件。

6.5.6 预应力钢筒混凝土管需要传递轴向拉力时可采用限制接头，连接段管道钢筒厚度应满足传递轴向拉力的要求。

6.6 管道防腐

6.6.1 预应力钢筒混凝土管及管件的内外层受到腐蚀介质作用时，应根据环境条件、腐蚀介质的性质和严重程度进行防腐设计。

6.6.2 预应力钢筒混凝土管防腐设计宜按现行国家标准《岩土工程勘察规范》GB 50021、《工业建筑防腐蚀设计规范》GB 50046的有关规定执行。

6.6.3 预应力钢筒混凝土管敷设在腐蚀环境下时，管外水泥砂浆保护层应采取防腐蚀措施。

6.6.4 预应力钢筒混凝土管敷设在杂散电流区域时，宜采取防止电化学腐蚀的保护措施。

6.6.5 预应力钢筒混凝土管与金属管相连时，宜采用绝缘材料连接或其他保护措施。

6.7 隧道内设置管道

6.7.1 隧道内布设预应力钢筒混凝土管时，应采用双胶圈接口。

6.7.2 隧道与管道间的空隙，宜采用混凝土填充，并应对管道采取固定措施。

7 管道施工

7.1 一般规定

7.1.1 工程采用的管材、管件、附件和主要原材料必须实行进场验收，验收时应检查每批产品的订购合同、质量合格证书、性能检验报告、使用说明书等，并应复验，验收合格后的产品应妥善保管。

7.1.2 土方施工除应符合本章规定外，涉及围堰、深基（槽）坑开挖与围护、地基处理等工程，还应符合现行国家标准《给水排水构筑物工程施工及验收规范》GB 50141的有关规定。

7.1.3 管道交叉处理应符合下列规定：

1 应满足管道间最小净距的规定，并应遵守有压管道避让无压管道、支管道避让干线管道，小口径管道避让大口径管道的原则。

2 新建管道与其他管道交叉时，对既有管道的保护措施应征求相关单位的认可。

3 新建管道与既有管道交叉部位回填土密实度应符合设计要求，并应使回填材料与被支承管道贴紧密实。

7.1.4 管道工程开工前，施工单位应按施工组织设计布置管道施工场地，并应按有关规定取得临时占用道路和用地等公共设施的手续。

7.1.5 寒冷地区管道冬期施工、安装时，应采取防冻措施。

7.2 施工降排水

7.2.1 受地下水影响的土方施工，应根据工程规模、工程地质、水文地质、周围环境等因素，制定施工降排水方案，并应包括下列内容：

1 降排水量计算；

2 降排水方法的选定；

3 排水系统的平面和竖向布置，观测系统的平面布置以及抽水机械的选型和数量；

4 降水井的构造，井点系统的组合与构造，排放管渠的构造、断面和坡度；

5 沿线地下和地上管线、周边构（建）筑物的保护和施工安全措施。

7.2.2 沟槽范围内的地下水位应控制在沟槽底面0.5m以下。

7.2.3 采取明沟排水施工时，集水井宜布置在管基范围以外，其间距不宜大于150m，排水沟的纵向坡度不得小于0.5%。

7.2.4 施工降排水终止抽水后，降水井及拔除井管所留的孔洞，应及时用砂石等填实，地下水静止水位以上部分可采用黏土填实。

7.2.5 施工单位应采取有效措施控制施工降排水对周边环境的影响。

7.3 沟槽开挖

7.3.1 施工前，应对沟槽范围内的地上地下障碍物进行现场核查，逐项查清障碍物构造等情况，以及与管道工程的位置关系，并应制定有效的保护措施。

7.3.2 沟槽开挖的施工方案应包括下列内容：

1 沟槽施工平面布置图及开挖断面图；

2 沟槽形式、开挖方法及堆土要求；

3 无支护沟槽的边坡要求；有支护沟槽的支撑形式、结构、支拆方法及安全措施；

4 施工设备机具的型号、数量及作业要求；

5 不良土质地段沟槽开挖时采取的护坡和防止沟槽坍塌的安全技术措施；

6 施工安全、文明施工、沿线其他管线及建(构)筑物保护要求等。

7.3.3 沟槽底部的开挖宽度，应符合设计要求，设计无要求时，可按下式计算确定：

$$B = D_1 + 2(b_1 + b_2) \quad (7.3.3)$$

式中：B——沟槽底部开挖宽度（mm）；

D_1——管道外径（mm）；

b_1——管道一侧的最小工作面宽度（mm），可按表7.3.3选取；

b_2——有支撑要求时，管道一侧的支撑厚度（mm），可取150mm～200mm。

表7.3.3 管道一侧的最小工作面宽度（mm）

管道外径 D_1	管道一侧的最小工作面宽度 b_1
$600 < D_1 \leqslant 1000$	400
$1000 < D_1 \leqslant 1500$	500
$1500 < D_1 \leqslant 3000$	600
$3000 < D_1 \leqslant 4000$	800～1000

注：1 槽底需设排水沟时，b_1 应适当增加；

2 采用机械回填管道侧面时，b_1 应满足机械作业的宽度要求。

7.3.4 沟槽每侧临时堆土时，应符合下列规定：

1 堆土距沟槽边缘不应小于0.8m，且高度不应超过1.5m；

2 不得影响建（构）筑物、各种管线和其他设施的安全。

7.3.5 沟槽挖深较大时，应确定分层开挖的深度，并应符合下列规定：

1 人工挖槽深度超过3m时，应分层开挖，每层土的厚度不超过2m；

2 人工开挖多层沟槽的层间留台宽度，放坡开槽时不应小于0.8m，直槽时不应小于0.5m，安装井点设备时不应小于1.5m；

3 采用机械挖槽时，沟槽分层的深度按机械性能确定。

7.3.6 沟槽开挖应符合下列规定：

1 沟槽开挖断面应符合施工组织设计（方案）的要求，槽底原状土不得扰动，机械开挖时槽底应预留200mm～300mm，土层应由人工开挖至设计高程；

2 槽底不得受水浸泡或受冻；

3 槽底土层为杂填土、腐蚀性土时，应按设计要求进行地基处理；

4 应设置供施工人员上下沟槽的安全梯。

7.3.7 沟槽开挖至设计高程后，应由建设单位会同勘察、设计、施工、监理等单位共同验槽，当发现与勘察报告不符或有其他异常情况时，应由建设单位会同上述单位研究处理方法。

7.4 沟槽支护

7.4.1 沟槽支护形式应根据沟槽深度、土质条件、施工场地及周围环境要求等因素确定。

7.4.2 沟槽支护应符合下列规定：

1 支护结构应具有足够的强度、刚度和稳定性；

2 支护部件的型号和尺寸、支撑点的布置、各类桩的入土深度、围檩和支撑的断面等应经计算确定。当沟槽两侧有重要的建（构）筑物、管道等设施时，宜采用预加支撑应力的支护方式；

3 支撑围檩、支撑端头处应设置传力构造，围檩及支撑不应偏心受力；

4 支护结构的设计应根据表7.4.2选用相应的侧壁安全等级及重要性系数；

5 支护的安装和拆除应方便、安全、可靠。

表7.4.2 沟槽侧壁安全等级及重要性系数

序号	安全等级	破坏后果	重要性系数（γ_0）
1	一级	支护结构破坏、土体失稳或过大变形对环境及地下结构的影响严重	1.10
2	二级	支护结构破坏、土体失稳或过大变形对环境及地下结构的影响一般	1.00
3	三级	支护结构破坏、土体失稳或过大变形对环境及地下结构的影响轻微	0.90

7.4.3 支护的设置应符合下列规定：

1 开挖到规定深度时，应及时安装支护构件；

2 支护的连接点应牢固可靠。

7.4.4 沟槽开挖与支护施工应进行量测监控，监测项目、监测控制值宜根据设计要求及沟槽侧壁安全等级进行选择，并宜符合表 7.4.4 的规定。

表 7.4.4 沟槽开挖监测项目

侧壁安全等级	地下管线位移	地表土体沉降	周围建（构）筑物沉降	围护结构顶位移	围护结构墙体侧斜	支撑轴力	地下水位	支撑立柱隆沉	土压力	孔隙水压力	坑底隆起	土体水平位移	土体分层沉降
一级	√	√	√	√	√	√	√	√	◇	◇	◇	◇	◇
二级	√	√	√	√	√	√	√	◇	◇	◇	◇	◇	◇
三级	√	√	√	√	√	◇	◇	◇	◇	◇	◇	◇	◇

注：“√”为必选项目；

“◇”为可选项目，可按设计要求选择。

7.4.5 沟槽支护的拆除应符合下列规定：

1 拆除支撑前应对沟槽两侧的建（构）筑物和槽壁进行安全检查，并应制定拆除支撑作业的安全措施；

2 多层支撑沟槽应待下层回填完成后再拆除其上层槽的支撑；

3 回填桩孔应填实，采用砂灌回填时，非湿陷性黄土且非膨胀土地区可冲水助沉，有地面沉降控制要求时，宜采取边拔桩边注浆等措施。

7.5 基 础 施 工

7.5.1 管道的天然地基不能满足要求时，应按设计要求加固。

7.5.2 槽底局部超挖时，处理方法应符合下列规定：

1 超挖深度不超过 150mm 时，可用原土回填夯实，其压实度不应低于原地基的密实度；

2 槽底地基土壤含水量大，不适于压实时，应采取换填等有效措施。

7.5.3 排水不良造成地基土扰动时，扰动深度在 300mm 以内，宜采用级配砂石或砂砾换填处理。

7.5.4 土弧基础施工应符合下列规定：

1 铺设前应先对槽底进行检查，槽底高程及槽宽应符合设计要求，且不应有积水和软泥；

2 当采用填弧法施工时，管道土弧基础支承角范围应用中、粗砂填充插捣密实，并应使其与管壁紧密接触，腋角部分与槽底应同步回填。

7.5.5 混凝土基础施工应符合下列规定：

1 平基与管座的模板可一次或两次支设，每次支设高度宜略高于混凝土的浇筑高度；

2 管座与平基分层浇筑时，应先将平基凿毛冲洗干净，并应将平基与管体相接触的腋角部位，用同强度等级的水泥砂浆填满、捣实后，再浇筑混凝土，管体与管座混凝土结合应严密；

3 管座与平基采用垫块法一次浇筑时，应先从一侧灌注混凝土，对侧的混凝土高过管底与灌注侧混凝土高度相同时，两侧再同时浇筑，并应保持两侧混凝土高度一致；

4 管道基础应按设计要求留变形缝，变形缝的位置应与柔性接口相一致。

7.6 管 道 安 装

7.6.1 管道进入施工现场时，其外观质量应符合现行国家标准《预应力钢筒混凝土管》GB/T 19685 的有关规定。

7.6.2 预应力钢筒混凝土管钢制承插口外露部分应采取防腐措施。

7.6.3 管节和管件装卸、堆放及安装应符合下列规定：

1 管节和管件装卸及安装应使用专用的吊具和专用紧管器，吊运、装卸管节和管件时应采取防止管节滚动、碰伤的措施，不得野蛮装卸；运输时应垫稳、绑牢，防止滚动和串动；

2 管节允许堆放层数应符合表 7.6.3 的规定；

3 隧道内运输、安装 PCCP 管时，宜采用专用运管车。

表 7.6.3 管节允许堆放层数

公称直径 D_0（mm）	堆放层数
$600 \leqslant D_0 \leqslant 1000$	3
$1000 < D_0 \leqslant 1400$	2
$D_0 > 1400$	1（或立放）

7.6.4 橡胶圈的贮存、运输应符合下列规定：

1 储存的温度宜为－5℃～30℃，存放位置不宜长期受紫外线光源照射，离热源的距离不应小于 1m；

2 橡胶圈不得与溶剂、易挥发物、油脂或对橡胶产生不良影响的物品放在一起；

3 在储存、运输中不得长期受挤压。

7.6.5 预应力钢筒混凝土管的防腐涂层宜在制管厂

内完成，安装时应对破损部位修补。

7.6.6 管道应在沟槽地基、管道基础质量检验合格后安装。

7.6.7 采用起重机下管时，起重机架设的位置不得影响沟槽边坡的稳定。起重机在架空高压输电线路附近作业时，起重机与线路间的安全距离应符合电业管理部门的规定。

7.6.8 管节下入沟槽时，不得与槽壁支撑及槽下的管道碰撞；沟内运管不得扰动原状地基。

7.6.9 合槽施工时，应先安装埋设较深的管道，当回填土高程达到与邻近管道基础高程相同时，再安装相邻的管道。

7.6.10 管道接口安装施工时应符合下列规定：

1 安装前应将管道承口内侧、插口外部凹槽等连接部位清理干净；

2 将橡胶圈套入插口上的凹槽内，橡胶圈在凹槽内受力应均匀、不得有扭曲翻转现象；

3 用配套的润滑剂涂擦在承口内侧和橡胶圈上，并应涂覆均匀完整；

4 应在插口上按要求做好检查插入是否到位安装标记；

5 管道安装时，应将插口一次插入承口内，达到安装标记为止；

6 安装就位，放松紧管器具后应进行下列检查：

1）复核管节的高程和中心线，并应符合设计要求；

2）橡胶圈应无脱槽、挤出等现象；

3）插口端面与承口底部的轴向间隙应符合设计要求。

7.6.11 管道现场合拢应符合下列规定：

1 合拢管应设置在直管段；

2 合拢位置宜选择在设有人孔或设备安装孔的配件附近；

3 安装过程中，应控制合拢处上、下游管道接装长度和中心位移偏差；

4 采用现场焊接合拢管时，焊接点距离胶圈应大于500mm。焊接应避开当日高温时段，焊缝质量应符合本规程第6.2.4条的规定，内外层保护应符合本规程第6.2.5条的规定。

7.6.12 管道敷设时，插口与承口间轴向控制间隙、最大允许相对转角应符合本规程第6.5.2条及第6.5.3条的规定。

7.6.13 管道安装时，应将管节的轴线及高程逐节调整正确，安装后的管节应进行复测，合格后方可进行下一工序的施工。

7.6.14 管道安装时，应随时清除管道内的杂物，暂时停止安装时，两端应临时封堵。

7.6.15 雨季施工应符合下列规定：

1 应合理缩短开槽长度，并应及时施工井室。暂时中断安装的管道及与河道相连通的管口应临时封堵，已安装的管道验收后应及时回填；

2 应制定槽边雨水径流疏导、槽内排水及防止漂管事故的措施。

7.6.16 当地面坡度大于18%，且采用机械法施工时，应采取防止施工设备倾翻的措施。

7.6.17 当安装管道纵坡大于18%时，应采取防止管节下滑的措施。

7.6.18 管道上的阀门安装前应逐个进行启闭检验。

7.6.19 管道接口安装后应按本规程第8.2.2条进行接口水压试验，在第二次接口水压试验合格后应立即按设计要求进行接口内、外间隙的密封施工。

7.6.20 管道安装完成后，应按相关规定和设计要求设置管道位置标识。

7.7 井室和支墩

7.7.1 管道井室砌筑结构、混凝土结构施工应符合现行国家标准《给水排水构筑物工程施工及验收规范》GB 50141的规定。

7.7.2 管道井室的位置、尺寸、结构类型等应符合设计要求。

7.7.3 施工中应采取避免管道主体结构与井室之间产生过大的差异沉降的技术措施，不得致使结构开裂、变形、损坏。

7.7.4 管道接口不得包覆在井壁内。

7.7.5 管道穿过井壁施工应符合设计要求，设计无要求时，井壁洞圈应预设套管，管道外壁与套管的间隙应四周均匀一致，其间隙宜采用柔性或半柔性材料填嵌密实。

7.7.6 井室施工达到设计高程后，应及时浇筑或安装井圈，井圈应以水泥砂浆坐浆，并应安放平稳。

7.7.7 井室周围回填土应符合设计要求和本规程第7.8节的规定。

7.7.8 管件的支墩和锚定结构位置应准确，锚定应牢固；钢制锚固件应采取相应的防腐处理。

7.7.9 支墩施工应符合设计要求，施工时不得扰动支墩后背的原状土层。

7.7.10 支墩宜采用混凝土浇筑，其强度等级不应低于C15。

7.7.11 支墩应在管节接口做完、管节位置固定后方可修筑。支墩施工前，应将支墩部位的管节、管件表面清理干净。

7.7.12 支墩施工完毕，混凝土达到强度后方可进行水压试验。

7.8 沟 槽 回 填

7.8.1 管道单口水压试验检验合格后，沟槽应及时回填。管道分段水压试验前，管道两侧及管顶以上回填高度不应小于0.5m（但管口处应预留），管道分段水压试验检验合格后，应及时回填沟槽的其余部分。

7.8.2 除设计有要求外，回填材料应符合下列规定：

1 采用土料回填时，应符合下列规定：

1）槽底至管顶以上500mm范围内，土中不得含有机物、冻土以及大于50mm的砖、石等硬块；

2）冬季回填时，管顶以上500mm范围以外可均匀掺入冻土，其数量不得超过填土总体积的15%，且冻块尺寸不得超过100mm；

3）回填土的含水量，宜按土类和采用的压实工具控制在最佳含水率±2%范围内；

2 采用石灰土、砂、砂砾等材料回填时，其质量应符合设计要求或相关标准规定。

7.8.3 回填土每层的虚铺厚度不宜大于300mm。

7.8.4 回填土或其他回填材料运入槽内时不得损伤管道与接口，并应符合下列规定：

1 应根据每层虚铺厚度的用量将回填材料运至槽内，且不得在影响压实的范围内堆料；

2 管道两侧和管顶以上500mm范围内的回填材料，应由沟槽两侧对称运入槽内，不得直接回填在管道上；回填其他部位时，应均匀运入槽内，不得集中推入；

3 需要拌合的回填材料，应在运入槽内前拌合均匀，不得在槽内拌合。

7.8.5 回填作业每层土的压实遍数，应根据压实度要求、压实工具、虚铺厚度和土料含水量，经现场试验确定。

7.8.6 采用重型压实机械压实或较重车辆在回填土上行驶时，管道顶部以上应有一定厚度的压实回填土，其最小厚度应按压实机械的规格和管道的设计承载力，通过计算确定。

7.8.7 软土、湿陷性黄土、膨胀土、冻土等地区的沟槽回填，应符合设计要求和现行相关标准规定。

7.8.8 沟槽回填的压实作业应符合下列规定：

1 回填压实应逐层进行，且不得损伤管道；

2 管道两侧和管顶以上500mm范围内胸腔，应采用轻型压实机具夯实，管道两侧压实面的高差不应超过300mm；

3 同一沟槽中有双排或多排管道的基础底面位于同一高程时，管道之间的回填压实应与管道与槽壁之间的回填压实对称进行；

4 同一沟槽中有双排或多排管道但基础底面的高程不同时，应先回填基础较低的沟槽，回填至较高基础底面高程后，再按上一款的规定回填；

5 分段回填压实时，相邻段的接茬应呈台阶形，且不得漏夯；

6 采用轻型压实设备时，应夯夯相连；采用压路机时，碾压的重叠宽度不得小于200mm；

7 采用压路机、振动压路机等压实机械压实时，其行驶速度不得超过2km/h；

7.8.9 井室及其他附属构筑物周围回填应符合下列规定：

1 井室周围与管道沟槽应同时回填，当分开回填时，应留台阶形接茬；

2 井室周围回填压实时应沿井室中心对称进行，且不得漏夯；

3 压实后的回填材料应与井壁贴紧；

4 位于路基范围的井室，应采用灰土、砂、砂砾等材料回填，回填宽度不宜小于400mm；

5 严禁在槽壁取土回填。

8 管道功能性试验

8.1 一 般 规 定

8.1.1 管道安装完成后应进行水压试验。原水管道使用前应进行冲洗；生活饮用水管道并网前应进行冲洗、消毒。

8.1.2 管道水压试验应根据工程的实际情况采用允许压力降值和允许渗水量值的一项或两项作为水压试验合格的最终判定依据。

8.1.3 管道水压试验应采取安全防护措施，作业人员应按相关安全作业规程进行操作。管道水压试验和冲洗消毒严禁取用污染水源的水，排出的水不应影响周围环境。

8.1.4 冬季进行管道水压试验时，受冰冻影响的地区应采取防冻措施。

8.2 接口单口水压试验

8.2.1 管道接口单口水压试验应符合下列规定：

1 管道安装时应将进水口置于管道底部，排气孔置于管道上部；

2 水压试验前应先排净接口腔内的空气；

3 管道单口水压试验压力值不得小于本规程第8.3.11条规定的试验压力；

4 试压可采用手提式试压泵，将压力升至试验压力，恒压2min，无压力降为合格；

5 单口试压接口漏水时，应立刻拔出管节，找出原因，重新安装，直到符合要求为止；

6 试压合格后，取下试压嘴，在试压孔上用螺栓或丝堵拧紧。

8.2.2 单口水压试验的程序应符合下列规定：

1 管道安装完成后随即进行第一次接口单口水压试验；

2 每安装3节管道后，应对先前安装的第1节管接口进行第二次水压试验。

8.3 管道分段水压试验

8.3.1 管道分段水压试验的管段长度，不宜大于1.0km。

8.3.2 水压试验前，施工单位应编制试压方案，并应包括下列内容：

1 后背及堵板的设计；

2 进水管路、排气孔及排水孔的设计；

3 加压设备、压力计的选择及安装的设计；

4 排水疏导措施；

5 升压分级的划分及观测制度的规定；

6 试验管段的稳定措施和安全措施。

8.3.3 采用后背支撑法试压时，试验管段的后背应符合下列规定：

1 后背应设在原状土或人工后背上，土质松软时应采取加固措施；

2 后背墙面应平整并与管道轴线垂直；

3 试验管段端部的第一个接口应采用柔性接口，或采用特制的柔性接口堵板。

8.3.4 水压试验采用限制接头连接预应力钢筒混凝土管或者钢管平衡堵板推力时，管道约束段长度应计算确定，试验段管顶覆土必须达到计算厚度。

8.3.5 水压试验采用在管线上下游两个试验段之间设中隔板，两侧管段同时试压时，应对试压装置、压力差、试验方法等进行专项设计。

8.3.6 水压试验采用的设备、仪表规格及其安装应符合下列规定：

1 采用弹簧压力计时，精度不低于1.5级，最大量程宜为试验压力的（1.3～1.5）倍；

2 水泵、压力计应安装在试验段的两端部与管道轴线相垂直的支管上。

8.3.7 管道试压前，附属设备安装应满足下列规定：

1 非隐蔽管道的固定设施已按设计要求安装合格；

2 管道附属设备已按要求紧固、锚固合格；

3 管道的支墩、锚固设施混凝土强度已达到设计强度；

4 未设置支墩、锚固设施的管件，应按试验要求检验管道稳定性；

5 设有限制接头的管段上的覆土厚度和密实度经检验已符合设计要求。

8.3.8 水压试验前的准备工作应符合下列规定：

1 试验管段所有敞口应封闭，不得有渗漏水现象；

2 试验管段不得含有消火栓、水锤消除器、安全阀等附件；

3 水压试验前应清除管道内杂物；

4 管道顶部回填土宜留出接口位置。

8.3.9 向管道内注水应从管段的下游缓慢注入，并应在试验管段上游的管顶及管段中的高点设置排气阀，将管道内的气体排出。

8.3.10 试验管段注满水后，宜在不大于工作压力条件下充分浸泡72h以上，再进行水压试验。

8.3.11 管道分段水压试验应符合下列规定：

1 试验压力应按表8.3.11确定；

表8.3.11 管道分段水压试验的试验压力（MPa）

工作压力 P	试验压力
$P \leqslant 0.6$	$1.5P$
$P > 0.6$	$P + 0.3$

2 管道升压时，应将管道内的气体排净；

3 应分级升压，每升一级应检查后背、支墩、管身及接口，无异常现象时方可再继续升压；

4 水压试验时，严禁修补缺陷。

8.3.12 管道水压试验采用允许压力降法时，分为预试验和主试验两个阶段，单口水压试验合格的管段，可直接进入主试验阶段，并应符合下列规定：

1 预试验阶段：应将管道内水压升至试验压力并稳压30min，期间如有压力下降可注水补压，管道接口、配件等处无漏水、损坏现象，则可转入主试验阶段；

2 主试验阶段：停止注水补压，稳定15min，当15min后压力降不超过0.03MPa时，再将压力降至工作压力恒压30min，外观检查无漏水现象，则判定允许压力降法水压试验合格。

8.3.13 管道水压试验采用允许渗水量方法时，宜采用注水法，并应符合下列规定：

1 注水法试验：压力升至试验压力后开始计时，每当压力下降应及时向管道内补水，但最大压降不得大于0.03MPa，保持管道试验压力恒定不应少于2h，并应计量恒压时间内补入试验管段内的水量；

2 实测渗水量应按下式计算：

$$q_{sh} = \frac{W}{T \cdot L} \times 1000 \qquad (8.3.13\text{-}1)$$

式中：q_{sh}——实测渗水量（L/min·km）；

W——恒压时间内补入管道的水量（L）；

T——从开始计时至保持恒压结束的时间（min）；

L——试验管段的长度（m）。

3 管道水压试验允许渗水量可按下式计算：

$$q_{yu} = 0.14\sqrt{D_i} \qquad (8.3.13\text{-}2)$$

式中：q_{yu}——允许渗水量[L/(min·km)]；

D_i——管道内径（mm）。

4 管道实测渗水量（q_{sh}）小于允许渗水量（q_{yu}），则判定管道水压试验合格。

8.4 给水管道冲洗与消毒

8.4.1 给水管道冲洗应符合下列规定：

1 管道冲洗前应编制实施方案；

2 冲洗时，应避开用水高峰；

3 应采用不小于1.0m/s的流速连续冲洗。

8.4.2 生活饮用水管道冲洗与消毒应符合下列规定：

1 管道冲洗消毒应符合现行国家标准《生活饮用水输配水设备及防护材料的安全性评价标准》GB/T 17219的规定。

2 管道第一次冲洗应用清洁水冲洗至出水口水样浊度小于3NTU为止；

3 管道第二次冲洗应采用有效氯离子含量不低于20mg/L的清洁水浸泡24h后，再用清洁水进行冲洗，直至水质检测合格为止。

9 工 程 验 收

9.0.1 预应力钢筒混凝土管管道工程完工后应进行竣工验收，并应合格后方可交付使用。

9.0.2 预应力钢筒混凝土管管道工程竣工验收应在分项、分部、单位工程质量验收合格的基础上进行，管道工程施工质量控制应符合下列规定：

1 各分项工程应按照施工技术标准进行质量控制，每个分项工程完成后，必须进行检验；

2 相关各分项工程之间，必须进行交接检验，所有隐蔽分项工程必须进行隐蔽验收，未经检验或验收不合格时，不得进行下道分项工程施工。

9.0.3 预应力钢筒混凝土管管道工程质量检验项目、方法及程序应符合现行国家标准《给水排水管道工程施工及验收规范》GB 50268的规定。

9.0.4 预应力钢筒混凝土管管道竣工验收时，应核实竣工验收资料和进行必要的复验及外观检查，并应填写竣工验收记录。竣工验收资料应至少包括下列内容：

1 施工合同；

2 开工、竣工报告；

3 设计文件、设计变更、施工业务联系单、监理业务联系单、工程质量整改通知单；

4 设计交底及工程技术会议纪要；

5 临时水准点、管道轴线复核及施工测量放样复核记录；

6 管道及附属构筑物地基和基础的验收记录；

7 混凝土、砂浆、防腐、焊接、管道连接检验记录；

8 穿越铁路、公路、河流等障碍物的工程记录；

9 质量自检记录、分项、分部工程质量检验评定单；

10 管材、管件、设备的出厂合格证书和检验记录；

11 各类材料试验报告、质量检验报告；

12 管道水压试压、冲洗和消毒检验记录；

13 工程质量事故处理及上级部门审批记录；

14 回填施工及回填土密实度检验记录；

15 全套竣工图、初验整改通知单、终验报告单、验收会议记录。

9.0.5 通过返修或加固处理仍不能满足安全或使用功能要求的分部（子分部）工程、单位（子单位）工程，不得验收。

9.0.6 工程竣工验收后，建设单位应将有关文件和技术资料归档，并应办理竣工备案手续。

附录A 管顶竖向土压力标准值

A.0.1 开槽施工的管道，其管顶竖向土压力标准值应按下式计算：

$$F_{sv,k}=C_d\gamma_s H_s D_1 \qquad (A.0.1)$$

式中：$F_{sv,k}$——每延米管道上管顶竖向土压力标准值（kN/m）；

C_d——开槽施工竖向土压力系数，一般可取1.2；抗浮计算时取1.0；

γ_s——回填土单位体积的自重标准值（kN/m^3），可取$18kN/m^3$；抗浮计算时，地下水位以下取浮重度；

H_s——管顶至设计地面的覆土高度（m）；

D_1——管道外径（m）。

A.0.2 当设计地面高于原状地面，管顶覆土为填埋式时，管顶竖向土压力标准值可按下式计算：

$$F_{sv,k}=C_c\gamma_s H_s D_1 \qquad (A.0.2)$$

式中：C_c——填埋式竖向土压力系数，可取1.4。

附录B 侧向土压力标准值

B.0.1 对埋设在地下水水位以上的管道，作用在管道上的侧向主动土压力标准值应按下式计算：

$$F_{ep,k}=\frac{1}{3}\gamma_s Z \qquad (B.0.1)$$

式中：$F_{ep,k}$——管侧主动土压力标准值（kN/m^2）；

Z——自地面至计算截面处的深度（m）。

B.0.2 对埋设在地下水水位以下的管道，作用在管道上的侧向主动土压力标准值应按下式计算：

$$F_{ep,k}=\frac{1}{3}[\gamma_s Z_w+\gamma'_s(Z-Z_w)] \qquad (B.0.2)$$

式中：γ'_s——地下水位以下回填土的有效单位体积自重标准值，可取$10kN/m^3$；

Z_w——自地面至地下水位的距离（m）。

B.0.3 作用在管侧的被动土压力标准值，可按下式计算：

$$F_{pk}=\gamma_s\cdot Z\cdot\tan^2\left(45°+\frac{\phi_e}{2}\right) \qquad (B.0.3)$$

式中：ϕ_e——土的等效内摩擦角，应根据试验确定；当无试验数据时，可取30°。

附录 C　预应力张拉工艺的预应力损失

C.0.1　钢丝应力松弛引起的预应力损失 σ_{s1}，应按下列公式计算：

$$\sigma_{s1} = 0.08\sigma_{con} \cdot \phi_t \cdot \phi \qquad (C.0.1\text{-}1)$$

$$\phi = \frac{\phi_1 A_{p1} + \phi_2 A_{p2}}{A_{p1} + A_{p2}} \qquad (C.0.1\text{-}2)$$

式中：σ_{s1}——钢丝松弛引起的预应力损失（N/mm^2）；

σ_{con}——预应力钢丝的张拉控制应力（N/mm^2）；

ϕ_t——管芯制管工艺影响系数，当立式浇筑时应取 1.0，当离心机成型时应取 1.2；

ϕ——配筋影响系数；

ϕ_1、ϕ_2——分别为对第一层、第二层钢丝的配筋影响系数，对单层配筋应取 1.0；对双层配筋的第一层钢丝，当其配筋率 $\rho_1 \geqslant 1.0\%$ 时应取 0.7，当其配筋率 $\rho_1 < 1.0\%$ 时宜取 1.0；对双层配筋的第二层钢丝，当其配筋率 $\rho_2 \geqslant 1.0\%$ 时应取 1.0，当其配筋率 $\rho_2 < 1.0\%$ 时宜取 1.1。

A_{p1}、A_{p2}——分别为第一、二层预应力钢丝的截面面积（mm^2/m）。

C.0.2　混凝土收缩、徐变引起的预应力损失 σ_{s2}，应按表 C.0.2 的规定采用：

表 C.0.2　混凝土收缩、徐变引起的预应力损失（N/mm^2）

σ_p/f'_{cu}	0.1	0.2	0.3	0.4	0.5
σ_{s2}	20	30	40	50	60

注：1　表中 σ_p 为管壁环向截面上的法向预压应力，此时预应力损失仅考虑混凝土预压前的损失；

2　f'_{cu} 为施加预应力时的混凝土立方体抗压强度，可取 $0.7f_{cu,k}$，$f_{cu,k}$ 为管芯混凝土的立方体抗压强度标准值（N/mm^2）。

管壁环向截面上的法向预压应力 σ_p 应按下列公式计算：

$$\sigma_p = \sigma_{p1} + \sigma_{p2} \leqslant 0.5f'_{cu} \qquad (C.0.2\text{-}1)$$

$$\sigma_{p1} = \frac{A_{p1}\sigma_{con}}{A_{cy} + n_s A_{p1}} \qquad (C.0.2\text{-}2)$$

$$\sigma_{p2} = \frac{A_{p2}\sigma_{con}}{A'_{cy} + n_s(A_{p1} + A_{p2})} \qquad (C.0.2\text{-}3)$$

$$n_s = E_s/E_c \qquad (C.0.2\text{-}4)$$

式中：n_s——预应力钢丝弹性模量与管芯混凝土弹性模量之比；

E_s——预应力钢丝弹性模量（N/mm^2）；

E_c——管芯混凝土弹性模量（N/mm^2）；

σ_p——管壁环向截面上的法向预压应力（N/mm^2）；

σ_{p1}——单层筋或第一层预应力钢丝对管壁环向截面的法向预压应力（N/mm^2）；

σ_{p2}——第二层预应力钢丝对管壁环向截面的法向预压应力（N/mm^2）；

A_{cy}——单层配筋时，管芯和钢筒的截面折算面积（mm^2）；

A'_{cy}——双层配筋时，管芯、钢筒和内层钢丝砂浆保护层的截面折算面积（mm^2）。

C.0.3　预应力钢筒混凝土管由于混凝土弹性压缩引起的预应力损失 σ_{s3}，应按下式计算：

$$\sigma_{s3} = 0.5 n_s \rho_y \sigma_{con} \qquad (C.0.3)$$

式中：σ_{s3}——混凝土弹性压缩引起的预应力损失（MPa）；

ρ_y——环向预应力钢丝的配筋率（%）。

附录 D　地面车辆荷载对管道的作用标准值

D.0.1　地面车辆荷载对管道上的作用，包括地面行驶的各种车辆，其载重等级、规格型式应根据地面运行要求确定。

D.0.2　地面车辆荷载传递到埋地管道顶部的竖向压力标准值，可按下列方法计算：

1　单个轮压传递到管道顶部的竖向压力标准值可按下式计算（图 D.0.2-1）：

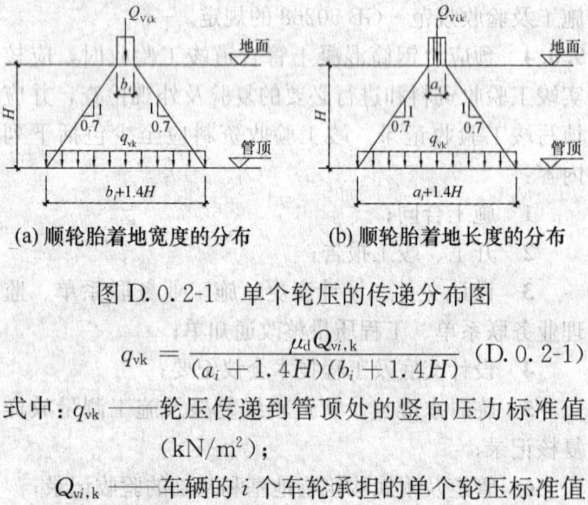

(a) 顺轮胎着地宽度的分布　　(b) 顺轮胎着地长度的分布

图 D.0.2-1　单个轮压的传递分布图

$$q_{vk} = \frac{\mu_d Q_{vi,k}}{(a_i + 1.4H)(b_i + 1.4H)} \qquad (D.0.2\text{-}1)$$

式中：q_{vk}——轮压传递到管顶处的竖向压力标准值（kN/m^2）；

$Q_{vi,k}$——车辆的 i 个车轮承担的单个轮压标准值（kN）；

a_i——i 个车轮的着地分布长度（m）；

b_i——i 个车轮的着地分布宽度（m）；

H——自车行地面至管顶的深度（m）；

μ_d——动力系数，可按表 D.0.2 采用。

2　两个以上单排轮压综合影响传递到管道顶部的竖向压力标准值，可按下式计算（图 D.0.2-2）：

$$q_{vk} = \frac{\mu_d n Q_{vi,k}}{(a_i + 1.4H)(nb_i + \sum_{j=1}^{n-1} d_{bj} + 1.4H)} \qquad (D.0.2\text{-}2)$$

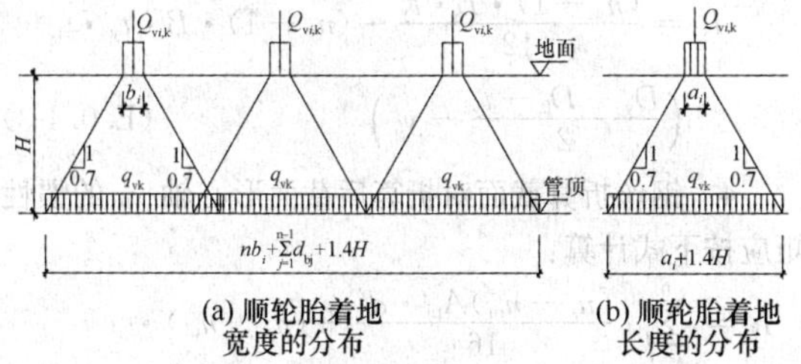

图 D.0.2-2 两个以上单排轮压综合影响的传递分布图

式中：n——车轮的总数量；

d_{bj}——沿车轮着地分布宽度方向，相邻两个车轮间的净距（m）。

表 D.0.2 动力系数 μ_d

地面距管顶（m）	0.25	0.30	0.40	0.50	0.60	≥0.70
动力系数 μ_d	1.30	1.25	1.20	1.15	1.05	1.00

3 多排轮压综合影响传递到管道顶部的竖向压力标准值，可按下式计算：

$$q_{vk}=\frac{\mu_d\sum_{i=1}^{n}Q_{vi,k}}{\left(\sum_{i=1}^{m_a}a_i+\sum_{j=1}^{m_a-1}d_{aj}+1.4H\right)\left(\sum_{i=1}^{m_b}b_i+\sum_{j=1}^{m_b-1}d_{bj}+1.4H\right)} \tag{D.0.2-3}$$

式中：m_a——沿车轮着地分布宽度方向的车轮排数；

m_b——沿车轮着地分布长度方向的车轮排数；

d_{aj}——沿车轮着地分布长度方向，相邻两个车轮间的净距（m）。

D.0.3 当地面设有刚性混凝土路面时，可不计地面车辆轮压对下部埋设管道的影响，但应按本规程式（D.0.2-1）或（D.0.2-2）计算路基施工时运料车辆和辗压机械的轮压作用影响。

D.0.4 地面运行车辆的载重、车轮布局、运行排列等规定，应按现行行业标准《公路桥涵设计通用规范》JTG D60 的规定执行。

附录 E 预应力钢筒混凝土管弹性抵抗矩

E.0.1 管壁截面对管壁内侧截面受拉边缘弹性抵抗矩 W_c 应按下式计算（图 E.0.1）：

$$W_c=\frac{I}{y_0} \tag{E.0.1}$$

式中：W_c——管壁截面对管壁内侧截面受拉边缘弹性抵抗矩（mm^3/m）；

I——管壁折算后截面的惯性矩（mm^4/m）；

y_0——折算后截面形心轴至管壁内表面距离（mm）。

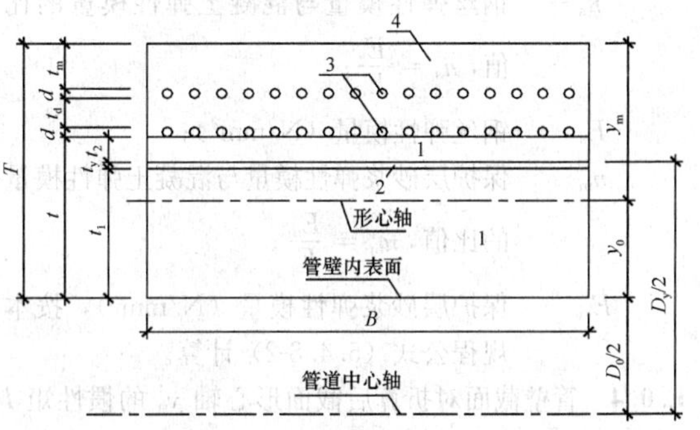

图 E.0.1 PCCP 管壁截面示意图

1—管芯混凝土；2—钢筒；3—钢丝；4—砂浆保护层

E.0.2 管壁截面对管壁外侧截面受拉边缘弹性抵抗矩 W_m 应按下式计算：

$$W_m=\frac{I}{T-y_0} \tag{E.0.2}$$

式中：W_m——管壁截面对管壁外侧截面受拉边缘弹性抵抗矩（mm^3/m）；

T——管壁厚度（mm）。

E.0.3 折算后截面形心轴至管壁内表面距离 y_0 应按下列公式计算：

$$y_0=\frac{S_n}{A_n} \tag{E.0.3-1}$$

$$S_n=\frac{B\cdot t^2}{2}+(n_y-1)\cdot B\cdot t_y\cdot\frac{D_y-D_0-t_y}{2}+(n_s-n_m)\cdot\sum_{j=1}^{n}\left\{A_{pj}\cdot\left[t+(j-1)\cdot(d+t_d)+\frac{d}{2}\right]\right\}+n_m\cdot B\cdot(T-t)\cdot\left(\frac{T-t}{2}+t\right) \tag{E.0.3-2}$$

$$A_n=B\cdot t+(n_y-1)\cdot B\cdot t_y+(n_s-n_m)\cdot\sum_{j=1}^{n}A_{pj}+n_m\cdot B\cdot(T-t) \tag{E.0.3-3}$$

式中：S_n——管芯混凝土、砂浆、钢筒及钢丝截面对管壁内表面的折算面积矩（mm^3/m）；

A_n——管芯混凝土、砂浆、钢筒及钢丝截面折算面积（mm^2/m）；

B——计算截面宽度，取 1000mm；

t——管芯混凝土厚度（含钢筒厚度）（mm）；

t_y——钢筒厚度（mm）；

t_m——最外层钢丝的砂浆保护层厚度（mm）；

t_d——钢丝层间砂浆厚度（mm）；

d——钢丝直径（mm）；

n——钢丝配置层数；

n_y——钢筒弹性模量与混凝土弹性模量的比值，$n_y=\frac{E_y}{E_c}$；

E_y——钢筒弹性模量（N/mm^2）；

E_c——混凝土弹性模量（N/mm^2）；

n_s ——钢丝弹性模量与混凝土弹性模量的比值，$n_s=\dfrac{E_s}{E_c}$；

E_s ——钢丝弹性模量（N/mm^2）；

n_m ——保护层砂浆弹性模量与混凝土弹性模量的比值，$n_m=\dfrac{E_m}{E_c}$；

E_m ——保护层砂浆弹性模量（N/mm^2），按本规程公式（5.4.8-2）计算。

E.0.4 管壁截面对折算后截面形心轴 y_0 的惯性矩 I 应按下列公式计算：

1 管壁截面对折算后截面形心轴 y_0 的惯性矩 I 应按下式计算：

$$I=I_c+I_y+I_s+I_m \tag{E.0.4-1}$$

式中：I_c、I_y、I_s、I_m ——分别为管芯混凝土、钢筒、钢丝、砂浆折算截面对折算后截面形心轴 y_0 的惯性矩（mm^4/m）。

2 管芯混凝土对折算后截面形心轴 y_0 的惯性矩应按下式计算：

$$I_c=\frac{B\cdot t^3}{12}+B\cdot t\cdot\left(\frac{t}{2}-y_0\right)^2 \tag{E.0.4-2}$$

3 钢筒折算截面对折算后截面形心轴 y_0 的惯性矩应按下式计算：

$$I_y=\frac{(n_y-1)\cdot B\cdot t_y^3}{12}+(n_y-1)\cdot B\cdot t_y\cdot\left(\frac{D_y-D_0-t_y}{2}-y_0\right)^2 \tag{E.0.4-3}$$

4 钢丝折算截面对折算后截面形心轴 y_0 的惯性矩应按下式计算：

$$I_s=\sum_{j=1}^{n}\left\{\frac{(n_s-n_m)A_{pj}\cdot d^2}{16}+(n_s-n_m)\cdot A_{pj}\left[\frac{d}{2}+t+(j-1)(d+t_d)-y_0\right]^2\right\} \tag{E.0.4-4}$$

5 砂浆折算截面对折算后截面形心轴 y_0 的惯性矩应按下式计算：

$$I_m=\frac{n_m\cdot B\cdot(T-t)^3}{12}+n_m\cdot B\cdot(T-t)\cdot\left(\frac{T-t}{2}+t-y_0\right)^2 \tag{E.0.4-5}$$

E.0.5 预应力钢丝中心至管壁折算截面重心的距离 d_0（mm）应按下式计算：

单层配筋时：

$$d_0=t+\frac{d}{2}-y_0 \tag{E.0.5-1}$$

双层配筋时：

$$d_0=t+d+\frac{t_d}{2}-y_0 \tag{E.0.5-2}$$

附录F 圆形刚性管道在荷载作用下的弯矩系数

表F 圆形刚性管道在各种荷载作用下的最大弯矩系数

荷载类别	计算系数	部位 \ 管基形式/支承角	土弧基础 20°	土弧基础 90°	土弧基础 120°	混凝土管基 90°	混凝土管基 135°	混凝土管基 180°
竖向土压力	k_{vm}	管底	0.266	0.178	0.155			
		管顶	0.150	0.141	0.136	0.105	0.065	0.047
		管侧	−0.154	−0.145	−0.138	−0.105	−0.065	−0.047
侧向土压力	k_{hm}	管底	−0.125	−0.125	−0.125	—	—	—
		管顶	−0.125	−0.125	−0.125	−0.078	−0.052	−0.040
		管侧	0.125	0.125	0.125	0.078	0.052	0.040
管内水重	k_{wm}	管底	0.211	0.123	0.100	—	—	—
		管顶	0.079	0.071	0.066	0.077	0.053	0.044
		管侧	−0.090	−0.082	−0.072	−0.075	−0.059	−0.048
管自重	k_{gm}	管底	0.211	—	—	—	—	—
		管顶	0.079	—	—	0.080	0.080	0.080
		管侧	−0.090	—	—	−0.091	−0.091	−0.091

注：正号表示管内壁受拉；负号表示管外壁受拉。

附录G 管道支墩和限制接头推力标准值及抗推力标准值

G.0.1 管道支墩受内水推力标准值（kN）的计算应符合下列规定：

1 水平向管道支墩承受内水推力标准值（kN）应符合下列要求：

1) 水平弯头处支墩承受内水推力标准值应按下式计算：

$$F_{wp,k}=2F_{wd,k}A\sin\left(\frac{\alpha}{2}\right) \quad (G.0.1\text{-}1)$$

2) 三通及端头处支墩承受内水推力标准值应按下式计算：

$$F_{wp,k}=F_{wd,k}A \quad (G.0.1\text{-}2)$$

3) 叉管处支墩承受内水推力标准值应按下式计算：

$$F_{wp,k}=F_{wd,k}A\sin\alpha \quad (G.0.1\text{-}3)$$

4) 双叉管处支墩承受内水推力标准值应按下式计算：

$$F_{wp,k}=F_{wd,k}\left[2A_2\cos\left(\frac{\alpha}{2}\right)-A_1\right] \quad (G.0.1\text{-}4)$$

5) 渐缩管处支墩承受内水推力标准值应按下式计算：

$$F_{wp,k}=F_{wd,k}(A_1-A_2) \quad (G.0.1\text{-}5)$$

式中：$F_{wd,k}$——管道的设计内水压力标准值（kN/m^2）；

A——管道承口内截面面积（m^2）；

A_1——主管承口内截面面积（m^2）；

A_2——支管承口内截面面积（m^2）；

α——弯头的角度，以度计。

2 纵向管道弯头处支墩承受内水压力产生的水平力 H 标准值及垂直力 V 标准值应按下列公式计算：

$$F_{wp,k}=H \quad (G.0.1\text{-}6)$$

$$H=F_{wd,k}A(1-\cos\alpha) \quad (G.0.1\text{-}7)$$

$$V=F_{wd,k}A\sin\alpha \quad (G.0.1\text{-}8)$$

式中：H——纵向管道弯头处支墩承受内水压力产生的水平力标准值（kN）；

V——纵向管道弯头处支墩承受内水压力产生的垂直力标准值（kN）。

G.0.2 管道的支墩抗推力标准值计算应符合下列规定：

1 管道水平敷设方向改变处支墩抗推力标准值（kN）应按下列公式计算：

$$F_k=F_{pk}-F_{ep,k}+F_{fk} \quad (G.0.2\text{-}1)$$

$$F_{fk}=\sum G\cdot f_c \quad (G.0.2\text{-}2)$$

式中：F_{fk}——支墩底部滑动平面上的摩擦力标准值（kN）；

F_{pk}——作用在支墩抗推力一侧的被动土压力标准值的合力（kN），按本规程附录B计算；

$F_{ep,k}$——作用在支墩迎推力一侧的主动土压力标准值的合力（kN），按本规程附录B计算；

f_c——支墩底部与土壤间的摩擦系数，应根据试验确定，当缺乏试验资料时，可按现行国家标准《建筑地基基础设计规范》GB 50007 的规定确定；

2 管道纵向敷设方向改变处支墩抗推力标准值，应符合下列要求：

1) 管道纵向向上弯头支墩抗推力标准值，应按下列公式计算：

$$F_k=F_{pk}+F_{fk} \quad (G.0.2\text{-}3)$$

$$F_{fk}=(\sum G+V)\cdot f_c \quad (G.0.2\text{-}4)$$

2) 管道纵向向下弯头支墩抗推力标准值，应按下式计算：

$$F_k=(\sum G-V)\cdot f_c \quad (G.0.2\text{-}5)$$

G.0.3 预应力钢筒混凝土管采用限制接头受内水推力标准值的计算应符合下列规定：

1 水平弯管及纵向弯管每侧管道方向的内水推力标准值（kN）应按下式计算：

$$F_{wp,k}=F_{wd,k}A\sin\left(\frac{\alpha}{2}\right) \quad (G.0.3\text{-}1)$$

2 堵头处的内水推力标准值（kN）应按下式计算：

$$F_{wp,k}=F_{wd,k}A \quad (G.0.3\text{-}2)$$

G.0.4 预应力钢筒混凝土管采用限制接头抗推力标准值的计算应符合下列规定：

1 水平弯管及堵头一侧管道自重抗推力标准值应按下式计算：

$$F_k=L(2G_e+G_p+G_w)f_p \quad (G.0.4\text{-}1)$$

2 纵向弯管一侧管道自重抗推力标准值应按下式计算：

$$F_k=L(G_e+G_p+G_w)\cos\left(\phi-\frac{\alpha}{2}\right) \quad (G.0.4\text{-}2)$$

式中：G_e——管顶以上覆土荷载标准值（kN/m）；

G_p——管体自重荷载标准值（kN/m）；

G_w——管中水重荷载标准值（kN/m）；

L——弯管每一侧限制管道的长度（m）；

f_p——管道与土壤间的摩擦系数，应根据土质、基础形式经试验确定；

ϕ——管道与水平面的夹角（°）。

本规程用词说明

1 为便于在执行本规程条文时区别对待，对要求严格程度不同的用词说明如下：

1）表示很严格，非这样做不可的：

正面词采用"必须"，反面词采用"严禁"。

2）表示严格，在正常情况下均应这样做的：

正面词采用"应"，反面词采用"不应"或"不得"。

3）表示允许稍有选择，在条件许可时首先应这样做的：

正面词采用"宜"，反面词采用"不宜"。

4）表示有选择，在一定条件下可以这样做的用词，采用"可"。

2 条文中指明应按其他有关标准执行的写法为："应按……执行"或"应符合……的规定（或要求）"。

引用标准名录

1 《建筑地基基础设计规范》GB 50007

2 《混凝土结构设计规范》GB 50010

3 《钢结构设计规范》GB 50017

4 《岩土工程勘察规范》GB 50021

5 《工业建筑防腐蚀设计规范》GB 50046

6 《混凝土外加剂应用技术规范》GB 50119

7 《给水排水构筑物工程施工及验收规范》GB 50141

8 《工业金属管道工程施工规范》GB 50235

9 《现场设备、工业管道焊接工程施工规范》GB 50236

10 《给水排水管道工程施工及验收规范》GB 50268

11 《给水排水工程管道结构设计规范》GB 50332

12 《通用硅酸盐水泥》GB 175

13 《碳素结构钢》GB/T 700

14 《抗硫酸盐硅酸盐水泥》GB 748

15 《碳素结构钢和低合金结构钢 热轧薄钢板和钢带》GB 912

16 《预应力混凝土用钢丝》GB/T 5223

17 《混凝土外加剂》GB 8076

18 《碳素结构钢冷轧薄钢板及钢带》GB/T 11253

19 《建设用砂》GB/T 14684

20 《建设用卵石、碎石》GB/T 14685

21 《混凝土输水管试验方法》GB/T 15345

22 《生活饮用水输配水设备及防护材料的安全性评价标准》GB/T 17219

23 《预应力钢筒混凝土管》GB/T 19685

24 《普通混凝土配合比设计规程》JGJ 55

25 《建筑桩基技术规范》JGJ 94

26 《预应力与自应力混凝土管用橡胶密封圈》JC/T 748

27 《公路桥涵设计通用规范》JTG D60

中华人民共和国行业标准

城镇给水预应力钢筒混凝土管管道工程技术规程

CJJ 224—2014

条 文 说 明

制 订 说 明

《城镇给水预应力钢筒混凝土管管道工程技术规程》CJJ 224－2014 经住房和城乡建设部 2014 年 11 月 5 日以第 620 号公告批准、发布。

本规程编制过程中，编制组进行了广泛深入的调查研究，总结了我国给水预应力钢筒混凝土管管道工程的实践经验，同时参考了国外先进技术法规、技术标准，取得了给水预应力钢筒混凝土管管道工程的重要技术参数。

为便于广大设计、施工、科研、院校等单位有关人员在使用本规程时能正确理解和执行条文规定，《城镇给水预应力钢筒混凝土管管道工程技术规程》编制组按章、节、条顺序编制了本规程的条文说明，对条文规定的目的、依据以及执行中需注意的有关事项进行了说明，还着重对强制性条文的强制性理由作了解释。但是，本条文说明不具备与标准正文同等的法律效力，仅供使用者作为理解和把握标准规定的参考。

目　次

1 总 则

1.0.2 本规程适用新建、扩建和改建采用预应力钢筒混凝土管的城镇输配水管道工程设计、施工及验收。其中设计包括管道工艺和结构；施工包括管道敷设、安装和管道功能性试验；验收指管道工程验收。

1.0.3 预应力钢筒混凝土管按结构分为内衬式预应力钢筒混凝土管（PCCPL）和埋置式预应力钢筒混凝土管（PCCPE）；按接口密封型式又可分为单胶圈预应力钢筒混凝土管（PCCPSL、PCCPSE）和双胶圈预应力钢筒混凝土管（PCCPDL、PCCPDE）；预应力钢筒混凝土管的结构形式、基本尺寸、制管工艺、产品质量控制、试验方法、检验规则以及产品的标志、运输和保管应符合现行国家标准《预应力钢筒混凝土管》GB/T 19685 的规定。

本规程依据现行国家标准《室外给水设计规范》GB 50013、《给水排水工程管道结构设计规范》GB 50332、《给水排水管道工程施工及验收规范》GB 50268、《预应力钢筒混凝土管》GB/T 19685，并参考了现行中国工程建设标准化协会标准《给水排水工程埋地预应力混凝土管和预应力钢筒混凝土管管道结构设计规程》CECS140、《给水排水工程埋地钢管管道结构设计规程》CECS 141 和美国《预应力钢筒混凝土压力管》ANSI/AWWAC301、《预应力钢筒混凝土压力管设计标准》ANSI/AWWAC304 和《混凝土压力管》AWWAM9 手册等规定的相关内容，并结合我国近二十余年来采用预应力钢筒混凝土管建设大型长距离输水工程积累的大量成果和丰富经验制定的。本规程制定将会推动 PCCP 管的推广应用和保证输水工程运行的安全。

2 术语和符号

2.1 术 语

2.1.2 预应力钢筒混凝土管配件包含弯管、T 形三通、Y 形三通、十字形四通，连接设备和其他管道的管件，以及连接支管、人孔、排气阀、泄水阀等的各类出口管件。

2.1.3 异形管归属预应力钢筒混凝土标准管的范畴，包括短管、斜口管及带有人孔、排气阀、泄水阀和连接支线出口件的标准管。

2.2 符 号

符号系根据下列原则确定：

1 在现行国家标准《室外给水设计规范》GB 50013、《给水排水工程管道结构设计规范》GB 50332、《给水排水管道工程施工及验收规范》GB 50268 中应用的符号，在本规程出现过的原则上都采用，以方便工程设计。

2 在《预应力钢筒混凝土压力管》ANSI/AWWAC301、《预应力钢筒混凝土压力管设计标准》ANSI/AWWAC304 和《混凝土压力管》AWWAM9 手册中列出的符号，本规程采用时，按照现行国家相关标准的规定，做了调整后采用。

3 增添本规程应用的主要符号。

3 材 料

3.1 混凝土和砂浆

3.1.1 预应力钢筒混凝土管管芯混凝土强度标准值、弹性模量等力学指标在管材结构设计时，应按现行国家标准《混凝土结构设计规范》GB 50010 规定采用，其中标准管的管芯混凝土强度等级不应低于 C40，配件混凝土强度等级不应低于 C30，管材制作时也应严格控制。

3.1.2 预应力钢筒混凝土管水泥砂浆保护层厚度一般为 20mm，由于砂浆保护层厚度较薄，所以砂浆保护层强度必须严格控制，因此规定砂浆保护层强度标准值不得低于 45MPa。

3.1.3 本条为强制性条文。预应力钢筒混凝土管（PCCP）水泥砂浆保护层吸水率非常重要，它是水泥砂浆保护层致密性判断的重要指标，显示砂浆层保护预应力钢丝抵抗环境介质腐蚀的能力以及管道使用期间的安全性。

现行国家标准《预应力钢筒混凝土管》GB/T 19685 规定："水泥砂浆吸水率的全部试验数据平均值不应超过 9%，单个值不应超过 11%"。美国标准《预应力钢筒混凝土压力管》ANSI/AWWA C301 对 PCCP 水泥砂浆保护层的吸水率也作了相同的规定。现行国家标准《混凝土输水管试验方法》GB/T 15345 规定了 PCCP 砂浆保护层吸水率的试验方法。本条规定与相关标准对 PCCP 砂浆保护层吸水率的规定协调。

3.1.4 预应力钢筒混凝土管的管芯混凝土应严格控制碱含量，制管前配制混凝土时，应进行碱集料反应试验，如采用碱活性骨料时，应采用低碱水泥，并控制每立方米混凝土中碱含量小于 3kg。

3.1.10 本条是根据现行国家标准《工业建筑防腐蚀设计规范》GB 50046－2008 第 4.2.3 条规定制定的。

3.2 预应力钢丝

3.2.1 制管预应力钢丝质量十分重要，厂家应选用符合国家标准的产品，应按国家规定进行抗拉伸长率、扭转及氢脆性灵敏度试验，检验预应力钢丝的性能，以保证成品管材的质量。

3.3 钢 板

3.3.1 钢筒和配件用钢板的物理力学性能是管材质量的保证，因此本条作出明确规定。

3.4 接口密封材料

3.4.1 管道接口橡胶圈的安装采用滑入式，安装时要严格遵守操作规程，防止单口打压时出现水路不通的现象。

3.4.6 对于地质条件差、温差变化较大的地域，设计时管道接口内缝隙采用聚硫密封膏柔性填充效果好，这样一方面克服了不良地基过大沉降及温度变化引起管道的伸缩对接口的影响，另一方面也解决了采用水泥砂浆填充缝隙脱落影响输水能力的弊病。预应力钢筒混凝土管埋设在土壤及地下水腐蚀性较大的地域，为防止环境对承插口的腐蚀，采用聚硫密封膏填充接口缝隙效果较好。

3.4.8 本条为强制性条文。现行国家标准《生活饮用水卫生标准》GB 5749 规定："生活饮用水的输配水设备，防护材料和水处理材料不应污染生活饮用水，应符合《生活饮用水输配水设备及防护材料的安全性评价标准》GB/T 17219 的规定"。管道接口内缝隙的填充材料、胶圈、润滑剂及管道内壁防腐涂料直接与生活饮用水接触，因此必须按现行国家标准《生活饮用水输配水设备及防护材料的安全性评价标准》GB/T 17219 的规定检验。

预应力钢筒混凝土管道采用柔性接口的工程在增多，柔性接口的填充材料目前多采用聚硫密封膏。因此必须对接口填充的聚硫密封膏、胶圈、润滑剂以及管道内壁采用的防腐涂料等进行卫生指标检查。采用的上述产品必须有省级以上卫生部门出具的按现行国家标准《生活饮用水输配水设备及防护材料的安全性评价标准》GB/T 17219 标准检验并取得合格的证书，无合格证书的产品不得采用。

4 水 力 计 算

4.0.1、4.0.2 给水预应力钢筒混凝土管沿程水头损失计算十分重要，其水头损失一般占总水头损失的90%以上，而沿程水头损失水力计算公式的选择和管道内壁粗糙系数的确定是关键。

本规程依据现行国家标准《室外给水设计规范》GB 50013 的规定，结合预应力钢筒混凝土管的水力特性，确定沿程水头损失计算采用水流紊流水力粗糙区的舍齐(cheyy)公式，舍齐系数采用巴甫洛夫公式或曼宁公式计算。管道内壁粗糙系数 n 值的取值，参考现行国家标准《室外给水设计规范》GB 50013 的规定，结合国内大型输水工程的实际，确定 n 值采用 0.0110～0.0125。大口径输水管道，在 $0.10\leqslant R\leqslant 3.00$m，$0.011\leqslant n\leqslant 0.040$ 时，水力半径的计算指数 y 宜采用巴甫洛夫公式 $y=2.5\sqrt{n}-0.13-0.75\sqrt{R}(\sqrt{n}-0.10)$ 计算，有时为简化计算 y 值取 $\frac{1}{6}$，这也就演变成常用的曼宁公式。

4.0.3 管道局部水头阻力系数可采用水力试验测试的数值(相关水力计算手册等可查取)，然后按本规程式(4.0.3)进行计算。一般情况局部水头损失占沿程水头损失的5%～10%，但在河网地区，管道线路不顺直，频繁穿越障碍，局部损失可达到20%～30%。

5 结 构 设 计

5.1 一 般 规 定

5.1.2 根据现行国家标准《工程结构可靠性设计统一标准》GB 50153 的规定，对地下管道结构的设计使用年限限定不应少于 50 年，又依据预应力钢筒混凝土管在国外输水工程中的应用起始于 40 年代，现仍在运行的实例较多，因此规定了预应力钢筒混凝土管管道工程结构设计使用年限为 50 年。

5.1.3 预应力钢筒混凝土管管道结构设计依据现行国家标准《给水排水工程管道结构设计规范》GB 50332 的规定，按承载能力极限状态和正常使用极限状态两种极限状态进行设计。

5.1.7 本条规定了预应力钢筒混凝土管配件的设计应符合现行国家标准《给水排水工程管道结构设计规范》GB 50332，同时可参照其他相关规范。这主要是指美国 AWWA《混凝土压力管》M9 手册、中国工程建设标准化协会标准《给水排水工程埋地预应力混凝土管和预应力钢筒混凝土管管道结构设计规程》CECS140、《给水排水工程埋地钢管管道结构设计规程》CECS141。

5.1.8 本条规定弯管强度计算原则。弯管中心线半径大于或等于 2.5 倍钢管外径时，弯管强度计算可按直管段钢管计算壁厚。中国工程建设标准化协会标准《给水排水工程埋地钢管管道结构设计规程》CECS141 规定钢管直管段强度计算应符合下列规定：

$$\eta\sigma_0\leqslant f \tag{1}$$

$$r_0\sigma\leqslant f \tag{2}$$

式中：σ_0 ——钢管管壁截面的最大环向应力（N/mm^2）；

σ ——钢管管壁截面的最大组合折算应力（N/mm^2）；

η ——应力折算系数，可取 0.9。

f ——钢管管材或焊缝的强度设计值，可根据现行国家标准《钢结构设计规范》GB 50017 的规定采用；

r_0 ——管道结构重要性系数，可根据现行国家

标准《给水排水工程管道结构设计规范》GB 50332 规定采用。

美国 AWWA《混凝土压力管》M9 手册规定钢管计算方法，应先按工作压力进行强度计算，然后校核其外荷载承受能力，要求承受更大外部荷载时，可增加钢筒厚度或添加辅助加固措施。直管段钢管环向应力可采用下列公式计算：

$$T_r = \frac{P_w D_{yi}}{2f_s} \qquad (3)$$

式中：T_r——钢筒所需钢板的厚度（mm）；

P_w——工作压力（N/mm^2）；

D_{yi}——钢筒内径（mm），对于异形管，D_{yi} 取大口径端的内径；

f_s——钢筒允许环向应力（N/mm^2），不得大于 114（N/mm^2）。另外，渐变管、承接管（转换用配件）、合拢管强度计算也可采用直管段钢管计算原则。

配件验算承受外部荷载能力时，可按本规程第 5.4.9 条的规定执行。

当弯管中心线半径小于 2.5 倍钢管外径时，应进行补强计算。美国 AWWA《混凝土压力管》M9 手册的推荐的计算公式：

$$T_r = \frac{P_w D_{y0}}{2f_s} \times \frac{(R/D_{y0}) - 0.167}{(R/D_{y0}) - 0.500} \qquad (4)$$

式中：T_r——钢筒所需钢板的厚度（mm）；

D_{y0}——钢筒外径（mm）；

R——弯管中心线半径（mm）。

5.1.9 本条规定了 T 形三通、Y 形三通、十字形四通配件的钢管应增加壁厚或采取加固措施弥补开孔洞对钢管强度的影响。加固措施的类型可根据支管直径与主管直径尺寸之间的比例关系，选取衬圈、封套加固或加劲环。具体计算方法可采用 AWWA《混凝土压力管》M9 手册推荐的公式。

5.3 承载能力极限状态计算规定

5.3.2 本条管道的重要性系数 γ_0，对给水工程中的输水管道，从供水安全性考虑，如果单线敷设，并未设调蓄设施时应予提高标准，重要性系数 γ_0 取 1.1。

5.3.4 本条给出了预应力钢筒混凝土管的管体截面强度计算公式。本条参考中国工程建设标准化协会标准《给水排水工程埋地预应力混凝土管和预应力钢筒混凝土管管道结构设计规程》CECS140：2011 中第 6.1.4 条。需要说明以下几点：

1 在进行强度计算时，不考虑受拉区混凝土参加工作，管体截面在组合作用下产生的拉力，完全由钢丝和钢筒承担，为此，核算截面应针对管体的起拱点；

2 管体的截面面积，考虑了管芯混凝土、钢筋、钢筒和砂浆保护层的折算面积；

3 公式中的综合调整系数 λ_y 取值和含义详见中国工程建设标准化协会标准《给水排水工程埋地预应力混凝土管和预应力钢筒混凝土管管道结构设计规程》CECS140：2011 条文说明第 6.1.4 条。

5.3.5 本条为强制性条文。给出了满足抗浮稳定的计算表达式。式中对抗浮的荷载，只计入作用在管顶的土压力和管道自重。实际上，在出现上浮失稳时，管顶土的破坏棱体重量要大于管顶土压力，同时还存在管壁与土体间的摩擦力。无疑，所给出的计算公式中，对抗浮荷载的估计是偏小的，但工程应用较为方便，因此相应的抗浮稳定性抗力系数 K_f 仅规定取 1.1。这是两者相匹配的设计方法，可以满足工程应用要求。计算管顶竖向土压力时，应考虑地下水和地表水的浮托力，水位以下部分的土体采用浮重度。现行国家标准《给水排水工程管道结构设计规范》GB 50332 也作了相同的规定，并也列为强条。

5.3.6 本条为强制性条文。预应力钢筒混凝土管采用承插接口，接口处不能承受较大的拉力，管道在水平或竖向出现敷设方向改变时，由于管道内水压力的作用往往造成管道脱口破坏，因此该处应采取抗推力措施。支墩是普遍采用的抵抗推力的有效措施，缺点是体积大、笨重，又不适宜设置在软土地基上，尤其在管道周围建（构）筑物密集的情况下，没有设置支墩的位置，这时可采用限制接头连接多节管道抵抗推力。采用支墩或者限制接头连接多节管道抵抗推力时，都应进行抗滑稳定性验算。采用支墩等止推措施抵抗推力时，抗推力计算采用了被动土压力，而抗推力真正达到被动土压力时管道将产生明显的滑动（位移），因此抗滑稳定性抗力系数 K_s 为 1.5，实质上是对被动土压力给予适当的限制，以达到避免或尽量减少管道位移的目的。限制接头管道连接段主要利用管道与土体的摩擦力抵抗推力，抗滑稳定性抗力系数 K_s 采用 1.1。

5.4 正常使用极限状态验算规定

5.4.5 本条给出了预应力钢筒混凝土管控制管芯混凝土开裂的计算公式。本条参考中国工程建设标准化协会标准《给水排水工程埋地预应力混凝土管和预应力钢筒混凝土管管道结构设计规程》CECS140：2011 中第 6.2.2 条。需要说明以下几点：

1 该计算公式系管芯混凝土控制开裂的核算，应核算管底或管顶的截面，此工况外荷载对截面轴向力的影响较小，计算公式中未计入。

2 公式中采用受拉区混凝土的影响系数 K，作为对混凝土抗拉强度的调整。这主要是因为美国 ANSI/AWWA C304 规程对混凝土抗拉强度取值的放大倍数与我国现行国家标准《混凝土结构设计规范》GB 50010 的规定相差较大，且美国 ANSI/AWWA C301 规范对用制管集料和水泥等配制的混合物要进

行混凝土蠕变和收缩的质量保证试验，并考虑了材料的延性。引入的受拉区混凝土的影响系数 K 使该公式型式与我国现行国家标准《混凝土结构设计规范》GB 50010 相协调，同时该公式采用工程校核法比较后，在保证管道结构的安全可靠下，配筋结果与美国 ANSI/AWWA C304 规程是协调的。

受拉区混凝土的影响系数 K 值的推导依据详见中国工程建设标准化协会标准《给水排水工程埋地预应力混凝土管和预应力钢筒混凝土管管道结构设计规程》CECS140：2011 条文说明第 6.2.2 条。

5.4.6、5.4.7 本条分别规定了在标准组合和准永久组合作用下，管侧截面水泥砂浆抗裂度验算。砂浆保护层开裂控制较严格，这是避免钢丝锈蚀保证 PCCP 管的使用年限的重要保护措施。$\alpha_m=5.0$，$\alpha'_m=4.0$ 是砂浆保护层应变量参数。

本条参考中国工程建设标准化协会标准《给水排水工程埋地预应力混凝土管和预应力钢筒混凝土管管道结构设计规程》CECS140：2011 中第 6.2.3 条、第 6.2.4 条。

5.4.9 本条规定了采用水泥砂浆、混凝土内衬和外保护层的管件刚度验算的原则规定。采用水泥砂浆、混凝土内衬和外保护层的管件采用半刚性管模型分析计算，刚度验算应考虑管件钢板及内外水泥砂浆或保护层的组合刚度，相当于水泥砂浆（混凝土）的内衬和外保护层及钢板组成三层状态的管环的组合刚度。最大竖向变形可采用斯潘格勒（M. G. Spangler）公式计算，计算时宜采用 AWWA《混凝土压力管》M9 手册规定的方法。

$$\Delta x=\frac{D_L\cdot K\cdot W\cdot r^3}{EI+0.061E'r^3} \tag{5}$$

式中：Δx——配件钢筒管的计算变形（mm）；

D_L——变形滞后效应系数，取 1.0；

K——管道变形系数，应根据管道基础支承角确定；

W——单位长度配件钢筒管承受的外荷载总和（N/mm）；

r——配件钢筒的半径；

EI——单位长度配件钢筒管管壁和内外层水泥砂浆组合刚度（N·mm）；

E'——配件沟槽回填土综合变形模量（N/mm^2）。

按上式计算出的配件钢筒管的计算变形 Δx 应满足下式要求：

$$\Delta x\leqslant[\Delta x] \tag{6}$$

配件允许变形量 $[\Delta x]$ 采用 AWWA《混凝土压力管》M9 手册的规定值，即取 $D_0^2/100000$(mm) 和 $0.02D_0$(mm) 二项中的较小数值。

管件刚度验算不满足要求时，可增加水泥砂浆（混凝土）内衬和外保护层厚度或者对管件增加肋板。当外保护层厚度超过 50mm 时，则采用双层钢丝网片，两层网片距离应大于 20mm。

6 构　造

6.2 配件和异形管

6.2.1 预应力钢筒混凝土管由标准管、配件、异形管组成。配件主要包含弯管、T(Y)形三通、十字形四通、变径管、铠装管；一端承插口另一端为法兰盘的管件（用来与设备连接）；PCCP 与其他不同管材、管径连接的转换件；施工安装用的合拢管；用于连接支管、人孔、排气阀、泄水阀所需的各类出口管件。

6.2.2 配件钢板厚度应进行结构计算确定，但为保证配件的使用安全，表 6.2.2 规定了钢板的最小厚度。配件钢板最小厚度参考现行国家标准《预应力钢筒混凝土管》GB/T 19685 及国内预应力钢筒混凝土管主要生产厂技术资料校对后确定的。

6.2.4 本条规定了配件焊缝质量等级，焊缝射线照相和超声波检验方法执行的标准。本条规定参考现行国家标准《给水排水管道工程施工及验收规范》GB 50268 有关钢管安装要求确定的。

6.2.9、6.2.10 异形管归属预应力钢筒混凝土标准管的范畴，包括短管、斜口管及带有出口管件的标准管。PCCP 管道组装时，采用异形管一般比采用配件造价低。

斜口管倾斜角小于 2.4°时一般称为半斜口管，其作用与斜口管相同。

6.3 管道基础

6.3.1 预应力钢筒混凝土管一般属于刚性管，通常都采用土弧基础。土弧基础的支承角 2α(α 为自管中线至一侧土弧支撑面外缘的角度)，一般都采用 90°和 120°作为设计条件。考虑到实际施工时管道的稳管定位、纠正偏差、回填质量等因素，设计采用的土弧基础支承角 2α 宜适当留有余地，比计算采用值增大 20°～30°，并在施工图中注明设计支承角，施工单位则应按规定施工。

6.3.2 本条明确当管道承受的外压荷载很大，而土弧基础较难满足管道承载能力要求时，可采用混凝土基础提高其承载力。采用混凝土基础时，应按外荷载大小选用相应支承角的混凝土基础，并明确混凝土基础尺寸和混凝土强度等级。

6.4 沟槽与回填土

6.4.4 本条规定了沟埋式管道回填土压实密度的要求。埋地管道的受力状态不仅取决于管体本身的结构性能，还与周围土体密切相关。条文提出了回填土的分区密实度要求，规定管道顶部的填土应处于中松侧实状态，可产生一定的拱效应；同时对管道两侧胸腔规定压实系数不得低于0.9，使其受力状态得到改善，这样可充分发挥管体的承载能力。

6.4.5 本条对填埋式管道的回填土压实密度提出了要求。规定填埋式管道两侧的填土压实系数不得低于0.9，在管道中心线处每侧的填土宽度不应小于2倍管外径，这样才能使管体获得有效地侧向支持。并且，在施工时应与此范围外的填土同时回填，否则很难保证要求范围内填土的压实密度。

6.5 管道连接

6.5.2 本条规定了管道沿直线敷设时，插口与承口间的轴向间隙，此间隙应严格控制，一般情况下，允许误差为10mm。

6.5.3 预应力钢筒混凝土管采用承插口连接，接口可采用单胶圈或双胶圈密封，接口适应变形和伸缩的能力较强，本条规定了接口的最大允许相对转角，若管道敷设需要更大转角，可采用斜口管或弯管。

设计和施工安装时应严格控制管道接口轴向间隙和转角，这是保证预应力钢筒混凝土管管道工程安全的重要措施。

6.5.4 预应力钢筒混凝土管接口处内外缝隙以前采用水泥砂浆填充，近来一些重要的大型输水工程，特别是温差变化大的地区，如哈尔滨磨盘山水库输水管道；以及地基为软土层的地区，如广州市西江引水管道内缝隙采用了双组份聚硫密封膏填充，效果较好。一方面内缝隙采用聚硫密封膏后，适应变形和伸缩的效果特别好，另一方面聚硫密封膏与混凝土粘结能力强，不像水泥砂浆容易脱落，影响管道的耐久性和输水能力。埋设在腐蚀环境中以及地震频繁、烈度级别较高地区的PCCP管，接口处外缝隙也应采用聚硫密封膏或其他柔性材料填充。

6.5.6 预应力钢筒混凝土管为承插口连接，因为不能传递轴向拉力，所以在弯头处，管径变化段，管道分叉处及端部堵头处的轴向推力不能克服。如采用支墩支撑轴向推力，在管径大、压力高时支墩会很大，不经济，有些地区土地紧张，不存在做支墩的条件，这时较好的方法是采用限制接头。采用限制接头时，PCCP管钢筒钢板的厚度应按满足轴向拉力验算。

6.6 管道防腐

6.6.3 预应力钢筒混凝土管的外侧预应力钢丝由于砂浆保护层水泥的钝化作用产生氧化铁保护膜，使其具有较好的抗腐蚀能力。另外PCCP管在生产时应严格的控制水泥砂浆保护层吸水率平均值不超过9%，单个值不超过11%，这是保证水泥砂浆强度和密实性的重要因素，是PCCP管耐久性的保障。美国AWWA《混凝土压力管》M9手册规定管道埋设土壤电阻率小于15Ω·m时，应测量土壤中腐蚀性盐类的含量。在高氯化物环境下，潮湿土壤中氯离子浓度超过1000mg/L时，应采用保湿带来保护砂浆外表面或者安装电流连接装置，定期监测管线的腐蚀情况。

在经常出现干湿循环的土壤区，氧气充足，氯离子浓度超过150mg/L时，需采用隔离层保护砂浆外表面，或者安装连续电流连接装置，定期监测管线的腐蚀情况。

在高硫酸盐环境，埋设管道土壤水溶性硫酸盐含量超过5000mg/L时，管道水泥砂浆保护层采用低C3A（铝酸钙）并采用隔离材料。

敷设在强酸性环境中的管道，黏性土壤pH值小于4或砂性土壤pH值小于5时，均应采用抗酸保护膜或将管道埋设在非侵蚀性压实黏土封套中。

预应力钢筒混凝土管与金属管道连接时，应将该管道与金属管道采用绝缘材料连接，或者在金属管道外侧采用混凝土或砂浆保护层。预应力钢筒混凝土管敷设在腐蚀环境下，近期国内一些大型工程对外层水泥砂浆采用环氧煤沥青喷涂，干膜厚度一般都采用≥600μm。喷涂宜在被喷涂的PCCP外层水泥砂浆表面干燥后进行，近期有些工程也在试验采用"湿喷"的工艺。国内PCCP管防腐保护技术尚不完善，每年使用PCCP量已超过1500km，工程安全性非常重要。监测腐蚀断线方面，目前加拿大已开发了电磁法探测技术和声发射监测设备和技术，可在大型输水工程中安装，进行管道风险管理，以防止和杜绝爆管事故。

6.6.4 管道敷设在杂散电流区域，AWWA《混凝土压力管》M9手册规定，首先应对管线进行监测，管道同一点的电势监测值发生较大变化或者各测量点之间电势差值较大时，说明存在腐蚀或阴极干扰情况。采用阴极保护应慎重，在需要进行阴极保护时，管道表面和电解液阴极极化电势最小应为100mV；最大中断电势不应高于−1000mV，以避免预应力钢丝的氢脆化腐蚀。

预应力钢筒混凝土管阴极保护最经济的方法是采用牺牲锌阳极的保护措施。

7 管道施工

7.1 一般规定

7.1.1 本条为强制性条文。本条是对工程采用的产品和主要材料进入施工现场验收的规定，是管道工程质量保证的重要环节。

本条规定，工程采用的管材、管件、附件和主要原材料必须实行进场验收，验收时应检查每批产品的订购合同、质量合格证书、性能检验报告、使用说明书等，并应按国家有关标准规定复验，验收合格后的产品应妥善保管以备施工安装采用。本条与现行国家标准《给水排水管道工程施工及验收规范》GB 50268的规定一致。

工程采用的管材、管件、附件和主要原材料应在规定的场地进行交接，与工程有关的生产制造、施工安装、工程监理、建设部门等都应参加，检验不合格者应拒收。目前国内一些大型重要的长距离输水工程为保证工程质量，对制管混凝土骨料碱活性、混凝土碱含量以及预应力钢丝的氢脆性要求复验。

7.1.2 本条规定大型预应力钢筒混凝土管道工程施工安装涉及深基（槽）坑开挖、围护、地基处理等，应符合现行国家标准《给水排水构筑物工程施工及验收规范》GB 50141、《建筑地基基础工程施工质量验收规范》GB 50202等相关标准的规定。

7.3 沟 槽 开 挖

7.3.3 本条规定了沟槽底部开挖宽度应符合设计要求，对设计无规定时，提供了开挖宽度的计算公式，对于大口径预应力钢筒混凝土管，沟槽开挖底部宽度，可结合土质、施工方案与设备等情况进行调整。

7.4 沟 槽 支 护

7.4.2 鉴于国内一些管道工程支护结构设计由施工单位承担，因此为保证沟槽支护结构有足够的强度、刚度、稳定性，规定了沟槽侧壁安全等级和重要性系数供设计时采用。

7.5 基 础 施 工

7.5.4 土弧基础的施工一般有两种方法。一种是挖弧法，即对原土开挖成土弧，工程中较少采用；另一种是填弧法，即采用砂砾回填成型。本条特别强调采用填弧法施工时，土弧基础支承角部分填充的密实性要求，以保证管道工程质量。

8 管道功能性试验

8.1 一 般 规 定

8.1.1 本条为强制性条文。

本条是关于管道工程应进行水压试验和冲洗消毒的规定。

预应力钢筒混凝土管管道工程安装完成后，应按试验压力进行水压试验，管道水压试验是对管道系统进行强度和密实性的检验，是管道工程运行安全的重要保证。

住房城乡建设部第156号文《城市供水水质管理规定》要求："用于城市供水的新设备、新管网或者经改造的原有设备、管网，应当严格进行冲洗消毒，经质量技术监督部门认定的水质检测机构检验合格后，方可投入使用"。因此新建或改建的管道工程并网前应进行冲洗消毒，直至水质检测合格达标。

本条与现行国家标准《给水排水管道工程施工及验收规范》GB 50268和《生活饮用水卫生标准》GB 5749的规定一致。现行国家标准《生活饮用水卫生标准》GB 5749规定："生活饮用水的输配水设备、防护材料和水处理材料不应污染生活饮用水，应符合《生活饮用水输配水设备及防护材料的安全性评价标准》GB/T 17219的规定"。

管道工程水压试验宜采用允许压力降值的测试方法作为判定水压试验合格的依据，水压试验的程序和方法，可采用现行国家标准《给水排水管道工程施工及验收规范》GB 50268的"附录D 注水法试验"的规定。

管道工程冲洗消毒应执行现行国家标准《生活饮用水输配水设备及防护材料的安全性评价标准》GB/T 17219的规定，水质检测机构必须是质量技术监督部门认定的有资质机构。

8.1.2 管道分段水压试验合格判定时，宜采用允许压力降法，在分段长度较长，允许压力降法困难时，可考虑采用允许渗水量法。

8.2 接口单口水压试验

8.2.1 本条规定管道接口单口水压试验压力值不得小于试验压力。试验压力采用本规程第8.3.11条中，表8.3.11管道分段水压试验的试验压力（MPa）。

8.3 管道分段水压试验

8.3.1 本条规定现场进行水压试验的管段长度宜采用1.0km，有些工程受试压水源、地形地貌、地面建筑物、障碍物的影响，可以考虑把试压段长度适当加长。

8.3.2 管道现场分段水压试验前，施工单位应根据设计要求，有关规范规定，类似工程水压试验的经验和工程实际情况编制试压方案，水压试验方案非常重要，重要的工程应经过技术论证。

8.3.3 管道水压试验端部堵板采用后背支撑是水压试验的基本方法，水压试验时内水压力作用在堵板上的轴向推力，可依靠支墩的摩擦力与后背被动土压力抵抗，试验管段第一个接口应采用柔性，以调整水压试验时堵板的变位。

8.3.4 管道水压试验采用后背支撑困难时，可采用限制接头连接若干根PCCP管或者采用钢管，利用管道周围土的摩擦力平衡水压试验段内水压力作用在堵板上的推力。限制接头连接PCCP管或钢管的约束长度，应进行结构计算确定。

8.3.5 管道水压试验时，管道受某些条件限制管段长度超长时，可在试验管段加中隔板（或采用打压管），中隔板（或打压管）上下游可同时试压，中隔板（或打压管）的设置及与周围管道连接方式应进行结构计算，以保证水压试验的安全。

8.3.12 管道水压试验采用允许压力降值方法做为判定合格依据时，一般要做预试验和主试验二个阶段，最终以主试验阶段在试验压力时稳定 15min，压力降值不超过 0.03MPa，再将压力降至工作压力恒压 30min，无漏水现象，认定合格。

8.3.13 管道水压试验采用允许渗水量值判定合格依据时，采用试验管段注水法测量渗水量，实测渗水量小于允许渗水量时认定合格。

9 工 程 验 收

9.0.2 本条为强制性条文。本条是关于预应力钢筒混凝土管管道工程施工安装质量验收的规定。分项工程质量控制是工程验收的基础，分部工程、单位工程必须在分项工程质量验收全部合格的基础上进行。

分项工程应按照施工技术标准进行质量控制，每个分项工程完成后，必须进行检验。相关各分项工程之间，必须进行交接检验，所有隐蔽分项工程必须进行隐蔽验收，未经检验或验收不合格时，不得进行下道分项工程施工。本条与现行国家标准《给水排水管道工程施工及验收规范》GB 50268 的规定一致。

分项工程验收应由专业监理工程师组织施工项目的技术负责人进行验收，隐蔽工程在隐蔽前应由施工单位通知监理等单位进行验收，并形成验收文件。分项工程所含验收批质量验收记录应完整，质量保证资料和试验检测资料应齐全，验收批质量检验全部合格后，该分项工程质量验收合格。

9.0.3 管道单位工程经施工单位自行检验合格后，应由施工单位向建设单位提出验收申请，应由建设单位按规定组织验收。施工、勘察、设计、监理等单位有关负责人以及该工程的管理或使用单位有关人员应参加验收。

中华人民共和国行业标准

城镇供水管网抢修技术规程

Technical specification for rush-repair of water supply network in city and town

CJJ/T 226—2014

批准部门：中华人民共和国住房和城乡建设部

施行日期：2 0 1 5 年 4 月 1 日

中华人民共和国住房和城乡建设部
公　　告

第502号

住房城乡建设部关于发布行业标准《城镇供水管网抢修技术规程》的公告

现批准《城镇供水管网抢修技术规程》为行业标准，编号为CJJ/T 226-2014，自2015年4月1日起实施。

本标准由我部标准定额研究所组织中国建筑工业出版社出版发行。

中华人民共和国住房和城乡建设部

2014年7月31日

前　　言

根据住房和城乡建设部《关于印发〈2012年工程建设标准规范制订、修订计划〉的通知》(建标[2012]5号)的要求，规程编制组经广泛调查研究，认真总结实践经验，参考有关国际标准和国外先进标准，并在广泛征求意见的基础上，编制本规程。

本规程的主要技术内容是：1. 总则；2. 术语；3. 基本规定；4. 抢修基本方法；5. 抢修；6. 修复并网；7. 安全与环境。

本规程由住房和城乡建设部负责管理，由绍兴市水联建设工程有限责任公司负责具体技术内容的解释。执行过程中如有意见或建议，请寄送绍兴市水联建设工程有限责任公司(地址：绍兴市越城区霞西路362号，邮编：312000)。

本规程主编单位：绍兴市水联建设工程有限责任公司
　　无锡市给排水工程有限责任公司

本规程参编单位：北京市自来水集团禹通市政工程有限公司
　　上海市自来水市南有限公司
　　浙江省城市水业协会

本规程主要起草人员：沈荣根　朱鹏利　杨均昌　贾　平　单骁勇　陈义标　杨成志　陈听杰　杨育红　姚水根　郑少博　孙嘉峰　陈庆荣　邓铭庭　洪　涛

本规程主要审查人员：郑小明　王耀文　刘志琪　宋序彤　陆坤明　洪觉民　唐建国　张迎五　张国辉　王如华　邱文心

目 次

Contents

1 总 则

1.0.1 为规范城镇供水管网抢修作业，做到技术先进、经济合理，保障抢修工程安全和质量，制定本规程。

1.0.2 本规程适用于城镇供水管网的抢修，也适用于自备水源、农村集中供水和总表后的埋地供水管网的抢修。

1.0.3 城镇供水管网抢修除应符合本规程外，尚应符合国家现行有关标准的规定。

2 术 语

2.0.1 供水管网抢修 water supply network rush-repair

供水管网发生突然故障可能危及供水安全和其他周边环境安全时，采取紧急措施进行修复的作业过程。

2.0.2 管箍法 plugging lining with hoop

在管壁外部用管箍件对管道漏水处进行外修复的方法。

2.0.3 焊接法 plugging lining with welding

用电焊焊接（补）管道的修复方法。

2.0.4 粘结法 plugging lining with adhesion

用粘结材料对泄漏处进行修复的方法。

2.0.5 更换管段法 lining with replaced pipeline

用新的管段替换原已破损管道的修复方法。

2.0.6 引流泄压 reduce pressure through drainage

通过导流排水降低管道水压力的方法。

3 基本规定

3.0.1 供水管网抢修应做到统一指挥，分级负责。

3.0.2 供水管网抢修可根据管道损坏所影响的供水范围、管道属性、停水时间、抢修难易程度、经济损失和社会影响等因素分级处置和管理。

3.0.3 供水管网抢修应根据故障和事故的影响范围、管网分布和用户状况，合理调度供水，减少对用户的影响。确需停水或降压供水时，应在抢修的同时通知用户。

3.0.4 供水管网抢修应制定应急预案，应定期组织应急预案演练，并应保持应急预案的持续改进。

3.0.5 供水管网抢修的组织实施工作应符合下列规定：

1 应设置供水管网突发事故处理组织机构；

2 应建立供水管网抢修安全生产责任制度；

3 应设置并公布24h报修电话，抢修人员应24h值班；

4 应具有处理供水管网破损或爆管的备品、备件和技术措施。

3.0.6 为供水管网抢修配备的车辆、抢修设备、抢修器材等应处于完好状态。

3.0.7 抢修用管道、管道配件和管道附件应符合下列规定：

1 应符合国家现行标准的有关规定，且应具有质量合格证书；

2 涉及饮用水的产品应符合现行国家标准《生活饮用水输配水设备及防护材料的安全性评价标准》GB/T 17219的有关规定；

3 技术性能应满足原管道的使用要求；

4 超过规定存放时间年限的不得使用。

3.0.8 从事抢修作业的人员应经过专业培训和考核。

3.0.9 抢修作业应连续进行，并应包括下列步骤：

1 找出发生故障或事故的部位；

2 确定故障或事故的属性；

3 制定抢修方案；

4 实施抢修作业；

5 检查及恢复供水。

3.0.10 供水管网抢修结束后，应收集整理供水管网抢修资料，建立档案并实施动态管理。

4 抢修基本方法

4.1 一 般 规 定

4.1.1 管道抢修应根据管材类别、管道受损程度、部位、破损原因和施工作业条件等因素确定抢修方法。

4.1.2 管道抢修应采用快速、高效、易实施的方法，并应优先采用不停水修复技术和非开挖修复技术。

4.1.3 管道修复处应清洗干净，无尖锐物。焊接和粘结前管道表面应进行干燥处理。

4.1.4 当采用引流装置泄压时，应在堵漏层固化牢固后封闭引流装置。

4.2 接口修复方法

4.2.1 接口修复方法可用于管道接口填料损坏的修复。

4.2.2 刚性填料接口修复应符合下列规定：

1 填充油麻的深度应根据密封材料确定；填充前，应将原填料剔除并露出油麻或橡胶圈，且应将填充处淋湿；填充时，应将承口、插口清洗干净，环形间隙应均匀，填充油麻应密实。

2 水泥强度等级不应低于42.5MPa；石棉应选用机选4F级温石棉；填充前石棉和水泥应充分拌合，其中水、石棉和水泥的质量比应为1：3：7，拌合后的材料应在初凝前用完。

3 膨胀水泥砂浆宜在使用地点随用随拌，膨胀水泥砂浆应分层填入，捣实不得用锤敲打。

4 填充后的接口养护时间应符合填充物的性能要求。

5 当地下水对水泥有侵蚀作用时，应在接口表面采取防腐措施。

6 刚性接口填充后，不得碰撞、振动及扭曲。

4.2.3 柔性接口修复应符合下列规定：

1 橡胶圈外观应光滑平整，不得有接头、毛刺、裂缝、破损、气孔、重皮等缺陷；

2 橡胶圈填塞时，应将承口、插口清洗干净，沿一个方向依次均匀压入承口凹槽；

3 润滑剂应符合现行国家标准《生活饮用水输配水设备及防护材料的安全性评价标准》GB/T 17219 的有关规定，不得使用石油制成的润滑剂。

4.2.4 法兰接口修复应符合下列规定：

1 法兰连接应保持同轴度，螺栓应能自然穿入；

2 垫片表面应平整，无翘曲变形，边缘切割应整齐；

3 螺栓应对称拧紧，紧固后的螺栓与螺母宜齐平；

4 法兰连接宜选用有止水带的橡胶垫片；

5 密封垫龟裂、脱落时应更换。

4.2.5 内胀圈接口修复应符合下列规定：

1 密封带、内胀圈应符合现行国家标准《生活饮用水输配水设备及防护材料的安全性评价标准》GB/T 17219 的有关规定；

2 管道接口清理、填充时，内胀圈与管内壁应紧贴；

3 待修接口应处于密封带中间部位，内胀圈应放置在密封带的环槽内，内胀圈的开口宜置入管道的内侧下方；

4 内胀圈应固定牢固，受力均匀。

4.3 管 箍 法

4.3.1 管箍法可用于管道接口脱开、断裂和孔洞的修复。

4.3.2 管箍法工艺应包括管箍选择、管箍安装和止水处理。

4.3.3 管道接口脱开、环向裂缝或断裂应选用全包式管箍，管道孔洞可选用补丁式管箍。

4.3.4 管箍安装应符合下列规定：

1 安装前，管道外壁应光滑，不得有影响密封性的缺陷；

2 当采用螺栓固定时，螺栓安装应方向一致，分布均匀，对称紧固；

3 当采用焊接固定时，应符合本规程第 4.4 节的规定。

4.3.5 止水处理应符合下列规定：

1 当采用橡胶密封件止水时，密封件材质应质地均匀、不得老化；

2 当采用非整体密封件止水时，应粘结牢固，拼缝平整；

3 接口止水应符合本规程第 4.2 节的规定。

4.4 焊 接 法

4.4.1 焊接法可用于钢质管道焊缝开裂、腐蚀穿孔的修复。

4.4.2 焊接法工艺应包括预处理、焊接和防腐处理。

4.4.3 预处理工艺应包括清除防腐层、除锈、干燥和修口等。

4.4.4 直接焊接管道应符合下列规定：

1 点状漏水补焊焊缝的长度宜大于 50mm。

2 对口时不得在管道上焊接任何支撑物，且不得强行对口；对口焊缝的点焊长度和错口的允许偏差应符合现行国家标准《给水排水管道工程施工及验收规范》GB 50268 的有关规定。

3 焊缝应修磨，与钢质管道原始表面的过渡应平缓，焊缝修磨后的高度不宜大于 4mm。

4 不应在焊缝及其边缘开孔。

5 可采用气体保护焊或电弧焊。

4.4.5 外加钢板、钢带焊接或内衬钢板、钢带焊接应符合下列规定：

1 钢板、钢带材质和厚度宜与管体相同，钢板、钢带不得有尖棱、尖角；

2 被加强钢板、钢带等覆盖的焊缝，应打磨平整；加强钢板、钢带应与被加强管体弧度一致，紧密贴合；

3 环缝钢带加固环的对焊焊缝应与被加固管节的纵向焊缝错开，当管径小于 600mm 时，间距不得小于 100mm；当管径大于或等于 600mm 时，间距不得小于 300mm；

4 纵缝钢带加固条与管体连接的角焊缝距管节的纵向焊缝不应小于 100mm；

5 加强钢板与管体连接的角焊缝距修复边缘处应大于 50mm。

4.4.6 寒冷或恶劣环境下的焊接工艺应符合现行国家标准《给水排水管道工程施工及验收规范》GB 50268 的有关规定。

4.4.7 焊材应根据母材材质、抢修要求进行选择。

4.4.8 焊接后应修复损坏处的防腐层。防腐层质量不应低于原管道的防腐要求。

4.5 粘 结 法

4.5.1 粘结法可用于管道裂缝、孔洞的修复。

4.5.2 粘结法工艺应包括胶粘剂选择、粘堵和加固处理。

4.5.3 胶粘剂选择应符合下列规定：

1 胶粘剂应与管道材质相匹配，并不得具有腐蚀性；

2 粘结固化后应达到供水管道所需强度要求，并应具有防水性和抗老化性。

4.5.4 粘堵应符合下列规定：

1 粘堵前应先止水，并清理粘结面及其周边的杂物，粘结面应清洁、干燥；

2 粘结应采用无捻无碱专用布，涂胶应均匀、浸透，且无缺胶现象；

3 胶粘剂固化前，不应受外力扰动；

4 胶粘剂达到产品规定的固化要求后，方可进行后续作业。

4.5.5 粘堵部位可选用补丁式管箍进行加固处理。

4.6 更换管段法

4.6.1 更换管段法可用于整段管道破损或其他方法修复困难的管道修复。

4.6.2 更换管段法工艺应包括原管道加固、破损管段拆除、新管段基础处理、新管段敷设和连接处理。

4.6.3 更换管道宜采用相同材质、相同规格的管材，且不得对原管道产生扰动。

4.6.4 破损管段拆除应符合下列规定：

1 拆除时不得影响其他管段；

2 预应力混凝土管道、预应力钢筒混凝土管道和玻璃钢管道不得截断使用；

3 当采用切割拆除时，应根据管道的材质和口径选用锯割、刀割和气割等工艺；

4 破损管段拆除后应及时清理并移出抢修工作区域。

4.6.5 应根据现场情况对新管段基础进行处理。

4.6.6 新管段连接可采用下列方法：

1 球墨铸铁管道可采用承插、法兰、管箍或伸缩接头连接；

2 钢质管道可采用焊接、法兰连接或管箍连接；

3 塑料管道可采用承插、粘结、电熔、热熔对接或法兰连接；

4 钢筋混凝土管道可采用承插接口或管箍连接；

5 不同材质的管段之间可采用法兰或管箍连接。

5 抢　　修

5.1 一 般 规 定

5.1.1 管道爆管应按规定程序关阀止水。

5.1.2 抢修应通过观察或探测确定漏点，再进行开挖。

5.1.3 抢修过程中应采取措施防止污染物进入供水管道，并应防止发生次生灾害。

5.1.4 当管道由于地基沉降、气温变化、外部荷载变化等外部因素造成管道损坏时，应采取相应措施消除各种外部因素的影响。

5.1.5 抢修应做好质量检查，并应做好抢修记录。

5.2 作业面施工

5.2.1 施工前应掌握地下管线、周边建（构）筑物和设施情况，对抢修有影响的建（构）筑物应进行保护或迁移。

5.2.2 基坑支护应符合现行行业标准《建筑基坑支护技术规程》JGJ 120 的有关规定。

5.2.3 基坑开挖应符合下列规定：

1 应根据现场环境状况，确定开挖方法、选择开挖机具和开挖范围；

2 开挖深度和面积应满足抢修的需要；

3 土石方堆放位置不得影响施工及安全。

5.2.4 施工排水应符合下列规定：

1 应利用放空阀自排或抽排；

2 应配备快速抽排的设备；

3 管道高处的进排气阀应处于开启状态，并可开启施工区域外的消火栓排水；

4 应减少对周边环境的影响。

5.2.5 架空管道作业面施工应符合现行国家标准《高处作业分级》GB/T 3608 的有关规定。

5.3 钢质管道修复

5.3.1 钢质管道修复可采用焊接法和管箍法。对于大面积腐蚀且管壁减薄的管道，应采用更换管段法修复。

5.3.2 管径大于 600mm 的钢质管道，对口焊接或安装管箍前，应检查椭圆度并进行整圆作业。

5.3.3 管道穿孔、裂缝焊补应符合下列规定：

1 当穿孔孔径小于 20mm 或裂缝宽度小于 10mm 时，可加工坡口后直接焊接；

2 当穿孔孔径大于等于 20mm 时，可采用钢板填补的方法对接封孔；

3 穿孔、裂缝焊补后，宜采用外加筋板焊接加固。

5.3.4 管径大于等于 800mm 的钢质管道可开孔进行管道内修复。内衬钢板或钢带前，应清理管道内壁并进行除锈处理。

5.3.5 管道修复后应进行防腐处理，防腐质量应符合现行国家标准《给水排水管道工程施工及验收规范》GB 50268 的有关规定。

5.4 铸铁管道修复

5.4.1 铸铁管道穿孔、承口破裂或裂缝漏水可采用管箍法修复。对于严重破裂的管道，应采用更换管段法修复。

5.4.2 管道砂眼漏水时，可在漏水孔处钻孔攻丝堵漏。

5.4.3 管道裂缝漏水时，应在裂缝两端钻止裂孔，并应采用管箍法修复。

5.4.4 管道切割后的插口端应磨光、倒角。

5.5 钢筋混凝土管道及预应力混凝土管道修复

5.5.1 钢筋混凝土管道及预应力混凝土管道接口漏水、管体局部断裂可采用管箍法修复。对于不能采用管箍法修复的管道，应采用更换管段法修复，且破损管道应整根更换。

5.5.2 管道砂眼渗水或裂缝渗水时，可采用环氧树脂砂浆或加玻璃纤维布修复。

5.6 预应力钢筒混凝土管道修复

5.6.1 预应力钢筒混凝土管道可采用管箍法、焊接法和更换管段法修复。采用管箍法时，应采用补丁式管箍修复。

5.6.2 管道外表面非预应力区的水泥砂浆保护层出现裂缝，且宽度大于0.25mm时，应采用水泥砂浆或环氧树脂修补。

5.6.3 管芯混凝土或水泥砂浆保护层修补前，应清除有缺陷的混凝土或水泥砂浆，且修补用的混凝土、水泥砂浆性能不应低于原管道。

5.6.4 预应力钢丝受损断裂或已经锈蚀的管道修复应符合下列规定：

1 管道受损处应进行凿毛清洗，且修补用的细石混凝土强度等级应高于原管道；

2 应采用钢套管加固，且受损部分两侧钢套管长度均应大于500mm；

3 钢套管与预应力钢筒混凝土管间应采用填料满缝填嵌；

4 安装加固钢套筒的管体底部及四周浇筑混凝土强度等级不应低于C20，且管道顶部混凝土保护层厚度不应小于250mm。

5.6.5 管芯局部损坏或钢筒穿孔漏水时，应对钢筒损坏部位凿开焊接。管道内部内衬钢衬板时，间隙应采用刚性材料填充，钢衬板内壁应作防腐处理。

5.6.6 管道局部接口漏水时，承、插口环钢板可采用连续焊接，接口内、外应采用水泥砂浆及混凝土包封，两端管腔位应浇筑混凝土加固。

5.7 玻璃钢管道修复

5.7.1 玻璃钢管道可采用粘结法、管箍法和更换管段法修复。

5.7.2 采用粘结法修复时，应将管道水气烘干，分层粘贴。

5.7.3 采用管箍法修复时，应检测受损玻璃钢管道的椭圆度，并应进行整圆处理。

5.7.4 管道外表面损伤修复应符合下列规定：

1 修补厚度和面积应根据管道材质的使用压力和设计要求确定；

2 修补材料应与管道材质和性能一致；

3 修补前应对管道损伤处进行清洗打磨；

4 管道修补部位完全固化后，方可投入使用。

5.7.5 管道受损面积小于管道截面的1/12，且受损面积不超过500mm×500mm时，宜采用衬板加固后，再采用管箍法修复。

5.7.6 当管道采用局部补强修复不能达到管道强度要求时，应采用更换管段法。

5.8 硬聚氯乙烯管道及聚乙烯管道修复

5.8.1 硬聚氯乙烯管道、聚乙烯管道可采用焊接法、粘结法和管箍法修复。大面积损坏时应采用更换管段法修复。

5.8.2 硬聚氯乙烯管道和管配件的轻微渗漏，可采用硬聚氯乙烯专用焊条焊接。焊补时应保持焊接部位干燥。

5.8.3 硬聚氯乙烯管道采用环氧胶粘剂缠绕玻璃纤维布修补时，管道接头应打磨粗化，并擦拭干净。

5.8.4 硬聚氯乙烯管道采用双承口连接件更换管道时，双承口连接应牢固。

5.8.5 聚乙烯管道修复应符合下列规定：

1 当管道损坏区为孔、洞时，应将损坏处及周围的管道表面清理干净，并刮除表层，干燥后采用电熔修补；

2 当管道损坏区不能采用电熔修复时，宜将损坏处切断，采用电熔套管修补；

3 当管道损坏区不能采用电熔套管修补时，宜采用更换管段法，新管道宜采用两个电熔套管与原管道连接；

4 当损坏管道不能停水作业时，宜采用管箍法修复。

5.9 管道附件修复

5.9.1 阀门抢修应符合下列规定：

1 阀门更换宜选用相同规格的阀门；

2 阀门从管道间取出时，应采取措施防止管道松动；

3 阀杆或阀板发生故障时，可更换阀杆或阀板；

4 管道水流方向应与阀门指示流向一致。

5.9.2 进排气阀漏水时，可采取清除杂物、更换浮球或胶垫方式进行修复。

5.9.3 消火栓和阀门阀体等出现裂纹漏水或受到破坏时，应止水更换。

5.10 回　填

5.10.1 回填作业应在恢复供水，并确认管道正常运行后进行。

5.10.2 回填作业应注意保护新修复的管道。

5.10.3 回填材料应结合道路交通恢复时间、修复处强度等因素确定。

5.10.4 回填土、回填分层厚度及夯实强度应符合现行国家标准《给水排水管道工程施工及验收规范》GB 50268 的有关规定。

6 修复并网

6.1 冲洗和消毒

6.1.1 抢修过程中不得污染管道，且管道外水位应低于管道底部。

6.1.2 抢修用管道及管配件内壁应进行预消毒。管道内径大于等于 800mm 的管道应进入管道内进行内壁清洗。

6.1.3 抢修冲洗排水口宜就近利用现有的排水口、消火栓等。排水不得影响周边安全。

6.1.4 当管道受到污染时，修复后应进行冲洗和消毒。

6.2 通　水

6.2.1 通水前应开启就近消火栓，并应检查进排气阀开启情况。

6.2.2 通水时应按规定程序缓慢开启已关闭阀门。

6.2.3 通水后应检查抢修管道有无渗漏现象，并应对受影响用户的用水恢复情况进行检查。

7 安全与环境

7.1 一 般 规 定

7.1.1 抢修现场及其影响范围应根据作业对象和环境状况，采取安全防护和环境保护措施。

7.1.2 抢修施工现场应设安全员。下井作业、高空作业和起吊作业等应设专人监护。

7.1.3 施工现场应设置施工告示牌、交通指示牌、安全标志牌和施工围挡等。

7.1.4 抢修现场的材料、机具、设备等应放置有序，减少对交通和周边设施的影响。

7.1.5 抢修作业临时用电应符合现行行业标准《施工现场临时用电安全技术规范》JGJ 46 的有关规定。

7.1.6 雨期和夏冬季抢修，应采取防雨、防雷、防暑和防冻等安全措施。

7.2 作业控制区安全

7.2.1 抢修作业控制区应根据抢修现场情况划定。

7.2.2 机动车道上抢修作业控制区的布置，应按交通控制要求设置相应的设施和标志。

7.2.3 夜间和阴暗空间作业应设置照明设施，并应按相关规定设置警示灯光信号。

7.2.4 安全设施应保持完好，安全标志应清晰可见。

7.2.5 当交通流量大或环境复杂时，应指派专人实行交通安全监护和现场秩序维护。

7.2.6 坑内作业应符合下列规定：

1 上、下作业坑应使用梯子，不得蹬踩地下管线及设施；

2 不得上、下抛扔工具和材料；

3 作业坑内支护应牢固，不得随意拆除。

7.2.7 作业坑边沿 0.8m 以内不得堆放土石方，作业坑边沿 0.8m 以外堆土的高度不宜超过 1.5m。

7.2.8 作业坑应根据现场条件采取支护措施，并应符合现行行业标准《建筑基坑支护技术规程》JGJ 120 的有关规定。

7.2.9 桥管、架空管道等高处作业应符合现行行业标准《建筑施工高处作业安全技术规范》JGJ 80 的有关规定。

7.2.10 隧道、涵洞、井室等有限空间内作业应符合现行国家标准《缺氧危险作业安全规程》GB 8958 的有关规定。

7.3 相邻设施保护

7.3.1 抢修影响范围内的管线及建（构）筑物应采取安全保护措施并及时通知相关单位现场监护。

7.3.2 易燃、易爆区域内动火施工应办理动火手续，并应采取防火措施。

7.3.3 地下管线保护应符合下列规定：

1 抢修作业前应查清管位，并应采取相应的保护措施；

2 抢修作业时应先保护后开挖，保护困难的应进行迁移；

3 机械开挖不得影响其他管线安全。当对其他管线有影响时，应采取人工开挖。

7.3.4 电杆、架空线路和建（构）筑物等相邻设施的保护和处置应符合下列规定：

1 应设置警示标志和采取防护措施；

2 易造成相邻设施下沉和变形时，应采取保护措施，并进行观察；

3 保护困难的应进行迁移或迁改。

7.4 劳 动 防 护

7.4.1 现场人员应佩戴安全帽，并应正确使用其他劳动防护用品。

7.4.2 抢修过程中应采取防坠落、防触电、防有害气体等防护措施。

7.4.3 现场施工人员应正确使用机具设备，并应保持完好。

7.4.4 当连续抢修作业时，应安排抢修人员轮换休息。

7.5 作业环境

7.5.1 应及时清理受管道故障、事故浸水影响的区域。

7.5.2 抢修现场应使用低噪声设备和采取防尘措施。

7.5.3 抢修施工时，不得随意抛掷施工材料、废土和其他杂物，泥浆不得随意排放。

7.5.4 抢修完工后，应及时拆除临时施工设施，并清理场地。

本规程用词说明

1 为便于在执行本规程条文时区别对待，对要求严格程度不同的用词说明如下：

1）表示很严格，非这样做不可的：

正面词采用“必须”，反面词采用“严禁”；

2）表示严格，在正常情况下均应这样做的：

正面词采用“应”，反面词采用“不应”或“不得”；

3）表示允许稍有选择，在条件许可时首先应这样做的：

正面词采用“宜”，反面词采用“不宜”；

4）表示有选择，在一定条件下可以这样做的，采用“可”。

2 条文中指明应按其他有关标准执行的写法为：“应符合……的规定”或“应按……执行”。

引用标准名录

1 《给水排水管道工程施工及验收规范》GB 50268

2 《缺氧危险作业安全规程》GB 8958

3 《高处作业分级》GB/T 3608

4 《生活饮用水输配水设备及防护材料的安全性评价标准》GB/T 17219

5 《施工现场临时用电安全技术规范》JGJ 46

6 《建筑施工高处作业安全技术规范》JGJ 80

7 《建筑基坑支护技术规程》JGJ 120

中华人民共和国行业标准

城镇供水管网抢修技术规程

CJJ/T 226—2014

条 文 说 明

制 订 说 明

《城镇供水管网抢修技术规程》CJJ/T 226－2014经住房和城乡建设部2014年7月31日以第502号公告批准、发布。

本规程编制过程中，编制组对我国城镇供水管网抢修工程进行了调查研究，总结了我国城镇供水管网抢修工程中的实践经验，同时，参考了国外先进技术法规、技术标准，对抢修方法、步骤和要求等分别作了规定。

为便于广大设计、施工、科研、学校等单位有关人员在使用本规程时能正确理解和执行条文规定，《城镇供水管网抢修技术规程》编制组按章、节、条顺序编制了本规程的条文说明，对条文规定的目的、依据以及执行中需注意的有关事项进行了说明。但是，本条文说明不具备与规程正文同等的法律效力，仅供使用者作为理解和把握规程规定的参考。

目　　次

1 总 则

1.0.1 城镇供水管网是城镇基础设施的重要组成部分，是城镇形成的必要基础，是城镇发展的“血液”。随着社会的进步，人民生活水平的提高，人们对供水的需求越来越高与水资源日益紧张的矛盾日益突出。快速、有序、可靠地完成供水管网抢修任务，保障城镇经济发展和社会稳定、减少水资源浪费是摆在供水企业面前的重要任务。供水管道发生爆管、漏水是管网运行过程中常见的客观现象，抢修流程不顺畅、措施不合理、协调不到位，往往会影响抢修作业的效率，甚至发生不必要的安全事故，对社会生产、人民生活造成严重影响。

编制人员在充分调研各地区城镇供水管网抢修的实践经验的基础上，紧密结合现行行业标准《城镇供水厂运行、维护及安全技术规程》CJJ 58、《城镇供水管网运行、维护及安全技术规程》CJJ 207 及《城镇供水服务》CJ/T 316 等，编制本规程。

1.0.2 本规程城镇供水管网抢修的对象为供水管道和管道附件。

1.0.3 现行国家标准《给水排水管道工程施工及验收规范》GB 50268 规定了管道工程的施工要求。管道抢修与管道施工之间有一定的区别，当本规程有规定时，管道抢修应按本规程规定的执行；当本规程无规定时，管道抢修应按现行国家标准《给水排水管道工程施工及验收规范》GB 50268 的规定执行。

3 基本规定

3.0.1 依据《中华人民共和国安全生产法》的有关规定，供水管网抢修应以人为本，安全第一，在抢修过程中应快速反应。应急响应时，涉及的部门多、人员多、协调事务多，故应统一指挥，分级负责，快速、有效处理管网抢修。

3.0.2 我国地域辽阔，各地区之间、大城市与小城镇之间供水情况不同，很难统一进行分级处置和管理。因此，各供水单位应因地制宜地进行供水管网抢修的分级处置和管理。在分级中，应充分考虑供水影响范围、管道属性、停水时间、抢修难易程度、经济损失、社会影响等因素。如：是否原水管道及输水主干管道爆管；是否造成路面设施破坏，影响交通安全；是否危及人员生命和财产损失；是否影响重大政治、经济和文化活动；是否发生客户集体投诉事件的抢修等。

一般来说，供水管网抢修可分为特别重大（Ⅰ级)、重大（Ⅱ级)、较大（Ⅲ级）和一般（Ⅳ级）四级。小城镇可分三级。

对于高级别的抢修工程，应急措施、抢修设备和材料的准备、提供相应的应急供水服务等均应高于低级别的抢修工程。

3.0.3 管网抢修时，供水调度的科学、合理，能经济、安全、高效地解决用户用水问题，同时也能有利于管网的及时快速抢修。通常，供水调度通过供水调度监控系统对供水各环节的监测、数据处理，提出关阀范围、停水或降供水区域，供决策采用。

《中华人民共和国城市供水条例》规定：由于施工、设备维修等原因需要停止供水的，应当经城市供水行政主管部门批准并提前 24h 通知用水单位和个人；因发生灾害或者紧急事故，不能提前通知的，应当在抢修的同时通知用水单位和个人，尽快恢复正常供水，并报告城市供水行政主管部门。《中华人民共和国合同法》有关“供用电、水、气、热力合同”的规定：供水管网抢修造成停水的，应通知用水单位和个人。

3.0.4 为保证安全供水，有效预防、控制和消除危及城镇安全供水的突发事件的危害，及时、有序、高效地开展事故抢险救援工作，最大限度地减轻各种灾害和事故造成的影响和损失，保护人民生命财产安全，维护社会稳定，有关单位应制定应急预案。应急预案编制的主要依据为《中华人民共和国水法》、《中华人民共和国安全生产法》、《中华人民共和国城市供水条例》、《饮用水水源保护区污染防治管理规定》、《城市供水水质管理规定》等法律法规和地方规范性文件。

应急预案根据供水影响级别，对应的分为 3～4 个不同级别，级别越高，预案的内容应越详细，对人、财、物的要求也越高。

应急预案的内容一般为：企业及有关供水基本信息；组织机构、组织人员、职责划分和联络方式；预案分级响应条件；处理程序；应急培训和应急预案演练计划等。

3.0.5 安全生产责任制是根据我国的安全生产方针“安全第一，预防为主，综合治理”和安全生产法规建立的各级领导、职能部门、工程技术人员、岗位操作人员在劳动生产过程中对安全生产层层负责的制度。安全生产责任制是供水单位岗位责任制的一个组成部分，是供水单位中最基本的一项安全制度，也是企业安全生产、劳动保护管理制度的核心。实践证明，凡是建立、健全了安全生产责任制的供水单位，各级领导重视安全生产、劳动保护工作，切实贯彻执行党的安全生产、劳动保护方针、政策和国家的安全生产、劳动保护法规，在认真负责地组织生产的同时，积极采取措施，改善劳动条件，工伤事故和职业性疾病就会减少。反之，就会职责不清，相互推诿，而使安全生产、劳动保护工作无人负责，无法进行，工伤事故与职业病就会不断发生。

安全生产责任制度包括安全生产教育培训制度、

安全岗位责任制度、安全生产检查制度、安全费用投入保障制度、特种作业人员安全管理制度和应急救援管理制度等。

供水管网抢修部门负责具体抢修工作的实施，根据现行行业标准《城镇供水管网运行、维护及安全技术规程》CJJ 207 有关维护站点设置的规定，抢修站点宜与维护站点一并设置，并充分考虑该区域内的供水规模、供水用户等情况。

供水单位应对社会公布 24h 报修电话，并保障电话处于正常状态。供水单位应安排抢修人员 24h 值班，值班包括岗位值班和电话值班。

国内外城市的发展表明，城市规模越大、功能越多，它潜在的风险就越大。作为城市重要的基础设施之一的城市供水管网系统，近年来，随着供水管网规模的快速拓展，给供水管网安全管理带来了新的挑战。供水管网爆管事故防治，已成为政府、行业、企业与研究部门高度重视的课题之一。

通过环境温度变化分析、历史爆管分析、爆管风险评估、爆管风险地图绘制、移动 GPS 设备技术等，可以对管网爆管起到防范和预警作用；通过压力监控辅以管网水力模型的模拟分析可以有效地提示爆管发生的区域及定位，为爆管事故后快速反应赢得宝贵的时间。

目前，应用较为广泛的爆管问题预警，主要是以描述性统计分析为主。一般采用通过管道材质、管道年龄、埋设年代、季节等静态因素和压力、流量等动态因素对管道爆管的隐患进行分析，并结合计算机技术实现对供水管网爆管的监测及预警。

3.0.8 经过专业培训并考核合格是抢修作业人员上岗的基本要求；企业应为抢修作业人员专业培训和考核提供条件。

对从事电工作业、井下作业、焊接作业、高处作业、登高架设作业等特种作业人员应根据《中华人民共和国劳动法》和《特种作业人员安全技术培训考核管理办法》，由具备培训资格的单位对其进行培训考核。考核合格的人员由国家和相关行政主管部门颁发全国通用的特种作业操作证，并定期进行年度复审。

3.0.10 抢修工程的资料记录应包括下列内容：

1 故障或事故报警记录；

2 故障或事故发生的时间、地点和原因等；

3 故障或事故类别；

4 故障或事故造成的损失情况；

5 抢修工程概况及修复日期；

6 抢修工程质量验收资料和图档资料；

7 抢修资料附件：抢修投入的材料清单、抢修过程影像资料、抢修地点的地域图、附录抢修平面示意图及断面示意图。

抢修资料应及时更新到已有的供水管网信息管理系统。

4 抢修基本方法

4.1 一般规定

4.1.1 目前，我国常用的管道有：钢质管道、铸铁管道、钢筋混凝土管道及预应力混凝土管道、预应力钢筒混凝土管道、玻璃钢管道、硬聚氯乙烯管道、聚乙烯管道及其他复合管道等。不同的管道易损坏的部位不一样；外界的影响不同，对管道的损坏程度及部位也不一样。因此，要根据不同情况采取有针对性的修补方法。

4.1.2 不停水修复技术是在不停水状态下对管道修复的一种技术。不停水修复技术具有不影响供水、不污染的特点，通常是采用管箍修复。

近年来，国内开始出现的非开挖修复地下管线技术是在借鉴国外技术的基础上，在工程中通过不断总结提高而形成的，这一非开挖技术逐步走向成熟，并开始被人们广泛接受。究其原因主要是因为，非开挖技术修复地下管线可以不用大面积全线破路开挖，保护了原有道路环境，使其免遭大规模破坏，粉尘污染较轻，交通影响较小，特别是其独特的工艺技术，可以使因无管位或其他管线占压等原因无法开挖更新的管线的修复难题迎刃而解。由于非开挖技术路面恢复时间较短，大幅缩短了管网改造修复的时间。主要的非开挖技术方法有：穿插法，原位固化法，碎（裂）管法，折叠内衬法，缩径内衬法，机械制螺旋缠绕法和管片内衬法等。

4.2 接口修复方法

4.2.2 刚性接口一般用于铸铁管道、混凝土管道的连接口。部分刚性接口填料的做法见表 1。

表 1 部分刚性接口填料的做法

内层填料		外层填料	
材料	填打深度	材料	填打深度
油麻	约占承口总深度的1/3，不超过承口水线里缘	石棉水泥	约占承口深度的2/3，表面平整一致，凹入端面 2mm
橡胶圈	填打至插口小台或距插口端 10mm	石棉水泥	填打至橡胶圈，表面平整一致，凹入端面 2mm

刚性接口修复可采用石棉水泥、纯水泥、自应力水泥砂浆、石膏水泥、掺添氯化钙的石棉水泥等填料

进行修复。带膨胀性质的刚性材料现常用的是膨胀水泥砂浆。采用的接口材料为：麻—膨胀水泥砂浆、胶圈—膨胀水泥砂浆。膨胀水泥砂浆不必打口，填塞密实即可，操作省力。此外，膨胀水泥砂浆作为填料与管壁的粘结力也比石棉水泥好。

膨胀水泥能够在水化过程中体积膨胀。膨胀的结果，一是密度减小，体积增大，提高了水密性和管壁的连接；另一是产生微小的封闭性气孔，使水不易渗漏。接口用膨胀性填料一般由硅酸盐水泥、矾土水泥和石膏组成。硅酸盐水泥为强度的组成部分，矾土水泥和石膏为膨胀的组成部分。膨胀水泥砂浆及石膏水泥填料，操作强度低，务必填嵌后能提出浆液，否则要引发二次膨胀，胀坏承口。掺添氯化钙的石棉水泥填料可快速凝固，提前通水。

刚性接口故障的修复，不同于新管道刚性接口的制作，若管道接口部位的管材质量良好，应剔除接口内的旧填料，再制作新的刚性接口。

4.2.5 内胀圈法工艺是利用专用液压设备，对不锈钢胀圈施压，将特制高强度密封止水带安装固定在接口两侧，对管道接口进行软连接，使管道恢复原设计承压能力。实施该技术后，经过试压验收，修复达到了预期目的。内胀圈法修复工艺可用于管径为600mm～3000mm的铸铁管道、钢质管道和混凝土管道等的修复。

管道接口填充前，应把接口残余灰渣、泥沙及其他污物人工清理干净。在内胀圈安装以前，用混合砂浆对需要填充的接口进行填充，将整个间隙填满并确保与管道内壁平齐。

密封带定位要确保其位置在待修部位正上方，并使待修管口处于密封带中间部位。

内胀圈定位后，可用专用液压工具对内胀圈的保持带施加压力。压力达到时，将圆弧形的不锈钢楔插入缝隙，使内胀圈固定。

4.3 管 箍 法

4.3.1 管箍一般用强度较大的金属材料制成，利用螺栓、夹头等锁紧装置加压固定在泄漏处，达到堵漏的目的。管箍接触泄漏处内侧表面垫上或粘上一层有一定弹性、又能抗泄漏介质的防渗材料。防渗材料常采用高分子弹性塑料或橡胶等。常用的管箍有水卡子、卡箍、卡盘、两合揣袖等。

管道孔洞、裂缝和接口脱开等修复，可用管箍将损坏处外包修复。

4.3.4 螺栓紧固时，以管道轴线为中心线对称紧固，同一侧螺栓坚固时，则以管箍螺栓孔位置对称紧固。

4.4 焊 接 法

4.4.1 钢质管道开裂漏水形式主要有：人孔盖板密封性差、螺旋焊缝质量差、对接焊口断面开裂等。

管道的焊接堵漏应符合现行国家标准《工业金属管道工程施工质量验收规范》GB 50184、《工业金属管道工程施工规范》GB 50235、《现场设备、工业管道焊接工程施工规范》GB 50236 和《现场设备、工业管道焊接工程施工质量验收规范》GB 50683 等的有关规定。

焊接法可靠性高，但是焊接往往局限于金属材料，对很多异形、异种材料和许多非金属材料则难以实施。

4.4.4 规定点状漏水补焊焊缝的长度是为确保补焊的牢固。

4.4.7 焊材的化学成分、机械强度应与母材相匹配，焊条质量应符合现行国家标准《非合金钢及细晶粒钢焊条》GB/T 5117 和《热强钢焊条》GB/T 5118 的有关规定。焊接母材和焊接材料应有出厂质量合格证或质量检验报告。焊条的选择从以下几个方面考虑：

1 等强匹配

即所选用焊条，熔敷金属的抗拉强度相等或相近于被焊母材金属的抗拉强度。此方法主要适用于对结构钢焊条的选用。

2 等韧性匹配

即所选用焊条熔敷金属的韧性相等或相近于被焊母材金属的韧性。此方法主要适用于对低合金高强度钢焊条的选用。这样，当母材结构刚性大，受力复杂时，不至于因接头的塑性或韧性不足而引起接头受力破坏。

3 等成分匹配

即所选用焊条熔敷金属的化学成分符合或接近被焊母材。此方法主要适用对不锈钢、耐候钢、耐热钢焊条的选用，这样就能保证焊缝金属具有同母材一样的抗腐蚀性、热强性等性能以及与母材有良好的熔合与匹配。

4 根据特殊要求选用

可根据焊缝金属是否需要再进行机械加工或进行热处理以及对焊条的经济接受能力来选用焊条。

4.4.8 防腐处理可采用塑化沥青热防蚀胶带等进行防腐层修复。

4.5 粘 结 法

4.5.1 粘结堵漏所用胶粘剂不仅要求粘结力强，且要求粘结速度快。只是由于粘结力有限，有时会受到泄漏处粘结位置和几何面积所限，适合较小的裂缝。

4.5.5 点状漏点的加固可用止推墩，塑料管道受到应力断裂可用基础或支撑加固。

4.6 更换管段法

4.6.1 更换管段法是管网抢修中常用的方法之一，它的适用范围广，对管道断裂、漏水面积大、抢修条件限制等复杂情况，更换管段法常常行之有效。

4.6.3 可采取加固管道的措施，防止相邻接口的松动。如根据管道内压力大小、土壤条件好坏，设立一定强度的支墩加固；管道地基处理采用砂基础或混凝土基础对管道地基处理，从而加固管道。

4.6.4 锯割正在使用中的管道时，应先在管道上画线，锯出锯槽，并沿管壁均匀锯割；管道停水后，应锯通管道，由下方排水；铸铁管道、水泥压力管道等脆性管材的切割一般可用錾切切割。使用液压挤刀切割时，刀刃必须与管道外壁垂直，并应安装牢固；挤压过程中，应平稳地挤压液压泵，观察管道切割情况时应与滚挤刀保持一定的安全距离；液压滚挤刀切割管道可用于普通铸铁管道等脆性管材，不得用于球墨铸铁管道。用气割切割管道前应检查工作场地和气割设备是否满足工作的安全要求；气割管道时，割嘴应与管道的表面保持垂直；气割固定的管道时，一般应从管道下部开始。自动割管机切割管道前应清除管体上的杂物及包块，划出切割线。切割行走时，不得用硬物敲打铣刀片。使用电动割管机时，必须安装漏电保护器。

5 抢 修

5.1 一 般 规 定

5.1.1 当爆管发生时，关阀止水前，爆管处积水对周边设施及环境造成严重影响，应就近打开消火栓或泄水阀泄水，降低爆管处水压，从而降低损失。关阀首先应就近关阀止水。当关阀止水困难时，应逐步关闭上游阀门。

5.1.2 漏点的确定可采用探测法快速确定，不宜采用开挖的方式寻找漏点。

5.1.3 为防止污染物进入供水管道，可采取的措施有：对敞开的管道口进行密封；及时排净抢修处积水，防止污水渗入管道；及时清理抢修管道过程中残留在管道中的杂物等。

供水管网爆管发生以后，常常诱发出一连串的其他灾害，这种现象叫灾害链。灾害链中最早发生的起作用的灾害称为原生灾害；而由原生灾害所诱发出来的灾害则称为次生灾害。抢修过程中，极易产生的次生灾害有周边管线断裂，道路塌方和农作物被淹等。如供水管道的井圈、井盖发生移动、损坏时，极易造成坠落、摔伤等事故，因此，在发现后应及时修复，以免发生次生灾害。

5.2 作业面施工

5.2.1 城市地下管线比较多，施工前应收集资料、现场查勘，正确掌握地下有关的电力、通信、排水、燃气、热力等管线分布。周边构筑物应正确掌握其地下基础、建筑结构等情况。

5.2.2 管网抢修的特殊性，决定了其基坑开挖和支护必须牢固，速度快。因此，其支护应按现行行业标准《建筑基坑支护技术规程》JGJ 120 的有关规定执行。通常认为抢修的支护是临时的，短暂的，支护结构可简单点，强度低点，这是一种错误的观点，越是临时性的，短暂的，越要高标准支护，牢固可靠。

5.2.3 在抢修施工中如何准确快速开挖工作坑是很重要的。城镇地下基础设施多，地下空间已被水、电、气、通信等管道或管沟过度占用，这些地表上看不见的地下设施使得土方开挖尤其是机械化抢修施工变得复杂。因此，基坑开挖与支护，在具体的抢修施工过程中应"因地制宜"地处理不同的情况。一般来说，人工挖槽时，堆土高度不宜超过 1.5m，且距槽口边缘不宜小于 0.8m；软土沟槽必须分层均衡开挖，层高不宜超过 1m。当发生异常情况时，应停止挖土，立即查清原因，应在采取措施后，方能继续挖土；发生有裂纹或部分塌落现象，应及时进行支撑或改缓放坡，并观察支护的稳固和边坡的变化；在沟槽开挖过程中，应采取措施防止碰撞支护结构或扰动基底原状土；应采取措施保持作业区内道路上各现役管线及其检查井的完好。

5.2.5 根据现行国家标准《高处作业分级》GB/T 3608 的规定：凡在坠落高度基准面 2m 以上（含 2m）有可能坠落的高处进行作业，都称为高处作业。根据这一规定，架空管道作业时，若在 2m 以上的架子上进行操作，即为高处作业。架空管道作业面施工应符合有关高空作业的要求。

5.3 钢质管道修复

5.3.1 对于局部穿孔的管壁，若漏点较小，可以垫上胶皮后用管箍堵漏法修复。采用焊接堵漏法时，若焊接开裂，一般可先用垫子使焊缝漏水量减少，再焊补一块钢板止水。更换局部管道法修复时，一般可采用两个柔性接口外加一段短管修复。

5.3.3 采用钢板填补的方法对接封孔，其操作要求是先将穿孔处修整成圆弧形，并加工一块尺寸与圆孔相符，材质、厚度与管体相同的弧形板，坡口、清根后，对接封孔。

5.4 铸铁管道修复

5.4.1 铸铁管道能承受一定的水压力，耐腐蚀性强，但其属于脆性材料，韧性较差。铸铁管道一般包含球墨铸铁管道和灰口铸铁管道。铸铁管道接口形式有承插式和法兰式两种。承插式接口常由于种种原因，填料被局部冲走发生漏水。采用管箍堵漏法时，如果漏水点较小可直接填口。如是接口处漏水，可以往接口内填料捻口，也可用卡盘压紧胶圈止水。

5.4.2 铸铁管道砂眼漏水时，可在漏水孔处先钻孔攻丝，然后拧紧塞头，达到堵漏的目的。

5.4.3 裂缝漏水，应在裂缝两头钻小孔，以防裂缝继续发展，并把裂缝处管壁打磨平整，再采用管箍法修复。

5.5 钢筋混凝土管道及预应力混凝土管道修复

5.5.1 钢筋混凝土管道多为承插式接口。这种管道接口漏水的情况较多，采用管箍法时，应先采取补麻等措施止水。如果纵向产生裂纹不长，可先把裂纹再剔大些，深度到钢筋，用环氧树脂打底，再用环氧树脂水泥腻子补平。预应力混凝土管道多为平口，接口一般用水泥套环连接。漏水点一般发生在接口处，可用管箍堵漏法修复。

管材爆裂或纵向裂缝较长时，也可采取钢制管节包嵌整根管材，现场焊成管箍，两端填充膨胀水泥填料，钢制管节与混凝土管道间开孔注满水泥砂浆，钢制管节下方作混凝土基础，两侧相邻管段胸膛嵌垫混凝土，作刚、柔接口间的过渡处理。倘若采取有效措施，切除破损管道可避免其邻近接口胶圈回弹，亦可用更换管段法修复。

5.6 预应力钢筒混凝土管道修复

5.6.1 更换局部管道法修复时，两端接口的修复尤为重要，可管箍法或焊接法等。

5.6.4 钢套管与预应力钢筒混凝土管道之间填料可用石棉水泥、沥青麻丝和油麻等。

5.7 玻璃钢管道修复

5.7.2 管道接口渗漏采用粘结法修复时，应将管道内水排净，将水气烘干，用玻纤布、树脂分层粘贴，直至固化。

管体空鼓串水采用粘结堵漏法修复时，应先剥离漏水点的玻纤布层，找到串水点，再将管道内水排净，将水气烘干，再用玻纤布、树脂分层粘贴，直至固化。

5.7.3 通常情况下，玻璃钢管道爆管后漏水点成不规则形状。对地下埋设管道来说，作用在埋设管道上方的回填土荷载及活动荷载，将引起管道垂直方向直径减小，水平方向直径增大，产生椭圆度。管道的椭圆度影响管道修复质量和管道接口质量，因此，应对椭圆度进行整圆。

5.7.5 衬板加固修复主要工艺步骤为：

1 管线停止输水，将损伤处的积水排除干净；

2 切割受损部位，包含损坏区域。管壁存在微裂缝时，应向裂缝扩散方向延伸切割，延伸长度不得低于 200mm，直至无明显可见裂缝；

3 选用满足使用要求的原材料，制作与切割面积相同的衬板；

4 衬板应固定在受损处，并应做好接缝处的防渗处理；

5 受损部位外部四周应修补，修补厚度不宜小于 200mm；管径小于 200mm 时，不宜小于 100mm；修补厚度要求达到可以承受相应的压力；

6 外保护层固化后方可投入正常使用。

5.8 硬聚氯乙烯管道及聚乙烯管道修复

5.8.3 硬聚氯乙烯管道接头因选胶或粘结工艺不合理、环境温度变化、管道受到过度挤压等原因而破损或密封失效，出现渗水、漏水现象。采用耐水性和耐久性好的环氧胶粘剂缠绕玻璃纤维布的方法修补。修补时，硬聚氯乙烯管道接头外表面用砂布打磨粗化，再用有机溶剂擦拭干净。用环氧胶加入轻质碳酸钙调成腻子，刮涂在接头陡坎部位，使之平滑过渡，便于玻璃纤维布缠绕。也可选用商品环氧胶修复。

5.8.4 硬聚氯乙烯管道采用双承口连接件更换管道时，其工艺步骤主要为：

1 在与双承口连接件连接的管道端部上面，标出插入长度标线，将插口端毛刺去除并倒角；

2 确定替换管长度，并划出插入长度标线，将替换管插入到双承口连接件的端部；

3 替换管为带承口的管段时，应先将双承口连接件套在替换管插口上，然后将替换管的承口与被修补的管道相连接，再将双承口连接件拉套在被修补管道的插口上。拉出的位置应位于管道与替换管上的标线之间；

4 替换管为双插口时，则应用两个双承口连接件，分别拉出后，套在已划标线位置上。

5.9 管道附件修复

5.9.1 阀门与法兰松动前应将阀门两侧管道固定；更换的阀门尺寸应与管道间隙相适应；不适应时，应切割拆除承盘或插盘后，再根据新阀门的尺寸切割管道，然后安装新的承盘或插盘和阀门。

5.10 回　　填

5.10.1、5.10.2 管网抢修后，抢修处的回填是很重要的一个环节，回填既要保护抢修修复处不受破坏，又不能因为回填不及时而影响周边环境。因此，回填要做到及时、优质。

恢复供水，确认管道正常运行的方式一般有：检查是否渗漏，管道是否位移等，确认正常后可进行回填等作业面恢复施工。

5.10.3 根据现行国家标准《给水排水管道工程施工及验收规范》GB 50268 的有关规定，分层夯实虚铺厚度不大于 200mm；回填土或其他回填材料运入槽内时不得损伤被抢修的管道及其接口；需要拌合的回填材料，应在运入槽内前拌合均匀，不得在槽内拌合。

当管道破损一般会造成大量漏水，从而造成回填土含水量过大，这时应进行换土回填。

6 修复并网

6.1 冲洗和消毒

6.1.2 管道消毒的目的是杀灭细菌，清毒应在冲洗之后进行。但抢修过程中冲洗和消毒的条件有限，故可以采取一定措施对管道进行预消毒，然后做好保护。

6.1.3 排水不得影响周边环境、建（构）筑物及交通安全。排入河道、池塘的水不得影响原水体的安全。

6.1.4 现行国家标准《给水排水管道工程施工及验收规范》GB 50268规定：给水管道必须水压试验合格，并网运行前进行冲洗与消毒，经检验水质达到标准后，方可允许并网通水投入运行。现行行业标准《城镇供水管网运行、维护及安全技术规程》CJJ 207规定：管道并网前应进行清除渣物、冲洗和消毒，经水质检验合格后，方可允许并网通水投入运行。

现行行业标准《城市供水水质标准》CJ/T 206规定：管网水监测的参数有浑浊度、色度、臭和味、余氯、细菌总数、总大肠菌群和COD_{Mn}等7项，检验频率为每月不少于2次，合格率应达到95%。

原建设部《城市供水水质管理规定》规定：用于城市供水的新设备、新管网或者经改造的原有设备、管网，应当严格进行清洗消毒，经质量技术监督部门资质认定的水质检测机构检验合格后，方可投入使用。

管段的冲洗是抢修的一项重要工作。冲洗应明确冲洗水源、放水口、排水路线及有关安全等事项。冲洗的步骤一般应为准备工作、开阀冲洗、检查、关阀、水样检查等。

抢修过程中涉及管道内水质污染时，应按规定冲洗和消毒。

6.2 通　水

6.2.2 管道清洗和消毒后，应进行开阀通水。一般来说，开阀应先缓慢开启抢修管道上游阀门，再缓慢开启下游阀门。环状管网和支管可同时缓慢开启两侧阀门。排气阀流出不夹气的水后，方可关阀。管段无排气阀时应开启高点消防栓排气。

6.2.3 通水后应检查抢修管道处有无“冒汗”现象，如沙眼、蜂窝或小洞渗漏等。

7 安全与环境

7.1 一般规定

7.1.3 施工告示牌一般应写明工程抢修施工单位名称、现场负责人和抢修工程内容及时间。施工告示牌应设置在施工路段的明显位置。

交通指示牌一般为车辆、行人的指示导向牌，一般设置在施工地段的路口和道路转弯处。

根据现行国家标准《安全标志及其使用导则》GB 2894规定了四类传递安全信息的安全标志：禁止标志；警告标志；指令标志；提示标志。抢修施工现场应结合现场情况合理设置安全标志牌。

7.2 作业控制区安全

7.2.1 《城市道路管理条例》规定：埋设在城市道路下的管线发生故障需要紧急抢修的，可以先行破路抢修，并同时通知市政工程行政主管部门和公安交通管理部门，在24h内按照规定补办批准手续。因此，在城市道路上划定封闭的作业控制区，应办理相应的手续。

7.2.2 设置合理的绕行线路等安全标志和安全围护设施的目的是，尽量减少对道路通行能力的影响，提高作业控制区安全性。

根据道路交通有关规定，应分别在作业控制区的警告区、上游过渡区、缓冲区、抢修作业区和下游过渡区设置安全标志和安全围护设施，其中：

1 警告区内应设置施工标志、限速标志和可变标志或线形诱导标等；

2 上游过渡区起点至下游过渡区终点之间应放置锥形交通路标；

3 缓冲区与作业区交界处应布设路栏；

4 作业区周围应布设施工隔离墩或安全带；

5 安全围护设施应整齐、干净、美观。

7.2.4 已设置的安全设施，在未完成作业之前不能随意撤除、改变设置位置、扩大或缩小作业区范围。必须用清楚和确定的方法引导车辆驾驶员以及行人通过作业区域，所有的安全设施要处于清晰可见和良好的状态，确保作业区安全控制的有效性。

7.2.8 支护一般可采用“一字形”、“井字形”（含双井字形）和“密排形”等护土板方法。

“一字形”：沟、坑较浅的，但有塌方的可能的情况下，可支撑“一字形”护土板；

“井字形”（含双井字形）：沟、坑比较深的，塌方的可能性又比较大的情况下，应该支撑“井字形”或者“双井字形”护土板；

“密排形”：在回填土、砂土、流沙、砂石、碎石地带，必须支撑“密排形”护土板，以控制塌方。

7.2.9 高处作业是指人在一定位置为基准的高处进行的作业。现行国家标准《高处作业分级》GB/T 3608规定：“凡在坠落高度基准面2m以上（含2m）有可能坠落的高处进行作业，都称为高处作业。”根据这一规定，若在2m以上的架子上进行操作，即为高处作业。桥管、架空管道、沟、槽等部位抢修作业，只要符合上述条件的，均作为高处作业对待，应加以防护。如：登高作业前，应检查登高工具和安全用具的安全可靠性；高处作业人员严禁穿硬底鞋，必须使用安全带；高处作业区的沿口、洞孔处，应设置护栏和标志等。

7.2.10 隧道、涵洞、井室等有限空间内作业应符合现行国家标准《缺氧危险作业安全规程》GB 8958、《焊接与切割安全》GB 9448 和《爆炸性环境第 1 部分：通用要求》GB 3836.1 等的有关规定。进入有限空间作业前必须确认无危险后方可进入作业。一般来说，有限空间内作业应做好下列工作：

1 应进行气体检测、通风。在进行气体检测前，应对有限空间及周边环境进行调查，分析有限空间内可能存在的有毒气体。气体检测应至少检测氧气、可燃气和有毒气体，有毒气体应至少包括硫化氢和一氧化碳。

通风可采用自然通风和机械通风。采用机械通风前应先进行自然通风。自然通风可采取开启有限空间的门、窗、通风口、出入口、人孔、盖板、井盖等方式。

在有限空间内进行防腐作业、明火作业、热熔焊接作业等应进行连续机械通风。

2 应做好防塌落工作。在涵洞、井室内等作业，应做好防塌落工作。

3 应确保通讯正常。正常的通讯能确保作业人员与管理人员及其他人员的及时沟通，确保安全作业。对于环境较差的井下作业时，还应设置报警装置，确保井下作业人员的安全。

4 应使用安全电压设备。关于安全电压设备：(1) 在地下室内或潮湿场所施工或施工现场照明灯具安装高度低于 2.4m 时，必须使用 36V 及以下安全电压的照明变压器和照明灯具；(2) 在潮湿和易触及带电体场所的照明电源电压不得大于 24V；(3) 在特别潮湿的场所，导电良好的地面、锅炉或金属容器内工作的照明电源电压不得大于 12V。

7.3 相邻设施保护

7.3.1 在抢修影响范围内的管线以及建（构）筑物存在安全隐患的：

1 及时报告，通知管线和构筑物管理单位派员对管线、构筑物进行监护。现场管线复杂造成管网抢修困难时，应召开协调会，制定加固保护方案；

2 采取防护措施；

3 制定可行的加固措施并实施；

4 已因爆管造成损坏的，在抢修管道的同时，必须抢修已损坏的设施。

7.3.2 施工现场的动火作业，应执行审批制度。动火作业由所在班组填写《动火申请表》，经有关人员审查批准后，方可动火。作业人员应严格按照用火证的规定进行作业，不得擅自更改作业内容，如有变化应重新办理动火证。

施工现场应明确划分用火作业、易燃材料堆场、仓库、易燃废品集中站和生活区等区域。焊、割作业点与氧气瓶、电石桶和乙炔发生器等危险物品与施工现场的距离不得少于 10m，与易燃、易爆物品的距离不得小于 30m；如达不到上述要求的，应执行动火审批制度，并采取有效的安全隔离措施。

7.3.3 关于地下管线保护，常见的措施有：

1 采用机械开挖前，先安排人工挖探坑，探明地下管线情况，避免扩大事故和造成其他次生事故；

2 已有管线处于开挖边缘外并与开挖基线平行时，应探明管线位置，并在开挖一侧打入密排钢板桩。桩上端应锚固，桩下端打入深度应根据土层确定；

3 已有管线与开挖基坑相交时，应在开挖区域外设立支架点，采取加固措施。

7.3.4 一般来说，基坑开挖边线距建筑物大于 4m，开挖深度大于 3m 时可采取单侧密排钢板桩支护坑壁。基坑开挖边线距建筑物小于等于 4m，开挖深度大于 3m 时应采取双侧密排钢板桩支护坑壁。必要时，可采取水泥搅拌桩与钢板桩双围护。

7.4 劳 动 防 护

7.4.2 抢修过程中高处作业应有防坠落的措施，进入管道内部抢修应有照明、通讯、通风等措施，并符合安全要求。进入管道内部，尤其是阀门井进行抢修时，阀门井系密闭空间，井内氧气稀少，二氧化碳浓度高，燃气管道的漏气或有害污水的渗漏都有可能毒化阀门井内的作业条件，因此，要加强有害气体的防护措施，如：凭下井派工单作业，采用多种有害气体检测仪下井检测或放入竹笼小鸟等。

7.5 作 业 环 境

7.5.2 抢修施工应当使用低噪声设备，对产生噪声、振动的施工设备和机械，应当采取消声、减振、降噪措施。抢修施工防尘措施一般有：渣土清运封闭车厢；现场及时洒水降尘；场地道路、临时堆场等采用硬地坪；拆除作业有洒水降尘等措施。

7.5.3 设置排水设施或沉淀设施可防止泥浆、污水、废水外流或堵塞下水道。

中华人民共和国行业标准

城镇给水管道非开挖修复更新工程技术规程

Technical specification for trenchless rehabilitation and renewal of urban water supply pipelines

CJJ/T 244—2016

批准部门：中华人民共和国住房和城乡建设部

施行日期：2 0 1 6 年 9 月 1 日

中华人民共和国住房和城乡建设部
公　　告

第1062号

住房城乡建设部关于发布行业标准《城镇给水管道非开挖修复更新工程技术规程》的公告

现批准《城镇给水管道非开挖修复更新工程技术规程》为行业标准，编号为CJJ/T 244-2016，自2016年9月1日起实施。

本规程由我部标准定额研究所组织中国建筑工业出版社出版发行。

中华人民共和国住房和城乡建设部

2016年3月14日

前　　言

根据住房和城乡建设部《关于印发〈2012年工程建设标准规范制订修订计划〉的通知》（建标［2012］5号）的要求，规程编制组经广泛调查研究，认真总结实践经验，参考有关国际标准和国外先进标准，并在广泛征求意见的基础上，编制了本规程。

本规程的主要技术内容是：1 总则；2 术语和符号；3 基本规定；4 材料；5 检测与评估；6 设计；7 施工；8 工程检验与验收。

本规程由住房和城乡建设部负责管理，由中国城镇供水排水协会负责具体技术内容的解释。执行过程中如有意见或建议，请寄送中国城镇供水排水协会（地址：北京市海淀区三里河路9号，邮政编码：100835）。

本规程主编单位：中国城镇供水排水协会

本规程参编单位：中国地质大学（武汉）
北京市自来水集团有限责任公司
上海城投水务（集团）有限公司
哈尔滨工业大学
上海市政工程设计研究总院（集团）有限公司
城市水资源开发利用（南方）国家工程研究中心
上海上水自来水特种工程有限公司
上海普测管线技术工程有限公司
河南中拓石油工程技术股份有限公司
天津华水自来水建设有限公司
山东柯林瑞尔管道工程有限公司
河北肃安实业集团有限公司
保定市金迪双维管道内衬技术有限公司
北京隆科兴非开挖工程有限公司

本规程主要起草人员：郑小明　马保松　刘志琪　赵洪宾　李长俊　裘黎明　钟俊彬　王　晖　乔　庆　徐效华　周长山　徐锦华　王耀文　张宏伟　王明岐　葛延超　舒诗湖　王向会　陈　凯　何　涛　丁勤三　杨　鹏　王少君　平宝生

本规程主要审查人员：高立新　刘雨生　张金松　李树苑　厉彦松　何文杰　邱文心　王长祥　李　虹　闫　卿

目　次

Contents

1 总 则

1.0.1 为使城镇给水管道非开挖修复更新工程做到技术先进、安全可靠、经济合理、保证质量，减少对环境的影响，制定本规程。

1.0.2 本规程适用于城镇给水管道非开挖修复更新工程的设计、施工及验收。

1.0.3 城镇给水管道非开挖修复更新工程的设计、施工及验收，除应符合本规程的规定外，尚应符合国家现行有关标准的规定。

2 术语和符号

2.1 术 语

2.1.1 非开挖修复更新工程 trenchless rehabilitation and renewal

采用不开挖或少开挖地表的方法进行管道修复更新的工程。

2.1.2 不锈钢内衬法 stainless steel lining

以不锈钢材料作为内衬进行管道修复的方法。

2.1.3 喷涂法 spray lining

通过机械离心喷涂、人工喷涂、高压气体旋喷等方法，将水泥砂浆、环氧树脂等内衬浆液喷涂到管道内壁，形成内衬层的管道修复方法。

2.1.4 局部修复 localized repair

对原有管道内的局部漏水、破损、腐蚀和坍塌等进行修复的方法。

2.1.5 结构性缺陷 structural defect

管道结构遭受损伤，影响强度、刚度和结构稳定性的缺陷。

2.1.6 功能性缺陷 functional defect

管道结构未受损伤，只影响过流能力、水质的缺陷。

2.1.7 非结构性修复 non-structural rehabilitation

管道内、外部压力完全由原有管道本体承受的修复工艺。

2.1.8 半结构性修复 semi-structural rehabilitation

原有管道承受外部土压力、动荷载和内部水压，内衬管道承受外部水压和真空压力的修复工艺。

2.1.9 结构性修复 structural rehabilitation

管道内、外部压力全部由内衬管道承受的修复工艺。

2.2 符 号

2.2.1 尺寸

d_h——原有管道中缺口或孔洞的最大直径；

D_{max}——原有管道的最大内径；

D_{min}——原有管道的最小内径；

D_n——内衬管道计算直径；

D_E——原有管道平均内径；

D_I——内衬管内径；

D_O——内衬管道外径；

H——管道敷设深度；

H_w——管顶以上地下水位高度；

L——工作坑长度；

R——管材允许弯曲半径；

SDR——管道的标准尺寸比；

t——内衬管道壁厚。

2.2.2 系数

C——椭圆度折减系数；

f_t——抗力折减系数；

K——原有管道对内衬管道的支撑系数；

N——管道截面环向稳定性抗力系数；

N_1——安全系数；

q——原有管道的椭圆度；

γ_Q——设计内水压力的分项系数；

μ——泊松比。

2.2.3 荷载和作用力

F——允许拖拉力；

P_d——管道设计压力；

P_v——真空压力；

P_w——管顶位置地下水压力。

2.2.4 模量和强度

E_L——内衬管道的长期弹性模量；

σ——管材的屈服拉伸强度；

σ_L——内衬管道的长期弯曲强度；

σ_{TL}——内衬材料的长期抗拉强度。

3 基本规定

3.0.1 新建道路及交通繁忙、支管弯管少、不易开挖等地区给水管道的修复更新，宜选用非开挖修复技术。

3.0.2 管道结构性修复的设计使用年限不应低于50年；半结构性和非结构性修复的设计使用年限不宜低于原有管道的剩余设计使用年限。

3.0.3 非开挖修复更新工程所用材料应符合国家现行有关标准的规定或设计要求，涉及饮用水的产品应符合现行国家标准《生活饮用水输配水设备及防护材料的安全性评价标准》GB/T 17219的有关规定。

3.0.4 非开挖修复更新工程检测、施工过程中应采取安全措施，并应符合现行行业标准《城镇供水管网运行、维护及安全技术规程》CJJ 207的有关规定。

3.0.5 非开挖修复更新工程所产生的废弃物、噪声等应符合国家有关环境保护的规定。

4 材 料

4.0.1 非开挖修复更新工程所用PE管材应符合下列规定：

1 管材的原材料应选用PE80或PE100级的管道混配料。

2 管材规格尺寸应按设计的要求确定。

3 内衬PE管材为标准管时，其物理力学性能应符合现行国家标准《给水用聚乙烯（PE）管材》GB/T 13663的有关规定；内衬PE管材为非标准管时，其物理力学性能应符合现行行业标准《采用聚乙烯内衬修复管道施工技术规范》SY/T 4110的有关规定。

4 内衬PE管材的耐开裂性能应符合现行行业标准《埋地聚乙烯给水管道工程技术规程》CJJ 101的有关规定。

4.0.2 非开挖修复更新工程所用玻璃钢管应符合现行国家标准《玻璃纤维增强塑料夹砂管》GB/T 21238的有关规定。

4.0.3 翻转式原位固化法所用材料的性能应符合下列规定：

1 内衬材料可由纤维布或纤维毡等骨架材料组成的软管和树脂等粘合材料构成。

2 软管应符合下列规定：

1）软管可由单层或多层聚酯纤维毡或同等性能的材料组成，并应与所用树脂亲和，且应能承受施工的拉力、压力和固化温度；

2）软管的涉水面应包覆一层非渗透性塑料膜；

3）多层软管各层的接缝应错开，接缝连接应牢固；

4）软管的横向与纵向抗拉强度不得低于5MPa；

5）软管的长度应大于待修复管段的长度，固化后应能与原有管道的内壁紧贴在一起。

3 粘合材料应符合下列规定：

1）树脂、固化剂、稀释剂和填料等粘合材料与骨架材料应浸润良好；

2）树脂可采用热固性的聚酯树脂、环氧树脂或乙烯基树脂；

3）树脂应能在热水、热蒸汽作用下固化，且初始固化温度应低于80℃；

4）粘合材料中，树脂、固化剂和其他助剂组成配比应根据施工现场配比试验确定，配比后的树脂进入管道开始固化前不应出现凝结硬化。

4 不含玻璃纤维内衬管道的初始结构性能要求应符合表4.0.3-1的规定，含玻璃纤维内衬管道的初始结构性能要求应符合表4.0.3-2的规定，内衬管道的长期力学性能应根据实际要求进行测试，不应小于初始结构性能要求的50%。

表 4.0.3-1 不含玻璃纤维内衬管道的初始结构性能要求

性能		试验方法
弯曲强度（MPa）	＞31	《塑料 弯曲性能的测定》GB/T 9341
弯曲模量（MPa）	＞1724	《塑料 弯曲性能的测定》GB/T 9341
抗拉强度（MPa）	＞21	《塑料 拉伸性能的测定 第2部分：模塑和挤塑塑料的试验条件》GB/T 1040.2

表 4.0.3-2 含玻璃纤维内衬管道的初始结构性能要求

性能		测试依据标准
弯曲强度（MPa）	＞45	《纤维增强塑料弯曲性能试验方法》GB/T 1449
弯曲模量（MPa）	＞6500	《纤维增强塑料弯曲性能试验方法》GB/T 1449
抗拉强度（MPa）	＞62	《塑料 拉伸性能的测定 第4部分：各向同性和正交各向异性纤维增强复合材料的试验条件》GB/T 1040.4

4.0.4 不锈钢内衬法所用材料的性能应符合下列规定：

1 内衬不锈钢管材应符合现行国家标准《流体输送用不锈钢焊接钢管》GB/T 12771的有关规定，不锈钢板材应符合现行国家标准《不锈钢冷轧钢板和钢带》GB/T 3280的有关规定，焊材的性能应符合现行国家标准《不锈钢焊条》GB/T 983的有关规定。不同牌号内衬不锈钢材料力学性能应符合表4.0.4-1的规定；不同牌号内衬不锈钢材料适用条件及用途可按表4.0.4-2选择。

2 不锈钢焊材宜与所用不锈钢内衬材料相匹配。

表 4.0.4-1 内衬不锈钢材料的力学性能

牌 号	性 能		测试依据标准
06Cr19Ni10（304型）	管材屈服强度	≥210MPa	《金属材料 拉伸试验 第1部分：室温试验方法》GB/T 228.1
	管材延伸率	≥35%	
022Cr19Ni10（304L型）	管材屈服强度	≥180MPa	
	管材延伸率	≥35%	
06Cr17Ni12Mo2（316型）	管材屈服强度	≥210MPa	
	管材延伸率	≥35%	
022Cr17Ni12Mo2（316L型）	管材屈服强度	≥180MPa	
	管材延伸率	≥35%	

表 4.0.4-2 内衬不锈钢材料适用条件及用途

牌 号	适用条件	用 途
06Cr19Ni10（304 型）	氯离子含量≤200mg/L	饮用净水、生活饮用冷水、热水等管道
022Cr19Ni10（304L 型）		耐腐蚀要求高于 304 型场合的管道
06Cr17Ni12Mo2（316 型）	氯离子含量≤1000mg/L	耐腐蚀要求高于 304 型场合的管道
022Cr17Ni12Mo2（316L 型）		海水或高氯介质

4.0.5 水泥砂浆喷涂法所用材料的性能应符合下列规定：

1 水泥性能应符合现行国家标准《通用硅酸盐水泥》GB 175 和《抗硫酸盐硅酸盐水泥》GB 748 的有关规定，水泥强度等级不应低于 42.5；

2 砂浆用砂质量应符合现行国家标准《建设用砂》GB/T 14684 的有关规定；

3 砂粒中泥土、云母、有机杂质和其他有害物质不应超过总重量的 2%；

4 砂粒应全部通过 14 目筛孔，通过 50 目筛孔的不应超过总重量的 55%，通过 100 目筛孔的不应超过 5%；

5 砂在使用前应使用筛网筛选；

6 当需要掺加外加剂时，应经过试验确定，不得采用影响水质和对钢材有腐蚀作用的衬里砂浆外加剂。

4.0.6 环氧树脂厚浆型涂料性能应符合表 4.0.6-1 的规定，环氧树脂无溶剂双组分涂料性能应符合表 4.0.6-2 的规定，环氧树脂底漆性能应符合表 4.0.6-3 的规定。

表 4.0.6-1 环氧树脂厚浆型涂料性能

项 目		性能指标	测试依据
漆膜外观		白色厚浆型	色卡比较
黏度（涂-4 黏度计 25℃+1℃）(S)		75±10	《涂料黏度测定法》GB/T 1723
细度（μm）		≤60	《涂料黏度测定法》GB/T 1723
固体含量（%）		≥80	《色漆、清漆和塑料 不挥发物含量的测定》GB/T 1725
附着力（级）		1～2	《色漆和清漆 拉开法附着力试验》GB/T 5210
硬度（2H 铅笔）		无划痕	《色漆和清漆 铅笔法测定漆膜硬度》GB/T 6739
柔韧性		合格	《漆膜柔韧性测定法》GB/T 1731
耐冲击（cm）		≥30	《漆膜耐冲击测定法》GB/T 1732
耐盐雾性试验		一级	《色漆和清漆 耐中性盐雾性能的测定》GB/T 1771
施工技术处理（h）		≤1	
干燥时间（23℃±2℃）	表干（h）*	≤24	《漆膜、腻子膜干燥时间测定法》GB/T 1728
	实干（h）	≤48	
完全固化期限（d）		7	

注：* 以手指触摸涂层表面不粘手，视为表干。

表 4.0.6-2 环氧树脂无溶剂双组分涂料性能

项目		性能指标	试验方法
细度（μm）		≤100	《涂料黏度测定法》GB/T 1723
体积固体含量（%）		≥94	《钢制管道液体环氧涂料内防腐层技术标准》SY/T 0457
干燥时间（25℃，h）	表干（h）	≤4	《漆膜、腻子膜干燥时间测定法》GB/T 1728
	实干（h）	≤24	《漆膜、腻子膜干燥时间测定法》GB/T 1728
附着力（级）		≤2	《漆膜附着力测定法》GB/T 1720
耐冲击性（cm）		50	《漆膜耐冲击测定法》GB/T 1732
柔韧性（mm）		≤2	《漆膜柔韧性测定法》GB/T 1731
涂层外观		平整光滑	目测

续表 4.0.6-2

项目		性能指标	试验方法
耐化学稳定性(90d)，(干膜厚度＝200μm)	10%NaOH	防腐层完整、无起泡、无脱落	《色漆和清漆　耐液体介质的测定》GB/T 9274
	3%NaCl		
	10%H_2SO_4		
耐含油污水性(100℃，1000h)，(干膜厚度＝200μm)		防腐层完整、无起泡、无脱落	《漆膜耐水性测定法》GB/T 1733
耐盐雾性(500h)，(干膜厚度＝200μm)		通过	《色漆和清漆　耐中性盐雾性能的测定》GB/T 1771

表 4.0.6-3　环氧树脂底漆性能

项　目	性能指标	试验方法
表干（h）	≤4	《漆膜、腻子膜干燥时间测定法》GB/T 1728
实干（h）	≤24	《漆膜、腻子膜干燥时间测定法》GB/T 1728
附着力级	≤2	《漆膜附着力测定法》GB/T 1720
柔韧性（mm）	1	《漆膜柔韧性测定法》GB/T 1731
抗冲击（J）	≥4.9	《漆膜耐冲击测定法》GB/T 1732
阴极剥离/mm（48h，150μm～300μm）	≤10	《埋地钢质管道聚乙烯防腐层》GB/T 23257
体积电阻率（Ω·m）	≥1×10^{11}	《固体绝缘材料体积电阻率和表面电阻率试验方法》GB/T 1410
剪切强度（MPa）	≥5	《防腐涂料与金属粘结的剪切强度试验方法》SY/T 0041

4.0.7　不锈钢发泡筒法所用材料的性能应符合下列规定：

1　发泡胶应采用双组分，并应在作业现场混合使用，固化时间应控制在30min～120min。

2　橡胶材料应做成筒状，并应附在不锈钢套筒的外侧。橡胶筒的两端应设置止水圈。

3　不锈钢筒应采用304型及以上材质，两端应加工成喇叭状或锯齿形边口。

4　止回扣卡住后不应发生回弹，且不应对修复气囊造成破坏。

4.0.8　橡胶胀环法所用橡胶密封带应紧贴管壁，且应密封良好。

4.0.9　非开挖修复更新工程所用成品管材或型材应按相关标准进行标注。没有相关标准时，成品管材或型材的标注应符合下列规定：

1　折叠管、缩径管的标注间距不应大于3.0m；

2　带状型材的标注间距不应大于5.0m；

3　片状型材应每片标注。

5　检测与评估

5.1　一般规定

5.1.1　给水管道修复前应进行管道检测与评估。

5.1.2　给水管道检测宜采用无损检测方法。检测过程中，应采取安全保护措施，不应对管道产生污染，并应减少对用户正常用水的影响。

5.1.3　给水管道检测与评估应包括下列内容：

1　确定缺陷类型；

2　判定可否采用非开挖修复工艺；

3　确定选用整体修复或局部修复；

4　确定选用结构性修复、半结构性修复或非结构性修复。

5.1.4　管道检测与评估应提交报告并及时归档。

5.2　管道检测

5.2.1　管道检测可采用电视检测（CCTV）、目测、试压检测、取样检测和电磁检测等方法。

5.2.2　管道检测内容应包括缺陷位置、缺陷严重程度、缺陷尺寸、特殊结构和附属设施等。

5.2.3　电视检测（CCTV）不宜带水作业。当现场条件无法满足时，应采取降低水位措施或采用具有潜水功能的检测设备。

5.2.4　目测应符合下列规定：

1　应对管道内、外表面进行检查；

2　进入管内目测的管道直径不宜小于800mm；

3　应确认管道内无异常状况后，人员方可入内作业；

4　作业人员应穿戴防护装备，携带照明灯具和通信设备；

5　在目测过程中，管内人员应与地面人员保持通信联系；

6　当管道坡度较大时，目测前应采取安全保护措施。

5.2.5 对待查管段可进行试压检测或选取有代表性的管段开挖截取进行取样检测。

5.2.6 预应力钢筒混凝土管（PCCP）可采用电磁检测。

5.3 管 道 评 估

5.3.1 管道评估应依据管道基本资料、运行维护资料、管道检测成果资料等，进行综合评估。

5.3.2 管道评估报告应包含下列内容：

1 竣工年代，管径及埋深，管材和接口形式，设计流量和压力，结构和附属设施及周边环境等基本资料；

2 管道运行维护资料；

3 电视检测（CCTV）、目测、试压检测、取样检测等管道检测资料；

4 管道缺陷分析及定性、管段整体状况评估及建议采用的修复方法。

5.3.3 管道修复方法应根据管道状况和综合评估结果综合确定，并应符合下列规定：

1 支管、弯管少的管段，宜采用非开挖修复；支管、弯管多的复杂管段，不宜采用非开挖修复。

2 管道缺陷只在极少数点位出现的管段，宜采用局部修复；管道缺陷在整个管段上普遍存在的管段，宜采用整体修复。

3 管体结构良好、仅存在功能性缺陷的管段，宜采用非结构性修复；有严重结构性缺陷的管段，宜采用结构性修复。

6 设 计

6.1 一 般 规 定

6.1.1 非开挖修复更新工程设计前应详细调查原有管道的基本概况、管道沿线的工程地质条件和水文地质条件、周边环境情况，并应取得管道检测与评估资料。

6.1.2 设计应符合下列规定：

1 修复后管道的流量和压力应满足使用要求；

2 修复后管道的结构应满足承载力、变形和开裂控制要求；

3 修复后管道应满足水质卫生要求；

4 原有管道地基不满足要求时，应进行处理。

6.1.3 非开挖修复更新方法的选择应根据检测与评估资料进行技术经济比较后确定。在初步设计阶段或基础资料不完整时，给水管道非开挖修复更新方法可按表 6.1.3-1 的规定选取，给水管道非开挖修复工艺种类和方法可按表 6.1.3-2 的规定选取。

表 6.1.3-1 给水管道非开挖修复更新方法

<table>
<tr><th colspan="2" rowspan="2">非开挖修复更新方法</th><th colspan="8">适用范围和使用条件</th></tr>
<tr><th>适用管径（mm）</th><th>原有管道材质</th><th>内衬管道材质</th><th>注浆需求</th><th>最大允许转角[1]</th><th>修复后管道横截面变化</th><th>原有管道缺陷</th><th>局部或整体修复</th></tr>
<tr><td colspan="2">穿插法</td><td>≥200</td><td>各种管材</td><td>PE、玻璃钢等</td><td>根据实际要求</td><td>11.25°</td><td>变小</td><td>结构性缺陷</td><td>整体修复</td></tr>
<tr><td colspan="2">翻转式原位固化法</td><td>200～1500</td><td>混凝土类、钢、铸铁等</td><td>玻璃纤维、针状毛毡、树脂等</td><td>不需要</td><td>45°</td><td>略变小</td><td>结构性缺陷</td><td>整体修复</td></tr>
<tr><td colspan="2">碎（裂）管法</td><td>50～750</td><td>各种管材</td><td>PE</td><td>不需要</td><td>0°</td><td>可变大</td><td>结构性缺陷</td><td>整体修复</td></tr>
<tr><td rowspan="2">折叠内衬法</td><td>工厂折叠</td><td>100～300</td><td rowspan="2">混凝土类、钢、铸铁等</td><td>PE</td><td>不需要</td><td>11.25°</td><td rowspan="2">略变小</td><td>结构性缺陷</td><td>整体修复</td></tr>
<tr><td>现场折叠</td><td>100～1600</td><td>PE</td><td>不需要</td><td>11.25°</td><td>结构性缺陷</td><td>整体修复</td></tr>
<tr><td colspan="2">缩径内衬法</td><td>200～1200</td><td>混凝土类、钢、铸铁等</td><td>PE</td><td>不需要</td><td>11.25°</td><td>略变小</td><td>结构性缺陷</td><td>整体修复</td></tr>
<tr><td colspan="2">不锈钢内衬法</td><td>≥800</td><td>混凝土类、钢、铸铁等</td><td>304，304L，316，316L</td><td>根据实际需要</td><td>90°</td><td>略变小</td><td>结构性缺陷</td><td>整体修复</td></tr>
<tr><td colspan="2">水泥砂浆喷涂法[2]</td><td>≥100</td><td>混凝土类、钢、铸铁等</td><td>水泥砂浆</td><td>—</td><td>—</td><td>略变小</td><td>功能性缺陷</td><td>整体修复</td></tr>
<tr><td rowspan="2">环氧树脂喷涂法[2]</td><td>离心喷涂</td><td>200～600</td><td rowspan="2">混凝土类、钢、铸铁等</td><td rowspan="2">环氧树脂</td><td rowspan="2">—</td><td rowspan="2">—</td><td rowspan="2">略变小</td><td rowspan="2">功能性缺陷</td><td rowspan="2">整体修复</td></tr>
<tr><td>高压气体喷涂</td><td>≤150</td></tr>
</table>

续表 6.1.3-1

非开挖修复更新方法		适用范围和使用条件							
		适用管径（mm）	原有管道材质	内衬管道材质	注浆需求	最大允许转角[1]	修复后管道横截面变化	原有管道缺陷	局部或整体修复
局部修复法	不锈钢发泡筒法	≥200	混凝土类、钢、铸铁等	不锈钢、发泡胶	不需要	—	—	结构性缺陷	局部修复
	橡胶胀环法	≥800		橡胶、不锈钢带					

注：1. 相同直径并且管道转角符合表 6.1.3-1 规定的管道，可设计成同一个修复段，否则应按不同管段进行设计；

2. 当管壁厚度小于正常管壁的 70%时，不宜选用水泥砂浆喷涂法和环氧树脂喷涂法。

表 6.1.3-2 给水管道非开挖修复更新工艺种类和方法

修复工艺种类	设计考虑的因素	可使用修复方法
非结构性修复	内衬修复要求； 原有管道内表面情况以及表面预处理要求	水泥砂浆喷涂法； 环氧树脂喷涂法
半结构性修复	内衬修复要求； 原有管道剩余结构强度； 内衬管道需承受的外部地下水压力、真空压力	原位固化法； 折叠内衬法； 缩径内衬法； 不锈钢内衬法
结构性修复	内衬修复要求； 内部水压、外部地下水压力、土体静荷载及车辆等活荷载	原位固化法； 缩径内衬法； 穿插法； 碎（裂）管法

6.1.4 水力计算应符合现行国家标准《室外给水设计规范》GB 50013 的有关规定。

6.2 内衬设计

6.2.1 非开挖管道修复更新工程所用管材直径的选择应符合下列规定：

1 穿插法内衬管道外径宜取原有管道内径的 90%～95%；

2 折叠内衬法、缩径内衬法的内衬管道外径应与原有管道内径一致；

3 原位固化法所用软管外径应与原有管道内径一致。

6.2.2 采用原位固化法、折叠内衬法或缩径内衬法进行半结构性管道修复时，内衬管道应能承受管道外部地下水压力和真空压力以及原有管道破损部位内部水压的作用，且壁厚设计应符合下列规定：

1 内衬管道承受外部地下水压力和真空压力的壁厚应按下列公式计算：

$$t = \frac{D_O}{\left[\frac{2KE_L C}{(P_w + P_v)N(1-\mu^2)}\right]^{\frac{1}{3}} + 1} \tag{6.2.2-1}$$

$$P_w = 0.00981 H_w \tag{6.2.2-2}$$

$$C = \left[\frac{\left(1 - \frac{q}{100}\right)}{\left(1 + \frac{q}{100}\right)^2}\right]^3 \tag{6.2.2-3}$$

$$q = 100 \times \frac{(D_E - D_{min})}{D_E} \text{ 或 } q = 100 \times \frac{D_{max} - D_E}{D_E} \tag{6.2.2-4}$$

式中：t——内衬管壁厚（mm）；

D_O——内衬管外径（mm）；

K——原有管道对内衬管的支撑系数，取值宜为 7.0；

E_L——内衬管的长期弹性模量（MPa），宜取短期弹性模量的 50%；

C——椭圆度折减系数；

P_w——管顶位置地下水压力（MPa）；

P_v——真空压力（MPa），取值宜为 0.05MPa；

N——管道截面环向稳定性抗力系数，不应小于 2.0；

μ——泊松比，原位固化法内衬管取 0.3，PE 内衬管取 0.45；

H_w——管顶以上地下水位深度（m）；

q——原有管道的椭圆度（%）；

D_E——原有管道的平均内径（mm）；

D_{min}——原有管道的最小内径（mm）；

D_{max}——原有管道的最大内径（mm）。

2 当按公式（6.2.2-1）计算所得 t 值满足公式（6.2.2-5）的要求时，应按公式（6.2.2-6）对内衬管道壁厚设计值进行校核；当按公式（6.2.2-1）计算所得 t 值不满足公式（6.2.2-5）时，应按式（6.2.2-7）对内衬管道壁厚设计值进行校核。

$$\frac{d_h}{D_E} \leqslant 1.83 \times \left(\frac{t}{D_O}\right)^{\frac{1}{2}} \qquad (6.2.2\text{-}5)$$

$$t \geqslant \frac{D_O}{\left[5.33 \times \left(\frac{D_E}{d_h}\right)^2 \times \frac{\sigma_L}{NP_d}\right]^{\frac{1}{2}} + 1} \qquad (6.2.2\text{-}6)$$

$$t \geqslant \frac{\gamma_Q P_d D_n}{2 f_t \sigma_{TL}} \qquad (6.2.2\text{-}7)$$

$$D_n = D_O - t \qquad (6.2.2\text{-}8)$$

式中：d_h——原有管道中缺口或孔洞的最大直径（mm）；

σ_L——内衬管道的长期弯曲强度（MPa），宜取短期弯曲强度的50%；

P_d——管道设计压力（MPa），应按管道工作压力的1.5倍计算；

D_n——内衬管道计算直径（mm）；

γ_Q——设计内水压力的分项系数，$\gamma_Q=1.4$；

σ_{TL}——内衬材料的长期抗拉强度（MPa），PE100材料，取10.0MPa；PE80材料，取8.0MPa；原位固化法（CIPP）材料，可取短期抗拉强度的50%；

f_t——抗力折减系数，PE材料，可按表6.2.2取值；CIPP材料，可取1.0。

表6.2.2 PE材料的抗力折减系数

温度 t（℃）	20	25	30	35	40
抗力折减系数 f_t	1.00	0.93	0.87	0.8	0.74

注：本表所指的PE材料的抗力折减系数是按使用年限50年要求的规定取值。

3 当管道位于地下水位以上时，原位固化法内衬管道标准尺寸比（*SDR*）不得大于100，PE内衬管道标准尺寸比（*SDR*）不得大于42。

6.2.3 采用穿插法、原位固化法或缩径内衬法进行管道结构性修复和采用碎（裂）管法更新旧管道时，内衬管道设计应符合现行国家标准《给水排水工程管道结构设计规范》GB 50332的有关规定。

6.2.4 采用不锈钢内衬法进行管道半结构性修复时，内衬管道应能承受管道外部地下水压力和真空压力以及内部水压的作用，其壁厚设计应符合下列规定：

1 内衬管道承受外部地下水压力的最小壁厚应按本规程公式（6.2.2-1）计算，式中 E_L 应取内衬不锈钢材料的短期弹性模量，原有管道对内衬管道的支撑系数 K 应通过耐负压试验确定；

2 内衬管道承受内部水压的最小壁厚应按本规程公式（6.2.2-7）计算，式中 P_d 应取管道工作压力的1.5倍，σ_{TL} 应取内衬不锈钢材料的屈服抗拉强度，γ_Q 应取1.4，f_t 应取1.0。

6.2.5 用于钢管的水泥砂浆内衬厚度及允许公差可按表6.2.5-1取值，用于球墨铸铁管的水泥砂浆内衬厚度可按表6.2.5-2取值。

表6.2.5-1 用于钢管的水泥砂浆内衬厚度及允许公差

公称直径（mm）	内衬厚度（mm）		厚度公差（mm）	
	机械喷涂	手工涂抹	机械喷涂	手工涂抹
500～700	8	—	+2 −2	—
800～1000	10	—	+2 −2	—
1100～1500	12	14	+3 −2	+3 −2
1600～1800	14	16	+3 −2	+3 −2
2000～2200	15	17	+4 −3	+4 −3
2400～2600	16	18	+4 −3	+4 −3
＞2600	18	20	+4 −3	+4 −3

表6.2.5-2 用于球墨铸铁管的水泥砂浆内衬厚度

公称直径（mm）	内衬厚度（mm）	
	公称值	某一点最小值
40～300	3	2.0
350～600	5	3.0
700～1200	6	3.5
1400～2000	9	6.0
2200～2600	12	7.0

6.2.6 环氧树脂内衬喷涂厚度可按表6.2.6取值。

表6.2.6 环氧树脂内衬喷涂厚度

公称直径（mm）	涂层厚度（mm）	
	湿膜	干膜
15～25	≥0.25	≥0.20
32～50	≥0.25	≥0.20
65～100	≥0.32	≥0.25
150～600	≥0.38	≥0.30

6.3 工作坑设计

6.3.1 工作坑的位置应按下列规定确定：

1 工作坑的坑位应避开地上建筑物、架空线、地下管线或其他构筑物；

2 工作坑宜设置在管道阀门、转角、变径或分支处，不宜设置在道路交汇口、医院出入口、消防出入口、隧道出入口及轨道交通出入口等人流车辆密集处；

3 一个修复段的两工作坑间距应控制在施工能力范围内。

6.3.2 工作坑尺寸应根据原有管道埋深、管径、内衬管道牵拉通道和施工空间要求进行设计，并应符合现行国家标准《给水排水管道工程施工及验收规范》GB 50268的有关规定。

6.3.3 PE管道进行穿插法、折叠内衬法、缩径内衬法、碎（裂）管法的连续管道牵拉作业时，应预留放置连续管道的场地，连续管道牵拉进管工作坑（图6.3.3）的大小应符合下列规定：

1 深度宜为管底深度加0.5m；

2 宽度宜为管道外径加1.5m；

3 连续管道进管工作坑的最小长度应按下式计算：

$$L=[H\times(4R-H)]^{\frac{1}{2}} \qquad (6.3.3)$$

式中：L——工作坑长度（m）；

H——管道敷设深度（m）；

R——管材允许弯曲半径（m），且 $R\geqslant 25D_O$。

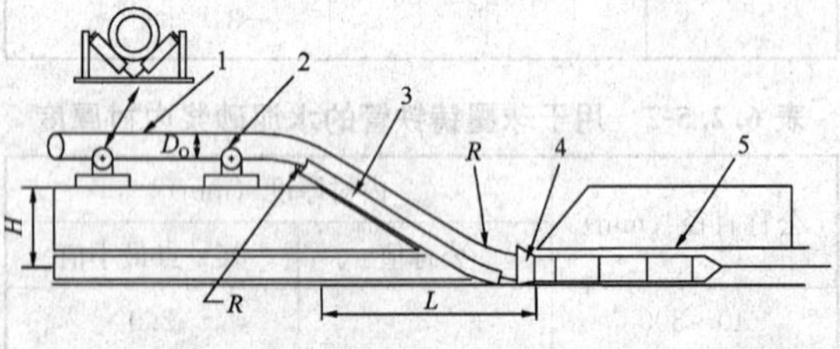

图6.3.3 连续管道牵拉进管工作坑布置示意图

1—内衬管道；2—地面滚轮架；3—防磨垫；4—喇叭形导入口；5—原有管道

7 施 工

7.1 一 般 规 定

7.1.1 非开挖修复更新工程施工应符合有关施工安全、职业健康、防火和防毒的法律法规，并应建立安全生产保障体系。

7.1.2 施工前应编制施工组织设计，施工组织设计应经审批后执行；涉及道路开挖与回填、交通导行的应按要求报批。

7.1.3 施工设备应根据工程特点合理选用，并应有总体布置方案和不宜间断的施工方法，应有满足施工要求备用的动力和设备。

7.1.4 施工对用户供水产生影响时，应按现行行业标准《城镇供水服务》CJ/T 316的有关规定采取相应的措施。

7.1.5 塑料管道的连接施工应符合现行行业标准《埋地聚乙烯给水管道工程技术规程》CJJ 101的有关规定。

7.1.6 当采用穿插法、折叠内衬法、缩径内衬法时，内衬管道穿插前应分别采用一个与待插管直径相同、材质相同、断面形态相同、长度不小于3m的管段进行试穿，并检测试穿后管段表面损伤情况，划痕深度不应大于内衬管道壁厚的10%。

7.1.7 内衬管道拖拉进入原有管道时，允许拖拉力应按下式计算：

$$F=\sigma\times\frac{\pi(D_O^2-D_I^2)}{6N_1} \qquad (7.1.7)$$

式中：F——允许拖拉力（N）；

σ——管材的屈服拉伸强度（MPa或N/mm²），PE80宜取20，PE100宜取22；

D_I——内衬管道内径（mm）；

N_1——安全系数，宜取3.0。

7.1.8 采用原位固化法进行管道修复时，应进行现场取样检测，并应符合下列规定：

1 当采用同一批次产品在相同施工条件下对多个修复段进行施工时，应至少每5个修复段取为一组样品；少于5个修复段时，应取为一组样品。

2 应在管道的起始端或末端安装一段与原有管道内径相同的拼合管，长度不应小于原有管道直径。

3 拼合管的周围应采取管道保温措施。

4 内衬管道衬入原有管道过程中，应同时将内衬管道衬入拼合管。内衬管道固化冷却后，应分离拼合管，并应切取样品管。

5 现场取得的样品管应按本规程第4章的有关规定进行检测。

7.1.9 采用折叠内衬法、缩径内衬法进行管道修复时，应进行现场取样检测，并应符合下列规定：

1 当采用同一批次产品在相同施工条件下对多个修复段进行施工时，应至少每5个修复段取为一组样品；少于5个修复段时，应取为一组样品。

2 内衬管道衬入原有管道复原冷却后，应在内衬管道的起始端或末端切取样品管。

3 现场取得的样品管应按本规程第4章的有关规定进行检测。

7.1.10 管道修复后，应对管道施工接口进行密封、连接、防腐处理。不能及时连接的管道端口，应采取保护措施。

7.1.11 非开挖修复更新工程施工应对工作坑开挖、管道断管与改造、管道预处理、端口处理与连接、管道压力试验、管道冲洗消毒和工作坑回填等基础施工工艺进行记录。

7.2 工作坑开挖与回填

7.2.1 工作坑开挖前，应确定断管部位、工作坑位置和尺寸以及修复管段的划分，并应按本规程第 6.3 节的规定和现场情况制定开挖方案。

7.2.2 当工作坑开挖需采取降排水、支护、地基处理等措施时，应符合现行国家标准《给水排水管道工程施工及验收规范》GB 50268 的有关规定。

7.2.3 非开挖修复更新工程施工完毕并经验收合格后，应及时回填工作坑，工作坑的回填应符合现行国家标准《给水排水管道工程施工及验收规范》GB 50268 的有关规定。

7.3 原有管道预处理

7.3.1 非开挖修复更新工程施工前应对原有管道进行预处理，预处理前宜进行电视检测（CCTV）或管内目测，并制定合理的预处理方案。

7.3.2 原有管道预处理可采用机械清洗、喷砂清洗、高压水射流清洗和管内修补等技术中的一种或几种组合进行作业。

7.3.3 采用机械清洗进行管道预处理时，应符合下列规定：

1 机械清洗可采用敲除、刮除和磨除等工艺类型，根据不同的管道材质、不同的结垢情况，可合理选择单一或多种清洗工艺；

2 当使用敲除管壁锈垢工艺时，机械设备不得损坏原有管道；

3 清洗产生的污水和污物应收集处理，不得随意排放。

7.3.4 采用喷砂清洗进行管道预处理时，应符合下列规定：

1 当管道内径小于等于 150mm 时，可采取喷砂除锈工艺进行清洗作业；

2 磨料应选用无毒、干净的石英砂，压缩空气应经过油气分离器除油；

3 当使用喷砂除锈工艺时，应在管道末端安装收集装置；

4 除锈结束后应向管内送入高压旋转气体，排净管内的杂质和水渍。

7.3.5 采用高压水射流清洗进行管道预处理时，高压水射流设备应由专业人员操作，并应合理控制清洗操作压力和流量，水流压力不得对管壁造成损坏。

7.3.6 管道内存在裂缝、接口错位和漏水、孔洞、变形、管壁材料脱落、锈蚀等局部缺陷时，可采用灌浆、机械打磨、点位加固、人工修补等管内修补的方法进行预处理。

7.3.7 严重缺陷无法修补且影响修复质量的，应采取加固或开挖更换缺陷管段的方法进行处理。当支管、变径管、阀门等影响内衬施工时，应通过开挖或其他手段进行预处理，内衬施工应连续进行。

7.3.8 原有管道预处理要求应根据采用的非开挖修复更新工法确定，并应符合表 7.3.8 的规定。

表 7.3.8 原有管道预处理要求

非开挖修复更新工法	预处理要求
穿插法	无影响衬入的沉积、结垢、障碍物及尖锐凸起物，管内不应有积水
翻转式原位固化法	
折叠内衬法	
缩径内衬法	
碎（裂）管法	管道无堵塞，宜排除积水
不锈钢内衬法	无影响衬入的沉积、结垢、障碍物及尖锐凸起物，管内保持干燥
水泥砂浆喷涂法	
环氧树脂喷涂法	管道内无沉积、结垢和障碍物，管内表面质量应符合现行国家标准《涂覆涂料前钢材表面处理 表面清洁度的目视评定 第1部分：未涂覆过的钢材表面和全面清除原有涂层后的钢材表面的锈蚀等级和处理等级》GB/T 8923.1 的有关规定，管内保持干燥
不锈钢发泡筒法	管内待修复部位无明显沉积物、结垢和障碍物，且待修复部位前后 500mm 的管道内表面应无明显附着物、尖锐毛刺及突起
橡胶胀环法	

7.3.9 原有管道预处理后，宜进行电视检测(CCTV)，人工可进入的管道也可采取管内目测进行检查。

7.3.10 原有管道预处理作业应做好详细的施工记录。

7.3.11 原有管道预处理经验收合格后，方可进行下一步施工。

7.4 穿 插 法

7.4.1 内衬管道可通过牵拉、顶推或两者结合的方法置入原有管道中，当使用一种方法难以实现穿插作业时，宜使用牵拉和顶推组合工艺。

7.4.2 内衬管道穿插前应采取下列保护措施：

1 应按本规程第 7.1.6 条的规定进行试穿插；

2 应在原有管道端口设置导滑口；

3 应对内衬管道的牵拉端或顶推端采取保护措施；

4 连续管道穿插应在地面上安装滚轮架、工作坑中应铺设防磨垫。

7.4.3 连续管道穿插作业应符合下列规定：

1 管道不得被坡道、操作坑壁、管道端口划伤；

2 管道的拉伸率不得大于1.5%，管道牵拉速度不宜大于0.3m/s，在管道弯曲段或变形较大的管道中施工应减慢速度；

3 牵拉过程中牵拉力不应大于内衬管道截面允许拉力的50%，允许拉力应按本规程公式（7.1.7）计算；

4 牵拉操作不宜中途停止；

5 内衬管道伸出原有管道端口的距离应满足内衬管道应力恢复和热胀冷缩的要求；

6 内衬管道宜经过24h的应力恢复后进行后续操作。

7.4.4 不连续管道穿插作业应符合下列规定：

1 当采用机械承插式接头连接的短管时，可带水作业，水位宜控制在管道起拱线之下；

2 当采用热熔连接的PE管时，连接设备应干燥；

3 短管的长度宜能够进入工作坑；

4 短管进入工作坑时不应造成损伤。

7.4.5 管道环状间隙注浆时应符合下列规定：

1 当内衬管道不足以承受注浆压力时，注浆前应对内衬管道进行支护或采取其他保护措施。

2 带有支管的管道，注浆前，应打通内衬管道的支管连接，并应采取保护措施；注浆时，浆液不得进入支管。

3 注浆孔或通气孔应设置在两端密封处或支管处，也可在内衬管道上开孔。

4 浆液应具有流动性较强、固化过程收缩小、放热量低的特性。

5 宜采用分段注浆工艺。

6 注浆完成后应密封内衬管道上的注浆孔，并应对管道端口进行处理。

7.4.6 管道穿插作业完成后，应在管道进出工作坑处采用具有弹性和防水性能的材料对原有管道和内衬管道之间的环状间隙进行密封处理，并应符合本规程第7.1.10条的规定。

7.4.7 穿插法施工记录应符合本规程第7.1.11条的规定，并应对内衬管道焊接、内衬管道穿插和环状间隙注浆等施工工艺进行记录。

7.5 翻转式原位固化法

7.5.1 浸渍树脂软管的准备工作应符合下列规定：

1 软管制作应符合下列规定：

1）软管使用纤维布（毡）缝制时，应按设计尺寸剪裁下料；

2）多层软管各层的接缝错开应大于100mm，接缝应严密，连接应牢固；

3）软管的长度应大于原有管道的长度，软管直径的大小在固化后应与原有管道的内壁紧贴在一起。

2 树脂配制应符合下列规定：

1）树脂应在现场进行配比试验，各批次树脂应分别进行配比试验；

2）树脂配制应在原有管道预处理验收完毕、现场已具备拉入内衬管道的条件后进行，树脂不应在软管衬入管道过程提前凝结固化。

3 软管的树脂浸渍及运输应符合下列规定：

1）在浸渍软管之前应计算树脂的用量，树脂的各种成分应进行充分混合，实际用量应大于理论用量的5%～15%；

2）树脂和添加剂混合后应及时进行浸渍，停留时间不得超过20min；当不能及时浸渍时，应将树脂冷藏，冷藏温度应低于15℃，冷藏时间不得超过3h；

3）软管应在抽成真空状态下充分浸渍树脂，且不得出现干斑或气泡；

4）浸渍过树脂的软管应存储在低于20℃的环境中，运输过程中应记录软管暴露的温度和时间。

7.5.2 浸渍树脂的软管翻转衬入原有管道时，应符合下列规定：

1 可采用水压或气压的方法将浸渍树脂的软管翻转置入原有管道；

2 翻转时，应将软管的外层防渗塑料薄膜向内翻转成内衬管道的内膜；

3 翻转压力应控制在使软管充分扩展所需的最小压力和软管所能承受的最大内部压力之间，同时应能使软管翻转到管道的另一端；

4 翻转过程中宜用润滑剂减少翻转阻力，润滑剂应是无毒的油基产品，且不得对软管和相关施工设备等产生影响；

5 翻转完成后，浸渍树脂软管伸出原有管道两端的长度宜大于1m。

7.5.3 翻转完成后，浸渍树脂软管的固化应符合下列规定：

1 可采用热水或热蒸汽对软管进行固化；

2 热水供应装置和蒸汽发生装置应装有温度测量仪，固化过程中应对温度进行测量和监控；

3 在修复段起点和终点，距离端口大于300mm处，应在浸渍树脂软管与原有管道之间安装监测管壁温度变化的温度感应器；

4 热水宜从高程较低的端口通入，蒸汽宜从高程较高的端口通入；

5 固化温度应均匀升高，固化所需的温度和时间以及温度升高速度应符合树脂材料说明书的要求，并应根据修复管段的材质、周围土体的热传导性、环境温度、地下水位等情况进行调整；

6 固化过程中软管内的水压或气压应使软管与

原有管道保持紧密接触，该压力值应保持到固化结束；

7 可通过温度感应器监测的树脂放热曲线判定树脂固化的状况。

7.5.4 固化完成后，内衬管道的冷却应符合下列规定：

1 内衬管道应缓慢冷却，热水固化宜冷却至38℃，蒸汽固化宜冷却至45℃；

2 可采用常温水替换软管内的热水或蒸汽进行冷却，替换过程中内衬管道内不得形成真空；

3 应待冷却稳定后方可进行后续施工。

7.5.5 内衬作业完全结束后，应在内衬管道与原有管道之间充填树脂混合物进行密封，树脂混合物应与软管浸渍的树脂材料相同，并应符合本规程第7.1.10条的规定。

7.5.6 翻转式原位固化法施工记录应符合本规程第7.1.11条的规定，并应对树脂配制与浸渍、翻转内衬与固化等施工工艺进行记录。

7.6 碎（裂）管法

7.6.1 采用静拉碎（裂）管法进行管道修复更新工程施工时，应符合下列规定：

1 应根据管道直径及材质选择不同的碎（裂）管设备。

2 当碎（裂）管设备包含裂管刀具时，应从原有管道底部切开。切刀的位置应处于与竖直方向成30°夹角的范围内。

7.6.2 采用气动碎管法进行管道修复更新工程施工时，应符合下列规定：

1 采用气动碎管法时，碎（裂）管设备与周围其他管道距离不应小于0.8m，且不应小于待修复管道直径的1.5倍，与周围其他建筑、设施的距离不宜小于2.5m；当与周围其他建筑、设施的距离小于2.5m时，应对周围管道和建筑、设施采取保护措施。

2 气动碎管设备应与钢丝绳或拉杆连接。碎（裂）管过程中，应通过钢丝绳或拉杆向气动碎管设备施加恒定的牵拉力。

3 碎管设备到达出管工作坑前，施工不宜终止。

7.6.3 新管道在拉入过程中应符合下列规定：

1 新管道应连接在碎（裂）管设备后，并应随碎（裂）管设备一起拉入；

2 新管道拉入过程中宜采用润滑剂降低新管道与土层之间的摩擦力；

3 施工过程中，当牵拉力陡增时，应立即停止施工，并应查明原因后方可继续施工；

4 管道拉入后自然恢复时间不应小于4h。

7.6.4 在始发工作坑及接收工作坑中应对新管道与土体之间的环状间隙应进行密封，密封长度不应小于200mm，并应符合本规程第7.1.10条的规定。

7.6.5 碎（裂）管法施工记录应符合本规程第7.1.11条的规定，并应对PE管道焊接和碎（裂）管穿插等施工工艺进行记录。

7.7 折叠内衬法

7.7.1 折叠内衬法修复更新工程施工时，气温不宜低于5℃。

7.7.2 折叠管的压制应符合下列规定：

1 管道折叠变形应采用专用变形机，缩径量应控制在30%～35%。

2 折叠过程中，折叠设备不得对管道产生划痕等破坏。折叠应沿管道轴线进行，管道不得扭曲、偏移。

3 管道折叠后，应立即用缠绕带进行捆扎。管道牵拉端应连续缠绕，其他位置可间断缠绕。

4 折叠管的缠绕和折叠速度应保持同步，宜控制在5m/min～8m/min。

7.7.3 折叠管的拉入应符合下列规定：

1 拉入过程中，管道不得被划伤；

2 应观察管道入口处PE管情况，防止管道发生过度弯曲或起皱；

3 管道拉入过程应符合本规程第7.4.2条和第7.4.3条的规定。

7.7.4 现场折叠管的复原过程应符合下列规定：

1 可采用注水或鼓入压缩空气加压使折叠管复原。

2 复原时应严格控制加压速度，折叠管应完全复原，不得损坏。

3 折叠管复原后，压力应保持稳定，且不应少于8h。

4 复原后，应采用电视检测（CCTV）检查折叠管复原情况。当复原不完全时，应采取措施。

7.7.5 工厂预制PE折叠管复原及冷却过程应符合下列规定：

1 应在管道起止端安装温度测量仪。温度测量仪应安装在内衬管道与原有管道之间。

2 折叠管中通入蒸汽的温度宜控制在112℃～126℃之间，并应加压至100kPa。当管外周温度达到85℃±5℃后，应加压至180kPa。

3 应维持压力直到折叠管全膨胀。

4 折叠管复原后，应将管内温度冷却到38℃以下，并应缓慢加压至228kPa。内衬管道应采用空气或水替换蒸汽冷却至周围环境温度。

5 冷却后，内衬管道伸出原有管道不应小于100mm。

6 复原后，应采用电视检测（CCTV）检查折叠管复原情况。当复原不完全时，应采取措施。

7.7.6 折叠管复原作业结束后，端口处理和连接应符合本规程第7.1.10条的规定。

7.7.7 折叠内衬法施工的记录应符合本规程第7.1.11条的规定，并应对PE管道焊接、PE管道折叠变形、PE管道穿插和PE管道复原等施工工艺进行记录。

7.8 缩径内衬法

7.8.1 缩径内衬法修复更新工程施工时，气温不宜低于5℃。

7.8.2 径向均匀缩径内衬法施工应符合下列规定：

1 PE管道直径的缩小量不应大于15%；

2 缩径过程中应观察并记录牵拉设备牵拉力、PE管道缩径后周长，并应观察牵拉设备和缩径设备的稳固情况，缩径过程不得对管道造成损伤；

3 大气温度低于5℃或牵拉力对PE管道管壁拉应力达到PE管道材料屈服强度的40%时，应采取加热措施；

4 管道缩径与拉入应同步进行，且不得中断；

5 拉入过程应符合本规程第7.4.2条和第7.4.3条的规定。

7.8.3 缩径管拉入完毕后，管道复原应符合下列规定：

1 采用自然复原时，时间不应少于24h。

2 采用加热加压方式复原时，时间不应少于8h。

3 复原后，应采用电视检测（CCTV）检查缩径管复原情况。当复原不完全时，应采取措施。

7.8.4 缩径管复原作业结束后，端口处理和连接应符合本规程第7.1.10条的规定。

7.8.5 缩径内衬法施工记录应符合本规程第7.1.11条的规定，并应对PE管道焊接、PE管道缩径及穿插和PE管道复原等施工工艺记录。

7.9 不锈钢内衬法

7.9.1 不锈钢内衬法可用于直径大于等于800mm的管道修复更新。

7.9.2 不锈钢内衬安装作业应符合下列规定：

1 进行不锈钢内衬安装前，原有管道内部应保持严密、干燥，并应持续强制通风。管道内施工人员应穿戴劳动保护装备，管内电源线应绝缘良好。

2 不锈钢管材送入原有管道内部焊接之前，应采用专用卷管设备将板材卷制成筒状管坯，卷管角度和曲率半径应按管径确定，管坯长度应小于工作坑长度。

3 弯头、变径、支管等特殊部位的不锈钢内衬，应准确测量内衬部位尺寸，并应按设计图下料。技术人员应绘制下料尺寸图，并应负责内衬作业技术交底。

4 不锈钢管坯应通过工作坑逐节运输，并应在原有管道内进行焊接。运输时应采取防护措施。

5 不锈钢内衬管道的焊接应符合下列规定：

1）不锈钢焊接作业应符合现行国家标准《现场设备、工业管道焊接工程施工规范》GB 50236的有关规定；

2）当焊接作业的高温易对原有管道产生不良影响时，应采取隔热措施；

3）对接焊缝组对时，内壁应齐平；

4）不锈钢焊接时，纵缝错开不应小于100mm，且不得产生十字焊缝；

5）原有管道端部，应对不锈钢内衬管道与原有管道内壁之间进行满焊密封处理。

7.9.3 不锈钢内衬焊接安装结束后，应对管内焊缝进行探伤检测，焊缝质量可靠后方可进行后续作业。

7.9.4 不锈钢内衬管道与原有管道管壁之间的环状间隙宜注浆处理，注浆工艺应符合本规程第7.4.5条的规定。

7.9.5 不锈钢内衬作业完成后，端口处理和连接应符合本规程第7.1.10条的规定。

7.9.6 不锈钢内衬法施工记录应符合本规程第7.1.11条的规定，并应对不锈钢管坯卷制、内衬焊接安装、焊缝探伤检测和环形间隙注浆等施工工艺进行记录。

7.10 水泥砂浆喷涂法

7.10.1 水泥砂浆喷涂宜采用机械喷涂。当管径大于1000mm时，可采用手工涂抹。

7.10.2 喷涂作业前，应检查管道的变形状况。竖向最大变位不应大于设计规定值，且不得大于管径的2%。

7.10.3 水泥砂浆混配应符合下列规定：

1 水泥砂浆重量配比应为1∶1～1∶2，水泥砂浆坍落度宜取60mm～80mm。当管道直径小于1000mm时，坍落度可提高，但不宜大于120mm。

2 应采用机械充分搅拌混合，砂浆稠度应符合衬里的匀质密实度要求，砂浆应在初凝前使用。

3 水泥砂浆抗压强度不应小于30MPa。

7.10.4 水泥砂浆喷涂作业应符合下列规定：

1 当采用机械喷涂时，弯头、三通等特殊管件和邻近闸阀的管段可采用手工喷涂，并应采用光滑的渐变段与机械喷涂的衬里相接；

2 水泥砂浆喷涂厚度可按本规程第6.2.5条的规定选取。

7.10.5 水泥砂浆喷涂后的养护作业应符合下列规定：

1 已喷涂的水泥砂浆达到终凝后，应立即进行浇水养护，衬里保持湿润状态不应小于7d。

2 当采用矿渣硅酸盐水泥时，衬里保持湿润状态不应小于10d。

3 养护期间管段内所有孔洞应严密封闭。达到

养护期限后，应及时充水。

7.10.6 水泥砂浆喷涂作业结束后，端口处理和连接应符合本规程第7.1.10条的规定。

7.10.7 水泥砂浆喷涂法施工记录应符合本规程第7.1.11条的规定，并应对水泥砂浆混配、水泥砂浆喷涂和水泥砂浆养护PE管道焊接等施工工艺进行记录。

7.11 环氧树脂喷涂法

7.11.1 环氧树脂喷涂可采用离心喷涂或气体喷涂工艺。当管径为200mm～600mm时，可采用离心喷涂；当管径为15mm～200mm时，可采用气体喷涂。

7.11.2 当环境温度低于5℃或湿度大于85%时，不宜进行环氧树脂喷涂。

7.11.3 喷涂作业前，应检查管道的变形状况，竖向最大变位不应大于设计规定值，且不得大于管径的2%。

7.11.4 环氧树脂涂料的混配应符合下列规定：

1 应根据管道的口径、长度计算环氧树脂用量，并应采用磅秤称重环氧树脂和固化剂的重量，且应根据产品说明书进行配料。

2 当两级涂料混合后，应经机器充分搅拌均匀并熟化15min后方可进行喷涂。

7.11.5 环氧树脂喷涂作业应符合下列规定：

1 环氧树脂内衬喷涂厚度可按本规程第6.2.6条的规定选取。

2 气体喷涂作业应符合下列规定：

1）气体喷涂作业应先将涂料注入涂料机内，再使涂料机与空压机、待喷管用软管相连，然后打开涂料阀门和气阀使待喷管出口处喷出涂料，之后吹出多余的涂料；

2）应喷涂两次以上，每次喷涂应在前一次喷涂达到表干后方可进行；

3）多余涂料应由高压气体吹出。

3 离心喷涂作业应符合下列规定：

1）应通过多次喷涂达到设计内衬厚度，第一道底漆喷涂宜在喷砂除锈后1h内完成，每次喷涂应在前一次喷涂层达到表干后方可进行；

2）应用耐压管连接离心喷涂车与气动液压泵、涂料桶等相关设备；

3）喷涂作业开始后，应按需调整涂料管压力以控制喷嘴流量，并应控制喷涂车的运行速度。

7.11.6 环氧树脂喷涂后的养护作业应符合下列规定：

1 应先向管道内送入微风至涂膜初步硬化。

2 初步硬化后，应进行自然固化或送入温风进行加温固化。当加温固化温度在25℃时，固化时间应大于4h；固化温度在60℃时，固化时间应大于3h。

7.11.7 环氧树脂喷涂及养护作业完成后，端口处理和连接应符合本规程第7.1.10条的规定。

7.11.8 水泥砂浆喷涂法施工记录应符合本规程第7.1.11条的规定，并应对环氧树脂混配、环氧树脂喷涂和环氧树脂养护等施工工艺进行记录。

7.12 不锈钢发泡筒法

7.12.1 不锈钢发泡筒的制作应符合下列规定：

1 不锈钢筒及海绵的长度应覆盖整个待修复缺陷，两端大于待修复缺陷的长度不应小于100mm。

2 发泡胶的涂抹作业应在现场阴凉处完成，发泡胶的用量应为海绵体积的80%。

7.12.2 不锈钢发泡筒的安装过程应符合下列规定：

1 始发工作坑和接收工作坑应各安装一个卷扬机。

2 运载小车被牵拉到达待修复位置后，应缓慢向气囊内充气，不锈钢筒和海绵应缓慢扩展开并紧贴原有管道内壁。

3 气囊压力不得破坏不锈钢发泡筒的卡锁机构，最大压力宜控制在400kPa以下。

4 当确认不锈钢发泡筒完全扩展开并锁定后，应缓慢释放气囊内的气压，并收回运载小车和电视检测（CCTV）等设备。

7.12.3 同一修复段的多个不锈钢发泡筒全部安装完成后，端口连接应符合本规程第7.1.10条的规定。

7.12.4 不锈钢发泡筒法施工记录应符合本规程第7.1.11条的规定，并应对不锈钢发泡筒制作、不锈钢发泡筒安装和不锈钢发泡筒密封性试验等施工工艺进行记录。

7.13 橡胶胀环法

7.13.1 橡胶胀环法可用管道直径大于等于800mm的管道修复更新工程。

7.13.2 橡胶胀环的安装应符合下列规定：

1 待修复部位的原有管道预处理合格后，应对待修复区域的管道内壁用干燥的毛刷刷干，并应涂刷与密封橡胶材料配伍的无毒润滑膏。

2 橡胶密封带应安装在指定修复位置。密封带就位后，应将不锈钢胀环安装在密封带两端的凹槽中。

3 不锈钢胀环就位后，应采用扩环器对不锈钢胀环加压到预定压力。加压速度不宜过快，且不得对不锈钢胀环造成损坏。

4 扩环器加压到预定压力后，应至少维持2min。

5 维持压力阶段结束时，应将不锈钢楔垫片安装于扩张后的不锈钢胀环端部所暴露的间隙中。楔垫片的尺寸与固定带端部间隙应过盈配合。楔垫片装配

时，应先使边缘就位，并应在不锈钢胀环的挤压下锁紧，楔子半径应与管径相匹配。应在楔垫片就位后，方可泄压。

7.13.3 同一修复管段的橡胶胀环全部安装完成后，端口连接应符合本规程第7.1.10条的规定。

7.13.4 橡胶胀环法施工记录应符合本规程第7.1.11条的规定，并应对橡胶胀环安装和橡胶胀环密封性试验等施工工艺进行记录。

8 工程检验与验收

8.1 一 般 规 定

8.1.1 城镇给水管道非开挖修复更新工程的质量验收应符合现行国家标准《给水排水管道工程施工及验收规范》GB 50268的有关规定和设计文件的要求。

8.1.2 城镇给水管道非开挖修复更新工程的分项、分部、单位工程的划分应符合表8.1.2的规定。

表 8.1.2 城镇给水管道非开挖修复更新工程的分项、分部、单位工程的划分

单位工程 （可按1个合同或视工程量按1个路段、1种施工工艺，分为1个或若干个单位工程）		
分部工程	分项工程	分项工程验收批
两工作坑之间	1工作坑（围护结构、开挖、坑内布置）	每座
	2原有管道预处理	两工作坑之间
	3修复更新管道（各类施工工艺）	
	4端口连接与处理	
	5管道试压与清洗消毒	

注：当工程仅有1个修复段（两工作坑之间）时，该分部工程可视为单位工程。

8.1.3 单位工程、分部工程、分项工程及验收批的质量验收记录应符合现行国家标准《给水排水管道工程施工及验收规范》GB 50268的有关规定。

8.1.4 工作坑的验收应符合现行国家标准《给水排水管道工程施工及验收规范》GB 50268的有关规定和设计文件的要求。

8.1.5 使用的计量器具和检测设备，应经计量检定、校准合格后方可使用。

8.1.6 非开挖修复更新工程完成后，应采用电视检测（CCTV）检测设备对管道内部进行表观检测。当管径大于等于800mm时，也可采用管内目测。检测资料应存入竣工档案中。

8.1.7 应根据不同的修复工艺，对施工过程中需检查验收的资料进行核实。

8.1.8 工程验收合格后，应按现行行业标准《城镇供水管网运行、维护及安全技术规程》CJJ 207的有关规定并网运行。

8.2 原有管道预处理

Ⅰ 主 控 项 目

8.2.1 原有管道预处理后表面质量应符合本规程第7.3.9条的规定。

检查方法：检查电视检测（CCTV）记录或管内目测记录。

Ⅱ 一 般 项 目

8.2.2 原有管道预处理应符合施工方案的要求。

检查方法：检查原有管道预处理施工记录、材料和实体施工检验记录或报告。

8.3 修复更新管道

Ⅰ 主 控 项 目

8.3.1 管材、型材等主要材料应进行进场检验，进场检验应符合本规程第4章和第6章的有关规定。

检查方法：检查出厂合格证、性能检测报告、卫生许可批件和厂家产品使用说明等。

8.3.2 塑料管道连接的验收应按现行行业标准《埋地聚乙烯给水管道工程技术规程》CJJ 101的有关规定执行。

8.3.3 各修复更新工法的主控项目验收应符合表8.3.3的规定。

表 8.3.3 各修复更新工法的主控项目验收

修复更新工法	各工法特有检查项目		各工法通用检查项目	
	检查项目	检查方法	检查项目	检查方法
穿插法	—	—	内衬管道不应出现裂缝、孔洞、褶皱、起泡、干斑、分层和软弱带等影响管道使用功能的缺陷	检查施工记录、电视检测（CCTV）记录（或管内目测记录）
翻转式原位固化法	内衬管道短期力学性能符合本规程第4.0.3条第4款的规定	检查取样试验报告		

续表 8.3.3

修复更新工法	各工法特有检查项目		各工法通用检查项目	
	检查项目	检查方法	检查项目	检查方法
碎(裂)管法	—	—	内衬管道不应出现裂缝、孔洞、褶皱、起泡、干斑、分层和软弱带等影响管道使用功能的缺陷	检查施工记录、电视检测（CCTV）记录（或管内目测记录）
折叠内衬法	折叠内衬管道复原良好、内衬管道性能达到本规程第4.0.1条的规定	检查电视检测（CCTV）记录、检查取样试验报告		
缩径内衬法	缩径内衬管道复原良好、内衬管道性能达到本规程第4.0.1条的规定	检查电视检测（CCTV）记录、检查取样试验报告		
不锈钢内衬法	焊缝探伤合格，强度可靠	检查探伤检测记录（渗透检验法）		
水泥砂浆喷涂法	水泥砂浆抗压强度符合设计要求，且不低于30MPa，试验方法可按现行行业标准《建筑砂浆基本性能试验方法标准》JGJ/T 70	检查砂浆配合比、试块抗压强度报告		
环氧树脂喷涂法	液体环氧涂料内衬管道表面应平整、光滑、无气泡、无划痕等，湿膜应无流淌现象	检查电视检测（CCTV）记录、施工记录		
不锈钢发泡筒法	不锈钢发泡筒安装位置准确，完全覆盖待修复的局部缺陷且与原有管道紧密贴合	检查电视检测（CCTV）记录	—	
橡胶胀环法	橡胶胀环安装位置准确，完全覆盖待修复的局部缺陷且与原有管道紧密贴合	检查管内目测记录、电视检测（CCTV）记录		

Ⅱ 一 般 项 目

8.3.4 各修复更新工法的一般项目验收应符合表8.3.4的规定。

表 8.3.4 各修复更新工法的一般项目验收

修复更新工法	检查项目	检查方法
穿插法	管道线形和顺，接口平顺，特殊部位过渡平缓	检查现场检查记录、电视检测（CCTV）记录等
翻转式原位固化法		
碎（裂）管法		
折叠内衬法		
缩径内衬法		
不锈钢内衬法		
水泥砂浆喷涂法	水泥砂浆内衬层厚度及表面缺陷的允许偏差符合设计要求	按现行国家标准《给水排水管道工程施工及验收规范》GB 50268的有关规定进行检测

续表 8.3.4

修复更新工法	检查项目	检查方法
环氧树脂喷涂法	液体环氧涂料内衬层厚度及电火花试验	按现行国家标准《给水排水管道工程施工及验收规范》GB 50268的有关规定进行检测

8.4 端口处理与连接

Ⅰ 主 控 项 目

8.4.1 内衬管道端口与原有管道之间间隙应封堵或焊接密封。

检查方法：观察，检查施工记录等。

8.4.2 修复后的管段重新与相邻管段之间应连接密封。

检查方法：观察，检查施工记录等。

Ⅱ 一 般 项 目

8.4.3 工作坑处的连接管道均应做好外防腐。

检查方法：观察，检查施工记录等。

8.5 管道水压试验与冲洗消毒

8.5.1 修复后的管道应进行管道水压试验，管道水压试验应符合现行国家标准《给水排水管道工程施工及验收规范》GB 50268 的有关规定和设计文件的要求。

8.5.2 管道水压试验合格后，应按现行国家标准《给水排水管道工程施工及验收规范》GB 50268 的有关规定对管道进行冲洗消毒和水质检验。

8.6 工程竣工验收

8.6.1 非开挖修复更新工程的竣工验收，应由建设单位组织设计单位、施工单位、监理单位按本规程规定进行联合验收。

8.6.2 工程验收应包括工程实体验收和竣工资料的验收。

8.6.3 工程实体验收应符合下列规定：

1 工程内容、要求应与设计文件相符；

2 外观质量、管道结构完整性、接口质量、管道的稳固性、工作坑的处理等应符合本规程的有关规定；

3 管道水压试验及水质应符合现行国家标准《给水排水管道工程施工及验收规范》GB 50268 的有关规定。

8.6.4 工程竣工资料验收应包括下列内容：

1 开工批件；

2 设计文件、施工组织设计和设计变更文件；

3 管材、管件等材料的合格证和质量保证书；

4 原有管道管线图和资料；

5 修复前对原有管道内壁清洗后的电视检测（CCTV）、目测、试压检测、取样检测等检测和评估资料；

6 施工过程、检测记录、水压试验记录及水质检测报告；

7 修复管道质量评定资料，含施工自评、监理评估、验收记录；

8 施工后内衬管道内部的电视检测（CCTV）影像记录；

9 质量事故处理资料；

10 生产安全事故报告；

11 分项、分部、单位工程质量检验评定记录；

12 工程竣工图和竣工报告；

13 工程整体验收记录；

14 其他有关文件。

本规程用词说明

1 为便于在执行本规程条文时区别对待，对要求严格程度不同的用词说明如下：

1）表示很严格，非这样做不可的：
正面词采用“必须”，反面词采用“严禁”；

2）表示严格，在正常情况下均应这样做的：
正面词采用“应”，反面词采用“不应”或“不得”；

3）表示允许稍有选择，在条件许可时首先应这样做的：
正面词采用“宜”，反面词采用“不宜”；

4）表示有选择，在一定条件下可以这样做的，采用“可”。

2 条文中指明应按其他有关标准执行的写法为：“应符合…的规定”或“应按…执行”。

引用标准名录

1 《室外给水设计规范》GB 50013

2 《现场设备、工业管道焊接工程施工规范》GB 50236

3 《给水排水管道工程施工及验收规范》GB 50268

4 《给水排水工程管道结构设计规范》GB 50332

5 《通用硅酸盐水泥》GB 175

6 《金属材料 拉伸试验 第1部分：室温试验方法》GB/T 228.1

7 《抗硫酸盐硅酸盐水泥》GB 748

8 《不锈钢焊条》GB/T 983

9 《塑料 拉伸性能的测定 第2部分：模塑和挤塑塑料的试验条件》GB/T 1040.2

10 《塑料 拉伸性能的测定 第4部分：各向同性和正交各向异性纤维增强复合材料的试验条件》GB/T 1040.4

11 《固体绝缘材料体积电阻率和表面电阻率试验方法》GB/T 1410

12 《纤维增强塑料弯曲性能试验方法》GB/T 1449

13 《漆膜附着力测定法》GB/T 1720

14 《涂料黏度测定法》GB/T 1723

15 《色漆、清漆和塑料 不挥发物含量的测定》GB/T 1725

16 《漆膜、腻子膜干燥时间测定法》GB/T 1728

17 《漆膜柔韧性测定法》GB/T 1731

18 《漆膜耐冲击测定法》GB/T 1732

19 《漆膜耐水性测定法》GB/T 1733

20 《色漆和清漆　耐中性盐雾性能的测定》GB/T 1771

21 《不锈钢冷轧钢板和钢带》GB/T 3280

22 《色漆和清漆　拉开法附着力试验》GB/T 5210

23 《色漆和清漆　铅笔法测定漆膜硬度》GB/T 6739

24 《涂覆涂料前钢材表面处理　表面清洁度的目视评定　第1部分：未涂覆过的钢材表面和全面清除原有涂层后的钢材表面的锈蚀等级和处理等级》GB/T 8923.1

25 《色漆和清漆　耐液体介质的测定》GB/T 9274

26 《塑料　弯曲性能的测定》GB/T 9341

27 《流体输送用不锈钢焊接钢管》GB/T 12771

28 《给水用聚乙烯(PE)管材》GB/T 13663

29 《建设用砂》GB/T 14684

30 《生活饮用水输配水设备及防护材料的安全性评价标准》GB/T 17219

31 《玻璃纤维增强塑料夹砂管》GB/T 21238

32 《埋地钢质管道聚乙烯防腐层》GB/T 23257

33 《埋地聚乙烯给水管道工程技术规程》CJJ 101

34 《城镇供水管网运行、维护及安全技术规程》CJJ 207

35 《建筑砂浆基本性能试验方法标准》JGJ/T 70

36 《防腐涂料与金属粘结的剪切强度试验方法》SY/T 0041

37 《钢制管道液体环氧涂料内防腐层技术标准》SY/T 0457

38 《采用聚乙烯内衬修复管道施工技术规范》SY/T 4110

39 《城镇供水服务》CJ/T 316

中华人民共和国行业标准

城镇给水管道非开挖修复更新工程技术规程

CJJ/T 244—2016

条文说明

制 订 说 明

《城镇给水管道非开挖修复更新工程技术规程》CJJ/T 244－2016，经住房和城乡建设部2016年3月14日以第1062号公告批准、发布。

本规程编制过程中，编制组对我国城镇给水管道非开挖修复更新工程的设计、施工和验收等进行了调查研究，总结了城镇给水管道非开挖修复更新工程设计、施工和验收的实践经验，通过实验、验证取得了重要技术参数。

为便于广大设计、施工、科研、学校等单位有关人员在使用本规程时能正确理解和执行条文规定，《城镇给水管道非开挖修复更新工程技术规程》编制组按章、节、条顺序编制了本规程的条文说明，对条文规定的目的、依据以及执行中需注意的有关事项进行了说明。但是本条文说明不具备与规程正文同等的法律效力，仅供使用者作为理解和把握规程规定的参考。

目　次

1 总 则

1.0.1 给水管道及其他市政管线被称为城市的“生命线”，然而随着城市建设的发展，我国的给水管网面临老化严重、影响水质、泄漏爆管频发等问题。目前，国内用非开挖修复更新技术对给水管道进行修复的工程日趋增多，保证修复工程的质量对于给水管道的安全运行显得尤为重要。

1.0.2 本规程适用于在役埋地给水管道的非开挖修复更新工程，不适用于新建管道的非开挖铺管工程。本规程在编制过程中参考了美国材料试验协会（ASTM）、美国水行业协会（AWWA）的相关标准及国内相关标准。

2 术语和符号

2.1 术 语

2.1.1 本规程中规定的非开挖修复更新工程包括整体修复和局部修复，其涵盖了国内使用较成熟的各种工法，整体修复的工法包括穿插法、翻转式原位固化法（CIPP）、碎（裂）管法、折叠内衬法、缩径内衬法、不锈钢内衬法、水泥砂浆喷涂法和环氧树脂喷涂法；局部修复的工法包括不锈钢发泡筒法、橡胶胀环法。关于上述诸多工法的定义，凡是在现行行业标准《城镇排水管道非开挖修复更新工程技术规程》CJJ/T 210中已经出现，并可与本规程通用的，本节中不再重复定义。

2.1.2 不锈钢内衬修复工艺适用于修复人可进入管道内部的大口径管道，该工艺是将不锈钢板卷制成管坯后将管坯运送到原有管道内，再采用人工进入管内焊接的方法将不锈钢管坯焊接成整体内衬管道。

2.1.3 本规程仅对水泥砂浆喷涂法和环氧树脂喷涂法这两种使用较多的喷涂工艺作了规定，其中环氧树脂喷涂法包括离心喷涂和气体喷涂两种工艺。

2.1.7 非结构性内衬管道没有承压能力，只起到防腐、改善水质和提高原有管道内表面光滑度等作用，修复后的管道仍完全依赖于原有管道结构承受内外部压力。非结构性修复主要用于存在功能性缺陷的管道。

2.1.8 当内衬管道紧密贴合原有管道时，内压作用于内衬管道，使得内衬管道与原有管道之间间隙迅速消除，由于内衬管道的刚度一般远低于原有管道的刚度，几乎所有的内压均传递到原有管道上，内压主要由原有管道承受，内衬管道只需在原有管道的接头漏水、腐蚀孔洞等局部缺陷位置承受内压。在外压方面，外部土压力和动荷载主要由原有管道承受，内衬管道只需承受外部地下水压力和真空压力。半结构性修复主要用于存在接头漏水、腐蚀孔洞等局部缺陷的管道，不适用于存在严重结构性缺陷的管道。

2.1.9 结构性内衬管道不依赖于原有管道而独立承受内外部压力，主要用于存在严重结构性缺陷的管道。

3 基 本 规 定

3.0.3 给水管道非开挖修复更新工程所用的内衬材料，如穿插法、折叠内衬法、缩径内衬法所用的内衬PE管材，碎（裂）管法用于替换原有管道的新管材，翻转式原位固化法所用的树脂、软管，不锈钢内衬法所用的不锈钢材，水泥砂浆喷涂法所用的水泥、砂、外加剂，环氧树脂喷涂法所用的树脂涂料，不锈钢发泡筒法所用不锈钢、发泡胶，橡胶胀环法所用不锈钢带、橡胶等，均为接触饮用水的产品，均应符合现行国家标准《生活饮用水输配水设备及防护材料的安全性评价标准》GB/T 17219等相关的卫生要求。

3.0.4 非开挖修复更新工程需在地面、工作坑、阀门井等位置进行操作，部分工法需进入管道内部。现行行业标准《城镇供水管网运行、维护及安全技术规程》CJJ 207中对工作坑作业、管道内作业、阀门井作业等的安全措施进行了规定，非开挖修复更新工程时应按照该规程制定安全防护措施，并在施工时严格遵守。

4 材 料

4.0.1 本条中的PE管材，适用于本规程中穿插法、碎（裂）管法、折叠内衬法和缩径内衬法所用的内衬PE管材。由于非开挖修复更新工程所用PE管常常不是标准尺寸管，故需要单独进行设计，其规格尺寸应按照本规程第6.2节内衬设计的要求确定。

4.0.3 本条参考了“Standard Practice for Rehabilitation of Existing Pipelines and Conduits by the Inversion and Curing of a Resin-Impregnated Tube” ASTM F1216-09、“Standard Practice for Rehabilitation of Existing Pipelines and Conduits by Pulled-in-Place Installation of Cured-in-Place Thermosetting Resin Pipe (CIPP)” ASTM F1743-08、“Practice for Existing Pipelines and Conduits by the Pulled-in-Place Installation of Glass Reinforced Plastic (GRP) Cured-in-Place Thermosetting Resin Pipe (CIPP)” ASTM F2019-03，对翻转式原位固化法所用材料的要求进行了规定。

ASTM标准中规定了内衬管道试样试验的标准，国家现行标准与ASTM标准在试样的尺寸和试验过程上不尽相同。通过试验分析对比，按照ASTM标准测试的弯曲性能（弯曲强度和弯曲模量）比按国家现行标准测试的结果要偏高，也就是说采用ASTM

标准规定的性能要求是相对保守的。拉伸试验的测试结果则相差不大。因此，翻转式原位固化法内衬管道质量验收中利用国家现行标准的试验方法对原位固化法内衬管道进行力学性能测试，同时使其满足ASTM标准中质量验收的指标要求是可行的。

4.0.4 现行国家标准《流体输送用不锈钢焊接钢管》GB/T 12771对流体输送用不锈钢焊接钢管管材的牌号、化学成分和力学性能等进行了详细规定，可直接参考其中的规定进行内衬不锈钢材料的选型。与现行国家标准《流体输送用不锈钢焊接钢管》GB/T 12771对应的不锈钢板材和焊材的详细性能要求，应参考现行行业标准《不锈钢冷轧钢板和钢带》GB/T 3280和《不锈钢焊条》GB/T 983的有关规定。

表4.0.4-1参考了现行国家标准《流体输送用不锈钢焊接钢管》GB/T 12771中对各种牌号不锈钢力学性能的规定。关于不锈钢牌号的规定可参见现行国家标准《不锈钢和耐热钢 牌号及化学成分》GB/T 20878。

4.0.6 环氧树脂厚浆型涂料主要用于管道高压气体喷涂工艺，无溶剂双组分环氧树脂涂料主要用于管道离心喷涂工艺。

4.0.9 标注一般包括生产商的名称或商标、产品编号、生产日期、型号、材料等级和生产产品所依据的规范名称等信息。

5 检测与评估

5.2 管道检测

5.2.2 结构性缺陷包括裂缝、变形、腐蚀穿孔、错口和接口材料脱落等；功能性缺陷包括沉积、腐蚀瘤、水垢、污染物和障碍物等；特殊结构和附属设施包括变径、倒虹管和阀门等。

5.2.3 电视检测（CCTV）是最广泛应用的管道检测方法，其检测成果是管道评估和管道修复方法选择的重要依据。在给水管道非开挖修复更新工程中，一般均应在修复工程设计和施工之前进行电视检测（CCTV）。

5.2.5 由于待检测的管段不是新建管道，其承压能力较新建管道已经下降，因而此处试压检测的试验压力不宜过大，避免因试验压力过大造成对管道结构的破坏。

试压检测具体方法可根据实际需要灵活变化，如下方法可供参考：

1 可先对管道注水加压到试验压力，之后停止注水稳定一段时间，并同步观测压力降随时间的变化情况；

2 可对管道注水加压到试验压力，之后不间断补水使试验压力恒定，维持这种恒压状态一定时间，并同步记录补水量，通过补水量间接反映管道在恒定的试验压力下的渗水速率。

取样检测的管段可通过几何测量、钻孔和力学试验等方法进行直观检测。

5.3 管道评估

5.3.3 关于非开挖修复的管道评估的内容，由于目前国内还没有相关的给水管道检测与评估技术规程，本条只规定了非开挖修复的管道评估的总体原则，为给水管道非开挖修复的设计提供原则性规定，管道状况与修复工艺的关系可参考表1选择。

表1 管段状况与修复工艺的对应关系

管段状况	宜采用的修复工艺
管体结构良好，仅存在沉积物、水垢、锈蚀等功能性缺陷	非结构性修复
管体结构基本良好，存在腐蚀、渗漏、穿孔和接头漏水	半结构性修复或局部修复
管体结构性缺陷严重，普遍的外腐蚀，爆管频繁，漏损严重，强度不能满足要求	结构性修复

6 设计

6.1 一般规定

6.1.1 原有管道的基本概况包括管道用途、口径、材质、埋深；工程地质和水文地质条件包括管道所处地基情况、覆土类型及其重度、地下水位等；周边环境主要包括：原有管道区域内交通情况以及既有管线、构（建）筑物与原有管道的相互位置关系及其他属性。

6.1.2 本条规定了修复更新工程的设计原则，原有管道地基不满足要求主要是指管道地基失稳或发生不均匀变形的情况。

6.1.3 表6.1.3-2进行半结构性修复内衬设计时，应确保原有管道具有足够的剩余强度和承压能力。可利用修复前管道输送能力，管道本体强度测试，电视检测（CCTV）检测等多种方法调查评估原有管道剩余承压能力。

对于铸铁管、混凝土管、复合材料管等脆性管道内衬修复时，若不能准确评估原有管道剩余强度，应考虑进行结构性修复。

对于钢管进行内衬修复时，由于钢管韧性强，剩余强度可以判断，当剩余强度足够高、不存在隐形裂纹导致承压能力不足等隐患时，可考虑降低内衬管道厚度。

另外，给水管道属于压力管道，在管道运行过程中存在水锤现象，水锤导致的正负压力波动会对内衬管道的受力产生较大影响。根据国家标准《给水排水工程管道结构设计规范》GB 50332－2002 中第 3.3.6 条的规定，压力管道在运行过程中可能出现的真空压力标准值可取 0.05MPa，因而本规程中第 6.2 节中在内衬设计时将此真空压力值 0.05MPa 作为管道需承受的外压的一部分。这样，内衬设计时，管道需承受的外部压力不仅包括外部静水压力、土压力、地面活荷载，还包括真空压力。

6.2 内 衬 设 计

6.2.1 该条是为以后的计算服务，确定了内衬管道外径，进而再进行内衬管道壁厚的计算。穿插法内衬管道外径的选择应在保证穿插作业间隙要求的前提下尽量保留较大的过流断面，此处根据施工经验给出了内衬管道外径的推荐范围，具体设计时可根据实际需求灵活选取。

折叠内衬法、缩径内衬法的内衬管道外径原则上应略大于原有管道内径，但考虑到内衬管道生产时的尺寸公差，因而此处规定内衬管道外径应与原有管道内径相一致。

6.2.2 本条参考了“Standard Practice for Rehabilitation of Existing Pipelines and Conduits by the Inversion and Curing of a Resin-Impregnated Tube” ASTM F1216-09 及 Standard Practice for Rehabilitation of Existing Sewers and Conduits with Deformed Polyethylene (PE) Liner（ASTM F1606-05）中对于部分破损压力管道的内衬设计的方法，属于半结构性修复内衬设计的范畴。

本条中内衬管道与原有管道联合承受外部地下水静液压力及真空压力时的设计公式（6.2.2-1），参考了美国“Standard Practice for Rehabilitation of Existing Pipelines and Conduits by the Inversion and Curing of a Resin-Impregnated Tube” ASTM F1216-05 及 Standard Practice for Rehabilitation of Existing Sewers and Conduits with Deformed Polyethylene（PE）Liner ASTM F1606-05 中内衬管道承受外部水压的设计公式。该公式的理论基础是 Timoshenko 等人提出的屈曲理论，属于管道结构设计中对管道稳定性要求的范畴。它是一个半理论半经验的公式，以长、薄壁柔性管道在静水压力作用下的无限制屈曲方程为理论基础，再考虑原有管道对内衬管道的支持作用，在最初的无限制屈曲公式上增加一个圆周支持率 K［推荐值 $K=7.0$ 来源于 Aggarwal and Copper（1984）所做的试验］，同时以内衬管道的长期弹性模量取代短期弹性模量，并考虑到内衬管道在衬入原有管道时可能存在椭圆、局部凹凸不平等几何缺陷，相应地引入椭圆度折减系数来弥补此缺陷。本公式中真空压力的推荐值 $P_v=0.05$MPa 参考了国家标准《给水排水工程管道结构设计规范》GB 50332－2002 中第 3.3.6 条的规定。

本条中公式（6.6.2-5）、公式（6.6.2-6）、公式（6.2.2-7）参考了“Standard Practice for Rehabilitation of Existing Pipelines and Conduits by the Inversion and Curing of a Resin-Impregnated Tube” ASTM F1216-09 对于部分破损压力管道的局部破损缺口校核的设计公式。当原有管道破损缺口较小、满足式（6.2.2-5）的条件时，按照环形平板的条件对破损缺口位置进行抗弯强度校核，即按照式（6.2.2-6）进行校核，最终设计值 t 取按式（6.2.2-1）及式（6.2.2-6）计算所得的较大值。反之，当管道缺口较大、超出式（6.2.2-5）的范围时，按照环向受拉的条件进行环向抗拉强度校核，即按照式（6.2.2-7）进行校核，最终设计值 t 取按式（6.2.2-1）及式（6.2.2-7）计算所得的较大值。

对于地下水位以上的管道，参考“Standard Practice for Rehabilitation of Existing Pipelines and Conduits by the Inversion and Curing of a Resin-Impregnated Tube” ASTM F1216-09 限定了 *SDR* 的上限，是为了进一步保证内衬设计的可靠性。

6.2.4 不锈钢内衬法是一种新兴的给水管道非开挖修复工艺，其内衬设计目前国内外尚无成熟的理论。由于不锈钢材料价格昂贵，从经济性角度考虑不锈钢内衬管道的厚度应尽量小，但壁厚很薄的不锈钢内衬管道环刚度低，其耐负压能力有限，易在给水管道运营过程中产生的水锤负压下发生屈曲失效，因而确定合理的不锈钢内衬管道厚度以保证充分的耐负压能力是不锈钢内衬设计的关键。

目前在实际工程中所采用的不锈钢内衬壁厚一般为0.6mm～2.0mm，壁厚偏薄。

本条中仍然采用“Standard Practice for Rehabilitation of Existing Pipelines and Conduits by the Inversion and Curing of a Resin-Impregnated Tube” ASTM F1216-05 的设计公式，但 K 的取值应通过耐负压试验确定。

针对薄壁不锈钢内衬管道耐负压能力不足而进行的薄壁不锈钢内衬耐负压试验结果显示：*DN*800 厚 1.8mm 加支撑环的不锈钢内衬其可承受的负压约为 －0.055MPa（5.5m 水头）。

国家标准《给水排水工程管道结构设计规范》GB 50332－2002 中规定压力管道运营过程中可能出现的真空负压的标准值取 0.05MPa（5m 水头）。

综合考虑，本规程建议 *DN*800 的管道用不锈钢内衬法进行半结构性修复时内衬管道最小壁厚可取 1.8mm 的 1.5 倍，即 2.7mm。当取典型算例 $N=2$、$C=0.84$、$\mu=0.3$、$E=200000$MPa、$P_w=0.05$MPa、$H_w=0$，将 $t=2.7$mm 带入公式（6.2.2-3）反算可得 $K=7.0$。因而，在缺乏试验条件时，推荐取 $K=7.0$。

6.2.5 表 6.2.5-1 参考了现行国家标准《给水排水管道工程施工及验收规范》GB 50268 的有关规定，表 6.2.5-2 参考了现行国家标准《球墨铸铁管和管件 水泥砂浆内衬》GB/T 17457 的有关规定。

6.3 工作坑设计

6.3.3 需要进行工作坑开挖的主要是指连续 PE 管的穿插。现场应预留足够大的场地放置连续 PE 管，以保证一次性连续穿插作业的进行。选择工作坑大小时，应考虑设备、管材起吊或拉入原有管道的空间，当设备需放到工作坑里面时尚应对工作坑底部进行处理，如铺设砾石垫层等。连续管进管工作坑长度的规定参考了现行行业标准《城镇燃气管道非开挖修复更新工程技术规程》CJJ/T 147。

7 施　　工

7.1 一般规定

7.1.6 本条中的"断面形态相同"是指穿插法的试穿插管段应为圆形，折叠法的试穿插管段应为 U 形，缩径法的试穿插管段应为径向均匀缩径状态，以保证试穿插管段与待穿插管道的工艺情况保持一致。

7.1.7 安全系数推荐取值为 3.0，参考了现行行业标准《城镇燃气管道非开挖修复更新工程技术规程》CJJ/T 147 的规定。

7.1.8 拼合管是指在原有管道的端部人为拼接的一小段管道，要求与原有管道内径一致，内衬安装时应对原有管道和拼合管一起安装。内衬安装结束后，将已安装内衬的拼合管截断，然后将带有内衬的拼合管作为样品进行物理力学测试，看是否满足相关的材料性能要求，如果性能达标，则认为原有管道的内衬安装也是合格的。即以带内衬拼合管的性能反映原有管道衬装后的性能。

7.3 原有管道预处理

7.3.1 施工前应对管道进行预处理，清除管内沉积物、水垢、锈蚀等。

7.3.2 电视检测（CCTV）或管内目测是为制定合理的预处理方案提供依据。

7.3.5 喷砂清洗的表面处理等级应符合现行国家标准《涂覆涂料前钢材表面处理 表面清洁度的目视评定 第 2 部分：已涂覆过的钢材表面局部清除原有涂层后的处理等级》GB/T 8923.2 的有关规定。

7.3.9 不锈钢内衬法需在管道内部进行焊接作业，应采取通风等措施使管内保持干燥，防止内衬不锈钢沾水，影响焊接质量。水泥砂浆喷涂法和环氧树脂喷涂法也应采取通风等措施保持管内干燥，防止水分影响喷涂质量；同时环氧树脂喷涂厚度一般很薄，要求表面处理等级达到现行国家标准《涂覆涂料前钢材表面处理 表面清洁度的目视评定 第 1 部分：未涂覆过的钢材表面和全面清除原有涂层后的钢材表面的锈蚀等级和处理等级》GB/T 8923.1 中规定的 Sa2.5 或 St3，以保证喷涂质量。

7.4 穿　插　法

7.4.1 对于连续管道施工工艺，应采用牵拉工艺进行穿插法施工；对于不连续管道施工工艺应采用顶推工艺施工；由于大口径 PE 管道重量较大，施工中所受的摩阻力也较大，为了避免施工对管道结构的损伤，可以用牵拉和顶推组合的工艺进行施工，同时涂抹润滑脂（油）以减少摩擦阻力。

7.4.2 在牵拉 PE 管道进入原有管道时，端口处的毛边容易对 PE 管道造成划伤，可安装一个导滑口，既避免划伤也减少阻力；内衬管道的牵拉端和顶推端是容易损坏的地方，应采取保护措施；连续穿插施工中在地面安装滚轮架、工作坑中安装防磨垫可减少内衬管道与地面的摩擦。

7.4.3 连续管道穿插法示意图如图 1 所示。

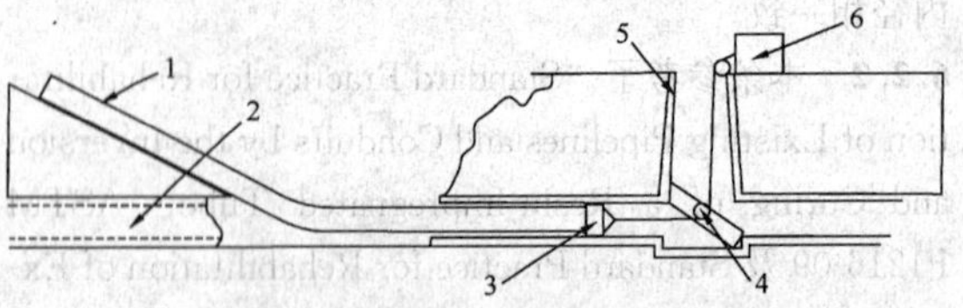

图 1　连续管道穿插法示意图

1—内衬管道；2—原有管道；3—拖管头；4—滑轮；5—工作坑；6—牵拉装置

7.4.4 当采用具有机械承插式接头短管进行穿插施工时，可允许带水作业，原有管道内的水流减小了管道推入的阻力，同时可以减少或避免临时排水设施的使用，为了能有效地减小管道推入的摩擦力，原有管道中的水位宜控制在管道起拱线之下，管道起拱线是指管道开始向上形成拱弧的位置。

不连续的 PE 管道可在工作坑内进行连接，然后插入原有管道。PE 管的连接需在工作坑内进行，如图 2（a）所示，应在施工现场预备水泵和临时排水设施排出工作坑内水流，保证管道连接设备干燥和工作环境的干燥。

本规程将短管内衬法包含在穿插法中，如图 2（b）所示，要求短管的长度应能方便进入工作坑内。应缓慢将短管送入工作坑，防止造成短管损伤。

7.4.5 根据施工经验，对于直径 800mm 以上管道，环状空隙较大，为保证内衬管道使用过程中的稳定，应进行注浆处理。800mm 以下的管道，考虑到环状空隙较小，不易注浆，应根据实际需要进行处理，确保管道稳定。

如果所需要的注浆压力大于管道所能承受的压

口处处理冷凝水。树脂固化分为初始固化和后续硬化两个阶段。当软管内水或蒸汽的温度升高时，树脂开始固化，当暴露在外面的内衬管道变的坚硬，且起、终点的温度感应器显示温度在同一量级时，初始固化终止。之后均匀升高内衬管道内水或蒸汽的温度直到后续硬化温度，并保持该温度一定时间。其固化温度和时间应咨询软管生产商。树脂固化时间取决于：工作段的长度、管道直径、地下情况、使用的蒸汽锅炉功率以及空气压缩机的气量等。

7.5.4 固化完成后应先将内衬管道内的温度自然冷却到一定的温度下，热水固化应为38℃，蒸汽固化应为45℃；然后再通过向内衬管道内注入常温水，同时排出内衬管道内的热水或蒸汽，该过程中应避免形成真空造成内衬管道失稳。

7.5.6 施工记录不应局限于以上所列项目，若施工中出现上述所列项目以外的其他作业项目，也应做好相关记录。

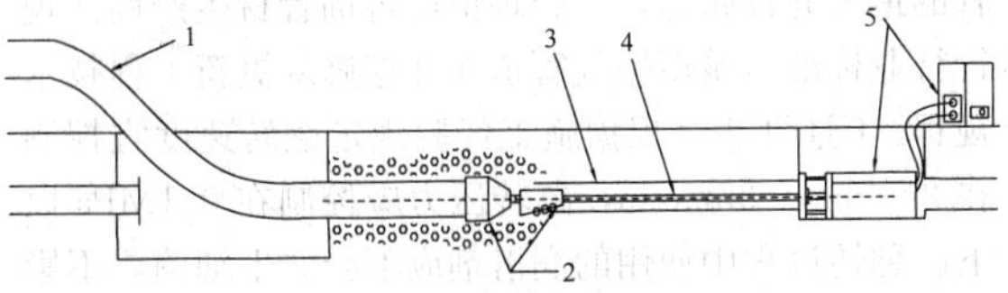

图4 静拉碎（裂）管法示意图

1—内衬管道；2—静压碎（裂）管工具；3—原有管道；4—拉杆；5—液压碎（裂）管设备

7.6 碎（裂）管法

7.6.1 静拉碎（裂）管施工示意图如图4所示，施工过程中应根据管材材质选择不同的碎（裂）管设备。用于延性破坏的管道或钢筋加强的混凝土管道的碎（裂）管工具，由一个裂管刀具和胀管头组成，该类管道具有较高的抗拉强度或中等伸长率，很难破碎成碎片，得不到新管道所需的空间，因此需用裂管刀具沿轴向切开原有管道，然后用胀管头撑开原有管道形成新管道进入的空间。原有管道切开后一般向上张开，包裹在新管道外对新管道起到保护作用，因此根据现行行业标准《城镇燃气管道非开挖修复更新工程技术规程》CJJ/T 147有关规定对切刀的位置进行了规定。

7.6.2 气动碎管法中，碎管工具是一个锥形胀管头，并由压缩空气驱动在180次/min～580次/min的频率下工作，图5为气动碎管法示意图。气动锤对碎管工具的每一次敲击都将对管道产生一些小的破碎，因此持续的冲击将破碎整个原有管道。气动碎管法一般可用于脆性管道，如混凝土管道和铸铁管道。

气动碎管法施工过程中由于气动锤的敲击，对周围地面造成震动，为了防止对周围管道或建筑造成影响，按TTC制定的“Guidelines for Pipe Bursting”

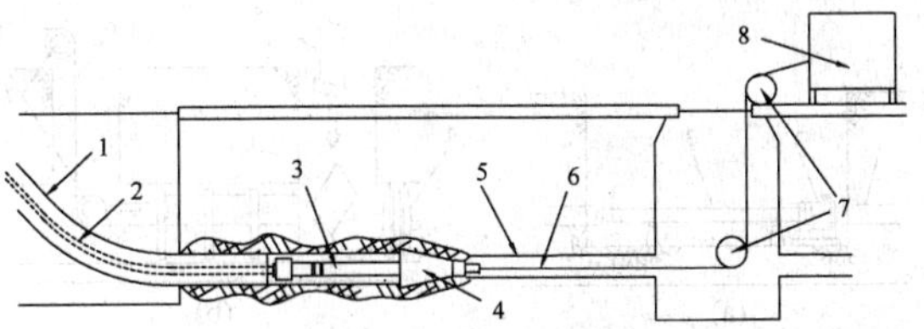

图5 气动碎管示意图

1—内衬管道；2—供气管；3—气动锤；4—膨胀头；5—原有管道；6—钢丝绳；7—滑轮；8—液压牵拉设备

的规定：采用气动碎管法时，碎裂管设备与周围其他管道距离不应小于0.8m，且不小于待修复管道直径的1倍，与周围其他建筑、设施的距离不宜小于2.5m，否则应对周围管道和建筑、设施采取保护措施。但考虑到我国地下管道系统相对脆弱的现实，为了进一步保证施工安全性，本条中将碎裂管设备与周围其他管道距离限定为不小于待修复管道直径的1.5倍。当不满足本条正文中规定的安全距离时，应采取相应的措施，如开挖待修复管道与周围管道之间的土层，卸除对周围管道的应力。

7.6.3 管道拉入过程中润滑的目的是为了降低新管道与土层之间的摩擦力。应参考地层条件和原有管道周围的环境，来确定润滑泥浆的混合成分、掺加比例以及混合步骤。一般地，膨润土润滑剂用于粗粒土层（砂层和砾石层），膨润土和聚合物的混合润滑剂可用于细粒土层和黏土层。

拉入过程中应时刻监测拉力的变化情况，为了保障施工过程中的安全，当拉力突然陡增时，应立即停止施工，查明原因后方可继续施工。

根据TTC制定的“Guidelines for Pipe Bursting”中的规定，新管道拉入后的冷却收缩和应力恢复的时间应为4h。

7.6.4 应力恢复完后，在进管工作坑及出管工作坑中应对新管道与土体之间的环状间隙进行密封处理以形成光滑、防水的接头，密封长度不应小于200mm。

7.6.5 施工记录不应只局限于条文所列项目，若施工中出现所列项目以外的其他作业项目，也应做好相关记录。

7.7 折叠内衬法

7.7.2 折叠管压制过程是通过调整压制机的上下和左右压辊来调整折叠管的缩径量的，在压制过程中U形PE管下方两侧不得出现死角或褶皱现象，否则应切除此段，并在调整左右限位滚后重新工作。捆扎带缠绕的速度过快，会造成捆扎带不必要的浪费，如果缠绕速度过慢，会造成缠绕力不够，可能导致折叠管在回拉过程中意外爆开。根据现行行业标准《城镇燃气管道非开挖修复更新工程技术规程》CJJ/T 147的

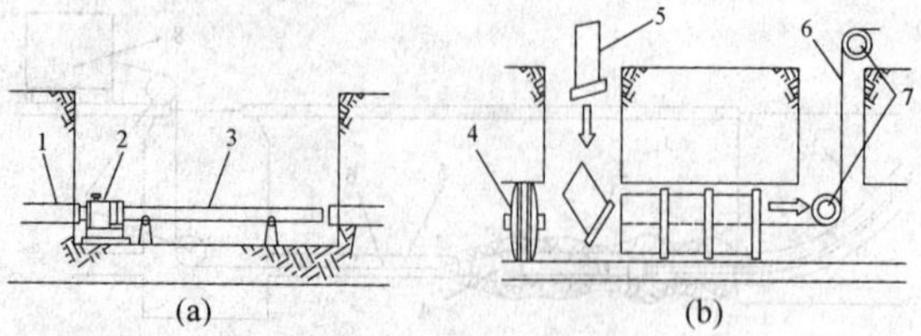

图 2 非连续穿插法示意图

1—原有管道；2—内衬管道连接设备；3—内衬管道；4—管塞；5—短管；6—钢丝绳；7—滑轮

力，应在内衬管道内部进行支撑，也可向内衬管道里面注入具有一定压力（略高于注浆压力）的水进行保护。

注浆材料应满足以下要求：

1 较强的流动性，以填满整个环面间隙；

2 较小的收缩性（低于1%），以防止固化以后在环面上形成空洞；

3 水合作用时发热量低，使水泥浆混合物内不同成分剥落的危险性最小。

为了满足以上要求，建议水泥浆的混合比例是1∶3。该配比水泥浆密度约为水的1.5倍，最小的强度为5MPa。

注浆材料理论上应注满整个环状空隙。根据"Standard Practice for Installation of Machine Spiral Wound Poly（Vinyl Chloride）（PVC）Liner Pipe for Rehabilitation of Existing Sewers and Conduits" ASTM F1741－08，注浆有两种方法：一种是连续注浆，施工过程中应合理控制注浆压力，防止注浆压力过大超过内衬管道的承受能力，注浆压力合理值应咨询生产商；另一种是分段注浆，第一次注浆后内衬管道不应在浮力作用下脱离内衬管道底部，第二次注浆应不引起内衬管道的变形。分段注浆能够确保通过观察泥浆搅拌器旁边的压力表来监控环面是否完全被水泥浆灌满，推荐使用该方法。

7.4.7 施工记录不应局限于本条所列项目，若施工中出现上述所列项目以外的其他作业项目，也应做好相关记录。

7.5 翻转式原位固化法

7.5.1 本条中相应参数根据"Standard Practice for Rehabilitation of Existing Pipelines and Conduits by the Inversion and Curing of a Resin-Impregnated Tube" ASTM F1216-09、"Standard Practice for Rehabilitation of Existing Pipelines and Conduits by Pulled-in-Place Installation of Cured-in-Place Thermosetting Resin Pipe（CIPP）" F1743-08、"Standard Practice for Rehabilitation of Existing Pipelines and Conduits by the Pulled in Place Installation of Glass Reinforced Plastic（GRP）Cured-in-Place Thermosetting Resin Pipe（CIPP）" F2019-11的规定选取。翻转式原位固化法所用树脂一般为热固性的聚酯树脂、环氧树脂或乙烯基树脂。由于树脂的聚合、热胀冷缩以及在翻转过程中会被挤向原有管道的接头和裂缝等位置，因此树脂的用量应比理论用量多5%～15%。为防止树脂提前固化，树脂混合后应及时浸渍。树脂应注入抽成真空状态的软管中进行浸渍，并通过一些相隔一定间距的滚轴碾压，通过调节滚轴的间距来确保树脂均匀分布并使软管全部浸渍树脂，避免软管出现干斑或气泡。浸渍树脂后的软管应按本条中的规定存储和运输。

树脂配制时，应在现场进行配比试验，确定各种组分的添加比例。

7.5.2 翻转式原位固化法一般通过水压或气压的方法进行，图3为水压翻转示意图。翻转压力应足够大以使浸渍软管能翻转到管道的另一端，翻转过程中软管与原有管道管壁紧贴在一起。翻转压力不得超过软管的最大允许张力，其合理值应咨询管材生产商。现行行业标准《城镇燃气管道非开挖修复更新工程技术规程》CJJ/T 147根据施工经验规定翻转速度宜控制在2m/min～3m/min，翻转压力应控制在0.1MPa以下。翻转过程中使用的润滑剂应不会滋生细菌，不影响液体的流动。翻转完成后两端宜预留1m左右的长度以方便后续的固化操作，特殊情况下内衬管道的预留长度可以适当减小。当用压缩空气进行翻转时，应防止高压空气对施工人员造成伤害。

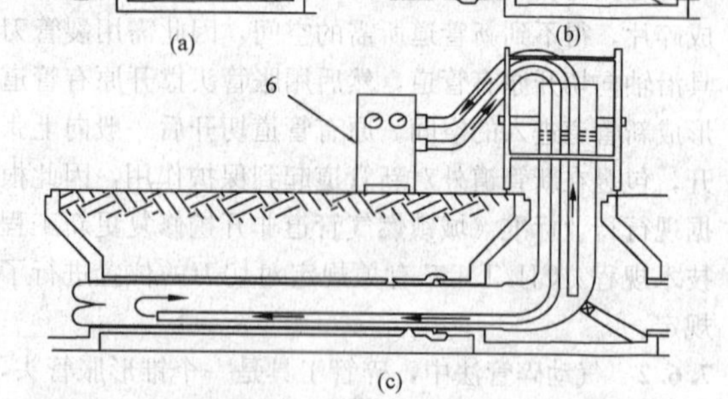

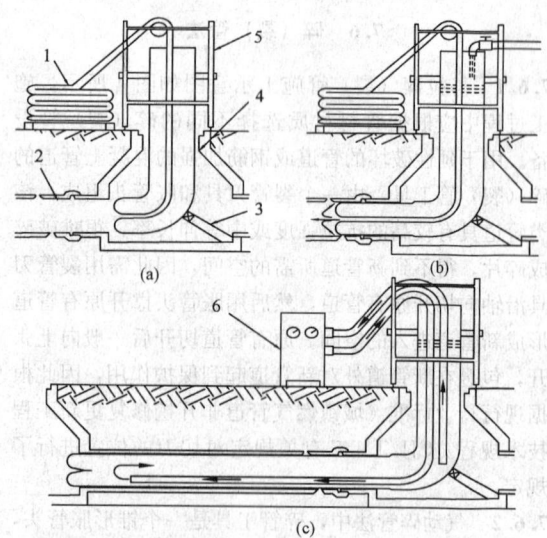

图 3 水压翻转原位固化法示意图

1—浸渍树脂的软管；2—原有管道；3—翻转弯头；4—工作坑；5—支架；6—锅炉和泵

7.5.3 翻转固化工艺一般采用热水或热蒸汽进行软管固化。固化过程中应对温度、压力进行实时监测。热水宜从标高低的端口通入，以排除管道里面的空气；蒸汽宜从标高高的端口通入，以便在标高低的端

有关规定对折叠管的折叠速度和缠绕速度进行了规定，现场折叠管的折叠速度应与折叠管的直径有关。为防止捆扎带与原有管道内壁发生摩擦产生断裂，一般在机械缠绕后，操作人员每隔 50cm～100cm 人工补缠捆扎带数匝。

7.7.3 为防止折叠管在拉入过程受到损伤，制定了本条。施工中可以在原有管道端口安装带有限位滚轴的防撞支架和导向支架，避免内衬管道与原有管道端口发生摩擦。

7.7.5 参考“Standard Practice for Rehabilitation of Existing Sewers and Conduits with Deformed Polyethylene (PE) Liner” ASTM F1606－05 对工厂预制 PE 折叠管的复原进行了规定。其中复原过程中的压力值应根据现场条件和内衬管道的 *DR* 值来调整。折叠管冷却后应至少保留 80mm 的内衬管道伸出原有管道两端，用于内衬管道温度降到周围温度后的收缩。折叠管的复原示意图如图 6 所示；本条中的温度、压力值不适用于 PVC-U 折叠管的复原，其复原参数应咨询生产商。

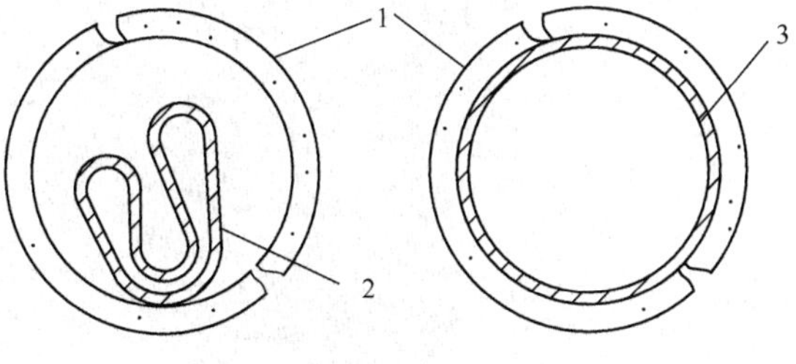

图 6 折叠管复原示意图

1—原有管道；2—折叠内衬管道；3—复原后内衬管道

7.7.7 施工记录不应局限于条文所列项目，若施工中出现所列项目以外的其他作业项目，也应做好相关记录。

7.8 缩径内衬法

7.8.2 径向均匀缩径是通过专门设计的滚轮缩径机完成的。为确保缩径后的内衬管道能恢复原形，根据实际经验，缩径量不应大于 15%。

7.8.3 缩径内衬管道就位后，依靠塑料分子链对原始结构的记忆功能，在管道的轴向拉力卸除之后，可逐渐自然恢复到原来管道的形状和尺寸，并与原有管道内壁形成紧配合，该自然恢复过程一般需 24h。通过加热加压的方式可促使其快速复原，减少复原的时间，但不应少于 8h。

7.8.5 施工记录不应局限于条文所列项目，若施工中出现所列项目以外的其他作业项目，也应做好相关记录。

7.9 不锈钢内衬法

7.9.6 施工记录不应局限于条文所列项目，若施工中出现所列项目以外的其他作业项目，也应做好相关记录。

7.10 水泥砂浆喷涂法

7.10.7 施工记录不应局限于条文所列项目，若施工中出现所列项目以外的其他作业项目，也应做好相关记录。

7.11 环氧树脂喷涂法

7.11.2 根据施工经验，当环境温度低于 5℃时，涂料搅拌不均匀，会产生颗粒，导致涂层表面粗糙，影响喷涂质量。湿度过大时，会影响涂料的配比，进而影响喷涂质量。

7.11.8 施工记录不应局限于条文所列项目，若施工中出现所列项目以外的其他作业项目，也应做好相关记录。

7.12 不锈钢发泡筒法

7.12.2 不锈钢发泡筒法的施工示意图如图 7 所示。

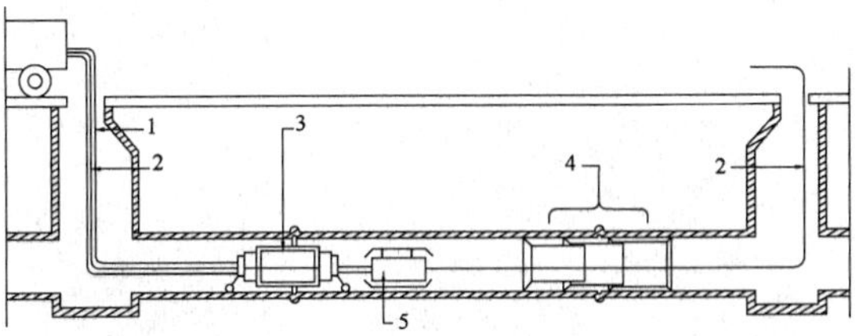

图 7 不锈钢发泡筒法施工示意图

1—软管；2—拖线；3—不锈钢套筒；4—连续多筒安装；5—电视检测（CCTV）设备

7.12.4 施工记录不应局限于条文所列项目，若施工中出现所列项目以外的其他作业项目，也应做好相关记录。

7.13 橡胶胀环法

7.13.2 可酌情涂抹无毒润滑膏，其作用是充填橡胶胀环安装好之后的接缝间隙。

7.13.4 施工记录不应局限于条文所列项目，若施工中出现所列项目以外的其他作业项目，也应做好相关记录。

8 工程检验与验收

8.1 一 般 规 定

8.1.4 现行国家标准《给水排水管道工程施工及验收规范》GB 50268 中对给水排水管道工程的土石方与地基处理的质量验收进行了详细规定，涵盖了对工作坑开挖和回填施工中各环节的验收要求，因而也适用于本规程中工作坑的验收。

8.3 修复更新管道

Ⅰ 主 控 项 目

8.3.2 本规程中塑料管道连接主要是针对连续穿插法、折叠内衬法、缩径内衬法所用PE管材的热熔对接以及不连续穿插法所用玻璃钢管的连接，现行行业标准《埋地聚乙烯给水管道工程技术规程》CJJ 101中对相应的塑料管道连接的验收均给出了相关规定。

8.3.4 水泥砂浆喷涂法的一般项目验收应检查水泥砂浆内衬层厚度及表面缺陷的允许偏差是否符合设计要求，具体可按国家标准《给水排水管道工程施工及验收规范》GB 50268－2008第5.10.3条第4款的有关规定进行检测，参见该规范表5.10.3-1。

环氧树脂喷涂法的一般项目验收应检查液体环氧涂料内衬层厚度及电火花试验，具体可按国家标准《给水排水管道工程施工及验收规范》GB 50268－2008第5.10.3条第5款的有关规定要求进行检测，参见该规范表5.10.3-2。